现行建筑施工规范大全

(含条文说明)
第 5 册
质量验收·安全卫生
本社编

中国建筑工业出版社

图书在版编目（CIP）数据

现行建筑施工规范大全（含条文说明）第 5 册　质量验收·安全卫生/本社编. —北京：中国建筑工业出版社，2014.2
ISBN 978-7-112-16111-9

Ⅰ.①现… Ⅱ.①本… Ⅲ.①建筑工程-工程施工-建筑规范-中国　Ⅳ.①TU711

中国版本图书馆 CIP 数据核字(2013)第 270408 号

责任编辑：丁洪良　李翰伦
责任校对：刘梦然

现行建筑施工规范大全
（含条文说明）
第 5 册
质量验收·安全卫生
本社编

*

中国建筑工业出版社出版、发行(北京西郊百万庄)
各地新华书店、建筑书店经销
北京红光制版公司制版
北京中科印刷有限公司印刷

*

开本：787×1092 毫米　1/16　印张：142¼　字数：5110 千字
2014 年 7 月第一版　2014 年 7 月第一次印刷
定价：298.00 元
ISBN 978-7-112-16111-9
(24883)

版权所有　翻印必究
如有印装质量问题，可寄本社退换
（邮政编码 100037）

出 版 说 明

《现行建筑设计规范大全》、《现行建筑结构规范大全》、《现行建筑施工规范大全》缩印本（以下简称《大全》），自1994年3月出版以来，深受广大建筑设计、结构设计、工程施工人员的欢迎。2006年我社又出版了与《大全》配套的三本《条文说明大全》。但是，随着科研、设计、施工、管理实践中客观情况的变化，国家工程建设标准主管部门不断地进行标准规范制订、修订和废止的工作。为了适应这种变化，我社将根据工程建设标准的变更情况，适时地对《大全》缩印本进行调整、补充，以飨读者。

鉴于上述宗旨，我社近期组织编辑力量，全面梳理现行工程建设国家标准和行业标准，参照工程建设标准体系，结合专业特点，并在认真调查研究和广泛征求读者意见的基础上，对2009年出版的设计、结构、施工三本《大全》和配套的三本《条文说明大全》进行了重大修订。

新版《大全》将《条文说明大全》和原《大全》合二为一，即像规范单行本一样，把条文说明附在每个规范之后，这样做的目的是为了更加方便读者理解和使用规范。

由于规范品种越来越多，《大全》体量愈加庞大，本次修订后决定按分册出版，一是可以按需购买，二是检索、携带方便。

《现行建筑设计规范大全》分4册，共收录标准规范193本。

《现行建筑结构规范大全》分4册，共收录标准规范168本。

《现行建筑施工规范大全》分5册，共收录标准规范304本。

需要特别说明的是，由于标准规范处在一个动态变化的过程中，而且出版社受出版发行规律的限制，不可能在每次重印时对《大全》进行修订，所以在全面修订前，《大全》中有可能出现某些标准规范没有替换和修订的情况。为使广大读者放心地使用《大全》，我社在网上提供查询服务，读者可登录我社网站查询相关标准规范的制订、全面修订、局部修订等信息。

  为不断提高《大全》质量、更加方便查阅，我们期待广大读者在使用新版《大全》后，给予批评、指正，以便我们改进工作。请随时登录我社网站，留下宝贵的意见和建议。

中国建筑工业出版社

2013 年 10 月

  欲查询《大全》中规范变更情况，或有意见和建议：请登录中国建筑出版在线网站（book.cabplink.com），登录方法见封底。

目 录

9 质量验收

建筑工程施工质量验收统一标准　GB 50300—2013	9—1—1
建筑工程施工质量评价标准　GB/T 50375—2006	9—2—1
建筑节能工程施工质量验收规范　GB 50411—2007	9—3—1
建筑结构加固工程施工质量验收规范　GB 50550—2010	9—4—1
土方与爆破工程施工及验收规范　GB 50201—2012	9—5—1
建筑地基基础工程施工质量验收规范　GB 50202—2002	9—6—1
砌体结构工程施工质量验收规范　GB 50203—2011	9—7—1
混凝土结构工程施工质量验收规范（2010年版）　GB 50204—2002	9—8—1
钢管混凝土工程施工质量验收规范　GB 50628—2010	9—9—1
钢筋混凝土筒仓施工与质量验收规范　GB 50669—2011	9—10—1
钢结构工程施工质量验收规范　GB 50205—2001	9—11—1
铝合金结构工程施工质量验收规范　GB 50576—2010	9—12—1
木结构工程施工质量验收规范　GB 50206—2012	9—13—1
屋面工程质量验收规范　GB 50207—2012	9—14—1
地下防水工程质量验收规范　GB 50208—2011	9—15—1
建筑地面工程施工质量验收规范　GB 50209—2010	9—16—1
建筑装饰装修工程质量验收规范　GB 50210—2001	9—17—1
建筑防腐蚀工程施工质量验收规范　GB 50224—2010	9—18—1
建筑给水排水及采暖工程施工质量验收规范　GB 50242—2002	9—19—1
通风与空调工程施工质量验收规范　GB 50243—2002	9—20—1
建筑电气工程施工质量验收规范　GB 50303—2002	9—21—1
电梯工程施工质量验收规范　GB 50310—2002	9—22—1
智能建筑工程质量验收规范　GB 50339—2013	9—23—1
建筑物防雷工程施工与质量验收规范　GB 50601—2010	9—24—1
工业炉砌筑工程质量验收规范　GB 50309—2007	9—25—1
综合布线系统工程验收规范　GB 50312—2007	9—26—1
玻璃幕墙工程质量检验标准　JGJ/T 139—2001	9—27—1
住宅室内装饰装修工程质量验收规范　JGJ/T 304—2013	9—28—1

10 安 全 卫 生

施工企业安全生产管理规范 GB 50656—2011　10—1—1
建设工程施工现场消防安全技术规范 GB 50720—2011　10—2—1
建筑施工安全技术统一规范 GB 50870—2013　10—3—1
建筑施工安全检查标准 JGJ 59—2011　10—4—1
施工企业安全生产评价标准 JGJ/T 77—2010　10—5—1
石油化工建设工程施工安全技术规范 GB 50484—2008　10—6—1
建筑施工土石方工程安全技术规范 JGJ 180—2009　10—7—1
建筑机械使用安全技术规程 JGJ 33—2012　10—8—1
施工现场机械设备检查技术规程 JGJ 160—2008　10—9—1
龙门架及井架物料提升机安全技术规范 JGJ 88—2010　10—10—1
建筑起重机械安全评估技术规程 JGJ/T 189—2009　10—11—1
建筑施工塔式起重机安装、使用、拆卸安全技术规程 JGJ 196—2010　10—12—1
建筑施工升降机安装、使用、拆卸安全技术规程 JGJ 215—2010　10—13—1
建筑施工起重吊装工程安全技术规范 JGJ 276—2012　10—14—1
建筑施工升降设备设施检验标准 JGJ 305—2013　10—15—1
建设工程施工现场供用电安全规范 GB 50194—93　10—16—1
施工现场临时用电安全技术规范 JGJ 46—2005　10—17—1
租赁模板脚手架维修保养技术规范 GB 50829—2013　10—18—1
液压滑动模板施工安全技术规程 JGJ 65—2013　10—19—1
建筑施工模板安全技术规范 JGJ 162—2008　10—20—1
液压爬升模板工程技术规程 JGJ 195—2010　10—21—1
建筑施工门式钢管脚手架安全技术规范 JGJ 128—2010　10—22—1
建筑施工扣件式钢管脚手架安全技术规范 JGJ 130—2011　10—23—1
建筑施工木脚手架安全技术规范 JGJ 164—2008　10—24—1
建筑施工碗扣式钢管脚手架安全技术规范 JGJ 166—2008　10—25—1
建筑施工工具式脚手架安全技术规范 JGJ 202—2010　10—26—1
液压升降整体脚手架安全技术规程 JGJ 183—2009　10—27—1
钢管满堂支架预压技术规程 JGJ/T 194—2009　10—28—1
建筑施工承插型盘扣式钢管支架安全技术规程 JGJ 231—2010　10—29—1
建筑施工竹脚手架安全技术规范 JGJ 254—2011　10—30—1
建筑施工临时支撑结构技术规范 JGJ 300—2013　10—31—1
建筑施工高处作业安全技术规范 JGJ 80—91　10—32—1
建筑拆除工程安全技术规范 JGJ 147—2004　10—33—1
建筑施工现场环境与卫生标准 JGJ 146—2004　10—34—1
建筑施工作业劳动防护用品配备及使用标准 JGJ 184—2009　10—35—1

附：总目录

9

质 量 验 收

中华人民共和国国家标准

建筑工程施工质量验收统一标准

Unified standard for constructional quality
acceptance of building engineering

GB 50300—2013

主编部门：中华人民共和国住房和城乡建设部
批准部门：中华人民共和国住房和城乡建设部
施行日期：2014年6月1日

中华人民共和国住房和城乡建设部
公 告

第 193 号

住房城乡建设部关于发布国家标准 《建筑工程施工质量验收统一标准》的公告

现批准《建筑工程施工质量验收统一标准》为国家标准，编号为 GB 50300－2013，自 2014 年 6 月 1 日起实施。其中，第 5.0.8、6.0.6 条为强制性条文，必须严格执行。原《建筑工程施工质量验收统一标准》GB 50300—2001 同时废止。

本标准由我部标准定额研究所组织中国建筑工业出版社出版发行。

中华人民共和国住房和城乡建设部
2013 年 11 月 1 日

前 言

本标准是根据原建设部《关于印发〈2007 年工程建设标准制订、修订计划（第一批）〉的通知》（建标[2007]125 号）的要求，由中国建筑科学研究院会同有关单位在原《建筑工程施工质量验收统一标准》GB 50300－2001 的基础上修订而成。

本标准在修订过程中，编制组经广泛调查研究，认真总结实践经验，根据建筑工程领域的发展需要，对原标准进行了补充和完善，并在广泛征求意见的基础上，最后经审查定稿。

本标准共分 6 章和 8 个附录，主要技术内容包括：总则，术语，基本规定，建筑工程质量验收的划分、建筑工程质量验收、建筑工程质量验收的程序和组织等。

本标准修订的主要内容是：
1 增加符合条件时，可适当调整抽样复验、试验数量的规定；
2 增加制定专项验收要求的规定；
3 增加检验批最小抽样数量的规定；
4 增加建筑节能分部工程，增加铝合金结构、地源热泵系统等子分部工程；
5 修改主体结构、建筑装饰装修等分部工程中的分项工程划分；
6 增加计数抽样方案的正常检验一次、二次抽样判定方法；
7 增加工程竣工预验收的规定；
8 增加勘察单位应参加单位工程验收的规定；
9 增加工程质量控制资料缺失时，应进行相应的实体检验或抽样试验的规定；

10 增加检验批验收应具有现场验收检查原始记录的要求。

本标准中以黑体字标志的条文为强制性条文，必须严格执行。

本标准由住房和城乡建设部负责管理和对强制性条文的解释，由中国建筑科学研究院负责具体技术内容的解释。在执行过程中，请各单位注意总结经验，积累资料，并及时将意见和建议反馈给中国建筑科学研究院（地址：北京市朝阳区北三环东路 30 号，邮政编码：100013，电子邮箱：GB 50300@163.com），以便今后修订时参考。

本标准主编单位：中国建筑科学研究院
本标准参编单位：北京市建设工程安全质量监督总站
中国新兴（集团）总公司
北京市建设监理协会
北京城建集团有限责任公司
深圳市建设工程质量监督检验总站
深圳市科源建设集团有限公司
浙江宝业建设集团有限公司
国家建筑工程质量监督检验中心
同济大学建筑设计研究院（集团）有限公司
重庆市建筑科学研究院
金融街控股股份有限公司

本标准主要起草人：邱小坛　陶　里（以下按姓氏笔画排列）
吕　洪　李丛笑　李伟兴
宋　波　汪道金　张元勃
张晋勋　林文修　罗　璇
袁欣平　高新京　葛兴杰

本标准主要审查人：杨嗣信　张昌叙　王　鑫
李明安　张树君　宋义仲
顾海欢　贺贤娟　霍瑞琴
张耀良　孙述璞　肖家远
傅慈英　路　戈　王庆辉
付建华

目 次

1 总则 …………………………………… 9—1—6
2 术语 …………………………………… 9—1—6
3 基本规定 ……………………………… 9—1—6
4 建筑工程质量验收的划分 …………… 9—1—7
5 建筑工程质量验收 …………………… 9—1—7
6 建筑工程质量验收的程序和
  组织 …………………………………… 9—1—8
附录 A 施工现场质量管理检查
      记录 …………………………… 9—1—8
附录 B 建筑工程的分部工程、
      分项工程划分 ………………… 9—1—9

附录 C 室外工程的划分 ……………… 9—1—14
附录 D 一般项目正常检验一次、
      二次抽样判定 ………………… 9—1—14
附录 E 检验批质量验收记录 ………… 9—1—14
附录 F 分项工程质量验收记录 ……… 9—1—15
附录 G 分部工程质量验收记录 ……… 9—1—15
附录 H 单位工程质量竣工验收
      记录 …………………………… 9—1—15
本标准用词说明 ………………………… 9—1—18
附：条文说明 …………………………… 9—1—19

Contents

1 General Provisions ················ 9—1—6
2 Terms ······························· 9—1—6
3 Basic Requirements ············· 9—1—6
4 Division of Acceptance of Constructional Quality ······················ 9—1—7
5 Acceptance of Constructional Quality ······················· 9—1—7
6 Procedure and Organization of Acceptance of Constructional Quality ······················· 9—1—8
Appendix A Records of Quality Management Inspection in Construction Site ············ 9—1—8
Appendix B Division of Part and Sub-item Projects ······ 9—1—9
Appendix C Divison of Outdoor Projects ················ 9—1—14
Appendix D Inspecting Determination of Normal Single and Double Sampling for General Item ······ 9—1—14
Appendix E Records of Inspection Lots for Quality Acceptance ············· 9—1—14
Appendix F Records of Sub-item Projects for Quality Acceptance ············· 9—1—15
Appendix G Records of Part Projects for Quality Acceptance ············· 9—1—15
Appendix H Records of Unit Project for Quality Acceptance ············· 9—1—15
Explanation of Wording in This Standard ······················· 9—1—18
Addition: Explanation of Provisions ···················· 9—1—19

1 总则

1.0.1 为了加强建筑工程质量管理,统一建筑工程施工质量的验收,保证工程质量,制定本标准。

1.0.2 本标准适用于建筑工程施工质量的验收,并作为建筑工程各专业验收规范编制的统一准则。

1.0.3 建筑工程施工质量验收,除应符合本标准外,尚应符合国家现行有关标准的规定。

2 术语

2.0.1 建筑工程 building engineering
通过对各类房屋建筑及其附属设施的建造和与其配套线路、管道、设备等的安装所形成的工程实体。

2.0.2 检验 inspection
对被检验项目的特征、性能进行量测、检查、试验等,并将结果与标准规定的要求进行比较,以确定项目每项性能是否合格的活动。

2.0.3 进场检验 site inspection
对进入施工现场的建筑材料、构配件、设备及器具,按相关标准的要求进行检验,并对其质量、规格及型号等是否符合要求作出确认的活动。

2.0.4 见证检验 evidential testing
施工单位在工程监理单位或建设单位的见证下,按照有关规定从施工现场随机抽取试样,送至具备相应资质的检测机构进行检验的活动。

2.0.5 复验 repeat test
建筑材料、设备等进入施工现场后,在外观质量检查和质量证明文件核查符合要求的基础上,按照有关规定从施工现场抽取试样送至试验室进行检验的活动。

2.0.6 检验批 inspection lot
按相同的生产条件或按规定的方式汇总起来供抽样检验用的,由一定数量样本组成的检验体。

2.0.7 验收 acceptance
建筑工程质量在施工单位自行检查合格的基础上,由工程质量验收责任方组织,工程建设相关单位参加,对检验批、分项、分部、单位工程及其隐蔽工程的质量进行抽样检验,对技术文件进行审核,并根据设计文件和相关标准以书面形式对工程质量是否达到合格作出确认。

2.0.8 主控项目 dominant item
建筑工程中对安全、节能、环境保护和主要使用功能起决定性作用的检验项目。

2.0.9 一般项目 general item
除主控项目以外的检验项目。

2.0.10 抽样方案 sampling scheme
根据检验项目的特性所确定的抽样数量和方法。

2.0.11 计数检验 inspection by attributes
通过确定抽样样本中不合格的个体数量,对样本总体质量做出判定的检验方法。

2.0.12 计量检验 inspection by variables
以抽样样本的检测数据计算总体均值、特征值或推定值,并以此判断或评估总体质量的检验方法。

2.0.13 错判概率 probability of commission
合格批被判为不合格批的概率,即合格批被拒收的概率,用 α 表示。

2.0.14 漏判概率 probability of omission
不合格批被判为合格批的概率,即不合格批被误收的概率,用 β 表示。

2.0.15 观感质量 quality of appearance
通过观察和必要的测试所反映的工程外在质量和功能状态。

2.0.16 返修 repair
对施工质量不符合标准规定的部位采取的整修等措施。

2.0.17 返工 rework
对施工质量不符合标准规定的部位采取的更换、重新制作、重新施工等措施。

3 基本规定

3.0.1 施工现场应具有健全的质量管理体系、相应的施工技术标准、施工质量检验制度和综合施工质量水平评定考核制度。施工现场质量管理可按本标准附录A的要求进行检查记录。

3.0.2 未实行监理的建筑工程,建设单位相关人员应履行本标准涉及的监理职责。

3.0.3 建筑工程的施工质量控制应符合下列规定:

  1 建筑工程采用的主要材料、半成品、成品、建筑构配件、器具和设备应进行进场检验。凡涉及安全、节能、环境保护和主要使用功能的重要材料、产品,应按各专业工程施工规范、验收规范和设计文件等规定进行复验,并应经监理工程师检查认可;

  2 各施工工序应按施工技术标准进行质量控制,每道施工工序完成后,经施工单位自检符合规定后,才能进行下道工序施工。各专业工种之间的相关工序应进行交接检验,并应记录;

  3 对于监理单位提出检查要求的重要工序,应经监理工程师检查认可,才能进行下道工序施工。

3.0.4 符合下列条件之一时,可按相关专业验收规范的规定适当调整抽样复验、试验数量,调整后的抽样复验、试验方案应由施工单位编制,并报监理单位审核确认。

  1 同一项目中由相同施工单位施工的多个单位工程,使用同一生产厂家的同品种、同规格、同批次的材料、构配件、设备;

2 同一施工单位在现场加工的成品、半成品、构配件用于同一项目中的多个单位工程；

3 在同一项目中，针对同一抽样对象已有检验成果可以重复利用。

3.0.5 当专业验收规范对工程中的验收项目未作出相应规定时，应由建设单位组织监理、设计、施工等相关单位制定专项验收要求。涉及安全、节能、环境保护等项目的专项验收要求应由建设单位组织专家论证。

3.0.6 建筑工程施工质量应按下列要求进行验收：

1 工程质量验收均应在施工单位自检合格的基础上进行；

2 参加工程施工质量验收的各方人员应具备相应的资格；

3 检验批的质量应按主控项目和一般项目验收；

4 对涉及结构安全、节能、环境保护和主要使用功能的试块、试件及材料，应在进场时或施工中按规定进行见证检验；

5 隐蔽工程在隐蔽前应由施工单位通知监理单位进行验收，并应形成验收文件，验收合格后方可继续施工；

6 对涉及结构安全、节能、环境保护和使用功能的重要分部工程，应在验收前按规定进行抽样检验；

7 工程的观感质量应由验收人员现场检查，并应共同确认。

3.0.7 建筑工程施工质量验收合格应符合下列规定：

1 符合工程勘察、设计文件的要求；

2 符合本标准和相关专业验收规范的规定。

3.0.8 检验批的质量检验，可根据检验项目的特点在下列抽样方案中选取：

1 计量、计数或计量-计数的抽样方案；

2 一次、二次或多次抽样方案；

3 对重要的检验项目，当有简易快速的检验方法时，选用全数检验方案；

4 根据生产连续性和生产控制稳定性情况，采用调整型抽样方案；

5 经实践证明有效的抽样方案。

3.0.9 检验批抽样样本应随机抽取，满足分布均匀、具有代表性的要求，抽样数量应符合有关专业验收规范的规定。当采用计数抽样时，最小抽样数量应符合表 3.0.9 的要求。

表 3.0.9 检验批最小抽样数量

检验批的容量	最小抽样数量	检验批的容量	最小抽样数量
2～15	2	151～280	13
16～25	3	281～500	20
26～90	5	501～1200	32
91～150	8	1201～3200	50

明显不合格的个体可不纳入检验批，但应进行处理，使其满足有关专业验收规范的规定，对处理的情况应予以记录并重新验收。

3.0.10 计量抽样的错判概率 α 和漏判概率 β 可按下列规定采取：

1 主控项目：对应于合格质量水平的 α 和 β 均不宜超过 5%；

2 一般项目：对应于合格质量水平的 α 不宜超过 5%，β 不宜超过 10%。

4 建筑工程质量验收的划分

4.0.1 建筑工程施工质量验收应划分为单位工程、分部工程、分项工程和检验批。

4.0.2 单位工程应按下列原则划分：

1 具备独立施工条件并能形成独立使用功能的建筑物或构筑物为一个单位工程；

2 对于规模较大的单位工程，可将其能形成独立使用功能的部分划分为一个子单位工程。

4.0.3 分部工程应按下列原则划分：

1 可按专业性质、工程部位确定；

2 当分部工程较大或较复杂时，可按材料种类、施工特点、施工程序、专业系统及类别将分部工程划分为若干子分部工程。

4.0.4 分项工程可按主要工种、材料、施工工艺、设备类别进行划分。

4.0.5 检验批可根据施工、质量控制和专业验收的需要，按工程量、楼层、施工段、变形缝进行划分。

4.0.6 建筑工程的分部工程、分项工程划分宜按本标准附录 B 采用。

4.0.7 施工前，应由施工单位制定分项工程和检验批的划分方案，并由监理单位审核。对于附录 B 及相关专业验收规范未涵盖的分项工程和检验批，可由建设单位组织监理、施工等单位协商确定。

4.0.8 室外工程可根据专业类别和工程规模按本标准附录 C 的规定划分子单位工程、分部工程和分项工程。

5 建筑工程质量验收

5.0.1 检验批质量验收合格应符合下列规定：

1 主控项目的质量经抽样检验均应合格；

2 一般项目的质量经抽样检验合格。当采用计数抽样时，合格点率应符合有关专业验收规范的规定，且不得存在严重缺陷。对于计数抽样的一般项目，正常检验一次、二次抽样可按本标准附录 D 判定；

3 具有完整的施工操作依据、质量验收记录。

5.0.2 分项工程质量验收合格应符合下列规定：

  1 所含检验批的质量均应验收合格；
  2 所含检验批的质量验收记录应完整。
5.0.3 分部工程质量验收合格应符合下列规定：
  1 所含分项工程的质量均应验收合格；
  2 质量控制资料应完整；
  3 有关安全、节能、环境保护和主要使用功能的抽样检验结果应符合相应规定；
  4 观感质量应符合要求。
5.0.4 单位工程质量验收合格应符合下列规定：
  1 所含分部工程的质量均应验收合格；
  2 质量控制资料应完整；
  3 所含分部工程中有关安全、节能、环境保护和主要使用功能的检验资料应完整；
  4 主要使用功能的抽查结果应符合相关专业验收规范的规定；
  5 观感质量应符合要求。
5.0.5 建筑工程施工质量验收记录可按下列规定填写：
  1 检验批质量验收记录可按本标准附录E填写，填写时应具有现场验收检查原始记录；
  2 分项工程质量验收记录可按本标准附录F填写；
  3 分部工程质量验收记录可按本标准附录G填写；
  4 单位工程质量竣工验收记录、质量控制资料核查记录、安全和功能检验资料核查及主要功能抽查记录、观感质量检查记录应按本标准附录H填写。
5.0.6 当建筑工程施工质量不符合要求时，应按下列规定进行处理：
  1 经返工或返修的检验批，应重新进行验收；
  2 经有资质的检测机构检测鉴定能够达到设计要求的检验批，应予以验收；
  3 经有资质的检测机构检测鉴定达不到设计要求、但经原设计单位核算认可能够满足安全和使用功能的检验批，可予以验收；
  4 经返修或加固处理的分项、分部工程，满足安全及使用功能要求时，可按技术处理方案和协商文件的要求予以验收。
5.0.7 工程质量控制资料应齐全完整。当部分资料缺失时，应委托有资质的检测机构按有关标准进行相应的实体检验或抽样试验。
5.0.8 经返修或加固处理仍不能满足安全或重要使用要求的分部工程及单位工程，严禁验收。

6 建筑工程质量验收的程序和组织

6.0.1 检验批应由专业监理工程师组织施工单位项目专业质量检查员、专业工长等进行验收。
6.0.2 分项工程应由专业监理工程师组织施工单位项目专业技术负责人等进行验收。
6.0.3 分部工程应由总监理工程师组织施工单位项目负责人和项目技术负责人等进行验收。
  勘察、设计单位项目负责人和施工单位技术、质量部门负责人应参加地基与基础分部工程的验收。
  设计单位项目负责人和施工单位技术、质量部门负责人应参加主体结构、节能分部工程的验收。
6.0.4 单位工程中的分包工程完工后，分包单位应对所承包的工程项目进行自检，并应按本标准规定的程序进行验收。验收时，总包单位应派人参加。分包单位应将所分包工程的质量控制资料整理完整，并移交给总包单位。
6.0.5 单位工程完工后，施工单位应组织有关人员进行自检。总监理工程师应组织各专业监理工程师对工程质量进行竣工预验收。存在施工质量问题时，应由施工单位整改。整改完毕后，由施工单位向建设单位提交工程竣工报告，申请工程竣工验收。
6.0.6 建设单位收到工程竣工报告后，应由建设单位项目负责人组织监理、施工、设计、勘察等单位项目负责人进行单位工程验收。

附录A 施工现场质量管理检查记录

表A 施工现场质量管理检查记录

开工日期：

工程名称		施工许可证号	
建设单位		项目负责人	
设计单位		项目负责人	
监理单位		总监理工程师	
施工单位		项目负责人	项目技术负责人

序号	项目	主要内容
1	项目部质量管理体系	
2	现场质量责任制	
3	主要专业工种操作岗位证书	
4	分包单位管理制度	
5	图纸会审记录	
6	地质勘察资料	
7	施工技术标准	
8	施工组织设计、施工方案编制及审批	
9	物资采购管理制度	
10	施工设施和机械设备管理制度	
11	计量设备配备	
12	检测试验管理制度	
13	工程质量检查验收制度	
14		

自检结果：   检查结论：

施工单位项目负责人： 年 月 日 总监理工程师： 年 月 日

附录 B 建筑工程的分部工程、分项工程划分

表 B 建筑工程的分部工程、分项工程划分

序号	分部工程	子分部工程	分项工程
1	地基与基础	地基	素土、灰土地基，砂和砂石地基，土工合成材料地基，粉煤灰地基，强夯地基，注浆地基，预压地基，砂石桩复合地基，高压旋喷注浆地基，水泥土搅拌桩地基，土和灰土挤密桩复合地基，水泥粉煤灰碎石桩复合地基，夯实水泥土桩复合地基
		基础	无筋扩展基础，钢筋混凝土扩展基础，筏形与箱形基础，钢结构基础，钢管混凝土结构基础，型钢混凝土结构基础，钢筋混凝土预制桩基础，泥浆护壁成孔灌注桩基础，干作业成孔桩基础，长螺旋钻孔压灌桩基础，沉管灌注桩基础，钢桩基础，锚杆静压桩基础，岩石锚杆基础，沉井与沉箱基础
		基坑支护	灌注桩排桩围护墙，板桩围护墙，咬合桩围护墙，型钢水泥土搅拌墙，土钉墙，地下连续墙，水泥土重力式挡墙，内支撑，锚杆，与主体结构相结合的基坑支护
		地下水控制	降水与排水，回灌
		土方	土方开挖，土方回填，场地平整
		边坡	喷锚支护，挡土墙，边坡开挖
		地下防水	主体结构防水，细部构造防水，特殊施工法结构防水，排水，注浆
2	主体结构	混凝土结构	模板，钢筋，混凝土，预应力，现浇结构，装配式结构
		砌体结构	砖砌体，混凝土小型空心砌块砌体，石砌体，配筋砌体，填充墙砌体
		钢结构	钢结构焊接，紧固件连接，钢零部件加工，钢构件组装及预拼装，单层钢结构安装，多层及高层钢结构安装，钢管结构安装，预应力钢索和膜结构，压型金属板，防腐涂料涂装，防火涂料涂装
		钢管混凝土结构	构件现场拼装，构件安装，钢管焊接，构件连接，钢管内钢筋骨架，混凝土
		型钢混凝土结构	型钢焊接，紧固件连接，型钢与钢筋连接，型钢构件组装及预拼装，型钢安装，模板，混凝土
		铝合金结构	铝合金焊接，紧固件连接，铝合金零部件加工，铝合金构件组装，铝合金构件预拼装，铝合金框架结构安装，铝合金空间网格结构安装，铝合金面板，铝合金幕墙结构安装，防腐处理
		木结构	方木与原木结构，胶合木结构，轻型木结构，木结构的防护
3	建筑装饰装修	建筑地面	基层铺设，整体面层铺设，板块面层铺设，木、竹面层铺设
		抹灰	一般抹灰，保温层薄抹灰，装饰抹灰，清水砌体勾缝
		外墙防水	外墙砂浆防水，涂膜防水，透气膜防水
		门窗	木门窗安装，金属门窗安装，塑料门窗安装，特种门安装，门窗玻璃安装
		吊顶	整体面层吊顶，板块面层吊顶，格栅吊顶

续表

序号	分部工程	子分部工程	分项工程
3	建筑装饰装修	轻质隔墙	板材隔墙，骨架隔墙，活动隔墙，玻璃隔墙
		饰面板	石板安装，陶瓷板安装，木板安装，金属板安装，塑料板安装
		饰面砖	外墙饰面砖粘贴，内墙饰面砖粘贴
		幕墙	玻璃幕墙安装，金属幕墙安装，石材幕墙安装，陶板幕墙安装
		涂饰	水性涂料涂饰，溶剂型涂料涂饰，美术涂饰
		裱糊与软包	裱糊，软包
		细部	橱柜制作与安装，窗帘盒和窗台板制作与安装，门窗套制作与安装，护栏和扶手制作与安装，花饰制作与安装
4	屋面	基层与保护	找坡层和找平层，隔汽层，隔离层，保护层
		保温与隔热	板状材料保温层，纤维材料保温层，喷涂硬泡聚氨酯保温层，现浇泡沫混凝土保温层，种植隔热层，架空隔热层，蓄水隔热层
		防水与密封	卷材防水层，涂膜防水层，复合防水层，接缝密封防水
		瓦面与板面	烧结瓦和混凝土瓦铺装，沥青瓦铺装，金属板铺装，玻璃采光顶铺装
		细部构造	檐口，檐沟和天沟，女儿墙和山墙，水落口，变形缝，伸出屋面管道，屋面出入口，反梁过水孔，设施基座，屋脊，屋顶窗
5	建筑给水排水及供暖	室内给水系统	给水管道及配件安装，给水设备安装，室内消火栓系统安装，消防喷淋系统安装，防腐，绝热，管道冲洗、消毒，试验与调试
		室内排水系统	排水管道及配件安装，雨水管道及配件安装，防腐，试验与调试
		室内热水系统	管道及配件安装，辅助设备安装，防腐，绝热，试验与调试
		卫生器具	卫生器具安装，卫生器具给水配件安装，卫生器具排水管道安装，试验与调试
		室内供暖系统	管道及配件安装，辅助设备安装，散热器安装，低温热水地板辐射供暖系统安装，电加热供暖系统安装，燃气红外辐射供暖系统安装，热风供暖系统安装，热计量及调控装置安装，试验与调试，防腐，绝热
		室外给水管网	给水管道安装，室外消火栓系统安装，试验与调试
		室外排水管网	排水管道安装，排水管沟与井池，试验与调试
		室外供热管网	管道及配件安装，系统水压试验，土建结构，防腐，绝热，试验与调试
		建筑饮用水供应系统	管道及配件安装，水处理设备及控制设施安装，防腐，绝热，试验与调试
		建筑中水系统及雨水利用系统	建筑中水系统、雨水利用系统管道及配件安装，水处理设备及控制设施安装，防腐，绝热，试验与调试
		游泳池及公共浴池水系统	管道及配件系统安装，水处理设备及控制设施安装，防腐，绝热，试验与调试
		水景喷泉系统	管道系统及配件安装，防腐，绝热，试验与调试
		热源及辅助设备	锅炉安装，辅助设备及管道安装，安全附件安装，换热站安装，防腐，绝热，试验与调试
		监测与控制仪表	检测仪器及仪表安装，试验与调试

续表

序号	分部工程	子分部工程	分项工程
6	通风与空调	送风系统	风管与配件制作，部件制作，风管系统安装，风机与空气处理设备安装，风管与设备防腐，旋流风口、岗位送风口、织物（布）风管安装，系统调试
		排风系统	风管与配件制作，部件制作，风管系统安装，风机与空气处理设备安装，风管与设备防腐，吸风罩及其他空气处理设备安装，厨房、卫生间排风系统安装，系统调试
		防排烟系统	风管与配件制作，部件制作，风管系统安装，风机与空气处理设备安装，风管与设备防腐，排烟风阀（口）、常闭正压风口、防火风管安装，系统调试
		除尘系统	风管与配件制作，部件制作，风管系统安装，风机与空气处理设备安装，风管与设备防腐，除尘器与排污设备安装，吸尘罩安装，高温风管绝热，系统调试
		舒适性空调系统	风管与配件制作，部件制作，风管系统安装，风机与空气处理设备安装，风管与设备防腐，组合式空调机组安装，消声器、静电除尘器、换热器、紫外线灭菌器等设备安装，风机盘管、变风量与定风量送风装置、射流喷口等末端设备安装，风管与设备绝热，系统调试
		恒温恒湿空调系统	风管与配件制作，部件制作，风管系统安装，风机与空气处理设备安装，风管与设备防腐，组合式空调机组安装，电加热器、加湿器等设备安装，精密空调机组安装，风管与设备绝热，系统调试
		净化空调系统	风管与配件制作，部件制作，风管系统安装，风机与空气处理设备安装，风管与设备防腐，净化空调机组安装，消声器、静电除尘器、换热器、紫外线灭菌器等设备安装，中、高效过滤器及风机过滤器单元等末端设备清洗与安装，洁净度测试，风管与设备绝热，系统调试
		地下人防通风系统	风管与配件制作，部件制作，风管系统安装，风机与空气处理设备安装，风管与设备防腐，过滤吸收器、防爆波活门、防爆超压排气活门等专用设备安装，系统调试
		真空吸尘系统	风管与配件制作，部件制作，风管系统安装，风机与空气处理设备安装，风管与设备防腐，管道安装，快速接口安装，风机与滤尘设备安装，系统压力试验及调试
		冷凝水系统	管道系统及部件安装，水泵及附属设备安装，管道冲洗，管道、设备防腐，板式热交换器，辐射板及辐射供热、供冷地埋管，热泵机组设备安装，管道、设备绝热，系统压力试验及调试
		空调（冷、热）水系统	管道系统及部件安装，水泵及附属设备安装，管道冲洗，管道、设备防腐，冷却塔与水处理设备安装，防冻伴热设备安装，管道、设备绝热，系统压力试验及调试
		冷却水系统	管道系统及部件安装，水泵及附属设备安装，管道冲洗，管道、设备防腐，系统灌水渗漏及排放试验，管道、设备绝热
		土壤源热泵换热系统	管道系统及部件安装，水泵及附属设备安装，管道冲洗，管道、设备防腐，埋地换热系统与管网安装，管道、设备绝热，系统压力试验及调试
		水源热泵换热系统	管道系统及部件安装，水泵及附属设备安装，管道冲洗，管道、设备防腐，地表水源换热管与管网安装，除垢设备安装，管道、设备绝热，系统压力试验及调试
		蓄能系统	管道系统及部件安装，水泵及附属设备安装，管道冲洗，管道、设备防腐，蓄水罐与蓄冰槽、罐安装，管道、设备绝热，系统压力试验及调试

9—1—11

续表

序号	分部工程	子分部工程	分项工程
6	通风与空调	压缩式制冷（热）设备系统	制冷机组及附属设备安装，管道、设备防腐，制冷剂管道及部件安装，制冷剂灌注，管道、设备绝热，系统压力试验及调试
		吸收式制冷设备系统	制冷机组及附属设备安装，管道、设备防腐，系统真空试验，溴化锂溶液加灌，蒸汽管道系统安装，燃气或燃油设备安装，管道、设备绝热，试验及调试
		多联机（热泵）空调系统	室外机组安装，室内机组安装，制冷剂管路连接及控制开关安装，风管安装，冷凝水管道安装，制冷剂灌注，系统压力试验及调试
		太阳能供暖空调系统	太阳能集热器安装，其他辅助能源、换热设备安装，蓄能水箱、管道及配件安装，防腐，绝热，低温热水地板辐射采暖系统安装，系统压力试验及调试
		设备自控系统	温度、压力与流量传感器安装，执行机构安装调试，防排烟系统功能测试，自动控制及系统智能控制软件调试
7	建筑电气	室外电气	变压器、箱式变电所安装，成套配电柜、控制柜（屏、台）和动力、照明配电箱（盘）及控制柜安装，梯架、支架、托盘和槽盒安装，导管敷设，电缆敷设，管内穿线和槽盒内敷线，电缆头制作、导线连接和线路绝缘测试，普通灯安装，专用灯具安装，建筑照明通电试运行，接地装置安装
		变配电室	变压器、箱式变电所安装，成套配电柜、控制柜（屏、台）和动力、照明配电箱（盘）安装，母线槽安装，梯架、支架、托盘和槽盒安装，电缆敷设，电缆头制作、导线连接和线路绝缘测试，接地装置安装，接地干线敷设
		供电干线	电气设备试验和试运行，母线槽安装，梯架、支架、托盘和槽盒安装，导管敷设，电缆敷设，管内穿线和槽盒内敷线，电缆头制作、导线连接和线路绝缘测试，接地干线敷设
		电气动力	成套配电柜、控制柜（屏、台）和动力配电箱（盘）安装，电动机、电加热器及电动执行机构检查接线，电气设备试验和试运行，梯架、支架、托盘和槽盒安装，导管敷设，电缆敷设，管内穿线和槽盒内敷线，电缆头制作、导线连接和线路绝缘测试
		电气照明	成套配电柜、控制柜（屏、台）和照明配电箱（盘）安装，梯架、支架、托盘和槽盒安装，导管敷设，管内穿线和槽盒内敷线，塑料护套线直敷布线，钢索配线，电缆头制作、导线连接和线路绝缘测试，普通灯安装，专用灯具安装，开关、插座、风扇安装，建筑照明通电试运行
		备用和不间断电源	成套配电柜、控制柜（屏、台）和动力、照明配电箱（盘）安装，柴油发电机组安装，不间断电源装置及应急电源装置安装，母线槽安装，导管敷设，电缆敷设，管内穿线和槽盒内敷线，电缆头制作、导线连接和线路绝缘测试，接地装置安装
		防雷及接地	接地装置安装，防雷引下线及接闪器安装，建筑物等电位连接，浪涌保护器安装
8	智能建筑	智能化集成系统	设备安装，软件安装，接口及系统调试，试运行
		信息接入系统	安装场地检查
		用户电话交换系统	线缆敷设，设备安装，软件安装，接口及系统调试，试运行

续表

序号	分部工程	子分部工程	分项工程
8	智能建筑	信息网络系统	计算机网络设备安装，计算机网络软件安装，网络安全设备安装，网络安全软件安装，系统调试，试运行
		综合布线系统	梯架、托盘、槽盒和导管安装，线缆敷设，机柜、机架、配线架安装，信息插座安装，链路或信道测试，软件安装，系统调试，试运行
		移动通信室内信号覆盖系统	安装场地检查
		卫星通信系统	安装场地检查
		有线电视及卫星电视接收系统	梯架、托盘、槽盒和导管安装，线缆敷设，设备安装，软件安装，系统调试，试运行
		公共广播系统	梯架、托盘、槽盒和导管安装，线缆敷设，设备安装，软件安装，系统调试，试运行
		会议系统	梯架、托盘、槽盒和导管安装，线缆敷设，设备安装，软件安装，系统调试，试运行
		信息导引及发布系统	梯架、托盘、槽盒和导管安装，线缆敷设，显示设备安装，机房设备安装，软件安装，系统调试，试运行
		时钟系统	梯架、托盘、槽盒和导管安装，线缆敷设，设备安装，软件安装，系统调试，试运行
		信息化应用系统	梯架、托盘、槽盒和导管安装，线缆敷设，设备安装，软件安装，系统调试，试运行
		建筑设备监控系统	梯架、托盘、槽盒和导管安装，线缆敷设，传感器安装，执行器安装，控制器、箱安装，中央管理工作站和操作分站设备安装，软件安装，系统调试，试运行
		火灾自动报警系统	梯架、托盘、槽盒和导管安装，线缆敷设，探测器类设备安装，控制器类设备安装，其他设备安装，软件安装，系统调试，试运行
		安全技术防范系统	梯架、托盘、槽盒和导管安装，线缆敷设，设备安装，软件安装，系统调试，试运行
		应急响应系统	设备安装，软件安装，系统调试，试运行
		机房	供配电系统，防雷与接地系统，空气调节系统，给水排水系统，综合布线系统，监控与安全防范系统，消防系统，室内装饰装修，电磁屏蔽，系统调试，试运行
		防雷与接地	接地装置，接地线，等电位联接，屏蔽设施，电涌保护器，线缆敷设，系统调试，试运行
9	建筑节能	围护系统节能	墙体节能，幕墙节能，门窗节能，屋面节能，地面节能
		供暖空调设备及管网节能	供暖节能，通风与空调设备节能，空调与供暖系统冷热源节能，空调与供暖系统管网节能
		电气动力节能	配电节能，照明节能
		监控系统节能	监测系统节能，控制系统节能
		可再生能源	地源热泵系统节能，太阳能光热系统节能，太阳能光伏节能
10	电梯	电力驱动的曳引式或强制式电梯	设备进场验收，土建交接检验，驱动主机，导轨，门系统，轿厢，对重，安全部件，悬挂装置，随行电缆，补偿装置，电气装置，整机安装验收
		液压电梯	设备进场验收，土建交接检验，液压系统，导轨，门系统，轿厢，对重，安全部件，悬挂装置，随行电缆，电气装置，整机安装验收
		自动扶梯、自动人行道	设备进场验收，土建交接检验，整机安装验收

附录C 室外工程的划分

表C 室外工程的划分

单位工程	子单位工程	分部工程
室外设施	道路	路基、基层、面层、广场与停车场、人行道、人行地道、挡土墙、附属构筑物
	边坡	土石方、挡土墙、支护
附属建筑及室外环境	附属建筑	车棚、围墙、大门、挡土墙
	室外环境	建筑小品、亭台、水景、连廊、花坛、场坪绿化、景观桥

附录D 一般项目正常检验一次、二次抽样判定

D.0.1 对于计数抽样的一般项目，正常检验一次抽样可按表D.0.1-1判定，正常检验二次抽样可按表D.0.1-2判定。抽样方案应在抽样前确定。

D.0.2 样本容量在表D.0.1-1或表D.0.1-2给出的数值之间时，合格判定数可通过插值并四舍五入取整确定。

表D.0.1-1 一般项目正常检验一次抽样判定

样本容量	合格判定数	不合格判定数	样本容量	合格判定数	不合格判定数
5	1	2	32	7	8
8	2	3	50	10	11
13	3	4	80	14	15
20	5	6	125	21	22

表D.0.1-2 一般项目正常检验二次抽样判定

抽样次数	样本容量	合格判定数	不合格判定数	抽样次数	样本容量	合格判定数	不合格判定数
(1)	3	0	2	(1)	20	3	6
(2)	6	1	2	(2)	40	9	10
(1)	5	0	3	(1)	32	5	9
(2)	10	3	4	(2)	64	12	13
(1)	8	1	3	(1)	50	7	11
(2)	16	4	5	(2)	100	18	19
(1)	13	2	5	(1)	80	11	16
(2)	26	6	7	(2)	160	26	27

注：(1)和(2)表示抽样次数，(2)对应的样本容量为两次抽样的累计数量。

附录E 检验批质量验收记录

表E _____检验批质量验收记录

编号：____

单位(子单位)工程名称		分部(子分部)工程名称		分项工程名称	
施工单位		项目负责人		检验批容量	
分包单位		分包单位项目负责人		检验批部位	
施工依据			验收依据		

		验收项目	设计要求及规范规定	最小/实际抽样数量	检查记录	检查结果
主控项目	1					
	2					
	3					
	4					
	5					
	6					
	7					
	8					
	9					
	10					
一般项目	1					
	2					
	3					
	4					
	5					

施工单位检查结果	专业工长： 项目专业质量检查员 年 月 日
监理单位验收结论	专业监理工程师 年 月 日

附录 F 分项工程质量验收记录

表 F _____分项工程质量验收记录

编号：____

单位(子单位)工程名称			分部(子分部)工程名称		
分项工程数量			检验批数量		
施工单位			项目负责人		项目技术负责人
分包单位			分包单位项目负责人		分包内容

序号	检验批名称	检验批容量	部位/区段	施工单位检查结果	监理单位验收结论
1					
2					
3					
4					
5					
6					
7					
8					
9					
10					
11					
12					
13					
14					
15					

说明：

施工单位检查结果	项目专业技术负责人： 年 月 日
监理单位验收结论	专业监理工程师： 年 月 日

附录 G 分部工程质量验收记录

表 G _____分部工程质量验收记录

编号：____

单位(子单位)工程名称		子分部工程数量		分项工程数量	
施工单位		项目负责人		技术(质量)负责人	
分包单位		分包单位负责人		分包内容	

序号	子分部工程名称	分项工程名称	检验批数量	施工单位检查结果	监理单位验收结论
1					
2					
3					
4					
5					
6					
7					
8					
质量控制资料					
安全和功能检验结果					
观感质量检验结果					
综合验收结论					

施工单位 项目负责人： 年 月 日	勘察单位 项目负责人： 年 月 日	设计单位 项目负责人： 年 月 日	监理单位 总监理工程师： 年 月 日

注：1 地基与基础分部工程的验收应由施工、勘察、设计单位项目负责人和总监理工程师参加并签字；
  2 主体结构、节能分部工程的验收应由施工、设计单位项目负责人和总监理工程师参加并签字。

附录 H 单位工程质量竣工验收记录

H.0.1 单位工程质量竣工验收应按表 H.0.1-1 记录，单位工程质量控制资料及主要功能抽查核查应按表 H.0.1-2 记录，单位工程安全和功能检验资料核查应按表 H.0.1-3 记录，单位工程观感质量检查应按表 H.0.1-4 记录。

H.0.2 表 H.0.1-1 中的验收记录由施工单位填写，

验收结论由监理单位填写。综合验收结论经参加验收各方共同商定,由建设单位填写,应对工程质量是否符合设计文件和相关标准的规定及总体质量水平作出评价。

表 H.0.1-1 单位工程质量竣工验收记录

工程名称		结构类型		层数/建筑面积	
施工单位		技术负责人		开工日期	
项目负责人		项目技术负责人		完工日期	
序号	项目	验收记录		验收结论	
1	分部工程验收	共 分部,经查符合设计及标准规定 分部			
2	质量控制资料核查	共 项,经核查符合规定 项			
3	安全和使用功能核查及抽查结果	共核查 项,符合规定 项,共抽查 项,符合规定 项,经返工处理符合规定 项			
4	观感质量验收	共抽查 项,达到"好"和"一般"的 项,经返修处理符合要求的 项			
综合验收结论					
参加验收单位	建设单位	监理单位	施工单位	设计单位	勘察单位
	(公章)项目负责人: 年 月 日	(公章)总监理工程师: 年 月 日	(公章)项目负责人: 年 月 日	(公章)项目负责人: 年 月 日	(公章)项目负责人: 年 月 日

注:单位工程验收时,验收签字人员应由相应单位的法人代表书面授权。

表 H.0.1-2 单位工程质量控制资料核查记录

工程名称			施工单位			
序号	项目	资料名称	份数	施工单位		监理单位	
				核查意见	核查人	核查意见	核查人
1	建筑与结构	图纸会审记录、设计变更通知单、工程洽商记录					
2		工程定位测量、放线记录					
3		原材料出厂合格证书及进场检验、试验报告					
4		施工试验报告及见证检测报告					
5		隐蔽工程验收记录					
6		施工记录					
7		地基、基础、主体结构检验及抽样检测资料					
8		分项、分部工程质量验收记录					
9		工程质量事故调查处理资料					
10		新技术论证、备案及施工记录					

续表

工程名称			施工单位			
序号	项目	资料名称	份数	施工单位		监理单位	
				核查意见	核查人	核查意见	核查人
1	给水排水与供暖	图纸会审记录、设计变更通知单、工程洽商记录					
2		原材料出厂合格证书及进场检验、试验报告					
3		管道、设备强度试验、严密性试验记录					
4		隐蔽工程验收记录					
5		系统清洗、灌水、通水、通球试验记录					
6		施工记录					
7		分项、分部工程质量验收记录					
8		新技术论证、备案及施工记录					
1	通风与空调	图纸会审记录、设计变更通知单、工程洽商记录					
2		原材料出厂合格证书及进场检验、试验报告					
3		制冷、空调、水管道强度试验、严密性试验记录					
4		隐蔽工程验收记录					
5		制冷设备运行调试记录					
6		通风、空调系统调试记录					
7		施工记录					
8		分项、分部工程质量验收记录					
9		新技术论证、备案及施工记录					
1	建筑电气	图纸会审记录、设计变更通知单、工程洽商记录					
2		原材料出厂合格证书及进场检验、试验报告					
3		设备调试记录					
4		接地、绝缘电阻测试记录					
5		隐蔽工程验收记录					
6		施工记录					
7		分项、分部工程质量验收记录					
8		新技术论证、备案及施工记录					

续表

工程名称			施工单位				
序号	项目	资料名称	份数	施工单位		监理单位	
				核查意见	核查人	核查意见	核查人
1	智能建筑	图纸会审记录、设计变更通知单、工程洽商记录					
2		原材料出厂合格证书及进场检验、试验报告					
3		隐蔽工程验收记录					
4		施工记录					
5		系统功能测定及设备调试记录					
6		系统技术、操作和维护手册					
7		系统管理、操作人员培训记录					
8		系统检测报告					
9		分项、分部工程质量验收记录					
10		新技术论证、备案及施工记录					
1	建筑节能	图纸会审记录、设计变更通知单、工程洽商记录					
2		原材料出厂合格证书及进场检验、试验报告					
3		隐蔽工程验收记录					
4		施工记录					
5		外墙、外窗节能检验报告					
6		设备系统节能检测报告					
7		分项、分部工程质量验收记录					
8		新技术论证、备案及施工记录					
1	电梯	图纸会审记录、设计变更通知单、工程洽商记录					
2		设备出厂合格证书及开箱检验记录					
3		隐蔽工程验收记录					
4		施工记录					
5		接地、绝缘电阻试验记录					
6		负荷试验、安全装置检查记录					
7		分项、分部工程质量验收记录					
8		新技术论证、备案及施工记录					

结论：

施工单位项目负责人：　　　　　　总监理工程师：
　　　　　　　　　年 月 日　　　　　　　　　年 月 日

表 H.0.1-3　单位工程安全和功能检验资料核查及主要功能抽查记录

工程名称			施工单位			
序号	项目	安全和功能检查项目	份数	核查意见	抽查结果	核查(抽查)人
1	建筑与结构	地基承载力检验报告				
2		桩基承载力检验报告				
3		混凝土强度试验报告				
4		砂浆强度试验报告				
5		主体结构尺寸、位置抽查记录				
6		建筑物垂直度、标高、全高测量记录				
7		屋面淋水或蓄水试验记录				
8		地下室渗漏水检测记录				
9		有防水要求的地面蓄水试验记录				
10		抽气（风）道检查记录				
11	建筑与结构	外窗气密性、水密性、耐风压检测报告				
12		幕墙气密性、水密性、耐风压检测报告				
13		建筑物沉降观测测量记录				
14		节能、保温测试记录				
15		室内环境检测报告				
16		土壤氡气浓度检测报告				
1	给水排水与供暖	给水管道通水试验记录				
2		暖气管道、散热器压力试验记录				
3		卫生器具满水试验记录				
4		消防管道、燃气管道压力试验记录				
5		排水干管通球试验记录				
6		锅炉试运行、安全阀及报警联动测试记录				
1	通风与空调	通风、空调系统试运行记录				
2		风量、温度测试记录				
3		空气能量回收装置测试记录				
4		洁净室洁净度测试记录				
5		制冷机组试运行调试记录				
1	建筑电气	建筑照明通电试运行记录				
2		灯具固定装置及悬吊装置的载荷强度试验记录				
3		绝缘电阻测试记录				
4		剩余电流动作保护器测试记录				
5		应急电源装置应急持续供电记录				
6		接地电阻测试记录				
7		接地故障回路阻抗测试记录				
1	智能建筑	系统试运行记录				
2		系统电源及接地检测报告				
3		系统接地检测报告				

续表

工程名称			施工单位		
序号	项目	安全和功能检查项目	份数	核查意见	抽查结果	核查(抽查)人
1	建筑节能	外墙节能构造检查记录或热工性能检验报告				
2		设备系统节能性能检查记录				
1	电梯	运行记录				
2		安全装置检测报告				

结论：

施工单位项目负责人：　　　　　　　总监理工程师：
　　　　　　　　　年 月 日　　　　　　　　　年 月 日

注：抽查项目由验收组协商确定。

表 H.0.1-4 单位工程观感质量检查记录

工程名称			施工单位		
序号		项目	抽查质量状况		质量评价
1		主体结构外观	共检查 点，好 点，一般 点，差 点		
2		室外墙面	共检查 点，好 点，一般 点，差 点		
3		变形缝、雨水管	共检查 点，好 点，一般 点，差 点		
4	建筑与结构	屋面	共检查 点，好 点，一般 点，差 点		
5		室内墙面	共检查 点，好 点，一般 点，差 点		
6		室内顶棚	共检查 点，好 点，一般 点，差 点		
7		室内地面	共检查 点，好 点，一般 点，差 点		
8		楼梯、踏步、护栏	共检查 点，好 点，一般 点，差 点		
9		门窗	共检查 点，好 点，一般 点，差 点		
10		雨罩、台阶、坡道、散水	共检查 点，好 点，一般 点，差 点		
1	给水排水与供暖	管道接口、坡度、支架	共检查 点，好 点，一般 点，差 点		
2		卫生器具、支架、阀门	共检查 点，好 点，一般 点，差 点		
3		检查口、扫除口、地漏	共检查 点，好 点，一般 点，差 点		
4		散热器、支架	共检查 点，好 点，一般 点，差 点		
1	通风与空调	风管、支架	共检查 点，好 点，一般 点，差 点		
2		风口、风阀	共检查 点，好 点，一般 点，差 点		
3		风机、空调设备	共检查 点，好 点，一般 点，差 点		
4		管道、阀门、支架	共检查 点，好 点，一般 点，差 点		
5		水泵、冷却塔	共检查 点，好 点，一般 点，差 点		
6		绝热	共检查 点，好 点，一般 点，差 点		
1	建筑电气	配电箱、盘、板、接线盒	共检查 点，好 点，一般 点，差 点		
2		设备器具、开关、插座	共检查 点，好 点，一般 点，差 点		
3		防雷、接地、防火	共检查 点，好 点，一般 点，差 点		

续表

工程名称			施工单位	
序号		项目	抽查质量状况	质量评价
1	智能建筑	机房设备安装及布局	共检查 点，好 点，一般 点，差 点	
2		现场设备安装	共检查 点，好 点，一般 点，差 点	
1	电梯	运行、平层、开关门	共检查 点，好 点，一般 点，差 点	
2		层门、信号系统	共检查 点，好 点，一般 点，差 点	
3		机房	共检查 点，好 点，一般 点，差 点	
		观感质量综合评价		

结论：
施工单位项目负责人：　　　　　　　总监理工程师：
　　　　　　　　　年 月 日　　　　　　　　　年 月 日

注：1 对质量评价为差的项目应进行返修；
　　2 观感质量现场检查原始记录应作为本表附件。

本标准用词说明

1 为了便于在执行本标准条文时区别对待，对要求严格程度不同的用词说明如下：

1) 表示很严格，非这样做不可的用词：
   正面词采用"必须"，反面词采用"严禁"；
2) 表示严格，在正常情况下均应这样做的用词：
   正面词采用"应"，反面词采用"不应"或"不得"；
3) 表示允许稍有选择，在条件许可时首先应这样做的用词：
   正面词采用"宜"，反面词采用"不宜"；
4) 表示有选择，在一定条件下可以这样做的用词，采用"可"。

2 条文中指明应按其他有关标准、规范执行的写法为："应符合……规定"或"应按……执行"。

中华人民共和国国家标准

建筑工程施工质量验收统一标准

GB 50300—2013

条 文 说 明

修 订 说 明

《建筑工程施工质量验收统一标准》GB 50300-2013，经住房和城乡建设部2013年11月1日以第193号公告批准、发布。

本标准是在《建筑工程施工质量验收统一标准》GB 50300-2001 的基础上修订而成。上一版的主编单位是中国建筑科学研究院，参加单位是中国建筑业协会工程建设质量监督分会、国家建筑工程质量监督检验中心、北京市建筑工程质量监督总站、北京市城建集团有限责任公司、天津市建筑工程质量监督管理总站、上海市建设工程质量监督总站、深圳市建设工程质量监督检验总站、四川省华西集团总公司、陕西省建筑工程总公司、中国人民解放军工程质量监督总站。主要起草人是吴松勤、高小旺、何星华、白生翔、徐有邻、葛恒岳、刘国琦、王惠明、朱明德、杨南方、李子新、张鸿勋、刘俭。

本标准修订过程中，编制组进行了大量调查研究，鼓励"四新"技术的推广应用，提高检验批抽样检验的理论水平，解决建筑工程施工质量验收中的具体问题，丰富和完善了标准的内容。标准修订时与《建筑地基基础工程施工质量验收规范》GB 50202、《砌体结构工程施工质量验收规范》GB 50203、《建筑节能工程施工质量验收规范》GB 50411 等专业验收规范进行了协调沟通。

为便于广大设计、施工、科研、学校等单位有关人员在使用本标准时能正确理解和执行条文规定，《建筑工程施工质量验收统一标准》编制组按章、条顺序编制了本标准的条文说明，对条文规定的目的、依据以及在执行中应注意的有关事项进行了说明。但是，本条文说明不具备与标准正文同等的法律效力，仅供使用者作为理解和把握标准规定的参考。

目　次

1 总则 …………………………… 9—1—22
2 术语 …………………………… 9—1—22
3 基本规定 ……………………… 9—1—22
4 建筑工程质量验收的划分……… 9—1—23
5 建筑工程质量验收 ……………… 9—1—24
6 建筑工程质量验收的程序和
　组织 …………………………… 9—1—26

1 总 则

1.0.1 本条是编制统一标准和建筑工程施工质量验收规范系列标准的宗旨和原则,以统一建筑工程施工质量的验收方法、程序和原则,达到确保工程质量的目的。本标准适用于施工质量的验收,设计和使用中的质量问题不属于本标准的范畴。

1.0.2 本标准主要包括两部分内容,第一部分规定了建筑工程各专业验收规范编制的统一准则。为了统一建筑工程各专业验收规范的编制,对检验批、分项工程、分部工程、单位工程的划分、质量指标的设置和要求、验收的程序与组织都提出了原则的要求,以指导和协调本系列标准各专业验收规范的编制。

第二部分规定了单位工程的验收,从单位工程的划分和组成、质量指标的设置到验收程序都做了具体规定。

1.0.3 建筑工程施工质量验收的有关标准还包括各专业验收规范、专业技术规程、施工技术标准、试验方法标准、检测技术标准、施工质量评价标准等。

2 术 语

本章中给出的 17 个术语,是本标准有关章节中所引用的。除本标准使用外,还可作为建筑工程各专业验收规范引用的依据。

在编写本章术语时,参考了《质量管理体系 基础和术语》GB/T 19000-2008、《建筑结构设计术语和符号标准》GB/T 50083-97、《统计学词汇及符号 第 1 部分:一般统计术语与用于概率的术语》GB/T 3358.1-2009、《统计学词汇及符号 第 2 部分:应用统计》GB/T 3358.2-2009 等国家标准中的相关术语。

本标准的术语是从本标准的角度赋予其含义的,主要是说明本术语所指的工程内容的含义。

3 基 本 规 定

3.0.1 建筑工程施工单位应建立必要的质量责任制度,应推行生产控制和合格控制的全过程质量控制,应有健全的生产控制和合格控制的质量管理体系。不仅包括原材料控制、工艺流程控制、施工操作控制、每道工序质量检查、相关工序间的交接检验以及专业工种之间等中间交接环节的质量管理和控制要求,还应包括满足施工图设计和功能要求的抽样检验制度等。施工单位还应通过内部的审核与管理者的评审,找出质量管理体系中存在的问题和薄弱环节,并制定改进的措施和跟踪检查落实等措施,使质量管理体系不断健全和完善,是使施工单位不断提高建筑工程施工质量的基本保证。

同时施工单位应重视综合质量控制水平,从施工技术、管理制度、工程质量控制等方面制定综合质量控制水平指标,以提高企业整体管理、技术水平和经济效益。

3.0.2 根据《建设工程监理范围和规模标准规定》(建设部令第 86 号),对国家重点建设工程、大中型公用事业工程等必须实行监理。对于该规定包含范围以外的工程,也可由建设单位完成相应的施工质量控制及验收工作。

3.0.3 本条规定了建筑工程施工质量控制的主要方面:

1 用于建筑工程的主要材料、半成品、成品、建筑构配件、器具和设备的进场检验和重要建筑材料、产品的复验。为把握重点环节,要求对涉及安全、节能、环境保护和主要使用功能的重要材料、产品进行复检,体现了以人为本、节能、环保的理念和原则。

2 为保障工程整体质量,应控制每道工序的质量。目前各专业的施工技术规范正在编制,并陆续实施,施工单位可按照执行。考虑到企业标准的控制指标应严格于行业和国家标准指标,鼓励有能力的施工单位编制企业标准,并按照企业标准的要求控制每道工序的施工质量。施工单位完成每道工序后,除了自检、专职质量检查员检查外,还应进行工序交接检查,上道工序应满足下道工序的施工条件和要求;同样相关专业工序之间也应进行交接检验,使各工序之间和各相关专业工程之间形成有机的整体。

3 工序是建筑工程施工的基本组成部分,一个检验批可能由一道或多道工序组成。根据目前的验收要求,监理单位对工程质量控制到检验批,对工序的质量一般由施工单位通过自检予以控制,但为保证工程质量,对监理单位有要求的重要工序,应经监理工程师检查认可,才能进行下道工序施工。

3.0.4 本条规定了可适当调整抽样复验、试验数量的条件和要求。

1 相同施工单位在同一项目中施工的多个单位工程,使用的材料、构配件、设备等往往属于同一批次,如果按每一个单位工程分别进行复验、试验势必会造成重复,且必要性不大,因此规定可适当调整抽样复检、试验数量,具体要求可根据相关专业验收规范的规定执行。

2 施工现场加工的成品、半成品、构配件等符合条件时,可适当调整抽样复验、试验数量。但对施工安装后的工程质量应按分部工程的要求进行检测试验,不能减少抽样数量,如结构实体混凝土强度检测、钢筋保护层厚度检测等。

3 在实际工程中,同一专业内或不同专业之间对同一对象有重复检验的情况,并需分别填写验收资料。例如混凝土结构隐蔽工程检验批和钢筋工程检验批，装饰装修工程和节能工程中对门窗的气密性试验等。因此本条规定可避免对同一对象的重复检验，可重复利用检验成果。

调整抽样复验、试验数量或重复利用已有检验成果应有具体的实施方案，实施方案应符合各专业验收规范的规定，并事先报监理单位认可。施工或监理单位认为必要时，也可不调整抽样复验、试验数量或不重复利用已有检验成果。

3.0.5 为适应建筑工程行业的发展，鼓励"四新"技术的推广应用，保证建筑工程验收的顺利进行，本条规定对国家、行业、地方标准没有具体验收要求的分项工程及检验批，可由建设单位组织制定专项验收要求，专项验收要求应符合设计意图，包括分项工程及检验批的划分、抽样方案、验收方法、判定指标等内容，监理、设计、施工等单位可参与制定。为保证工程质量，重要的专项验收要求应在实施前组织专家论证。

3.0.6 本条规定了建筑工程施工质量验收的基本要求：

1 工程质量验收的前提条件为施工单位自检合格，验收时施工单位对自检中发现的问题已完成整改。

2 参加工程施工质量验收的各方人员资格包括岗位、专业和技术职称等要求，具体要求应符合国家、行业和地方有关法律、法规及标准、规范的规定，尚无规定时可由参加验收的单位协商确定。

3 主控项目和一般项目的划分应符合各专业验收规范的规定。

4 见证检验的项目、内容、程序、抽样数量等应符合国家、行业和地方有关规范的规定。

5 考虑到隐蔽工程在隐蔽后难以检验，因此隐蔽工程在隐蔽前应进行验收，验收合格后方可继续施工。

6 本标准修订适当扩大抽样检验的范围，不仅包括涉及结构安全和使用功能的分部工程，还包括涉及节能、环境保护等的分部工程，具体内容可由各专业验收规范确定，抽样检验和实体检验结果应符合有关专业验收规范的规定。

7 观感质量可通过观察和简单的测试确定，观感质量的综合评价结果应由验收各方共同确认并达成一致。对影响观感及使用功能或质量评价为差的项目应进行返修。

3.0.7 本条明确给出了建筑工程施工质量验收合格的条件。需要指出的是，本标准及各专业验收规范提出的合格要求是对施工质量的最低要求，允许建设、设计等单位提出高于本标准及相关专业验收规范的验收要求。

3.0.8 对检验批的抽样方案可根据检验项目的特点进行选择。计量、计数检验可分为全数检验和抽样检验两类。对于重要且易于检查的项目，可采用简易快速的非破损检验方法时，宜选用全数检验。

本条在计量、计数抽样时引入了概率统计学的方法，提高抽样检验的理论水平，作为可采用的抽样方案之一。鉴于目前各专业验收规范在确定抽样数量时仍普遍采用基于经验的方法，本标准仍允许采用"经实践证明有效的抽样方案"。

3.0.9 本条规定了检验批的抽样要求。目前对施工质量的检验大多没有具体的抽样方案，样本选取的随意性较大，有时不能代表母体的质量情况。因此本条规定随机抽样应满足样本分布均匀、抽样具有代表性等要求。

对抽样数量的规定依据国家标准《计数抽样检验程序 第1部分：按接收质量限（AQL）检索的逐批检验抽样计划》GB/T 2828.1-2012，给出了检验批验收时的最小抽样数量，其目的是要保证验收检验具有一定的抽样量，并符合统计学原理，使抽样更具代表性。最小抽样数量有时不是最佳的抽样数量，因此本条规定抽样数量尚应符合有关专业验收规范的规定。表 3.0.9 适用于计数抽样的检验批，对计量-计数混合抽样的检验批可参考使用。

检验批中明显不合格的个体主要可通过肉眼观察或简单的测试确定，这些个体的检验指标往往与其他个体存在较大差异，纳入检验批后会增大验收结果的离散性，影响整体质量水平的统计。同时，也为了避免对明显不合格个体的人为忽略情况，本条规定对明显不合格的个体可不纳入检验批，但必须进行处理，使其符合规定。

3.0.10 关于合格质量水平的错判概率 α，是指合格批被判为不合格的概率，即合格批被拒收的概率；漏判概率 β 为不合格批被判为合格批的概率，即不合格批被误收的概率。抽样检验必然存在这两类风险，通过抽样检验的方法使检验批 100% 合格是不合理的也是不可能的，在抽样检验中，两类风险一向控制范围是：$\alpha=1\%\sim5\%$；$\beta=5\%\sim10\%$。对于主控项目，其 α、β 均不宜超过 5%；对于一般项目，α 不宜超过 5%，β 不宜超过 10%。

4 建筑工程质量验收的划分

4.0.1 验收时，将建筑工程划分为单位工程、分部工程、分项工程和检验批的方式已被采纳和接受，在建筑工程验收过程中应用情况良好，本次修订继续执行该划分方法。

4.0.2 单位工程应具有独立的施工条件和能形成独立的使用功能。在施工前可由建设、监理、施工单位商议确定，并据此收集整理施工技术资料和进行验收。

4.0.3 分部工程是单位工程的组成部分,一个单位工程往往由多个分部工程组成。

当分部工程量较大且较复杂时,为便于验收,可将其中相同部分的工程或能形成独立专业体系的工程划分成若干个子分部工程。

本次修订,增加了建筑节能分部工程。

4.0.4 分项工程是分部工程的组成部分,由一个或若干个检验批组成。

4.0.5 多层及高层建筑的分项工程可按楼层或施工段来划分检验批,单层建筑的分项工程可按变形缝等划分检验批;地基基础的分项工程一般划分为一个检验批,有地下层的基础工程可按不同地下层划分检验批;屋面工程的分项工程可按不同楼层屋面划分为不同的检验批;其他分部工程中的分项工程,一般按楼层划分检验批;对于工程量较少的分项工程可划为一个检验批。安装工程一般按一个设计系统或设备组别划分为一个检验批。室外工程一般划分为一个检验批。散水、台阶、明沟等含在地面检验批中。

按检验批验收有助于及时发现和处理施工中出现的质量问题,确保工程质量,也符合施工实际需要。

地基基础中的土方工程、基坑支护工程及混凝土结构工程中的模板工程,虽不构成建筑工程实体,但因其是建筑工程施工中不可缺少的重要环节和必要条件,其质量关系到建筑工程的质量和施工安全,因此将其列入施工验收的内容。

4.0.6 本次修订对分部工程、分项工程的设置进行了适当调整。

4.0.7 随着建筑工程领域的技术进步和建筑功能要求的提升,会出现一些新的验收项目,并需要有专门的分项工程和检验批与之相对应。对于本标准附录B及相关专业验收规范未涵盖的分项工程、检验批,可由建设单位组织监理、施工等单位在施工前根据工程具体情况协商确定,并据此整理施工技术资料和进行验收。

4.0.8 给出了室外工程的子单位工程、分部工程、分项工程的划分方法。

5 建筑工程质量验收

5.0.1 检验批是施工过程中条件相同并有一定数量的材料、构配件或安装项目,由于其质量水平基本均匀一致,因此可以作为检验的基本单元,并按批验收。

检验批是工程验收的最小单位,是分项工程、分部工程、单位工程质量验收的基础。检验批验收包括资料检查、主控项目和一般项目检验。

质量控制资料反映了检验批从原材料到最终验收的各施工工序的操作依据、检查情况以及保证质量所必需的管理制度等。对其完整性的检查,实际是对过程控制的确认,是检验批合格的前提。

检验批的合格与否主要取决于对主控项目和一般项目的检验结果。主控项目是对检验批的基本质量起决定性影响的检验项目,须从严要求,因此要求主控项目必须全部符合有关专业验收规范的规定,这意味着主控项目不允许有不符合要求的检验结果。对于一般项目,虽然允许存在一定数量的不合格点,但某些不合格点的指标与合格要求偏差较大或存在严重缺陷时,仍将影响使用功能或观感质量,对这些部位应进行维修处理。

为了使检验批的质量满足安全和功能的基本要求,保证建筑工程质量,各专业验收规范应对各检验批的主控项目、一般项目的合格质量给予明确的规定。

依据《计数抽样检验程序 第1部分:按接收质量限(AQL)检索的逐批检验抽样计划》GB/T 2828.1-2012给出了计数抽样正常检验一次抽样、二次抽样结果的判定方法。具体的抽样方案应按有关专业验收规范执行。如有关规范无明确规定时,可采用一次抽样方案,也可由建设、设计、监理、施工等单位根据检验对象的特征协商采用二次抽样方案。

举例说明表D.0.1-1和表D.0.1-2的使用方法:对于一般项目正常检验一次抽样,假设样本容量为20,在20个试样中如果有5个或5个以下试样被判为不合格时,该检验批可判定为合格;当20个试样中有6个或6个以上试样被判为不合格时,则该检验批可判定为不合格。对于一般项目正常检验二次抽样,假设样本容量为20,当20个试样中有3个或3个以下试样被判为不合格时,该检验批可判定为合格;当有6个或6个以上试样被判为不合格时,该检验批可判定为不合格;当有4或5个试样被判为不合格时,应进行第二次抽样,样本容量也为20个,两次抽样的样本容量为40,当两次不合格试样之和为9或小于9时,该检验批可判定为合格,当两次不合格试样之和为10或大于10时,该检验批可判定为不合格。

表D.0.1-1和表D.0.1-2给出的样本容量不连续,对合格判定数有时需要进行取整处理。例如样本容量为15,按表D.0.1-1插值得出的合格判定数为3.571,取整可得合格判定数为4,不合格判定数为5。

5.0.2 分项工程的验收是以检验批为基础进行的。一般情况下,检验批和分项工程两者具有相同或相近的性质,只是批量的大小不同而已。分项工程质量合格的条件是构成分项工程的各检验批验收资料齐全完整,且各检验批均已验收合格。

5.0.3 分部工程的验收是以所含各分项工程验收为基础进行的。首先,组成分部工程的各分项工程已验收合格且相应的质量控制资料齐全、完整。此外,由于各分项工程的性质不尽相同,因此作为分部工程不能简单地组合而加以验收,尚须进行以下两类检查项目：

1 涉及安全、节能、环境保护和主要使用功能的地基与基础、主体结构和设备安装等分部工程应进行有关的见证检验或抽样检验。

2 以观察、触摸或简单量测的方式进行观感质量验收,并结合验收人的主观判断,检查结果并不给出"合格"或"不合格"的结论,而是综合给出"好"、"一般"、"差"的质量评价结果。对于"差"的检查点应进行返修处理。

5.0.4 单位工程质量验收也称质量竣工验收,是建筑工程投入使用前的最后一次验收,也是最重要的一次验收。验收合格的条件有以下五个方面：

1 构成单位工程的各分部工程应验收合格。

2 有关的质量控制资料应完整。

3 涉及安全、节能、环境保护和主要使用功能的分部工程检验资料应复查合格,这些检验资料与质量控制资料同等重要。资料复查要全面检查其完整性,不得有漏检缺项,其次复核分部工程验收时要补充进行的见证抽样检验报告,这体现了对安全和主要使用功能等的重视。

4 对主要使用功能应进行抽查。这是对建筑工程和设备安装工程质量的综合检验,也是用户最为关心的内容,体现了本标准完善手段、过程控制的原则,也将减少工程投入使用后的质量投诉和纠纷。因此,在分项、分部工程验收合格的基础上,竣工验收时再作全面检查。抽查项目是在检查资料文件的基础上由参加验收的各方人员商定,并用计量、计数的方法抽样检验,检验结果应符合有关专业验收规范的规定。

5 观感质量应通过验收。观感质量检查须由参加验收的各方人员共同进行,最后共同协商确定是否通过验收。

5.0.5 检验批验收时,应进行现场检查并填写现场验收检查原始记录。该原始记录应由专业监理工程师和施工单位专业质量检查员、专业工长共同签署,并在单位工程竣工验收前存档备查,保证该记录的可追溯性。现场验收检查原始记录的格式可由施工、监理等单位确定,包括检查项目、检查位置、检查结果等内容。

检验批质量验收记录应根据现场验收检查原始记录按附录E的格式填写,并由专业监理工程师和施工单位专业质量检查员、专业工长在检验批质量验收记录上签字,完成检验批的验收。

附录E和附录F及附录G分别规定了检验批、分项工程、分部工程验收记录的填写要求,为各专业验收规范提供了表格的基本格式,具体内容应由各专业验收规范规定。

附录H规定了单位工程质量验收记录的填写要求。单位工程观感质量检查记录中的质量评价结果填写"好"、"一般"或"差",可由各方协商确定,也可按以下原则确定：项目检查点中有1处或多于1处"差"可评价为"差",有60%及以上的检查点"好"可评价为"好",其余情况可评价为"一般"。

5.0.6 一般情况下,不合格现象在检验批验收时就应发现并及时处理,但实际工程中不能完全避免不合格情况的出现,本条给出了当质量不符合要求时的处理办法：

1 检验批验收时,对于主控项目不能满足验收规范规定或一般项目超过偏差限值的样本数量不符合验收规定时,应及时进行处理。其中,对于严重的缺陷应重新施工,一般的缺陷可通过返修、更换予以解决,允许施工单位在采取相应的措施后重新验收。如能够符合相应的专业验收规范要求,应认为该检验批合格。

2 当个别检验批发现问题,难以确定能否验收时,应请具有资质的法定检测机构进行检测鉴定。当鉴定结果认为能够达到设计要求时,该检验批应可以通过验收。这种情况通常出现在某检验批的材料试块强度不满足设计要求时。

3 如经检测鉴定达不到设计要求,但经原设计单位核算、鉴定,仍可满足相关设计规范和使用功能要求时,该检验批可予以验收。这主要是因为一般情况下,标准、规范的规定是满足安全和功能的最低要求,而设计往往在此基础上留有一些余量。在一定范围内,会出现不满足设计要求而符合相应规范要求的情况,两者并不矛盾。

4 经法定检测机构检测鉴定后认为达不到规范的相应要求,即不能满足最低限度的安全储备和使用功能时,则必须进行加固或处理,使之能满足安全使用的基本要求。这样可能会造成一些永久性的影响,如增大结构外形尺寸,影响一些次要的使用功能。但为了避免建筑物的整体或局部拆除,避免社会财富更大的损失,在不影响安全和主要使用功能条件下,可按技术处理方案和协商文件进行验收,责任方应按法律法规承担相应的经济责任和接受处罚。需要特别注意的是,这种方法不能作为降低质量要求、变相通过验收的一种出路。

5.0.7 工程施工时应确保质量控制资料齐全完整,但实际工程中偶尔会遇到因遗漏检验或资料丢失而导致部分施工验收资料不全的情况,使工程无法正常验收。对此可有针对性地进行工程质量检验,采取实体检测或抽样试验的方法确定工程质量状况。上述工作应由有资质的检测机构完成,出具的检验报告可用于施工质量验收。

5.0.8 分部工程及单位工程经返修或加固处理后仍不能满足安全或重要的使用功能时,表明工程质量存在严重的缺陷。重要的使用功能不满足要求时，将导致建筑物无法正常使用，安全不满足要求时，将危及人身健康或财产安全，严重时会给社会带来巨大的安全隐患，因此对这类工程严禁通过验收，更不得擅自投入使用，需要专门研究处置方案。

6 建筑工程质量验收的程序和组织

6.0.1 检验批验收是建筑工程施工质量验收的最基本层次，是单位工程质量验收的基础，所有检验批均应由专业监理工程师组织验收。验收前，施工单位应完成自检，对存在的问题自行整改处理，然后申请专业监理工程师组织验收。

6.0.2 分项工程由若干个检验批组成，也是单位工程质量验收的基础。验收时在专业监理工程师组织下，可由施工单位项目技术负责人对所有检验批验收记录进行汇总，核查无误后报专业监理工程师审查，确认符合要求后，由项目专业技术负责人在分项工程质量验收记录中签字，然后由专业监理工程师签字通过验收。

在分项工程验收中，如果对检验批验收结论有怀疑或异议时，应进行相应的现场检查核实。

6.0.3 本条给出了分部工程验收组织的基本规定。就房屋建筑工程而言，在所包含的十个分部工程中，参加验收的人员可有以下三种情况：

1 除地基基础、主体结构和建筑节能三个分部工程外，其他七个分部工程的验收组织相同，即由总监理工程师组织，施工单位项目负责人和项目技术负责人等参加。

2 由于地基与基础分部工程情况复杂，专业性强，且关系到整个工程的安全，为保证质量，严格把关，规定勘察、设计单位项目负责人应参加验收，并要求施工单位技术、质量部门负责人也应参加验收。

3 由于主体结构直接影响使用安全，建筑节能是基本国策，直接关系到国家资源战略、可持续发展等，故这两个分部工程，规定设计单位项目负责人应参加验收，并要求施工单位技术、质量部门负责人也应参加验收。

参加验收的人员，除指定的人员必须参加验收外，允许其他相关人员共同参加验收。

由于各施工单位的机构和岗位设置不同，施工单位技术、质量负责人允许是两位人员，也可以是一位人员。

勘察、设计单位项目负责人应为勘察、设计单位负责本工程项目的专业负责人，不应由与本项目无关或不了解本项目情况的其他人员、非专业人员代替。

6.0.4 《建设工程承包合同》的双方主体是建设单位和总承包单位，总承包单位应按照承包合同的权利义务对建设单位负责。总承包单位可以根据需要将建设工程的一部分依法分包给其他具有相应资质的单位，分包单位对总承包单位负责，亦应对建设单位负责。总承包单位就分包单位完成的项目向建设单位承担连带责任。因此，分包单位对承建的项目进行验收时，总承包单位应参加，检验合格后，分包单位应将工程的有关资料整理完整后移交给总承包单位，建设单位组织单位工程质量验收时，分包单位负责人应参加验收。

6.0.5 单位工程完成后，施工单位应首先依据验收规范、设计图纸等组织有关人员进行自检，对检查发现的问题进行必要的整改。监理单位应根据本标准和《建设工程监理规范》GB/T 50319 的要求对工程进行竣工预验收。符合规定后由施工单位向建设单位提交工程竣工报告和完整的质量控制资料，申请建设单位组织竣工验收。

工程竣工预验收由总监理工程师组织，各专业监理工程师参加，施工单位由项目经理、项目技术负责人等参加，其他各单位人员可不参加。工程预验收除参加人员与竣工验收不同外，其方法、程序、要求等均应与工程竣工验收相同。竣工预验收的表格格式可参照工程竣工验收的表格格式。

6.0.6 单位工程竣工验收是依据国家有关法律、法规及规范、标准的规定，全面考核建设工作成果，检查工程质量是否符合设计文件和合同约定的各项要求。竣工验收通过后，工程将投入使用，发挥其投资效应，也将与使用者的人身健康或财产安全密切相关。因此工程建设的参与单位应对竣工验收给予足够的重视。

单位工程质量验收应由建设单位项目负责人组织，由于勘察、设计、施工、监理单位都是责任主体，因此各单位项目负责人应参加验收，考虑到施工单位对工程负有直接生产责任，而施工项目部不是法人单位，故施工单位的技术、质量负责人也应参加验收。

在一个单位工程中，对满足生产要求或具备使用条件，施工单位已自行检验，监理单位已预验收的子单位工程，建设单位可组织进行验收。由几个施工单位负责施工的单位工程，当其中的子单位工程已按设计要求完成，并经自行检验，也可按规定的程序组织正式验收，办理交工手续。在整个单位工程验收时，已验收的子单位工程验收资料应作为单位工程验收的附件。

中华人民共和国国家标准

建筑工程施工质量评价标准

Evaluating standard for excellent quality of
building engineering

GB/T 50375—2006

主编部门：中华人民共和国建设部
批准部门：中华人民共和国建设部
施行日期：２００６年１１月１日

中华人民共和国建设部
公　告

第 465 号

建设部关于发布国家标准
《建筑工程施工质量评价标准》的公告

现批准《建筑工程施工质量评价标准》为国家标准，编号为 GB/T 50375—2006，自 2006 年 11 月 1 日实施。

本标准由建设部标准定额研究所组织中国建筑工业出版社出版发行。

中华人民共和国建设部
2006 年 7 月 20 日

前　言

本标准是根据建设部建标〔2004〕67 号文《关于印发"二〇〇四年工程建设国家标准制订、修订计划"的通知》的要求，由中国建筑业协会工程建设质量监督分会会同有关单位组成编制组。编制组在广泛调查研究，认真总结实践经验，并在广泛征求意见的基础上，形成了本评价标准。

本标准的主要评价方法是：按单位工程评价工程质量，首先将单位工程按专业性质和建筑部位划分为地基及桩基工程、结构工程、屋面工程、装饰装修工程、安装工程五部分。每部分分别从施工现场质量保证条件、性能检测、质量记录、尺寸偏差及限值实测、观感质量等五项内容来评价，最后进行综合评价。具体章节为：

1. 总则；2. 术语；3. 基本规定；4. 施工现场质量保证条件评价；5. 地基及桩基工程质量评价；6. 结构工程质量评价；7. 屋面工程质量评价；8. 装饰装修工程质量评价；9. 安装工程质量评价；10. 单位工程质量综合评价等。

本标准由建设部负责管理，中国建筑业协会工程建设质量监督分会负责具体技术内容的解释。

本标准在执行过程中，请各单位注意总结经验，积累资料，随时将有关意见和建议反馈给中国建筑业协会工程建设质量监督分会（北京市百万庄建设部大院建设部印刷厂二楼，邮政编码：100037）。

主编单位：中国建筑业协会工程建设质量监督分会

参编单位：北京市建设委员会
　　　　　北京建工集团有限责任公司
　　　　　上海市建设工程安全质量监督总站
　　　　　中天建设集团
　　　　　解放军工程质量监督总站
　　　　　上海市建设工程质量检测中心
　　　　　山西省建设工程质量监督管理总站
　　　　　重庆市建设工程质量监督总站
　　　　　北京城乡欣瑞建设有限责任公司
　　　　　浙江省宁波市建设委员会
　　　　　厦门中联建设有限公司
　　　　　深圳市建设工程质量监督总站
　　　　　广州市建设工程质量监督站
　　　　　北京市远达建设监理有限责任公司
　　　　　北京港源建筑装饰工程有限公司
　　　　　浙江舜杰建筑集团股份公司

主要起草人：吴松勤　张玉平　艾永祥　潘延平
　　　　　　彭尚银　张益堂　梁建民　唐　民
　　　　　　贺昌元　杨南方　邱　峯　朱亚光
　　　　　　景　万　郑肃宁　袁欣平　张力君
　　　　　　邓颖康　侯兆欣　杨玉江　李兴元
　　　　　　张晓光　顾福林　刘宴山　许建青

目　　次

1 总则 …………………………………… 9—2—4
2 术语 …………………………………… 9—2—4
3 基本规定 ……………………………… 9—2—4
　3.1 评价基础 …………………………… 9—2—4
　3.2 评价框架体系 ……………………… 9—2—4
　3.3 评价规定 …………………………… 9—2—5
　3.4 评价内容 …………………………… 9—2—6
　3.5 基本评价方法 ……………………… 9—2—6
4 施工现场质量保证条件评价 ………… 9—2—7
　4.1 施工现场质量保证条件检查
　　　评价项目 …………………………… 9—2—7
　4.2 施工现场质量保证条件检查
　　　评价方法 …………………………… 9—2—7
5 地基及桩基工程质量评价 …………… 9—2—7
　5.1 地基及桩基工程性能检测 ………… 9—2—7
　5.2 地基及桩基工程质量记录 ………… 9—2—8
　5.3 地基及桩基工程尺寸偏差及
　　　限值实测 …………………………… 9—2—9
　5.4 地基及桩基工程观感质量 ………… 9—2—10
6 结构工程质量评价 …………………… 9—2—10
　6.1 结构工程性能检测 ………………… 9—2—10
　6.2 结构工程质量记录 ………………… 9—2—12
　6.3 结构工程尺寸偏差及限值实测 …… 9—2—16
　6.4 结构工程观感质量 ………………… 9—2—17
7 屋面工程质量评价 …………………… 9—2—18
　7.1 屋面工程性能检测 ………………… 9—2—18
　7.2 屋面工程质量记录 ………………… 9—2—18
　7.3 屋面工程尺寸偏差及限值实测 …… 9—2—19
　7.4 屋面工程观感质量 ………………… 9—2—20
8 装饰装修工程质量评价 ……………… 9—2—21
　8.1 装饰装修工程性能检测 …………… 9—2—21
　8.2 装饰装修工程质量记录 …………… 9—2—21
　8.3 装饰装修工程尺寸偏差及
　　　限值实测 …………………………… 9—2—22
　8.4 装饰装修工程观感质量 …………… 9—2—23
9 安装工程质量评价 …………………… 9—2—24
　9.1 建筑给水排水及采暖工程
　　　质量评价 …………………………… 9—2—24
　9.2 建筑电气安装工程质量评价 ……… 9—2—26
　9.3 通风与空调工程质量评价 ………… 9—2—28
　9.4 电梯安装工程质量评价 …………… 9—2—30
　9.5 智能建筑工程质量评价 …………… 9—2—33
10 单位工程质量综合评价 ……………… 9—2—35
　10.1 工程结构质量评价 ………………… 9—2—35
　10.2 单位工程质量评价 ………………… 9—2—36
　10.3 单位工程各项目评分
　　　 汇总及分析 ………………………… 9—2—37
　10.4 工程质量评价报告 ………………… 9—2—37
本标准用词说明 …………………………… 9—2—37
附：条文说明 ……………………………… 9—2—38

1 总 则

1.0.1 为促进工程质量管理工作的发展，统一建筑工程施工质量评价的基本指标和方法，鼓励施工企业创优，规范创优活动，制订本标准。

1.0.2 本标准适用于建筑工程在工程质量合格后的施工质量优良评价。工程创优活动应在优良评价的基础上进行。

1.0.3 施工质量优良评价的基础是《建筑工程施工质量验收统一标准》及其配套的各专业工程质量验收规范。

1.0.4 建筑工程施工质量优良评价除执行本标准外，尚应符合现行国家有关标准、规范的规定。

2 术 语

2.0.1 建筑工程 building engineering

新建、改建或扩建房屋建筑物和附属构筑物所进行的规划、勘察、设计和施工、竣工等各项技术工作和完成的工程实体。

2.0.2 建筑工程质量 quality of building engineering

反映建筑工程满足相关标准规定或合同约定的要求，包括其在安全、使用功能及其在耐久性能、环境保护等方面所有明显和隐含能力的特性总和。

2.0.3 建筑装饰装修 building decoration

为保护建筑物的主体结构、完善建筑物的使用功能和美化建筑物，采用装饰装修材料或饰物，对建筑物的内外表面及空间进行的各种处理。

2.0.4 施工现场质量保证条件 in site quality assurance condition

为确保施工过程各项活动的有效开展和达到预定的质量目标所需要的控制准则和方法，使每个过程符合规定的要求和过程标准，以达到每个过程期望的结果或为实现这些过程策划的结果和对这些过程持续改进实施必要措施的文件、物资及环境。

2.0.5 性能检测 inspection

对检验项目中的各项性能进行量测、检查、试验等，并将检测结果与设计要求或标准规定进行比较，以确定每项性能是否达到规定要求所进行的活动。

2.0.6 质量记录 quality records

参与工程建设的责任主体和检测单位在工程建设过程中，为证明工程质量的状况，按照国家有关法律、法规和技术标准的规定，在参与工程建设活动中所形成的有关确保工程质量的措施、材质证明、施工记录、检测检验报告及所做工作的成果记录等文字及音像文件。

2.0.7 优良工程 fine building engineering

建筑工程质量在满足相关标准规定和合同约定的合格基础上，经过评价在结构安全、使用功能、环境保护等内在质量、外表实物质量及工程资料方面，达到本标准规定的质量指标的建筑工程。

2.0.8 尺寸偏差及限值实测 dimensional deviation measured on the spot

对一些主要的允许偏差项目及有关尺寸限值项目进行尺量等量测，并将量测结果与规范规定值进行比较，以表明每项偏差值是否满足规定，以及满足规定的程度所进行的活动。

2.0.9 观感质量 impressional quality

对一些不便用数据表示的布局、表面、色泽、整体协调性、局部做法及使用的方便性等质量项目由有资格的人员通过目测、体验或辅以必要的量测，根据检查项目的总体情况，综合对其质量项目给出的评价。

2.0.10 权重值 weight

在质量评价过程中，为了能将有关检查项目满足规定要求的程度用数据表示出来，按各项目所占工作量的大小及影响整体能力重要程度，分别对各项目规定的所占比例分值。

2.0.11 质量评价 quality evaluation

对工程实体具备的满足规定要求能力的程度所做的系统检查。对工程质量而言，评价可以是对有关建设活动、过程、组织、体系、资料或承担工程人员的能力，以及工程实体质量所进行的检验评定活动。

3 基本规定

3.1 评价基础

3.1.1 建筑工程质量应实施目标管理，施工单位在工程开工前应制订质量目标，进行质量策划。实施创优良的工程，还应在承包合同中明确质量目标以及各方责任。

3.1.2 建筑工程质量应推行科学管理，强化工程项目的工序质量管理，重视管理机制的质量保证能力及持续改进能力。

3.1.3 建筑工程质量控制的重点应突出原材料、过程工序质量控制及功能效果测试。应重视提高管理效率及操作技能。

3.1.4 建筑工程施工质量优良评价应综合检查评价结构的安全性、使用功能和观感质量效果等。

3.1.5 建筑工程施工质量优良评价应注重科技进步、环保和节能等先进技术的应用。

3.1.6 建筑工程施工质量优良评价，应在工程质量按《建筑工程施工质量验收统一标准》及其配套的各专业工程质量验收规范验收合格基础上评价优良等级。

3.2 评价框架体系

3.2.1 建筑工程施工质量评价应根据建筑工程特点按照工程部位、系统分为地基及桩基工程、结构工程、屋面工程、装饰装修工程及安装工程等五部分，其框架体系应符合表3.2.1的规定。

表 3.2.1　工程质量评价框架体系

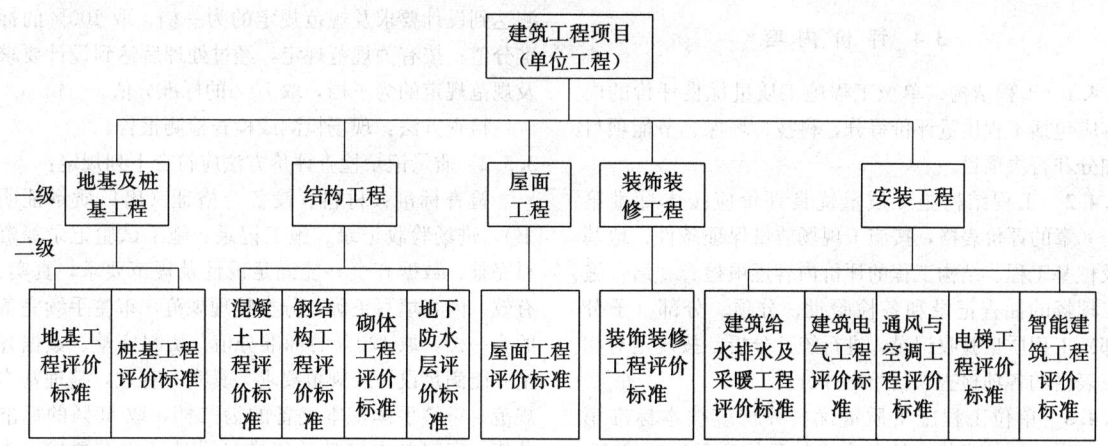

3.2.2 每个工程部位、系统应根据其在整个工程中所占工作量大小及重要程度给出相应的权重值，工程部位、系统权重值分配应符合表3.2.2的规定。

表 3.2.2　工程部位、系统权重值分配表

工程部位	权重分值
地基及桩基工程	10
结构工程	40
屋面工程	5
装饰装修工程	25
安装工程	20

注：安装工程有五项内容：建筑给水排水及采暖工程、建筑电气、通风与空调、电梯、智能建筑工程各4分。缺项时按实际工作量分配但应为整数。

3.2.3 每个工程部位、系统按照工程质量的特点，其质量评价应包括施工现场质量保证条件、性能检测、质量记录、尺寸偏差及限值实测、观感质量等五项评价内容。

每项评价内容应根据其在该工程部位、系统内所占的工作量大小及重要程度给出相应的权重值，各项评价内容的权重值分配应符合表3.2.3的规定。

表 3.2.3　评价项目权重值分配表

序号	评价项目	地基及桩基工程	结构工程	屋面工程	装饰装修工程	安装工程
1	施工现场质量保证条件	10	10	10	10	10
2	性能检测	35	30	30	20	30
3	质量记录	35	25	20	20	30
4	尺寸偏差及限值实测	15	20	10	10	10
5	观感质量	5	15	20	40	20

注：1 用各检查评分表检查评分后，将所得分值换算为本表分值，再按规定变为表3.2.2的权重值。
2 地下防水层评价权重值没有单独列出，包含在结构工程中，当有地下防水层时，其权重值占结构工程的5%。

3.2.4 每个检查项目包括若干项具体检查内容，对每一具体检查内容应按其重要性给出标准分值，其判定结果分为一、二、三共三个档次。一档为100%的标准分值；二档为85%的标准分值；三档为70%的标准分值。

3.2.5 建筑工程施工质量优良评价应分为工程结构和单位工程两个阶段分别进行评价。

3.2.6 工程结构、单位工程施工质量优良工程的评价总得分均应大于等于85分。总得分达到92分及其以上时为高质量等级的优良工程。

3.3　评价规定

3.3.1 建筑工程实行施工质量优良评价的工程，应在施工组织设计中制定具体的创优措施。

3.3.2 建筑工程施工质量优良评价，应先由施工单位按规定自行检查评定，然后由监理或相关单位验收评价。评价结果应以验收评价结果为准。

3.3.3 工程结构和单位工程施工质量优良评价均应出具评价报告。

3.3.4 工程结构施工质量优良评价应在地基及桩基工程、结构工程以及附属的地下防水层完工，且主体工程质量验收合格的基础上进行。

3.3.5 工程结构施工质量优良评价，应在施工过程中对施工现场进行必要的抽查，以验证其验收资料的准确性。多层建筑至少抽查一次，高层、超高层、规模较大工程及结构较复杂的工程应增加抽查次数。

现场抽查应做好记录，对抽查项目的质量状况进行详细记载。

现场抽查采取随机抽样的方法。

3.3.6 单位工程施工质量优良评价应在工程结构施工质量优良评价的基础上，经过竣工验收合格之后进行，工程结构质量评价达不到优良的，单位工程施工质量不能评为优良。

3.3.7 单位工程施工质量优良的评价，应对工程实体质量和工程档案进行全面的检查。

3.4 评价内容

3.4.1 工程结构、单位工程施工质量优良评价的内容应包括工程质量评价得分，科技、环保、节能项目加分和否决项目。

3.4.2 工程结构施工质量优良评价应按本标准第4~6章的评价表格，按施工现场质量保证条件、地基及桩基工程、结构工程的评价内容逐项检查。结合施工现场的抽查记录和各检验批、分项、分部（子分部）工程质量验收记录，进行统计分析，按规定对相应表格的各项检查项目给出评分。

3.4.3 单位工程施工质量优良评价应按本标准第4~9章的评价表格，按各表格的具体项目逐项检查，对工程的抽查记录和验收记录，进行统计分析，按规定对相应表格的各项检查项目给出评分。

3.4.4 工程结构、单位工程施工质量凡出现下列情况之一的不得进行优良评价：

  1 使用国家明令淘汰的建筑材料、建筑设备、耗能高的产品及民用建筑挥发性有害物质含量释放量超过国家规定的产品。

  2 地下工程渗漏超过有关规定、屋面防水出现渗漏、超过标准的不均匀沉降、超过规范规定的结构裂缝，存在加固补强工程以及施工过程出现重大质量事故的。

  3 评价项目中设置否决项目，确定否决的条件是：其评价得分达不到二档，实得分达不到85%的标准分值；没有二档的为一档，实得分达不到100%的标准分值。设置的否决项目为：

  地基及桩基工程：地基承载力、复合地基承载力及单桩竖向抗压承载力；

  结构工程：混凝土结构工程实体钢筋保护层厚度、钢结构工程焊缝内部质量及高强度螺栓连接副紧固质量；

  安装工程：给水排水及采暖工程承压管道、设备水压试验，电气安装工程接地装置、防雷装置的接地电阻测试，通风与空调工程通风管道严密性试验，电梯安装工程电梯安全保护装置测试，智能建筑工程系统检测等。

3.4.5 有以下特色的工程可适当加分，加分为权重值计算后的直接加分，加分只限一次。

  1 获得部、省级及其以上科技进步奖，以及使用节能、节地、环保等先进技术获得部、省级奖的工程可加0.5~3分；

  2 获得部、省级科技示范工程或使用先进施工技术并通过验收的工程可加0.5~1分。

3.5 基本评价方法

3.5.1 性能检测检查评价方法应符合下列规定：

  检查标准：检查项目的检测指标（参数）一次检测达到设计要求及规范规定的为一档，取100%的标准分值；按有关规范规定，经过处理后达到设计要求及规范规定的为三档，取70%的标准分值。

  检查方法：现场检测或检查检测报告。

3.5.2 质量记录检查评价方法应符合下列规定：

  检查标准：材料、设备合格证（出厂质量证明书）、进场验收记录、施工记录、施工试验记录等资料完整、数据齐全并能满足设计及规范要求，真实、有效、内容填写正确，分类整理规范，审签手续完备的为一档，取100%的标准分值；资料完整、数据齐全并能满足设计及规范要求，真实、有效，整理基本规范，审签手续基本完备的为二档，取85%的标准分值；资料基本完整并能满足设计及规范要求，真实、有效，内容审签手续基本完备的为三档，取70%的标准分值。

  检查方法：检查资料的数量及内容。

3.5.3 尺寸偏差及限值实测检查评价方法应符合下列规定：

  检查标准：检查项目为允许偏差项目时，项目各测点实测均达到规范规定值，且有80%及其以上的测点平均实测值小于等于规范规定值0.8倍的为一档，取100%的标准分值；检查项目各测点实测值均达到规范规定值，且有50%及其以上，但不足80%的测点平均实测值小于等于规范规定值0.8倍的为二档，取85%的标准分值；检查项目各测点实测值均达到规范规定的为三档，取70%的标准分值。

  检查项目为双向限值项目时，项目各测点实测值均能满足规范规定值，且其中有50%及其以上测点实测值接近限值的中间值的为一档，取100%的标准分值；各测点实测值均能满足规范规定限值范围的为二档，取85%的标准分值；凡有测点经过处理后达到规范规定的为三档，取70%的标准分值。

  检查项目为单向限值项目时，项目各测点实测值均能满足规范规定值的为一档，取100%的标准分值；凡有测点经过处理后达到规范规定的为三档，取70%的标准分值。

  当允许偏差、限值两者都有时，取较低档项目的判定值。

  检查方法：在各相关同类检验批或分项工程中，随机抽取10个检验批或分项工程，不足10个的取全部进行分析计算。必要时，可进行现场抽测。

3.5.4 观感质量检查评价方法应符合下列规定：

  检查标准：每个检查项目的检查点按"好"、"一般"、"差"给出评价，项目检查点90%及其以上达到"好"，其余检查点达到一般的为一档，取100%的标准分值；项目检查点"好"的达到70%及其以上但不足90%，其余检查点达到"一般"的为二档，取85%的标准分值；项目检查点"好"的达到30%

及其以上但不足70%，其余检查点达到"一般"的为三档，取70%的标准分值。

检查方法：观察辅以必要的量测和检查分部（子分部）工程质量验收记录，并进行分析计算。

4 施工现场质量保证条件评价

4.1 施工现场质量保证条件检查评价项目

4.1.1 施工现场应具备基本的质量管理及质量责任制度：

1 现场项目部组织机构健全，建立质量保证体系并有效运行；

2 材料、构件、设备的进场验收制度和抽样检验制度；

3 岗位责任制度及奖罚制度。

4.1.2 施工现场应配置基本的施工操作标准及质量验收规范：

1 建筑工程施工质量验收规范的配置；

2 施工工艺标准（企业标准、操作规程）的配置。

4.1.3 施工前应制定较完善的施工组织设计、施工方案。

4.1.4 施工前应制定质量目标及措施。

4.2 施工现场质量保证条件检查评价方法

4.2.1 施工现场质量保证条件应符合下列检查标准：

1 质量管理及责任制度健全，能落实的为一档，取100%的标准分值；质量管理及责任制度健全，能基本落实的为二档，取85%的标准分值；有主要质量管理及责任制度，能基本落实的为三档，取70%的标准分值。

2 施工操作标准及质量验收规范配置。工程所需的工程质量验收规范齐全、主要工序有施工工艺标准（企业标准、操作规程）的为一档，取100%的标准分值；工程所需的工程质量验收规范齐全、1/2其以上主要工序有施工工艺标准（企业标准、操作规程）的为二档，取85%的标准分值；主要项目有相应的工程质量验收规范、主要工序施工工艺标准（企业标准、操作规程）达到1/4不足1/2为三档，取70%的标准分值。

3 施工组织设计、施工方案编制审批手续齐全、可操作性好、针对性强，并认真落实的为一档，取100%的标准分值；施工组织设计、施工方案、编制审批手续齐全，可操作性、针对性较好，并基本落实的为二档，取85%的标准分值；施工组织设计、施工方案经过审批，落实一般的为三档，取70%的标准分值。

4 质量目标及措施明确、切合实际、措施有效性好，实施好的为一档，取100%的标准分值；实施较好的为二档，取85%的标准分值；实施一般的为三档，取70%的标准分值。

4.2.2 施工现场质量保证条件检查方法应符合下列规定：

检查有关制度、措施资料，抽查其实施情况，综合进行判定。

4.2.3 施工现场质量保证条件评分应符合表4.2.3的规定。

表4.2.3 施工现场质量保证条件评分表

工程名称		施工阶段		检查日期		年 月 日	
施工单位			评价单位				
序号	检查项目	应得分	判定结果			实得分	备注
			100%	85%	70%		
1	施工现场质量管理及质量责任制度 现场组织机构、质保体系，材料、设备进场验收制度，抽样检验制度，岗位责任制度及奖罚制度	30					
2	施工操作标准及质量验收规范配置	30					
3	施工组织设计、施工方案	20					
4	质量目标及措施	20					
检查结果	权重值10分。应得分合计：实得分合计：施工现场质量保证条件评分＝$\frac{实得分}{应得分}×10=$						
	评价人员： 年 月 日						

5 地基及桩基工程质量评价

5.1 地基及桩基工程性能检测

5.1.1 地基及桩基工程性能检测应检查的项目包括：

1 地基强度、压实系数、注浆体强度；

2 地基承载力；

3 复合地基桩体强度（土和灰土桩、夯实水泥土桩测桩体干密度）；

4 复合地基承载力；

5 单桩竖向抗压承载力；

6 桩身完整性。

5.1.2 地基及桩基工程性能检测检查评价方法应符合下列规定：
  1 检查标准：
    1）地基强度、压实系数、承载力；复合地基桩体强度或桩体干密度及承载力；桩基承载力。
    检查标准和方法应符合本标准第3.5.1条的规定。
    2）桩身完整性。桩身完整性一次检测95%及其以上达到Ⅰ类桩，其余达到Ⅱ类桩时为一档，取100%的标准分值；一次检测90%及其以上，不足95%达到Ⅰ类桩，其余达到Ⅱ类桩时为二档，取85%的标准分值；一次检测70%及其以上不足90%达到Ⅰ类桩，且Ⅰ、Ⅱ类桩合计达到98%及以上，且其余桩验收合格的为三档，取70%的标准分值。
  2 检查方法：检查有关检测报告。

5.1.3 地基及桩基工程性能检测评分应符合表5.1.3的规定。

表5.1.3 地基及桩基工程性能检测评分表

工程名称			施工阶段		检查日期	年月日	
施工单位			评价单位				
序号	检查项目		应得分	判定结果			实得分	备注
				100%	85%	70%		
1	地基	地基强度、压实系数、注浆体强度	50					
		地基承载力	50					
2	复合地基	桩体强度、桩体干密度	(50)					
		复合地基承载力	(50)					
3	桩基	单桩竖向抗压承载力	(50)					
		桩身完整性	(50)					
检查结果	权重值35分。 应得分合计： 实得分合计： 地基及桩基工程性能检测评分＝$\dfrac{实得分}{应得分}\times 35=$							
	评价人员： 年 月 日							

5.2 地基及桩基工程质量记录

5.2.1 地基及桩基工程质量记录应检查的项目包括：
  1 材料、预制桩合格证（出厂试验报告）及进场验收记录及水泥、钢筋复试报告。
  2 施工记录：
    1）地基处理、验槽、钎探施工记录；
    2）预制桩接头施工记录；
    3）打（压）桩试桩记录及施工记录；
    4）灌注桩成孔、钢筋笼及混凝土灌注检查记录及施工记录；
    5）检验批、分项、分部（子分部）工程质量验收记录。
  3 施工试验：
    1）各种地基材料的配合比试验报告；
    2）钢筋连接试验报告；
    3）混凝土强度试验报告；
    4）预制桩龄期及强度试验报告。

5.2.2 地基及桩基工程质量记录检查评价方法应符合本标准第3.5.2条的规定。

5.2.3 地基及桩基工程质量记录评分应符合表5.2.3的规定。

表5.2.3 地基及桩基工程质量记录评分表

工程名称		施工阶段		检查日期	年月日	
施工单位		评价单位				
序号	检查项目		应得分	判定结果		实得分	备注
				100%	85%	70%	
1	材料、预制桩合格证（出厂试验报告）及进场验收记录	材料合格证（出厂试验报告）及进场验收记录及钢筋、水泥复试报告	30				
		预制桩合格证（出厂试验报告）及进场验收记录	(30)				
2	施工记录	地基处理、验槽、钎探施工记录	30				
		预制桩接头施工记录	(10)				

续表 5.2.3

工程名称		施工阶段		检查日期	年月日	
施工单位			评价单位			

序号	检查项目		应得分	判定结果			实得分	备注
				100%	85%	70%		
2	施工记录	打(压)桩试桩记录及施工记录	(20)					
		灌注桩成孔、钢筋笼、混凝土灌注检查记录及施工记录	(30)					
		检验批、分项、分部(子分部)工程质量验收记录	10					
3	施工试验	灰土、砂石、注浆桩及水泥、粉煤灰、碎石桩配合比试验报告	30					
		钢筋连接试验报告	(15)					
		混凝土试件强度试验报告	(15)					
		预制桩龄期及试件强度试验报告	(30)					

检查结果	权重值 35 分。 应得分合计: 实得分合计: 地基及桩基工程质量记录评分=$\frac{实得分}{应得分}\times 35=$ 评价人员: 年 月 日

5.3 地基及桩基工程尺寸偏差及限值实测

5.3.1 地基及桩基工程尺寸偏差及限值实测应检查的项目包括:

1 天然地基基槽工程尺寸偏差及限值实测检查项目:

基底标高允许偏差—50mm;长度、宽度允许偏差+200mm、—50mm。

2 复合地基工程尺寸偏差及限值实测检查项目:

桩位允许偏差:振冲桩允许偏差≤100mm;高压喷射注浆桩允许偏差≤0.2D;水泥土搅拌桩允许偏差<50mm;土和灰土挤密桩、水泥粉煤灰碎石桩、夯实水泥土桩的满堂桩允许偏差≤0.4D。

注:D 为桩体直径或边长。

3 打(压)入桩工程尺寸偏差及限值实测检查项目:

桩位允许偏差应符合表 5.3.1-1 的规定。

表 5.3.1-1 预制桩(钢桩)桩位允许偏差

序号	项 目	允许偏差(mm)
1	盖有基础梁的桩: (1)垂直基础梁的中心线 (2)沿基础梁的中心线	$100+0.01H$ $150+0.01H$
2	桩数为 1~3 根桩基中的桩	100
3	桩数为 4~16 根桩基中的桩	1/2 桩径或边长
4	桩数大于 16 根桩基中的桩: (1)最外边的桩 (2)中间桩	1/3 桩径或边长 1/2 桩径或边长

注:H 为施工现场地面标高与桩顶设计标高的距离。

4 灌注桩工程尺寸偏差及限值实测检查项目:

灌注桩允许偏差应符合表 5.3.1-2 的规定。

表 5.3.1-2 灌注桩桩位允许偏差(mm)

序号	成孔方法		1~3 根、单排桩基垂直于中心线方向和群桩基础的边桩	条形桩基沿中心线方向和群桩基础的中间桩
1	泥浆护壁钻孔桩	$D\leqslant 1000mm$	D/6,且不大于 100	D/4,且不大于 150
		$D>1000mm$	$100+0.01H$	$150+0.01H$
2	套管成孔灌注桩	$D\leqslant 500mm$	70	150
		$D>500mm$	100	150
3	人工挖孔桩	混凝土护壁	50	150
		钢套管护壁	100	200

注:1 D 为桩径。
2 H 为施工现场地面标高与桩顶设计标高的距离。

5.3.2 地基及桩基工程尺寸偏差及限值实测检查评价方法应符合本标准第 3.5.3 条的规定。

5.3.3 地基及桩基工程尺寸偏差及限值实测检查评分应符合表 5.3.3 的规定。

表 5.3.3 地基及桩基工程尺寸偏差及限值实测评分表

工程名称		施工阶段		检查日期	年 月 日
施工单位			评价单位		
序号	检查项目	应得分	判定结果 100% / 85% / 70%		实得分	备注
1	天然地基标高及基槽宽度偏差	100			
2	复合地基桩位偏差	(100)			
3	打(压)桩桩位偏差	(100)			
4	灌注桩桩位偏差	(100)			
检查结果	权重值15分。 应得分合计: 实得分合计: 地基及桩基工程尺寸偏差及限值实测评分=$\frac{实得分}{应得分}\times 15=$ 评价人员:　　　年 月 日					

5.4 地基及桩基工程观感质量

5.4.1 地基及桩基工程观感质量应检查的项目包括:
  1 地基、复合地基:标高、表面平整、边坡等。
  2 桩基:桩头、桩顶标高、场地平整等。

5.4.2 地基及桩基工程观感质量检查评价方法应符合本标准第3.5.4条的规定。

5.4.3 地基及桩基工程观感质量检查评分应符合表5.4.3的规定。

表 5.4.3 地基及桩基工程观感质量评分表

工程名称		施工阶段		检查日期	年 月 日
施工单位			评价单位		
序号	检查项目	应得分	判定结果 100% / 85% / 70%		实得分	备注
1	地基、复合地基	标高、表面平整、边坡	100			
2	桩基	桩头、桩顶标高、场地平整	(100)			

续表 5.4.3

工程名称		施工阶段		检查日期	年 月 日
施工单位			评价单位		
检查结果	权重值5分。 应得分合计: 实得分合计: 地基及桩基工程观感质量评分=$\frac{实得分}{应得分}\times 5=$ 评价人员:　　　年 月 日					

6 结构工程质量评价

6.1 结构工程性能检测

6.1.1 结构工程性能检测应检查的项目包括:
  1 混凝土结构工程
    1)结构实体混凝土强度;
    2)结构实体钢筋保护层厚度。
  2 钢结构工程
    1)焊缝内部质量;
    2)高强度螺栓连接副紧固质量;
    3)钢结构涂装质量。
  3 砌体工程
    1)砌体每层垂直度;
    2)砌体全高垂直度。
  4 地下防水层渗漏水。

6.1.2 结构工程性能检测检查评价方法应符合下列规定:
  1 混凝土结构工程
    1)结构实体混凝土强度
  检查标准:同条件养护试件检验结果符合规范要求的为一档,取100%的标准分值;同条件养护试件检验结果达不到要求,经采用非破损或局部破损检测符合有关标准的为三档,取70%的标准分值。
  检查方法:检查检测报告。
    2)结构实体钢筋保护层厚度检测
  检查标准:对梁类、板类构件纵向受力钢筋的保护层厚度允许偏差:梁类构件为+10mm,-7mm;板类构件为+8mm,-5mm。一次检测合格率达到100%时为一档,取100%的标准分值;一次检测合格率达到90%及以上时为二档,取85%的标准分值;一次检测合格率小于90%但不小于80%时,可再抽取相同数量的构件进行检测,当按两次抽样总和计算合格率为90%及以上时为三档,取70%的标准分值。
  检查方法:检查检测报告。
  2 钢结构工程

1) 焊缝内部质量检测

检查标准：设计要求全焊透的一、二级焊缝应采用无损探伤进行内部缺陷的检验，其质量等级、缺陷等级及探伤比例应符合表6.1.2-1的规定。

当焊缝经检验后返修率≤2%时为一档，取100%的标准分值；2%<返修率≤5%时为二档，取85%的标准分值；返修率>5%时为三档，取70%的标准分值。所有焊缝经返修后均应达到合格质量标准。

表6.1.2-1 一、二级焊缝质量等级及缺陷分级

焊缝质量等级		一级	二级
内部缺陷超声波探伤	评定等级	Ⅱ	Ⅲ
	检验等级	B级	B级
	探伤比例	100%	20%
内部缺陷射线探伤	评定等级	Ⅱ	Ⅲ
	检验等级	AB级	AB级
	探伤比例	100%	20%

检查方法：检查超声波或射线探伤记录并统计计算。

2) 高强度螺栓连接副紧固质量检测

检查标准：高强度螺栓连接副终拧完成1h后，48h内应进行紧固质量检查，其检查标准应符合表6.1.2-2的规定。

当全部高强螺栓连接副紧固质量检测点好的点达到95%及以上，其余点达到合格点时为一档，取100%的标准分值；当检测点好的点达到85%及以上，但不足95%，其余点达到合格点时为二档，取85%的标准分值；当检测点好的点不足85%，其余点均达到合格点时为三档，取70%的标准分值。

表6.1.2-2 高强度螺栓连接副紧固质量检测标准

紧固方法	判定结果	
	好的点	合格点
扭矩法紧固	终拧扭矩偏差 $\Delta T \leq 5\%T$	终拧扭矩偏差 $5\%T < \Delta T \leq 10\%T$
转角法紧固	终拧角度偏差 $\Delta \theta \leq 5°$	终拧角度偏差 $5° < \Delta \theta \leq 10°$
扭剪型高强度螺栓施工扭矩	尾部梅花头未拧掉比例 $\Delta \leq 2\%$	尾部梅花头未拧掉比例 $2\% < \Delta \leq 5\%$

注：T为扭矩法紧固时终拧扭矩值。

检查方法：检查扭矩法或转角法紧固检测报告并统计计算。

3) 钢结构涂装质量检测

检查标准：钢结构涂装后，应对涂层干漆膜厚度进行检测，其检测标准应符合表6.1.2-3的规定。

表6.1.2-3 钢结构涂装漆膜厚度质量检测标准

涂装类型	判定结果	
	好的点	合格点
防腐涂料	干漆膜总厚度允许偏差（Δ） $\Delta \leq -10\mu m$	干漆膜总厚度允许偏差（Δ） $-10\mu m < \Delta \leq -25\mu m$
薄涂型防火涂料	涂层厚度（δ）允许偏差（Δ） $\Delta \leq -5\%\delta$	涂层厚度（δ）允许偏差（Δ） $-5\% < \Delta \leq -10\%\delta$
厚涂型防火涂料	90%及以上面积应符合设计厚度，且最薄处厚度不应低于设计厚度的90%	80%及以上面积应符合设计厚度，且最薄处厚度不应低于设计厚度的85%

当全部涂装漆膜厚度检测点好的点达到95%及以上，其余点达到合格点时为一档，取100%的标准分值；当检测点好的点达到85%及以上，其余点达到合格点时为二档，取85%的标准分值；当检测点好的点不足85%，其余点均达到合格点时为三档，取70%的标准分值。

检查方法：用干漆膜测厚仪检查或检查检测报告，并统计计算。

3 砌体结构工程

检查标准：

1) 砌体每层垂直度允许偏差≤5mm；

2) 全高≤10m时垂直度允许偏差≤10mm。

全高>10m时垂直度允许偏差≤20mm。

每层垂直度允许偏差各检测点检测值均达到规范规定值，且其平均值≤3mm时为一档，取100%的标准分值；其平均值≤4mm时为二档，取85%的标准分值；其各检测点均达到规范规定值时为三档，取70%的标准分值。

全高垂直度允许偏差各检测点检测值均达到规范规定值，当层高≤10m时，其平均值≤6mm、当层高>10m时，其平均值≤12mm时为一档，取100%的标准分值；当层高≤10m时，其平均值≤8mm、当层高>10m时，其平均值≤16mm时为二档，取85%的标准分值；其各检测点均达到规范规定值时为三档，取70%的标准分值。

检查方法：尺量检查、检查分项工程质量验收记录，并进行统计计算。

4 地下防水层渗漏水检验

检查标准：无渗水，结构表面无湿渍的为一档，取100%的标准分值；结构表面有少量湿渍，整个工程湿渍总面积不大于总防水面积的1‰，单个湿渍面积不大于0.1m²，任意100m²防水面积不超过1处的为三档，取70%的标准分值。

检查方法：现场全面观察检查。

6.1.3 结构工程性能检测检查评分应符合表6.1.3的规定。

表6.1.3 结构工程性能检测评分表

工程名称			施工阶段			检查日期		年 月 日
施工单位				评价单位				
序号	检查项目		应得分	判定结果			实得分	备注
				100%	85%	70%		
1	混凝土	实体混凝土强度	50		/			
		结构实体钢筋保护层厚度	50					
2	钢结构	焊缝内部质量	(60)					
		高强度螺栓连接副紧固质量	60					
		钢结构涂装 防腐	20					
		钢结构涂装 防火	20					
3	砌体垂直度	每层	50					
		全高 ≤10m	50					
		全高 >10m	(50)					
4	地下防水层渗漏水		(100)		/			
检查结果	权重值30分。 应得分合计： 实得分合计： 结构工程性能检测评分＝$\frac{实得分}{应得分}×30=$							
	评价人员： 年 月 日							

注：1 当一个工程项目中同时有混凝土结构、钢结构、砌体结构，或只有其中两种时，其权重值按各自在项目中占的工程量比例进行分配，但各项应为整数。当砌体结构仅为填充墙时，只能占10%的权重值。其施工现场质量保证条件、质量记录、尺寸偏差及限值实测和观感质量的权重值分配与性能检测比例相同。
2 当有地下防水层时，其权重值占结构重值的5%，其他项目同样按5%来计算。

6.2 结构工程质量记录

6.2.1 结构工程质量记录应检查的项目包括：

1 混凝土结构工程
  1）材料合格证及进场验收记录
  ①砂、碎（卵）石、掺合料、水泥、钢筋、外加剂等材料出厂合格证（出厂检验报告）、进场验收记录及水泥、钢筋复试报告；
  ②预制构件合格证（出厂检验报告）及进场验收记录；
  ③预应力筋用锚夹具、连接器合格证（出厂检验报告）、进场验收记录及锚夹具、连接器复试报告。
  2）施工记录
  ①预拌混凝土合格证及进场坍落度试验报告；
  ②混凝土施工记录；
  ③装配式结构吊装记录；
  ④预应力筋安装、张拉及灌浆记录；
  ⑤隐蔽工程验收记录；
  ⑥检验批、分项、分部（子分部）工程质量验收记录。
  3）施工试验
  ①混凝土配合比试验报告；
  ②混凝土试件强度评定及混凝土试件强度试验报告；
  ③钢筋连接试验报告。
2 钢结构工程
  1）钢结构材料合格证（出厂检验报告）及进场验收记录
  ①钢材、焊材、紧固连接件材料合格证（出厂检验报告）、进场验收记录及钢材、焊接材料复试报告；
  ②加工构件合格证（出厂检验报告）及进场验收记录；
  ③防腐、防火涂装材料合格证（出厂检验报告）及进场验收记录。
  2）施工记录
  ①焊接施工记录；
  ②构件吊装记录；
  ③预拼装检查记录；
  ④高强度螺栓连接副施工扭矩检验记录；
  ⑤焊缝外观及尺寸检查记录；
  ⑥柱脚及网架支座检查记录；
  ⑦隐蔽工程验收记录；
  ⑧检验批、分项、分部（子分部）工程质量验收记录。
  3）施工试验
  ①螺栓最小荷载试验报告；
  ②高强螺栓预拉力复验报告；
  ③高强度大六角头螺栓连接副扭矩系数复试报告；
  ④高强度螺栓连接摩擦面抗滑移系数检验报告；
  ⑤网架节点承载力试验报告。
3 砌体结构工程

1) 材料合格证（出厂检验报告）及进场验收记录

水泥、外加剂、砌块等材料合格证（出厂检验报告）、进场验收记录及水泥、砌块复试报告。

2) 施工记录

①砌筑砂浆使用施工记录；

②隐蔽工程验收记录；

③检验批、分项、分部（子分部）工程质量验收记录。

3) 施工试验

①砂浆配合比试验报告；

②水平灰缝砂浆饱满度检测记录；

③砂浆试件强度评定及砂浆试件强度试验报告。

4 地下防水层

1) 防水材料合格证、进场验收记录及复试报告；

2) 防水层施工及质量验收记录；

3) 防水材料配合比试验报告。

6.2.2 结构工程质量记录检查评价方法应符合本标准第3.5.2条的规定。

6.2.3 结构工程质量记录检查评分应符合表6.2.3的规定。

表6.2.3 结构工程质量记录评分表

工程名称			施工阶段		检查日期		年 月 日	
施工单位				评价单位				
序号	检查项目		应得分	判定结果			实得分	备注
				100%	85%	70%		
1	混凝土结构	材料合格证及进场验收记录	砂、碎（卵）石、掺合料、水泥、钢筋、外加剂合格证（出厂检验报告）、进场验收记录及水泥、钢筋复试报告	10				
			预制构件合格证（出厂检验报告）及进场验收记录	10				
			预应力锚夹具、连接器合格证（出厂检验报告）、进场验收记录及复试报告	10				
		施工记录	预拌混凝土合格证及进场坍落度试验报告	5				
			混凝土施工记录	5				
			装配式结构吊装记录	10				
			预应力筋安装、张拉及灌浆记录	5				
			隐蔽工程验收记录	5				
			检验批、分项、分部（子分部）工程质量验收记录	10				
		施工试验	混凝土配合比试验报告	10				
			混凝土试件强度评定及混凝土试件强度试验报告	10				
			钢筋连接试验报告	10				

续表 6.2.3

工程名称				施工阶段		检查日期		年 月 日	
施工单位						评价单位			
序号	检查项目			应得分	判定结果			实得分	备注
					100%	85%	70%		
2	钢结构	材料合格证及进场验收记录	钢材、焊材、紧固连接件原材料出厂合格证（出厂检验报告）及进场验收记录及钢材、焊接材料复试报告	10					
			加工件出厂合格证（出厂检验报告）及进场验收记录	10					
			防火、防腐涂装材料出厂合格证（出厂检验报告）及进场验收记录	10					
		施工记录	焊接施工记录	5					
			构件吊装记录	5					
			预拼装检查记录	5					
			高强度螺栓连接副施工扭矩检验记录	5					
			焊缝外观及焊缝尺寸检查记录	5					
			柱脚及网架支座检查记录	5					
			隐蔽工程验收记录	5					
			检验批、分项、分部（子分部）工程质量验收记录	5					
		施工试验	螺栓最小荷载试验报告	5					
			高强螺栓预拉力复验报告	5					
			高强度大六角头螺栓连接副扭矩系数复试报告	5					
			高强度螺栓连接摩擦面抗滑移系数检验报告	5					
			网架节点承载力试验报告	10					

9—2—14

续表6.2.3

工程名称			施工阶段		检查日期		年 月 日	
施工单位				评价单位				
序号	检 查 项 目			应得分	判 定 结 果			实得分	备注
					100%	85%	70%		
3	砌体结构	材料合格证及进场验收记录	水泥、砌块、外加剂合格证（出厂检验报告）、进场验收记录及水泥、砌块复试报告	30					
		施工记录	砌筑砂浆使用施工记录	10					
			隐蔽工程验收记录	15					
			检验批、分项、分部（子分部）工程质量验收记录	15					
		施工试验	砂浆配合比试验报告	10					
			砂浆试件强度评定及砂浆试件强度试验报告	10					
			水平灰缝砂浆饱满度检测记录	10					
4	地下防水层	材料合格证及进场验收记录	防水材料合格证、进场验收记录及复试报告	(30)					
		施工记录	防水层施工及质量验收记录	(40)					
		施工试验	防水材料配合比试验报告	(30)					

检查结果

权重值25分。
应得分合计：
实得分合计：

$$结构工程质量记录评分 = \frac{实得分}{应得分} \times 25 =$$

评价人员： 年 月 日

6.3 结构工程尺寸偏差及限值实测

6.3.1 结构工程尺寸偏差及限值实测项目应符合表6.3.1的规定。

表 6.3.1 结构工程尺寸偏差及限值实测项目表

序号	项	目	允许偏差（mm）
1	混凝土结构	钢筋 受力钢筋保护层厚度 柱、梁	±5
		板、墙、壳	±3
	混凝土	轴线位置 独立基础	10
		墙、柱、梁	8
		标高 层高	±10
		全高	±30
2	钢结构尺寸	单层结构整体垂直度	$H/1000$，且≤25
		多层结构整体垂直度	$(H/2500+10)$，且≤50
	网格结构	总拼完成后挠度值	≤1.15倍设计值
		屋面工程完成后挠度值	≤1.15倍设计值

续表 6.3.1

序号	项	目	允许偏差（mm）
3	砌体结构	轴线位置偏移 砖砌体、混凝土小型空心砌块砌体	10
		砌体表面平整度	8
4	地下防水层	防水卷材、塑料板搭接宽度	−10

6.3.2 结构工程尺寸偏差及限值实测检查评价方法应符合本标准第3.5.3条的规定。

6.3.3 结构工程尺寸偏差及限值实测检查评分应符合表6.3.3的规定。

表 6.3.3 结构工程尺寸偏差及限值实测评分表

工程名称				施工阶段			检查日期	年 月 日
施工单位							评价单位	

序号	检查项目			应得分	判定结果			实得分	备注
					100%	85%	70%		
1	混凝土结构	钢筋	受力钢筋保护层厚度 柱、梁 ±5mm	20					
			板、墙、壳 ±3mm	20					
		混凝土	轴线位置 独立基础10mm	20					
			墙、柱、梁 8mm	20					
			标高 层高 ±10mm	10					
			全高 ±30mm	10					
2	钢结构	结构尺寸	单层结构整体垂直度 $H/1000$，且≤25mm	50					
			多层结构整体垂直度 $(H/2500+10)$，且≤50mm	(50)					
		网格结构	总拼完成后挠度值≤1.15倍设计值（mm）	50					
			屋面工程完成后挠度值≤1.15倍设计值（mm）	(50)					
3	砌体结构	轴线位移	10mm	50					
		砌体表面平整度	5mm	50					
4	地下防水层	卷材、塑料板搭接宽度	−10mm	(100)					
检查结果	权重值20分。 应得分合计： 实得分合计：结构工程尺寸偏差及限值实测评分＝$\frac{实得分}{应得分}$×20＝								

评价人员： 年 月 日

6.4 结构工程观感质量

6.4.1 结构工程观感质量应检查的项目包括：
1 混凝土结构工程观感质量检查项目
  1）露筋；
  2）蜂窝；
  3）孔洞；
  4）夹渣；
  5）疏松；
  6）裂缝；
  7）连接部位缺陷；
  8）外形缺陷；
  9）外表缺陷。
2 钢结构工程观感质量检查项目
  1）焊缝外观质量；
  2）普通紧固件连接外观质量；
  3）高强度螺栓连接外观质量；
  4）钢结构表面质量；
  5）钢网架结构表面质量；
  6）普通涂层表面质量；
  7）防火涂层表面质量；
  8）压型金属板安装质量；
  9）钢平台、钢梯、钢栏杆安装外观质量。
3 砌体工程观感质量检查项目
  1）砌筑留槎；
  2）组砌方法；
  3）马牙槎拉结筋；
  4）砌体表面质量；
  5）网状配筋及位置；
  6）组合砌体拉结筋；
  7）细部质量（脚手眼留置、修补、洞口、管道、沟槽留置、梁垫及楼板顶面找平、灌浆等）。
4 地下防水层
  1）表面质量；
  2）细部处理。

6.4.2 结构工程观感质量检查评价方法应符合本标准3.5.4条的规定。

6.4.3 结构工程观感质量评分应符合表6.4.3的规定。

表6.4.3 结构工程观感质量评分表

工程名称			施工阶段		检查日期		年 月 日
施工单位				评价单位			

序号	检查项目		应得分	判定结果			实得分	备注
				100%	85%	70%		
1	混凝土结构	露筋	10					
		蜂窝	10					
		孔洞	10					
		夹渣	10					
		疏松	10					
		裂缝	15					
		连接部位缺陷	15					
		外形缺陷	10					
		外表缺陷	10					
2	钢结构	焊缝外观质量	10					
		普通紧固件连接外观质量	10					
		高强度螺栓连接外观质量	10					
		钢结构表面质量	10					
		钢网架结构表面质量	10					
		普通涂层表面质量	15					
		防火涂层表面质量	15					
		压型金属板安装质量	10					
		钢平台、钢梯、钢栏杆安装外观质量	10					

续表6.4.3

工程名称		施工阶段		检查日期	年 月 日
施工单位			评价单位		

序号	检查项目		应得分	判定结果			实得分	备注
				100%	85%	70%		
3	砌体结构	砌筑留槎	20					
		组砌方法	10					
		马牙槎拉结筋	20					
		砌体表面质量	10					
		网状配筋及位置	10					
		组合砌体拉结筋	10					
		细部质量	20					
4	地下防水层	表面质量	(50)					
		细部处理	(50)					

检查结果	权重值 15 分。 应得分合计： 实得分合计： 　　　　结构工程观感质量评分=实得分/应得分×15=
	评价人员： 年 月 日

7 屋面工程质量评价

7.1 屋面工程性能检测

7.1.1 屋面工程性能检测应检查的项目包括：
 1 屋面防水层淋水、蓄水试验。
 2 保温层厚度测试。

7.1.2 屋面工程性能检测检查评价方法应符合下列规定：
 1 检查标准：
  1）防水层淋水或雨后检查，防水层及细部无渗漏和积水现象的为一档，取100%的标准分值；防水层及细部无渗漏，但局部有少量积水，水深不超过30mm的为二档，取85%的标准分值；经返修后达到无渗漏的为三档，取70%的标准分值。
  2）保温层厚度抽样测试达到＋10%、－3%为一档，取100%的标准分值；抽样检测达到＋10%、－5%为二档，取85%的标准分值；抽样检测80%点达到要求＋10%、－5%，其余测点经返修达到厚度95%的为三档，取70%的标准分值。
 2 检查方法：检查检测记录。

7.1.3 屋面工程性能检测评分应符合表7.1.3的规定。

表7.1.3 屋面工程性能检测评分表

工程名称		施工阶段		检查日期	年 月 日
施工单位			评价单位		

序号	检查项目	应得分	判定结果			实得分	备注
			100%	85%	70%		
1	屋面防水层淋水、蓄水试验	60					
2	保温层厚度测试	40					

检查结果	权重值 30 分。 应得分合计： 实得分合计：屋面工程性能检测评分=实得分/应得分×30=
	评价人员： 年 月 日

7.2 屋面工程质量记录

7.2.1 屋面工程质量记录应检查的项目包括：
 1 材料合格证（出厂检测报告）及进场验收记录
  1）瓦及混凝土预制块出厂合格证（出厂试验报告）及进场验收记录；
  2）防水卷材、涂膜防水材料、密封材料合格证（出厂试验报告）、进场验收记录及复试报告；
  3）保温材料合格证（出厂试验报告）及进场验收记录。
 2 施工记录
  1）卷材、涂膜防水层的基层施工记录；
  2）天沟、檐沟、泛水和变形缝等细部做法施工记录；
  3）卷材、涂膜防水层和附加层施工记录；
  4）刚性保护层与卷材、涂膜防水层之间设置的隔离层施工记录；
  5）隐蔽工程验收记录；
  6）检验批、分项、分部（子分部）工程质量验收记录。
 3 施工试验
  1）细石混凝土配合比试验报告；
  2）防水涂料、密封材料配合比试验报告；

7.2.2 屋面工程质量记录检查评价方法应符合本标准第 3.5.2 条的规定。

7.2.3 屋面工程质量记录评分应符合表 7.2.3 的规定。

表 7.2.3 屋面工程质量记录评分表

工程名称		施工阶段			检查日期	年月日
施工单位					评价单位	

序号	检查项目		应得分	判定结果			实得分	备注
				100%	85%	70%		
1	材料合格证及进场验收记录	瓦及混凝土预制块合格证及进场验收记录	10					
		卷材、涂膜材料、密封材料合格证、进场验收记录及复试报告	10					
		保温材料合格证及进场验收记录	10					
2	施工记录	卷材、涂膜防水层的基层施工记录	5					
		天沟、檐沟、泛水和变形缝等细部做法施工记录	5					
		卷材、涂膜防水层和附加层施工记录	10					
		刚性保护层与防水层之间隔离层施工记录	5					
		隐蔽工程验收记录	5					
		检验批、分项、分部（子分部）工程质量验收记录	10					

续表 7.2.3

工程名称		施工阶段			检查日期	年月日
施工单位					评价单位	

序号	检查项目		应得分	判定结果			实得分	备注
				100%	85%	70%		
3	施工试验	细石混凝土配合比试验报告	15					
		防水涂料、密封材料配合比试验报告	15					

检查结果	权重值 20 分。 应得分合计： 实得分合计： 屋面工程质量记录评分＝$\dfrac{实得分}{应得分}\times 20=$

评价人员： 年 月 日

7.3 屋面工程尺寸偏差及限值实测

7.3.1 屋面工程尺寸偏差及限值实测项目应符合表 7.3.1 的规定。

表 7.3.1 屋面工程尺寸偏差及限值实测项目

序号	检查项目		尺寸要求、允许偏差（mm）
1	找平层及排水沟排水坡度		1%～3%
2	卷材防水层卷材搭接宽度		−10
3	涂料防水层厚度		不小于设计厚度 80%
4	瓦屋面	压型板纵向搭接及泛水搭接长度、挑出墙面长度	≥200
		脊瓦搭盖坡瓦宽度	≥40
		瓦伸入天沟、檐沟、檐口的长度	50～70
5	细部构造	防水层贴入水落口杯长度	≥50
		变形缝、女儿墙防水层立面泛水高度	≥250

7.3.2 屋面工程尺寸偏差及限值实测检查评价方法应符合本标准第3.5.3条的规定。

7.3.3 屋面工程尺寸偏差及限值实测评分应符合表7.3.3的规定。

表 7.3.3　屋面工程尺寸偏差及限值实测评分表

工程名称		施工阶段			检查日期	年 月 日
施工单位					评价单位	
序号	检查项目	应得分	判定结果			备注
			100%	85%	70%	
1	找平层及排水沟排水坡度	20				
2	防水卷材搭接宽度	20				
3	涂料防水层厚度	(40)				
4 瓦屋面	压型板纵向搭接及泛水搭接长度、挑出墙面长度	(40)				
	脊瓦搭盖坡瓦宽度	(20)				
	瓦伸入天沟、檐沟、檐口的长度	(20)				
5 细部构造	防水层伸入水落口杯长度	30				
	变形缝、女儿墙防水层立面泛水高度	30				
检查结果	权重值20分。 应得分合计： 实得分合计： 屋面工程尺寸偏差及限值实测评分＝$\frac{实得分}{应得分}×20=$					

评价人员：　　　　年 月 日

7.4　屋面工程观感质量

7.4.1 屋面工程观感质量应检查的项目包括：
  1 卷材屋面：
　　1）卷材铺设质量；
　　2）排气道设置质量；
　　3）保护层铺设质量及上人屋面面层。
  2 金属板材屋面金属板材铺设质量。
  3 平瓦及其他屋面铺设质量。
  4 细部构造。

7.4.2 屋面工程观感质量检查评价方法应符合本标准第3.5.4条的规定。

7.4.3 屋面工程观感质量检查评分应符合表7.4.3的规定。

表 7.4.3　屋面工程观感质量评分表

工程名称		施工阶段			检查日期	年 月 日
施工单位					评价单位	
序号	检查项目	应得分	判定结果			备注
			100%	85%	70%	
1 卷材屋面	卷材铺设质量	20				
	排气道设置质量	20				
	保护层铺设质量及上人屋面面层	10				
2 瓦屋面	金属板材铺设质量	(50)				
	平瓦及其他屋面	(50)				
3	细部构造	50				
检查结果	权重值20分。 应得分合计： 实得分合计： 屋面工程观感质量评分＝$\frac{实得分}{应得分}×20=$					

评价人员：　　　　年 月 日

8 装饰装修工程质量评价

8.1 装饰装修工程性能检测

8.1.1 装饰装修工程性能检测应检查的项目包括:
　　1 外窗传热性能及建筑节能检测(设计有要求时);
　　2 幕墙工程与主体结构连接的预埋件及金属框架的连接检测;
　　3 外墙块材镶贴的粘结强度检测;
　　4 室内环境质量检测。

8.1.2 装饰装修工程性能检测检查评价方法应符合本标准第3.5.1条的规定。

8.1.3 装饰装修工程性能检测评分应符合表8.1.3的规定。

表8.1.3 装饰装修工程性能检测评分表

工程名称		施工部位		检查日期	年 月 日
施工单位				评价单位	
序号	检查项目	应得分	判定结果		实得分	备注
			100%	70%		
1	外窗传热性能及建筑节能检测(设计有要求时)	30				
2	幕墙工程与主体结构连接的预埋件及金属框架的连接检测	20				
3	外墙块材镶贴的粘结强度检测	20				
4	室内环境质量检测	30				
检查结果	权重值20分。 应得分合计: 实得分合计: 装饰装修工程性能检测评分=$\frac{实得分}{应得分}\times 20=$ 　　　　　评价人员:　　　　　　年 月 日					

8.2 装饰装修工程质量记录

8.2.1 装饰装修工程质量记录应检查的项目包括:
　　1 材料合格证及进场验收记录
　　　1) 装饰装修、节能保温材料合格证、进场验收记录;
　　　2) 幕墙的玻璃、石材、板材、结构材料合格证及进场验收记录,门窗及幕墙抗风压、水密性、气密性、结构胶相容性试验报告;
　　　3) 有环境质量要求的材料合格证、进场验收记录及复试报告。
　　2 施工记录
　　　1) 吊顶、幕墙、外墙饰面板(砖)、各种预埋件及粘贴施工记录;
　　　2) 节能工程施工记录;
　　　3) 检验批、分项、分部(子分部)工程质量验收记录。
　　3 施工试验
　　　1) 有防水要求的房间地面蓄水试验记录;
　　　2) 烟道、通风道通风试验记录;
　　　3) 有关胶料配合比试验单。

8.2.2 装饰装修工程质量记录检查评价方法应符合本标准第3.5.2条的规定。

8.2.3 装饰装修工程质量记录评分应符合表8.2.3的规定。

表8.2.3 装饰装修工程质量记录评分表

工程名称		施工部位		检查日期	年 月 日	
施工单位				评价单位		
序号	检查项目		应得分	判定结果			实得分	备注
				100%	85%	70%		
1	材料合格证、进场验收记录	装饰装修、节能保温材料合格证、进场验收记录	10					
		幕墙的玻璃、石材、板材、结构材料合格证及进场验收记录,门窗及幕墙抗风压、水密性、气密性、结构胶相容性试验报告	10					
		有环境质量要求的材料合格证、进场验收记录及复试报告	10					

续表8.2.3

工程名称		施工部位		检查日期	年 月 日
施工单位				评价单位	

序号	检查项目		应得分	判定结果			实得分	备注
				100%	85%	70%		
2	施工记录	吊顶、幕墙、外墙饰面板（砖）、预埋件及粘贴施工记录	15					
		节能工程施工记录	15					
		检验批、分项、分部（子分部）工程质量验收记录	10					
3	施工试验	有防水要求的房间地面蓄水试验记录	10					
		烟道、通风道通风试验记录	10					
		有关胶料配合比试验单	10					
检查结果	权重值20分。 应得分合计： 实得分合计： 装饰装修工程质量记录评分＝$\frac{实得分}{应得分}×20$＝							
	评价人员： 年 月 日							

8.3 装饰装修工程尺寸偏差及限值实测

8.3.1 装饰装修工程尺寸偏差及限值实测检查项目应符合表8.3.1的规定。

表8.3.1 装饰装修工程尺寸偏差及限值实测项目表

序号	子分部	检查项目		留缝限值、允许偏差（mm）	
				普通	高级
1	抹灰工程	立面垂直度		4	3
		表面平整度		4	3
2	门窗工程	门窗框正、侧面垂直度		2	1
3	幕墙工程	幕墙垂直度	幕墙高度≤30m	10	
			30m＜幕墙高度≤60m	15	
			60m＜幕墙高度≤90m	20	
			幕墙高度＞90m	25	
4	地面工程	整体地面	表面平整度	4	2
		板块地面	表面平整度	4	1

8.3.2 装饰装修工程尺寸偏差及限值实测检查评价方法应符合本标准3.5.3条的规定。

8.3.3 装饰装修工程尺寸偏差及限值实测评分应符合表8.3.3的规定。

表8.3.3 装饰装修工程尺寸偏差及限值实测评分表

工程名称		施工部位		检查日期	年 月 日
施工单位				评价单位	

序号	检查项目		应得分	判定结果			实得分	备注
				100%	85%	70%		
1	抹灰工程	立面垂直度、表面平整度	30					
2	门窗工程	门窗框正、侧面垂直度	20					
3	幕墙工程	幕墙垂直度	20					
4	地面工程	表面平整度	30					
检查结果	权重值10分。 应得分合计： 实得分合计： 装饰装修工程尺寸偏差及限值实测评分＝$\frac{实得分}{应得分}×10$＝							
	评价人员： 年 月 日							

8.4 装饰装修工程观感质量

8.4.1 装饰装修工程观感质量应检查的项目包括：
1 地面；
2 抹灰；
3 门窗；
4 吊顶；
5 轻质隔墙；
6 饰面板（砖）；
7 幕墙；
8 涂饰工程；
9 裱糊与软包；
10 细部工程；
11 外檐观感；
12 室内观感。

8.4.2 装饰装修工程观感质量检查评价方法应符合本标准第3.5.4条的规定。

8.4.3 装饰装修工程观感质量评分应符合表8.4.3的规定。

表8.4.3 装饰装修工程观感质量评分表

工程名称		施工部位		检查日期	年 月 日		
施工单位				评价单位			
序号	检查项目		应得分	判定结果		实得分	备注
				100%	85%	70%		
1	地面	表面、分格缝、图案、有排水要求的地面的坡度	10					
2	抹灰	表面、护角、阴阳角、分格缝、滴水线	10					
3	门窗	固定、配件、位置、构造、密封等	10					
4	吊顶	图案、颜色、灯具设备安装位置、交接缝处理、吊杆龙骨外观	5					

续表8.4.3

工程名称		施工部位		检查日期	年 月 日		
施工单位				评价单位			
序号	检查项目		应得分	判定结果		实得分	备注
				100%	85%	70%		
5	轻质隔墙	位置、墙面平整、连接件、接缝处理	5					
6	饰面板（砖）	表面质量、排砖、勾缝嵌缝、细部	10					
7	幕墙	主要构件外观、节点做法、打胶、配件、开启密闭	10					
8	涂饰工程	分色规矩、色泽协调	5					
9	裱糊与软包	端正、边框、拼角、接缝	5					
10	细部工程	柜、盒、护罩、栏杆、花式等安装、固定和表面质量	5					
11	外檐观感	室外墙面、大角、墙面横竖线（角）及滴水槽（线）、散水、台阶、雨罩、变形缝和泛水等	15					
12	室内观感	面砖、涂料、饰物、线条及不同做法的交接过渡	10					
检查结果	权重值40分。 应得分合计： 实得分合计： 装饰装修工程观感质量评分＝$\dfrac{实得分}{应得分}\times 40=$						
	评价人员：					年 月 日	

9 安装工程质量评价

9.1 建筑给水排水及采暖工程质量评价

9.1.1 建筑给水排水及采暖工程性能检测应检查的项目包括：
1. 生活给水系统管道交用前水质检测；
2. 承压管道、设备系统水压试验；
3. 非承压管道和设备灌水试验及排水干管管道通球、通水试验；
4. 消火栓系统试射试验；
5. 采暖系统调试、试运行、安全阀、报警装置联动系统测试。

9.1.2 建筑给水排水及采暖工程性能检测检查评价方法应符合本标准第3.5.1条的规定。

9.1.3 建筑给水排水及采暖工程性能检测评分应符合表9.1.3的规定。

表9.1.3 建筑给水排水及采暖工程性能检测评分表

工程名称		施工阶段		检查日期		年 月 日
施工单位				评价单位		

序号	检查项目	应得分	判定结果 100%	判定结果 70%	实得分	备注
1	生活给水系统管道交用前水质检测	10				
2	承压管道、设备系统水压试验	30				
3	非承压管道和设备灌水试验、排水干管管道通球、通水试验	30				
4	消火栓系统试射试验	20				
5	采暖系统调试、试运行、安全阀、报警装置联动系统测试	10				
检查结果	权重值30分。应得分合计：实得分合计：建筑给水排水及采暖工程性能检测评分=实得分/应得分×30= 评价人员： 年 月 日					

9.1.4 建筑给水排水及采暖工程质量记录应检查的项目包括：
1. 材料合格证及进场验收记录
   1) 材料及配件出厂合格证及进场验收记录；
   2) 器具及设备出厂合格证及进场验收记录。
2. 施工记录
   1) 主要管道施工及管道穿墙、穿楼板套管安装施工记录；
   2) 补偿器预拉伸记录；
   3) 给水管道冲洗、消毒记录；
   4) 隐蔽工程验收记录；
   5) 检验批、分项、分部（子分部）工程质量验收记录。
3. 施工试验
   1) 阀门安装前强度和严密性试验；
   2) 给水系统及卫生器具交付使用前通水、满水试验；
   3) 水泵安装试运转。

9.1.5 建筑给水排水及采暖工程质量记录检查评价方法应符合本标准第3.5.2条的规定。

9.1.6 建筑给水排水及采暖工程质量记录评分应符合表9.1.6的规定。

表9.1.6 建筑给水排水及采暖工程质量记录评分表

工程名称		施工阶段		检查日期		年 月 日
施工单位				评价单位		

序号	检查项目		应得分	判定结果 100%	判定结果 85%	判定结果 70%	实得分	备注
1	材料合格证、进场验收记录	材料及配件出厂合格证及进场验收记录	15					
		器具及设备出厂合格证及进场验收记录	15					
2	施工记录	主要管道施工及管道穿墙、穿楼板套管安装施工记录	5					
		补偿器预拉伸记录	5					
		给水管道冲洗、消毒记录	10					

续表9.1.6

工程名称		施工阶段		检查日期	年 月 日
施工单位				评价单位	

序号	检查项目		应得分	判定结果			实得分	备注
				100%	85%	70%		
2	施工记录	隐蔽工程验收记录	10					
		检验批、分项、分部（子分部）工程质量验收记录	10					
3	施工试验	阀门安装前强度和严密性试验	10					
		给水系统及卫生器具交付使用前通水、满水试验	10					
		水泵安装试运转	10					
检查结果	权重值30分。 应得分合计： 实得分合计： 建筑给水排水及采暖工程质量记录评分＝$\frac{实得分}{应得分}×30=$ 评价人员：　　　　　　　年 月 日							

9.1.7 建筑给水排水及采暖工程尺寸偏差及限值实测应检查的项目包括：

1 给水、排水、采暖管道坡度按设计要求或下列规定检查：生活污水排水管道坡度：铸铁的为5‰～35‰，塑料的为4‰～25‰；给水管道坡度：2‰～5‰；采暖管道坡度：气（汽）水同向流动为2‰～3‰，气（汽）水逆向流动为不小于5‰；散热器支管的坡度为1%，坡向利于排气和泄水方向。

2 箱式消火栓安装位置，按设计安装高度安装允许偏差：距地±20mm；垂直度3mm。

3 卫生器具按设计安装高度安装允许偏差±15mm；淋浴器喷头下沿高度允许偏差±15mm。

9.1.8 建筑给水排水及采暖工程尺寸偏差及限值实测检查评价方法应符合本标准第3.5.3条的规定。

9.1.9 建筑给水排水及采暖工程尺寸偏差及限值实测评分应符合表9.1.9的规定。

表9.1.9 建筑给水排水及采暖工程尺寸偏差及限值实测评分表

工程名称		施工阶段		检查日期	年 月 日
施工单位				评价单位	

序号	检查项目	应得分	判定结果			实得分	备注
			100%	85%	70%		
1	给水、排水、采暖管道坡度	50					
2	箱式消火栓安装位置	20					
3	卫生器具安装高度	30					
检查结果	权重值10分。 应得分合计： 实得分合计： 建筑给水排水及采暖工程尺寸偏差及限值实测评分＝$\frac{实得分}{应得分}×10=$ 评价人员：　　　　　　　年 月 日						

9.1.10 建筑给水排水及采暖工程观感质量应检查的项目包括：

1 管道及支架安装；
2 卫生洁具及给水配件安装；
3 设备及配件安装；
4 管道、支架及设备的防腐及保温；
5 有排水要求的设备机房、房间地面的排水口及地漏。

9.1.11 建筑给水排水及采暖工程观感质量检查评价方法应符合本标准第3.5.4条的规定。

9.1.12 建筑给水排水及采暖工程观感质量评分应符合表9.1.12的规定。

表9.1.12 建筑给水排水及采暖工程观感质量评分表

工程名称		施工阶段		检查日期	年 月 日
施工单位				评价单位	

序号	检查项目	应得分	判定结果			实得分	备注
			100%	85%	70%		
1	管道及支架安装	20					

续表9.1.12

工程名称		施工阶段		检查日期	年 月 日	
施工单位				评价单位		
序号	检查项目	应得分	判定结果 100%	判定结果 85%	判定结果 70%	实得分	备注
2	卫生洁具及给水配件安装	20					
3	设备及配件安装	20					
4	管道、支架及设备的防腐及保温	20					
5	有排水要求的设备机房、房间地面的排水口及地漏	20					
检查结果	权重值20分。 应得分合计： 实得分合计： 建筑给水排水及采暖工程观感质量评分=$\frac{实得分}{应得分}\times 20=$ 评价人员：　　　　　年　月　日						

9.2 建筑电气安装工程质量评价

9.2.1 建筑电气安装工程性能检测应检查的项目包括：
1 接地装置、防雷装置的接地电阻测试；
2 照明全负荷试验；
3 大型灯具固定及悬吊装置过载测试。

9.2.2 建筑电气安装工程性能检测检查评价方法应符合本标准第3.5.1条的规定。

9.2.3 建筑电气安装工程性能检测评分应符合表9.2.3的规定。

表9.2.3 建筑电气安装工程性能检测评分表

工程名称		施工阶段		检查日期	年 月 日
施工单位				评价单位	
序号	检查项目	应得分	判定结果 100%	判定结果 70%	实得分	备注
1	接地装置、防雷装置的接地电阻测试	40				

续表9.2.3

工程名称		施工阶段		检查日期	年 月 日
施工单位				评价单位	
序号	检查项目	应得分	判定结果 100%	判定结果 70%	实得分	备注
2	照明全负荷试验	30				
3	大型灯具固定及悬吊装置过载测试	30				
检查结果	权重值30分。 应得分合计： 实得分合计： 建筑电气安装工程性能检测评分=$\frac{实得分}{应得分}\times 30=$ 评价人员：　　　　　年　月　日					

9.2.4 建筑电气安装工程质量记录应检查的项目包括：

1 材料、设备出厂合格证及进场验收记录
　1）材料及元件出厂合格证及进场验收记录；
　2）设备及器具出厂合格证及进场验收记录。
2 施工记录
　1）电气装置安装施工记录；
　2）隐蔽工程验收记录；
　3）检验批、分项、分部（子分部）工程质量验收记录。
3 施工试验
　1）导线、设备、元件、器具绝缘电阻测试记录；
　2）电气装置空载和负荷运行试验记录。

9.2.5 建筑电气安装工程质量记录检查评价方法应符合本标准第3.5.2条的规定。

9.2.6 建筑电气安装工程质量记录评分应符合表9.2.6的规定。

表 9.2.6　建筑电气安装工程质量记录评分表

工程名称		施工阶段		检查日期	年 月 日
施工单位				评价单位	

序号	检查项目		应得分	判定结果			实得分	备注
				100%	85%	70%		
1	材料、设备合格证、进场验收记录	材料及元件出厂合格证及进场验收记录	15					
		设备及器具出厂合格证及进场验收记录	15					
2	施工记录	电气装置安装施工记录	10					
		隐蔽工程验收记录	10					
		检验批、分项、分部（子分部）工程质量验收记录	20					
3	施工试验	导线、设备、元件、器具绝缘电阻测试记录	15					
		电气装置空载和负荷运行试验记录	15					

检查结果：权重值 30 分。
应得分合计：
实得分合计：
建筑电气安装工程质量记录评分＝$\frac{实得分}{应得分}×30=$

评价人员：　　　　年 月 日

9.2.7 建筑电气安装工程尺寸偏差及限值实测检查项目见表 9.2.7。

表 9.2.7　建筑电气安装工程尺寸偏差及限值实测检查项目

序号	项　目	允许偏差
1	柜、屏、台、箱、盘安装垂直度	1.5‰
2	同一场所成排灯具中心线偏差	5mm
3	同一场所的同一墙面，开关、插座面板的高度差	5mm

9.2.8 建筑电气安装工程尺寸偏差及限值实测检查评价方法应符合本标准第 3.5.3 条的规定。

9.2.9 建筑电气安装工程尺寸偏差及限值实测评分应符合表 9.2.9 的规定。

表 9.2.9　建筑电气安装工程尺寸偏差及限值实测评分表

工程名称		施工阶段		检查日期	年 月 日
施工单位				评价单位	

序号	检查项目	应得分	判定结果			实得分	备注
			100%	85%	70%		
1	柜、屏、台、箱、盘安装垂直度	30					
2	同一场所成排灯具中心线偏差	30					
3	同一场所的同一墙面，开关、插座面板的高度差	40					

检查结果：权重值 10 分。
应得分合计：
实得分合计：
建筑电气安装工程尺寸偏差及限值实测评分＝$\frac{实得分}{应得分}×10=$

评价人员：　　　　年 月 日

9.2.10 建筑电气安装工程观感质量应检查的项目包括：

1 电线管（槽）、桥架、母线槽及其支吊架安装；

2 导线及电缆敷设（含色标）；

3 接地、接零、跨接、防雷装置;
4 开关、插座安装及接线;
5 灯具及其他用电器具安装及接线;
6 配电箱、柜安装及接线。

9.2.11 建筑电气安装工程观感质量检查评价方法应符合本标准第3.5.4条的规定。

9.2.12 建筑电气安装工程观感质量评分应符合表9.2.12的规定。

表9.2.12 建筑电气安装工程观感质量评分表

工程名称		施工阶段		检查日期	年 月 日
施工单位				评价单位	
序号	检查项目	应得分	判定结果		实得分	备注
			100%	85%	70%		
1	电线管(槽)、桥架、母线槽及其支吊架安装	20					
2	导线及电缆敷设(含色标)	10					
3	接地、接零、跨接、防雷装置	20					
4	开关、插座安装及接线	20					
5	灯具及其他用电器具安装及接线	20					
6	配电箱、柜安装及接线	10					
检查结果	权重值20分。 应得分合计: 实得分合计: 建筑电气安装工程观感质量评分=$\frac{实得分}{应得分} \times 20 =$ 评价人员: 年 月 日						

9.3 通风与空调工程质量评价

9.3.1 通风与空调工程性能检测应检查的项目包括:
1 空调水管道系统水压试验;
2 通风管道严密性试验;
3 通风、除尘、空调、制冷、净化、防排烟系统无生产负荷联合试运转与调试。

9.3.2 通风与空调工程性能检测检查评价方法应符合本标准第3.5.1条的规定。

9.3.3 通风与空调工程性能检测评分应符合表9.3.3的规定。

表9.3.3 通风与空调工程性能检测评分表

工程名称		施工阶段		检查日期	年 月 日
施工单位				评价单位	
序号	检查项目	应得分	判定结果		实得分	备注
			100%	70%		
1	空调水管道系统水压试验	20				
2	通风管道严密性试验	30				
3	通风、除尘系统联合试运转与调试	15				
	空调系统联合试运转与调试	15				
	制冷系统联合试运转与调试	(15)				
	净化空调系统联合试运转与调试	(10)				
	防排烟系统联合试运转与调试	15				
检查结果	权重值30分。 应得分合计: 实得分合计: 通风与空调工程性能检测评分=$\frac{实得分}{应得分} \times 30 =$ 评价人员: 年 月 日					

9.3.4 通风与空调工程质量记录应检查的项目包括:
1 材料、设备出厂合格证及进场验收记录
 1) 材料、风管及部件出厂合格证及进场验收记录;
 2) 仪表、设备出厂合格证及进场验收记录。

2 施工记录
     1）风管及部件加工制作记录；
     2）风管系统、管道系统安装记录；
     3）防火阀、防排烟阀、防爆阀等安装记录；
     4）设备（含水泵、风机、空气处理设备、空调机组和制冷设备等）安装记录；
     5）隐蔽工程验收记录；
     6）检验批、分项、分部（子分部）工程质量验收记录。
  3 施工试验
     1）空调水系统阀门安装前试验；
     2）设备单机试运转及调试；
     3）防火阀、排烟阀（口）启闭联动试验。

9.3.5 通风与空调工程质量记录检查评价方法应符合本标准第3.5.2条的规定。

9.3.6 通风与空调工程质量记录评分应符合表9.3.6的规定。

表9.3.6 通风与空调工程质量记录评分表

工程名称		施工阶段		检查日期	年 月 日		
施工单位				评价单位			
序号	检查项目		应得分	判定结果			实得分	备注
				100%	85%	70%		
1	材料、设备出厂合格证及进场验收记录	材料、风管及部件出厂合格证及进场验收记录	15					
		仪表、设备出厂合格证及进场验收记录	15					
2	施工记录	风管及部件加工制作记录	5					
		风管系统、管道系统安装记录	10					
		防火阀、防排烟阀、防爆阀等安装记录	10					
		设备（含水泵、风机、空气处理设备、空调机组和制冷设备等）安装记录	5					
		隐蔽工程验收记录	5					
		检验批、分项、分部（子分部）工程质量验收记录	5					
3	施工试验	空调水系统阀门安装前试验	10					
		设备单机试运转及调试	10					
		防火阀、排烟阀（口）启闭联动试验	10					
检查结果	权重值30分。 应得分合计： 实得分合计： 通风与空调工程质量记录评分＝$\frac{实得分}{应得分}$×30＝ 评价人员：　　　年 月 日							

续表9.3.6

9.3.7 通风与空调工程尺寸偏差及限值实测应检查的项目包括：

1 风口尺寸允许偏差：圆形 $\phi \leq 250mm$，$0 \sim -2mm$；$\phi > 250mm$，$0 \sim -3mm$。矩形，边长 $< 300mm$，$0 \sim -1mm$；边长 $300 \sim 800mm$，$0 \sim -2mm$；边长 $> 800mm$，$0 \sim -3mm$。

2 风口水平安装水平度偏差 $\leq 3/1000$；风口垂直安装的垂直度偏差 $\leq 2/1000$。

3 防火阀距墙表面的距离不宜大于 200mm。

9.3.8 通风与空调工程尺寸偏差及限值实测检查评价方法应符合本标准第 3.5.3 条的规定。

9.3.9 通风与空调工程尺寸偏差及限值实测评分应符合表 9.3.9 的规定。

表 9.3.9 通风与空调工程尺寸偏差及限值实测评分表

工程名称		施工阶段		检查日期	年 月 日
施工单位			评价单位		
序号	检查项目	应得分	判定结果		实得分	备注
			100%	85%	70%		
1	风口尺寸	40					
2	风口水平安装的水平度，风口垂直安装的垂直度	30					
3	防火阀距墙表面的距离	30					
检查结果	权重值 10 分。 应得分合计： 实得分合计： 通风与空调工程尺寸偏差及限值实测评分 = $\frac{实得分}{应得分} \times 10 =$ 评价人员： 年 月 日						

9.3.10 通风与空调工程观感质量应检查的项目包括：

1 风管制作；
2 风管及其部件、支吊架安装；
3 设备及配件安装；
4 空调水管道安装；
5 风管及管道保温。

9.3.11 通风与空调工程观感质量检查评价方法应符合本标准第 3.5.4 条的规定。

9.3.12 通风与空调工程观感质量评分应符合表 9.3.12 的规定。

表 9.3.12 通风与空调工程观感质量评分表

工程名称		施工阶段		检查日期	年 月 日
施工单位			评价单位		
序号	检查项目	应得分	判定结果		实得分	备注
			100%	85%	70%		
1	风管制作	20					
2	风管及其部件、支吊架安装	20					
3	设备及配件安装	20					
4	空调水管道安装	20					
5	风管及管道保温	20					
检查结果	权重值 20 分。 应得分合计： 实得分合计： 通风与空调工程观感质量评分 = $\frac{实得分}{应得分} \times 20 =$ 评价人员： 年 月 日						

9.4 电梯安装工程质量评价

9.4.1 电梯安装工程性能检测应检查的项目包括：

1 电梯、自动扶梯（人行道）电气装置接地、绝缘电阻测试；
2 层门与轿门试验；
3 曳引式电梯空载、额定载荷运行测试；
4 液压式电梯超载和额定载荷运行测试；
5 自动扶梯（人行道）制停距离测试。

9.4.2 电梯安装工程性能检测检查评价方法应符合本标准第 3.5.1 条的规定。

9.4.3 电梯安装工程性能检测评分应符合表 9.4.3 的规定。

表 9.4.3 电梯安装工程性能检测评分表

工程名称		施工阶段		检查日期	年月日	
施工单位				评价单位		
序号	检查项目	应得分	判定结果		实得分	备注
			100%	70%		
1	电梯、自动扶梯（人行道）电气装置接地、绝缘电阻测试	30				
2	层门与轿门试验	40				
3	曳引式电梯空载、额定载荷运行测试	30				
4	液压电梯超载和额定载荷运行测试	(30)				
5	自动扶梯（人行道）制停距离测试	(30)				
检查结果	权重值30分。应得分合计：实得分合计：电梯安装工程性能检测评分＝$\frac{实得分}{应得分}$×30＝ 评价人员： 年月日					

9.4.4 电梯安装工程质量记录应检查的项目包括：

1 设备、材料出厂合格证、安装使用技术文件和进场验收记录
 1）土建布置图；
 2）电梯产品（整机）出厂合格证；
 3）重要（安全）零（部）件和材料的产品出厂合格证及型式试验证书；
 4）安装说明书（图）和使用维护说明书；
 5）动力电路和安全电路的电气原理图、液压系统图（如有液压电梯时）；
 6）装箱单；
 7）设备、材料进场（含开箱）检查验收记录。

2 施工记录
 1）机房（如有时）、井道土建交接验收检查记录；
 2）机械、电气、零（部）件安装隐蔽工程验收记录；
 3）机械、电气、零（部）件安装施工记录；
 4）分项、分部（子分部）工程质量验收记录。

3 施工试验
 1）安装过程的机械、电气零（部）件调整测试记录；
 2）整机运行试验记录。

9.4.5 电梯工程质量记录检查评价方法应符合本标准第3.5.2条的规定。

9.4.6 电梯安装工程质量记录评分应符合表9.4.6的规定。

表 9.4.6 电梯安装工程质量记录评分表

工程名称		施工阶段		检查日期		年月日
施工单位				评价单位		
序号	检查项目		应得分	判定结果			实得分	备注
				100%	85%	70%		
1	设备、材料出厂合格证、安装使用技术文件和进场验收记录	土建布置图	5					
		电梯产品（整机）出厂合格证	5					
		重要（安全）零（部）件和材料的产品出厂合格证及型式试验证书	5					
		安装说明书（图）和使用维护说明书	3					
		动力电路和安全电路的电气原理图、液压系统图	5					
		装箱单	2					
		设备、材料进场（含开箱）检查验收记录	5					

续表9.4.6

序号	检查项目		应得分	判定结果			实得分	备注
				100%	85%	70%		
工程名称			施工阶段			检查日期	年月日	
施工单位						评价单位		
2	施工记录	机房、井道土建交接验收检查记录	10					
		机械、电气、零(部)件安装隐蔽工程验收记录	10					
		机械、电气、零(部)件安装施工记录	10					
		分项、分部(子分部)工程质量验收记录	10					
3	施工试验	安装过程的机械、电气零(部)件调整测试记录	15					
		整机运行试验记录	15					
检查结果	权重值30分。应得分合计：实得分合计：电梯安装工程质量记录评分=$\frac{实得分}{应得分}\times 30=$ 评价人员： 年月日							

9.4.7 电梯安装工程尺寸偏差及限值实测应检查的项目包括：

1 层门地坎至轿厢地坎之间水平距离；

2 平层准确度；

3 扶手带的运行速度相对梯级、踏板或胶带的速度允许偏差。

9.4.8 电梯安装工程尺寸偏差及限值实测项目检查评价方法应符合下列规定：

1 检查标准：

1） 层门地坎至轿厢地坎之间的水平距离偏差为0～+1mm，且最大距离≤35mm为一档，取100%的标准分值；偏差超过+1mm，但不超过+3mm的为三档，取70%的标准分值。

2） 平层准确度。

额定速度V≤0.63m/s的交流双速电梯和其他交直流调速方式的电梯：平层准确度偏差不超过±5mm的为一档，取100%的标准分值；偏差超过±5mm，但不超过±10mm的为二档，取85%的标准分值；偏差超过±10mm，但不超过±15mm的为三档，取70%的标准分值。

0.63m/s＜额定速度V≤1.0m/s的交流双速电梯：平层准确度偏差不超过±10mm的为一档，取100%的标准分值；偏差超过±10mm，但不超过±20mm的为二档，取85%的标准分值；偏差超过±20mm，但不超过±30mm的为三档，取70%的标准分值。

3） 扶手带的运行速度相对梯级、踏板或胶带的速度允许偏差：偏差值在0～+0.5%的为一档，取100%的标准分值；偏差值在0～+(0.5～1)%为二档，取85%的标准分值；偏差值在0～+(1～2)%的为三档，取70%的标准分值。

2 检查方法：抽测和检查检查记录，并进行统计计算。

9.4.9 电梯安装工程尺寸偏差及限值实测评分应符合表9.4.9的规定。

表9.4.9 电梯安装工程尺寸偏差及限值实测评分表

工程名称		施工阶段		检查日期	年月日
施工单位				评价单位	

序号	检查项目	应得分	判定结果			实得分	备注
			100%	85%	70%		
1	层门地坎至轿厢地坎之间水平距离	50					
2	平层准确度	50					
3	扶手带的运行速度相对梯级、踏板或胶带的速度差	(100)					
检查结果	权重值10分。应得分合计：实得分合计：电梯安装工程尺寸偏差及限值实测评分=$\frac{实得分}{应得分}\times 10=$ 评价人员： 年月日						

9.4.10 电梯安装工程观感质量应检查的项目包括：
1 曳引式、液压式电梯
  1) 机房（如有时）及相关设备安装；
  2) 井道及相关设备安装；
  3) 门系统和层站设施安装；
  4) 整机运行。
2 自动扶梯（人行道）
  1) 外观；
  2) 机房及其设备安装；
  3) 周边相关设施；
  4) 整机运行。

9.4.11 电梯安装工程观感质量检查评价方法应符合本标准第3.5.4条的规定。

9.4.12 电梯安装工程观感质量评分应符合表9.4.12的规定。

表9.4.12 电梯安装工程观感质量评分表

工程名称			施工阶段			检查日期	年 月 日
施工单位						评价单位	
序号	检查项目		应得分	判定结果			实得分	备注
				100%	85%	70%		
1	曳引式、液压式电梯	机房（如有时）及相关设备安装	30					
		井道及相关设备安装	30					
		门系统和层站设施安装	20					
		整机运行	20					
2	自动扶梯（人行道）	外观	(30)					
		机房及其设备安装	(20)					
		周边相关设施	(30)					
		整机运行	(20)					
检查结果	权重值20分。 应得分合计： 实得分合计： 电梯安装工程观感质量评分=$\frac{实得分}{应得分}×20=$							
	评价人员： 年 月 日							

9.5 智能建筑工程质量评价

9.5.1 智能建筑工程性能检测应检查的项目包括：
1 系统检测；
2 系统集成检测；
3 接地电阻测试。

9.5.2 智能建筑工程性能检测检查评价方法应符合下列规定：
1 检查标准：火灾自动报警、安全防范、通信网络等系统应由专业检测机构进行检测，按先各系统后系统集成进行检测。系统检测、系统集成检测一次检测主控项目达到合格，一般项目中有不超过10%的项目（且不超过3项）经整改后达到合格的为一档，取100%的标准分值；主控项目有一项不合格或一般项目超过10%，不超过20%，且不超过5项，整改后达到合格的为三档，取70%的标准分值。

接地电阻测试一次检测达到设计要求的为一档，取100%的标准分值；经整改达到设计要求的为三档，取70%的标准分值。

2 检查方法：检查承包商及专业机构出具的检验检测报告并统计计算。

9.5.3 智能建筑工程性能检测评分应符合表9.5.3的规定。

表9.5.3 智能建筑工程性能检测评分表

工程名称		施工阶段		检查日期	年 月 日
施工单位				评价单位	
序号	检查项目	应得分	判定结果		实得分	备注
			100%	70%		
1	系统检测	60				
2	系统集成检测	30				
3	接地电阻测试	10				
检查结果	权重值30分。 应得分合计： 实得分合计： 智能建筑工程性能检测评分=$\frac{实得分}{应得分}×30=$					
	评价人员： 年 月 日					

9.5.4 智能建筑工程质量记录应检查的项目包括：
1 材料、设备、软件合格证及进场验收记录
  1) 材料出厂合格证及进场验收记录；
  2) 设备、软件出厂合格证及进场验收记录；
  3) 随机文件：设备清单、产品说明书、软件资料清单、程序结构说明、安装调试说明书、使用和维护说明书、装箱清单及开箱

检查验收记录。
  2 施工记录
    1）系统安装施工记录；
    2）隐蔽工程验收记录；
    3）检验批、分项、分部（子分部）工程质量验收记录。
  3 施工试验
    1）硬件、软件产品设备测试记录；
    2）系统运行调试记录。

9.5.5 智能建筑质量记录检查评价方法应符合本标准第3.5.2条的规定。

9.5.6 智能建筑工程质量记录评分应符合表9.5.6的规定。

表9.5.6 智能建筑工程质量记录评分表

工程名称		施工阶段		检查日期	年 月 日
施工单位			评价单位		
序号	检查项目	应得分	判定结果 100% / 85% / 70%	实得分	备注
1	材料、设备、软件合格证及进场验收记录 — 材料出厂合格证及进场验收记录	10			
	设备、软件出厂合格证及进场验收记录	10			
	随机文件	10			
2	施工记录 — 系统安装施工记录	15			
	隐蔽工程验收记录	10			
	检验批、分项、分部（子分部）工程质量验收记录	15			

续表9.5.6

工程名称		施工阶段		检查日期	年 月 日
施工单位			评价单位		
序号	检查项目	应得分	判定结果 100% / 85% / 70%	实得分	备注
3	施工试验 — 硬件、软件产品设备测试记录	15			
	系统运行调试记录	15			
检查结果	权重值30分。应得分合计：实得分合计：智能建筑工程质量记录评分=$\dfrac{实得分}{应得分}\times 30$=				
	评价人员： 年 月 日				

9.5.7 智能建筑工程尺寸偏差及限值实测应检查的项目包括：
  1 机柜、机架安装垂直度偏差≤3mm；
  2 桥架及线槽水平度≤2mm/m；垂直度≤3mm。

9.5.8 智能建筑工程尺寸偏差及限值实测检查评价方法应符合本标准第3.5.3条的规定。

9.5.9 智能建筑工程尺寸偏差及限值实测评分应符合表9.5.9的规定。

表9.5.9 智能建筑工程尺寸偏差及限值实测评分表

工程名称		施工阶段		检查日期	年 月 日
施工单位			评价单位		
序号	检查项目	应得分	判定结果 100% / 85% / 70%	实得分	备注
1	机柜、机架安装垂直度偏差	50			
2	桥架及线槽水平度、垂直度	50			
检查结果	权重值10分。应得分合计：实得分合计：智能建筑工程尺寸偏差及限值实测评分=$\dfrac{实得分}{应得分}\times 10$=				
	评价人员： 年 月 日				

9.5.10 智能建筑工程观感质量应检查的项目包括：
1 综合布线、电源及接地线等安装；
2 机柜、机架、配线架安装；
3 模块、信息插座等安装。

9.5.11 智能建筑工程观感质量检查评价方法应符合本标准第3.5.4条的规定。

9.5.12 智能建筑工程观感质量评价应符合表9.5.12的规定。

表9.5.12 智能建筑工程观感质量评分表

工程名称			施工阶段			检查日期		年 月 日
施工单位						评价单位		
序号	检查项目	应得分	判定结果			实得分	备注	
			100%	85%	70%			
1	综合布线、电源及接地线等安装	35						
2	机柜、机架和配线架安装	35						
3	模块、信息插座安装	30						
检查结果	权重值20分。应得分合计：实得分合计：智能建筑工程观感质量评分＝$\frac{实得分}{应得分}×20=$							
	评价人员：　　　　年 月 日							

10 单位工程质量综合评价

10.1 工程结构质量评价

10.1.1 工程结构质量评价包括地基及桩基工程、结构工程（含地下防水层），应在主体结构验收合格后进行。

10.1.2 评价人员应在结构抽查的基础上，按有关评分表格内容进行核查，逐项作出评价。

10.1.3 工程结构凡出现本标准第3.4.4条规定否决项目之一的不得评优。

10.1.4 工程结构凡符合本标准第3.4.5条特色工程加分项目的，可按规定在综合评价后直接加分。加分只限一次。

10.1.5 工程结构质量综合评价应符合下列规定：
工程结构质量评价评分应按表10.1.5进行。
工程结构评价得分应符合下式规定：

$$P_结=\frac{A+B}{0.5}+F$$

式中 $P_结$——工程结构评价得分；
A——地基与桩基工程权重值实得分；
B——结构工程权重值实得分；
F——工程特色加分。

0.5系地基与桩基工程、结构工程在工程权重值中占的比例10%、40%之和。

10.1.6 当工程结构有混凝土结构、钢结构和砌体结构工程的二种或三种时，工程结构评价得分应是每种结构在工程中占的比重及重要程度来综合结构的评分。

如：有一工程结构中有混凝土结构、钢结构及砌体结构三种结构工程，其中混凝土结构工程量占70%，钢结构占15%、砌体（填充墙）占15%，按本标准6.1.3条规定，按砌体工程只能占10%、混凝土工程占70%、钢结构占20%的比重来综合结构工程的评价。即：

表10.1.5 工程结构质量综合评价表

序号	检查项目	地基与桩基工程评价得分		结构工程评价得分（含地下防水层）		备注
		应得分	实得分	应得分	实得分	
1	现场质量保证条件	10		10		
2	性能检测	35		30		
3	质量记录	35		25		
4	尺寸偏差及限值实测	15		20		
5	观感质量	5		15		
6	合计	(100)		(100)		
7	各部位权重值实得分	A＝地基与桩基工程评价×0.10=		B＝结构工程评价×0.40=		
8	工程结构质量评分（$P_结$）：特色工程加分项目加分值（F）： $$P_结=\frac{A+B}{0.5}+F$$ $$P_结=\frac{A+B_1+B_2+B_3}{0.5}+F$$ $$P_结=\frac{A+B+G}{0.5}+F$$					
	评价人员：　　　年 月 日					

$$P_{结} = \frac{A + B_1 + B_2 + B_3}{0.5} + F$$

式中 B_1——混凝土结构工程评价得分；
B_2——钢结构工程评价得分；
B_3——砌体结构工程评价得分。

10.1.7 当有地下防水层时，工程结构评价得分应符合下式规定：

$$P_{结} = \frac{A + B + G}{0.5} + F$$

式中 G——地下防水层评价得分。

10.2 单位工程质量评价

10.2.1 单位工程质量评价包括地基工程、结构工程（含地下防水层）、屋面工程、装饰装修工程及安装工程，应在工程竣工验收合格后进行。

10.2.2 评价人员应在工程实体质量和工程档案资料全面检查的基础上，分别按有关表格内容进行查对，逐项作出评价。

10.2.3 单位工程凡出现本标准第3.4.4条规定否决项目之一的不得评优。

10.2.4 单位工程凡符合本标准第3.4.5条特色工程加分项目的，可在单位工程质量评价后按规定直接加分。工程结构和单位工程特色加分，只限加一次，选取一个最大加分项目。

10.2.5 单位工程质量综合评价应符合下列规定：

单位工程质量评价评分应按表10.2.5进行。

单位工程质量评价评分应符合下式规定：

$$P_{竣} = A + B + C + D + E + F$$

式中 $P_{竣}$——单位工程质量评价得分；
C——屋面工程权重值实得分；
D——装饰装修工程权重值实得分；
E——安装工程权重值实得分；
F——特色工程加分。

10.2.6 安装工程权重值得分计算与调整应符合下列规定：

安装工程包括五项内容，当工程安装项目全有时每项权重值为4分；当安装工程项目有缺项时可按安装项目的工作量进行调整，调整时总分值为20分，但各项应当为整数。

表10.2.5 单位工程质量综合评价表

序号	检查项目	地基及桩基工程评价得分		结构工程评价得分（含地下防水层）		屋面工程评价得分		装饰装修工程评价得分		安装工程评价得分		备注
		应得分	实得分	应得分	实得分	应得分	实得分	应得分	实得分	应得分	实得分	
1	现场质量保证条件	10		10		10		10		10		
2	性能检测	35		30		30		20		30		
3	质量记录	35		25		20		20		30		
4	尺寸偏差及限值实测	15		20		20		10		10		
5	观感质量	5		15		20		40		20		
6	合计	(100)		(100)		(100)		(100)		(100)		
7	各部位权重值实得分	A=地基及桩基工程评分×0.10=		B=结构工程评分×0.40=		C=屋面工程评分×0.05=		D=装饰装修工程评分×0.25=		E=安装工程评分×0.20=		
8	单位工程质量评分（$P_{竣}$）：特色工程加分项目加分值（F）：$P_{竣}=A+B+C+D+E+F$ 评价人员： 年 月 日											

10.3 单位工程各项目评分汇总及分析

10.3.1 单位工程各工程部位、系统评分汇总应符合下列规定：

各项目评价得分应按表10.3.1进行汇总。

10.3.2 单位工程各部位、系统评分及分析应符合下列规定：

工程部位、系统的评价项目实际得分（即竖向部分）相加，可根据得分情况评价分析工程部位、系统的质量水平程度。

10.3.3 单位工程各项目评价得分及评价分析应符合下列规定：

各工程部位、系统相同项目实际评价得分（即横向部分）相加，可根据得分情况评价分析项目的质量水平程度；各项目实际评价得分（即竖向部分）相加，可根据得分情况评价分析工程部位、系统的质量水平程度。

表 10.3.1 单位工程质量各项目评价得分汇总表

序号	检查项目	地基及桩基工程	结构工程（含地下防水层）	屋面工程	装饰装修工程	安装工程	合计	备注
1	现场质量保证条件							
2	性能检测							
3	质量记录							
4	尺寸偏差及限值实测							
5	观感质量							
	合计							

10.4 工程质量评价报告

10.4.1 工程结构、单位工程质量评价后均应出具评价报告，评价报告应由评价机构编制，应包括下列内容：

1 工程概况。

2 工程评价情况。

3 工程竣工验收情况；附建设工程竣工验收备案表和有关消防、环保等部门出具的认可文件。

4 工程结构质量评价情况及结果。

5 单位工程质量评价情况及结果。

10.4.2 工程质量评价报告应符合下列要求：

1 工程概况中应说明建设工程的规模、施工工艺及主要的工程特点、施工过程的质量控制情况。

2 工程质量评价情况应说明委托评价机构，在组织、人员及措施方面所进行的准备工作和评价工作过程。

3 说明建设、监理、设计、勘察、施工等单位的竣工验收评价结果和意见，并附评价文件。

4 工程结构和单位工程评价应重点说明工程评价的否决条件及加分条件等审查情况。

5 工程结构和单位工程质量评价得分及等级情况。

本标准用词说明

1 执行本标准条文时，根据要求严格程度不同的用词说明如下，以便在执行中区别对待：

　　1）表示很严格，非这样做不可的：
　　　　正面词采用"必须"，反面词采用"严禁"。
　　2）表示严格，在正常情况下均应这样做的：
　　　　正面词采用"应"，反面词采用"不应"或"不得"。
　　3）表示允许稍有选择，在条件许可时应首先这样做的：
　　　　正面词采用"宜"，反面词采用"不宜"。
　　　　表示有选择，在一定条件下可以这样做的，采用"可"。

2 标准中指定按其他标准、规范的规定执行时，写法为"应按……执行"或"应符合……的规定（要求）"。

中华人民共和国国家标准

建筑工程施工质量评价标准

GB/T 50375—2006

条 文 说 明

目 次

1 总则 …………………………………… 9—2—40
2 术语 …………………………………… 9—2—40
3 基本规定 ……………………………… 9—2—40
　3.1 评价基础 ………………………… 9—2—40
　3.2 评价框架体系 …………………… 9—2—40
　3.3 评价规定 ………………………… 9—2—40
　3.4 评价内容 ………………………… 9—2—41
　3.5 基本评价方法 …………………… 9—2—41
4 施工现场质量保证条件评价 ………… 9—2—41
　4.1 施工现场质量保证条件检查
　　　评价项目 ………………………… 9—2—41
　4.2 施工现场质量保证条件检查
　　　评价方法 ………………………… 9—2—41
5 地基及桩基工程质量评价 …………… 9—2—41
　5.1 地基及桩基工程性能检测 ……… 9—2—41
　5.2 地基及桩基工程质量记录 ……… 9—2—41
　5.3 地基及桩基工程尺寸偏差及
　　　限值实测 ………………………… 9—2—41
　5.4 地基及桩基工程观感质量 ……… 9—2—42
6 结构工程质量评价 …………………… 9—2—42
　6.1 结构工程性能检测 ……………… 9—2—42
　6.2 结构工程质量记录 ……………… 9—2—42
　6.3 结构工程尺寸偏差及限值实测 …… 9—2—42
　6.4 结构工程观感质量 ……………… 9—2—42
7 屋面工程质量评价 …………………… 9—2—42
　7.1 屋面工程性能检测 ……………… 9—2—42
　7.2 屋面工程质量记录 ……………… 9—2—42
　7.3 屋面工程尺寸偏差及限值实测 …… 9—2—42
　7.4 屋面工程观感质量 ……………… 9—2—43
8 装饰装修工程质量评价 ……………… 9—2—43
　8.1 装饰装修工程性能检测 ………… 9—2—43
　8.2 装饰装修工程质量记录 ………… 9—2—43
　8.3 装饰装修工程尺寸偏差及
　　　限值实测 ………………………… 9—2—43
　8.4 装饰装修工程观感质量 ………… 9—2—43
9 安装工程质量评价 …………………… 9—2—43
10 单位工程质量综合评价 ……………… 9—2—44
　10.1 工程结构质量评价 ……………… 9—2—44
　10.2 单位工程质量评价 ……………… 9—2—44
　10.3 单位工程各项目评分汇总
　　　 及分析 …………………………… 9—2—44
　10.4 工程质量评价报告 ……………… 9—2—44

1 总 则

1.0.1 本条是本标准编制的目的。现行建筑工程施工质量验收规范只规定了质量合格标准，这是政府必须管理的，因为工程质量关系着人民生命财产安全和社会稳定，达不到合格的工程就不能交付使用。但目前施工单位的管理水平、技术水平差距较大，有的工程达到合格之后，为了提高企业的竞争力和信誉，还要将工程质量水平再提高。也有些建设单位为了本单位的自身利益，要求高水平的工程质量。本标准的编制就是为这些企业的创优提供一个有统一基本评价指标和方法的评价标准，以增加建设单位与施工单位的协调性，增强施工单位之间的可比性，同时为各省、市创建优质工程提供一个评价基础，以便相互之间有较好的可比性。

1.0.2 本条是本标准的适用范围。本标准适用于建筑工程施工质量优良评价，而且是在符合《建筑工程施工质量验收统一标准》及其配套的各专业工程质量验收规范基础上进行评价的。省、市、国家优质工程应在优良工程的基础上择优评定。

1.0.3 本条说明了本标准评价首先要通过《建筑工程施工质量验收统一标准》及其配套的各专业工程质量验收规范验收合格。

1.0.4 本条是说明建筑工程施工质量优良评价的方法及体系，除本标准自身规定外，很多具体质量要求还应符合现行的有关标准、规范的规定。

2 术 语

本章提出了本标准常用的 11 个术语，以便使用更方便、表达意思更一致。这些术语主要在本标准范围中使用，在其他地方仅供参考。

3 基本规定

3.1 评价基础

3.1.1 本条是工程项目质量目标，是工程项目的主要管理目标之一，实现工程项目质量目标是进行工程质量评价的根本目的，应与已确定的工程项目施工的有关要求相适应。质量策划是寻求并确定实现工程项目质量目标的具体途径，从技术、管理、组织、协调等方面采取措施，实施质量评价的工程一定要事前制定质量目标，明确质量责任。

3.1.2 本条要求被评价的工程项目要开展有效的质量管理。为科学、有效地进行项目质量管理，项目部应建立质量信息制度，对收集的质量信息进行汇总分析，确定工程质量管理过程和工程实物质量特性、发展趋势和改进要求，及时采取预防措施和纠正措施，持续改进项目质量管理能力，不断提高工程实物质量。

3.1.3 本条规定了进行质量评价的工程的质量控制要求。建筑工程质量的评价，提倡事前计划、过程控制、竣工验收，确保工程质量一次达标，反对进行过多的返工和修补，造成经济上的浪费。

3.1.4 本条规定了工程评价总的质量要求。建筑工程质量评价把涉及安全和使用功能的地基与桩基工程、结构工程的安全性、质量均质性、涉及安全和重要使用功能和建筑效果的完美性作为工程质量评价重点。

3.1.5 本条规定了开展工程质量评价的工程项目应遵守政府颁布的有关持续发展的政策，如建筑节能、节地、科技及环保等。不仅考虑一次投入，也要考虑长期使用的投入。在注重高新技术运用，确保工程质量的同时，应注重保护生态环境，施工环境，防止施工对环境造成污染。对保障工程质量的先进技术，作为特色工程给予加分。

3.1.6 本评价是在满足《建筑工程施工质量验收统一标准》及其配套的各专业工程质量验收规范基础上进行。

3.2 评价框架体系

3.2.1 本条文划分了工程质量评价步骤，第一步按专业性质和建筑部位将其划分为五个部分。

3.2.2 将五部分根据其在整个工程中所占工作量大小及重要程度给出其权重值。

3.2.3 第二步是将每个部位、系统划分为五项内容来评价，并给出每项评价内容的权重值。

3.2.4 本条检查项目中的每项内容评价结果分为一、二、三个档次。全部达到规范、设计要求的为一档，得100%的标准分值；较好达到要求的为二档，得85%的标准分值；基本达到要求的为三档，得70%的标准分值。

3.2.5 本条规定了工程结构和单位工程两个阶段的评价，以突出对结构质量的重视。

3.2.6 本条规定了优良工程和高等级优良工程等级得分。

3.3 评价规定

3.3.1 本条规定了评价工程要先判定创优措施。

3.3.2 本条规定了评价的基本原则，先由施工单位自评，再由监理单位或其他评价机构验收评价。

3.3.3 本条规定了不论是监理单位还是其他评价机构，评价结果应出具评价报告。

3.3.4 本条规定了工程结构评价的主要内容。

3.3.5 本条规定了工程结构质量评价，除了检查资料外，还应对实物工程质量进行抽查。

3.3.6 本条规定了单位工程质量评价应在竣工验收合格及工程结构质量评为优良之后，否则单位工程不能评优。

3.3.7 单位工程质量评价应对实物质量和工程资料进行全面核查。

3.4 评价内容

3.4.1 本条规定了工程结构质量评价的内容。

3.4.2、3.4.3 本条规定了工程结构评价的具体评价方法。

3.4.4 本条规定了工程结构、单位工程评价的否决项目。

3.4.5 本条规定了工程结构、单位工程评价的加分项目。

3.5 基本评价方法

3.5.1 本条规定了性能检测项目的基本评价方法。

3.5.2 本条规定了质量记录项目的基本评价方法。

3.5.3 本条规定了尺寸偏差及限值项目的基本评价方法。

3.5.4 本条规定了观感质量项目的基本评价方法。

4 施工现场质量保证条件评价

4.1 施工现场质量保证条件检查评价项目

4.1.1 本条规定工程项目现场应具有基本质量管理及质量责任制度，保证工程一开工就得到有效的管理来保证工程质量，是质量评价的基本条件。现场项目部是履行工程承包合同的管理主体，它的组织形式、人员素质、专业配套应与工程项目的规模、结构复杂程度相适应。应满足法律法规及工程项目施工管理的需要，其人员应持有效资格证书上岗。

为确保质量保证体系有效运行，应明确项目部与工程质量有关人员的职责和权限，制定项目质量责任制，并有相应的奖罚制度。

4.1.2 本条文规定对施工现场配备规范和标准的要求，现场应配备相应工序的施工工艺或操作规程以保证工程质量，并应配备相应的国家工程质量验收规范，这是基本的要求。

4.1.3 本条规定了对施工组织设计、施工方案的要求。施工组织设计、施工方案是质量策划的基础文件，是组织施工的重要依据。由工程项目部编写，应针对工程项目的特点，结合工程项目与施工现场实际情况编制，由施工企业组织审核批准。当情况发生变化时，应相应改变措施；有重大改变时，还应重新进行审批。

4.1.4 本条要求项目部应有具体的质量目标及措施。项目部应根据已确定的质量要求，制定项目的质量目标，并形成文件。针对工程项目的特点，建立相应的组织机构，明确质量职责，对施工方案、施工组织和质量管理活动的措施作出具体安排，确保质量目标的落实和实现。

4.2 施工现场质量保证条件检查评价方法

4.2.1 本条是现场质量保证条件评价标准，检查有关资料的项目、数量及资料中的有关数据的完整程度，给出一、二、三档三个档次。

4.2.2 本条规定了评价的方法。

4.2.3 本条是评价得分计算，根据4.2.1条的评价标准、4.2.2条的评价方法，按表4.2.3逐项进行评价，评出各项目的应得分、实得分及项目评分，评价人员签字负责。

5 地基及桩基工程质量评价

5.1 地基及桩基工程性能检测

5.1.1 本条规定的地基及桩基工程性能检测检查评价项目，是依据现行国家标准《建筑地基基础工程施工质量验收规范》和《建筑地基基础设计规范》确定的。各种指标和检验方法按现行行业标准《建筑地基处理技术规范》及《建筑基桩检测技术规范》规定执行。

5.1.2 本条规定地基及桩基工程性能检测项目的评价标准和方法同3.5.1条，规定各性能检测项目一次检测达到规范、设计要求的为一档，取100%的标准分值，经处理二次检测达到设计要求的为基本分，取三档70%的标准分值。

5.1.3 本条为性能检测项目评价得分计算，按表5.1.3逐项进行评价，评出各项目的应得分、实得分及项目评分及评价得分，评价人员签字负责。

5.2 地基及桩基工程质量记录

5.2.1 本条为工程质量记录检查评价项目，将其分为三部分，材料、构件合格证及进场验收记录；施工记录；施工试验等。各部分根据工程特点列出具体的质量记录检查项目。

5.2.2 本条为质量记录项目的检查评价方法，其方法同3.5.2条说明。

5.2.3 本条为质量记录得分计算，按表5.2.3逐项进行评价，评出各项目的应得分、实得分及项目评分，评价人员签字负责。

5.3 地基及桩基工程尺寸偏差及限值实测

5.3.1 本条为地基及桩基工程尺寸偏差及限值实测评价项目。是从验收规范中摘出的主要的允许偏差项目来作为评价的项目。

5.3.2 本条为地基及桩基工程尺寸偏差及限值实测的评价方法，每个项目按测点实测值的情况分为三个等级，其得分值分别为 100％、85％、70％的标准分。

5.3.3 本条为尺寸偏差及限值实测项目得分计算，按表 5.3.3 逐项进行评分，评出各项目应得分、实得分及项目评分，评价人员签字负责。

5.4 地基及桩基工程观感质量

5.4.1 本条为观感质量检查评价项目，是依据验收规范的观感质量项目进行宏观检查。

5.4.2 本条为观感质量项目检查方法，观察检查并辅以必要的量测，每个检查点按好、一般、差给出评价，然后再依据各点评价好的项目比例给出三个等级，其得分值分别为 100％、85％、70％的标准分值。

5.4.3 本条为观感质量项目评价得分计算，按表 5.4.3 逐项进行评价，评出各项目应得分、实得分及项目评分，评价人员签字负责。

6 结构工程质量评价

6.1 结构工程性能检测

6.1.1 本条规定了结构工程的性能检测评价项目，并将混凝土结构工程、钢结构工程、砌体工程、地下防水层等项目分别列出。由于目前木结构用的很少，故没有列出其项目。

6.1.2 本条规定了结构工程性能检测检查评价检查标准及方法。

6.1.3 本条规定了结构工程性能检测检查评价评分计算，按表 6.1.3 逐项进行评分，评出各项目应得分、实得分及项目评分，评价人员签字负责。

6.2 结构工程质量记录

6.2.1 本条规定了结构工程的质量记录检查评价项目，并按混凝土结构、钢结构工程、砌体工程、地下防水层分别列出。

6.2.2 本条规定了结构工程质量记录检查评价方法及评价标准。

6.2.3 本条规定了结构工程质量记录检查评价得分计算，按表 6.2.3 逐项进行评分，评出各项目应得分、实得分及项目评分，评价人员签字负责。

6.3 结构工程尺寸偏差及限值实测

6.3.1 本条规定了结构工程的尺寸偏差及限值实测评价项目。并按混凝土、钢结构、砌体工程、地下防水层分别列出。

6.3.2 本条规定了结构工程尺寸偏差及限值实测检查评价标准及评价方法。

6.3.3 本条规定了结构工程尺寸偏差及限值实测检查评价得分计算，按表 6.3.3 逐项进行评分，评出各项目应得分、实得分及项目评分，评价人员签字负责。

6.4 结构工程观感质量

6.4.1 本条规定了结构工程观感质量检查评价项目。是对混凝土工程、钢结构工程、砌体工程、地下防水层等质量验收规范的主要观感质量内容进行选择，宏观进行检查评价。

6.4.2 本条规定了结构工程观感质量的检查评价方法及检查标准。

6.4.3 本条为结构工程观感质量检查评价得分计算，按表 6.4.3 逐项进行评分，评出各项目应得分、实得分及项目评分，评价人员签字负责。

7 屋面工程质量评价

7.1 屋面工程性能检测

7.1.1 本条规定了屋面工程性能检测评价项目，主要为屋面验收规范规定的竣工后的性能检测项目。

7.1.2 本条规定了屋面工程性能检测项目检查标准和检查方法。

7.1.3 本条规定了屋面工程性能检测项目评价得分计算，按表 7.1.3 逐项进行评分，评出各项目应得分、实得分及项目评分，评价人员签字负责。

7.2 屋面工程质量记录

7.2.1 本条规定了屋面工程质量记录检查评价项目，主要包括材料合格证、进场验收报告；施工记录；施工试验三个方面的项目。

7.2.2 本条规定了屋面工程质量记录、检查标准和检查方法。

7.2.3 本条规定了屋面工程质量记录评价得分计算，按表 7.2.3 逐项进行评价，评出各项目应得分、实得分及项目评分，评价人员签字负责。

7.3 屋面工程尺寸偏差及限值实测

7.3.1 本条为屋面工程的尺寸偏差及限值实测检查项目，依据验收规范选择了部分允许偏差及限值项目进行评价。

7.3.2 本条规定了屋面工程尺寸偏差及限值实测检查方法和检查标准。

7.3.3 本条规定了屋面工程尺寸偏差及限值实测评价得分计算，按表 7.3.3 逐项进行评分，评出各项目应得分、实得分及项目评分，评价人员签字负责。

7.4 屋面工程观感质量

7.4.1 本条为屋面工程观感质量检查评价项目。
7.4.2 本条为屋面观感质量项目检查方法及检查标准。
7.4.3 本条规定了屋面工程观感质量检查评价得分计算，按表 7.4.3 逐项进行评分，评出各项目应得分、实得分及项目评分，评价人员签字负责。

8 装饰装修工程质量评价

8.1 装饰装修工程性能检测

8.1.1 本条为装饰装修工程性能检测检查评价项目。主要选择了影响建筑功能及安全方面的内容，某些项目有一定超前性，可在设计有要求时才进行。
8.1.2 本条为装饰装修工程性能检测检查方法及检查标准。
8.1.3 本条为装饰装修工程性能检测评价得分计算，按表 8.1.3 逐项进行评分，评出各项目应得分、实得分及项目评分，评价人员签字负责。

8.2 装饰装修工程质量记录

8.2.1 本条为装饰装修工程质量记录检查评价项目，包括材料合格证、施工记录、施工试验等项目的质量文件。
8.2.2 本条为装饰装修工程质量记录检查方法及检查标准。
8.2.3 本条为装饰装修工程质量记录评价得分计算，按表 8.2.3 逐项进行评分，评出各项目应得分、实得分及项目评分，评价人员签字负责。

8.3 装饰装修工程尺寸偏差及限值实测

8.3.1 本条为装饰装修工程尺寸偏差及限值实测评价项目，将影响使用功能及体现操作水平的主要允许偏差及限值项目进行评价。
8.3.2 本条为装饰装修工程尺寸偏差及限值实测检查方法及检查标准。
8.3.3 本条为装饰装修工程尺寸偏差及限值实测评价得分计算，按表 8.3.3 逐项进行评分，评出各项目应得分、实得分及项目评分，评价人员签字负责。

8.4 装饰装修工程观感质量

8.4.1 本条为装饰装修工程观感质量检查评价项目，主要是建筑装饰装修的综合项目，本节是本章检查的重点。
8.4.2 本条为装饰装修工程观感质量检查方法及检查标准。
8.4.3 本条为装饰装修工程观感质量评价得分计算，按表 8.4.3 逐项进行评分，评出各项目应得分、实得分及项目评分，评价人员签字负责。

9 安装工程质量评价

安装工程共分五节，包括：建筑给水排水及采暖工程、电气安装工程、通风与空调工程、电梯安装工程及智能建筑工程的五个专业质量评价。每节各有 12 个条文，各条文内容性质基本相同。由于其评价内容、程序等方面都基本相同，条文说明也基本相同，所以不再分开叙述。现将其统一进行说明。

9.1.1、9.2.1、9.3.1、9.4.1、9.5.1 的条文规定了各自的性能检测项目，主要是各系统的使用功能质量及安全方面的项目。
9.1.2、9.2.2、9.3.2、9.4.2、9.5.2 的条文是各性能检测项目检查评价方法和检查标准。
9.1.3、9.2.3、9.3.3、9.4.3、9.5.3 的条文是各性能检测项目评价得分计算，分别按表 9.1.3、表 9.2.3、表 9.3.3、表 9.4.3、表 9.5.3 逐项进行评分，评出各项目应得分、实得分及项目评分，评价人员签字负责。
9.1.4、9.2.4、9.3.4、9.4.4、9.5.4 的条文规定了各系统质量记录检查项目，主要是各系统的原材料、设备、仪表的质量资料；施工过程的施工记录；质量验收记录；材料复试、施工试配、试验、系统调试记录等施工试验资料文件。
9.1.5、9.2.5、9.3.5、9.4.5、9.5.5 的条文是各系统质量记录检查评价方法及检查标准。
9.1.6、9.2.6、9.3.6、9.4.6、9.5.6 的条文是各系统质量记录评价得分计算，分别按表 9.1.6、表 9.2.6、表 9.3.6、表 9.4.6 及表 9.5.6 逐项进行评分，评出各项目应得分、实得分及项目评分，评价人员签字负责。
9.1.7、9.2.7、9.3.7、9.4.7、9.5.7 的条文规定了各系统尺寸偏差及限值实测评价项目，是根据验收规范中的允许偏差及限值项目的一些实测项目，来评价安装工程的施工安装精度。
9.1.8、9.2.8、9.3.8、9.4.8、9.5.8 的条文规定了各系统尺寸偏差及限值实测检查评价方法及检查标准。
9.1.9、9.2.9、9.3.9、9.4.9、9.5.9 的条文分别规定了各系统尺寸偏差及限值实测评价得分计算，分别按表 9.1.9、表 9.2.9、表 9.3.9、表 9.4.9 及表 9.5.9 逐项进行评分，评出各项目应得分、实得分及项目评分，评价人员签字负责。
9.1.10、9.2.10、9.3.10、9.4.10、9.5.10 的条文分别规定了各系统观感质量检查评价项目，是依据验收规范的观感质量项目进行的宏观检查。
9.1.11、9.2.11、9.3.11、9.4.11、9.5.11 的条

文规定了各系统观感质量项目检查方法及检查标准。

9.1.12、9.2.12、9.3.12、9.4.12、9.5.12 的条文分别规定了各系统观感质量项目评价得分计算，分别按表 9.1.12、表 9.2.12、表 9.3.12、表 9.4.12 及表 9.5.12 逐项进行评分，评出各项目应得分、实得分及项目评分，评价人员签字负责。

10 单位工程质量综合评价

10.1 工程结构质量评价

10.1.1 本条规定了工程结构质量评价的基本内容。

10.1.2 本条规定了工程结构质量评价的步骤和方法。

10.1.3 本条强调了在工程结构质量评价时，必须严格执行否决项目的规定。凡出现否决项目时，不得评价优良。

10.1.4 本条规定了工程结构加分项目，凡有其规定项目可直接进行加分。

10.1.5 本条规定了工程结构质量综合评价的评分计算方法，即按照表 10.1.5 内容进行逐项评分，并计算分值，评价人员签字负责。

10.2 单位工程质量评价

10.2.1 本条规定了单位工程质量评价的基本内容。

10.2.2 本条规定了竣工工程质量评价的步骤和方法。应在对工程实物质量和工程档案资料进行全面检查的基础上，按照有关评价表格内容进行逐项检查和评价。

10.2.3 本条规定了进行单位工程质量评价时，凡出现否决项目之一的不得评优。

10.2.4 本条规定了单位工程加分项目，凡有其规定项目可直接进行加分。

10.2.5 本条规定了单位工程质量综合评价的评分计算方法，即按照表 10.2.5 内容进行逐项评分，并计算分值，评价人员签字负责。

10.2.6 本条规定了安装工程权重值调整的方法。

10.3 单位工程各项目评分汇总及分析

10.3.1 本条规定各工程部位、系统评分汇总的方法，按表 10.3.1 进行汇总。

10.3.2 本条规定按表 10.3.1 竖向将各项评分相加，可分析工程部位、系统的质量水平。

10.3.3 本条规定按表 10.3.1 横向将各项评分相加，可分析各项目的质量水平。

10.4 工程质量评价报告

10.4.1 本条规定了工程质量评价机构出具工程结构和竣工工程质量评价报告的主要内容。

10.4.2 本条规定了编制工程质量评价报告的要求。

中华人民共和国国家标准

建筑节能工程施工质量验收规范

Code for acceptance of energy efficient building construction

GB 50411—2007

主编部门：中华人民共和国建设部
批准部门：中华人民共和国建设部
施行日期：２００７年１０月１日

中华人民共和国建设部
公 告

第 554 号

建设部关于发布国家标准 《建筑节能工程施工质量验收规范》的公告

现批准《建筑节能工程施工质量验收规范》为国家标准，编号为 GB 50411—2007，自 2007 年 10 月 1 日起实施。其中，第 1.0.5、3.1.2、3.3.1、4.2.2、4.2.7、4.2.15、5.2.2、6.2.2、7.2.2、8.2.2、9.2.3、9.2.10、10.2.3、10.2.14、11.2.3、11.2.5、11.2.11、12.2.2、13.2.5、15.0.5 条为强制性条文，必须严格执行。

本规范由建设部标准定额研究所组织中国建筑工业出版社出版发行。

中华人民共和国建设部
2007 年 1 月 16 日

前 言

为了贯彻落实科学发展观，做好建筑"四节"工作，加强建筑节能工程的施工质量管理，提高建筑工程节能技术水平，根据建设部（建标函［2005］84 号）《关于印发〈2005 年工程建设标准规范制订、修订计划（第一批）〉的通知》，由中国建筑科学研究院会同有关单位共同编制本规范。

在编制过程中，编制组进行了广泛的调查研究，开展专题讨论和试验，以多种方式征求了国内外有关科研、设计、施工、质检、检测、监理、墙改等单位的意见，参考了国内外相关标准。

本规范依据国家现行法律法规和相关标准，总结了近年来我国建筑工程中节能工程的设计、施工、验收和运行管理方面的实践经验和研究成果，借鉴了国际先进经验和做法，充分考虑了我国现阶段建筑节能工程的实际情况，突出了验收中的基本要求和重点，是一部涉及多专业，以达到建筑节能要求为目标的施工验收规范。

本规范共分 15 章及 3 个附录。内容包括：墙体、幕墙、门窗、屋面、地面、采暖、通风与空气调节、空调与采暖系统冷热源及管网、配电与照明、监测与控制、建筑节能工程现场实体检验、建筑节能分部工程质量验收。

本规范中用黑体字标志的条文为强制性条文，必须严格执行。

本规范由建设部负责管理和对强制性条文的解释，由中国建筑科学研究院负责具体技术内容的解释。为提高规范质量，请各单位在执行本规范过程中，注意总结经验、积累资料，随时将有关的意见和建议反馈给中国建筑科学研究院《建筑节能工程施工质量验收规范》编制组（地址：北京市北三环东路 30 号，邮编 100013，E-MAIL：songbo163163@163.com），以供今后修订时参考。

本规范主编单位、参编单位和主要起草人：

主编单位：中国建筑科学研究院
参编单位：北京市建设工程质量监督总站
广东省建筑科学研究院
河南省建筑科学研究院
山东省建筑设计研究院
同方股份有限公司
中国建筑东北设计研究院
中国人民解放军工程与环境质量监督总站
北京大学建筑设计研究院
江苏省建筑科学研究院有限公司
深圳市建设工程质量监督总站
建设部科技发展促进中心
宁波市建设委员会
上海市建设工程安装质量监督总站
中国建筑业协会建筑节能专业委员会
哈尔滨市墙体材料改革建筑节能办公室
宁波荣山新型材料有限公司

哈尔滨天硕建材工业有限公司	大连实德集团有限公司
北京振利高新技术公司	主要起草人：宋 波　张元勃　杨仕超　栾景阳
广东粤铝建筑装饰有限公司	于晓明　金丽娜　孙述璞　冯金秋
深圳金粤幕墙装饰工程有限公司	（以下按姓氏笔画）万树春　王 虹　史新华
中国建筑第八工程局	阮 华　刘锋钢　许锦峰
北京住总集团有限责任公司	佟贵森　陈海岩　李爱新
松下电工株式会社	肖绪文　应柏平　张广志
三井物产（中国）贸易有限公司	张文库　吴兆军　杨西伟
广东省工业设备安装公司	杨 坤　杨 霁　姚 勇
欧文斯科宁（中国）投资有限公司	赵诚颢　康玉范　徐凯讯
及时雨保温隔音技术有限公司	顾福林　黄 江　黄振利
西门子楼宇科技（天津）有限公司	涂逢祥　韩 红　彭尚银
江苏仪征久久防水保温隔热工程公司	潘延平

目　次

1　总则 ………………………………… 9—3—5
2　术语 ………………………………… 9—3—5
3　基本规定 …………………………… 9—3—5
　　3.1　技术与管理 …………………… 9—3—5
　　3.2　材料与设备 …………………… 9—3—6
　　3.3　施工与控制 …………………… 9—3—6
　　3.4　验收的划分 …………………… 9—3—6
4　墙体节能工程 ……………………… 9—3—7
　　4.1　一般规定 ……………………… 9—3—7
　　4.2　主控项目 ……………………… 9—3—7
　　4.3　一般项目 ……………………… 9—3—8
5　幕墙节能工程 ……………………… 9—3—9
　　5.1　一般规定 ……………………… 9—3—9
　　5.2　主控项目 ……………………… 9—3—9
　　5.3　一般项目 …………………… 9—3—10
6　门窗节能工程 …………………… 9—3—10
　　6.1　一般规定 …………………… 9—3—10
　　6.2　主控项目 …………………… 9—3—10
　　6.3　一般项目 …………………… 9—3—11
7　屋面节能工程 …………………… 9—3—11
　　7.1　一般规定 …………………… 9—3—11
　　7.2　主控项目 …………………… 9—3—11
　　7.3　一般项目 …………………… 9—3—12
8　地面节能工程 …………………… 9—3—12
　　8.1　一般规定 …………………… 9—3—12
　　8.2　主控项目 …………………… 9—3—12
　　8.3　一般项目 …………………… 9—3—13
9　采暖节能工程 …………………… 9—3—13
　　9.1　一般规定 …………………… 9—3—13
　　9.2　主控项目 …………………… 9—3—13
　　9.3　一般项目 …………………… 9—3—14
10　通风与空调节能工程 …………… 9—3—14
　　10.1　一般规定 …………………… 9—3—14
　　10.2　主控项目 …………………… 9—3—15
　　10.3　一般项目 …………………… 9—3—16
11　空调与采暖系统冷热源及
　　　管网节能工程 ………………… 9—3—17
　　11.1　一般规定 …………………… 9—3—17
　　11.2　主控项目 …………………… 9—3—17
　　11.3　一般项目 …………………… 9—3—18
12　配电与照明节能工程 …………… 9—3—18
　　12.1　一般规定 …………………… 9—3—18
　　12.2　主控项目 …………………… 9—3—18
　　12.3　一般项目 …………………… 9—3—20
13　监测与控制节能工程 …………… 9—3—20
　　13.1　一般规定 …………………… 9—3—20
　　13.2　主控项目 …………………… 9—3—20
　　13.3　一般项目 …………………… 9—3—21
14　建筑节能工程现场检验 ………… 9—3—22
　　14.1　围护结构现场实体检验 …… 9—3—22
　　14.2　系统节能性能检测 ………… 9—3—22
15　建筑节能分部工程质量验收 …… 9—3—23
附录A　建筑节能工程进场材料和
　　　　设备的复验项目 …………… 9—3—24
附录B　建筑节能分部、分项工程和
　　　　检验批的质量验收表 ……… 9—3—24
附录C　外墙节能构造钻芯
　　　　检验方法 …………………… 9—3—26
本规范用词说明 ……………………… 9—3—27
附：条文说明 ………………………… 9—3—28

1 总　则

1.0.1 为了加强建筑节能工程的施工质量管理，统一建筑节能工程施工质量验收，提高建筑工程节能效果，依据现行国家有关工程质量和建筑节能的法律、法规、管理要求和相关技术标准，制订本规范。

1.0.2 本规范适用于新建、改建和扩建的民用建筑工程中墙体、幕墙、门窗、屋面、地面、采暖、通风与空调、空调与采暖系统的冷热源及管网、配电与照明、监测与控制等建筑节能工程施工质量的验收。

1.0.3 建筑节能工程中采用的工程技术文件、承包合同文件对工程质量的要求不得低于本规范的规定。

1.0.4 建筑节能工程施工质量验收除应执行本规范外，尚应遵守《建筑工程施工质量验收统一标准》GB 50300、各专业工程施工质量验收规范和国家现行有关标准的规定。

1.0.5 单位工程竣工验收应在建筑节能分部工程验收合格后进行。

2 术　语

2.0.1 保温浆料　insulating mortar
由胶粉料与聚苯颗粒或其他保温轻骨料组配，使用时按比例加水搅拌混合而成的浆料。

2.0.2 凸窗　bay window
位置凸出外墙外侧的窗。

2.0.3 外门窗　outside doors and windows
建筑围护结构上有一个面与室外空气接触的门或窗。

2.0.4 玻璃遮阳系数　shading coefficient
透过窗玻璃的太阳辐射得热与透过标准 3mm 透明窗玻璃的太阳辐射得热的比值。

2.0.5 透明幕墙　transparent curtain wall
可见光能直接透射入室内的幕墙。

2.0.6 灯具效率　luminaire efficiency
在相同的使用条件下，灯具发出的总光通量与灯具内所有光源发出的总光通量之比。

2.0.7 总谐波畸变率（THD）　total harmonic distortion
周期性交流量中的谐波含量的方均根值与其基波分量的方均根值之比（用百分数表示）。

2.0.8 不平衡度 ε　unbalance factor ε
指三相电力系统中三相不平衡的程度，用电压或电流负序分量与正序分量的方均根值百分比表示。

2.0.9 进场验收　site acceptance
对进入施工现场的材料、设备等进行外观质量检查和规格、型号、技术参数及质量证明文件核查并形成相应验收记录的活动。

2.0.10 进场复验　site reinspection
进入施工现场的材料、设备等在进场验收合格的基础上，按照有关规定从施工现场抽取试样送至试验室进行部分或全部性能参数检验的活动。

2.0.11 见证取样送检　evidential test
施工单位在监理工程师或建设单位代表见证下，按照有关规定从施工现场随机抽取试样，送至有见证检测资质的检测机构进行检测的活动。

2.0.12 现场实体检验　in-situ inspection
在监理工程师或建设单位代表见证下，对已经完成施工作业的分项或分部工程，按照有关规定在工程实体上抽取试样，在现场进行检验或送至有见证检测资质的检测机构进行检验的活动。简称实体检验或现场检验。

2.0.13 质量证明文件　quality proof document
随同进场材料、设备等一同提供的能够证明其质量状况的文件。通常包括出厂合格证、中文说明书、型式检验报告及相关性能检测报告等。进口产品应包括出入境商品检验合格证明。适用时，也可包括进场验收、进场复验、见证取样检验和现场实体检验等资料。

2.0.14 核查　check
对技术资料的检查及资料与实物的核对。包括：对技术资料的完整性、内容的正确性、与其他相关资料的一致性及整理归档情况的检查，以及将技术资料中的技术参数等与相应的材料、构件、设备或产品进行核对、确认。

2.0.15 型式检验　type inspection
由生产厂家委托有资质的检测机构，对定型产品或成套技术的全部性能及其适用性所作的检验。其报告称型式检验报告。通常在工艺参数改变、达到预定生产周期或产品生产数量时进行。

3 基本规定

3.1 技术与管理

3.1.1 承担建筑节能工程的施工企业应具备相应的资质；施工现场应建立相应的质量管理体系、施工质量控制和检验制度，具有相应的施工技术标准。

3.1.2 设计变更不得降低建筑节能效果。当设计变更涉及建筑节能效果时，应经原施工图设计审查机构审查，在实施前应办理设计变更手续，并获得监理或建设单位的确认。

3.1.3 建筑节能工程采用的新技术、新设备、新材料、新工艺，应按照有关规定进行评审、鉴定及备案。施工前应对新的或首次采用的施工工艺进行评价，并制定专门的施工技术方案。

3.1.4 单位工程的施工组织设计应包括建筑节能工程施工内容。建筑节能工程施工前，施工单位应编制建筑节能工程施工方案并经监理（建设）单位审查批准。施工单位应对从事建筑节能工程施工作业的人员进行技术交底和必要的实际操作培训。

3.1.5 建筑节能工程的质量检测，除本规范14.1.5条规定的以外，应由具备资质的检测机构承担。

3.2 材料与设备

3.2.1 建筑节能工程使用的材料、设备等，必须符合设计要求及国家有关标准的规定。严禁使用国家明令禁止使用与淘汰的材料和设备。

3.2.2 材料和设备进场验收应遵守下列规定：

1 对材料和设备的品种、规格、包装、外观和尺寸等进行检查验收，并应经监理工程师（建设单位代表）确认，形成相应的验收记录。

2 对材料和设备的质量证明文件进行核查，并应经监理工程师（建设单位代表）确认，纳入工程技术档案。进入施工现场用于节能工程的材料和设备均应具有出厂合格证、中文说明书及相关性能检测报告；定型产品和成套技术应有型式检验报告，进口材料和设备应按规定进行出入境商品检验。

3 对材料和设备应按照本规范附录A及各章的规定在施工现场抽样复验。复验应为见证取样送检。

3.2.3 建筑节能工程使用材料的燃烧性能等级和阻燃处理，应符合设计要求和现行国家标准《高层民用建筑设计防火规范》GB 50045、《建筑内部装修设计防火规范》GB 50222和《建筑设计防火规范》GB 50016等的规定。

3.2.4 建筑节能工程使用的材料应符合国家现行有关标准对材料有害物质限量的规定，不得对室内外环境造成污染。

3.2.5 现场配制的材料如保温浆料、聚合物砂浆等，应按设计要求或试验室给出的配合比配制。当未给出要求时，应按照施工方案和产品说明书配制。

3.2.6 节能保温材料在施工使用时的含水率应符合设计要求、工艺要求及施工技术方案要求。当无上述要求时，节能保温材料在施工使用时的含水率不应大于正常施工环境湿度下的自然含水率，否则应采取降低含水率的措施。

3.3 施工与控制

3.3.1 建筑节能工程应按照经审查合格的设计文件和经审查批准的施工方案施工。

3.3.2 建筑节能工程施工前，对于采用相同建筑节能设计的房间和构造做法，应在现场采用相同材料和工艺制作样板间或样板件，经有关各方确认后方可进行施工。

3.3.3 建筑节能工程的施工作业环境和条件，应满足相关标准和施工工艺的要求。节能保温材料不宜在雨雪天气中露天施工。

3.4 验收的划分

3.4.1 建筑节能工程为单位建筑工程的一个分部工程。其分项工程和检验批的划分，应符合下列规定：

1 建筑节能分项工程应按表3.4.1划分。

2 建筑节能工程应按照分项工程进行验收。当建筑节能分项工程的工程量较大时，可以将分项工程划分为若干个检验批进行验收。

3 当建筑节能工程验收无法按上述要求划分分项工程或检验批时，可由建设、监理、施工等各方协商进行划分。但验收项目、验收内容、验收标准和验收记录均应遵守本规范的规定。

4 建筑节能分项工程和检验批的验收应单独填写验收记录，节能验收资料应单独组卷。

表3.4.1 建筑节能分项工程划分

序号	分项工程	主要验收内容
1	墙体节能工程	主体结构基层；保温材料；饰面层等
2	幕墙节能工程	主体结构基层；隔热材料；保温材料；隔汽层；幕墙玻璃；单元式幕墙板块；通风换气系统；遮阳设施；冷凝水收集排放系统等
3	门窗节能工程	门；窗；玻璃；遮阳设施等
4	屋面节能工程	基层；保温隔热层；保护层；防水层；面层等
5	地面节能工程	基层；保温层；保护层；面层等
6	采暖节能工程	系统制式；散热器；阀门与仪表；热力入口装置；保温材料；调试等
7	通风与空气调节节能工程	系统制式；通风与空调设备；阀门与仪表；绝热材料；调试等
8	空调与采暖系统的冷热源及管网节能工程	系统制式；冷热源设备；辅助设备；管网；阀门与仪表；绝热、保温材料；调试等
9	配电与照明节能工程	低压配电电源；照明光源、灯具；附属装置；控制功能；调试等
10	监测与控制节能工程	冷、热源系统的监测控制系统；空调水系统的监测控制系统；通风与空调系统的监测控制系统；监测与计量装置；供配电的监测控制系统；照明自动控制系统；综合控制系统等

4 墙体节能工程

4.1 一般规定

4.1.1 本章适用于采用板材、浆料、块材及预制复合墙板等墙体保温材料或构件的建筑墙体节能工程质量验收。

4.1.2 主体结构完成后进行施工的墙体节能工程，应在基层质量验收合格后施工，施工过程中应及时进行质量检查、隐蔽工程验收和检验批验收，施工完成后应进行墙体节能分项工程验收。与主体结构同时施工的墙体节能工程，应与主体结构一同验收。

4.1.3 墙体节能工程当采用外保温定型产品或成套技术时，其型式检验报告中应包括安全性和耐候性检验。

4.1.4 墙体节能工程应对下列部位或内容进行隐蔽工程验收，并应有详细的文字记录和必要的图像资料：
 1 保温层附着的基层及其表面处理；
 2 保温板粘结或固定；
 3 锚固件；
 4 增强网铺设；
 5 墙体热桥部位处理；
 6 预置保温板或预制保温墙板的板缝及构造节点；
 7 现场喷涂或浇注有机类保温材料的界面；
 8 被封闭的保温材料厚度；
 9 保温隔热砌块填充墙体。

4.1.5 墙体节能工程的保温材料在施工过程中应采取防潮、防水等保护措施。

4.1.6 墙体节能工程验收的检验批划分应符合下列规定：
 1 采用相同材料、工艺和施工做法的墙面，每500～1000m² 面积划分为一个检验批，不足 500 m² 也为一个检验批。
 2 检验批的划分也可根据与施工流程相一致且方便施工与验收的原则，由施工单位与监理（建设）单位共同商定。

4.2 主控项目

4.2.1 用于墙体节能工程的材料、构件等，其品种、规格应符合设计要求和相关标准的规定。
　　检验方法：观察、尺量检查；核查质量证明文件。
　　检查数量：按进场批次，每批随机抽取 3 个试样进行检查；质量证明文件应按照其出厂检验批进行核查。

4.2.2 墙体节能工程使用的保温隔热材料，其导热系数、密度、抗压强度或压缩强度、燃烧性能应符合设计要求。
　　检验方法：核查质量证明文件及进场复验报告。
　　检查数量：全数检查。

4.2.3 墙体节能工程采用的保温材料和粘结材料等，进场时应对其下列性能进行复验，复验应为见证取样送检：
 1 保温材料的导热系数、密度、抗压强度或压缩强度；
 2 粘结材料的粘结强度；
 3 增强网的力学性能、抗腐蚀性能。
　　检验方法：随机抽样送检，核查复验报告。
　　检查数量：同一厂家同一品种的产品，当单位工程建筑面积在20000m² 以下时各抽查不少于3次；当单位工程建筑面积在 20000m² 以上时各抽查不少于 6次。

4.2.4 严寒和寒冷地区外保温使用的粘结材料，其冻融试验结果应符合该地区最低气温环境的使用要求。
　　检验方法：核查质量证明文件。
　　检查数量：全数检查。

4.2.5 墙体节能工程施工前应按照设计和施工方案的要求对基层进行处理，处理后的基层应符合保温层施工方案的要求。
　　检验方法：对照设计和施工方案观察检查；核查隐蔽工程验收记录。
　　检查数量：全数检查。

4.2.6 墙体节能工程各层构造做法应符合设计要求，并应按照经过审批的施工方案施工。
　　检验方法：对照设计和施工方案观察检查；核查隐蔽工程验收记录。
　　检查数量：全数检查。

4.2.7 墙体节能工程的施工，应符合下列规定：
 1 保温隔热材料的厚度必须符合设计要求。
 2 保温板材与基层及各构造层之间的粘结或连接必须牢固。粘结强度和连接方式应符合设计要求。保温板材与基层的粘结强度应做现场拉拔试验。
 3 保温浆料应分层施工。当采用保温浆料做外保温时，保温层与基层之间及各层之间的粘结必须牢固，不应脱层、空鼓和开裂。
 4 当墙体节能工程的保温层采用预埋或后置锚固件固定时，锚固件数量、位置、锚固深度和拉拔力应符合设计要求。后置锚固件应进行锚固力现场拉拔试验。
　　检验方法：观察；手扳检查；保温材料厚度采用钢针插入或剖开尺量检查；粘结强度和锚固力核查试验报告；核查隐蔽工程验收记录。
　　检查数量：每个检验批抽查不少于3处。

4.2.8 外墙采用预置保温板现场浇筑混凝土墙体

时，保温板的验收应符合本规范第4.2.2条的规定；保温板的安装位置应正确、接缝严密，保温板在浇筑混凝土过程中不得移位、变形，保温板表面应采取界面处理措施，与混凝土粘结应牢固。

混凝土和模板的验收，应按《混凝土结构工程施工质量验收规范》GB 50204的相关规定执行。

检验方法：观察检查；核查隐蔽工程验收记录。

检查数量：全数检查。

4.2.9 当外墙采用保温浆料做保温层时，应在施工中制作同条件养护试件，检测其导热系数、干密度和压缩强度。保温浆料的同条件养护试件应见证取样送检。

检验方法：核查试验报告。

检查数量：每个检验批应抽样制作同条件养护试块不少于3组。

4.2.10 墙体节能工程各类饰面层的基层及面层施工，应符合设计和《建筑装饰装修工程质量验收规范》GB 50210的要求，并应符合下列规定：

1 饰面层施工的基层应无脱层、空鼓和裂缝，基层应平整、洁净，含水率应符合饰面层施工的要求。

2 外墙外保温工程不宜采用粘贴饰面砖做饰面层；当采用时，其安全性与耐久性必须符合设计要求。饰面砖应做粘结强度拉拔试验，试验结果应符合设计和有关标准的规定。

3 外墙外保温工程的饰面层不得渗漏。当外墙外保温工程的饰面层采用饰面板开缝安装时，保温层表面应具有防水功能或采取其他防水措施。

4 外墙外保温层及饰面层与其他部位交接的收口处，应采取密封措施。

检验方法：观察检查；核查试验报告和隐蔽工程验收记录。

检查数量：全数检查。

4.2.11 保温砌块砌筑的墙体，应采用具有保温功能的砂浆砌筑。砌筑砂浆的强度等级应符合设计要求。砌体的水平灰缝饱满度不应低于90%，竖直灰缝饱满度不应低于80%。

检验方法：对照设计核查施工方案和砌筑砂浆强度试验报告。用百格网检查灰缝砂浆饱满度。

检查数量：每楼层的每个施工段至少抽查一次，每次抽查5处，每处不少于3个砌块。

4.2.12 采用预制保温墙板现场安装的墙体，应符合下列规定：

1 保温墙板应有型式检验报告，型式检验报告中应包含安装性能的检验；

2 保温墙板的结构性能、热工性能及与主体结构的连接方法应符合设计要求，与主体结构连接必须牢固；

3 保温墙板的板缝处理、构造节点及嵌缝做法应符合设计要求；

4 保温墙板板缝不得渗漏。

检验方法：核查型式检验报告、出厂检验报告、对照设计观察和淋水试验检查；核查隐蔽工程验收记录。

检查数量：型式检验报告、出厂检验报告全数核查；其他项目每个检验批抽查5%，并不少于3块（处）。

4.2.13 当设计要求在墙体内设置隔汽层时，隔汽层的位置、使用的材料及构造做法应符合设计要求和相关标准的规定。隔汽层应完整、严密，穿透隔汽层处应采取密封措施。隔汽层冷凝水排水构造应符合设计要求。

检验方法：对照设计观察检查；核查质量证明文件和隐蔽工程验收记录。

检查数量：每个检验批抽查5%，并不少于3处。

4.2.14 外墙或毗邻不采暖空间墙体上的门窗洞口四周的侧面，墙体上凸窗四周的侧面，应按设计要求采取节能保温措施。

检验方法：对照设计观察检查，必要时抽样剖开检查；核查隐蔽工程验收记录。

检查数量：每个检验批抽查5%，并不少于5个洞口。

4.2.15 严寒和寒冷地区外墙热桥部位，应按设计要求采取节能保温等隔断热桥措施。

检验方法：对照设计和施工方案观察检查；核查隐蔽工程验收记录。

检查数量：按不同热桥种类，每种抽查20%，并不少于5处。

4.3 一般项目

4.3.1 进场节能保温材料与构件的外观和包装应完整无破损，符合设计要求和产品标准的规定。

检验方法：观察检查。

检查数量：全数检查。

4.3.2 当采用加强网作为防止开裂的措施时，加强网的铺贴和搭接应符合设计和施工方案的要求。砂浆抹压应密实，不得空鼓，加强网不得皱褶、外露。

检验方法：观察检查；核查隐蔽工程验收记录。

检查数量：每个检验批抽查不少于5处，每处不少于2m²。

4.3.3 设置空调的房间，其外墙热桥部位应按设计要求采取隔断热桥措施。

检验方法：对照设计和施工方案观察检查；核查隐蔽工程验收记录。

检查数量：按不同热桥种类，每种抽查10%，并不少于5处。

4.3.4 施工产生的墙体缺陷，如穿墙套管、脚手眼、孔洞等，应按照施工方案采取隔断热桥措施，不得影响墙体热工性能。

检验方法：对照施工方案观察检查。

检查数量：全数检查。

4.3.5 墙体保温板材接缝方法应符合施工方案要求。保温板接缝应平整严密。

检验方法：观察检查。

检查数量：每个检验批抽查10%，并不少于5处。

4.3.6 墙体采用保温浆料时，保温浆料层宜连续施工；保温浆料厚度应均匀、接茬应平顺密实。

检验方法：观察、尺量检查。

检查数量：每个检验批抽查10%，并不少于10处。

4.3.7 墙体上容易碰撞的阳角、门窗洞口及不同材料基体的交接处等特殊部位，其保温层应采取防止开裂和破损的加强措施。

检验方法：观察检查；核查隐蔽工程验收记录。

检查数量：按不同部位，每类抽查10%，并不少于5处。

4.3.8 采用现场喷涂或模板浇注的有机类保温材料做外保温时，有机类保温材料应达到陈化时间后方可进行下道工序施工。

检查方法：对照施工方案和产品说明书进行检查。

检查数量：全数检查。

5 幕墙节能工程

5.1 一般规定

5.1.1 本章适用于透明和非透明的各类建筑幕墙的节能工程质量验收。

5.1.2 附着于主体结构上的隔汽层、保温层应在主体结构工程质量验收合格后施工。施工过程中应及时进行质量检查、隐蔽工程验收和检验批验收，施工完成后应进行幕墙节能分项工程验收。

5.1.3 当幕墙节能工程采用隔热型材时，隔热型材生产厂家应提供型材所使用的隔热材料的力学性能和热变形性能试验报告。

5.1.4 幕墙节能工程施工中应对下列部位或项目进行隐蔽工程验收，并应有详细的文字记录和必要的图像资料：

1 被封闭的保温材料厚度和保温材料的固定；
2 幕墙周边与墙体的接缝处保温材料的填充；
3 构造缝、结构缝；
4 隔汽层；
5 热桥部位、断热节点；
6 单元式幕墙板块间的接缝构造；
7 冷凝水收集和排放构造；
8 幕墙的通风换气装置。

5.1.5 幕墙节能工程使用的保温材料在安装过程中应采取防潮、防水等保护措施。

5.1.6 幕墙节能工程检验批划分，可按照《建筑装饰装修工程质量验收规范》GB 50210的规定执行。

5.2 主控项目

5.2.1 用于幕墙节能工程的材料、构件等，其品种、规格应符合设计要求和相关标准的规定。

检验方法：观察、尺量检查；核查质量证明文件。

检查数量：按进场批次，每批随机抽取3个试样进行检查；质量证明文件应按照其出厂检验批进行核查。

5.2.2 幕墙节能工程使用的保温隔热材料，其导热系数、密度、燃烧性能应符合设计要求。幕墙玻璃的传热系数、遮阳系数、可见光透射比、中空玻璃露点应符合设计要求。

检验方法：核查质量证明文件和复验报告。

检查数量：全数核查。

5.2.3 幕墙节能工程使用的材料、构件等进场时，应对其下列性能进行复验，复验应为见证取样送检：

1 保温材料：导热系数、密度；
2 幕墙玻璃：可见光透射比、传热系数、遮阳系数、中空玻璃露点；
3 隔热型材：抗拉强度、抗剪强度。

检验方法：进场时抽样复验，验收时核查复验报告。

检查数量：同一厂家的同一种产品抽查不少于一组。

5.2.4 幕墙的气密性能应符合设计规定的等级要求。当幕墙面积大于3000m²或建筑外墙面积50%时，应现场抽取材料和配件，在检测试验室安装制作试件进行气密性能检测，检测结果应符合设计规定的等级要求。

密封条应镶嵌牢固、位置正确、对接严密。单元幕墙板块之间的密封应符合设计要求。开启扇应关闭严密。

检验方法：观察及启闭检查；核查隐蔽工程验收记录、幕墙气密性能检测报告、见证记录。

气密性能检测试件应包括幕墙的典型单元、典型拼缝、典型可开启部分。试件应按照幕墙工程施工图进行设计。试件设计应经建筑设计单位项目负责人、监理工程师同意并确认。气密性能的检测应按照国家现行有关标准的规定执行。

检查数量：核查全部质量证明文件和性能检测报告。现场观察及启闭检查按检验批抽查30%，并不少于5件（处）。气密性能检测应对一个单位工程中面积超过 1000m² 的每一种幕墙均抽取一个试件进行检测。

5.2.5 幕墙节能工程使用的保温材料，其厚度应符合设计要求，安装牢固，且不得松脱。

检验方法：对保温板或保温层采取针插法或剖开法，尺量厚度；手扳检查。

检查数量：按检验批抽查10%，并不少于5处。

5.2.6 遮阳设施的安装位置应满足设计要求。遮阳设施的安装应牢固。

检验方法：观察；尺量；手扳检查。

检查数量：检查全数的10%，并不少于5处；牢固程度全数检查。

5.2.7 幕墙工程热桥部位的隔断热桥措施应符合设计要求，断热节点的连接应牢固。

检验方法：对照幕墙节能设计文件，观察检查。

检查数量：按检验批抽查10%，并不少于5处。

5.2.8 幕墙隔汽层应完整、严密、位置正确，穿透隔汽层处的节点构造应采取密封措施。

检验方法：观察检查。

检查数量：按检验批抽查10%，并不少于5处。

5.2.9 冷凝水的收集和排放应通畅，并不得渗漏。

检验方法：通水试验，观察检查。

检查数量：按检验批抽查10%，并不少于5处。

5.3 一般项目

5.3.1 镀（贴）膜玻璃的安装方向、位置应正确。中空玻璃应采用双道密封。中空玻璃的均压管应密封处理。

检验方法：观察；检查施工记录。

检查数量：每个检验批抽查10%，并不少于5件（处）。

5.3.2 单元式幕墙板块组装应符合下列要求：

1 密封条：规格正确，长度无负偏差，接缝的搭接符合设计要求；

2 保温材料：固定牢固，厚度符合设计要求；

3 隔汽层：密封完整、严密；

4 冷凝水排水系统通畅，无渗漏。

检验方法：观察检查；手扳检查；尺量；通水试验。

检查数量：每个检验批抽查10%，并不少于5件（处）。

5.3.3 幕墙与周边墙体间的接缝处应采用弹性闭孔材料填充饱满，并应采用耐候密封胶密封。

检验方法：观察检查。

检查数量：每个检验批抽查10%，并不少于5件（处）。

5.3.4 伸缩缝、沉降缝、抗震缝的保温或密封做法应符合设计要求。

检验方法：对照设计文件观察检查。

检查数量：每个检验批抽查10%，并不少于10件（处）。

5.3.5 活动遮阳设施的调节机构应灵活，并应能调节到位。

检验方法：现场调节试验，观察检查。

检查数量：每个检验批抽查10%，并不少于10件（处）。

6 门窗节能工程

6.1 一般规定

6.1.1 本章适用于建筑外门窗节能工程的质量验收，包括金属门窗、塑料门窗、木质门窗、各种复合门窗、特种门窗、天窗以及门窗玻璃安装等节能工程。

6.1.2 建筑门窗进场后，应对其外观、品种、规格及附件等进行检查验收，对质量证明文件进行核查。

6.1.3 建筑外门窗工程施工中，应对门窗框与墙体接缝处的保温填充做法进行隐蔽工程验收，并应有隐蔽工程验收记录和必要的图像资料。

6.1.4 建筑外门窗工程的检验批应按下列规定划分：

1 同一厂家的同一品种、类型、规格的门窗及门窗玻璃每100樘划分为一个检验批，不足100樘也为一个检验批。

2 同一厂家的同一品种、类型和规格的特种门每50樘划分为一个检验批，不足50樘也为一个检验批。

3 对于异形或有特殊要求的门窗，检验批的划分应根据其特点和数量，由监理（建设）单位和施工单位协商确定。

6.1.5 建筑外门窗工程的检查数量应符合下列规定：

1 建筑门窗每个检验批应抽查5%，并不少于3樘，不足3樘时应全数检查；高层建筑的外窗，每个检验批应抽查10%，并不少于6樘，不足6樘时应全数检查。

2 特种门每个检验批应抽查50%，并不少于10樘，不足10樘时应全数检查。

6.2 主控项目

6.2.1 建筑外门窗的品种、规格应符合设计要求和相关标准的规定。

检验方法：观察、尺量检查；核查质量证明文件。

检查数量：按本规范第6.1.5条执行；质量证明文件应按照其出厂检验批进行核查。

6.2.2 **建筑外窗的气密性、保温性能、中空玻璃露**

点、玻璃遮阳系数和可见光透射比应符合设计要求。

检验方法：核查质量证明文件和复验报告。

检查数量：全数核查。

6.2.3 建筑外窗进入施工现场时，应按地区类别对其下列性能进行复验，复验应为见证取样送检：

1 严寒、寒冷地区：气密性、传热系数和中空玻璃露点；

2 夏热冬冷地区：气密性、传热系数、玻璃遮阳系数、可见光透射比、中空玻璃露点；

3 夏热冬暖地区：气密性、玻璃遮阳系数、可见光透射比、中空玻璃露点。

检验方法：随机抽样送检；核查复验报告。

检查数量：同一厂家同一品种同一类型的产品各抽查不少于3樘（件）。

6.2.4 建筑门窗采用的玻璃品种应符合设计要求。中空玻璃应采用双道密封。

检验方法：观察检查；核查质量证明文件。

检查数量：按本规范第6.1.5条执行。

6.2.5 金属外门窗隔断热桥措施应符合设计要求和产品标准的规定，金属副框的隔断热桥措施应与门窗框的隔断热桥措施相当。

检验方法：随机抽样，对照产品设计图纸，剖开或拆开检查。

检查数量：同一厂家同一品种、类型的产品各抽查不少于1樘。金属副框的隔断热桥措施按检验批抽查30%。

6.2.6 严寒、寒冷、夏热冬冷地区的建筑外窗，应对其气密性做现场实体检验，检测结果应满足设计要求。

检验方法：随机抽样现场检验。

检查数量：同一厂家同一品种同一类型的产品各抽查不少于3樘。

6.2.7 外门窗框或副框与洞口之间的间隙应采用弹性闭孔材料填充饱满，并使用密封胶密封；外门窗框与副框之间的缝隙应使用密封胶密封。

检验方法：观察检查；核查隐蔽工程验收记录。

检查数量：全数检查。

6.2.8 严寒、寒冷地区的外门安装，应按照设计要求采取保温、密封等节能措施。

检验方法：观察检查。

检查数量：全数检查。

6.2.9 外窗遮阳设施的性能、尺寸应符合设计和产品标准要求；遮阳设施的安装应位置正确、牢固，满足安全和使用功能的要求。

检验方法：核查质量证明文件；观察、尺量、手扳检查。

检查数量：按本规范第6.1.5条执行；安装牢固程度全数检查。

6.2.10 特种门的性能应符合设计和产品标准要求；特种门安装中的节能措施，应符合设计要求。

检验方法：核查质量证明文件；观察、尺量检查。

检查数量：全数检查。

6.2.11 天窗安装的位置、坡度应正确，封闭严密，嵌缝处不得渗漏。

检验方法：观察、尺量检查；淋水检查。

检查数量：按本规范第6.1.5条执行。

6.3 一般项目

6.3.1 门窗扇密封条和玻璃镶嵌的密封条，其物理性能应符合相关标准的规定。密封条安装位置应正确，镶嵌牢固，不得脱槽，接头处不得开裂。关闭门窗时密封条应接触严密。

检验方法：观察检查。

检查数量：全数检查。

6.3.2 门窗镀（贴）膜玻璃的安装方向应正确，中空玻璃的均压管应密封处理。

检验方法：观察检查。

检查数量：全数检查。

6.3.3 外门窗遮阳设施调节应灵活，能调节到位。

检验方法：现场调节试验检查。

检查数量：全数检查。

7 屋面节能工程

7.1 一般规定

7.1.1 本章适用于建筑屋面节能工程，包括采用松散保温材料、现浇保温材料、喷涂保温材料、板材、块材等保温隔热材料的屋面节能工程的质量验收。

7.1.2 屋面保温隔热工程的施工，应在基层质量验收合格后进行。施工过程中应及时进行质量检查、隐蔽工程验收和检验批验收，施工完成后应进行屋面节能分项工程验收。

7.1.3 屋面保温隔热工程应对下列部位进行隐蔽工程验收，并应有详细的文字记录和必要的图像资料：

1 基层；

2 保温层的敷设方式、厚度；板材缝隙填充质量；

3 屋面热桥部位；

4 隔汽层。

7.1.4 屋面保温隔热层施工完成后，应及时进行找平层和防水层的施工，避免保温隔热层受潮、浸泡或受损。

7.2 主控项目

7.2.1 用于屋面节能工程的保温隔热材料，其品种、规格应符合设计要求和相关标准的规定。

检验方法：观察、尺量检查；核查质量证明文件。

检查数量：按进场批次，每批随机抽取3个试样进行检查；质量证明文件应按照其出厂检验批进行核查。

7.2.2 屋面节能工程使用的保温隔热材料，其导热系数、密度、抗压强度或压缩强度、燃烧性能应符合设计要求。

检验方法：核查质量证明文件及进场复验报告。

检查数量：全数检查。

7.2.3 屋面节能工程使用的保温隔热材料，进场时应对其导热系数、密度、抗压强度或压缩强度、燃烧性能进行复验，复验应为见证取样送检。

检验方法：随机抽样送检，核查复验报告。

检查数量：同一厂家同一品种的产品各抽查不少于3组。

7.2.4 屋面保温隔热层的敷设方式、厚度、缝隙填充质量及屋面热桥部位的保温隔热做法，必须符合设计要求和有关标准的规定。

检验方法：观察、尺量检查。

检查数量：每100m²抽查一处，每处10m²，整个屋面抽查不得少于3处。

7.2.5 屋面的通风隔热架空层，其架空高度、安装方式、通风口位置及尺寸应符合设计及有关标准要求。架空层内不得有杂物。架空面层应完整，不得有断裂和露筋等缺陷。

检验方法：观察、尺量检查。

检查数量：每100m²抽查一处，每处10m²，整个屋面抽查不得少于3处。

7.2.6 采光屋面的传热系数、遮阳系数、可见光透射比、气密性应符合设计要求。节点的构造做法应符合设计和相关标准的要求。采光屋面的可开启部分应按本规范第6章的要求验收。

检验方法：核查质量证明文件；观察检查。

检查数量：全数检查。

7.2.7 采光屋面的安装应牢固，坡度正确，封闭严密，嵌缝处不得渗漏。

检验方法：观察、尺量检查；淋水检查；核查隐蔽工程验收记录。

检查数量：全数检查。

7.2.8 屋面的隔汽层位置应符合设计要求，隔汽层应完整、严密。

检验方法：对照设计观察检查；核查隐蔽工程验收记录。

检查数量：每100m²抽查一处，每处10m²，整个屋面抽查不得少于3处。

7.3 一般项目

7.3.1 屋面保温隔热层应按施工方案施工，并应符合下列规定：

1 松散材料应分层敷设、按要求压实、表面平整、坡向正确；

2 现场采用喷、浇、抹等工艺施工的保温层，其配合比应计量准确，搅拌均匀、分层连续施工，表面平整，坡向正确。

3 板材应粘贴牢固、缝隙严密、平整。

检验方法：观察、尺量、称重检查。

检查数量：每100m²抽查一处，每处10m²，整个屋面抽查不得少于3处。

7.3.2 金属板保温夹芯屋面应铺装牢固、接口严密、表面洁净、坡向正确。

检验方法：观察、尺量检查；核查隐蔽工程验收记录。

检查数量：全数检查。

7.3.3 坡屋面、内架空屋面当采用敷设于屋面内侧的保温材料做保温隔热层时，保温隔热层应有防潮措施，其表面应有保护层，保护层的做法应符合设计要求。

检验方法：观察检查；核查隐蔽工程验收记录。

检查数量：每100m²抽查一处，每处10m²，整个屋面抽查不得少于3处。

8 地面节能工程

8.1 一般规定

8.1.1 本章适用于建筑地面节能工程的质量验收。包括底面接触室外空气、土壤或毗邻不采暖空间的地面节能工程。

8.1.2 地面节能工程的施工，应在主体或基层质量验收合格后进行。施工过程中应及时进行质量检查、隐蔽工程验收和检验批验收，施工完成后应进行地面节能分项工程验收。

8.1.3 地面节能工程应对下列部位进行隐蔽工程验收，并应有详细的文字记录和必要的图像资料：

1 基层；

2 被封闭的保温材料厚度；

3 保温材料粘结；

4 隔断热桥部位。

8.1.4 地面节能分项工程检验批划分应符合下列规定：

1 检验批可按施工段或变形缝划分；

2 当面积超过200m²时，每200m²可划分为一个检验批，不足200m²也为一个检验批；

3 不同构造做法的地面节能工程应单独划分检验批。

8.2 主控项目

8.2.1 用于地面节能工程的保温材料，其品种、规格应符合设计要求和相关标准的规定。

　　检验方法：观察、尺量或称重检查；核查质量证明文件。

　　检查数量：按进场批次，每批随机抽取3个试样进行检查；质量证明文件应按照其出厂检验批进行核查。

8.2.2　地面节能工程使用的保温材料，其导热系数、密度、抗压强度或压缩强度、燃烧性能应符合设计要求。

　　检验方法：核查质量证明文件和复验报告。

　　检查数量：全数核查。

8.2.3　地面节能工程采用的保温材料，进场时应对其导热系数、密度、抗压强度或压缩强度、燃烧性能进行复验，复验应为见证取样送检。

　　检验方法：随机抽样送检，核查复验报告。

　　检查数量：同一厂家同一品种的产品各抽查不少于3组。

8.2.4　地面节能工程施工前，应对基层进行处理，使其达到设计和施工方案的要求。

　　检验方法：对照设计和施工方案观察检查。

　　检查数量：全数检查。

8.2.5　地面保温层、隔离层、保护层等各层的设置和构造做法以及保温层的厚度应符合设计要求，并应按施工方案施工。

　　检验方法：对照设计和施工方案观察检查；尺量检查。

　　检查数量：全数检查。

8.2.6　地面节能工程的施工质量应符合下列规定：

　　1　保温板与基层之间、各构造层之间的粘结应牢固，缝隙应严密；

　　2　保温浆料应分层施工；

　　3　穿越地面直接接触室外空气的各种金属管道应按设计要求，采取隔断热桥的保温措施。

　　检验方法：观察、核查隐蔽工程验收记录。

　　检查数量：每个检验批抽查2处，每处10m²；穿越地面的金属管道处全数检查。

8.2.7　有防水要求的地面，其节能保温做法不得影响地面排水坡度，保温层面层不得渗漏。

　　检验方法：用长度500mm水平尺检查；观察检查。

　　检查数量：全数检查。

8.2.8　严寒、寒冷地区的建筑首层直接与土壤接触的地面、采暖地下室与土壤接触的外墙、毗邻不采暖空间的地面以及底面直接接触室外空气的地面应按设计要求采取保温措施。

　　检验方法：对照设计观察检查。

　　检查数量：全数检查。

8.2.9　保温层的表面防潮层、保护层应符合设计要求。

　　检验方法：观察检查。

　　检查数量：全数检查。

8.3　一般项目

8.3.1　采用地面辐射采暖的工程，其地面节能做法应符合设计要求，并应符合《地面辐射供暖技术规程》JGJ 142的规定。

　　检验方法：观察检查。

　　检查数量：全数检查。

9　采暖节能工程

9.1　一般规定

9.1.1　本章适用于温度不超过95℃室内集中热水采暖系统节能工程施工质量的验收。

9.1.2　采暖系统节能工程的验收，可按系统、楼层等进行，并应符合本规范第3.4.1条的规定。

9.2　主控项目

9.2.1　采暖系统节能工程采用的散热设备、阀门、仪表、管材、保温材料等产品进场时，应按设计要求对其类型、材质、规格及外观等进行验收，并应经监理工程师（建设单位代表）检查认可，且应形成相应的验收记录。各种产品和设备的质量证明文件和相关技术资料应齐全，并应符合国家现行有关标准和规定。

　　检验方法：观察检查；核查质量证明文件和相关技术资料。

　　检查数量：全数检查。

9.2.2　采暖系统节能工程采用的散热器和保温材料等进场时，应对其下列技术性能参数进行复验，复验应为见证取样送检：

　　1　散热器的单位散热量、金属热强度；

　　2　保温材料的导热系数、密度、吸水率。

　　检验方法：现场随机抽样送检；核查复验报告。

　　检查数量：同一厂家同一规格的散热器按其数量的1‰进行见证取样送检，但不得少于2组；同一厂家同材质的保温材料见证取样送检的次数不得少于2次。

9.2.3　采暖系统的安装应符合下列规定：

　　1　采暖系统的制式，应符合设计要求；

　　2　散热设备、阀门、过滤器、温度计及仪表应按设计要求安装齐全，不得随意增减和更换；

　　3　室内温度调控装置、热计量装置、水力平衡装置以及热力入口装置的安装位置和方向应符合设计要求，并便于观察、操作和调试；

　　4　温度调控装置和热计量装置安装后，采暖系统应能实现设计要求的分室（区）温度调控、分栋热计量和分户或分室（区）热量分摊的功能。

检验方法：观察检查。

检查数量：全数检查。

9.2.4 散热器及其安装应符合下列规定：

    1 每组散热器的规格、数量及安装方式应符合设计要求；

    2 散热器外表面应刷非金属性涂料。

检验方法：观察检查。

检查数量：按散热器组数抽查5%，不得少于5组。

9.2.5 散热器恒温阀及其安装应符合下列规定：

    1 恒温阀的规格、数量应符合设计要求；

    2 明装散热器恒温阀不应安装在狭小和封闭空间，其恒温阀阀头应水平安装，且不应被散热器、窗帘或其他障碍物遮挡；

    3 暗装散热器的恒温阀应采用外置式温度传感器，并应安装在空气流通且能正确反映房间温度的位置上。

检验方法：观察检查。

检查数量：按总数抽查5%，不得少于5个。

9.2.6 低温热水地面辐射供暖系统的安装除了应符合本规范第9.2.3条的规定外，尚应符合下列规定：

    1 防潮层和绝热层的做法及绝热层的厚度应符合设计要求；

    2 室内温控装置的传感器应安装在避开阳光直射和有发热设备且距地1.4m处的内墙面上。

检验方法：防潮层和绝热层隐蔽前观察检查；用钢针刺入绝热层、尺量；观察检查、尺量室内温控装置传感器的安装高度。

检查数量：防潮层和绝热层按检验批抽查5处，每处检查不少于5点；温控装置按每个检验批抽查10个。

9.2.7 采暖系统热力入口装置的安装应符合下列规定：

    1 热力入口装置中各种部件的规格、数量，应符合设计要求；

    2 热计量装置、过滤器、压力表、温度计的安装位置、方向应正确，并便于观察、维护；

    3 水力平衡装置及各类阀门的安装位置、方向应正确，并便于操作和调试。安装完毕后，应根据系统水力平衡要求进行调试并做出标志。

检验方法：观察检查；核查进场验收记录和调试报告。

检查数量：全数检查。

9.2.8 采暖管道保温层和防潮层的施工应符合下列规定：

    1 保温层应采用不燃或难燃材料，其材质、规格及厚度等应符合设计要求；

    2 保温管壳的粘贴应牢固、铺设应平整；硬质或半硬质的保温管壳每节至少应用防腐金属丝或难腐织带或专用胶带进行捆扎或粘贴2道，其间距为300～350mm，且捆扎、粘贴应紧密，无滑动、松弛及断裂现象；

    3 硬质或半硬质保温管壳的拼接缝隙不应大于5mm，并用粘结材料勾缝填满；纵缝应错开，外层的水平接缝应设在侧下方；

    4 松散或软质保温材料应按规定的密度压缩其体积，疏密应均匀；毡类材料在管道上包扎时，搭接处不应有空隙；

    5 防潮层应紧密粘贴在保温层上，封闭良好，不得有虚粘、气泡、褶皱、裂缝等缺陷；

    6 防潮层的立管应由管道的低端向高端敷设，环向搭接缝应朝向低端；纵向搭接缝应位于管道的侧面，并顺水；

    7 卷材防潮层采用螺旋形缠绕的方式施工时，卷材的搭接宽度宜为30～50mm；

    8 阀门及法兰部位的保温层结构应严密，且能单独拆卸并不得影响其操作功能。

检验方法：观察检查；用钢针刺入保温层、尺量。

检查数量：按数量抽查10%，且保温层不得少于10段、防潮层不得少于10m、阀门等配件不得少于5个。

9.2.9 采暖系统应随施工进度对与节能有关的隐蔽部位或内容进行验收，并应有详细的文字记录和必要的图像资料。

检验方法：观察检查；核查隐蔽工程验收记录。

检查数量：全数检查。

9.2.10 采暖系统安装完毕后，应在采暖期内与热源进行联合试运转和调试。联合试运转和调试结果应符合设计要求，采暖房间温度相对于设计计算温度不得低于2℃，且不高于1℃。

检验方法：检查室内采暖系统试运转和调试记录。

检查数量：全数检查。

9.3 一般项目

9.3.1 采暖系统过滤器等配件的保温层应密实、无空隙，且不得影响其操作功能。

检验方法：观察检查。

检查数量：按类别数量抽查10%，且均不得少于2件。

10 通风与空调节能工程

10.1 一般规定

10.1.1 本章适用于通风与空调系统节能工程施工

质量的验收。

10.1.2 通风与空调系统节能工程的验收，可按系统、楼层等进行，并应符合本规范第3.4.1条的规定。

10.2 主控项目

10.2.1 通风与空调系统节能工程所使用的设备、管道、阀门、仪表、绝热材料等产品进场时，应按设计要求对其类型、材质、规格及外观等进行验收，并应对下列产品的技术性能参数进行核查。验收与核查的结果应经监理工程师（建设单位代表）检查认可，并应形成相应的验收、核查记录。各种产品和设备的质量证明文件和相关技术资料应齐全，并应符合有关国家现行标准和规定。

1 组合式空调机组、柜式空调机组、新风机组、单元式空调机组、热回收装置等设备的冷量、热量、风量、风压、功率及额定热回收效率；

2 风机的风量、风压、功率及其单位风量耗功率；

3 成品风管的技术性能参数；

4 自控阀门与仪表的技术性能参数。

检验方法：观察检查；技术资料和性能检测报告等质量证明文件与实物核对。

检查数量：全数检查。

10.2.2 风机盘管机组和绝热材料进场时，应对其下列技术性能参数进行复验，复验应为见证取样送检。

1 风机盘管机组的供冷量、供热量、风量、出口静压、噪声及功率；

2 绝热材料的导热系数、密度、吸水率。

检验方法：现场随机抽样送检；核查复验报告。

检查数量：同一厂家的风机盘管机组按数量复验2%，但不得少于2台；同一厂家同材质的绝热材料复验次数不得少于2次。

10.2.3 通风与空调节能工程中的送、排风系统及空调风系统、空调水系统的安装，应符合下列规定：

1 各系统的制式，应符合设计要求；

2 各种设备、自控阀门与仪表应按设计要求安装齐全，不得随意增减和更换；

3 水系统各分支管路水力平衡装置、温控装置与仪表的安装位置、方向应符合设计要求，并便于观察、操作和调试；

4 空调系统应能实现设计要求的分室（区）温度调控功能。对设计要求分栋、分区或分户（室）冷、热计量的建筑物，空调系统应能实现相应的计量功能。

检验方法：观察检查。

检查数量：全数检查。

10.2.4 风管的制作与安装应符合下列规定：

1 风管的材质、断面尺寸及厚度应符合设计要求；

2 风管与部件、风管与土建风道及风管间的连接应严密、牢固；

3 风管的严密性及风管系统的严密性检验和漏风量，应符合设计要求或现行国家标准《通风与空调工程施工质量验收规范》GB 50243的有关规定；

4 需要绝热的风管与金属支架的接触处、复合风管及需要绝热的非金属风管的连接和内部支撑加固等处，应有防热桥的措施，并应符合设计要求。

检验方法：观察、尺量检查；核查风管及风管系统严密性检验记录。

检查数量：按数量抽查10%，且不得少于1个系统。

10.2.5 组合式空调机组、柜式空调机组、新风机组、单元式空调机组的安装应符合下列规定：

1 各种空调机组的规格、数量应符合设计要求；

2 安装位置和方向应正确，且与风管、送风静压箱、回风箱的连接应严密可靠；

3 现场组装的组合式空调机组各功能段之间连接应严密，并应做漏风量的检测，其漏风量应符合现行国家标准《组合式空调机组》GB/T 14294的规定；

4 机组内的空气热交换器翅片和空气过滤器应清洁、完好，且安装位置和方向必须正确，并便于维护和清理。当设计未注明过滤器的阻力时，应满足粗效过滤器的初阻力≤50Pa（粒径≥5.0μm，效率：80%＞E≥20%）；中效过滤器的初阻力≤80Pa（粒径≥1.0μm，效率：70%＞E≥20%）的要求。

检验方法：观察检查；核查漏风量测试记录。

检查数量：按同类产品的数量抽查20%，且不得少于1台。

10.2.6 风机盘管机组的安装应符合下列规定：

1 规格、数量应符合设计要求；

2 位置、高度、方向应正确，并便于维护、保养；

3 机组与风管、回风箱及风口的连接应严密、可靠；

4 空气过滤器的安装应便于拆卸和清理。

检验方法：观察检查。

检查数量：按总数抽查10%，且不得少于5台。

10.2.7 通风与空调系统中风机的安装应符合下列规定：

1 规格、数量应符合设计要求；

2 安装位置及进、出口方向应正确，与风管的连接应严密、可靠。

检验方法：观察检查。

检查数量：全数检查。

10.2.8 带热回收功能的双向换气装置和集中排风

系统中的排风热回收装置的安装应符合下列规定：

　　1　规格、数量及安装位置应符合设计要求；

　　2　进、排风管的连接应正确、严密、可靠；

　　3　室外进、排风口的安装位置、高度及水平距离应符合设计要求。

　　检验方法：观察检查。

　　检查数量：按总数抽检20%，且不得少于1台。

10.2.9　空调机组回水管上的电动两通调节阀、风机盘管机组回水管上的电动两通（调节）阀、空调冷热水系统中的水力平衡阀、冷（热）量计量装置等自控阀门与仪表的安装应符合下列规定：

　　1　规格、数量应符合设计要求；

　　2　方向应正确，位置应便于操作和观察。

　　检验方法：观察检查。

　　检查数量：按类型数量抽查10%，且均不得少于1个。

10.2.10　空调风管系统及部件的绝热层和防潮层施工应符合下列规定：

　　1　绝热层应采用不燃或难燃材料，其材质、规格及厚度等应符合设计要求；

　　2　绝热层与风管、部件及设备应紧密贴合，无裂缝、空隙等缺陷，且纵、横向的接缝应错开；

　　3　绝热层表面应平整，当采用卷材或板材时，其厚度允许偏差为5mm；采用涂抹或其他方式时，其厚度允许偏差为10mm；

　　4　风管法兰部位绝热层的厚度，不应低于风管绝热层厚度的80%；

　　5　风管穿楼板和穿墙处的绝热层应连续不间断；

　　6　防潮层（包括绝热层的端部）应完整，且封闭良好，其搭接缝应顺水；

　　7　带有防潮层隔汽层绝热材料的拼缝处，应用胶带封严，粘胶带的宽度不应小于50mm；

　　8　风管系统部件的绝热，不得影响其操作功能。

　　检验方法：观察检查；用钢针刺入绝热层、尺量检查。

　　检查数量：管道按轴线长度抽查10%；风管穿楼板和穿墙处及阀门等配件抽查10%，且不得少于2个。

10.2.11　空调水系统管道及配件的绝热层和防潮层施工，应符合下列规定：

　　1　绝热层应采用不燃或难燃材料，其材质、规格及厚度等应符合设计要求；

　　2　绝热管壳的粘贴应牢固，铺设应平整；硬质或半硬质的绝热管壳每节至少应用防腐金属丝或难腐织带或专用胶带进行捆扎或粘贴2道，其间距为300～350mm，且捆扎、粘贴应紧密，无滑动、松弛与断裂现象；

　　3　硬质或半硬质绝热管壳的拼接缝隙，保温时不应大于5mm，保冷时不应大于2mm，并用粘结材料勾缝填满；纵缝应错开，外层的水平接缝应设在侧下方；

　　4　松散或软质保温材料应按规定的密度压缩其体积，疏密应均匀；毡类材料在管道上包扎时，搭接处不应有空隙；

　　5　防潮层与绝热层应结合紧密，封闭良好，不得有虚粘、气泡、褶皱、裂缝等缺陷；

　　6　防潮层的立管应由管道的低端向高端敷设，环向搭接缝应朝向低端；纵向搭接缝应位于管道的侧面，并顺水；

　　7　卷材防潮层采用螺旋形缠绕的方式施工时，卷材的搭接宽度宜为30～50mm；

　　8　空调冷热水管穿楼板和穿墙处的绝热层应连续不间断，且绝热层与穿楼板和穿墙处的套管之间应用不燃材料填实不得有空隙，套管两端应进行密封封堵；

　　9　管道阀门、过滤器及法兰部位的绝热结构应能单独拆卸，且不得影响其操作功能。

　　检验方法：观察检查；用钢针刺入绝热层、尺量检查。

　　检查数量：按数量抽查10%，且绝热层不得少于10段，防潮层不得少于10m、阀门等配件不得少于5个。

10.2.12　空调水系统的冷热水管道与支、吊架之间应设置绝热衬垫，其厚度不应小于绝热层厚度，宽度应大于支、吊架支承面的宽度。衬垫的表面应平整，衬垫与绝热材料之间应填实无空隙。

　　检验方法：观察、尺量检查。

　　检查数量：按数量抽检5%，且不得少于5处。

10.2.13　通风与空调系统应随施工进度对与节能有关的隐蔽部位或内容进行验收，并应有详细的文字记录和必要的图像资料。

　　检验方法：观察检查；核查隐蔽工程验收记录。

　　检查数量：全数检查。

10.2.14　通风与空调系统安装完毕，应进行通风机和空调机组等设备的单机试运转和调试，并应进行系统的风量平衡调试。单机试运转和调试结果应符合设计要求；系统的总风量与设计风量的允许偏差不应大于10%，风口的风量与设计风量的允许偏差不应大于15%。

　　检验方法：观察检查；核查试运转和调试记录。

　　检验数量：全数检查。

10.3　一 般 项 目

10.3.1　空气风幕机的规格、数量、安装位置和方向应正确，纵向垂直度和横向水平度的偏差均不应大于2/1000。

检验方法：观察检查。

检查数量：按总数量抽查10%，且不得少于1台。

10.3.2 变风量末端装置与风管连接前宜做动作试验，确认运行正常后再封口。

检验方法：观察检查。

检查数量：按总数量抽查10%，且不得少于2台。

11 空调与采暖系统冷热源及管网节能工程

11.1 一般规定

11.1.1 本章适用于空调与采暖系统中冷热源设备、辅助设备及其管道和室外管网系统节能工程施工质量的验收。

11.1.2 空调与采暖系统冷热源设备、辅助设备及其管道和管网系统节能工程的验收，可分别按冷源和热源系统及室外管网进行，并应符合本规范第3.4.1条的规定。

11.2 主控项目

11.2.1 空调与采暖系统冷热源设备及其辅助设备、阀门、仪表、绝热材料等产品进场时，应按照设计要求对其类型、规格和外观等进行检查验收，并应对下列产品的技术性能参数进行核查。验收与核查的结果应经监理工程师（建设单位代表）检查认可，并应形成相应的验收、核查记录。各种产品和设备的质量证明文件和相关技术资料应齐全，并应符合国家现行有关标准和规定。

 1 锅炉的单台容量及其额定热效率；

 2 热交换器的单台换热量；

 3 电机驱动压缩机的蒸气压缩循环冷水（热泵）机组的额定制冷量（制热量）、输入功率、性能系数（COP）及综合部分负荷性能系数（IPLV）；

 4 电机驱动压缩机的单元式空气调节机、风管送风式和屋顶式空气调节机组的名义制冷量、输入功率及能效比（EER）；

 5 蒸汽和热水型溴化锂吸收式机组及直燃型溴化锂吸收式冷（温）水机组的名义制冷量、供热量、输入功率及性能系数；

 6 集中采暖系统热水循环水泵的流量、扬程、电机功率及耗电输热比（EHR）；

 7 空调冷热水系统循环水泵的流量、扬程、电机功率及输送能效比（ER）；

 8 冷却塔的流量及电机功率；

 9 自控阀门与仪表的技术性能参数。

检验方法：观察检查；技术资料和性能检测报告等质量证明文件与实物核对。

检查数量：全数核查。

11.2.2 空调与采暖系统冷热源及管网节能工程的绝热管道、绝热材料进场时，应对绝热材料的导热系数、密度、吸水率等技术性能参数进行复验，复验应为见证取样送检。

检验方法：现场随机抽样送检；核查复验报告。

检查数量：同一厂家同材质的绝热材料复验次数不得少于2次。

11.2.3 空调与采暖系统冷热源设备和辅助设备及其管网系统的安装，应符合下列规定：

 1 管道系统的制式，应符合设计要求；

 2 各种设备、自控阀门与仪表应按设计要求安装齐全，不得随意增减和更换；

 3 空调冷（热）水系统，应能实现设计要求的变流量或定流量运行；

 4 供热系统应能根据热负荷及室外温度变化实现设计要求的集中质调节、量调节或质-量调节相结合的运行。

检验方法：观察检查。

检查数量：全数检查。

11.2.4 空调与采暖系统冷热源和辅助设备及其管道和室外管网系统，应随施工进度对与节能有关的隐蔽部位或内容进行验收，并应有详细的文字记录和必要的图像资料。

检验方法：观察检查；核查隐蔽工程验收记录。

检查数量：全数检查。

11.2.5 冷热源侧的电动两通调节阀、水力平衡阀及冷（热）量计量装置等自控阀门与仪表的安装，应符合下列规定：

 1 规格、数量应符合设计要求；

 2 方向应正确，位置应便于操作和观察。

检验方法：观察检查。

检查数量：全数检查。

11.2.6 锅炉、热交换器、电机驱动压缩机的蒸气压缩循环冷水（热泵）机组、蒸汽或热水型溴化锂吸收式冷水机组及直燃型溴化锂吸收式冷（温）水机组等设备的安装，应符合下列要求：

 1 规格、数量应符合设计要求；

 2 安装位置及管道连接应正确。

检验方法：观察检查。

检查数量：全数检查。

11.2.7 冷却塔、水泵等辅助设备的安装应符合下列要求：

 1 规格、数量应符合设计要求；

 2 冷却塔设置位置应通风良好，并应远离厨房排风等高温气体；

 3 管道连接应正确。

检验方法：观察检查。

检查数量：全数检查。

11.2.8 空调冷热源水系统管道及配件绝热层和防潮层的施工要求，可按照本规范第10.2.11条的规定执行。

11.2.9 当输送介质温度低于周围空气露点温度的管道，采用非闭孔绝热材料作绝热层时，其防潮层和保护层应完整，且封闭良好。

检验方法：观察检查。
检查数量：全数检查。

11.2.10 冷热源机房、换热站内部空调冷热水管道与支、吊架之间绝热衬垫的施工可按照本规范第10.2.12条执行。

11.2.11 空调与采暖系统冷热源和辅助设备及其管道和管网系统安装完毕后，系统试运转及调试必须符合下列规定：

1 冷热源和辅助设备必须进行单机试运转及调试；
2 冷热源和辅助设备必须同建筑物室内空调或采暖系统进行联合试运转及调试。
3 联合试运转及调试结果应符合设计要求，且允许偏差或规定值应符合表11.2.11的有关规定。当联合试运转及调试不在制冷期或采暖期时，应先对表11.2.11中序号2、3、5、6四个项目进行检测，并在第一个制冷期或采暖期内，带冷（热）源补做序号1、4两个项目的检测。

表11.2.11 联合试运转及调试检测项目与允许偏差或规定值

序号	检测项目	允许偏差或规定值
1	室内温度	冬季不得低于设计计算温度2℃，且不应高于1℃；夏季不得高于设计计算温度2℃，且不应低于1℃
2	供热系统室外管网的水力平衡度	0.9～1.2
3	供热系统的补水率	≤0.5%
4	室外管网的热输送效率	≥0.92
5	空调机组的水流量	≤20%
6	空调系统冷热水、冷却水总流量	≤10%

检验方法：观察检查；核查试运转和调试记录。
检验数量：全数检查。

11.3 一般项目

11.3.1 空调与采暖系统的冷热源设备及其辅助设备、配件的绝热，不得影响其操作功能。

检验方法：观察检查。
检查数量：全数检查。

12 配电与照明节能工程

12.1 一般规定

12.1.1 本章适用于建筑节能工程配电与照明的施工质量验收。

12.1.2 建筑配电与照明节能工程验收的检验批划分应按本规范第3.4.1条的规定执行。当需要重新划分检验批时，可按照系统、楼层、建筑分区划分为若干个检验批。

12.1.3 建筑配电与照明节能工程的施工质量验收，应符合本规范和《建筑电气工程施工质量验收规范》GB 50303的有关规定、已批准的设计图纸、相关技术规定和合同约定内容的要求。

12.2 主控项目

12.2.1 照明光源、灯具及其附属装置的选择必须符合设计要求，进场验收时应对下列技术性能进行核查，并经监理工程师（建设单位代表）检查认可，形成相应的验收、核查记录。质量证明文件和相关技术资料应齐全，并应符合国家现行有关标准和规定。

1 荧光灯灯具和高强度气体放电灯灯具的效率不应低于表12.2.1-1的规定。

表12.2.1-1 荧光灯灯具和高强度气体放电灯灯具的效率允许值

灯具出光口形式	开敞式	保护罩（玻璃或塑料）		格栅	格栅或透光罩
		透明	磨砂、棱镜		
荧光灯灯具	75%	65%	55%	60%	—
高强度气体放电灯灯具	75%	—	—	60%	60%

2 管型荧光灯镇流器能效限定值应不小于表12.2.1-2的规定。

表12.2.1-2 镇流器能效限定值

标称功率（W）	18	20	22	30	32	36	40
镇流器能效因数（BEF） 电感型	3.154	2.952	2.770	2.232	2.146	2.030	1.992
电子型	4.778	4.370	3.998	2.870	2.678	2.402	2.270

3 照明设备谐波含量限值应符合表12.2.1-3的规定。

表12.2.1-3 照明设备谐波含量的限值

谐波次数 n	基波频率下输入电流百分比数表示的最大允许谐波电流（%）
2	2
3	30×λ注
5	10
7	7
9	5
11≤n≤39（仅有奇次谐波）	3

注：λ是电路功率因数。

检验方法：观察检查；技术资料和性能检测报告等质量证明文件与实物核对。

检查数量：全数核查。

12.2.2 低压配电系统选择的电缆、电线截面不得低于设计值，进场时应对其截面和每芯导体电阻值进行见证取样送检。每芯导体电阻值应符合表12.2.2的规定。

表12.2.2 不同标称截面的电缆、电线每芯导体最大电阻值

标称截面（mm²）	20℃时导体最大电阻（Ω/km）圆铜导体（不镀金属）
0.5	36.0
0.75	24.5
1.0	18.1
1.5	12.1
2.5	7.41
4	4.61
6	3.08

续表12.2.2

标称截面（mm²）	20℃时导体最大电阻（Ω/km）圆铜导体（不镀金属）
10	1.83
16	1.15
25	0.727
35	0.524
50	0.387
70	0.268
95	0.193
120	0.153
150	0.124
185	0.0991
240	0.0754
300	0.0601

检验方法：进场时抽样送检，验收时核查检验报告。

检查数量：同厂家各种规格总数的10%，且不少于2个规格。

12.2.3 工程安装完成后应对低压配电系统进行调试，调试合格后应对低压配电电源质量进行检测。其中：

1 供电电压允许偏差：三相供电电压允许偏差为标称系统电压的±7%；单相220V为+7%、-10%。

2 公共电网谐波电压限值为：380V的电网标称电压，电压总谐波畸变率（$THDu$）为5%，奇次（1~25次）谐波含有率为4%，偶次（2~24次）谐波含有率为2%。

3 谐波电流不应超过表12.2.3中规定的允许值。

表12.2.3 谐波电流允许值

标准电压（kV）	基准短路容量（MVA）	谐波次数及谐波电流允许值（A）											
		2	3	4	5	6	7	8	9	10	11	12	13
0.38	10	78	62	39	62	26	44	19	21	16	28	13	24
		谐波次数及谐波电流允许值（A）											
		14	15	16	17	18	19	20	21	22	23	24	25
		11	12	9.7	18	8.6	16	7.8	8.9	7.1	14	6.5	12

4 三相电压不平衡度允许值为2%，短时不得超过4%。

检验方法：在已安装的变频和照明等可产生谐波的用电设备均可投入的情况下，使用三相电能质量分析仪在变压器的低压侧测量。

检查数量：全部检测。

12.2.4 在通电试运行中，应测试并记录照明系统的照度和功率密度值。

1 照度值不得小于设计值的90%；

2 功率密度值应符合《建筑照明设计标准》GB 50034中的规定。

检验方法：在无外界光源的情况下，检测被检区域内平均照度和功率密度。

检查数量：每种功能区检查不少于2处。

12.3 一般项目

12.3.1 母线与母线或母线与电器接线端子，当采用螺栓搭接连接时，应采用力矩扳手拧紧，制作应符合《建筑电气工程施工质量验收规范》GB 50303标准中有关规定。

检验方法：使用力矩扳手对压接螺栓进行力矩检测。

检查数量：母线按检验批抽查10%。

12.3.2 交流单芯电缆或分相后的每相电缆宜品字型（三叶型）敷设，且不得形成闭合铁磁回路。

检验方法：观察检查。

检查数量：全数检查。

12.3.3 三相照明配电干线的各相负荷宜分配平衡，其最大相负荷不宜超过三相负荷平均值的115%，最小相负荷不宜小于三相负荷平均值的85%。

检验方法：在建筑物照明通电试运行时开启全部照明负荷，使用三相功率计检测各相负载电流、电压和功率。

检查数量：全部检查。

13 监测与控制节能工程

13.1 一般规定

13.1.1 本章适用于建筑节能工程监测与控制系统的施工质量验收。

13.1.2 监测与控制系统施工质量的验收应执行《智能建筑工程质量验收规范》GB 50339相关章节的规定和本规范的规定。

13.1.3 监测与控制系统验收的主要对象应为采暖、通风与空气调节和配电与照明所采用的监测与控制系统，能耗计量系统以及建筑能源管理系统。

建筑节能工程所涉及的可再生能源利用、建筑冷热电联供系统、能源回收利用以及其他与节能有关的建筑设备监控部分的验收，应参照本章的相关规定执行。

13.1.4 监测与控制系统的施工单位应依据国家相关标准的规定，对施工图设计进行复核。当复核结果不能满足节能要求时，应向设计单位提出修改建议，由设计单位进行设计变更，并经原节能设计审查机构批准。

13.1.5 施工单位应依据设计文件制定系统控制流程图和节能工程施工验收大纲。

13.1.6 监测与控制系统的验收分为工程实施和系统检测两个阶段。

13.1.7 工程实施由施工单位和监理单位随工程实施过程进行，分别对施工质量管理文件、设计符合性、产品质量、安装质量进行检查，及时对隐蔽工程和相关接口进行检查，同时，应有详细的文字和图像资料，并对监测与控制系统进行不少于168h的不间断试运行。

13.1.8 系统检测内容应包括对工程实施文件和系统自检文件的复核，对监测与控制系统的安装质量、系统节能监控功能、能源计量及建筑能源管理等进行检查和检测。

系统检测内容分为主控项目和一般项目，系统检测结果是监测与控制系统的验收依据。

13.1.9 对不具备试运行条件的项目，应在审核调试记录的基础上进行模拟检测，以检测监测与控制系统的节能监控功能。

13.2 主控项目

13.2.1 监测与控制系统采用的设备、材料及附属产品进场时，应按照设计要求对其品种、规格、型号、外观和性能等进行检查验收，并应经监理工程师（建设单位代表）检查认可，且应形成相应的质量记录。各种设备、材料和产品附带的质量证明文件和相关技术资料应齐全，并应符合国家现行有关标准和规定。

检验方法：进行外观检查；对照设计要求核查质量证明文件和相关技术资料。

检查数量：全数检查。

13.2.2 监测与控制系统安装质量应符合以下规定：

1 传感器的安装质量应符合《自动化仪表工程施工及验收规范》GB 50093的有关规定；

2 阀门型号和参数应符合设计要求，其安装位置、阀前后直管段长度、流体方向等应符合产品安装要求；

3 压力和差压仪表的取压点、仪表配套的阀门安装应符合产品要求；

4 流量仪表的型号和参数、仪表前后的直管段长度等应符合产品要求；

5 温度传感器的安装位置、插入深度应符合产品要求；

6 变频器安装位置、电源回路敷设、控制回路敷设应符合设计要求；

7 智能化变风量末端装置的温度设定器安装位置应符合产品要求；

8 涉及节能控制的关键传感器应预留检测孔或

检测位置，管道保温时应做明显标注。

检验方法：对照图纸或产品说明书目测和尺量检查。

检查数量：每种仪表按20%抽检，不足10台全部检查。

13.2.3 对经过试运行的项目，其系统的投入情况、监控功能、故障报警连锁控制及数据采集等功能，应符合设计要求。

检验方法：调用节能监控系统的历史数据、控制流程图和试运行记录，对数据进行分析。

检查数量：检查全部进行过试运行的系统。

13.2.4 空调与采暖的冷热源、空调水系统的监测控制系统应成功运行，控制及故障报警功能应符合设计要求。

检验方法：在中央工作站使用检测系统软件，或采用在直接数字控制器或冷热源系统自带控制器上改变参数设定值和输入参数值，检测控制系统的投入情况及控制功能；在工作站或现场模拟故障，检测故障监视、记录和报警功能。

检查数量：全部检测。

13.2.5 通风与空调监测控制系统的控制功能及故障报警功能应符合设计要求。

检验方法：在中央工作站使用检测系统软件，或采用在直接数字控制器或通风与空调系统自带控制器上改变参数设定值和输入参数值，检测控制系统的投入情况及控制功能；在工作站或现场模拟故障，检测故障监视、记录和报警功能。

检查数量：按总数的20%抽样检测，不足5台全部检测。

13.2.6 监测与计量装置的检测计量数据应准确，并符合系统对测量准确度的要求。

检验方法：用标准仪器仪表在现场实测数据，将此数据分别与直接数字控制器和中央工作站显示数据进行比对。

检查数量：按20%抽样检测，不足10台全部检测。

13.2.7 供配电的监测与数据采集系统应符合设计要求。

检验方法：试运行时，监测供配电系统的运行工况，在中央工作站检查运行数据和报警功能。

检查数量：全部检测。

13.2.8 照明自动控制系统的功能应符合设计要求，当设计无要求时应实现下列控制功能：

1 大型公共建筑的公用照明区应采用集中控制并应按照建筑使用条件和天然采光状况采取分区、分组控制措施，并按需要采取调光或降低照度的控制措施；

2 旅馆的每间（套）客房应设置节能控制型开关；

3 居住建筑有天然采光的楼梯间、走道的一般照明，应采用节能自熄开关；

4 房间或场所设有两列或多列灯具时，应按下列方式控制：

 1）所控灯列与侧窗平行；

 2）电教室、会议室、多功能厅、报告厅等场所，按靠近或远离讲台分组。

检验方法：

1 现场操作检查控制方式；

2 依据施工图，按回路分组，在中央工作站上进行被检回路的开关控制，观察相应回路的动作情况；

3 在中央工作站改变时间表控制程序的设定，观察相应回路的动作情况；

4 在中央工作站采用改变光照度设定值、室内人员分布等方式，观察相应回路的控制情况。

5 在中央工作站改变场景控制方式，观察相应的控制情况。

检查数量：现场操作检查为全数检查，在中央工作站上检查按照明控制箱总数的5%检测，不足5台全部检测。

13.2.9 综合控制系统应对以下项目进行功能检测，检测结果应满足设计要求：

1 建筑能源系统的协调控制；

2 采暖、通风与空调系统的优化监控。

检验方法：采用人为输入数据的方法进行模拟测试，按不同的运行工况检测协调控制和优化监控功能。

检查数量：全部检测。

13.2.10 建筑能源管理系统的能耗数据采集与分析功能，设备管理和运行管理功能，优化能源调度功能，数据集成功能应符合设计要求。

检验方法：对管理软件进行功能检测。

检查数量：全部检查。

13.3 一般项目

13.3.1 检测监测与控制系统的可靠性、实时性、可维护性等系统性能，主要包括下列内容：

1 控制设备的有效性，执行器动作应与控制系统的指令一致，控制系统性能稳定符合设计要求；

2 控制系统的采样速度、操作响应时间、报警反应速度应符合设计要求；

3 冗余设备的故障检测正确性及其切换时间和切换功能应符合设计要求；

4 应用软件的在线编程（组态）、参数修改、下载功能、设备及网络故障自检测功能应符合设计要求；

5 控制器的数据存储能力和所占存储容量应符合设计要求；

6 故障检测与诊断系统的报警和显示功能应符合设计要求;

7 设备启动和停止功能及状态显示应正确;

8 被控设备的顺序控制和连锁功能应可靠;

9 应具备自动控制/远程控制/现场控制模式下的命令冲突检测功能;

10 人机界面及可视化检查。

检验方法：分别在中央工作站、现场控制器和现场利用参数设定、程序下载、故障设定、数据修改和事件设定等方法，通过与设定的显示要求对照，进行上述系统的性能检测。

检查数量：全部检测。

14 建筑节能工程现场检验

14.1 围护结构现场实体检验

14.1.1 建筑围护结构施工完成后，应对围护结构的外墙节能构造和严寒、寒冷、夏热冬冷地区的外窗气密性进行现场实体检测。当条件具备时，也可直接对围护结构的传热系数进行检测。

14.1.2 外墙节能构造的现场实体检验方法见本规范附录C。其检验目的是：

1 验证墙体保温材料的种类是否符合设计要求;

2 验证保温层厚度是否符合设计要求;

3 检查保温层构造做法是否符合设计和施工方案要求。

14.1.3 严寒、寒冷、夏热冬冷地区的外窗现场实体检测应按照国家现行有关标准的规定执行。其检验目的是验证建筑外窗气密性是否符合节能设计要求和国家有关标准的规定。

14.1.4 外墙节能构造和外窗气密性的现场实体检验，其抽样数量可以在合同中约定，但合同中约定的抽样数量不应低于本规范的要求。当无合同约定时应按照下列规定抽样：

1 每个单位工程的外墙至少抽查3处，每处一个检查点；当一个单位工程外墙有2种以上节能保温做法时，每种节能做法的外墙应抽查不少于3处；

2 每个单位工程的外窗至少抽查3樘。当一个单位工程外窗有2种以上品种、类型和开启方式时，每种品种、类型和开启方式的外窗应抽查不少于3樘。

14.1.5 外墙节能构造的现场实体检验应在监理（建设）人员见证下实施，可委托有资质的检测机构实施，也可由施工单位实施。

14.1.6 外窗气密性的现场实体检测应在监理（建设）人员见证下抽样，委托有资质的检测机构实施。

14.1.7 当对围护结构的传热系数进行检测时，应由建设单位委托具备检测资质的检测机构承担；其检测方法、抽样数量、检测部位和合格判定标准等可在合同中约定。

14.1.8 当外墙节能构造或外窗气密性现场实体检验出现不符合设计要求和标准规定的情况时，应委托有资质的检测机构扩大一倍数量抽样，对不符合要求的项目或参数再次检验。仍然不符合要求时应给出"不符合设计要求"的结论。

对于不符合设计要求的围护结构节能构造应查找原因，对因此造成的对建筑节能的影响程度进行计算或评估，采取技术措施予以弥补或消除后重新进行检测，合格后方可通过验收。

对于建筑外窗气密性不符合设计要求和国家现行标准规定的，应查找原因进行修理，使其达到要求后重新进行检测，合格后方可通过验收。

14.2 系统节能性能检测

14.2.1 采暖、通风与空调、配电与照明工程安装完成后，应进行系统节能性能的检测，且应由建设单位委托具有相应检测资质的检测机构检测并出具报告。受季节影响未进行的节能性能检测项目，应在保修期内补做。

14.2.2 采暖、通风与空调、配电与照明系统节能性能检测的主要项目及要求见表14.2.2，其检测方法应按国家现行有关标准规定执行。

表14.2.2 系统节能性能检测主要项目及要求

序号	检测项目	抽样数量	允许偏差或规定值
1	室内温度	居住建筑每户抽测卧室或起居室1间，其他建筑按房间总数抽测10%	冬季不得低于设计计算温度2℃，且不应高于1℃；夏季不得高于设计计算温度2℃，且不应低于1℃
2	供热系统室外管网的水力平衡度	每个热源与换热站均不少于1个独立的供热系统	0.9~1.2
3	供热系统的补水率	每个热源与换热站均不少于1个独立的供热系统	0.5%~1%

续表 14.2.2

序号	检测项目	抽样数量	允许偏差或规定值
4	室外管网的热输送效率	每个热源与换热站均不少于1个独立的供热系统	≥0.92
5	各风口的风量	按风管系统数量抽查10%，且不得少于1个系统	≤15%
6	通风与空调系统的总风量	按风管系统数量抽查10%，且不得少于1个系统	≤10%
7	空调机组的水流量	按系统数量抽查10%，且不得少于1个系统	≤20%
8	空调系统冷热水、冷却水总流量	全 数	≤10%
9	平均照度与照明功率密度	按同一功能区不少于2处	≤10%

14.2.3 系统节能性能检测的项目和抽样数量也可以在工程合同中约定，必要时可增加其他检测项目，但合同中约定的检测项目和抽样数量不应低于本规范的规定。

15 建筑节能分部工程质量验收

15.0.1 建筑节能分部工程的质量验收，应在检验批、分项工程全部验收合格的基础上，进行外墙节能构造实体检验，严寒、寒冷和夏热冬冷地区的外窗气密性现场检测，以及系统节能性能检测和系统联合试运转与调试，确认建筑节能工程质量达到验收条件后方可进行。

15.0.2 建筑节能工程验收的程序和组织应遵守《建筑工程施工质量验收统一标准》GB 50300 的要求，并应符合下列规定：

　　1　节能工程的检验批验收和隐蔽工程验收应由监理工程师主持，施工单位相关专业的质量检查员与施工员参加；

　　2　节能分项工程验收应由监理工程师主持，施工单位项目技术负责人和相关专业的质量检查员、施工员参加；必要时可邀请设计单位相关专业的人员参加；

　　3　节能分部工程验收应由总监理工程师（建设单位项目负责人）主持，施工单位项目经理、项目技术负责人和相关专业的质量检查员、施工员参加；施工单位的质量或技术负责人应参加；设计单位节能设计人员应参加。

15.0.3 建筑节能工程的检验批质量验收合格，应符合下列规定：

　　1　检验批应按主控项目和一般项目验收；

　　2　主控项目应全部合格；

　　3　一般项目应合格；当采用计数检验时，至少应有90%以上的检查点合格，且其余检查点不得有严重缺陷；

　　4　应具有完整的施工操作依据和质量验收记录。

15.0.4 建筑节能分项工程质量验收合格，应符合下列规定：

　　1　分项工程所含的检验批均应合格；

　　2　分项工程所含检验批的质量验收记录应完整。

15.0.5 建筑节能分部工程质量验收合格，应符合下列规定：

　　1　分项工程应全部合格；

　　2　质量控制资料应完整；

　　3　外墙节能构造现场实体检验结果应符合设计要求；

　　4　严寒、寒冷和夏热冬冷地区的外窗气密性现场实体检测结果应合格；

　　5　建筑设备工程系统节能性能检测结果应合格。

15.0.6 建筑节能工程验收时应对下列资料核查，并纳入竣工技术档案：

　　1　设计文件、图纸会审记录、设计变更和洽商；

　　2　主要材料、设备和构件的质量证明文件、进场检验记录、进场核查记录、进场复验报告、见证试验报告；

　　3　隐蔽工程验收记录和相关图像资料；

　　4　分项工程质量验收记录；必要时应核查检验批验收记录；

　　5　建筑围护结构节能构造现场实体检验记录；

　　6　严寒、寒冷和夏热冬冷地区外窗气密性现场检测报告；

　　7　风管及系统严密性检验记录；

　　8　现场组装的组合式空调机组的漏风量测试记录；

　　9　设备单机试运转及调试记录；

　　10　系统联合试运转及调试记录；

　　11　系统节能性能检验报告；

12 其他对工程质量有影响的重要技术资料。

15.0.7 建筑节能工程分部、分项工程和检验批的质量验收表见本规范附录B。

1 分部工程质量验收表见本规范附录B中表B.0.1；

2 分项工程质量验收表见本规范附录B中表B.0.2；

3 检验批质量验收表见本规范附录B中表B.0.3。

附录A 建筑节能工程进场材料和设备的复验项目

A.0.1 建筑节能工程进场材料和设备的复验项目应符合表A.0.1的规定。

表 A.0.1 建筑节能工程进场材料和设备的复验项目

章号	分项工程	复验项目
4	墙体节能工程	1 保温材料的导热系数、密度、抗压强度或压缩强度； 2 粘结材料的粘结强度； 3 增强网的力学性能、抗腐蚀性能
5	幕墙节能工程	1 保温材料：导热系数、密度； 2 幕墙玻璃：可见光透射比、传热系数、遮阳系数、中空玻璃露点； 3 隔热型材：抗拉强度、抗剪强度
6	门窗节能工程	1 严寒、寒冷地区：气密性、传热系数和中空玻璃露点； 2 夏热冬冷地区：气密性、传热系数、玻璃遮阳系数、可见光透射比、中空玻璃露点； 3 夏热冬暖地区：气密性、玻璃遮阳系数、可见光透射比、中空玻璃露点
7	屋面节能工程	保温隔热材料的导热系数、密度、抗压强度或压缩强度
8	地面节能工程	保温材料的导热系数、密度、抗压强度或压缩强度
9	采暖节能工程	1 散热器的单位散热量、金属热强度； 2 保温材料的导热系数、密度、吸水率
10	通风与空调节能工程	1 风机盘管机组的供冷量、供热量、风量、出口静压、噪声及功率； 2 绝热材料的导热系数、密度、吸水率
11	空调与采暖系统冷热源及管网节能工程	绝热材料的导热系数、密度、吸水率
12	配电与照明节能工程	电缆、电线截面和每芯导体电阻值

附录B 建筑节能分部、分项工程和检验批的质量验收表

B.0.1 建筑节能分部工程质量验收应按表B.0.1的规定填写。

表 B.0.1 建筑节能分部工程质量验收表

工程名称		结构类型		层数	
施工单位		技术部门负责人		质量部门负责人	
分包单位		分包单位负责人		分包技术负责人	
序号	分项工程名称		验收结论	监理工程师签字	备注
1	墙体节能工程				
2	幕墙节能工程				
3	门窗节能工程				
4	屋面节能工程				
5	地面节能工程				
6	采暖节能工程				
7	通风与空调节能工程				
8	空调与采暖系统的冷热源及管网节能工程				
9	配电与照明节能工程				
10	监测与控制节能工程				
质量控制资料					
外墙节能构造现场实体检验					
外窗气密性现场实体检测					
系统节能性能检测					
验收结论					
其他参加验收人员：					
验收单位	分包单位：		项目经理：　　　年 月 日		
	施工单位：		项目经理：　　　年 月 日		
	设计单位：		项目负责人：　　年 月 日		
	监理（建设）单位：		总监理工程师： （建设单位项目负责人）　年 月 日		

B.0.2 建筑节能分项工程质量验收汇总应按表

B.0.2 的规定填写。

表 B.0.2 _____ 分项工程质量验收汇总表

工程名称		检验批数量	
设计单位		监理单位	
施工单位		项目经理	项目技术负责人
分包单位		分包单位负责人	分包项目经理
序号	检验批部位、区段、系统	施工单位检查评定结果	监理（建设）单位验收结论
1			
2			
3			
4			
5			
6			
7			
8			
9			
10			
11			
12			
13			
14			
15			

施工单位检查结论：	验收结论：
项目专业质量（技术）负责人 年 月 日	监理工程师： （建设单位项目专业技术负责人） 年 月 日

B.0.3 建筑节能工程检验批/分项工程质量验收应按表 B.0.3 的规定填写。

表 B.0.3 _____ 检验批/分项工程质量验收表　编号：

工程名称		分项工程名称		验收部位	
施工单位			专业工长		项目经理
施工执行标准名称及编号					
分包单位			分包项目经理		施工班组长
		验收规范规定	施工单位检查评定记录	监理（建设）单位验收记录	
主控项目	1	第 条			
	2	第 条			
	3	第 条			
	4	第 条			
	5	第 条			
	6	第 条			
	7	第 条			
	8	第 条			
	9	第 条			
	10	第 条			
一般项目	1	第 条			
	2	第 条			
	3	第 条			
	4	第 条			
施工单位检查评定结果	项目专业质量检查员： （项目技术负责人） 年 月 日				
监理（建设）单位验收结论	监理工程师： （建设单位项目专业技术负责人） 年 月 日				

附录 C 外墙节能构造钻芯检验方法

C.0.1 本方法适用于检验带有保温层的建筑外墙其节能构造是否符合设计要求。

C.0.2 钻芯检验外墙节能构造应在外墙施工完工后、节能分部工程验收前进行。

C.0.3 钻芯检验外墙节能构造的取样部位和数量，应遵守下列规定：

 1 取样部位应由监理（建设）与施工双方共同确定，不得在外墙施工前预先确定；

 2 取样部位应选取节能构造有代表性的外墙上相对隐蔽的部位，并宜兼顾不同朝向和楼层；取样部位必须确保钻芯操作安全，且应方便操作。

 3 外墙取样数量为一个单位工程每种节能保温做法至少3个芯样。取样部位宜均匀分布，不宜在同一个房间外墙上取2个或2个以上芯样。

C.0.4 钻芯检验外墙节能构造应在监理（建设）人员见证下实施。

C.0.5 钻芯检验外墙节能构造可采用空心钻头，从保温层一侧钻取直径70mm的芯样。钻取芯样深度为钻透保温层到达结构层或基层表面，必要时也可钻透墙体。

当外墙的表层坚硬不易钻透时，也可局部剔除坚硬的面层后钻取芯样。但钻取芯样后应恢复原有外墙的表面装饰层。

C.0.6 钻取芯样时应尽量避免冷却水流入墙体内及污染墙面。从空心钻头中取出芯样时应谨慎操作，以保持芯样完整。当芯样严重破损难以准确判断节能构造或保温层厚度时，应重新取样检验。

C.0.7 对钻取的芯样，应按照下列规定进行检查：

 1 对照设计图纸观察、判断保温材料种类是否符合设计要求；必要时也可采用其他方法加以判断；

 2 用分度值为1mm的钢尺，在垂直于芯样表面（外墙面）的方向上量取保温层厚度，精确到1mm；

 3 观察或剖开检查保温层构造做法是否符合设计和施工方案要求。

C.0.8 在垂直于芯样表面（外墙面）的方向上实测芯样保温层厚度，当实测芯样厚度的平均值达到设计厚度的95%及以上且最小值不低于设计厚度的90%时，应判定保温层厚度符合设计要求；否则，应判定保温层厚度不符合设计要求。

C.0.9 实施钻芯检验外墙节能构造的机构应出具检验报告。检验报告的格式可参照表C.0.9样式。检验报告至少应包括下列内容：

 1 抽样方法、抽样数量与抽样部位；

 2 芯样状态的描述；

 3 实测保温层厚度，设计要求厚度；

 4 按照本规范14.1.2条的检验目的给出是否符合设计要求的检验结论；

 5 附有带标尺的芯样照片并在照片上注明每个芯样的取样部位；

 6 监理（建设）单位取样见证人的见证意见；

 7 参加现场检验的人员及现场检验时间；

 8 检测发现的其他情况和相关信息。

C.0.10 当取样检验结果不符合设计要求时，应委托具备检测资质的见证检测机构增加一倍数量再次取样检验。仍不符合设计要求时应判定围护结构节能构造不符合设计要求。此时应根据检验结果委托原设计单位或其他有资质的单位重新验算房屋的热工性能，提出技术处理方案。

C.0.11 外墙取样部位的修补，可采用聚苯板或其他保温材料制成的圆柱形塞填充并用建筑密封胶密封。修补后宜在取样部位挂贴注有"外墙节能构造检验点"的标志牌。

表 C.0.9 外墙节能构造钻芯检验报告

外墙节能构造检验报告				报告编号	
				委托编号	
				检测日期	
工程名称					
建设单位				委托人/联系电话	
监理单位				检测依据	
施工单位				设计保温材料	
节能设计单位				设计保温层厚度	
检验结果	检验项目	芯样1	芯样2	芯样3	
	取样部位	轴线/层	轴线/层	轴线/层	
	芯样外观	完整/基本完整/破碎	完整/基本完整/破碎	完整/基本完整/破碎	
	保温材料种类				
	保温层厚度	mm	mm	mm	
	平均厚度	mm			
	围护结构分层做法	1基层;2;3;4;5	1基层;2;3;4;5	1基层;2;3;4;5	
	照片编号				
结论：				见证意见：1抽样方法符合规定 2现场钻芯真实 3芯样照片真实 4其他 见证人：	
批　准		审　核		检　验	
检验单位		（印章）		报告日期	

本规范用词说明

1 为了便于在执行本规范条文时区别对待，对要求严格程度不同的用词说明如下：

1) 表示很严格，非这样做不可的用词：
正面词采用"必须"，反面词采用"严禁"；

2) 表示严格，在正常情况下均应这样做的用词：
正面词采用"应"，反面词采用"不应"或"不得"；

3) 表示允许稍有选择，在条件许可时首先应这样做的用词：
正面词采用"宜"，反面词采用"不宜"；
表示有选择，在一定条件下可以这样做的，采用"可"。

2 规范中指定应按其他标准、规范执行时，采用："应按……执行"或"应符合……的要求或规定"。

中华人民共和国国家标准

建筑节能工程施工质量验收规范

GB 50411—2007

条 文 说 明

目 次

1 总则 …………………………… 9—3—30
2 术语 …………………………… 9—3—30
3 基本规定 ……………………… 9—3—30
　3.1 技术与管理 ………………… 9—3—30
　3.2 材料与设备 ………………… 9—3—31
　3.3 施工与控制 ………………… 9—3—31
　3.4 验收的划分 ………………… 9—3—32
4 墙体节能工程 ………………… 9—3—32
　4.1 一般规定 …………………… 9—3—32
　4.2 主控项目 …………………… 9—3—33
　4.3 一般项目 …………………… 9—3—34
5 幕墙节能工程 ………………… 9—3—34
　5.1 一般规定 …………………… 9—3—34
　5.2 主控项目 …………………… 9—3—35
　5.3 一般项目 …………………… 9—3—37
6 门窗节能工程 ………………… 9—3—37
　6.1 一般规定 …………………… 9—3—37
　6.2 主控项目 …………………… 9—3—37
　6.3 一般项目 …………………… 9—3—38
7 屋面节能工程 ………………… 9—3—38
　7.1 一般规定 …………………… 9—3—38
　7.2 主控项目 …………………… 9—3—39
　7.3 一般项目 …………………… 9—3—39
8 地面节能工程 ………………… 9—3—40
　8.1 一般规定 …………………… 9—3—40
　8.2 主控项目 …………………… 9—3—40
　8.3 一般项目 …………………… 9—3—41
9 采暖节能工程 ………………… 9—3—41
　9.1 一般规定 …………………… 9—3—41
　9.2 主控项目 …………………… 9—3—41
　9.3 一般项目 …………………… 9—3—42
10 通风与空调节能工程 ………… 9—3—42
　10.1 一般规定 ………………… 9—3—42
　10.2 主控项目 ………………… 9—3—42
　10.3 一般项目 ………………… 9—3—45
11 空调与采暖系统冷热源及管
　　网节能工程 ………………… 9—3—45
　11.1 一般规定 ………………… 9—3—45
　11.2 主控项目 ………………… 9—3—45
　11.3 一般项目 ………………… 9—3—48
12 配电与照明节能工程 ………… 9—3—48
　12.1 一般规定 ………………… 9—3—48
　12.2 主控项目 ………………… 9—3—48
　12.3 一般项目 ………………… 9—3—48
13 监测与控制节能工程 ………… 9—3—49
　13.1 一般规定 ………………… 9—3—49
　13.2 主控项目 ………………… 9—3—50
　13.3 一般项目 ………………… 9—3—51
14 建筑节能工程现场检验 ……… 9—3—51
　14.1 围护结构现场实体检验 … 9—3—51
　14.2 系统节能性能检测 ……… 9—3—52
15 建筑节能分部工程质量验收 … 9—3—52
附录 C 外墙节能构造钻芯检验
　　　方法 ……………………… 9—3—52

1 总 则

标准的"总则"一章，通常叙述本项标准编制的目的、依据、适用范围、各项规定的严格程度，以及本标准与其他标准的关系等基本事项。

1.0.1 阐述制定本规范的目的与依据。

制定节能验收规范的目的，是为了加强建筑节能工程的施工质量管理，统一建筑节能工程施工质量验收，提高建筑工程节能效果，使其达到设计要求。而制定的依据则是现行国家有关工程质量和建筑节能的法律、法规、管理要求和相关技术标准等。需要理解的是，作为验收标准，是从验收角度对施工质量提出的要求和规定，不能也不应是全面的要求。

1.0.2 界定本规范的适用范围。

本规范的适用范围，是新建、改建和扩建的民用建筑。在一个单位工程中，适用的具体范围是建筑工程中围护结构、设备专业等各个专业的建筑节能分项工程施工质量的验收。对于既有建筑节能改造工程由于可列入改建工程的范畴，故也应遵守本规范的要求。

1.0.3 阐述本规范各项规定的总体"水平"，即"严格程度"。由于是适用于全国的验收规范，与其他验收规范一样，本规范各项规定的"水平"是最低要求，即"最起码的要求"。

1.0.4 阐述本规范与其他相关验收规范的关系。这种关系遵守协调一致、互相补充的原则，即无论是本规范还是其他相应规范，在施工和验收中都应遵守，不得违反。

1.0.5 根据国家规定，建设工程必须节能，节能达不到要求的建筑工程不得验收交付使用。因此，规定单位工程竣工验收应在建筑节能分部工程验收合格后方可进行。即建筑节能验收是单位工程验收的先决条件，具有"一票否决权"。

2 术 语

术语通常为在本标准中出现的其含义需要加以界定、说明或解释的重要词汇。尽管在确定和解释术语时尽可能考虑了习惯和通用性，但是理论上术语只在本标准中有效，列出的目的主要是防止出现错误理解。当本标准列出的术语在本规范以外使用时，应注意其可能含有与本规范不同的含义。

3 基本规定

3.1 技术与管理

3.1.1 本条对承担建筑节能工程施工任务的施工企业提出资质要求。执行中，目前国家尚未制定专门的节能工程施工资质，故应按照国家现行规定具备相应的建筑工程承包的施工资质。如国家制定专门的节能工程施工资质，则应按照国家规定执行。

对施工现场的要求，本规范与统一标准及各专业验收规范一致。

本条要求施工现场具有相应的施工技术标准，指与施工有关的各种技术标准，包括工艺标准、验收标准以及与工程有关的材料标准、检验标准等；不仅包括国家、行业和地方标准，也可以包括与工程有关的企业标准、施工方案及作业指导书等。

3.1.2 由于材料供应、工艺改变等原因，建筑工程施工中可能需要改变节能设计。为了避免这些改变影响节能效果，本条对涉及节能的设计变更严格加以限制。

本条规定有三层含义：第一，任何有关节能的设计变更，均须事前办理设计变更手续；第二，有关节能的设计变更不应降低节能效果；第三，涉及节能效果的设计变更，除应由原设计单位认可外，还应报原负责节能设计审查机构审查方可确定。确定变更后，并应获得监理或建设单位的确认。

本条的设定增加了节能设计变更的难度，是为了尽可能维护已经审查确定的节能设计要求，减少不必要的节能设计变更。

3.1.3 建筑节能工程采用的新技术、新设备、新材料、新工艺，通常称为"四新"技术。"四新"技术由于"新"，尚没有标准可作为依据。对于"四新"技术的应用，应采取积极、慎重的态度。国家鼓励建筑节能工程施工中采用"四新"技术，但为了防止不成熟的技术或材料被应用到工程上，国家同时又规定了对于"四新"技术要进行科技成果鉴定、技术评审或实行备案等措施。具体做法是：应按照有关规定进行评审鉴定及备案方可采用，节能施工中应遵照执行。

此外，与"四新"技术类似的，还有新的或首次采用的施工工艺。考虑到建筑节能施工中涉及的新材料、新技术较多，对于从未有过的施工工艺，或者其他单位虽已做过但是本施工单位尚未做过的施工工艺，应进行"预演"并进行评价，需要时应调整参数再次演练，直至达到要求。施工前还应制定专门的施工技术方案以保证节能效果。

3.1.4 单位工程的施工组织设计应包括建筑节能工程施工内容。建筑节能工程施工前，施工企业应编制建筑节能工程施工技术方案并经监理（建设）单位审查批准。施工单位应对从事建筑节能工程施工作业的专业人员进行技术交底和必要的实际操作培训。

鉴于建筑节能的重要性，每个工程的施工组织设计中均应列明有关本工程与节能施工有关的内容以便规划、组织和指导施工。施工前，施工企业还应专门编制建筑节能工程施工技术方案，经监理单位审批后实施。没有实行监理的工程则应由建设单位审批。

从事节能施工作业人员的操作技能对于节能施工效果影响较大，且许多节能材料和工艺对于某些施工人员可能并不熟悉，故应在节能施工前对相关人员进行技术交底和必要的实际操作培训，技术交底和培训均应留有记录。

3.1.5 建筑节能效果只能通过检测数据来评价，因此检测结论的正确与否十分重要。目前建设部关于检测机构资质管理办法（第141号建设部令）中尚未包括节能专项检测资质，故目前承担建筑节能工程检测试验的检测机构应具备见证检测资质并通过节能试验项目的计量认证。待国家颁发节能专项检测资质后应按照相关规定执行。

3.2 材料与设备

3.2.1 材料、设备是节能工程的物质基础，通常在设计中规定或在合同中约定。凡设计有要求的应符合设计要求，同时也要符合国家有关产品质量标准的规定，此即对它们的质量进行"双控"。对于设计未提出要求或尚无国家和行业标准的材料和设备，则应该在合同中约定，或在施工方案中明确，并且应该得到监理或建设单位的同意或确认。这些材料和设备，虽然尚无国家和行业标准，但是应该有地方或企业标准。这些材料和设备必须符合地方或企业标准中的质量要求。

执行中应注意，由于采暖、空调系统及其他建筑机电设备的技术性能参数对节能效果影响较大，故更应严格要求其符合国家有关标准的规定。近几年来，国家对于技术指标落后或质量存在较大问题的材料、设备明令禁止使用，节能工程施工应严格遵守这些规定，不得采购和使用。

本条提出的设计要求，是指工程的设计要求，而非设备生产厂家对产品或设备的设计要求。

3.2.2 本条给出了材料和设备进场验收的具体规定。材料和设备的进场验收是把好材料合格关的重要环节，进场验收通常可分为三个步骤：

1 首先是对其品种、规格、包装、外观和尺寸等"可视质量"进行检查验收，并应经监理工程师或建设单位代表核准。进场验收应形成相应的质量记录。材料和设备的可视质量，指那些可以通过目视和简单的尺量、称重、敲击等方法进行检查的质量。

2 其次是对质量证明文件的核查。由于进场验收时对"可视质量"的检查只能检查材料和设备的外观质量，其内在质量难以判定，需由各种质量证明文件加以证明，故进场验收必须对材料和设备附带的质量证明文件进行核查。这些质量证明文件通常也称技术资料，主要包括质量合格证、中文说明书及相关性能检测报告、型式检验报告等；进口材料和设备应按规定进行出入境商品检验。这些质量证明文件应纳入工程技术档案。

3 对于建筑节能效果影响较大的部分材料和设备应实施抽样复验，以验证其质量是否符合要求。由于抽样复验需要花费较多的时间和费用，故复验数量、频率和参数应控制到最少，主要针对那些直接影响节能效果的材料、设备的部分参数。

本规范各章均提出了进场材料和设备的复验项目。为方便查找和使用，本规范将各章提出的材料、设备的复验项目汇总在附录A中，但是执行中仍应对照和满足各章的具体要求。参照建设部建建字〔2000〕211号文件规定，重要的试验项目应实行见证取样和送检，以提高试验的真实性和公正性，本规范规定建筑节能工程进场材料和设备的复验应为见证取样送检。

3.2.3 本条对建筑节能工程所使用材料的耐火性能作出规定。耐火性能是建筑工程最重要的性能之一，直接影响用户安全，故有必要加以强调。对材料耐火性能的具体要求，应由设计提出，并应符合相应标准的要求。

3.2.4 为了保护环境，国家制定了建筑装饰材料有害物质限量标准，建筑节能工程使用的材料与建筑装饰材料类似，往往附着在结构的表面，容易造成污染，故规定应符合这些材料有害物质限量标准，不得对室内外环境造成污染。目前判断竣工工程室内环境是否污染通常按照《民用建筑室内环境污染控制规范》GB 50325的要求进行。

3.2.5 现场配制的材料由于现场施工条件的限制，其质量较难保证。本条规定主要是为了防止现场配制的随意性，要求必须按设计要求或配合比配制，并规定了应遵守的关于配置要求的关系与顺序。即：首先应按设计要求或试验室给出的配合比进行现场配制。当无上述要求时，可以按照产品说明书配制。执行中应注意上述配制要求，均应具有可追溯性，并应写入施工方案中。不得按照经验或口头通知配制。

3.2.6 多数节能保温材料的含水率对节能效果有明显影响，但是这一情况在施工中未得到足够重视。本条规定了施工中控制节能保温材料含水率的原则。即节能保温材料在施工使用时的含水率应符合设计要求、工艺标准要求及施工技术方案要求。通常设计或工艺标准应给出材料的含水率要求，这些要求应该体现在施工技术方案中。但是目前缺少上述含水率要求的情况较多，考虑到施工管理水平的不同，本规范给出了控制含水率的基本原则亦即最低要求：节能保温材料的含水率不应大于正常施工环境湿度中的自然含水率，否则应采取降低含水率的措施。据此，雨季施工、材料受潮或泡水等情形下，应采取适当措施控制保温材料的含水率。

3.3 施工与控制

3.3.1 本条为强制性条文，是对节能工程施工的基本要求。设计文件和施工技术方案,是节能工程施工也是所有工程施工均应遵循的基本要求。对于设计文件应当经过设计审查机构的审查;施工技术方案则应通过建设或监理单位的审查。施工中的变更,同样应经过审查,见本规范相关章节。

3.3.2 制作样板间的方法是在长期施工中总结出来行之有效的方法。不仅可以直观地看到和评判其质量与工艺状况,还可以对材料、做法、效果等进行直接检查,相当于验收的实物标准。因此节能工程施工也应当借鉴和采用。样板间方法主要适用于重复采用同样建筑节能设计的房间和构造做法,制作时应采用相同材料和工艺在现场制作,经有关各方确认后方可进行施工。

施工中应注意,样板间或样板件的技术资料(材料、工艺、验收资料)应纳入工程技术档案。

3.3.3 建筑节能工程的施工作业往往在主体结构完成后进行,其作业条件各不相同。部分节能材料对环境条件的要求较高,例如保温材料对环境湿度及施工时气候的要求等。这些要求多数在工艺标准或施工技术方案中加以规定,因此本条要求建筑节能工程的施工作业环境条件,应满足相关标准和施工工艺的要求。

3.4 验收的划分

3.4.1 本条给出了建筑节能验收与其他已有的各个分部分项工程验收的关系,确定了节能验收在总体验收中的定位,故称之为验收的划分。

建筑节能验收本来属于专业验收的范畴,其许多验收内容与原有建筑工程的分部分项验收有交叉与重复,故建筑节能工程验收的定位有一定困难。为了与已有的《建筑工程施工质量验收统一标准》GB 50300和各专业验收规范一致,本规范将建筑节能工程作为单位建筑工程的一个分部工程来进行划分和验收,并规定了其包含的各分项工程划分的原则,主要有四项规定:

一是直接将节能分部工程划分为10个分项工程,给出了这10个分项工程名称及需要验收的主要内容。划分这些分项工程的原则与《建筑工程施工质量验收统一标准》GB 50300及各专业工程施工质量验收规范原有的划分尽量一致。表3.4.1中的各个分项工程,是指"其节能性能",这样理解就能够与原有的分部工程划分协调一致。

二是明确节能工程应按分项工程验收。由于节能工程验收内容复杂,综合性较强,验收内容如果对检验批直接给出易造成分散和混乱。故本规范的各项验收要求均直接对分项工程提出。当分项工程较大时,可以划分成检验批验收,其验收要求不变。

三是考虑到某些特殊情况下,节能验收的实际内容或情况难以按照上述要求进行划分,如遇到某建筑物分期或局部进行节能改造时,不易划分分部、分项工程,此时允许采取建设、监理、设计、施工等各方协商一致的划分方式进行节能工程的验收。但验收项目、验收标准和验收记录均应遵守本规范的规定。

四是规定有关节能的项目应单独填写检查验收表格,作出节能项目验收记录并单独组卷,以与建设部要求节能审图单列的规定一致。

4 墙体节能工程

4.1 一般规定

4.1.1 本条规定了墙体节能工程的适用范围。本章的适用范围,实际涵盖了目前所有的墙体节能做法。除了所列举的板材、浆料、块材、构件外,采用其他节能材料的墙体也应遵照执行。

4.1.2 本条规定墙体节能验收的程序性要求。分为两种情况:

一种情况是墙体节能工程在主体结构完成后施工,对此在施工过程中应及时进行质量检查、隐蔽工程验收、相关检验批和分项工程验收,施工完成后应进行墙体节能子分部工程验收。大多数墙体节能工程都是在主体结构内侧或外侧表面做保温层,故属于这种情况。

另一种是与主体结构同时施工的墙体节能工程,如现浇夹心复合保温墙板等,对此无法分别验收,只能与主体结构一同验收。验收时结构部分应符合相应的结构规范要求,而节能工程应符合本规范的要求。

4.1.3 墙体节能工程采用的外保温成套技术或产品,是由供应方配套提供。对于其生产过程中采用的材料、工艺难以在施工现场进行检查,耐久性在短期内更是难以判断,因此主要依靠厂方提供的型式检验报告加以证实。型式检验报告本应包含耐久性能检验,但是由于该项检验较复杂,现实中有部分不规范的型式检验报告不做该项检验。故本条规定型式检验报告的内容应包括耐候性检验。当供应方不能提供耐久性检验参数时,应由具备资格的检测机构予以补做。

4.1.4 本条列出墙体节能工程通常应该进行隐蔽工程验收的具体部位和内容,以规范隐蔽工程验收。当施工中出现本条未列出的内容时,应在施工组织设计、施工方案中对隐蔽工程验收内容加以补充。

需要注意,本条要求隐蔽工程验收不仅应有详细的文字记录,还应有必要的图像资料,这是为了利用现代科技手段更好地记录隐蔽工程的真实情况。对于"必要"的理解,可理解为有隐蔽工程全貌和有代表性的局部(部位)照片。其分辨率以能够表达清楚受检部位的情况为准。照片应作为隐蔽工程验收资料与文字资料一同归档保存。

4.1.6 节能工程分项工程划分的方法和应遵守的原则已由本规范 3.4.1 条规定。如果分项工程的工程量较大，出现需要划分检验批的情况时，可按照本条规定进行。本条规定的原则与现行国家标准《建筑装饰装修工程质量验收规范》GB 50210 保持一致。

应注意墙体节能工程检验批的划分并非是惟一或绝对的。当遇到较为特殊的情况时，检验批的划分也可根据方便施工与验收的原则，由施工单位与监理（建设）单位共同商定。

4.2 主控项目

4.2.1 本条是对墙体节能工程使用材料、构件的基本规定。要求材料、构件的品种、规格等应符合设计要求，不能随意改变和替代。在材料、构件进场时通过目视和尺量、秤重等方法检查，并对其质量证明文件进行核查确认。检查数量为每种材料、构件按进场批次每批次随机抽取 3 个试样进行检查。当能够证实多次进场的同种材料属于同一生产批次时，可按该材料的出厂检验批次和抽样数量进行检查。如果发现问题，应扩大抽查数量，最终确定该批材料、构件是否符合设计要求。

4.2.2 本条为强制性条文。是在 4.2.1 条规定基础上，要求墙体节能工程使用的保温隔热材料的导热系数、密度、抗压强度或压缩强度，以及燃烧性能均应符合设计要求。

保温隔热材料的主要热工性能和燃烧性能是否满足本条规定，主要依靠对各种质量证明文件的核查和进场复验。核查质量证明文件包括核查材料的出厂合格证、性能检测报告、构件的型式检验报告等。对有进场复验规定的要核查进场复验报告。本条中除材料的燃烧性能外均应进行进场复验，故均应核查复验报告。对材料燃烧性能则应核查其质量证明文件。对于新材料，应检查是否通过技术鉴定，其热工性能和燃烧性能检验结果是否符合设计要求和本规范相关规定。

应该注意，当上述质量证明文件和各种检测报告为复印件时，应加盖证明其真实性的相关单位印章和经手人员签字，并应注明原件存放处。必要时，还应核对原件。

4.2.3 本条列出墙体节能工程保温材料和粘结材料等进场复验的具体项目和参数要求。复验的试验方法应遵守相应产品的试验方法标准。复验指标是否合格应依据设计要求和产品标准判定。复验抽样频率为：同一厂家的同一种类产品（不考虑规格）应至少抽样复验 3 次。当单位工程建筑面积超过 20000m² 时应抽查 6 次。不同厂家、不同种类（品种）的材料均应分别抽样进行复验。所谓种类，是指材质或材料品种。复验应为见证取样送检，由具备见证资质的检测机构

进行试验。根据建设部 141 号令第 12 条规定，见证取样试验应由建设单位委托。

4.2.4 严寒、寒冷地区的外保温粘结材料，由于处在较为严酷的条件下，故对其增加了冻融试验要求。本条所要求进行的冻融试验不是进场复验，是指由材料生产、供应方委托送检的试验。这些试验应按照有关产品标准进行，其结果应符合产品标准的规定。冻融试验可由生产或供应方委托通过计量认证具备产品检验资质的检验机构进行试验并提供报告。

4.2.5 为了保证墙体节能工程质量，需要对墙体基层表面进行处理，然后进行保温层施工。基层表面处理对于保证安全和节能效果很重要，由于基层表面处理属于隐蔽工程，施工中容易被忽略，事后无法检查。本条强调对基层表面进行的处理应按照设计和施工方案的要求进行，以满足保温层施工工艺的需要。并规定施工中应全数检查，验收时则应核查所有隐蔽工程验收记录。

4.2.6 除面层外，墙体节能工程各层构造做法均为隐蔽工程，完工后难以检查。因此本条给出了施工中实体检查和验收时资料核查两种检查方法和数量。在施工过程中对于隐蔽工程应该随做随验，并做好记录。检查的内容主要是墙体节能工程各层构造做法是否符合设计要求，以及施工工艺是否符合施工方案要求。检验批验收时则应核查这些隐蔽工程验收记录。

4.2.7 本条为强制性条文。对墙体节能工程施工提出 4 款基本要求，这些要求主要关系到安全和节能效果，十分重要。本条要求的粘贴强度和锚固拉拔力试验，当施工企业试验室有能力时可由施工企业试验室承担，也可委托给具备见证资质的检测机构进行试验。采用的试验方法可以在承包合同中约定，也可选择现行行业标准、地方标准推荐的相关试验方法。

4.2.8 外墙采用预置保温板现场浇筑混凝土墙体时，除了保温材料本身质量外，容易出现的主要问题是保温板移位的问题。故本条要求施工单位安装保温板时应做到位置正确、接缝严密，在浇筑混凝土过程中应采取措施并设专人照看，以保证保温板不移位、不变形、不损坏。

4.2.9 外墙保温层采用保温浆料做法时，由于施工现场的条件所限，保温浆料的配制与施工质量不易控制。为了检验浆料保温层的实际保温效果，本条规定应在施工中制作同条件养护试件，以检测其导热系数、干密度和压缩强度等参数。保温浆料同条件养护试块试验应实行见证取样送检，由建设单位委托给具备见证资质的检测机构进行试验。

4.2.10 本条是对墙体节能工程的各类饰面层施工质量的规定。除了应符合设计要求和《建筑装饰装修工程质量验收规范》GB 50210 的规定外，本条提出了 4 项要求。提出这些要求的主要目的是防止外墙外保温出现安全问题和保温效果失效的问题。

第 2 款提出外墙外保温工程不宜采用粘贴饰面砖做饰面层的要求，是鉴于目前许多外墙外保温工程经常采用饰面砖饰面，而考虑到外墙外保温工程中的保温层强度一般较低，如果表面粘贴较重的饰面砖，使用年限较长后容易变形脱落，故本规范建议不宜采用。当一定要采用时，则规定必须有保证保温层与饰面砖安全性与耐久性的措施。

第 3 款提出不应渗漏的要求，是保证保温效果的重要规定。特别对外墙外保温工程的饰面层采用饰面板开缝安装时，规定保温层表面应具有防水功能或采取其他相应的防水措施，以防止保温层浸水失效。如果设计无此要求，应提出洽商解决。

4.2.11 保温砌块砌筑的墙体，通常设计均要求采用具有保温功能的砂浆砌筑。由于其灰缝饱满度与密实性对节能效果有一定影响，故对于保温砌体灰缝砂浆饱满度的要求应严于普通灰缝。本规范要求水平灰缝饱满度不应低于 90%，竖直灰缝不应低于 80%，相当于对小砌块的要求，实践证明是可行的。

4.2.12 采用预制保温墙板现场安装组成保温墙体，具有施工进度快、产品质量稳定、保温效果可靠等优点。但是组装过程容易出现连接、渗漏等问题。为此本条规定首先应有型式检验报告证明预制保温墙板产品及其安装性能合格，包括保温墙板的结构性能、热工性能等应合格；其次墙板与主体结构的连接方法应符合设计要求，墙板的板缝、构造节点及嵌缝做法应与设计一致。检查安装好的保温墙板板缝不得渗漏，可采用现场淋水试验的方法，对墙体板缝部位连续淋水 1h 不渗漏为合格。

4.2.13 墙体内隔汽层的作用，主要为防止空气中的水分进入保温层造成保温效果下降，进而形成结露等问题。本条针对隔汽层容易出现的破损、透汽等问题，规定隔汽层设置的位置、使用的材料及构造做法，应符合设计要求和相关标准的规定。要求隔汽层应完整、严密，穿透隔汽层处应采取密封措施。隔汽层冷凝水排水构造应符合设计要求。

4.2.14 本条所指的门窗洞口四周墙侧面，是指窗洞口的侧面，即与外墙面垂直的 4 个小面。这些部位容易出现热桥或保温层缺陷。对于外墙和毗邻不采暖空间墙体上的上述部位，以及凸窗外凸部分的四周墙侧面和地面，均应按设计要求采取隔断热桥或节能保温措施。当设计未对上述部位提出要求时，施工单位应与设计、建设或监理单位联系，确认是否应采取处理措施。

4.2.15 本条特别对严寒、寒冷地区的外墙热桥部位提出要求。这些地区外墙的热桥，对于墙体总体保温效果影响较大。故要求均应按设计要求采取隔断热桥或节能保温措施。当缺少设计要求时，应提出办理洽商，或按照施工技术方案进行处理。完工后采用热工成像设备进行扫描检查，也可辅助了解其处理措施是否有效。本条为主控项目，与 4.3.3 条列为一般项目的非严寒、寒冷地区的要求在严格程度上有区别。

4.3 一般项目

4.3.1 在出厂运输和装卸过程中，节能保温材料与构件的外观如棱角、表面等容易损坏，其包装容易破损，这些都可能进一步影响到材料和构件的性能。如：包装破损后材料受潮，构件运输中出现裂缝等，这类现象应该引起重视。本条针对这种情况作出规定：要求进入施工现场的节能保温材料和构件的外观和包装应完整无破损，并符合设计要求和材料产品标准的规定。

4.3.2 本条是对于玻纤网格布的施工要求。玻纤网格布属于隐蔽工程，其质量缺陷完工后难以发现，故施工中应加强管理和严格要求。

4.3.6 从施工工艺角度看，除配制外，保温浆料的抹灰与普通装饰抹灰基本相同。保温浆料层的施工，包括对基层和面层的要求、对接槎的要求、对分层厚度和压实的要求等，均应按照抹灰工艺执行。

4.3.7 本条主要针对容易碰撞、破损的保温层特殊部位要求采取加强措施，防止被损坏。具体防止开裂和破损的加强措施通常由设计或施工技术方案确定。

4.3.8 有机类保温材料的陈化，也称"熟化"，是该类材料的一个特点。由于有机类保温材料的体积需经一定时间才趋于稳定，故本条提出了对材料陈化时间的要求。其具体陈化时间可根据不同有机类保温材料的产品说明书确定。

5 幕墙节能工程

5.1 一般规定

5.1.1 建筑幕墙包括玻璃幕墙（透明幕墙）、金属幕墙、石材幕墙及其他板材幕墙，种类非常繁多。随着建筑的现代化，越来越多的建筑使用建筑幕墙，建筑幕墙以其美观、轻质、耐久、易维修等优良特性被建筑师和业主所亲睐，在建筑中禁止使用建筑幕墙是不现实的。

虽然建筑幕墙的种类繁多，但作为建筑的围护结构，在建筑节能的要求方面还是有一定的共性，节能标准对其性能指标也有着明确的要求。玻璃幕墙属于透明幕墙，与建筑外窗在节能方面有着共同的要求。但玻璃幕墙的节能要求也与外窗有着很明显的不同，玻璃幕墙往往与其他的非透明幕墙是一体的，不可分离。非透明幕墙虽然与墙体有着一样的节能指标要求，但由于其构造的特殊性，施工与墙体有着很大的不同，所以不适于和墙体的施工验收放在一起。

另外，由于建筑幕墙的设计施工往往是另外进行专业分包，施工验收按照《建筑装饰装修工程质量验收规范》GB 50210进行，而且也往往是先单独验收，所以将建筑幕墙单列一章。

5.1.2 有些幕墙的非透明部分的隔汽层或保温层附着在建筑主体的实体墙上。对于这类建筑幕墙，保温材料或隔汽层需要在实体墙的墙面质量满足要求后才能进行施工作业，否则保温材料可能粘贴不牢固，隔汽层（或防水层）附着不理想。另外，主体结构往往是土建单位施工，幕墙是专业分包，在施工中若不进行分阶段验收，出现质量问题时容易发生纠纷。

5.1.3 铝合金隔热型材、钢隔热型材在一些幕墙工程中已经得到应用。隔热型材的隔热材料一般是尼龙或发泡的树脂材料等。这些材料是很特殊的，既要保证足够的强度，又要有较小的导热系数，还要满足幕墙型材在尺寸方面的苛刻要求。从安全的角度而言，型材的力学性能是非常重要的，对于有机材料，其热变形性能也非常重要。型材的力学性能主要包括抗剪强度和横向抗拉强度等；热变形性能包括热膨胀系数、热变形温度等。

5.1.4 对建筑幕墙节能工程施工进行隐蔽工程验收是非常重要的。这样一方面可以确保节能工程的施工质量，另一方面可以避免工程质量纠纷。

在非透明幕墙中，幕墙保温材料的固定是否牢固，可以直接影响到节能的效果。如果固定不牢，保温材料可能会脱离，从而造成部分部位无保温材料。另外，如果采用彩釉玻璃一类的材料作为幕墙的外饰面板，保温材料直接贴到玻璃上很容易使得玻璃的温度不均匀，从而使玻璃更加容易自爆。

幕墙的隔汽层、冷凝水收集和排放构造等都是为了避免非透明幕墙部位结露，结露的水渗漏到室内，让室内的装饰发霉、变色、腐烂等。一般，如果非透明幕墙保温层的隔汽性好，幕墙与室内侧墙体之间的空间内就不会有凝结水。但为了确保凝结水不破坏室内的装饰，不影响室内环境，许多幕墙设置了冷凝水收集、排放系统。

幕墙周边与墙体间接缝处的保温填充，幕墙的构造缝、沉降缝、热桥部位、断热节点等，这些部位虽然不是幕墙能耗的主要部位，但处理不好，也会大大影响幕墙的节能。这些部位主要是密封问题和热桥问题。密封问题对于冬季节能非常重要，热桥则容易引起结露和发霉，所以必须将这些部位处理好。

单元式幕墙板块间的缝隙密封是非常重要的。由于单元缝隙处理不好，修复特别困难，所以应该特别注意施工质量。这里质量不好，不仅会使得气密性能差，还常常引起雨水渗漏。

许多幕墙安装有通风换气装置。通风换气装置能使得建筑室内达到足够的新风量，同时也可以使得房间在空调不启动的情况下达到一定的舒适度。虽然通风换气装置往往耗能，但舒适的室内环境可以使得我们少开空调制冷，因而通风换气装置是非常必要的。

一般，以上这些部位在幕墙施工完毕后都将隐蔽，为了方便以后的质量验收，应该进行隐蔽工程验收。

5.1.5 幕墙节能工程的保温材料多是多孔材料，很容易潮湿变质或改变性状。比如岩棉板、玻璃棉板容易受潮而松散，膨胀珍珠岩板受潮后导热系数会增大等。所以在安装过程中应采取防潮、防水等保护措施，避免上述情况发生。

5.2 主控项目

5.2.1 用于幕墙节能工程的材料、构件等的品种、规格符合设计要求和相关标准的规定，这是一般性的要求，应该得到满足。

比如幕墙玻璃是决定玻璃幕墙节能性能的关键构件，玻璃品种应采用设计的品种。幕墙玻璃的品种信息主要内容包括：结构、单片玻璃品种、中空玻璃的尺寸、气体层、间隔条等。

再如：隔热型材的隔热条、隔热材料（一般为发泡材料）等，其尺寸和导热系数对框的传热系数影响很大，所以隔热条的类型、尺寸必须满足设计的要求。

又如：幕墙的密封条是确保幕墙密封性能的关键材料。密封材料要保证足够的弹性（硬度适中、弹性恢复好）、耐久性。密封条的尺寸是幕墙设计时确定下来的，应与型材、安装间隙相配套。如果尺寸不满足要求，要么大了合不拢，要么小了漏风。

幕墙的遮阳构件种类繁多，如百叶、遮阳板、遮阳挡板、卷帘、花格等。对于遮阳构件，其尺寸直接关系到遮阳效果。如果尺寸不够大，必然不能按照设计的预期遮住阳光。遮阳构件所用的材料也是非常重要的，材料的光学性能、材质、耐久性等均很重要，所以材料应为所设计的材料。遮阳构件的构造关系到其结构安全、灵活性、活动范围等，应该按照设计的构造制作遮阳的构件。

5.2.2 幕墙材料、构配件等的热工性能是保证幕墙节能指标的关键，所以必须满足要求。材料的热工性能主要是导热系数，许多构件也是如此，但复合材料和复合构件的整体性能则主要是热阻。

比如有些幕墙采用隔热附件（材料）来隔断热桥，而不是采用隔热型材。这些隔热附件往往是垫块、连接件之类。对隔热附件，其导热系数也应该不大于产品标准的要求。

玻璃的传热系数、遮阳系数、可见光透射比对于玻璃幕墙都是主要的节能指标要求，所以应该满足设计要求。中空玻璃露点应满足产品标准要求，以保证产品的密封质量和耐久性。

5.2.3 非透明幕墙保温材料的导热系数非常重要，

而达到设计值往往并不困难，所以应要求不大于设计值。保温材料的密度与导热系数有很大关系，而且密度偏差过大，往往意味着材料的性能也发生了很大的变化。

幕墙玻璃是决定玻璃幕墙节能性能的关键构件。玻璃的传热系数越大，对节能越不利；而遮阳系数越大，对空调的节能越不利（严寒地区由于冬季很冷，且采暖期特别长，情况正好相反）；可见光透射比对自然采光很重要，可见光透射比越大，对采光越有利。中空玻璃露点是反映中空玻璃产品密封性能的重要指标，露点不满足要求，产品的密封则不合格，其节能性能必然受到很大的影响。

隔热型材的力学性能非常重要，直接关系到幕墙的安全，所以应符合设计要求和相关产品标准的规定。不能因为节能而影响到幕墙的结构安全，所以要对型材的力学性能进行复验。

5.2.4 幕墙的气密性能指标是幕墙节能的重要指标。一般幕墙设计均规定有气密性能的等级要求，幕墙产品应该符合要求。

由于幕墙的气密性能与节能关系重大，所以当建筑所设计的幕墙面积超过一定量后，应该对幕墙的气密性能进行检测。但是，由于幕墙是特殊的产品，其性能需要现场的安装工艺来保证，所以一般要求进行建筑幕墙的三个性能（气密、水密、抗风压性能）的检测。然而，多少面积的幕墙需要检测，有关国家和行业标准一直都没有明确的规定。本规范规定，当幕墙面积大于建筑外墙面积50%或3000m²时，应现场抽取材料和配件，在检测试验室安装制作试件进行气密性能检测。这为幕墙检测数量问题作出了明确的规定，方便执行。

由于一栋建筑中的幕墙往往比较复杂，可能由多种幕墙组合成组合幕墙，也可能是多幅不同的幕墙。对于组合幕墙，只需要进行一个试件的检测即可；而对于不同幕墙幅面，则要求分别进行检测。对于面积比较小的幅面，则可以不分开对其进行检测。

在保证幕墙气密性能的材料中，密封条很重要，所以要求镶嵌牢固、位置正确、对接严密。单元式幕墙板块之间的密封一般采用密封条。单元板块间的缝隙有水平缝和垂直缝，还有水平和垂直缝交叉处的十字缝，为了保证这些缝隙的密封，单元式幕墙都有专门的密封设计。施工时应该严格按照设计进行安装。第一方面，需要密封条完整，尺寸满足要求；第二方面，单元板块必须安装到位，缝隙的尺寸不能偏大；第三方面，板块之间还需要在少数部位加装一些附件，并进行注胶密封，保证特殊部位的密封。

幕墙的开启扇是幕墙密封的另一关键部件。开启扇位置到位，密封条压缩合适，开启扇方能关闭严密。由于幕墙的开启扇一般是平开窗或悬窗，气密性能比较好，只要关闭严密，可以保证其设计的密封性能。

5.2.5 在非透明幕墙中，幕墙保温材料的固定是否牢固，可以直接影响到节能的效果。如果固定不牢，容易造成部分部位无保温材料。另外，也可能影响彩釉玻璃一类外饰面板材料的安全。

保温材料的厚度越厚，保温隔热性能就越好，所以厚度应不小于设计值。由于幕墙保温材料一般比较松散，采取针插法即可检测厚度。有些板材比较硬，可采用剖开法检测厚度。

5.2.6 幕墙的遮阳设施若要满足节能的要求，一般应该安置在室外。由于对太阳光的遮挡是按照太阳的高度和方位角来设计的，所以遮阳设施的安装位置对于遮阳而言非常重要。只有安装在合适位置、尺寸合适的遮阳装置，才能满足节能的设计要求。

由于遮阳设施一般安装在室外，而且是突出建筑物的构件，很容易受到风荷载的作用。遮阳设施的抗风问题在遮阳设施的应用中一直是热门问题，我国的《建筑结构荷载规范》GB 50009 对这个问题没有很明确的规定。在工程中，大型遮阳设施的抗风往往需要进行专门的研究。在目前北方普遍采用外墙外保温的情况下，活动外遮阳设施的固定往往成了难以解决的问题。所以，在设计安装遮阳设施的时候应考虑到各个方面的因素，合理设计，牢固安装。由于遮阳设施的安全问题非常重要，所以要进行全数的检查。

5.2.7 幕墙工程热桥部位的隔断热桥措施是幕墙节能设计的重要内容，在完成了幕墙面板中部的传热系数和遮阳系数设计的情况下，隔断热桥则成为主要矛盾。这些节点设计如果不理想，首要的问题是容易引起结露。如果大面积的热桥问题处理不当，则会增大幕墙的传热系数，使得通过幕墙的热损耗大大增加。判断隔断热桥措施是否可靠，主要是看固体的传热路径是否被有效隔断，这些路径包括：通过型材截面、通过幕墙的连接件、通过螺丝等紧固件、中空玻璃边缘的间隔条等。

型材截面的断热节点主要是通过采用隔热型材或隔热垫来实现的，其安全性取决于型材的隔热条、发泡材料或连接紧固件。通过幕墙连接件、螺丝等紧固件的热桥则需要进行转换连接的方式，通过一个尼龙件（或类似材料制作的附件）进行连接的转换，隔断固体的热传递路径。由于这些转换连接都增加了一个连接，其是否牢固则成为安全隐患问题，应进行相关的检查和确认。

5.2.8 非透明幕墙的隔汽层是为了避免幕墙部位内部结露，结露的水很容易使保温材料发生性状的改变，如果结冰，则问题更加严重。如果非透明幕墙保温层的隔汽性好，幕墙与室内侧墙体之间的空间内就不会有凝结水。为了实现这个目标，隔汽层必须完整，必须设在保温材料靠近水蒸气压较高的一侧（冬季为室内）。如果隔汽层放错了位置，不但起不到隔汽作用，反而有可能使结露加剧。一般冬季比较容易结露，所以隔汽层应放在保温材料靠近室内的一侧。

幕墙的非透明部分常常有许多需要穿透隔汽层的部件，如连接件等。对这些节点构造采取密封措施很重要，以保证隔汽层的完整。

5.2.9 幕墙的凝结水收集和排放构造是为了避免幕墙结露的水渗漏到室内，让室内的装饰发霉、变色、腐烂等。为了确保凝结水不破坏室内的装饰，不影响室内环境，凝结水收集、排放系统应该发挥有效的作用。为了验证凝结水的收集和排放，可以进行一定的试验。

5.3 一般项目

5.3.1 镀（贴）膜玻璃在节能方面有两方面的作用，一方面是遮阳，另一方面是降低传热系数。对于遮阳而言，镀膜可以反射阳光或吸收阳光，所以镀膜一般应放在靠近室外的玻璃上。为了避免镀膜层的老化，镀膜面一般在中空玻璃内部，单层玻璃应将镀膜置于室内侧。对于低辐射玻璃（Low-E玻璃），低辐射膜应该置于中空玻璃内部。

目前制作中空玻璃一般均应采用双道密封。因为一般来说密封胶的水蒸气渗透阻力还不足以保证中空玻璃内部空气干燥，需要再加一道丁基胶密封。有些暖边间隔条将密封和间隔两个功能置于一身，本身的密封效果很好，可以不受此限制，实际上这样的间隔条本身就有双道密封的效果。

为了保证中空玻璃在长途（尤其是海拔高度、温度相差悬殊）运输过程中不至于损坏，或者保证中空玻璃不至于因生产环境和使用环境相差甚远而出现损坏或变形，许多中空玻璃设有均压管。在玻璃安装完成之后，为了确保中空玻璃的密封，均压管应进行密封处理。

5.3.2 单元式幕墙板块是在工厂内组装完成运送到现场的。运送到现场的单元板块一般都将密封条、保温材料、隔汽层、凝结水收集装置安装好了，所以幕墙板块到现场后应对这些安装好的部分进行检查验收。

5.3.3 幕墙周边与墙体接缝部位虽然不是幕墙能耗的主要部位，但处理不好，也会大大影响幕墙的节能。由于幕墙边缘一般都是金属边框，所以存在热桥问题，应采用弹性闭孔材料填充饱满。另外，幕墙有水密性要求，所以应采用耐候胶进行密封。

5.3.4 幕墙的构造缝、沉降缝、热桥部位、断热节点等处理不好，也会影响到幕墙的节能和结露。这些部位主要是要解决好密封问题和热桥问题，密封问题对于冬季节能非常重要，热桥则容易引起结露。

5.3.5 活动遮阳设施的调节机构是保证活动遮阳设施发挥作用的重要部件。这些部件应灵活，能够将遮阳板等调节到位。

6 门窗节能工程

6.1 一般规定

6.1.1 与围护结构节能密切相关的门窗主要是与室外空气接触的门窗，包括普通门窗、凸窗、天窗、倾斜窗以及不封闭阳台的门连窗。这些门窗的保温隔热的节能验收，均在本章作出了明确规定。

6.1.2 门窗的外观、品种、规格及附件等均与节能的相关性能以及门窗的质量有关，所以应进行检查验收，并对质量证明文件进行核查。

6.1.3 门窗框与墙体缝隙虽然不是能耗的主要部位，但处理不好，会大大影响门窗的节能。这些部位主要是密封问题和热桥问题。密封问题对于冬季节能非常重要，热桥则容易引起结露和发霉，所以必须将这些部位处理好。

6.2 主控项目

6.2.1 建筑外门窗的品种、规格符合设计要求和相关标准的规定，这是一般性的要求，应该得到满足。门窗的品种一般包含了型材、玻璃等主要材料和主要配件、附件的信息，也包含一定的性能信息，规格包含了尺寸、分格信息等。

6.2.2 建筑外窗的气密性、保温性能、中空玻璃露点、玻璃遮阳系数和可见光透射比是重要的节能指标，所以应符合强制的要求。

6.2.3 为了保证进入工程用的门窗质量达到标准，保证门窗的性能，需要在建筑外窗进入施工现场时进行复验。由于在严寒、寒冷、夏热冬冷地区对门窗保温节能性能要求更高，门窗容易结露，所以需要对门窗的气密性能、传热系数进行复验；夏热冬暖地区由于夏天阳光强烈，太阳辐射对建筑能耗的影响很大，主要考虑门窗的夏季隔热，所以在此仅对气密性能进行复验。

玻璃的遮阳系数、可见光透射比以及中空玻璃的露点是建筑玻璃的基本性能，应该进行复验。因为在夏热冬冷和夏热冬暖地区，遮阳系数是非常重要的。

6.2.4 门窗的节能很大程度上取决于门窗所用玻璃的形式（如单玻、双玻、三玻等）、种类（普通平板玻璃、浮法玻璃、吸热玻璃、镀膜玻璃、贴膜玻璃）及加工工艺（如单道密封、双道密封等），为了达到节能要求，建筑门窗采用的玻璃品种应符合设计要求。

中空玻璃一般均应采用双道密封，为保证中空玻璃内部空气不受潮，需要再加一道丁基胶密封。有些暖边间隔条将密封和间隔两个功能置于一身，本身的密封效果很好，可以不受此限制。

6.2.5 金属窗的隔热措施非常重要，直接关系到传热系数的大小。金属框的隔断热桥措施一般采用穿条式隔热型材、注胶式隔热型材，也有部分采用连接点断热措施。验收时应检查金属外门窗隔断热桥措施是否符合设计要求和产品标准的规定。

有些金属门窗采用先安装副框的干法安装方法。这种方法因可以在土建基本施工完成后安装门窗，因而门窗的外观质量得到了很好的保护。但金属副框经常会形成新的热桥，应该引起足够的重视。这里要求金属副框的隔热措施隔热效果与门窗型材所采取的措施效果相当。

6.2.6 严寒、寒冷、夏热冬冷地区的建筑外窗，为了保证应用到工程的产品质量，本规范要求对外窗的气密性能做现场实体检验。

6.2.7 外门窗框与副框之间以及外门窗框或副框与洞口之间间隙的密封也是影响建筑节能的一个重要因素，控制不好，容易导致渗水、形成热桥，所以应该对缝隙的填充进行检查。

6.2.8 严寒、寒冷地区的外门节能也很重要，设计中一般均会采取保温、密封等节能措施。由于外门一般不多，而往往又不容易做好，因而要求全数检查。

6.2.9 在夏季炎热的地区应用外窗遮阳设施是很好的节能措施。遮阳设施的性能主要是其遮挡阳光的能力，这与其尺寸、颜色、透光性能等均有很大关系，还与其调节能力有关，这些性能均应符合设计要求。为保证达到遮阳设计要求，遮阳设施的安装位置应正确。

由于遮阳设施安装在室外效果好，而目前在北方普遍采用外墙外保温，活动外遮阳设施的固定往往成了难以解决的问题。所以遮阳设施的牢固问题要引起重视。

6.2.10 特种门与节能有关的性能主要是密封性能和保温性能。对于人员出入频繁的门，其自动启闭、阻挡空气渗透的性能也很重要。另外，安装中采取的相应措施也非常重要，应按照设计要求施工。

6.2.11 天窗与节能有关的性能均与普通门窗类似。天窗的安装位置、坡度等均应正确，并保证封闭严密，不渗漏。

6.3 一般项目

6.3.1 门窗扇和玻璃的密封条的安装及性能对门窗节能有很大影响，使用中经常出现由于断裂、收缩、低温变硬等缺陷造成门窗渗水，气密性能差。密封条质量应符合《塑料门窗密封条》GB/T 12002 标准的要求。

密封条安装完整、位置正确、镶嵌牢固对于保证门窗的密封性能均很重要。关闭门窗时应保证密封条的接触严密，不脱槽。

6.3.2 镀（贴）膜玻璃在节能方面有两方面的作用，一方面是遮阳，另一方面是降低传热系数。膜层位置与节能的性能和中空玻璃的耐久性均有关。

为了保证中空玻璃在长途运输过程中不至于损坏，或者保证中空玻璃不至于因生产环境和使用环境相差甚远而出现损坏或变形，许多中空玻璃设有均压管。在玻璃安装完成之后，均压管应进行密封处理，从而确保中空玻璃的密封性能。

6.3.3 活动遮阳设施的调节机构是保证活动遮阳设施发挥作用的重要部件。这些部件应灵活，能够将遮阳构件调节到位。

7 屋面节能工程

7.1 一般规定

7.1.1 本条规定了建筑屋面节能工程验收适用范围，包括采用松散、现浇、喷涂、板材及块材等保温隔热材料施工的平屋面、坡屋面、倒置式屋面、架空屋面、种植屋面、蓄水屋面、采光屋面等。

7.1.2 本条对屋面保温隔热工程施工条件提出了明确的要求。要求敷设保温隔热层的基层质量必须达到合格，基层的质量不仅影响屋面工程质量，而且对保温隔热层的质量也有直接的影响，基层质量不合格，将无法保证保温隔热层的质量。

7.1.3 本条对影响屋面保温隔热效果的隐蔽部位提出隐蔽验收要求。主要包括：①基层；②保温层的敷设方式、厚度及缝隙填充质量；③屋面热桥部位；④隔汽层。因为这些部位被后道工序隐蔽覆盖后无法检查和处理，因此在被隐蔽覆盖前必须进行验收，只有合格后才能进行后序施工。

7.1.4 屋面保温隔热层施工完成后的防潮处理非常重要，特别是易吸潮的保温隔热材料。因为保温材料受潮后，其孔隙中存在水蒸气和水，而水的导热系数（$\lambda=0.5$）比静态空气的导热系数（$\lambda=0.02$）要大 20 多倍，因此材料的导热系数也必然增大。若材料孔隙中的水分受冻成冰，冰的导热系数（$\lambda=2.0$）相当于水的导热系数的 4 倍，则材料的导热系数更大。黑龙江省低温建筑科学研究所对加气混凝土导热系数与含水率的关系进行测试，其结果见表 1。

上述情况说明，当材料的含水率增加 1% 时，其导热系数则相应增大 5% 左右；而当材料的含水率从干燥状态（$\omega=0$）增加到 20% 时，其导热系数则几乎增大一倍。还需特别指出的是：材料在干燥状态下，其导热系数是随着温度的降低而减少；而材料在潮湿状态下，当温度降到 0℃ 以下，其中的水分冷却成冰，则材料的导热系数必然增大。

表1 加气混凝土导热系数与含水率的关系

含水率 ω (%)	导热系数 λ [W/(m·K)]	含水率 ω (%)	导热系数 λ [W/(m·K)]
0	0.13	15	0.21
5	0.16	20	0.24
10	0.19	—	—

含水率对导热系数的影响颇大，特别是负温度下更使导热系数增大，为保证建筑物的保温效果，在保温隔热层施工完成后，应尽快进行防水层施工，在施工过程中应防止保温层受潮。

7.2 主控项目

7.2.1 本条规定屋面节能工程所用保温隔热材料的品种、规格应按设计要求和相关标准规定选择，不得随意改变其品种和规格。材料进场时通过目视、尺量、称重和核对其使用说明书、出厂合格证以及型式检验报告等方法进行检查，确保其品种、规格及相关性能参数符合设计要求。

7.2.2 强制性条文。在屋面保温隔热工程中，保温隔热材料的导热系数、密度或干密度指标直接影响到屋面保温隔热效果，抗压强度或压缩强度影响到保温隔热层的施工质量，燃烧性能是防止火灾隐患的重要条件，因此应对保温隔热材料的导热系数、密度或干密度、抗压强度或压缩强度及燃烧性能进行严格的控制，必须符合节能设计要求、产品标准要求以及相关施工技术标准要求。应检查保温隔热材料的合格证、有效期内的产品性能检测报告及进场验收记录所代表的规格、型号和性能参数是否与设计要求和有关标准相符，并重点检查进场复验报告，复验报告必须是第三方见证取样，检验样品必须是按批量随机抽取。

7.2.3 在屋面保温隔热工程中，保温材料的性能对于屋面保温隔热的效果起到了决定性的作用。为了保证用于屋面保温隔热材料的质量，避免不合格材料用于屋面保温隔热工程，参照常规建筑工程材料进场验收办法，对进场的屋面保温隔热材料均由监理人员现场见证随机抽样送有资质的试验室复验，复验内容主要包括保温隔热材料的导热系数、密度、抗压强度或压缩强度、燃烧性能，复验结果作为屋面保温隔热工程质量验收的一个依据。

7.2.4 影响屋面保温隔热效果的主要因素除了保温隔热材料的性能以外，另一重要因素是保温材料的厚度、敷设方式以及热桥部位的处理等。在一般情况下，只要保温隔热材料的热工性能（导热系数、密度或干密度）和厚度、敷设方式均达到设计标准要求，其保温隔热效果也基本上能达到设计要求。因此，在本规范第7.2.2条按主控项目对保温隔热材料的热工性能进行控制外，本条要求保温隔热层的厚度、敷设方式以及热桥部位也按主控项目进行验收。

检查方法：对于保温隔热层的敷设方式、缝隙填充质量和热桥部位采取观察检查，检查敷设的方式、位置、缝隙填充的方式是否正确，是否符合设计要求和国家有关标准要求。保温隔热层的厚度可采取钢针插入后用尺测量，也可采取将保温层切开用尺直接测量。具体采取哪种方法由验收人员根据实际情况选取。

7.2.5 影响架空隔热效果的主要因素有三个方面：一是架空层的高度、通风口的尺寸和架空通风安装方式；二是架空层材质的品质和架空层的完整性；三是架空层内应畅通，不得有杂物。因此在验收时一是检查架空层的型式，用尺测量架空层的高度及通风口的尺寸是否符合设计要求。二是检查架空层的完整性，不应断裂或损坏。如果使用了有断裂和露筋等缺陷的制品，日久后会使隔热层受到破坏，对隔热效果带来不良的影响。三是检查架空层内不得残留施工过程中的各种杂物，确保架空层内气流畅通。

7.2.6 本条是对采光屋面节能方面的基本要求，其传热系数、遮阳系数、可见光透射比、气密性是影响采光屋面节能效果的主要因素，因此必须达到设计要求。通过检查出厂合格证、型式检验报告、进场见证取样复检报告等进行验证。

7.2.7 本条对采光屋面的安装质量提出具体要求。安装要牢固是要保证采光屋面的可靠性、安全性，特别是沿海地区，屋面的风荷载非常大，如果不能牢固可靠的安装，在受到负压时会使屋面脱落。封闭要严密，嵌缝处要填充严密，不得渗漏，一方面是减少空气渗透，减少能耗，另一方面是避免雨水渗漏，确保使用功能。采用观察、尺量检查其安装牢固性能和坡度，通过淋水试验检查其严密性能，并核查其隐蔽验收记录。采光屋面主要是公共建筑，数量不多，并且很重要，所以要全数检查。

7.2.8 本条要求在施工过程中要保证屋面隔汽层位置、完整性、严密性应符合设计要求。主要通过观察检查和核查隐蔽工程验收记录进行验证。

7.3 一般项目

7.3.1 保温层的铺设应按本条文规定检查保温层施工质量，应保证表面平整、坡向正确、铺设牢固、缝隙严密，对现场配料的还要检查配料记录。

7.3.2 本条要求金属保温夹芯屋面板的安装应牢固，接口应严密，坡向应正确。检查方法是观察与尺量，应重点检查其接口的气密性和穿钉处的密封性，不得渗水。

7.3.3 当屋面的保温层敷设于屋面内侧时，如果保温层未进行密闭防潮处理，室内空气中湿气将渗入保温层，并在保温层与屋面基层之间结露，这不仅增大了保温材料导热系数，降低节能效果，而且由于受潮之后还容易产生细菌，最严重的可能会有水溢出，因此必须对保温材料采取有效防潮措施，使之与室内的空气隔绝。

8 地面节能工程

8.1 一般规定

8.1.1 本条明确了本章的适用范围，本条所讲的建筑地面节能工程是指包括采暖空调房间接触土壤的地面、毗邻不采暖空调房间的楼地面、采暖地下室与土壤接触的外墙、不采暖地下室上面的楼板、不采暖车库上面的楼板、接触室外空气或外挑楼板的地面。

8.1.2 本条对地面保温工程施工条件提出了明确的要求，要求敷设保温层的基层质量必须达到合格，基层的质量不仅影响地面工程质量，而且对保温的质量也有直接的影响，基层质量不合格，必然影响保温的质量。

8.1.3 本条对影响地面保温效果的隐蔽部位提出隐蔽验收要求。主要包括：①基层；②保温层厚度；③保温材料与基层的粘结强度；④地面热桥部位。因为这些部位被后道工序隐蔽覆盖后无法检查和处理，因此在被隐蔽覆盖前必须进行验收，只有合格后才能进行后序施工。

8.1.4 本条参照《建筑地面工程施工质量验收规范》GB 50209 的有关规定，给出了地面节能工程检验批划分的原则和方法，并对检验批抽查数量作出基本规定。

8.2 主控项目

8.2.1 本条规定地面节能工程所用保温材料的品种、规格应按设计要求和相关标准规定选择，不得随意改变其品种和规格。材料进场时通过目视、尺量、称重和核对其使用说明书、出厂合格证以及型式检验报告等方法进行检查，确保其品种、规格符合设计要求。

8.2.2 强制性条文。在地面保温工程中，保温材料的导热系数、密度或干密度指标直接影响到地面保温效果，抗压强度或压缩强度影响到保温层的施工质量，燃烧性能是防止火灾隐患的重要条件，因此应对保温材料的导热系数、密度或干密度、抗压强度或压缩强度及燃烧性能进行严格的控制，必须符合节能设计要求、产品标准要求以及相关施工技术标准要求。应检查材料的合格证、有效期内的产品性能检测报告及进场验收记录所代表的规格、型号和性能参数是否与设计要求和有关标准相符，并重点检查进场复验报告，复验报告必须是第三方见证取样，检验样品必须是按批量随机抽取。

8.2.3 在地面保温工程中，保温材料的性能对于地面保温的效果起到了决定性的作用。为了保证用于地面保温材料的质量，避免不合格材料用于地面保温工程，参照常规建筑工程材料进场验收办法，对进场的地面保温材料也由监理人员现场见证随机抽样送有资质的试验室对有关性能参数进行复验，复验结果作为地面保温工程质量验收的一个依据。复验报告必须是第三方见证取样，检验样品必须是按批量随机抽取。

8.2.4 为了保证施工质量，在进行地面保温施工前，应将基层处理好，基层应平整、清洁，接触土壤地面应将垫层处理好。

8.2.5 影响地面保温效果的主要因素除了保温材料的性能和厚度以外，另一重要因素是保温层、保护层等的设置和构造做法以及热桥部位的处理等。在一般情况下，只要保温材料的热工性能（导热系数、密度或干密度）和厚度，敷设方式均达到设计标准要求，其保温效果也基本上能达到设计要求。因此，在本规范第 8.2.2 条按主控项目对保温材料的热工性能进行控制外，本条要求对保温层、保护层等的设置和构造做法以及热桥部位也按主控项目进行验收。

对于保温层的敷设方式、缝隙填充质量和热桥部位采取观察检查，检查敷设的方式、位置、缝隙填充的方式是否正确，是否符合设计要求和国家有关标准要求。保温层厚度可采用钢针插入后用尺测量，也可采用将保温层切开用尺直接测量。

8.2.6 地面节能工程的施工质量应符合本条的规定。在施工过程中保温层与基层之间粘结牢固、缝隙严密是非常必要的。特别是地下室（或车库）的顶板粘贴 XPS 板、EPS 板或粉刷胶粉聚苯颗粒时，虽然这些部位不同于建筑外墙那样有风荷载的作用，但由于顶板上部有活动荷载，会使其产生振动，从而引发脱落。在楼板下面粉刷浆料保温层时分层施工也是非常重要的，每层的厚度不应超过 20mm，如果过厚，由于自重力的作用在粉刷过程中容易产生空鼓和脱落。对于严寒、寒冷地区，穿越接触室外空气地面的各种金属类管道都是传热量很大的热桥，这些热桥部位除了对节能效果有一定的影响外，其热桥部位的周围还可能结露，影响使用功能，因此必须对其采取有效的措施进行处理。

8.2.7 本条对有防水要求地面的构造做法和验收方法提出了明确要求。对于厨卫等有防水要求的地面进行保温时，应尽可能将保温层设置在防水层下，可避免保温层浸水吸潮影响保温效果。当确实需要将保温层设置在防水层上面时，则必须对保温层进行防水处理，不得使保温层吸水受潮。另外在铺设保温层时，要确保地面排水坡度不受影响，保证地面排水畅通。

8.2.8 在严寒、寒冷地区，冬季室外最低气温在－15℃以下，冻土层厚度在 400mm 以上，建筑首层直接与土壤接触的周边地面是热桥部位，如不采取有效措施进行处理，会在建筑室内地面产生结露，影响节能效果，因此必须对这些部位采取保温隔热措施。

8.2.9 对保温层表面必须采取有效措施进行保护，其目的之一是防止保温层材料吸潮，保温层吸潮含水率增大后，将显著影响保温效果，其二是提高保温层表面的抗冲击能力，防止保温层受到外力的破坏。

8.3 一般项目

8.3.1 本条规定地面辐射供暖工程应按《地面辐射供暖技术规程》JGJ 142 规定执行。

9 采暖节能工程

9.1 一般规定

9.1.1 根据目前国内室内采暖系统的热水温度现状，对本章的适用范围做出了规定。室内集中热水采暖系统包括散热设备、管道、保温、阀门及仪表等。

9.1.2 本条给出了采暖系统节能工程验收的划分原则和方法。

采暖系统节能工程的验收，应根据工程的实际情况、结合本专业特点，分别按系统、楼层等进行。

采暖系统可以按每个热力入口作为一个检验批进行验收；对于垂直方向分区供暖的高层建筑采暖系统，可按照采暖系统不同的设计分区分别进行验收；对于系统大且层数多的工程，可以按几个楼层作为一个检验批进行验收。

9.2 主控项目

9.2.1 采暖系统中散热设备的散热量、金属热强度和阀门、仪表、管材、保温材料等产品的规格、热工技术性能是采暖系统节能工程中的主要技术参数。为了保证采暖系统节能工程施工全过程的质量控制，对采暖系统节能工程采用的散热设备、阀门、仪表、管材、保温材料等产品的进场，要按照设计要求对其类别、规格及外观等进行逐一核对验收，验收一般应由供货商、监理、施工单位的代表共同参加，并应经监理工程师（建设单位代表）检查认可，形成相应的验收记录。各种产品和设备的质量证明文件和相关技术资料应齐全，并应符合国家现行有关标准和规定。

9.2.2 采暖系统中散热器的单位散热量、金属热强度和保温材料的导热系数、密度、吸水率等技术参数，是采暖系统节能工程中的重要性能参数，它是否符合设计要求，将直接影响采暖系统的运行及节能效果。因此，本条文规定在散热器和保温材料进场时，应对其热工等技术性能参数进行复验。复验应采取见证取样送检的方式，即在监理工程师或建设单位代表见证下，按照有关规定从施工现场随机抽取试样，送至有见证检测资质的检测机构进行检测，并应形成相应的复验报告。

9.2.3 强制性条文。在采暖系统中系统制式也就是管道的系统形式，是经过设计人员周密考虑而设计的，要求施工单位必须按照设计图纸进行施工。

设备、阀门以及仪表能否安装到位，直接影响采暖系统的节能效果，任何单位不得擅自增减和更换。

在实际工程中，温控装置经常被遮挡，水力平衡装置因安装空间狭小无法调节，有很多采暖系统的热力入口只有总开关阀门和旁通阀门，没有按照设计要求安装热计量装置、过滤器、压力表、温度计等入口装置；有的工程虽然安装了入口装置，但空间狭窄，过滤器和阀门无法操作、热计量装置、压力表、温度计等仪表很难观察读取。常常是采暖系统热力入口装置起不到过滤、热能计量及调节水力平衡等功能，从而达不到节能的目的。

同时，本条还强制性规定设有温度调控装置和热计量装置的采暖系统安装完毕后，应能实现设计要求的分室（区）温度调控和分栋热计量及分户或分室（区）热量（费）分摊，这也是国家有关节能标准所要求的。

9.2.4 目前对散热器的安装存在不少误区，常常会出现散热器的规格、数量及安装方式与设计不符等情况。如把散热器全包起来，仅留很少一点点通道，或随意减少散热器的数量，以致每组散热器的散热量不能达到设计要求，而影响采暖系统的运行效果。散热器暗装在罩内时，不但散热器的散热量会大幅度减少，而且由于罩内空气温度远远高于室内空气温度，从而使室内墙体的温差传热损失大大增加。散热器暗装时，还会影响恒温阀的正常工作。另外，实验证明：散热器外表面涂刷非金属性涂料时，其散热量比涂刷金属性涂料时能增加 10% 左右。故本条文对此进行了强调和规定。

9.2.5 散热器恒温阀（又称温控阀、恒温器）安装在每组散热器的进水管上，它是一种自力式调节控制阀，用户可根据对室温高低的要求，调节并设定室温。散热器恒温阀阀头如果垂直安装或被散热器、窗帘或其他障碍物遮挡，恒温阀将不能真实反映出室内温度，也就不能及时调节进入散热器的水流量，从而达不到节能的目的。恒温阀应具有人工调节和设定室内温度的功能，并通过感应室温自动调节流经散热器的热水流量，实现室温自动恒定。对于安装在装饰罩内的恒温阀，则必须采用外置式传感器，传感器应设在能正确反映房间温度的位置。

9.2.6 在低温热水地面辐射供暖系统的施工安装时，对无地下室的一层地面应分别设置防潮层和绝热层，绝热层采用聚苯乙烯泡沫塑料板［导热系数为 $\leqslant 0.041W/(m \cdot K)$，密度 $\geqslant 20.0kg/m^3$］时，其厚度不应小于 30mm；直接与室外空气相邻的楼板应设绝热层，绝热层采用聚苯乙烯泡沫塑料板［导热系数为≤0.041W/(m·K)，密度≥20.0kg/m³］时，其厚度不应小于40mm。当采用其他绝热材料时，可根据热阻相当的原则确定厚度。室内温控装置的传感器应安装在距地面1.4m的内墙面上（或与室内照明开关并排设置），并应避开阳光直射和发热设备。

9.2.7 在实际工程中有很多采暖系统的热力入口只有系统阀门和旁通阀门，没有安装热计量装置、过滤器、压力表、温度计等入口装置；有的工程虽然安装了入口装置，但空间狭窄，过滤器和阀门无法操作，热计量装置、压力表、温度计等仪表很难观察读取。常常是采暖系统热力入口装置起不到过滤、热能计量及调节水力平衡等功能，从而达不到节能的目的。故本条文对此进行了强调，并作出规定。

9.2.8 采暖管道保温厚度是由设计人员依据保温材料的导热系数、密度和采暖管道允许的温降等条件计算得出的。如果管道保温的厚度等技术性能达不到设计要求，或者保温层与管道粘贴不紧密牢固，以及设在地沟及潮湿环境内的保温管道不做防潮层或防潮层做得不完整或有缝隙，都将会严重影响采暖管道的保温效果。因此，本条文对采暖管道保温层和防潮层的施工作出了规定。

9.2.9 采暖保温管道及附件，被安装于封闭的部位或直接埋地时，均属于隐蔽工程。在封闭前，必须对该部分将被隐蔽的管道工程施工质量进行验收，且必须得到现场监理人员认可的合格签证，否则不得进行封闭作业。必要时，应对隐蔽部位进行录像或照相以便追溯。

9.2.10 强制性条文。采暖系统工程安装完工后，为了使采暖系统达到正常运行和节能的预期目标，规定应在采暖期与热源连接进行系统联合试运转和调试。联合试运转及调试结果应符合设计要求，室内温度不得低于设计计算温度2℃，且不应高于1℃。采暖系统工程竣工如果是在非采暖期或虽然在采暖期却还不具备热源条件时，应对采暖系统进行水压试验，试验压力应符合设计要求。但是，这种水压试验，并不代表系统已进行调试和达到平衡，不能保证采暖房间的室内温度能达到设计要求。因此，施工单位和建设单位应在工程（保修）合同中进行约定，在具备热源条件后的第一个采暖期期间再进行联合试运转及调试，并补做本规范表14.2.2中序号为1的"室内温度"项的调试。补做的联合试运转及调试报告应经监理工程师（建设单位代表）签字确认，以补充完善验收资料。

9.3 一般项目

9.3.1 采暖系统的过滤器等配件应做好保温，保温层应密实、无空隙，且不得影响其操作功能。

10 通风与空调节能工程

10.1 一般规定

10.1.1 本条明确了本章适用的范围。本条文所讲的通风系统是指包括风机、消声器、风口、风管、风阀等部件在内的整个送、排风系统。空调系统包括空调风系统和空调水系统，前者是指包括空调末端设备、消声器、风管、风阀、风口等部件在内的整个空调送、回风系统；后者是指除了空调冷热源和其辅助设备与管道及室外管网以外的空调水系统。

10.1.2 本条给出了通风与空调系统节能工程验收的划分原则和方法。

系统节能工程的验收，应根据工程的实际情况、结合本专业特点，分别按系统、楼层等进行。

空调冷（热）水系统的验收，一般应按系统分区进行；通风与空调的风系统可按风机或空调机组等所各自负担的风系统，分别进行验收。

对于系统大且层数多的空调冷（热）水系统及通风与空调的风系统工程，可分别按几个楼层作为一个检验批进行验收。

10.2 主控项目

10.2.1 通风与空调系统所使用的设备、管道、阀门、仪表、绝热材料等产品是否相互匹配、完好，是决定其节能效果好坏的重要因素。本条是对其进场验收的规定，这种进场验收主要是根据设计要求对有关材料和设备的类型、材质、规格及外观等"可视质量"和技术资料进行检查验收，并应经监理工程师（建设单位代表）核准。进场验收应形成相应的验收记录。事实表明，许多通风与空调工程，由于在产品的采购过程中擅自改变有关设备、绝热材料等的设计类型、材质或规格等，结果造成了设备的外形尺寸偏大、设备重量超重、设备耗电功率大、绝热材料绝热效果差等不良后果，从而给设备的安装和维修带来了不便，给建筑物带来了安全隐患，并且降低了通风与空调系统的节能效果。

由于进场验收只能核查材料和设备的外观质量，其内在质量则需由各种质量证明文件和技术资料加以证明。故进场验收的一项重要内容，是对材料和设备附带的质量证明文件和技术资料进行检查。这些文件和资料应符合国家现行有关标准和规定并应齐全，主要包括质量合格证明文件、中文说明书及相关性能检测报告。进口材料和设备还应按规定进行出入境商品检验合格证明。

为保证通风与空调节能工程的质量，本条文作出了在有关设备、自控阀门与仪表进场时，应对其热工等技术性能参数进行核查，并应形成相应的核查记录。对有关设备等的核查，应根据设计要求对其技术资料和相关性能检测报告等所表示的热工等技术性能参数进行一一核对。事实表明，许多空调工程，由于所选用空调末端设备的冷量、热量、风量、风压及功率高于或低于设计要求，而造成了空调系统能耗高或空调效果差等不良后果。

风机是空调与通风系统运行的动力，如果选择不当，就有可能加大其动力和单位风量的耗功率，造成能源浪费。为了降低空调与通风系统的能耗，设计人员在进行风机选型时，都要根据具体工程进行详细的计算，以控制风机的单位风量耗功率不大于《公共建筑节能设计标准》GB 50189—2005 第5.3.26 所规定的限值（见表2）。所以，风机在采购过程中，未经设计人员同意，都不应擅自改变风机的技术性能参数，并应保证其单位风量耗功率满足国家现行有关标准的规定。

表2 风机的单位风量耗功率限值 [W/(m³/h)]

系统型式	办公建筑		商业、旅馆建筑	
	粗效过滤	粗、中效过滤	粗效过滤	粗、中效过滤
两管制定风量系统	0.42	0.48	0.46	0.52
四管制定风量系统	0.47	0.53	0.51	0.58
两管制变风量系统	0.58	0.64	0.62	0.68
四管制变风量系统	0.63	0.69	0.67	0.74
普通机械通风系统	0.32			

注：1 $W_s = P/(3600\eta)$，式中 W_s 为单位风量耗功率，$W/(m^3/h)$；P 为风机全压值，Pa；η 为包含风机、电机及传动效率在内的总效率(%)。

2 普通机械通风系统中不包括厨房等需要特定过滤装置的房间的通风系统。

3 严寒地区增设预热盘管时，单位风量耗功率可增加 0.035 [$W/(m^3/h)$]。

4 当空调机组内采用湿膜加湿方法时，单位风量耗功率可增加 0.053 [$W/(m^3/h)$]。

10.2.2 通风与空调节能工程中风机盘管机组和绝热材料的用量较多，且其供冷量、供热量、风量、出口静压、噪声、功率及绝热材料的导热系数、材料密度、吸水率等技术性能参数是否符合设计要求，会直接影响通风与空调节能工程的节能效果和运行的可靠性。因此，本条文规定在风机盘管机组和绝热材料进场时，应对其热工等技术性能参数进行复验。复验应采取见证取样送检的方式，即在监理工程师或建设单位代表见证下，按照有关规定从施工现场随机抽取试样，送至有见证检测资质的检测机构进行检测，并应形成相应的复验报告。

10.2.3 为保证通风与空调节能工程中送、排风系统及空调风系统、空调水系统具有节能效果，首先要求工程设计人员将其设计成具有节能功能的系统；其次要求在各系统中要选用节能设备和设置一些必要的自控阀门与仪表，并安装齐全到位。这些要求，必然会增加工程的初投资。因此，有的工程为了降低工程造价，根本不考虑日后的节能运行和减少运行费用等问题，在产品采购或施工过程中擅自改变了系统的制式并去掉一些节能设备和自控阀门与仪表，或将节能设备及自控阀门更换为不节能的设备及手动阀门，导致了系统无法实现节能运行，能耗及运行费用大大增加。为避免上述现象的发生，保证以上各系统的节能效果，本条做出了通风与空调节能工程中送、排风系统及空调风系统、空调水系统的安装制式应符合设计要求的强制性规定，且各种节能设备、自控阀门与仪表应全部安装到位，不得随意增加、减少和更换。

水力平衡装置，其作用是可以通过对系统水力分布的调整与设定，保持系统的水力平衡，保证获得预期的空调效果。为使其发挥正常的功能，本条文要求其安装位置、方向应正确，并便于调试操作。

空调系统安装完毕后应能实现分室（区）进行温度调控，一方面是为了通过对各空调场所室温的调节达到舒适度要求；另一方面是为了通过调节室温而达到节能的目的。对有分栋、分室（区）冷、热计量要求的建筑物，要求其空调系统安装完毕后，能够通过冷（热）量计量装置实现冷、热计量，是节约能源的重要手段，按照用冷、热量的多少来计收空调费用，既公平合理，更有利于提高用户的节能意识。

10.2.4 制定本条的目的是为了保证通风与空调系统所用风管的质量以及风管系统安装的严密，减少因漏风和热桥作用等带来的能量损失，保证系统安全可靠地运行。

工程实践表明，许多通风与空调工程中的风管并没有严格按照设计和有关国家现行标准的要求去制作和安装，造成了风管品质差、断面积小、厚度薄等不良现象，且安装不严密、缺少防热桥措施，对系统安全可靠地运行和节能产生了不利的影响。

防热桥措施一般是在需要绝热的风管与金属支、吊架之间设置绝热衬垫（承压强度能满足管道重量的不燃、难燃硬质绝热材料或经防腐处理的木衬垫），其厚度不应小于绝热层厚度，宽度应大于支、吊架支承面的宽度。衬垫的表面应平整，衬垫与绝热材料间应填实无空隙；复合风管及需要绝热的非金属风管的连接和内部支撑加固处的热桥，通过外部敷设的符合设计要求的绝热层就可防止产生。

10.2.5 本条文对组合式空调机组、柜式空调机组、新风机组、单元式空调机组安装的验收质量作出了规定。

1 组合式空调机组、柜式空调机组、单元式空调机组是空调系统中的重要末端设备，其规格、台数是否符合设计要求，将直接影响其能耗大小和空调场所的空调效果。事实表明，许多工程在安装过程中擅自更改了空调末端设备的台数,其后果是或因设备台数增多造成设备超重而给建筑物安全带来了隐患及能耗增大,或因设备台数减少及规格与设计不符等而造成了空调效果不佳。因此,本条文对此进行了强调。

2 本条文对各种空调机组的安装位置和方向的正确性提出了要求,并要求机组与风管、送风静压箱、回风箱的连接应严密可靠,其目的是为了减少管道交叉、方便施工、减少漏风量,进而保证工程质量、满足使用要求、降低能耗。

3 一般大型空调机组由于体积大,不便于整体运输,常采用散装或组装功能段运至现场进行整体拼装的施工方法。由于加工质量和组装水平的不同,组装后机组的密封性能存在较大的差异,严重的漏风量不仅影响系统的使用功能,而且会增加能耗;同时,空调机组的漏风量测试也是工程设备验收的必要步骤之一。因此,现场组装的机组在安装完毕后,应进行漏风量的测试。

4 空气热交换器翅片在运输与安装过程中被损坏和沾染污物,会增加空气阻力,影响热交换效率,增加系统的能耗。本条文还对粗、中效空气过滤器的阻力参数做出要求,主要目的是对空气过滤器的初阻力有所控制,以保证节能要求。

10.2.6 风机盘管机组是建筑物中最常用的空调末端设备之一,其规格、台数及安装位置和高度是否符合设计要求,将直接影响其能耗和空调场所的空调效果。事实表明,许多工程在安装过程中擅自改变风机盘管的设计台数和安装位置、高度及方向,其后果是所采用的风机盘管机组的耗电功率、风量、风压、冷量、热量等技术性能参数与设计不匹配,能耗增大,房间气流组织不合理,空调效果差,且安装维修不方便。因此,本条文对此进行了强调。

风机盘管机组与风管、回风箱或风口的连接,在工程施工中常存在不到位、空缝或通过吊顶间接连接风口等不良现象,使直接送入房间的风量减少、风压降低、能耗增大、空气品质下降,最终影响了空调效果,故本条文对此进行了强调。

10.2.7 工程实践表明,空调机组或风机出风口与风管系统不合理的连接,可能会造成风系统阻力的增大,进而引起风机性能急剧地变坏;风机与风管连接时使空气在进出风机时尽可能均匀一致,且不要有方向或速度的突然变化,则可大大减小风系统的阻力,进而减小风机的全压和耗电功率。因此,本条文作出了风机的安装位置及出口方向应正确的规定。

10.2.8 本条文强调双向换气装置和排风热回收装置的规格、数量应符合设计要求,是为了保证对系统排风的热回收效率(全热和显热)不低于60%。条文要求其安装和进、排风口位置及接管等应正确,是为了防止功能失效和污浊的排风对系统的新风引起污染。

10.2.9 在空调系统中设置自控阀门和仪表,是实现系统节能运行的必要条件。当空调场所的空调负荷发生变化时,电动两通调节阀和电动两通阀,可以根据已设定的温度通过调节流经空调机组的水流量,使空调冷热水系统实现变流量的节能运行;水力平衡装置,可以通过对系统水力分布的调整与设定,保持系统的水力平衡,保证获得预期的空调效果;冷(热)量计量装置,是实现量化管理、节约能源的重要手段,按照用冷、热量的多少来计收空调费用,既公平合理,更有利于提高用户的节能意识。

工程实践表明,许多工程为了降低造价,不考虑日后的节能运行和减少运行费用等问题,未经设计人员同意,就擅自去掉一些自控阀门与仪表,或将自控阀门更换为不具备主动节能功能的手动阀门,或将平衡阀、热计量装置去掉;有的工程虽然安装了自控阀门与仪表,但是其进、出口方向和安装位置却不符合产品及设计要求。这些不良做法,导致了空调系统无法进行节能运行和水力平衡及冷(热)量计量,能耗及运行费用大大增加。为避免上述现象的发生,本条文对此进行了强调。

10.2.10、10.2.11 本条文对空调风、水系统管道及其部、配件绝热层和防潮层施工的基本质量要求作出了规定。绝热节能效果的好坏除了与绝热材料的材质、密度、导热系数、热阻等有着密切的关系外,还与绝热层的厚度有直接的关系。绝热层的厚度越大,热阻就越大,管道的冷(热)损失也就越小,绝热节能效果就好。工程实践表明,许多空调工程因绝热层的厚度等不符合设计要求,而降低了绝热材料的热阻,导致绝热失败,浪费了大量的能源;另外,从防火的角度出发,绝热材料应尽量采用不燃的材料。但是,从我国目前生产绝热材料品种的构成,以及绝热材料的使用效果、性能等诸多条件来对比,难燃材料还有其相对的长处,在工程中还占有一定的比例。无论是国内还是国外,都发生过空调工程中的绝热材料,因防火性能不符合设计要求被引燃后而造成恶果的案例。因此,本条文明确规定,风管和空调水系统管道的绝热应采用不燃或难燃材料,其材质、密度、导热系数、规格与厚度等应符合设计要求。

空调风管和冷热水管穿楼板和穿墙处的绝热层应连续不间断,均是为了保证绝热效果,以防止产生凝结水并导致能量损失;绝热层与穿楼板和穿墙处的套管之间应用不燃材料填实不得有空隙,套管两端应进行密封封堵,是出于防火和防水的考虑;空调风管系统部件的绝热不得影响其操作功能,以及空调水管道的阀门、过滤器及法兰部位的绝热结构应能单独拆卸且不得影响其操作功能,均是为了方便维修保养和运行管理。

10.2.12 在空调水系统冷热水管道与支、吊架之间应设置绝热衬垫(承压强度能满足管道重量的不燃、难燃硬质绝热材料或经防腐处理的木衬垫），是防止产生冷桥作用而造成能量损失的重要措施。工程实践表明，许多空调工程的冷热水管道与支、吊架之间由于没有设置绝热衬垫，管道与支、吊架直接接触而形成了冷桥，导致了能量损失并且产生了凝结水。因此，本条对空调水系统的冷热水管道与支、吊架之间应设置绝热衬垫进行了强调，并对其设置要求和检查方法也作了说明。

10.2.13 通风与空调系统中与节能有关的隐蔽部位位置特殊，一旦出现质量问题后不易发现和修复。因此，本条文规定应随施工进度对其及时进行验收。通常主要隐蔽部位检查内容有：地沟和吊顶内部的管道、配件安装及绝热、绝热层附着的基层及其表面处理、绝热材料粘结或固定、绝热板材的板缝及构造节点、热桥部位处理等。

10.2.14 强制性条文。通风与空调节能工程安装完工后，为了达到系统正常运行和节能的预期目标，规定必须进行通风机和空调机组等设备的单机试运转和调试及系统的风量平衡调试。试运转和调试结果应符合设计要求；通风与空调系统的总风量与设计风量的允许偏差不应大于10%，各风口的风量与设计风量的允许偏差不应大于15%。

10.3 一般项目

10.3.1 本条文对空气风幕机的安装验收作出了规定。

空气风幕机的作用是通过其出风口送出具有一定风速的气流并形成一道风幕屏障，来阻挡由于室内外温差而引起的室内外冷（热）量交换，以此达到节能的目的。带有电热装置或能通过热媒加热送出热风的空气风幕机，被称作热空气幕。公共建筑中的空气风幕机，一般应安装在经常开启且不设门斗及前室外门的上方，并且宜采用由上向下的送风方式，出口风速应通过计算确定，一般不宜大于6m/s。空气风幕机的台数，应保证其总长度略大于或等于外门的宽度。

实际工程中，经常发现安装的空气风幕机其规格和数量不符合设计要求，安装位置和方向也不正确。如：有的设计选型是热空气幕，但安装的却是一般的自然风空气风幕机；有的安装在内门的上方，起不到应有的作用；有的采用暗装，但却未设置回风口，无法保证出口风速；有的总长度小于外门的宽度，难以阻挡屏障全部的室内外冷（热）量交换，节能效果不明显。为避免上述等不良现象的发生，本条文对此进行了强调。

10.3.2 本条文对变风量末端装置的安装验收作出了规定。

变风量末端装置是变风量空调系统的重要部件，其规格和技术性能参数是否符合设计要求、动作是否可靠，将直接关系到变风量空调系统能否正常运行和节能效果的好坏，最终影响空调效果，故条文对此进行了强调。

11 空调与采暖系统冷热源及管网节能工程

11.1 一般规定

11.1.1 本条文规定了本章适用的范围。

11.1.2 本条给出了采暖与空调系统冷热源、辅助设备及其管道和管网系统节能工程验收的划分原则和方法。

空调的冷源系统，包括冷源设备及其辅助设备（含冷却塔、水泵等）和管道；空调与采暖的热源系统，包括热源设备及其辅助设备和管道。

不同的冷源或热源系统，应分别进行验收；室外管网应单独验收，不同的系统应分别进行。

11.2 主控项目

11.2.1 本条是对空调与采暖系统冷热源设备及其辅助设备、阀门、仪表、绝热材料等产品进场验收与核查的规定，其中，对进场验收的具体解析可参见本规范第10.2.1条的有关条文说明。

空调与采暖系统在建筑物中是能耗大户，而其冷热源和辅助设备又是空调与采暖系统中的主要设备，其能耗量占整个空调与采暖系统总能耗量的大部分，其选型是否合理，热工等技术性能参数是否符合设计要求，将直接影响空调与采暖系统的总能耗及使用效果。事实表明，许多工程基于降低空调与采暖系统冷热源及其辅助设备的初投资，在采购过程中，擅自改变了有关设备的类型和规格，使其制冷量、制热量、额定热效率、流量、扬程、输入功率等性能系数不符合设计要求，结果造成空调与采暖系统能耗过大、安全可靠性差、不能满足使用要求等不良后果。因此，为保证空调与采暖系统冷热源及管网节能工程的质量，本条文作出了在空调与采暖系统的冷热源及其辅助设备进场时，应对其热工等技术性能进行核查，并应形成相应的核查记录的规定。对有关设备等的核查，应根据设计要求对其技术资料和相关性能检测报告等所表示的热工等技术性能参数进行一一核对。

锅炉的额定热效率、电机驱动压缩机的蒸气压缩循环冷水（热泵）机组的性能系数和综合部分负荷性能系数、单元式空气调节机及风管送风式和屋顶式空气调节机组的能效比、蒸汽和热水型溴化锂吸收式机组及直燃型溴化锂吸收式冷（温）水机组的性能参数，是反映上述设备节能效果的一个重要参数，其数值越大，节能效果就越好；反之亦然。因此，在上述设备进场时，应核查它们的有关性能参数是否符合设计要求并满足国家现行有关标准的规定，进而促进高效、节能产品的市场，淘汰低效、落后产品的使用。表

3~表7摘录了国家现行有关标准对空调与采暖系统冷热源设备有关性能参数的规定值,供采购和验收设备时参考。

表3　锅炉的最低设计效率(%)

锅炉类型、燃料种类及发热值	在下列锅炉容量(MW)下的设计效率(%)					
	0.7	1.4	2.8	4.2	7.0	14.0	>28.0
燃煤 Ⅱ类烟煤	—	—	73	74	78	79	80
燃煤 Ⅲ类烟煤	—	—	74	76	78	80	82
燃油、燃气	86	87	87	88	89	90	90

表4　冷水(热泵)机组制冷性能系数(COP)

类　型		额定制冷量(kW)	性能系数(W/W)
水冷	活塞式/涡旋式	<528	≥3.8
		528～1163	≥4.0
		>1163	≥4.2
	螺杆式	<528	≥4.10
		528～1163	≥4.30
		>1163	≥4.60
	离心式	<528	≥4.40
		528～1163	≥4.70
		>1163	≥5.10
风冷或蒸发冷却	活塞式/涡旋式	≤50	≥2.40
		>50	≥2.60
	螺杆式	≤50	≥2.60
		>50	≥2.80

表5　冷水(热泵)机组综合部分负荷性能系数(IPLV)

类　型		额定制冷量(kW)	综合部分负荷性能系数(W/W)
水冷	螺杆式	<528	≥4.47
		528～1163	≥4.81
		>1163	≥5.13
	离心式	<528	≥4.49
		528～1163	≥4.88
		>1163	≥5.42

注：IPLV值是基于单台主机运行工况。

表6　单元式机组能效比(EER)

类　型		能效比(W/W)
风冷式	不接风管	≥2.60
	接风管	≥2.30
水冷式	不接风管	≥3.00
	接风管	≥2.70

表7　溴化锂吸收式机组性能参数

机型	名义工况			性能参数	
	冷(温)水进/出口温度(℃)	冷却水进/出口温度(℃)	蒸汽压力(MPa)	单位制冷量蒸汽耗量[kg/(kW·h)]	性能系数(W/W)
					制冷 / 供热
蒸汽双效	18/13	30/35	0.25	≤1.40	
			0.4		
	12/7		0.6	≤1.31	
			0.8	≤1.28	
直燃	供冷 12/7	30/35		≥1.10	
	供热出口 60				≥0.90

注：直燃机的性能系数为：制冷量(供热量)/[加热源消耗量(以低位热值计)+电力消耗量(折算成一次能)]。

循环水泵是集中热水采暖系统和空调冷(热)水系统循环的动力,其耗电输热比(EHR)和输送能效比(ER),分别反映了集中热水采暖系统和空调冷(热)水系统的输送效率,其数值越小,输送效率越高,系统的能耗就越低;反之亦然。在实际工程中,往往把循环水泵的扬程选得过高,导致其耗电输热比和输送能效比过高,使系统因输送效率低下而不节能。因此,在循环水泵进场时,应核查其耗电输热比和输送能效比,是否符合设计要求并满足国家现行有关标准的规定值,以便把这部分经常性的能耗控制在一个合理的范围内,进而达到节能的目的。表8、表9摘录了国家现行有关节能标准中对集中采暖系统热水循环水泵的耗电输热比(EHR)和空调冷热水系统的输送能效比(ER)的计算公式与限值,供采购和验收水泵时参考。

表8　EHR计算公式和计算系数及电机传动效率

热负荷 Q (kW)		<2000	≥2000
电机和传动部分的效率 η	直联方式	0.88	0.9
	联轴器连接方式	0.87	0.89
计算系数 A		0.00556	0.005

注：$EHR=N/Q\eta$,并应满足 $EHR \leq A(20.4+\alpha\Sigma L)/\Delta t$。式中 N 为水泵在设计工况的轴功率(kW);Q 为建筑供热负荷(kW);η 为电机和传动部分的效率(%),按表8选取;A 为与热负荷有关的计算系数,按表8选取;Δt 为设计供回水温度差(℃),按照设计要求选取;ΣL 为室外主干线(包括供回水管)总长度(m);α 为与 ΣL 有关的计算系数,按如下选取或计算：当 $\Sigma L \leq 400m$ 时,$\alpha=0.0115$;当 $400<\Sigma L<1000m$ 时,$\alpha=0.003833+3.067/\Sigma L$;当 $\Sigma L \geq 1000m$ 时,$\alpha=0.0069$。

表9 空调冷热水系统的最大输送能效比（ER）

管道类型	两管制热水管道			四管制热水管道	空调冷水管道
	严寒地区	寒冷地区/夏热冬冷地区	夏热冬冷地区		
ER	0.00577	0.00433	0.00865	0.00673	0.0241

注：1 $ER=0.002342H/(\Delta T \cdot \eta)$。式中 H 为水泵设计扬程（m）；ΔT 为供回水温差；η 为水泵在设计工作点的效率（％）。
   2 两管制热水管道系统中的输送能效比值，不适用于采用直燃式冷水机组和热泵冷热水机组作为热源的空调热水系统。

11.2.2 绝热材料的导热系数、材料密度、吸水率等技术性能参数，是空调与采暖系统冷热源及管网节能工程的主要参数，它是否符合设计要求，将直接影响到空调与采暖系统冷热源及管网的绝热节能效果。因此，本条文规定在绝热管道和绝热材料进场时，应对绝热材料的上述技术性能参数进行复验。复验应采取见证取样检测的方式，即在监理工程师或建设单位代表见证下，按照有关规定从施工现场随机抽取试样，送至有见证检测资质的检测机构进行检测，并应形成相应的复验报告。

11.2.3 强制性条文。为保证空调与采暖系统具有良好的节能效果，首先要求将冷热源机房、换热站内的管道系统设计成具有节能功能的系统制式；其次要求所选用的省电节能型冷、热源设备及其辅助设备，均要安装齐全、到位；另外在各系统中要设置一些必要的自控阀门和仪表，是系统实现自动化、节能运行的必要条件。上述要求增加工程的初投资是必然的，但是，有的工程为了降低工程造价，却忽略了日后的节能运行和减少运行费用等重要问题，未经设计单位同意，就擅自改变系统的制式并去掉一些节能设备和自控阀门与仪表，或将节能设备及自控阀门更换为不节能的设备及手动阀门，导致了系统无法实现节能运行，能耗及运行费用大大增加。为避免上述现象的发生，保证以上各系统的节能效果，本条作出了空调与采暖管道系统的制式及其安装应符合设计要求、各种设备和自控阀门与仪表应安装齐全且不得随意增减和更换的强制性规定。

本条文规定的空调冷（热）水系统应能实现设计要求的变流量或定流量运行，以及热水采暖系统应能实现根据热负荷及室外温度的变化实现设计要求的集中质调节、量调节或质-量调节相结合的运行，是空调与采暖系统最终达到节能目的有效运行方式。为此，本条文作出了强制性的规定，要求安装完毕的空调与供热工程，应能实现工程设计的节能运行方式。

11.2.4 空调与采暖系统冷热源、辅助设备及其管道和管网系统中与节能有关的隐蔽部位位置特殊，一旦出现质量问题后不易发现和修复。因此，本条文规定应随施工进度对其及时进行验收。通常主要的隐蔽部位检查内容有：地沟和吊顶内部的管道安装及绝热、绝热层附着的基层及其表面处理、绝热材料粘结或固定、绝热板材的板缝及构造节点、热桥部位处理等。

11.2.5 强制性条文。在冷热源及空调系统中设置自控阀门和仪表，是实现系统节能运行等的必要条件。当空调场所的空调负荷发生变化时，电动两通调节阀和电动两通阀，可以根据已设定的温度通过调节流经空调机组的水流量，使空调冷热水系统实现变流量的节能运行；水力平衡装置，可以通过对系统水力分布的调整与设定，保持系统的水力平衡，保证获得预期的空调和供热效果；冷（热）量计量装置，是实现量化管理、节约能源的重要手段，按照用冷、热量的多少来计收空调和采暖费用，既公平合理，更有利于提高用户的节能意识。

工程实践表明，许多工程为了降低造价，不考虑日后的节能运行和减少运行费用等问题，未经设计人员同意，就擅自去掉一些自控阀门与仪表，或将自控阀门更换为不具备主动节能功能的手动阀门，或将平衡阀、热计量装置去掉；有的工程虽然安装了自控阀门与仪表，但是其进、出口方向和安装位置却不符合产品及设计要求。这些不良做法，导致了空调与采暖系统无法进行节能运行和水力平衡及冷（热）量计量，能耗及运行费用大大增加。为避免上述现象的发生，本条文对此进行了强调。

11.2.6、11.2.7 空调与采暖系统在建筑物中是能耗大户，而锅炉、热交换器、电机驱动压缩机的蒸气压缩循环冷水（热泵）机组、蒸汽或热水型溴化锂吸收式冷水机组及直燃型溴化锂吸收式冷（温）水机组、冷却塔、冷热水循环水泵等设备又是空调与采暖系统中的主要设备，因其能耗量占整个空调与采暖系统总能耗量的大部分，其规格、数量是否符合设计要求，安装位置及管道连接是否合理、正确，将直接影响空调与采暖系统的总能耗及空调场所的空调效果。工程实践表明，许多工程在安装过程中，未经设计人员同意，擅自改变了有关设备的规格、台数及安装位置，有的甚至将管道接错。其后果是或因设备台数增加而增大了设备的能耗，给设备的安装带来了不便，也给建筑物的安全带来了隐患；或因设备台数减少而降低了系统运行的可靠性，满足不了工程使用要求；或因安装位置及管道连接不符合设计要求，加大了系统阻力，影响了设备的运行效率，增大了系统的能耗。因此，本条文对此进行了强调。

11.2.8 本条文的说明参见本规范第10.2.11条的条文解释。

11.2.9 保冷管道的绝热层外的隔汽层（防潮层）是防止结露、保证绝热效果的有效手段，保护层是用来保护隔汽层的（具有隔汽性的闭孔绝热材料，可认为是隔汽层和保护层）。输送介质温度低于周围空气露点温度的管道，当采用非闭孔绝热材料作绝热层而不设防潮层（隔汽层）和保护层或者虽然设了但不完整、有缝隙时，空气中的水蒸气就极易被暴露的非闭孔绝热材料吸收或从缝隙中流入绝热层而产生凝结水，使绝热材料的导热系数急剧增大，不但起不到绝热的作用，反而使绝热性能降低、冷量损失加大。因此，本条文要求非闭孔性绝热材料的隔汽层（防潮层）和保护层必须完整，且封闭良好。

11.2.10 本条文的说明参见本规范第10.2.12条的条文解释。

11.2.11 强制性条文。空调与采暖系统的冷、热源和辅助设备及其管道和室外管网系统安装完毕后，为了达到系统正常运行和节能的预期目标，规定必须进行空调与采暖系统冷、热源和辅助设备的单机试运转及调试和各系统的联合试运转及调试。单机试运转及调试，是进行系统联合试运转及调试的先决条件，是一个较容易执行的项目。系统的联合试运转及调试，是指系统在有冷热负荷和冷热源的实际工况下的试运行和调试。联合试运转及调试结果应满足本规范表11.2.11中的相关要求。当建筑物室内空调与采暖系统工程竣工不在空调制冷期或采暖期时，联合试运转及调试只能进行表11.2.11中序号为2、3、5、6的四项内容。因此，施工单位和建设单位应在工程（保修）合同中进行约定，在具备冷热源条件后的第一个空调期或采暖期间再进行联合试运转及调试，并补做本规范表11.2.11中序号为1、4的两项内容。补做的联合试运转及调试报告应经监理工程师（建设单位代表）签字确认后，以补充完善验收资料。

各系统的联合试运转受到工程竣工时间、冷热源条件、室内外环境、建筑结构特性、系统设置、设备质量、运行状态、工程质量、调试人员技术水平和调试仪器等诸多条件的影响和制约，是一项技术性较强、很难不折不扣地执行的工作；但是，它又是非常重要、必须完成好的工程施工任务。因此，本条对此进行了强制性规定。对空调与采暖系统冷热源和辅助设备的单机试运转及调试和系统的联合试运转及调试的具体要求，可详见《通风与空调工程施工质量验收规范》GB 50243的有关规定。

11.3 一般项目

11.3.1 本条文对空调与采暖系统的冷、热源设备及其辅助设备、配件绝热施工的基本质量要求作出了规定。

12 配电与照明节能工程

12.1 一般规定

12.1.1 本条文规定了本章适用的范围。

12.1.2 本条给出了配电与照明节能工程验收检验批的划分原则和方法。

12.1.3 本条给出了配电与照明节能工程验收的依据。

12.2 主控项目

12.2.1 照明耗电在各个国家的总发电量中占有很大的比例。目前，我国照明耗电大体占全国总发电量的10%～12%，2001年我国总发电量为14332.5亿度（kWh），年照明耗电达1433.25～1719.9亿度。为此，照明节电，具有重要意义。1998年1月1日我国颁布了《节约能源法》，其中包括照明节电。选择高效的照明光源、灯具及其附属装置直接关系到建筑照明系统的节能效果。如室内灯具效率的检测方法依据《室内灯具光度测试》GB/T 9467进行，道路灯具、投光灯具的检测方法依据其各自标准GB/T 9468和GB/T 7002进行。各种镇流器的谐波含量检测依据《低压电气及电子设备发出的谐波电流限值（设备每相输入电流≤16A）》GB 17625.1进行，各种镇流器的自身功耗检测依据各自的性能标准进行，如管形荧光灯用交流电子镇流器应依据《管形荧光灯用交流电子镇流器性能要求》GB/T 15144进行，气体放电灯的整体功率因数检测依据国家相关标准进行。生产厂家应提供以上数据的性能检测报告。

12.2.2 工程中使用伪劣电线电缆会造成发热，造成极大的安全隐患，同时增加线路损耗。为加强对建筑电气中使用的电线和电缆的质量控制，工程中使用的电线和电缆进场时均应进行抽样送检。相同材料、截面导体和相同芯数为同规格，如VV3*185与YJV3*185为同规格，BV6.0与BVV6.0为同规格。

12.2.3 此项检测主要是对建筑的低压配电电源质量情况，当建筑内使用了变频器、计算机等用电设备时，可能会造成电源质量下降，谐波含量增加，谐波电流危害较大，当其通过变压器时，会明显增加铁心损耗，使变压器过热；当其通过电机，令电机铁心损耗增加，转子产生振动，影响工作质量；谐波电流还增加线路能耗与压损，尤其增加零线上电流，并对电子设备的正常工作和安全产生危害。

12.2.4 应重点对公共建筑和建筑的公共部分的照明进行检查。考虑到住宅项目（部分）中住户的个性使用情况偏差较大，一般不建议对住宅内的测试结果作为判断的依据。

12.3 一般项目

12.3.1 加强对母线压接头的质量控制，避免由于压接头的加工质量问题而产生局部接触电阻增加，从

而造成发热,增加损耗。母线搭接螺栓的拧紧力矩如下:

序号	螺栓规格	力矩值(N·m)
1	M8	8.8～10.8
2	M10	17.7～22.6
3	M12	31.4～39.2
4	M14	51.0～60.8
5	M16	78.5～98.1
6	M18	98.0～127.4
7	M20	156.9～196.2
8	M24	274.6～343.2

12.3.2 交流单相或三相单芯电缆如果并排敷设或用铁制卡箍固定会形成铁磁回路,造成电缆发热,增加损耗并形成安全隐患。

12.3.3 电源各相负载不均衡会影响照明器具的发光效率和使用寿命,造成电能损耗和资源浪费。检查方法中的试运行不是带载运行,应该是在所有照明灯具全部投入的情况下用功率表测量。

13 监测与控制节能工程

13.1 一般规定

13.1.1 说明本章的适用范围。

13.1.2 建筑节能工程监测与控制系统的施工验收应以智能建筑的建筑设备监控系统为基础进行施工验收。

13.1.3 建筑节能工程涉及很多内容,因建筑类别、自然条件不同,节能重点也应有所差别。在各类建筑能耗中,采暖、通风与空气调节,供配电及照明系统是主要的建筑耗能大户;建筑节能工程应按不同设备、不同耗能用户设置检测计量系统,便于实施对建筑能耗的计量管理,故列为检测验收的重点内容。建筑能源管理系统(BEMS, building energy management system)是指用于建筑能源管理的管理策略和软件系统。建筑冷热电联供系统(BCHP, building cooling heating & power)是为建筑物提供电、冷、热的现场能源系统。

13.1.4 监测与控制系统的施工图设计、控制流程和软件通常由施工单位完成,是保证施工质量的重要环节,本条规定应对原设计单位的施工图进行复核,并在此基础上进行深化设计和必要的设计变更。对建筑节能工程监测与控制系统设计施工图进行复核时,具体项目及要求可参考表10。

表10 建筑节能工程监测与控制系统功能综合表

类型	序号	系统名称	检测与控制功能	备注
通风与空气调节控制系统	1	空气处理系统控制	空调箱启停控制状态显示 送回风温度检测 焓值控制 过渡季节新风温度控制 最小新风量控制 过滤器报警 送风压力检测 风机故障报警 冷(热)水流量调节 加湿器控制 风门控制 风机变频调速 二氧化碳浓度、室内温湿度检测 与消防自动报警系统联动	
	2	变风量空调系统控制	总风量调节 变静压控制 定静压控制 加热系统控制 智能化变风量末端装置控制 送风温湿度控制 新风量控制	
	3	通风系统控制	风机启停控制状态显示 风机故障报警 通风设备温度控制 风机排风排烟联动 地下车库二氧化碳浓度控制 根据室内外温差中空玻璃幕墙通风控制	
	4	风机盘管系统控制	室内温度检测 冷热水量开关控制 风机启停和状态显示 风机变频调速控制	
冷热源、空调水的监测控制	1	压缩式冷机组控制	运行状态监视 启停程序控制与连锁 台数控制(机组群控) 机组疲劳度均衡控制	能耗计量
	2	变制冷剂流量空调系统控制		能耗计量
	3	吸收式制冷系统/冰蓄冷系统控制	运行状态监视 启停控制 制冰/融冰控制	冰库蓄冰量检测、能耗累计
	4	锅炉系统控制	台数控制 燃烧负荷控制 换热器一次侧供回水温度监视 换热器一次侧供回水流量控制 换热器二次侧供回水温度监视 换热器二次侧供回水流量控制 换热器二次侧变频泵控制 换热器二次侧供回水压力监视 换热器二次侧供回水压差旁通控制 换热站其他控制	能耗计量

续表 10

类型	序号	系统名称	检测与控制功能	备注
冷热源、空调水的监测控制	5	冷冻水系统控制	供回水温差控制 供回水流量控制 冷冻水循环泵启停控制和状态显示（二次冷冻水循环泵变频调速） 冷冻水循环泵过载报警 供回水压力监视 供回水压差旁通控制	冷源负荷监视,能耗计量
	6	冷却水系统控制	冷却水进出口温度检测 冷却水泵启停控制和状态显示 冷却水泵变频调速 冷却水循环泵过载报警 冷却塔风机启停控制和状态显示 冷却塔风机变频调速 冷却塔风机故障报警 冷却塔排污控制	能耗计量
供配电系统监测	1	供配电系统监测	功率因数控制 电压、电流、功率、频率、谐波、功率因数检测 中/低压开关状态显示 变压器温度检测与报警	用电量计量
照明系统控制	1	照明系统控制	磁卡、传感器、照明的开关控制 根据亮度的照明控制 办公区照度控制 时间表控制 自然采光控制 公共照明区开关控制 局部照明控制 照明的全系统优化控制 室内场景设定控制 室外景观照明场景设定控制 路灯时间表及亮度开关控制	照明系统用电量计量
综合控制系统	1	综合控制系统	建筑能源系统的协调控制 采暖、空调与通风系统的优化监控	
建筑能源管理系统的能耗数据采集与分析		建筑能源管理系统的能耗数据采集与分析	管理软件功能检测	

建筑节能工程的设计是工程质量的关键，也是检测验收目标设定的依据，故作此说明。

1 建筑节能工程设计审核要点：
1) 合理利用太阳能、风能等可再生能源。
2) 根据总能量系统原理，按能源的品位合理利用能源。
3) 选用高效、节能、环保的先进技术和设备。

4) 合理配置建筑物的耗能设施。
5) 用智能化系统实现建筑节能工程的优化监控，保证建筑节能系统在优化运行中节省能源。
6) 建立完善的建筑能源（资源）计量系统，加强建筑物的能源管理和设备维护，在保证建筑物功能和性能的前提下，通过计量和管理节约能耗。
7) 综合考虑建筑节能工程的经济效益和环保效益，优化节能工程设计。

2 审核内容包括：
1) 与建筑节能相关的设计文件、技术文件、设计图纸和变更文件。
2) 节能设计及施工所执行标准和规范要求。
3) 节能设计目标和节能方案。
4) 节能控制策略和节能工艺。
5) 节能工艺要求的系统技术参数指标及设计计算文件。
6) 节能控制流程设计和设备选型及配置。

13.1.5 监测与控制系统的检测验收是按监测与控制回路进行的。本条要求施工单位按监测与控制回路制定控制流程图和相应的节能工程施工验收大纲，提交监理工程师批准，在检测验收过程中按施工验收大纲实施。

13.1.6 根据13.1.2条的规定，监测与控制系统的验收流程应与《智能建筑工程质量验收规范》GB 50339一致，以免造成重复和混乱。

13.1.7 工程实施过程检查将直接采用智能建筑子分部工程中"建筑设备监控系统"的检测结果。

13.1.8 本条列出了与建筑节能关系密切的系统检测项目。

13.1.9 因为空调、采暖为季节性运行设备，有时在工程验收阶段无法进行不间断试运行，只能通过模拟检测对其功能和性能进行测试。具体测试应按施工单位提交的施工验收大纲进行。

13.2 主控项目

13.2.1 设备材料的进场检查应执行《智能建筑工程质量验收规范》GB 50339和本规范3.2节的有关规定。

13.2.2 监测与控制系统的现场仪表安装质量对监测与控制系统的功能发挥和系统节能运行影响较大，本条要求对现场仪表的安装质量进行重点检查。

13.2.3 在试运行中，对各监控回路分别进行自动控制投入、自动控制稳定性、监测控制各项功能、系统连锁和各种故障报警试验，调出计算机内的全部试运行历史数据，通过查阅现场试运行记录和对试运行历史数据进行分析，确定监控系统是否符合设计要求。

13.2.4 验收时，冷热源、空调水系统因季节原因无法进行不间断试运行时，按此条规定执行。黑盒法是一种系统检测方法，这种测试方法不涉及内部过程，只要求规定的输入得到预定的输出。

13.2.5 验收时，通风与空调系统因季节原因无法进行不间断试运行时，按此条规定执行。

13.2.6 本条主要适用于与监测与控制系统联网的监测与计量仪表的检测。

13.2.7 当供配电的监测与控制系统联网时，应满足本条所提出的功能要求。

13.2.8 照明控制是建筑节能的主要环节，照明控制应满足本条所规定的各项功能要求。

13.2.9 综合控制系统的功能包括建筑能源系统的协调控制，及采暖、通风与空调系统的优化监控。

   1 建筑能源系统的协调控制是指将整个建筑物看成一个能源系统，综合考虑建筑物中的所有耗能设备和系统，包括建筑物内的人员，以建筑物中的环境要求为目标，实现所有建筑设备的协调控制，使所有设备和系统在不同的运行工况下尽可能高效运行，实现节能的目标。因涉及建筑物内的多种系统之间的协调动作，故称之为协调控制。

   2 采暖、通风与空调系统的优化监控是根据建筑环境的需求，合理控制系统中的各种设备，使其尽可能运行在设备的高效率区内，实现节能运行。如时间表控制、一次泵变流量控制等控制策略。

   3 人为输入的数据可以是通过仿真模拟系统产生的数据，也可以是同类在运行建筑的历史数据。模拟测试应由施工单位或系统供货厂商提出方案并执行测试。

13.2.10 监测与控制系统应设置建筑能源管理系统，以保证建筑设备通过优化运行、维护、管理实现节能。建筑能源管理系按时间（月或年），根据检测、计量和计算的数据，作出统计分析，绘制成图表；或按建筑物内各分区或用户，或按建筑节能工程的不同系统，绘制能流图；用于指导管理者实现建筑的节能运行。

13.3 一般项目

13.3.1 本条所列系统性能检测是实现节能的重要保证。这部分检测内容一般已在建筑设备监控系统的验收中完成，进行建筑节能工程检测验收时，以复核已有的检测结果为主，故列为一般项目。

14 建筑节能工程现场检验

14.1 围护结构现场实体检验

14.1.1 对已完工的工程进行实体检验，是验证工程质量的有效手段之一。通常只有对涉及安全或重要功能的部位采取这种方法验证。围护结构对于建筑节能意义重大，虽然在施工过程中采取了多种质量控制手段，但是其节能效果到底如何仍难确认。曾拟议对墙体等进行传热系数检测，但是受到检测条件、检测费用和检测周期的制约，不宜广泛推广。经过多次征求意见，并在部分工程上试验，决定对围护结构的外墙和建筑外窗进行现场实体检验。据此本条规定了建筑围护结构现场实体检验项目为外墙节能构造和部分地区的外窗气密性。但是当部分工程具备条件时，也可对围护结构直接进行传热系数的检测。此时的检测方法、抽样数量等应在合同中约定或遵守另外的规定。

14.1.2 规定了外墙节能构造现场实体检验目的和方法。规定其检验目的的作用是要求检验报告应该给出相应的检验结果。

   1 验证保温材料的种类是否符合设计要求；
   2 验证保温层厚度是否符合设计要求；
   3 检查保温层构造做法是否符合设计和施工方案要求。

围护结构的外墙节能构造现场实体检验的方法可采取本规范附录C规定的方法。

14.1.3 外窗气密性的实体检验，是指对已经完成安装的外窗在其使用位置进行的测试。检验方法按照国家现行有关标准执行。检验目的是抽样验证建筑外窗气密性是否符合节能设计要求和国家有关标准的规定。这项检验实际上是在进场验收合格的基础上，检验外窗的安装（含组装）质量，能够有效防止"送检窗合格、工程用窗不合格"的"挂羊头、卖狗肉"不法行为。当外窗气密性出现不合格时，应当分析原因，进行返工修理，直至达到合格水平。

14.1.4 本条规定了现场实体检验的抽样数量。给出了两种确定抽样数量的方法：一种是可以在合同中约定，另一种是本规范规定的最低数量。最低数量是一个单位工程每项实体检验最少抽查3个试件（3个点、3樘窗等）。实际上，这样少的抽样数量不足以进行质量评定或工程验收，因此这种实体检验只是一种验证。它建立在过程控制的基础上，以极少的抽样来对工程质量进行验证。这对造假者能够构成威慑，对合格质量则并无影响。由于抽样少，经济负担也相对较轻。

14.1.5 本条规定了承担围护结构现场实体检验任务的实施单位。考虑到围护结构的现场实体检验是采用钻芯法验证其节能保温做法，操作简单，不需要使用试验仪器，为了方便施工，故规定现场实体检验除了可以委托有资质的检测单位来承担外，也可由施工单位自行实施。但是不论由谁实施均须进行见证，以保证检验的公正性。

14.1.6 本条规定了承担外窗现场实体检验任务的实施单位。考虑到外窗气密性检验操作较复杂，需要使用整套试验仪器,故规定应委托有资质的检测单位承担,对"有资质的检测单位"的理解,可参照3.1.5条的条文说明。本项检验应进行见证,以保证检验的公正性。

14.1.7 本条中检测机构的资质要求,可参见本规范3.1.5条的条文说明。

14.1.8 当现场实体检验出现不符合要求的情况时,显示节能工程质量可能存在问题。此时为了得出更为真实可靠的结论,应委托有资质的检测单位再次检验。且为了增加抽样的代表性,规定应扩大一倍数量再次抽样。再次检验只需要对不符合要求的项目或参数检验,不必对已经符合要求的参数再次检验。如果再次检验仍然不符合要求时,则应给出"不符合要求"的结论。

考虑到建筑工程的特点,对于不符合要求的项目难以立即拆除返工,通常的做法是首先查找原因,对所造成的影响程度进行计算或评估,然后采取某些可行的技术措施予以弥补、修理或消除,这些措施有时还需要征得节能设计单位的同意。注意消除隐患后必须重新进行检测,合格后方可通过验收。

14.2 系统节能性能检测

14.2.1～14.2.3 本条给出了采暖、通风与空调及冷热源、配电与照明系统节能性能检测的主要项目及要求,并规定对这些项目节能性能的检测应由建设单位委托具有相应资质的第三方检测单位进行。所有的检测项目可以在工程合同中约定,必要时可增加其他检测项目。另外,表14.2.2中序号为1～8的检测项目,也是本规范第9～11章中强制性条文规定的在室内空调与采暖系统及其冷热源和管网工程竣工验收时所必须进行的试运转及调试内容。为了保证工程的节能效果,对于表14.2.2中所规定的某个检测项目如果在工程竣工验收时可能会因受某种条件的限制(如采暖工程不在采暖期竣工或竣工时热源和室外管网工程还没有安装完毕等)而不能进行时,那么施工单位与建设单位应事先在工程(保修)合同中对该检测项目作出延期补做试运转及调试的约定。

15 建筑节能分部工程质量验收

15.0.1 本条提出了建筑节能分部工程质量验收的条件。这些要求与统一标准完全一致,即共有两个条件:第一,检验批、分项、子分部工程应全部验收合格;第二,应通过外窗气密性现场检测、围护结构墙体节能构造实体检验、系统功能检验和无生产负荷系统联合试运转与调试,确认节能分部工程质量达到可以进行验收的条件。

15.0.2 本条是对建筑节能工程验收程序和组织的具体规定。其验收的程序和组织与《建筑工程施工质量验收统一标准》GB 50300的规定一致,即应由监理方(建设单位项目负责人)主持,会同参与工程建设各方共同进行。

15.0.3 本条是对建筑节能工程检验批验收合格质量条件的基本规定。本条规定与《建筑工程施工质量验收统一标准》GB 50300和各专业工程施工质量验收规范完全一致。应注意对于"一般项目"不能作为可有可无的验收内容,验收时应要求一般项目亦应"全部合格"。当发现不合格情况时,应进行返工修理。只有当难以修复时,对于采用计数检验的验收项目,才允许适当放宽,即至少有90%以上的检查点合格即可通过验收,同时规定其余10%的不合格点不得有"严重缺陷"。对"严重缺陷"可理解为明显影响了使用功能,造成功能上的缺陷或降低。

15.0.5 考虑到建筑节能工程的重要性,建筑节能工程分部工程质量验收,除了应在各相关分项工程验收合格的基础上进行技术资料检查外,增加了对主要节能构造、性能和功能的现场实体检验。在分部工程验收之前进行的这些检查,可以更真实地反映工程的节能性能。具体检查内容在各章均有规定。

15.0.7 本规范给出了建筑节能工程分部、子分部、分项工程和检验批的质量验收记录格式。该格式系参照其他验收规范的规定并结合节能工程的特点制定,具体见本规范附录B。

当节能工程按分项工程直接验收时,附录B中给出的表B.0.2可以省略,不必填写。此时使用表B.0.3即可。

附录C 外墙节能构造钻芯检验方法

C.0.1 给出本方法的适用范围。当对围护结构中墙体之外的部位(如屋面、地面等)进行节能构造检验时,也可以参照本附录规定进行。

C.0.2 给出采用本方法检验外墙节能构造的时间。即应在外墙施工完工后、节能分部工程验收前进行。

C.0.3 给出钻芯检验外墙节能构造的取样部位和数量规定。实施时应事先制定方案,在确定取样部位后在图纸上加以标柱。

C.0.5 给出钻芯检验外墙节能构造的方法。规范建议钻取直径70mm的芯样,是综合考虑了多种直径芯样的实际效果后确定的。实施时如有困难,也可以采取50～100mm范围内的其他直径。由于检验目的是验证墙体节能构造,故钻取芯样深度只需要钻透保温层到达结构层或基层表面即可。

C.0.6 为避免钻取芯样时冷却水流入墙体内或污染墙面,钻芯时应采用内注水冷却方式的钻头。

C.0.7 给出对芯样的检查方法。可分为3个步骤进行检查并作出检查记录(原始记录):

  1 对照设计图纸观察、判断；
  2 量取厚度；
  3 观察或剖开检查构造做法。

C.0.8 给出是否符合设计要求结论的判断方法。即实测厚度的平均值达到设计厚度的95%及以上时，应判符合；否则应判不符合设计要求。

C.0.9 给出钻芯检验外墙节能构造的检验报告主要内容。这些内容实际上也是对检测报告的基本要求。无论是由检测单位还是由施工单位进行检验，均应按照这些内容和报告格式的要求出具报告，并应保存检验原始记录以备查对。

C.0.10 当出现检验结果不符合设计要求时，首先应考虑取点的代表性及偶然性等因素，故应增加一倍数量再次取样检验。当证实确实不符合要求时，应按照统一标准规定的原则进行处理。此时应委托原设计单位或其他有资质的单位重新验算房屋的热工性能，提出技术处理方案。

C.0.11 给出对外墙取样部位的修补要求。规范要求采用保温材料填充并用建筑胶密封。实际操作中应注意填塞密实并封闭严密，不允许使用混凝土或碎砖加砂浆等材料填塞，以避免产生热桥。规范建议修补后宜在取样部位挂贴标志牌加以标示。

中华人民共和国国家标准

建筑结构加固工程施工质量验收规范

Code for acceptance of construction quality of strengthening building structures

GB 50550—2010

主编部门：中华人民共和国住房和城乡建设部
批准部门：中华人民共和国住房和城乡建设部
施行日期：２０１１年２月１日

中华人民共和国住房和城乡建设部
公　告

第 683 号

关于发布国家标准《建筑结构加固工程施工质量验收规范》的公告

现批准《建筑结构加固工程施工质量验收规范》为国家标准，编号为 GB 50550-2010，自 2011 年 2 月 1 日起实施。其中，第 4.1.1、4.1.2、4.2.1、4.2.2、4.2.3、4.2.5、4.2.6、4.3.1、4.4.1、4.4.5、4.5.1、4.5.2、4.7.1、4.9.2、4.11.1、5.3.2、5.4.2、6.5.1、8.2.1、10.4.2、11.4.2、12.4.1、12.5.1、12.5.3、13.3.6、13.4.1、13.4.3、15.1.5、15.4.1、15.5.1、16.1.5、19.4.1、20.3.1、21.4.3 条为强制性条文，必须严格执行。

本规范由我部标准定额研究所组织中国建筑工业出版社出版发行。

中华人民共和国住房和城乡建设部
2010 年 7 月 15 日

前　言

本规范是根据原建设部《关于印发〈二○○二～二○○三年度工程建设国家标准制订、修订计划〉的通知》（建标[2003]102号）下达的任务和要求，由四川省建筑科学研究院会同有关的高等院校、科研、质监、施工等单位共同制订而成。

在制订过程中，规范编制组开展了各类结构加固施工方法的专题研究；进行了广泛的调查分析和重点项目的验证性试验；总结了近十五年来我国建筑结构加固工程的施工经验，并与国外先进的标准、规范进行了比较分析和借鉴。在此基础上以多种方式广泛征求了有关单位和社会公众的意见并进行了新加固材料和新施工工艺的试点应用和加固效果的评估。据此，还对主要问题进行了反复修改，最后经审查定稿。

本规范主要规定的内容有：建筑结构加固工程施工的基本规定、材料、混凝土构件增大截面工程、局部置换混凝土工程、混凝土构件绕丝工程、混凝土构件外加预应力工程、外粘或外包型钢工程、外粘纤维复合材工程、外粘钢板工程、钢丝绳网片外加聚合物砂浆面层工程、砌体或混凝土构件外加钢筋网—砂浆面层工程、砌体柱外加预应力撑杆工程、钢构件增大截面工程、钢构件焊缝补强工程、钢结构裂纹修复工程、混凝土及砌体裂缝修补工程、植筋工程、锚栓工程、灌浆工程、建筑结构加固工程竣工验收及有关附录。

本规范的黑体字标志的条文为强制性条文，必须严格执行。

本规范由住房和城乡建设部负责管理和对强制性条文的解释；由四川省建筑科学研究院负责具体技术内容的解释。

为充实提高规范的质量，请各使用单位在执行本规范过程中，结合工程实践，注意总结经验，积累数据、资料，随时将意见和建议寄交成都市一环路北三段55号（四川省建筑科学研究院内）住房和城乡建设部建筑物鉴定与加固规范管理委员会（邮编：610081；http：//www.astcc.com/）。

本规范主编单位： 四川省建筑科学研究院
本规范参编单位： 同济大学
　　　　　　　　　湖南大学
　　　　　　　　　武汉大学
　　　　　　　　　福州大学
　　　　　　　　　山东建筑大学
　　　　　　　　　中国科学院大连化学物理研究所
　　　　　　　　　山东省建筑科学研究院
　　　　　　　　　辽宁省建设科学研究院
　　　　　　　　　重庆市建筑科学研究院
　　　　　　　　　上海市建设工程质量监督总站
　　　　　　　　　山东省建设工程质量监督总站
　　　　　　　　　成都市建设工程质量监督站
　　　　　　　　　海口市建设工程质量监督站
　　　　　　　　　厦门市建设工程质量安全监督站
　　　　　　　　　上海加固行建筑技术工程公司
　　　　　　　　　亨斯迈先进化工材料（广东）有限公司
　　　　　　　　　厦门中连结构胶有限公司
　　　　　　　　　同济大学建筑科技工程公司
　　　　　　　　　大连凯华新技术工程有限公司
　　　　　　　　　中国华西企业公司
　　　　　　　　　慧鱼建筑锚栓有限公司
　　　　　　　　　喜利得（中国）有限公司
　　　　　　　　　江苏东南特种技术工程有限公司
　　　　　　　　　上海协固建筑材料有限公司
　　　　　　　　　武汉长江加固技术有限公司
　　　　　　　　　湖北德盛结构工程加固有限公司
　　　　　　　　　长沙固特邦土木技术发展公司
　　　　　　　　　上海怡昌碳纤维材料有限公司
　　　　　　　　　上海同华特种土木工程有限公司

主要起草人： 孙前元　梁　爽　梁　坦
　　　　　　　吴善能　黄兴棣　林文修
　　　　　　　卜良桃　崔士起　郑建岚
　　　　　　　成　勃　张　鑫　莫群速
　　　　　　　李明柱　蒋松岩　卢同和
　　　　　　　潘延平　魏建东　陈科荣
　　　　　　　冯鸿浩　王立民　张成英
　　　　　　　陈友明　张　晔　徐德新
　　　　　　　李力平　张首文　肖　雯
　　　　　　　王聪慧　周　激　王晓波
　　　　　　　侯发亮　彭　勃　张坦贤
　　　　　　　周海明　何英明　刘延年

主要审查人员： 刘西拉　戴葆诚　高小旺
　　　　　　　　张家启　沈　琨　李德荣
　　　　　　　　蒋寿时　王庆霖　完海鹰
　　　　　　　　唐岱新　徐共和　程依祖
　　　　　　　　陈跃熙　罗进元

目 次

1 总则 ······ 9—4—9
2 术语 ······ 9—4—9
　2.1 一般术语 ······ 9—4—9
　2.2 材料术语 ······ 9—4—9
　2.3 施工术语 ······ 9—4—10
3 基本规定 ······ 9—4—10
4 材料 ······ 9—4—11
　4.1 混凝土原材料 ······ 9—4—11
　4.2 钢材 ······ 9—4—12
　4.3 焊接材料 ······ 9—4—13
　4.4 结构胶粘剂 ······ 9—4—14
　4.5 纤维材料 ······ 9—4—15
　4.6 水泥砂浆原材料 ······ 9—4—16
　4.7 聚合物砂浆原材料 ······ 9—4—16
　4.8 裂缝修补用注浆料 ······ 9—4—16
　4.9 混凝土用结构界面胶（剂） ······ 9—4—17
　4.10 结构加固用水泥基灌浆料 ······ 9—4—17
　4.11 锚栓 ······ 9—4—18
5 混凝土构件增大截面工程 ······ 9—4—18
　5.1 一般规定 ······ 9—4—18
　5.2 界面处理 ······ 9—4—19
　5.3 新增截面施工 ······ 9—4—19
　5.4 施工质量检验 ······ 9—4—20
6 局部置换混凝土工程 ······ 9—4—21
　6.1 一般规定 ······ 9—4—21
　6.2 卸载的实时控制 ······ 9—4—21
　6.3 混凝土局部剔除及界面处理 ······ 9—4—21
　6.4 置换混凝土施工 ······ 9—4—22
　6.5 施工质量检验 ······ 9—4—22
7 混凝土构件绕丝工程 ······ 9—4—22
　7.1 一般规定 ······ 9—4—22
　7.2 界面处理 ······ 9—4—23
　7.3 绕丝施工 ······ 9—4—23
　7.4 施工质量检验 ······ 9—4—23
8 混凝土构件外加预应力工程 ······ 9—4—24
　8.1 一般规定 ······ 9—4—24
　8.2 制作与安装 ······ 9—4—24
　8.3 张拉施工 ······ 9—4—24
　8.4 施工质量检验 ······ 9—4—26
9 外粘或外包型钢工程 ······ 9—4—26
　9.1 一般规定 ······ 9—4—26
　9.2 型钢骨架制作 ······ 9—4—26
　9.3 界面处理 ······ 9—4—27
　9.4 型钢骨架安装及焊接 ······ 9—4—27
　9.5 注胶（或注浆）施工 ······ 9—4—28
　9.6 施工质量检验 ······ 9—4—28
10 外粘纤维复合材工程 ······ 9—4—28
　10.1 一般规定 ······ 9—4—28
　10.2 界面处理 ······ 9—4—29
　10.3 纤维材料粘贴施工 ······ 9—4—29
　10.4 施工质量检验 ······ 9—4—30
11 外粘钢板工程 ······ 9—4—30
　11.1 一般规定 ······ 9—4—30
　11.2 界面处理 ······ 9—4—31
　11.3 钢板粘贴施工 ······ 9—4—31
　11.4 施工质量检验 ······ 9—4—32
12 钢丝绳网片外加聚合物砂浆面层工程 ······ 9—4—32
　12.1 一般规定 ······ 9—4—32
　12.2 界面处理 ······ 9—4—32
　12.3 钢丝绳网片安装 ······ 9—4—33
　12.4 聚合物砂浆面层施工 ······ 9—4—33
　12.5 施工质量检验 ······ 9—4—34
13 砌体或混凝土构件外加钢筋网—砂浆面层工程 ······ 9—4—34
　13.1 一般规定 ······ 9—4—34
　13.2 界面处理 ······ 9—4—35
　13.3 钢筋网安装及砂浆面层施工 ······ 9—4—35
　13.4 施工质量检验 ······ 9—4—35
14 砌体柱外加预应力撑杆工程 ······ 9—4—36
　14.1 一般规定 ······ 9—4—36
　14.2 界面处理 ······ 9—4—37
　14.3 撑杆制作 ······ 9—4—37
　14.4 撑杆安装与张拉 ······ 9—4—38
　14.5 施工质量检验 ······ 9—4—38
15 钢构件增大截面工程 ······ 9—4—38
　15.1 一般规定 ······ 9—4—38
　15.2 界面处理 ······ 9—4—38

15.3　新增钢部件加工 …………… 9—4—39
　15.4　新增部件安装、拼接施工 …… 9—4—40
　15.5　施工质量检验 ………………… 9—4—40
16　钢构件焊缝补强工程 ……………… 9—4—41
　16.1　一般规定 ……………………… 9—4—41
　16.2　焊区表面处理 ………………… 9—4—42
　16.3　焊缝补强施工 ………………… 9—4—42
　16.4　焊接质量检验 ………………… 9—4—42
17　钢结构裂纹修复工程 ……………… 9—4—42
　17.1　一般规定 ……………………… 9—4—42
　17.2　焊缝补强施工及质量检验 …… 9—4—43
18　混凝土及砌体裂缝修补工程 …… 9—4—44
　18.1　一般规定 ……………………… 9—4—44
　18.2　界面处理 ……………………… 9—4—44
　18.3　表面封闭法施工 ……………… 9—4—44
　18.4　柔性密封法施工 ……………… 9—4—45
　18.5　压力灌注法施工 ……………… 9—4—45
　18.6　施工质量检验 ………………… 9—4—46
19　植筋工程 …………………………… 9—4—46
　19.1　一般规定 ……………………… 9—4—46
　19.2　界面处理 ……………………… 9—4—47
　19.3　植筋工程施工 ………………… 9—4—47
　19.4　施工质量检验 ………………… 9—4—48
20　锚栓工程 …………………………… 9—4—48
　20.1　一般规定 ……………………… 9—4—48
　20.2　锚栓安装施工 ………………… 9—4—48
　20.3　施工质量检验 ………………… 9—4—49
21　灌浆工程 …………………………… 9—4—49
　21.1　一般规定 ……………………… 9—4—49
　21.2　施工图安全复查 ……………… 9—4—49
　21.3　界面处理 ……………………… 9—4—49
　21.4　灌浆施工 ……………………… 9—4—50
　21.5　施工质量检验 ………………… 9—4—50
22　建筑结构加固工程竣工验收 …… 9—4—51
附录A　建筑结构加固子分部工程、
　　　　分项工程划分 ………………… 9—4—51
附录B　质量验收记录 ………………… 9—4—53
附录C　高压水射流技术应用
　　　　规定 …………………………… 9—4—56
附录D　加固材料或产品进场复验
　　　　抽样规定 ……………………… 9—4—56
附录E　粘结材料粘合加固材与基材的
　　　　正拉粘结强度试验室测定方法
　　　　及评定标准 …………………… 9—4—57
附录F　结构胶粘剂抗冲击剥离能力测定
　　　　方法及评定标准 ……………… 9—4—59
附录G　结构胶粘剂不挥发物含量
　　　　测定方法 ……………………… 9—4—61
附录H　结构胶粘剂湿热老化性能
　　　　测定方法 ……………………… 9—4—62
附录J　结构用粘结材料湿热老化性能
　　　　现场快速复验方法及评定
　　　　标准 …………………………… 9—4—63
附录K　结构胶粘剂初黏度测定
　　　　方法 …………………………… 9—4—64
附录L　结构胶粘剂触变指数
　　　　测定方法 ……………………… 9—4—66
附录M　碳纤维织物中碳纤维K数
　　　　快速判定方法 ………………… 9—4—66
附录N　纤维复合材层间剪切强度
　　　　测定方法 ……………………… 9—4—67
附录P　锚固型结构胶及聚合物砂浆
　　　　浇注体劈裂抗拉强度
　　　　测定方法 ……………………… 9—4—69
附录Q　结构加固用砂浆体和灌浆
　　　　料浆体抗折强度测定
　　　　方法 …………………………… 9—4—70
附录R　聚合物砂浆及复合砂浆
　　　　拉伸抗剪强度测定
　　　　方法（钢套筒法） …………… 9—4—72
附录S　结构界面胶（剂）剪切粘结
　　　　强度测定方法及评定
　　　　标准 …………………………… 9—4—73
附录T　现场推定新增混凝土强度的
　　　　取样规则与评定方法 ………… 9—4—75
附录U　粘结材料粘合加固材与基材的
　　　　正拉粘结强度现场测定方法及
　　　　评定标准 ……………………… 9—4—76
附录V　承重构件外加砂浆面层抗
　　　　压强度采用回弹法检测
　　　　的规定 ………………………… 9—4—78
附录W　锚固承载力现场检验方法及
　　　　评定标准 ……………………… 9—4—78
附录Y　钢筋阻锈剂应用规定 ………… 9—4—80
本规范用词说明 ………………………… 9—4—81
引用标准名录 …………………………… 9—4—81
附：条文说明 …………………………… 9—4—83

Contents

1 General Provision ·············· 9—4—9
2 Terms ························· 9—4—9
  2.1 General Terms ············· 9—4—9
  2.2 Material Terms ············ 9—4—9
  2.3 Construction Terms ········· 9—4—10
3 Basic Requirement ············ 9—4—10
4 Materials ····················· 9—4—11
  4.1 Concrete Materials ········· 9—4—11
  4.2 Steels ····················· 9—4—12
  4.3 Welding Materials ·········· 9—4—13
  4.4 Structural Adhesives ········ 9—4—14
  4.5 Fiber Reinforced Polymers ··· 9—4—15
  4.6 Cements and Sands ········· 9—4—16
  4.7 Polymer Mortars ··········· 9—4—16
  4.8 Crack Repairs with Injections ····· 9—4—16
  4.9 Interface Adhesives for Concrete ···· 9—4—17
  4.10 Grouts for Structural
     Strengthening ············· 9—4—17
  4.11 Anchors ·················· 9—4—18
5 Strengthening with Enlarged
  Concrete Sections ············ 9—4—18
  5.1 General Requirement ······· 9—4—18
  5.2 Interface Treatment ········· 9—4—19
  5.3 Enlarge Concrete Section ···· 9—4—19
  5.4 Inspection of Construction
     Quality ···················· 9—4—20
6 Strengthening with Replaced RC
  Structural Elements ··········· 9—4—21
  6.1 General Requirement ······· 9—4—21
  6.2 Real-time Control for Unloading ····· 9—4—21
  6.3 Surface Treatment of Concrete ···· 9—4—21
  6.4 Replacement of Concrete ···· 9—4—22
  6.5 Inspection of Construction
     Quality ···················· 9—4—22
7 RC Elements Strengthened with
  Wrapped Wires ··············· 9—4—22
  7.1 General Requirement ······· 9—4—22
  7.2 Surface Treatment ·········· 9—4—23
  7.3 Wrapping with Wires ······· 9—4—23
  7.4 Inspection of Construction
     Quality ···················· 9—4—23
8 RC Member Strengthened by
  Externally Applied Prestress ····· 9—4—24
  8.1 General Requirement ······· 9—4—24
  8.2 Fabrication and Installation ··· 9—4—24
  8.3 Pre-stredding Tension ······· 9—4—24
  8.4 Inspection of Construction
     Quality ···················· 9—4—26
9 Strengthening by Externally
  Bonded or Wrapped
  Shaped Steel ················· 9—4—26
  9.1 General Requirement ······· 9—4—26
  9.2 Fabrication of Steel Skeleton ····· 9—4—26
  9.3 Surface Treatment ·········· 9—4—27
  9.4 Installation and Welding of Steel
     Skeleton ·················· 9—4—27
  9.5 Injection of Grouts ·········· 9—4—28
  9.6 Inspection of Construction
     Quality ···················· 9—4—28
10 Strengthening by Externally
  Bonded Fiber Reinforced
  Polymers ···················· 9—4—28
  10.1 General Requirement ······ 9—4—28
  10.2 Surface Treatment ········· 9—4—29
  10.3 Bonding of Fiber Reinforced
     Polymers ················· 9—4—29
  10.4 Inspection of Construction
     Quality ···················· 9—4—30
11 Strengthening by Bonding Steel
  Plates ······················· 9—4—30
  11.1 General Requirement ······ 9—4—30
  11.2 Surface Treatment ········· 9—4—31
  11.3 Bonding of Steel Plates ····· 9—4—31
  11.4 Inspection of Construction
     Quality ···················· 9—4—32
12 Strengthening by Polymer Mortars
  Reinforced with Steel Wire
  Mesh ······················· 9—4—32

12.1	General Requirement	9—4—32
12.2	Surface Treatment	9—4—32
12.3	Installation of Steel Wires	9—4—33
12.4	Application of Polymer Motars	9—4—33
12.5	Inspection of Construction Quality	9—4—34

13 Strengthening Concrete or Masonry Members by Steel Bar Mesh and Mortars Layer .... 9—4—34
- 13.1 General Requirement .... 9—4—34
- 13.2 Surface Treatment .... 9—4—35
- 13.3 Application of Steel Bar Meshes ... 9—4—35
- 13.4 Inspection of Construction Quality .... 9—4—35

14 Strengthening Masonry Columns with Prestressed Rods .... 9—4—36
- 14.1 General Requirement .... 9—4—36
- 14.2 Surface Treatment .... 9—4—37
- 14.3 Fabrication of Rods .... 9—4—37
- 14.4 Installation and Stress of Rods ...... 9—4—38
- 14.5 Inspection of Construction Quality .... 9—4—38

15 Strengthening Steel Members with Enlarged Section .... 9—4—38
- 15.1 General Requirement .... 9—4—38
- 15.2 Surface Treatment .... 9—4—38
- 15.3 Fabrication of Steel Elements ... 9—4—39
- 15.4 Installation and Connection of Steel Elements .... 9—4—40
- 15.5 Inspection of Construction Quality .... 9—4—40

16 Strengthening Welds in Steel Structures .... 9—4—41
- 16.1 General Requirement .... 9—4—41
- 16.2 Treatment of Welding Sruface ... 9—4—42
- 16.3 Strengthening of Welding .... 9—4—42
- 16.4 Quality Inspection of Welding ... 9—4—42

17 Repair Cracks in Steel Structures .... 9—4—42
- 17.1 General Requirement .... 9—4—42
- 17.2 Strengthening of Welds and Quality Inspection .... 9—4—43

18 Repair Cracks in Concrete and Masonry Structures .... 9—4—44
- 18.1 General Requirement .... 9—4—44
- 18.2 Surface Treatment .... 9—4—44
- 18.3 Seal Crack Surfaces .... 9—4—44
- 18.4 Fill cracks with Flexible Materials .... 9—4—45
- 18.5 Inject Cracks with Epoxy .... 9—4—45
- 18.6 Quality Inspection .... 9—4—46

19 Plant rebars .... 9—4—46
- 19.1 General Requirement .... 9—4—46
- 19.2 Surface Treatment .... 9—4—47
- 19.3 Plant Rebars .... 9—4—47
- 19.4 Quality Inspection of Construction .... 9—4—48

20 Anchors .... 9—4—48
- 20.1 General Requirement .... 9—4—48
- 20.2 Installation of Anchors .... 9—4—48
- 20.3 Quality Inspection .... 9—4—49

21 Grouts .... 9—4—49
- 21.1 General Requirement .... 9—4—49
- 21.2 Review of Construction Drawings .... 9—4—49
- 21.3 Surface Treatment .... 9—4—49
- 21.4 Application of Grouts .... 9—4—50
- 21.5 Quality Inspection .... 9—4—50

22 Acceptance of Building Structure Strengthening Engineerings .... 9—4—51

Appendix A Division of Sub-projects in Structural Strengthening Engineerings .... 9—4—51

Appendix B Records of Quality Inspection .... 9—4—53

Appendix C Technical Specification for High-Pressed Water Flow .... 9—4—56

Appendix D Sample Specification for Re-inspection of Materials for Strengthening .... 9—4—56

Appendix E Specifications for Test and Evaluation of Bonding Tensile Strength between Strengthening Material and Substrate .... 9—4—57

Appendix F Specifications for Test and Evaluation of Debonding Performance of Structural Adhesives under T-Peel Impacts .... 9—4—59

Appendix G	Test of Non-volatile Matter of Structural Adhesives ⋯⋯⋯⋯⋯⋯ 61
Appendix H	Test of Durability Performance of Structural Adhesive under Circles of Wet and Heat ⋯⋯⋯ 9—4—62
Appendix J	Quick Test on Site of Durability Performance of Structural Adhesive under Circles of Wet and Heat ⋯⋯⋯⋯⋯ 9—4—63
Appendix K	Test Method of Initial Viscosity ⋯⋯⋯⋯⋯⋯ 9—4—64
Appendix L	Determination of Thixotropy Coefficient of Structural Adhesive ⋯⋯⋯⋯⋯⋯ 9—4—66
Appendix M	Quick Determination of K Number of Carbon Fiber Reinforced Polymers ⋯⋯⋯⋯⋯⋯ 9—4—66
Appendix N	Test Methods of Interface Shear Strength of Fiber Reinforced Polymers ⋯⋯⋯⋯⋯⋯ 9—4—67
Appendix P	Test Method of Split Tensile Strength of Structural Adhesives and Polymer Motars ⋯⋯⋯⋯⋯⋯ 9—4—69
Appendix Q	Test Method of Flexural Strength of Mortars and Grouts ⋯⋯⋯⋯⋯⋯ 9—4—70
Appendix R	Test Method of Shear Strength under Tension of Polymer Mortars ⋯⋯⋯ 9—4—72
Appendix S	Test and Determination of Interface Shear Strength of Structural Adhesives ⋯⋯⋯⋯⋯⋯ 9—4—73
Appendix T	Sample Rules and Determination on Site of Newly Added Concrete Strength ⋯⋯⋯⋯⋯⋯ 9—4—75
Appendix U	Test and Determination of Normal Tensile Bonding Strength between Bonded Material and Substrate ⋯⋯⋯⋯⋯⋯ 9—4—76
Appendix V	Mortar Strength of Surface Layer Determination with Rebounding Method ⋯⋯⋯⋯⋯⋯ 9—4—78
Appendix W	On Site Test and Determination of Anchorage Capacity ⋯⋯⋯⋯⋯⋯ 9—4—78
Appendix Y	Steel Bar Inhibitor Application Requirement ⋯⋯⋯⋯⋯ 9—4—80

Explanation of Wording in This Code ⋯⋯⋯⋯⋯⋯ 9—4—81

List of Quoted Standards ⋯⋯⋯⋯⋯⋯ 9—4—81

Addition: Explanation of Provisions ⋯⋯⋯⋯⋯⋯ 9—4—83

1 总 则

1.0.1 为了加强建筑结构加固工程质量管理,统一建筑结构加固工程施工质量的验收,保证工程的质量和安全,制定本规范。

1.0.2 本规范适用于混凝土结构、砌体结构和钢结构加固工程的施工过程控制和施工质量验收。

1.0.3 建筑结构加固工程技术文件和承包合同中规定的对加固工程质量的要求不得低于本规范的规定。

1.0.4 本规范应与下列现行国家标准配套使用:
 1 《建筑工程施工质量验收统一标准》GB 50300;
 2 《混凝土结构工程施工质量验收规范》GB 50204;
 3 《砌体工程施工质量验收规范》GB 50203;
 4 《钢结构工程施工质量验收规范》GB 50205。

1.0.5 建筑结构加固工程的施工过程控制和施工质量验收除应执行本规范及其配套使用的标准规范外,尚应符合国家现行有关标准的规定。

2 术 语

2.1 一般术语

2.1.1 结构加固工程 structure strengthening engineering
对可靠性不足的承重结构、构件及其相关部分进行增强或调整其内力,使之具有足够的安全性和耐久性,并力求保持其适用性。

2.1.2 结构加固工程质量 quality of structure strengthening engineering
反映结构加固工程满足现行相关标准规定或合同约定的要求,包括其在安全性能、耐久性能、使用功能以及环境保护等方面所有明显和隐含能力的特性总和。

2.1.3 验收 acceptance
结构加固工程质量在施工单位自行检查评定的基础上,由参与该工程活动的有关单位共同对检验批、分项、子分部、分部工程的质量进行抽样复查,根据现行相关标准以书面形式对工程质量达到合格与否做出确认。

2.1.4 进场检查 site inspection
对进入施工现场的加固材料、制品、构配件、连接件、锚固件、器具和设备等,按相关标准规定的要求进行检查或检验,以对其质量达到合格与否做出确认。

2.1.5 复验 repeat test
凡涉及安全或功能的加固材料、产品,进场时,不论事先持有何种检验合格证书,均应按现行有关标准规范所指定的项目进行见证抽样检验活动。

2.1.6 批 lot
在一致条件下生产、施工,或按规定的方式汇总起来的,由一定数量个体(或散装料)组成的产品或材料集合。

2.1.7 检验批 inspection lot
为实施抽样检验(检查)而指定的受检批次。

2.1.8 见证取样 evidential sampling
在监理单位或建设单位(业主)监督下,由施工单位或检测机构专业人员实施的现场取样过程。
见证取样的样本应经监督人员签封后,送至具备相应资质的独立检测机构进行测试。

2.1.9 主控项目 dominant item
结构加固工程中对安全、卫生、环境保护和公众利益起决定性作用的检验项目。

2.1.10 一般项目 general item
除主控项目以外的检验项目。

2.1.11 原构件 existing structure member
实施加固前的原有(已有)构件。

2.1.12 基材 substrate
涂布胶粘剂或其他粘结材料的被粘物之一。在结构加固工程中,系指被粘结的原构件。若原构件为复合材或组合材,则专指其中被粘合部分的材料。

2.2 材料术语

2.2.1 结构胶粘剂 structural adhesives
用于承重结构构件胶接的,能长期承受设计应力和环境作用的胶粘剂。在土木工程中,基于现场条件的限制,其所使用的结构胶粘剂,主要指室温固化的结构胶粘剂。

2.2.2 底胶 primer
为改善胶接性能并防止基材表面处理后受污染或腐蚀,而先在基材粘合面上涂布的,与结构胶粘剂和基材均有良好相容性和粘附能力的一种室温固化的胶粘剂。

2.2.3 裂缝修补胶 repairing adhesive for concrete crack
以低黏度改性环氧类胶粘剂配制的用于填充、封闭混凝土裂缝的胶粘剂,也称裂缝修补剂。当有可靠的工程经验时,也可用其他改性合成树脂替代改性环氧树脂进行配制。
若工程要求恢复开裂混凝土的整体性和强度时,应使用高粘结性结构胶配制的具有修复功能的裂缝修补胶(剂),也称裂缝修复胶(剂)。

2.2.4 裂缝注浆料 grout for concrete crack
一种高流态、塑性的、采用压力注入的修补裂缝材料,一般分为改性环氧类注浆料和改性水泥基类注浆料两类。

2.2.5 结构界面胶（剂） structural interfacial adhesive(agent)

为改善粘结材料、加固材料与基材之间的相互粘结性能而在基材表面涂布的胶粘剂，专称为结构界面胶（剂）。其性能和质量完全不同于一般界面处理剂。

2.2.6 纤维增强复合材 fiber-reinforced polymer (FRP), composite FRP

以具有所要求特性的连续纤维或其制品为增强材料，与基体—结构胶粘剂粘结而成的高分子复合材料，简称纤维复合材。在工程结构中常用的有碳纤维复合材、玻璃纤维复合材和芳纶纤维复合材等。

2.2.7 阻锈剂 corrosion inhibitor

能抑制混凝土中钢筋电化学腐蚀的抑制剂；一般分为掺入型和喷涂型两种。在结构加固中，一般使用后者；仅当重新浇筑混凝土时，才使用掺入型阻锈剂。

2.2.8 聚合物砂浆 polymer motar

掺有改性环氧乳液（或水性环氧）或其他改性共聚物乳液的高强度水泥砂浆。结构加固用的聚合物砂浆在安全性能上有专门要求，应与普通聚合物砂浆相区别。

2.2.9 结构加固用灌浆料 grout for structural strengthening

在混凝土增大截面工程中，为保证钢筋密集部位新旧混凝土之间紧密接合、填充饱满并减小收缩，而掺入细石混凝土的高品质水泥基灌浆料。

2.3 施工术语

2.3.1 表面处理 surface treatment, surface preparation

为改善加固材料与原构件之间，或新旧基材之间的粘合能力，而对其表面进行的物理或化学处理。在结构加固工程中以物理处理为主。

2.3.2 平整度 degree of plainness

原结构构件经修整、处理后，尚允许表面存在的起伏、凹凸程度。

2.3.3 垂直度 degree of gravity vertical

在设计规定的高度范围内，加固后构件表面轴线偏离重力线的程度。

2.3.4 轴线位移 displacement of axies

结构或构件加固后的轴线实际位置与设计位置的偏差。

2.3.5 尺寸偏差 dimensional errors

结构、构件实际几何尺寸与原设计尺寸之间的差值。

2.3.6 缺陷 defect

结构加固工程施工质量检查中发现的不符合规定要求的检验项或检验点，按其程度可分为严重缺陷和一般缺陷，前者对加固后结构、构件的受力性能或使用功能有决定性影响，后者则无决定性影响。

2.3.7 返修 repair

对施工质量不符合现行规范规定的结构加固工程部位采取的整修、补救措施。

2.3.8 返工 rework

对施工质量不合格且无法返修的结构加固工程部位采取的重新制作、重新施工的措施。

3 基本规定

3.0.1 建筑结构加固工程施工现场质量管理，应有相应的施工技术标准、健全的质量管理体系、施工质量控制与质量检验制度以及综合评定施工质量水平的考核制度。

3.0.2 建筑结构加固工程作为建筑工程的一个分部工程，应根据其加固材料种类和施工技术特点划分为若干子分部工程；每一子分部工程应按其主要工种、材料和施工工艺划分为若干分项工程；每一分项工程应按其施工过程控制和施工质量验收的需要划分为若干检验批。子分部工程和分项工程的具体划分应符合本规范附录 A 的规定。

3.0.3 建筑结构加固工程应按下列规定进行施工质量控制：

1 结构加固设计单位应按审查批准的施工图，向施工单位进行技术交底；施工单位应据以编制施工组织设计和施工技术方案，经审查批准后组织实施；

2 加固材料、产品应进行进场验收，凡涉及安全、卫生、环境保护的材料和产品应按本规范规定的抽样数量进行见证抽样复验；其送样应经监理工程师签封；复验不合格的材料和产品不得使用；施工单位或生产厂家自行抽样、送检的委托检验报告无效；

3 结构加固工程施工前，应对原结构、构件进行清理、修整和支护；

4 结构加固工程的每道工序均应按本规范及企业的施工技术标准进行质量控制；每道工序完成后应进行检查验收；必要时尚应按隐蔽工程的要求进行检查验收；合格后方允许进行下一道工序的施工；

5 相关各专业工种交接时，应进行交接检验，并应经监理工程师检查认可。

3.0.4 原结构的清理、修整和支护主要包括下列内容：

1 拆迁原结构上影响施工的管道和线路以及其他障碍；

2 卸除原结构上的荷载（当设计文件有规定时）；

3 修整原结构、构件加固部位；

4 搭设安全支撑及工作平台。

3.0.5 修整原结构、构件加固部位时，应符合下列要求：

1 应清除原构件表面的尘土、浮浆、污垢、油渍、原有涂装、抹灰层或其他饰面层；对混凝土构件尚应剔除其风化、剥落、疏松、起砂、蜂窝、麻面、腐蚀等缺陷至露出骨料新面；对钢构件和钢筋，还应除锈、脱脂并打磨至露出金属光泽；对砌体构件，尚应剔除其勾缝砂浆及已松动、粉化的砌筑砂浆层，必要时，还应对残损部分进行局部拆砌。当工程量不大时，可采用人工清理；当工程量很大或对界面处理的均匀性要求很高时，宜采用高压水射流进行清理。高压水射流的作业应按本规范附录C的规定执行；

2 应采用相容性良好的裂缝修补材料对原构件的裂缝进行修补；若原构件表面处于潮湿或渗水状态，修补前应先进行疏水、止水和干燥处理。

3.0.6 在现场核对原结构构造及清理原结构过程中，若发现该结构整体牢固性不良或原有的支撑、连接系统有缺损时，应及时向业主（或监理单位）和加固设计单位报告。在设计单位未采取补救措施前，不得按现有加固方案进行施工。

3.0.7 建筑结构加固施工的全过程，应有可靠的安全措施：

1 加固工程搭设的安全支护体系和工作平台，应定时进行安全检查并确认其牢固性；

2 加固施工前，应熟悉周边情况，了解加固构件受力和传力路径的可能变化。对结构构件的变形、裂缝情况应设专人进行检测，并做好观测记录备查；

3 在加固过程中，若发现结构、构件突然发生变形增大、裂缝扩展或条数增多等异常情况，应立即停工，支顶并及时向安全管理单位或安全负责人发出书面通知；

4 对危险构件、受力大的构件进行加固时，应有切实可行的安全监控措施，并应得到监理总工程师的批准；

5 当施工现场周边环境有影响施工人员健康的粉尘、噪声、有害气体时，应采取有效的防护措施；当使用化学浆液（如胶液和注浆料等）时，尚应保持施工现场通风良好；

6 化学材料及其产品应存放在远离火源的储藏室内，并应密封存放；

7 工作场地严禁烟火，并必须配备消防器材；现场若需动火应事先申请，经批准后按规定用火。

3.0.8 当结构加固需搭设模板、支架和支撑时，应根据结构的种类，分别按现行国家标准《混凝土结构工程施工质量验收规范》GB 50204、《钢结构工程施工质量验收规范》GB 50205和《砌体工程施工质量验收规范》GB 50203的规定执行。

3.0.9 加固工程的冬期施工，应符合现行行业标准《建筑工程冬期施工规程》JGJ 104的要求和本规范有关章节的补充规定。

3.0.10 当采用的结构加固方法需做防护面层时，应按设计规定的材料和工艺要求组织施工。其施工过程的控制和施工质量的检验应符合国家现行有关标准的规定。

3.0.11 建筑结构加固工程检验批的质量检验，应按本规范根据现行国家标准《建筑工程施工质量验收统一标准》GB 50300的抽样原则及本规范所规定的抽样方案执行。

3.0.12 检验批中，凡涉及结构安全的加固材料、施工工艺、施工过程留置的试件、结构重要部位的加固施工质量等项目，均须进行现场见证取样检测或结构构件实体见证检验。任何未经见证的此类项目，其检测或检验报告，不得作为施工质量验收依据。

3.0.13 检验批合格质量标准应符合下列规定：

1 主控项目的质量经抽样检验合格；

2 一般项目的质量经抽样检验合格；当采用计数检验时，除本规范另有专门规定外，其抽检的合格点率应不低于80%，且不得有严重缺陷；

3 具有完整的施工操作依据、质量检查记录及质量证明文件。

3.0.14 分项工程的质量验收，应在其所含检验批均验收合格的基础上，按本规范规定的检验项目，对各检验批中每项质量验收记录及其合格证明文件进行检查。

3.0.15 分项工程合格质量标准应符合下列规定：

1 分项工程所含的各检验批，其质量均符合本规范的合格质量规定；

2 分项工程所含的各检验批，其质量验收记录和有关证明文件完整。

3.0.16 建筑结构加固子分部工程和分部工程的施工质量，应按本规范第22章的规定进行竣工验收。

3.0.17 检验批、分项工程、子分部工程和分部工程的质量验收，应按本规范附录B的格式填写质量验收记录。

4 材 料

4.1 混凝土原材料

（Ⅰ）主控项目

4.1.1 结构加固工程用的水泥进场时应对其品种、级别、包装或散装仓号、出厂日期等进行检查，并应对其强度、安定性及其他必要的性能指标进行见证取样复验。其品种和强度等级必须符合现行国家标准《混凝土结构加固设计规范》GB 50367及设计的规定；其质量必须符合现行国家标准《通用硅酸盐水泥》GB 175和《快硬硅酸盐水泥》GB 199等的要求。

加固用混凝土中严禁使用安定性不合格的水泥、含氯化物的水泥、过期水泥和受潮水泥。

检查数量：按同一生产厂家、同一等级、同一品种、同一批号且同一次进场的水泥，以30t为一批（不足30t，按30t计），每批见证取样不应少于一次。

检验方法：检查产品合格证、出厂检验报告和进场复验报告。

4.1.2 普通混凝土中掺用的外加剂（不包括阻锈剂），其质量及应用技术应符合现行国家标准《混凝土外加剂》GB 8076及《混凝土外加剂应用技术规范》GB 50119的要求。

结构加固用的混凝土不得使用含有氯化物或亚硝酸盐的外加剂；上部结构加固用的混凝土还不得使用膨胀剂。必要时，应使用减缩剂。

检查数量：按进场的批次并符合本规范附录D的规定。

检验方法：检查产品合格证、出厂检验报告（包括与水泥适应性检验报告）和进场复验报告。

4.1.3 现场搅拌的混凝土中，不得掺入粉煤灰。当采用掺有粉煤灰的预拌混凝土时，其粉煤灰应为Ⅰ级灰，且烧失量不应大于5%。

检查数量：逐批检查。

检查方法：检查粉煤灰生产厂出具的粉煤灰等级证书、出厂检验报告及商品混凝土检验机构出具的粉煤灰烧失量检验报告。

（Ⅱ）一 般 项 目

4.1.4 配制结构加固用的混凝土，其粗、细骨料的品种和质量，除应符合现行行业标准《普通混凝土用砂、石质量及检验方法标准》JGJ 52的要求外，尚应符合下列规定：

1 粗骨料的最大粒径：对拌合混凝土，不应大于20mm；对喷射混凝土，不应大于12mm；对掺加短纤维的混凝土，不应大于10mm；

2 细骨料应为中、粗砂，其细度模数不应小于2.5。

检查数量：按进场的批次和产品复验抽样并符合本规范附录D的规定。

检验方法：检查进场复验报告。

4.1.5 拌制混凝土应采用饮用水或水质符合现行行业标准《混凝土用水标准》JGJ 63规定的天然洁净水。

检查数量：同一水源检查不应少于一次。

检验方法：送独立检测机构化验。

4.2 钢 材

（Ⅰ）主 控 项 目

4.2.1 结构加固用的钢筋，其品种、规格、性能等应符合设计要求。钢筋进场时，应分别按现行国家标准《钢筋混凝土用钢 第1部分：热轧光圆钢筋》GB 1499.1、《钢筋混凝土用钢 第2部分：热轧带肋钢筋》GB 1499.2、《钢筋混凝土用余热处理钢筋》GB/T 13014、《预应力混凝土用钢绞线》GB/T 5224等的规定，见证取样作力学性能复验，其质量除必须符合相应标准的要求外，尚应符合下列规定：

1 对有抗震设防要求的框架结构，其纵向受力钢筋强度检验实测值应符合现行国家标准《混凝土结构工程施工质量验收规范》GB 50204的规定；

2 对受力钢筋，在任何情况下，均不得采用再生钢筋和钢号不明的钢筋。

检查数量：按进场的批次并符合本规范附录D的规定。

检验方法：检查产品合格证、出厂检验报告和进场复验报告。

4.2.2 结构加固用的型钢、钢板及其连接用的紧固件，其品种、规格和性能等应符合设计要求和现行国家标准《碳素结构钢》GB/T 700、《低合金高强度结构钢》GB/T 1591、《紧固件机械性能》GB/T 3098以及有关产品标准的规定。严禁使用再生钢材以及来源不明的钢材和紧固件。

型钢、钢板和连接用的紧固件进场时，应按现行国家标准《钢结构工程施工质量验收规范》GB 50205等的规定见证取样作安全性能复验，其质量必须符合设计和合同的要求。

检查数量：按进场的批次，逐批检查，且每批抽取一组试样进行复验。组内试件数量按所执行试验方法标准确定。

检验方法：检查产品合格证、中文标志、出厂检验报告和进场复验报告。

4.2.3 预应力加固专用的钢材进场时，应根据其品种分别按现行国家标准《钢筋混凝土用余热处理钢筋》GB/T 13014、《预应力混凝土用钢丝》GB/T 5223、《预应力混凝土用钢绞线》GB/T 5224和《碳素结构钢》GB/T 700、《低合金高强度结构钢》GB/T 1591等的规定，见证取样作力学性能复验，其质量必须符合相应标准的规定。

检查数量：按进场批次，逐批检查，且每批抽取一组试样进行复验。组内试件数量按所执行试验方法标准确定。

检验方法：检查产品合格证、出厂检验报告和进场复验报告。

4.2.4 千斤顶张拉用的锚具、夹具和连接器等应按设计要求采用；其性能应符合现行国家标准《预应力筋用锚具、夹具和连接器》GB/T 14370 等的规定。

检验数量：按进场批次和产品复验抽样并符合本规范附录 D 的规定。

检验方法：检查产品合格证、出厂检验报告和进场复验报告。

4.2.5 绕丝用的钢丝进场时，应按现行国家标准《一般用途低碳钢丝》GB/T 343 中关于退火钢丝的力学性能指标进行复验。其复验结果的抗拉强度最低值不应低于 490MPa。

注：若直径 4mm 退火钢丝供应有困难，允许采用低碳冷拔钢丝在现场退火。但退火后的钢丝抗拉强度值应控制在（490～540）MPa 之间。

检查数量：按进场批号，每批抽取 5 个试样。

检验方法：按现行国家标准《金属材料 室温拉伸试验方法》GB/T 228 规定的方法进行复验，同时，尚应检查其产品合格证和出厂检验报告。

4.2.6 结构加固用的钢丝绳网片应根据设计规定选用高强度不锈钢丝绳或航空用镀锌碳素钢丝绳在工厂预制。制作网片的钢丝绳，其结构形式应为 6×7+IWS 金属股芯右交左捻小直径不松散钢丝绳（图 4.2.6a），或 1×19 单股左捻钢丝绳（图 4.2.6b）；其钢丝的公称强度不应低于现行国家标准《混凝土结构加固设计规范》GB 50367 的规定值。

钢丝绳网片进场时，应分别按现行国家标准《不锈钢丝绳》GB/T 9944 和行业标准《航空用钢丝绳》YB/T 5197 等的规定见证抽取试件作整绳破断拉力、弹性模量和伸长率检验。其质量必须符合上述标准和现行国家标准《混凝土结构加固设计规范》GB 50367 的规定。

检查数量：按进场批次和产品抽样检验方案确定。

检验方法：检查产品质量合格证、出厂检验报告和进场复验报告。

注：单股钢丝绳也称钢绞线（图 4.2.6b），但不得擅自将 6×7+IWS 金属股芯不松散钢丝绳改称为钢绞线。若施工图上所写名称不符合本规范规定，应要求设计单位和生产厂家书面更正，否则不得付诸施工。

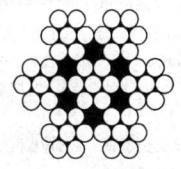 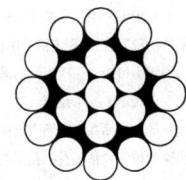

(a) 6×7+IWS 钢丝绳   (b) 1×19 钢绞线（单股钢丝绳）

图 4.2.6 钢丝绳的结构形式

4.2.7 结构加固用的钢丝绳网片，其经绳与纬绳的品种、规格、数量、位置以及相应的连接方法应符合设计要求，其连接质量应牢固，无松弛、错位。

检查数量：全数检查。

检验方法：观察，手拉。

（Ⅱ）一般项目

4.2.8 加固用钢筋应平直、无损伤，表面不得有裂纹、油污以及颗粒状或片状老锈，也不得将弯折钢筋敲直后作受力筋使用。

检查数量：全数检查。

检验方法：观察。

4.2.9 型钢、钢板以及连接用的紧固件，其外观质量及尺寸偏差，应按现行国家标准《钢结构工程施工质量验收规范》GB 50205 的规定进行检查和合格评定。其检查数量及检验方法也应符合该规范的要求。

4.2.10 预应力筋和预应力撑杆，以及其锚固件、锚夹具等零部件，其外观质量及尺寸偏差应符合现行国家标准《混凝土结构工程施工质量验收规范》GB 50204 的规定。其检查数量及检验方法也应符合该规范的要求。

4.2.11 冷拔低碳退火钢丝的表面不得有裂纹、机械损伤、油污和锈蚀。

检查数量：全数检查。

检验方法：观察；油污可用吸湿性好的薄纸擦拭检查。

4.2.12 结构加固用的钢丝绳不得涂有油脂。

检查数量：全数检查。

检验方法：拆散钢丝绳进行触摸检查。必要时也可用沸水浸泡检查。

4.3 焊 接 材 料

（Ⅰ）主控项目

4.3.1 结构加固用的焊接材料，其品种、规格、型号和性能应符合现行国家产品标准和设计要求。焊接材料进场时应按现行国家标准《碳钢焊条》GB/T 5117、《低合金钢焊条》GB/T 5118 等的要求进行见证取样复验。复验不合格的焊接材料不得使用。

检查数量：应按产品复验抽样并符合本规范附录 D 的规定。

检查方法：检查产品合格证、中文标志及出厂检验报告和进场复验报告。

（Ⅱ）一般项目

4.3.2 焊条应无焊芯锈蚀、药皮脱落等影响焊条质量的损伤和缺陷；焊剂的含水率不得大于现行国家相应产品标准规定的允许值。

检查数量：按使用量 1%，且不少于 10 包抽查。

当使用量少于10包时,应全数检查。

检验方法:观察及测定焊条含水率。

4.4 结构胶粘剂

(Ⅰ)主控项目

4.4.1 加固工程使用的结构胶粘剂,应按工程用量一次进场到位。结构胶粘剂进场时,施工单位应会同监理人员对其品种、级别、批号、包装、中文标志、产品合格证、出厂日期、出厂检验报告等进行检查;同时,应对其钢-钢拉伸抗剪强度、钢-混凝土正拉粘结强度和耐湿热老化性能等三项重要性能指标以及该胶粘剂不挥发物含量进行见证取样复验;对抗震设防烈度为7度及7度以上地区建筑加固用的粘钢和粘贴纤维复合材的结构胶粘剂,尚应进行抗冲击剥离能力的见证取样复验;所有复验结果均须符合现行国家标准《混凝土结构加固设计规范》GB 50367及本规范的要求。

检验数量:按进场批次,每批号见证取样3件,每件每组分称取500g,并按相同组分予以混匀后送独立检验机构复检。检验时,每一项目每批次的样品制作一组试件。

检验方法:在确认产品批号、包装及中文标志完整的前提下,检查产品合格证、出厂日期、出厂检验报告、进场见证复验报告,以及抗冲击剥离试件破坏后的残件。

4.4.2 结构胶粘剂安全性能复验采用的测定方法应符合下列规定:

1 钢-钢拉伸抗剪强度应按现行国家标准《胶粘剂 拉伸剪切强度的测定(刚性材料对刚性材料)》GB/T 7124测定,但钢试片应经喷砂处理。

2 钢-混凝土正拉粘结强度、抗冲击剥离能力和胶粘剂不挥发物含量,应分别按本规范附录E、附录F和附录G测定。其中,抗冲击剥离试件破坏后的残件,应经设计人员确认其剥离长度后,方允许销毁。

4.4.3 对结构胶粘剂性能和质量的复验,宜先测定其不挥发物含量;若测定结果不合格,便不再对其他复验项目进行测定,而应检查该结构胶存在的质量问题。若发现有问题,应弃用该型号胶粘剂。

4.4.4 结构胶粘剂耐湿热老化性能的见证抽样复验应符合下列规定:

1 对进入加固市场前未做过该性能验证性试验的产品,应将见证抽取的样品送独立检测机构补做验证性试验。其试验方法及评定标准应符合现行国家标准《混凝土结构加固设计规范》GB 50367及本规范附录H的规定;

2 对该性能已通过独立检测机构验证性试验的产品,其进场复验,应按本规范附录J的规定进行快速检测与评定;

3 当一种胶粘剂的快速复验不合格时,允许重新采用本规范附录H规定的试验方法,以加倍试件数量再进行复验。若复验合格,允许改评为符合耐老化性能要求的结构胶粘剂;

4 不得使用仅具有湿热老化性能快速复验报告的胶粘剂。

4.4.5 加固工程中,严禁使用下列结构胶粘剂产品:

1 过期或出厂日期不明;

2 包装破损、批号涂毁或中文标志、产品使用说明书为复印件;

3 掺有挥发性溶剂或非反应性稀释剂;

4 固化剂主成分不明或固化剂主成分为乙二胺;

5 游离甲醛含量超标;

6 以"植筋-粘钢两用胶"命名。

注:过期胶粘剂不得以厂家出具的"质量保证书"为依据而擅自延长其使用期限。

4.4.6 结构胶粘剂的主要工艺性能指标应符合表4.4.6的规定。结构胶粘剂进场时,应见证取样复验其混合后初黏度或触变指数。

表4.4.6 结构胶粘剂工艺性能要求

结构胶粘剂类别及其用途			工艺性能指标					
			混合后初黏度 (mPa·s)	触变指数	25℃下垂流度 (mm)	在各季节试验温度下测定的适用期 (min)		
						春秋用 (23℃)	夏用 (30℃)	冬用 (10℃)
适用于涂刷	纤维复合材结构胶	底胶	≤600	—	—	≥60	≥30	60~180
		修补胶	—	≥3.0	≤2.0	≥50	≥35	50~180
		织物 A级	—	≥3.0	≤2.0	≥90	≥60	90~240
		织物 B级	—	≥2.2	≤2.0	≥80	≥45	80~240
		板材 A级	—	≥4.0	≤2.0	≥40	≥30	40~180
	涂刷型粘钢结构胶	A级	—	≥4.0	≤2.0	≥40	≥30	40~180
		B级	—	≥4.0	≤2.0	≥40	≥30	40~180
适用于压力灌注	压注型粘钢结构胶		≤1000	—	—	≥40	≥30	40~210
	裂缝补强修复用胶	0.05≤w<0.2 A级	≤150	—	—	≥40	≥30	40~210
		0.2≤w<0.5 A级	≤300	—	—	≥40	≥30	40~180
		0.5≤w<1.5 A级	≤800	—	—	≥30	≥20	30~180
锚固用快固型结构胶			—	≥4.0	≤2.0	10~25	5~15	25~60
锚固用非快固型结构胶		A级	—	≥4.0	≤2.0	≥30	≥20	40~120
		B级	—	≥4.0	≤2.0	≥30	≥25	40~120
试验方法标准			本规范附录K	本规范附录L	GB/T 13477	GB/T 7123.1		

注:1 表中的指标,除注明外,均是在(23±0.5)℃试验温度条件下测定。

2 当表中仅给出A级胶的指标时,表明该用途不允许使用B级胶。

3 表中符号w为裂缝宽度,其单位为mm;

4 当外粘钢板采用压力灌注法施工时,其结构胶工艺性能指标应按"压注型粘钢结构胶"一栏的规定值采用;

5 对快固型植筋、锚栓用胶的适用期,本表根据不同型号产品的特性和工程的要求规定了一个范围。选用时,应由设计单位与厂家事先商定,且厂家应保证其产品在适用期内能良好地完成注胶作业;

6 快固型植筋胶粘剂在锚孔深度大于800mm的情况下使用时,厂家应提供气动或电动注射器及全套配件,并派技术人员进行操作指导;

7 当裂缝宽度w≥2.0mm时,宜按本规范表4.8.1的规定,采用注浆料修补裂缝;

8 当按本表所列试验方法标准测定胶液的垂流度(下垂度)时,其模具深度应改为3mm,且干燥箱内温度应调节到(25±2)℃。

检查数量：同本规范第4.4.1条。

检验方法：检查产品出厂检验合格报告和进场复验报告。

4.4.7 封闭裂缝用的结构胶粘剂进场时，应对其品种、级别、包装、中文标志、出厂日期、出厂检验合格报告等进行检查；若有怀疑时，应对其安全性能和工艺性能进行见证抽样复验，其安全性能复验结果应符合现行国家标准《混凝土结构加固设计规范》GB 50367对纤维复合材粘结用胶的B级胶规定；其工艺性能复验结果应符合本规范表4.4.6的规定。

检查数量：按进场的批次和产品复验抽样，符合本规范附录D的规定。

检验方法：在确认产品包装及中文标志完整性的前提下，检查产品合格证、出厂日期、出厂检验报告与进场复验报告。

（Ⅱ）一 般 项 目

4.4.8 结构胶粘剂的外观质量应无结块、分层或沉淀。若在拌胶过程中发现这些现象，应及时通知监理人员确认，且立即停止在结构加固工程中使用。

检查数量：全数检查。

检验方法：观察判断，或送专业机构鉴定。

4.5 纤 维 材 料

（Ⅰ）主 控 项 目

4.5.1 碳纤维织物（碳纤维布）、碳纤维预成型板（以下简称板材）以及玻璃纤维织物（玻璃纤维布）应按工程用量一次进场到位。纤维材料进场时，施工单位应会同监理人员对其品种、级别、型号、规格、包装、中文标志、产品合格证和出厂检验报告等进行检查，同时尚应对下列重要性能和质量指标进行见证取样复验：

    1 纤维复合材的抗拉强度标准值、弹性模量和极限伸长率；

    2 纤维织物单位面积质量或预成型板的纤维体积含量；

    3 碳纤维织物的K数。

若检验中发现该产品尚未与配套的胶粘剂进行过适配性试验，应见证取样送独立检测机构，按本规范附录E及附录N的要求进行补检。

检查、检验和复验结果必须符合现行国家标准《混凝土结构加固设计规范》GB 50367的规定及设计要求。

检查数量：按进场批号，每批号见证取样3件，从每件中，按每一检验项目各裁取一组试样的用料。

检验方法：在确认产品包装及中文标志完整性的前提下，检查产品合格证、出厂检验报告和进场复验报告；对进口产品还应检查报关单及商检报告所列的批号和技术内容是否与进场检查结果相符。

注：1 纤维复合材抗拉强度应按现行国家标准《定向纤维增强塑料拉伸性能试验方法》GB/T 3354测定，但其复验的试件数量不得少于**15**个，且应计算其试验结果的平均值、标准差和变异系数，供确定其强度标准值使用；

    2 纤维织物单位面积质量应按现行国家标准《增强制品试验方法 第3部分：单位面积质量的测定》GB/T 9914.3进行检测；碳纤维预成型板材的纤维体积含量应按现行国家标准《碳纤维增强塑料体积含量试验方法》GB/T 3366进行检测；

    3 碳纤维的K数应按本规范附录M判定。

4.5.2 结构加固使用的碳纤维，严禁用玄武岩纤维、大丝束碳纤维等替代。结构加固使用的S玻璃纤维（高强玻璃纤维）、E玻璃纤维（无碱玻璃纤维），严禁用A玻璃纤维或C玻璃纤维替代。

4.5.3 纤维复合材的纤维应连续、排列均匀；织物尚不得有皱褶、断丝、结扣等严重缺陷；板材尚不得有表面划痕、异物夹杂、层间裂纹和气泡等严重缺陷。

检查数量：全数检查。

检验方法：观察，或用放大镜检查。

4.5.4 纤维织物单位面积质量的检测结果，其允许偏差为±3%；板材纤维体积含量的检测结果，其允许偏差为$^{+5}_{-2}$%。

检查数量：按进场批次，每批抽取6个试样。

检验方法：检查产品进场复验报告。

（Ⅱ）一 般 项 目

4.5.5 碳纤维织物的缺纬、脱纬，每100m长度不得多于3处；碳纤维织物的断经（包括单根和双根），每100m长度不得多于2处。

玻璃纤维织物的疵点数，应不超过现行行业标准《无碱玻璃纤维布》JC/T 170的规定。

检查数量：全数检查。

检验方法：检查出厂检验报告。若此报告缺失，应进行补检。

4.5.6 纤维织物和纤维预成型板的尺寸偏差应符合表4.5.6的规定。

表4.5.6 纤维材料尺寸偏差允许值

检验项目	纤维织物	纤维预成型板
长度偏差（%）	±1.5	±1.0
宽度偏差（%）	±0.5	±0.5
厚度偏差（mm）	—	±0.05

检查数量：每批6个试样。

检验方法：长度采用精度为1mm钢尺测量；宽度

采用精度为 0.5mm 的钢尺测量；厚度采用精度为 0.02mm 的游标卡尺测量。

4.6 水泥砂浆原材料

（Ⅰ）主控项目

4.6.1 配制结构加固用砂浆的水泥，其品种、性能和质量应符合本规范第 4.1.1 条的规定；其检查数量及检验方法也应符合该条的规定。

4.6.2 配制砂浆用的外加剂，其性能和质量应符合现行国家标准《砌体工程施工质量验收规范》GB 50203 的规定。其检查数量及检验方法也应按该规范的规定执行。

（Ⅱ）一般项目

4.6.3 配制砂浆用的砂和拌合水，其质量应分别符合本规范第 4.1.4 条及第 4.1.5 条的规定，其检查数量及检验方法也应按该条的规定执行。

4.7 聚合物砂浆原材料

（Ⅰ）主控项目

4.7.1 配制结构加固用聚合物砂浆（包括以复合砂浆命名的聚合物砂浆）的原材料，应按工程用量一次进场到位。聚合物原材料进场时，施工单位应会同监理单位对其品种、型号、包装、中文标志、出厂日期、出厂检验合格报告等进行检查，同时尚应对聚合物砂浆体的劈裂抗拉强度、抗折强度及聚合物砂浆与钢粘结的拉伸抗剪强度进行见证取样复验。其检查和复验结果必须符合现行国家标准《混凝土结构加固设计规范》GB 50367 的规定。

检查数量：按进场批号，每批号见证抽样 3 件，每件每组分称取 500g，并按同组分予以混合后送独立检测机构复验。检验时，每一项目每批号的样品制作一组试件。

检验方法：在确认产品包装及中文标志完整性的前提下，检查产品合格证、出厂日期、出厂检验合格报告和进场复验报告。

注：聚合物砂浆体的劈裂抗拉强度、抗折强度及聚合物砂浆拉伸抗剪强度应分别按本规范附录 P、附录 Q 及附录 R 规定的方法进行测定。

4.7.2 当采用镀锌钢丝绳（或钢绞线）作为聚合物砂浆外加层的配筋时，除应将保护层厚度增大 10mm 并涂刷防碳化涂料外，尚应在聚合物砂浆中掺入阻锈剂，但不得掺入以亚硝酸盐为主成分的阻锈剂或含有氯化物的外加剂。

检查数量：按进场批次并符合本规范附录 D 的规定。

检验方法：检查产品合格证书，证书中应有该产品不含有害成分的保证；同时还应检查进场复验报告。

（Ⅱ）一般项目

4.7.3 聚合物砂浆的用砂，应采用粒径不大于 2.5mm 的石英砂配制的细度模数不小于 2.5 的中砂。其使用的技术条件，应按设计强度等级经试配确定。

检查数量：按进场批次和试配试验方案确定。

检验方法：检查试配试验报告。

4.8 裂缝修补用注浆料

（Ⅰ）主控项目

4.8.1 混凝土及砌体裂缝修补用的注浆料进场时，应对其品种、型号、出厂日期及出厂检验报告等进行检查；当有恢复截面整体性要求时，尚应对其安全性能和工艺性能进行见证抽样复验，其复检结果应符合现行国家标准《混凝土结构加固设计规范》GB 50367 及本规范表 4.8.1 的要求。

表 4.8.1 混凝土及砌体裂缝用注浆料工艺性能要求

检验项目		注浆料性能指标		试验方法标准
		改性环氧类	改性水泥基类	
密度(g/cm³)		>1.0	—	GB/T 13354
初始黏度(mPa·s)		≤1500	—	本规范附录 K
流动度(自流)	初始值(mm)	≥380		GB/T 50448
	30min 保留率(%)	≥90		
竖向膨胀率	3h(%)	≥0.10		GB/T 50448 及 GB/T 50119
	24h 与 3h 之差值(%)	0.02~0.20		
23℃下 7d 无约束线性收缩率(%)		≤0.10	—	HG/T 2625
泌水率(%)		0		GB/T 50080
25℃测定的可操作时间(min)		≥60	≥90	GB/T 7123
适合注浆的裂缝宽度 w(mm)		1.5<w≤3.0	3.0<w≤5.0 且符合产品说明书规定	

注：1 适合注浆的裂缝宽度系指有恢复截面整体性要求的情况而言；若仅要求封闭、填充裂缝，可按产品使用说明书给出的 w 值，通过试灌确定。
2 当混凝土构件有补强要求时，应采用裂缝修补胶（注射剂），其工艺性能应符合本规范表 4.4.6 的要求。

4.8.2 改性环氧类注浆料中不得含有挥发性溶剂和非反应性稀释剂；改性水泥基注浆料中氯离子含量不得大于胶凝材料质量的 0.05%。任何注浆料均不得对钢筋及金属锚固件和预埋件产生腐蚀作用。

4.8.3 注浆料工艺性能复验项目，对环氧改性类应为拌合后初黏度及线性收缩率；对其他聚合物改性类应为流动度、竖向膨胀率及泌水率。

检查数量：按进场的批次和产品复验抽样并符合本规范附录D的规定。

检验方法：在确认产品包装及中文标志完整性的前提下，检查产品合格证、出厂日期、出厂检验报告和进场复验报告。

（Ⅱ）一般项目

4.8.4 水泥基注浆料用水的水质应符合本规范第4.1.5条的规定。

4.8.5 灌注裂缝用的器具及封缝材料的质量应符合现行国家相应产品标准的规定。

检查数量：按进场的批次和产品的抽样检验方案确定。

检验方法：检查产品合格证、出厂检验报告及试灌注报告。

4.9 混凝土用结构界面胶（剂）

（Ⅰ）主控项目

4.9.1 混凝土用结构界面胶（也称结构界面剂），应采用改性环氧类界面胶（剂），或经独立检验机构确认为具有同等功效的其他品种界面胶（剂）。

4.9.2 结构界面胶（剂）应一次进场到位。进场时，应对其品种、型号、批号、包装、中文标志、出厂日期、产品合格证、出厂检验报告等进行检查，并应对下列项目进行见证抽样复验：

1 与混凝土的正拉粘结强度及其破坏形式；
2 剪切粘结强度及其破坏形式；
3 耐湿热老化性能现场快速复验。

复验结果必须分别符合本规范附录E、附录S及附录J的规定。

注：结构界面胶（剂）耐湿热老化快速复验，应采用本规范附录S规定的剪切试件进行试验与评定。

检查数量：按进场批次，每批见证抽取3件；从每件中取出一定数量界面胶（剂）经混匀后，为每一复验项目制作5个试件进行复验。

检验方法：在确认产品包装及中文标志完整的前提下，检查产品合格证、出厂检验报告和进场复验报告。

（Ⅱ）一般项目

4.9.3 对结构界面胶（剂）的新产品，在使用前，应进行现场试涂刷。其涂刷工艺（包括涂刷前对原构件粘合面的洁净处理）应按产品使用说明书及该工程施工图的规定和要求执行。

检查数量：对每项工程应至少试涂刷三个界面。

检验方法：通过观察其可操作性，检查其涂刷质量的均匀性，对该产品的工艺性能作出是否可以接受的评价。

4.10 结构加固用水泥基灌浆料

（Ⅰ）主控项目

4.10.1 混凝土结构及砌体结构加固用的水泥基灌浆料进场时，应按下列规定进行检查和复验：

1 应检查灌浆料品种、型号、出厂日期、产品合格证及产品使用说明书的真实性；

2 应按表4.10.1规定的检验项目与合格指标，检查产品出厂检验报告，见证取样复验其浆体流动度、抗压强度及其与混凝土正拉粘结强度等3个项目。若产品出厂报告中有漏检项目，也应在复验中予以补检；

3 若怀疑产品包装中净重不足，尚应抽样复验。复验测定的净重不应少于产品合格证标示值的99%。

检查数量：按进场批次和产品复验抽样规定（本规定附录D）确定。

检验方法：检查产品出厂检验报告和进场复验报告。

表4.10.1 结构加固用水泥基灌浆料安全性能及重要工艺性能要求

	检验项目		龄期(d)	技术指标	试验方法标准
重要工艺性能要求	最大骨料粒径(mm)		—	≤4	JC/T 986
	流动度 (mm)	初始值	—	≥300	GB/T 50448
		30min保留率(%)	—	≥90	
	竖向膨胀率(%)	3h	—	≥0.10	GB/T 50448及GB/T 50119
		24h与3h之差值	—	0.020～0.20	
	泌水率(%)		—	0	GB/T 50448
浆体安全性能要求	抗压强度(MPa)		7d	≥40	JGJ 70
			28d	≥55	
	劈裂抗拉强度(MPa)		28	≥5.0	本规范附录P
	抗折强度(MPa)		28	≥10.0	本规范附录Q
	与C30混凝土正拉粘结强度(MPa)		28	≥1.8，且为混凝土内聚破坏	本规范附录E
	与钢筋粘结强度(MPa)	热轧带肋钢筋	28	≥12.0	DL/T 5150
	对钢筋腐蚀作用		0(新拌浆料)	无	GB/T 8076
	浆液中氯离子含量(%)		0(新拌浆料)	不大于胶凝材料质量的0.05	GB/T 8077

注：表中各项目的性能检验，应以产品规定的最大用水量制作试样。

4.10.2 当不同标准给出的检验项目和性能指标有差别时,对建筑结构加固设计和施工,必须执行本规范的规定;若水泥基灌浆料产品检验结果不符合本规范表4.10.1的要求,应改用环氧改性水泥基灌浆料,并重新按本表的要求进行检验。

(Ⅱ) 一 般 项 目

4.10.3 配制灌浆料的用水,其水质应符合本规范第4.1.5条的规定。

检查数量:同一水源检查不应少于1次。

检验方法:送独立检测机构化验。

4.11 锚 栓

(Ⅰ) 主 控 项 目

4.11.1 结构加固用锚栓应采用自扩底锚栓、模扩底锚栓或特殊倒锥形锚栓,且应按工程用量一次进场到位。进场时,应对其品种、型号、规格、中文标志和包装、出厂检验合格报告等进行检查,并应对锚栓钢材受拉性能指标进行见证抽样复验,其复验结果必须符合现行国家标准《混凝土结构加固设计规范》GB 50367的规定。

对地震设防区,除应按上述规定进行检查和复验外,尚应复查该批锚栓是否属地震区适用的锚栓。复查应符合下列要求:

1 对国内产品,应具有独立检验机构出具的符合行业标准《混凝土用膨胀型、扩孔型建筑锚栓》JG 160-2004附录F规定的专项试验验证合格的证书;

2 对进口产品,应具有该国或国际认证机构检验结果出具的地震区适用的认证证书。

检查数量:按同一规格包装箱数为一检验批,随机抽取3箱(不足3箱应全取)的锚栓,经混合均匀后,从中见证抽取5%,且不少于5个进行复验;若复验结果仅有一个不合格,允许加倍取样复验;若仍有不合格者,则该批产品应评为不合格产品。

检验方法:在确认锚栓产品包装及中文标志完整性的条件下,检查产品合格证、出厂检验报告和进场见证复验报告;对扩底刀具,还应检查其真伪;对地震设防区,尚应检查其认证或验证证书。

4.11.2 钢锚板的钢种、规格、质量等应符合现行国家相应产品标准要求。对设计有复验要求的钢锚板,应进行见证抽样复验,其复验结果应符合本规范第4.2.2条的要求。

检查数量:以现行相应的产品标准为依据,按进场批号逐批检查。当设计有复验要求时,应按每批的钢锚板总数见证抽取1‰,且不少于3块进行复验。

检验方法:检查产品合格证、出厂检验报告和进场见证复验报告。

(Ⅱ) 一 般 项 目

4.11.3 锚栓外观表面应光洁、无锈、完整,栓体不得有裂纹或其他局部缺陷;螺纹不应有损伤。

检查数量:按包装箱数抽查5%,且不应少于3箱。

检验方法:开箱逐个目测检查。

4.11.4 钢锚板应平直、完整;表面不得有锈蚀、裂纹;端边不得有分层、夹渣等缺陷。

检查数量:全数检查。

检验方法:观察。

5 混凝土构件增大截面工程

5.1 一 般 规 定

5.1.1 本章适用于钢筋混凝土构件增大截面加固工程的施工过程控制和施工质量检验。

5.1.2 混凝土构件增大截面工程的施工,应按下列程序进行:

1 清理、修整原结构、构件;

2 安装新增钢筋(包括种植箍筋)并与原钢筋、箍筋连接;

3 界面处理;

4 安装模板;

5 浇筑混凝土;

6 养护及拆模;

7 施工质量检验。

5.1.3 浇筑混凝土前,应对下列项目按隐蔽工程要求进行验收:

1 界面处理及涂刷结构界面胶(剂)的质量;

2 新增钢筋(包括植筋)的品种、规格、数量和位置;

3 新增钢筋或植筋与原构件钢筋的连接构造及焊接质量;

4 植筋质量;

5 预埋件的规格、位置。

5.1.4 混凝土构件新增截面的施工,可根据实际情况和条件选用人工浇筑、喷射技术或自密实技术进行施工。当有可靠的工程经验时,也可采用符合本规范要求的灌浆技术进行施工。不论选用哪种方法或技术,其模板架设、钢筋加工、焊接和安装,以及新混凝土的配制(包括工作性能检验)、浇筑、养护、强度检验及拆模时间等,均应按国家标准《混凝土结构工程施工质量验收规范》GB 50204、本规范第21章以及有关喷射混凝土和自密实混凝土的技术规程执行。

5.2 界面处理

（Ⅰ）主控项目

5.2.1 原构件混凝土界面（粘合面）经修整露出骨料新面后，尚应采用花锤、砂轮机或高压水射流进行打毛；必要时，也可凿成沟槽。其做法应符合下列要求：

1 花锤打毛：宜用1.5kg～2.5kg的尖头錾石花锤，在混凝土粘合面上錾出麻点，形成点深约3mm、点数为600点/m²～800点/m²的均匀分布；也可錾成点深4mm～5mm、间距约30mm的梅花形分布。

2 砂轮机或高压水射流打毛：宜采用输出功率不小于340W的粗砂轮机或压力符合本规范附录C要求的水射流，在混凝土粘合面上打出方向垂直于构件轴线、纹深为3mm～4mm、间距约50mm的横向纹路。

3 人工凿沟槽：宜用尖锐、锋利凿子，在坚实混凝土粘合面上凿出方向垂直于构件轴线、槽深约6mm、间距为100mm～150mm的横向沟槽。

当采用三面或四面新浇混凝土层外包梁、柱时，尚应在打毛同时，凿除截面的棱角。

在完成上述加工后，应用钢丝刷等工具清除原构件混凝土表面松动的骨料、砂砾、浮渣和粉尘，并用清洁的压力水冲洗干净。若采用喷射混凝土加固，宜用压缩空气和水交替冲洗干净。

检查数量：全数检查。

检验方法：观察和触摸；有争议时，可用测深仪复查其平均深度。

5.2.2 原构件混凝土的界面，应按设计文件的要求涂刷结构界面胶（剂）；结构界面胶（剂）的进场复验，应符合本规范第4.9.2条的规定；界面胶（剂）的涂刷方法及质量要求应符合该产品使用说明书及施工图说明的规定。

对板类原构件，除涂刷界面胶（剂）外，尚应锚入直径不小于6mm的Γ形剪切销钉；销钉的锚固深度应取板厚的2/3；其间距应不大于300mm；边距应不小于70mm。锚固销钉用胶的性能应符合现行国家标准《混凝土结构加固设计规范》GB 50367的要求。

检查数量：全数检查。

检验方法：观察，并检查界面胶（剂）复验报告、剪切销钉锚固承载力现场检验报告以及施工记录。

5.2.3 原构件钢筋的外露部分在除锈时，若发现锈蚀已导致其截面削弱严重，尚应通知设计单位，并按设计补充图纸进行补筋。

检查数量：全数检查。

检验方法：按图核对，并检查施工记录。

（Ⅱ）一般项目

5.2.4 涂刷结构界面胶（剂）前，应对原构件表面界面处理质量进行复查，不得有漏剔除的松动石子、浮砂以及漏补的裂缝和漏清除的其他污垢等。

检查数量：全数检查。

检验方法：观察，并辅以钢丝刷或其他小工具检查。

5.3 新增截面施工

（Ⅰ）主控项目

5.3.1 新增受力钢筋、箍筋及各种锚固件、预埋件与原构件的连接和安装，除应符合现行国家标准《混凝土结构加固设计规范》GB 50367的构造规定和设计要求外，尚应符合现行国家标准《混凝土结构工程施工质量验收规范》GB 50204的规定。

检查数量：全数检查；当有植筋时，应按本规范第19章确定检查数量。

检验方法：观察、钢尺检查；当有植筋时，应按本规范第19章的规定进行检验。

5.3.2 新增混凝土的强度等级必须符合设计要求。用于检查结构构件新增混凝土强度的试块，应在监理工程师见证下，在混凝土的浇筑地点随机抽取。取样与留置试块应符合下列规定：

1 每拌制50盘（不足50盘，按50盘计）同一配合比的混凝土，取样不得少于一次；

2 每次取样应至少留置一组标准养护试块；同条件养护试块的留置组数应根据混凝土工程量及其重要性确定，且不应少于3组。

检验方法：检查施工记录及试块强度试验报告。

5.3.3 若试块不慎丢失、漏取或受损，或对试块强度试验报告有怀疑时，应经监理单位核实并同意后，由独立检测机构按本规范附录T的规定，选用适宜的现场非破损检测方法推定新增混凝土强度。

检查数量：按本规范附录T的取样规则确定。

检验方法：按本规范附录T规定的检测方法执行，并检查现场非破损检测报告。

（Ⅱ）一般项目

5.3.4 混凝土浇筑完毕后，应按施工技术方案及时采取有效的养护措施，并应符合下列规定：

1 在浇筑完毕后应及时对混凝土加以覆盖并在12h以内开始浇水养护；

2 混凝土浇水养护的时间：对采用硅酸盐水泥、普通硅酸盐水泥或矿渣硅酸盐水泥拌制的混凝土，不得少于7d；对掺用缓凝剂或有抗渗要求的混凝土，不得少于14d；

3 浇水次数应能保持混凝土处于湿润状态；混

凝土养护用水的水质应与拌制用水相同;

4 采用塑料布覆盖养护的混凝土,其敞露的全部表面应覆盖严密,并应保持塑料布内表面有凝结水;

5 混凝土强度达到1.2MPa前,不得在其上踩踏或安装模板及支架。

注:1 当日平均气温低于5℃时,不得浇水;
2 当采用其他品种水泥时,混凝土的养护时间,应根据所采用水泥或混合料的技术性能确定;
3 混凝土的表面不便浇水或使用塑料布覆盖时,应涂刷养护剂;养护剂的性能和质量应符合现行行业标准《水泥混凝土养护剂》JC/T 901的要求。

检查数量:全数检查。

检验方法:观察,检查施工记录。

5.4 施工质量检验

(Ⅰ)主控项目

5.4.1 新增混凝土的浇筑质量缺陷,应按表5.4.1进行检查和评定;其尺寸偏差应按设计单位在施工图上对重要部位尺寸所注的允许偏差进行检查与评定。

表5.4.1 新增混凝土浇筑质量缺陷

名称	现象	严重缺陷	一般缺陷
露筋	构件内钢筋未被混凝土包裹而外露	发生在纵向受力钢筋中	发生在其他钢筋中,且外露不多
蜂窝	混凝土表面缺少水泥砂浆致使石子外露	出现在构件主要受力部位	出现在其他部位,且范围小
孔洞	混凝土的孔洞深度和长度均超过保护层厚度	发生在构件主要受力部位	发生在其他部位,且为小孔洞
夹杂异物	混凝土中夹有异物且深度超过保护层厚度	出现在构件主要受力部位	出现在其他部位
内部疏松或分离	混凝土局部不密实或新旧混凝土之间分离	发生在构件主要受力部位	发生在其他部位,且范围小
新浇混凝土出现裂缝	缝隙从新增混凝土表面延伸至其内部	构件主要受力部位有影响结构性能或使用功能的裂缝	其他部位有少量不影响结构性能或使用功能的裂缝
连接部位缺陷	构件连接处混凝土有缺陷,连接钢筋、连接件、后锚固件有松动	连接部位有松动,或有影响结构传力性能的缺陷	连接部位有尚不影响结构传力性能的缺陷

续表5.4.1

名称	现象	严重缺陷	一般缺陷
表面缺陷	因材料或施工原因引起的构件表面起砂、掉皮	用刮板检查,其深度大于5mm	仅有深度不大于5mm的局部凹陷

注:1 当检查混凝土浇筑质量时,若发现有麻面、缺棱、掉角、棱角不直、翘曲不平等外形缺陷,应责令施工单位进行修补后,重新检查验收。
2 灌浆料与细石混凝土拌制的混合料,其浇灌质量缺陷也应按本表检查和评定。

5.4.2 新增混凝土的浇筑质量不应有严重缺陷及影响结构性能和使用功能的尺寸偏差。

对已经出现的严重缺陷及影响结构性能和使用功能的尺寸偏差,应由施工单位提出技术处理方案,经监理(业主)和设计单位共同认可后予以实施。对经处理的部位应重新检查、验收。

检查数量:全数检查。

检验方法:观察、测量或超声法检测,并检查技术处理方案和返修记录。

5.4.3 新旧混凝土结合面粘结质量应良好。锤击或超声波检测判定为结合不良的测点数不应超过总测点数的10%,且不应集中出现在主要受力部位。

检查数量:每一界面,每隔100mm~300mm布置一个测点。

检验方法:锤击或超声波检测。

注:超声检测应按现行国家标准《建筑结构检测技术标准》GB/T 50344的规定执行。

5.4.4 当设计对使用结构界面胶(剂)的新旧混凝土粘结强度有复验要求时,应在新增混凝土28d抗压强度达到设计要求的当日,进行新旧混凝土正拉粘结强度(f_t)的见证抽样检验。检验结果应符合$f_t \geqslant$ 1.5MPa,且应为正常破坏(见本规范附录U第U.6.2条)。

检查数量:按本规范附录U抽样方案确定。

检验方法:按本规范附录U规定的方法进行。

5.4.5 新增钢筋的保护层厚度抽样检验结果应合格。其抽样数量、检验方法以及验收合格标准应符合现行国家标准《混凝土结构工程施工质量验收规范》GB 50204的规定,但对结构加固截面纵向钢筋保护层厚度的允许偏差,应改按下列规定执行:

1 对梁类构件,为+10mm,-3mm;

2 对板类构件,仅允许有8mm的正偏差,无负偏差;

3 对墙、柱类构件,底层仅允许有10mm的正偏差,无负偏差;其他楼层按梁类构件的要求执行。

(Ⅱ)一般项目

5.4.6 新增混凝土的浇筑质量不宜有一般缺陷。一般缺陷的检查与评定应按本规范表5.4.1进行。

对已经出现的一般缺陷，应由施工单位按技术处理方案进行处理，并重新检查验收。

检查数量：全数检查。

检验方法：观察，量测，并检查技术处理方案和返修记录。

5.4.7 新增混凝土拆模后，应对构件的尺寸偏差进行检查。其检查数量、检验方法以及允许偏差值应按现行国家标准《混凝土结构工程施工质量验收规范》GB 50204执行。

6 局部置换混凝土工程

6.1 一般规定

6.1.1 本章适用于钢筋混凝土结构、构件局部置换混凝土工程的施工过程控制和施工质量检验。

6.1.2 置换混凝土的施工程序，应按施工设计规定的工序（图6.1.2）进行。

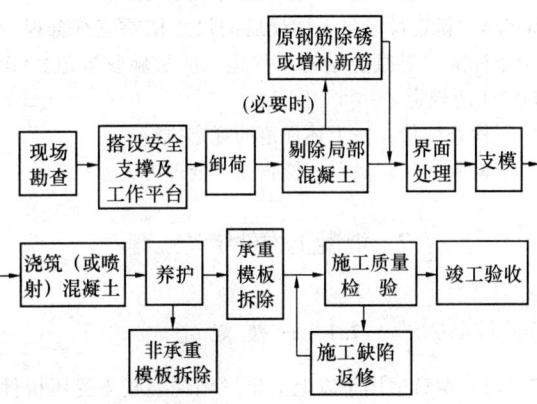

图6.1.2 局部置换混凝土施工工程序框图

6.1.3 混凝土浇筑前，除应对模板及其支撑进行验收外，尚应对下列项目进行隐蔽工程验收：

1 补配钢筋或箍筋的品种、级别、规格、数量、位置等；
2 补配钢筋和原钢筋的连接方式及质量；
3 界面处理及结构界面胶（剂）涂刷的质量。

6.2 卸载的实时控制

（Ⅰ）主控项目

6.2.1 被加固构件卸载的力值、卸载点的位置确定、卸载顺序及卸载点的位移控制应符合设计规定及施工技术方案的要求。

检查数量：全数检查。

检验方法：测量、观测；检查卸载及监控记录。

6.2.2 卸载时的力值测量可用千斤顶配置的压力表经校正后进行测读；卸载点的结构节点位移宜用百分表测读。卸载所用的压力表、百分表的精度不应低于1.5级，标定日期不应超过半年。

检查数量：全数检查。

检验方法：观察，检查仪表校正合格证及施工监控记录。

6.2.3 卸载时，应有全程监控设施和安全支护设施，保证被卸载结构及其相关结构的安全。

检查数量：全数检查。

检验方法：检查卸载设施的安全性及监控仪器的检定记录。

（Ⅱ）一般项目

6.2.4 当需将千斤顶压力表的力值转移到支承结构上时，可采用螺旋式杆件和钢楔等进行传递，但应在千斤顶的力值降为零时方可卸下千斤顶。力值过渡时，应用百分表进行卸载点的位移控制。

检查数量：全数检查。

检验方法：观测、检查卸载控制记录。

6.2.5 卸载的支撑结构应满足承载力及变形要求。其所承受的荷载应传递到基础上。

检查数量：全数检查。

检验方法：观察，检查施工监控记录。

6.3 混凝土局部剔除及界面处理

（Ⅰ）主控项目

6.3.1 剔除被置换的混凝土时，应在到达缺陷边缘后，再向边缘外延伸清除一段不小于50mm的长度；对缺陷范围较小的构件，应从缺陷中心向四周扩展，逐步进行清除，其长度和宽度均不应小于200mm。剔除过程中不得损伤钢筋及无需置换的混凝土；若钢筋或混凝土受到损伤，应由施工单位提出技术处理方案，经设计和监理单位认可后方可进行处理；处理后应重新检查验收。

检查数量：全数检查。

检验方法：检查钢筋和混凝土外观质量，并检查技术处理方案及施工记录。

6.3.2 新旧混凝土粘合面的界面处理应符合设计规定及本规范第5.2节的要求，但不凿成沟槽。若用高压水射流打毛，宜按本规范附录C的规定打磨成垂直于轴线方向的均匀纹路。

检查数量：全数检查。

检验方法：观察。

（Ⅱ）一般项目

6.3.3 当对原构件混凝土粘合面涂刷结构界面胶（剂）时，其涂刷质量应均匀，无漏刷。

检查数量：全数检查。
检验方法：观察；并检查施工记录。

6.4 置换混凝土施工

（Ⅰ）主控项目

6.4.1 置换混凝土需补配钢筋或箍筋时，其安装位置及其与原钢筋焊接方法，应符合设计规定；其焊接质量应符合现行行业标准《钢筋焊接及验收规程》JGJ 18的要求；若发现焊接伤及原钢筋，应及时会同设计单位进行处理；处理后应重新检查、验收。

检查数量：全数检查。
检验方法：观察、钢尺量测、检查焊接接头力学性能试验报告及施工记录。

6.4.2 采用普通混凝土置换时，其施工过程的质量控制，应符合本规范第5.3.2条及第5.3.3条的规定；其他未列事项应符合现行国家标准《混凝土结构工程施工质量验收规范》GB 50204的规定。

检查数量及检验方法按本规范第5.3.2条及5.3.3条的规定执行。

6.4.3 采用喷射混凝土置换时，其施工过程的质量控制，应符合有关喷射混凝土加固技术的规定，其检查数量和检验方法也应按该规程的规定执行。

6.4.4 置换混凝土的模板及支架拆除时，其混凝土强度应达到设计规定的强度等级。

检查数量：按本规范第5.1.4条指定的标准中有关规定执行。
检验方法：检查施工记录及试块的抗压强度试验报告。

（Ⅱ）一般项目

6.4.5 混凝土浇筑完毕后，应按施工技术方案及时进行养护。养护的措施应符合本规范第5.3.4条的规定。

检查数量：全数检查。
检验方法：观察，检查施工记录。

6.5 施工质量检验

（Ⅰ）主控项目

6.5.1 新置换混凝土的浇筑质量不应有严重缺陷及影响结构性能或使用功能的尺寸偏差。

对已经出现的严重缺陷和影响结构性能或使用功能的尺寸偏差，应由施工单位提出技术处理方案，经设计和监理单位认可后进行处理。处理后应重新检查、验收。

检查数量：全数检查。
检验方法：观察、超声法检测、检查技术处理方案及返修记录。

6.5.2 新旧混凝土结合面粘合质量应良好。

检查数量及检验方法按本规范第5.4.3条的规定执行。

6.5.3 当设计对使用界面胶（剂）的新旧混凝土结合面的粘结强度有复验要求时，应按本规范第5.4.4条的规定进行见证抽样检验和合格评定。

检查数量及检验方法也应按本规范第5.4.4条的规定执行。

6.5.4 钢筋保护层厚度的抽样检验结果应合格。

其抽样数量、检验方法以及合格评定标准应符合现行国家标准《混凝土结构工程施工质量验收规范》GB 50204及本规范第5.4.5条的规定。

（Ⅱ）一般项目

6.5.5 新置换混凝土的浇筑质量不宜有一般缺陷。

对已经出现的一般缺陷，应由施工单位提出技术处理方案，经监理单位认可后进行处理，并重新检查、验收。

检查数量：全数检查。
检验方法：观察，检查技术处理方案。

6.5.6 新置换混凝土拆模后的尺寸偏差应符合现行国家标准《混凝土结构工程施工质量验收规范》GB 50204的规定。

检查数量：按上述规范的规定执行。
检验方法：量测，检查技术处理方案。

7 混凝土构件绕丝工程

7.1 一般规定

7.1.1 本章适用于以退火钢丝缠绕混凝土受压构件工程的施工过程控制和施工质量检验。

7.1.2 混凝土构件绕丝工程的施工程序应符合下列规定：
1 清理原结构；
2 剔除绕丝部位混凝土保护层；
3 界面处理；
4 绕丝施工；
5 混凝土面层施工；
6 施工质量检验。

7.1.3 浇筑混凝土面层前，应对下列项目进行绕丝隐蔽工程验收：
1 界面处理质量；
2 绕丝的间距；
3 退火钢丝、构造钢筋与原构件钢筋的焊接质量；
4 楔紧质量。

7.2 界面处理

（Ⅰ）主控项目

7.2.1 原结构构件经清理后，应按设计的规定，凿除绕丝、焊接部位的混凝土保护层。凿除后，应清除已松动的骨料和粉尘，并錾去其尖锐、凸出部位，但应保持其粗糙状态。凿除保护层露出的钢筋程度以能进行焊接作业为度；对方形截面构件，尚应凿除其四周棱角并进行圆化加工；圆化半径不宜小于40mm，且不应小于25mm。然后将绕丝部位的混凝土表面用清洁压力水冲洗干净。

检查数量：全数检查。
检验方法：观察、触摸、圆弧量规检查。

7.2.2 原构件表面凿毛后，应按设计的规定涂刷结构界面胶（剂）。结构界面胶（剂）的性能和质量应符合本规范第4.9.2条的规定。界面胶（剂）的涂刷工艺和涂刷质量应符合产品说明书的要求。

检查数量：全数检查。
检验方法：观察，并检查施工记录。

（Ⅱ）一般项目

7.2.3 涂刷结构界面胶（剂）前，应对原构件表面处理质量进行复查，不得有松动的骨料、浮灰、粉尘和未清除干净的污染物。

检查数量：全数检查。
检验方法：观察、擦拭、尖头小槌敲探，并检查施工记录。

7.3 绕丝施工

（Ⅰ）主控项目

7.3.1 绕丝前，应采用间歇点焊法将钢丝及构造钢筋的端部焊牢在原构件纵向钢筋上。若混凝土保护层较厚，焊接构造钢筋时，可在原纵向钢筋上加焊短钢筋作为过渡。

检查数量：全数检查。
检验方法：观察并检查试焊接头的力学性能试验报告。

7.3.2 绕丝应连续，间距应均匀；在施力绷紧的同时，尚应每隔一定距离以点焊加以固定；绕丝的末端也应与原钢筋焊牢。绕丝焊接固定完成后，尚应在钢丝与原构件表面之间有未绷紧部位打入钢片予以楔紧。

检查数量：全数检查。
检验方法：锤击法检查。

7.3.3 混凝土面层的施工，可根据工程实际情况和施工单位经验选用人工浇筑法或喷射法。当采用人工浇筑时，其施工过程控制应符合现行国家标准《混凝土结构工程施工质量验收规范》GB 50204的规定；其检查数量及检验方法也应按该规范的规定执行。当采用喷射法时，其施工过程控制应符合有关喷射混凝土加固技术的规定。其检查数量及检验方法也应按该规程执行。

7.3.4 绕丝的净间距应符合设计规定，且仅允许有3mm负偏差。

检查数量：每个构件抽检绕丝间距3处。
检验方法：钢尺量测。

（Ⅱ）一般项目

7.3.5 混凝土面层模板的架设，当采用人工浇筑时，应符合现行国家标准《混凝土结构工程施工质量验收规范》GB 50204的规定。当采用喷射法时，应符合有关喷射混凝土加固技术的规定。

检查数量：按该规范或规程的要求确定。
检验方法：检查施工记录。

7.3.6 混凝土面层浇筑完毕后，应按本规范第5.3.4条的规定及时进行养护。

检查数量：全数检查。
检验方法：观察、检查施工记录。

7.4 施工质量检验

（Ⅰ）主控项目

7.4.1 混凝土面层的施工质量不应有严重缺陷及影响结构性能或使用功能的尺寸偏差。其检查、评定和处理方案应按本规范第5.4.1条及第5.4.2条的规定执行。

7.4.2 钢丝的保护层厚度不应小于30mm，且仅允许有3mm正偏差。

检查数量：随机抽取不少于5个构件，每一构件测量3点。若构件总数不多于5个，应全数检查。
检验方法：采用钢筋位置测定仪探测。

（Ⅱ）一般项目

7.4.3 混凝土面层的施工质量不宜有一般缺陷。若发现有一般缺陷，应按技术处理方案进行处理，并重新检查验收。

检查数量：全数检查。
检验方法：观察，检查技术处理方案。

7.4.4 混凝土面层拆模后的尺寸偏差应符合下列规定：

1 面层厚度：仅允许有5mm正偏差，无负偏差；

2 表面平整度：不应大于0.5%，且不应大于设计规定值。

检查数量：每一检验批不少于3个构件。
检验方法：用钢尺检查厚度，用靠尺和塞尺检查平整度。

8 混凝土构件外加预应力工程

8.1 一般规定

8.1.1 本章适用于混凝土构件外加预应力钢拉杆或钢撑杆工程的施工过程控制和施工质量检验。

8.1.2 混凝土构件外加预应力工程的施工方法，应根据设计规定的预应力大小和工程条件进行选择。预应力值较大时宜用机张法；若张拉值较小，且张拉工艺允许时，可采用人工张拉法。必要时，还可辅以花篮螺栓收紧；当采用预应力撑杆时，宜采用横向拉紧螺栓建立预应力。

8.1.3 混凝土外加预应力工程的施工程序应符合下列规定：

 1 清理原结构；

 2 画线标定预应力拉杆（或撑杆）的位置；

 3 预应力拉杆（或撑杆）制作及锚夹具试装配；

 4 剔凿锚固件安装部位的混凝土，并做好界面处理；

 5 安装并固定预应力拉杆（或撑杆）及其锚固装置、支承垫板、撑棒、拉紧螺栓等零部件；

 6 安装张拉装置（必要时）；

 7 按施工技术方案进行张拉并固定；

 8 施工质量检验；

 9 防护面层施工。

8.1.4 当采用千斤顶张拉时，应定期标定其张拉机具及仪表。标定的有效期限不得超过半年。当千斤顶在使用过程中出现异常现象或经过检修，应重新标定。

8.1.5 外加预应力工程的施工，应由具有相应资质等级的预应力专业施工单位承担。

8.1.6 在浇筑防护面层的水泥砂浆或细石混凝土前，应进行预应力隐蔽工程验收。其内容包括：

 1 预应力拉杆（或撑杆）的品种、规格、数量、位置等；

 2 预应力拉杆（或撑杆）的锚固件、撑棒、转向棒等的品种、规格、数量、位置等；

 3 当采用千斤顶张拉时，应验收锚具、夹具等的品种、规格、数量、位置等；

 4 锚固区局部加强构造及焊接或胶粘的质量。

8.2 制作与安装

（Ⅰ）主控项目

8.2.1 预应力拉杆（或撑杆）制作和安装时，必须复查其品种、级别、规格、数量和安装位置。复查结果必须符合设计要求。

检查数量：全数检查。

检验方法：制作前按进场验收记录核对实物；检查安装位置和数量。

8.2.2 预应力杆件锚固区的钢托套、传力预埋件、挡板、撑棒以及其他锚具、紧固件等的制作和安装质量必须符合设计要求。

检查数量：全数检查。

检验方法：观察，检查交货或交接验收记录及预张拉记录。

8.2.3 施工过程中应避免电火花损伤预应力杆件或预应力筋；受损伤的预应力杆件或预应力筋应予以更换。

检查数量：全数检查。

检验方法：观察。

（Ⅱ）一般项目

8.2.4 预应力拉杆下料应符合下列要求：

 1 应采用砂轮锯或切断机下料，不得采用电弧切割；

 2 当预应力拉杆采用钢丝束，且以镦头锚具锚固时；同束（或同组）钢丝长度的极差不得大于钢丝长度的1/5000，且不得大于3mm；

检查数量：预应力拉杆总数的3%，且不得少于3束（对钢丝为3束或3组）。

检验方法：观察，钢尺量测。

 3 钢丝镦头的强度不得低于钢丝强度标准值的98%。

8.2.5 钢绞线压花锚成型时，其表面应洁净、无油污；梨形头尺寸及直线段长度尺寸应符合设计要求。

检查数量：每工作班抽查3件。

检验方法：观察，检查压花锚强度试验报告。

8.2.6 锚固区传力预埋件、挡板、承压板等的安装，其位置和方向应符合设计要求；其安装位置偏差不得大于5mm。

检查数量：全数检查。

检验方法：观察，钢尺检查。

8.3 张拉施工

（Ⅰ）主控项目

8.3.1 预应力拉杆张拉前，应检测原构件的混凝土强度；其现场推定的强度等级应基本符合现行国家标准《混凝土结构设计规范》GB 50010对预应力混凝土结构的混凝土强度等级的规定。

若构件锚固区填充了混凝土，其同条件养护的立方体试件抗压强度，在张拉时，不应低于设计规定的强度等级的80%。

检查数量：全数检查。

检验方法：检查原构件混凝土强度检测报告及锚

固区充填混凝土同条件养护试块的强度试验报告。

8.3.2 当采用机张法张拉预应力拉杆时，其张拉力、张拉顺序和张拉工艺应符合现行国家标准《混凝土结构工程施工质量验收规范》GB 50204 的有关要求，并应符合下列规定：

1 应保证张拉施力同步、应力均匀一致；
2 应实时控制张拉量；
3 应防止被张拉构件侧向失稳或发生扭转。

检查数量及检验方法按上述规范执行。

8.3.3 当采用横向张拉法张拉预应力拉杆时，应遵守下列规定：

1 拉杆应在施工现场调直，然后与钢托套、锚具等部件进行装配。调直和装配的质量应符合设计要求；

2 预应力拉杆锚具部位的细石混凝土填灌、钢托套与原构件间隙的填塞，拉杆端部与预埋件或钢托套连接的焊缝等的施工质量应检查合格；

3 横向张拉量的控制，可先适当拉紧螺栓，再逐渐放松至拉杆仍基本平直、尚未松弛弯垂时停止放松；记录此时的读数，作为控制横向张拉量 ΔH 的起点；

4 横向张拉分为一点张拉和两点张拉。两点张拉时，应在拉杆中部焊一撑棒，使该处拉杆间距保持不变（图 8.3.3），并应用两个拉紧螺栓，以同规格的扳手同步拧紧；

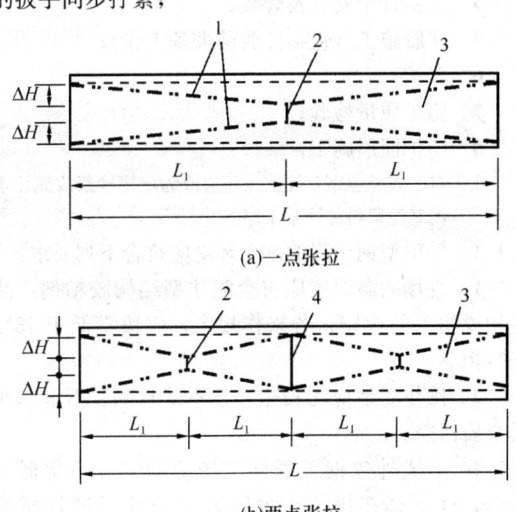

(a) 一点张拉

(b) 两点张拉

图 8.3.3　同步对称张拉示意图
1—水平拉杆；2—拉紧螺栓；3—被加固构件；4—撑棒

5 当横向张拉量达到要求后，宜用点焊将拉紧螺栓的螺母固定，并切除螺杆伸出螺母以外部分。

检查数量：全数检查。

检验方法：观察，检查见证张拉施工记录。

8.3.4 当采用横向张拉法张拉预应力撑杆时，应符合下列规定：

1 宜在施工现场附近，先用缀板焊连两个角钢，形成组合杆肢，然后在组合杆肢中点处，将角钢的侧立肢切割出三角形缺口，弯折成所设计的形状；再将补强钢板弯好，焊在角钢的弯折肢面上（图 8.3.4-1）。

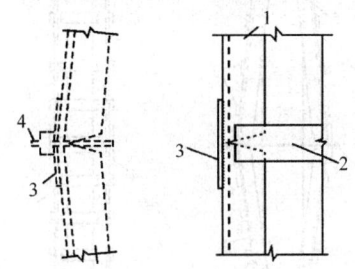

图 8.3.4-1　角钢缺口处加焊钢板补强
1—角钢撑杆；2—剖口处箍板；3—补强钢板；4—拉紧螺栓

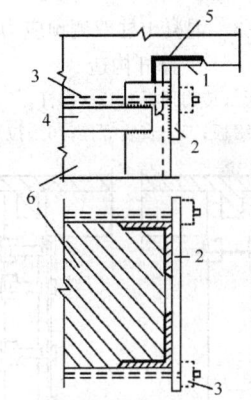

图 8.3.4-2　撑杆杆肢上端的传力构造
（施加预应力并就位后）
1—角钢制承压板；2—传力顶板；3—安装用螺栓；4—箍板；5—胶缝；6—原柱

2 撑杆肢端部由抵承板（传力顶板）与承压板（承压角钢）组成传力构造（图 8.3.4-2）。承压板应采用结构胶加锚栓固定于梁底。传力焊缝的施焊质量应符合现行行业标准《建筑钢结构焊接技术规程》JGJ 81 的要求。经检查合格后，将撑杆两端用螺栓临时固定。

3 预应力撑杆的横向张拉量应按设计值严格进行控制，可通过拉紧螺栓建立预应力（预顶力）。

4 横向张拉完毕，对双侧加固，应用缀板焊连两个组合杆肢（图 8.3.4-3）；对单侧加固，应用连接板将压杆肢焊连在被加固柱另一侧的短角钢上，以固定组合杆肢的位置（图 8.3.4-4）。焊接连接板时，应防止预压应力因施焊受热而损失；可采取上下连接板轮流施焊或同一连接板分段施焊等措施以减少预应力损失。焊好连接板后，撑杆与被加固柱之间的缝隙，应用细石混凝土或砂浆填塞密实。

检查数量：全数检查。

检验方法：观察，检查见证张拉施工记录。

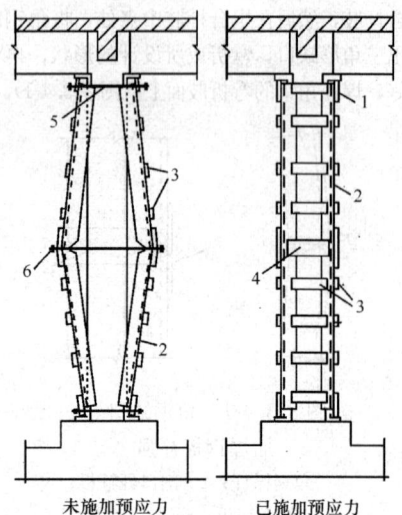

图 8.3.4-3 混凝土柱双侧预应力加固的撑杆构造
1—抵承板（传力顶板）；2—撑杆；3—缀板；
4—加宽缀板；5—安装螺栓；6—拉紧螺栓

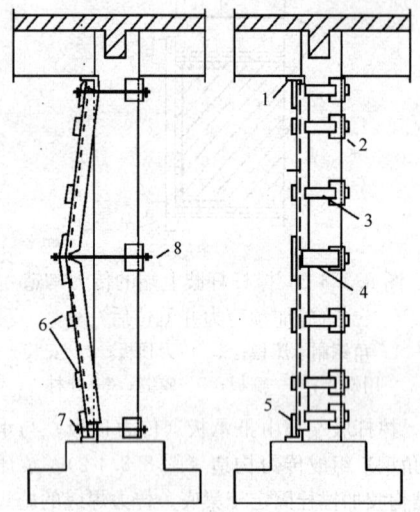

图 8.3.4-4 混凝土柱单侧预应力加固的撑杆构造
1—承压板（承压角钢）；2—短角钢；3—连接板；
4—加宽连接板；5—抵承板（传力顶板）；6—缀板；
7—安装螺栓；8—拉紧螺栓

8.4 施工质量检验

（Ⅰ）主控项目

8.4.1 预应力拉杆锚固后，其实际建立的预应力值与设计规定的检验值之间相对偏差不应超过±5%。
  检查数量：同一检验批抽查不少于1%，且不少于3根。
  检验方法：检查见证张拉记录及预应力拉杆应力检测记录。

8.4.2 当采用钢丝束作为预应力筋时，其钢丝断裂、滑丝的数量不应超过每束一根。
  检查数量：全数检查。
  检验方法：观察，检查张拉记录。

（Ⅱ）一般项目

8.4.3 预应力筋锚固后多余的外露部分应用机械方法切除，但其剩余的外露长度宜为25mm。
  检查数量：同一检验批内不少于5处。
  检验方法：观察，钢尺测量。

9 外粘或外包型钢工程

9.1 一般规定

9.1.1 本章主要适用于混凝土结构、构件外粘型钢（旧称湿式外包钢）加固工程的施工过程控制和施工质量检验；同时也适用于混凝土结构、构件无粘结外包型钢（以下简称干式外包钢）加固工程的施工过程控制和施工质量检验。

9.1.2 混凝土结构、构件外粘或外包型钢加固工程的施工程序应符合下列规定：
  1 清理、修整原结构、构件并画线定位；
  2 制作型钢骨架；
  3 界面处理；
  4 型钢骨架安装及焊接；
  5 注胶施工（包括注胶前准备工作）；
  6 养护；
  7 施工质量检验；
  8 防护面层施工。
  注：对干式外包钢，注胶工序应改为填塞砂浆或灌注水泥基注浆料的注浆工序。

9.1.3 外粘型钢工程的施工环境应符合下列要求：
  1 现场的温湿度应符合灌注型结构胶粘剂产品使用说明书的规定；若未作规定，应按不低于15℃进行控制。
  2 操作场地应无粉尘，且不受日晒、雨淋和化学介质污染。

9.1.4 干式外包钢工程施工场地的气温不得低于10℃，且严禁在雨雪、大风天气条件下进行露天施工。

9.1.5 外粘型钢或干式外包钢的钢构件施工过程所需搭设的支撑和工作平台，应遵守本规范第3章及国家现行有关安全规程的规定。

9.2 型钢骨架制作

（Ⅰ）主控项目

9.2.1 钢骨架及钢套箍的部件，宜在现场按被加固构件的修整后外围尺寸进行制作。当在钢部件上进行切口或预钻孔洞时，其位置、尺寸和数量应符合设计图纸的要求。

　　检查数量：全数检查。

　　检验方法：量测。

9.2.2 钢部件的加工、制作质量应符合现行国家标准《钢结构工程施工质量验收规范》GB 50205的规定。加工、制作质量的检查数量及检验方法也应按该规范的规定执行。对已经出现的严重缺陷和损伤，应由施工单位提出技术处理方案，经设计和监理单位共同认可后，予以实施。对经处理的部位，应重新检查验收。

9.2.3 钢部件及其连接件的制作和试安装不应有影响结构性能和使用功能的尺寸偏差。其检查数量、检验方法和合格评定标准应按现行国家标准《钢结构工程施工质量验收规范》GB 50205的规定执行。对已出现的过大尺寸偏差的部位，应按设计提出的技术处理方案，由施工单位实施后，重新检查验收。

（Ⅱ）一般项目

9.2.4 钢部件加工制作外观质量应检查的一般项目，应符合现行国家标准《钢结构工程施工质量验收规范》GB 50205的规定，且不宜有一般缺陷。对已出现的一般缺陷，应由施工单位按技术处理方案实施，并重新检查验收。

9.3 界面处理

（Ⅰ）主控项目

9.3.1 外粘型钢的构件，其原混凝土界面（粘合面）应打毛；打毛的质量应符合本规范第5.2.1条的要求，但在任何情况下均不应凿成沟槽。

　　检查数量：全数检查。

　　检验方法：观察及触摸。

9.3.2 钢骨架及钢套箍与混凝土的粘合面经修整除去锈皮及氧化膜后，尚应进行糙化处理。糙化可采用砂轮打磨、喷砂或高压水射流等技术，但糙化程度应以喷砂效果为准。

　　注：钢加固件表面处理用的喷砂机，其工作压力应为0.45MPa；其所配的喷砂料应为通过80R筛孔，但通不过60R筛孔的筛余料。

　　检查数量：全数检查。

　　检验方法：观察及触摸。

9.3.3 干式外包钢的构件，其混凝土表面应清理洁净，打磨平整，以能安装角钢肢为度。若钢材表面的锈皮、氧化膜对涂装有影响，也应予以除净。

　　检查数量：全数检查。

　　检验方法：观察，以靠尺检查平整度。

（Ⅱ）一般项目

9.3.4 原构件混凝土截面的棱角应进行圆化打磨，圆化半径应不小于20mm，磨圆的混凝土表面应无松动的骨料和粉尘。

　　检查数量：全数检查。

　　检验方法：观察，圆弧样板（靠尺）检查，尖头小槌轻敲。

9.3.5 外粘型钢时，其原构件混凝土表面的含水率不宜大于4%，且不应大于6%。若混凝土表面含水率降不到6%，应改用高潮湿面专用的结构胶进行粘合。

　　检查数量：每一检验批不少于5处。

　　检验方法：用含水率测定仪检测。

9.4 型钢骨架安装及焊接

（Ⅰ）主控项目

9.4.1 钢骨架各肢的安装，应采用专门卡具以及钢楔、垫片等箍牢、顶紧；对外粘型钢骨架的安装，应在原构件找平的表面上，每隔一定距离粘贴小垫片，使钢骨架与原构件之间留有2mm～3mm的缝隙，以备压注胶液；对干式外包钢骨架的安装，该缝隙宜为4mm～5mm，以备填塞环氧胶泥或压入注浆料。

　　检查数量：全数检查。

　　检验方法：用塞尺或钢片检查。

9.4.2 型钢骨架各肢安装后，应与缀板、箍板以及其他连接件等进行焊接。焊缝应平直，焊波应均匀，无虚焊、漏焊；焊缝的质量应符合现行国家标准《钢结构工程施工质量验收规范》GB 50205的要求。其检查数量及检验方法也应按该规范的规定执行。

　　注：当采用压力注胶法（或注浆法）施工时，扁钢制作的缀板，应采用平焊方法与角钢连接牢固；平焊时，应使缀板底面与角钢内表面对齐，在保持平整状态下施焊；对干式外包钢灌注充填用注浆料时，也应采用平焊方法，但若采用环氧胶泥填塞缀板与原构件混凝土之间的缝隙时，缀板可焊在角钢外表面上。

9.4.3 外粘或外包型钢骨架全部杆件（含缀板、箍板等连接件）的缝隙边缘，应在注胶（或注浆）前用密封胶封缝。封缝时，应保持杆件与原构件混凝土之间注胶（或注浆）通道的畅通。同时，尚应在设计规定的注胶（或注浆）位置钻孔，粘贴注胶嘴（或注浆嘴）底座，并在适当部位布置排气孔。待封缝胶固化后，进行通气试压。若发现有漏气处，应重新封堵。

　　检查数量：全数检查。

　　检验方法：沿封堵全线涂抹皂液；通过空气压缩

机压气进行检查。

（Ⅱ）一般项目

9.4.4 型钢骨架及其套箍的安装尺寸偏差和焊缝尺寸偏差，应符合现行国家标准《钢结构工程施工质量验收规范》GB 50205 对尺寸允许偏差的规定；其检查数量及检验方法也应按该规范的规定执行。

9.4.5 型钢骨架上的注胶孔（或注浆孔）、排气孔的位置与间距应符合施工技术方案或产品使用说明书的规定。当两者的规定值不一致时，应取较小间距。

检查数量：全数检查。

检验方法：观察及量测。

9.5 注胶（或注浆）施工

（Ⅰ）主控项目

9.5.1 注胶（或注浆）设备及其配套装置在注胶（或注浆）施工前应按该产品标准规定的技术指标进行适用性检查和试运作安全检查，其检验结果应合格。

检查数量：每检验批一次。

检验方法：按产品标准出厂检验的规定执行。

9.5.2 灌注用结构胶粘剂应经试配，并测定其初黏度；对结构构造复杂工程和夏期施工工程还应测定其适用期（可操作时间）。若初黏度超出本规范及产品使用说明书规定的上限，应查明其原因；若属胶粘剂的质量问题，应予以更换，不得勉强使用。对气温异常的夏期工程，若适用期达不到本规范表4.4.6 的要求，应采取措施降低施工环境气温；对结构构造复杂工程，宜改用其他优质结构胶粘剂。

灌注干式外包钢缝隙用的注浆料，应按本规范第4.8.3 条进行试配和检验。

检查数量：同一批号胶粘剂不少于一次。

检验方法：按本规范表4.4.6 规定的试验方法进行试配和检验。

9.5.3 对加压注胶（或注浆）全过程应进行实时控制。压力应保持稳定，且应始终处于设计规定的区间内。当排气孔冒出浆液时，应停止加压，并以环氧胶泥堵孔。然后再以较低压力维持10min，方可停止注胶（或注浆）。

检查数量：全数检查。

检验方法：观察，检查监控记录。

（Ⅱ）一般项目

9.5.4 注胶（或注浆）施工结束后，应静置72h进行固化过程的养护。养护期间，被加固部位不得受到任何撞击和振动的影响。养护环境的气温应符合灌注材料产品使用说明书的规定。若养护无误，仍出现固化不良现象，应由该材料生产厂家承担责任。

检查数量：全数检查。

检验方法：观察，检查养护记录。

9.6 施工质量检验

（Ⅰ）主控项目

9.6.1 外粘型钢的施工质量检验，应在检查其型钢肢安装、缀板焊接合格的基础上，对注胶质量进行下列检验和探测：

1 胶粘强度检验　应在注胶开始前，由检验机构派员到现场在被加固构件上预贴正拉粘结强度检验用的标准块（本规范附录U）；粘贴后，应在接触压条件下，静置养护7d。到期时，应立即进行现场检验与合格评定。其检查数量及检验方法应按本规范附录U确定。

2 注胶饱满度探测　应由检验机构派员到现场用仪器或敲击法进行探测，探测结果以空鼓率不大于5％为合格。

检查数量：全数检查。

检验方法：检查独立检测机构出具的检测报告。

9.6.2 对干式外包钢的注浆质量检验，应探测其注浆的饱满度，且以空鼓率不大于10％为合格。对填塞砂浆的干式外包钢，仅要求检查其外观质量，且以封闭完整，满足型钢肢安装要求为合格。

检查数量：全数检查。

检验方法：检查独立检测机构出具的检测报告。

（Ⅱ）一般项目

9.6.3 被加固构件注胶（或注浆）后的外观应无污渍、无胶液（或浆液）挤出的残留物；注胶孔（或注浆孔）和排气孔的封闭应平整；注胶嘴（或注浆嘴）底座及其残片应全部铲除干净。

检查数量：全数检查。

检验方法：观察。

10 外粘纤维复合材工程

10.1 一般规定

10.1.1 本章适用于外粘增强纤维织物或其预成型板工程的施工过程控制和施工质量检验。

10.1.2 外粘纤维织物或板材加固混凝土承重结构时，其施工程序应按施工设计规定的工序（图10.1.2）进行。

10.1.3 粘贴纤维材料的施工环境，应符合下列要求：

1 施工环境温度应符合结构胶粘剂产品使用说明书的规定。若未作规定，应按不低于15℃进行

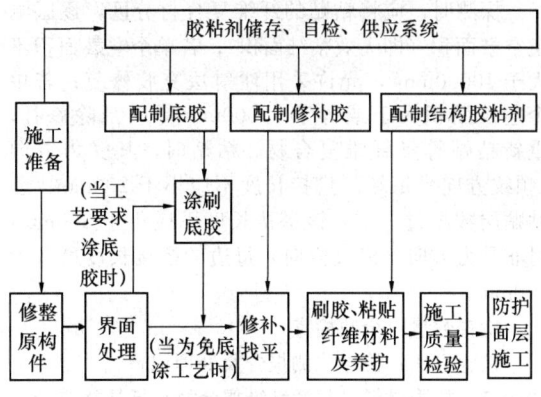

图 10.1.2 施工程序框图

控制。

2 作业场地应无粉尘,且不受日晒、雨淋和化学介质污染。

10.1.4 防护面层的构造和施工应符合设计规定。对各种不同面层的施工过程控制和施工质量验收,应符合国家现行有关标准的规定。

10.2 界面处理

(Ⅰ) 主控项目

10.2.1 经修整露出骨料新面的混凝土加固粘贴部位,应进一步按设计要求修复平整,并采用结构修补胶对较大孔洞、凹面、露筋等缺陷进行修补、复原;对有段差、内转角的部位应抹成平滑的曲面;对构件截面的棱角,应打磨成圆弧半径不小于25mm的圆角。在完成以上加工后,应将混凝土表面清理干净,并保持干燥。

检查数量:全数检查。

检验方法:观察、触摸,并辅以圆弧样板(靠尺)检查。

10.2.2 粘贴纤维材料部位的混凝土,其表层含水率不宜大于4%,且不应大于6%。对含水率超限的混凝土应进行人工干燥处理,或改用高潮湿面专用的结构胶粘贴。

检查数量:每根梁、柱构件不少于1处;每100m²板、墙不少于3处;不足100m²的工程,也应检查3处。

检验方法:用含水率测定仪检测。

10.2.3 当粘贴纤维材料采用的粘结材料是配有底胶的结构胶粘剂时,应按底胶使用说明书的要求进行涂刷和养护,不得擅自免去涂刷底胶的工序。若粘贴纤维材料采用的粘结材料是免底涂胶粘剂,应检查其产品名称、型号及产品使用说明书,并经监理单位确认后,方允许免底胶。

检查数量:全数检查。

检验方法:监督涂刷底胶并检查底胶进场复验报告及施工记录。

10.2.4 底胶应按产品使用说明书提供的工艺条件配制,但拌匀后应立即抽样检测底胶的初黏度。其检测结果应符合本规范表4.4.6的要求,且不得以添加溶剂或稀释剂的方法来改变其黏度,一经发现应予弃用,已涂刷部位应予返工。底胶指干时,其表面若有凸起处,应用细砂纸磨光,并应重刷一遍。底胶涂刷完毕应静置固化至指干时,才能继续施工。

检查数量:全数检查。

检验方法:监理人员旁站监督其配制并检查初黏度检测报告;若怀疑掺有溶剂或稀释剂,应取样送检。

(Ⅱ) 一般项目

10.2.5 若在底胶指干时,未能及时粘贴纤维材料,则应等待12h后粘贴,且应在粘贴前用细软羊毛刷或洁净棉纱团沾工业丙酮擦拭一遍,以清除不洁残留物和新落的灰尘。

检查数量:全数检查。

检验方法:观察并检查施工记录。

10.3 纤维材料粘贴施工

(Ⅰ) 主控项目

10.3.1 浸渍、粘结专用的结构胶粘剂,其配制和使用应按产品使用说明书的规定进行;拌合应采用低速搅拌机充分搅拌;拌好的胶液色泽应均匀、无气泡;其初黏度应符合本规范表4.4.6的要求;胶液注入盛胶容器后,应采取措施防止水、油、灰尘等杂质混入。

检查数量:全数检查。

检验方法:观察,并对照产品使用说明书检查配制记录、测定初黏度记录及施工记录。

10.3.2 纤维织物应按下列步骤和要求粘贴:

1 按设计尺寸裁剪纤维织物,且严禁折叠;若纤维织物原件已有折痕,应裁去有折痕一段织物;

2 将配制好的浸渍、粘结专用的结构胶粘剂均匀涂抹于粘贴部位的混凝土表面;

3 将裁剪好的纤维织物按照放线位置敷在涂好结构胶粘剂的混凝土表面。织物应充分展平,不得有皱褶;

4 沿纤维方向应使用特制滚筒在已贴好纤维的面上多次滚压,使胶液充分浸渍纤维织物,并使织物的铺层均匀压实,无气泡发生;

5 多层粘贴纤维织物时,应在纤维织物表面所浸渍的胶液达到指干状态时立即粘贴下一层。若延误时间超过1h,则应等待12h后,方可重复上述步骤继续进行粘贴,但粘贴前应重新将织物粘合面上的灰尘擦拭干净;

6 最后一层纤维织物粘贴完毕，尚应在其表面均匀涂刷一道浸渍、粘结专用的结构胶。

检查数量：全数检查。

检验方法：由监理人员负责检查，并签字确认无误。

10.3.3 预成型板应按下列步骤和要求粘贴：

1 按设计尺寸切割预成型板。切割时，应考虑现场检验的需要，由监理人员按本规范附录U取样规则，指定若干块予以加长约150mm，以备检测人员粘贴标准钢块，作正拉粘结强度检验使用；

2 用工业丙酮擦拭纤维板材的粘贴面（贴一层板时为一面、贴多层板时为两面），至白布擦拭检查无碳微粒为止；

3 将配制好的胶粘剂立即涂在纤维板材上。涂抹时，应使胶层在板宽方向呈中间厚、两边薄的形状，平均厚度为1.5mm～2mm；

4 将涂好胶的预成型板贴在混凝土粘合面的放线位置上用手轻压，然后用特制橡皮滚筒顺纤维方向均匀展平、压实，并应使胶液有少量从板两侧边挤出。压实时，不得使板材滑移错位；

5 需粘贴两层预成型板时，应重复上述步骤连续粘贴；若不能立即粘贴，应在重新粘贴前，将上一工作班粘贴的纤维板材表面擦拭干净；

6 按相同工艺要求，在邻近加固部位处，粘贴检验用的150mm×150mm的预成型板。

检查数量：全数检查。

检验方法：由监理人员负责检查并签字确认无误。

（Ⅱ）一 般 项 目

10.3.4 纤维织物可采用特制剪刀剪断或用优质美工刀切割成所需尺寸。织物裁剪的宽度不宜小于100mm。

10.3.5 纤维复合材胶粘完毕后应静置固化，并应按胶粘剂产品说明书规定的固化环境温度和固化时间进行养护。当达到7d时，应先采用D型邵氏硬度计检测胶层硬度，据以判断其固化质量，并以邵氏硬度$H_D \geqslant 70$ 为合格，然后进行施工质量检验、验收。若邵氏硬度$H_D < 70$，应揭去重贴，并改用固化性能良好的结构胶粘剂。

检查数量：全数检查。

检验方法：用D型邵氏硬度计检测硬度。

10.4 施工质量检验

（Ⅰ）主 控 项 目

10.4.1 纤维复合材与混凝土之间的粘结质量可用锤击法或其他有效探测法进行检查。根据检查结果确认的总有效粘结面积不应小于总粘结面积的95%。探测时，应将粘贴的纤维复合材分区，逐区测定空鼓面积（即无效粘结面积）；若单个空鼓面积不大于10000mm²，允许采用注射法充胶修复；若单个空鼓面积大于或等于10000mm²，应割除修补，重新粘贴等量纤维复合材。粘贴时，其受力方向（顺纹方向）每端的搭接长度不应小于200mm；若粘贴层数超过3层，该搭接长度不应小于300mm；对非受力方向（横纹方向）每边的搭接长度可取为100mm。

检查数量：全数检查。

检验方法：检查检测报告及处理记录。

10.4.2 加固材料（包括纤维复合材）与基材混凝土的正拉粘结强度，必须进行见证抽样检验。其检验结果应符合表10.4.2合格指标的要求。若不合格，应揭去重贴，并重新检查验收。

表10.4.2 现场检验加固材料与混凝土正拉粘结强度的合格指标

检验项目	原构件实测混凝土强度等级	检验合格指标	检验方法
正拉粘结强度及其破坏形式	C15～C20	≥1.5MPa	且为混凝土内聚破坏 本规范附录U
	≥C45	≥2.5MPa	

注：1 加固前应按本规范附录T的规定，对原构件混凝土强度等级进行现场检测与推定；

2 若检测结果介于C20～C45之间，允许按换算的强度等级以线性插值法确定其合格指标；

3 检查数量：应按本规范附录U的取样规则确定；

4 本表给出的是单个试件的合格指标。检验批质量的合格评定，应按本规范附录U的合格评定标准进行。

10.4.3 纤维复合材胶层厚度（δ）应符合下列要求：

1 对纤维织物（布）：$\delta = (1.5 \pm 0.5)$ mm；

2 对预成型板：$\delta = (2.0 \pm 0.3)$ mm。

检查数量：全数检查。

检验方法：每根构件检查2处，但应选在胶层最厚及最薄处，用刻度放大镜测量。

（Ⅱ）一 般 项 目

10.4.4 纤维复合材粘贴位置，与设计要求的位置相比，其中心线偏差不应大于10mm；长度负偏差不应大于15mm。

检查数量：全数检查。

检验方法：钢尺测量。

11 外粘钢板工程

11.1 一 般 规 定

11.1.1 本章适用于外粘钢板加固钢筋混凝土结构的

施工过程控制及施工质量检验。

11.1.2 外粘钢板加固的施工程序应符合下列规定：
1 清理、修整原结构、构件（本规范第3.0.4条及第3.0.5条）；
2 加工钢板、箍板、压条及预钻孔；
3 界面处理；
4 粘贴钢板施工（或注胶施工）；
5 固定、加压、养护；
6 施工质量检验；
7 防护面层施工。

11.1.3 当采用压力注胶法粘钢时，应采用锚栓固定钢板，固定时，应加设钢垫片，使钢板与原构件表面之间留有约2mm的畅通缝隙，以备压注胶液；然后按本规范第9章规定的程序进行施工。

11.1.4 固定钢板的锚栓，应采用化学锚栓，不得采用膨胀锚栓。锚栓直径不应大于M10；锚栓埋深可取为60mm；锚栓边距和间距应分别不小于60mm和250mm。锚栓仅用于施工过程中固定钢板。在任何情况下，均不得考虑锚栓参与胶层的受力。

11.1.5 外粘钢板的施工环境应符合下列要求：
1 现场的环境温度应符合胶粘剂产品使用说明书的规定。若未作具体规定，应按不低于15℃进行控制。
2 作业场地应无粉尘，且不受日晒、雨淋和化学介质污染。

11.1.6 加固用钢板的加工（包括切割、展平、矫正、制孔和边缘加工等），其施工过程控制和施工质量检验，应符合现行国家标准《钢结构工程施工质量验收规范》GB 50205的规定。

11.2 界面处理

（Ⅰ）主控项目

11.2.1 原构件混凝土及加固钢板的界面（粘合面）经修整后，尚应分别按本规范第9.3.1条及第9.3.2条的要求进行打毛和糙化处理。

检查数量：全数检查。

检验方法：观察。必要时，可采用按喷砂效果制成的样片进行粗糙度手感的比较。

11.2.2 外粘钢板部位的混凝土，其表层含水率不宜大于4%，且不应大于6%。对含水率超限的混凝土梁、柱、墙等，应改用高潮湿面专用的胶粘剂。对俯贴加固的混凝土板，若有条件，也可采用人工干燥处理。

检查数量：每根构件不少于一处。

检验方法：含水率测定仪测定。

11.2.3 在处理混凝土粘合面的同时，尚应由检测机构派员到现场做粘贴质量检验的预布点工作。布点前应按本规范附录U的取样规则随机抽取受检构件，然后在邻近受检构件加固部位处选择一个100mm×100mm见方的混凝土表面进行同条件的界面处理，以备在粘钢施工的同时，粘贴检验用的钢标准块。

（Ⅱ）一般项目

11.2.4 若需在钢板和混凝土上钻制锚栓孔，应先探明混凝土中原钢筋位置，并在画线定位时予以避让。若探测有困难，且已在钻孔过程中遇到钢筋的障碍，允许移位2d（d为钻孔直径）重钻，但应用植筋胶将废孔填实。

钻好的孔洞，应采用压缩空气吹净孔内及周边的粉尘、碎渣；若孔壁的混凝土含水率超限，宜采用电热棒吊入烘烤孔壁。

检查数量：全数检查。

检验方法：探测、观察、触摸、测量孔壁混凝土含水率。

11.2.5 钢板粘贴前，应用工业丙酮擦拭钢板和混凝土的粘合面各一道。若结构胶粘剂产品使用说明书要求涂刷底胶，应按规定进行涂刷。

11.3 钢板粘贴施工

（Ⅰ）主控项目

11.3.1 粘贴钢板专用的结构胶粘剂，其配制和使用应按产品使用说明书的规定进行。拌合胶粘剂时，应采用低速搅拌机充分搅拌。拌好的胶液色泽应均匀，无气泡，并应采取措施防止水、油、灰尘等杂质混入。

严禁在室外和尘土飞扬的室内拌合胶液。

胶液应在规定的时间内使用完毕。严禁使用超过规定适用期（可操作时间）的胶液。

检查数量：全数检查。

检验方法：观察，并对照产品使用说明书检查配制记录及施工记录。

11.3.2 拌好的胶液应同时涂刷在钢板和混凝土粘合面上，经检查无漏刷后即可将钢板与原构件混凝土粘贴；粘贴后的胶层平均厚度应控制在2mm～3mm。俯贴时，胶层宜中间厚、边缘薄；竖贴时，胶层宜上厚下薄；仰贴时，胶液的垂流量不应大于3mm。

检查数量：全数检查。

检验方法：观察、量测并按隐蔽工程验收。

11.3.3 钢板粘贴时表面应平整，段差过渡应平滑，不得有折角。钢板粘贴后应均匀布点加压固定。其加压顺序应从钢板的一端向另一端逐点加压，或由钢板中间向两端逐点加压；不得由钢板两端向中间加压。

检查数量：全数检查。

检验方法：观察，以钢板周边有少量胶液均匀挤出为合格。

11.3.4 加压固定可选用：夹具加压法、锚栓（或螺杆）加压法、支顶加压法等。加压点之间的距离不应大于500mm。加压时，应按胶缝厚度控制在2mm～2.5mm进行调整。

　　检查数量：全数检查。
　　检验方法：观察。

11.3.5 在粘贴钢板施工的同时，应将钢标准块（本规范附录U）粘贴在本章第11.2.3条指定的位置上，按同条件进行加压和养护，以备检验使用。

　　检查数量：全数检查。
　　检验方法：由独立检测机构派员粘贴，并作好记录。

（Ⅱ）一般项目

11.3.6 外粘钢板中心位置与设计中心线位置的线偏差不应大于5mm；长度负偏差不应大于10mm。

　　检查数量：全数检查。
　　检验方法：钢尺量测。

11.3.7 混凝土与钢板粘结的养护温度不低于15℃时，固化24h后即可卸除加压夹具及支撑；72h后可进入下一工序。若养护温度低于15℃，应按产品使用说明书的规定采取升温措施，或改用低温固化型结构胶粘剂。

　　检查数量：同一检验批的养护环境中，测温点应不少于2处，且应布置在朝西和朝北两部位。
　　检验方法：检查测温记录。

11.4 施工质量检验

（Ⅰ）主控项目

11.4.1 钢板与混凝土之间的粘结质量可用锤击法或其他有效探测法进行检查。按检查结果推定的有效粘贴面积不应小于总粘贴面积的95%。

　　检查时，应将粘贴的钢板分区，逐区测定空鼓面积（即无效粘贴面积）；若单个空鼓面积不大于10000mm^2，可采用钻孔注射法充胶修复；若单个空鼓面积大于10000mm^2，应揭去重贴，并重新检查验收。

　　检查数量：全数检查。
　　检验方法：检查检测报告及处理记录。

11.4.2 钢板与原构件混凝土间的正拉粘结强度应符合本规范第10.4.2条规定的合格指标的要求。若不合格，应揭去重贴，并重新检查验收。

　　检查数量及检验方法应按本规范附录U的规定执行。

（Ⅱ）一般项目

11.4.3 胶层应均匀，无局部过厚、过薄现象；胶层厚度应按(2.5±0.5)mm控制。

　　检查数量：每一构件检测最厚和最薄各一处。
　　检验方法：观察、测量。

12 钢丝绳网片外加聚合物砂浆面层工程

12.1 一般规定

12.1.1 本章适用于以钢丝绳网片外加聚合物砂浆面层加固混凝土构件或砌体构件的施工过程控制和施工质量检验。

　　注：单股钢丝绳也称钢绞线，但不得将多股钢丝绳称作钢绞线。即使个别设计坚持以钢绞线命名，也应按本规范的要求进行施工。

12.1.2 钢丝绳网片外加聚合物砂浆面层的施工程序应符合下列规定：

　　1 清理、修整原结构、构件（本规范第3.0.5条）；
　　2 界面处理；
　　3 安装钢丝绳网片；
　　4 配制聚合物砂浆；
　　5 聚合物砂浆面层施工；
　　6 养护；
　　7 施工质量检验；
　　8 喷涂防护层。

　　注：钢丝绳网片应在工厂制作、检验、包装后运至现场。

12.1.3 钢丝绳网片外加聚合物砂浆面层工程的施工环境应符合下列要求：

　　1 施工现场的气温：对改性环氧类或改性丙烯酸酯共聚物类聚合物砂浆，不应高于35℃；对乙烯-醋酸乙烯共聚物类聚合物砂浆，不应高于30℃；而且均不得受日晒、雨淋；
　　2 施工环境最低温度应符合聚合物砂浆产品使用说明书的规定；若未作规定，应按不低于15℃进行控制；
　　3 冬期施工时，配制聚合物砂浆的液态原材料，在进场验收后应采取措施防止冻害。

12.2 界面处理

（Ⅰ）主控项目

12.2.1 原结构、构件的混凝土表面应按本规范第3.0.4条的要求进行清理，并参照第3.0.5条的要求剔除原构件混凝土或砌体的风化、腐蚀层，除去原钢筋锈层和锈坑。必要时，还应进行补筋。修整后尚应清除松动的骨料和粉尘，并应用清洁的压力水清洗洁净。若混凝土有裂缝，还应用结构加固用的裂缝修补胶进行修补。

　　检查数量：全数检查。

检验方法：会同监理人员观察，并检查施工记录。

12.2.2 在原构件的混凝土或砌体表面喷涂的结构界面胶（剂），宜采用与聚合物砂浆配套供应的结构界面胶（剂）；其性能和质量应符合本规范和设计的规定。

注：产品使用说明书提供的界面胶（剂）性能和质量指标，应高于本规范的要求，否则该产品不能在结构加固工程中使用。

检查数量：全数检查。

检验方法：观察，检查施工记录。

（Ⅱ）一般项目

12.2.3 原构件表面的含水率，应符合聚合物砂浆及其界面胶（剂）施工的要求。

检查数量：全数检查。

检验方法：含水率测定仪检测，并检查施工记录。

12.3 钢丝绳网片安装

（Ⅰ）主控项目

12.3.1 安装钢丝绳网片前，应先在原构件混凝土表面画线标定安装位置，并按标定的尺寸在现场裁剪网片。裁剪作业及网片端部的固定方式应符合产品使用说明书的规定。

检查数量：全数检查。

检验方法：观察，钢尺量测。

12.3.2 安装网片时，应先将网片的一端锚固在原构件端部标定的固定点上，而网片的另一端则用张拉夹持器夹紧，并在此端安装张拉设备，通过张拉使网片均匀展平、绷紧。在网片没有下垂的状态下保持网片拉力的稳定，并应有专人进行监控。经检查网片位置及网片中的经绳和纬绳间距无误后，用锚栓和绳卡将网片经、纬绳的每一连接点在原构件混凝土或砌体上固定牢靠。然后卸去张拉设备，并按隐蔽工程的要求进行安装质量检查和验收。

检查数量：全数检查。

检验方法：用手压检查绷紧程度；用夹钳检查锚固件有无松动。

12.3.3 当网片需要接长时，沿网片长度方向的搭接长度应符合设计规定；若施工图未注明，应取搭接长度不小于200mm，且不应位于最大弯矩区。

检查数量：全数检查。

检验方法：观察、量测，检查安装记录。

12.3.4 安装网片时，应对钢丝绳保护层厚度采取控制措施予以保证，且允许按加厚3mm～4mm设置控制点。

（Ⅱ）一般项目

12.3.5 网片中心线位置与设计中心线位置的偏差不应大于10mm；网片两组纬绳之间的净间距偏差不应大于10mm。

检查数量：全数检查。

检验方法：钢尺量测。

12.4 聚合物砂浆面层施工

（Ⅰ）主控项目

12.4.1 聚合物砂浆的强度等级必须符合设计要求。用于检查钢丝绳网片外加聚合物砂浆面层抗压强度的试块，应会同监理人员在拌制砂浆的出料口随机取样制作。其取样数量与试块留置应符合下列规定：

1 同一工程每一楼层（或单层），每喷抹500m²（不足500m²，按500m²计）砂浆面层所需的同一强度等级的砂浆，其取样次数应不少于一次。若搅拌机不止一台，应按台数分别确定每台取样次数。

2 每次取样应至少留置一组标准养护试块；与面层砂浆同条件养护的试块，其留置组数应根据实际需要确定。

检验方法：检查施工记录及试块强度的试验报告。

12.4.2 若试块漏取，或不慎丢失，或对试块强度试验报告有怀疑时，应按本规范附录Ⅴ规定的现场检测方法进行补测。

12.4.3 聚合物砂浆面层喷抹施工开始前，应按30min时间的砂浆用量，将聚合物砂浆各组分原料按序量入搅拌机充分搅拌。拌好的砂浆，其色泽均匀，无结块、无气泡、无沉淀，并应防止水、油、灰尘等混入。

检查数量：全数检查。

检验方法：会同监理人员观察聚合物砂浆的配制作业并检查称量记录。

12.4.4 喷抹聚合物砂浆时，可用喷射法，也可采用人工涂抹法，但应用力擦压密实。喷抹应分3道或4道进行。仰面喷抹时，每道厚度以不大于6mm为宜，后一道喷抹应在前一道初期硬化时进行。初期硬化时间应按产品使用说明书确定。

检查数量：按每一种类、每一规格被加固构件，任意抽取3个已喷抹面层7d的构件，在钢丝绳网格较稀部位粘贴钢标准块，以备28d时作现场正拉粘结强度检验。

检验方法：检查施工记录及独立检测单位的现场正拉粘结强度检验报告。

（Ⅱ）一般项目

12.4.5 聚合物砂浆面层喷抹完毕后，应按现行有关标准或产品使用说明书规定的养护方法和时间指派专人进行养护。

检查数量：全数检查。

检验方法：检查养护记录。

12.5 施工质量检验

（Ⅰ）主控项目

12.5.1 聚合物砂浆面层的外观质量不应有严重缺陷及影响结构性能和使用功能的尺寸偏差。严重缺陷的检查与评定应按表12.5.1进行；尺寸偏差的检查与评定应按设计单位在施工图上对重要尺寸允许偏差所作的规定进行。

对已经出现的严重缺陷及影响结构性能和使用功能的尺寸偏差，应由施工单位提出技术处理方案，经业主（监理）和设计单位共同认可后予以实施。对经处理的部位应重新检查、验收。

检查数量：全数检查。

检验方法：观察，当检查缺陷的深度时应凿开检查或超声探测，并检查技术处理方案及返修记录。

表12.5.1 聚合物砂浆面层外观质量缺陷

名称	现象	严重缺陷	一般缺陷
露绳（或露筋）	钢丝绳网片（或钢筋网）未被砂浆包裹而外露	受力钢丝绳（或受力钢筋）外露	按构造要求设置的钢丝绳（或钢筋）有少量外露
疏松	砂浆局部不密实	构件主要受力部位有疏松	其他部位有少量疏松
夹杂异物	砂浆中夹有异物	构件主要受力部位夹有异物	其他部位有少量异物
孔洞	砂浆中存在深度和长度均超过砂浆保护层厚度的孔洞	构件主要受力部位有孔洞	其他部位有少量孔洞
硬化（或固化）不良	水泥或聚合物失效，致使面层不硬化（或不固化）	任何部位不硬化（或不固化）	（不属一般缺陷）
裂缝	缝隙从砂浆表面延伸至内部	构件主要受力部位有影响结构性能或使用功能的裂缝	仅有表面细裂纹
连接部位缺陷	构件端部连接处砂浆层分离或锚固件与砂浆层之间松动、脱落	连接部位有影响传力性能的缺陷	连接部位有轻微影响或不影响传力性能的缺陷

续表12.5.1

名称	现象	严重缺陷	一般缺陷
表观缺陷	表面不平整、缺棱掉角、翘曲不齐、麻面、掉皮	有影响使用功能的缺陷	仅有影响观感的缺陷

注：复合水泥砂浆及普通水泥砂浆面层的喷抹质量缺陷也可按本表进行检查与评定。

12.5.2 聚合物砂浆面层与原构件混凝土之间有效粘结面积不应小于该构件总粘结面积的95%。否则应揭去重做，并重新检查验收。

检查数量：全数检查。

检验方法：敲击法、超声法或其他有效的探测法。

12.5.3 聚合物砂浆面层与原构件混凝土间的正拉粘结强度，应符合本规范表10.4.2规定的合格指标的要求。若不合格，应揭去重做，并重新检查、验收。

检查数量、检验方法及评定标准应按本规范附录U的规定执行。

12.5.4 聚合物砂浆面层的保护层厚度检查，宜采用钢筋探测仪测定，且仅允许有8mm的正偏差。

（Ⅱ）一般项目

12.5.5 聚合物砂浆面层的喷抹质量不宜有一般缺陷。一般缺陷的检查与评定应按表12.5.1进行。

对已经出现的一般缺陷，应由施工单位按技术处理方案进行处理，并重新检查、验收。

检查数量：全数检查。

检验方法：观察，检查技术处理方案及施工记录。

12.5.6 聚合物砂浆面层尺寸的允许偏差应符合下列规定：

1 面层厚度：仅允许有5mm正偏差。

2 表面平整度：≤0.3%。

检查数量：全数检查。

检验方法：钢尺检查厚度；用2m靠尺及塞尺检查平整度。

13 砌体或混凝土构件外加钢筋网—砂浆面层工程

13.1 一般规定

13.1.1 本章适用于砌体构件外加钢筋网—高强度水泥砂浆面层或混凝土构件外加钢筋网—水泥复合砂浆面层加固的施工过程控制和施工质量检验。

注：在以下条文中，高强度等级普通水泥砂浆和高强度水泥复合砂浆分别简称为普通砂浆和复合砂浆。若

本规范某些条文中无需区分哪种砂浆时，仍统称为砂浆。

13.1.2 砌体或混凝土构件外加钢筋网—砂浆面层的施工程序应符合下列规定：

1 清理、修整原结构、构件（本规范第3.0.4条及第3.0.5条）；
2 制作钢筋网及拉结件或拉结筋；
3 界面处理；
4 安装钢筋网；
5 配制砂浆；
6 钢筋网砂浆层施工；
7 养护、拆模。

注：若设计要求对原钢筋和新配钢筋进行阻锈处理，应按阻锈剂产品使用说明书的施工程序规定增补一个阻锈工序。

13.2 界面处理

（Ⅰ）主控项目

13.2.1 在清理、修整原结构、构件过程中发现的裂缝和损伤，应逐个予以修补。对砌体构件，若修补有困难，应进行局部拆砌。修补或拆砌完成后，应用清洁的压力水冲刷干净，并按设计规定的工艺要求喷涂结构界面胶（剂）。

检查数量：全数检查。

检验方法：观察，检查施工记录。

（Ⅱ）一般项目

13.2.2 当设计对原构件表面喷抹砂浆层前有湿润要求时，应按规定的提前时间，顺墙面反复浇水湿润，并应待墙面无明水后再进行面层施工。若设计无此要求，不得擅自浇水。

13.2.3 在原构件表面喷涂结构界面胶（剂）时，其喷涂方法及喷涂质量应符合产品说明书的规定。

检查数量：全数检查。

检验方法：观察，并检查施工记录。

13.3 钢筋网安装及砂浆面层施工

（Ⅰ）主控项目

13.3.1 钢筋网的安装及砂浆面层的施工，应按先基础后上部结构、由下而上的顺序逐层进行；同一楼层尚应分区段加固；不得擅自改变施工图规定的程序。

13.3.2 钢筋网与原构件的拉结采用穿墙S形筋时，S形筋应与钢筋网片点焊，其点焊质量应符合现行行业标准《钢筋焊接及验收规程》JGJ 18的规定。

检查数量及检验方法：按上述规程确定。

13.3.3 钢筋网与原构件的拉结采用种植Γ形剪切销钉、胶粘螺杆或尼龙锚栓时，其孔径、孔深及间距应符合设计要求；其种植质量应符合本规范第19章的规定。

检查数量及检验方法：按本规范第19章确定。

13.3.4 穿墙S形筋的孔洞、楼板穿筋的孔洞以及种植Γ形剪切销钉和尼龙锚栓的孔洞，均应采用机械钻孔。

检查数量：全数检查。

检验方法：观察。

13.3.5 钢筋网片的钢筋间距应符合设计要求；钢筋网片间的搭接宽度不应小于100mm；钢筋网片与原构件表面的净距应取5mm，且仅允许有1mm正偏差，不得有负偏差。

检查数量：每检验批抽查10%，且不应少于5处。

检验方法：钢尺量测。

13.3.6 砌体或混凝土构件外加钢筋网采用普通砂浆或复合砂浆面层时，其强度等级必须符合设计要求。用于检查砂浆强度的试块，应按本规范第12.4.1条的规定进行取样和留置，并应按该条规定的检查数量及检验方法执行。

13.3.7 当砂浆试块漏取或不慎丢失，或对试块强度试验报告有疑义时，应按本规范附录V规定的回弹方法进行检测与评定。

检查数量：按每一检验批见证抽取5个构件，在每构件上任选3个测区进行检测。

检验方法：检查现场检测报告。

（Ⅱ）一般项目

13.3.8 砌体或混凝土构件外加钢筋网的面层砂浆，其设计厚度 $t \leq 35mm$ 时，宜分3层抹压；当 $t > 35mm$ 时，尚应适当增加抹压层数。

13.4 施工质量检验

（Ⅰ）主控项目

13.4.1 砌体或混凝土构件外加钢筋网的砂浆面层，其浇筑或喷抹的外观质量不应有严重缺陷。对硬化后砂浆面层的严重缺陷应按本规范表12.5.1进行检查和评定。对已出现者应由施工单位提出处理方案，经业主（监理单位）和设计单位共同认可后进行处理并应重新检查、验收。

检查数量：全数检查。

检验方法：观察，检查技术处理方案及施工记录。

13.4.2 砌体或混凝土构件外加钢筋网—砂浆面层与基材界面粘结的施工质量，可采用现场锤击法或其他探测法进行探查。按探查结果确定的有效粘结面积与总粘结面积之比的百分率不应小于90%。

检查数量：全数检查。

检验方法：检查探测报告。

13.4.3 砂浆面层与基材之间的正拉粘结强度，必须进行见证取样检验。其检验结果，对混凝土基材应符合本规范表 10.4.2 的要求；对砌体基材应符合本规范表 13.4.3 的要求。

表 13.4.3 现场检验加固材料与砌体正拉
粘结强度的合格指标

检验项目	烧结普通砖或混凝土砌块强度等级	28d检验合格指标		正常破坏形式	检验方法
		普通砂浆（≥M15）	聚合物砂浆或复合砂浆		
正拉粘结强度及其破坏形式	MU10～MU15	≥0.6MPa	≥1.0MPa	砖或砌块内聚破坏	本规范附录U
	≥MU20	≥1.0MPa	≥1.3MPa		

注：1 加固前应通过现场检测，对砖或砌块的强度等级予以确认；
    2 当为旧标号块材，且符合原规范规定时，仅要求检验结果为块材内聚破坏。

13.4.4 新加砂浆面层的钢筋保护层厚度检测，可采用局部凿开检查法或非破损探测法。检测时，应按钢筋网保护层厚度仅允许有 5mm 正偏差；无负偏差进行合格判定。

注：钢筋保护层厚度检验的检测误差不应大于1mm。

检查数量：每检验批抽取 5%，且不少于 5 处。

检验方法：检查检测报告。

13.4.5 当采用植筋或锚栓拉结钢筋网时，应在其施工完毕后，分别按本规范第 19 章和第 20 章的规定，以及隐蔽工程的验收要求提前进行施工质量检验。

（Ⅱ）一 般 项 目

13.4.6 砌体或混凝土构件外加钢筋网的砂浆面层，其外观质量不宜有一般缺陷。对已出现的一般缺陷，应由施工单位按技术处理方案进行处理，并重新检查验收。

检查数量：全数检查。

检验方法：观察、量测并检查技术处理方案。

14 砌体柱外加预应力撑杆工程

14.1 一 般 规 定

14.1.1 本章适用于抗震设防烈度为 7 度及 7 度以下地区砌体柱外加双侧预应力撑杆（简称撑杆）工程的施工过程控制和施工质量检验。

14.1.2 砌体柱外加撑杆的施工程序应符合下列规定：

1 清理原结构、构件；
2 画线标定预应力撑杆的位置；
3 制作撑杆（含传力构造）及张拉装置；

4 剔除有碍安装的局部砌体并加以补强；
5 安装撑杆及张拉装置；

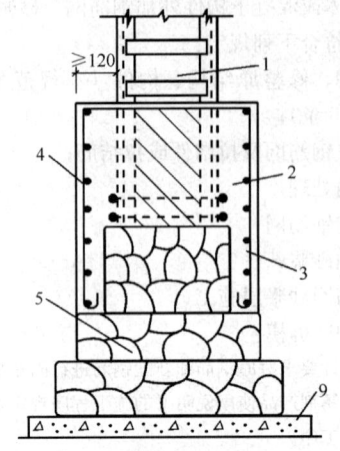

(a) 毛石基础

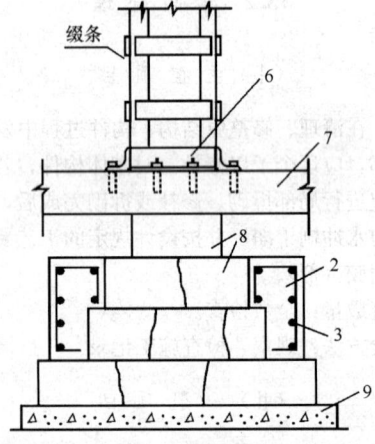

(b) 条石基础

图 14.1.3 毛、条石基础加设围套处理示意图
1—被加固砌体柱；2—混凝土围套；3—箍筋；4—构造钢筋；5—毛石基础；6—柱脚加劲角钢；7—地梁；8—条石；9—素混凝土垫层

6 施加预应力（预顶力）；
7 焊接固定撑杆；
8 施工质量检验；
9 防护面层施工。

14.1.3 若原结构、构件的基础为毛石或毛条石基础（图 14.1.3）或虽为砖基础，但外观质量很差，应在清理原结构构件后，增加一个加固基础的施工程序。其一般做法是在原基础上增设钢筋混凝土围套，围套内应按设计要求设置箍筋及纵向构造筋。围套应采用强度等级不低于C20的混凝土现浇而成。

检查数量：全数检查。

检验方法：检查设计、施工图纸和施工记录。

14.1.4 外加撑杆焊接时，其施工环境应符合现行行业标准《建筑钢结构焊接技术规程》JGJ 81 的要求。

14.2 界面处理

（Ⅰ）主控项目

14.2.1 原结构、构件经按本规范第 3.0.4 条的要求清理后，应根据贴合角钢的需要，将砌体构件表面打磨平整，截面四个棱角还应打磨成圆角，其半径 r 约取 15mm～25mm，以角钢能贴紧原构件表面为度。

检查数量：全数检查。

检验方法：试安装角钢肢，检查其平整度与贴合程度。

（Ⅱ）一般项目

14.2.2 当原构件的砌体表面平整度很差，且打磨有困难时，可在原构件表面清理洁净并剔除勾缝砂浆后，采用 M15 级水泥砂浆找平，但应在改变本规范第 14.2.1 条做法前，征得设计单位同意。

检查数量：全数检查。

检验方法：观察，并通知设计单位参与检查。

14.3 撑杆制作

（Ⅰ）主控项目

14.3.1 预应力撑杆及其部件宜在现场就近制作。制作前应在原构件表面画线定位，并按实测尺寸下料、编号。

检查数量：全数检查。

检验方法：观察，检查编号。

14.3.2 撑杆的每侧杆肢由两根角钢组成，并以钢缀板焊接成槽形截面组合肢（简称组合肢）。其截面尺寸及缀板尺寸、间距等应符合设计规定。

检查数量：全数检查。

检验方法：观察，钢尺量测。

14.3.3 在组合肢中点处，应将角钢侧立翼板切割出三角形缺口，并将组合肢整体弯折成设计要求的形状和尺寸（参照本规范图 8.3.4-1）。然后在弯折角钢另一完好翼板的该部位，用预先弯好的补强钢板焊上。补强钢板的厚度应符合设计要求。

检查数量：全数检查。

检验方法：观察，钢尺量测。

14.3.4 撑杆组合肢的上下端应焊有钢制抵承板（传力顶板），抵承板的尺寸和板厚应符合设计要求，且板厚不应小于 14mm。抵承板与承压板及撑杆肢的接触面应经刨平。

检查数量：全数检查。

检验方法：观察，钢尺及游标卡尺量测。

14.3.5 制作撑杆肢承力构造的承压板时，应根据所采用的锚栓品种确定其构造方式。当采用埋头锚栓与上部混凝土构件锚固时，宜采用角钢制成（参照本规范图 8.3.4-2）；当采用一般锚栓时，应将承压板做成槽形（图 14.3.5），套在上部混凝土构件上，从两侧进行锚固。承压板的厚度应符合设计要求。承压板与抵承板相互顶紧的面，应经刨平。

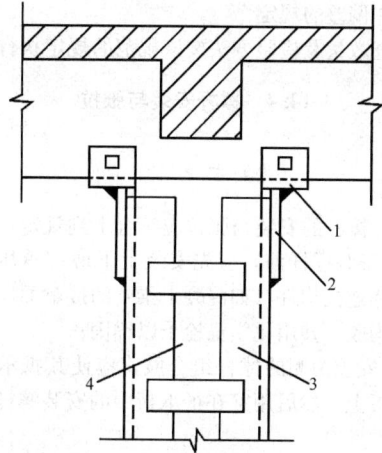

图 14.3.5 柱端处撑杆承力构造
1—槽形承压板；2—抵承板（传力顶板）；
3—撑杆组合肢；4—被加固砌体柱

检查数量：全数检查。

检验方法：观察，游标卡尺量测。

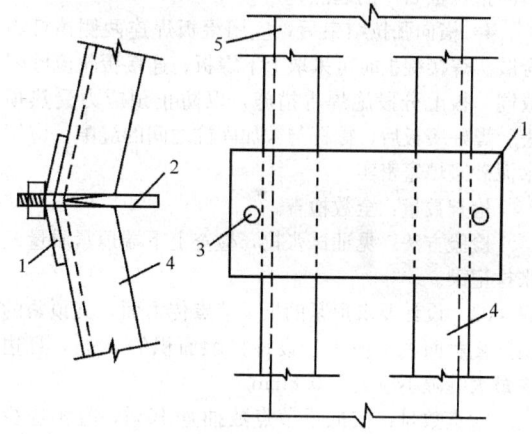

图 14.3.6 预应力撑杆横向张拉构造
1—补强钢板；2—拉紧螺栓；3—钻孔（供穿拉螺栓用）；
4—撑杆；5—被加固砌体柱

14.3.6 预应力撑杆的横向张拉构造，可利用本规范第 14.3.3 条的补强钢板钻孔（图 14.3.6），穿以螺杆，通过收紧螺杆建立预应力。张拉用的螺杆，其净直径不应小于 18mm；其螺母高度不应小于 1.5d（d 为螺杆公称直径）。

检查数量：全数检查。

检验方法：观察，游标卡尺量测。

14.3.7 预应力撑杆钢部件及其连接的制作、加工质量应符合现行国家标准《钢结构工程施工质量验收规范》GB 50205 的规定。

检查数量及检验方法按该规范的规定执行。

（Ⅱ）一般项目

14.3.8 钢部件及其连接的加工偏差应符合现行国家标准《钢结构工程施工质量验收规范》GB 50205 对加工允许偏差的规定。

检查数量及检验方法按该规范的规定执行。

14.4 撑杆安装与张拉

（Ⅰ）主控项目

14.4.1 撑杆的安装与张拉应符合下列规定：

1 安装撑杆前，应先安装上下两端承压板。承压板与相连接构件（如混凝土梁）的接触面应涂抹快固型结构胶，并用化学锚栓予以锚固；

2 安装两侧的撑杆组合肢，应使其抵承板抵紧于承压板上，然后用穿在抵承板中的安装螺杆进行临时固定；

3 按张拉方案，同时收紧安装在补强钢板两侧的螺杆，进行横向张拉。横向张拉量 ΔH 的控制，应以撑杆开始受力的值作为张拉的起始点。为此，宜先拧紧螺杆，再逐渐放松，直至撑杆基本复位，且以尚能抵承，但无松动感为度；此时的测试读数即可作为横向张拉量 ΔH 的起点；

4 横向张拉结束后，应用缀板焊连两侧撑杆组合肢。焊接缀板时可采取上下缀板、连接板轮流施焊或同一板上分段施焊等措施，以防止预应力受热损失。焊好缀板后，撑杆与被加固柱之间的缝隙，应用水泥砂浆填塞密实。

检查数量：全数检查。

检验方法：见证试张拉，检查上下端顶紧质量及张拉记录。

14.4.2 设计要求顶紧的抵承节点传力面，其顶紧的实际接触面积不应少于设计接触面积的80%，且边缘最大缝隙不应大于0.8mm。

检查数量：按抵承节点数抽查10%，且不应少于5个。

检验方法：用塞尺检查。

（Ⅱ）一般项目

14.4.3 撑杆及其连接件安装的偏差应符合现行国家标准《钢结构工程施工质量验收规范》GB 50205 对安装允许偏差的规定。

检查数量：按同类构件抽查10%，且不应少于3件。

检验方法：钢尺量测，检查施工记录。

14.5 施工质量检验

（Ⅰ）主控项目

14.5.1 预应力撑杆建立的预顶力不应大于加固柱各阶段所承受的恒荷载标准值的90%，且被加固的砌体柱外观应完好，未出现预顶过度所引起的裂纹。

检查数量：全数检查。

检验方法：观察，检查设计文件及张拉记录。

（Ⅱ）一般项目

14.5.2 预应力撑杆及其连接件的外观表面不应有锈迹、油渍和污垢。

检查数量：按同类构件抽查10%，且不应少于3件。

检验方法：观察。

15 钢构件增大截面工程

15.1 一般规定

15.1.1 本章适用于负荷状态下钢构件增大截面工程的施工过程控制和施工质量检验。

15.1.2 卸荷状态下钢构件增大截面工程的施工，可在卸荷并清理、修整原结构、构件后按新建钢结构的施工程序进行。

15.1.3 负荷状态下钢构件增大截面工程的施工程序应符合下列规定：

1 核算施工荷载，并采取严格的安全与控制措施；

2 清理、修整原结构、构件；

3 加工、制作新增的部件和连接件；同时制订施工工艺和技术条件；

4 界面处理；

5 安装、接合新部件；

6 施工质量检验；

7 重做涂装工程。

15.1.4 钢构件增大截面工程进入焊接工序时，其施工现场的气温要求应按本规范第16.1.3条的规定执行。

雨雪天气条件下禁止露天焊接。在4级以上风力焊接时，应采取挡风措施。

15.1.5 负荷状态下钢构件增大截面工程，应要求由具有相应技术等级资质的专业单位进行施工；其焊接作业必须由取得相应位置施焊的焊接合格证、且经过现场考核合格的焊工施焊。

15.2 界面处理

（Ⅰ）主控项目

15.2.1 原结构、构件的加固部位经除锈和修整后，其表面应显露出金属光泽，且不应有明显的凹面或损伤；若有划痕，其深度不得大于0.5mm。

检查数量：全数检查。

检验方法：观察及量测。

15.2.2 原构件的裂纹应按本规范第17章进行修复。修复所采取的焊接措施,其焊缝质量应符合本规范第16章的规定。

检查数量:全数检查。

检验方法:超声法探伤并检查探伤记录。

15.2.3 待焊区钢材焊接面应无明显凹面、损伤和划痕;对原有的焊疤、飞溅物及毛刺应清除干净。

检查数量:全数检查。

检验方法:观察。

(Ⅱ)一般项目

15.2.4 加固施焊前应复查待焊区间及其两端以外各50mm范围内的清理质量。若有新锈,或新沾的尘土、油迹及其他污垢,应重新进行清理。

检查数量:全数检查。

检验方法:观察。

15.3 新增钢部件加工

(Ⅰ)主控项目

15.3.1 钢材的切割面或剪切面应无裂纹、夹渣、分层和大于1mm的缺棱。

检查数量:全数检查。

检验方法:观察,或用刻度放大镜、百分尺、焊缝量规检查;有疑义时,作探伤检查。

15.3.2 气割或机械剪切的零部件,需要进行边缘加工时,其刨削量不应小于2.0mm。

检查数量:全数检查。

检验方法:检查工艺报告和施工记录。

15.3.3 当采用高强度螺栓连接时,钢结构制作和安装单位应按国家标准《钢结构工程施工质量验收规范》GB 50205-2001附录B的规定分别进行高强度螺栓连接摩擦面的抗滑移系数试验和复验;现场处理的构件摩擦面应单独进行摩擦面抗滑移系数试验;其结果应符合设计要求。

检查数量及检验方法:按该规范附录B确定。

15.3.4 A、B级螺栓孔(Ⅰ类孔)应具有H12的精度;C级螺栓孔(Ⅱ类孔)的孔径允许偏差为$^{+1.0}_{0}$mm。A、B级螺栓孔的孔壁表面粗糙度R_a不应大于12.5μm;C级螺栓孔(Ⅱ类孔),孔壁表面粗糙度R_a不应大于25μm。

检查数量:按钢构件数量抽查10%,且不应少于3件。

检验方法:用游标卡尺或孔径量规检查。

15.3.5 气割的偏差不应大于表15.3.5对允许偏差的规定。

检查数量:按切割面数抽查10%,且不应少于3个。

检验方法:用钢尺、直角尺、斜角尺、塞尺检查。

表 15.3.5 气割的允许偏差

检 查 项 目	允 许 偏 差
零部件宽度、长度	+1.0mm -3.0mm
切割面平面度	0.05t,且不应大于2.0mm
割纹深度(表面粗糙度)	0.5mm
局部缺口深度	1.0mm

注:1 t为切割面厚度;
  2 对重要加固部位,表面粗糙度应不大于0.3mm。

15.3.6 机械剪切的偏差不应大于表15.3.6对允许偏差的规定值。

检查数量:按切割面数抽查10%,且不应少于3个。

检验方法:用钢尺、直角尺、塞尺检查。

表 15.3.6 机械剪切的允许偏差(mm)

项 目	允 许 偏 差
零件宽度、长度	+1.0 -3.0
边缘缺棱	1.0
型钢端部垂直度	2.0

(Ⅱ)一般项目

15.3.7 边缘加工偏差不应大于表15.3.7对允许偏差的规定。

检查数量:按加工面数抽查10%,且不应少于3件。

检验方法:用钢尺及量规检查。

表 15.3.7 边缘加工允许偏差

项 目	允 许 偏 差
零件宽度、长度	+0.5mm -1.0mm
加工边直线度	$l/3000$,且不大于2.0mm
相邻两边夹角	±0.5°
加工面垂直度	0.025t,且不应大于0.5mm
加工面表面粗糙度	一般部位$\sqrt{50}$;嵌入部位$\sqrt{25}$

注:t为钢板边缘厚度,l为钢板长度。

15.3.8 螺栓孔孔距的偏差应符合现行国家标准《钢结构工程施工质量验收规范》GB 50205对允许偏差的规定。

检查数量:按钢构件数量抽查10%,且不应少于3件。

检验方法：用钢尺检查。

注：螺栓孔的孔距偏差超过该规范规定的允许偏差时，应采用与母材材质相匹配的焊条补焊后重新制孔，经修磨平整后，重新检查、验收。

15.4 新增部件安装、拼接施工

（Ⅰ）主控项目

15.4.1 在负荷下进行钢结构加固时，必须制定详细的施工技术方案，并采取有效的安全措施，防止被加固钢构件的结构性能受到焊接加热、补加钻孔、扩孔等作业的损害。

15.4.2 新增钢构件与原结构的连接采用焊接时，必须制定合理的焊接顺序和施焊工艺。其制定原则应符合下列要求：

1 应根据原构件钢材材质，选用相适应的低氢型焊条，其直径不宜大于 4.0mm；
2 焊接电流不宜大于 200A；
3 应采用合理的焊接工艺，并采取有效控制焊接变形的措施。施焊顺序应能使输入热量对构件的中和轴平衡。

15.4.3 在负荷下采用焊接方法对钢结构构件进行加固时，应先将加固件与被加固件沿全长互相压紧，并用长 20mm、间距 300mm～500mm 的定位焊缝焊接后，再由加固件端部向内划分区段（每段不大于 70mm）进行施焊。每焊好一个区段，应间歇 3min～5min。对于截面有对称的成对焊缝，应平行施焊；当有多条焊缝时，应按交错顺序施焊；对上下侧有加固件的截面，应先施焊受拉侧的加固件，然后施焊受压侧的加固件；对一端为嵌固的受压杆件，应从嵌固端向另一端施焊；若为受拉杆，则应从非嵌固的一端向嵌固端施焊。

检查数量：全数检查。

检验方法：观察，并检查施工技术方案及施工记录。

15.4.4 采用螺栓（或铆钉）连接新增钢板件时，应先将原构件与被加固板件相互压紧，然后从加固板件端部向中间逐个制孔并随即安装、拧紧螺栓（或铆钉）。

检查数量：全数检查。

检验方法：观察，检查施工技术方案及施工记录。

15.4.5 高强度螺栓连接副的施拧顺序和初拧、复拧扭矩应符合设计要求和国家现行行业标准《钢结构高强度螺栓连接的设计、施工及验收规程》JGJ 82 的规定。

检查数量及检验方法按该规程的规定执行。

15.4.6 采用增大截面法加固静不定结构时，应首先将全部加固件与被加固构件压紧并点焊定位，然后按第 15.4.3 条的要求从受力最大构件依次连续地进行加固连接。

检查数量：全数检查。

检验方法：观察，并检查施工技术方案及施工记录。

（Ⅱ）一般项目

15.4.7 新增钢部件与原结构拼接的尺寸偏差，应按现行国家标准《钢结构工程施工质量验收规范》GB 50205 的规定进行检查和评定。

15.5 施工质量检验

（Ⅰ）主控项目

15.5.1 设计要求全焊透的一、二级焊缝应采用超声波探伤进行内部缺陷的检验；超声波探伤不能对缺陷作出判断时，应采用射线探伤。探伤时，其内部缺陷分级应符合现行国家标准《钢焊缝手工超声波探伤方法和探伤结果分级》GB 11345 和《金属熔化焊焊接接头射线照相》GB/T 3323 的规定。

检查数量：全数检查。

检验方法：超声波探伤；必要时，采用射线探伤；检查探伤记录。

15.5.2 焊缝外观质量的检查与评定应符合表 15.5.2 的规定。

检查数量：每批同类构件随机抽查 10%，且不应少于 3 件；被抽查构件中，每一类型焊缝按条数抽查 5%，且不应少于 1 条；每条检查外观质量相对较差的 1 处，总抽查数不应少于 10 处。

表 15.5.2 焊缝外观质量检查评定标准

应检查的外观缺陷名称	合格评定标准		
	一级	二级	三级
裂纹、焊瘤、弧坑、未熔合、烧穿、接头不良	不允许		
夹渣	不允许	不允许	允许有深度不大于 0.2t 的夹渣
表面气孔	不允许	不允许	允许有直径不大于 2.0mm 的气孔，但每 50mm 焊缝长度上不得多于 2 个
电弧擦伤	不允许	不允许	允许存在个别电弧擦伤
根部收缩	不允许	允许有深度不大于 0.4mm 的根部收缩	允许有深度不大于 0.6mm 的根部收缩

续表15.5.2

应检查的外观缺陷名称		合格评定标准		
		一级	二级	三级
咬边	不修磨焊缝	不允许	允许有深度不大于0.5mm的咬边,但焊缝两侧咬边总长不得大于焊缝总长的10%	允许有深度不大于1.0mm的咬边,长度不限
	需修磨焊缝	不允许有咬边	不允许有咬边	(无此情形)

注：1 表中 t 为连接处较薄的板厚；
    2 三级对焊缝应按二级焊缝标准进行外观缺陷的检查与评定；
    3 本表的合格评定标准仅适用于结构加固工程及其常用的板厚；当板厚 $t \geq 15mm$ 时，应按现行国家标准《钢结构工程施工质量验收规范》GB 50205 评定。

检验方法：观察，或使用放大镜、焊缝量规和钢尺检查。

15.5.3 高强度大六角头螺栓连接副终拧完成1h后的48h内应进行终拧扭矩检查；检查结果应符合现行国家标准《钢结构工程施工质量验收规范》GB 50205 的规定。

检查数量：按节点数随机抽查10%，且不应少于10个；每个被抽查节点按螺栓数抽查10%，且不应少于3个。

检验方法：按该规范的要求执行。

15.5.4 扭剪型高强度螺栓连接副终拧后，除因构造原因无法使用专门扳手拧掉梅花头外，未在终拧中拧掉梅花头的螺栓数不应多于该节点螺栓数的5%。对所有梅花头未拧掉的扭剪型高强度螺栓连接副应采用扭矩法或转角法进行终拧并作标记，且应进行终拧扭矩检查。

检查数量：按节点数随机抽查10%，但不应少于10个节点；被抽查节点中梅花头未拧掉的扭剪型高强度螺栓连接副，应全数进行终拧扭矩检查。

检验方法：现行国家标准《钢结构工程施工质量验收规范》GB 50205 规定的方法执行。

15.5.5 焊缝的尺寸偏差应符合现行国家标准《钢结构工程施工质量验收规范》GB 50205 的规定。

检查数量：每一检验批同类构件随机抽查10%，且不应少于3件；被抽查构件中，每一类型焊缝按条数抽查5%，且不应少于1条；每条检查外观质量相对较差的1处，总抽查数不应少于10处。

检验方法：观察，或使用放大镜、焊缝量规和钢尺检查。

(Ⅱ) 一般项目

15.5.6 焊缝的焊波应均匀；焊道与焊道、焊道与基本金属间过渡应较平滑；焊渣和飞溅物应基本清除干净。

注：本条中"基本"的涵义，是指其清理结果应得到监理单位的认可。

检查数量：每批同类构件随机抽查10%，且不应少于3件；被抽查构件中，每种焊缝按数量各抽查5%，总抽查数不应少于5处。

检验方法：观察，并检查施工记录。

15.5.7 高强度螺栓连接副的施拧顺序和初拧、复拧扭矩应符合设计要求和现行行业标准《钢结构高强度螺栓连接的设计、施工及验收规程》JGJ 82 的规定。

检查数量：全数检查。

检验方法：检查扭矩扳手标定记录和螺栓施工记录。

15.5.8 高强度螺栓连接副终拧后，螺栓丝扣外露应为2扣或3扣，其中允许有10%的螺栓丝扣外露1扣至4扣。

检查数量：按节点数随机抽查5%，且不应少于10个。

检验方法：观察。

16 钢构件焊缝补强工程

16.1 一般规定

16.1.1 本章适用于负荷状态下钢构件焊缝补强的施工过程控制与施工质量检验。

16.1.2 负荷状态下钢构件焊缝补强工程的施工程序应符合下列规定：
1 核算施工荷载，并采取严格的安全与控制措施；
2 清理原结构，修整构件施焊区；
3 制订合理、安全的焊接工艺，并进行试焊；
4 焊区表面处理；
5 焊接补强施工；
6 焊缝质量检验；
7 重做涂装工程。

16.1.3 负荷状态下焊缝连接补强施工，其现场环境气温应符合下列规定：
1 施焊镇静钢板的厚度不大于30mm时，不应低于-15℃；当厚度超过30mm时，不应低于0℃。
2 施焊沸腾钢板时，不应低于5℃。

16.1.4 雨雪天气时，严禁露天焊接；4级以上风力时，焊接作业区应有挡风措施。

16.1.5 对负荷状态下焊缝补强施焊的焊工要求，必须符合本规范第 15.1.5 的规定。

16.2 焊区表面处理

（Ⅰ）主控项目

16.2.1 钢构件焊缝补强工程施焊前，应清除待焊区间及其两端以外各 50mm 范围内的尘土、漆皮、涂料层、铁锈及其他污垢，并打磨至露出金属光泽。

检查数量：全数检查。

检验方法：会同监理人员逐个焊区检查，经确认合格后签字留档备查。

16.2.2 当发现旧焊缝或其母材有裂纹时，应按本规范规定的修补方法进行修复。

（Ⅱ）一般项目

16.2.3 施焊前，焊接作业人员应复查钢构件焊区表面处理的质量，并做好检查记录。若不符合要求，应经重新修整后方可施焊。钢构件焊区表面若有冷凝水或结冰现象时，应经清除和烘干后方可施焊。

检查数量：全数检查。

检验方法：观察，触摸。

16.3 焊缝补强施工

（Ⅰ）主控项目

16.3.1 在下列情况下，焊接补强施工，应先进行焊接工艺试验：

1 原构件钢材的品种和钢号系加固施工单位首次使用；

2 补强用的焊接材料型号需要改变；

3 焊接方法需要改变，或因焊接设备的改变而需要改变焊接参数；

4 焊接工艺需要改变；

5 需要预热、后热或焊后需作热处理。

检查数量：按现行行业标准《建筑钢结构焊接技术规程》JGJ 81 的要求确定。

检验方法：检查焊接工艺试验报告。

16.3.2 负荷状态下的焊接施工，应先对结构、构件最薄弱部位进行补强，并应采取下列措施：

1 对立即能起到补强作用，且对原结构影响较小的部位应先施焊；

2 当需加大焊缝厚度时，应从原焊缝受力较小的部位开始施焊，且每次敷焊的焊缝厚度不宜大于 2mm；

3 根据原构件钢材的品种，选用相应的低氢型焊条，且焊条直径不宜大于 4mm；

4 焊接电流不宜大于 200A；

5 当需多道施焊时，层间温度差低于 100℃；

6 应采取有效的控制焊接变形的措施。

检查数量：全数检查。

检验方法：按施工技术方案核查操作过程，并检查施工记录。

16.3.3 当用双角钢与节点板角焊缝连接加固焊接时（图 16.3.3），应先从一角钢一端的肢尖"1"开始，沿箭头方向施焊，继而施焊同一角钢另一端"2"的肢尖焊缝；再按图中顺序施焊角钢的肢背焊缝"3"和"4"，以及另一角钢的焊缝"5"、"6"、"7"和"8"。

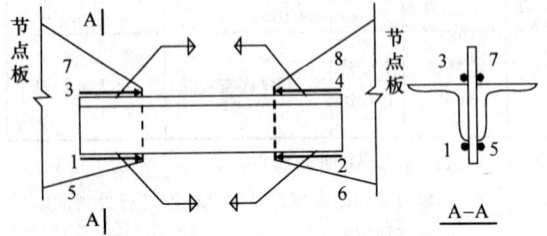

图 16.3.3 焊接顺序示意图

（Ⅱ）一般项目

16.3.4 负荷状态下焊缝补强的焊接施工，应指派有经验的焊接专业工程师在场指导，并应在施工记录上签字。

16.4 焊接质量检验

（Ⅰ）主控项目

16.4.1 对一级、二级焊缝应进行焊缝探伤，其探伤方法及探伤结果分级应符合现行国家标准《钢结构工程施工质量验收规范》GB 50205 的规定。

检查数量：全数检查。

检验方法：检查超声波或射线探伤记录。

16.4.2 焊缝的外观质量以及焊缝尺寸偏差的检查结果应符合本规范第 15.5.2 条及第 15.5.5 条的规定。

检查数量：每一检验批同类构件随机抽取 10%，且不少于 3 件。

检验方法：观察，并使用放大镜、焊缝量规和钢尺检查。

（Ⅱ）一般项目

16.4.3 焊缝的焊波、焊道的施工质量应符合本规范第 15.5.6 条的要求。焊接完成后，应将焊渣和飞溅物清理干净。

检查数量和检验方法按本规范第 15.5.6 条的规定执行。

17 钢结构裂纹修复工程

17.1 一般规定

17.1.1 本章适用于修复钢结构裂纹的施工过程控制

和施工质量检验。

17.1.2 当发现钢结构构件上有裂纹时，应立即在裂纹端点外 $0.5t \sim 1.0t$（t 为板厚）处钻制'止裂孔'作为应急措施（图17.1.2），以防其继续发展；然后再根据裂纹的性质采取修复措施。

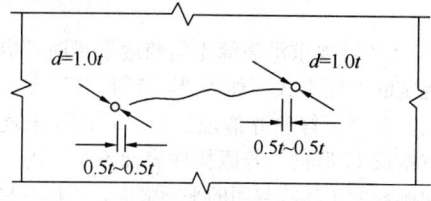

图 17.1.2 裂纹两端钻制"止裂孔"

17.1.3 钢结构、构件裂纹的修复，不论采用对接堵焊法、挖补嵌板法，还是采用附加盖板法进行修复，均须严格按设计、施工图的要求和专门制定的焊接施工技术方案进行施工。

17.1.4 裂纹修复工程，当采用焊接方法时，其施工现场气温及天气条件，应符合本规范第16.1.4条及第16.1.5条的要求。

17.2 焊缝补强施工及质量检验

17.2.1 当采用堵焊法修复裂纹时，应按下列程序进行：

　　1 清洗裂纹两边各 50mm 以上范围内板面油污、尘垢至显露出洁净的金属光泽；

　　2 用碳弧气刨、风铲或砂轮将裂纹边缘加工成坡口，并延伸至裂纹端头的钻孔处。坡口的形式应根据板厚和施工条件，按现行国家标准《气焊、手工电弧焊及气体保护焊焊缝坡口的基本形式与尺寸》GB/T 985 的规定选用；

　　3 将裂纹两侧及端部金属预热至 100℃～150℃，并在堵焊全过程中保持此温度；

　　4 采用与钢材相匹配的低氢型焊条或超低氢型焊条施焊；

　　5 宜用小直径焊条以分段分层逆向焊施焊；焊接时应按规定的顺序（图17.2.1）进行。每一焊道焊完后宜立即进行锤击检查；

　　6 对承受动力荷载的构件，堵焊后其表面应磨光，使之与原构件表面齐平，磨削痕迹线应大体与裂纹切线方向垂直；

　　7 对重要结构或厚板构件，堵焊后应立即进行退火处理。

　　检查数量：全数检查。

　　检验方法：监理人员全程跟班观察、检查。

17.2.2 对网状、分叉状裂纹区和有破裂、过烧、烧穿等缺陷的梁、柱腹板部位，宜采用嵌板修补，修补程序为：

　　1 检查确定缺陷的范围；

　　2 将缺陷部位切除，且宜切成带圆角的矩形洞

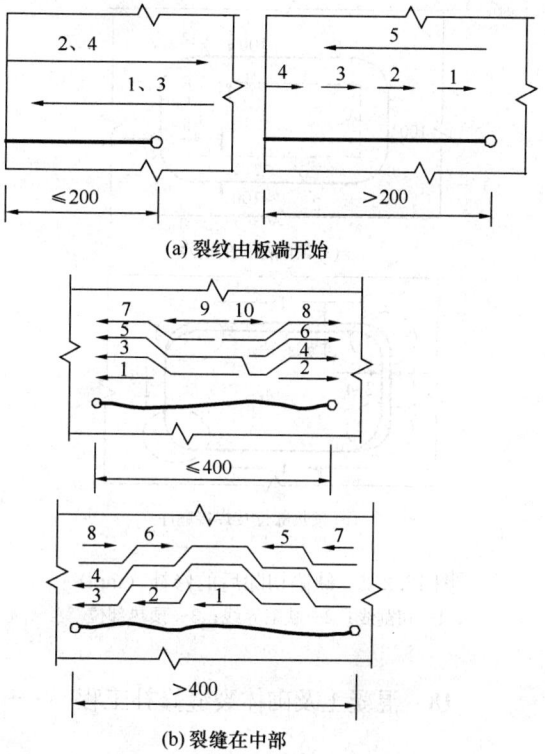

图 17.2.1 堵焊焊道顺序

口。切除部分的尺寸应比缺陷界线的尺寸扩大 100mm（图17.2.2a）；

　　3 用等厚度、同材质的嵌板嵌入切除部位，嵌板的长宽边缘与切除孔间两个边应留有 2mm～4mm 的间隙，并将其边缘加工成对接焊缝要求的坡口形式；

　　4 嵌板定位后，将孔口四角区域预热至 100℃～150℃，并按规定的顺序（图17.2.2b）采用分段分层逆向焊法施焊；

　　检查数量：全数检查。

　　检验方法：监理人员全程跟班检查。

17.2.3 采用附加盖板修补裂纹时，宜采用双层盖板；其厚度应与原板等厚。此时裂纹两端仍须钻孔。当焊上盖板时，应设法将加固盖板压紧；焊脚尺寸应等于板厚。盖板的焊接也应按规定的顺序（图17.2.2b）执行。

　　检查数量：全数检查。

　　检验方法：监理人员全程跟班观察。

17.2.4 当吊车梁腹板上部出现裂纹时，应根据检查的情况先采取构造措施（如调整轨道偏心等），再按本规范第17.2.1条的规定修补裂纹。同时，尚应按设计、施工图的规定进行加固。

17.2.5 钢结构、构件裂缝修复工程的施工质量检验，应符合本规范第16.4节的规定。

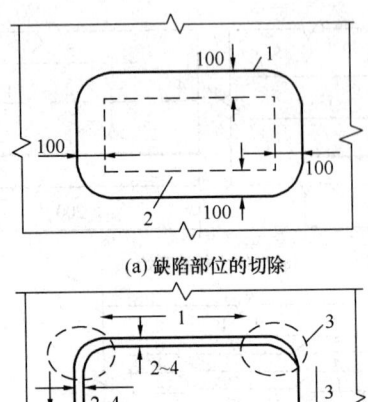

图 17.2.2 缺陷切除后的修补（mm）
1—切割线；2—缺陷界线；3—预热部位

18 混凝土及砌体裂缝修补工程

18.1 一般规定

18.1.1 本章适用于混凝土或砌体结构、构件中裂缝修补的施工过程控制和施工质量检验。

注：对影响结构、构件承载力的裂缝，以及地基不均匀沉降引起的裂缝，当需按本章的规定进行修补时，应先采取必要的加固措施，消除裂缝产生的根源。

18.1.2 裂缝修补的施工程序应符合下列规定：
1 裂缝复查；
2 制订修补技术方案；
3 清理、修整原结构、构件；
4 界面处理及原构件含水率控制；
5 裂缝修补施工；
6 修补质量检验。

18.1.3 修补裂缝现场的气温，应符合裂缝修补材料使用说明书的规定；若无具体规定，不应低于15℃；修补过程不得遭受日晒雨淋，并严禁在风沙和雨雪天气条件下进行露天修补施工。

对现场环境的湿度要求，也应符合产品使用说明书的规定。

18.2 界面处理

（Ⅰ）主控项目

18.2.1 原结构、构件除应按本规范第3.0.4条和第3.0.5条的要求清理、修整外，尚应按下列规定进行界面处理：

1 沿裂缝走向，在裂缝中插入作为临时标志的竹钉或其他钉，钉距以能在打磨后找到裂缝为度。然后对裂缝两侧各100mm范围内的原构件表面，用喷砂机或砂轮机打磨平整，直至露出坚实的骨料新面，经检查无油渍、污垢后用压缩空气或吸尘器清理干净；

2 当设计要求沿裂缝走向骑缝凿槽时，应按施工图规定的剖面形式（如V形、U形等）和尺寸进行画线、开凿、修整并清理洁净。若设计未规定槽形，宜凿成U形槽。若原构件表面不平，尚应沿裂缝走向削成便于连续封闭的平顺弧面，不得有局部凸起或高差；

3 裂缝腔内的粘合面处理，应按产品使用说明书的规定或在该产品厂方指派的专业工程师指导下进行。

（Ⅱ）一般项目

18.2.2 原构件界面含水率应按胶粘剂使用说明书的要求进行控制。若有困难，应改用高潮湿面专用的结构胶粘剂。

检查数量：全数检查。

检验方法：混凝土含水率测定仪检测；砌体用烘干法检测。

18.3 表面封闭法施工

（Ⅰ）主控项目

18.3.1 粘贴封闭材料修补裂缝前，应复查裂缝两侧原构件表面打磨的质量是否合格。若已合格，应采用工业丙酮擦拭一遍。

检查数量：全数检查。

检验方法：观察，并检查施工记录。

18.3.2 若粘贴纤维织物的施工工艺有底涂要求时，应按规定配制和拌合底胶。拌合后的底胶，其色泽应均匀、黏度低、渗透性好，无结块，且不受尘土、水分和油烟的污染。

底胶应用滚筒刷或特制的毛刷均匀涂布在洁净的原构件表面。涂刷时，应注意刮去胶液中的气泡。调好的底胶应在规定的时间内用完。底胶涂刷完毕，应立即进行养护，并防止胶面受到污染。当胶面呈指触干燥（指干）时，立即进入下一工序。

检查数量：全数检查。

检验方法：观察，触摸，并检查施工记录。

18.3.3 浸渍、粘结纤维织物用的结构胶粘剂，其配制和拌合应按产品使用说明书进行。拌合后的胶液色泽应均匀，无结块和气泡；随即将其均匀涂抹于底胶层的面上。若采用免底涂胶粘剂，应先检查其产品使用说明书，经监理单位确认为免底涂胶粘剂后，再直接涂抹在粘贴部位的混凝土面上。

检查数量：全数检查。

检验方法：观察，检查施工记录。

18.3.4 粘贴纤维织物时，应按下列步骤和要求进行：

1 将裁剪好、经检查无误的纤维织物敷在涂好胶粘剂的基层上；

2 用特制的滚筒在已贴好纤维织物的面上，沿纤维经向多次滚压，使胶液充分润透、渗到纤维中，且应仔细刮、挤平整，排出气泡；

3 多层粘贴时，应在底层纤维织物所涂的胶液达到指干状态时立即涂胶粘贴下一层。若拖延时间超过1h，则应等待12h后，再涂刷胶粘剂粘贴下一层，且粘贴前应重新将织物粘合面上的灰尘擦拭干净；

4 最外一层纤维织物的表面应均匀涂抹一道胶粘剂。

检查数量：全数检查。

检验方法：观察，检查施工记录。

（Ⅱ）一般项目

18.3.5 粘贴织物时，其边缘距裂缝中心线的距离应不小于50mm，且不允许有负偏差。织物长度应至少大于裂缝长度100mm，若由于构造原因不能满足此要求，应在织物端部加贴横向压条。压条的长度应比封闭用的织物宽度至少大100mm。

检查数量：随机抽查修补构件数的10%，且不少于5个构件。

检验方法：钢尺测量。

18.3.6 当粘贴织物不止一层时，其粘贴工艺应符合本规范第10.3.2条第5款的规定。

检查数量：全数检查。

检验方法：观察。

18.3.7 在纤维织物最上一层的面上应涂刷胶粘剂一遍，并随即撒上石英砂或豆石。待胶粘剂完全固化后再抹水泥砂浆或设计指定的材料，作为防护面层。

检查数量：全数检查。

检验方法：观察，检查施工记录。

18.4 柔性密封法施工

（Ⅰ）主控项目

18.4.1 按设计规定的尺寸开凿U形槽或V形木槽，并仔细检查凿槽质量。检查结果应符合设计及本章第18.2节的要求。

检查数量：全数检查。

检验方法：观察，检查施工记录。

18.4.2 当需设置隔离层时，U形槽的槽底应为光滑的平底。槽底铺设的隔离层，应是不吸潮膨胀，且不与弹性密封材料及基材发生化学反应的材料；隔离层应紧贴槽底（图18.4.2），但不与槽底粘连。

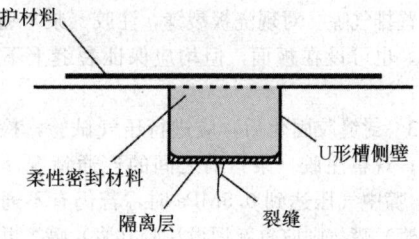

图18.4.2 裂缝处开U形槽充填修补材料

检查数量：全数检查。

检验方法：观察，检查施工记录。

18.4.3 当在槽内填充柔性或弹性密封材料时，应先在槽内凿毛的两侧壁表面上涂刷一层胶液，方可填充所选用的密封材料。

检查数量：全数检查。

检验方法：观察，检查施工记录。

（Ⅱ）一般项目

18.4.4 密封材料填充完毕后，应在裂缝槽口及其两侧各50mm范围内粘贴无碱玻璃纤维织物或无纺布封护。

检查数量：全数检查。

检验方法：观察，检查施工记录。

18.5 压力灌注法施工

（Ⅰ）主控项目

18.5.1 采用压力灌注法注入低黏度胶液或注浆料修补混凝土、砌体裂缝时，应根据裂缝宽度、深度和内部情况，选用定压注射器自动注胶法或机控压力注浆法。其选择应符合下列原则：

1 当混凝土或砌体的水平构件和竖向构件中，有宽度为0.05mm～1.5mm，深度不超过300mm的贯穿或不贯穿裂缝时，宜采用定压注射器注胶法施工。注射器安装的方法和间距应符合产品使用说明书的规定。这种方法所产生的压力应不小于0.2MPa。若压力过低，应改用其他产品。

2 裂缝宽度大于0.5mm且走向蜿蜒曲折或为体积较大构件的混凝土深裂缝，宜采用机控压力注胶法；注入压力应根据产品使用说明书确定。

3 当裂缝宽度大于2mm时，应采用符合本规范表4.8.1规定的注浆料，以压力灌注法施工。

18.5.2 压力灌注装置的安装和试压检验应符合下列要求：

1 注胶嘴（或注浆嘴）及其基座应按裂缝走向设置。针筒注胶嘴间距为100mm～300mm；机控注胶（浆）嘴间距为300mm～500mm；同时应设在裂缝交叉点、裂缝较宽处和端部。注胶（浆）嘴基座之间的裂缝表面应采用封缝胶封闭。每条裂缝上还必须设置排气嘴。对现浇板裂缝，注胶（浆）嘴可设在板底，也可设在板面，但均应保证裂缝上下表面的密封；

2 封缝胶固化后，应进行压气试验，检查密封效果；观察注胶（浆）嘴之间的连通情况。当注胶（浆）嘴中气压达到 0.5MPa 时，若仍有不通气的注胶（浆）嘴，则应重新埋设注胶（浆）嘴，并缩短其间距。

检查数量：全数检查。

检验方法：封缝胶泥固化后立即进行压气试验。沿封缝胶泥处涂刷皂液，从注胶（浆）嘴压入压缩空气，压力取等于注胶（浆）压力，观察是否有漏气的气泡出现。若有漏气，应用胶泥修补，直至无气泡出现。

18.5.3 施工前应复查裂缝修补胶（浆）液的品种、型号及进场复验报告，以及所配制胶（浆）液的初始黏度。若拌合胶（浆）液时，发现有突然发热变稠的现象，应弃用该批胶（浆）液。

检查数量：全数检查。

检验方法：观察。

18.5.4 注胶（浆）压力控制与注胶（浆）作业应符合下列规定：

1 注胶（浆）压力应按产品使用说明书进行控制；

2 压力注胶（浆）作业按从下到上的顺序进行；

3 注浆过程中出现下列标志之一时，即可确认裂缝腔内已注满胶（浆）液，可以转入下一个注胶（浆）嘴进行注胶（浆），直至注完整条裂缝：

　1）在注胶（浆）压力下，上部注胶（浆）嘴有胶（浆）液流出；

　2）在胶（浆）液适用期内，吸胶（浆）率小于 0.05L/min。

(Ⅱ) 一 般 项 目

18.5.5 当上部注胶（浆）嘴或排气嘴有胶（浆）液流出时，应及时关闭上部注胶（浆）嘴，并维持压力 1min～2min。待缝内的胶（浆）液初凝时，应立即拆除注胶（浆）嘴和排气嘴，并用环氧胶泥将嘴口部位抹平、封闭。

18.6 施工质量检验

18.6.1 胶（浆）液固化时间达到 7d 时，应立即采用下列方法之一进行灌注质量检验：

1 超声波法（仅用于混凝土构件）：

当采用超声波探测时，其测定的浆体饱满度不应小于 90%。

检查数量：见证抽测裂缝总数的 10%，且不少于 5 条裂缝。

检验方法：按有关超声法检测混凝土缺陷的规定执行。

2 取芯法（仅用于混凝土构件）：

随机钻取直径 D 不小于 50mm 的芯样进行检测。钻芯前应先通过探测避开钢筋；取芯点宜位于裂缝中部。检查芯样裂缝是否被胶体填充密实、饱满，粘结完整。如有补强要求，还应对芯样做劈拉强度试验；试验结果应符合现行国家标准《混凝土结构加固设计规范》GB 50367 的要求。

钻芯后留下的孔洞应采用掺有石英砂的结构胶填塞密实。

检查数量：每一检验批同类构件见证抽查 10%，且不少于 3 条裂缝；每条取芯样 1 个。

检验方法：观察、检查修补胶固化 7d 的抗劈拉试验记录。

3 承水法：

仅适用于现浇楼板或围堰类构筑物。以承水 24h 不渗漏为合格。

检查数量：按合同要求确定。

检验方法：观察，并检查承水试验报告。

19 植 筋 工 程

19.1 一 般 规 定

19.1.1 本章适用于混凝土承重结构和砌体承重结构以锚固型结构胶粘剂种植带肋钢筋（包括拉结筋）和全螺纹螺杆的施工过程控制和施工质量检验。

19.1.2 植筋（包括全螺纹螺杆，以下同）工程施工程序应按施工设计规定的工序（图 19.1.2）进行。

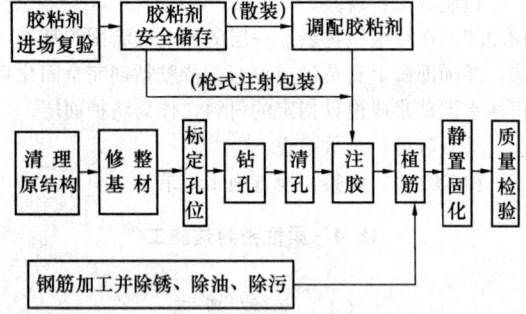

图 19.1.2 植筋工程施工工序

19.1.3 植筋工程的施工环境应符合下列要求：

1 基材表面温度应符合胶粘剂使用说明书要求；若未标明温度要求，应按不低于 15℃进行控制；

2 基材孔内表层含水率应符合胶粘剂产品使用说明书的规定；

3 严禁在大风、雨雪天气进行露天作业。

注：当基材孔内表层含水率无法降低至胶粘剂使用说明书的要求时，应改用高潮湿面适用的胶粘剂。

19.1.4 植筋位置应经放线并探测钢筋位置后标定。若植筋孔位受原钢筋干扰,应通知设计单位变更植筋位置,并出具变更设计通知书。

19.1.5 植筋焊接应在注胶前进行。若个别钢筋确需后焊时,除应采取断续施焊的降温措施外,尚应要求施焊部位距注胶孔顶面的距离不应小于 $15d$,且不应小于 200mm;同时必须用冰水浸渍的多层湿巾包裹植筋外露的根部。

19.1.6 基材清孔及钢筋除锈、除油和除污的工序完成后,应按隐蔽工程的要求进行检查和验收。

19.2 界面处理

（Ⅰ）主控项目

19.2.1 植筋孔洞钻好后应先用钢丝刷进行清孔,再用洁净无油的压缩空气或手动吹气筒清除孔内粉尘,如此反复处理不应少于3次。必要时尚应用干净棉纱沾少量工业丙酮擦净孔壁。

检查数量:全数检查。

检验方法:观察、触摸孔壁。

19.2.2 植筋工程施工过程中,应每日检查其孔壁的干燥程度。

检查数量:全数检查。

检验方法:混凝土用含水率测定仪检测;砌体用烘干法检测。

19.2.3 植筋孔壁应完整,不得有裂缝和其他局部损伤。

检查数量:全数检查。

检验方法:在有照明条件下观察,并检查施工记录。

（Ⅱ）一般项目

19.2.4 植筋用的钢筋或螺杆在植入前应复查有无未打磨干净的旧锈和新锈。若有新旧锈斑,应用砂纸擦净。

检查数量:全数检查。

检验方法:观察。

19.2.5 植筋孔壁清理洁净后,若不立即种植钢筋,应暂时封闭其孔口,防止尘土、碎屑、油污和水分等落入孔中影响锚固质量。

检查数量:全数检查。

检验方法:观察,并检查施工记录。

19.3 植筋工程施工

（Ⅰ）主控项目

19.3.1 当采用自动搅拌注射筒包装的胶粘剂时,可选用硬包装产品,也可采用软包装产品。对软包装产品的使用,应将软包装产品置于硬质容器内运输和贮存,以防胶粘剂受损、变质。同时,其植筋作业尚应按产品使用说明书的规定进行,但应经试操作。若试操作结果表明,该自动搅拌器搅拌的胶不均匀,应予弃用。当采用现场配制的植筋胶时,应在无尘土飞扬的室内,按产品使用说明书规定的配合比和工艺要求严格执行,且应有专人负责。调胶时应根据现场环境温度确定树脂的每次拌合量;使用的工具应为低速搅拌器;搅拌好的胶液应色泽均匀,无结块,无气泡产生。在拌合和使用过程中,应防止灰尘、油、水等杂质混入,并应按规定的可操作时间完成植筋作业。

检查数量:全数检查。

检验方法:观察。

19.3.2 注入胶粘剂时,其灌注方式应不妨碍孔中的空气排出,灌注量应按产品使用说明书确定,并以植入钢筋后有少许胶液溢出为度。在任何工程中,均不得采用钢筋从胶桶中粘胶塞进孔洞的施工方法。

检查数量:全数检查。

检验方法:由监理人员跟班检查,一经发现应责令重新返工。

19.3.3 注入植筋胶后,应立即插入钢筋,并按单一方向边转边插,直至达到规定的深度。从注入胶粘剂至植好钢筋所需的时间,应少于产品使用说明书规定的适用期(可操作时间)。否则应拔掉钢筋,并立即清除失效的胶粘剂,重新按原工序返工。

检查数量:全数检查。

检验方法:观察。

19.3.4 植入的钢筋必须立即校正方向,使植入的钢筋与孔壁间的间隙均匀。胶粘剂未达到产品使用说明书规定的固化期前,应静置养护,不得扰动所植钢筋。

检查数量:全数检查。

检验方法:专人巡察、监理人员检查。

（Ⅱ）一般项目

19.3.5 植筋钻孔孔径的偏差应符合表19.3.5-1的规定。钻孔深度及垂直度的偏差应符合表19.3.5-2的规定。

表 19.3.5-1 植筋钻孔孔径允许偏差（mm）

钻孔直径	孔径允许偏差	钻孔直径	孔径允许偏差
<14	≤+1.0	22～32	≤+2.0
14～20	≤+1.5	34～40	≤+2.5

表 19.3.5-2 植筋钻孔深度、垂直度和位置的允许偏差

植筋部位	钻孔深度允许偏差（mm）	钻孔垂直度允许偏差（mm/m）	位置允许偏差（mm）
基　础	+20，0	50	10
上部构件	+10，0	30	5
连接节点	+5，0	10	5

注：当钻孔垂直度偏差超过允许值时，应由设计单位确认该孔洞是否可用；若需返工，应由施工单位提出技术处理方案，经设计单位认可后实施。对经处理的孔洞，应重新检查验收。

检查数量：每种规格植筋随机抽查5%，且不少于5根。

检验方法：量角规、靠尺、钢尺量测；重新钻孔时，尚应检查技术处理方案。

19.4 施工质量检验

19.4.1 植筋的胶粘剂固化时间达到7d的当日，应抽样进行现场锚固承载力检验。其检验方法及质量合格评定标准必须符合本规范附录W的规定。

检查数量：按本规范附录W确定。

检验方法：监理人员应在场监督，并检查现场拉拔检验报告。

19.4.2 对现场拉拔检验不合格的植筋工程，若现场考察认为与胶粘剂质量有关且业主单位要求追究责任时，应委托当地独立检测机构对胶粘剂安全性能进行系统的试验室检验与评定。其检验项目及安全性能指标应符合现行国家标准《混凝土结构加固设计规范》GB 50367的规定。

检查数量：每一检验项目的试件数量应按常规检验加倍。

检验方法：按现行国家标准《混凝土结构加固设计规范》GB 50367和本规范规定的试验方法进行。

20 锚栓工程

20.1 一般规定

20.1.1 本章适用于混凝土结构、构件后扩底型锚栓工程和特殊倒锥形锚栓工程的施工过程控制和施工质量检验。

注：后扩底型锚栓包括自切底和模切底两种扩底方式。

20.1.2 锚栓工程的施工程序应符合下列规定：

1 清理、修整原结构、构件并画线定位；
2 锚栓钻孔、清孔、预紧、安装和注胶（当产品有要求时）；
3 锚固质量检验。

20.1.3 原结构、构件清理、修整后，应按设计图纸进行画线确定锚栓位置；若构件内部配有钢筋，尚应探测其对钻孔有无影响。若有影响，应立即通知设计单位处理。

20.1.4 锚栓工程的施工环境应符合下列要求：

1 锚栓安装现场的气温不宜低于−5℃。
2 严禁在雨雪天气进行露天作业。

20.2 锚栓安装施工

（Ⅰ）主控项目

20.2.1 锚栓的钻孔，应采用该产品使用说明书规定的钻头及配套工具，并应按该说明书规定的钻孔要求进行操作。

检查数量：每一锚栓品种不少于一次。

检验方法：观察，检查钻孔记录。

20.2.2 基材表面及锚孔的清理应符合下列要求：

1 混凝土基材表面应按本规范第3.0.4条及3.0.5条的要求进行清理、修整；
2 锚栓的锚孔，应用压缩空气或手动气筒清除孔内粉屑；
3 锚栓应无浮锈；锚板范围内的基材表面应光滑平整，无残留的粉尘、碎屑。

检查数量：全数检查。

检验方法：观察，并含水率测定仪检测。

20.2.3 锚栓的安装作业应符合下列规定：

1 自扩底型锚栓的安装，应使用专门安装工具并利用锚栓专制套筒上的切底钻头边旋转、边切底、边就位；同时通过目测位移，判断安装是否到位；若已到位，其套筒顶端应低于混凝土表面的距离为1mm～3mm；对穿透式自扩底锚栓，此距离系指套筒顶端应低于被固定物的距离；

2 模扩底锚栓的安装应使用专门的模具式钻头切底，将锚栓套筒敲至柱锥体规定位置以实现正确就位；同时通过目测位移，判断安装是否到位；若已到位，其套筒顶端至混凝土表面的距离也应约为1mm～3mm。

注：特殊倒锥形锚栓无需扩底。

检查数量：全数检查。

检验方法：观察，检查安装记录。

（Ⅱ）一般项目

20.2.4 锚栓孔清孔后，若未立即安装锚栓，应暂时封闭其孔口，防止尘土、碎屑、油污和水分等落入孔内影响锚固质量。

检查数量：全数检查。

检验方法：观察，并检查施工记录。

20.2.5 锚栓固定件的表面应光洁平整。

检查数量：全数检查。

检验方法：观察。

20.2.6 钻孔偏差应符合下列规定：
1 垂直度偏差不应超过 2.0%；
2 直径偏差不应超过表 20.2.6 的规定值，且不应有负偏差；
3 孔深偏差仅允许正偏差，且不应大于 5mm；
4 位置偏差应符合施工图规定；若无规定，应按不超过 5mm 执行。

检查数量：每一种孔径随机抽检 5%，且不少于 5 个。

检验方法：直角靠尺、探针、钢尺量测。

表 20.2.6 锚栓钻孔直径的允许偏差（mm）

钻孔直径	允许偏差	钻孔直径	允许偏差
≤14	≤+0.3	24～28	≤+0.5
16～22	≤+0.4	30～32	≤+0.6

20.3 施工质量检验

（Ⅰ）主控项目

20.3.1 锚栓安装、紧固或固化完毕后，应进行锚固承载力现场检验。其锚固质量必须符合本规范关于锚固承载力现场检验与评定的规定并符合附录 W 的规定。

检查数量：按本规范附录 W 确定。

检验方法：检查锚栓承载力现场检验报告。

（Ⅱ）一般项目

20.3.2 锚栓应按设计或产品安装说明书的要求，检查其锚固深度、预紧力控制值及位置偏差等。

21 灌 浆 工 程

21.1 一 般 规 定

21.1.1 本章适用于以结构加固用水泥基灌浆料加固承重结构混凝土构件和砌体构件的施工图复查、施工过程控制和施工质量检验。

21.1.2 结构构件增大截面灌浆工程的施工程序及需按隐蔽工程验收的项目，应按本规范第 5 章的规定执行，并应符合下列规定：
1 在安装模板的工序中，应增加设置灌浆孔和排气孔的规定。
2 在灌浆施工的工序中，对第一次使用的灌浆料，应增加试灌的作业；当分段灌注时，尚应增加快速封堵灌浆孔和排气孔的作业。

21.1.3 灌浆工程的施工组织设计和施工技术方案应结合结构的特点进行论证，并经审查批准。

21.2 施工图安全复查

21.2.1 在结构加固工程中使用水泥基灌浆料时，应对施工图进行安全复查，其结果应符合下列规定：
1 对增大截面加固，仅允许用于原构件为普通混凝土或砌体的工程；不得用于原构件为高强混凝土的工程。
2 对外加型钢（角钢）骨架的加固，仅允许用于干式外包钢工程；不得用于外粘型钢（角钢）工程。

21.2.2 当用于普通混凝土或砌体的增大截面工程时，尚应遵守下列规定：
1 不得采用纯灌浆料，而应采用以 70% 灌浆料与 30% 细石混凝土混合而成的浆料（以下简称混合料），且细石混凝土粗骨料的最大粒径不应大于 12.5mm。
2 混合料灌注的浆层厚度（即新增截面厚度）不应小于 60mm，且不宜大于 80mm；若有可靠的防裂措施，也不应大于 100mm。
3 采用混合料灌注的新增截面，其强度设计值应按细石混凝土强度等级采用。细石混凝土强度等级应比原构件混凝土提高一级，且不应低于 C25 级，也不应高于 C50 级。

注：当构件新增截面尺寸较大时，宜改用普通混凝土或自密实混凝土。

4 梁、柱的新增截面应分别采用三面围套和全围套的构造方式，不得采用仅在梁底或柱的相对两面加厚的做法。板的新增截面与旧混凝土之间应采取增强其粘结抗剪和抗拉能力的措施，且应设置防温度变形、收缩变形的构造钢筋。

21.2.3 当用于干式外包钢工程时，不论采用何种品牌灌浆料，均仅作为充填角钢与原混凝土间之缝隙之用，不考虑其粘结能力。在任何情况下，均不得替代结构胶粘剂用于外粘型钢（角钢）工程。

21.2.4 当本规范本节的安全规定与其他标准规范不一致时，对建筑结构加固改造工程应按本规范的规定执行。

21.3 界 面 处 理

（Ⅰ）主控项目

21.3.1 原构件界面（即粘合面）处理应符合下列规定：
1 对混凝土构件，应采用人工、砂轮机或高压水射流充分打毛。打毛深度应达骨料新面，且应均匀、平整；在打毛同时，尚应凿除原截面的棱角。
2 对一般砌体构件，仅需剔除勾缝砂浆、已风化的块材面层和抹灰层或其他装饰层。
3 对外观质地光滑，且强度等级高的砌体构件，除应按本条第2款处理外，尚应打毛块材表面；每块应至少打毛两处，且可打成点状或条状，其深度以3mm～4mm为度。

在完成打毛工序后，尚应清除已松动的骨料、浮渣和粉尘，并用清洁的压力水冲洗干净。

检查数量：全数检查。

检验方法：观察、触摸，并检查施工记录。

21.3.2 对打毛的混凝土或砌体构件，应按设计选用的结构界面胶（剂）及其工艺进行涂刷。对楼板加固，除应涂刷结构界面胶（剂）外，尚应种植剪切销钉。其具体种植要求，应符合本规范第5.2.2条的规定。

界面胶（剂）和锚固型结构胶粘剂进场时，应按本规范第4章的要求进行复验。

检查数量及检验方法应按该章确定。

（Ⅱ）一般项目

21.3.3 结构界面胶（剂）的涂刷方法及质量要求，应符合产品使用说明书及施工图说明的要求。若涂刷时间距界面处理时间较长，尚应检查界面处理质量是否有变化。经复查确认合格后可进入本工序。

检查数量：全数检查。

检验方法：观察、擦拭、触摸，并检查界面胶（剂）的涂刷记录。

21.4 灌浆施工

（Ⅰ）主控项目

21.4.1 新增截面的受力钢筋、箍筋及其他连接件、锚固件、预埋件与原构件连接（焊接）和安装的质量，应符合本规范第5.3.1条的要求。

检查数量及检验方法也按本规范第5.3.1条的规定执行。

21.4.2 灌浆工程的模板、紧箍件（卡具）及支架的设计与安装，除应遵守现行国家标准《混凝土结构工程施工质量验收规范》GB 50204的规定外，尚应符合下列要求：

1 当采用在模板对称位置上开灌浆孔和排气孔灌注时，其孔径不宜小于100mm，且不应小于50mm；间距不宜大于800mm。若模板上有设计预留的孔洞，则灌浆孔和排气孔应高于该孔洞最高点约50mm。

2 当采用在楼板的板面上凿孔对柱的增大截面部位进行灌浆时，应按一次性灌满的要求架设模板，并采用措施防止连接处漏浆。此时，柱高不宜大于3m，且不应大于4m。若将这种方法用于对梁的增大截面部位进行灌浆，则无需限制跨度，均可按一次性灌注完毕的要求架设模板。

梁、柱的灌浆孔和排气孔应对称布置，且分别凿在梁的边侧和柱与板交界边缘上。凿孔的尺寸一般为60mm×120mm的矩形孔。

21.4.3 新增灌浆料与细石混凝土的混合料，其强度等级必须符合设计要求，用于检查其强度的试块，应在监理工程师的见证下，按本规范第5.3.2条的规定进行取样、制作、养护和检验。

注：试块尺寸应为100mm×100mm×100mm的立方体。其检验结果应换算为边长为150mm的标准立方体抗压强度，作为评定混合料强度等级的依据，换算系数应按现行国家标准《普通混凝土力学性能试验方法标准》GB/T 50081的规定采用。

检查数量及检验方法按该条规定执行。

21.4.4 灌浆工艺应符合国家现行有关标准和产品使用说明书的规定。灌浆料启封配成浆液后，应直接与细石混凝土拌合使用，不得在现场再掺入其他外加剂和掺合料。将拌好的混合料灌入模板内时，允许用小工具轻轻敲击模板。

检查数量：全数检查。

检验方法：观察、温度计检测，并检查施工记录。

21.4.5 日平均温度低于5℃时，应按冬期施工要求，采取有效措施确保灌浆工艺安全可行。浆体拌合温度应控制在50℃～65℃之间；基材温度和浆料入模温度应符合产品使用说明书的要求，且不应低于10℃。

（Ⅱ）一般项目

21.4.6 混合料灌注完毕后，应按施工技术方案及时采取有效的养护措施，并应符合下列规定：

1 养护期间日平均温度不应低于5℃；若低于5℃，应按冬期施工要求，采取保暖升温措施；在任何情况下，均不得采用负温养护方法，以确保灌浆工程的养护质量。

2 灌注完毕应及时喷洒养护剂或塑料薄膜，然后再加盖湿麻袋或湿草袋。在完成此道作业后，应按本规范第5.3.4条的规定进行养护，且不得少于7d。

3 应在养护期间，自始至终做好浆体的保湿工作；冬期施工，还应做好浆体保温工作；保湿、保温工作的定期检查记录应留档备查。

检查数量：全数检查。

检验方法：观察、抽检并检查施工记录。

21.5 施工质量检验

21.5.1 以灌浆料与细石混凝土拌制的混合料，并采用灌浆法灌注而成的新增截面，其施工质量应符合本规范第5章的规定。

21.5.2 在按本规范第5章的规定检查混合料灌注的新增截面的施工质量前，应先对下列文件进行审查。

1 灌浆料出厂检验报告和进场复验报告；

2 拌制混合料现场取样作抗压强度检验的检验报告。

22 建筑结构加固工程竣工验收

22.0.1 建筑结构加固工程竣工验收程序和组织应符合下列规定：

1 检验批和分项工程应由监理工程师组织施工单位专业技术负责人及专业质量负责人进行验收；

2 子分部工程应由总监理工程师组织施工单位项目负责人和技术、安全、质量负责人进行验收；该加固项目设计单位工程项目负责人及施工单位部门负责人也应参加；

3 各子分部工程竣工验收完成后，施工单位应向建设单位提交分部工程验收报告，建设单位收到报告后，应指派其加固工程负责人组织施工（含分包单位）、设计、监理等单位负责人进行分部工程竣工验收；

4 分部工程竣工验收合格后，建设单位应负责办理有关建档和备案等事宜；

5 若参加竣工验收各方对加固工程的安全和质量有异议，应请当地工程质量监督机构协调处理。

22.0.2 建筑结构加固工程的施工质量应按下列要求进行竣工验收：

1 加固工程施工质量应符合本规范和相关专业验收标准的规定，以及加固设计文件的要求；

2 参与加固工程施工质量验收的各方人员应具备规定的资格；

3 加固工程质量的验收应在施工单位自行检查评定合格的基础上进行；

4 隐蔽工程应在隐蔽前已由施工单位通知有关单位进行了验收，并已形成验收文件；

5 涉及结构安全的检验项目，已按规定进行了见证取样检测，其检测报告的有效性已得到监理人员检查认可；

6 加固工程的观感质量应由验收人员进行现场检查。其检查结果的综合结论已得到验收组成员共同确认。

22.0.3 建筑结构加固子分部工程竣工验收时，应提供下列文件和记录：

1 设计变更文件；

2 原材料、产品出厂检验合格证和涉及安全的原材料、产品的进场见证抽样复验报告；

3 结构加固各工序应检项目的现场检查记录和检验报告；

4 施工过程质量控制记录；

5 隐蔽工程验收记录；

6 加固工程质量问题的处理方案和验收记录；

7 其他必要的文件和记录。

22.0.4 子分部工程合格质量标准应符合下列规定：

1 子分部工程所含的各分项工程，其质量验收合格；

2 质量控制资料完整；

3 涉及安全的见证检验项目，其抽检结果符合本规范合格质量标准的要求；

4 观感质量经验收组成员共同确认合格。

22.0.5 建筑结构加固工程施工质量不合格时，应由施工单位返工重做，并重新检查、验收。若通过返工后仍不能满足安全使用要求的加固工程，严禁验收。

附录 A 建筑结构加固子分部工程、分项工程划分

表 A.0.1 建筑结构加固子分部工程、分项工程划分

分部工程	子分部工程	分 项 工 程
建筑结构加固（上部结构加固）	混凝土构件增大截面工程	原构件修整、界面处理、钢筋加工、焊接、混凝土浇筑、养护
	局部置换构件混凝土工程	局部凿除、界面处理、钢筋修复、混凝土浇筑、养护
	混凝土构件绕丝工程	原构件修整、钢丝及钢构件加工、界面处理、绕丝、焊接、混凝土浇筑、养护
	混凝土构件外加预应力工程	原构件修整、预应力部件加工与安装、预加应力、涂装
	外粘型钢工程	原构件修整、界面处理、钢构件加工与安装、焊接、注胶、涂装

续表 A.0.1

分部工程	子分部工程	分项工程
建筑结构加固（上部结构加固）	粘贴纤维复合材工程	原构件修整、界面处理、纤维材料粘贴、防护面层
	外粘钢板工程	原构件修整、界面处理、钢板加工、胶接与锚固、防护面层
	钢丝绳网片外加聚合物砂浆面层工程	原构件修整、界面处理、网片安装与锚固、聚合物砂浆喷抹
	承重构件外加钢筋网－砂浆面层工程	原构件修整、钢筋网加工与焊接、安装与锚固、聚合物砂浆或复合砂浆喷抹
	砌体柱外加预应力撑杆加固	原砌体修整、撑杆加工与安装、预加应力、焊接、涂装
	钢构件增大截面工程	原构件修整、界面处理、钢部件加工与安装、焊接或高强度螺栓连接、涂装
	钢构件焊缝连接补强工程	原焊缝处理、焊缝补强、涂装
	钢结构裂纹修复工程	原构件修整、界面处理、钢板加工、焊接、高强度螺栓连接、涂装
	混凝土及砌体裂缝修补工程	原构件修整、界面处理、注胶或注浆、或填充密封、表面封闭、防护面层
	植筋工程	原构件修整、钢筋加工、钻孔、界面处理、注胶、养护
	锚栓工程	原构件修整、钻孔、界面处理、机械锚栓或定型化学锚栓安装

附录 B 质量验收记录

B.0.1 结构加固检验批质量验收可按表 B.0.1 记录。

表 B.0.1 检验批质量验收记录

工程名称		分项工程名称		验收部位	
施工单位		专业工长		项目经理	
分包单位		分包项目经理		施工班组长	
批号及批量				见证取样人员	
执行标准名称及编号					

	检查项目	质量验收规范的规定（条文号）	施工单位自查评定记录	监理（建设）单位验收记录
主控项目	1			
	2			
	3			
	4			
	5			
	6			
	7			
	8			
	9			
一般项目	1			
	2			
	3			
	4			
	5			

施工单位检查评定结果	项目专业质量检查员　　　　　　　　　　　年　月　日
监理（建设）单位验收结论	监理工程师（建设单位项目专业技术负责人）　　　年　月　日

B.0.2 结构加固分项工程质量验收可按表 B.0.2 记录。

表 B.0.2 分项工程质量验收记录

工程名称		结构类型		检验批数	
施工单位		项目经理		项目技术负责人	
分包单位		分包单位负责人		分包项目经理	
序号	检验批部位、区段	施工单位检查评定结果	监理（建设）单位验收结论		
1					
2					
3					
4					
5					
6					
7					
8					
9					
10					
11					
12					
13					
14					
检查结论	项目专业技术负责人		验收结论	监理工程师（建设单位项目专业技术负责人）	
	年 月 日			年 月 日	

B.0.3 结构加固分部（子分部）工程质量验收可按 表B.0.3记录。

表 B.0.3　分部（子分部）工程质量验收记录

工程名称			结构类型		层　数	
施工单位			技术部门负责人		质量部门负责人	
分包单位			分包单位负责人		分包技术负责人	
序号	分项工程名称		检验批数	施工单位检查评定结果	验　收　意　见	
1						
2						
3						
4						
5						
6						
质量控制资料						
安全或功能检测报告						
观感质量验收						
验收单位	分包单位		项目经理			年　月　日
	施工单位		项目经理			年　月　日
	勘察单位		项目负责人			年　月　日
	设计单位		项目负责人			年　月　日
	监理（建设）单位					
			总监理工程师 （建设单位项目专业负责人）			年　月　日

附录 C 高压水射流技术应用规定

C.1 适用范围

C.1.1 本技术适用于工程结构加固工程中对已有混凝土、钢构件和砌体的界面处理及残损劣化部位的剔除。

C.1.2 高压水射流处理的具体内容包括：

1 混凝土结构加固前的表面清洗或打毛，剔除饰面层、保护层以及劣化区混凝土；也可用于混凝土表面开槽或钢筋除锈。

2 钢结构加固前的钢板、型钢的除漆、除锈、去除焊疤、毛刺、飞溅物等。

3 砌体结构加固前剔除饰面层、勾缝砂浆以及已风化的块材和砂浆层。

C.2 操作要求

C.2.1 当用于混凝土结构构件界面处理时，应根据基材状况，包括：混凝土强度、混凝土劣化状况、钢筋排列情况及钢筋直径大小和预定的界面处理要求，选择合适的使用压力、流量和相应附件，具体可参照表 C.2.1 建议值进行设计。

表 C.2.1 混凝土界面处理参数的建议值

混凝土强度	使用压力 (MPa)	流量 (L/min)	喷嘴类型	处理深度 (mm)
≤C25	50	15～30	单向旋转	表层打毛 1～3
C30～C35	120	40	4 向旋转	表层打毛 3～5
C30～C35	120	40	单向旋转	去除保护层
C30～C35	120	40	双向旋转	去除保护层
C40～C45	200	23.5	4 向旋转	表层打毛 3～5
C40～C45	200	23.5	单向旋转	去除保护层
>C50	280	18	双向旋转	表层打毛 3～5
>C50	280	18	单向旋转	去除保护层，除锈
>C50	280	18	双向旋转	去除保护层，除锈

C.2.2 当用于钢结构构件的表面除漆、除锈时，宜参照下列建议值进行设计：

1 采用压力 50MPa、流量 30L/min 的高压水设备和喷沙系统，此喷沙系统需采用 0.7mm～1.2mm 的石英砂作为研磨剂。

2 采用压力 280MPa、流量 18L/min 的高压水设备和 4 向旋转喷嘴，进行钢筋除锈。

C.2.3 当用于砌体表面处理时，宜采用压力为 35MPa～50MPa、流量为（15～21）L/min 的高压水进行清洗和打毛。

C.2.4 若需为高压水射流设备提供大功率、大压力和相应的流量时，建议采用柴油驱动。

C.2.5 射流设备用水必须使用自来水或水质符合现行行业标准《混凝土拌合用水标准》JGJ 63 规定的洁净天然水。

C.2.6 人员

高压水射流设备必须由经过严格培训的人员操作，同时必须严格遵守操作程序。

C.2.7 操作过程中，操作人员必须佩戴专用头盔、耐压围裙、安全保护背心、手部保护套、耐压保护鞋或安全保护靴。这些安全装备应由高压水射流机械生产厂家负责提供。

C.3 处理效果检测与评定

C.3.1 应按本规范第 3.0.5 条以及第 5.2 节、6.3 节、7.2 节、9.3 节、12.2 节、13.2 节、14.2 节、15.2 节、16.2 节、17.2 节的要求以及相关的国家现行标准进行检查与评定。

附录 D 加固材料或产品进场复验抽样规定

D.0.1 结构加固工程用的材料或产品，应按其工程用量一次进场到位。若加固材料或产品的量很大，确需分次进场时，必须经设计和监理单位特许，且必须逐次进行抽样复验。

D.0.2 对一次进场到位的材料或产品，应按下列规定进行见证抽样：

1 当本规范条文中对检查数量有具体规定时，应按本规范的规定执行，不得以任何产品标准的规定替代。

2 当本规范条文中未对检查数量作出规定，而国家现行有关标准已有具体规定时，可按该标准执行，但若是计数检验，应选用符合现行国家标准《孤立批计数抽样检验程序及抽样表》GB/T 15239 规定的方案。

3 若所引用的标准仅对材料或产品出厂的检验数量作出规定，而未对进场复验的抽样数量作出规定时，应按下列情况确定复验抽样方案：

1）当一次进场到位的材料或产品数量大于该材料或产品出厂检验划分的批量时，应将进场的材料或产品数量按出厂检验批量划分为若干检验批，然后按出厂检验抽样方案或本规范有关的抽样规定执行；

2）当一次进场到位的材料或产品数量不大于该材料或产品出厂检验划分的批量时，应将进场的材料或产品视为一个检验批量，然后按出厂检验抽样方案或本规范有关的抽样规定执行；

3) 对分次进场的材料或产品，除应逐次按上述规定进行抽样复验外，尚应由监理单位以事前不告知的方式进行复查或复验，且至少应进行一次；其抽样部位及数量应由监理总工程师决定；

4) 对强制性条文要求复验的项目，其每一检验批取得的试样，应分成两等份。其中一份供进场复验使用；另一份应封存保管至工程验收通过后（或保管至该产品失效期），以备有关各方对工程质量有异议时供仲裁检验使用。

4 在施工过程中，若发现某种材料或产品性能异常，或有被调包的迹象，监理单位应立即下通知停止使用，并及时进行见证抽样专项检验。专项检验每一项目的试件数量不应少于15个。

附录 E 粘结材料粘合加固材与基材的正拉粘结强度试验室测定方法及评定标准

E.1 适用范围

E.1.1 本方法适用于试验室条件下以结构胶粘剂、界面胶（剂）或聚合物砂浆为粘结材料粘合（包括涂布、喷抹、浇注等）下列加固材料与基材，在均匀拉应力作用下发生内聚、粘附或混合破坏的正拉粘结强度测定：

1 纤维复合材与基材混凝土；
2 钢板与基材混凝土；
3 结构用聚合物砂浆层（或复合砂浆层）与基材混凝土；
4 结构界面胶（剂）与基材混凝土。

E.1.2 本方法不适用于测定室温条件下涂刷、粘合与固化的，质量大于$300g/m^2$碳纤维织物与基材混凝土的正拉粘结强度。

E.2 试验设备

E.2.1 拉力试验机的力值量程选择，应使试样的破坏荷载，发生在该机标定的满负荷的20%～80%之间；力值的示值误差不得大于1%。

E.2.2 试验机夹持器的构造应能使试件垂直对中固定，不产生偏心和扭转的作用。

E.2.3 试件夹具应由带拉杆的钢夹套与带螺杆的钢标准块构成，且应以45号碳钢制作；其形状及主要尺寸如图E.2.3所示。

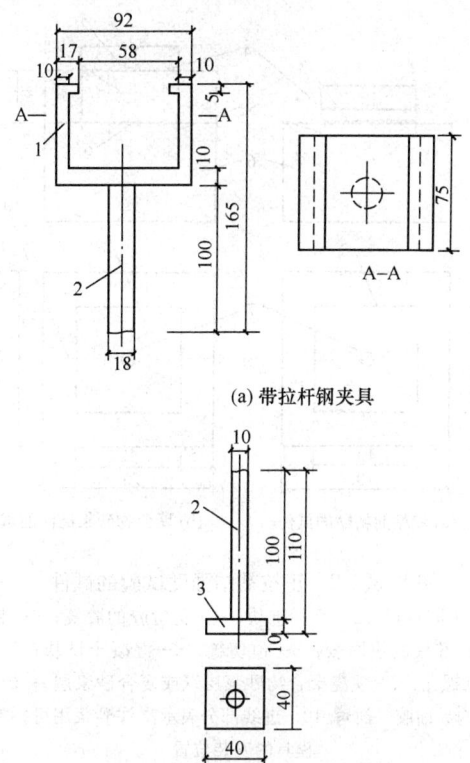

(a) 带拉杆钢夹具

(b) 带螺杆钢标准块

图 E.2.3 试件夹具及钢标准块尺寸
1—钢夹具；2—螺杆；3—标准块
注：图中尺寸为mm

E.3 试 件

E.3.1 试验室条件下测定正拉粘结强度应采用组合式试件，其构造应符合下列规定：

1 以胶粘剂为粘结材料的试件应由混凝土试块（图E.3.1-1）、胶粘剂、加固材料（如纤维复合材或钢板等）及钢标准块相互粘合而成（图E.3.1-2a）。

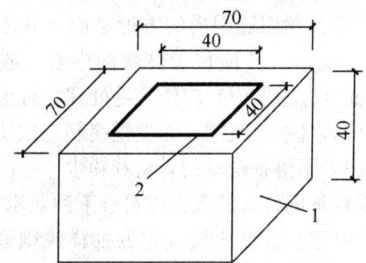

图 E.3.1-1 混凝土试块形式及尺寸
1—混凝土试块；2—预切缝
注：图中尺寸为mm

2 以结构用聚合物砂浆为粘结材料的试件应由混凝土试块（图E.3.1-1）、结构界面胶（剂）涂布层、现浇的聚合物砂浆层及钢标准块相互粘合而成（图E.3.1-2b）；

3 若检验结构界面胶（剂），应将聚合物砂浆层换为细石混凝土层。

E.3.2 试样组成部分的制备应符合下列规定：

1 受检粘结材料应按产品使用说明书规定的工

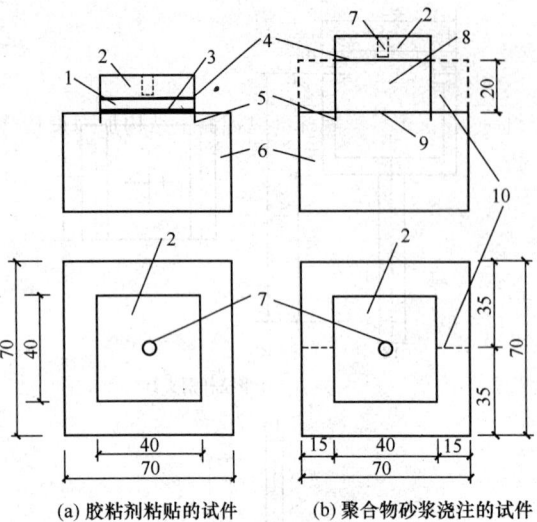

图 E.3.1-2　正拉粘结强度试验的试件
1—加固材料；2—钢标准块；3—受检的胶缝；4—粘贴标准块的快固胶；5—预切缝；6—混凝土试块；7—$\phi 10$ 螺孔；8—现浇聚合物砂浆层（或复合砂浆层）；9—结构界面胶（剂）；10—虚线部分表示浇注砂浆用可拆卸模具的安装位置
注：图中尺寸为 mm。

艺要求进行配制和使用。

2　混凝土试块的尺寸应为 70mm×70mm×40mm；其混凝土强度等级，对 A 级和 B 级胶粘剂均应为 C40～C45；对 A 级和 B 级界面胶（剂），应分别为 C40 和 C25。对 Ⅰ 级和 Ⅱ 级聚合物砂浆，其试块强度等级与界面胶（剂）的要求相同。试块浇注后应经 28d 标准养护；试块使用前，应以专用的机械切出深度为 4mm～5mm 的预切缝，缝宽约 2mm，如图 E.3.1-1 所示。预切缝围成的方形平面，其净尺寸应为 40mm×40mm，并应位于试块的中心。混凝土试块的粘贴面（方形平面）应作打毛处理。打毛深度应达到骨料新面，且手感粗糙，无尖锐突起。试块打毛后应清理洁净，不得有松动的骨料和粉尘。

3　受检加固材料的取样应符合下列要求：
　　1）纤维复合材应按规定的抽样规则取样；从纤维复合材中间部位裁剪出尺寸为 40mm×40mm 的试件；试件外观应无划痕和折痕；粘合面应洁净，无油脂、粉尘等影响胶粘的污染物。
　　2）钢板应从施工现场取样，并切割成 40mm×40mm 的试件，其板面及周边应加工平整，且应经除氧化膜、锈皮、油污和糙化处理；粘合前，尚应用工业丙酮擦洗干净。
　　3）聚合物砂浆和复合砂浆，应从一次性进场的批量中随机抽取其各组分，然后在试验室进行配制和浇注。

4　钢标准块

钢标准块（图 E.2.3b）宜用 45 号碳钢制作；其中心应车有安装 $\phi 10$ 螺杆用的螺孔。标准块与加固材料粘合的表面应经喷砂或其他机械方法的糙化处理；糙化程度应以喷砂效果为准（本规范第 9.3.2 条及注）。标准块可重复使用，但重复使用前应完全清除粘合面上的粘结材料层和污迹，并重新进行表面处理。

E.3.3　试件的粘合、浇注与养护
首先在混凝土试块的中心位置，按规定的粘合工艺粘贴加固材料（如纤维复合材或薄钢板），若为多层粘贴，应在胶层指干时立即粘贴下一层。当检验聚合物砂浆或复合砂浆时，应在试块上先安装模具，再浇注砂浆层；若产品使用说明书规定需涂刷结构界面胶（剂）时，还应在混凝土试块上先刷上界面胶（剂），再浇注砂浆层。试件粘贴或浇注时，应采取措施防止胶液或砂浆流入预切缝。粘贴或浇注完毕后，应按产品使用说明书规定的工艺要求进行加压、养护；分别经 7d 固化（胶粘剂）或 28d 硬化（砂浆）后，用快固化的高强胶粘剂将钢标准块粘贴在试件表面。每一道作业均应检查各层之间的对中情况。

注：对结构胶粘剂的加压、养护，若工期紧，且征得有关各方同意，允许采用以下快速固化、养护制度：
1　在 40℃条件下烘 24h；烘烤过程中仅允许有 2℃ 的正偏差；
2　自然冷却至 23℃后，再静置 16h，即可贴上标准块。

E.3.4　试件应安装在钢夹具（图 E.3.4）内并拧上传力螺杆。安装完成后各组成部分的对中标志线应在同一轴线上。

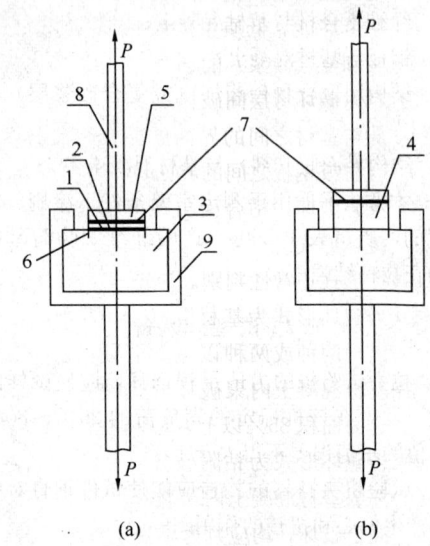

图 E.3.4　试件组装
1—受检胶粘剂；2—被粘合的纤维复合材或钢板；3—混凝土试块；4—聚合物砂浆层；5—钢标准块；6—混凝土试块预切缝；7—快固化高强胶粘剂的胶缝；8—传力螺杆；9—钢夹具

E.3.5 常规试验的试样数量每组不应少于5个；仲裁试验的试样数量应加倍。

E.4 试验环境

E.4.1 试验环境应保持在：温度（23±2）℃、相对湿度（50±5）%～（65±10）%。

注：仲裁性试验的试验室相对湿度应控制在45%～55%。

E.4.2 若试样系在异地制备后送检，应在试验标准环境条件下放置24h后才进行试验，且应作异地制备的记载于检验报告上。

E.5 试验步骤

E.5.1 将安装在夹具内的试件（图E.3.4）置于试验机上下夹持器之间，并调整至对中状态后夹紧。

E.5.2 以3mm/min的均匀速率加荷直至破坏。记录试样破坏时的荷载值，并观测其破坏形式。

E.6 试验结果

E.6.1 正拉粘结强度应按下式计算：

$$f_{ti} = P_i / A_{ni} \qquad (E.6.1)$$

式中 f_{ti}——试样i的正拉粘结强度，MPa；
　　　P_i——试样i破坏时的荷载值，N；
　　　A_{ni}——金属标准块i的粘合面面积，mm²。

E.6.2 试样破坏形式及其正常性判别：

1 试样破坏形式应按下列规定划分：
　1）内聚破坏：应分为基材混凝土内聚破坏和受检粘结材料的内聚破坏；后者可见于使用低性能、低质量的胶粘剂（或聚合物砂浆和复合砂浆）的场合；
　2）粘附破坏（层间破坏）：应分为胶层或砂浆层与基材之间的界面破坏及胶层与纤维复合材或钢板之间的界面破坏；
　3）混合破坏：粘合面出现两种或两种以上的破坏形式。

2 破坏形式正常性判别，应符合下列规定：
　1）当破坏形式为基材混凝土内聚破坏，或虽出现两种或两种以上的混合破坏形式，但基材混凝土内聚破坏形式的破坏面积占粘合面面积85%以上，均可判为正常破坏；
　2）当破坏形式为粘附破坏、粘结材料内聚破坏或基材混凝土内聚破坏面积少于85%的混合破坏，均应判为不正常破坏。

注：钢标准块与检验用高强、快固化胶粘剂之间的界面破坏，属检验技术问题，应重新粘贴；不参与破坏形式正常性评定。

E.7 试验结果的合格评定

E.7.1 组试验结果的合格评定，应符合下列规定：

1 当一组内每一试件的破坏形式均属正常时，应舍去组内最大值和最小值，而以中间三个值的平均值作为该组试验结果的正拉粘结强度推定值；若该推定值不低于现行国家标准《混凝土结构加固设计规范》GB 50367规定的相应指标（对界面胶、界面剂暂按底胶的指标执行），则可评该组试件正拉粘结强度检验结果合格；

2 当一组内仅有一个试件的破坏形式不正常，允许以加倍试件重做一组试验。若试验结果全数达到上述要求，则仍可评该组为试验合格组。

E.7.2 检验批试验结果的合格评定应符合下列要求：

1 若一检验批的每一组均为试验合格组，则应评该批粘结材料的正拉粘结性能符合安全使用的要求；

2 若一检验批中有一组或一组以上为不合格组，则应评该批粘结材料的正拉粘结性能不符合安全使用的要求；

3 若检验批由不少于20组试件组成，且仅有一组被评为试验不合格组，则仍可评该批粘结材料的正拉粘结性能符合使用要求。

E.7.3 试验报告应包括下列内容：

1 受检胶粘剂、聚合物砂浆或界面剂的品种、型号和批号；
2 抽样规则及抽样数量；
3 试件制备方法及养护条件；
4 试件的编号和尺寸；
5 试验环境的温度和相对湿度；
6 仪器设备的型号、量程和检定日期；
7 加荷方式及加荷速度；
8 试件的破坏荷载及破坏形式；
9 试验结果整理和计算；
10 取样、测试、校核人员及测试日期。

附录F 结构胶粘剂抗冲击剥离能力测定方法及评定标准

F.1 适用范围

F.1.1 本标准适用于常温固化结构胶粘剂韧性重要标志——抗冲击剥离能力的测定。

F.1.2 地震区建筑加固，对所使用结构胶粘剂的韧性要求与检验，可按本标准进行测试与合格评定。

F.2 原　　理

F.2.1 以一对软钢薄片胶接成T形冲击剥离试样，在规定的条件下，对试样未胶接端施加冲击力，使试样沿其胶接线产生剥离。韧性不同的结构胶粘剂，其剥离长度有显著差别,从中可判别出其韧性的优劣。

F.2.2 通过测量试样剥离长度以及对不同型号胶粘剂测试数据的比较分析,可制定出以剥离长度为指标的、简易、实用的结构胶粘剂韧性合格评定标准。

F.3 试验装置

F.3.1 采用自由落体式冲击剥离试验装置,如图F.3.1所示。

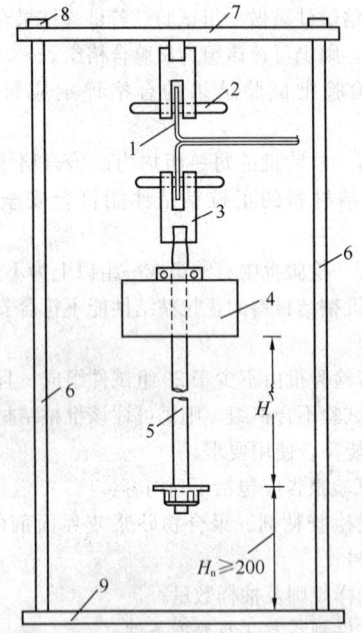

图 F.3.1 冲击剥离试验装置示意图
1—T形剥离试样;2—ϕ10 销棒;3—夹持器;4—冲击块 P;5—ϕ20 导杆;6—ϕ20 圆钢杆;7—顶板(厚20);8—螺母;9—底板(厚16)(单位:mm)

F.3.2 冲击剥离试验装置采用 45 号钢制作,其表面应作防锈处理。

F.3.3 试验装置的零部件加工应符合下列要求:

1 作为自由落体的冲击块,应采用 45 号钢制作,其质量应为 900_0^{+5} g;

2 自由滑落导杆应笔直,其表面加工的光洁度应达到 $\triangledown\frac{6.3}{}$ 级;其设计控制的自由落下高度 H 应为 305mm±1mm。

F.3.4 试验夹具的加工,应能使试样安装后的导杆轴线通过试样两孔中心。

F.4 试 样

F.4.1 T形冲击剥离试样由一对 Q235 薄钢片胶接而成(图 F.4.1)。

F.4.2 试片加工的允许偏差应符合下列规定:

1 试片弯折后长度 l:±1mm;

2 试片宽度 b:仅允许有 0.2mm 负偏差;

3 试片厚度 t:±0.1mm,且不得有负偏差。

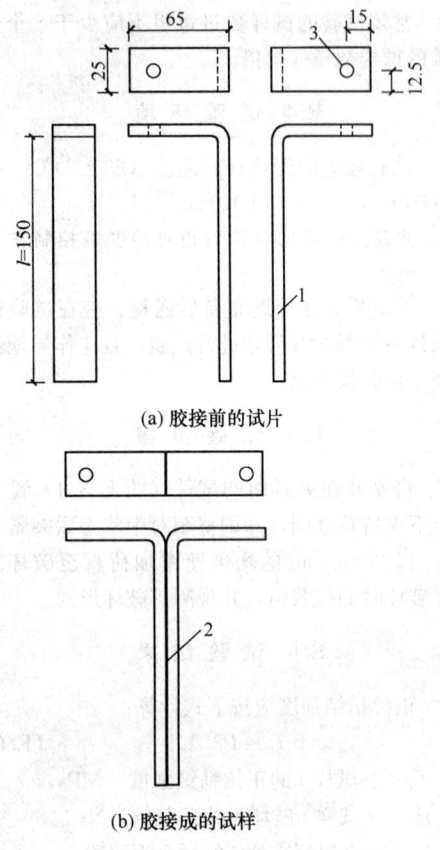

图 F.4.1 T形冲击剥离试样尺寸(mm)
1—试片厚度 t=1.0;2—胶缝;3—ϕ12 孔

F.4.3 试片胶接前应按结构胶粘剂对碳钢表面处理的要求,进行机械喷砂糙化处理;糙化的均匀度和深度以接近喷砂效果为准(本规范第 9.3.2 条)。

F.4.4 试样制备应按结构胶粘剂产品说明书规定的胶接工艺及设计要求的胶层厚度进行。胶接后的试样应在加压状态下,固化养护 7d;若有关各方同意,允许采用快速固化养护法,即:胶粘、加压后立即置入烘箱,在 40_0^{+2}℃条件下连续烘 24h,经自然冷却并静置 16h 后进行试验。

F.4.5 每组试样不应少于 5 个。

F.5 试验条件

F.5.1 试验环境温度应为(23±2)℃,相对湿度应为 55%~70%。仲裁试验必须按标准的湿度条件 45%~55% 执行。

F.5.2 若试样系在异地制备后送检,应在试验室环境下放置 12h 后才进行测试,且应作异地制备的记载于试验报告上。

F.6 试验步骤

F.6.1 试验前,应测量试片的胶缝厚度和胶缝长度,应分别精确到 0.01mm。试样宽度的尺寸偏差应符合 F.4.2 的要求,否则该试样不得用于测试。

F.6.2 将试样挂在夹持器上，经检查对中无误后，用手将作为自由落体的冲击块提至设计高度 H；突然松手，让钢块自由落下，使试样产生剥离。

F.6.3 测量并记录试样的剥离长度，精确到0.1mm。

F.7 试验结果表示

F.7.1 试验结果以5个试样测得的剥离长度的平均值表示。

F.7.2 若5个试样中，有一个试样的剥离长度大于其余4个试样剥离长度平均值的25%，表明胶粘工艺有问题，应重新制作5个试样进行测试。原测试结果应全部作废，不得参与新测试结果的计算。

F.7.3 试件破坏后的残件应按原状妥为保存，在未经设计人员观察并确认前不得销毁。

F.8 试验结果评定

F.8.1 T形试样抗冲击剥离的试验结果，应按表F.8.1的冲击剥离韧性标准进行评定。

表 F.8.1 结构胶粘剂冲击剥离的韧性评定标准

使用对象	结构胶粘剂等级	平均剥离长度（mm）	评定结论
混凝土结构加固工程	A级	≤20	韧性符合A级胶要求
	B级	≤35	韧性符合B级胶要求
钢结构加固工程	AAA级（3A级）	≤6	韧性符合3A级要求
	AA级（2A级）	≤12	韧性符合2A级要求

F.9 试验报告

F.9.1 结构胶粘剂抗冲击剥离能力测试及其韧性评定的报告应包括下列内容：
1 受检结构胶粘剂来源、品种、型号和批号；
2 取样规则及抽样数量；
3 试样制备方法及固化养护条件；
4 试样编号、尺寸、外观质量、数量；
5 试验环境温度和相对湿度；
6 冲击装置的自由落体冲击块质量、自由落下高度；
7 试样剥离长度（应为经设计人员观察后确认的剥离长度）；
8 试验结果的整理、计算和评定；
9 取样、测试、校核人员及测试日期。

附录G 结构胶粘剂不挥发物含量测定方法

G.1 适用范围

G.1.1 本方法适用于室温固化的改性环氧类和改性乙烯基酯类结构胶粘剂不挥发物含量的测定。

G.1.2 本方法的测定结果，可用以判断被检测的胶粘剂产品中是否掺有影响结构胶粘剂性能和质量的挥发性成分。

G.2 仪器设备

G.2.1 测定胶粘剂不挥发物含量用的仪器设备应符合下列要求：
1 电热鼓风干燥箱（烘箱），其温度波动不应大于±2℃；
2 温度计应备有两种，其测温范围分别为0℃～150℃和0℃～250℃；
3 称量容器应采用铝制称量盒或耐温称量瓶，其直径宜为50mm；高度宜为30mm；
4 称量天平应为分析天平；其感量应为1mg；最大称量应为200g；
5 干燥器应为有密封盖的玻璃干燥器，数量应不少于4个，且均应盛有蓝变色硅胶；
6 胶皿，其制皿材料与胶粘剂原材料之间应不发生化学反应。

G.3 测试前准备工作

G.3.1 仪器设备校正

分析天平、烘箱温控系统均应按国家计量部门的检定规程定期检定，不得使用已超过检定有效期的仪器设备。

G.3.2 烘干硅胶

将两个干燥器所需的硅胶量，置于200℃烘箱中烘烤约8h，至完全蓝变色后取出，分成两份放入干燥器待用。

G.3.3 烘干称量盒（瓶）

在约105℃的烘箱中，置入所需数量的空称量盒（瓶），揭开盖子烘至恒重，记录其质量，精确至0.001g，然后放进干燥器待用。

注：恒重以最后两次称量之差不超过0.002g为准进行测定。

G.4 取样与状态调节

G.4.1 取样

应在包装完好、未启封的结构胶粘剂检验批中，随机抽取一件。经检查中文标志无误后，拆开包装，从每一组分容器中各称取样品约50g，分别盛于取胶皿，签封后送检测机构。

G.4.2 样品状态调节

将所取的各组分样品连同取胶皿放进干燥器内，在试验室正常温湿度条件下静置一夜，调节其状态。

G.5 测试步骤

G.5.1 制作试样要求

1 应根据该胶粘剂产品使用说明书规定的配合比，按配制 30g 胶粘剂分别计算并称取每一组分的用量。经核对无误后，倒入调胶器皿中混合均匀。

2 应用两个称量盒（瓶）从混合均匀的胶液中，各称取一份试样，每份约 1g，分别记其净质量为 m_{01} 和 m_{02}，称量应准确至 0.001g。

3 应将两份试样同时置于 40^{+2}_{0} ℃ 的环境中固化 24h。

4 应将已固化的两份试样移入已调节好温度的烘箱中，在 105℃±2℃条件下，烘烤 180min±5min。

5 取出两份试样，放入干燥器中冷却至室温。

6 分别称量两份试样，记其净质量为 m_{11} 和 m_{12}，称量应精确至 0.001g。

注：净质量指已扣除称量盒（瓶）质量的胶粘剂质量。

G.6 结果表示

G.6.1 一次平行试验取得的两个结果，可按式（G.6.1-1）和式（G.6.1-2）分别算得试样 1 和试样 2 的不挥发物含量测值：

$$x_1 = \frac{m_{11}}{m_{01}} \times 100(\%) \quad (G.6.1\text{-}1)$$

$$x_2 = \frac{m_{12}}{m_{02}} \times 100(\%) \quad (G.6.1\text{-}2)$$

式中：x_1 和 x_2——分别为试样 1 和试样 2 的不挥发物含量测值，%；

m_{01} 和 m_{02}——分别为试样 1 和试样 2 加热前的净质量，g；

m_{11} 和 m_{12}——分别为试样 1 和试样 2 加热后的净质量，g。

计算结果应保留 3 位有效数字。

G.6.2 在完成第一次平行试验后，尚应按同样的步骤完成第二次平行试验，并得到相应的不挥发物含量测值 x_3 和 x_4。

测试结果以两次平行试验的平均值表示。

G.7 试验报告

G.7.1 试验报告应包括下列内容：

1 受检结构胶粘剂的品种、型号和批号；

2 取样规则和取样数量；

3 试样制备方法；

4 试样编号；

5 测试环境温度和相对湿度；

6 分析天平型号、精确度和检定日期；

7 测试结果及计算确定的该胶粘剂不挥发物含量，%；

8 取样、测试、校核人员及测试日期。

附录 H 结构胶粘剂湿热老化性能测定方法

H.1 适用范围及应用条件

H.1.1 本方法适用于结构胶粘剂耐老化性能的验证性试验。

H.1.2 采用本方法进行老化试验的结构胶粘剂或聚合物砂浆应符合下列条件：

1 该产品已通过其他项目安全性能检验；

2 被检验的样本应来源于成批产品的随机抽样。

H.2 试验设备及试验用水

H.2.1 试件的老化应在可程式恒温恒湿试验机中进行。该机老化箱内的温度和相对湿度应能自动控制、连接记录，并保持稳定；箱内的空气流速应能保持在 (0.5～1.0) m/s；箱壁和箱顶的冷凝水应能自动除去，不得滴在试件上。

H.2.2 试验机用水应采用蒸馏水或去离子水；未经纯化的冷凝水不得再重复利用。仲裁性试验机用水，还应要求其电阻率不得小于 500Ω·m。湿球系统也应采用相同水质的水。每次试验前应更换湿球纱布及剩水，且纱布使用期不得超过 30d。

H.2.3 试验机电源应为双电源，并应能在工作电源断电时自动切换；任何原因引起的短时间断电，均应记录在案备查。

H.3 试 件

H.3.1 老化性能的测定应采用钢对钢拉伸剪切试件，并应按现行国家标准《胶粘剂 拉伸剪切强度的测定（刚性材料对刚性材料）》GB/T 7124 的规定和要求制备，粘结用的金属试片应为粘合面经过喷砂或机械打磨处理的 45 号钢。

对聚合物砂浆及复合砂浆的老化性能测定允许采用符合本规范附录 R 规定的钢套筒式试件。

H.3.2 试件的数量不应少于 15 个，且应随机均分为 3 组；其中一组为对照组，另两组为老化试验组。

H.3.3 试件胶缝静置固化 7d 后，应对金属外露表面涂以防锈油漆进行密封，但应防止油漆沾染胶缝。

H.4 试 验 条 件

H.4.1 湿热条件应符合下列规定：

1 温度 应保持 $50℃^{+2}_{-1}℃$；

2 相对湿度 应保持 95%～100%；

3 恒温、恒湿时间 自箱内温、湿度达到规定值算起，应为 60d 或 90d。

H.4.2 升温、恒温及降温过程的控制

1 升温制度

应在 1.5h～2h 内，使老化箱内温度自 $25℃^{+3}_{-1}℃$ 连续、均匀地升至 $50℃^{+3}_{-1}℃$；相对湿度也应升至 95%以上；此过程中试样表面应有凝结水出现。

2 恒温、恒湿制度

老化箱内有效工作区的温、湿度应均匀，且无明显波动；应按传感器的示值进行实时监控。

3 降温制度

应在连续恒温达到 90d 时立即开始降温，且应在 1.5h～2h 内从 50℃ 连续、均匀地降至 25℃±2℃；但相对湿度仍应保持在 95%以上。

H.5 试验步骤

H.5.1 老化性能测定的步骤应符合下列规定：

1 试件完全固化时应立即按现行国家标准《胶粘剂 拉伸剪切强度的测定（刚性材料对刚性材料）》GB/T 7124 或本规范附录 R 的规定，先测定对照组试件的初始抗剪强度。

2 将老化试验组的试件放入老化箱内，试件相互之间、试件与箱壁之间不得接触。对仲裁性试验，试样与箱壁、箱底和箱顶的距离均不应少于 150mm。

3 老化试验的温度和湿度控制应按本附录第 H.4 节的规定和要求进行。

4 在试验过程中，若需取出或放入试样，开启箱门的时间应短暂，防止试样表面出现凝结水珠。

5 在恒温、恒湿达到 28d 时，应取出一组试件进行抗剪试验。若试件抗剪强度降低百分率大于 15%，该老化试验便应中止，并直接判为不合格；不得继续进行试验；以避免造成误判。若抗剪强度降低百分率小于 15%，尚应继续进行至规定时间。

6 试验达到 90d（对 B 级胶为 60d），并降温至 35℃ 时，即可将试样取出置于密闭器皿中，待与室温平衡后，逐个进行抗剪破坏试验，且每组试验均应在 30min 内完成。

H.6 试验结果

H.6.1 老化试验完成后，应按下式计算抗剪强度降低百分率，取两位有效数字

$$\rho_{R,i} = \frac{R_{0,i} - R_i}{R_{0,i}} \times 100\% \quad (H.6.1)$$

式中：$\rho_{R,i}$——第 i 组老化试验后抗剪强度降低百分率，%；

$R_{0,i}$——对照组试样初始抗剪强度算术平均值；

R_i——经老化试验后第 i 组试样抗剪强度算

术平均值。

H.7 试验报告

H.7.1 湿热老化试验报告应包括下列各项内容：

1 受检材料来源、品种、型号和批号；

2 取样规则及取样数量；

3 试样制备及试样编号；

4 试验条件和试样状态调节过程；

5 仪器设备型号及检定日期；

6 试验开始和结束日期、实验室的温度及相对湿度；

7 试验过程老化箱内温湿度控制情况（若遇短时间停电，应作记录）；

8 试件的破坏荷载及破坏形式；

9 试验结果的整理和计算；

10 取样、测试、校核人员及测试日期。

附录 J 结构用粘结材料湿热老化性能现场快速复验方法及评定标准

J.1 适用范围

J.1.1 本方法适用于已通过湿热老化性能验证性试验的结构胶粘剂和结构加固用聚合物砂浆的进场复验。

注：湿热老化性能验证性试验应按本规范附录 H 规定的试验方法进行，并应由独立检验机构出具验证报告。

J.1.2 当出具本复验报告时，必须附有湿热老化性能验证性试验报告，否则本复验报告无效。

J.2 试验设备及装置

J.2.1 恒温水槽

试件的老化应在可调控水温的恒温水槽中进行，恒温水槽的水温应能在 40℃～100℃ 之间可调，且能在任一温度点上保持稳定。其水温误差不应大于 0.5℃。

注：试验用水应采用蒸馏水或去离子水，且试验用过的水不得重复使用。

J.2.2 试验机

根据受检粘结材料的不同，选用拉力试验机或压力试验机。试验机的加荷能力，应使试件的破坏荷载处于试验机标定满负荷的 20%～80% 之间。试验机的示值误差不应大于 1%。

J.2.3 加荷装置（包括夹持器）

根据不同受检粘结材料所执行的剪切试验方法国家标准确定。

J.3 试 件

J.3.1 结构胶粘剂或结构用聚合物砂浆的老化性能

的快速复验，应采用测定其抗剪强度的试件；其形式、尺寸和表面处理方法应按所执行的剪切试验方法标准确定。

　　注：若按现行国家标准《胶粘剂　拉伸剪切强度的测定（刚性材料对刚性材料）》GB/T 7124 制作试件不成功，则本试验无需进行，即可直接判定该胶粘剂为不合格产品。

J.3.2　试件的数量不应少于 10 个，且应随机分为 2 组；其中一组为老化试验组；另一组为对照组。

J.3.3　试件的粘合、养护条件和方法以及固化或硬化时间的要求，应符合其产品说明书的要求。试件在 23℃条件下固化养护时间以 7d 为准，但若工期紧，且已征得有关各方同意，对胶粘剂则允许在 $40℃^{+2}_{\ 0}℃$ 条件下固化养护 24h，经自然降温至 23℃±2℃后，再静置 16h，即可开始复验。

J.4　复验条件

J.4.1　现场老化性能的复验条件应符合下列规定：
　　1　水温：对一般结构胶粘剂及聚合物砂浆，应保持 80℃；对低黏度压力灌注胶粘剂，应保持 55℃，允许偏差均为 $^{+2}_{\ 0}$℃；
　　2　恒温时间：对一般结构胶粘剂及聚合物砂浆为 168h；对低黏度压力灌注结构胶粘剂为 240h。

J.4.2　升温、恒温及降温过程的控制
　　1　升温制度
　　应在 1h～1.5h 之间，使恒温水槽内的水温自 25℃均匀地升至规定温度（80℃或 55℃），并开始计时。
　　2　恒温制度
　　恒温水槽内有效工作区的水温应均匀，且不应有明显波动。水温应按传感器示值进行实时控制。
　　3　降温制度
　　在连续恒温达到规定的时间（168h 或 240h）时，应立即开始降温，且应在 1h～1.5h 之间从 80℃连续、均匀地降至 23℃±2℃。

J.5　复验步骤

J.5.1　老化性能快速测定的步骤应符合下列规定：
　　1　应先测定对照组试件的初始抗剪强度；
　　2　将老化试验组试件置入恒温水槽；试件与水面、槽壁和槽底的距离不小于 50mm；
　　3　启动温控装置，按本附录第 J.4.2 节的升温制度进行升温。在达到试验要求的温度时，进入保持恒温的阶段，并进行实时监控；
　　4　若试验过程中突然遭遇短时间停电或停机，应记录在案备查；
　　5　当恒温达到规定时间并降温至 23℃时，取出试件拭干后立即进行剪切破坏试验，加荷速度取（3～5）mm/min。同一组试件的试验应在 30min 内全部完成。

J.6　复验结果计算与评定

J.6.1　老化复验结束后，应按下式计算抗剪强度降低百分率，取两位有效数字：

$$\rho_{w,i} = \frac{R_{0,i} - R_{w,i}}{R_{0,i}} \times 100\% \qquad (J.6.1)$$

式中：$\rho_{w,i}$——第 i 组老化复验后抗剪强度降低百分率，%；
　　　$R_{0,i}$——第 i 组对照试件初始抗剪强度算术平均值；
　　　$R_{w,i}$——第 i 组试件经老化复验后抗剪强度算术平均值。

J.6.2　当现场快速老化复验后的抗剪强度下降百分率满足下列规定时，可判为复验合格：
　　对 A 级结构胶及 I 级聚合物砂浆：$\rho_{w,i} \leqslant 8\%$；
　　对 B 级结构胶及 II 级聚合物砂浆：$\rho_{w,i} \leqslant 12\%$。

J.6.3　当对复验结果有异议时，允许用本规范附录 H 的测定方法进行检验，但试件数量应加倍。若检验合格，仍可改判为老化性能符合使用要求。

J.7　试验报告

J.7.1　湿热老化复验报告应包括下列各项内容：
　　1　受检材料来源、品种、型号和批号；
　　2　复验试样制备及试样编号；
　　3　试验条件和试样状态调节过程；
　　4　仪器设备型号及检定日期；
　　5　试验开始和结束日期、实验室温度及相对湿度控制状况；
　　6　水煮过程恒愠浴（槽）水温控制情况（若遇短时间停电，应做记录）；
　　7　试验结果的整理和计算；
　　8　取样、测试、校核人员及测试日期。

附录 K　结构胶粘剂初黏度测定方法

K.1　基本规定

K.1.1　为统一结构胶粘剂混合后初黏度的测试方法，使所测黏度的测量误差能控制在 5‰以内，并在各试验室之间具有可再现性，制定本规定。

K.1.2　结构胶粘剂应按其流变特性分为两类：
　　1　近似牛顿流体特性的结构胶粘剂，其黏度一般低于 8×10^4 mPa·s；
　　2　非牛顿流体特性的结构胶粘剂，其黏度一般大于 8×10^4 mPa·s。

K.1.3　当加固工程测定结构胶粘剂的初黏度时，其所使用的仪器应符合下列规定：

1 当黏度的估计值不大于 8×10^4 mPa·s 时，可使用游丝扭矩式旋转黏度计或具有规定剪切速率的同轴双圆筒旋转黏度计进行测试；

2 当黏度的估计值大于 8×10^4 mPa·s 时，应统一使用具有规定剪切速率的同轴双圆筒旋转黏度计进行测试。

K.2 仪器设备

K.2.1 仪器

1 对近似牛顿流体的结构胶粘剂，宜使用国产 NDJ-1 型旋转黏度计；必要时，也可使用 ASTM D1084 推荐的 B 法旋转黏度计，但应经国家仪器检定机构确认其适用性。

2 对非牛顿流体的结构胶粘剂，宜使用国产 NXS-11 型双圆筒旋转黏度计；必要时，也可使用瑞士产 Epprecht Rheomat 黏度计，但应经国家仪器检定机构确认其适用性。

K.2.2 配套设备

1 恒温浴（槽）：应能保持 23℃±0.2℃，且在 20℃～100℃范围内可调。

2 温度计：分度为 0.1℃。

3 容器：应按黏度计使用说明书的规定，选用合适的形状和尺寸。

K.3 试验条件

K.3.1 试验温度

对加固工程用胶，统一定为 23℃±0.2℃。若用于个别工程项目的实时控制，也可按设计规定的试验温度进行测试，但应在仪器使用说明书允许范围内。

K.3.2 测量系统选择

1 对 NDJ-1 型旋转黏度计，应按该仪器提供的量程表，决定转子号及转速。

2 对 NXS-11 型旋转黏度计，应统一采用 D 转子系统，取剪切速率为 $7.204 s^{-1}$（即转速为 65r/min）。

K.4 试样制备

K.4.1 测试前，应将抽样取得的各组分，置于 23℃～25℃恒温试验室中调节其状态不少于 6h。

K.4.2 在称量试样前，应将试样各组分（包括其容器）置于恒温水浴中 30min～60min，然后按配合比分别称取所需的质量。

K.4.3 对易吸湿的或含有挥发性物质的试样，应密封于容器中。

K.5 试验步骤

（A）估计黏度值小于 8×10^4 mPa·s 的胶液

K.5.1 试样各组分经搅拌混合成均匀胶液后，倒入直径不小于 70mm 的烧杯或直筒形容器内，并置于恒温浴中准确控制胶液温度。若试样含有气泡，应在注入前，完全去掉。

K.5.2 将保护架安装在仪器上。安装前应先熟悉旋入方向。

K.5.3 按仪器使用说明书给出的量程表（mPa·s），选择转子号及转速（r/min）。

K.5.4 按仪器使用说明书规定的操作方法和步骤，先旋转升降组，让转子缓缓浸入胶液中，直至转子液面标志和液面齐平。然后启动电机，转动变速旋钮，使所选转速数对准转速指示点，使转子在胶液中旋转，待指针趋于稳定立即读数，然后关闭电源，又重新启动仪器，进行第二、第三次读数。

K.5.5 若指针读数不处于 30 格～90 格之间，应更换转子号及转速；重新制备试样进行测试；原胶液试样应弃去，不得继续使用。若更换转子号及转速，仍测不出黏度，应改用同轴双圆筒旋转黏度计进行测试。

（B）估计黏度值大于 8×10^4 mPa·s 的胶液

K.5.6 按规定的剪切速率选择转筒、转速及固定筒，并按仪器使用说明书规定的步骤和方法安装好仪器。

K.5.7 按仪器测量系统尺寸表规定的试样用量将配制好的胶液（试样），细心地注入仪器的外筒，胶液必须完全浸没转子的工作高度，且以有少量胶液溢入转子上部凹槽中为宜；注胶后应静置片刻消去气泡。必要时，还可用洁净的金属小针挑破气泡，以加速消泡。

K.5.8 将仪器与预热已达 23℃的恒温装置连接，使内、外筒系统浸入恒定温度的水中。

K.5.9 接通电源，开动马达，使转筒旋转。待指针稳定后读取第一次读数，随即关闭电源。若读数介于表盘满刻度的 20%～90%之间，则认为读数有效。随即又重新启动电源两次，分别读取第二、三两次读数。

K.5.10 测量结束后，应立即用丙酮或其他适用的洗液，彻底清洗黏度计转子系统及内外筒等零部件，不得因延误此项作业而损坏仪器。

K.6 结果计算与表示

K.6.1 结构胶粘剂混合后的初黏度 η（mPa·s）应按下式计算：

$$\eta = K \cdot a \tag{K.6.1}$$

式中：K——仪器常数，mPa·s，应按仪器使用说明书给出的仪器常数表取值；

a——3 次读数平均值。若其中一个读数与平均值之间相差较显著，应采用格拉布斯（Grubbs）检验法进行判定，不得随意舍弃。

注：读数精确度应符合仪器使用说明书的要求。

K.6.2 结果表示：测定的黏度值应取3位有效数，并应在括号中注明下列参数值：

1 对NDJ-1型仪器测定的黏度，应表示为 η（23℃）值；

2 对NXS-11型仪器测定的黏度，应表示为 η（23℃，$7.204s^{-1}$）值；

3 对其他仪器测定的黏度，应表示为 η（23℃，选用的剪切速率）值。

K.6.3 试验报告应包括下列内容：

1 受检材料品种、型号和批号；
2 抽样规则及抽样数量；
3 试样制备及调节方法；
4 试样编号；
5 试验环境温度和相对湿度；
6 仪器设备的型号、量程和检定日期；
7 采用的转子系统、转速、剪切速率；
8 恒温浴（槽）的水温及其偏差；
9 黏度测定值；
10 试验人员、校核人员及试验日期。

附录L 结构胶粘剂触变指数测定方法

L.1 适用范围

L.1.1 本方法适用于以不同转速下动力黏度比值表征结构胶粘剂触变性能的触变指数（thixotropic index）测定。

L.1.2 对常温下施工的涂刷型结构胶粘剂，其工艺性能所要求的触变性，可通过测定其触变指数进行评估。

L.2 仪器和设备

L.2.1 旋转黏度计：当采用牛顿流体黏度计（如国产NDJ-1型黏度计）时，其转子速度应为6r/min和60r/min两种；当采用非牛顿流体黏度计（如国产NXS-11A型黏度计）时，若其转子速度设置不同，允许5.6r/min和65r/min替代。

注：对掺有填料的胶粘剂，应采用NXS-11A型黏度计。

L.2.2 恒温浴（槽）：应能在20℃～100℃范围内可调，且恒定水温的误差不大于0.2℃。

L.2.3 温度计：分度为0.1℃。

L.2.4 容器：按所使用旋转式黏度计的说明书确定容器形状和尺寸。

L.3 试样

L.3.1 结构胶粘剂各组分应从检验批中随机抽取，并在试验室置放不少于24h。测试前，按产品使用说明书规定的配合比，在23℃±0.5℃的室温下进行拌合均匀后，作为测定胶液黏度的试样。

L.3.2 试样应均匀、色泽一致，无结块。

L.3.3 试样量应能满足旋转式黏度计测试需要。

L.4 试验步骤

L.4.1 将盛有试样的容器放入已升温至试验温度的恒温浴（槽）中，使试样温度与试验温度23℃±0.5℃平衡，并保持试样温度均匀。

L.4.2 将6r/min（或5.6r/min）的转子垂直浸入试样中的部位，并使液面达到转子液位标线。

L.4.3 按黏度计说明书规定的操作方法开动黏度计，读取旋转的指针稳定后的第一次读数。关闭马达后再重新启动两次，分别读取指针第二次和第三次稳定后的读数。

L.4.4 将6r/min（或5.6r/min）的转子更换为60r/min（或65r/min）的转子，重复上述步骤，测量其指针稳定后的读数，共三次。

L.5 结果计算与表示

L.5.1 按旋转黏度计使用说明书规定的方法，分别计算6r/min（或5.6r/min）和60r/min（或65r/min）的黏度 η_6（或 $\eta_{5.6}$）和 η_{60}（或 η_{65}）。计算时，指针读数值 α，取3次读数的平均值，且取有效数字3位。黏度的单位以 mPa·s 表示。

L.5.2 触变指数 I_t 应按下式计算

对中、低黏度胶液：$I_t = \eta_6 / \eta_{60}$ （L.5.2-1）

对高黏度胶液：$I_t = \eta_{5.6} / \eta_{65}$ （L.5.2-2）

计算结果取有效数字两位，并应注明试验的温度。

L.5.3 试验报告应包括下列内容：

1 受检材料来源、品种、型号和批号；
2 取样规则及抽样数量；
3 试样制备及试样编号；
4 试验条件及试样状态调节过程；
5 仪器设备型号及检定日期；
6 采用的转子号及转速；
7 恒温浴（槽）的水温及其偏差；
8 黏度测定值及触变指数的计算；
9 试验人员、校核人员及试验日期。

附录M 碳纤维织物中碳纤维K数快速判定方法

M.0.1 适用范围

本方法适用于碳纤维织物（布）中碳纤维纤度——K数的快速检测与判定。

M.0.2 应用条件

当采用本方法测定碳纤维 K 数时，该织物必须是以机织工艺生产的单向连续纤维稀纬定型的产品。

M.0.3 术语

经纱密度 warp density

织物经向单位长度内碳纤维纱线根数；一般以根/10mm 表示。

注：检测时应注意，本术语所谓的纱线根数，也称束数，但不得误解为单丝的根数。

M.0.4 原理

本方法系通过检测碳纤维织物的经纱密度来判定其纤度（K 数）。检测应在室温条件下，用往复移动式织物密度镜或直尺，测量一定宽度 a_i（一般取 $a_i \geq 100mm$）内碳纤维经向纱线根数，并按下式计算其经纱密度（N_i）：

$$N_i = n_i \times 10/a_i \quad (M.0.4)$$

式中：n_i——在 a_i 宽度内纱线的总根数。

M.0.5 检测方法

1 将受检的碳纤维织物平铺在平整台面上。在不施加张力的状态下，把往复移动式织物密度镜或直尺按垂直于碳纤维纱线方向放置在碳纤维织物上，使织物密度镜或直尺的标线的左侧起点与纱线的同侧边缘相重合。

2 测量织物密度镜或直尺的起点至最终计数的纱线右侧边的精确长度。

3 样本量确定：每检验批织物取样 $1m^2$；每平方米织物测 10 个数据。

4 计算得到的经纱密度，以平均值表示。

M.0.6 判定规则

1 按表 M.0.6 给出的经纱密度与碳纤维纱线纤度（K 数）对照表，判定所检测碳纤维织物的 K 数。

2 当检测的经纱密度超出表 M.0.6 某一最接近的经纱密度范围，而又不落入另一经纱密度范围时，应加倍抽样复验该碳纤维织物的经纱密度。若复验结果合格，仍可判该织物的 K 数符合其产品说明书给定值；若复验结果不合格，则判定该织物说明书的给定值与实际不符，应予退货；不得用于工程上。

表 M.0.6 经纱密度与 K 数对照表

碳纤维织物规格	经纱密度 N（根/10mm）	碳纤维 K 数
200g/m²	2.50~2.70	12
	2.00~2.10	15
	1.67~1.80	18
	1.25~1.35	24
	0.63~0.68	48
300g/m²	3.75~3.85	12
	3.00~3.15	15
	2.50~2.70	18
	1.88~2.03	24
	0.95~1.02	48

附录 N 纤维复合材层间剪切强度测定方法

N.1 适用范围

N.1.1 本方法适用于测定以湿法铺层、常温固化成型的单向纤维织物复合材的层间剪切强度；也可用于测定叠合胶粘、常温固化的多层预成型板的层间剪切强度。

对多向纤维织物复合材，若其试件长度方向的纤维体积含量在 25% 以上时，也可按本方法测定其层间剪切强度。

N.1.2 本方法测定的纤维复合材层间剪切强度可用于纤维材料与胶粘剂的适配性评定。

N.2 试样成型模具

N.2.1 试样成型模具的制备应符合下列规定：

1 成型模具由一对尺寸为 400mm×300mm×25mm 光洁的钢板组成，其中一块作为压板，另一块作为织物铺层的模板。在模具的上下各有一对长 500mm 的 10 号或 12 号槽钢；在槽钢端部钻有 $D=18mm$ 的螺孔，并配有 4 根用于拧紧施压的直径 $d=16$ 的螺杆、螺母及套在螺杆上的压力弹簧，作为纤维织物粘合成试样时的施压工具。

2 成型模具的钢板，应经刨平后在铣床上铣平，其加工面的表面光洁度应为 6.3。

3 成型模具尚应配有 2 块长 300mm、宽 20mm、厚 4mm 的钢垫板，用于控制织物铺层经加压后应达到的标准厚度。

N.2.2 辅助工具及材料应符合下列规定：

1 可测力的活动扳手 4 把；

2 厚 0.1mm、平面尺寸为 500mm×400mm 的聚酯薄膜若干张；

3 专用滚筒一支；

4 刮板若干个。

N.3 试样制备

N.3.1 备料应符合下列规定：

1 受检的纤维织物应按抽样规则取得；并应裁成 300mm×200mm 的大小。其片数：对 200g/m² 的碳纤维织物，一次成型应为 14 片；对 300g/m² 的碳纤维织物，一次成型应为 10 片；对玻璃纤维或芳纶纤维织物，应经试制确定其所需的片数。受检的纤维织物，应展平放置，不得折叠；其表面不应有起毛、断丝、油污、粉尘和皱褶。

2 受检的预成型板应按抽样规则取得；并截成长 300mm 的片材 3 片，但不得使用板端 50mm 长度内的材料做试样。受检的板材，应平直，无划痕，纤

维排列应均匀,无污染;

3 受检的胶粘剂,应按抽样规则取得;并应按一次成型需用量由专业人员配制;用剩的胶液不得继续使用。配制及使用胶液的工艺要求应符合产品使用说明书的规定。

N.3.2 试样制备应符合下列规定:

1 纤维织物复合材

　1)湿法铺层工序

在室温条件下,安装好钢模板,经清理洁净后,将聚酯薄膜铺在其板面上,铺时应充分展平,不得有皱褶和破裂口。在薄膜上用刮板均匀涂布胶液,随即进行铺层(即敷上一层纤维织物);铺层时,应用刮板和滚筒刮平、压实,使胶液充分浸渍织物,使纤维顺直、方向一致;然后再涂胶、再铺层,逐层重复上述操作,直至全部铺完,并在最上层纤维织物面上铺放一张聚酯薄膜。

　2)施压成型工序

在顶层铺放聚酯薄膜后,即可安装钢压板,准备进入施压成型工序。施压成型全过程也应在室温条件下进行。此时,应先在钢模板长度方向两端置放本附录 N.2.1 第 3 款规定的钢垫板,以控制层积厚度。在安装好钢压板、槽钢和螺杆,并经检查无误后,即可拧紧螺杆进行施压,使层积厚度下降,直至钢压板触及两端钢垫板为止,并应在施压状态下静置 24h。

　3)养护工序

试样从成型模具中取出后,尚应继续养护 144h,养护温度应控制在 (23±2)℃。严禁采用人工高温的养护方法。在养护期间不得扰动或进行任何机械加工,也不得受到日晒、雨淋或受潮。

2 预成型板

采用 3 块条形板胶粘叠合而成的试样。制备时,可利用上述成型模具进行涂胶、粘贴、加压(不加垫板)和养护,且加压和养护时间也应符合本条第 1 款第 3 项的规定。

N.4 试件制作

N.4.1 试件应从试样中部切取;最外一个试件距试样边缘不应小于 30mm,加工试件宜用金刚石车刀,且宜在用水润滑后进行锯、刨或磨光等作业。试件边缘应光滑、平整、相互平行。试件加工人员应戴防尘眼镜,应着防护衣帽及口罩,严防粉尘粘附皮肤。

N.4.2 一般情况下,应取试件长度 $l=30\text{mm}\pm1\text{mm}$;宽度 $b=6.0\text{mm}\pm0.5\text{mm}$;对纤维织物制成的试件,其厚度按模压确定,即 $h=4\text{mm}\pm0.2\text{mm}$;对预成型板粘合成的试样,其厚度若大于 4mm,允许在机床上单面细加工到 4mm(图 N.4.2)。每组试件数量不应少于 5 个;若需确定试验结果的标准差,每组试件数量不应少于 15 个;仲裁试验的试件数量应加倍。

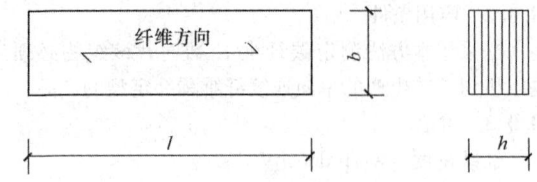

N.4.2 试件形状及尺寸符号
l—试件长度;h—试件高度;b—试件宽度

N.5 试验条件

N.5.1 试件状态调节、试验设备及试验的标准环境应符合现行国家标准《纤维增强塑料性能试验方法总则》GB/T 1446 的规定。

N.5.2 试验装置(图 N.5.2)的加载压头及支座与试件的抵承面应为圆柱曲面;加载压头及支座应采用 45 号钢制作,其表面应光滑,无凹陷及疤痕等缺陷。

加载压头的半径 R 应为 $3\text{mm}\pm0.1\text{mm}$;支座圆柱半径 r 应为 $(1.5\text{mm}\sim2.0\text{mm})\pm0.1\text{mm}$,加荷压头和支座的长度宜比试件的宽度大 4mm。

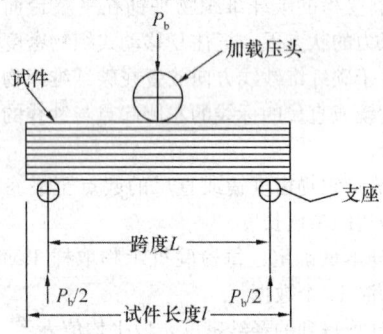

N.5.2 试验装置示意图

N.6 试验步骤

N.6.1 试验前应对试件外观进行检查,其外观质量应符合现行国家标准《纤维增强塑料性能试验方法总则》GB/T 1446 的要求。

N.6.2 试件应置于试验装置的中心位置上。其跨度应调整为 $L=20\text{mm}$,且误差不应大于 0.3mm;加载压头的轴线应位于两支座之间的中央;且应与支座轴线平行。

N.6.3 以 $(1\sim2)\text{mm/min}$ 的加荷速度连续加荷至试件破坏;记录最大荷载 P_b 及试件破坏形式。

N.6.4 当试验出现下列情形之一时,即可确认试件已破坏,并可立即停止试验:

1 荷载读数已较峰值下降 30%;

2 加荷压头移动的行程已超过试件的名义厚度(即 4mm);

3 试件分离成两片。

N.7 试验结果

N.7.1 试件层间剪切强度应按下式计算:

$$f_s = \frac{3P_b}{4bh} \quad (N.7.1)$$

式中：f_s——层间剪切强度，MPa；
　　　P_b——试件破坏时的最大载荷，N；
　　　b——试件宽度，mm；
　　　h——试件厚度，mm。

N.7.2 试件破坏形式及正常性判别，应符合下列规定：

1 试件的破坏典型形式（图N.7.2）：

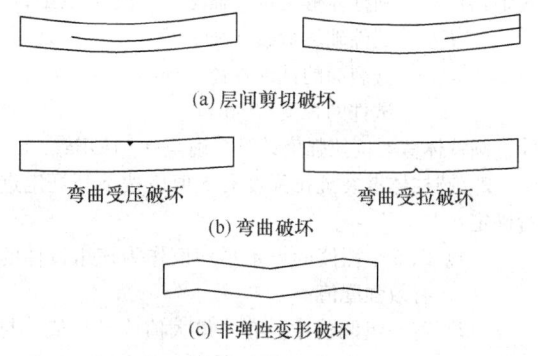

(a) 层间剪切破坏

(b) 弯曲破坏

(c) 非弹性变形破坏

图 N.7.2　试件的破坏形式

1) 层间剪切破坏（图N.7.2a）；
2) 弯曲破坏：或呈上边缘纤维压皱，或呈下边缘纤维拉断（图N.7.2b）；
3) 非弹性变形破坏（图N.7.2c）。

2 破坏正常性判别及处理：

1) 当发生图N.7.2a形式的破坏时，属层间剪切正常破坏；当发生图N.7.2b或c的破坏时，属非层间剪切的不正常破坏。
2) 当一组试件中仅有一根破坏不正常时，可重做试验，但试件数量应加倍。若重做试验全数破坏正常，仍可认为该组试验结果可以使用；若仍有试件破坏不正常，则应认为该种纤维与所配套的胶粘剂在适配性上不良，并应重新对胶粘剂进行改性，或改用其他型号胶粘剂配套。

N.7.3 试验报告应包括下列内容：

1. 受检纤维材料及其胶粘剂的来源、品种、型号和批号；
2. 取样规则及抽样数量；
3. 试件制备方法及养护条件；
4. 试件的编号和尺寸；
5. 试验环境的温度和相对湿度；
6. 试验设备的型号、量程及检定日期；
7. 加荷方式及加荷速度；
8. 试样的破坏荷载及破坏形式；
9. 试验结果的整理和计算；
10. 取样、试验、校核人员及试验日期。

附录P　锚固型结构胶及聚合物砂浆浇注体劈裂抗拉强度测定方法

P.1　适用范围

P.1.1 本方法适用于测定锚固型结构胶及聚合物砂浆（复合砂浆）浇注体的劈裂抗拉强度。

P.1.2 本方法也可用于裂缝注浆料和结构加固用灌浆料浇注体的劈裂抗拉试验。

P.2　试　件

P.2.1 劈裂抗拉试件的直径为20mm；长度为40mm；允许偏差为±0.1mm；由受检的胶粘剂或聚合物砂浆浇注而成。试件的养护方法及要求应符合产品使用说明书的规定，但养护时间，对胶粘剂和砂浆应分别以7d和28d为准。

P.2.2 试件拆模后，应检查其表面的缺陷；凡有裂纹、麻面、孔洞、缺陷的试件不得使用。

P.2.3 劈裂抗拉试验的试件数量，每组不应少于5个。

P.3　试验设备及装置

P.3.1 劈裂抗拉试件的制作应在专门的模具中浇注而成。模具可自行设计，但应便于脱模，且不应伤及试件；模具的内壁应经抛光，其光洁度应达到$\overset{6.3}{\triangledown}$。其他技术要求应符合现行行业标准《混凝土试模》JG 3019的规定。

P.3.2 劈裂抗拉试件的加载，应采用最大压力标定值不大于4000N的压力试验机；其力值的示值误差不应大于1%；每年应检定一次。试件的破坏荷载应处于试验机标定满负荷的20%~80%之间。

P.3.3 劈拉试验装置，由45号钢制作的加载钢压头、带小压头钢底座及钢定位架等组成（图P.3.3）。

P.4　试验步骤

P.4.1 圆柱体劈裂抗拉强度试验步骤应符合下列规定：

1 试件从养护室取出后应及时进行试验；先将试件擦拭干净，与垫层接触的试件表面应清除掉一切浮渣和其他附着物；

2 标出两条承压线。这两条线应位于同一轴向平面内，并彼此相对，两线的末端应能在试件的端面上相连，以判断划线的正确性；

3 将嵌有试件的试验装置置于试验机中心，在上下压头与试件承压线之间各垫一条截面尺寸为2mm×2mm木垫条，圆柱体试件的水平轴线应在上下垫条之间保持水平，与水平轴线相垂直的承压线应位于垫条的中心，其上下位置应对准（图P.4.1）；

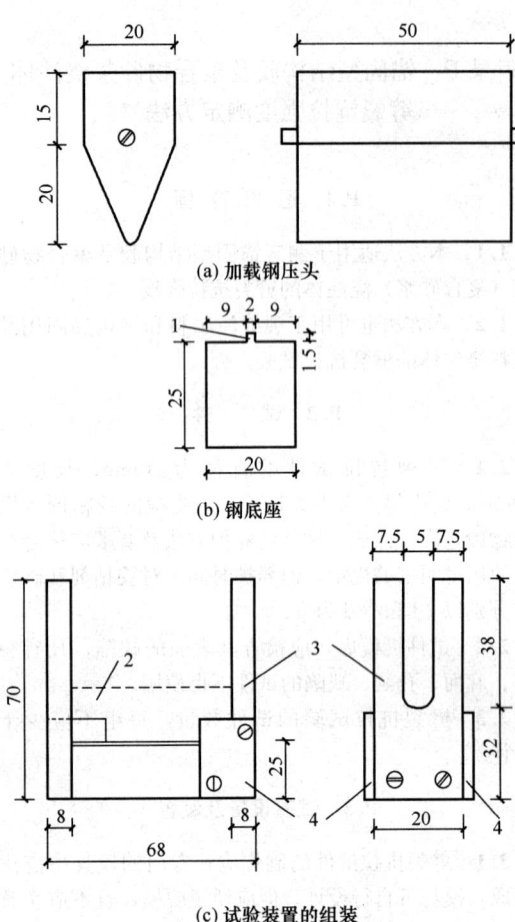

(a) 加载钢压头

(b) 钢底座

(c) 试验装置的组装

图 P.3.3 劈拉试验装置
1—小压头；2—试件安装位置；3—定位架；4—挡板
注：单位为 mm

4 施加荷载应连续均匀地进行,并控制在 1min～1.5min 内破坏；

5 试件破坏时,应记录其最大荷载值及破坏形式。

P.4.2 当按本附录第 P.4.1 条规定的试验步骤进行试验时,若试件的破坏形式不是劈裂破坏,应检查试件的上下对中情况是否符合要求；若对中没有问题,

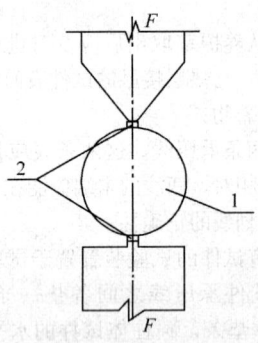

图 P.4.1 试件安装示意图
1—试件；2—木垫条

应检查试件的原材料是否固化不良,或不属于富填料的粘结材料。

P.5 试验结果

P.5.1 圆柱体试件劈裂抗拉强度试验结果的整理应符合下列规定：

1 圆柱体劈裂抗拉强度应按下式计算：

$$f_{ct} = \frac{2F}{\pi dl} = \frac{0.637F}{dl} \quad (P.5.1)$$

式中：f_{ct}——圆柱体劈裂抗拉强度测试值（MPa）；
F——试件破坏荷载（N）；
d——劈裂面的试件直径（mm）；
l——试件的长度（mm）；

圆柱体劈裂抗拉强度计算精确至 0.01MPa。

2 圆柱体劈裂抗拉强度有效值应按下列规定进行确定：

1) 以 5 个测值的算术平均值作为该组试件的有效强度值；

2) 若一组测值中,有一最大值或最小值,与中间值之差大于 15% 时,以中间值作为该组试件的有效强度值；

3) 若最大值和最小值与中间值之差均大于 15%,则该组试验结果无效,应重做。

P.5.2 当需要计算劈裂抗拉试验结果的标准差及变异系数时,应至少有 15 个有效强度值。

P.5.3 试验报告应包括下列内容：

1 受检富填料胶粘剂或聚合物砂浆的来源、品种、型号和批号；

2 取样规则及抽样数量；

3 试件制备方法及养护条件；

4 试件的编号和尺寸；

5 试验环境的温度和相对湿度；

6 试验设备的型号、量程及检定日期；

7 加荷方式及加荷速度；

8 试样的破坏荷载及破坏形式；

9 试验结果的整理和计算；

10 取样、试验、校核人员及试验日期。

附录 Q 结构加固用砂浆体和灌浆料浆体抗折强度测定方法

Q.1 适用范围

Q.1.1 本方法适用于结构加固用聚合物砂浆体、复合砂浆体和灌浆料浆体抗折强度的测定。

Q.1.2 本方法不适用于测定低强度普通水泥砂浆体的抗折强度。

Q.2 试验装置和设备

Q.2.1 浇注试件用的模具应符合下列要求：

1 应为可拆卸的钢制模具；其钢材宜为45号钢；模具内表面的光洁度应达 $\bigtriangledown^{6.3}$。

2 模具内部净尺寸应为 30mm×30mm×120mm 及 40mm×40mm×160mm 两种；其允许偏差应符合下列规定：

　　1）模内净截面各边尺寸的偏差不得超过 0.20mm；模内净长度的偏差不得超过 1mm；

　　2）组装后模内各相邻面的夹角应为 90°，其不垂直度不应超过 ±0.5°；

　　3）模具各边组成的上表面，其平面度偏差不得超过短边长度的 1.5‰。

3 模具的拆卸构造不应在操作时伤及试件。

Q.2.2 当浇注试件需经振实成型时，振实台的技术性能和质量应符合现行行业标准《水泥胶砂试体成型振实台》JG/T 682 的规定。

Q.2.3 抗折试验使用的压力试验机应为液压式压力试验机，其测量精度应达 ±1.0%；试验机应能均匀、连续、速度可控地施加荷载；试件破坏荷载应处于压力机标定满负荷的 20%～80% 之间。

Q.2.4 试件的支座和加载压头应为直径 10mm～15mm、长度分别为 35mm 和 45mm 的 45 号钢圆柱体。分配荷载的钢板，也应采用 45 号钢制成；其尺寸应根据试件的尺寸分别取为 10mm×35mm×50mm 和 10mm×45mm×60mm。

Q.2.5 抗折试验装置，应为图 Q.2.5 所示的三分点加荷装置。

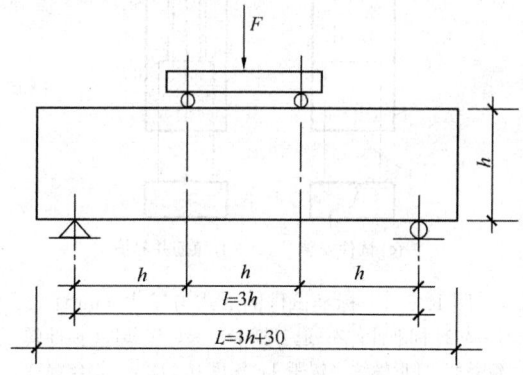

图 Q.2.5 抗折试验装置
注：单位为 mm

Q.3 取样规则

Q.3.1 验证性试验用的抗折试样，应在试验室按产品使用说明书的要求专门配制，并按每盘拌合物取样制作一组试件，每组不少于 5 个试件的原则确定应拌合的盘数。拌合时试验室的温度应在 23℃±2℃。若需采用搅拌机拌合时，宜采用符合现行行业标准《行星式水泥胶砂搅拌机》JC/T 681 要求的搅拌机。

Q.3.2 工程质量检验用的抗折试样，应在现场随机选取 3 盘拌合物，每盘取样制作一组试件，每组试件不应少于 4 个。

Q.3.3 拌合物取样后，应在产品说明书规定的适用期（按分钟计）内浇注成试件；不得使用逾期的拌合物浇注试件。

Q.4 试件制备

Q.4.1 试件形式及尺寸：当测定聚合物砂浆及复合砂浆抗折强度时，应采用 30mm×30mm×120mm 的棱柱形试件；当测定灌浆料抗折强度时，应采用 40mm×40mm×160mm 的棱柱形试件。

Q.4.2 试件应在符合本附录第 Q.2.1 条要求的模具中制作、浇注、捣实和养护；其养护制度和拆摸时间应按产品使用说明书确定，但为结构加固提供设计、施工依据的试件，其养护时间应以 28d 为准。

　　注：若需评估浆体强度增长的正常性，可增加试件组数，在浇注后 1d、3d、7d 等时段拆模进行强度试验。

Q.4.3 试件拆摸后，应检查试件表面的缺陷；凡有裂纹、麻点、孔洞、缺损的试件应弃用。

Q.5 试验步骤

Q.5.1 试件养护到期后应及时进行试验，若因故需推迟试验不得超过 1d。

Q.5.2 在试验机中按图 Q.2.5 安装试件时，应以试件成型时的侧面作为加荷的承压面，并应从试验机前后两面对试件进行对中，若发现试件与支座或施力点接触不严或不稳时，应予以垫平。

Q.5.3 试件加荷应均匀、连续，并应控制在 1.5min～2.0min 内破坏，破坏时除应记录试验机荷载示值外，还应记录破坏点位置及破坏形式。

　　当试件的破坏点位于两集中荷载作用线之间时为正常破坏；若破坏点位于集中荷载作用线与支座之间时为非正常破坏；应检查其发生原因，并经整改后，重新制作试件进行试验。

Q.6 试验结果

Q.6.1 正常破坏的试件，其抗折强度值 f_b 应按下式计算：

$$f_b = Pl_b/bh^2 \qquad (Q.6.1)$$

式中：P——试件破坏荷载，N；

　　　l_b——试件跨度，mm；

　　　b 和 h——试件截面的宽度和高度。

抗折强度计算应精确至 0.1MPa。

Q.6.2 一组试件的抗折强度值的确定应符合下列规定：

1 当一组试件的破坏均属正常破坏时，以全组测值的算术平均值表示；

2 当一组试件中仅有1个测值为非正常破坏时，应弃去该测值，而以其余3个测值的算术平均值表示；

3 当一组试件中非正常破坏值不止一个时，该组试验无效。

Q.6.3 试验报告应包括下列内容：

1 受检材料的来源、品种、型号和批号；

2 取样规则及抽样数量；

3 试件制备方法及养护条件；

4 试件的编号和尺寸；

5 试验环境的温度和相对湿度；

6 仪器设备的型号、量程和检定日期；

7 加荷方式及加荷速度；

8 试件破坏荷载及破坏形式；

9 试验结果的整理和计算；

10 取样、试验、校核人员及试验日期。

附录 R 聚合物砂浆及复合砂浆拉伸抗剪强度测定方法（钢套筒法）

R.1 适用范围

R.1.1 本方法适用于下列粘结材料拉伸抗剪强度的测定：

1 结构用聚合物砂浆或聚合物水泥砂浆（钢丝绳对专用钢套筒）；

2 结构用水泥复合砂浆或聚合物水泥复合砂浆（带肋钢筋对专用钢套筒）。

注：在以下条文中，若无需区别哪类砂浆，则统称为砂浆或砂浆层。

R.1.2 本方法不适用于富填料胶粘剂（如植筋胶等）的拉伸抗剪强度测定。

注：对富填料胶粘剂（如植筋、锚栓用胶粘剂）拉伸抗剪强度应按现行国家标准《胶粘剂 拉伸剪切强度的测定（刚性材料对刚性材料）》GB/T 7124进行测定。若按该方法制作试片无法粘合成功，则直接判该胶粘剂为不适合承重结构使用的产品。

R.2 试验设备及装置

R.2.1 试验机的加荷能力，应使试件的破坏荷载处于试验机标定满负荷的20%～80%之间。试验机力值的示值误差不应大于1%。

试验机应能连续、平稳、速率可控地施荷。

R.2.2 夹持器及其夹具

试验配备的夹持器及其夹具，应能自动对中，使力线与试样的轴线始终保持一致。

R.3 试 件

R.3.1 试件的设计应符合下列规定：

1 当用于钢丝绳粘结时，应由受检砂浆、直径为5mm的钢丝绳与钢套筒相互粘结而成（图R.3.1）。试件剪切面长度为36mm±0.2mm，即钢丝绳埋深为$7.2d_f$，（d_f为绳径）。

2 当用于钢筋粘结时，应由受检砂浆、直径为8mm的带肋钢筋与钢套筒相互粘结而成（图R.3.1）。试件剪切面长度亦为36mm，即钢筋埋深为$4.5d$（d为钢筋直径）。

注：若缺乏Φ8mm带肋钢筋，可采用光圆钢筋以牙板套成螺杆替代。套螺纹的牙板，其牙距和牙深分别为1.25mm和0.62mm。

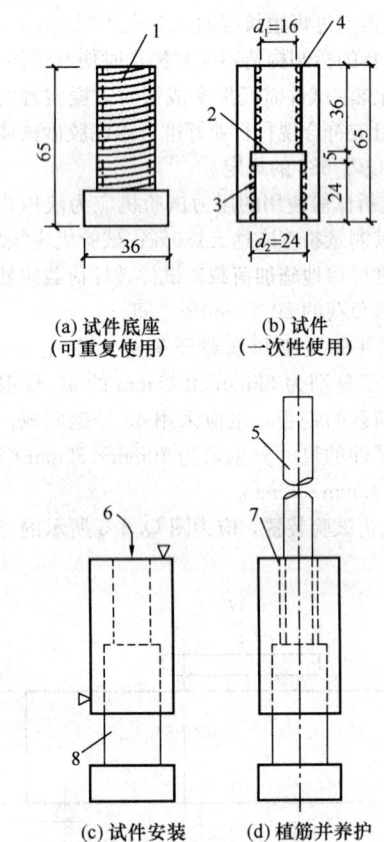

图 R.3.1 标准试件的形式与尺寸（mm）

1—M24标准件；2—退刀槽D=26；3—M24标准螺纹；4—梯形螺纹（螺距4，深度0.4）；5—钢丝绳或带肋钢筋（l=150）；6—注胶；7—胶缝；8—底座

R.3.2 受检砂浆应按规定的取样规则从一定批量的产品（或检验批）中抽取。

R.3.3 专用钢套筒应采用45号碳钢制作。套筒内壁应有螺距为4mm、深度为0.4mm的梯形螺纹。

R.3.4 试件数量应符合下列规定：

1 常规试验的试件：每组不应少于5个；仲裁

试验的试件数量应加倍。

2 当需确定抗剪强度标准值时,其试件数量应符合现行国家标准《混凝土结构加固设计规范》GB 50367 关于置信水平和强度保证率的要求。

R.4 试件制备

R.4.1 钢筋、钢丝绳和钢套筒,应经除锈、除油污;套筒内壁尚应无毛刺;粘结前,钢筋和套筒应用工业丙酮清洗一遍。

R.4.2 钢筋、钢丝绳的直径以及套筒的内径和深度,应用量具测量,精确到 0.05mm。

R.4.3 粘结时,聚合物砂浆或复合砂浆的配合比、粘结工艺及养护时间等的要求应按其产品使用说明书的规定执行,但为结构加固设计提供依据的试验,其养护时间应以 28d 为准。

R.5 试验条件

R.5.1 试件应在胶粘剂或高强度砂浆养护到期的当日进行试验。若因故需推迟试验日期,应征得有关方面一致同意,且不得超过 1d。

R.5.2 试验应在室温为 23℃±2℃ 的环境中进行。对仲裁性试验,其相对湿度尚应控制在 45%~55% 之间。

R.5.3 对温度、湿度有要求的试验,其试件在测试前的调控时间不应少于 24h。

R.6 试验步骤

R.6.1 试验时应将试件(图 R.6.1)对称地夹持在夹具中;夹持长度不应少于 50mm。

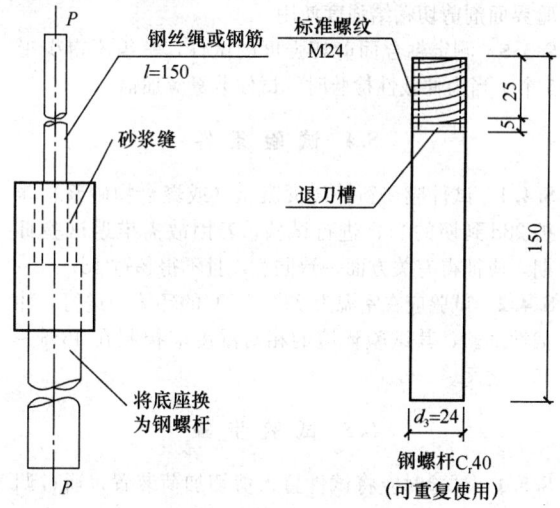

图 R.6.1 试件安装钢螺杆

R.6.2 开动试验机,以连续、均匀的速率加荷;自试样加荷至破坏的时间应控制在 1min~3min 内。

R.6.3 试样破坏时,应记录其最大荷载值,并记录粘结的破坏形式(如内聚破坏、粘附破坏等)。

R.7 试验结果

R.7.1 砂浆的抗剪强度 f_{vu},应按下列公式计算:

$$f_{vu} = P/\pi dl \quad (R.7.1)$$

式中:P——拉伸的破坏荷载,N;
　　　l——粘结面长度,mm;
　　　d——钢丝绳或带肋钢筋的公称直径。

R.7.2 试验结果的计算应取三位有效数字。

R.7.3 试验报告应包括下列内容:

1 受检粘结材料的来源、品种、型号和批号;
2 取样规则及抽样数量;
3 试件制备方法及养护条件;
4 试件的编号及其剪切面的尺寸;
5 试验环境的温度和相对湿度;
6 仪器设备的型号、量程和检定日期;
7 加荷方式及加荷速度;
8 试件破坏荷载及破坏形式;
9 试验结果的整理和计算;
10 取样、测试、校核人员及测试日期。

附录 S 结构界面胶(剂)剪切粘结强度测定方法及评定标准

S.1 适用范围

S.1.1 本方法适用于承重结构混凝土界面胶(剂)粘结剪切性能的试验室测定及合格评定。

S.1.2 当混凝土基材表面喷抹高强度聚合物砂浆或复合水泥砂浆为面层时,其与基材粘合面压缩剪切强度的测定也可采用本方法。

S.2 试验设备及装置

S.2.1 压力试验机

压力试验机的加荷能力,应使试件的破坏荷载处于试验机标定满负荷的 20%~80% 之间。试验机的示值误差不应大于 1%。

S.2.2 剪切加荷装置

剪切加荷装置的构造如图 S.2.2 所示,宜采用 45 号碳钢制作,其零部件的加工允许偏差应取为 ±0.1mm。

S.2.3 浇筑混凝土试坏的模具

测定界面剂粘合面剪切强度的试件,是以混凝土凸形块为试坏经专门加工而成。混凝土凸形块应在特制的铝合金模具中浇筑成型。该模具应为钢模,采用 45 号碳钢制作。其设计和加工应符合下列要求:

1 模具应可拆卸,且拆卸的构造不应在操作时伤及试坏;

2 模具内表面的光洁度应达 6.3 级；

3 模具加工的允许偏差应符合下列规定：

　　1）模内净截面各边尺寸：±0.10mm；模内净长度尺寸：±0.50mm；

　　2）模具各相邻平面的夹角应为 90°，其允许偏差为 ±6′；

　　3）模具各边组成的上、下两表面，其平面度的允许偏差为短边长度的 ±1.0%。

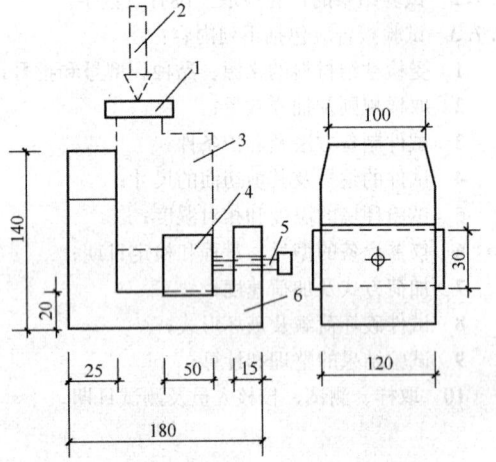

图 S.2.2　剪切加荷装置构造
1—钢垫块；2—加荷示意；3—试件位置；
4—活动抵承块；5—定位螺杆；6—底座

S.3　试坯和试件的制备

S.3.1 试坯（混凝土凸形块，见图 S.3.1）应采用符合下列要求的材料按 C40 混凝土的配合比进行配制，并在符合本附录 S.2.3 要求的模具中浇筑成型：

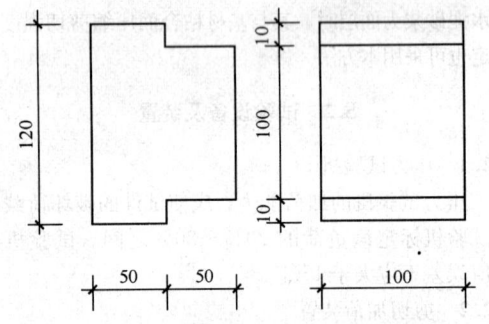

图 S.3.1　混凝土凸形块（试坯）

1 水泥应为强度等级不低于 42.5 级的普通硅酸盐水泥，其质量应符合现行国家标准《通用硅酸盐水泥》GB 175 的规定；

2 细骨料应为中国 ISO 标准砂，其质量应符合现行国家标准《水泥胶砂强度检验方法（ISO 法）》GB/T 17671 的规定；

3 粗骨料应为最大颗粒直径不大于 4.5mm 的碎石或卵石（豆石），其质量应符合现行国家标准《普通混凝土用砂、石质量及检验方法标准》JGJ 52 的规定；

4 拌合用水应为饮用水。

注：每次配制混凝土，应制作一组标准尺寸的试块，供检验其强度等级使用。

S.3.2 试坯浇筑成型后，应覆盖塑料薄膜进行养护，其养护制度及拆模时间应符合现行国家标准《普通混凝土力学性能试验方法标准》GB/T 50081 的规定。配制混凝土时制作的试块应随同试坯在同条件下进行养护。

S.3.3 试坯拆模后，应检查其外观质量；凡有裂纹、麻面、孔洞、缺损的试坯均应弃用。

注：试坯的数量应按所需试件总数增加 20% 制备。

S.3.4 测定界面剂剪切粘结强度的试件应按下列规定进行制备：

　　1 试坯养护到期后，立即置入剪切加荷装置，在压力试验机中加荷至试坯凸出部分完全剪断；

　　2 弃去试坯的凸出部分，将留下的棱柱形部分作为涂刷界面胶（剂）的基材；

　　3 清除基材剪断面的松动骨料及粉尘；

　　4 按界面胶（剂）产品使用说明书的规定，在基材剪断面上涂刷界面胶（剂）并嵌入原钢模；

　　5 按产品使用说明书规定的时间晾置后，将新配制的混凝土填入钢模内原凸出部分的空缺（对砂浆面层试验，应改用聚合物砂浆填补空缺），经捣实后重新形成的凸形试件，即为本试验方法所使用的试件；

　　6 新成型的试件，应按本附录 S.3.2 的要求进行养护。养护到期外观质量检查合格后，即可供检验界面剂剪切粘结强度使用。

S.3.5 测定粘合面剪切强度的试件，每组不得少于 5 个。当为仲裁性检验时，试件数量应加倍。

S.4　试验条件

S.4.1 试件应在新补浇混凝土（或聚合物砂浆）养护 28d 到期的当日进行试验，若因故需推迟试验日期，应征得有关方面一致同意，且不得超过 1d。

S.4.2 试验应在室温为 23℃±2℃ 的环境中进行，仲裁性试验，其试验环境的相对湿度应控制在 45%～55% 之间。

S.5　试验步骤

S.5.1 试验时将试件置入剪切加荷装置，通过调整可移动的下支承块，使试件恰好触及加荷装置的侧壁，而又不产生挤压应力为度。

S.5.2 开动压力试验机，以连续、均匀的(3～5)mm/min 的速度施加压缩剪切荷载，直至试件破坏，记录最大荷载值，并记录粘合面破坏形式（如内聚破坏、粘附破坏、混合破坏等）。

S.6 试验结果

S.6.1 界面剂粘结面剪切强度 f_{vu}，应按下式计算：

$$f_{vu} = P_v/A_v \quad (S.6.1)$$

计算结果应取 3 位有效数字。

式中：P_v——压缩剪切施加的最大荷载值（破坏荷载值），N；

A_v——粘合面面积（剪切面面积），mm^2。

S.6.2 试件的破坏形式及其正常性判别应符合下列规定：

1 试件破坏形式应按下列规定划分：

1) 混凝土内聚破坏——破坏发生在混凝土内部；
2) 粘附破坏——破坏发生在涂刷界面胶粘剂的原剪断面上；
3) 混合破坏。

2 破坏形式正常性判别准则，应符合下列规定：

1) 混凝土内聚破坏，或混凝土内聚破坏面积占粘合面积 85% 以上的混合破坏，均可判为正常破坏；
2) 粘附破坏，或混凝土内聚破坏面积少于 85% 的混合破坏，均应判为不正常破坏。

S.7 试验结果的合格评定

S.7.1 组试验结果的合格评定，应符合下列规定：

1 当一组内每一试件的破坏形式均属正常时，以组内最小值作为该组试验结果的粘结剪切强度推定值；若该推定值不低于表 S.7.1 规定的合格指标，则可评该组试件剪切粘结强度检验结果合格。

表 S.7.1 界面胶（剂）剪切粘结强度合格指标

检验项目	界面胶（剂）等级	28d 合格指标	
剪切粘结强度（MPa）	A 级	≥3.5	且为混凝土内聚破坏
	B 级	≥2.5	

2 当一组内仅有一个试件的破坏形式不正常，允许以加倍试件重做一组试验。若试验结果全数达到上述要求，仍可评该组为试验合格组。

S.7.2 检验批试验结果的合格评定，应符合下列规定：

1 若一检验批中每一组均为试验合格组，则应评该批界面胶（剂）的剪切性能符合承重结构安全使用要求；

2 若一检验批中有一组或一组以上为不合格组，应评该批界面胶（剂）的剪切性能不符合承重结构安全使用要求；

3 若一检验批所抽的试件不少于 20 组，且仅有一组被评为不合格组，则仍可评该批界面胶（剂）符合承重结构安全使用要求。

S.7.3 试验报告应包括下列内容：

1 受检界面胶（剂）的品种、型号和批号；

2 抽样规则及抽样数量；

3 试坯及试件制备方法及养护条件；

4 试件的编号和尺寸；

5 试验环境温度和相对湿度；

6 仪器设备的型号、量程和检定日期；

7 加荷方式及加荷速度；

8 试件的破坏荷载及破坏形式；

9 试验结果整理和计算；

10 试验人员、校核人员及试验日期。

S.7.4 当委托方有要求时，试验报告应附有试验结果合格评定报告，且合格评定标准应符合本附录的规定。

附录 T 现场推定新增混凝土强度的取样规则与评定方法

T.0.1 本方法适用于结构加固工程新浇混凝土试块漏取或丢失的补救；也适用于对试块强度试验报告有疑义的核查；但不得用以替代正常检验程序对混凝土试块的留置与试验；也不得用于替代有条件取芯样的工程质量检验。

T.0.2 当属试块漏取或不慎丢失的情况时，应对该组试块所代表的构件，逐个进行现场非破损检测，并据以推定每个构件的混凝土强度，以替代该组试块用于施工质量合格评定。

T.0.3 当利用本方法核查某一检验批混凝土试块强度试验报告的可信性时，应对该检验批构件进行现场非破损抽样检测。其抽样规则及检测结果的评定方法应符合下列规定：

1 当该检验批仅由 1 个~3 个构件组成时，应逐个构件进行检测，并取受检构件强度推定值中最低者作为该检验批构件混凝土立方体抗压强度标准值 $f_{cu,k}$；

2 当该检验批由不少于 5 个构件组成时，可按批的大小，由独立检验单位确定随机抽检构件数量 n，但 n 不宜少于 5，且不应小于 4。根据所抽构件逐个检测结果推定的构件 i 混凝土的立方强度值 $f_{cu,i}$，可按下式算得该检验批混凝土抗压强度标准值 $f_{cu,k}$：

$$f_{cu,k} = \left(\sum_{i=1}^{n} f_{cu,i}/n\right) - ks \quad (T.0.3)$$

式中：s——按 n 个构件立方抗压强度算得的标准差；

k——与 α、c 和 n 有关的材料强度标准值计算参数，可由表 T.0.3 查得；

α——确定材料强度标准值所取的概率分布下分位数，一般取 $\alpha=0.05$，（即保证率为 95%）；

c——检测所取的置信水平,对混凝土取 $c=0.75$。

表 T.0.3　计算参数 k 值($c=0.75$；$\alpha=0.05$)

n	4	5	6	7	8	9	10	12	15
k 值	2.680	2.463	2.336	2.250	2.190	2.141	2.103	2.048	1.991
n	18	20	25	30	35	40	45	50	100
k 值	1.951	1.933	1.895	1.869	1.849	1.834	1.821	1.811	1.760

注：当 $n \to \infty$（亦即当 n 足够大）时，$k=1.645$。

3 根据现场非破损检测结果算得的 $f_{cu,k}$ 值，与该检验批试验报告给出的混凝土立方抗压强度标准值进行比较。若两者差值在 15% 以内，可取两者中的较小值用于施工质量合格评定；若该差值大于 15%，则应对未检测的构件逐根进行补测，然后按全部检测值计算 $f_{cu,k}$ 值，并以该值作为该检验批的代表值，用于施工质量合格评定。

4 本方法所指的现场非破损检测法包括回弹法和超声-回弹综合法。

5 当 n 个数据算得的变异系数（变差系数）大于 20% 时，不宜直接按（T.0.3）式计算 $f_{cu,k}$ 值，而应先检查导致离散性增大的原因。若查明系混入不同总体（不同批）的样本所致，宜分别进行统计，分别确定其 $f_{cu,k}$ 值。

附录 U　粘结材料粘合加固材与基材的正拉粘结强度现场测定方法及评定标准

U.1　适用范围

U.1.1 本方法适用于现场条件下以结构胶粘剂或高强聚合物砂浆为粘结材料，粘合（包括浇注、喷抹）下列加固材料与基材，在均匀拉应力作用下发生内聚、粘附或混合破坏的正拉粘结强度测定：

1 结构胶粘剂粘合纤维复合材与基材混凝土；

2 结构胶粘剂粘合钢板与基材混凝土；

3 高强聚合物砂浆喷抹层粘合钢丝绳网片与基材混凝土；

4 界面胶（剂）粘合新旧混凝土。

注：本条第 2 款的测定方法也适用于现场检验原构件混凝土本体的抗拉强度。

U.1.2 当承重结构加固设计要求做纤维织物与胶粘剂的适配性检验时，应采用本方法进行正拉粘结强度项目的测定。

U.2　试验设备

U.2.1 结构加固工程现场使用的粘结强度检测仪，应坚固、耐用且携带和安装方便；其技术性能不应低于现行国家标准《数显式粘结强度检测仪》JG 3056 的要求。检测仪应每年检定一次。

U.2.2 钢标准块的形状可根据实际情况选用方形或圆形。方形钢标准块的尺寸为 40mm×40mm；圆形钢标准块的直径为 50mm；钢标准块的厚度不应小于 20mm，且应采用 45 号钢制作。

钢标准块应带有传力螺杆，其尺寸和夹持构造，应根据所使用的检测仪确定。

U.3　取样规则

U.3.1 粘贴、喷抹质量检验的取样，应符合下列规定：

1 梁、柱类构件以同规格、同型号的构件为一检验批。每批构件随机抽取的受检构件应按该批构件总数的 10% 确定，但不得少于 3 根；以每根受检构件为一检验组；每组 3 个检验点。

2 板、墙类构件应以同种类、同规格的构件为一检验批，每批按实际粘贴、喷抹的加固材料表面积（不论粘贴的层数）均匀划分为若干区，每区 100m²（不足 100m²，按 100m² 计），且每一楼层不得少于 1 区；以每区为一检验组，每组 3 个检验点。

3 现场检验的布点应在粘结材料（胶粘剂或聚合物砂浆等）固化已达到可以进入下一工序之日进行。若因故需推迟布点日期，不得超过 3d。

4 布点时，应由独立检验单位的技术人员在每一检验点处，粘贴钢标准块以构成检验用的试件。钢标准块的间距不应小于 500mm，且有一块应粘贴在加固构件的端部。

U.3.2 适配性检验

1 应由独立检验机构会同有关单位，在 12℃ 和 35℃ 的气温（自然或人工环境均可）中各制备 3 个试样，并分别进行检验；

2 应以安装在钢架上的 3 块预制混凝土板为基材，在两种气温中，每块板分别仰贴一条尺寸为 0.25m×2.1m、由 4 层纤维织物粘合而成的试样；

3 应以每一试样为一检验组，每组 5 个检验点。每一检验点粘贴钢标准块后即构成一个试件。

U.4　试件制备

U.4.1 试件制备应符合下列要求：

1 基材表面处理：检测点的基材混凝土表面应清除污渍并保持干燥。

2 切割预切缝：从清理干净的表面向混凝土基材内部切割预切缝，切入混凝土深度为 10mm～15mm，缝的宽度约 2mm。预切缝形状为边长 40mm 的方形或直径 50mm 的圆形，视选用的切缝机械而定。切缝完毕后，应再次清理混凝土表面。

当检验原构件混凝土抗拉强度标准值 f_t 时，预切缝应采用钻芯机钻成直径为 50mm、深度为混凝土保护层厚度加 20mm～30mm 的圆柱状。

3 粘贴钢标准块：应选用快固化、高强胶粘剂进行粘贴。钢标准块粘贴后应立即固定；在胶粘剂7d的固化过程中，不得受到任何扰动。

U.5 试验步骤

U.5.1 试验应在布点日期算起的第8d进行。试验时应按粘结强度测定仪的使用说明书正确安装仪器，并连接钢标准块（图U.5.1）。

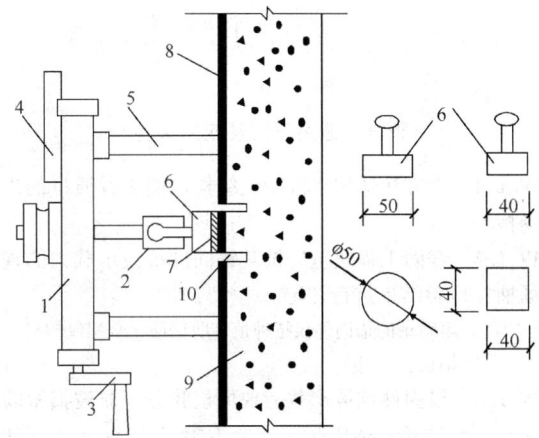

图 U.5.1 仪器安装及与钢标准块连接示意图
1—粘结强度测定仪；2—夹具；3—加荷摇柄；4—数字式测力计；5—反力支承架；6—钢标准块；7—高强、快固化的胶粘剂；8—基材表面粘贴、喷抹、浇注的加固材料或界面胶；9—基材混凝土；10—混凝土表面预切缝

U.5.2 以均匀速率连续加荷，控制在1min～1.5min内破坏；记录破坏时的荷载值，并观测其破坏形式。

U.6 试验结果

U.6.1 正拉粘结强度应按下式计算：

$$f_{ti}=P_i/A_{ai} \quad (U.6.1)$$

式中：f_{ti}——试件i的正拉粘结强度，MPa；
P_i——试件i破坏时的荷载值，N；
A_{ai}——钢标准块i的粘合面面积，mm^2。

U.6.2 破坏形式及其正常性判别

1 破坏形式

1) 内聚破坏

——基材混凝土内聚破坏：即混凝土内部（本体）发生破坏；

——胶粘剂内聚破坏：可见于使用低性能、低质量胶粘剂的胶层中；

——聚合物砂浆内聚破坏：可见于使用低强度水泥，或低性能、低质量聚合物的聚合物砂浆层中。

2) 粘附破坏（层间破坏）

——胶层与基材混凝土之间的界面破坏；

——聚合物砂浆层与基材混凝土之间的界面破坏。

3) 混合破坏

粘合面出现两种或两种以上的破坏形式。

注：钢标准块与高强、快固化胶粘剂之间的界面破坏，属检验技术问题，与破坏形式判别无关，应重新粘贴，重作试验。

2 试验结果正常性判别

若破坏形式为基材混凝土内聚破坏，或虽出现两种或两种以上的破坏形式，但基材混凝土内聚破坏形式的破坏面积占粘合面面积85%以上，均可判为正常破坏。若破坏形式为粘附破坏、胶粘剂或聚合物砂浆内聚破坏，以及基材混凝土内聚破坏的面积少于85%的混合破坏，均应判为不正常破坏。

U.7 检验结果的合格评定

U.7.1 加固材料粘贴、喷抹质量的合格评定：

1 组检验结果的合格评定，应符合下列规定：

1) 当组内每一试样的正拉粘结强度f_{ti}均达到$f_{ti}\geqslant 1.5$MPa，且为混凝土内聚破坏的要求时，应评定该组为检验合格组；

2) 若组内仅一个试样达不到上述要求，允许以加倍试样重新作一组检验，如检验结果全数达到要求，仍可评定该组为检验合格组；

3) 若重作试验中，仍有一个试样达不到要求，则应评定该组为检验不合格组。

2 检验批的粘贴、喷抹质量的合格评定，应符合下列规定：

1) 当批内各组均为检验合格组时，应评定该检验批构件加固材料与基材混凝土的粘合质量合格；

2) 若有一组或一组以上为检验不合格组，则应评定该检验批构件加固材料与基材混凝土的粘合质量不合格；

3) 若检验批由不少于20组试样组成，且检验结果仅有一组因个别试样粘结强度低而被评为检验不合格组，则仍可评定该检验批构件的粘合质量合格。

U.7.2 适配性检验的正拉粘结性能合格评定，应符合下列规定：

1 当不同气温条件下检验的各组均为检验合格组时，应评定该型号纤维织物与拟配套使用的胶粘剂，其适配性检验的正拉粘结性能合格；

2 若本次检验中，有一组或一组以上检验不合格，应评定该型号纤维织物与拟配套使用的胶粘剂，其适配性检验的正拉粘结性能不合格；

3 当仅有一组，且组中仅有一个检测点不合格时，允许以加倍的检测点数重做一次检验。若检验结果全组合格，仍可评定为适配性检验的正拉粘结性能合格。

附录V 承重构件外加砂浆面层抗压强度采用回弹法检测的规定

V.0.1 本规定适用于承重构件外加砂浆面层（简称砂浆面层）施工过程中，留置的砂浆试块受损或丢失时，采用回弹法对其抗压强度进行的现场补测。

V.0.2 采用回弹法检测承重构件外加面层的砂浆抗压强度时，应遵守下列规定：

1 外加面层的砂浆应为水泥砂浆；在砂浆组分中允许含有聚合物及常用的外加剂，但不得掺有石灰或黏土；

2 砂浆的龄期应不少于28d；

3 砂浆面层的厚度应不小于25mm；其所配钢筋或钢丝绳的保护层厚度实测值应不小于15mm；

4 砂浆面层应干燥、平整，且浮灰、起砂等表面缺陷已清理干净。

V.0.3 砂浆回弹仪的技术指标应符合表V.0.3的规定。

表V.0.3 砂浆回弹仪技术性能指标

技术性能项目	指标
冲击动能（J）	0.196
弹击锤冲程（mm）	75
指针滑块的静摩擦力（N）	0.5±0.1
弹击球面曲率半径（mm）	25
在钢砧上率定平均回弹值（R）	74±2
外形尺寸（mm）	D=60；L=280

注：1 砂浆回弹仪每半年应校验一次；
    2 在工程检测前后，均应对回弹仪在钢砧上作率定试验；
    3 表中D为回弹仪外径，L为回弹仪长度。

V.0.4 对承重构件外加砂浆面层进行回弹和碳化深度测试时，测区应均匀布置。回弹测点应根据钢筋探测仪扫描钢筋（或钢丝绳）位置的结果，以尽量避开钢筋（或钢丝绳）和锚固件的位置为原则，事先予以标出。

V.0.5 回弹检测的步骤及检测结果的计算分析，应按现行国家标准《砌体工程现场检测技术标准》GB/T 50315的规定执行。

V.0.6 承重构件外加层测区i的砂浆抗压强度平均值$f_{2i,c}$按下式确定：

$$f_{2i,c} = \eta_c f_{2i} \qquad (V.0.6)$$

式中：f_{2i}——按现行国家标准《砌体工程现场检测技术标准》GB/T 50315"回弹法"一章计算确定的测区i的砂浆抗压强度平均值；

η_c——砂浆面层抗压强度修正系数，一般取等于1.2；若有可靠的对比试验数据，经监理总工程师同意后，可按试验结果确定。

附录W 锚固承载力现场检验方法及评定标准

W.1 适用范围及应用条件

W.1.1 本方法适用于混凝土结构锚固工程质量的现场检验。

W.1.2 锚固工程质量应按其锚固件抗拔承载力的现场抽样检验结果进行评定。

注：本附录的锚固件仅指种植带肋钢筋、全螺纹螺杆和锚栓。

W.1.3 锚固件抗拔承载力现场检验分为非破损检验和破坏性检验。选用时应符合本附录第W.1.4条和第W.1.5条的规定。

W.1.4 对下列场合应采用破坏性检验方法对锚固质量进行检验：

1 重要结构构件；

2 悬挑结构、构件；

3 对该工程锚固质量有怀疑；

4 仲裁性检验。

W.1.5 当按本附录W.1.4第1款的规定，对重要结构构件锚固件锚固质量采用破坏性检验方法确有困难时，若该批锚固件的连接系按本规范的规定进行设计计算，可在征得业主和设计单位同意的情况下，改用非破损抽样检验方法，但必须按表W.2.3确定抽样数量。

注：若该批锚固件已进行过破坏性试验，且不合格时，不得要求重作非破损检测。

W.1.6 对一般结构构件，其锚固件锚固质量的现场检验可采用非破损检验方法。

W.1.7 若受现场条件限制，无法进行原位破坏性检验操作时，允许在工程施工的同时（不得后补），在被加固结构附近，以专门浇筑的同强度等级的混凝土块体为基材种植锚固件，并按规定的时间进行破坏性检验；但应事先征得设计和监理单位的书面同意，并在场见证试验。

本条规定不适用于仲裁性检验。

W.2 抽样规则

W.2.1 锚固质量现场检验抽样时，应以同品种、同规格、同强度等级的锚固件安装于锚固部位基本相同的同类构件为一检验批，并应从每一检验批所含的锚固件中进行抽样。

W.2.2 现场破坏性检验的抽样，应选择易修复和易补种的位置，取每一检验批锚固件总数的1‰，且不少于5件进行检验。若锚固件为植筋，且种植的数量不超过100件时，可仅取3件进行检验。仲裁性检验的取样数量应加倍。

W.2.3 现场非破损检验的抽样，应符合下列规定：

1 锚栓锚固质量的非破损检验：

1）对重要结构构件，应在检查该检验批锚栓外观质量合格的基础上，按表W.2.3规定的抽样数量，对该检验批的锚栓进行随机抽样。

表 W.2.3 重要结构构件锚栓锚固质量非破损检验抽样表

检验批的锚栓总数	≤100	500	1000	2500	≥5000
按检验批锚栓总数计算的最小抽样量	20%，且不少于5件	10%	7%	4%	3%

注：当锚栓总数介于两栏数量之间时，可按线性内插法确定抽样数量。

2）对一般结构构件，可按重要结构构件抽样量的50%，且不少于5件进行随机抽样。

2 植筋锚固质量的非破损检验：

1）对重要结构构件，应按其检验批植筋总数的3%，且不少于5件进行随机抽样。

2）对一般结构构件，应按1%，且不少于3件进行随机抽样。

W.2.4 当不同行业标准的抽样规则与本规范不一致时，对承重结构加固工程的锚固质量检验，必须按本规范的规定执行。

W.2.5 胶粘的锚固件，其检验应在胶粘剂达到其产品说明书标示的固化时间的当天，但不得超过7d进行。若因故需推迟抽样与检验日期，除应征得监理单位同意外，还不得超过3d。

W.3 仪器设备要求

W.3.1 现场检测用的加荷设备，可采用专门的拉拔仪或自行组装的拉拔装置，但应符合下列要求：

1 设备的加荷能力应比预计的检验荷载值至少大20%，且应能连续、平稳、速度可控地运行；

2 设备的测力系统，其整机误差不得超过全量程的±2%，且应具有峰值储存功能；

3 设备的液压加荷系统在短时（≤5min）保持荷载期间，其降低值不得大于5%；

4 设备的夹持器应能保持力线与锚固件轴线的对中；

5 设备的支承点与植筋之间的净间距，不应小于3d（d为植筋或锚栓的直径），且不应小于60mm；设备的支承点与锚栓的净间距不应小于$1.5h_{ef}$（h_{ef}为有效埋深）。

W.3.2 当委托方要求检测重要结构锚固件连接的荷载-位移曲线时，现场测量位移的装置，应符合下列要求：

1 仪表的量程不应小于50mm；其测量的误差不应超过±0.02mm；

2 测量位移装置应能与测力系统同步工作，连续记录，测出锚固件相对于混凝土表面的垂直位移，并绘制荷载-位移的全程曲线。

注：若受条件限制，允许采用百分表，以手工操作进行分段记录。此时，在试样到达荷载峰值前，其位移记录点应在12点以上。

W.3.3 现场检验用的仪器设备应定期送检定机构检定。若遇到下列情况之一时，还应及时重新检定：

1 读数出现异常；

2 被拆卸检查或更换零部件后。

W.4 拉拔检验方法

W.4.1 检验锚固拉拔承载力的加荷制度分为连续加荷和分级加荷两种，可根据实际条件进行选用，但应符合下列规定：

1 非破损检验

1）连续加荷制度

应以均匀速率在2min～3min时间内加荷至设定的检验荷载，并在该荷载下持荷2min。

2）分级加荷制度

应将设定的检验荷载均分为10级，每级持荷1min至设定的检验荷载，且持荷2min。

3）非破损检验的荷载检验值应符合下列规定：

a 对植筋，应取$1.15N_t$作为检验荷载；

b 对锚栓，应取$1.3N_t$作为检验荷载。

注：N_t为锚固件连接受拉承载力设计值，应由设计单位提供；检测单位及其他单位均无权自行确定。

2 破坏性检验

1）连续加荷制度

对锚栓应以均匀速率控制在2min～3min时间内加荷至锚固破坏。

对植筋应以均匀速率控制在2min～7min时间内加荷至锚固破坏。

2）分级加荷制度

应按预估的破坏荷载值N_u作如下划分：前8级，每级$0.1N_u$，且每级持荷1min～1.5min；自第9级起，每级$0.05N_u$，且每级持荷30s,直至锚固破坏。

W.5 检验结果的评定

W.5.1 非破损检验的评定,应根据所抽取的锚固试样在持荷期间的宏观状态,按下列规定进行:

1 当试样在持荷期间锚固件无滑移、基材混凝土无裂纹或其他局部损坏迹象出现,且施荷装置的荷载示值在2min内无下降或下降幅度不超过5%的检验荷载时,应评定其锚固质量合格;

2 当一个检验批所抽取的试样全数合格时,应评定该批为合格批;

3 当一个检验批所抽取的试样中仅有5%或5%以下不合格(不足一根,按一根计)时,应另抽3根试样进行破坏性检验。若检验结果全数合格,该检验批仍可评为合格批;

4 当一个检验批抽取的试样中不止5%(不足一根,按一根计)不合格时,应评定该批为不合格批,且不得重做任何检验。

W.5.2 破坏性检验结果的评定,应按下列规定进行:

1 当检验结果符合下列要求时,其锚固质量评为合格:

$$N_{u,m} \geq [\gamma_u] N_t \quad (W.5.2-1)$$

且

$$N_{u,min} \geq 0.85 N_{u,m} \quad (W.5.2-2)$$

式中:$N_{u,m}$——受检验锚固件极限抗拔力实测平均值;

$N_{u,min}$——受检验锚固件极限抗拔力实测最小值;

N_t——受检验锚固件连接的轴向受拉承载力设计值;

$[\gamma_u]$——破坏性检验安全系数,按表W.5.2取用。

2 当$N_{u,m} < [\gamma_u] N_t$,或$N_{u,min} < 0.85 N_{u,m}$时,应评该锚固质量不合格。

表W.5.2 检验用安全系数$[\gamma_u]$

锚固件种类	破坏类型	
	钢材破坏	非钢材破坏
植筋	≥1.45	—
锚栓	≥1.65	≥3.5

附录Y 钢筋阻锈剂应用规定

Y.1 一般规定

Y.1.1 本方法适用于以喷涂型阻锈剂对已有混凝土结构、构件中的钢筋进行防锈与锈蚀损坏的修复。

Y.1.2 在下列情况下,应进行阻锈处理:

1 结构安全性鉴定发现下列问题之一时:

1) 承重构件混凝土的密实性差,且已导致其强度等级低于设计要求的等级两档以上;

2) 混凝土保护层厚度实测平均值不足现行国家标准《混凝土结构设计规范》GB 50010规定值的90%;或两次抽检结果,其合格点率均达不到现行国家标准《混凝土结构工程施工质量验收规范》GB 50204的规定;

3) 锈蚀探测表明:内部钢筋已处于"有腐蚀可能"状态;

4) 重要结构的使用环境或使用条件与原设计相比,已显著改变,其结构可靠性鉴定表明这种改变有损于混凝土构件的耐久性。

2 未作钢筋防锈处理的露天重要结构、地下结构、文物建筑、使用除冰盐的工程以及临海的重要工程结构。

3 业主方要求对已有结构、构件的内部钢筋进行加强防护时。

Y.1.3 采用阻锈剂时,应选用对氯离子、氧气、水以及其他有害介质滤除能力强、不影响混凝土强度和握裹力,并不致在修复界面形成附加阳极的阻锈剂。

Y.2 喷涂型钢筋阻锈剂操作要求

Y.2.1 喷涂型钢筋阻锈剂的操作,应符合下列要求:

1 喷涂前应仔细清理混凝土的表层,不得粘有浮浆、尘土、油污、水渍、霉菌或残留的装饰层;

2 剔凿、修复局部劣化的混凝土表面,如空鼓、松动、剥落等;

3 喷涂阻锈剂前,混凝土龄期不应少于28d;局部修补的混凝土,其龄期应不少于14d;

4 混凝土表面温度应在5℃~45℃之间;

5 阻锈剂应连续喷涂,使被涂表面饱和溢流。喷涂的遍数及其时间间隔应按产品说明书和设计要求确定;

6 每一遍喷涂后,均应采取措施防止日晒雨淋;最后一遍喷涂后,应静置24h以上,然后用压力水将表面残留物清除干净。

Y.2.2 对露天工程或在腐蚀性介质的环境中使用亲水性阻锈剂时,应在构件表面增喷附加涂层进行封护。

Y.2.3 若混凝土表面原先刷过涂料或各种防护液,已使混凝土失去可渗性且无法清除时,本附录规定的喷涂阻锈方法无效,应改用其他阻锈技术。

Y.3 阻锈剂使用效果检测与评定

Y.3.1 本方法适用于已有混凝土结构喷涂阻锈剂前

后，通过量测其内部钢筋锈蚀电流的变化，对该阻锈剂的阻锈效果进行评估。

Y.3.2 评估用的检测设备和技术条件应符合下列规定：

1 应采用专业的钢筋锈蚀电流测定仪及相应的数据采集分析设备，仪器的测试精度应能达到 $0.1\mu A/cm^2$。

2 电流测定可采用静态化学电流脉冲法（GPM法），也可采用线性极化法（LPM法）。当为仲裁性检测时，应采用静态化学电流脉冲法；

3 仪器的使用环境要求及测试方法应按厂商提供的仪器使用说明书执行，但厂商必须保证该仪器测试的精度能达到使用说明书规定的指标。

Y.3.3 测定钢筋锈蚀电流的取样规则应符合下列规定：

1 梁、柱类构件，以同规格、同型号的构件为一检验批。每批构件的取样数量不少于该批构件总数的1/5，且不得少于3根；每根受检构件不应少于3个测值；

2 板、墙类构件，以同规格、同型号的构件为一检验批。至少每$200m^2$（不足者按$200m^2$计）设置一个测点，每一测点不应少于3个测值；

3 露天、地下结构以及临海混凝土结构，取样数量应加倍；

4 测量钢筋中的锈蚀电流时，应同时记录环境的温度和相对湿度。条件允许时，宜同步测量半电池电位、电阻抗和混凝土中的氯离子含量。

Y.3.4 混凝土结构中钢筋锈蚀程度及锈蚀破坏开始产生的时间预测可按表 Y.3.4 进行估计。

表 Y.3.4 混凝土构件中钢筋锈蚀程度判定及破坏发生时间预测

锈蚀电流	锈蚀程度	锈蚀破坏开始时间预测
$<0.2\mu A/cm^2$	无	不致发生锈蚀破坏
$0.2\sim 1\mu A/cm^2$	轻微锈蚀	>10年
$1\sim 10\mu A/cm^2$	中度锈蚀	2年~10年
$>10\mu A/cm^2$	严重锈蚀	<2年

注：对重要结构，当检测结果$>2\mu A/cm^2$时，应加强锈蚀监测。

Y.3.5 喷涂阻锈剂效果的评估应符合下列规定：

1 应在喷涂阻锈剂150d后，采用同一仪器（至少应采用相同型号的测试仪）对阻锈处理前测试的构件进行原位复测。其锈蚀电流的降低率应按下式计算：

$$锈蚀电流的降低率 = \frac{I_0 - I}{I_0} \times 100\% \quad (Y.3.5)$$

式中：I——150d后的锈蚀电流平均值；

I_0——喷涂阻锈剂前的初始锈蚀电流平均值。

2 当检测结果达到下列指标时，可认为该工程的阻锈处理符合本规范要求，可以重新交付使用：

   1) 初始锈蚀电流$>1\mu A/cm^2$的构件，其150d后锈蚀电流的降低率不小于80%；

   2) 初始锈蚀电流$<1\mu A/cm^2$的构件，其150d后锈蚀电流的降低率不小于50%。

本规范用词说明

1 为便于在执行本规范条文时区别对待，对要求严格程度不同的用词说明如下：

   1) 表示很严格，非这样做不可的用词：
      正面词采用"必须"，反面词采用"严禁"；

   2) 表示严格，在正常情况下均应这样做的用词：
      正面词采用"应"，反面词采用"不应"或"不得"；

   3) 表示允许稍有选择，在条件许可时首先应这样做的用词：
      正面词采用"宜"，反面词采用"不宜"；

   4) 表示有选择，在一定条件下可以这样做的，采用"可"。

2 条文中指定应按其他有关标准执行的写法为："应符合……的规定"或"应按……执行"。

引用标准名录

1 《混凝土结构设计规范》GB 50010
2 《普通混凝土拌合物性能试验方法标准》GB/T 50080
3 《普通混凝土力学性能试验方法标准》GB/T 50081
4 《混凝土外加剂应用技术规范》GB 50119
5 《砌体工程施工质量验收规范》GB 50203
6 《混凝土结构工程施工质量验收规范》GB 50204
7 《钢结构工程施工质量验收规范》GB 50205
8 《建筑工程施工质量验收统一标准》GB 50300
9 《砌体工程现场检测技术标准》GB/T 50315
10 《建筑结构检测技术标准》GB/T 50344
11 《混凝土结构加固设计规范》GB 50367
12 《水泥基灌浆材料应用技术规范》GB/T 50448
13 《通用硅酸盐水泥》GB 175
14 《快硬硅酸盐水泥》GB 199
15 《金属材料室温拉伸试验方法》GB/T 228
16 《一般用途低碳钢丝》GB/T 343
17 《碳素结构钢》GB/T 700

18 《气焊、手工电弧焊及气体保护焊焊缝坡口的基本形式与尺寸》GB/T 985

19 《纤维增强塑料性能试验方法 总则》GB/T 1446

20 《钢筋混凝土用钢 第1部分：热轧光圆钢筋》GB 1499.1

21 《钢筋混凝土用钢 第2部分：热轧带肋钢筋》GB 1499.2

22 《低合金高强度结构钢》GB/T 1591

23 《紧固件机械性能》GB/T 3098

24 《金属熔化焊焊接接头射线照相》GB/T 3323

25 《定向纤维增强塑料拉伸性能试验方法》GB/T 3354

26 《碳纤维增强塑料体积含量试验方法》GB/T 3366

27 《碳钢焊条》GB/T 5117

28 《低合金钢焊条》GB/T 5118

29 《预应力混凝土用钢丝》GB/T 5223

30 《预应力混凝土用钢绞线》GB/T 5224

31 《胶粘剂适用期和贮存期的测定》GB/T 7123

32 《胶粘剂 拉伸剪切强度的测定（刚性材料对刚性材料）》GB/T 7124

33 《混凝土外加剂》GB 8076

34 《混凝土外加剂匀质性测定方法》GB/T 8077

35 《增强制品试验方法 第3部分：单位面积质量的测定》GB/T 9914.3

36 《不锈钢丝绳》GB/T 9944

37 《钢焊缝手工超声波探伤方法和探伤结果分级》GB 11345

38 《钢筋混凝土用余热处理钢筋》GB/T 13014

39 《液态胶粘剂密度测定方法》GB/T 13354

40 《建筑密封材料试验方法》GB/T 13477

41 《预应力筋用锚具、夹具和连接器》GB/T 14370

42 《孤立批计数抽样检验程序及抽样表》GB/T 15239

43 《水泥胶砂强度检验方法（ISO法）》GB/T 17671

44 《钢筋焊接及验收规程》JGJ 18

45 《普通混凝土用砂、石质量及检验方法标准》JGJ 52

46 《混凝土拌合用水标准》JGJ 63

47 《建筑砂浆基本性能试验方法》JGJ 70

48 《建筑钢结构焊接技术规程》JGJ 81

49 《钢结构高强度螺栓连接的设计、施工及验收规程》JGJ 82

50 《建筑工程冬期施工规程》JGJ 104

51 《混凝土用膨胀型、扩孔型建筑锚栓》JG 160

52 《水泥胶砂试件成型振实台》JG/T 682

53 《混凝土试模》JG 3019

54 《数显式粘结强度检测仪》JG 3056

55 《航空用钢丝绳》YB/T 5197

56 《无碱玻璃纤维布》JC/T 170

57 《水泥混凝土养护剂》JC/T 901

58 《行星式水泥胶砂搅拌机》JC/T 681

59 《环氧浇铸树脂线性收缩率的测定》HG/T 2625

60 《水工混凝土试验规程》DL/T 5150

中华人民共和国国家标准

建筑结构加固工程施工质量验收规范

GB 50550—2010

条文说明

制 订 说 明

《建筑结构加固工程施工质量验收规范》GB 50550-2010 经住房和城乡建设部 2010 年 7 月 15 日以第 683 号公告批准发布。

本标准制订过程中，编制组进行了大量的调查研究，总结了我国工程建设加固施工领域的实践经验，同时参考了国外先进技术标准，通过试验，取得了结构加固施工质量检验用的重要技术参数。

为便于广大设计、施工、科研、学校等单位有关人员在使用本规范时能正确理解和执行条文规定，《建筑结构加固工程施工质量验收规范》编制组按章、节、条顺序编制了本规范的条文说明，对条文规定的目的、依据以及执行中需注意的有关事项进行了说明（还着重对强制性条文的强制理由做了解释）。但是，本条文说明不具备与规范正文同等的法律效力，仅供使用者作为理解和把握规范规定的参考。

目　　次

1 总则 ·· 9—4—87
2 术语 ·· 9—4—87
3 基本规定 ·· 9—4—87
4 材料 ·· 9—4—88
　4.1 混凝土原材料 ······························ 9—4—88
　4.2 钢材 ··· 9—4—89
　4.3 焊接材料 ···································· 9—4—90
　4.4 结构胶粘剂 ································· 9—4—90
　4.5 纤维材料 ···································· 9—4—92
　4.6 水泥砂浆原材料 ··························· 9—4—92
　4.7 聚合物砂浆原材料 ······················· 9—4—92
　4.8 裂缝修补用注浆料 ······················· 9—4—93
　4.9 混凝土用结构界面胶（剂） ··········· 9—4—93
　4.10 结构加固用水泥基灌浆料 ··········· 9—4—93
　4.11 锚栓 ······································· 9—4—93
5 混凝土构件增大截面工程 ···················· 9—4—94
　5.1 一般规定 ···································· 9—4—94
　5.2 界面处理 ···································· 9—4—94
　5.3 新增截面施工 ······························ 9—4—94
　5.4 施工质量检验 ······························ 9—4—95
6 局部置换混凝土工程 ··························· 9—4—95
　6.1 一般规定 ···································· 9—4—95
　6.2 卸载的实时控制 ··························· 9—4—95
　6.3 混凝土局部剔除及界面处理 ··········· 9—4—95
　6.4 置换混凝土施工 ··························· 9—4—96
　6.5 施工质量检验 ······························ 9—4—96
7 混凝土构件绕丝工程 ··························· 9—4—96
　7.1 一般规定 ···································· 9—4—96
　7.2 界面处理 ···································· 9—4—96
　7.3 绕丝施工 ···································· 9—4—96
　7.4 施工质量检验 ······························ 9—4—96
8 混凝土构件外加预应力工程 ··············· 9—4—97
　8.1 一般规定 ···································· 9—4—97
　8.2 制作与安装 ································· 9—4—97
　8.3 张拉施工 ···································· 9—4—97
　8.4 施工质量检验 ······························ 9—4—98
9 外粘或外包型钢工程 ··························· 9—4—98
　9.1 一般规定 ···································· 9—4—98
　9.2 型钢骨架制作 ······························ 9—4—98

　9.3 界面处理 ···································· 9—4—98
　9.4 型钢骨架安装及焊接 ···················· 9—4—98
　9.5 注胶（或注浆）施工 ···················· 9—4—98
　9.6 施工质量检验 ······························ 9—4—99
10 外粘纤维复合材工程 ························· 9—4—99
　10.1 一般规定 ·································· 9—4—99
　10.2 界面处理 ·································· 9—4—99
　10.3 纤维材料粘贴施工 ····················· 9—4—100
　10.4 施工质量检验 ··························· 9—4—100
11 外粘钢板工程 ·································· 9—4—100
　11.1 一般规定 ·································· 9—4—100
　11.2 界面处理 ·································· 9—4—101
　11.3 钢板粘贴施工 ··························· 9—4—101
　11.4 施工质量检验 ··························· 9—4—101
12 钢丝绳网片外加聚合物砂浆
　　面层工程 ······································ 9—4—101
　12.1 一般规定 ·································· 9—4—101
　12.2 界面处理 ·································· 9—4—102
　12.3 钢丝绳网片安装 ························ 9—4—102
　12.4 聚合物砂浆面层施工 ················· 9—4—102
　12.5 施工质量检验 ··························· 9—4—102
13 砌体或混凝土构件外加钢筋网—
　　砂浆面层工程 ······························· 9—4—102
　13.1 一般规定 ·································· 9—4—102
　13.2 界面处理 ·································· 9—4—103
　13.3 钢筋网安装及砂浆面层施工 ········ 9—4—103
　13.4 施工质量检验 ··························· 9—4—103
14 砌体柱外加预应力撑杆工程 ············ 9—4—103
　14.1 一般规定 ·································· 9—4—103
　14.2 界面处理 ·································· 9—4—104
　14.3 撑杆制作 ·································· 9—4—104
　14.4 撑杆安装与张拉 ························ 9—4—104
　14.5 施工质量检验 ··························· 9—4—104
15 钢构件增大截面工程 ························ 9—4—104
　15.1 一般规定 ·································· 9—4—104
　15.2 界面处理 ·································· 9—4—104
　15.3 新增钢部件加工 ························ 9—4—104
　15.4 新增部件安装、拼接施工 ··········· 9—4—105
　15.5 施工质量检验 ··························· 9—4—106

16 钢构件焊缝补强工程 ······ 9—4—106
16.1 一般规定 ······ 9—4—106
16.2 焊区表面处理 ······ 9—4—106
16.3 焊缝补强施工 ······ 9—4—106
16.4 焊接质量检验 ······ 9—4—106

17 钢结构裂纹修复工程 ······ 9—4—107
17.1 一般规定 ······ 9—4—107
17.2 焊缝补强施工及质量检验 ······ 9—4—107

18 混凝土及砌体裂缝修补工程 ··· 9—4—107
18.1 一般规定 ······ 9—4—107
18.2 界面处理 ······ 9—4—107
18.3 表面封闭法施工 ······ 9—4—108
18.4 柔性密封法施工 ······ 9—4—108
18.5 压力灌注法施工 ······ 9—4—108
18.6 施工质量检验 ······ 9—4—109

19 植筋工程 ······ 9—4—109
19.1 一般规定 ······ 9—4—109
19.2 界面处理 ······ 9—4—109
19.3 植筋工程施工 ······ 9—4—109
19.4 施工质量检验 ······ 9—4—110

20 锚栓工程 ······ 9—4—110
20.1 一般规定 ······ 9—4—110
20.2 锚栓安装施工 ······ 9—4—110
20.3 施工质量检验 ······ 9—4—110

21 灌浆工程 ······ 9—4—110
21.1 一般规定 ······ 9—4—110
21.2 施工图安全复查 ······ 9—4—110
21.3 界面处理 ······ 9—4—111
21.4 灌浆施工 ······ 9—4—111
21.5 施工质量检验 ······ 9—4—111

22 建筑结构加固工程竣工验收 ··· 9—4—111

1 总 则

1.0.1 编制本规范的主要目的，是为了统一建筑结构加固工程施工过程控制和施工质量的验收标准，加强施工质量检验的力度，以确保建筑结构加固工程的安全和质量。

1.0.2 本规范的适用范围为工业与民用房屋及一般构筑物的混凝土结构加固工程、砌体结构加固工程和钢结构加固工程，但不包括木结构加固工程。因为传统的木结构已很少见，且各地的加固做法迥异，不易统一；至于新引进的规格材轻型木结构，迄今尚处试用阶段，未见有加固的案例，故暂不纳入本规范。

1.0.3 本规范系通用的国家标准，仅对建筑结构加固工程的施工质量提出最低的合格指标和安全要求。因此，承包合同和工程技术文件对加固工程安全和质量的要求可高于本规范，但不得低于本规范的规定。

1.0.4 本条所列出的四个国家标准，与本规范同属通用标准，其相互间存在着实质性的衔接关系，既不重复，也不抵触，因而必须配套使用。

1.0.5 建筑结构加固工程施工质量验收工作综合性强、牵涉面广，不仅项目多，而且还与其他施工技术、施工过程控制以及产品质量评定等方面的标准有关。因此，凡本规范有规定者，应无例外地遵照执行；凡本规范未作规定者，尚应按照现行有关标准的规定执行。

2 术 语

本规范采用的术语名称及其定义或涵义，是根据下列原则确定的：

1 凡现行工程建设国家标准已作规定者，一律加以引用，不再另行改名，也不再另行定义。

2 凡现行工程建设国家标准尚未规定者，由本规范参照国际标准和国外先进标准给出其定义，或从建筑结构加固工程施工质量验收的角度赋予其涵义，但涵义不等于术语的定义。

3 当现行工程建设国家标准虽已有该术语，但定义(或涵义)不准确或概括的内涵不全时，由本规范完善其定义(或涵义)。

同时，本规范还给出了相应的英文术语，但有些英文术语在国际上尚未统一。在这种情况下，本规范采用的英文术语不一定与国外标准或指南一致。

3 基本规定

3.0.1 本条系根据国家标准《建筑工程施工质量验收统一标准》GB 50300-2001 的相关规定制定的。其目的是使建筑结构加固工程便于按照其特点组织施工质量检验与验收，同时也便于建立相对独立的质量管理体系和质量保证体系，以利于运作。

本条除了规定建筑结构加固工程施工单位应建立必要的质量责任制度，并对建筑结构加固工程施工的质量管理体系提出明确的要求外，还规定了施工单位应在国家标准的基础上制定本企业的施工技术标准。因为只有这样，施工单位才据以推行其最佳的全过程控制技术，也才能使它所推行的质量管理体系和质量控制与检验制度落到实处。不少工程实践经验表明：本条提出的三位一体的现场管理方法，是保证工程质量和企业效益所不可或缺的措施，施工单位应认真组织实施。

3.0.3 本条较具体地规定了建筑结构加固工程施工质量控制的主要方面：一是施工图的技术交底、施工组织设计及施工技术方案的编制。二是涉及安全、卫生、环保的加固材料和产品的进场复验。三是对原结构、构件的清理、修整与支护。四是控制每道工序的质量。在每道工序的质量控制中之所以强调按企业标准进行控制，是考虑到在正常的标准化关系中，企业标准的控制指标应严于行业标准和国家标准，因为只有这样的企业才具有竞争力和生存力。五是施工单位在每道工序完成后，除了应进行自检并应由专职质量检验员检查外，还强调了工序交接检查，上道工序应满足下道工序的施工条件和要求；同样，相关专业工序之间也应进行中间交接检查，使各工序间和各相关专业工程之间形成一个有机的整体。

3.0.4、3.0.5 建筑结构加固工程与新建工程相比增加了清理、修整原结构、构件以及界面处理的工序。其工作内容及要求在条文中已作了系统而清晰的表述，而且很容易理解，无需再加以说明。这里需要指出的是这两道工序对保证加固工程的质量和加固的效果至关重要，施工人员和监理人员必须认真对待，否则将使结构的加固以失败告终。同时，还应指出的是作为业主代表的监理人员应严格监督这两个工序的全过程。倘若因失察而导致造成加固质量事故，应负玩忽职守之责。

3.0.6 本条系以 5.12 特大地震的震害调查评估结果为依据制定的。因为当建筑物受到强震破坏时，良好的结构整体牢固性能起到防止快速连续倒塌的作用，从而为人们提供了逃生、救援和抢险加固的机会，因此是一种重要的减灾措施。作为施工质量验收规范，虽不能对结构加固设计问题作出规定，但有责任在现场核对原结构构造和清理原结构过程中关注其整体牢固性是否存在需要增强或补救的问题。一旦发现该结构的圈梁、支撑、连接、拉结等系统有缺损、间断、错漏等情况时，应立即停工并及时通知业主和设计单位。在他们尚未采取措施前，不应仍按原加固方案施工，以免留下隐患或造成不必要的经济损失。

3.0.7 众所周知，被加固的结构在实施加固前总是隐含着不安全的因素,其触发与否,在很大程度上取决于施工所采取的防护措施是否到位和及时。这一方面要靠施工单位认真落实设计单位提出的安全措施,把工作做在结构加固施工的前面;而另一方面则须依靠安全检查监督人员,通过各种实时监控手段进行观测,并及时采取措施排除事先未发现的不安全因素。只有这样,才能确保结构加固工程的安全。

3.0.9 对混凝土结构和砌体结构的加固工程而言,当室外日平均气温连续5d稳定地低于5℃即进入冬期施工,必须采取防冻害措施才能进行正常的施工作业。这是一般施工单位都熟悉的规定,但对钢筋和钢构件的焊接作业来说,却由于加固工程量小、施工人员素质较差,设备也很有限,而往往不注意冬期施工的负温影响问题,致使负温下焊接的质量显著受到影响。另外,胶粘加固作业对低温影响更为敏感,更需要采取冬期施工的措施。因此,制定本规定予以提示,以保证冬期加固施工的质量。

3.0.10 为了防止加固材料在工作过程中受到环境因素的侵蚀,以及各种意外作用(如人为破坏和火灾等)对它造成的损害,通常都要在其表面设置防护面层。但由于防护面层的材料与做法很多,因此本规范仅作了原则性的规定。然而迄今为止,在小型工程中,仍以水泥砂浆做面层的居多,为此,应指出两点:

1 为了使水泥砂浆面层与加固材料粘结较为牢靠,宜在加固材料表面涂刷一道结构胶粘剂,并趁它尚未固化前均匀撒上一层细石(或称豆石)。待胶粘剂固化粘牢石子时,再分层抹上水泥砂浆。只要胶粘剂质量没有问题,其效果与传统的加设钢丝网片相近,但施工却简便得多。

2 水泥砂浆防护面层,并非起加固作用的砂浆面层,不能按本规范的各种外加砂浆面层进行验收,而应按现行国家标准《建筑装饰装修工程质量验收规范》GB 50210的"一般抹灰工程"进行验收。

3.0.11 本条系以现行国家标准《建筑工程施工质量验收统一标准》GB 50300的规定为依据制定的。但由于该标准的规定过于原则,而现行有关抽样方案的国家标准又有19个之多,因此,作出了应按本规范所选择或补充的抽样方案执行的规定。

3.0.12 本条主要是针对当前结构加固工程施工现场技术管理的混乱情况作出的规定:一是明确必须进行现场见证检测和结构构件实体见证检验的范围;二是明确未经见证抽样的此类项目,其检测或检验报告无效,以防止今后继续使用由施工单位委托取得的检验报告作为验收的依据。

3.0.13 本条给出了检验批质量验收合格的条件:主控项目和一般项目检验均应合格,且资料完整。但对采用计数检验的一般项目,作出了适当放宽的规定,即合格点率的要求不是100%,而是80%,只有个别项目为90%。这与现行国家标准《混凝土结构工程施工质量验收规范》GB 50204及《钢结构工程施工质量验收规范》GB 50205的取值是一致的。若设计认为其所关注的某个项目需要以更高的合格率来保证,则应在施工图中加以注明。

3.0.14~3.0.16 这三条规定是根据现行国家标准《建筑工程施工质量验收统一标准》GB 50300关于建筑工程质量验收原则制定的。因此,可参阅该标准有关条文的说明。

4 材 料

4.1 混凝土原材料

4.1.1 水泥进场时,应根据产品合格证检查其品种、级别等,并有序存放,以免造成混级错批。强度、安定性等是水泥的安全性能指标,进场时应予见证抽样复验;其质量应符合新修订的现行国家标准《通用硅酸盐水泥》GB 175和《快硬硅酸盐水泥》GB 199等的要求。水泥是混凝土的重要组成成分,若其中含有氯化物,可能引起混凝土结构中钢筋的锈蚀,故应严格控制。

本条为强制性条文,必须严格执行。

4.1.2 混凝土外加剂种类较多,且均有相应的质量标准。使用时,其产品质量及应用技术应符合现行国家标准《混凝土外加剂》GB 8076、《混凝土外加剂应用技术规范》GB 50119,以及现行行业标准《混凝土速凝剂》JC 472、《混凝土泵送剂》JC473、《砂浆、混凝土防水剂》JC 474、《混凝土防冻剂》JC 475等的规定。外加剂的检验项目、方法和批量也应符合现行相应产品标准的规定。若外加剂中含有氯化物,同样可能引起混凝土结构中钢筋的锈蚀,故也应严格控制。本章中凡涉及原材料进场复验抽样数量的问题,除有明确规定外,均应按本规范附录D规定的原则执行。

另外,应指出的是,在上部结构加固工程中之所以不得使用膨胀剂,是因为在养护新浇混凝土全过程中,很难保证其加固部位始终保有充足的水分,从而导致膨胀剂起不到应有的作用,甚至还会产生负面的影响。另外不少工程的施工经验也表明,只有在建筑物基础和地下室等部位,膨胀剂才能起到一定的作用,其最主要原因,便是在养护过程中能够保有水分,而这在上部结构中是很难做到的。

本条为强制性条文,必须严格执行。

4.1.3 随着预拌混凝土、自密实混凝土和高强混凝土大量进入建设工程市场,原中国工程建设标准化协会标准《混凝土结构加固技术规范》CECS 25:90(已废止)关于"加固用的混凝土中不应掺入粉煤灰"的规定经常受到质询,纷纷要求本规范采取积极的措施予以解决。为此，编制组对制订该规范第 2.2.7 条的背景情况进行了调查，并从中了解到主要是由于 20 世纪 80 年代工程上所使用的粉煤灰，其质量较差，烧失量过大，致使掺有粉煤灰的混凝土，其收缩率可能达到影响与原构件混凝土协同工作的程度，因此作出了禁止使用的规定。此次编制本规范，对结构加固用的混凝土如何掺加粉煤灰作了专题的分析研究，其结论表明：只要使用Ⅰ级灰，且限制其烧失量在 3%～5% 范围内，便不致对加固后的结构产生明显的不良影响。但 3% 在当前生产条件下很难达到，而本规范作为通用的国家标准，其所要求的主要是保证加固材料的质量能达到可接受的最低安全水准，因此，取 5% 作为控制指标。

4.1.4 根据建筑结构加固工程的特点，除了明确要求普通混凝土用的砂和石子的质量应符合现行行业标准《普通混凝土用砂、石质量及检验方法标准》JGJ 52 的要求外，还结合被加固结构构造条件的限制和浇筑方法的不同，对砂的细度和石子的最大粒径作出了具体规定。这里需要指出的是，在执行本条规定时，仍需同时执行现行国家标准《混凝土结构工程施工质量验收规范》GB 50204 对粗骨料质量的有关规定。

4.1.5 考虑到今后建筑工程中利用工业处理水的发展趋势，除采用自来水或天然洁净水外，还需要采用其他水源，因此，规定了其水质应符合现行行业标准《混凝土用水标准》JGJ 63 的要求。这一点很重要，因为有不少工程事故表明，由于施工单位不重视水质的检验，随意使用水质不明的水源，致使新浇的混凝土在工程完工不久便出现难以弥补的质量问题。

4.2 钢　材

4.2.1 钢筋对混凝土结构构件的承载力至关重要，对其质量应从严要求。普通钢筋应符合现行国家标准《钢筋混凝土用热轧带肋钢筋》GB 1499、《钢筋混凝土用热轧光圆钢筋》GB 13013 和《钢筋混凝土用余热处理钢筋》GB/T 13014 等的要求。钢筋进场时，应检查产品合格证和出厂检验报告，并按规定进行见证抽样复验。

这里应指出的是：由于工程量、运输条件和各种钢筋的用量等的差异，很难对各种钢筋的进场检查数量作出统一规定。因此，应按本规范附录 D 的规定进行抽样复验方案的设计。

本条规定的检验方法中，其所以要求检查产品合格证和出厂检验报告，以及中文标志和包装的完整性，主要是为了核查该产品质量证明资料的可信性和有效性。因此，这些文件中应列出产品的安全性能指标；当用户有特别要求时，还应列出专门指定的检验数据。进场复验报告是根据进场见证抽样检验结果出具的有效文件，主要用于判断该批材料的性能和质量是否与设计、订货要求相符，并确定该批产品能否在工程中安全使用。因此，见证抽样的样品应由监理单位签封或送样；其检验报告必须由独立的检测机构出具。因为他们应对样品和检验报告的可靠性承担法律责任。这些规定对其他材料同样适用。

本条为强制性条文，必须严格执行。

4.2.2 本条系以现行国家标准《钢结构工程施工质量验收规范》GB 50205 为依据制定的。因此，其条文说明对本规范也基本上适用。但应着重指出的是，在建筑结构加固工程中，由于工程量一般较小，极易遇到来源不明、质量证明文件不全或是混批的钢材和紧固件。因此，不论是国产钢材还是进口钢材，应一律进行见证抽样复验，以免给工程留下安全隐患。这一点应提请监理人员注意。

本条为强制性条文，必须严格执行。

4.2.3 预应力筋等加固专用的钢材是混凝土结构外加预应力加固工程最重要的原材料。进场时，应根据本规范附录 D 提出的进场复验抽样规定进行见证抽样复验方案设计，并付诸实施，以确保外加预应力工程的质量。另外，考虑到目前各生产厂家所提供的预应力产品合格证内容不尽相同，故要求厂家除提供产品合格证外，还应提供预应力筋等加固专用钢材主要性能的出厂检验报告。在这种情况下，进场复验可仅作主要的力学性能检验。

本条文为强制性条文，必须严格执行。

4.2.4 目前国内锚具生产厂家较多，各自形成配套产品，产品结构尺寸及构造也不尽相同。为确保实现设计意图，故本条要求锚具、夹具和连接器应按设计规定采用；其性能应符合现行国家标准《预应力筋用锚具、夹具和连接器》GB/T 14370 的规定。至于其实际应用则可按现行行业标准《预应力筋用锚具、夹具和连接器应用技术规程》JGJ 85 的规定执行。锚具、夹具和连接器的进场复验一般仅作锚具（夹具、连接器）的静载检验。检验时，考虑到加固工程量一般不大的特点，因此，其检验批以不超过 200 套为一批较为恰当。此外，其材质、机加工尺寸及热处理硬度等只需按出厂检验报告中所列指标进行核查即可。

4.2.5 绕丝法必须采用退火钢丝，才能保证其缠绕施工的质量和有效性。近来由于大厂生产的退火钢丝经常脱销，有些施工单位便擅自改用其他品种钢丝施工，以致给工程留下安全隐患。为此，给出进场复验指标，并要求一律进行复验。另外应指出的是：本条对退火钢丝（包括利用冷拔低碳钢丝进行退火的钢丝）所作的进场复验规定，是完全针对绕丝加固法的用途作出的，不能引用于其他应用场合。

本条为强制性条文，必须严格执行。

4.2.6 就小直径（2.4mm～4.5mm）高强度不锈钢丝绳而言，迄今我国尚未制定结构加固用钢丝及钢丝绳网片的产品质量标准。在这种情况下，本规范参照现行国家军用标准《航空用不锈钢弹簧丝规范》GJB 3320、国家标准《不锈钢丝》GB/T 4240、国家标准《制绳用钢丝》GB/T 8919、国家标准《不锈钢丝绳》GB/T 9944 及行业标准《航空用钢丝绳》YB/T 5197 等的相关要求及国内外有关的试验资料，制定了其施工质量验收标准，与现行国家标准《混凝土结构加固设计规范》GB 50367 所给出的性能指标配合使用。这些标准系经组织专家论证和审查后才纳入本规范的，较为符合国情，并在安全上较有保证，因此，必须在这类结构加固工程中予以施行，不得再套用国外标准或指南。

另外，在本条之所以还加上一注，要求设计、施工单位不得错用术语，主要是因为同直径的钢丝绳与钢绞线，其性能（特别是粘结能力）有着显著差别。万一因而进错了材料，将导致工程出现安全问题。然而，迄今有不少设计人员为了帮助外国企业推销产品，并逃避现行国家标准《混凝土结构加固设计规范》GB 50367 较严格规定的约束，故意在施工图上将 6×7＋IWS 规格的钢丝绳也写成钢绞线，为引用国外企业标准做手脚。因此，应视为很严重的问题，必须责成设计单位纠正。否则一旦发生质量问题，应由出施工图的设计单位承担法律责任。

本条为强制性条文，必须严格执行。

4.2.8 钢筋的外观质量，若存在严重缺陷，将显著影响钢筋的强度和锚固性能。为了加强对钢筋外观质量的控制，钢筋进场时和使用前均应对其外观质量进行检查。例如弯折钢筋不得敲直后作为受力钢筋使用；钢筋表面不应有颗粒状或片状老锈等等。本条的规定也适用于加工以后较长时间未使用的钢筋半成品的重新检查。

4.2.9 钢板的厚度、型钢的规格尺寸是影响钢构件承载力的主要因素之一，进场时加以重点抽查显然是必要的；至于钢材的外观质量，除了应重点检查其端边或断口处有无分层、夹渣等严重缺陷外，尚应检查其锈蚀情况。因为许多钢材是露天堆放的，易受风雨和空气中有害介质的侵蚀，致使钢材表面出现点锈和片状锈蚀，严重者将影响钢构件的受力。因此，应对钢材表面锈蚀的允许深度作出规定。

4.2.10 预应力钢筋和撑杆进场后，可能因露天存放而导致锈蚀、污染；对锚固件、锚夹具而言，其进场后虽存放于库房，但若保管不善，也会由于漏雨、受潮等原因而导致锈蚀。故使用前均应检查其外观质量。

4.2.12 钢丝绳涂抹油脂本是制绳的一道工序，但却对钢丝与聚合物砂浆的粘结起到隔离作用，致使传力失效。因此，订货时必须在合同中明确规定：严禁涂抹任何油脂或防锈剂。在进场时，还应逐盘抽样拆散钢丝绳进行检查，以防误用于结构加固工程上。

4.3 焊接材料

4.3.1 结构加固用的焊接材料，虽然按现行国家标准《碳钢焊条》GB/T 5117 和《低合金钢焊条》GB/T 5118 规定的检验规则，其成品焊条应由制造厂质量检验部门按批检验。但由于焊接材料对焊接质量的影响重大，兼之结构加固的工程量一般较小，所用焊接材料极易遇到来源不明或混批的情况。因此，进场时，必须进行见证取样复验。同时，尚应注意检查其外观质量。若包装已破损或批号及检验号已无法辨认时，不论有无产品合格证明书及出厂检验报告，均应通过见证取样进行系统的复验。

另外，当设计单位有其他复验要求时，复验项目必须由设计单位决定，业主、监理和施工单位均无权代庖，并不得以任何理由拒绝。

本条为强制性条文，必须严格执行。

4.3.2 焊条、焊剂保管不当，将容易受潮，不仅影响操作的工艺性能，而且会对接头的理化性能造成不良影响。因此，对于外观质量存在着本条所指出的损伤和缺陷的焊接材料，在进场检查时应当拒收，以免给结构加固工程埋下隐患。

4.4 结构胶粘剂

4.4.1 在当前结构加固工程，随着结构胶粘剂的用量骤增，其良莠不齐的问题也愈见严重。进场接收时稍有失误，将直接危及加固结构的安全。为此，在结构胶粘剂的检查与复验工作中实施本条的规定时，必须注意掌握以下几个要点：

1 结构胶粘剂属本规范强制性条文重点管辖的对象。在结构加固工程中必须得到严格执行。凡品种、级别和安全性能不符合现行国家标准《混凝土结构加固设计规范》GB 50367 及设计规定的产品，施工单位不得擅自接收。这一监督责任应由监理单位承担；不仅要防范施工单位调包，还要抵制建设单位非法干预（参见国务院发布的《建设工程质量管理条例》第十四条）。

2 为了杜绝伪劣胶粘剂混入现场的久禁不止现象，很重要的一点是要求胶粘剂应按工程用量一次进场到位。因为只有在这一前提下，才能进行有效的检查和见证抽样复验。近来已发现有不少厂商先以少量好胶应付进场复验，待检验合格后，再将劣质胶粘剂大量运入现场，供工程实际使用。同时，还应指出的是，从接收合格品入库至作业班组领用这段时间里，施工单位仍有机会调包。为此，建议监理单位应在检验合格的固化剂容器上作标记，以供识别。

3 为防止使用假冒的进口产品，尚应检查其中文标志、产品合格证书、报关单和商检报告等文件。这些文件所标注的批号应相互一致，否则也极有可能是伪劣产品。若外国产品在我国设厂生产尚应标注其实际产地及厂名,并提供其安全性能指标与原产地产品无显著差别的书面保证材料。因为前段时间,已发现有些在我国各地生产的外国品牌产品,其性能和质量与直接进口产品相比,有显著下降。例如:在厦门等地查到的某外资企业在广东生产的结构胶粘剂,比国产结构胶粘剂的质量还要低很多。对这类产品进场必须严格进行系统检验。凡不合格者应坚决拒收。

本条为强制性条文,必须严格执行。

4.4.4 对承重结构用的胶粘剂而言,其耐湿热老化性能之所以极为重要,一是因为建筑物对胶粘剂的使用年限要求至少在 30 年以上,其后期粘结强度必须得到保证;二是因为本规范采用的湿热老化检验法,其检出劣质固化剂的能力很强,而固化剂的长期性能在很大程度上又决定着胶粘剂长期使用的可靠性。最近一段时间,由于恶性的价格竞争愈演愈烈,导致了不少厂商纷纷更换胶粘剂原配方中抗老化性能较好的固化剂成分,并改用诸如 T31 之类的固化剂。尽管这类固化剂虽有可能做到不影响胶粘剂的短期粘结强度,甚至还有所提高,但却无法制止胶粘剂抗环境老化能力和抗冲击剥离能力的急剧下降。因此,这些劣质的固化剂很容易在湿热老化试验或抗冲击剥离试验中被检出。结构加固设计人员对这一点务必给予高度重视,不论结构加固工程的重要性如何,均应对结构用胶,坚持进行湿热老化检验;对地震区的结构用胶还应坚持进行抗冲击剥离检验。同时,考虑到施工现场的检验不能等待过长时间才能取得结果,因此,对具有湿热老化性能验证性试验合格证书的胶粘剂,允许使用现场快速检验方法进行复验,以缩短检验周期。这个复验方法是参照国外有关标准的快速检验方法,由四川省建筑科学研究院和 HUNTSMAN 公司试验室及武汉大学土木工程学院等共同研究制订的。其大量测试结果表明:对安全性能指标不符合现行国家标准《混凝土结构加固设计规范》GB 50367 的结构胶粘剂具有较强的检出能力。然而也应指出,该方法对某些配方设计的结构胶而言,仍有可能在快速复验中误将性能合格的胶粘剂评定为不合格的情况。尽管并不多见,但总归是个缺陷。为此,当遇到这种情况时,允许改用本规范附录 H 的方法,以加倍的试件数量重作一次检验。若检验合格,仍可判为老化性能满足安全使用要求的胶粘剂。然而应指出的是此项检验与评定必须以见证取样为先决条件,才能得到可靠的结论。

4.4.5 本条所列的几种情况,都是制售伪劣胶粘剂产品所必须依赖的手段。许多工程事故的教训总结表明,正是这些"细节"问题,很容易成为生产厂家、施工单位与国有建设单位的基建管理人员或监理人员串通作案的掩护。因为即使事后被发现,也很容易以经验不足、把关不严等为借口而逃脱应承担的法律责任。为了杜绝这些伪劣产品混入现场,给结构加固工程留下严重的安全隐患,必须采取有效措施,强制执行本条的规定,才能对生产厂家、施工单位、监理单位和国有建设单位基建管理人员的行为进行约束。

另外,需要说明的是,之所以不允许使用"植筋-粘钢两用胶",是因为植筋胶的价格仅为粘钢胶的 70%~75%,而且在性能要求上,也较粘钢胶低。在这种情况下,厂家显然不可能按粘钢胶的标准生产"两用胶",而是让粘钢胶也使用植筋胶的配方。这对粘钢而言,势必会留下安全隐患。况且这完全是一种欺诈行为。因此,必须予以严禁使用。

本条为强制性条文,必须严格执行。

4.4.6 结构胶粘剂工艺性能的优劣,直接关系到其粘结性能的可靠性。因此,本条对结构胶粘剂的重要工艺性能指标作出了具体规定。从表 4.4.6 所列项目可知:大多数均为本专业技术人员所熟悉,无需再加以说明。其中只有"触变指数"一项略为生疏,需要作一些说明。为此,应先说明什么是胶粘剂的触变性。所谓的触变性,是指胶液在一定剪切速率作用下,其剪应力随时间延长而减小的特性。在胶粘工艺上具体表现为:搅动下,胶液黏度迅速下降,便于涂刷;停止时,胶液黏度立即增大,不会随意流淌。这一特性对粘钢、粘贴纤维复合材的预成型板和植筋都很重要,因为既可减轻劳动强度,又能保证涂刷的均匀性和胶缝厚度的可控性,故有必要检验涂刷型和锚固型结构胶粘剂的触变性。为此,必须引入触变性的表征量——触变指数 I_t。该指数的测定方法是在规定的温度(一般为 23℃)下,采用两个相差悬殊的剪切速率,分别测定一种胶粘剂的表观黏度 η_1 和 η_2,且令 $\eta_1 > \eta_2$,则 $I_t = \eta_1/\eta_2$。当以 I_t 的测值来描述该胶粘剂的触变性大小时,可以从不同配方胶液的表现情况中看出,I_t 值大的胶液,其触变性也大,反之亦然。这里应指出的是:胶液的触变指数并非越大越好。因为过大的触变指数,意味着该胶液的初始黏度很大。虽然在涂刷过程中,其黏度会很快下降,但涂刷一停止,其所下降的黏度会立即升高。从而使胶液没有时间让气泡逃逸,以致将因脱泡性变差而影响到胶粘剂的粘结强度。至于粘贴纤维织物的胶粘剂,虽也要求便于涂刷,但同时还要求胶液对纤维具有良好的浸润、渗透性。这一性质显然与触变性相左。但试验表明:可以通过协调,使两项指标均处于可以接受的范围内。表 4.4.6 中的初黏度和触变指数的指标就是按协调结果,并考虑到经济因素后所确定的可接受的标准。

4.4.7 封闭裂缝一般使用无碱玻璃纤维或碳纤维布(若结构加固后的使用期不长,也可使用无纺布),粘贴这些材料所用的胶粘剂,主要是要求它具有较好的湿润性和渗透性,而对粘结性能只要求能达到 B 级胶即可。因此,按纤维复合材使用的 B 级胶性能标准进行检验较为合适。

4.4.8 凡遇到本条所指出的外观质量状况，可以肯定该批胶粘剂的粘结能力已严重下降，且绝对不可能是合格品。故不容许在结构加固工程中使用。其实，这些问题在现场不难发现。关键在于监理人员必须忠于自己职守，不能同时监理几个工程，经常不在现场，以致失去应有的监理作用。这一点应引起业主和设计单位的关注。必要时，应对监理人员建立考勤制度。

4.5 纤维材料

4.5.1 纤维材料在进入市场前，虽然多数已委托独立检验机构作过安全性能的验证性试验或安全性鉴定，但这只能作为设计和业主单位选材的依据，而不能用以取代进场检查和复验。因为从材料出厂至进入施工现场，通常要经过市场的几个环节。这也就意味着这种昂贵的材料具有较大的被调包的风险，故必须在进场时进行一系列检查和见证抽样复验。同时，为了使检查与复验能够充分反映该批材料的实际性能和质量，还必须坚持要求碳纤维等重要加固产品，应按工程用量一次进场到位。这不仅可使抽样最具代表性，而且更重要的是：可以防范施工单位或材料供应商的调包。因为前一段时间，曾多次发现材料供应商与施工单位串通，或施工单位与监理人员串通，先以少量优质纤维材料送检，待检验通过后再大量运进伪劣产品，供实际工程使用，以致埋下了严重的安全隐患。据此，为了防范这些涉及安全问题的继续发生，业主除了应严格选择诚信可靠、无不良记录的监理单位外，尚应要求监理人员严肃对待本条作出的"一次进场到位"的强制性规定。

在一次进场到位的前提下，本规范规定了3项必须见证取样复验的项目，并且还为第3项的复验，配备了检验方法（见附录 N）。因为前一段时间的抽查情况表明，目前厂家利用设计、检验单位对碳纤维 K 数不熟悉，大量地以 $15K$、$18K$、$24K$、$36K$，甚至 $48K$ 的碳纤维来冒充 $12K$，致使粘结质量严重下降。为了扭转这一影响安全的局面，本规范为设计和检验单位提供了简易而准确的识别方法，以免担当对安全失察的责任。

另外，应指出的是：本条规定的复验项目虽有五项，但由于前三项均属材料受拉性能的指标，而且是在同一试件的加荷过程中先后读取其测值。因此，增加不了多少试验工作量，但却能收到更准确判断材料性能的效果。

本条为强制性条文，必须严格执行。

4.5.2 近来有许多不法厂商与施工单位勾结，甚至串通国有建设单位基建管理人员及监理人员共同作案，以低性能、低质量、低价位的玄武岩纤维和大丝束碳纤维冒充优质的聚丙烯腈基小丝束碳纤维；以不耐碱的 A、C 玻璃纤维冒充 E 玻璃纤维；且不惜以工程安全为代价，将这些伪劣材料滥用于结构加固工程上，以获得丰厚的非法利润。这种行径显然已构成犯罪行为，然而迄今之所以尚在蔓延，其主要原因之一是缺乏有效的监督机制。这一点必须引起有关管理部门关注。

本条文为强制性条文，必须严格执行。

4.5.3~4.5.5 碳纤维和高强玻璃纤维作为承重结构的加固材料，其外观质量的严重缺陷，通常会影响结构、构件的受力性能或耐久性能。因此，应作为主控项目之一进行检查或检验。对已经出现的严重缺陷，应由施工单位提出技术处理方案，经设计和监理单位认可后进行处理，并重新检查验收。至于外观质量的一般缺陷，虽不会显著影响结构、构件的受力性能，但毕竟影响观感，况且还是进场检查不严所造成的，很难以正当理由去说服业主单位接受有瑕疵的材料。故对已出现的一般缺陷，也应责成施工单位进行处理，并重新检查验收。

4.5.6 过大的尺寸偏差可能影响结构、构件的受力性能。因此，本条根据结构加固工程的实践经验，经计算分析后给出了允许偏差值。试用表明，其控制的效果较好，能够保证施工质量符合结构加固后的安全使用要求。

4.6 水泥砂浆原材料

4.6.1 混凝土结构加固用的普通水泥砂浆，虽然多是用作加固材料表面的防护层，但由于近几年来在不少砌体结构的抗震加固工程中也用作外加钢筋网的面层，故有必要对水泥的强度等级和施工质量提出要求，这一点必须引起施工人员和监理人员的重视。

4.6.2、4.6.3 为保证砂浆的强度和施工质量达到设计要求，首先必须控制原材料的质量。因此，提出了水泥及其外加剂质量应符合现行国家标准《砌体工程施工质量验收规范》GB 50203 和本规范的规定。

4.7 聚合物砂浆原材料

4.7.1 承重结构使用的聚合物砂浆（包括掺有聚合物的高性能复合砂浆），其性能与质量的要求与结构胶粘剂不相上下。因此，对它的进场检查与复验，也应严格对待，不能有丝毫的含糊。另外，应着重指出的是：目前聚合物砂浆市场极其混乱，市售的形形色色聚合物砂浆，其粘结能力很差，耐老化性能更差。从暗访抽样的结果来看，不仅其主成分多是乙烯－醋酸共聚物（只能用于非承重构件），而且连这么差的主成分，其含量也很低，完全不符合承重结构加固的安全使用要求。大多数工程不到半年便普遍出现裂缝。为此，建议设计、施工单位应根据现行国家标准《混凝土结构加固设计规范》GB 50367 规定的安全性能指标向技术实力强的厂家直接定制。这样在近期内不仅可以避免受不法厂家和经销商欺诈之害，而且还有助于促使市售产品提高其质量，加快走上正确的轨道。

本条为强制性条文，必须严格执行。

4.7.2 当聚合物砂浆用于镀锌钢丝绳网片外加层加固工程时，必须在砂浆中掺加阻锈剂，以提高小直径钢丝的抗锈能力。因为不论锌层多厚，由于其力学性能与钢丝相差悬殊，在受拉应力作用下，锌层均易断裂。因此，如何选择优质无害的阻锈剂，便显得十分重要。目前市售的阻锈剂以有害的亚硝酸盐类居多，制售者也深知其害，常改名为复合亚硝酸盐类阻锈剂，以混淆视听。故应提请设计单位注意，不能随意选用阻锈剂，而应在了解其阻锈作用的同时，考察其是否会产生副作用，如产生附加阳极，或不利于环保等等。否则在使用的后期，极有可能重新生锈。本条所指出的禁用品种并不全面，只能起到提示作用。因此，要求厂家在其产品说明书上应给出"本阻锈剂不含有害成分"的标示，以作为日后追究安全责任的依据。

4.7.3 我国迄今尚未制定承重构件外加面层加固专用的砂浆配合比设计规程。因此，只能按产品使用说明书提供的配合比采用。对重要工程还应通过试配确认其使用效果。

4.8 裂缝修补用注浆料

4.8.1 本条关于裂缝修补剂进场检查与复验的规定，主要应关注的是有恢复截面整体性要求的混凝土结构、构件的裂缝修复。此时，不仅需要通过安全性能复验，确定其粘结能力是否能符合现行国家标准《混凝土结构加固设计规范》GB 50367-2006 表 4.6.2 的要求，而且还需要按本规范表 4.4.6 或表 4.8.1 的要求进行工艺性能复验，以考察其产品使用说明书所规定的压力和时间内，是否具有快速、顺畅地充填裂缝空腔的能力。因为工艺性能倘若欠佳，即使安全性能再好也要受到严重影响。

4.8.2 封闭裂缝用的胶粘剂，其复验结果之所以要求能达到纤维复合材用胶的 B 级胶水平：一是因为封闭裂缝用的覆盖材料，多为玻璃纤维和碳纤维，其材性适宜于使用这类胶粘剂；二是因为在现场粘贴条件下进行封闭，要保证其耐久性满足设计要求并不容易。很多试验表明：至少要用 B 级胶，才不致在使用的后期发生剥离破坏。如果用的是粘结能力低于 B 级胶的劣质胶粘剂，将很快随着时间推移而变脆，致使胶层很容易失去抗剥离的粘结能力。

4.8.4 参见本规范第 4.1.5 条的条文说明。

4.9 混凝土用结构界面胶（剂）

4.9.2 目前市场上充斥着形形色色杂牌的界面剂，其性能和质量之低，甚至到了反而起隔离剂作用的程度。为此，本规范对一般界面剂与结构用界面胶（剂）作了区分，并给出了结构界面胶（剂）见证抽样复验的指标和要求。然而仍需指出的是：市场情况极为复杂，即使有了这些要求，仍然会遇到很多执行的阻力。为了扭转这种局面，业主必须谨慎挑选信誉良好的监理单位，才有可能希望其所派遣的监理人员能负起责任，既做到真正的见证抽样，又会亲临试验室观察检验机构的试验，并独立做好原始记录，以备查验之用。另外，应指出的是前段时间问题多出在国有企业工程上。因此，应严格实施国务院发布的《建设工程质量管理条例》，对国有建设单位的基建管理人员进行严格约束。只有这样，才能确保结构加固工程的安全和质量。

本条为强制性条文，必须严格执行。

4.10 结构加固用水泥基灌浆料

主控项目

4.10.1、4.10.2 水泥基灌浆料过去主要用于地脚螺栓的固定、设备基础或钢结构柱脚底板的二次灌浆。近几年来，由于混凝土构件增大截面加固法在钢筋密集部位浇筑混凝土较为费工，因而有些施工单位开始以水泥基灌浆料替代普通混凝土用于增大截面工程上。这一做法虽然取得一定效果，但随着水泥基灌浆料用量日益增多，鱼龙混杂的灌浆料质量所造成的工程安全问题也越来越令人担忧。为此，本规范将水泥基灌浆料划分为两类：一是结构加固用水泥基灌浆料；另一是一般水泥基灌浆料。其区别在于后者仅可用于非承重结构的用途。基于以上情况，本规范制定了结构加固用灌浆料的安全性能和工艺性能标准（表4.10.1）。表中各项指标和要求，系在编制组成员单位试用不同品牌灌浆料取得的有关数据基础上，参照国内外有关标准和指南的相应要求制定的。试点工程经验表明：采用符合表 4.10.1 安全性能符合要求的灌浆料与细石混凝土配成的混合料，较为适应混凝土增大截面加固工程的使用要求，亦即能显著减小单独使用灌浆料容易出现的裂缝问题。另外，本规范编制组也注意到目前关于灌浆料的国标、行标有好几个，且规定多从其编制组所在行业的用途出发，但又随意扩大其适用范围，以致造成了不少混乱；然而这些管理上的问题也不是短期内所能解决的。因此，本规范作出了对建筑结构必须执行本规范的规定。这样，至少能保证建筑工程领域中使用灌浆料的安全。

4.10.3 参见本规范 4.1.5 条的条文说明。

4.11 锚　　栓

4.11.1 在混凝土结构后锚固连接工程中，锚栓的可靠性至关重要。因此，应对其性能和质量进行严格的检查和复验；尤其是对国产锚栓更应从严要求。因为目前国内生产的锚栓，几乎都是假冒的后扩底锚栓和劣质化学锚栓，其质量状况十分令人担忧。设计和业主单位在选择锚栓产品时，应非常慎重，绝不可利用当前恶性竞争之风一味压价，以致所得到的全是伪劣产品，其后果必然是给工程造成难以挽回的损失。

本条为强制性条文，必须严格执行。

4.11.2 锚栓所配的钢锚板，一般是根据设计要求在工厂定制。这类产品进场时均具备产品合格证和出厂检验报告。这两个文件可供进场接收时检查使用。只有当设计有复验要求时，才需要在钢锚板上取样，进行力学性能和化学成分复验。

4.11.3、4.11.4 这两条是对锚栓及其锚板外观质量的要求，外观质量有严重缺陷和一般缺陷之分。凡条文中不允许出现的缺陷，均应视为影响其受力性能的严重缺陷而予以拒收。

5 混凝土构件增大截面工程

5.1 一般规定

5.1.1 本条明确了本章的适用范围，但需要说明的是：对仅在受压区加厚的受弯构件而言，由于其设计、施工方法与叠合式受弯构件甚为相近，因而后者的经验也往往被混凝土构件增大截面加固工程所借鉴。这从原则上说虽是适宜的，然而应指出的是：混凝土增大截面有别于叠合构件；前者是二次设计、二次施工；而后者是一次设计、两次施工。因此，设计人员对前者的计算和构造，必然会作出一些专门考虑，而这些考虑需要通过正确的施工才能得到正确的体现。为此，在技术交底时，施工单位应着重了解设计人员在这方面有哪些专门要求，以便在做施工技术方案时考虑周全。

5.1.2 混凝土构件增大截面工程的施工程序与一般现浇混凝土相比增加了清理、修整原结构、构件，原钢筋与新增钢筋的连接以及原构件界面处理等工序。这些工序对保证新增截面与原截面的共同工作至关重要，但对习惯于新建工程的施工人员来说，却最容易忽视。因此，在施工技术方案的制订上，应着重强调对这三个工序的监督和施工质量检查。

5.1.3 考虑到本条所列的 5 个项目，在混凝土浇筑后无法检查其施工质量，故必须在浇筑混凝土前，按隐蔽工程的要求进行检查、验收。

5.1.4 为了避免国家现行标准规范之间的不必要重复与矛盾，本规范明确规定混凝土构件新增截面的施工，应分别按现行国家标准《混凝土结构工程施工质量验收规范》GB 50204、中国工程建设标准化协会标准《喷射混凝土加固技术规程》CECS 161、《自密实混凝土应用技术规程》CECS 203，以及本规范第 21 章关于结构加固用灌浆料的施工规定执行。

5.2 界面处理

5.2.1 界面处理的质量直接关系到增大截面部分与原构件之间的界面能否结合良好，加固后的结构、构件是否具有可靠的共同工作性能。故在结构加固工程中不能有任何疏漏和闪失。为此，本条就界面处理的最基本一环——原构件表面的糙化（打毛）处理工艺作出具体规定。同时，应指出的是：不论是否采用结构界面胶（剂），均不得省去本工序。

5.2.2 本条需要说明的是，对板类构件，由于仅靠打毛及涂刷界面胶（剂），在很多情况下尚不足以保证新旧混凝土之间具有足够的抗剪粘结强度，因此，尚需锚入一定数量的剪切销钉。本规范根据各地施工总结的经验，给出了剪切销钉的直径、埋深以及间距和边距的最低要求。

5.2.3 原构件露筋（包括混凝土已有纵向裂缝处的钢筋）部分，应进行除锈和防锈处理。对锈蚀严重的钢筋，尚应会同设计单位进行补筋。至于除锈、补筋后是否还需进行防锈（阻锈）处理，可视实际情况而定。若设计单位认为有必要在补浇混凝土中掺加阻锈剂，则应执行现行国家标准《混凝土结构加固设计规范》GB 50367 关于不得在新浇混凝土中采用亚硝酸盐类阻锈剂的规定。

5.2.4 这是因为原构件表面经机械打毛或凿槽后，虽曾经过一次清洗，但若施工作业人员稍有疏忽，仍有可能遗留一些影响新旧混凝土粘结强度的局部缺陷、损伤或污垢。倘若表面处理后未立即进入涂刷界面胶（剂）的工序，也可能出现新的污垢或其他问题。因此，在喷涂界面剂前尚应进行一次检查，以免给工程留下隐患。

5.3 新增截面施工

5.3.1 新增受力钢筋、箍筋以及各种锚固件、预埋件等与原构件的正确连接与安装，是确保新增截面与原截面安全而可靠地协同工作的最重要一环。施工时，必须严格遵守现行国家标准《混凝土结构加固设计规范》GB 50367 和《混凝土结构工程施工质量验收规范》GB 50204 的规定和要求，才能使这种加固方法获得成功。例如：若不控制新增受力钢筋与原构件受力钢筋的净距就难以保证新浇混凝土的密实性；若不控制连接短筋的中距就很难使新增钢筋能可靠地与原钢筋协同工作等等。又如：新增截面采用 U 形箍筋时，U 形箍与原构件的连接有两种方法：一种是 U 形箍与原箍筋焊接；另一种是将箍筋植入原构件。现行设计规范之所以推荐前者，是因为焊接最为可靠；只有当构造条件受限制时，才允许采用植筋方式进行间接的连接。

5.3.2 本条针对建筑结构加固工程一般工程量不大的特点，规定了用于检查结构构件新增截面混凝土强度的试块取样与留置要求。本条与现行国家标准《混凝土结构工程施工质量验收规范》GB 50204-2002第7.4.1条虽然均为强制性条文。但本条的规定略为严格。这对施工条件较差的结构加固工程来说，还是有必要加以从严控制的。

本条为强制性条文，必须严格执行。

5.3.3 新增混凝土的强度等级应通过留置标准养护试块和同条件养护试块的试验结果进行评定；只有在遇到特殊情况时，才允许对漏取试块、丢失试块或对新增混凝土强度试验报告有怀疑等情况，采用现场非破损检测方法进行推定。这里需要指出的是，取芯法虽是首选的检测方法，但在结构加固工程中，有可能遇到新增截面厚度较小的情况，取芯可能有困难，此时，可考虑采用回弹法或超声回弹法进行检测。

5.3.4 养护条件对新增混凝土强度的增长有着重要的影响。在结构加固施工过程中，应根据原材料品种、配合比、浇筑部位和季节等实际情况，制订合理的施工技术方案，采取有效的养护措施，以保证新增混凝土强度正常增长。

5.4 施工质量检验

5.4.1 对新增混凝土浇筑质量的检验，除应进行试块强度检测外，还应通过检查其外观缺陷及探测其内部缺陷，并对所查出的缺陷性质及其严重程度进行评定，才能得到较为全面的检验结果。为此，本条给出了确定现浇混凝土严重缺陷和一般缺陷的原则。至于各种缺陷的数量限制可由设计单位根据结构加固工程的重要性和实际情况作出具体规定，由监理单位监督施工单位实施。在具体实施中，如何界定施工质量缺陷对结构性能和使用功能等的影响程度，应由监理单位会同设计、施工单位事前共同确定并形成书面文件，以便于现场检验与验收使用。

另外，考虑到过大的尺寸偏差同样会影响结构构件受力性能和使用功能，因此，应由设计单位在施工图上对重要部位尺寸所允许的偏差作出规定，以作为工程验收的依据。

5.4.2 混凝土浇筑质量的严重缺陷通常会影响到结构的性能、使用功能和耐久性。因此规定：现浇混凝土结构的外观质量不应有严重缺陷。对已经出现的严重缺陷，应由施工单位根据缺陷的具体情况提出技术处理方案，经监理（业主）和设计单位共同认可后进行处理，并重新检查验收。

本条为强制性条文，必须严格执行。

5.4.3 本条主要为新旧混凝土界面粘合不良（分离）的检测提供评定依据。

5.4.4 考虑到目前国产界面剂以低档产品居多，质量不甚稳定，兼之现行产品标准的要求又很低，伪劣产品甚易通过。在这种情况下，不仅起不到增强粘结能力的作用，相反的还会起到不应有的隔离作用。因此，在结构加固工程中，不少设计单位会对新旧混凝土界面粘结强度能否达标感到心中无数，从而要求进行复验。为此，制定本条文为复验提供依据。

5.4.5 钢筋的混凝土保护层厚度关系到结构、构件的承载力、耐久性能和防火性能，必须作为一项主控项目进行检验。其检验方法及合格评定标准应按现行国家标准《混凝土结构工程施工质量验收规范》GB 50204的规定执行。但应指出的是：该规范的要求已较低，各地建筑工程质量监督机构不应再擅自予以放宽。

5.4.6 外观质量的一般缺陷，通常不致影响结构、构件性能和使用功能，但很难要求业主接受。因此，对查出的一般缺陷，也应及时处理，并重新检查验收。

6 局部置换混凝土工程

6.1 一 般 规 定

6.1.1 在土建工程中，局部置换混凝土工法的应用十分广泛，它既可用于新建工程混凝土质量不合格的返修处理，也可用于已有混凝土结构受冻害、介质腐蚀、火灾烧损以及地震、强风和人为破坏后的修复。因此，本条仅对这一工法的适用范围作了概略性规定，未刻意强调其所针对的加固对象。

6.1.2 置换混凝土的施工程序，原则上应符合本框图的规定。但在实施时，应结合工程的实际情况进行必要的调整，并由施工单位提出具体的施工技术方案，经设计和监理单位认可后组织实施。

6.1.3 本条对混凝土浇筑前应按隐蔽工程要求进行检查和验收的项目作了具体规定。因为这三个项目不仅涉及结构加固的安全性和耐久性，而且若不及时检查、验收，将造成不应有的返工。

6.2 卸载的实时控制

6.2.1～6.2.5 这5条规定对保证局部置换混凝土工程的施工安全虽然十分重要，但在复杂结构体系中如何具体实施还有一定难度。因此，在遇到这种情况时，施工单位宜事先会同有资质的检测机构共同制订详细的施工技术方案和安全监控方案。必要时，还应邀请该机构直接参与卸载全过程的监控工作。因为其实时控制手段较为完备，监控的经验也较丰富，容易发现卸载过程中出现的问题。

6.3 混凝土局部剔除及界面处理

6.3.1 剔除原构件的混凝土，不仅劳动强度大，而且易伤及原钢筋和无需剔除的混凝土部分，其后果是给加固工程留下安全隐患。为此，应按设计规定的方法、步骤和要求进行剔除。同时，还应注意：在剔除作业达到缺陷边缘后，还应再向外清除不小于50mm

长的混凝土；对缺陷范围较小的构件，宜从缺陷中心向四周逐步剔除，其剔除长度和宽度均不应小于200mm。置换混凝土的顶面，其外口应略高于内口，倾角不大于10°。剔除过程中不得损伤或截断原纵向受力钢筋。如果需要局部截断箍筋，应在缺陷清理完毕后立即补焊箍筋。

6.3.2、6.3.3 参见本规范第4.9节及第5.2节的条文说明。

6.4 置换混凝土施工

6.4.1 置换混凝土工程遇到补配钢筋或箍筋的情况虽不多见，但有时还是会遇到，特别是当剔除混凝土伤及钢筋时，就必须对原钢筋进行补强或补配。在这种情况下，焊接作业必不可少。尽管焊接工作量一般不会很大，但焊接过程的质量控制同样应得到保证。为此，制定本条文予以明确。

6.4.2 采用普通混凝土置换时，其施工过程的质量控制，应符合本规范第5.3.2条及第5.3.3条的规定，并应符合现行国家标准《混凝土结构工程施工质量验收规范》GB 50204 的要求。但需注意的是：在混凝土置换围较小时，应在模板外侧进行辅助振动，以保证混凝土的密实；另外，尚应在混凝土置换面的上方设置漏斗口，使得新浇混凝土与原构件混凝土之间不致有空隙。

6.4.4 本条规定的模板拆除时间与新建工程之所以有所区别，是因为置换的混凝土存在着与旧混凝土粘结的早期强度发展慢的问题。试验表明，若拆模不考虑这个问题，较易出现安全和质量问题，而且所出的问题与构件跨度无关。因此，作出了拆模时的混凝土强度应达到设计强度等级的规定。

6.4.5 参见本规范第5.3.4条的条文说明。

6.5 施工质量检验

6.5.1 同本规范第5.4.2条的条文说明，但需要强调的是：在置换工程中，由于工作面小，浇筑难度大，要比新增截面工程更容易遇到现浇混凝土外观质量不良的情况。因此，应注意把严浇筑过程这一工序的关口，不能等出现了问题再采取措施补救。

本条为强制性条文，必须严格执行。

6.5.2~6.5.4 分别参见本规范第5.4.3条、第5.4.4条及第5.4.5条的条文说明。

6.5.5、6.5.6 分别参见现行国家标准《混凝土结构工程施工质量验收规范》GB 50204 相应条文的条文说明。

7 混凝土构件绕丝工程

7.1 一般规定

7.1.1 本条除了明确本章的适用范围外，还强调了绕丝用的钢丝应优先选用钢厂生产的退火钢丝（本规范第4.2.5条），只有在它的供应有困难时，才允许采用低碳冷拔钢丝进行退火处理。因为工艺试验表明，自行退火的钢丝，其柔性不均匀，在使用效果上不如工厂生产的退火钢丝。

7.1.2 本条规定的绕丝工程施工程序，未列入钢丝退火和钢件（如钢楔等）加工两个分项。这是因为一般将退火钢丝和钢楔视为场外加工的产品，可以事先订货。因此只有进场验收工作，而无现场加工作业，可不列为施工的一个程序。

7.1.3 考虑到本条所列的4个项目，在混凝土面层浇筑后无法检查其施工质量，故必须在浇筑混凝土前，按隐蔽工程的要求进行检查、验收。

7.2 界面处理

7.2.1 对绕丝的受力性能和绕丝工艺要求而言，25mm 的圆化半径乃是最低的要求。若原构件的保护层较厚，可考虑采用 30mm～40mm 的圆化半径，以提高其约束的效果。

7.2.2、7.2.3 分别参见本规范第5.2.2条和第5.2.4条的条文说明。

7.3 绕丝施工

7.3.1、7.3.2 在原构件钢筋上通过焊接固定钢丝及构造钢筋时，之所以应采用间歇点焊法，主要是为了保护原钢筋不致因焊接温度过高而降低其承载力，甚至危及结构的安全。

7.3.3 混凝土面层的施工从浇筑质量和受力性能来说，喷射混凝土优于人工浇筑混凝土，但由于一般施工人员很难控制喷射的回弹率，致使回弹所造成的废料量居高不下。因此，本规范将两种施工方法并列，任由施工单位进行选择。

7.3.4 绕丝的间距决定着这种加固方法对原构件混凝土的约束能力。因此，必须严格执行设计规定。绕丝间距的允许偏差及其抽查数量系按工程经验确定。

7.3.5 分别参见本规范所引用的两本标准的有关条文及其说明。

7.3.6 参见本规范第5.3.4条的条文说明。

7.4 施工质量检验

7.4.2 绕丝法混凝土面层的密实性远不如新建工程现浇的混凝土。因此，需要较厚的保护层才能防止钢丝锈蚀。为此，参照国外使用退火钢丝指南的要求，取最小保护层厚度为 30mm，作为对设计要求的补充。

另外，对绕丝构件而言，钢丝保护层厚度的正偏差，对其工作无甚影响。因此，根据工程经验，仅制定了正偏差的允许值。

7.4.4 绕丝构件的混凝土面层厚度是根据构造需要，

由设计单位自行确定。从现有的工程情况来看，一般都不会很厚。因此，为了保证施工质量，作出了不允许有负偏差的规定。

至于对混凝土面层平整度的要求，基本上是根据编制组对现有加固工程测量的统计结果，以无碍观瞻为原则，对检测的平均值稍作调整后确定。

8 混凝土构件外加预应力工程

8.1 一般规定

8.1.1 混凝土构件施加预应力的方法很多。本章仅涉及已有结构使用的两种方法，且针对性很强，故执行时不应随意扩大其适用范围。

8.1.2 外加预应力工程施工方法的选择，既要考虑结构加固的具体条件，也要考虑工艺条件。当工程要求的张拉力较大时，宜采用机张法施工；当工程要求的张拉力小于150kN，且可用HPB235级（原Ⅰ级）钢筋制作预应力拉杆时，宜采用人工横向张拉法施工。

8.1.3 本条规定了混凝土构件外加预应力工程的一般施工程序。必要时，可根据现场条件和工程的实际情况，对本条规定的施工程序进行调整或简化，使之更方便作业。

8.1.4、8.1.5 这是为确保外加预应力工程的质量和安全所必需提出的基本要求，施工和监理单位应给予充分重视和严格执行。

8.1.6 在浇筑防护面层的水泥砂浆或细石混凝土前，对本条规定的项目，应逐项按隐蔽工程的要求进行验收。其目的是为了避免预应力拉杆制作、安装和张拉质量在面层覆盖后无法检查。况且这4个项目，所反映的是外加预应力工程施工的综合质量，因此，严格执行本条规定对这一加固方法而言至关重要。

8.2 制作与安装

8.2.1 预应力拉杆采用的钢筋或型钢，在制作和安装时，之所以需要复验其品种、规格和级别，且需要在安装时复验其数量和位置，是基于两个理由：一是因为其制作和安装的质量对保证混凝土结构构件加固后的受力性能和承载力十分重要；二是因为制作和安装分属两个工种，任何一方的过失均将留下严重的隐患，或造成工程返修。因此，必须各负其责，各自独立地进行复查。

本条为强制性条文，必须严格执行。

8.2.2 预应力杆件锚固区的受力部件和传力装置的制作质量也同等重要，同样需要复查。但由于这些部件和装置，一般均在场外订制，即使在现场加工，也是在车间进行。因此，制作质量较有保证，虽须复查，但可不列为强制性条文。至于其安装作业，由于它与预应力拉杆需要相互配套，不可能只检查拉杆，而不检查其锚固区的部件和装置。因此，其安装质量同样必须达到设计要求。在这种情况下，虽未列为强制性条文，但已成为与上条密切相关的内容，也应得到同样严格的执行。

8.2.3 作为预应力杆件的钢筋，若受到电火花损伤，容易在张拉时发生脆断，故应避免。与此同时，还应避免将预应力钢筋作为电焊的一极使用，因为它也将损害钢筋，故规定必须更换受损伤的预应力钢筋。

8.2.4、8.2.5 参阅现行国家标准《混凝土结构工程施工质量验收规范》GB 50204－2002第6.3.4条及第6.3.5条的条文说明。

8.2.6 本条对重要传力部件安装位置规定的允许偏差，系参照现行有关标准对预埋件安装的允许偏差确定的。在重要结构加固工程中，若设计认为此允许偏差尚需加严，可补充对承压板和挡板等传力装置水平高差的要求。例如：取水平高差的允许值为$^{+2}_{0}$mm等。

8.3 张拉施工

8.3.1 制定本条的理由可参阅现行国家标准《混凝土结构加固设计规范》GB 50367－2006第7.1.3条的条文说明。至于"基本"这一定语在施工中如何执行的问题，本规范编制组曾收集了国内外工程实例和有关文献进行统计分析。其结果表明：采用外加预应力法加固的混凝土结构，其原构件的混凝土强度等级，尽管从C13～C48都有过工程实例，但以C23～C28居多。同时，与这些工程实例有关的文献中，也多认为原构件的混凝土强度等级不宜比现行设计规范对新建工程的要求低过多。因为原构件混凝土强度过低，总是要从多方面影响构件的加固效果的。基于以上认识和观点，对本条中的"基本符合"一词的执行，可理解为：原构件的混凝土强度等级，可放宽一个等级，即不低于C25级；对使用旧标号配制的原构件混凝土可理解为不低于250号（相当于C23级）。

8.3.2 采用机张法张拉，其作业与新建工程无显著差别，故可按现行国家标准《混凝土结构工程施工质量验收规范》GB 50204的要求执行，但由于结构加固工程的工作条件不如新建工程，稍有疏忽和不慎，容易影响施工质量和安全。因此，还应针对有必要强调的事项提出明确的要求。

8.3.3 本条系参照原苏联指南性文件《关于采用预应力方法补强混凝土结构构件的建议》及我国国内施工经验制定的。其中，为解决横向张拉量ΔH的起点问题而推荐的控制方法，较为容易掌握，且具有实用价值，故可供施工人员参照使用。

8.3.4 本条对预应力撑杆的横向张拉法的施工要求作了较详细的规定。应指出的是：国家标准《混凝土结构加固设计规范》GB 50367－2006第7.2.7条之所以将撑杆肢长度中点处的横向弯折量 ΔH 取为 $\Delta H+$（3mm～5mm），是有意使撑杆收紧变直后处于略有预压力的状态，以保证撑杆的正常工作。

8.4 施工质量检验

8.4.1 预应力拉杆张拉锚固后，实际建立的预应力值，对于水平拉杆来说，一般均可用应力测定仪器测得。对于下撑式拉杆，若按常规检测有困难，可在其水平段进行检测。因为在这个部位较易进行作业，且所测得的应力也较准确，但可能需用应变仪进行测定。

8.4.2、8.4.3 参阅现行国家标准《混凝土结构工程施工质量验收规范》GB 50204 相应条文的说明。

9 外粘或外包型钢工程

9.1 一般规定

9.1.1 本条明确了本章的规定，既适用于外粘型钢工程（旧称湿式外包钢），也可用于无粘结包型钢（也称干式外包钢）工程。因为这两种加固方法的区别，仅在于其承载力计算的假定不同，若就施工过程控制和施工质量验收而言，除了胶粘工序外，其他工序均基本相同。在这种情况下，只要干式外包钢的钢骨架与原柱所受外力系按各自刚度比例分配，且钢骨架系按现行国家标准《钢结构设计规范》GB 50017 进行设计、计算，则干式外包钢的施工过程控制和施工质量验收同样可以按本规范的规定执行。

9.1.2 本条规定了外粘型钢及干式外包钢工程的一般施工程序，执行时可根据实际情况（如型钢骨架是场外制作，还是现场制作等）及现场条件予以调整或简化。另外，对干式外包钢工程，若不采用压力注浆法压入水泥基注浆料充填骨架与原构件混凝土之间的缝隙，则应将注浆程序删去，而改为在骨架安装的同时填塞环氧胶泥。

9.2 型钢骨架制作

9.2.1 考虑到外粘型钢或干式外包钢加固工程的特点，施工单位多在现场比着原构件尺寸和不甚规则的外形，配制钢骨架。因为这样制作的骨架比较容易安装，也省去运输的麻烦。不过近年来，有些施工单位因考虑到加固工程量小，现场制作工种不配套，改而采取了先在场外加工成半成品，再运至现场拼装，在卡具卡紧的情况下施焊的做法，其效果也很好。

9.2.2～9.2.4 钢骨架与被加固混凝土构件不论是共同承载，还是按刚度分配承受部分荷载，其所起的作用与一般钢结构无甚实质性差别。因此，其加工、制作的质量均应符合现行国家标准《钢结构工程施工质量验收规范》GB 50205 的规定和要求。

9.3 界面处理

9.3.1 参阅本规范第 5.2.1 条的条文说明。

9.3.2 对型钢的内表面进行除锈与糙化处理，其目的在于保证型钢与原构件混凝土之间在注胶后具有可靠的粘结强度，以传递剪力。

9.3.3 对干式外包钢而言，虽不考虑传递剪力的问题，但若适当修整好界面，其所灌注的浆液或所填塞的胶泥将会使钢骨架与原构件结合得较为服贴，这对改善加固后结构构件的整体性和耐久性，必然会起到一定作用。

9.3.4 本条采取的圆化措施，是为了保证型钢能较为服贴地粘合在原构件表面，因为型钢的内角是圆弧形的。

9.3.5 本条是针对外粘型钢工程一般多使用普通型结构灌注胶的情况，而作出的应控制原构件混凝土含水率的规定，以保证这类胶粘剂能够正常固化，并具有可靠的粘结能力。若施工所遇到现场条件，无法通过自然通风降低原构件混凝土表面的含水率，则应采用局部表面人工烘干措施，或改用高潮湿面适用的结构胶粘剂进行粘合。

9.4 型钢骨架安装及焊接

9.4.1 为了保证型钢骨架的安装质量，必须先用专门卡具箍紧钢骨架各肢，然后利用垫片和钢楔进行竖向调整并顶紧，经检查无误后，方可开始焊接作业。上述卡具一般均是自制的，只要是活动的、可调整的和可重复使用的即可。

9.4.2 参阅现行国家标准《钢结构工程施工质量验收规范》GB 50205 相应条文的说明。

9.4.3 目前市场上有封缝胶出售，若有些地区买不到，也可采用自行配制的环氧胶泥。这里需要指出的是：当所用的结构灌注胶系正规产品时，往往都配有封缝胶及注胶零部件，购胶时应提出配备的要求。

9.4.4 参阅现行国家标准《钢结构工程施工质量验收规范》GB 50205 相应条文的说明。

9.4.5 一般以成套产品形式销售的结构灌注胶，往往配有快速固化密封胶、注胶嘴及其底座等辅料和配件。此时，其产品使用说明书将给出灌注压力值，以及注胶孔、排气孔的位置与间距等数据，在这种情况下，可按该产品使用说明书的规定值采用。但在少数情况下，施工图纸或施工技术方案也给出了这些值。若相互不一致，宜取用两者中较小的间距和厂家的压力值，较为稳妥。

9.5 注胶（或注浆）施工

9.5.1 执行本条需要注意的是：注胶设备及其配套装置的适用性检查和试验运作的安全检查，应由经过培训的作业人员在生产厂家派员指导下进行。只有这样，其所进行的检验才能说明问题，也才有实用的价值。

9.5.2 外粘型钢用的灌注胶在经过进场复验，并得到生产厂家出具的不掺用有害溶剂和非反应性稀释剂的书面保证前提下，其使用前的试配可仅测定其初黏度。因为它是可灌性和灌注安全性最直观的标志。如果试配时已考虑了环境温度的影响，而所测定的初黏度仍然不合格，则应视为胶的质量问题，予以弃用。

9.5.3 执行本条应注意的是灌注压力的取值问题。一般高档的灌注胶，在其产品使用说明书中都提供了合适的压力范围及推荐值。当采用这些品牌的灌注胶时，即可按其推荐的灌注压力进行实时控制。若所用的是劣质灌注胶，例如塑料桶分装的小作坊产品，往往未加标志，或是盗用其他品牌的标志。在这种情况下，应将这类有劣质嫌疑的产品送检。若检验结果认为可以使用，则应经试压确定其灌注压力后，进行实时控制。

9.6 施工质量检验

9.6.1、9.6.2 由于无法从实际工程的型钢杆件上直接测得它与原构件混凝土之间的正拉粘结强度，因此，只能借助于旁贴钢标准块的方法，来评估该工程的粘贴质量是否达到这项指标的要求。从编制组所作的对比试验来看，只要能满足以下3点要求，便可收到相互接近的检验效果：

1 钢标准块粘贴位置的混凝土表面处理，应由同一操作人员在处理加固部位的混凝土表面时一并进行，且不作任何特殊处理；

2 钢标准块的粘贴，应使用同一次搅拌的胶粘剂，并与加固部位粘贴施工同时进行；

3 钢标准块粘贴后应在接触压条件下静置固化。

从试点工程来看，只要有监理人员在场监督，要做到以上3点并不困难。如果粘贴钢标准块的操作由检验机构人员来完成，则效果更好。基于以上所做的工作，决定将此方法纳入本规范，以应现场急需。

在本条第3款及第9.6.2条中，对注胶、注浆和填塞胶泥，分别给出了饱满度的最低要求，若检测发现注胶的空鼓率超限，应在探明的确切位置上钻孔，并通过注射器补胶。对干式外包钢，若发现注胶或填塞胶泥的饱满度较差，可由设计单位酌情处理。

9.6.3 本条所列的外观质量要求，虽对结构性能本身无甚影响，但若不立即清理干净，不仅将增加下一工序的工作量，而且清理起来很困难。因为胶粘剂完全固化后很难清除。

10 外粘纤维复合材工程

10.1 一般规定

10.1.1 粘贴纤维复合材增强混凝土结构构件的承载力，是一项新兴的结构加固技术。近年来在各种结构加固工程上得到广泛的推广应用。其工程量的增长尽管很快，但良莠不齐的现象也日益令人担忧。为了确保工程使用的安全，有必要对其施工过程予以控制；对其施工质量检验予以规范化。为此设置本章，但其内容仅涵盖房屋和一般构筑物的粘贴纤维复合材的加固工程。

10.1.2 本条规定了粘贴纤维复合材工程的一般施工程序，可供现场进行施工组织设计和制订施工技术方案使用。在执行本条时，应注意的是纤维复合材的用胶，在国内外均分为两类：一类需要涂刷底胶；另一类则免除底涂。两者所用的胶粘剂品种不同，其施工程序也不同，必须予以区别对待。但前段时间在福建等多个省份发现：有些信誉欠佳的施工单位，明知其所用的是配有底胶的浸润—粘结胶粘剂，但却为了多赚取工料费，不仅肆意偷工减料，而且还曲解规范，竟称规范允许不刷底胶，以混淆视听，以致使不少结构加固工程留下了安全隐患。因此，应提请监理单位予以严密注意，一经发现这种偷工减料行为，便应将该工程直接判为质量不合格工程。

10.1.3 最近有不少结构胶粘剂的产品使用说明书中，都标注了该胶可在不低于5℃的环境中进行粘贴施工。这也就意味着该胶已经过改性，否则是不可能做到的。因为几乎所有的试验均表明：未经改性或改性不当的合成胶粘剂，若在低于15℃的环境中进行粘贴施工，不仅其固化速度缓慢，而且将由于固化不良而导致粘结强度急剧下降。因此，若所用的胶粘剂，其使用说明书为复印件，或是其使用说明书无明确标注，则均应视为未作低温固化改性的胶粘剂，而要求其施工作业应在不低于15℃的环境中进行。

10.1.4 防护面层对采用纤维复合材的结构加固工程十分重要，因为它在防止人为破坏、火灾以及紫外线照射等方面都能起到很可靠的防护作用。因此，施工和监理单位必须给予高度的重视，以确保防护面层的施工质量。同时，由于可用作防护面层的材料与构造很多，因此其施工过程控制和施工质量验收，应符合国家现行有关标准的规定。

10.2 界面处理

10.2.1 原结构构件及其加固部位除应按本规范第3.0.4条及第3.0.5条的规定进行清理和修整外，尚应对其粘贴纤维复合材的部位进行必要的局部找平或修补，才能进行打磨和糙化处理。因为试验表明：有凹面的部位在粘贴纤维复合材后易产生拉应力，从而留下剥离的隐患；而有段差或内转角的部位更需抹成平滑的曲面，才能避免纤维发生弯折，影响其受力性能。

另外，从现行国家标准《混凝土结构加固设计规范》GB 50367-2006第9.9.9条的规定可知，圆化

半径 r 的取值，与材料和构件的种类有关，但若设计未作规定，则应从稳健的考虑出发，一律取 $r \geqslant 25\mathrm{mm}$。试验和计算表明，$r$ 越大，对构件受力越有利。只是由于保护层厚度的限制，无法取用更大的 r 值。

10.2.2 混凝土表层含水率超过 4%时，其胶粘效果将显著下降。因此，需要进行人工干燥处理。粘贴面积较大时，可考虑用红外线灯照射，或热风吹干。其实采用高潮湿面用的结构胶，其价格也不贵，只是需要提前订货而已。

10.2.4 参阅本规范第 10.1.2 条的条文说明。

10.2.5 使用工业丙酮擦拭混凝土表面有两个目的：一是进一步清除粘附在加固粘合面上的不洁残留物和新落的灰尘，更好地保证胶粘质量；二是通过擦拭工业丙酮，可以复查前道工序有无疏漏或欠缺之处，以便及时弥补，免得造成返工。因此，也是前道工序质量合格的保障措施。

10.3 纤维材料粘贴施工

10.3.1 执行本条应注意的是：胶粘剂各组分的称量应准确；调胶应适量。所谓的适量是指每次配胶量应根据粘贴作业所需的时间和环境气温来控制，从而使每次调的胶均能在产品说明书规定的适用期（可操作时间）内用完，以免过了胶的初凝时间。同时，应指出的是：倘若配胶掌握不当，胶液会突然发热、变稠，甚至结块。

10.3.2 纤维织物的粘贴作业应着重注意以下两点：

1 纤维织物极易折断，故在任何情况下均不允许折叠。同时，粘贴时还必须注意展平，不得有皱褶，以免影响其受力性能。

2 浸渍、粘结专用的结构胶能否顺畅地浸透到纤维丝束内，是保证粘贴施工质量的关键。因此，滚压一定要均匀而充分，以避免发生虚粘假贴现象，导致纤维复合材失效。

10.3.3 粘贴碳纤维板材时，应避免往复碾压，防止板材浮起造成空鼓。

10.3.5 为了保证检验时间确定的公平、公正性，以 7d 作为结构胶粘剂粘贴施工质量统一的检验期，是根据我国专业研究机构及有关厂家达成的共识确定的。因为质量合格的结构胶，经过 7d 静置固化后，其粘结强度的增长已达到可接受的固化程度，可以开始进行力学性能检验，但为了使检验不致白做，一般应先测定胶层的硬度，据以判断胶的固化质量。如果用邵氏 D 型硬度计检测得到的硬度值 $H_D<70$，则表明该胶为劣质胶，应揭去重贴。

10.4 施工质量检验

10.4.1 近几年来，虽有不少人在研发各种新仪器探测方法，但迄今尚未获得大量应用。在这种情况下，锤击检查法仍是最简便易行的方法，况且其有效性也已通过工程实践的检验，故可在各种条件下使用。但应指出的是，本方法易受人为偏差的影响。因此，为了提高本方法检测结果的可信性，对重要结构的锤击检查，可由检测机构派出两组人员，各自独立地进行检测，然后取其平均值作为检测结果。若两组检测结果相差较大（例如大于 15%），可分别再重复检测一次，并取 4 个值中较接近的 3 个值的平均值作为检测结果。

10.4.2 结构胶粘剂粘贴纤维复合材与基材混凝土的正拉粘结强度检验，主要是用以综合评估胶液的固化质量、胶液对纤维织物的湿润、浸渍程度以及纤维复合材与原构件混凝土的粘结强度，因此非常重要。然而，这是一种破坏性检验方法。在粘贴碳纤维织物加固工程中选择测点时，应避开受力的重要部位；在粘贴碳纤维预成型板加固工程中，应按照本规范10.3.3 条的做法，在板端加长的 150mm 范围内选择测点。检验完毕后，应对纤维织物被切割处进行修补。修补时，其搭接长度应符合本规范第 10.4.1 条的要求。

本条为强制性条文，必须严格执行。

10.4.3、10.4.4 粘贴纤维复合材的施工允许偏差，是根据本规范编制组在大量取得调查、检验数据的基础上，从安全考量的角度确定的。

11 外粘钢板工程

11.1 一般规定

11.1.1 多年来工程结构加固工程的统计数据表明，外粘钢板（简称粘钢）加固技术的年使用量及其使用范围，一直比粘贴纤维复合材和外粘型钢大得多。在这种情况下，由于不问场合随意使用这种方法而造成的后续处理问题也就很多。因此，在执行本章规定时，应结合国家标准《混凝土结构加固设计规范》GB 50367-2006 第 10 章的"设计规定"一节来理解和掌握，才不致误认为本章的规定在任何场合都适用。

11.1.2 本条规定了粘贴钢板工程的一般施工程序。执行时，可根据加固工程量大小进行调整或简化。若粘贴钢板也采用压力注胶工艺，可参照本规范第 9.5 节的规定进行施工组织设计。

11.1.3、11.1.4 这两条是对粘贴钢板过程中所采用的固定方法作出具体规定和提示，其目的是为了防止由于锚栓密布可能造成的混凝土劈裂，也是为了防止以锚栓作为使用劣质胶粘剂的辅助受力手段。国内外大量试验数据表明：胶粘层与锚栓是不能共同受力的。然而，目前的粘钢工程，其所使用的锚栓量有越来越多的趋势，这是很不正常的情况，应引起设计人员的警惕。

11.1.5 参阅本规范第10.1.3条的条文说明。

11.1.6 粘钢加固用的钢板及配件（如箍等），其制作、加工要求的严格程度与一般钢结构无显著差别。因此，应按现行国家标准《钢结构工程施工质量验收规范》GB 50205 的规定进行制作、加工过程控制和质量检验。

11.2 界面处理

11.2.1 原构件混凝土粘合面采用喷砂糙化处理的效果较好，但操作时纷飞的砂粒与粉尘对施工环境影响较大。因此，国内多用砂轮打磨。必要时，还可采用錾子凿毛。当使用大功率砂轮机打磨时，原构件混凝土表面的骨料可能松动，或沿其周边出现裂纹。这种状况对混凝土与钢板粘合不利，应改用输出功率符合本规范第5.2.1条规定的砂轮机，或改用高压水射流处理。

钢板粘合面的除锈和糙化，对保证粘钢工程质量十分重要。因此，监理人员有责任逐块进行检查。检查的重点：一是钢板经除锈、糙化后是否已显露出金属光泽；二是钢板与混凝土表面的接触是否平整服贴。如果处理后的钢板在使用前又停放了一段时间，尚应检查它是否有新锈或其他污染。

11.2.2 参阅本规范第10.2.2条的条文说明。

11.2.3 在混凝土粘合面处理的同时，便应事先确定钢板与混凝土正拉粘结强度检验的试样（钢标准块）粘贴个数与位置。因为钢板粘贴后无法切割，只能采用间接的方法进行粘结质量检验。在这一前提下，必须采取措施使试样的粘贴过程控制尽可能与加固的钢板一致。为此，有必要从界面处理的工序开始，每一工序均应考虑检验的同条件问题，并为其创造条件。

11.2.4 对粘贴钢板工程而言，试装配工作十分重要。因为胶粘剂的适用时间（可操作时间）短，固化后便无法作任何调整和变动。故要求所有与钻孔、定位有关的作业均应在试装配过程中得到检查与修正。

11.2.5 参阅本规范第10.2.5条的条文说明。

11.3 钢板粘贴施工

11.3.1 参阅本规范第10.3.1条的条文说明。

11.3.2 将配制好的胶液同时涂刷在钢板和混凝土的粘合面上，更容易保证钢板与混凝土间无空鼓、无漏涂胶的情况。

俯贴时胶层中间厚、边缘薄，钢板粘贴并挤压后，易形成均匀的胶粘剂层，且不易混入空气。竖贴时胶层上厚下薄，是考虑到在粘贴过程中构件上部的胶液会逐渐向下流淌。仰贴时，若胶液的下垂度过大，则易因胶液流淌而导致缺胶，影响施工质量。

11.3.3 钢板粘贴表面平整，有助于保证胶层厚度基本一致。段差过渡处如有折角，则可能在局部造成胶粘剂层突然变厚或缺胶等现象，从而导致此处应力滞后或应力集中严重，或者局部无法传递应力的情况。

11.3.4 夹具加压、锚栓（或螺杆）加压、支顶加压等方法可根据现场情况灵活选用其中一种或几种。加压点的距离可根据实际情况确定，但不得大于500mm。

11.3.5 参阅本章第11.2.3条的条文说明。

11.3.6 钢板粘贴位置应符合设计要求。若钢板粘贴位置偏差过大，将会使钢板受力状态发生改变。因此，编制组根据足尺构件试验结果，结合工程实践经验确定了其允许偏差值。从所给出的数值可知，其要求比粘贴纤维复合材严。因为钢板本身调整其内应力的能力相对较差。

11.3.7 参阅本规范第10.3.5条的条文说明。

11.4 施工质量检验

11.4.1 参阅本规范第10.4.1条的条文说明。

11.4.2 结构胶粘剂粘贴钢板与基材混凝土的正拉粘结强度检验，主要是用于综合评估胶液的固化质量、钢板粘合面处理效果、胶粘剂与钢板及基材混凝土的粘结强度，因而非常重要，必须按本规范附录U规定的方法与评定标准认真执行。同时，应指出的是：粘钢加固工程的这个检验项目，在一定程度上还属于间接的检验方法。因为它只能在加固部位的附近另贴钢板进行检验，而无法在受力钢板上直接抽检。在这种情况下，必须从打磨钢板、打毛混凝土、清理界面到涂刷胶液、加压养护整个过程都要做到检验用钢板与受力钢板同条件操作，不得改变检验用钢板的粘贴工艺，以避免检验失真。

本条为强制性条文，必须严格执行。

11.4.3 参阅本规范第10.4.3条的条文说明。

12 钢丝绳网片外加聚合物砂浆面层工程

12.1 一般规定

12.1.1 钢丝绳网片外加聚合物砂浆面层加固方法可用于混凝土结构构件的加固，也可用于砌体结构构件的加固，而且两者施工工艺十分接近，故据以作出本条规定。

12.1.2 本条规定了钢丝绳网片外加聚合物砂浆面层的一般施工程序。执行时，可根据加固工程量和现场条件进行调整或简化。但应指出的是：钢丝绳网片通常系作为批量生产的产品在工厂制作的，故本条的施工程序中未列入"钢丝绳网片制作"这一项。倘若遇到施工单位系在现场自制网片，除应列入这项程序外，尚应按本规范第4.2.6条及第4.2.7条规定的检验项目进行检验，且检验的试样数量应比进场复验多一倍。因为这种小规模生产的网片，未经系统检验，也缺乏出厂合格检验的把关，其可靠性很难评估，故应按严格的检验要求加倍取样。

12.1.3 本条对施工现场气温的要求，系根据不同品种聚合物砂浆的工艺性能及其产品说明书的标注，经归纳后作出按品种予以区别的规定，以保证不同品种产品的施工质量。

12.2 界面处理

12.2.1 采用钢丝绳网片外加聚合物砂浆面层的加固工程，其界面处理较粘贴纤维复合材和粘贴钢板加固简便得多。因为聚合物砂浆层较厚（25mm～35mm），在多数情况下，无需将原构件粘合面修补得十分平整，只要补好原构件混凝土裂缝，并对其粘合面进行糙化和清洗，且糙化及洁净程度满足设计要求即可。因此，只有在必要时，才需要对混凝土表面加工平整。

12.2.2 目前市场上的聚合物砂浆产品，一般要求在喷抹砂浆层前，尚应先喷涂配套的结构界面胶（剂）。因此，提出了对界面胶（剂）喷涂质量的要求。

12.3 钢丝绳网片安装

12.3.2 本条主要规定两点：一是网片在安装时应经过张拉，使之展平、绷紧，且以不下垂为度，因此，不应视为外加预应力的构件，不可在设计中考虑此预应力的作用。二是安装完毕后，应按隐蔽工程的要求进行检查和验收。因为在喷抹聚合物砂浆后便无法对其安装质量进行检查。

12.3.3 沿网片长度方向的搭接，应保证其传力功能，故应由设计加以规定。若施工图未注明，则施工时只能从确保安全出发，取搭接长度不小于200mm，且不应位于最大弯矩区。

12.4 聚合物砂浆面层施工

12.4.1 本条从结构加固工程量一般不大的特点出发，规定了用于检查砂浆面层质量的砂浆强度试块的取样与留置要求。其要求虽略较新建工程严格，但却是十分必要的。因为结构加固工程有其特殊性，况且这是控制施工质量必不可少的检验项目，因而绝不可有任何疏漏。至于同条件养护试块所对应的结构构件或结构部位，应由监理（业主）与施工方共同选定。同条件养护试块拆模后，仍应放置在紧邻相应结构构件（或结构加固部位）的位置，待达到28d龄期时，立即进行试验。

本条为强制性条文，必须严格执行。

12.4.3 聚合物砂浆的配制，除应保证每一组分的称量准确外，尚应保证其搅拌的混合质量，其要求与胶粘剂等基本相同。这个工序看来简易，但若有任何差错，其后果是很严重的。因此，要求会同监理人员旁站观察，且不得有疏漏。

12.4.4 聚合物砂浆面层厚达25mm～35mm，如不分层喷、抹，则难以擀压密实，且易产生裂纹。为此，制定本条加以控制。另外，还应指出的是，聚合物砂浆的喷射工艺与喷射混凝土不同，不应套用喷射混凝土的操作经验。

12.5 施工质量检验

12.5.1 聚合物砂浆面层的喷抹质量，其检验标准应参照现行国家标准《砌体工程施工质量验收规范》GB 50203有关水泥砂浆面层的施工缺陷检查规定进行制定较为合适。但遗憾的是该规范已不包含这方面内容，在此情况下，编制组只能在有关专家共同研究下制定了表12.5.1的检查标准以供工程急需。

本条为强制性条文，必须严格执行。

12.5.2 迄今为止，现场常用的还是敲击法。因为探测方法，或是尚无现行检测标准，或是尚在研究过程中。近来有些单位开始参照《超声法检测混凝土缺陷技术规程》的结合面质量检测法，进行这个项目的探测、检查，但应指出的是：聚合物砂浆的有关参数与混凝土不同，应另行通过系统的试验确定。

12.5.3 本规范表10.4.2虽然是为结构胶粘剂粘结纤维复合材与原构件混凝土的粘合质量检验而制定的，但对具有粘结性能的其他加固材料也是适用的。因为作为结构加固用的粘结材料，其粘结强度必须高于基材的内聚强度才能起到应有的作用，否则将会危及被加固构件的安全。为此，现行国家标准《混凝土结构加固设计规范》GB 50367对结构加固用的聚合物砂浆作出了它与基材混凝土的正拉粘结强度应不小于混凝土抗拉强度，且应为混凝土内聚破坏的规定，而这一规定与结构胶粘剂以及所有其他粘结材料都是一致的。

本条为强制性条文，必须严格执行。

12.5.4 参阅本章第12.5.1条的条文说明。

12.5.6 本条系参照国内外工程经验制定的，其之所以不允许砂浆面层厚度有负偏差，是因为这类外加面层本身就很薄，倘若还允许有负偏差，便很难控制其施工质量。

13 砌体或混凝土构件外加钢筋网—砂浆面层工程

13.1 一般规定

13.1.1 砌体或混凝土构件外加钢筋网—砂浆面层工程是指在原构件表面安装钢筋网（墙体：单面或双面；柱：单面、双面、三面或四面），然后浇筑混凝土或喷抹砂浆面层的工程。钢筋网包括：钢板网、焊接钢筋网片、绑扎钢筋网等。

这种加固方法多用于砌体结构的墙、柱上；若采用改性砂浆面层，也可用于混凝土墙、柱上。

13.1.2 在执行本条过程中，应注意的是：在清理、修整原构件和钻孔安装拉结筋过程中，都会对原构件产生一定的扰动和损伤，因此必须观察墙体及其相邻的结构构件是否有新的开裂、变形等异常情况发生，以便及时采取必要的措施。

13.2 界面处理

13.2.1 清理、修整原结构、构件加固部位时，对其裂缝和损伤部位进行修补或拆砌，是保证混凝土或砌体加固质量的重要一环，监理单位应给予足够的重视。

原构件经清理、整修后，用水冲刷是为了将表面粉尘、碎渣清除干净，以免新浇的混凝土或喷抹的砂浆与原构件粘结不牢。涂刷结构界面胶（剂）是为了进一步提高两者间的粘结强度，增强其整体工作性能。

13.2.2 本条规定应待墙面无明水（即稍干）后再进行面层施工，主要是为了避免墙体表面附有水膜，而影响外加层与原构件粘结质量。

13.3 钢筋网安装及砂浆面层施工

13.3.1 由下到上的施工顺序，易于施工操作，且保证工程质量。墙体在钢筋网面层施工完成后质量会大大增加，若不按此顺序施工对墙体的受力是很不利的。同层分区段加固，是保证原结构在施工过程中稳定的重要措施之一。

13.3.2、13.3.3 砖墙加固采用钢筋网时，其拉结采用穿墙S形筋虽然最为牢靠，但应注意的是S形筋不宜过长，否则，不易卡紧，反而影响钢筋网的整体刚度。同时，S形筋过长，还会使保护层偏薄，从而使墙面易出现锈斑。至于混凝土结构，其钢筋网拉结已多改用植筋或锚栓，此时，应注意的是：其锚固深度应按设计计算确定，不得随意采用一些厂商推荐的浅埋构造。

13.3.4 采用机械钻孔，对墙体和楼板的损伤和扰动较小。拉结施工完毕，还应采用锚固型胶粘剂将孔填实。

13.3.5 执行本条时，最应注意的是绑扎的钢筋网片。在上墙前必须调直钢筋；在安装过程中，应检查其钢筋间距是否有错动，并及时加以纠正。若采用钢板网片或焊接的钢筋网片，上墙前必须加工平整。钢筋网之间的搭接宽度不应小于100mm。

13.3.6 砌体或混凝土构件外加面层的砂浆，虽可采用人工抹灰或喷射方法施工。但不论采用哪种方法施工，其砂浆强度的检验结果均应符合本规范及设计的要求，否则将很难保证粘结的质量。

本条为强制性条文，必须严格执行。

13.4 施工质量检验

13.4.1 同本规范第12.5.1条的条文说明。

本条为强制性条文，必须严格执行。

13.4.2 砌体或混凝土构件外加钢筋网面层工程质量的关键是粘结牢固，无开裂、空鼓与脱落，否则将会显著影响结构性能、使用功能和耐久性能，故应进行粘结施工质量检验。

13.4.3 同本规范第12.5.3条的条文说明。

本条为强制性条文，必须严格执行。

13.4.4 参阅本规范第5.4.5条的条文说明。

14 砌体柱外加预应力撑杆工程

14.1 一般规定

14.1.1 砌体柱外包角钢加固一般不采用胶粘方法，而采用无粘结的干式外包钢。但干式外包钢仍有两种方法：一是无预顶力的干式外包钢；二是外加预应力（也称外加预顶力）的干式外包钢（图1）。本章的规定仅涉及后者的施工过程控制与施工质量检验。对前者的钢骨架设计和制作可按现行国家标准《钢结构设计规范》GB 50017 和《钢结构工程施工质量验收规范》GB 50205 执行；其他施工要求可按本章的规定执行。

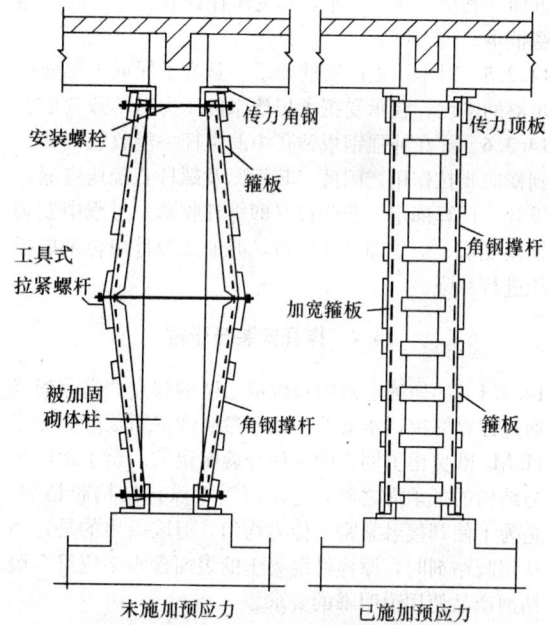

图1 预应力撑杆加固砌体柱示意

14.1.2 清理、修整原结构、构件时，主要是凿除原柱表面风化酥松层和污垢、青苔等等。原柱抹灰层是否凿除，应按设计规定执行。若设计方案要求将面层剔除干净，应轻敲轻打，细心剔除，或采用高压水射流剥除，以尽量避免柱砌体因受振动而损伤；同时，还应采取措施保证施工过程的安全。

14.2 界面处理

14.2.1 执行本条应注意的是：砌体柱经整修、打磨棱角后，尚应使用压缩空气将其表面粉尘、碎渣等清除干净。若有工程经验，也可采用压力水冲洗干净。

14.2.2 砌体柱表面平整度很差时，打磨作业不仅会严重损伤柱体，而且容易危及结构安全。此时，可改用强度等级不低于M15的水泥砂浆找平，但应经设计单位同意并出具变更设计的通知，施工才有依据。

14.3 撑杆制作

14.3.1 该条的规定是保证杆件制作的准确性，避免不必要的返工。因为砌体构件不仅尺寸误差较大，而且砌筑也不规整。在现场就近制作，可以起到量体裁制的作用。

14.3.2 先预焊成组合肢再安装，可减少在柱上的施工作业。这样的安排不仅提高了施工速度，而且更易保证施工质量。

14.3.3 补强钢板是对削弱的角钢截面进行补偿性加强的措施。在安装撑杆过程中，补强钢板要承受较大的横向拉力，其尺寸除应经设计确定外，尚应考虑构造上的要求。此外，应指出的是：在补强钢板上为安装拉紧用螺杆而进行的钻孔，宜在焊接翼板前进行。

14.3.4 抵承板与承压板（承压角钢）及撑杆肢的接触面，其所以应经刨平，是为了保证其相互之间的紧密抵承，传力可靠。

14.3.5 对承压板厚度的要求，是为了保证承压板有足够的刚度，在承受抵承板传来的压力时不致变形。

14.3.6 穿在补强钢板钻孔中的螺杆一经收紧便能起到横向张拉作用。因此，其板厚及螺杆直径均应通过设计、计算确定。若张拉（即螺杆收紧）过程中发现钢板变形，应立即停止张拉，并通知设计单位采取措施进行补强。

14.4 撑杆安装与张拉

14.4.1 如何确定横向张拉量 ΔH 的起点，迄今尚难通过计算解决，本条的做法系参照俄罗斯预应力专家H. M. 欧努甫里耶夫的工程经验制定的。至于承压板与结构的抵承面之间，之所以需要涂抹结构胶粘剂，是为了使其接触紧密，传力均匀。但应指出的是：当使用胶粘剂时，原构件混凝土的表面含水率应符合胶粘剂产品使用说明书的要求。

14.4.2 本条对抵承板节点传力面作出了接触面最小面积和最大间隙限制的规定，其目的与第14.3.5条是一致的，都是从施工质量要求上来保证承压板传力均匀、不变形。

14.5 施工质量检验

14.5.1 预应力撑杆建立预应力的控制值，可通过计算得到，由撑杆下料的长短、撑杆中部切口宽度以及横向张拉量 ΔH 控制。预顶过度，加固柱易出现水平或斜向裂缝。

15 钢构件增大截面工程

15.1 一般规定

15.1.1 钢结构构件增大截面工程常用的施工方法有：负荷加固、卸荷加固、部分卸荷加固和拆下加固、拆下更新等。当需卸荷或拆下时，必须措施合理、传力明确，才能确保安全。因此，在提出拆卸过程控制方案时，设计单位与施工单位应充分研究、协商，经取得一致意见后，方可付诸实施。

15.1.2 卸荷状态下钢结构构件增大截面工程在实施加固施工前，同样须按本规范第3.0.4条和第3.0.5条的规定，对原结构、构件进行清理、修整和必要的卸荷后，才能进入加固的程序。由于随后的施工过程控制与施工质量检验，与新建工程的要求无甚显著差别，故可按现行国家标准《钢结构工程施工质量验收规范》GB 50205的要求执行。

15.1.3 本条规定的是一般施工程序。具体实施时，宜根据工程量大小进行调整或简化。

15.1.4 本条的规定系为确保钢结构构件加固工程的安全和质量而设置的，其内容很明确，无需作进一步说明。

15.1.5 在钢结构加固工程施工焊接过程中，焊工是特殊工种，其操作技能和资格对工程质量起到保证作用，必须予以充分重视。本条所指的焊工，包括手工操作焊工和机械操作焊工。从事钢结构加固工程焊接作业的焊工，应根据其所焊接的结构具体类型和位置等，按现行行业标准《建筑钢结构焊接技术规程》JGJ 81的要求对施焊焊工进行考试并取得相应证书。

本条为强制性条文，必须严格执行。

15.2 界面处理

15.2.1~15.2.3 这三条是对原结构、构件经界面处理后应达到的标准作出具体规定。

15.2.4 对待焊区钢材表面处理质量进行复查，可以提高钢材表面的适焊性，也有助于保证焊接质量。

15.3 新增钢部件加工

15.3.1 钢材切割面或剪切面应无裂纹、夹渣、分层和大于1mm的缺棱。这些缺陷在气割后都能较明显地显露出来，一般用放大镜检查即可；但有疑义或特殊要求的气割面和机械剪切面则不然，除观察检查外，还应采用渗透、磁粉或超声波探伤检查。另外，还应指出的是：切割面出现裂纹、夹渣、分层等缺陷，一般是钢材本身的质量问题，特别是厚度大于10mm沸腾钢钢材容易出现这类问题，故需特别注意。

15.3.2 为消除切割对主体钢材造成的冷作硬化和热影响的不利影响，使边缘加工质量达到设计规范的有关要求，本条规定了边缘加工的最小刨削量不应小于2.0mm。

15.3.3 抗滑移系数是高强度螺栓连接的主要设计参数之一，直接影响构件的承载力。因此构件摩擦面无论由制造厂处理还是由现场处理，均应对抗滑移系数进行测试，测得的抗滑移系数最小值应符合设计要求。

执行本条规定时，应注意如下两点：一是当摩擦面的摩擦系数设计值不大于0.3，且施工图上未提出测试要求时，可免作抗滑移系数检测；二是在现场采用砂轮打磨局部摩擦面时，应以打磨范围不小于螺栓孔径的4倍，且打磨方向应与构件受力方向垂直为条件，其测试结果方为有效。

本条在现行国家标准《钢结构工程施工质量验收规范》GB 50205中为强制性条文，应严格执行。

15.3.4 为了与现行国家标准《钢结构设计规范》GB 50017相协调，本规范对加固用高强度螺栓孔的加工质量提出了要求。其具体规定的依据如下：

1 根据现行国家标准《紧固件公差 螺栓、螺钉、螺柱和螺母》GB/T 3103.1和《产品几何技术规范（GPS）表面结构轮廓法表面粗糙度参数及其数值》GB/T 1031，确定了A、B、C三级螺栓螺孔的加工精度H和粗糙度R_a的控制值；

2 明确了A、B、C三级螺栓螺孔直径的允许偏差应按现行国家标准《钢结构工程施工质量验收规范》GB 50205采用。

15.3.5～15.3.7 这三条的条文说明与所引用的现行国家标准《钢结构工程施工质量验收规范》相同。现仅就本条所补充的内容说明如下：

1 切割面平面度u（图2），即在所测部位切割面上的最高点和最低点，按切割面倾角方向所作两条平行线的间距，应符合$u \leqslant 0.05t$，且不大于2.0mm的要求。

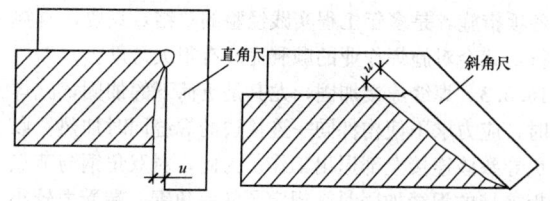

图2 切割面平面度示意图

2 切割面割纹深度h（如图3所示），即在沿着切割方向20mm长的切割面上，以理论切割线为基准的轮廓峰顶线与轮廓各底线之间的距离。对重要结构，取$h \leqslant 0.2$mm；对一般结构，取$h \leqslant 0.3$mm。

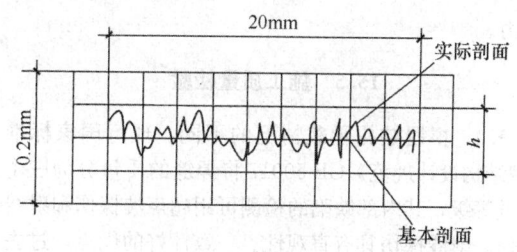

图3 切割面割纹深度示意图

3 局部缺口深度，在切割面上形成的宽度、深度及形状不规则的缺陷，它使均匀的切割面产生中断。其深度应不大于1.0mm。

4 机械剪切面的边缘缺棱（如图4），应不大于1.0mm。

5 剪切面的垂直度（如图5），应不大于2.0mm。

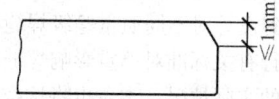

图4 机械剪切面的边缘缺棱示意图

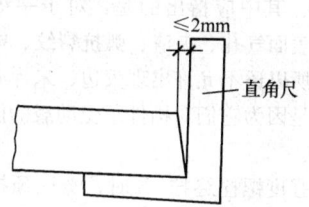

图5 剪切面的垂直度示意图

15.4 新增部件安装、拼接施工

15.4.1 在负荷下进行结构加固，常需进行焊接、开、扩螺孔，此时必须制定合理的施工工艺和安全措施，才能保证原构件在施工过程中有足够承载力，从而也才能防止加固工程施工事故的发生。对于加固后无法检查质量且易影响结构承载能力的部位，尚应作为隐蔽工程进行验收，并妥善保存其详细记录，以备验收和评价加固效果使用。

本条为强制性条文，必须严格执行。

15.4.3 本条规定的目的在于先点焊固定，以使构件较快具有相当承载力；然后再对称、平行地按序施焊，以使构件尽可能自由地变形；从而达到减少残余应力和畸变之目的。

15.4.4 本条对螺栓连接施工工艺所作的规定，主要是为了避免原构件的截面在加固过程中受到过大削弱。

15.4.6 本条特别强调了对有两个以上构件组成的静不定结构进行加固时，应先点焊定位，使结构初具整体性，再从受力最大构件开始，依次焊接，以便被加固结构、构件能较自由变形，从而减小焊接残余应力。

15.5 施工质量检验

15.5.1 根据结构承载情况的不同,现行国家标准《钢结构设计规范》GB 50017将焊缝的质量分为三个质量等级,其内部缺陷的检测可用超声波探伤和射线探伤。射线探伤具有直观性、一致性好的优点,过去人们总认为射线探伤可靠、客观。但是射线探伤成本高、操作程序复杂、检测周期长,尤其是钢结构中大多为T形接头和角接头,射线检测的效果差,且射线探伤对裂纹、未熔合等危险性缺陷的检出率低。超声波探伤则正好相反,操作程序简单、快速,对各种接头形式的适应性好,对裂纹、未熔合的检测灵敏度高,因此世界上很多国家对钢结构内部质量的控制均采用超声波探伤,一般已很少采用射线探伤。

本条为强制性条文,必须严格执行。

15.5.2 考虑到设计对不同质量等级焊缝的承载要求不同,以及现行有关标准对严重影响焊缝承载力的缺陷均予以严禁的实际情况,本条也将这类严重缺陷的检查列为主控项目,并给出了严重缺陷的检查标准(表15.5.2)。其中应指出的是:对于一级焊缝,除了不允许有表面气孔、夹渣、弧抗裂纹、电弧擦伤等缺陷外,之所以还不允许出现咬边、未焊满、根部收缩等缺陷,是因为它们对构件承受动载的能力有显著的不良影响。

15.5.3 高强度螺栓终拧1h时,螺栓预拉力的损失已大部分完成,在随后一两天内,损失趋于平稳,当超过一个月后,损失就会停止,但在外界环境影响下,螺栓扭矩系数将会发生变化,影响检查结果的准确性。为了统一和便于操作,本条规定检查时间统一定在1h后的48h之内完成。

15.5.4 本条所述的构造原因是指设计不当所造成的空间太小,无法使用专门扳手进行终拧的情况。在扭剪型高强度螺栓施工中,因安装顺序、安装方向考虑不周,或终拧时因对电动扳手使用掌握不熟练,致使终拧时尾部梅花头上的棱端部滑牙(即打滑),无法拧掉梅花头,导致终拧扭矩成为未知数。因此,对此类螺栓应控制在很小比例内。

15.5.5~15.5.8 参阅现行国家标准《钢结构工程施工质量验收规范》GB 50205相应条文的条文说明。

16 钢构件焊缝补强工程

16.1 一般规定

16.1.1、16.1.2 本章的规定虽然适用于焊缝连接在卸荷状态和负荷状态下补强的施工过程控制和施工质量检验,但由于负荷状态下的焊缝补强作业稍有失误,便不仅易发生工程事故,而且还直接涉及安全问题。因此,建议业主和设计单位应坚持要求监理人员必须全程在场监督负荷状态下的焊接施工,而且还应要求监理单位所指派的应是具有良好职业道德和责任心强的焊接专业工程师。否则业主有权要求撤换。

16.1.3、16.1.4 钢构件焊接区的表面不能处于潮湿状态。因为水分子在电弧高温作用下将分解出氢,以致影响焊缝质量。因此,严禁雨雪天气的露天作业。同时,4级以上风力作用下施焊,不仅电弧易被吹偏,而且将使焊缝冷却速度加快,以致产生冷裂纹,故规定应有挡风措施。

16.1.5 钢结构加固工程施工中,焊工是特殊工种,其操作技能和资格对保证工程质量起到最关键作用。至于负荷状态下的焊缝补强焊接,更是高风险的作业。为确保工程和人身安全,除必须加严检查焊工的专门资格证书外,还应对焊工进行现场考试或考核。

本条为强制性条文,必须严格执行。

16.2 焊区表面处理

16.2.1 执行本条时,应同时执行本规范第3.0.4条和第3.0.5条的规定,否则可能遇到许多困难。因为钢构件焊区的表面质量对焊接工艺和焊接质量有很大影响,不仅应认真修整,而且修整完毕时,还应立即通知监理人员进行检查,经其书面认可并签字后方可进入下一工序。

16.2.3 参阅本章第16.1.4、16.1.5、16.2.1条的条文说明,即可理解此项复查工序的重要性和必要性。

16.3 焊缝补强施工

16.3.1 钢结构在我国发展很快,除传统建筑钢材之外,高强度建筑钢材和焊接材料日益增多。同时,进口的高强钢材也很多。为保证焊接质量,本条规定了钢结构焊接施工前应进行工艺试验的范围,以期取得最佳工艺参数,为制定焊接施工技术方案提供依据。

16.3.2 负荷状态下实施焊接补强施工,是一项高风险而又复杂的作业,考虑到加固工程现场的环境和条件差,难以预计的影响因素多,其焊接难度远比新建工程大,因此必须认真研究其施焊工序。本条规定的各项措施,是多年工程实践经验的总结,只要认真执行,就会对施焊作业的顺利完成有很大帮助。

16.3.3 焊缝连接加固,尤其是负荷下的加固,施焊时,应力求不使构件同一连接边的焊缝同时加热,以免导致该连接全部退出工作。为此,对双角钢与节点板连接的焊缝加固时,规定了从一角钢一端受力较小的肢尖焊缝加固施焊,再施焊此角钢另一端的肢尖焊缝,然后依次施焊其两端肢背的相应焊缝。

16.4 焊接质量检验

16.4.1 参阅本规范第15.5.1条的条文说明。

16.4.2 参阅本规范第15.5.2条的条文说明。

16.4.3 参阅现行国家标准《钢结构工程施工质量验收规范》GB 50205相应条文的说明。

17 钢结构裂纹修复工程

17.1 一般规定

17.1.1 本章规定的钢结构、构件裂纹修复工程的施工过程控制和施工质量检验，是以中国工程建设标准化协会标准《钢结构加固技术规范》CECS 77的设计方法为基础制定的。因此，其适用范围和条件也是与该规范相对应的。如果裂纹修复的设计是以其他标准为依据的，则不宜引用本章的规定。

17.1.2 发现钢结构上有裂纹时，一般应先在裂纹端点外约$0.5t\sim1.0t$处钻直径为t（t为板件厚度）的孔，以作为应急措施，暂时阻止其扩展。然后再进一步查其扩展过程和裂纹性质，以决定对其采取修堵、清除或加固的适宜方案；不宜一发现裂纹便直接补焊，因为这样做容易恶化金属的品质、增添焊接附加应力及产生新的有害裂纹。

17.1.3 本条给出了裂缝修复的原则：一是必须严格按设计、施工图的要求执行；二是应有专门制定的焊接工艺方案。但应指出的是：要执行这两项原则并非易事。因此，同样应遵守本规范第16.3.4条的规定，亦即：应由专门培训合格的焊工施焊外，还必须有焊接专业工程师在场指导。同时，监理人员也必须全程实施检查和监督之责。

17.2 焊缝补强施工及质量检验

17.2.1 钢结构板件中的裂纹，多源生于结构应力集中、残余应力大、或作用应力高、工艺有缺陷、构造不当、材质劣化等处。故一般用对接焊缝修补时，应沿裂纹清边、剖口，并于施焊时采取减少焊接残余应力的施焊工艺，本条文中给出的只是堵焊修复裂纹的一般程序；当遇到复杂情况时，尚应专门研究。

对于受有动力荷载结构的疲劳裂纹，用对接焊缝堵焊之后，其焊缝表面的磨平，应予特别注意，切忌使砂轮旋转的切线方向与构件受力方向垂直，以免砂粒刻痕形成新的类似裂纹性质的缺陷，有损构件的抗疲劳性能。

17.2.2 对于网状等非单一的裂纹缺陷，可采用挖除和用嵌板对接的修补方法修复结构，本条给出了修补这类裂纹的一般程序。

17.2.3 用附加盖板修复或加固裂纹板件时，裂纹端点处仍需先钻孔，暂时阻止裂纹扩展，再用两块盖板贴在裂纹板件两面并压紧，然后沿周边用角焊缝方式焊接；若采用高强度螺栓连接方法时，应在裂纹每侧布置双排螺栓，每排螺栓数目，除应计算外，其最外一个螺栓应超出裂纹端150mm以上，以减轻裂纹端点应力，防止其继续扩展。

17.2.4 吊车梁腹板上部裂纹，多与其上安置的轨道偏心等因素有关，因而首先应对其进行检查、调整，再根据实际情况，采用条文中建议的修复裂纹和增强上翼缘抗扭能力的各种加固构造措施进行修复。

17.2.5 采用焊接方法修复钢结构裂纹时，其焊接的施工质量检验要求与本规范第16.4节的规定相同，故可按本规范第16.4.1～16.4.3条执行。

18 混凝土及砌体裂缝修补工程

18.1 一般规定

18.1.1 混凝土结构构件的变形裂缝，主要影响其正常使用功能、耐久性和外观质量；砌体结构构件的变形裂缝，还影响其结构的整体性。因此，在有些变形裂缝的处理上有一定的差别，但其修补的施工方法却很相近，故本章的规定对两者均适用。

这里需要说明的是：对影响结构、构件承载力的裂缝以及地基不均匀沉降引起的裂缝，若需按本章的规定进行修补，应先采取必要的加固措施，在消除了裂缝起因或在裂缝停止发展后，再进行修补施工才能收到设计所要求达到的效果。

18.1.2 本条规定了裂缝修补的一般程序。执行时，可根据工程实际情况加以细化或简化。

18.1.3 目前市场上出售的修补胶，凡能在低温环境中固化者，必定经过改性。若未经改性，则无法在15℃以下的环境中正常固化。因此，在修补胶产品使用说明书中未给出使用环境温度者，或虽给出使用环境温度，但说明书及出厂检验报告却是复印件者，几乎可以肯定不是低温固化型结构胶，这类胶的使用环境温度不可能低于15℃～16℃，因为它要受其固有特性所制约。对承重结构加固工程而言，应避免使用这类冒名的修补胶。

18.2 界面处理

18.2.1 裂缝腔内粘合面在灌注修补剂前是否需要处理，以及如何处理，主要取决于修补胶产品的设计和使用条件。因此，必须按产品使用说明书的规定严格执行。对重要结构或无使用经验的施工单位，还应要求厂方派专业技术人员莅临现场指导。若产品使用说明书不涉及界面处理方法和技术要求，或厂方（包括经销商）无能力派员指导，则应拒用这类产品，否则责任应由业主和监理单位共同承担。

18.2.2 普通型的裂缝修补胶，由于它在高潮湿面条件下固化不良，因此，必须按产品使用说明书的要求控制原构件裂缝腔内粘合面的含水率，否则将会给裂缝修补工程留下隐患。若控制含水率有困难，应改用高潮湿面专用的修补胶。

18.3 表面封闭法施工

18.3.1 当修补裂缝不要求恢复该构件截面整体性或无补强要求时，表面封闭法是最常用的裂缝修补法。因为它不仅可以阻止钢筋劣化，改善原构件的外观质量和使用功能，而且在裂缝较细的情况下，还能起到防渗的作用。但是，要使得表面封闭材料与原构件能够牢靠地粘合，除了应要求所采用的胶粘剂具有较强的抗剥离能力和很小的收缩性之外，还必须保证原构件的打磨质量及其表面含水率能够与胶粘剂性能相适应。因此，在粘结封闭之前，应按胶粘剂使用说明书的要求对这些问题进行复查。

18.3.2 表面封闭用的材料种类不少，目前较常用的是 E 玻璃纤维（无碱玻璃纤维）和碳纤维织物。最近有些非结构构件还开始使用无纺布替代无碱玻璃纤维。但不论采用哪种纤维织物（布），其粘贴工艺均取决于胶粘剂的性能。当所采用的胶粘剂是由底胶、结构胶（浸润—粘结胶）和找平胶组成时，其底胶应具有较低的初黏度和良好的渗透性。因为其作用是渗入基材的毛细孔中，以使结构胶在与纤维织物粘结的同时，增强它与基材的粘结强度。另外，应指出的是：当采用的是免底涂胶粘剂时，虽无需涂刷底胶，但为了防范材料供应商串通施工单位以普通胶粘剂来冒名顶替，监理单位必须认真检查免底涂胶粘剂的品牌、型号、包装、中文标志和出厂检验报告等证明材料。当有怀疑时，还应见证取样送检。若进场的胶粘剂，其证明文件不全或对其外观质量有怀疑时，应予拒收。

18.3.3、18.3.4 与本规范第 10 章相应条文的说明相同。

18.3.5 当采用纤维织物（布）对裂缝表面进行封闭时，应采取骑缝粘贴方式，方为有效；因此，纤维织物（布）的宽度 b_f 取决于其边缘与裂缝中心线的距离。亦即要求 $b_f \geqslant 100mm$，且不允许有负偏差。若裂缝的走向为非直线，且弯曲段的弯度过大时，则需采取分段分叉搭接的方式进行封闭处理，以节约材料。

18.3.6 采用纤维织物封闭裂缝，一般可仅贴一层，但若有防渗要求，宜贴两层。此时，第二层织物的粘贴时间应符合粘胶工艺的要求。

18.3.7 在纤维织物最上一层的面上，涂胶、撒石英粗砂，不仅可以使水泥砂浆与纤维织物粘结牢固，而且还能使水泥砂浆面层不易开裂。

18.4 柔性密封法施工

18.4.1 柔性密封法主要用于修补较宽的静止裂缝和活动裂缝。当为静止裂缝时，可凿成 V 形槽或 U 形槽，并充填丙烯酸类或氨基甲酸乙酯类聚合物砂浆即可。若静止裂缝仍稍有胀缩变形，或静止裂缝出现在重要结构构件上，则宜凿成 U 形槽。因为 V 形槽的施工虽简便，但它与基材的粘结易发生剥离或脱落。因此，现行国家标准《混凝土结构加固设计规范》GB 50367 根据国内外经验，推荐使用 U 形槽。同时建议使用可挠性改性环氧树脂配制的聚合物砂浆。另外应指出的是：倘若钢筋已开始锈蚀，不仅应采用 U 形槽，而且其宽度和深度要凿至能够充分处理钢筋的程度。此时，为防止聚合物砂浆收缩开裂，应掺入适量的纤维材料。

18.4.2 当为活动性裂缝时，由于需设置隔离层，故应凿成 U 形槽，且槽内两侧壁应打毛。U 形槽的深度和宽度应适当加大，且应凿成光滑的平底，以利于铺设隔离层。

隔离层可采用聚乙烯片、蜡纸或油毡片等材料制成，但隔离层应干铺，不得与槽底基材（混凝土或砌体等）有任何粘连。

18.4.3 在填充密封材料前之所以要求在槽内两侧壁表面涂刷胶液，主要是要使充填材料能起到既密封又能适应裂缝处变形的作用。

18.4.4 这项防护措施均是为了保护填充的密封材料不受人为的和自然的损害。

18.5 压力灌注法施工

18.5.1～18.5.4 原则上可按裂缝修补胶或注浆料的产品使用说明书进行施工，但由于当前新兴的加固市场尚不规范，有不少伪劣产品混杂其中；乱贴牌、乱套用其他产品说明书，给出不适用的参数等现象时有发生。因此，针对本条文的要求，给出下列来自工程经验的建议供参考、对照使用，以便于设计、监理单位能及时发现产品有无问题。

1 常用的裂缝修补胶和注浆料
　　1）定压针筒注射法使用的裂缝修补胶
　　　修补效果最佳的是：以低黏度改性环氧结构胶为主成分组成的裂缝修补胶。当结构有补强要求时，还应选用具有封闭与补强双重效果的裂缝修复胶。
　　2）机控压力注浆法使用的注浆料
　　　——当裂缝宽度小于 0.2mm 时，宜采用初黏度不大于 200mPa·s 的改性环氧类浆液灌注；若裂缝宽度小于 0.1mm 时，其初黏度宜不大于 30mPa·s；
　　　——当裂缝宽度不大于 0.5mm 时，可采用黏度不大于 400mPa·s 的改性环氧类浆液灌注；
　　　——当裂缝宽度不大于 2mm 时，可采用黏度不大于 800mPa·s 的改性环氧类浆液灌注。

2 注浆嘴、注浆帽、注浆管的选用
　　——对宽度小于 0.3mm 的细裂缝，宜用注浆帽

——对宽度大于0.3mm的细裂缝，宜用注浆嘴；
——对大体积混凝土结构中很深的裂缝，应骑缝钻孔或斜向钻孔至裂缝深处，然后在孔内埋设注浆管。

3 定压针筒注浆法的注浆嘴（帽）间距的选择

定压针筒注浆法的注浆嘴（帽）间距的选择

裂缝宽度（mm）	注浆嘴间距（mm）
0.3以下	≤100
0.3～0.5	≤200
0.5～1.0	≤250
1.0以上	≤300

注：注浆嘴（帽）也称注射头。

4 机控压力注浆法的注浆压力

胶液——常用的压力为0.2MPa～0.6MPa；

水泥基浆液——常用的压力为0.4MPa～0.8MPa。

上述压力应逐渐升高，防止骤然加压。

18.6 施工质量检验

18.6.1 本条规定的三种检验方法虽均可选用，但其中以取芯法最为可靠，也最难取得试样；超声法虽较简便，但需有经验的专业技术人员才能测得较可信的结果；承水法也很可靠，但适用范围较小，一般仅用于测定楼盖类构件的裂缝修补后的防渗漏性能。因此，应根据工程实际情况和检测单位的实力酌情选用。

19 植筋工程

19.1 一般规定

19.1.1 本条在规定植筋工程的适用范围时，着重强调了混凝土及砌体结构应以锚固型结构胶粘剂种植带肋钢筋或全螺纹螺杆。因此，应理解为：既不得采用其他未经安全性鉴定的锚固剂，也不得采用光圆钢筋。这一规定与"住房和城乡建设部"以建标[2008]132号文发布的《地震灾后建筑鉴定与加固技术指南》的规定是一致的。因为我国是多地震国家，属于地震区的城镇和乡村分布很广。在这种情况下，对非地震灾区的植筋工程也绝不能大意，以免给承重结构留下安全隐患。

19.1.2 植筋施工程序正确与否，对施工质量影响很大。倘若施工技术人员不掌握施工程序及施工方法，将很容易出差错。因此，必须加以明确，并要求施工和监理人员应按该框图规定的程序执行。

19.1.3 本条2、3两款较易理解。这里需要说明的是：对未标明适用温度的胶，之所以应按"不低于15℃"的要求进行控制，是因为一般合成树脂胶粘剂在未改性的情况下，其基材表面温度必须在15℃以上才能正常固化。另外，由于标明了适用的温度，厂家便应对胶粘质量负责。这样，也有助于打击伪劣产品。

19.1.5 在先植筋的情况下，倘若采取了有效的降温措施，虽然仍可对个别植筋进行补焊，但总归存在着一定风险，故在实际工程中，对成批的植筋仍应坚持先焊接后植筋的原则，以确保胶层不致因受高温作用而受损伤。

19.2 界面处理

19.2.1～19.2.5 这五条规定是根据国外的工程经验制定的。十多年来国内的大量工程实践经验也表明，这样处理植筋孔壁确实可以收到良好的效果，应严格执行。前段时间，上海等地曾有无需清孔、除锈的说法，且流传甚广，但经查证是少数厂家为赢得市场竞争串通个别科研单位检验人员所编造的不实之词，但其所造成的不良后果已为不少工程留下安全隐患。因此，务请设计和监理单位在今后的工程中予以抵制。

19.3 植筋工程施工

19.3.1 近来发现国内外大多数厂家生产的双组分自动搅拌注射装置，其搅拌效果不佳，显著地影响了胶液的正常固化和胶粘质量。因此规定了植筋作业开始前，应对所使用的注射装置进行试操作；搅拌效果不好的应予弃用。

19.3.2 目前由于国内有些监理人员责任心不强，未能尽责地对植筋施工过程进行监督，致使不少地区施工单位敢于明目张胆地改变作业方法，擅自取消了灌注胶液的工序，改为将钢筋往胶桶里一粘，便算了事。这是极端恶劣的行径，但有些监理人员却视而不见，让它悉数通过；从而给植筋工程留下了严重的安全隐患。这几年来不少火灾事故中，曾发现这类植筋全被拔出，应当引为教训。为此，应提请设计和业主关注植筋工程的施工质量。一旦发现类似问题，应严肃追究施工和监理人员的责任。

19.3.5 本条规定的植筋钻孔的孔径允许偏差，系以钻头最大直径为依据确定的。因为该直径对制定允许偏差较有参照价值，也便于复核设计的有关参数。同时，工程实践也表明，只要使用质量合格的钻头，一般孔径偏差均能控制在允许范围内。

另外，应指出的是，本规范对钻孔垂直度允许偏差的规定，系参照国内外施工经验制定的。以上部结构构件的钻孔为例，基本上是取倾斜角为1.8°进行控制的。这对一般长度的钢筋是合适的，但在某些情况下可能偏严。为此，加上一注：当钻孔垂直度偏差较大时，该孔洞是否可用，应由设计单位进行确认。这也就意味着该允许偏差值可根据工程实际要求的控制程度进行调整。

19.4 施工质量检验

19.4.1 同现行国家标准《混凝土结构加固设计规范》GB 50367有关条文的说明。

本条为强制性条文，必须严格执行。

19.4.2 这类问题一般应以大样本进行检验。就建筑结构而言，至少应取30个试件，才能勉强被视为大样本。为此，若有条件尚可酌情增加试件数量。

另外，应指出的是：若怀疑施工单位使用了劣质胶粘剂，例如使用乙二胺等为主成分的固化剂，尚应取样进行化学分析。一般情况下，宜在使用剩余的乙组分（固化剂）包装中取样，较为容易得到化验结果；只有在不得已的情况下，才取已固化的样品进行化验。

20 锚栓工程

20.1 一般规定

20.1.1 在承重结构中使用膨胀锚栓，尤其是市售的劣质膨胀锚栓，极易发生危及工程安全的问题，以致在多年前便被各省、市、自治区建设主管部门禁止使用，国家标准《混凝土结构加固设计规范》GB 50367-2006也作出了类似规定，而且还是强制性条文。因此本章所指的锚栓不包括膨胀锚栓。

另外，应指出的是特殊倒锥形锚栓仅指"糖葫芦形锚栓"而言，不包括一般胶粘螺杆。

20.1.2 对本条的规定，应与本规范第3.0.4条及第3.0.5条相结合执行，才能系统、正确地进行锚栓工程的施工，否则将会在施工过程中遇到很多本来可以避免的问题。

20.1.3 为避免锚栓钻孔过程中伤及原构件配置的钢筋、保证锚栓钻孔的质量，应对配有钢筋的构件进行探测，当发现锚栓孔位处有钢筋时，应通知设计单位到场进行处理。

20.1.4 安装锚栓的现场气温低于−5℃时，工人操作的精度等会受到一定的影响。

20.2 锚栓安装施工

20.2.1 选用规定的钻头及配套工具是施工质量的基本保证；况且不同品种锚栓所用的钻头规格也不尽相同。

20.2.2 基材表面及锚孔的清理到位与否直接关系到锚栓与基材连接的可靠性。由于钻孔而造成的粉尘和碎屑若不清除干净，对后扩底型机械锚栓而言，将很难与孔壁、孔底完全紧密接触，当锚栓受外力作用时会发生松弛或位移。因此，应按本规范及设计要求进行清理。

20.2.3 本条规定的自扩底、模扩底锚栓的安装作业要点，是保证锚栓安装到位的措施。

20.2.6 本条提出了成孔的质量要求。值得注意的是锚栓的锚孔直径偏差过大，其孔壁与锚栓之间就很难有锁紧作用。其后果是会影响锚栓的承载能力。因此，应提高成孔的质量，尽可能地减小钻孔的偏差。

20.3 施工质量检验

20.3.1 同现行国家标准《混凝土结构加固设计规范》GB 50367有关条文的说明。

本条为强制性条文，必须严格执行。

21 灌浆工程

21.1 一般规定

21.1.1 在结构加固工程中使用的水泥基灌浆料，不仅有其专门的安全性要求，而且有其专门的工艺要求。因此，本章规定的灌浆工程适用范围，也是以采用结构加固用水泥基灌浆料为前提确定的。之所以作这样严格的区分，是因为目前在结构加固工程中滥用灌浆料的情况较为严重。如果不加以限制，可能导致出现安全质量问题。

21.1.2 灌浆工程的施工程序及需按隐蔽工程验收的项目，基本上与混凝土增大截面工程相同，仅需在加工、安装模板和灌注施工的工序中考虑到灌浆的特点、手段和要求即可。

21.2 施工图安全复查

21.2.1~21.2.3 针对目前结构加固工程中滥用灌浆料所导致的安全质量问题，有必要通过对施工图的安全复查，规范其应用范围和应用条件。为此，本规范作出了相应的具体规定。这些规定都是在调查总结现有灌浆工程存在问题的基础上作出的。其中需要指出的是：在混凝土增大截面工程中之所以不允许使用纯灌浆料，而应使用它与细石混凝土混合而成的浆料，是因为纯灌浆料在它所含的膨胀剂作用消失后，便很容易出现温度裂缝和收缩裂缝，而混合料在很大程度上可以避免或减小这类裂缝的出现。在外包钢工程中，之所以不允许考虑其粘结能力，是因为在没有采用环氧类聚合物改性的情况下，水泥基灌浆料的粘结性能仅相当于普通混凝土；即使有个别灌浆料粘结能力稍强，但也不足以粘结型钢。

21.2.4 考虑到目前存在着多本涉及灌浆料应用的标准、规范，其规定不甚一致，且很难在可以预见的时间内获得统一。因此有必要对本规范所管辖的建筑结构作出其加固改造工程应按本规范执行的规定，从而至少可保证在建筑结构领域中使用灌浆料不致出现严重的安全问题。

21.3 界面处理

21.3.1~21.3.3 参阅本规范第5.2.1条及第5.2.2条的条文说明。

21.4 灌浆施工

21.4.1 参阅本规范第5.3.1条的条文说明。

21.4.2 本条系根据国内灌浆工程总结的经验制定的。其中第2款系根据厦门地区的灌浆工程经验制定的。

21.4.3 参阅本规范第5.3.2条的条文说明。

本条为强制性条文，必须严格执行。

21.4.4、21.4.5 见现行行业标准《建筑工程冬期施工规程》JGJ 104及现行国家标准《水泥基灌浆材料应用技术规范》GB/T 50448相关条文的规定及其条文说明。

21.5 施工质量检验

21.5.1、21.5.2 参阅本规范第5章的有关条文说明。

22 建筑结构加固工程竣工验收

22.0.1 对本条应说明以下5点：

1 检验批和分项工程是建设工程质量的基础，因此，所有的检验批和分项工程应由监理工程师或建设单位项目技术负责人组织验收。验收前，施工单位先填好"检验批和分项工程的质量验收记录"（有关监理记录和结论不填），并由项目专业质量检验员和项目专业技术负责人分别在检验批和分项工程检验记录中相关栏目签字，然后由监理工程师组织，严格按规定程序进行验收。

2 本条规定了子分部工程验收的组织者及参加验收的相关单位和人员。工程监理实行总监理工程师负责制。因此，子分部工程是由总监理工程师或建设单位项目负责人组织施工单位的项目负责人和项目技术、质量负责人及有关人员进行验收。因为项目的主要技术资料和质量问题是由技术部门和质量部门掌握，所以规定施工单位的技术、质量部门负责人参加验收是合理的。

3 本条规定分部工程完成后，施工单位首先应以有关质量标准、设计图纸等为依据，组织力量先进行自检，并对检查结果进行评定。符合要求后向建设单位提交分部工程验收报告和完整的质量控制资料。分部工程质量验收应由建设单位负责人或项目负责人组织，由于设计、施工、监理单位均系责任主体，因此设计、施工单位负责人或项目负责人及施工单位的技术、质量负责人和监理单位的总监理工程师均应参加验收。

4 建设工程竣工验收备案制度是加强政府监督管理，防止不合格工程流向社会的一个重要手段。建设单位应根据《建设工程质量管理条件》和建设部门的有关规定，到县级以上人民政府建设行政主管部门或其他有关部门备案。否则，不允许投入使用。

5 本条规定了分部工程质量验收意见不一致时的组织协调部门。协调部门可以是当地建设行政主管部门，或其所委托的机构或单位，也可是各方认可的中介机构。

22.0.4 子分部工程的验收在其所含各分项工程验收的基础上进行。本条给出了子分部工程验收合格的条件。即：子分部工程的各分项工程必须已验收合格且相应的质量控制资料文件必须完整，这是验收的基本条件。此外，由于各分项工程的性质不尽相同，因此，作为子分部工程不能依简单的组合予以验收，而需划分为以下两类检查项目分别进行验收：

一是涉及安全的检验项目应有见证取样、送样检验或抽样检测的文件汇总；二是观感质量的验收。由于后者一般只能以观察、触摸或简单量测的方式进行，并按个人的主观印象作出判断，故检查结果应经综合评定后才能给出共同确认的"合格"或"不合格"的结论。

22.0.5 工程存在严重缺陷，经返修或再加固后仍不能满足安全使用要求时，必须严禁验收，以免给加固工程留下安全隐患。

中华人民共和国国家标准

土方与爆破工程施工及验收规范

Code for construction and acceptance of
earthwork and blasting engineering

GB 50201—2012

主编部门：四川省住房和城乡建设厅
批准部门：中华人民共和国住房和城乡建设部
施行日期：２０１２年８月１日

中华人民共和国住房和城乡建设部
公 告

第 1359 号

关于发布国家标准《土方与爆破工程施工及验收规范》的公告

现批准《土方与爆破工程施工及验收规范》为国家标准，编号为 GB 50201-2012，自 2012 年 8 月 1 日起实施。其中，第 4.1.8、4.5.4、5.1.12、5.2.10、5.4.8 条为强制性条文，必须严格执行。原《土方与爆破工程施工及验收规范》GBJ 201-83 同时废止。

本规范由我部标准定额研究所组织中国建筑工业出版社出版发行。

中华人民共和国住房和城乡建设部
2012 年 3 月 30 日

前 言

本规范是根据住房和城乡建设部《关于印发〈2009年工程建设标准规范制订、修订计划〉的通知》（建标〔2009〕88号）的要求，由中国华西企业股份有限公司和四川省建筑机械化工程公司会同有关单位在原国家标准《土方与爆破工程施工及验收规范》GBJ 201-83的基础上修订而成的。

本规范在编制过程中，编制组深入调查研究，总结了近年来国内外大量理论研究和实践经验，在广泛征求意见的基础上，最后经审查定稿。

本规范共分为5章和2个附录，主要技术内容是：总则、术语、基本规定、土方工程和爆破工程。

本规范中以黑体字标志的条文为强制性条文，必须严格执行。

本规范由住房和城乡建设部负责管理和对强制性条文的解释，由中国华西企业股份有限公司负责具体技术内容的解释。执行过程中，请各单位结合工程实践，如发现需要修改或补充完善之处，请将意见和建议寄送中国华西企业股份有限公司（地址：成都市解放路二段95号，邮政编码：610081，E-mail：huaxi-baobiao@huashi.sc.cn）。

本规范主编单位：中国华西企业股份有限公司
四川省建筑机械化工程公司

本规范参编单位：西南交通大学
山西建工集团
四川省第一建筑工程公司
天津市建工工程总承包有限公司
四川省川建勘察设计院
四川省建筑科学研究院
四川省场道工程有限公司
云南建工集团有限公司
四川省安全科学技术研究院
河南六建建筑集团有限公司
中国华西企业有限公司
西华大学
浙江众和建设有限公司
四川省第十五建筑有限公司

本规范主要起草人员：陈跃熙 施富强 王其贵
丁云波 孙跃红 柴 俭
文小龙 刘晓东 张循当
万晓林 黄 荣 王明明
周 俊 徐 云 甘永辉
刘新玉 雷洪波 何开明
张小建 张 进 王泽云
王 坚 王炳文 庄荣生
卫 华 徐 帅 余志明
黄 乔 吴 体 何维基
席宗毅

本规范主要审查人员：汪旭光 毛志兵 刘东燕
高荫桐 潘延平 宋锦泉
高俊岳 杨旭升 康景文
林文修 王海云 薛培兴
梁建明

目 次

1 总则 ··· 9—5—6
2 术语 ··· 9—5—6
3 基本规定 ····································· 9—5—6
4 土方工程 ····································· 9—5—6
   4.1 一般规定 ································ 9—5—6
   4.2 排水和地下水控制 ······················ 9—5—7
   4.3 边坡及基坑支护 ························· 9—5—7
   4.4 土方开挖 ································ 9—5—7
   4.5 土方回填 ································ 9—5—8
   4.6 特殊土施工 ······························ 9—5—9
   4.7 特殊季节施工 ··························· 9—5—10
   4.8 质量验收 ································ 9—5—11
5 爆破工程 ····································· 9—5—12
   5.1 一般规定 ································ 9—5—12
   5.2 起爆方法 ································ 9—5—13
   5.3 露天爆破 ································ 9—5—14
   5.4 控制爆破 ································ 9—5—14
   5.5 其他爆破 ································ 9—5—16
   5.6 爆破工程监测与验收 ··················· 9—5—16
附录 A 爆破振动监测记录表 ·········· 9—5—18
附录 B 爆破安全监测报表 ············· 9—5—18
本规范用词说明 ······························ 9—5—19
引用标准名录 ································· 9—5—19
附：条文说明 ································· 9—5—20

Contents

1 General Provision ················ 9—5—6
2 Terms ·························· 9—5—6
3 Basic Provisions ················· 9—5—6
4 Earthwork ······················ 9—5—6
   4.1 General Requirements ········· 9—5—6
   4.2 Drainage and Groundwater
       Control ······················· 9—5—7
   4.3 Slope and Foundation Pit
       Supporting ···················· 9—5—7
   4.4 Earthwork Excavation ·········· 9—5—7
   4.5 Earthwork Backfilling ··········· 9—5—8
   4.6 Special Soil Construction ········ 9—5—9
   4.7 Special Seasonal Construction ····· 9—5—10
   4.8 Quality Acceptance ············ 9—5—11
5 Blasting Engineering ·············· 9—5—12
   5.1 General Requirements ·········· 9—5—12
   5.2 Blasting Procedure ············· 9—5—13
   5.3 Surface Blasting ··············· 9—5—14
   5.4 Controlled Blasting ············· 9—5—14
   5.5 Other Blasting ················ 9—5—16
   5.6 Blasting Safety Inspecting (Supervision)
       Measure, Monitoring and
       Acceptance ··················· 9—5—16
Appendix A The Record of Blasting
             Vibration Monitoring ··· 9—5—18
Appendix B Blasting Safety Monitoring
             Reports ·················· 9—5—18
Explanation of Wording in This
   Code ·························· 9—5—19
List of Quoted Standards ············ 9—5—19
Addition: Explanation of
   Provisions ····················· 9—5—20

1 总 则

1.0.1 为了加强土方与爆破工程施工质量与安全管理，统一验收标准，在土方与爆破工程施工中做到技术先进、经济合理、节能环保、保障安全，制定本规范。

1.0.2 本规范适用于建筑工程的土方与爆破工程施工及质量验收。

1.0.3 土方与爆破工程施工及验收除应符合本规范的规定外，尚应符合国家现行有关标准的规定。

2 术 语

2.0.1 土方调配 earthwork balanced deployment

在同一或相邻土方工程作业施工中，对挖方弃土量和回填用土量进行综合平衡。

2.0.2 滑坡 landslide

斜坡上的部分岩体和土体在自然或人为因素的影响下沿某一明显界面发生剪切破坏向坡下运动的现象。

2.0.3 坡度 slope

指边坡表面倾斜程度，表述为高度与宽度之比。

2.0.4 临时性边坡 temporary slope

安全使用年限不超过2年的边坡。

2.0.5 基坑 foundation pit

为进行建（构）筑物基础、地下建（构）筑物施工所开挖形成的地面以下空间。

2.0.6 支护 retaining and protecting

为保证边坡、基坑及其周边环境的安全，采取的支挡、加固与防护措施。

2.0.7 地下水控制 groundwater controlling

为保证土方开挖及基坑周边环境安全而采取的排水、降水、截水或回灌等工程措施。

2.0.8 特殊土 special soil

具有特殊成分、结构、构造和特殊物理力学性质的土。如软土、湿陷性黄土、红黏土、膨胀土、盐渍土等。

2.0.9 爆破 blasting

利用炸药爆破瞬时释放的能量，破坏其周围的介质，达到开挖、填筑、拆除或取料等特定目标的技术手段。

2.0.10 爆破器材 blasting materials and accessories

工业炸药、起爆器材和器具的统称。

2.0.11 爆破作业人员 personals engaged in blasting operations

指从事爆破作业的工程技术人员、爆破员、安全员和保管员。

2.0.12 爆破作业环境 blasting circumstances

泛指爆区周围影响爆破安全的自然条件、环境状况。

2.0.13 爆破有害效应 adverse effects of blasting

爆破时对爆区附近保护对象可能产生的有害影响。如爆破引起的振动、个别飞散物、空气冲击波、噪声、水中冲击波、动水压力、涌浪、粉尘、有毒气体等。

2.0.14 爆破安全监测 blasting safety monitoring

采用仪器设备等手段对爆破施工过程及爆破引起的有害效应进行测试与监控。

3 基本规定

3.0.1 在土方与爆破工程施工前，应具备施工图、工程地质与水文地质、气象、施工测量控制点等资料，并查明施工场地影响范围内原有建（构）筑物及地下管线等情况。

3.0.2 土方与爆破工程施工前，对施工场地及其周边可能发生崩塌、滑坡、泥石流等危及安全的情况，建设单位应组织进行地质灾害危险性评估，并实施处理措施。

3.0.3 施工单位应结合工程实际情况，在土方与爆破工程施工前编制专项施工方案。

3.0.4 在有地上或地下管线及设施的地段进行土方与爆破工程施工时，建设单位应事先取得相关管理部门或单位的同意，并在施工中采取保护措施。

3.0.5 施工中发现有文物、古墓、古迹遗址或古化石、爆炸物或危险化学品等，应妥善保护，并立即报有关主管部门处理后，再继续施工。

3.0.6 当发现有测量用的永久性桩标或地质、地震部门设置的长期观测设施等，应加以保护。当因施工必须损毁时，应事先取得原设置单位或保管单位的书面同意。

3.0.7 在施工区域内，有碍施工的既有建（构）筑物、道路、管线、沟渠、塘堰、墓穴、树木等，应在施工前由建设单位妥善处理。

4 土方工程

4.1 一般规定

4.1.1 土方工程施工前，应对施工范围进行测量复核，平面控制测量和高程控制测量均应符合现行国家标准《工程测量规范》GB 50026 的有关规定。

4.1.2 土方工程施工中，应定期测量和校核其平面位置、标高和边坡坡度是否符合设计要求。平面控制桩和水准控制点应采取可靠措施加以保护，定期检查和复测。

4.1.3 土方工程施工方案应进行开挖、回填的平衡计算，做好土方调配，减少重复挖运。

4.1.4 土方开挖前应制定地下水控制和排水方案。

4.1.5 临时排水和降水时，应防止损坏附近建（构）筑物的地基和基础，并应避免污染环境和损害农田、植被、道路。

4.1.6 土方工程施工时，应防止超挖、铺填超厚。采用机械或机组联合施工时，大型机械无法施工的边坡修整和场地边角、小型沟槽的开挖或回填等，可采用人工或小型机具配合进行。

4.1.7 平整场地的表面坡度应符合设计要求，当设计无要求时，应向排水沟方向作成不小于2‰的坡度。

4.1.8 基坑、管沟边沿及边坡等危险地段施工时，应设置安全护栏和明显警示标志。夜间施工时，现场照明条件应满足施工需要。

4.2 排水和地下水控制

Ⅰ 排 水

4.2.1 临时排水系统宜与原排水系统相结合，当确需改变原排水系统时，应取得有关单位的同意。山区施工应充分利用自然排水系统，并应保护自然排水系统和山地植被。

4.2.2 在山坡地区施工，宜优先按设计要求做好永久性截水沟，或设置临时截水沟，沟壁、沟底应防止渗漏。在平坦或低洼地区施工，应根据场地的具体情况，在场地周围或需要地段设置临时排水沟或修建挡水堤。

4.2.3 临时截水沟和临时排水沟的设置，应防止破坏挖、回填的边坡，并应符合下列规定：
 1 临时截水沟至挖方边坡上缘的距离，应根据施工区域内的土质确定，不宜小于3m；
 2 临时排水沟至回填坡脚应有适当距离；
 3 排水沟底宜低于开挖面300mm～500mm。

4.2.4 临时排水当需排入市政排水管网，应设置沉淀池；当水体受到污染时，应采取措施。排水水质应符合现行国家标准《污水综合排放标准》GB 8978 的有关规定。

Ⅱ 地下水控制

4.2.5 土方工程施工前，应在具备场地工程地质与水文地质及周边水文资料的基础上，根据基坑（槽）的平面尺寸、开挖深度进行地下水控制的设计及施工。

4.2.6 地下水控制可采取明排、降水、截水、回灌等方法。

4.2.7 在土方开挖过程中应减小降水对周边地质环境和建筑物的影响。

4.2.8 地下水位宜保持低于开挖作业面和基坑（槽）底面500mm。

4.2.9 降水应严格控制出水含砂量，含砂量应小于表 4.2.9 的规定值。

表 4.2.9 含砂量控制标准（体积比）

粗砂	中砂	粉细砂	备注
1/50000	1/20000	1/10000	指稳定抽水 8h 后的含砂量

4.2.10 当基底下有承压水时，应进行坑底突涌验算，必要时，应采取封底隔渗透或钻孔减压措施；当出现流砂、管涌现象时，应及时处理。

4.2.11 降水施工应满足下列要求：
 1 降水开始前应完成排水系统，抽出的地下水应不渗漏地排至降水影响范围以外；
 2 降水过程中应进行降水监测；
 3 降水过程中应配备保持连续抽水的备用电源；
 4 降水结束后应及时拆除降水系统，并进行回填处理。回填物不得影响地下水水质。

4.3 边坡及基坑支护

4.3.1 支护结构的设计与施工应符合国家现行标准《建筑边坡工程技术规范》GB 50330 及《建筑基坑支护技术规程》JGJ 120 的有关规定。

4.3.2 三级及以上安全等级边坡及基坑工程施工前，应由具有相应资质的单位进行边坡及基坑支护设计，由支护施工单位根据设计方案编制施工组织设计，并报送相关单位审核批准。

4.3.3 边坡及基坑支护可采取挡土墙支护、排桩支护、锚杆（索）支护、喷锚支护、土钉墙支护等支护方式。

4.3.4 边坡及基坑支护施工应符合下列规定：
 1 做好边坡及基坑四周的防、排水处理；
 2 严格按设计要求分层分段进行土方开挖；
 3 坡肩荷载应满足设计要求，不得随意堆载；
 4 施工过程中，应进行边坡及基坑的变形监测。

4.4 土方开挖

4.4.1 土方开挖的坡度应符合下列规定：
 1 永久性挖方边坡坡度应符合设计要求。当工程地质与设计资料不符，需修改边坡坡度或采取加固措施时，应由设计单位确定；
 2 临时性挖方边坡坡度应根据工程地质和开挖边坡高度要求，结合当地同类土体的稳定坡度确定；
 3 在坡体整体稳定的情况下，如地质条件良好、土（岩）质较均匀，高度在3m以内的临时性挖方边坡坡度宜符合表4.4.1的规定。

表 4.4.1 临时性挖方边坡坡度值

土的类别		边坡坡度
砂土	不包括细砂、粉砂	1:1.25～1:1.50
一般黏性土	坚硬	1:0.75～1:1.00
	硬塑	1:1.00～1:1.25
碎石类土	密实、中密	1:0.50～1:1.00
	稍密	1:1.00～1:1.50

4.4.2 土方开挖应从上至下分层分段依次进行，随时注意控制边坡坡度，并在表面上做成一定的流水坡度。当开挖的过程中，发现土质弱于设计要求，土（岩）层外倾于（顺坡）挖方的软弱夹层，应通知设计单位调整坡度或采取加固措施，防止土（岩）体滑坡。

4.4.3 在坡地开挖时，挖方上侧不宜堆土；对于临时性堆土，应视挖方边坡处的土质情况、边坡坡度和高度，设计确定堆放的安全距离，确保边坡的稳定。在挖方下侧堆土时，应将土堆表面平整，其高程应低于相邻挖方场地设计标高，保持排水畅通，堆土边坡不宜大于1:1.5；在河岸处堆土时，不得影响河堤稳定安全和排水，不得阻塞污染河道。

4.4.4 施工区域内临时排水系统应作好规划，土方开挖应处于干作业状态。

4.4.5 不具备自然放坡条件或有重要建（构）筑物地段的开挖，应根据具体情况采用支护措施。土方施工应按设计方案要求分层开挖，严禁超挖，且上一层支护结构施工完成，强度达到设计要求后，再进行下一层土方开挖，并对支护结构进行保护。

4.4.6 石方开挖应根据岩石的类别、风化程度和节理发育程度等确定开挖方式。对软地质岩石和强风化岩石，可以采用机械开挖或人工开挖；对于坚硬岩石宜采取爆破开挖；对开挖区周边有防震要求的重要结构或设施的地区进行开挖，宜采用机械和人工开挖或控制爆破。

4.4.7 在滑坡地段挖方时，应符合下列规定：

1 施工前应熟悉工程地质勘察设计资料，了解现场地形、地貌及滑坡迹象等情况；

2 不宜在雨期施工；

3 宜遵守先整治后开挖的施工程序；

4 施工前应做好地面和地下排水设施，上边坡作截水沟，防止地表水渗入滑坡体；

5 在施工过程中，应设置位移观测点，定时观测滑坡体平面位移和沉降变化，并做好记录，当出现位移突变或滑坡迹象时，应立即暂停施工，必要时，所有人员和机械撤至安全地点；

6 严禁在滑坡体上堆载；

7 必须遵循由上至下的开挖顺序，严禁先切除坡脚；

8 采用爆破施工时，应采取控制爆破，防止因爆破影响边坡稳定。

4.4.8 治理滑坡体的抗滑桩、挡土墙宜避开雨期施工，基槽开挖或孔桩开挖应分段跳槽（孔）进行，并加强支撑，施工完一段墙（桩）后再进行下一段施工。

4.5 土方回填

4.5.1 土方回填工程应符合下列规定：

1 土方回填前，应根据设计要求和不同质量等级标准来确定施工工艺和方法；

2 土方回填时，应先低处后高处，逐层填筑。

4.5.2 回填基底的处理，应符合设计要求。设计无要求时，应符合下列规定：

1 基底上的树墩及主根应拔除，排干水田、水库、鱼塘等的积水，对软土进行处理；

2 设计标高500mm以内的草皮、垃圾及软土应清除；

3 坡度大于1:5时，应将基底挖成台阶，台阶面内倾，台阶高宽比为1:2，台阶高度不大于1m；

4 当坡面有渗水时，应设置盲沟将渗水引出填筑体外。

4.5.3 填料应符合设计要求，不同填料不应混填。设计无要求时，应符合下列规定：

1 不同土类应分别经过击实试验测定填料的最大干密度和最佳含水量，填料含水量与最佳含水量的偏差控制在±2%范围内；

2 草皮土和有机质含量大于8%的土，不应用于有压实要求的回填区域；

3 淤泥和淤泥质土不宜作为填料，在软土或沼泽地区，经过处理且符合压实要求后，可用于回填次要部位或无压实要求的区域；

4 碎石类土或爆破石渣，可用于表层以下回填，可采用碾压法或强夯法施工。采用分层碾压时，厚度应根据压实机具通过试验确定，一般不宜超过500mm，其最大粒径不得超过每层厚度的3/4；采用强夯法施工时，填筑厚度和最大粒径应根据强夯夯击能量大小和施工条件通过试验确定，为了保证填料的均匀性，粒径一般不宜大于1m，大块填料不应集中，且不宜填在分段接头处或回填与山坡连接处；

5 两种透水性不同的填料分层填筑时，上层宜填透水性较小的填料；

6 填料为黏性土时，回填前应检验其含水量是否在控制范围内，当含水量偏高，可采用翻松晾晒或均匀掺入干土或生石灰等措施；当含水量偏低，可采用预先洒水湿润。

4.5.4 土方回填应填筑压实，且压实系数应满足设计要求。当采用分层回填时，应在下层的压实系数经试验合格后，才能进行上层施工。

4.5.5 土方回填施工时应符合下列规定：

1 碾压机械压实回填时，一般先静压后振动或先轻后重，并控制行驶速度，平碾和振动碾不宜超过2km/h，羊角碾不宜超过3km/h；

2 每次碾压，机具应从两侧向中央进行，主轮应重叠150mm以上；

3 对有排水沟、电缆沟、涵洞、挡土墙等结构的区域进行回填时，可用小型机具或人工分层夯实。填料宜使用砂土、砂砾石、碎石等，不宜用黏土回填。在挡土墙泄水孔附近应按设计做好滤水层和排水盲沟；

4 施工中应防止出现翻浆或弹簧土现象，特别是雨期施工时，应集中力量分段回填碾压，还应加强临时排水设施，回填面应保持一定的流水坡度，避免积水。对于局部翻浆或弹簧土可以采取换填或翻松晾晒等方法处理。在地下水位较高的区域施工时，应设置盲沟疏干地下水。

4.5.6 软土、湿陷性黄土、膨胀土、红黏土、盐渍土等特殊土施工，应按照本规范第 4.6 节的规定执行。

4.6 特殊土施工

Ⅰ 软土施工

4.6.1 施工前必须做好场地排水和降低地下水位的工作，地下水位应降低至开挖面或基底 500mm 以下后，再开挖。降水工作应持续到设计允许停止或回填完毕。

4.6.2 软土开挖时，宜选用对道路压强较小的施工机械，当场地土不能满足机械行走要求时，可采用铺设工具式路基箱板等措施。

4.6.3 开挖边坡坡度不宜大于1:1.5。当遇淤泥和淤泥质土时，边坡坡度应根据实际情况适当减小；对淤泥和淤泥质土层厚度大于1m且有工程桩的土层进行开挖时，应进行土体稳定性验算。

4.6.4 当淤泥、淤泥质土层厚度大于1m时，宜采用斜面分层开挖，分层厚度不宜大于1m。

4.6.5 当土方暂停开挖时，挖方边坡应及时修整，清除边坡上工程桩桩间土，施工机械与物资不得靠近边坡停放。

4.6.6 相邻基坑（槽）和管沟开挖时，宜按先深后浅或同时进行的施工顺序，并应及时施工垫层、基础；当基坑（槽）内含有局部深坑时，宜对深坑部分采取加固措施。

4.6.7 土方开挖应遵循先支后挖、均衡分层、对称开挖的原则进行。

4.6.8 在密集群桩上开挖时，应在工程桩完成后，间隔一段时间再进行土方施工，桩顶以上 300mm 以内应采取人工开挖。在密集群桩附近开挖基坑（槽）时，应采取措施，防止桩基位移。

Ⅱ 湿陷性黄土施工

4.6.9 在湿陷性黄土地区施工前，应根据湿陷性黄土的类型和设计要求，重点做好施工现场的场地道路、排水措施、排水防洪通道、堆土点及地基处理等方案。

4.6.10 回填整平或开挖前，应对工程及其周边3m～5m范围内的地下坑穴进行探查与处理，并绘图和详细记录其位置、大小、形状及填充情况等。

4.6.11 在雨期施工时，应提前设置排水通道和采取防洪措施。排水坡度当设计无规定时，不应小于2%。

4.6.12 在邻近建筑物开挖土方时，应采取有效措施，确保建筑物周边排水畅通。堆土点的选择应避开自然排水通道，不得积水。

4.6.13 取土坑至建（构）筑物的距离在非自重湿陷性黄土场地不应小于12m，在自重湿陷性场内不应小于25m。

4.6.14 在满堂开挖的基坑内，宜设排水沟和集水井；基础施工完毕应及时用素土分层回填，夯实至散水垫层底，如设计无要求时，压实系数不宜小于0.93，并应形成排水坡度。

Ⅲ 膨胀土施工

4.6.15 膨胀土施工时，应防止被浸泡和曝晒，并满足以下要求：

1 宜避开雨期施工；

2 做好场地排水系统；

3 各道工序应紧密衔接，宜采用分段快速、连续作业；

4 填筑体、挖方边坡和基坑（槽）应及时进行防护，减少施工过程中的暴露时间。

4.6.16 基坑（槽）挖土接近基底设计标高时，宜预留150mm～300mm土层，待下一工序开始前挖除。验槽后，应及时封闭边坡和坑底。

4.6.17 用膨胀土进行回填时，应对回填土的膨胀性强弱进行判断，按下列要求区别使用：

1 弱膨胀土可根据当地气候、水文情况及质量要求加以应用，在设计无要求的情况下，可以作为填料直接使用；

2 中等膨胀土经过加工、改良处理后可作为填料使用；

3 强膨胀土，不应作为填料使用。

4.6.18 膨胀土不得直接作为涵洞、桥台、挡土墙等结构回填的填料。

4.6.19 使用弱膨胀土的回填区域，设计无要求时，边坡外缘或回填面层 300mm～500mm 范围应用透水性弱的非膨胀土外包。对于浅填区域（填高不足 1m

的区域）应挖去地表300mm～500mm的膨胀土换填透水性弱的非膨胀土，并按设计要求压实。

4.6.20 当使用机械回填时，应根据膨胀土自由膨胀率大小选用工作质量适宜的碾压机具，虚铺厚度宜小于300mm；土块应击碎至粒径小于50mm。

Ⅳ 红黏土施工

4.6.21 红黏土施工时，应根据设计要求、水文地质和工程地质、气象条件编制专项施工方案，合理选择施工工艺和施工设备，做好排水、防洪等措施。

4.6.22 土方施工前，应查明场地内地下洞穴并详细记录其具体位置，尺寸大小和充填情况，同时应按照设计要求或采取有效措施进行处理。

4.6.23 红黏土地区的边坡应进行稳定性评价，确定边坡坡度或采取支护措施。施工时，边坡应有专门的保湿、防浸泡和防雨水等施工措施。

Ⅴ 盐渍土施工

4.6.24 盐渍土地区施工，工程地质和水文地质勘察资料应包括以下内容：

 1 盐渍土含盐性质和含盐量分类；

 2 盐渍土各层厚度及其含盐量随气候和地质条件变化情况；

 3 最高地下水位，以及地下水位变化情况及其对含盐量的影响。

4.6.25 当盐渍土含盐量超过表4.6.25的规定值时，地基应进行处理，处理办法应取得设计单位同意。当采取换填土的地基处理办法时，换填料应为非盐渍土或可用盐渍土。对无盐胀和非溶陷盐渍土地基，应考虑防腐。

表4.6.25 盐渍土按含盐量分类

盐渍土名称	土层平均含盐量（质量%）			可用性
	氯盐渍土及亚氯盐渍土	硫酸盐渍土及亚硫酸盐渍土	碱性盐渍土	
弱盐渍土	0.5～1.0	0.3～0.5	/	可用
中盐渍土	1.0～5.0①	0.5～2.0①	0.5～1.0②	可用
强盐渍土	5.0～8.0①	2.0～5.0①	1.0～2.0②	可用但应采取措施
过盐渍土	>8.0	>5.0	>2.0	不可用

注：① 其中硫酸盐含量不超过2%方可用；
② 其中易溶碳酸盐含量不超过0.5%方可用。

4.6.26 填土地基应清除含盐的松散表层，不得采用含有盐晶、盐块或含盐植物的根、茎作填料。基础周围应以非盐渍土或经检测确认可用盐渍土作填料。填料应分层夯实，每层填筑厚度及压实遍数应根据材质、压实系数及所用机具性能并经过试验后确定，应能达到设计要求的压实系数。

4.6.27 回填基土表层及填料为盐渍土时，应满足下列要求：

 1 宜在地下水位较低的季节施工；

 2 当地下水位距回填基底较近且地基土松软时，应按设计要求做好反滤层、隔水层；

 3 在滨海地区，对含盐量较低的填料，宜使用轻、中型机械碾压；在干旱地区，对含盐量较高的填料，宜使用重型机械碾压；

 4 应清除回填地基含盐量超过表4.6.25规定值的地表土层或地表结壳下松散土层；

 5 在降雨量较大的地区，应按设计要求做好回填的表面处理。

4.6.28 在盐渍土地区的重要基础及地下管线，均应采取防腐措施。盐渍土地区的建（构）物及地下管线周围均应采取排水、防水、降水的技术措施，防止雨水、施工及生活用水、上下管道渗漏水浸湿或浸泡地基及附近场地。建筑物及工程设施施工时，应防止施工用水和场地雨水流入基坑或基础周围，应在施工组织设计中明确提出防止施工用水渗漏的要求。

4.7 特殊季节施工

Ⅰ 雨期施工

4.7.1 安排在雨期施工的工作面不宜过大，应逐段、逐片的分期完成。重要的或特殊的土方工程，不宜安排在雨期施工。

4.7.2 雨期施工应制定保证工程质量和安全施工的技术方案。

4.7.3 雨期施工前，应对施工场地排水系统进行检查、疏浚或加固，必要时应增加排水设施，保证水流畅通。在施工场地周围应防止地面水流入场地内，在傍山、沿河地区施工，应采取必要的防洪措施。

4.7.4 雨期施工时，应保证现场运输道路畅通。道路、路基和路面应根据需要加铺卵石、块石、炉渣、砂砾等，必要时应加高路基。道路两侧应修好排水沟，在低洼积水处应设置涵管，以利泄水。

4.7.5 回填施工取料、运料、铺填、压实等各道工序应连续进行，雨前应及时压完已填土层或将表面压光，并做成一定坡度。雨后应排除回填表层积水，进行晾晒，或除去表面受浸泡部分。

4.7.6 雨期施工可根据现场条件，采取以下措施保证回填质量：

 1 在地势较高，土质较好，含水率不高且易于排水的挖方地段，划留一定区域，作为雨期回填的取料区；

 2 在施工现场或附近易于排水的空旷地区，储存适于回填的填料，形成土丘，并表面压光，作为雨期回填备用填料；

 3 储备一定数量砂砾作为雨期回填重要部位的填料。

4.7.7 雨期开挖基坑（槽）或管沟时，应注意边坡稳定，必要时可适当减小边坡坡度或设置支撑。施工中应加强对边坡和支撑的检查。

4.7.8 雨期开挖基坑（槽）或管沟时，应在坑（槽）外侧围筑土堤或开挖排水沟，防止地面水流入坑（槽）。

Ⅱ 冬期施工

4.7.9 土方工程不宜安排在冬期施工，当必须安排在冬期施工，所采用的施工方法应进行技术经济比较后确定。施工前应周密计划，做好准备，做到连续施工。

4.7.10 采用防冻法开挖土方时，可在冻结前用保温材料覆盖或将表层土翻耕耙松，其翻耕深度应根据土层冻结深度确定，不宜小于300mm。

4.7.11 松碎冻土采用的机具和方法，应根据土质、冻结深度、机具性能和施工条件等确定，并应符合下列规定：

　　1 冻土层厚度较小时，可采用铲运机、推土机或挖土机直接开挖；

　　2 冻土层厚度较大时，可采用松土机、破冻土犁、重锤冲击、劈土锤（楔）或爆破法松碎。

4.7.12 融化冻土应根据工程量大小、冻结深度和现场条件选用烟火烘烤法、蒸汽（或热水）融化法和电热法等。融化时应按开挖顺序分段进行，每段土方量应与当天挖方量相适应。

4.7.13 冬期回填每层铺料压实厚度应比常温施工时减少20%～25%，预留沉陷量应由设计单位确定。

4.7.14 地基换填土方和永久性路面的路基回填，填料中不得含有冻土块，回填完成后至下道工序施工前，应采取防冻措施。

4.7.15 冬期回填施工应符合下列规定：

　　1 回填前应清除基底上的冰雪和保温材料；

　　2 回填边坡表层1m以内，不得以冻土填筑；

　　3 填料中冻土块的含量应符合设计要求，设计无明确要求时应符合相关规范规定；

　　4 回填上层应用未冻的、不冻胀的或透水性好的填料填筑，其厚度应符合设计要求。

4.7.16 冬期施工室外平均气温在－5℃以上时，回填高度不受限制；平均气温在－5℃以下时，回填高度不宜超过表4.7.16的规定。

表 4.7.16 冬期回填高度限制

平均气温（℃）	回填高度（m）
－5～－10	4.5
－11～－15	3.5
－16～－20	2.5

注：用石块和不含冻块的砂类土（不包括粉砂）、砾类土填筑时，回填高度不受本表限制。

4.7.17 设计无特殊要求的平整场地的回填，可用含有冻土块的填料填筑，但冻土块粒径不得大于150mm，冻土块的体积不得超过填料体积的30%。铺填时，冻土块应均匀分布，逐层压实。

4.7.18 冬期开挖土方时，当可能引起邻近建（构）筑物的地基或其他地下设施产生冻结破坏时，应采取防冻措施。

4.7.19 在挖方上侧弃置冻土时，弃土堆坡脚至挖方上边缘的距离，应为常温下规定的距离，再加上弃土堆的高度。

4.7.20 冬期开挖基坑（槽）或管沟时，应缩短基坑暴露时间，防止基础下的基土遭受冻结。如基坑（槽）开挖完毕至地基与基础或埋设管道之间有间隙时间，应在基底标高以上预留适当厚度的松土或其他保温材料覆盖。

4.7.21 冬期回填基坑（槽）或管沟除应符合本规范第4.5.3条规定外，尚应符合下列规定：

　　1 室内、有路面的道路范围内的管沟或基坑（槽）不得用含有冻土块的土回填；

　　2 室外的管沟回填，沟底至管顶500mm范围内不得含有冻土块回填，此范围以外可用含冻土块的土回填，但冻土块的体积不得超过填土体积的15%，最大粒径不大于150mm，并均匀分布；

　　3 回填工作应连续进行，防止基土或已填土层受冻。

4.7.22 在多年冻土地区，按保持冻结原则设计的基坑（槽）或管沟施工，在多年平均地温等于或高于－3℃时，明挖基础应在冬期施工；多年平均地温低于－3℃时，可在其他季节施工，但应避开高温季节，施工时应按下列要求进行：

　　1 施工前做好充分准备，土方开挖、基础施工和回填封闭应连续进行，不留间歇；

　　2 严禁地面水灌入基坑；

　　3 及时排除基坑内的地下水和融化水；

　　4 应在基坑顶部搭设遮阳、防雨棚。

4.7.23 冬期施工时，运输机械和行驶道路应设防滑措施。因冻结可能遭受损坏的机械设备、炸药、油料和降排水设施等，应采取保温或防冻措施。

4.7.24 冬期施工在化冻期应按下列规定进行：

　　1 化冻期必须做好地面排水工作；

　　2 化冻期不应进行含有冻土块的填料回填压实施工；

　　3 及时处理在化冻期的道路可能产生的沉陷、泥泞和出现弹簧土等现象。

4.8 质量验收

Ⅰ 一般规定

4.8.1 土方（子）分部、分项工程的划分及质量验收，应符合现行国家标准《建筑工程施工质量验收统一标准》GB 50300 的有关规定。

4.8.2 土方开挖、土方回填分项工程检验批可按回填料、工艺、分层、分区段划分，由施工单位会同监理单位（建设单位）在施工前确定。

4.8.3 检验批质量验收合格应符合下列规定：

　　1 主控项目质量符合本规范的规定；

　　2 一般项目中的实测（允许偏差）项目抽样检验的合格率应不低于80%，且超差点的最大偏差值不得大于允许偏差限值的1.5倍；

　　3 检验批质量符合工程设计文件要求和合同约定；

　　4 隐蔽工程施工质量记录完整，施工方案和质量验收记录完整。

4.8.4 分项工程质量验收合格应符合下列规定：

　　1 分项工程所含的检验批均应验收合格；

　　2 分项工程所含的检验批的质量验收记录应完整。

4.8.5 土方子分部工程施工质量验收合格应符合下列规定：

　　1 所含各分项工程质量均验收合格；

　　2 质量控制资料应完整；

　　3 土方（子）分部工程中有关安全、节能、环境保护的检验和抽样检验结果应符合有关规定。

Ⅱ 土方开挖

主控项目

4.8.6 原状地基土不得扰动、受水浸泡及受冻。

　　检查数量：全数检查。

　　检查方法：观察，检查施工记录。

4.8.7 开挖形成的边坡坡度及坡脚位置应符合设计要求。

　　检查数量：每20m边坡检查1点，每段边坡至少测3点。

　　检查方法：坡度用坡度尺结合2m靠尺量测；坡脚位置用全站仪等量测。

4.8.8 场地平整开挖区的标高允许偏差为±50mm；其他开挖区的标高允许偏差为0～-50mm。

　　检查数量：每400m²测1点，至少测5点。

　　检查方法：用水准仪测量。

4.8.9 开挖区的平面尺寸应符合设计要求。

　　检查数量：全数检查。

　　检查方法：放出开挖区设计边线，将开挖区实际边线与设计边线进行对比。

一般项目

4.8.10 场地平整开挖区表面平整度允许偏差为50mm；其他开挖区表面平整度允许偏差为20mm。

　　检查数量：每400m²测1点，至少测5点。

　　检查方法：用2m靠尺和钢尺检查。

4.8.11 分级放坡边坡平台宽度允许偏差为-50mm～+100mm。

　　检查数量：每20延长米平台测1点，每段平台至少测3点。

　　检查方法：用钢尺量。

4.8.12 分层开挖的土方工程，除最下面一层土方外的其他各层土方开挖区表面标高允许偏差为±50mm。

　　检查数量：每400m²测1点，至少测5点。

　　检查方法：标高用水准仪等量测。

Ⅲ 土方回填

主控项目

4.8.13 填料应符合设计要求。

　　检查数量：全数检查。

　　检查方法：直观鉴别、现场量测或取样检测。

4.8.14 回填土每层压实系数应符合设计要求。

　　检查方法与数量：采用环刀法取样时，基槽或管沟回填每层按长度20m～50m，取样一组，每层不少于1组；柱基回填，每层抽样柱基总数的10%，且不少于5组；基坑和室内回填每层按100m²～500m²取样一组，每层不少于1组；场地平整回填每层按400m²～900m²取样一组，每层不少于1组，取样部位应在每层压实后的下半部。

　　采用灌砂（或灌水）法取样时，取样数量可较环刀法适当减少，但每层不少于1组。

4.8.15 土方回填形成的边坡坡度及坡脚位置应符合设计要求。

　　检查数量：每20m边坡检查1点，每段边坡至少测3点。

　　检查方法：坡度用2m靠尺结合坡度尺量；坡脚位置用全站仪等量测。

4.8.16 场地平整回填区的标高允许偏差为±50mm；其他回填区的标高允许偏差为0～-50mm。

　　检查数量：每400m²测1点，至少测5点。

　　检查方法：用水准仪等量测。

一般项目

4.8.17 场地平整回填区表面平整度允许偏差为30mm；其他回填区表面平整度允许偏差为20mm。

　　检查数量：每400m²测1点，至少测5点。

　　检查方法：用2m靠尺和塞尺检查。

5 爆破工程

5.1 一般规定

5.1.1 承接爆破工程的施工企业，必须具有行政主管部门审批核发的爆破施工企业资质证书、安全生产许可证书及爆破作业许可证书，爆破作业人员应按核定的作业级别、作业范围持证上岗。

5.1.2 爆破工程应编制专项施工方案，方案应依据有关规定进行安全评估，并报经所在地公安部门批准后，再进行爆破作业。

5.1.3 爆破作业应做好下列安全准备工作：
    1 建立指挥组织，明确爆破作业及相关人员的分工和职责；
    2 实施爆破前应发布爆破作业通告；
    3 划定安全警戒范围，在警戒区的边界设立警戒岗哨和警示标志；
    4 清理现场，按规定撤离人员和设备。

5.1.4 爆破工程所用的爆破器材，应根据使用条件选用，并符合国家标准或行业标准。严禁使用过期、变质的爆破器材，严禁擅自配制炸药。

5.1.5 施工单位必须按规定处置不合格及剩余的爆破器材。

5.1.6 爆破器材临时储存必须得到当地相关行政主管部门的许可。

5.1.7 在爆破作业区域内有两个及以上爆破施工单位同时实施爆破作业时，必须由建设单位负责统一协调指挥。

5.1.8 爆破区域的杂散电流大于 30mA 时，宜采用非电起爆系统。使用电雷管在遇雷电和暴风雨时，应立刻停止爆破作业，将已连接好的各主、支У线端头解开，并将导线短路或断路，用绝缘胶布包紧裸露的接头后，迅速撤离爆破危险区并设置警戒。

5.1.9 现场使用的起爆设备和检测仪表，应定期检查标定，确保性能良好。

5.1.10 在有水环境进行爆破时，爆破器材应满足抗水、抗压的要求。

5.1.11 爆破器材的现场检测、加工必须在符合安全要求的场所进行。

5.1.12 爆破作业人员应按爆破设计进行装药，当需调整时，应征得现场技术负责人员同意并作好变更记录。在装药和填塞过程中，应保护好爆破网线；当发生装药阻塞，严禁用金属杆（管）捣捅药包。爆前应进行网路检查，在确认无误的情况下再起爆。

5.1.13 实施爆破后应进行安全检查，检查人员进入爆破区发现盲炮及其他险情应及时上报，根据实际情况按规定处理。

5.1.14 露天爆破当遇浓雾、大雨、大风、雷电等情况均不得起爆，在视距不足或夜间不得起爆。

5.2 起爆方法

Ⅰ 电力起爆

5.2.1 同一电爆网路应使用同厂、同型号、同批次的电雷管，各雷管间电阻差值不得大于产品说明书的规定。对表面有压痕、锈蚀、裂缝，脚线绝缘损坏、锈蚀，封口塞松动和脱出的电雷管严禁使用。

5.2.2 检测电雷管和电爆网路电阻时，必须使用专用的爆破仪表，其工作电流值不得大于 30mA。

5.2.3 电爆网路中起爆电源功率应能保证全部电雷管准爆，流经每个电雷管的电流应符合下列规定：
    1 一般爆破交流电不小于 2.5A；
    2 直流电不小于 2.0A；
    3 采用起爆器起爆时，电爆网路的连接方法和总电阻值，应符合起爆器说明书的要求。按规定严格管理起爆装置。

5.2.4 使用单个电雷管起爆时，电阻值应在规定范围内。使用成组电雷管时，每个电雷管的电阻差值不应大于产品说明书的要求；当使用电雷管进行大规模成组起爆时，宜把电阻值相近的电雷管编在一起，并使各组电阻值取得平衡。

5.2.5 电爆网路应采用绝缘电线，其绝缘性能、线芯截面积应符合爆破设计要求，使用前应进行电阻和绝缘检测。

5.2.6 电爆网路的连接必须在全部炮孔装填完毕和无关人员全部撤离后，由工作面向起爆站依次进行。导线连接时，应将线芯表面擦净，接点必须连接牢固，绝缘良好，相邻两线的接点应错开 100mm 以上。

5.2.7 采用交流电起爆时，必须安设独立起爆开关，并将其安设在上锁的专用起爆箱内。起爆开关钥匙在整个爆破作业期内由指定爆破员保管，不得转交他人。

5.2.8 爆破区内运入起爆药包前，必须划定作业安全区并拆除区域内一切电源，安全范围由爆破方案确定。在地下进行爆破作业且用电缆做专用起爆导线时，距装药工作面 50m 以内必须使用防爆安全矿灯或绝缘手电筒照明。

5.2.9 起爆前，应检测电爆网路的总电阻值，总电阻值符合设计要求时，方可与起爆装置连接。

5.2.10 起爆后应立即切断电源，并将主线短路。使用瞬发电雷管起爆时应在切断电源后再保持短路 5min 后再进入现场检查；采用延期电雷管时，应在切断电源后再保持短路 15min 后再进入现场检查。

Ⅱ 导爆索起爆

5.2.11 导爆索的连接方法必须严格执行出厂说明书的相关规定。当采用搭接时，其搭接长度不宜小于 150mm，中间不得夹有异物或炸药，并应绑扎牢固。当采用继爆管连接时，应保证前一段网路爆破时，不得损坏其后各段的网路。

5.2.12 当导爆索支线与主线采用搭接连接时，从接点起，沿传爆方向支线与主线的夹角应小于 90°。

5.2.13 严禁切割接上雷管或已插入药包的导爆索。

9—5—13

5.2.14 导爆索的敷设应避免打结、擦伤破损，如必须交叉时，应用厚度不小于100mm的木质垫块隔开。导爆索平行敷设的间距不得小于200mm。

5.2.15 起爆导爆索的雷管，应在距导爆索末端不小于150mm处捆扎，雷管聚能穴要与传爆方向一致。

5.2.16 起爆导爆索网路应使用双发雷管。

5.2.17 城镇或对冲击波敏感的爆破环境，严禁采用裸露导爆索传爆网路。

Ⅲ 导爆管起爆

5.2.18 导爆管与雷管连接，应按出厂说明书的要求进行。用于同一起爆网路的导爆管应选用同厂、同型号、同批次产品。

5.2.19 敷设导爆管网路时，不得将导爆管拉紧、对折或打结，炮孔内不得有接头。导爆管表面有损伤或管内有杂物者，不得使用。

5.2.20 导爆管起爆网路和起爆顺序应严格按设计进行连接。

5.2.21 使用导爆索起爆导爆管网路时，应采用直角连接方式。

5.2.22 采用雷管激发或传爆导爆管网路时，宜采用反向连接方式。导爆管应均匀地绑扎在雷管周围并用绝缘胶布绑扎牢固，导爆管端头距雷管不得小于150mm。

5.2.23 采用导爆管网路进行孔外延时传爆时，其延长时间必须保证前一段网路引爆后，不破坏相邻或后续各段网路。

5.2.24 爆后应从外向内、从干线至支线进行检查，发现拒爆按规定处置。

5.3 露天爆破

5.3.1 露天爆破按孔径、孔深的不同分为深孔爆破和浅孔爆破。

5.3.2 深孔爆破应符合下列规定：

1 露天深孔爆破应采用台阶爆破，在台阶形成之前进行爆破时应加大警戒范围；

2 台阶高度依据地质情况、开挖条件、钻孔机械、装载设备匹配及经济合理等因素确定，宜为8m～15m；

3 孔径依据钻机类型、台阶高度、岩石性质和作业条件等因素确定，底盘抵抗线应依据岩石性质、炮孔深度、炸药性能、起爆形式经过计算或试爆确定，宜为炮孔直径的30～40倍；

4 炮孔深度依据岩石性质、台阶高度和底盘抵抗线等因素确定，钻孔超深宜为底盘抵抗线的30%；

5 采用两排以上炮孔爆破时，炮孔间距宜为底盘抵抗线的1.0～1.25倍；

6 炮孔装药后应进行堵塞，堵塞长度宜为30～40倍的孔径。

5.3.3 浅孔爆破宜符合下列规定：

1 浅孔爆破台阶高度不宜超过5m，孔径宜在50mm以内，底盘抵抗线宜为30～40倍的孔径，炮孔间距宜为底盘抵抗线的1.0～1.25倍；

2 浅孔爆破堵塞长度宜为炮孔最小抵抗线的0.8～1.0倍，夹制作用较大的岩石宜为最小抵抗线的1.0～1.25倍；

3 浅孔爆破应避免最小抵抗线与炮孔孔口在同一方向，孔深小于0.5m的岩土爆破，应采用倾斜孔，倾角宜为45°～75°。

5.3.4 钻孔时，应将孔口周围的碎石、杂物清除干净，保持孔口稳定。当炮孔有水时，应采取吹孔等措施，并在有水部位装填防水炸药。

5.3.5 炮孔的位置、角度和深度应符合设计要求，钻孔前应检查布孔区内有无盲炮，确认作业环境安全后方可钻孔作业，严禁钻入爆破后的残孔。装药前应清除炮孔中的泥浆或岩粉。

5.3.6 炮孔采用人工装药时，不应过度挤压或分散装药；使用机械装填炸药时，应防止静电引起早爆。

5.3.7 在装药前应对第一排炮孔的最小抵抗线进行量测，对抵抗线偏小或断层、局部薄弱部位应采取调整措施。

5.4 控制爆破

Ⅰ 边坡控制爆破

5.4.1 边坡控制爆破宜采用预裂爆破和光面爆破。

5.4.2 预裂爆破应符合下列规定：

1 需要设置隔振带的开挖区，边坡开挖宜采取预裂爆破；

2 预裂爆破的炮孔应沿设计开挖边界布置，炮孔倾斜角度应与设计边坡坡度一致，炮孔底应处在同一高程；

3 炮孔直径根据台阶高度、地质条件和钻机设备确定；

4 炮孔超钻深度宜为0.5m～2.0m，坚硬岩石宜取大值，反之宜取小值；

5 炮孔深度L应按下式进行计算：

$$L = (H+h)/\sin\alpha \quad (5.4.2\text{-}1)$$

式中：α——边坡坡度角（°）即钻孔角度；

H——台阶高度（m）；

h——炮孔超深（m）。

6 孔距a_y与岩石性质和孔径有关，宜按8～12倍的孔径选取；

7 预裂爆破的炮孔线装药密度q_y和单孔装药量Q_y应按下列公式进行计算：

$$q_y = k_y \cdot a_y \quad (5.4.2\text{-}2)$$

$$Q_y = q_y \cdot L \quad (5.4.2\text{-}3)$$

式中：k_y——预裂爆破的单位面积岩石炸药消耗量

(g/m^2)，可根据不同岩性的经验值选取。

8 预裂炮孔与主炮孔之间应符合下列规定：
1) 两者应有一定的距离，该距离与主炮孔药包直径及单段最大药量有关，可根据经验值选取；
2) 预裂炮孔的布孔界限应超出主体爆破区、宜向主体爆破区两侧各延伸5m～10m；
3) 预裂爆破隔振时，预裂炮孔应比主炮孔深；
4) 预裂炮孔和主体炮孔同次起爆时，预裂炮孔应在主体炮孔前起爆，超前时间不宜小于75ms。

5.4.3 光面爆破应符合下列规定：
1 光面炮孔宜与主炮孔分段延时起爆，也可预留光爆层在主体爆破后独立起爆；
2 光面炮孔应沿设计开挖边界布置，炮孔倾斜角度应与设计边坡坡度一致，炮孔底应处在同一高程；
3 炮孔直径根据光面爆破的台阶高度、地质条件和钻孔设备确定；
4 炮孔超深宜为300mm～1500mm；
5 光面爆破的孔网参数可参考下列经验数据，也可通过实验确定。最小抵抗线 W_g 宜为15～20倍的孔径；孔距 a_g 宜为0.6～0.8倍最小抵抗线或按10～16倍的孔径确定；
6 炮孔深度 L 可按下式计算得出：
$$L = (H+h)/\sin\alpha \quad (5.4.3-1)$$
式中：α——边坡坡度角（°）即钻孔角度；
H——台阶高度（m）；
h——钻孔超深（m）。
7 光面爆破的炮孔线装药密度 q_g 应按下式确定：
$$q_g = k_g a_g W_g \quad (5.4.3-2)$$
式中：k_g——光面爆破的单位体积岩石炸药消耗量（g/m^3），可根据不同岩性的经验值选取。

光面爆破单孔装药量 Q_g 按下式计算：
$$Q_g = q_g \cdot L \quad (5.4.3-3)$$

8 光面炮孔与主体炮孔同次爆破时，光面炮孔应滞后相邻主炮孔起爆，滞后时间宜为50ms～150ms。

5.4.4 光面、预裂爆破装药结构设计应符合下列规定：
1 光面、预裂爆破的炮孔均应采用不耦合装药，不耦合系数宜为2～5；
2 光面、预裂爆破宜采用普通药卷和导爆索制成药串进行间隔装药，也可用光面、预裂爆破专用药卷进行连续装药；
3 光面、预裂爆破炮孔的装药结构宜分为底部加强装药段、正常装药段和上部减弱装药段。减弱装药段长度宜为加强段长段的1～4倍。其装药量应符合表5.4.4的规定。

表5.4.4 光面、预裂炮孔底部加强装药段药量增加表

炮孔深度L(m)	<3	3～5	5～10	10～15	15～20
L_1 (m)	0.2～0.5	0.5～1.0	1.0～1.5	1.5～2.0	2.0～2.5
$q_{预裂加强}/q_{预裂正常}$	1.0～2.0	2.0～3.0	3.0～4.0	4.0～5.0	5.0～6.0
$q_{光面加强}/q_{光面正常}$	1.0～1.5	1.5～2.5	2.5～3.0	3.0～4.0	4.0～5.0

5.4.5 光面、预裂爆破起爆网路宜用导爆索连接，组成同时起爆或多组接力分段起爆网路。当环境不允许时可用相应段别的电雷管或非电导爆管雷管直接绑入孔内导爆索或药串上起爆。

5.4.6 光面、预裂爆破钻孔的要求应符合下列规定：
1 钻孔前做好测量放线，标明孔口位置和孔底标高；
2 钻孔深度误差不得超过±2.5%的炮孔设计深度；
3 孔口偏差不得超过1倍炮孔直径；
4 炮孔方向偏斜不得超过设计方向的1°；
5 钻孔完毕应进行验孔，检查是否符合设计要求并做好记录和孔口保护，不合格的炮孔应在设计人员指导下重新钻孔。

5.4.7 光面、预裂爆破的质量应符合下列规定：
1 岩面半孔率，依据岩性不同宜为：硬岩（Ⅰ、Ⅱ）$\eta \geq 80\%$；中硬岩石（Ⅲ）$\eta \geq 50\%$；软岩（Ⅳ、Ⅴ）$\eta \geq 20\%$；（其中，$\eta = \sum l_0 / \sum L_0$，$\sum l_0$ 为检验区域残留炮孔长度总和，$\sum L_0$ 为检验区域炮孔长度总和）；
2 预裂爆破后，裂缝应按孔的中心线贯穿，深度达到孔底，预裂缝宽度一般为5mm～20mm；
3 壁面应平顺，壁面平整度宜为±150mm。

Ⅱ 拆除爆破

5.4.8 拆除爆破施工前，应调查了解被拆物的结构性能，查明附近建（构）筑物种类、各种管线和其他设施的分布状况和安全要求等情况。地下管网及设施，应做好记录并绘制相关位置关系图。

5.4.9 爆破安全防护设计应涵盖下列内容：
1 可能产生有危害性的爆破振动与塌落、触地震动；
2 可能产生有危害性的爆破飞石与塌落碰撞飞溅物；
3 被拆高耸建（构）筑物产生后座、滚动、偏斜、冲击作用、空气压缩等现象及可能造成的次生危害；
4 其他安全保护要求。

5.4.10 拆除爆破的预拆除设计，应通过结构力学计算确保结构稳定，预拆除工作应在工程技术人员的现场指导下进行。

5.4.11 重要工程或结构材质不明的拆除爆破，应进行必要的试爆确定爆破有关参数。

Ⅲ 水压爆破

5.4.12 水压控制爆破应采用复式网路，在水中不宜有接头和接点。

5.4.13 对地下构筑物，爆破前宜开挖出临空面。临空面沟壕内，不应有积水。

5.4.14 水压爆破前应做好爆破后储水宣泄的疏排及防范措施，防止造成水患。对开口容器实施水压爆破时，对爆破引起的水柱高度、散落面积进行控制。

5.5 其他爆破

Ⅰ 水下爆破

5.5.1 水下爆破施工前，应了解爆破危险区域的地质构造、建（构）筑物、船只通航以及水生物、水产养殖等情况，并制定有效的安全防护措施。

5.5.2 在通航水域进行水下爆破作业，应按相关管理部门的规定，发布爆破施工通告。从装药开始至爆破警戒解除期间，航道上下游应进行警戒。

5.5.3 水下钻孔爆破作业应符合下列规定：
1 爆破器材应满足抗水、抗压等要求，并进行与水深相适应的性能试验；
2 水下爆破宜采用导爆管或导爆索起爆网路。每个起爆体内至少应装入两发起爆雷管；
3 在急流、湍流水域布设的起爆网路应采取措施，使其具有足够的强度和良好的柔韧性；
4 若遇作业区域的风浪变化很大（暴涨或暴落），不具备安全施工条件时，应禁止进行水下钻孔、装药等作业；
5 在深水中钻孔，如岩层面覆盖有河砂、小卵石或碎石时，应采用套管法钻进，其套管通过覆盖层钻入稳定地层不应小于500mm～1000mm，以防卡钻；
6 水下深孔爆破采用分段装药时，各段均应装起爆药包；
7 水下钻孔爆破开挖基坑（槽）时，在接近基底标高处，应采取控制措施保护基岩。

Ⅱ 冻土爆破

5.5.4 冻土爆破应采用抗冻和抗爆破器材。

5.5.5 冻土爆破的一次爆破量，应根据挖运能力和气候条件确定，爆破的冻土应及时清除。

5.5.6 采用垂直炮孔爆破冻土时，其炮孔深度宜为冻土层厚度的0.7～0.8倍。炮孔间距、排距应根据土壤性质、炸药性能、炮孔直径和起爆方法等确定，堵塞长度一般不小于最小抵抗线的0.80～1.25倍。

5.5.7 冻土爆破单位炸药消耗量，应根据冻土的物理力学性质、冻土厚度、冻土温度、炸药性能等由设计确定。

Ⅲ 沟槽爆破

5.5.8 沟槽爆破应采用钻孔爆破，在建（构）筑物和人烟稠密区，宜采用小规模控制爆破。

5.5.9 沟壁垂直的沟槽应采用侧向无倾角的布孔方式，炮孔间距、排距应小于或等于最小抵抗线。炮孔与水平面应采用倾斜钻孔，设置合理的超深。

5.5.10 在平地上开挖沟槽时，宜在开挖一端或中部布置掏槽炮孔并首先起爆形成临空面，再按顺序起爆。

5.5.11 沟槽壁有平整度要求时，宜采取光面或预裂爆破。

5.5.12 沟槽爆破参数宜符合下列规定：
1 开挖深度不超过沟槽上口宽度的1/2，若超过宜分层爆破。
2 根据岩石结构、沟槽形状、开挖深度确定孔深，孔深宜为开挖深度的1.1～1.3倍；
3 孔距宜为孔深的0.6～0.8倍。

5.6 爆破工程监测与验收

Ⅰ 一般规定

5.6.1 爆破工程监测应由有相关资质的机构承担。

5.6.2 进行爆破工程监测时，应编制爆破工程监测方案。

5.6.3 爆破工程监测应采取仪器监测和现场调查相结合的方法。复杂环境爆破工程监测，宜采取仪表监测、巡视检查和宏观调查相结合的方法。

5.6.4 爆破工程监测应满足下列要求：
1 测点应针对爆破工程要求进行监测点布置；
2 监测设备应满足精度要求，宜实现自动化监测；
3 监测设备的安装，应满足设计要求。

5.6.5 监测仪器设备应满足高（低）温、防潮及防水、防尘等环境要求。

5.6.6 监测仪器设备应按规定进行检定、校准和期间核查。

5.6.7 爆破工程监测作业应符合现行国家标准《爆破安全规程》GB 6722的有关规定。

Ⅱ 监测方案

5.6.8 爆破工程监测前期工作应满足下列要求：
1 收集爆破工程设计、施工、爆区及监测对象所处地的地质、地形和静态观测资料；

2 依据爆破施工的具体情况，确定监测目的、监测项目、监测范围和监测时间；

3 进行实地勘察及社会调查。

5.6.9 爆破工程监测方案应包含监测项目、监测目的、测点布置、监测仪器设备数量及性能、监测实施进度、预期成果等内容。

Ⅲ 现场调查与观测

5.6.10 对可能产生次生危害的岩土构造及建（构）筑物必须编制专项监控方案，并采取相应的监控措施。

5.6.11 爆破对保护对象可能产生危害时，应进行现场调查与观测。根据爆破类型，进行现场调查记录。

5.6.12 现场调查与观测宜采取爆破前后对比检测的方法，应包含下列内容：

1 爆破前后被保护对象的外观变化；

2 爆破前后爆区周围的岩土裂隙、层面变化；

3 爆破前后爆区周围设置的观测标志变化；

4 爆破振动、飞石、有害气体、粉尘、噪声、冲击波、涌浪等对人员、生物及相关设施等造成的影响。

Ⅳ 质点振动监测

5.6.13 质点振动监测包括质点振动速度监测和质点振动加速度的监测。

5.6.14 监测仪器设备应符合下列规定：

1 传感器频带线性范围应覆盖被测物理量的频率，可按表5.6.14对应被测物理量的频率范围进行预估；

表 5.6.14 被测物理量的频率范围（Hz）

监测项目		爆破类型	
	硐室爆破	浅孔、深孔爆破	地下开挖爆破
质点振动速度	2~50	近区 30~500	20~500
		中区 10~200	
		远区 2~100	
质点振动加速度	0~300	0~1200	0~3000

2 记录设备的采样频率应大于12倍被测物理量的上限主振频率；

3 传感器和记录设备的测量幅值范围应满足被测物理量的预估幅值要求。

5.6.15 现场爆破振动监测应满足下列要求：

1 应全面收集与爆破振动有关的工程参数；

2 准确量测爆源与保护点的位置关系；

3 合理选择监测仪器设备的设定参数，满足被测物理量的要求；

4 应填写爆破振动监测记录表，并按本规范附录A的格式填写。

5.6.16 按爆破振动控制或许用标准，对其做出初步评价。

Ⅴ 有害气体监测

5.6.17 地下爆破作业应进行有害气体浓度监测，其指标符合表5.6.17的规定。

表 5.6.17 有害气体最大允许浓度

有害气体名称		CO	N_nO_m	SO_2	H_2S	NH_3	R_n
允许浓度	体积（%）	0.00240	0.00025	0.00050	0.00066	0.00400	$3700B_q/m^3$
	质量（mg/m³）	30	5	15	10	30	

5.6.18 施工单位应定期检测地下爆破作业场所有害气体浓度。

5.6.19 采样环境应与日常施工环境相同，检测有害气体浓度宜采用便携式智能有害气体检测仪。

5.6.20 应建立有害气体的记录档案。

Ⅵ 冲击波及噪声测试

5.6.21 爆破冲击波超压及噪声的测试宜采用专用的爆破冲击波和噪声测试仪器。

5.6.22 测点布置符合下列规定：

1 根据爆区位置和爆破参数及保护对象区域确定为监测点；

2 传感器的布置距周围障碍物应大于1.0m，距地面应大于1.5m，宜固定在三脚架上。

5.6.23 监测后应填写爆破空气冲击波及噪声监测记录表。

5.6.24 爆破空气超压安全允许标准：对人员为2000Pa；在城镇中，爆破噪声声压级安全允许标准为120dB，所对应的超压为20Pa。

5.6.25 爆破噪声声压级与实测超压的换算：

$$L_p = 20\lg(\Delta P/P_0) \quad (5.6.25)$$

式中：L_p——声压级，dB；

ΔP——实测超压，μPa；

P_0——基准声压，$20\mu Pa$。

Ⅶ 水击波、动水压力及涌浪监测

5.6.26 水下爆破时，应对爆区附近需要保护对象进行水击波及动水压力监测。

5.6.27 监测仪器设备应符合下列规定：

1 水击波传感器的工作频率不应小于1000kHz；动水压力测试的传感器的工作频率不小于1kHz，测压量程应大于测点动压范围；

2 记录设备应使用大容量智能数据采集分析系统，其工作频率范围应满足0~10MHz；仅用于动水压力测试的工作频率范围应满足0~10kHz。

5.6.28 测点布置应符合下列规定：

1 邻近建（构）筑物的测点宜布置在距建（构）筑物约 0.2m 的迎水面处；

2 结合监测进行爆破水击波传播规律测试时，测点至爆源的距离，可按爆破规模参考已有的经验公式估算，测点不应小于5个，其测点入水深度宜为 0.3～0.5 倍水深。

5.6.29 监测后应填写爆破水击波及动水压力测试记录表。

5.6.30 水下爆破引起的涌浪可能对附近建（构）筑物产生危害时应进行爆破涌浪监测。

5.6.31 涌浪监测项目包括涌浪的压力、浪高及周期，对重要护坡部位还应进行波浪爬高监测。

5.6.32 监测仪器设备宜符合下列规定：

1 涌浪压力监测宜采用压力传感器。

2 浪高和周期宜采用测波标杆或测波器监测。

5.6.33 测点宜布置在被保护建筑物的迎水面1.5m以内具有代表性的位置。

5.6.34 监测后应填写爆破涌浪监测记录表。

Ⅷ 验 收

5.6.35 爆破工程验收资料应包括爆破工程设计、施工专项方案及评审报告、爆破工程监测方案、监测报告及监控记录。过程控制资料包括：施工日志、效果分析、技术经济指标及其他过程监测资料等。

5.6.36 监测报告应包括下列内容：

1 监测时间、地点、部位、监测人员、监测目的与内容；

2 监测数据应包括监测环境平面图、监测指标和爆破参数；

3 结果分析与建议。

5.6.37 进行第三方监控时，监控单位应将监测结果在规定时间内报告相关部门。依据监测频度的不同，宜以快报、日报、周报、旬报或月报等形式发送报告，监测报表应按本规范附录B的格式填写。

5.6.38 有特殊要求时，应对监测成果进行必要的分析与评价。

附录A 爆破振动监测记录表

表A 爆破振动监测记录表

起始时间	年 月 日 时 分 秒			天气	
爆破位置	X=	Y=		H=	
爆破参数	孔数：	孔深：		孔距：	排距：
	单孔装药量：		最大段药量：		总装药量：
	孔内雷管：	孔间雷管：		排间雷管：	分段数：

续表A

测点号（位置）	爆心距	仪器编号	水平切向振速（加速度）	频率	竖直向振速（加速度）	频率	水平径向振速（加速度）	频率
X= Y= H=			合成速度	最大位移	最大加速度		相应频率	
			爆破噪声压强值		dB值		相应频率	
测点号（位置）	爆心距	仪器编号	水平切向振速（加速度）	频率	竖直向振速（加速度）	频率	水平径向振速（加速度）	频率
X= Y= H=			合成速度	最大位移	最大加速度		相应频率	
			爆破噪声压强值		dB值		相应频率	
测点号（位置）	爆心距	仪器编号	水平切向振速（加速度）	频率	竖直向振速（加速度）	频率	水平径向振速（加速度）	频率
X= Y= H=			合成速度	最大位移	最大加速度		相应频率	
			爆破噪声压强值		dB值		相应频率	

记录：　　　　　　校核：　　　　　　页码：

附录B 爆破安全监测报表

表B 爆破安全监测报表

项目名称			
工程地点		监测时间	
施工单位		现场负责人	
检(监)测单位		现场负责人	
检(监)测仪器型号：		爆破安全指标1控制限值：	
检(监)测仪器型号：		爆破安全指标2控制限值：	
检(监)测仪器型号：		爆破安全指标3控制限值：	
爆破区域描述与桩号			
检(监)测指标			
监测点	距爆源距离(m)	检(监)测指标1； 检(监)测指标2； 检(监)测指标3	

爆破作业参数					
炮孔号	延时段位	药量(kg)	堵塞长(m)	炮孔号	延时段位 药量(kg) 堵塞长(m)

1. 总装药量 $Q_总$ =＿＿＿＿＿kg　　2. 最大单段药量 $Q_单$ =＿＿＿＿＿kg

爆后现场检查	

主管：　　　　　　复核：　　　　　　记录：

本规范用词说明

1 为便于在执行本规范条文时区别对待,对要求严格程度不同的用词说明如下:

 1) 表示很严格,非这样做不可的:
  正面词采用"必须",反面词采用"严禁";

 2) 表示严格,在正常情况下均应这样做的:
  正面词采用"应",反面词采用"不应"或"不得";

 3) 表示允许稍有选择,在条件许可时首先应这样做的:
  正面词采用"宜",反面词采用"不宜";

 4) 表示有选择,在一定条件下可以这样做的,采用"可"。

2 条文中指明应按其他有关标准执行的写法为:"应符合……的规定"或"应按……执行"。

引用标准名录

1 《工程测量规范》GB 50026
2 《建筑工程施工质量验收统一标准》GB 50300
3 《建筑边坡工程技术规范》GB 50330
4 《爆破安全规程》GB 6722
5 《污水综合排放标准》GB 8978
6 《建筑基坑支护技术规程》JGJ 120

中华人民共和国国家标准

土方与爆破工程施工及验收规范

GB 50201-2012

条文说明

修 订 说 明

《土方与爆破工程施工及验收规范》GB 50201-2012，经住房和城乡建设部 2012 年 3 月 30 日以第 1359 号公告批准、发布。

为便于广大设计、施工、科研、学校等单位有关人员在使用本规范时能正确理解和执行条文规定，《土方与爆破工程施工及验收规范》编制组按章、节、条顺序编制了本规范的条文说明，对条文规定的目的、依据以及执行中需注意的有关事项进行了说明，还着重对强制性条文的强制性理由作了解释。但是，本条文说明不具备与规范正文同等的法律效力，仅供使用者作为理解和把握规范规定的参考。

目　次

1 总则 ·················· 9—5—23
2 术语 ·················· 9—5—23
3 基本规定 ············· 9—5—23
4 土方工程 ············· 9—5—23
  4.1 一般规定 ········· 9—5—23
  4.2 排水和地下水控制 ····· 9—5—23
  4.3 边坡及基坑支护 ···· 9—5—24
  4.4 土方开挖 ········· 9—5—24
  4.5 土方回填 ········· 9—5—24
  4.6 特殊土施工 ······· 9—5—25
  4.7 特殊季节施工 ····· 9—5—26
  4.8 质量验收 ········· 9—5—27
5 爆破工程 ············· 9—5—27
  5.1 一般规定 ········· 9—5—27
  5.2 起爆方法 ········· 9—5—28
  5.3 露天爆破 ········· 9—5—28
  5.4 控制爆破 ········· 9—5—29
  5.5 其他爆破 ········· 9—5—29
  5.6 爆破工程监测与验收 ··· 9—5—29

1 总 则

1.0.1～1.0.3 本规范适用于一般工业与民用建筑的土方与爆破工程施工，对于其他土木工程如铁路、公路、矿山、采掘场、隧道和水利工程等，因各有其施工特点和技术要求，故不包括在本规范内。

厂区内铁路和公路专用线的土方与爆破工程，一般均在整个场地平整中同时进行。施工时除应按本规范规定外，还应符合铁路和公路专门规范的有关要求。

竖井、洞库的石方爆破和沉箱（沉井）的土方开挖，由于其施工方法和技术要求比较特殊，应按专门规程或规定执行。

2 术 语

2.0.3 本规范所指坡度为边坡的高度与水平宽度之比 $H:L$（图1）。

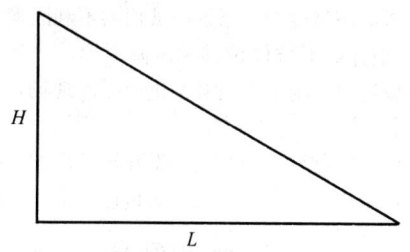

图1 坡度示意图

3 基本规定

3.0.1 在组织土方与爆破工程施工前，建设单位应向施工单位提供当地实测地形图（包括测量成果）、原有地下管线或构筑物竣工图、土石方施工图以及工程地质与水文地质、气象等技术资料，以便编制施工组织设计（或施工方案），并应提供平面控制桩和水准点，作为施工测量和工程验收的依据，确保施工安全。

3.0.3 根据住房和城乡建设部建质[2009]87号文《危险性较大的分部分项工程安全管理办法》规定"开挖深度超过3m（含3m）的土方开挖工程"需编制专项施工方案，"开挖深度超过5m（含5m）的基坑专项施工方案"应由施工单位组织专家进行论证。

4 土方工程

4.1 一般规定

4.1.1 对设计方有测量要求的工程，在满足规范的同时，还应满足设计要求。

4.1.3 土方的平衡与调配是土方工程施工的一项重要工作。由设计单位提出基本平衡数据，然后由施工单位根据实际情况进行平衡计算。如工程较大，在施工过程中还应进行多次平衡调整。在平衡计算中，应综合考虑土的松散率、压缩率、沉陷量等影响土方量变化和各种因素。

为了配合城乡建设的发展，土方平衡调配应尽可能与当地市、镇规划和农田水利等结合，将余土一次性运到指定弃土场，做好文明施工。

4.1.4 在土方工程施工中，地下水和地表积水影响施工作业效率、文明施工和环境保护。积水还可能导致边坡、基坑坍塌，因此必须针对现场具体情况编制降水和排水方案，在土方工程施工前实施降水或排水，保证工程的正常实施和安全生产。

4.1.7 场地表面做成一定坡度是为了满足有组织排水的需要，避免场地积水。

4.1.8 在危险地段如河沟边、洞穴口、陡坎处均应设置明显警示标志，以免发生安全事故。夜间施工光线不足，存在安全隐患，施工场地应根据施工操作和运输的要求，设置足够的照明。场地表面整平工作或在悬岩陡坎处施工等，均不宜在夜间进行。

4.2 排水和地下水控制

Ⅰ 排 水

4.2.1 施工现场由于缺乏排水总体规划，以致雨期施工中场地积水对生产影响很大。原排水系统系指自然排水系统和已有的排水设施，规划时应尽量与其相适应。为了减少施工费用，应先做好永久性排水设施，便于施工中的临时排水使用。在山区进行施工时，不应轻易地破坏自然排水系统或山地植被，否则容易引起滑坡，且对当地排灌和防洪也有影响。

4.2.2 在山区施工，由于雨期山洪水对开挖边坡和施工场地的影响很大，故应尽量做好永久性截水沟或设置临时截水沟，并应防止沟壁、沟底渗漏而形成缺口。在平坦或低洼地区施工，由于雨期场外水流入施工现场冲垮基坑（槽）或和沟的边坡，造成施工损失的事例较多，故一般应采取挖掘临时排水沟或做土堤等防治措施。

4.2.3 临时排水沟至回填坡脚的距离应根据场地地形、地质及填筑体材料综合考虑，一般不宜小于500mm。

4.2.4 受污染的水排入市政管道后，不仅会造成市政管网堵塞，还容易导致大规模的地表水和地下水污染。故条文中要求不仅要设置沉淀池，还要水质达到排放标准后才能排放。

Ⅱ 地下水控制

4.2.5、4.2.6 应根据工程要求、场地工程地质与水文地质条件以及地方经验综合确定地下水控制方法。

4.2.7~4.2.9 地下水位降低以及抽水大量出砂易引起地面沉陷、道路开裂以及建筑物变形等工程问题，因此，地下水控制工程中，应合理控制地下水深度，有效控制抽水含砂量，并结合相应措施，使相邻建筑区域地下水水位保持相对稳定，必要时可采取回灌或截水等措施。

4.2.10 坑底突涌有较大的工程危害，施工中遇到这类事故，应及时处理。

4.2.11 本条规定的说明：

1 临时排水系统如发生渗漏，不仅影响降水效果，而且影响土方施工，甚至造成挖方边坡坍塌等事故，故作此条规定。

2 降水监测应包括水位观测、抽水含砂率测定以及降水影响区域的环境监测等内容。

3 降水过程中，由于停电，抽水中断，地下水位回升，必将影响土方施工，甚至造成巨大的损失，所以，设置备用电源是必要的。

4 降水结束后，为避免废弃的降水管井、观测孔及起拔井管后遗留的空洞可能产生的隐患，应及时回填处理。回填物不能有污染物质是保护地下水资源的举措。

4.3 边坡及基坑支护

4.3.1 支护结构设计前，应收集场地地质勘察报告、周边环境情况调查以及边坡开挖要求等基础资料。

4.3.2 由地方行政主管部门或业主根据工程情况来确定是否进行设计论证，本规范不作具体要求。施工组织设计应达到依据充分、针对性强、措施具体等要求，并经严格审查后，方可实施。

4.3.3 支护方式应根据开挖边坡与建筑物的距离、建筑物的建筑结构、地下设施、开挖地段的地质情况和开挖深度进行综合考虑，除本条规定的支护形式外，尚可采用加筋水泥土桩锚支护、地下连续墙、排桩+锚索、地下连续墙（排桩）+内支撑等支护措施。

4.3.4 在施工组织设计中应对各注意事项加以细化，包括排水沟设置、坡顶硬化处理、分层开挖高度以及开挖下层土方对上层支护结构的承载力要求，应由第三方进行边坡及基坑的变形监测。

4.4 土方开挖

4.4.1 使用时间较长的临时性边坡是指使用时间超过一年但不超过两年的土方挖方工程临时边坡。边坡坡度值参考了《建筑地基基础工程施工质量验收规范》GB 50202-2002，并援引83版《土方与爆破工程施工及验收规范》的推荐值。

4.4.2 土方开挖过程中原则上必须从上至下分层开挖，确因工作面影响，也必须以保证边坡的稳定为前提，可以分台阶或分段开挖，禁止从下到上进行开挖；在开挖的过程中，注意观察开挖土质和岩质走向的变化，若发现土质明显弱于设计，岩质走向有顺坡情况，应马上通知设计调整或采用加固措施，防止边坡滑坡。对于大型土石方工程或山区建设，出现滑坡迹象时，对滑坡体应设观测点，随时掌握滑坡发展情况，及时采取有效措施。

4.4.3 对在边坡附近进行堆土的情况作了相关要求，以确保边坡稳定为目的。针对在河道和建（构）筑物附近堆土的情况作了安全方面的要求，主要是为了避免诸如上海莲花河畔在建工程倒塌此类事故的发生。

4.4.5 开挖的过程中应结合边坡的支护方式和设计要求有序开挖，控制好每一层开挖深度，确保开挖过程中边坡的稳定和建筑物的地基及附近建筑物本身的安全。

4.4.8 治理滑坡体的抗滑桩、挡土墙应尽量安排在旱季施工，确实因特殊情况（具有抢险工程性质的）要在雨期进行施工的，应做好以下措施：

1 对滑坡体周围作好排水和防雨措施，防止雨水进入滑坡体裂缝中，增加滑坡面的不利因素。

2 应作好滑坡体位移和沉降观测，一旦发现突变和滑坡迹象，施工人员必须迅速撤离现场，确保人员安全。

3 基槽开挖或孔桩开挖必须分段跳槽（孔）进行施工，施工完一段墙（桩）后再进行下一段施工。

4.5 土方回填

4.5.1 本条规定的说明：

1 回填施工中，不同的设计要求和质量等级标准要求的施工工艺、方法和施工机具是不同的，在施工前就应充分考虑并做好准备，保证施工能正常进行；

2 土方回填应从低点开始施工，可以避免增加回填区搭接，有利于填筑体的稳定，减少质量隐患。

4.5.2 回填基底的处理，当设计无要求时，应注意软土地基的处理方法，特别是高回填区（指填土高度大于10m），而坡度又大于1:5的坡地回填的质量控制问题，涉及回填基底和填筑体的沉降，以及填筑体的稳定问题。填筑体的沉降量包括地基受填筑体荷载产生的沉降量和填筑体土体自身的沉降量；填筑体的稳定问题主要是要解决原地基受填筑体荷载产生的压缩变形和填筑体不均匀沉降而产生的变形，避免填筑体产生的不均匀沉降而开裂和填筑体的地基及边坡不稳定而产生滑坡情况。

1 回填区域为软土或淤泥时，一般采取换填、抛石挤淤；软土层厚度较大时，采用砂垫层、砂井、砂桩、碎石桩、注浆、填石强夯等施工方法，其施工应按国家标准《建筑地基基础工程施工质量验收规范》GB 50202的有关规定执行。当地基处理完成后还应注意填筑速度控制，必须均匀加载，并进行变形监测，避免因填筑速度过快而影响软土处理效果。

3 对于坡度大于1:5的填筑工作面，必须将坡面挖成台阶，坡面上的软土应清除，台阶面内倾，台阶高度不高于1m，台阶高宽比为1:2；若采用填体强夯施工，台阶高度可提高到2m左右，台阶高宽比仍为1:2。

4.5.3 回填土方前应将土料的性质和条件通过试验分析，然后根据施工区域土料特性确定其回填部位和方法，按不同质量要求进行合理调配土方，并根据不同的土质和回填质量要求选择合理的压实设备。

1 土方回填可以根据不同的填料采取不同的填筑方法，回填土料应符合设计要求。土方填料填前应对取料场不同土质的填料通过土工试验作出其最大干密度和最佳含水量，其取样的频率一般要求每5000m³或土质发生变化情况下均要进行取样制标。

3 淤泥和淤泥质土一般不宜作为填料，但通过晾晒后，仍然可以作为回填区次要部位或无压实度要求区域。在实际施工过程中，若施工区域有干密度较大的干土或石渣，可以采用填一层淤泥后再填一层干土或石渣的方法，增加回填区的骨架，从而保证填筑体的质量。淤泥厚度不宜超过300mm，干土或石渣可以按500mm的厚度回填。

4 施工时要注意粗粒和较细粒填料的级配，保证填筑体填料的均匀性；在有打桩的区域，不宜填筑岩质坚硬的石块，更不能出现超大粒径的填料；结构物的附近不能采用强夯法施工。

5 这是防止水对回填土体的侵蚀作用，对回填土体质量有利。

4.5.4 土方回填分层松铺厚度和碾压遍数应根据土质类别、压实机具性能等经试验确定，检测填土压实系数的方法一般采用环刀法、灌砂法、灌水法或水袋法。

4.6 特殊土施工

Ⅰ 软土施工

4.6.1 软土是指天然孔隙比大于或等于1.0，且天然含水量大于液限的细粒土，包括淤泥、淤泥质土、泥炭、泥炭质土等。软土基坑降水，应根据当地土质情况，一般宜在基坑开挖前10d~20d开始。降水施工工期可由设计在施工图中注明，当设计没有明确时，降水应持续到基坑回填完毕。

4.6.2 由于软土的承载力较低，承受荷载后变形大。为了防止在基坑开挖过程中，施工机械的碾压造成基坑边坡失稳，特别是工程采用桩基时，施工机械运行会对工程桩造成挤压破坏。在基坑开挖前，应编制基坑开挖的施工方案，明确施工机械选型、施工机械行驶路线，并对施工机械行驶路线进行加固。同时宜选用对道路压强较小的施工机械，如履带式、多轮式的施工机械。

4.6.3 土体稳定性验算可采用条分法进行分析，安全系数可根据经验确定，当无经验时可取1.3。当基坑面积大于50m×50m时，开挖前宜先进行局部试挖，根据实际情况，确定边坡坡度。工程桩的桩间土必须随着土方的开挖将其清除，防止土体滑移引起工程桩移位或损坏。

4.6.5 由于软土呈软塑、流塑状，具有较大的流变性，在很多情况下，即使在相当小的剪切荷载作用下，其变形也会随着时间的推移而发展。为了预防土体的时变效应，每天开挖工作停歇时，或因故暂时停止基坑开挖时，开挖面的坡度必须满足施工方案所确定的比例，清除开挖面内的工程桩的桩间土，将施工机械撤离工作面。并应加强观测基坑的变化，及时采取相应措施。

4.6.6 当基坑内有局部加深的如电梯井、消防水池、集水井等深坑时，土方开挖前，应对深坑部位采用钢板桩、水泥搅拌桩等方法进行边坡加固。基坑开挖至设计标高后，及时进行垫层施工，封闭基底。当基坑内有电梯井、消防水池、集水井等局部加深的深坑时，容易对基坑的整体稳定，造成不利影响。故在深坑部位的土方开挖前，一般应对深坑部位进行边坡加固。当地层自身稳固性较强时，可采用放坡、挡墙、喷锚等支护措施。在软土层中可采用钢板桩、水泥搅拌桩等方法进行边坡加固。

4.6.7 软土基坑开挖中均衡分层、对称进行极其重要。多项工程实例证明，基坑开挖超过3m，由于没有分层挖土，由基坑的一边挖至另一边，先挖部分的桩体发生很大水平位移，有些桩由于位移过大而断裂。类似的，由于基坑开挖失当而引起的事故在软土地区屡见不鲜。因此挖土顺序必须合理适当，严格均衡开挖。

4.6.8 工程桩完成后需间隔的时间应根据工程桩的不同类型和土质确定。

Ⅱ 湿陷性黄土施工

4.6.9 在湿陷性黄土地区施工时，除了应根据湿陷性黄土的类型、特点和设计要求做好施工现场的平面规划外，还应根据湿陷等级和场地建（构）筑物的类别做好场地的地基处理。

近年来，随着我国建筑用地的日益紧缺，削山填谷已成为解决建筑用地的主要途径。在一些湿陷性黄土地区，在削山填谷造地的过程中未经勘察和论证，对存在巨厚湿陷性土层的场地上盲目回填造地，给回填场地地基处理造成了极大的难度，也为工程建设留下了隐患。

4.6.13 据调查，在非自重湿陷性黄土场地，长期渗漏点的横向浸湿范围约为10m~12m；在自重湿陷性黄土场地，长期渗漏点的横向浸湿影响范围约为20m～25m，在新建场地，取土坑有可能成为渗水池，为避免对新建或在建工程造成损坏，应尽量远离。

Ⅲ 膨胀土施工

4.6.15 膨胀土是一类特殊的非饱和土，主要由亲水性矿物组成，具有遇水膨胀、失水收缩的变形特性。具有超固结性、裂隙性、吸水显著膨胀软化、失水收缩开裂且反复变形等工程性质。总体处治原则是隔断水气迁移，减少膨胀土体湿度变化，进而达到减少土体膨胀或收缩的目的，必要时可采取化学改性，掺入石灰、粉煤灰改性，控制其膨胀率。

4.6.16 为了减少基坑暴露时间，验槽后，应及时浇筑混凝土垫层或采用喷（抹）水泥砂浆、土工塑料膜覆盖等封闭坑底措施。边坡面开挖完成后，也应采用类似方法及时封闭。

4.6.17 膨胀性的强弱一般由地质勘察报告提供，或设计文件中规定，也可以通过土工试验确定。按照土的自由膨胀率 F_s 可分为强、中、弱3级。

弱性膨胀土：$40\% \leqslant F_s < 65\%$

中性膨胀土：$65\% \leqslant F_s < 90\%$

强性膨胀土：$F_s \geqslant 90\%$

强性膨胀土难以捣碎压实，同时遇水膨胀、失水收缩率大，不易控制质量，不应作为有质量要求的填料；对于中性膨胀土，可以通过化学处理后（掺石灰、粉煤灰）使用，其胀缩总率接近零，在这种条件下经压实后是稳定的；对于弱性膨胀土，在没有特殊要求的情况下可以直接作为填料，一般采用包边法施工。

Ⅳ 红黏土施工

4.6.22 红黏土是由碳酸盐类经风化（以化学风化为主）后残积、坡积形成的红、棕红、黄褐等色的高塑性黏土。其天然孔隙比大于1.0受地下水运动的影响，易产生土洞，土洞如不及时有效处理，可能进一步发展和坍塌，导致地基基础和地面的沉降，造成不良影响。

4.6.23 黏土天然孔隙比大，颗粒小，受地表水的浸润，会导致抗剪强度的急剧下降。土体变干会导致干缩，引起边坡的坍塌，因此要求对边坡进行稳定性评价，在此基础上合理确定支护措施。当采用自然放坡边坡时要有防冲刷措施。如用土工布覆盖外复土植草，直接挂钢筋网喷混凝土层等措施进行防护。

Ⅴ 盐渍土施工

4.6.24、4.6.25 化学成分及含盐量超标的盐渍土对地基和基础均有不利影响，当土中含盐量小于0.5%时，对土的物理力学性能影响较小；当土中含盐量超过0.5%时，土的物理力学性能受到影响；当土中含盐量大于3%时，土的物理力学性能有较大影响。此时，土的物理力学性能主要取决于盐分和含盐种类，而土本身颗粒组成退居次要地位。含盐量愈多，则土的液限、塑限愈低，在含水率较小时，土就会达到液性状态而失去强度。

盐渍土在干燥时盐类呈结晶状态，地基有较高的强度；但在浸水后易溶解变为液态，强度降低，压缩性增大。土中含硫酸盐结晶时，体积膨胀，溶解后体积收缩，易使地基受胀缩的影响。土中含硫酸盐类时，液化后使土松散，会破坏地基的稳定性。盐渍土对混凝土、钢材、砖等建筑材料有一定腐蚀作用，尤其是含盐量超标时，腐蚀作用更为明显。

4.6.26 盐渍土填料的含盐量不得过高，否则不易压实，影响回填质量。

4.6.27 对回填基土表层和填料为盐渍土的情况进行了要求：

1 盐渍土在干燥状态下，其强度比不含盐的土还高，但含水量增加后，强度会急剧降低，故盐渍土施工应尽量在地下水位较低的季节进行。

2 如地下水位较高且基土比较松软时，应按设计要求在回填底部做好反滤层、隔水层，以阻止毛细水上升，影响盐渍土回填的强度。隔水层一般可采用：①由卵石、碎石、砾石或砾砂作成反滤层；②石灰沥青膏隔断层。

3 使用盐渍土填料时，其压实系数与填料的关系是：压实系数愈大，则达到某一密实度所容许的土中含盐量愈高；压实系数愈小，则容许的含盐量愈低。因此，当土中含盐量较高，要降低含盐量又极有困难时，应采用加大压实功能的办法，即采用重型辗压机械，尤其在干旱缺雨地区，更应如此。

4 盐渍土的含盐量随深度而逐渐减少，在旱季时，由于地面水分的蒸发，盐分不断聚集于表面，造成表层结盐、结壳及壳下的松散土层，因此必须清除，以免引起上部回填再盐渍化。

5 为防止雨水渗入回填土，使盐渍土溶湿而降低强度，故应按设计要求做好表面处理。

4.7 特殊季节施工

Ⅰ 雨期施工

4.7.1 雨期施工，填料的含水量容易偏高，压实质量难以达到设计要求，故工作面不宜过大，应逐段、逐片的分期进行。对于重要的或压实系数要求较高的回填工程，为了确保回填质量，不宜在雨期施工。

4.7.3 雨期施工时排水、防洪等措施都十分重要，均应在雨期施工前做好准备，防患于未然。

4.7.5 各道工序连续进行，有利于控制填料的含水量，防止表面积水而影响压实质量。如雨前来不及压完已铺填料，应将表面压光以便断续填料施工，待雨后表面晾干再行补压。

4.7.6 雨期施工中，回填质量的一个关键因素是填料含水量。本条所提出的几种措施，可供施工单位结合工程具体情况选择，以保证填料和回填质量。

4.7.7 雨期施工中，基坑（槽）或管沟的边坡容易受雨水冲刷坍塌，故应注意边坡的稳定，必要时应采取相应措施。

4.7.8 在坑（槽）外侧围以土堤或开挖排水沟，是防止地面水冲塌边坡的有效措施，特别是在软弱土地区更应注意。

Ⅱ 冬期施工

4.7.9 因冬期施工的费用较大，一般不宜采用。如工程急需，必须在冬期施工时，应根据土质情况、冻结深度、设备条件、工程特点和能源供应等情况，进行技术经济比较，合理选择施工方法。

4.7.10 防止土遭受冻结的方法，目前仍然是东北地区冬期开挖土方的一种常用的比较经济的方法。

4.7.11 本条根据我国东北地区的施工经验，并参考原苏联的有关资料，提出根据冻土厚度选择开挖、松碎机械的一些原则要求。

4.7.12 东北等地在融化冻土施工中，主要采用烟火烘烤法，蒸汽融化法次之，电热法因耗电大、成本高，很少采用。无论采用哪种方法，都应分段进行，以免土融化后来不及挖运而再次冻结。

4.7.13 因回填沉陷量受多种因素（如回填基土土质、压实质量、冻土含量等）的影响，应由设计单位根据具体要求确定。

4.7.14 本条根据《建筑地面工程施工及验收规范》GB 50209-2010 和高等级公路冬期施工要求拟定。

4.7.16 冬期回填高度随室外平均气温有所限制。

4.7.17 对设计无特殊要求的平整场地回填，可用含有冻土块的填料填筑，但对填筑提出了具体规定。

4.7.18~4.7.20 冬期挖方的关键问题是防止冻害，防止基底土冻结、防止对邻近建（构）筑物基础或其他地下设施产生冻结破坏，故应采取相应的防冻措施。

4.7.21 本条对冬期回填基坑（槽）或管沟作了明确的补充规定，以防止冻害，保证回填质量。

东北地区有些施工单位，对于在冻结期间不使用的管道，回填时未限制冻土块的含量和粒径，待化冻并沉落后再作补压（夯）处理。

4.7.22 本条系参考《铁路桥涵施工规范》TB 10203-2002 有关规定和青藏高原多年冻土区施工技术总结，要充分考虑人、机、工程三者和气候自然条件的协调。既要避开人员和机械难以适应（气温与氧分压最低）的严寒月份（1月~2月）施工，也尽可能地不在冻土热融活动最活跃的月份（7月~8月）施工。高含冰量冻土路堑堑顶挡水板的埋设选择在9月~10月份施工，路堑开挖选择在9、10、11月和3、4、5月，在6月底前完成基底及边坡换填，其他附属工程可在暖季进行。设置排水设施本着既保护冻土又尽量不破坏或少破坏地表的天然环境。

4.7.23 冬期施工、机具设备、炸药、油料等应注意安全，并采取相应保温或防冻措施。

4.7.24 在新疆土方施工中，化冻时施工最困难。本条系根据新疆机械化工程公司的施工经验所拟定。

4.8 质量验收

Ⅱ 土方开挖

4.8.7 坡度检查方法为：将上、下两条边平行的2m靠尺顺边坡坡度方向置于边坡表面，再用坡度尺测靠尺坡度，作为边坡坡度代表值。

4.8.9 土方开挖应保证平面尺寸达到设计要求，土方开挖平面边界尺寸受支护结构控制时，如排桩、地下连续墙支护下的土方开挖，不受本条限制；支护结构的施工质量与允许偏差应符合设计文件和相关专业规范要求。

5 爆破工程

5.1 一般规定

5.1.1 本条文中爆破施工企业是指按施工企业资质证书管理规定的标准取得爆破与拆除工程专业承包企业资质的施工企业，安全生产许可证书指企业依据《安全生产许可证条例》取得的《建筑施工安全许可证书》、《企业爆破作业证书》及《从业人员爆破作业证书》。

5.1.2 本条增加了爆破专项施工方案的要求。

5.1.3 爆破作业安全准备工作是非常重要的环节，本条重点提出组织机构及人员分工、爆破作业通告、安全警戒范围及警戒、清理现场四个方面内容。

5.1.4 使用过期或变质的爆破器材其性能得不到保证，会严重影响爆破效果，甚至还会引起安全事故。私自配制炸药严重违反《民用爆炸物品安全管理条例》，造成严重后果的还要追究刑事责任。

5.1.5 销毁爆炸物品是一项技术难度、作业难度、组织难度都非常大的危险性工作，稍有疏忽就会造成严重后果。

5.1.6 爆破器材临时储存及修建临时爆破器材库房必须经过公安管理部门的许可，修建临时库应通过安全评价合格的程序要求。

5.1.7 在同一区域或工作面上，多个爆破单位作业协调是现场爆破作业安全管理容易造成推诿和漏洞的环节，本条规定必须由建设单位负责协调指挥。

5.1.8 应将没有形成雷管脚线网路闭合面积的保持短路,将起爆网路形成闭合面积的保持断路,防止产生感应电流引起早爆。

5.1.9 现场起爆设备是指起爆器或起爆电源、起爆发电机等;检测仪表是指电雷管检测专用电桥或其他专用检测仪表等。

5.1.10 有水环境是指炮孔有水、水压爆破、水下爆破情形。

5.1.11 由于爆破作业现场的条件千差万别,应根据实际情况选择符合安全要求的场所,增加了现场可操作性。

5.1.12 本条强调了爆破作业人员按设计装药,不得擅自改变爆破参数;使用金属杆(管)捣捅药包会产生静电、火花或机械冲击力大等现象,容易造成火工品早爆,特别是带有雷管的药包。对爆破前检查也作了规定。

5.1.13 本条对爆后检查作出了必须首先检查盲炮,是否有未爆的火工品的规定,发现盲炮上报的目的是防止擅自处理。其他险情涵盖的内容比较多,根据爆破工程的实际情况确定。

5.1.14 在天气及气候条件不正常或变化比较大时,爆破作业容易出现准备不充分或慌乱等情形,视距不足会造成警戒困难。

5.2 起爆方法

Ⅰ 电力起爆

5.2.1 使用电雷管时,必须注意检查电雷管的质量及来源、型号、批次及说明书,了解电雷管的参数及安全要求。有损伤或缺陷的电雷管容易出现早爆或拒爆的情况,不能使用。

5.2.2 爆破专用电桥或检测仪表不同一般的万用表,其内部构造均做了防潮防水及密封处理,其导通检查电流小于30mA,使用其他的电桥不能保证检查雷管时的安全。

5.2.3 本条规定了流经每个雷管的电流要求是保证准爆的条件,也是网路设计校核的标准。起爆器起爆时,应注意阅读起爆器说明书与雷管说明书,使其相互匹配。

5.2.4 成组电雷管准爆的必要条件是各组电雷管阻值达到平衡,且满足准爆电流要求。

5.2.5 本条重点强调网路的导线符合绝缘性能和线芯截面积的要求。绝缘不好会损失电流,线芯截面积是决定导线电阻的重要因素,减小导线电阻保证起爆电流足够是电爆网的基本要求。

5.2.6 本条规定了连接网路的顺序,强调导线连接点的要求,接头虚接或接触不良影响导通的现象比较多,其很重要的原因就是作业人员不注重接点的质量。作业人员刚装完炸药就连接导线容易使导线连接点受到腐蚀性污染。

5.2.7 交流电起爆容易在闸刀开关的导通与关闭的管理上出现盲区,本条强调其管理细节。

5.2.8 本条明确提出电雷管药包装药时,爆破设计方案必须给出用电安全范围和用电安全要求。

5.2.9 电爆网路最大的技术特点就是可定量检测,通过检测电阻值可判断网路连接状态。

5.2.10 本条规定起爆后细节程序,并规定瞬发网路和延期雷管网路爆后进入现场的时间规定。

Ⅱ 导爆索起爆

5.2.11 导爆索是由猛性炸药加工而成的索状材料,其爆炸传爆性能非常强,连接时不需附加能量;由于传爆速度和爆炸力比较高,接头必须牢靠。

5.2.12 导爆索具有单向传爆特征,主线与支线搭接后的夹角小于90°是指两线沿传爆方向形成的夹角小于90°。

5.2.13 切割带有雷管或药包的导爆索,增加了早爆可能性的同时,还增大了早爆的后果严重度,必须严禁。

5.2.14 提出导爆索铺设的要求,特别注意导爆索传爆中相互干扰的因素。

5.2.15 导爆索传爆具有方向性。

5.2.16 双发雷管起爆导爆索增加起爆可靠性。

5.2.17 导爆索属于线性炸药,在露天传爆相当于裸露药包爆炸,其冲击波、噪声危害突出,对环境要求比较高。

Ⅲ 导爆管起爆

5.2.18 导爆管雷管的选取应参照电雷管的规定选用,也应按厂家说明书规定方法操作,同一网路应是同厂、同型号、同批次产品。

5.2.19 现场敷设导爆管网路时的检查要求。

5.2.20 设计导爆管网路时,应复核导爆管延时时间。

5.2.21 导爆索起爆导爆管网路时,采用直角连接方式比较可靠。

5.2.22 防止雷管聚能穴炸断导爆管的主要措施是:雷管端部(聚能穴)禁止朝向导爆管传爆方向,并用胶布捆扎牢实。当周围网线布置密度较大时,应当附加橡胶保护管,套封整个雷管。

5.2.23 导爆索孔外延时传爆时,前一段网路起爆后容易破坏后续网路,在网路延时设计和现场连接时必须加以考虑并采取措施。

5.2.24 规定了检查网路顺序、爆后检查发现盲炮。

5.3 露天爆破

5.3.1 深孔爆破通常是孔径大于50mm且孔深大于5m的台阶爆破,反之则称为浅孔爆破。

5.3.2 深孔爆破机械化程度较高，施工精度、工艺控制及安全管理水平明显改善，已成为岩土爆破中政策性推广的主导工艺。

5.3.3 浅孔爆破是最普通的爆破方法，广泛应用于土石方基础开挖、地下工程掘进及城市拆除爆破等。但对于爆破开挖量大的工程不适合。

5.3.4 对炮孔保证质量要求的规定。

5.3.5 对炮孔安全作业提出的要求。

5.3.6 对炮孔装药的要求。

5.3.7 第一排孔的最小抵抗线一般不太容易控制，抵抗线偏小处或薄弱部位会产生飞石，在实际装药中应进行必要的调整或采取防护措施。

5.4 控 制 爆 破

Ⅰ 边坡控制爆破

5.4.1 将预裂爆破和光面爆破定义为边界控制爆破的主要方法。

5.4.2 借鉴了铁路和公路路堑开挖预裂爆破技术要点，对预裂爆破提出应符合的规定。

5.4.3 借鉴了铁路和公路路堑开光面裂爆破技术要点，对光面爆破提出应符合的规定。

5.4.4 光面、预裂爆破装药结构设计要求。

5.4.5 光面、预裂爆破网路连接的要求。

5.4.6 光面、预裂爆破钻孔的要求。

5.4.7 光面、预裂爆破质量验收的要求。

Ⅱ 拆除爆破

5.4.8 拆除爆破前，对被拆建筑物结构性能及材质，对爆破影响区域内的管网及设施等必须进行彻查并做好勘验资料，防止爆破作业中损毁。特别是地下隐蔽管网及设施。

5.4.9 爆破安全防护设计应该涵盖的内容，该款规定的内容都是爆破风险比较大且又容易被忽视的内容。

5.4.10 明确规定预拆除设计要求，必须通过结构力学校核确保结构稳定，防止在拆除过程中坍塌，现场预拆除必须有工程技术人员现场监督指导的规定。

5.4.11 试验爆破是非常有效确定控制爆破参数的方法，在重要工程或结构材质不明时，试爆是非常有效的。

Ⅲ 水压爆破

5.4.12 水压爆破网路的可靠性要求比较高，采用复式网路，减少导爆管接头或接点，可提高可靠度。

5.4.13 水压爆破地下设施时在侧面和底部尽可能地开挖临空面。在临空面侧不应有水，有水会形成水压，影响破碎效果。

5.4.14 开口容器水压爆破，会产生水柱、散落或形成水患，对周围设备设施有危害影响，必须进行校核计算，估计对其影响程度。

5.5 其 他 爆 破

Ⅰ 水下爆破

5.5.1 水下爆破对环境安全的影响主要包括地震效应、水中冲击波及涌浪和砂基的振动液化等问题，其危害涉及地质构造、水工构筑物和附近地面建（构）筑物、船只通航以及水生物、水产养殖等情况，应在设计文件中充分体现，并依据相关规定确定安全警戒范围及相应的安全防护措施。

5.5.2 在有通航要求的水域水下爆破，牵涉的监督部门比较多，如港航监督部门、水上安全监督部门、火工品监督管理部门等，必须协调警戒。

5.5.3 水下钻孔爆破作业的具体要求。

Ⅱ 冻土爆破

5.5.4 冻土爆破在我国北方地区和西部地区广泛存在，爆破器材应具有抗冻和抗水性能。

5.5.5 冻土爆破后必须及时运走或清除，否则又被冻结。

5.5.6 垂直炮孔冻土爆破时，孔深宜为冻土厚度的0.7～0.8倍，这样能保证炸药在冻土层分布相对均匀，保证爆破松动效果。

5.5.7 冻土由于其冻结深度不同，冻土强度差别比较大，建议参照软岩至中等坚硬岩石的爆破参数。

Ⅲ 沟槽爆破

5.5.8 有控制爆破要求的情形，沟槽爆破可采用延时爆破技术，实现弱震动、低噪声。

5.5.9 沟壁垂直的爆破，可采用台阶爆破技术、倾斜炮孔爆破方法等。

5.5.10 在平地开挖沟槽，可采用掏槽爆破技术。

5.5.11 沟槽爆破可采用光面、预裂等技术，实现边控。

5.5.12 沟槽爆破孔深一般小于开口宽度的1/2，爆破效果才能显著，否则夹制作用很大爆破效果差。

5.6 爆破工程监测与验收

Ⅰ 一般规定

5.6.1 爆破工程监测机构法定资质是指具有技术监督部门认定的，具有独立出具公正数据的机构。爆破工程监测资质是指持有国家质量技术监督部门颁发的《计量认证证书》。其中，核定的检测范围应包括爆破工程监测的有关内容。

5.6.2 监测机构应编制爆破工程监测方案。承担爆破工程监测的机构，应按相关技术标准编制爆破工监测方案，包括监测设计、实施计划和步骤。

5.6.3 监测采用定量监测与现场调查结合的方法。比较符合目前爆破监测的实际情况。爆破安全检（监）测除采用仪器检（监）测外，还应在一定范围内同时进行现场调查。调查内容包括：目标物的结构特征、抗震能力、原有裂隙及其变化、有无新裂隙产生、外观及其结构变化程度等。

5.6.4 爆破工程监测的要求，包括下列内容：

1 测点布置既要能较全面地反映爆破作业（爆炸作用）的影响，又要能突出重点，做到少而精。利用静态检（监）测断面，既能收集到爆破（炸）影响观测资料，又便于动静资料对比分析，还可实现安全监控。静态检（监）测宜选择变形观测、裂隙观测等方法；

2 测试设备应可靠、耐久、经济、实用并力求先进；

3 测试设备按设计要求安装和埋设完毕后，应绘制安装分布图、填写记录表等作为过程控制文件，存档备案。

5.6.5 监测仪器必须满足爆破工程环境的要求，抗高温、防水防潮、防尘等要求。选择监测仪器时，必须符合工地的条件。

5.6.6 监测仪器、设备必须经过检定、校准和期间核查，才能保证监测仪器设备的计量准确性。

5.6.7 强调爆破工程监测现场作业安全，监测人员必须遵守现场爆破作业安全规定。

Ⅱ 监测方案

5.6.8 爆破工程监测前期准备非常重要，应包括：

1 收集工程爆破设计、施工、地质、地形及静态监测资料，才能对爆破（炸）作业可能会出现的有害效应及影响区域进行初步分析，为监测提供依据；

2 在爆破施工时，用于爆破作业对象、爆破作业环境和爆破方法等的不同都会影响到监测，因此要根据爆破施工的具体情况，确定监测目的、监测项目、监测范围和监测时间。

3 实地勘察和社会调查是进行爆破工程监测的前提。

5.6.9 规定了爆破工程监测方案的内容。

Ⅲ 现场调查与观测

5.6.10 爆破工程对保护对象可能产生危害时，进行现场调查与观测，目的是对爆破施工影响范围的预估，同时也是协调爆破施工环境的需要。

5.6.11 现场调查与观测是对爆区周围的保护对象进行大范围的查看，并有针对性地对保护对象进行爆破前后对比观测，一般都采用对比检测法。通过爆破工程实施前后保护或影响对象的表征变化程度进行爆破影响的判定依据。

5.6.12 规定了现场调查与观测方法及涵盖的内容。

Ⅳ 质点振动监测

5.6.13 描述工程爆破振动主要指标是振动速度和加速度，根据需要可选择不同质点振动指标进行监测。

5.6.14 本条是对监测仪器设备技术指标的要求：

1 表5.6.14中频率范围是根据大量实测资料统计而来，实践中可根据爆破类型、测点的远近，选择不同类型的传感器；

2 一个周期振动至少采样12点，才能较真实地反映被测物理量的特征。因此，记录设备的采样频率应大于12倍被测物理量的可能最高主振频率；

3 传感器和记录设备均有量程范围，当被测物理量预估幅值超过测试系统的量程时，应采取措施对传感器的输出信号进行衰减，或选择其他能满足要求的设备。

5.6.15 规定了现场爆破振动监测涵盖的内容。

5.6.16 对监测数据的判别与评价，必须设定指标。

Ⅴ 有害气体监测

5.6.17 《爆破安全规程》GB 6722规定的地下爆破作业点有害气体允许浓度。

5.6.18 规定施工单位定期检测爆破作业点有害浓度的要求。如：爆破炸药量增加、更换炸药品种或施工方法、施工条件发生改变时，应在爆破前后测定爆破有害气体浓度。

5.6.19 目前智能技术发展非常快，采用便携式有害气体检查仪器，灵活方便，便于应用。

5.6.20 炮烟中毒的事件时有发生，应积极做好现场的记录用于分析。

Ⅵ 冲击波及噪声测试

5.6.21 爆破冲击波超压及噪声的测试宜采用专用仪器。仪器的校准应由具有相应能力和资格的国家计量认证检测部门定期完成，并出具校准证书或校准报告。期间核查是保证仪器处于良好工作状态的基本工作内容，应根据实际情况，及时进行期间核查，确保测试数据的准确性。

5.6.22 测点布置必须经过设计，并符合监测测点布置要求。由于敏感建筑物、建筑物的敏感部位或需保护的敏感区域等方位不同，同一次爆破，宜同时选择几个测点。

5.6.23 监测应按要求做好记录。

5.6.24 爆破空气超压安全允许标准，采用《爆破安全规程》GB 6722-2011中的规定。

5.6.25 爆破噪声声压级与实测超压的换算方法。

Ⅶ 水击波、动水压力及涌浪监测

5.6.26 水下爆破时，水击波及动水压力是可能产生破坏作用的因素,是对爆区附近的保护对象进行安全监测的指标。

5.6.27 监测水击波的仪器设备要求。

5.6.28 监测水击波传感器测点布置应符合的要求。

5.6.29 监测水击波数据记录的要求。

5.6.30 涌浪也是水下爆破的危害之一,在有可能造成危害时,应进行监测。

5.6.31 涌浪监测指标的要求。

5.6.32 监测涌浪的仪器设备的要求。

5.6.33 监测涌浪传感器的测点布置应符合的要求。

5.6.34 监测涌浪的数据记录要求。

Ⅷ 验 收

5.6.35 爆破工程验收资料应包括工程设计是为了解工程对爆破作业的要求,爆破施工专项方案包括爆破设计、爆破技术说明书及相对应的工程图、爆破施工专项方案等;包括其评审报告;爆破工程监测设计方案、监测报告及监测记录等。

5.6.36 监测报告必须涵盖的内容。

5.6.37 第三方爆破工程监测方案及监测结果,应按规定报告给相关部门。

快报是指监测完马上对结果进行处理,形成的初步报告;其他按日、周、半月及月报等形式。目的是通过监测结果,对爆破作业进行控制。

5.6.38 特殊要求是指爆破工程有害效应影响对象牵涉到多方,应以爆破工程监测的成果作为依据,分析爆破工程有害因素的风险,对可能影响发生的可能性及后果程度必须进行评价。开展该项工作主要技术负责人应由持有爆破工程技术、安全评价及工程检测、监测等工程技术资质证书的上岗人员担任。

中华人民共和国国家标准

建筑地基基础工程施工质量验收规范

Code for acceptance of construction quality
of building foundation

GB 50202—2002

主编部门：上海市建设和管理委会员
批准部门：中华人民共和国建设部
实行日期：２００２年５月１日

关于发布国家标准《建筑地基基础工程施工质量验收规范》的通知

建标〔2002〕79号

根据建设部《关于印发〈一九九七年工程建设标准制订、修订计划〉的通知》（建标〔1997〕108号）的要求，上海市建设和管理委员会会同有关部门共同修订了《建筑地基基础工程施工质量验收规范》。我部组织有关部门对该规范进行了审查，现批准为国家标准，编号为GB 50202—2002，自2002年5月1日起施行。其中，4.1.5、4.1.6、5.1.3、5.1.4、5.1.5、7.1.3、7.1.7为强制性条文，必须严格执行。原《地基与基础工程施工及验收规范》GBJ 202—83和《土方与爆破工程施工及验收规范》GBJ 201—83中有关"土方工程"部分同时废止。

本规范由建设部负责管理和对强制性条文的解释，上海市基础工程公司负责具体技术内容的解释，建设部标准定额研究所组织中国计划出版社出版发行。

中华人民共和国建设部
二〇〇二年四月一日

前　言

本规范是根据建设部《关于印发〈一九九七年工程建设标准制订、修订计划〉的通知》〔建标（1997）108号〕的要求，由上海建工集团总公司所属上海市基础工程公司会同有关单位共同对原国家标准《地基与基础工程施工及验收规范》GBJ 202—83修订而成的。

在修订过程中，规范编制组开展了专题研究，进行了比较广泛的调查研究，总结了多年的地基与基础工程设计、施工的经验，适当考虑了近几年已成熟应用的新技术，按照"验评分离、强化验收、完善手段、过程控制"的方针，进行全面修改，形成了初稿，又以多种方式广泛征求了全国有关单位的意见，对主要问题进行了反复修改，最后经审定定稿。

本规范主要内容分8章，包括总则、术语、基本规定、地基、桩基础、土方工程、基坑工程及工程验收等内容。其中土方工程是将原《土方与爆破工程施工及验收规范》GBJ 201—83中的土方工程内容予以修改后放入了本规范，基坑工程是为适应新的形势而增添的内容。

本规范将来可能需要进行局部修订，有关局部修订的信息和条文内容将刊登在《工程建设标准化》杂志上。

本规范以黑体字标志的条文为强制性条文，必须严格执行。

为了提高规范质量，请各单位在执行本标准的过程中，注意总结经验，积累资料，随时将有关的意见和建议反馈给上海市基础工程公司（上海市江西中路406号、邮编：200002、E-mail：zgs@sfec.sh.cn），以供今后修订时参考。

本规范主编单位、参编单位和主要起草人：

主　编　单　位：上海市基础工程公司

参　编　单　位：中国建筑科学研究院地基所
　　　　　　　　　中港三航设计研究院
　　　　　　　　　建设部综合勘察研究设计院
　　　　　　　　　同济大学

主要起草人：桂亚琨　叶柏荣　吴春林　李耀刚
　　　　　　　李耀良　陈希泉　高宏兴　郭书泰
　　　　　　　缪俊发　李康俊　邱式中　钱建敏
　　　　　　　刘德林

目　次

1　总则 ………………………………………… 9—6—4
2　术语 ………………………………………… 9—6—4
3　基本规定 …………………………………… 9—6—4
4　地基 ………………………………………… 9—6—5
　4.1　一般规定 ……………………………… 9—6—5
　4.2　灰土地基 ……………………………… 9—6—5
　4.3　砂和砂石地基 ………………………… 9—6—5
　4.4　土工合成材料地基 …………………… 9—6—5
　4.5　粉煤灰地基 …………………………… 9—6—5
　4.6　强夯地基 ……………………………… 9—6—6
　4.7　注浆地基 ……………………………… 9—6—6
　4.8　预压地基 ……………………………… 9—6—6
　4.9　振冲地基 ……………………………… 9—6—6
　4.10　高压喷射注浆地基 ………………… 9—6—6
　4.11　水泥土搅拌桩地基 ………………… 9—6—7
　4.12　土和灰土挤密桩复合地基 ………… 9—6—7
　4.13　水泥粉煤灰碎石桩复合地基 ……… 9—6—7
　4.14　夯实水泥土桩复合地基 …………… 9—6—7
　4.15　砂桩地基 …………………………… 9—6—8
5　桩基础 ……………………………………… 9—6—8
　5.1　一般规定 ……………………………… 9—6—8
　5.2　静力压桩 ……………………………… 9—6—9
　5.3　先张法预应力管桩 …………………… 9—6—9
　5.4　混凝土预制桩 ………………………… 9—6—9
　5.5　钢桩 …………………………………… 9—6—10
　5.6　混凝土灌注桩 ………………………… 9—6—10
6　土方工程 …………………………………… 9—6—11
　6.1　一般规定 ……………………………… 9—6—11
　6.2　土方开挖 ……………………………… 9—6—11
　6.3　土方回填 ……………………………… 9—6—11
7　基坑工程 …………………………………… 9—6—11
　7.1　一般规定 ……………………………… 9—6—11
　7.2　排桩墙支护工程 ……………………… 9—6—12
　7.3　水泥土桩墙支护工程 ………………… 9—6—12
　7.4　锚杆及土钉墙支护工程 ……………… 9—6—12
　7.5　钢或混凝土支撑系统 ………………… 9—6—12
　7.6　地下连续墙 …………………………… 9—6—12
　7.7　沉井与沉箱 …………………………… 9—6—13
　7.8　降水与排水 …………………………… 9—6—14
8　分部（子分部）工程质量验收 …… 9—6—14
附录 A　地基与基础施工勘察要点 ………… 9—6—14
附录 B　塑料排水带的性能 ………… 9—6—15
本规范用词说明 ……………………………… 9—6—15
附：条文说明 ………………………………… 9—6—16

1 总则

1.0.1 为加强工程质量监督管理,统一地基基础工程施工质量的验收,保证工程质量,制定本规范。

1.0.2 本规范适用于建筑工程的地基基础工程施工质量验收。

1.0.3 地基基础工程施工中采用的工程技术文件、承包合同文件对施工质量验收的要求不得低于本规范的规定。

1.0.4 本规范应与现行国家标准《建筑工程施工质量验收统一标准》GB 50300 配套使用。

1.0.5 地基基础工程施工质量的验收除应执行本规范外,尚应符合国家现行有关标准规范的规定。

2 术语

2.0.1 土工合成材料地基 geosynthetics foundation

在土工合成材料上填以土(砂土料)构成建筑物的地基,土工合成材料可以是单层,也可以是多层。一般为浅层地基。

2.0.2 重锤夯实地基 heavy tamping foundation

利用重锤自由下落时的冲击能来夯实浅层填土地基,使表面形成一层较为均匀的硬层来承受上部载荷。强夯的锤击与落距要远大于重锤夯实地基。

2.0.3 强夯地基 dynamic consolidation foundation

工艺与重锤夯实地基类同,但锤重与落距要远大于重锤夯实地基。

2.0.4 注浆地基 grouting foundation

将配置好的化学浆液或水泥浆液,通过导管注入土体孔隙中,与土体结合,发生物化反应,从而提高土体强度,减小其压缩性和渗透性。

2.0.5 预压地基 preloading foundation

在原状土上加载,使土中水排出,以实现土的预先固结,减少建筑物地基后期沉降和提高地基承载力。按加载方法的不同,分为堆载预压、真空预压、降水预压三种不同方法的预压地基。

2.0.6 高压喷射注浆地基 jet grouting foundation

利用钻机把带有喷嘴的注浆管钻至土层的预定位置或先钻孔后将注浆管放至预定位置,以高压使浆液或水从喷嘴中射出,边旋转边喷射的浆液,使土体与浆液搅拌混合形成一固结体。施工采用单独喷出水泥浆的工艺,称为单管法;施工采用同时喷出高压空气与水泥浆的工艺,称为二管法;施工采用同时喷出高压水、高压空气及水泥浆的工艺,称为三管法。

2.0.7 水泥土搅拌桩地基 soil-cement mixed pile foundation

利用水泥作为固化剂,通过搅拌机械将其与地基土强制搅拌,硬化后构成的地基。

2.0.8 土与灰土挤密桩地基 soil-lime compacted column

在原土中成孔后分层填以素土或灰土,并夯实,使填土压密,同时挤密周围土体,构成坚实的地基。

2.0.9 水泥粉煤灰、碎石桩 cement flyash gravel pile

用长螺旋钻机钻孔或沉管桩机成孔后,将水泥、粉煤灰及碎石混合搅拌后,泵压或经下料斗投入孔内,构成密实的桩体。

2.0.10 锚杆静压桩 pressed pile by anchor rod

利用锚杆将桩分节压入土层中的沉桩工艺。锚杆可用垂直土锚或临时锚在混凝土底板、承台中的地锚。

3 基本规定

3.0.1 地基基础工程施工前,必须具备完备的地质勘察资料及工程附近管线、建筑物、构筑物和其他公共设施的构造情况,必要时应作施工勘察和调查以确保工程质量及临近建筑的安全。施工勘察要点详见附录A。

3.0.2 施工单位必须具备相应专业资质,并应建立完善的质量管理体系和质量检验制度。

3.0.3 从事地基基础工程检测及见证试验的单位,必须具备省级以上(含省、自治区、直辖市)建设行政主管部门颁发的资质证书和计量行政主管部门颁发的计量认证合格证书。

3.0.4 地基基础工程是分部工程,如有必要,根据现行国家标准《建筑工程施工质量验收统一标准》GB 50300 规定,可再划分若干个子分部工程。

3.0.5 施工过程中出现异常情况时,应停止施工,由监理或建设单位组织勘察、设计、施工等有关单位共同分析情况,解决问题,消除质量隐患,并应形成文件资料。

4 地 基

4.1 一般规定

4.1.1 建筑物地基的施工应具备下述资料：
1 岩土工程勘察资料。
2 临近建筑物和地下设施类型、分布及结构质量情况。
3 工程设计图纸、设计要求及需达到的标准，检验手段。

4.1.2 砂、石子、水泥、钢材、石灰、粉煤灰等原材料的质量、检验项目、批量和检验方法，应符合国家现行标准的规定。

4.1.3 地基施工结束，宜在一个间歇期后，进行质量验收，间歇期由设计确定。

4.1.4 地基加固工程，应在正式施工前进行试验段施工，论证设定的施工参数及加固效果。为验证加固效果所进行的载荷试验，其施加载荷应不低于设计载荷的2倍。

4.1.5 对灰土地基、砂和砂石地基、土工合成材料地基、粉煤灰地基、强夯地基、注浆地基、预压地基，其竣工后的结果（地基强度或承载力）必须达到设计要求的标准。检验数量，每单位工程不应少于3点，1000m²以上工程，每100m²至少有1点，3000m²以上工程，每300m²至少有1点。每一独立基础下至少应有1点，基槽每20延米应有1点。

4.1.6 对水泥土搅拌桩复合地基、高压喷射注浆桩复合地基、砂桩地基、振冲桩复合地基、土和灰土挤密桩复合地基、水泥粉煤灰碎石桩复合地基及夯实水泥土桩复合地基，其承载力检验，数量为总数的0.5%～1%，但不应少于3处。有单桩强度检验要求时，数量为总数的0.5%～1%，但不应少于3根。

4.1.7 除本规范第4.1.5、4.1.6条指定的主控项目外，其他主控项目及一般项目可随意抽查，但复合地基中的水泥土搅拌、高压喷射注浆桩、振冲桩、土和灰土挤密桩、水泥粉煤灰碎石桩及夯实水泥土桩至少应抽查20%。

4.2 灰土地基

4.2.1 灰土土料、石灰或水泥（当水泥替代灰土中的石灰时）等材料及配合比应符合设计要求，灰土应搅拌均匀。

4.2.2 施工过程中应检查分层铺设的厚度、分段施工时上下两层的搭接长度、夯实时加水量、夯压遍数、压实系数。

4.2.3 施工结束后，应检验灰土地基的承载力。

4.2.4 灰土地基的质量验收标准应符合表4.2.4的规定。

表4.2.4 灰土地基质量检验标准

项	序	检查项目	允许偏差或允许值		检查方法
			单位	数值	
主控项目	1	地基承载力		设计要求	按规定方法
	2	配合比		设计要求	按拌和时的体积比
	3	压实系数		设计要求	现场实测
一般项目	1	石灰粒径	mm	≤5	筛分法
	2	土料有机质含量	%	≤5	试验室焙烧法
	3	土颗粒粒径	mm	≤15	筛分法
	4	含水量（与要求的最优含水量比较）	%	±2	烘干法
	5	分层厚度偏差（与设计要求比较）	mm	±50	水准仪

4.3 砂和砂石地基

4.3.1 砂、石等原材料质量、配合比应符合设计要求，砂、石应搅拌均匀。

4.3.2 施工过程中必须检查分层厚度、分段施工时搭接部分的压实情况、加水量、压实遍数、压实系数。

4.3.3 施工结束后，应检验砂石地基的承载力。

4.3.4 砂和砂石地基的质量验收标准应符合表4.3.4的规定。

表4.3.4 砂及砂石地基质量检验标准

项	序	检查项目	允许偏差或允许值		检查方法
			单位	数值	
主控项目	1	地基承载力		设计要求	按规定方法
	2	配合比		设计要求	检查拌和时的体积比或重量比
	3	压实系数		设计要求	现场实测
一般项目	1	砂石料有机质含量	%	≤5	焙烧法
	2	砂石料含泥量	%	≤5	水洗法
	3	石料粒径	mm	≤100	筛分法
	4	含水量（与最优含水量比较）	%	±2	烘干法
	5	分层厚度（与设计要求比较）	mm	±50	水准仪

4.4 土工合成材料地基

4.4.1 施工前应对土工合成材料的物理性能（单位面积的质量、厚度、比重）、强度、延伸率以及土、砂石料等做检验。土工合成材料以100m²为一批，每批应抽查5%。

4.4.2 施工过程中应检查清基、回填料铺设厚度及平整度、土工合成材料的铺设方向、接缝搭接长度或缝接状况、土工合成材料与结构的连接状况等。

4.4.3 施工结束后，应进行承载力检验。

4.4.4 土工合成材料地基质量检验标准应符合表4.4.4的规定。

表4.4.4 土工合成材料地基质量检验标准

项	序	检查项目	允许偏差或允许值		检查方法
			单位	数值	
主控项目	1	土工合成材料强度	%	≤5	置于夹具上做拉伸试验（结果与设计标准相比）
	2	土工合成材料延伸率	%	≤3	置于夹具上做拉伸试验（结果与设计标准相比）
	3	地基承载力		设计要求	按规定方法
一般项目	1	土工合成材料搭接长度	mm	≥300	用钢尺量
	2	土料有机质含量	%	≤5	焙烧法
	3	层面平整度	mm	≤20	用2m靠尺
	4	每层铺设厚度	mm	±25	水准仪

4.5 粉煤灰地基

4.5.1 施工前应检查粉煤灰材料，并对基槽清底状况、地质条件予以检验。

4.5.2 施工过程中应检查铺筑厚度、碾压遍数、施工含水量控制、搭接区碾压程度、压实系数等。

4.5.3 施工结束后，应检验地基的承载力。

4.5.4 粉煤灰地基质量检验标准应符合表4.5.4的规定。

表4.5.4 粉煤灰地基质量检验标准

项	序	检查项目	允许偏差或允许值		检查方法
			单位	数值	
主控项目	1	压实系数		设计要求	现场实测
	2	地基承载力		设计要求	按规定方法

续表 4.5.4

项	序	检查项目	允许偏差或允许值		检查方法
			单位	数值	
一般项目	1	粉煤灰粒径	mm	0.001~2.000	过筛
	2	氧化铝及二氧化硅含量	%	≥70	试验室化学分析
	3	烧失量	%	≤12	试验室烧结法
	4	每层铺填厚度	mm	±50	水准仪
	5	含水量(与最优含水量比较)	%	±2	取样后试验室确定

4.6 强夯地基

4.6.1 施工前应检查夯锤重量、尺寸,落距控制手段,排水设施及被夯地基的土质。

4.6.2 施工中应检查落距、夯击遍数、夯点位置、夯击范围。

4.6.3 施工结束后,检查被夯地基的强度并进行承载力检验。

4.6.4 强夯地基质量检验标准应符合表 4.6.4 的规定。

表 4.6.4 强夯地基质量检验标准

项	序	检查项目	允许偏差或允许值		检查方法
			单位	数值	
主控项目	1	地基强度	设计要求		按规定方法
	2	地基承载力	设计要求		按规定方法
一般项目	1	夯锤落距	mm	±300	钢索设标志
	2	锤重	kg	±100	称重
	3	夯击遍数及顺序	设计要求		计数法
	4	夯点间距	mm	±500	用钢尺量
	5	夯击范围(超出基础范围距离)	设计要求		用钢尺量
	6	前后两遍间歇时间	设计要求		

4.7 注浆地基

4.7.1 施工前应掌握有关技术文件(注浆点位置、浆液配比、注浆施工技术参数、检测要求等)。浆液组成材料的性能应符合设计要求,注浆设备应能保证正常运转。

4.7.2 施工中应经常抽查浆液的配比及主要性能指标,注浆的顺序、注浆过程中的压力控制等。

4.7.3 施工结束后,应检查注浆体强度、承载力等。检查孔数为总量的2%~5%,不合格率大于或等于20%时应进行二次注浆。检验应在注浆后 15d(砂土、黄土)或 60d(粘性土)进行。

4.7.4 注浆地基的质量检验标准应符合表 4.7.4 的规定。

表 4.7.4 注浆地基质量检验标准

项	序	检查项目		允许偏差或允许值		检查方法
				单位	数值	
主控项目	1	原材料检验	水泥	设计要求		查产品合格证书或抽样送检
			注浆用砂:粒径 细度模数 含泥及有机含量	mm %	<2.5 <2.0 <3	试验室试验
			注浆用粘土:塑性指数 粘粒含量 含砂量 有机物含量	% %	>14 >25 <5 <3	试验室试验
			粉煤灰:细度 烧失量	%	不粗于同时使用的水泥 <3	试验室试验
			水玻璃:模数	2.5~3.3		抽样送检
			其他化学浆液	设计要求		查产品合格证书或抽样送检
	2	注浆体强度		设计要求		取样检验
	3	地基承载力		设计要求		按规定方法
一般项目	1	各种注浆材料称量误差		%	<3	抽查
	2	注浆孔位		mm	±20	用钢尺量
	3	注浆孔深		mm	±100	量测注浆管长度
	4	注浆压力(与设计参数比)		%	±10	检查压力表读数

4.8 预压地基

4.8.1 施工前应检查施工监测措施,沉降、孔隙水压力等原始数据,排水设施,砂井(包括袋装砂井)、塑料排水带等位置。塑料排水带的质量标准应符合本规范附录B的规定。

4.8.2 堆载施工应检查堆载高度、沉降速率。真空预压施工应检查密封膜的密封性能、真空表读数等。

4.8.3 施工结束后,应检查地基土的强度及要求达到的其他物理力学指标,重要建筑物地基应做承载力检验。

4.8.4 预压地基和塑料排水带质量检验标准应符合表 4.8.4 的规定。

表 4.8.4 预压地基和塑料排水带质量检验标准

项	序	检查项目	允许偏差或允许值		检查方法
			单位	数值	
主控项目	1	预压载荷	%	≤2	水准仪
	2	固结度(与设计要求比)	%	≤2	根据设计要求采用不同的方法
	3	承载力或其他性能指标	设计要求		按规定方法
一般项目	1	沉降速率(与控制值比)	%	±10	水准仪
	2	砂井或塑料排水带位置	mm	±100	用钢尺量
	3	砂井或塑料排水带插入深度	mm	±200	插入时用经纬仪检查
	4	插入塑料排水带时的回带长度	mm	≤500	用钢尺量
	5	塑料排水带或砂井高出砂垫层距离	mm	≥200	用钢尺量
	6	插入塑料排水带的回带根数	%	<5	目测

注:如真空预压,主控项目中预压载荷的检查为真空度降低值<2%。

4.9 振冲地基

4.9.1 施工前应检查振冲器的性能,电流表、电压表的准确度及填料的性能。

4.9.2 施工中应检查密实电流、供水压力、供水量、填料量、孔底留振时间、振冲点位置、振冲器施工参数等(施工参数由振冲试验或设计确定)。

4.9.3 施工结束后,应在有代表性的地段做地基强度或地基承载力检验。

4.9.4 振冲地基质量检验标准应符合表 4.9.4 的规定。

表 4.9.4 振冲地基质量检验标准

项	序	检查项目	允许偏差或允许值		检查方法
			单位	数值	
主控项目	1	填料粒径	设计要求		抽样检查
	2	密实电流(粘性土)	A	50~55	电流表读数
		密实电流(砂土或粉土)(以上为功率30kW振冲器)	A	40~50	电流表读数
		密实电流(其他类型振冲器)	A_0	1.5~2.0	电流表读数,A_0为空振电流
	3	地基承载力	设计要求		按规定方法
一般项目	1	填料含泥量	%	<5	抽样检查
	2	振冲器喷水中心与孔径中心偏差	mm	≤50	用钢尺量
	3	成孔中心与设计桩位中心偏差	mm	≤100	用钢尺量
	4	桩体直径	mm	≤50	用钢尺量
	5	孔深	mm	±200	量钻杆或重锤测

4.10 高压喷射注浆地基

4.10.1 施工前应检查水泥、外掺剂等的质量,桩位,压力表、流量表的精度和灵敏度,高压喷射设备的性能等。

4.10.2 施工中应检查施工参数(压力、水泥浆量、提升速度、旋转速度等)及施工程序。

4.10.3 施工结束后,应检验桩体强度、平均直径、桩身中心位置、桩体质量及承载力等。桩体质量及承载力检验应在施工结束后28d进行。

4.10.4 高压喷射注浆地基质量检验标准应符合表4.10.4的规定。

表 4.10.4 高压喷射注浆地基质量检验标准

项目	序	检查项目	允许偏差或允许值		检查方法
			单位	数值	
主控项目	1	水泥及外掺剂质量		符合出厂要求	查产品合格证书或抽样送检
	2	水泥用量		设计要求	查看流量表及水泥浆水灰比
	3	桩体强度或完整性检验		设计要求	按规定方法
	4	地基承载力		设计要求	按规定方法
一般项目	1	钻孔位置	mm	≤50	用钢尺量
	2	钻孔垂直度	%	≤1.5	经纬仪测钻杆或实测
	3	孔深	mm	±200	用钢尺量
	4	注浆压力		按设定参数指标	查看压力表
	5	桩体搭接	mm	>200	用钢尺量
	6	桩体直径	mm	≤50	开挖后用钢尺量
	7	桩身中心允许偏差		≤0.2D	开挖后桩顶下500mm处用钢尺量,D为桩径

4.11 水泥土搅拌桩地基

4.11.1 施工前应检查水泥及外掺剂的质量、桩位、搅拌机工作性能及各种计量设备完好程度(主要是水泥浆流量计及其他计量装置)。

4.11.2 施工中应检查机头提升速度、水泥浆或水泥注入量、搅拌桩的长度及标高。

4.11.3 施工结束后,应检查桩体强度、桩体直径及地基承载力。

4.11.4 进行强度检验时,对承重水泥土搅拌桩应取90d后的试件;对支护水泥土搅拌桩应取28d后的试件。

4.11.5 水泥土搅拌桩地基质量检验标准应符合表4.11.5的规定。

表 4.11.5 水泥土搅拌桩地基质量检验标准

项目	序	检查项目	允许偏差或允许值		检查方法
			单位	数值	
主控项目	1	水泥及外掺剂质量		设计要求	查产品合格证书或抽样送检
	2	水泥用量		参数指标	查看流量计
	3	桩体强度		设计要求	按规定办法
	4	地基承载力		设计要求	按规定办法
一般项目	1	机头提升速度	m/min	≤0.5	量机头上升距离及时间
	2	桩底标高	mm	±200	测机头深度
	3	桩顶标高	mm	+100 / -50	水准仪(最上部500mm不计入)
	4	桩位偏差	mm	<50	用钢尺量
	5	桩径		<0.04D	用钢尺量,D为桩径
	6	垂直度	%	≤1.5	经纬仪
	7	搭接	mm	>200	用钢尺量

4.12 土和灰土挤密桩复合地基

4.12.1 施工前应对土及灰土的质量、桩孔放样位置等做检查。

4.12.2 施工中应对桩孔直径、桩孔深度、夯击次数、填料的含水量等做检查。

4.12.3 施工结束后,应检验成桩的质量及地基承载力。

4.12.4 土和灰土挤密桩地基质量检验标准应符合表4.12.4的规定。

表 4.12.4 土和灰土挤密桩地基质量检验标准

项目	序	检查项目	允许偏差或允许值		检查方法
			单位	数值	
主控项目	1	桩体及桩间土干密度		设计要求	现场取样检查
	2	桩长	mm	+500	测桩管长度或垂球测孔深
	3	地基承载力		设计要求	按规定的方法
	4	桩径	mm	-20	用钢尺量
一般项目	1	土料有机质含量	%	≤5	试验室焙烧法
	2	石灰粒径	mm	≤5	筛分法
	3	桩位偏差		满堂布桩≤0.40D 条基布桩≤0.25D	用钢尺量,D为桩径
	4	垂直度	%	≤1.5	用经纬仪测桩管
	5	桩径	mm	-20	用钢尺量

注:桩径允许偏差负值是指个别断面。

4.13 水泥粉煤灰碎石桩复合地基

4.13.1 水泥、粉煤灰、砂及碎石等原材料应符合设计要求。

4.13.2 施工中应检查桩身混合料的配合比、坍落度和提拔钻杆速度(或提拔套管速度)、成桩深度、混合料灌入量等。

4.13.3 施工结束后,应对桩顶标高、桩位、桩体质量、地基承载力以及褥垫层的质量做检查。

4.13.4 水泥粉煤灰碎石桩复合地基的质量检验标准应符合表4.13.4的规定。

表 4.13.4 水泥粉煤灰碎石桩复合地基质量检验标准

项目	序	检查项目	允许偏差或允许值		检查方法
			单位	数值	
主控项目	1	原材料		设计要求	查产品合格证书或抽样送检
	2	桩径	mm	-20	用钢尺量或计算填料量
	3	桩身强度		设计要求	查28d试块强度
	4	地基承载力		设计要求	按规定的办法
一般项目	1	桩身完整性		按桩基检测技术规范	按桩基检测技术规范
	2	桩位偏差		满堂布桩≤0.40D 条基布桩≤0.25D	用钢尺量,D为桩径
	3	桩垂直度	%	≤1.5	用经纬仪测桩管
	4	桩长	mm	+100	测桩管长度或垂球测孔深
	5	褥垫层夯填度		≤0.9	用钢尺量

注:1 夯填度指夯实后的褥垫层厚度与虚体厚度的比值。
2 桩径允许偏差负值是指个别断面。

4.14 夯实水泥土桩复合地基

4.14.1 水泥及夯实用土料的质量应符合设计要求。

4.14.2 施工中应检查孔位、孔深、孔径、水泥和土的配比、混合料含水量等。

4.14.3 施工结束后,应对桩体质量及复合地基承载力做检验,褥垫层应检查其夯填度。

4.14.4 夯实水泥土桩的质量检验标准应符合表4.14.4的规定。

4.14.5 夯扩桩的质量检验标准可按本节执行。

表 4.14.4 夯实水泥土桩复合地基质量检验标准

项	序	检查项目	允许偏差或允许值		检查方法
			单位	数值	
主控项目	1	桩径	mm	-20	用钢尺量
	2	桩长	mm	+500	测桩孔深度
	3	桩体干密度		设计要求	现场取样检查
	4	地基承载力		设计要求	按规定的方法
一般项目	1	土料有机质含量	%	≤5	焙烧法
	2	含水量(与最优含水量比)		±2	烘干法
	3	土料粒径	mm	≤20	筛分法
	4	水泥质量		设计要求	查产品质量合格证书或抽样送检
	5	桩位偏差		满堂布桩≤0.40D 条基布桩≤0.25D	用钢尺量,D为桩径
	6	桩孔垂直度	%	≤1.5	用经纬仪测桩管
	7	褥垫层夯填度		≤0.9	用钢尺量

注:见表 4.13.4。

4.15 砂桩地基

4.15.1 施工前应检查砂料的含泥量及有机质含量、样桩的位置等。

4.15.2 施工中检查每根砂桩的桩位、灌砂量、标高、垂直度等。

4.15.3 施工结束后,应检验被加固地基的强度或承载力。

4.15.4 砂桩地基的质量检验标准应符合表 4.15.4 的规定。

表 4.15.4 砂桩地基的质量检验标准

项	序	检查项目	允许偏差或允许值		检查方法
			单位	数值	
主控项目	1	灌砂量	%	≥95	实际用砂量与计算体积比
	2	地基强度		设计要求	按规定方法
	3	地基承载力		设计要求	按规定方法
一般项目	1	砂料的含泥量	%	≤3	试验室测定
	2	砂料的有机质含量	%	≤5	焙烧法
	3	桩位	mm	≤50	用钢尺量
	4	砂桩标高	mm	±150	水准仪
	5	垂直度	%	≤1.5	经纬仪检查桩管垂直度

5 桩 基 础

5.1 一 般 规 定

5.1.1 桩位的放样允许偏差如下:
群桩 20mm;
单排桩 10mm。

5.1.2 桩基工程的桩位验收,除设计有规定外,应按下述要求进行:

1 当桩顶设计标高与施工场地标高相同时,或桩基施工结束后,有可能对桩位进行检查时,桩基工程的验收应在施工结束后进行。

2 当桩顶设计标高低于施工场地标高,送桩后无法对桩位进行检查时,对打入桩可在每根桩桩顶沉至场地标高时,进行中间验收,待全部桩施工结束,承台或底板开挖到设计标高后,再做最终验收。对灌注桩可对护筒位置做中间验收。

5.1.3 打(压)入桩(预制混凝土方桩、先张法预应力管桩、钢桩)的桩位偏差,必须符合表 5.1.3 的规定。斜桩倾斜度的偏差不得大于倾斜角正切值的 15%(倾斜角系桩的纵向中心线与铅垂线间夹角)。

表 5.1.3 预制桩(钢桩)桩位的允许偏差(mm)

项	项 目	允许偏差
1	盖有基础梁的桩: (1)垂直基础梁的中心线 (2)沿基础梁的中心线	100+0.01H 150+0.01H
2	桩数为 1~3 根桩基中的桩	100
3	桩数为 4~16 根桩基中的桩	1/2桩径或边长
4	桩数大于 16 根桩基中的桩: (1)最外边的桩 (2)中间桩	1/3桩径或边长 1/2桩径或边长

注:H 为施工现场地面标高与桩顶设计标高的距离。

5.1.4 灌注桩的桩位偏差必须符合表 5.1.4 的规定,桩顶标高至少要比设计标高高出 0.5m,桩底清孔质量按不同的成桩工艺有不同的要求,应按本章的各节要求执行。每浇注 $50m^3$ 必须有 1 组试件,小于 $50m^3$ 的桩,每根桩必须有 1 组试件。

表 5.1.4 灌注桩的平面位置和垂直度的允许偏差

序号	成孔方法		桩径允许偏差(mm)	垂直度允许偏差(%)	桩位允许偏差(mm)	
					1~3 根、单排桩基垂直于中心线方向和群桩基础的边桩	条形桩基沿中心线方向和群桩基础的中间桩
1	泥浆护壁钻孔桩	D≤1000mm	±50	<1	D/6,且不大于100	D/4,且不大于150
		D>1000mm	±50		100+0.01H	150+0.01H
2	套管成孔灌注桩	D≤500mm	-20	<1	70	150
		D>500mm			100	150
3	干成孔灌注桩		-20	<1	70	150
4	人工挖孔桩	混凝土护壁	+50	<0.5	50	150
		钢套管护壁	+50	<1	100	200

注:1 桩径允许偏差的负值是指个别断面。
   2 采用复打、反插法施工的桩,其桩径允许偏差不受上表限制。
   3 H 为施工现场地面标高与桩设计标高的距离,D 为设计桩径。

5.1.5 工程桩应进行承载力检验。对于地基基础设计等级为甲级或地质条件复杂,成桩质量可靠性低的灌注桩,应采用静载荷试验的方法进行检验,检验桩数不应少于总数的 1%,且不应少于 3 根,当总桩数少于 50 根时,不应少于 2 根。

5.1.6 桩身质量应进行检验。对设计等级为甲级或地质条件复杂,成检质量可靠性低的灌注桩,抽检数量不应少于总数的30%,且不应少于20根;其他桩基工程的抽检数量不应少于总数的20%,且不应少于10根;对混凝土预制桩及地下水位以上且终孔后经过核验的灌注桩,检验数量不应少于总桩数的10%,且不得少于10根。每个柱子承台下不得少于1根。

5.1.7 对砂、石子、钢材、水泥等原材料的质量、检验项目、批量和检验方法,应符合国家现行标准的规定。

5.1.8 除本规范第5.1.5、5.1.6条规定的主控项目外,其他主控项目应全部检查,对一般项目,除已明确规定外,其他可按20%抽查,但混凝土灌注桩应全部检查。

5.2 静力压桩

5.2.1 静力压桩包括锚杆静压桩及其他各种非冲击力沉桩。

5.2.2 施工前应对成品桩(锚杆静压成品桩一般均由工厂制造,运至现场堆放)做外观及强度检验,接桩用焊条或半成品硫磺胶泥应有产品合格证书,或送有关部门检验,压桩用压力表、锚杆规格及质量也应进行检查。硫磺胶泥半成品每100kg做一组试件(3件)。

5.2.3 压桩过程中应检查压力、桩垂直度、接桩间歇时间、桩的连接质量及压入深度。重要工程应对电焊接桩的接头做10%的探伤检查。对承受反力的结构加强观测。

5.2.4 施工结束后,应做桩的承载力及桩体质量检验。

5.2.5 锚杆静压桩质量检验标准应符合表5.2.5的规定。

表5.2.5 静力压桩质量检验标准

项目	序	检查项目	允许偏差或允许值		检查方法
			单位	数值	
主控项目	1	桩体质量检验			按基桩检测技术规范
	2	桩位偏差			见本规范表5.1.3 用钢尺量
	3	承载力			按基桩检测技术规范
一般项目	1	成品桩质量:外观 外形尺寸 强度			表面平整,颜色均匀,掉角深度<10mm,蜂窝面积不超过总面积0.5% 直观 见本规范表5.4.5 满足设计要求 查产品合格证书或钻芯试压
	2	硫磺胶泥质量(半成品)		设计要求	查产品合格证书或抽样送检
		接桩:电焊接桩焊缝质量			见本规范表5.5.4-2
		电焊结束后停歇时间	min	>1.0	秒表测定
	3	硫磺胶泥接桩胶泥浇注时间	min	<2	秒表测定
		浇注后停歇时间	min	>7	秒表测定
	4	电焊条质量		设计要求	查产品合格证书
	5	压桩压力(设计有要求时)	%	±5	查压力表读数
	6	接桩上下节平面偏差 接桩时节点弯曲矢高	mm	<10 <1/1000l	用钢尺量 用钢尺量,l为两节桩长
	7	桩顶标高	mm	±50	水准仪

5.3 先张法预应力管桩

5.3.1 施工前应检查进入现场的成品桩,接桩用电焊条等产品质量。

5.3.2 施工过程中应检查桩的贯入情况、桩顶完整状况、电焊接桩质量、桩体垂直度、电焊后的停歇时间。重要工程应对电焊接头做10%的焊缝探伤检查。

5.3.3 施工结束后,应做承载力检验及桩体质量检验。

5.3.4 先张法预应力管桩的质量检验应符合表5.3.4的规定。

表5.3.4 先张法预应力管桩质量检验标准

项目	序	检查项目	允许偏差或允许值		检查方法
			单位	数值	
主控项目	1	桩体质量检验			按基桩检测技术规范
	2	桩位偏差			见本规范表5.1.3 用钢尺量
	3	承载力			按基桩检测技术规范
一般项目	1	成品桩质量:外观 桩径 管壁厚度 桩尖中心线 顶面平整度 桩体弯曲	mm mm mm mm	无蜂窝、露筋、裂缝、色感均匀,桩顶处无孔隙 ±5 ±2 <2 10 <1/1000l	直观 用钢尺量 用钢尺量 用钢尺量 用水平尺量 用钢尺量,l为桩长
	2	接桩:焊缝质量 电焊结束后停歇时间 上下节平面偏差 节点弯曲矢高	min mm	见本规范表5.5.4-2 >1.0 <10 <1/1000l	见本规范表5.5.4-2 秒表测定 用钢尺量 用钢尺量,l为两节桩长
	3	停锤标准		设计要求	现场实测或查沉桩记录
	4	桩顶标高	mm	±50	水准仪

5.4 混凝土预制桩

5.4.1 桩在现场预制时,应对原材料、钢筋骨架(见表5.4.1)、混凝土强度进行检查;采用工厂生产的成品桩时,桩进场后应进行外观及尺寸检查。

5.4.2 施工中应对桩体垂直度、沉桩情况、桩顶完整状况、接桩质量等进行检查,对电焊接桩,重要工程应做10%的焊缝探伤检查。

5.4.3 施工结束后,应对承载力及桩体质量做检验。

5.4.4 对长桩或总锤击数超过500击的锤击桩,应符合桩体强度及28d龄期的两项条件才能锤击。

5.4.5 钢筋混凝土预制桩的质量检验标准应符合表5.4.5的规定。

表5.4.1 预制桩钢筋骨架质量检验标准(mm)

项目	序	检查项目	允许偏差或允许值	检查方法
主控项目	1	主筋距桩顶距离	±5	用钢尺量
	2	多节桩锚固钢筋位置	5	用钢尺量
	3	多节桩预埋铁件	±3	用钢尺量
	4	主筋保护层厚度	±5	用钢尺量
一般项目	1	主筋间距	±5	用钢尺量
	2	桩尖中心线	10	用钢尺量
	3	箍筋间距	±20	用钢尺量
	4	桩顶钢筋网片	±10	用钢尺量
	5	多节桩锚固钢筋长度	±10	用钢尺量

表5.4.5 钢筋混凝土预制桩的质量检验标准

项目	序	检查项目	允许偏差或允许值		检查方法
			单位	数值	
主控项目	1	桩体质量检验			按基桩检测技术规范
	2	桩位偏差			见本规范表5.1.3 用钢尺量
	3	承载力			按基桩检测技术规范
一般项目	1	砂、石、水泥、钢材等原材料(现场预制时)		符合设计要求	查出厂质保文件或抽样送检
	2	混凝土配合比及强度(现场预制时)			检查称量及查试块记录
	3	成品桩外形		表面平整,颜色均匀,掉角深度<10mm,蜂窝面积小于总面积0.5%	直观
	4	成品桩裂缝(收缩裂缝或起吊、装运、堆放引起的裂缝)		深度<20mm,宽度<0.25mm,横向裂缝不超过边长的一半	裂缝测定仪,该项在地下水有侵蚀地区及锤击超过500击的长桩不适用
	5	成品桩尺寸:横截面边长 桩顶对角线差 桩尖中心线 桩身弯曲矢高 桩顶平整度	mm mm mm mm	±5 <10 <10 <1/1000l <2	用钢尺量 用钢尺量 用钢尺量 用钢尺量,l为桩长 用水平尺量

续表 5.4.5

项序		检查项目	允许偏差或允许值		检查方法
			单位	数值	
一般项目	6	电焊接桩：焊缝质量	见本规范表 5.5.4-2		见本规范表 5.5.4-2
		电焊结束后停歇时间	min	>1.0	秒表测定
		上下节平面偏差	mm	<10	用钢尺量
		节点弯曲矢高		<1/1000l	用钢尺量，l 为两节桩长
	7	硫磺胶泥接桩：胶泥浇注时间	min	<2	秒表测定
		浇注后停歇时间	min	>7	秒表测定
	8	桩顶标高	mm	±50	水准仪
	9	停锤标准	设计要求		现场实测或查沉桩记录

5.5 钢 桩

5.5.1 施工前应检查进入现场的成品钢桩，成品桩的质量标准应符合本规范表 5.5.4-1 的规定。

5.5.2 施工中应检查钢桩的垂直度、沉入过程、电焊连接质量、电焊后的停歇时间、桩顶锤击后的完整状况。电焊质量除常规检查外，应做 10% 的焊缝探伤检查。

5.5.3 施工结束后应做承载力检验。

5.5.4 钢桩施工质量检验标准应符合表 5.5.4-1 及表 5.5.4-2 的规定。

表 5.5.4-1 成品钢桩质量检验标准

项序		检查项目	允许偏差或允许值		检查方法
			单位	数值	
主控项目	1	钢桩外径或断面尺寸：桩端 桩身		±0.5%D ±1D	用钢尺量，D 为外径或边长
	2	矢高		<1/1000l	用钢尺量，l 为桩长
一般项目	1	长度	mm	+10	用钢尺量
	2	端部平整度	mm	≤2	用水平量
	3	H 钢桩的方正度 h>300 h<300	mm	T+T'≤8 T+T'≤6	用钢尺量，h、T、T' 见图示
	4	端部平面与桩中心线的倾斜值	mm	≤2	用水平量

表 5.5.4-2 钢桩施工质量检验标准

项序		检查项目	允许偏差或允许值		检查方法
			单位	数值	
主控项目	1	桩位偏差	见本规范表 5.1.3		用钢尺量
	2	承载力	按基桩检测技术规范		按基桩检测技术规范
一般项目	1	电焊接桩焊缝： (1)上下节端部错口 （外径≥700mm） （外径<700mm）	mm mm	≤3 ≤2	用钢尺量
		(2)焊缝咬边深度	mm	0.5	焊缝检查仪
		(3)焊缝加强层高度	mm	2	焊缝检查仪
		(4)焊缝加强层宽度	mm	2	焊缝检查仪
		(5)焊缝电焊外观	无气孔，无焊瘤，无裂缝		直观
		(6)焊缝探伤检验	满足设计要求		按设计要求
	2	电焊结束后停歇时间	min	>1.0	秒表测定
	3	节点弯曲矢高		<1/1000l	用钢尺量，l 为两节桩长
	4	桩顶标高	mm	±50	水准仪
	5	停锤标准	设计要求		用钢尺量或沉桩记录

5.6 混凝土灌注桩

5.6.1 施工前应对水泥、砂、石子（如现场搅拌）、钢材等原材料进行检查，对施工组织设计中制定的施工顺序、监测手段（包括仪器、方法）也应检查。

5.6.2 施工中应对成孔、清渣、放置钢筋笼、灌注混凝土等进行全过程检查，人工挖孔桩尚应复验孔底持力层土(岩)性。嵌岩桩必须有桩端持力层的岩性报告。

5.6.3 施工结束后，应检查混凝土强度，并应做桩体质量及承载力的检验。

5.6.4 混凝土灌注桩的质量检验标准应符合表 5.6.4-1、表 5.6.4-2 的规定。

表 5.6.4-1 混凝土灌注桩钢筋笼质量检验标准（mm）

项序		检查项目	允许偏差或允许值	检查方法
主控项目	1	主筋间距	±10	用钢尺量
	2	长度	±100	用钢尺量
一般项目	1	钢筋材质检验	设计要求	抽样送检
	2	箍筋间距	±20	用钢尺量
	3	直径	±10	用钢尺量

表 5.6.4-2 混凝土灌注桩质量检验标准

项序		检查项目	允许偏差或允许值		检查方法
			单位	数值	
主控项目	1	桩位	见本规范表 5.1.4		基坑开挖前量护筒，开挖后量桩中心
	2	孔深	mm	+300	只深不浅，用重锤测，或测钻杆、套管长度，嵌岩桩应确保进入设计要求的嵌岩深度
	3	桩体质量检验	按基桩检测技术规范。如钻芯取样，大直径嵌岩桩应钻至桩尖下 50cm		按基桩检测技术规范
	4	混凝土强度	设计要求		试件报告或钻芯取样送检
	5	承载力	按基桩检测技术规范		按基桩检测技术规范
一般项目	1	垂直度	见本规范表 5.1.4		测套管或钻杆，或用超声波检测，干施工时吊垂球
	2	桩径	见本规范表 5.1.4		井径仪或超声波检测，干施工时用钢尺量，人工挖孔桩不包括内衬厚度
	3	泥浆比重（粘土或砂性土中）		1.15～1.20	用比重计量，清孔后在距孔底 50cm 处取样
	4	泥浆面标高（高于地下水位）	m	0.5～1.0	目测
	5	沉渣厚度：端承桩 摩擦桩	mm mm	≤50 ≤150	用沉渣仪或重锤测量
	6	混凝土坍落度：水下灌注 干施工		160～220 70～100	坍落度仪
	7	钢筋笼安装深度	mm	±100	用钢尺量
	8	混凝土充盈系数		>1	检查每根桩的实际灌注量
	9	桩顶标高	mm	+30 −50	水准仪，需扣除桩浮浆层及劣质桩体

5.6.5 人工挖孔桩、嵌岩桩的质量检验应按本节执行。

6 土方工程

6.1 一般规定

6.1.1 土方工程施工前应进行挖、填方的平衡计算，综合考虑土方运距最短、运程合理和各个工程项目的合理施工程序等，做好土方平衡调配，减少重复挖运。

土方平衡调配应尽可能与城市规划和农田水利相结合将余土一次性运到指定弃土场，做到文明施工。

6.1.2 当土方工程挖方较深时，施工单位应采取措施，防止基坑底部土的隆起并避免危害周边环境。

6.1.3 在挖方前，应做好地面排水和降低地下水位工作。

6.1.4 平整场地的表面坡度应符合设计要求，如设计无要求时，排水沟方向的坡度不应小于2‰。平整后的场地表面应逐点检查。检查点为每100～400m² 取1点，但不应少于10点；长度、宽度和边坡均为每20m 取1点，每边不应少于1点。

6.1.5 土方工程施工，应经常测量和校核其平面位置、水平标高和边坡坡度。平面控制桩和水准控制点应采取可靠的保护措施，定期复测和检查。土方不应堆在基坑边缘。

6.1.6 对雨季和冬季施工还应遵守国家现行有关标准。

6.2 土方开挖

6.2.1 土方开挖前应检查定位放线、排水和降低地下水位系统，合理安排土方运输车的行走路线及弃土场。

6.2.2 施工过程中应检查平面位置、水平标高、边坡坡度、压实度、排水、降低地下水位系统，并随时观测周围的环境变化。

6.2.3 临时性挖方的边坡值应符合表6.2.3的规定。

表6.2.3 临时性挖方边坡值

土的类别		边坡值（高:宽）
砂土（不包括细砂、粉砂）		1:1.25～1:1.50
一般性粘土	硬	1:0.75～1:1.00
	硬、塑	1:1.00～1:1.25
	软	1:1.50 或更缓
碎石类土	充填坚硬、硬塑粘性土	1:0.50～1:1.00
	充填砂土	1:1.00～1:1.50

注：1 设计有要求时，应符合设计标准。
2 如采用降水或其他加固措施，可不受本表限制，但应计算复核。
3 开挖深度，对软土不应超过4m，对硬土不应超过8m。

6.2.4 土方开挖工程的质量检验标准应符合表6.2.4的规定。

表6.2.4 土方开挖工程质量检验标准（mm）

项	序	项目	允许偏差或允许值					检验方法
			柱基基坑基槽	挖方场地平整		管沟	地（路）面基层	
				人工	机械			
主控项目	1	标高	−50	±30	±50	−50	−50	水准仪
	2	长度、宽度（由设计中心线向两边量）	+200 −50	+300 −100	+500 −150	+100		经纬仪，用钢尺量
	3	边坡	设计要求					观察或用坡度尺检查
一般项目	1	表面平整度	20	20	50	20	20	用2m靠尺和楔形塞尺检查
	2	基底土性	设计要求					观察或土样分析

注：地（路）面基层的偏差只适用于直接在挖、填方上做地（路）面的基层。

6.3 土方回填

6.3.1 土方回填前应清除基底的垃圾、树根等杂物，抽除坑穴积水、淤泥，验收基底标高。如在耕植土或松土上填方，应在基底压实后再进行。

6.3.2 对填方土料应按设计要求验收后方可填入。

6.3.3 填方施工过程中应检查排水措施，每层填筑厚度、含水量控制、压实程度。填筑厚度及压实遍数应根据土质，压实系数及所用机具确定。如无试验依据，应符合表6.3.3的规定。

表6.3.3 填土施工时的分层厚度及压实遍数

压实机具	分层厚度（mm）	每层压实遍数
平碾	250～300	6～8
振动压实机	250～350	3～4
柴油打夯机	200～250	3～4
人工打夯	<200	3～4

6.3.4 填方施工结束后，应检查标高、边坡坡度、压实程度等，检验标准应符合表6.3.4的规定。

表6.3.4 填土工程质量检验标准（mm）

项	序	检查项目	允许偏差或允许值					检查方法
			桩基基坑基槽	场地平整		管沟	地（路）面基础层	
				人工	机械			
主控项目	1	标高	−50	±30	±50	−50	−50	水准仪
	2	分层压实系数	设计要求					按规定方法
一般项目	1	回填土料	设计要求					取样检查或直观鉴别
	2	分层厚度及含水量	设计要求					水准仪及抽样检查
	3	表面平整度	20	20	30	20	20	用靠尺或水准仪

7 基坑工程

7.1 一般规定

7.1.1 在基坑（槽）或管沟工程等开挖施工中，现场不宜进行放坡开挖，当可能对邻近建（构）筑物、地下管线、永久性道路产生危害时，应对基坑（槽）、管沟进行支护后再开挖。

7.1.2 基坑（槽）、管沟开挖前应做好下述工作：

1 基坑（槽）、管沟开挖前，应根据支护结构形式、挖深、地质条件、施工方法、周围环境、工期、气候和地面载荷等资料制定施工方案、环境保护措施、监测方案，经审批后方可施工。

2 土方工程施工前，应对降水、排水措施进行设计，系统应经检查和试运转，一切正常时方可开始施工。

3 有关围护结构的施工质量验收可按本规范第4章、第5章及本章7.2、7.3、7.4、7.6、7.7的规定执行，验收合格后方可进行土方开挖。

7.1.3 土方开挖的顺序、方法必须与设计工况相一致，并遵循"开槽支撑，先撑后挖，分层开挖，严禁超挖"的原则。

7.1.4 基坑（槽）、管沟的挖土应分层进行。在施工过程中基坑（槽）、管沟边堆置土方不应超过设计荷载，挖方时不应碰撞或损伤支护结构、降水设施。

7.1.5 基坑（槽）、管沟土方施工中应对支护结构、周围环境进行观察和监测，如出现异常情况应及时处理，待恢复正常后方可继续施工。

7.1.6 基坑（槽）、管沟开挖至设计标高后，应对坑底进行保护，经验槽合格后，方可进行垫层施工。对特大型基坑，宜分区分块挖至设计标高，分区分块及时浇筑垫层。必要时，可加强垫层。

7.1.7 基坑(槽)、管沟土方工程验收必须确保支护结构安全和周围环境安全为前提。当设计有指标时,以设计要求为依据,如无设计指标时应按表7.1.7的规定执行。

表7.1.7 基坑变形的监控值(cm)

基坑类别	围护结构墙顶位移监控值	围护结构墙体最大位移监控值	地面最大沉降监控值
一级基坑	3	5	3
二级基坑	6	8	6
三级基坑	8	10	10

注:1 符合下列情况之一,为一级基坑:
　　1)重要工程或支护结构做主体结构的一部分;
　　2)开挖深度大于10m;
　　3)与临近建筑物,重要设施的距离在开挖深度以内的基坑;
　　4)基坑范围内有历史文物、近代优秀建筑、重要管线等需严加保护的基坑。
2 三级基坑为开挖深度小于7m,且周围环境无特别要求时的基坑。
3 除一级和三级外的属二级基坑。
4 当周围已有的设施有特殊要求时,尚应符合这些要求。

7.2 排桩墙支护工程

7.2.1 排桩墙支护结构包括灌注桩、预制桩、板桩等类型桩构成的支护结构。

7.2.2 灌注桩、预制桩的检验标准应符合本规范第5章的规定。钢板桩均为工厂成品,新桩可按出厂标准检验,重复使用的钢板桩应符合表7.2.2-1的规定,混凝土板桩应符合表7.2.2-2的规定。

表7.2.2-1 重复使用的钢板桩检验标准

序	检查项目	允许偏差或允许值		检查方法
		单位	数值	
1	桩垂直度	%	<1	用钢尺量
2	桩身弯曲度		<2%l	用钢尺量,l为桩长
3	齿槽平直度及光滑度		无电焊渣或毛刺	用1m长的桩段做通过试验
4	桩长度		不小于设计长度	用钢尺量

表7.2.2-2 混凝土板桩制作标准

项	序	检查项目	允许偏差或允许值		检查方法
			单位	数值	
主控项目	1	桩长度	mm	+10 0	用钢尺量
	2	桩身弯曲度		<0.1%l	用钢尺量,l为桩长
一般项目	1	保护层厚度		±5	用钢尺量
	2	模截面相对两面之差		5	用钢尺量
	3	桩尖对桩轴线的位移		10	用钢尺量
	4	桩厚度		+10 0	用钢尺量
	5	凹凸槽尺寸		±3	用钢尺量

7.2.3 排桩墙支护的基坑,开挖后应及时支护,每一道支护施工应确保基坑变形在设计要求的控制范围内。

7.2.4 在含水地层范围内的排桩墙支护基坑,应有确实可靠的止水措施,确保基坑施工及邻近构筑物的安全。

7.3 水泥土桩墙支护工程

7.3.1 水泥土墙支护结构指水泥土搅拌桩(包括加筋水泥土搅拌桩)、高压喷射注浆桩所构成的围护结构。

7.3.2 水泥土搅拌桩及高压喷射注浆桩的质量检验应满足本规范第4章4.10、4.11的规定。

7.3.3 加筋水泥土桩应符合表7.3.3的规定。

表7.3.3 加筋水泥土桩质量检验标准

序	检查项目	允许偏差或允许值		检查方法
		单位	数值	
1	型钢长度	mm	±10	用钢尺量
2	型钢垂直度	%	<1	经纬仪
3	型钢插入标高		±30	水准仪
4	型钢插入平面位置		10	用钢尺量

7.4 锚杆及土钉墙支护工程

7.4.1 锚杆及土钉墙支护工程施工前应熟悉地质资料、设计图纸及周围环境,降水系统应确保正常工作,必须的施工设备如挖掘机、钻机、压浆泵、搅拌机等应能正常运转。

7.4.2 一般情况下,应遵循分段开挖、分段支护的原则,不宜按一次挖就再行支护的方式施工。

7.4.3 施工中应对锚杆或土钉位置、钻孔直径、深度及角度,锚杆或土钉插入长度,注浆配比、压力及注浆量,喷锚墙面厚度及强度、锚杆或土钉应力等进行检查。

7.4.4 每段支护体施工完后,应检查坡顶或坡面位移,坡顶沉降及周围环境变化,如有异常情况应采取措施,恢复正常后方可继续施工。

7.4.5 锚杆及土钉墙支护工程质量检验应符合表7.4.5的规定。

表7.4.5 锚杆及土钉墙支护工程质量检验标准

项	序	检查项目	允许偏差或允许值		检查方法
			单位	数值	
主控项目	1	锚杆土钉长度	mm	±30	用钢尺量
	2	锚杆锁定力		设计要求	现场实测
一般项目	1	锚杆或土钉位置	mm	±100	用钢尺量
	2	钻孔倾斜度	°	±1	测钻杆倾角
	3	浆体强度		设计要求	试样送检
	4	注浆量		大于理论计算浆量	检查计量数据
	5	土钉墙面厚度	mm	±10	用钢尺量
	6	墙体强度		设计要求	试样送检

7.5 钢或混凝土支撑系统

7.5.1 支撑系统包括围囹及支撑,当支撑较长时(一般超过15m),还包括支撑下的立柱及相应的立柱桩。

7.5.2 施工前应熟悉支撑系统的图纸及各种计算工况,掌握开挖及支撑设置的方式、预顶力及周围环境保护的要求。

7.5.3 施工过程中应严格控制开挖和支撑的程序及时间,对支撑的位置(包括立柱及立柱桩的位置)、每层开挖深度、预加顶力(如需时)、钢围囹与围护体或支撑与围囹的密贴度应做周密检查。

7.5.4 全部支撑安装结束后,仍应维持整个系统的正常运转直至支撑全部拆除。

7.5.5 作为永久性结构的支撑系统尚应符合现行国家标准《混凝土结构工程施工质量验收规范》GB 50204的要求。

7.5.6 钢或混凝土支撑系统工程质量检验标准应符合表7.5.6的规定。

表7.5.6 钢及混凝土支撑系统工程质量检验标准

项	序	检查项目	允许偏差或允许值		检查方法
			单位	数值	
主控项目	1	支撑位置:标高 平面	mm mm	30 100	水准仪 用钢尺量
	2	预加顶力	kN	±50	油泵读数及传感器
一般项目	1	围囹标高		30	水准仪
	2	立柱桩		参见本规范第5章	参见本规范第5章
	3	立柱位置:标高 平面	mm mm	30 50	水准仪 用钢尺量
	4	开挖超深(开槽放支撑不在此范围)	mm	<200	水准仪
	5	支撑安装时间		设计要求	用钟表估测

7.6 地下连续墙

7.6.1 地下连续墙均应设置导墙,导墙形式有预制及现浇两种,现浇导墙形状有"L"型或倒"L"型,可根据不同土质选用。

7.6.2 地下墙施工前宜先试成槽,以检验泥浆的配比、成槽机的选型并可复核地质资料。

7.6.3 作为永久结构的地下连续墙，其抗渗质量标准可按现行国家标准《地下防水工程施工质量验收规范》GB 50208 执行。

7.6.4 地下墙槽段间的连接接头形式，应根据地下墙的使用要求选用，且应考虑施工单位的经验，无论选用何种接头，在浇注混凝土前，接头处必须刷洗干净，不留任何泥砂或污物。

7.6.5 地下墙与地下室结构顶板、楼板、底板及梁之间连接可预埋钢筋或接驳器（锥螺纹或直螺纹），对接驳器也应按原材料检验要求，抽样复验。数量每 500 套为一个检验批，每批应抽查 3 件，复验内容为外观、尺寸、抗拉试验等。

7.6.6 施工前应检验进场的钢材、电焊条。已完工的导墙应检查其净空尺寸，墙面平整度与垂直度。检查泥浆用的仪器、泥浆循环系统应完好。地下连续墙应用商品混凝土。

7.6.7 施工中应检查成槽的垂直度、槽底的淤积物厚度、泥浆比重、钢筋笼尺寸、浇注导管位置、混凝土上升速度、浇注面标高、地下墙连接面的清洗程度、商品混凝土的坍落度、锁口管或接头箱的拔出时间及速度等。

7.6.8 成槽结束后应对成槽的宽度、深度及倾斜度进行检验，重要结构每段槽都应检查，一般结构可抽查总槽数的 20%，每槽段应抽查 1 个段面。

7.6.9 永久性结构的地下墙，在钢筋笼沉放后，应做二次清孔，沉渣厚度应符合要求。

7.6.10 每 50m³ 地下墙应做 1 组试件，每幅槽段不得少于 1 组，在强度满足设计要求后方可开挖土方。

7.6.11 作为永久性结构的地下连续墙，土方开挖后应进行逐段检查，钢筋混凝土底板也应符合现行国家标准《混凝土结构工程施工质量验收规范》GB 50204 的规定。

7.6.12 地下墙的钢筋笼检验标准应符合本规范表 5.6.4-1 的规定。其他标准应符合表 7.6.12 的规定。

表 7.6.12 地下墙质量检验标准

项	序	检查项目		允许偏差或允许值		检查方法
				单位	数值	
主控项目	1	墙体强度		设计要求		查试件记录或取芯试压
	2	垂直度	永久结构		1/300	测声波测槽仪或成槽机上的监测系统
			临时结构		1/150	
一般项目	1	导墙尺寸	宽度	mm	W+40	用钢尺量，W 为地下墙设计厚度
			墙面平整度	mm	<5	用钢尺量
			导墙平面位置	mm	±10	用钢尺量
	2	沉渣厚度	永久结构	mm	≤100	重锤测或沉积物测定仪
			临时结构	mm	≤200	
	3	槽深		mm	+100	重锤测
	4	混凝土坍落度		mm	180～220	坍落度测定器
	5	钢筋笼尺寸		见本规范表 5.6.4-1		见本规范表 5.6.4-1
	6	地下墙表面平整度	永久结构	mm	<100	此为均粘土层，松散及易坍土层由设计决定
			临时结构	mm	<150	
			插入式结构	mm	<20	
	7	永久结构时的预埋件位置	水平向	mm	≤10	用钢尺量
			垂直向	mm	≤20	水准仪

7.7 沉井与沉箱

7.7.1 沉井是下沉结构，必须掌握确凿的地质资料，钻孔可按下述要求进行：

1 面积在 200m² 以下（包括 200m²）的沉井（箱），应有一个钻孔（可布置在中心位置）。

2 面积在 200m² 以上的沉井（箱），在四角（圆形为相互垂直的两直径端点）应各布置一个钻孔。

3 特大沉井（箱）可根据具体情况增加钻孔。

4 钻孔底标高应深于沉井的终沉标高。

5 每座沉井（箱）应有一个钻孔提供土的各项物理力学指标、地下水位和地下水含量资料。

7.7.2 沉井（箱）的施工应由具有专业施工经验的单位承担。

7.7.3 沉井制作时，承垫木或砂垫层的采用，与沉井的结构情况、地质条件、制作高度等有关。无论采用何种型式，均应有沉井制作时的稳定计算及措施。

7.7.4 多次制作和下沉的沉井（箱），在每次制作接高时，应对下卧层作稳定复核计算，并确定确保沉井接高的稳定措施。

7.7.5 沉井采用排水封底，应确保终沉时，井内不发生管涌、涌土及沉井止沉稳定。如不能保证时，应采用水下封底。

7.7.6 沉井施工除应符合本规范规定外，尚应符合现行国家标准《混凝土结构工程施工质量验收规范》GB 50204 及《地下防水工程施工质量验收规范》GB 50208 的规定。

7.7.7 沉井（箱）在施工前应对钢筋、电焊条及焊接成形的钢筋半成品进行检验。如不用商品混凝土，则应对现场的水泥、骨料做检验。

7.7.8 混凝土浇注前，应对模板尺寸、预埋件位置、模板的密封性进行检验。拆模后应检查浇注质量（外观及强度），符合要求后方可下沉。浮运沉井尚需做起浮可能性检查。下沉过程中应对下沉偏差做过程控制检查。下沉后的接高应对地基强度、沉井的稳定做检查。封底结束后，应对底板的结构（有无裂缝）及渗漏做检查。有关渗漏验收标准应符合现行国家标准《地下防水工程施工质量验收规范》GB 50208 的规定。

7.7.9 沉井（箱）竣工后的验收应包括沉井（箱）的平面位置、终端标高、结构完整性、渗水等进行综合检查。

7.7.10 沉井（箱）的质量检验标准应符合表 7.7.10 的要求。

表 7.7.10 沉井（箱）的质量检验标准

项	序	检查项目		允许偏差或允许值		检查方法
				单位	数值	
主控项目	1	混凝土强度		满足设计要求（下沉前应达到 70% 设计强度）		查试件记录或抽样送检
	2	封底前，沉井（箱）的下沉稳定		mm/8h	<10	水准仪
	3	封底结束后的位置：	刃脚平均标高（与设计标高比）	mm	<100	水准仪
			刃脚平面中心线位移		<1%H	经纬仪，H 为下沉总深度，H<10m 时，控制在 100mm 之内
			四角中任何两角的底面高差		<1‰l	水准仪，l 为两角的距离，但不超过 300mm，l<10m 时，控制在 100mm 之内
一般项目	1	钢材、对接钢筋、水泥、骨料等原材料检查		符合设计要求		查出厂质保书或抽样送检
	2	结构体外观		无裂缝，无蜂窝、空洞，不露筋		直观
	3	平面尺寸：长与宽		%	±0.5	用钢尺量，最大控制在 100mm 之内
		曲线部分半径		%	±0.5	用钢尺量，最大控制在 50mm 之内
		两对角线差		‰	1.0	用钢尺量
		预埋件		mm	20	用钢尺量
	4	下沉过程中的偏差	高差	‰	1.5～2.0	水准仪，但最大不超过 1m
			平面轴线		<1.5%H	经纬仪，H 为下沉深度，最大应控制在 300mm 之内，此数值系由下沉引起的中线位移
	5	封底混凝土坍落度		cm	18～22	坍落度测定器

注：主控项目 3 的三项偏差可同时存在，下沉总深度，系指下沉前后刃脚之高差。

7.8 降水与排水

7.8.1 降水与排水是配合基坑开挖的安全措施,施工前应有降水与排水设计。当在基坑外降水时,应有降水范围的估算,对重要建筑物或公共设施在降水过程中应监测。

7.8.2 对不同的土质应用不同的降水形式,表 7.8.2 为常用的降水形式。

表 7.8.2 降水类型及适用条件

降水类型	适用条件 渗透系数(cm/s)	可能降低的水位深度(m)
轻型井点 多级轻型井点	$10^{-2} \sim 10^{-5}$	3～6 6～12
喷射井点	$10^{-3} \sim 10^{-5}$	8～20
电渗井点	$<10^{-5}$	宜配合其他形式降水使用
深井井管	$\geqslant 10^{-5}$	>10

7.8.3 降水系统施工完后,应试运转,如发现井管失效,应采取措施使其恢复正常,如无可能恢复则应报废,另行设置新的井管。

7.8.4 降水系统运转过程中应随时检查观测孔中的水位。

7.8.5 基坑内明排水应设置排水沟及集水井,排水沟纵坡宜控制在 1‰～2‰。

7.8.6 降水与排水施工的质量检验标准应符合表 7.8.6 的规定。

表 7.8.6 降水与排水施工质量检验标准

序	检查项目	允许值或允许偏差 单位	允许值或允许偏差 数值	检查方法
1	排水沟坡度	‰	1～2	目测:坑内不积水,沟内排水畅通
2	井管(点)垂直度	%	1	插管时目测
3	井管(点)间距(与设计相比)	mm	≤150	用钢尺量
4	井管(点)插入深度(与设计相比)	mm	≤200	水准仪
5	过滤砂砾料填灌(与计算值相比)	%	≤5	检查回填料用量
6	井点真空度:轻型井点 喷射井点	kPa kPa	>60 >93	真空表 真空表
7	电渗井点阴阳极距离:轻型井点 喷射井点	mm mm	80～100 120～150	用钢尺量 用钢尺量

8 分部(子分部)工程质量验收

8.0.1 分项工程、分部(子分部)工程质量的验收,均应在施工单位自检合格的基础上进行。施工单位确认自检合格后提出工程验收申请,工程验收时应提供下列技术文件和记录:
1 原材料的质量合格证和质量鉴定文件;
2 半成品如预制桩、钢桩、钢筋笼等产品合格证书;
3 施工记录及隐蔽工程验收文件;
4 检测试验及见证取样文件;
5 其他必须提供的文件或记录。

8.0.2 对隐蔽工程应进行中间验收。

8.0.3 分部(子分部)工程验收应由总监理工程师或建设单位项目负责人组织勘察、设计单位及施工单位的项目负责人、技术质量负责人,共同按设计要求和本规范及其他有关规定进行。

8.0.4 验收工作应按下列规定进行:
1 分项工程的质量验收应分别按主控项目和一般项目验收;
2 隐蔽工程应在施工单位自检合格后,于隐蔽前通知有关人员检查验收,并形成中间验收文件;
3 分部(子分部)工程的验收,应在分项工程通过验收的基础上,对必要的部位进行见证检验。

8.0.5 主控项目必须符合验收标准规定,发现问题应立即处理直至符合要求,一般项目应有80%合格。混凝土试件强度评定不合格或对试件的代表性有怀疑时,应采用钻芯取样,检测结果符合设计要求可按合格验收。

附录A 地基与基础施工勘察要点

A.1 一般规定

A.1.1 所有建(构)筑物均应进行施工验槽。遇到下列情况之一时,应进行专门的施工勘察。
1 工程地质条件复杂,详勘阶段难以查清时;
2 开挖基槽发现土质、土层结构与勘察资料不符时;
3 施工中边坡失稳,需查明原因,进行观察处理时;
4 施工中,地基土受扰动,需查明其性状及工程性质时;
5 为地基处理,需进一步提供勘察资料时;
6 建(构)筑物有特殊要求,或在施工时出现新的岩土工程地质问题时。

A.1.2 施工勘察应针对需要解决的岩土工程问题布置工作量,勘察方法可根据具体情况选用施工验槽、钻探取样和原位测试等。

A.2 天然地基基础基槽检验要点

A.2.1 基槽开挖后,应检验下列内容:
1 核对基坑的位置、平面尺寸、坑底标高;
2 核对基坑土质和地下水情况;
3 空穴、古墓、古井、防空掩体及地下埋设物的位置、深度、性状。

A.2.2 在进行直接观察时,可用袖珍式贯入仪作为辅助手段。

A.2.3 遇到下列情况之一时,应在基坑底普遍进行轻型动力触探:
1 持力层明显不均匀;
2 浅部有软弱下卧层;

3 有浅埋的坑穴、古墓、古井等,直接观察难以发现时;
4 勘察报告或设计文件规定应进行轻型动力触探时。

A.2.4 采用轻型动力触探进行基槽检验时,检验深度及间距按表 A.2.4 执行:

表 A.2.4 轻型动力触探检验深度及间距表(m)

排列方式	基槽宽度	检验深度	检验间距
中心一排	<0.8	1.2	1.0~1.5m 视地层复杂情况定
两排错开	0.8~2.0	1.5	
梅花型	>2.0	2.1	

A.2.5 遇下列情况之一时,可不进行轻型动力触探:
1 基坑不深处有承压水层,触探可造成冒水涌砂时;
2 持力层为砾石层或卵石层,且其厚度符合设计要求时。

A.2.6 基槽检验应填写验槽记录或检验报告。

A.3 深基础施工勘察要点

A.3.1 当预制打入桩、静力压桩或锤击沉管灌注桩的入土深度与勘察资料不符或对桩下卧层有怀疑时,应核查桩端下主要受力层范围内的标准贯入击数和岩土工程性质。

A.3.2 在单柱单桩的大直径桩施工中,如发现地层变化异常或怀疑持力层可能存在破碎带或溶洞等情况时,应对其分布、性质、程度进行核查,评价其对工程安全的影响程度。

A.3.3 人工挖孔混凝土灌注桩应逐孔进行持力层岩土性质的描述及鉴别,当发现与勘察资料不符时,应对异常之处进行施工勘察,重新评价,并提供处理的技术措施。

A.4 地基处理工程施工勘察要点

A.4.1 根据地基处理方案,对勘察资料中场地工程地质及水文地质条件进行核查和补充;对详勘阶段遗留问题或地基处理设计中的特殊要求进行有针对性的勘察,提供地基处理所需的岩土工程设计参数,评价现场施工条件及施工对环境的影响。

A.4.2 当地基处理施工中发生异常情况时,进行施工勘察,查明原因,为调整、变更设计方案提供岩土工程设计参数,并提供处理的技术措施。

A.5 施工勘察报告

A.5.1 施工勘察报告应包括下列主要内容:
1 工程概况;
2 目的和要求;
3 原因分析;
4 工程安全性评价;
5 处理措施及建议。

附录 B 塑料排水带的性能

B.0.1 不同型号塑料排水带的厚度应符合表 B.0.1。

表 B.0.1 不同型号塑料排水带的厚度(mm)

型 号	A	B	C	D
厚度	≥3.5	≥4.0	≥4.5	≥6

B.0.2 塑料排水带的性能应符合表 B.0.2。

表 B.0.2 塑料排水带的性能

项 目		单位	A 型	B 型	C 型	条件
纵向通水量		cm³/s	≥15	≥25	≥40	侧压力
滤膜渗透系数		cm/s	≥5×10⁻⁴			试件在水中浸泡 24h
滤膜等效孔径		μm	<75			以 D_{95} 计,D 为孔径
复合体抗拉强度(干态)		kN/10cm	≥1.0	≥1.3	≥1.5	延伸率 10%时
滤膜抗拉强度	干态	N/cm	≥15	≥25	≥30	延伸率 10%时
	湿态		≥10	≥20	≥25	延伸率 15%时,试件在水中浸泡 24h
滤膜重度		N/m²	—	0.8	—	

注:1 A 型排水带适用于插入深度小于 15m;
   2 B 型排水带适用于插入深度小于 25m;
   3 C 型排水带适用于插入深度小于 35m。

本规范用词说明

1 为便于在执行本规范条文时区别对待,对要求严格程度不同的用词,说明如下:
1)表示很严格,非这样做不可的用词:
正面词采用"必须",反面词采用"严禁"。
2)表示严格,在正常情况下均应这样做的用词:
正面词采用"应",反面词采用"不应"或"不得"。
3)表示允许稍有选择,在条件许可时,首先应这样做的用词:
正面词采用"宜",反面词采用"不宜"。
表示有选择,在一定条件下可以这样做的用词,采用"可"。

2 本规范中指明应按其他有关标准、规范执行的写法为"应符合……要求或规定"或"应按……执行"。

中华人民共和国国家标准

建筑地基基础工程施工质量验收规范

GB 50202—2002

条 文 说 明

目 次

1 总则 ………………………………… 9—6—18
3 基本规定 …………………………… 9—6—18
4 地基 ………………………………… 9—6—18
 4.1 一般规定 ……………………… 9—6—18
 4.2 灰土地基 ……………………… 9—6—19
 4.3 砂和砂石地基 ………………… 9—6—19
 4.4 土工合成材料地基 …………… 9—6—19
 4.5 粉煤灰地基 …………………… 9—6—19
 4.6 强夯地基 ……………………… 9—6—19
 4.7 注浆地基 ……………………… 9—6—20
 4.8 预压地基 ……………………… 9—6—20
 4.9 振冲地基 ……………………… 9—6—20
 4.10 高压喷射注浆地基 …………… 9—6—20
 4.11 水泥土搅拌桩地基 …………… 9—6—21
 4.12 土和灰土挤密桩复合地基 …… 9—6—21
 4.13 水泥粉煤灰碎石桩复合地基 … 9—6—21
 4.14 夯实水泥土桩复合地基 ……… 9—6—21
 4.15 砂桩地基 ……………………… 9—6—21
5 桩基础 ……………………………… 9—6—21
 5.1 一般规定 ……………………… 9—6—21
 5.2 静力压桩 ……………………… 9—6—21
 5.3 先张法预应力管桩 …………… 9—6—22
 5.4 混凝土预制桩 ………………… 9—6—22
 5.5 钢桩 …………………………… 9—6—22
 5.6 混凝土灌注桩 ………………… 9—6—22
6 土方工程 …………………………… 9—6—22
 6.1 一般规定 ……………………… 9—6—22
 6.2 土方开挖 ……………………… 9—6—23
 6.3 土方回填 ……………………… 9—6—23
7 基坑工程 …………………………… 9—6—23
 7.1 一般规定 ……………………… 9—6—23
 7.2 排桩墙支护工程 ……………… 9—6—23
 7.3 水泥土桩墙支护工程 ………… 9—6—23
 7.4 锚杆及土钉墙支护工程 ……… 9—6—23
 7.5 钢或混凝土支撑系统 ………… 9—6—23
 7.6 地下连续墙 …………………… 9—6—23
 7.7 沉井与沉箱 …………………… 9—6—24
 7.8 降水与排水 …………………… 9—6—24
8 分部（子分部）工程质量验收 … 9—6—24

1 总　　则

1.0.1 根据统一布置，现行国家标准《土方与爆破工程施工及验收规范》GBJ 201中的"土方工程"列入本规范中。因此，本规范包括了"土方工程"的内容。

1.0.2 铁路、公路、航运、水利和矿井巷道工程，对地基基础工程均有特殊要求，本规范偏重于建筑工程，对这些有特殊要求的地基基础工程，验收应按专业规范执行。

1.0.3 本规范部分条文是强制性的，设计文件或合同条款可以有高于本规范规定的标准要求，但不得低于本规范规定的标准。

1.0.4 现行国家标准《建筑工程施工质量验收统一标准》GB 50300对各个规范的编制起了指导性的作用，在具体执行本规范时，应同GB 50300标准结合起来使用。

1.0.5 地基基础工程内容涉及到砌体、混凝土、钢结构、地下防水工程以及桩检测等有关内容，验收时除应符合本规范的规定外，尚应符合相关规范的规定。与本规范相关的国家现行规范有：

　　1　《砌体工程施工质量验收规范》GB 50203—2001

　　2　《混凝土结构工程施工质量验收规范》GB 50204—2001

　　3　《钢结构工程施工质量验收规范》GB 50205—2001

　　4　《地下防水工程施工质量验收规范》GB 50208—2001

　　5　《建筑基桩检测技术规范》JGJ 106—2002

　　6　《建筑地基处理技术规范》JGJ 79—2002

　　7　《建筑地基基础设计规范》GB 50007—2002

3　基本规定

3.0.1 地基与基础工程的施工，均与地下土层接触，地质资料极为重要。基础工程的施工又影响临近房屋和其他公共设施，对这些设施的结构状况的掌握，有利于基础工程施工的安全与质量，同时又可使这些设施得到保护。近几年由于地质资料不详或对临近建筑物和设施没有充分重视而造成的基础工程质量事故或临近建筑物、公共设施的破坏事故，屡有发生。施工前掌握必要的资料，做到心中有数是有必要的。

3.0.2 国家基本建设的发展，促成了大批施工企业应运而生，但这些企业良莠不齐，施工质量得不到保证。尤其是地基基础工程，专业性较强，没有足够的施工经验，应付不了复杂的地质情况，多变的环境条件，较高的专业标准。为此，必须强调施工企业的资质。对重要的、复杂的地基基础工程应有相应资质的施工单位。资质指企业的信誉，人员的素质，设备的性能及施工实绩。

3.0.3 基础工程为隐蔽工程，工程检测与质量见证试验的结果具有重要的影响，必须有权威性。只有具有一定资质水平的单位才能保证其结果的可靠与准确。

3.0.4 有些地基与基础工程规模较大，内容较多，既有桩工又有地基处理，甚至基坑开挖等，可按工程管理的需要，根据《建筑工程施工质量验收统一标准》所划分的范围，确定子分部工程。

3.0.5 地基基础工程大量都是地下工程，虽有勘探资料，但常有与地质资料不符或没有掌握到的情况发生，致使工程不能顺利进行。为避免不必要的重大事故或损失，遇到施工异常情况出现应停止施工，待妥善解决后再恢复施工。

4　地　　基

4.1　一般规定

4.1.3 地基施工考虑间歇期是因为地基土的密实，孔隙水压力的消散，水泥或化学浆液的固结等均需有一个期限，施工结束即进行验收有不符实际的可能。至于间歇多长时间在各类地基规范中有所考虑，但仅是参照数字。具体可由设计人员根据要求确定。有些大工程施工周期较长，一部分已达到间歇要求，另一部分仍在施工，就不一定待全部工程施工结束后再进行取样检查，可先在已完工程部位进行，但是否有代表性就应由设计方确定。

4.1.4 试验工程目的在于取得数据，以指导施工。对无经验可查的工程更应强调，这样做的目的，能使施工质量更容易满足设计要求，即不造成浪费也不会造成大面积返工。对试验荷载考虑稍大一些，有利于分析比较，以取得可靠的施工参数。

4.1.5 本条所列的地基均不是复合地基，由于各地各设计单位的习惯、经验等，对地基处理后的质量检验指标均不一样，有的用标贯、静力触探，有的用十字板剪切强度等，有的就用承载力检验。对此，本条用何指标不予规定，按设计要求而定。地基处理的质量好坏，最终体现在这些指标中。为此，将本条列为强制性条文。各种指标的检验方法可按国家现行行业标准《建筑地基处理技术规范》JGJ 79的规定执行。

4.1.6 水泥土搅拌桩地基，高压喷射注浆桩地基，砂桩地基，振冲地基、土和灰土挤密桩地基、水泥粉煤灰碎石桩地基及夯实水泥土桩地基为复合地基，桩是主要施工对象，首先应检验桩的质量，检查方法可按国家现行行业标准《建筑工程基桩检测技术规范》JGJ 106的规定执行。

4.1.7 本规范第 4.1.5、4.1.6 条规定的各类地基的主控项目及数量是至少应达到的,其他主控项目及检验数量由设计确定,一般项目可根据实际情况,随时抽查,做好记录。复合地基中的桩的施工是主要的,应保证 20%的抽查量。

4.2 灰土地基

4.2.1 灰土的土料宜用粘土、粉质粘土。严禁采用冻土、膨胀土和盐渍土等活动性较强的土料。

4.2.2 验槽发现有软弱土层或孔穴时,应挖除并用素土或灰土分层填实。最优含水量可通过击实试验确定。分层厚度可参考表 1 所示数值。

表 1 灰土最大虚铺厚度

序	夯实机具	质量 (t)	厚度 (mm)	备注
1	石夯、木夯	0.04~0.08	200~250	人力送夯,落距 400~500mm,每夯搭接半夯
2	轻型夯实机械	—	200~250	蛙式或柴油打夯机
3	压路机	机重 6~10	200~300	双轮

4.3 砂和砂石地基

4.3.1 原材料宜用中砂、粗砂、砾砂、碎石(卵石)、石屑。细砂应同时掺入 25%~35%碎石或卵石。

4.3.2 砂和砂石地基每层铺筑厚度及最优含水量可参考表 2 所示数值。

表 2 砂和砂石地基每层铺筑厚度及最优含水量

序	压实方法	每层铺筑厚度 (mm)	施工时的最优含水量 (%)	施工说明	备注
1	平振法	200~250	15~20	用平板式振捣器往复振捣	不宜使用干细砂或含泥量较大的砂所铺筑的砂地基
2	插振法	振捣器插入深度	饱和	(1)用插入式振捣器 (2)插入点间距可根据机械振幅大小决定 (3)不应插至下卧粘性土层 (4)插入振捣完毕后,所留的孔洞,应用砂填实	不宜使用细砂或含泥量较大的砂所铺筑的砂地基
3	水撼法	250	饱和	(1)注水高度应超过每次铺筑面层 (2)用钢叉摇撼捣实插入点间距为 100mm (3)钢叉分四齿,齿的间距 80mm,长 300mm,木柄长 90mm	
4	夯实法	150~200	8~12	(1)用木夯或机械夯 (2)木夯重 40kg,落距 400~500mm (3)一夯压半夯全面夯实	
5	碾压法	250~350	8~12	6~12t 压路机往复碾压	适用于大面积施工的砂和砂石地基

注:在地下水位以下的地基其最下层的铺筑厚度可比上表增加 50mm。

4.4 土工合成材料地基

4.4.1 所用土工合成材料的品种与性能和填料土类,应根据工程特性和地基土条件,通过现场试验确定,垫层材料宜用粘性土、中砂、粗砂、砾砂、碎石等内摩阻力高的材料。如工程要求垫层排水,垫层材料应具有良好的透水性。

4.4.2 土工合成材料如用缝接法或胶接法连接,应保证主要受力方向的连接强度不低于所采用材料的抗拉强度。

4.5 粉煤灰地基

4.5.1 粉煤灰材料可用电厂排放的硅铝型低钙粉煤灰。$SiO_2+Al_2O_3$ 总含量不低于 70%(或 $SiO_2+Al_2O_3+Fe_2O_3$ 总含量),烧失量不大于 12%。

4.5.2 粉煤灰填筑的施工参数宜试验后确定。每摊铺一层后,先用履带式机具或轻型压路机初压 1~2 遍,然后用中、重型振动压路机振碾 3~4 遍,速度为 2.0~2.5km/h,再静碾 1~2 遍,碾压轮迹应相互搭接,后轮必须超过两施工段的接缝。

4.6 强夯地基

4.6.1 为避免强夯振动对周边设施的影响,施工前必须对附近建筑物进行调查，必要时采取相应的防振或隔振措施，影响范围约10～15m。施工时应由邻近建筑物开始夯击逐渐向远处移动。

4.6.2 如无经验，宜先试夯取得各类施工参数后再正式施工。对透水性差、含水量高的土层，前后两遍夯击应有一定间歇期，一般2～4周。夯点超出需加固的范围为加固深度的1/2～1/3，且不小于3m。施工时要有排水措施。

4.6.4 质量检验应在夯后一定的间歇期之后进行，一般为两星期。

4.7 注浆地基

4.7.1 为确保注浆加固地基的效果，施工前应进行室内浆液配比试验及现场注浆试验，以确定浆液配方及施工参数。常用浆液类型见表3。

表3 常用浆液类型

浆液		浆液类型
粒状浆液（悬液）	不稳定粒状浆液	水泥浆
		水泥砂浆
	稳定粒状浆液	粘土浆
		水泥粘土浆
化学浆液（溶液）	无机浆液	硅酸盐
	有机浆液	环氧树脂类
		甲基丙烯酸脂类
		丙烯酰胺类
		木质素类
		其他

4.7.2 对化学注浆加固的施工顺序宜按以下规定进行：

1 加固渗透系数相同的土层应自上而下进行。

2 如土的渗透系数随深度而增大，应自下而上进行。

3 如相邻土层的土质不同，应首先加固渗透系数大的土层。

检查时，如发现施工顺序与此有异，应及时制止，以确保工程质量。

4.8 预压地基

4.8.1 软土的固结系数较小，当土层较厚时，达到工作要求的固结度需时较长，为此，对软土预压应设置排水通道，其长度及间距宜通过试压确定。

4.8.2 堆载预压，必须分级堆载，以确保预压效果并避免坍滑事故。一般每天沉降速率控制在10～15mm，边桩位移速率控制在4～7mm。孔隙水压力增量不超过预压荷载增量60%，以这些参考指标控制堆载速率。

真空预压的真空度可一次抽气至最大，当连续5d实测沉降小于每天2mm或固结度≥80%，或符合设计要求时，可停止抽气。降水预压可参考本条。

4.8.3 一般工程在预压结束后，做十字板剪切强度或标贯、静力触探试验即可，但重要建筑物地基应做承载力检验。如设计有明确规定应按设计要求进行检验。

4.9 振冲地基

4.9.1 为确切掌握好填料量、密实电流和留振时间，使各段桩体都符合规定的要求，应通过现场试成桩确定这些施工参数。填料应选择不溶于地下水，或不受侵蚀影响且本身无侵蚀性和性能稳定的硬粒料。对粒径控制的目的，确保振冲效果及效率。粒径过大，在边振边填过程中难以落入孔内；粒径过细小，在孔中沉入速度太慢，不易振密。

4.9.2 振冲置换造孔的方法有排孔法，即由一端开始到另一端结束；跳打法，即每排孔施工时隔一孔造一孔，反复进行；帷幕法，即先造外围2～3圈孔，再造内圈孔，此时可隔一圈造一圈或依次向中心区推进。振冲施工必须防止漏孔，因此要做好孔位编号并施工复查工作。

4.9.3 振冲施工对原土结构造成扰动，强度降低。因此，质量检验应在施工结束后间歇一定时间，对砂土地基间隔1～2周，粘性土地基间隔3～4周，对粉土、杂填土地基间隔2～3周。桩顶部位由于周围约束力小，密实度较难达到要求，检验取样应考虑此因素。对振冲密实法加固的砂土地基，如不加填料，质量检验主要是地基的密实度，可用标准贯入、动力触探等方面进行，但选点应有代表性。为此，本条提出了应在有代表性的地段做质量检验。在具体操作时，宜由设计、施工、监理（或业主方）共同确定位置后，再进行检验。

4.10 高压喷射注浆地基

4.10.1 高压喷射注浆工艺宜用普遍硅酸盐工艺，强度等级不得低于32.5，水泥用量，压力宜通过试验确定，如无条件可参考表4：

表4 1m桩长喷射桩水泥用量表

桩径 (mm)	桩长 (m)	强度为32.5普硅水泥单位用量	喷射施工方法		
			单管	二重管	三管
φ600	1	kg/m	200～250	200～250	—
φ800	1	kg/m	300～350	300～350	—
φ900	1	kg/m	350～400（新）	350～400	—
φ1000	1	kg/m	400～450（新）	400～450（新）	700～800
φ1200	1	kg/m	—	500～600（新）	800～900
φ1400	1	kg/m	—	700～800（新）	900～1000

注："新"系指采用高压水泥浆泵，压力为36～40MPa，流量80～110L/min的新单管法和二重管法。

水压比为 0.7～1.0 较妥，为确保施工质量，施工机具必须配置准确的计量仪表。

4.10.2 由于喷射压力较大，容易发生窜浆，影响邻孔的质量，应采用间隔跳打法施工，一般二孔间距大于 1.5m。

4.10.3 如不做承载力或强度检验，则间歇期可适当缩短。

4.11 水泥土搅拌桩地基

4.11.1 水泥土搅拌桩对水泥压入量要求较高，必须在施工机械上配置流量控制仪表，以保证一定的水泥用量。

4.11.2 水泥土搅拌桩施工过程中，为确保搅拌充分，桩体质量均匀，搅拌机头提速不宜过快，否则会使搅拌桩体局部水泥量不足或水泥不能均匀地拌和在土中，导致桩体强度不一，因此规定了机头提升速度。

4.11.4 强度检验取 90d 的试样是根据水泥土的特性而定，如工程需要（如作为围护结构用的水泥土搅拌桩）可根据设计要求，以 28d 强度为准。由于水泥土搅拌桩施工的影响因素较多，故检查数量略多于一般桩基。

4.11.5 本规范表 4.11.5 中桩体强度的检查方法，各地有其他成熟的方法，只要可靠都行。如用轻便触探器检查均匀程度、用对比法判断桩身强度等，可参照国家现行行业标准《建筑地基处理技术规范》JGJ 79。

4.12 土和灰土挤密桩复合地基

4.12.1 施工前应在现场进行成孔、夯填工艺和挤密效果试验，以确定填料厚度、最优含水量、夯击次数及干密度等施工参数及质量标准。成孔顺序应先外后内，同排桩应间隔施工。填料含水量如过大，宜预干或预湿处理后再填入。

4.13 水泥粉煤灰碎石桩复合地基

4.13.2 提拔钻杆（或套管）的速度必须与泵入混合料的速度相配，否则容易产生缩颈或断桩，而且不同土层中提拔的速度不一样，砂性土、砂质粘土、粘土中提拔的速度为 1.2～1.5m/min，在淤泥质土中应适当放慢。桩顶标高应高出设计标高 0.5m。由沉管方法成孔时，应注意新施工桩对已成桩的影响，避免挤桩。

4.13.3 复合地基检验应在桩体强度符合试验荷载条件时进行，一般宜在施工结束后 2～4 周后进行。

4.14 夯实水泥土桩复合地基

4.14.3 承载力检验一般为单桩的载荷试验，对重要、大型工程应进行复合地基载荷试验。

4.14.5 夯扩桩的施工工艺与夯实水泥土桩相似，质量标准参照夯实水泥土桩是合适的。

4.15 砂桩地基

4.15.2 砂桩施工应从外围或两则向中间进行，成孔宜用振动沉管工艺。

4.15.3 砂桩施工的间歇期为 7d，在间歇期后才能进行质量检验。

5 桩 基 础

5.1 一般规定

5.1.2 桩顶标高低于施工场地标高时，如不做中间验收，在土方开挖后如有桩位移发生不易明确责任，究竟是土方开挖不妥，还是本身桩位不准（打入桩施工不慎，会造成挤土，导致桩体位移），加一次中间验收有利于责任区分，引起打桩及土方承包商的重视。

5.1.3 本规范表 5.1.3 中的数值未计及由于降水和基坑开挖等造成的位移，但由于打桩顺序不当，造成挤土而影响已入土桩的位移，是包括在本列数值中。为此，必须在施工中考虑合适的顺序及打桩速率。布桩密集的基础工程应有必要的措施来减少沉桩的挤土影响。

5.1.5 对重要工程（甲级）应采用静载荷试验本检验桩的垂直承载力。工程的分类按现行国家标准《建筑地基基础设计规范》GB 50007 第 3.0.1 条的规定。关于静载荷试验桩的数量，如果施工区域地质条件单一，当地又有足够的实践经验，数量可根据实际情况，由设计确定。承载力检验不仅是检验施工的质量而且也能检验设计是否达到工程的要求。因此，施工前的试桩如没有破坏又用于实际工程中应可作为验收的依据。非静载荷试验桩的数量，可按国家现行行业标准《建筑工程基桩检测技术规范》JGJ 106 的规定执行。

5.1.6 桩身质量的检验方法很多，可按国家现行行业标准《建筑基桩检测技术规范》JGJ 106 所规定的方法执行。打入桩制桩的质量容易控制，问题也较易发现，抽查数可较灌注桩少。

5.2 静力压桩

5.2.1 静力压桩的方法较多，有锚杆静压、液压千斤顶加压、绳索系统加压等，凡非冲击力沉桩均按静力压桩考虑。

5.2.2 用硫磺胶泥接桩，在大城市因污染空气已较少使用，但考虑到有些地区仍在使用，因此本规范仍放入硫磺胶泥接桩内容。半成品硫磺胶泥必须在进场后做检验。压桩用压力表必须标定合格方能使用，压桩时的压力数值是判断承载力的依据，也是指导压桩施工的一项重要参数。

5.2.3 施工中检查压力目的在于检查压桩是否正常。接桩间歇时间对硫磺胶泥必须控制，间歇过短，硫磺胶泥强度未达到，容易被压坏，接头处存在薄弱环节，甚至断桩。浇注硫磺胶泥时间必须快，慢了硫磺胶泥在容器内结硬，浇注入连接孔内不易均匀流淌，质量也不易保证。

5.2.4 压桩的承载力试验，在有经验地区将最终压入力作为承载力估算的依据，如果有足够的经验是可行的，但最终应由设计确定。

5.3 先张法预应力管桩

5.3.1 先张法预应力管桩均为工厂生产后运到现场施打，工厂生产时的质量检验应由生产的单位负责，但运入工地后，打桩单位有必要对外观及尺寸进行检验并检查产品合格证书。

5.3.2 先张法预应力管桩，强度较高，锤击性能比一般混凝土预制桩好，抗裂性强。因此，总的锤击数较高，相应的电焊接桩质量要求也高，尤其是电焊后有一定间歇时间，不能焊完即锤击，这样容易使接头损伤。为此，对重要工程应对接头做 X 光拍片检查。

5.3.3 由于锤击次数多，对桩体质量进行检验是有必要的，可检查桩体，是否被打裂，电焊接头是否完整。

5.4 混凝土预制桩

5.4.1 混凝土预制桩可在工厂生产，也可在现场支模预制，为此，本规范列出了钢筋骨架的质量检验标准。对工厂的成品桩虽有产品合格证书，但在运输过程中容易碰坏，为此，进场后应再做检查。

5.4.2 经常发生接桩时电焊质量较差，从而接头在锤击过程中断开，尤其接头对接的两端面不平整，电焊更不容易保证质量，对重要工程做 X 光拍片检查是完全必要的。

5.4.4 混凝土桩的龄期，对抗裂性有影响，这是经过长期试验得出的结果，不到龄期的桩就像不足月出生的婴儿，有先天不足的弊端。经长时期锤击或锤击拉应力稍大一些便会产生裂缝。故有强度龄期双控的要求，但对短桩，锤击次又不多，满足强度要求一项应是可行的。有些工程进度较急，桩又不是长桩，可以采用蒸养以求短期内达到强度，即可开始沉桩。

5.5 钢 桩

5.5.1 钢桩包括钢管桩、型钢桩等。成品桩也是在工厂生产，应有一套质检标准，但也会因运输堆放造成桩的变形，因此，进场后需再做检查。

5.5.2 钢桩的锤击性能较混凝土桩好，因而锤击次数要高得多，相应对电焊质量要求较高，故电焊后

的停歇时间，桩顶有否局部损坏均应做检查。

5.6 混凝土灌注桩

5.6.1 混凝土灌注桩的质量检验应较其他桩种严格，这是工艺本身要求，再则工程事故也较多，因此，对监测手段要事先落实。

5.6.2 沉渣厚度应在钢筋笼放入后，混凝土浇注前测定，成孔结束后，放钢筋笼、混凝土导管都会造成土体跌落，增加沉渣厚度，因此，沉渣厚度应是二次清孔后的结果。沉渣厚度的检查目前均用重锤，但因人为因素影响很大，应专人负责，用专一的重锤，有些地方用较先进的沉渣仪，这种仪器应预先做标定。人工挖孔桩一般对持力层有要求，而且到孔底察看土性是有条件的。

5.6.4 灌注桩的钢筋笼有时在现场加工，不是在工厂加工完后运到现场，为此，列出了钢筋笼的质量检验标准。

6 土方工程

6.1 一般规定

6.1.1 土方的平衡与调配是土方工程施工的一项重要工作。一般先由设计单位提出基本平衡数据，然后由施工单位根据实际情况进行平衡计算。如工程量较大，在施工过程中还应进行多次平衡调整，在平衡计算中，应综合考虑土的松散率、压缩率、沉陷量等影响土方量变化的各种因素。

为了配合城乡建设的发展，土方平衡调配应尽可能与当地市、镇规划和农由水利等结合，将余土一次性运到指定弃土场，做到文明施工。

6.1.2 基底土隆起往往伴随着对周边环境的影响，尤其当周边有地下管线，建（构）筑物、永久性道路时应密切注意。

6.1.3 有不少施工现场由于缺乏排水和降低地下水位的措施，而对施工产生影响，土方施工应尽快完成，以避免造成集水、坑底隆起及对环境影响增大。

6.1.4 平整场地表面坡度本应由设计规定，但鉴于现行国家标准《建筑地基基础设计规范》GB 50007 中均无此项规定，故条文中规定，如设计无要求时，一般应向排水沟方面做成不小于 2‰ 的坡度。

6.1.5 在土方工程施工测量中，除开工前的复测放线外，还应配合施工对平面位置（包括控制边界线、分界线、边坡的上口线和底口线等），边坡坡度（包括放坡线、变坡等）和标高（包括各个地段的标高）等经常进行测量，校核是否符合设计要求。上述施工测量的基准——平面控制桩和水准控制点，也应定期进行复测和检查。

6.1.6 雨季和冬季施工可参照相应地方标准执行。

6.2 土方开挖

6.2.2 土方工程在施工中应检查平面位置、水平标高、边坡坡度、排水、降水系统及周围环境的影响，对回填土方还应检查回填土料、含水量、分层厚度、压实度，对分层挖方，也应检查开挖深度等。

6.2.4 本规范表 6.2.4 所列数值适用于附近无重要建筑物或重要公共设施，且基坑暴露时间不长的条件。

6.3 土方回填

6.3.3 填方工程的施工参数如每层填筑厚度、压实遍数及压实系数对重要工程均应做现场试验后确定，或由设计提供。

7 基坑工程

7.1 一般规定

7.1.1 在基础工程施工中，如挖方较深，土质较差或有地下水渗流等，可能对邻近建（构）筑物、地下管线、永久性道路等产生危害，或构成边坡不稳定。在这种情况下，不宜进行大开挖施工，应对基坑（槽）管沟壁进行支护。

7.1.2 基坑的支护与开挖方案，各地均有严格的规定，应按当地的要求，对方案进行申报，经批准后才能施工。降水、排水系统对维护基坑的安全极为重要，必须在基坑开挖施工期间安全运转，应时刻检查其工作状况。临近有建筑物或有公共设施，在降水过程中要予以观测，不得因降水而危及这些建筑物或设施的安全。许多围护结构由水泥土搅拌桩、钻孔灌注桩、高压水泥喷射桩等构成，因在本规范第 4 章、第 5 章中这类桩的验收已提及，可按相应的规定标准验收，其他结构在本章内均有标准可查。

7.1.3 重要的基坑工程，支撑安装的及时性极为重要，根据工程实践，基坑变形与施工时间有很大关系，因此，施工过程应尽量缩短工期，特别是在支撑体系未形成情况下的基坑暴露时间应予以减少，要重视基坑变形的时空效应。"十六字原则"对确保基坑开挖的安全是必须的。

7.1.4 基坑（槽）、管沟挖土要分层进行，分层厚度应根据工程具体情况（包括土质、环境等）决定，开挖本身是一种卸荷过程，防止局部区域挖土过深、卸载过速，引起土体失稳，降低土体抗剪性能，同时在施工中应不损伤支护结构，以保证基坑的安全。

7.1.7 本规范表 7.1.7 适用于软土地区的基坑工程，对硬土区应执行设计规定。

7.2 排桩墙支护工程

7.2.2 本规范表 7.2.2-1 中检查齿槽平直度不能用目测，有时看来较直，但施工时仍会产生很大的阻力，甚至将桩带入土层中，如用一根短样桩，沿着板桩的齿口，全长拉一次，如能顺利通过，则将来施工时不会产生大的阻力。

7.2.4 含水地层内的支护结构常因止水措施不当而造成地下水从坑外向坑内渗漏，大量抽排造成土颗粒流失，致使坑外土体沉降，危及坑外的设施。因此，必须有可靠的止水措施。这些措施有深层搅拌桩帷幕、高压喷射注浆止水帷幕、注浆帷幕，或者降水井（点）等，根据不同的条件选用。

7.3 水泥土桩墙支护工程

7.3.1 加筋水泥土桩是在水泥土搅拌桩内插入筋性材料如型钢、钢板桩、混凝土板桩、混凝土工字梁等。这些筋性材可以拔出，也可不拔，视具体条件而定。如要拔出，应考虑相应的填充措施，而且应同拔出的时间同步，以减少周围的土体变形。

7.4 锚杆及土钉墙支护工程

7.4.1 土钉墙一般适用于开挖深度不超过 5m 的基坑，如措施得当也可再加深，但设计与施工均应有足够的经验。

7.4.2 尽管有了分段开挖、分段支护，仍要考虑土钉与锚杆均有一段养护时间，不能为抢进度而不顾及养护期。

7.5 钢或混凝土支撑系统

7.5.1 工程中常用的支撑系统有混凝土围囹、钢围囹、混凝土支撑、钢支撑、格构式立柱、钢管立柱、型钢立柱等，立柱往往埋入灌注桩内，也有直接打入一根钢管桩或型钢桩，使桩柱为一体。甚至有钢支撑与混凝土支撑混合使用的实例。

7.5.2 预顶力应由设计规定，所用的支撑应能施加预顶力。

7.5.3 一般支撑系统不宜承受垂直荷载，因此不能在支撑上堆放钢材，甚至做脚手用。只有采取可靠的措施，并经复核后方可做他用。

7.5.4 支撑安装结束，即已投入使用，应对整个使用期做观测，尤其一些过大的变形应尽可能防止。

7.5.5 有些工程采用逆筑法施工，地下室的楼板、梁结构做支撑系统用，此时应按现行国家标准《混凝土结构工程施工质量验收规范》GB 50204 的要求验收。

7.6 地下连续墙

7.6.1 导墙施工是确保地下墙的轴线位置及成槽质量的关键工序。土层性质较好时，可选用倒"L"型，甚至预制钢导墙，采用"L"型导墙，应加强导墙背后的回填夯实工作。

7.6.2 泥浆配方及成槽机选型与地质条件有关，常发生配方或成槽机选型不当而产生槽壁坍方的事例，因此一般情况下应试成槽，以确保工程的顺利进行。仅对专业施工经验丰富，熟悉土层性质的施工单位可不进行试成槽。

7.6.4 目前地下墙的接头型式多种多样，从结构性能来分有刚性、柔性、刚柔结合型，从材质来分有钢接头、预制混凝土接头等，但无论选用何种型式，从抗渗要求着眼，接头部位常是薄弱环节，严格这部分的质量要求实有必要。

7.6.5 地下墙作为永久结构，必然与楼板、顶盖等构成整体，工程中采用接驳器（锥螺纹或直螺纹）已较普遍，但生产接驳器厂商较多，使用部位又是重要结点，必须对接驳器的外形及力学性能复验以符合设计要求。

7.6.6 泥浆护壁在地下墙施工时是确保槽壁不坍的重要措施，必须有完整的仪器，经常地检验泥浆指标，随着泥浆的循环使用，泥浆指标将会劣化，只有通过检验，方可把好此关。地下连续墙需连续浇注，以在初凝期内完成一个槽段为好，商品混凝土可保证短期内的浇灌量。

7.6.7 检查混凝土上升速度与浇注面标高均为确保槽段混凝土顺利浇注及浇注质量的监测措施。锁口管（或称槽段浇注混凝土时的临时封堵管）拔得过快，入槽的混凝土将流淌到相邻槽段中给该槽段成槽造成极大困难，影响质量，拔管过慢又会导致锁口管拔不出或拔断，使地下墙构成隐患。

7.6.8 检查槽段的宽度及倾斜度宜用超声测槽仪，机械式的不能保证精度。

7.6.9 沉渣过多，施工后的地下墙沉降加大，往往造成楼板、梁系统开裂，这是不允许的。

7.7 沉井与沉箱

7.7.1 为保证沉井顺利下沉，对钻孔应有特殊的要求。

7.7.2 这也是确保沉井（箱）工程成功的必要条件，常发生由于施工单位无任何经验而使沉井（箱）沉偏或半路搁置的事例。

7.7.3 承垫木或砂垫层的采用，影响到沉井的结构，应征得设计的认同。

7.7.4 沉井（箱）在接高时，一次性加了一节混凝土重量，对沉井（箱）的刃脚踏面增加了载荷。如果踏面下土的承载力不足以承担该部分荷载，会造成沉井（箱）在浇注过程中，产生大的沉降，甚至突然下沉，荷载不均匀时还会产生大的倾斜。工程中往往在沉井（箱）接高之前，在井内回填部分黄砂，以增加接触面，减少沉井（箱）的沉降。

7.7.5 排水封底，操作人员可下井施工，质量容易控制。但当井外水位较高，井内抽水后，大量地下水涌入井内，或者井内土体的抗剪强度不足以抵挡井外较高的土体重量，产生剪切破坏而使大量土体涌入，沉井（箱）不能稳定，则必须井内灌水，进行不排水封底。

7.7.8 下沉过程中的偏差情况，虽然不作为验收依据，但是偏差太大影响到终沉标高，尤当刚开始下沉时，应严格控制偏差不要过大，否则终沉标高不易控制在要求范围内。下沉过程中的控制，一般可控制四个角，当发生过大的纠偏动作后，要注意检查中心线的偏移。封底结束后，常发生底板与井墙交接处的渗水，地下水丰富地区，混凝土底板未达到一定强度时，还会发生地下水穿孔，造成渗水，渗漏验收要求可参照现行国家标准《地下防水工程施工质量验收规范》GB 50208。

7.8 降水与排水

7.8.1 降水会影响周边环境，应有降水范围估算以估计对环境的影响，必要时需有回灌措施，尽可能减少对周边环境的影响。降水运转过程中要设水位观测井及沉降观测点，以估计降水的影响。

7.8.2 电渗作为单独的降水措施已不多，在渗透系数不大的地区，为改善降水效果，可用电渗作为辅助手段。

7.8.3 常在降水系统施工后，发现抽出的是混水或无抽水量的情况，这是降水系统的失效，应重新施工直至达到效果为止。

8 分部（子分部）工程质量验收

8.0.4 质量验收的程序与组织应按现行国家标准《建筑工程施工质量验收统一标准》GB 50300 的规定执行。作为合格标准主控项目应全部合格，一般项目合格数应不低于80%。

中华人民共和国国家标准

砌体结构工程施工质量验收规范

Code for acceptance of constructional
quality of masonry structures

GB 50203—2011

主编部门：陕西省住房和城乡建设厅
批准部门：中华人民共和国住房和城乡建设部
施行日期：２０１２年５月１日

中华人民共和国住房和城乡建设部
公　告

第 936 号

关于发布国家标准《砌体结构工程施工质量验收规范》的公告

现批准《砌体结构工程施工质量验收规范》为国家标准，编号为 GB 50203-2011，自 2012 年 5 月 1 日起实施。其中，第 4.0.1（1、2）、5.2.1、5.2.3、6.1.8、6.1.10、6.2.1、6.2.3、7.1.10、7.2.1、8.2.1、8.2.2、10.0.4 条（款）为强制性条文，必须严格执行。原《砌体工程施工质量验收规范》GB 50203-2002 同时废止。

本规范由我部标准定额研究所组织中国建筑工业出版社出版发行。

中华人民共和国住房和城乡建设部
2011 年 2 月 18 日

前　言

根据住房和城乡建设部《关于印发〈2008 年工程建设标准规范制订、修订计划（第一批）〉的通知》（建标[2008]102 号）的要求，由陕西省建筑科学研究院和陕西建工集团总公司会同有关单位在原《砌体工程施工质量验收规范》GB 50203-2002 的基础上修订完成的。

本规范在编制过程中，编制组经广泛调查研究，认真总结实践经验，参考有关国际标准和国外先进标准，并在广泛征求意见的基础上，最后经审查定稿。

本规范共分 11 章和 3 个附录，主要技术内容包括：总则、术语、基本规定、砌筑砂浆、砖砌体工程、混凝土小型空心砌块砌体工程、石砌体工程、配筋砌体工程、填充墙砌体工程、冬期施工、子分部工程验收。

本规范修订的主要内容是：

1 增加砌体结构工程检验批的划分规定；

2 增加"一般项目"检测值的最大超差值为允许偏差值的 1.5 倍的规定；

3 修改砌筑砂浆的合格验收条件；

4 修改砌体轴线位移、墙面垂直度及构造柱尺寸验收的规定；

5 增加填充墙与框架柱、梁之间的连接构造按照设计规定进行脱开连接或不脱开连接施工；

6 增加填充墙与主体结构间连接钢筋采用植筋方法时的锚固拉拔力检测及验收规定；

7 修改轻骨料混凝土小型空心砌块、蒸压加气混凝土砌块墙体墙底部砌筑其他块体或现浇混凝土坎台的规定；

8 修改冬期施工中同条件养护砂浆试块的留置数量及试压龄期的规定；将氯盐砂浆法划入掺外加剂法；删除冻结法施工；

9 附录中增加填充墙砌体植筋锚固力检验抽样判定；填充墙砌体植筋锚固力检测记录。

本规范中以黑体字标志的条文为强制性条文，必须严格执行。

本规范由住房和城乡建设部负责管理和对强制性条文的解释，由陕西省住房和城乡建设厅负责日常管理，陕西省建筑科学研究院负责具体技术内容的解释。执行过程中如有意见或建议，请寄送陕西省建筑科学研究院（地址：西安市环城西路北段 272 号，邮编：710082）。

本规范主编单位：陕西省建筑科学研究院
　　　　　　　　陕西建工集团总公司
本规范参编单位：四川省建筑科学研究院
　　　　　　　　辽宁省建设科学研究院
　　　　　　　　天津市建工工程总承包公司
　　　　　　　　中天建设集团有限公司
　　　　　　　　中国建筑东北设计研究院
　　　　　　　　爱舍（天津）新型建材有限公司
本规范主要起草人员：张昌叙　高宗祺　吴　体
　　　　　　　　　　张书禹　郝宝林　张鸿勋
　　　　　　　　　　刘　斌　申京涛　吴建军
　　　　　　　　　　侯汝欣　和　平　王小院
本规范主要审查人员：王庆霖　周九仪　吴松勤
　　　　　　　　　　薛永武　高连玉　金　睿
　　　　　　　　　　何益民　赵　瑞　王华生

目 次

1 总则 ………………………………… 9—7—5
2 术语 ………………………………… 9—7—5
3 基本规定 …………………………… 9—7—5
4 砌筑砂浆 …………………………… 9—7—7
5 砖砌体工程 ………………………… 9—7—8
   5.1 一般规定 ……………………… 9—7—8
   5.2 主控项目 ……………………… 9—7—9
   5.3 一般项目 ……………………… 9—7—9
6 混凝土小型空心砌块砌体
   工程 ………………………………… 9—7—10
   6.1 一般规定 ……………………… 9—7—10
   6.2 主控项目 ……………………… 9—7—10
   6.3 一般项目 ……………………… 9—7—11
7 石砌体工程 ………………………… 9—7—11
   7.1 一般规定 ……………………… 9—7—11
   7.2 主控项目 ……………………… 9—7—11
   7.3 一般项目 ……………………… 9—7—12
8 配筋砌体工程 ……………………… 9—7—12
   8.1 一般规定 ……………………… 9—7—12
   8.2 主控项目 ……………………… 9—7—12
   8.3 一般项目 ……………………… 9—7—12
9 填充墙砌体工程 …………………… 9—7—13
   9.1 一般规定 ……………………… 9—7—13
   9.2 主控项目 ……………………… 9—7—13
   9.3 一般项目 ……………………… 9—7—14
10 冬期施工 ………………………… 9—7—14
11 子分部工程验收 ………………… 9—7—15
附录 A 砌体工程检验批质量验收
      记录 ……………………………… 9—7—15
附录 B 填充墙砌体植筋锚固力检验
      抽样判定 ………………………… 9—7—21
附录 C 填充墙砌体植筋锚固力检测
      记录 ……………………………… 9—7—21
本规范用词说明 ……………………… 9—7—21
引用标准名录 ………………………… 9—7—22
附：条文说明 ………………………… 9—7—23

Contents

1 General Provisions ········· 9—7—5
2 Terms ············· 9—7—5
3 Basic Requirements ········ 9—7—5
4 Masonry Mortar ·········· 9—7—7
5 Brick Masonry Engineering ········ 9—7—8
   5.1 General Requirements ········ 9—7—8
   5.2 Master Control Items ········ 9—7—9
   5.3 General Items ·········· 9—7—9
6 Masonry Engineering for Small Hollow Block of Concrete ········ 9—7—10
   6.1 General Requirements ········ 9—7—10
   6.2 Master Control Items ········ 9—7—10
   6.3 General Items ·········· 9—7—11
7 Stone Masonry Engineering ······ 9—7—11
   7.1 General Requirements ········ 9—7—11
   7.2 Master Control Items ········ 9—7—11
   7.3 General Items ·········· 9—7—12
8 Reinforced Masonry Engineering ··········· 9—7—12
   8.1 General Requirements ········ 9—7—12
   8.2 Master Control Items ········ 9—7—12
   8.3 General Items ·········· 9—7—12
9 Masonry Engineering for Filler Wall ············· 9—7—13
   9.1 General Requirements ········ 9—7—13
   9.2 Master Control Items ········ 9—7—13
   9.3 General Items ·········· 9—7—14
10 Winter Construction ········ 9—7—14
11 Acceptance of Sub-divisional Work ············· 9—7—15
Appendix A The Quality Acceptance Records of Inspection Lot for Masonry Engineering ········ 9—7—15
Appendix B Testing Determination of Bonded Rebars Anchorage Force for Filler Wall Masonry ·········· 9—7—21
Appendix C Testing Record of Bonded Rebars Anchorage Force for Filler Wall Masonry ·········· 9—7—21
Explanation of Wording in This Code ············· 9—7—21
List of Quoted Standards ········ 9—7—22
Addition: Explanation of Provisions ··········· 9—7—23

1 总则

1.0.1 为加强建筑工程的质量管理,统一砌体结构工程施工质量的验收,保证工程质量,制定本规范。

1.0.2 本规范适用于建筑工程的砖、石、小砌块等砌体结构工程的施工质量验收。本规范不适用于铁路、公路和水工建筑等砌石工程。

1.0.3 砌体结构工程施工中的技术文件和承包合同对施工质量验收的要求不得低于本规范的规定。

1.0.4 本规范应与现行国家标准《建筑工程施工质量验收统一标准》GB 50300 配套使用。

1.0.5 砌体结构工程施工质量的验收除应执行本规范外,尚应符合国家现行有关标准的规定。

2 术语

2.0.1 砌体结构 masonry structure

由块体和砂浆砌筑而成的墙、柱作为建筑物主要受力构件的结构。是砖砌体、砌块砌体和石砌体结构的统称。

2.0.2 配筋砌体 reinforced masonry

由配置钢筋的砌体作为建筑物主要受力构件的结构。是网状配筋砌体柱、水平配筋砌体墙、砖砌体和钢筋混凝土面层或钢筋砂浆面层组合砌体柱(墙)、砖砌体和钢筋混凝土构造柱组合墙和配筋小砌块砌体剪力墙结构的统称。

2.0.3 块体 masonry units

砌体所用各种砖、石、小砌块的总称。

2.0.4 小型砌块 small block

块体主规格的高度大于 115mm 而又小于 380mm 的砌块,包括普通混凝土小型空心砌块、轻骨料混凝土小型空心砌块、蒸压加气混凝土砌块等。简称小砌块。

2.0.5 产品龄期 products age

烧结砖出窑;蒸压砖、蒸压加气混凝土砌块出釜;混凝土砖、混凝土小型空心砌块成型后至某一日期的天数。

2.0.6 蒸压加气混凝土砌块专用砂浆 special mortar for autoclaved aerated concrete block

与蒸压加气混凝土性能相匹配的,能满足蒸压加气混凝土砌块砌体施工要求和砌体性能的砂浆,分为适用于薄灰砌筑法的蒸压加气混凝土砌块粘结砂浆;适用于非薄灰砌筑法的蒸压加气混凝土砌块砌筑砂浆。

2.0.7 预拌砂浆 ready-mixed mortar

由专业生产厂生产的湿拌砂浆或干混砂浆。

2.0.8 施工质量控制等级 category of construction quality control

按质量控制和质量保证若干要素对施工技术水平所作的分级。

2.0.9 瞎缝 blind seam

砌体中相邻块体间无砌筑砂浆,又彼此接触的水平缝或竖向缝。

2.0.10 假缝 suppositious seam

为掩盖砌体灰缝内在质量缺陷,砌筑砌体时仅在靠近砌体表面处抹有砂浆,而内部无砂浆的竖向灰缝。

2.0.11 通缝 continuous seam

砌体中上下皮块体搭接长度小于规定数值的竖向灰缝。

2.0.12 相对含水率 comparatively percentage of moisture

含水率与吸水率的比值。

2.0.13 薄层砂浆砌筑法 the method of thin-layer mortar masonry

采用蒸压加气混凝土砌块粘结砂浆砌筑蒸压加气混凝土砌块墙体的施工方法,水平灰缝厚度和竖向灰缝宽度为 2mm~4mm。简称薄灰砌筑法。

2.0.14 芯柱 core column

在小砌块墙体的孔洞内浇灌混凝土形成的柱,有素混凝土芯柱和钢筋混凝土芯柱。

2.0.15 实体检测 in-situ inspection

由有检测资质的检测单位采用标准的检验方法,在工程实体上进行原位检测或抽取试样在试验室进行检验的活动。

3 基本规定

3.0.1 砌体结构工程所用的材料应有产品合格证书、产品性能型式检验报告,质量应符合国家现行有关标准的要求。块体、水泥、钢筋、外加剂尚应有材料主要性能的进场复验报告,并应符合设计要求。严禁使用国家明令淘汰的材料。

3.0.2 砌体结构工程施工前,应编制砌体结构工程施工方案。

3.0.3 砌体结构的标高、轴线,应引自基准控制点。

3.0.4 砌筑基础前,应校核放线尺寸,允许偏差应符合表 3.0.4 的规定。

表 3.0.4 放线尺寸的允许偏差

长度 L、宽度 B (m)	允许偏差 (mm)
L(或 B)≤30	±5
30<L(或 B)≤60	±10
60<L(或 B)≤90	±15
L(或 B)>90	±20

3.0.5 伸缩缝、沉降缝、防震缝中的模板应拆除干净，不得夹有砂浆、块体及碎渣等杂物。

3.0.6 砌筑顺序应符合下列规定：

1 基底标高不同时，应从低处砌起，并应由高处向低处搭砌。当设计无要求时，搭接长度 L 不应小于基础底的高差 H，搭接长度范围内下层基础应扩大砌筑（图3.0.6）；

2 砌体的转角处和交接处应同时砌筑，当不能同时砌筑时，应按规定留槎、接槎。

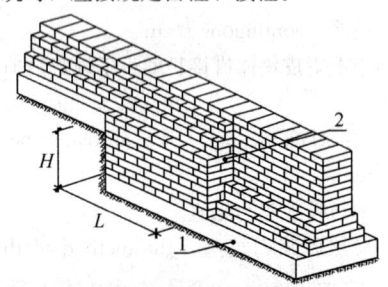

图3.0.6 基底标高不同时的搭砌示意图（条形基础）
1—混凝土垫层；2—基础扩大部分

3.0.7 砌筑墙体应设置皮数杆。

3.0.8 在墙上留置临时施工洞口，其侧边离交接处墙面不应小于500mm，洞口净宽度不应超过1m。抗震设防烈度为9度地区建筑物的临时施工洞口位置，应会同设计单位确定。临时施工洞口应做好补砌。

3.0.9 不得在下列墙体或部位设置脚手眼：

1 120mm厚墙、清水墙、料石墙、独立柱和附墙柱；

2 过梁上与过梁成60°角的三角形范围及过梁净跨度1/2的高度范围内；

3 宽度小于1m的窗间墙；

4 门窗洞口两侧石砌体300mm，其他砌体200mm范围内；转角处石砌体600mm，其他砌体450mm范围内；

5 梁或梁垫下及其左右500mm范围内；

6 设计不允许设置脚手眼的部位；

7 轻质墙体；

8 夹心复合墙外叶墙。

3.0.10 脚手眼补砌时，应清除脚手眼内掉落的砂浆、灰尘；脚手眼处砖及填塞用砖应湿润，并应填实砂浆。

3.0.11 设计要求的洞口、沟槽、管道应于砌筑时正确留出或预埋，未经设计同意，不得打凿墙体和在墙体上开凿水平沟槽。宽度超过300mm的洞口上部，应设置钢筋混凝土过梁。不应在截面长边小于500mm的承重墙体、独立柱内埋设管线。

3.0.12 尚未施工楼面或屋面的墙或柱，其抗风允许自由高度不得超过表3.0.12的规定。如超过表中限值时，必须采用临时支撑等有效措施。

表3.0.12 墙和柱的允许自由高度（m）

墙(柱)厚(mm)	砌体密度≥1600 (kg/m³)			砌体密度1300～1600 (kg/m³)		
	风载(kN/m²)			风载(kN/m²)		
	0.3 (约7级风)	0.4 (约8级风)	0.5 (约9级风)	0.3 (约7级风)	0.4 (约8级风)	0.5 (约9级风)
190	—	—	1.4	1.1	0.7	
240	2.8	2.1	1.4	2.2	1.7	1.1
370	5.2	3.9	2.6	4.2	3.2	2.1
490	8.6	6.5	4.3	7.0	5.2	3.5
620	14.0	10.5	7.0	11.4	8.6	5.7

注：1 本表适用于施工处相对标高 H 在10m范围的情况。如10m＜H≤15m，15m＜H≤20m时，表中的允许自由高度应分别乘以0.9、0.8的系数；如 H＞20m时，应通过抗倾覆验算确定其允许自由高度；

2 当所砌筑的墙有横墙或其他结构与其连接，而且间距小于表中相应墙、柱的允许自由高度的2倍时，砌筑高度可不受本表的限制；

3 当砌体密度小于1300kg/m³时，墙和柱的允许自由高度应另行验算确定。

3.0.13 砌筑完基础或每一楼层后，应校核砌体的轴线和标高。在允许偏差范围内，轴线偏差可在基础顶面或楼面上校正，标高偏差宜通过调整上部砌体灰缝厚度校正。

3.0.14 搁置预制梁、板的砌体顶面应平整，标高一致。

3.0.15 砌体施工质量控制等级分为三级，并应按表3.0.15划分。

表3.0.15 施工质量控制等级

项目	施工质量控制等级		
	A	B	C
现场质量管理	监督检查制度健全，并严格执行；施工方有在岗专业技术管理人员，人员齐全，并持证上岗	监督检查制度基本健全，并能执行；施工方有在岗专业技术管理人员，人员齐全，并持证上岗	有监督检查制度；施工方有在岗专业技术管理人员
砂浆、混凝土强度	试块按规定制作，强度满足验收规定，离散性小	试块按规定制作，强度满足验收规定，离散性较小	试块按规定制作，强度满足验收规定，离散性大

续表 3.0.15

项目	施工质量控制等级		
	A	B	C
砂浆拌合	机械拌合；配合比计量控制严格	机械拌合；配合比计量控制一般	机械或人工拌合；配合比计量控制较差
砌筑工人	中级工以上，其中，高级工不少于30%	高、中级工不少于70%	初级工以上

注：1 砂浆、混凝土强度离散性大小根据强度标准差确定；
2 配筋砌体不得为C级施工。

3.0.16 砌体结构中钢筋（包括夹心复合墙内外叶墙间的拉结件或钢筋）的防腐，应符合设计规定。

3.0.17 雨天不宜在露天砌筑墙体，对下雨当日砌筑的墙体应进行遮盖。继续施工时，应复核墙体的垂直度，如果垂直度超过允许偏差，应拆除重新砌筑。

3.0.18 砌体施工时，楼面和屋面堆载不得超过楼板的允许荷载值。当施工层进料口处施工荷载较大时，楼板下宜采取临时支撑措施。

3.0.19 正常施工条件下，砖砌体、小砌块砌体每日砌筑高度宜控制在1.5m或一步脚手架高度内；石砌体不宜超过1.2m。

3.0.20 砌体结构工程检验批的划分应同时符合下列规定：
1 所用材料类型及同类型材料的强度等级相同；
2 不超过250m³砌体；
3 主体结构砌体一个楼层（基础砌体可按一个楼层计）；填充墙砌体量少时可多个楼层合并。

3.0.21 砌体结构工程检验批验收时，其主控项目应全部符合本规范的规定；一般项目应有80%及以上的抽检处符合本规范的规定；有允许偏差的项目，最大超差值为允许偏差值的1.5倍。

3.0.22 砌体结构分项工程中检验批抽检时，各抽检项目的样本最小容量除有特殊要求外，按不应小于5确定。

3.0.23 在墙体砌筑过程中，当砌筑砂浆初凝后，块体被撞动或需移动时，应将砂浆清除后再铺浆砌筑。

3.0.24 分项工程检验批质量验收可按本规范附录A各相应记录表填写。

4 砌筑砂浆

4.0.1 水泥使用应符合下列规定：
1 水泥进场时应对其品种、等级、包装或散装仓号、出厂日期等进行检查，并应对其强度、安定性进行复验，其质量必须符合现行国家标准《通用硅酸盐水泥》GB 175 的有关规定。
2 当在使用中对水泥质量有怀疑或水泥出厂超过三个月（快硬硅酸盐水泥超过一个月）时，应复查试验，并按复验结果使用。
3 不同品种的水泥，不得混合使用。

抽检数量：按同一生产厂家、同品种、同等级、同批号连续进场的水泥，袋装水泥不超过200t为一批，散装水泥不超过500t为一批，每批抽样不少于一次。

检验方法：检查产品合格证、出厂检验报告和进场复验报告。

4.0.2 砂浆用砂宜采用过筛中砂，并应满足下列要求：
1 不应混有草根、树叶、树枝、塑料、煤块、炉渣等杂物；
2 砂中含泥量、泥块含量、石粉含量、云母、轻物质、有机物、硫化物、硫酸盐及氯盐含量（配筋砌体砌筑用砂）等应符合现行行业标准《普通混凝土用砂、石质量及检验方法标准》JGJ 52 的有关规定。
3 人工砂、山砂及特细砂，应经试配能满足砌筑砂浆技术条件要求。

4.0.3 拌制水泥混合砂浆的粉煤灰、建筑生石灰、建筑生石灰粉及石灰膏应符合下列规定：
1 粉煤灰、建筑生石灰、建筑生石灰粉的品质指标应符合现行行业标准《粉煤灰在混凝土及砂浆中应用技术规程》JGJ 28、《建筑生石灰》JC/T 479、《建筑生石灰粉》JC/T 480 的有关规定。
2 建筑生石灰、建筑生石灰粉熟化为石灰膏，其熟化时间分别不得少于7d和2d；沉淀池中储存的石灰膏，应防止干燥、冻结和污染，严禁采用脱水硬化的石灰膏；建筑生石灰粉、消石灰粉不得替代石灰膏配制水泥石灰砂浆；
3 石灰膏的用量，应按稠度120mm±5mm计量，现场施工中石灰膏不同稠度的换算系数，可按表4.0.3确定。

表 4.0.3 石灰膏不同稠度的换算系数

稠度(mm)	120	110	100	90	80	70	60	50	40	30
换算系数	1.00	0.99	0.97	0.95	0.93	0.92	0.90	0.88	0.87	0.86

4.0.4 拌制砂浆用水的水质，应符合现行行业标准《混凝土用水标准》JGJ 63 的有关规定。

4.0.5 砌筑砂浆应进行配合比设计。当砌筑砂浆的组成材料有变更时，其配合比应重新确定。砌筑砂浆的稠度宜按表4.0.5的规定采用。

表 4.0.5 砌筑砂浆的稠度

砌体种类	砂浆稠度(mm)
烧结普通砖砌体 蒸压粉煤灰砖砌体	70～90
混凝土实心砖、混凝土多孔砖砌体 普通混凝土小型空心砌块砌体 蒸压灰砂砖砌体	50～70
烧结多孔砖、空心砖砌体 轻骨料小型空心砌块砌体 蒸压加气混凝土砌块砌体	60～80
石砌体	30～50

注：1 采用薄灰砌筑法砌筑蒸压加气混凝土砌块砌体时，加气混凝土粘结砂浆的加水量按照其产品说明书控制；
    2 当砌筑其他块体时，其砌筑砂浆的稠度可根据块体吸水特性及气候条件确定。

4.0.6 施工中不应采用强度等级小于 M5 水泥砂浆替代同强度等级水泥混合砂浆，如需替代，应将水泥砂浆提高一个强度等级。

4.0.7 在砂浆中掺入的砌筑砂浆增塑剂、早强剂、缓凝剂、防冻剂、防水剂等砂浆外加剂，其品种和用量应经有资质的检测单位检验和试配确定。所用外加剂的技术性能应符合国家现行有关标准《砌筑砂浆增塑剂》JG/T 164、《混凝土外加剂》GB 8076、《砂浆、混凝土防水剂》JC 474 的质量要求。

4.0.8 配制砌筑砂浆时，各组分材料应采用质量计量，水泥及各种外加剂配料的允许偏差为±2%；砂、粉煤灰、石灰膏等配料的允许偏差为±5%。

4.0.9 砌筑砂浆应采用机械搅拌，搅拌时间自投料完起算应符合下列规定：
　1 水泥砂浆和水泥混合砂浆不得少于 120s；
　2 水泥粉煤灰砂浆和掺用外加剂的砂浆不得少于 180s；
　3 掺增塑剂的砂浆，其搅拌方式、搅拌时间应符合现行行业标准《砌筑砂浆增塑剂》JG/T 164 的有关规定；
　4 干混砂浆及加气混凝土砌块专用砂浆宜按掺用外加剂的砂浆确定搅拌时间或按产品说明书采用。

4.0.10 现场拌制的砂浆应随拌随用，拌制的砂浆应在 3h 内使用完毕；当施工期间最高气温超过 30℃ 时，应在 2h 内使用完毕。预拌砂浆及蒸压加气混凝土砌块专用砂浆的使用时间应按照厂方提供的说明书确定。

4.0.11 砌体结构工程使用的湿拌砂浆，除直接使用外必须储存在不吸水的专用容器内，并根据气候条件采取遮阳、保温、防雨雪等措施，砂浆在储存过程中严禁随意加水。

4.0.12 砌筑砂浆试块强度验收时其强度合格标准应符合下列规定：
　1 同一验收批砂浆试块强度平均值应大于或等于设计强度等级值的 1.10 倍；
　2 同一验收批砂浆试块抗压强度的最小一组平均值应大于或等于设计强度等级值的 85%。

注：1 砌筑砂浆的验收批，同一类型、强度等级的砂浆试块不应少于 3 组；同一验收批砂浆只有 1 组或 2 组试块时，每组试块抗压强度平均值应大于或等于设计强度等级值的 1.10 倍；对于建筑结构的安全等级为一级或设计使用年限为 50 年及以上的房屋，同一验收批砂浆试块的数量不得少于 3 组；
    2 砂浆强度应以标准养护，28d 龄期的试块抗压强度为准；
    3 制作砂浆试块的砂浆稠度应与配合比设计一致。

抽检数量：每一检验批且不超过 250m³ 砌体的各类、各强度等级的普通砌筑砂浆，每台搅拌机应至少抽检一次。验收批的预拌砂浆、蒸压加气混凝土砌块专用砂浆，抽检可为 3 组。

检验方法：在砂浆搅拌机出料口或在湿拌砂浆的储存容器出料口随机取样制作砂浆试块（现场拌制的砂浆，同盘砂浆只应作 1 组试块），试块标养 28d 后作强度试验。预拌砂浆中的湿拌砂浆稠度应在进场时取样检验。

4.0.13 当施工中或验收时出现下列情况，可采用现场检验方法对砂浆或砌体强度进行实体检测，并判定其强度：
　1 砂浆试块缺乏代表性或试块数量不足；
　2 对砂浆试块的试验结果有怀疑或有争议；
　3 砂浆试块的试验结果，不能满足设计要求；
　4 发生工程事故，需要进一步分析事故原因。

5 砖砌体工程

5.1 一般规定

5.1.1 本章适用于烧结普通砖、烧结多孔砖、混凝土多孔砖、混凝土实心砖、蒸压灰砂砖、蒸压粉煤灰砖等砌体工程。

5.1.2 用于清水墙、柱表面的砖，应边角整齐，色泽均匀。

5.1.3 砌体砌筑时，混凝土多孔砖、混凝土实心砖、蒸压灰砂砖、蒸压粉煤灰砖等块体的产品龄期不应小于 28d。

5.1.4 有冻胀环境和条件的地区，地面以下或防潮层以下的砌体，不应采用多孔砖。

5.1.5 不同品种的砖不得在同一楼层混砌。

5.1.6 砌筑烧结普通砖、烧结多孔砖、蒸压灰砂砖、蒸压粉煤灰砖砌体时，砖应提前1d～2d适度湿润，严禁采用干砖或处于吸水饱和状态的砖砌筑；块体湿润程度宜符合下列规定：

　　1 烧结类块体的相对含水率60%～70%；

　　2 混凝土多孔砖及混凝土实心砖不需浇水湿润，但在气候干燥炎热的情况下，宜在砌筑前对其喷水湿润。其他非烧结类块体的相对含水率40%～50%。

5.1.7 采用铺浆法砌筑砌体，铺浆长度不得超过750mm；当施工期间气温超过30℃时，铺浆长度不得超过500mm。

5.1.8 240mm厚承重墙的每层墙的最上一皮砖，砖砌体的阶台水平面上及挑出层的外皮砖，应整砖丁砌。

5.1.9 弧拱式及平拱式过梁的灰缝应砌成楔形缝，拱底灰缝宽度不宜小于5mm，拱顶灰缝宽度不应大于15mm，拱体的纵向及横向灰缝应填实砂浆；平拱式过梁拱脚下面应伸入墙内不小于20mm；砖砌平拱过梁底应有1%的起拱。

5.1.10 砖过梁底部的模板及其支架拆除时，灰缝砂浆强度不应低于设计强度的75%。

5.1.11 多孔砖的孔洞应垂直于受压面砌筑。半盲孔多孔砖的封底面应朝上砌筑。

5.1.12 竖向灰缝不应出现瞎缝、透明缝和假缝。

5.1.13 砖砌体施工临时间断处补砌时，必须将接槎处表面清理干净，洒水湿润，并填实砂浆，保持灰缝平直。

5.1.14 夹心复合墙的砌筑应符合下列规定：

　　1 墙体砌筑时，应采取措施防止空腔内掉落砂浆和杂物；

　　2 拉结件设置应符合设计要求，拉结件在叶墙上的搁置长度不应小于叶墙厚度的2/3，并不应小于60mm；

　　3 保温材料品种及性能应符合设计要求。保温材料的浇注压力不应对砌体强度、变形及外观质量产生不良影响。

5.2 主控项目

5.2.1 砖和砂浆的强度等级必须符合设计要求。

　　抽检数量：每一生产厂家，烧结普通砖、混凝土实心砖每15万块，烧结多孔砖、混凝土多孔砖、蒸压灰砂砖及蒸压粉煤灰砖每10万块各为一验收批，不足上述数量时按1批计，抽检数量为1组。砂浆试块的抽检数量执行本规范第4.0.12条的有关规定。

　　检验方法：查砖和砂浆试块试验报告。

5.2.2 砌体灰缝砂浆应密实饱满，砖墙水平灰缝的砂浆饱满度不得低于80%；砖柱水平灰缝和竖向灰缝饱满度不得低于90%。

　　抽检数量：每检验批抽查不应少于5处。

　　检验方法：用百格网检查砖底面与砂浆的粘结痕迹面积，每处检测3块砖，取其平均值。

5.2.3 砖砌体的转角处和交接处应同时砌筑，严禁无可靠措施的内外墙分砌施工。在抗震设防烈度为8度及8度以上地区，对不能同时砌筑而又必须留置的临时间断处应砌成斜槎，普通砖砌体斜槎水平投影长度不应小于高度的2/3，多孔砖砌体的斜槎长高比不应小于1/2。斜槎高度不得超过一步脚手架的高度。

　　抽检数量：每检验批抽查不应少于5处。

　　检验方法：观察检查。

5.2.4 非抗震设防及抗震设防烈度为6度、7度地区的临时间断处，当不能留斜槎时，除转角处外，可留直槎，但直槎必须做成凸槎，且应加设拉结钢筋，拉结钢筋应符合下列规定：

　　1 每120mm墙厚放置1Φ6拉结钢筋（120mm厚墙应放置2Φ6拉结钢筋）；

　　2 间距沿墙高不应超过500mm，且竖向间距偏差不应超过100mm；

　　3 埋入长度从留槎处算起每边均不应小于500mm，对抗震设防烈度6度、7度的地区，不应小于1000mm；

　　4 末端应有90°弯钩（图5.2.4）。

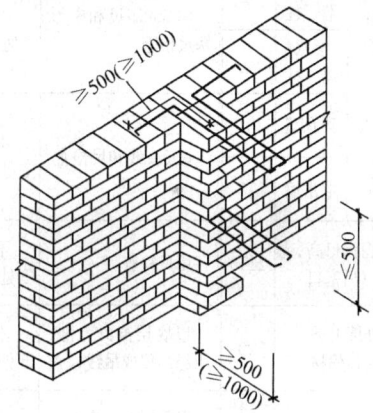

图5.2.4 直槎处拉结钢筋示意图

　　抽检数量：每检验批抽查不应少于5处。

　　检验方法：观察和尺量检查。

5.3 一般项目

5.3.1 砖砌体组砌方法应正确，内外搭砌，上、下错缝。清水墙、窗间墙无通缝；混水墙中不得有长度大于300mm的通缝，长度200mm～300mm的通缝每间不超过3处，且不得位于同一面墙体上。砖柱不得采用包心砌法。

　　抽检数量：每检验批抽查不应少于5处。

　　检验方法：观察检查。砌体组砌方法抽检每处应为3m～5m。

5.3.2 砖砌体的灰缝应横平竖直，厚薄均匀，水平灰缝厚度及竖向灰缝宽度宜为10mm,但不应小于8mm,也不应大于12mm。

抽检数量:每检验批抽查不应少于5处。

检验方法:水平灰缝厚度用尺量10皮砖砌体高度折算;竖向灰缝宽度用尺量2m砌体长度折算。

5.3.3 砖砌体尺寸、位置的允许偏差及检验应符合表5.3.3的规定。

表5.3.3 砖砌体尺寸、位置的允许偏差及检验

项次	项目		允许偏差(mm)	检验方法	抽检数量
1	轴线位移		10	用经纬仪和尺或用其他测量仪器检查	承重墙、柱全数检查
2	基础、墙、柱顶面标高		±15	用水准仪和尺检查	不应少于5处
3	墙面垂直度	每层	5	用2m托线板检查	不应少于5处
		全高 ≤10m	10	用经纬仪、吊线和尺或其他测量仪器检查	外墙全部阳角
		全高 >10m	20		
4	表面平整度	清水墙、柱	5	用2m靠尺和楔形塞尺检查	不应少于5处
		混水墙、柱	8		
5	水平灰缝平直度	清水墙	7	拉5m线和尺检查	不应少于5处
		混水墙	10		
6	门窗洞口高、宽(后塞口)		±10	用尺检查	不应少于5处
7	外墙上下窗口偏移		20	以底层窗口为准,用经纬仪或吊线检查	不应少于5处
8	清水墙游丁走缝		20	以每层第一皮砖为准,用吊线和尺检查	不应少于5处

6 混凝土小型空心砌块砌体工程

6.1 一般规定

6.1.1 本章适用于普通混凝土小型空心砌块和轻骨料混凝土小型空心砌块(以下简称小砌块)等砌体工程。

6.1.2 施工前,应按房屋设计图编绘小砌块平、立面排块图,施工中应按排块图施工。

6.1.3 施工采用的小砌块的产品龄期不应小于28d。

6.1.4 砌筑小砌块时,应清除表面污物,剔除外观质量不合格的小砌块。

6.1.5 砌筑小砌块砌体,宜选用专用小砌块砌筑砂浆。

6.1.6 底层室内地面以下或防潮层以下的砌体,应采用强度等级不低于C20(或Cb20)的混凝土灌实小砌块的孔洞。

6.1.7 砌筑普通混凝土小型空心砌块砌体,不需对小砌块浇水湿润,如遇天气干燥炎热,宜在砌筑前对其喷水湿润;对轻骨料混凝土小砌块,应提前浇水湿润,块体的相对含水率宜为40%~50%。雨天及小砌块表面有浮水时,不得施工。

6.1.8 承重墙体使用的小砌块应完整、无破损、无裂缝。

6.1.9 小砌块墙体应孔对孔、肋对肋错缝搭砌。单排孔小砌块的搭接长度应为块体长度的1/2;多排孔小砌块的搭接长度可适当调整,但不宜小于小砌块长度的1/3,且不应小于90mm。墙体的个别部位不能满足上述要求时,应在灰缝中设置拉结钢筋或钢筋网片,但竖向通缝仍不得超过两皮小砌块。

6.1.10 小砌块应将生产时的底面朝上反砌于墙上。

6.1.11 小砌块墙体宜逐块坐(铺)浆砌筑。

6.1.12 在散热器、厨房和卫生间等设备的卡具安装处砌筑的小砌块,宜在施工前用强度等级不低于C20(或Cb20)的混凝土将其孔洞灌实。

6.1.13 每步架墙(柱)砌筑完后,应随即刮平墙体灰缝。

6.1.14 芯柱处小砌块墙体砌筑应符合下列规定:

1 每一楼层芯柱处第一皮砌块应采用开口小砌块;

2 砌筑时应随砌随清除小砌块孔内的毛边,并将灰缝中挤出的砂浆刮净。

6.1.15 芯柱混凝土宜选用专用小砌块灌孔混凝土。浇筑芯柱混凝土应符合下列规定:

1 每次连续浇筑的高度宜为半个楼层,但不应大于1.8m;

2 浇筑芯柱混凝土时,砌筑砂浆强度应大于1MPa;

3 清除孔内掉落的砂浆等杂物,并用水冲淋孔壁;

4 浇筑芯柱混凝土前,应先注入适量与芯柱混凝土成分相同的去石砂浆;

5 每浇筑400mm~500mm高度捣实一次,或边浇筑边捣实。

6.1.16 小砌块复合夹心墙的砌筑应符合本规范第5.1.14条的规定。

6.2 主控项目

6.2.1 小砌块和芯柱混凝土、砌筑砂浆的强度等级必须符合设计要求。

抽检数量：每一生产厂家，每1万块小砌块为一验收批，不足1万块按一批计，抽检数量为1组；用于多层以上建筑的基础和底层的小砌块抽检数量不应少于2组。砂浆试块的抽检数量应执行本规范第4.0.12条的有关规定。

检验方法：检查小砌块和芯柱混凝土、砌筑砂浆试块试验报告。

6.2.2 砌体水平灰缝和竖向灰缝的砂浆饱满度，按净面积计算不得低于90%。

抽检数量：每检验批抽查不应少于5处。

检验方法：用专用百格网检测小砌块与砂浆粘结痕迹，每处检测3块小砌块，取其平均值。

6.2.3 墙体转角处和纵横交接处应同时砌筑。临时间断处应砌成斜槎，斜槎水平投影长度不应小于斜槎高度。施工洞口可预留直槎，但在洞口砌筑和补砌时，应在直槎上下搭砌的小砌块孔洞内用强度等级不低于C20（或Cb20）的混凝土灌实。

抽检数量：每检验批抽查不应少于5处。

检验方法：观察检查。

6.2.4 小砌块砌体的芯柱在楼盖处应贯通，不得削弱芯柱截面尺寸；芯柱混凝土不得漏灌。

抽检数量：每检验批抽查不应少于5处。

检验方法：观察检查。

6.3 一般项目

6.3.1 砌体的水平灰缝厚度和竖向灰缝宽度宜为10mm，但不应小于8mm，也不应大于12mm。

抽检数量：每检验批抽查不应少于5处。

检验方法：水平灰缝厚度用尺量5皮小砌块的高度折算；竖向灰缝宽度用尺量2m砌体长度折算。

6.3.2 小砌块砌体尺寸、位置的允许偏差应按本规范第5.3.3条的规定执行。

7 石砌体工程

7.1 一般规定

7.1.1 本章适用于毛石、毛料石、粗料石、细料石等砌体工程。

7.1.2 石砌体采用的石材应质地坚实，无裂纹和无明显风化剥落；用于清水墙、柱表面的石材，尚应色泽均匀；石材的放射性应经检验，其安全性应符合现行国家标准《建筑材料放射性核素限量》GB 6566的有关规定。

7.1.3 石材表面的泥垢、水锈等杂质，砌筑前应清除干净。

7.1.4 砌筑毛石基础的第一皮石块应坐浆，并将大面向下；砌筑料石基础的第一皮石块应用丁砌层坐浆砌筑。

7.1.5 毛石砌体的第一皮及转角处、交接处和洞口处，应用较大的平毛石砌筑。每个楼层（包括基础）砌体的最上一皮，宜选用较大的毛石砌筑。

7.1.6 毛石砌筑时，对石块间存在较大的缝隙，应先向缝内填灌砂浆并捣实，然后再用小石块嵌填，不得先填小石块后填灌砂浆，石块间不得出现无砂浆相互接触现象。

7.1.7 砌筑毛石挡土墙应按分层高度砌筑，并应符合下列规定：

1 每砌3皮～4皮为一个分层高度，每个分层高度应将顶层石块砌平；

2 两个分层高度间分层处的错缝不得小于80mm。

7.1.8 料石挡土墙，当中间部分用毛石砌筑时，丁砌料石伸入毛石部分的长度不应小于200mm。

7.1.9 毛石、毛料石、粗料石、细料石砌体灰缝厚度应均匀，灰缝厚度应符合下列规定：

1 毛石砌体外露面的灰缝厚度不宜大于40mm；

2 毛料石和粗料石的灰缝厚度不宜大于20mm；

3 细料石的灰缝厚度不宜大于5mm。

7.1.10 挡土墙的泄水孔当设计无规定时，施工应符合下列规定：

1 泄水孔应均匀设置，在每米高度上间隔2m左右设置一个泄水孔；

2 泄水孔与土体间铺设长宽各为300mm、厚200mm的卵石或碎石作疏水层。

7.1.11 挡土墙内侧回填土必须分层夯填，分层松土厚度宜为300mm。墙顶土面应有适当坡度使流水流向挡土墙外侧面。

7.1.12 在毛石和实心砖的组合墙中，毛石砌体与砖砌体应同时砌筑，并每隔4皮～6皮砖用2皮～3皮丁砖与毛石砌体拉结砌合；两种砌体间的空隙应填实砂浆。

7.1.13 毛石墙和砖墙相接的转角处和交接处应同时砌筑。转角处、交接处应自纵墙（或横墙）每隔4皮～6皮砖高度引出不小于120mm与横墙（或纵墙）相接。

7.2 主控项目

7.2.1 石材及砂浆强度等级必须符合设计要求。

抽检数量：同一产地的同类石材抽检不应少于1组。砂浆试块的抽检数量执行本规范第4.0.12条的有关规定。

检验方法：料石检查产品质量证明书，石材、砂浆检查试块试验报告。

7.2.2 砌体灰缝的砂浆饱满度不应小于80%。

抽检数量：每检验批抽查不应少于5处。

检验方法：观察检查。

7.3 一般项目

7.3.1 石砌体尺寸、位置的允许偏差及检验方法应符合表7.3.1的规定。

表7.3.1 石砌体尺寸、位置的允许偏差及检验方法

项次	项目		允许偏差（mm）					检验方法
			毛石砌体		料石砌体			
					毛料石		粗料石	细料石	
			基础	墙	基础	墙	基础	墙、柱	
1	轴线位置		20	15	20	15	15	10	10	用经纬仪和尺检查，或用其他测量仪器检查
2	基础和墙砌体顶面标高		±25	±15	±25	±15	±15	±10	用水准仪和尺检查
3	砌体厚度		+30	+20 -10	+30	+15	+10 -5	+10 -5	用尺检查
4	墙面垂直度	每层	—	20	—	20	—	10	7	用经纬仪、吊线和尺检查或用其他测量仪器检查
		全高	—	30	—	30	—	25	10	
5	表面平整度	清水墙、柱	—	—	—	20	—	10	5	细料石用2m靠尺和楔形塞尺检查，其他用两直尺垂直于灰缝拉2m线和尺检查
		混水墙、柱	—	—	—	20	—	15	—	
6	清水墙水平灰缝平直度		—	—	—	—	—	10	5	拉10m线和尺检查

抽检数量：每检验批抽查不应少于5处。

7.3.2 石砌体的组砌形式应符合下列规定：
1 内外搭砌，上下错缝，拉结石、丁砌石交错设置；
2 毛石墙拉结石每0.7m²墙面不应少于1块。
抽检数量：每检验批抽查不应少于5处。
检验方法：观察检查。

8 配筋砌体工程

8.1 一般规定

8.1.1 配筋砌体工程除应满足本章要求和规定外，尚应符合本规范第5章及第6章的要求和规定。
8.1.2 施工配筋小砌块砌体剪力墙，应采用专用的小砌块砌筑砂浆砌筑，专用小砌块灌孔混凝土浇筑芯柱。
8.1.3 设置在灰缝内的钢筋，应居中置于灰缝内，水平灰缝厚度应大于钢筋直径4mm以上。

8.2 主控项目

8.2.1 钢筋的品种、规格、数量和设置部位应符合设计要求。
检验方法：检查钢筋的合格证书、钢筋性能复试试验报告、隐蔽工程记录。
8.2.2 构造柱、芯柱、组合砌体构件、配筋砌体剪力墙构件的混凝土及砂浆的强度等级应符合设计要求。
抽检数量：每检验批砌体，试块不应少于1组，验收批砌体试块不得少于3组。
检验方法：检查混凝土和砂浆试块试验报告。
8.2.3 构造柱与墙体的连接应符合下列规定：
1 墙体应砌成马牙槎，马牙槎凹凸尺寸不宜小于60mm，高度不应超过300mm，马牙槎应先退后进，对称砌筑；马牙槎尺寸偏差每一构造柱不应超过2处。
2 预留拉结钢筋的规格、尺寸、数量及位置应正确，拉结钢筋应沿墙高每隔500mm设2Φ6，伸入墙内不宜小于600mm，钢筋的竖向移位不应超过100mm，且竖向移位每一构造柱不得超过2处；
3 施工中不得任意弯折拉结钢筋。
抽检数量：每检验批抽查不应少于5处。
检验方法：观察检查和尺量检查。
8.2.4 配筋砌体中受力钢筋的连接方式及锚固长度、搭接长度应符合设计要求。
抽检数量：每检验批抽查不应少于5处。
检验方法：观察检查。

8.3 一般项目

8.3.1 构造柱一般尺寸允许偏差及检验方法应符合表8.3.1的规定。

表8.3.1 构造柱一般尺寸允许偏差及检验方法

项次	项目		允许偏差（mm）	检验方法
1	中心线位置		10	用经纬仪和尺检查或用其他测量仪器检查
2	层间错位		8	用经纬仪和尺检查或用其他测量仪器检查
3	垂直度	每层	10	用2m托线板检查
		全高 ≤10m	15	用经纬仪、吊线和尺检查或用其他测量仪器检查
		全高 >10m	20	

抽检数量：每检验批抽查不应少于5处。
8.3.2 设置在砌体灰缝中钢筋的防腐保护应符合本规范第3.0.16条的规定，且钢筋防护层完好，不应

有肉眼可见裂纹、剥落和擦痕等缺陷。

抽检数量：每检验批抽查不应少于5处。

检验方法：观察检查。

8.3.3 网状配筋砖砌体中，钢筋网规格及放置间距应符合设计规定。每一构件钢筋网沿砌体高度位置超过设计规定一皮砖厚不得多于一处。

抽检数量：每检验批抽查不应少于5处。

检验方法：通过钢筋网成品检查钢筋规格，钢筋网放置间距采用局部剔缝观察，或用探针刺入灰缝内检查，或用钢筋位置测定仪测定。

8.3.4 钢筋安装位置的允许偏差及检验方法应符合表8.3.4的规定。

表8.3.4 钢筋安装位置的允许偏差和检验方法

项 目		允许偏差（mm）	检 验 方 法
受力钢筋保护层厚度	网状配筋砌体	±10	检查钢筋网成品，钢筋网放置位置局部剔缝观察，或用探针刺入灰缝内检查，或用钢筋位置测定仪测定
	组合砖砌体	±5	支模前观察与尺量检查
	配筋小砌块体	±10	浇筑灌孔混凝土前观察与尺量检查
配筋小砌块砌体墙凹槽中水平钢筋间距		±10	钢尺量连续三档，取最大值

抽检数量：每检验批抽查不应少于5处。

9 填充墙砌体工程

9.1 一般规定

9.1.1 本章适用于烧结空心砖、蒸压加气混凝土砌块、轻骨料混凝土小型空心砌块等填充墙砌体工程。

9.1.2 砌筑填充墙时，轻骨料混凝土小型空心砌块和蒸压加气混凝土砌块的产品龄期不应小于28d，蒸压加气混凝土砌块的含水率宜小于30%。

9.1.3 烧结空心砖、蒸压加气混凝土砌块、轻骨料混凝土小型空心砌块等的运输、装卸过程中，严禁抛掷和倾倒；进场后应按品种、规格堆放整齐，堆置高度不宜超过2m。蒸压加气混凝土砌块在运输及堆放中应防止雨淋。

9.1.4 吸水率较小的轻骨料混凝土小型空心砌块及采用薄灰砌筑法施工的蒸压加气混凝土砌块，砌筑前不应对其浇（喷）水湿润；在气候干燥炎热的情况下，对吸水率较小的轻骨料混凝土小型空心砌块宜在砌筑前喷水湿润。

9.1.5 采用普通砌筑砂浆砌筑填充墙时，烧结空心砖、吸水率较大的轻骨料混凝土小型空心砌块应提前1d~2d浇（喷）水湿润。蒸压加气混凝土砌块采用蒸压加气混凝土砌块砌筑砂浆或普通砌筑砂浆砌筑时，应在砌筑当天对砌块砌筑面喷水湿润。块体湿润程度宜符合下列规定：

1 烧结空心砖的相对含水率60%~70%；

2 吸水率较大的轻骨料混凝土小型空心砌块、蒸压加气混凝土砌块的相对含水率40%~50%。

9.1.6 在厨房、卫生间、浴室等处采用轻骨料混凝土小型空心砌块、蒸压加气混凝土砌块砌筑墙体时，墙底部宜现浇混凝土坎台，其高度宜为150mm。

9.1.7 填充墙拉结筋处的下皮小砌块宜采用半盲孔小砌块或用混凝土灌实孔洞的小砌块；薄灰砌筑法施工的蒸压加气混凝土砌块砌体，拉结筋应放置在砌块上表面设置的沟槽内。

9.1.8 蒸压加气混凝土砌块、轻骨料混凝土小型空心砌块不应与其他块体混砌，不同强度等级的同类块体也不得混砌。

注：窗台处和因安装门窗需要，在门窗洞口处两侧填充墙上、中、下部可采用其他块体局部嵌砌；对与框架柱、梁不脱开方法的填充墙，填塞填充墙顶部与梁之间缝隙可采用其他块体。

9.1.9 填充墙砌体砌筑，应待承重主体结构检验批验收合格后进行。填充墙与承重主体结构间的空（缝）隙部位施工，应在填充墙砌筑14d后进行。

9.2 主控项目

9.2.1 烧结空心砖、小砌块和砌筑砂浆的强度等级应符合设计要求。

抽检数量：烧结空心砖每10万块为一验收批，小砌块每1万块为一验收批，不足上述数量时按一批计，抽检数量为1组。砂浆试块的抽检数量执行本规范第4.0.12条的有关规定。

检验方法：查砖、小砌块进场复验报告和砂浆试块试验报告。

9.2.2 填充墙砌体与主体结构可靠连接，其连接构造应符合设计要求，未经设计同意，不得随意改变连接构造方法。每一填充墙与柱的拉结筋的位置超过一皮块体高度的数量不得多于一处。

抽检数量：每检验批抽查不应少于5处。

检验方法：观察检查。

9.2.3 填充墙与承重墙、柱、梁的连接钢筋，当采用化学植筋的连接方式时，应进行实体检测。锚固钢筋拉拔试验的轴向受拉非破坏承载力检验值应为6.0kN。抽检钢筋在检验值作用下应基材无裂缝、钢筋无滑移宏观裂损现象；持荷2min期间荷载值降低不大于5%。检验批验收可按本规范表B.0.1通过正常检验一次、二次抽样判定。填充墙砌体植筋锚固力检测记录可按本规范表C.0.1填写。

抽检数量：按表9.2.3确定。

检验方法：原位试验检查。

表9.2.3 检验批抽检锚固钢筋样本最小容量

检验批的容量	样本最小容量	检验批的容量	样本最小容量
≤90	5	281~500	20
91~150	8	501~1200	32
151~280	13	1201~3200	50

9.3 一般项目

9.3.1 填充墙砌体尺寸、位置的允许偏差及检验方法应符合表9.3.1的规定。

表9.3.1 填充墙砌体尺寸、位置的允许偏差及检验方法

项次	项目		允许偏差(mm)	检验方法
1	轴线位移		10	用尺检查
2	垂直度(每层)	≤3m	5	用2m托线板或吊线、尺检查
		>3m	10	
3	表面平整度		8	用2m靠尺和楔形尺检查
4	门窗洞口高、宽(后塞口)		±10	用尺检查
5	外墙上、下窗口偏移		20	用经纬仪或吊线检查

抽检数量：每检验批抽查不应少于5处。

9.3.2 填充墙砌体的砂浆饱满度及检验方法应符合表9.3.2的规定。

表9.3.2 填充墙砌体的砂浆饱满度及检验方法

砌体分类	灰缝	饱满度及要求	检验方法
空心砖砌体	水平	≥80%	采用百格网检查块体底面或侧面砂浆的粘结痕迹面积
	垂直	填满砂浆，不得有透明缝、瞎缝、假缝	
蒸压加气混凝土砌块、轻骨料混凝土小型空心砌块砌体	水平	≥80%	
	垂直	≥80%	

抽检数量：每检验批抽查不应少于5处。

9.3.3 填充墙留置的拉结钢筋或网片的位置应与块体皮数相符合。拉结钢筋或网片应置于灰缝中，埋置长度应符合设计要求，竖向位置偏差不应超过一皮高度。

抽检数量：每检验批抽查不应少于5处。

检验方法：观察和尺量检查。

9.3.4 砌筑填充墙时应错缝搭砌，蒸压加气混凝土砌块搭砌长度不应小于砌块长度的1/3；轻骨料混凝土小型空心砌块搭砌长度不应小于90mm；竖向通缝不应大于2皮。

抽检数量：每检验批抽查不应少于5处。

检验方法：观察检查。

9.3.5 填充墙的水平灰缝厚度和竖向灰缝宽度应正确，烧结空心砖、轻骨料混凝土小型空心砌块砌体的灰缝应为8mm~12mm；蒸压加气混凝土砌块砌体当采用水泥砂浆、水泥混合砂浆或蒸压加气混凝土砌块砌筑砂浆时，水平灰缝厚度和竖向灰缝宽度不应超过15mm；当蒸压加气混凝土砌块砌体采用蒸压加气混凝土砌块粘结砂浆时，水平灰缝厚度和竖向灰缝宽度宜为3mm~4mm。

抽检数量：每检验批抽查不应少于5处。

检验方法：水平灰缝厚度用尺量5皮小砌块的高度折算；竖向灰缝宽度用尺量2m砌体长度折算。

10 冬期施工

10.0.1 当室外日平均气温连续5d稳定低于5℃时，砌体工程应采取冬期施工措施。

注：1 气温根据当地气象资料确定；
2 冬期施工期限以外，当日最低气温低于0℃时，也应按本章的规定执行。

10.0.2 冬期施工的砌体工程质量验收除应符合本章要求外，尚应符合现行行业标准《建筑工程冬期施工规程》JGJ/T 104 的有关规定。

10.0.3 砌体工程冬期施工应有完整的冬期施工方案。

10.0.4 冬期施工所用材料应符合下列规定：

1 石灰膏、电石膏等应防止受冻，如遭冻结，应经融化后使用；

2 拌制砂浆用砂，不得含有冰块和大于10mm的冻结块；

3 砌体用块体不得遭水浸冻。

10.0.5 冬期施工砂浆试块的留置，除应按常温规定要求外，尚应增加1组与砌体同条件养护的试块，用于检验转入常温28d的强度。如有特殊需要，可另外增加相应龄期的同条件养护的试块。

10.0.6 地基土有冻胀性时，应在未冻的地基上砌筑，并应防止在施工期间和回填土前地基受冻。

10.0.7 冬期施工中砖、小砌块浇（喷）水湿润应符合下列规定：

1 烧结普通砖、烧结多孔砖、蒸压灰砂砖、蒸压粉煤灰砖、烧结空心砖、吸水率较大的轻骨料混凝土小型空心砌块在气温高于0℃条件下砌筑时，应浇水湿润；在气温低于、等于0℃条件下砌筑时，可不浇水，但必须增大砂浆稠度；

2 普通混凝土小型空心砌块、混凝土多孔砖、混凝土实心砖及采用薄灰砌筑法的蒸压加气混凝土砌块施工时，不应对其浇（喷）水湿润；

3 抗震设防烈度为9度的建筑物，当烧结普通砖、烧结多孔砖、蒸压粉煤灰砖、烧结空心砖无法浇水湿润时，如无特殊措施，不得砌筑。

10.0.8 拌合砂浆时水的温度不得超过80℃，砂的温度不得超过40℃。

10.0.9 采用砂浆掺外加剂法、暖棚法施工时，砂浆使用温度不应低于5℃。

10.0.10 采用暖棚法施工，块体在砌筑时的温度不应低于5℃，距离所砌的结构底面0.5m处的棚内温度也不应低于5℃。

10.0.11 在暖棚内的砌体养护时间，应根据暖棚内温度，按表10.0.11确定。

表 10.0.11 暖棚法砌体的养护时间

暖棚的温度（℃）	5	10	15	20
养护时间（d）	≥6	≥5	≥4	≥3

10.0.12 采用外加剂法配制的砌筑砂浆，当设计无要求，且最低气温等于或低于-15℃时，砂浆强度等级应较常温施工提高一级。

10.0.13 配筋砌体不得采用掺氯盐的砂浆施工。

11 子分部工程验收

11.0.1 砌体工程验收前，应提供下列文件和记录：
　1 设计变更文件；
　2 施工执行的技术标准；
　3 原材料出厂合格证书、产品性能检测报告和进场复验报告；
　4 混凝土及砂浆配合比通知单；
　5 混凝土及砂浆试件抗压强度试验报告单；
　6 砌体工程施工记录；
　7 隐蔽工程验收记录；
　8 分项工程检验批的主控项目、一般项目验收记录；
　9 填充墙砌体植筋锚固力检测记录；
　10 重大技术问题的处理方案和验收记录；
　11 其他必要的文件和记录。

11.0.2 砌体子分部工程验收时，应对砌体工程的观感质量作出总体评价。

11.0.3 当砌体工程质量不符合要求时，应按现行国家标准《建筑工程施工质量验收统一标准》GB 50300有关规定执行。

11.0.4 有裂缝的砌体应按下列情况进行验收：
　1 对不影响结构安全性的砌体裂缝，应予以验收，对明显影响使用功能和观感质量的裂缝，应进行处理；
　2 对有可能影响结构安全性的砌体裂缝，应由有资质的检测单位检测鉴定，需返修或加固处理的，待返修或加固处理满足使用要求后进行二次验收。

附录 A 砌体工程检验批质量验收记录

A.0.1 为统一砌体结构工程检验批质量验收记录用表，特列出表A.0.1-1～表A.0.1-5，以供质量验收采用。

A.0.2 对配筋砌体工程检验批质量验收记录，除应采用表A.0.1-4外，尚应配合采用表A.0.1-1或表A.0.1-2。

A.0.3 对表A.0.1-1～表A.0.1-5中有数值要求的项目，应填写检测数据。

表 A.0.1-1 砖砌体工程检验批质量验收记录

工程名称		分项工程名称		验收部位	
施工单位				项目经理	
施工执行标准名称及编号				专业工长	
分包单位				施工班组组长	

	质量验收规范的规定		施工单位检查评定记录	监理（建设）单位验收记录
主控项目	1. 砖强度等级	设计要求 MU		
	2. 砂浆强度等级	设计要求 M		
	3. 斜槎留置	5.2.3条		
	4. 转角、交接处	5.2.3条		
	5. 直槎拉结钢筋及接槎处理	5.2.4条		
	6. 砂浆饱满度	≥80%（墙）		
		≥90%（柱）		

续表 A.0.1-1

	质量验收规范的规定		施工单位 检查评定记录									监理(建设) 单位验收记录
一般项目	1. 轴线位移	≤10mm										
	2. 垂直度(每层)	≤5mm										
	3. 组砌方法	5.3.1条										
	4. 水平灰缝厚度	5.3.2条										
	5. 竖向灰缝宽度	5.3.2条										
	6. 基础、墙、柱顶面标高	±15mm 以内										
	7. 表面平整度	≤5mm(清水)										
		≤8mm(混水)										
	8. 门窗洞口高、宽(后塞口)	±10mm 以内										
	9. 窗口偏移	≤20mm										
	10. 水平灰缝平直度	≤7mm(清水)										
		≤10mm(混水)										
	11. 清水墙游丁走缝	≤20mm										

施工单位检查 评定结果	项目专业质量检查员： 项目专业质量(技术)负责人： 年 月 日
监理(建设)单位 验收结论	监理工程师(建设单位项目工程师)： 年 月 日

注：本表由施工项目专业质量检查员填写，监理工程师(建设单位项目技术负责人)组织项目专业质量(技术)负责人等进行验收。

表 A.0.1-2 混凝土小型空心砌块砌体工程检验批质量验收记录

工程名称			分项工程名称		验收部位	
施工单位					项目经理	
施工执行标准名称及编号					专业工长	
分包单位					施工班组组长	

		质量验收规范的规定		施工单位检查评定记录	监理(建设)单位验收记录
主控项目	1. 小砌块强度等级	设计要求 MU			
	2. 砂浆强度等级	设计要求 M			
	3. 混凝土强度等级	设计要求 C			
	4. 转角、交接处	6.2.3 条			
	5. 斜槎留置	6.2.3 条			
	6. 施工洞口砌法	6.2.3 条			
	7. 芯柱贯通楼盖	6.2.4 条			
	8. 芯柱混凝土灌实	6.2.4 条			
	9. 水平缝饱满度	≥90%			
	10. 竖向缝饱满度	≥90%			
一般项目	1. 轴线位移	≤10mm			
	2. 垂直度(每层)	≤5mm			
	3. 水平灰缝厚度	8mm～12mm			
	4. 竖向灰缝宽度	8mm～12mm			
	5. 顶面标高	±15mm 以内			
	6. 表面平整度	≤5mm(清水)			
		≤8mm(混水)			
	7. 门窗洞口	±10mm 以内			
	8. 窗口偏移	≤20mm			
	9. 水平灰缝平直度	≤7mm(清水)			
		≤10mm(混水)			
施工单位检查评定结果	项目专业质量检查员： 项目专业质量(技术)负责人： 年 月 日					
监理(建设)单位验收结论	监理工程师(建设单位项目工程师)： 年 月 日					

注：本表由施工项目专业质量检查员填写，监理工程师(建设单位项目技术负责人)组织项目专业质量(技术)负责人等进行验收。

表 A.0.1-3 石砌体工程检验批质量验收记录

工程名称			分项工程名称		验收部位	
施工单位					项目经理	
施工执行标准名称及编号					专业工长	
分包单位					施工班组组长	
		质量验收规范的规定		施工单位检查评定记录	监理(建设)单位验收记录	
主控项目	1. 石材强度等级		设计要求 MU			
	2. 砂浆强度等级		设计要求 M			
	3. 砂浆饱满度		≥80%			
一般项目	1. 轴线位移		7.3.1条			
	2. 砌体顶面标高		7.3.1条			
	3. 砌体厚度		7.3.1条			
	4. 垂直度(每层)		7.3.1条			
	5. 表面平整度		7.3.1条			
	6. 水平灰缝平直度		7.3.1条			
	7. 组砌形式		7.3.2条			
施工单位检查评定结果		项目专业质量检查员： 项目专业质量(技术)负责人： 年 月 日				
监理(建设)单位验收结论		监理工程师(建设单位项目工程师)： 年 月 日				

注：本表由施工项目专业质量检查员填写，监理工程师(建设单位项目技术负责人)组织项目专业质量(技术)负责人等进行验收。

表 A.0.1-4 配筋砌体工程检验批质量验收记录

工程名称				分项工程名称						验收部位		
施工单位										项目经理		
施工执行标准名称及编号										专业工长		
分包单位										施工班组组长		

		质量验收规范的规定	施工单位检查评定记录								监理(建设)单位验收记录
主控项目	1. 钢筋品种、规格、数量和设置部位	8.2.1条									
	2. 混凝土强度等级	设计要求C									
	3. 马牙槎尺寸	8.2.3条									
	4. 马牙槎拉结筋	8.2.3条									
	5. 钢筋连接	8.2.4条									
	6. 钢筋锚固长度	8.2.4条									
	7. 钢筋搭接长度	8.2.4条									
一般项目	1. 构造柱中心线位置	≤10mm									
	2. 构造柱层间错位	≤8mm									
	3. 构造柱垂直度(每层)	≤10mm									
	4. 灰缝钢筋防腐	8.3.2条									
	5. 网状配筋规格	8.3.3条									
	6. 网状配筋位置	8.3.3条									
	7. 钢筋保护层厚度	8.3.4条									
	8. 凹槽中水平钢筋间距	8.3.4条									

施工单位检查评定结果	项目专业质量检查员： 项目专业质量(技术)负责人： 年 月 日
监理(建设)单位验收结论	监理工程师(建设单位项目工程师)： 年 月 日

注：本表由施工项目专业质量检查员填写，监理工程师(建设单位项目技术负责人)组织项目专业质量(技术)负责人等进行验收。

表 A.0.1-5 填充墙砌体工程检验批质量验收记录

工程名称		分项工程名称		验收部位	
施工单位				项目经理	
施工执行标准名称及编号				专业工长	
分包单位				施工班组组长	

	质量验收规范的规定		施工单位检查评定记录	监理（建设）单位验收记录
主控项目	1. 块体强度等级	设计要求 MU		
	2. 砂浆强度等级	设计要求 M		
	3. 与主体结构连接	9.2.2条		
	4. 植筋实体检测	9.2.3条	见填充墙砌体植筋锚固力检测记录	
一般项目	1. 轴线位移	≤10mm		
	2. 墙面垂直度（每层） ≤3m	≤5mm		
	>3m	≤10mm		
	3. 表面平整度	≤8mm		
	4. 门窗洞口	±10mm		
	5. 窗口偏移	≤20mm		
	6. 水平缝砂浆饱满度	9.3.2条		
	7. 竖缝砂浆饱满度	9.3.2条		
	8. 拉结筋、网片位置	9.3.3条		
	9. 拉结筋、网片埋置长度	9.3.3条		
	10. 搭砌长度	9.3.4条		
	11. 灰缝厚度	9.3.5条		
	12. 灰缝宽度	9.3.5条		

施工单位检查评定结果	项目专业质量检查员： 项目专业质量（技术）负责人： 年 月 日
监理（建设）单位验收结论	监理工程师（建设单位项目工程师）： 年 月 日

注：本表由施工项目专业质量检查员填写，监理工程师（建设单位项目技术负责人）组织项目专业质量（技术）负责人等进行验收。

附录 B 填充墙砌体植筋锚固力检验抽样判定

B.0.1 填充墙砌体植筋锚固力检验抽样判定应按表 B.0.1-1、表 B.0.1-2 判定。

表 B.0.1-1 正常一次性抽样的判定

样本容量	合格判定数	不合格判定数
5	0	1
8	1	2
13	1	2
20	2	3
32	3	4
50	5	6

表 B.0.1-2 正常二次性抽样的判定

抽样次数与样本容量	合格判定数	不合格判定数
(1)－5 (2)－10	0 1	2 2
(1)－8 (2)－16	0 1	2 2
(1)－13 (2)－26	0 3	3 4
(1)－20 (2)－40	1 3	3 4
(1)－32 (2)－64	2 6	5 7
(1)－50 (2)－100	3 9	6 10

注：本表应用参照现行国家标准《建筑结构检测技术标准》GB/T 50344-2004 第 3.3.14 条条文说明。

附录 C 填充墙砌体植筋锚固力检测记录

C.0.1 填充墙砌体植筋锚固力检测记录应按表 C.0.1 填写。

表 C.0.1 填充墙砌体植筋锚固力检测记录

共 页 第 页

工程名称		分项工程名称		植筋日期	
施工单位		项目经理			
分包单位		施工班组组长		检测日期	
检测执行标准及编号					
试件编号	实测荷载(kN)	检测部位		检测结果	
		轴 线	层	完好	不符合要求情况
监理（建设）单位验收结论					
备注	1. 植筋埋置深度（设计）： mm； 2. 设备型号： ； 3. 基材混凝土设计强度等级为（C ）； 4. 锚固钢筋拉拔承载力检验值：6.0kN。				

复核： 检测： 记录：

本规范用词说明

1 为便于在执行本规范条文时区别对待，对要求严格程度不同的用词说明如下：

  1）表示很严格，非这样做不可的用词：
    正面词采用"必须"，反面词采用"严禁"；

  2）表示严格，在正常情况下均应这样做的用词：
    正面词采用"应"，反面词采用"不应"或"不得"；

  3）表示允许稍有选择，在条件许可时首先应这样做的用词：
    正面采用"宜"，反面词采用"不宜"；

  4）表示有选择，在一定条件下可以这样做的用词，采用"可"。

2 条文中指明应按其他有关标准、规范执行的写法为"应符合……规定（或要求）"或"应按……执行"。

引用标准名录

1 《建筑工程施工质量验收统一标准》GB 50300
2 《通用硅酸盐水泥》GB 175
3 《建筑材料放射性核素限量》GB 6566
4 《混凝土外加剂》GB 8076
5 《粉煤灰在混凝土及砂浆中应用技术规程》JGJ 28
6 《普通混凝土用砂、石质量及检验方法标准》JGJ 52
7 《混凝土用水标准》JGJ 63
8 《建筑工程冬期施工规程》JGJ/T 104
9 《砌筑砂浆增塑剂》JG/T 164
10 《砂浆、混凝土防水剂》JC 474
11 《建筑生石灰》JC/T 479
12 《建筑生石灰粉》JC/T 480

中华人民共和国国家标准

砌体结构工程施工质量验收规范

GB 50203—2011

条 文 说 明

修 订 说 明

本规范是在《砌体工程施工质量验收规范》GB 50203-2002 的基础上修订而成，上一版的主编单位是陕西省建筑科学研究设计院，参编单位是陕西省建筑工程总公司、四川省建筑科学研究院、天津建工集团总公司、辽宁省建设科学研究院、山东省潍坊市建筑工程质量监督站，主要起草人员是张昌叙、张鸿勋、侯汝欣、佟贵森、张书禹、赵瑞。

本规范修订继续遵循"验评分离、强化验收、完善手段、过程控制"的指导原则。

本规范修订过程中，编制组进行了大量调查研究，结合砌体结构"四新"的推广运用，丰富和完善了规范内容；通过"5·12"汶川大地震的震害调查，针对砌体结构施工质量的薄弱环节，充实了规范条文内容；与正修订的《砌体结构设计规范》GB 50003、《建筑工程施工质量验收统一标准》GB 50300、《建筑工程冬期施工规程》JGJ 104 等标准进行了协调沟通。此外，还参考国外先进技术标准，对我国目前砌体结构工程施工质量现状进行分析，为科学、合理确定我国规范的质量控制参数提供了依据。

为便于广大设计、施工、科研、学校等单位有关人员在使用本规范时能正确理解和执行条文规定，《砌体结构工程施工质量验收规范》编制组按章、节、条顺序编制了本规范的条文说明，对条文规定的目的、依据以及在执行中需注意的有关事项进行了说明。但是，本条文说明不具备与规范正文同等的法律效力，仅供使用者作为理解和把握规范规定的参考。

目 次

1 总则 ………………………………… 9—7—26
3 基本规定 …………………………… 9—7—26
4 砌筑砂浆 …………………………… 9—7—28
5 砖砌体工程 ………………………… 9—7—30
   5.1 一般规定 ……………………… 9—7—30
   5.2 主控项目 ……………………… 9—7—31
   5.3 一般项目 ……………………… 9—7—31
6 混凝土小型空心砌块砌体
   工程 ………………………………… 9—7—32
   6.1 一般规定 ……………………… 9—7—32
   6.2 主控项目 ……………………… 9—7—32
   6.3 一般项目 ……………………… 9—7—33
7 石砌体工程 ………………………… 9—7—33

   7.1 一般规定 ……………………… 9—7—33
   7.2 主控项目 ……………………… 9—7—33
   7.3 一般项目 ……………………… 9—7—33
8 配筋砌体工程 ……………………… 9—7—33
   8.1 一般规定 ……………………… 9—7—33
   8.2 主控项目 ……………………… 9—7—34
   8.3 一般项目 ……………………… 9—7—34
9 填充墙砌体工程 …………………… 9—7—34
   9.1 一般规定 ……………………… 9—7—34
   9.2 主控项目 ……………………… 9—7—34
   9.3 一般项目 ……………………… 9—7—35
10 冬期施工 …………………………… 9—7—35
11 子分部工程验收 …………………… 9—7—36

1 总　则

1.0.1 制定本规范的目的，是为了统一砌体结构工程施工质量的验收，保证安全使用。

1.0.2 本规范对砌体结构工程施工质量验收的适用范围作了规定。

1.0.3 本规范是对砌体结构工程施工质量的最低要求，应严格遵守。因此，工程承包合同和施工技术文件（如设计文件、企业标准、施工措施等）对工程质量的要求均不得低于本规范的规定。

当设计文件和工程承包合同对施工质量的要求高于本规范的规定时，验收时应以设计文件和工程承包合同为准。

1.0.4 国家标准《建筑工程施工质量验收统一标准》GB 50300 规定了房屋建筑各专业工程施工质量验收规范编制的统一原则和要求，故执行本规范时，尚应遵守该标准的相关规定。

1.0.5 砌体结构工程施工质量的验收综合性较强，涉及面较广，为了保证砌体结构工程的施工质量，必须全面执行国家现行有关标准。

3　基本规定

3.0.1 在砌体结构工程中，采用不合格的材料不可能建造出符合质量要求的工程。材料的产品合格证书和产品性能检测报告是工程质量评定中必备的资料，因此特提出了要求。

本次规范修订增加了"质量应符合国家现行标准的要求"，以强调对合格材料质量的要求。

块体、水泥、钢筋、外加剂等产品质量应符合下列国家现行标准的要求：

　1 块体：《烧结普通砖》GB 5101、《烧结多孔砖》GB 13544、《烧结空心砖和空心砌块》GB 13545、《混凝土实心砖》GB/T 21144、《混凝土多孔砖》JC 943、《蒸压灰砂砖》GB 11945、《蒸压灰砂空心砖》JC/T 637、《粉煤灰砖》JC 239、《普通混凝土小型空心砌块》GB 8239、《轻集料混凝土小型空心砌块》GB/T 15229、《蒸压加气混凝土砌块》GB 11968 等。

　2 水泥：《通用硅酸盐水泥》GB 175、《砌筑水泥》GB/T 3183、《快硬硅酸盐水泥》JC 314 等。

　3 钢筋：《钢筋混凝土用钢　第 1 部分：热轧光圆钢筋》GB 1499.1、《钢筋混凝土用钢　第 2 部分：热轧带肋钢筋》GB 1499.2 等。

　4 外加剂：《混凝土外加剂》GB 8076、《砂浆、混凝土防水剂》JC 474、《砌筑砂浆增塑剂》JC/T 164 等。

3.0.2 砌体结构工程施工是一项系统工程，为有条不紊地进行，确保施工安全，达到工程质量优、进度快、成本低，应在施工前编制施工方案。

3.0.4 在砌体结构工程施工中，砌筑基础前放线是确定建筑平面尺寸和位置的基础工作，通过校核放线尺寸，达到控制放线精度的目的。

3.0.5 本条系新增加条文。针对砌体结构房屋施工中较普遍存在的问题，强调了伸缩缝、沉降缝、防震缝的施工要求。

3.0.6 基础高低台的合理搭接，对保证基础的整体性和受力至关重要。本次规范修订中补充了基底标高不同时的搭砌示意图，以便对条文的理解。

砌体的转角处和交接处同时砌筑可以保证墙体的整体性，从而提高砌体结构的抗震性能。从震害调查看到，不少砌体结构建筑，由于砌体的转角处和交接处未同时砌筑，接搓不良导致外墙甩出和砌体倒塌，因此必须重视砌体的转角处和交接处的砌筑。

3.0.7 本条系新增加条文。使用皮数杆对保证砌体灰缝的厚度均匀、平直和控制砌体高度及高度变化部位的位置十分重要。

3.0.8 在墙上留置临时洞口系施工需要，但洞口位置不当或洞口过大，虽经补砌，但也会程度不同地削弱墙体的整体性。

3.0.9 砌体留置的脚手眼虽经补砌，但它对砌体的整体性能和使用功能或多或少会产生不良影响。因此，在一些受力不太有利和使用功能有特殊要求的部位对脚手眼设置作了规定。本次修订增加了不得在轻质墙体、夹心复合墙外叶墙设置脚手眼的规定，主要是考虑在这类墙体上安放脚手架不安全，也会造成墙体的损坏。

3.0.10 在实际工程中往往对脚手眼的补砌比较随意，忽视脚手眼的补砌质量，故提出脚手眼补砌的要求。

3.0.11 建筑工程施工中，常存在各工种之间配合不好的问题，例如水电安装中的一些洞口、埋设管道等常在砌好的砌体上打凿，往往对砌体造成较大损坏，特别是在墙体上开凿水平沟槽对墙体受力极为不利。

本次规范修订时将过梁明确为钢筋混凝土过梁；补充规定不应在截面长边小于 500mm 的承重墙体、独立柱内埋设管线，以不影响结构受力。

3.0.12 表 3.0.12 的数值系根据 1956 年《建筑安装工程施工及验收暂行技术规范》第二篇中表一规定推算而得。验算时，为偏安全计，略去了墙或柱底部砂浆与楼板（或下部墙体）间的粘结作用，只考虑墙体的自重和风荷载进行倾覆验算。经验算，安全系数在 1.1～1.5 之间。为了比较切合实际和方便查对，将原表中的风压值改为 0.3、0.4、0.5 kN/m² 三种，并列出风的相应级数。

施工处标高可按下式计算：

$$H = H_0 + h/2 \qquad (1)$$

式中：H——施工处的标高；

H_0——起始计算自由高度处的标高；

h——表 3.0.12 内相应的允许自由高度。

对于设置钢筋混凝土圈梁的墙或柱，其砌筑高度未达圈梁位置时，h 应从地面（或楼面）算起；超过圈梁时，h 可从最近的一道圈梁算起，但此时圈梁混凝土的抗压强度应达到 $5N/mm^2$ 以上。

3.0.14 为保证混凝土结构工程施工中预制梁、板的安装施工质量而提出的相应规定。对原条文内容中的安装时应坐浆及砂浆的规定予以删除，原因是考虑该部分内容不属砌体结构工程施工的内容。

3.0.15 在采用以概率理论为基础的极限状态设计方法中，材料的强度设计值系由材料标准值除以材料性能分项系数确定，而材料性能分项系数与材料质量和施工水平相关。对于施工水平，由于在砌体的施工中存在大量的手工操作，所以，砌体结构的施工质量在很大程度上取决于人的因素。

在国际标准中，施工水平按质量监督人员、砂浆强度试验及搅拌、砌筑工人技术熟练程度等情况分为三级，材料性能分项系数也相应取为不同的数值。

为与国际标准接轨，在 1998 年颁布实施的国家标准《砌体工程施工及验收规范》GB 50203－98 中就参照国际标准，已将施工质量控制等级纳入规范中。随后，国家标准《砌体结构设计规范》GB 50003－2001 在砌体强度设计值的规定中，也考虑了砌体施工质量控制等级对砌体强度设计值的影响。

砂浆和混凝土的施工（生产）质量，可按强度离散性大小分为"优良"、"一般"和"差"三个等级。强度离散性分为"离散性小"、"离散性较小"和"离散性大"三个等次，其划分系按照砂浆、混凝土强度标准差确定。根据现行行业标准《砌筑砂浆配合比设计规程》JGJ/T 98 及原国家标准《混凝土检验评定标准》GBJ 107－87，砂浆、混凝土强度标准差可参见表1及表2。

表 1　砌筑砂浆质量水平

强度标准差 (MPa)　　　强度等级　质量水平	M5	M7.5	M10	M15	M20	M30
优 良	1.00	1.50	2.00	3.00	4.00	6.00
一 般	1.25	1.88	2.50	3.75	5.00	7.50
差	1.50	2.25	3.00	4.50	6.00	9.00

表 2　混凝土质量水平

评定标准	生产单位	质量水平 优良		一般		差	
	强度等级	<C20	≥C20	<C20	≥C20	<C20	≥C20
强度标准差 (MPa)	预拌混凝土厂	≤3.0	≤3.5	≤4.0	≤5.0	>4.0	>5.0
	集中搅拌混凝土的施工现场	≤3.5	≤4.0	≤4.5	≤5.5	>4.5	>5.5
强度等于或大于混凝土强度等级值的百分率（%）	预拌混凝土厂、集中搅拌混凝土的施工现场	≥95		>85		≤85	

对 A 级施工质量控制等级，砌筑工人中高级工的比例由原规范"不少于 20%"提高到"不少于 30%"，是考虑为适应近年来砌体结构工程施工中的新结构、新材料、新工艺、新设备不断增加，保证施工质量的需要。

3.0.16 从建筑物的耐久性考虑，现行国家标准《砌体结构设计规范》GB 50003 根据砌体结构的环境类别，对设置在砂浆中和混凝土中的钢筋规定了相应的防护措施。

3.0.18 在楼面上进行砌筑施工时，常常出现以下几种超载现象：一是集中堆载；二是抢进度或遇停电时，提前多备料；三是采用井架或门架上料时，接料平台高出楼面有坎，造成送料车对楼板产生较大的振动荷载。这些超载现象常使楼板底产生裂缝，严重时会导致安全事故。

3.0.19 本条系新增加条文。对墙体砌筑每日砌筑高度的控制，其目的是保证砌体的砌筑质量和生产安全。

3.0.20 本条系新增加条文。针对砌体结构工程的施工特点，将现行国家标准《建筑工程施工质量验收统一标准》GB 50300 对检验批的规定具体化。

3.0.21 现行国家标准《建筑工程施工质量验收统一标准》GB 50300 在制定检验批抽样方案时，对生产方和使用方风险概率提出了明确的规定。该标准经修订后，对于计数抽样的主控项目、一般项目规定了正常检查一次、二次抽样判定规定。本规范根据上述标准并结合砌体工程的实际情况，采用一次抽样判定。其中，对主控项目应全部符合合格标准；对一般项目应有 80% 及以上的抽检处符合合格标准，均比国家标准《建筑工程施工质量验收统一标准》的要求略严，且便于操作。

本条文补充了对一般项目中的最大超差值作了规定，其值为允许偏差值 1.5 倍。这是从工程实际的现状考虑的，在这种施工偏差下，不会造成结构安全问题和影响使用功能及观感效果。

3.0.22 本条为增加条文。为使砌体结构工程施工质量抽检更具有科学性，在本次规范修订中，遵照现行国家标准《建筑工程施工质量验收统一标准》GB 50300的要求，对原规范条文抽检项目的抽样方案作了修改，即将抽检数量按检验批的百分数（一般规定为10%）抽取的方法修改为按现行国家标准《逐批检查计数抽样程序及抽样表》GB 2828对抽样批的最小容量确定。抽样批的最小容量的规定引用现行国家标准《建筑结构检测技术标准》GB/T 50344第3.3.13条表3.3.13，但在本规范引用时作了以下考虑：检验批的样本最小容量在检验批容量90及以下不再细分。针对砌体结构工程实际，检验项目的检验批容量一般不大于90，故各抽检项目的样本最小容量除有特殊要求（如砖砌体和混凝土小型空心砌块砌体的承重墙、柱的轴线位移应全数检查；外墙阳角数量小于5时，垂直度检查应为全部阳角；填充墙后植锚固钢筋的抽检最小容量规定等）外，按不应小于5确定，以便于检验批的统计和质量判定。

4 砌筑砂浆

4.0.1 水泥的强度及安定性是判定水泥质量是否合格的两项主要技术指标，因此在水泥使用前应进行复验。

由于各种水泥成分不一，当不同水泥混合使用后有可能发生材性变化或强度降低现象，引起工程质量问题。

本条文参照现行国家标准《混凝土结构工程施工质量验收规范》GB 50204的相关规定对原规范条文进行了个别文字修改。

4.0.2 砂中草根等杂物，含泥量、泥块含量、石粉含量过大，不但会降低砌筑砂浆的强度和均匀性，还导致砂浆的收缩值增大，耐久性降低，影响砌体质量。砂中氯离子超标，配制的砌筑砂浆、混凝土会对其中钢筋的耐久性产生不良影响。砂含泥量、泥块含量、石粉含量及云母、轻物质、有机物、硫化物、硫酸盐、氯盐含量应符合表3的规定。

表3 砂杂质含量（%）

项　目	指　标
泥	≤5.0
泥块	≤2.0
云母	≤2.0
轻物质	≤1.0
有机物（用比色法试验）	合格
硫化物及硫酸盐（折算成SO₃按重量计）	≤1.0
氯化物（以氯离子计）	≤0.06

注：含量按质量计

4.0.3 脱水硬化的石灰膏、消石灰粉不能起塑化作用又影响砂浆强度，故不应使用。建筑生石灰粉由于其细度有限，在砂浆搅拌时直接干掺起不到改善砂浆和易性及保水的作用。建筑生石灰粉的细度依照现行行业标准《建筑生石灰粉》JC/T 480列于表4中，由表看出，建筑生石灰粉的细度远不及水泥的细度（0.08mm筛的筛余不大于10%）。

表4 建筑生石灰粉的细度

项　目		钙质生石灰粉			镁质生石灰粉		
		优等品	一等品	合格品	优等品	一等品	合格品
细度	0.90mm筛的筛余（%）不大于	0.2	0.5	1.5	0.2	0.5	1.5
	0.125mm筛的筛余（%）不大于	7.0	12.0	18.0	7.0	12.0	18.0

为使石灰膏计量准确，根据原标准《砌体工程施工及验收规范》GB 50203-98引入表4.0.3。

4.0.4 当水中含有有害物质时，将会影响水泥的正常凝结，并可能对钢筋产生锈蚀作用。

4.0.5 砌筑砂浆通过配合比设计确定的配合比，是使施工中砌筑砂浆达到设计强度等级，符合砂浆试块合格验收条件，减小砂浆强度离散性的重要保证。

砌筑砂浆的稠度选择是否合适，将直接影响砌筑的难易和质量，表4.0.5砌筑砂浆稠度范围的规定主要是考虑了块体吸水特性、铺砌面有无孔洞及气候条件的差异。

4.0.6 该条内容系根据新修订的国家标准《砌体结构设计规范》GB 50003的下述规定编写：当砌体用强度等级小于M5的水泥砂浆砌筑时，砌体强度设计值应予降低，其中抗压强度值乘以0.9的调整系数；轴心抗拉、弯曲抗拉、抗剪强度值乘以0.8的调整系数；当砌筑砂浆强度等级大于和等于M5时，砌体强度设计值不予降低。

4.0.7 由于在砌筑砂浆中掺用的砂浆增塑剂、早强剂、缓凝剂、防冻剂等产品种类繁多，性能及质量也存在差异，为保证砌筑砂浆的性能和砌体的砌筑质量，应对外加剂的品种和用量进行检验和试配，符合要求后方可使用。对砌筑砂浆增塑剂，2004年国家已发布、实施了行业标准《砌筑砂浆增塑剂》JG/T 164，在技术性能的型式检验中，包括掺用该外加剂砂浆砌筑的砌体强度指标检验，使用时应遵照执行。

本条文由原规范的强制性条文修改为非强制性条文，是为了更方便地执行该条文的要求。

4.0.8 砌筑砂浆各组成材料计量不精确，将直接影响砂浆实际的配合比，导致砂浆强度误差和离散性加大，不利于砌体砌筑质量的控制和砂浆强度的验收。为确保砂浆各组分材料的计量精确，本条文增加了质量计量的允许偏差。

4.0.9 为了降低劳动强度和克服人工拌制砂浆不易搅拌均匀的缺点，规定砌筑砂浆应采用机械搅拌。同时，为使物料充分拌合，保证砂浆拌合质量，对不同品种砂浆分别规定了搅拌时间的要求。

4.0.10 根据以前规范编制组所进行的试验和收集的国内资料分析，在一般气候情况下，水泥砂浆和水泥混合砂浆在 3h 和 4h 使用完，砂浆强度降低一般不超过 20%，虽然对砌体强度有所影响，但降低幅度在 10% 以内，又因为大部分砂浆已在之前使用完毕，故对整个砌体的影响只局限于很小的范围。当气温较高时，水泥凝结加速，砂浆拌制后的使用时间应予缩短。

近年来，设计中对砌筑砂浆强度普遍提高，水泥用量增加，因此将砌筑砂浆拌合后的使用时间作了一些调整，统一按照水泥砂浆的使用时间进行控制，这对施工质量有利，又便于记忆和控制。

4.0.12 我国近年颁布实施的现行国家标准《建筑结构可靠度设计标准》GB 50068 要求："质量验收标准宜在统计理论的基础上制定"。现行国家标准《建筑工程施工质量验收统一标准》GB 50300—2001 第 3.0.5 条规定，主控项目合格质量水平的生产方风险（或错判概率 α）和使用方风险（或漏判概率 β）均不宜超过 5%。这些要求和规定都是编制建筑工程施工质量验收规范应遵循的原则。

国家标准《砌体工程施工质量验收规范》GB 50203 关于砌筑砂浆试块强度验收条件引自原《建筑安装工程质量检验评定标准 TJ 301—74 建筑工程》，并已执行多年。经分析发现，上述砌筑砂浆试块强度验收条件的确定较缺乏科学性，具体表现在以下几方面：

1) 20 世纪 70 年代我国尚未采用极限状态设计方法，因此，对砌筑砂浆质量的评定也未考虑结构的可靠度原则。
2) 当同一验收批砌筑砂浆试块抗压强度平均值等于设计强度等级所对应的立方体抗压强度时，其满足设计强度的概率太低，仅为 50%。
3) 当砌筑砂浆试块强度等于设计强度等级所对应的立方体抗压强度的 75% 时，砌体强度较设计值小 9%~13%，这将对结构的安全使用产生不良影响。

根据结构可靠度分析，当砌筑砂浆质量水平一般，即砂浆试块强度统计的变异系数为 0.25，验收批砌筑砂浆试块抗压强度平均值为设计强度的 1.10 倍时，砌筑砂浆强度达到和超过设计强度的统计概率为 65.5%，砌体强度达到 95% 规范值的统计概率为 78.8%；砌筑砂浆试块强度最小值为 85% 设计强度时，砌体强度值只较规范设计值降低 2%~8%，砌筑砂浆抗压强度等于和大于 85% 设计强度的统计概率为 84.1%。还应指出，当砌筑砂浆试块改为带底试模制作后，砂浆试块强度统计的变异系数将较砖底试模减小，这对砌筑砂浆质量的提高和砌体质量是有利的。此外，砌体强度除与块体、砌筑砂浆强度直接相关外，尚与施工过程的质量控制有关，如砌筑砂浆的拌制质量及强度的离散性、块体砌筑前浇水湿润程度、砌筑手法、灰缝厚度及砂浆饱满度等。因此欲保证砌体的强度，除应使块体和砌筑砂浆合格外，尚应加强施工过程控制，这是保证砌体施工质量的综合措施。

鉴于上述分析，同时考虑砂浆拌制后到使用时存在的时间间隔对其强度的不利影响，本次规范修订中对砌筑砂浆试块抗压强度合格验收条件较原规范作了一定提高。砌筑砂浆拌制后随时间延续的强度变化规律是：在一般气温（低于 30℃）情况下，砂浆拌制 2h~6h 后，强度降低 20%~30%，10h 降低 50% 以上，24h 降低 70% 以上。以上试验大多采用水泥混合砂浆。对水泥砂浆而言，由于水泥用量较多，砂浆的保水性又较水泥混合砂浆差，其影响程度会更大。当气温较高（高于 30℃）情况下，砂浆强度下降幅度也将更大一些。

当砂浆试块数量不足 3 组时，其强度的代表性较差，验收也存在较大风险，如只有 1 组试块时，其错判概率至少为 30%。因此，为确保砌体结构施工验收的可靠性，对重要房屋一个验收批砂浆试块的数量规定为不得少于 3 组。

试验表明，砌筑砂浆的稠度对试块立方体抗压强度有一定影响，特别是当采用带底试模时，这种影响将十分明显。为如实反映施工中砌筑砂浆的强度，制作砂浆试块的砂浆稠度应与配合比设计一致，在实际操作中应注意砌筑砂浆的用水量控制。此外，根据现行行业标准《预拌砂浆》JC/T 230 规定，预拌砂浆中的湿拌砂浆在交货时应进行稠度检验。

对工厂生产的预拌砂浆、加气混凝土专用砂浆，由于其材料稳定，计量准确，砂浆质量较好，强度值离散性较小，故可适当减少现场砂浆试块的制作数量，但每验收批各类、各强度等级砂浆试块不应少于 3 组。

根据统计学原理，抽检子样容量越大则结果判定越准确。对砌体结构工程施工，通常在一个检验批留置的同类型、同强度等级的砂浆试块数量不多，故在砌筑砂浆试块抗压强度验收时，为使砂浆试块强度具有更好的代表性，减小强度评定风险，宜将多个检验批的同类型、同强度等级的砌筑砂浆作为一个验收批进行评定验收；当检验批的同类型、同强度等级砌筑砂浆试块组数较多时，砂浆强度验收也可按检验批进行，此时的砌筑砂浆验收批即等同于检验批。

4.0.13 施工中，砌筑砂浆强度直接关系砌体质量。因此，规定了在一些非正常情况下应测定工程实体中的砂浆或砌体的实际强度。其中，当砂浆试块的试验结果已不能满足设计要求时，通过实体检测以便于进行强度核算和结构加固处理。

5 砖砌体工程

5.1 一般规定

5.1.1 本条所列砖是指以传统标准砖基本尺寸240mm×115mm×53mm为基础，适当调整尺寸，采用烧结、蒸压养护或自然养护等工艺生产的长度不超过240mm，宽度不超过190mm，厚度不超过115mm的实心或多孔（通孔、半盲孔）的主规格砖及其配砖。

5.1.3 混凝土多孔砖、混凝土普通砖、蒸压灰砂砖、蒸压粉煤灰砖早期收缩值大，如果这时用于墙体上，很容易出现收缩裂缝。为有效控制墙体的这类裂缝产生，在砌筑时砖的产品龄期不应小于28d，使其早期收缩值在此期间内完成大部分。实践证明，这是预防墙体早期开裂的一个重要技术措施。此外，混凝土多孔砖、混凝土普通砖的强度等级进场复验也需产品龄期为28d。

5.1.4 有冻胀环境和条件的地区，地面以下或防潮层以下的砌体，常处于潮湿的环境中，对多孔砖砌体的耐久性能有不利影响。因此，现行国家标准《砌体结构设计规范》GB 50003对多孔砖的使用作出了以下规定，"在冻胀地区，地面以下或防潮层以下的砌体，不宜采用多孔砖，如采用时，其孔洞应用水泥砂浆灌实。"鉴于多孔砖孔洞小且量大，施工中用水泥砂浆灌实费工、耗材、不易保证质量，故作本条规定。

5.1.5 不同品种砖的收缩特性的差异容易造成墙体收缩裂缝的产生。

5.1.6 试验研究和工程实践证明，砖的湿润程度对砌体的施工质量影响较大：干砖砌筑不仅不利于砂浆强度的正常增长，大大降低砌体强度，影响砌体的整体性，而且砌筑困难；吸水饱和的砖砌筑时，会使刚砌的砌体尺寸稳定性差，易出现墙体平面外弯曲，砂浆易流淌，灰缝厚度不均，砌体强度降低。

砖含水率对砌体抗压强度的影响，湖南大学曾通过试验研究得出两者之间的相关性，即砌体的抗压强度随砖含水率的增加而提高，反之亦然。根据砌体抗压强度影响系数公式得到，含水率为零的烧结黏土砖的砌体抗压强度仅为含水率为15%砖的砌体抗压强度的77%。

砖含水率对砌体抗剪强度的影响，国内外许多学者都进行过这方面的研究，试验资料较多，但结论并不完全相同。可以认为，各国（地）砖的性质不同，是试验结论不一致的主要原因。一般来说，砖砌体抗剪强度随着砖的湿润程度增加而提高，但是如果砖浇得过湿，砖表面的水膜将影响砖和砂浆间的粘结，对抗剪强度不利。美国Robert等在专著中指出：砖的初始吸水速率是影响砌体抗剪强度的重要因素，并指出，初始吸水速率大的砖，必须在使用前预湿水，使其达到较佳范围时方能砌筑。前苏联学者认为，黏土砖的含水率对砌体粘结强度的影响还与砂浆的种类及砂浆稠度有关，砖含水率在一定范围时，砌体的抗剪强度得以提高。近年来，长沙理工大学等单位通过试验获取的数据和收集的国内诸多学者研究成果撰写的研究论文指出，非烧结砖的上墙含水率对砌体抗剪强度影响，存在着最佳相对含水率，其范围是43%～55%，并从试验结果看出，蒸压粉煤灰砖在绝干状态和吸水饱和状态时，抗剪强度均大大降低，约为最佳相对含水率的30%～40%。

鉴于上述分析，考虑各类砌筑用砖的吸水特性，如吸水率大小、吸水和失水速度快慢等的差异（有时存在十分明显的差异，例如从资料收集中得到，我国各地生产的烧结普通黏土砖的吸水率变化范围为13.2%～21.4%），砖砌筑时适宜的含水率也应有所不同。因此，需要在砌筑前对砖预湿的程度采用含水率控制是不适宜的，为了便于在施工中对适宜含水率有更清晰的了解和控制，块体砌筑时的适宜含水率宜采用相对含水率表示。根据国内外学者的试验研究成果和施工实践经验，以及国家标准《砌体工程施工质量验收规范》GB 50203-2002的相关规定，本次规范修订按照块体吸水、失水速度快慢对烧结类、非烧结类块体的预湿程度采用相对含水率控制，并对适宜相对含水率范围分别作出了规定。

5.1.7 砖砌体砌筑宜随铺砂浆随砌筑。采用铺浆法砌筑时，铺浆长度对砌体的抗剪强度影响明显，陕西省建筑科学研究院的试验表明，在气温15℃时，铺浆后立即砌砖和铺浆后3min再砌砖，砌体的抗剪强度相差30%。气温较高时砖和砂浆中的水分蒸发较快，影响工人操作和砌筑质量，因而应缩短铺浆长度。

5.1.8 从有利于保证砌体的完整性、整体性和受力的合理性出发，强调本条所述部位应采用整砖丁砌。

5.1.9 平拱式过梁是弧拱式过梁的一个特例，是矢高极小的一种拱形结构，拱底应有一定起拱量，从砖拱受力特点及施工工艺考虑，必须保证拱脚下面伸入墙内的长度，并保持楔形灰缝形态。

5.1.10 过梁底部模板是砌筑过程中的承重结构，只有砂浆达到一定强度后，过梁部位砌体方能承受荷载作用，才能拆除底模。本次经修订的规范将砖过梁底部的模板及其支架拆除时对灰缝砂浆强度进行了提高，是为了更好地保证安全。

5.1.11 多孔砖的孔洞垂直于受压面，能使砌体有较大的有效受压面积，有利于砂浆结合层进入上下砖块的孔洞中产生"销键"作用，提高砌体的抗剪强度和砌体的整体性。此外，孔洞垂直于受压面砌筑也符合砌体强度试验时试件的砌筑方法。

5.1.12 竖向灰缝砂浆的饱满度一般对砌体的抗压强度影响不大，但是对砌体的抗剪强度影响明显。根据四川省建筑科学研究院、南京新宁砖瓦厂等单位的试验结果得到：当竖缝砂浆很不饱满甚至完全无砂浆时，其对角加载砌体的抗剪强度约降低30%。此外，透明缝、瞎缝和假缝对房屋的使用功能也会产生不良影响。

5.1.13 砖砌体的施工临时间断处的接槎部位是受力的薄弱点，为保证砌体的整体性，必须强调补砌时的要求。

5.2 主控项目

5.2.1 在正常施工条件下，砖砌体的强度取决于砖和砂浆的强度等级，为保证结构的受力性能和使用安全，砖和砂浆的强度等级必须符合设计要求。

烧结普通砖、混凝土实心砖检验批的数量，系参考砌体检验批划分的基本数量（250m³砌体）确定；烧结多孔砖、混凝土多孔砖、蒸压灰砂砖及蒸压粉煤灰砖检验批数量根据产品的特点并参考产品标准作了适当调整。

5.2.2 水平灰缝砂浆饱满度不小于80%的规定沿用已久，根据四川省建筑科学研究院试验结果，当砂浆水平灰缝饱满度达到73%时，则可达到设计规范所规定的砌体抗压强度值。砖柱为独立受力的重要构件，为保证其安全性，在本次规范修订中对水平灰缝砂浆饱满度的要求有所提高，并增加了对竖向灰缝饱满度的规定。

5.2.3、5.2.4 砖砌体转角处和交接处的砌筑和接槎质量，是保证砖砌体结构整体性能和抗震性能的关键之一，地震震害充分证明了这一点。根据陕西省建筑科学研究院对交接处同时砌筑和不同留槎形式接槎部位连接性能的试验分析，同时砌筑的连接性能最佳；留踏步槎（斜槎）的次之；留直槎并按规定加拉结钢筋的再次之；仅留直槎不加设拉结钢筋的最差。上述不同砌筑和留槎形式试件的水平抗拉力之比为1.00、0.93、0.85、0.72。因此，对抗震设防烈度8度及8度以上地区，不能同时砌筑时应留斜槎。对抗震设计烈度为6度、7度地区的临时间断处，允许留直槎并按规定加设拉结钢筋，这主要是从实际出发，在保证施工质量的前提下，留直槎加设拉结钢筋时，其连接性能较留斜槎时降低有限，对抗震设计烈度不高的地区允许采用留直槎加设拉结钢筋是可行的。

多孔砖砌体斜槎长高比明确为不小于1/2，是从多孔砖规格尺寸、组砌方法及施工实际出发考虑的。多孔砖砌体根据砖规格尺寸，留置斜槎的长高比一般为1∶2。

斜槎高度不得超过一步脚手架高度的规定，主要是为了尽量减少砌体的临时间断处对结构整体性的不利影响。

5.3 一般项目

5.3.1 本条是从确保砌体结构整体性和有利于结构承载出发，对组砌方法提出的基本要求，施工中应予满足。砖砌体的"通缝"系指相邻上下两皮砖搭接长度小于25mm的部位。本次规范修订对混水墙的最大通缝长度作了限制。此外，参考原国家标准《建筑工程质量检验评定标准》GBJ 301-88第6.1.6条对砖砌体上下错缝的规定，将原规范"混水墙中长度大于或等于300mm的通缝每间不超过3处，且不得位于同一面墙体上"修改为"混水墙中不得有长度大于300mm的通缝，长度200mm～300mm的通缝每间不得超过3处，且不得位于同一面墙体上"。

采用包心砌法的砖柱，质量难以控制和检查，往往会形成空心柱，降低了结构安全性。

5.3.2 灰缝横平竖直，厚薄均匀，不仅使砌体表面美观，又使砌体的变形及传力均匀。此外，灰缝增厚砌体抗压强度降低，反之则砌体抗压强度提高；灰缝过薄将使块体间的粘结不良，产生局部挤压现象，也会降低砌体强度。湖南大学曾研究砌体灰缝厚度对砌体抗压强度的影响，经对国内外的一些试验数据进行回归分析后得出影响系数公式。根据该公式分析，对普通砖砌体而言，与标准水平灰缝厚度10mm相比较，12mm水平灰缝厚度砌体的抗压强度降低5.4%；8mm水平灰缝厚度砌体的抗压强度提高6.1%。对多孔砖砌体，其变化幅度还要大些，与标准水平灰缝厚度10mm相比较，12mm水平灰缝厚度砌体的抗压强度降低9.1%；8mm水平灰缝厚度砌体的抗压强度提高11.1%。

砌体竖向灰缝宽度过宽或过窄不仅影响观感质量，而且易造成灰缝砂浆饱满度较差，影响砌体的使用功能、整体性及降低砌体的抗剪强度。因此，在本次规范修订中增加了砖砌体竖向灰缝宽度的规定。

5.3.3 本条所列砖砌体一般尺寸偏差，对整个建筑物的施工质量、建筑美观和确保有效使用面积均会产生影响，故施工中对其偏差应予以控制。

对于钢筋混凝土楼、屋盖整体现浇的房屋，其结构整体性良好；对于装配整体式楼、屋盖结构，国家标准《砌体结构设计规范》GB 50003-2001经修订后，加强了楼、屋盖结构的整体性规定：在抗震设防地区，预制钢筋混凝土板板端应有伸出钢筋相互有效连接，并用混凝土浇筑成板带，其板端支承长度不应小于60mm，板带宽不小于80mm，混凝土强度等级不应低于C20。另外，根据工程实践及调研结果看到，实际工程中砌体的轴线位置和墙面垂直度的偏差值均不大，但有时也会出现略大于《砌体工程施工质量验收规范》GB 50203-2002允许偏差值的规定，这不符合主控项目的验收要求，如要返工将十分困难。鉴于上述分析，墙体轴线位置和墙面垂直度尺寸的最大偏差值按表中允许偏差控制施工质量（允许有20%及以下的超差点的最大超差值为允许偏差值的1.5倍），墙体的受力性能和楼、屋盖的安全性是能保证的。

本次规范修订中，通过工程调查将门窗洞口高、宽（后塞口）的允许偏差由原规范的±5mm增加为±10mm。

6 混凝土小型空心砌块砌体工程

6.1 一般规定

6.1.2 编制小砌块平、立面排块图是施工准备的一项重要工作，也是保证小砌块墙体施工质量的重要技术措施。在编制时，宜由水电管线安装人员与土建施工人员共同商定。

6.1.3 小砌块龄期达到28d之前，自身收缩速度较快，其后收缩速度减慢，且强度趋于稳定。为有效控制砌体收缩裂缝，检验小砌块的强度，规定砌体施工时所用的小砌块，产品龄期不应小于28d。本次规范修订时，考虑到在施工中有时难于确定小砌块的生产日期，因此将本条文修改为非强制性条文。

6.1.5 专用的小砌块砌筑砂浆是指符合现行行业标准《混凝土小型空心砌块和混凝土砖砌筑砂浆》JC 860的砌筑砂浆，该砂浆可提高小砌块与砂浆间的粘结力，且施工性能好。

6.1.6 用混凝土填小砌块砌体一些部位的孔洞，属于构造措施，主要目的是提高砌体的耐久性及结构整体性。现行国家标准《砌体结构设计规范》GB 50003有如下规定："在冻胀地区，地面以下或防潮层以下的砌体……当采用混凝土砌块砌体时，其孔洞应采用强度等级不低于Cb20的混凝土灌实。"

6.1.7 普通混凝土小砌块具有吸水率小和吸水、失水速度迟缓的特点，一般情况下砌墙时可不浇水。轻骨料混凝土小砌块的吸水率较大，吸水、失水速度较普通混凝土小砌块快，应提前对其浇水湿润。

6.1.8 小砌块为薄壁、大孔且块体较大的建筑材料，单个块体如果存在破损、裂缝等质量缺陷，对砌体强度将产生不利影响；小砌块的原有裂缝也容易发展并形成墙体新的裂缝。条文经改动后较原规范条文"承重墙体严禁使用断裂小砌块"更全面。

6.1.9、6.1.10 确保小砌块砌体的砌筑质量，可简单归纳为六个字：对孔、错缝、反砌。所谓对孔，即在保证上下皮小砌块搭砌要求的前提下，使上皮小砌块的孔洞尽量对准下皮小砌块的孔洞，使上、下皮小砌块的壁、肋可较好传递竖向荷载，保证砌体的整体性及强度；所谓错缝，即上、下皮小砌块错开砌筑（搭砌），以增强砌体的整体性，这属于砌筑工艺的基本要求；所谓反砌，即小砌块生产时的底面朝上砌筑于墙体上，易于铺放砂浆和保证水平灰缝砂浆的饱满度，这也是确定砌体强度指标的试件的基本砌法。

6.1.11 小砌块砌体相对于砖砌体，小砌块块体大，水平灰缝坐（铺）浆面窄小，竖缝面积大，砌筑一块费时多，为缩短坐（铺）浆后的间隔时间，减少对砌筑质量的不良影响，特作此规定。

6.1.13 灰缝经过刮平，将对表层砂浆起到压实作用，减少砂浆中水分的蒸发，有利于保证砂浆强度的增长。

6.1.14 凡有芯柱之处均应设清扫口，一是用于清扫孔洞底撒落的杂物，二是便于上下芯柱钢筋连接。

芯柱孔洞内壁的毛边、砂浆不仅使芯柱断面缩小，而且混入混凝土中还会影响其质量。

6.1.15 小砌块灌孔混凝土系指符合现行行业标准《混凝土砌块（砖）砌体用灌孔混凝土》JC 861的专用混凝土，该混凝土性能好，对保证砌体施工质量和结构受力十分有利。

"5·12"汶川地震的震害表明，在遭遇地震时芯柱将发挥重要作用，在地震烈度较高的地区，芯柱破坏较为严重，而破坏的芯柱多数都存在浇筑不密实的情况。由于芯柱混凝土较难以浇筑密实，因此，本次规范修订特别补充了芯柱的施工质量控制要求。

6.2 主控项目

6.2.1 在正常施工条件下，小砌块砌体的强度取决于小砌块和砌筑砂浆的强度等级；芯柱混凝土强度等级也是砌体力学性能能否满足要求最基本的条件。因此，为保证结构的受力性能和使用安全，小砌块和芯柱混凝土、砌筑砂浆的强度等级必须符合设计要求。

6.2.2 小砌块砌体施工时对砂浆饱满度的要求，严于砖砌体的规定。究其原因：一是由于小砌块壁较薄，肋较窄，小砌块与砂浆的粘结面不大；二是砂浆饱满度对砌体强度及墙体整体性影响远较砖砌体大，其中，抗剪强度较低又是小砌块的一个弱点；三是考虑了建筑物使用功能（如防渗漏）的需要。竖向灰缝饱满度对防止墙体裂缝和渗水至关重要，故在本次修订中，将垂直灰缝的饱满度要求由原来的80%提高至90%。

6.2.3 墙体转角处和纵横墙交接处同时砌筑可保证墙体结构整体性，其作用效果参见本规范5.2.3条文说明。由于受小砌块块体尺寸的影响，临时间断处斜槎长度与高度比例不同于砖砌体，故在修订时对斜槎的水平投影长度进行了调整。

本次经修订的规范允许在施工洞口处预留直槎，但应在直槎处的两侧小砌块孔洞中灌实混凝土，以保证接槎处墙体的整体性。该处理方法较设置构造柱简便。

6.2.4 芯柱在楼盖处不贯通将会大大削弱芯柱的抗震作用。芯柱混凝土浇筑质量对小砌块建筑的安全至关重要，根据5·12汶川地震震害调查分析，在小砌块建筑墙体中芯柱较普遍存在混凝土不密实的情况，甚至有的芯柱存在一段中缺失混凝土（断柱），从而导致墙体开裂、错位破坏较为严重。故在本次规范修订时增加了对芯柱混凝土浇筑质量的要求。

6.3 一般项目

6.3.1 小砌块水平灰缝厚度和竖向灰缝宽度的规定，可参阅本规范第5.3.2条说明，经多年施工经验表明，此规定是合适的。

7 石砌体工程

7.1 一般规定

7.1.2 对砌体所用石材的质量作出规定，以满足砌体的强度，耐久性及美观的要求。为了避免石材放射性物质对环境造成污染和人体造成的伤害，增加了对石材放射性进行检验的要求。

7.1.4 为使毛石基础和料石基础与地基或基础垫层结合紧密，保证传力均匀和石块平稳，故要求砌筑毛石基础时的第一皮石块应坐浆并将大面向下，砌筑料石基础时的第一皮石块应用丁砌层坐浆砌筑。

7.1.5 毛石砌体中一些重要受力部位用较大的平毛石砌筑，是为了加强该部位砌体的整体性。同时，为使砌体传力均匀及搁置的梁、楼板（或屋面板）平稳牢固，要求在每个楼层（包括基础）砌体的顶面，选用较大的毛石砌筑。

7.1.6 石砌体砌筑时砂浆是否饱满，是影响砌体整体性和砌体强度的一个重要因素。由于毛石形状不规则，棱角多，砌筑时容易形成空隙，为了保证砌筑质量，施工中应特别注意防止石块间无浆直接接触或有空隙的现象。

7.1.7 规定砌筑毛石挡土墙时，由于毛石大小和形状各异，因此应每砌3皮～4皮石块作为一个分层高度，并通过对顶层石块的砌平，即大致平整（为避免理解不准确，用"砌平"替代原规范的"找平"要求），及时发现并纠正砌筑中的偏差，以保证工程质量。

7.1.8 从挡土墙的整体性和稳定性考虑，对料石挡土墙，当设计未作具体要求时，从经济出发，中间部分可填砌毛石，但应使丁砌料石伸入毛石部分的长度不小于200mm，以保证其整体性。

7.1.9 石砌体的灰缝厚度按本条规定进行控制，经多年实践是可行的，既便于施工操作，又能满足砌体强度和稳定性要求。本次规范修订中，增加了毛石砌体外露面的灰缝厚度规定，系根据原规范对毛石挡土墙的相应规定确定的。

7.1.10 为了防止地面水渗入而造成挡土墙基础沉陷，或墙体受附加水压作用产生破坏或倒塌，因此要求挡土墙设置泄水孔，同时给出了泄水孔的疏水层的要求。

7.1.11 挡土墙内侧回填土的质量是保证挡土墙可靠性的重要因素之一；挡土墙顶部坡面便于排水，不会导致挡土墙内侧土含水量和墙的侧向土压力明显变化，以确保挡土墙的安全。

7.1.12 据本条规定毛石和实心砖的组合墙中，毛石砌体与砖砌体应同时砌筑，是为了确保砌体的整体性。每隔4皮～6皮砖用2皮～3皮丁砖与毛石砌体拉结砌合。这样既可保证拉结良好，又便于砌筑。

7.1.13 据调查，一些地区有时为了就地取材和适应建筑要求，而采用砖和毛石两种材料分别砌筑纵墙和横墙。为了加强墙体的整体性和便于施工，故参照砖墙的留槎规定和本规范7.1.12条对毛石和实心砖的组合墙的连接要求，作出本条规定。

7.2 主控项目

7.2.1 在正常施工条件下，石砌体的强度取决于石材和砌筑砂浆强度等级，为保证结构的受力性能和使用安全，石材和砌筑砂浆的强度等级必须符合设计要求。

7.2.2 砌体灰缝砂浆的饱满度，将直接影响石砌体的力学性能、整体性能和耐久性能。

7.3 一般项目

7.3.1 根据工程实践及调研结果，将原规范主控项目中的轴线位置和墙面垂直度尺寸允许偏差检验纳入本条文，条文说明参阅本规范第5.3.3条。砌体厚度项目中的毛石基础、毛料石基础和粗料石基础的一般尺寸允许偏差下限为"0"控制，即不允许出现负偏差，这一规定将有利于基础工程的安全可靠性。本次规范修订中考虑毛石墙砌体表面平整度难于检验，故删去了允许偏差的规定。毛石墙砌体表面平整情况可通过观感检查作出评价。

7.3.2 本条规定是为了加强砌体内部的拉结作用，保证砌体的整体性。

8 配筋砌体工程

8.1 一般规定

8.1.1 为避免重复，本章在"一般规定"，"主控项目"，"一般项目"的条文内容上，尚应符合本规范第5章及第6章的规定。

8.1.2 参见本规范第6.1.5及6.1.15条文说明。

8.1.3 砌体水平灰缝中钢筋居中放置有两个目的：一是对钢筋有较好的保护；二是有利于钢筋的锚固。

8.2 主控项目

8.2.1、8.2.2 配筋砌体中的钢筋品种、规格、数量和混凝土、砂浆的强度直接影响砌体的结构性能，因此应符合设计要求。

8.2.3 构造柱是房屋抗震设防的重要措施，为保证构造柱与墙体的可靠连接，使构造柱能充分发挥其作用而提出了施工要求。外露的拉结钢筋有时会妨碍施工，必要时进行弯折是可以的，但不应随意弯折，以免钢筋在灰缝中产生松动和不平直，影响其锚固性能。

8.2.4 本条文为原规范第 8.1.3、8.3.5 条文的合并及修改，因受力钢筋的连接方式及锚固、搭接长度对其受力至关重要，为保证配筋砌体的结构性能将该修改条文纳入主控项目。

8.3 一般项目

8.3.1 构造柱位置及垂直度的允许偏差系根据《设置钢筋混凝土构造柱多层砖房抗震技术规范》JGJ/T 13 的规定而确定的，经多年工程实践，证明其尺寸允许偏差是适宜的。因构造柱位置及垂直度在允许偏差情况下不会明显影响结构安全，故将其由原规范"主控项目"修改为"一般项目"进行质量验收。

8.3.4 本条项目内容系引用现行国家标准《砌体结构设计规范》GB 50003 的相关规定。

9 填充墙砌体工程

9.1 一般规定

9.1.2 轻骨料混凝土小型空心砌块，为水泥胶凝增强的块体，以 28d 强度为标准设计强度，且龄期达到 28d 之前，自身收缩较快；蒸压加气混凝土砌块出釜后虽然强度已达到要求，但出釜时含水率大多在 35%～40%，根据有关实验和资料介绍，在短期（10d～30d）制品的含水率下降一般不会超过 10%，特别是在大气湿度较高地区。为有效控制蒸压加气混凝土砌块上墙时的含水率和墙体收缩裂缝，对砌筑时的产品龄期进行了规定。

另外，现行行业标准《蒸压加气混凝土建筑应用技术规程》JGJ/T 17-2008 第 3.0.4 条规定"加气混凝土制品砌筑或安装时的含水率宜小于 30%"，本规范对此条规定予以引用。

9.1.3 用于填充墙的空心砖、蒸压加气混凝土砌块、轻骨料混凝土小型空心砌块强度不高，碰撞易碎，应在运输、装卸中做到文明装卸，以减少损耗和提高砌体外观质量。蒸压加气混凝土砌块吸水率可达 70%，为降低蒸压加气混凝土砌块砌筑时的含水率，减少墙体的收缩，有效控制收缩裂缝产生，蒸压加气混凝土砌块出釜后堆放及运输中应采取防雨措施。

9.1.4、9.1.5 块体砌筑前浇水湿润，是为了增强与砌筑砂浆的粘结和砌筑砂浆强度增长的需要。

本条系修改条文，主要修改内容为：一是对原规范条文中"蒸压加气混凝土砌块砌筑时，应向砌筑面适量浇水"的规定分为薄灰砌筑法砌筑和普通砌筑砂浆砌筑或蒸压加气混凝土砌块砌筑砂浆两种情况。其中，当采用薄灰砌筑法施工时，由于使用与其配套的专用砂浆，故不需对砌块浇（喷）水湿润；当采用普通砌筑砂浆或蒸压加气混凝土砌块砌筑砂浆砌筑时，应在砌筑当天对砌块砌筑面喷水湿润。二是考虑轻骨料小型空心砌块种类多，吸水率有大有小，因此对吸水率大的小砌块应提前浇（喷）水湿润。三是砌筑前对块体浇喷水湿润程度作出规定，并用块体的相对含水率表示，这更为明确和便于控制。

9.1.6 经多年的工程实践，当采用轻骨料混凝土小型空心砌块或蒸压加气混凝土填充施工时，除多水房间外可不需要在墙底部另砌烧结普通砖或多孔砖、普通混凝土小型空心砌块、现浇混凝土坎台等，因此本次规范修订将原规范条文进行了修改。

浇筑一定高度混凝土坎台的目的，主要是考虑有利于提高多水房间填充墙底的防水效果。混凝土坎台高度由原规范"不宜小于 200mm"的规定修改为"宜为 150mm"，是考虑踢脚线（板）便于遮盖填充墙底有可能产生的收缩裂缝。

9.1.8 在填充墙中，由于蒸压加气混凝土砌块砌体、轻骨料混凝土小型空心砌块砌体的收缩较大，强度不高，为防止或控制砌体干缩裂缝的产生，作出不应混砌的规定，以免不同性质的块体组砌在一起易引起收缩裂缝产生。对于窗台处和因构造需要，在填充墙底、顶部及填充墙门窗洞口两侧上、中、下局部处，采用其他块体嵌砌和填塞时，由于这些部位的特殊性，不会对墙体裂缝产生附加的不利影响。

9.1.9 本条文中"填充墙砌体的施工应待承重主体结构检验批验收合格后进行"系增加要求，这既是从施工实际出发，又对施工质量有保证；填充墙砌筑完成到与承重主体结构间的空（缝）隙进行处理的间隔时间由至少 7d 修改为 14d。这些要求有利于承重主体结构施工质量不合格的处理，减少混凝土收缩对填充墙砌体的不利影响。

9.2 主控项目

9.2.1 为加强质量控制和验收，将原规范条文对砖、砌块的强度等级只检查产品合格证书、产品性能检测报告修改为查砖、小砌块强度等级的进场复验报告，并规定了抽检数量。

9.2.2 汶川"5·12"大地震震害表明：当填充墙与

主体结构间无连接或连接不牢,墙体在水平地震荷载作用下极易破坏和倒塌;填充墙与主体结构间的连接不合理,例如当设计中不考虑填充墙参与水平地震力作用,但由于施工原因导致填充墙与主体结构共同工作,使框架柱常产生柱上部的短柱剪切破坏,进而危及房屋结构的安全。

经修订的现行国家标准《砌体结构设计规范》GB 50003 规定,填充墙与框架柱、梁的连接构造分为脱开方法和不脱开方法两类。鉴于此,本次规范修订时对条文进行了相应修改。

9.2.3 近年来,填充墙与承重墙、柱、梁、板之间的拉结钢筋,施工中常采用后植筋,这种施工方法虽然方便,但常因锚固胶或灌浆料质量问题,钻孔、清孔、注胶或灌浆操作不规范,使钢筋锚固不牢,起不到应有的拉结作用。同时,对填充墙植筋的锚固力检测的抽检数量及施工验收无相关规定,从而使填充墙后植拉结筋的施工质量验收流于形式。因此,在本次规范修订中修编组从确保工程质量考虑,增加应对填充墙的后植拉结钢筋进行现场非破坏性检验。检验荷载值系根据现行行业标准《混凝土结构后锚固技术规程》JGJ 145 确定,并按下式计算:

$$N_t = 0.90 A_s f_{yk} \quad (2)$$

式中:N_t——后植筋锚固承载力荷载检验值;

A_s——锚筋截面面积(以钢筋直径 6mm 计);

f_{yk}——锚筋屈服强度标准值。

填充墙与承重墙、柱、梁、板之间的拉结钢筋锚固质量的判定,系参照现行国家标准《建筑结构检测技术标准》GB/T 50344 计数抽样检测时对主控项目的检测判定规定。

9.3 一般项目

9.3.1 本次规范修订中,通过工程调查将门窗洞口高、宽(后塞口)的允许偏差由原规范的±5mm 增加为±10mm。

9.3.2 填充墙体的砂浆饱满度虽不会涉及结构的重大安全,但会对墙体的使用功能产生影响,应予规定。砂浆饱满度的具体规定是参照本规范第 5 章、第 6 章的规定确定的。

9.3.4 错缝搭砌及竖向通缝长度的限制是增强砌体整体性的需要。

9.3.5 蒸压加气混凝土砌块尺寸比空心砖、轻骨料混凝土小型空心砌块大,故当其采用普通砌筑砂浆时,砌体水平灰缝厚度和竖向灰缝宽度的规定要稍大一些。灰缝过厚和过宽,不仅浪费砌筑砂浆,而且砌体灰缝的收缩也将加大,不利于砌体裂缝的控制。当蒸压加气混凝土砌块砌体采用加气混凝土粘结砂浆进行薄灰砌筑法施工时,水平灰缝厚度和竖向灰缝宽度可以大大减薄。

10 冬期施工

10.0.1 室外日平均气温连续 5d 稳定低于 5℃时,作为划定冬期施工的界限,其技术效果和经济效果均比较好。若冬期施工期规定得太短,或者应采取冬期施工措施时没有采取,都会导致技术上的失误,造成工程质量事故;若冬期施工期规定得太长,将增加冬期施工费用和工程造价,并给施工带来不必要的麻烦。

10.0.2 砌体工程冬期施工,由于气温低,必须采取一些必要的冬期施工措施来确保工程质量,同时又要保证常温施工情况下的一些工程质量要求。因此,质量验收除应符合本章规定外,尚应符合本规范前面各章的要求及现行行业标准《建筑工程冬期施工规程》JGJ/T 104 的规定。

10.0.3 砌体工程在冬期施工过程中,只有加强管理,制定完整的冬期施工方案,才能保证冬期施工技术措施的落实和工程质量。

10.0.4 石灰膏、电石膏等若受冻使用,将直接影响砂浆强度。

砂中含有冰块和大于 10mm 的冻结块,将影响砂浆的均匀性、强度增长和砌体灰缝厚度的控制。

遭水浸冻的砖或其他块体,使用时将降低它们与砂浆的粘结强度,并因它们的温度较低而影响砂浆强度的增长,因此规定砌体用块体不得遭水浸冻。

10.0.5 为了解冬期施工措施(如掺用防冻剂或其他措施)的效果及砌筑砂浆的质量,应增留与砌体同条件养护的砂浆试块,测试检验所需龄期和转入常温 28d 的强度。

10.0.6 实践证明,在冻胀基土上砌筑基础,待基土解冻时会因不均匀沉降造成基础和上部结构破坏;施工期间和回填土前如地基受冻,会因地基冻胀造成砌体胀裂或因地基土解冻造成砌体损坏。

10.0.7 烧结普通砖、烧结多孔砖、蒸压灰砂砖、蒸压粉煤灰砖、烧结空心砖、蒸压加气混凝土砌块、吸水率较大的轻骨料混凝土小型空心砌块的湿润程度对砌体强度的影响较大,特别对抗剪强度的影响更为明显,故规定在气温高于 0℃条件下砌筑时,应浇水湿润。在气温低于、等于 0℃条件下砌筑时如再浇水,水将在块体表面结成冰薄膜,会降低与砂浆的粘结,同时也给施工操作带来诸多不便。此时,应适当增加砂浆稠度,以便施工操作、保证砂浆强度和增强砂浆与块体间的粘结效果。普通混凝土小型空心砌块、混凝土砖因吸水率小和初始吸水速度慢在砌筑施工中不需浇(喷)水湿润。

抗震设防烈度为 9 度的地区,因地震时产生的地震反应十分强烈,故对施工提出严格要求。

10.0.8 这是为了避免砂浆拌合时因水和砂过热造成水泥假凝而影响施工。

10.0.9 根据国家现有经济和技术水平，北方地区已极少采用冻结法施工，因此，正在修订的行业标准《建筑工程冬期施工规程》JGJ/T 104 取消了砌体冻结施工。所以，本规范也相应删去砌体冻结法施工的内容。

修订的行业标准《建筑工程冬期施工规程》JGJ/T 104 将氯盐砂浆法纳入外加剂法，为了统一，不再单提氯盐砂浆法。

砂浆使用温度的规定主要是考虑在砌筑过程中砂浆能保持良好的流动性，从而保证灰缝砂浆的饱满度和粘结强度。

10.0.10 主要目的是保证砌体中砂浆具有一定温度以利其强度增长。

10.0.11 为有利于砌体强度的增长，暖棚内应保持一定的温度。表中最少养护期是根据砂浆强度和养护温度之间的关系确定的。砂浆强度达到设计强度的30%，即达到砂浆允许受冻临界强度值后，拆除暖棚后遇到负温度也不会引起强度损失。

10.0.12 本条文根据修订的行业标准《建筑工程冬期施工规程》JGJ/T 104 相应规定进行了修改，以保证工程质量。有关研究表明，当气温等于或低于 $-15℃$ 时，砂浆受冻后强度损失约为 10%～30%。

10.0.13 掺氯盐的砂浆氯离子含量较大，为避免氯离子对钢筋的腐蚀，确保结构的耐久性，作此规定。

11 子分部工程验收

11.0.4 砌体中的裂缝常有发生，且又涉及工程质量的验收。因此，本条分两种情况，对裂缝是否影响结构安全性作了不同的验收规定。

中华人民共和国国家标准

混凝土结构工程施工质量验收规范

Code for acceptance of constructional quality
of concrete structures

GB 50204—2002

（2010年版）

主编部门：中华人民共和国建设部
批准部门：中华人民共和国建设部
实施日期：２００２年４月１日

中华人民共和国住房和城乡建设部
公　告

第 849 号

关于发布国家标准《混凝土结构工程施工质量验收规范》局部修订的公告

现批准《混凝土结构工程施工质量验收规范》GB 50204-2002 局部修订的条文，自 2011 年 8 月 1 日起实施。其中，第 5.2.1、5.2.2 条为强制性条文，必须严格执行。经此次修改的原条文同时废止。

局部修订的条文及具体内容，将刊登在我部有关网站和近期出版的《工程建设标准化》刊物上。

中华人民共和国住房和城乡建设部
2010 年 12 月 20 日

修　订　说　明

本次局部修订系根据住房和城乡建设部《关于请组织开展〈混凝土结构工程施工质量验收规范〉局部修订的函》（建标标函 [2010] 68 号）的要求，由中国建筑科学研究院会同有关单位对《混凝土结构工程施工质量验收规范》GB 50204-2002 进行修订而成。

在修订过程中，调查了目前市场上出现的钢筋超限值冷拉制造冷拉钢筋的情况，并针对钢筋冷拉、机械调直等工艺对钢筋性能的影响进行了专项试验研究，广泛地征求了有关方面的意见，对具体修订内容进行了反复讨论、协调和修改，并与新颁布的相关国家标准进行了协调，最后经审查定稿。

本次局部修订共修订了 3 个条文，增加了 1 个条文，均与钢筋相关，其内容统计如下：

1. 钢筋原材料的强制性规定修改 2 条。
2. 钢筋调直加工的一般性规定修改 1 条。
3. 对调直钢筋的性能质量规定增加 1 条。

本规范条文下划线部分为修改的内容；用黑体字表示的条文为强制性条文，必须严格执行。

本次局部修订的主编单位：中国建筑科学研究院
本次局部修订的参编单位：北京市建设监理协会
　　　　　　　　　　　　北京市工程建设质量管理协会
本次局部修订主要起草人员：李东彬　徐有邻
　　　　　　　　　　　　　王晓锋　张元勃
　　　　　　　　　　　　　艾永祥
本次局部修订主要审查人员：杨嗣信　白生翔
　　　　　　　　　　　　　李宏伟　汪道金
　　　　　　　　　　　　　朱建国　张学军
　　　　　　　　　　　　　刘曹威　张光伟

关于发布国家标准《混凝土结构工程施工质量验收规范》的通知

建标［2002］63号

根据建设部《关于印发一九九八年工程建设国家标准制定、修订计划（第二批）的通知》（建标［1998］244号）的要求，中国建筑科学研究院会同有关单位共同修订了《混凝土结构工程施工质量验收规范》。我部组织有关部门对该规范进行了审查，现批准为国家标准，编号为GB 50204-2002，自2002年4月1日起施行。其中，4.1.1、4.1.3、5.1.1、5.2.1、5.2.2、5.5.1、6.2.1、6.3.1、6.4.4、7.2.1、7.2.2、7.4.1、8.2.1、8.3.1、9.1.1为强制性条文，必须严格执行。原《混凝土结构工程施工及验收规范》GB 50204-92和《预制混凝土构件质量检验评定标准》GBJ 321-90同时废止。

本规范由建设部负责管理和对强制性条文的解释，中国建筑科学研究院负责具体技术内容的解释，建设部标准定额研究所组织中国建筑工业出版社出版发行。

中华人民共和国建设部

2002年3月15日

前　言

本规范是根据建设部《关于印发一九九八年工程建设国家标准制定、修订计划（第二批）的通知》（建标［1998］244号）的要求，由中国建筑科学研究院会同有关单位对《建筑工程质量检验评定标准》GBJ 301-88中第五章、《预制混凝土构件质量检验评定标准》GBJ 321-90和《混凝土结构工程施工及验收规范》GB 50204-92修订而成的。

在修订过程中，编制组开展了专题研究和工程试点应用，进行了比较广泛的调查研究，总结了我国混凝土结构工程施工质量验收的实践经验，坚持了"验评分离、强化验收、完善手段、过程控制"的指导原则，并以多种方式广泛征求了有关单位的意见，最后经审查定稿。

本规范规定的主要内容有：混凝土结构工程及其分项工程施工质量验收标准、内容和程序；施工现场质量管理和质量控制要求；涉及结构安全的见证及抽样检测。

本规范将来可能需要进行局部修订，有关局部修订的信息和条文内容将刊登在《工程建设标准化》杂志上。

本规范以黑体字标志的条文为强制性条文，必须严格执行。

为了提高规范质量，请各单位在执行本规范过程中，注意总结经验，积累资料，随时将有关的意见和建议反馈给中国建筑科学研究院（通讯地址：北京市北三环东路30号；邮政编码：100013；E-mail：code_ibs_cabr@263.net.cn），以供今后修订时参考。

本规范主编单位、参编单位和主要起草人：

主编单位：中国建筑科学研究院

参编单位：北京建工集团有限责任公司
　　　　　北京城建集团有限责任公司混凝土分公司
　　　　　北京市建设工程质量监督总站
　　　　　上海市第一建筑有限公司
　　　　　中国建筑第一工程局第五建筑公司
　　　　　国家建筑工程质量监督检验中心
　　　　　中国人民解放军工程质量监督总站
　　　　　北京市建委开发办公室

主要起草人：徐有邻　程志军　白生翔
　　　　　　韩素芳　艾永祥　李东彬
　　　　　　张元勃　路来军　马兴宝
　　　　　　高小旺　马洪晔　蒋　寅
　　　　　　彭尚银　周磊坚　翟传明

目 次

1 总则 ·· 9—8—5
2 术语 ·· 9—8—5
3 基本规定 ··· 9—8—5
4 模板分项工程 ······································· 9—8—5
　4.1 一般规定 ·· 9—8—5
　4.2 模板安装 ·· 9—8—6
　4.3 模板拆除 ·· 9—8—7
5 钢筋分项工程 ······································· 9—8—7
　5.1 一般规定 ·· 9—8—7
　5.2 原材料 ··· 9—8—7
　5.3 钢筋加工 ·· 9—8—8
　5.4 钢筋连接 ·· 9—8—9
　5.5 钢筋安装 ·· 9—8—10
6 预应力分项工程 ···································· 9—8—10
　6.1 一般规定 ·· 9—8—10
　6.2 原材料 ··· 9—8—10
　6.3 制作与安装 ····································· 9—8—11
　6.4 张拉和放张 ····································· 9—8—12
　6.5 灌浆及封锚 ····································· 9—8—13
7 混凝土分项工程 ···································· 9—8—13
　7.1 一般规定 ·· 9—8—13
　7.2 原材料 ··· 9—8—14
　7.3 配合比设计 ····································· 9—8—14
　7.4 混凝土施工 ····································· 9—8—14
8 现浇结构分项工程 ································· 9—8—15
　8.1 一般规定 ·· 9—8—15
　8.2 外观质量 ·· 9—8—16
　8.3 尺寸偏差 ·· 9—8—16
9 装配式结构分项工程 ····························· 9—8—17
　9.1 一般规定 ·· 9—8—17
　9.2 预制构件 ·· 9—8—17
　9.3 结构性能检验 ·································· 9—8—18
　9.4 装配式结构施工 ······························· 9—8—19
10 混凝土结构子分部工程 ························· 9—8—20
　10.1 结构实体检验 ································· 9—8—20
　10.2 混凝土结构子分部工程验收 ·············· 9—8—20
附录 A 质量验收记录 ································· 9—8—21
附录 B 纵向受力钢筋的最小
　　　搭接长度 ······································· 9—8—22
附录 C 预制构件结构性能
　　　检验方法 ······································· 9—8—22
附录 D 结构实体检验用同条件养护
　　　试件强度检验 ································· 9—8—23
附录 E 结构实体钢筋保护
　　　层厚度检验 ···································· 9—8—24
本规范用词用语说明 ································· 9—8—24
附：条文说明 ·· 9—8—25

1 总 则

1.0.1 为了加强建筑工程质量管理，统一混凝土结构工程施工质量的验收，保证工程质量，制定本规范。

1.0.2 本规范适用于建筑工程混凝土结构施工质量的验收，不适用于特种混凝土结构施工质量的验收。

1.0.3 混凝土结构工程的承包合同和工程技术文件对施工质量的要求不得低于本规范的规定。

1.0.4 本规范应与国家标准《建筑工程施工质量验收统一标准》GB 50300-2001 配套使用。

1.0.5 混凝土结构工程施工质量的验收除应执行本规范外，尚应符合国家现行有关标准的规定。

2 术 语

2.0.1 混凝土结构 concrete structure

以混凝土为主制成的结构，包括素混凝土结构、钢筋混凝土结构和预应力混凝土结构等。

2.0.2 现浇结构 cast-in-situ concrete structure

系现浇混凝土结构的简称，是在现场支模并整体浇筑而成的混凝土结构。

2.0.3 装配式结构 prefabricated concrete structure

系装配式混凝土结构的简称，是以预制构件为主要受力构件经装配、连接而成的混凝土结构。

2.0.4 缺陷 defect

建筑工程施工质量中不符合规定要求的检验项或检验点，按其程度可分为严重缺陷和一般缺陷。

2.0.5 严重缺陷 serious defect

对结构构件的受力性能或安装使用性能有决定性影响的缺陷。

2.0.6 一般缺陷 common defect

对结构构件的受力性能或安装使用性能无决定性影响的缺陷。

2.0.7 施工缝 construction joint

在混凝土浇筑过程中，因设计要求或施工需要分段浇筑而在先、后浇筑的混凝土之间所形成的接缝。

2.0.8 结构性能检验 inspection of structural performance

针对结构构件的承载力、挠度、裂缝控制性能等各项指标所进行的检验。

3 基本规定

3.0.1 混凝土结构施工现场质量管理应有相应的施工技术标准、健全的质量管理体系、施工质量控制和质量检验制度。

混凝土结构施工项目应有施工组织设计和施工技术方案，并经审查批准。

3.0.2 混凝土结构子分部工程可根据结构的施工方法分为两类：现浇混凝土结构子分部工程和装配式混凝土结构子分部工程；根据结构的分类，还可分为钢筋混凝土结构子分部工程和预应力混凝土结构子分部工程等。

混凝土结构子分部工程可划分为模板、钢筋、预应力、混凝土、现浇结构和装配式结构等分项工程。

各分项工程可根据与施工方式相一致且便于控制施工质量的原则，按工作班、楼层、结构缝或施工段划分为若干检验批。

3.0.3 对混凝土结构子分部工程的质量验收，应在钢筋、预应力、混凝土、现浇结构或装配式结构等相关分项工程验收合格的基础上，进行质量控制资料检查及观感质量验收，并应对涉及结构安全的材料、试件、施工工艺和结构的重要部位进行见证检测或结构实体检验。

3.0.4 分项工程的质量验收应在所含检验批验收合格的基础上，进行质量验收记录检查。

3.0.5 检验批的质量验收应包括如下内容：

1 实物检查，按下列方式进行：

1）对原材料、构配件和器具等产品的进场复验，应按进场的批次和产品的抽样检验方案执行；

2）对混凝土强度、预制构件结构性能等，应按国家现行有关标准和本规范规定的抽样检验方案执行；

3）对本规范中采用计数检验的项目，应按抽查总点数的合格点率进行检查。

2 资料检查，包括原材料、构配件和器具等的产品合格证（中文质量合格证明文件、规格、型号及性能检测报告等）及进场复验报告、施工过程中重要工序的自检和交接检记录、抽样检验报告、见证检测报告、隐蔽工程验收记录等。

3.0.6 检验批合格质量应符合下列规定：

1 主控项目的质量经抽样检验合格；

2 一般项目的质量经抽样检验合格；当采用计数检验时，除有专门要求外，一般项目的合格点率应达到80%及以上，且不得有严重缺陷；

3 具有完整的施工操作依据和质量验收记录。

对验收合格的检验批，宜作出合格标志。

3.0.7 检验批、分项工程、混凝土结构子分部工程的质量验收可按本规范附录A记录，质量验收程序和组织应符合国家标准《建筑工程施工质量验收统一标准》GB 50300-2001 的规定。

4 模板分项工程

4.1 一般规定

4.1.1 模板及其支架应根据工程结构形式、荷载大小、地基土类别、施工设备和材料供应等条件进行设计。模板及其支架应具有足够的承载能力、刚度和稳定性，能可靠地承受浇筑混凝土的重量、侧压力以及施工荷载。

4.1.2 在浇筑混凝土之前，应对模板工程进行验收。

模板安装和浇筑混凝土时，应对模板及其支架进行观察和维护。发生异常情况时，应按施工技术方案及时进行处理。

4.1.3 模板及其支架拆除的顺序及安全措施应按施工技术方案执行。

4.2 模板安装

主控项目

4.2.1 安装现浇结构的上层模板及其支架时，下层楼板应具有承受上层荷载的承载能力，或加设支架；上、下层支架的立柱应对准，并铺设垫板。

检查数量：全数检查。

检验方法：对照模板设计文件和施工技术方案观察。

4.2.2 在涂刷模板隔离剂时，不得沾污钢筋和混凝土接槎处。

检查数量：全数检查。

检验方法：观察。

一般项目

4.2.3 模板安装应满足下列要求：

1 模板的接缝不应漏浆；在浇筑混凝土前，木模板应浇水湿润，但模板内不应有积水；

2 模板与混凝土的接触面应清理干净并涂刷隔离剂，但不得采用影响结构性能或妨碍装饰工程施工的隔离剂；

3 浇筑混凝土前，模板内的杂物应清理干净；

4 对清水混凝土工程及装饰混凝土工程，应使用能达到设计效果的模板。

检查数量：全数检查。

检验方法：观察。

4.2.4 用作模板的地坪、胎模等应平整光洁，不得产生影响构件质量的下沉、裂缝、起砂或起鼓。

检查数量：全数检查。

检验方法：观察。

4.2.5 对跨度不小于4m的现浇钢筋混凝土梁、板，其模板应按设计要求起拱；当设计无具体要求时，起拱高度宜为跨度的1/1000～3/1000。

检查数量：在同一检验批内，对梁，应抽查构件数量的10%，且不少于3件；对板，应按有代表性的自然间抽查10%，且不少于3间；对大空间结构，板可按纵、横轴线划分检查面，抽查10%，且不少于3面。

检验方法：水准仪或拉线、钢尺检查。

4.2.6 固定在模板上的预埋件、预留孔和预留洞均不得遗漏，且应安装牢固，其偏差应符合表4.2.6的规定。

检查数量：在同一检验批内，对梁、柱和独立基础，应抽查构件数量的10%，且不少于3件；对墙和板，应按有代表性的自然间抽查10%，且不少于3间；对大空间结构，墙可按相邻轴线间高度5m左右划分检查面，板可按纵横轴线划分检查面，抽查10%，且均不少于3面。

检验方法：钢尺检查。

4.2.7 现浇结构模板安装的偏差应符合表4.2.7的规定。

检查数量：在同一检验批内，对梁、柱和独立基础，应抽查构件数量的10%，且不少于3件；对墙和板，应按有代表性的自然间抽查10%，且不少于3间；对大空间结构，墙可按相邻轴线间高度5m左右划分检查面，板可按纵、横轴线划分检查面，抽查10%，且均不少于3面。

表4.2.6 预埋件和预留孔洞的允许偏差

项 目		允许偏差（mm）
预埋钢板中心线位置		3
预埋管、预留孔中心线位置		3
插 筋	中心线位置	5
	外露长度	+10，0
预埋螺栓	中心线位置	2
	外露长度	+10，0
预留洞	中心线位置	10
	尺 寸	+10，0

注：检查中心线位置时，应沿纵、横两个方向量测，并取其中的较大值。

表4.2.7 现浇结构模板安装的允许偏差及检验方法

项 目		允许偏差（mm）	检验方法
轴线位置		5	钢尺检查
底模上表面标高		±5	水准仪或拉线、钢尺检查
截面内部尺寸	基础	±10	钢尺检查
	柱、墙、梁	+4，-5	钢尺检查
层高垂直度	不大于5m	6	经纬仪或吊线、钢尺检查
	大于5m	8	经纬仪或吊线、钢尺检查
相邻两板表面高低差		2	钢尺检查
表面平整度		5	2m靠尺和塞尺检查

注：检查轴线位置时，应沿纵、横两个方向量测，并取其中的较大值。

4.2.8 预制构件模板安装的偏差应符合表4.2.8的规定。

检查数量：首次使用及大修后的模板应全数检查；使用中的模板应定期检查，并根据使用情况不定期抽查。

表4.2.8 预制构件模板安装的允许偏差及检验方法

项 目		允许偏差(mm)	检验方法
长度	板、梁	±5	钢尺量两角边，取其中较大值
	薄腹梁、桁架	±10	
	柱	0，−10	
	墙板	0，−5	
宽度	板、墙板	0，−5	钢尺量一端及中部，取其较大值
	梁、薄腹梁、桁架、柱	+2，−5	
高(厚)度	板	+2，−3	钢尺量一端及中部，取其中较大值
	墙板	0，−5	
	梁、薄腹梁、桁架、柱	+2，−5	
侧向弯曲	梁、板、柱	$l/1000$且≤15	拉线、钢尺量最大弯曲处
	墙板、薄腹梁、桁架	$l/1500$且≤15	
板的表面平整度		3	2m靠尺和塞尺检查
相邻两板表面高低差		1	钢尺检查
对角线差	板	7	钢尺量两个对角线
	墙板	5	
翘曲	板、墙板	$l/1500$	调平尺在两端量测
设计起拱	薄腹梁、桁架、梁	±3	拉线、钢尺量跨中

注：l为构件长度(mm)。

4.3 模板拆除

主控项目

4.3.1 底模及其支架拆除时的混凝土强度应符合设计要求；当设计无具体要求时，混凝土强度应符合表4.3.1的规定。

检查数量：全数检查。

检验方法：检查同条件养护试件强度试验报告。

表4.3.1 底模拆除时的混凝土强度要求

构件类型	构件跨度(m)	达到设计的混凝土立方体抗压强度标准值的百分率（%）
板	≤2	≥50
	>2，≤8	≥75
	>8	≥100
梁、拱、壳	≤8	≥75
	>8	≥100
悬臂构件	—	≥100

4.3.2 对后张法预应力混凝土结构构件，侧模宜在预应力张拉前拆除；底模支架的拆除应按施工技术方案执行，当无具体要求时，不应在结构构件建立预应力前拆除。

检查数量：全数检查。

检验方法：观察。

4.3.3 后浇带模板的拆除和支顶应按施工技术方案执行。

检查数量：全数检查。

检验方法：观察。

一般项目

4.3.4 侧模拆除时的混凝土强度应能保证其表面及棱角不受损伤。

检查数量：全数检查。

检验方法：观察。

4.3.5 模板拆除时，不应对楼层形成冲击荷载。拆除的模板和支架宜分散堆放并及时清运。

检查数量：全数检查。

检验方法：观察。

5 钢筋分项工程

5.1 一般规定

5.1.1 当钢筋的品种、级别或规格需作变更时，应办理设计变更文件。

5.1.2 在浇筑混凝土之前，应进行钢筋隐蔽工程验收，其内容包括：

1 纵向受力钢筋的品种、规格、数量、位置等；

2 钢筋的连接方式、接头位置、接头数量、接头面积百分率等；

3 箍筋、横向钢筋的品种、规格、数量、间距等；

4 预埋件的规格、数量、位置等。

5.2 原 材 料

主控项目

5.2.1 钢筋进场时，应按国家现行相关标准的规定抽取试件作力学性能和<u>重量偏差</u>检验，<u>检验结果必须</u>符合有关标准的规定。

检查数量：按进场的批次和产品的抽样检验方案确定。

检验方法：检查产品合格证、出厂检验报告和进场复验报告。

5.2.2 对有抗震设防要求的结构，其纵向受力钢筋的性能应满足设计要求；当设计无具体要求时，对按<u>一、二、三级抗震等级设计的框架和斜撑构件（含梯</u>

段）中的纵向受力钢筋应采用 HRB335E、HRB400E、HRB500E、HRBF335E、HRBF400E 或 HRBF500E 钢筋，其强度和最大力下总伸长率的实测值应符合下列规定：

1 钢筋的抗拉强度实测值与屈服强度实测值的比值不应小于 1.25；
2 钢筋的屈服强度实测值与屈服强度标准值的比值不应大于 1.30；
3 钢筋的最大力下总伸长率不应小于 9%。

检查数量：按进场的批次和产品的抽样检验方案确定。

检验方法：检查进场复验报告。

5.2.3 当发现钢筋脆断、焊接性能不良或力学性能显著不正常等现象时，应对该批钢筋进行化学成分检验或其他专项检验。

检验方法：检查化学成分等专项检验报告。

一 般 项 目

5.2.4 钢筋应平直、无损伤，表面不得有裂纹、油污、颗粒状或片状老锈。

检查数量：进场时和使用前全数检查。

检验方法：观察。

5.3 钢筋加工

主 控 项 目

5.3.1 受力钢筋的弯钩和弯折应符合下列规定：

1 HPB235 级钢筋末端应作 180°弯钩，其弯弧内直径不应小于钢筋直径的 2.5 倍，弯钩的弯后平直部分长度不应小于钢筋直径的 3 倍；
2 当设计要求钢筋末端需作 135°弯钩时，HRB335 级、HRB400 级钢筋的弯弧内直径不应小于钢筋直径的 4 倍，弯钩的弯后平直部分长度应符合设计要求；
3 钢筋作不大于 90°的弯折时，弯折处的弯弧内直径不应小于钢筋直径的 5 倍。

检查数量：按每工作班同一类型钢筋、同一加工设备抽查不应少于 3 件。

检验方法：钢尺检查。

5.3.2 除焊接封闭环式箍筋外，箍筋的末端应作弯钩，弯钩形式应符合设计要求；当设计无具体要求时，应符合下列规定：

1 箍筋弯钩的弯弧内直径除应满足本规范第 5.3.1 条的规定外，尚应不小于受力钢筋直径；
2 箍筋弯钩的弯折角度：对一般结构，不应小于 90°；对有抗震等要求的结构，应为 135°；
3 箍筋弯后平直部分长度：对一般结构，不宜小于箍筋直径的 5 倍；对有抗震等要求的结构，不应小于箍筋直径的 10 倍。

检查数量：按每工作班同一类型钢筋、同一加工设备抽查不应少于 3 件。

检验方法：钢尺检查。

5.3.2A 钢筋调直后应进行力学性能和重量偏差的检验，其强度应符合有关标准的规定。

盘卷钢筋和直条钢筋调直后的断后伸长率、重量负偏差应符合表 5.3.2A 的规定。

表 5.3.2A 盘卷钢筋和直条钢筋调直后的断后伸长率、重量负偏差要求

钢筋牌号	断后伸长率 A (%)	重量负偏差（%）		
		直径6mm ~12mm	直径14mm ~20mm	直径22mm ~50mm
HPB235、HPB300	≥21	≤10	—	—
HRB335、HRBF335	≥16	≤8	≤6	≤5
HRB400、HRBF400	≥15			
RRB400	≥13			
HRB500、HRBF500	≥14			

注：1 断后伸长率 A 的量测标距为 5 倍钢筋公称直径；
2 重量负偏差（%）按公式 $(W_0-W_d)/W_0×100$ 计算，其中 W_0 为钢筋理论重量（kg/m），W_d 为调直后钢筋的实际重量（kg/m）；
3 对直径为 28mm~40mm 的带肋钢筋，表中断后伸长率可降低 1%；对直径大于 40mm 的带肋钢筋，表中断后伸长率可降低 2%。

采用无延伸功能的机械设备调直的钢筋，可不进行本条规定的检验。

检查数量：同一厂家、同一牌号、同一规格调直钢筋，重量不大于 30t 为一批；每批见证取 3 件试件。

检验方法：3 个试件先进行重量偏差检验，再取其中 2 个试件经时效处理后进行力学性能检验。检验重量偏差时，试件切口应平滑且与长度方向垂直，且长度不应小于 500mm；长度和重量的量测精度分别不应低于 1mm 和 1g。

一 般 项 目

5.3.3 钢筋宜采用无延伸功能的机械设备进行调直，也可采用冷拉方法调直。当采用冷拉方法调直时，HPB235、HPB300 光圆钢筋的冷拉率不宜大于 4%；HRB335、HRB400、HRB500、HRBF335、HRBF400、HRBF500 及 RRB400 带肋钢筋的冷拉率不宜大于 1%。

检查数量：每工作班按同一类型钢筋、同一加工设备抽查不应少于 3 件。

检验方法：观察，钢尺检查。

5.3.4 钢筋加工的形状、尺寸应符合设计要求，其偏差应符合表 5.3.4 的规定。

检查数量：按每工作班同一类型钢筋、同一加工设备抽查不应少于 3 件。

检验方法：钢尺检查。

表 5.3.4　钢筋加工的允许偏差

项　　　目	允许偏差（mm）
受力钢筋顺长度方向全长的净尺寸	±10
弯起钢筋的弯折位置	±20
箍筋内净尺寸	±5

5.4　钢　筋　连　接

主控项目

5.4.1 纵向受力钢筋的连接方式应符合设计要求。

检查数量：全数检查。

检验方法：观察。

5.4.2 在施工现场，应按国家现行标准《钢筋机械连接通用技术规程》JGJ 107、《钢筋焊接及验收规程》JGJ 18的规定抽取钢筋机械连接接头、焊接接头试件作力学性能检验，其质量应符合有关规程的规定。

检查数量：按有关规程确定。

检验方法：检查产品合格证、接头力学性能试验报告。

一般项目

5.4.3 钢筋的接头宜设置在受力较小处。同一纵向受力钢筋不宜设置两个或两个以上接头。接头末端至钢筋弯起点的距离不应小于钢筋直径的10倍。

检查数量：全数检查。

检验方法：观察，钢尺检查。

5.4.4 在施工现场，应按国家现行标准《钢筋机械连接通用技术规程》JGJ 107、《钢筋焊接及验收规程》JGJ 18的规定对钢筋机械连接接头、焊接接头的外观进行检查，其质量应符合有关规程的规定。

检查数量：全数检查。

检验方法：观察。

5.4.5 当受力钢筋采用机械连接接头或焊接接头时，设置在同一构件内的接头宜相互错开。

纵向受力钢筋机械连接接头及焊接接头连接区段的长度为35倍d（d为纵向受力钢筋的较大直径）且不小于500mm，凡接头中点位于该连接区段长度内的接头均属于同一连接区段。同一连接区段内，纵向受力钢筋机械连接及焊接的接头面积百分率为该区段内有接头的纵向受力钢筋截面面积与全部纵向受力钢筋截面面积的比值。

同一连接区段内，纵向受力钢筋的接头面积百分率应符合设计要求；当设计无具体要求时，应符合下列规定：

1 在受拉区不宜大于50%；

2 接头不宜设置在有抗震设防要求的框架梁端、柱端的箍筋加密区；当无法避免时，对等强度高质量机械连接接头，不应大于50%；

3 直接承受动力荷载的结构构件中，不宜采用焊接接头；当采用机械连接接头时，不应大于50%。

检查数量：在同一检验批内，对梁、柱和独立基础，应抽查构件数量的10%，且不少于3件；对墙和板，应按有代表性的自然间抽查10%，且不少于3间；对大空间结构，墙可按相邻轴线间高度5m左右划分检查面，板可按纵横轴线划分检查面，抽查10%，且均不少于3面。

检验方法：观察，钢尺检查。

5.4.6 同一构件中相邻纵向受力钢筋的绑扎搭接接头宜相互错开。绑扎搭接接头中钢筋的横向净距不应小于钢筋直径，且不应小于25mm。

钢筋绑扎搭接接头连接区段的长度为$1.3l_l$（l_l为搭接长度），凡搭接接头中点位于该连接区段长度内的搭接接头均属于同一连接区段。同一连接区段内，纵向钢筋搭接接头面积百分率为该区段内有搭接接头的纵向受力钢筋截面面积与全部纵向受力钢筋截面面积的比值（图5.4.6）。

同一连接区段内，纵向受拉钢筋搭接接头面积百分率应符合设计要求；当设计无具体要求时，应符合下列规定：

1 对梁类、板类及墙类构件，不宜大于25%；

2 对柱类构件，不宜大于50%；

3 当工程中确有必要增大接头面积百分率时，对梁类构件，不应大于50%；对其他构件，可根据实际情况放宽。

纵向受力钢筋绑扎搭接接头的最小搭接长度应符合本规范附录B的规定。

检查数量：在同一检验批内，对梁、柱和独立基础，应抽查构件数量的10%，且不少于3件；对墙和板，应按有代表性的自然间抽查10%，且不少于3间；对大空间结构，墙可按相邻轴线间高度5m左右划分检查面，板可按纵、横轴线划分检查面，抽查10%，且均不少于3面。

检验方法：观察，钢尺检查。

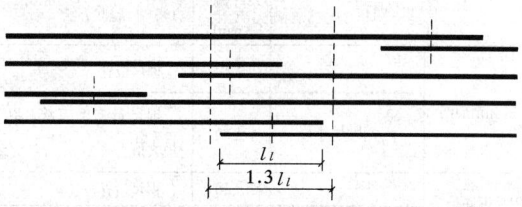

图5.4.6　钢筋绑扎搭接接头连接
区段及接头面积百分率

注：图中所示搭接接头同一连接区段内的搭接钢筋为两根，当各钢筋直径相同时，接头面积百分率为50%。

5.4.7 在梁、柱类构件的纵向受力钢筋搭接长度范围内，应按设计要求配置箍筋。当设计无具体要求时，应符合下列规定：

    1 箍筋直径不应小于搭接钢筋较大直径的 0.25 倍；

    2 受拉搭接区段的箍筋间距不应大于搭接钢筋较小直径的 5 倍，且不应大于 100mm；

    3 受压搭接区段的箍筋间距不应大于搭接钢筋较小直径的 10 倍，且不应大于 200mm；

    4 当柱中纵向受力钢筋直径大于 25mm 时，应在搭接接头两个端面外 100mm 范围内各设置两个箍筋，其间距宜为 50mm。

    检查数量：在同一检验批内，对梁、柱和独立基础，应抽查构件数量的 10%，且不少于 3 件；对墙和板，应按有代表性的自然间抽查 10%，且不少于 3 间；对大空间结构，墙可按相邻轴线间高度 5m 左右划分检查面，板可按纵、横轴线划分检查面，抽查 10%，且均不少于 3 面。

    检验方法：钢尺检查。

5.5 钢筋安装

主控项目

5.5.1 钢筋安装时，受力钢筋的品种、级别、规格和数量必须符合设计要求。

    检查数量：全数检查。

    检验方法：观察，钢尺检查。

一般项目

5.5.2 钢筋安装位置的偏差应符合表 5.5.2 的规定。

    检查数量：在同一检验批内，对梁、柱和独立基础，应抽查构件数量的 10%，且不少于 3 件；对墙和板，应按有代表性的自然间抽查 10%，且不少于 3 间；对大空间结构，墙可按相邻轴线间高度 5m 左右划分检查面，板可按纵、横轴线划分检查面，抽查 10%，且均不少于 3 面。

表 5.5.2 钢筋安装位置的允许偏差和检验方法

项 目			允许偏差 (mm)	检验方法
绑扎钢筋网	长、宽		±10	钢尺检查
	网眼尺寸		±20	钢尺量连续三档，取最大值
绑扎钢筋骨架	长		±10	钢尺检查
	宽、高		±5	钢尺检查
受力钢筋	间距		±10	钢尺量两端、中间各一点，取最大值
	排距		±5	
	保护层厚度	基础	±10	钢尺检查
		柱、梁	±5	钢尺检查
		板、墙、壳	±3	钢尺检查

续表 5.5.2

项 目	允许偏差 (mm)	检验方法
绑扎箍筋、横向钢筋间距	±20	钢尺量连续三档，取最大值
钢筋弯起点位置	20	钢尺检查
预埋件 中心线位置	5	钢尺检查
预埋件 水平高差	+3，0	钢尺和塞尺检查

注：1 检查预埋件中心线位置时，应沿纵、横两个方向量测，并取其中的较大值；
    2 表中梁类、板类构件上部纵向受力钢筋保护层厚度的合格点率应达到 90% 及以上，且不得有超过表中数值 1.5 倍的尺寸偏差。

6 预应力分项工程

6.1 一般规定

6.1.1 后张法预应力工程的施工应由具有相应资质等级的预应力专业施工单位承担。

6.1.2 预应力筋张拉机具设备及仪表，应定期维护和校验。张拉设备应配套标定，并配套使用。张拉设备的标定期限不应超过半年。当在使用过程中出现反常现象时或在千斤顶检修后，应重新标定。

    注：1 张拉设备标定时，千斤顶活塞的运行方向应与实际张拉工作状态一致；
    2 压力表的精度不应低于 1.5 级，标定张拉设备用的试验机或测力计精度不应低于 ±2%。

6.1.3 在浇筑混凝土之前，应进行预应力隐蔽工程验收，其内容包括：

    1 预应力筋的品种、规格、数量、位置等；

    2 预应力筋锚具和连接器的品种、数量、位置等；

    3 预留孔道的规格、数量、位置、形状及灌浆孔、排气兼泌水管等；

    4 锚固区局部加强构造等。

6.2 原 材 料

主控项目

6.2.1 预应力筋进场时，应按现行国家标准《预应力混凝土用钢绞线》GB/T 5224 等的规定抽取试件作力学性能检验，其质量必须符合有关标准的规定。

    检查数量：按进场的批次和产品的抽样检验方案确定。

    检验方法：检查产品合格证、出厂检验报告和进场复验报告。

6.2.2 无粘结预应力筋的涂包质量应符合无粘结预应力钢绞线标准的规定。

检查数量：每60t为一批，每批抽取一组试件。

检验方法：观察，检查产品合格证、出厂检验报告和进场复验报告。

注：当有工程经验，并经观察认为质量有保证时，可不作油脂用量和护套厚度的进场复验。

6.2.3 预应力筋用锚具、夹具和连接器应按设计要求采用，其性能应符合现行国家标准《预应力筋用锚具、夹具和连接器》GB/T 14370等的规定。

检查数量：按进场批次和产品的抽样检验方案确定。

检验方法：检查产品合格证、出厂检验报告和进场复验报告。

注：对锚具用量较少的一般工程，如供货方提供有效的试验报告，可不作静载锚固性能试验。

6.2.4 孔道灌浆用水泥应采用普通硅酸盐水泥，其质量应符合本规范第7.2.1条的规定。孔道灌浆用外加剂的质量应符合本规范第7.2.2条的规定。

检查数量：按进场批次和产品的抽样检验方案确定。

检验方法：检查产品合格证、出厂检验报告和进场复验报告。

注：对孔道灌浆用水泥和外加剂用量较少的一般工程，当有可靠依据时，可不作材料性能的进场复验。

一 般 项 目

6.2.5 预应力筋使用前应进行外观检查，其质量应符合下列要求：

1 有粘结预应力筋展开后应平顺，不得有弯折，表面不应有裂纹、小刺、机械损伤、氧化铁皮和油污等；

2 无粘结预应力筋护套应光滑、无裂缝，无明显褶皱。

检查数量：全数检查。

检验方法：观察。

注：无粘结预应力筋护套轻微破损者应外包防水塑料胶带修补，严重破损者不得使用。

6.2.6 预应力筋用锚具、夹具和连接器使用前应进行外观检查，其表面应无污物、锈蚀、机械损伤和裂纹。

检查数量：全数检查。

检验方法：观察。

6.2.7 预应力混凝土用金属螺旋管的尺寸和性能应符合国家现行标准《预应力混凝土用金属螺旋管》JG/T 3013的规定。

检查数量：按进场批次和产品的抽样检验方案确定。

检验方法：检查产品合格证、出厂检验报告和进场复验报告。

注：对金属螺旋管用量较少的一般工程，当有可靠依据时，可不作径向刚度、抗渗漏性能的进场复验。

6.2.8 预应力混凝土用金属螺旋管在使用前应进行外观检查，其内外表面应清洁，无锈蚀，不应有油污、孔洞和不规则的褶皱，咬口不应有开裂或脱扣。

检查数量：全数检查。

检验方法：观察。

6.3 制作与安装

主 控 项 目

6.3.1 预应力筋安装时，其品种、级别、规格、数量必须符合设计要求。

检查数量：全数检查。

检验方法：观察，钢尺检查。

6.3.2 先张法预应力施工时应选用非油质类模板隔离剂，并应避免沾污预应力筋。

检查数量：全数检查。

检验方法：观察。

6.3.3 施工过程中应避免电火花损伤预应力筋；受损伤的预应力筋应予以更换。

检查数量：全数检查。

检验方法：观察。

一 般 项 目

6.3.4 预应力筋下料应符合下列要求：

1 预应力筋应采用砂轮锯或切断机切断，不得采用电弧切割；

2 当钢丝束两端采用镦头锚具时，同一束中各根钢丝长度的极差不应大于钢丝长度的1/5000，且不应大于5mm。当成组张拉长度不大于10m的钢丝时，同组钢丝长度的极差不得大于2mm。

检查数量：每工作班抽查预应力筋总数的3%，且不少于3束。

检验方法：观察，钢尺检查。

6.3.5 预应力筋端部锚具的制作质量应符合下列要求：

1 挤压锚具制作时压力表油压应符合操作说明书的规定，挤压后预应力筋外端应露出挤压套筒1~5mm；

2 钢绞线压花锚成形时，表面应清洁、无油污，梨形头尺寸和直线段长度应符合设计要求；

3 钢丝镦头的强度不得低于钢丝强度标准值的98%。

检查数量：对挤压锚，每工作班抽查5%，且不应少于5件；对压花锚，每工作班抽查3件；对钢丝镦头强度，每批钢丝检查6个镦头试件。

检验方法：观察，钢尺检查，检查镦头强度试验报告。

6.3.6 后张法有粘结预应力筋预留孔道的规格、数

量、位置和形状除应符合设计要求外,尚应符合下列规定:

1 预留孔道的定位应牢固,浇筑混凝土时不应出现移位和变形;

2 孔道应平顺,端部的预埋锚垫板应垂直于孔道中心线;

3 成孔用管道应密封良好,接头应严密且不得漏浆;

4 灌浆孔的间距:对预埋金属螺旋管不宜大于30m;对抽芯成形孔道不宜大于12m;

5 在曲线孔道的曲线波峰部位应设置排气兼泌水管,必要时可在最低点设置排水孔;

6 灌浆孔及泌水管的孔径应能保证浆液畅通。

检查数量:全数检查。

检验方法:观察,钢尺检查。

6.3.7 预应力筋束形控制点的竖向位置偏差应符合表6.3.7的规定。

表 6.3.7 束形控制点的竖向位置允许偏差

截面高(厚)度(mm)	h≤300	300<h≤1500	h>1500
允许偏差(mm)	±5	±10	±15

检查数量:在同一检验批内,抽查各类型构件中预应力筋总数的5%,且对各类型构件均不少于5束,每束不应少于5处。

检验方法:钢尺检查。

注:束形控制点的竖向位置偏差合格点率应达到90%及以上,且不得有超过表中数值1.5倍的尺寸偏差。

6.3.8 无粘结预应力筋的铺设除应符合本规范第6.3.7条的规定外,尚应符合下列要求:

1 无粘结预应力筋的定位应牢固,浇筑混凝土时不应出现移位和变形;

2 端部的预埋锚垫板应垂直于预应力筋;

3 内埋式固定端垫板不应重叠,锚具与垫板应贴紧;

4 无粘结预应力筋成束布置时应能保证混凝土密实并能裹住预应力筋;

5 无粘结预应力筋的护套应完整,局部破损处应采用防水胶带缠绕紧密。

检查数量:全数检查。

检验方法:观察。

6.3.9 浇筑混凝土前穿入孔道的后张法有粘结预应力筋,宜采取防止锈蚀的措施。

检查数量:全数检查。

检验方法:观察。

6.4 张拉和放张

主控项目

6.4.1 预应力筋张拉或放张时,混凝土强度应符合设计要求;当设计无具体要求时,不应低于设计的混凝土立方体抗压强度标准值的75%。

检查数量:全数检查。

检验方法:检查同条件养护试件试验报告。

6.4.2 预应力筋的张拉力、张拉或放张顺序及张拉工艺应符合设计及施工技术方案的要求,并应符合下列规定:

1 当施工需要超张拉时,最大张拉应力不应大于国家现行标准《混凝土结构设计规范》GB 50010的规定;

2 张拉工艺应能保证同一束中各根预应力筋的应力均匀一致;

3 后张法施工中,当预应力筋是逐根或逐束张拉时,应保证各阶段不出现对结构不利的应力状态;同时宜考虑后批张拉预应力筋所产生的结构构件的弹性压缩对先批张拉预应力筋的影响,确定张拉力;

4 先张法预应力筋放张时,宜缓慢放松锚固装置,使各根预应力筋同时缓慢放松;

5 当采用应力控制方法张拉时,应校核预应力筋的伸长值。实际伸长值与设计计算理论伸长值的相对允许偏差为±6%。

检查数量:全数检查。

检验方法:检查张拉记录。

6.4.3 预应力筋张拉锚固后实际建立的预应力值与工程设计规定检验值的相对允许偏差为±5%。

检查数量:对先张法施工,每工作班抽查预应力筋总数的1%,且不少于3根;对后张法施工,在同一检验批内,抽查预应力筋总数的3%,且不少于5束。

检验方法:对先张法施工,检查预应力筋应力检测记录;对后张法施工,检查见证张拉记录。

6.4.4 张拉过程中应避免预应力筋断裂或滑脱;当发生断裂或滑脱时,必须符合下列规定:

1 对后张法预应力结构构件,断裂或滑脱的数量严禁超过同一截面预应力筋总根数的3%,且每束钢丝不得超过一根;对多跨双向连续板,其同一截面应按每跨计算;

2 对先张法预应力构件,在浇筑混凝土前发生断裂或滑脱的预应力筋必须予以更换。

检查数量:全数检查。

检验方法:观察,检查张拉记录。

一般项目

6.4.5 锚固阶段张拉端预应力筋的内缩量应符合设

计要求；当设计无具体要求时，应符合表6.4.5的规定。

检查数量：每工作班抽查预应力筋总数的3%，且不少于3束。

检验方法：钢尺检查。

表6.4.5 张拉端预应力筋的内缩量限值

锚具类别		内缩量限值（mm）
支承式锚具（镦头锚具等）	螺帽缝隙	1
	每块后加垫板的缝隙	1
锥塞式锚具		5
夹片式锚具	有顶压	5
	无顶压	6～8

6.4.6 先张法预应力筋张拉后与设计位置的偏差不得大于5mm，且不得大于构件截面短边边长的4%。

检查数量：每工作班抽查预应力筋总数的3%，且不少于3束。

检验方法：钢尺检查。

6.5 灌浆及封锚

主控项目

6.5.1 后张法有粘结预应力筋张拉后应尽早进行孔道灌浆，孔道内水泥浆应饱满、密实。

检查数量：全数检查。

检验方法：观察，检查灌浆记录。

6.5.2 锚具的封闭保护应符合设计要求；当设计无具体要求时，应符合下列规定：

1 应采取防止锚具腐蚀和遭受机械损伤的有效措施；

2 凸出式锚固端锚具的保护层厚度不应小于50mm；

3 外露预应力筋的保护层厚度：处于正常环境时，不应小于20mm；处于易受腐蚀的环境时，不应小于50mm。

检查数量：在同一检验批内，抽查预应力筋总数的5%，且不少于5处。

检验方法：观察，钢尺检查。

一般项目

6.5.3 后张法预应力筋锚固后的外露部分宜采用机械方法切割，其外露长度不宜小于预应力筋直径的1.5倍，且不宜小于30mm。

检查数量：在同一检验批内，抽查预应力筋总数的3%，且不少于5束。

检验方法：观察，钢尺检查。

6.5.4 灌浆用水泥浆的水灰比不应大于0.45，搅拌后3h泌水率不宜大于2%，且不应大于3%。泌水应能在24h内全部重新被水泥浆吸收。

检查数量：同一配合比检查一次。

检验方法：检查水泥浆性能试验报告。

6.5.5 灌浆用水泥浆的抗压强度不应小于30N/mm²。

检查数量：每工作班留置一组边长为70.7mm的立方体试件。

检验方法：检查水泥浆试件强度试验报告。

注：1 一组试件由6个试件组成，试件应标准养护28d；
2 抗压强度为一组试件的平均值，当一组试件中抗压强度最大值或最小值与平均值相差超过20%时，应取中间4个试件强度的平均值。

7 混凝土分项工程

7.1 一般规定

7.1.1 结构构件的混凝土强度应按现行国家标准《混凝土强度检验评定标准》GBJ 107的规定分批检验评定。

对采用蒸汽法养护的混凝土结构构件，其混凝土试件应先随同结构构件同条件蒸汽养护，再转入标准条件养护共28d。

当混凝土中掺用矿物掺合料时，确定混凝土强度时的龄期可按现行国家标准《粉煤灰混凝土应用技术规范》GBJ 146等的规定取值。

7.1.2 检验评定混凝土强度用的混凝土试件的尺寸及强度的尺寸换算系数应按表7.1.2取用；其标准成型方法、标准养护条件及强度试验方法应符合普通混凝土力学性能试验方法标准的规定。

表7.1.2 混凝土试件尺寸及强度的尺寸换算系数

骨料最大粒径（mm）	试件尺寸（mm）	强度的尺寸换算系数
≤31.5	100×100×100	0.95
≤40	150×150×150	1.00
≤63	200×200×200	1.05

注：对强度等级为C60及以上的混凝土试件，其强度的尺寸换算系数可通过试验确定。

7.1.3 结构构件拆模、出池、出厂、吊装、张拉、放张及施工期间临时负荷时的混凝土强度，应根据同条件养护的标准尺寸试件的混凝土强度确定。

7.1.4 当混凝土试件强度评定不合格时，可采用非破损或局部破损的检测方法，按国家现行有关标准的规定对结构构件中的混凝土强度进行推定，并作为处理的依据。

7.1.5 混凝土的冬期施工应符合国家现行标准《建筑工程冬期施工规程》JGJ 104 和施工技术方案的规定。

7.2 原 材 料

主 控 项 目

7.2.1 水泥进场时应对其品种、级别、包装或散装仓号、出厂日期等进行检查，并应对其强度、安定性及其他必要的性能指标进行复验，其质量必须符合现行国家标准《硅酸盐水泥、普通硅酸盐水泥》GB 175 等的规定。

当在使用中对水泥质量有怀疑或水泥出厂超过三个月（快硬硅酸盐水泥超过一个月）时，应进行复验，并按复验结果使用。

钢筋混凝土结构、预应力混凝土结构中，严禁使用含氯化物的水泥。

检查数量：按同一生产厂家、同一等级、同一品种、同一批号且连续进场的水泥，袋装不超过 200t 为一批，散装不超过 500t 为一批，每批抽样不少于一次。

检验方法：检查产品合格证、出厂检验报告和进场复验报告。

7.2.2 混凝土中掺用外加剂的质量及应用技术应符合现行国家标准《混凝土外加剂》GB 8076、《混凝土外加剂应用技术规范》GB 50119 等和有关环境保护的规定。

预应力混凝土结构中，严禁使用含氯化物的外加剂。钢筋混凝土结构中，当使用含氯化物的外加剂时，混凝土中氯化物的总含量应符合现行国家标准《混凝土质量控制标准》GB 50164 的规定。

检查数量：按进场的批次和产品的抽样检验方案确定。

检验方法：检查产品合格证、出厂检验报告和进场复验报告。

7.2.3 混凝土中氯化物和碱的总含量应符合现行国家标准《混凝土结构设计规范》GB 50010 和设计的要求。

检验方法：检查原材料试验报告和氯化物、碱的总含量计算书。

一 般 项 目

7.2.4 混凝土中掺用矿物掺合料的质量应符合现行国家标准《用于水泥和混凝土中的粉煤灰》GB 1596 等的规定。矿物掺合料的掺量应通过试验确定。

检查数量：按进场的批次和产品的抽样检验方案确定。

检验方法：检查出厂合格证和进场复验报告。

7.2.5 普通混凝土所用的粗、细骨料的质量应符合国家现行标准《普通混凝土用碎石或卵石质量标准及检验方法》JGJ 53、《普通混凝土用砂质量标准及检验方法》JGJ 52 的规定。

检查数量：按进场的批次和产品的抽样检验方案确定。

检验方法：检查进场复验报告。

注：1 混凝土用的粗骨料，其最大颗粒粒径不得超过构件截面最小尺寸的 1/4，且不得超过钢筋最小净间距的 3/4。

2 对混凝土实心板，骨料的最大粒径不宜超过板厚的 1/3，且不得超过 40mm。

7.2.6 拌制混凝土宜采用饮用水；当采用其他水源时，水质应符合国家现行标准《混凝土拌合用水标准》JGJ 63 的规定。

检查数量：同一水源检查不应少于一次。

检验方法：检查水质试验报告。

7.3 配合比设计

主 控 项 目

7.3.1 混凝土应按国家现行标准《普通混凝土配合比设计规程》JGJ 55 的有关规定，根据混凝土强度等级、耐久性和工作性等要求进行配合比设计。

对有特殊要求的混凝土，其配合比设计尚应符合国家现行有关标准的专门规定。

检验方法：检查配合比设计资料。

一 般 项 目

7.3.2 首次使用的混凝土配合比应进行开盘鉴定，其工作性应满足设计配合比的要求。开始生产时应至少留置一组标准养护试件，作为验证配合比的依据。

检验方法：检查开盘鉴定资料和试件强度试验报告。

7.3.3 混凝土拌制前，应测定砂、石含水率并根据测试结果调整材料用量，提出施工配合比。

检查数量：每工作班检查一次。

检验方法：检查含水率测试结果和施工配合比通知单。

7.4 混凝土施工

主 控 项 目

7.4.1 结构混凝土的强度等级必须符合设计要求。用于检查结构构件混凝土强度的试件，应在混凝土的浇筑地点随机抽取。取样与试件留置应符合下列规定：

1 每拌制 100 盘且不超过 100m³ 的同配合比的

混凝土,取样不得少于一次;

2 每工作班拌制的同一配合比的混凝土不足100盘时,取样不得少于一次;

3 当一次连续浇筑超过1000m³时,同一配合比的混凝土每200m³取样不得少于一次;

4 每一楼层、同一配合比的混凝土,取样不得少于一次;

5 每次取样应至少留置一组标准养护试件,同条件养护试件的留置组数应根据实际需要确定。

检验方法:检查施工记录及试件强度试验报告。

7.4.2 对有抗渗要求的混凝土结构,其混凝土试件应在浇筑地点随机取样。同一工程、同一配合比的混凝土,取样不应少于一次,留置组数可根据实际需要确定。

检验方法:检查试件抗渗试验报告。

7.4.3 混凝土原材料每盘称量的偏差应符合表7.4.3的规定。

表7.4.3 原材料每盘称量的允许偏差

材料名称	允许偏差
水泥、掺合料	±2%
粗、细骨料	±3%
水、外加剂	±2%

注:1 各种衡器应定期校验,每次使用前应进行零点校核,保持计量准确;
    2 当遇雨天或含水率有显著变化时,应增加含水率检测次数,并及时调整水和骨料的用量。

检查数量:每工作班抽查不应少于一次。

检验方法:复称。

7.4.4 混凝土运输、浇筑及间歇的全部时间不应超过混凝土的初凝时间。同一施工段的混凝土应连续浇筑,并应在底层混凝土初凝之前将上一层混凝土浇筑完毕。

当底层混凝土初凝后浇筑上一层混凝土时,应按施工技术方案中对施工缝的要求进行处理。

检查数量:全数检查。

检验方法:观察,检查施工记录。

一般项目

7.4.5 施工缝的位置应在混凝土浇筑前按设计要求和施工技术方案确定。施工缝的处理应按施工技术方案执行。

检查数量:全数检查。

检验方法:观察,检查施工记录。

7.4.6 后浇带的留置位置应按设计要求和施工技术方案确定。后浇带混凝土浇筑应按施工技术方案进行。

检查数量:全数检查。

检验方法:观察,检查施工记录。

7.4.7 混凝土浇筑完毕后,应按施工技术方案及时采取有效的养护措施,并应符合下列规定:

1 应在浇筑完毕后的12h以内对混凝土加以覆盖并保湿养护;

2 混凝土浇水养护的时间:对采用硅酸盐水泥、普通硅酸盐水泥或矿渣硅酸盐水泥拌制的混凝土,不得少于7d;对掺用缓凝型外加剂或有抗渗要求的混凝土,不得少于14d;

3 浇水次数应能保持混凝土处于湿润状态;混凝土养护用水应与拌制用水相同;

4 采用塑料布覆盖养护的混凝土,其敞露的全部表面应覆盖严密,并应保持塑料布内有凝结水;

5 混凝土强度达到1.2N/mm²前,不得在其上踩踏或安装模板及支架。

注:1 当日平均气温低于5℃时,不得浇水;
    2 当采用其他品种水泥时,混凝土的养护时间应根据所采用水泥的技术性能确定;
    3 混凝土表面不便浇水或使用塑料布时,宜涂刷养护剂;
    4 对大体积混凝土的养护,应根据气候条件按施工技术方案采取控温措施。

检查数量:全数检查。

检验方法:观察,检查施工记录。

8 现浇结构分项工程

8.1 一般规定

8.1.1 现浇结构的外观质量缺陷,应由监理(建设)单位、施工单位等各方根据其对结构性能和使用功能影响的严重程度,按表8.1.1确定。

表8.1.1 现浇结构外观质量缺陷

名称	现象	严重缺陷	一般缺陷
露筋	构件内钢筋未被混凝土包裹而外露	纵向受力钢筋有露筋	其他钢筋有少量露筋
蜂窝	混凝土表面缺少水泥砂浆而形成石子外露	构件主要受力部位有蜂窝	其他部位有少量蜂窝
孔洞	混凝土中孔穴深度和长度均超过保护层厚度	构件主要受力部位有孔洞	其他部位有少量孔洞
夹渣	混凝土中夹有杂物且深度超过保护层厚度	构件主要受力部位有夹渣	其他部位有少量夹渣

续表 8.1.1

名 称	现 象	严重缺陷	一般缺陷
疏松	混凝土中局部不密实	构件主要受力部位有疏松	其他部位有少量疏松
裂缝	缝隙从混凝土表面延伸至混凝土内部	构件主要受力部位有影响结构性能或使用功能的裂缝	其他部位有少量不影响结构性能或使用功能的裂缝
连接部位缺陷	构件连接处混凝土缺陷及连接钢筋、连接件松动	连接部位有影响结构传力性能的缺陷	连接部位有基本不影响结构传力性能的缺陷
外形缺陷	缺棱掉角、棱角不直、翘曲不平、飞边凸肋等	清水混凝土构件有影响使用功能或装饰效果的外形缺陷	其他混凝土构件有不影响使用功能的外形缺陷
外表缺陷	构件表面麻面、掉皮、起砂、沾污等	具有重要装饰效果的清水混凝土构件有外表缺陷	其他混凝土构件有不影响使用功能的外表缺陷

8.1.2 现浇结构拆模后,应由监理(建设)单位、施工单位对外观质量和尺寸偏差进行检查,作出记录,并应及时按施工技术方案对缺陷进行处理。

8.2 外观质量

主控项目

8.2.1 现浇结构的外观质量不应有严重缺陷。

对已经出现的严重缺陷,应由施工单位提出技术处理方案,并经监理(建设)单位认可后进行处理。对经处理的部位,应重新检查验收。

检查数量:全数检查。
检验方法:观察,检查技术处理方案。

一般项目

8.2.2 现浇结构的外观质量不宜有一般缺陷。

对已经出现的一般缺陷,应由施工单位按技术处理方案进行处理,并重新检查验收。

检查数量:全数检查。
检验方法:观察,检查技术处理方案。

8.3 尺寸偏差

主控项目

8.3.1 现浇结构不应有影响结构性能和使用功能的尺寸偏差。混凝土设备基础不应有影响结构性能和设备安装的尺寸偏差。

对超过尺寸允许偏差且影响结构性能和安装、使用功能的部位,应由施工单位提出技术处理方案,并经监理(建设)单位认可后进行处理。对经处理的部位,应重新检查验收。

检查数量:全数检查。
检验方法:量测,检查技术处理方案。

一般项目

8.3.2 现浇结构和混凝土设备基础拆模后的尺寸偏差应符合表 8.3.2-1、表 8.3.2-2 的规定。

检查数量:按楼层、结构缝或施工段划分检验批。在同一检验批内,对梁、柱和独立基础,应抽查构件数量的10%,且不少于3件;对墙和板,应按有代表性的自然间抽查10%,且不少于3间;对大空间结构,墙可按相邻轴线间高度5m左右划分检查面,板可按纵、横轴线划分检查面,抽查10%,且均不少于3面;对电梯井,应全数检查。对设备基础,应全数检查。

表 8.3.2-1 现浇结构尺寸允许偏差和检验方法

项 目		允许偏差(mm)	检验方法
轴线位置	基础	15	钢尺检查
	独立基础	10	
	墙、柱、梁	8	
	剪力墙	5	
垂直度	层高 ≤5m	8	经纬仪或吊线、钢尺检查
	层高 >5m	10	经纬仪或吊线、钢尺检查
	全高(H)	H/1000且≤30	经纬仪、钢尺检查
标高	层高	±10	水准仪或拉线、钢尺检查
	全高	±30	
截面尺寸		+8,-5	钢尺检查
电梯井	井筒长、宽对定位中心线	+25,0	钢尺检查
	井筒全高(H)垂直度	H/1000且≤30	经纬仪、钢尺检查
表面平整度		8	2m靠尺和塞尺检查
预埋设施中心线位置	预埋件	10	钢尺检查
	预埋螺栓	5	
	预埋管	5	
预留洞中心线位置		15	钢尺检查

注:检查轴线、中心线位置时,应沿纵、横两个方向量测,并取其中的较大值。

表 8.3.2-2 混凝土设备基础尺寸允许偏差和检验方法

项　目		允许偏差(mm)	检验方法
坐标位置		20	钢尺检查
不同平面的标高		0,-20	水准仪或拉线、钢尺检查
平面外形尺寸		±20	钢尺检查
凸台上平面外形尺寸		0,-20	钢尺检查
凹穴尺寸		+20,0	钢尺检查
平面水平度	每米	5	水平尺、塞尺检查
	全长	10	水准仪或拉线、钢尺检查
垂直度	每米	5	经纬仪或吊线、钢尺检查
	全高	10	
预埋地脚螺栓	标高(顶部)	+20,0	水准仪或拉线、钢尺检查
	中心距	±2	钢尺检查
预埋地脚螺栓孔	中心线位置	10	钢尺检查
	深度	+20,0	钢尺检查
	孔垂直度	10	吊线、钢尺检查
预埋活动地脚螺栓锚板	标高	+20,0	水准仪或拉线、钢尺检查
	中心线位置	5	钢尺检查
	带槽锚板平整度	5	钢尺、塞尺检查
	带螺纹孔锚板平整度	2	钢尺、塞尺检查

注：检查坐标、中心线位置时，应沿纵、横两个方向量测，并取其中的较大值。

9 装配式结构分项工程

9.1 一般规定

9.1.1 预制构件应进行结构性能检验。结构性能检验不合格的预制构件不得用于混凝土结构。

9.1.2 叠合结构中预制构件的叠合面应符合设计要求。

9.1.3 装配式结构外观质量、尺寸偏差的验收及对缺陷的处理应按本规范第 8 章的相应规定执行。

9.2 预 制 构 件

主 控 项 目

9.2.1 预制构件应在明显部位标明生产单位、构件型号、生产日期和质量验收标志。构件上的预埋件、插筋和预留孔洞的规格、位置和数量应符合标准图或设计的要求。

检查数量：全数检查。

检验方法：观察。

9.2.2 预制构件的外观质量不应有严重缺陷。对已经出现的严重缺陷，应按技术处理方案进行处理，并重新检查验收。

检查数量：全数检查。

检验方法：观察，检查技术处理方案。

9.2.3 预制构件不应有影响结构性能和安装、使用功能的尺寸偏差。对超过尺寸允许偏差且影响结构性能和安装、使用功能的部位，应按技术处理方案进行处理，并重新检查验收。

检查数量：全数检查。

检验方法：量测，检查技术处理方案。

一 般 项 目

9.2.4 预制构件的外观质量不宜有一般缺陷。对已经出现的一般缺陷，应按技术处理方案进行处理，并重新检查验收。

检查数量：全数检查。

检验方法：观察，检查技术处理方案。

9.2.5 预制构件的尺寸偏差应符合表 9.2.5 的规定。

检查数量：同一工作班生产的同类型构件，抽查 5% 且不少于 3 件。

表 9.2.5 预制构件尺寸的允许偏差及检验方法

项　目		允许偏差(mm)	检验方法
长　度	板、梁	+10,-5	钢尺检查
	柱	+5,-10	
	墙板	±5	
	薄腹梁、桁架	+15,-10	
宽度、高(厚)度	板、梁、柱、墙板、薄腹梁、桁架	±5	钢尺量一端及中部，取其中较大值
侧向弯曲	梁、柱、板	l/750 且≤20	拉线、钢尺量最大侧向弯曲处
	墙板、薄腹梁、桁架	l/1000 且≤20	
预埋件	中心线位置	10	钢尺检查
	螺栓位置	5	
	螺栓外露长度	+10,-5	
预留孔	中心线位置	5	钢尺检查
预留洞	中心线位置	15	钢尺检查
主筋保护层厚度	板	+5,-3	钢尺或保护层厚度测定仪量测
	梁、柱、墙板、薄腹梁、桁架	+10,-5	
对角线差	板、墙板	10	钢尺量两个对角线
表面平整度	板、墙板、柱、梁	5	2m 靠尺和塞尺检查

续表 9.2.5

项 目		允许偏差(mm)	检验方法
预应力构件预留孔道位置	梁、墙板、薄腹梁、桁架	3	钢尺检查
翘曲	板	l/750	调平尺在两端量测
	墙板	l/1000	

注：1 l为构件长度(mm);
2 检查中心线、螺栓和孔道位置时，应沿纵、横两个方向量测，并取其中的较大值；
3 对形状复杂或有特殊要求的构件，其尺寸偏差应符合标准图或设计的要求。

9.3 结构性能检验

9.3.1 预制构件应按标准图或设计要求的试验参数及检验指标进行结构性能检验。

检验内容：钢筋混凝土构件和允许出现裂缝的预应力混凝土构件进行承载力、挠度和裂缝宽度检验；不允许出现裂缝的预应力混凝土构件进行承载力、挠度和抗裂检验；预应力混凝土构件中的非预应力杆件按钢筋混凝土构件的要求进行检验。对设计成熟、生产数量较少的大型构件，当采取加强材料和制作质量检验的措施时，可仅作挠度、抗裂或裂缝宽度检验；当采取上述措施并有可靠的实践经验时，可不作结构性能检验。

检验数量：对成批生产的构件，应按同一工艺正常生产的不超过 1000 件且不超过 3 个月的同类型产品为一批。当连续检验 10 批且每批的结构性能检验结果均符合本规范规定的要求时，对同一工艺正常生产的构件，可改为不超过 2000 件且不超过 3 个月的同类型产品为一批。在每批中应随机抽取一个构件作为试件进行检验。

检验方法：按本标准附录 C 规定的方法采用短期静力加载检验。

注：1 "加强材料和制作质量检验的措施"包括下列内容：
　1) 钢筋进场检验合格后，在使用前再对用作构件受力主筋的同批钢筋按不超过 5t 抽取一组试件，并经检验合格；对经逐盘检验的预应力钢丝，可不再抽样检查；
　2) 受力主筋焊接接头的力学性能，应按国家现行标准《钢筋焊接及验收规程》JGJ 18 检验合格后，再抽取一组试件，并经检验合格；
　3) 混凝土按 5m³ 且不超过半个工作班生产的相同配合比的混凝土，留置一组试件，并经检验合格；
　4) 受力主筋焊接接头的外观质量、入模后的主筋保护层厚度、张拉预应力总值和构件的截面尺寸等，应逐件检验合格。

2 "同类型产品"是指同一钢种、同一混凝土强度等级、同一生产工艺和同一结构形式的构件。对同类型产品进行抽样检验时，试件宜从设计荷载最大、受力最不利或生产数量最多的构件中抽取。对同类型的其他产品，也应定期进行抽样检验。

9.3.2 预制构件承载力应按下列规定进行检验：

1 当按现行国家标准《混凝土结构设计规范》GB 50010 的规定进行检验时，应符合下列公式的要求：

$$\gamma_u^0 \geqslant \gamma_0 [\gamma_u] \quad (9.3.2-1)$$

式中 γ_u^0 ——构件的承载力检验系数实测值，即试件的荷载实测值与荷载设计值（均包括自重）的比值；

γ_0 ——结构重要性系数，按设计要求确定，当无专门要求时取 1.0；

$[\gamma_u]$ ——构件的承载力检验系数允许值，按表 9.3.2 取用。

2 当按构件实配钢筋进行承载力检验时，应符合下列公式的要求：

$$\gamma_u^0 \geqslant \gamma_0 \eta [\gamma_u] \quad (9.3.2-2)$$

式中 η ——构件承载力检验修正系数，根据现行国家标准《混凝土结构设计规范》GB 50010 按实配钢筋的承载力计算确定。

承载力检验的荷载设计值是指承载能力极限状态下，根据构件设计控制截面上的内力设计值与构件检验的加载方式，经换算后确定的荷载值（包括自重）。

表 9.3.2 构件的承载力检验系数允许值

受力情况	达到承载能力极限状态的检验标志		$[\gamma_u]$
轴心受拉、偏心受拉、受弯、大偏心受压	受拉主筋处的最大裂缝宽度达到 1.5mm，或挠度达到跨度的 1/50	热轧钢筋	1.20
		钢丝、钢绞线、热处理钢筋	1.35
	受压区混凝土破坏	热轧钢筋	1.30
		钢丝、钢绞线、热处理钢筋	1.45
	受拉主筋拉断		1.50
受弯构件的受剪	腹部斜裂缝达到 1.5mm，或斜裂缝末端受压混凝土剪压破坏		1.40
	沿斜截面混凝土斜压破坏，受拉主筋在端部滑脱或其他锚固破坏		1.55
轴心受压、小偏心受压	混凝土受压破坏		1.50

注：热轧钢筋系指 HPB235 级、HRB335 级、HRB400 级和 RRB400 级钢筋。

9.3.3 预制构件的挠度应按下列规定进行检验：

1 当按现行国家标准《混凝土结构设计规范》GB 50010规定的挠度允许值进行检验时，应符合下列公式的要求：

$$a_s^0 \leqslant [a_s] \quad (9.3.3-1)$$

$$[a_s] = \frac{M_k}{M_q(\theta-1)+M_k}[a_f] \quad (9.3.3-2)$$

式中 a_s^0——在荷载标准值下的构件挠度实测值；
　　$[a_s]$——挠度检验允许值；
　　$[a_f]$——受弯构件的挠度限值，按现行国家标准《混凝土结构设计规范》GB 50010确定；
　　M_k——按荷载标准组合计算的弯矩值；
　　M_q——按荷载准永久组合计算的弯矩值；
　　θ——考虑荷载长期作用对挠度增大的影响系数，按现行国家标准《混凝土结构设计规范》GB 50010确定。

2 当按构件实配钢筋进行挠度检验或仅检验构件的挠度、抗裂或裂缝宽度时，应符合下列公式的要求：

$$a_s^0 \leqslant 1.2 a_s^c \quad (9.3.3-3)$$

同时，还应符合公式（9.3.3-1）的要求。

式中 a_s^c——在荷载标准值下按实配钢筋确定的构件挠度计算值，按现行国家标准《混凝土结构设计规范》GB 50010确定。

正常使用极限状态检验的荷载标准值是指正常使用极限状态下，根据构件设计控制截面上的荷载标准组合效应与构件检验的加载方式，经换算后确定的荷载值。

注：直接承受重复荷载的混凝土受弯构件，当进行短期静力加荷试验时，a_s^c值应按正常使用极限状态下静力荷载标准组合相应的刚度值确定。

9.3.4 预制构件的抗裂检验应符合下列公式的要求：

$$\gamma_{cr}^0 \geqslant [\gamma_{cr}] \quad (9.3.4-1)$$

$$[\gamma_{cr}] = 0.95 \frac{\sigma_{pc}+\gamma f_{tk}}{\sigma_{ck}} \quad (9.3.4-2)$$

式中 γ_{cr}^0——构件的抗裂检验系数实测值，即试件的开裂荷载实测值与荷载标准值（均包括自重）的比值；
　　$[\gamma_{cr}]$——构件的抗裂检验系数允许值；
　　σ_{pc}——由预加力产生的构件抗拉边缘混凝土法向应力值，按现行国家标准《混凝土结构设计规范》GB 50010确定；
　　γ——混凝土构件截面抵抗矩塑性影响系数，按现行国家标准《混凝土结构设计规范》GB 50010计算确定；
　　f_{tk}——混凝土抗拉强度标准值；
　　σ_{ck}——由荷载标准值产生的构件抗拉边缘混凝土法向应力值，按现行国家标准《混凝土结构设计规范》GB 50010确定。

9.3.5 预制构件的裂缝宽度检验应符合下列公式的要求：

$$w_{s,max}^0 \leqslant [w_{max}] \quad (9.3.5)$$

式中 $w_{s,max}^0$——在荷载标准值下，受拉主筋处的最大裂缝宽度实测值（mm）；
　　$[w_{max}]$——构件检验的最大裂缝宽度允许值，按表9.3.5取用。

表9.3.5 构件检验的最大裂缝宽度允许值（mm）

设计要求的最大裂缝宽度限值	0.2	0.3	0.4
$[w_{max}]$	0.15	0.20	0.25

9.3.6 预制构件结构性能的检验结果应按下列规定验收：

1 当试件结构性能的全部检验结果均符合本标准第9.3.2～9.3.5条的检验要求时，该批构件的结构性能应通过验收。

2 当第一个试件的检验结果不能全部符合上述要求，但又能符合第二次检验的要求时，可再抽两个试件进行检验。第二次检验的指标，对承载力及抗裂检验系数的允许值应取本规范第9.3.2条和第9.3.4条规定的允许值减0.05；对挠度的允许值应取本规范第9.3.3条规定允许值的1.10倍。当第二次抽取的两个试件的全部检验结果均符合第二次检验的要求时，该批构件的结构性能可通过验收。

3 当第二次抽取的第一个试件的全部检验结果均已符合本规范第9.3.2～9.3.5条的要求时，该批构件的结构性能可通过验收。

9.4 装配式结构施工

主 控 项 目

9.4.1 进入现场的预制构件，其外观质量、尺寸偏差及结构性能应符合标准图或设计的要求。

检查数量：按批检查。

检验方法：检查构件合格证。

9.4.2 预制构件与结构之间的连接应符合设计要求。

连接处钢筋或埋件采用焊接或机械连接时，接头质量应符合国家现行标准《钢筋焊接及验收规程》JGJ 18、《钢筋机械连接通用技术规程》JGJ 107的要求。

检查数量：全数检查。

检验方法：观察，检查施工记录。

9.4.3 承受内力的接头和拼缝，当其混凝土强度未达到设计要求时，不得吊装上一层结构构件；当设计无具体要求时，应在混凝土强度不小于10N/mm²或具有足够的支承时方可吊装上一层结构构件。

已安装完毕的装配式结构，应在混凝土强度到达设计要求后，方可承受全部设计荷载。

检查数量：全数检查。

检验方法：检查施工记录及试件强度试验报告。

一 般 项 目

9.4.4 预制构件码放和运输时的支承位置和方法应符合标准图或设计的要求。

检查数量：全数检查。

检验方法：观察检查。

9.4.5 预制构件吊装前，应按设计要求在构件和相应的支承结构上标志中心线、标高等控制尺寸，按标准图或设计文件校核预埋件及连接钢筋等，并作出标志。

检查数量：全数检查。

检验方法：观察，钢尺检查。

9.4.6 预制构件应按标准图或设计的要求吊装。起吊时绳索与构件水平面的夹角不宜小于45°，否则应采用吊架或经验算确定。

检查数量：全数检查。

检验方法：观察检查。

9.4.7 预制构件安装就位后，应采取保证构件稳定的临时固定措施，并应根据水准点和轴线校正位置。

检查数量：全数检查。

检验方法：观察，钢尺检查。

9.4.8 装配式结构中的接头和拼缝应符合设计要求；当设计无具体要求时，应符合下列规定：

1 对承受内力的接头和拼缝应采用混凝土浇筑，其强度等级应比构件混凝土强度等级提高一级；

2 对不承受内力的接头和拼缝应采用混凝土或砂浆浇筑，其强度等级不应低于C15或M15；

3 用于接头和拼缝的混凝土或砂浆，宜采取微膨胀措施和快硬措施，在浇筑过程中应振捣密实，并应采取必要的养护措施。

检查数量：全数检查。

检验方法：检查施工记录及试件强度试验报告。

10 混凝土结构子分部工程

10.1 结构实体检验

10.1.1 对涉及混凝土结构安全的重要部位应进行结构实体检验。结构实体检验应在监理工程师（建设单位项目专业技术负责人）见证下，由施工项目技术负责人组织实施。承担结构实体检验的试验室应具有相应的资质。

10.1.2 结构实体检验的内容应包括混凝土强度、钢筋保护层厚度以及工程合同约定的项目；必要时可检验其他项目。

10.1.3 对混凝土强度的检验，应以在混凝土浇筑地点制备并与结构实体同条件养护的试件强度为依据。混凝土强度检验用同条件养护试件的留置、养护和强度代表值应符合本规范附录D的规定。

对混凝土强度的检验，也可根据合同的约定，采用非破损或局部破损的检测方法，按国家现行有关标准的规定进行。

10.1.4 当同条件养护试件强度的检验结果符合现行国家标准《混凝土强度检验评定标准》GBJ 107的有关规定时，混凝土强度应判为合格。

10.1.5 对钢筋保护层厚度的检验，抽样数量、检验方法、允许偏差和合格条件应符合本规范附录E的规定。

10.1.6 当未能取得同条件养护试件强度、同条件养护试件强度被判为不合格或钢筋保护层厚度不满足要求时，应委托具有相应资质等级的检测机构按国家有关标准的规定进行检测。

10.2 混凝土结构子分部工程验收

10.2.1 混凝土结构子分部工程施工质量验收时，应提供下列文件和记录：

1 设计变更文件；

2 原材料出厂合格证和进场复验报告；

3 钢筋接头的试验报告；

4 混凝土工程施工记录；

5 混凝土试件的性能试验报告；

6 装配式结构预制构件的合格证和安装验收记录；

7 预应力筋用锚具、连接器的合格证和进场复验报告；

8 预应力筋安装、张拉及灌浆记录；

9 隐蔽工程验收记录；

10 分项工程验收记录；

11 混凝土结构实体检验记录；

12 工程的重大质量问题的处理方案和验收记录；

13 其他必要的文件和记录。

10.2.2 混凝土结构子分部工程施工质量验收合格应符合下列规定：

1 有关分项工程施工质量验收合格；

2 应有完整的质量控制资料；

3 观感质量验收合格；

4 结构实体检验结果满足本规范的要求。

10.2.3 当混凝土结构施工质量不符合要求时，应按下列规定进行处理：

1 经返工、返修或更换构件、部件的检验批，应重新进行验收；

2 经有资质的检测单位检测鉴定达到设计要求

的检验批,应予以验收;

3 经有资质的检测单位检测鉴定达不到设计要求,但经原设计单位核算并确认仍可满足结构安全和使用功能的检验批,可予以验收;

4 经返修或加固处理能够满足结构安全使用要求的分项工程,可根据技术处理方案和协商文件进行验收。

10.2.4 混凝土结构工程子分部工程施工质量验收合格后,应将所有的验收文件存档备案。

附录 A 质量验收记录

A.0.1 检验批质量验收可按表 A.0.1 记录。

表 A.0.1 检验批质量验收记录

工程名称		分项工程名称		验收部位	
施工单位		专业工长		项目经理	
分包单位		分包项目经理		施工班组长	
施工执行标准名称及编号					
检查项目		质量验收规范的规定	施工单位检查评定记录	监理(建设)单位验收记录	
主控项目	1				
	2				
	3				
	4				
	5				
一般项目	1				
	2				
	3				
	4				
	5				
施工单位检查评定结果		项目专业质量检查员 年 月 日			
监理(建设)单位验收结论		监理工程师(建设单位项目专业技术负责人) 年 月 日			

A.0.2 分项工程质量验收可按表 A.0.2 记录。

表 A.0.2 分项工程质量验收记录

工程名称		结构类型		检验批数	
施工单位		项目经理		项目技术负责人	
分包单位		分包单位负责人		分包项目经理	
序号	检验批部位、区段		施工单位检查评定结果	监理(建设)单位验收结论	
1					
2					
3					
4					
5					
6					
7					
8					
检查结论			验收结论		
项目专业技术负责人 年 月 日			监理工程师(建设单位项目专业技术负责人) 年 月 日		

A.0.3 混凝土结构子分部工程质量验收可按表 A.0.3 记录。

表 A.0.3 混凝土结构子分部工程质量验收记录

工程名称			结构类型		层数	
施工单位			技术部门负责人		质量部门负责人	
分包单位			分包单位负责人		分包技术负责人	
序号	分项工程名称	检验批数	施工单位检查评定		验收意见	
1	钢筋分项工程					
2	预应力分项工程					
3	混凝土分项工程					
4	现浇结构分项工程					
5	装配式结构分项工程					
质量控制资料						
结构实体检验报告						
观感质量验收						
验收单位	分包单位			项目经理		年 月 日
	施工单位			项目经理		年 月 日
	勘察单位			项目负责人		年 月 日
	设计单位			项目负责人		年 月 日
	监理(建设)单位			总监理工程师(建设单位项目专业技术负责人)		年 月 日

附录 B 纵向受力钢筋的最小搭接长度

B.0.1 当纵向受拉钢筋的绑扎搭接接头面积百分率不大于25%时，其最小搭接长度应符合表 B.0.1 的规定。

表 B.0.1 纵向受拉钢筋的最小搭接长度

钢筋类型		混凝土强度等级			
		C15	C20～C25	C30～C35	≥C40
光圆钢筋	HPB235级	45d	35d	30d	25d
带肋钢筋	HRB335级	55d	45d	35d	30d
	HRB400级、RRB400级	—	55d	40d	35d

注：两根直径不同钢筋的搭接长度，以较细钢筋的直径计算。

B.0.2 当纵向受拉钢筋搭接接头面积百分率大于25%，但不大于50%时，其最小搭接长度应按本附录表 B.0.1 中的数值乘以系数 1.2 取用；当接头面积百分率大于50%时，应按本附录表 B.0.1 中的数值乘以系数 1.35 取用。

B.0.3 当符合下列条件时，纵向受拉钢筋的最小搭接长度应根据本附录 B.0.1 条至 B.0.2 条确定后，按下列规定进行修正：

    1 当带肋钢筋的直径大于25mm时，其最小搭接长度应按相应数值乘以系数 1.1 取用；

    2 对环氧树脂涂层的带肋钢筋，其最小搭接长度应按相应数值乘以系数 1.25 取用；

    3 当在混凝土凝固过程中受力钢筋易受扰动时（如滑模施工），其最小搭接长度应按相应数值乘以系数 1.1 取用；

    4 对末端采用机械锚固措施的带肋钢筋，其最小搭接长度可按相应数值乘以系数 0.7 取用；

    5 当带肋钢筋的混凝土保护层厚度大于搭接钢筋直径的3倍且配有箍筋时，其最小搭接长度可按相应数值乘以系数 0.8 取用；

    6 对有抗震设防要求的结构构件，其受力钢筋的最小搭接长度对一、二级抗震等级应按相应数值乘以系数 1.15 采用；对三级抗震等级应按相应数值乘以系数 1.05 采用。

在任何情况下，受拉钢筋的搭接长度不应小于 300mm。

B.0.4 纵向受压钢筋搭接时，其最小搭接长度应根据本附录 B.0.1 条至 B.0.3 条的规定确定相应数值后，乘以系数 0.7 取用。在任何情况下，受压钢筋的搭接长度不应小于 200mm。

附录 C 预制构件结构性能检验方法

C.0.1 预制构件结构性能试验条件应满足下列要求：

    1 构件应在 0℃以上的温度中进行试验；

    2 蒸汽养护后的构件应在冷却至常温后进行试验；

    3 构件在试验前应量测其实际尺寸，并检查构件表面，所有的缺陷和裂缝应在构件上标出；

    4 试验用的加荷设备及量测仪表应预先进行标定或校准。

C.0.2 试验构件的支承方式应符合下列规定：

    1 板、梁和桁架等简支构件，试验时应一端采用铰支承，另一端采用滚动支承。铰支承可采用角钢、半圆型钢或焊于钢板上的圆钢，滚动支承可采用圆钢；

    2 四边简支或四角简支的双向板，其支承方式应保证支承处构件能自由转动，支承面可以相对水平移动；

    3 当试验的构件承受较大集中力或支座反力时，应对支承部分进行局部受压承载力验算；

    4 构件与支承面应紧密接触；钢垫板与构件、钢垫板与支墩间，宜铺砂浆垫平；

    5 构件支承的中心线位置应符合标准图或设计的要求。

C.0.3 试验构件的荷载布置应符合下列规定：

    1 构件的试验荷载布置应符合标准图或设计的要求；

    2 当试验荷载布置不能完全与标准图或设计的要求相符时，应按荷载效应等效的原则换算，即使构件试验的内力图形与设计的内力图形相似，并使控制截面上的内力值相等，但应考虑荷载布置改变后对构件其他部位的不利影响。

C.0.4 加载方法应根据标准图或设计的加载要求、构件类型及设备条件等进行选择。当按不同形式荷载组合进行加载试验（包括均布荷载、集中荷载、水平荷载和竖向荷载等）时，各种荷载应按比例增加。

    1 荷重块加载

    荷重块加载适用于均布加载试验。荷重块应按区格成垛堆放，垛与垛之间间隙不宜小于 50mm。

    2 千斤顶加载

    千斤顶加载适用于集中加载试验。千斤顶加载时，可采用分配梁系统实现多点集中加载。千斤顶的加载值宜采用荷载传感器量测，也可采用油压表量测。

    3 梁或桁架可采用水平对顶加载方法，此时构件应垫平且不应妨碍构件在水平方向的位移。梁也可采用竖直对顶的加载方法。

    4 当屋架仅作挠度、抗裂或裂缝宽度检验时，可将两榀屋架并列，安放屋面板后进行加载试验。

C.0.5 构件应分级加载。当荷载小于荷载标准值时，每级荷载不应大于荷载标准值的20%；当荷载大于荷载标准值时，每级荷载不应大于荷载标准值的

10%；当荷载接近抗裂检验荷载值时，每级荷载不应大于荷载标准值的5%；当荷载接近承载力检验荷载值时，每级荷载不应大于承载力检验荷载设计值的5%。

对仅作挠度、抗裂或裂缝宽度检验的构件应分级卸载。

作用在构件上的试验设备重量及构件自重应作为第一次加载的一部分。

注：构件在试验前，宜进行预压，以检查试验装置的工作是否正常，同时应防止构件因预压而产生裂缝。

C.0.6 每级加载完成后，应持续10～15min；在荷载标准值作用下，应持续30min。在持续时间内，应观察裂缝的出现和开展，以及钢筋有无滑移等；在持续时间结束时，应观察并记录各项读数。

C.0.7 对构件进行承载力检验时，应加载至构件出现本规范表9.3.2所列承载能力极限状态的检验标志。当在规定的荷载持续时间内出现上述检验标志之一时，应取本级荷载值与前一级荷载值的平均值作为其承载力检验荷载实测值；当在规定的荷载持续时间结束后出现上述检验标志之一时，应取本级荷载值作为其承载力检验荷载实测值。

注：当受压构件采用试验机或千斤顶加载时，承载力检验荷载实测值应取构件直至破坏的整个试验过程中所达到的最大荷载值。

C.0.8 构件挠度可用百分表、位移传感器、水平仪等进行观测。接近破坏阶段的挠度，可用水平仪或拉线、钢尺等测量。

试验时，应量测构件跨中位移和支座沉陷。对宽度较大的构件，应在每一量测截面的两边或两肋布置测点，并取其量测结果的平均值作为该处的位移。

当试验荷载竖直向下作用时，对水平放置的试件，在各级荷载下的跨中挠度实测值应按下列公式计算：

$$a_t^o = a_q^o + a_g^o \quad (C.0.8-1)$$

$$a_q^o = v_m^o - \frac{1}{2}(v_l^o + v_r^o) \quad (C.0.8-2)$$

$$a_g^o = \frac{M_g}{M_b} a_b^o \quad (C.0.8-3)$$

式中 a_t^o——全部荷载作用下构件跨中的挠度实测值（mm）；

a_q^o——外加试验荷载作用下构件跨中的挠度实测值（mm）；

a_g^o——构件自重及加载设备重产生的跨中挠度值（mm）；

v_m^o——外加试验荷载作用下构件跨中的位移实测值（mm）；

v_l^o、v_r^o——外加试验荷载作用下构件左、右端支座沉陷位移的实测值（mm）；

M_g——构件自重和加载设备重产生的跨中弯矩值（kN·m）；

M_b——从外加试验荷载开始至构件出现裂缝的前一级荷载为止的外加荷载产生的跨中弯矩值（kN·m）；

a_b^o——从外加试验荷载开始至构件出现裂缝的前一级荷载为止的外加荷载产生的跨中挠度实测值（mm）。

C.0.9 当采用等效集中力加载模拟均布荷载进行试验时，挠度实测值应乘以修正系数ψ。当采用三分点加载时ψ可取为0.98；当采用其他形式集中力加载时，ψ应经计算确定。

C.0.10 试验中裂缝的观测应符合下列规定：

1 观察裂缝出现可采用放大镜。若试验中未能及时观察到正截面裂缝的出现，可取荷载—挠度曲线上的转折点（曲线第一弯转段两端点切线的交点）的荷载值作为构件的开裂荷载实测值；

2 构件抗裂检验中，当在规定的荷载持续时间内出现裂缝时，应取本级荷载值与前一级荷载值的平均值作为其开裂荷载实测值；当在规定的荷载持续时间结束后出现裂缝时，应取本级荷载值作为其开裂荷载实测值；

3 裂缝宽度可采用精度为0.05mm的刻度放大镜等仪器进行观测；

4 对正截面裂缝，应量测受拉主筋处的最大裂缝宽度；对斜截面裂缝，应量测腹部斜裂缝的最大裂缝宽度。确定受弯构件受拉主筋处的裂缝宽度时，应在构件侧面量测。

C.0.11 试验时必须注意下列安全事项：

1 试验的加荷设备、支架、支墩等，应有足够的承载力安全储备；

2 对屋架等大型构件进行加载试验时，必须根据设计要求设置侧向支承，以防止构件受力后产生侧向弯曲和倾倒；侧向支承应不妨碍构件在其平面内的位移；

3 试验过程中应注意人身和仪表安全；为了防止构件破坏时试验设备及构件坍落，应采取安全措施（如在试验构件下面设置防护支承等）。

C.0.12 构件试验报告应符合下列要求：

1 试验报告应包括试验背景、试验方案、试验记录、检验结论等内容，不得漏项缺检；

2 试验报告中的原始数据和观察记录必须真实、准确，不得任意涂抹篡改；

3 试验报告宜在试验现场完成，及时审核、签字、盖章，并登记归档。

附录D 结构实体检验用同条件养护试件强度检验

D.0.1 同条件养护试件的留置方式和取样数量，应符合下列要求：

1 同条件养护试件所对应的结构构件或结构部位，应由监理（建设）、施工等各方共同选定；

2 对混凝土结构工程中的各混凝土强度等级，均应留置同条件养护试件；

3 同一强度等级的同条件养护试件，其留置的数量应根据混凝土工程量和重要性确定，不宜少于10组，且不应少于3组；

4 同条件养护试件拆模后，应放置在靠近相应结构构件或结构部位的适当位置，并应采取相同的养护方法。

D.0.2 同条件养护试件应在达到等效养护龄期时进行强度试验。

等效养护龄期应根据同条件养护试件强度与在标准养护条件下28d龄期试件强度相等的原则确定。

D.0.3 同条件自然养护试件的等效养护龄期及相应的试件强度代表值，宜根据当地的气温和养护条件，按下列规定确定：

1 等效养护龄期可取按日平均温度逐日累计达到600℃·d时所对应的龄期，0℃及以下的龄期不计入；等效养护龄期不应小于14d，也不宜大于60d；

2 同条件养护试件的强度代表值应根据强度试验结果按现行国家标准《混凝土强度检验评定标准》GBJ 107的规定确定后，乘折算系数取用；折算系数宜取为1.10，也可根据当地的试验统计结果作适当调整。

D.0.4 冬期施工、人工加热养护的结构构件，其同条件养护试件的等效养护龄期可按结构构件的实际养护条件，由监理（建设）、施工等各方根据本附录第D.0.2条的规定共同确定。

附录 E 结构实体钢筋保护层厚度检验

E.0.1 钢筋保护层厚度检验的结构部位和构件数量，应符合下列要求：

1 钢筋保护层厚度检验的结构部位，应由监理（建设）、施工等各方根据结构构件的重要性共同选定；

2 对梁类、板类构件，应各抽取构件数量的2%且不少于5个构件进行检验；当有悬挑构件时，抽取的构件中悬挑梁类、板类构件所占比例均不宜小于50%。

E.0.2 对选定的梁类构件，应对全部纵向受力钢筋的保护层厚度进行检验；对选定的板类构件，应抽取不少于6根纵向受力钢筋的保护层厚度进行检验。对每根钢筋，应在有代表性的部位测量1点。

E.0.3 钢筋保护层厚度的检验，可采用非破损或局部破损的方法，也可采用非破损方法并用局部破损方法进行校准。当采用非破损方法检验时，所使用的检测仪器应经过计量检验，检测操作应符合相应规程的规定。

钢筋保护层厚度检验的检测误差不应大于1mm。

E.0.4 钢筋保护层厚度检验时，纵向受力钢筋保护层厚度的允许偏差，对梁类构件为+10mm，－7mm；对板类构件为+8mm，－5mm。

E.0.5 对梁类、板类构件纵向受力钢筋的保护层厚度应分别进行验收。

结构实体钢筋保护层厚度验收合格应符合下列规定：

1 当全部钢筋保护层厚度检验的合格点率为90%及以上时，钢筋保护层厚度的检验结果应判为合格；

2 当全部钢筋保护层厚度检验的合格点率小于90%但不小于80%，可再抽取相同数量的构件进行检验；当按两次抽样总和计算的合格点率为90%及以上时，钢筋保护层厚度的检验结果仍应判为合格；

3 每次抽样检验结果中不合格点的最大偏差均不应大于本附录E.0.4条规定允许偏差的1.5倍。

本规范用词用语说明

1 为了便于在执行本规范条文时区别对待，对要求严格程度不同的用词说明如下：

（1）表示很严格，非这样做不可的用词：
正面词采用"必须"；反面词采用"严禁"。

（2）表示严格，在正常情况下均应这样做的用词：
正面词采用"应"；反面词采用"不应"或"不得"。

（3）表示允许稍有选择，在条件许可时首先这样做的用词：
正面词采用"宜"；反面词采用"不宜"。

表示有选择，在一定条件下可以这样做的，采用"可"。

2 规范中指定应按其他有关标准、规范执行时，写法为："应符合……的规定"或"应按……执行"。

中华人民共和国国家标准

混凝土结构工程施工质量验收规范

GB 50204—2002

条 文 说 明

目 次

1 总则 ……………………… 9—8—27
2 术语 ……………………… 9—8—27
3 基本规定 ………………… 9—8—27
4 模板分项工程 …………… 9—8—28
5 钢筋分项工程 …………… 9—8—29
6 预应力分项工程 ………… 9—8—31
7 混凝土分项工程 ………… 9—8—33
8 现浇结构分项工程 ……… 9—8—34
9 装配式结构分项工程 …… 9—8—35
10 混凝土结构子分部工程 … 9—8—36

附录 A 质量验收记录 ……………… 9—8—37
附录 B 纵向受力钢筋的最小
　　　 搭接长度 …………………… 9—8—37
附录 C 预制构件结构性能
　　　 检验方法 …………………… 9—8—37
附录 D 结构实体检验用同条件养护
　　　 试件强度检验 ……………… 9—8—38
附录 E 结构实体钢筋保护层
　　　 厚度检验 …………………… 9—8—38

1 总 则

1.0.1 编制本规范的目的是为了统一和加强混凝土结构工程施工质量的验收，保证工程质量。本规范不包括混凝土结构设计、使用和维护等方面的内容。

1.0.2 本规范的适用范围为工业与民用房屋和一般构筑物的混凝土结构工程，包括现浇结构和装配式结构。本规范所指混凝土结构包括素混凝土结构、钢筋混凝土结构和预应力混凝土结构，与现行国家标准《混凝土结构设计规范》GB 50010 的范围一致。

本规范的主要内容是在《建筑工程质量检验评定标准》GBJ 301-88 中第五章、《预制混凝土构件质量检验评定标准》GBJ 321-90 和《混凝土结构工程施工及验收规范》GB 50204-92 的基础上修订而成的。

1.0.3 本规范是对混凝土结构工程施工质量的最低要求，应严格遵守。因此，承包合同（如质量要求等）和工程技术文件（如设计文件、企业标准、施工技术方案等）对工程质量的要求不得低于本规范的规定。

当承包合同和设计文件对施工质量的要求高于本规范的规定时，验收时应以承包合同和设计文件为准。

1.0.4 国家标准《建筑工程施工质量验收统一标准》GB 50300-2001 规定了房屋建筑各专业工程施工质量验收规范编制的统一准则。本规范是根据该标准规定的原则编写的，适用于该标准"主体结构"分部工程中"混凝土结构"子分部工程的验收。执行本规范时，尚应遵守该标准的相关规定。

1.0.5 混凝土结构工程的施工质量应满足现行国家标准《混凝土结构设计规范》GB 50010 和施工项目设计文件提出的各项要求。

混凝土结构施工质量的验收综合性强、牵涉面广，不仅有原材料方面的内容（如水泥、钢筋等），尚有半成品、成品方面的内容（如构配件、预应力锚具等），也与其他施工技术和质量评定方面的标准密切相关。因此，凡本规范有规定者，应遵照执行；凡本规范无规定者，尚应按照有关现行标准的规定执行。

2 术 语

本章给出了本规范有关章节中引用的 8 个术语。由于本规范应与《建筑工程施工质量验收统一标准》GB 50300-2001 配套使用，在该标准中出现的与本规范相关的术语不再列出。

在编写本章术语时，主要参考了《建筑结构设计术语和符号标准》GB/T 50083-97、《工程结构设计基本术语和通用符号》GBJ 132-90 等国家标准中的相关术语。

本规范的术语是从混凝土结构工程施工质量验收的角度赋予其涵义的，但涵义不一定是术语的定义。同时，还给出了相应的推荐性英文术语，该英文术语不一定是国际上通用的标准术语，仅供参考。

3 基 本 规 定

3.0.1 根据国家标准《建筑工程施工质量验收统一标准》GB 50300-2001 的有关规定，本条对混凝土结构施工现场和施工项目的质量管理体系和质量保证体系提出了要求。施工单位应推行生产控制和合格控制的全过程质量控制。对施工现场质量管理，要求有相应的施工技术标准、健全的质量管理体系、施工质量控制和质量检验制度；对具体的施工项目，要求有经审查批准的施工组织设计和施工技术方案。上述要求应能在施工过程中有效运行。

施工组织设计和施工技术方案应按程序审批，对涉及结构安全和人身安全的内容，应有明确的规定和相应的措施。

3.0.2 根据不同的施工方法和结构分类，列举了混凝土结构子分部工程的具体名称。子分部工程验收前，应根据具体的施工方法和结构分类确定应验收的分项工程。

在建筑工程施工质量验收体系中，混凝土结构子分部工程划分为六个分项工程：模板、钢筋、预应力、混凝土、现浇结构和装配式结构。

本规范中"结构缝"系指为避免温度胀缩、地基沉降和地震碰撞等而在相邻两建筑物或建筑物的两部分之间设置的伸缩缝、沉降缝和防震缝等的总称。

检验批是工程质量验收的基本单元。检验批通常按下列原则划分：

1 检验批内质量均匀一致，抽样应符合随机性和真实性的原则；

2 贯彻过程控制的原则，按施工次序、便于质量验收和控制关键工序质量的需要划分检验批。

3.0.3 子分部工程验收时，除所含分项均应验收合格外，尚应对涉及结构安全的材料、试件、施工工艺和结构的重要部位进行见证检测或结构实体检验，以确保混凝土结构的安全。对施工工艺的见证检测，系指根据工程质量控制的需要，在施工期间由参与验收的各方在现场对施工工艺进行的检测。有关施工工艺的见证检测内容在本规范中有明确规定，如预应力筋张拉时实际预应力值的检测。本条规定的子分部工程验收内容中，见证检测和结构实体检验可以在检验批或分项工程验收的相应阶段内进行。

3.0.4 分项工程验收时，除所含检验批均应验收合格外，尚应有完整的质量验收记录。

3.0.5 检验批验收的内容包括按规定的抽样方案进行的实物检查和资料检查。本条列出了实物检查的方式和资料检查的内容。

3.0.6 本条给出了检验批质量验收合格的条件：主控项目和一般项目检验均应合格，且资料完整。检验批验收合格后，在形成验收文件的同时宜作出合格标志，以利于施工现场管理和作为后续工序施工的条件。检验批的合格质量主要取决于主控项目和一般项目的检验结果。主控项目是对检验批的基本质量起决定性影响的检验项目，这种项目的检验结果具有否决权。由于主控项目对工程质量起重要作用，从严要求是必需的。

对采用计数检验的一般项目，以前要求的合格点率为70%及以上，本规范提高了相应要求，通常为80%及以上，且在允许存在的20%以下的不合格点中不得有严重缺陷。本规范中少量采用计数检验的一般项目，合格点率要求为90%及以上，同时也不得有严重缺陷，这在本规范有关章节中有具体规定。根据《建筑工程施工质量验收统一标准》GB 50300－2001的规定，检验批质量验收时可选择经实践检验有效的抽样方案。本规范的一般项目所采用的计数检验，基本上采用了原规范的方案。对于这种计数抽样方案，尚可根据质量验收的需要和抽样检验理论作进一步完善。

3.0.7 本条规定了检验批、分项工程、混凝土结构子分部工程的质量验收记录和质量验收程序、组织。其中，检验批的检查层次为：生产班组的自检、交接检；施工单位质量检验部门的专业检查和评定；监理单位（建设单位）组织的检验批验收。

在施工过程中，前一工序的质量未得到监理单位（建设单位）的检查认可，不应进行后续工序的施工，以免质量缺陷累积，造成更大损失。

根据有关规定和工程合同的约定，对工程质量起重要作用或有争议的检验项目，应由各方参与进行见证检测，以确保施工过程中的关键质量得到控制。

4 模板分项工程

模板分项工程是为混凝土浇筑成型用的模板及其支架的设计、安装、拆除等一系列技术工作和完成实体的总称。由于模板可以连续周转使用，模板分项工程所含检验批通常根据模板安装和拆除的数量确定。

4.1 一般规定

4.1.1 本条提出了对模板及其支架的基本要求，这是保证模板及其支架的安全并对混凝土成型质量起重要作用的项目。多年的工程实践证明，这些要求对保证混凝土结构的施工质量是必需的。本条为强制性条文，应严格执行。

4.1.2 浇筑混凝土时，模板及支架在混凝土重力、侧压力及施工荷载等作用下胀模（变形）、跑模（位移）甚至坍塌的情况时有发生。为避免事故，保证工程质量和施工安全，提出了对模板及其支架进行观察、维护和发生异常情况时及时进行处理的要求。

4.1.3 模板及其支架拆除的顺序及相应的施工安全措施对避免重大工程事故非常重要，在制订施工技术方案时应考虑周全。模板及其支架拆除时，混凝土结构可能尚未形成设计要求的受力体系，必要时应加设临时支撑。后浇带模板的拆除及支顶易被忽视而造成结构缺陷，应特别注意。本条为强制性条文，应严格执行。

4.2 模板安装

4.2.1 现浇多层房屋和构筑物的模板及其支架安装时，上、下层支架的立柱应对准，以利于混凝土重力及施工荷载的传递，这是保证施工安全和质量的有效措施。

本规范中，凡规定全数检查的项目，通常均采用观察检查的方法，但对观察难以判定的部位，应辅以量测检查。

4.2.2 隔离剂沾污钢筋和混凝土接槎处可能对混凝土结构受力性能造成明显的不利影响，故应避免。

4.2.3 无论是采用何种材料制作的模板，其接缝都应保证不漏浆。木模板浇水湿润有利于接缝闭合而不致漏浆，但因浇水湿润后膨胀，木模板安装时的接缝不宜过于严密。模板内部和与混凝土的接触面应清理干净，以避免夹渣等缺陷。本条还对清水混凝土工程及装饰混凝土工程所使用的模板提出了要求，以适应混凝土结构施工技术发展的要求。

4.2.4 本条对用作模板的地坪、胎模等提出了应平整光洁的要求，这是为了保证预制构件的成型质量。

4.2.5 对跨度较大的现浇混凝土梁、板，考虑到自重的影响，适度起拱有利于保证构件的形状和尺寸。执行时应注意本条的起拱高度未包括设计起拱值，而只考虑模板本身在荷载下的下垂，因此对钢模板可取偏小值，对木模板可取偏大值。

本规范中，凡规定抽样检查的项目，应在全数观察的基础上，对重要部位和观察难以判定的部位进行抽样检查。抽样检查的数量通常采用"双控"的方法，即在按比例抽样的同时，还限定了检查的最小数量。

4.2.6 对预埋件的外露长度，只允许有正偏差，不允许有负偏差；对预留洞内部尺寸，只允许大，不允许小。在允许偏差表中，不允许的偏差都以"0"来表示。

本规范中，尺寸偏差的检验除可采用条文中给出的方法外，也可采用其他方法和相应的检测工具。

4.2.7~4.2.8 规定了现浇混凝土结构模板及预制混凝土构件模板安装尺寸的检查数量、允许偏差及检验方法。还应指出，按本规范第 3.0.7 条的规定，对一般项目，在不超过 20% 的不合格检查点中不得有影响结构安全和使用功能的过大尺寸偏差。对有特殊要求的结构中的某些项目，当有专门标准规定或设计要求时，尚应符合相应的要求。

由于模板对保证构件质量非常重要，且不合格模板容易返修成合格品，故允许模板进行修理，合格后方可投入使用。施工单位应根据构件质量检验得到的模板质量反馈信息，对连续周转使用的模板定期检查并不定期抽查。

4.3 模板拆除

4.3.1 由于过早拆模、混凝土强度不足而造成混凝土结构构件沉降变形、缺棱掉角、开裂、甚至塌陷的情况时有发生。为保证结构的安全和使用功能，提出了拆模时混凝土强度的要求。该强度通常反映为同条件养护混凝土试件的强度。考虑到悬臂构件更容易因混凝土强度不足而引发事故，对其拆模时的混凝土强度应从严要求。

4.3.2 对后张法预应力施工，模板及其支架的拆除时间和顺序应根据施工方式的特点和需要事先在施工技术方案中确定。当施工技术方案中无明确规定时，应遵照本条的规定执行。

4.3.3 由于施工方式的不同，后浇带模板的拆除及支顶方法也各有不同，但都应能保证结构的安全和质量。由于后浇带较易出现安全和质量问题，故施工技术方案应对此作出明确的规定。

4.3.4 由于侧模拆除时混凝土强度不足可能造成结构构件缺棱掉角和表面损伤，故应避免。

4.3.5 拆模时重量较大的模板倾砸楼面或模板及支架集中堆放可能造成楼板或其他构件的裂缝等损伤，故应避免。

5 钢筋分项工程

钢筋分项工程是普通钢筋进场检验、钢筋加工、钢筋连接、钢筋安装等一系列技术工作和完成实体的总称。钢筋分项工程所含的检验批可根据施工工序和验收的需要确定。

5.1 一般规定

5.1.1 在施工过程中，当施工单位缺乏设计所要求的钢筋品种、级别或规格时，可进行钢筋代换。为了保证对设计意图的理解不产生偏差，规定当需要作钢筋代换时应办理设计变更文件，以确保满足原结构设计的要求，并明确钢筋代换由设计单位负责。本条为强制性条文，应严格执行。

5.1.2 钢筋隐蔽工程反映钢筋分项工程施工的综合质量，在浇筑混凝土之前验收是为了确保受力钢筋等的加工、连接和安装满足设计要求，并在结构中发挥其应有的作用。

5.2 原 材 料

5.2.1 钢筋对混凝土结构的承载能力至关重要，对其质量应从严要求。本次局部修订根据建筑钢筋市场的实际情况，增加了重量偏差作为钢筋进场验收的要求。

与热轧光圆钢筋、热轧带肋钢筋、余热处理钢筋、钢筋焊接网性能及检验相关的国家现行标准有：《钢筋混凝土用钢 第 1 部分：热轧光圆钢筋》GB 1499.1、《钢筋混凝土用钢 第 2 部分：热轧带肋钢筋》GB 1499.2、《钢筋混凝土用余热处理钢筋》GB 13014、《钢筋混凝土用钢 第 3 部分：钢筋焊接网》GB 1499.3。与冷加工钢筋性能及检验相关的国家现行标准有：《冷轧带肋钢筋》GB 13788、《冷轧扭钢筋》JG 190 及《冷轧带肋钢筋混凝土结构技术规程》JGJ 95、《冷轧扭钢筋混凝土构件技术规程》JGJ 115、《冷拔低碳钢丝应用技术规程》JGJ 19 等。

钢筋进场时，应检查产品合格证和出厂检验报告，并按相关标准的规定进行抽样检验。由于工程量、运输条件和各种钢筋的用量等的差异，很难对钢筋进场的批量大小作出统一规定。实际检查时，若有关标准中对进场检验作了具体规定，应遵照执行；若有关标准中只有对产品出厂检验的规定，则在进场检验时，批量应按下列情况确定：

1 对同一厂家、同一牌号、同一规格的钢筋，当一次进场的数量大于该产品的出厂检验批量时，应划分为若干个出厂检验批量，按出厂检验的抽样方案执行；

2 对同一厂家、同一牌号、同一规格的钢筋，当一次进场的数量小于或等于该产品的出厂检验批量时，应作为一个检验批量，然后按出厂检验的抽样方案执行；

3 对不同时间进场的同批钢筋，当确有可靠依据时，可按一次进场的钢筋处理。

本条的检验方法中，产品合格证、出厂检验报告是对产品质量的证明资料，应列出产品的主要性能指标；当用户有特别要求时，还应列出某些专门检验数据。有时，产品合格证、出厂检验报告可以合并。进场复验报告是进场抽样检验的结果，并作为材料能否在工程中应用的判断依据。

对于每批钢筋的检验数量，应按相关产品标准执行。国家标准《钢筋混凝土用钢 第 1 部分：热轧光圆钢筋》GB 1499.1-2008 和《钢筋混凝土用钢 第 2 部分：热轧带肋钢筋》GB 1499.2-2007 中规定每批抽取 5 个试件，先进行重量偏差检验，再取其中 2

个试件进行力学性能检验。

本规范中，涉及原材料进场检查数量和检验方法时，除有明确规定外，均应按以上叙述理解、执行。

本条为强制性条文，应严格执行。

5.2.2 根据新颁布的国家标准《混凝土结构设计规范》GB 50010、《建筑抗震设计规范》GB 50011 的规定，本条提出了针对部分框架、斜撑构件（含梯段）中纵向受力钢筋强度、伸长率的规定，其目的是保证重要结构构件的抗震性能。本条第 1 款中抗拉强度实测值与屈服强度实测值的比值工程中习惯称为"强屈比"，第 2 款中屈服强度实测值与屈服强度标准值的比值工程中习惯称为"超强比"或"超屈比"，第 3 款中最大力下总伸长率习惯称为"均匀伸长率"。

本条中的框架包括各类混凝土结构中的框架梁、框架柱、框支梁、框支柱及板柱—抗震墙的柱等，其抗震等级应根据国家现行相关标准由设计确定；斜撑构件包括伸臂桁架的斜撑、楼梯的梯段等，相关标准中未对斜撑构件规定抗震等级，所有斜撑构件均应满足本条规定。

牌号带"E"的钢筋是专门为满足本条性能要求生产的钢筋，其表面轧有专用标志。

本条为强制性条文，应严格执行。

5.2.3 在钢筋分项工程施工过程中，若发现钢筋性能异常，应立即停止使用，并对同批钢筋进行专项检验。

5.2.4 为了加强对钢筋外观质量的控制，钢筋进场时和使用前均应对外观质量进行检查。弯折钢筋不得敲直后作为受力钢筋使用。钢筋表面不应有颗粒状或片状老锈，以免影响钢筋强度和锚固性能。本条也适用于加工以后较长时期未使用而可能造成外观质量达不到要求的钢筋半成品的检查。

5.3 钢筋加工

5.3.1～5.3.2 对各种级别普通钢筋弯钩、弯折和箍筋的弯弧内直径、弯折角度、弯后平直部分长度分别提出了要求。受力钢筋弯钩、弯折的形状和尺寸，对于保证钢筋与混凝土协同受力非常重要。根据构件受力性能的不同要求，合理配置箍筋有利于保证混凝土构件的承载力，特别是对配筋率较高的柱、受扭的梁和有抗震设防要求的结构构件更为重要。

对规定抽样检查的项目，应在全数观察的基础上，对重要部位和观察难以判定的部位进行抽样检查。抽样检查的数量通常采用"双控"的方法。这与本规范第 4.2.5 条的说明是一致的。

5.3.2A 本条规定了钢筋调直后力学性能和重量偏差的检验要求，为本次局部修订新增条文，所有用于工程的调直钢筋均应按本条规定执行。钢筋调直包括盘卷钢筋的调直和直条钢筋的调直两种情况。直条钢筋调直指直条供货钢筋对焊后进行冷拉，调直连接点处弯折并检验焊接接头质量。增加本条检验规定是为加强对调直后钢筋性能质量的控制，防止冷拉加工过度改变钢筋的力学性能。

钢筋的相关国家现行标准有：《钢筋混凝土用钢 第 1 部分：热轧光圆钢筋》GB 1499.1、《钢筋混凝土用钢 第 2 部分：热轧带肋钢筋》GB 1499.2、《钢筋混凝土用余热处理钢筋》GB 13014 等。表 5.3.2A 规定的断后伸长率、重量负偏差要求是在上述标准规定的指标基础上考虑了正常冷拉调直对指标的影响给出的，并按新颁布的国家标准《混凝土结构设计规范》GB 50010 的规定增加了部分钢筋新品种。

对钢筋调直机械设备是否有延伸功能的判定，可由施工单位检查并经监理（建设）单位确认；当不能判定或对判定结果有争议时，应按本条规定进行检验。对于场外委托加工或专业化加工厂生产的成型钢筋，相关人员应到加工设备所在地进行检查。

钢筋冷拉调直后的时效处理可采用人工时效方法，即将试件在 100℃沸水中煮 60min，然后在空气中冷却至室温。

5.3.3 本条规定了钢筋调直加工过程控制要求。钢筋调直宜采用机械调直方法，其设备不应有延伸功能。当采用冷拉方法调直时，应按规定控制冷拉率，以免过度影响钢筋的力学性能。本条规定的冷拉率指冷拉过程中的钢筋伸长率。

5.3.4 本条提出了钢筋加工形状、尺寸偏差的要求。其中，箍筋内净尺寸是新增项目，对保证受力钢筋和箍筋本身的受力性能都较为重要。

5.4 钢筋连接

5.4.1 本条提出了纵向受力钢筋连接方式的基本要求，这是保证受力钢筋应力传递及结构构件的受力性能所必需的。目前，钢筋的连接方式已有多种，应按设计要求采用。

5.4.2 近年来，钢筋机械连接和焊接的技术发展较快，国家现行标准《钢筋机械连接通用技术规程》JGJ 107、《钢筋焊接及验收规程》JGJ 18 对其应用、质量验收等都有明确的规定，验收时应遵照执行。对钢筋机械连接和焊接，除应按相应规定进行型式、工艺检验外，还应从结构中抽取试件进行力学性能检验。

5.4.3 受力钢筋的连接接头宜设置在受力较小处，同一钢筋在同一受力区段内不宜多次连接，以保证钢筋的承载、传力性能。本条还对接头距钢筋弯起点的距离作出了规定。

5.4.4 本条对施工现场的机械连接接头和焊接接头提出了外观质量要求。对全数检查的项目，通常均采用观察检查的方法，但观察难以判定的部位，可辅以量测检查。

5.4.5 本条给出了受力钢筋机械连接和焊接的应用

5.4.6 为了保证受力钢筋绑扎搭接接头的传力性能，本条给出了受力钢筋搭接接头连接区段的定义、接头面积百分率的限制以及最小搭接长度的要求。在本规范附录B中给出了各种条件下确定受力钢筋最小搭接长度的方法。

5.4.7 搭接区域的箍筋对于约束搭接传力区域的混凝土、保证搭接钢筋传力至关重要。根据现行国家标准《混凝土结构设计规范》GB 50010 的规定，给出了搭接长度范围内的箍筋直径、间距等构造要求。

5.5 钢筋安装

5.5.1 受力钢筋的品种、级别、规格和数量对结构构件的受力性能有重要影响，必须符合设计要求。本条为强制性条文，应严格执行。

5.5.2 本条规定了钢筋安装位置的允许偏差。梁、板类构件上部纵向受力钢筋的位置对结构构件的承载能力和抗裂性能等有重要影响。由于上部纵向受力钢筋移位而引发的事故通常较为严重，应加以避免。本条通过对保护层厚度偏差的要求，对上部纵向受力钢筋的位置加以控制，并单独将梁、板类构件上部纵向受力钢筋保护层厚度偏差的合格点率要求规定为90％及以上。对其他部位，表中所列保护层厚度的允许偏差的合格点率要求仍为80％及以上。

6 预应力分项工程

预应力分项工程是预应力筋、锚具、夹具、连接器等材料的进场检验、后张法预留管道设置或预应力筋布置、预应力筋张拉、放张、灌浆直至封锚保护等一系列技术工作和完成实体的总称。由于预应力施工工艺复杂，专业性较强，质量要求较高，故预应力分项工程所含检验项目较多，且规定较为具体。根据具体情况，预应力分项工程可与混凝土结构一同验收，也可单独验收。

6.1 一般规定

6.1.1 后张法预应力施工是一项专业性强、技术含量高、操作要求严的作业，故应由获得有关部门批准的预应力专项施工资质的施工单位承担。预应力混凝土结构施工前，专业施工单位应根据设计图纸，编制预应力施工方案。当设计图纸深度不具备施工条件时，预应力施工单位应予以完善，并经设计单位审核后实施。

6.1.2 本条规定了预应力张拉设备的校验和标定要求。张拉设备（千斤顶、油泵及压力表等）应配套标定，以确定压力表读数与千斤顶输出力之间的关系曲线。这种关系曲线对应于特定的一套张拉设备，故配套标定后应配套使用。由于千斤顶主动工作和被动工作时，压力表读数与千斤顶输出力之间的关系是不一致的，故要求标定时千斤顶活塞的运行方向应与实际张拉工作状态一致。

6.1.3 预应力隐蔽工程反映预应力分项工程施工的综合质量，在浇筑混凝土之前验收是为了确保预应力筋等的安装符合设计要求并在混凝土结构中发挥其应有的作用。本条对预应力隐蔽工程验收的内容作出了具体规定。

6.2 原 材 料

6.2.1 常用的预应力筋有钢丝、钢绞线、热处理钢筋等，其质量应符合相应的现行国家标准《预应力混凝土用钢丝》GB/T 5223、《预应力混凝土用钢绞线》GB/T 5224、《预应力混凝土用热处理钢筋》GB 4463 等的要求。预应力筋是预应力分项工程中最重要的原材料，进场时应根据进场批次和产品的抽样检验方案确定检验批，进行进场复验。由于各厂家提供的预应力筋产品合格证内容与格式不尽相同，为统一及明确有关内容，要求厂家除了提供产品合格证外，还应提供反映预应力筋主要性能的出厂检验报告，两者也可合并提供。进场复验可仅作主要的力学性能试验。本章中，涉及原材料进场检查数量和检验方法时，除有明确规定外，都应按本规范第5.2.1条的说明理解、执行。本条为强制性条文，应严格执行。

6.2.2 无粘结预应力筋的涂包质量对保证预应力筋防腐及准确地建立预应力非常重要。涂包质量的检验内容主要有涂包层油脂用量、护套厚度及外观。当有工程经验，并经观察确认质量有保证时，可仅作外观检查。

6.2.3 目前国内锚具生产厂家较多，各自形成配套产品，产品结构尺寸及构造也不尽相同。为确保实现设计意图，要求锚具、夹具和连接器按设计规定采用，其性能和应用应分别符合国家现行标准《预应力筋用锚具、夹具和连接器》GB/T 14370 和《预应力筋用锚具、夹具和连接器应用技术规程》JGJ 85 的规定。锚具、夹具和连接器的进场检验主要作锚具（夹具、连接器）的静载试验，材质、机加工尺寸等只需按出厂检验报告中所列指标进行核对。

6.2.4 孔道灌浆一般采用素水泥浆。由于普通硅酸盐水泥浆的泌水率较小，故规定应采用普通硅酸盐水泥配制水泥浆。水泥浆中掺入外加剂可改善其稠度、泌水率、膨胀率、初凝时间、强度等特性，但预应力筋对应力腐蚀较为敏感，故水泥和外加剂中均不能含有对预应力筋有害的化学成分。

孔道灌浆所采用水泥和外加剂数量较少的一般工程，如果由使用单位提供近期采用的相同品牌和型号的水泥及外加剂的检验报告，也可不作水泥和外加剂性能的进场复验。

6.2.5 预应力筋进场后可能由于保管不当引起锈蚀、

污染等，故使用前应进行外观质量检查。对有粘结预应力筋，可按各相关标准进行检查。对无粘结预应力筋，若出现护套破损，不仅影响密封性，而且增加预应力摩擦损失，故应根据不同情况进行处理。

6.2.6 当锚具、夹具及连接器进场入库时间较长时，可能造成锈蚀、污染等，影响其使用性能，故使用前应重新对其外观进行检查。

6.2.7～6.2.8 目前，后张预应力工程中多采用金属螺旋管预留孔道。金属螺旋管的刚度和抗渗性能是很重要的质量指标，但试验较为复杂。当使用单位能提供近期采用的相同品牌和型号金属螺旋管的检验报告或有可靠工程经验时，也可不作这两项检验。由于金属螺旋管经运输、存放可能出现伤痕、变形、锈蚀、污染等，故使用前应进行外观质量检查。

6.3 制作与安装

6.3.1 预应力筋的品种、级别、规格和数量对保证预应力结构构件的抗裂性能及承载力至关重要，故必须符合设计要求。本条为强制性条文，应严格执行。

6.3.2 先张法预应力施工时，油质类隔离剂可能沾污预应力筋，严重影响粘结力，并且会污染混凝土表面，影响装修工程质量，故应避免。

6.3.3 预应力筋若遇电火花损伤，容易在张拉阶段脆断，故应避免。施工时应避免将预应力筋作为电焊的一极。受电火花损伤的预应力筋应予以更换。

6.3.4 预应力筋常采用无齿锯或机械切断机切割。当采用电弧切割时，电弧可能损伤高强度钢丝、钢绞线，引起预应力筋拉断，故应禁止采用。对同一束中各根钢丝下料长度的极差（最大值与最小值之差）的规定，仅适用于钢丝束两端均采用镦头锚具的情况，目的是为了保证同一束中各根钢丝的预加力均匀一致。本章中，对规定抽样检查的项目，应在全数观察的基础上，对重要部位和观察难以判定的部位进行抽样检查。

6.3.5 预应力筋的端部锚具制作质量对可靠地建立预应力非常重要。本条规定了挤压锚、压花锚、镦头锚的制作质量要求。本条对镦头锚制作质量的要求，主要是为了检测钢丝的可镦性，故规定按钢丝的进场批量检查。

6.3.6 浇筑混凝土时，预留孔道定位不牢固会发生移位，影响建立预应力的效果。为确保孔道成型质量，除应符合设计要求外，还应符合本条对预留孔道安装质量作出的相应规定。对后张法预应力混凝土结构中预留孔道的灌浆孔及泌水管等的间距和位置要求，是为了保证灌浆质量。

6.3.7 预应力筋束形直接影响建立预应力的效果，并影响结构构件的承载力和抗裂性能，故对束形控制点的竖向位置允许偏差提出了较高要求。本条按截面高度设定束形控制点的竖向位置允许偏差，以便于实际控制。

6.3.8 实际工程中常将无粘结预应力筋成束布置，以便于施工控制，但其数量及排列形状应保证混凝土能够握裹预应力筋。此外，内埋式挤压锚具在使用中常出现垫板重叠、垫板与锚具脱离等现象，故本条作出了相应规定。

6.3.9 后张法施工中，当浇筑混凝土前将预应力筋穿入孔道时，预应力筋需经合模、混凝土浇筑、养护并达到设计要求的强度后才能张拉。在此期间，孔道内可能会有浇筑混凝土时渗进的水或从喇叭管口流入的养护水、雨水等，若时间过长，可能引起预应力筋锈蚀，故应根据工程具体情况采取必要的防锈措施。

6.4 张拉和放张

6.4.1 过早地对混凝土施加预应力，会引起较大的收缩和徐变预应力损失，同时可能因局部承压过大而引起混凝土损伤。本条规定的预应力筋张拉及放张时混凝土强度，是根据现行国家标准《混凝土结构设计规范》GB 50010 的规定确定的。若设计对此有明确要求，则应按设计要求执行。

6.4.2 预应力筋张拉应使各根预应力筋的预加力均匀一致，主要是指有粘结预应力筋张拉时应整束张拉，以使各根预应力筋同步受力，应力均匀；而无粘结预应力筋和扁锚预应力筋通常是单根张拉的。预应力筋的张拉顺序、张拉力及设计计算伸长值均应由设计确定，施工时应遵照执行。实际施工时，为了部分抵消预应力损失等，可采取超张拉方法，但最大张拉应力不应大于现行国家标准《混凝土结构设计规范》GB 50010 的规定。后张法施工中，梁或板中的预应力筋一般是逐根或逐束张拉的，后批张拉的预应力筋所产生的混凝土结构构件的弹性压缩对先批张拉预应力筋的预应力损失的影响与梁、板的截面，预应力筋配筋量及束长等因数有关，一般影响较小时可不计。如果影响较大，可将张拉力统一增加一定值。实际张拉时通常采用张拉力控制方法，但为了确保张拉质量，还应对实际伸长值进行校核，相对允许偏差±6%是基于工程实践提出的，有利于保证张拉质量。

6.4.3 预应力筋张拉锚固后，实际建立的预应力值与量测时间有关。间隔时间越长，预应力损失值越大，故检验值应由设计通过计算确定。

预应力筋张拉后实际建立的预应力值对结构受力性能影响很大，必须予以保证。先张法施工中可以用应力测定仪器直接测定张拉锚固后预应力筋的应力值；后张法施工中预应力筋的实际应力值较难测定，故可用见证张拉代替预加力值测定。见证张拉系指监理工程师或建设单位代表现场见证下的张拉。

6.4.4 由于预应力筋断裂或滑脱对结构构件的受力性能影响极大，故施加预应力过程中，应采取措施加以避免。先张法预应力构件中的预应力筋不允许出现断裂或滑脱，若在浇筑混凝土前出现断裂或滑脱，相应的预应力筋应予以更换。后张法预应力结构构件中预应力筋断裂或滑脱的数量，不应超过本条的规定。本条为强制性条文，应严格执行。

6.4.5 实际工程中，由于锚具种类、张拉锚固工艺及放张速度等各种因素的影响，内缩量可能有较大波动，导致实际建立的预应力值出现较大偏差。因此，应控制锚固阶段张拉端预应力筋的内缩量。当设计对张拉端预应力筋的内缩量有具体要求时，应按设计要求执行。

6.4.6 对先张法构件，施工时应采取措施减小张拉后预应力筋位置与设计位置的偏差。本条对最大偏移值作出了规定。

6.5 灌浆及封锚

6.5.1 预应力筋张拉后处于高应力状态，对腐蚀非常敏感，所以应尽早进行孔道灌浆。灌浆是对预应力筋的永久性保护措施，故要求水泥浆饱满、密实、完全裹住预应力筋。灌浆质量的检验应着重于现场观察检查，必要时采用无损检查或凿孔检查。

6.5.2 封闭保护应遵照设计要求执行，并在施工技术方案中作出具体规定。后张预应力筋的锚具多配置在结构的端面，所以常处于易受外力冲击和雨水浸入的状态；此外，预应力筋张拉锚固后，锚具及预应力筋处于高应力状态，为确保暴露于结构外的锚具能够永久性地正常工作，不致受外力冲击和雨水浸入而造成破损或腐蚀，应采取防止锚具锈蚀和遭受机械损伤的有效措施。

6.5.3 锚具外多余预应力筋常采用无齿锯或机械切断机切断。实际工程中，也可采用氧-乙炔焰切割方法切断多余预应力筋，但为了确保锚具正常工作及考虑切断时热影响可能波及锚具部位，应采取锚具降温等措施。考虑到锚具正常工作及可能的热影响，本条对预应力筋外露部分长度作出了规定。切割位置不宜距离锚具太近，同时也不应影响构件安装。

6.5.4 本条规定灌浆用水泥浆水灰比的限值，其目的是为了在满足必要的水泥浆稠度的同时，尽量减小泌水率，以获得饱满、密实的灌浆效果。水泥浆中水的泌出往往造成孔道内的空腔，并引起预应力筋腐蚀。2%左右的泌水一般可被水泥浆吸收，因此应按本条的规定控制泌水率。如果有可靠的工程经验，也可以提供以往工程中相同配合比的水泥浆性能试验报告。

6.5.5 对灌浆质量，首先应强调其密实性，因为密实的水泥浆能为预应力筋提供可靠的防腐保护。同时，水泥浆与预应力筋之间的粘结力也是预应力筋与混凝土共同工作的前提。本条参考国外的有关规定并考虑目前预应力筋的实际应用强度，规定了标准尺寸水泥浆试件的抗压强度不应小于30MPa。

7 混凝土分项工程

混凝土分项工程是从水泥、砂、石、水、外加剂、矿物掺合料等原材料进场检验、混凝土配合比设计及称量、拌制、运输、浇筑、养护、试件制作直至混凝土达到预定强度等一系列技术工作和完成实体的总称。混凝土分项工程所含的检验批可根据施工工序和验收的需要确定。

7.1 一般规定

7.1.1 混凝土强度的评定应符合现行国家标准《混凝土强度检验评定标准》GBJ 107 的规定。但应指出，对掺用矿物掺合料的混凝土，由于其强度增长较慢，以 28d 为验收龄期可能不合适，此时可按国家现行标准《粉煤灰混凝土应用技术规范》GBJ 146、《粉煤灰在混凝土和砂浆中应用技术规程》JGJ 28 等的规定确定验收龄期。

7.1.2 混凝土试件强度的试验方法应符合普通混凝土力学性能试验方法标准的规定。混凝土试件的尺寸应根据骨料的最大粒径确定。当采用非标准尺寸的试件时，其抗压强度应乘以相应的尺寸换算系数。

7.1.3 由于同条件养护试件具有与结构混凝土相同的原材料、配合比和养护条件，能有效代表结构混凝土的实际质量。在施工过程中，根据同条件养护试件的强度来确定结构构件拆模、出池、出厂、吊装、张拉、放张及施工期间临时负荷时的混凝土强度，是行之有效的方法。

7.1.4 当混凝土试件强度评定不合格时，可根据国家现行有关标准采用回弹法超声回弹综合法、钻芯法、后装拔出法等推定结构的混凝土强度。应指出，通过检测得到的推定强度可作为判断结构是否需要处理的依据。

7.1.5 室外日平均气温连续 5d 稳定低于 5℃时，混凝土分项工程应采取冬期施工措施，具体要求应符合国家现行标准《建筑工程冬期施工规程》JGJ 104 的有关规定。

7.2 原 材 料

7.2.1 水泥进场时，应根据产品合格证检查其品种、级别等，并有序存放，以免造成混料错批。强度、安定性等是水泥的重要性能指标，进场时应作复验，其质量应符合现行国家标准《硅酸盐水泥、普通硅酸盐水泥》GB 175、《矿渣硅酸盐水泥、火山灰质硅酸盐水泥及粉煤灰硅酸盐水泥》GB 1344、《复合硅酸盐水泥》GB 12958 等的要求。水泥是混凝土的重要组成成分，若其中含有氯化物，可能引起混凝土结构中钢筋的锈蚀，故应严格控制。本条为强制性条文，应严格执行。

7.2.2 混凝土外加剂种类较多，且均有相应的质量标准，使用时其质量及应用技术应符合国家现行标准《混凝土外加剂》GB 8076、《混凝土外加剂应用技术规范》GBJ 50119、《混凝土速凝剂》JC 472、《混凝土泵送剂》JC 473、《混凝土防水剂》JC 474、《混凝土防冻剂》JC 475、《混凝土膨胀剂》JC 476 等的规定。外加剂的检验项目、方法和批量应符合相应标准的规定。若外加剂中含有氯化物，同样可能引起混凝土结构中钢筋的锈蚀，故应严格控制。本章中，涉及原材料进场检查数量和检验方法时，除有明确规定外，都应按本规范第 5.2.1 条的说明理解、执行。本条为强制性条文，应严格执行。

7.2.3 混凝土中氯化物、碱的总含量过高，可能引起钢筋锈蚀和碱骨料反应，严重影响结构构件受力性能和耐久性。现行国家标准《混凝土结构设计规范》GB 50010 中对此有明确规定，应遵照执行。

7.2.4 混凝土掺合料的种类主要有粉煤灰、粒化高炉矿渣粉、沸石粉、硅灰和复合掺合料等，有些目前尚没有产品质量标准。对各种掺合料，均应提出相应的质量要求，并通过试验确定其掺量。工程应用时，尚应符合国家现行标准《粉煤灰混凝土应用技术规范》GBJ 146、《粉煤灰在混凝土和砂浆中应用技术规程》JGJ 28、《用于水泥与混凝土中粒化高炉矿渣粉》GB/T 18046 等的规定。

7.2.5 普通混凝土所用的砂子、石子应分别符合《普通混凝土用砂质量标准及检验方法》JGJ 52、《普通混凝土用碎石或卵石质量标准及检验方法》JGJ 53 的质量要求，其检验项目、检验批量和检验方法应遵照标准的规定执行。

7.2.6 考虑到今后生产中利用工业处理水的发展趋势，除采用饮用水外，也可采用其他水源，但其质量应符合国家现行标准《混凝土拌合用水标准》JGJ 63 的要求。

7.3 配合比设计

7.3.1 混凝土应根据实际采用的原材料进行配合比设计并按普通混凝土拌合物性能试验方法等标准进行试验、试配，以满足混凝土强度、耐久性和工作性（坍落度等）的要求，不得采用经验配合比。同时，应符合经济、合理的原则。

7.3.2 实际生产时，对首次使用的混凝土配合比应进行开盘鉴定，并至少留置一组 28d 标准养护试件，以验证混凝土的实际质量与设计要求的一致性。施工单位应注意积累相关资料，以利于提高配合比设计水平。

7.3.3 混凝土生产时，砂、石的实际含水率可能与配合比设计时存在差异，故规定应测定实际含水率并相应地调整材料用量。

7.4 混凝土施工

7.4.1 本条针对不同的混凝土生产量，规定了用于检查结构构件混凝土强度试件的取样与留置要求。本条为强制性条文，应严格执行。

应指出的是，同条件养护试件的留置组数除应考虑用于确定施工期间结构构件的混凝土强度外，还应根据本规范第 10 章及附录 D 的规定，考虑用于结构实体混凝土强度的检验。

7.4.2 由于相同配合比的抗渗混凝土因施工造成的差异不大，故规定了对有抗渗要求的混凝土结构应按同一工程、同一配合比取样不少于一次。由于影响试验结果的因素较多，需要时可多留置几组试件。抗渗试验应符合现行国家标准《普通混凝土长期性能和耐久性能试验方法》GBJ 82 的规定。

7.4.3 本条提出了对混凝土原材料计量偏差的要求。各种衡器应定期校验，以保持计量准确。生产过程中应定期测定骨料的含水率，当遇雨天施工或其他原因致使含水率发生显著变化时，应增加测定次数，以便及时调整用水量和骨料用量，使其符合设计配合比的要求。

7.4.4 混凝土的初凝时间与水泥品种、凝结条件、掺用外加剂的品种和数量等因素有关，应由试验确定。当施工环境气温较高时，还应考虑气温对混凝土初凝时间的影响。规定混凝土应连续浇筑并在底层初凝之前将上一层浇筑完毕，主要是为了防止扰动已初凝的混凝土而出现质量缺陷。当因停电等意外原因造成底层混凝土已初凝时，则应在继续浇筑混凝土之前，按照施工技术方案对混凝土接槎的要求进行处理，使新旧混凝土结合紧密，保证混凝土结构的整体性。

7.4.5 混凝土施工缝不应随意留置，其位置应事先在施工技术方案中确定。确定施工缝位置的原则为：尽可能留置在受剪力较小的部位；留置部位应便于施工。承受动力作用的设备基础，原则上不应留置施工缝；当必须留置时，应符合设计要求并按施工技术方案执行。

7.4.6 混凝土后浇带对避免混凝土结构的温度收缩裂缝等有较大作用。混凝土后浇带位置应按设计要求留置，后浇带混凝土的浇筑时间、处理方法等也应事先在施工技术方案中确定。

7.4.7 养护条件对于混凝土强度的增长有重要影响。在施工过程中，应根据原材料、配合比、浇筑部位和季节等具体情况，制订合理的施工技术方案，采取有效的养护措施，保证混凝土强度正常增长。

8 现浇结构分项工程

现浇结构分项工程以模板、钢筋、预应力、混凝土四个分项工程为依托，是拆除模板后的混凝土结构实物外观质量、几何尺寸检验等一系列技术工作的总称。现浇结构分项工程可按楼层、结构缝或施工段划分检验批。

8.1 一般规定

8.1.1 对现浇结构外观质量的验收，采用检查缺陷，并对缺陷的性质和数量加以限制的方法进行。本条给出了确定现浇结构外观质量严重缺陷、一般缺陷的一般原则。各种缺陷的数量限制可由各地根据实际情况作出具体规定。当外观质量缺陷的严重程度超过本条规定的一般缺陷时，可按严重缺陷处理。在具体实施中，外观质量缺陷对结构性能和使用功能等的影响程度，应由监理（建设）单位、施工单位等各方共同确定。对于具有重要装饰效果的清水混凝土，考虑到其装饰效果属于主要使用功能，故将其表面外形缺陷、外表缺陷确定为严重缺陷。

8.1.2 现浇结构拆模后，施工单位应及时会同监理（建设）单位对混凝土外观质量和尺寸偏差进行检查，并作出记录。不论何种缺陷都应及时进行处理，并重新检查验收。

8.2 外观质量

8.2.1 外观质量的严重缺陷通常会影响到结构性能、使用功能或耐久性。对已经出现的严重缺陷，应由施工单位根据缺陷的具体情况提出技术处理方案，经监理（建设）单位认可后进行处理，并重新检查验收。本条为强制性条文，应严格执行。

8.2.2 外观质量的一般缺陷通常不会影响到结构性能、使用功能，但有碍观瞻。故对已经出现的一般缺陷，也应及时处理，并重新检查验收。

8.3 尺寸偏差

8.3.1 过大的尺寸偏差可能影响结构构件的受力性能、使用功能，也可能影响设备在基础上的安装、使用。验收时，应根据现浇结构、混凝土设备基础尺寸偏差的具体情况，由监理（建设）单位、施工单位等各方共同确定尺寸偏差对结构性能和安装使用功能的影响程度。对超过尺寸允许偏差且影响结构性能和安装、使用功能的部位，应由施工单位根据尺寸偏差的具体情况提出技术处理方案，经监理（建设）单位认可后进行处理，并重新检查验收。本条为强制性条文，应严格执行。

8.3.2 本条给出了现浇结构和设备基础尺寸的允许偏差及检验方法。在实际应用时，尺寸偏差除应符合本条规定外，还应满足设计或设备安装提出的要求。尺寸偏差的检验方法可采用表 8.3.2-1 和表 8.3.2-2 中的方法，也可采用其他方法和相应的检测工具。

9 装配式结构分项工程

装配式结构分项工程以模板、钢筋、预应力、混凝土四个分项工程为依托，是预制构件产品质量检验、结构性能检验、预制构件的安装等一系列技术工作和完成结构实体的总称。本章所指预制构件包括在预制构件厂和施工现场制作的构件。装配式结构分项工程可按楼层、结构缝或施工段划分检验批。

9.1 一般规定

9.1.1 装配式结构的结构性能主要取决于预制构件的结构性能和连接质量。因此，应按本规范第9.2节及附录C的规定对预制构件进行结构性能检验，合格后方能用于工程。本条为强制性条文，应严格执行。

9.1.2 预制底部构件与后浇混凝土层的连接质量对叠合结构的受力性能有重要影响，叠合面应按设计要求进行处理。

9.1.3 预制构件经装配施工后，形成的装配式结构与现浇结构在外观质量、尺寸偏差等方面的质量要求一致，故可按本规范第8章的相应规定进行检查验收。

9.2 预制构件

9.2.1 本条提出了对构件标志和构件上的预埋件、插筋和预留孔洞的规格、位置和数量的要求，这些要求是构件出厂、事故处理以及对构件质量进行验收所必需的。

9.2.2～9.2.4 预制构件制作完成后，施工单位应对构件外观质量和尺寸偏差进行检查，并作出记录。不论何种缺陷都应及时按技术处理方案进行处理，并重新检查验收。

9.2.5 本条给出了预制构件尺寸的允许偏差及检验方法。对形状复杂的预制构件，其细部尺寸的允许偏差可参考表 9.2.5 中的数值确定。尺寸偏差的检验方法可采用表 9.2.5 中的方法，也可采用其他方法和相应的检测工具。

9.3 结构性能检验

9.3.1 本条对预制构件结构性能检验的检验批、检验数量、检验内容和检验方法作出了规定，明确指出了试验参数及检验指标应符合标准图或设计的要求。本条还给出了简化或免作结构性能检验的条件。

9.3.2 本条为预制构件承载力检验的要求。根据混凝土结构设计规范对混凝土结构用钢筋的选择，考虑到配置钢丝、钢绞线及热处理钢筋的预应力构件具有较好的延性，故对此类构件受力主筋处的最大裂缝宽度达到 1.5mm 或挠度达到跨度的 1/50 时的承载力检验系数允许值调整为 1.35。根据混凝土结构设计规范对混凝土材料分项系数的调整，混凝土强度设计值降低，因此与混凝土破坏相关的承载力检验系数允许值均增加了 0.05。

在加载试验过程中，应取首先到的标志所对应的检验系数允许值进行检验。

9.3.3 本条为预制构件挠度检验的要求。挠度检验公式 (9.3.3-1) 和 (9.3.3-3) 分别为根据混凝土结构设计规范规定的使用要求和按实际构件配筋情况确定的挠度检验要求。

9.3.4 本条为预应力预制构件抗裂检验的要求。检验指标的计算公式是根据预应力混凝土构件的受力原理，并按留有一定检验余量的原则而确定的。

9.3.5 本条为预制构件裂缝宽度检验的要求。混凝土结构设计规范中将允许出现裂缝的构件最大裂缝宽度限值规定为：0.2、0.3 和 0.4mm。在构件检验时，考虑标准荷载与准永久荷载的关系，换算为最大裂缝宽度的检验允许值。

9.3.6 本条给出了预制构件结构性能检验结果的验收合格条件。根据我国的实际情况，结构性能检验尚难于增加抽检数量。为了提高检验效率，结构性能检验的三项指标均采用了复式抽样检验方案。由于量测精度所限，故不再对裂缝宽度检验作二次抽检的要求。

当第一次检验的构件有某些项检验实测值不满足相应的检验指标要求，但能满足第二次检验指标要求时，可进行第二次抽样检验。

本次修订调整了承载力及抗裂检验二次抽检的条件，原为检验系数的 0.95 倍，现改为检验系数的允许值减 0.05。这样可与附录 C 中的加载程序实现同步，明确并简化了加载检验。

应该指出的是，抽检的每一个试件，必须完整地取得三项检验结果，不得因某一项检验项目达到二次抽样检验指标要求就中途停止试验而不再对其余项目进行检验，以免漏判。

9.4 装配式结构施工

9.4.1 预制构件作为产品，进入装配式结构的施工现场时，应按批检查合格证件，以保证其外观质量、尺寸偏差和结构性能符合要求。

9.4.2 预制构件与结构之间的钢筋连接对装配式结构的受力性能有重要影响。本条提出了对接头质量的要求。

9.4.3 装配式结构施工时，尚未形成完整的结构受力体系。本条提出了对接头混凝土尚未达到设计强度时，施工中应该注意的事项。

9.4.4 预制构件往往因码放或运输时支垫不当而引起非设计状态下的裂缝或其他缺陷，实际操作时应根据标准图或设计的要求进行支垫。

9.4.5 为了保证预制构件安装就位准确，吊装前应在预制构件和相应的安装位置上作出必要的控制标志。

9.4.6 预制构件吊装时，绳索夹角过小容易引起非设计状态下的裂缝或其他缺陷。本条规定了预制构件吊装时应该注意的事项。

9.4.7 预制构件安装就位后，应有一定的临时固定措施，否则容易发生倾倒、移位等事故。

9.4.8 本条对装配式结构接头、拼缝的填充材料及其浇筑、养护提出了要求。

10 混凝土结构子分部工程

10.1 结构实体检验

10.1.1 根据国家标准《建筑工程施工质量验收统一标准》GB 50300-2001 规定的原则，在混凝土结构子分部工程验收前应进行结构实体检验。结构实体检验的范围仅限于涉及安全的柱、墙、梁等结构构件的重要部位。结构实体检验采用由各方参与的见证抽样形式，以保证检验结果的公正性。

对结构实体进行检验，并不是在子分部工程验收前的重新检验，而是在相应分项工程验收合格、过程控制使质量得到保证的基础上，对重要项目进行的验证性检查，其目的是为了加强混凝土结构的施工质量验收，真实地反映混凝土强度及受力钢筋位置等质量指标，确保结构安全。

10.1.2 考虑到目前的检测手段，并为了控制检验工作量，结构实体检验主要对混凝土强度、重要结构构件的钢筋保护层厚度两个项目进行。当工程合同有约定时，可根据合同确定其他检验项目和相应的检验方法、检验数量、合格条件，但其要求不得低于本规范的规定。当有专门要求时，也可以进行其他项目的检验，但应由合同作出相应的规定。

10.1.3～10.1.4 试验研究和工程调查表明，与结构实体混凝土组成成分、养护条件相同的同条件养护试件，其强度可作为检验结构实体混凝土强度的依据。本规范给出了利用同条件养护试件强度判定结构实体混凝土强度合格与否的一般方法。同条件养护试件强度的判定，仍按现行国家标准《混凝土强度检验评定标准》GBJ 107 的有关规定执行。这里所指的混凝土强度检验，除应对现浇结构进行之外，还应包括装配式结构中的现浇部分。

10.1.5 钢筋的混凝土保护层厚度关系到结构的承载力、耐久性、防火等性能，故除在施工过程中应进行尺寸偏差检查外，还应对结构实体中钢筋的保护层厚度进行检验。钢筋保护层厚度的检验，应按本规范附录 E 的规定执行。这种检验既针对现浇结构，也针对装配式结构。

10.1.6 随着检测技术的发展，已有相当多的方法可以检测混凝土强度和钢筋保护层厚度。实际应用时，可根据国家现行有关标准采用回弹法、超声回弹综合法、钻芯法、后装拔出法等检测混凝土强度，可优先选择非破损检测方法，以减少检测工作量，必要时可辅以局部破损检测方法。当采用局部破损检测方法时，检测完成后应及时修补，以免影响结构性能及使用功能。

必要时，可根据实际情况和合同的规定，进行实体的结构性能检验。

10.2 混凝土结构子分部工程验收

10.2.1 本条列出了混凝土结构子分部工程施工质量验收时应提供的主要文件和记录，反映了从基本的检验批开始，贯彻于整个施工过程的质量控制结果，落实了过程控制的基本原则，是确保工程质量的重要证据。

10.2.2 根据国家标准《建筑工程施工质量验收统一标准》GB 50300-2001的规定，给出了混凝土结构子分部工程质量的合格条件。其中，观感质量验收应按本规范第8章、第9章的有关混凝土结构外观质量的规定检查。

10.2.3 根据国家标准《建筑工程施工质量验收统一标准》GB 50300-2001的规定，给出了当施工质量不符合要求时的处理方法。这些不同的验收处理方式是为了适应我国目前的经济技术发展水平，在保证结构安全和基本使用功能的条件下，避免造成不必要的经济损失和资源浪费。

10.2.4 本条提出了对验收文件存档的要求。这不仅是为了落实在设计使用年限内的责任，而且在有必要进行维护、修理、检测、加固或改变使用功能时，可以提供有效的依据。

附录 A 质量验收记录

A.0.1 检验批的质量验收记录应由施工项目专业质量检查员填写，监理工程师（建设单位项目专业技术负责人）组织项目专业质量检查员等进行验收。

本条给出的检验批质量验收记录表也可作为施工单位自行检查评定的记录表格。

A.0.2 各分项工程质量应由监理工程师（建设单位项目专业技术负责人）组织项目专业技术负责人等进行验收。

分项工程的质量验收在检验批验收合格的基础上进行。一般情况下，两者具有相同或相近的性质，只是批量大小可能存在差异，因此，分项工程质量验收记录是各检验批质量验收记录的汇总。

A.0.3 混凝土结构子分部工程质量应由总监理工程师（建设单位项目专业负责人）组织施工项目经理和有关勘察、设计单位项目负责人进行验收。

由于模板在子分部工程验收时已不在结构中，且结构实体外观质量、尺寸偏差等项目的检验反映了模板工程的质量，因此，模板分项工程可不参与混凝土结构子分部工程质量的验收。

附录 B 纵向受力钢筋的最小搭接长度

B.0.1~B.0.3 根据现行国家标准《混凝土结构设计规范》GB 50010 的规定，绑扎搭接受力钢筋的最小搭接长度应根据钢筋强度、外形、直径及混凝土强度等指标经计算确定，并根据钢筋搭接接头面积百分率等进行修正。为了方便施工及验收，给出了确定纵向受拉钢筋最小搭接长度的方法以及受拉钢筋搭接长度的最低限值。

B.0.4 本条给出了确定纵向受压钢筋最小搭接长度的方法以及受压钢筋搭接长度的最低限值。

附录 C 预制构件结构性能检验方法

C.0.1 考虑到低温对混凝土性能的影响，明确规定构件应在0℃以上的温度中进行试验。蒸汽养护后出池的构件，因混凝土性能尚未处于稳定状态，故不能立即进行试验，而应冷却至常温后方可进行。

C.0.2 承受较大集中力或支座反力的构件，为避免可能引起的局部受压破坏，应对试验可能达到的最大荷载值作充分的估计，并按混凝土结构设计规范进行局部受压承载力验算。预制构件局部受压处配筋构造应予加强，以保证安全。

C.0.3 本条给出了荷载布置的一般要求和荷载等效布置的原则。

C.0.4 当进行不同形式荷载的组合加载（包括均布荷载、集中荷载、水平荷载、竖向荷载等）试验时，各种荷载应按比例增加，以符合设计要求。

C.0.5 在正常使用极限状态检验时，每级加载值不应大于荷载标准值的20%或10%；当接近抗裂荷载检验值时，每级加载值不宜大于荷载标准值的5%。当进入承载力极限状态检验时，每级加载值不宜大于荷载设计值的5%。这给加载等级设计以更大的灵活性，可适应检验指标调整带来的影响，并可与复式抽样检验实现同步加载检验。

C.0.6 为了反映混凝土材料的塑性特征，规定了加载后的持荷时间。

C.0.7 本条明确规定了承载力检验荷载实测值的取值方法。此处"规定的荷载持续时间结束后"，系指本级荷载持续时间结束至下一级荷载加荷完成前的一段时间。

C.0.8 公式（C.0.8-1）中，a_q^0 为外加试验荷载作用下构件跨中的挠度实测值，其取值应避免混入构件自重和加荷设备重产生的挠度。公式（C.0.8-3）中，

M_b^0 和 a_s^0 均为开裂前一级的外加试验荷载产生的相应值，计算时应避免任意取值。此时，近似认为挠度随荷载增加仍呈线性变化。

C.0.9 本条对挠度实测值的修正作出了规定。等效集中力加载时，虽控制截面上的主要内力值相等，但变形及其他内力值仍有差异，因此应考虑加载形式不同引起的变化。

C.0.10 本条给出了预制构件裂缝观测的要求和开裂荷载实测值的确定方法。

C.0.11 构件加载试验时，应采取可靠措施保证试验人员和仪表设备的安全。本条给出了试验时的安全注意事项。

C.0.12 结构性能检验试验报告的原则要求是真实、准确、完整。本条给出了对试验报告的具体要求，应遵照执行。

附录 D 结构实体检验用同条件养护试件强度检验

D.0.1 本附录规定的结构实体检验，可采用对同条件养护试件强度进行检验的方法进行。这是根据试验研究和工程调查确定的。

本条根据对结构性能的影响及检验结果的代表性，规定了结构实体检验用同条件养护试件的留置方式和取样数量。同条件养护试件应由各方在混凝土浇筑入模处见证取样。同一强度等级的同条件养护试件的留置数量不宜少于10组，以构成按统计方法评定混凝土强度的基本条件；留置数量不应少于3组，是为了按非统计方法评定混凝土强度时，有足够的代表性。

D.0.2 本条规定在达到等效养护龄期时，方可对同条件养护试件进行强度试验，并给出了结构实体检验用同条件养护试件龄期的确定原则：同条件养护试件达到等效养护龄期时，其强度与标准养护条件下28d龄期的试件强度相等。

同条件养护混凝土试件与结构混凝土的组成成分、养护条件等相同，可较好地反映结构混凝土的强度。由于同条件养护的温度、湿度与标准养护条件存在差异，故等效养护龄期并不等于28d，具体龄期可由试验研究确定。

D.0.3 试验研究表明，通常条件下，当逐日累计养护温度达到600℃·d时，由于基本反映了养护温度对混凝土强度增长的影响，同条件养护试件强度与标准养护条件下28d龄期的试件强度之间有较好的对应关系。当气温在0℃及以下时，不考虑混凝土强度的增长，与此对应的养护时间不计入等效养护龄期。当养护龄期小于14d时，混凝土强度尚处于增长期；当养护龄期超过60d时，混凝土强度增长缓慢，故等效养护龄期的范围宜取为14d～60d。

结构实体混凝土强度通常低于标准养护条件下的混凝土强度，这主要是由于同条件养护试件养护条件与标准养护条件的差异，包括温度、湿度等条件的差异。同条件养护试件检验时，可将同组试件的强度代表值乘以折算系数1.10后，按现行国家标准《混凝土强度检验评定标准》GBJ 107评定。折算系数1.10主要是考虑到实际混凝土结构及同条件养护试件可能失水等不利于强度增长的因素，经试验研究及工程调查而确定的。各地区也可根据当地的试验统计结果对折算系数作适当的调整，但需增大折算系数时应持谨慎态度。

D.0.4 在冬期施工条件下，或出于缩短养护期的需要，可对结构构件采取人工加热养护。此时，同条件养护试件的留置方式和取样数量仍应按本附录第D.0.1条的规定确定，其等效养护龄期可根据结构构件的实际养护条件和当地实践经验（包括试验研究结果），由监理（建设）、施工等各方根据第D.0.2条的规定共同确定。

附录 E 结构实体钢筋保护层厚度检验

E.0.1～E.0.2 对结构实体钢筋保护层厚度的检验，其检验范围主要是钢筋位置可能显著影响结构构件承载力和耐久性的构件和部位，如梁、板类构件的纵向受力钢筋。由于悬臂构件上部受力钢筋移位可能严重削弱结构构件的承载力，故更应重视对悬臂构件受力钢筋保护层厚度的检验。

"有代表性的部位"是指该处钢筋保护层厚度可能对构件承载力或耐久性有显著影响的部位。对梁柱节点等钢筋密集的部位，检验存在困难，在抽取钢筋进行检测时可避开这些部位。

对板类构件，应按有代表性的自然间抽查。对大空间结构的板，可先按纵、横轴线划分检查面，然后抽查。

E.0.3 保护层厚度的检测，可根据具体情况，采用保护层厚度测定仪器量测，或局部开槽钻孔测定，但应及时修补。

E.0.4 考虑施工扰动等不利因素的影响，结构实体钢筋保护层厚度检验时，其允许偏差在钢筋安装允许偏差的基础上作了适当调整。

E.0.5 本条明确规定了结构实体检验中钢筋保护层厚度的合格点率应达到90%及以上。考虑到实际工程中钢筋保护层厚度可能在某些部位出现较大偏差，以及抽样检验的偶然性，当一次检测结果的合格点率小于90%但不小于80%时，可再次抽样，并按两次抽样总和的检验结果进行判定。本条还对抽样检验不合格点最大偏差值作出了限制。

中华人民共和国国家标准

钢管混凝土工程施工质量验收规范

Code for quality acceptance of the concrete
filled steel tubular engineering

GB 50628—2010

主编部门：中华人民共和国住房和城乡建设部
批准部门：中华人民共和国住房和城乡建设部
施行日期：２０１１年１０月１日

中华人民共和国住房和城乡建设部
公 告

第 810 号

关于发布国家标准
《钢管混凝土工程施工质量验收规范》的公告

现批准《钢管混凝土工程施工质量验收规范》为国家标准，编号为 GB 50628-2010，自 2011 年 10 月 1 日起实施。其中，第 3.0.4、3.0.6、3.0.7、4.5.1、4.7.1 条为强制性条文，必须严格执行。

本规范由我部标准定额研究所组织中国建筑工业出版社出版发行。

中华人民共和国住房和城乡建设部
2010 年 11 月 3 日

前 言

本规范是根据住房和城乡建设部《关于印发〈2008 年工程建设标准规范制订、修订计划（第一批）〉的通知》（建标［2008］102 号）的要求，由中国工程建设标准化协会建筑施工专业委员会和南通华新建工集团有限公司会同有关单位共同编制完成的。

本规范编制过程中，编制组广泛了解和收集国内有关工程资料，总结了近些年来国内钢管混凝土工程施工的实践经验，并依据《建筑工程施工质量验收统一标准》GB 50300、《钢结构工程施工质量验收规范》GB 50205 和《混凝土结构工程施工质量验收规范》GB 50204，提出了钢管混凝土工程的质量验收指标、检验方法和控制工程质量的措施，以统一钢管混凝土工程施工质量的验收，最后经审查定稿。

本规范共分 5 章和 3 个附录。包括总则、术语、基本规定、钢管混凝土分项工程质量验收和钢管混凝土工程质量验收。

本规范中以黑体字标志的条文为强制性条文，必须严格执行。

本规范由住房和城乡建设部负责管理和对强制性条文的解释，由中国工程建设标准化协会建筑施工专业委员会负责具体技术内容的解释。请各单位在执行本规范的过程中，随时将有关意见和建议寄中国工程建设标准化协会建筑施工专业委员会（地址：北京市海淀区三里河路 9 号，邮编：100835，E-mail：sgbz@fyi.net.cn），以供今后修改时参考。

本规范主编单位、参编单位、主要起草人和主要审查人名单：

主 编 单 位：	中国工程建设标准化协会建筑施工专业委员会
	南通华新建工集团有限公司
参 编 单 位：	北京建工集团有限责任公司
	上海建工（集团）总公司
	陕西建工集团总公司
	上海建科建设监理咨询有限公司
	鞍钢建设集团有限公司
	广州市建设工程质量监督站
	中天建设集团有限公司
	武汉钢铁集团民用建筑工程有限责任公司
	湖北省建设工程质量安全监督总站
	宁波市鄞州区建筑工程质量监督站
主要起草人：	金德钧 吴松勤 葛汉明 杨玉江
	张显来 江遐龄 钱忠勤 周红波
	薛永武 崔秋江 吴险峰 胡金旭
	吴　锋 董文斌 尹长生 章　季
	李　扬 沈黎兴 朱江海 邱敏华
主要审查人：	杨嗣信 范庆国 贺贤娟 应惠清
	王玉岭 史志华 吴欣正 高俊岳
	鲍　颖

目 次

1 总则 …………………………… 9—9—5
2 术语 …………………………… 9—9—5
3 基本规定 ……………………… 9—9—5
4 钢管混凝土分项工程质量验收 … 9—9—6
  4.1 钢管构件进场验收 ………… 9—9—6
  4.2 钢管混凝土构件现场拼装 … 9—9—6
  4.3 钢管混凝土柱柱脚锚固 …… 9—9—8
  4.4 钢管混凝土构件安装 ……… 9—9—8
  4.5 钢管混凝土柱与钢筋混凝土梁
      连接 ………………………… 9—9—9
  4.6 钢管内钢筋骨架 …………… 9—9—9
  4.7 钢管内混凝土浇筑 ………… 9—9—10
5 钢管混凝土工程质量验收 …… 9—9—10
附录 A 钢管混凝土工程检验批质量
       验收记录 ………………… 9—9—11
附录 B 钢管混凝土分项工程质量
       验收记录 ………………… 9—9—13
附录 C 钢管混凝土子分部工程质量
       验收记录 ………………… 9—9—14
本规范用词说明 ………………… 9—9—16
引用标准名录 …………………… 9—9—16
附：条文说明 …………………… 9—9—17

Contents

1 General Provisions ·················· 9—9—5
2 Terms ································ 9—9—5
3 Basic Requirements ··············· 9—9—5
4 Quality Acceptance of the Concrete Filled Steel Tubular Divisional Item ································ 9—9—6
   4.1 Site Acceptance of Fabrication of the Steel Tubular Member ··············· 9—9—6
   4.2 Assembly of Components of the Steel Tubular Member ··············· 9—9—6
   4.3 Anchoring of Steel Tubular Column Base ···················· 9—9—8
   4.4 Installation of the Steel Tubular Member ··············· 9—9—8
   4.5 Link between Steel Tubular Column and Reinforced Concrete Beam ··············· 9—9—9
   4.6 Reinforcement Cage in the Steel Tube ···························· 9—9—9
   4.7 Concrete Casting in the Steel Tube ···························· 9—9—10
5 Quality Acceptance of the Concrete Filled Steel Tubular Sub-divisional Project ····························· 9—9—10
Appendix A Quality Acceptance Records of the Concrete Filled Steel Tubular Inspection Lots ········· 9—9—11
Appendix B Quality Acceptance Records of the Divisional Item ···················· 9—9—13
Appendix C Quality Acceptance Records of the Sub-divisional Project ······ 9—9—14
Explanation of Wording in This Code ···························· 9—9—16
List of Quoted Standards ··············· 9—9—16
Addition: Explanation of Provisions ···················· 9—9—17

1 总 则

1.0.1 为加强建筑工程施工质量管理，统一钢管混凝土工程施工质量的验收，保证工程质量，制定本规范。

1.0.2 本规贩适用于建筑工程钢管混凝土工程施工质量的验收。

1.0.3 本规范应与现行国家标准《建筑工程施工质量验收统一标准》GB 50300 配套使用。

1.0.4 钢管混凝土工程施工质量的验收除应符合本规范外，尚应符合国家现行有关标准的规定。

2 术 语

2.0.1 钢管混凝土构件 steel tubular concrete filled member

在钢管内浇筑混凝土并由钢管和管炮混凝土共同工作的结构构件。

2.0.2 钢管内混凝土 concrete in the steel tube

浇筑在钢管内有一定工作性能要求的混凝土。

2.0.3 钢管贯通型节点 through-type steel tubular joint

在钢管混凝土柱和钢筋混凝土梁节点处，上下楼层钢管柱采用直接贯通柱梁节点核心区方式的钢管混凝土的柱梁交接节点。

2.0.4 钢管非贯通型节点 part-through type steel tubular joint

在钢管混凝土柱和钢筋混凝土梁节点处，上下楼层钢管柱采用不直接贯通柱梁节点核心区，而采用小直径厚壁钢管、钢板翅片等在柱梁节点核心区使上下钢管混凝土柱连接，达到转换的柱梁交接节点。也称转换型连接节点。

2.0.5 钢板翅片 fin

在钢管混凝土柱和钢筋混凝土梁节点处钢管柱非贯通型节点中，钢管柱不贯通柱梁节点核心区，用于上下钢管混凝土柱转换连接的钢板肋。

3 基本规定

3.0.1 钢管混凝土工程的施工应由具备相应资质的企业承担。钢管混凝土工程施工质量检测应由具备工程结构检测资质的机构承担。

3.0.2 钢管混凝土施工图设计文件应经具有施工图设计审查许可证的机构审查通过。施工单位的深化设计文件应经原设计单位确认。

3.0.3 钢管混凝土工程施工前，施工单位应编制专项施工方案，并经监理（建设）单位确认。当冬期、雨期、高温施工时，应制定季节性施工技术措施。

3.0.4 钢管、钢板、钢筋、连接材料、焊接材料及钢管混凝土的材料应符合设计要求和国家现行有关标准的规定。

3.0.5 钢管构件的制作应符合现行国家标准《钢结构工程施工质量验收规范》GB 50205 的有关规定。构件出厂应按规定进行验收检验，并形成出厂验收记录。要求预拼装的应进行预拼装，并形成记录。

3.0.6 焊工必须经考试合格并取得合格证书，持证焊工必须在其考试合格项目及合格证规定的范围内施焊。

3.0.7 设计要求全焊透的一、二级焊缝应采用超声波探伤进行焊缝内部缺陷检验，超声波探伤不能对缺陷作出判断时，应采用射线探伤检验。其内部缺陷分级及探伤应符合现行国家标准《钢焊缝手工超声波探伤方法和探伤结果分级》GB 11345、《金属熔化焊焊接接头射线照相》GB/T 3323 的有关规定。一、二级焊缝的质量等级及缺陷分级应符合表3.0.7 的规定。

表 3.0.7 一、二级焊缝质量等级及缺陷分级

焊缝质量等级		一级	二级
内部缺陷超声波探伤	评定等级	Ⅱ	Ⅲ
	检验等级	B 级	B 级
	探伤比例	100%	20%
内部缺陷射线探伤	评定等级	Ⅱ	Ⅲ
	检验等级	AB 级	AB 级
	探伤比例	100%	20%

注：探伤比例的计数方法应按以下原则；(1) 对工厂制作焊缝，应按每条焊缝计算百分比，且探伤长度不应小于 200mm，当焊逢长度不足 200mm 时，应对整条焊缝进行探伤；(2) 对现场安装焊缝，应按同一类型、同一施焊条件的焊缝条数计算百分比，探伤长度不应小于 200mm，并不应少于 1 条焊缝。

3.0.8 钢管混凝土构件吊装与钢管内混凝土浇筑顺序应满足结构强度和稳定性的要求。

3.0.9 钢管内混凝土施工前应进行配合比设计，并宜进行浇筑工艺试验；浇筑方法应与结构形式相适应。

3.0.10 钢管构件安装完成后应按设计要求进行防腐、防火涂装。其质量要求和检验方法应符合现行国家标准《钢结构工程施工质量验收规范》GB 50205 的有关规定。

3.0.11 钢管混凝土工程施工质量验收，应在施工单位自行检验评定合格的基础上，由监理（建设）单位验收。其程序应按现行国家标准《建筑工程施工质量验收统一标准》GB 50300 的规定进行验收。钢管混凝土子分部应按表 3.0.11 的规定划分分项工程。

表 3.0.11 钢管混凝土子分部工程所含分项工程表

子分部工程	分项工程
钢管混凝土工程	钢管构件进场验收、钢管混凝土构件现场拼装、钢管混凝土柱柱脚锚固、钢管混凝土构件安装、钢管混凝土柱与钢筋混凝土梁连接、钢管内钢筋骨架、钢管内混凝土浇筑

4 钢管混凝土分项工程质量验收

4.1 钢管构件进场验收

主控项目

4.1.1 钢管构件进场应进行验收,其加工制作质量应符合设计要求和合同约定。
　　检查数量:全数检查。
　　检验方法:检查出厂验收记录。

4.1.2 钢管构件进场应按安装工序配套核查构件、配件的数量。
　　检查数量:全数检查。
　　检验方法:按照安装工序清单清点构件、配件数量。

4.1.3 钢管构件上的钢板翅片、加劲肋板、栓钉及管壁开孔的规格和数量应符合设计要求。
　　检查数量:同批构件抽查10%,且不少于3件。
　　检验方法:尺量检查、观察检查及检查出厂验收记录。

一般项目

4.1.4 钢管构件不应有运输、堆放造成的变形、脱漆等现象。
　　检查数量:同批构件抽查10%,且不少于3件。
　　检验方法:观察检查。

4.1.5 钢管构件进场应抽查构件的尺寸偏差,其允许偏差应符合表4.1.5的规定。
　　检查数量:同批构件抽查10%,且不少于3件。
　　检验方法:见表4.1.5。

表4.1.5 钢管构件进场抽查尺寸允许偏差(mm)

项目		允许偏差	检验方法
直径D		$\pm D/500$ 且不应大于± 5.0	尺量检查
构件长度L		± 3.0	
管口圆度		$D/500$ 且不应大于5.0	
弯曲矢高		$L/1500$ 且不应大于5.0	拉线、吊线和尺量检查
钢筋贯穿管柱孔(d钢筋直径)	孔径偏差范围	中间 $1.2d\sim1.5d$ 外侧 $1.5d\sim2.0d$ 长圆孔宽 $1.2d\sim1.5d$	尺量检查
	轴线偏差	1.5	
	孔距	任意两孔距离±1.5 两端孔距离±2.0	

4.2 钢管混凝土构件现场拼装

主控项目

4.2.1 钢管混凝土构件现场拼装时,钢管混凝土构件各种缀件的规格、位置和数量应符合设计要求。
　　检查数量:全数检查。
　　检验方法:观察检查、尺量检查。

4.2.2 钢管混凝土构件拼装的方式、程序、施焊方法应符合设计及专项施工方案要求。
　　检查数量:全数检查。
　　检验方法:观察检查、检查施工记录。

4.2.3 钢管混凝土构件焊接的焊接材料应与母材相匹配,并应符合设计要求和现行国家标准《钢结构工程施工质量验收规范》GB 50205的有关规定。
　　检查数量:全数检查。
　　检验方法:检查施工记录。

4.2.4 钢管混凝土构件拼装焊接焊缝质量应符合设计要求和现行国家标准《钢结构工程施工质量验收规范》GB 50205的有关规定。设计要求的一、二级焊缝应符合本规范第3.0.7条的规定。
　　检查数量:全数检查。
　　检验方法:检查施工记录及焊缝检测报告。

一般项目

4.2.5 钢管混凝土构件拼装场地的平整度、控制线等控制措施应符合专项施工方案的要求。
　　检查数量:全数检查。
　　检验方法:观感检查、尺量检查。

4.2.6 钢管混凝土构件现场拼装焊接二、三级焊缝外观质量应符合表4.2.6的规定。
　　检查数量:同批构件抽查10%,且不少于3件。
　　检验方法:观察检查、尺量检查。

表4.2.6 二、三级焊缝外观质量标准

项目	允许偏差(mm)	
缺陷类型	二级	三级
未焊满(指不足设计要求)	$\leqslant 0.2+0.02t$,且不应大于1.0	$\leqslant 0.2+0.04t$,且不应大于2.0
	每100.0焊缝内缺陷总长不应大于25.0	
根部收缩	$\leqslant 0.2+0.02t$,且不应大于1.0	$\leqslant 0.2+0.04t$,且不应大于2.0
	长度不限	

续表 4.2.6

项 目	允许偏差(mm)	
咬边	≤0.05t，且不应大于0.5；连续长度≤100.0，且焊缝两侧咬边总长不应大于10%焊缝全长	≤0.1t，且不应大于1.0，长度不限
弧坑裂纹	—	允许存在个别长度≤5.0的弧坑裂纹
电弧擦伤	—	允许存在个别电弧擦伤
接头不良	缺口深度0.05t，且不应大于0.5	缺口深度0.1t，且不应大于1.0
	每1000.0焊缝不应超过1处	
表面夹渣	—	深≤0.2t 长≤0.5t，且不应大于2.0
表面气孔	—	每50.0焊缝长度内允许直径≤0.4t，且不应大于3.0的气孔2个，孔距≥6倍孔径

注：表内 t 为连接处较薄的板厚。

4.2.7 钢管混凝土构件对接焊缝和角焊缝余高及错边允许偏差应符合表 4.2.7 的规定。
　　检查数量：同批构件抽查 10%，且不少于 3 件。
　　检验方法：焊缝量规检查。

表 4.2.7 焊缝余高及错边允许偏差

序号	内容	图例	允许偏差(mm)	
			一、二级	三级
1	对接焊缝余高 C		$B<20$ 时，C 为 $0\sim3.0$；$B\geq20$ 时，C 为 $0\sim4.0$	$B<20$ 时，C 为 $0\sim4.0$；$B\geq20$ 时，C 为 $0\sim5.0$
2	对接焊缝错边 d		$d<0.15t$，且不应大于2.0	$d<0.15t$，且不应大于3.0
3	角焊缝余高 C		$h_f\leq6$ 时，C 为 $0\sim1.5$；$h_f>6$ 时，C 为 $0\sim3.0$	

注：$h_f>8.0$mm 的角焊缝其局部焊脚尺寸允许低于设计要求值 1.0mm，但总长度不得超过焊缝长度 10%。

4.2.8 钢管混凝土构件现场拼装允许偏差应符合表 4.2.8 的规定。
　　检查数量：同批构件抽查 10%，且不少于 3 件。
　　检验方法：见表 4.2.8。

表 4.2.8 钢管混凝土构件现场拼装允许偏差（mm）

项目	允许偏差		检验方法	图例
	单层柱	多层柱		
一节柱高度	±5.0	±3.0	尺量检查	
对口错边	$t/10$，且不应大于3.0	2.0	焊缝量规检查	
柱身弯曲矢高	$H/1500$，且不应大于10.0	$H/1500$，且不应大于5.0	拉线、直角尺和尺量检查	
牛腿处的柱身扭曲	3.0	$d/250$，且不应大于5.0	拉线、吊线和尺量检查	
牛腿面的翘曲 Δ	2.0	$L_3\leq1000$，2.0；$L_3>1000$，3.0	拉线、直角尺和尺量检查	
柱底面到柱端与梁连接的最上一个安装孔距离 L	±$L/1500$，且不应超过±15.0		尺量检查	
柱两端最外侧安装孔、穿钢筋孔距离 L_1	—	±2.0	尺量检查	
柱底面到牛腿支承面距离 L_2	±$L_2/2000$，且不应超过±8.0		尺量检查	
牛腿端孔到柱轴线距离 L_3	±3.0	±3.0	尺量检查	
管肢组合尺寸偏差 h：长方向尺寸 δ_1：长方向偏差 b：宽方向尺寸 δ_2：宽方向偏差	$\delta_1/h\leq1/1000$；$\delta_2/b\leq1/1000$		尺量检查	
缀件尺寸偏差 h_1：两管肢间距 δ_1：管肢间缀件偏差 h_2：两缀件间距离 δ_2：两缀件偏差	$\delta_1/h_1\leq1/1000$；$\delta_2/h_2\leq1/1000$		尺量检查	
缀件节点偏差 d：钢管柱直径 d_1：缀件直径 δ：缀件节点偏差	d_1 不宜小于50；δ 不应大于 $d/4$（宜交于中心）		尺量检查	

注：t 为钢管壁厚度；H 为柱身高；d 为钢管直径，矩形管长边尺寸。

4.3 钢管混凝土柱柱脚锚固

主控项目

4.3.1 埋入式钢管混凝土柱柱脚的构造、埋置深度和混凝土强度应符合设计要求。

检查数量：全数检查。

检验方法：观察检查、尺量检查、检查混凝土试件强度报告。

4.3.2 端承式钢管混凝土柱柱脚的构造及连接锚固件的品种、规格、数量、位置应符合设计要求。柱脚螺栓连接或焊接的质量应符合设计要求和现行国家标准《钢结构工程施工质量验收规范》GB 50205 的有关规定。

检查数量：全数检查。

检验方法：观察检查，检查柱脚预埋钢板验收记录。

一般项目

4.3.3 埋入式钢管混凝土柱柱脚有管内锚固钢筋时，其锚固筋的长度、弯钩应符合设计要求。

检查数量：全数检查。

检验方法：检查施工记录、隐蔽工程验收记录。

4.3.4 端承式钢管混凝土柱柱脚安装就位及锚固螺栓拧紧后，端板下应按设计要求及时进行灌浆。

检查数量：全数检查。

检验方法：观察检查，检查施工记录。

4.3.5 钢管混凝土柱柱脚安装允许偏差应符合表 4.3.5 的规定。

检查数量：同批构件抽查 10%，且不少于 3 处。

检验方法：尺量检查。

表 4.3.5 钢管混凝土柱柱脚安装允许偏差（mm）

项 目		允许偏差
埋入式柱脚	柱轴线位移	5
	柱标高	±5.0
端承式柱脚	支承面标高	±3.0
	支承面水平度	$L/1000$，且不应大于 5.0
	地脚螺栓中心线偏移	4.0
	地脚螺栓之间中心距	±2.0
	地脚螺栓露出长度 地脚螺栓露出螺纹长度	0，+30.0 0，+30.0

注：L 为支承面长度。

4.4 钢管混凝土构件安装

主控项目

4.4.1 钢管混凝土构件吊装与混凝土浇筑顺序应符合设计和专项施工方案要求。

检查数量：全数检查。

检验方法：观察检查，检查施工记录。

4.4.2 钢管混凝土构件吊装前，基座混凝土强度应符合设计要求。多层结构上节钢管混凝土构件吊装应在下节钢管内混凝土达到设计要求后进行。

检查数量：全数检查。

检验方法：检查同条件养护试块报告。

4.4.3 钢管混凝土构件吊装前，钢管混凝土构件的中心线、标高基准点等标记应齐全；吊点与临时支撑点的设置应符合设计及专项施工方案要求。

检查数量：全数检查。

检验方法：观察检查。

4.4.4 钢管混凝土构件吊装就位后，应及时校正和固定牢固。

检查数量：全数检查。

检验方法：观察检查。

4.4.5 钢管混凝土构件焊接与紧固件连接的质量应符合设计要求和现行国家标准《钢结构工程施工质量验收规范》GB 50205 的有关规定。

检查数量：全数检查。

检验方法：尺量检查，检查高强度螺栓终拧扭矩记录、施工记录及焊缝检测报告。

4.4.6 钢管混凝土构件垂直度允许偏差应符合表 4.4.6 的规定。

检查数量：同批构件抽查 10%，且不少于 3 件。

检验方法：见表 4.4.6。

表 4.4.6 钢管混凝土构件安装垂直度允许偏差（mm）

项 目		允许偏差	检验方法
单层	单层钢管混凝土构件的垂直度	$h/1000$，且不应大于 10.0	经纬仪、全站仪检查
多层及高层	主体结构钢管混凝土构件的整体垂直度	$H/2500$，且不应大于 30.0	经纬仪、全站仪检查

注：h 为单层钢管混凝土构件的高度，H 为多层及高层钢管混凝土构件全高。

一般项目

4.4.7 钢管混凝土构件吊装前，应清除钢管内的杂物，钢管口应包封严密。

检查数量：全数检查。

检验方法：观察检查。

4.4.8 钢管混凝土构件安装允许偏差应符合表 4.4.8 的规定。

检查数量：同批构件抽查 10%，且不少于 3 件。

检验方法：见表 4.4.8。

表 4.4.8 钢管混凝土构件安装允许偏差（mm）

项　目		允许偏差	检验方法
单层	柱脚底座中心线对定位轴线的偏移	5.0	吊线和尺量检查
单层	单层钢管混凝土构件弯曲矢高	$h/1500$，且不应大于 10.0	经纬仪、全站仪检查
多层及高层	上下构件连接处错口	3.0	尺量检查
多层及高层	同一层构件各构件顶高度差	5.0	水准仪检查
多层及高层	主体结构钢管混凝土构件总高度差	$\pm H/1000$，且不应大于 30.0	水准仪和尺量检查

注：h 为单层钢管构件高度，H 为构件全高。

4.5 钢管混凝土柱与钢筋混凝土梁连接

主 控 项 目

4.5.1 钢管混凝土柱与钢筋混凝土梁连接节点核心区的构造及钢筋的规格、位置、数量应符合设计要求。

检查数量：全数检查。

检验方法：观察检查，检查施工记录和隐蔽工程验收记录。

4.5.2 钢管混凝土柱与钢筋混凝土梁采用钢管贯通型节点连接时，在核心区内的钢管外壁处理应符合设计要求，设计无要求时，钢管外壁应焊接不少于两道闭合的钢筋环箍，环箍钢筋直径、位置及焊接质量应符合专项施工方案要求。

检查数量：全数检查。

检验方法：观察检查，检查施工记录。

4.5.3 钢管混凝土柱与钢筋混凝土梁连接采用钢管柱非贯通型节点连接时，钢板翅片、厚壁连接钢管及加劲肋板的规格、数量、位置与焊接质量应符合设计要求。

检查数量：全数检查。

检验方法：观察检查、尺量检查和检查施工记录。

一 般 项 目

4.5.4 梁纵向钢筋通过钢管混凝土柱核心区应符合下列规定：

 1 梁的纵向钢筋位置、间距应符合设计要求；

 2 边跨梁的纵向钢筋的锚固长度应符合设计要求；

 3 梁的纵向钢筋宜直接贯通核心区，且连接头不宜设置在核心区。

检查数量：全数检查。

检验方法：观察检查、尺量检查和检查隐蔽工程验收记录。

4.5.5 通过梁柱节点核心区的梁纵向钢筋的净距不应小于 40mm，且不小于混凝土骨料粒径的 1.5 倍。绕过钢管布置的纵向钢筋的弯折度应满足设计要求。

检查数量：全数检查。

检验方法：观察检查、尺量检查。

4.5.6 钢管混凝土柱与钢管混凝土梁连接允许偏差应符合表 4.5.6 的规定。

检查数量：全数检查。

检验方法：见表 4.5.6。

表 4.5.6 钢管混凝土柱与钢筋混凝土梁连接允许偏差（mm）

项　目	允许偏差	检验方法
梁中心线对柱中心线偏移	5	经纬仪、吊线和尺量检查
梁标高	±10	水准仪、尺量检查

4.6 钢管内钢筋骨架

主 控 项 目

4.6.1 钢管内钢筋骨架的钢筋品种、规格、数量应符合设计要求。

检查数量：全数检查。

检验方法：观察检查、卡尺测量、检查产品出厂合格证和检查进场复测报告。

4.6.2 钢筋加工、钢筋骨架成形和安装质量应符合《混凝土结构工程施工质量验收规范》GB 50204 的规定。

检查数量：按每一工作班同一类加工形式的钢筋抽查不少于 3 件。

检验方法：观察检查、尺量检查。

4.6.3 受力钢筋的位置、锚固长度及与管壁之间的间距应符合设计要求。

检查数量：全数检查。

检验方法：观察检查、尺量检查。

一 般 项 目

4.6.4 钢筋骨架尺寸和安装允许偏差应符合表 4.6.4 的规定。

检查数量：同批构件抽查 10%，且不少于 3 件。

检验方法：见表 4.6.4。

表4.6.4 钢筋骨架尺寸和安装允许偏差（mm）

项次	检验项目		允许偏差	检验方法
1	钢筋骨架	长度	±10	尺量检查
		截面圆形直径	±5	尺量检查
		截面矩形边长	±5	尺量检查
		钢筋骨架安装中心位置	5	尺量检查
2	受力钢筋	间距	±10	尺量检查，测量两端、中间各一点，取最大值
		保护层厚度	±5	尺量检查
3	箍筋、横筋间距		±20	尺量检查，连续三档，取最大值
4	钢筋骨架与钢管间距		+5，-10	尺量检查

4.7 钢管内混凝土浇筑

主控项目

4.7.1 钢管内混凝土的强度等级应符合设计要求。

检查数量：全数检查。

检验方法：检查试件强度试验报告。

4.7.2 钢管内混凝土的工作性能和收缩性应符合设计要求和国家现行有关标准的规定。

检查数量：全数检查。

检验方法：检查施工记录。

4.7.3 钢管内混凝土运输、浇筑及间歇的全部时间不应超过混凝土的初凝时间，同一施工段钢管内混凝土应连续浇筑。当需要留置施工缝时应按专项施工方案留置。

检查数量：全数检查。

检验方法：观察检查、检查施工记录。

4.7.4 钢管内混凝土浇筑应密实。

检查数量：全数检查。

检验方法：检查钢管内混凝土浇筑工艺试验报告和混凝土浇筑施工记录。

一般项目

4.7.5 钢管内混凝土施工缝的设置应符合设计要求，当设计无要求时，应在专项施工方案中作出规定，且钢管柱对接焊口的钢管应高出混凝土浇筑施工缝面500mm以上，以防钢管焊接时高温影响混凝土质量。

施工缝处理应按专项施工方案进行。

检查数量：全数检查。

检验方法：观察检查、检查施工记录。

4.7.6 钢管内的混凝土浇筑方法及浇灌孔、顶升孔、排气孔的留置应符合专项施工方案要求。

检查数量：全数检查。

检验方法：观察检查、检查施工记录。

4.7.7 钢管内混凝土浇筑前，应对钢管安装质量检查确认，并应清理钢管内壁污物；混凝土浇筑后应对管口进行临时封闭。

检查数量：全数检查。

检验方法：观察检查、检查施工记录。

4.7.8 钢管内混凝土灌筑后的养护方法和养护时间应符合专项施工方案要求。

检查数量：全数检查。

检验方法：检查施工记录。

4.7.9 钢管内混凝土浇筑后，浇灌孔、顶升孔、排气孔应按设计要求封堵，表面应平整，并进行表面清理和防腐处理。

检查数量：全数检查。

检验方法：观察检查。

5 钢管混凝土工程质量验收

5.0.1 钢管混凝土子分部工程质量验收应按检验批、分项工程和子分部工程的程序进行验收。

5.0.2 检验批质量验收合格应符合下列规定：

1 主控项目和一般项目的质量经抽样检验合格；

2 具有完整的施工操作依据、质量检查记录。

5.0.3 分项工程质量验收合格应符合下列规定：

1 分项工程所含的检验批均应符合合格质量的规定；

2 分项工程所含检验批的质量验收记录应完整。

5.0.4 钢管混凝土子分部工程质量验收合格应符合下列规定：

1 子分部工程所含分项工程的质量均应验收合格；

2 质量控制资料应完整；

3 钢管混凝土子分部工程结构检验和抽样检测结果应符合有关规定；

4 钢管混凝土子分部工程观感质量验收应符合要求。

5.0.5 钢管混凝土子分部工程质量验收记录应符合下列规定：

1 检验批质量验收记录可按本规范表A.0.1～表A.0.7的规定进行；

2 分项工程质量验收记录可按本规范表B进行；

3 子分部工程质量验收记录可按本规范表 C.0.1～表 C.0.4 的规定进行。

附录 A 钢管混凝土工程检验批质量验收记录

A.0.1 钢管构件进场验收检验批质量验收记录应符合表 A.0.1 的规定。

A.0.2 钢管混凝土构件现场拼装检验批质量验收记录应符合表 A.0.2 的规定。

A.0.3 钢管混凝土柱柱脚锚固检验批质量验收记录应符合表 A.0.3 的规定。

A.0.4 钢管混凝土构件安装检验批质量验收记录应符合表 A.0.4 的规定。

A.0.5 钢管混凝土柱与钢筋混凝土梁连接检验批质量验收记录应符合表 A.0.5 的规定。

A.0.6 钢管内钢筋骨架检验批质量验收记录应符合表 A.0.6 的规定。

A.0.7 钢管内混凝土浇筑检验批质量验收记录应符合表 A.0.7 的规定。

表 A.0.1 钢管构件进场验收检验批质量验收记录

工程名称		分项工程名称		验收部位	
施工单位			专业工长		项目经理
施工执行标准名称及编号					
分包单位		分包项目经理		施工班组长	
	验收规范规定		施工单位检查评定记录		监理(建设)单位验收记录
主控项目	1	钢管构件进场质量验收			
	2	进场构件配套数量			
	3	钢管构件上翅片、肋板、栓钉及开孔规格、数量			
一般项目	1	构件运输、堆放造成的变形、脱漆			
	2 允许偏差 (mm)	直径 ±D/500 且 ±5.0			
		构件长度 ±3.0			
		管口圆度 D/500 且≤5.0			
		弯曲矢高 L/1500 且≤5.0			
		钢筋孔径偏差 中间 1.2d～1.5d			
		外侧 1.2d～1.5d			
		长圆孔宽 1.2d～1.5d			
		钢筋孔距 任意 ±1.5			
		两端 ±2.0			
		钢筋轴线偏差 1.5			
施工单位检查评定结果: 项目专业质量检查员: 年 月 日					
监理(建设)单位验收结论: 监理工程师 (建设单位项目专业技术负责人) 年 月 日					

表 A.0.2 钢管混凝土构件现场拼装检验批质量验收记录

工程名称		分项工程名称		验收部位	
施工单位			专业工长		项目经理
施工执行标准名称及编号					
分包单位		分包项目经理		施工班组长	
	验收规范规定		施工单位检查评定记录		监理(建设)单位验收记录
主控项目	1	构件上级件数量、位置			
	2	拼装的方式、程序、方法			
	3	焊接材料			
	4	焊缝质量(一、二级)			
一般项目	1	拼装场地条件			
	2 二、三级焊缝外观 (mm)	未焊满: ≤1.0; ≤3.0			
		根部收缩: ≤1.0; ≤2.0			
		咬边: ≤0.5; ≤1.0			
		弧坑裂纹: 0; ≤5.0			
		电弧擦伤: ≤1.0			
		接头不良: ≤0.5; ≤1.0			
		表面夹渣: 0; ≤2.0			
		表面气孔: 0; 2个			
	3 一、二、三级焊缝偏差 (mm)	对接焊缝余高 一二级 0～3.0; 0～4.0 三级 0～4.0; 0～5.0			
		对接焊缝错边 一二级 ≤2.0 三级 3.0			
		角焊缝余高 一二级 0～1.5 三级 0～3.0			
	4 拼装允许偏差 (mm)		单层	多层	
		柱高	±5.0	±3.0	
		对口错位	t/10, 2.0	2.0	
		弯曲矢高	H/1500, ≤10.0	H/1500, ≤5.0	
		柱身扭曲	3.0	D/250 ≤5.0	
		腿面翘曲	2.0	2.0 3.0	
		L 的偏差	L/1500, ≤15.0	—	
		L_1 的偏差	±2.0		
		L_2 的偏差	±L_2/2000, ≤8.0		
		L_3 的偏差	±3.0	±3.0	
		管肢偏差	长向 δ_1/h≤1/1000 宽向 δ_2/b≤1/1000		
		缀件偏差	长向 δ_1/h_1≤1/1000 宽向 δ_2/h_2≤1/1000		
		节点偏差	d_1≥50; δ≤d/4		
施工单位检查评定结果: 项目专业质量检查员: 年 月 日					
监理(建设)单位验收结论: 监理工程师 (建设单位项目专业技术负责人) 年 月 日					

注: L 柱底面到柱端与梁连接的最上一个安装孔距; L_1 柱两端最外侧安装孔距离; L_2 柱底面到牛腿支承面距离; L_3 牛腿端孔到柱轴线距离。

表 A.0.3 钢管混凝土柱柱脚锚固检验批质量验收记录

工程名称			分项工程名称			验收部位	
施工单位				专业工长		项目经理	
施工执行标准名称及编号							
分包单位			分包项目经理			施工班组长	

		验收规范规定	施工单位检查评定记录	监理(建设)单位验收记录
主控项目	1	埋入式柱脚构造		
	2	端承式柱脚构造		
一般项目	1	埋入式柱脚锚固		
	2	端承式柱脚板下灌浆		
	3 允许偏差(mm)	埋入式 柱轴线位移 5		
		柱标高 ±5.0		
		端承式 支承面标高 ±3.0		
		支承面水平度 $L/1000$,≤5.0		
		螺栓中心线偏移 4.0		
		螺栓之间中心距 ±2.0		
		螺栓露出长度 0~+30		
		螺纹露出长度 0~+30		

施工单位检查评定结果:

项目专业质量检查员: 年 月 日

监理(建设)单位验收结论:

监理工程师
(建设单位项目专业技术负责人): 年 月 日

表 A.0.4 钢管混凝土构件安装检验批质量验收记录

工程名称			分项工程名称			验收部位	
施工单位				专业工长		项目经理	
施工执行标准名称及编号							
分包单位			分包项目经理			施工班组长	

		验收规范规定	施工单位检查评定记录	监理(建设)单位验收记录
主控项目	1	构件吊装与混凝土浇筑顺序		
	2	基座及下层管内混凝土强度		
	3	构件标线、吊点、支撑点		
	4	构件就位后校正固定		
	5	焊接材料		
	6 垂直度	单层钢管垂直度 $h/1000$,≤10.0		
		多层钢管整体垂直度 $H/2500$,≤30.0		
一般项目	1	构件管内清理封口		
	2 安装允许偏差(mm)	单层 轴线偏移 5.0		
		单层构件弯曲矢高 $h/1500$,≤10.0		
		上下连接错口 3.0		
		双层及高层 同一层构件顶高度差 5.0		
		结构总高度差 $±H/1000$,≤30.0		

施工单位检查评定结果:

项目专业质量检查员: 年 月 日

监理(建设)单位验收结论:

监理工程师
(建设单位项目专业技术负责人): 年 月 日

表 A.0.5 钢管混凝土柱与钢筋混凝土梁连接检验批质量验收记录

工程名称			分项工程名称		验收部位		
施工单位				专业工长		项目经理	
施工执行标准名称及编号							
分包单位			分包项目经理		施工班组长		
	验收规范规定			施工单位检查评定记录		监理(建设)单位验收记录	
主控项目	1	柱梁连接点核心区构造					
	2	柱梁连接贯通型节点					
	3	柱梁连接非贯通型节点					
一般项目	1	梁纵筋通过核心区要求					
	2	梁纵筋间距					
	3 允许偏差 (mm)	梁柱中心线偏移 5.0					
		梁标高 ±10.0					
施工单位检查评定结果: 　　项目专业质量检查员: 　　　年 月 日							
监理(建设)单位验收结论: 　　监理工程师 　　(建设单位项目专业技术负责人): 　　　年 月 日							

表 A.0.6 钢管内钢筋骨架检验批质量验收记录

工程名称			分项工程名称		验收部位		
施工单位				专业工长		项目经理	
施工执行标准名称及编号							
分包单位			分包项目经理		施工班组长		
	验收规范规定			施工单位检查评定记录		监理(建设)单位验收记录	
主控项目	1	钢筋质量					
	2	钢筋加工、成型、安装					
	3	受力筋位置、锚固、与管壁距离					
一般项目 允许偏差 (mm)		骨架长度 ±10.0					
		骨架截面圆形直径 ±5.0					
		骨架截面矩形边长 ±5.0					
		骨架安装中心位置 5.0					
		受力钢筋间距 ±10.0					
		受力钢筋保护层厚度 ±5.0					
		箍筋、横筋间距 ±20.0					
		钢筋骨架与钢管间距 +5.0,-10.0					
施工单位检查评定结果: 　　项目专业质量检查员: 　　　年 月 日							
监理(建设)单位验收结论: 　　监理工程师 　　(建设单位项目专业技术负责人): 　　　年 月 日							

表 A.0.7 钢管内混凝土浇筑检验批质量验收记录

工程名称			分项工程名称		验收部位	
施工单位				专业工长		项目经理
施工执行标准名称及编号						
分包单位			分包项目经理		施工班组长	
	验收规范规定			施工单位检查评定记录		监理(建设)单位验收记录
主控项目	1	管内混凝土强度				
	2	管内混凝土工作性能				
	3	混凝土浇筑初凝时间控制				
	4	浇筑密实度				
一般项目	1	管内施工缝留置				
	2	浇筑方法及开孔				
	3	管内清理				
	4	管内混凝土养护				
	5	孔的封堵及表面处理				
施工单位检查评定结果: 　　项目专业质量检查员: 　　　年 月 日						
监理(建设)单位验收结论: 　　监理工程师 　　(建设单位项目专业技术负责人): 　　　年 月 日						

附录 B 钢管混凝土分项工程质量验收记录

分项工程质量应由施工项目经理部专业质量检查员填写,监理工程师(建设单位项目专业技术负责人）进行验收，并按表B记录。

表B _____分项工程质量验收记录表

工程名称		结构类型		检验批数	
施工单位		项目经理		项目技术负责人	
分包单位		分包单位负责人		分包项目经理	
序号	检验批部位、区段	施工单位检查评定结果		监理（建设）单位验收结论	
1					
2					
3					
4					
5					
6					
7					
8					
9					
10					
11					
12					
13					
14					
15					
16					
17					
检查结论	项目专业技术负责人： 年 月 日		验收结论	监理工程师： （建设单位项目专业技术负责人） 年 月 日	

附录C 钢管混凝土子分部工程质量验收记录

C.0.1 钢管混凝土子分部工程质量验收应按表C.0.1的规定记录。

C.0.2 钢管混凝土子分部工程质量控制资料核查应按表C.0.2的规定记录。

C.0.3 钢管混凝土子分部工程结构安全检测应按表C.0.3的规定记录。

C.0.4 钢管混凝土子分部工程观感质量验收应按表C.0.4的规定记录。

C.0.1 钢管混凝土子分部工程质量验收记录表。

表C.0.1 _____钢管混凝土子分部工程质量验收记录表

工程名称		结构类型		层数	
施工单位		技术部门负责人		质量部门负责人	
分包单位		分包单位负责人		分包技术负责人	
序号	分项工程名称	检验批数	施工单位检查评定		验收意见
1					
2					
3					
4					
5					
6					
7					
质量控制资料					
安全和功能检验（检测）报告					
观感质量验收					
验收单位	分包单位：		项目经理		年 月 日
	施工单位：		项目经理		年 月 日
	设计单位：		项目负责人		年 月 日
	结论：				
	监理（建设）单位：				
	总监理工程师： （建设单位项目专业负责人） 年 月 日				

C.0.2 钢管混凝土子分部工程质量控制资料核查记录表。

表 C.0.2 钢管混凝土子分部工程质量控制资料核查记录表

工程名称		施工单位			
序号	资料名称		份数	核查意见	核查人
1	图纸会审、设计变更、洽商记录及施工图设计文件审查报告				
2	工程定位测量、放线记录				
3	专项施工技术方案和制作工艺文件				
4	施工缝留置及处理的施工方案，施工缝处理记录				
5	钢管、钢材、钢筋及主要焊接材料的出厂合格证、进场验收记录、复试检测报告				
6	钢筋连接试验报告				
7	焊工合格证、焊接工艺评定报告				
8	一、二级焊缝内部质量超声波探伤、射线探伤记录				
9	钢管涂装质量检测报告				
10	混凝土配合比报告（预拌混凝土合格证）、坍落度测定记录、混凝土强度评定报告				
11	隐蔽工程验收记录				
12	工程质量事故及事故调查处理资料				
13	设计要求的其他资料				
14					
结论：					
施工单位项目经理： 年 月 日					
总监理工程师： （建设单位项目负责人） 年 月 日					

C.0.3 钢管混凝土子分部工程结构安全检测记录表。

表 C.0.3 钢管混凝土子分部工程结构安全检测记录表

工程名称		施工单位			
序号	安全和功能检查项目	份数	核查意见	抽查结果	核查人
1	钢管混凝土构件现场拼装和安装焊缝内部质量检测				
2	钢管涂装厚度检测				
3	钢管柱垂直度检测				
4	设计要求的检测项目				
5					
6					
结论：					
施工单位项目经理： 年 月 日					
总监理工程师： （建设单位项目负责人） 年 月 日					

C.0.4 钢管混凝土子分部工程观感质量验收记录表。

表 C.0.4 钢管混凝土子分部工程观感质量验收记录表

工程名称		施工单位				
序号	项目	抽查质量状况	质量评价			
			好	一般	差	
1	钢管混凝土柱脚锚固情况					
2	钢管混凝土构件安装焊缝外观质量					
3	钢管混凝土结构外观质量					
4	涂装质量					
5						
6						
7						
8						
9						
10						
结论：						
施工单位项目经理： 年 月 日						
总监理工程师： （建设单位项目负责人） 年 月 日						

注：质量评价为差时，应进行返修。

本规范用词说明

1 为便于在执行本规范条文区别对待，对要求的严格程度不同的用词说明如下：

　1）表示很严格，非这样做不可的：
　　正面词采用"必须"，反面词采用"严禁"；
　2）表示严格，正常情况下均应这样做的：
　　正面词采用"应"，反面词采用"不应"或"不得"；
　3）表示允许稍有选择，在条件许可时首先应这样做的用词：
　　正面词采用"宜"，反面词采用"不宜"；
　4）表示有选择，在一定条件下可以这样做的，采用"可"。

2 条文中指明应按其他有关标准、规范执行的写法为"应符合……的规定"或"应按……执行"。

引用标准名录

1 《混凝土结构工程施工质量验收规范》GB 50204
2 《钢结构工程施工质量验收规范》GB 50205
3 《建筑工程施工质量验收统一标准》GB 50300
4 《金属熔化焊焊接接头射线照相》GB/T 3323
5 《钢焊缝手工超声波探伤方法和探伤结果分级》GB 11345

中华人民共和国国家标准

钢管混凝土工程施工质量验收规范

GB 50628—2010

条 文 说 明

制 定 说 明

《钢管混凝土工程施工质量验收规范》GB 50628-2010 经住房和城乡建设部 2010 年 11 月 3 日以第 810 号公告批准、发布。

本规范制定过程中，编制组进行了国内钢管混凝土工程施工的调查研究，总结了我国近些年来钢管混凝土工程施工的实践经验，广泛征求了有关方面的意见，并与相关标准进行了协调。

为了便于广大设计、施工、工程质量管理监督等单位有关人员在使用本规范时能正确理解和执行条文规定，编制组按章、节、条顺序编制了本规范的条文说明。对条文规定的目的、依据以及执行中需要注意的有关事项进行了说明。但是，本条文说明不具备与规范正文同等的法律效力，仅供使用者作为理解和把握规范规定的参考。

目 次

1 总则 …………………………………… 9—9—20
2 术语 …………………………………… 9—9—20
3 基本规定 ……………………………… 9—9—20
4 钢管混凝土分项工程质量验收 … 9—9—21
   4.1 钢管构件进场验收………………… 9—9—21
   4.2 钢管混凝土构件现场拼装………… 9—9—21
   4.3 钢管混凝土柱柱脚锚固…………… 9—9—21
   4.4 钢管混凝土构件安装……………… 9—9—22
   4.5 钢管混凝土柱与钢筋混凝土梁
       连接…………………………………… 9—9—22
   4.6 钢管内钢筋骨架…………………… 9—9—23
   4.7 钢管内混凝土浇筑………………… 9—9—23
5 钢管混凝土工程质量验收……………… 9—9—24

1 总 则

1.0.1 本条是本规范编制的目的、依据。目的是统一钢管混凝土结构工程施工质量的验收方法、程序和质量指标，保证钢管混凝土结构工程施工质量。依据《建筑工程施工质量验收统一标准》GB 50300 和建筑工程质量验收规范系列标准的《钢结构工程施工质量验收规范》GB 50205 及《混凝土结构工程施工质量验收规范》GB 50204 编制。

1.0.2 本条是本规范的适用范围，适用于单层、多层、高层钢管混凝土结构工程或通廊、塔架、支架等建筑物和构筑物工程中的钢管混凝土构件施工质量的验收。钢管截面可为圆形、矩形。

1.0.3 本规范与其他相关标准规范的关系。主要是依据国家标准《建筑工程施工质量验收统一标准》GB 50300 对工程质量验收检验批、分项、子分部工程的划分、检验方法、程序的原则规定。本规范与《钢结构工程施工质量验收规范》GB 50205 及《混凝土结构工程施工质量验收规范》GB 50204 配套使用。是建筑工程结构分部工程中的一个子分部工程。

1.0.4 本条规定钢管混凝土工程施工质量验收，除执行本规范外，还应同时执行国家现行其他有关标准的规定。

2 术 语

本章列出了5个术语，给予定义和解释，是针对本规范的情况给出的，在别的规范和场合使用时仅供参考。

3 基本规定

3.0.1 本条对从事钢管混凝土结构工程施工企业的资质和承担检测机构的技术能力提出要求，强调市场准入制度。这是针对钢管混凝土工程的特点提出的。由于目前尚无专门的钢管混凝土工程施工资质，对一些规模较大的钢管混凝土工程，施工企业宜同时具备房屋建筑工程施工总承包一级以上和钢结构工程专业承包一级资质。检测机构宜具备建筑材料、建筑工程主体结构、钢结构等综合检测技术能力。

3.0.2 本条强调了施工图设计文件的审查程序，把好工程设计关，使设计趋于完善合理。

3.0.3 本条强调专项施工方案的重要性，是将施工组织设计、施工工艺标准、制作工艺方案综合起来，对节点设计进行细化，作为重要的施工指导性文件。这些必须满足设计文件要求及安全施工的要求。

另外，如果在冬期、雨期、高温季节施工也应制定相应的预防措施。

3.0.4 本条是强制性条文。对原材料钢管、钢板、钢筋、连接材料、焊接材料及混凝土材料等提出质量要求，也作为《钢结构工程施工质量验收规范》GB 50205 及《混凝土结构工程施工质量验收规范》GB 50204 中对原材料要求的补充。钢管板材宜采用 Q235B、Q345B 以及 Q390 和 Q420，其质量应符合《碳素结构钢》GB/T 700 和《低合金高强度结构钢》GB/T 1591 的规定。钢筋质量仍按《混凝土结构工程施工质量验收规范》GB 50204 的要求执行。

3.0.5 本条对钢管构件制作作了规定，其应在工厂生产，并应执行《钢结构工程施工质量验收规范》GB 50205 的规定，不再单独列出。

3.0.6 本条是强制性条文。规定了焊工资格的要求，是保证钢管混凝土构件焊接质量的基本条件。焊工资格应符合设计文件及满足工艺文件的要求。

3.0.7 本条为强制性条文。规定了设计要求的一、二级焊缝的检测及判定，这是钢管混凝土工程的重点。重复了规范《钢结构工程施工质量验收规范》GB 50205 的要求。

3.0.8 本条规定钢管混凝土工程施工程序的过程控制，为保证工程质量，钢管构件吊装与管内混凝土浇筑顺序应事前安排好，以保证结构的安全和稳定性。

3.0.9 本条规定钢管内混凝土的配合比设计，应满足设计要求和浇筑工艺试验的要求。钢管内混凝土的工艺要求和浇筑方法关系很大，应在施工前根据结构形式要求，通过试验选择浇筑方法，并在保证混凝土强度前提下，选择适用的配合比。

3.0.10 本条规定由于钢管混凝土工程涂装工程在加工阶段及安装完工阶段的要求与钢结构工程的涂装工程要求一致，本规范不再列出，指明其按《钢结构工程施工质量验收规范》GB 50205 的规定执行。但对于在钢管混凝土柱等拼装过程中的焊缝防腐要求给予补充。在焊缝质量及外观质量检查符合设计要求及相应规范要求后，应及时清理焊缝焊渣及钢管外表面等，先作局部防腐处理，再全面进行涂装。

3.0.11 本条规定钢管混凝土工程质量验收应符合《建筑工程施工质量验收统一标准》GB 50300 的规定。并按其原则将钢管混凝土子分部工程划分为分项工程，每个分项工程可根据施工工序及方便施工，分为一个或若干个检验批来验收。分项工程分段施工时，每个施工段可划分为一个检验批来进行验收。检验批质量验收记录应由施工项目经理部专业质量检查员检查合格后填写，监理工程师（建设单位项目专业技术负责人）进行验收，并按附录 A 表 A.0.1～表 A.0.7 进行记录。子分部工程质量验收应由施工项目经理部组织检查合格后，总监理工程师（建设单位项目专业负责人）组织施工项目经理部和有关设计单位项目负责人进行验收，并按附录 C 表 C.0.1～表 C.0.4 进行记录。

4 钢管混凝土分项工程质量验收

4.1 钢管构件进场验收

主 控 项 目

4.1.1 本条规定钢管构件进场的质量验收,其质量应符合设计文件要求及委托加工合同中的约定要求。加工质量符合《钢结构工程施工质量验收规范》GB 50205的要求。钢材厚度及允许偏差应符合其产品标准的要求。构件是在工厂加工的,其加工制作应符合有关标准的要求。并经检查验收合格方可出厂,检查验收应形成记录随构件一并出厂。检查出厂验收记录。

4.1.2 本条是钢管构件进场检查应检查其分批拼装、安装时所需要的各种配套构件,应配套进场,故检查其配套数量。

4.1.3 本条规定钢管构件上的栓钉、钢板翅片、加劲肋板以及管壁开孔的规格、数量应符合设计要求,作为进场验收检查的一项重要内容。

一 般 项 目

4.1.4 本条规定钢管构件进场外观质量的检查,主要是出厂运输、堆放过程中有无损坏、变形情况等。

4.1.5 本条规定钢管构件进场除了一般检查外,还应抽查一下主要构件尺寸的偏差,故在构件加工允许偏差中抽出了几项进行检查,以控制构件进场质量。

4.2 钢管混凝土构件现场拼装

主 控 项 目

4.2.1 本条规定钢管混凝土构件拼装时,应对构件上各种缀件的数量、规格、位置进行检查,符合设计要求,以方便拼装。

4.2.2 本条规定钢管混凝土构件现场拼装时质量控制的要求,拼装应将方式、程序、施焊方法等预先规定好。这些有的是设计要求做的,有的是专项施工方案要求做的,有的是为减少高空作业工作量和保证工程质量的做法。当设计要求进行拼装,或施工单位为保证吊装顺利进行提出拼装时应进行拼装。根据目前的施工技术,多数工程不要求拼装。拼装时钢管混凝土构件拼装方式、程序和施焊方法等应按设计要求和专项施工方案的要求进行。其拼装变形应控制在允许范围之内。拼装可全部一次拼装,也可分段拼装;拼装应形成拼装记录。

4.2.3 本条规定钢管混凝土构件焊接及焊接材料的选择要求,焊接材料与母材应匹配。除设计要求外,还应遵循《钢结构工程施工质量验收规范》GB 50205的规定。

4.2.4 本条规定拼装焊缝质量要求,设计要求的一、二级焊缝应符合规定。在本规范3.0.7条以强制性条文的形式列出要求。

一 般 项 目

4.2.5 本条规定钢管混凝土构件拼装前,应检查拼装场地或架设平台的平整度,以及为控制拼装的一些控制线等措施,以保证拼装质量。

4.2.6 本条规定钢管拼装焊缝外观质量的检查,并列出了二、三级焊缝外观检查表。

4.2.7 本条列出焊缝允许偏差检查表。

4.2.8 本条列出钢管构件现场拼装允许偏差,并列出偏差检查表。

4.3 钢管混凝土柱柱脚锚固

主 控 项 目

4.3.1 本条对埋入式钢管混凝土柱柱脚提出要求,钢管混凝土柱柱脚包括钢管混凝土柱柱脚端部在基础上和柱脚端部在钢筋混凝土转换层(包括钢筋混凝土梁、楼板、基础承台等)内钢管混凝土柱柱脚端部的处理构造形式。施工中可依据施工图设计文件编制节点大样或节点模型,经设计、监理确认后施工。并对柱脚埋入深度及混凝土强度提出要求。

埋入式钢管混凝土柱柱脚,主要控制是柱脚的构造形式、埋置深度及锚固措施,以达到柱脚固定牢固、可靠。通常是直接埋入钢筋混凝土结构中,包括梁、转换楼层、基础承台,以及灌注桩内等。在柱的柱脚处加设锚固钢筋、环箍钢筋、加劲肋板、钢板翅片等,以便在钢筋混凝土中起到生根、抗拔的效能;这种形式要求,除了锚固附加构造措施外,也要求楼层及梁的钢筋混凝土构件应有一定的厚度及柱脚底部面积。

4.3.2 端承式钢管混凝土柱柱脚构造,通常是分为两部分,一部分是柱脚基础,先将其埋入钢筋混凝土结构中,与钢筋混凝土结构形成一个整体;另一部分是在钢管混凝土柱上的柱脚基部。在钢管柱下设端板,以便使两部分结合起来,可用螺栓连接,也可焊接。也有先螺栓连接后焊接,同时使用的。螺栓连接应采用双螺帽拧紧,防止松动;焊接焊缝长度、高度及内部质量符合设计要求。设计要求不具体时,应符合《钢结构工程施工质量验收规范》GB 50205的要求。

一 般 项 目

4.3.3 本条规定了埋入式柱脚管内有钢筋骨架时,钢筋锚固筋长度、弯钩的要求。

4.3.4 本条规定端承式柱脚就位及螺栓拧紧后的灌浆要求。柱脚端板下的灌浆应及时灌注,柱脚端部二次灌浆强度应符合设计要求,同时,其灌浆厚度及水泥基灌浆材料可符合表1要求。

4.3.5 本条规定了埋入式、端承式钢管柱柱脚安装允许偏差。

表 1 水泥基灌浆材料选择

灌浆层厚度（mm）	水泥基灌浆材料
5～30	Ⅰ类、Ⅱ类
30～100	Ⅱ类、Ⅲ类
100～150	Ⅲ类、Ⅳ类

4.4 钢管混凝土构件安装

主控项目

4.4.1 钢管混凝土构件吊装前应熟识设计要求和专项施工方案,并按其进行吊装。钢管混凝土构件吊装与混凝土浇筑交叉进行时,除应满足设计及施工方案的要求,还应保证混凝土浇筑的连续进行,并考虑上部结构对下部钢管混凝土柱的初应力的影响。

4.4.2 本条规定吊装钢管混凝土构件前应检查基座及下节钢管内混凝土的强度符合设计及专项施工方案要求。基座、下节钢管内混凝土的强度符合设计要求,才能吊装。

多层钢管混凝土柱上层钢管混凝土柱的吊装,应在下层钢管内混凝土的强度达到设计要求,下层钢管及管内混凝土的强度能保证承载力,才能吊装上层钢管混凝土柱。

4.4.3 钢管混凝土构件吊装前应按专项施工方案,对钢管构件吊装的吊点位置的计算、吊点位置的局部变形、滑动的防范措施等进行检查。需加固的应按加固方案进行加固。钢管混凝土构件应按吊装方案在钢管柱上标志中心线、方向线、垂直线、标高等控制线,标明吊点位置及临时支撑的位置等,以保证吊装的稳定和安全。

4.4.4 本条规定钢管混凝土构件吊装就位后的固定要求。钢管混凝土构件吊装就位后应及时校正其标高、轴线、垂直度等。校正合格后,应及时进行固定,固定应牢固。采用地脚螺栓时应拧紧钢管柱地脚螺栓,并有防止松动措施;采用焊接的应进行临时固定后及时按规定程序进行焊接,保证焊缝质量。

4.4.5 本条规定钢管混凝土柱、现场焊接及用紧固件连接的焊缝及螺栓紧固应达到设计要求的焊缝等级及紧固程度。为保证焊缝质量,提出加设衬管、衬板的措施,通常衬管、衬板宽度宜为30mm～40mm,厚度不宜小于4mm;钢管轴线的交点正确;角焊缝的长度、高度达到设计要求。并按要求检查焊缝内部

质量和外部质量。衬板、衬管的做法如图1所示。对紧固件连接的螺栓紧固程度应符合设计要求。设计没有具体要求时,应符合《钢结构工程施工质量验收规范》GB 50205 的要求。

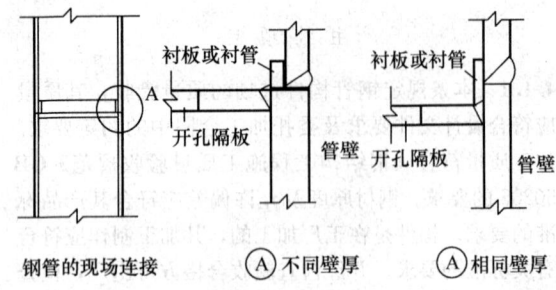

图 1 衬板、衬管做法示意

4.4.6 本条规定钢管混凝土构件安装应进行一些重点检查作为结构检测,钢管混凝土构件主要是钢管混凝土柱,故对柱的垂直度作为整体结构检测项目。

一般项目

4.4.7 本条规定钢管混凝土构件吊装前,检查及清理管内杂物的要求,并封包管口防止杂物再次进入管内。

4.4.8 本条规定钢管混凝土构件安装尺寸偏差,列出了单层及多层钢管混凝土构件安装允许偏差表。

4.5 钢管混凝土柱与钢筋混凝土梁连接

主控项目

4.5.1 本条是强制性条文。规定了钢管混凝土柱与钢筋混凝土梁连接节点核心区的处理形式。施工中应依据施工图设计文件进行放大样或做出模型,标明构造形式、钢管混凝土柱与钢筋混凝土梁、钢筋之间的关系。

4.5.2 本条规定钢管混凝土柱通过钢管柱梁连接核心区的处理要求。钢管柱与钢筋混凝土梁采用钢管贯通型连接时,连接措施符合设计要求;当设计无要求时,闭合的箍筋环箍应满足下列要求:钢管直径不大于 400mm 时,环箍钢筋直径不宜小于14mm;钢管直径大于 400mm 时,环箍钢筋直径不宜小于 16mm。环箍宜设在核心区的中下部位置,环箍与钢管焊缝应符合焊接要求。

4.5.3 钢管混凝土柱与钢筋混凝土梁采用非贯通型连接时,钢管柱不直接通过核心区,而采用转换型连接,是另一种核心节点处理形式。在钢管上增加钢板翅片、厚壁连接钢管、加劲肋板等,

来达到连接的作用。其连接措施应符合设计要求。

一般项目

4.5.4 本条规定钢筋混凝土梁的纵向钢筋通过钢管混凝土柱核心区的要求，并规定了三项具体内容。

4.5.5 本条对通过钢管混凝土柱核心区的钢筋放置净距提出要求，并对钢筋绕过钢管布置的纵向钢筋的弯折度提出要求，都应满足设计要求。

4.5.6 本条对钢管混凝土柱与钢筋混凝土梁连接允许偏差作出规定。

4.6 钢管内钢筋骨架

主 控 项 目

4.6.1 本条对管内钢筋骨架中钢筋的品种、级别、规格、数量提出控制要求。

4.6.2 本条对钢筋的加工质量提出要求。除了箍筋宜采用螺旋箍筋（圆形时），其余与钢筋混凝土结构工程相同。

4.6.3 本条对钢筋骨架受力钢筋的位置、锚固长度、与管壁之间的间距提出要求。其接头面积的比例控制应符合设计要求，接头宜采用机械连接、焊接连接，接头应抽样进行力学试验，达到设计要求。钢筋骨架安装应保证骨架本身及骨架与钢管间位置的正确。重要的是与钢管壁的距离，除了检查垫块的放置情况外，还在允许偏差表中规定其允许偏差为＋5mm，－10mm，以方便控制钢筋骨架与钢管壁的相对位置。

一 般 项 目

4.6.4 本条规定钢筋骨架加工的要求，列出了加工尺寸及钢筋骨架安装允许偏差表。

4.7 钢管内混凝土浇筑

主 控 项 目

4.7.1 本条为强制性条文，对管内混凝土的质量提出要求，管内混凝土与管外混凝土要求不同，要考虑钢管与混凝土的共同作用，对混凝土的强度、工艺性、收缩性均有要求。一般设计会对管内混凝土的强度等级、收缩性能或者配合比提出具体要求。施工时应严格按照设计要求与专项施工方案的规定进行，并留置标准养护试块，以检验管内混凝土的强度等级。管内混凝土强度等级、配合比要求较高，由设计提出强度等级及工艺性等要求。通常混凝土强度等级不应低于C30级，并随着钢管钢材级别的提高，而提高强度级别。通常钢材Q235的钢管宜配用C30、C40级混凝土；钢材Q345的钢管宜配用C40、C50级混凝土；钢材Q390、Q420的钢管宜配用C60级以上混凝土。

由于钢管及管内混凝土共同作用，管内混凝土宜采用无收缩混凝土或加微膨胀剂来补偿混凝土自身收缩。这些在设计中应有规定，设计无规定时，专项施工方案中应作出规定。

4.7.2 本条规定钢管内混凝土的工作性能。由于钢管内混凝土浇筑方法的不同，混凝土的坍落度和可泵性等性能应与管内混凝土的浇筑方法相一致，采用顶升工艺浇筑时应注意选择可泵性能，其坍落度宜大于160mm。

当设计考虑钢管及管内混凝土共同作用并对管内混凝土收缩性能提出具体要求时，管内混凝土宜采用无收缩混凝土或加微膨胀剂来补偿混凝土的自身收缩。

由于钢管内混凝土性能有多方面的要求，做好混凝土的配合比优化设计就很重要，要使混凝土拌合物有良好的自身密实性能，使混凝土的流动性和保水性能最佳。浆骨比例适当，防止砂浆量太小，影响混凝土的流动性；砂浆量过大，混凝土自身收缩性增大；同时，粗骨料体积比例小，混凝土的弹性模量降低，混凝土的受压变形增大。另外，为保证结构的匹配，管外混凝土也应与钢管内混凝土有一定的协调性，应符合《混凝土结构工程施工质量验收规范》GB 50204的规定，并按其要求留置标准养护试块。

4.7.3 钢管内混凝土必须在混凝土初凝前浇筑完毕，包括混凝土运输、浇筑、间歇的全部时间。混凝土的坍落度应符合要求，预拌混凝土每车都应取样试验，坍落度不符合要求的严禁使用。同一管段内的混凝土最大程度的选择一次连续浇筑完毕，中间如需停留有间歇时，不能超过混凝土的初凝时间。如超过初凝时间就必须按规定留置施工缝。钢管内混凝土施工缝的留置应符合专项施工方案要求。

4.7.4 钢管内混凝土浇筑的密实应达到设计要求，并应无脱粘、无离析现象。由于混凝土密实度检查的困难，必须在施工过程加强控制，为达到密实，可以优化配合比设计，作好混凝土收缩控制等。如果设计提出要求时，应按设计要求处理。

一 般 项 目

4.7.5 本条对钢管内混凝土的施工缝作出规定，通常应尽可能不留施工缝，非留不可时，应有留置方案，并按方案进行留置和处理，留置方案应在专项施工方案中作出明确规定，并应满足设计要求。留置施工缝时，停止浇筑后将管口封闭，以防水、油和异物等落入。若管内混凝土留置施工缝时，在钢管对接焊口，钢管应高出混凝土施工缝不少于500mm，以防钢管焊接时，其温度影响混凝土质量。留施工缝要待已浇筑混凝土终凝并达到一定设计强度，经过对已浇筑混凝土面的清理、凿毛，并清除落入管内的水及异物等，先浇一层厚度为100mm～200mm的与混凝土强度等级相同的水泥砂浆，增加施工缝的粘结和防止自由下落的骨料产生弹跳，再按程序浇筑。

对于人员无法进入钢管内处理施工缝时或不方便处理施工缝的，不宜留置施工缝。

4.7.6 因管内混凝土浇筑方法的需要，在钢管上开孔，用于浇筑混凝土、排气及插入振动器振捣等，规定开孔的位置、大小、形式、数量等，以及孔的封堵作法，施工单位应按专项施工方案进行。开孔的留置要求方便、合理，混凝土浇筑前应对开孔的要求进行检查，并对钢管混凝土构件进行验收，做好检查记录。确认钢管混凝土构件的支撑体系、浇筑孔、排气孔的数量、位置、尺寸符合要求。

管内混凝土的浇筑方法应按照结构形式选择，并根据选择的浇筑方法（高抛浇筑法、导管浇筑法、手工逐段浇筑法、泵送顶升法等）进行浇筑工艺试验。试验应形成记录。能保证浇筑质量，按施工方案及浇筑工艺试验结果的方法进行浇筑。浇筑中应防止混凝土产生离析。

钢管混凝土柱应分层安装分层浇筑混凝土，对钢管安装后，再一次浇筑混凝土时，必须有有效的控制方案，以防止混凝土浇筑对钢管柱产生的初应力和影响混凝土的质量。

为使钢管内混凝土的水分不散失，要将管口及顶升口等进行保湿封闭。由于混凝土的水分不易散失，混凝土受冻后体积膨胀会使钢管在胀力的作用下开裂，从而造成严重的质量事故。国内已有此类问题发生。因此，钢管内混凝土浇筑宜避免冬期施工，如无法避免时，混凝土浇筑时应有严格的冬期施工措施。

4.7.7 本条规定管内混凝土浇筑前应对钢管安装质量进行确认，并应检查钢管内壁干净、无油污、尘土杂物等，符合后再浇筑混凝土。浇筑后应对管口进行封闭，防止水等杂物进入。混凝土浇筑后不得再对钢管进行任何调整。

4.7.8 管内混凝土浇筑后应按专项施工方案进行养护，并确定养护时间。

4.7.9 本条规定钢管混凝土浇筑后，应按设计要求作好浇筑孔、顶升孔、排气孔补洞处理，其使用的补洞钢材、焊缝高度、厚度、表面清理及防腐处理等应符合专项施工方案的规定。

5 钢管混凝土工程质量验收

5.0.1 本条按照《建筑工程施工质量验收统一标准》GB 50300的规定，为加强工程质量过程控制，应首先对检验批验收合格，分项工程验收合格，再进行分部（子分部）工程验收。钢管混凝土子分部工程是在检验批、分项工程验收合格的基础上进行。

5.0.2 本条规定检验批质量合格验收条件。

5.0.3 本条规定分项工程质量合格验收条件。

5.0.4 本条规定子分部工程质量合格验收条件。共有四项内容，与《建筑工程施工质量验收统一标准》GB 50300相同，但其具体内容不同。

1 子分部工程质量验收，其所含分项工程应全部验收合格。

2 子分部工程质量控制资料应完整，列出16项资料。

3 子分部工程结构实体检测，主要有焊缝内部质量检测、钢管涂层厚度检测、钢管柱垂直度检测等，应有专项检测报告。

4 子分部工程观感质量检查。

5.0.5 本条规定了钢管混凝土工程子分部工程检验批、分项工程、子分部工程的验收表格。

中华人民共和国国家标准

钢筋混凝土筒仓施工与质量验收规范

Code for construction and acceptance of reinforced concrete silos

GB 50669—2011

主编部门：中华人民共和国住房和城乡建设部
批准部门：中华人民共和国住房和城乡建设部
施行日期：２０１１年５月１日

中华人民共和国住房和城乡建设部
公　告

第 943 号

关于发布国家标准
《钢筋混凝土筒仓施工与质量验收规范》的公告

现批准《钢筋混凝土筒仓施工与质量验收规范》为国家标准，编号为 GB 50669-2011，自 2011 年 5 月 1 日起实施。其中，第 3.0.4、3.0.5、5.2.1、5.4.3、5.4.8、5.5.1、5.6.2、8.0.3、11.2.2 条为强制性条文，必须严格执行。

本规范由我部标准定额研究所组织中国建筑工业出版社出版发行。

中华人民共和国住房和城乡建设部
2011 年 2 月 18 日

前　言

本规范是根据住房和城乡建设部《关于印发〈2008 年工程建设标准规范制订、修订计划（第一批）〉的通知》（建标［2008］102 号）的要求，由河北省第四建筑工程公司和河北建工集团有限责任公司会同有关单位共同编制完成的。

本规范在编制过程中，编制组总结了钢筋混凝土筒仓工程设计、施工、科研和生产使用等方面的经验，开展了专题研究和工程试点应用，并以多种形式广泛征求了有关单位的意见，最后经审查定稿。

本规范共分 11 章和 2 个附录，主要技术内容包括：总则、术语、基本规定、基础工程、筒体工程、仓底及内部结构工程、仓顶工程、附属工程、季节性施工、职业健康安全与环境保护、工程质量验收等。

本规范中以黑体字标志的条文为强制性条文，必须严格执行。

本规范由住房和城乡建设部负责管理和对强制性条文的解释，由河北省第四建筑工程公司和河北建工集团有限责任公司负责具体技术内容的解释。本规范在执行过程中，请各单位结合工程实践，认真总结经验，随时将有意见和建议反馈给河北省第四建筑工程公司《钢筋混凝土筒仓施工与质量验收规范》管理组（地址：河北省石家庄市新华西路 280 号，邮政编码：050051），以供今后修订时参考。

本规范主编单位、参编单位和主要起草人、主要审查人：

主编单位：河北省第四建筑工程公司
　　　　　河北建工集团有限责任公司
参编单位：天津水泥工业设计研究院有限公司
　　　　　安徽建工集团有限公司
　　　　　河北省电力建设第一工程公司
　　　　　山东省建材工业建设工程质量监督站
　　　　　河北省建筑科学研究院
　　　　　河南卓越工程管理有限公司
　　　　　天津大学建筑工程学院
　　　　　中平能化建工集团有限公司

主要起草人：线登洲　高任清　安占法　王振宁
　　　　　　李云霄　陈增顺　张振国　耿贺明
　　　　　　张　哲　郭群录　田国良　韩万章
　　　　　　赵茁跃　陈　刚　王富昌　刘志峰
　　　　　　张振栓　张殿中　王铁成　李勤山
　　　　　　刘金河　王彦航　武朝晖　张福常
　　　　　　常　辉　董富强　姚立国　米立辉
　　　　　　唐志强　吕　波　孟昔英　刘晓华
　　　　　　刘云涛　朱振强　靳光卓　张毅超
　　　　　　尹建芳　侯建军　王辉峰　张振杰

主要审查人：胡德均　崔元瑞　麻建锁　杨　煜
　　　　　　王　甦　陈武新　柯　华　金廷智
　　　　　　高爱国

目 次

1 总则 ··· 9—10—5
2 术语 ··· 9—10—5
3 基本规定 ··· 9—10—5
4 基础工程 ··· 9—10—6
   4.1 一般规定 ····································· 9—10—6
   4.2 地基与桩基础工程 ······················ 9—10—6
   4.3 基坑工程 ····································· 9—10—6
   4.4 钢筋工程 ····································· 9—10—7
   4.5 模板工程 ····································· 9—10—7
   4.6 混凝土工程 ································· 9—10—7
5 筒体工程 ··· 9—10—7
   5.1 一般规定 ····································· 9—10—7
   5.2 钢筋工程 ····································· 9—10—7
   5.3 模板工程 ····································· 9—10—8
   5.4 混凝土工程 ································· 9—10—8
   5.5 预应力工程 ································· 9—10—9
   5.6 仓壁内衬 ····································· 9—10—9
6 仓底及内部结构工程 ··························· 9—10—10
   6.1 仓底结构、填料工程 ··················· 9—10—10
   6.2 漏斗、锥体工程 ························· 9—10—10
   6.3 漏斗内衬 ····································· 9—10—10
7 仓顶工程 ··· 9—10—10
   7.1 仓顶钢结构 ································· 9—10—10
   7.2 仓顶混凝土结构 ························· 9—10—11
8 附属工程 ··· 9—10—11
9 季节性施工 ··· 9—10—12
   9.1 一般规定 ····································· 9—10—12
   9.2 冬、雨期施工 ····························· 9—10—12
10 职业健康安全与环境保护 ················· 9—10—12
   10.1 职业健康安全 ··························· 9—10—12
   10.2 环境保护 ··································· 9—10—12
11 工程质量验收 ···································· 9—10—13
   11.1 工程质量验收的划分 ················ 9—10—13
   11.2 工程质量验收 ··························· 9—10—13
   11.3 工程质量检查评定 ··················· 9—10—14
附录 A 筒体结构实体检验 ······················ 9—10—14
附录 B 筒仓垂直度和全高检测方法 ········ 9—10—15
本规范用词说明 ·· 9—10—17
引用标准名录 ·· 9—10—17
附：条文说明 ·· 9—10—18

Contents

1 General Provisions ············ 9—10—5
2 Terms ············ 9—10—5
3 Basic Requirements ············ 9—10—5
4 Foundation Works ············ 9—10—6
  4.1 General Requirements ············ 9—10—6
  4.2 The Ground and Pile Foundation Work ············ 9—10—6
  4.3 Earth and Foundation Pit Works ············ 9—10—6
  4.4 Reinforcement Works ············ 9—10—7
  4.5 Formworks ············ 9—10—7
  4.6 Concrete Works ············ 9—10—7
5 Cylinder Structure ············ 9—10—7
  5.1 General Requirements ············ 9—10—7
  5.2 Reinforcement Works ············ 9—10—7
  5.3 Formworks ············ 9—10—8
  5.4 Concrete Works ············ 9—10—8
  5.5 Prestressed Works ············ 9—10—9
  5.6 Liner Works ············ 9—10—9
6 Soil-bottom and Internal Structure Works ············ 9—10—10
  6.1 Soil-bottom Structure & Filling Works ············ 9—10—10
  6.2 Hopper & Cone Works ············ 9—10—10
  6.3 Hopper Liner Works ············ 9—10—10
7 Silo-top Works ············ 9—10—10
  7.1 Silo-top Steel Structure Works ············ 9—10—10
  7.2 Silo-top Concrete Structure Works ············ 9—10—11
8 Ancillary Works ············ 9—10—11
9 Seasonal Construction ············ 9—10—12
  9.1 General Requirements ············ 9—10—12
  9.2 Construction in Winter or Rainy Season ············ 9—10—12
10 OHS and Environmental Protection ············ 9—10—12
  10.1 Occupational Health & Safety ············ 9—10—12
  10.2 Environmental Protection ············ 9—10—12
11 Quality Acceptance ············ 9—10—13
  11.1 Classification of Quality Acceptance ············ 9—10—13
  11.2 Acceptance of Project Quality ············ 9—10—13
  11.3 Inspection and Evaluation of Project Quality ············ 9—10—14
Appendix A Testing of Cylinder Structure ············ 9—10—14
Appendix B Verticality Test of Cylinder Structure ············ 9—10—15
Explanation of Wording in This Code ············ 9—10—17
List of Quoted Standards ············ 9—10—17
Addition: Explanation of Provisions ············ 9—10—18

1 总 则

1.0.1 为提高钢筋混凝土筒仓工程的施工水平，规范钢筋混凝土筒仓工程的质量验收，做到技术先进、质量可靠、安全适用、经济合理，制定本规范。

1.0.2 本规范适用于贮存散料，且平面形状为圆形或多边形的现浇钢筋混凝土筒仓、压缩空气混合粉料调匀仓的施工与质量验收。

1.0.3 钢筋混凝土筒仓工程施工采用的承包合同文件和工程技术文件对施工质量验收的要求不得低于本规范的规定。

1.0.4 钢筋混凝土筒仓工程施工中应推广采用新技术、新工艺、新设备、新材料。

1.0.5 钢筋混凝土筒仓工程施工应遵守有关职业健康安全和环境保护的管理规定。

1.0.6 本规范应与现行国家标准《建筑工程施工质量验收统一标准》GB 50300 配套使用。

1.0.7 钢筋混凝土筒仓工程施工和质量验收，除应符合本规范外，尚应符合国家现行有关标准的规定。

2 术 语

2.0.1 钢筋混凝土筒仓 reinforced concrete silo

平面为圆形、方形、矩形、多边形及其他几何外形的贮存散料的钢筋混凝土直立容器，简称筒仓，其容纳贮料的部分为仓体。

2.0.2 仓顶 silo-top

封闭仓体顶面的结构。

2.0.3 仓壁 silo-wall

筒仓与贮料直接接触且承受贮料侧压力的仓体竖壁。

2.0.4 筒壁 supporting wall

平面与仓体相同支承仓体的立壁。仓壁和筒壁合称为筒体。

2.0.5 仓底结构 silo-bottom structure

位于仓体底部用于支承锥体、填料、贮料并形成漏斗的混凝土结构。

2.0.6 锥体 cone

仓体内部用于均化和减压贮料的锥形结构。

2.0.7 漏斗 hopper

仓体下部用以卸出贮料的容器。

2.0.8 填料 filler

用于在仓底构成卸料斜坡的填充材料。

2.0.9 内衬 liner

用于仓底、漏斗、仓壁等与贮料直接接触部位的保护和耐磨耗，并有利于出料流动的构造层。

2.0.10 散料 bulk material

其特性符合散体力学理论的散装贮料。

2.0.11 单仓 single silo

基础和主体结构均独立，不与其他筒仓和建、构筑物联成整体的单体筒仓。

2.0.12 仓中仓 silo-in-silo

由同心不同直径的两个筒体组成的单仓。

2.0.13 排仓 silos in line

成单线排列且联为整体的筒仓。

2.0.14 群仓 group silos

由结构构造形式和工艺功能相同的多个筒仓组成的筒仓群体，可以是 2 个及以上单仓的组合、2 组及以上排仓的组合、3 个及以上非单线排列且联为整体的筒仓及其组合等。

2.0.15 扭转 torsional deviation

采用滑模工艺施工时模板系统相对于筒仓中心的角位移现象。

2.0.16 滑模拖带施工 slipform prefabrication and erection

利用滑模提升装置将仓顶结构（整体桁架、网架、井字梁等）拖带到设计标高并整体安装就位的施工方法。

2.0.17 工具式桁架吊模施工 tool-truss suspended formwork construction

利用钢管、型钢等组成工具式桁架支撑于仓壁，作为仓顶混凝土结构悬吊模板支撑体系的施工方法。

2.0.18 承重钢梁支撑施工 steel bearing beam support construction

在仓壁上架设钢梁（桁架），铺设作业平台，作为仓顶混凝土结构施工支撑系统的施工方法。

3 基 本 规 定

3.0.1 筒仓工程施工单位应具有相应的施工资质，施工现场应建立健全质量、安全管理体系、配备相关施工技术标准、制定质量控制和检验检测管理制度。

3.0.2 筒仓工程可按结构部位、施工顺序等划分为基础工程、筒体工程、仓底及内部结构工程、仓顶工程和附属工程（图 3.0.2）。筒仓工程质量验收应符合现行国家标准《建筑工程施工质量验收统一标准》GB 50300 的有关规定。

3.0.3 筒仓工程施工前，应按规定编制施工组织设计和专项施工方案，并经审查批准。

3.0.4 筒仓工程所用的材料、半成品、成品应有产品合格证和检验报告，其品种规格、技术指标和质量等级应符合设计要求和相关标准的规定。用于筒仓工程的材料、构配件必须进行现场验收，混凝土原材料、钢筋及连接件、预应力筋及锚夹具、连接器、钢结构钢材、防水材料、保温材料等应在现场抽取试样进行复试检验。

3.0.5 存放谷物及其他食品的筒仓，仓壁及内涂层

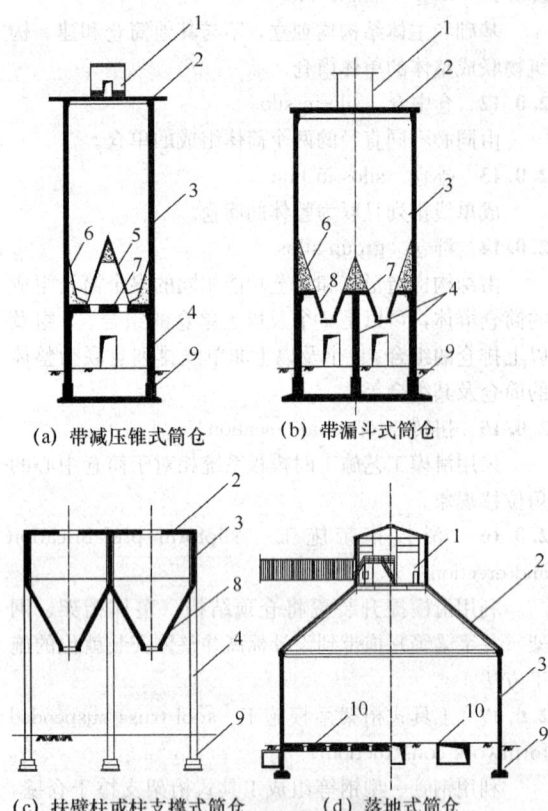

(a) 带减压锥式筒仓　(b) 带漏斗式筒仓

(c) 扶壁柱或柱支撑式筒仓　(d) 落地式筒仓

图 3.0.2　筒仓构造形式示意图
1—仓上建筑；2—仓顶；3—仓壁；
4—仓下支承结构（筒壁或柱）；5—仓内
结构；6—填料；7—仓底结构；
8—漏斗（出料斗）；9—地基与基础；
10—落地仓输送结构（地沟）

应严格选用符合设计和卫生要求的产品。

3.0.6　用于筒仓工程施工的计量仪表、装置应进行计量检定，并正确维护和使用。

3.0.7　筒仓工程施工应结合工艺方法、施工技术水平和对混凝土工作性能的要求进行混凝土配合比设计。筒仓工程混凝土结构的强度和耐久性指标必须达到规定要求。

3.0.8　留置在筒体工程中的外露预埋件，应采取可靠的防腐防锈保护措施。

3.0.9　采用滑模工艺施工的工程部位，宜实施旁站式管理。

3.0.10　筒仓工程施工中的试验检验和结构检测应委托具有相应资质的检测单位进行，并出具符合规定要求的测试记录及检验报告。

4　基础工程

4.1　一般规定

4.1.1　基础工程施工必须具有工程地质勘察资料。开工前应详细掌握工程地质、地下管线、地下障碍物、文物等的分布情况，了解临近建筑物和地下设施类型、分布及结构情况。

4.1.2　基坑支护形式应结合水文地质情况、地面荷载、施工时间长短等因素综合确定，施工过程中应按规定对基坑边坡进行监测，发现异常情况应及时进行处理。

4.1.3　桩基础工程施工应编制专项作业文件；在复杂地质区域宜按实际需求补充施工需要的工程地质勘察资料以确定合理的综合成桩施工方案。

4.1.4　桩基、复合地基、人工换填地基等非天然地基，应按设计要求和现行国家标准《建筑地基基础工程施工质量验收规范》GB 50202 的有关规定进行质量检验。

4.1.5　施工过程中地基出现异常情况，应按现行行业标准《建筑地基处理技术规范》JGJ 79 的有关规定进行处理。

4.2　地基与桩基础工程

4.2.1　地基处理工程及复合地基必须进行验槽，换填层和基础工程施工前均应办理隐蔽验收手续。

4.2.2　桩基础施工应按照工程设计要求和现行行业标准《建筑基桩检测技术规范》JGJ 106 的规定进行试桩。

4.2.3　采用打（沉）桩工艺施工的桩基工程，应结合桩的类型、桩平面布置、工程地质和工程周边环境情况，合理选择施工机械，确定合理施工顺序和施工速度，并采取降低对邻近工程和施工设施造成影响的措施。

4.2.4　人工成孔灌注桩施工必须按照施工方案规定的作业顺序进行，桩基成孔必须设置护壁支撑，不得超进度计划安排施工作业。人工成孔作业深度不宜超过 30m，当地质条件较差时不应超过 25m。在地质条件复杂的地区施工，应采取可靠的技术措施，保证成孔质量和作业安全。

4.3　基坑工程

4.3.1　基坑工程施工前应编制基坑开挖及支护方案，当基坑底处于地下水位以下时，基坑开挖前应根据水文地质情况，采取有效的降水措施。

4.3.2　基坑土方开挖应在基底预留 200mm～300mm 厚土层做人工清槽，超挖的部分应采取技术处理措施。

4.3.3　采用桩基础的工程，应根据桩型、桩间距、桩间土、地下水等因素综合确定基坑土方施工方法，确保桩体质量不受开挖影响。

4.3.4　验槽合格后，应立即进行基础施工，严禁将基坑长时间暴露。当基底被水浸泡、扰动时，被浸泡、扰动的土层应彻底清除。

4.3.5 基础验收合格后应及时进行基坑回填。回填土应分层夯实，压实系数应满足设计要求；当设计无要求时，压实系数不应小于0.93。

4.4 钢筋工程

4.4.1 钢筋的品种、级别、规格和数量必须符合设计要求。钢筋代换应办理设计变更文件。

4.4.2 钢筋的位置、间距、连接方式、锚固长度应满足设计要求，并应符合现行国家标准《混凝土结构工程施工质量验收规范》GB 50204的有关规定。

4.4.3 基础钢筋的保护层垫块应均匀放置并具有足够的耐压强度，其强度不得低于基础混凝土设计强度等级。

4.4.4 基础上层钢筋应设置足够数量的支撑支架，支撑支架的构造形式和布置方式应满足刚度和整体稳定性要求。当支撑支架坐底放置时，支撑支架的立杆应采取止水防渗措施。

4.4.5 基础插筋的布置形式和锚固长度必须符合设计要求，并采取可靠定位措施。

4.5 模板工程

4.5.1 基础模板的支撑体系应具有足够的强度、刚度和稳定性。大型基础模板应编制专项施工方案。

4.5.2 浇筑混凝土前，应对模板工程进行验收；浇筑混凝土时，应对模板及其支撑系统进行巡查，发现异常情况，应及时处理。

4.6 混凝土工程

4.6.1 基础大体积混凝土施工应编制专项技术方案。

4.6.2 基础大体积混凝土施工宜采用低水化热的水泥和粒径较大、级配良好的粗骨料，宜采取掺加粉煤灰、磨细矿渣粉和高效减水剂等降低水化热的措施。

4.6.3 大型筒仓基础宜合理设置混凝土加强带。

4.6.4 基础大体积混凝土施工应采取综合温控措施进行养护，对混凝土的内外温差进行连续监测，混凝土内外温差不宜超过25℃。

4.6.5 基础混凝土应连续浇筑，浇筑过程中应及时排除泌水和浮浆，混凝土浇筑宜进行二次振捣。

4.6.6 基础混凝土应贴附薄膜养护。当在混凝土终凝前进行二次抹面时，应采取覆盖或洒水养护。

5 筒体工程

5.1 一般规定

5.1.1 筒体结构施工时，可根据结构特征和施工条件选用滑模、提模、倒模、爬模、滑框倒模及其他专用施工工艺。仓底以下设置有多个结构层的筒仓，仓下支承结构宜采用支模方法浇筑。

5.1.2 模板及其支撑系统应进行承载力、刚度和稳定性设计计算，并应装拆简便、安全可靠、便于操作与维修。施工过程中应对筒体工程模板支撑系统的使用安全进行监控，发生异常情况时，应按施工技术方案及时处理。

5.1.3 筒体模板工程施工应符合下列规定：

1 筒体结构施工应根据结构特征、施工工艺、经济合理性、安全可靠等选用定型组合钢模板、钢框竹（木）模板等。

2 圆形筒仓筒体宜采用弧面模板，当使用直面模板时单块模板的宽度应符合表5.1.3的规定：

表5.1.3 圆形筒仓单块直面模板宽度限值

序号	筒仓直径 D（m）	单块模板宽度	单块模板最大宽度限值（mm）
1	D<20.0	≤D/50	—
2	20.0≤D<40.0	≤D/80	—
3	D≥40.0	≤D/100	600

3 模板及其支撑系统拆除的顺序和拆除方法必须按模板专项施工方案执行。

5.1.4 筒体钢筋工程施工应符合下列规定：

1 除有特殊措施外，不得在筒体水平钢筋上焊接其他附件。

2 门窗洞口和预留洞口处应设置加强钢筋。

5.1.5 筒体混凝土工程施工应符合下列规定：

1 混凝土施工缝处应保证结合紧密、牢固，不应有明显接搓痕迹。

2 配筋密集的筒体与内部结构连接部位应采取有效措施，保证混凝土浇筑质量。

5.1.6 筒体预应力工程施工应符合下列规定：

1 预应力工程施工前应编制专项施工方案。

2 预应力钢丝（束）、锚具、夹具、连接材料应按设计要求采用，其质量和性能尚应满足现行相关标准的规定，并进行进场验收和复试。

3 预应力筋张拉前应对混凝土结构进行检查并做好中间验收。

4 预应力筋张拉时混凝土强度应达到设计规定。张拉顺序应严格按设计和施工方案的要求进行。

5.1.7 筒体滑模施工应连续进行，当遇特殊情况需要停滑或空滑时，混凝土应浇筑至同一水平面，继续施工时，应对滑模系统进行检查验收。

5.1.8 筒体结构应按检验批进行隐蔽工程验收。预留预埋件安装、预应力工程施工、与仓壁同步安装的耐磨内衬的构配件等应做专项隐蔽验收。

5.2 钢筋工程

5.2.1 筒体水平钢筋的品种、规格、间距及连接方式必须满足设计要求。

5.2.2 水平钢筋宜采用绑扎连接接头，搭接长度不应小于50倍钢筋直径。当施工质量有可靠保证时，水平钢筋连接也可采用搭接焊接，焊接的两根钢筋应处于上下位置，施工前应进行焊接工艺评定并验收合格，钢筋焊接接头的有效焊缝长度不应小于12倍钢筋直径，外观质量应全数检查并按规定从工程部位截取试件做力学性能检验。水平钢筋接头位置应错开布置，水平方向错开的距离不应小于一个搭接区段，也不应小于1.0m，在同一竖向截面上每隔三根钢筋不应多于一个接头。

5.2.3 筒体弧形水平钢筋应采用机械成型。钢筋弧度应均匀，端部不应有明显翘曲。

5.2.4 竖向钢筋的下料长度应控制在4m～6m。竖向钢筋宜采用机械连接或焊接连接。采用搭接焊接时应符合本规范第5.2.2条的规定。当采用绑扎连接时，光面钢筋搭接长度不应小于40倍钢筋直径，不加弯钩；带肋钢筋的搭接长度不应小于35倍钢筋直径。接头位置应错开布置，同一连接区段内的接头百分率应符合设计要求；当设计无规定时，不宜大于25%。

5.2.5 水平钢筋与竖向钢筋应紧密接触，交接点应全数绑扎，绑扎丝头应背向模板面。

5.2.6 筒体内侧和外侧钢筋之间应设置拉结连系筋、焊接骨架钢筋等。变截面筒体的竖向钢筋向圆心的倾斜角应有限位保证措施。

5.2.7 每一混凝土浇筑层面以上，至少应留置一道绑扎好的水平钢筋。

5.2.8 采用滑模工艺施工时，必须采取保证钢筋保护层厚度的有效措施；采用其他工艺施工时，钢筋保护层设置应采用成品垫块。

5.2.9 采用滑模拖带工艺施工时，应采取可靠措施保证被拖带构件下部的筒体竖向钢筋位置准确。

5.2.10 钢梁梁口部位的筒体钢筋应按设计要求施工。当设计无明确规定时，应采取保证筒仓结构整体性的措施，水平钢筋宜与钢梁可靠焊接，竖向钢筋宜在梁下可靠锚固。

5.3 模板工程

5.3.1 模板工程应编制专项施工方案。

5.3.2 采用滑模工艺施工应符合下列规定：

1 滑模组装前应对模板表面进行除锈抛光处理。

2 施工前应在模板下口采取防止混凝土漏浆的措施。

3 模板应上口小、下口大，单面倾斜度应为模板高度的0.1%～0.3%；对连续变截面结构，其模板倾斜度应根据结构坡度情况适当调整；模板上口以下1/2～2/3模板高度的净间距宜与结构设计截面等宽。

4 正常滑升过程中，相邻两次提升的时间间隔不宜超过0.5h。

5 连续变截面结构的收分模板必须沿圆周对称布置，每对模板的收分方向应相反。每滑升200mm高度，至少应进行一次模板收分，模板的一次收分量不宜大于6mm。

6 当支撑杆必须穿过较高洞口或模板空滑时，应对支撑系统和模板系统进行加固，保证支撑杆承载能力和滑模体系稳定性。

7 每个台班至少应对模板系统、提升系统进行一次检查，发现变形失稳等问题应立即进行加固处理，并填写施工过程监控记录。

5.3.3 采用倒模、提模、爬模等工艺施工应符合下列规定：

1 拆除后的筒体模板在继续周转使用前应进行校正和必要的维修。

2 对拉螺栓的规格形式、布置方式及螺杆端头的处置方式应符合施工设计的要求。

3 倒模三角架宜设置为3层。倒模支架在竖向和水平方向均应连接成整体。

4 筒体模板每次安装完成后，应对直接承力构件进行专项验收。

5 采用倒模施工时，应进行混凝土局部承压验算。混凝土强度达到6.0MPa以上时，方可拆除下层模板及支架。

5.3.4 排仓和群仓施工不宜留置竖向施工缝，当必须留置时，竖向施工缝应留置在仓体连体部位的外侧不小于250mm处，并应采取可靠措施保证钢筋位置和混凝土浇筑质量，仓体连接部位的附加钢筋应保证在施工缝两侧具有足够的锚固长度。

5.4 混凝土工程

5.4.1 筒体结构混凝土应严格控制水灰比，并采取增加密实性的措施，严禁掺加含氯盐的外加剂。

5.4.2 筒体结构的混凝土应分层浇筑。采用滑模工艺施工时，混凝土每次浇筑高度不宜大于250mm；采用倒模等其他模板施工工艺时，每层浇筑高度不宜大于500mm；混凝土浇筑应连续进行。预留孔洞、门窗口等两侧的混凝土应对称均衡浇筑。

5.4.3 滑模工艺施工，应在现场操作面随机抽取试样检查混凝土出模强度，每一工作班不少于一次；气温有骤变或混凝土配合比有调整时，应相应增加检查次数。

5.4.4 采用滑模工艺施工筒体结构时，出模混凝土应原浆压光。

5.4.5 筒体混凝土表面应密实平整、外形平顺、外观清洁、颜色均匀无明显色差，施工中应及时消除混凝土流坠、挂浆等。

5.4.6 筒体混凝土出模后应及时进行养护。养护宜采用连续喷雾方式保持混凝土表面处于湿润状态，或涂刷养护液。正温条件下养护时间不应少于7d。

5.4.7 模板加固螺栓及穿墙孔洞处理应符合下列规定：

1 模板加固螺栓的端头宜安放锲形垫块，拆模后用同强度的细石混凝土封堵锲形槽口。

2 筒壁和仓壁上穿墙孔、洞应填塞密实并做防渗处理。

5.4.8 筒体结构的混凝土取样和试件留置应符合国家现行标准《混凝土结构工程施工质量验收规范》GB 50204 和《建筑工程冬期施工规程》JGJ 104 的有关规定。当工程设计有耐久性指标要求时，应按不同配合比留置混凝土耐久性检验试件。

5.5 预应力工程

5.5.1 预应力筋的品种、级别、规格、数量必须符合设计要求。

5.5.2 无粘结预应力筋应采用专用防腐涂料层和外包层，并应采用合格的锚具，其效率系数不应小于0.95，极限拉力作用时的总应变不应小于2.0%。

5.5.3 预应力筋采用砂轮锯或切断机切断，严禁采用电弧切割。

5.5.4 预应力筋采用的钢丝（束）或钢绞线不应有死弯，当出现死弯时必须切断。预应力筋接长应使用专用连接器。

5.5.5 后张法有粘结预应力筋的孔道位置和无粘结预应力筋采用定位支架可靠固定，敷设平顺，准确定位，并应有防止混凝土浇筑过程中位移和变形的措施。

5.5.6 有粘结预应力筋孔道埋管的连接及管与端部承压板间的连接，应牢固、严密，不得出现漏浆。埋管可用焊接、套管、管接头等方法连接。环形预应力筋埋管应按设计要求的半径弯制，弯制后的钢管不得出现裂缝和死弯。

5.5.7 预应力张拉端的混凝土应有抗裂加强措施。环形预应力筋端头部位的直线段长度不宜小于400mm，并与预应力环筋相切。

5.5.8 当设计有要求时，在预应力筋正式张拉前应进行孔道摩阻损失试验，试验的孔道应随机抽取或按设计规定。

5.5.9 预应力筋张拉时，混凝土强度应达到设计规定。预应力筋长度超过25m时，宜两端张拉；长度超过50m时，宜分段张拉和锚固。张拉顺序应按设计要求和技术方案进行，施工前应进行混凝土施工质量的中间检查和验收。

5.5.10 预应力筋张拉完毕后应及时对锚固区进行保护。对夹片式锚具，可先切除外露无粘结预应力筋的多余长度并弯折，对锚具及承压板进行封堵。

5.5.11 锚固区后浇混凝土和灌浆材料中，严禁使用含氯离子以及对预应力筋、锚具及其包层有腐蚀作用的外加剂。

5.6 仓壁内衬

5.6.1 单位工程施工组织设计文件中应规定仓壁内衬的施工方法。板块式内衬安装应编制专项方案。耐磨层的原材料、基层、面层等应分别划分检验批进行验收。

5.6.2 筒仓内衬材料的品种、规格必须符合设计要求，筒仓内衬材料以及耐磨层的粘结材料、安装紧固件等应分批进行现场验收。

5.6.3 内衬的安装和施工方法应与内衬材料性能和设计要求相适应。

5.6.4 耐磨层基层的强度、密实性、坡度、平整度以及锚固件的施工质量等必须符合工艺设计要求，基层不得存在影响耐磨层质量的缺陷。当基层质量不满足规定要求时，应按技术方案进行处理。

5.6.5 耐磨层施工前应对筒体相应部位施工质量进行中间交接验收，办理内衬基层工程隐蔽验收手续。

5.6.6 板块内衬贴施工应符合下列规定：

1 基层应干燥，表面的油污、涂覆物、粘连物、浮尘应清除干净。

2 内衬安装施工应进行板块排列设计，宜采用错缝或骑缝方法铺砌，缝宽宜为3mm～5mm，粘贴层厚度宜为5mm～8mm。内衬的上部端口部位应采取防止内衬板边部受冲击脱落的保护措施；当设计无要求时，保护材料应与内衬材料同质。

3 板块式内衬粘贴施工环境温度宜为10℃～30℃。当施工环境温度低于10℃时，应采取加热保温措施；当空气湿度大于80%时，应采取通风干燥措施。

4 板块式内衬施工后应进行养护。养护方法、养护措施和养护时间应根据环境气象条件确定，并满足粘贴材料技术要求。养护时间不宜少于7d。

5.6.7 砂浆和混凝土耐磨层施工应符合下列规定：

1 胶结材料宜采用强度等级不低于42.5MPa的普通硅酸盐水泥，水灰比不大于0.50。砂浆的耐磨骨料粒径应为0.5mm～5.0mm，混凝土耐磨骨料粒径宜为5mm～20mm。耐磨混凝土宜掺加混凝土减水剂。

2 耐磨砂浆基层应作毛化处理，除去浆面。耐磨砂浆的厚度不宜超过40mm。耐磨砂浆应打点冲筋控制厚度和平整度，砂浆应划分区段刮平压实，原浆压光。耐磨层厚度大于30mm时，应在基层设置锚固件，增挂$\phi 3$规格以上钢丝网或$\phi 4$规格以上钢筋网，网格尺寸不宜大于150mm×150mm。

3 耐磨混凝土应采用支模方法浇筑，基层应留置锚固钢筋。

4 抗耐磨砂浆和混凝土养护时间不应少于10d。

5.6.8 金属板内衬安装应符合下列规定：

1 金属板内衬安装单元的尺寸应根据设计要求和施工安装条件综合确定，内衬板的拼接缝应满焊。

2 金属板内衬安装前应进行预拼装，保证尺寸准确。

3 采用钢轨做抗冲击耐磨层的，钢轨安装宜与主体结构混凝土同步施工，钢轨安装应具有可靠的定位和锚固措施。

6 仓底及内部结构工程

6.1 仓底结构、填料工程

6.1.1 仓底结构的模板支撑体系应具有足够的强度、刚度和稳定性。

6.1.2 采用滑模施工时，仓底板可采用空滑或部分空滑的方法与筒壁浇筑成整体。

6.1.3 用作仓内填料的材料其品种和施工坡度、密实性应符合设计要求。

6.2 漏斗、锥体工程

6.2.1 漏斗、锥体支模时宜先确定漏斗、锥体的中心控制点和底部控制线，根据漏斗、锥体的设计斜度搭设架体、铺设底模（图 6.2.1-1、图 6.2.1-2）。搭设前应对架体的强度、刚度和稳定性进行验算。

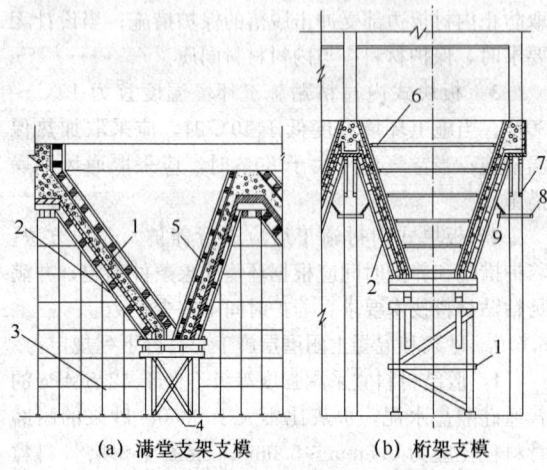

图 6.2.1-1 漏斗模板支设
1—料斗壁；2—外侧模板；3—满堂支架；
4—漏斗口定位井字架；5—内侧模板；
6—内侧模板支撑；7—支模桁架；
8—预留承重件；9—中间支撑桁架（梁）

6.2.2 钢筋绑扎前，宜在模板上弹出钢筋控制线，并在两层钢筋之间设置支撑支架，保证钢筋位置准确。

6.2.3 漏斗、锥体混凝土施工应采用内外侧双层模板。上层模板宜分步支设，每步高度宜为1.5m。

6.2.4 混凝土应分步浇筑，每次浇筑高度宜与分步模板高度相同。

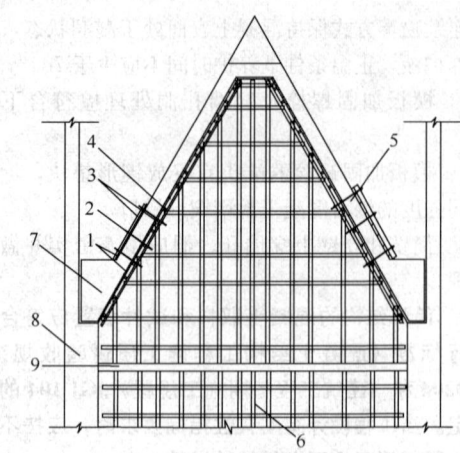

图 6.2.1-2 锥体模板支设
1—模板；2—上下模板连接螺栓；
3—模板支撑；4—模板水平支撑构件；
5—分步支设的上层模板；6—模板支撑架；
7—环梁；8—仓下支承结构；9—仓下结构层

6.2.5 锥体施工缝应留设在环梁以上不小于1.5m处。

6.3 漏斗内衬

6.3.1 漏斗内衬施工应符合本规范第5.6.1条~第5.6.8条的有关规定。

6.3.2 在钢质基层上施工应符合下列规定：

1 钢结构漏斗必须安装牢固、稳定可靠。

2 基层表面的油漆、污垢、氧化皮等应清除干净。板块式内衬的基层表面应进行除锈处理，表面不得存有锈斑。

6.3.3 金属板内衬和抗冲击钢轨内衬安装宜与漏斗混凝土同步施工。

6.3.4 采用板块式内衬和耐磨混凝土、耐磨砂浆层的漏斗，应在出料口底部设置内衬托撑构造。

6.3.5 利用金属板内衬代替漏斗内侧模板时，应采取防止混凝土缺陷和保证混凝土浇筑质量的可靠措施。

7 仓顶工程

7.1 仓顶钢结构

7.1.1 仓顶钢结构安装可采用吊装、滑模拖带等施工工艺。钢构件在存放、拼装、提升、就位等过程中的应力、变形应进行分析验算。

7.1.2 仓顶钢结构采用吊装工艺安装时，应符合下列规定：

1 支座混凝土强度应达到设计要求，且不低于设计强度等级的75%。

2 钢结构安装前，应进行制作质量验收和构配件预检。

3 支座部位的混凝土施工缝应进行处理，保证二次浇筑混凝土密实。

4 拱形桁架结构和穹顶结构仓顶应采用分单元对称方法安装，并采取保证中心临时支撑柱稳定的可靠措施，临时支撑柱应分次卸载。

5 主构件吊装后必须及时安装次构件和稳定构件。

7.1.3 筒体采用滑模工艺施工时，宜采用滑模拖带工艺进行仓顶钢结构整体就位安装。滑模拖带施工应符合下列规定：

1 拖带施工体系的设计计算和安装应符合现行国家标准《滑动模板工程技术规范》GB 50113 和《钢结构设计规范》GB 50017 等的规定。

2 应根据仓顶钢结构形式对被拖带装置、拖带支座及支撑系统、滑动模板构造进行一体化设计。拖带空间拱顶结构时应设置水平推力平衡装置（图7.1.3）。

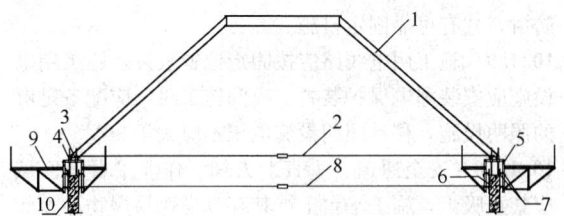

图 7.1.3 拖带空间拱顶结构施工
1—仓顶钢结构；2—推力平衡拉杆；
3—拖带支座；4—支撑杆和提升千斤顶；
5—提升架；6—滑动模板；7—模板围檩及加强梁；8—水平辐射拉杆；
9—作业平台；10—仓壁

3 钢结构安装宜采用支座托换转换一次就位。

7.1.4 穹顶网架结构宜采用拖带提升法进行整体安装，提升作业应采取同步性监控措施。

7.2 仓顶混凝土结构

7.2.1 仓顶混凝土梁板结构宜采用桁架吊模、承重钢梁支撑等施工工艺，模板体系承重构件和构造节点应进行设计验算。

7.2.2 桁架吊模施工（图7.2.2）应符合下列规定：

1 钢筋骨架应按施工计算增设腰筋、架立筋等，并焊接成加固钢筋骨架。

2 桁架网片与钢筋骨架应连成一体，整体受力。

7.2.3 承重钢梁支撑施工（图7.2.3）应符合下列规定：

1 承重钢梁宜优先选用H形钢或工字钢。

2 承重钢梁（或桁架）宜采用在仓壁上预留梁口或钢牛腿的方法安装，仓顶结构和承重钢梁之间应留适当操作空间。

3 承重钢梁上应满铺脚手板。

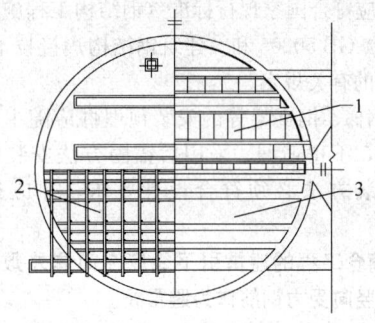

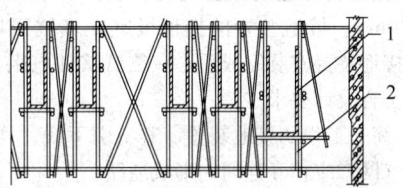

图 7.2.2 桁架吊模施工
1—模板及仓顶结构构件；2—工具式桁架布置方式；3—仓顶结构布置

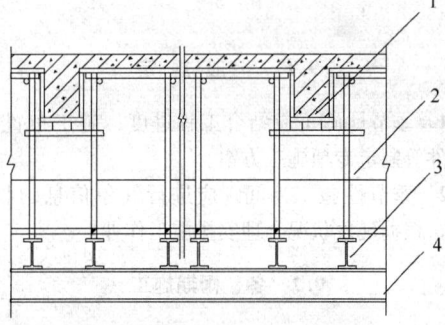

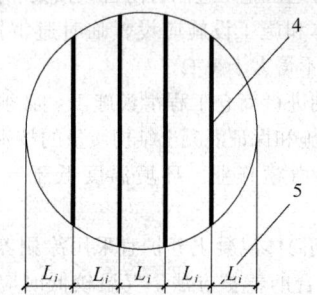

图 7.2.3 承重钢梁支撑施工
1—仓顶次梁结构；2—仓顶主梁结构；
3—承重次构件；4—承重钢梁（桁架）；
5—承重钢梁布置间距

7.2.4 仓顶混凝土锥壳结构施工应编制模板支架搭设、拆除和混凝土浇筑专项方案。倾斜面混凝土施工宜采用双侧模板，混凝土应分层、分步对称浇筑。

8 附属工程

8.0.1 仓内外钢梯、钢平台、钢栏杆等金属构件的制作安装应符合国家现行标准《钢结构工程施工质量验收规范》GB 50205和《建筑钢结构焊接技术规程》JGJ 81等的有关规定。

8.0.2 钢梯、钢支架等的安装预埋件应随主体工程施工留置，不得遗漏。采用后锚固方法安装的预埋件，其安装方法必须符合设计要求，并应作拉拔试验。

8.0.3 筒仓工程的避雷引下线应在筒体外敷设，严禁利用其竖向受力钢筋作为避雷线。

8.0.4 接地装置埋设深度应符合设计要求，且不应小于600mm。接地装置的接地极宜在基坑回填土前安装。接地装置安装完成后，应测试接地电阻，电阻值必须符合设计要求。

8.0.5 筒仓工程的接地装置、避雷引下线、均压带、避雷针（网）应相互连通，形成通路。

8.0.6 筒仓工程应按设计要求设置变形观测标志，单体仓不应少于4处。

9 季节性施工

9.1 一般规定

9.1.1 季节性施工应结合工程进度、施工布置、气象条件等制定专项施工方案。

9.1.2 季节性施工期间，应进行气象信息的收集、监测，根据气象状况合理安排施工作业。

9.2 冬、雨期施工

9.2.1 沿海地区施工应制订防台风预案和措施。

9.2.2 筒体和施工设施应设置临时避雷接地装置，接地电阻值不得大于10Ω。

9.2.3 冬期进行筒仓工程滑模施工，必须具备可靠保温防冻措施和保证混凝土结构质量的技术措施，否则不宜进行滑模作业。环境温度低于−20℃不应施工。

9.2.4 冬期筒体混凝土养护宜采用涂刷养护液和悬挂帷幔相结合的养护方法，气温较低时应采取热电阻、电加热、蒸汽养护等保温措施。

10 职业健康安全与环境保护

10.1 职业健康安全

10.1.1 筒仓工程施工中应严格遵守国家有关建设工程施工现场管理规定及现行行业标准《建筑施工安全检查标准》JGJ 59、《建筑机械使用安全技术规程》JGJ 33及《施工现场临时用电安全技术规范》JGJ 46等的有关规定。

10.1.2 施工前必须针对结构和施工特点以及地理环境、气候条件等编制切实可行的安全专项施工方案。

10.1.3 高空作业人员应经身体检查合格，接受本岗位安全技术培训并考试合格后方可上岗。

10.1.4 筒仓施工期间必须设置危险警戒区，警戒线至筒仓的距离不应小于筒仓施工高度的1/5，且不小于10m。当不能满足要求时，应采取其他有效的安全防护措施。

10.1.5 危险警戒区内，构筑物入口、机械操作场所，应搭设高度不低于3.5m的安全防护棚，通行区应设置安全通道。

10.1.6 遇雷雨和六级及以上的大风天气，应停止施工，并对操作面的设备、材料进行整理和固定，同时人员迅速撤离作业区。

10.1.7 结构构件吊装应制定专项方案，吊装前应对起重设备和吊具进行检查。

10.1.8 作业平台应留设安全通道。作业面临边应设置不低于1.2m高护栏杆，平台板应严密、平整、防滑，并有可靠固定措施。

10.1.9 施工用电线路应按固定位置敷设，施工用电设施应安装漏电保护装置。夜间施工时，应配备足够的照明设施，移动照明设施电压不应大于36V。

10.1.10 安全通道、垂直上人梯、作业平台等区域应禁止吸烟，施工平台上严禁存放易燃易爆物品。作业面上应设置足够、适用的灭火器材或其他消防设施。电气焊作业影响区应有防火措施，并申请动火证，安排现场监护人员。

10.1.11 安装和拆除筒仓工程的脚手架、承重支架、特种施工设施和施工装置等，必须按照专项方案确定的程序、方法进行，作业人员必须是考核合格的专业工，特种作业人员应持证上岗。拆除作业应划定安全警戒线，安排操作监护人员进行全程监督。

10.2 环境保护

10.2.1 筒仓工程施工应采取技术和管理措施提高模板、脚手架等周转材料的利用效率，降低材料损耗。

10.2.2 现场易产生噪声的设备应有隔声降噪措施。塔吊、施工电梯、物料提升机等设备在夜间施工时，应采用哑声电铃或对讲机传递信号。宜选用低噪声、低振动的机具，并采取隔声、隔振措施，避免或减少施工噪声和振动。振捣棒严禁振捣模板或钢筋。

10.2.3 严禁随意从高空抛掷物品。拆除模板时不得随意向低处摔扔，不得用硬物打击模板。

10.2.4 电动除锈机应装设排尘罩和排尘管道。混凝土在生产过程中应减少对周围环境的污染，搅拌站应设置封闭的防护棚，所有粉料的运输及称量均应在密封状态下进行，并有收尘装置。

10.2.5 砂石料堆场应采取防止扬尘的措施。水泥、掺合料等粉料应在仓库或密闭仓内存放，如露天存放宜遮盖严密，装卸和运输应有防止遗洒扬尘的措施。

10.2.6 加工木模板产生的锯末、碎料应按照固体废弃物处理要求进行处理，避免污染环境。
10.2.7 隔离剂、机械润滑油、切削冷却润滑液等应有回收和防止洒落措施，并应封存存放，防止渗漏污染土地。
10.2.8 混凝土搅拌场地应设置集水坑和沉淀池，并应及时清理沉淀物。
10.2.9 施工废弃物应及时收集、分类、清运，保持工完场清。

11 工程质量验收

11.1 工程质量验收的划分

11.1.1 钢筋混凝土筒仓工程质量应按检验批、分项工程、分部（子分部）工程、单位（子单位）工程进行验收。

11.1.2 单位（子单位）工程、分部（子分部）工程、分项工程、检验批的划分原则应符合现行国家标准《建筑工程施工质量验收统一标准》GB 50300 的规定。群仓工程中的独立筒仓、单组联体筒仓可划分为一个子单位工程进行验收。仓中仓和排仓应按一个单位（子单位）工程进行验收。

11.1.3 筒仓内衬工程划分为一个分部工程，其分项工程和检验批的划分应符合下列规定：

1 分项工程的划分应符合国家现行相关质量验收规范的规定，检验批检查项目应参照本规范第 5.6.2～第 5.6.8 条、第 6.3.2～第 6.3.5 条和具体工程的专项技术标准执行。

2 工序验收应按工程部位和施工段划分检验批。漏斗、仓壁及其他部位应分别划分检验批，群仓和排仓的每个仓体单元应独立划分检验批。

3 金属板内衬、钢轨内衬等与主体结构同步一体化施工时，金属类内衬安装应单独划分分项工程；当填充混凝土与主体结构混凝土同时浇筑时，填充混凝土作为主体结构验收。

11.1.4 筒体各分项工程的检验批划分应符合下列规定：

1 独立筒仓仓体应单独划分检验批。大直径筒仓、联体筒仓应按施工段划分检验批。

2 采用滑模工艺施工时，每一个工作日的滑升区段且不超过3m的滑升高度可划分为一个检验批。

3 采用除滑模工艺以外的其他方法施工时，应按一次支设模板高度划分检验批。

4 在筒体配筋变化处，宜按配筋区段分别划分检验批。

11.1.5 涉及使用功能、使用安全的加工件、预埋件应分类和分批次进行制作质量的检查验收。

11.2 工程质量验收

11.2.1 钢筋混凝土筒仓工程质量验收除执行本规范的规定外，尚应符合现行国家标准《建筑工程施工质量验收统一标准》GB 50300 的有关规定，检验批的验收与建筑工程相关专业工程质量验收规范配合使用。

11.2.2 工程耐久性必须符合设计要求。

11.2.3 筒仓工程结构实体检验应符合下列规定：

1 筒仓工程结构实体检验应在监理工程师（建设单位项目专业技术负责人）见证下，由施工单位项目技术负责人组织实施。结构实体检验应符合现行国家标准《混凝土结构工程施工质量验收规范》GB 50204 的有关规定，承担结构实体检验的机构应具有相应的资质。

2 钢筋混凝土筒仓工程结构实体检验的范围为涉及结构安全的重要结构构件及部位。承重墙、柱、仓底及内部结构的实体检验的内容包括混凝土强度、钢筋保护层厚度，筒体部分还应进行钢筋规格、间距的实体检验。根据设计要求、工程实际需要或合同约定，也可增加其他检验项目。

3 混凝土强度宜采用非破损或局部破损的检测方法。也可以在混凝土浇筑地点制备并与结构实体同条件养护的试件强度为检验依据，其留置、养护和检验评定方法应符合现行国家标准《混凝土结构工程施工质量验收规范》GB 50204 的有关规定。

4 结构实体钢筋保护层厚度的检验和评定应符合现行国家标准《混凝土结构工程施工质量验收规范》GB 50204 的有关规定。

5 筒体混凝土强度实体检验、同条件试件的留置和筒体钢筋实体检验项目的抽样数量、检验方法、允许偏差和合格性判定条件应符合本规范附录 A 的规定。

6 当结构实体同条件养护试件强度不合格或钢筋实体检验结果不满足要求时，应委托具有相应资质的检验机构进行结构检测。

11.2.4 钢筋混凝土筒仓工程验收时，应具备下列技术文件：

1 设计变更文件及竣工图文件；

2 原材料、半成品和构配件的出厂合格证、质量证明文件及进场复试报告；粮食和食品行业筒仓的卫生合格证明文件和工程材料有害物、污染物含量的检验、复试报告；

3 地基验槽记录、地基与基础检测报告；

4 施工检验试验报告、工艺测试报告；

5 涉及工程施工内容的分类施工记录；

6 隐蔽工程验收记录；

7 钢结构工程检测报告；

8 中间交接验收记录、专项工程验收记录；

9 结构实体检验报告;
10 使用功能检验及功能抽查测试资料;
11 变形观测记录;
12 检验批及分项工程、分部工程质量验收记录;
13 工程观感质量检查记录;
14 工程竣工报告;
15 施工组织设计、施工方案、施工管理资料;
16 工程重大质量问题和质量事故处理相关资料;
17 其他必要的文件和记录。

11.2.5 筒仓工程施工技术文件应随施工进度编制、收集,及时审查归档,按工程技术资料相关标准分类整理、分卷编目,工程验收后及时存档备案。

11.3 工程质量检查评定

11.3.1 钢筋混凝土筒仓工程施工检验批的质量评定应符合国家现行质量验收规范和本规范第3章、第4章、第5章、第6章的规定。

11.3.2 施工过程中应保留相关质量记录、施工记录。

11.3.3 采用新材料、新工艺而无验收标准的施工项目,应由建设单位、设计单位、监理单位、施工单位依据工程设计指标和专项技术标准共同制订质量评定和验收方案,但不应违反本规范的相关规定。

11.3.4 钢筋混凝土筒仓分项工程允许偏差和检验方法应符合表11.3.4的规定。

表11.3.4 钢筋混凝土筒仓分项工程允许偏差和检验方法

检查项目		允许偏差(mm)	检验方法
筒体截面尺寸(构件厚度)		+4,-5	钢尺检查
预埋件	中心位置	5	尺量检查
	高低差(安装水平度)	2	尺量和水平尺检查
	与模板面的不平度	1	尺量和塞尺检查
预留洞	位置偏差	10	尺量检查
	水平度	3	水平尺检查
模板工程	圆形筒体半径 半径≤6m	±5	仪器测量、钢尺检查
	半径≤13m	半径的1/1000且≤±10	仪器测量、钢尺检查
	半径>13m	半径的1/1000且≤±20	仪器测量、钢尺检查
	滑动模板扭转 任意3m高度	20	经纬仪或吊线、钢尺检查
	全高(H)	H/1000且≤100 拖带施工时,不得有影响被拖带构件安装的偏差	经纬仪或吊线、钢尺检查

续表11.3.4

检查项目		允许偏差(mm)	检验方法
钢筋工程	受力钢筋 间距 筒体水平钢筋	±5	钢尺量两端、中间各一点,取最大值
	筒体竖向钢筋	±10	
	保护层厚度 筒体	0,+10	钢尺检查
混凝土工程	轴线位置	15	钢尺检查
	联体仓轴线间相对位移	5	钢尺检查
	圆形筒体半径 半径≤6m	±10	仪器测量、钢尺检查
	筒体直径≤25m	不大于半径的1/800且不大于±15	仪器测量、钢尺检查
	筒体直径>25m	不大于半径的1/800不大于±25	
	表面平整度 有饰面	8	2m靠尺和塞尺检查
	无饰面	5	2m靠尺和塞尺检查
	内衬基层混凝土	5	2m靠尺和塞尺检查
	预埋件 中心位置	10	尺量检查
	安装水平度	3	尺量和水平尺检查
	平整度与表面的不平度	2	尺量和塞尺检查
	预留洞 位置偏差	15	尺量检查
	水平度	5	水平尺检查

注:1 筒仓结构主体各分项工程宜按每5m左右周长划分一个检查面(处),同一检验批应抽查总数的20%,且不少于5面(处);
  2 本表未包含的检查项目,检查数量应按本规范第11.3.1条执行。

附录A 筒体结构实体检验

A.0.1 筒体结构实体检验抽取样本的结构部位和数量由监理(建设)、施工等各方根据工程结构重要程度共同选定。

A.0.2 筒体结构实体检验的项目包括混凝土强度、钢筋保护层厚度、钢筋规格和间距以及约定的其他项目。

A.0.3 代表筒仓下部支承结构实体强度的同条件养护试件不宜少于3组;代表仓壁结构强度的同条件养护试件不宜少于10组,且不应少于3组。

A.0.4 同条件试件应放置在与其代表的结构部位基本相同的环境条件下,并采取相同的养护条件;采用滑模施工的仓壁结构,同条件试件可放置在模板平台上进行同条件养护。同条件试件养护方案由施工、监理(建设)等各方依据本规范规定共同确定。

A.0.5 筒体钢筋实体检验的取样部位和数量应符合下列规定：

1 每个筒仓的筒壁至少抽取 3 处进行钢筋保护层厚度、钢筋间距、规格的检验。

2 每个筒仓的仓壁在每个配筋区段内，应按水平周长每 30m 至少抽取 1 处且不少于 3 处进行钢筋保护层厚度、钢筋间距、规格的检验。配筋区段高度超过 15m 时，每增高 15m 应增加检测点不少于 3 处。抽样点的部位应在竖向和水平范围内均匀分布。

3 在仓壁水平配筋变化位置上下各 1.0m 范围内以及仓壁变截面处的上下位置，至少应各抽取 2 处进行检验。

4 每个仓体的仓壁钢筋实体检验抽样点的数量不应少于 10 处。

A.0.6 筒体钢筋实体检验，每处抽样应连续抽检不少于 6 根水平和 6 根竖向钢筋，抽样检验范围的宽度和高度不应小于 800mm。

A.0.7 钢筋实体检验检测误差和允许偏差按下列要求执行：

1 钢筋检测误差应不大于 1.0mm；

2 钢筋保护层厚度的允许偏差为 +15mm，−3mm；

3 钢筋水平间距允许偏差为 ±10mm，钢筋竖向间距允许偏差为 ±15mm；

4 在每一抽查处，检测的高度和宽度范围内，钢筋数量满足设计要求。

A.0.8 筒体部分的钢筋实体检验应单独进行验收。

A.0.9 筒体结构钢筋实体检验合格应符合下列规定：

1 当钢筋各检验项目合格点率分别达到 90% 及以上时，钢筋的检验结果应判为合格；

2 当钢筋单项检验项目合格点率小于 90% 但不小于 80% 时，可再抽取相同数量的构件进行检验；当按两次抽样总和计算的合格点率为 90% 及以上时，该项钢筋的检验结果判为合格；

3 各项抽样检验中不合格点的最大偏差值均不得大于本规范附录 A.0.7 条允许偏差值的 1.5 倍；

4 钢筋规格必须全部符合设计要求。

注：本附录只适用于筒仓结构筒壁和仓壁的实体检验，筒仓工程其他部位和结构构件的实体检验应符合现行国家标准《混凝土结构工程施工质量验收规范》GB 50204 的有关规定。

附录 B 筒仓垂直度和全高检测方法

B.0.1 筒仓垂直度（全高）检测应在仓壁结构施工完成后进行。垂直度观测除满足本附录要求外，尚应符合现行行业标准《建筑变形测量规范》JGJ 8 的有关规定。

B.0.2 直径不大于 10m、高度小于 20m 的筒仓，当环境条件允许时，垂直度检测可在遵守本附录基本原理基础上，直接使用简易方法（如线坠法）进行测量。

B.0.3 测量依据应包括下列内容：

1 场区或建筑物变形观测控制点。

2 保护完好的筒仓工程定位坐标控制桩点。

B.0.4 垂直度观测应设置观测点（图 B.0.4）。观测点的布设应符合下列规定：

1 大型单仓可按照方便观测的原则在仓内或者仓外布设地坪观测点，其他筒仓设置仓外观测点。

2 测量观测点应沿筒仓周边均匀对称布置。

3 圆形单仓沿周长每 25m 左右设置一处观测点（A_i 或 A'_i），观测点应对称布置，单仓观测点的数量不得少于 4 个。圆形联体筒仓应在每个仓体的纵横主轴线方向对应布设观测点；矩形筒仓应在角部纵横轴线两个方向设置观测点；联体仓每间隔 20m～30m 在轴线对应位置增设一处观测点。观测点的布置方式参照图 B.0.4 (a)、(b)、(c) 执行。

4 观测点应按单位（子单位）工程编号，并测量出每个观测点的相对标高（h_{0i} 或 h'_{0i}）和该观测点的定位坐标或相对于圆筒仓的半径（r_i 或 r'_i）。计算仓壁设计中心至观测点的距离值（L_i 或 L'_i）。

B.0.5 对应各观测点位置，在仓壁顶按结构实际截面厚度标定仓壁中心位置（B 点），测量其相对标高（h_i）。

B.0.6 筒仓垂直度偏差按以下规定计算（表 B.0.6）：

以第 i 个观测点（A_i）为基准点，以仓顶对应处的轴线设计位置或设计半径线（B 点）为观测起始点，采用激光铅垂仪观测法测得各点观测值 L_i（L'_i）（图 B.0.4）。

筒仓垂直度偏差按下式计算：

$$l_i = r_i - R \text{ 或 } (l'_i = R - r'_i) \quad (B.0.6-1)$$

$$\Delta_i = l_i - L_i \text{ 或 } (\Delta_i = L'_i - l'_i) \quad (B.0.6-2)$$

式中：Δ_i——第 i 个观测部位对应的垂直度偏差（mm），正值代表向外倾斜，负值代表向内倾斜；

$L_i(L'_i)$——对应第 i 个观测点所取得的仓外侧（仓内侧）垂直度观测数值（mm）；

$l_i(l'_i)$——对应仓外侧（仓内侧）的第 i 个观测点的垂直度观测基准值（mm）。

B.0.7 测得的各观测点垂直度偏差（表 B.0.6）绝对值的最大值为筒仓垂直度偏差（Δ）。

B.0.8 各观测点标高测量值的平均值为筒仓仓顶标高实测值。

$$h = \frac{1}{n}\sum_1^n h_i \quad (B.0.8)$$

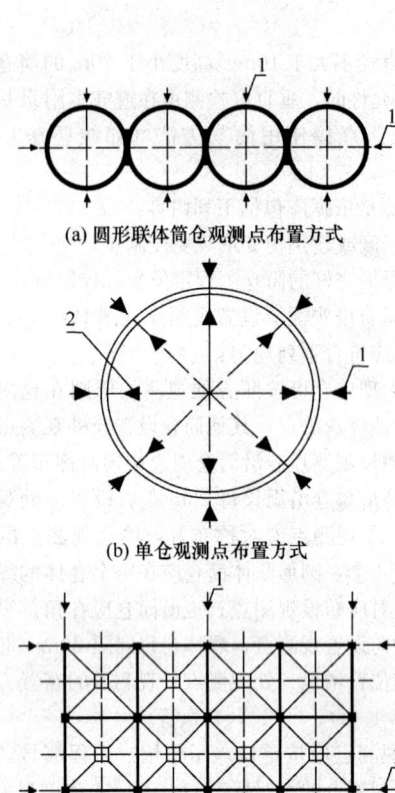

(a) 圆形联体筒仓观测点布置方式

(b) 单仓观测点布置方式

(c) 矩形筒仓观测点布置方式

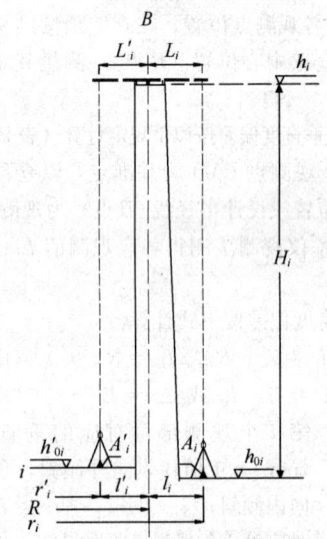

(d) 垂直度测量

图 B.0.4 筒仓垂直度测量

$A_i(A_i')$—第 i 个仓外(内)观测点;B—在仓量出的仓壁中心线;$r_i(r_i')$—观测半径;R—筒仓设计半径(轴线尺寸);$l_i(l_i')$—对应于仓外侧(仓内侧)第 i 个观测点的垂直度观测基准值(mm);$L_i(L_i')$—对应于第 i 个观测点的仓外侧(仓内侧)仓顶垂直度观测值(mm);h_{0i}—第 i 个观测点的相对标高;h_i—第 i 个观测点对应的仓顶标高实测值;1—仓外垂直度观测点;2—仓内垂直度观测点

式中:h——筒仓仓顶标高实测值(mm);
h_i——第 i 个观测点(A_i)对应的仓顶标高实测值(mm);
n——观测点的数量。

B.0.9 各观测点测得的垂直度绝对值 $\left(\dfrac{\Delta_i}{h_i - h_{0i}}\right)$ 的最大值为筒仓垂直度检测值。

表 B.0.6 筒仓垂直度、标高观测记录

编号:

工程名称		工程编号	
观测人		观测日期	
观测仪器		仪器编号	
观测方法说明(符观测示意图):			

观测点编号	观测点标高(m)	观测半径 r_i/r_i' (m)	观测基准值 l_i/l_i' (mm)	观测值 L_i/L_i' (mm)	实测偏差 Δ_i (mm)	全高标高测量值 h_i (m)	备注
							1. 垂直度偏差实测值:Δ=___(mm)
							2. 仓顶标高实测值 h=(m)
							3. 筒仓垂直度检测值 1/( )

结论:				
施工单位(签章)项目经理: 年 月 日	项目技术负责人	专业质检员	单位工程负责人	
工程监理单位或建设单位(章)总监理工程师: 年 月 日	专业监理工程师意见: 年 月 日			

本规范用词说明

1 为便于在执行本规范条文时区别对待，对要求严格程度不同的用词说明如下：
　　1）表示很严格，非这样做不可的用词：
　　　　正面词采用"必须"，反面词采用"严禁"；
　　2）表示严格，在正常情况下均应这样做的用词：
　　　　正面词采用"应"，反面词采用"不应"或"不得"；
　　3）表示允许稍有选择，在条件许可时首先应这样做的用词：
　　　　正面词采用"宜"，反面词采用"不宜"；
　　4）表示有选择，在一定条件下可以这样做的用词，采用"可"。
2 条文中指明应按其他有关标准执行的写法为"应按……执行"或"应符合……的规定"。

引用标准名录

1 《钢结构设计规范》GB 50017
2 《滑动模板工程技术规范》GB 50113
3 《建筑地基基础工程施工质量验收规范》GB 50202
4 《混凝土结构工程施工质量验收规范》GB 50204
5 《钢结构工程施工质量验收规范》GB 50205
6 《建筑工程施工质量验收统一标准》GB 50300
7 《建筑变形测量规范》JGJ 8
8 《建筑机械使用安全技术规程》JGJ 33
9 《施工现场临时用电安全技术规范》JGJ 46
10 《建筑施工安全检查标准》JGJ 59
11 《建筑钢结构焊接技术规程》JGJ 81
12 《建筑地基处理技术规范》JGJ 79
13 《建筑工程冬期施工规程》JGJ 104
14 《建筑基桩检测技术规范》JGJ 106

中华人民共和国国家标准

钢筋混凝土筒仓施工与质量验收规范

GB 50669—2011

条 文 说 明

制 定 说 明

《钢筋混凝土筒仓施工与质量验收规范》GB 50669-2011，经住房和城乡建设部 2011 年 2 月 18 日以第 943 号公告批准、发布。

为便于广大设计、施工、科研、学校等单位有关人员在使用本规范时能正确理解和执行条文的规定，《钢筋混凝土筒仓施工与质量验收规范》编制组按章、节、条顺序编制了本规范的条文说明，对条文规定的目的、依据以及执行中需注意的有关事项进行了说明，还着重对强制性条文的强制性理由作了解释。但是，本条文说明不具备与规范正文同等的法律效力，但建议使用者认真阅读，作为正确理解和把握规范规定的参考。

目 次

1 总则 ·· 9—10—21
2 术语 ·· 9—10—21
3 基本规定 ·································· 9—10—21
4 基础工程 ·································· 9—10—23
  4.1 一般规定 ······························ 9—10—23
  4.2 地基与桩基础工程 ··················· 9—10—23
  4.3 基坑工程 ······························ 9—10—23
  4.4 钢筋工程 ······························ 9—10—24
  4.5 模板工程 ······························ 9—10—24
  4.6 混凝土工程 ···························· 9—10—24
5 筒体工程 ·································· 9—10—25
  5.1 一般规定 ······························ 9—10—25
  5.2 钢筋工程 ······························ 9—10—25
  5.3 模板工程 ······························ 9—10—27
  5.4 混凝土工程 ···························· 9—10—28
  5.5 预应力工程 ···························· 9—10—29
  5.6 仓壁内衬 ······························ 9—10—29
6 仓底及内部结构工程 ·················· 9—10—29
  6.1 仓底结构、填料工程 ················ 9—10—29
  6.2 漏斗、锥体工程 ······················ 9—10—30
  6.3 漏斗内衬 ······························ 9—10—30
7 仓顶工程 ·································· 9—10—30
  7.1 仓顶钢结构 ···························· 9—10—30
  7.2 仓顶混凝土结构 ······················ 9—10—31
8 附属工程 ·································· 9—10—31
9 季节性施工 ······························· 9—10—31
  9.1 一般规定 ······························ 9—10—31
  9.2 冬、雨期施工 ························· 9—10—31
10 职业健康安全与环境保护 ·········· 9—10—32
  10.1 职业健康安全 ······················· 9—10—32
  10.2 环境保护 ····························· 9—10—32
11 工程质量验收 ·························· 9—10—32
  11.1 工程质量验收的划分 ·············· 9—10—32
  11.2 工程质量验收 ······················· 9—10—33
  11.3 工程质量检查评定 ················· 9—10—33
附录 A 筒体结构实体检验 ············· 9—10—34
附录 B 筒仓垂直度和全高
       检测方法 ···························· 9—10—34

1 总 则

1.0.1 阐述制定本规范的目的。筒仓工程属于特种结构工程，施工专业性较强，近年来筒仓工程结构形式和施工技术发展较快，在筒仓工程施工中加强过程控制、不断提高施工技术水平、规范质量检查和验收行为对保证工程质量和施工安全具有重要意义。

1.0.2 本规范适用范围与《钢筋混凝土筒仓设计规范》GB 50077的适用范围保持一致。散料类钢筋混凝土筒仓广泛应用于各类工业项目中，其贮料为粒状或粉状料，符合散体力学特征。本规范不针对贮青饲料及纤维状散料和湿法搅拌的筒仓，但相关要求和规定可参照执行。

1.0.3 本规范是对筒仓工程施工质量的最低要求，应严格遵守。因此施工合同文件和其他工程技术文件对筒仓工程质量的规定不得低于本规范的规定。

1.0.4 筒仓工程施工中鼓励采用新技术、新工艺、新设备、新材料，有利于推动施工企业技术创新，可取得良好的经济效益和社会效益。在"四新"应用中，应采取积极、科学、慎重的态度，做好调查研究、搞好试点应用、认真进行技术分析和论证、落实推广应用措施，才能切实保证应用效果。

1.0.5～1.0.7 阐明本规范与其他质量验收规范及国家相关标准的关系，本规范与其他规范遵照协调、互补原则，避免不必要的重复。施工中涉及有关质量、技术、安全、环保等方面的要求，无论是本规范还是其他规范、规定均应遵守，不能以本规范排斥其他规范。

2 术 语

本规范给出了18个有关筒仓工程施工与质量验收的专用术语，并从钢筋混凝土筒仓施工角度予以了涵义，用于帮助对本规范相关条文的理解，其中部分术语的定义与现行国家标准《钢筋混凝土筒仓设计规范》GB 50077-2003 保持统一，以方便在工程实践中的应用。

3 基本规定

3.0.1 本条是对筒仓工程施工管理提出的要求。工程建设的相关各方应按照国家有关工程建设的法律、法规、地方条例等落实工程质量和施工安全的管理责任。同时筒仓工程施工具有较强的专业性，对施工管理和施工技术水平的要求相对较高，参与筒仓施工的总承包单位、专业分包单位以及劳务分包、重要构配件的加工制作单位等需具备相应的资质条件，并具有与所承建工程项目相适应的技术装备、技术管理能力和施工管理经验，是工程质量及施工安全的基本保证。

本条同时也对施工现场管理提出要求。施工现场应建立并完善质量管理和安全管理体系，实施全方位全过程的控制，管理体系通过循环，实现运行的有效性，能够发现问题和找出薄弱环节并加以改进，为工程施工提供过程能力保证。

施工技术标准是保障工程质量和施工安全、顺利履约合同的技术基础条件，本条中关于配备相关施工技术标准应理解为三个方面的要求：一是要做好与本工程施工有关的技术标准的识别；二是要保证现场持有与筒仓施工有关的现行有效版本的技术标准、规范，一般应包括图纸、设计变更文件、通用图，国家、地方、行业现行标准规范及技术法规，企业技术标准及施工策划文件，合同技术文件、现场管理技术文件等；三是要对这些标准实施有效地管理，确保其能够被有效地贯彻执行。

施工单位应结合工程和自身条件，制定和落实施工现场质量管理制度和试验检验、工程检测制度，明确质量责任。总包单位既要做好原材料质量控制、工艺管理和过程能力保证、工序质量检查和质量验收、中间交接验收等，又要通过管理措施的落实对专业分包、外委托加工等过程发挥总体控制作用。这是实现工程质量、保证施工安全的制度保证。

3.0.2 按照工程构造和工程部位划分施工过程，比较符合筒仓工程施工管理特点，为施工总体策划和分阶段的施工策划、进度节点控制、中间施工验收等提供方便。筒仓工程的质量验收要遵守本规范的规定，同时还应符合现行国家标准《建筑工程施工质量验收统一标准》GB 50300的规定，在验收管理、分部分项及检验批划分原则、验收程序、验收标准等方面应满足《建筑工程施工质量验收统一标准》GB 50300的规定。

3.0.3 本条是对施工策划提出的总体要求。在钢筋混凝土筒仓施工前需要统筹进行施工策划，在对工程条件做全面分析基础上，结合自身资源和技术优势、合同技术条件、工期要求等，对整个工程施工做出全程和全面的施工部署，明确工程项目管理目标、施工技术方案、施工顺序安排、创新技术与应用、明确专项施工项目和内容，以期达到技术先进、质量可靠、施工安全、工期优化、成本合理，才能取得良好的项目管理效果。

筒仓工程作为单位工程应编制施工组织（总）设计、施工专项方案等施工文件，对于重要和关键施工项目还需制定保证过程能力的作业指导书。施工组织设计是工程施工管理和技术活动的纲领性文件，对整个施工过程发挥指导和规范作用，要求组织科学、方案合理，对工程质量、施工安全、施工成本、工期进度和项目管理目标实施综合控制；施工专项方案按分部分项工程或施工部位制定，是施工的指导文件，要求内容具体和可操作性强，可直接管理关键部位和重点施工过程，为工程质量和作业安全提供直接的技术保证；作业指导书是为保证过程能力满足需要，制定的具体的实施性文件，是操作和作业指令。在施工组织设计中规定施工顺序、各部位的施工方案和方法，目的是要求施工单位在筒仓施工管理和技术管理中做到事先策划、事中控制，做好施工专项方案和施工组织设计之间的衔接，真正发挥项目管理的作用，避免出现施工文件和施工活动"两张皮"现象，降低和减少由于不规范的施工管理活动带来的质量和安全风险。

3.0.4 钢筋混凝土筒仓是工业贮料构筑物，所用的工程原材料和建筑构配件、加工件等绝大部分属于结构和功能性材料，工程材料的质量保证对工程质量、施工安全和建筑功能的正常发挥至关重要，因此应从严掌握，本条列为强制性条文必须严格执行。

用于筒仓工程的原材料、构配件、加工件的合格判定标准一般包含以下条件：一是其品种、规格、技术性能指标必须达到设计要求；二是其表征质量应达到现行材料标准和施工技术的要求；三是应按照规定提供合格证、型式检验报告、出厂检验报告、技术说明文件等有效的质量合格证明文件；四是施工单位要对进场的材料进行现场验收，验收工作应包括确认产品的数量、批次或品种、审查质量证明文件、现场检查和抽样测量、存放保管情况等；五是按照该类材料现行技术规范对进场材料进行复试检验。四种情况应做进场复试：①现行相关规范和技术标准要求进行进场复试的检验项目；②对进场材料或构件的质量存有疑问，需要取样检测方能判定质量情况时；③工程设计或建设方明确要求进行复试时；④出于重要工程部位或施工质量控制的需要时，复试检验应现场抽取试样。

对场外分包或委托加工制作的建筑构件也要按本条文要求做好进场验收和质量把关。

本条文所称现场验收，是指不论工程材料、构配件、加工件等由工程建设的哪一方采购，都要按照总包和分包质量责任，由施工单位对进入现场的材料、构件等实物按批次进行质量检查并组织相关方验收和确认，防止漏检批次或只重视质量证明文件核查而放松对实物质量的验证，将不符合要求的材料用于工程，造成质量隐患。

3.0.5 本条主要针对食品工业类使用的筒仓，在施工中对混凝土材料及添加剂、内衬材料以及内涂层等的有害物质和含量进行严格限制，严禁使用对贮存物具有污染性的内衬和内涂层，以保证贮藏环境无毒无害和符合环保卫生标准的要求。本条款的环保和卫生技术指标应按设计规定执行，设计要求不明确时，由使用方确定控制指标和验收标准。本条要求涉及食品安全与健康，列为强制性条文，必须严格执行。

3.0.6 本条文要求按规定配备计量装置，对计量装置要正确维护、正确使用，正常发挥其应有功能。现场一般要制定计量管理制度，落实管理、检定、维护保养、使用和监督等工作责任，规范工作程序，这是对质量和作业安全进行有效监控的基础性工作。

3.0.7 筒仓工程混凝土应采用设计配合比，即结合施工工艺方法和现场技术管理水平，合理确定混凝土工作性能指标，再按配合比设计标准、混凝土质量控制和耐久性检验评价标准等进行配合比的设计、试配、调整，以满足混凝土强度、耐久性和施工性能要求，设计配合比应具有较好质量保证率和合理的技术经济性，进行配合比设计时还应考虑工程部位和施工环境特点，合理优选材料，提高混凝土的密实性、抗裂性和耐久性指标。本条文禁止采用"经验配合比"、"计算配合比"。

由于混凝土筒仓所在地区不同、工程用途和使用环境不同，混凝土耐久性的评价项目和指标要求也不尽相同，在工程设计中明确提出耐久性指标要求的筒仓工程，配合比设计除提供强度报告外，还需提供全部耐久性指标的配合比检测报告。对于设计中没有明确混凝土耐久性指标要求的工程，也已经通过工程设计对结构耐久性给予了保证，工程施工要结合工程使用环境和施工方法，遵照相关的混凝土及混凝土结构工程技术标准进行配合比设计，采取提高混凝土耐久性的措施。

需要说明的是，结构混凝土的强度和耐久性指标不仅取决于配合比设计，与原材料和生产工艺、计量控制密切相关，也很大程度上取决于混凝土的浇筑和养护措施的落实。即使工程设计没有提出耐久性评价指标，施工单位也应做好保证混凝土耐久性的控制措施。

3.0.8 钢筋混凝土筒仓的外露预埋件分为两类，一类为安装工艺设备所需，另一类是工程施工时用于附着施工设施所留。调查中发现，筒仓外露预埋件和外露铁件发生锈蚀的几率较大，锈蚀后对建筑外观造成污染，对其承载能力和工艺设备安装的可靠性构成影响，为此本条文对外露件的防腐防锈提出统一要求，目的是要工程参建各方对这一问题引起注意，加强质量控制。本条文执行中要求明确除锈防腐施工做法（一般应达到同一工程室外钢结构防腐标准），施工过程中的质量控制要做到与本规范第11.1.5条配合使用，工程验收时也应将外露件的施工质量纳入分部工程、单位工程观感质量的检查和评定内容中。

3.0.9 施工旁站式管理，是指在上下道工序连续作业过程中，现场专业管理人员对作业面各工序的施工质量及作业活动实施全过程的现场跟班监控。旁站式管理应保存旁站管理记录，其目的是为了加强施工过程控制，保证工程质量和作业安全。

滑动模板施工具有小节拍流水连续作业的特点，各工序衔接紧密，操作顺序和作业时间有严格限制，给工序交接验收带来一定不便，钢筋安装工程、保护层厚度、预埋预留施工等有关隐蔽工程难以做到按通常方式进行检验批报验和验收，其工程质量更具隐蔽性。在实际工程调查中，采用滑模工艺施工的工程，也发现由于管理和监督不到位造成的钢筋规格错误、钢筋间距偏差过大、保护层没有达到设计要求等问题没能及时发现和纠正，对结构安全和使用寿命造成重大隐患的情况。旁站式管理是进一步强调施工管理者的质量控制责任，确保每一道工序不留隐患，实际上是要求施工方用现场管理做出质量保证。

旁站式管理必须由具有相应专业技术资质和管理能力的专业人员实施。实施旁站式管理的，应在施工组织设计或专项技术方案中予以明确，施工单位应制定旁站管理实施方案，规定旁站管理的范围、内容、程序和旁站管理人员职责、交接班制度等，并对旁站管理人员进行工作交底，旁站管理人员要对工程结构承担相应质量责任。旁站管理原始记录应作为施工记录存档。本条文亦可作为开展工程监督和工程监理的依据。

3.0.10 本条是规范筒仓工程的施工试验和检验行为。要求施工阶段的试验检验和工程检测由具有相应资质的单位承担，并出具格式规范的检验报告，目的是为质量控制、质量评价和工程验收提供可靠依据，是强化施工质量监控的技术手段。施工单位应按照规范规定和试验检验计划，及时组织取样和检测，并注意按规定办理见证取样手续。

哪类机构有资格进行检验和试验，各地规定不尽相同，具体执行中应由施工单位和工程监理（建设）单位根据地方法规协商确定。

4 基础工程

4.1 一般规定

4.1.1 工程地质勘察文件是工程设计、施工和验收的重要依据，对保证结构安全和施工安全至关重要。建设单位应向施工、监理等单位及时提供相关的工程勘察文件，工程施工总包单位也应向地基基础施工分包单位提供工程水文地质情况的准确信息资料。
4.1.2、4.1.4、4.1.5 基础工程施工的一般性规定。
4.1.3 桩基础工程是专业化施工项目，需要编制针对性和操作性较强的专项工程施工文件，专项技术方案应根据工程地质情况、地下水、桩基类型等，确定桩基础施工方法、桩基施工顺序、质量控制措施、施工安全措施、质量检验和桩基检测计划等。在工程地质条件复杂的建设场地，工程地质勘察资料往往难以提供施工地段的确切地质情况，对此类情况需要进行施工补充勘察，或结合地基处理进一步掌握桩下地质构造，并根据勘察结果确定合理的施工方案，以保证施工安全和成桩质量。

4.2 地基与桩基础工程

4.2.1 筒仓工程地基处理方法有多种，不论采用何种方法，在基坑开挖以后均要求进行验槽，判断工程地质情况是否与勘察情况和工程设计条件相符，以保证置换后或处理后的地基、换填地基的下卧层等达到工程设计要求。对于采用换填方法进行地基处理的，换填层施工前还要求对基坑进行隐蔽验收，目的是保证换填地基处理范围、标高、位置、底部处理、局部处理等达到相应技术要求，保证换填工程质量。基础工程施工前除要求对地基处理的承载力指标进行检测验收外，对地基处理施工的其他质量情况也要进行隐蔽验收，以保证地基工程不留隐患。

本条是针对地基处理施工中质量责任提出的管理性要求，施工工艺和质量控制还应遵照相关专业技术规范执行。
4.2.2 筒仓工程桩基础设计荷载一般较大，桩身施工质量要求高，试桩可提供经济、可靠的设计依据和施工参数。本条规定与《建筑地基基础设计规范》GB 50007、《建筑桩基技术规范》JGJ 94、《建筑基桩检测技术规范》JGJ 106 等的要求一致。
4.2.3 本条是对采用打（沉）桩工艺施工的桩基础提出的一般性规定。筒仓工程打（沉）桩对周围环境的影响主要是挤土、振动、超静水压力等，筒仓的桩基宜按逐排和对称的顺序施工。大型筒仓和群仓工程基础面积大，桩数多，施工时将其划分为若干区段，由内向外逐段对称地进行打（沉）桩作业，结合地质情况选取合理的施工速度和施工段的打（沉）桩顺序，可以降低超静水压力和振动，同时可使挤土作用比较均衡，减少对邻近建筑物和桩侧的影响，提高成桩质量和施工效率。
4.2.4 人工成孔灌注桩由于承载力高，在一些特殊地质条件下成桩质量可靠，目前在筒仓工程桩基础中仍占较大比例。但人工成孔施工属于高危险作业，桩的开挖顺序、支护措施和操作程序对施工安全具有重要影响，因此本条文要求结合工程地质条件编制施工专项方案，确定合理的单桩施工顺序和施工进度，为保证护壁支护措施的有效性不得超进度安排作业。为保证作业安全，如果没有可靠和成熟的技术、安全措施和施工经验，不应在地质条件复杂的区域进行人工成孔施工。人工成孔灌注桩施工深度的控制，是综合各地筒仓工程施工的经验数据。人工成孔灌注桩施工还应遵守其他相关安全、技术规范和相关法规。

4.3 基 坑 工 程

4.3.1 筒仓工程的基坑土方工程量一般较大，当施工组织设计不能详细作出规定时,则需要编制相关专项施工文件。当工程超过一定规模时,按住房和城乡建设部《危险性较大的分部分项工程安全管理办法》(建质〔2009〕87号)以及相关地方的管理规定执行。

4.3.2、4.3.4 基坑开挖时预留保护土层是预防地基遭受扰动和破坏,这些扰动和破坏可能来自施工活动、冻融、降雨和水浸等,预留人工清槽土层是预防超挖和保护地基的一种措施。当受到扰动或破坏时,需要按技术管理程序进行技术处理。

4.3.3 此条是要求把桩基施工和基础施工进行统筹安排,目的是减少基础施工阶段的重复工作量、保护桩体不受损害。基坑采用何种开挖方式以及何时进行开挖作业、如何开挖等,需要结合场地条件、桩基种类、场地水文气象条件等综合确定。对于预应力管桩或其他小直径桩,宜先挖基槽,如果后挖就不应采用大型施工机具;对于人工挖孔桩,可采用先开挖基槽再施工桩基的方法。

4.3.5 土是混凝土最好的保温保湿材料,尽快回填有利于基础工程的保护。基础回填分层夯实或压实是预防地面和设备基础沉降的基本要求,压实系数0.93是一个最低标准。需要说明的是,当设计对回填土质量有明确规定时,应按设计要求进行质量控制且不低于本规范的规定,当回填土上布置设备基础或有其他较大荷载时,应根据实际需要提高压实系数控制值。

4.4 钢筋工程

4.4.1 本条强调基础配筋施工应符合设计的规定,施工中不能擅自变更原设计要求,当必须变更时须征得设计单位的同意。本条应与现行国家标准《混凝土结构工程施工质量验收规范》GB 50204 配套执行,严格落实。

4.4.2 筒仓基础工程尤其是联体类筒仓的有梁式基础,钢筋骨架截面尺寸较大、钢筋种类和配筋层次多、安装施工难度比较大。调查中发现,基础梁下部钢筋绑扎点数量不够、二排或三排钢筋位置不准确、定位不牢靠、钢筋接头位置偏差、钢筋保护层偏差等问题发生的几率较大。要预防这些问题的发生,至少应做到以下几点:①合理确定钢筋间的相互位置关系,分配各类钢筋空间位置;②做好钢筋下料设计;③确定合理的钢筋安装顺序和方法;④下部钢筋和第二、三排钢筋可靠的定位和固定措施;⑤质量检查和工序验收。本条文目的是加强基础钢筋安装的控制,保证基础工程质量。

4.4.3 适宜做钢筋保护层垫块的材料有多种,筒仓基础钢筋保护层垫块承受压力较大,容易破碎而失去效果。实践中石材垫块和预制高强混凝土垫块应用效果比较好,本条规定垫块的强度等级不得低于基础混凝土强度,一是基础钢筋保护层垫块厚度和尺寸均较大,放入基础混凝土中后不能被忽略不计,需要有不低于基础混凝土的密实性和抗渗透性能作保证,并能与基础混凝土结合良好;二是降低垫块的破碎率。

本条文中规定垫块须均匀放置,一方面是减少基础钢筋变形量,保证保护层厚度准确;另一方面可使垫块受荷均衡。垫块间距和布置方式则需要根据基础钢筋骨架的刚度、重量和垫块承载能力综合选择。

4.4.4 本条是对基础上层钢筋支架的设置提出要求。对于较大型的钢筋混凝土筒仓基础,需要对基础上层钢筋支撑架进行设计,确定支撑架的布置方案,以确保支撑架体系稳定和上层钢筋位置准确。当地下水位较高或地下水对混凝土、钢筋等具有腐蚀性时,应采取防止加速渗透的措施。

4.4.5 筒仓基础上的插筋锚固分落地式和不落地式,基础插筋定位后需要采取有效地固定措施,以保证在浇筑混凝土过程中不发生位移、偏斜、锚固长度和预留长度不足等问题。

4.5 模板工程

4.5.1、4.5.2 本节内容是对筒仓基础的模板设计、施工和验收提出的要求。筒仓工程基础模板为竖向模板,分落地式支设和悬挂(悬吊)支设两种情况,施工中发生基础模板失稳、局部变形和位移等现象比较常见,其多数是由于模板支撑体系传力途径不明确、模板加固和支撑材料选用不合理、模板系统加固方法不正确等原因导致模板系统承载力不足和局部稳定较差。因此对于大型基础要编制模板专项施工方案,合理选用模板构造体系,根据施工现场实际情况科学设计模板加固方案。而对于小规模基础和有成熟经验的模板固定工艺,则要保证模板支设和加固方法的正确,使模板体系满足施工所需的强度、刚度和稳定性要求。模板安装后要进行验收,检查专项方案所确定的加固方法、工艺参数是否得到落实、安装质量是否可靠。混凝土浇筑应按照合理的顺序和方法进行,过程中做好监护,发现问题及时处理,是预防不合格发生的保障措施。

4.6 混凝土工程

4.6.1 大体积混凝土基础施工需要有较高的施工技术和施工能力,组织协调和质量控制事项较多,施工单位应预先制定好施工方案并切实贯彻执行,以保证施工顺利进行并防止有害裂缝的产生。施工方案一般需要对以下事项进行规划:混凝土原材料及配合比、浇筑方法及浇筑顺序、施工速度、养护技术、测温及监控、施工设备及施工组织工作等。

4.6.2 从混凝土原材料选用方面降低和延缓水化热是预防大体积混凝土温度裂缝产生的措施。对于筒仓基础工程,采用掺加粉煤灰、磨细矿渣粉并配合减水剂和膨胀剂的使用可提高混凝土抗裂性能、密实性和后期强度。

4.6.3 混凝土加强带已经有较多的成功应用，在大型基础上合理设置加强带可以减少甚至取消设置后浇带的做法，实现大面积基础和超长基础无缝施工，有利于提升施工技术水平，缩短基础施工工期。

4.6.4 对于大体积混凝土，本规范推荐采用综合蓄热法进行养护，对混凝土内部温度和表面养护温度进行监测，及时调整养护措施，控制混凝土构件的内外温差、混凝土与大气的温差以及降温速度，合理控制混凝土温度应力，减少和预防裂缝的发生。

4.6.5、4.6.6 基础混凝土应连续浇筑，避免产生冷缝。在浇筑过程中及时排除泌水、浮浆并在终凝前进行二次振捣，可以提高混凝土浇筑密实程度和减少裂缝发生。贴膜养护方法比较适用于基础混凝土，并可有效预防收缩裂缝的产生，提高混凝土养护质量和表面强度。

5 筒体工程

5.1 一般规定

5.1.1 筒体结构施工方法较多，本规范推荐使用目前工艺比较成熟技术比较先进的滑动模板工艺和三脚架倒模施工工艺，采用其他方法施工时也应符合本规范在质量、安全等方面的相关规定。

仓底以下设有多个结构层的筒仓，如果采用滑模施工则操作程序较多，如果缺少相应施工技术或可靠工程经验，在施工进度和工期方面可能不具有明显优势。对于此类结构可采用墙梁板结构的支模方法施工，或采用竖向构件倒模和平面结构支模相结合的方法施工。

5.1.2 本条是对筒体模板体系的设计、使用作出的规定，目的是满足模板系统的使用要求和施工安全。筒体工程模板具有施工荷载大、高空或架空施工等特点，模板体系构造合理并具有足够的安全性十分重要，模板及支撑体系均应进行结构构造、承载力、稳定性的设计和计算，特种模板构造还应按照相关专门的技术标准进行设计验算。施工中应按照规定对模板使用情况和工作状态进行监控，做好维修和维护，以保证使用安全。

5.1.3 本条是对筒体模板的一般性规定。要求按照经济合理、安全可靠的原则选择模板类型。对于圆形筒仓，为保证筒体结构尺寸准确，当单块模板的面积较大时，推荐使用带弧面的模板；当采用直面模板时，本规范给出了一个模板最大宽度的限值供施工时参照执行。

筒体尤其是仓体模板的拆除是一项危险性较大和专业性较强的工作，需要由有经验的作业队完成并做好技术交底和作业监管，模板拆除必须按一定的顺序和方法进行。本条文中要求模板拆除要按照模板专项方案执行，是将其纳入危险性较大分部分项工程进行管理，与本章第5.3.1条配合执行。

5.1.4 用普通电弧焊在筒仓水平钢筋上焊接其他附件，极易削弱主筋截面，故除非必须不得采用。本条所指的特殊措施是，采用的焊接方式不会因施焊而削弱钢筋的有效截面并能保证95%以上的焊点符合要求。

5.1.5 筒体结构施工缝处理一要做到混凝土能结合良好；二要保证交界面附近混凝土无疏松、烂根等质量缺陷；三要做到外观质量良好，混凝土强度要达到设计要求，使用功能方面还要保证密闭性良好无渗漏现象。本条的目的是要求加强施工缝处的质量管理，制定合理的技术措施，以达到本规范规定的质量要求。但具体采用何种管理措施和施工方法应结合具体工程和施工单位经验确定。

仓底、锥体、漏斗等仓内构件与筒体交接部位，结构截面尺寸小、配筋密集，混凝土易出现蜂窝、孔洞等质量缺陷。对于此类构件应结合工程具体情况采取预防措施，可采用细石混凝土配合小直径振动棒进行振捣，也可采用自密实混凝土浇筑。

5.1.6 筒体预应力工程施工的一般性规定。预应力工程施工需要做好三方面的组织和管理工作：预应力施工应按照专项和专业工程进行现场管理，需要制定专项技术方案和安全措施并认真执行；预应力筋、锚夹具、连接材料、现场加工件等应验收、复试并合理保管，保证质量可靠；做好混凝土施工质量检查和中间验收。中间验收存在问题的，应按规定采取技术处理措施，只有符合预应力施工条件时方可开展施工。

5.1.7 筒体滑动模板施工的一般性规定，要求连续施工，中间避免留置施工缝。在必须停滑时，要做好滑动模板装置的维护和检查。

5.1.8 筒体结构包括筒壁（仓下支承结构）和仓壁，是主要承载构件，关系结构安全和工程使用寿命，本条强调按筒体施工检验批的划分进行隐蔽工程验收，是针对筒体结构连续施工的特点，以避免漏验，检验批划分应符合本规范第11.1节的规定。预埋件、预留孔、预应力孔道或无粘结预应力筋留置、内衬安装配件等，均要求其制作加工质量可靠、安装位置准确、固定牢靠，故要求做专项的检查和隐蔽验收，目的是提高施工和验收人员的重视程度，强化质量控制。

5.2 钢筋工程

5.2.1 仓壁水平钢筋对保证筒仓结构承载力和防止筒仓裂缝至关重要，本条为强制性条文，必须严格执行。

一些筒仓工程事故与钢筋间距偏差过大超出工程

设计标准存在直接关系,本条文中钢筋的间距不仅要满足相关规范的规定,还必须达到设计要求,在施工中要避免在一定区段内钢筋间距正偏差累积造成实际配筋数量小于设计配筋数量的问题发生。本条文执行中要结合本规范第11.3.4条中钢筋间距允许偏差和本规范附录A第A.0.7条的规定,强化质量控制。

在筒仓工程施工中,存在简单的采用等强法以大直径钢筋代换较小规格钢筋或用高强度钢筋代替低强度钢筋的现象,使钢筋间距增加,不利于原设计抗裂性能的发挥。在大型筒仓中,仓壁水平钢筋配筋密集,如果以小规格钢筋代替较大规格的配筋,会导致钢筋间距过小而增加施工难度,易造成钢筋安装间距偏差增大,反而影响施工质量和结构设计效果。

筒体水平钢筋是关键的受力钢筋,目前钢筋的连接方式仍以搭接连接为主,施工中须保证搭接长度、接头百分率、圆形筒仓中的接头位置符合设计的规定,以免对工程结构安全造成影响。当采用其他接头方式时,应征得设计单位同意,并保证接头连接可靠。

本条文要求施工单位必须严格按照设计规定的钢筋品种、规格和接头连接方式施工,如果需要变更则必须由原设计单位同意并办理设计变更手续,工程施工单位和工程监理单位要按照技术管理制度严格贯彻设计要求,做好质量控制。

5.2.2 筒体工程水平钢筋的连接和锚固必须有可靠保证。对于圆形筒仓的水平钢筋,目前还缺少可靠、方便的机械连接措施,设计和施工基本上都采用绑扎搭接接头,但是当工艺质量有可靠保证时,直径不大于25mm的水平钢筋也可使用焊接接头形式。绑扎接头和搭接焊接接头处的两根钢筋按上下位置分布是为了不削弱接头部位的保护层厚度,保证传力可靠。

由于筒体工程具有水平钢筋接头数量多、施工进度快的特点,且采用搭接焊接的水平钢筋接头必须在安装现场就位焊接,钢筋焊接的工艺环境较差,因此有必要设置较为严格的控制条件以保证焊接的可靠性。本条文提高了钢筋搭接焊接有效焊缝长度,同时要求必须进行等工况条件下的焊接工艺检验评定试验(相关检验和评定记录应纳入工程技术档案资料),要求从现场焊接成品中抽取试件进行力学性能检验,焊接接头的外观质量要求进行全数检查。矩形或多边形筒仓,钢筋连接可以结合具体工程设计采用多种方式,当搭接焊接接头采用预制加工时不受本条文规定的限制。

当水平钢筋采用绑扎接头时,搭接长度取50倍钢筋直径是总结筒仓建设中的实践经验,也是我国筒仓设计采用的数值。圆形筒仓水平钢筋的搭接长度和接头位置错开距离与现行国家标准《混凝土结构设计规范》GB 50010、《混凝土工程施工质量验收规范》GB 50204有所不同,这是因为圆形筒仓水平钢筋安装时沿环向移动的可能性非常大,钢筋的搭接长度和位置的可变性不易控制,较大倍数的搭接长度和接头位置错开间距可以弥补施工中的偏差,防止由于水平钢筋沿环向移动而使钢筋的接头一端搭接过长,另一端又不能满足搭接长度要求,也可防止由施工偏差导致同一截面内的钢筋接头百分率增加。

5.2.3 部分施工单位采用手工弯制弧形水平钢筋,易出现弧度不均匀、端头翘曲等现象,造成钢筋保护层厚度不准确,影响传力可靠性,故本条作此规定。

5.2.4 竖向钢筋下料长度的确定要考虑保证钢筋位置准确、利于钢筋竖起时的稳定以外,还要尽量减少钢筋接头数量和避免钢筋浪费,具体应结合工程情况和钢筋定尺长度确定。

竖向钢筋的连接方式多数根据地区技术特点和施工单位的技术习惯采用,但调查中也发现存在由于工况条件所限和质量监控不到位而使焊接连接接头外观质量较差、合格率较低的现象,焊接质量不易保证,因此要求按照本规范5.2.2条的相关要求组织施工,并对质量严格把关。

5.2.5、5.2.6 当水平钢筋与竖向钢筋的交接点绑扎不牢或松扣时,容易造成钢筋错位,钢筋骨架抗变形能力差,钢筋位置和保护层厚度不易控制,为保证钢筋位置准确,因此强调钢筋交叉点要全数绑扎,并设置连系筋和焊接骨架钢筋,其间距应符合设计要求并满足实际施工需要。

5.2.7 在混凝土浇筑面以上至少应有一道绑扎好的横向钢筋,以便借此确定继续绑扎的横向钢筋位置,并以此控制竖向钢筋位置。

5.2.8 钢筋保护层厚度对结构使用寿命有很大影响。倒模施工中,如采用自制的带绑丝的砂浆垫块极易被碰撞脱落,故推荐采用预制混凝土垫块或高强度的塑料垫块等成品垫块。滑模施工中,应有保证保护层厚度的相应措施,一般多采用设置竖向和水平向钢筋梯子形支架、设置保护层滑块等。

5.2.9 采用滑模拖带工艺施工时,拖带支座下的筒体竖向钢筋有时不能按正确位置放置,应随施工及时将钢筋归位。

5.2.10 此条内容是对设有钢梁的仓体结构施工作出的规定。对于设有钢梁的仓体结构,钢梁支座部位与仓壁钢筋之间的关系如何处理,其做法和要求不甚统一,有的施工时不在钢梁下加设支座锚板,有的直接将钢梁支座高度范围内的筒仓钢筋截断,此类做法均不符合结构构造的相关规定,存在工程安全隐患。本条要求严格按照设计规定的节点构造进行施工,设计要求不明确的应通过变更和工程洽商方式予以明确。当设计未作规定时要按照本条文的要求采取钢梁支座处结构整体性措施,一般做法是:在钢梁支撑部位设支座锚板;钢梁支座宽度范围内的仓壁竖向钢筋弯折后锚固进环梁混凝土内;在钢梁两侧对应位置加装附加加劲板，将钢梁高度范围内被截断的水平钢筋与附加加劲板焊牢；钢梁安装后再整体浇筑筒仓混凝土。为保证安装工作可靠性和混凝土浇筑质量，一般不提倡先留置梁口再补浇混凝土的施工做法。

5.3 模板工程

5.3.1 筒体工程施工具有高空作业、施工荷载大、特种作业、专业化操作的特点，不论采用何种模板及支撑体系方案，均属于危险性较大分部分项工程范畴，应按相关规定编制专项技术方案。当工程施工采用定型产品模板体系的，则需要提供设计计算依据和详细全面的工艺技术参数、操作规程。

5.3.2 采用滑模施工的工艺要求，本条需要与现行国家标准《滑动模板工程技术规范》GB 50113 配合执行：

1 滑动模板具有一次组装全程使用的特点，施工期间不方便对模板频繁的进行更换和清理，模板面不平和附有杂物会增大摩阻力并影响出模混凝土质量。因此，滑动模板对模板板面的材质和性能要求较高，对不是首次使用的模板应进行彻底的表面清理、提高光洁度，达到尺寸整齐、板面平整、表面光洁不易沾灰。本条可作为施工控制的依据，亦可按照模板安装分项的一般项目内容进行检查评定和验收。

2 流坠是滑模施工中影响观感的主要因素，施工过程中应予以预防并采取措施及时消除。

3 组装好的模板应上口小、下口大，目的是要保证施工中如遇平台不水平或浇筑混凝土时上围圈变形等情况时，模板不出现反倾斜度，避免混凝土被拉裂。但倾斜度过大或提升速度过快又容易导致"穿裙"现象。近年来随着混凝土技术的发展，混凝土粘结时间和塑性保留时间具有较大的调节空间，筒仓工程施工多采用薄层浇筑、均衡提升、减短停顿的作业方式，采用0.1%~0.3%的模板倾斜度可保证结构施工外观质量。

关于模板保持结构设计截面的位置，受施工各类影响因素较多，各施工单位的经验不完全相同，一般当使用的提升架和围圈刚度较大，混凝土的硬化速度较快（或滑升速度较慢）时结构设计尺寸宜取在模板的较上部位，例如取在模板的上口以下 1/3 或 1/2 高度处；当提升架和围圈刚度较小，混凝土的硬化速度较慢（或滑升速度较快），结构设计尺寸宜取在模板的较下部位，例如取在模板的上口以下 2/3，甚至模板下口处。即除了要考虑新浇混凝土自重变形的影响，还应考虑浇筑混凝土胀模的影响。

筒仓工程仓体结构规模相差很大，在保持结构设计截面方面不宜用一个统一的标准进行限制，目前筒仓工程滑动模板刚度一般均比较大，小仓滑升速度也比较快，大型筒仓的滑升速度总体上较为慢一些，考虑保持混凝土塑性时间的调节因素，综合取模板上口以下 1/2~2/3 模板高度处的净间距应与结构设计截面等宽，按照小仓取上部位置、大仓取下部位置的原则由施工单位根据经验和具体工程调整执行。

4 在滑模施工中能否严格做到正常滑升所规定的两次提升间隔时间（即混凝土在模板中的静停时间）的要求，是防止混凝土出现被拉裂、"冷接槎"现象，保证工程质量的关键。规定两次提升间隔时间不宜超过 0.5h，是考虑到在通常气温下，混凝土与模板的接触时间在 0.5h 以内，对摩阻力无大影响。当气温很高时，混凝土硬化速度较快，为防止混凝土与模板粘连而使提升摩阻力过大，可在两次提升的间隔时间内再提升（1~2）个千斤顶行程。

本条款对两次提升的时间间隔作出了一般性规定。实际施工中还需要结合工程规模、施工环境、混凝土施工性能等实际情况做合理调控。现场施工中如难以做到本条规定的时间要求，则应采取其他防止粘模的措施。

5 连续变截面筒仓多应用于大直径和超大直径筒仓仓壁工程，其变截面倾斜度一般比较小，在 1.0%~3.0% 之间。由于该类筒仓直径较大时，变径操作较为复杂，不仅要从径向对混凝土进行变径压迫，还要在环向对模板进行收分，过大的变径收分量会增加施工难度造成收分困难，因此采用"小变径多次调节"的方法是合适的。每次提升 200mm 进行一次模板收分，变径收分量一般不大于 6mm，符合我国滑升模板工艺的施工习惯。

6、7 滑模工艺是一种混凝土连续成型的快速施工方法，模板和操作平台结构由刚度较小的支撑杆支撑，因此整个滑模装置空间变位的可能性较大，过去也有些工程由于对成型结构的垂直度、扭转等的观测不及时，导致结构的施工精度达不到要求的经验教训。而偏差一旦形成，消除就十分困难。这不仅有损于结构外观，而偏差大的还会影响结构受力。因此对于影响承载能力和增加模板变形的不利因素要予以消除，常用方法是对支撑杆进行加固、增强模板系统刚度等，以提高滑动模板体系的稳定性和可控性，要求在滑升过程中检查和记录结构垂直度、扭转及结构截面尺寸等偏差数值，及时分析偏差的原因并纠正。

施工实践表明，整体刚度小，高度较大的结构，施工中容易产生垂直偏差和扭转。因此每个台班至少应对模板系统的工作性能进行一次检查，形成施工过程控制记录。不仅是作为作业班质量的考核资料，更主要是根据记录，分析滑升中存在的问题，平台漂移的规律，以及各种处置方法是否恰当，以便及时总结经验，进一步提高工程质量。

5.3.3 采用倒模施工的要求：

2 对拉螺栓是倒模系统最重要的承力构件，其构造形式和布置方式可直接影响受力性能，同时螺杆穿墙的处理方式一直是影响筒仓观感、影响仓壁密闭性及防浸渗效果的重要因素。对拉螺栓进行施工设计并遵照施工，是保证模板系统安全和工程质量的重要措施。

4 倒模体系是一种悬挂模板系统，保证其安全性十分重要，其操作和安装均需要受过专门培训的专业工种来完成，纳入为特种工艺管理范畴。倒模模板每次安装后需要对承力部件的安装情况和受力单元之间的连接可靠性进行检查验收，是安全管理的需要。

3、5 国内大多数施工单位采用倒模工艺时在正常施工条件下配置3层三角支撑架，被证明是综合施工效率较高的一种配置方式。拆除模板时上一层支架的混凝土应具有一定的强度支撑上部结构和施工荷载，根据施工经验，确定混凝土强度达到6MPa时方可拆除下层模板是一个比较合理的临界强度控制值。

5.3.4 联体筒仓留置竖向施工缝多是由于采取分段施工方法造成，竖向施工缝的位置和处理措施不仅要方便施工还要满足设计规定，施工缝的做法需要保证钢筋连接可靠位置正确、混凝土浇筑密实、界面结合良好，因此需要制定操作性较强的施工措施，具体方法各施工单位均有不同的经验，可结合具体工程施工方案制定。本条文提倡在一般情况下不留竖向施工缝，联体筒仓工程可采用同步法施工。

5.4 混凝土工程

5.4.1 混凝土碳化、侵蚀和钢筋锈蚀是严重影响结构使用年限的重要因素，控制混凝土的水灰比，增加混凝土的密实性，减少钢筋锈蚀影响因素，可改善结构混凝土耐久性能。

5.4.2 已有的滑模工程实践表明，浇筑层过大带来一系列的问题，其中最突出的是混凝土表面粗糙，外观质量不好。因此将分层浇筑的高度定为不宜大于250mm，兼顾了一般筒仓和大型筒仓施工组织的技术要求。

对于其他模板工艺施工的筒体结构，混凝土浇筑应分层进行，分层厚度不宜过大，目的是保证混凝土材质均匀和振捣密实，防止混凝土浮浆聚集造成局部混凝土强度偏低和其他质量缺陷发生。

预留孔洞等部位一般均设有胎模，强调在胎模两侧对称均匀地浇筑混凝土，是为了防止侧压力作用不对称使胎膜产生位移。

5.4.3 滑模施工时混凝土出模强度的检查，应在操作平台上用小型压力试验机和贯入阻力仪试验，其目的是为了掌握施工气温条件下混凝土早期强度的发展情况，控制提升时间，调整滑升速度，保证滑模工程质量和施工安全。

5.4.4 采用滑模工艺施工的筒体工程，出模混凝土具有塑性，安排专业工种及时进行表面修补和压光作业，可达到较好的混凝土质量效果，该种做法能够检查到混凝土出模质量情况，便于及时采取处理措施，

有利于提高工程质量控制水平，同时压光作业工序能改变混凝土表面结构、增加混凝土表面密实度，对混凝土养护和强度增长具有有利作用。

采用水泥浆粉刷会遮盖混凝土结构表面情况，使施工质量隐患不易被发现；进行二次抹灰作业往往不能与仓壁混凝土牢固粘结，故以上两种方法不应采用。

采取原浆压光，混凝土出模强度的控制十分关键，关于出模混凝土强度的要求，早期的要求是根据近年的研究和工程实践表明，出模混凝土强度的确定，除要保证出模的混凝土不坍塌、不流淌、不被拉裂外，还应考虑脱模后其后期强度不应受上部混凝土的自重作用影响，也不能因强度太高过分增大提升时的摩阻力而导致混凝土表面开裂，滑模施工时混凝土出模强度应控制在0.2MPa～0.4MPa或混凝土贯入阻力值在3.0MPa～10.5MPa。

5.4.5 此条是对筒体结构混凝土质量提出的要求，目的是提高筒仓工程施工控制水平。当结构混凝土存在质量缺陷时应按相关规定进行技术处理，本条内容应与现行国家标准《混凝土结构工程施工质量验收规范》GB 50204现浇结构分项工程配合执行。本条针对的是普通混凝土筒仓外观质量检查与验收，如果要求筒仓达到清水混凝土等级则应按照相关专项技术标准施工和验收。

5.4.6 筒体结构一般拆模（出模）时间较早，混凝土在模板内的养护时间严重不足，应十分重视做好混凝土出模后的养护保护工作，养护措施做到及时和有效，有利于提高混凝土强度和结构耐久性。但是由于筒体工程所具有空间高度大和表面积大的特性，混凝土的养护工作难度比较大，如果管理和监督不到位极易使养护工作流于形式而达不到预期效果，在工程调查中甚至发现有的工程并未采取任何形式的养护措施，这些现象是应该纠正的。本条提出了两种养护方法供执行中参照使用。

5.4.7 对拉螺栓端部处理和穿墙孔的封堵，一是做到密实牢固，起到防水防潮作用，保证仓体严密性；二是做法应统一，保持较好的观感质量效果。

5.4.8 筒体结构混凝土试块的留置一是进行质量检查和质量评价，二是作为工程验收的依据，本条中强调应符合现行国家标准《混凝土结构工程施工质量验收规范》GB 50204和其他相关标准的规定，应注意正确理解和执行：第一，是要求试件的留置频次要达到规定的要求，不得漏检和少检；第二，是检验的项目应符合工程要求，按适用标准和设计规定应该检验的项目均要留置试件进行检验；第三，混凝土试件留置应具有代表性，一是需要在浇筑地点随机抽取，按检验试验要求养护和保管；二是不同配合比的混凝土必须分别留置，在施工过程中混凝土的原材料、比例组分有实质性调整时都须重新留置检验试件。

混凝土试件留置不仅用于混凝土强度的合格性判定，也包括实体检验、耐久性指标的检验，以及重要的施工控制过程如混凝土养护、拆模的控制等。混凝土试件留置和检验必须严格按规定程序进行，以确保检验数据准确和完整，为安全施工、质量控制和质量评定提供科学依据，本条为强制性条文，应严格执行。

5.5 预应力工程

5.5.1 预应力筋对保证筒仓的抗裂性能和承载力至关重要，因此其品种、级别、规格和数量必须符合设计要求，本条文配合本规范第3.0.4条，为强制性条文，应严格执行。

5.5.2～5.5.11 本条款是对筒体预应力钢筋施工作出的相关规定，与本章第5.1.6条和现行国家标准《混凝土结构工程施工质量验收规范》GB 50204等配合执行。

5.6 仓壁内衬

5.6.1 内衬在电力、煤炭、钢铁焦化等行业的筒仓工程中广泛使用，除助滑、耐磨、抗冲击等以外，对防止结构层损毁、保证工程结构安全、延长工程使用寿命等发挥重要作用。为了能更好地做好施工管理和控制、协调好内衬施工和其他施工项目之间的关系，保证内衬工程施工质量，内衬施工方法需要在单位工程施工组织设计文件中加以策划和明确。板块式内衬采用粘贴工艺安装，施工工艺相对复杂、施工专业性较强，受环境和施工因素影响较多，因此需要编制专项施工方案。

5.6.2 本条是对内衬材料质量控制作出的强制性规定。目前国内常用的内衬按材料大体分为四类：即板块式内衬，以压延微晶板和铸石板为代表材料；高分子和超高分子聚乙烯板材耐磨材料；金属材料内衬，主要是钢板耐磨层和轻型钢轨抗冲击内衬；耐磨混凝土和耐磨砂浆内衬，主要是铁钢砂混凝土和砂浆。内衬材料的选择是根据不同的使用环境、使用部位和使用要求而定，因此内衬材料的产品性能指标是充分发挥使用功能的首要因素。内衬材料包括辅助材料（粘贴剂、安装配件等）的品种、规格应按设计要求的技术指标采购，设计未明确的要执行合同条件或专项技术标准，进场的各类材料还应按批次做进场检查和验收，进场检查应验证品种、规格、数量、保管方式，并对偏差指标和质量缺陷进行检查，现场验收应提供同批次质量合格证明文件，需要复试的检验项目还需现场抽样进行检测检验。（本条中的"专项技术标准"是指材料产品质量标准和行业通用技术标准、企业标准、该项工程的专有技术标准等）。

内衬材料是否能满足工程设计指标（如耐磨性、硬度、摩阻力、燃烧性能等但不限于此），对工程使用效果、工程使用年限、使用的安全性等有重大影响，本条作为强制性条文，应严格执行。

5.6.3 正确的安装和施工方法是内衬工程质量的保证。施工时采用何种内衬安装方式应尊重设计提出的要求；针对内衬材料性质，施工方法对内衬工程质量的影响主要体现在基层处理、作业环境、安装和铺贴工艺等因素，选择合适的施工方法有利于提高内衬施工质量。板块内衬有多种铺贴材料，不同的粘贴材料使用环境和粘贴性能指标均有所差异，施工时应根据具体工程情况选择使用最有利的组合方案。本条文在施工方法的选择方面以有利于保证和提高工程质量为原则。

5.6.4 本条是对内衬基层混凝土质量提出的统一性要求，目的是为内衬施工提供一个好的基础条件。铺装内衬的筒仓结构混凝土不应存在未处理的质量缺陷，坡度要符合设计规定，预埋的锚固件应牢固可靠；混凝土的平整度直接影响内衬铺装质量和使用效果，应予以严格控制，本规范在第11.3.4条中提出了内衬基层平整度的偏差指标，但这并不是最终控制指标，施工时还应根据具体安装工艺的需要从严掌握。

5.6.5 本规范将内衬基层的结构混凝土及基层处理情况作为隐蔽工程项目。内衬施工是筒仓工程施工的一个阶段性标志，涉及施工专业的交替，需要对前期的结构质量做一个总体性质的评价，达到设计和规范要求后方可展开下一步施工。本条文要求在内衬施工前办理中间交接验收，主要对内衬部位结构混凝土的质量进行检查、验收，对存在的问题和质量缺陷提出技术处理意见并组织落实。隐蔽工程验收则侧重检查结构混凝土缺陷处理情况、基层表面处理情况等是否达到内衬施工的工艺条件，进行验收和办理工序放行。

5.6.6～5.6.8 板块式内衬采用有机粘贴工艺安装，高分子板材多采用栓接连接安装，金属材料内衬采用预埋件焊接连接或栓接连接，抗磨混凝土多采用浇筑和分层抹面做法。由于高分子板材燃点低和温度线膨胀系数较大，在筒仓工程中应用的可靠性还需要做进一步的观察和研究，本规范只对板块式内衬、耐磨混凝土和砂浆、金属内衬等三种方式的内衬施工作出规定，与现行国家标准《钢筋混凝土筒仓设计规范》GB 50077保持一致。

6 仓底及内部结构工程

6.1 仓底结构、填料工程

6.1.1 仓底结构一般为大尺寸混凝土构件，具有施工荷载大、模板架设高度高的特点，多数工程属于危险性较大的模板工程，故模板和支撑架的可靠性是十分重要的，本条内容要求施工单位强化该类模板施工管理，提高施工的安全性保证。

6.1.2 仓底板自重和承受的荷载均较大，采用滑模施工时如留设施工缝将对结构安全不利，应与筒壁浇筑成整体。

6.1.3 在筒体结构完成后再进行填料部分的施工，作业难度比较大，实际工程中往往忽视对填料施工质量的管理。本条强调填料的材料、坡度和密实性要达到设计要求，是要求相关方重视做好填料工程的检查验收，保证正常发挥填料的功能。

6.2 漏斗、锥体工程

6.2.1~6.2.5 本节是对漏斗（出料斗）和仓内结构施工所作的一般性规定。筒仓中的混凝土料斗、锥体结构等倾斜度大，一般应采用双层模板。规模不大的漏斗可以一次将内模板支设到顶，连续浇筑混凝土；对于仓内构件，由于结构尺寸较大，为减少模板侧压力和方便模板加固施工，上表面模板应该沿高度分层或分步支设，分次浇筑混凝土。仓内结构的模板支撑架也有多种构造形式，如落地式支撑、桁架式支撑、自稳定支撑等，受力方式和施工技术要求不尽相同，因此需要结合具体构造形式对模板支架和模板系统进行设计和验算，确定合理的模板支设方案和混凝土浇筑方法，以保证支撑架稳定。

仓内结构锥体与环梁交界部位受力较为复杂，不应在此处留施工缝。施工缝应留设在锥体与环梁交界处以上 1.5m。

6.3 漏斗内衬

6.3.1 漏斗内衬属于筒仓内衬的一部分，应将漏斗内衬和仓壁内衬按同一个施工分项组织和施工，统一按照本规范第 5.6 节的规定执行。

6.3.2 内衬施工时漏斗钢结构应安装完毕并保证稳定可靠，这是保证施工安全的前提条件。钢质漏斗一般采用板块式内衬，做好钢结构表面的清洁处理，是确保内衬粘贴牢固的保证措施。

6.3.3 当混凝土漏斗采用金属材料内衬时，利用金属面板可代替内侧模板，以及先安装耐冲击钢轨再在外侧支设模板、浇筑混凝土的方法，施工工艺比较成熟，质量可靠，因此本规范推荐使用。

6.3.4 内衬托撑一般采用与内衬层厚度相当的钢板，焊接（用于钢制漏斗）或预埋（用于混凝土漏斗）在料斗内衬下口部位，对内衬起到防脱落和稳定作用。

6.3.5 利用金属板内衬代替漏斗内侧模板，混凝土浇筑后其表面质量情况具有隐蔽性。混凝土浇筑后如果发生漏振、孔洞、混凝土离析、夹渣等质量缺陷很难被发现，因此要强化质量保证措施和施工技术措施，以减少出现质量问题的机会，包括事先、事中和事后控制：事先控制是制定好过程控制方案，加强衬板安装过程中的隐蔽检查，落实保证混凝土施工性能的措施；事中控制执行配合比保证混凝土入模质量，严格按照正确的方法和顺序浇筑混凝土，做好浇筑过程中的跟班监督，混凝土浇筑过程中跟班检查；事后控制是要求浇筑后及时对浇筑情况做检查判断，发现问题予以合理处置，工程验收时进行复查。

7 仓顶工程

7.1 仓顶钢结构

7.1.1 筒仓仓顶钢结构安装分三类方法，一类是吊装安装方法，一类为散装方法（多用于特殊网架结构），另一类是滑动模板拖带施工安装方法。无论采用哪种方法，都要在施工过程中防止并避免钢结构构件的过大变形、杆件应力过大和侧向失稳等情况发生。

7.1.2 本条对钢结构吊装安装方法作的一般性规定，钢结构安装除应符合现行国家标准《钢结构工程施工质量验收规范》GB 50205 和其他钢结构专业技术标准外，要做好预检和安装用构配件的检查和验收，以保证安装工程质量；主要构件安装完成后，及时安装次要构件可以及早形成完整的钢结构受力体系，降低结构安全风险；钢结构支座部位二次补浇混凝土在一些工程中未引起足够重视，造成混凝土漏浆和结构不密实等问题，施工质量较差，本条文要求要做好梁口部位混凝土施工缝的处理，并保证二次浇筑混凝土密实性，目的是加强施工管理；对于大直径筒仓的穹顶式结构，对称安装、对称分次卸载是保证中心支撑柱和结构稳定的施工措施。

7.1.3 对于大型筒仓和高型筒仓采用滑模拖带安装仓顶结构是比较经济可靠的方案。采用拖带施工时被拖带构件附着在筒体滑动模板装置上，滑模提升系统需满足模板系统自身的承载力和被拖带结构支座反力对承载性能的要求，同时还应保证提升系统的承载均衡和控制的同步性；拖带支座的构造形式要符合被拖带构件的结构形式和受力条件，采用不同构造形式的拖带支座（铰支座、滑动支座或简直支座等）对滑模装置刚度和被拖带结构内力分布会有不同的影响；在滑模提升过程中必然会形成一定的升差，不同的升差值和升差的随机组合会在不同结构形式的被拖带构件内引起不同的内应力反应，内应力反应又会反作用在拖带支座上，拖带结构体系的构造方案、滑模装置升差值的控制对滑动模板体系的构件受力和被拖带结构的内力分布有直接影响。因此滑动模板与拖带装置应作为一个整体系统进行设计，以保证施工安全。

钢结构安装采用支座托换转换一次就位，是采用空滑方式将钢结构拖带到设计标高，然后直接采取支座托换方法替换拖带支座，最后浇筑支座混凝土的方法。该方法安装工序施工简便，安装过程平稳，对被拖带结构变形影响小。

7.1.4 网架结构用于大直径筒仓中，结构对支座高低偏差要求较为严格，顶升作业中更需强调做好同步性监测和控制。

7.2 仓顶混凝土结构

7.2.1 仓顶结构施工属于高空、大跨度和重荷载施工，本规范提供了两种仓顶结构施工方案，为保证施工安全，模板体系承重构件和构造节点需要按规定进行设计和验算，当采用其他施工方案时，也应按此条规定进行模板系统和承重支架的设计和验算。符合我国现行相关规范的规定和施工安全法规的要求。

7.2.2、7.2.3 提出桁架吊模和承重钢梁（桁架）支撑施工两种仓顶混凝土结构的施工方法，供参照执行。

7.2.4 空间结构的混凝土结构仓顶施工技术难度较高，其重点是要保证施工安全和混凝土浇筑质量。目前较多采用落地满堂支撑架和高空架空支模施工方案，模板支架搭设的质量保证、模板支撑体系均衡承载、模板支架拆除是保证模板体系可靠、稳定的三个关键环节，本条要求制定模板支架搭设、拆除和混凝土浇筑专项方案，对模板支架搭设和拆除方法、施工程序、作业方法、安全监控等进行科学设计并在施工中严格落实，目的是保证施工安全。仓顶结构倾斜面混凝土坡度较大，只安装底部模板不易控制混凝土流淌，因此需要采用双侧模板，上侧模板可按每步浇筑高度预留出灌注孔带，也可分步安装模板。分层、分步对称地进行混凝土浇筑可改善混凝土浇筑质量、保证模板支架均衡承载、提高模板体系稳定性。

8 附属工程

8.0.1、8.0.2 本章对筒仓工程附属施工项目提出相关规定，主要是保证筒仓使用中的安全。筒仓工程属于高、大结构，外露构件较多，本规范强调预埋件要随主体结构预留，目的是加强附属构件安装的可靠性。对于后锚固方法，有时限于操作方法、施工环境因素、锚固方式等原因，在一定程度影响了锚固施工的可靠性，因此要加强施工管理和质量控制，对于后锚固方法需要进行设计，并作现场检测。

8.0.3 筒仓施工时，由于沿筒体周围布置的纵向受力钢筋外形相同或相似，采用筒仓受力钢筋作为避雷线时，在混凝土分层浇筑后，无法再找到原已施焊的钢筋继续施焊。未施焊的钢筋在混凝土振捣过程中极易移位，利用错位不连续施焊的钢筋做避雷引下线无法保证良好的导电性。混凝土碳化理论的研究表明，直接利用结构的受力钢筋做避雷引下线，是促使混凝土碳化的重要原因之一。混凝土碳化将严重影响筒仓设计使用年限。此条作为强制性规定，应严格执行。

8.0.4、8.0.5 避雷接地装置应按照厂区避雷网设计进行施工。

8.0.6 筒仓工程一般均要求设置变形观测点并在工程施工阶段和使用阶段做沉降和变形监测，变形观测点的设置数量和设置位置除要符合设计和变形测量的规定，同时满足方便观测的要求。

9 季节性施工

9.1 一般规定

9.1.1、9.1.2 本条是对季节性施工提出的一般性规定。季节性施工一般分为雨期（高温季节）施工和冬期施工，施工季节应根据工程所在地气象条件结合工程施工内容、施工部位进行合理划分，不是一个固定的时间段。季节性施工需要通过气象信息的收集、天气变化的监测做到能够对不利气象条件及时预警，随天气情况及时评估和调整施工技术措施，以避免对工程可能造成的不利影响，预防可能发生的损害。季节性施工还需要做好应急预案的管理，筒仓工程属于工业建设项目，建设场地自然环境比一般民用工程要复杂多变，对灾害性气象条件及其次生灾害估计不足、措施延迟可能造成在建工程、施工设施等的重大损失，因此施工总体部署中要做好应对不利情况的措施，包括施工进度计划方面风险的规避、施工场地布置和场地设施建设、施工设施方面风险的预防、材料的防护措施，工程保护措施等，季节性施工开始前，对应急方案的落实情况做好检查和评价。

9.2 冬、雨期施工

9.2.1、9.2.2 季节性施工的施工措施、施工经验和管理制度各地都有很多，应结合工程实际贯彻和落实。对于雨期施工，要针对气象条件适时做好工程保护、加强极端天气条件下施工设备安全管理是十分重要的。

9.2.3、9.2.4 筒体工程多为高耸建筑，在冬期施工时需要采取较复杂的保温、加热和挡风等技术措施，在最低气温－5℃左右，平均气温为0℃左右时，可采用悬挂帷幔的方法，冬季气候干燥，极易失水，应涂刷养护液；在最低气温－10℃左右，平均气温为－5℃左右时，可采用热电阻或蒸汽养护等方法。但均应进行混凝土的热工计算。冬期进行筒仓滑模施工，由于混凝土凝结速度较慢，操作比较困难，实际施工中多采取悬挂帷幔和内外加温和负温增长混凝土。当气温低于－20℃时，常规冬期施工措施难以充分保证混凝土质量，因此不应再进行滑模施工。

10 职业健康安全与环境保护

10.1 职业健康安全

10.1.1、10.1.2 筒仓工程施工大多具有基础深、建筑高、施工荷载大特点，工程机械和特种施工装置的使用也比较集中，危险性较大的作业项目多，施工中应十分重视做好坍塌、高空坠落、高空坠物、触电、雷击、火灾等安全事故的预防，要求施工现场建立健全安全与职业健康管理体系，全面贯彻国家施工安全法规、规章制度，认真执行安全技术规范。施工单位应结合环境、气象条件和工程实际，做好危险源辨识，制定切实可行的安全管理方案并实施。施工中，按分项工程或专项作业项目编制安全技术方案或技术措施，这是安全管理的基本要求。

10.1.3 筒仓工程施工，高空作业人员岗位设置多样，需要针对各工种和岗位不同的操作环境和技术要求进行安全教育培训，提高个人安全防护意识，做到不伤害自己、不伤害别人、不被人所伤害，从而减少事故发生。

10.1.4～10.1.7 预防高空坠物伤害事故，需要从两个方面加强管理，一是避免和减轻高空坠物伤害，二是消除高空坠物的不安全因素。本规范要求在筒仓周围设置危险区，对危险区内的设备进行防护，人员和物料进出需要通过安全通道，放置在操作面的材料和物品、设备等要保证牢靠，必要时应予以固定。

10.1.8 本条要求从预防自我伤害、保持作业面整洁整齐、合理规划人流疏散通道等方面加强对操作面管理，为施工人员提供一个事实上和心理上都符合安全要求的环境。同时及时清除作业面的杂物，保持材料、设备有序堆放和人员通道畅通也是预防火灾事故的重要措施。

10.1.9 本条是对筒仓工程施工作业面安全用电作出的规定，目的是预防和防止触电、电气火灾事故的发生。作业平台和操作面的用电线路要沿事先设定好位置敷设，避开人员频繁触及、易受到毁损和可燃物的位置，禁止私拉乱接随意走线。

10.1.10 预防火灾的安全措施。筒仓工程施工一旦发生火灾事故，后果严重，因此高空作业时要求设置无烟区，配备消防和灭火设施，加强易燃物品管理，消除火源隐患。筒仓施工中作业面的易燃物主要为可燃性保温材料、油漆及挥发性有机溶剂、设备和动力油料等，施工平台上不得存放此类易燃物品，施工中只允许放置当班使用的少量材料，并应采取防高温、防燃烧措施，下班后及时清除。施工用的保温材料要优先选用无机材料或阻燃型材料。

10.1.11 用于仓壁、仓顶、仓底和仓内结构施工需要搭设的大高度脚手架、模板和钢结构支撑架、滑模、爬模、倒模、高空支模体系、仓顶整体安装装置等，属于危险性较大、专业性强、技术要求高的施工项目，搭设和拆除作业是保证施工安全的关键环节，应开展全方位管理和控制。由于拆除作业具有更高危险性，全过程监护是要做到跟班监管，审核作业人员具备工作资质，确认安全防护设施齐全，监督按规定顺序施工，监督施工程序，确保作业区域安全。

10.2 环境保护

10.2.1～10.2.9 筒仓工程为工业建设项目，多在城镇区以外施工，施工中的环境保护工作有其本身的特点，总体上还应围绕采用新技术和新的管理方法，降低消耗、避免浪费、严控污染、减少排放来开展，贯彻落实"四节一环保"施工理念。本节结合筒仓施工阶段环境因素特点，从噪声控制、扬尘排放、固体废弃物管理、废水废液控制等提出相关要求。同时施工中还应遵守其他相关标准和要求。

11 工程质量验收

11.1 工程质量验收的划分

11.1.1、11.1.2 本节是对混凝土筒仓工程验收单元划分的规定。本规范与现行国家标准《建筑工程施工质量验收统一标准》GB 50300 配套执行，质量评定和工程质量验收仍按照检验批、分项工程、分部（子分部）工程、单位（子单位）工程层次进行。群仓工程如果规模较大，可划分子单位工程进行验收，群仓中的一个独立筒仓或一个联体的组合可以划分为一个子单位工程，这样划分的目的是为了方便工程验收和技术管理。具体执行可由施工单位、工程监理和建设单位共同协商确定。

11.1.3 本条规定了筒仓内衬工程验收单元的划分要求。调查显示，对于筒仓内衬工程的质量验收，各单位掌握不统一，有的按照装饰工程验收，也有的按地面工程验收，这不利于质量控制水平的提升。筒仓内衬工程按其使用功能不宜列入建筑装饰装修分部的范畴，同时国家现行质量验收规范《建筑地面工程施工质量验收规范》GB 50209 和《建筑装饰装修工程质量验收规范》GB 50210 也没有与之对应的内容，根据筒仓内衬的功能、部位、材料、施工方法等综合考虑，将其作为一个分部工程，有利于强化内衬工程的施工控制和质量验收，突出其操作专业性和工程耐久性的特点，方便工程技术资料的分类和管理，同时也符合现行国家标准《建筑工程施工质量验收统一标准》GB 50300 中有关质量验收划分的原则。

内衬分项工程按照工种、材料、施工工艺等区分。本条规定按照施工段、漏斗、仓壁和单个仓体等分别划分检验批，较严于本规范第 11.1.4 条联体仓按施工段划分检验批的规定，会增加内衬施工中的抽样频次，有利于全面评价不同部位和不同操作方法的质量水平，提高抽样的代表性。

11.1.4 筒体检验批划分是根据筒仓特点确定的：检验批在水平方向按施工段划分检验批，在竖直方向上按模板一次支设的高度划分检验批。采用滑模施工时，由于其工序交叉和作业连续的特点，按常规划分检验批比较困难，把一个工作日和滑升区间作为一个检验批进行评定是可行的。滑模检验批的质量评定和验收以对各工作班的随机抽查记录、旁站管理记录、施工记录、质量问题纠正验证记录等为依据，施工过程中发现的不符合、不合格应立即整改，不能立即完成纠正的则应采取停止继续施工的措施，避免将质量隐患带入隐蔽工程中。在筒体配筋变化处分别划分检验批，是保证上下配筋区段获得均等的抽样检查机会。

11.1.5 筒仓工程预埋件和加工件种类比较多，有小型预埋件也有大型加工件，在施工中，预埋件的安装质量一般能够按照模板分项和钢筋分项的相关内容进行检查评定，但对于加工制作质量多有漏检漏验现象发生，实际调查中也发现预埋件锚固端受力焊缝高度达不到规范规定、加工件质量不达标等现象，本条要求分批次并且分类别进行制作质量的检查、评定和验收，是强化质量控制的措施。本条文应与国家现行标准《钢结构工程施工质量验收规范》GB 50205、《钢筋焊接及验收规程》JGJ 18 等质量验收标准配合执行。

11.2 工程质量验收

11.2.1 筒仓工程质量验收执行现行国家标准《建筑工程施工质量验收统一标准》GB 50300 的规定，其内容包括：

现场质量管理和质量控制，施工质量验收，检验批、分项工程、分部工程、单位工程质量合格评价，工程质量验收的程序和组织等符合现行国家标准《建筑工程施工质量验收统一标准》GB 50300 的规定。

工程质量处理符合现行国家标准《建筑工程施工质量验收统一标准》GB 50300 的规定和相关质量验收规范的规定。

检验批施工质量符合国家现行建筑工程相关专业工程施工质量验收规范、专项规范或技术标准。

优良工程评价符合相关质量标准的规定。

11.2.2 耐久性关系工程使用年限和结构安全。钢筋混凝土筒仓用途和所处环境介质不同，对结构耐久性的影响程度和作用机理也不相同，当设计明确提出耐久性指标要求时，工程验收必须满足设计规定，本条文为强制性条文，应严格执行。

工程耐久性验收包括对以下指标的验收：设计规定的混凝土耐久性指标；钢筋的混凝土保护层厚度；筒仓涂覆保护层的材料防腐性能指标和施工质量检查验收指标。

11.2.3 本条文结合筒仓工程特点，提出筒仓实体检验的相关规定。现行国家标准《混凝土结构工程施工质量验收规范》GB 50204规定了应对柱、墙、梁等结构构件重要部位进行检验，筒仓工程仓体结构是否要进行实体检验缺少明确的规定，目前在执行中也不统一，多数筒仓工程未进行检验。但筒体工程存在拆模早、养护困难等因素，而近年来一些筒仓工程重大事故中仓体钢筋配筋偏差过大、达不到设计要求是主要原因。因此有必要加强筒仓工程质量控制和检测。

筒仓工程实体检验是在分部工程验收前进行的验证性检查，筒仓工程涉及使用安全的主要结构部位均要抽样测试，实体检验分筒体结构和其他重要承力构件如柱、墙、梁、仓底结构等。其他重要承力构件实体检验内容包括混凝土实体强度、钢筋保护层厚度，执行现行国家标准《混凝土结构工程施工质量验收规范》GB 50204 的相关规定；筒体结构实体检验内容除混凝土实体强度、钢筋保护层厚度外还包括钢筋规格和钢筋间距，按照本规范附录 A 执行。

11.2.4 本条提出筒仓工程验收应提供的工程施工文件，列出了主要的实质性施工文件的名录，供施工管理参照。验收时还应执行各地区的不同要求和具体规定。

对于存放粮食、食品和饲料类的筒仓，需要达到设计规定的安全卫生标准。验收时应按规定提供相关材料有害物质含量合格的质量证明材料和复试报告以及卫生合格证明文件，必要时还应在工程验收前进行卫生安全的专项验收。

11.2.5 本条是对筒仓工程施工技术文件管理提出的要求。施工技术资料具有记录施工过程、质量评定、质量查询、技术档案的功能，同时在施工过程中也发挥重要的质量控制作用，强调及时编制、及时收集、及时进行审查和归档管理，可以强化施工管理责任的落实，提高施工技术水平，减少和避免质量和安全隐患的发生。

11.3 工程质量检查评定

11.3.1～11.3.3 筒仓工程质量检查和评定应按施工项目类别，分别执行我国现行各施工质量验收标准。没有国家标准的，要按照行业标准验收，当采用新材料、新工艺或新技术而缺少验收标准的，要按照备案的企业标准和合同技术条件由工程参建各方共同制定验收方案，并按照验收方案进行检查验收。

工程质量的检查还应执行本规范各章节的规定，当施工内容有其他规范可依据时同时也要符合这些规范的要求。施工记录和过程监测记录反映质量控制水平，是操作质量证据，因此应作为质量验收资料予以保存，并作为检验批、分部和单位工程验收依据之一。

11.3.4 本规范表 11.3.4 列出钢筋混凝土筒仓分项工程施工允许偏差和检验方法供检验批评定和验收时执行。本表只列出了两类允许偏差项目：一是其他现行规范中未给出而又需要明确的偏差检验项目；二是其他现行规范已经有的偏差检查项目，但不适用于本规范特定部位的检查验收，而在本规范中重新进行了允许偏差值调整。在检验批质量检查评定中，本表已经列出的检查项目要按本规范执行，本表未列出的检查项目仍按现行其他专业质量验收规范执行。

附录 A 筒体结构实体检验

A.0.1 筒体结构实体检验抽样的数量和部位由三方单位共同确认，以保证抽样的公正和具有代表性。

A.0.2～A.0.5 本条文内容明确筒体实体检验的项目和抽样数量。

筒体实体检验的抽样划分筒壁和仓壁，分别进行抽样检测，加大了仓壁的抽样和检测权重，实际是对仓壁施工质量控制提出了更高的要求。

仓壁钢筋实体检测的抽样，在每一个水平钢筋配筋区段内至少应达到 5 处抽样点，具体是：在配筋区段内按筒仓水平周长每 30m 取 1 处的频次，最低不少于 3 处，在竖向均匀分部各测点；在水平配筋区段上端和下端各抽取不少于 2 处。区段内抽样检测主要是检查验证钢筋安装的质量情况，区段上下端抽样检测目的是验证配筋变化位置的准确性。

A.0.6 钢筋实体检验每处连续抽取不少于 6 根钢筋，6 根钢筋即 5 个钢筋间距，长度约在 600mm～1000mm 之间，目的是检测到的钢筋间距具有代表性，便于综合作出施工质量评价。

A.0.7 钢筋实体检测允许偏差值大于钢筋安装分项工程的允许偏差值，是考虑施工扰动因素所做的调整，但钢筋保护层负偏差仍具有较严格的控制指标，需要在施工中加强保护层控制措施。

A.0.8、A.0.9 对筒体结构实体检验的合格评定作了规定。要求筒体部分的钢筋实体检验与筒仓其他部位的实体检验分开单独进行，筒体混凝土强度实体检验可与其他部位的混凝土强度实体检验一同评定。

附录 B 筒仓垂直度和全高检测方法

B.0.1～B.0.9 本附录给出了一种采用铅直仪观测筒仓垂直度的方案，包括一图一表，本方法采取在筒仓周围均匀布置观测点，分别测量对应点位的垂直度偏差值。由于筒仓本身存在局部失圆（方形仓局部平直度偏差）和上下不均匀变形等影响因素，所测垂直度偏差值并不直接代表筒仓整体垂直度的偏差程度，也不代表筒仓准确的倾斜方向，但每个观测值总体上代表观测点位置附近的局部垂直度偏差情况，筒仓所有观测点的偏差值总体代表该工程在垂直方向抽样中所反映的施工偏差情况，因此筒仓垂直度观测值反映的是筒仓垂直度的施工控制水平。

本规范取垂直偏差最大观测值为筒仓工程的垂直度偏差，是将各点位对应的最大偏差值作为施工控制水平的评判标准，同时可以直观地表达筒仓发生垂直度偏差的部位和程度。

中华人民共和国国家标准

钢结构工程施工质量验收规范

Code for acceptance of construction quality of steel structures

GB 50205—2001

主编部门：中华人民共和国建设部
批准部门：中华人民共和国建设部
施行日期：２００２年３月１日

关于发布国家标准
《钢结构工程施工质量验收规范》的通知

建标［2002］11 号

根据我部"关于印发《二〇〇〇至二〇〇一年度工程建设国家标准制订、修订计划》的通知"（建标［2001］87 号）的要求，由冶金工业部建筑研究总院会同有关单位共同修订的《钢结构工程施工质量验收规范》，经有关部门会审，批准为国家标准，编号为 GB 50205—2001，自 2002 年 3 月 1 日起施行。其中，4.2.1、4.3.1、4.4.1、5.2.2、5.2.4、6.3.1、8.3.1、10.3.4、11.3.5、12.3.4、14.2.2、14.3.3 为强制性条文，必须严格执行。原《钢结构工程施工及验收规范》GB 50205—95 和《钢结构工程质量检验评定标准》GB 50221—95 同时废止。

本规范由建设部负责管理和对强制性条文的解释，冶金工业部建筑研究总院负责具体技术内容的解释，建设部标准定额研究所组织中国计划出版社出版发行。

中华人民共和国建设部
二〇〇一年一月十日

前　言

本规范是根据中华人民共和国建设部建标［2001］87 号文"关于印发《二〇〇〇至二〇〇一年度工程建设国家标准制定、修订计划》的通知"的要求，由冶金工业部建筑研究总院会同有关单位共同对原《钢结构工程施工及验收规范》GB 50205—95 和《钢结构工程质量检验评定标准》GB 50221—95 修订而成的。

在修订过程中，编制组进行了广泛的调查研究，总结了我国钢结构工程施工质量验收的实践经验，按照"验评分离，强化验收，完善手段，过程控制"的指导方针，以现行国家标准《建筑工程施工质量验收统一标准》GB 50300 为基础，进行全面修改，并以多种方式广泛征求了有关单位和专家的意见，对主要问题进行了反复修改，最后经审查定稿。

本规范共分 15 章，包括总则、术语、符号、基本规定、原材料及成品进场、焊接工程、紧固件连接工程、钢零件及钢部件加工工程、钢构件组装工程、钢构件预拼装工程、单层钢结构安装工程、多层及高层钢结构安装工程、钢网架结构安装工程、压型金属板工程、钢结构涂装工程、钢结构分部工程竣工验收以及 9 个附录。将钢结构工程原则上分成 10 个分项工程，每一个分项工程单独成章。"原材料及成品进场"虽不是分项工程，但将其单独列章是为了强调和强化原材料及成品进场准入，从源头上把好质量关。"钢结构分部工程竣工验收"单独列章是为了更好地便于质量验收工作的操作。

本规范将来可能需要进行局部修订，有关局部修订的信息和条文内容将刊登在《工程建设标准化》杂志上。

本规范以黑体字标志的条文为强制性条文。

为了提高规范质量，请各单位在执行本规范的过程中，注意总结经验，积累资料，随时将有关的意见和建议反馈给冶金工业部建筑研究总院（北京市海淀区西土城路 33 号，邮政编码 100088），以供今后修订时参考。

本规范主编单位、参编单位和主要起草人：

主编单位：冶金工业部建筑研究总院
参编单位：武钢金属结构有限责任公司
　　　　　北京钢铁设计研究总院
　　　　　中国京冶建设工程承包公司
　　　　　北京市远达建设监理有限责任公司
　　　　　中建三局深圳建升和钢结构建筑安装工程有限公司
　　　　　北京市机械施工公司
　　　　　浙江杭萧钢构股份有限公司
　　　　　中建一局钢结构工程有限公司
　　　　　山东诸城高强度紧固件股份有限公司
　　　　　浙江精工钢结构有限公司
　　　　　喜利得（中国）有限公司
主要起草人：侯兆欣　何奋韬　于之绰　王文涛
　　　　　　何乔生　贺贤娟　路克宽　刘景凤
　　　　　　史　进　鲍广鑑　陈国津　尹敏达
　　　　　　马乃广　李海峰　钱卫军

目　次

1 总则 ………………………………… 9—11—4
2 术语、符号 ………………………… 9—11—4
　2.1 术语 …………………………… 9—11—4
　2.2 符号 …………………………… 9—11—4
3 基本规定 …………………………… 9—11—4
4 原材料及成品进场 ………………… 9—11—5
　4.1 一般规定 ……………………… 9—11—5
　4.2 钢材 …………………………… 9—11—5
　4.3 焊接材料 ……………………… 9—11—5
　4.4 连接用紧固标准件 …………… 9—11—5
　4.5 焊接球 ………………………… 9—11—6
　4.6 螺栓球 ………………………… 9—11—6
　4.7 封板、锥头和套筒 …………… 9—11—6
　4.8 金属压型板 …………………… 9—11—6
　4.9 涂装材料 ……………………… 9—11—6
　4.10 其他 ………………………… 9—11—6
5 钢结构焊接工程 …………………… 9—11—7
　5.1 一般规定 ……………………… 9—11—7
　5.2 钢构件焊接工程 ……………… 9—11—7
　5.3 焊钉（栓钉）焊接工程 ……… 9—11—7
6 紧固件连接工程 …………………… 9—11—8
　6.1 一般规定 ……………………… 9—11—8
　6.2 普通紧固件连接 ……………… 9—11—8
　6.3 高强度螺栓连接 ……………… 9—11—8
7 钢零件及钢部件加工工程 ………… 9—11—9
　7.1 一般规定 ……………………… 9—11—9
　7.2 切割 …………………………… 9—11—9
　7.3 矫正和成型 …………………… 9—11—9
　7.4 边缘加工 ……………………… 9—11—9
　7.5 管、球加工 …………………… 9—11—10
　7.6 制孔 …………………………… 9—11—10
8 钢构件组装工程 …………………… 9—11—11
　8.1 一般规定 ……………………… 9—11—11
　8.2 焊接 H 型钢 …………………… 9—11—11
　8.3 组装 …………………………… 9—11—11
　8.4 端部铣平及安装焊缝坡口 …… 9—11—11
　8.5 钢构件外形尺寸 ……………… 9—11—11
9 钢构件预拼装工程 ………………… 9—11—11
　9.1 一般规定 ……………………… 9—11—11
　9.2 预拼装 ………………………… 9—11—11
10 单层钢结构安装工程 …………… 9—11—12
　10.1 一般规定 …………………… 9—11—12
　10.2 基础和支承面 ……………… 9—11—12
　10.3 安装和校正 ………………… 9—11—12
11 多层及高层钢结构安装工程 …… 9—11—13
　11.1 一般规定 …………………… 9—11—13
　11.2 基础和支承面 ……………… 9—11—13
　11.3 安装和校正 ………………… 9—11—14
12 钢网架结构安装工程 …………… 9—11—15
　12.1 一般规定 …………………… 9—11—15
　12.2 支承面顶板和支承垫块 …… 9—11—15
　12.3 总拼与安装 ………………… 9—11—15
13 压型金属板工程 ………………… 9—11—16
　13.1 一般规定 …………………… 9—11—16
　13.2 压型金属板制作 …………… 9—11—16
　13.3 压型金属板安装 …………… 9—11—17
14 钢结构涂装工程 ………………… 9—11—17
　14.1 一般规定 …………………… 9—11—17
　14.2 钢结构防腐涂料涂装 ……… 9—11—17
　14.3 钢结构防火涂料涂装 ……… 9—11—18
15 钢结构分部工程竣工验收 ……… 9—11—18
附录 A 焊缝外观质量标准及尺
　　　　寸允许偏差 ………………… 9—11—19
附录 B 紧固件连接工程检验项目 … 9—11—19
附录 C 钢构件组装的允许偏差 …… 9—11—21
附录 D 钢构件预拼装的允许偏差 … 9—11—24
附录 E 钢结构安装的允许偏差 …… 9—11—24
附录 F 钢结构防火涂料涂层厚度
　　　　测定方法 …………………… 9—11—26
附录 G 钢结构工程有关安全及功能
　　　　的检验和见证检测项目 …… 9—11—26
附录 H 钢结构工程有关观感质量
　　　　检查项目 …………………… 9—11—27
附录 J 钢结构分项工程检验批质
　　　　量验收记录表 ……………… 9—11—27
本规范用词说明 ……………………… 9—11—30
附：条文说明 ………………………… 9—11—31

1 总则

1.0.1 为加强建筑工程质量管理,统一钢结构工程施工质量的验收,保证钢结构工程质量,制定本规范。

1.0.2 本规范适用于建筑工程的单层、多层、高层以及网架、压型金属板等钢结构工程施工质量的验收。

1.0.3 钢结构工程施工中采用的工程技术文件、承包合同文件对施工质量验收的要求不得低于本规范的规定。

1.0.4 本规范应与现行国家标准《建筑工程施工质量验收统一标准》GB 50300 配套使用。

1.0.5 钢结构工程施工质量的验收除应执行本规范的规定外,尚应符合国家现行有关标准的规定。

2 术语、符号

2.1 术语

2.1.1 零件 part
组成部件或构件的最小单元,如节点板、翼缘板等。

2.1.2 部件 component
由若干零件组成的单元,如焊接 H 型钢、牛腿等。

2.1.3 构件 element
由零件或由零件和部件组成的钢结构基本单元,如梁、柱、支撑等。

2.1.4 小拼单元 the smallest assembled rigid unit
钢网架结构安装工程中,除散件之外的最小安装单元,一般分平面桁架和锥体两种类型。

2.1.5 中拼单元 intermediate assembled structure
钢网架结构安装工程中,由散件和小拼单元组成的安装单元,一般分条状和块状两种类型。

2.1.6 高强度螺栓连接副 set of high strength bolt
高强度螺栓与之配套的螺母、垫圈的总称。

2.1.7 抗滑移系数 slip coefficent of faying surface
高强度螺栓连接中,使连接摩擦面产生滑动时的外力与垂直于摩擦面的高强度螺栓预拉力之和的比值。

2.1.8 预拼装 test assembling
为检验构件是否满足安装质量要求而进行的拼装。

2.1.9 空间刚度单元 space rigid unit
由构件构成的基本的稳定空间体系。

2.1.10 焊钉(栓钉)焊接 stud welding
将焊钉(栓钉)一端与板件(或管件)表面接触通电引弧,待接触面熔化后,给焊钉(栓钉)一定压力完成焊接的方法。

2.1.11 环境温度 ambient temperature
制作或安装时现场的温度。

2.2 符号

2.2.1 作用及作用效应
P——高强度螺栓设计预拉力
ΔP——高强度螺栓预拉力的损失值
T——高强度螺栓检查扭矩
T_c——高强度螺栓终拧扭矩
T_0——高强度螺栓初拧扭矩

2.2.2 几何参数
a——间距
b——宽度或板的自由外伸宽度
d——直径
e——偏心距
f——挠度、弯曲矢高
H——柱高度
H_i——各楼层高度
h——截面高度
h_e——角焊缝计算厚度
l——长度、跨度
R_a——轮廓算术平均偏差(表面粗糙度参数)
r——半径
t——板、壁的厚度
Δ——增量

2.2.3 其他
K——系数

3 基本规定

3.0.1 钢结构工程施工单位应具备相应的钢结构工程施工资质,施工现场质量管理应有相应的施工技术标准、质量管理体系、质量控制及检验制度,施工现场应有经项目技术负责人审批的施工组织设计、施工方案等技术文件。

3.0.2 钢结构工程施工质量的验收,必须采用经计量检定、校准合格的计量器具。

3.0.3 钢结构工程应按下列规定进行施工质量控制:

1 采用的原材料及成品应进行进场验收。凡涉及安全、功能的原材料及成品应按本规范规定进行复验,并应经监理工程师(建设单位技术负责人)见证取样、送样。

2 各工序应按施工技术标准进行质量控制,每道工序完成后,应进行检查。

3 相关各专业工种之间,应进行交接检验,并经监理工程师(建设单位技术负责人)检查认可。

3.0.4 钢结构工程施工质量验收应在施工单位自检基础上,按照检验批、分项工程、分部(子分部)工程进行。钢结构分部(子分部)工程中分项工程划分应按照现行国家标准《建筑工程施工质量验收统一标准》GB 50300 的规定执行。钢结构分项工程应有一个或若干检验批组成,各分项工程检验批应按本规范的规定进行划分。

3.0.5 分项工程检验批合格质量标准应符合下列规定:

1 主控项目必须符合本规范合格质量标准的要求;

2 一般项目其检验结果应有 80% 及以上的检查点(值)符合本规范合格质量标准的要求,且最大值不应超过其允许偏差值的1.2倍。

3 质量检查记录、质量证明文件等资料应完整。

3.0.6 分项工程合格质量标准应符合下列规定：
 1 分项工程所含的各检验批均应符合本规范合格质量标准；
 2 分项工程所含的各检验批质量验收记录应完整。

3.0.7 当钢结构工程施工质量不符合本规范要求时，应按下列规定进行处理：
 1 经返工重做或更换构(配)件的检验批，应重新进行验收；
 2 经有资质的检测单位检测鉴定能够达到设计要求的检验批，应予以验收；
 3 经有资质的检测单位检测鉴定达不到设计要求，但经原设计单位核算认可能够满足结构安全和使用功能的检验批，可予以验收；
 4 经返修或加固处理的分项、分部工程，虽然改变外形尺寸但仍能满足安全使用要求，可按处理技术方案和协商文件进行验收。

3.0.8 通过返修或加固处理仍不能满足安全使用要求的钢结构分部工程，严禁验收。

4 原材料及成品进场

4.1 一般规定

4.1.1 本章适用于进入钢结构各分项工程实施现场的主要材料、零(部)件、成品件、标准件等产品的进场验收。

4.1.2 进场验收的检验批原则上应与各分项工程检验批一致，也可以根据工程规模及进料实际情况划分检验批。

4.2 钢 材

Ⅰ 主控项目

4.2.1 钢材、钢铸件的品种、规格、性能等应符合现行国家产品标准和设计要求。进口钢材产品的质量应符合设计和合同规定标准的要求。
 检查数量：全数检查。
 检验方法：检查质量合格证明文件、中文标志及检验报告等。

4.2.2 对属于下列情况之一的钢材，应进行抽样复验，其复验结果应符合现行国家产品标准和设计要求。
 1 国外进口钢材；
 2 钢材混批；
 3 板厚等于或大于40mm，且设计有Z向性能要求的厚板；
 4 建筑结构安全等级为一级，大跨度钢结构中主要受力构件所采用的钢材；
 5 设计有复验要求的钢材；
 6 对质量有疑义的钢材。
 检查数量：全数检查。
 检验方法：检查复验报告。

Ⅱ 一般项目

4.2.3 钢板厚度及允许偏差应符合其产品标准的要求。
 检查数量：每一品种、规格的钢板抽查5处。
 检验方法：用游标卡尺量测。

4.2.4 型钢的规格尺寸及允许偏差应符合其产品标准的要求。
 检查数量：每一品种、规格的型钢抽查5处。
 检验方法：用钢尺和游标卡尺量测。

4.2.5 钢材的表面外观质量除应符合国家现行有关标准的规定外，尚应符合下列规定：
 1 当钢材的表面有锈蚀、麻点或划痕等缺陷时，其深度不得大于该钢材厚度负允许偏差值的1/2；
 2 钢材表面的锈蚀等级应符合现行国家标准《涂装前钢材表面锈蚀等级和除锈等级》GB 8923规定的C级及C级以上；
 3 钢材端边或断口处不应有分层、夹渣等缺陷。
 检查数量：全数检查。
 检验方法：观察检查。

4.3 焊接材料

Ⅰ 主控项目

4.3.1 焊接材料的品种、规格、性能等应符合现行国家产品标准和设计要求。
 检查数量：全数检查。
 检验方法：检查焊接材料的质量合格证明文件、中文标志及检验报告等。

4.3.2 重要钢结构采用的焊接材料应进行抽样复验，复验结果应符合现行国家产品标准和设计要求。
 检查数量：全数检查。
 检验方法：检查复验报告。

Ⅱ 一般项目

4.3.3 焊钉及焊接瓷环的规格、尺寸及偏差应符合现行国家标准《圆柱头焊钉》GB 10433中的规定。
 检查数量：按量抽查1%，且不应少于10套。
 检验方法：用钢尺和游标卡尺量测。

4.3.4 焊条外观不应有药皮脱落、焊芯生锈等缺陷；焊剂不应受潮结块。
 检查数量：按量抽查1%，且不应少于10包。
 检验方法：观察检查。

4.4 连接用紧固标准件

Ⅰ 主控项目

4.4.1 钢结构连接用高强度大六角头螺栓连接副、扭剪型高强度螺栓连接副、钢网架用高强度螺栓、普通螺栓、铆钉、自攻钉、拉铆钉、射钉、锚栓(机械型和化学试剂型)、地脚锚栓等紧固标准件及螺母、垫圈等标准配件，其品种、规格、性能等应符合现行国家产品标准和设计要求。高强度大六角头螺栓连接副和扭剪型高强度螺栓连接副出厂时应分别随箱带有扭矩系数和紧固轴力(预拉力)的检验报告。
 检查数量：全数检查。
 检验方法：检查产品的质量合格证明文件、中文标志及检验报告等。

4.4.2 高强度大六角头螺栓连接副应按本规范附录B的规定检验其扭矩系数，其检验结果应符合本规范附录B的规定。
 检查数量：见本规范附录B。
 检验方法：检查复验报告。

4.4.3 扭剪型高强度螺栓连接副应按本规范附录B的规定检验预拉力，其检验结果应符合本规范附录B的规定。
 检查数量：见本规范附录B。

检验方法:检查复验报告。

Ⅱ 一般项目

4.4.4 高强度螺栓连接副,应按包装箱配套供货,包装箱上应标明批号、规格、数量及生产日期。螺栓、螺母、垫圈外观表面应涂油保护,不应出现生锈和沾染脏物,螺纹不应损伤。

  检查数量:按包装箱数抽查5%,且不应少于3箱。
  检验方法:观察检查。

4.4.5 对建筑结构安全等级为一级,跨度40m及以上的螺栓球节点钢网架结构,其连接高强度螺栓应进行表面硬度试验,对8.8级的高强度螺栓其硬度应为HRC21～29;10.9级高强度螺栓其硬度应为HRC32～36,且不得有裂纹或损伤。

  检查数量:按规格抽查8只。
  检验方法:硬度计、10倍放大镜或磁粉探伤。

4.5 焊 接 球

Ⅰ 主控项目

4.5.1 焊接球及制造焊接球所采用的原材料,其品种、规格、性能等应符合现行国家产品标准和设计要求。

  检查数量:全数检查。
  检验方法:检查产品的质量合格证明文件、中文标志及检验报告等。

4.5.2 焊接球焊缝应进行无损检验,其质量应符合设计要求,当设计无要求时应符合本规范中规定的二级质量标准。

  检查数量:每一规格按数量抽查5%,且不应少于3个。
  检验方法:超声波探伤或检查检验报告。

Ⅱ 一般项目

4.5.3 焊接球直径、圆度、壁厚减薄量等尺寸及允许偏差应符合本规范的规定。

  检查数量:每一规格按数量抽查5%,且不应少于3个。
  检验方法:用卡尺和测厚仪检查。

4.5.4 焊接球表面应无明显波纹及局部凹凸不平不大于1.5mm。

  检查数量:每一规格按数量抽查5%,且不应少于3个。
  检验方法:用弧形套模、卡尺和观察检查。

4.6 螺 栓 球

Ⅰ 主控项目

4.6.1 螺栓球及制造螺栓球节点所采用的原材料,其品种、规格、性能等应符合现行国家产品标准和设计要求。

  检查数量:全数检查。
  检验方法:检查产品的质量合格证明文件、中文标志及检验报告等。

4.6.2 螺栓球不得有过烧、裂纹及褶皱。

  检查数量:每种规格抽查5%,且不应少于5只。
  检验方法:用10倍放大镜观察和表面探伤。

Ⅱ 一般项目

4.6.3 螺栓球螺纹尺寸应符合现行国家标准《普通螺纹基本尺寸》GB 196中粗牙螺纹的规定,螺纹公差必须符合现行国家标准《普通螺纹公差与配合》GB 197中6H级精度的规定。

  检查数量:每种规格抽查5%,且不应少于5只。
  检验方法:用标准螺纹规。

4.6.4 螺栓球直径、圆度、相邻两螺栓孔中心线夹角等尺寸及允许偏差应符合本规范的规定。

  检查数量:每一规格按数量抽查5%,且不应少于3个。
  检验方法:用卡尺和分度头仪检查。

4.7 封板、锥头和套筒

Ⅰ 主控项目

4.7.1 封板、锥头和套筒及制造封板、锥头和套筒所采用的原材料,其品种、规格、性能等应符合现行国家产品标准和设计要求。

  检查数量:全数检查。
  检验方法:检查产品的质量合格证明文件、中文标志及检验报告等。

4.7.2 封板、锥头、套筒外观不得有裂纹、过烧及氧化皮。

  检查数量:每种抽查5%,且不应少于10只。
  检验方法:用放大镜观察检查和表面探伤。

4.8 金属压型板

Ⅰ 主控项目

4.8.1 金属压型板及制造金属压型板所采用的原材料,其品种、规格、性能等应符合现行国家产品标准和设计要求。

  检查数量:全数检查。
  检验方法:检查产品的质量合格证明文件、中文标志及检验报告等。

4.8.2 压型金属泛水板、包角板和零配件的品种、规格以及防水密封材料的性能应符合现行国家产品标准和设计要求。

  检查数量:全数检查。
  检验方法:检查产品的质量合格证明文件、中文标志及检验报告等。

Ⅱ 一般项目

4.8.3 压型金属板的规格尺寸及允许偏差、表面质量、涂层质量等应符合设计要求和本规范的规定。

  检查数量:每种规格抽查5%,且不应少于3件。
  检验方法:观察和用10倍放大镜检查及尺量。

4.9 涂 装 材 料

Ⅰ 主控项目

4.9.1 钢结构防腐涂料、稀释剂和固化剂等材料的品种、规格、性能等应符合现行国家产品标准和设计要求。

  检查数量:全数检查。
  检验方法:检查产品的质量合格证明文件、中文标志及检验报告等。

4.9.2 钢结构防火涂料的品种和技术性能应符合设计要求,并应经过具有资质的检测机构检测符合国家现行有关标准的规定。

  检查数量:全数检查。
  检验方法:检查产品的质量合格证明文件、中文标志及检验报告等。

Ⅱ 一般项目

4.9.3 防腐涂料和防火涂料的型号、名称、颜色及有效期应与其质量证明文件相符。开启后,不应存在结皮、结块、凝胶等现象。

  检查数量:按桶数抽查5%,且不应少于3桶。
  检验方法:观察检查。

4.10 其 他

Ⅰ 主控项目

4.10.1 钢结构用橡胶垫的品种、规格、性能等应符合现行国家产品标准和设计要求。

  检查数量:全数检查。
  检验方法:检查产品的质量合格证明文件、中文标志及检验报告等。

4.10.2 钢结构工程所涉及到的其他特殊材料,其品种、规格、性能等应符合现行国家产品标准和设计要求。

5 钢结构焊接工程

5.1 一般规定

5.1.1 本章适用于钢结构制作和安装中的钢构件焊接和焊钉焊接的工程质量验收。

5.1.2 钢结构焊接工程可按相应的钢结构制作或安装工程检验批的划分原则划分为一个或若干个检验批。

5.1.3 碳素结构钢应在焊缝冷却到环境温度、低合金结构钢应在完成焊接24h以后,进行焊缝探伤检验。

5.1.4 焊缝施焊后应在工艺规定的焊缝及部位打上焊工钢印。

5.2 钢构件焊接工程

Ⅰ 主控项目

5.2.1 焊条、焊丝、焊剂、电渣焊熔嘴等焊接材料与母材的匹配应符合设计要求及国家现行行业标准《建筑钢结构焊接技术规程》JGJ 81 的规定。焊条、焊剂、药芯焊丝、熔嘴等在使用前,应按其产品说明书及焊接工艺文件的规定进行烘焙和存放。

检查数量:全数检查。

检验方法:检查质量证明书和烘焙记录。

5.2.2 焊工必须经考试合格并取得合格证书。持证焊工必须在其考试合格项目及其认可范围内施焊。

检查数量:全数检查。

检验方法:检查焊工合格证及其认可范围、有效期。

5.2.3 施工单位对其首次采用的钢材、焊接材料、焊接方法、焊后热处理等,应进行焊接工艺评定,并应根据评定报告确定焊接工艺。

检查数量:全数检查。

检验方法:检查焊接工艺评定报告。

5.2.4 设计要求全焊透的一、二级焊缝应采用超声波探伤进行内部缺陷的检验,超声波探伤不能对缺陷作出判断时,应采用射线探伤,其内部缺陷分级及探伤方法应符合现行国家标准《钢焊缝手工超声波探伤方法和探伤结果分级法》GB 11345 或《钢熔化焊对接接头射线照相和质量分级》GB 3323 的规定。

焊接球节点网架焊缝、螺栓球节点网架焊缝及圆管T、K、Y形节点相贯线焊缝,其内部缺陷分级及探伤方法应分别符合国家现行标准《焊接球节点钢网架焊缝超声波探伤方法及质量分级法》JBJ/T 3034.1、《螺栓球节点钢网架焊缝超声波探伤方法及质量分级法》JBJ/T 3034.2、《建筑钢结构焊接技术规程》JGJ 81 的规定。

一级、二级焊缝的质量等级及缺陷分级应符合表5.2.4的规定。

检查数量:全数检查。

检验方法:检查超声波或射线探伤记录。

表5.2.4 一、二级焊缝质量等级及缺陷分级

焊缝质量等级		一级	二级
内部缺陷 超声波探伤	评定等级	Ⅱ	Ⅲ
	检验等级	B级	B级
	探伤比例	100%	20%
内部缺陷 射线探伤	评定等级	Ⅱ	Ⅲ
	检验等级	AB级	AB级
	探伤比例	100%	20%

注:探伤比例的计数方法应按以下原则确定:(1)对工厂制作焊缝,应按每条焊缝计算百分比,且探伤长度不应小于200mm,当焊缝长度不足200mm时,应对整条焊缝进行探伤;(2)对现场安装焊缝,应按同一类型、同一施焊条件的焊缝条数计算百分比,探伤长度不应小于200mm,并应不少于1条焊缝。

5.2.5 T形接头、十字接头、角接接头等要求熔透的对接和对接组合焊缝,其焊脚尺寸不应小于$t/4$(图5.2.5a、b、c);设计有疲劳验算要求的吊车梁或类似构件的腹板与上翼缘连接焊缝的焊脚尺寸为$t/2$(图5.2.5d),且不应大于10mm。焊脚尺寸的允许偏差为0~4mm。

检查数量:资料全数检查;同类焊缝抽查10%,且不应少于3条。

检验方法:观察检查,用焊缝量规抽查测量。

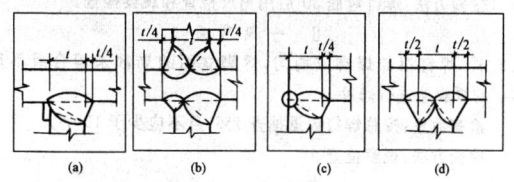

图5.2.5 焊脚尺寸

5.2.6 焊缝表面不得有裂纹、焊瘤等缺陷。一级、二级焊缝不得有表面气孔、夹渣、弧坑裂纹、电弧擦伤等缺陷。且一级焊缝不得有咬边、未焊满、根部收缩等缺陷。

检查数量:每批同类构件抽查10%,且不应少于3件;被抽查构件中,每一类型焊缝按条数抽查5%,且不应少于1条;每条检查1处,总抽查数不应少于10处。

检验方法:观察检查或使用放大镜、焊缝量规和钢尺检查,当存在疑义时,采用渗透或磁粉探伤检查。

Ⅱ 一般项目

5.2.7 对于需要进行焊前预热或焊后热处理的焊缝,其预热温度或后热温度应符合国家现行有关标准的规定或通过工艺试验确定。预热区在焊道两侧,每侧宽度均应大于焊件厚度的1.5倍以上,且不应小于100mm;后热处理应在焊后立即进行,保温时间应根据板厚按每25mm 板厚1h确定。

检查数量:全数检查。

检验方法:检查预、后热施工记录和工艺试验报告。

5.2.8 二级、三级焊缝外观质量标准应符合本规范附录A中表A.0.1的规定。三级对接焊缝应按二级焊缝标准进行外观质量检验。

检查数量:每批同类构件抽查10%,且不应少于3件;被抽查构件中,每一类型焊缝按条数抽查5%,且不应少于1条;每条检查1处,总抽查数不应少于10处。

检验方法:观察检查或使用放大镜、焊缝量规和钢尺检查。

5.2.9 焊缝尺寸允许偏差应符合本规范附录A中表A.0.2的规定。

检查数量:每批同类构件抽查10%,且不应少于3件;被抽查构件中,每种焊缝按条数各抽查5%,但不应少于1条;每条检查1处,总抽查数不应少于10处。

检验方法:用焊缝量规检查。

5.2.10 焊成凹形的角焊缝,焊缝金属与母材间应平缓过渡;加工成凹形的角焊缝,不得在其表面留下切痕。

检查数量:每批同类构件抽查10%,且不应少于3件。

检验方法:观察检查。

5.2.11 焊缝感观应达到:外形均匀、成型较好,焊道与焊道、焊道与基本金属间过渡较平滑,焊渣和飞溅物基本清除干净。

检查数量:每批同类构件抽查10%,且不应少于3件;被抽查构件中,每种焊缝按数量各抽查5%,总抽查处不应少于5处。

检验方法:观察检查。

5.3 焊钉(栓钉)焊接工程

Ⅰ 主控项目

5.3.1 施工单位对其采用的焊钉和钢材焊接应进行焊接工艺评定,其结果应符合设计要求和国家现行有关标准的规定。瓷环应

按其产品说明书进行烘焙。

检查数量：全数检查。

检验方法：检查焊接工艺评定报告和烘焙记录。

5.3.2 焊钉焊接后应进行弯曲试验检查，其焊缝和热影响区不应有肉眼可见的裂纹。

检查数量：每批同类构件抽查10%，且不应少于10件；被抽查构件中，每件检查焊钉数量的1%，但不应少于1个。

检验方法：焊钉弯曲30°后用角尺检查和观察检查。

Ⅱ 一般项目

5.3.3 焊钉根部焊脚应均匀，焊脚立面的局部未熔合或不足360°的焊脚应进行修补。

检查数量：按总焊钉数量抽查1%，且不应少于10个。

检验方法：观察检查。

6 紧固件连接工程

6.1 一般规定

6.1.1 本章适用于钢结构制作和安装中的普通螺栓、扭剪型高强度螺栓、高强度大六角头螺栓、钢网架螺栓球节点用高强度螺栓及射钉、自攻钉、拉铆钉等连接工程的质量验收。

6.1.2 紧固件连接工程可按相应的钢结构制作或安装工程检验批的划分原则划分为一个或若干个检验批。

6.2 普通紧固件连接

Ⅰ 主控项目

6.2.1 普通螺栓作为永久性连接螺栓时，当设计有要求或对其质量有疑义时，应进行螺栓实物最小拉力载荷复验，试验方法见本规范附录B，其结果应符合现行国家标准《紧固件机械性能螺栓、螺钉和螺柱》GB 3098 的规定。

检查数量：每一规格螺栓抽查8个。

检验方法：检查螺栓实物复验报告。

6.2.2 连接薄钢板采用的自攻钉、拉铆钉、射钉等其规格尺寸应与被连接钢板相匹配，其间距、边距等应符合设计要求。

检查数量：按连接节点数抽查1%，且不应少于3个。

检验方法：观察和尺量检查。

Ⅱ 一般项目

6.2.3 永久性普通螺栓紧固应牢固、可靠，外露丝扣不应少于2扣。

检查数量：按连接节点数抽查10%，且不应少于3个。

检验方法：观察和用小锤敲击检查。

6.2.4 自攻螺钉、钢拉铆钉、射钉等与连接钢板应紧固密贴，外观排列整齐。

检查数量：按连接节点数抽查10%，且不应少于3个。

检验方法：观察或用小锤敲击检查。

6.3 高强度螺栓连接

Ⅰ 主控项目

6.3.1 钢结构制作和安装单位应按本规范附录B的规定分别进行高强度螺栓连接摩擦面的抗滑移系数试验和复验，现场处理的构件摩擦面应单独进行摩擦面抗滑移系数试验，其结果应符合设计要求。

检查数量：见本规范附录B。

检验方法：检查摩擦面抗滑移系数试验报告和复验报告。

6.3.2 高强度大六角头螺栓连接副终拧完成1h后、48h内应进行终拧扭矩检查，检查结果应符合本规范附录B的规定。

检查数量：按节点数抽查10%，且不应少于10个；每个被抽查节点按螺栓数抽查10%，且不应少于2个。

检验方法：见本规范附录B。

6.3.3 扭剪型高强度螺栓连接副终拧后，除因构造原因无法使用专用扳手终拧掉梅花头者外，未在终拧中拧掉梅花头的螺栓数不应大于该节点螺栓数的5%。对所有梅花头未拧掉的扭剪型高强度螺栓连接副应采用扭矩法或转角法进行终拧并作标记，且按本规范第6.3.2条的规定进行终拧扭矩检查。

检查数量：按节点数抽查10%，但不应少于10个节点，被抽查节点中梅花头未拧掉的扭剪型高强度螺栓连接副全数进行终拧扭矩检查。

检验方法：观察检查及本规范附录B。

Ⅱ 一般项目

6.3.4 高强度螺栓连接副的施拧顺序和初拧、复拧扭矩应符合设计要求和国家现行行业标准《钢结构高强度螺栓连接的设计施工及验收规程》JGJ 82 的规定。

检查数量：全数检查资料。

检验方法：检查扭矩扳手标定记录和螺栓施工记录。

6.3.5 高强度螺栓连接副终拧后，螺栓丝扣外露应为2～3扣，其中允许有10%的螺栓丝扣外露1扣或4扣。

检查数量：按节点数抽查5%，且不应少于10个。

检验方法：观察检查。

6.3.6 高强度螺栓连接摩擦面应保持干燥、整洁，不应有飞边、毛刺、焊疤或飞溅物、焊渣、氧化铁皮、污垢等，除设计要求外摩擦面不应涂漆。

检查数量：全数检查。

检验方法：观察检查。

6.3.7 高强度螺栓应自由穿入螺栓孔。高强度螺栓孔不应采用气割扩孔，扩孔数量应征得设计同意，扩孔后的孔径不应超过1.2d（d为螺栓直径）。

检查数量：被扩螺栓孔全数检查。

检验方法：观察检查及用卡尺检查。

6.3.8 螺栓球节点网架总拼完成后，高强度螺栓与球节点应紧固连接，高强度螺栓拧入螺栓球内的螺纹长度不应小于1.0d（d为螺栓直径），连接处不应出现有间隙、松动等未拧紧情况。

检查数量：按节点数抽查5%，且不应少于10个。

检验方法：普通扳手及尺量检查。

7 钢零件及钢部件加工工程

7.1 一般规定

7.1.1 本章适用于钢结构制作及安装中钢零件及钢部件加工的质量验收。

7.1.2 钢零件及钢部件加工工程,可按相应的钢结构制作工程或钢结构安装工程检验批的划分原则划分为一个或若干个检验批。

7.2 切割

Ⅰ 主控项目

7.2.1 钢材切割面或剪切面应无裂纹、夹渣、分层和大于1mm的缺棱。

检查数量:全数检查。

检验方法:观察或用放大镜及百分尺检查,有疑义时作渗透、磁粉或超声波探伤检查。

Ⅱ 一般项目

7.2.2 气割的允许偏差应符合表7.2.2的规定。

检查数量:按切割面数抽查10%,且不应少于3个。

检验方法:观察检查或用钢尺、塞尺检查。

表7.2.2 气割的允许偏差(mm)

项 目	允 许 偏 差
零件宽度、长度	±3.0
切割面平面度	$0.05t$,且不应大于2.0
割纹深度	0.3
局部缺口深度	1.0

注:t为切割面厚度。

7.2.3 机械剪切的允许偏差应符合表7.2.3的规定。

检查数量:按切割面数抽查10%,且不应少于3个。

检验方法:观察检查或用钢尺、塞尺检查。

表7.2.3 机械剪切的允许偏差(mm)

项 目	允 许 偏 差
零件宽度、长度	±3.0
边缘缺棱	1.0
型钢端部垂直度	2.0

7.3 矫正和成型

Ⅰ 主控项目

7.3.1 碳素结构钢在环境温度低于-16℃、低合金结构钢在环境温度低于-12℃时,不应进行冷矫正和冷弯曲。碳素结构钢和低合金结构钢在加热矫正时,加热温度不应超过900℃。低合金结构钢在加热矫正后应自然冷却。

检查数量:全数检查。

检验方法:检查制作工艺报告和施工记录。

7.3.2 当零件采用热加工成型时,加热温度应控制在900~1000℃;碳素结构钢和低合金结构钢在温度分别下降到700℃和800℃之前,应结束加工;低合金结构钢应自然冷却。

检查数量:全数检查。

检验方法:检查制作工艺报告和施工记录。

Ⅱ 一般项目

7.3.3 矫正后的钢材表面,不应有明显的凹面或损伤,划痕深度不得大于0.5mm,且不大于该钢材厚度负允许偏差的1/2。

检查数量:全数检查。

检验方法:观察检查和实测检查。

7.3.4 冷矫正和冷弯曲的最小曲率半径和最大弯曲矢高应符合表7.3.4的规定。

检查数量:按冷矫正和冷弯曲的件数抽查10%,且不应少于3个。

检验方法:观察检查和实测检查。

表7.3.4 冷矫正和冷弯曲的最小曲率半径和最大弯曲矢高(mm)

钢材类别	图例	对应轴	矫正 r	矫正 f	弯曲 r	弯曲 f
钢板扁钢		$x-x$	$50t$	$\dfrac{l^2}{400t}$	$25t$	$\dfrac{l^2}{200t}$
		$y-y$(仅对扁钢轴线)	$100b$	$\dfrac{l^2}{800b}$	$50b$	$\dfrac{l^2}{400b}$
角钢		$x-x$	$90b$	$\dfrac{l^2}{720b}$	$45b$	$\dfrac{l^2}{360b}$
槽钢		$x-x$	$50h$	$\dfrac{l^2}{400h}$	$25h$	$\dfrac{l^2}{200h}$
		$y-y$	$90b$	$\dfrac{l^2}{720b}$	$45b$	$\dfrac{l^2}{360b}$
工字钢		$x-x$	$50h$	$\dfrac{l^2}{400h}$	$25h$	$\dfrac{l^2}{200h}$
		$y-y$	$50b$	$\dfrac{l^2}{400b}$	$25b$	$\dfrac{l^2}{200b}$

注:r为曲率半径;f为弯曲矢高;l为弯曲弦长;t为钢板厚度。

7.3.5 钢材矫正后的允许偏差,应符合表7.3.5的规定。

检查数量:按矫正件数抽查10%,且不应少于3件。

检验方法:观察检查和实测检查。

表7.3.5 钢材矫正后的允许偏差(mm)

项 目		允许偏差	图 例
钢板的局部平面度	$t \leq 14$	1.5	
	$t > 14$	1.0	
型钢弯曲矢高		$l/1000$且不应大于5.0	
角钢肢的垂直度		$b/100$ 双肢栓接角钢的角度不得大于90°	
槽钢翼缘对腹板的垂直度		$b/80$	
工字钢、H型钢翼缘对腹板的垂直度		$b/100$且不大于2.0	

7.4 边缘加工

Ⅰ 主控项目

7.4.1 气割或机械剪切的零件,需要进行边缘加工时,其刨削量不应小于2.0mm。

　　检查数量:全数检查。

　　检验方法:检查工艺报告和施工记录。

Ⅱ　一般项目

7.4.2 边缘加工允许偏差应符合表7.4.2的规定。

　　检查数量:按加工面数抽查10%,且不应少于3件。

　　检验方法:观察检查和实测检查。

表7.4.2　边缘加工的允许偏差(mm)

项目	允许偏差
零件宽度、长度	±1.0
加工边直线度	$l/3000$,且不应大于2.0
相邻两边夹角	±6′
加工面垂直度	$0.025t$,且不应大于0.5
加工面表面粗糙度	50▽

7.5　管、球加工

Ⅰ　主控项目

7.5.1 螺栓球成型后,不应有裂纹、褶皱、过烧。

　　检查数量:每种规格抽查10%,且不应少于5个。

　　检验方法:10倍放大镜观察检查或表面探伤。

7.5.2 钢板压成半圆球后,表面不应有裂纹、褶皱;焊接球其对接坡口应采用机械加工,对接焊缝表面应打磨平整。

　　检查数量:每种规格抽查10%,且不应少于5个。

　　检验方法:10倍放大镜观察检查或表面探伤。

Ⅱ　一般项目

7.5.3 螺栓球加工的允许偏差应符合表7.5.3的规定。

　　检查数量:每种规格抽查10%,且不应少于5个。

　　检验方法:见表7.5.3。

表7.5.3　螺栓球加工的允许偏差(mm)

项目		允许偏差	检验方法
圆度	$d \leqslant 120$	1.5	用卡尺和游标卡尺检查
	$d > 120$	2.5	
同一轴线上两铣平面平行度	$d \leqslant 120$	0.2	用百分表V形块检查
	$d > 120$	0.3	
铣平面球中心距离		±0.2	用游标卡尺检查
相邻两螺栓中心线夹角		±30′	用分度头检查
两铣平面与螺栓球轴线垂直度		$0.005r$	用百分表检查
球毛坯直径	$d \leqslant 120$	+2.0 / −1.0	用卡尺和游标卡尺检查
	$d > 120$	+3.0 / −1.5	

7.5.4 焊接球加工的允许偏差应符合表7.5.4的规定。

　　检查数量:每种规格抽查10%,且不应少于5个。

　　检验方法:见表7.5.4。

表7.5.4　焊接球加工的允许偏差(mm)

项目	允许偏差	检验方法
直径	$±0.005d$ / ±2.5	用卡尺和游标卡尺检查
圆度	2.5	用卡尺和游标卡尺检查
壁厚减薄量	$0.13t$,且不应大于1.5	用卡尺和测厚仪检查
两半球对口错边	1.0	用套模和游标卡尺检查

7.5.5 钢网架(桁架)用钢管杆件加工的允许偏差应符合表7.5.5的规定。

　　检查数量:每种规格抽查10%,且不应少于5根。

　　检验方法:见表7.5.5。

表7.5.5　钢网架(桁架)用钢管杆件加工的允许偏差(mm)

项目	允许偏差	检验方法
长度	±1.0	用钢尺和百分表检查
端面对管轴的垂直度	$0.005r$	用百分表V形块检查
管口曲线	1.0	用套模和游标卡尺检查

7.6　制　孔

Ⅰ　主控项目

7.6.1 A、B级螺栓孔(Ⅰ类孔)应具有H12的精度,孔壁表面粗糙度R_a不应大于12.5μm。其孔径的允许偏差应符合表7.6.1-1的规定。

　　C级螺栓孔(Ⅱ类孔),孔壁表面粗糙度R_a不应大于25μm,其允许偏差应符合表7.6.1-2的规定。

　　检查数量:按钢构件数量抽查10%,且不应少于3件。

　　检验方法:用游标卡尺或孔径量规检查。

表7.6.1-1　A、B级螺栓孔径的允许偏差(mm)

序号	螺栓公称直径、螺栓孔直径	螺栓公称直径允许偏差	螺栓孔直径允许偏差
1	10~18	0.00 / −0.21	+0.18 / 0.00
2	18~30	0.00 / −0.21	+0.21 / 0.00
3	30~50	0.00 / −0.25	+0.25 / 0.00

表7.6.1-2　C级螺栓孔的允许偏差(mm)

项目	允许偏差
直径	+1.0 / 0.0
圆度	2.0
垂直度	$0.03t$,且不应大于2.0

Ⅱ　一般项目

7.6.2 螺栓孔孔距的允许偏差应符合表7.6.2的规定。

　　检查数量:按钢构件数量抽查10%,且不应少于3件。

　　检验方法:用钢尺检查。

表7.6.2　螺栓孔孔距允许偏差(mm)

螺栓孔孔距范围	≤500	501~1200	1201~3000	>3000
同一组内任意两孔间距离	±1.0	±1.5	—	—
相邻两组的端孔间距离	±1.5	±2.0	±2.5	±3.0

注:1　在节点中连接板与一根杆件相连的所有螺栓孔为一组;
　　2　对接接头在拼接板一侧的螺栓孔为一组;
　　3　在两相邻节点或接头间的螺栓孔为一组,但不包括上述两款所规定的螺栓孔;
　　4　受弯构件翼缘上的连接螺栓孔,每米长度范围内的螺栓孔为一组。

7.6.3 螺栓孔孔距的允许偏差超过本规范表7.6.2规定的允许偏差时,应采用与母材材质相匹配的焊条补焊后重新制孔。

　　检查数量:全数检查。

　　检验方法:观察检查。

8 钢构件组装工程

8.1 一般规定

8.1.1 本章适用于钢结构制作中构件组装的质量验收。

8.1.2 钢构件组装工程可按钢结构制作工程检验批的划分原则划分为一个或若干个检验批。

8.2 焊接 H 型钢

Ⅰ 一般项目

8.2.1 焊接 H 型钢的翼缘板拼接缝和腹板拼接缝的间距不应小于 200mm。翼缘板拼接长度不应小于 2 倍板宽;腹板拼接宽度不应小于 300mm,长度不应小于 600mm。

检查数量:全数检查。

检验方法:观察和用钢尺检查。

8.2.2 焊接 H 型钢的允许偏差应符合本规范附录 C 中表 C.0.1 的规定。

检查数量:按钢构件数抽查 10%,宜不应少于 3 件。

检验方法:用钢尺、角尺、塞尺等检查。

8.3 组 装

Ⅰ 主控项目

8.3.1 吊车梁和吊车桁架不应下挠。

检查数量:全数检查。

检验方法:构件直立,在两端支承后,用水准仪和钢尺检查。

Ⅱ 一般项目

8.3.2 焊接连接组装的允许偏差应符合本规范附录 C 中表 C.0.2 的规定。

检查数量:按构件数抽查 10%,且不应少于 3 个。

检验方法:用钢尺检验。

8.3.3 顶紧接触面应有 75%以上的面积紧贴。

检查数量:按接触面的数量抽查 10%,且不应少于 10 个。

检验方法:用 0.3mm 塞尺检查,其塞入面积应小于 25%,边缘间隙不应大于 0.8mm。

8.3.4 桁架结构杆件轴线交点错位的允许偏差不得大于 3.0mm。

检查数量:按构件数抽查 10%,且不应少于 3 个,每个抽查构件按节点数抽查 10%,且不应少于 3 个节点。

检验方法:尺量检查。

8.4 端部铣平及安装焊缝坡口

Ⅰ 主控项目

8.4.1 端部铣平的允许偏差应符合表 8.4.1 的规定。

检查数量:按铣平面数量抽查 10%,且不应少于 3 个。

检验方法:用钢尺、角尺、塞尺等检查。

表 8.4.1 端部铣平的允许偏差(mm)

项 目	允许偏差
两端铣平时构件长度	±2.0
两端铣平时零件长度	±0.5
铣平面的平面度	0.3
铣平面对轴线的垂直度	$l/1500$

Ⅱ 一般项目

8.4.2 安装焊缝坡口的允许偏差应符合表 8.4.2 的规定。

检查数量:按坡口数量抽查 10%,且不应少于 3 条。

检验方法:用焊缝量规检查。

表 8.4.2 安装焊缝坡口的允许偏差

项 目	允许偏差
坡口角度	±5°
钝边	±1.0mm

8.4.3 外露铣平面应防锈保护。

检查数量:全数检查。

检验方法:观察检查。

8.5 钢构件外形尺寸

Ⅰ 主控项目

8.5.1 钢构件外形尺寸主控项目的允许偏差应符合表 8.5.1 的规定。

检查数量:全数检查。

检验方法:用钢尺检查。

表 8.5.1 钢构件外形尺寸主控项目的允许偏差(mm)

项 目	允许偏差
单层柱、梁、桁架受力支托(支承面)表面至第一个安装孔距离	±1.0
多节柱铣平面至第一个安装孔距离	±1.0
实腹梁两端最外侧安装孔距离	±3.0
构件连接处的截面几何尺寸	±3.0
柱、梁连接处的腹板中心线偏移	2.0
受压构件(杆件)弯曲矢高	$l/1000$,且不应大于 10.0

Ⅱ 一般项目

8.5.2 钢构件外形尺寸一般项目的允许偏差应符合本规范附录 C 中表 C.0.3~表 C.0.9 的规定。

检查数量:按构件数量抽查 10%,且不应少于 3 件。

检验方法:见本规范附录 C 中表 C.0.3~表 C.0.9。

9 钢构件预拼装工程

9.1 一般规定

9.1.1 本章适用于钢构件预拼装工程的质量验收。

9.1.2 钢构件预拼装工程可按钢结构制作工程检验批的划分原则划分为一个或若干个检验批。

9.1.3 预拼装所用的支承凳或平台应测量找平,检查时应拆除全部临时固定和拉紧装置。

9.1.4 进行预拼装的钢构件,其质量应符合设计要求和本规范合格质量标准的规定。

9.2 预拼装

Ⅰ 主控项目

9.2.1 高强度螺栓和普通螺栓连接的多层板叠,应采用试孔器进行检查,并应符合下列规定:

1 当采用比孔公称直径小 1.0mm 的试孔器检查时,每组孔的通过率不应小于 85%;

2 当采用比螺栓公称直径大 0.3mm 的试孔器检查时,通过率应为 100%。

检查数量:按预拼装单元全数检查。

检验方法:采用试孔器检查。

Ⅱ 一般项目

9.2.2 预拼装的允许偏差应符合本规范附录 D 表 D 的规定。

检查数量:按预拼装单元全数检查。

检验方法:见本规范附录 D 表 D。

10 单层钢结构安装工程

10.1 一般规定

10.1.1 本章适用于单层钢结构的主体结构、地下钢结构、檩条及墙架等次要构件、钢平台、钢梯、防护栏杆等安装工程的质量验收。

10.1.2 单层钢结构安装工程可按变形缝或空间刚度单元等划分成一个或若干个检验批。地下结构可按不同地下层划分检验批。

10.1.3 钢结构安装检验批应在进场验收和焊接连接、紧固件连接、制作等分项工程验收合格的基础上进行验收。

10.1.4 安装的测量校正、高强度螺栓安装、负温度下施工及焊接工艺等,应在安装前进行工艺试验或评定,并应在此基础上制定相应的施工工艺或方案。

10.1.5 安装偏差的检测,应在结构形成空间刚度单元并连接固定后进行。

10.1.6 安装时,必须控制屋面、楼面、平台等的施工荷载,施工荷载和冰雪荷载等严禁超过梁、桁架、楼面板、屋面板、平台铺板等的承载能力。

10.1.7 在形成空间刚度单元后,应及时对柱底板和基础顶面的空隙进行细石混凝土、灌浆料等二次浇灌。

10.1.8 吊车梁或直接承受动力荷载的梁其受拉翼缘、吊车桁架或直接承受动力荷载的桁架其受拉弦杆上不得焊接悬挂物和卡具等。

10.2 基础和支承面

I 主控项目

10.2.1 建筑物的定位轴线、基础轴线和标高、地脚螺栓的规格及其紧固应符合设计要求。

检查数量:按柱基数抽查10%,且不应少于3个。

检验方法:用经纬仪、水准仪、全站仪和钢尺现场实测。

10.2.2 基础顶面直接作为柱的支承面和基础顶面预埋钢板或支座作为柱的支承面时,其支承面、地脚螺栓(锚栓)位置的允许偏差应符合表10.2.2的规定。

检查数量:按柱基数抽查10%,且不应少于3个。

检验方法:用经纬仪、水准仪、全站仪、水平尺和钢尺实测。

表10.2.2 支承面、地脚螺栓(锚栓)位置的允许偏差(mm)

项　目		允许偏差
支承面	标高	±3.0
	水平度	l/1000
地脚螺栓(锚栓)	螺栓中心偏移	5.0
	预留孔中心偏移	10.0

10.2.3 采用座浆垫板时,座浆垫板的允许偏差应符合表10.2.3的规定。

检查数量:资料全数检查。按柱基数抽查10%,且不应少于3个。

检验方法:用水准仪、全站仪、水平尺和钢尺现场实测。

表10.2.3 座浆垫板的允许偏差(mm)

项　目	允许偏差
顶面标高	0.0 −3.0
水平度	l/1000
位置	20.0

10.2.4 采用杯口基础时,杯口尺寸的允许偏差应符合表10.2.4的规定。

检查数量:按基础数抽查10%,且不应少于4处。

检验方法:观察及尺量检查。

表10.2.4 杯口尺寸的允许偏差(mm)

项　目	允许偏差
底面标高	0.0 −5.0
杯口深度 H	±5.0
杯口垂直度	H/100,且不应大于 10.0
位置	10.0

II 一般项目

10.2.5 地脚螺栓(锚栓)尺寸的偏差应符合表10.2.5的规定。地脚螺栓(锚栓)的螺纹应受到保护。

检查数量:按柱基数抽查10%,且不应少于3个。

检验方法:用钢尺现场实测。

表10.2.5 地脚螺栓(锚栓)尺寸的允许偏差(mm)

项　目	允许偏差
螺栓(锚栓)露出长度	+30.0 0.0
螺纹长度	+30.0 0.0

10.3 安装和校正

I 主控项目

10.3.1 钢构件应符合设计要求和本规范的规定。运输、堆放和吊装等造成的钢构件变形及涂层脱落,应进行矫正和修补。

检查数量:按构件数抽查10%,且不应少于3个。

检验方法:用拉线、钢尺现场实测或观察。

10.3.2 设计要求顶紧的节点,接触面不应少于70%紧贴,且边缘最大间隙不应大于0.8mm。

检查数量:按节点数抽查10%,且不应少于3个。

检验方法:用钢尺及0.3mm和0.8mm厚的塞尺现场实测。

10.3.3 钢屋(托)架、桁架、梁及受压杆件的垂直度和侧向弯曲矢高的允许偏差应符合表10.3.3的规定。

检查数量:按同类构件数抽查10%,且不应少于3个。

检验方法:用吊线、拉线、经纬仪和钢尺现场实测。

表10.3.3 钢屋(托)架、桁架、梁及受压杆件垂直度和侧向弯曲矢高的允许偏差(mm)

项目	允许偏差	图例
跨中的垂直度	h/250,且不应大于15.0	1-1
侧向弯曲矢高 f	l ≤ 30m	l/1000,且不应大于10.0	
	30m < l ≤ 60m	l/1000,且不应大于30.0	
	l > 60m	l/1000,且不应大于50.0	

10.3.4 单层钢结构主体结构的整体垂直度和整体平面弯曲的允

许偏差应符合表10.3.4的规定。

检查数量:对主要立面全部检查。对每个所检查的立面,除两列角柱外,尚应至少选取一列中间柱。

检验方法:采用经纬仪、全站仪等测量。

表10.3.4 整体垂直度和整体平面弯曲的允许偏差(mm)

项目	允许偏差	图例
主体结构的整体垂直度	$H/1000$,且不应大于25.0	
主体结构的整体平面弯曲	$L/1500$,且不应大于25.0	

Ⅱ 一般项目

10.3.5 钢柱等主要构件的中心线及标高基准点等标记应齐全。

检查数量:按同类构件数抽查10%,且不应少于3件。

检验方法:观察检查。

10.3.6 当钢桁架(或梁)安装在混凝土柱上时,其支座中心对定位轴线的偏差不应大于10mm;当采用大型混凝土屋面板时,钢桁架(或梁)间距的偏差不应大于10mm。

检查数量:按同类构件数抽查10%,且不应少于3榀。

检验方法:用拉线和钢尺现场实测。

10.3.7 钢柱安装的允许偏差应符合本规范附录E中表E.0.1的规定。

检查数量:按钢柱数抽查10%,且不应少于3件。

检验方法:见本规范附录E中表E.0.1。

10.3.8 钢吊车梁或直接承受动力荷载的类似构件,其安装的允许偏差应符合本规范附录E中表E.0.2的规定。

检查数量:按吊车梁数抽查10%,且不应少于3榀。

检验方法:见本规范附录E中表E.0.2。

10.3.9 檩条、墙架等次要构件安装的允许偏差应符合本规范附录E中表E.0.3的规定。

检查数量:按同类构件数抽查10%,且不应少于3件。

检验方法:见本规范附录E中表E.0.3。

10.3.10 钢平台、钢梯、栏杆安装应符合现行国家标准《固定式钢直梯》GB 4053.1、《固定式钢斜梯》GB 4053.2、《固定式防护栏杆》GB 4053.3和《固定式钢平台》GB 4053.4的规定。钢平台、钢梯和防护栏杆安装的允许偏差应符合本规范附录E中表E.0.4的规定。

检查数量:按钢平台总数抽查10%,栏杆、钢梯按总长度各抽查10%,但钢平台不应少于1个,栏杆不应少于5m,钢梯不应少于1跑。

检验方法:见本规范附录E中表E.0.4。

10.3.11 现场焊缝组对间隙的允许偏差应符合表10.3.11的规定。

检查数量:按同类节点数抽查10%,且不应少于3个。

检验方法:尺量检查。

表10.3.11 现场焊缝组对间隙的允许偏差(mm)

项目	允许偏差
无垫板间隙	+3.0 0.0
有垫板间隙	+3.0 -2.0

10.3.12 钢结构表面应干净,结构主要表面不应有疤痕、泥沙等污垢。

检查数量:按同类构件数抽查10%,且不应少于3件。

检验方法:观察检查。

11 多层及高层钢结构安装工程

11.1 一般规定

11.1.1 本章适用于多层及高层钢结构的主体结构、地下钢结构、檩条及墙架等次要构件、钢平台、钢梯、防护栏杆等安装工程的质量验收。

11.1.2 多层及高层钢结构安装工程可按楼层或施工段等划分为一个或若干个检验批。地下钢结构可按不同地下层划分检验批。

11.1.3 柱、梁、支撑等构件的长度尺寸应包括焊接收缩余量等变形值。

11.1.4 安装柱时,每节柱的定位轴线应从地面控制轴线直接引上,不得从下层柱的轴线引上。

11.1.5 结构的楼层标高可按相对标高或设计标高进行控制。

11.1.6 钢结构安装检验批应在进场验收和焊接连接、紧固件连接、制作等分项工程验收合格的基础上进行验收。

11.1.7 多层及高层钢结构安装应遵照本规范第10.1.4、10.1.5、10.1.6、10.1.7、10.1.8条的规定。

11.2 基础和支承面

Ⅰ 主控项目

11.2.1 建筑物的定位轴线、基础上柱的定位轴线和标高、地脚螺栓(锚栓)的规格和位置、地脚螺栓(锚栓)紧固应符合设计要求。当设计无要求时,应符合表11.2.1的规定。

检查数量:按柱基数抽查10%,且不应少于3个。

检验方法:采用经纬仪、水准仪、全站仪和钢尺实测。

表 11.2.1 建筑物定位轴线、基础上柱的定位轴线和标高、地脚螺栓(锚栓)的允许偏差(mm)

项目	允许偏差	图例
建筑物定位轴线	$L/20000$,且不应大于 3.0	
基础上柱的定位轴线	1.0	
基础上柱底标高	±2.0	
地脚螺栓(锚栓)位移	2.0	

11.2.2 多层建筑以基础顶面直接作为柱的支承面,或以基础顶面预埋钢板或支座作为柱的支承面时,其支承面、地脚螺栓(锚栓)位置的允许偏差应符合本规范表10.2.2的规定。

检查数量:按柱基数抽查10%,且不应少于3个。

检验方法:用经纬仪、水准仪、全站仪、水平尺和钢尺实测。

11.2.3 多层建筑采用座浆垫板时,座浆垫板的允许偏差应符合本规范表10.2.3的规定。

检查数量:资料全数检查。按柱基数抽查10%,且不应少于3个。

检验方法:用水准仪、全站仪、水平尺和钢尺实测。

11.2.4 当采用杯口基础时,杯口尺寸的允许偏差应符合本规范表10.2.4的规定。

检查数量:按基础数抽查10%,且不应少于4处。

检验方法:观察及尺量检查。

Ⅱ 一般项目

11.2.5 地脚螺栓(锚栓)尺寸的允许偏差应符合本规范表10.2.5的规定。地脚螺栓(锚栓)的螺纹应受到保护。

检查数量:按柱基数抽查10%,且不应少于3个。

检验方法:用钢尺现场实测。

11.3 安装和校正

Ⅰ 主控项目

11.3.1 钢构件应符合设计要求和本规范的规定。运输、堆放和吊装等造成的钢构件变形及涂层脱落,应进行矫正和修补。

检查数量:按构件数抽查10%,且不应少于3个。

检验方法:用拉线、钢尺现场实测或观察。

11.3.2 柱子安装的允许偏差应符合表11.3.2的规定。

检查数量:标准柱全部检查;非标准柱抽查10%,且不应少于3根。

检验方法:用全站仪或激光经纬仪和钢尺实测。

表 11.3.2 柱子安装的允许偏差(mm)

项目	允许偏差	图例
底层柱柱底轴线对定位轴线偏移	3.0	
柱子定位轴线	1.0	
单节柱的垂直度	$h/1000$,且不应大于10.0	

11.3.3 设计要求顶紧的节点,接触面不应少于70%紧贴,且边缘最大间隙不应大于0.8mm。

检查数量:按节点数抽查10%,且不应少于3个。

检验方法:用钢尺及0.3mm和0.8mm厚的塞尺现场实测。

11.3.4 钢主梁、次梁及受压杆件的垂直度和侧向弯曲矢高的允许偏差应符合本规范表10.3.3中有关钢屋(托)架允许偏差的规定。

检查数量:按同类构件数抽查10%,且不应少于3个。

检验方法:用吊线、拉线、经纬仪和钢尺现场实测。

11.3.5 多层及高层钢结构主体结构的整体垂直度和整体平面弯曲的允许偏差应符合表11.3.5的规定。

检查数量:对主要立面全部检查。对每个所检查的立面,除两列角柱外,尚应至少选取一列中间柱。

检验方法:对于整体垂直度,可采用激光经纬仪、全站仪测量,也可根据各节柱的垂直度允许偏差累计(代数和)计算。对于整体平面弯曲,可按产生的允许偏差累计(代数和)计算。

表 11.3.5 整体垂直度和整体平面弯曲的允许偏差(mm)

项目	允许偏差	图例
主体结构的整体垂直度	$(H/2500+10.0)$,且不应大于50.0	
主体结构的整体平面弯曲	$L/1500$,且不应大于25.0	

Ⅱ 一般项目

11.3.6 钢结构表面应干净,结构主要表面不应有疤痕、泥沙等污垢。

检查数量:按同类构件数抽查10%,且不应少于3件。

检验方法:观察检查。

11.3.7 钢柱等主要构件的中心线及标高基准点等标记应齐全。

检查数量:按同类构件数抽查10%,且不应少于3件。

检验方法:观察检查。

11.3.8 钢构件安装的允许偏差应符合本规范附录E中表E.0.5

的规定。

检查数量:按同类构件或节点数抽查10%。其中柱和梁各不应少于3件,主梁与次梁连接节点不应少于3个,支承压型金属板的钢梁长度不应少于5m。

检验方法:见本规范附录E中表E.0.5。

11.3.9 主体结构总高度的允许偏差应符合本规范附录E中表E.0.6的规定。

检查数量:按标准柱列数抽查10%,且不应少于4列。

检验方法:采用全站仪、水准仪和钢尺实测。

11.3.10 当钢构件安装在混凝土柱上时,其支座中心对定位轴线的偏差不应大于10mm;当采用大型混凝土屋面板时,钢梁(或桁架)间距的偏差不应大于10mm。

检查数量:按同类构件抽查10%,且不应少于3榀。

检验方法:用拉线和钢尺现场实测。

11.3.11 多层及高层钢结构中钢吊车梁或直接承受动力荷载的类似构件,其安装的允许偏差应符合本规范附录E中表E.0.2的规定。

检查数量:按钢吊车梁数抽查10%,且不应少于3榀。

检验方法:见本规范附录E中表E.0.2。

11.3.12 多层及高层钢结构中檩条、墙架等次要构件安装的允许偏差应符合本规范附录E中表E.0.3的规定。

检查数量:按同类构件数抽查10%,且不应少于3件。

检验方法:见本规范附录E中表E.0.3。

11.3.13 多层及高层钢结构中钢平台、钢梯、栏杆安装应符合现行国家标准《固定式钢直梯》GB 4053.1、《固定式钢斜梯》GB 4053.2、《固定式防护栏杆》GB 4053.3 和《固定式钢平台》GB 4053.4的规定。钢平台、钢梯和防护栏杆安装的允许偏差应符合本规范附录E中表E.0.4的规定。

检查数量:按钢平台总数抽查10%,栏杆、钢梯按总长度各抽查10%,但钢平台不应少于1个,栏杆不应少于5m,钢梯不应少于1跑。

检验方法:见本规范附录E中表E.0.4。

11.3.14 多层及高层钢结构中现场焊缝组对间隙的允许偏差应符合本规范表10.3.11的规定。

检查数量:按同类节点数抽查10%,且不应少于3个。

检验方法:尺量检查。

12 钢网架结构安装工程

12.1 一般规定

12.1.1 本章适用于建筑工程中的平板型钢网格结构(简称钢网架结构)安装工程的质量验收。

12.1.2 钢网架结构安装工程可按变形缝、施工段或空间刚度单元划分成一个或若干检验批。

12.1.3 钢网架结构安装检验批应在进场验收和焊接连接、紧固件连接、制作等分项工程验收合格的基础上进行验收。

12.1.4 钢网架结构安装应遵照本规范第10.1.4、10.1.5、10.1.6条的规定。

12.2 支承面顶板和支承垫块

Ⅰ 主控项目

12.2.1 钢网架结构支座定位轴线的位置、支座锚栓的规格应符合设计要求。

检查数量:按支座数抽查10%,且不应少于4处。

检验方法:用经纬仪和钢尺实测。

12.2.2 支承面顶板的位置、标高、水平度以及支座锚栓位置的允许偏差应符合表12.2.2的规定。

表12.2.2 支承面顶板、支座锚栓位置的允许偏差(mm)

项 目		允许偏差
支承面顶板	位置	15.0
	顶面标高	0 −3.0
	顶面水平度	l/1000
支座锚栓	中心偏移	±5.0

检查数量:按支座数抽查10%,且不应少于4处。

检验方法:用经纬仪、水准仪、水平尺和钢尺实测。

12.2.3 支承垫块的种类、规格、摆放位置和朝向,必须符合设计要求和国家现行有关标准的规定。橡胶垫块与刚性垫块之间、不同类型刚性垫块之间不得互换使用。

检查数量:按支座数抽查10%,且不应少于4处。

检验方法:观察和用钢尺实测。

12.2.4 网架支座锚栓的紧固应符合设计要求。

检查数量:按支座数抽查10%,且不应少于4处。

检验方法:观察检查。

Ⅱ 一般项目

12.2.5 支座锚栓尺寸的允许偏差应符合本规范表10.2.5的规定。支座锚栓的螺纹应受到保护。

检查数量:按支座数抽查10%,且不应少于4处。

检验方法:用钢尺实测。

12.3 总拼与安装

Ⅰ 主控项目

12.3.1 小拼单元的允许偏差应符合表12.3.1的规定。

检查数量:按单元数抽查5%,且不应少于5个。

检验方法:用钢尺和拉线等辅助量具实测。

表12.3.1 小拼单元的允许偏差(mm)

项 目	允许偏差
节点中心偏移	2.0
焊接球节点与钢管中心的偏移	1.0
杆件轴线的弯曲矢高	$L_1/1000$,且不应大于5.0

续表 12.3.1

项 目		允许偏差
锥体型小拼单元	弦杆长度	±2.0
	锥体高度	±2.0
	上弦杆对角线长度	±3.0
平面桁架型小拼单元	跨长 ≤24m	+3.0 −7.0
	跨长 >24m	+5.0 −10.0
	跨中高度	±3.0
	跨中拱度 设计要求起拱	±L/5000
	跨中拱度 设计未要求起拱	+10.0

注：1 L_1 为杆件长度；
　　2 L 为跨长。

12.3.2 中拼单元的允许偏差应符合表 12.3.2 的规定。
　　检查数量：全数检查。
　　检验方法：用钢尺和辅助量具实测。

表 12.3.2 中拼单元的允许偏差(mm)

项 目		允许偏差
单元长度≤20m，拼接长度	单跨	±10.0
	多跨连续	±5.0
单元长度>20m，拼接长度	单跨	±20.0
	多跨连续	±10.0

12.3.3 对建筑结构安全等级为一级，跨度 40m 及以上的公共建筑钢网架结构，且设计有要求时，应按下列项目进行节点承载力试验，其结果应符合以下规定：
　　1 焊接球节点应按设计指定规格的球及其匹配的钢管焊接成试件，进行轴心拉、压承载力试验，其试验破坏荷载值大于或等于 1.6 倍设计承载力为合格。
　　2 螺栓球节点应按设计指定规格的球最大螺栓孔螺纹进行抗拉强度保证荷载试验，当达到螺栓的设计承载力时，螺孔、螺纹及封板仍完好无损为合格。
　　检查数量：每项试验做 3 个试件。
　　检验方法：在万能试验机上进行检验，检查试验报告。

12.3.4 钢网架结构总拼完成后及屋面工程完成后应分别测量其挠度值，且所测的挠度值不应超过相应设计值的 1.15 倍。
　　检查数量：跨度 24m 及以下钢网架结构测量下弦中央一点；跨度 24m 以上钢网架结构测量下弦中央一点及各向下弦跨度的四等分点。
　　检验方法：用钢尺和水准仪实测。

Ⅱ　一般项目

12.3.5 钢网架结构安装完成后，其节点及杆件表面应干净，不应有明显的疤痕、泥沙和污垢。螺栓球节点应将所有接缝用油腻子填嵌严密，并应将多余螺孔封口。
　　检查数量：按节点及杆件数抽查 5%，且不应少于 10 个节点。
　　检验方法：观察检查。

12.3.6 钢网架结构安装完成后，其安装的允许偏差应符合表 12.3.6 的规定。
　　检查数量：全数检查。
　　检验方法：见表 12.3.6。

表 12.3.6 钢网架结构安装的允许偏差(mm)

项 目	允许偏差	检验方法
纵向、横向长度	L/2000，且不应大于 30.0 −L/2000，且不应小于 −30.0	用钢尺实测
支座中心偏移	L/3000，且不应大于 30.0	用钢尺和经纬仪实测
周边网架相邻支座高差	L_1/400，且不应大于 15.0	用钢尺和水准仪实测
支座最大高差	30.0	
多点支承网架相邻支座高差	L_1/800，且不应大于 30.0	

注：1 L 为纵向、横向长度；
　　2 L_1 为相邻支座间距。

13　压型金属板工程

13.1　一般规定

13.1.1 本章适用于压型金属板的施工现场制作和安装工程质量验收。

13.1.2 压型金属板的制作和安装工程可按变形缝、楼层、施工段或屋面、墙面、楼面等划分为一个或若干个检验批。

13.1.3 压型金属板安装应在钢结构安装工程检验批质量验收合格后进行。

13.2　压型金属板制作

Ⅰ　主控项目

13.2.1 压型金属板成型后，其基板不应有裂纹。
　　检查数量：按计件数抽查 5%，且不应少于 10 件。
　　检验方法：观察和用 10 倍放大镜检查。

13.2.2 有涂层、镀层压型金属板成型后，涂、镀层不应有肉眼可见的裂纹、剥落和擦痕等缺陷。
　　检查数量：按计件数抽查 5%，且不应少于 10 件。
　　检验方法：观察检查。

Ⅱ　一般项目

13.2.3 压型金属板的尺寸允许偏差应符合表 13.2.3 的规定。
　　检查数量：按计件数抽查 5%，且不应少于 10 件。
　　检验方法：用拉线和钢尺检查。

13.2.4 压型金属板成型后，表面应干净，不应有明显凹凸和皱褶。
　　检查数量：按计件数抽查 5%，且不应少于 10 件。

检验方法:观察检查。

表 13.2.3 压型金属板的尺寸允许偏差(mm)

项 目		允许偏差
波 距		±2.0
波高	压型钢板 截面高度≤70	±1.5
	截面高度>70	±2.0
侧向弯曲	在测量长度 l_1 范围内	20.0

注:l_1 为测量长度,指板长扣除两端各0.5m后的实际长度(小于10m)或扣除后任选的10m长度。

13.2.5 压型金属板施工现场制作的允许偏差应符合表13.2.5的规定。

检查数量:按计件数抽查5%,且不应少于10件。

检验方法:用钢尺、角尺检查。

表 13.2.5 压型金属板施工现场制作的允许偏差(mm)

项 目		允许偏差
压型金属板的覆盖宽度	截面高度≤70	+10.0,-2.0
	截面高度>70	+6.0,-2.0
板 长		±9.0
横向剪切偏差		6.0
泛水板、包角板尺寸	板 长	±6.0
	折弯面宽度	±3.0
	折弯面夹角	2°

13.3 压型金属板安装

Ⅰ 主控项目

13.3.1 压型金属板、泛水板和包角板等应固定可靠、牢固,防腐涂料涂刷和密封材料敷设应完好,连接件数量、间距应符合设计要求和国家现行有关标准规定。

检查数量:全数检查。

检验方法:观察检查及尺量。

13.3.2 压型金属板应在支承构件上可靠搭接,搭接长度应符合设计要求,且不应小于表13.3.2所规定的数值。

检查数量:按搭接部位总长度抽查10%,且不应少于10m。

检验方法:观察和用钢尺检查。

表 13.3.2 压型金属板在支承构件上的搭接长度(mm)

项 目		搭接长度
截面高度>70		375
截面高度≤70	屋面坡度<1/10	250
	屋面坡度≥1/10	200
墙 面		120

13.3.3 组合楼板中压型钢板与主体结构(梁)的锚固支承长度应符合设计要求,且不应小于50mm,端部锚固件连接应可靠,设置位置应符合设计要求。

检查数量:沿连接纵向长度抽查10%,且不应少于10m。

检验方法:观察和用钢尺检查。

Ⅱ 一般项目

13.3.4 压型金属板安装应平整、顺直,板面不应有施工残留物和污物。檐口和墙面下端应呈直线,不应有未经处理的错钻孔洞。

检查数量:按面积抽查10%,且不应少于10m²。

检验方法:观察检查。

13.3.5 压型金属板安装的允许偏差应符合表13.3.5的规定。

检查数量:檐口与屋脊的平行度:按长度抽查10%,且不应少于10m。其他项目:每20m长度应抽查1处,不应少于2处。

检验方法:用拉线、吊线和钢尺检查。

表 13.3.5 压型金属板安装的允许偏差(mm)

项 目		允许偏差
屋面	檐口与屋脊的平行度	12.0
	压型金属板波纹线对屋脊的垂直度	L/800,且不应大于25.0
	檐口相邻两块压型金属板端部错位	6.0
	压型金属板卷边板件最大波浪高	4.0
墙面	墙面波纹线的垂直度	H/800,且不应大于25.0
	墙面包角板的垂直度	H/800,且不应大于25.0
	相邻两块压型金属板的下端错位	6.0

注:1 L为屋面半坡或单坡长度;
2 H为墙面高度。

14 钢结构涂装工程

14.1 一般规定

14.1.1 本章适用于钢结构的防腐涂料(油漆类)涂装和防火涂料涂装工程的施工质量验收。

14.1.2 钢结构涂装工程可按钢结构制作或钢结构安装工程检验批的划分原则划分成一个或若干个检验批。

14.1.3 钢结构普通涂料涂装工程应在钢结构构件组装、预拼装或钢结构安装工程检验批的施工质量验收合格后进行。钢结构防火涂料涂装工程应在钢结构安装工程检验批和钢结构普通涂料涂装检验批的施工质量验收合格后进行。

14.1.4 涂装时的环境温度和相对湿度应符合涂料产品说明书的要求,当产品说明书无要求时,环境温度宜在5~38℃之间,相对湿度不应大于85%。涂装时构件表面不应有结露;涂装后4h内应保护免受雨淋。

14.2 钢结构防腐涂料涂装

Ⅰ 主控项目

14.2.1 涂装前钢材表面除锈应符合设计要求和国家现行有关标准的规定。处理后的钢材表面不应有焊渣、焊疤、灰尘、油污、水和毛刺等。当设计无要求时,钢材表面除锈等级应符合表14.2.1的规定。

检查数量:按构件数抽查10%,且同类构件不应少于3件。

检验方法:用铲刀检查和用现行国家标准《涂装前钢材表面锈蚀等级和除锈等级》GB 8923规定的图片对照观察检查。

表 14.2.1 各种底漆或防锈漆要求最低的除锈等级

涂料品种	除锈等级
油性酚醛、醇酸等底漆或防锈漆	St2
高氯化聚乙烯、氯化橡胶、氯磺化聚乙烯、环氧树脂、聚氨酯等底漆或防锈漆	Sa2
无机富锌、有机硅、过氯乙烯等底漆	Sa2$\frac{1}{2}$

14.2.2 涂料、涂装遍数、涂层厚度均应符合设计要求。当设计对涂层厚度无要求时,涂层干漆膜总厚度:室外应为 150μm,室内应为 125μm,其允许偏差为 -25μm。每遍涂层干漆膜厚度的允许偏差为 -5μm。

检查数量:按构件数抽查 10%,且同类构件不应少于 3 件。

检验方法:用干漆膜测厚仪检查。每个构件检测 5 处,每处的数值是 3 个相距 50mm 测点涂层干漆膜厚度的平均值。

Ⅱ 一般项目

14.2.3 构件表面不应误涂、漏涂,涂层不应脱皮和返锈等。涂层应均匀、无明显皱皮、流坠、针眼和气泡等。

检查数量:全数检查。

检验方法:观察检查。

14.2.4 当钢结构处在有腐蚀介质环境或外露且设计有要求时,应进行涂层附着力测试,在检测处范围内,当涂层完整程度达到 70%以上时,涂层附着力达到合格质量标准的要求。

检查数量:按构件数抽查 1%,且不应少于 3 件,每件测 3 处。

检验方法:按照现行国家标准《漆膜附着力测定法》GB 1720 或《色漆和清漆、漆膜的划格试验》GB 9286 执行。

14.2.5 涂装完成后,构件的标志、标记和编号应清晰完整。

检查数量:全数检查。

检验方法:观察检查。

14.3 钢结构防火涂料涂装

Ⅰ 主控项目

14.3.1 防火涂料涂装前钢材表面除锈及防锈底漆涂装应符合设计要求和国家现行有关标准的规定。

检查数量:按构件数抽查 10%,且同类构件不应少于 3 件。

检验方法:表面除锈用铲刀检查和用现行国家标准《涂装前钢材表面锈蚀等级和除锈等级》GB 8923 规定的图片对照观察检查。底漆涂装用干漆膜测厚仪检查,每个构件检测 5 处,每处的数值为 3 个相距 50mm 测点涂层干漆膜厚度的平均值。

14.3.2 钢结构防火涂料的粘结强度、抗压强度应符合国家现行标准《钢结构防火涂料应用技术规程》CECS 24:90 的规定。检验方法应符合现行国家标准《建筑构件防火喷涂材料性能试验方法》GB 9978 的规定。

检查数量:每使用 100t 或不足 100t 薄涂型防火涂料应抽检一次粘结强度;每使用 500t 或不足 500t 厚涂型防火涂料应抽检一次粘结强度和抗压强度。

检验方法:检查复检报告。

14.3.3 薄涂型防火涂料的涂层厚度应符合有关耐火极限的设计要求。厚涂型防火涂料涂层的厚度,80%及以上面积应符合有关耐火极限的设计要求,且最薄处厚度不应低于设计要求的 85%。

检查数量:按同类构件数抽查 10%,且均不应少于 3 件。

检验方法:用涂层厚度测量仪、测针和钢尺检查。测量方法应符合国家现行标准《钢结构防火涂料应用技术规程》CECS 24:90 的规定及本规范附录 F。

14.3.4 薄涂型防火涂料涂层表面裂纹宽度不应大于 0.5mm;厚涂型防火涂料涂层表面裂纹宽度不应大于 1mm。

检查数量:按同类构件数抽查 10%,且均不应少于 3 件。

检验方法:观察和用尺量检查。

Ⅱ 一般项目

14.3.5 防火涂料涂装基层不应有油污、灰尘和泥砂等污垢。

检查数量:全数检查。

检验方法:观察检查。

14.3.6 防火涂料不应有误涂、漏涂,涂层应闭合无脱层、空鼓、明显凹陷、粉化松散和浮浆等外观缺陷,乳突已剔除。

检查数量:全数检查。

检验方法:观察检查。

15 钢结构分部工程竣工验收

15.0.1 根据现行国家标准《建筑工程施工质量验收统一标准》GB 50300 的规定,钢结构作为主体结构之一应按子分部工程竣工验收;当主体结构均为钢结构时应按分部工程竣工验收。大型钢结构工程可划分成若干个子分部工程进行竣工验收。

15.0.2 钢结构分部工程有关安全及功能的检验和见证检测项目见本规范附录 G,检验应在其分项工程验收合格后进行。

15.0.3 钢结构分部工程有关观感质量检验应按本规范附录 H 执行。

15.0.4 钢结构分部工程合格质量标准应符合下列规定:

1 各分项工程质量均应符合合格质量标准;

2 质量控制资料和文件应完整;

3 有关安全及功能的检验和见证检测结果应符合本规范相应合格质量标准的要求;

4 有关观感质量应符合本规范相应合格质量标准的要求。

15.0.5 钢结构分部工程竣工验收时,应提供下列文件和记录:

1 钢结构工程竣工图纸及相关设计文件;

2 施工现场质量管理检查记录;

3 有关安全及功能的检验和见证检测项目检查记录;

4 有关观感质量检验项目检查记录;

5 分部工程所含各分项工程质量验收记录;

6 分项工程所含各检验批质量验收记录;

7 强制性条文检验项目检查记录及证明文件;

8 隐蔽工程检验项目检查验收记录;

9 原材料、成品质量合格证明文件、中文标志及性能检测报告；
10 不合格项的处理记录及验收记录；
11 重大质量、技术问题实施方案及验收记录；
12 其他有关文件和记录。

15.0.6 钢结构工程质量验收记录应符合下列规定：
1 施工现场质量管理检查记录可按现行国家标准《建筑工程施工质量验收统一标准》GB 50300 中附录 A 进行；
2 分项工程检验批验收记录可按本规范附录 J 中表 J.0.1～表 J.0.13 进行；
3 分项工程验收记录可按现行国家标准《建筑工程施工质量验收统一标准》GB 50300 中附录 E 进行；
4 分部（子分部）工程验收记录可按现行国家标准《建筑工程施工质量验收统一标准》GB 50300 中附录 F 进行。

附录 A 焊缝外观质量标准及尺寸允许偏差

A.0.1 二级、三级焊缝外观质量标准应符合表 A.0.1 的规定。

表 A.0.1 二级、三级焊缝外观质量标准（mm）

项目	允许偏差	
缺陷类型	二级	三级
未焊满（指不足设计要求）	≤0.2+0.02t，且≤1.0 每 100.0 焊缝内缺陷总长≤25.0	≤0.2+0.04t，且≤2.0
根部收缩	≤0.2+0.02t，且≤1.0 长度不限	≤0.2+0.04t，且≤2.0
咬边	≤0.05t，且≤0.5，连续长度≤100.0，且焊缝两侧咬边总长≤10%焊缝全长	≤0.1t，且≤1.0，长度不限
弧坑裂纹	—	允许存在个别长度≤5.0 的弧坑裂纹
电弧擦伤	—	允许存在个别电弧擦伤
接头不良	缺口深度 0.05t，且≤0.5 每 1000.0 焊缝不应超过 1 处	缺口深度 0.1t，且≤1.0
表面夹渣	—	深≤0.2t 长≤0.5t，且≤20.0
表面气孔	—	每 50.0 焊缝长度内允许直径≤0.4t，且≤3.0 的气孔 2 个，孔距≥6 倍孔径

注：表内 t 为连接处较薄的板厚。

A.0.2 对接焊缝及完全熔透组合焊缝尺寸允许偏差应符合表 A.0.2 的规定。

表 A.0.2 对接焊缝及完全熔透组合焊缝尺寸允许偏差（mm）

序号	项目	图例	允许偏差	
			一、二级	三级
1	对接焊缝余高 C		$B<20$：0～3.0 $B\geq20$：0～4.0	$B<20$：0～4.0 $B\geq20$：0～5.0
2	对接焊缝错边 d		$d<0.15t$，且≤2.0	$d<0.15t$，且≤3.0

A.0.3 部分焊透组合焊缝和角焊缝外形尺寸允许偏差应符合表 A.0.3 的规定。

表 A.0.3 部分焊透组合焊缝和角焊缝外形尺寸允许偏差（mm）

序号	项目	图例	允许偏差
1	焊脚尺寸 h_f		$h_f\leq6$：0～1.5 $h_f>6$：0～3.0
2	角焊缝余高 C		$h_f\leq6$：0～1.5 $h_f>6$：0～3.0

注：1 $h_f>8.0$mm 的角焊缝其局部焊脚尺寸允许低于设计要求值 1.0mm，但总长度不得超过焊缝长度 10%；
2 焊接 H 形梁腹板与翼缘板的焊缝两端在其两倍翼缘板宽度范围内，焊缝的焊脚尺寸不得低于设计值。

附录 B 紧固件连接工程检验项目

B.0.1 螺栓实物最小载荷检验。

目的：测定螺栓实物的抗拉强度是否满足现行国家标准《紧固件机械性能螺栓、螺钉和螺柱》GB 3098.1 的要求。

检验方法：用专用卡具将螺栓实物置于拉力试验机上进行拉力试验，为避免试件承受横向载荷，试验机的夹具应能自动调正中心，试验时夹头张拉的移动速度不应超过 25mm/min。

螺栓实物的抗拉强度应根据螺纹应力截面积（A_S）计算确定，其取值应按现行国家标准《紧固件机械性能螺栓、螺钉和螺柱》GB 3098.1 的规定取值。

进行试验时，承受拉力载荷的末旋合的螺纹长度应为 6 倍以上螺距；当试验拉力达到现行国家标准《紧固件机械性能螺栓、螺钉和螺柱》GB 3098.1 中规定的最小拉力载荷（$A_S \cdot \sigma_b$）时不得断裂。当超过最小拉力载荷直至拉断时，断裂发生在杆部或螺纹部分，而不应发生在螺头与杆部的交接处。

B.0.2 扭剪型高强度螺栓连接副预拉力复验。

复验用的螺栓应在施工现场待安装的螺栓批中随机抽取，每批应抽取 8 套连接副进行复验。

连接副预拉力可采用经计量检定、校准合格的轴力计进行测试。

试验用的电测轴力计、油压轴力计、电阻应变仪、扭矩扳手等计量器具，应在试验前进行标定，其误差不得超过 2%。

采用轴力计方法复验连接副预拉力时，应将螺栓直接插入轴力计。紧固螺栓分初拧、终拧两次进行，初拧应采用手动扭矩扳手或专用定扭电动扳手；初拧值应为预拉力标准值的 50% 左右。终拧应采用专用电动扳手,至尾部梅花头拧掉,读出预拉力值。

每套连接副只应做一次试验,不得重复使用。在紧固中垫圈发生转动时,应更换连接副,重新试验。

复验螺栓连接副的预拉力平均值和标准偏差应符合表 B.0.2 的规定。

表 B.0.2 扭剪型高强度螺栓紧固预拉力和标准偏差(kN)

螺栓直径(mm)	16	20	(22)	24
紧固预拉力的平均值 $\bar{P}$	99～120	154～186	191～231	222～270
标准偏差 σ_P	10.1	15.7	19.5	22.7

B.0.3 高强度螺栓连接副施工扭矩检验。

高强度螺栓连接副扭矩检验含初拧、复拧、终拧扭矩的现场无损检验。检验所用的扭矩扳手其扭矩精度误差应不大于 3%。

高强度螺栓连接副扭矩检验分扭矩法检验和转角法检验两种,原则上检验法与施工法应相同。扭矩检验应在施拧 1h 后,48h 内完成。

1 扭矩法检验。

检验方法:在螺尾端头和螺母相对位置划线,将螺母退回 60° 左右,用扭矩扳手测定拧回至原来位置时的扭矩值。该扭矩值与施工扭矩值的偏差在 10% 以内为合格。

高强度螺栓连接副终拧扭矩值按下式计算:

$$T_c = K \cdot P_c \cdot d \quad (B.0.3-1)$$

式中 T_c——终拧扭矩值(N·m);
P_c——施工预拉力值标准值(kN),见表 B.0.3;
d——螺栓公称直径(mm);
K——扭矩系数,按附录 B.0.4 的规定试验确定。

高强度大六角头螺栓连接副初拧扭矩值 T_o 可按 $0.5T_c$ 取值。

扭剪型高强度螺栓连接副初拧扭矩值 T_o 可按下式计算:

$$T_o = 0.065 P_c \cdot d \quad (B.0.3-2)$$

式中 T_o——初拧扭矩值(N·m);
P_c——施工预拉力标准值(kN),见表 B.0.3;
d——螺栓公称直径(mm)。

2 转角法检验。

检验方法:1)检查初拧后在螺母与相对位置所画的终拧起始线和终止线所夹的角度是否达到规定值。2)在螺尾端头和螺母相对位置画线,然后全部卸松螺母,在按规定的初拧扭矩和终拧角度重新拧紧螺栓,观察与原画线是否重合。终拧转角偏差在 10° 以内为合格。

终拧转角与螺栓的直径、长度等因素有关,应由试验确定。

3 扭剪型高强度螺栓施工扭矩检验。

检验方法:观察尾部梅花头拧掉情况。尾部梅花头被拧掉者视同其终拧扭矩达到合格质量标准;尾部梅花头未被拧掉者应按上述扭矩法或转角法检验。

表 B.0.3 高强度螺栓连接副施工预拉力标准值(kN)

螺栓的性能等级	螺栓公称直径(mm)					
	M16	M20	M22	M24	M27	M30
8.8s	75	120	150	170	225	275
10.9s	110	170	210	250	320	390

B.0.4 高强度大六角头螺栓连接副扭矩系数复验。

复验用螺栓应在施工现场待安装的螺栓批中随机抽取,每批应抽取 8 套连接副进行复验。

连接副扭矩系数复验用的计量器具应在试验前进行标定,误差不得超过 2%。

每套连接副只应做一次试验,不得重复使用。在紧固中垫圈发生转动时,应更换连接副,重新试验。

连接副扭矩系数的复验应将螺栓穿入轴力计,在测出螺栓预拉力 P 的同时,应测定施加于螺母上的施拧扭矩值 T,并按下式计算扭矩系数 K。

$$K = \frac{T}{P \cdot d} \quad (B.0.4)$$

式中 T——施拧扭矩(N·m);
d——高强度螺栓的公称直径(mm);
P——螺栓预拉力(kN)。

进行连接副扭矩系数试验时,螺栓预拉力值应符合表 B.0.4 的规定。

表 B.0.4 螺栓预拉力值范围(kN)

螺栓规格(mm)	M16	M20	M22	M24	M27	M30
预拉力值 P 10.9s	93～113	142～177	175～215	206～250	265～324	325～390
预拉力值 P 8.8s	62～78	100～120	125～150	140～170	185～225	230～275

每组 8 套连接副扭矩系数的平均值应为 0.110～0.150,标准偏差小于或等于 0.010。

扭剪型高强度螺栓连接副当采用扭矩法施工时,其扭矩系数亦按本附录的规定确定。

B.0.5 高强度螺栓连接摩擦面的抗滑移系数检验。

1 基本要求。

制造厂和安装单位应分别以钢结构制造批为单位进行抗滑移系数试验。制造批可按分部(子分部)工程划分规定的工程量每 2000t 为一批,不足 2000t 的可视为一批。选用两种及两种以上表面处理工艺时,每种处理工艺应单独检验。每批三组试件。

抗滑移系数试验应采用双摩擦面的二栓拼接的拉力试件(图 B.0.5)。

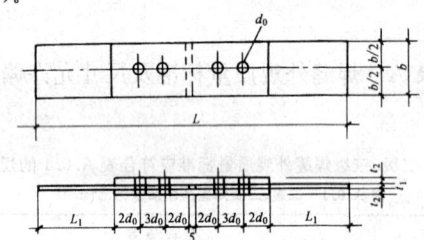

图 B.0.5 抗滑移系数拼接试件的形式和尺寸

抗滑移系数试验用的试件应由制造厂加工,试件与所代表的钢结构构件应为同一材质、同批制作,采用同一摩擦面处理工艺和具有相同的表面状态,并应用同批同一性能等级的高强度螺栓连接副,在同一环境条件下存放。

试件钢板的厚度 t_1、t_2 应根据钢结构工程中有代表性的板材厚度来确定,同时应考虑在摩擦面滑移之前,试件钢板的净截面始终处于弹性状态;宽度 b 可参照表 B.0.5 规定取值。L_1 应根据试验机夹具的要求确定。

表 B.0.5 试件板的宽度(mm)

螺栓直径 d	16	20	22	24	27	30
板宽 b	100	100	105	110	120	120

试件板面应平整,无油污,孔和板的边缘无飞边、毛刺。

2 试验方法。

试验用的试验机误差应在 1% 以内。

试验用的贴有电阻片的高强度螺栓、压力传感器和电阻应变仪应在试验前试验机进行标定,其误差应在 2% 以内。

试件的组装顺序应符合下列规定:

先将冲钉打入试件孔定位,然后逐个换成装有压力传感器或贴有电阻片的高强度螺栓,或换成同批经预拉力复验的扭剪型高强度螺栓。

紧固高强度螺栓应分初拧、终拧。初拧应达到螺栓预拉力标准值的50%左右。终拧后,螺栓预拉力应符合下列规定:

1) 对装有压力传感器或贴有电阻片的高强度螺栓,采用电阻应变仪实测控制试件每个螺栓的预拉力值应在 $0.95P \sim 1.05P$(P 为高强度螺栓设计预拉力值)之间;

2) 不进行实测时,扭剪型高强度螺栓的预拉力(紧固轴力)可按同批复验预拉力的平均值取用。

试件应在其侧面画出观察滑移的直线。

将组装好的试件置于拉力试验机上,试件的轴线应与试验机夹具中心严格对中。

加荷时,应先加10%的抗滑移设计荷载值,停 1min 后,再平稳加荷,加荷速度为 3~5kN/s。直拉到滑动破坏,测得滑移荷载 N_v。

在试验中当发生以下情况之一时,所对应的荷载可定为试件的滑移荷载:

1) 试验机发生回针现象;
2) 试件侧面画线发生错动;
3) X—Y 记录仪上变形曲线发生突变;
4) 试件突然发生"嘣"的响声。

抗滑移系数,应根据试验所测得的滑移荷载 N_v 和螺栓预拉力 P 的实测值,按下式计算,宜取小数点二位有效数字。

$$\mu = \frac{N_v}{n_f \cdot \sum_{i=1}^{m} P_i} \quad (B.0.5)$$

式中 N_v ——由试验得的滑移荷载(kN);

n_f ——摩擦面面数,取 $n_f = 2$;

$\sum_{i=1}^{m} P_i$ ——试件滑移一侧高强度螺栓预拉力实测值(或同批螺栓连接副的预拉力平均值)之和(取三位有效数字)(kN);

m ——试件一侧螺栓数量,取 $m = 2$。

附录 C 钢构件组装的允许偏差

C.0.1 焊接 H 型钢的允许偏差应符合表 C.0.1 的规定。

表 C.0.1 焊接 H 型钢的允许偏差(mm)

项 目		允许偏差	图 例
截面高度 h	$h<500$	±2.0	
	$500<h<1000$	±3.0	
	$h>1000$	±4.0	
截面宽度 b		±3.0	
腹板中心偏移		2.0	
翼缘板垂直度 Δ		$b/100$,且不应大于3.0	
弯曲矢高(受压构件除外)		$l/1000$,且不应大于10.0	
扭曲		$h/250$,且不应大于5.0	
腹板局部平面度 f	$t<14$	3.0	
	$t \geq 14$	2.0	

C.0.2 焊接连接制作组装的允许偏差应符合表 C.0.2 的规定。

表 C.0.2 焊接连接制作组装的允许偏差(mm)

项 目	允许偏差	图 例
对口错边 Δ	$t/10$,且不应大于3.0	
间隙 a	±1.0	
搭接长度 a	±5.0	
缝隙 Δ	1.5	

续表 C.0.2

项目		允许偏差	图例
高度 h		±2.0	
垂直度 Δ		b/100,且不应大于3.0	
中心偏移 e		±2.0	
型钢错位	连接处	1.0	
	其他处	2.0	
箱形截面	高度 h	±2.0	
	宽度 b	±2.0	
垂直度 Δ		b/200,且不应大于3.0	

C.0.3 单层钢柱外形尺寸的允许偏差应符合表 C.0.3 的规定。

表 C.0.3 单层钢柱外形尺寸的允许偏差(mm)

项目		允许偏差	检验方法	图例
柱底面到柱端与桁架连接的最上一个安装孔距离 l		±l/1500 ±15.0	用钢尺检查	
柱底面到牛腿支承面距离 l_1		±l/2000 ±8.0		
牛腿面的翘曲 Δ		2.0	用拉线、直角尺和钢尺检查	
柱身弯曲矢高		H/1200,且不应大于12.0		
柱身扭曲	牛腿处	3.0	用拉线、吊线和钢尺检查	
	其他处	8.0		
柱截面几何尺寸	连接处	±3.0	用钢尺检查	
	非连接处	±4.0		
翼缘对腹板的垂直度	连接处	1.5	用直角尺和钢尺检查	
	其他处	b/100,且不应大于5.0		
柱脚底板平面度		5.0	用1m直尺和塞尺检查	
柱脚螺栓孔中心对柱轴线的距离		3.0	用钢尺检查	

C.0.4 多节钢柱外形尺寸的允许偏差应符合表 C.0.4 的规定。

表 C.0.4 多节钢柱外形尺寸的允许偏差(mm)

项目		允许偏差	检验方法	图例
一节柱高度 H		±3.0		
两端最外侧安装孔距离 l_3		±2.0	用钢尺检查	
铣平面到第一个安装孔距离 a		±1.0		
柱身弯曲矢高 f		H/1500,且不应大于5.0	用拉线和钢尺检查	
一节柱的柱身扭曲		h/250,且不应大于5.0	用拉线、吊线和钢尺检查	
牛腿端孔到柱轴线距离 l_2		±3.0	用钢尺检查	
牛腿的翘曲或扭曲 Δ	$l_2 \leq 1000$	2.0	用拉线、直角尺和钢尺检查	
	$l_2 > 1000$	3.0		
柱截面尺寸	连接处	±3.0	用钢尺检查	
	非连接处	±4.0		
柱脚底板平面度		5.0	用直尺和塞尺检查	
翼缘板对腹板的垂直度	连接处	1.5	用直角尺和钢尺检查	
	其他处	b/100,且不应大于5.0		
柱脚螺栓孔对柱轴线的距离 a		3.0	用钢尺检查	
箱型截面连接处对角线差		3.0		
箱型柱身板垂直度		h(b)/150,且不应大于5.0	用直角尺和钢尺检查	

C.0.5 焊接实腹钢梁外形尺寸的允许偏差应符合表 C.0.5 的规定。

表 C.0.5 焊接实腹钢梁外形尺寸的允许偏差(mm)

项	目	允许偏差	检验方法
梁长度 l	端部有凸缘支座板	0 -5.0	用钢尺检查
	其他形式	$\pm l/2500$ ± 10.0	
端部高度 h	$h \leqslant 2000$	± 2.0	
	$h > 2000$	± 3.0	
拱度	设计要求起拱	$\pm l/5000$	用拉线和钢尺检查
	设计未要求起拱	10.0 -5.0	
侧弯矢高		$l/2000$，且不应大于 10.0	
扭曲		$h/250$，且不应大于 10.0	用拉线、吊线和钢尺检查
腹板局部平面度	$t \leqslant 14$	5.0	用 1m 直尺和塞尺检查
	$t > 14$	4.0	
翼缘板对腹板的垂直度		$b/100$，且不应大于 3.0	用直角尺和钢尺检查
吊车梁上翼缘与轨道接触面平面度		1.0	用 200mm，1m 直尺和塞尺检查
箱型截面对角线差		5.0	用钢尺检查
箱型截面两腹板至翼缘板中心线距离 a	连接处	1.0	
	其他处	1.5	
梁端板的平面度（只允许凹进）		$h/500$，且不应大于 2.0	用直角尺和钢尺检查
梁端板与腹板的垂直度		$h/500$，且不应大于 2.0	用直角尺和钢尺检查

C.0.6 钢桁架外形尺寸的允许偏差应符合表 C.0.6 的规定。

表 C.0.6 钢桁架外形尺寸的允许偏差(mm)

项 目	允许偏差	检验方法
桁架最外端两个孔或两端支承面最外侧距离	$l \leqslant 24$m: $+3.0$ / -7.0 $l > 24$m: $+5.0$ / -10.0	用钢尺检查
桁架跨中高度	± 10.0	
桁架跨中拱度	设计要求起拱: $\pm l/5000$ 设计未要求起拱: 10.0 / -5.0	
相邻节间弦杆弯曲（受压除外）	$l/1000$	
支承面到第一个安装孔距离 a	± 1.0	
檩条连接支座间距	± 5.0	

C.0.7 钢管构件外形尺寸的允许偏差应符合表 C.0.7 的规定。

表 C.0.7 钢管构件外形尺寸的允许偏差(mm)

项 目	允许偏差	检验方法
直径 d	$\pm d/500$ ± 5.0	用钢尺检查
构件长度 l	± 3.0	用钢尺检查
管口圆度	$d/500$，且不应大于 5.0	用钢尺检查
管面对管轴的垂直度	$d/500$，且不应大于 3.0	用焊缝量规检查
弯曲矢高	$l/1500$，且不应大于 5.0	用拉线、吊线和钢尺检查
对口错边	$t/10$，且不应大于 3.0	用钢尺检查

注：对方矩形管，d 为长边尺寸。

C.0.8 墙架、檩条、支撑系统钢构件外形尺寸的允许偏差应符合表 C.0.8 的规定。

表 C.0.8 墙架、檩条、支撑系统钢构件外形尺寸的允许偏差(mm)

项 目	允许偏差	检验方法
构件长度 l	± 4.0	用钢尺检查
构件两端最外侧安装孔距离 l_1	± 3.0	用钢尺检查
构件弯曲矢高	$l/1000$，且不应大于 10.0	用拉线和钢尺检查
截面尺寸	$+5.0$ -2.0	用钢尺检查

C.0.9 钢平台、钢梯和防护钢栏杆外形尺寸的允许偏差应符合表C.0.9的规定。

表C.0.9 钢平台、钢梯和防护钢栏杆外形尺寸的允许偏差(mm)

项目	允许偏差	检验方法
平台长度和宽度	±5.0	用钢尺检查
平台两对角线差 $\|l_1-l_2\|$	6.0	用钢尺检查
平台支柱高度	±3.0	用钢尺检查
平台支柱弯曲矢高	5.0	用拉线和钢尺检查
平台表面平面度(1m范围内)	6.0	用1m直尺和塞尺检查
梯梁长度 l	±5.0	用钢尺检查
钢梯宽度 b	±5.0	用钢尺检查
钢梯安装孔距离 a	±3.0	用钢尺检查
钢梯纵向挠曲矢高	$l/1000$	用拉线和钢尺检查
踏步(棍)间距	±5.0	用钢尺检查
栏杆高度	±5.0	用钢尺检查
栏杆立柱间距	±10.0	用钢尺检查

续表 D

构件类型	项目	允许偏差	检验方法
构件平面总体预拼装	各楼层柱距	±4.0	用钢尺检查
	相邻楼层梁与梁之间距离	±3.0	
	各层间框架两对角线之差	$H/2000$,且不应大于5.0	
	任意两对角线之差	$\Sigma H/2000$,且不应大于8.0	

附录D 钢构件预拼装的允许偏差

D.0.1 钢构件预拼装的允许偏差应符合表D的规定。

表D 钢构件预拼装的允许偏差(mm)

构件类型	项目	允许偏差	检验方法
多节柱	预拼装单元总长	±5.0	用钢尺检查
	预拼装单元弯曲矢高	$l/1500$,且不应大于10.0	用拉线和钢尺检查
	接口错边	2.0	用焊缝量规检查
	预拼装单元柱身扭曲	$h/200$,且不应大于5.0	用拉线、吊线和钢尺检查
	顶紧面至任一牛腿距离	±2.0	
梁、桁架	跨度最外两端安装孔或两端支承面最外侧距离	+5.0 / -10.0	用钢尺检查
	接口截面错位	2.0	用焊缝量规检查
	拱度 设计要求起拱	±$l/5000$	用拉线和钢尺检查
	拱度 设计未要求起拱	$l/2000$ 0	
	节点处杆件轴线错位	4.0	划线后用钢尺检查
管构件	预拼装单元总长	±5.0	用钢尺检查
	预拼装单元弯曲矢高	$l/1500$,且不应大于10.0	用拉线和钢尺检查
	对口错边	$t/10$,且不应大于3.0	
	坡口间隙	+2.0 / -1.0	用焊缝量规检查

附录E 钢结构安装的允许偏差

E.0.1 单层钢结构中柱子安装的允许偏差应符合表E.0.1的规定。

表E.0.1 单层钢结构中柱子安装的允许偏差(mm)

项目	允许偏差	检验方法
柱脚底座中心线对定位轴线的偏移	5.0	用吊线和钢尺检查
柱基准点标高 有吊车梁的柱	+3.0 / -5.0	用水准仪检查
柱基准点标高 无吊车梁的柱	+5.0 / -8.0	
弯曲矢高	$H/1200$,且不应大于15.0	用经纬仪或拉线和钢尺检查
柱轴线垂直度 单层柱 $H \leq 10m$	$H/1000$	用经纬仪或吊线和钢尺检查
柱轴线垂直度 单层柱 $H > 10m$	$H/1000$,且不应大于25.0	
柱轴线垂直度 多节柱 单节柱	$H/1000$,且不应大于10.0	
柱轴线垂直度 多节柱 柱全高	35.0	

E.0.2 钢吊车梁安装的允许偏差应符合表E.0.2的规定。

表 E.0.2 钢吊车梁安装的允许偏差(mm)

项目	允许偏差	图例	检验方法
梁的跨中垂直度 △	$h/500$		用吊线和钢尺检查
侧向弯曲矢高	$l/1500$,且不应大于10.0		
垂直上拱矢高	10.0		
两端支座中心位移 △	安装在钢柱上时,对牛腿中心的偏移 5.0		用拉线和钢尺检查
	安装在混凝土柱上时,对定位轴线的偏移 5.0		
吊车梁支座加劲板中心与柱子承压加劲板中心的偏移 Δ_1	$t/2$		用吊线和钢尺检查
同跨间内同一横截面吊车梁顶面高差	支座处 10.0		用经纬仪、水准仪和钢尺检查
	其他处 15.0		
同跨间内同一横截面下挂式吊车梁底面高差 △	10.0		
同列相邻两柱间吊车梁顶面高差 △	$l/1500$,且不应大于10.0		用水准仪和钢尺检查
相邻两吊车梁接头部位 △	中心错位 3.0		用钢尺检查
	上承式顶面高差 1.0		
	下承式底面高差 1.0		
同跨间任一截面的吊车梁中心跨距 △	±10.0		用经纬仪和光电测距仪检查;跨度小时,可用钢尺检查
轨道中心对吊车梁腹板轴线的偏移 △	$t/2$		用吊线和钢尺检查

E.0.3 墙架、檩条等次要构件安装的允许偏差应符合表E.0.3的规定。

表 E.0.3 墙架、檩条等次要构件安装的允许偏差(mm)

项目		允许偏差	检验方法
墙架立柱	中心线对定位轴线的偏移	10.0	用钢尺检查
	垂直度	$H/1000$,且不应大于10.0	用经纬仪或吊线和钢尺检查
	弯曲矢高	$H/1000$,且不应大于15.0	用经纬仪或吊线和钢尺检查
抗风桁架的垂直度		$h/250$,且不应大于15.0	用吊线和钢尺检查
檩条、墙梁的间距		±5.0	用钢尺检查
檩条的弯曲矢高		$L/750$,且不应大于12.0	用拉线和钢尺检查
墙梁的弯曲矢高		$L/750$,且不应大于10.0	用拉线和钢尺检查

注:1 H 为墙架立柱的高度;
2 h 为抗风桁架的高度;
3 L 为檩条或墙梁的长度。

E.0.4 钢平台、钢梯和防护栏杆安装的允许偏差应符合表E.0.4的规定。

表 E.0.4 钢平台、钢梯和防护栏杆安装的允许偏差(mm)

项目	允许偏差	检验方法
平台高度	±15.0	用水准仪检查
平台水平度	$l/1000$,且不应大于20.0	用水准仪检查
平台支柱垂直度	$H/1000$,且不应大于15.0	用经纬仪或吊线和钢尺检查
承重平台梁侧向弯曲	$l/1000$,且不应大于10.0	用拉线和钢尺检查
承重平台梁垂直度	$h/250$,且不应大于15.0	用吊线和钢尺检查
直梯垂直度	$l/1000$,且不应大于15.0	用吊线和钢尺检查
栏杆高度	±15.0	用钢尺检查
栏杆立柱间距	±15.0	用钢尺检查

E.0.5 多层及高层钢结构中构件安装的允许偏差应符合表E.0.5的规定。

表 E.0.5 多层及高层钢结构中构件安装的允许偏差(mm)

项目	允许偏差	图例	检验方法
上、下柱连接处的错口 △	3.0		用钢尺检查
同一层柱的各柱顶高度差 △	5.0		用水准仪检查
同一根梁两端顶面的高差 △	$l/1000$,且不应大于10.0		用水准仪检查
主梁与次梁表面的高差 △	±2.0		用直尺和钢尺检查
压型金属板在钢梁上相邻列的错位 △	15.00		用直尺和钢尺检查

E.0.6 多层及高层钢结构主体结构总高度的允许偏差应符合表 E.0.6 的规定。

表 E.0.6 多层及高层钢结构主体结构总高度的允许偏差(mm)

项目	允许偏差	图例
用相对标高控制安装	$\pm\sum(\Delta_h+\Delta_z+\Delta_w)$	
用设计标高控制安装	$H/1000$，且不应大于 30.0 $-H/1000$，且不应小于 -30.0	

注：1 Δ_h 为每节柱子长度的制造允许偏差；
  2 Δ_z 为每节柱子长度受荷载后的压缩值；
  3 Δ_w 为每节柱子接头焊缝的收缩值。

行测试。

  2 全钢框架结构的梁和柱的防火涂层厚度测定，在构件长度内每隔 3m 取一截面，按图 F.0.2 所示位置测试。

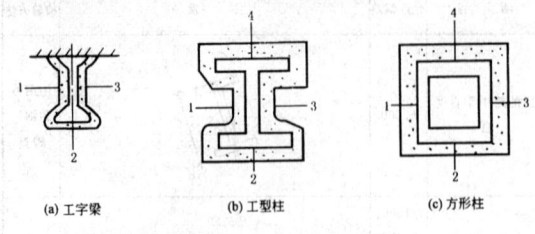

图 F.0.2 测点示意图

  3 桁架结构，上弦和下弦按第 2 款的规定每隔 3m 取一截面检测，其他腹杆每根取一截面检测。

F.0.3 测量结果：对于楼板和墙面，在所选择的面积中，至少测出 5 个点；对于梁和柱在所选择的位置中，分别测出 6 个和 8 个点。分别计算出它们的平均值，精确到 0.5mm。

附录 F 钢结构防火涂料涂层厚度测定方法

F.0.1 测针：

  测针(厚度测量仪)，由针杆和可滑动的圆盘组成，圆盘始终保持与针杆垂直，并在其上装有固定装置，圆盘直径不大于 30mm，以保证完全接触被测试件的表面。如果厚度测量仪不易插入被插材料中，也可使用其他适宜的方法测试。

  测试时，将测厚探针(见图 F.0.1)垂直插入防火涂层直至钢基材表面上，记录标尺读数。

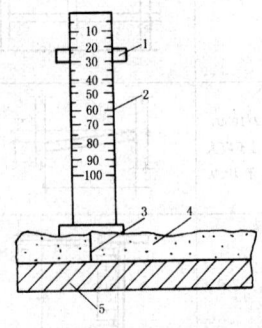

图 F.0.1 测厚度示意图
1—标尺；2—刻度；3—测针；4—防火涂层；5—钢基材

F.0.2 测点选定：

  1 楼板和防火墙的防火涂层厚度测定，可选两相邻纵、横轴线相交中的面积为一个单元，在其对角线上，按每米长度选一点进

附录 G 钢结构工程有关安全及功能的检验和见证检测项目

G.0.1 钢结构分部(子分部)工程有关安全及功能的检验和见证检测项目按表 G 规定进行。

表 G 钢结构分部(子分部)工程有关安全及功能的检验和见证检测项目

项次	项目	抽检数量及检验方法	合格质量标准	备注
1	见证取样送样试验项目 (1)钢材及焊接材料复验 (2)高强度螺栓预拉力、扭矩系数复验 (3)摩擦面抗滑移系数复验 (4)网架节点承载力试验	见本规范第 4.2.2、4.3.2、4.4.2、4.4.3、6.3.1、12.3.3 条规定	符合设计要求和国家现行有关产品标准的规定	
2	焊缝质量： (1)内部缺陷 (2)外观缺陷 (3)焊缝尺寸	一、二级焊缝按焊缝处数随机抽检 3%，且不应少于 3 处；检验采用超声波或射线探伤及本规范 5.2.6、5.2.8、5.2.9 条方法	本规范第 5.2.4、5.2.6、5.2.8、5.2.9 条规定	
3	高强度螺栓施工质量 (1)终拧扭矩 (2)梅花头检查 (3)网架螺栓球节点	按节点数随机抽检 3%，且不应少于 3 个节点，检验按本规范第 6.3.2、6.3.3、6.3.8 条方法执行	本规范第 6.3.2、6.3.3、6.3.8 条的规定	
4	柱脚及网架支座 (1)锚栓紧固 (2)垫板、垫块 (3)二次灌浆	按柱脚及网架支座数随机抽检 10%，且不应少于 3 个；采用观察和尺量等方法进行检验	符合设计要求和本规范的规定	
5	主要构件变形 (1)钢屋(托)架、桁架、钢梁、吊车梁等垂直度和侧向弯曲 (2)钢柱垂直度 (3)网架结构挠度	除网架结构外，其他构件数随机抽检 3%，且不应少于 3 件；检验方法按本规范第 10.3.3、10.3.4、11.3.4、12.3.4 条的规定	本规范第 10.3.3、11.3.2、11.3.4、12.3.4 条的规定	
6	主体结构 (1)整体垂直度 (2)整体平面弯曲	见本规范第 10.3.4、11.3.5 条的规定	10.3.4、11.3.5 条的规定	

附录 H 钢结构工程有关观感质量检查项目

H.0.1 钢结构分部(子分部)工程观感质量检查项目按表 H 规定进行。

表 H 钢结构分部(子分部)工程观感质量检查项目

项次	项目	抽检数量	合格质量标准	备注
1	普通涂层表面	随机抽查3个轴线结构构件	本规范第14.2.3条的要求	
2	防火涂层表面	随机抽查3个轴线结构构件	本规范第14.3.4、14.3.5、14.3.6条的要求	
3	压型金属板表面	随机抽查3个轴线间压型金属板表面	本规范第13.3.4条的要求	
4	钢平台、钢梯、钢栏杆	随机抽查10%	连接牢固,无明显外观缺陷	

附录 J 钢结构分项工程检验批质量验收记录表

J.0.1 钢结构(钢构件焊接)分项工程检验批质量验收应按表 J.0.1进行记录。

表 J.0.1 钢结构(钢构件焊接)分项工程检验批质量验收记录

工程名称		检验批部位		
施工单位		项目经理		
监理单位		总监理工程师		
施工依据标准		分包单位负责人		
	主控项目	合格质量标准(按本规范)	施工单位检验评定记录或结果	监理(建设)单位验收记录或结果	备注
1	焊接材料进场	第4.3.1条			
2	焊接材料复验	第4.3.2条			
3	材料匹配	第5.2.1条			
4	焊工证书	第5.2.2条			
5	焊接工艺评定	第5.2.3条			
6	内部缺陷	第5.2.4条			
7	组合焊缝尺寸	第5.2.5条			
8	焊缝表面缺陷	第5.2.6条			
	一般项目	合格质量标准(按本规范)	施工单位检验评定记录或结果	监理(建设)单位验收记录或结果	备注
1	焊接材料进场	第4.3.4条			
2	预热和后热处理	第5.2.7条			
3	焊缝外观质量	第5.2.8条			
4	焊缝尺寸偏差	第5.2.9条			
5	凹形角焊缝	第5.2.10条			
6	焊缝感观	第5.2.11条			
施工单位检验评定结果	班组长: 质检员: 或专业工长: 或项目技术负责人: 年 月 日				
监理(建设)单位验收结论	监理工程师(建设单位项目技术人员): 年 月 日				

J.0.2 钢结构(焊钉焊接)分项工程检验批质量验收应按表J.0.2进行记录。

表 J.0.2 钢结构(焊钉焊接)分项工程检验批质量验收记录

工程名称		检验批部位		
施工单位		项目经理		
监理单位		总监理工程师		
施工依据标准		分包单位负责人		
	主控项目	合格质量标准(按本规范)	施工单位检验评定记录或结果	监理(建设)单位验收记录或结果	备注
1	焊接材料进场	第4.3.1条			
2	焊接材料复验	第4.3.2条			
3	焊接工艺评定	第5.3.1条			
4	焊后弯曲试验	第5.3.2条			
	一般项目	合格质量标准(按本规范)	施工单位检验评定记录或结果	监理(建设)单位验收记录或结果	备注
1	焊钉和瓷环尺寸	第4.3.3条			
2	焊缝外观质量	第5.3.3条			
施工单位检验评定结果	班组长: 质检员: 或专业工长: 或项目技术负责人: 年 月 日				
监理(建设)单位验收结论	监理工程师(建设单位项目技术人员): 年 月 日				

J.0.3 钢结构(普通紧固件连接)分项工程检验批质量验收应按表J.0.3进行记录。

表 J.0.3 钢结构(普通紧固件连接)分项工程检验批质量验收记录

工程名称		检验批部位		
施工单位		项目经理		
监理单位		总监理工程师		
施工依据标准		分包单位负责人		
	主控项目	合格质量标准(按本规范)	施工单位检验评定记录或结果	监理(建设)单位验收记录或结果	备注
1	成品进场	第4.4.1条			
2	螺栓实物复验	第6.2.1条			
3	匹配及间距	第6.2.2条			
	一般项目	合格质量标准(按本规范)	施工单位检验评定记录或结果	监理(建设)单位验收记录或结果	备注
1	螺栓紧固	第6.2.3条			
2	外观质量	第6.2.4条			
施工单位检验评定结果	班组长: 质检员: 或专业工长: 或项目技术负责人: 年 月 日				
监理(建设)单位验收结论	监理工程师(建设单位项目技术人员): 年 月 日				

J.0.4 钢结构(高强度螺栓连接)分项工程检验批质量验收应按表 J.0.4 进行记录。

表 J.0.4 钢结构(高强度螺栓连接)分项工程检验批质量验收记录

工程名称			检验批部位		
施工单位			项目经理		
监理单位			总监理工程师		
施工依据标准			分包单位负责人		
主控项目	合格质量标准(按本规范)	施工单位检验评定记录或结果	监理(建设)单位验收记录或结果		备注
1 成品进场	第4.4.1条				
2 扭矩系数或预拉力复验	第4.4.2或第4.4.3条				
3 抗滑移系数试验	第6.3.1条				
4 终拧扭矩	第6.3.2或第6.3.3条				
一般项目	合格质量标准(按本规范)	施工单位检验评定记录或结果	监理(建设)单位验收记录或结果		备注
1 成品包装	第4.4.4条				
2 表面硬度试验	第4.4.5条				
3 初拧、复拧扭矩	第6.3.4条				
4 连接外观质量	第6.3.5条				
5 摩擦面外观	第6.3.6条				
6 扩孔	第6.3.7条				
7 网架螺栓紧固	第6.3.8条				
施工单位检验评定结果		班组长:或专业工长: 年 月 日		质检员:或项目技术负责人: 年 月 日	
监理(建设)单位验收结论		监理工程师(建设单位项目技术人员): 年 月 日			

J.0.5 钢结构(零件及部件加工)分项工程检验批质量验收应按表 J.0.5 进行记录。

表 J.0.5 钢结构(零件及部件加工)分项工程检验批质量验收记录

工程名称			检验批部位		
施工单位			项目经理		
监理单位			总监理工程师		
施工依据标准			分包单位负责人		
主控项目	合格质量标准(按本规范)	施工单位检验评定记录或结果	监理(建设)单位验收记录或结果		备注
1 材料进场	第4.2.1条				
2 钢材复验	第4.2.2条				
3 切面质量	第7.2.1条				
4 矫正和成型	第7.3.1条和第7.3.2条				
5 边缘加工	第7.4.1条				
6 螺栓球、焊接球加工	第7.5.1条和第7.5.2条				
7 制孔	第7.6.1条				
一般项目	合格质量标准(按本规范)	施工单位检验评定记录或结果	监理(建设)单位验收记录或结果		备注
1 材料规格尺寸	第4.2.3条和第4.2.4条				
2 钢材表面质量	第4.2.5条				
3 切割精度	第7.2.2或第7.2.3条				
4 矫正质量	第7.3.3条、第7.3.4条和第7.3.5条				
5 边缘加工精度	第7.4.2条				
6 螺栓球、焊接球加工精度	第7.5.3条和第7.5.4条				
7 管件加工精度	第7.5.5条				
8 制孔精度	第7.6.2条和第7.6.3条				
施工单位检验评定结果		班组长:或专业工长: 年 月 日		质检员:或项目技术负责人: 年 月 日	
监理(建设)单位验收结论		监理工程师(建设单位项目技术人员): 年 月 日			

J.0.6 钢结构(构件组装)分项工程检验批质量验收应按表 J.0.6 进行记录。

表 J.0.6 钢结构(构件组装)分项工程检验批质量验收记录

工程名称			检验批部位		
施工单位			项目经理		
监理单位			总监理工程师		
施工依据标准			分包单位负责人		
主控项目	合格质量标准(按本规范)	施工单位检验评定记录或结果	监理(建设)单位验收记录或结果		备注
1 吊车梁(桁架)	第8.3.1条				
2 端部铣平精度	第8.4.1条				
3 外形尺寸	第8.5.1条				
一般项目	合格质量标准(按本规范)	施工单位检验评定记录或结果	监理(建设)单位验收记录或结果		备注
1 焊接H型钢接缝	第8.2.1条				
2 焊接H型钢精度	第8.2.2条				
3 焊接组装精度	第8.3.2条				
4 顶紧接触面	第8.3.3条				
5 轴线交点错位	第8.3.4条				
6 焊缝坡口精度	第8.4.2条				
7 铣平面保护	第8.4.3条				
8 外形尺寸	第8.5.2条				
施工单位检验评定结果		班组长:或专业工长: 年 月 日		质检员:或项目技术负责人: 年 月 日	
监理(建设)单位验收结论		监理工程师(建设单位项目技术人员): 年 月 日			

J.0.7 钢结构(预拼装)分项工程检验批质量验收应按表 J.0.7 进行记录。

表 J.0.7 钢结构(预拼装)分项工程检验批质量验收记录

工程名称			检验批部位		
施工单位			项目经理		
监理单位			总监理工程师		
施工依据标准			分包单位负责人		
主控项目	合格质量标准(按本规范)	施工单位检验评定记录或结果	监理(建设)单位验收记录或结果		备注
1 多层板叠螺栓孔	第9.2.1条				
一般项目	合格质量标准(按本规范)	施工单位检验评定记录或结果	监理(建设)单位验收记录或结果		备注
1 预拼装精度	第9.2.2条				
施工单位检验评定结果		班组长:或专业工长: 年 月 日		质检员:或项目技术负责人: 年 月 日	
监理(建设)单位验收结论		监理工程师(建设单位项目技术人员): 年 月 日			

J.0.8 钢结构(单层结构安装)分项工程检验批质量验收应按表 J.0.8 进行记录。

表 J.0.8 钢结构(单层结构安装)分项工程检验批质量验收记录

工程名称			检验批部位		
施工单位			项目经理		
监理单位			总监理工程师		
施工依据标准			分包单位负责人		
主控项目		合格质量标准 (按本规范)	施工单位检验评 定记录或结果	监理(建设)单位验收 记录或结果	备注
1	基础验收	第10.2.1条、 第10.2.2条、 第10.2.4条			
2	构件验收	第10.3.1条			
3	顶紧接触面	第10.3.2条			
4	垂直和侧弯曲	第10.3.3条			
5	主体结构尺寸	第10.3.4条			
一般项目		合格质量标准 (按本规范)	施工单位检验评 定记录或结果	监理(建设)单位验收 记录或结果	备注
1	地脚螺栓精度	第10.2.5条			
2	标记	第10.3.5条			
3	桁架、梁安装精度	第10.3.6条			
4	钢柱安装精度	第10.3.7条			
5	吊车梁安装精度	第10.3.8条			
6	檩条等安装精度	第10.3.9条			
7	平台等安装精度	第10.3.10条			
8	现场组对精度	第10.3.11条			
9	结构表面	第10.3.12条			
施工单位检验评定 结果		班 组 长： 或专业工长： 年 月 日		质 检 员： 或项目技术负责人： 年 月 日	
监理(建设)单位验收 结论		监理工程师(建设单位项目技术人员)： 年 月 日			

J.0.9 钢结构(多层及高层结构安装)分项工程检验批质量验收应按表 J.0.9 进行记录。

表 J.0.9 钢结构(多层及高层结构安装)分项工程检验批质量验收记录

工程名称			检验批部位		
施工单位			项目经理		
监理单位			总监理工程师		
施工依据标准			分包单位负责人		
主控项目		合格质量标准 (按本规范)	施工单位检验评 定记录或结果	监理(建设)单位验收 记录或结果	备注
1	基础验收	第11.2.1条、 第11.2.2条、 第11.2.3条、 第11.2.4条			
2	构件验收	第11.3.1条			
3	钢柱安装精度	第11.3.2条			
4	顶紧接触面	第11.3.3条			
5	垂直和侧弯曲	第11.3.4条			
6	主体结构尺寸	第11.3.5条			
一般项目		合格质量标准 (按本规范)	施工单位检验评 定记录或结果	监理(建设)单位验收 记录或结果	备注
1	地脚螺栓精度	第11.2.5条			
2	标记	第11.3.7条			
3	构件安装精度	第11.3.8条 第11.3.10条			
4	主体结构高度	第11.3.9条			
5	吊车梁安装精度	第11.3.11条			
6	檩条等安装精度	第11.3.12条			
7	平台等安装精度	第11.3.13条			
8	现场组对精度	第11.3.14条			
9	结构表面	第11.3.6条			
施工单位检验评定 结果		班 组 长： 或专业工长： 年 月 日		质 检 员： 或项目技术负责人： 年 月 日	
监理(建设)单位验收 结论		监理工程师(建设单位项目技术人员)： 年 月 日			

J.0.10 钢结构(网架结构安装)分项工程检验批质量验收应按表 J.0.10 进行记录。

表 J.0.10 钢结构(网架结构安装)分项工程检验批质量验收记录

工程名称			检验批部位		
施工单位			项目经理		
监理单位			总监理工程师		
施工依据标准			分包单位负责人		
主控项目		合格质量标准 (按本规范)	施工单位检验评 定记录或结果	监理(建设)单位验收 记录或结果	备注
1	焊接球	第4.5.1条、 第4.5.2条			
2	螺栓球	第4.6.1条、 第4.6.2条			
3	封板、锥头、套筒	第4.7.1条、 第4.7.2条			
4	橡胶垫	第4.10.1条			
5	基础验收	第12.2.1条、 第12.2.2条			
6	支座	第12.2.3条、 第12.2.4条			
7	拼装精度	第12.3.1条、 第12.3.2条			
8	节点承载力试验	第12.3.3条			
9	结构挠度	第12.3.4条			
一般项目		合格质量标准 (按本规范)	施工单位检验评 定记录或结果	监理(建设)单位验收 记录或结果	备注
1	焊接球精度	第4.5.3条、 第4.5.4条			
2	螺栓球精度	第4.6.3条			
3	螺栓球螺纹精度	第4.6.3条			
4	锚栓精度	第12.2.5条			
5	结构表面	第12.3.5条			
6	安装精度	第12.3.6条			
施工单位检验评定 结果		班 组 长： 或专业工长： 年 月 日		质 检 员： 或项目技术负责人： 年 月 日	
监理(建设)单位验收 结论		监理工程师(建设单位项目技术人员)： 年 月 日			

J.0.11 钢结构(压型金属板)分项工程检验批质量验收应按表 J.0.11 进行记录。

表 J.0.11 钢结构(压型金属板)分项工程检验批质量验收记录

工程名称			检验批部位		
施工单位			项目经理		
监理单位			总监理工程师		
施工依据标准			分包单位负责人		
主控项目		合格质量标准 (按本规范)	施工单位检验评 定记录或结果	监理(建设)单位验收 记录或结果	备注
1	压型金属板进场	第4.8.1条、 第4.8.2条			
2	基板裂纹	第13.2.1条			
3	涂层缺陷	第13.2.2条			
4	现场安装	第13.3.1条			
5	搭接	第13.3.2条			
6	端部锚固	第13.3.3条			
一般项目		合格质量标准 (按本规范)	施工单位检验评 定记录或结果	监理(建设)单位验收 记录或结果	备注
1	压型金属板精度	第4.8.3条			
2	轧制精度	第13.2.3条 第13.2.5条			
3	表面质量	第13.2.4条			
4	安装质量	第13.3.4条			
5	安装精度	第13.3.5条			
施工单位检验评定 结果		班 组 长： 或专业工长： 年 月 日		质 检 员： 或项目技术负责人： 年 月 日	
监理(建设)单位验收 结论		监理工程师(建设单位项目技术人员)： 年 月 日			

J.0.12 钢结构(防腐涂料涂装)分项工程检验批质量验收应按表 J.0.12 进行记录。

表 J.0.12 钢结构(防腐涂料涂装)分项工程检验批质量验收记录

工程名称			检验批部位		
施工单位			项目经理		
监理单位			总监理工程师		
施工依据标准			分包单位负责人		
	主控项目	合格质量标准(按本规范)	施工单位检验评定记录或结果	监理(建设)单位验收记录或结果	备注
1	产品进场	第4.9.1条			
2	表面处理	第14.2.1条			
3	涂层厚度	第14.2.2条			
	一般项目	合格质量标准(按本规范)	施工单位检验评定记录或结果	监理(建设)单位验收记录或结果	备注
1	产品进场	第4.9.3条			
2	表面质量	第14.2.3条			
3	附着力测试	第14.2.4条			
4	标志	第14.2.5条			
施工单位检验评定结果		班组长:或专业工长:		质检员:或项目技术负责人: 年 月 日	
监理(建设)单位验收结论		监理工程师(建设单位项目技术人员): 年 月 日			

续表

	一般项目	合格质量标准(按本规范)	施工单位检验评定记录或结果	监理(建设)单位验收记录或结果	备注
1	产品进场	第4.9.3条			
2	基层表面	第14.3.5条			
3	涂层表面质量	第14.3.6条			
施工单位检验评定结果		班组长:或专业工长:		质检员:或项目技术负责人: 年 月 日	
监理(建设)单位验收结论		监理工程师(建设单位项目技术人员): 年 月 日			

本规范用词说明

1 为便于在执行本规范条文时区别对待,对要求严格程度不同的用词,说明如下:

1)表示很严格,非这样做不可的用词:
   正面词采用"必须",反面词采用"严禁"。
2)表示严格,在正常情况下均应这样做的用词:
   正面词采用"应",反面词采用"不应"或"不得"。
3)表示允许稍有选择,在条件许可时,首先应这样做的用词:
   正面词采用"宜",反面词采用"不宜"。
   表示有选择,在一定条件下可以这样做的用词,采用"可"。

2 本规范中指明应按其他有关标准、规范执行的写法为"应符合……要求或规定"或"应按……执行"。

J.0.13 钢结构(防火涂料涂装)分项工程检验批质量验收应按表 J.0.13 进行记录。

表 J.0.13 钢结构(防火涂料涂装)分项工程检验批质量验收记录

工程名称			检验批部位		
施工单位			项目经理		
监理单位			总监理工程师		
施工依据标准			分包单位负责人		
	主控项目	合格质量标准(按本规范)	施工单位检验评定记录或结果	监理(建设)单位验收记录或结果	备注
1	产品进场	第4.9.2条			
2	涂装基层验收	第14.3.1条			
3	强度试验	第14.3.2条			
4	涂层厚度	第14.3.3条			
5	表面裂纹	第14.3.4条			

中华人民共和国国家标准

钢结构工程施工质量验收规范

GB 50205—2001

条 文 说 明

目 次

1 总则 ································ 9—11—33
2 术语、符号 ························ 9—11—33
  2.1 术语 ···························· 9—11—33
  2.2 符号 ···························· 9—11—33
3 基本规定 ···························· 9—11—33
4 原材料及成品进场 ·················· 9—11—34
  4.1 一般规定 ······················ 9—11—34
  4.2 钢材 ···························· 9—11—34
  4.3 焊接材料 ······················ 9—11—34
  4.4 连接用紧固标准件 ············ 9—11—34
  4.5 焊接球 ·························· 9—11—34
  4.6 螺栓球 ·························· 9—11—34
  4.7 封板、锥头和套筒 ············ 9—11—34
  4.8 金属压型板 ···················· 9—11—34
  4.9 涂装材料 ······················ 9—11—34
  4.10 其他 ···························· 9—11—35
5 钢结构焊接工程 ···················· 9—11—35
  5.1 一般规定 ······················ 9—11—35
  5.2 钢构件焊接工程 ·············· 9—11—35
  5.3 焊钉（栓钉）焊接工程 ······ 9—11—35
6 紧固件连接工程 ···················· 9—11—36
  6.2 普通紧固件连接 ·············· 9—11—36
  6.3 高强度螺栓连接 ·············· 9—11—36
7 钢零件及钢部件加工工程 ·········· 9—11—36
  7.2 切割 ···························· 9—11—36
  7.3 矫正和成型 ···················· 9—11—36
  7.4 边缘加工 ······················ 9—11—36
  7.5 管、球加工 ···················· 9—11—36
  7.6 制孔 ···························· 9—11—36
8 钢构件组装工程 ···················· 9—11—37
  8.2 焊接 H 型钢 ·················· 9—11—37
  8.3 组装 ···························· 9—11—37
  8.5 钢构件外形尺寸 ·············· 9—11—37
9 钢构件预拼装工程 ·················· 9—11—37
  9.1 一般规定 ······················ 9—11—37
  9.2 预拼装 ·························· 9—11—37
10 单层钢结构安装工程 ·············· 9—11—37
  10.2 基础和支承面 ················ 9—11—37
  10.3 安装和校正 ··················· 9—11—37
11 多层及高层钢结构安装工程 ····· 9—11—37
  11.1 一般规定 ····················· 9—11—37
12 钢网架结构安装工程 ·············· 9—11—37
  12.2 支承面顶板和支承垫块 ····· 9—11—37
  12.3 总拼与安装 ··················· 9—11—37
13 压型金属板工程 ···················· 9—11—38
  13.2 压型金属板制作 ············· 9—11—38
  13.3 压型金属板安装 ············· 9—11—38
14 钢结构涂装工程 ···················· 9—11—38
  14.1 一般规定 ····················· 9—11—38
  14.2 钢结构防腐涂料涂装 ······· 9—11—38

1 总　　则

1.0.1 本条是依据编制《建筑工程施工质量验收统一标准》GB 50300和建筑工程质量验收规范系列标准的宗旨，贯彻"验评分离、强化验收、完善手段、过程控制"十六字改革方针，将原来的《钢结构工程施工及验收规范》GB 50205—95与《钢结构工程质量检验评定标准》GB 50221—95修改合并成新的《钢结构工程施工质量验收规范》，以此统一钢结构工程施工质量的验收方法、程序和指标。

1.0.2 本规范的适用范围含建筑工程中的单层、多层、高层钢结构及钢网架、金属压型板等钢结构工程施工质量验收。组合结构、地下结构中的钢结构可参照本规范进行施工质量验收。对于其他行业标准没有包括的钢结构构筑物，如连廊、照明塔架、管道支架、跨线过桥等也可参照本规范进行施工质量验收。

1.0.3 钢结构图纸是钢结构工程施工的重要文件，是钢结构工程施工质量验收的基本依据；在市场经济中，工程承包合同中有关工程质量的要求具有法律效应，因此合同文件中有关工程质量的约定也是验收的依据之一，但合同文件的规定只能高于本规范的规定，本规范的规定是对施工质量最低和最基本的要求。

1.0.4 现行国家标准《建筑工程施工质量验收统一标准》GB 50300对工程质量验收的划分、验收的方法、验收的程序及组织都提出了原则性的规定，本规范对此不再重复，因此本规范强调在执行时必须与现行国家标准《建筑工程施工质量验收统一标准》GB 50300配套使用。

1.0.5 根据标准编写及标准间关系的有关规定，本规范总则中应反映其他相关标准、规范的作用。

2　术语、符号

2.1　术　　语

本规范给出了11个有关钢结构工程施工质量验收方面的特定术语，再加上现行国家标准《建筑工程施工质量验收统一标准》GB 50300中给出了18个术语，以上术语都是从钢结构工程施工质量验收的角度赋予其涵义的，但涵义不一定是术语的定义。本规范给出了相应的推荐性英文术语，该英文术语不一定是国际上的标准术语，仅供参考。

2.2　符　　号

本规范给出了20个符号，并对每一个符号给出了定义，这些符号都是本规范各章节中所引用的。

3　基本规定

3.0.1 本条是对从事钢结构工程的施工企业进行资质和质量管理内容进行检查验收，强调市场准入制度，属于新增加的管理方面的要求。

现行国家标准《建筑工程施工质量验收统一标准》GB 50300中表A.0.1的检查内容比较细，针对钢结构工程可以进行简化，特别是对已通过ISO—9000族论证的企业，检查项目可以减少。对常规钢结构工程来讲，GB 50300表A.0.1中检查内容主要含：质量管理制度和质量检验制度、施工技术企业标准、专业技术管理和专业工种岗位证书、施工资质和分包方资质、施工组织设计（施工方案）、检验仪器设备及计量设备等。

3.0.2 钢结构工程施工质量验收所使用的计量器具必须是根据计量法规定的、定期计量检验意义上的合格，且保证在检定有效期内使用。

不同计量器具有不同的使用要求，同一计量器具在不同使用状况下，测量精度不同，因此，本规范要求严格按有关规定正确操作计量器具。

3.0.4 根据现行国家标准《建筑工程施工质量验收统一标准》GB 50300的规定，钢结构工程施工质量的验收，是在施工单位自检合格的基础上，按照检验批、分项工程、分部（子分部）工程进行。一般来说，钢结构作为主体结构，属于分部工程，对大型钢结构工程可按空间刚度单元划分为若干个子分部工程；当主体结构中同时含钢筋混凝土结构、砌体结构等时，钢结构就属于子分部工程；钢结构分项工程是按照主要工种、材料、施工工艺等进行划分，本规范将钢结构工程划分为10个分项工程，每个分项工程单独成章；将分项工程划分成检验批进行验收，有助于及时纠正施工中出现的质量问题，确保工程质量，也符合施工实际需要。钢结构分项工程检验批划分遵循以下原则：

1 单层钢结构按变形缝划分；

2 多层及高层钢结构按楼层或施工段划分；

3 压型金属板工程可按屋面、墙板、楼面等划分；

4 对于原材料及成品进场时的验收，可以根据工程规模及进料实际情况合并或分解检验批；

本规范强调检验批的验收是最小的验收单元，也是最重要和基本的验收工作内容，分项工程、（子）分部工程乃至于单位工程的验收，都是建立在检验批验收合格的基础之上的。

3.0.5 检验批的合格质量主要取决于对主控项目和一般项目的检验结果。主控项目是对检验批的基本质量起决定性影响的检验项目，因此必须全部符合本规范的规定，这意味着主控项目不允许有不符合要求的检验结果，即这种项目的检查具有否决权。一般项目是指对施工质量不起决定性作用的检验项目。本条中80%的规定是参照原验评标准及工程实际情况确定的。考虑到钢结构对缺陷的敏感性，本条对一般偏差项目设定了一个1.2倍偏差限值的门槛值。

3.0.6 分项工程的验收在检验批的基础上进行，一般情况下，两者具有相同或相近的性质，只是批量的大小不同而已，因此将有关的检验批汇集便构成分项工程的验收。分项工程合格质量的条件相对简单，只要构成分项工程的各检验批的验收资料文件完整，并且均已验收合格，则分项工程验收合格。

3.0.7 本条给出了当质量不符合要求时的处理办法。一般情况下，不符合要求的现象在最基层的验收单元——检验批就应发现并及时处理，否则将影响后续检验批和相关的分项工程、（子）分部工程的验收。因此，所有质量隐患必须尽快消灭在萌芽状态，这也是本规范以强化验收促进过程控制原则的体现。非正常情况的处理分以下四种情况：

第一种情况：在检验批验收时，其主控项目或一般项目不能满足本规范的规定时，应及时进行处理。其中，严重的缺陷应返工重做或更换构件；一般的缺陷通过翻修、返工予以解决。应允许施工单位在采取相应的措施后重新验收，如能够符合本规范的规定，则应认为该检验批合格。

第二种情况：当个别检验批发现试件强度、原材料质量等不能满足要求或发生裂纹、变形等问题，且缺陷程度比较严重或验收各方对质量看法有较大分歧而难以通过协商解决时，应请具有资质的法定检测单位检测，并给出检测结论。当检测结果能够达到设计要求时，该检验批可通过验收。

第三种情况:如经检测鉴定达不到设计要求,但经原设计单位核算,仍能满足结构安全和使用功能的情况,该检验批可予验收。一般情况下,规范标准给出的是满足安全和功能的最低限度要求,而设计一般在此基础上留有一些裕量。不满足设计要求和符合相应规范标准的要求,两者并不矛盾。

第四种情况:更为严重的缺陷或者超过检验批的更大范围内的缺陷,可能影响结构的安全性和使用功能。在经法定检测单位检测鉴定以后,仍达不到规范标准的相应要求,即不能满足最低限度的安全储备和使用功能,则必须按一定的技术方案进行加固处理,使之能保证其满足安全使用的基本要求,但已造成了一些永久性的缺陷,如改变了结构外形尺寸,影响了一些次要的使用功能等。为避免更大的损失,在基本上不影响安全和主要使用功能条件下可采取按处理技术方案和协商文件进行验收,降级使用。但不能作为轻视质量而回避责任的一种出路,这是应该特别注意的。

3.0.8 本条针对的是钢结构分部(子分部)工程的竣工验收。

4 原材料及成品进场

4.1 一般规定

4.1.1 给出本章的适用范围,并首次提出"进入钢结构各分项工程实施现场的"这样的前提,从而明确对主要材料、零件和部件、成品件和标准件等产品进行层层把关的指导思想。

4.1.2 对适用于进场验收的验收批作出统一的划分规定,理论上可行,但实际操作中确有困难,故本条只说"原则上"。这样就为具体实施单位赋予了较大的自由度,他们可以根据不同的实际情况,灵活处理。

4.2 钢 材

4.2.1 近些年,钢铸件在钢结构(特别是大跨度空间钢结构)中的应用逐渐增加,故对其规格和质量提出明确规定是完全必要的。另外,各国进口钢材标准不尽相同,所以规定对进口钢材应按设计和合同规定的标准验收。本条为强制性条文。

4.2.2 在工程实际中,对于哪些钢材需要复验,不是太明确,本条规定了6种情况应进行复验,且应为见证取样、送样的试验项目。

1 对国外进口的钢材,应进行抽样复验;当具有国家进出口质量检验部门的复验商检报告时,可以不再进行复验。

2 由于钢材经过转运、调剂等方式供应到用户后容易产生混炉号,而钢材是按炉号和批号发材质合格证,因此对于混批的钢材应进行复验。

3 厚钢板存在各向异性(X、Y、Z 三个方向的屈服点、抗拉强度、伸长率、冷弯、冲击值等各指标,以 Z 向试验最差,尤其是塑料和冲击功值),因此当板厚等于或大于 40mm,且承受沿板厚方向拉力时,应进行复验。

4 对大跨度钢结构来说,弦杆或梁用钢板为主要受力构件,应进行复验。

5 当设计提出对钢材的复验要求时,应进行复验。

6 对质量有疑义主要是指:
1)对质量证明文件有疑义时的钢材;
2)质量证明文件不全的钢材;
3)质量证明书中的项目少于设计要求的钢材。

4.2.3、4.2.4 钢板的厚度、型钢的规格尺寸是影响承载力的主要因素,进场验收时重点抽查钢板厚度和型钢规格尺寸是必要的。

4.2.5 由于许多钢材基本上是露天堆放,受风吹雨淋和污染空气的侵蚀,钢材表面会出现麻点和片状锈蚀,严重者不得使用。对钢材表面缺陷作了本条的规定。

4.3 焊接材料

4.3.1 焊接材料对焊接质量的影响重大,因此,钢结构工程中所采用的焊接材料应按设计要求选用,同时产品应符合相应的国家现行标准要求。本条为强制性条文。

4.3.2 由于不同的生产批号质量往往存在一定的差异,本条对用于重要的钢结构工程的焊接材料的复验作出了明确规定。该复验应为见证取样、送样检验项目。本条中"重要"是指:

1 建筑结构安全等级为一级的一、二级焊缝;
2 建筑结构安全等级为二级的一级焊缝;
3 大跨度结构中一级焊缝;
4 重级工作制吊车梁结构中一级焊缝;
5 设计要求。

4.3.4 焊条、焊剂保管不当,容易受潮,不仅影响操作的工艺性能,而且会对接头的理化性能造成不利影响。对于外观不符合要求的焊接材料,不应在工程中采用。

4.4 连接用紧固标准件

4.4.1~4.4.3 高强度大六角头螺栓连接副的扭矩系数和扭剪型高强度螺栓连接副的紧固轴力(预拉力)是影响高强度螺栓连接质量最主要的因素,也是施工的重要依据,因此要求生产厂家在出厂前要进行检验,且出具检验报告,施工单位应在使用前及产品质量保证期内及时复验,该复验应为见证取样、送样检验项目。4.4.1条为强制性条文。

4.4.4 高强度螺栓连接副的生产厂家是按出厂批号包装供货和提供产品质量证明书的,在储存、运输、施工过程中,应严格按批号存放、使用。不同批号的螺栓、螺母、垫圈不得混杂使用。高强度螺栓连接副的表面经特殊处理。在使用前尽可能地保持其出厂状态,以免扭矩系数或紧固轴力(预拉力)发生变化。

4.4.5 螺栓球节点钢网架结构中高强度螺栓,其抗拉强度是影响节点承载力的主要因素,表面硬度与其强度存在着一定的内在关系,是通过控制硬度,来保证螺栓的质量。

4.5 焊 接 球

4.5.1~4.5.4 本节是指将焊接空心球作为产品看待,在进场时所进行的验收项目。焊接球焊缝检验应按照国家现行标准《焊接球节点钢网架焊缝超声波探伤方法及质量分级法》JBJ/T 3034.1 执行。

4.6 螺 栓 球

4.6.1~4.6.4 本节是指将螺栓球节点作为产品看待,在进场时所进行的验收项目。在实际工程中,螺栓球节点本身的质量问题比较严重,特别是表面裂纹比较普遍,因此检查螺栓球表面裂纹是本节的重点。

4.7 封板、锥头和套筒

4.7.1、4.7.2 本节将螺栓球节点钢网架中的封板、锥头、套筒视为产品,在进场时所进行的验收项目。

4.8 金属压型板

4.8.1~4.8.3 本节将金属压型板系列产品看作成品,金属压型板包括单层压型金属板、保温板、扣板等屋面、墙面围护板材及零配件。这些产品在进场时,均应按本节要求进行验收。

4.9 涂装材料

4.9.1~4.9.3 涂料的进场验收除检查资料文件外,还要开桶抽查。开桶抽查除检查涂料结皮、结块、凝胶等现象外，还要与质量证明文件对照涂料的型号、名称、颜色及有效期等。

4.10 其 他

钢结构工程所涉及到的其他材料原则上都要通过进场验收检验。

5 钢结构焊接工程

5.1 一般规定

5.1.2 钢结构焊接工程检验批的划分应符合钢结构施工检验批的检验要求。考虑不同的钢结构工程验收批其焊缝数量有较大差异，为了便于检验，可将焊接工程划分为一个或几个检验批。

5.1.3 在焊接过程中、焊缝冷却过程及以后的相当长的一段时间可能产生裂纹。普通碳素钢产生延迟裂纹的可能性很小，因此规定在焊缝冷却到环境温度后即可进行外观检查。低合金结构钢焊缝的延迟裂纹延迟时间较长，考虑到工厂存放条件、现场安装进度、工序衔接的限制以及随着时间延长，产生延迟裂纹的几率逐渐减小等因素，本规范以焊接完成24h后外观检查的结果作为验收的依据。

5.1.4 本条规定的目的是为了加强焊工施焊质量的动态管理，同时使钢结构工程焊接质量的现场管理更加直观。

5.2 钢构件焊接工程

5.2.1 焊接材料对钢结构焊接工程的质量有重大影响。其选用必须符合设计文件和国家现行标准的要求。对于进场时经验收合格的焊接材料，产品的生产日期、保存状态、使用烘焙等也直接影响焊接质量。本条即规定了焊条的选用和使用要求，尤其强调了烘焙状态，这是保证焊接质量的必要手段。

5.2.2 在国家经济建设中，特殊技能操作人员发挥着重要的作用。在钢结构工程施工焊接中，焊工是特殊工种，焊工的操作技能和资格对工程质量起到保证作用，必须充分予以重视。本条所指的焊工包括手工操作焊工、机械操作焊工。从事钢结构工程焊接施工的焊工，应根据所从事钢结构焊接工程的具体类型，按国家现行行业标准《建筑钢结构焊接技术规程》JGJ 81等技术规程的要求对施焊焊工进行考试并取得相应证书。

5.2.3 由于钢结构工程中的焊接节点和焊接接头不可能进行现场实物取样检验，而探伤仅能确定焊缝的几何缺陷，无法确定接头的理化性能。为保证工程焊接质量，必须在构件制作和结构安装施工焊前进行焊接工艺评定，并根据焊接工艺评定的结果制定相应的施工焊接工艺规范。本条规定了施工企业必须进行工艺评定的条件，施工单位应根据所承担钢结构的类型，按国家现行行业标准《建筑钢结构焊接技术规程》JGJ 81等技术规程中的具体规定进行相应的工艺评定。

5.2.4 根据结构的承载情况不同，现行国家标准《钢结构设计规范》GBJ 17中将焊缝的质量为分三个质量等级。内部缺陷的检测一般可用超声波探伤和射线探伤。射线探伤具有直观性、一致性好的优点，过去人们觉得射线探伤可靠、客观。但是射线探伤成本高、操作程序复杂、检测周期长，尤其是钢结构中大多为T形接头和角接头，射线检测的效果差；射线探伤对裂纹、未熔合等危害性缺陷的检出率低。超声波探伤则正好相反，操作程序简单、快速，对各种接头形式的适应性好，对裂纹、未熔合的检测灵敏度高，因此世界上很多国家对钢结构内部质量的控制采用超声波探伤，一般已不采用射线探伤。

随着大型空间结构应用的不断增加，对于薄壁大曲率T、K、Y型相贯接头焊缝探伤，国家现行行业标准《建筑钢结构焊接技术规程》JGJ 81中给出了相应的超声波探伤方法和缺陷分级。网架结构焊缝探伤应按现行国家标准《焊接球节点钢网架焊缝超声波探伤方法及质量分级法》JBJ/T 3034.1和《螺栓球节点钢网架焊缝超声波探伤方法及质量分级法》JBJ/T 3034.2的规定执行。

本规范规定要求全焊透的一级焊缝100%检验，二级焊缝的局部检验定为抽样检验。钢结构制作一般较长，对每条焊缝按规定的百分比进行探伤，且每处不小于200mm的规定，对保证每条焊缝质量是有利的。但钢结构安装焊缝一般都不长，大部分焊缝为梁一柱连接焊缝，每条焊缝的长度大多在250～300mm之间，采用焊缝条数计数抽样检测是可行的。

5.2.5 对T型、十字型、角接头等要求焊透的对接与角接组合焊缝，为减小应力集中，同时避免过大的焊脚尺寸，参照国内外相关规范的规定，确定了对静载结构和动载结构的不同焊脚尺寸的要求。

5.2.6 考虑不同质量等级的焊缝承载要求不同，凡是严重影响焊缝承载能力的缺陷都是严禁的，本条对严重影响焊缝承载能力的外观质量要求列入主控项目，并给出了外观合格质量要求。由于一、二级焊缝的重要性，对表面气孔、夹渣、弧坑裂纹、电弧擦伤应有特定不允许存在的要求，咬边、未焊满、根部收缩等缺陷对动载影响很大，故一级焊缝不得存在该类缺陷。

5.2.7 焊接预热可降低热影响区冷却速度，对防止焊接延迟裂纹的产生有重要作用，是各国施工焊接规范关注的重点。由于我国有关钢材焊接性试验基础工作不够系统，还没有条件对焊接预热温度的确定方法提出相应的计算公式或图表，目前大多通过工艺试验确定预热温度。必须与预热温度同时规定的是该温度区距离施焊部分各方向的范围，该温度范围越大，焊接热影响区冷却速度越小，反之则冷却速度越大。同样的预热温度要求，如果温度范围不确定，其预热的效果相差很大。

焊缝后热处理主要是对焊缝进行脱氢处理，以防止冷裂纹的产生，后热处理的时机和保温时间直接影响后热处理的效果，因此应在焊后立即进行，并按板厚适当增加处理时间。

5.2.8、5.2.9 焊接时容易出现的如未焊满、咬边、电弧擦伤等缺陷对动载结构是严禁的，在二、三级焊缝中应限制在一定范围内。对接焊缝的余高、错边，部分焊透的对接与角接组合焊缝及角焊缝的焊脚尺寸、余高等外型尺寸偏差也会影响钢结构的承载能力，必须加以限制。

5.2.10 为了减少应力集中，提高接头承受疲劳载荷的能力，部分角焊缝将焊缝表面焊接或加工为凹型。这类接头必须注意焊缝与母材之间的圆滑过渡。同时，在确定焊缝计算厚度时，应考虑焊缝外形尺寸的影响。

5.3 焊钉(栓钉)焊接工程

5.3.1 由于钢材的成分和焊钉的焊接质量有直接影响，因此必须按实际施工采用的钢材与焊钉匹配进行焊接工艺评定试验。瓷环在受潮或产品要求烘干时应按要求进行烘干，以保证焊接接头的质量。

5.3.2 焊钉焊后弯曲检验可用打弯的方法进行。焊钉可采用专用的栓钉焊接或其他电弧焊方法进行焊接。不同的焊接方法接头的外观质量要求不同。本条规定是针对采用专用的栓钉焊机所焊接头的外观质量要求。对采用其他电弧焊所焊的焊钉接头，可按角焊缝的外观质量和外型尺寸要求进行检查。

6 紧固件连接工程

6.2 普通紧固件连接

6.2.1 本条是对进场螺栓实物进行复验。其中有疑义是指不满足本规范4.4.1条的规定，没有质量证明书（出厂合格证）等质量证明文件。

6.2.5 射钉宜采用观察检查。若用小锤敲击时，应从射钉侧面或正面敲击。

6.3 高强度螺栓连接

6.3.1 抗滑移系数是高强度螺栓连接的主要设计参数之一，直接影响构件的承载力，因此构件摩擦面无论由制造厂处理还是由现场处理，均应对抗滑移系数进行测试，测得的抗滑移系数最小值应符合设计要求。本条是强制性条文。

在安装现场局部采用砂轮打磨摩擦面时，打磨范围不小于螺栓孔径的4倍，打磨方向应与构件受力方向垂直。

除设计上采用摩擦系数小于等于0.3，并明确提出可不进行抗滑移系数试验者外，其余情况在制作时为确定摩擦面的处理方法，必须按本规范附录B要求的批量用3套同材质、同处理方法的试件，进行复验。同时并附有3套同材质、同处理方法的试件，供安装前复验。

6.3.2 高强度螺栓终拧1h时，螺栓预拉力的损失已大部分完成，在随后一两天内，损失趋于平缓，当超过一个月后，损失就会终止，但在外界环境影响下，螺栓扭矩系数将会发生变化，影响检查结果的准确性。为了统一和便于操作，本条规定检查时间同一定在1h后48h之内完成。

6.3.3 本条的构造原因是指设计原因造成空间太小无法使用专用扳手进行终拧的情况。在扭剪型高强度螺栓施工中，因安装顺序、安装方向考虑不周，或终拧时因对电动扳手使用掌握不熟练，致使终拧时尾部梅花头上的棱端部滑牙（即打滑），无法拧掉梅花头，造成终拧扭矩是未知数，对此类螺栓应控制一定比例。

6.3.4 高强度螺栓初拧、复拧的目的是为了使摩擦面能密贴，且螺栓受力均匀，对大型节点强调安装顺序是防止节点中螺栓预拉力损失不均，影响连接的刚度。

6.3.7 强行穿入螺栓会损伤丝扣，改变高强度螺栓连接副的扭矩系数，甚至连螺母都拧不上，因此强调自由穿入螺栓孔。气割扩孔很不规则，既削弱了构件的有效载面，减少了压力传力面积，还会使扩孔处钢材造成缺陷，故规定不得气割扩孔。最大扩孔量的限制也是基于构件有效载面和摩擦传力面积的考虑。

6.3.8 对于螺栓球节点网架，其刚度（挠度）往往比设计值要弱，主要原因是因为螺栓球与钢管连接的高强度螺栓紧固不牢，出现间隙、松动等未拧紧情况，当下部支撑系统拆除后，由于连接间隙、松动等原因，挠度明显加大，超过规范规定的界限。

7 钢零件及钢部件加工工程

7.2 切 割

7.2.1 钢材切割面或剪切面应无裂纹、夹渣、分层和大于1mm的缺棱。这些缺陷在气割后都能较明显地暴露出来，一般观察（用放大镜）检查即可；但有特殊要求的气割面或剪切面则不然，除观察外，必要时采用渗透、磁粉或超声波探伤检查。

7.2.2 切割中气割偏差值是根据热切割的专业标准，并结合有关截面尺寸及缺口深度的限制，提出了气割允许偏差。

7.3 矫正和成型

7.3.1 对冷矫正和冷弯曲的最低环境温度进行限制，是为了保证钢材在低温情况下受到外力时不致产出冷脆断裂。在低温下钢材受外力而脆断要比冲孔和剪切加工时而断裂更敏感，故环境温度限制较严。

7.3.3 钢材和零件在矫正过程中，矫正设备和吊运都有可能对表面产生影响。按照钢材表面缺陷的允许程度规定了划痕深度不得大于0.5mm，且深度不得大于该钢材厚度负偏差值的1/2，以保证表面质量。

7.3.4 冷矫正和冷弯曲的最小曲率半径和最大弯曲矢高的规定是根据钢材的特性、工艺的可行性以及成形后外观质量的限制而作出的。

7.3.5 对钢材矫正成型后偏差值作为了规定，除钢板的局部平面度外，其他指标在合格质量偏差和允许偏差之间有所区别，作了较严格规定。

7.4 边 缘 加 工

7.4.1 为消除切割对主体钢材造成的冷作硬化和热影响的不利影响，使加工边缘加工达到设计规范中关于加工边缘应力取值和压杆曲线的有关要求，规定边缘加工的最小刨削量不应小于2.0mm。

7.4.2 保留了相邻两夹角和加工面垂直度的质量指标，以控制零件外形满足组装、拼装和受力的要求，加工边直线度的偏差不得与尺寸偏差叠加。

7.5 管、球加工

7.5.1 螺栓球是网架杆件互相连接的受力部件，采取热锻成型，质量容易得到保证。对锻造球，应着重检查是否有裂纹、叠痕、过烧。

7.5.2 焊接球体要求表面光滑。光面不得有裂纹、褶皱。焊缝余高在符合焊缝表面质量后，在接管处应打磨平整。

7.5.4 焊接球的质量指标，规定了直径、圆度、壁厚减薄量和两半球对口错边量。偏差值基本同国家现行行业标准《网架结构设计与施工规程》JGJ 7的规定，但直径一项在φ300mm至φ500mm范围内时稍有提高，而圆度一项有所降低，这是避免控制指标突变和考虑错边量能达到的程度，并相对于大直径焊接球又控制较严，以保证接管间隙和焊接质量。

7.5.5 钢管杆件的长度，端面垂直度和管口曲线，其偏差的规定值是按照组装、焊接和网架杆件受力的要求而提出的，杆件直线度的允许偏差应符合型钢矫正弯曲矢高的规定。管口曲线用样板靠紧检查，其间隙不应大于1.0mm。

7.6 制 孔

7.6.1 为了与现行国家标准《钢结构设计规范》GBJ 17一致，保证加工质量，对A、B级螺栓孔的质量作了规定，根据现行国家标准《紧固件公差螺栓、螺钉和螺母》GB/T 3103.1规定产品等级为A、B、C三级，为了便于操作和严格控制，对螺栓孔直径10～18、18～30和30～50三个级别的偏差值直接作为条文。

条文中R_a是根据现行国家标准《表面粗糙度参数及其数值》确定的。

A、B级螺栓孔的精度偏差和孔壁表面粗糙度是指先钻小孔、组装后绞孔或铣孔应达到的质量标准。

C级螺栓孔，包括普通螺栓孔和高强度螺栓孔。

现行国家标准《钢结构设计规范》GBJ 17规定摩擦型高强度

螺栓孔径比杆径大 1.5～2.0mm，承压型高强度螺栓孔径比杆径大 1.0～1.5mm 并包括普通螺栓。

7.6.3 本条规定超差孔的处理方法。注意补焊后孔部位应修磨平整。

8 钢构件组装工程

8.2 焊接 H 型钢

8.2.1 钢板的长度和宽度有限，大多需要进行拼接，由于翼缘板与腹板相连有两条角焊缝，因此翼缘板不应再设纵向拼接缝，只允许长度拼接；而腹板则长度、宽度均可拼接，拼接缝可为"十"字形或"T"字形；翼缘板或腹板接缝应错开 200mm 以上，以避免焊缝交叉和焊缝缺陷的集中。

8.3 组　装

8.3.1 起拱度或不下挠度均指吊车梁安装就位后的状况，因此吊车梁在工厂制作完后，要检验其起拱度或下挠与否，应与安装就位的支承状况基本相同，即将吊车梁立放并在支承点处将梁垫高一点，以便检测或消除梁自重对拱度或挠度的影响。

8.5 钢构件外形尺寸

8.5.1 根据多年工程实践，综合考虑钢结构工程施工中钢构件部分外形尺寸的质量指标，将对工程质量有决定性影响的指标，如"单层柱、梁、桁架受力支托（支承面）表面至第一个安装孔距离"等 6 项作为主控项目，其余指标作为一般项目。

9 钢构件预拼装工程

9.1 一般规定

9.1.3 由于受运输、起吊等条件限制，构件为了检验其制作的整体性，由设计规定或合同要求在出厂前进行工厂拼装。预拼装均在工厂支凳（平台）进行，因此对所用的支承凳或平台应测量找平，且预拼装时不应使用大锤锤击，检查时应拆除全部临时固定和拉紧装置。

9.2 预拼装

9.2.1 分段构件预拼装或构件与构件的总体预拼装，如为螺栓连接，在预拼装时，所有节点连接板均应装上，除检查各部尺寸外，还应采用试孔器检查板叠孔的通过率。本条规定了预拼装的偏差值和检验方法。

9.2.2 除壳体结构为立体预拼装，并可设卡、夹具外，其他结构一般均为平面预拼装，预拼装的构件应处于自由状态，不得强行固定；预拼装数量可按设计或合同要求执行。

10 单层钢结构安装工程

10.2 基础和支承面

10.2.1 建筑物的定位轴线与基础的标高等直接影响到钢结构的安装质量，故应给于高度重视。

10.2.3 考虑到座浆垫板设置后不可调节的特性，所以规定其顶面标高 0～−3.0mm。

10.3 安装和校正

10.3.1 依照全面质量管理中全过程进行质量管理的原则，钢结构安装工程质量应从原材料质量和构件质量抓起，不但要严格控制构件制作质量，而且要控制构件运输、堆放和吊装质量。采取切实可靠措施，防止构件在上述过程中变形或脱漆。如不慎构件产生变形或脱漆，应矫正或补漆后再安装。

10.3.2 顶紧面紧贴与否直接影响节点荷载传递，是非常重要的。

10.3.5 钢构件的定位标记（中心线和标高等标记），对工程竣工后正确地进行定期观测，积累工程档案资料和工程的改、扩建至关重要。

10.3.9 将立柱垂直度和弯曲矢高的允许偏差均加严到 $H/1000$，以期与现行国家标准《钢结构设计规范》GBJ 17 中柱子的计算假定吻合。

10.3.12 在钢结构安装工程中，由于构件堆放和施工现场都是露天，风吹雨淋，构件表面极易粘结泥沙、油污等脏物，不仅影响建筑物美观，而且时间长还会侵蚀涂层，造成结构锈蚀。因此，本条提出要求。

焊疤系在构件上固定工卡具的临时焊缝未清除干净以及焊工在焊缝接头处外引弧所造成的焊疤。构件的焊疤影响美观且易积存灰尘和粘结泥沙。

11 多层及高层钢结构安装工程

11.1 一般规定

11.1.3 多层及高层钢结构的柱与柱、主梁与柱的接头，一般用焊接方法连接，焊缝的收缩值以及荷载对柱的压缩变形，对建筑物的外形尺寸有一定的影响。因此，柱和主梁的制作长度要作如下考虑：柱要考虑荷载对柱的压缩变形值和接头焊缝的收缩变形值；梁要考虑焊缝的收缩变形值。

11.1.4 多层及高层钢结构每节柱的定位轴线，一定要从地面的控制轴线直接引上来。这是因为下面一节柱的柱顶位置有安装偏差，所以不得用下节柱的柱顶位置线作为上节柱的定位轴线。

11.1.5 多层及高层钢结构安装中，建筑物的高度可以按相对高控制，也可按设计标高控制，在安装前要先决定选用哪一种方法。

12 钢网架结构安装工程

12.2 支承面顶板和支承垫块

12.2.3 在对网架结构进行分析时，其杆件内力和节点变形都是根据支座节点在一定约束条件下进行计算的。而支承垫块的种类、规格、摆放位置和朝向的改变，都会对网架支座节点的约束条件产生直接的影响。

12.3 总拼与安装

12.3.4 网架结构理论计算挠度与网架安装后的实际挠度有

一定的出入,这除了网架结构的计算模型与其实际的情况存在差异之外,还与网架结构的连接节点实际零件的加工精度、安装精度等有着极为密切的联系。对实际工程进行的试验表明,网架安装完毕后实测的数据都比理论计算值大,约5%~11%。所以,本条允许比设计值大15%是适宜的。

13 压型金属板工程

13.2 压型金属板制作

13.2.1 压型金属板的成型过程,实际上也是对基板加工性能的再次评定,必须在成型后,用肉眼和10倍放大镜检查。

13.2.2 压型金属板主要用于建筑物的维护结构,兼结构功能与建筑功能于一体,尤其对于表面有涂层时,涂层的完整与否直接影响压型金属板的使用寿命。

13.2.5 泛水板、包角板等配件,大多数处于建筑物边部位,比较显眼,其良好的造型将加强建筑物立面效果,检查其折弯面宽度和折弯角度是保证建筑物外观质量的重要指标。

13.3 压型金属板安装

13.3.1 压型金属板与支承构件(主体结构或支架)之间,以及压型金属板相互之间的连接是通过不同类型连接件来实现的,固定可靠与否直接与连接数量、间距、连接质量有关。需设置防水密封材料处,敷设良好才能保证板间不发生渗漏水现象。

13.3.2 压型金属板在支承构件上的可靠搭接是指压型金属板通过一定的长度与支承构件接触,且在该接触范围内有足够数量的紧固件将压型金属板与支承构件连接成为一体。

13.3.3 组合楼盖中的压型钢板是楼板的基层,在高层钢结构设计与施工规程中明确规定了支承长度与端部锚固连接要求。

14 钢结构涂装工程

14.1 一般规定

14.1.4 本条规定涂装时的温度以5~38℃为宜,但这个规定只适合在室内无阳光直接照射的情况,一般来说钢材表面温度要比气温高2~3℃。如果在阳光直接照射下,钢材表面温度能比气温高8~12℃,涂装时漆膜的耐热性只能在40℃以下,当超过43℃时,钢材表面上涂装的漆膜就容易产生气泡而局部鼓起,使附着力降低。

低于0℃时,在室外钢材表面涂装容易使漆膜冻结而不易固化;湿度超过85%时,钢材表面有露点凝结,漆膜附着力差。最佳涂装时间是当日出3h之后,这时附在钢材表面的露点基本干燥,日落后3h之内停止(室内作业不限),此时空气中的相对湿度尚未回升,钢材表面尚存的温度不会导致露点形成。

涂层在4h之内,漆膜表面尚未固化,容易被雨水冲坏,故规定在4h之内不得淋雨。

14.2 钢结构防腐涂料涂装

14.2.1 目前国内各大、中型钢结构加工企业一般都具备喷射除锈的能力,所以应将喷射除锈作为首选的除锈方法,而手工和动力工具除锈仅作为喷射除锈的补充手段。

14.2.3 实验证明,在涂装后的钢材表面施焊,焊缝的根部会出现密集气孔,影响焊缝质量。误涂后,用火焰吹烧或用焊条引弧吹烧都不能彻底清除油漆,焊缝根部仍然会有气孔产生。

14.2.4 涂层附着力是反映涂装质量的综合性指标,其测试方法简单易行,故增加该项检查以便综合评价整个涂装工程质量。

14.2.5 对于安装单位来说,构件的标志、标记和编号(对于重大构件应标注重量和起吊位置)是构件安装的重要依据,故要求全数检查。

中华人民共和国国家标准

铝合金结构工程施工质量验收规范

Code for acceptance of construction quality of
aluminium structures

GB 50576—2010

主编部门：上海市城乡建设和交通委员会
批准部门：中华人民共和国住房和城乡建设部
施行日期：２０１０年１２月１日

中华人民共和国住房和城乡建设部
公　告

第 589 号

关于发布国家标准
《铝合金结构工程施工质量验收规范》的公告

现批准《铝合金结构工程施工质量验收规范》为国家标准，编号为 GB 50576—2010，自 2010 年 12 月 1 日起实施。其中，第 14.4.1、14.4.2 条为强制性条文，必须严格执行。

本规范由我部标准定额研究所组织中国计划出版社出版发行。

中华人民共和国住房和城乡建设部
二〇一〇年五月三十一日

前　言

本规范是根据住房和城乡建设部《关于印发〈2009 年工程建设标准规范制订、修订计划〉的通知》(建标〔2009〕88 号) 要求，由上海市第五建筑有限公司、同济大学会同有关单位共同编制完成的。

本规范在编制过程中，编制组成员进行了广泛的调查研究，收集了国内工程资料，总结了近些年来铝合金结构工程施工的实践经验，以多种形式在全国范围内广泛征求了意见，经反复讨论、修改、完善，最后经审查定稿。

本规范共分 15 章，主要内容包括总则、术语、基本规定、原材料及成品进场、铝合金焊接工程、紧固件连接工程、铝合金零部件加工工程、铝合金构件组装工程、铝合金构件预拼装工程、铝合金框架结构安装工程、铝合金空间网格结构安装工程、铝合金面板工程、铝合金幕墙结构安装工程、防腐处理工程、铝合金结构分部（子分部）工程竣工验收等。

本规范中以黑体字标志的条文为强制性条文，必须严格执行。

本规范由住房和城乡建设部负责管理和对强制性条文的解释，上海市第五建筑有限公司负责具体技术内容的解释。为了提高规范质量，请各单位在执行本规范的过程中，注意总结经验，积累资料，随时将有关的意见和建议反馈给上海市第五建筑有限公司（地址：上海市普陀区曹杨路 1000 号，邮政编码：200063），以供今后修订时参考。

本规范主编单位、参编单位、主要起草人和主要审查人员：

主 编 单 位：上海市第五建筑有限公司
同济大学
参 编 单 位：上海市建设工程安全质量监督总站
上海现代集团建筑设计（集团）有限公司
上海市第二建筑有限公司
天津市建设工程质量监督管理总站
苏州市建设工程质量监督站
苏州二建建筑集团有限公司
广东金刚幕墙工程有限公司
上海信安幕墙建筑装饰有限公司
上海亚泽太阳能金属屋面工程有限公司
上海高新铝质工程股份有限公司
上海精锐金属建筑系统有限公司
浙江中南幕墙股份有限公司
山西省建筑装饰工程总公司
主要起草人：王正平　张其林　吴明儿　李立顺
潘延平　杨联萍　王君若　黄庆文
周开霖　雷立争　张　俭　戴　南
姜向红　吴志平　徐国军　胡全成
干兆和　李　江　童林明　李　琰
田　炜　姚伟宏　姚予人　李慎尧
梁方岭　黄友江　徐　青　黄得建
韩树山　汤海林　林　捷　张振礼
主要审查人：叶可明　肖绪文　赵　阳　钱基宏
陈国栋　张军涛　周晓峰　蒋金生
李海波　姚光恒　干　钢

目 次

1 总则 ··················· 9—12—6
2 术语 ··················· 9—12—6
3 基本规定 ··············· 9—12—6
4 原材料及成品进场 ······· 9—12—6
    4.1 一般规定 ············ 9—12—6
    4.2 铝合金材料 ·········· 9—12—7
    4.3 焊接材料 ············ 9—12—7
    4.4 标准紧固件 ·········· 9—12—7
    4.5 螺栓球 ·············· 9—12—8
    4.6 铝合金面板 ·········· 9—12—8
    4.7 其他材料 ············ 9—12—8
5 铝合金焊接工程 ········· 9—12—8
    5.1 一般规定 ············ 9—12—8
    5.2 铝合金构件焊接工程 ·· 9—12—8
6 紧固件连接工程 ········· 9—12—10
    6.1 一般规定 ············ 9—12—10
    6.2 普通紧固件连接 ······ 9—12—10
    6.3 高强度螺栓连接 ······ 9—12—10
7 铝合金零部件加工工程 ··· 9—12—10
    7.1 一般规定 ············ 9—12—10
    7.2 切割 ················ 9—12—11
    7.3 边缘加工 ············ 9—12—11
    7.4 球、毂加工 ·········· 9—12—11
    7.5 制孔 ················ 9—12—12
    7.6 槽、豁、榫加工 ······ 9—12—12
8 铝合金构件组装工程 ····· 9—12—13
    8.1 一般规定 ············ 9—12—13
    8.2 组装 ················ 9—12—13
    8.3 端部铣平及安装焊缝坡口 ·· 9—12—13
9 铝合金构件预拼装工程 ··· 9—12—13
    9.1 一般规定 ············ 9—12—13
    9.2 预拼装 ·············· 9—12—14
10 铝合金框架结构安装工程 ·· 9—12—14
    10.1 一般规定 ··········· 9—12—14
    10.2 基础和支承面 ······· 9—12—14
    10.3 总拼和安装 ········· 9—12—15
11 铝合金空间网格结构安装工程 ·· 9—12—16
    11.1 一般规定 ··········· 9—12—16
    11.2 支承面 ············· 9—12—17
    11.3 总拼和安装 ········· 9—12—17
12 铝合金面板工程 ········ 9—12—18
    12.1 一般规定 ··········· 9—12—18
    12.2 铝合金面板制作 ····· 9—12—18
    12.3 铝合金面板安装 ····· 9—12—19
13 铝合金幕墙结构安装工程 ·· 9—12—20
    13.1 一般规定 ··········· 9—12—20
    13.2 支承面 ············· 9—12—20
    13.3 总拼和安装 ········· 9—12—20
14 防腐处理工程 ·········· 9—12—21
    14.1 一般规定 ··········· 9—12—21
    14.2 阳极氧化 ··········· 9—12—21
    14.3 涂装 ··············· 9—12—22
    14.4 隔离 ··············· 9—12—23
15 铝合金结构分部（子分部）
    工程竣工验收 ········· 9—12—23
附录 A 焊缝外观质量标准
        及尺寸允许偏差 ······ 9—12—24
附录 B 紧固件连接工程检验项目 ····· 9—12—24
附录 C 铝合金构件组装的
        允许偏差 ············ 9—12—26
附录 D 铝合金构件预拼装的
        允许偏差 ············ 9—12—27
附录 E 铝合金结构安装的
        允许偏差 ············ 9—12—27
附录 F 铝合金结构分部（子分部）
        工程有关安全及功能的
        检验和见证检测项目 ·· 9—12—29
附录 G 铝合金结构分部（子分部）工程
        有关观感质量检查项目 ····· 9—12—30
附录 H 铝合金结构分项工程检验批
        质量验收记录表 ······ 9—12—30
本规范用词说明 ············· 9—12—36
引用标准名录 ··············· 9—12—36
附：条文说明 ··············· 9—12—37

Contents

1 General provisions .... 9—12—6
2 Terms .... 9—12—6
3 Basic requirement .... 9—12—6
4 Admittance of raw material and finished products .... 9—12—6
   4.1 General requirement .... 9—12—6
   4.2 Aluminium materials .... 9—12—7
   4.3 Welding materials .... 9—12—7
   4.4 Fasteners for connecting ..... 9—12—7
   4.5 Bolt sphere joints .... 9—12—8
   4.6 Aluminium panels .... 9—12—8
   4.7 Other materials .... 9—12—8
5 Aluminium welding work .... 9—12—8
   5.1 General requirement .... 9—12—8
   5.2 Welding work of aluminium structures .... 9—12—8
6 Connecting work of fasteners ... 9—12—10
   6.1 General requirement .... 9—12—10
   6.2 Connecting of ordinary fasteners ... 9—12—10
   6.3 Connecting of high strength bolts ... 9—12—10
7 Processing work of aluminium parts and aluminium components .... 9—12—10
   7.1 General requirement .... 9—12—10
   7.2 Cutting .... 9—12—11
   7.3 Trimming of edges .... 9—12—11
   7.4 Processing of balls and hubs ... 9—11—11
   7.5 Processing of holes .... 9—12—12
   7.6 Processing of grooves, gaps and tenon .... 9—12—12
8 Assembly work of aluminium elements .... 9—12—13
   8.1 General requirement .... 9—12—13
   8.2 Assembly .... 9—12—13
   8.3 Milling of ends and grooving of installation welding .... 9—12—13
9 Test assembling work of aluminium units .... 9—12—13
   9.1 General requirement .... 9—12—13
   9.2 Test assembling .... 9—12—14
10 Installation work of aluminium frame structures .... 9—12—14
   10.1 General requirement .... 9—12—14
   10.2 Bases and bearing surfaces ... 9—12—14
   10.3 Assembly and installation ... 9—12—15
11 Installation work of aluminium spatial grid structures .... 9—12—16
   11.1 General requirement .... 9—12—16
   11.2 Bearing surfaces .... 9—12—17
   11.3 Assembly and installation ... 9—12—17
12 Installation work of aluminium panels .... 9—12—18
   12.1 General requirement .... 9—12—18
   12.2 Manufacture of aluminium panels .... 9—12—18
   12.3 Installation of Aluminium panels ... 9—12—19
13 Installation work of aluminium curtain walls .... 9—12—20
   13.1 General requirement .... 9—12—20
   13.2 Bearing surfaces .... 9—12—20
   13.3 Assembly and installation ... 9—12—20
14 Anti-corrosive treatment work .... 9—12—21
   14.1 General requirement .... 9—12—21
   14.2 Anodic oxidation treatment ... 9—12—21
   14.3 Coating .... 9—12—22
   14.4 Isolation .... 9—12—23
15 Final acceptance of subitem-works of aluminium structure .... 9—12—23
Appendix A Quality standard of appearance of welding seam and allowable variations of sizes of

	welding seam ········ 9—12—24		of aluminium structures and test items ········ 9—12—29
Appendix B	Inspection items of connecting of fasteners ················ 9—12—24	Appendix G	Visual sensation examination items of subitem works of aluminium structure ············· 9—12—30
Appendix C	Allowable variations for assembly of aluminium elements ················ 9—12—26	Appendix H	Record forms for batch quality acceptance of aluminium structures ················ 9—12—30
Appendix D	Allowable variations for test assembling of aluminium units ······ 9—12—27		
Appendix E	Allowable variations for installation of aluminium structures ··············· 9—12—27		
Appendix F	Safety and functionality test of subitem-works		

Explanation of wording in this code ·· 9—12—36
List of quoted standards ················ 9—12—36
Addition: Explanation of provisions ···················· 9—12—37

1 总 则

1.0.1 为加强建筑工程质量管理，统一铝合金结构工程施工质量的验收，保证铝合金结构工程质量，制定本规范。

1.0.2 本规范适用于建筑工程的框架结构、空间网格结构、面板以及幕墙等铝合金结构工程施工质量的验收。

1.0.3 铝合金结构工程施工中采用的工程技术文件、承包合同文件对施工质量验收的要求不得低于本规范的规定。

1.0.4 本规范应与现行国家标准《建筑工程施工质量验收统一标准》GB 50300 配套使用。

1.0.5 铝合金结构工程施工质量的验收除应执行本规范的规定外，尚应符合国家现行有关标准的规定。

2 术 语

2.0.1 零件 part
组成部件或构件的最小单元。

2.0.2 部件 component
由若干零件组成的单元。

2.0.3 构件 element
由零件或由零件和部件组成的铝合金结构基本单元。

2.0.4 小拼单元 the smallest assembled unit
铝合金网格结构安装工程中除散件之外的最小安装单元。

2.0.5 中拼单元 intermediate assembled unit
铝合金网格结构安装工程中，由散件和小拼单元组成的安装单元。

2.0.6 高强度螺栓连接副 set of high strength bolt
高强度螺栓和与之配套的螺母、垫圈的总称。

2.0.7 抗滑移系数 slip coefficent of faying surface
高强度螺栓连接中，使连接件摩擦面产生滑动时的外力与垂直于摩擦面的高强度螺栓预拉力之和的比值。

2.0.8 预拼装 test assembling
为检验构件是否满足安装质量要求而进行的拼装。

2.0.9 空间刚度单元 space rigid unit
由构件构成的基本的稳定空间体系。

2.0.10 铝合金面板 Aluminium panel
冲压成型的屋面板或墙面板。

2.0.11 组装 Assembly
将零件或零件和部件按照规定技术要求组成构件的过程。

2.0.12 安装 Installation
将零件、部件及构件等单元按照规定的技术要求组成最终工程实体的过程。

3 基本规定

3.0.1 铝合金结构工程施工前，应根据设计文件、施工详图的要求以及制作单位或施工现场的条件，编制制作安装工艺或施工方案。

3.0.2 铝合金结构工程施工质量的验收，必须采用经计量检定、校准合格的计量器具。

3.0.3 铝合金结构工程应按下列规定进行施工质量控制：

 1 采用的原材料及成品应进场验收。凡涉及安全、功能的原材料及成品应按本规范进行复验，并应经监理工程师（建设单位技术负责人）见证取样、送样；

 2 各工序应按施工技术标准进行质量控制，每道工序完成后，应进行检查；

 3 相关各专业工种之间，应进行交接检验，并经监理工程师（建设单位技术负责人）检查认可。

3.0.4 铝合金结构工程施工质量验收应在施工单位自检基础上，按检验批、分项工程、分部（子分部）工程进行。铝合金结构分部（子分部）工程中分项工程划分宜按现行国家标准《建筑工程施工质量验收统一标准》GB 50300 的有关规定执行。铝合金结构分项工程应由一个或若干个检验批组成，各分项工程检验批应按本规范的规定进行划分。

3.0.5 分项工程检验批合格质量标准应符合下列规定：

 1 主控项目必须符合本规范合格质量标准的要求；

 2 一般项目其检验结果应有 80% 及以上的检查点（值）符合本规范合格质量标准的要求，且最大值不应超过其允许偏差值的 1.2 倍；

 3 质量检查记录、质量证明文件等资料应完整。

3.0.6 分项工程合格质量标准应符合下列规定：

 1 分项工程所含的各检验批均应符合本规范合格质量标准；

 2 分项工程所含的各检验批质量验收记录应完整。

4 原材料及成品进场

4.1 一般规定

4.1.1 本章适用于进入铝合金结构各分项工程实施现场的主要材料、零（部）件、成品件、标准件等产品的进场验收。

4.1.2 进场验收的检验批应与各分项工程检验批一

致，也可根据进料实际情况划分检验批。

4.2 铝合金材料

Ⅰ 主控项目

4.2.1 铝合金材料的品种、规格、性能等应符合国家现行有关标准和设计要求。

检查数量：全数检查。

检验方法：检查质量合格证明文件、标识及检验报告等。

4.2.2 对属于下列情况之一的铝合金材料，应进行抽样复验，其复验结果应符合国家现行有关产品标准和设计要求：

 1 建筑结构安全等级为一级，铝合金主体结构中主要受力构件所采用的铝合金材料；

 2 设计有复验要求的铝合金材料；

 3 对质量有疑义的铝合金材料。

检查数量：全数检查。

检验方法：检查复验报告。

Ⅱ 一般项目

4.2.3 铝合金板厚度及允许偏差应符合其产品标准的要求。

检查数量：每一品种、规格的铝合金板抽查5处。

检验方法：用游标卡尺量测。

4.2.4 铝合金型材的规格尺寸及允许偏差应符合其产品标准的要求。

检查数量：每一品种、规格的铝合金型材抽查5处。

检验方法：用钢尺和游标卡尺量测。

4.2.5 铝合金材料的表面外观质量除应符合现行国家标准《铝合金建筑型材》GB 5237.1和《铝合金建筑型材 第2部分：阳极氧化、着色型材》GB 5237.2的有关规定外，尚应符合下列规定：

 1 铝合金材料表面不应有皱纹、裂纹、起皮、腐蚀斑点、气泡、电灼伤、流痕、发粘以及膜（涂）层脱落等缺陷存在；

 2 铝合金材料端边或断口处不应有分层、夹渣等缺陷。

检查数量：全数检查。

检验方法：观察检查。

4.3 焊接材料

Ⅰ 主控项目

4.3.1 焊接材料的品种、规格、性能等应符合国家现行有关产品标准和设计要求。

检查数量：全数检查。

检验方法：检查焊接材料的质量合格证明文件、标识及检验报告等。

4.3.2 重要铝合金结构采用的焊接材料应进行抽样复验，复验结果应符合国家现行有关产品标准和设计要求。

检查数量：全数检查。

检验方法：检查复验报告。

Ⅱ 一般项目

4.3.3 焊条外观不应有药皮脱落、焊芯生锈等缺陷，焊剂不应受潮结块。

检查数量：按量抽查不少于1%，且不应少于10包。

检验方法：观察检查。

4.4 标准紧固件

Ⅰ 主控项目

4.4.1 铝合金结构连接用高强度大六角头螺栓连接副、扭剪型高强度螺栓连接副、高强度螺栓、普通螺栓、铆钉、自攻螺钉、拉铆钉、锚栓（机械型和化学试剂型）、地脚锚栓等紧固标准件及螺母、垫圈等标准配件，其品种、规格、性能等应符合国家现行有关产品标准和设计要求。高强度大六角头螺栓连接副、扭剪型高强度螺栓连接副出厂时应分别随箱带有扭矩系数和紧固轴力（预拉力）的检验报告。

检查数量：全数检查。

检验方法：检查产品的质量合格证明文件、标识及检验报告等。

4.4.2 高强度大六角头螺栓连接副应按本规范附录B的规定检验其扭矩系数，其检验结果应符合本规范附录B的规定。

检查数量：见本规范附录B。

检验方法：检查复验报告。

4.4.3 扭剪型高强度螺栓连接副应按本规范附录B的规定检验预拉力，其检验结果应符合本规范附录B的规定。

检查数量：见本规范附录B。

检验方法：检查复验报告。

Ⅱ 一般项目

4.4.4 高强度螺栓连接副，应按包装箱配套供货，包装箱上应标明批号、规格、数量及生产日期。螺栓、螺母、垫圈外观表面应涂油保护，不应出现生锈和沾染赃物，螺纹不应有损伤。

检查数量：按包装箱数抽查5%，且不应少于3箱。

检验方法：观察检查。

4.4.5 对建筑结构安全等级为一级，跨度40m及以上的螺栓球节点铝合金网格结构,其连接高强度螺栓不得有裂缝或损伤,并应进行表面硬度试验,8.8级的高强度螺栓的硬度应为HRC21～HRC29；10.9级高强度螺栓的硬度应为HRC32～HRC36。

　　检查数量：按规格抽查8只。

　　检验方法：硬度计、10倍放大镜或磁粉探伤。

4.5　螺栓球

Ⅰ　主控项目

4.5.1　螺栓球及制造螺栓球节点所采用的原材料,其品种、规格、性能等应符合国家现行产品标准和设计要求。

　　检查数量：全数检查。

　　检验方法：检查产品的质量合格证明文件、标识及检验报告等。

4.5.2　螺栓球不得有裂纹、褶皱、过烧等缺陷。

　　检查数量：每种规格抽查5%,且不应少于5只。

　　检验方法：用10倍放大镜观察和表面探伤。

Ⅱ　一般项目

4.5.3　螺栓球螺纹尺寸应符合现行国家标准《普通螺纹基本尺寸》GB/T 196中粗牙螺纹的规定,螺纹公差必须符合现行国家标准《普通螺纹公差与配合》GB/T 197中6H级精度的规定。

　　检查数量：每种规格抽查5%,且不应少于5只。

　　检验方法：用标准螺纹规。

4.5.4　螺栓球直径、圆度、相邻两螺栓孔中心线夹角等尺寸及允许偏差应符合本规范的规定。

　　检查数量：每一种规格按数量抽查5%,且不应少于3个。

　　检验方法：用卡尺和分度头仪检查。

4.6　铝合金面板

Ⅰ　主控项目

4.6.1　铝合金面板及制造铝合金面板所采用的原材料,其品种、规格、性能等应符合国家现行有关标准和设计要求。

　　检查数量：全数检查。

　　检验方法：检查质量合格证明文件、标识及检验报告等。

4.6.2　铝合金泛水板、包角板和零配件的品种、规格、性能应符合国家现行产品标准和设计要求。

　　检查数量：全数检查。

　　检验方法：检查产品的质量合格证明文件、标识及检验报告等。

Ⅱ　一般项目

4.6.3　铝合金面板的规格尺寸及允许偏差、表面质量、涂层质量等应符合设计要求和本规范的规定。

　　检查数量：每种规格抽查5%,且不应少于3件。

　　检验方法：观察、用10倍放大镜检查及尺量。

4.7　其他材料

主控项目

4.7.1　铝合金材料防腐涂料的品种、规格、性能等应符合国家现行产品标准和设计要求。

　　检查数量：全数检查。

　　检验方法：检查产品的质量合格证明文件、标识及检验报告等。

4.7.2　铝合金结构用橡胶垫、胶条、密封胶等的品种、规格、性能等应符合国家现行产品标准和设计要求。

　　检查数量：全数检查。

　　检验方法：检查产品的质量合格证明文件、标识及检验报告等。

4.7.3　防水密封材料的性能应符合国家现行产品标准和设计要求,并应与基材作相容性试验。

　　检查数量：全数检查。

　　检验方法：检查产品的质量合格证明文件、标识及检验报告等。

5　铝合金焊接工程

5.1　一般规定

5.1.1　本章适用于铝合金结构制作和安装中的铝合金构件焊接的工程质量验收。

5.1.2　铝合金结构焊接工程应按相应的铝合金结构制作或安装工程检验批的划分原则划分为一个或若干个检验批。

5.1.3　对于需要进行焊缝探伤检验的铝合金结构,宜在完成焊接24h后,进行焊缝探伤检验。

5.1.4　焊缝施焊后应在工艺规定的焊缝及部位打上焊工钢印。

5.2　铝合金构件焊接工程

Ⅰ　主控项目

5.2.1　焊条、焊丝、焊剂等焊接材料与母材的匹配应符合设计要求及现行国家标准《铝及铝合金焊条》GB/T 3669和《铝及铝合金焊丝》GB/T 10858的有关规定。焊条、焊剂、药芯焊丝等在使用前，应按其产品说明书及焊接工艺文件的规定进行烘焙和存放。

　　检查数量：全数检查。

　　检验方法：检查质量证明书和烘焙记录。

5.2.2 焊工必须经考试合格并取得合格证书。

　　检查数量：全数检查。

　　检验方法：检查焊工合格证及有效期。

5.2.3 施工单位对首次采用的铝合金材料、焊接材料、焊接方法等，应进行焊接工艺评定，根据评定报告确定焊接工艺，并编制焊接作业指导书。

　　检查数量：全数检查。

　　检验方法：检查焊接工艺评定报告及焊接作业指导书。

5.2.4 设计要求全焊透的对接焊缝，其内部缺陷检验应符合下列要求：

　　1 设计明确要求做内部缺陷探伤检验的部位，应采用超声波探伤进行检验，超声波探伤不能对缺陷进行判断时，应采用射线探伤，其内部缺陷分级及探伤方法应符合现行国家标准《现场设备、工业管道焊接施工及验收规范》GB 50236和《金属熔化焊焊接接头射线照相》GB/T 3323的有关规定。

　　2 设计无明确要求做内部缺陷探伤检验的部位，可不进行无损检测。

　　检查数量：全数检查。

　　检验方法：检查超声波或射线探伤记录。

5.2.5 角焊缝的焊角高度应等于或大于两焊件中较薄焊件母材厚度的70％，且不应小于3mm。T形接头、十字接头、角接接头等要求熔透的对接和角对接组合焊缝，其焊脚尺寸不应小于板厚度的1/4（图5.2.5）。

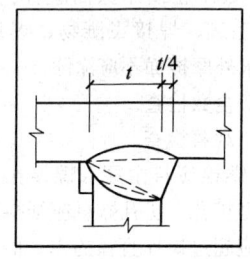

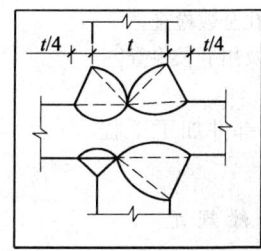
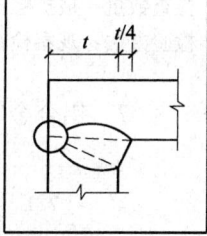

图 5.2.5　焊脚尺寸

注：t 为板的厚度。

　　检查数量：资料全数检查；同类焊缝抽查10％，且不应少于3条。

　　检验方法：观察检查，用焊缝量规抽查测量。

5.2.6 焊缝应与母材表面圆滑过渡，其表面不得有裂纹、焊瘤、弧坑裂纹、电弧擦伤等缺陷。

　　检查数量：每批同类构件抽查10％，且不应少于3件；被抽查构件中，每一类型焊缝按条数抽查5％，且不应少于1条；每条检查1处，总抽查数不应少于10处。

　　检验方法：观察检查或使用放大镜、焊缝量规和钢尺检查，当存在疑义时，采用渗透探伤检查。

Ⅱ　一 般 项 目

5.2.7 对于需要进行焊前预热或焊后热处理的焊缝，其预热温度或后热温度应符合国家现行有关标准的规定或通过工艺试验确定。

　　检查数量：全数检查。

　　检验方法：检查预、后热施工记录和工艺试验报告。

5.2.8 铝合金焊缝外观质量标准应符合本规范表A.0.1的规定。

　　检查数量：每批同类构件抽查10％，且不应少于3件；被抽查构件中，每一类焊缝按条数抽查5％，且不应少于1条；每条检查1处，总抽查数不应少于10处。

　　检验方法：观察检查或使用放大镜、焊缝量规和钢尺检查。

5.2.9 焊缝尺寸允许偏差应符合本规范表A.0.2的规定。

　　检查数量：每批同类构件抽查10％，且不应少于3件；被抽查构件中，每一类焊缝按条数各抽查5％，但不应少于1条；每条检查1处，总抽查数不应少于10处。

　　检验方法：用焊缝量规检查。

5.2.10 焊成凹形的焊缝，焊缝金属与母材间应平缓过渡。

　　检查数量：每批同类构件抽查10％，且不应少于3件。

　　检验方法：观察检查。

5.2.11 焊缝感观应符合下列规定：

　　1 外形均匀、成型较好；

　　2 焊道与焊道、焊道与基本金属间过渡较平滑；

　　3 焊渣和飞溅物基本清除干净。

　　检查数量：每批同类构件抽查10％，且不应少于3件；被抽查构件中，每一类焊缝按数量各抽查5％，总抽查处不应少于5处。

　　检验方法：观察检查。

6 紧固件连接工程

6.1 一般规定

6.1.1 本章适用于铝合金结构制作和安装中的普通螺栓、扭剪型高强度螺栓、高强度大六角头螺栓、铆钉、自攻螺钉、拉铆钉等连接工程的质量验收。

6.1.2 紧固件连接工程应按相应的铝合金结构制作或安装检验批的划分原则划分为一个或若干个检验批。

6.2 普通紧固件连接

Ⅰ 主控项目

6.2.1 普通螺栓作为永久性连接螺栓时，当设计有要求或对其质量有疑义时，应进行螺栓实物最小拉力载荷复验，试验方法应符合本规范附录 B 的规定，试验结果应符合现行国家标准《紧固件机械性能》GB/T 3098 的有关规定。

检查数量：每一规格螺栓抽查 8 个。

检验方法：检查螺栓实物复验报告。

6.2.2 连接铝合金薄板采用的自攻螺钉、铆钉、拉铆钉等其规格尺寸应与被连接铝合金板相匹配，其间距、边距等应符合设计要求。

检查数量：按连接节点数抽查 3%，且不应少于 5 个。

检验方法：观察和尺量检查。

Ⅱ 一般项目

6.2.3 永久性普通螺栓紧固应牢固、可靠，外露丝扣不应少于 2 扣。

检查数量：按连接节点数抽查 3%，且不应少于 5 个。

检验方法：观察和用小锤敲击检查。

6.2.4 自攻螺钉、铆钉、拉铆钉等与连接铝合金板应紧固密贴，外观排列应整齐。

检查数量：按连接节点数抽查 10%，且不应少于 3 个。

检验方法：观察或用小锤敲击检查。

6.3 高强度螺栓连接

Ⅰ 主控项目

6.3.1 铝合金结构制作和安装单位应按本规范附录 B 的规定分别进行高强度螺栓连接摩擦面的抗滑移系数试验和复验，现场处理的构件摩擦面应单独进行摩擦面抗滑移系数试验，试验结果应符合设计要求。

检查数量：见本规范附录 B。

检验方法：检查摩擦面抗滑移系数试验报告和复验报告。

6.3.2 高强度大六角头螺栓连接副终拧完成 1h 后、48h 内应进行终拧矩检查，检查结果应符合本规范附录 B 的规定。

检查数量：按节点数抽查 10%，且不应少于 10 个；每个被抽查节点按螺栓数抽查 10%，且不应少于 2 个。

检验方法：见本规范附录 B。

6.3.3 扭剪型高强度螺栓连接副终拧后，除因构造原因无法使用专用扳手终拧掉梅花头者外，未在终拧中拧掉梅花头的螺栓数不应大于该节点螺栓数的 5%。对所有梅花头未拧掉的扭剪型高强度螺栓连接副应采用扭矩法或转角法进行终拧并作标记，且按本规范第 6.3.2 条的规定进行终拧扭矩检查。

检查数量：按节点数抽查 10%，且不应少于 10 个节点；被抽检节点中梅花头未拧掉的扭剪型高强度螺栓连接副全数进行终拧扭矩检查。

检验方法：观察检查及本规范附录 B。

Ⅱ 一般项目

6.3.4 高强度螺栓连接副的施拧顺序和初拧、复拧扭矩应符合设计要求和国家现行有关标准的规定。

检查数量：全数检查资料。

检验方法：检查扭矩扳手标定记录和螺栓施工记录。

6.3.5 高强度螺栓连接副终拧后，螺栓丝扣外露应为 2 扣~3 扣，其中可允许有 10% 的螺栓丝扣外露 1 扣或 4 扣。

检查数量：按节点数抽查 5%，且不应少于 10 个。

检验方法：观察检查。

6.3.6 高强度螺栓连接摩擦面应保持干燥、整洁，不应有飞边、毛刺、焊接飞溅物、焊疤、污垢等缺陷，除设计要求外摩擦面不应涂漆。

检查数量：全数检查。

检验方法：观察检查。

6.3.7 高强度螺栓应自由穿入螺栓孔。高强度螺栓孔不应采用气割扩孔，扩孔数量应征得设计同意，扩孔后的孔径不应超过螺栓直径的 1.2 倍。

检查数量：被扩螺栓孔全数检查。

检验方法：观察检查及用卡尺检查。

7 铝合金零部件加工工程

7.1 一般规定

7.1.1 本章适用于铝合金结构制作及安装中铝合金零件及部件加工的质量验收。

7.1.2 铝合金零件及部件加工工程，可按相应的铝合金结构制作工程或铝合金结构安装工程检验批的划分原则及进料实际情况划分为一个或若干个检验批。

7.2 切　割

Ⅰ　主控项目

7.2.1 铝合金零部件切割面或剪切面应无裂纹、夹渣和大于0.5mm的缺棱。

检查数量：全数检查。

检验方法：观察或用放大镜及百分尺检查。

Ⅱ　一般项目

7.2.2 铝合金零部件切割允许偏差应符合表7.2.2的规定。

检查数量：按切割面数检查10%，且不应小于3个。

检查方法：卷尺、游标卡尺、分度头检查。

表 7.2.2　切割的允许偏差

检查项目	允许偏差
零部件的宽度、长度	±1.0mm
切割平面度	−30′且不大于0.3mm
割纹深度	0.3mm
局部缺口深度	0.5mm

7.3　边缘加工

Ⅰ　主控项目

7.3.1 铝合金零部件，按设计要求需要进行边缘加工时，其刨削量不应小于1.0mm。

检查数量：全数检查。

检验方法：检查工艺报告和施工记录。

Ⅱ　一般项目

7.3.2 边缘加工允许偏差应符合表7.3.2的规定。

检查数量：按加工面数抽查10%，且不应少于3件。

检验方法：观察检查和实测检查。

表 7.3.2　边缘加工的允许偏差

检查项目	允许偏差
零部件的宽度、长度	±1.0mm
加工边直线度	L/3000，且不大于2.0mm
相邻两边夹角	±6′
加工面表面粗糙度	12.5

注：L为加工边边长。

7.4　球、毂加工

Ⅰ　主控项目

7.4.1 螺栓球、毂成型后，不应有裂纹、褶皱、过烧等缺陷。

检查数量：每种规格抽查10%，且不应少于5个。

检验方法：10倍放大镜观察或表面探伤。

7.4.2 铝合金板压制成半圆球后，表面不应有裂纹、褶皱等缺陷；焊接球其对应坡口应采用机械加工，对接焊缝表面应打磨平整。

检查数量：每种规格抽查10%，且不应少于5个。

检验方法：10倍放大镜观察检查或表面探伤。

Ⅱ　一般项目

7.4.3 螺栓球加工允许偏差应符合表7.4.3的规定。

检查数量：每种规格抽查10%，且不少于5个。

检验方法：见表7.4.3。

表 7.4.3　螺栓球加工的允许偏差

检查项目		允许偏差	检验方法
圆度	$d \leq 120$mm	1.0mm	用卡尺和游标卡尺检查
	$d > 120$mm	1.5mm	
同一轴线上两铣平面的平行度	$d \leq 120$mm	0.1mm	用百分表V形块检查
	$d > 120$mm	0.2mm	
铣平面距球中心距离		±0.1mm	用游标卡尺检查
相邻螺栓孔中心线夹角		±30′	用分度头检查
两铣平面与螺栓孔轴线垂直度		0.005r	用百分表检查
球、毂毛坯直径	$d \leq 120$mm	+2.0mm / −0.5mm	用卡尺和游标卡尺检查
	$d > 120$mm	+3.0mm / −1.0mm	

注：d为螺栓球直径，r为螺栓球半径。

7.4.4 管杆件加工的允许偏差应符合表7.4.4的规定。

检查数量：每种规格抽查10%，且不少于5根。

检验方法：见表7.4.4。

表 7.4.4　管杆件加工的允许偏差（mm）

检查项目	允许偏差	检验方法
长度	±0.5	用钢尺和百分表检查
端面对管轴的垂直度	0.005r	用百分表V形块检查
管口曲线	0.5	用套模和游标卡尺检查

注：r为管杆半径。

7.4.5 毂加工的允许偏差应符合表 7.4.5 的规定。

检查数量：每种规格抽查 10%，且不应少于 5 个。

检查方法：见表 7.4.5。

表 7.4.5　毂加工的允许偏差

检查项目	允许偏差	检验方法
毂的圆度	±0.005d ±1.0mm	用卡尺和游标卡尺检查
嵌入圆孔对分布圆中心线的平行度	0.3mm	用百分表V形块检查
分布圆直径允许偏差	±0.3mm	用卡尺和游标卡尺检查
直槽对园孔平行度允许偏差	0.2mm	用百分表V形块检查
嵌入槽夹角偏差	±0.3°	用分度头检查
端面跳动允许偏差	0.3mm	游标卡尺检查
端面平行度允许偏差	0.5mm	用百分表V形块检查

注：d 为直径。

7.5 制　孔

Ⅰ　主控项目

7.5.1 A、B 级螺栓孔（Ⅰ类孔）应具有 H12 的精度，孔壁表面粗糙度 R_a 不应大于 12.5μm。A、B 级螺栓孔径的允许偏差应符合表 7.5.1-1 的规定。C 级螺栓孔（Ⅱ类孔），孔壁表面粗糙度 R_a 不应大于 25.0μm，其允许偏差应符合表 7.5.1-2 的规定。

检查数量：按构件数量抽查 10%，且不应少于 3 件。

检验方法：用游标卡尺或孔径量规、粗糙度仪检查。

表 7.5.1-1　A、B 级螺栓孔径的允许偏差（mm）

序号	螺栓公称直径、螺栓孔直径	螺栓公称直径允许偏差	螺栓孔直径允许偏差
1	10~18	0.00 -0.18	+0.18 0.00
2	18~30	0.00 -0.21	+0.21 0.00
3	30~50	0.00 -0.25	+0.25 0.00

表 7.5.1-2　C 级螺栓孔的允许偏差（mm）

检查项目	允许偏差
直径	+1.00 0.00
圆度	1.00
垂直度	0.03t，且不大于 1.50

注：t 为厚度。

Ⅱ　一般项目

7.5.2 螺栓孔位的允许偏差为 ±0.5mm，孔距的允许偏差为 ±0.5mm，累计偏差为 ±1.0mm。

检查数量：按构件数量抽查 10%，且不应少于 3 件。

检验方法：用钢尺及游标卡尺配合检查。

7.5.3 铆钉通孔尺寸偏差应符合现行国家标准《铆钉用通孔》GB/T 152.1 的有关规定。

检查数量：按构件数量抽查 10%，且不应少于 3 件。

检验方法：用游标卡尺或孔径量规检查。

7.5.4 沉头螺钉的沉孔尺寸偏差应符合现行国家标准《沉头用沉孔》GB/T 152.2 的有关规定。

检查数量：按构件数量抽查 10%，且不应少于 3 件。

检验方法：用游标卡尺或孔径量规检查。

7.5.5 圆柱头、螺栓沉孔的尺寸偏差应符合现行国家标准《圆柱头用沉孔》GB/T 152.3 的有关规定。

检查数量：按构件数量抽查 10%，且不应少于 3 件。

检验方法：用游标卡尺或孔径量规检查。

7.5.6 螺丝孔的尺寸偏差应符合国家现行有关标准的规定及设计要求。

检查数量：按孔数量 10%，且不应少于 3 个。

检验方法：用游标卡尺或孔径量规检查。

7.6　槽、豁、榫加工

Ⅰ　主控项目

7.6.1 铝合金零部件槽口尺寸（图 7.6.1）的允许偏差应符合表 7.6.1 的规定。

检查数量：按槽口数量 10%，且不应小于 3 处。

检查方法：游标卡尺和卡尺。

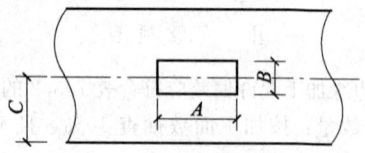

图 7.6.1　铝合金零部件槽口

表 7.6.1　槽口尺寸的允许偏差（mm）

项目	A	B	C
允许偏差	+0.5 0.0	+0.5 0.0	±0.5

7.6.2 铝合金零部件豁口尺寸（图 7.6.2）的允许偏差应符合表 7.6.2 的规定。

检查数量：按豁口数量 10%，且不应小于 3 处。

检查方法：游标卡尺和卡尺。

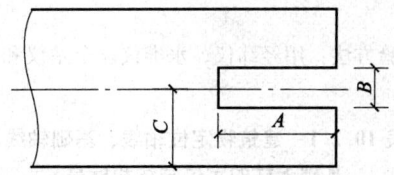

图 7.6.2 铝合金零部件豁口

表 7.6.2 豁口尺寸的允许偏差（mm）

项 目	A	B	C
允许偏差	+0.5 0.0	+0.5 0.0	±0.5

7.6.3 铝合金零部件榫头尺寸（图 7.6.3）的允许偏差应符合表 7.6.3 的规定。

检查数量：按榫头数量 10%，且不应小于 3 处。

检查方法：游标卡尺和卡尺。

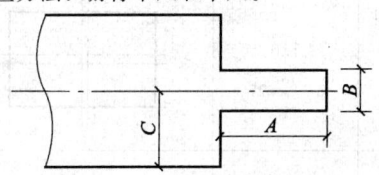

图 7.6.3 铝合金零部件榫头

表 7.6.3 榫头尺寸的允许偏差（mm）

项 目	A	B	C
允许偏差	0.0 −0.5	0.0 −0.5	±0.5

8 铝合金构件组装工程

8.1 一般规定

8.1.1 本章适用于铝合金结构制作中构件组装的质量验收。

8.1.2 铝合金结构构件组装工程应按铝合金结构制作工程检验批的划分原则划分为一个或若干个检验批。

8.2 组 装

一般项目

8.2.1 单元件组装的允许偏差应符合本规范表 C.0.1 的规定。

检查数量：按单元组件的 10%抽查，且不应少于 5 个。

检验方法：见本规范表 C.0.1。

8.2.2 顶紧接触面应有 75%以上的面积紧贴。

检查数量：按接触面的数量抽查 10%，且不应少于 10 个。

检验方法：0.3mm 塞尺检查，其塞入的面积应小于 25%，边缘间隙不应大于 0.8mm。

8.2.3 桁架结构杆件轴线交点错位允许偏差不得大于 3.0mm。

检查数量：按构件数抽查 10%，且不应少于 3 个，每个抽查构件按节点数抽查 10%，且不应少于 3 个节点。

检验方法：尺量检查。

8.3 端部铣平及安装焊缝坡口

Ⅰ 主控项目

8.3.1 端部铣平的允许偏差应符合表 8.3.1 的规定。

检查数量：按铣平面数量抽查 10%，且不应少于 3 个。

检验方法：用钢尺、角尺、塞尺等检查。

表 8.3.1 端部铣平的允许偏差（mm）

检查项目	允许偏差
两端铣平时构件长度	±1.0
两端铣平时零件长度	±0.5
铣平面的平面度	0.3
铣平面对轴线的垂直度	L/1500

注：L 为铣平面边长。

Ⅱ 一般项目

8.3.2 安装焊缝坡口的允许偏差应符合表 8.3.2 的规定。

检查数量：按坡口数量抽查 10%，且不少于 3 条。

检验方法：用焊缝量规检查。

表 8.3.2 安装焊缝坡口的允许偏差

检查项目	允许偏差
坡口角度	±5°
钝边	±0.5mm

9 铝合金构件预拼装工程

9.1 一般规定

9.1.1 本章适用于铝合金构件预拼装工程的质量验收。

9.1.2 铝合金构件预拼装工程应按铝合金结构制作工程检验批的划分原则划分为一个或若干个检验批。

9.1.3 预拼装所用的胎架、支承凳或平台应测量找平，检查时应拆除全部临时固定和拉紧装置。

9.1.4 进行预拼装的铝合金构件，其质量应符合设计要求和本规范合格质量标准的规定。

9.2 预 拼 装

Ⅰ 主控项目

9.2.1 高强度螺栓和普通螺栓连接的多层板叠,应采用试孔器进行检查,并应符合下列规定:
1 当采用比孔公称直径大 1.0mm 的试孔器检查时,每组孔的通过率不应小于 85%;
2 当采用比螺栓公称直径大 0.3mm 的试孔检查时,通过率应为 100%。
检查数量:按预拼装单元全数检查。
检验方法:采用试孔器检查。

Ⅱ 一般项目

9.2.2 预拼装的允许偏差应符合本规范表 D 的规定。
检查数量:按预拼装单元全数检查。
检验方法:见本规范表 D。

9.2.3 零件、部件顶紧组装面,顶紧接触面不应少于 75% 紧贴,且边缘最大间隙不应大于 0.8mm。
检查数量:按预拼装单元全数检查。
检验方法:0.3mm 塞尺检查,其塞入的面积应小于 25%。

10 铝合金框架结构安装工程

10.1 一 般 规 定

10.1.1 本章适用于铝合金框架结构安装工程的质量验收。

10.1.2 单层铝合金安装工程应按变形缝或空间刚度单元等划分成一个或若干个检验批,多层铝合金结构安装工程应按楼层或施工段等划分为一个或若干个检验批。

10.1.3 铝合金结构安装检验批应在进场验收和焊接连接、紧固件连接、制作等分项工程验收合格的基础上进行验收。

10.1.4 单层和多层铝合金结构安装偏差的检测,应在结构形成空间刚度单元并连接固定后进行。

10.2 基础和支承面

Ⅰ 主控项目

10.2.1 建筑物的定位轴线、基础轴线、基础上柱的定位轴线和标高、地脚螺栓(锚栓)的规格和位置、地脚螺栓(锚栓)紧固应符合设计要求。当设计无要求时,应符合表 10.2.1 的规定。
检查数量:按柱基数抽查 10%,且不应少于 3 个。
检验方法:用经纬仪、水准仪、全站仪和钢尺现场实测。

表 10.2.1 建筑物定位轴线、基础轴线、基础上柱的定位轴线和标高、地脚螺栓(锚栓)的允许偏差(mm)

检查项目	允许偏差	图例
建筑物定位轴线	$L_a/20000$,$L_b/20000$,且不应大于 3.0	
基础上柱的定位轴线	1.0	
基础上柱底标高	±2.0	
地脚螺栓(锚栓)位移	2.0	

注:L_a、L_b 均为建筑物边长。

10.2.2 基础顶面直接作为柱的支承面和基础顶面预埋钢板或支座作为柱的支承面时,其支承面、地脚螺栓(锚栓)位置的允许偏差应符合表 10.2.2 的规定。
检查数量:按柱基数抽查 10%,且不应少于 3 个。
检验方法:用经纬仪、水准仪、全站仪、水平尺和钢尺实测。

表 10.2.2 支承面、地脚螺栓(锚栓)位置的允许偏差(mm)

检查项目		允许偏差
支承面	标 高	±2.0
	水平度	$l/1000$
地脚螺栓(锚栓)	螺栓中心偏移	5.0
	预留孔中心偏移	10.0

注:l 为支承面长度。

10.2.3 采用座浆垫板时,座浆垫板的允许偏差应符合表10.2.3的规定。

检查数量:资料全数检查。按柱基数抽查10%,且不应少于3个。

检验方法:用水准仪、全站仪、水平尺和钢尺现场实测。

表10.2.3 座浆垫板的允许偏差(mm)

检查项目	允许偏差
顶面标高	0.0 −3.0
水平度	$l/1000$
位置	20.0

注:l为垫板长度。

Ⅱ 一般项目

10.2.4 地脚螺栓(锚栓)尺寸的允许偏差应符合表10.2.4的规定。地脚螺栓(锚栓)的螺纹应受到保护。

检查数量:按柱基数抽查10%,且不应少于3个。

检验方法:用钢尺现场实测。

表10.2.4 地脚螺栓(锚栓)尺寸的允许偏差(mm)

检查项目	允许偏差
螺栓(锚栓)露出长度	+30.0 0.0
螺纹长度	+30.0 0.0

10.3 总拼和安装

Ⅰ 主控项目

10.3.1 铝合金构件运输、堆放和吊装等造成的变形及涂层脱落,应进行矫正和修补。

检查数量:按构件数抽查10%,且不应少于3个。

检验方法:用拉线、钢尺现场实测或观察。

10.3.2 铝合金结构柱子安装的允许偏差应符合表10.3.2的规定。

检查数量:标准柱全部检查;非标准柱抽查10%,且不应少于3根。

检验方法:用全站仪或经纬仪和钢尺实测。

表10.3.2 铝合金结构柱子安装的允许偏差(mm)

检查项目	允许偏差	图例
底层柱柱底轴线对定位轴线偏移	2.0	
柱子定位轴线	1.0	
单节柱的垂直度	$h/1500$,且不应大于8.0	

注:h为柱的高度。

10.3.3 设计要求顶紧的节点,接触面不应少于75%紧贴,且边缘最大间隙不应大于0.8mm。

检查数量:按节点数抽查10%,且不应小于3个。

检验方法:用钢尺及0.3mm和0.8mm厚的塞尺现场实测。

10.3.4 铝合金屋(托)架、桁架、梁及受压杆件的垂直度和侧向弯曲矢高的允许偏差应符合表10.3.4的规定。

检查数量:按同类构件数抽查10%,且不应小于3个。

检验方法:用吊线、拉线、经纬仪和钢尺现场实测。

表10.3.4 铝合金屋(托)架、桁架、梁及受压杆件垂直度和侧向弯曲矢高的允许偏差(mm)

项目	允许偏差	图例
跨中的垂直度	$h/250$,且不应大于15.0	1—1
侧向弯曲矢高	$l/1000$,且不应大于10.0	

注:h为截面高度,l为跨度,f为弯曲矢高。

10.3.5 主体结构的整体垂直度和整体平面弯曲的允许偏差应符合表10.3.5的规定。

检查数量：对主要立面全部检查。对每个所检查的立面，除两列角柱外，尚应至少选取一列中间柱。

检验方法：采用经纬仪、全站仪等测量。

表10.3.5 整体垂直度和整体平面弯曲的允许偏差（mm）

检查项目		允许偏差	图例
主体结构的整体垂直度	单层	$H/1500$，且不应大于8.0	
	多层	$H/1500+5.0$，且不应大于20.0	
主体结构的整体平面弯曲		$L/1500$，且不应大于25.0	

注：H为主体结构高度，L为主体结构长度、跨度。

Ⅱ 一般项目

10.3.6 铝合金柱等主要构件的中心线及标高基准点等标记应齐全。

检查数量：按同类构件数抽查10%，且不应少于3件。

检验方法：观察检查。

10.3.7 当铝合金结构安装在混凝土柱上时，其支座中心对定位轴线的偏差不应大于10mm。

检查数量：按同类构件数抽查10%，且不应少于3榀。

检验方法：用拉线和钢尺现场实测。

10.3.8 单层铝合金结构中铝合金柱安装的允许偏差应符合本规范表E.0.1的规定。

检查数量：按铝合金柱数抽查10%，且不应小于3件。

检验方法：见本规范表E.0.1。

10.3.9 檩条、墙架等次要构件安装的允许偏差应符合本规范表E.0.2的规定。

检查数量：按同类构件数抽查10%，且不应小于3件。

检验方法：见本规范表E.0.2。

10.3.10 铝合金平台、铝合金梯、栏杆应符合国家现行有关标准的规定。铝合金平台、铝合金梯和防护栏杆安装的允许偏差应符合本规范表E.0.3的规定。

检查数量：按铝合金平台总数抽查10%，栏杆、铝合金梯按总长度各抽查10%，但铝合金平台不应少于1个，栏杆不应少于5m，铝合金梯不应少于1跑。

检验方法：见本规范表E.0.3。

10.3.11 多层铝合金结构中构件安装的允许偏差应符合本规范表E.0.4的规定。

检查数量：按同类构件或节点数抽查10%。其中柱和梁各不应少于3件，主梁与次梁连接节点不应少于3个，支承压型金属板的铝合金梁长度不应少于5m。

检验方法：见本规范表E.0.4。

10.3.12 多层铝合金结构主体结构总高度的允许偏差应符合本规范表E.0.5的规定。

检查数量：按标准柱列数抽查10%，且不应少于4列。

检验方法：采用全站仪、水准仪和钢尺实测。

10.3.13 现场焊缝组对间隙的允许偏差应符合表10.3.13的规定。

检查数量：按同类节点数抽查10%，且不应少于3个。

检验方法：尺量检查。

表10.3.13 现场焊缝组对间隙的允许偏差（mm）

项　　目	允许偏差
无垫板间隙	+3.0 0.0
有垫板间隙	+3.0 -2.0

10.3.14 铝合金结构表面应干净，结构主要表面不应有疤痕、泥沙等污垢。

检查数量：按同类构件数抽查10%，且不应少于3件。

检验方法：观察检查。

11 铝合金空间网格结构安装工程

11.1 一般规定

11.1.1 本章适用于建筑工程中的铝合金空间网格结构安装工程的质量验收。

11.1.2 铝合金空间网格结构安装工程应按变形缝、施工段或空间刚度单元划分成一个或若干个检验批。

11.1.3 铝合金空间网格结构安装检验批应在进场验收和焊接连接、紧固件连接、制作等分项工程验收合格的基础上进行验收。

11.1.4 铝合金空间网格结构安装偏差的检测，应在结构形成空间刚度单元并连接固定后进行。

11.2 支承面

Ⅰ 主控项目

11.2.1 铝合金空间网格结构支座定位轴线的位置、支柱锚栓的规格应符合设计要求。

检查数量：按支座数抽查10%，且不应少于4处。

检验方法：用经纬仪和钢尺实测。

11.2.2 支承面顶板的位置、标高、水平度以及支座锚栓位置的允许偏差应符合表11.2.2的规定。

检查数量：按支座数抽查10%，且不应少于4处。

检验方法：用全站仪或经纬仪、水准仪、钢尺实测。

表11.2.2 支承面顶板、支座锚栓位置的允许偏差（mm）

检查项目		允许偏差
支承面顶板	位置	15.0
	顶面标高	0 -3.0
	顶面水平度	$L/1000$
支座锚栓	中心偏移	5.0

注：L 为顶面测量水平度时两个测点间的距离。

11.2.3 支承垫块的种类、规格、摆放位置和朝向，必须符合设计要求和国家现行有关标准的规定。橡胶垫块与刚性垫块之间或不同类型刚性垫块之间不得互换使用。

检查数量：按支座数抽查10%，且不应少于4处。

检验方法：观察和用钢尺实测。

11.2.4 铝合金空间网格结构支座锚栓的紧固应符合设计要求。

检查数量：按支座数抽查10%，且不应少于4处。

检验方法：观察检查。

Ⅱ 一般项目

11.2.5 支座锚栓尺寸的允许偏差应符合本规范表10.2.4的规定。支座锚栓的螺纹应受到保护。

检查数量：按支座数抽查10%，且不应少于4处。

检验方法：用钢尺实测和观察。

11.3 总拼和安装

Ⅰ 主控项目

11.3.1 小拼单元的允许偏差应符合表11.3.1的规定。

检查数量：按单元数抽查5%，且不应少于5个。

检验方法：用钢尺和拉线等辅助量具实测。

表11.3.1 小拼单元的允许偏差（mm）

检查项目		允许偏差
节点中心偏移		2.0
杆件交汇节点与杆件中心的偏移		1.0
杆件轴线的弯曲矢高		$L_1/1000$，且不应大于5.0
锥体型小拼单元	弦杆长度	±2.0
	锥体高度	±2.0
	四角锥体上弦杆对角线长度	±3.0
平面桁架型小拼单元	跨长 ≤24m	+3.0 -7.0
	跨长 >24m	+5.0 -10.0
	跨中高度	±3.0
	跨中拱度 设计要求起拱	±$L/5000$
	跨中拱度 设计未要求起拱	+10.0

注：L_1 为杆件长度，L 为跨长。

11.3.2 中拼单元的允许偏差应符合表11.3.2的规定。

检查数量：全数检查。

检验方法：用钢尺和辅助量具实测。

表11.3.2 中拼单元的允许偏差（mm）

检查项目		允许偏差
单元长度小于等于20m，拼接长度	单跨	±10.0
	多跨连续	±5.0
单元长度大于20m，拼接长度	单跨	±20.0
	多跨连续	±10.0

11.3.3 建筑结构安全等级为一级，且设计有要求时，应按下列项目进行节点承载力试验：

1 杆件交汇节点应按设计指定规格的连接板及其匹配的铝杆件连接成试件，进行轴心拉、压承载力试验，其试验破坏荷载值大于或等于1.6倍设计承载力为合格；

2 杆件交汇节点应按设计指定规格的连接板最大螺栓孔螺纹进行抗拉强度保证荷载试验，当达到螺栓的设计承载力时，螺孔、螺纹及螺帽仍完好无损为合格。

　　检查数量：每项试验做3个试件。

　　检验方法：检查试验报告。

11.3.4 铝合金空间网格结构总拼装完成后及屋面工程完成后应分别测量其挠度值，且所测的挠度值不应超过相应设计值的1.5倍。

　　检查数量：跨度24m及以下铝合金空间网格结构测量下弦中央一点；跨度24m以上铝合金空间网格结构测量下弦中央一点及各向下弦跨度的四等分点。

　　检验方法：用钢尺和水准仪实测。

Ⅱ 一般项目

11.3.5 铝合金空间网格结构安装完成后，其节点及杆件表面应干净，不应有明显的疤痕、泥沙和污垢等缺陷。

　　检查数量：按节点及杆件数抽查5%，且不应少于10个节点。

　　检验方法：观察检查。

11.3.6 铝合金空间网格结构安装完成后，其安装的允许偏差应符合表11.3.6的规定。

　　检查数量：全数检查。

　　检验方法：用钢尺、经纬仪和水准仪实测。

表 11.3.6 铝合金空间网格结构安装的允许偏差（mm）

检查项目	允许偏差	检验方法
纵向、横向长度	$L/2000$，且不应大于30.0 $-L/2000$，且不应小于-30.0	用钢尺实测
支柱中心偏移	$L/3000$，且不应大于30.0	有钢尺和经纬仪实测
周边支承结构相邻支座高差	$L_1/400$，且不应大于15.0	用钢尺和水准仪实测
支座最大高差	30.0	
多点支承格构相邻支座高差	$L_1/800$，且不应大于30.0	

注：L 为纵向、横向长度，L_1 为相邻支座间距。

12 铝合金面板工程

12.1 一般规定

12.1.1 本章适用于铝合金面板的制作和现场施工安装工程质量验收。

12.1.2 铝合金面板的制作和安装工程应按变形缝、施工段、轴线等划分为一个或若干个检验批。

12.1.3 铝合金面板安装应在结构安装工程检验批质量验收合格后进行。

12.1.4 铝合金面板工程验收前，应在安装施工过程中完成隐蔽项目的现场验收。

12.2 铝合金面板制作

Ⅰ 主控项目

12.2.1 铝合金面板成型后，其基板不应有裂纹、裂边、腐蚀等缺陷。

　　检查数量：按计件数抽查5%，且不少于10件。

　　检验方法：观察和用10倍放大镜检查。

12.2.2 有涂层铝合金面板的漆膜不应有肉眼可见的裂纹、剥落和擦痕等缺陷。

　　检查数量：按计件数抽查5%，且不少于10件。

　　检验方法：观察检查。

Ⅱ 一般项目

12.2.3 铝合金面板的尺寸允许偏差应符合表12.2.3的规定。

　　检查数量：按计件数抽查5%，且不少于10件。

　　检验方法：用拉线和钢尺检查。

表 12.2.3 铝合金面板的尺寸允许偏差（mm）

检查项目		允许偏差
波 距		±2.0
板高	压型板 截面高度小于或等于70	±1.5
	压型板 截面高度大于70	±2.0
肋高	直立锁边板	±1.0
卷边直径		±0.5
侧向弯曲	在测量长度 L_1 的范围内	20.0

注：1 L_1 为测量长度。
　　2 当板长大于10m时，扣除两端各0.5m后任选10m长度测量。
　　3 当板长小于等于10m时，扣除两端各0.5m后按实际长度测量。

12.2.4 铝合金面板成型后，表面应干净，不应有明显的凹凸和皱褶等缺陷。

　　检查数量：按计件数抽查5%，且不少于10件。

　　检验方法：观察检查。

12.2.5 铝合金面板施工现场制作的允许偏差应符合表12.2.5的规定。

　　检查数量：按计件数抽查5%，且不少于10件。

　　检验方法：用钢尺、角尺检查。

表 12.2.5　铝合金面板施工现场制作的允许偏差

项　目		允许偏差
铝合金面板（除直立锁边板）的覆盖宽度	截面高度小于或等于70mm	+10.0mm -2.0mm
	截面高度大于70mm	+6.0mm -2.0mm
铝合金直立锁边板的覆盖宽度		+2.0mm -5.0mm
板长		±9.0mm
横向剪切偏差		6.0mm
泛水板、包角板尺寸	板　长	±6.0mm
	折弯曲宽度	±3.0mm
	折弯曲夹角	2°

12.3　铝合金面板安装

Ⅰ　主控项目

12.3.1　铝合金面板、泛水板和包角板等固定应可靠、牢固，防腐涂料涂刷和密封材料敷设应完好，连接件数量、间距应符合设计要求和国家现行有关标准的规定。

检查数量：全数检查。

检验方法：观察检查及尺量。

12.3.2　铝合金面板固定支座的安装应控制支座的相邻支座间距、倾斜角度、平面角度和相对高差，允许偏差应符合表12.3.2的规定。

检查数量：按同类构件数抽查10%，且不少于10件。

检验方法：经纬仪、分度头、拉线和钢尺。

表 12.3.2　固定支座安装允许偏差

检查项目		允许偏差
相邻支座间距		+5.0mm -2.0mm
倾斜角度		1°
平面角度		1°
相对高差	纵向	a/200
	横向	5mm

注：a 为纵向支座间距。

12.3.3　铝合金面板应在支承构件上可靠搭接，搭接长度应符合设计要求，且不应小于表12.3.3规定的数值。

检查数量：按计件数抽查5%，且不少于10件。

检验方法：用钢尺、角尺检查。

表 12.3.3　铝合金面板在支承构件上的搭接长度（mm）

项　目			搭接长度
纵向	波高大于70		350
	波高小于等于70	屋面坡度小于1/10	250
		屋面坡度大于1/10	200
横向		大于或等于一个波	

Ⅱ　一般项目

12.3.4　铝合金面板与檐沟、泛水、墙面的有关尺寸应符合设计要求，且不应小于表12.3.4规定的数值。

检查数量：按计件数抽查5%，且不少于10件。

检验方法：用钢尺、角尺检查。

表 12.3.4　铝合金面板与檐沟、泛水、墙面尺寸（mm）

检查项目	尺　寸
面板伸入檐沟内的长度	150
面板与泛水的搭接长度	200
面板挑出墙面的长度	200

12.3.5　铝合金面板安装应平整、顺直，板面不应有施工残留物和污物；檐口线、泛水段应顺直，并无起伏现象；板面不应有未经处理的错钻孔洞。

检查数量：按面积抽查10%，且不应少于10m²。

检验方法：观察检查。

12.3.6　铝合金面板安装的允许偏差应符合表12.3.6的规定。

检查数量：檐口与屋脊的平行度：按长度抽查10%，且不应少于10m。其他项目：每20m长度应抽查1处，且不应少于2处。

检验方法：用拉线和钢尺检查。

表 12.3.6　铝合金面板安装的允许偏差（mm）

检查项目	允许偏差
檐口与屋脊的平行度	12.0
铝合金面板波纹线对屋脊的垂直度	L/800，且不大于25.0
檐口相邻两块铝合金面板端部错位	6.0
铝合金面板卷边板件最大波浪高	4.0

注：L 为屋面半坡或单坡长度。

12.3.7 铝合金面板搭接处咬合方向应符合设计要求，咬边应紧密，且应连续平整，不应出现扭曲和裂口的现象。

检查数量：按面积抽查10%，且不应少于10m²。

检验方法：观察检查。

12.3.8 每平方米铝合金面板的表面质量应符合表12.3.8的规定。

检查数量：按面积抽查10%，且不应少于10m²。

检验方法：观察和用10倍放大镜检查。

表12.3.8 每平方米铝合金面板的表面质量

项 目	质量要求
0.1mm～0.3mm 宽划伤痕	长度小于100mm； 不超过8条
擦 伤	不大于500mm²

注：1 划伤指露出铝合金基体的损伤。
　　2 擦伤指没有露出铝合金基体的损伤。

13 铝合金幕墙结构安装工程

13.1 一般规定

13.1.1 本章适用于铝合金幕墙结构工程的质量验收。

13.1.2 铝合金幕墙结构安装工程应按下列规定划分检验批：

1 相同设计、材料、工艺和施工条件的幕墙工程每500m²～1000m²为一个检验批，不足500m²应划分为一个检验批。每个检验批每100m²抽查不应少于一处，每处不应小于10m²；

2 同一单位工程的不连续的幕墙工程应单独划分检验批；

3 异型或有特殊要求的幕墙检验批的划分，应根据幕墙的结构、工艺特点及幕墙工程规模，由监理单位（或建设单位）和施工单位协商确定。

13.1.3 铝合金幕墙结构安装检验批应在进场验收、焊接连接、紧固件连接、制作等分项工程验收合格的基础上进行验收。

13.1.4 安装偏差的检测，应在结构形成空间刚度单元并连接固定后进行。

13.2 支 承 面

主控项目

13.2.1 铝合金幕墙结构支座定位轴线处锚栓的规格应符合设计要求。

检查数量：按支座数抽查10%，且不应少于4处。

检验方法：用钢尺实测。

13.2.2 预埋件和连接件安装质量的检验指标，应符合下列规定：

1 幕墙结构预埋件和连接件的数量、埋设方法及防腐处理应符合设计要求；

2 预埋件的标高及位置的偏差不应大于20mm。

检查数量：按预埋件数抽查10%，且不应少于4处。

检验方法：用经纬仪、水准仪和钢尺实测。

13.3 总拼和安装

Ⅰ 主控项目

13.3.1 铝合金幕墙结构所使用的各种材料、构件和组件的质量，应符合设计要求及国家现行有关标准的规定。

检查数量：全数检查。

检验方法：检查材料、构件、组件的产品合格证书、进场验收记录、性能检测报告和材料的复验报告。

13.3.2 铝合金幕墙结构与主体结构连接的各种预埋件、连接件、紧固件必须安装牢固，其数量、规格、位置、连接方法和防腐处理应符合设计要求。

检查数量：全数检查。

检验方法：观察，检查隐蔽工程验收记录和施工记录。

13.3.3 各种连接件、紧固件的螺栓应有防松动措施，焊接连接应符合设计要求和国家现行有关标准的规定。

检查数量：全数检查。

检验方法：观察，检查隐蔽工程验收记录和施工记录。

13.3.4 铝合金幕墙结构竖向主要构件安装质量应符合表13.3.4的规定，测量检查应在风力小于4级时进行。

检查数量：按构件数抽查5%，且不应少于3处。

检验方法：见表13.3.4。

表13.3.4 竖向主要构件安装质量的允许偏差

	检查项目		允许偏差（mm）	检验方法
1	构件整体垂直度	$h \leqslant 30m$	10	激光仪或经纬仪
		$60m \geqslant h > 30m$	15	
		$90m \geqslant h > 60m$	20	
		$150m \geqslant h > 90m$	25	
		$h > 150m$	30	

续表 13.3.4

	检查项目		允许偏差(mm)	检验方法
2	竖向构件直线度		2.5	2m靠尺、塞尺
3	相邻两根竖向构件的标高偏差		3	水平仪和钢直尺
4	同层构件标高偏差		5	水平仪和钢直尺,以构件顶端为测量面进行测量
5	相邻两竖向构件间距偏差		2	用钢卷尺在构件顶部测量
6	构件外表面平面度	相邻三构件	2	用钢直尺和经纬仪或全站仪测量
		$b \leqslant 20m$	5	
		$b \leqslant 40m$	7	
		$b \leqslant 60m$	9	
		$b > 60m$	10	

注：h 为围护结构高度，b 为围护结构宽度。

13.3.5 铝合金幕墙结构横向主要构件安装质量的允许偏差应符合表 13.3.5 的规定，测量检查应在风力小于 4 级时进行。

检查数量：按构件数抽查 5%，且不应少于 3 处。

检验方法：见表 13.3.5。

表 13.3.5 横向主要构件安装质量的允许偏差

	检查项目		允许偏差（mm）	检验方法
1	单个横向构件水平度	$l \leqslant 2m$	2	水平尺
		$l > 2m$	3	
2	相邻两横向构件间距差	$s \leqslant 2m$	1.5	钢卷尺
		$s > 2m$	2	
3	相邻两横向构件的标高差		$\leqslant 1$	水平尺
4	横向构件高度差	$b \leqslant 35m$	5	水平仪
		$b > 35m$	7	

注：l 为构件长度，s 为间距，b 为幕墙结构宽度。

13.3.6 铝合金幕墙结构分格框对角线安装质量的允许偏差应符合表 13.3.6 的规定，测量检查应在风力小于 4 级时进行。

检查数量：按分格数抽查 5%，且不应少于 3 处。

检验方法：用钢尺实测。

表 13.3.6 分格框对角线安装质量的允许偏差

检查项目	允许偏差(mm)	检验方法
分格线对角线差	$\leqslant 2m$ 3	钢卷尺
	$> 2m$ 3.5	

13.3.7 立柱连接的检验指标，应符合下列规定：

1 芯管材质、规格应符合设计要求；

2 芯管插入上下立柱的总长度不得小于 250mm；

3 上下两立柱间的空隙不应小于 15mm。

检查数量：按立柱数抽查 5%，且不应少于 3 处。

检验方法：用钢尺实测。

Ⅱ 一 般 项 目

13.3.8 一个分格铝合金型材的表面质量和检验方法应符合表 13.3.8 的规定。

检查数量：全数检查。

检验方法：见表 13.3.8。

表 13.3.8 一个分格铝合金型材的表面质量和检验方法

检查项目	质量要求	检验方法
明显划伤和长度>100mm的轻微划伤	不允许	观察
长度≤100mm的轻微划伤	≤2条	用钢尺检查
擦伤总面积	≤500mm²	用钢尺检查

14 防腐处理工程

14.1 一般规定

14.1.1 本章适用于铝合金结构的防腐处理工程的施工质量验收。

14.1.2 铝合金结构防腐处理工程应按铝合金结构制作检验批的划分原则划分成一个或若干个检验批。

14.2 阳极氧化

Ⅰ 主控项目

14.2.1 阳极氧化膜的厚度应符合现行国家标准《铝合金建筑型材》GB 5237.1 和《铝合金结构设计规范》GB 50429 的有关规定及设计文件的要求，对应级别的厚度应符合表 14.2.1-1 的要求。

检查数量：按表 14.2.1-2。

检验方法：应按现行国家标准《铝及铝合金阳极氧化 氧化膜厚度的测量方法》GB/T 8014.2 和《非磁性基体金属上非导电覆盖层 覆盖层厚度测量 涡流

法》GB/T 4957 规定的方法进行，或检查检验报告。

表 14.2.1-1　氧化膜厚度级别（μm）

级　别	最小平均厚度	最小局部厚度
AA10	10	8
AA15	15	12
AA20	20	16
AA25	25	20

表 14.2.1-2　抽样数量（根）

批量范围	随机取样数	不合格数上限
1～10	全部	0
11～200	10	1
201～300	15	1
301～500	20	2
501～800	30	3
800 以上	40	4

14.2.2　阳极氧化产品不应有电灼伤、氧化膜脱落等影响使用的缺陷。

检查数量：全数检查。

检验方法：观察检查。

Ⅱ　一般项目

14.2.3　阳极氧化膜的封孔质量应符合现行国家标准《铝合金建筑型材 第 2 部分：阳极氧化、着色型材》GB 5237.2 的有关规定。

检查数量：每批取 2 根，每根取 1 个试样。

检验方法：检查检验报告。

14.2.4　阳极氧化膜颜色及色差等应符合现行国家标准《铝合金建筑型材 第 2 部分：阳极氧化、着色型材》GB 5237.2 的有关规定。

检查数量：按本规范表 14.2.1-2。

检验方法：检查检验报告。

14.3　涂　装

Ⅰ　主控项目

14.3.1　电泳涂漆复合膜的厚度应符合表 14.3.1 的规定。

检查数量：按本规范表 14.2.1-2。

检验方法：可按现行国家标准《非磁性基体金属上非导电覆盖层 覆盖层厚度测量 涡流法》GB/T 4957 或《金属和氧化物覆盖层厚度测量显微镜法》GB/T 6462 规定的方法，或检查检验报告。

表 14.3.1　电泳涂漆复合膜厚度（μm）

级别	阳极氧化膜		漆膜	复合膜
	平均膜厚	局部膜厚	局部膜厚	局部膜厚
A	≥10	≥8	≥12	≥21
B	≥10	≥8	≥7	≥16

14.3.2　装饰面上粉末喷涂的涂层的最小局部厚度大于等于 40μm，最大局部厚度小于等于 120μm。

检查数量：按本规范表 14.2.1-2。

检验方法：可按现行国家标准《非磁性基体金属上非导电覆盖层 覆盖层厚度测量 涡流法》GB/T 4957 规定的方法，或检查检验报告。

14.3.3　装饰面上氟碳喷涂的漆膜厚度应符合表 14.3.3 的规定。

检查数量：按本规范表 14.2.1-2。

检验方法：可按现行国家标准《非磁性基体金属上非导电覆盖层 覆盖层厚度测量 涡流法》GB/T 4957 规定的方法，或检查检验报告。

表 14.3.3　氟碳喷涂的漆膜厚度（μm）

级　别	最小平均厚度	最小局部厚度
二涂	≥30	≥25
三涂	≥40	≥34
四涂	≥65	≥55

14.3.4　电泳涂漆前，型材外观质量应符合现行国家标准《铝合金建筑型材》GB 5237.1 的有关规定。涂漆后的漆膜应均匀、整洁，不应有皱纹、裂纹、气泡、流痕、夹杂物、发粘和漆膜脱落等缺陷。

检查数量：全数检查。

检验方法：观察检查。

14.3.5　粉末喷涂型材装饰面上的涂层应平滑、均匀，不应有皱纹、流痕、鼓泡、裂纹、发粘等缺陷。可允许有轻微的桔皮现象，其允许程度应由供需双方商定的实物标样表明。

检查数量：全数检查。

检验方法：观察检查。

14.3.6　氟碳喷涂型材装饰面上的涂层应平滑、均匀，不应有皱纹、流痕、鼓泡、裂纹、发粘等缺陷。

检查数量：全数检查。

检验方法：观察检查。

Ⅱ　一般项目

14.3.7　电泳涂漆型材的漆膜附着力、漆膜硬度等应符合现行国家标准《铝合金建筑型材 第 3 部分：电泳涂漆型材》GB 5237.3 的有关规定。

检查数量：每批取 2 根，每根取 1 个试样。

检验方法：漆膜附着力按现行国家标准《色漆和清漆 漆膜的划格试验》GB/T 9286 中胶带法的规定检验，漆膜硬度按现行国家标准《色漆和清漆 铅笔法测定漆膜硬度》GB/T 6739 的规定，或检查检验报告。

14.3.8　电泳涂漆型材漆膜的颜色及色差等应符合现行国家标准《铝合金建筑型材 第 3 部分：电泳涂漆型材》GB 5237.3 的有关规定。

检查数量：全数检查。

14.3.9 粉末喷涂型材漆膜的耐冲击性、附着力、压痕硬度、光泽、杯突试验结果等应符合现行国家标准《铝合金建筑型材 第4部分：粉末喷涂型材》GB 5237.4 的有关规定。

　　检查数量：每批取2根，每根取1个试样。

　　检验方法：耐冲击性按现行国家标准《漆膜耐冲击测定法》GB/T 1732 的规定检验；附着力按现行国家标准《色漆和清漆 漆膜的划格试验》GB/T 9286 的规定检验，划格间距为2mm；压痕硬度按现行国家标准《色漆和清漆 巴克霍尔兹压痕试验》GB/T 9275 的规定检验；光泽按现行国家标准《色漆和清漆 不含金属颜料的色漆 漆膜元20°、60°和85°镜面光泽的测定》GB/T 9754 的规定检验；杯突试验按现行国家标准《色漆和清漆 杯突试验》GB/T 9753 的规定，或检查检验报告。

14.3.10 粉末喷涂型材漆膜的颜色及色差等应符合现行国家标准《铝合金建筑型材 第4部分：粉末喷涂型材》GB 5237.4 的有关规定。

　　检查数量：全数检查。

　　检验方法：宜采用目视法，按现行国家标准《色漆和清漆 色漆的目视比色》GB/T 9761 中规定的照明条件和观察条件下观察待比较的色漆涂膜的颜色，也可在自然日光下或人造光源下进行，或检查检验报告。

14.3.11 氟碳喷涂型材漆膜的硬度、耐冲击性、附着力、光泽等应符合现行国家标准《铝合金建筑型材 第5部分：氟碳喷涂型材》GB 5237.4 的有关规定。

　　检查数量：每批取2根，每根取1个试样。

　　检验方法：涂层硬度按现行国家标准《色漆和清漆 铅笔法测定漆膜硬度》GB/T 6739 中B法的规定检验；耐冲击性按现行国家标准《漆膜耐冲击测定法》GB/T 1732 的规定检验；附着力按现行国家标准《色漆和清漆 漆膜的划格试验》GB/T 9286 的规定检验，划格间距为1mm；光泽按现行国家标准《色漆和清漆 不含金属颜料的色漆 漆膜元20°、60°和85°镜面光泽的测定》GB/T 9754 的规定检验，或检查检验报告。

14.3.12 氟碳喷涂型材漆膜的颜色及色差等应符合现行国家标准《铝合金建筑型材 第4部分：粉末喷涂型材》GB 5237.4 的有关规定。

　　检查数量：全数检查。

　　检验方法：一般情况下采用目视法，按现行国家标准《色漆和清漆 色漆的目视比色》GB/T 9761 中在规定的照明条件和观察条件下观察待比较的色漆涂膜的颜色，也可以在自然日光下或人造光源下进行，或检查检验报告。

14.4　隔　　离

主控项目

14.4.1 当铝合金材料与不锈钢以外的其他金属材料或含酸性、碱性的非金属材料接触、紧固时，应采用隔离材料。

　　检查数量：全数检查。

　　检验方法：观测检查。

14.4.2 隔离材料严禁与铝合金材料及相接触的其他金属材料产生电偶腐蚀。

　　检查数量：全数检查。

　　检验方法：观测检查。

15　铝合金结构分部（子分部）工程竣工验收

15.0.1 铝合金结构作为主体结构之一应按子分部工程竣工验收；当主体结构均为铝合金结构时应按分部工程竣工验收。

15.0.2 铝合金结构分部（子分部）工程有关安全及功能的检验和见证检测项目应符合本规范附录F的规定，检验应在其分项工程验收合格后进行。

15.0.3 铝合金结构分部（子分部）工程有关观感质量检验应按本规范附录G执行。

15.0.4 铝合金结构分部（子分部）工程合格质量标准应符合下列规定：

　　1　各分项工程质量均应符合合格质量标准；

　　2　质量控制资料和文件应完整；

　　3　有关安全及功能的检验和见证检测结果应符合本规范相应合格质量标准的要求；

　　4　有关观感质量应符合本规范相应合格质量标准的要求。

15.0.5 铝合金结构工程竣工验收时，应提供下列文件和记录：

　　1　铝合金结构工程竣工图纸及相关设计文件；

　　2　施工现场质量管理检查记录；

　　3　有关安全及功能的检验和见证检测项目检查记录；

　　4　有关观感质量检验项目检查记录；

　　5　分部工程所含各分项工程质量验收记录；

　　6　分项工程所含各检验批质量验收记录；

　　7　强制性条文检验项目检查记录及证明文件；

　　8　隐蔽工程检验项目检查验收记录；

　　9　原材料、成品质量合格证明文件、标识及性能检测报告；

　　10　不合格项的处理记录及验收记录；

　　11　重大质量、技术问题实施方案及验收记录；

　　12　其他有关文件和记录。

15.0.6 铝合金结构工程质量验收记录应符合下列规定：

　　1　施工现场质量管理检查记录可按现行国家标准《建筑工程施工质量验收统一标准》GB 50300 的有关规定执行。

　　2　分项工程检验批验收记录可按本规范表

H.0.1～表 H.0.10 进行；

3 分项工程验收记录可按现行国家标准《建筑工程施工质量验收统一标准》GB 50300 的有关规定执行。

4 分部（子分部）工程验收记录可按现行国家标准《建筑工程施工质量验收统一标准》GB 50300 的有关规定执行。

15.0.7 当铝合金结构工程施工质量不符合本规范要求时，应按下列规定进行处理：

1 经返工重做或更换构（配）件的检验批，应重新进行验收；

2 经有资质的检测单位检测鉴定能够达到设计要求的检验批，应予以验收；

3 经有资质的检测单位检测鉴定达不到设计要求，但经原设计单位核算认可能够满足结构安全和使用功能的检验批，应予以验收；

4 经返修或加固处理的分项、分部工程，虽然改变外形尺寸但仍能满足安全使用要求时，应按处理技术方案和协商文件进行验收。

15.0.8 通过返修或加固处理仍不能满足安全使用要求的铝合金结构分部（子分部）工程，严禁验收。

附录 A 焊缝外观质量标准及尺寸允许偏差

A.0.1 焊缝外观质量标准应符合表 A.0.1 的规定。

表 A.0.1 焊缝外观质量标准

项 目	允 许 偏 差
未焊满（指不足设计要求）	≤0.2+0.02t，且≤1.0mm，每 100mm 焊缝内缺陷总长≤25mm
根部收缩	≤0.2+0.02t，且≤1.0mm
咬边深度	母材 t≤10mm 时，≤0.5mm；母材 t>10mm 时，≤0.8mm。连续长度≤100mm
焊缝两侧咬边总长度	板材不得超过焊缝总长度的 10%；管材不得超过焊缝总长度的 20%
裂纹	不允许
弧坑裂纹	不允许
电弧擦伤	不允许
焊缝接头不良	缺口深度≤0.05t，且≤0.5mm，每 1000mm 焊缝不应超过 1 处
焊瘤	不允许
未焊透	不加衬垫单面焊容许值≤0.15t，且≤1.5mm，每 100mm 焊缝内缺陷总长≤25mm
表面夹渣	不允许
表面气孔	不允许

注：t 为连接处较薄的板厚；表中数值均为正值。

A.0.2 焊缝尺寸允许偏差应符合表 A.0.2 的规定。

表 A.0.2 焊缝尺寸允许偏差

序号	项 目	图 例	允许偏差
1	对接焊缝余高 C		母材 t≤10mm 时，C≤3.0mm；母材 t>10mm 时，C≤$t/3$ 且≤5mm
2	角焊缝余高 C		h_f≤6 时，C≤1.5mm；h_f>6 时，C≤3.0mm
3	表面凹陷 d		除仰焊位置单面焊缝内表面允许有深度 d≤0.2t 且 2mm 的凹陷外，其他所有位置的焊缝表面应不低于基本金属
4	错边量 d		母材 t≤5mm 时，d≤0.5mm；母材 t>5mm 时，d≤0.1t 且≤2mm

注：1 h_f>8.0mm 的角焊缝其局部焊脚尺寸允许低于设计要求值 1.0mm，但总长度不得超过焊缝长度 10%。

2 表中数值均为正值。

附录 B 紧固件连接工程检验项目

B.0.1 螺栓实物最小载荷检验，应测定螺栓实物的抗拉强度是否满足现行国家标准《紧固件机械性能螺栓、螺钉和螺柱》GB/T 3098.1 的规定。

检验方法：用专用卡具将螺栓实物置于拉力试验机上进行拉力试验，试验机的夹具应能自动调正中心，试验时夹头张拉的移动速度不超过 25mm/min。

螺栓实物和抗接强度应根据螺纹应力截面积计算确定，应按现行国家标准《紧固件机械性能螺栓、螺钉和螺柱》GB/T 3098.1 的有关规定取值。

进行试验时，承受拉力载荷的未旋合的螺纹长度应为螺距的6倍以上，当试验拉力达到现行国家标准《紧固件机械性能螺栓、螺钉和螺柱》GB/T 3098.1中规定的最小拉力载荷时不得断裂。当超过最小拉力载荷直至拉断时，断裂应发生在杆部或螺纹部分，而不应发生在螺头与杆部的交接处。

B.0.2 复验用的螺栓应在施工现场待安装的螺栓批中随机抽取，每批应抽取8套连接副进行复验。

连接副预拉力可采用经计量检定、校准合格的轴力计进行测试。

试验用的电测轴力计、油压轴力计、电阻应变仪、扭矩扳手等计量器具，应在试验前进行标定，其误差不得超过2%。

采用轴力计方法复验连接副预拉力时，应将螺栓直接插入轴力计。紧固螺栓应分初拧和终拧，初拧应采用手动扭矩扳手或专用定扭电动扳手；初拧值应为预拉力标准值的50%。终拧应采用专用电动扳手，至尾部梅花头拧掉，并读出预拉力值。

每套连接副只应做一次试验，不得重复使用。在紧固中垫圈发生转动时，应更换连接副，并重新试验。

复验螺栓连接副的预拉力平均值和标准偏差应符合表B.0.2的规定。

表B.0.2 复验螺栓连接副的预拉力和标准偏差（kN）

螺栓直径（mm）	16	20	24
紧固预拉力的平均值	99～120	154～186	222～270
标准偏差	10.1	15.7	22.7

B.0.3 高强度螺栓连接副扭矩检验应含初拧、复拧、终拧扭矩的现场无损检验。检验所用的扭矩扳手其扭矩精度误差不应大于3%。

高强度螺栓连接副扭矩检验应分扭矩法检验、转角法检验和扭剪型扭矩检验，检验法与施工法应相同。扭矩检验应在施拧1h后，48h内完成。

1 扭矩法检验方法：在螺尾端头和螺母相对位置划线，将螺母退回60°左右，用扭矩扳手测定拧回至原来位置时的扭矩值。该扭矩值与施工扭矩值的偏差在10%以内为合格。

高强度螺栓连接副终拧扭矩值应按下式计算：

$$T_c = K \cdot P_c \cdot D \quad (B.0.3-1)$$

式中：T_c——终拧扭矩值（N·m）；

P_c——施工预拉力值标准值（kN），见表B.0.3；

D——螺栓公称直径（mm）；

K——扭矩系数，按附录B.0.4的规定确定。

高强度大六角头螺栓连接副初拧扭矩值可按$0.5T_c$取值。

扭剪型高强度螺栓连接副初拧扭矩值可按下式计算：

$$T_0 = 0.065 P_c \cdot d \quad (B.0.3-2)$$

式中：T_0——初拧扭矩值（N·m）；

P_c——施工预拉力值标准值（kN），见表B.0.3；

d——螺栓公称直径（mm）。

2 转角法检验方法：

1）检查初拧后在螺母与相对位置所画的终拧起始线和终止线所夹的角度是否达到规定值。

2）在螺尾端头和螺母相对位置画线，然后全部卸松螺母，在按规定的初拧扭矩和终拧角度重新拧紧螺栓，观察与原画线是否重合。终拧转角偏差在10°以内为合格。

终拧转角与螺栓在直径、长度等因素有关，应由试验确定。

3 扭剪型高强度螺栓施工扭矩检验方法：观察尾部梅花头拧掉情况。尾部梅花头被拧掉者视同其终拧扭矩达到合格质量标准；尾部梅花头未被拧掉者应按本条所述的扭矩法或转角法检验。

表B.0.3 高强度螺栓连接副施工预拉力标准值（kN）

螺栓的性能等级	螺栓公称直径（mm）		
	M16	M20	M24
8.8s	75	120	170
10.9s	110	170	250

B.0.4 复验用螺栓应在施工现场待安装的螺栓批中随机抽取，每批应抽取8套连接副进行复验。

连接副扭矩系数复验用的计量器具应在试验前进行标定，误差不得超过2%。

每套连接副只应做一次试验，不得重复使用。在紧固中垫圈发生转动时，应更换连接副，并重新试验。

连接副扭矩系数的复验应将螺栓穿入轴力计，在测出螺栓预拉力的同时，应测出施加于螺母上的施扭矩值，并应按下式计算扭矩系数K：

$$K = T / (P \cdot d) \quad (B.0.4)$$

式中：T——施拧扭矩（N·m）；

d——高强度螺栓公称直径（mm）；

P——螺栓预拉力（kN）。

进行连接副扭矩系数试验时，螺栓预拉力值应符合表B.0.4的规定。

每组8套连接副扭矩系数的平均值应为0.110～0.150，标准偏差小于或等于0.010。扭剪型高强度螺栓连接副采用扭矩法施工时，其扭矩系数亦按本附录的规定确定。

表 B.0.4　螺栓预拉力值范围（kN）

螺栓规格（mm）		M16	M20	M24
预拉力值	10.9s	93～113	142～177	206～250
	8.8s	62～78	100～120	140～170

B.0.5 高强度螺栓连接摩擦面的抗滑移系数检验，应符合下列规定：

1 制造厂和安装单位分别以铝合金结构制造批为单位进行抗滑移系数检验。制造批应按分部（子分部）工程划分规定的工程量每 500t 为一批，不足 500t 的应视为一批。选用两种及两种以上表面处理工艺时，每种处理工艺应单独检验，每批三组试件。

抗滑移系数检验应采用双摩擦面的二栓拼接的拉力试件（图 B.0.5）。

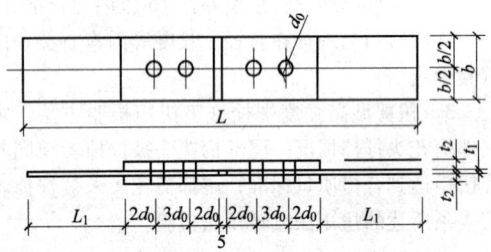

图 B.0.5　抗滑移系数拼接试件的形式和尺寸
注：t_1、t_2 为板的厚度，L_1 为板的长度，b 为板的宽度。

抗滑移系数检验用的试件应由制造厂加工，试件与所代表的铝合金结构构件应为同一材质、同批制作、采用同一摩擦面处理工艺和具有相同的表面状态，并应用同批同一性能等级的高强度螺栓连接副，在同一环境条件下存放。

试件铝合金板的厚度 t_1、t_2 应根据铝合金结构工程中有代表性的板材厚度来确定，同时在摩擦面滑移之前，试件铝合金板的净截面应始终处于弹性状态；宽度 b 可按照表 B.0.5 规定取值。板心长度 L_1 应根据试验机夹具的要求确定。

表 B.0.5　试件板的宽度（mm）

螺栓直径 d	16	20	24
板宽 b	100	100	110

试件板面应平整，无油污，孔和板的边缘无飞边、毛刺。

2 试验用的试验机误差应在 1% 以内。

试验用的贴有电阻片的高强度螺栓、压力传感器和电阻应变仪应在试验前用试验机进行标定，其误差应在 2% 以内。

试件的组装顺序为先将冲钉打入试件孔定位，然后逐个换成装有压力传感器或贴有电阻片的高强度螺栓，或换成同批经预拉力复验的扭剪型高强度螺栓。

紧固高强度螺栓应分初拧、终拧。初拧应达到螺栓预拉力标准值的 50%。终拧后，螺栓预拉力应符合下列规定：

1）对装有压力传感器或贴有电阻片的高强度螺栓，采用电阻应变仪实测控制试件每个螺栓的预拉力值应为高强度螺栓设计预拉力值的 0.95 倍～1.05 倍；

2）不进行实测时，扭剪型高强度螺栓的预拉力（紧固轴力）可按同批复验预拉力的平均值取用。

3 试件应在其侧面画出观察滑移的直线。

将组装好的试件置于拉力试验机上，试件的轴线应与试验机夹具中心严格对中。

加荷时，应先加 10% 的抗滑移设计荷载值，停 1min 后，再平稳加荷，加荷速度应 3kN/s～5kN/s。应拉至滑移破坏，测得滑移荷载。

在试验中当发生下列情况之一时，所对应的荷载可定为试件的滑移荷载：

1）试验机发生回针现象；
2）试件侧面画线发生错动；
3）X-Y 记录仪上变形曲线发生突变；
4）试件突然发生"嘣"的响声。

4 抗滑移系数，应根据试验所测得的滑移荷载和螺栓预拉力的实测值，按式（B.0.5）计算，宜取小数点二位有效数字：

$$\mu = \frac{N_v}{n_f \cdot \sum_{i=1}^{m} P_i} \qquad (B.0.5)$$

式中：N_v——由试验测得的滑移荷载（kN）；

n_f——摩擦面面数，取 $n_f = 2$；

$\sum_{i=1}^{m} P_i$——试件滑移一侧高强度螺栓预拉力实测值（或同批螺栓连接副的预拉力平均值）之和取三位有效数字（kN）；

m——试件一侧螺栓数量，取 $m=2$。

附录 C　铝合金构件组装的允许偏差

C.0.1 铝合金构件组装的允许偏差应符合表 C.0.1～表 C.0.3 的规定。

表 C.0.1　单元构件组装的允许偏差

序号	项目		允许偏差（mm）	检查方法
1	单元构件长度（mm）	≤2000	±1.5	钢尺
		>2000	±2.0	
2	单元构件宽度（mm）	≤2000	±1.5	钢尺
		>2000	±2.0	

续表 C.0.1

序号	项目	允许偏差（mm）		检查方法
3	单元构件对角线长度（mm）	≤2000	≤2.5	钢尺
		>2000	≤3.0	
4	单元构件平面度	—	≤1.0	1m靠尺
5	接缝高低差	—	≤0.5	游标深度尺
6	接缝间隙	—	≤0.5	塞片

表 C.0.2 明框幕墙组装的允许偏差（mm）

项目	构件长度	允许偏差
型材槽口尺寸	≤2000	±2.0
	>2000	±2.5
组件对边尺寸差	≤2000	≤2.0
	>2000	≤3.0
组件对角线尺寸差	≤2000	≤3.0
	>2000	≤3.5

表 C.0.3 隐框幕墙组装的允许偏差（mm）

序号	项目	尺寸范围	允许偏差
1	框长宽尺寸	—	±1.0
2	组件长宽尺寸	—	±2.5
3	框接缝高度差	—	≤0.5
4	框内侧对角线差及组件对角线差	当长边小于等于2000时	≤2.5
		当长边大于2000时	≤3.5
5	框组装间隙	—	≤0.5
6	胶缝宽度		+2.0 0
7	胶缝厚度		+0.5 0
8	组件周边玻璃与铝框位置差		±1.0
9	结构组件平面度		≤3.0
10	组件厚度		±1.5

附录 D 铝合金构件预拼装的允许偏差

表 D 铝合金构件预拼装的允许偏差（mm）

构件类型	项目		允许偏差	检验方法
桁架	跨度两端最外侧支撑面间距离		+5.0 −10.0	用钢尺检查
	接口截面错位		2.0	用卡尺检查
	拱度	设计要求起拱	±L/5000	用拉线和钢尺检查
		设计未要求起拱	L/20000	
	节点处的杆件轴线错位		4.0	划线后用钢尺检查
管构件	预拼装单元总长		±5.0	用钢尺检查
	预拼装单元弯曲矢高		L/1500，且不应大于10.0	用拉线和钢尺检查
	对口错边		t/10，且不应大于3.0	用卡尺检查
	坡口间隙		+2.0 −1.0	用卡尺检查
空间单元片	预拼装单元长、宽、对角线		5.0	用钢尺检查
	预拼装单元弯曲矢高		L/1500，且不应大于10.0	用拉线和钢尺检查
	接口错边		1.0	用卡尺检查
	预拼装单元柱身扭曲		h/200，且不应大于5.0	用拉线，吊线，钢尺检查
	顶紧面到任一支点距离		±2.0	用钢尺检查

注：L 为长度、跨度，h 为截面高度，t 为板、壁的厚度。

附录 E 铝合金结构安装的允许偏差

E.0.1 单层铝合金结构中柱子安装的允许偏差应符合表 E.0.1 的规定。

表 E.0.1　单层铝合金结构中柱子安装的允许偏差（mm）

项目		允许偏差	检验方法
柱脚底座中心轴线对定位轴线的偏差		5.0	用吊线和钢尺检查
柱基准点标高	有梁的柱	+3.0 −5.0	用水准仪检查
	无梁的柱	+5.0 −8.0	
弯曲矢高		H/1200，且不应大于10.0	用经纬仪或拉线和钢尺检查
柱轴线垂直度	单层柱	H/1500，且不应大于8.0	用经纬仪或吊线和钢尺检查
	多层柱	H/1500+5.0，且不应大于20.0	

注：H 为柱的高度。

E.0.2 墙架、檩条等次要构件安装的允许偏差应符合表 E.0.2 的规定。

E.0.3 铝合金平台、铝合金梯和防护栏杆安装的允许偏差应符合表 E.0.3 的规定。

表 E.0.2　墙架、檩条等次要构件安装的允许偏差（mm）

项目		允许偏差	检验方法
墙架立柱	中心线对定位轴线的偏移	10.0	用钢尺检查
	垂直度	H/1500，且不应大于8.0	用经纬仪或吊线和钢尺检查
	弯曲矢高	H/1000，且不应大于15.0	用经纬仪或吊线和钢尺检查
抗风桁架的垂直度		H/250，且不应大于15.0	用吊线和钢尺检查
檩条、墙梁的间距		±5.0	用钢尺检查
檩条的弯曲矢高		L/750，且不应大于12.0	用拉线和钢尺检查
墙梁的弯曲矢高		L/750，且不应大于10.0	用拉线和钢尺检查

注：H 为墙架立柱的高度，L 为檩条或墙梁的长度。

表 E.0.3　铝合金平台、铝合金梯和防护栏杆安装的允许偏差（mm）

项目	允许偏差	检验方法
平台高度	±15.0	用水准仪检查
平台梁水平度	l/1000，且不应大于20.0	用水准仪检查
平台支柱垂直度	H/1000，且不应大于15.0	用经纬仪或吊线和钢尺检查
承重平台梁侧向弯曲	l/1000，且不应大于10.0	用拉线和钢尺检查
承重平台梁垂直度	H/250，且不应大于15.0	用吊线和钢尺检查
直梯垂直度	l/1000，且不应大于15.0	用吊线和钢尺检查
栏杆高度	±15.0	用钢尺检查
栏杆立柱间距	±15.0	用钢尺检查

注：H 为柱的高度，l 为平台梁长度。

E.0.4 多层铝合金结构中构件安装的允许偏差应符合表 E.0.4 的规定。

表 E.0.4　多层铝合金结构构件安装的允许偏差（mm）

项目	允许偏差	检验方法
上、下柱连接处的错口	3.0	用钢尺检查

续表 E.0.4

项 目	允许偏差	图 例	检验方法
同一层柱的各柱顶高度差	5.0		用水准仪检查
同一根梁两端顶面的高差	$l/1000$，且不应大于 10.0		用水准仪检查
主梁与次梁表面的高差	±2.0		用直尺和钢尺检查
压型金属板在铝合金梁上相邻列的错位	15.0		用直尺和钢尺检查

注：l 为梁长度。

E.0.5 多层铝合金结构主体结构总高度的允许偏差应符合表 E.0.5 的规定。

表 E.0.5 多层铝合金结构主体结构总高度的允许偏差（mm）

项 目	允许偏差	图 例
用相对标高控制安装	$\pm\sum(\Delta_h + \Delta_z + \Delta_w)$	
用设计标高控制安装	$H/1000$，且不应大于 30.0 $-H/1000$，且不应小于 -30.0	

注：Δ_h 为每节柱子长度的制造允许偏差，Δ_z 为每节柱子长度受荷载后的压缩值，Δ_w 为每节柱子接头焊缝的收缩值，H 为主体结构总高度。

附录 F 铝合金结构分部（子分部）工程有关安全及功能的检验和见证检测项目

表 F 铝合金结构分部（子分部）工程有关安全及功能的检验和见证检测项目

项次	项 目	抽检数量及检验方法	合格质量标准
1	见证取样试验项目 铝材及焊接材料复验 高强度螺栓预拉力、扭矩系数复验 摩擦面抗滑移系数复验	本规范第 4.2.2 条 本规范第 4.4.1 条 本规范第 6.3.1 条	—
2	焊缝质量 内部缺陷 外观缺陷 焊缝尺寸	全数检查	—
3	高强度螺栓施工质量 终拧扭矩 梅花头检查 网格螺栓球节点	随机抽查 3 个轴线间压型金属板表面	本规范第 6.3.3 条的要求
4	柱脚及网格支座 锚栓紧固 垫板、垫块 二次灌浆	按柱脚及网格支座数随机抽检 10%，且不应少于 3 个；采用观察和尺量等方法进行检验	符合设计要求和本规范的规定
5	主要构件变形 铝合金桁架、铝合金梁等垂直度和侧向弯曲 铝合金柱垂直度	随机抽查	连接牢固，无明显外观缺陷

附录G 铝合金结构分部（子分部）工程有关观感质量检查项目

表G 铝合金结构分部（子分部）工程观感质量检查项目

项次	项目	抽检数量	合格质量标准
1	铝合金构件涂层表面	随机抽查3个轴线结构构件	本规范第4.2.5和12.2.2条的要求
2	铝合金面板表面	随机抽查3个轴线间压型板表面	本规范第12.3.8条的要求
3	铝合金平台、铝合金梯、铝合金栏杆	随机抽查10%	连接牢固，无明显外观缺陷

附录H 铝合金结构分项工程检验批质量验收记录表

H.0.1 铝合金结构（铝合金构件焊接）分项工程检验批质量验收应按表H.0.1进行记录。

表H.0.1 铝合金结构（铝合金构件焊接）分项工程检验批质量验收记录

工程名称		检验批部位	
施工单位		项目经理	
监理单位		总监理工程师	
施工依据标准		分包单位负责人	

	主控项目	合格质量标准	施工单位检验评分记录或结果	监理（建设）单位验收记录或结果	备注
1	焊接材料进场	本规范第4.3.1条			
2	焊接材料复验	本规范第4.3.2条			
3	材料匹配	本规范第5.2.1条			
4	焊工证书	本规范第5.2.2条			
5	焊接工艺评定	本规范第5.2.3条			
6	内部缺陷	本规范第5.2.4条			
7	焊缝尺寸	本规范第5.2.5条			
8	焊缝表面缺陷	本规范第5.2.6条			

	一般项目	合格质量标准	施工单位检验评分记录或结果	监理（建设）单位验收记录或结果	备注
1	焊接材料进场	本规范第4.3.3条			
2	预热和后热处理	本规范第5.2.7条			
3	焊缝外观质量	本规范第5.2.8条			
4	焊缝尺寸偏差	本规范第5.2.9条			
5	凹形焊缝	本规范第5.2.10条			
6	焊缝感观	本规范第5.2.11条			

施工单位检验评定结果	班组长： 质检员： 或专业工长： 或项目技术负责人： 年 月 日 年 月 日
监理（建设）单位验收结论	监理工程师（建设单位项目技术人员）： 年 月 日

H.0.2 铝合金结构（紧固件连接）分项工程检验批质量验收应按表 H.0.2 进行记录。

表 H.0.2 铝合金结构（紧固件连接）分项工程检验批质量验收记录

工程名称		检验批部位		
施工单位		项目经理		
监理单位		总监理工程师		
施工依据标准		分包单位负责人		
主控项目	合格质量标准	施工单位检验评定记录或结果	监理（建设）单位验收记录或结果	备注
1 成品进场	本规范第4.4.1条			
2 螺栓实物复验	本规范第6.2.1条			
3 匹配及间距	本规范第6.2.2条			
一般项目	合格质量标准	施工单位检验评定记录或结果	监理（建设）单位验收记录或结果	备注
1 螺栓紧固	本规范第6.2.3条			
2 外观质量	本规范第6.2.4条			
施工单位检验评定结果	班组长： 质检员： 或专业工长： 或项目技术负责人： 年 月 日 年 月 日			
监理（建设）单位验收结论	监理工程师（建设单位项目技术人员）： 年 月 日			

H.0.3 铝合金结构（高强度螺栓连接）分项工程检验批质量验收应按表 H.0.3 进行记录。

表 H.0.3 铝合金结构（高强度螺栓连接）分项工程检验批质量验收记录

工程名称		检验批部位		
施工单位		项目经理		
监理单位		总监理工程师		
施工依据标准		分包单位负责人		
主控项目	合格质量标准	施工单位检验评分记录或结果	监理（建设）单位验收记录或结果	备注
1 成品进场	本规范第4.4.1条			
2 扭矩系数	本规范第4.4.2条			
3 预拉力	本规范第4.4.3条			
4 抗滑移系数	本规范第6.3.1条			
5 终拧扭矩	本规范第6.3.2或6.3.3条			
一般项目	合格质量标准	施工单位检验评分记录或结果	监理（建设）单位验收记录或结果	备注
1 成品包装	本规范第4.4.4条			
2 表面硬度试验	本规范第4.4.5条			
3 初拧、复拧扭矩	本规范第6.3.4条			
4 连接外观质量	本规范第6.3.5条			
5 摩擦面外观	本规范第6.3.6条			
6 扩孔	本规范第6.3.7条			
施工单位检验评定结果	班组长： 质检员： 或专业工长： 或项目技术负责人： 年 月 日 年 月 日			
监理（建设）单位验收结论	监理工程师（建设单位项目技术人员）： 年 月 日			

H.0.4 铝合金结构（零部件加工）分项工程检验批质量验收应按表 H.0.4 进行记录。

表 H.0.4 铝合金结构（零部件加工）分项工程检验批质量验收记录

工程名称		检验批部位			
施工单位		项目经理			
监理单位		总监理工程师			
施工依据标准		分包单位负责人			
主控项目		合格质量标准	施工单位检验评分记录或结果	监理（建设）单位验收记录或结果	备注
1	材料进场	本规范第4.2.1条			
2	铝合金材料复验	本规范第4.2.2条			
3	切面质量	本规范第7.2.1条			
4	边缘加工	本规范第7.3.1条			
5	球、毂加工	本规范第7.4.1和7.4.2条			
6	制孔	本规范第7.5.1条			
7	槽口加工	本规范第7.6.1条			
8	豁口加工	本规范第7.6.2条			
9	榫头加工	本规范第7.6.3条			
一般项目		合格质量标准	施工单位检验评分记录或结果	监理（建设）单位验收记录或结果	备注
1	材料规格尺寸	本规范第4.2.3和4.2.4条			
2	铝合金材料表面质量	本规范第4.2.5条			
3	切割精度	本规范第7.2.2条			
4	边缘加工精度	本规范第7.3.2条			
5	螺栓球加工精度	本规范第7.4.3条			
6	管杆件加工精度	本规范第7.4.4条			
7	毂加工精度	本规范第7.4.5条			

续表 H.0.4

一般项目		合格质量标准	施工单位检验评分记录或结果	监理（建设）单位验收记录或结果	备注
8	制孔精度	本规范第7.5.2～7.5.6条			
施工单位检验评定结果			班组长：　　　　质检员：或专业工长：　　或项目技术负责人：　年　月　日　　　　　　　年　月　日		
监理（建设）单位验收结论			监理工程师（建设单位项目技术人员）：　　　　　　　　　　　　　　　　　　　　年　月　日		

H.0.5 铝合金结构（构件组装）分项工程检验批质量验收应按表 H.0.5 进行记录。

表 H.0.5 铝合金结构（构件组装）分项工程检验批质量验收记录

工程名称		检验批部位			
施工单位		项目经理			
监理单位		总监理工程师			
施工依据标准		分包单位负责人			
主控项目		合格质量标准	施工单位检验评分记录或结果	监理（建设）单位验收记录或结果	备注
1	端部铣平精度	本规范第8.3.1条			
一般项目		合格质量标准	施工单位检验评分记录或结果	监理（建设）单位验收记录或结果	备注
1	组装精度	本规范第8.2.1条			
2	顶紧接触面	本规范第8.2.2条			
3	轴线交点错位	本规范第8.2.3条			
4	焊缝坡口精度	本规范第8.3.2条			
施工单位检验评定结果			班组长：　　　　质检员：或专业工长：　　或项目技术负责人：　年　月　日　　　　　　　年　月　日		
监理（建设）单位验收结论			监理工程师（建设单位项目技术人员）：　　　　　　　　　　　　　　　　　　　　年　月　日		

H.0.6 铝合金结构（预拼装）分项工程检验批质量验收应按表 H.0.6 进行记录。

表 H.0.6 铝合金结构（预拼装）分项工程检验批质量验收记录

工程名称		检验批部位		
施工单位		项目经理		
监理单位		总监理工程师		
施工依据标准		分包单位负责人		
主控项目	合格质量标准	施工单位检验评定记录或结果	监理（建设）单位验收记录或结果	备注
1 多层板叠栓孔	本规范第9.2.1条			
一般项目	合格质量标准	施工单位检验评定记录或结果	监理（建设）单位验收记录或结果	备注
1 预拼装精度	本规范第9.2.2条			
2 顶紧组装面质量	本规范第9.2.3条			
施工单位检验评定结果	班组长： 或专业工长：	质检员： 或项目技术负责人： 年 月 日		年 月 日
监理（建设）单位验收结论	监理工程师（建设单位项目技术人员）： 年 月 日			

H.0.7 铝合金结构（框架结构安装）分项工程检验批质量验收应按表 H.0.7 进行记录。

表 H.0.7 铝合金结构（框架结构安装）分项工程检验批质量验收记录

工程名称		检验批部位		
施工单位		项目经理		
监理单位		总监理工程师		
施工依据标准		分包单位负责人		
主控项目	合格质量标准	施工单位检验评分记录或结果	监理（建设）单位验收记录或结果	备注
1 基础验收	本规范第10.2.1～10.2.3条			
2 构件验收	本规范第10.3.1条			
3 柱子安装精度	本规范第10.3.2条			
4 顶紧接触面	本规范第10.3.3条			
5 垂直度和侧向弯曲	本规范第10.3.4条			
6 主体结构尺寸	本规范第10.3.5条			
一般项目	合格质量标准	施工单位检验评分记录或结果	监理（建设）单位验收记录或结果	备注
1 地脚螺栓精度	本规范第10.2.4条			
2 标记	本规范第10.3.6条			
3 桁架、梁安装精度	本规范第10.3.7条			
4 单层铝合金结构中铝合金柱安装精度	本规范第10.3.8条			
5 檩条等安装精度	本规范第10.3.9条			
6 平台等安装精确	本规范第10.3.10条			
7 多层铝合金结构中构件安装进度	本规范第10.3.11条			
8 多层铝合金结构总高度精度	本规范第10.3.12条			

续表 H.0.7

一般项目	合格质量标准	施工单位检验评分记录或结果	监理（建设）单位验收记录或结果	备注
9	现场组对精度	本规范第10.3.13条		
10	结构表面	本规范第10.3.14条		
施工单位检验评定结果	班组长： 质检员： 或专业工长： 或项目技术负责人： 年 月 日 年 月 日			
监理（建设）单位验收结论	监理工程师 （建设单位项目技术人员）： 年 月 日			

H.0.8 铝合金结构（空间网格安装）分项工程检验批质量验收应按表 H.0.8 进行记录。

表 H.0.8 铝合金结构（空间网格安装）分项工程检验批质量验收记录

工程名称			检验批部位		
施工单位			项目经理		
监理单位			总监理工程师		
施工依据标准			分包单位负责人		
主控项目		合格质量标准	施工单位检验评分记录或结果	监理（建设）单位验收记录或结果	备注
1	螺栓球	本规范第4.5.1和4.5.2条			
2	橡胶垫	本规范第4.7.2条			
3	基础验收	本规范第11.2.1和11.2.2条			
4	支座	本规范第11.2.3和11.2.4条			
5	拼装精度	本规范第11.3.1和11.3.2条			
6	节点承载力试验	本规范第11.3.3条			

续表 H.0.8

一般项目	合格质量标准（按本规范）	施工单位检验评分记录或结果	监理（建设）单位验收记录或结果	备注
1	螺栓球精度	本规范第4.5.4条		
2	螺栓球螺纹精度	本规范第4.5.3条		
3	锚栓精度	本规范第11.2.5条		
4	结构挠度	本规范第11.3.4条		
5	结构表面	本规范第11.3.5条		
6	安装精度	本规范第11.3.6条		
施工单位检验评定结果	班组长： 质检员： 或专业工长： 或项目技术负责人： 年 月 日 年 月 日			
监理（建设）单位验收结论	监理工程师（建设单位6项目技术人员）： 年 月 日			

H.0.9 铝合金结构（铝合金面板）分项工程检验批质量验收应按表 H.0.9 进行记录。

表 H.0.9 铝合金结构（铝合金面板）分项工程检验批质量验收记录

工程名称			检验批部位		
施工单位			项目经理		
监理单位			总监理工程师		
施工依据标准			分包单位负责人		
主控项目		合格质量标准	施工单位检验评分记录或结果	监理（建设）单位验收记录或结果	备注
1	铝合金面板进场	本规范第4.6.1和4.6.2条			
2	基板缺陷	本规范第12.2.1条			
3	涂层缺陷	本规范第12.2.2条			
4	现场安装	本规范第12.3.1条			

续表 H.0.9

主控项目	合格质量标准	施工单位检验评分记录或结果	监理（建设）单位验收记录或结果	备注
5 支座	本规范第12.3.2条			
6 搭接	本规范第12.3.3条			

一般项目	合格质量标准	施工单位检验评分记录或结果	监理（建设）单位验收记录或结果	备注
1 铝合金面板精度	本规范第4.6.3条			
2 制作精度	本规范第12.2.3和12.2.5条			
3 表面质量	本规范第12.2.4条			
4 面板相关尺寸	本规范第12.3.4条			
5 安装质量	本规范第12.3.5、12.3.7和12.3.8条			
6 安装精度	本规范第12.3.6条			

施工单位检验评定结果	班组长： 质检员： 或专业工长： 或项目技术负责人： 年 月 日 年 月 日
监理（建设）单位验收结论	监理工程师（建设单位项目技术人员）： 年 月 日

H.0.10 铝合金结构（铝合金幕墙）分项工程检验批质量验收应按表 H.0.10 进行记录。

表 H.0.10 铝合金结构（铝合金幕墙）分项工程检验批质量验收记录

工程名称		检验批部位	
施工单位		项目经理	
监理单位		总监理工程师	
施工依据标准		分包单位负责人	

主控项目	合格质量标准	施工单位检验评分记录或结果	监理（建设）单位验收记录或结果	备注
1 锚栓	本规范第13.2.1条			

续表 H.0.10

主控项目	合格质量标准	施工单位检验评分记录或结果	监理（建设）单位验收记录或结果	备注
2 预埋件、连接件安装精度	本规范第13.2.2条			
3 材料进场	本规范第13.3.1和13.3.2条			
4 连接	本规范第13.3.3条			
5 安装精度	本规范第13.3.4、13.3.5和13.3.6条			
6 立柱连接	本规范第13.3.7条			

一般项目	合格质量标准	施工单位检验评分记录或结果	监理（建设）单位验收记录或结果	备注
1 表面质量	本规范第13.3.8条			

施工单位检验评定结果	班组长： 质检员： 或专业工长： 或项目技术负责人： 年 月 日 年 月 日
监理（建设）单位验收结论	监理工程师（建设单位项目技术人员）： 年 月 日

本规范用词说明

1 为便于在执行本规范条文时区别对待,对要求严格程度不同的用词说明如下:

1) 表示很严格,非这样做不可的:
   正面词采用"必须",反面词采用"严禁";
2) 表示严格,在正常情况下均应这样做的:
   正面词采用"应",反面词采用"不应"或"不得";
3) 表示允许稍有选择,在条件许可时首先应这样做的:
   正面词采用"宜",反面词采用"不宜";
4) 表示有选择,在一定条件下可以这样做的,采用"可"。

2 条文中指明应按其他有关标准执行的写法为:"应符合……的规定"或"应按……执行"。

引用标准名录

《现场设备、工业管道焊接工程施工及验收规范》GB 50236
《建筑工程施工质量验收统一标准》GB 50300
《铝合金结构设计规范》GB 50429
《铆钉用通孔》GB/T 152.1
《沉头用沉孔》GB/T 152.2
《圆柱头用沉孔》GB/T 152.3
《普通螺纹基本尺寸》GB/T 196
《普通螺纹公差与配合》GB/T 197
《漆膜耐冲击测定法》GB/T 1732
《紧固件机械性能》GB/T 3098
《紧固件机械性能 螺栓、螺钉和螺柱》GB/T 3098.1
《金属熔化焊焊接接头射线照相》GB/T 3323
《铝及铝合金焊条》GB/T 3669
《非磁性基体金属上非导电覆盖层 覆盖层厚度测量 涡流法》GB/T 4957
《铝合金建筑型材》GB 5237.1
《铝合金建筑型材 第2部分:阳极氧化、着色型材》GB 5237.2
《铝合金建筑型材 第3部分:电泳涂漆型材》GB 5237.3
《铝合金建筑型材 第4部分:粉末喷涂型材》GB 5237.4
《铝合金建筑型材 第5部分:氟碳喷涂型材》GB 5237.5
《色漆和清漆 铅笔法测定漆膜硬度》GB/T 6739
《铝及铝合金阳极氧化 氧化膜厚度的测量方法》GB/T 8014.2
《色漆和清漆 巴克霍尔兹压痕试验》GB/T 9275
《色漆和清漆 漆膜的划格试验》GB/T 9286
《色漆和清漆 杯突试验》GB/T 9753
《色漆和清漆 不含金属颜料的色漆 漆膜元20°、60°和85°镜面光泽的测定》GB/T 9754
《色漆和清漆 色漆的目视比色》GB/T 9761
《铝及铝合金焊丝》GB/T 10858

中华人民共和国国家标准

铝合金结构工程施工质量验收规范

GB 50576—2010

条 文 说 明

制 定 说 明

《铝合金结构工程施工质量验收规范》GB 50576—2010，经住房和城乡建设部 2010 年 5 月 31 日以第 589 号公告批准发布。

为便于广大设计、施工、科研、学校等单位有关人员在使用本规范时能正确理解和执行条文规定，《铝合金结构工程施工质量验收规范》编制组按章、节、条顺序编制了本标准的条文说明，对条文规定的目的、依据以及执行中需注意的有关事项进行了说明，还着重对强制性条文的强制性理由做了解释。但是，本条文说明不具备与标准正文同等的法律效力，仅供使用者作为理解和把握标准规定的参考。

目 次

1 总则 ……………………………… 9—12—40
2 术语 ……………………………… 9—12—40
3 基本规定 ………………………… 9—12—40
4 原材料及成品进场 ……………… 9—12—40
    4.1 一般规定 …………………… 9—12—40
    4.2 铝合金材料 ………………… 9—12—40
    4.3 焊接材料 …………………… 9—12—40
    4.4 标准紧固件 ………………… 9—12—41
    4.5 螺栓球 ……………………… 9—12—41
    4.6 铝合金面板 ………………… 9—12—41
    4.7 其他材料 …………………… 9—12—41
5 铝合金焊接工程 ………………… 9—12—41
    5.1 一般规定 …………………… 9—12—41
    5.2 铝合金构件焊接工程 ……… 9—12—41
6 紧固件连接工程 ………………… 9—12—42
    6.2 普通紧固件连接 …………… 9—12—42
    6.3 高强度螺栓连接 …………… 9—12—42
7 铝合金零部件加工工程 ………… 9—12—42
    7.3 边缘加工 …………………… 9—12—42
    7.5 制孔 ………………………… 9—12—42
    7.6 槽、豁、榫加工 …………… 9—12—42
8 铝合金构件组装工程 …………… 9—12—42
    8.2 组装 ………………………… 9—12—42
    8.3 端部铣平及安装焊缝坡口 … 9—12—42
9 铝合金构件预拼装工程 ………… 9—12—42
    9.1 一般规定 …………………… 9—12—42
    9.2 预拼装 ……………………… 9—12—42
10 铝合金框架结构安装工程 …… 9—12—43
    10.2 基础和支承面 …………… 9—12—43
    10.3 总拼和安装 ……………… 9—12—43
11 铝合金空间网格结构安装
    工程 …………………………… 9—12—43
    11.2 支承面 …………………… 9—12—43
    11.3 总拼和安装 ……………… 9—12—43
12 铝合金面板工程 ……………… 9—12—43
    12.1 一般规定 ………………… 9—12—43
    12.2 铝合金面板制作 ………… 9—12—43
    12.3 铝合金面板安装 ………… 9—12—43
13 铝合金幕墙结构安装工程 …… 9—12—44
    13.1 一般规定 ………………… 9—12—44
    13.2 支承面 …………………… 9—12—44
    13.3 总拼和安装 ……………… 9—12—44
14 防腐处理工程 ………………… 9—12—44
    14.1 一般规定 ………………… 9—12—44
    14.4 隔离 ……………………… 9—12—44

1 总 则

1.0.2 本规范的适用范围含建筑工程中的框架、空间网格及面板、幕墙等铝合金结构工程施工质量验收。组合结构、地下结构中的铝合金结构可参照本规范进行施工质量验收。

1.0.3 铝合金结构图纸是铝合金结构工程施工的重要文件，是铝合金结构工程施工质量验收的基本依据；在市场经济中，工程承包合同中有关工程质量的要求具有法律效应，因此合同文件中有关工程质量的约定也是验收的依据之一，但合同文件的规定只能高于本规范的规定，本规范的规定是对施工质量最低和最基本的要求。

1.0.4 现行国家标准《建筑工程施工质量验收统一标准》GB 50300对工程质量验收的划分、验收的方法、验收的程序及组织都提出了原则性的规定，本规范对此不再重复，因此本规范强调在执行时应与现行国家标准《建筑工程施工质量验收统一标准》GB 50300配套使用。

2 术 语

本规范给出了12个有关铝合金结构工程施工质量验收方面的特定术语，这些术语都是从铝合金结构工程施工质量验收的角度赋予其涵义的，但涵义不一定是术语的定义。本规范给出了相应的推荐性英语术语，该英语术语不一定是国际上的标准术语，仅供参考。

3 基 本 规 定

3.0.2 铝合金结构工程施工质量验收所使用的计量器具必须合格，此处合格的意义是指根据计量法规定的、定期计量检验意义上的合格，且保证在检定有效期内使用。

不同计量器具有不同的使用要求，同一计量器具在不同使用状况下，测量精度不同，因此，本规范要求严格按有关规定正确操作计量器具。

3.0.4 根据现行国家标准《建筑工程施工质量验收统一标准》GB 50300的规定，铝合金结构工程施工质量的验收，是在施工单位自检合格的基础上，按照检验批、分项工程、分部（子分部）工程进行。一般来说，铝合金结构作为主体结构，属于分部工程，对大型铝合金结构工程可按空间刚度单元划分为若干个子分部工程；当主体结构中同时含钢结构、钢筋混凝土结构、砌体结构等时，铝合金结构就属于子分部工程；铝合金结构分项工程是按照主要工种、材料、施工工艺等进行划分，本规范将铝合金结构工程划分为10个分项工程，每个分项工程单独成章；将分项工程划分成检验批进行验收，有助于及时纠正施工中出现的质量问题，确保工程质量，也符合施工实际需要。

本规范强调检验批的验收是最小的验收单元，也是最重要和基本的验收工作内容，分项工程、（子）分部工程乃至于单位工程的验收，都是建立在检验批验收合格的基础之上的。

3.0.5 检验批的合格质量主要取决于对主控项目和一般项目的检验结果。主控项目是对检验批的基本质量起决定性影响的检验项目，因此必须全部符合本规范的规定，这意味着主控项目不允许有不符合要求的检验结果，即这种项目的检查具有否决权。一般项目是指对施工质量不起决定性作用的检验项目。

3.0.6 分项工程的验收在检验批的基础上进行，一般情况下，两者具有相同或相近的性质，只是批量的大小不同而已，因此将有关的检验批汇集便构成分项工程的验收。分项工程合格质量的条件相对简单，只要构成分项工程的各检验批的验收资料文件完整，并且均已验收合格，则分项工程验收合格。

4 原材料及成品进场

4.1 一 般 规 定

4.1.1 给出本章的适用范围，明确对主要材料、零件和部件、成品件和标准件等产品进行层层把关的指导思想。

4.1.2 对适用于进场验收的验收批作出统一的划分规定，考虑到实际操作上可能有困难，本条只作原则性规定，具体实施单位可根据不同的实际情况进行调整，灵活处理。

4.2 铝合金材料

4.2.1 近些年，铝合金结构的应用逐渐增加，故对其规格和质量提出明确规定是完全必要的。

4.2.2 在工程实际中，对于哪些铝合金材料需要复验，不是太明确，本条规定了三种情况应进行复验，且应是见证取样、送样的试验项目。

对质量有疑义的铝合金材料主要是指：

1 对质量证明文件有疑义时的铝合金材料；
2 质量证明不全的铝合金材料；
3 质量证明书中的项目少于设计要求的铝合金材料。

4.2.3、4.2.4 铝合金板的厚度、型材的规格尺寸是影响承载力的主要因素，进场验收时重点抽查铝合金板厚度和型材规格尺寸是必要的。

4.3 焊 接 材 料

4.3.1 焊接材料对焊接质量的影响重大，因此，铝合金结构工程中所采用的焊接材料应按设计要求选用，同时产品应符合相应的现行国家标准要求。

4.3.2 由于不同的生产批号质量往往存在一定的差异，本条对用于重要的铝合金结构工程的焊接材料的复验作出了明确规定。该复验应为见证取样、送样检验项目。本条中"重要"是指：

    1 建筑结构安全等级为一级，铝合金主体结构中主要受力构件的焊缝；

    2 大跨度结构中主要受力构件的焊缝；

    3 设计要求。

4.3.3 焊条、焊剂保管不当，容易受潮，不仅影响操作的工艺性能，而且会对接头的理化性能造成不利影响。对于外观不符合要求的焊接材料，不应在工程中采用。当检查数量少于10包时，全数检查。

4.4 标准紧固件

4.4.1～4.4.3 高强度大六角头螺栓连接副的扭矩系数和扭剪型高强度螺栓连接副的紧固轴力（预拉力）是影响高强度螺栓连接质量最主要的因素，也是施工的重要依据，因此要求生产厂家在出厂前要进行检验，出具检验报告，施工单位应在使用前及产品质量保证期内及时复验。

4.4.4 高强度螺栓连接副的生产厂家是按出厂批号包装供货和提供产品质量证明书的，在储存、运输、施工过程中，应严格按批号存放、使用，不同批号的螺栓、螺母、垫圈不得混杂使用。高强度螺栓连接副的表面经特殊处理，在使用前尽可能地保持其出厂状态，以免扭矩系数或紧固轴力（预拉力）发生变化。

4.4.5 螺栓球节点铝合金网格结构中高强度螺栓，其抗拉强度是影响节点承载力的主要因素，表面硬度与强度存在着一定的内在关系，通过控制硬度，来保证螺栓的质量。

4.5 螺 栓 球

4.5.1～4.5.4 本节是指将螺栓球节点作为产品看待，在进场时所进行的验收项目。检查螺栓球表面裂缝是本节的重点。

4.6 铝合金面板

4.6.1～4.6.3 本节是指将铝合金面板系列作为成品看待，在进场时所进行的验收项目。铝合金面板品种较多，进场时均应按本节要求进行验收。

4.7 其他材料

4.7.1～4.7.3 铝合金工程所涉及的其他材料原则上都要通过进场验收检验。

5 铝合金焊接工程

5.1 一般规定

5.1.3 本条参考《固定式压力容器安全技术监察规程》TSG R0004中的规定"有延迟裂纹倾向的材料应当至少在焊接完成24小时后进行无损检测"，出于结构安全性考虑，作此规定。

5.2 铝合金构件焊接工程

5.2.2 目前国家对铝合金结构焊工的资格尚无具体规定，因此对本条规定的要求以现行国家行业标准《建筑钢结构焊接技术规程》JGJ 81为基础，作为对铝合金结构焊工的基本要求。也可参照现行国家规范《现场设备、工业管道焊接工程施工及验收规范》GB 50236的相关规定执行。对钢结构焊工进行铝合金焊接作业时，尚应进行焊前培训及操作训练。

5.2.3 考虑到铝合金焊接工艺复杂，对于首次采用的铝合金材料、焊接材料、焊接方法、焊后热处理等，要求进行焊接工艺评定。具体内容可参照现行国家行业标准《铝及铝合金焊接技术规程》HGJ 222、《铝及铝合金焊接技术条件》EJ/T 1064、《固定式压力容器安全技术监察规程》TSG R0004等的相关规定。

5.2.4 铝及铝合金焊缝的内部缺陷的无损检测通常采用超声波探伤和射线探伤，可参照现行国家行业标准《铝及铝合金焊接技术规程》HGJ 222、《铝及铝合金焊接技术条件》EJ/T 1064、《固定式压力容器安全技术监察规程》TSG R0004、《金属熔化焊焊接接头射线照相》GB/T 3323、《现场设备、工业管道焊接工程施工及验收规范》GB 50236等的相关规定执行。

5.2.5 对T形接头、十字形接头、角接接头等要求焊透的对接与角接组合焊缝，为减小应力集中，同时避免过大的焊脚尺寸，对焊脚尺寸作出此项要求。

5.2.6 焊缝表面的开口缺陷最容易产生应力集中，对焊接构件危害极大。对于特别细小的裂纹缺陷，通过目测是发现不了的，由于铝合金是非铁磁性材料，所以只能采用渗透检测的方法，使缺陷处形成色彩反差，从而发现焊缝表面裂纹缺陷确保已产生的焊接缺陷不漏检。

5.2.7 铝合金焊接时，当无特殊要求时可不进行预热。由于目前这方面的资料较少，对有焊前预热要求的，多通过工艺试验确定预热温度及预热区范围，但温度不宜过高，通常不宜超过100℃。

6 紧固件连接工程

6.2 普通紧固件连接

6.2.1 本条是对进场螺栓实物进行复验。其中有疑义是指不满足本规范4.4.1条的规定,没有质量证明书(出厂合格证)等质量证明文件。

6.3 高强度螺栓连接

6.3.1 抗滑移系数是高强度螺栓连接的主要设计参数之一,直接影响构件的承载力,因此构件摩擦面无论由制造厂处理还是由现场处理,均应对抗滑系数进行测试,测得的抗滑移系数最小值应符合设计要求。

6.3.2 高强度螺栓终拧1h时,螺栓预拉力的损失已大部分完成,在随后一两天内,损失趋于平稳,当超过一个月后,损失就会停止,但在外界环境影响下,螺栓扭矩系数将会发生变化,影响检查结果的准确性。为了统一和便于操作,本条规定检查时间统一定在1h后48h之内完成。

6.3.3 本条的构造原因是指设计原因造成空间太小无法使用专用扳手进行终拧的情况。在扭剪型高强度螺栓施工中,因安装顺序、安装方向考虑不周,或终拧时因对电动扳手使用掌握不熟练,致使终拧时尾部梅花头上的棱端部滑牙(即打滑),无法拧掉梅花头,造成终拧矩是未知数,对此类螺栓的数量应控制一定比例。

6.3.4 高强度螺栓初拧、复拧的目的是为了使摩擦面能密贴,且螺栓受力均匀,对大型节点强调安装顺序是防止节点中螺栓预拉力损失不均,影响连接的刚度。

6.3.7 强行穿过螺栓会损伤丝扣,改变高强度螺栓连接副的扭矩系数,甚至连螺母都拧不上,因此强调自由穿入螺栓孔。气割扩孔很不规则,既削弱了构件的有效载面,减少了压力传力面积,还会对扩孔处铝合金材料造成缺陷,故规定不得气割扩孔。最大扩孔量的限制也是基于构件有效截面积和摩擦传力面积的考虑。

7 铝合金零部件加工工程

7.3 边缘加工

7.3.2 保留了相邻两夹角的质量指标,以控制零件外形满足组装、拼装和受力的要求,加工边直线度的偏差不得与尺寸偏差叠加。

7.5 制 孔

7.5.1 为了保证加工质量,对A、B级螺栓孔的质量做了规定,根据现行国家标准《紧固件公差螺栓、螺钉和螺母》GB/T 3103.1规定产品等级为A、B、C三级,为了便于操作和严格控制,将螺栓孔直径10～18、18～30和30～50三个级别的偏差值直接作为条文。

条文中R_a是根据现行国家标准《表面粗糙度参数及其数值》GB/T 1031确定的。

A、B级螺栓孔的精度偏差和孔壁表面粗糙度是指先钻小孔、组装后绞孔或铣孔应达到的质量标准。

C级螺栓孔,包括普通螺栓孔和高强度螺栓孔。

7.6 槽、豁、榫加工

7.6.1～7.6.3 为了防止装配受阻,这三条规定了槽口及豁口的长度和宽度只允许正偏差不允许负偏差,榫头长度和宽度只允许负偏差不允许正偏差。

8 铝合金构件组装工程

8.2 组 装

8.2.1 铝合金构件以单元方式组装的,区别于零散构件一件一件在现场组装的方式。单元构件组装的方式,工艺上缩短了现场组装的时间,大部分工作在工厂完成。因此单元件的偏差应能够得到很好的控制。

8.3 端部铣平及安装焊缝坡口

8.3.1 端部铣平的铝合金结构件,构件与构件之间的接触应是面接触,相邻构件之间应磨平顶紧。因此对于这一类构件,将其外形尺寸作为主控项目。

8.3.2 铝合金构件组装以焊接连接的,应对焊缝坡口进行抽查。

9 铝合金构件预拼装工程

9.1 一般规定

9.1.3 由于受运输、起吊等条件限制,构件为了检验其制作的整体性,由设计规定或合同要求在出厂前进行工厂拼装,即预拼装。预拼装均在工厂支承凳(平台)进行,因此对所用的支承凳或平台应测量找平,且预拼装时不应使用大锤锤击,检查时应拆除全部临时固定和拉紧装置。

9.2 预拼装

9.2.1 分段构件预拼装与构件的总体预拼装,如为螺栓连接,在预拼装时,所有节点连接板均应装上。除检查各部尺寸外,还应采用试孔器检查板叠孔的通过率。

9.2.2 除壳体结构为立体预拼装，并可卡、夹具外，其他结构一般均为平面预拼装，预拼装的构件应处于自由状态，不得强行固定；预拼装数量可按设计或合同要求执行。

10 铝合金框架结构安装工程

10.2 基础和支承面

10.2.1 建筑物的定位轴线与基础的标高等直接影响到铝合金结构的安装质量，故应给予高度重视。

10.2.3 考虑到座浆垫板设置后不可调节的特性，所以规定其顶面标高偏差为 0～−3.0mm。

10.3 总拼和安装

10.3.1 依照全面质量管理中全过程进行质量管理的原则，铝合金结构安装工程质量应从原材料质量和构件质量抓起，不但要严格控制构件制作质量，而且要控制构件运输、堆放和吊装质量。采取切实可靠措施，防止构件在上述过程中变形或脱漆。如不慎构件产生变形，应予矫正后再安装；如发生脱漆等表面损伤且有碍观感的，则需调换构件再安装。

10.3.3 顶紧面紧贴与否直接影响节点荷载传递，本条规定了检验要求与方法。

10.3.6 铝合金构件的定位标记（中心线和标高等标记），对工程竣工后正确地进行定期观测，积累工程档案资料和工程的改、扩建至关重要。

10.3.14 在铝合金结构安装工程中，由于施工现场都是露天，风吹雨淋，构件表面极易黏结泥沙、油污等脏物，不仅影响建筑物美观，而且时间长还会侵蚀涂层，造成结构腐蚀。因此本条提出要求。

11 铝合金空间网格结构安装工程

11.2 支 承 面

11.2.3 在对铝合金空间网格结构进行分析时，其杆件内力和节点变形都是根据支座节点在一定约束条件下进行计算的。而支承垫块的种类、规格、摆放位置和朝向的改变，都会对铝合金空间网格结构支座节点的约束条件产生直接的影响。

11.3 总拼和安装

11.3.4 铝合金空间网格结构理论计算挠度与铝合金空间网格结构安装后的实际挠度有一定的出入，这除了铝合金空间网格结构的计算模型与其实际的情况存在差异之外，还与铝合金空间网格结构的连接节点实际零件的加工精度、安装精度等有着极为密切的联系。

12 铝合金面板工程

12.1 一 般 规 定

12.1.2 由于目前国内金属屋面的种类、结构形式、造型等层出不穷，本条不能完全包含所有屋面形式。对于特殊的金属屋面工程，其检验批的划分可由监理单位、建设单位和施工单位根据工艺特点、工程规模等因素共同协商确定。

12.1.4 安装施工过程中的隐蔽项目包含下列内容：
  1 预埋件的预埋或后置埋件的安装；
  2 支撑结构的安装及支撑结构与主体结构的连接节点安装；
  3 面板底衬板的铺装；
  4 高强铝合金支架的安装；
  5 保温层及隔声层的安装；
  6 铝合金面板铺装，搭接处咬边处理；
  7 铝合金面板工程防水层或泛水板的安装；
  8 铝合金面板工程封口收边的安装节点，变形缝处构造节点安装；
  9 天沟或排水槽的安装节点，水槽板之间的焊接节点，雨落管与水槽板之间的连接节点；
  10 检修口、管道口、采光排烟窗口及其他出屋面构筑物的安装节点；
  11 铝合金面板工程防雷装置的安装节点。

12.2 铝合金面板制作

12.2.2 铝合金面板兼结构功能与建筑功能于一体，尤其是表面有涂层时，涂层的完整与否直接影响铝合金面板的使用寿命。

12.2.4 铝合金面板是一种典型的薄壁构件，板件的裂纹、褶皱损伤对其承载力十分敏感，而单元板上一旦出现褶皱损伤便无法修复，因此有裂纹、褶皱损伤的单元板不得使用。

12.2.5 铝合金面板的波高、侧向弯曲、覆盖宽度、板长、横向剪切偏差等均需满足一定的精度要求，才能确保屋面系统的安装及安装质量。泛水板、包角板等配件，大多数处于建筑物边角部位，比较显眼，其良好的造型将加强建筑物立面效果，检查其折弯面宽度和折弯角度是保证建筑物外观质量的重要指标。

12.3 铝合金面板安装

12.3.2 铝合金面板的固定支座（支撑件）的安装误差是影响铝合金面板安装质量的重要因素，为保证铝合金面板能按设计要求进行铺设且安装质量达到要求，本条规定了固定支座的安装精度。

12.3.3 铝合金面板在支撑构件上的可靠搭接是指铝

合金压型板通过一定的长度与支撑构件接触，且在该接触范围内有足够数量的紧固件将铝合金面板与支撑构件连接成一体。

12.3.4 铝合金面板伸入檐沟的长度不小于150mm，以防爬水。由于铝合金板材的类型不一，屋面的檐口和山墙应用与板型配套的堵头封檐板和包角板封严。

12.3.5～12.3.7 锁边处是铝合金面板工程的薄弱环节，也是验收的重点检查内容，咬边应紧密，且连续平整，不应出现扭曲和裂口的现象；铝合金面板的肋高和板宽应符合设计要求，应顺水流方向设置；沿坡度方向（横向）应为一整体、无接口、无螺钉连接处。

底泛水板和面板之间的密封是铝合金面板工程防水的关键环节，因此应采用耐久性较好的硅酮密封胶黏接；而面泛水板与面板之间、收口板与面板之间，考虑到美观性和抗污染性，宜采用泡沫塑料封条黏接密封。

13 铝合金幕墙结构安装工程

13.1 一般规定

13.1.1 铝合金幕墙是指由铝合金结构构件与各种板材组成的悬挂在主体结构上、不承担主体结构荷载与作用的建筑外围护结构。

13.1.2 当一幢建筑有一幅以上的幕墙时，考虑到幕墙质量的重要性，要求以一幅幕墙作为独立检查单元，对每幅幕墙均要求进行检验验收。对异型或有特殊要求的幕墙，检验批的划分可由监理单位、建设单位和施工单位协商确定。

13.2 支 承 面

13.2.2 为了保证幕墙与主体结构连接牢固可靠，幕墙与主体结构连接的预埋件应在主体结构施工时，按设计要求的数量、位置和方法进行埋设，埋设位置应正确。施工过程中如将预埋件的防腐层损坏，应按设计要求重新对其进行防腐处理。

13.3 总拼和安装

13.3.1 铝合金幕墙工程所使用的各种材料、配件大部分都有国家标准，应按设计要求严格检查材料产品合格证书及性能检测报告、材料进场验收记录、复验报告，不符合规定要求的严禁使用。

13.3.4～13.3.6 铝合金幕墙的安装允许偏差是参考了国家现行有关标准的规定，结合铝合金幕墙的特点决定的。

13.3.8 关于铝合金型材表面质量，以一个分格的框架构件作为检验单元。铝合金幕墙工程的框材大多采用高精级铝合金型材，由于加工制作、运输、安装施工过程的许多环节都可能对铝合金型材的表面造成损伤，因此各个环节均应采取适当的保护措施。

14 防腐处理工程

14.1 一般规定

14.1.1 由于铝合金材料的防腐处理通常由铝合金材料供应商在加工厂里进行，因此验收时通常采用观察检查或检查检验报告的方式进行。

14.4 隔 离

14.4.1 当铝合金材料同其他金属材料（除不锈钢外）或含酸性或碱性的非金属材料连接、接触时，容易同相接触的其他材料发生电偶腐蚀。这时，应在铝合金材料与其他材料之间采用油漆、橡胶或聚四氟乙烯等隔离材料。本条文为强制性条文。

14.4.2 采用隔离材料主要是为了防止铝合金材料与相接触的其他金属材料产生静电腐蚀，因此隔离材料与铝合金材料及相接触的其他金属材料应严禁产生静电腐蚀。本条文为强制性条文。

中华人民共和国国家标准

木结构工程施工质量验收规范

Code for acceptance of construction quality
of timber structures

GB 50206—2012

主编部门：中华人民共和国住房和城乡建设部
批准部门：中华人民共和国住房和城乡建设部
施行日期：２０１２年８月１日

中华人民共和国住房和城乡建设部
公　告

第 1355 号

关于发布国家标准《木结构
工程施工质量验收规范》的公告

现批准《木结构工程施工质量验收规范》为国家标准，编号为 GB 50206-2012，自 2012 年 8 月 1 日起实施。其中，第 4.2.1、4.2.2、4.2.12、5.2.1、5.2.2、5.2.7、6.2.1、6.2.2、6.2.11、7.1.4 条为强制性条文，必须严格执行。原国家标准《木结构工程施工质量验收规范》GB 50206-2002 同时废止。

本规范由我部标准定额研究所组织中国建筑工业出版社出版发行。

中华人民共和国住房和城乡建设部
2012 年 3 月 30 日

前　言

本规范是根据原建设部《关于印发〈2006 年工程建设标准规范制订、修订计划（第一批）〉的通知》（建标［2006］77 号）的要求，由哈尔滨工业大学和中建新疆建工（集团）有限公司会同有关单位对原国家标准《木结构工程施工质量验收规范》GB 50206-2002 进行修订而成。

本规范在修订过程中，规范修订组经过广泛的调查研究，总结吸收了国内外木结构工程的施工经验，并在广泛征求意见的基础上，结合我国的具体情况进行了修订，最后经审查定稿。

本规范共分 8 章和 10 个附录，主要内容包括：总则、术语、基本规定、方木与原木结构、胶合木结构、轻型木结构、木结构的防护、木结构子分部工程验收等。

本规范中以黑体字标志的条文为强制性条文，必须严格执行。

本规范由住房和城乡建设部负责管理和对强制性条文的解释，由哈尔滨工业大学负责具体技术内容的解释。在执行本规范过程中，请各单位结合工程实践，提出意见和建议，并寄送到哈尔滨工业大学《木结构工程施工质量验收规范》编制组（地址：哈尔滨市南岗区黄河路 73 号哈尔滨工业大学（二校区）2453 信箱，邮编：150090，电子邮件：e.c.zhu@hit.edu.cn），以供今后修订时参考。

本规范主编单位、参编单位、参加单位、主要起草人员和主要审查人员：

主　编　单　位：哈尔滨工业大学

参　编　单　位：中建新疆建工（集团）有限公司
四川省建筑科学研究院
中国建筑西南设计研究院有限公司
同济大学
重庆大学
东北林业大学
中国林业科学研究院
公安部天津消防研究所

参　加　单　位：加拿大木业协会
德胜洋楼（苏州）有限公司
苏州皇家整体住宅系统股份有限公司
明迪木构建设工程有限公司
上海现代建筑设计有限公司
山东龙腾实业有限公司
长春市新阳光防腐木业有限公司

主要起草人员：祝恩淳　潘景龙　樊承谋
倪　春　李桂江　王永维
杨学兵　何敏娟　程少安
倪　竣　聂圣哲　张学利
周淑容　张盛东　陈松来
许　方　蒋明亮　方桂珍
倪照鹏　张家华　姜铁华
张华君　张成龙

主要审查人员：刘伟庆　龙卫国　张新培
申世杰　刘　雁　任海清
杨　军　王　力　王公山
丁延生　姚华军

目　次

1 总则 …………………………… 9—13—5
2 术语 …………………………… 9—13—5
3 基本规定 ……………………… 9—13—6
4 方木与原木结构 ……………… 9—13—7
　4.1 一般规定 ………………… 9—13—7
　4.2 主控项目 ………………… 9—13—7
　4.3 一般项目 ………………… 9—13—8
5 胶合木结构 …………………… 9—13—9
　5.1 一般规定 ………………… 9—13—9
　5.2 主控项目 ………………… 9—13—9
　5.3 一般项目 ………………… 9—13—10
6 轻型木结构 …………………… 9—13—10
　6.1 一般规定 ………………… 9—13—10
　6.2 主控项目 ………………… 9—13—10
　6.3 一般项目 ………………… 9—13—11
7 木结构的防护 ………………… 9—13—12
　7.1 一般规定 ………………… 9—13—12
　7.2 主控项目 ………………… 9—13—13
　7.3 一般项目 ………………… 9—13—13
8 木结构子分部工程验收 ……… 9—13—14
附录 A　木材强度等级检验方法 … 9—13—14
附录 B　方木、原木及板材材质
　　　　标准 …………………… 9—13—14
附录 C　木材含水率检验方法 …… 9—13—15
附录 D　钉弯曲试验方法 ………… 9—13—16
附录 E　木结构制作安装允许
　　　　误差 …………………… 9—13—17
附录 F　受弯木构件力学性能检验
　　　　方法 …………………… 9—13—18
附录 G　规格材材质等级检验
　　　　方法 …………………… 9—13—20
附录 H　木基结构板材的力学性能
　　　　指标 …………………… 9—13—25
附录 J　按构造设计的轻型木结构钉
　　　　连接要求 ……………… 9—13—26
附录 K　各类木结构构件防护处理
　　　　载药量及透入度要求 … 9—13—27
本规范用词说明 ………………… 9—13—29
引用标准名录 …………………… 9—13—29
附：条文说明 …………………… 9—13—31

Contents

1 General Provisions ················ 9—13—5
2 Terms ································ 9—13—5
3 Basic Requirements ············· 9—13—6
4 Structures Built with Rough Sawn and Round Timber ················ 9—13—7
   4.1 General Requirements ·············· 9—13—7
   4.2 Dominant Items ······················ 9—13—7
   4.3 General Items ························ 9—13—8
5 Structures Built with Glulam ··· 9—13—9
   5.1 General Requirements ·············· 9—13—9
   5.2 Dominant Items ······················ 9—13—9
   5.3 General Items ······················· 9—13—10
6 Light Wood Frame Construction ······················· 9—13—10
   6.1 General Requirements ············· 9—13—10
   6.2 Dominant Items ···················· 9—13—10
   6.3 General Items ······················· 9—13—11
7 Protection of Wood Structures ··························· 9—13—12
   7.1 General Requirements ············· 9—13—12
   7.2 Dominant Items ···················· 9—13—13
   7.3 General Items ······················· 9—13—13
8 Quality Acceptance of Wood Structures as a Sub-project ··························· 9—13—14
Appendix A   Testing of Strength Class of Wood ········· 9—13—14
Appendix B   Standards of Quality of Rough Sawn Timber and Round Timber ········· 9—13—14
Appendix C   Testing of Moisture Content of Wood ······ 9—13—15
Appendix D   Bending Test of Steel Nails ···················· 9—13—16
Appendix E   Allowable Errors for Manufacture and Installation of Wood Structures ················ 9—13—17
Appendix F   Performance Testing of Wood Members under Bending ·········· 9—13—18
Appendix G   Inspection and Testing of Quality and Strength of Dimension Lumber ······ 9—13—20
Appendix H   Properties of Wood-based Structural Panel ······ 9—13—25
Appendix J   Requirements for Nail Connections in Light Wood Frame Construction by Empirical Design ······· 9—13—26
Appendix K   Requirements for Retention and Penetration of Preservative-treated Wood Members ······ 9—13—27
Explanation of Wording in This Code ································ 9—13—29
List of Quoted Standards ············· 9—13—29
Addition: Explanation of Provisions ·························· 9—13—31

1 总　　则

1.0.1 为加强建筑工程质量管理，统一木结构工程施工质量的验收，保证工程质量，制定本规范。
1.0.2 本规范适用于方木、原木结构、胶合木结构及轻型木结构等木结构工程施工质量的验收。
1.0.3 木结构工程施工质量验收应以工程设计文件为基础。设计文件和工程承包合同中对施工质量验收的要求，不得低于本规范的规定。
1.0.4 本规范应与现行国家标准《建筑工程施工质量验收统一标准》GB 50300 配套使用。
1.0.5 木结构工程施工质量验收，除应符合本规范外，尚应符合国家现行有关标准的规定。

2 术　　语

2.0.1 方木、原木结构　rough sawn and round timber structure
承重构件由方木（含板材）或原木制作的结构。
2.0.2 胶合木结构　glued-laminated timber structure
承重构件由层板胶合木制作的结构。
2.0.3 轻型木结构　light wood frame construction
主要由规格材和木基结构板，并通过钉连接制作的剪力墙与横隔（楼盖、屋盖）所构成的木结构，多用于1层～3层房屋。
2.0.4 规格材　dimension lumber
由原木锯解成截面宽度和高度在一定范围内，尺寸系列化的锯材，并经干燥、刨光、定级和标识后的一种木产品。
2.0.5 目测应力分等规格材　visually stress-graded dimension lumber
根据肉眼可见的各种缺陷的严重程度，按规定的标准划分材质和强度等级的规格材，简称目测分等规格材。
2.0.6 机械应力分等规格材　machine stress-rated dimension lumber
采用机械应力测定设备对规格材进行非破坏性试验，按测得的弹性模量或其他物理力学指标并按规定的标准划分材质等级和强度等级的规格材，简称机械分等规格材。
2.0.7 原木　log
伐倒并除去树皮、树枝和树梢的树干。
2.0.8 方木　rough sawn timber
直角锯切、截面为矩形或方形的木材。
2.0.9 层板胶合木　glued-laminated timber
以木板层叠胶合而成的木材产品，简称胶合木，也称结构用集成材。按层板种类，分为普通层板胶合木、目测分等和机械分等层板胶合木。
2.0.10 层板　lamination
用于制作层板胶合木的木板。按其层板评级分等方法不同，分为普通层板、目测分等和机械（弹性模量）分等层板。
2.0.11 组坯　combination of laminations
制作层板胶合木时，沿构件截面高度各层层板质量等级的配置方式，分为同等组坯、异等组坯、对称异等组坯和非对称异等组坯。
2.0.12 木基结构板材　wood-based structural panel
将原木旋切成单板或将木材切削成木片经胶合热压制成的承重板材，包括结构胶合板和定向木片板，可用于轻型木结构的墙面、楼面和屋面的覆面板。
2.0.13 结构复合木材　structural composite lumber (SCL)
将原木旋切成单板或切削成木片，施胶加压而成的一类木基结构用材，包括旋切板胶合木、平行木片胶合木、层叠木片胶合木及定向木片胶合木等。
2.0.14 工字形木搁栅　wood I-joist
用锯材或结构复合木材作翼缘、定向木片板或结构胶合板作腹板制作的工字形截面受弯构件。
2.0.15 齿板　truss plate
用镀锌钢板冲压成多齿的连接件，能传递构件间的拉力和剪力，主要用于由规格材制作的木桁架节点的连接。
2.0.16 齿板桁架　truss connected with truss plates
由规格材并用齿板连接而制成的桁架，主要用作轻型木结构的楼盖、屋盖承重构件。
2.0.17 钉连接　nailed connection
利用圆钉抗弯、抗剪和钉孔孔壁承压传递构件间作用力的一种销连接形式。
2.0.18 螺栓连接　bolted connection
利用螺栓的抗弯、抗剪能力和螺栓孔孔壁承压传递构件间作用力的一种销连接形式。
2.0.19 齿连接　step joint
在木构件上开凿齿槽并与另一木构件抵承，利用其承压和抗剪能力传递构件间作用力的一种连接形式。
2.0.20 墙骨　stud
轻型木结构墙体中的竖向构件，是主要的受压构件，并保证覆面板平面外的稳定和整体性。
2.0.21 覆面板　structural sheathing
轻型木结构中钉合在墙体木构架单侧或双侧及楼盖搁栅或椽条顶面的木基结构板材，又分别称为墙面板、楼面板和屋面板。
2.0.22 搁栅　joist
一种较小截面尺寸的受弯木构件（包括工字形木搁栅），用于楼盖或顶棚，分别称为楼盖搁栅或顶棚搁栅。
2.0.23 拼合梁　built-up beam

将数根规格材（3根～5根）彼此用钉或螺栓拼合在一起的受弯构件。

2.0.24 檩条 purlin
垂直于桁架上弦支承椽条的受弯构件。

2.0.25 椽条 rafter
屋盖体系中支承屋面板的受弯构件。

2.0.26 指接 finger joint
木材接长的一种连接形式，将两块木板端头用铣刀切削成相互啮合的指形序列，涂胶加压成为长板。

2.0.27 木结构防护 protection of wood structures
为保证木结构在规定的设计使用年限内安全、可靠地满足使用功能要求，采取防腐、防虫蛀、防火和防潮通风等措施予以保护。

2.0.28 防腐剂 wood preservative
能毒杀木腐菌、昆虫、凿船虫以及其他侵害木材生物的化学药剂。

2.0.29 载药量 retention
木构件经防腐剂加压处理后，能长期保持在木材内部的防腐剂量，按每立方米的千克数计算。

2.0.30 透入度 penetration
木构件经防护加压处理后，防腐剂透入木构件按毫米计的深度或占边材的百分率。

2.0.31 标识 stamp
表明材料构配件等的产地、生产企业、质量等级、规格、执行标准和认证机构等内容的标记图案。

2.0.32 检验批 inspection lot
按同一的生产条件或按规定的方式汇总起来供检验用的，由一定数量样本组成的检验体。

2.0.33 批次 product lot
在规定的检验批范围内，因原材料、制作、进场时间不同，或制作生产的批次不同而划分的检验范围。

2.0.34 进场验收 on-site acceptance
对进入施工现场的材料、构配件和设备等按相关的标准要求进行检验，以对产品质量合格与否做出认定。

2.0.35 交接检验 handover inspection
施工下一工序的承担方与上一工序完成方经双方检查其已完成工序的施工质量的认定活动。

2.0.36 见证检验 evidential testing
在监理单位或者建设单位监督下，由施工单位有关人员现场取样，送至具备相应资质的检测机构所进行的检验。

3 基本规定

3.0.1 木结构工程施工单位应具备相应的资质、健全的质量管理体系、质量检验制度和综合质量水平的考评制度。

施工现场质量管理可按现行国家标准《建筑工程施工质量验收统一标准》GB 50300 的有关规定检查记录。

3.0.2 木结构子分部工程应由木结构制作安装与木结构防护两分项工程组成，并应在分项工程皆验收合格后，再进行子分部工程的验收。

3.0.3 检验批应按材料、木产品和构、配件的物理力学性能质量控制和结构构件制作安装质量控制分别划分。

3.0.4 木结构防护工程应按表 3.0.4 规定的不同使用环境验收木材防腐施工质量。

表 3.0.4 木结构的使用环境

使用分类	使用条件	应用环境	常用构件
C1	户内，且不接触土壤	在室内干燥环境中使用，能避免气候和水分的影响	木梁、木柱等
C2	户内，且不接触土壤	在室内环境中使用，有时受潮湿和水分的影响，但能避免气候的影响	木梁、木柱等
C3	户外，但不接触土壤	在室外环境中使用，暴露在各种气候中，包括淋湿，但不长期浸泡在水中	木梁
C4A	户外，且接触土壤或浸泡在淡水中	在室外环境中使用，暴露在各种气候中，且与地面接触或长期浸泡在淡水中	木柱

3.0.5 除设计文件另有规定外，木结构工程应按下列规定验收其外观质量：

1 A级，结构构件外露，外观要求很高而需油漆，构件表面洞孔需用木材修补，木材表面应用砂纸打磨。

2 B级，结构构件外露，外表要求用机具刨光油漆，表面允许有偶尔的漏刨、细小的缺陷和空隙，但不允许有松软节的孔洞。

3 C级，结构构件不外露，构件表面无需加工刨光。

3.0.6 木结构工程应按下列规定控制施工质量：

1 应有本工程的设计文件。

2 木结构工程所用的木材、木产品、钢材以及连接件等，应进行进场验收。凡涉及结构安全和使用功能的材料或半成品，应按本规范或相应专业工程质量验收标准的规定进行见证检验，并应在监理工程师或建设单位技术负责人监督下取样、送检。

3 各工序应按本规范的有关规定控制质量，每道工序完成后，应进行检查。

4 相关各专业工种之间，应进行交接检验并形成记录。未经监理工程师和建设单位技术负责人检查认可,不得进行下道工序施工。

5 应有木结构工程竣工图及文字资料等竣工文件。

3.0.7 当木结构施工需要采用国家现行有关标准尚未列入的新技术(新材料、新结构、新工艺)时,建设单位应征得当地建筑工程质量行政主管部门同意,并应组织专家组,会同设计、监理、施工单位进行论证,同时应确定施工质量验收方法和检验标准,并应依此作为相关木结构工程施工的主控项目。

3.0.8 木结构工程施工所用材料、构配件的材质等级应符合设计文件的规定。可使用力学性能、防火、防护性能超过设计文件规定的材质等级的相应材料、构配件替代。当通过等强(等效)换算处理进行材料、构配件替代时,应经设计单位复核,并应签发相应的技术文件认可。

3.0.9 进口木材、木产品、构配件,以及金属连接件等,应有产品国的产品质量合格证书和产品标识,并应符合合同技术条款的规定。

4 方木与原木结构

4.1 一般规定

4.1.1 本章适用于由方木、原木及板材制作和安装的木结构工程施工质量验收。

4.1.2 材料、构配件的质量控制应以一幢方木、原木结构房屋为一个检验批;构件制作安装质量控制应以整幢房屋的一楼层或变形缝间的一楼层为一个检验批。

4.2 主控项目

4.2.1 方木、原木结构的形式、结构布置和构件尺寸,应符合设计文件的规定。

检查数量:检验批全数。

检验方法:实物与施工设计图对照、丈量。

4.2.2 结构用木材应符合设计文件的规定,并应具有产品质量合格证书。

检查数量:检验批全数。

检验方法:实物与设计文件对照,检查质量合格证书、标识。

4.2.3 进场木材均应作弦向静曲强度见证检验,其强度最低值应符合表4.2.3的要求。

表4.2.3 木材静曲强度检验标准

木材种类	针叶材				阔叶材			
强度等级	TC11	TC13	TC15	TC17	TB11	TB13	TB15	TB17	TB20
最低强度(N/mm²)	44	51	58	72	58	68	78	88	98

检查数量:每一检验批每一树种的木材随机抽取3株(根)。

检验方法:本规范附录A。

4.2.4 方木、原木及板材的目测材质等级不应低于表4.2.4的规定,不得采用普通商品材的等级标准替代。方木、原木及板材的目测材质等级应按本规范附录B评定。

检查数量:检验批全数。

检验方法:本规范附录B。

表4.2.4 方木、原木结构构件木材的材质等级

项次	构 件 名 称	材质等级
1	受拉或拉弯构件	Ⅰ$_a$
2	受弯或压弯构件	Ⅱ$_a$
3	受压构件及次要受弯构件(如吊顶小龙骨)	Ⅲ$_a$

4.2.5 各类构件制作时及构件进场时木材的平均含水率,应符合下列规定:

1 原木或方木不应大于25%。

2 板材及规格材不应大于20%。

3 受拉构件的连接板不应大于18%。

4 处于通风条件不畅环境下的木构件的木材,不应大于20%。

检查数量:每一检验批每一树种每一规格木材随机抽取5根。

检验方法:本规范附录C。

4.2.6 承重钢构件和连接所用钢材应有产品质量合格证书和化学成分的合格证书。进场钢材应见证检验其抗拉屈服强度、极限强度和延伸率,其值应满足设计文件规定的相应等级钢材的材质标准指标,且不应低于现行国家标准《碳素结构钢》GB 700有关Q235及以上等级钢材的规定。-30℃以下使用的钢材不宜低于Q235D或相应屈服强度钢材D等级的冲击韧性规定。钢木屋架下弦所用圆钢,除应作抗拉屈服强度、极限强度和延伸率性能检验外,尚应作冷弯检验,并应满足设计文件规定的圆钢材质标准。

检查数量:每检验批每一钢种随机抽取两件。

检验方法:取样方法、试样制备及拉伸试验方法应分别符合现行国家标准《钢材力学及工艺性能试验取样规定》GB 2975、《金属拉伸试验试样》GB 6397和《金属材料室温拉伸试验方法》GB/T 228的有关规定。

4.2.7 焊条应符合现行国家标准《碳钢焊条》GB 5117和《低合金钢焊条》GB 5118的有关规定,型号应与所用钢材匹配,并应有产品质量合格证书。

检查数量:检验批全数。

检验方法:实物与产品质量合格证书对照检查。

4.2.8 螺栓、螺帽应有产品质量合格证书,其性能应符合现行国家标准《六角头螺栓》GB 5782和《六

角头螺栓-C级》GB 5780 的有关规定。

检查数量：检验批全数。

检验方法：实物与产品质量合格证书对照检查。

4.2.9 圆钉应有产品质量合格证书，其性能应符合现行行业标准《一般用途圆钢钉》YB/T 5002 的有关规定。设计文件规定钉子的抗弯屈服强度时，应作钉子抗弯强度见证检验。

检查数量：每检验批每一规格圆钉随机抽取 10 枚。

检验方法：检查产品质量合格证书、检测报告。强度见证检验方法应符合本规范附录 D 的规定。

4.2.10 圆钢拉杆应符合下列要求：

1 圆钢拉杆应平直，接头应采用双面绑条焊。绑条直径不应小于拉杆直径的 75%，在接头一侧的长度不应小于拉杆直径的 4 倍。焊脚高度和焊缝长度应符合设计文件的规定。

2 螺帽下垫板应符合设计文件的规定，且不应低于本规范第 4.3.3 条第 2 款的要求。

3 钢木屋架下弦圆钢拉杆、桁架主要受拉腹杆、蹬式节点拉杆及螺栓直径大于 20mm 时，均应采用双螺帽自锁。受拉螺杆伸出螺帽的长度，不应小于螺杆直径的 80%。

检查数量：检验批全数。

检验方法：丈量、检查交接检验报告。

4.2.11 承重钢构件中，节点焊缝焊脚高度不得小于设计文件的规定，除设计文件另有规定外，焊缝质量不得低于三级，－30℃以下工作的受拉构件焊缝质量不得低于二级。

检查数量：检验批全部受力焊缝。

检验方法：按现行行业标准《建筑钢结构焊接技术规范》JGJ 81 的有关规定检查，并检查交接检验报告。

4.2.12 钉连接、螺栓连接节点的连接件（钉、螺栓）的规格、数量，应符合设计文件的规定。

检查数量：检验批全数。

检验方法：目测、丈量。

4.2.13 木桁架支座节点的齿连接，端部木材不应有腐朽、开裂和斜纹等缺陷，剪切面不应位于木材髓心侧；螺栓连接的受拉接头，连接区段木材及连接板均应采用Ⅰ等材，并应符合本规范附录 B 的有关规定；其他螺栓连接接头也应避开木材腐朽、裂缝、斜纹和松节等缺陷部位。

检查数量：检验批全数。

检验方法：目测。

4.2.14 在抗震设防区的抗震措施应符合设计文件的规定。当抗震设防烈度为 8 度以上时，应符合下列要求：

1 屋架支座处应有直径不小于 20mm 的螺栓锚固在墙或混凝土圈梁上。当支承在木柱上时，柱与屋架间应有木夹板式的斜撑，斜撑上段应伸至屋架上弦节点处，并应用螺栓连接（图 4.2.14）。柱与屋架下弦应有暗榫，并应用 U 形铁连接。桁架木腹杆与上弦杆连接处的扒钉应改用螺栓压紧承压面，与下弦连接处则应采用双面扒钉。

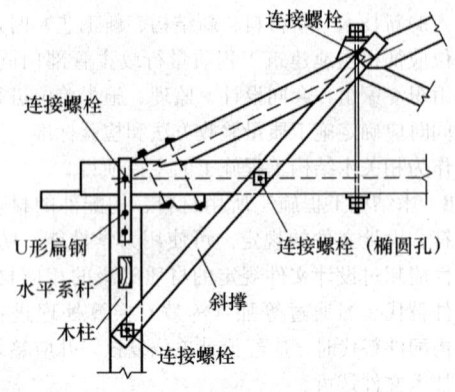

图 4.2.14 屋架与木柱的连接

2 屋面两侧应对称斜向放檩条，檐口瓦应与挂瓦条扎牢。

3 檩条与屋架上弦应用螺栓连接，双脊檩应互相拉结。

4 柱与基础间应有预埋的角钢连接，并应用螺栓固定。

5 木屋盖房屋，节点处檩条应固定在山墙及内横墙的卧梁埋件上，支承长度不应小于 120mm，并应有螺栓可靠锚固。

检查数量：检验批全数。

检验方法：目测、丈量。

4.3 一 般 项 目

4.3.1 各种原木、方木构件制作的允许偏差不应超出本规范表 E.0.1 的规定。

检查数量：检验批全数。

检验方法：本规范表 E.0.1。

4.3.2 齿连接应符合下列要求：

1 除应符合设计文件的规定外，承压面应与压杆的轴线垂直。单齿连接压杆轴线应通过承压面中心；双齿连接，第一齿顶点应位于上、下弦杆上边缘的交点处，第二齿顶点应位于上弦杆轴线与下弦杆上边缘的交点处，第二齿承压面应比第一齿承压面至少深 20mm。

2 承压面应平整，局部隙缝不应超过 1mm，非承压面应留外口约 5mm 的楔形缝隙。

3 桁架支座处齿连接的保险螺栓应垂直于上弦杆轴线，木腹杆与上、下弦杆间应有扒钉扣紧。

4 桁架端支座垫木的中心线，方木桁架应通过上、下弦杆净截面中心线的交点；原木桁架则应通过上、下弦杆毛截面中心线的交点。

检查数量：检验批全数。

4.3.3 螺栓连接（含受拉接头）的螺栓数目、排列方式、间距、边距和端距，除应符合设计文件的规定外，尚应符合下列要求：

1 螺栓孔径不应大于螺栓杆直径 1mm，也不应小于或等于螺栓杆直径。

2 螺帽下应设钢垫板，其规格除应符合设计文件的规定外，厚度不应小于螺杆直径的 30%，方形垫板的边长不应小于螺杆直径的 3.5 倍，圆形垫板的直径不应小于螺杆直径的 4 倍，螺帽拧紧后螺栓外露长度不应小于螺杆直径的 80%。螺纹段剩留在木构件内的长度不应大于螺杆直径的 1.0 倍。

3 连接件与被连接件间的接触面应平整，拧紧螺帽后局部可允许有缝隙，但缝宽不应超过 1mm。

检查数量：检验批全数。

检验方法：目测、丈量。

4.3.4 钉连接应符合下列规定：

1 圆钉的排列位置应符合设计文件的规定。

2 被连接件间的接触面应平整，钉紧后局部缝隙宽度不应超过 1mm，钉帽应与被连接件外表面齐平。

3 钉孔周围不应有木材被胀裂等现象。

检查数量：检验批全数。

检验方法：目测、丈量。

4.3.5 木构件受压接头的位置应符合设计文件的规定，应采用承压面垂直于构件轴线的双盖板连接（平接头），两侧盖板厚度均不应小于对接构件宽度的 50%，高度应与对接构件高度一致。承压面应锯平并彼此顶紧，局部缝隙不应超过 1mm。螺栓直径、数量、排列应符合设计文件的规定。

检查数量：检验批全数。

检验方法：目测、丈量，检查交接检验报告。

4.3.6 木桁架、梁及柱的安装允许偏差不应超出本规范表 E.0.2 的规定。

检查数量：检验批全数。

检验方法：本规范表 E.0.2。

4.3.7 屋面木构架的安装允许偏差不应超出本规范表 E.0.3 的规定。

检查数量：检验批全数。

检验方法：目测、丈量。

4.3.8 屋盖结构支撑系统的完整性应符合设计文件规定。

检查数量：检验批全数。

检验方法：对照设计文件、丈量实物，检查交接检验报告。

5 胶合木结构

5.1 一般规定

5.1.1 本章适用于主要承重构件由层板胶合木制作和安装的木结构工程施工质量验收。

5.1.2 层板胶合木可采用分别由普通胶合木层板、目测分等或机械分等层板按规定的构件截面组坯胶合而成的普通层板胶合木、目测分等与机械分等同组合胶合木，以及异等组合的对称与非对称组合胶合木。

5.1.3 层板胶合木构件应由经资质认证的专业加工企业加工生产。

5.1.4 材料、构配件的质量控制应以一幢胶合木结构房屋为一个检验批；构件制作安装质量控制应以整幢房屋的一楼层或变形缝间的一楼层为一个检验批。

5.2 主控项目

5.2.1 胶合木结构的结构形式、结构布置和构件截面尺寸，应符合设计文件的规定。

检查数量：检验批全数。

检验方法：实物与设计文件对照、丈量。

5.2.2 结构用层板胶合木的类别、强度等级和组坯方式，应符合设计文件的规定，并应有产品质量合格证书和产品标识，同时应有满足产品标准规定的胶缝完整性检验和层板指接强度检验合格证书。

检查数量：检验批全数。

检验方法：实物与证明文件对照。

5.2.3 胶合木受弯构件应作荷载效应标准组合作用下的抗弯性能见证检验。在检验荷载作用下胶缝不应开裂，原有漏胶胶缝不应发展，跨中挠度的平均值不应大于理论计算值的 1.13 倍，最大挠度不应大于表 5.2.3 的规定。

检查数量：每一检验批同一胶合工艺、同一层板类别、树种组合、构件截面组坯的同类型构件随机抽取 3 根。

检验方法：本规范附录 F。

表 5.2.3 荷载效应标准组合作用下受弯木构件的挠度限值

项次	构 件 类 别		挠度限值（m）
1	檩条	$L \leqslant 3.3m$	$L/200$
		$L > 3.3m$	$L/250$
2	主梁		$L/250$

注：L 为受弯构件的跨度。

5.2.4 弧形构件的曲率半径及其偏差应符合设计文件的规定，层板厚度不应大于 $R/125$（R 为曲率半径）。

检查数量：检验批全数。

检验方法：钢尺丈量。

5.2.5 层板胶合木构件平均含水率不应大于 15%，同一构件各层板间含水率差别不应大于 5%。

检查数量：每一检验批每一规格胶合木构件随

机抽取5根。

检验方法：本规范附录C。

5.2.6 钢材、焊条、螺栓、螺帽的质量应分别符合本规范第4.2.6～4.2.8条的规定。

5.2.7 各连接节点的连接件类别、规格和数量应符合设计文件的规定。桁架端节点齿连接胶合木端部的受剪面及螺栓连接中的螺栓位置，不应与漏胶胶缝重合。

检查数量：检验批全数。

检验方法：目测、丈量。

5.3 一般项目

5.3.1 层板胶合木构造及外观应符合下列要求：

1 层板胶合木的各层木板木纹应平行于构件长度方向。各层木板在长度方向应为指接。受拉构件和受弯构件受拉区截面高度的1/10范围内同一层板上的指接间距，不应小于1.5m，上、下层板间指接头位置应错开不小于木板厚的10倍。层板宽度方向可用平接头，但上、下层板间接头错开的距离不应小于40mm。

2 层板胶合木胶缝应均匀，厚度应为0.1mm～0.3mm。厚度超过0.3mm的胶缝的连续长度不应大于300mm，且厚度不得超过1mm。在构件承受平行于胶缝平面剪力的部位，漏胶长度不应大于75mm，其他部位不应大于150mm。在第3类使用环境条件下，层板宽度方向的平接头和板底开槽的槽内均应用胶填满。

3 胶合木结构的外观质量应符合本规范第3.0.5条的规定，对于外观要求为C级的构件截面，可允许层板有错位（图5.3.1），截面尺寸允许偏差和层板错位应符合表5.3.1的要求。

检查数量：检验批全数。

检验方法：厚薄规（塞尺）、量器、目测。

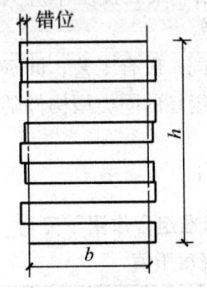

图5.3.1 外观C级层板错位示意

b—截面宽度；h—截面高度

表5.3.1 外观C级时的胶合木构件截面的允许偏差（mm）

截面的高度或宽度	截面高度或宽度的允许偏差	错位的最大值
(h 或 b) <100	±2	4
100≤(h 或 b)<300	±3	5
300≤(h 或 b)	±6	6

5.3.2 胶合木构件的制作偏差不应超出本规范表E.0.1的规定。

检查数量：检验批全数。

检验方法：角尺、钢尺丈量，检查交接检验报告。

5.3.3 齿连接、螺栓连接、圆钢拉杆及焊缝质量，应符合本规范第4.3.2、4.3.3、4.2.10和4.2.11条的规定。

5.3.4 金属节点构造、用料规格及焊缝质量应符合设计文件的规定。除设计文件另有规定外，与其相连的各构件轴线应相交于金属节点的合力作用点，与各构件相连的连接类型应符合设计文件的规定，并应符合本规范第4.3.3～4.3.5条的规定。

检查数量：检验批全数。

检验方法：目测、丈量。

5.3.5 胶合木结构安装偏差不应超出本规范表E.0.2的规定。

检查数量：过程控制检验批全数，分项验收抽取总数10%复检。

检验方法：本规范表E.0.2。

6 轻型木结构

6.1 一般规定

6.1.1 本章适用于由规格材及木基结构板材为主要材料制作与安装的木结构工程施工质量验收。

6.1.2 轻型木结构材料、构配件的质量控制应以同一建设项目同期施工的每幢建筑面积不超过300m²、总建筑面积不超过3000m²的轻型木结构建筑为一检验批，不足3000m²者应视为一检验批，单体建筑面积超过300m²时，应单独视为一检验批；轻型木结构制作安装质量控制应以一幢房屋的一层为一检验批。

6.2 主控项目

6.2.1 轻型木结构的承重墙（包括剪力墙）、柱、楼盖、屋盖布置、抗倾覆措施及屋盖抗掀起措施等，应符合设计文件的规定。

检查数量：检验批全数。

检验方法：实物与设计文件对照。

6.2.2 进场规格材应有产品质量合格证书和产品标识。

检查数量：检验批全数。

检验方法：实物与证书对照。

6.2.3 每批次进场目测分等规格材应由有资质的专业分等人员做目测等级见证检验或做抗弯强度见证检验；每批次进场机械分等规格材应作抗弯强度见证检验，并应符合本规范附录G的规定。

检查数量：检验批中随机取样，数量应符合本规范附录 G 的规定。

检验方法：本规范附录 G。

6.2.4 轻型木结构各类构件所用规格材的树种、材质等级和规格，以及覆面板的种类和规格，应符合设计文件的规定。

检查数量：全数检查。

检验方法：实物与设计文件对照，检查交接报告。

6.2.5 规格材的平均含水率不应大于 20%。

检查数量：每一检验批每一树种每一规格等级规格材随机抽取 5 根。

检验方法：本规范附录 C。

6.2.6 木基结构板材应有产品质量合格证书和产品标识，用作楼面板、屋面板的木基结构板材应有该批次干、湿态集中荷载、均布荷载及冲击荷载检验的报告，其性能不应低于本规范附录 H 的规定。

进场木基结构板材应作静曲强度和静曲弹性模量见证检验，所测得的平均值应不低于产品说明书的规定。

检验数量：每一检验批每一树种每一规格等级随机抽取 3 张板材。

检验方法：按现行国家标准《木结构覆板用胶合板》GB/T 22349 的有关规定进行见证试验，检查产品质量合格证书，该批次木基结构板干、湿态集中力、均布荷载及冲击荷载下的检验合格证书。检查静曲强度和弹性模量检验报告。

6.2.7 进场结构复合木材和工字形木搁栅应有产品质量合格证书，并应有符合设计文件规定的平弯或侧立抗弯性能检验报告。

进场工字形木搁栅和结构复合木材受弯构件，应作荷载效应标准组合作用下的结构性能检验，在检验荷载作用下，构件不应发生开裂等损伤现象，最大挠度不应大于表 5.2.3 的规定，跨中挠度的平均值不应大于理论计算值的 1.13 倍。

检验数量：每一检验批每一规格随机抽取 3 根。

检验方法：按本规范附录 F 的规定进行，检查产品质量合格证书、结构复合木材材料强度和弹性模量检验报告及构件性能检验报告。

6.2.8 齿板桁架应由专业加工厂加工制作，并应有产品质量合格证书。

检查数量：检验批全数。

检验方法：实物与产品质量合格证书对照检查。

6.2.9 钢材、焊条、螺栓和圆钉应符合本规范第 4.2.6～4.2.9 条的规定。

6.2.10 金属连接件应冲压成型，并应具有产品质量合格证书和材质合格保证。镀锌防锈层厚度不应小于 275g/m²。

检查数量：检验批全数。

检验方法：实物与产品质量合格证书对照检查。

6.2.11 轻型木结构各类构件间连接的金属连接件的规格、钉连接的用钉规格与数量，应符合设计文件的规定。

检查数量：检验批全数。

检验方法：目测、丈量。

6.2.12 当采用构造设计时，各类构件间的钉连接不应低于本规范附录 J 的规定。

检查数量：检验批全数。

检验方法：目测、丈量。

6.3 一般项目

6.3.1 承重墙（含剪力墙）的下列各项应符合设计文件的规定，且不应低于现行国家标准《木结构设计规范》GB 50005 有关构造的规定：

1 墙骨间距。
2 墙体端部、洞口两侧及墙体转角和交接处，墙骨的布置和数量。
3 墙骨开槽或开孔的尺寸和位置。
4 地梁板的防腐、防潮及与基础的锚固措施。
5 墙体顶梁板规格材的层数、接头处理及在墙体转角和交接处的两层顶梁板的布置。
6 墙体覆面板的等级、厚度及铺钉布置方式。
7 墙体覆面板与墙骨钉连接用钉的间距。
8 墙体与楼盖或基础间连接件的规格尺寸和布置。

检查数量：检验批全数。

检验方法：对照实物目测检查。

6.3.2 楼盖下列各项应符合设计文件的规定，且不应低于现行国家标准《木结构设计规范》GB 50005 有关构造的规定：

1 拼合梁钉或螺栓的排列、连续拼合梁规格材接头的形式和位置。
2 搁栅或拼合梁的定位、间距和支承长度。
3 搁栅开槽或开孔的尺寸和位置。
4 楼盖洞口周围搁栅的布置和数量；洞口周围搁栅间的连接、连接件的规格尺寸及布置。
5 楼盖横撑、剪刀撑或木底撑的材质等级、规格尺寸和布置。

检查数量：检验批全数。

检验方法：目测、丈量。

6.3.3 齿板桁架的进场验收，应符合下列规定：

1 规格材的树种、等级和规格应符合设计文件的规定。
2 齿板的规格、类型应符合设计文件的规定。
3 桁架的几何尺寸偏差不应超过表 6.3.3 的规定。
4 齿板的安装位置偏差不应超过图 6.3.3-1 所示的规定。

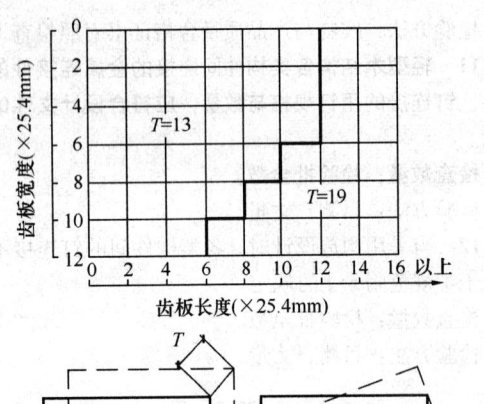
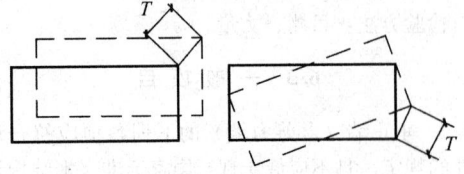

图 6.3.3-1 齿板位置偏差允许值

表 6.3.3 桁架制作允许误差（mm）

	相同桁架间尺寸差	与设计尺寸间的误差
桁架长度	12.5	18.5
桁架高度	6.5	12.5

注：1 桁架长度指不包括悬挑或外伸部分的桁架总长，用于限定制作误差；
   2 桁架高度指不包括悬挑或外伸等上、下弦杆突出部分的全榀桁架最高部位处的高度，为上弦顶面到下弦底面的总高度，用于限定制作误差。

5 齿板连接的缺陷面积，当连接处的构件宽度大于50mm时，不应超过齿板与该构件接触面积的20%；当构件宽度小于50mm时，不应超过齿板与该构件接触面积的10%。缺陷面积应为齿板与构件接触面范围内的木材表面缺陷面积与板齿倒伏面积之和。

6 齿板连接处木构件的缝隙不应超过图6.3.3-2所示的规定。除设计文件有特殊规定外，宽度超过允许值的缝隙，均应有宽度不小于19mm、厚度与缝隙

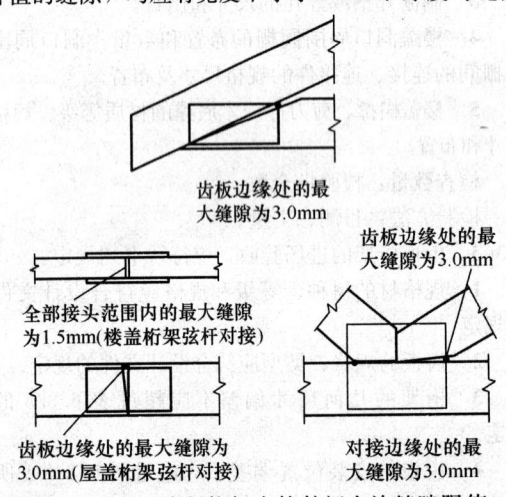

图 6.3.3-2 齿板桁架木构件间允许缝隙限值

宽度相当的金属片填实，并应有螺纹钉固定在被填塞的构件上。

　　检查数量：检验批全数的20%。
　　检验方法：目测、量器测量。

6.3.4 屋盖下列各项应符合设计文件的规定，且不应低于现行国家标准《木结构设计规范》GB 50005 有关构造的规定：

1 椽条、天棚搁栅或齿板屋架的定位、间距和支承长度；

2 屋盖洞口周围椽条与顶棚搁栅的布置和数量；洞口周围椽条与顶棚搁栅间的连接、连接件的规格尺寸及布置；

3 屋面板铺钉方式及与搁栅连接用钉的间距。

　　检查数量：检验批全数。
　　检验方法：钢尺或卡尺量、目测。

6.3.5 轻型木结构各种构件的制作与安装偏差，不应大于本规范表E.0.4的规定。

　　检查数量：检验批全数。
　　检验方法：本规范表E.0.4。

6.3.6 轻型木结构的保温措施和隔气层的设置等，应符合设计文件的规定。

　　检查数量：检验批全数。
　　检验方法：对照设计文件检查。

7 木结构的防护

7.1 一般规定

7.1.1 本章适用于木结构防腐、防虫和防火的施工质量验收。

7.1.2 设计文件规定需要作阻燃处理的木构件应按现行国家标准《建筑设计防火规范》GB 50016 的有关规定和不同构件类别的耐火极限、截面尺寸选择阻燃剂和防护工艺，并应由具有专业资质的企业施工。对于长期暴露在潮湿环境下的木构件，尚应采取防止阻燃剂流失的措施。

7.1.3 木材防腐处理应根据设计文件规定的各木构件用途和防腐要求，按本规范第3.0.4条的规定确定其使用环境类别并选择合适的防腐剂。防腐处理宜采用加压法施工，并应由具有专业资质的企业施工。经防腐药剂处理后的木构件不宜再进行锯解、刨削等加工处理。确需作局部加工处理导致局部未被浸渍药剂的木材外露时，该部位的木材应进行防腐修补。

7.1.4 阻燃剂、防火涂料以及防腐、防虫等药剂，不得危及人畜安全，不得污染环境。

7.1.5 木结构防护工程的检验批可分别按本规范第4～6章对应的方木与原木结构、胶合木结构或轻型木结构的检验批划分。

7.2 主控项目

7.2.1 所使用的防腐、防虫及防火和阻燃药剂应符合设计文件表明的木构件（包括胶合木构件等）使用环境类别和耐火等级，且应有质量合格证书的证明文件。经化学药剂防腐处理后的每批次木构件（包括成品防腐木材），应有符合本规范附录K规定的药物有效性成分的载药量和透入度检验合格报告。

检查数量：检验批全数。

检验方法：实物对照、检查检验报告。

7.2.2 经化学药剂防腐处理后进场的每批次木构件应进行透入度见证检验，透入度应符合本规范附录K的规定。

检查数量：每检验批随机抽取5根～10根构件，均匀地钻取20个（油性药剂）或48个（水性药剂）芯样。

检验方法：现行国家标准《木结构试验方法标准》GB/T 50329。

7.2.3 木结构构件的各项防腐构造措施应符合设计文件的规定，并应符合下列要求：

1 首层木楼盖应设置架空层，方木、原木结构楼盖底面距室内地面不应小于400mm，轻型木结构不应小于150mm。支承楼盖的基础或墙上应设通风口，通风口总面积不应小于楼盖面积的1/150，架空空间应保持良好通风。

2 非经防腐处理的梁、檩条和桁架等支承在混凝土构件或砌体上时，宜设防腐垫木，支承面间应有卷材防潮层。梁、檩条和桁架等支座不应封闭在混凝土或墙体中，除支承面外，该部位构件的两侧面、顶面及端面均应与支承构件间留30mm以上能与大气相通的缝隙。

3 非经防腐处理的柱宜支承在柱墩上，支承面间应有卷材防潮层。柱与土壤严禁接触，柱墩顶面距土地面的高度不应小于300mm。当采用金属连接件固定并受雨淋时，连接件不应存水。

4 木屋盖设吊顶时，屋盖系统应有老虎窗、山墙百叶窗等通风装置。寒冷地区保温层设在吊顶内时，保温层顶距桁架下弦的距离不应小于100mm。

5 屋面系统的内排水天沟不应直接支承在桁架、屋面梁等承重构件上。

检查数量：检验批全数。

检验方法：对照实物、逐项检查。

7.2.4 木构件需作防火阻燃处理时，应由专业工厂完成，所使用的阻燃药剂应具有有效性检验报告和合格证书，阻燃剂应采用加压浸渍法施工。经浸渍阻燃处理的木构件，应有符合设计文件规定的药物吸收干量的检验报告。采用喷涂法施工的防火涂层厚度应均匀，见证检验的平均厚度不应小于该药物说明书的规定值。

检查数量：每检验批随机抽取20处测量涂层厚度。

检验方法：卡尺测量、检查合格证书。

7.2.5 凡木构件外部需用防火石膏板等包覆时，包覆材料的防火性能应有合格证书，厚度应符合设计文件的规定。

检查数量：检验批全数。

检验方法：卡尺测量、检查产品合格证书。

7.2.6 炊事、采暖等所用烟道、烟囱应用不燃材料制作且密封，砖砌烟囱的壁厚不应小于240mm，并应有砂浆抹面，金属烟囱应外包厚度不小于70mm的矿棉保护层和耐火极限不低于1.00h的防火板，其外边缘距木构件的距离不应小于120mm，并应有良好通风。烟囱出屋面处的空隙应用不燃材料封堵。

检查数量：检验批全数。

检验方法：对照实物。

7.2.7 墙体、楼盖、屋盖空腔内现场填充的保温、隔热、吸声等材料，应符合设计文件的规定，且防火性能不应低于难燃性B_1级。

检查数量：检验批全数。

检验方法：实物与设计文件对照、检查产品合格证书。

7.2.8 电源线敷设应符合下列要求：

1 敷设在墙体或楼盖中的电源线应用穿金属管线或检验合格的阻燃型塑料管。

2 电源线明敷时，可用金属线槽或穿金属管线。

3 矿物绝缘电缆可采用支架或沿墙明敷。

检查数量：检验批全数。

检验方法：对照实物、查验交接检验报告。

7.2.9 埋设或穿越木结构的各类管道敷设应符合下列要求：

1 管道外壁温度达到120℃及以上时，管道和管道的包覆材料及施工时的胶粘剂等，均应采用检验合格的不燃材料。

2 管道外壁温度在120℃以下时，管道和管道的包覆材料等应采用检验合格的难燃性不低于B_1的材料。

检查数量：检验批全数。

检验方法：对照实物，查验交接检验报告。

7.2.10 木结构中外露钢构件及未作镀锌处理的金属连接件，应按设计文件的规定采取防锈蚀措施。

检查数量：检验批全数。

检验方法：实物与设计文件对照。

7.3 一般项目

7.3.1 经防护处理的木构件，其防护层有损伤或因局部加工而造成防护层缺损时，应进行修补。

检查数量：检验批全数。

检验方法：根据设计文件与实物对照检查，检查交接报告。

7.3.2 墙体和顶棚采用石膏板（防火或普通石膏板）作覆面板并兼作防火材料时，紧固件（钉子或木螺钉）贯入构件的深度不应小于表 7.3.2 的规定。

检查数量：检验批全数。

检验方法：实物与设计文件对照，检查交接报告。

表 7.3.2　石膏板紧固件贯入木构件的深度（mm）

耐火极限	墙 体		顶 棚	
	钉	木螺钉	钉	木螺钉
0.75h	20	20	30	30
1.00h	20	20	45	45
1.50h	20	20	60	60

7.3.3 木结构外墙的防护构造措施应符合设计文件的规定。

检查数量：检验批全数。

检验方法：根据设计文件与实物对照检查，检查交接报告。

7.3.4 楼盖、楼梯、顶棚以及墙体内最小边长超过 25mm 的空腔，其贯通的竖向高度超过 3m，水平长度超过 20m 时，均应设置防火隔断。天花板、屋顶空间，以及未占用的阁楼空间所形成的隐蔽空间面积超过 300m²，或长边长度超过 20m 时，均应设防火隔断，并应分隔成隐蔽空间。防火隔断应采用下列材料：

1 厚度不小于 40mm 的规格材。

2 厚度不小于 20mm 且由钉交错钉合的双层木板。

3 厚度不小于 12mm 的石膏板、结构胶合板或定向木片板。

4 厚度不小于 0.4mm 的薄钢板。

5 厚度不小于 6mm 的钢筋混凝土板。

检查数量：检验批全数。

检验方法：根据设计文件与实物对照检查，检查交接报告。

8　木结构子分部工程验收

8.0.1 木结构子分部工程质量验收的程序和组合，应符合现行国家标准《建筑工程施工质量验收统一标准》GB 50300 的有关规定。

8.0.2 检验批及木结构分项工程质量合格，应符合下列规定：

1 检验批主控项目检验结果应全部合格。

2 检验批一般项目检验结果应有 80% 以上的检查点合格，且最大偏差不应超过允许偏差的 1.2 倍。

3 木结构分项工程所含检验批检验结果均应合格，且应有各检验批质量验收的完整记录。

8.0.3 木结构子分部工程质量验收应符合下列规定：

1 子分部工程所含分项工程的质量验收均应合格。

2 子分部工程所含分项工程的质量资料和验收记录应完整。

3 安全功能检测项目的资料应完整，抽检的项目均应合格。

4 外观质量验收应符合本规范第 3.0.5 条的规定。

8.0.4 木结构工程施工质量不合格时，应按现行国家标准《建筑工程施工质量验收统一标准》GB 50300 的有关规定进行处理。

附录 A　木材强度等级检验方法

A.1　一般规定

A.1.1 本检验方法适用于已列入现行国家标准《木结构设计规范》GB 50005 树种的原木、方木和板材的木材强度等级检验。

A.1.2 当检验某一树种的木材强度等级时，应根据其弦向静曲强度的检测结果进行判定。

A.2　取样及检测方法

A.2.1 试材应在每检验批每一树种木材中随机抽取 3 株（根）木料，应在每株（根）试材的髓心外切取 3 个无疵弦向静曲强度试件为一组，试件尺寸和含水率应符合现行国家标准《木材抗弯强度试验方法》GB/T 1936.1 的有关规定。

A.2.2 弦向静曲强度试验和强度实测计算方法，应按现行国家标准《木材抗弯强度试验方法》GB/T 1936.1 有关规定进行，并应将试验结果换算至木材含水率为 12% 时的数值。

A.2.3 各组试件静曲强度试验结果的平均值中的最低值不低于本规范表 4.2.3 的规定值时，应为合格。

附录 B　方木、原木及板材材质标准

B.0.1 方木的材质标准应符合表 B.0.1 的规定。

B.0.2 木节尺寸应按垂直于构件长度方向测量，并应取沿构件长度方向 150mm 范围内所有木节尺寸的总和（图 B.0.2a）。直径小于 10mm 的木节应不计，所测面上呈条状的木节应不量（图 B.0.2b）。

表 B.0.1　方木材质标准

项次	缺陷名称		木材等级		
			Ⅰa	Ⅱa	Ⅲa
1	腐朽		不允许	不允许	不允许
2	木节	在构件任一面任何150mm长度上所有木节尺寸的总和与所在面宽的比值	≤1/3（连接部位≤1/4）	≤2/5	≤1/2
		死节	不允许	允许，但不包括腐朽节，直径不应大于20mm，且每延米中不得多于1个	允许，但不包括腐朽节，直径不应大于50mm，且每延米中不得多于2个
3	斜纹	斜率	≤5%	≤8%	≤12%
4	裂缝	在连接的受剪面上	不允许	不允许	不允许
		在连接部位的受剪面附近，其裂缝深度（有对面裂缝时，用两者之和）不得大于材宽的	≤1/4	≤1/3	不限
5	髓心		不在受剪面上	不限	不限
6	虫眼		不允许	允许表层虫眼	允许表层虫眼

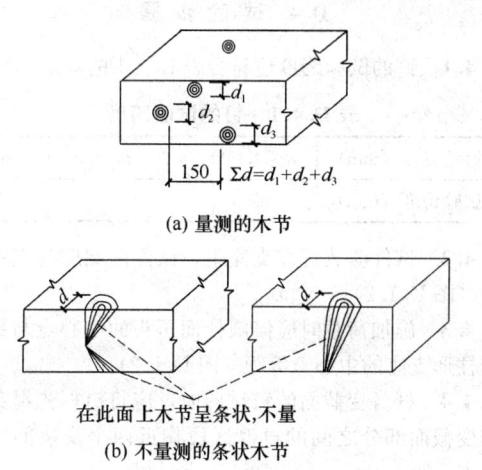

(a) 量测的木节

在此面上木节呈条状，不量
(b) 不量测的条状木节

图 B.0.2　木节量测法

B.0.3 原木的材质标准应符合表 B.0.3 的规定。

表 B.0.3　原木材质标准

项次	缺陷名称		木材等级		
			Ⅰa	Ⅱa	Ⅲa
1	腐朽		不允许	不允许	不允许
2	木节	在构件任何150mm长度上沿周长所有木节尺寸的总和，与所测部位原木周长的比值	≤1/4	≤1/3	≤2/5
		每个木节的最大尺寸与所测部位原木周长的比值	≤1/10（普通部位）；≤1/12（连接部位）	≤1/6	≤1/6
		死节			允许，但直径不大于原木直径的1/5，每2m长度内不多于1个

续表 B.0.3

项次	缺陷名称		木材等级		
			Ⅰa	Ⅱa	Ⅲa
3	扭纹	斜率	≤8%	≤12%	≤15%
4	裂缝	在连接部位的受剪面上	不允许	不允许	不允许
		在连接部位的受剪面附近，其裂缝深度（有对面裂缝时，两者之和）与原木直径的比值	≤1/4	≤1/3	不限
5	髓心	位置	不在受剪面上	不限	不限
6	虫眼		不允许	允许表层虫眼	允许表层虫眼

注：木节尺寸按垂直于构件长度方向测量。直径小于10mm的木节不计。

B.0.4 板材的材质标准应符合表 B.0.4 的规定。

表 B.0.4　板材材质标准

项次	缺陷名称		木材等级		
			Ⅰa	Ⅱa	Ⅲa
1	腐朽		不允许	不允许	不允许
2	木节	在构件任一面任何150mm长度上所有木节尺寸的总和与所在面宽的比值	≤1/4（连接部位≤1/5）	≤1/3	≤2/5
		死节	不允许	允许，但不包括腐朽节，直径不应大于20mm，且每延米中不得多于1个	允许，但不包括腐朽节，直径不应大于50mm，且每延米中不得多于2个
3	斜纹	斜率	≤5%	≤8%	≤12%
4	裂缝	连接部位的受剪面及其附近	不允许	不允许	不允许
5	髓心		不允许	不允许	不允许

附录 C　木材含水率检验方法

C.1　一般规定

C.1.1 本检验方法适用于木材进场后构件加工前的木材和已制作完成的木构件的含水率测定。

C.1.2 原木、方木（含板材）和层板宜采用烘干法（重量法）测定，规格材以及层板胶合木等木构件亦可采用电测法测定。

C.2　取样及测定方法

C.2.1 烘干法测定含水率时，应从每检验批同一树种同一规格材的树种中随机抽取5根木料作试材，每根试材应在距端头200mm处沿截面均匀地截取5个尺寸为20mm×20mm×20mm的试样，应按现行国家标准《木材含水率测定方法》GB/T 1931 的有关规定测定每个试件中的含水率。

C.2.2 电测法测定含水率时，应从检验批的同一树种、同一规格的规格材、层板胶合木构件或其他木构件随机抽取 5 根为试材，应从每根试材距两端 200mm 起，沿长度均匀分布地取三个截面，对于规格材或其他木构件，每一个截面的四面中部应各测定含水率，对于层板胶合木构件，则应在两侧测定每层层板的含水率。

C.2.3 电测仪器应由当地计量行政部门标定认证。测定时应严格按仪表使用要求操作，并应正确选择木材的密度和温度等参数，测定深度不应小于 20mm，且应有将其测量值调整至截面平均含水率的可靠方法。

C.3 判定规则

C.3.1 烘干法应以每根试材的 5 个试样平均值为该试材含水率，应以 5 根试材中的含水率最大值为该批木料的含水率，并不应大于本规范有关木材含水率的规定。

C.3.2 规格材应以每根试材的 12 个测点的平均值为每根试材的含水率，5 根试材的最大值应为检验批该树种该规格的含水率代表值。

C.3.3 层板胶合木构件的三个截面上各层层板含水率的平均值应为该构件含水率，同一层板的 6 个含水率平均值应作该层层板的含水率代表值。

附录 D 钉弯曲试验方法

D.1 一般规定

D.1.1 本试验方法适用于测定木结构连接中钉在静荷载作用下的弯曲屈服强度。

D.1.2 钉在跨度中央受集中荷载弯曲（图 D.1.2），根据荷载-挠度曲线确定其弯曲屈服强度。

D.2 仪器设备

D.2.1 一台压头按等速运行经过标定的试验机，准确度应达到±1%。

D.2.2 钢制的圆柱形滚轴支座，直径应为 9.5mm（图 D.1.2），当试件变形时滚轴应能转动。钢制的圆柱面压头，直径应为 9.5mm（图 D.1.2）。

D.2.3 挠度测量仪表的最小分度值应不大于 0.025mm。

D.3 试件的准备

D.3.1 对于杆身光滑的钉除采用成品钉外，也可采用已经冷拔用以制钉的钢丝作试件；木螺钉、麻花钉等杆身变截面的钉应采用成品钉作试件。

D.3.2 钉的直径应在每个钉的长度中点测量。准确度应达到 0.025mm。对于钉杆部分变截面的钉，应以无螺纹部分的钉杆直径为准。

D.3.3 试件长度不应小于 40mm。

D.4 试验步骤

D.4.1 钉的试验跨度应符合表 D.4.1 的规定。

表 D.4.1 钉的试验跨度

钉的直径（mm）	$d \leqslant 4.0$	$4.0 < d \leqslant 6.5$	$d > 6.5$
试验跨度（mm）	40	65	95

D.4.2 试件应放置在支座上，试件两端应与支座等距（图 D.1.2）。

D.4.3 施加荷载时应使圆柱面压头的中心点与每个圆柱形支座的中心点等距（图 D.1.2）。

D.4.4 杆身变截面的钉试验时，应将钉杆光滑部分与变截面部分之间的过渡区段靠近两个支座间的中心点。

D.4.5 加荷速度应不大于 6.5mm/min。

D.4.6 挠度应从开始加荷逐级记录，直至达到最大荷载，并应绘制荷载-挠度曲线。

D.5 试验结果

D.5.1 对照荷载-挠度曲线的直线段，沿横坐标向右平移 5% 钉的直径，绘制与其平行的直线（图 D.5.1），应取该直线与荷载-挠度曲线交点的荷载值作为钉的屈服荷载。如果该直线未与荷载-挠度曲线相交，则应取最大荷载作为钉的屈服荷载。

D.5.2 钉的抗弯屈服强度 f_y 应按下式计算：

$$f_y = \frac{3P_y S_{bp}}{2d^3} \quad (D.5.2)$$

式中：f_y——钉的抗弯屈服强度；
d——钉的直径；
P_y——屈服荷载；

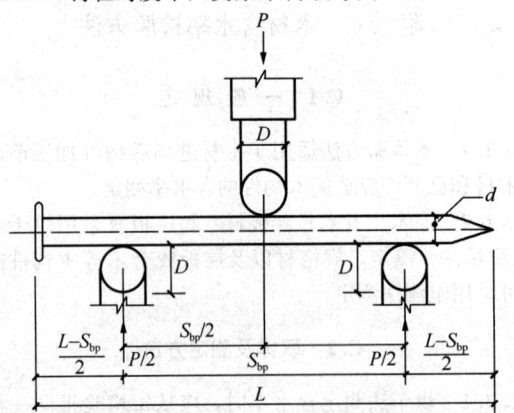

图 D.1.2 跨度中点加载的钉弯曲试验
D—滚轴直径；d—钉杆直径；L—钉子长度
S_{bp}—跨度；P—施加的荷载

S_{bp}——钉的试验跨度。

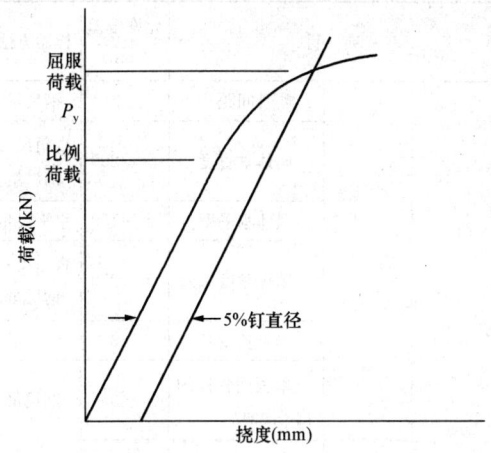

图 D.5.1 钉弯曲试验的荷载-挠度典型曲线

D.5.3 钉的抗弯屈服强度应取全部试件屈服强度的平均值,并不应低于设计文件的规定。

附录 E 木结构制作安装允许误差

E.0.1 方木、原木结构和胶合木结构桁架、梁和柱的制作误差,应符合表 E.0.1 的规定。

表 E.0.1 方木、原木结构和胶合木结构桁架、梁和柱制作允许偏差

项次	项目		允许偏差(mm)	检验方法
1	构件截面尺寸	方木和胶合木构件截面的高度、宽度	−3	钢尺量
		板材厚度、宽度	−2	
		原木构件梢径	−5	
2	构件长度	长度不大于15m	±10	钢尺量桁架支座节点间距,梁、柱全长
		长度大于15m	±15	
3	桁架高度	长度不大于15m	±10	钢尺量脊节点中心与下弦中心距离
		长度大于15m	±15	
4	受压或压弯构件纵向弯曲	方木、胶合木构件	L/500	拉线钢尺量
		原木构件	L/200	
5	弦杆节点间距		±5	钢尺量
6	齿连接刻槽深度		±2	
7	支座节点受剪面	长度	−10	
		宽度 方木、胶合木	−3	
		宽度 原木	−4	
8	螺栓中心间距	进孔处	±0.2d	钢尺量
		出孔处 垂直木纹方向	±0.5d 且不大于 4B/100	
		出孔处 顺木纹方向	±1d	
9	钉进孔处的中心间距		±1d	—

续表 E.0.1

项次	项目	允许偏差(mm)	检验方法
10	桁架起拱	±20	以两支座节点下弦中心线为准,拉一水平线,用钢尺量
		−10	两跨中下弦中心线与拉线之间距离

注:d 为螺栓或钉的直径;L 为构件长度;B 为板的总厚度。

E.0.2 方木、原木结构和胶合木结构桁架、梁和柱的安装误差,应符合表 E.0.2 的规定。

表 E.0.2 方木、原木结构和胶合木结构桁架、梁和柱安装允许偏差

项次	项目	允许偏差(mm)	检验方法
1	结构中心线的间距	±20	钢尺量
2	垂直度	H/200 且不大于 15	吊线钢尺量
3	受压或压弯构件纵向弯曲	L/300	吊(拉)线钢尺量
4	支座轴线对支承面中心位移	10	钢尺量
5	支座标高	±5	用水准仪

注:H 为桁架或柱的高度;L 为构件长度。

E.0.3 方木、原木结构和胶合木结构屋面木构架的安装误差,应符合表 E.0.3 的规定。

表 E.0.3 方木、原木结构和胶合木结构屋面木构架的安装允许偏差

项次	项目		允许偏差(mm)	检验方法
1	檩条、椽条	方木、胶合木截面	−2	钢尺量
		原木梢径	−5	钢尺量,椭圆时取大小径的平均值
		间距	−10	钢尺量
		方木、胶合木上表面平直	4	沿坡拉线钢尺量
		原木上表面平直	7	
2	油毡搭接宽度		−10	钢尺量
3	挂瓦条间距		±5	
4	封山、封檐板平直	下边缘	5	拉 10m 线,不足 10m 拉通线,钢尺量
		表面	8	

E.0.4 轻型木结构的制作安装误差应符合表 E.0.4

的规定。

表 E.0.4 轻型木结构的制作安装允许偏差

项次	项目		允许偏差(mm)	检验方法
1	楼盖主梁、柱子及连接件	楼盖主梁		
		截面宽度/高度	±6	钢板尺量
		水平度	±1/200	水平尺量
		垂直度	±3	直角尺和钢板尺量
		间距	±6	钢尺量
		拼合梁的钉间距	+30	钢尺量
		拼合梁的各构件的截面高度	±3	钢尺量
		支承长度	−6	钢尺量
2		柱子		
		截面尺寸	±3	钢尺量
		拼合柱的钉间距	+30	钢尺量
		柱子长度	±3	钢尺量
		垂直度	±1/200	靠尺量
3	楼盖主梁、柱子及连接件	连接件		
		连接件的间距	±6	钢尺量
		同一排列连接件之间的错位	±6	钢尺量
		构件上安装连接件开槽尺寸	连接件尺寸±3	卡尺量
		端距/边距	±6	钢尺量
		连接钢板的构件开槽尺寸	±6	卡尺量
4	楼(屋)盖			
		搁栅间距	±40	钢尺量
		楼盖整体水平度	±1/250	水平尺量
		楼盖局部水平度	±1/150	水平尺量
		搁栅截面高度	±3	钢尺量
		搁栅支承长度	−6	钢尺量
5	楼(屋)盖施工	楼(屋)盖		
		规定的钉间距	+30	钢尺量
		钉头嵌入楼、屋面板表面的最大深度	±3	卡尺量
6		楼(屋)盖齿板连接桁架		
		桁架间距	±40	钢尺量
		桁架垂直度	±1/200	直角尺和钢尺量
		齿板安装位置	±6	钢尺量
		弦杆、腹杆、支撑	19	钢尺量
		桁架高度	13	钢尺量

续表 E.0.4

项次	项目		允许偏差(mm)	检验方法
7	墙体施工	墙骨柱		
		墙骨间距	±40	钢尺量
		墙体垂直度	±1/200	直角尺和钢尺量
		墙体水平度	±1/150	水平尺量
		墙体角度偏差	±1/270	直角尺和钢尺量
		墙骨长度	±3	钢尺量
		单根墙骨柱的出平面偏差	±3	钢尺量
8		顶梁板、底梁板		
		顶梁板、底梁板的平直度	+1/150	水平尺量
		顶梁板作为弦杆传递荷载时的搭接长度	±12	钢尺量
9		墙面板		
		规定的钉间距	+30	钢尺量
		钉头嵌入墙面板表面的最大深度	±3	卡尺量
		木框架上墙面板之间的最大缝隙	±3	卡尺量

附录 F 受弯木构件力学性能检验方法

F.1 一般规定

F.1.1 本检验方法适用于层板胶合木和结构复合木材制作的受弯构件(梁、工字形木搁栅等)的力学性能检验,可根据受弯构件在设计规定的荷载效应标准组合作用下构件未受损伤和跨中挠度实测值判定。

F.1.2 经检验合格的试件仍可用作工程用材。

F.2 取样方法、数量及几何参数

F.2.1 在进场的同一批次、同一工艺制作的同类型受弯构件中应随机抽取3根作试件。当同类型的构件尺寸规格不同时,试件应在受荷条件不利或跨度较大的构件中抽取。

F.2.2 试件的木材含水率不应大于15%。

F.2.3 量取每根受弯构件跨中和距两支座各500mm处的构件截面高度和宽度,应精确至±1.0mm,并应以平均截面高度和宽度计算构件截面的惯性矩;工字形木搁栅应以产品公称惯性矩为计算依据。

F.3 试验装置与试验方法

F.3.1 试件应按设计计算跨度（l_0）简支地安装在支墩上（图 F.3.1）。滚动铰支座滚直径不应小于 60mm，垫板宽度应与构件截面宽度一致，垫板长度应由木材局部横纹承压强度决定，垫板厚度应由钢板的受弯承载力决定，但不应小于 8mm。

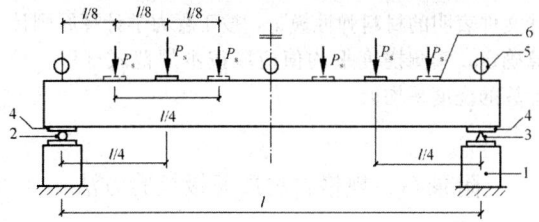

图 F.3.1 受弯构件试验
1—支墩；2—滚动铰支座；3—固定铰支座；4—垫板；5—位移计（百分表）；6—加载垫板；P_s—加载点的荷载；l—试件跨度

F.3.2 当构件截面高宽比大于 3 时，应设置防止构件发生侧向失稳的装置，支撑点应设在两支座和各加载点处，装置不应约束构件在荷载作用下的竖向变形。

F.3.3 当构件计算跨度 $l_0 \leqslant 4m$ 时，应采用两集中力四分点加载；当 $l_0 > 4m$ 时，应采用四集中力八分点加载。两种加载方案的最大试验荷载（检验荷载）P_{smax}（含构件及设备重力）应按下列公式计算：

$$P_{smax} = \frac{4M_s}{l_0} \quad \text{（F.3.3-1）}$$

$$P_{smax} = \frac{2M_s}{l_0} \quad \text{（F.3.3-2）}$$

式中：M_s——设计规定的荷载效应标准组合（N·mm）。

F.3.4 荷载应分五相同等级，应以相同时间间隔加载至试验荷载 P_{smax}，并应在 10min 之内完成。实际加载量应扣除构件自重和加载设备的重力作用。加载误差不应超过 ±1%。

F.3.5 构件在各级荷载下的跨中挠度，应通过在构件的两支座和跨中位置安装的 3 个位移计测定。当位移计为百分表时，其准确度等级应为 1 级；当采用位移传感器时，准确度不应低于 1 级，最小分度值不宜大于试件最大挠度的 1%；应快速记录位移计在各级试验荷载下的读数，或采用数据采集系统记录荷载和各位移传感器的读数，同时应填写表 F.3.5；应仔细检查各级荷载作用下，构件的损伤情况。

表 F.3.5 位移计读数记录

委托单位		委托日期		构件名称			试验日期		
试件含水率		截面尺寸		荷载效应标准组合（N·mm）			见证号		
No	荷载级别 每级荷载（kN）	加载时间 测读时间	百分表 1			百分表 2			百分表 3	损伤记录
			A_{1i}	ΔA_{1i}	$\Sigma\Delta A_{1i}$	A_{2i}	ΔA_{2i}	$\Sigma\Delta A_{2i}$	A_{3i} ΔA_{3i} $\Sigma\Delta A_{3i}$	
1										
2										
3										
…										
N										

记录：　　　　　　　　　　　　　　审核：

F.4 跨中实测挠度计算

F.4.1 各级荷载作用下的跨中挠度实测值,应按下式计算:

$$w_i = \Sigma\Delta A_{2i} - \frac{1}{2}(\Sigma\Delta A_{1i} + \Sigma\Delta A_{3i}) \quad (F.4.1)$$

F.4.2 荷载效应标准组合作用下的跨中挠度 w_s,应按下式计算:

$$w_s = \left(w_5 + w_3\frac{P_0}{P_3}\right)\eta \quad (F.4.2)$$

式中:w_5——第五级荷载作用下的跨中挠度;
w_3——第三级荷载作用下的跨中挠度;
P_3——第三级时外加荷载的总量(每个加载点处的三级外加荷载量);
P_0——构件自重和加载设备自重按弯矩等效原则折算至加载点处的荷载;
η——荷载形式修正系数,当设计荷载简图为均布荷载时,对两集中力加载方案 η=0.91,四集中力加载方案为1.0,其他设计荷载简图可按材料力学以跨中弯矩等效时挠度计算公式换算。

F.5 判 定 规 则

F.5.1 试件在加载过程中不应有新的损伤出现,并应用3个试件跨中实测挠度的平均值与理论计算挠度比较,同时应用3个试件中跨中挠度实测值中的最大值与本规范规定的允许挠度比较,满足要求者应为合格。试验跨度 l_0 未取实际构件跨度时,应以实测挠度平均值与理论计算值的比较结果为评定依据。

F.5.2 受弯构件挠度理论计算值应以本规范第F.2.3条获得的构件截面尺寸、所采用的试验荷载简图、外加荷载量(P_{smax}中扣除试件及设备自重)和设计文件表明的材料弹性模量,按工程力学计算原则计算确定,实测挠度平均值应取按本规范式(F.4.1)计算的挠度平均值。

附录G 规格材材质等级检验方法

G.1 一 般 规 定

G.1.1 本检验方法适用于已列入现行国家标准《木结构设计规范》GB 50005 的各目测等级规格材和机械分等规格材材质等级检验。

G.1.2 目测分等规格材可任选抗弯强度见证检验或目测等级见证检验,机械分等规格材应选用抗弯强度见证检验。

G.2 规格材目测等级见证检验

G.2.1 目测分等规格材的材质等级应符合表G.2.1的规定。

表 G.2.1 目测分等[1]规格材材质标准

项次	缺陷名称[2]	材质等级		
		I_c	II_c	III_c
1	振裂和干裂	允许个别长度不超过600mm,但不贯通;贯通时,应按劈裂要求检验		贯通:长度不超过600mm 不贯通:900mm长或不超过1/4构件长 干裂无限制;贯通干裂应按劈裂要求检验
2	漏刨	构件的10%轻度漏刨[3]		轻度漏刨不超过构件的5%,包含长达600mm的散布漏刨[5],或重度漏刨[4]
3	劈裂	$b/6$		$1.5b$
4	斜纹:斜率不大于(%)	8	10	12
5	钝棱[6]	$h/4$ 和 $b/4$,全长或与其相当,如果在1/4长度内钝棱不超过 $h/2$ 或 $b/3$		$h/3$ 和 $b/3$,全长或与其相当,如果在1/4长度内钝棱不超过 $2h/3$ 或 $b/2$
6	针孔虫眼	每25mm的节孔允许48个针孔虫眼,以最差材面为准		

续表 G.2.1

项次	缺陷名称[2]	材质等级							
		I c			II c			III c	
7	大虫眼	每25mm的节孔允许12个6mm的大虫眼,以最差材面为准							
8	腐朽—材心[17]	不允许						当h>40mm时不允许,否则h/3或b/3	
9	腐朽—白腐[17]	不允许						1/3 体积	
10	腐朽—蜂窝腐[17]	不允许						b/6 坚实[13]	
11	腐朽—局部片状腐[17]	不允许						b/6 宽[13],[14]	
12	腐朽—不健全材	不允许						最大尺寸 b/12 和 50mm 长,或等效的多个小尺寸[13]	
13	扭曲、横弯和顺弯[7]	1/2 中度						轻度	
14	木节和节孔[16] 高度 (mm)	健全节、卷入节和均布节[8]		非健全节,松节和节孔[9]	健全节、卷入节和均布节		非健全节,松节和节孔[10]	任何木节		节孔[11]
		材边	材心		材边	材心		材边	材心	
	40	10	10	10	13	13	13	16	16	16
	65	13	13	13	19	19	19	22	22	22
	90	19	22	19	25	38	25	32	51	32
	115	25	38	22	32	48	29	41	60	35
	140	29	48	25	38	57	32	48	73	38
	185	38	57	32	51	70	38	64	89	51
	235	48	67	32	64	93	38	83	108	64
	285	57	76	32	76	95	38	95	121	76

项次	缺陷名称[2]	材质等级	
		IV c	V c
1	振裂和干裂	贯通—1/3构件长 不贯通—全长 3面振裂—1/6构件长 干裂无限制 贯通干裂参见劈裂要求	不贯通—全长 贯通和三面振裂 1/3 构件长
2	漏刨	散布漏刨伴有不超过构件10%的重度漏刨[4]	任何面的散布漏刨中,宽面含不超过10%的重度漏刨[4]

续表 G.2.1

项次	缺陷名称[2]	材质等级			
		IV$_c$		V$_c$	
3	劈裂	L/6		2b	
4	斜纹：斜率不大于（%）	25		25	
5	钝棱[6]	h/2 或 b/2，全长或与其相当，如果在 1/4 长度内钝棱不超过 7h/8 或 3b/4		h/3 或 b/3，全长或与其相当，如果在 1/4 长度内钝棱不超过 h/2 或 3b/4	
6	针孔虫眼	每 25mm 的节孔允许 48 个针虫眼，以最差材面为准			
7	大虫眼	每 25mm 的节孔允许 12 个 6mm 的大虫眼，以最差材面为准			
8	腐朽—材心[17]	1/3 截面[13]		1/3 截面[15]	
9	腐朽—白腐[17]	无限制		无限制	
10	腐朽—蜂窝腐[17]	100%坚实		100%坚实	
11	腐朽—局部片状腐[17]	1/3 截面		1/3 截面	
12	腐朽—不健全材	1/3 截面，深入部分 1/6 长度[15]		1/3 截面，深入部分 1/6 长度[15]	
13	扭曲，横弯和顺弯[7]	中度		1/2 中度	

项次	木节和节孔[16] 高度（mm）	任何木节		节孔[12]	任何木节		节孔
		材边	材心		材边	材心	
14	40	19	19	19	19	19	19
	65	32	32	32	32	32	32
	90	44	64	44	44	64	38
	115	57	76	48	57	76	44
	140	70	95	51	70	95	51
	185	89	114	64	89	114	64
	235	114	140	76	114	140	76
	285	140	165	89	140	165	89

项次	缺陷名称[2]	材质等级	
		VI$_c$	VII$_c$
1	振裂和干裂	表层—不长于 600mm 贯通干裂同劈裂	贯通：600mm 长 不贯通：900mm 长或不超过 1/4 构件长

续表 G.2.1

项次	缺陷名称[2]	材质等级			
		VIc		VIIc	
2	漏刨	构件的10%轻度漏刨[3]		轻度漏刨不超过构件的5%，包含长达600mm的散布漏刨[5]或重度漏刨[4]	
3	劈裂	b		$1.5b$	
4	斜纹：斜率不大于（%）	17		25	
5	钝棱[6]	$h/4$ 或 $b/4$，全长或与其相当，如果在1/4长度内钝棱不超过$h/2$或$b/3$		$h/3$ 或 $b/3$，全长或与其相当，如果在1/4长度内钝棱不超过$2h/3$或$b/2$，$\leq L/4$	
6	针孔虫眼	每25mm的节孔允许48个针孔虫眼，以最差材面为准			
7	大虫眼	每25mm的节孔允许12个6mm的大虫眼，以最差材面为准			
8	腐朽—材心[17]	不允许		$h/3$ 或 $b/3$	
9	腐朽—白腐[18]	不允许		1/3体积	
10	腐朽—蜂窝腐[19]	不允许		$b/6$	
11	腐朽—局部片状腐[20]	不允许		$b/6$[14]	
12	腐朽—不健全材	不允许		最大尺寸$b/12$和50mm长，或等效的小尺寸[13]	
13	扭曲，横弯和顺弯[7]	1/2 中度		轻度	
14	木节和节孔[16] 高度（mm）	健全节、卷入节和均布节[8]	非健全节松节和节孔[10]	任何木节	节孔[11]
	40	—	—	—	—
	65	19	16	25	19
	90	32	19	38	25
	115	38	25	51	32
	140	—	—	—	—
	185	—	—	—	—

续表 G.2.1

项次	缺陷名称[2]	材质等级			
		VI c		VII c	
14	木节和节孔[16] 高度（mm）	健全节、卷入节和均布节[8]	非健全节松节和节孔[10]	任何木节	节孔[11]
	235	—	—	—	—
	285	—	—	—	—

注：1　目测分等应包括构件所有材面以及两端。b 为构件宽度，h 为构件厚度，L 为构件长度。
2　除本注解中已说明，缺陷定义详见国家标准《锯材缺陷》GB/T 4823—1995。
3　指深度不超过 1.6mm 的一组漏刨，漏刨之间的表面刨光。
4　重度漏刨为宽面上深度为 3.2mm，长度为全长的漏刨。
5　部分或全部漏刨，或全面糙面。
6　离材端全部或部分占据材面的钝棱，当表面要求满足允许漏刨规定，窄面上破坏要求满足允许节孔的规定（长度不超过同一等级最大节孔直径的 2 倍），钝棱的长度可为 300mm，每根构件允许出现一次。含有该缺陷的构件不得超过总数的 5%。
7　顺弯允许值是横弯的 2 倍。
8　卷入节是指被树脂或树皮包围不与周围木材连生的木节，均布节是指在构件任何 150mm 长度上所有木节尺寸的总和必须小于容许最大木节尺寸的 2 倍。
9　每 1.2m 有一个或数个小节孔，小节孔直径之和与单个节孔直径相等。
10　每 0.9m 有一个或数个小节孔，小节孔直径之和与单个节孔直径相等。
11　每 0.6m 有一个或数个小节孔，小节孔直径之和与单个节孔直径相等。
12　每 0.3m 有一个或数个小节孔，小节孔直径之和与单个节孔直径相等。
13　仅允许厚度为 40mm。
14　假如构件窄面均有局部片状腐，长度限制为节孔尺寸的 2 倍。
15　钉入边不得破坏。
16　节孔可全部或部分贯通构件。除非特别说明，节孔的测量方法与节子相同。
17　材心腐朽指某些树种沿髓心发展的局部腐朽，用目测鉴定。心材腐朽存在于活树中，在被砍伐的木材中不会发展。
18　白腐指木材中白色或棕色的小壁孔或斑点，由白腐菌引起。白腐存在于活树中，在使用时不会发展。
19　蜂窝腐与白腐相似但囊孔更大。含蜂窝腐的构件较未含蜂窝腐的构件不易腐朽。
20　局部片状腐指构件中槽状或壁孔状的区域。所有引起局部片状腐的木腐菌在树砍伐后不再生长。

G.2.2 取样方法和检验方法应符合下列规定：

　　1 进场的每批次同一树种或树种组合、同一目测等级的规格材应作为一个检验批，每检验批应按表 G.2.2 规定的数目随机抽取检验样本。

　　2 应采用目测、丈量方法，并应符合表 G.2.1 的规定。

G.2.3 样本中不符合该目测等级的规格材的根数不应大于表 G.2.3 规定的合格判定数。

表 G.2.2　每检验批规格材抽样数量（根）

检验批容量	2～8	9～15	16～25	26～50	51～90
抽样数量	3	5	8	13	20
检验批容量	91～150	151～280	281～500	501～1200	1201～3200
抽样数量	32	50	80	125	200
检验批容量	3201～10000	10001～35000	35001～150000	150001～500000	>500000
抽样数量	315	500	800	1250	2000

表 G.2.3　规格材目测检验合格判定数（根）

抽样数量	2～5	8～13	20	32	50	80	125	200	>315
合格判定数	0	1	2	3	5	7	10	14	21

G.3　规格材抗弯强度见证检验

G.3.1 规格材抗弯强度见证检验应采用复式抽样法，试样应从每一进场批次、每一强度等级和每一规格尺寸的规格材中随机抽取，第 1 次抽取 28 根。试样长度不应小于 $17h+200$ mm（h 为规格材截面高度）。

G.3.2 规格材试样应在试验地通风良好的室内静待

数天,使同批次规格材试样间含水率最大偏差不大于2%。规格材试样应测定平均含水率 w,平均含水率应大于等于10%,且应小于等于23%。

G.3.3 规格材试样在检验荷载 P_k 作用下的三分点侧立抗弯试验,应按现行国家标准《木结构试验方法标准》GB/T 50329进行(图G.3.3)。试样跨度不应小于 $17h$,安装时试样的拉、压边应随机放置,并应经1min等速加载至检验荷载 P_k。

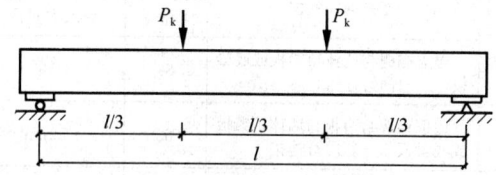

图 G.3.3 试样三分点侧立抗弯试验
P_k—加载点的荷载;l—规格材跨度

G.3.4 规格材侧立抗弯试验的检验荷载应按下列公式计算:

$$P_k = f_b \frac{bh^2}{2l} \quad (G.3.4-1)$$

$$f_b = f_{bk} K_z K_l K_w \quad (G.3.4-2)$$

$$K_l = \left(\frac{l}{l_0}\right)^{0.14} \quad (G.3.4-3)$$

$$\left.\begin{array}{l} f_{bk} \geqslant 16.66\text{N/mm}^2 \quad K_w = 1 + \dfrac{(15-w)(1-16.66/f_{bk})}{25} \\ f_{bk} < 16.66\text{N/mm}^2 \quad K_w = 1.0 \end{array}\right\}$$

$$(G.3.4-4)$$

式中:b——规格材的截面宽度;
h——规格材的截面高度;
l——试样的跨度;
l_0——试样标准跨度,取3.658m;
f_{bk}——规格材抗弯强度检验值,可按表G.3.4-1取值;
K_z——规格材抗弯强度的截面尺寸调整系数,可按表G.3.4-2取值;
K_l——规格材抗弯强度的跨度调整系数;
K_w——规格材抗弯强度的含水率调整系数;
w——试验时规格材的平均含水率。

表 G.3.4-1 进口北美目测分等规格材抗弯强度检验值(N/mm²)

等级	花旗松-落叶松(南)	花旗松-落叶松(北)	铁杉-冷杉(南)	铁杉-冷杉(北)	南方松	云杉-松-冷杉	其他北美树种
I_c	21.60	20.25	20.25	18.90	27.00	17.55	13.10
II_c	14.85	12.29	14.85	14.85	17.55	12.69	8.64

续表 G.3.4-1

等级	花旗松-落叶松(南)	花旗松-落叶松(北)	铁杉-冷杉(南)	铁杉-冷杉(北)	南方松	云杉-松-冷杉	其他北美树种
III_c	13.10	12.29	12.29	14.85	14.85	12.69	8.64
IV_c、V_c	7.56	6.89	7.29	8.37	8.37	7.29	5.13
VI_c	14.85	13.50	14.85	16.20	16.20	14.85	10.13
VII_c	8.37	7.56	7.97	9.45	9.05	7.97	5.81

注:1 表中所列强度检验值为规格材的抗弯强度特征值。
  2 机械分等规格材的抗弯强度检验值应取所在等级规格材的抗弯强度特征值。

表 G.3.4-2 规格材强度截面尺寸调整系数

等级	截面高度(mm)	截面宽度(mm)	
		40、65	90
I_c、II_c、III_c、IV_c、V_c	≤90	1.5	1.5
	115	1.4	1.4
	140	1.3	1.3
	185	1.2	1.2
	235	1.1	1.2
	285	1.0	1.1
VI_c、VII_c	≤90	1.0	1.0

注:VI_c、VII_c规格材截面高度均小于等于90mm。

G.3.5 规格材合格与否应按检验荷载 P_k 作用下试件破坏的根数判定。28根试件中小于等于1根发生破坏时,应为合格。试件破坏数大于3根时,应为不合格。试件破坏数为2根时,应另随机抽取53根试件进行规格材侧立抗弯试验。试件破坏数小于等于2根时,应为合格,大于2根时应为不合格。试验中未发生破坏的试件,可作为相应等级的规格材继续在工程中使用。

附录 H 木基结构板材的力学性能指标

H.0.1 木基结构板材在集中静载和冲击荷载作用下的力学性能,不应低于表H.0.1的规定。

表 H.0.1 木基结构板材在集中静载和冲击荷载作用下的力学指标[1]

用途	标准跨度(最大允许跨度)(mm)	试验条件	冲击荷载(N·m)	最小极限荷载[2](kN)		0.89kN集中静载作用下的最大挠度[3](mm)
				集中静载	冲击后集中静载	
楼面板	400(410)	干态及湿态重新干燥	102	1.78	1.78	4.8

续表 H.0.1

用途	标准跨度（最大允许跨度）(mm)	试验条件	冲击荷载(N·m)	最小极限荷载[2] (kN) 集中静载	最小极限荷载[2] (kN) 冲击后集中静载	0.89kN集中静载作用下的最大挠度[3] (mm)
楼面板	500(500)	干态及湿态重新干燥	102	1.78	1.78	5.6
楼面板	600(610)	干态及湿态重新干燥	102	1.78	1.78	6.4
楼面板	800(820)	干态及湿态重新干燥	122	2.45	1.78	5.3
楼面板	1200(1220)	干态及湿态重新干燥	203	2.45	1.78	8.0
屋面板	400(410)	干态及湿态	102	1.78	1.33	11.1
屋面板	500(500)	干态及湿态	102	1.78	1.33	11.9
屋面板	600(610)	干态及湿态	102	1.78	1.33	12.7
屋面板	800(820)	干态及湿态	122	1.78	1.33	12.7
屋面板	1200(1220)	干态及湿态	203	1.78	1.33	12.7

注：1 本表为单个试验的指标。
2 100%的试件应能承受表中规定的最小极限荷载值。
3 至少90%的试件挠度不大于表中的规定值。在干态及湿态重新干燥试验条件下，木基结构板材在静载和冲击荷载后静载的挠度，对于屋面板只检查静载的挠度，对于湿态试验条件下的屋面板，不检查挠度指标。

H.0.2 木基结构板材在均布荷载作用下的力学性能，不应低于表 H.0.2 的规定。

表 H.0.2 木基结构板材在均布荷载作用下的力学指标

用途	标准跨度（最大允许跨度）(mm)	试验条件	性能指标[1] 最小极限荷载[2] (kPa)	性能指标[1] 最大挠度[3] (mm)
楼面板	400(410)	干态及湿态重新干燥	15.8	1.1
楼面板	500(500)	干态及湿态重新干燥	15.8	1.3
楼面板	600(610)	干态及湿态重新干燥	15.8	1.7
楼面板	800(820)	干态及湿态重新干燥	15.8	2.3
楼面板	1200(1220)	干态及湿态重新干燥	10.8	3.4
屋面板	400(410)	干态	7.2	1.7
屋面板	500(500)	干态	7.2	2.0
屋面板	600(610)	干态	7.2	2.5
屋面板	800(820)	干态	7.2	3.4
屋面板	1000(1020)	干态	7.2	4.4
屋面板	1200(1220)	干态	7.2	5.1

注：1 本表为单个试验的指标。
2 100%的试件应能承受表中规定的最小极限荷载值。
3 每批试件的平均挠度不应大于表中的规定值。为4.79kPa均布荷载作用下的楼面最大挠度；或1.68kPa均布荷载作用下的屋面最大挠度。

附录 J 按构造设计的轻型木结构钉连接要求

J.0.1 按构造设计的轻型木结构的钉连接应符合表 J.0.1 的规定。

表 J.0.1 按构造设计的轻型木结构的钉连接要求

序号	连接构件名称	最小钉长(mm)	钉的最小数量或最大间距
1	楼盖搁栅与墙体顶梁板或底梁板——斜向钉连接	80	2颗
2	边框梁或封边板与墙体顶梁板或底梁板——斜向钉连接	60	150mm
3	楼盖搁栅木底撑或扁钢底撑与楼盖搁栅	60	2颗
4	搁栅间剪刀撑	60	每端2颗
5	开孔周边双层封边梁或双层加强搁栅	80	300mm
6	木梁两侧附加托木与木梁	80	每根搁栅处2颗
7	搁栅与搁栅连接板	80	每端2颗
8	被切搁栅与开孔封头搁栅（沿开孔周边垂直钉连接）	80	5颗
8	被切搁栅与开孔封头搁栅（沿开孔周边垂直钉连接）	100	3颗
9	开孔处每根封头搁栅与封边搁栅的连接（沿开孔周边垂直钉连接）	80	5颗
9	开孔处每根封头搁栅与封边搁栅的连接（沿开孔周边垂直钉连接）	100	3颗
10	墙骨与墙体顶梁板或底梁板，采用斜向钉连接或垂直钉连接	60	4颗
10	墙骨与墙体顶梁板或底梁板，采用斜向钉连接或垂直钉连接	100	2颗
11	开孔两侧双根墙骨柱，或在墙体交接或转角处的墙骨处	80	750mm
12	双层顶梁板	80	600mm
13	墙体底梁板或地梁板与搁栅或封头块（用于外墙）	80	400mm
14	内隔墙与框架或楼面板	80	600mm
15	非承重墙开孔顶部水平构件每端	80	2颗
16	过梁与墙骨	80	每端2颗
17	顶棚搁栅与墙体顶梁板——每侧采用斜向钉连接	80	2颗
18	屋面椽条、桁架或屋面搁栅与墙体顶梁板——斜向钉连接	80	3颗
19	椽条板与顶棚搁栅	100	2颗
20	椽条与搁栅（屋脊板有支座时）	80	3颗
21	两侧椽条在屋脊通过连接板连接，连接板与每根椽条的连接	60	4颗
22	椽条与屋脊板——斜向钉连接或垂直钉连接	80	3颗
23	椽条拉杆每端与椽条	80	3颗
24	椽条拉杆侧向支撑与拉杆	60	2颗
25	屋脊椽条与屋脊或屋谷椽条	80	2颗
26	椽条撑杆与椽条	80	3颗
27	椽条撑杆与承重墙——斜向钉连接	80	2颗

J.0.2 按构造设计的轻型木结构中椽条与顶棚搁栅的钉连接，应符合表 J.0.2 的规定。

表 J.0.2　椽条与顶棚搁栅钉连接（屋脊无支承）

屋面坡度	椽条间距(mm)	钉长不小于80mm的最少钉数											
		椽条与每根顶棚搁栅连接						椽条每隔1.2m与顶棚搁栅连接					
		房屋宽度达到8m			房屋宽度达到9.8m			房屋宽度达到8m			房屋宽度达到9.8m		
		屋面雪荷(kPa)			屋面雪荷(kPa)			屋面雪荷(kPa)			屋面雪荷(kPa)		
		≤1.0	1.5	≥2.0	≤1.0	1.5	≥2.0	≤1.0	1.5	≥2.0	≤1.0	1.5	≥2.0
1:3	400	4	5	6	5	7	8	11	—	—	—	—	—
	600	6	8	9	8	—	—	11	—	—	—	—	—
1:2.4	400	4	4	5	5	6	7	7	10	—	9	—	—
	600	5	7	8	7	9	11	7	10	—	—	—	—
1:2	400	4	4	4	4	4	5	6	8	—	—	—	—
	600	4	5	6	5	7	8	6	8	9	8	—	—
1:1.71	400	4	4	4	4	4	4	5	7	8	7	9	11
	600	4	4	5	4	5	5	5	7	8	7	9	11
1:1.33	400	4	4	4	4	4	4	5	6	5	6	6	7
	600	4	4	4	4	4	5	5	6	5	6	6	7
1:1	400	4	4	4	4	4	4	4	4	4	4	4	5
	600	4	4	4	4	4	4	4	4	4	4	4	5

附录 K　各类木结构构件防护处理载药量及透入度要求

K.1　方木与原木结构、轻型木结构构件

K.1.1　方木、原木结构、轻型木结构构件采用的防腐、防虫药剂及其以活性成分计的最低载药量检验结果，应符合表 K.1.1 的规定。需油漆的木构件宜采用水溶性或以易挥发的碳氢化合物为溶剂的油溶性防护剂。

K.1.2　防护施工应在木构件制作完成后进行，并应选择正确的处理工艺。常压浸渍法可用于木构件处于 C1 类环境条件的防护处理；其他环境条件均应用加压浸渍法，特殊情况下可采用冷热槽浸渍法；对于不易吸收药剂的树种，浸渍前可在木材上顺纹刻痕，但刻痕深度不宜大于 16mm。浸渍完成后的药剂透入度检验结果不应低于表 K.1.2 的规定。喷洒法和涂刷法应仅用于已经防护处理的木构件，因钻孔、开槽等操作造成未吸收药剂的木材外露而进行的防护修补。

表 K.1.1　不同使用条件下使用的防腐木材及其制品应达到的最低载药量

类别	防腐剂名称	活性成分	组成比例(%)	最低载药量（kg/m³）使用环境			
				C1	C2	C3	C4A
水溶性	硼化合物[1]	三氧化二硼	100	2.8	2.8[2]	NR[3]	NR
	季铵铜(ACQ) ACQ-2	氧化铜	66.7	4.0	4.0	4.0	6.4
		二癸基二甲基氯化铵(DDAC)	33.3				

续表 K.1.1

类别	防腐剂名称	活性成分	组成比例(%)	最低载药量(kg/m³) 使用环境 C1	C2	C3	C4A
水溶性	季铵铜(ACQ) ACQ-3	氧化铜	66.7	4.0	4.0	4.0	6.4
		十二烷基苄基二甲基氯化铵(BAC)	33.3				
	ACQ-4	氧化铜	66.7	4.0	4.0	4.0	6.4
		DDAC	33.3				
	铜唑(CuAz) CuAz-1	铜	49	3.3	3.3	3.3	6.5
		硼酸	49				
		戊唑醇	2				
	CuAz-2	铜	96.1	1.7	1.7	1.7	3.3
		戊唑醇	3.9				
	CuAz-3	铜	96.1	1.7	1.7	1.7	3.3
		丙环唑	3.9				
	CuAz-4	铜	96.1	1.0	1.0	1.0	2.4
		戊唑醇	1.95				
		丙环唑	1.95				
	唑醇啉(PTI)	戊唑醇	47.6	0.21	0.21	0.21	NR
		丙环唑	47.6				
		吡虫啉	4.8				
	酸性铬酸铜(ACC)	氧化铜	31.8	NR	4.0	4.0	8.0
		三氧化铬	68.2				
	柠檬酸铜(CC)	氧化铜	62.3	4.0	4.0	4.0	NR
		柠檬酸	37.7				
油溶性	8-羟基喹啉铜(Cu8)	铜	100	0.32	0.32	0.32	NR
	环烷酸铜(CuN)	铜	100	NR	NR	0.64	NR

注：1 硼化合物包括硼酸、四硼酸钠、八硼酸钠、五硼酸钠等及其混合物；
    2 有白蚁危害时C2环境下硼化合物应为4.5kg/m³；
    3 NR 为不建议使用。

表 K.1.2 防护剂透入度检测规定

木材特征	透入深度或边材透入率 $t<125mm$	透入深度或边材透入率 $t\geqslant 125mm$	钻孔采样数量(个)	试样合格率(%)
易吸收不需要刻痕	63mm 或 85%(C1、C2)、90%(C3、C4A)	63mm 或 85%(C1、C2)、90%(C3、C4A)	20	80
需要刻痕	10mm 或 85%(C1、C2)、90%(C3、C4A)	13mm 或 85%(C1、C2)、90%(C3、C4A)	20	80

注：t为需处理木材的厚度；是否刻痕根据木材的可处理性、天然耐久性及设计要求确定。

K.2 胶合木结构构件、结构胶合板及结构复合材构件

K.2.1 胶合木结构可采用的防腐、防火药剂类别和规定的检测深度内以有效活性成分计的载药量不应低于表K.2.1的规定。胶合木结构宜在层板胶合、构件加工工序完成（包括钻孔、开槽等局部处理）后进行防护处理，并宜采用油溶性药剂；必要时可先作层板的防护处理，再进行胶合和构件加工。不论何种顺序，其药剂透入度不得小于表K.2.2的规定。

表K.2.1 胶合木防护药剂最低载药量与检测深度

类别	药剂名称		胶合前处理				胶合后处理			
			最低载药量(kg/m³)			检测深度(mm)	最低载药量(kg/m³)			检测深度(mm)
			使用环境				使用环境			
			C1	C2	C3	C4A	C1	C2	C3	C4A
水溶性	硼化合物		2.8	2.8*	NR	NR	13~25	NR	NR	NR	NR	—
	季铵铜ACQ	ACQ-2	4.0	4.0	4.0	6.4					
		ACQ-3	4.0	4.0	4.0	6.4					
		ACQ-4	4.0	4.0	4.0	6.4					
	铜唑(CuAz)	CuAz-1	3.3	3.3	3.3	6.5					
		CuAz-2	1.7	1.7	1.7	3.3					
		CuAz-3	1.7	1.7	1.7	3.3					
		CuAz-4	1.0	1.0	1.0	2.4					
	唑醇啉(PTI)		0.21	0.21	0.21	NR					
	酸性铬酸铜(ACC)		NR	4.0	4.0	8.0					
	柠檬酸铜(CC)		4.0	4.0	4.0	NR					
油溶性	8-羟基喹啉铜(Cu8)		0.32	0.32	0.32	NR	13~25	0.32	0.32	0.32	NR	0~15
	环烷酸铜(CuN)		NR	NR	0.64	NR	13~25	0.64	0.64	0.64	NR	0~15

注：* 有白蚁危害时应为4.5kg/m³。

K.2.2 对于胶合后处理的木构件，应从每一批量中的20个构件中随机钻孔取样；对于胶合前处理的木构件，应从每一批量中20块内层被接长的木板侧边各钻取一个试样。试样的透入深度或边材透入率应符合表K.2.2的要求。

表K.2.2 胶合木构件防护药剂透入深度或边材透入率

木材特征	使用环境		钻孔采样的数量(个)
	C1、C2或C3	C4A	
易吸收不需要刻痕	75mm或90%	75mm或90%	20
需要刻痕	25mm	32mm	20

K.2.3 结构胶合板和结构复合材（旋切板胶合木、旋切片胶合木）防护剂的最低保持量及其检测深度，应符合表K.2.3的要求。

表K.2.3 结构胶合板、结构复合材防护剂的最低载药量与检测深度

类别	药剂名称		结构胶合板				检测深度(mm)	结构复合材				检测深度(mm)
			最低载药量(kg/m³)					最低载药量(kg/m³)				
			使用环境					使用环境				
			C1	C2	C3	C4A		C1	C2	C3	C4A	
水溶性	硼化合物		2.8	2.8*	NR	NR	0~10	NR	NR	NR	NR	—
	季铵铜ACQ	ACQ-2	4.0	4.0	4.0	6.4						
		ACQ-3	4.0	4.0	4.0	6.4						
		ACQ-4	4.0	4.0	4.0	6.4						
	铜唑(CuAz)	CuAz-1	3.3	3.3	3.3	6.5						
		CuAz-2	1.7	1.7	1.7	3.3						
		CuAz-3	1.7	1.7	1.7	3.3						
		CuAz-4	1.0	1.0	1.0	2.4						
	唑醇啉(PTI)		0.21	0.21	0.21	NR						
	酸性铬酸铜(ACC)		NR	4.0	4.0	8.0						
	柠檬酸铜(CC)		4.0	4.0	4.0	NR						
油溶性	8-羟基喹啉铜(Cu8)		0.32	0.32	0.32	NR	0~10	0.32	0.32	0.32	NR	0~10
	环烷酸铜(CuN)		0.64	0.64	0.64	NR		0.64	0.64	0.64	0.96	

注：* 有白蚁危害时应为4.5kg/m³。

本规范用词说明

1 为了便于在执行本标准条文时区别对待，对要求严格程度不同的用词说明如下：

  1）表示很严格，非这样做不可的用词：
     正面词采用"必须"，反面词采用"严禁"。

  2）表示严格，在正常情况下均应这样做的用词：
     正面词采用"应"，反面词采用"不应"或"不得"。

  3）表示允许稍有选择，在条件许可时首先应这样做的用词：
     正面词采用"宜"，反面词采用"不宜"。

  4）表示有选择，在一定条件下可以这样做的用词，采用"可"。

2 条文中指明应按其他有关标准执行的写法为："应符合……的规定"或"应按……执行"。

引用标准名录

1 《木结构设计规范》GB 50005

2 《建筑设计防火规范》GB 50016

3 《建筑工程施工质量验收统一标准》GB 50300

4 《木结构试验方法标准》GB/T 50329

5 《金属材料室温拉伸试验方法》GB/T 228

6 《碳素结构钢》GB 700
7 《木材含水率测定方法》GB/T 1931
8 《木材抗弯强度试验方法》GB/T 1936.1
9 《钢材力学及工艺性能试验取样规定》GB 2975
10 《碳钢焊条》GB 5117
11 《低合金钢焊条》GB 5118
12 《六角头螺栓-C级》GB 5780
13 《六角头螺栓》GB 5782
14 《金属拉伸试验试样》GB 6397
15 《木结构覆板用胶合板》GB/T 22349
16 《建筑钢结构焊接技术规范》JGJ 81
17 《一般用途圆钢钉》YB/T 5002

中华人民共和国国家标准

木结构工程施工质量验收规范

GB 50206—2012

条 文 说 明

修 订 说 明

本规范是在《木结构工程施工质量验收规范》GB 50206-2002 的基础上修订而成。本规范修订继续遵循了《建筑工程施工质量验收统一标准》GB 50300-2001 关于"验评分离、强化验收、完善手段、过程控制"的指导原则，并借鉴和吸收了国际先进技术和经验，与中国的具体情况相结合，制定技术水平先进和切实可行的木结构工程施工质量验收标准。同时，保持了规范的连续性和与相关的国家现行规范、标准的一致性。

本规范修订过程中，编制组进行了大量调查研究，重点修订了原规范在执行过程中遇到的以下几方面的问题：（1）原规范侧重规定了木结构工程所用材料和产品的质量控制标准，缺乏关于木结构工程施工过程中的质量控制标准，较为突出的是胶合木结构和轻型木结构两类结构构件的制作、安装质量标准。（2）厘清木结构产品，尤其是层板胶合木、结构复合木材、木基结构板材等生产过程中的质量控制标准与产品进场验收的关系，符合木结构工程施工质量验收的需要。（3）制定恰当的材料进场质量检验（见证检验）方法和判定标准，做到既保证质量又切实可行。规格材进场验收的问题尤为突出。（4）随着材料科学和木结构防护技术的发展，原规范规定的某些木材防护材料需要更新。编制组针对这些问题对原规范进行了认真修订，并与《建筑工程施工质量验收统一标准》GB 50300、《木结构设计规范》GB 50005 等相关国家标准进行了协调，形成了本规范修订版。

本规范上一版的主编单位是哈尔滨工业大学，参编单位是铁道部科学研究院、东北林业大学、公安部天津消防科学研究所、温州市规划设计院，主要起草人是樊承谋、王用信、郭惠平、方桂珍、倪照鹏、陈松来、许方。

为便于工程技术人员在使用本规范时能正确把握和执行条文规定，编制组按章、条顺序编制了本规范的条文说明，对条文规定的目的、依据以及在执行中应注意的有关事项进行了说明。但本条文说明不具备与规范正文同等的法律效力，仅供使用者作为理解和把握规范规定的参考。

目　次

1　总则 …………………………… 9—13—34
2　术语 …………………………… 9—13—34
3　基本规定 ……………………… 9—13—34
4　方木与原木结构 ……………… 9—13—35
　　4.1　一般规定 ………………… 9—13—35
　　4.2　主控项目 ………………… 9—13—35
　　4.3　一般项目 ………………… 9—13—36
5　胶合木结构 …………………… 9—13—37
　　5.1　一般规定 ………………… 9—13—37
　　5.2　主控项目 ………………… 9—13—37
　　5.3　一般项目 ………………… 9—13—38
6　轻型木结构 …………………… 9—13—38
　　6.1　一般规定 ………………… 9—13—38
　　6.2　主控项目 ………………… 9—13—38
　　6.3　一般项目 ………………… 9—13—39
7　木结构的防护 ………………… 9—13—40
　　7.1　一般规定 ………………… 9—13—40
　　7.2　主控项目 ………………… 9—13—40
　　7.3　一般项目 ………………… 9—13—40
8　木结构子分部工程验收 ……… 9—13—41

1 总 则

1.0.1 制定本规范的目的是贯彻《建筑工程施工质量验收统一标准》GB 50300 的相关规定，加强木结构工程施工质量管理，保证木结构工程质量。

1.0.2 本规范的适用范围为新建木结构工程的两个分项工程的施工质量验收，即木结构工程的制作安装与木结构工程的防火防护。木结构包括分别由原木、方木和胶合木制作的木结构和主要由规格材和木基结构板材制作的轻型木结构。

1.0.3 本规范的规定系木结构工程施工质量验收最低和最基本的要求。

1.0.4 本规范是遵照《建筑工程施工质量验收统一标准》GB 50300 对工程质量验收的划分、验收的方法、验收的程序和组织的原则性规定而编制的，因此在执行本规范时应与其配套使用。

1.0.5 为保证工程质量，木结构工程施工质量验收尚应符合下列国家现行标准和规范的规定：

1 《木结构设计规范》GB 50005
2 《木结构试验方法标准》GB/T 50329
3 《木材物理力学试验方法》GB 1927～1943
4 《钢结构工程施工质量验收规范》GB 50205

2 术 语

本规范共给出了 36 个木结构工程施工质量验收的主要术语。其中一部分是从建筑结构施工、检验的角度赋予其涵义，而相当部分按国际上木结构常用的术语而编写。英文术语所指为内容一致，并不一定是两者单词的直译，但尽可能与国际木结构术语保持一致。

3 基 本 规 定

3.0.1 规定木结构工程施工单位应具备的基本条件。针对目前建筑安装工程施工企业的实际情况，强调应有木结构工程施工技术队伍，才能承担木结构工程施工任务。

3.0.2 《建筑工程施工质量验收统一标准》GB 50300 将建筑工程划分为主体结构、地基与基础、建筑装饰装修等分部工程，主体结构分部工程包括木结构、钢结构、混凝土结构等子分部工程，木结构子分部工程又包括方木和原木结构、胶合木结构、轻型木结构、木结构防护等分项工程。因此，方木和原木结构、胶合木结构、轻型木结构其中之一作为木结构分项工程与木结构防护分项工程构成木结构子分部工程。木结构工程的防护分项工程（防火、防腐）可以分包，但其管理、施工质量仍由木结构工程制作、安装施工单位负责。

3.0.3 本条规定木结构子分部工程划分检验批的原则。

3.0.4 木结构使用环境的分类，依据是林业行业标准《防腐木材的使用分类和要求》LY/T 1636-2005，主要为选择正确的木结构防护方法服务。

3.0.5 木材所显露出的纹理，具有自然美，形成雅致的装饰面。本条将木结构外表参照原规范对胶合木结构的要求，分为 A、B、C 级。A 级相当于室内装饰要求，B 级相当于室外装饰要求，而 C 级相当于木结构不外露的要求。

3.0.6 本条具体规定木结构工程控制施工质量的内容：

1 在原规范的基础上增加了工程设计文件的要求，旨在强调按设计图纸施工。

2 木结构工程的主要材料是木材及木产品，包括方木、原木、层板胶合木、结构复合材、木基结构板材、金属连接件和结构用胶等。这些材料都涉及结构的安全和使用功能，因此要求做进场验收和见证检验。进场验收、见证检验主要是控制木结构工程所用材料、构配件的质量；交接检验主要是控制制作加工质量。这是木结构工程施工质量控制的基本环节，是木结构分部工程验收的主要依据。

3 控制每道工序的质量，关键在于按《木结构工程施工规范》的规定进行施工，并按本规范规定的控制指标进行自检。

4 各工序之间和专业工种之间的交接检验，关键在于建立工程管理人员和技术人员的全局观念，将检验批、分项工程和木结构子分部工程形成有机整体。

5 在原规范的基础上增加了木结构工程竣工图及文字资料等竣工文件的要求。这是考虑到施工过程中可能对原设计方案进行了变更或材料替代，这些文件要求是保证工程质量的必要手段，也是将来结构维修、维护的重要依据。

3.0.7 木结构在我国发展较快，不断引进、研发新材料、新技术，各类木结构技术规范不可能将这些材料和技术全部包含在内，但又应鼓励创新和研发。本条规定了采用新技术的木结构工程施工质量的验收程序。

3.0.8 规定材料的替换原则。用等强换算方法使用高等级材料替代低等级材料，由于截面减小，可能影响抗火性能，故有时结构并不安全，截面减小还可能影响结构的使用功能和耐久性；反之，用等强换算方法使用低等级材料替代高等级材料，尚应符合国家现行标准《木结构设计规范》GB 50005 关于各类构件对木材材质等级的规定，故通过等强换算进行材料替换，需经设计单位复核同意。

3.0.9 从国际市场进口木材和木产品，是发展我国木结构的重要途径。本条所指木材和木产品包括方木、原木、规格材、胶合木、木基结构板材、结构复合木材、工字形木搁栅、齿板桁架以及各类金属连接件等产品。国外大部分木产品和金属连接件是工业化生产的产品，都有产品标识。产品标识标志产品的生产厂家、树种、强度等级和认证机构名称等。对于产地国具有产品标识的木产品，既要求具有产品质量合格证书，也要求有相应的产品标识。对于产地国本来就没有产品标识的木产品，可只要求产品质量合格证书。

另外，在美欧等国家和地区，木产品的标识是经过严格质量认证的，等同于产品质量合格证书。这些产品标识一旦经由我国相关认证机构确认，在我国也等同于产品质量合格证书。但我国目前尚没有具有资质的认证机构。

4 方木与原木结构

4.1 一般规定

4.1.1 规定了本章的适用范围。
4.1.2 原规范对划分检验批的规定不甚清楚，本次修订根据《建筑工程施工质量验收统一标准》GB 50300 关于划分检验批的规定以及质检部门的建议，对材料、构配件质量控制和木结构制作安装质量控制分别划分了检验批。施工和质量验收时屋盖可作为一个楼层对待，单独划分为一个检验批。

4.2 主控项目

4.2.1 结构形式、结构布置和构件尺寸是否符合设计文件规定，是影响结构安全的第一要素，因此本条作为强制性条文执行。本规范将对结构安全会产生最重要影响的主控项目归结为三个方面，一是结构形式、结构布置和构件的截面尺寸，二是构件材料的材质标准和强度等级，三是木结构节点连接。关于该三方面的条文，皆列于强制性条文。设计文件包括本工程的施工图、设计变更和设计单位签发的技术联系单等资料。
4.2.2 构件所用材料的质量是否符合设计文件的规定，是影响结构安全的第二要素，是保证工程质量的关键之一，因此本条作为强制性条文执行。执行本条时尚应注意：

1 结构用木材应符合设计文件的规定，是指木材的树种（包括树种组合）或强度等级合乎规定。在我国现阶段，方木、原木结构所用木材的强度等级是由树种确定的，而同一树种或树种组合的木材，强度不再分级，所以明确了树种或树种组合，就明确了强度等级。我国虽然对方木、原木及板材划分为三个质量等级，但该三个质量等级木材的设计指标是相同的，不加区分。

2 不管是国产还是进口的结构用材，其树种都应是已纳入现行国家标准《木结构设计规范》GB 50005 适用范围的，否则不能作为结构用材使用。
4.2.3 现行《木结构设计规范》GB 50005 按树种划分方木、原木的强度等级，而按目测外观质量划分的方木、原木的三个质量等级，仅是决定木材用途的依据（用于受拉还是受压构件），与木材的强度等级无关。因此，明确木材的树种是施工用材是否符合设计要求的关键。但目前木结构施工人员对树种的识别往往存在一定困难，为确保其木材的材质等级，进场木材均应作弦向静曲强度见证检验。本规范检验标准表 4.2.3 与《木结构设计规范》GB 50005 的规定是一致的。
4.2.4 我国现行《木结构设计规范》GB 50005 对不同目测等级的方木或原木在强度上未加区分，实际上三个等级木材的缺陷不同，对木材强度的影响程度也就不同；即使相同的缺陷，对木材抗拉、抗压强度的影响程度也不同。故规定了不同目测等级的木材不同的用途，等级高的用于受拉构件，低的可用于受压构件，施工及验收时应予注意。

结构用木材的目测等级评定标准，不同于一般用途木材的商品等级，两者不能混淆。
4.2.5 控制木材的含水率，主要是为防止木材干裂和腐朽。原木、方木在干燥过程中，切向收缩最大，径向次之，纵向最小。外层木材会先于内层木材干燥，其干缩变形会受到内层木材的约束而受拉。当横纹拉应力超过木材的抗拉强度时，木材就发生开裂。

制作构件时，如果干裂裂缝与齿连接或螺栓连接的受剪面接近或重合，就会影响连接的承载力，甚至发生工程事故。木材含水率过大，干缩变形很大，会影响木结构节点连接的紧密性；含水率过大，木材的弹性模量降低，结构的变形加大；含水率超过20%而又通风不畅，木材则易发生腐朽。因此，无论是构件制作还是进场，都应控制含水率。

原木和截面较大的方木通常不能采用窑干法，难以达到干燥状态，其含水率控制在25%，是指全截面的平均含水率。此时木材表层的含水率往往已降至18%以下，干燥裂缝已经呈现，制作构件选材时已经可以避开裂缝。干缩裂缝对板材的不利影响比方木、原木严重得多，但板材可以窑干，故含水率可控制在20%以下。干缩裂缝对板材受拉工作影响最为不利，用作受拉构件连接板的板材含水率控制在18%以下。
4.2.6 《木结构设计规范》GB 50005 明确规定承重木结构用钢材宜选择 Q235 等级，不能因为用于木结构就放松对钢材质量的要求。实际上，建筑结构钢材均可用于木结构，故本规范规定钢材的屈服强度和极限强度不低于 Q235 及以上等级钢材的指标要求。对于承受动荷载或在 -30℃ 以下工作的木结构，不应采用沸腾钢，冲击韧性应满足相应屈服强度的D级要求，与《钢结构设计规范》GB 50017保持一致。

4.2.7 焊条的种类、型号与焊件的钢材类别有关，故应按设计文件规定选用。对于Q235钢材，通常采用E43型焊条。E43为碳钢焊条，药皮化学成分不同，适用于不同的焊缝类型、焊机和使用环境，如结构在－30℃以下工作，宜选用E43中的低氢型焊条。

4.2.8 成品螺栓是标准件，强度等级通常用屈服比表示，如4.8级表示抗拉强度标准值为400MPa，屈服强度标准值为320MPa，这类螺栓进场时仅需检验合格证书。由于标准件的螺栓长度有时不满足木结构连接的要求，需要专门加工，则按4.2.6条的规定，螺栓杆使用的钢材应有力学性能检验合格报告。

4.2.9 圆钉的抗弯屈服强度以塑性截面模量计算，当设计文件规定圆钉的抗弯屈服强度时，需作强度见证检验。设计文件未作规定时，将视为由冷拔钢丝制作的普通圆钉，只需检验其产品合格证书。

4.2.10 拉杆的搭接接头偏心传力，对焊缝不利，拉杆本身也会产生弯曲应力，因此规定不应采用搭接接头而应采用双面绑条焊接头，并规定了接头的构造要求。

4.2.11 按钢结构设计规范规定，寒冷地区的焊缝为保证其延性，焊缝质量等级不得低于二级。

4.2.12 结构方案和布置、所用材料的材质等级和节点连接施工质量是控制工程质量、保证结构安全的三大关键要素，任何一个方面出现问题，都会直接影响结构安全，因此都是不允许出现施工偏差的项目。节点连接的施工质量，是影响木结构安全的第三要素，故本条按强制性条文执行。

4.2.13 木结构各类节点连接部位木材的质量符合要求，是节点连接承载力的重要保证，因此本条对连接部位木材的材质作出了专门规定。

木结构中的螺栓按其受力可分为受剪、受拉和系紧三类。木构件受拉接头中的螺栓，实际上主要是受弯工作，但因形式上传递的是被连接构件间界面上的剪力，仍习惯称为受剪螺栓；受拉螺栓（亦称钢圆拉杆）包括钢木屋架下弦、豪式屋架的竖拉杆以及支座节点的保险螺栓等，这类螺栓受拉工作；系紧螺栓，如受压接头系紧木夹板的螺栓，既不受拉也不受弯。螺栓孔附近木材中的干裂、斜纹、松节等缺陷都会影响销槽的承压强度，螺栓连接处应避开这些缺陷。

4.2.14 本条规定了保证木结构抗震安全的构造措施，系依据《木结构设计规范》GB 50005和《建筑抗震设计规范》GB 50011的有关规定制定。

4.3 一般项目

4.3.1 木桁架、梁、柱的制作偏差应在吊装前检查验收，以便及时更换达不到质量要求的构件或局部修正。

4.3.2 除4.2.13条规定外，齿连接的其他构造也影响其工作性能（见图1）。

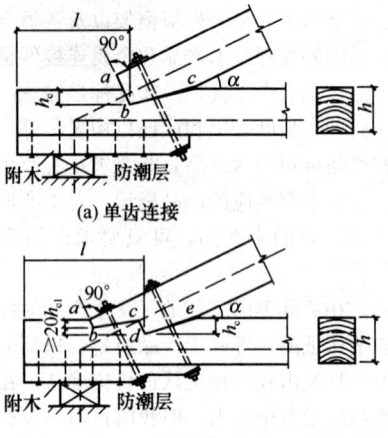

(a) 单齿连接

(b) 双齿连接

图1 齿连接基本构造

1 压杆轴线与承压面垂直且通过承压面中心，则能保证压力完全通过承压面传递且使承压面均匀受压，从而使齿连接工作状态与设计计算假设一致。如果图1a所示的交角小于90°，则齿连接的两个接触面都将承受压力，与计算假设不符。双齿连接第二齿比第一齿齿深至少大20mm，是为避免图1b中 bd 间因存在斜纹剪切破坏。

2 保持承压面平整，亦为使其均匀受压，否则压应力会不均匀且连接变形过大。

3 保险螺栓在正常情况下不参与工作，但一旦受剪面破坏，螺栓则承担拉力，防止屋架突然倒塌。屋架端节点处的保险螺栓直径由设计图规定。腹杆采用过粗的扒钉，会导致木材劈裂，扒钉直径不宜大于6mm～10mm。直径超过6mm，应预先钻孔。

4 保证支座中心线通过上、下弦杆净截面中心线的交点（方木），或通过上、下弦杆毛截面中心线的交点（原木），都是为尽量使下弦杆均匀受拉，并与设计计算假设相符。例如，假使支座中心线内移，则支座轴线与上弦压杆轴线的交点上移，会使下弦不均匀受拉。原木屋架下弦杆采用毛截面对中是因为支座处原木底面需砍平，才能稳妥地坐落到支座上，砍平的高度大致与槽齿的深度相当。

另外，按我国习惯做法，支座节点齿连接上、下弦间不受力的交接缝的上口（图1a单齿连接的 c 点、图1b双齿连接的 e 点）通常留5mm的间隙。一方面是为从构造上保证压力完全通过抵承面传递，另一方面是为避免一旦上弦杆转动时（可能受节间荷载作用而弯曲），在上口形成支点产生力矩，从而使受剪面端部横纹受拉甚至撕裂，对抗剪不利。

4.3.3 除4.2.12条关于螺栓连接的规定外，本条对螺栓连接的其他方面作出规定。

1 接头处下弦与木夹板之间的相对滑移过大是

屋架变形过大的主要原因，控制螺栓孔直径就是为了减小节点连接的变形。施工时连接板与被连接构件应一次成孔，使孔位一致，便于安装螺栓。否则难以保证孔位一致，往往需要扩孔，造成椭圆孔，加大节点连接的滑移。

  2 受剪螺栓或系紧螺栓中的拉力不大，施工中可按构造要求设置垫圈（板）。

  3 保证螺栓连接的紧密性。

4.3.4 钉连接中钉子的直径与长度应符合设计文件的规定，施工中不允许使用与设计文件规定的同直径不同长度或同长度不同直径的钉子替代，这是因为钉连接的承载力与钉的直径和长度有关。

  硬质阔叶材和落叶松等树种木材，钉钉子时易发生木材劈裂或钉子弯曲，故需设引孔，即预钻孔径为0.8倍～0.9倍钉子直径的孔，施工时亦需将连接件与被连接件临时固定在一起，一并预留孔。

4.3.5 受压接头通过被连接构件端头抵承受压传力，因此要求承压面平整且垂直于轴线。承压面不平，则会受压不均匀，增加接头变形。斜搭接头只宜用于受弯构件在反弯点处的连接。

4.3.6、4.3.7 木桁架、梁、柱的安装偏差应在安装屋面木骨架之前检查验收，以便及时纠正。

4.3.8 首先检查支撑设置是否完整，檩条与上弦的连接是否到位。当采用木斜杆时应重点检查斜杆与上弦杆的螺栓连接；当采用圆钢斜杆时，应重点检查斜杆是否已用套筒张紧。抗震设防地区，檩条与上弦必须用螺栓连接，以免钉连接时钉子被拔出破坏。

5 胶合木结构

5.1 一般规定

5.1.1 规定了本章的适用范围。本章内容对原《木结构工程施工质量验收规范》GB 50206-2002的相关内容作了较大调整。原规范对层板胶合木的制作方法作了很多规定，考虑到我国已单独制定了产品标准《结构用集成材》GB/T 26899，对层板胶合木的制作要求已作规定，这里不宜重复，故将相关内容删除，而将胶合木作为一种木产品对待。

5.1.2 《胶合木结构技术规范》GB/T 50708将制作胶合木的层板划分为普通层板、目测分等层板和机械弹性模量分等层板，因而有普通层板胶合木、目测分等层板胶合木和机械弹性模量分等层板胶合木等类别。按组坯方式不同，后两者又分为同等组合胶合木、对称异等组合和非对称异等组合胶合木。普通层板胶合木即为现行《木结构设计规范》GB 50005中的层板胶合木。

5.1.3 在我国，胶合木一度可在施工现场制作，这种做法显然不能保证产品质量。现代胶合木对层板及制作工艺都有严格要求，只适宜在工厂制作。进场的是胶合木产品或已加工完成的构件。本条强调胶合木构件应由有资质的专业生产厂家制作，旨在保证产品质量。

5.2 主控项目

5.2.1 胶合木结构的常见结构形式包括屋盖、梁柱体系、框架、刚架、拱以及空间结构等形式。同方木、原木结构一样，胶合木结构的结构形式、结构布置和构件尺寸是否符合设计文件规定，是影响结构安全的第一要素，因此本条作为强制性条文执行。

5.2.2 层板胶合木的类别是指第5.1.2条中规定的三类层板胶合木。胶合木的类别、强度等级和组坯方式是影响结构安全的第二要素，是不允许出现偏差的项目，需重点控制，因此本条作为强制性条文执行。胶合质量直接影响胶合木受弯或压弯构件的工作性能，除检查质量合格证明文件，尚应检查胶缝完整性和层板指接强度检验合格报告，这些文件是证明胶合木质量可靠性的重要依据。如缺少此类报告，胶合木进场时应委托有资质的检验机构作见证检验，检验合格的标准见国家标准《结构用集成材》GB/T 26899。

5.2.3 本条规定对进场胶合木进行荷载效应标准组合作用下的抗弯性能检验，以验证构件的胶合质量和胶合木的弹性模量。所谓挠度的理论计算值，是按该构件层板胶合木强度等级规定的弹性模量和加载方式算得的挠度。本条基于弹性模量正态分布假设，且其变异系数取为0.1。取三根试件进行试验，按数理统计理论，在95%保证率的前提下，弹性模量的平均值推定上限为实测平均值的1.13倍，故要求挠度的平均值不大于理论计算值的1.13倍。单根梁的最大挠度限值要求则是为了满足《木结构设计规范》GB 50005规定的正常使用极限状态的要求。由于试验仅加载至荷载效应的标准组合，对于合格的产品不会产生任何损伤，试验完成后的构件仍可在工程中应用。对于那些跨度很大或外形特殊而数量又少的以受弯为主的层板胶合木构件，确无法进行试验检验的，应制定更严格的生产制作工艺，加强层板和胶缝的质量控制，并经专家组论证。质量有保证者，可不做荷载效应标准组合作用下的抗弯性能检验。

5.2.4 层板胶合木受弯构件往往设计成弧形。弧形构件在制作时需将层板在弧形模子上加压预弯，待胶固结后，撤去压力，达到所需弧度。在这一制作过程中，层板中会产生残余应力，影响构件的强度。层板越厚和曲率越大，残余应力越大。另外，弧形构件在受到使曲率变小的弯矩作用时，会产生横纹拉应力，曲率越大，横纹拉应力越大，严重时会使构件横纹开裂导致破坏。故应严格检查和控制曲率半径。

5.2.5 制作胶合木构件时，要求层板的含水率不应大于15%，否则将影响胶合质量，且同一构件中各层板间的含水率差别不应超过 5%，以避免层板间过大的收缩变形差而产生过大的内应力（湿度应力），甚至出现裂缝等损伤。胶合木制作完成后，生产厂家应采取措施，避免产品受潮。本条规定一是为保证胶合木构件制作时层板的含水率，二是为保证构件不受潮，从而保证工程质量。同一构件中各层板间的含水率差别，应由胶合木生产时控制，胶合木进场验收时可不必检验，只检验平均含水率。

5.2.6 胶合木结构节点连接本质上与方木、原木结构并无不同，故所用钢材、焊条、螺栓、螺帽的质量要求与方木、原木结构相同。

5.2.7 类似于方木、原木结构，胶合木结构中连接节点的施工质量是影响结构安全的要素之一，因而是控制施工质量的关键之一，不允许出现偏差。连接中避开漏胶胶缝，是为避免有缺陷的胶缝。本条是强制性条文。

5.3 一 般 项 目

5.3.1 本条规定胶合木生产制作的构造和外观要求。

1 胶合木的构造要求是胶合木产品质量的重要保证，胶合木制作必须符合这些规定，产品进场时依照这些规定进行验收。

2 胶合木的 3 类使用环境是指：1 类——空气温度达到 20℃，相对湿度每年有 2 周～3 周超过 65%，大部分软质树种木材的平均平衡含水率不超过 12%；2 类——空气温度达到 20℃，相对湿度每年有 2 周～3 周超过 85%，大部分软质树种木材的平均平衡含水率不超过 20%；3 类——导致木材的平均平衡含水率超过 20% 的气候环境，或木材处于室外无遮盖的环境中。

3 本规范将木结构的外观质量要求划分为 A、B、C 三级（第 3.0.5 条），胶合木外观质量为 C 级时，胶合木制作完成后不必作刨光处理。

5.3.2 胶合木构件制作的几何尺寸偏差与方木、原木构件相同。胶合木桁架、梁、柱的制作偏差应在吊装前检查验收，以便及时更换达不到质量要求的构件或局部修正。

5.3.3 胶合木结构中的齿连接、螺栓连接、圆钢拉杆及焊缝质量要求，与方木、原木结构相同，因此要求符合第 4.3.2、4.3.3、4.2.10 和 4.2.11 条的规定。

6 轻型木结构

6.1 一 般 规 定

6.1.1 规定本章的适用范围。

6.1.2 规定检验批。轻型木结构应用最多的是住宅，每幢住宅的面积一般为 200m² ～300m² 左右，本条规定总建筑面积不超过 3000m² 为一个检验批，约含 10 幢～15 幢轻型木结构建筑。面积超过 300m²，对轻型木结构而言是规模较大的重要建筑，例如公寓或学校，则应单独作为一个检验批。施工质量验收检验批的划分同方木、原木结构和胶合木结构。

6.2 主 控 项 目

6.2.1 本条规定旨在要求轻型木结构的建造施工符合设计文件中的一些基本要求，保证结构达到预期的可靠水准。轻型木结构中剪力墙、楼盖、屋盖布置，以及由于质量轻所采取的抗倾覆及抗屋盖掀起措施，是否符合设计文件规定，是影响结构安全的第一要素，不允许出现偏差，因此本条作为强制性条文执行。

6.2.2 规格材是轻型木结构中最基本和最重要的受力杆件，作为一种标准化工业化生产且具有不同强度等级的木产品，必须由专业厂家生产才能保证产品质量，因此本条要求进场规格材应具有产品质量合格证书和产品标识，并作为强制性条文执行。

6.2.3 《建筑工程施工质量验收统一标准》GB 50300 规定，涉及结构安全的材料应按规定进行见证检验。为此，原规范 GB 50206－2002 规定每树种、应力等级、规格尺寸至少应随机抽取 15 根试件，进行抗弯强度破坏性试验。在实施过程中，各方面对该条争议颇大。在北美，目测分等规格材的材质等级是由国家专业机构认定的有资质的分级员分级的。本条沿用这种方式，规定对进场规格材可按目测等级标准作见证检验，但应由有资质的专业人员完成。考虑到目前此类专业人员在我国尚无专业机构认定，这种检验方法并不能普遍适用。另据部分木结构施工企业反映，目前进场规格材的材质尚难以保证符合要求，故本条规定也可采用规格材抗弯强度见证检验的方法。对目测分等规格材，可视具体情况从两种方法中任选一种进行见证检验。其中的强度检验值是按美国木结构设计规范 NDS-2005 所列，与我国《木结构设计规范》GB 50005 相同树种（树种组合）相同目测等级的规格材的设计指标推算的抗弯强度特征值。

按加拿大木业协会提供的规格材抗弯强度试验数据，采用蒙特卡洛法取样验算，证明采用本条规定的复式抽样检验法的错判率约为 4%～8%，符合《建筑工程施工质量验收统一标准》GB 50300 关于错判、漏判率的相关规定。规格材足尺强度检验是一个较复杂的问题，目前尚没有完全理想的方法。鉴于我国具体情况，本规范在规定进场目测见证检验的同时，还是规定了规格材抗弯强度见证检验的方法。

对机械分等规格材，目前只能采用抗弯强度见证检验方法。这主要是因为检测单位不可能具备各种不同类型的规格材分等仪器与设备。至于其抗弯强度检验值，也应取其相应等级的特征值。由于其等级标识就是抗弯强度特征值,故在检验方法中不必再列出该强度检验值。《木结构设计规范》GB 50005将机械分等规格材划分为M10、M14、M18、M22、M26、M30、M35和M40等8个等级,按《木结构设计手册》的解释,其抗弯强度特征值应分别为10、14、18…40N/mm²。对于北美进口机械应力分等(MSR)规格材,例如美国木结构设计规范NDS-2005中的1200f-1.2E和1450f-1.3E等级规格材,按其表列设计指标推算,其抗弯强度特征值则分别为1200×2.1/145 = 13.78N/mm² 和 1450×2.1/145 = 21.00N/mm²。

关于规格材的名称术语,我国的原木、方木也采用目测分等,但不区分强度指标。作为木产品,木材目测或机械分等后,是区分强度指标的。因此作为合格产品,规格材应分别称为目测应力分等规格材(visually stress-graded lumber)或机械应力分等规格材(machine stress-rated lumber)。称为目测分等规格材或机械分等规格材,只是能区别其分等方式的一种称呼。

《木结构设计规范》GB 50005已明确规定了我国与北美地区规格材目测分等的等级对应关系,验收时可参照表1执行。我国与国外规格材机械分等的等级对应关系,以及我国与其他国家和地区规格材目测分等的等级对应关系,目前尚未明确。

表1 我国规格材与北美地区规格材目测分等等级的对应关系

中国规范规格材等级	北美规格材等级
I$_c$	Select structural
II$_c$	No. 1
III$_c$	No. 2
IV$_c$	No. 3
V$_c$	Stud
VI$_c$	Construction
VII$_c$	Standard

6.2.4 由规格材制作的构件的抗力与其树种、材质等级和尺寸有关,故要求符合设计文件的规定。

6.2.5 《木结构设计规范》GB 50005要求规格材的含水率不应大于20%,主要为防止腐朽和减少干燥裂缝。

6.2.6 对于进场时已具有本条规定的木基结构板材产品合格证书以及干、湿态强度检验合格证书的,仅需作板的静曲强度和静曲弹性模量见证检验,否则应按本条规定的项目补作相应的检验。

6.2.7 结构复合木材是一类重组木材。用数层厚度为2.5mm~6.4mm的单板施胶连续辊轴热压而成的称为旋切板胶合木(LVL);将木材旋切成厚度为2.5mm~6.4mm,长度不小于150倍厚度的木片施胶加压而成的称为平行木片胶合木(PSL)和层叠木片胶合木(LSL),均呈厚板状。使用时可沿木材纤维方向锯割成所需截面宽度的木构件,但在板厚方向不再加工。结构复合木材的一重要用途是将其制作成预制构件。例如用LVL制作工字形木搁栅的翼缘、拼合柱和侧立受弯构件等。

目前国内尚无结构复合木材及其预制构件的产品和相关的技术标准,主要依赖进口。因此,验收时应认真检查产地国的产品质量合格证书、产品标识和合同技术条款的规定。结构复合木材用作平置或侧立受弯构件时,需作荷载效应标准组合下的抗弯性能见证检验。由于受弯构件检验时,仅加载至正常使用荷载,不会对合格构件造成损伤,因此检验合格后,试样仍可作工程用材。

关于进场工字形木搁栅和结构复合木材受弯构件应作荷载效应标准组合作用下的结构性能检验,见5.2.3条文说明。

6.2.8 齿板桁架采用规格材和齿板制作。由于制作时需专门的齿板压入桁架节点设备,施工现场制作无法保证质量,故齿板桁架应由专业加工厂生产。本条内容视为预制构件准许使用的基本要求。

6.2.10 轻型木结构中常用的金属连接件钢板往往较薄,采用焊接不易保证质量,且有些构件尚有加劲肋,并非平板,现场制作存在实际困难,又需作防腐处理,因此规定由专业加工厂冲压成形加工。

6.2.11 木结构的安全性,取决于构件的质量和构件间的连接质量,因此,本条列为强制性条文,严格要求金属连接件和钉连接用钉的规格、数量符合设计文件的规定,不允许出现偏差。轻型木结构中抗风抗震锚固措施(hold-down)所用的螺栓连接件,也是本条的执行范围。

6.2.12 轻型木结构构件间主要采用钉连接,按构造设计时,本条是钉连接的最低要求。需注意的是,当屋面坡度大于1:3时,椽条不再是单纯的斜梁式构件,而是与顶棚搁栅形成类似拱结构,顶棚搁栅需抵抗水平推力,椽条与顶棚搁栅间的钉连接比斜梁式椽条要求更严格一些。附录J表J.0.2系参考《加拿大建筑规范》2005(National Building Code of Canada 2005)有关条文制定。

6.3 一般项目

6.3.1、6.3.2、6.3.4 轻型木结构实际上是由剪力墙与横隔(楼盖、屋盖)两类基本的板式组合构件组成的板壁式房屋。各款内容都与结构的承载力和耐久性直接相关,但各款的具体要求,不论设计文件是否标明,均应满足《木结构设计规范》GB 50005规定的构造要求,验收时应逐款检查。为避免重复,这里仅列出检查项目,未列出标准。

6.3.3 影响齿板桁架结构性能的主要因素是齿板连接,故应对齿板安装位置偏差、板齿倒伏和齿板处规格材的表面缺陷进行检查。

1 因规格材的强度与树种、材质等级和规格尺寸有关，故要求制作齿板桁架的规格材符合设计文件的规定。

2 在国外齿板为专利产品，齿板连接的承载力与齿板的类型、规格尺寸和所连接的规格材树种有关。齿板制作时允许采用性能不低于原设计的规格材和齿板替代，但须经设计人员作设计变更。

3 齿板桁架制作误差的规定与《轻型木桁架技术规范》JGJ/T 265一致。

4 按长度和宽度将齿板安装的位置偏差规定为13mm（0.5英寸）和19mm（0.75英寸）两级。安装偏差由齿板的平动错位和转动错位两部分组成，两者之和即为齿板各角点设计位置与实际安装位置间的距离。验收时应量测各角点的最大距离。

5 齿板安装过程中齿的倒伏以及连接处木材的缺陷都会导致板齿失效，本款旨在控制齿板连接中齿的失效程度。按《轻型木桁架技术规范》JGJ/T 265的规定，倒伏是指齿长的1/4以上没有垂直压入木材的齿；木材表面的缺陷面积包括木节、钝棱和树脂囊等。验收时应在齿板连接范围内用量具仔细测算齿倒伏和木材缺陷的面积之和。需指出的是，齿板连接缺陷面积的百分比，应逐杆计算。

6 齿板连接处缝隙的规定与《轻型木桁架技术规范》JGJ/T 265一致。

6.3.5 本条统一规定轻型木结构的制作和安装偏差，各构件的制作偏差应在安装前检查，以便替换不合格构件。安装偏差的检查，应合理考虑各工序之间的衔接，便于纠正偏差。例如搁栅间距，应在铺钉楼、屋面板前检查。

6.3.6 保温措施和隔气层的设置不仅为满足建筑功能的要求，也是保证轻型木结构耐久性的重要措施。

7 木结构的防护

7.1 一般规定

7.1.1 规定本章的适用范围。

7.1.2 木构件防火处理有阻燃药物浸渍处理和防火涂层处理两类。为保证阻燃处理或防火涂层处理的施工质量，应由专业队伍施工。

7.1.3 木结构工程的防护包括防腐和防虫害两个方面，这两个方面的工作由工程所在地的环境条件和虫害情况决定，需单独处理或同时处理。对防护用药剂的基本要求是能起到防护作用又不能危及人、畜安全和污染环境。

7.2 主控项目

7.2.1 木材的防腐、防虫及防火和阻燃处理所使用的药剂，以及防腐处理的效果，即载药量和透入度要求，与木结构的使用环境和耐火等级密切相关，如有差错，轻则影响结构的耐久性和使用功能，重则影响结构的安全。防腐药剂使用不当，还会危及健康。因此严格要求所使用的药剂符合设计文件的规定，并应有产品质量合格证书和防腐处理木材载药量和透入度合格检验报告。如果不能提供合格检验报告，则应按《木结构试验方法标准》GB/T 50329的有关规定进行检测，载药量和透入度合格的防腐处理木材，方可工程应用。检验木材载药量时，应对每批处理的木材随机抽取20块并各取一个直径为5mm～10mm的芯样。当木材厚度小于等于50mm时，取样深度为15mm（即芯样长度为15mm）；厚度大于50mm时，取样深度为25mm。对透入度的检验，同样在每批防护处理的木材中随机抽取20块并各取一个芯样，但取样深度应超过附录K对应各表规定的透入度。载药量和透入度的检验方法应按《木结构试验方法标准》GB/T 50329的有关规定进行。

7.2.2 在具备防腐处理木材载药量和透入度合格检验报告的前提下，本条通过规定对透入度进行见证检验，验证产品质量。

7.2.3 保持木构件良好的通风条件，不直接接触土壤、混凝土、砖墙等，以免水或湿气侵入，是保证木构件耐久性的必要环境条件，本条各款是木结构防护构造措施的基本施工质量要求。

7.2.4 使用不同的防火涂料达到相同的耐火极限，要求有不同的涂层厚度，故涂层厚度不应小于防火涂料说明书（经当地消防行政主管部门核准）的规定。

7.2.5 木构件表面覆盖石膏板可提高耐火性能，但石膏板有防火石膏板和普通石膏板之分，为改善木构件的耐火性能必须用防火石膏板，并应有合格证书。

7.2.6 为防止烟道火星窜出或烟道外壁温度过高而引燃木构件材料所作的相关规定。

7.2.7 尽量少使用易燃材料有利于防火，故对这些材料的防火性能作出了规定，与《木结构设计规范》GB 50005一致。难燃性B_1标准见《建筑材料难燃性试验方法》GB 8625。

7.2.8 本条系对木结构房屋内电源线敷设作出的规定，参照上海市政工程建设标准《民用建筑电线电缆防火设计规程》DGJ 08-93有关规定制定。

7.2.9 对高温管道穿越木结构构件或敷设的规定，与《木结构设计规范》GB 50005一致。

7.3 一般项目

7.3.1 所谓妥善修补，即应将局部加工造成的创面用与原构件相同的防护药剂涂刷。

7.3.2 铺钉防火石膏板可提高木构件的抗火性能，但若钉连接的钉入深度不足，火灾发生时石膏板过早脱落将丧失抗火能力，故规定钉入深度。本条参考

《加拿大建筑规范》2005（National Building Code of Canada 2005）有关条款制定。

7.3.3 木结构外墙必须采取适当的防护构造措施，避免木构件受潮腐朽和受虫蛀。这类构造措施通常包括设置防雨幕墙、泛水板、防虫网以及门窗洞口周边的密封等。应按设计文件的要求进行工程施工，实物与设计文件对照验收。

7.3.4 木结构构件间的空腔会形成通风道，助长火灾扩大，同时烟气将在这些空腔内流通，加重灾情。因此对过长的空腔应采取阻断措施。本条参考《加拿大建筑规范》2005（National Building Code of Canada 2005）有关条款制定。

8 木结构子分部工程验收

8.0.1 国家标准《建筑工程施工质量验收统一标准》GB 50300 第 6 章规定了建筑工程质量验收的程序和验收人员。为了贯彻与其配套使用的原则，本条强调木结构子分部工程质量验收应符合该统一标准的规定。

8.0.3 木结构分项工程现阶段划分为四个：方木与原木结构、胶合木结构、轻型木结构和木结构防护。前三个分项工程之一与木结构防护分项工程即组成木结构子分部工程。本条规定了木结构子分部工程最终验收合格的条件。

中华人民共和国国家标准

屋面工程质量验收规范

Code for acceptance of construction quality of roof

GB 50207—2012

主编部门：山 西 省 住 房 和 城 乡 建 设 厅
批准部门：中华人民共和国住房和城乡建设部
施行日期：２０１２年１０月１日

中华人民共和国住房和城乡建设部
公　告

第 1394 号

关于发布国家标准《屋面工程质量验收规范》的公告

现批准《屋面工程质量验收规范》为国家标准，编号为 GB 50207-2012，自 2012 年 10 月 1 日起实施。其中，第 3.0.6、3.0.12、5.1.7、7.2.7 条为强制性条文，必须严格执行。原国家标准《屋面工程质量验收规范》GB 50207-2002 同时废止。

本规范由我部标准定额研究所组织中国建筑工业出版社出版发行。

中华人民共和国住房和城乡建设部
2012 年 5 月 28 日

前　言

本规范是根据住房和城乡建设部《关于印发〈2008 年工程建设标准规范制订、修订计划（第一批）〉的通知》（建标[2008]102 号）的要求，由山西建筑工程（集团）总公司和上海市第二建筑有限公司会同有关单位，共同对《屋面工程质量验收规范》GB 50207-2002 进行修订后完成的。

本规范共分 9 章和 2 个附录。主要技术内容包括：总则、术语、基本规定、基层与保护工程、保温与隔热工程、防水与密封工程、瓦与板面工程、细部构造工程、屋面工程验收等。

本规范中以黑体标志的条文为强制性条文，必须严格执行。

本规范由住房和城乡建设部负责管理和对强制性条文的解释，由山西建筑工程（集团）总公司负责具体技术内容的解释。在本规范执行过程中，请各单位结合工程实践，认真总结经验，注意积累资料，随时将意见和建议反馈给山西建筑工程（集团）总公司（地址：山西省太原市新建路 9 号，邮政编码：030002，邮箱：4085462@sohu.com），以供今后修订时参考。

本规范主编单位：山西建筑工程（集团）总公司
　　　　　　　　　上海市第二建筑有限公司
本规范参编单位：北京市建筑工程研究院
　　　　　　　　　浙江工业大学
　　　　　　　　　太原理工大学
　　　　　　　　　中国建筑科学研究院
　　　　　　　　　中国建筑材料科学研究总院苏州防水研究院
　　　　　　　　　苏州市新型建筑防水工程有限责任公司
　　　　　　　　　广厦建设集团有限责任公司
　　　　　　　　　上海建筑防水材料（集团）公司
　　　　　　　　　北京圣洁防水材料有限公司
　　　　　　　　　上海台安工程实业有限公司
　　　　　　　　　大连细扬防水工程集团有限公司

本规范主要起草人员：郝玉柱　霍瑞琴　姜向红
　　　　　　　　　　　张振礼　王寿华　叶林标
　　　　　　　　　　　项桦太　马芸芳　王　天
　　　　　　　　　　　哈成德　高延继　张文华
　　　　　　　　　　　杨　胜　姜静波　杜红秀
　　　　　　　　　　　林炎飞　瞿建民　杜　昕
　　　　　　　　　　　程雪峰　樊细杨

本规范主要审查人员：杨嗣信　李承刚　牛光全
　　　　　　　　　　　方展和　李引擎　叶琳昌
　　　　　　　　　　　陶驷骥　曹征富　陈梓明

目 次

1 总则 ································· 9—14—5
2 术语 ································· 9—14—5
3 基本规定 ··························· 9—14—5
4 基层与保护工程 ···················· 9—14—6
 4.1 一般规定 ······················ 9—14—6
 4.2 找坡层和找平层 ··············· 9—14—6
 4.3 隔汽层 ·························· 9—14—7
 4.4 隔离层 ·························· 9—14—7
 4.5 保护层 ·························· 9—14—7
5 保温与隔热工程 ···················· 9—14—8
 5.1 一般规定 ······················ 9—14—8
 5.2 板状材料保温层 ··············· 9—14—8
 5.3 纤维材料保温层 ··············· 9—14—8
 5.4 喷涂硬泡聚氨酯保温层 ········ 9—14—9
 5.5 现浇泡沫混凝土保温层 ········ 9—14—9
 5.6 种植隔热层 ···················· 9—14—9
 5.7 架空隔热层 ···················· 9—14—10
 5.8 蓄水隔热层 ···················· 9—14—10
6 防水与密封工程 ···················· 9—14—11
 6.1 一般规定 ······················ 9—14—11
 6.2 卷材防水层 ···················· 9—14—11
 6.3 涂膜防水层 ···················· 9—14—12
 6.4 复合防水层 ···················· 9—14—12
 6.5 接缝密封防水 ·················· 9—14—13
7 瓦面与板面工程 ···················· 9—14—13
 7.1 一般规定 ······················ 9—14—13
 7.2 烧结瓦和混凝土瓦铺装 ········ 9—14—13
 7.3 沥青瓦铺装 ···················· 9—14—14
 7.4 金属板铺装 ···················· 9—14—15
 7.5 玻璃采光顶铺装 ··············· 9—14—15
8 细部构造工程 ······················· 9—14—16
 8.1 一般规定 ······················ 9—14—16
 8.2 檐口 ···························· 9—14—16
 8.3 檐沟和天沟 ···················· 9—14—17
 8.4 女儿墙和山墙 ·················· 9—14—17
 8.5 水落口 ·························· 9—14—17
 8.6 变形缝 ·························· 9—14—17
 8.7 伸出屋面管道 ·················· 9—14—17
 8.8 屋面出入口 ···················· 9—14—18
 8.9 反梁过水孔 ···················· 9—14—18
 8.10 设施基座 ······················ 9—14—18
 8.11 屋脊 ··························· 9—14—18
 8.12 屋顶窗 ························ 9—14—18
9 屋面工程验收 ······················· 9—14—19
附录 A 屋面防水材料进场检验
   项目及材料标准 ············· 9—14—20
附录 B 屋面保温材料进场检验
   项目及材料标准 ············· 9—14—21
本规范用词说明 ······················ 9—14—22
引用标准名录 ························· 9—14—22
附：条文说明 ························· 9—14—23

Contents

1　General Provisions ·················· 9—14—5
2　Terms ····································· 9—14—5
3　Basic Requirements ··············· 9—14—5
4　Base and Protection Projects ······ 9—14—6
　4.1　General Requirements ··············· 9—14—6
　4.2　Leveling Slope and Leveling Blanket ································· 9—14—6
　4.3　Vapor Barrier ··············· 9—14—7
　4.4　Isolation Layer ················· 9—14—7
　4.5　Protection Layer ··············· 9—14—7
5　Insulation and Thermal Insulation Projects ································· 9—14—8
　5.1　General Requirements ··············· 9—14—8
　5.2　Thermal Insulation Layer of Plate Material ································· 9—14—8
　5.3　Thermal Insulation Layer of Mineral Fibeenerar ··············· 9—14—8
　5.4　Thermal Insulation Layer of Spraying Polyurethane Foam ······ 9—14—9
　5.5　Thermal Insulation Layer of Cast Foam Concrete ··············· 9—14—9
　5.6　Insulation Layer of Cultivation ········· 9—14—9
　5.7　Insulation Layer of Overhead Structure ······························ 9—14—10
　5.8　Insulation Layer of Water Impoundment ··············· 9—14—10
6　Waterproofing and Sealing Projects ································· 9—14—11
　6.1　General Requirements ··············· 9—14—11
　6.2　Membrane Waterproof Layer ······ 9—14—11
　6.3　Coating Waterproof Layer ········· 9—14—12
　6.4　Compound Waterproof Layer ······ 9—14—12
　6.5　Joint Sealing Waterproof Layer ······························ 9—14—13
7　Tile and Plate Projects ··············· 9—14—13
　7.1　General Requirements ··············· 9—14—13
　7.2　Sintering Tile and Concrete Tile Pavement ································· 9—14—13
　7.3　Asphalt Tile Pavement ··············· 9—14—14
　7.4　Metal Plate Pavement ··············· 9—14—15
　7.5　Glass Lighting Plate Pavement ································· 9—14—15
8　Detail Construction Projects ··· 9—14—16
　8.1　General Requirements ··············· 9—14—16
　8.2　Cornice ································· 9—14—16
　8.3　Eaves Gutter and Gutter ········· 9—14—17
　8.4　Parapet and Gable ··············· 9—14—17
　8.5　Mizuochi Port ·················· 9—14—17
　8.6　Deformation Joint ··············· 9—14—17
　8.7　Exsertion Piping ··············· 9—14—17
　8.8　Roof Passageway ··············· 9—14—18
　8.9　Anti-Beam Water Hole ··············· 9—14—18
　8.10　Facilities Base ··············· 9—14—18
　8.11　Ridge of a Roof ··············· 9—14—18
　8.12　Roof Windows ··············· 9—14—18
9　Roof Project Quality Acceptance ································· 9—14—19
Appendix A　Waterproof Material Admission Test Item and Standard Catalog ······ 9—14—20
Appendix B　Insulation Material Admission Test Item and Standard Catalog ··············· 9—14—21
Explanation of Wording in This Code ····································· 9—14—22
List of Quoted Standards ··············· 9—14—22
Addition: Explanation of Provisions ································· 9—14—23

1 总则

1.0.1 为了加强建筑屋面工程质量管理，统一屋面工程的质量验收，保证其功能和质量，制定本规范。
1.0.2 本规范适用于房屋建筑屋面工程的质量验收。
1.0.3 屋面工程的设计和施工，应符合现行国家标准《屋面工程技术规范》GB 50345 的有关规定。
1.0.4 屋面工程的施工应遵守国家有关环境保护、建筑节能和防火安全等有关规定。
1.0.5 屋面工程的质量验收除应符合本规范外，尚应符合国家现行有关标准的规定。

2 术语

2.0.1 隔汽层　vapor barrier
  阻止室内水蒸气渗透到保温层内的构造层。
2.0.2 保温层　thermal insulation layer
  减少屋面热交换作用的构造层。
2.0.3 防水层　waterproof layer
  能够隔绝水而不使水向建筑物内部渗透的构造层。
2.0.4 隔离层　isolation layer
  消除相邻两种材料之间粘结力、机械咬合力、化学反应等不利影响的构造层。
2.0.5 保护层　protection layer
  对防水层或保温层起防护作用的构造层。
2.0.6 隔热层　insulation layer
  减少太阳辐射热向室内传递的构造层。
2.0.7 复合防水层　compound waterproof layer
  由彼此相容的卷材和涂料组合而成的防水层。
2.0.8 附加层　additional layer
  在易渗漏及易破损部位设置的卷材或涂膜加强层。
2.0.9 瓦面　bushing surface
  在屋顶最外面铺盖块瓦或沥青瓦，具有防水和装饰功能的构造层。
2.0.10 板面　running surface
  在屋顶最外面铺盖金属板或玻璃板，具有防水和装饰功能的构造层。
2.0.11 防水垫层　waterproof leveling layer
  设置在瓦材或金属板材下面，起防水、防潮作用的构造层。
2.0.12 持钉层　nail-supporting layer
  能握裹固定钉的瓦屋面构造层。
2.0.13 纤维材料　fiber material
  将熔融岩石、矿渣、玻璃等原料经高温熔化，采用离心法或气体喷射法制成的板状或毡状纤维制品。
2.0.14 喷涂硬泡聚氨酯　spraying polyurethane foam
  以异氰酸酯、多元醇为主要原料加入发泡剂等添加剂，现场使用专用喷涂设备在基层上连续多遍喷涂发泡聚氨酯后，形成无接缝的硬泡体。
2.0.15 现浇泡沫混凝土　cast foam concrete
  用物理方法将发泡剂水溶液制备成泡沫，再将泡沫加入到由水泥、集料、掺合料、外加剂和水等制成的料浆中，经混合搅拌、现场浇筑、自然养护而成的轻质多孔混凝土。
2.0.16 玻璃采光顶　glass lighting roof
  由玻璃透光面板与支承体系组成的屋顶。

3 基本规定

3.0.1 屋面工程应根据建筑物的性质、重要程度、使用功能要求，按不同屋面防水等级进行设防。屋面防水等级和设防要求应符合现行国家标准《屋面工程技术规范》GB 50345 的有关规定。
3.0.2 施工单位应取得建筑防水和保温工程相应等级的资质证书；作业人员应持证上岗。
3.0.3 施工单位应建立、健全施工质量的检验制度，严格工序管理，作好隐蔽工程的质量检查和记录。
3.0.4 屋面工程施工前应通过图纸会审，施工单位应掌握施工图中的细部构造及有关技术要求；施工单位应编制屋面工程专项施工方案，并应经监理单位或建设单位审查确认后执行。
3.0.5 对屋面工程采用的新技术，应按有关规定经过科技成果鉴定、评估或新产品、新技术鉴定。施工单位应对新的或首次采用的新技术进行工艺评价，并应制定相应技术质量标准。
3.0.6 屋面工程所用的防水、保温材料应有产品合格证书和性能检测报告，材料的品种、规格、性能等必须符合国家现行产品标准和设计要求。产品质量应由经过省级以上建设行政主管部门对其资质认可和质量技术监督部门对其计量认证的质量检测单位进行检测。
3.0.7 防水、保温材料进场验收应符合下列规定：
  1 应根据设计要求对材料的质量证明文件进行检查，并应经监理工程师或建设单位代表确认，纳入工程技术档案；
  2 应对材料的品种、规格、包装、外观和尺寸等进行检查验收，并应经监理工程师或建设单位代表确认，形成相应验收记录；
  3 防水、保温材料进场检验项目及材料标准应符合本规范附录 A 和附录 B 的规定。材料进场检验应执行见证取样送检制度，并应提出进场检验报告；
  4 进场检验报告的全部项目指标均达到技术标准规定应为合格；不合格材料不得在工程中使用。
3.0.8 屋面工程使用的材料应符合国家现行有关标

准对材料有害物质限量的规定，不得对周围环境造成污染。

3.0.9 屋面工程各构造层的组成材料，应分别与相邻层次的材料相容。

3.0.10 屋面工程施工时，应建立各道工序的自检、交接检和专职人员检查的"三检"制度，并应有完整的检查记录。每道工序施工完成后，应经监理单位或建设单位检查验收，并应在合格后再进行下道工序的施工。

3.0.11 当进行下道工序或相邻工程施工时，应对屋面已完成的部分采取保护措施。伸出屋面的管道、设备或预埋件等，应在保温层和防水层施工前安设完毕。屋面保温层和防水层完工后，不得进行凿孔、打洞或重物冲击等有损屋面的作业。

3.0.12 屋面防水工程完工后，应进行观感质量检查和雨后观察或淋水、蓄水试验，不得有渗漏和积水现象。

3.0.13 屋面工程各子分部工程和分项工程的划分，应符合表3.0.13的要求。

表3.0.13 屋面工程各子分部工程和分项工程的划分

分部工程	子分部工程	分项工程
屋面工程	基层与保护	找坡层，找平层，隔汽层，隔离层，保护层
	保温与隔热	板状材料保温层，纤维材料保温层，喷涂硬泡聚氨酯保温层，现浇泡沫混凝土保温层，种植隔热层，架空隔热层，蓄水隔热层
	防水与密封	卷材防水层，涂膜防水层，复合防水层，接缝密封防水
	瓦面与板面	烧结瓦和混凝土瓦铺装，沥青瓦铺装，金属板铺装，玻璃采光顶铺装
	细部构造	檐口，檐沟和天沟，女儿墙和山墙，水落口，变形缝，伸出屋面管道，屋面出入口，反梁过水孔，设施基座，屋脊，屋顶窗

3.0.14 屋面工程各分项工程宜按屋面面积每500m²～1000m²划分为一个检验批，不足500m²应按一个检验批；每个检验批的抽检数量应按本规范第4～8章的规定执行。

4 基层与保护工程

4.1 一般规定

4.1.1 本章适用于与屋面保温层、防水层相关的找坡层、找平层、隔汽层、隔离层、保护层等分项工程的施工质量验收。

4.1.2 屋面混凝土结构层的施工，应符合现行国家标准《混凝土结构工程施工质量验收规范》GB 50204的有关规定。

4.1.3 屋面找坡应满足设计排水坡度要求，结构找坡不应小于3%，材料找坡宜为2%；檐沟、天沟纵向找坡不应小于1%，沟底水落差不得超过200mm。

4.1.4 上人屋面或其他使用功能屋面，其保护及铺面的施工除应符合本章的规定外，尚应符合现行国家标准《建筑地面工程施工质量验收规范》GB 50209等的有关规定。

4.1.5 基层与保护工程各分项工程每个检验批的抽检数量，应按屋面面积每100m²抽查一处，每处应为10m²，且不得少于3处。

4.2 找坡层和找平层

4.2.1 装配式钢筋混凝土板的板缝嵌填施工，应符合下列要求：

　　1 嵌填混凝土时板缝内应清理干净，并应保持湿润；

　　2 当板缝宽度大于40mm或上窄下宽时，板缝内应按设计要求配置钢筋；

　　3 嵌填细石混凝土的强度等级不应低于C20，嵌填深度宜低于板面10mm～20mm，且应振捣密实和浇水养护；

　　4 板端缝应按设计要求增加防裂的构造措施。

4.2.2 找坡层宜采用轻骨料混凝土；找坡材料应分层铺设和适当压实，表面应平整。

4.2.3 找平层宜采用水泥砂浆或细石混凝土；找平层的抹平工序应在初凝前完成，压光工序应在终凝前完成，终凝后应进行养护。

4.2.4 找平层分格缝纵横间距不宜大于6m，分格缝的宽度宜为5mm～20mm。

Ⅰ 主控项目

4.2.5 找坡层和找平层所用材料的质量及配合比，应符合设计要求。

　　检验方法：检查出厂合格证、质量检验报告和计量措施。

4.2.6 找坡层和找平层的排水坡度，应符合设计要求。

　　检验方法：坡度尺检查。

Ⅱ 一般项目

4.2.7 找平层应抹平、压光，不得有酥松、起砂、起皮现象。

　　检验方法：观察检查。

4.2.8 卷材防水层的基层与突出屋面结构的交接处，以及基层的转角处，找平层应做成圆弧形，且应整齐平顺。

　　检验方法：观察检查。

4.2.9 找平层分格缝的宽度和间距,均应符合设计要求。

检验方法:观察和尺量检查。

4.2.10 找坡层表面平整度的允许偏差为7mm,找平层表面平整度的允许偏差为5mm。

检验方法:2m靠尺和塞尺检查。

4.3 隔 汽 层

4.3.1 隔汽层的基层应平整、干净、干燥。

4.3.2 隔汽层应设置在结构层与保温层之间;隔汽层应选用气密性、水密性好的材料。

4.3.3 在屋面与墙的连接处,隔汽层应沿墙面向上连续铺设,高出保温层上表面不得小于150mm。

4.3.4 隔汽层采用卷材时宜空铺,卷材搭接缝应满粘,其搭接宽度不应小于80mm;隔汽层采用涂料时,应涂刷均匀。

4.3.5 穿过隔汽层的管线周围应封严,转角处应无折损;隔汽层凡有缺陷或破损的部位,均应进行返修。

Ⅰ 主控项目

4.3.6 隔汽层所用材料的质量,应符合设计要求。

检验方法:检查出厂合格证、质量检验报告和进场检验报告。

4.3.7 隔汽层不得有破损现象。

检验方法:观察检查。

Ⅱ 一般项目

4.3.8 卷材隔汽层应铺设平整,卷材搭接缝应粘结牢固,密封应严密,不得有扭曲、皱折和起泡等缺陷。

检验方法:观察检查。

4.3.9 涂膜隔汽层应粘结牢固,表面平整,涂布均匀,不得有堆积、起泡和露底等缺陷。

检验方法:观察检查。

4.4 隔 离 层

4.4.1 块体材料、水泥砂浆或细石混凝土保护层与卷材、涂膜防水层之间,应设置隔离层。

4.4.2 隔离层可采用干铺塑料膜、土工布、卷材或铺抹低强度等级砂浆。

Ⅰ 主控项目

4.4.3 隔离层所用材料的质量及配合比,应符合设计要求。

检验方法:检查出厂合格证和计量措施。

4.4.4 隔离层不得有破损和漏铺现象。

检验方法:观察检查。

Ⅱ 一般项目

4.4.5 塑料膜、土工布、卷材应铺设平整,其搭接宽度不应小于50mm,不得有皱折。

检验方法:观察和尺量检查。

4.4.6 低强度等级砂浆表面应压实、平整,不得有起壳、起砂现象。

检验方法:观察检查。

4.5 保 护 层

4.5.1 防水层上的保护层施工,应待卷材铺贴完成或涂料固化成膜,并经检验合格后进行。

4.5.2 用块体材料做保护层时,宜设置分格缝,分格缝纵横间距不应大于10m,分格缝宽度宜为20mm。

4.5.3 用水泥砂浆做保护层时,表面应抹平压光,并应设表面分格缝,分格面积宜为$1m^2$。

4.5.4 用细石混凝土做保护层时,混凝土应振捣密实,表面应抹平压光,分格缝纵横间距不应大于6m。分格缝的宽度宜为10mm~20mm。

4.5.5 块体材料、水泥砂浆或细石混凝土保护层与女儿墙和山墙之间,应预留宽度为30mm的缝隙,缝内宜填塞聚苯乙烯泡沫塑料,并应用密封材料嵌填密实。

Ⅰ 主控项目

4.5.6 保护层所用材料的质量及配合比,应符合设计要求。

检验方法:检查出厂合格证、质量检验报告和计量措施。

4.5.7 块体材料、水泥砂浆或细石混凝土保护层的强度等级,应符合设计要求。

检验方法:检查块体材料、水泥砂浆或混凝土抗压强度试验报告。

4.5.8 保护层的排水坡度,应符合设计要求。

检验方法:坡度尺检查。

Ⅱ 一般项目

4.5.9 块体材料保护层表面应干净,接缝应平整,周边应顺直,镶嵌应正确,应无空鼓现象。

检查方法:小锤轻击和观察检查。

4.5.10 水泥砂浆、细石混凝土保护层不得有裂纹、脱皮、麻面和起砂等现象。

检验方法:观察检查。

4.5.11 浅色涂料应与防水层粘结牢固,厚薄应均匀,不得漏涂。

检验方法:观察检查。

4.5.12 保护层的允许偏差和检验方法应符合表4.5.12的规定。

表 4.5.12　保护层的允许偏差和检验方法

项目	允许偏差（mm）			检验方法
	块体材料	水泥砂浆	细石混凝土	
表面平整度	4.0	4.0	5.0	2m靠尺和塞尺检查
缝格平直	3.0	3.0	3.0	拉线和尺量检查
接缝高低差	1.5	—	—	直尺和塞尺检查
板块间隙宽度	2.0	—	—	尺量检查
保护层厚度	设计厚度的10%，且不得大于5mm			钢针插入和尺量检查

5　保温与隔热工程

5.1　一般规定

5.1.1　本章适用于板状材料、纤维材料、喷涂硬泡聚氨酯、现浇泡沫混凝土保温层和种植、架空、蓄水隔热层分项工程的施工质量验收。

5.1.2　铺设保温层的基层应平整、干燥和干净。

5.1.3　保温材料在施工过程中应采取防潮、防水和防火等措施。

5.1.4　保温与隔热工程的构造及选用材料应符合设计要求。

5.1.5　保温与隔热工程质量验收除应符合本章规定外，尚应符合现行国家标准《建筑节能工程施工质量验收规范》GB 50411 的有关规定。

5.1.6　保温材料使用时的含水率，应相当于该材料在当地自然风干状态下的平衡含水率。

5.1.7　**保温材料的导热系数、表观密度或干密度、抗压强度或压缩强度、燃烧性能，必须符合设计要求。**

5.1.8　种植、架空、蓄水隔热层施工前，防水层均应验收合格。

5.1.9　保温与隔热工程各分项工程每个检验批的抽检数量，应按屋面面积每 $100m^2$ 抽查1处，每处应为 $10m^2$，且不得少于3处。

5.2　板状材料保温层

5.2.1　板状材料保温层采用干铺法施工时，板状保温材料应紧靠在基层表面上，应铺平垫稳；分层铺设的板块上下层接缝应相互错开，板间缝隙应采用同类材料的碎屑嵌填密实。

5.2.2　板状材料保温层采用粘贴法施工时，胶粘剂应与保温材料的材性相容，并贴严、粘牢；板状材料保温层的平面接缝应挤紧拼严，不得在板块侧面涂抹胶粘剂，超过2mm的缝隙应采用相同材料板条或片填塞严实。

5.2.3　板状保温材料采用机械固定法施工时，应选择专用螺钉和垫片；固定件与结构层之间应连接牢固。

Ⅰ　主控项目

5.2.4　板状保温材料的质量，应符合设计要求。

检验方法：检查出厂合格证、质量检验报告和进场检验报告。

5.2.5　板状材料保温层的厚度应符合设计要求，其正偏差应不限，负偏差应为5%，且不得大于4mm。

检验方法：钢针插入和尺量检查。

5.2.6　屋面热桥部位处理应符合设计要求。

检验方法：观察检查。

Ⅱ　一般项目

5.2.7　板状保温材料铺设应紧贴基层，应铺平垫稳，拼缝应严密，粘贴应牢固。

检验方法：观察检查。

5.2.8　固定件的规格、数量和位置均应符合设计要求；垫片应与保温层表面齐平。

检验方法：观察检查。

5.2.9　板状材料保温层表面平整度的允许偏差为5mm。

检验方法：2m靠尺和塞尺检查。

5.2.10　板状材料保温层接缝高低差的允许偏差为2mm。

检验方法：直尺和塞尺检查。

5.3　纤维材料保温层

5.3.1　纤维材料保温层施工应符合下列规定：

　　1　纤维保温材料应紧靠在基层表面上，平面接缝应挤紧拼严，上下层接缝应相互错开；

　　2　屋面坡度较大时，宜采用金属或塑料专用固定件将纤维保温材料与基层固定；

　　3　纤维材料填充后，不得上人踩踏。

5.3.2　装配式骨架纤维保温材料施工时，应先在基层上铺设保温龙骨或金属龙骨，龙骨之间应填充纤维保温材料，再在龙骨上铺钉水泥纤维板。金属龙骨和固定件应经防锈处理，金属龙骨与基层之间应采取隔热断桥措施。

Ⅰ　主控项目

5.3.3　纤维保温材料的质量，应符合设计要求。

检验方法：检查出厂合格证、质量检验报告和进场检验报告。

5.3.4　纤维材料保温层的厚度应符合设计要求，其正偏差应不限，毡不得有负偏差，板负偏差应为4%，且不得大于3mm。

检验方法：钢针插入和尺量检查。

5.3.5　屋面热桥部位处理应符合设计要求。

检验方法：观察检查。

Ⅱ 一般项目

5.3.6 纤维保温材料铺设应紧贴基层,拼缝应严密,表面应平整。

检验方法:观察检查。

5.3.7 固定件的规格、数量和位置应符合设计要求;垫片应与保温层表面齐平。

检验方法:观察检查。

5.3.8 装配式骨架和水泥纤维板应铺钉牢固,表面应平整;龙骨间距和板材厚度应符合设计要求。

检验方法:观察和尺量检查。

5.3.9 具有抗水蒸气渗透外覆面的玻璃棉制品,其外覆面应朝向室内,拼缝应用防水密封胶带封严。

检验方法:观察检查。

5.4 喷涂硬泡聚氨酯保温层

5.4.1 保温层施工前应对喷涂设备进行调试,并应制备试样进行硬泡聚氨酯的性能检测。

5.4.2 喷涂硬泡聚氨酯的配比应准确计量,发泡厚度应均匀一致。

5.4.3 喷涂时喷嘴与施工基面的间距应由试验确定。

5.4.4 一个作业面应分遍喷涂完成,每遍厚度不宜大于15mm;当日的作业面应当日连续地喷涂施工完毕。

5.4.5 硬泡聚氨酯喷涂后20min内严禁上人;喷涂硬泡聚氨酯保温层完成后,应及时做保护层。

Ⅰ 主控项目

5.4.6 喷涂硬泡聚氨酯所用原材料的质量及配合比,应符合设计要求。

检验方法:检查原材料出厂合格证、质量检验报告和计量措施。

5.4.7 喷涂硬泡聚氨酯保温层的厚度应符合设计要求,其正偏差应不限,不得有负偏差。

检验方法:钢针插入和尺量检查。

5.4.8 屋面热桥部位处理应符合设计要求。

检验方法:观察检查。

Ⅱ 一般项目

5.4.9 喷涂硬泡聚氨酯应分遍喷涂,粘结应牢固,表面应平整,找坡应正确。

检验方法:观察检查。

5.4.10 喷涂硬泡聚氨酯保温层表面平整度的允许偏差为5mm。

检验方法:2m靠尺和塞尺检查。

5.5 现浇泡沫混凝土保温层

5.5.1 在浇筑泡沫混凝土前,应将基层上的杂物和油污清理干净;基层应浇水湿润,但不得有积水。

5.5.2 保温层施工前应对设备进行调试,并应制备试样进行泡沫混凝土的性能检测。

5.5.3 泡沫混凝土的配合比应准确计量,制备好的泡沫加入水泥料浆中应搅拌均匀。

5.5.4 浇筑过程中,应随时检查泡沫混凝土的湿密度。

Ⅰ 主控项目

5.5.5 现浇泡沫混凝土所用原材料的质量及配合比,应符合设计要求。

检验方法:检查原材料出厂合格证、质量检验报告和计量措施。

5.5.6 现浇泡沫混凝土保温层的厚度应符合设计要求,其正负偏差应为5%,且不得大于5mm。

检验方法:钢针插入和尺量检查。

5.5.7 屋面热桥部位处理应符合设计要求。

检验方法:观察检查。

Ⅱ 一般项目

5.5.8 现浇泡沫混凝土应分层施工,粘结应牢固,表面应平整,找坡应正确。

检验方法:观察检查。

5.5.9 现浇泡沫混凝土不得有贯通性裂缝,以及疏松、起砂、起皮现象。

检验方法:观察检查。

5.5.10 现浇泡沫混凝土保温层表面平整度的允许偏差为5mm。

检验方法:2m靠尺和塞尺检查。

5.6 种植隔热层

5.6.1 种植隔热层与防水层之间宜设细石混凝土保护层。

5.6.2 种植隔热层的屋面坡度大于20%时,其排水层、种植土层应采取防滑措施。

5.6.3 排水层施工应符合下列要求:

1 陶粒的粒径不应小于25mm,大粒径应在下,小粒径应在上。

2 凹凸形排水板宜采用搭接法施工,网状交织排水板宜采用对接法施工。

3 排水层上应铺设过滤层土工布。

4 挡墙或挡板的下部应设泄水孔,孔周围应放置疏水粗细骨料。

5.6.4 过滤层土工布应沿种植土周边向上铺设至种植土高度,并应与挡墙或挡板粘牢;土工布的搭接宽度不应小于100mm,接缝宜采用粘或缝合。

5.6.5 种植土的厚度及自重应符合设计要求。种植土表面应低于挡墙高度100mm。

Ⅰ 主控项目

5.6.6 种植隔热层所用材料的质量,应符合设计要求。

检验方法：检查出厂合格证和质量检验报告。

5.6.7 排水层应与排水系统连通。

检验方法：观察检查。

5.6.8 挡墙或挡板泄水孔的留设应符合设计要求，并不得堵塞。

检验方法：观察和尺量检查。

Ⅱ 一般项目

5.6.9 陶粒应铺设平整、均匀，厚度应符合设计要求。

检验方法：观察和尺量检查。

5.6.10 排水板应铺设平整，接缝方法应符合国家现行有关标准的规定。

检验方法：观察和尺量检查。

5.6.11 过滤层土工布应铺设平整、接缝严密，其搭接宽度的允许偏差为－10mm。

检验方法：观察和尺量检查。

5.6.12 种植土应铺设平整、均匀，其厚度的允许偏差为±5%，且不得大于30mm。

检验方法：尺量检查。

5.7 架空隔热层

5.7.1 架空隔热层的高度应按屋面宽度或坡度大小确定。设计无要求时，架空隔热层的高度宜为180mm～300mm。

5.7.2 当屋面宽度大于10m时，应在屋面中部设置通风屋脊，通风口处应设置通风箅子。

5.7.3 架空隔热制品支座底面的卷材、涂膜防水层，应采取加强措施。

5.7.4 架空隔热制品的质量应符合下列要求：

1 非上人屋面的砌块强度等级不应低于MU7.5；上人屋面的砌块强度等级不应低于MU10。

2 混凝土板的强度等级不应低于C20，板厚及配筋应符合设计要求。

Ⅰ 主控项目

5.7.5 架空隔热制品的质量，应符合设计要求。

检验方法：检查材料或构件合格证和质量检验报告。

5.7.6 架空隔热制品的铺设应平整、稳固，缝隙勾填应密实。

检验方法：观察检查。

Ⅱ 一般项目

5.7.7 架空隔热制品距山墙或女儿墙不得小于250mm。

检验方法：观察和尺量检查。

5.7.8 架空隔热层的高度及通风屋脊、变形缝做法，应符合设计要求。

检验方法：观察和尺量检查。

5.7.9 架空隔热制品接缝高低差的允许偏差为3mm。

检验方法：直尺和塞尺检查。

5.8 蓄水隔热层

5.8.1 蓄水隔热层与屋面防水层之间应设隔离层。

5.8.2 蓄水池的所有孔洞应预留，不得后凿；所设置的给水管、排水管和溢水管等，均应在蓄水池混凝土施工前安装完毕。

5.8.3 每个蓄水区的防水混凝土应一次浇筑完毕，不得留施工缝。

5.8.4 防水混凝土应用机械振捣密实，表面应抹平和压光，初凝后应覆盖养护，终凝后浇水养护不得少于14d；蓄水后不得断水。

Ⅰ 主控项目

5.8.5 防水混凝土所用材料的质量及配合比，应符合设计要求。

检验方法：检查出厂合格证、质量检验报告、进场检验报告和计量措施。

5.8.6 防水混凝土的抗压强度和抗渗性能，应符合设计要求。

检验方法：检查混凝土抗压和抗渗试验报告。

5.8.7 蓄水池不得有渗漏现象。

检验方法：蓄水至规定高度观察检查。

Ⅱ 一般项目

5.8.8 防水混凝土表面应密实、平整，不得有蜂窝、麻面、露筋等缺陷。

检验方法：观察检查。

5.8.9 防水混凝土表面的裂缝宽度不应大于0.2mm，并不得贯通。

检验方法：刻度放大镜检查。

5.8.10 蓄水池上所留设的溢水口、过水孔、排水管、溢水管等，其位置、标高和尺寸均应符合设计要求。

检验方法：观察和尺量检查。

5.8.11 蓄水池结构的允许偏差和检验方法应符合表5.8.11的规定。

表5.8.11 蓄水池结构的允许偏差和检验方法

项　　目	允许偏差（mm）	检验方法
长度、宽度	+15，-10	尺量检查
厚度	±5	
表面平整度	5	2m靠尺和塞尺检查
排水坡度	符合设计要求	坡度尺检查

6 防水与密封工程

6.1 一般规定

6.1.1 本章适用于卷材防水层、涂膜防水层、复合防水层和接缝密封防水等分项工程的施工质量验收。

6.1.2 防水层施工前,基层应坚实、平整、干净、干燥。

6.1.3 基层处理剂应配比准确,并应搅拌均匀;喷涂或涂刷基层处理剂应均匀一致,待其干燥后应及时进行卷材、涂膜防水层和接缝密封防水施工。

6.1.4 防水层完工并经验收合格后,应及时做好成品保护。

6.1.5 防水与密封工程各分项工程每个检验批的抽检数量,防水层应按屋面面积每100m²抽查一处,每处应为10m²,且不得少于3处;接缝密封防水应按每50m抽查一处,每处应为5m,且不得少于3处。

6.2 卷材防水层

6.2.1 屋面坡度大于25%时,卷材应采取满粘和钉压固定措施。

6.2.2 卷材铺贴方向应符合下列规定:
1 卷材宜平行屋脊铺贴;
2 上下层卷材不得相互垂直铺贴。

6.2.3 卷材搭接缝应符合下列规定:
1 平行屋脊的卷材搭接缝应顺流水方向,卷材搭接宽度应符合表6.2.3的规定;
2 相邻两幅卷材短边搭接缝应错开,且不得小于500mm;
3 上下层卷材长边搭接缝应错开,且不得小于幅宽的1/3。

表6.2.3 卷材搭接宽度(mm)

卷 材 类 别		搭 接 宽 度
合成高分子防水卷材	胶粘剂	80
	胶粘带	50
	单缝焊	60,有效焊接宽度不小于25
	双缝焊	80,有效焊接宽度10×2+空腔宽
高聚物改性沥青防水卷材	胶粘剂	100
	自粘	80

6.2.4 冷粘法铺贴卷材应符合下列规定:
1 胶粘剂涂刷应均匀,不应露底,不应堆积;
2 应控制胶粘剂涂刷与卷材铺贴的间隔时间;
3 卷材下面的空气应排尽,并应辊压粘贴牢固;
4 卷材铺贴应平整顺直,搭接尺寸应准确,不得扭曲、皱折;
5 接缝口应用密封材料封严,宽度不应小于10mm。

6.2.5 热粘法铺贴卷材应符合下列规定:
1 熔化热熔型改性沥青胶结料时,宜采用专用导热油炉加热,加热温度不应高于200℃,使用温度不宜低于180℃;
2 粘贴卷材的热熔型改性沥青胶结料厚度宜为1.0mm~1.5mm;
3 采用热熔型改性沥青胶结料粘贴卷材时,应随刮随铺,并应展平压实。

6.2.6 热熔法铺贴卷材应符合下列规定:
1 火焰加热器加热卷材应均匀,不得加热不足或烧穿卷材;
2 卷材表面热熔后应立即滚铺,卷材下面的空气应排尽,并应辊压粘贴牢固;
3 卷材接缝部位应溢出热熔的改性沥青胶,溢出的改性沥青胶宽度宜为8mm;
4 铺贴的卷材应平整顺直,搭接尺寸应准确,不得扭曲、皱折;
5 厚度小于3mm的高聚物改性沥青防水卷材,严禁采用热熔法施工。

6.2.7 自粘法铺贴卷材应符合下列规定:
1 铺贴卷材时,应将自粘胶底面的隔离纸全部撕净;
2 卷材下面的空气应排尽,并应辊压粘贴牢固;
3 铺贴的卷材应平整顺直,搭接尺寸应准确,不得扭曲、皱折;
4 接缝口应用密封材料封严,宽度不应小于10mm;
5 低温施工时,接缝部位宜采用热风加热,并应随即粘贴牢固。

6.2.8 焊接法铺贴卷材应符合下列规定:
1 焊接前卷材应铺设平整、顺直,搭接尺寸应准确,不得扭曲、皱折;
2 卷材焊接缝的结合面应干净、干燥,不得有水滴、油污及附着物;
3 焊接时应先焊长边搭接缝,后焊短边搭接缝;
4 控制加热温度和时间,焊接缝不得有漏焊、跳焊、焊焦或焊不牢现象;
5 焊接时不得损害非焊接部位的卷材。

6.2.9 机械固定法铺贴卷材应符合下列规定:
1 卷材应采用专用固定件进行机械固定;
2 固定件应设置在卷材搭接缝内,外露固定件应用卷材封严;
3 固定件应垂直钉入结构层有效固定,固定件数量和位置应符合设计要求;
4 卷材搭接缝应粘结或焊接牢固,密封应严密;
5 卷材周边800mm范围内应满粘。

Ⅰ 主控项目

6.2.10 防水卷材及其配套材料的质量，应符合设计要求。

检验方法：检查出厂合格证、质量检验报告和进场检验报告。

6.2.11 卷材防水层不得有渗漏和积水现象。

检验方法：雨后观察或淋水、蓄水试验。

6.2.12 卷材防水层在檐口、檐沟、天沟、水落口、泛水、变形缝和伸出屋面管道的防水构造，应符合设计要求。

检验方法：观察检查。

Ⅱ 一般项目

6.2.13 卷材的搭接缝应粘结或焊接牢固，密封应严密，不得扭曲、皱折和翘边。

检验方法：观察检查。

6.2.14 卷材防水层的收头应与基层粘结，钉压应牢固，密封应严密。

检验方法：观察检查。

6.2.15 卷材防水层的铺贴方向应正确，卷材搭接宽度的允许偏差为—10mm。

检验方法：观察和尺量检查。

6.2.16 屋面排汽构造的排汽道应纵横贯通，不得堵塞；排汽管应安装牢固，位置应正确，封闭应严密。

检验方法：观察检查。

6.3 涂膜防水层

6.3.1 防水涂料应多遍涂布，并应待前一遍涂布的涂料干燥成膜后，再涂布后一遍涂料，且前后两遍涂料的涂布方向应相互垂直。

6.3.2 铺设胎体增强材料应符合下列规定：

1 胎体增强材料宜采用聚酯无纺布或化纤无纺布；

2 胎体增强材料长边搭接宽度不应小于50mm，短边搭接宽度不应小于70mm；

3 上下层胎体增强材料的长边搭接缝应错开，且不得小于幅宽的1/3；

4 上下层胎体增强材料不得相互垂直铺设。

6.3.3 多组分防水涂料应按配合比准确计量，搅拌应均匀，并应根据有效时间确定每次配制的数量。

Ⅰ 主控项目

6.3.4 防水涂料和胎体增强材料的质量，应符合设计要求。

检验方法：检查出厂合格证、质量检验报告和进场检验报告。

6.3.5 涂膜防水层不得有渗漏和积水现象。

检验方法：雨后观察或淋水、蓄水试验。

6.3.6 涂膜防水层在檐口、檐沟、天沟、水落口、泛水、变形缝和伸出屋面管道的防水构造，应符合设计要求。

检验方法：观察检查。

6.3.7 涂膜防水层的平均厚度应符合设计要求，且最小厚度不得小于设计厚度的80%。

检验方法：针测法或取样量测。

Ⅱ 一般项目

6.3.8 涂膜防水层与基层应粘结牢固，表面应平整，涂布应均匀，不得有流淌、皱折、起泡和露胎体等缺陷。

检验方法：观察检查。

6.3.9 涂膜防水层的收头应用防水涂料多遍涂刷。

检验方法：观察检查。

6.3.10 铺贴胎体增强材料应平整顺直，搭接尺寸应准确，应排除气泡，并应与涂料粘结牢固；胎体增强材料搭接宽度的允许偏差为—10mm。

检验方法：观察和尺量检查。

6.4 复合防水层

6.4.1 卷材与涂料复合使用时，涂膜防水层宜设置在卷材防水层的下面。

6.4.2 卷材与涂料复合使用时，防水卷材的粘结质量应符合表6.4.2的规定。

表6.4.2 防水卷材的粘结质量

项 目	自粘聚合物改性沥青防水卷材和带自粘层防水卷材	高聚物改性沥青防水卷材胶粘剂	合成高分子防水卷材胶粘剂
粘结剥离强度（N/10mm）	≥10或卷材断裂	≥8或卷材断裂	≥15或卷材断裂
剪切状态下的粘合强度（N/10mm）	≥20或卷材断裂	≥20或卷材断裂	≥20或卷材断裂
浸水168h后粘结剥离强度保持率（%）	—	—	≥70

注：防水涂料作为防水卷材粘结材料复合使用时，应符合相应的防水卷材胶粘剂规定。

6.4.3 复合防水层施工质量应符合本规范第6.2节和第6.3节的有关规定。

Ⅰ 主控项目

6.4.4 复合防水层所用防水材料及其配套材料的质量，应符合设计要求。

检验方法：检查出厂合格证、质量检验报告和进场检验报告。

6.4.5 复合防水层不得有渗漏和积水现象。

检验方法：雨后观察或淋水、蓄水试验。

6.4.6 复合防水层在天沟、檐沟、檐口、水落口、泛水、变形缝和伸出屋面管道的防水构造，应符合设计要求。

检验方法：观察检查。

Ⅱ 一般项目

6.4.7 卷材与涂膜应粘贴牢固，不得有空鼓和分层现象。

检验方法：观察检查。

6.4.8 复合防水层的总厚度应符合设计要求。

检验方法：针测法或取样量测。

6.5 接缝密封防水

6.5.1 密封防水部位的基层应符合下列要求：
  1 基层应牢固，表面应平整、密实，不得有裂缝、蜂窝、麻面、起皮和起砂现象；
  2 基层应清洁、干燥，并应无油污、无灰尘；
  3 嵌入的背衬材料与接缝壁间不得留有空隙；
  4 密封防水部位的基层宜涂刷基层处理剂，涂刷应均匀，不得漏涂。

6.5.2 多组分密封材料应按配合比准确计量，拌合应均匀，并应根据有效时间确定每次配制的数量。

6.5.3 密封材料嵌填完成后，在固化前应避免灰尘、破损及污染，且不得踩踏。

Ⅰ 主控项目

6.5.4 密封材料及其配套材料的质量，应符合设计要求。

检验方法：检查出厂合格证、质量检验报告和进场检验报告。

6.5.5 密封材料嵌填应密实、连续、饱满，粘结牢固，不得有气泡、开裂、脱落等缺陷。

检验方法：观察检查。

Ⅱ 一般项目

6.5.6 密封防水部位的基层应符合本规范第6.5.1条的规定。

检验方法：观察检查。

6.5.7 接缝宽度和密封材料的嵌填深度应符合设计要求，接缝宽度的允许偏差为±10%。

检验方法：尺量检查。

6.5.8 嵌填的密封材料表面应平滑，缝边应顺直，应无明显不平和周边污染现象。

检验方法：观察检查。

7 瓦面与板面工程

7.1 一般规定

7.1.1 本章适用于烧结瓦、混凝土瓦、沥青瓦和金属板、玻璃采光顶铺装等分项工程的施工质量验收。

7.1.2 瓦面与板面工程施工前，应对主体结构进行质量验收，并应符合现行国家标准《混凝土结构工程施工质量验收规范》GB 50204、《钢结构工程施工质量验收规范》GB 50205和《木结构工程施工质量验收规范》GB 50206的有关规定。

7.1.3 木质望板、檩条、顺水条、挂瓦条等构件，均应做防腐、防蛀和防火处理；金属顺水条、挂瓦条以及金属板、固定件，均应做防锈处理。

7.1.4 瓦材或板材与山墙及突出屋面结构的交接处，均应做泛水处理。

7.1.5 在大风及地震设防地区或屋面坡度大于100%时，瓦材应采取固定加强措施。

7.1.6 在瓦材的下面应铺设防水层或防水垫层，其品种、厚度和搭接宽度均应符合设计要求。

7.1.7 严寒和寒冷地区的檐口部位，应采取防雪融冰坠的安全措施。

7.1.8 瓦面与板面工程各分项工程每个检验批的抽检数量，应按屋面面积每100m^2抽查一处，每处应为10m^2，且不得少于3处。

7.2 烧结瓦和混凝土瓦铺装

7.2.1 平瓦和脊瓦应边缘整齐，表面光洁，不得有分层、裂纹和露砂等缺陷；平瓦的瓦爪与瓦槽的尺寸应配合。

7.2.2 基层、顺水条、挂瓦条的铺设应符合下列规定：
  1 基层应平整、干净、干燥；持钉层厚度应符合设计要求；
  2 顺水条应垂直正脊方向铺钉在基层上，顺水条表面应平整，其间距不宜大于500mm；
  3 挂瓦条的间距应根据瓦片尺寸和屋面坡长经计算确定；
  4 挂瓦条应铺钉平整、牢固，上棱应成一直线。

7.2.3 挂瓦应符合下列规定：
  1 挂瓦应从两坡的檐口同时对称进行。瓦后爪应与挂瓦条挂牢，并应与邻边、下面两瓦落槽密合；
  2 檐口瓦、斜天沟瓦应用镀锌铁丝拴牢在挂瓦条上，每片瓦均应与挂瓦条固定牢固；
  3 整坡瓦面应平整，行列应横平竖直，不得有翘角和张口现象；
  4 正脊和斜脊应铺平挂直，脊瓦搭盖应顺主导风向和流水方向。

7.2.4 烧结瓦和混凝土瓦铺装的有关尺寸，应符合下列规定：

1 瓦屋面檐口挑出墙面的长度不宜小于300mm；

2 脊瓦在两坡面瓦上的搭盖宽度，每边不应小于40mm；

3 脊瓦下端距坡面瓦的高度不宜大于80mm；

4 瓦头伸入檐沟、天沟内的长度宜为50mm~70mm；

5 金属檐沟、天沟伸入瓦内的宽度不应小于150mm；

6 瓦头挑出檐口的长度宜为50mm~70mm；

7 突出屋面结构的侧面瓦伸入泛水的宽度不应小于50mm。

Ⅰ 主控项目

7.2.5 瓦材及防水垫层的质量，应符合设计要求。

检验方法：检查出厂合格证、质量检验报告和进场检验报告。

7.2.6 烧结瓦、混凝土瓦屋面不得有渗漏现象。

检验方法：雨后观察或淋水试验。

7.2.7 瓦片必须铺置牢固。在大风及地震设防地区或屋面坡度大于100%时，应按设计要求采取固定加强措施。

检验方法：观察或手扳检查。

Ⅱ 一般项目

7.2.8 挂瓦条应分档均匀，铺钉应平整、牢固；瓦面应平整，行列应整齐，搭接应紧密，檐口应平直。

检验方法：观察检查。

7.2.9 脊瓦应搭盖正确，间距应均匀，封固应严密；正脊和斜脊应顺直，应无起伏现象。

检验方法：观察检查。

7.2.10 泛水做法应符合设计要求，并应顺直整齐、结合严密。

检验方法：观察检查。

7.2.11 烧结瓦和混凝土瓦铺装的有关尺寸，应符合设计要求。

检验方法：尺量检查。

7.3 沥青瓦铺装

7.3.1 沥青瓦应边缘整齐，切槽应清晰，厚薄应均匀，表面应无孔洞、楞伤、裂纹、皱折和起泡等缺陷。

7.3.2 沥青瓦应自檐口向上铺设，起始层瓦应由瓦片经切除垂片部分后制得，且起始层瓦沿檐口平行铺设并伸出檐口10mm，并应用沥青基胶粘材料与基层粘结；第一层瓦应与起始层瓦叠合，但瓦切口应向下指向檐口；第二层瓦应压在第一层瓦上且露出瓦切口，但不得超过切口长度。相邻两层沥青瓦的拼缝及切口应均匀错开。

7.3.3 铺设脊瓦时，宜将沥青瓦沿切口剪开分成三块作为脊瓦，并应用2个固定钉固定，同时应用沥青基胶粘材料密封；脊瓦搭盖应顺主导风向。

7.3.4 沥青瓦的固定应符合下列规定：

1 沥青瓦铺设时，每张瓦片不得少于4个固定钉，在大风地区或屋面坡度大于100%时，每张瓦片不得少于6个固定钉；

2 固定钉应垂直钉入沥青瓦压盖面，钉帽应与瓦片表面齐平；

3 固定钉钉入持钉层深度应符合设计要求；

4 屋面边缘部位沥青瓦之间以及起始瓦与基层之间，均应采用沥青基胶粘材料满粘。

7.3.5 沥青瓦铺装的有关尺寸应符合下列规定：

1 脊瓦在两坡面瓦上的搭盖宽度，每边不应小于150mm；

2 脊瓦与脊瓦的压盖面不应小于脊瓦面积的1/2；

3 沥青瓦挑出檐口的长度宜为10mm~20mm；

4 金属泛水板与沥青瓦的搭盖宽度不应小于100mm；

5 金属泛水板与突出屋面墙体的搭接高度不应小于250mm；

6 金属滴水板伸入沥青瓦下的宽度不应小于80mm。

Ⅰ 主控项目

7.3.6 沥青瓦及防水垫层的质量，应符合设计要求。

检验方法：检查出厂合格证、质量检验报告和进场检验报告。

7.3.7 沥青瓦屋面不得有渗漏现象。

检验方法：雨后观察或淋水试验。

7.3.8 沥青瓦铺设应搭接正确，瓦片外露部分不得超过切口长度。

检验方法：观察检查。

Ⅱ 一般项目

7.3.9 沥青瓦所用固定钉应垂直钉入持钉层，钉帽不得外露。

检验方法：观察检查。

7.3.10 沥青瓦应与基层粘钉牢固，瓦面应平整，檐口应平直。

检验方法：观察检查。

7.3.11 泛水做法应符合设计要求，并应顺直整齐、结合紧密。

检验方法：观察检查。

7.3.12 沥青瓦铺装的有关尺寸，应符合设计要求。

检验方法：尺量检查。

7.4 金属板铺装

7.4.1 金属板材应边缘整齐，表面应光滑，色泽应均匀，外形应规则，不得有翘曲、脱膜和锈蚀等缺陷。

7.4.2 金属板材应用专用吊具安装，安装和运输过程中不得损伤金属板材。

7.4.3 金属板材应根据要求板型和深化设计的排板图铺设，并应按设计图纸规定的连接方式固定。

7.4.4 金属板固定支架或支座位置应准确，安装应牢固。

7.4.5 金属板屋面铺装的有关尺寸应符合下列规定：
 1 金属板檐口挑出墙面的长度不应小于 200mm；
 2 金属板伸入檐沟、天沟内的长度不应小于 100mm；
 3 金属泛水板与突出屋面墙体的搭接高度不应小于 250mm；
 4 金属泛水板、变形缝盖板与金属板的搭接宽度不应小于 200mm；
 5 金属屋脊盖板在两坡面金属板上的搭盖宽度不应小于 250mm。

Ⅰ 主控项目

7.4.6 金属板材及其辅助材料的质量，应符合设计要求。
 检验方法：检查出厂合格证、质量检验报告和进场检验报告。

7.4.7 金属板屋面不得有渗漏现象。
 检验方法：雨后观察或淋水试验。

Ⅱ 一般项目

7.4.8 金属板铺装应平整、顺滑；排水坡度应符合设计要求。
 检验方法：坡度尺检查。

7.4.9 压型金属板的咬口锁边连接应严密、连续、平整，不得扭曲和裂口。
 检验方法：观察检查。

7.4.10 压型金属板的紧固件连接应采用带防水垫圈的自攻螺钉，固定点应设在波峰上；所有自攻螺钉外露的部位均应密封处理。
 检验方法：观察检查。

7.4.11 金属面绝热夹芯板的纵向和横向搭接，应符合设计要求。
 检验方法：观察检查。

7.4.12 金属板的屋脊、檐口、泛水，直线段应顺直，曲线段应顺畅。
 检验方法：观察检查。

7.4.13 金属板材铺装的允许偏差和检验方法，应符合表 7.4.13 的规定。

表 7.4.13 金属板铺装的允许偏差和检验方法

项目	允许偏差（mm）	检验方法
檐口与屋脊的平行度	15	拉线和尺量检查
金属板对屋脊的垂直度	单坡长度的 1/800，且不大于 25	
金属板咬缝的平整度	10	
檐口相邻两板的端部错位	6	
金属板铺装的有关尺寸	符合设计要求	尺量检查

7.5 玻璃采光顶铺装

7.5.1 玻璃采光顶的预埋件应位置准确，安装应牢固。

7.5.2 采光顶玻璃及玻璃组件的制作，应符合现行行业标准《建筑玻璃采光顶》JG/T 231 的有关规定。

7.5.3 采光顶玻璃表面应平整、洁净，颜色应均匀一致。

7.5.4 玻璃采光顶与周边墙体之间的连接，应符合设计要求。

Ⅰ 主控项目

7.5.5 采光顶玻璃及其配套材料的质量，应符合设计要求。
 检验方法：检查出厂合格证和质量检验报告。

7.5.6 玻璃采光顶不得有渗漏现象。
 检验方法：雨后观察或淋水试验。

7.5.7 硅酮耐候密封胶的打注应密实、连续、饱满，粘结应牢固，不得有气泡、开裂、脱落等缺陷。
 检验方法：观察检查。

Ⅱ 一般项目

7.5.8 玻璃采光顶铺装应平整、顺直；排水坡度应符合设计要求。
 检验方法：观察和坡度尺检查。

7.5.9 玻璃采光顶的冷凝水收集和排除构造，应符合设计要求。
 检验方法：观察检查。

7.5.10 明框玻璃采光顶的外露金属框或压条应横平竖直，压条安装应牢固；隐框玻璃采光顶的玻璃分格拼缝应横平竖直，均匀一致。
 检验方法：观察和手扳检查。

7.5.11 点支承玻璃采光顶的支承装置应安装牢固，配合应严密；支承装置不得与玻璃直接接触。
 检验方法：观察检查。

7.5.12 采光顶玻璃的密封胶缝应横平竖直，深浅应一致，宽窄应均匀，应光滑顺直。

检验方法：观察检查。

7.5.13 明框玻璃采光顶铺装的允许偏差和检验方法，应符合表7.5.13的规定。

表7.5.13 明框玻璃采光顶铺装的
允许偏差和检验方法

项目		允许偏差(mm)		检验方法
		铝构件	钢构件	
通长构件水平度（纵向或横向）	构件长度≤30m	10	15	水准仪检查
	构件长度≤60m	15	20	
	构件长度≤90m	20	25	
	构件长度≤150m	25	30	
	构件长度>150m	30	35	
单一构件直线度（纵向或横向）	构件长度≤2m	2	3	拉线和尺量检查
	构件长度>2m	3	4	
相邻构件平面高低差		1	2	直尺和塞尺检查
通长构件直线度（纵向或横向）	构件长度≤35m	5	7	经纬仪检查
	构件长度>35m	7	9	
分格框对角线差	对角线长度≤2m	3	4	尺量检查
	对角线长度>2m	3.5	5	

7.5.14 隐框玻璃采光顶铺装的允许偏差和检验方法，应符合表7.5.14的规定。

表7.5.14 隐框玻璃采光顶铺装的
允许偏差和检验方法

项目		允许偏差(mm)	检验方法
通长接缝水平度（纵向或横向）	接缝长度≤30m	10	水准仪检查
	接缝长度≤60m	15	
	接缝长度≤90m	20	
	接缝长度≤150m	25	
	接缝长度>150m	30	
相邻板块的平面高低差		1	直尺和塞尺检查
相邻板块的接缝直线度		2.5	拉线和尺量检查
通长接缝直线度（纵向或横向）	接缝长度≤35m	5	经纬仪检查
	接缝长度>35m	7	
玻璃间接缝宽度（与设计尺寸比）		2	尺量检查

7.5.15 点支承玻璃采光顶铺装的允许偏差和检验方法，应符合表7.5.15的规定。

表7.5.15 点支承玻璃采光顶铺装的
允许偏差和检验方法

项目		允许偏差(mm)	检验方法
通长接缝水平度（纵向或横向）	接缝长度≤30m	10	水准仪检查
	接缝长度≤60m	15	
	接缝长度>60m	20	
相邻板块的平面高低差		1	直尺和塞尺检查
相邻板块的接缝直线度		2.5	拉线和尺量检查
通长接缝直线度（纵向或横向）	接缝长度≤35m	5	经纬仪检查
	接缝长度>35m	7	
玻璃间接缝宽度（与设计尺寸比）		2	尺量检查

8 细部构造工程

8.1 一般规定

8.1.1 本章适用于檐口、檐沟和天沟、女儿墙和山墙、水落口、变形缝、伸出屋面管道、屋面出入口、反梁过水孔、设施基座、屋脊、屋顶窗等分项工程的施工质量验收。

8.1.2 细部构造工程各分项工程每个检验批应全数进行检验。

8.1.3 细部构造所使用卷材、涂料和密封材料的质量应符合设计要求，两种材料之间应具有相容性。

8.1.4 屋面细部构造热桥部位的保温处理，应符合设计要求。

8.2 檐 口

Ⅰ 主控项目

8.2.1 檐口的防水构造应符合设计要求。
　　检验方法：观察检查。

8.2.2 檐口的排水坡度应符合设计要求；檐口部位不得有渗漏和积水现象。
　　检验方法：坡度尺检查和雨后观察或淋水试验。

Ⅱ 一般项目

8.2.3 檐口800mm范围内的卷材应满粘。
　　检验方法：观察检查。

8.2.4 卷材收头应在找平层的凹槽内用金属压条钉压固定，并应用密封材料封严。
　　检验方法：观察检查。

8.2.5 涂膜收头应用防水涂料多遍涂刷。
　　检验方法：观察检查。

8.2.6 檐口端部应抹聚合物水泥砂浆，其下端应做成鹰嘴和滴水槽。

8.3 檐沟和天沟

Ⅰ 主控项目

8.3.1 檐沟、天沟的防水构造应符合设计要求。
检验方法：观察检查。
8.3.2 檐沟、天沟的排水坡度应符合设计要求；沟内不得有渗漏和积水现象。
检验方法：坡度尺检查和雨后观察或淋水、蓄水试验。

Ⅱ 一般项目

8.3.3 檐沟、天沟附加层铺设应符合设计要求。
检验方法：观察和尺量检查。
8.3.4 檐沟防水层应由沟底翻上至外侧顶部，卷材收头应用金属压条钉压固定，并应用密封材料封严；涂膜收头应用防水涂料多遍涂刷。
检验方法：观察检查。
8.3.5 檐沟外侧顶部及侧面均应抹聚合物水泥砂浆，其下端应做成鹰嘴或滴水槽。
检验方法：观察检查。

8.4 女儿墙和山墙

Ⅰ 主控项目

8.4.1 女儿墙和山墙的防水构造应符合设计要求。
检验方法：观察检查。
8.4.2 女儿墙和山墙的压顶向内排水坡度不应小于5%，压顶内侧下端应做成鹰嘴或滴水槽。
检验方法：观察和坡度尺检查。
8.4.3 女儿墙和山墙的根部不得有渗漏和积水现象。
检验方法：雨后观察或淋水试验。

Ⅱ 一般项目

8.4.4 女儿墙和山墙的泛水高度及附加层铺设应符合设计要求。
检验方法：观察和尺量检查。
8.4.5 女儿墙和山墙的卷材应满粘，卷材收头应用金属压条钉压固定，并应用密封材料封严。
检验方法：观察检查。
8.4.6 女儿墙和山墙的涂膜应直接涂刷至压顶下，涂膜收头应用防水涂料多遍涂刷。
检验方法：观察检查。

8.5 水 落 口

Ⅰ 主控项目

8.5.1 水落口的防水构造应符合设计要求。
检验方法：观察检查。
8.5.2 水落口杯上口应设在沟底的最低处；水落口处不得有渗漏和积水现象。
检验方法：雨后观察或淋水、蓄水试验。

Ⅱ 一般项目

8.5.3 水落口的数量和位置应符合设计要求；水落口杯应安装牢固。
检验方法：观察和手扳检查。
8.5.4 水落口周围直径500mm范围内坡度不应小于5%，水落口周围的附加层铺设应符合设计要求。
检验方法：观察和尺量检查。
8.5.5 防水层及附加层伸入水落口杯内不应小于50mm，并应粘结牢固。
检验方法：观察和尺量检查。

8.6 变 形 缝

Ⅰ 主控项目

8.6.1 变形缝的防水构造应符合设计要求。
检验方法：观察检查。
8.6.2 变形缝处不得有渗漏和积水现象。
检验方法：雨后观察或淋水试验。

Ⅱ 一般项目

8.6.3 变形缝的泛水高度及附加层铺设应符合设计要求。
检验方法：观察和尺量检查。
8.6.4 防水层应铺贴或涂刷至泛水墙的顶部。
检验方法：观察检查。
8.6.5 等高变形缝顶部宜加扣混凝土或金属盖板。混凝土盖板的接缝应用密封材料封严；金属盖板应铺钉牢固，搭接缝应顺流水方向，并应做好防锈处理。
检验方法：观察检查。
8.6.6 高低跨变形缝在高跨墙面上的防水卷材封盖和金属盖板，应用金属压条钉压固定，并应用密封材料封严。
检验方法：观察检查。

8.7 伸出屋面管道

Ⅰ 主控项目

8.7.1 伸出屋面管道的防水构造应符合设计要求。
检验方法：观察检查。
8.7.2 伸出屋面管道根部不得有渗漏和积水现象。
检验方法：雨后观察或淋水试验。

Ⅱ 一般项目

8.7.3 伸出屋面管道的泛水高度及附加层铺设，应符合设计要求。

　　检验方法：观察和尺量检查。

8.7.4 伸出屋面管道周围的找平层应抹出高度不小于30mm的排水坡。

　　检验方法：观察和尺量检查。

8.7.5 卷材防水层收头应用金属箍固定，并应用密封材料封严；涂膜防水层收头应用防水涂料多遍涂刷。

　　检验方法：观察检查。

8.8 屋面出入口

Ⅰ 主控项目

8.8.1 屋面出入口的防水构造应符合设计要求。

　　检验方法：观察检查。

8.8.2 屋面出入口处不得有渗漏和积水现象。

　　检验方法：雨后观察或淋水试验。

Ⅱ 一般项目

8.8.3 屋面垂直出入口防水层收头应压在压顶圈下，附加层铺设应符合设计要求。

　　检验方法：观察检查。

8.8.4 屋面水平出入口防水层收头应压在混凝土踏步下，附加层铺设和护墙应符合设计要求。

　　检验方法：观察检查。

8.8.5 屋面出入口的泛水高度不应小于250mm。

　　检验方法：观察和尺量检查。

8.9 反梁过水孔

Ⅰ 主控项目

8.9.1 反梁过水孔的防水构造应符合设计要求。

　　检验方法：观察检查。

8.9.2 反梁过水孔处不得有渗漏和积水现象。

　　检验方法：雨后观察或淋水试验。

Ⅱ 一般项目

8.9.3 反梁过水孔的孔底标高、孔洞尺寸或预埋管管径，均应符合设计要求。

　　检验方法：尺量检查。

8.9.4 反梁过水孔的孔洞四周应涂刷防水涂料；预埋管道两端周围与混凝土接触处应留凹槽，并应用密封材料封严。

　　检验方法：观察检查。

8.10 设 施 基 座

Ⅰ 主控项目

8.10.1 设施基座的防水构造应符合设计要求。

　　检验方法：观察检查。

8.10.2 设施基座处不得有渗漏和积水现象。

　　检验方法：雨后观察或淋水试验。

Ⅱ 一般项目

8.10.3 设施基座与结构层相连时，防水层应包裹设施基座的上部，并应在地脚螺栓周围做密封处理。

　　检验方法：观察检查。

8.10.4 设施基座直接放置在防水层上时，设施基座下部应增设附加层，必要时应在其上浇筑细石混凝土，其厚度不应小于50mm。

　　检验方法：观察检查。

8.10.5 需经常维护的设施基座周围和屋面出入口至设施之间的人行道，应铺设块体材料或细石混凝土保护层。

　　检验方法：观察检查。

8.11 屋　　脊

Ⅰ 主控项目

8.11.1 屋脊的防水构造应符合设计要求。

　　检验方法：观察检查。

8.11.2 屋脊处不得有渗漏现象。

　　检验方法：雨后观察或淋水试验。

Ⅱ 一般项目

8.11.3 平脊和斜脊铺设应顺直，应无起伏现象。

　　检验方法：观察检查。

8.11.4 脊瓦应搭盖正确，间距应均匀，封固应严密。

　　检验方法：观察和手扳检查。

8.12 屋 顶 窗

Ⅰ 主控项目

8.12.1 屋顶窗的防水构造应符合设计要求。

　　检验方法：观察检查。

8.12.2 屋顶窗及其周围不得有渗漏现象。

　　检验方法：雨后观察或淋水试验。

Ⅱ 一般项目

8.12.3 屋顶窗用金属排水板、窗框固定铁脚应与屋面连接牢固。

　　检验方法：观察检查。

8.12.4 屋顶窗用窗口防水卷材应铺贴平整，粘结应牢固。

　　检验方法：观察检查。

9 屋面工程验收

9.0.1 屋面工程施工质量验收的程序和组织，应符合现行国家标准《建筑工程施工质量验收统一标准》GB 50300的有关规定。

9.0.2 检验批质量验收合格应符合下列规定：

1 主控项目的质量应经抽查检验合格；

2 一般项目的质量应经抽查检验合格；有允许偏差值的项目，其抽查点应有80%及其以上在允许偏差范围内，且最大偏差值不得超过允许偏差值的1.5倍；

3 应具有完整的施工操作依据和质量检查记录。

9.0.3 分项工程质量验收合格应符合下列规定：

1 分项工程所含检验批的质量均应验收合格；

2 分项工程所含检验批的质量验收记录应完整。

9.0.4 分部（子分部）工程质量验收合格应符合下列规定：

1 分部（子分部）所含分项工程的质量均应验收合格；

2 质量控制资料应完整；

3 安全与功能抽样检验应符合现行国家标准《建筑工程施工质量验收统一标准》GB 50300的有关规定；

4 观感质量检查应符合本规范第9.0.7条的规定。

9.0.5 屋面工程验收资料和记录应符合表9.0.5的规定。

表 9.0.5 屋面工程验收资料和记录

资料项目	验 收 资 料
防水设计	设计图纸及会审记录、设计变更通知单和材料代用核定单
施工方案	施工方法、技术措施、质量保证措施
技术交底记录	施工操作要求及注意事项
材料质量证明文件	出厂合格证、型式检验报告、出厂检验报告、进场验收记录和进场检验报告
施工日志	逐日施工情况
工程检验记录	工序交接检验记录、检验批质量验收记录、隐蔽工程验收记录、淋水或蓄水试验记录、观感质量检查记录、安全与功能抽样检验（检测）记录
其他技术资料	事故处理报告、技术总结

9.0.6 屋面工程应对下列部位进行隐蔽工程验收：

1 卷材、涂膜防水层的基层；

2 保温层的隔汽和排汽措施；

3 保温层的铺设方式、厚度、板材缝隙填充质量及热桥部位的保温措施；

4 接缝的密封处理；

5 瓦材与基层的固定措施；

6 檐沟、天沟、泛水、水落口和变形缝等细部做法；

7 在屋面易开裂和渗水部位的附加层；

8 保护层与卷材、涂膜防水层之间的隔离层；

9 金属板材与基层的固定和板缝间的密封处理；

10 坡度较大时，防止卷材和保温层下滑的措施。

9.0.7 屋面工程观感质量检查应符合下列要求：

1 卷材铺贴方向应正确，搭接缝应粘结或焊接牢固，搭接宽度应符合设计要求，表面应平整，不得有扭曲、皱折和翘边等缺陷；

2 涂膜防水层粘结应牢固，表面应平整，涂刷应均匀，不得有流淌、起泡和露胎体等缺陷；

3 嵌填的密封材料应与接缝两侧粘结牢固，表面应平滑，缝边应顺直，不得有气泡、开裂和剥离等缺陷；

4 檐口、檐沟、天沟、女儿墙、山墙、水落口、变形缝和伸出屋面管道等防水构造，应符合设计要求；

5 烧结瓦、混凝土瓦铺装应平整、牢固，应行列整齐，搭接应紧密，檐口应顺直；脊瓦应搭盖正确，间距应均匀，封固应严密；正脊和斜脊应顺直，应无起伏现象；泛水应顺直整齐，结合应严密；

6 沥青瓦铺装应搭接正确，瓦片外露部分不得超过切口长度，钉帽不得外露；沥青瓦应与基层钉粘牢固，瓦面应平整，檐口应顺直；泛水应顺直整齐，结合应严密；

7 金属板铺装应平整、顺滑；连接应正确，接缝应严密；屋脊、檐口、泛水直线段应顺直，曲线段应顺畅；

8 玻璃采光顶铺装应平整、顺直，外露金属框或压条应横平竖直，压条应安装牢固；玻璃密封胶缝应横平竖直、深浅一致，宽窄应均匀，应光滑顺直；

9 上人屋面或其他使用功能屋面，其保护及铺面应符合设计要求。

9.0.8 检查屋面有无渗漏、积水和排水系统是否通畅，应在雨后或持续淋水2h后进行，并应填写淋水试验记录。具备蓄水条件的檐沟、天沟应进行蓄水试验，蓄水时间不得少于24h，并应填写蓄水试验记录。

9.0.9 对安全与功能有特殊要求的建筑屋面，工程质量验收除应符合本规范的规定外，尚应按合同约定和设计要求进行专项检验（检测）和专项验收。

9.0.10 屋面工程验收后，应填写分部工程质量验收记录，并应交建设单位和施工单位存档。

附录 A 屋面防水材料进场检验项目及材料标准

A.0.1 屋面防水材料进场检验项目应符合表 A.0.1 的规定。

表 A.0.1 屋面防水材料进场检验项目

序号	防水材料名称	现场抽样数量	外观质量检验	物理性能检验
1	高聚物改性沥青防水卷材	大于1000卷抽5卷，每500卷~1000卷抽4卷，100卷~499卷抽3卷，100卷以下抽2卷，进行规格尺寸和外观质量检验。在外观质量检验合格的卷材中，任取一卷作物理性能检验	表面平整，边缘整齐，无孔洞、缺边、裂口、胎基未浸透、矿物粒料粘着度，每卷卷材的接头	可溶物含量、拉力、最大拉力时延伸率、耐热性、低温柔度、不透水性
2	合成高分子防水卷材		表面平整，边缘整齐，无气泡、裂纹、粘结疤痕，每卷卷材的接头	断裂拉伸强度、扯断伸长率、低温弯折性、不透水性
3	高聚物改性沥青防水涂料	每10t为一批，不足10t按一批抽样	水乳型：无色差、凝胶、结块、明显沥青丝；溶剂型：黑色黏稠液体，细腻、均匀胶状液体	固体含量、耐热性、低温柔性、不透水性、断裂伸长率或抗裂性
4	合成高分子防水涂料		反应固化型：均匀黏稠状，无凝胶、结块；挥发固化型：经搅拌后无结块，呈均匀状态	固体含量、拉伸强度、断裂伸长率、低温柔性、不透水性
5	聚合物水泥防水涂料		液体组分：无杂质、无凝胶的均匀乳液；固体组分：无杂质、无结块的粉末	固体含量、拉伸强度、断裂伸长率、低温柔性、不透水性

续表 A.0.1

序号	防水材料名称	现场抽样数量	外观质量检验	物理性能检验
6	胎体增强材料	每3000m²为一批，不足3000m²的按一批抽样	表面平整，边缘整齐，无折痕、无孔洞、无污迹	拉力、延伸率
7	沥青基防水卷材用基层处理剂	每5t产品为一批，不足5t的按一批抽样	均匀液体，无结块、无凝胶	固体含量、耐热性、低温柔性、剥离强度
8	高分子胶粘剂		均匀液体，无杂质、无分散颗粒或凝胶	剥离强度、浸水168h后的剥离强度保持率
9	改性沥青胶粘剂		均匀液体，无结块、无凝胶	剥离强度
10	合成橡胶胶粘带	每1000m为一批，不足1000m的按一批抽样	表面平整，无结块、杂物、孔洞、外伤及色差	剥离强度、浸水168h后的剥离强度保持率
11	改性石油沥青密封材料	每1t产品为一批，不足1t的按一批抽样	黑色均匀膏状，无结块和未浸透的填料	耐热性、低温柔性、拉伸粘结性、施工度
12	合成高分子密封材料		均匀膏状物或黏稠液体，无皮、凝胶或不易分散的固体团状	拉伸模量、断裂伸长率、定伸粘结性
13	烧结瓦、混凝土瓦	同一批至少抽一次	边缘整齐，表面光滑，不得有分层、裂纹、露砂	抗渗性、抗冻性、吸水率
14	玻纤胎沥青瓦		边缘整齐，切槽清晰，厚薄均匀，表面无孔洞、硌伤、裂纹、皱折及起泡	可溶物含量、拉力、耐热性、柔度、不透水性、叠层剥离强度
15	彩色涂层钢板及钢带	同牌号、同规格、同镀层重量、同涂层厚度、同涂层种类和颜色为一批	钢板表面不应有气泡、缩孔、漏涂等缺陷	屈服强度、抗拉强度、断后伸长率、镀层重量、涂层厚度

A.0.2 现行屋面防水材料标准应按表 A.0.2 选用。

表 A.0.2 现行屋面防水材料标准

类 别	标准名称	标准编号
改性沥青防水卷材	1. 弹性体改性沥青防水卷材	GB 18242
	2. 塑性体改性沥青防水卷材	GB 18243
	3. 改性沥青聚乙烯胎防水卷材	GB 18967
	4. 带自粘层的防水卷材	GB/T 23260
	5. 自粘聚合物改性沥青防水卷材	GB 23441
合成高分子防水卷材	1. 聚氯乙烯防水卷材	GB 12952
	2. 氯化聚乙烯防水卷材	GB 12953
	3. 高分子防水材料（第一部分：片材）	GB 18173.1
	4. 氯化聚乙烯-橡胶共混防水卷材	JC/T 684
防水涂料	1. 聚氨酯防水涂料	GB/T 19250
	2. 聚合物水泥防水涂料	GB/T 23445
	3. 水乳型沥青防水涂料	JC/T 408
	4. 溶剂型橡胶沥青防水涂料	JC/T 852
	5. 聚合物乳液建筑防水涂料	JC/T 864
密封材料	1. 硅酮建筑密封胶	GB/T 14683
	2. 建筑用硅酮结构密封胶	GB 16776
	3. 建筑防水沥青嵌缝油膏	JC/T 207
	4. 聚氨酯建筑密封胶	JC/T 482
	5. 聚硫建筑密封胶	JC/T 483
	6. 中空玻璃用弹性密封胶	JC/T 486
	7. 混凝土建筑接缝用密封胶	JC/T 881
	8. 幕墙玻璃接缝用密封胶	JC/T 882
	9. 彩色涂层钢板用建筑密封胶	JC/T 884
瓦	1. 玻纤胎沥青瓦	GB/T 20474
	2. 烧结瓦	GB/T 21149
	3. 混凝土瓦	JC/T 746
配套材料	1. 高分子防水卷材胶粘剂	JC/T 863
	2. 丁基橡胶防水密封胶粘带	JC/T 942
	3. 坡屋面用防水材料 聚合物改性沥青防水垫层	JC/T 1067
	4. 坡屋面用防水材料 自粘聚合物沥青防水垫层	JC/T 1068
	5. 沥青防水卷材用基层处理剂	JC/T 1069
	6. 自粘聚合物沥青泛水带	JC/T 1070
	7. 种植屋面用耐根穿刺防水卷材	JC/T 1075

附录 B 屋面保温材料进场检验项目及材料标准

B.0.1 屋面保温材料进场检验项目应符合表 B.0.1 的规定。

表 B.0.1 屋面保温材料进场检验项目

序号	材料名称	组批及抽样	外观质量检验	物理性能检验
1	模塑聚苯乙烯泡沫塑料	同规格按 100m³ 为一批，不足 100m³ 的按一批计。在每批产品中随机抽取 20 块进行规格尺寸和外观质量检验。从规格尺寸和外观质量检验合格的产品中，随机取样进行物理性能检验	色泽均匀，阻燃型应掺有颜色的颗粒；表面平整，无明显收缩变形和膨胀变形；熔结良好；无明显油渍和杂质	表观密度、压缩强度、导热系数、燃烧性能
2	挤塑聚苯乙烯泡沫塑料	同类型、同规格按 50m³ 为一批，不足 50m³ 的按一批计。在每批产品中随机抽取 10 块进行规格尺寸和外观质量检验。从规格尺寸和外观质量检验合格的产品中，随机取样进行物理性能检验	表面平整，无夹杂物，颜色均匀；无明显起泡、裂口、变形	压缩强度、导热系数、燃烧性能
3	硬质聚氨酯泡沫塑料	同原料、同配方、同工艺条件按 50m³ 为一批，不足 50m³ 的按一批计。在每批产品中随机抽取 10 块进行规格尺寸和外观质量检验。从规格尺寸和外观质量检验合格的产品中，随机取样进行物理性能检验	表面平整，无严重凹凸不平	表观密度、压缩强度、导热系数、燃烧性能
4	泡沫玻璃绝热制品	同品种、同规格按 250 件为一批，不足 250 件的按一批计。在每批产品中随机抽取 6 个包装箱，每箱各抽 1 块进行规格尺寸和外观质量检验。从规格尺寸和外观质量检验合格的产品中，随机取样进行物理性能检验	垂直度、最大弯曲度、缺棱、缺角、孔洞、裂纹	表观密度、抗压强度、导热系数、燃烧性能

续表 B.0.1

序号	材料名称	组批及抽样	外观质量检验	物理性能检验
5	膨胀珍珠岩制品（憎水型）	同品种、同规格按2000块为一批，不足2000块的按一批计。在每批产品中随机抽取10块进行规格尺寸和外观质量检验。从规格尺寸和外观质量检验合格的产品中，随机取样进行物理性能检验	弯曲度、缺棱、掉角、裂纹	表观密度、抗压强度、导热系数、燃烧性能
6	加气混凝土砌块	同品种、同规格、同等级按200m³为一批，不足200m³的按一批计。在每批产品中随机抽取50块进行规格尺寸和外观质量检验。从规格尺寸和外观质量检验合格的产品中，随机取样进行物理性能检验	缺棱掉角；裂纹、爆裂、粘膜和损坏深度；表面疏松、层裂；表面油污	干密度、抗压强度、导热系数、燃烧性能
7	泡沫混凝土砌块	同品种、同规格、同等级按200m³为一批，不足200m³的按一批计。在每批产品中随机抽取50块进行规格尺寸和外观质量检验。从规格尺寸和外观质量检验合格的产品中，随机取样进行物理性能检验	缺棱掉角；平面弯曲；裂纹、粘膜和损坏深度；表面酥松、层裂；表面油污	干密度、抗压强度、导热系数、燃烧性能
8	玻璃棉、岩棉、矿渣棉制品	同原料、同工艺、同品种、同规格按1000m²为一批，不足1000m²的按一批计。在每批产品中随机抽取6个包装箱或卷进行规格尺寸和外观质量检验。从规格尺寸和外观质量检验合格的产品中，抽取1个包装箱或卷进行物理性能检验	表面平整，伤痕、污迹、破损，覆层与基材粘贴	表观密度、导热系数、燃烧性能
9	金属面绝热夹芯板	同原料、同生产工艺、同厚度按150块为一批，不足150块的按一批计。在每批产品中随机抽取5块进行规格尺寸和外观质量检验。从规格尺寸和外观质量检验合格的产品中，随机抽取3块进行物理性能检验	表面平整，无明显凹凸、翘曲、变形；切口平直、切割整齐，无毛刺；芯板切面整齐，无剥落	剥离性能、抗弯承载力、防火性能

B.0.2 现行屋面保温材料标准应按表 B.0.2 的规定选用。

表 B.0.2 现行屋面保温材料标准

类别	标准名称	标准编号
聚苯乙烯泡沫塑料	1. 绝热用模塑聚苯乙烯泡沫塑料	GB/T 10801.1
	2. 绝热用挤塑聚苯乙烯泡沫塑料（XPS）	GB/T 10801.2
硬质聚氨酯泡沫塑料	1. 建筑绝热用硬质聚氨酯泡沫塑料	GB/T 21558
	2. 喷涂聚氨酯硬泡体保温材料	JC/T 998
无机硬质绝热制品	1. 膨胀珍珠岩绝热制品（憎水型）	GB/T 10303
	2. 蒸压加气混凝土砌块	GB 11968
	3. 泡沫玻璃绝热制品	JC/T 647
	4. 泡沫混凝土砌块	JC/T 1062
纤维保温材料	1. 建筑绝热用玻璃棉制品	GB/T 17795
	2. 建筑用岩棉、矿渣棉绝热制品	GB/T 19686
金属面绝热夹芯板	建筑用金属面绝热夹芯板	GB/T 23932

本规范用词说明

1 为便于在执行本规范条文时区别对待，对要求严格程度不同的用词说明如下：

　　1）表示很严格，非这样做不可的用词：
　　　正面词采用"必须"，反面词采用"严禁"；
　　2）表示严格，在正常情况下均应这样做的用词：
　　　正面词采用"应"，反面词采用"不应"或"不得"；
　　3）表示允许稍有选择，在条件许可时首先应这样做的用词：
　　　正面词采用"宜"，反面词采用"不宜"；
　　4）表示有选择，在一定条件下可以这样做的用词，采用"可"。

2 本规范中指明应按其他有关标准执行的写法为："应符合……的规定"或"应按……执行"。

引用标准名录

1 《混凝土结构工程施工质量验收规范》GB 50204
2 《钢结构工程施工质量验收规范》GB 50205
3 《木结构工程施工质量验收规范》GB 50206
4 《建筑地面工程施工质量验收规范》GB 50209
5 《建筑工程施工质量验收统一标准》GB 50300
6 《屋面工程技术规范》GB 50345
7 《建筑节能工程施工质量验收规范》GB 50411
8 《建筑玻璃采光顶》JG/T 231

中华人民共和国国家标准

屋面工程质量验收规范

GB 50207-2012

条 文 说 明

修 订 说 明

本规范是在《屋面工程质量验收规范》GB 50207-2002 的基础上修订完成的，上一版的主编单位是山西建筑工程（集团）总公司，参编单位有北京市建筑工程研究院、浙江工业大学、太原理工大学、中国建筑标准设计研究所、中国建筑防水材料公司苏州研究设计所、上海建筑防水材料（集团）公司。主要起草人员是哈成德、王寿华、朱忠厚、叶林标、项桦太、张文华、马芸芳、高延继、姜静波、瞿建民、徐金鹤。

本次修订的主要技术内容是：1. 屋面工程各子分部工程和分项工程，是按屋面的使用功能和构造层次进行划分的；2. 执行新修订《屋面工程技术规范》GB 50345 有关屋面防水等级和设防要求的规定；3. 取消了细石混凝土防水层，把细石混凝土作为卷材、涂膜防水层上面的保护层；4. 增加了纤维材料保温层和现浇泡沫混凝土保温层；5. 明确了在块瓦或沥青瓦下面应铺设防水层或防水垫层；6. 增加了金属板屋面铺装和玻璃采光顶铺装。

为了便于广大设计、施工、科研、学校等单位有关人员正确理解和执行本规范条文内容，规范编制组按章、节、条顺序编制了本规范的条文说明，对条文规定的目的、依据以及执行中需注意的有关事项进行了说明。虽然本条文说明不具备与规范正文同等的法律效力，但建议使用者认真阅读，作为正确理解和把握规范规定的参考。

目　次

1 总则 ················· 9—14—26
2 术语 ················· 9—14—26
3 基本规定 ··············· 9—14—26
4 基层与保护工程 ············ 9—14—27
　4.1 一般规定 ·············· 9—14—27
　4.2 找坡层和找平层 ··········· 9—14—28
　4.3 隔汽层 ··············· 9—14—28
　4.4 隔离层 ··············· 9—14—29
　4.5 保护层 ··············· 9—14—29
5 保温与隔热工程 ············ 9—14—29
　5.1 一般规定 ·············· 9—14—29
　5.2 板状材料保温层 ··········· 9—14—30
　5.3 纤维材料保温层 ··········· 9—14—31
　5.4 喷涂硬泡聚氨酯保温层 ········ 9—14—31
　5.5 现浇泡沫混凝土保温层 ········ 9—14—32
　5.6 种植隔热层 ············· 9—14—32
　5.7 架空隔热层 ············· 9—14—33
　5.8 蓄水隔热层 ············· 9—14—33
6 防水与密封工程 ············ 9—14—34
　6.1 一般规定 ·············· 9—14—34
　6.2 卷材防水层 ············· 9—14—34
　6.3 涂膜防水层 ············· 9—14—36
　6.4 复合防水层 ············· 9—14—37
　6.5 接缝密封防水 ············ 9—14—37
7 瓦面与板面工程 ············ 9—14—38
　7.1 一般规定 ·············· 9—14—38
　7.2 烧结瓦和混凝土瓦铺装 ········ 9—14—38
　7.3 沥青瓦铺装 ············· 9—14—39
　7.4 金属板铺装 ············· 9—14—39
　7.5 玻璃采光顶铺装 ··········· 9—14—40
8 细部构造工程 ············· 9—14—41
　8.1 一般规定 ·············· 9—14—41
　8.2 檐口 ················ 9—14—42
　8.3 檐沟和天沟 ············· 9—14—42
　8.4 女儿墙和山墙 ············ 9—14—42
　8.5 水落口 ··············· 9—14—43
　8.6 变形缝 ··············· 9—14—43
　8.7 伸出屋面管道 ············ 9—14—43
　8.8 屋面出入口 ············· 9—14—44
　8.9 反梁过水孔 ············· 9—14—44
　8.10 设施基座 ············· 9—14—44
　8.11 屋脊 ··············· 9—14—44
　8.12 屋顶窗 ··············· 9—14—44
9 屋面工程验收 ············· 9—14—45

1 总 则

1.0.1 建筑工程质量应包括设计质量和施工质量。在一定程度上，工程施工是形成工程实体质量的决定性环节。屋面工程应遵循"材料是基础、设计是前提、施工是关键、管理是保证"的综合治理原则，积极采用新材料、新工艺、新技术，确保屋面防水及保温、隔热等使用功能和工程质量。

由于我国目前尚未制定有关建筑防水设计的通用标准，而在现行国家标准《屋面工程技术规范》GB 50345中，确实含有一定的屋面设计内容，故将本规范名称定为《屋面工程质量验收规范》。同时，为了统一屋面工程质量的验收，本规范按现行《建筑工程施工质量验收统一标准》GB 50300的要求，对屋面工程的各分部工程和分项工程进行验收作出规定。这就是制定本规范的目的。

1.0.2 本规范适用于新建、改建、扩建的工业与民用建筑及既有建筑改造屋面工程的质量验收。按总则、术语、基本规定、基层与保护工程、保温与隔热工程、防水与密封工程、瓦面与板面工程、细部构造工程和屋面工程验收等内容分章进行叙述。

1.0.3 《屋面工程技术规范》GB 50345适用于建筑屋面工程的设计和施工，《屋面工程质量验收规范》GB 50207适用于建筑屋面工程的质量验收，是配套使用的两本规范，故屋面工程的设计和施工，应符合现行国家标准《屋面工程技术规范》GB 50345的规定。

1.0.4 环境保护和建筑节能，已经成为当前全社会不容忽视的问题。本条规定屋面工程的施工应符合国家和地方有关环境保护、建筑节能和防火安全等法律、法规的有关规定。

2 术 语

本规范的术语是从屋面工程施工质量验收的角度赋予其涵义的，本章将本规范中尚未在其他国家标准、行业标准中规定的术语单独列出16条，将人们已经熟知的一些术语这次从规范中删去，如满粘法、空铺法、点粘法、条粘法、冷粘法、热熔法、自粘法等。

3 基本规定

3.0.1 修订后的《屋面工程技术规范》GB 50345对屋面防水等级和设防要求的内容作了较大变动，将屋面防水等级划分为Ⅰ、Ⅱ两级，设防要求分别为两道防水设防和一道防水设防。

3.0.2 根据现行国家标准《建筑工程施工质量验收统一标准》GB 50300的有关规定，本条对承包屋面防水和保温工程的施工企业提出相应的资质要求。目前，防水专业队伍是由省级以上建设行政主管部门对防水施工企业的规模、技术条件、业绩等综合考核后颁发资质证书。防水工程施工，实际上是对防水材料的一次再加工，必须由防水专业队伍进行施工，才能确保防水工程的质量。作业人员应经过防水专业培训，达到符合要求的操作技术水平，由有关主管部门发给上岗证。对非防水专业队伍或非防水工施工的情况，当地质量监督部门应责令其停止施工。

3.0.3 本条对施工项目的质量管理体系和质量保证体系提出了要求，施工单位应推行全过程的质量控制。施工现场质量管理，要求有相应的施工技术标准、健全的质量管理体系、施工质量控制和检验制度。

3.0.4 根据建设部（1991）837号文《关于提高防水工程质量的若干规定》要求：防水工程施工前，应通过图纸会审，掌握施工图中的细部构造及有关要求。这样做一方面是对设计图纸进行把关，另一方面可使施工单位切实掌握屋面防水设计的要求，避免施工中的差错。同时，制定切实可行的防水工程施工方案或技术措施，施工方案或技术措施应按程序审批，经监理或建设单位审查确认后执行。

3.0.5 随着人们对屋面使用功能要求的提高，屋面工程设计提出多样化、立体化等新的建筑设计理念，从而对建筑造型、屋面防水、保温隔热、建筑节能和生态环境等方面提出了更高的要求。

本条是根据建设部令第109号《建设领域推广应用新技术管理规定》和《建设部推广应用新技术管理细则》建设部建科[2002]222号的精神，注重在屋面工程中推广应用新技术和限制、禁止使用落后的技术。对采用性能、质量可靠的新型防水材料和相应的施工技术等科技成果，必须经过科技成果鉴定、评估或新产品、新技术鉴定，并应制定相应的技术规程。同时，强调新技术需经屋面工程实践检验，符合有关安全及功能要求的才能得到推广应用。

3.0.6 防水、保温材料除有产品合格证和性能检测报告等出厂质量证明文件外，还应有经当地建设行政主管部门所指定的检测单位对该产品本年度抽样检验认证的试验报告，其质量必须符合国家现行产品标准和设计要求。

3.0.7 材料的进场验收是把好材料合格关的重要环节，本条给出了屋面工程所用防水、保温材料进场验收的具体规定。

1 首先根据设计要求对质量证明文件核查。由于材料的规格、品种和性能繁多，首先要看进场材料的质量证明文件是否与设计要求的相符，故进场验收必须对材料附带的质量证明文件进行核查。质量证明文件通常也称技术资料，主要包括出厂合格证、中文说明书及相关性能检测报告等；进口材料应按规定进行出入境商品检验。这些质量证明文件应纳入工程技术档案。

2 其次是对进场材料的品种、规格、包装、外观和尺寸等可视质量进行检查验收，并应经监理工程师或建设单位代表核准。进场验收应形成相应的记录。材料的可视质量，可以通过目视和简单尺量、称量、敲击等方法进行检查。

3 对于进场的防水和保温材料应实施抽样检验，以验证其质量是否符合要求。为了方便查找和使用，本规范在附录A和附录B中列出了防水、保温材料的进场检验项目。

4 对于材料进场检验报告中的全部项目指标，均应达到技术标准的规定。不合格的防水、保温材料或国家明令禁止使用的材料，严禁在屋面工程中使用，以确保工程质量。

3.0.8 保护环境是中华人民共和国的一项基本国策，同时也符合现行国家标准《建筑工程施工质量验收统一标准》GB 50300增加环保要求的精神，故本条提出屋面工程使用的材料应符合国家现行有关标准对材料有害物质限量的规定，不得对周围环境造成污染。行业标准《建筑防水涂料中有害物质限量》JC 1066-2008适用建筑防水用各类涂料和防水材料配套用的液体材料，对挥发性有机化合物（VOC）、苯、甲苯、乙苯、二甲苯、苯酚、蒽、萘、游离甲醛、游离（TDI）、氨、可溶性重金属等有害物质含量的限值均作了规定。

3.0.9 相容性是指相邻两种材料之间互不产生有害物理和化学作用的性能。本条规定屋面工程各构造层的组成材料应分别与相邻层次的材料相容，包括防水卷材、涂料、密封材料、保温材料等。

3.0.10 屋面工程施工时，各道工序之间常常因上道工序存在的质量问题未解决，而被下道工序所覆盖，给屋面防水留下质量隐患。因此，必须强调按工序、层次进行检查验收，即在操作人员自检合格的基础上，进行工序的交接检和专职质量人员的检查，检查结果应有完整的记录，然后经监理单位或建设单位进行检查验收，合格后方可进行下道工序的施工。

3.0.11 成品保护是一个非常重要的问题，很多是在屋面工程完工后，又上人去进行安装天线、安装广告支架、堆放脚手架工具等作业，造成保温层和防水层的局部破坏而出现渗漏。本条强调在保温层和防水层施工前，应将伸出屋面的管道、设备或预埋件安设完毕。如在保温层和防水层施工完毕后，再上人去凿孔、打洞或重物冲击就会破坏屋面的整体性，从而易于导致屋面渗漏。

3.0.12 屋面渗漏是当前房屋建筑中最为突出的质量问题之一，群众对此反映极为强烈。为使房屋建筑工程，特别是量大面广的住宅工程的屋面渗漏问题得到较好的解决，将本条列为强制性条文。屋面工程必须做到无渗漏，才能保证功能要求。无论是屋面防水层的本身还是细部构造，通过外观质量检验只能看到表面的特征是否符合设计和规范的要求，肉眼很难判断是否会渗漏。只有经过雨后或持续淋水2h，使屋面处于工作状态下经受实际考验，才能观察出屋面是否有渗漏。有可能蓄水试验的屋面，还规定其蓄水时间不得少于24h。

3.0.13 根据现行国家标准《建筑工程施工质量验收统一标准》GB 50300的规定，按建筑部位确定屋面工程为一个分部工程。当分部工程较大或较复杂时，又可按材料种类、施工特点、专业类别等划分为若干子分部工程。本规范按屋面构造层次把基层与保护、保温与隔热、防水与密封、瓦面与板面、细部构造均列为子分部工程。由于产生屋面渗漏的主要原因在细部构造，故本规范将细部构造单独列为一个子分部工程，目的为引起足够重视。

本规范对分项工程划分，有助于及时纠正施工中出现的质量问题，符合施工实际的需要。

3.0.14 本条规定了屋面工程中各分项工程检验批的划分宜按屋面面积每500m²～1000m²划分为一个检验批，不足500m²也应划分为一个检验批。每个检验批的抽检数量在本规范其他各章中作出规定。

4 基层与保护工程

4.1 一般规定

4.1.1 本章涵盖了与屋面防水层及保温层相关的构造层，包括：找坡层、找平层、隔汽层、隔离层、保护层。

4.1.2 屋面工程施工应在混凝土结构层验收合格的基础上进行，混凝土结构层的施工应符合现行国家标准《混凝土结构工程施工质量验收规范》GB 50204的有关规定。

4.1.3 在防水设防的基础上，为了将屋面上的雨水迅速排走，以减少屋面渗水的机会，正确的排水坡度很重要。屋面在建筑功能许可的情况下应尽量采用结构找坡，坡度应尽量大些，坡度过小施工不易准确，所以规定不应小于3%。材料找坡时，为了减轻屋面荷载，坡度规定宜为2%。檐沟、天沟的纵向坡度不应小于1%，否则施工时找坡困难造成积水，防水层长期被水浸泡会加速损坏。沟底的水落差不得超过200mm，即水落口距离分水线不得超过20m。

4.1.4 按屋面的一般使用要求，设计可分为上人屋面和不上人屋面。目前，随着使用功能多样化，屋面保护及铺面可分为非步行用、步行用、运动用、庭园用、停车场用等不同用途的屋面。因此，本条作出了上人屋面或其他使用功能屋面的保护及铺面施工除应符合本规范的规定外，尚应符合现行国家标准《建筑地面工程施工质量验收规范》GB 50209等的有关规定。

4.1.5 本条规定了基层与保护工程各分项工程每个检验批的抽检数量，即找坡层、找平层、隔汽层、隔离层、保护层分项工程，应按屋面面积每100m²抽查一处，每处10m²，且不得少于3处。这个数值的确定，是考虑到抽查的面积为屋面工程总面积的1/10，是有足够的代表性，同时经过多年来的工程实践，大家认为也是可行的，所以仍采用过去的抽样方案。

4.2 找坡层和找平层

4.2.1 目前国内较少使用小型预制构件作为结构层，但大跨度预应力多孔板和大型屋面板装配式结构仍在使用，为了获得整体性和刚度好的基层，本条对装配式钢筋混凝土板的板缝嵌填作了具体规定。当板缝过宽或上窄下宽时，灌缝的混凝土干缩受振动后容易掉落，故需在缝内配筋；板端缝处是变形最大的部位，板在长期荷载作用下的挠曲变形会导致板与板间的接头缝隙增大，故强调此处应采取防裂的构造措施。

4.2.2 当用材料找坡时，为了减轻屋面荷载和施工方便，可采用轻骨料混凝土，不宜采用水泥膨胀珍珠岩。找坡层施工时应注意找坡层最薄处也应符合设计要求，找坡材料应分层铺设并适当压实，表面应做到平整。

4.2.3 本条规定找平层的抹平和压光工序的技术要点，即水泥初凝前完成抹平，水泥终凝前完成压光，水泥终凝后应充分养护，以确保找平层质量。

4.2.4 由于水泥砂浆或细石混凝土收缩和温差变形的影响，找平层应预先留设分格缝，使裂缝集中于分格缝中，减少找平层大面积开裂。本次修订时把原规范有关分格缝内嵌填密封材料和分格缝应留设在板端缝处内容删除。

4.2.5 找坡层和找平层所用材料的质量及配合比，均应符合设计要求和技术规范的规定。

4.2.6 屋面找平层是铺设卷材、涂膜防水层的基层。在调研中发现，由于檐沟、天沟排水坡度过小或找坡不正确，常会造成屋面排水不畅或积水现象。基层找坡正确，能将屋面上的雨水迅速排走，延长防水层的使用寿命。

4.2.7 由于一些单位对找平层质量不够重视，致使水泥砂浆或细石混凝土找平层表面有酥松、起砂、起皮和裂缝现象，直接影响防水层与基层的粘结质量或导致防水层开裂。对找平层的质量要求，除排水坡度满足要求外，规定找平层应在收水后二次压光，使表面坚固密实、平整；水泥砂浆终凝后，应采取覆盖浇水、喷养护剂、涂刷冷底子油等手段充分养护，保证砂浆中的水泥充分水化，以确保找平层质量。

4.2.8 卷材防水层的基层与突出屋面结构的交接处以及基层的转角处，找平层应按技术规范的规定做成圆弧形，以保证卷材防水层的质量。

4.2.9 调查分析认为，卷材、涂膜防水层的不规则拉裂，是由于找平层的开裂造成的，而水泥砂浆找平层的开裂又是难以避免的。找平层合理分格后，可将变形集中到分格缝处。当设计未作规定时，本规范规定找平层分格纵横缝的最大间距为6m，分格缝宽度宜为5mm～20mm，深度应与找平层厚度一致。

4.2.10 考虑到找坡层上施工找平层应做到厚薄一致，本条增加了找坡层的表面平整度为7mm的规定。找平层的表面平整度是根据普通抹灰质量标准规定的，其允许偏差为5mm。提高对基层平整度的要求，可使卷材胶结材料或涂膜的厚度均匀一致，保证屋面工程的质量。

4.3 隔 汽 层

4.3.1 隔汽层应铺设在结构层上，结构层表面应平整，无突出的尖角和凹坑，一般隔汽层下宜设置找平层。隔汽层施工前，应将基层表面清扫干净，并使其充分干燥，基层的干燥程度可参见本规范第6.1.2条的条文说明。

4.3.2 隔汽层的作用是防潮和隔汽，隔汽层铺在保温层下面，可以隔绝室内水蒸气通过板缝或孔隙进入保温层，故本条规定隔汽层应选用气密性、水密性好的材料。

4.3.3 本条规定在屋面与墙的连接处，隔汽层应沿墙面向上连续铺设，且高出保温层上表面不得小于150mm，以防止水蒸气因温差结露而导致水珠回落在周边的保温层上。本条修订时把原规范有关隔汽层应与屋面的防水层相连接，形成全封闭的整体内容删除，隔汽层收边不需要与保温层上的防水层连接。理由1：隔汽层不是防水层，与防水设防无关联；理由2：隔汽层施工在前，保温层和防水层施工在后，几道工序无法做到同步，防水层与墙面交接处的泛水处理与隔汽层无关联。

4.3.4 隔汽层采用卷材时，为了提高抵抗基层的变形能力，隔汽层的卷材宜采用空铺，卷材搭接缝应满粘。隔汽层采用涂膜时，涂层应均匀，无流淌和露底现象，涂料应两涂，且前后两遍的涂刷方向应相互垂直。

4.3.5 若隔汽层出现破损现象，将不能起到隔绝室内水蒸气的作用，严重影响保温层的保温效果。隔汽层若有破损，应将破损部位进行修复。

4.3.6 隔汽层所用材料均为常用的防水卷材或涂料，但隔汽层所用材料的品种和厚度应符合热工设计所必需的水蒸气渗透阻。

4.3.7 参见本规范第4.3.5条的条文说明。

4.3.8、4.3.9 参见本规范第6.2.13条和第6.3.8条

条的条文说明。

4.4 隔 离 层

4.4.1 在柔性防水层上设置块体材料、水泥砂浆、细石混凝土等刚性保护层，由于保护层与防水层之间的粘结力和机械咬合力，当刚性保护层胀缩变形时，会对防水层造成损坏，故在保护层与防水层之间应铺设隔离层，同时可防止保护层施工时对防水层的损坏。本条强调了在保护层与防水层之间设置隔离层的必要性，以保证保护层胀缩变形时，不至于损坏防水层。

4.4.2 当基层比较平整时，在已完成雨后或淋水、蓄水检验合格的防水层上面，可以直接干铺塑料膜、土工布或卷材。

当基层不太平整时，隔离层宜采用低强度等级黏土砂浆、水泥石灰砂浆或水泥砂浆。铺抹砂浆时，铺抹厚度宜为10mm，表面应抹平、压实并养护；待砂浆干燥后，其上干铺一层塑料膜、土工布或卷材。

4.4.3 隔离层所用材料的质量必须符合设计要求，当设计无要求时，隔离层所用的材料应能经得起保护层的施工荷载，故建议塑料膜的厚度不应小于0.4mm，土工布应采用聚酯土工布，单位面积质量不应小于200g/m²，卷材厚度不应小于2mm。

4.4.4 为了消除保护层与防水层之间的粘结力及机械咬合力，隔离层必须是完全隔离，对隔离层的破损或漏铺部位应及时修复。

4.4.5、4.4.6 根据基层平整状况，提出了采用干铺塑料膜、土工布、卷材和铺抹低强度等级砂浆的施工要求。

4.5 保 护 层

4.5.1 按照屋面工程各工序之间的验收要求，强调对防水层的雨后或淋水、蓄水检验，防止防水层被保护层所覆盖后还存在未解决的问题；同时要求做好成品保护，以确保屋面防水工程质量。沥青类的防水卷材也可直接采用卷材上表面覆有的矿物粒料或铝箔料作为保护层。

4.5.2 对于块体材料做保护层，在调研中发现往往因温度升高致使块体膨胀隆起。因此，本条作出对块体材料保护层应留设分格缝的规定。

4.5.3 水泥砂浆保护层由于自身的干缩或温度变化的影响，往往产生严重龟裂，且裂缝宽度较大，以至造成碎裂、脱落。为确保水泥砂浆保护层的质量，本条规定表面应抹平压光，可避免水泥砂浆保护层表面出现起砂、起皮现象；根据工程实践经验，在水泥砂浆保护层上划分表面分格缝，将裂缝均匀分布在分格缝内，避免了大面积的龟裂。

4.5.4 细石混凝土保护层应一次浇筑完成，否则新旧混凝土的结合处易产生裂缝，造成混凝土保护层局部破坏，影响屋面使用和外观质量。用细石混凝土做保护层时，分格缝设置过密，不但给施工带来困难，而且不易保证质量，分格面积过大又难以达到防裂的效果，根据调研的意见，规定纵横间距不应大于6m，分格缝宽度宜为10mm～20mm。

4.5.5 根据历次对屋面工程的调查，发现许多工程的块体材料、水泥砂浆、细石混凝土等保护层与女儿墙均未留空隙。当高温季节，刚性保护层热胀顶推女儿墙，有的还将女儿墙推裂造成渗漏；而在刚性保护层与女儿墙间留出空隙的屋面，均未见有推裂女儿墙的现象。故规定了刚性保护层与女儿墙之间应预留30mm的缝隙。本条还规定缝内宜填塞聚苯乙烯泡沫塑料，并用密封材料嵌填严密。

4.5.6 保护层所用材料质量，是确保其质量的基本条件。如果原材料质量不好，配合比不准确，就难以达到对防水层的保护作用。

4.5.7 原规范未对块体材料、水泥砂浆、细石混凝土保护层提出技术要求，技术规范沿用找平层的做法和规定，对此类保护层明确提出了强度等级要求，即水泥砂浆不应低于M15，细石混凝土不应低于C20。

4.5.8 屋面防水以防为主，以排为辅。保护层的铺设不应改变原有的排水坡度，导致排水不畅或造成积水，给屋面防水带来隐患，故本条规定保护层的排水坡度应符合设计要求。

4.5.9 块体材料应铺贴平整，与底部贴合密实。若产生空鼓现象，在使用中会造成块体混凝土脱落破损，而起不到对防水层的保护作用。在施工中严格按照操作规程进行作业，避免对块体材料的破坏，确保块体材料保护层的质量。

4.5.10 目前，一些施工单位对水泥砂浆、细石混凝土保护层的质量重视不够，致使保护层表面出现裂缝、起壳、起砂现象。因此对水泥砂浆、细石混凝土保护层的质量，除应满足强度和排水坡度的设计要求外，还应规定保护层的外观质量要求。

4.5.11 浅色涂料保护层与防水层是否粘结牢固，其厚度能否达到要求，直接影响到屋面防水层的质量和耐久性；涂料涂刷的遍数越多，涂层的密度就越高，涂层的厚度也就越均匀。

4.5.12 本条规定了保护层的允许偏差和检验方法，主要是参考现行国家标准《建筑地面工程施工质量验收规范》GB 50209 的有关规定。

5 保温与隔热工程

5.1 一 般 规 定

5.1.1 本章把保温层分为板状材料、纤维材料、整体材料三种类型，隔热层分为种植、架空、蓄水三种形式，基本上反映了国内屋面保温与隔热工程的现状。

5.1.2 保温层的基层平整，保证铺设的保温层厚度均匀；保温层的基层干燥，避免保温层铺设后吸收基层中的水分，导致导热系数增大，降低保温效果；保温层的基层干净，保证板状保温材料紧靠在基层表面上，铺平垫稳防止滑动。

5.1.3 由于保温材料是多孔结构，很容易潮湿变质或改变性状，尤其是保温材料受潮后导热系数会增大。目前，在选用节能材料时，人们还比较热衷采用泡沫塑料型保温材料。几场火灾后，人们对易燃、多烟的泡沫塑料的使用更为谨慎，并按照公安部、住房和城乡建设部联合颁发的《民用建筑外墙保温系统及外墙装饰防火暂行规定》的要求实施。故本条规定保温材料在施工过程中应采取防潮、防水和防火等保护措施。

5.1.4 屋面保温与隔热工程设计，应根据建筑物的使用要求、屋面结构形式、环境条件、防水处理方法、施工条件等因素确定。不同地区主要建筑类型的保温与隔热形式，还有待于进一步研究及总结。

屋面保温材料应采用吸水率低、表观密度和导热系数较小的材料，板状材料还应有一定的强度。保温材料的品种、规格和性能等应符合现行产品标准和设计要求。

5.1.5 对于建筑物来说，热量损失主要包括外墙体、外门窗、屋面及地面等围护结构的热量损耗，一般的居住建筑屋面热量损耗约占整个建筑热损耗的20%左右。屋面保温与隔热工程，首先应按国家和地区民用建筑节能设计标准进行设计和施工，才能实现建筑节能目标，同时还应符合现行国家标准《建筑节能工程施工质量验收规范》GB 50411 的有关规定。

5.1.6 保温材料的干湿程度与导热系数关系很大，限制保温材料的含水率是保证工程质量的重要环节。由于每一个地区的环境湿度不同，定出统一的含水率限制是不可能的。本条修订时删除保温层的含水率必须符合设计要求的内容，规定了保温材料使用时含水率应相当于该材料在当地自然风干状态下的平衡含水率。所谓平衡含水率是指在自然环境中，材料孔隙中的水分与空气湿度达到平衡时，这部分水的质量占材料干质量的百分比。

5.1.7 建筑围护结构热工性能直接影响建筑采暖和空调的负荷与能耗，必须予以严格控制。保温材料的导热系数随材料的密度提高而增加，并且与材料的孔隙大小和构造特征有密切关系。一般是多孔材料的导热系数较小，但当其孔隙中所充满的空气、水、冰不同时，材料的导热性能就会发生变化。因此，要保证材料优良的保温性能，就要求材料尽量干燥不受潮，而吸水受潮后尽量不受冰冻，这对施工和使用都有很现实的意义。

保温材料的抗压强度或压缩强度，是材料主要的力学性能。一般是材料使用时会受到外力的作用，当材料内部产生应力增大到超过材料本身所能承受的极限值时，材料就会产生破坏。因此，必须根据材料的主要力学性能因材使用，才能更好地发挥材料的优势。

保温材料的燃烧性能，是可燃性建筑材料分级的一个重要判定。建筑防火关系到人民财产及生命安全和社会稳定，国家给予高度重视，出台了一系列规定，相关标准规范也即将颁布。因此，保温材料的燃烧性能是防止火灾隐患的重要条件。

5.1.8 检验防水层的质量，主要是进行雨后观察、淋水或蓄水试验。防水层经验收合格后，方可进行种植、架空、蓄水隔热施工。施工时必须采取有效保护措施，否则损坏了防水层而产生渗漏，既不容易查找渗漏部位，也不容易维修。

5.1.9 本条规定了保温与隔热工程各分项工程每个检验批的抽检数量，应按屋面面积每100m² 抽查1处，每处10m²，且不得少于3处。考虑到抽检的面积占屋面工程总面积的1/10，有足够的代表性，工程实践证明也是可行的。

5.2 板状材料保温层

5.2.1 采用干铺法施工板状材料保温层，就是将板状保温材料直接铺设在基层上，而不需要粘结，但是必须要将板材铺平、垫稳，以便为铺抹找平层提供平整的表面，确保找平层厚度均匀。本条还强调板与板的拼接缝及上下板的拼接缝要相互错开，并用同类材料的碎屑嵌填密实，避免产生热桥。

5.2.2 采用粘贴法铺设板状材料保温层，就是用胶粘剂或水泥砂浆将板状保温材料粘贴在基层上。要注意所用的胶粘剂必须与板材的材性相容，以避免粘结不牢或发生腐蚀。板状材料保温层铺设完成后，在胶粘剂固化前不得上人走动，以免影响粘结效果。

5.2.3 机械固定法是使用专用固定钉及配件，将板状保温材料定点钉固在基层上的施工方法。本条规定选择专用螺钉和金属垫片，是为了保证保温板与基层连接固定，并允许保温板产生相对滑动，但不得出现保温板与基层相互脱离或松动。

5.2.4 本条规定所用板状保温材料的品种、规格、性能，应按设计要求和相关现行材料标准规定选择，不得随意改变其品种和规格。材料进场后应进行抽样检验，检验合格后方可在工程中使用。板状保温材料的质量，应符合现行国家标准《绝热用模塑聚苯乙烯泡沫塑料》GB/T 10801.1、《绝热用挤塑聚苯乙烯泡沫塑料（XPS）》GB/T 10801.2、《建筑绝热用硬质聚氨酯泡沫塑料》GB/T 21558、《膨胀珍珠岩绝热制品（憎水性）》GB/T 10303、《蒸压加气混凝土砌块》GB 11968 和现行行业标准《泡沫玻璃绝热制品》JC/T 647、《泡沫混凝土砌块》JC/T 1062 等的要求。

5.2.5 保温层厚度将决定屋面保温的效果，检查时应给出厚度的允许偏差，过厚浪费材料，过薄则达不到设计要求。本条规定板状保温材料的厚度必须符合设计要求，其正偏差不限，负偏差为5%且不得大于4mm。

5.2.6 本条特别对严寒和寒冷地区的屋面热桥部位提出要求。屋面与外墙都是外围护结构，一般说来居住建筑外围护结构的内表面大面积结露的可能性不大，结露大都出现在外墙和屋面交接的位置附近，屋面的热桥主要出现在檐口、女儿墙与屋面连接等处，设计时应注意屋面热桥部位的特殊处理，即加强热桥部位的保温，减少采暖负荷。故本条规定屋面热桥部位处理必须符合设计要求。

5.2.7 参见本规范第5.2.1和5.2.2条的条文说明。

5.2.8 板状保温材料采用机械固定法施工，固定件的规格、数量和位置应符合设计要求。当设计无要求时，固定件数量和位置宜符合表1的规定。当屋面坡度大于50%时，应当增加固定件数量。

表1 板状保温材料固定件数量和位置

板状保温材料	每块板固定件最少数量	固定位置
挤塑聚苯板、模塑聚苯板、硬泡聚氨酯板	各边长均≤1.2m时为4个，任一边长>1.2m时为6个	四个角及沿长向中线均匀布置，固定垫片距离板边缘不得大于150mm

本条规定了垫片应与保温板表面齐平，是为了保证保温板被固定时，不出现因螺钉紧固而发生保温板的破裂或断裂。

5.2.9、5.2.10 板状保温材料铺设后，其上表面应平整，以确保铺抹找平层的厚度均匀。

5.3 纤维材料保温层

5.3.1 纤维保温材料的导热系数与其表观密度有关，在纤维保温材料铺设后，操作人员不得踩踏，以防将其踩踏密实而降低屋面保温效果。

在铺设纤维保温材料时，应按照设计厚度和材料规格，进行单层或分层铺设，做到拼接缝严密，上下两层的拼接缝错开，以保证保温效果。当屋面坡度较大时，纤维保温材料应采用机械固定法施工，以防止保温层下滑。纤维板宜用金属固定件，在金属压型板的波峰上用电动螺丝刀直接将固定件旋进；在混凝土结构层上先用电锤钻孔，钻孔深度要比螺钉深度深25mm，然后用电动螺丝刀将固定件旋进。纤维毡宜用塑料固定件，在水泥纤维板或混凝土基层上，先用水泥基胶粘剂将塑料钉粘牢，待毡填充后再将塑料垫片与钉热熔焊牢。

5.3.2 纤维材料保温层由于其重量轻、导热系数小，所以在屋面保温工程中应用比较广泛。纤维材料铺设在基层上的木龙骨或金属龙骨之间，并应对木龙骨进行防腐处理；对金属龙骨进行防锈处理。在金属龙骨与基层之间应采取防止热桥的措施。

5.3.3 纤维材料的产品质量应符合现行国家标准《建筑绝热用玻璃棉制品》GB/T 17795、《建筑用岩棉、矿渣棉绝热制品》GB/T 19686的要求。

5.3.4 保温层的厚度将决定屋面保温的效果，检查时应给出厚度的允许偏差，过厚浪费材料，过薄则达不到设计要求。本条规定纤维材料保温层的厚度必须符合设计要求，其正偏差不限，毡不得有负偏差，板负偏差应为4%，且不得大于3mm。

5.3.5 参见本规范第5.2.6条的条文说明。

5.3.6 在铺设纤维材料保温层时，要将毡或板紧贴基层，拼接严密，表面平整，避免产生热桥。

5.3.7 参见本规范第5.2.8条的条文说明。

5.3.8 龙骨尺寸和铺设的间距，是根据设计图纸和纤维保温材料的规格尺寸确定的。龙骨断面的高度应与填充材料的厚度一致，龙骨间距应根据填充材料的宽度确定。板材的品种和厚度，应符合设计图纸的要求。在龙骨上铺钉的板材，相当于屋面防水层的基层，所以在铺钉板材时不仅要铺钉牢固，而且要表面平整。

5.3.9 查阅《建筑绝热用玻璃棉制品》GB/T 17795-2008，玻璃棉制品按外覆面划分为三类，其中具有非反射面的外覆面制品又可分为抗水蒸气渗透和非抗水蒸气渗透的外覆面两种，本条所指的是抗水蒸气渗透外覆面的玻璃棉制品，外覆面层为PVC、聚丙烯等。由于PVC、聚丙烯可作为隔汽层使用，其外覆面必须朝向室内，同时应对外覆面的拼缝进行密封处理。

5.4 喷涂硬泡聚氨酯保温层

5.4.1 硬泡聚氨酯喷涂前，应对喷涂设备进行调试。试验样品应在施工现场制备，一般面积约1.5m²、厚度不小于30mm的样品即可制备一组试样，试样尺寸按相应试验要求决定。

5.4.2 喷涂硬泡聚氨酯根据设计要求的表观密度、导热系数及压缩强度等技术指标，来确定其中异氰酸酯、多元醇及发泡剂等添加剂的配合比。喷涂硬泡聚氨酯应做到配比准确计量，才能达到设计要求的技术指标。

5.4.3 喷涂硬泡聚氨酯时，喷嘴与基面应保持一定的距离，是为了控制硬泡聚氨酯保温层的厚度均匀，同时避免在喷涂过程中材料飞散。根据施工实践经验，喷嘴与基面的距离宜为800mm～1200mm。

5.4.4 喷涂硬泡聚氨酯时，一个作业面应分遍喷涂完成，一是为了能及时控制、调整喷涂层的厚度，减少收缩影响，二是可增加结皮层，提高防水效果。

在硬泡聚氨酯分遍喷涂时，由于每遍喷涂的间隔时间很短，只需20min，当日的作业面完全可以当日连续喷涂施工完毕；如果当日不连续喷涂施工完毕，一是会增加基层的清理工作，二是不易保证分层之间的粘结质量。

5.4.5 一般情况下硬泡聚氨酯的发泡、稳定及固化时间约需15min，故本条规定硬泡聚氨酯喷涂完成后，20min内严禁上人，并应及时做好保护层。

5.4.6 参见本规范第5.4.2条的条文说明。为了检验喷涂硬泡聚氨酯保温层的实际保温效果，施工现场应制备试样，检测其导热系数、表观密度和压缩强度。喷涂硬泡聚氨酯的质量，应符合现行行业标准《喷涂聚氨酯硬泡体保温材料》JC/T 998的要求。

5.4.7 保温层的厚度将决定屋面保温的效果，检查时应给出厚度的允许偏差，过厚浪费材料，过薄则达不到设计要求。本条规定喷涂硬泡聚氨酯的正偏差不限，不得有负偏差。

5.4.8 参见本规范第5.2.6条的条文说明。

5.4.9 本条规定喷涂硬泡聚氨酯施工的基本要求。

5.4.10 喷涂硬泡聚氨酯施工后，其表面应平整，以确保铺抹找平层的厚度均匀。本条规定喷涂硬泡聚氨酯的表面平整度允许偏差为5mm。

5.5 现浇泡沫混凝土保温层

5.5.1 基层质量对于现浇泡沫混凝土质量有很大影响，浇筑前应清除基层上的杂物和油污，并洒水湿润基层，以保证泡沫混凝土的施工质量。

5.5.2 泡沫混凝土专用设备包括：发泡机、泡沫混凝土搅拌机、混凝土输送泵，使用前应对设备进行调试，并制备用于干密度、抗压强度和导热系数等性能检测的试件。

5.5.3 泡沫混凝土配合比设计，是根据所选用原材料性能和对泡沫混凝土的技术要求，通过计算、试配和调整等求出各组成材料用量。由水泥、骨料、掺合料、外加剂和水等制成的水泥料浆，应按配合比准确计量，各组成材料称量的允许偏差：水泥及掺合料为±2%；骨料为±3%；水及外加剂为±2%。泡沫的制备是将泡沫剂掺入定量的水中，利用它减小水表面张力的作用，进行搅拌后便形成泡沫，搅拌时间一般宜为2min。水泥料浆制备时，要求搅拌均匀，不得有团块及大颗粒存在；再将制备好的泡沫加入水泥料浆中进行混合搅拌，混合时间一般为5min～8min，混合要求均匀，没有明显的泡沫漂浮和泥浆块出现。

5.5.4 由于泡沫混凝土的干密度对其抗压强度、导热系数、耐久性能的影响甚大，干密度又是泡沫混凝土在标准养护28d后绝对干燥状态下测得的密度。为了控制泡沫混凝土的干密度，必须在泡沫混凝土试配时，事先建立有关干密度与湿密度的对应关系。因此本条规定浇筑过程中，应随时检查泡沫混凝土的湿密度，是保证施工质量的有效措施。试样应在泡沫混凝土的浇筑地点随机制取，取样与试件留置应符合有关规定。

5.5.5 参见本规范第5.5.3条的条文说明。为了检验泡沫混凝土保温层的实际保温效果，施工现场应制作试件，检测其导热系数、干密度和抗压强度。主要是为了防止泡沫混凝土料浆中泡沫破裂造成性能指标的降低。

5.5.6 泡沫混凝土保温层的厚度将决定屋面保温的效果，检查时应给出厚度的允许偏差，过厚浪费材料，过薄则达不到设计要求。本条规定泡沫混凝土保温层正负偏差为5%，且不得大于5mm。

5.5.7 参见本规范第5.2.6条的条文说明。

5.5.8 本条规定现浇泡沫混凝土施工的基本要求。

5.5.9 本条规定现浇泡沫混凝土的外观质量，其中不得有贯通性裂缝很重要，施工时应重视泡沫混凝土终凝后的养护和成品保护。对已经出现的严重缺陷，应由施工单位提出技术处理方案，并经监理或建设单位认可后进行处理。

5.5.10 现浇泡沫混凝土施工后，其表面应平整，以确保铺抹找平层的厚度均匀。本条规定现浇泡沫混凝土的表面平整度允许偏差为5mm。

5.6 种植隔热层

5.6.1 种植隔热层施工应在屋面防水层和保温层施工验收合格后进行。有关种植屋面的防水层和保温层，除应符合本规范规定外，尚应符合现行行业标准《种植屋面工程技术规范》JGJ 155的有关规定。

种植隔热层施工时，如破坏了屋面防水层，则屋面渗漏治理极为困难。如采用陶粒排水层，一般应在屋面防水层上增设水泥砂浆或细石混凝土保护层；如采用塑料板排水层，一般不设任何保护层。本条规定种植隔热层与屋面防水层之间宜设细石混凝土保护层，这里不要错误理解该保护层是考虑植物根系对屋面防水层穿刺损坏而设置的。

5.6.2 屋面坡度大于20%时，种植隔热层构造中的排水层、种植土层应采取防滑措施，防止发生安全事故。采用阶梯式种植时，屋面应设置防滑挡墙或挡板；采用台阶式种植时，屋面应采用现浇钢筋混凝土结构。

5.6.3 排水层材料应根据屋面功能及环境经济条件等进行选择。陶粒的粒径不应小于25mm，稍大粒径在下，稍小粒径在上，有利于排水；凹凸型排水板宜采用搭接法施工，网状交织排水板宜采用对接法施工。排水层上应铺设单位面积质量宜为200g/m²～400g/m²的土工布作过滤层，土工布太薄容易损坏，不能阻止种植土流失，太厚则过滤水缓慢，不利于排水。

挡墙或挡板下部设置泄水孔，主要是排泄种植土中过多的水分。泄水孔周围放置疏水粗细骨料,为了防止泄水孔被种植土堵塞,影响正常的排水功能和使用管理。

5.6.4 为了防止因种植土流失,而造成排水层堵塞,本条规定过滤层土工布应沿种植土周边向上铺设至种植土高度,并与挡墙或挡板粘牢;土工布的搭接宽度不应小于100mm,接缝宜采用粘合或缝合。

5.6.5 种植土的厚度应根据不同种植土和植物种类等确定。因种植土的自重与厚度相关,本条对种植土的厚度及荷重的控制,是为了防止屋面荷载超重。对种植土表面应低于挡墙高度100mm,是为了防止种植土流失。

5.6.6 种植隔热层所用材料应符合以下设计要求:

1 排水层应选用抗压强度大、耐久性好的轻质材料。陶粒堆积密度不宜大于500kg/m³,铺设厚度宜为100mm～150mm;凹凸形或网状交织排水板应选用塑料或橡胶类材料,并具有一定的抗压强度。

2 过滤层应选用200g/m²～400g/m²的聚酯纤维土工布。

3 种植土可选用田园土、改良土或无机复合种植土。种植土的湿密度一般为干密度的1.2倍～1.5倍。

5.6.7 排水层只有与排水系统连通后,才能保证排水畅通,将多余的水排走。

5.6.8 挡墙或挡板泄水孔主要是排泄种植土中因雨水或其他原因造成过多的水而设置的,如留设位置不正确或泄水孔中堵塞,种植土中过多的水分不能排出,不仅影响使用,而且会给防水层带来不利。

5.6.9 为了便于疏水,陶粒排水层应铺设平整,厚度均匀。

5.6.10 排水板应铺设平整,以满足排水的要求。凹凸形排水板宜采用搭接法施工,搭接宽度应根据产品的规格而确定;网状交织排水板宜采用对接法施工。

5.6.11 参见本规范第5.6.4条的条文说明。

5.6.12 为了便于种植和管理,种植土应铺设平整、均匀;同时铺设种植土应在确保屋面结构安全的条件下,对种植土的厚度进行有效控制,其允许偏差为±5%,且不得大于30mm。

5.7 架空隔热层

5.7.1 架空隔热层的高度应根据屋面宽度和坡度大小来决定。屋面较宽时,风道中阻力增大,宜采用较高的架空层,反之,可采用较低的架空层。根据调研情况有关架空高度相差较大,如广东用的混凝土"板凳"仅90mm,江苏、浙江、安徽、湖南、湖北等地有的高达400mm。考虑到太低了隔热效果不好,太高了通风效果并不能提高多少且稳定性不好。本条规定设计无要求时,架空隔热层的高度宜为180mm～300mm。

5.7.2 为了保证通风效果,本条规定当屋面宽度大于10m时,在屋面中部设置通风屋脊,通风口处应设置通风箅子。

5.7.3 考虑架空隔热制品支座部位负荷增大,支座底面的卷材、涂膜防水层应采取加强措施,避免损坏防水层。

5.7.4 本条规定架空隔热制品的强度等级,主要考虑施工及上人时不易损坏。

5.7.5 架空隔热层是采用隔热制品覆盖在屋面防水层上,并架设一定高度的空间,利用空气流动加快散热起到隔热作用。架空隔热制品的质量必须符合设计要求,如使用有断裂和露筋等缺陷,日长月久后会使隔热层受到破坏,对隔热效果带来不良影响。

5.7.6 考虑到屋面在使用中要上人清扫等情况,要求架空隔热制品的铺设应做到平整和稳固,板缝应填密实,使板的刚度增大并形成一个整体。

5.7.7 架空隔热制品与山墙或女儿墙的距离不应小于250mm,主要是考虑在保证屋面膨胀变形的同时,防止堵塞和便于清理。当然间距也不应过大,太宽了将会降低架空隔热的作用。

5.7.8 为了保证架空隔热层的隔热效果,架空隔热层的高度及通风屋脊、变形缝做法应符合设计要求。

5.7.9 隔热制品接缝高低差的允许偏差为3mm,是为了不使架空隔热层表面有积水。

5.8 蓄水隔热层

5.8.1 蓄水隔热层多用于我国南方地区,一般为开敞式。在混凝土水池与屋面防水层之间设置隔离层,以防止因水池的混凝土结构变形导致卷材或涂膜防水层开裂而造成渗漏。

5.8.2 由于蓄水隔热层的防水特殊性,本条规定蓄水池的所有孔洞应预留,不得后凿;所设置的给水管、排水管和溢水管等,均应在蓄水池混凝土施工前安装完毕。

5.8.3 为确保每个蓄水区混凝土的整体防水性,防水混凝土应一次浇筑完毕,不留施工缝,避免因接头处理不好导致混凝土裂缝,保证蓄水隔热层的施工质量。

5.8.4 防水混凝土应机械振捣密实、表面抹平压光,初凝后覆盖养护,终凝后浇水养护。养护好后方可蓄水,并不得断水,防止混凝土干涸开裂。

5.8.5 防水混凝土所用的水泥、砂、石、外加剂和水等原材料,应符合现行国家标准《通用硅酸盐水泥》GB 175、《混凝土外加剂》GB 8076和行业标准《普通混凝土用砂、石质量及检验方法标准》JGJ 52、《混凝土用水标准》JGJ 63等的要求。防水混凝土的配合比应经试验确定,并应做到计量准确,保证混凝土质量符合设计要求。

5.8.6 混凝土的强度等级和抗渗等级,是防水混凝土的主要性能指标，必须符合设计要求。混凝土的抗压试件和抗渗试件的留置数量应符合相关技术标准的规定。

5.8.7 检验蓄水池是否有渗漏现象，应在池内蓄水至规定高度，蓄水时间不应少于24h，观察检查。如蓄水池发生渗漏，应采取堵漏措施。

5.8.8 本条规定了防水混凝土的外观质量。

5.8.9 本条规定了防水混凝土表面的裂缝宽度不应大于0.2mm，并不得贯通，是根据现行国家标准《地下防水工程质量验收规范》GB 50208的有关规定。如防水混凝土表面出现裂缝宽度大于0.2mm或裂缝贯通时，应采取堵漏措施。

5.8.10 蓄水池上所留设的溢水口、过水孔、排水管、溢水管等，其位置、标高和尺寸应符合设计要求，保证屋面正常使用。

5.8.11 本条规定了蓄水池结构的允许偏差和检验方法。其中，蓄水池长度、宽度、厚度和表面平整度项目是参考现行国家标准《混凝土结构工程施工质量验收规范》GB 50204的有关规定；蓄水池排水坡度不宜大于0.5%，以保证水池内水位的均衡和水池清洗时积水的排除。

6 防水与密封工程

6.1 一般规定

6.1.1 本章保留了原规范中卷材防水层、涂膜防水层和接缝密封防水内容，取消了细石混凝土防水层，增加了复合防水层分项工程的施工质量验收。由于细石混凝土防水层的抗拉强度低，屋面结构变形、自身干缩和温差变形，容易造成防水层裂缝而发生渗漏，本次修订时细石混凝土仅作为卷材或涂膜防水层上的保护层。

6.1.2 本条规定防水层施工前，基层应坚实、平整、干净、干燥。虽然现在有些防水材料对基层不要求干燥，但对于屋面工程一般不提倡采用湿铺法施工。基层的干燥程度可采用简易方法进行检验。即应将1m²卷材平坦地干铺在找平层上，静置3h～4h后掀开检查，找平层覆盖部位与卷材表面未见水印，方可铺设防水层。

6.1.3 在进行基层处理剂喷涂前，应按照卷材、涂膜防水层所用材料的品种，选用与其材性相容的基层处理剂。在配制基层处理剂时，应根据所用基层处理剂的品种，按有关规定或产品说明书的配合比要求，准确计量，混合后应搅拌3min～5min，使其充分均匀。在喷涂或涂刷基层处理剂时应均匀一致，不得漏涂，待基层处理剂干燥后及时进行卷材或涂膜防水层的施工。如基层处理剂未干燥前遭受雨淋，或是干燥后长期不进行防水层施工，则在防水层施工前必须再涂刷一次基层处理剂。

6.1.4 屋面防水层的成品保护是一个非常重要的环节。屋面防水层完工后，往往在后续工序作业时会造成防水层的局部破坏，所以必须做好防水层的保护工作。另外，屋面防水层完工后，严禁在其上凿孔、打洞，破坏防水层的整体性，以避免屋面渗漏。

6.1.5 本条规定了防水与密封工程各分项工程每个检验批的抽检数量，防水层应按屋面面积每100m²抽查一处，每处10m²，且不得少于3处；接缝密封防水应按每50m抽查一处，每处5m，且不得少于3处。所抽查数量均为10%，有足够的代表性。

6.2 卷材防水层

6.2.1 卷材屋面坡度超过25%时，常发生下滑现象，故应采取防止卷材下滑措施。防止卷材下滑的措施除采取卷材满粘外，还有钉压固定等方法，固定点应封闭严密。

6.2.2 卷材铺贴方向应结合卷材搭接缝顺水接茬和卷材铺贴可操作性两方面因素综合考虑。卷材铺贴应在保证顺直的前提下，宜平行屋脊铺贴。

当卷材防水层采用叠层工法时，本条规定上下层卷材不得相互垂直铺贴，主要是尽可能避免接缝叠加。

6.2.3 为确保卷材防水层的质量，所有卷材均应用搭接法，本条规定了合成高分子防水卷材和高聚物改性沥青防水卷材的搭接宽度，统一列出表格，条理明确。表6.2.3中的搭接宽度，是根据我国现行多数做法及国外资料的数据作出规定的。

同时对"上下层的相邻两幅卷材的搭接缝应错开"作出修改。同一层相邻两幅卷材短边搭接缝错开，是避免四层卷材重叠，影响接缝质量；上下层卷材长边搭接缝错开，是避免卷材防水层搭接缝缺陷重合。

6.2.4 采用冷粘法铺贴卷材时，胶粘剂的涂刷质量对保证卷材防水施工质量关系极大，涂刷不均匀、有堆积或漏涂现象，不但影响卷材的粘结力，还会造成材料浪费。

根据胶粘剂的性能和施工环境条件不同，有的可以在涂刷后立即粘贴，有的要待溶剂挥发后粘贴，间隔时间还和气温、湿度、风力等因素有关。因此，本条提出原则性规定，要求控制好间隔时间。

卷材防水搭接缝的粘结质量，关键是搭接宽度和粘结密封性能。搭接缝平直、不扭曲，才能使搭接宽度有起码的保证；涂满胶粘剂才能保证粘结牢固、封闭严密。为保证搭接尺寸，一般在已铺卷材上以规定的搭接宽度弹出基准线作为标准。卷材铺贴后，要求接缝口用宽10mm的密封材料封严，以提高防水层的密封抗渗性能。

6.2.5 采用热熔型改性沥青胶结料铺贴高聚物改性

沥青防水卷材，可起到涂膜与卷材之间优势互补和复合防水的作用，更有利于提高屋面防水工程质量，应当提倡和推广应用。为了防止加热温度过高，导致改性沥青中的高聚物发生裂解而影响质量，故规定采用专用的导热油炉加热融化改性沥青，要求加热温度不应高于200℃，使用温度不应低于180℃。

铺贴卷材时，要求随刮涂热熔型改性沥青胶结料随滚铺卷材，展平压实，本条对粘贴卷材的改性沥青胶结料的厚度提出了具体规定。

6.2.6 本条对热熔法铺贴卷材的施工要点作出规定。施工加热时卷材幅宽内必须均匀一致，要求火焰加热器的喷嘴与卷材的距离应适当，加热至卷材表面有光亮黑色时方可粘合。若熔化不够，会影响卷材接缝的粘结强度和密封性能；加温过高，会使改性沥青老化变焦且把卷材烧穿。

因卷材表面所涂覆的改性沥青较薄，采用热熔法施工容易把胎体增强材料烧坏，使其降低乃至失去拉伸性能，从而严重影响卷材防水层的质量。因此，本条还对厚度小于3mm的高聚物改性沥青防水卷材，作出严禁采用热熔法施工的规定。铺贴卷材时应将空气排出，才能粘贴牢固；滚铺卷材时缝边必须溢出热熔的改性沥青胶，使接缝粘结牢固、封闭严密。

为保证铺贴的卷材平整顺直，搭接尺寸准确，不发生扭曲，应沿预留或现场弹出的基准线作为标准进行施工作业。

6.2.7 本条对自粘法铺贴卷材的施工要点作出规定。首先将隔离纸撕净，否则不能实现完全粘结。为了提高卷材与基层的粘结性能，应涂刷基层处理剂，并及时铺贴卷材。为保证接缝粘结性能，搭接部位提倡采用热风加热，尤其在温度较低时施工这一措施就更为必要。

采用这种铺贴工艺，考虑到施工的可靠度、防水层的收缩，以及外力使缝口翘边开缝的可能，要求接缝用密封材料封严，以提高其密封抗渗的性能。

在铺贴立面或大坡面卷材时，立面和大坡面处卷材容易下滑，可采用加热方法使自粘卷材与基层粘结牢固，必要时还应采用钉压固定等措施。

6.2.8 本条对PVC等热塑性卷材采用热风焊机或焊枪进行焊接的施工要点作出规定。

为确保卷材接缝的焊接质量，要求焊接前卷材的铺设应正确，不得扭曲。为使接缝焊接牢固、封闭严密，应将接缝表面的油污、尘土、水滴等附着物擦拭干净后，才能进行焊接施工。同时，焊缝质量与焊接速度与热风温度、操作人员的熟练程度关系极大，焊接施工时必须严格控制，决不能出现漏焊、跳焊、焊焦或焊接不牢等现象。

6.2.9 机械固定法铺贴卷材是采用专用的固定件和垫片或压条，将卷材固定在屋面板或结构层构件上，一般固定件均设置在卷材搭接缝内。当固定件固定在屋面板上拉拔力不能满足风揭力的要求时，只能将固定件固定在檩条上。固定件采用螺钉加垫片时，应加盖200mm×200mm卷材封盖。固定件采用螺钉加"U"形压条时，应加盖不小于150mm宽卷材封盖。机械固定法在轻钢屋面上固定，其钢板的厚度不宜小于0.7mm，方可满足拉拔力要求。

目前国内适用机械固定法铺贴的卷材，主要有内增强型PVC、TPO、EPDM防水卷材和5mm厚加强高聚物改性沥青防水卷材，要求防水卷材具有强度高、搭接缝可靠和使用寿命长等特性。

6.2.10 国内新型防水材料的发展很快。近年来，我国普遍应用并获得较好效果的高聚物改性沥青防水卷材，产品质量应符合现行国家标准《弹性体改性沥青防水卷材》GB 18242、《塑性体改性沥青防水卷材》GB 18243、《改性沥青聚乙烯胎防水卷材》GB 18967和《自粘聚合物改性沥青防水卷材》GB 23441的要求。目前国内合成高分子防水卷材的种类主要为：PVC防水卷材，其产品质量应符合现行国家标准《聚氯乙烯防水卷材》GB 12952的要求；EPDM、TPO和聚乙烯丙纶防水卷材，产品质量应符合现行国家标准《高分子防水材料 第一部分：片材》GB 18173.1的要求。

同时还对卷材的胶粘剂提出了基本的质量要求，合成高分子胶粘剂质量应符合现行行业标准《高分子防水卷材胶粘剂》JC/T 863的要求。

6.2.11 防水是屋面的主要功能之一，若卷材防水层出现渗漏和积水现象，将是最大的弊病。检验屋面有无渗漏和积水、排水系统是否通畅，可在雨后或持续淋水2h以后进行。有可能作蓄水试验的屋面，其蓄水时间不应少于24h。

6.2.12 檐口、檐沟、天沟、水落口、泛水、变形缝和伸出屋面管道等处，是当前屋面防水工程渗漏最严重的部位。因此，卷材屋面的防水构造设计应符合下列规定：

1 应根据屋面的结构变形、温差变形、干缩变形和振动等因素，使节点设防能够满足基层变形的需要；

2 应采用柔性密封、防排结合、材料防水与构造防水相结合；

3 应采用防水卷材、防水涂料、密封材料等性能互补并用的多道设防，包括设置附加层。

6.2.13 卷材防水层的搭接缝质量是卷材防水层成败的关键，搭接缝质量好坏表现在两个方面，一是搭接缝粘结或焊接牢固，密封严密；二是搭接缝宽度符合设计要求和规范规定。冷粘法施工胶粘剂的选择至关重要；热熔法施工，卷材的质量和厚度是保证搭接缝的前提，完工的搭接缝以溢出沥青胶为度；热风焊接法关键是焊机的温度和速度的把握，不得出现虚焊、漏焊或焊焦现象。

6.2.14 卷材防水层收头是屋面细部构造施工的关键环节。如檐口 800mm 范围内的卷材应满粘，卷材端头应压入找平层的凹槽内，卷材收头应用金属压条钉压固定，并用密封材料封严；檐沟内卷材应由沟底翻上至沟外侧顶部，卷材收头应用金属压条钉压固定，并用密封材料封严；女儿墙和山墙泛水高度不应小于 250mm，卷材收头可直接铺至女儿墙压顶下，用金属压条钉压固定，并用密封材料封严；伸出屋面管道泛水高度不应小于 250mm，卷材收头处应用金属箍箍紧，并用密封材料封严；水落口部位的防水层，伸入水落口杯内不应小于 50mm，并应粘结牢固。

　　根据屋面渗漏调查分析，细部构造是屋面防水工程的重要部位，也是防水施工的薄弱环节，故本条规定卷材防水层的收头应用金属压条钉压固定，并用密封材料封严。

6.2.15 为保证卷材铺贴质量，本条规定了卷材搭接宽度的允许偏差为-10mm，而不考虑正偏差。通常卷材铺贴前施工单位应根据卷材搭接宽度和允许偏差，在现场弹出尺寸基准线作为标准去控制施工质量。

6.2.16 排汽屋面的排汽道应纵横贯通，不得堵塞，并应与大气连通的排汽孔相通。找平层设置的分格缝可兼作排汽道，排汽道的宽度宜为 40mm，排汽道纵横间距宜为 6m，屋面面积每 36m² 宜设置一个排汽孔。排汽出口应设排汽管，排汽管应设置在结构层上，穿过保温层及排汽道的管壁四周均应打孔，以保证排汽道的畅通。排汽出口亦可设在檐口下或屋面排汽道交叉处。排汽管应安装牢固、封闭严密，否则会使排汽管变成了进水孔，造成屋面漏水。

6.3 涂膜防水层

6.3.1 防水涂膜在满足厚度要求的前提下，涂刷的遍数越多对成膜的密实度越好，因此涂料施工时应采用多遍涂布，不论是厚质涂料还是薄质涂料均不得一次成膜。每遍涂刷应均匀，不得有露底、漏涂和堆积现象；多遍涂刷时，应待前遍涂层表干后，方可涂刷后一遍涂料，两涂层施工间隔时间不宜过长，否则易形成分层现象。

6.3.2 胎体增强材料平行或垂直屋脊铺设应视方便施工而定。平行于屋脊铺设时，应由最低标高处向上铺设，胎体增强材料顺着流水方向搭接，避免呛水；胎体增强材料铺贴时，应边涂刷边铺贴，避免两者分离；为了便于工程质量验收和确保涂膜防水层的完整性，规定长边搭接宽度不小于 50mm，短边搭接宽度不小于 70mm，没有必要按卷材搭接宽度来规定。当采用两层胎体增强材料时，上下层不得垂直铺设，使其两层胎体材料同方向有一致的延伸性；上下层胎体增强材料的长边搭接缝应错开且不得小于 1/3 幅宽，避免上下层胎体材料产生重缝及涂膜防水层厚薄不均匀。

6.3.3 采用多组分涂料时，由于各组分的配料计量不准和搅拌不均匀，将会影响混合料的充分化学反应，造成涂料性能指标下降。一般配成的涂料固化时间比较短，应按照一次涂布用量确定配料的多少，在固化前用完；已固化的涂料不能和未固化的涂料混合使用，否则将会降低防水涂膜的质量。当涂料黏度过大或涂料固化过快或过慢时，可分别加入适量的稀释剂、缓凝剂或促凝剂，调节黏度或固化时间，但不得影响防水涂膜的质量。

6.3.4 高聚物改性沥青防水涂料的质量，应符合现行行业标准《水乳型沥青防水涂料》JC/T 408、《溶剂型橡胶沥青防水涂料》JC/T 852 的要求。合成高分子防水涂料的质量，应符合现行国家标准《聚氨酯防水涂料》GB/T 19250、《聚合物水泥防水涂料》GB/T 23445 和现行行业标准《聚合物乳液建筑防水涂料》JC/T 864 的要求。

　　胎体增强材料主要有聚酯无纺布和化纤无纺布。聚酯无纺布纵向拉力不应小于 150N/50mm，横向拉力不应小于 100N/50mm，延伸率纵向不应小于 10%，横向不应小于 20%；化纤无纺布纵向拉力不应小于 45N/50mm，横向拉力不应小于 35N/50mm；延伸率纵向不应小于 20%，横向不应小于 25%。

6.3.5 防水是屋面的主要功能之一，若涂膜防水层出现渗漏和积水现象，将是最大的弊病。检验屋面有无渗漏和积水、排水系统是否通畅，可在雨后或持续淋水 2h 以后进行。有可能作蓄水试验的屋面，其蓄水时间不应少于 24h。

6.3.6 参见本规范第 6.2.12 条的条文说明。

6.3.7 涂膜防水层使用年限长短的决定因素，除防水涂料技术性能外就是涂膜的厚度，本条规定平均厚度应符合设计要求，最小厚度不应小于设计厚度的 80%。涂膜防水层厚度应包括胎体增强材料厚度。

6.3.8 涂膜防水层应表面平整，涂刷均匀，成膜后如出现流淌、起泡和露胎体等缺陷，会降低防水工程质量而影响使用寿命。

　　防水涂料的粘结性不但是反映防水涂料性能优劣的一项重要指标，而且涂膜防水层施工时，基层的分格缝处或可预见变形部位宜采用空铺附加层。因此，验收时规定涂膜防水层应粘结牢固是合理的要求。

6.3.9 涂膜防水层收头是屋面细部构造施工的关键环节。本条规定涂膜防水层收头应用防水涂料多遍涂刷。理由 1：防水涂料在常温下呈黏稠状液体，分遍涂刷基层上，待溶剂挥发或反应固化后，即形成无接缝的防水涂膜；理由 2：防水涂料在夹铺胎体增强材料时，为了防止收头部位出现翘边、皱折、露胎体等现象，收头处必须用涂料多遍涂刷，以增强密封效果；理由 3：涂膜收头若采用密封材料压边，会产生两种材料的相容性问题。

6.3.10 胎体增强材料应随防水涂料边涂刷边铺贴,用毛刷或纤维布抹平,与防水涂料完全粘结,如粘结不牢固、不平整,涂膜防水层会出现分层现象。同一层短边搭接缝和上下层搭接缝错开的目的是避免接缝重叠,胎体厚度太大,影响涂膜防水层厚薄均匀度。胎体增强材料搭接宽度的控制,是涂膜防水层整体强度均匀性的保证,本条规定搭接宽度允许偏差为-10mm,未规定正偏差。

6.4 复合防水层

6.4.1 复合防水层中涂膜防水层宜设置在卷材防水层下面,主要是体现涂膜防水层粘结强度高,可修补防水层基层裂缝缺陷,防水层无接缝、整体性好的特点;同时还体现卷材防水层强度高、耐穿刺,厚薄均匀,使用寿命长等特点。

6.4.2 复合防水层防水涂料与防水卷材两者之间,能否很好地粘结是防水层成败的关键,本条对复合防水层的卷材粘结质量作了基本规定。

6.4.3 在复合防水层中,如果防水涂料既是涂膜防水层,又是防水卷材的胶粘剂,那么单独对涂膜防水层的验收不可能,只能待复合防水层完工后整体验收。如果防水涂料不是防水卷材的胶粘剂,那么应对涂膜防水层和卷材防水层分别验收。

6.4.4 参见本规范第6.2.10条和第6.3.4条的条文说明。

6.4.5 参见本规范第6.2.11条和第6.3.5条的条文说明。

6.4.6 参见本规范第6.2.12条的条文说明。

6.4.7 卷材防水层与涂膜防水层应粘贴牢固,尤其是天沟和立面防水部位,如出现空鼓和分层现象,一旦卷材破损,防水层会出现窜水现象,另外由于空鼓或分层,加速卷材热老化和疲劳老化,降低卷材使用寿命。

6.4.8 复合防水层的总厚度,主要包括卷材厚度、卷材胶粘剂厚度和涂膜厚度。在复合防水层中,如果防水涂料既是涂膜防水层,又是防水卷材的胶粘剂,那么涂膜厚度应给予适当增加。有关复合防水层的涂膜厚度,应符合本规范第6.3.7条的规定。

6.5 接缝密封防水

6.5.1 本条是对密封防水部位基层的规定。

1 如果接触密封材料的基层强度不够,或有蜂窝、麻面、起皮和起砂现象,都会降低密封材料与基层的粘结强度。基层不平整、不密实或嵌填密封材料不均匀,接缝位移时会造成密封材料局部拉坏,失去密封防水的作用。

2 如果基层不干净不干燥,会降低密封材料与基层的粘结强度。尤其是溶剂型或反应固化型密封材料,基层必须干燥。

3 接缝处密封材料的底部应设置背衬材料。背衬材料应选择与密封材料不粘或粘结力弱的材料,并应能适应基层的延伸和压缩,具有施工时不变形、复原率高和耐久性好等性能。

4 密封防水部位的基层宜涂刷基层处理剂。选择基层处理剂时,既要考虑密封材料与基层处理剂材性的相容性,又要考虑基层处理剂与被粘结材料有良好的粘结性。

6.5.2 使用多组分密封材料时,一般来说,固化组分含有较多的软化剂,如果配比不准确,固化组分过多,会使密封材料粘结力下降,过少会使密封材料拉伸模量过高,密封材料的位移变形能力下降;施工中拌合不均匀,会造成混合料不能充分反应,导致材料性能指标达不到要求。

6.5.3 嵌填完毕的密封材料,一般应养护2d~3d。接缝密封防水处理通常在下一道工序施工前,应对接缝部位的密封材料采取保护措施。如施工现场清扫、隔热层施工时,对已嵌填的密封材料宜采用卷材或木板保护,以防止污染及碰损。因为密封材料嵌填对构造尺寸和形状都有一定的要求,未固化的材料不具备一定的弹性,踩踏后密封材料会发生塑性变形,导致密封材料构造尺寸不符合设计要求,所以对嵌填的密封材料固化前不得踩踏。

6.5.4 改性石油沥青密封材料按耐热度和低温柔性分为Ⅰ和Ⅱ类,质量要求依据现行行业标准《建筑防水沥青嵌缝油膏》JC/T 207,Ⅰ类产品代号为"702",即耐热性为70℃,低温柔性为-20℃,适合北方地区使用;Ⅱ类产品代号为"801",即耐热性为80℃,低温柔性为-10℃,适合南方地区使用。合成高分子密封材料质量要求,主要依据现行行业标准《混凝土建筑接缝用密封胶》JC/T 881提出的,按密封胶位移能力分为25、20、12.5、7.5四个级别,25级和20级密封胶按拉伸模量分为低模量(LM)和高模量(HM)两个次级别,12.5级密封胶按弹性恢复率又分为弹性(E)和塑性(P)两个级别,故把25级、20级和12.5E级密封胶称为弹性密封胶,而把12.5P级和7.5P级密封胶称为塑性密封胶。

6.5.5 采用改性石油沥青密封材料嵌填时应注意以下两点:

1 热灌法施工应由下向上进行,并减少接头;垂直于屋脊的板缝宜先浇灌,同时在纵横交叉处宜沿平行于屋脊的两侧板缝各延伸浇灌150mm,并留成斜槎。密封材料熬制及浇灌温度应按不同材料要求严格控制。

2 冷嵌法施工应先将少量密封材料批刮到缝槽两侧,分次将密封材料嵌填在缝内,用力压嵌密实。嵌填时密封材料与缝壁不得留有空隙,并防止裹入空气。接头应采用斜槎。

采用合成高分子密封材料嵌填时,不管是用挤出枪还是用腻子刀施工，表面都不会光滑平直，可能还会出现凹陷、漏嵌填、孔洞、气泡等现象，故应在密封材料表干前进行修整。如果表干前不修整，则表干后不易修整，且容易将成膜固化的密封材料破坏。上述目的是使嵌填的密封材料饱满、密实，无气泡、孔洞现象。

6.5.6 参见本规范第6.5.1条的条文说明。

6.5.7 位移接缝的接缝宽度应按屋面接缝位移量计算确定。接缝的相对位移量不应大于可供选择密封材料的位移能力，否则将导致密封防水处理的失效。密封材料嵌填深度常取接缝宽度的50%~70%，是从国外大量资料和国内工程实践中总结出来的，是一个经验值。接缝宽度规定不应大于40mm，且不应小于10mm。考虑到接缝宽度太窄密封材料不易嵌填，太宽则会造成材料浪费，故规定接缝宽度的允许偏差为±10%。如果接缝宽度不符合上述要求，应进行调整或用聚合物水泥砂浆处理。

6.5.8 本条规定了密封材料嵌缝的外观质量要求。

7 瓦面与板面工程

7.1 一般规定

7.1.1 本章修订了原规范中平瓦屋面、油毡瓦屋面和金属板材屋面的内容，增加了玻璃采光顶的内容。按本规范规定的术语，瓦面是指屋顶最外面铺盖的块瓦或沥青瓦，板面是指在屋顶最外面铺盖的金属板或玻璃板。故瓦面与板面工程基本上反映了国内瓦屋面、金属板屋面和玻璃采光顶的现状。

7.1.2 瓦屋面、金属板屋面和玻璃采光顶均是建筑围护结构。瓦面与板面工程施工前，应对主体结构进行质量检验，并应符合相关专业工程施工质量验收规范的有关规定。

7.1.3 传统的瓦材屋面大量采用木构件，木材腐朽与使用环境特别是湿度有密切的关系，危害严重的白蚁也会在湿热的环境中迅速繁殖，为确保木构件达到设计要求的使用年限和满足防火的要求，要求木质望板、檩条、顺水条、挂瓦条等构件均应作防腐、防蛀和防火处理。为防止金属顺水条、挂瓦条以及金属板、固定件等产生锈蚀，故应作防锈处理。

7.1.4 瓦材和板材与山墙及突出屋面结构的交接处，是屋面防水的薄弱环节，做好泛水处理是保证屋面工程质量的关键。

7.1.5 由于块瓦是采用干法挂瓦和搭接铺设，沥青瓦是采用局部粘结和固定钉措施，在大风及地震设防地区或屋面坡度大于100%时，瓦材极易脱落，产生安全隐患和屋面渗漏。瓦屋面施工时，瓦材应采取固定加强措施，并应符合设计要求。

7.1.6 由于块瓦和沥青瓦是不封闭连续铺设的，依靠搭接构造和重力排水来满足防水功能，凡是搭接缝都会产生雨水慢渗或虹吸现象。因此本条规定在瓦材的下面应设置防水层或防水垫层。防水垫层宜选用自粘聚合物沥青防水垫层、聚合物改性沥青防水垫层，产品应按现行国家或行业标准执行。防水垫层宜满粘或机械固定，防水垫层的搭接缝应满粘，搭接宽度应符合设计要求。

7.1.7 严寒和寒冷地区冬季屋顶积雪较大，当气温回升时，屋顶上的冰雪大部融化，大片的冰雪会沿屋顶坡度方向下坠，易造成安全事故，因此临近檐口附近的屋面上应增设挡雪栏或加宽檐沟等安全措施。

7.1.8 本条规定了瓦面和板面工程各分项工程每个检验批的抽检数量。

7.2 烧结瓦和混凝土瓦铺装

7.2.1 烧结瓦和混凝土瓦的质量，包括品种及规格、外观、物理性能等内容，本条只对外观质量提出要求。平瓦和脊瓦应边缘整齐、表面光洁，不得有分层、裂纹和露砂等缺陷；平瓦的瓦爪和瓦槽的尺寸应配合适当。铺瓦前应选瓦，凡缺边、掉角、裂缝、砂眼、翘曲不平、张口等缺陷的瓦，不得使用。

7.2.2 为了保证块瓦平整和牢固，必须严格控制基层、顺水条和挂瓦条的平整度。在符合结构荷载要求的前提下，木基层的持钉层厚度不应小于20mm，人造板材的持钉层厚度不应小于16mm，C20细石混凝土的持钉层厚度不应小于35mm。

7.2.3 烧结瓦、混凝土瓦挂瓦时应注意的问题：

1 挂瓦时应将瓦片均匀分散堆放在屋面两坡，铺瓦时应从两坡从下向上对称铺设，这样做可以避免产生过大的不对称荷载，而导致结构的变形甚至破坏。挂瓦时应瓦榫落槽，瓦角挂牢，搭接严密，使瓦面整齐、美观。

2 对于檐口瓦、斜天沟瓦，因其易于脱落，故施工时应用镀锌铁丝将其拴牢在挂瓦条上。在大风或地震设防地区，屋面易受风力或地震力的影响而导致瓦片脱落，故应采取有效措施使每片瓦均能与挂瓦条牢固固定。

3 在铺设瓦片时应做到整体瓦面平整，横平竖直，外表美观，尤其是不得有张口现象，否则冷空气或雨水会沿缝口渗入室内，甚至造成屋面渗漏。

7.2.4 根据烧结瓦和混凝土瓦的特性，通过经验总结，规定了块瓦铺装时相关部位的搭伸尺寸。

7.2.5 本条规定了烧结瓦和混凝土瓦的质量，应符合现行国家标准《烧结瓦》GB/T 21149和行业标准《混凝土瓦》JC/T 746的规定；防水垫层的质量应符合现行行业标准《坡屋面用防水材料 自粘聚合物沥青防水垫层》JC/T 1068和《坡屋面用防水材料 聚合物改性沥青防水垫层》JC/T 1067的规定。

7.2.6 由于烧结瓦、混凝土瓦屋面形状、构造、防水做法多种多样，屋面上的天窗、屋顶采光窗、封口封檐等情况也十分复杂，这些在设计图纸中均会有明确的规定，所以施工时必须按照设计施工，以免造成屋面渗漏。

7.2.7 为了确保安全，针对大风及地震设防地区或坡度大于100％的块瓦屋面，应采用固定加强措施。有时几种因素应综合考虑，应由设计给出具体规定。

7.2.8 挂瓦条的间距是根据瓦片的规格和屋面坡度的长度确定的，而瓦片则直接铺设在其上。所以只有将挂瓦条铺设平整、牢固，才能保证瓦片铺设的平整、牢固，也才能做到行列整齐、檐口平直。

7.2.9 脊瓦起封闭两坡面瓦之间缝隙的作用，如脊瓦搭接不正确，封闭不严密，就可能导致屋面渗漏。另外，在铺设脊瓦时宜拉线找直、找平，使脊瓦在屋脊上铺成一条直线，以保证外表美观。

7.2.10 泛水是屋面防水的薄弱环节，主要节点构造、泛水做法不当易造成屋面渗漏，只有按照设计图纸施工，才能确保泛水的质量。

7.2.11 参见本规范第7.2.4条的条文说明。

7.3 沥青瓦铺装

7.3.1 本条对沥青瓦的外观质量提出要求。

7.3.2、7.3.3 这两条规定了铺设沥青瓦和脊瓦的基本要求。铺设沥青瓦时，相邻两层沥青瓦拼缝及切口均应错开，上下层不得重合。因为沥青瓦上的切口是用来分开瓦片的缝隙，瓦片被切口分离的部分，是在屋面上铺设后外露的部分，如果切口重合不但易造成屋面渗漏，而且也影响屋面外表美观，失去沥青瓦屋面应有的效果。起始层瓦由瓦片经切除垂片部分后制得，是避免瓦片过于重叠而引起痕迹。起始层瓦沿檐口平行铺设并伸出檐口10mm，这是避免檐口雨水因泛水倒灌的举措。露出瓦切口，但不得超过切口长度，是确保沥青瓦铺设工程质量的关键。脊瓦铺设时，脊瓦搭接应顺年最大频率风向搭接。

7.3.4 沥青瓦为薄而轻的片状材料，瓦片应以钉为主、粘为辅的方法与基层固定。本条规定了每张瓦片固定钉数量，固定钉应垂直钉入沥青瓦压盖面，钉帽应与瓦片表面齐平，便于瓦片相互搭接点粘。

7.3.5 根据沥青瓦的特性，通过经验总结，规定了沥青瓦铺装时相关部位的搭伸尺寸。

7.3.6 本条规定了沥青瓦的质量，应符合现行国家标准《玻纤胎沥青瓦》GB/T 20474 的规定；防水垫层的质量，应符合现行行业标准《坡屋面用防水材料 自粘聚合物沥青防水垫层》JC/T 1068和《坡屋面用防水材料 聚合物改性沥青防水垫层》JC/T 1067 的规定。

7.3.7 沥青瓦分为平面沥青瓦和叠合沥青瓦两种，但不论何种沥青瓦均应在其下铺设防水层或防水垫层。屋面的防水构造还包括屋面上的封山封檐处理、

檐沟天沟做法、屋面与突出屋面结构的泛水处理等，这些都是沥青瓦屋面的质量关键，在设计图中均有详细要求，故必须按照设计施工，以确保沥青瓦屋面的质量。

7.3.8 沥青瓦片屋面铺设时，要掌握好瓦片的搭接尺寸，尤其是外露部分不得超过切口的长度，以确保上下两层瓦有足够的搭接长度，防止因搭接过短而导致钉帽外露、粘结不牢而造成渗漏。

7.3.9 在铺设沥青瓦时，固定钉应垂直屋面钉入持钉层内，以确保固定牢固。钉帽被上一层沥青瓦覆盖，不得外露，以防锈蚀。钉帽应钉平，才能使上下两层沥青瓦搭接平整，粘结严密。

7.3.10 沥青瓦与基层的固定，是采用沥青瓦下的自粘点和固定钉与基层固定。瓦片与瓦片之间，由其上面的粘结点或不连续的粘结条粘牢，以确保沥青瓦铺设在屋面上后瓦片之间能被粘结，避免刮风时将瓦片掀起。

7.3.11 泛水是屋面防水的重要节点构造，泛水做法不当，极易造成屋面渗漏，只有按照图纸施工，才能确保泛水的质量。

7.3.12 参见本规范第7.3.5条的条文说明。

7.4 金属板铺装

7.4.1 本条对压型金属板和金属面绝热夹芯板的外观质量要求作出了规定。

7.4.2 金属板材的技术要求包括基板、镀层和涂层三部分，其中涂层的质量直接影响屋面的外观，表面涂层在安装、运输过程中容易损伤。本条规定金属板材应用专用吊具安装，防止金属板材在吊装中变形或金属板的涂膜破坏。

7.4.3 金属板材为薄壁长条、多种规格的金属板压型而成，本条强调板材应根据设计要求的排板图铺设和连接固定。

7.4.4 金属板铺设前，应先在檩条上安装固定支架或支座，安装时位置应准确，固定螺栓数量应符合设计要求。金属板与支承结构的连接及固定，是保证在风吸力等因素作用下屋面安全使用的重要内容。

7.4.5 根据金属板材的特性，通过经验总结，规定了金属板铺装时相关部位的尺寸。

7.4.6 本条规定金属板材及其辅助材料的质量必须符合设计要求，不得随意改变其品种、规格和性能。选用金属面板材料、紧固件和密封材料时，产品应符合现行国家和行业标准的要求。

金属板材的合理选材，不仅可以满足使用要求，而且可以最大限度地降低成本，因此应给予高度重视。以彩色涂层钢板及钢带（简称彩涂板）为例，彩涂板的选择主要是指力学性能、基板类型和镀层质量，以及正面涂层性能和反面涂层性能。

1 力学性能主要依据用途、加工方式和变形程

度等因素进行选择。在强度要求不高、变形不复杂时，可采用 TDC51D、TDC52D 系列的彩涂板；当对成形性有较高要求时，应选择 TDC53D、TDC54D 系列的彩涂板；对于有承重要求的构件，应根据设计要求选择合适的结构钢，如 TS280GD、TS350GD 系列的彩涂板。

2 基板类型和镀层重量主要依据用途、使用环境的腐蚀性、使用寿命和耐久性等因素进行选择。基板类型和镀层重量是影响彩涂板耐腐蚀性的主要因素，通常彩涂板应选用热镀锌基板和热镀铝锌基板。电镀锌基板由于受工艺限制，镀层较薄、耐腐蚀性相对较差，而且成本较高，因此很少使用。镀层重量应根据使用环境的腐蚀性来确定。

3 正面涂层性能主要依据涂料种类、涂层厚度、涂层色差、涂层光泽、涂层硬度、涂层柔韧性和附着力、涂层的耐久性等选择。

4 正面涂层性能主要依据用途、使用环境来选择。

7.4.7 金属板屋面主要包括压型金属板和金属面绝热夹芯板两类。压型金属板的板型可分为高波板和低波板，其连接方式分为紧固件连接、咬口锁边连接；金属面绝热夹芯板是由彩涂钢板与保温材料在工厂制作而成，屋面用夹芯板的波形应为波形板，其连接方式为紧固件连接。

由于金属板屋面跨度大、坡度小、形状复杂、安全耐久要求高，在风雪同时作用或积雪局部融化屋面积水的情况下，金属板应具有阻止雨水渗漏室内的功能。金属板屋面要做到不渗漏，对金属板的连接和密封处理是防水技术的关键。金属板铺装完成后，应对局部或整体进行雨后观察或淋水试验。

7.4.8 金属板材是具有防水功能的条形构件，施工时板两端固定在檩条上，两板纵向和横向采用咬口锁边连接或紧固件连接，即可防止雨水由金属板进入室内，因此金属板的连接缝处理是屋面防水的关键。由于金属板屋面的排水坡度，是根据建筑造型、屋面基层类别、金属板连接方式以及当地气候条件等因素所决定，虽然金属板屋面的泄水能力较好，但因金属板接缝密封不完整或屋面积水过多，造成屋面渗漏的现象屡见不鲜，故本条规定金属板铺装应平整、顺滑，排水坡度应符合设计要求。

7.4.9 本条对压型金属板采用咬口锁边连接提出外观质量要求。在金属板屋面系统中，由于金属板为水槽形状压制成型，立边搭接紧扣，再用专用锁边机机械化锁边接口，具有整体结构性防水和排水功能，对三维弯弧和特异造型尤其适用，所以咬口锁边连接在金属板铺装中被广泛应用。

7.4.10 本条对压型金属板采用紧固件连接提出外观质量要求。压型金属板采用紧固件连接时，由于金属板的纵向收缩，受到紧固件的约束，使得金属板的钉孔处和螺钉均存在温度应力，所以紧固件的固定点是金属板屋面防水的关键。为此规定紧固件应采用带防水垫圈的自攻螺钉，固定点应设在波峰上，所有外露的自攻螺钉均应涂抹密封材料。

7.4.11 金属面绝热夹芯板的连接方式，是采用紧固件将夹芯板固定在檩条上。夹芯板的纵向搭接位于檩条处，两块板均应伸至支承构件上，每块板支座长度不应小于 50mm，夹芯板纵向搭接长度不应小于 200mm，搭接部位均应设密封防水胶带；夹芯板的横向搭接尺寸应按具体板型确定。

7.4.12 本条规定主要是便于安装和使板面整齐、美观，以适用于金属板屋面的实际情况。

7.4.13 本条对金属板铺装的允许偏差和检验方法作了规定。表 7.4.13 中除金属板铺装的有关尺寸外，其他项目是参考了现行国家标准《冷弯薄壁型钢结构技术规范》GB 50018 的规定。

7.5 玻璃采光顶铺装

7.5.1 为了保证玻璃采光顶与主体结构连接牢固，玻璃采光顶的预埋件应在主体结构施工时按设计要求进行埋设，预埋件的标高偏差不应大于±10mm，位置偏差不应大于±20mm。当预埋件位置偏差过大或未设预埋件时，应制定补救措施或可靠的连接方案，经设计单位同意后方可实施。

7.5.2 现行行业标准《建筑玻璃采光顶》JG/T 231 对玻璃采光顶的材料、性能、制作和组装要求等均作了规定，采光顶玻璃及玻璃组件的制作应符合该标准的规定。

7.5.3 本条对采光顶玻璃的外观质量要求作出规定。

7.5.4 玻璃采光顶与周边墙体的连接处，由于采光顶边缘一般都是金属边框，存在热桥现象，会影响建筑的节能；同时接缝部位多采用弹性闭孔的密封材料，有水密性要求时还采用耐候密封胶。为此，本条规定玻璃采光顶与周边墙体的连接处应符合设计要求。

7.5.5 采光顶玻璃及其配套材料的质量，应符合现行国家标准《建筑用安全玻璃 第 2 部分：钢化玻璃》GB/T 15763.2、《建筑用安全玻璃 第 3 部分：夹层玻璃》GB/T 15763.3、《中空玻璃》GB/T 11944、《建筑用硅酮结构密封胶》GB 16776 和行业标准《中空玻璃用丁基热熔密封胶》JC/T 914、《中空玻璃用弹性密封胶》JC/T 486 等的要求。

玻璃接缝密封胶的质量，应符合现行行业标准《幕墙玻璃接缝用密封胶》JC/T 882 的要求，选用时应检查产品的位移能力级别和模量级别。产品使用前应进行剥离粘结性试验。

硅酮结构密封胶使用前，应经国家认可的检测机构进行与其相接触的有机材料相容性和被粘结材料的剥离粘结性试验，并应对邵氏硬度、标准状态拉伸粘结性能进行复验。硅酮结构密封胶生产商应提供其结构胶的变位承受能力数据和质量保证书。

7.5.6 玻璃采光顶按其支承方式分为框支承和点支承两类。

框支承玻璃采光顶的连接，主要按采光顶玻璃组装方式确定。当玻璃组装为镶嵌方式时，玻璃四周应用密封胶条镶嵌；当玻璃组装为胶粘方式时，中空玻璃的两层玻璃之间的周边以及隐框和半隐框构件的玻璃与金属框之间，应采用硅酮结构密封胶粘结。点支承玻璃采光顶的组装方式，支承装置与玻璃连接件的结合面之间应加衬垫，并有竖向调节作用。采光顶玻璃的接缝宽度应能满足玻璃和胶的变形要求，且不应小于10mm；接缝厚度宜为接缝宽度的50%～70%；玻璃接缝密封宜采用位移能力级别为25级的硅酮耐候密封胶，密封胶应符合现行行业标准《幕墙玻璃接缝用密封胶》JC/T 882的规定。

由于玻璃采光顶一般跨度大、坡度小、形状复杂、安全耐久要求高，在风雨同时作用或积雪局部融化屋面积水的情况下，采光顶应具有阻止雨水渗漏室内的性能。玻璃采光顶要做到不渗漏，对采光顶的连接和密封处理必须符合设计要求，采光顶铺装完成后，应对局部或整体进行雨后观察或淋水试验。

7.5.7 玻璃采光顶密封胶的嵌填应密实、连续、饱满，粘结牢固，不得有气泡、干裂、脱落等缺陷。一般情况下，首先把挤出嘴剪成所要求的宽度，将挤出嘴插入接缝，使挤出嘴顶部离接缝底面2mm，注入密封胶至接口边缘，注胶时保证密封胶没有带入空气，密封胶注入后，必须用工具修整，并清除接缝表面多余的密封胶。

7.5.8 由于每一个玻璃采光顶的构造都有所不同，防水节点构造主要包括：明框节点、隐框节点、点支承结构的玻璃板块接缝节点、驳接头处的玻璃接缝节点、采光顶与其他材质交接部位节点、采光顶与支承结构交接部位节点等。对于玻璃采光顶来讲，依靠各构件之间的接缝密封防水固然重要，但还需重视采光顶坡面的排水以及渗漏水与构造内部冷凝水的排除。

玻璃本身不会发生渗漏，由于单块玻璃面板及其支承构件在长期荷载作用下产生的挠度、变形而导致积水，非常容易造成渗漏和影响美观的不良后果。特别是在排水坡度较小时，很容易出现接缝密封胶处理不当或局部积水等情况，所发生渗漏现象屡见不鲜。故本条规定玻璃采光顶铺装应平整、顺直，排水坡度应符合设计要求。

7.5.9 玻璃采光顶的冷凝水收集和排除构造，是为了避免采光顶结露的水渗漏到室内，确保室内的装饰不被破坏和室内环境卫生要求。因此规定对玻璃采光顶坡面的设计坡度不应太小，以使冷凝水不是滴落，而是沿玻璃下泄；玻璃采光顶的所有杆件均应有集水槽，将沿玻璃下泄的冷凝水汇集，并使所有集水槽相互沟通，将冷凝水汇流到室外或室内水落管内。本条规定玻璃采光顶冷凝水的收集和排除构造应符合设计要求，同时应对导气孔及排水孔设置、集水槽坡向、集水槽之间连接等构造进行隐蔽工程检查验收，必要时可进行通水试验。

7.5.10 本条对框支承玻璃采光顶铺装的外观质量要求作出规定。

7.5.11 点支承玻璃采光顶是采用不锈钢驳接系统将玻璃面板与主体结构连接，采光顶玻璃与玻璃之间的连接密封采用硅酮耐候密封胶。点支承玻璃采光顶的受力形式是通过点支承装置将玻璃采光顶的荷载传递到主体结构上。因此点支承装置必须牢固，受力均匀，不致使玻璃局部受力后破裂，同时点支承装置组件与玻璃之间应有弹性衬垫材料，使玻璃有一定的活动余地，而且不与支承装置金属直接接触。故本条规定点支承玻璃采光顶的支承装置应安装牢固、配合严密，支承装置不得与玻璃直接接触。

7.5.12 本条对采光顶玻璃密封胶缝的外观质量要求作出规定。

7.5.13～7.5.15 目前玻璃采光顶设计和施工，只能参照现行行业标准《玻璃幕墙工程技术规范》JGJ 102和《建筑幕墙》GB/T 21086的有关内容。这三条是对明框、隐框和点支承玻璃采光顶铺装的允许偏差和检验方法分别作出规定。

这里对第7.5.13条需说明以下三点：

1 玻璃采光顶通长纵向构件长度，是指与坡度方向垂直的构件长度或周长；通长横向构件长度是指从坡起点到最高点的构件长度。

2 玻璃采光顶构件的水平度和直线度，应包括采光顶平面内和平面外的检查。

3 检验项目中检验数量应按抽样构件数量或抽样分格数量的10%确定。

8 细部构造工程

8.1 一般规定

8.1.1 屋面的檐口、檐沟和天沟、女儿墙和山墙、水落口、变形缝、伸出屋面管道、屋面出入口、反梁过水孔、设施基座、屋脊、屋顶窗等部位，是屋面工程中最容易出现渗漏的薄弱环节。据调查表明有70%的屋面渗漏是由于细部构造的防水处理不当引起的，所以对这些部位均应进行防水增强处理，并作重点质量检查验收。

8.1.2 由于细部构造是屋面工程中最容易出现渗漏的部位，同时难以用抽检的百分率来确定屋面细部构造的整体质量，所以本条明确规定细部构造工程各分项工程每个检验批应全数进行检验。

8.1.3 由于细部构造部位形状复杂、变形集中，构造防水和材料防水相互交融在一起,所以屋面细部节点的防水构造及所用卷材、涂料和密封材料,必须符合设计要求。进场的防水材料应进行抽样检验。必要时应做两种材料的相容性试验。

8.1.4 参见本规范第5.2.6条的条文说明。

8.2 檐 口

8.2.1 檐口部位的防水层收头和滴水是檐口防水处理的关键,卷材防水屋面檐口800mm范围内的卷材应满粘,卷材收头应采用金属压条钉压,并用密封材料封严;涂膜防水屋面檐口的涂膜收头,应用防水涂料多遍涂刷。檐口下端应做鹰嘴和滴水槽。瓦屋面的瓦头挑出檐口的尺寸、滴水板的设置要求等应符合设计要求。验收时对构造做法必须进行严格检查,确保符合设计和现行相关规范的要求。

8.2.2 准确的排水坡度能够保证雨水迅速排走,檐口部位不出现渗漏和积水现象,可延长防水层的使用寿命。

8.2.3 无组织排水屋面的檐口,在800mm范围内的卷材应满粘,可以防止空铺、点铺或条铺的卷材防水层发生窜水或被大风揭起。

8.2.4 卷材收头应压入找平层的凹槽内,用金属压条钉压牢固并进行密封处理,防止收头处因翘边或被风揭起而造成渗漏。

8.2.5 由于涂膜防水层与基层粘结较好,涂膜收头应采用增加涂刷遍数的方法,以提高防水层的耐雨水冲刷能力。

8.2.6 由于檐口做法属于无组织排水,檐口雨水冲刷量大,檐口端部应采用聚合物水泥砂浆铺抹,以提高檐口的防水能力。为防止雨水沿檐口下端流向墙面,檐口下端应同时做鹰嘴和滴水槽。

8.3 檐沟和天沟

8.3.1 檐沟、天沟是排水最集中部位,檐沟、天沟与屋面的交接处,由于构件断面变化和屋面的变形,常在此处发生裂缝。同时,沟内防水层因受雨水冲刷和清扫的影响较大,卷材或涂膜防水屋面檐沟和天沟的防水层下应增设附加层,附加层伸入屋面的宽度不应小于250mm;防水层应由沟底翻上至外侧顶部,卷材收头应用金属压条钉压,并用密封材料封严;涂膜收头应用防水涂料多遍涂刷;檐沟外侧下端应做成鹰嘴或滴水槽。瓦屋面檐沟和天沟防水层下应增设附加层,附加层伸入屋面的宽度不应小于500mm;檐沟和天沟防水层伸入瓦内的宽度不应小于150mm,并应与屋面防水层或防水垫层顺流水方向搭接。烧结瓦、混凝土瓦伸入檐沟、天沟内的长度宜为50mm~70mm,沥青瓦伸入檐沟内的长度宜为10mm~20mm;验收时对构造做法必须进行严格检查,确保符合设计和现行相关规范的要求。

8.3.2 檐沟、天沟是有组织排水且雨水集中。由于檐沟、天沟排水坡度较小,因此必须精心施工,檐沟、天沟坡度应用坡度尺检查;为保证沟内无渗漏和积水现象,屋面防水层完成后,应进行雨后观察或淋水、蓄水试验。

8.3.3 檐沟、天沟与屋面的交接处,由于雨水冲刷量大,该部位应作附加层防水增强处理。附加层应在防水层施工前完成,验收时应按每道工序进行质量检验,并做好隐蔽工程验收记录。

8.3.4 檐沟卷材收头应在沟外侧顶部,由于卷材铺贴较厚及转弯不服帖,常因卷材的弹性发生翘边或脱落现象,因此规定卷材收头应用金属压条钉压固定,并用密封材料封严。涂膜收头应用防水涂料多遍涂刷。

8.3.5 檐沟外侧顶部及侧面如不做防水处理,雨水会从防水层收头处渗入防水层内造成渗漏,因此檐沟外侧顶部及侧面均应抹聚合物水泥砂浆。为防止雨水沿檐沟下端流向墙面,檐沟下端应做鹰嘴或滴水槽。

8.4 女儿墙和山墙

8.4.1 女儿墙和山墙无论是采用混凝土还是砌体都会产生开裂现象,女儿墙和山墙上的抹灰及压顶出现裂缝也是很常见的,如不做防水设防,雨水会沿裂缝或墙流入室内。泛水部位如不做附加层防水增强处理,防水层收缩易使泛水转角部位产生空鼓,防水层容易破坏。泛水收头若处理不当易产生翘边现象,使雨水从开口处渗入防水层下部。故女儿墙和山墙应按设计要求做好防水构造处理。

8.4.2 压顶是防止雨水从女儿墙或山墙渗入室内的重要部位,砖砌女儿墙和山墙应用现浇混凝土或预制混凝土压顶,压顶形成向内不小于5%的排水坡度,其内侧下端做成鹰嘴或滴水槽防止倒水。为避免压顶混凝土开裂形成渗水通道,压顶必须设分格缝并嵌填密封材料。采用金属制品压顶,无论从防水、立面、构造还是施工维护上讲都是最好的,需要注意的问题是金属扣板纵向缝的密封。

8.4.3 女儿墙和山墙与屋面交接处,由于温度应力集中容易造成墙体开裂,当防水层的拉伸性能不能满足基层变形时,防水层被拉裂而造成屋面渗漏。为保证女儿墙和山墙的根部无渗漏和积水现象,屋面防水层完成后,应进行雨后观察或淋水试验。

8.4.4 泛水部位容易产生应力集中导致开裂,因此该部位防水层的泛水高度和附加层铺设应符合设计要求,防止雨水从防水收头处流入室内。附加层在防水层施工前应进行验收,并填写隐蔽工程验收记录。

8.4.5 卷材防水层铺贴至女儿墙和山墙时,卷材立面部位应满粘防止下滑。砌体低女儿墙和山墙的卷材防水层可直接铺贴至压顶下,卷材收头用金属压条钉压固定,并用密封材料封严。砌体高女儿墙和山墙可在距屋面不小于250mm的部位留设凹槽，将卷材防水层收头压入凹槽内，用金属压条钉压固定并用密封材料封严，凹槽上部的墙体应做防水处理。混凝土女儿墙和山墙难以设置凹槽，可将卷材防水层直接用金属压条钉压在墙体上，卷材收头用密封材料封严，再做金属盖板保护。

8.4.6 为防止雨水顺女儿墙和山墙的墙体渗入室内，涂膜防水层在女儿墙和山墙部位应涂刷至压顶下。涂膜防水层的粘结能力较强，故涂膜收头可用防水涂料多遍涂刷。

8.5 水 落 口

8.5.1 水落口一般采用塑料制品，也有采用金属制品，由于水落口杯与檐沟、天沟的混凝土材料的线膨胀系数不同，环境温度变化的热胀冷缩会使水落口杯与基层交接处产生裂缝。同时，水落口是雨水集中部位，要求能迅速排水，并在雨水的长期冲刷下防水层应具有足够的耐久能力。验收时对每个水落口均应进行严格的检查。由于防水附加增强处理在防水层施工前完成，并被防水层覆盖，验收时应按每道工序进行质量检查，并做好隐蔽工程验收记录。

8.5.2 水落口杯的安设高度应充分考虑水落口部位增加的附加层和排水坡度加大的尺寸，屋面上每个水落口应单独计算出标高后进行埋设，保证水落口杯上口设置在屋面排水沟的最低处，避免水落口周围积水。为保证水落口处无渗漏和积水现象，屋面防水层施工完成后，应进行雨后观察或淋水、蓄水试验。

8.5.3 水落口的数量和位置是根据当地最大降雨量和汇水面积确定的，施工时应符合设计要求，不得随意增减。水落口杯应用细石混凝土与基层固定牢固。

8.5.4 水落口是排水最集中的部位，由于水落口周围坡度过小，施工困难且不易找准，影响水落口的排水能力。同时，水落口周围的防水层受雨水冲刷是屋面中最严重的，因此水落口周围直径500mm范围内增大坡度为不小于5%，并按设计要求作附加增强处理。

8.5.5 由于材质的不同，水落口杯与基层的交接处容易产生裂缝，故檐沟、天沟的防水层和附加层伸入水落口内不应小于50mm，并粘结牢固，避免水落口处发生渗漏。

8.6 变 形 缝

8.6.1 变形缝是为了防止建筑物产生变形、开裂甚至破坏而预先设置的构造缝，因此变形缝的防水构造应能满足变形要求。变形缝泛水处的防水层下应按设计要求增设防水附加层；防水层应铺贴或涂刷至泛水墙的顶部；变形缝内应填塞保温材料，其上铺设卷材封盖和金属盖板。由于变形缝内的防水构造会被盖板覆盖，故质量检查验收应随工序的开展而进行，并及时做好隐蔽工程验收记录。

8.6.2 变形缝与屋面交接处，由于温度应力集中容易造成墙体开裂，且变形缝内的墙体均无法做防水设防，当屋面防水层的拉伸性能不能满足基层变形时，防水层被拉裂而造成渗漏。故变形缝与屋面交接处、泛水高度和防水层收头应符合设计要求，防止雨水从泛水墙渗入室内。为保证变形缝处无渗漏和积水现象，屋面防水层施工完成后，应进行雨后观察或淋水试验。

8.6.3 参见本规范第8.4.4条的条文说明。

8.6.4 为保证防水层的连续性，屋面防水层应铺贴或涂刷至泛水墙的顶部，封盖卷材的中间应尽量向缝内下垂，然后将卷材与防水层粘牢。

8.6.5 为了保护变形缝内的防水卷材封盖，变形缝上宜加盖混凝土或金属盖板。金属盖板应固定牢固并做好防锈处理，为使雨水能顺利排走，金属盖板接缝应顺流水方向，搭接宽度一般不小于50mm。

8.6.6 高低跨变形缝在高层与裙房建筑的交接处大量出现，此处应采取适应变形的密封处理，防止大雨、暴雨时屋面积水倒灌现象。高低跨变形缝在高跨墙面上的防水卷材收头处应用金属压条钉压固定，并用密封材料封严，金属盖板也应固定牢固并密封严密。

8.7 伸出屋面管道

8.7.1 伸出屋面管道通常采用金属或PVC管材，由于温差变化引起的材料收缩会使管壁四周产生裂纹，所以在管壁四周应附加层做防水增强处理。卷材防水层收头处应用管箍或镀锌铁丝扎紧后用密封材料封严。验收时应按每道工序进行质量检查，并做好隐蔽工程验收记录。

8.7.2 伸出屋面管道无论是直埋还是预埋套管，管道往往直接与室内相连，因此伸出屋面管道是绝对不允许出现渗漏的。为保证伸出屋面管道根部无渗漏和积水现象，屋面防水层施工完成后，应进行雨后观察或淋水试验。

8.7.3 伸出屋面管道与混凝土线膨胀系数不同，环境变化易使管道四周产生裂缝，因此应设置附加层增加设防可靠性。防水层的泛水高度和附加层铺设应符合设计要求，防止雨水从防水层收头处流入室内。附加层在防水层施工前应及时进行验收，并填写隐蔽工程验收记录。

8.7.4 为保证伸出屋面管道四周雨水能顺利排出，不产生积水现象，管道四周100mm范围内，找平层应抹出高度不小于30mm的排水坡。

8.7.5 卷材防水层伸出屋面管道部位施工难度大，与管壁的粘结强度低，因此卷材收头处应用金属箍固定，并用密封材料封严，充分体现多道设防和柔性密封的原则。

8.8 屋面出入口

8.8.1 屋面出入口有垂直出入口和水平出入口两种，构造上有很大的区别，防水处理做法也多有不同，设计应根据工程实际情况做好屋面出入口的防水构造设计。施工和验收时，其做法必须符合设计要求，附加层及防水层收头处理等应做好隐蔽工程验收记录。

8.8.2 屋面出入口周边构造层次多、人员踩踏频繁，防水设计和施工应采取必要的措施保证无渗漏和积水现象。屋面防水层施工完成后，应进行雨后观察或淋水试验。

8.8.3 屋面垂直出入口的泛水部位应设附加层，以增加泛水部位防水层的耐久性。防水层的收头应压在压顶圈下，以保证收头的可靠性。

8.8.4 屋面水平出入口的收头应压在最上一步的混凝土踏步板下，以保证收头的可靠性。泛水部位应增设附加层，泛水立面部分的防水层用护墙保护，以免人员进出踢破防水层。

8.8.5 屋面出入口应有足够的泛水高度，以保证屋面的雨水不会流入室内或变形缝中。泛水高度应符合设计要求，设计无要求时，不得小于250mm。

8.9 反梁过水孔

8.9.1 因各种设计的原因，目前大挑檐或屋面中经常采用反梁构造，为了排水的需要常在反梁中设置过水孔或预埋管，过水孔防水处理不当会产生渗漏现象，因此反梁过水孔施工必须严格按照设计要求进行。

8.9.2 调查表明，因反梁过水孔过小或标高不准，以及过水孔防水处理不当，造成过水孔及其周围渗漏或积水很多。屋面防水层施工完成后，应进行雨后观察或淋水试验。

8.9.3 反梁过水孔孔底标高应按排水坡度留置，每个过水孔的孔底标高应在结构施工图中标明，否则找坡后孔底标高低于或高于沟底标高，均会造成长期积水现象。

反梁过水孔的孔洞高×宽不应小于150mm×250mm，预埋管内径不宜小于75mm，以免孔道堵塞。

8.9.4 反梁过水孔的防水处理十分重要。孔洞四周用防水涂料进行防水处理，涂膜防水层应尽量伸入孔洞内；预埋管道与混凝土接触处应预留凹槽，并用密封材料封严。

8.10 设施基座

8.10.1 近年来，随着建筑物功能的不断增加，屋面上的设施也越来越多，设施基座的防水处理也越来越突出。而且设施基座使屋面的防水基层复杂了许多，因此必须对设施基座按设计要求做好防水处理。

8.10.2 屋面上的设施基座，应按设计要求对防水层实施保护，避免屋面渗漏。设施基座周围也是易积水部位，施工时应严格按照设计要求进行防水设防，并设置足够的排水坡度避免积水。

8.10.3 设施基座与结构层相连时，设施基座就成为了结构层的一部分，此时，屋面防水层应将设施基座整个包裹起来，以保证防水层的连续性。设施基座都有安装设备的预埋地脚螺栓，使防水层无法连续。因此在预埋地脚螺栓的周围必须用密封材料封严，以确保预埋螺栓周围的防水效果。

8.10.4 设施直接放置在防水层上时，为防止设施对防水层的破坏，设施下应增设卷材附加层。如设施底部对防水层具有较大的破坏作用，如具有比较尖锐的突出物时，设施下应浇筑厚度不小于50mm的细石混凝土保护层。

8.10.5 屋面出入口至设施之间以及设施周围，经常会遭遇设施检查维修人员的踩踏，故应铺设块体材料或细石混凝土保护层。

8.11 屋 脊

8.11.1 烧结瓦、混凝土瓦的脊瓦与坡面瓦之间的缝隙，一般采用聚合物水泥砂浆填实抹平。脊瓦下端距坡面瓦的高度不宜超过80mm，脊瓦在两坡面瓦上的搭盖宽度每边不应小于40mm。沥青瓦屋面的脊瓦在两坡面瓦上的搭盖宽度每边不应小于150mm。正脊脊瓦外露搭接边宜顺常年风向一侧；每张屋脊瓦片的两侧各采用1个固定钉固定，固定钉距离侧边25mm；外露的固定钉钉帽应用沥青胶涂盖。

瓦屋面的屋脊处均应增设防水垫层附加层，附加层宽度不应小于500mm。

8.11.2 烧结瓦、混凝土瓦屋面的屋脊采用湿铺法施工，由于砂浆干缩容易引起裂缝；沥青瓦屋面的脊瓦采用固定钉固定和沥青胶粘结，由于大风容易引起边角翘起。瓦屋面铺装完成后，应对屋脊部位进行雨后或淋水检查。

8.11.3、8.11.4 平脊和斜脊铺设应顺直，应无起伏现象；脊瓦应搭盖正确、间距均匀、封固严密。既可保证脊瓦的搭接，防止渗漏，又可使瓦面整齐、美观。

8.12 屋 顶 窗

8.12.1 屋顶窗所用窗料及相关的各种零部件，如窗框固定铁脚、窗口防水卷材、金属排水板、支瓦条等，均应由屋顶窗的生产厂家配套供应。屋顶窗的防水设计为两道防水设防，即金属排水板采用涂有防氧化涂层的铝合金板，排水板与屋面瓦有效紧密搭接，第二道防水设防采用厚度为3mm的SBS防水卷材热熔施工；屋顶窗的排水设计应充分发挥排水板的作用，同时注意瓦与屋顶窗排水板的距离。因此屋顶窗的防水构造必须符合设计要求。

8.12.2 屋顶窗的安装可先于屋面瓦进行，亦可后于屋面瓦进行。当窗的安装先于屋面瓦进行时，应注意窗的成品保护；当窗的安装后于屋面瓦进行时，窗周围上下左右各500mm范围内应暂不铺瓦，待窗安装完成后再进行补铺。因此屋顶窗安装和屋面瓦铺装应配合默契，特别是在屋顶窗与瓦屋面的交接处，窗口防水卷材应与屋面瓦下所设的防水层或防水垫层搭接紧密。屋面防水层完成后，应对屋顶窗及其周围进行雨后观察或淋水试验。

8.12.3 屋顶窗用金属排水板及窗框固定铁脚，均应与屋面基层连接牢固，保证屋顶窗安全使用。烧结瓦、混凝土瓦屋面屋顶窗，金属排水板应固定在顺水条上的支撑木条上，固定钉处应用密封胶涂盖。

8.12.4 屋顶窗用窗口防水卷材，应沿窗的四周铺贴在屋面基层上，并与屋面瓦上所设的防水层或防水垫层搭接紧密。防水卷材应铺贴平整、粘结牢固。

9 屋面工程验收

9.0.1 按《建筑工程施工质量验收统一标准》GB 50300规定，屋面工程质量验收的程序和组织有以下两点说明：

1 检验批及分项工程应由监理工程师组织施工单位项目专业质量或技术负责人等进行验收。验收前，施工单位先填好"检验批和分项工程的质量验收记录"，并由项目专业质量检验员在验收记录中签字，然后由监理工程师组织按规定程序进行。

2 分部（子分部）工程应由总监理工程师组织施工单位项目负责人和项目技术、质量负责人等进行验收。

9.0.2 检验批是工程验收的最小单位，是分项工程乃至整个建筑工程质量验收的基础。本条规定了检验批质量验收合格条件：一是对检验批的质量抽样检验。主控项目是对检验批的基本质量起决定性作用的检验项目，必须全部符合本规范的有关规定，且检验结果具有否决权；一般项目是除主控项目以外的检验项目，其质量应符合本规范的有关规定，对有允许偏差的项目，应有80%以上在允许偏差范围内，且最大偏差值不得超过本规范规定允许偏差值的1.5倍；二是质量控制资料。反映检验批从原材料到最终验收的各施工工序的操作依据、检查情况以及保证质量所必需的管理制度等质量控制资料，是检验批合格的前提。

9.0.3 分项工程的验收在检验批验收的基础上进行。一般情况下，两者具有相同或相近的性质，只是批量的大小不同而已。因此，将有关的检验批汇集构成分项工程。分项工程质量验收合格的条件比较简单，只要所含构成分项工程的各检验批质量验收记录完整，并且均已验收合格，则分项工程验收合格。

9.0.4 分部（子分部）工程的验收在其所含各分项工程验收的基础上进行。本条给出了分部（子分部）工程质量验收合格的条件：一是所含分项工程的质量均应验收合格；二是相应的质量控制资料文件应完整；三是安全与功能的抽样检验应符合有关规定；四是观感质量检查应符合本规范的规定。

9.0.5 屋面工程验收资料和记录体现了施工全过程控制，必须做到真实、准确，不得有涂改和伪造，各级技术负责人签字后方可有效。

9.0.6 隐蔽工程为后续的工序或分项工程覆盖、包裹、遮挡的前一分项工程。例如防水层的基层，密封防水处理部位，檐沟、天沟、泛水和变形缝等细部构造，应经过检查符合质量标准后方可进行隐蔽，避免因质量问题造成渗漏或不易修复而直接影响防水效果。

9.0.7 关于观感质量检查往往难以定量，只能以观察、触摸或简单量测的方式进行，并由各个人的主观印象判断，检查结果并不给出"合格"或"不合格"的结论，而是综合给出质量评价。对于"差"的检查点应通过返修处理等补救。

本条对屋面防水工程观感质量检查的要求，是根据本规范各分项工程的质量内容规定的。

9.0.8 按《建筑工程施工质量验收统一标准》GB 50300的规定，建筑工程施工质量验收时，对涉及结构安全、节能、环境保护和主要使用功能的重要分部工程应进行抽样检验。因此，屋面工程验收时，应检查屋面有无渗漏、积水和排水系统是否畅通，可在雨后或持续淋水2h后进行。有可能作蓄水检验的屋面，其蓄水时间不应小于24h。检验后应填写安全和功能检验（检测）记录，作为屋面工程验收资料和记录之一。

9.0.9 本规范适用于新建、改建、扩建的工业与民用建筑及既有建筑改造屋面工程的质量验收。有的屋面工程除一般要求外，还会对屋面安全与功能提出特殊要求，涉及建筑、结构以及抗震、抗风揭、防雷和防火等诸多方面；为满足这些特殊要求，设计人员往往采用较为特殊的材料和工艺。为此，本条规定对安全与功能有特殊要求的建筑屋面，工程质量验收除应执行本规范外，尚应按合同约定和设计要求进行专项检验（检测）和专项验收。

9.0.10 屋面工程完成后，应由施工单位先行自检，并整理施工过程中的有关文件和记录，确认合格后会同建设或监理单位，共同按质量标准进行验收。子分部工程的验收，应在分项工程通过验收的基础上，对必要的部位进行抽样检验和使用功能满足程度的检查。子分部工程应由总监理工程师或建设单位项目负责人组织施工技术质量负责人进行验收。

屋面工程验收时，施工单位应按照本规范第9.0.5条的规定，将验收资料和记录提供总监理工程师或建设单位项目负责人审查，检查无误后方可作为存档资料。

中华人民共和国国家标准

地下防水工程质量验收规范

Code for acceptance of construction quality of
underground waterproof

GB 50208—2011

主编部门：山 西 省 住 房 和 城 乡 建 设 厅
批准部门：中华人民共和国住房和城乡建设部
施行日期：２０１２年１０月１日

中华人民共和国住房和城乡建设部
公　告

第 971 号

关于发布国家标准
《地下防水工程质量验收规范》的公告

现批准《地下防水工程质量验收规范》为国家标准，编号为 GB 50208-2011，自 2012 年 10 月 1 日起实施。其中，第 4.1.16、4.4.8、5.2.3、5.3.4、7.2.12 条为强制性条文，必须严格执行。原《地下防水工程质量验收规范》GB 50208-2002 同时废止。

本规范由我部标准定额研究所组织中国建筑工业出版社出版发行。

中华人民共和国住房和城乡建设部
2011 年 4 月 2 日

前　言

根据住房和城乡建设部《关于印发〈2008 年工程建设标准规范制订、修订计划（第一批）〉的通知》（建标〔2008〕102 号）的规定，山西建筑工程（集团）总公司和福建省闽南建筑工程（集团）有限公司会同有关单位，在《地下防水工程质量验收规范》GB 50208-2002 的基础上进行修订本规范。

本规范共分 9 章，4 个附录，主要技术内容包括：总则、术语、基本规定、主体结构防水工程、细部构造防水工程、特殊施工法结构防水工程、排水工程、注浆工程、子分部工程质量验收。

本次修订的主要内容是：重视防水材料的进场验收；强化结构的耐久性和环境保护；增加防水卷材接缝粘结质量检验；完善细部构造防水工程的质量验收；做到与国内相关标准的协调。

本规范中以黑体字标志的条文为强制性条文，必须严格执行。

本规范由住房和城乡建设部负责管理和对强制性条文的解释，由山西省住房和城乡建设厅负责日常管理，由山西建筑工程（集团）总公司负责具体技术内容的解释。在执行过程中，请各单位结合工程实践，认真总结经验，注意积累资料，如发现需要修改和补充之处，请将意见和建议寄送山西建筑工程（集团）总公司（地址：山西省太原市新建路 9 号，邮政编码：030002），以供今后修订时参考。

本规范主编单位：山西建筑工程（集团）总公司
福建省闽南建筑工程（集团）有限公司

本规范参编单位：总参工程兵科研三所
中冶建筑研究总院有限公司
北京市建筑工程研究院
上海市隧道工程轨道交通设计研究院
上海申通地铁集团有限公司维护保障中心
浙江工业大学
中国建筑业协会建筑防水分会
北京圣洁防水材料有限公司
大连细扬防水工程集团有限公司
上海台安工程实业有限公司
北京市龙阳伟业科技股份有限公司

本规范主要起草人员：郝玉柱　朱忠厚　李玉屏
黄荷山　邱伯荣　张玉玲
朱祖熹　薛绍祖　哈成德
冀文政　蔡庆华　冯晓军
赵　武　陆　明　朱　妍
许四法　曲　慧　杜　昕
樊细杨　程雪峰　王　伟

本规范主要审查人员：李承刚　吴松勤　姚源道
郭德友　吴　明　薛振东
彭尚银　高俊峰

目　次

- 1 总则 …………………………… 9—15—5
- 2 术语 …………………………… 9—15—5
- 3 基本规定 ……………………… 9—15—5
- 4 主体结构防水工程 …………… 9—15—7
  - 4.1 防水混凝土 ………………… 9—15—7
  - 4.2 水泥砂浆防水层 …………… 9—15—9
  - 4.3 卷材防水层 ………………… 9—15—9
  - 4.4 涂料防水层 ………………… 9—15—11
  - 4.5 塑料防水板防水层 ………… 9—15—11
  - 4.6 金属板防水层 ……………… 9—15—12
  - 4.7 膨润土防水材料防水层 …… 9—15—12
- 5 细部构造防水工程 …………… 9—15—13
  - 5.1 施工缝 ……………………… 9—15—13
  - 5.2 变形缝 ……………………… 9—15—13
  - 5.3 后浇带 ……………………… 9—15—14
  - 5.4 穿墙管 ……………………… 9—15—14
  - 5.5 埋设件 ……………………… 9—15—15
  - 5.6 预留通道接头 ……………… 9—15—15
  - 5.7 桩头 ………………………… 9—15—15
  - 5.8 孔口 ………………………… 9—15—16
  - 5.9 坑、池 ……………………… 9—15—16
- 6 特殊施工法结构防水工程 …… 9—15—16
  - 6.1 锚喷支护 …………………… 9—15—16
  - 6.2 地下连续墙 ………………… 9—15—17
  - 6.3 盾构隧道 …………………… 9—15—17
  - 6.4 沉井 ………………………… 9—15—19
  - 6.5 逆筑结构 …………………… 9—15—19
- 7 排水工程 ……………………… 9—15—20
  - 7.1 渗排水、盲沟排水 ………… 9—15—20
- 7.2 隧道排水、坑道排水 ……… 9—15—20
- 7.3 塑料排水板排水 …………… 9—15—21
- 8 注浆工程 ……………………… 9—15—22
  - 8.1 预注浆、后注浆 …………… 9—15—22
  - 8.2 结构裂缝注浆 ……………… 9—15—22
- 9 子分部工程质量验收 ………… 9—15—23
- 附录 A 地下工程用防水材料的质量指标 …………… 9—15—24
  - A.1 防水卷材 …………………… 9—15—24
  - A.2 防水涂料 …………………… 9—15—24
  - A.3 止水密封材料 ……………… 9—15—25
  - A.4 其他防水材料 ……………… 9—15—26
- 附录 B 地下工程用防水材料标准及进场抽样检验 … 9—15—27
- 附录 C 地下工程渗漏水调查与检测 ………………… 9—15—28
  - C.1 渗漏水调查 ………………… 9—15—28
  - C.2 渗漏水检测 ………………… 9—15—28
  - C.3 渗漏水检测记录 …………… 9—15—29
- 附录 D 防水卷材接缝粘结质量检验 ………………… 9—15—30
  - D.1 胶粘剂的剪切性能试验方法 … 9—15—30
  - D.2 胶粘剂的剥离性能试验方法 … 9—15—30
  - D.3 胶粘带的剪切性能试验方法 … 9—15—31
  - D.4 胶粘带的剥离性能试验方法 … 9—15—31
- 本规范用词说明 ………………… 9—15—31
- 引用标准名录 …………………… 9—15—31
- 附：条文说明 …………………… 9—15—33

Contents

1 General Provisions ················ 9—15—5
2 Terms ·· 9—15—5
3 Basic Requirements ·················· 9—15—5
4 Waterproof Projects of Main
　Structure ······································ 9—15—7
　4.1 Waterproofing Concrete ············· 9—15—7
　4.2 Cement Mortar Waterproofing
　　　Layer ··· 9—15—9
　4.3 Membrane Waterproofing
　　　Layer ··· 9—15—9
　4.4 Coating Waterproofing Layer ······ 9—15—11
　4.5 Plastic Sheet Waterproofing
　　　Layer ··· 9—15—11
　4.6 Metal Sheet Waterproofing
　　　Layer ··· 9—15—12
　4.7 Bentonite Waterproofing
　　　Layer ··· 9—15—12
5 Waterproofing Projects of
　Detail Structure ························· 9—15—13
　5.1 Construction Joint ····················· 9—15—13
　5.2 Deformation Crack ···················· 9—15—13
　5.3 Post Poured Band ····················· 9—15—14
　5.4 Through-wall Pipes ···················· 9—15—14
　5.5 Embedded Parts ························ 9—15—15
　5.6 Prepared Channel Joints ············ 9—15—15
　5.7 Pile Head ································· 9—15—15
　5.8 Orifice ······································· 9—15—16
　5.9 Pits and Ponds ·························· 9—15—16
6 Waterproofing Projects of
　Special Applications ···················· 9—15—16
　6.1 Bolt-shotcrete Support ··············· 9—15—16
　6.2 Underground Diaphragm Wall ··· 9—15—17
　6.3 Shield Tunnelling ······················ 9—15—17
　6.4 Open Caisson ··························· 9—15—19
　6.5 Inverted Construction ··············· 9—15—19
7 Drainage Projects ······················· 9—15—20
　7.1 Osmotic Drainage, Blind
　　　Drainage ··································· 9—15—20
　7.2 Tunnel Drainage, Adit
　　　Drainage ··································· 9—15—20
　7.3 Plastic Sheet Drainage ··············· 9—15—21
8 Grouting Projects ······················· 9—15—22
　8.1 Pre-grouting and Post-
　　　grouting ····································· 9—15—22
　8.2 Grouting of Structural Cracks ···· 9—15—22
9 Quality Acceptance of Sub-
　division Projects ························· 9—15—23
Appendix A　Quality Index of
　　　　　　Common Waterproo-
　　　　　　fing Materials for
　　　　　　Underground
　　　　　　Projects ························· 9—15—24
Appendix B　Standards of Waterpr-
　　　　　　oofing Materials for
　　　　　　Underground Projects
　　　　　　and Site Sampling
　　　　　　Inspection ···················· 9—15—27
Appendix C　Seepage Investigation
　　　　　　and Measurement for
　　　　　　Underground
　　　　　　Projects ························· 9—15—28
Appendix D　Bonding Quality
　　　　　　Testing of Joints
　　　　　　between Waterpro-
　　　　　　ofing Membranes ········· 9—15—30
Explanation of Wording in This
　Code ·· 9—15—31
List of Quoted Standards ················ 9—15—31
Addition: Explanation of
　Provisions ···································· 9—15—33

1 总　则

1.0.1 为了加强建筑工程质量管理，统一地下防水工程质量验收，保证工程质量，制定本规范。

1.0.2 本规范适用于房屋建筑、防护工程、市政隧道、地下铁道等地下防水工程质量验收。

1.0.3 地下防水工程采用的新技术，必须经过科技成果鉴定、评估或新产品、新技术鉴定。新技术应用前，应对新的或首次采用的施工工艺进行评审，并制定相应的技术标准。

1.0.4 地下防水工程的施工应符合国家现行有关安全与劳动防护和环境保护的规定。

1.0.5 地下防水工程质量验收除应符合本规范外，尚应符合国家现行有关标准的规定。

2 术　语

2.0.1 地下防水工程　underground waterproof project

对房屋建筑、防护工程、市政隧道、地下铁道等地下工程进行防水设计、防水施工和维护管理等各项技术工作的工程实体。

2.0.2 明挖法　cut and cover method

敞口开挖基坑，再在基坑中修建地下工程，最后用土石等回填的施工方法。

2.0.3 暗挖法　subsurface excavation method

不挖开地面，采用从施工通道在地下开挖、支护、衬砌的方式修建隧道等地下工程的施工方法。

2.0.4 胶凝材料　cementitious material or binder

用于配制混凝土的硅酸盐水泥及粉煤灰、磨细矿渣、硅粉等矿物掺合料的总称。

2.0.5 水胶比　water to binder ratio

混凝土配制时的用水量与胶凝材料总量之比。

2.0.6 锚喷支护　bolt-shotcrete support

锚杆和钢筋网喷射混凝土联合使用的一种围岩支护形式。

2.0.7 地下连续墙　underground diaphragm wall

采用机械施工方法成槽、浇灌钢筋混凝土，形成具有截水、防渗、挡土和承重作用的地下墙体。

2.0.8 盾构隧道　shield tunnelling method

采用盾构掘进机全断面开挖，钢筋混凝土管片作为衬砌支护进行暗挖法施工的隧道。

2.0.9 沉井　open caisson

由刃脚、井壁和隔墙等部分组成井筒，在筒内挖土使其下沉，达到设计标高后进行混凝土封底。

2.0.10 逆筑结构　inverted construction

以地下连续墙兼作墙体及混凝土灌注桩等兼作承重立柱，自上而下进行顶板、中楼板和底板施工的主体结构。

2.0.11 检验批　inspection lot

按同一生产条件或按规定的方式汇总起来供检验用的，由一定数量样本组成的检验体。

2.0.12 见证取样检测　evidential testing

在监理单位或建设单位见证员的监督下，由施工单位取样员现场取样，并送至具有相应资质检测单位进行的检测。

3 基本规定

3.0.1 地下工程的防水等级标准应符合表3.0.1的规定。

表3.0.1　地下工程防水等级标准

防水等级	防　水　标　准
一级	不允许渗水，结构表面无湿渍
二级	不允许漏水，结构表面可有少量湿渍； 房屋建筑地下工程：总湿渍面积不应大于总防水面积（包括顶板、墙面、地面）的1/1000；任意100m²防水面积上的湿渍不超过2处，单个湿渍的最大面积不大于0.1m²； 其他地下工程：总湿渍面积不应大于总防水面积的2/1000；任意100m²防水面积上的湿渍不超过3处，单个湿渍的最大面积不大于0.2m²；其中，隧道工程平均渗水量不大于0.05L/(m²·d)，任意100m²防水面积上的渗水量不大于0.15L/(m²·d)
三级	有少量漏水点，不得有线流和漏泥砂； 任意100m²防水面积上的漏水或湿渍点数不超过7处，单个漏水点的最大漏水量不大于2.5L/d，单个湿渍的最大面积不大于0.3m²
四级	有漏水点，不得有线流和漏泥砂； 整个工程平均漏水量不大于2L/(m²·d)；任意100m²防水面积上的平均漏水量不大于4L/(m²·d)

3.0.2 明挖法和暗挖法地下工程的防水设防应按表3.0.2-1和表3.0.2-2选用。

表 3.0.2-1 明挖法地下工程防水设防

工程部位		主体结构							施工缝							后浇带				变形缝、诱导缝					
防水措施		防水混凝土	防水卷材	防水涂料	塑料防水板	膨润土防水材料	防水砂浆	金属板	遇水膨胀止水条或止水胶	外贴式止水带	中埋式止水带	外抹防水砂浆	外涂防水涂料	水泥基渗透结晶型防水涂料	预埋注浆管	补偿收缩混凝土	外贴式止水带	预埋注浆管	遇水膨胀止水条或止水胶	中埋式止水带	外贴式止水带	可卸式止水带	防水密封材料	外贴防水卷材	外涂防水涂料
防水等级	一级	应选	应选一种至二种						应选二种							应选	应选二种			应选	应选二种				
	二级	应选	应选一种						应选一种至二种							应选	应选一种至二种			应选	应选一种至二种				
	三级	应选	宜选一种						宜选一种至二种							应选	宜选一种至二种			应选	宜选一种至二种				
	四级	宜选	—						宜选一种							应选	宜选一种				宜选一种				

表 3.0.2-2 暗挖法地下工程防水设防

工程部位		衬砌结构							内衬砌施工缝						内衬砌变形缝、诱导缝			
防水措施		防水混凝土	防水卷材	防水涂料	塑料防水板	膨润土防水材料	防水砂浆	金属板	遇水膨胀止水条或止水胶	外贴式止水带	中埋式止水带	防水密封材料	水泥基渗透结晶型防水涂料	预埋注浆管	中埋式止水带	外贴式止水带	可卸式止水带	防水密封材料
防水等级	一级	必选	应选一种至二种						应选一种至二种						应选	应选一种至二种		
	二级	应选	应选一种						应选一种						应选	应选一种		
	三级	宜选	宜选一种						宜选一种						应选	宜选一种		
	四级	宜选	宜选一种						宜选一种						应选	宜选一种		

3.0.3 地下防水工程必须由持有资质等级证书的防水专业队伍进行施工，主要施工人员应持有省级及以上建设行政主管部门或其指定单位颁发的执业资格证书或防水专业岗位证书。

3.0.4 地下防水工程施工前，应通过图纸会审，掌握结构主体及细部构造的防水要求，施工单位应编制防水工程专项施工方案，经监理单位或建设单位审查批准后执行。

3.0.5 地下工程所使用防水材料的品种、规格、性能等必须符合现行国家或行业产品标准和设计要求。

3.0.6 防水材料必须经具备相应资质的检测单位进行抽样检验，并出具产品性能检测报告。

3.0.7 防水材料的进场验收应符合下列规定：

1 对材料的外观、品种、规格、包装、尺寸和数量等进行检查验收，并经监理单位或建设单位代表检查确认，形成相应验收记录；

2 对材料的质量证明文件进行检查，并经监理单位或建设单位代表检查确认，纳入工程技术档案；

3 材料进场后应按本规范附录A和附录B的规定抽样检验，检验应执行见证取样送检制度，并出具材料进场检验报告；

4 材料的物理性能检验项目全部指标达到标准规定时，即为合格；若有一项指标不符合标准规定，应在受检产品中重新取样进行该项指标复验，复验结果符合标准规定，则判定该批材料为合格。

3.0.8 地下工程使用的防水材料及其配套材料，应符合现行行业标准《建筑防水涂料中有害物质限量》JC 1066 的规定，不得对周围环境造成污染。

3.0.9 地下防水工程的施工，应建立各道工序的自检、交接检和专职人员检查的制度，并有完整的检查记录；工程隐蔽前，应由施工单位通知有关单位进行验收，并形成隐蔽工程验收记录；未经监理单位或建设单位代表对上道工序的检查确认，不得进行下道工序的施工。

3.0.10 地下防水工程施工期间，必须保持地下水位稳定在工程底部最低高程 500mm 以下，必要时应采取降水措施。对采用明沟排水的基坑，应保持基坑干燥。

3.0.11 地下防水工程不得在雨天、雪天和五级风及其以上时施工；防水材料施工环境气温条件宜符合表 3.0.11 的规定。

表 3.0.11 防水材料施工环境气温条件

防水材料	施工环境气温条件
高聚物改性沥青防水卷材	冷粘法、自粘法不低于5℃，热熔法不低于−10℃
合成高分子防水卷材	冷粘法、自粘法不低于5℃，焊接法不低于−10℃
有机防水涂料	溶剂型−5℃～35℃，反应型、水乳型5℃～35℃
无机防水涂料	5℃～35℃
防水混凝土、防水砂浆	5℃～35℃
膨润土防水材料	不低于−20℃

3.0.12 地下防水工程是一个子分部工程，其分项工程的划分应符合表 3.0.12 的规定。

表 3.0.12 地下防水工程的分项工程

子分部工程		分项工程
地下防水工程	主体结构防水	防水混凝土、水泥砂浆防水层、卷材防水层、涂料防水层、塑料防水板防水层、金属板防水层、膨润土防水材料防水层
	细部构造防水	施工缝、变形缝、后浇带、穿墙管、埋设件、预留通道接头、桩头、孔口、坑、池
	特殊施工法结构防水	锚喷支护、地下连续墙、盾构隧道、沉井、逆筑结构
	排水	渗排水、盲沟排水、隧道排水、坑道排水、塑料排水板排水
	注浆	预注浆、后注浆、结构裂缝注浆

3.0.13 地下防水工程的分项工程检验批和抽样检验数量应符合下列规定：

　　1 主体结构防水工程和细部构造防水工程应按结构层、变形缝或后浇带等施工段划分检验批；

　　2 特殊施工法结构防水工程应按隧道区间、变形缝等施工段划分检验批；

　　3 排水工程和注浆工程应各为一个检验批；

　　4 各检验批的抽样检验数量：细部构造应为全数检查，其他均应符合本规范的规定。

3.0.14 地下工程应按设计的防水等级标准进行验收。地下工程渗漏水调查与检测应按本规范附录 C 执行。

4 主体结构防水工程

4.1 防水混凝土

4.1.1 防水混凝土适用于抗渗等级不小于 P6 的地下混凝土结构。不适用于环境温度高于 80℃的地下工程。处于侵蚀性介质中，防水混凝土的耐侵蚀性要求应符合现行国家标准《工业建筑防腐蚀设计规范》GB 50046 和《混凝土结构耐久性设计规范》GB 50476 的有关规定。

4.1.2 水泥的选择应符合下列规定：

　　1 宜采用普通硅酸盐水泥或硅酸盐水泥，采用其他品种水泥时应经试验确定；

　　2 在受侵蚀性介质作用时，应按介质的性质选用相应的水泥品种；

　　3 不得使用过期或受潮结块的水泥，并不得将不同品种或强度等级的水泥混合使用。

4.1.3 砂、石的选择应符合下列规定：

　　1 砂宜选用中粗砂，含泥量不应大于 3.0%，泥块含量不宜大于 1.0%；

　　2 不宜使用海砂；在没有使用河砂的条件时，应对海砂进行处理后才能使用，且控制氯离子含量不得大于 0.06%；

　　3 碎石或卵石的粒径宜为 5mm～40mm，含泥量不应大于 1.0%，泥块含量不应大于 0.5%；

　　4 对长期处于潮湿环境的重要结构混凝土用砂、石，应进行碱活性检验。

4.1.4 矿物掺合料的选择应符合下列规定：

　　1 粉煤灰的级别不应低于 Ⅱ 级，烧失量不应大于 5%；

　　2 硅粉的比表面积不应小于 15000m²/kg，SiO_2 含量不应小于 85%；

　　3 粒化高炉矿渣粉的品质要求应符合现行国家标准《用于水泥和混凝土中的粒化高炉矿渣粉》GB/T 18046 的有关规定。

4.1.5 混凝土拌合用水，应符合现行行业标准《混凝土用水标准》JGJ 63 的有关规定。

4.1.6 外加剂的选择应符合下列规定：

1 外加剂的品种和用量应经试验确定，所用外加剂应符合现行国家标准《混凝土外加剂应用技术规范》GB 50119 的质量规定；

2 掺引气剂或引气型减水剂的混凝土，其含气量宜控制在 3%～5%；

3 考虑外加剂对硬化混凝土收缩性能的影响；

4 严禁使用对人体产生危害、对环境产生污染的外加剂。

4.1.7 防水混凝土的配合比应经试验确定，并应符合下列规定：

1 试配要求的抗渗水压值应比设计值提高 0.2MPa；

2 混凝土胶凝材料总量不宜小于 320kg/m³，其中水泥用量不宜小于 260kg/m³，粉煤灰掺量宜为胶凝材料总量的 20%～30%，硅粉的掺量宜为胶凝材料总量的 2%～5%；

3 水胶比不得大于 0.50，有侵蚀性介质时水胶比不宜大于 0.45；

4 砂率宜为 35%～40%，泵送时可增至 45%；

5 灰砂比宜为 1:1.5～1:2.5；

6 混凝土拌合物的氯离子含量不应超过胶凝材料总量的 0.1%；混凝土中各类材料的总碱量即 Na_2O 当量不得大于 3kg/m³。

4.1.8 防水混凝土采用预拌混凝土时，入泵坍落度宜控制在 120mm～160mm，坍落度每小时损失不应大于 20mm，坍落度总损失值不应大于 40mm。

4.1.9 混凝土拌制和浇筑过程控制应符合下列规定：

1 拌制混凝土所用材料的品种、规格和用量，每工作班检查不应少于两次。每盘混凝土组成材料计量结果的允许偏差应符合表 4.1.9-1 的规定。

表 4.1.9-1 混凝土组成材料计量结果的允许偏差（%）

混凝土组成材料	每盘计量	累计计量
水泥、掺合料	±2	±1
粗、细骨料	±3	±2
水、外加剂	±2	±1

注：累计计量仅适用于微机控制计量的搅拌站。

2 混凝土在浇筑地点的坍落度，每工作班至少检查两次，坍落度试验应符合现行国家标准《普通混凝土拌合物性能试验方法标准》GB/T 50080 的有关规定。混凝土坍落度允许偏差应符合表 4.1.9-2 的规定。

表 4.1.9-2 混凝土坍落度允许偏差（mm）

规定坍落度	允许偏差
≤40	±10
50～90	±15
>90	±20

3 泵送混凝土在交货地点的入泵坍落度，每工作班至少检查两次。混凝土入泵时的坍落度允许偏差应符合表 4.1.9-3 的规定。

表 4.1.9-3 混凝土入泵时的坍落度允许偏差（mm）

所需坍落度	允许偏差
≤100	±20
>100	±30

4 当防水混凝土拌合物在运输后出现离析，必须进行二次搅拌。当坍落度损失后不能满足施工要求时，应加入原水胶比的水泥浆或掺加同品种的减水剂进行搅拌，严禁直接加水。

4.1.10 防水混凝土抗压强度试件，应在混凝土浇筑地点随机取样后制作，并应符合下列规定：

1 同一工程、同一配合比的混凝土，取样频率与试件留置组数应符合现行国家标准《混凝土结构工程施工质量验收规范》GB 50204 的有关规定；

2 抗压强度试验应符合现行国家标准《普通混凝土力学性能试验方法标准》GB/T 50081 的有关规定；

3 结构构件的混凝土强度评定应符合现行国家标准《混凝土强度检验评定标准》GB/T 50107 的有关规定。

4.1.11 防水混凝土抗渗性能应采用标准条件下养护混凝土抗渗试件的试验结果评定，试件应在混凝土浇筑地点随机取样后制作，并应符合下列规定：

1 连续浇筑混凝土每 500m³ 应留置一组 6 个抗渗试件，且每项工程不得少于两组；采用预拌混凝土的抗渗试件，留置组数应视结构的规模和要求而定；

2 抗渗性能试验应符合现行国家标准《普通混凝土长期性能和耐久性能试验方法标准》GB/T 50082 的有关规定。

4.1.12 大体积防水混凝土的施工应采取材料选择、温度控制、保温保湿等技术措施。在设计许可的情况下，掺粉煤灰混凝土设计强度等级的龄期宜为 60d 或 90d。

4.1.13 防水混凝土分项工程检验批的抽样检验数量，应按混凝土外露面积每 100m² 抽查 1 处，每处 10m²，且不得少于 3 处。

Ⅰ 主控项目

4.1.14 防水混凝土的原材料、配合比及坍落度必须符合设计要求。

　　检验方法：检查产品合格证、产品性能检测报告、计量措施和材料进场检验报告。

4.1.15 防水混凝土的抗压强度和抗渗性能必须符合设计要求。

　　检验方法：检查混凝土抗压强度、抗渗性能检验报告。

4.1.16 防水混凝土结构的施工缝、变形缝、后浇带、穿墙管、埋设件等设置和构造必须符合设计要求。

　　检验方法：观察检查和检查隐蔽工程验收记录。

Ⅱ 一般项目

4.1.17 防水混凝土结构表面应坚实、平整，不得有露筋、蜂窝等缺陷；埋设件位置应准确。

　　检验方法：观察检查。

4.1.18 防水混凝土结构表面的裂缝宽度不应大于0.2mm，且不得贯通。

　　检验方法：用刻度放大镜检查。

4.1.19 防水混凝土结构厚度不应小于250mm，其允许偏差应为+8mm、-5mm；主体结构迎水面钢筋保护层厚度不应小于50mm，其允许偏差应为±5mm。

　　检验方法：尺量检查和检查隐蔽工程验收记录。

4.2 水泥砂浆防水层

4.2.1 水泥砂浆防水层适用于地下工程主体结构的迎水面或背水面。不适用于受持续振动或环境温度高于80℃的地下工程。

4.2.2 水泥砂浆防水层应采用聚合物水泥防水砂浆、掺外加剂或掺合料的防水砂浆。

4.2.3 水泥砂浆防水层所用的材料应符合下列规定：

　　1 水泥应使用普通硅酸盐水泥、硅酸盐水泥或特种水泥，不得使用过期或受潮结块的水泥；

　　2 砂宜采用中砂，含泥量不应大于1.0%，硫化物及硫酸盐含量不应大于1.0%；

　　3 用于拌制水泥砂浆的水，应采用不含有害物质的洁净水；

　　4 聚合物乳液的外观应为均匀液体，无杂质、无沉淀、不分层；

　　5 外加剂的技术性能应符合现行国家或行业有关标准的质量要求。

4.2.4 水泥砂浆防水层的基层质量应符合下列规定：

　　1 基层表面应平整、坚实、清洁，并应充分湿润、无明水；

　　2 基层表面的孔洞、缝隙，应采用与防水层相同的水泥砂浆堵塞并抹平；

　　3 施工前应将埋设件、穿墙管预留凹槽内嵌填密封材料后，再进行水泥砂浆防水层施工。

4.2.5 水泥砂浆防水层施工应符合下列规定：

　　1 水泥砂浆的配制，应按所掺材料的技术要求准确计量；

　　2 分层铺抹或喷涂，铺抹时应压实、抹平，最后一层表面应提浆压光；

　　3 防水层各层应紧密粘合，每层宜连续施工；必须留设施工缝时，应采用阶梯坡形槎，但与阴阳角处的距离不得小于200mm；

　　4 水泥砂浆终凝后应及时进行养护，养护温度不宜低于5℃，并应保持砂浆表面湿润，养护时间不得少于14d；聚合物水泥防水砂浆未达到硬化状态时，不得浇水养护或直接受雨水冲刷，硬化后应采用干湿交替的养护方法。潮湿环境中，可在自然条件下养护。

4.2.6 水泥砂浆防水层分项工程检验批的抽样检验数量，应按施工面积每100m²抽查1处，每处10m²，且不得少于3处。

Ⅰ 主控项目

4.2.7 防水砂浆的原材料及配合比必须符合设计规定。

　　检验方法：检查产品合格证、产品性能检测报告、计量措施和材料进场检验报告。

4.2.8 防水砂浆的粘结强度和抗渗性能必须符合设计规定。

　　检验方法：检查砂浆粘结强度、抗渗性能检验报告。

4.2.9 水泥砂浆防水层与基层之间应结合牢固，无空鼓现象。

　　检验方法：观察和用小锤轻击检查。

Ⅱ 一般项目

4.2.10 水泥砂浆防水层表面应密实、平整，不得有裂纹、起砂、麻面等缺陷。

　　检验方法：观察检查。

4.2.11 水泥砂浆防水层施工缝留槎位置应正确，接槎应按层次顺序操作，层层搭接紧密。

　　检验方法：观察检查和检查隐蔽工程验收记录。

4.2.12 水泥砂浆防水层的平均厚度应符合设计要求，最小厚度不得小于设计厚度的85%。

　　检验方法：用针测法检查。

4.2.13 水泥砂浆防水层表面平整度的允许偏差应为5mm。

　　检验方法：用2m靠尺和楔形塞尺检查。

4.3 卷材防水层

4.3.1 卷材防水层适用于受侵蚀性介质作用或受振动作用的地下工程；卷材防水层应铺设在主体结构的迎水面。

4.3.2 卷材防水层应采用高聚物改性沥青类防水卷材和合成高分子类防水卷材。所选用的基层处理剂、胶粘剂、密封材料等均应与粘贴的卷材相匹配。

4.3.3 在进场材料检验的同时，防水卷材接缝粘结质量检验应按本规范附录D执行。

4.3.4 铺贴防水卷材前，基面应干净、干燥，并应涂刷基层处理剂；当基面潮湿时，应涂刷湿固化型胶粘剂或潮湿界面隔离剂。

4.3.5 基层阴阳角应做成圆弧或45°坡角，其尺寸应根据卷材品种确定；在转角处、变形缝、施工缝、穿墙管等部位应铺贴卷材加强层，加强层宽度不应小于500mm。

4.3.6 防水卷材的搭接宽度应符合表4.3.6的要求。铺贴双层卷材时，上下两层和相邻两幅卷材的接缝应错开1/3～1/2幅宽，且两层卷材不得相互垂直铺贴。

表4.3.6 防水卷材的搭接宽度

卷材品种	搭接宽度（mm）
弹性体改性沥青防水卷材	100
改性沥青聚乙烯胎防水卷材	100
自粘聚合物改性沥青防水卷材	80
三元乙丙橡胶防水卷材	100/60（胶粘剂/胶粘带）
聚氯乙烯防水卷材	60/80（单焊缝/双焊缝） 100（胶粘剂）
聚乙烯丙纶复合防水卷材	100（粘结料）
高分子自粘胶膜防水卷材	70/80（自粘胶/胶粘带）

4.3.7 冷粘法铺贴卷材应符合下列规定：
 1 胶粘剂应涂刷均匀，不得露底、堆积；
 2 根据胶粘剂的性能，应控制胶粘剂涂刷与卷材铺贴的间隔时间；
 3 铺贴时不得用力拉伸卷材，排除卷材下面的空气，辊压粘贴牢固；
 4 铺贴卷材应平整、顺直，搭接尺寸准确，不得扭曲、皱折；
 5 卷材接缝部位应采用专用胶粘剂或胶粘带满粘，接缝口应用密封材料封严，其宽度不应小于10mm。

4.3.8 热熔法铺贴卷材应符合下列规定：
 1 火焰加热器加热卷材应均匀，不得加热不足或烧穿卷材；
 2 卷材表面热熔后应立即滚铺，排除卷材下面的空气，并粘贴牢固；
 3 铺贴卷材应平整、顺直，搭接尺寸准确，不得扭曲、皱折；
 4 卷材接缝部位应溢出热熔的改性沥青胶料，并粘贴牢固，封闭严密。

4.3.9 自粘法铺贴卷材应符合下列规定：
 1 铺贴卷材时，应将有黏性的一面朝向主体结构；
 2 外墙、顶板铺贴时，排除卷材下面的空气，辊压粘贴牢固；
 3 铺贴卷材应平整、顺直，搭接尺寸准确，不得扭曲、皱折和起泡；
 4 立面卷材铺贴完成后，应将卷材端头固定，并应用密封材料封严；
 5 低温施工时，宜对卷材和基面采用热风适当加热，然后铺贴卷材。

4.3.10 卷材接缝采用焊接法施工应符合下列规定：
 1 焊接前卷材应铺放平整，搭接尺寸准确，焊接缝的结合面应清扫干净；
 2 焊接时应先焊长边搭接缝，后焊短边搭接缝；
 3 控制热风加热温度和时间，焊接处不得漏焊、跳焊或焊接不牢；
 4 焊接时不得损害非焊接部位的卷材。

4.3.11 铺贴聚乙烯丙纶复合防水卷材应符合下列规定：
 1 应采用配套的聚合物水泥防水粘结材料；
 2 卷材与基层粘贴应采用满粘法，粘结面积不应小于90%，刮涂粘结料应均匀，不得露底、堆积、流淌；
 3 固化后的粘结料厚度不应小于1.3mm；
 4 卷材接缝部位应挤出粘结料，接缝表面处应涂刮1.3mm厚50mm宽聚合物水泥粘结料封边；
 5 聚合物水泥粘结料固化前，不得在其上行走或进行后续作业。

4.3.12 高分子自粘胶膜防水卷材宜采用预铺反粘法施工，并应符合下列规定：
 1 卷材宜单层铺设；
 2 在潮湿基面铺设时，基面应平整坚固、无明水；
 3 卷材长边应采用自粘边搭接，短边应采用胶粘带搭接，卷材端部搭接区应相互错开；
 4 立面施工时，在自粘边位置距离卷材边缘10mm～20mm内，每隔400mm～600mm应进行机械固定，并应保证固定位置被卷材完全覆盖；
 5 浇筑结构混凝土时不得损伤防水层。

4.3.13 卷材防水层完工并经验收合格后应及时做保护层。保护层应符合下列规定：
 1 顶板的细石混凝土保护层与防水层之间宜设置隔离层。细石混凝土保护层厚度：机械回填时不宜小于70mm，人工回填时不宜小于50mm；
 2 底板的细石混凝土保护层厚度不应小于50mm；

3 侧墙宜采用软质保护材料或铺抹 20mm 厚 1:2.5 水泥砂浆。

4.3.14 卷材防水层分项工程检验批的抽样检验数量，应按铺贴面积每 100m² 抽查 1 处，每处 10m²，且不得少于 3 处。

Ⅰ 主控项目

4.3.15 卷材防水层所用卷材及其配套材料必须符合设计要求。

检验方法：检查产品合格证、产品性能检测报告和材料进场检验报告。

4.3.16 卷材防水层在转角处、变形缝、施工缝、穿墙管等部位做法必须符合设计要求。

检验方法：观察检查和检查隐蔽工程验收记录。

Ⅱ 一般项目

4.3.17 卷材防水层的搭接缝应粘贴或焊接牢固，密封严密，不得有扭曲、折皱、翘边和起泡等缺陷。

检验方法：观察检查。

4.3.18 采用外防外贴法铺贴卷材防水层时，立面卷材接槎的搭接宽度，高聚物改性沥青类卷材应为 150mm，合成高分子类卷材应为 100mm，且上层卷材应盖过下层卷材。

检验方法：观察和尺量检查。

4.3.19 侧墙卷材防水层的保护层与防水层应结合紧密，保护层厚度应符合设计要求。

检验方法：观察和尺量检查。

4.3.20 卷材搭接宽度的允许偏差应为 —10mm。

检验方法：观察和尺量检查。

4.4 涂料防水层

4.4.1 涂料防水层适用于受侵蚀性介质作用或受振动作用的地下工程；有机防水涂料宜用于主体结构的迎水面，无机防水涂料宜用于主体结构的迎水面或背水面。

4.4.2 有机防水涂料应采用反应型、水乳型、聚合物水泥等涂料；无机防水涂料应采用掺外加剂、掺合料的水泥基防水涂料或水泥基渗透结晶型防水涂料。

4.4.3 有机防水涂料基面应干燥。当基面较潮湿时，应涂刷湿固化型胶结剂或潮湿界面隔离剂；无机防水涂料施工前，基面应充分润湿，但不得有明水。

4.4.4 涂料防水层的施工应符合下列规定：

1 多组分涂料应按配合比准确计量，搅拌均匀，并应根据有效时间确定每次配制的用量；

2 涂料应分层涂刷或喷涂，涂层应均匀，涂刷应待前遍涂层干燥成膜后进行。每遍涂刷时应交替改变涂层的涂刷方向，同层涂膜的先后搭压宽度宜为 30mm～50mm；

3 涂料防水层的甩槎处接槎宽度不应小于 100mm，接涂前应将其甩槎表面处理干净；

4 采用有机防水涂料时，基层阴阳角处应做成圆弧；在转角处、变形缝、施工缝、穿墙管等部位应增加胎体增强材料和增涂防水涂料，宽度不应小于 500mm；

5 胎体增强材料的搭接宽度不应小于 100mm。上下两层和相邻两幅胎体的接缝应错开 1/3 幅宽，且上下两层胎体不得相互垂直贴铺。

4.4.5 涂料防水层完工并经验收合格后应及时做保护层。保护层应符合本规范第 4.3.13 条的规定。

4.4.6 涂料防水层分项工程检验批的抽样检验数量，应按涂层面积每 100m² 抽查 1 处，每处 10m²，且不得少于 3 处。

Ⅰ 主控项目

4.4.7 涂料防水层所用的材料及配合比必须符合设计要求。

检验方法：检查产品合格证、产品性能检测报告、计量措施和材料进场检验报告。

4.4.8 涂料防水层的平均厚度应符合设计要求，最小厚度不得小于设计厚度的 90%。

检验方法：用针测法检查。

4.4.9 涂料防水层在转角处、变形缝、施工缝、穿墙管等部位做法必须符合设计要求。

检验方法：观察检查和检查隐蔽工程验收记录。

Ⅱ 一般项目

4.4.10 涂料防水层应与基层粘结牢固，涂刷均匀，不得流淌、鼓泡、露槎。

检验方法：观察检查。

4.4.11 涂层间夹铺胎体增强材料时，应使防水涂料浸透胎体覆盖完全，不得有胎体外露现象。

检验方法：观察检查。

4.4.12 侧墙涂料防水层的保护层与防水层应结合紧密，保护层厚度应符合设计要求。

检验方法：观察检查。

4.5 塑料防水板防水层

4.5.1 塑料防水板防水层适用于经常承受水压、侵蚀性介质或有振动作用的地下工程；塑料防水板宜铺设在复合式衬砌的初期支护与二次衬砌之间。

4.5.2 塑料防水板防水层的基面应平整，无尖锐突出物，基面平整度 D/L 不应大于 1/6。

注：D 为初期支护基面相邻两凸面间凹进去的深度；

L 为初期支护基面相邻两凸面间的距离。

4.5.3 初期支护的渗漏水，应在塑料防水板防水层铺设前封堵或引排。

4.5.4 塑料防水板的铺设应符合下列规定：

1 铺设塑料防水板前应先铺缓冲层，缓冲层应用暗钉圈固定在基面上；缓冲层搭接宽度不应小于50mm；铺设塑料防水板时，应边铺边用压焊机将塑料防水板与暗钉圈焊接；

2 两幅塑料防水板的搭接宽度不应小于100mm，下部塑料防水板应压住上部塑料防水板。接缝焊接时，塑料防水板的搭接层数不得超过3层；

3 塑料防水板的搭接缝应采用双焊缝，每条焊缝的有效宽度不应小于10mm；

4 塑料防水板铺设时宜设置分区预埋注浆系统；

5 分段设置塑料防水板防水层时，两端应采取封闭措施。

4.5.5 塑料防水板的铺设应超前二次衬砌混凝土施工，超前距离宜为5m~20m。

4.5.6 塑料防水板应牢固地固定在基面上，固定点间距应根据基面平整情况确定，拱部宜为0.5m~0.8m，边墙宜为1.0m~1.5m，底部宜为1.5m~2.0m；局部凹凸较大时，应在凹处加密固定点。

4.5.7 塑料防水板防水层分项工程检验批的抽样检验数量，应按铺设面积每100m²抽查1处，每处10m²，且不得少于3处。焊缝检验应按焊缝条数抽查5%，每条焊缝为1处，且不得少于3处。

Ⅰ 主控项目

4.5.8 塑料防水板及其配套材料必须符合设计要求。

检验方法：检查产品合格证、产品性能检测报告和材料进场检验报告。

4.5.9 塑料防水板的搭接缝必须采用双缝热熔焊接，每条焊缝的有效宽度不应小于10mm。

检验方法：双焊缝间空腔内充气检查和尺量检查。

Ⅱ 一般项目

4.5.10 塑料防水板应采用无钉孔铺设，其固定点的间距应符合本规范第4.5.6条的规定。

检验方法：观察和尺量检查。

4.5.11 塑料防水板与暗钉圈应焊接牢靠，不得漏焊、假焊和焊穿。

检验方法：观察检查。

4.5.12 塑料防水板的铺设应平顺，不得有下垂、绷紧和破损现象。

检验方法：观察检查。

4.5.13 塑料防水板搭接宽度的允许偏差应为—10mm。

检验方法：尺量检查。

4.6 金属板防水层

4.6.1 金属板防水层适用于抗渗性能要求较高的地下工程；金属板应铺设在主体结构迎水面。

4.6.2 金属板防水层所采用的金属材料和保护材料应符合设计要求。金属板及其焊接材料的规格、外观质量和主要物理性能，应符合国家现行有关标准的规定。

4.6.3 金属板的拼接及金属板与工程结构的锚固件连接应采用焊接。金属板的拼接焊缝应进行外观检查和无损检验。

4.6.4 金属板表面有锈蚀、麻点或划痕等缺陷时，其深度不得大于该板材厚度的负偏差值。

4.6.5 金属板防水层分项工程检验批的抽样检验数量，应按铺设面积每10m²抽查1处，每处1m²，且不得少于3处。焊缝表面缺陷检验应按焊缝的条数抽查5%，且不得少于1条焊缝；每条焊缝检查1处，总抽查数不得少于10处。

Ⅰ 主控项目

4.6.6 金属板和焊接材料必须符合设计要求。

检验方法：检查产品合格证、产品性能检测报告和材料进场检验报告。

4.6.7 焊工应持有有效的执业资格证书。

检验方法：检查焊工执业资格证书和考核日期。

Ⅱ 一般项目

4.6.8 金属板表面不得有明显凹面和损伤。

检验方法：观察检查。

4.6.9 焊缝不得有裂纹、未熔合、夹渣、焊瘤、咬边、烧穿、弧坑、针状气孔等缺陷。

检验方法：观察检查和使用放大镜、焊缝量规及钢尺检查，必要时采用渗透或磁粉探伤检查。

4.6.10 焊缝的焊波应均匀，焊渣和飞溅物应清除干净；保护涂层不得有漏涂、脱皮和反锈现象。

检验方法：观察检查。

4.7 膨润土防水材料防水层

4.7.1 膨润土防水材料防水层适用于pH为4~10的地下环境中；膨润土防水材料防水层应用于复合式衬砌的初期支护与二次衬砌之间以及明挖法地下工程主体结构的迎水面，防水层两侧应具有一定的夹持力。

4.7.2 膨润土防水材料中的膨润土颗粒应采用钠基膨润土，不应采用钙基膨润土。

4.7.3 膨润土防水材料防水层基面应坚实、清洁，不得有明水，基面平整度应符合本规范第4.5.2条的规定；基层阴阳角应做成圆弧或坡角。

4.7.4 膨润土防水毯的织布面和膨润土防水板的膨润土面，均应与结构外表面密贴。

4.7.5 膨润土防水材料应采用水泥钉和垫片固定；立面和斜面上的固定间距宜为400mm~500mm，平面上应在搭接缝处固定。

4.7.6 膨润土防水材料的搭接宽度应大于100mm；搭接部位的固定间距宜为200mm～300mm，固定点与搭接边缘的距离宜为25mm～30mm，搭接处应涂抹膨润土密封膏。平面搭接缝处可干撒膨润土颗粒，其用量宜为0.3kg/m～0.5kg/m。

4.7.7 膨润土防水材料的收口部位应采用金属压条和水泥钉固定，并用膨润土密封膏覆盖。

4.7.8 转角处和变形缝、施工缝、后浇带等部位均应设置宽度不小于500mm加强层，加强层应设置在防水层与结构外表面之间。穿墙管件部位宜采用膨润土橡胶止水条、膨润土密封膏进行加强处理。

4.7.9 膨润土防水材料分段铺设时，应采取临时遮挡防护措施。

4.7.10 膨润土防水材料防水层分项工程检验批的抽样检验数量，应按铺设面积每100m²抽查1处，每处10m²，且不得少于3处。

Ⅰ 主控项目

4.7.11 膨润土防水材料必须符合设计要求。

检验方法：检查产品合格证、产品性能检测报告和材料进场检验报告。

4.7.12 膨润土防水材料防水层在转角处和变形缝、施工缝、后浇带、穿墙管等部位做法必须符合设计要求。

检验方法：观察检查和检查隐蔽工程验收记录。

Ⅱ 一般项目

4.7.13 膨润土防水毯的织布面或防水板的膨润土面，应朝向工程主体结构的迎水面。

检验方法：观察检查。

4.7.14 立面或斜面铺设的膨润土防水材料应上层压住下层，防水层与基层、防水层与防水层之间应密贴，并应平整无折皱。

检验方法：观察检查。

4.7.15 膨润土防水材料的搭接和收口部位应符合本规范第4.7.5条、第4.7.6条、第4.7.7条的规定。

检验方法：观察和尺量检查。

4.7.16 膨润土防水材料搭接宽度的允许偏差应为—10mm。

检验方法：观察和尺量检查。

5 细部构造防水工程

5.1 施 工 缝

Ⅰ 主控项目

5.1.1 施工缝用止水带、遇水膨胀止水条或止水胶、水泥基渗透结晶型防水涂料和预埋注浆管必须符合设计要求。

检验方法：检查产品合格证、产品性能检测报告和材料进场检验报告。

5.1.2 施工缝防水构造必须符合设计要求。

检验方法：观察检查和检查隐蔽工程验收记录。

Ⅱ 一般项目

5.1.3 墙体水平施工缝应留设在高出底板表面不小于300mm的墙体上。拱、板与墙结合的水平施工缝，宜留在拱、板与墙交接处以下150mm～300mm处；垂直施工缝应避开地下水和裂隙水较多的地段，并宜与变形缝相结合。

检验方法：观察检查和检查隐蔽工程验收记录。

5.1.4 在施工缝处继续浇筑混凝土时，已浇筑的混凝土抗压强度不应小于1.2MPa。

检验方法：观察检查和检查隐蔽工程验收记录。

5.1.5 水平施工缝浇筑混凝土前，应将其表面浮浆和杂物清除，然后铺设净浆、涂刷混凝土界面处理剂或水泥基渗透结晶型防水涂料，再铺30mm～50mm厚的1:1水泥砂浆，并及时浇筑混凝土。

检验方法：观察检查和检查隐蔽工程验收记录。

5.1.6 垂直施工缝浇筑混凝土前，应将其表面清理干净，再涂刷混凝土界面处理剂或水泥基渗透结晶型防水涂料，并及时浇筑混凝土。

检验方法：观察检查和检查隐蔽工程验收记录。

5.1.7 中埋式止水带及外贴式止水带埋设位置应准确，固定应牢靠。

检验方法：观察检查和检查隐蔽工程验收记录。

5.1.8 遇水膨胀止水条应具有缓膨胀性能；止水条与施工缝基面应密贴，中间不得有空鼓、脱离等现象；止水条应牢固地安装在缝表面或预留凹槽内；止水条采用搭接连接时，搭接宽度不得小于30mm。

检验方法：观察检查和检查隐蔽工程验收记录。

5.1.9 遇水膨胀止水胶应采用专用注胶器挤出粘结在施工缝表面，并做到连续、均匀、饱满，无气泡和孔洞，挤出宽度及厚度应符合设计要求；止水胶挤出成形后，固化期内应采取临时保护措施；止水胶固化前不得浇筑混凝土。

检验方法：观察检查和检查隐蔽工程验收记录。

5.1.10 预埋注浆管应设置在施工缝断面中部，注浆管与施工缝基面应密贴并固定牢靠，固定间距宜为200mm～300mm；注浆导管与注浆管的连接应牢固、严密，导管埋入混凝土内的部分应与结构钢筋绑扎牢固，导管的末端应临时封堵严密。

检验方法：观察检查和检查隐蔽工程验收记录。

5.2 变 形 缝

Ⅰ 主控项目

5.2.1 变形缝用止水带、填缝材料和密封材料必须符合设计要求。

检验方法：检查产品合格证、产品性能检测报告和材料进场检验报告。

5.2.2 变形缝防水构造必须符合设计要求。

检验方法：观察检查和检查隐蔽工程验收记录。

5.2.3 中埋式止水带埋设位置应准确，其中间空心圆环与变形缝的中心线应重合。

检验方法：观察检查和检查隐蔽工程验收记录。

Ⅱ 一 般 项 目

5.2.4 中埋式止水带的接缝应设在边墙较高位置上，不得设在结构转角处；接头宜采用热压焊接，接缝应平整、牢固，不得有裂口和脱胶现象。

检验方法：观察检查和检查隐蔽工程验收记录。

5.2.5 中埋式止水带在转弯处应做成圆弧形；顶板、底板内止水带应安装成盆状，并宜采用专用钢筋套或扁钢固定。

检验方法：观察检查和检查隐蔽工程验收记录。

5.2.6 外贴式止水带在变形缝与施工缝相交部位宜采用十字配件；外贴式止水带在变形缝转角部位宜采用直角配件。止水带埋设位置应准确，固定应牢靠，并与固定止水带的基层密贴，不得出现空鼓、翘边等现象。

检验方法：观察检查和检查隐蔽工程验收记录。

5.2.7 安设于结构内侧的可卸式止水带所需配件应一次配齐，转角处应做成45°坡角，并增加紧固件的数量。

检验方法：观察检查和检查隐蔽工程验收记录。

5.2.8 嵌填密封材料的缝内两侧基面应平整、洁净、干燥，并应涂刷基层处理剂；嵌缝底部应设置背衬材料；密封材料嵌填应严密、连续、饱满，粘结牢固。

检验方法：观察检查和检查隐蔽工程验收记录。

5.2.9 变形缝处表面粘贴卷材或涂刷涂料前，应在缝上设置隔离层和加强层。

检验方法：观察检查和检查隐蔽工程验收记录。

5.3 后 浇 带

Ⅰ 主 控 项 目

5.3.1 后浇带用遇水膨胀止水条或止水胶、预埋注浆管、外贴式止水带必须符合设计要求。

检验方法：检查产品合格证、产品性能检测报告和材料进场检验报告。

5.3.2 补偿收缩混凝土的原材料及配合比必须符合设计要求。

检验方法：检查产品合格证、产品性能检测报告、计量措施和材料进场检验报告。

5.3.3 后浇带防水构造必须符合设计要求。

检验方法：观察检查和检查隐蔽工程验收记录。

5.3.4 采用掺膨胀剂的补偿收缩混凝土，其抗压强度、抗渗性能和限制膨胀率必须符合设计要求。

检验方法：检查混凝土抗压强度、抗渗性能和水中养护14d后的限制膨胀率检验报告。

Ⅱ 一 般 项 目

5.3.5 补偿收缩混凝土浇筑前，后浇带部位和外贴式止水带应采取保护措施。

检验方法：观察检查。

5.3.6 后浇带两侧的接缝表面应先清理干净，再涂刷混凝土界面处理剂或水泥基渗透结晶型防水涂料；后浇混凝土的浇筑时间应符合设计要求。

检验方法：观察检查和检查隐蔽工程验收记录。

5.3.7 遇水膨胀止水条的施工应符合本规范第5.1.8条的规定；遇水膨胀止水胶的施工应符合本规范第5.1.9条的规定；预埋注浆管的施工应符合本规范第5.1.10条的规定；外贴式止水带的施工应符合本规范第5.2.6条的规定。

检验方法：观察检查和检查隐蔽工程验收记录。

5.3.8 后浇带混凝土应一次浇筑，不得留设施工缝；混凝土浇筑后应及时养护，养护时间不得少于28d。

检验方法：观察检查和检查隐蔽工程验收记录。

5.4 穿 墙 管

Ⅰ 主 控 项 目

5.4.1 穿墙管用遇水膨胀止水条和密封材料必须符合设计要求。

检验方法：检查产品合格证、产品性能检测报告和材料进场检验报告。

5.4.2 穿墙管防水构造必须符合设计要求。

检验方法：观察检查和检查隐蔽工程验收记录。

Ⅱ 一 般 项 目

5.4.3 固定式穿墙管应加焊止水环或环绕遇水膨胀止水圈，并作好防腐处理；穿墙管应在主体结构迎水面预留凹槽，槽内应用密封材料嵌填密实。

检验方法：观察检查和检查隐蔽工程验收记录。

5.4.4 套管式穿墙管的套管与止水环及翼环应连续满焊，并作好防腐处理；套管内表面应清理干净，穿墙管与套管之间应用密封材料和橡胶密封圈进行密封处理，并采用法兰盘及螺栓进行固定。

检验方法：观察检查和检查隐蔽工程验收记录。

5.4.5 穿墙盒的封口钢板与混凝土结构墙上预埋的角钢应焊严，并从钢板上的预留浇注孔注入改性沥青密封材料或细石混凝土，封填后将浇注孔口用钢板焊接封闭。

检验方法：观察检查和检查隐蔽工程验收记录。

5.4.6 当主体结构迎水面有柔性防水层时，防水层与穿墙管连接处应增加加强层。

检验方法：观察检查和检查隐蔽工程验收记录。

5.4.7 密封材料嵌填应密实、连续、饱满，粘结牢固。

检验方法：观察检查和检查隐蔽工程验收记录。

5.5 埋设件

Ⅰ 主控项目

5.5.1 埋设件用密封材料必须符合设计要求。

检验方法：检查产品合格证、产品性能检测报告、材料进场检验报告。

5.5.2 埋设件防水构造必须符合设计要求。

检验方法：观察检查和检查隐蔽工程验收记录。

Ⅱ 一般项目

5.5.3 埋设件应位置准确，固定牢靠；埋设件应进行防腐处理。

检验方法：观察、尺量和手扳检查。

5.5.4 埋设件端部或预留孔、槽底部的混凝土厚度不得小于250mm；当混凝土厚度小于250mm时，应局部加厚或采取其他防水措施。

检验方法：尺量检查和检查隐蔽工程验收记录。

5.5.5 结构迎水面的埋设件周围应预留凹槽，凹槽内应用密封材料填实。

检验方法：观察检查和检查隐蔽工程验收记录。

5.5.6 用于固定模板的螺栓必须穿过混凝土结构时，可采用工具式螺栓或螺栓加堵头，螺栓上应加焊止水环。拆模后留下的凹槽应用密封材料封堵密实，并用聚合物水泥砂浆抹平。

检验方法：观察检查和检查隐蔽工程验收记录。

5.5.7 预留孔、槽内的防水层应与主体防水层保持连续。

检验方法：观察检查和检查隐蔽工程验收记录。

5.5.8 密封材料嵌填应密实、连续、饱满，粘结牢固。

检验方法：观察检查和检查隐蔽工程验收记录。

5.6 预留通道接头

Ⅰ 主控项目

5.6.1 预留通道接头用中埋式止水带、遇水膨胀止水条或止水胶、预埋注浆管、密封材料和可卸式止水带必须符合设计要求。

检验方法：检查产品合格证、产品性能检测报告、材料进场检验报告。

5.6.2 预留通道接头防水构造必须符合设计要求。

检验方法：观察检查和检查隐蔽工程验收记录。

5.6.3 中埋式止水带埋设位置应准确，其中间空心圆环与通道接头中心线应重合。

检验方法：观察检查和检查隐蔽工程验收记录。

Ⅱ 一般项目

5.6.4 预留通道先浇混凝土结构、中埋式止水带和预埋件应及时保护，预埋件应进行防锈处理。

检验方法：观察检查。

5.6.5 遇水膨胀止水条的施工应符合本规范第5.1.8条的规定；遇水膨胀止水胶的施工应符合本规范第5.1.9条的规定；预埋注浆管的施工应符合本规范第5.1.10条的规定。

检验方法：观察检查和检查隐蔽工程验收记录。

5.6.6 密封材料嵌填应密实、连续、饱满，粘结牢固。

检验方法：观察检查和检查隐蔽工程验收记录。

5.6.7 用膨胀螺栓固定可卸式止水带时，止水带与紧固件压块以及止水带与基面之间应结合紧密。采用金属膨胀螺栓时，应选用不锈钢材料或进行防锈处理。

检验方法：观察检查和检查隐蔽工程验收记录。

5.6.8 预留通道接头外部应设保护墙。

检验方法：观察检查和检查隐蔽工程验收记录。

5.7 桩 头

Ⅰ 主控项目

5.7.1 桩头用聚合物水泥防水砂浆、水泥基渗透结晶型防水涂料、遇水膨胀止水条或止水胶和密封材料必须符合设计要求。

检验方法：检查产品合格证、产品性能检测报告和材料进场检验报告。

5.7.2 桩头防水构造必须符合设计要求。

检验方法：观察检查和检查隐蔽工程验收记录。

5.7.3 桩头混凝土应密实，如发现渗漏水应及时采取封堵措施。

检验方法：观察检查和检查隐蔽工程验收记录。

Ⅱ 一般项目

5.7.4 桩头顶面和侧面裸露处应涂刷水泥基渗透结晶型防水涂料，并延伸到结构底板垫层150mm处；桩头四周300mm范围内应抹聚合物水泥防水砂浆过渡层。

检验方法：观察检查和检查隐蔽工程验收记录。

5.7.5 结构底板防水层应做在聚合物水泥防水砂浆过渡层上并延伸至桩头侧壁，其与桩头侧壁接缝处应采用密封材料嵌填。

5.7.6 桩头的受力钢筋根部应采用遇水膨胀止水条或止水胶,并应采取保护措施。

检验方法:观察检查和检查隐蔽工程验收记录。

5.7.7 遇水膨胀止水条的施工应符合本规范第5.1.8条的规定;遇水膨胀止水胶的施工应符合本规范第5.1.9条的规定。

检验方法:观察检查和检查隐蔽工程验收记录。

5.7.8 密封材料嵌填应密实、连续、饱满,粘结牢固。

检验方法:观察检查和检查隐蔽工程验收记录。

5.8 孔　口

Ⅰ 主控项目

5.8.1 孔口用防水卷材、防水涂料和密封材料必须符合设计要求。

检验方法:检查产品合格证、产品性能检测报告、材料进场检验报告。

5.8.2 孔口防水构造必须符合设计要求。

检验方法:观察检查和检查隐蔽工程验收记录。

Ⅱ 一般项目

5.8.3 人员出入口高出地面不应小于500mm;汽车出入口设置明沟排水时,其高出地面宜为150mm,并应采取防雨措施。

检验方法:观察和尺量检查。

5.8.4 窗井的底部在最高地下水位以上时,窗井的墙体和底板应作防水处理,并宜与主体结构断开。窗台下部的墙体和底板应做防水层。

检验方法:观察检查和检查隐蔽工程验收记录。

5.8.5 窗井或窗井的一部分在最高地下水位以下时,窗井应与主体结构连成整体,其防水层也应连成整体,并应在窗井内设置集水井。窗台下部的墙体和底板应做防水层。

检验方法:观察检查和检查隐蔽工程验收记录。

5.8.6 窗井内的底板应低于窗下缘300mm。窗井墙高出室外地面不得小于500mm;窗井外地面应做散水,散水与墙面间应采用密封材料嵌填。

检验方法:观察检查和尺量检查。

5.8.7 密封材料嵌填应密实、连续、饱满,粘结牢固。

检验方法:观察检查和检查隐蔽工程验收记录。

5.9 坑、池

Ⅰ 主控项目

5.9.1 坑、池防水混凝土的原材料、配合比及坍落度必须符合设计要求。

检验方法:检查产品合格证、产品性能检测报告、计量措施和材料进场检验报告。

5.9.2 坑、池防水构造必须符合设计要求。

检验方法:观察检查和检查隐蔽工程验收记录。

5.9.3 坑、池、储水库内部防水层完成后,应进行蓄水试验。

检验方法:观察检查和检查蓄水试验记录。

Ⅱ 一般项目

5.9.4 坑、池、储水库宜采用防水混凝土整体浇筑,混凝土表面应坚实、平整,不得有露筋、蜂窝和裂缝等缺陷。

检验方法:观察检查和检查隐蔽工程验收记录。

5.9.5 坑、池底板的混凝土厚度不应小于250mm;当底板的厚度小于250mm时,应采取局部加厚措施,并应使防水层保持连续。

检验方法:观察检查和检查隐蔽工程验收记录。

5.9.6 坑、池施工完后,应及时遮盖和防止杂物堵塞。

检验方法:观察检查。

6 特殊施工法结构防水工程

6.1 锚喷支护

6.1.1 锚喷支护适用于暗挖法地下工程的支护结构及复合式衬砌的初期支护。

6.1.2 喷射混凝土施工前,应根据围岩裂隙及渗漏水的情况,预先采用引排或注浆堵水。

6.1.3 喷射混凝土所用原材料应符合下列规定:

　　1 选用普通硅酸盐水泥或硅酸盐水泥;

　　2 中砂或粗砂的细度模数宜大于2.5,含泥量不应大于3.0%;干法喷射时,含水率宜为5%~7%;

　　3 采用卵石或碎石,粒径不应大于15mm,含泥量不应大于1.0%;使用碱性速凝剂时,不得使用含有活性二氧化硅的石料;

　　4 不含有害物质的洁净水;

　　5 速凝剂的初凝时间不应大于5min,终凝时间不应大于10min。

6.1.4 混合料必须计量准确,搅拌均匀,并应符合下列规定:

　　1 水泥与砂石质量比宜为1:4~1:4.5,砂率宜为45%~55%,水胶比不得大于0.45,外加剂和外掺料的掺量应通过试验确定;

　　2 水泥和速凝剂称量允许偏差均为±2%,砂、石称量允许偏差均为±3%;

　　3 混合料在运输和存放过程中严防受潮,存放时间不应超过2h;当掺入速凝剂时,存放时间不应超过20min。

6.1.5 喷射混凝土终凝2h后应采取喷水养护，养护时间不得少于14d；当气温低于5℃时，不得喷水养护。

6.1.6 喷射混凝土试件制作组数应符合下列规定：

    1 地下铁道工程应按区间或小于区间断面的结构，每20延米拱和墙各取抗压试件一组；车站取抗压试件两组。其他工程应按每喷射50m³同一配合比的混合料或混合料小于50m³的独立工程取抗压试件一组。

    2 地下铁道工程应按区间结构每40延米取抗渗试件一组；车站每20延米取抗渗试件一组。其他工程当设计有抗渗要求时，可增做抗渗性能试验。

6.1.7 锚杆必须进行抗拔力试验。同一批锚杆每100根应取一组试件，每组3根，不足100根也取3根。同一批试件抗拔力平均值不应小于设计锚固力，且同一批试件抗拔力的最小值不应小于设计锚固力的90%。

6.1.8 锚喷支护分项工程检验批的抽样检验数量，应按区间或小于区间断面的结构每20延米抽查1处，车站每10延米抽查1处，每处10m²，且不得少于3处。

Ⅰ 主控项目

6.1.9 喷射混凝土所用原材料、混合料配合比及钢筋网、锚杆、钢拱架等必须符合设计要求。

    检验方法：检查产品合格证、产品性能检测报告、计量措施和材料进场检验报告。

6.1.10 喷射混凝土抗压强度、抗渗性能和锚杆抗拔力必须符合设计要求。

    检验方法：检查混凝土抗压强度、抗渗性能检验报告和锚杆抗拔力检验报告。

6.1.11 锚喷支护的渗漏水量必须符合设计要求。

    检验方法：观察检查和检查渗漏水检测记录。

Ⅱ 一般项目

6.1.12 喷层与围岩以及喷层之间应粘结紧密，不得有空鼓现象。

    检验方法：用小锤轻击检查。

6.1.13 喷层厚度有60%以上检查点不应小于设计厚度，最小厚度不得小于设计厚度的50%，且平均厚度不得小于设计厚度。

    检验方法：用针探法或凿孔法检查。

6.1.14 喷射混凝土应密实、平整，无裂缝、脱落、漏喷、露筋。

    检验方法：观察检查。

6.1.15 喷射混凝土表面平整度 D/L 不得大于1/6。

    检验方法：尺量检查。

6.2 地下连续墙

6.2.1 地下连续墙适用于地下工程的主体结构、支护结构以及复合式衬砌的初期支护。

6.2.2 地下连续墙应采用防水混凝土。胶凝材料用量不应小于400kg/m³，水胶比不得大于0.55，坍落度不得小于180mm。

6.2.3 地下连续墙施工时，混凝土应按每一个单元槽段留置一组抗压试件，每5个槽段留置一组抗渗试件。

6.2.4 叠合式侧墙的地下连续墙与内衬结构连接处，应凿毛并清洗干净，必要时应作特殊防水处理。

6.2.5 地下连续墙应根据工程要求和施工条件减少槽段数量；地下连续墙槽段接缝应避开拐角部位。

6.2.6 地下连续墙如有裂缝、孔洞、露筋等缺陷，应采用聚合物水泥砂浆修补；地下连续墙槽段接缝如有渗漏，应采用引排或注浆封堵。

6.2.7 地下连续墙分项工程检验批的抽样检验数量，应按每连续5个槽段抽查1个槽段，且不得少于3个槽段。

Ⅰ 主控项目

6.2.8 防水混凝土的原材料、配合比及坍落度必须符合设计要求。

    检验方法：检查产品合格证、产品性能检测报告、计量措施和材料进场检验报告。

6.2.9 防水混凝土的抗压强度和抗渗性能必须符合设计要求。

    检验方法：检查混凝土的抗压强度、抗渗性能检验报告。

6.2.10 地下连续墙的渗漏水量必须符合设计要求。

    检验方法：观察检查和检查渗漏水检测记录。

Ⅱ 一般项目

6.2.11 地下连续墙的槽段接缝构造应符合设计要求。

    检验方法：观察检查和检查隐蔽工程验收记录。

6.2.12 地下连续墙墙面不得有露筋、露石和夹泥现象。

    检验方法：观察检查。

6.2.13 地下连续墙墙体表面平整度，临时支护墙体允许偏差应为50mm，单一或复合墙体允许偏差应为30mm。

    检验方法：尺量检查。

6.3 盾构隧道

6.3.1 盾构隧道适用于在软土和软岩土中采用盾构掘进和拼装管片方方法修建的衬砌结构。

6.3.2 盾构隧道衬砌防水措施应按表6.3.2选用。

表 6.3.2　盾构隧道衬砌防水措施

防水措施 防水等级	高精度管片	接缝防水 密封垫	接缝防水 嵌缝材料	接缝防水 密封剂	接缝防水 螺孔密封圈	混凝土内衬或其他内衬	外防水涂料
一级	必选	必选	全隧道或部分区段应选	可选	必选	宜选	对混凝土有中等以上腐蚀的地层应选，在非腐蚀地层宜选
二级	必选	必选	部分区段宜选	可选	可选	局部宜选	对混凝土有中等以上腐蚀的地层应选
三级	应选	必选	部分区段宜选	—	应选	—	对混凝土有中等以上腐蚀的地层宜选
四级	可选	宜选	可选	—	—	—	—

6.3.3 钢筋混凝土管片的质量应符合下列规定：

1 管片混凝土抗压强度和抗渗性能以及混凝土氯离子扩散系数均应符合设计要求；

2 管片不应有露筋、孔洞、疏松、夹渣、有害裂缝、缺棱掉角、飞边等缺陷；

3 单块管片制作尺寸允许偏差应符合表 6.3.3 的规定。

表 6.3.3　单块管片制作尺寸允许偏差

项目	允许偏差（mm）
宽度	±1
弧长、弦长	±1
厚度	+3，−1

6.3.4 钢筋混凝土管片抗压和抗渗试件制作应符合下列规定：

1 直径 8m 以下隧道，同一配合比按每生产 10 环制作抗压试件一组，每生产 30 环制作抗渗试件一组；

2 直径 8m 以上隧道，同一配合比按每工作台班制作抗压试件一组，每生产 10 环制作抗渗试件一组。

6.3.5 钢筋混凝土管片的单块抗渗检漏应符合下列规定：

1 检验数量：管片每生产 100 环应抽查 1 块管片进行检漏测试，连续 3 次达到检漏标准，则改为每生产 200 环抽查 1 块管片，再连续 3 次达到检漏标准，按最终检测频率为 400 环抽查 1 块管片进行检漏测试。如出现一次不达标，则恢复每 100 环抽查 1 块的最初检漏频率，再按上述要求进行抽检。当检漏频率为每 100 环抽查 1 块时，如出现不达标，则双倍复检，如再出现不达标，必须逐块检漏。

2 检漏标准：管片外表在 0.8MPa 水压力下，恒压 3h，渗水进入管片外背高度不超过 50mm 为合格。

6.3.6 盾构隧道衬砌的管片密封垫防水应符合下列规定：

1 密封垫沟槽表面应干燥、无灰尘，雨天不得进行密封垫粘贴施工；

2 密封垫应与沟槽紧密贴合，不得有起鼓、超长和缺口现象；

3 密封垫粘贴完毕并达到规定强度后，方可进行管片拼装；

4 采用遇水膨胀橡胶密封垫时，非粘贴面应涂刷缓膨胀剂或采取符合缓膨胀的措施。

6.3.7 盾构隧道衬砌的管片嵌缝材料防水应符合下列规定：

1 根据盾构施工方法和隧道的稳定性，确定嵌缝作业开始的时间；

2 嵌缝槽如有缺损，应采用与管片混凝土强度等级相同的聚合物水泥砂浆修补；

3 嵌缝槽表面应坚实、平整、洁净、干燥；

4 嵌缝作业应在无明显渗水后进行；

5 嵌填材料施工时，应先刷涂基层处理剂，嵌填应密实、平整。

6.3.8 盾构隧道衬砌的管片密封剂防水应符合下列规定：

1 接缝管片渗漏时，应采用密封剂堵漏；

2 密封剂注入口应无缺损，注入通道应通畅；

3 密封剂材料注入施工前，应采取控制注入范围的措施。

6.3.9 盾构隧道衬砌的管片螺孔密封圈防水应符合下列规定：

1 螺栓拧紧前，应确保螺孔密封圈定位准确，并与螺栓孔沟槽相贴合；

2 螺栓孔渗漏时，应采取封堵措施；

3 不得使用已破损或提前膨胀的密封圈。

6.3.10 盾构隧道分项工程检验批的抽样检验数量，应按每连续 5 环抽查 1 环，且不得少于 3 环。

Ⅰ　主控项目

6.3.11 盾构隧道衬砌所用防水材料必须符合设计要求。

检验方法：检查产品合格证、产品性能检测报告和材料进场检验报告。

6.3.12 钢筋混凝土管片的抗压强度和抗渗性能必须符合设计要求。

检验方法：检查混凝土抗压强度、抗渗性能检验报告和管片单块检漏测试报告。

6.3.13 盾构隧道衬砌的渗漏水量必须符合设计要求。

检验方法：观察检查和检查渗漏水检测记录。

Ⅱ　一般项目

6.3.14 管片接缝密封垫及其沟槽的断面尺寸应符合

设计要求。

　　检验方法：观察检查和检查隐蔽工程验收记录。

6.3.15 密封垫在沟槽内应套箍和粘贴牢固，不得歪斜、扭曲。

　　检验方法：观察检查。

6.3.16 管片嵌缝槽的深宽比及断面构造形式、尺寸应符合设计要求。

　　检验方法：观察检查和检查隐蔽工程验收记录。

6.3.17 嵌缝材料嵌填应密实、连续、饱满，表面平整，密贴牢固。

　　检验方法：观察检查。

6.3.18 管片的环向及纵向螺栓应全部穿进并拧紧；衬砌内表面的外露铁件防腐处理应符合设计要求。

　　检验方法：观察检查。

6.4 沉　　井

6.4.1 沉井适用于下沉施工的地下建筑物或构筑物。

6.4.2 沉井结构应采用防水混凝土浇筑。沉井分段制作时，施工缝的防水措施应符合本规范第5.1节的有关规定；固定模板的螺栓穿过混凝土井壁时，螺栓部位的防水处理应符合本规范第5.5.6条的规定。

6.4.3 沉井干封底施工应符合下列规定：

　　1 沉井基底土面应全部挖至设计标高，待其下沉稳定后再将井内积水排干；

　　2 清除浮泥杂物，底板与井壁连接部位应凿毛、清洗干净或涂刷混凝土界面处理剂，及时浇筑防水混凝土封底；

　　3 在软土中封底时，宜分格逐段对称进行；

　　4 封底混凝土施工过程中，应从底板上的集水井中不间断地抽水；

　　5 封底混凝土达到设计强度后，方可停止抽水；集水井的封堵应采用微膨胀混凝土填充捣实，并用法兰、焊接钢板等方法封平。

6.4.4 沉井水下封底施工应符合下列规定：

　　1 井底应将浮泥清除干净，并铺碎石垫层；

　　2 底板与井壁连接部位应冲刷干净；

　　3 封底宜采用水下不分散混凝土，其坍落度宜为180mm～220mm；

　　4 封底混凝土应在沉井全部底面积上连续均匀浇筑；

　　5 封底混凝土达到设计强度后，方可从井内抽水，并应检查封底质量。

6.4.5 防水混凝土底板应连续浇筑，不得留设施工缝；底板与井壁接缝处的防水处理应符合本规范第5.1节的有关规定。

6.4.6 沉井分项工程检验批的抽样检验数量，应按混凝土外露面积每100m²抽查1处，每处10m²，且不得少于3处。

Ⅰ　主控项目

6.4.7 沉井混凝土的原材料、配合比及坍落度必须符合设计要求。

　　检验方法：检查产品合格证、产品性能检测报告、计量措施和材料进场检验报告。

6.4.8 沉井混凝土的抗压强度和抗渗性能必须符合设计要求。

　　检验方法：检查混凝土抗压强度、抗渗性能检验报告。

6.4.9 沉井的渗漏水量必须符合设计要求。

　　检验方法：观察检查和检查渗漏水检测记录。

Ⅱ　一般项目

6.4.10 沉井干封底和水下封底的施工应符合本规范第6.4.3条和第6.4.4条的规定。

　　检验方法：观察检查和检查隐蔽工程验收记录。

6.4.11 沉井底板与井壁接缝处的防水处理应符合设计要求。

　　检验方法：观察检查和检查隐蔽工程验收记录。

6.5 逆筑结构

6.5.1 逆筑结构适用于地下连续墙为主体结构或地下连续墙与内衬构成复合式衬砌进行逆筑法施工的地下工程。

6.5.2 地下连续墙为主体结构逆筑法施工应符合下列规定：

　　1 地下连续墙墙面应凿毛、清洗干净，并宜做水泥砂浆防水层；

　　2 地下连续墙与顶板、中楼板、底板接缝部位应凿毛处理，施工缝的施工应符合本规范第5.1节的有关规定；

　　3 钢筋接驳器处宜涂刷水泥基渗透结晶型防水涂料。

6.5.3 地下连续墙与内衬构成复合式衬砌逆筑法施工除应符合本规范第6.5.2条的规定外，尚应符合下列规定：

　　1 顶板及中楼板下部500mm内衬墙应同时浇筑，内衬墙下部应做成斜坡形；斜坡形下部应预留300mm～500mm空间，并应待下部先浇混凝土施工14d后再行浇筑；

　　2 浇筑混凝土前，内衬墙的接缝面应凿毛、清洗干净，并应设置遇水膨胀止水条或止水胶和预埋注浆管；

　　3 内衬墙的后浇筑混凝土应采用补偿收缩混凝土，浇筑口宜高于斜坡顶端200mm以上。

6.5.4 内衬墙垂直施工缝应与地下连续墙的槽段接缝相互错开2.0m～3.0m。

6.5.5 底板混凝土应连续浇筑，不宜留设施工缝；

底板与桩头接缝部位的防水处理应符合本规范第5.7节的有关规定。

6.5.6 底板混凝土达到设计强度后方可停止降水,并应将降水井封堵密实。

6.5.7 逆筑结构分项工程检验批的抽样检验数量,应按混凝土外露面积每100m²抽查1处,每处10m²,且不得少于3处。

Ⅰ 主控项目

6.5.8 补偿收缩混凝土的原材料、配合比及坍落度必须符合设计要求。

检验方法:检查产品合格证、产品性能检测报告、计量措施和材料进场检验报告。

6.5.9 内衬墙接缝用遇水膨胀止水条或止水胶和预埋注浆管必须符合设计要求。

检验方法:检查产品合格证、产品性能检测报告和材料进场检验报告。

6.5.10 逆筑结构的渗漏水量必须符合设计要求。

检验方法:观察检查和检查渗漏水检测记录。

Ⅱ 一般项目

6.5.11 逆筑结构的施工应符合本规范第6.5.2条和第6.5.3条的规定。

检验方法:观察检查和检查隐蔽工程验收记录。

6.5.12 遇水膨胀止水条的施工应符合本规范第5.1.8条的规定;遇水膨胀止水胶的施工应符合本规范第5.1.9条的规定;预埋注浆管的施工应符合本规范第5.1.10条的规定。

检验方法:观察检查和检查隐蔽工程验收记录。

7 排 水 工 程

7.1 渗排水、盲沟排水

7.1.1 渗排水适用于无自流排水条件、防水要求较高且有抗浮要求的地下工程。盲沟排水适用于地基为弱透水性土层、地下水量不大或排水面积较小,地下水位在结构底板以下或在丰水期地下水位高于结构底板的地下工程。

7.1.2 渗排水应符合下列规定:

  1 渗排水层用砂、石应洁净,含泥量不应大于2.0%;

  2 粗砂过滤层总厚度宜为300mm,如较厚时应分层铺填;过滤层与基坑土层接触处,应采用厚度为100mm~150mm、粒径为5mm~10mm的石子铺填;

  3 集水管应设置在粗砂过滤层下部,坡度不宜小于1%,且不得有倒坡现象。集水管之间的距离宜为5m~10m,并与集水井相通;

  4 工程底板与渗排水层之间应做隔浆层,建筑周围的渗排水层顶面应做散水坡。

7.1.3 盲沟排水应符合下列规定:

  1 盲沟成型尺寸和坡度应符合设计要求;

  2 盲沟的类型及盲沟与基础的距离应符合设计要求;

  3 盲沟用砂、石应洁净,含泥量不应大于2.0%;

  4 盲沟反滤层的层次和粒径组成应符合表7.1.3的规定;

表7.1.3 盲沟反滤层的层次和粒径组成

反滤层的层次	建筑物地区地层为砂性土时（塑性指数 $I_P<3$）	建筑地区地层为黏性土时（塑性指数 $I_P>3$）
第一层（贴天然土）	用1mm~3mm粒径砂子组成	用2mm~5mm粒径砂子组成
第二层	用3mm~10mm粒径小卵石组成	用5mm~10mm粒径小卵石组成

  5 盲沟在转弯处和高低处应设置检查井,出水口处应设置滤水箅子。

7.1.4 渗排水、盲沟排水均应在地基工程验收合格后进行施工。

7.1.5 集水管宜采用无砂混凝土管、硬质塑料管或软式透水管。

7.1.6 渗排水、盲沟排水分项工程检验批的抽样检验数量,应按10%抽查,其中按两轴线间或10延米为1处,且不得少于3处。

Ⅰ 主控项目

7.1.7 盲沟反滤层的层次和粒径组成必须符合设计要求。

检验方法:检查砂、石试验报告和隐蔽工程验收记录。

7.1.8 集水管的埋置深度和坡度必须符合设计要求。

检验方法:观察和尺量检查。

Ⅱ 一般项目

7.1.9 渗排水构造应符合设计要求。

检验方法:观察检查和检查隐蔽工程验收记录。

7.1.10 渗排水层的铺设应分层、铺平、拍实。

检验方法:观察检查和检查隐蔽工程验收记录。

7.1.11 盲沟排水构造应符合设计要求。

检验方法:观察检查和检查隐蔽工程验收记录。

7.1.12 集水管采用平接式或承插式接口应连接牢固,不得扭曲变形和错位。

检验方法:观察检查。

7.2 隧道排水、坑道排水

7.2.1 隧道排水、坑道排水适用于贴壁式、复合式离壁式衬砌。

7.2.2 隧道或坑道内如设置排水泵房时,主排水泵站和辅助排水泵站、集水池的有效容积应符合设计要求。

7.2.3 主排水泵站、辅助排水泵站和污水泵房的废水及污水,应分别排入城市雨水和污水管道系统。污水的排放尚应符合国家现行有关标准的规定。

7.2.4 坑道排水应符合有关特殊功能设计的要求。

7.2.5 隧道贴壁式、复合式衬砌围岩疏导排水应符合下列规定:

 1 集中地下水出露处,宜在衬砌背后设置盲沟、盲管或钻孔等引排措施;

 2 水量较大、出水面广时,衬砌背后应设置环向、纵向盲沟组成排水系统,将水集排至排水沟内;

 3 当地下水丰富、含水层明显且有补给来源时,可采用辅助坑道或泄水洞等截、排水设施。

7.2.6 盲沟中心宜采用无砂混凝土管或硬质塑料管,其管周围应设置反滤层;盲管应采用软式透水管。

7.2.7 排水明沟的纵向坡度应与隧道或坑道坡度一致,排水明沟应设置盖板和检查井。

7.2.8 隧道离壁式衬砌侧墙外排水沟应做成明沟,其纵向坡度不应小于0.5%。

7.2.9 隧道排水、坑道排水分项工程检验批的抽样检验数量,应按10%抽查,其中按两轴线间或每10延米为1处,且不得少于3处。

Ⅰ 主 控 项 目

7.2.10 盲沟反滤层的层次和粒径组成必须符合设计要求。

 检验方法:检查砂、石试验报告。

7.2.11 无砂混凝土管、硬质塑料管或软式透水管必须符合设计要求。

 检验方法:检查产品合格证和产品性能检测报告。

7.2.12 隧道、坑道排水系统必须通畅。

 检验方法:观察检查。

Ⅱ 一 般 项 目

7.2.13 盲沟、盲管及横向导水管的管径、间距、坡度均应符合设计要求。

 检验方法:观察和尺量检查。

7.2.14 隧道或坑道内排水明沟及离壁式衬砌外排水沟,其断面尺寸及坡度应符合设计要求。

 检验方法:观察和尺量检查。

7.2.15 盲管应与岩壁或初期支护密贴,并应固定牢固;环向、纵向盲管接头宜与盲管相配套。

 检验方法:观察检查。

7.2.16 贴壁式、复合式衬砌的盲沟与混凝土衬砌接触部位应做隔浆层。

 检验方法:观察检查和检查隐蔽工程验收记录。

7.3 塑料排水板排水

7.3.1 塑料排水板适用于无自流排水条件且防水要求较高的地下工程以及地下工程种植顶板排水。

7.3.2 塑料排水板应选用抗压强度大且耐久性好的凸凹型排水板。

7.3.3 塑料排水板排水构造应符合设计要求,并宜符合以下工艺流程:

 1 室内底板排水按混凝土底板→铺设塑料排水板(支点向下)→混凝土垫层→配筋混凝土面层等顺序进行;

 2 室内侧墙排水按混凝土侧墙→粘贴塑料排水板(支点向墙面)→钢丝网固定→水泥砂浆面层等顺序进行;

 3 种植顶板排水按混凝土顶板→找坡层→防水层→混凝土保护层→铺设塑料排水板(支点向上)→铺设土工布→覆土等顺序进行;

 4 隧道或坑道排水按初期支护→铺设土工布→铺设塑料排水板(支点向初期支护)→二次衬砌结构等顺序进行。

7.3.4 铺设塑料排水板应采用搭接法施工,长短边搭接宽度均不应小于100mm。塑料排水板的接缝处宜采用配套胶粘剂粘结或热熔焊接。

7.3.5 地下工程种植顶板种植土若低于周边土体,塑料排水板排水层必须结合排水沟或盲沟分区设置,并保证排水畅通。

7.3.6 塑料排水板应与土工布复合使用。土工布宜采用$200g/m^2$~$400g/m^2$的聚酯无纺布。土工布应铺设在塑料排水板的凸面上,相邻土工布搭接宽度不应小于200mm,搭接部位应采用粘合或缝合。

7.3.7 塑料排水板排水分项工程检验批的抽样检验数量,应按铺设面积每$100m^2$抽查1处,每处$10m^2$,且不得少于3处。

Ⅰ 主 控 项 目

7.3.8 塑料排水板和土工布必须符合设计要求。

 检验方法:检查产品合格证、产品性能检测报告。

7.3.9 塑料排水板排水层必须与排水系统连通,不得有堵塞现象。

 检验方法:观察检查。

Ⅱ 一 般 项 目

7.3.10 塑料排水板排水层构造做法应符合本规范第7.3.3条的规定。

 检验方法:观察检查和检查隐蔽工程验收记录。

7.3.11 塑料排水板的搭接宽度及搭接方法应符合本规范第7.3.4条的规定。

检验方法：观察和尺量检查。

7.3.12 土工布铺设应平整、无折皱；土工布的搭接宽度和搭接方法应符合本规范第7.3.6条的规定。

检验方法：观察和尺量检查。

8 注 浆 工 程

8.1 预注浆、后注浆

8.1.1 预注浆适用于工程开挖前预计涌水量较大的地段或软弱地层；后注浆适用于工程开挖后处理围岩渗漏及初期壁后空隙回填。

8.1.2 注浆材料应符合下列规定：
1 具有较好的可注性；
2 具有固结体收缩小，良好的粘结性、抗渗性、耐久性和化学稳定性；
3 低毒并对环境污染小；
4 注浆工艺简单，施工操作方便，安全可靠。

8.1.3 在砂卵石层中宜采用渗透注浆法；在黏土层中宜采用劈裂注浆法；在淤泥质软土中宜采用高压喷射注浆法。

8.1.4 注浆浆液应符合下列规定：
1 预注浆宜采用水泥浆液、黏土水泥浆液或化学浆液；
2 后注浆宜采用水泥浆液、水泥砂浆或掺有石灰、黏土膨润土、粉煤灰的水泥浆液；
3 注浆浆液配合比应经现场试验确定。

8.1.5 注浆过程控制应符合下列规定：
1 根据工程地质条件、注浆目的等控制注浆压力和注浆量；
2 回填注浆应在衬砌混凝土达到设计强度的70%后进行，衬砌后围岩注浆应在充填注浆固结体达到设计强度的70%后进行；
3 浆液不得溢出地面和超出有效注浆范围，地面注浆结束后注浆孔应封填密实；
4 注浆范围和建筑物的水平距离很近时，应加强对邻近建筑物和地下埋设物的现场监控；
5 注浆点距离饮用水源或公共水域较近时，注浆施工如有污染应及时采取相应措施。

8.1.6 预注浆、后注浆分项工程检验批的抽样检验数量，应按加固或堵漏面积每100m²抽查1处，每处10m²，且不得少于3处。

Ⅰ 主控项目

8.1.7 配制浆液的原材料及配合比必须符合设计要求。

检验方法：检查产品合格证、产品性能检测报告、计量措施和材料进场检验报告。

8.1.8 预注浆及后注浆的注浆效果必须符合设计要求。

检验方法：采取钻孔取芯法检查；必要时采取压水或抽水试验方法检查。

Ⅱ 一般项目

8.1.9 注浆孔的数量、布置间距、钻孔深度及角度应符合设计要求。

检验方法：尺量检查和检查隐蔽工程验收记录。

8.1.10 注浆各阶段的控制压力和注浆量应符合设计要求。

检验方法：观察检查和检查隐蔽工程验收记录。

8.1.11 注浆时浆液不得溢出地面和超出有效注浆范围。

检验方法：观察检查。

8.1.12 注浆对地面产生的沉降量不得超过30mm，地面的隆起不得超过20mm。

检验方法：用水准仪测量。

8.2 结构裂缝注浆

8.2.1 结构裂缝注浆适用于混凝土结构宽度大于0.2mm的静止裂缝、贯穿性裂缝等堵水注浆。

8.2.2 裂缝注浆应待结构基本稳定和混凝土达到设计强度后进行。

8.2.3 结构裂缝堵水注浆宜选用聚氨酯、丙烯酸盐等化学浆液；补强加固的结构裂缝注浆宜选用改性环氧树脂、超细水泥等浆液。

8.2.4 结构裂缝注浆应符合下列规定：
1 施工前，应沿缝清除基面上油污杂质；
2 浅裂缝应骑缝粘埋注浆嘴，必要时沿缝开凿"U"形槽并用速凝水泥砂浆封缝；
3 深裂缝应骑缝钻孔或斜向钻孔至裂缝深部，孔内安设注浆管或注浆嘴，间距应根据裂缝宽度而定，但每条裂缝至少有一个进浆孔和一个排气孔；
4 注浆嘴及注浆管应设在裂缝的交叉处、较宽处及贯穿处等部位；对封缝的密封效果应进行检查；
5 注浆后待缝内浆液固化后，方可拆下注浆嘴并进行封口抹平。

8.2.5 结构裂缝注浆分项工程检验批的抽样检验数量，应按裂缝的条数抽查10%，每条裂缝检查1处，且不得少于3处。

Ⅰ 主控项目

8.2.6 注浆材料及其配合比必须符合设计要求。

检验方法：检查产品合格证、产品性能检测报告、计量措施和材料进场检验报告。

8.2.7 结构裂缝注浆的注浆效果必须符合设计要求。

检验方法：观察检查和压水或压气检查；必要时钻取芯样采用劈裂抗拉强度试验方法检查。

Ⅱ 一般项目

8.2.8 注浆孔的数量、布置间距、钻孔深度及角度应符合设计要求。

检验方法：尺量检查和检查隐蔽工程验收记录。

8.2.9 注浆各阶段的控制压力和注浆量应符合设计要求。

检验方法：观察检查和检查隐蔽工程验收记录。

9 子分部工程质量验收

9.0.1 地下防水工程质量验收的程序和组织，应符合现行国家标准《建筑工程施工质量验收统一标准》GB 50300 的有关规定。

9.0.2 检验批的合格判定应符合下列规定：

1 主控项目的质量经抽样检验全部合格；

2 一般项目的质量经抽样检验 80% 以上检测点合格，其余不得有影响使用功能的缺陷；对有允许偏差的检验项目，其最大偏差不得超过本规范规定允许偏差的 1.5 倍；

3 施工具有明确的操作依据和完整的质量检查记录。

9.0.3 分项工程质量验收合格应符合下列规定：

1 分项工程所含检验批的质量均应验收合格；

2 分项工程所含检验批的质量验收记录应完整。

9.0.4 子分部工程质量验收合格应符合下列规定：

1 子分部所含分项工程的质量均应验收合格；

2 质量控制资料应完整；

3 地下工程渗漏水检测应符合设计的防水等级标准要求；

4 观感质量检查应符合要求。

9.0.5 地下防水工程竣工和记录资料应符合表 9.0.5 的规定。

表 9.0.5 地下防水工程竣工和记录资料

序号	项 目	竣工和记录资料
1	防水设计	施工图、设计交底记录、图纸会审记录、设计变更通知单和材料代用核定单
2	资质、资格证明	施工单位资质及施工人员上岗证复印证件
3	施工方案	施工方法、技术措施、质量保证措施
4	技术交底	施工操作要求及安全等注意事项
5	材料质量证明	产品合格证、产品性能检测报告、材料进场检验报告

续表 9.0.5

序号	项 目	竣工和记录资料
6	混凝土、砂浆质量证明	试配及施工配合比，混凝土抗压强度、抗渗性能检验报告，砂浆粘结强度、抗渗性能检验报告
7	中间检查记录	施工质量验收记录、隐蔽工程验收记录、施工检查记录
8	检验记录	渗漏水检测记录、观感质量检查记录
9	施工日志	逐日施工情况
10	其他资料	事故处理报告、技术总结

9.0.6 地下防水工程应对下列部位作好隐蔽工程验收记录：

1 防水层的基层；

2 防水混凝土结构和防水层被掩盖的部位；

3 施工缝、变形缝、后浇带等防水构造做法；

4 管道穿过防水层的封固部位；

5 渗排水层、盲沟和坑槽；

6 结构裂缝注浆处理部位；

7 衬砌前围岩渗漏水处理部位；

8 基坑的超挖和回填。

9.0.7 地下防水工程的观感质量检查应符合下列规定：

1 防水混凝土应密实，表面应平整，不得有露筋、蜂窝等缺陷；裂缝宽度不得大于 0.2mm，并不得贯通；

2 水泥砂浆防水层应密实、平整，粘结牢固，不得有空鼓、裂纹、起砂、麻面等缺陷；

3 卷材防水层接缝应粘贴牢固，封闭严密，防水层不得有损伤、空鼓、折皱等缺陷；

4 涂料防水层应与基层粘结牢固，不得有脱皮、流淌、鼓泡、露胎、折皱等缺陷；

5 塑料防水板防水层应铺设牢固、平整，搭接焊缝严密，不得有下垂、绷紧破损现象；

6 金属板防水层焊缝不得有裂纹、未熔合、夹渣、焊瘤、咬边、烧穿、弧坑、针状气孔等缺陷；

7 施工缝、变形缝、后浇带、穿墙管、埋设件、预留通道接头、桩头、孔口、坑、池等防水构造应符合设计要求；

8 锚喷支护、地下连续墙、盾构隧道、沉井、逆筑结构等防水构造应符合设计要求；

9 排水系统不淤积、不堵塞，确保排水畅通；

10 结构裂缝的注浆效果应符合设计要求。

9.0.8 地下工程出现渗漏水时，应及时进行治理，符合设计的防水等级标准要求后方可验收。

9.0.9 地下防水工程验收后，应填写子分部工程质量验收记录，随同工程验收资料分别由建设单位和施工单位存档。

附录 A 地下工程用防水材料的质量指标

A.1 防水卷材

A.1.1 高聚物改性沥青类防水卷材的主要物理性能应符合表 A.1.1 的要求。

表 A.1.1 高聚物改性沥青类防水卷材的主要物理性能

项目		指标				
		弹性体改性沥青防水卷材			自粘聚合物改性沥青防水卷材	
		聚酯毡胎体	玻纤毡胎体	聚乙烯膜胎体	聚酯毡胎体	无胎体
可溶物含量(g/m²)		3mm厚≥2100 4mm厚≥2900	—	—	3mm厚≥2100	—
拉伸性能	拉力(N/50mm)	≥800(纵横向)	≥500(纵横向)	≥140(纵向) ≥120(横向)	≥450(纵横向)	≥180(纵横向)
	延伸率(%)	最大拉力时≥40(纵横向)	—	断裂时≥250	最大拉力时≥30	断裂时≥200(纵横向)
低温柔度(℃)		—25，无裂纹				
热老化后低温柔度(℃)		—20，无裂纹			—22，无裂纹	
不透水性		压力0.3MPa，保持时间120min，不透水				

A.1.2 合成高分子类防水卷材的主要物理性能应符合表 A.1.2 的要求。

表 A.1.2 合成高分子类防水卷材的主要物理性能

项目	指标			
	三元乙丙橡胶防水卷材	聚氯乙烯防水卷材	聚乙烯丙纶复合防水卷材	高分子自粘胶膜防水卷材
断裂拉伸强度	≥7.5MPa	≥12MPa	≥60N/10mm	≥100N/10mm
断裂伸长率(%)	≥450	≥250	≥300	≥400
低温弯折性(℃)	—40，无裂纹	—20，无裂纹	—20，无裂纹	—20，无裂纹
不透水性	压力0.3MPa，保持时间120min，不透水			
撕裂强度	≥25kN/m	≥40kN/m	≥20N/10mm	≥120N/10mm
复合强度(表层与芯层)			≥1.2N/mm	

A.1.3 聚合物水泥防水粘结材料的主要物理性能应符合表 A.1.3 的要求。

表 A.1.3 聚合物水泥防水粘结材料的主要物理性能

项目		指标
与水泥基面的粘结拉伸强度（MPa）	常温 7d	≥0.6
	耐水性	≥0.4
	耐冻性	≥0.4
可操作时间（h）		≥2
抗渗性（MPa，7d）		≥1.0
剪切状态下的粘合性（N/mm，常温）	卷材与卷材	≥2.0 或卷材断裂
	卷材与基面	≥1.8 或卷材断裂

A.2 防水涂料

A.2.1 有机防水涂料的主要物理性能应符合表 A.2.1 的要求。

表 A.2.1 有机防水涂料的主要物理性能

项目		指标		
		反应型防水涂料	水乳型防水涂料	聚合物水泥防水涂料
可操作时间（min）		≥20	≥50	≥30
潮湿基面粘结强度（MPa）		≥0.5	≥0.2	≥1.0
抗渗性（MPa）	涂膜（120min）	≥0.3	≥0.3	≥0.3
	砂浆迎水面	≥0.8	≥0.8	≥0.8
	砂浆背水面	≥0.3	≥0.3	≥0.6
浸水 168h 后拉伸强度（MPa）		≥1.7	≥0.5	≥1.5
浸水 168h 后断裂伸长率（%）		≥400	≥350	≥80
耐水性（%）		≥80	≥80	≥80
表干（h）		≤12	≤4	≤4
实干（h）		≤24	≤12	≤12

注：1 浸水 168h 后的拉伸强度和断裂伸长率是在浸水取出后只经擦干即进行试验所得的值；
2 耐水性指标是指材料浸水 168h 后取出擦干即进行试验，其粘结强度及抗渗性的保持率。

A.2.2 无机防水涂料的主要物理性能应符合表 A.2.2 的要求。

表 A.2.2 无机防水涂料的主要物理性能

项 目	指标	
	掺外加剂、掺合料水泥基防水涂料	水泥基渗透结晶型防水涂料
抗折强度(MPa)	>4	≥4
粘结强度(MPa)	>1.0	≥1.0
一次抗渗性(MPa)	>0.8	≥1.0
二次抗渗性(MPa)	—	>0.8
冻融循环(次)	>50	>50

A.3 止水密封材料

A.3.1 橡胶止水带的主要物理性能应符合表 A.3.1 的要求。

表 A.3.1 橡胶止水带的主要物理性能

项 目		指标		
		变形缝用止水带	施工缝用止水带	有特殊耐老化要求的接缝用止水带
硬度(邵尔 A,度)		60±5	60±5	60±5
拉伸强度(MPa)		≥15	≥12	≥10
扯断伸长率(%)		≥380	≥380	≥300
压缩永久变形(%)	70℃×24h	≤35	≤35	≤25
	23℃×168h	≤20	≤20	≤20
撕裂强度(kN/m)		≥30	≥25	≥25
脆性温度(℃)		≤−45	≤−40	≤−40
热空气老化 70℃×168h	硬度变化(邵尔 A,度)	+8	+8	—
	拉伸强度(MPa)	≥12	≥10	—
	扯断伸长率(%)	≥300	≥300	—
热空气老化 100℃×168h	硬度变化(邵尔 A,度)	—	—	+8
	拉伸强度(MPa)	—	—	≥9
	扯断伸长率(%)	—	—	≥250
橡胶与金属粘合		断面在弹性体内		

注:橡胶与金属粘合指标仅适用于具有钢边的止水带。

A.3.2 混凝土建筑接缝用密封胶的主要物理性能应符合表 A.3.2 的要求。

表 A.3.2 混凝土建筑接缝用密封胶的主要物理性能

项 目		指标			
		25(低模量)	25(高模量)	20(低模量)	20(高模量)
流动性(N 型)	下垂度 垂直(mm)	≤3			
	水平(mm)	≤3			
流平性(S 型)		光滑平整			
挤出性(mL/min)		≥80			
弹性恢复率(%)		≥80		≥60	
拉伸模量(MPa)	23℃	≤0.4 和	>0.4 或	≤0.4 和	>0.4 或
	−20℃	≤0.6	>0.6	≤0.6	>0.6
定伸粘结性		无破坏			
浸水后定伸粘结性		无破坏			
热压冷拉后粘结性		无破坏			
体积收缩率(%)		≤25			

注:体积收缩率仅适用于乳胶型和溶剂型产品。

A.3.3 腻子型遇水膨胀止水条的主要物理性能应符合表 A.3.3 的要求。

表 A.3.3 腻子型遇水膨胀止水条的主要物理性能

项 目	指标
硬度(C 型微孔材料硬度计,度)	≤40
7d 膨胀率	≤最终膨胀率的 60%
最终膨胀率(21d,%)	≥220
耐热性(80℃×2h)	无流淌
低温柔性(−20℃×2h,绕 φ10 圆棒)	无裂纹
耐水性(浸泡 15h)	整体膨胀无碎块

A.3.4 遇水膨胀止水胶的主要物理性能应符合表 A.3.4 的要求。

表 A.3.4 遇水膨胀止水胶的主要物理性能

项 目		指标	
		PJ220	PJ400
固含量(%)		≥85	
密度(g/cm³)		规定值±0.1	
下垂度(mm)		≤2	
表干时间(h)		≤24	
7d 拉伸粘结强度(MPa)		≥0.4	≥0.2
低温柔性(−20℃)		无裂纹	
拉伸性能	拉伸强度(MPa)	≥0.5	
	断裂伸长率(%)	≥400	

续表 A.3.4

项目	指标	
	PJ220	PJ400
体积膨胀倍率(%)	≥220	≥400
长期浸水体积膨胀倍率保持率(%)	≥90	
抗水压(MPa)	1.5,不渗水	2.5,不渗水

A.3.5 弹性橡胶密封垫材料的主要物理性能应符合表 A.3.5 的要求。

表 A.3.5 弹性橡胶密封垫材料的主要物理性能

项目		指标	
		氯丁橡胶	三元乙丙橡胶
硬度(邵尔 A,度)		45±5～60±5	55±5～70±5
伸长率(%)		≥350	≥330
拉伸强度(MPa)		≥10.5	≥9.5
热空气老化 (70℃×96h)	硬度变化值(邵尔 A,度)	≤+8	≤+6
	拉伸强度变化率(%)	≥-20	≥-15
	扯断伸长率变化率(%)	≥-30	≥-30
压缩永久变形(70℃×24h,%)		≤35	≤28
防霉等级		达到与优于2级	达到与优于2级

注:以上指标均为成品切片测试的数据,若只能以胶料制成试样测试,则其伸长率、拉伸强度应达到本指标的120%。

A.3.6 遇水膨胀橡胶密封垫胶料的主要物理性能应符合表 A.3.6 的要求。

表 A.3.6 遇水膨胀橡胶密封垫胶料的主要物理性能

项目		指标		
		PZ-150	PZ-250	PZ-400
硬度(邵尔 A,度)		42±7	42±7	45±7
拉伸强度(MPa)		≥3.5	≥3.5	≥3.0
扯断伸长率(%)		≥450	≥450	≥350
体积膨胀倍率(%)		≥150	≥250	≥400
反复浸水试验	拉伸强度(MPa)	≥3	≥3	≥2
	扯断伸长率(%)	≥350	≥350	≥250
	体积膨胀倍率(%)	≥150	≥250	≥300
低温弯折(-20℃×2h)		无裂纹		
防霉等级		达到与优于2级		

注:1 PZ-×××是指产品工艺为制品型,按产品在静态蒸馏水中的体积膨胀倍率(即浸泡后的试样质量与浸泡前的试样质量的比率)划分的类型;
2 成品切片测试应达到本指标的80%;
3 接头部位的拉伸强度指标不得低于本指标的50%。

A.4 其他防水材料

A.4.1 防水砂浆的主要物理性能应符合表 A.4.1 的要求。

表 A.4.1 防水砂浆的主要物理性能

项目	指标	
	掺外加剂、掺合料的防水砂浆	聚合物水泥防水砂浆
粘结强度(MPa)	≥0.6	≥1.2
抗渗性(MPa)	≥0.8	≥1.5
抗折强度(MPa)	同普通砂浆	≥8.0
干缩率(%)	同普通砂浆	≤0.15
吸水率(%)	≤3	≤4
冻融循环(次)	>50	>50
耐碱性	10%NaOH 溶液浸泡14d 无变化	—
耐水性(%)		≥80

注:耐水性指标是指砂浆浸水168h后材料的粘结强度及抗渗性的保持率。

A.4.2 塑料防水板的主要物理性能应符合表 A.4.2 的要求。

表 A.4.2 塑料防水板的主要物理性能

项目	指标			
	乙烯—醋酸乙烯共聚物	乙烯—沥青共混聚合物	聚氯乙烯	高密度聚乙烯
拉伸强度(MPa)	≥16	≥14	≥10	≥16
断裂延伸率(%)	≥550	≥500	≥200	≥550
不透水性(120min,MPa)	≥0.3	≥0.3	≥0.3	≥0.3
低温弯折性(℃)	-35,无裂纹	-35,无裂纹	-20,无裂纹	-35,无裂纹
热处理尺寸变化率(%)	≤2.0	≤2.5	≤2.0	≤2.0

A.4.3 膨润土防水毯的主要物理性能应符合表 A.4.3 的要求。

表 A.4.3　膨润土防水毯的主要物理性能

项目		指标		
		针刺法钠基膨润土防水毯	刺覆膜法钠基膨润土防水毯	胶粘法钠基膨润土防水毯
单位面积质量（干重，g/m²）		≥4000		
膨润土膨胀指数（mL/2g）		≥24		
拉伸强度（N/100mm）		≥600	≥700	≥600
最大负荷下伸长率（%）		≥10	≥10	≥8
剥离强度	非织造布—编织布（N/100mm）	≥40	≥40	≥40
	PE膜—非织造布（N/100mm）	—	≥30	—
渗透系数（m/s）		≤5.0×10^{-11}	≤5.0×10^{-12}	≤1.0×10^{-12}
滤失量（mL）		≤18		
膨润土耐久性（mL/2g）		≥20		

附录 B　地下工程用防水材料标准及进场抽样检验

B.0.1　地下工程用防水材料标准应按表 B.0.1 的规定选用。

表 B.0.1　地下工程用防水材料标准

类别	标准名称	标准号
防水卷材	1　聚氯乙烯防水卷材	GB 12952
	2　高分子防水材料　第1部分　片材	GB 18173.1
	3　弹性体改性沥青防水卷材	GB 18242
	4　改性沥青聚乙烯胎防水卷材	GB 18967
	5　带自粘层的防水卷材	GB/T 23260
	6　自粘聚合物改性沥青防水卷材	GB 23441
	7　预铺/湿铺防水卷材	GB/T 23457
防水涂料	1　聚氨酯防水涂料	GB/T 19250
	2　聚合物乳液建筑防水涂料	JC/T 864
	3　聚合物水泥防水涂料	JC/T 894
	4　建筑防水涂料用聚合物乳液	JC/T 1017
密封材料	1　聚氨酯建筑密封胶	JC/T 482
	2　聚硫建筑密封胶	JC/T 483
	3　混凝土建筑接缝用密封胶	JC/T 881
	4　丁基橡胶防水密封胶粘带	JC/T 942

续表 B.0.1

类别	标准名称	标准号
其他防水材料	1　高分子防水材料　第2部分　止水带	GB 18173.2
	2　高分子防水材料　第3部分　遇水膨胀橡胶	GB 18173.3
	3　高分子防水卷材胶粘剂	JC/T 863
	4　沥青基防水卷材用基层处理剂	JC/T 1069
	5　膨润土橡胶遇水膨胀止水条	JG/T 141
	6　遇水膨胀止水胶	JG/T 312
	7　钠基膨润土防水毯	JG/T 193
刚性防水材料	1　水泥基渗透结晶型防水材料	GB 18445
	2　砂浆、混凝土防水剂	JC 474
	3　混凝土膨胀剂	GB 23439
	4　聚合物水泥防水砂浆	JC/T 984
防水材料试验方法	1　建筑防水卷材试验方法	GB/T 328
	2　建筑胶粘剂试验方法	GB/T 12954
	3　建筑密封材料试验方法	GB/T 13477
	4　建筑防水涂料试验方法	GB/T 16777
	5　建筑防水材料老化试验方法	GB/T 18244

B.0.2　地下工程用防水材料进场抽样检验应符合表 B.0.2 的规定。

表 B.0.2　地下工程用防水材料进场抽样检验

序号	材料名称	抽样数量	外观质量检验	物理性能检验
1	高聚物改性沥青类防水卷材	大于1000卷抽5卷，每500～1000卷抽4卷，100～499卷抽3卷，100卷以下抽2卷，进行规格尺寸和外观质量检验。在外观质量检验合格的卷材中，任取一卷作物理性能检验	断裂、折皱、孔洞、剥离、边缘不整齐、胎体露白、未浸透、撒布材料粒度、颜色、每卷卷材的接头	可溶物含量，拉力，延伸率，低温柔度，热老化后低温柔度，不透水性
2	合成高分子类防水卷材	大于1000卷抽5卷，每500～1000卷抽4卷，100～499卷抽3卷，100卷以下抽2卷，进行规格尺寸和外观质量检验。在外观质量检验合格的卷材中，任取一卷作物理性能检验	折痕、杂质、胶块、凹痕，每卷卷材的接头	断裂拉伸强度，断裂伸长率，低温弯折性，不透水性，撕裂强度
3	有机防水涂料	每5t为一批，不足5t按一批抽样	均匀黏稠体，无凝胶，无结块	潮湿基面粘结强度，涂膜抗渗性，浸水168h后拉伸强度，浸水168h后断裂伸长率，耐水性

续表 B.0.2

序号	材料名称	抽样数量	外观质量检验	物理性能检验
4	无机防水涂料	每10t为一批，不足10t按一批抽样	液体组分：无杂质、凝胶的均匀乳液 固体组分：无杂质、结块的粉末	抗折强度，粘结强度，抗渗性
5	膨润土防水材料	每100卷为一批，不足100卷按一批抽样；100卷以下抽5卷，进行尺寸偏差和外观质量检验。在外观质量检验合格的卷材中，任取一卷作物理性能检验	表面平整，厚度均匀，无破洞、破边，无残留断针，针刺均匀	单位面积质量，膨润土膨胀指数，渗透系数，滤失量
6	混凝土建筑接缝用密封胶	每2t为一批，不足2t按一批抽样	细腻、均匀膏状物或黏稠液体，无气泡、结皮和凝胶现象	流动性，挤出性，定伸粘结性
7	橡胶止水带	每月同标记的止水带产量为一批抽样	尺寸公差；开裂、缺胶、海绵状、中心孔偏心、凹痕、气泡、杂质、明疤	拉伸强度，扯断伸长率，撕裂强度
8	腻子型遇水膨胀止水条	每5000m为一批，不足5000m按一批抽样	尺寸公差；柔软、弹性均质、色泽均匀，无明显凹凸	硬度，7d膨胀率，最终膨胀率，耐水性
9	遇水膨胀止水胶	每5t为一批，不足5t按一批抽样	细腻、黏稠、均匀膏状物，无气泡、结皮和凝胶	表干时间，拉伸强度，体积膨胀倍率
10	弹性橡胶密封垫材料	每月同标记的密封垫材料产量为一批抽样	尺寸公差；开裂、缺胶、凹痕、气泡、杂质、明疤	硬度，伸长率，拉伸强度，压缩永久变形
11	遇水膨胀橡胶密封垫胶料	每月同标记的膨胀橡胶产量为一批抽样	尺寸公差；开裂、缺胶、凹痕、气泡、杂质、明疤	硬度，拉伸强度，扯断伸长率，体积膨胀倍率，低温弯折
12	聚合物水泥防水砂浆	每10t为一批，不足10t按一批抽样	干粉类：均匀、无结块；乳胶类：液体经搅拌后均匀无沉淀，粉料无结块	7d粘结强度，7d抗渗性，耐水性

附录C 地下工程渗漏水调查与检测

C.1 渗漏水调查

C.1.1 明挖法地下工程应在混凝土结构和防水层验收合格以及回填土完成后，即可停止降水；待地下水位恢复至自然水位且趋向稳定时，方可进行地下工程渗漏水调查。

C.1.2 地下防水工程质量验收时，施工单位必须提供"结构内表面的渗漏水展开图"。

C.1.3 房屋建筑地下工程应调查混凝土结构内表面的侧墙和底板。地下商场、地铁车站、军事地下库等单建式地下工程，应调查混凝土结构内表面的侧墙、底板和顶板。

C.1.4 施工单位应在"结构内表面的渗漏水展开图"上标示下列内容：

1 发现的裂缝位置、宽度、长度和渗漏水现象；
2 经堵漏及补强的原渗漏水部位；
3 符合防水等级标准的渗漏水位置。

C.1.5 渗漏水现象的定义和标识符号，可按表C.1.5选用。

表 C.1.5 渗漏水现象的定义和标识符号

渗漏水现象	定义	标识符号
湿渍	地下混凝土结构背水面，呈现明显色泽变化的潮湿斑	♯
渗水	地下混凝土结构背水面有水渗出，墙壁上可观察到明显的流挂水迹	○
水珠	地下混凝土结构背水面的顶板或拱顶，可观察到悬垂的水珠，其滴落间隔时间超过1min	◇
滴漏	地下混凝土结构背水面的顶板或拱顶，渗漏水滴落速度至少为1滴/min	▽
线漏	地下混凝土结构背水面，呈渗漏成线或喷水状态	↓

C.1.6 "结构内表面的渗漏水展开图"应经检查、核对后，施工单位归入竣工验收资料。

C.2 渗漏水检测

C.2.1 当被验收的地下工程有结露现象时，不宜进行渗漏水检测。

C.2.2 渗漏水检测工具宜按表C.2.2使用。

表 C.2.2　渗漏水检测工具

名　　称	用　　途
0.5m～1m 钢直尺	量测混凝土湿渍、渗水范围
精度为 0.1mm 的钢尺	量测混凝土裂缝宽度
放大镜	观测混凝土裂缝
有刻度的塑料量筒	量测滴水量
秒表	量测渗漏水滴落速度
吸墨纸或报纸	检验湿渍与渗水
粉笔	在混凝土上用粉笔勾画湿渍、渗水范围
工作登高扶梯	顶板渗漏水、混凝土裂缝检验
带有密封缘口的规定尺寸方框	量测明显滴漏和连续渗流，根据工程需要可自行设计

C.2.3　房屋建筑地下工程渗漏水检测应符合下列要求：

1 湿渍检测时，检查人员用干手触摸湿斑，无水分浸润感觉。用吸墨纸或报纸贴附，纸不变颜色；要用粉笔勾画出湿渍范围，然后用钢尺测量并计算面积，标示在"结构内表面的渗漏水展开图"上。

2 渗水检测时，检查人员用干手触摸可感觉到水分浸润，手上会沾有水分。用吸墨纸或报纸贴附，纸会浸湿变颜色；要用粉笔勾画出渗水范围，然后用钢尺测量并计算面积，标示在"结构内表面的渗漏水展开图"上。

3 通过集水井积水，检测在设定时间内的水位上升数值，计算渗漏水量。

C.2.4　隧道工程渗漏水检测应符合下列要求：

1 隧道工程的湿渍和渗水应按房屋建筑地下工程渗漏水检测。

2 隧道上半部的明显滴漏和连续渗流，可直接用有刻度的容器收集量测，或用带有密封缘口的规定尺寸方框，安装在规定量测的隧道内表面，将渗漏水导入量测容器内，然后计算 24h 的渗漏水量，标示在"结构内表面的渗漏水展开图"上。

3 若检测器具或登高有困难时，允许通过目测计取每分钟或数分钟内的滴落数目，计算出该点的渗漏水量。通常，当滴落速度为 3 滴/min～4 滴/min 时，24h 的漏水量就是 1L。当滴落速度大于 300 滴/min 时，则形成连续线流。

4 为使不同施工方法、不同长度和断面尺寸隧道的渗漏水状况能够相互加以比较，必须确定一个具有代表性的标准单位。渗漏水量的单位通常使用 "$L/(m^2·d)$"。

5 未实施机电设备安装的区间隧道验收，隧道内表面积的计算应为横断面的内径周长乘以隧道长度，对盾构法隧道不计取管片嵌缝槽、螺栓孔盒子凹进部位等实际面积；完成了机电设备安装的隧道系统验收，隧道内表面积的计算应为横断面的内径周长乘以隧道长度，不计取凹槽、道床、排水沟等实际面积。

6 隧道渗漏水量的计算可通过集水井积水，检测在设定时间内的水位上升数值，计算渗漏水量；或通过隧道最低处积水，检测在设定时间内的水位上升数值，计算渗漏水量；或通过隧道内设置水堰，检测在设定时间内水流量，计算渗漏水量；或通过隧道专用排水泵运转，检测在设定时间内排水量，计算渗漏水量。

C.3　渗漏水检测记录

C.3.1　地下工程渗漏水调查与检测，应由施工单位项目技术负责人组织质量员、施工员实施。施工单位应填写地下工程渗漏水检测记录，并签字盖章；监理单位或建设单位应在记录上填写处理意见与结论，并签字盖章。

C.3.2　地下工程渗漏水检测记录应按表 C.3.2 填写。

表 C.3.2　地下工程渗漏水检测记录

工程名称		结构类型		
防水等级		检测部位		
渗漏水量检测	1　单个湿渍的最大面积　m^2；总湿渍面积　m^2			
	2　每 $100m^2$ 的渗水量　$L/(m^2·d)$；整个工程平均渗水量　$L/(m^2·d)$			
	3　单个渗水点的最大漏水量　L/d；整个工程平均漏水量　$L/(m^2·d)$			
结构内表面的渗漏水展开图	（渗漏水现象用标识符号描述）			
处理意见与结论	（按地下工程防水等级标准）			
会签栏	监理或建设单位（签章）		施工单位（签章）	
		项目技术负责人	质量员	施工员
	年　月　日	年　月　日		

附录 D 防水卷材接缝粘结质量检验

D.1 胶粘剂的剪切性能试验方法

D.1.1 试样制备应符合下列规定：

1 防水卷材表面处理和胶粘剂的使用方法，均按生产企业提供的技术要求进行；试样粘合时应用手辊反复压实，排除气泡。

2 卷材—卷材拉伸剪切强度试样应将与胶粘剂配套的卷材沿纵向裁取 300mm×200mm 试片 2 块，用毛刷在每块试片上涂刷胶粘剂样品，涂胶面 100mm×300mm，按图 D.1.1（a）进行粘合，在粘合的试样上裁取 5 个宽度为（50±1）mm 的试件。

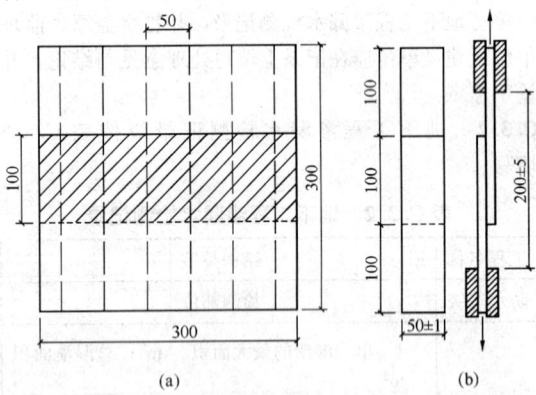

图 D.1.1 卷材—卷材拉伸剪切强度试样及试验

D.1.2 试验条件应符合下列规定：

1 标准试验条件应为温度（23±2）℃和相对湿度（30～70）%。

2 拉伸试验机应有足够的承载能力，不应小于 2000N，夹具拉伸速度为（100±10）mm/min，夹持宽度不应小于 50mm，并配有记录装置。

3 试样应在标准试验条件下放置至少 20h。

D.1.3 试验程序应符合下列规定：

1 试件应稳固地放入拉伸试验机的夹具中，试件的纵向轴线应与拉伸试验机及夹具的轴线重合。夹具内侧间距宜为（200±5）mm，试件不应承受预荷载，如图 D.1.1（b）所示。

2 在标准试验条件下，拉伸速度应为（100±10）mm/min，记录试件拉力最大值和破坏形式。

D.1.4 试验结果应符合下列规定：

1 每个试件的拉伸剪切强度应按式（D.1.4）计算，并精确到 0.1N/mm。

$$\sigma = P/b \qquad (D.1.4)$$

式中：σ——拉伸剪切强度（N/mm）；

P——最大拉伸剪切力（N）；

b——试件粘合面宽度 50mm。

2 计算试验结果时，应舍去试件距拉伸试验机夹具 10mm 范围内的破坏及从拉伸试验机夹具中滑移超过 2mm 的数据，用备用试件重新试验。

3 试验结果应以每组 5 个试件的算术平均值表示。

4 在拉伸剪切时，若试件都是卷材断裂，则应报告为卷材破坏。

D.2 胶粘剂的剥离性能试验方法

D.2.1 试样制备应符合下列规定：

1 防水卷材表面处理和胶粘剂的使用方法，均按生产企业提供的技术要求进行；试样粘合时应用手辊反复压实，排除气泡。

2 卷材—卷材剥离强度试样应将与胶粘剂配套的卷材纵向裁取 300mm×200mm 试片 2 块，按图 D.2.1（a）所示，用胶粘剂进行粘合，在粘合的试样上截取 5 个宽度为（50±1）mm 的试件。

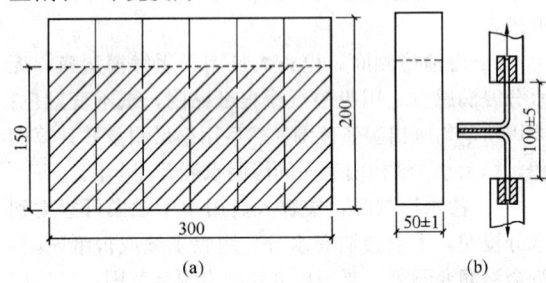

图 D.2.1 卷材—卷材剥离强度试样及试验

D.2.2 试验条件应按本规定第 D.1.2 条的规定执行。

D.2.3 试验程序应符合下列规定：

1 将试件未胶接一端分开，试件应稳固地放入拉伸试验机的夹具中，试件的纵向轴线应与拉伸试验机、夹具的轴线重合。夹具内侧间距宜为（100±5）mm，试件不应承受预荷载，如图 D.2.1（b）所示。

2 在标准试验条件下，拉伸试验机应以（100±10）mm/min 的拉伸速度将试件分离。

3 试验结果应连续记录直至试件分离，并应在报告中说明破坏形式，即粘附破坏、内聚破坏或卷材破坏。

D.2.4 试验结果应符合下列规定：

1 每个试件应从剥离力和剥离长度的关系曲线上记录最大的剥离力，并按式（D.2.4）计算最大剥离强度。

$$\sigma_T = F/B \qquad (D.2.4)$$

式中：σ_T——最大剥离强度（N/50mm）；

F——最大的剥离力（N）；

B——试件粘合面宽度 50mm。

2 计算试验结果时，应舍去试件距拉伸试验机夹具 10mm 范围内的破坏及从拉伸试验机夹具中滑移超过 2mm 的数据，用备用试件重新试验。

3 每个试件在至少100mm剥离长度内,由作用于试件中间1/2区域内10个等分点处的剥离力的平均值,计算平均剥离强度。

4 试验结果应以每组5个试件的算术平均值表示。

D.3 胶粘带的剪切性能试验方法

D.3.1 试样制备应符合下列规定:

1 防水卷材试样应沿卷材纵向裁取尺寸150mm×25mm,胶粘带宽度不足25mm,按胶粘带宽度裁样。

2 双面胶粘带拉伸剪切强度试样应用丙酮等适用的溶剂清洁基材的粘结面。从三卷双面胶粘带上分别取试样,尺寸为100mm×25mm。按图D.3.1将胶粘带试样无隔离纸的一面粘贴在防水卷材上。揭去胶粘带试样上的隔离纸,在防水卷材的胶粘带试样的另一面粘贴防水卷材,然后用压辊反复滚压3次。

3 按上述方法制备防水卷材试样5个。

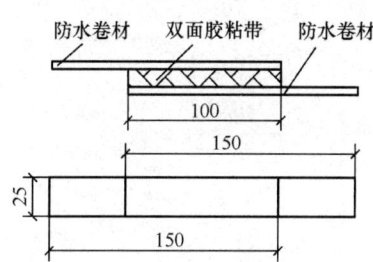

图 D.3.1 双面胶粘带拉伸剪切强度试样

D.3.2 试验条件应符合下列规定:

1 标准试验条件应为温度(23±2)℃和相对湿度(30~70)%。

2 拉伸试验机应有足够的承载能力,不应小于2000N,夹具拉伸速度为(100±10)mm/min,夹持宽度不应小于50mm,并配有记录装置。

3 压辊质量为(2000±50)g,钢轮直径×宽度为84mm×45mm,包覆橡胶硬度(邵尔A型)为80°±5°,厚度为6mm;

4 试样应在标准试验条件下放置至少20h。

D.3.3 试验程序应按本规范第D.1.3条的规定执行。

D.3.4 试验结果应按本规范第D.1.4条的规定执行。

D.4 胶粘带的剥离性能试验方法

D.4.1 试样制备应符合以下规定:

1 防水卷材试样应沿卷材纵向裁取尺寸150mm×25mm,胶粘带宽度不足25mm,按胶粘带宽度裁样。

2 双面胶粘带剥离强度试样应用丙酮等适用的溶剂清洁基材的粘结面。从三卷双面胶粘带上分别取试样,尺寸为100mm×25mm。按图D.4.1将胶粘带试样无隔离纸的一面粘贴在防水卷材上。揭去胶粘带试样上的隔离纸,在防水卷材的胶粘带试样的另一面粘贴防水卷材,然后用压辊反复滚压3次。

3 按上述方法制备防水卷材试样5个。

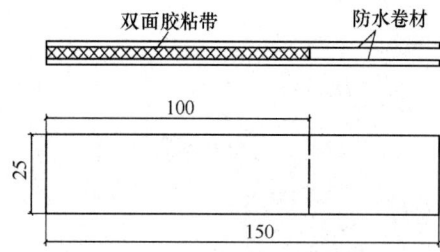

图 D.4.1 双面胶粘带剥离强度试样

D.4.2 试验条件应按本规范第D.3.2条的规定执行。

D.4.3 试验程序应按本规范第D.2.3条的规定执行。

D.4.4 试验结果应按本规范第D.2.4条的规定执行。

本规范用词说明

1 为便于在执行本规范条文时区别对待,对要求严格程度不同的用词说明如下:

1)表示很严格,非这样做不可的:
 正面词采用"必须",反面词采用"严禁";
2)表示严格,在正常情况下均应这样做的:
 正面词采用"应",反面词采用"不应"或"不得";
3)表示允许稍有选择,在条件许可时首先应这样做的:
 正面词采用"宜",反面词采用"不宜";
4)表示有选择,在一定条件下可以这样做的,采用"可"。

2 条文中指明应按其他有关标准执行的写法为"应符合……的规定"或"应按……执行"。

引用标准名录

1 《工业建筑防腐蚀设计规范》GB 50046

2 《普通混凝土拌合物性能试验方法标准》GB/T 50080

3 《普通混凝土力学性能试验方法标准》GB/T 50081

4 《普通混凝土长期性能和耐久性能试验方法标准》GB/T 50082

5 《混凝土强度检验评定标准》GB/T 50107

6 《混凝土外加剂应用技术规范》GB 50119

7 《混凝土结构工程施工质量验收规范》GB 50204

8 《建筑工程施工质量验收统一标准》GB 50300

9 《混凝土结构耐久性设计规范》GB 50476

10 《用于水泥和混凝土中的粒化高炉矿渣粉》GB/T 18046

11 《混凝土用水标准》JGJ 63

12 《建筑防水涂料中有害物质限量》JC 1066

中华人民共和国国家标准

地下防水工程质量验收规范

GB 50208—2011

条 文 说 明

修 订 说 明

《地下防水工程质量验收规范》GB 50208-2011 经住房和城乡建设部 2011 年 4 月 2 日以第 971 号公告批准、发布。

为便于广大设计、施工、科研、学校等单位有关人员在使用本规范时能正确理解和执行条文规定，《地下防水工程质量验收规范》编制组按章、节、条顺序编制了本规范的条文说明，对条文规定的目的、依据以及执行中需注意的有关事项进行了说明。但是，本条文说明不具备与规范正文同等的法律效力，仅供使用者作为理解和把握规范规定的参考。

目 次

1 总则 ………………………………… 9—15—36
2 术语 ………………………………… 9—15—36
3 基本规定 …………………………… 9—15—36
4 主体结构防水工程 ………………… 9—15—39
　4.1 防水混凝土 …………………… 9—15—39
　4.2 水泥砂浆防水层 ……………… 9—15—42
　4.3 卷材防水层 …………………… 9—15—43
　4.4 涂料防水层 …………………… 9—15—46
　4.5 塑料防水板防水层 …………… 9—15—47
　4.6 金属板防水层 ………………… 9—15—48
　4.7 膨润土防水材料防水层 ……… 9—15—49
5 细部构造防水工程 ………………… 9—15—50
　5.1 施工缝 ………………………… 9—15—50
　5.2 变形缝 ………………………… 9—15—50
　5.3 后浇带 ………………………… 9—15—51
　5.4 穿墙管 ………………………… 9—15—52
　5.5 埋设件 ………………………… 9—15—52
　5.6 预留通道接头 ………………… 9—15—52
　5.7 桩头 …………………………… 9—15—52
　5.8 孔口 …………………………… 9—15—53
　5.9 坑、池 ………………………… 9—15—53
6 特殊施工法结构防水工程 ………… 9—15—53
　6.1 锚喷支护 ……………………… 9—15—53
　6.2 地下连续墙 …………………… 9—15—54
　6.3 盾构隧道 ……………………… 9—15—55
　6.4 沉井 …………………………… 9—15—56
　6.5 逆筑结构 ……………………… 9—15—57
7 排水工程 …………………………… 9—15—57
　7.1 渗排水、盲沟排水 …………… 9—15—57
　7.2 隧道排水、坑道排水 ………… 9—15—58
　7.3 塑料排水板排水 ……………… 9—15—59
8 注浆工程 …………………………… 9—15—60
　8.1 预注浆、后注浆 ……………… 9—15—60
　8.2 结构裂缝注浆 ………………… 9—15—61
9 子分部工程质量验收 ……………… 9—15—62

1 总 则

1.0.1 随着地下空间的开发利用,地下工程的埋置深度愈来愈深,工程所处的水文地质条件和环境条件愈来愈复杂,地下工程渗漏水的情况时有发生,严重影响了地下工程的使用功能和结构耐久性。为进一步适应我国地下工程建设的需要,促进防水材料和防水技术的发展,遵循"材料是基础,设计是前提,施工是关键",确保地下防水工程质量,特编制本规范。

由于我国目前尚未制定有关建筑防水设计的通用标准,而现行的《地下工程防水技术规范》GB 50108-2008中,含有一定的施工、设计内容,为了更好地与其配套使用,本规范仍保留原规范《地下防水工程质量验收规范》的名称。

1.0.2 本规范适用于房屋建筑、市政隧道、防护工程、地下铁道等地下防水工程质量验收。

地下工程是建造在地下或水底以下的工程建筑物和构筑物,包括各种工业、交通、民用和军事等地下建筑工程。房屋建筑地下工程是指住宅建筑、公共建筑、文教建筑、商业建筑、旅游建筑、交通建筑和各类工业建筑等地下室结构和基础;市政隧道是指修建在城市地下用作敷设各种市政设施地下管线的隧道以及城市公路隧道、城市人行隧道等工程;防护工程是指为战时防护要求而修建的国防和人防工程,如人员掩蔽工事、作战指挥部、军用地下工厂和仓库等工程,有一些地下商业街、地下车库、地下影剧院也可用于战时的人民防空工事;地下铁道是指城市地铁车站和连接各车站的区间隧道。

1.0.3 根据原建设部《建设领域推广应用新技术管理规定》部令第109号文件精神,发布建设工程中推广应用新技术和限制、禁止使用落后的技术。对采用性能、质量可靠的新型防水材料和相应的施工技术等科技成果,必须经过科技成果鉴定、评估或新产品、新技术鉴定,并应制定相应的技术标准。同时,强调新技术、新材料、新工艺需经工程实践检验,符合有关安全及功能要求的才能得到推广应用。

1.0.4 安全与劳动防护和环境保护,已成为当前全社会不可忽视的问题。在防水工程中,不得采用现行《职业性接触毒物危害程度分级》GBZ 230中划分为Ⅲ级以上毒物的材料。当配制和使用有毒材料时,现场必须采取通风措施,操作人员必须佩戴劳保用品;有毒材料和挥发性材料应密封储存,妥善保管。

目前,在原建设部《建设事业"十一五"推广应用和限制、禁止使用技术》第659号公告中,已经明确以下禁用产品:S型聚氯乙烯防水卷材、焦油型聚氨酯防水涂料、水性聚氯乙烯焦油防水涂料、焦油型聚氯乙烯建筑防水接缝材料。由国家发展和改革委员会发布的《建筑防水涂料中有害物质限量》JC 1066-2008和《沥青基防水卷材用基层处理剂》JC/T 1069-2008,对建设工程中预防和控制建筑材料产生的环境污染,保障公民健康和维护公共利益,提出了规范性规定。

1.0.5 本条是根据住房和城乡建设部《关于印发〈工程建设标准编写规定〉的通知》(建标[2008]182号)的规定,采用了"地下防水工程质量验收除应符合本规范外,尚应符合国家现行有关标准的规定"典型用语。

2 术 语

根据住房和城乡建设部印发建标[2008]182号通知精神,在《工程建设标准编写规定》第二十三条中明确规定:标准中采用的术语和符号,当现行标准中尚无统一规定,且需要给出定义或涵义时,可独立成章,集中列出。按照这一规定,本次修订时将本规范中尚未在其他国家标准、行业标准中规定的术语单独列为本章。

在本规范中涉及地下防水工程质量验收方面的术语有三种情况:

1 在现行国家标准、行业标准中无规定,是本规范首次提出的。

2 虽在国家标准、行业标准中出现过这一术语,但人们比较生疏的。

3 现行的国家标准、行业标准中虽有类似术语,但内容不完全相同。

以上三种类型的术语共12条,在本章中一一列入,并给予定义。

3 基 本 规 定

3.0.1 当前,提出一个符合我国地下工程实际情况的防水等级标准是十分必要的。本条是引用《地下工程防水技术规范》GB 50108-2008第3.2.1条的内容。

表3.0.1地下工程防水等级标准的依据:

1 防水等级为一级的工程,按规定是不允许渗水的,但结构内表面并不是没有地下水渗透现象。由于渗水量极小,且随时被正常的人工通风所带走,当渗水量小于蒸发量时,结构表面往往不会留存湿渍,故对此不作量化指标的规定。

2 防水等级为二级的工程,按规定是不允许有漏水,结构表面可有少量湿渍。关于地下工程渗漏水检测,在房屋建筑和其他地下工程中,对总湿渍面积占总防水面积的比例以及任意100m²防水面积上的湿渍处和单个湿渍最大面积都作了量化指标的规定;考虑到国外的有关隧道等级标准,我国防水等级为二级的隧道工程已按国际惯例采用渗水量单位"L/(m²·

d)",并对平均渗水量和任意100m²防水面积上的渗水量作出量化指标的规定。

3 防水等级为三级的工程,按规定允许有少量漏水点,但不得有线流和漏泥砂。在地下工程中,顶部或拱顶的渗漏水一般为滴水,而侧墙则多呈流挂湿渍的形式。为了便于工程验收,对任意100m²防水面积上的漏水或湿渍点数以及单个漏水点的最大漏水量、单个湿渍的最大面积都作了量化指标的规定。

4 防水等级为四级的工程,按规定允许有漏水点,但不得有线流和漏泥砂。根据德国STUVA防水等级中关于100m区间的渗漏水量是10m区间的1/2及1m区间的1/4的规定,我国地下工程采用任意100m²防水面积上的漏水量为整个工程平均漏水量的2倍。

3.0.2 本条是引用《地下工程防水技术规范》GB 50108-2008第3.3.1条的内容。本条表3.0.1-1和表3.0.1-2虽保留了原规范的基本内容,但在主体或衬砌结构中增加了膨润土防水材料,在施工缝中增加了预埋注浆管和水泥基渗透结晶型防水涂料等防水设防。

本条规定了地下工程的防水设防要求,主要包括主体或衬砌结构和细部构造两个部分。目前,工程采用防水混凝土结构的自防水效果尚好,而细部构造特别是在施工缝、变形缝、后浇带等处的渗漏水现象最为普遍。明挖法或暗挖法地下工程的防水设防,主体或衬砌结构应首先选用防水混凝土,当工程防水等级为一级时,应再增设一至两道其他防水层;当工程为二级时,应再增设一道其他防水层;对于施工缝、后浇带、变形缝,应根据不同防水等级选用不同的防水措施,防水等级越高,拟采用的措施越多。我们从表3.0.2-1和表3.0.2-2得知,在防水混凝土结构或衬砌的迎水面全外包柔性防水层,形成一个整体全封闭的防水体系,理应使整个工程防水功能得到很大提高,但实际情况往往并非如此。在调研过程中,专家和施工单位反映了以下两种情况:一是由于基层干燥,在冷粘法粘贴合成高分子防水卷材或热熔法粘贴高聚物改性沥青防水卷材时,卷材与基层不能良好粘结,一旦成品保护或施工不当,会在防水结构与柔性防水层之间出现窜水渗漏,导致工程失效;二是长期以来,人们认为混凝土收缩是水泥固有的缺点,裂缝是难以避免的,随着地下工程的不断加深和超长发展,设计多采用变形缝或后浇带,处理不当会增加日后工程渗漏水隐患。为此,近年来我国包括防水材料生产企业在内的防水工程界人士,研发了预铺式反粘卷材防水系统、聚乙烯丙纶卷材与聚合物水泥防水胶粘料复合防水技术、钠基膨润土防水毯应用技术等新材料、新技术、新工艺,充分发挥了工程结构的整体防水功能。建设部科技发展促进中心发布的2006年全国建筑行业科技成果推广项目"FS101、FS102刚性复合防水技术",主要由FS101的防水砂浆和FS102防水混凝土复合而成的刚性防水系统,采用可提高水泥凝胶密实性的特种外加剂材料,具有减小收缩、控制开裂和良好的抗渗性能,从而减少变形缝或后浇带的设置,满足工程防水且与结构寿命相同。预埋注浆管也是近年来处理施工缝漏水的新增措施,解决了工程接缝部位薄弱环节的渗漏水问题,即在工程接缝部位的混凝土硬化完成后,通过预埋的注浆管向接缝内注入浆液加以封堵,形成一道防水设防,在强化接缝防水功能和接缝维修堵漏中得到广泛使用。

综上所述,地下工程的防水设计和施工,应符合"防、排、截、堵相结合,刚柔相济,因地制宜,综合治理"的原则。在选用地下工程防水设防时,不得按两表生搬硬套,应根据结构特点、使用年限、材料性能、施工方法、环境条件等因素合理地使用材料。

3.0.3 防水施工是保证地下防水工程质量的关键,是对防水材料的一次再加工。目前我国一些地区由于使用不懂防水技术的农村副业队或新工人进行防水作业,造成工程渗漏的严重后果。故强调必须建立具有相应资质的专业队伍,施工人员必须经过技术理论与实际操作的培训,并持有建设行政主管部门或其指定单位颁发的执业资格证书或防水专业岗位证书。对非防水专业队伍或非从事防水施工的人员,当地质量监督部门应责令其停止施工。

3.0.4 根据建设部(1991)837号文《关于提高防水工程质量的若干规定》的要求:防水工程施工前,应通过图纸会审,掌握施工图中的细部构造及有关要求。这样,各有关单位既能对防水设计质量把关,又能掌握地下工程防水构造设计的要点,避免在施工中出现差错。同时,施工前还应制定相应的施工方案或技术措施,并按程序经监理单位或建设单位审查批准后执行。

3.0.5 影响建筑工程质量好坏的主要原因之一是建筑材料的质量优劣。由于建筑防水材料品种繁多,性能各异,质量参差不齐,成为大多数业主、工程监督、监理、施工质量管理以及采购人员的一个难题。为此,本条提出了地下防水工程所使用防水材料的品种、规格、性能等必须符合现行国家或行业产品标准和设计要求。

对于防水材料的品种、规格、性能等要求,凡是在地下工程防水设计中有明确规定的,应按设计要求执行;凡是在地下工程防水设计中未作具体规定的,应按现行国家或行业产品标准执行。

3.0.6 产品性能检测报告,是建筑材料是否适用于建设工程或正常在建设市场流通的合法通行证,也是工程质量预控制且符合工程设计要求的主要途径之一。对产品性能检测报告的准确判别十分重要,万一误判会给建设工程质量埋下隐患或造成工程事故。为此,对本条作如下说明:

1 防水材料必须送至经过省级以上建设行政主管部门资质认可和质量技术监督部门计量认证的检测单位进行检测。

　　2 检查人员必须按防水材料标准中组批与抽样的规定随机取样。

　　3 检查项目应符合防水材料标准和工程设计的要求。

　　4 检测方法应符合现行防水材料标准的规定，检测结论明确。

　　5 检测报告应有主检、审核、批准人签章，盖有"检测单位公章"和"检测专用章"。复制报告未重新加盖"检测单位公章"和"检测专用章"无效。

　　6 防水材料企业提供的产品出厂检验报告是对产品生产期间的质量控制，产品型式检验的有效期宜为一年。

3.0.7 材料进场验收是把好材料合格关的重要环节，本条给出了防水材料进场验收的具体规定。

　　1 第1、2款是按照《建设工程监理规范》GB 50319-2000第5.4.6条的规定，专业监理工程师应对承包单位报送的拟建进场工程材料/构配件/设备报审表及其质量证明资料进行审核，并对进场的实物按照委托监理合同约定或有关工程质量管理文件规定的比例，采用平行检验或见证取样方式进行抽检。对未经监理人员验收或验收不合格的工程材料/构配件/设备，监理人员应拒绝签认，并应签发监理工程师通知单，书面通知承包单位限期将不合格的工程材料/构配件/设备撤出现场。

　　2 第3款提到进场防水材料应按本规范附录A和附录B的规定进行抽样检验，并出具材料进场检验报告。原规范提到的抽样复验，有概念上的错误。进场检验是指从材料生产企业提供的合格产品中对外观质量和主要物理性能检验，决不是对不合格产品的复验，故本次修订为抽样检验。

　　为了做到建设工程质量检查工作的科学性、公正性和正确性，材料进场检验应执行原建设部关于《房屋建筑工程和市政基础设施工程实行见证取样和送检的规定》。

　　3 第4款是对进场材料抽样检验的合格判定。材料的主要物理性能检验项目全部指标达到标准时，即为合格；若有一项指标不符合标准规定时，应在受检产品中重新取样进行该项指标复验，复验结果符合标准规定，则判定该批材料合格。需要说明两点：一是检验中若有两项或两项以上指标达不到标准规定时，则判该批产品为不合格；二是检验中若有一项指标达不到标准规定时，允许在受检产品中重新取样进行该项指标复验。

3.0.8 保护环境是我国的一项基本国策，本条提出地下工程使用的防水材料及其配套材料应符合国家有关标准对有害物质限量的规定，不得对周围环境造成污染。在《建筑防水涂料中有害物质限量》JC 1066-2008中，对建筑防水用各类涂料和防水材料配套用的液体材料，按其性质分为水性、反应型和溶剂型建筑防水涂料，分别规定了有害物质限量。

3.0.9 施工过程中建立工序质量的自查、核查和交接检查制度，是实行施工质量过程控制的根本保证。上道工序完成后，应经完成方和后续工序的承接方共同检查并确认，方可进行下一工序的施工。避免了上道工序存在的问题未解决，而被下道工序所覆盖，给防水工程留下质量隐患。因此，本条规定工序或分项工程的质量验收，应在操作人员自检合格的基础上，进行工序之间的交接检和专职质量人员的检查，检查结果应有完整的记录，然后由监理工程师代表建设单位进行检查和确认。

3.0.10 进行防水结构或防水层施工时，现场应做到无水、无泥浆，这是保证地下防水工程施工质量的一个重要条件。因此，在地下防水工程施工期间，必须做好周围环境的排水和降低地下水位的工作。

　　排除基坑周围的地面水和基坑内的积水，以便在不带水和泥浆的基坑内进行施工。排水时应注意避免基土的流失，防止因改变基底的土层构造而导致地面沉陷。

　　为了确保地下防水工程的施工质量，本条规定地下水位应降低至工程底部最低高程500mm以下的位置，并保持已降的地下水位至整个防水工程完成。对于采用明沟排水施工的基坑，可适当放宽规定，但应保持基坑干燥。

3.0.11 在地下工程的防水层施工时，气候条件对其影响是很大的。雨天施工会使基层含水率增大，导致防水层粘结不牢；气温过低时铺贴卷材，易出现开卷时卷材发硬、脆裂，严重影响防水层质量；低温涂刷涂料，涂层易受冻且不成膜；五级风以上进行防水层施工操作，难以确保防水层质量和人身安全。故本条根据不同的材料性能及施工工艺，分别规定了适于施工的环境气温。当防水层施工环境温度不符合规定而又必须施工时，需采取合理的防护措施，满足防水层施工的条件。

3.0.12 根据《建筑工程施工质量验收统一标准》GB 50300-2001的规定，确定地下防水工程为地基与基础分部工程中的一个子分部工程。由于地下防水工程包括了主体结构防水工程、细部构造防水工程、特殊施工法结构防水工程、排水工程和注浆工程等主要内容，本条表3.0.12分别对地下防水工程的分项工程给予具体划分，有助于及时纠正施工中出现的质量问题，确保工程质量，也符合施工的实际情况。

3.0.13 按照《建筑工程施工质量验收统一标准》GB 50300的规定，分项工程可由一个或若干个检验批组成，检验批可根据质量控制和专业验收需要按楼层、施工段、变形缝等进行划分。由于原规范未对检验批划分作出规定,给施工质量验收带来不便。为此,本条分别对主体结构防水工程、细部构造防水工程、特殊施工法结构防水工程、排水工程和注浆工程分项工程检验批的划分和每个检验批的抽样检验数量作了规定。

3.0.14 我国对地下工程防水等级标准划分为四级,主要是根据国内工程调查资料和参考国外有关规定,结合地下工程不同的使用规定和我国实际情况,按允许渗漏水量来确定的。本条规定地下防水工程应按工程设计的防水等级标准进行验收,地下工程渗漏水检验与检测应按本规范附录 C 执行。

4 主体结构防水工程

4.1 防水混凝土

4.1.1 从本规范表 3.0.2-1 或表 3.0.2-2 可以看出,防水混凝土是主体结构或衬砌结构的一道重要防线。

防水混凝土在常温下具有较高抗渗性,但抗渗性将会随着环境温度的提高而降低。当温度为 100℃ 时,混凝土抗渗性约降低 40%,200℃时约降低 60% 以上;当温度超过 250℃时,混凝土几乎失去抗渗能力,而抗拉强度也随之下降为原强度的 66%。为此,本条规定了防水混凝土的最高使用温度不得超过 80℃。

本条取消了原规范规定"防水混凝土耐蚀系数不应小于 0.8"的规定。这是因为耐蚀系数的提出是 20 世纪 60 年代根据在硫酸盐侵蚀介质条件下得出的结论,而近几十年地下工程环境越来越复杂、恶劣,浅层地下水侵蚀介质已有六十多种,每个工程可能受到侵蚀介质的种类及其影响也不尽相同。故本条修改为"处于侵蚀性介质中,防水混凝土的耐侵蚀性要求应符合现行国家标准《工业建筑防腐蚀设计规范》GB 50046 和《混凝土结构耐久性设计规范》GB 50476 的有关规定"。

4.1.2 关于防水混凝土对水泥品种的选用,原规范规定水泥品种按设计要求选用。由于《通用硅酸盐水泥》GB 175-2007 的实施,替代了《硅酸盐水泥、普通硅酸盐水泥》GB 175-1999、《矿渣硅酸盐水泥、火山灰质硅酸盐水泥及粉煤灰硅酸盐水泥》GB 1344-1999 和《复合硅酸盐水泥》GB 12958-1999 三个标准。根据通用硅酸盐水泥的定义:以硅酸盐水泥熟料和适量的石膏及规定的混合材料制成的水硬性胶凝材料。其中混合材料应包括粒化高炉矿渣、粒化高炉矿渣粉、粉煤灰、火山灰质混合材料。从《通用硅酸盐水泥》标准可以看到:硅酸盐水泥掺有混合材料不足 5%,普通硅酸盐水泥掺有混合材料为 5%~20%,而矿渣硅酸盐水泥允许掺有 20%~70% 的粒化高炉矿渣粉;火山灰硅酸盐水泥允许掺有 20%~40% 的火山灰质混合材料;粉煤灰硅酸盐水泥允许掺有 20%~40% 的粉煤灰。同时,随着混凝土技术的发展,目前将用于配制混凝土的硅酸盐水泥及粉煤灰、磨细矿渣、硅粉等矿物掺合料总称为胶凝材料。为了简化混凝土配合比设计,本条规定了"水泥宜采用普通硅酸盐水泥或硅酸盐水泥,采用其他品种水泥时应经试验确定"。也就是说,通过试验确定其配合比,以确保防水混凝土的质量。

在受侵蚀性介质作用时,可以根据侵蚀介质的不同,选择相应的水泥品种或矿物掺合料。

4.1.3 对本条说明如下:

1 砂、石含泥量多少,直接影响到混凝土的质量,同时对混凝土抗渗性能影响很大。特别是泥块的体积不稳定,干燥时收缩、潮湿时膨胀,对混凝土有较大的破坏作用。因此防水混凝土施工时,对骨料含泥量和泥块含量均应严格控制。

2 海砂中含有氯离子,会引起混凝土中钢筋锈蚀,会对混凝土结构产生破坏。在没有河砂时,应对海砂进行处理后才能使用,本条增加了"不宜使用海砂"的规定。依据《普通混凝土用砂、石质量及检验方法标准》JGJ 52-2006,采用海砂配置混凝土时,其氯离子含量不应大于 0.06%,以干砂的质量百分率计。

3 地下工程长期受地下水、地表水的侵蚀,且水泥和外加剂中将难以避免具有一定的含碱量。若混凝土的粗细骨料具有碱活性,容易引起碱骨料反应,影响结构的耐久性,因此本条还增加了"对长期处于潮湿环境的重要结构混凝土用砂、石,应进行碱活性检验"的规定。

4.1.4 粉煤灰的质量要求应符合现行国家标准《用于水泥和混凝土中的粉煤灰》GB/T 1596 的有关规定;硅粉的质量要求应符合现行国家标准《高强高性能混凝土用矿物外加剂》GB/T 18736 的有关规定。

4.1.6 外加剂是提高防水混凝土的密实性的手段之一。现在国内外加剂种类很多,只对其质量标准作出规定很难保证工程质量。选用外加剂时,其品种、掺量应根据混凝土所用胶凝材料经试验确定。对耐久性要求较高或寒冷地区的地下工程混凝土,宜采用引气剂或引气型减水剂,以改善混凝土拌合物的和易性,增加黏滞性,减少分层离析和沉降泌水,提高混凝土的抗渗、抗冻融循环、抗侵蚀能力等耐久性能。绝大部分减水剂,有增大混凝土收缩的副作用,这对混凝土抗裂防水显然不利,因此应考虑外加剂对硬化混凝土收缩性能的影响,选用收缩率更低的外加剂。

外加剂材料组成中有的是工业产品、废料,有的可能是有毒的,有的会污染环境。因此规定外加剂在混凝土生产和使用过程中,不能损害人体健康和污染环境。

4.1.7 防水混凝土配合比设计应符合现行行业标准

《普通混凝土配合比设计规程》JGJ 55 的有关规定，同时应满足以下要求：

1 考虑到施工现场与试验室条件的差别，试配要求的抗渗水压力值应比设计抗渗等级的规定压力值提高 0.2MPa，以保证防水混凝土所确定的配合比在验收时有足够的保证率。试配时，应采用水灰比最大的配合比作抗渗试验，其试验结果应符合式（1）规定。

$$P_t \geqslant P/10 + 0.2 \qquad (1)$$

式中：P_t——6 个试件中 4 个未出现渗水时的最大水压值（MPa）；

P——设计规定的抗渗等级。

2 随着混凝土技术的发展，现代混凝土的设计理念也在更新。尽可能减少硅酸盐水泥用量，而以一定数量的粉煤灰、粒化高炉矿渣粉、硅粉等矿物活性掺合料代替。它们的加入可改善砂子级配，补充天然砂中部分小于 0.15mm 的颗粒，填充混凝土部分孔隙，使混凝土在获得所需的抗压强度的同时，提高混凝土的密实性和抗渗性。

掺入粉煤灰等活性掺合料，还可以减少水泥用量，降低水化热，防止和减少混凝土裂缝的产生，使混凝土获得良好的耐久性、抗渗性、抗化学侵蚀及抗裂性能。但是随着上述细粉料的增加，混凝土强度随之下降，因此对其品种和掺量必须严格控制，并应通过试验确定。粉煤灰和粒化高炉矿渣粉，其质量应符合现行国家标准《用于水泥和混凝土中的粉煤灰》GB/T 1596 和《用于水泥和混凝土中的粒化高炉矿渣粉》GB/T 18046 的有关规定。本次修订对水泥及粉煤灰等活性掺合料用量作了新的规定。

3 除水泥外，粉煤灰等其他胶凝材料也具有不同程度的活性，其活性的激发，同样依赖于足够的水。因此本条以胶凝材料的用量取代了传统的水泥用量，并以水胶比取代传统的水灰比。拌合物的水胶比对硬化混凝土孔隙率大小和数量起决定性作用，直接影响混凝土结构的密实性。水胶比越大，混凝土中多余水分蒸发后，形成孔径为 $50\mu m \sim 150\mu m$ 的毛细孔等开放的孔隙也就越多，这些孔隙是造成混凝土抗渗性降低的主要原因。

从理论上讲，在满足胶凝材料完全水化及润湿砂石所需水量的前提下，水胶比越小，混凝土密实性越好，抗渗性和强度也就越高。但水胶比过小，混凝土极难振捣和拌合均匀，其抗渗性和密实性反而得不到保证。随着外加剂技术的发展，减水剂已成为混凝土不可缺少的组分之一，掺入减水剂后可适量减少混凝土的水胶比，而防水功能并不降低。

综上所述，本次修订将原规范"水灰比不得大于 0.55"修改为"水胶比不得大于 0.5"。当有侵蚀性介质或矿物掺合料掺量较大时，水胶比不宜大于 0.45，以使得粉煤灰等矿物掺合料的作用较为充分发挥，提高防水混凝土密实性，以确保防水混凝土的耐侵蚀性和抗渗性能。

4 砂率对抗渗性有明显的影响。砂率偏低时，由于砂子数量不足而水泥和水的含量高，混凝土往往出现不均匀及收缩大的现象，抗渗性较差；而砂率偏高时，由于砂子过多，拌合物干涩而缺乏粘结能力，混凝土密实性差，抗渗能力下降。实践证明，35%～45%砂率最为适宜。

5 灰砂比对抗渗性也有明显影响。灰砂比为 1∶1～1∶1.5 时，由于砂子数量不足而水泥和水的含量高，混凝土往往出现不均匀及收缩大的现象，混凝土抗渗性较差；灰砂比为 1∶3 时，由于砂子过多，拌合物干涩而缺乏粘结能力，混凝土密实性差，抗渗能力下降。因此，灰砂比为 1∶2～1∶2.5 时最为适宜。

6 氯离子含量高会导致混凝土的钢筋锈蚀，是影响混凝土结构耐久性的主要危害因素之一，应引起足够的重视。根据国内外资料和标准规范规定，氯离子含量不超过胶凝材料总量的 0.1%，不会导致钢筋锈蚀。

4.1.8 本条考虑到目前在地下工程中大量采用预拌混凝土泵送施工的需要，对预拌混凝土的坍落度作出具体规定。工程实践中，泵送混凝土的坍落度是按《混凝土泵送技术规程》JGJ/T 10 - 95 表 3.2.4-1 不同泵送高度入泵时混凝土坍落度选用的，对地下工程来说坍落度偏高并没有必要。施工时，为了达到较高的坍落度，往往采用掺加外加剂或提高水灰比的方法，前者会增加工程造价，后者可能降低混凝土的防水性能。经征求意见，本条修改为"入泵坍落度宜控制在 120mm～160mm，坍落度每小时损失不应大于 20mm，坍落度总损失值不应大于 40mm"。

泵送混凝土配合比设计应符合现行行业标准《普通混凝土配合比设计规程》JGJ/T 55 的有关规定；泵送混凝土试配时规定的坍落度值应按式（2）计算。

$$T_t = T_p + \Delta T \qquad (2)$$

式中：T_t——试配时规定的坍落度值（mm）；

T_p——入泵时规定的坍落度值（mm）；

ΔT——试验测得在预计时间内的坍落度经时损失值。

4.1.9 本条对混凝土拌制和浇筑过程控制作了具体规定，并增加了混凝土入泵时的坍落度允许偏差规定。

1 规定了各种原材料的计量标准，避免由于计量不准确或偏差过大而影响混凝土配合比的准确性，确保混凝土的匀质性、抗渗性和强度等技术性能。

2 拌合物坍落度的大小，对拌合物施工性及硬化后混凝土的抗渗性和强度有直接影响，因此加强坍落度的检测和控制是十分必要的。

由于混凝土输送条件和运距的不同，掺入外加剂后引起混凝土的坍落度损失也会不同。规定了坍落度允许偏差，减少和消除上述各种不利因素影响，保证混凝土具有良好的施工性。

3 混凝土入泵时的坍落度允许偏差是泵送混凝土质量控制的重要内容，并规定了混凝土入泵坍落度在交货地点按每工作班至少检查两次。本条表4.1.9-3是根据现行国家标准以及我国泵送施工经验确定的。

4 针对施工中遇到坍落度不满足规定时随意加水的现象，作了严禁直接加水的规定。随意加水将改变原有规定的水灰比，水灰比的增大不仅影响混凝土的强度，而且对混凝土的抗渗性影响极大，将会引起渗漏水的隐患。

4.1.10 本条针对防水混凝土抗压强度试件的取样频率与留置组数要求，应符合现行国家标准《混凝土结构工程施工质量验收规范》GB 50204的有关规定。同时，本条还对混凝土抗压强度试验方法和混凝土强度评定作出了规定。

4.1.11 防水混凝土不宜采用蒸汽养护。采用蒸汽养护会使毛细管因经受蒸汽压力而扩张，造成混凝土的抗渗性急剧下降，故防水混凝土的抗渗性能必须以标准条件下养护的抗渗试件作为依据。

随着地下工程规模的日益扩大，混凝土浇筑量大大增加。近十年来地下室3层～4层的工程并不罕见，有的工程仅底板面积即达1万平方米。如果抗渗试件留置组数过多，必然造成工作量太大、试验设备条件不够、所需试验时间过长；即使试验结果全部得出，也会因不及时而失去意义，给工程质量造成遗憾。为了比较真实地反映防水工程混凝土质量情况，规定每500m³留置一组抗渗试件，且每项工程不得少于两组。

按《普通混凝土长期性能和耐久性能试验方法标准》GB/T 50082-2009的规定，混凝土抗水渗透性能是通过逐级施加压力来测定混凝土抗渗等级。混凝土抗渗等级应以每组6个试件中有4个试件未出现渗水时的最大水压力乘以10来确定，并应按式（3）计算。

$$P = 10H - 1 \quad (3)$$

式中：P——混凝土抗渗等级；

H——6个试件中有3个试件渗水时的水压力（MPa）。

4.1.12 大体积防水混凝土内部的热量不如表面热量散失得快，容易造成内外温差过大，所产生的温度应力使混凝土开裂。一般混凝土的水泥水化热引起的混凝土温度升值与环境温度差值大于25℃时，所产生的温度应力有可能大于混凝土本身的抗拉强度，造成混凝土的开裂。大体积混凝土施工时，除精心做好配合比设计、原材料选择外，一定要重视现场施工组织、现场检测等工作。加强温度监测，随时控制混凝土内部的温度变化，将混凝土中心温度与表面温度的差值控制在25℃以内，使表面温度与大气温度差不超过20℃，并及时进行保温保湿养护，使混凝土硬化过程中产生的温差应力小于混凝土本身的抗拉强度，避免混凝土产生贯穿性的有害裂缝。

大体积防水混凝土施工时，为了减少水泥水化热，推迟放热高峰出现的时间，往往掺加部分粉煤灰等胶凝材料替代水泥。由于粉煤灰的水化反应慢，混凝土强度上升较普通混凝土慢。因此可征得设计单位同意，将大体积混凝土60d或90d的强度作为验收指标。

4.1.13 本条对防水混凝土分项工程检验批的抽样检验数量作出规定。

4.1.14 防水混凝土所用的水泥、砂、石、水、外加剂及掺合料等原材料的品质，配合比的正确与否及坍落度大小，都直接影响防水混凝土的密实性、抗渗性，因此必须严格控制，以符合设计要求。在施工过程中，应检查产品合格证书、产品性能检测报告，计量措施和材料进场检验报告。

4.1.15 防水混凝土与普通混凝土配制原则不同，普通混凝土是根据所需强度要求进行配制的，而防水混凝土则是根据工程设计所需抗渗等级要求进行配制。通过调整配合比，使水泥砂浆除满足填充和粘结石子骨架作用外，还在粗骨料周围形成一定数量良好的砂浆包裹层，从而提高混凝土抗渗性。

作为防水混凝土首先必须满足设计的抗渗等级要求，同时适应强度要求。一般能满足抗渗要求的混凝土，其强度往往会超过设计要求。

4.1.16 对本条说明如下：

1 防水混凝土应连续浇筑，宜少留施工缝，以减少渗水隐患。墙体上的垂直施工缝宜与变形缝相结合。墙体最低水平施工缝应高出底板表面不小于300mm，距墙孔洞边缘不应小于300mm，并避免设在墙体承受剪力最大的部位。

2 变形缝应考虑工程结构的沉降、伸缩的可变性，并保证其在变化中的密闭性，不产生渗漏水现象。变形缝处混凝土结构的厚度不应小于300mm，变形缝的宽度宜为20mm～30mm。全埋式地下防水工程的变形缝应为环状；半地下防水工程的变形缝应为U字形，U字形变形缝的设计高度应超出室外地坪500mm以上。

3 后浇带采用补偿收缩混凝土、遇水膨胀止水条或止水胶等防水措施，补偿收缩混凝土的抗压强度和抗渗等级均不得低于两侧混凝土。

4 穿墙管道应在浇筑混凝土前预埋。当结构变形或管道伸缩量较小时，穿墙管可采用主管直接埋入混凝土内的固定式防水法；当结构变形或管道伸缩量较大或有更换要求时，应采用套管式防水法。穿墙管线较多时宜相对集中，采用封口钢板式防水法。

5 埋设件端部或预留孔、槽底部的混凝土厚度不得小于250mm；当厚度小于250mm时，应采取局部加厚或加焊止水钢板的防水措施。

4.1.17 地下防水工程除主体采用防水混凝土结构自防水外，往往在其结构表面采用卷材、涂料防水层，因此要求结构表面应做到坚实和平整。防水混凝土结构内的钢筋或绑扎钢丝不得触及模板，固定模板的螺栓穿墙结构时必须采取防水措施，避免在混凝土结构内留下渗漏水通路。

地下铁道、隧道结构埋设件和预留孔洞多，特别是梁、柱和不同断面结合等部位钢筋密集，施工时必须事先制定措施，加强该部位混凝土振捣密实，保证混凝土质量。

防水混凝土结构上埋设件应准确，其允许偏差：预埋螺栓中心线位置为2mm，外露长度为+10mm，0；预留孔、槽中心线位置为10mm，截面内部尺寸为+10mm，0。拆模后结构尺寸允许偏差：预埋件中心线位置为10mm，预埋螺栓和预埋管为5mm；预留孔、槽中心线位置为15mm。上述要求均按照现行国家标准《混凝土结构工程施工质量验收规范》GB 50204的有关规定执行。

4.1.18 工程渗漏水的轻重程度主要取决于裂缝宽度和水头压力，当裂缝宽度在0.1mm～0.2mm左右、水头压力小于15m～20m时，一般混凝土裂缝可以自愈。所谓"自愈"是当混凝土产生微细裂缝时，体内的游离氢氧化钙一部分被溶出且浓度不断增大，转变成白色氢氧化钙结晶，氢氧化钙与空气中的二氧化碳发生碳化作用，形成白色碳酸钙结晶沉积在裂缝的内部和表面，最后裂缝全部愈合，使渗漏水现象消失。基于混凝土这一特性，确定地下工程防水混凝土结构裂缝宽度不得大于0.2mm，并不得贯通。

4.1.19 对本条说明如下：

1 防水混凝土除了要求密实性好、开放孔隙少、孔隙率小以外，还必须具有一定厚度，从而可以延长混凝土的透水通路，加大混凝土的阻水截面，使得混凝土不发生渗漏。综合考虑现场施工的不利条件及钢筋的引水作用等诸因素，防水混凝土结构的厚度不应小于250mm，本次修订将原规范"其允许偏差为+15mm、-10mm"修改为"其允许偏差为+8mm、-5mm"，以便与现行国家标准《混凝土结构工程施工质量验收规范》GB 50204规定一致。

2 钢筋保护层通常是指主筋的保护层厚度。由于地下工程结构的主筋外面还有箍筋，箍筋处的保护层厚度较薄，加之水泥固有收缩的弱点以及使用过程中受到各种因素的影响，保护层处混凝土极易开裂，地下水沿钢筋渗入结构内部，故迎水面钢筋保护层必须具有足够的厚度。

钢筋保护层的厚度，对提高混凝土结构的耐久性、抗渗性极为重要。据有关资料介绍，当保护层厚度分别为40mm、30mm、20mm时，钢筋产生移位或保护层厚度发生负偏差时，5mm的误差就能使钢筋锈蚀的时间分别缩短24%、30%、44%，可见，保护层越薄其受到的损害越大。因此，规范规定："主体结构迎水面钢筋保护层厚度不应小于50mm"，本次修订将原规范"其允许偏差为±10mm"修改为"其允许偏差应为±5mm"，以确保负偏差时保护层的厚度。

4.2 水泥砂浆防水层

4.2.1 防水砂浆分为掺有外加剂或掺合料的防水砂浆和聚合物水泥防水砂浆两大类，水泥砂浆防水层适用于地下工程主体结构的迎水面或背水面。水泥防水砂浆系刚性防水材料，适应基层变形能力差，不适用于持续振动或温度大于80℃的地下工程。一些具有防腐蚀功能的聚合物水泥防水砂浆，常温下可用于化工大气和腐蚀性水作用的部位，也可用于浓度不大于2%的酸性介质或中等浓度以下的碱性介质和盐类介质作用的部位。因此，环境具有腐蚀性的地下工程，可根据介质、浓度、温度和作用条件等因素，综合确定选用聚合物水泥防水砂浆。防腐蚀工程的设计、选材、施工及验收可参照现行标准《聚合物水泥砂浆防腐蚀工程技术规程》CECS 18、《工业建筑防腐蚀设计规范》GB 50046、《建筑防腐蚀工程施工及验收规范》GB 50212、《建筑防腐蚀工程施工质量验收规范》GB 50224等有关规定。

4.2.2 随着防水技术的进步，普通水泥砂浆已逐渐被掺加外加剂、掺合料或聚合物乳液的防水砂浆所取代；由于防水砂浆施工工艺更简便，防水效果更可靠，因此本条取消了普通水泥砂浆防水层的规定。

聚合物水泥防水砂浆是以水泥、细骨料为主要原材料，以聚合物和添加剂等为改性材料并以适当配比混合而成的，产品分为干粉类和乳液类，其物理性能应符合现行行业标准《聚合物水泥防水砂浆》JC/T 984的有关规定。

4.2.3 对本条说明如下：

1 水泥应使用硅酸盐水泥、普通硅酸盐水泥或特种水泥，主要根据水泥早强、快硬、防渗、膨胀、抗硫酸盐等性能，适应不同情况的需要。水泥出厂存放时间不宜过长，有效期不得超过3个月，快硬水泥不得超过1个月。过期或受潮结块水泥不得使用，必要时需经过检验后确定。

2 砂宜采用中砂，粒径大于3mm的颗粒应在使用前筛除。砂的颗粒应坚硬、粗糙、洁净，同时砂中不得含有垃圾和草根等有机杂质。砂中含泥量、硫化物和硫酸盐含量均应符合高强度混凝土用砂的规定。

3 一般能饮用的自来水和天然水，均可用作防水砂浆用水。规定水中不得有影响水泥正常凝结与硬化的有害杂质或油类、糖类等。

4 聚合物乳液的质量要求应符合现行行业标准《建筑防水涂料用聚合物乳液》JC/T 1017 的有关规定。

5 外加剂的质量要求应符合现行国家标准《混凝土外加剂应用技术规范》GB 50119 的有关规定。

4.2.4 对本条说明如下：

1 水泥砂浆防水层的基层至关重要。基层表面状态不好、不平整、不坚实、有孔洞和缝隙，就会影响水泥砂浆防水层的均匀性及与基层的粘结性。

2 施工前，要对基层仔细处理。表面疏松的石子、浮浆等要先清除干净；如有凹凸不平或蜂窝麻面、孔洞等，应剔除疏松部位，并预先进行修补；埋设件、穿墙管、预留凹槽等细部构造，均是防水工程的薄弱点，需先用反应固化型弹性密封材料嵌填密封处理。

4.2.5 对本条说明如下：

1 施工缝是水泥砂浆防水层的薄弱部位，施工缝留槎不严密及位置留设不当等原因将导致防水层渗漏水。因此水泥砂浆防水层各层应紧密结合，每层宜连续施工；如必须留槎时，应采用阶梯坡形槎，但离开阴阳角处不得小于 200mm，接槎要依层次顺序操作，层层搭接紧密。

2 为避免水泥砂浆防水层产生裂缝，在砂浆终凝后约 12h～24h 要及时进行湿养护。一般水泥砂浆 14d 强度可达标准强度的 80%。

聚合物水泥砂浆防水层应采用干湿交替的养护方法，早期硬化后 7d 内采用潮湿养护，后期采用自然养护；在潮湿环境中，可在自然条件下养护。聚合物防水砂浆终凝后泛白前，不得洒水养护或雨淋，以防冲走砂浆中的胶乳而破坏胶网膜的形成。

4.2.6 本条对水泥砂浆防水层分项工程检验批的抽样检验数量作出规定。

4.2.7 在水泥砂浆中掺入各种外加剂、掺合料的防水砂浆，可提高砂浆的密实性、抗渗性，应用已较为普遍。而在水泥砂浆中掺入高分子聚合物配制成具有韧性、耐冲击性好的聚合物水泥砂浆，是近年来国内外发展较快、具有较好防水效果的新型防水材料。

由于外加剂、掺合料和聚合物的质量参差不齐，配制防水砂浆必须根据不同防水工程部位的防水规定和所用材料的特性，提供能满足设计要求的适宜配合比。配制过程中，必须做到原材料的品种、规格和性能符合现行国家标准或行业标准的要求，同时计量应准确，搅拌应均匀，现场抽样检验应符合设计要求。

4.2.8 目前掺入各种外加剂、掺合料和聚合物的防水砂浆品种繁多，给设计和施工单位选用这些材料带来一定的困难。《地下工程防水技术规范》GB 50108-2008 第 4.2.8 列出了防水砂浆主要性能要求，可以满足设计和施工单位使用。同时规定：掺外加剂、掺合料的防水砂浆，其粘结强度应大于 0.6MPa，抗渗性应大于或等于 0.8MPa；聚合物水泥防水砂浆，其粘结强度应大于 1.2MPa，抗渗性应大于或等于 1.5MPa，砂浆浸水 168h 后材料的粘结强度及抗渗性的保持率应大于或等于 80%。又按《聚合物水泥防水砂浆》JC/T 984-2005 的规定，粘结强度 7d 应大于或等于 1.0MPa，28d 应大于或等于 1.2MPa；抗渗压力 7d 应大于或等于 1.0MPa，28d 应大于或等于 1.5MPa。综上所述，防水砂浆的粘结强度和抗渗性应是进场材料必检项目。

4.2.9 水泥砂浆防水层不宜单独作为一个防水层，而应与基层粘结牢固并连成一体，共同承受外力及压力水的作用。水泥砂浆防水层宜采用分层抹压法施工，水泥砂浆防水层各层之间应紧密贴合，防水层与基层之间必须粘结牢固，无空鼓现象。

由于本次修订将普通水泥砂浆防水层取消，水泥砂浆防水层与基层之间的粘结牢固显得格外重要，故对原条文作了局部修改。

本条检验方法是观察和用小锤轻击检查。在确定水泥砂浆防水层是否有空鼓时，应符合以下规定：一是对单个空鼓面积不大于 0.01m² 且无裂纹者，一律可不作修补；局部单个空鼓面积大于 0.01m² 或虽面积不大但裂纹显著者，应予修补。二是对已经出现大面积空鼓的严重缺陷，应由施工单位提出技术处理方案，并经监理或建设单位认可后处理。三是对水泥砂浆防水层经处理的部位，应重新检查验收。

4.2.10 水泥砂浆防水层不同于普通水泥砂浆找平层，在混凝土或砌体结构的基层上宜采用分层抹压法施工，防止防水层的表面产生裂纹、起砂、麻面等缺陷，保证防水层和基层的粘结质量。水泥砂浆铺压面层时，应在砂浆收水后二次压光，使表面坚固密实、平整；砂浆终凝后，应采取浇水、喷养护剂等手段充分养护，保证砂浆中的水泥充分水化，确保防水层质量。

4.2.11 参见本规范第 4.2.5 条的条文说明。

4.2.12 水泥砂浆防水层无论是在结构迎水面还是在结构背水面，都具有很好的防水效果。根据防水砂浆的特性和目前应用的实际情况，《地下工程防水技术规范》GB 50108-2008 对水泥砂浆防水层的厚度作了规定，掺外加剂或掺合料水泥砂浆防水层厚度宜为 18mm～20mm；聚合物水泥砂浆防水层厚度单层施工宜为 6mm～8mm，双层施工厚度宜为 10mm～12mm。

水泥砂浆防水层的厚度测量，应在砂浆终凝前用钢针插入进行尺量检查，不允许在已硬化的防水层表面任意凿孔破坏。

4.2.13 本条对水泥砂浆防水层表面平整度的允许偏差和检验方法作了规定。

4.3 卷材防水层

4.3.1 本条提出卷材防水层应铺设在主体结构的迎

水面，其作用是：1 保护结构不受侵蚀性介质侵蚀；2 防止外部压力水渗入到结构内部引起钢筋锈蚀和碱骨料反应；3 克服卷材与混凝土基面的粘结力小的缺点。一般卷材铺贴采用外防外贴和外防内贴两种施工方法。由于外防外贴法的防水效果优于外防内贴法，所以在施工场地和条件不受限制时一般均采用外防外贴法。

4.3.2 目前国内主要使用的卷材品种是：高聚物改性沥青类防水卷材有 SBS、APP、自粘聚合物改性沥青等防水卷材；合成高分子类防水卷材有三元乙丙、聚氯乙烯、聚乙烯丙纶、高分子自粘胶膜等防水卷材。上述材料具有延伸率较大、对基层伸缩或开裂变形适应性较强的特点，适用于地下防水工程。

我国化学建材行业发展较快，卷材种类繁多、性能各异，各类不同的卷材都应有与其配套或相容的基层处理剂、胶粘剂和密封材料。基层处理剂是涂刷在防水层的基层表面，增加防水层与基面粘结强度的涂料，改性沥青防水卷材可采用沥青冷底子油，合成高分子防水卷材一般采用配套的基层处理剂；卷材的胶粘剂种类很多，胶粘剂应与铺贴的卷材相容。卷材的粘结质量是保证卷材防水层不产生渗漏的关键之一，《地下工程防水技术规范》GB 50108-2008 对不同品种卷材粘结质量提出了具体的规定；卷材搭接缝施工质量又是影响防水层质量的关键，合成高分子防水卷材的搭接缝应采用卷材生产厂家配套的专用接缝胶粘剂粘结，并在卷材收头处用相容的密封材料封严。

4.3.3 材料是保证防水工程的基础，一个防水系统除了材料本身合格外，必须考虑防水材料及其辅助材料的匹配性。国内许多防水材料生产企业，一般只提供合格的防水材料或辅助材料，施工单位一般不会考虑是否相互匹配，采购后就直接使用在工程中，影响了工程质量。为了不增加过多的试验费用，在进场材料检验的同时，应按其用途将主材和辅材一并送检，并进行两种材料的剪切性能和剥离性能检验。本条对采用胶粘剂和胶粘带的防水卷材接缝进行粘结质量检验作了具体规定，同时在本规范附录 D 中提出了以下试验方法：

1 胶粘剂的剪切性能试验方法；
2 胶粘剂的剥离性能试验方法；
3 胶粘带的剪切性能试验方法；
4 胶粘带的剥离性能试验方法。

4.3.4 为了保证卷材与基层的粘结质量，铺贴卷材前应在基层上涂刷或喷涂基层处理剂，基层处理剂应与卷材及其粘结材料相容；基层处理剂施工时应做到均匀一致、不露底，待表面干燥后方可铺贴卷材；当基面潮湿时，为保证防水卷材在较潮湿的基面上的粘结质量，应涂刷湿固化型胶粘剂或潮湿界面隔离剂。

4.3.5 转角处、变形缝、施工缝和穿墙管等部位是地下工程防水施工中的薄弱部位，为保证防水工程质量，规定在这些部位增铺卷材加强层，并规定加强层宽度宜为 300mm～500mm。

4.3.6 我国对卷材与卷材的连接要求采用搭接的方式，为了保证防水卷材接缝的粘结质量，本条提出了铺贴各种卷材搭接宽度的要求，同时保留原规范"铺贴双层卷材时，上下两层和相邻两幅卷材的接缝应错开 1/3～1/2 幅宽，且两层卷材不得相互垂直铺贴"的内容。

4.3.7 采用冷粘法铺贴高分子防水卷材时，胶粘剂的涂刷质量对卷材防水层施工质量的影响极大，涂刷不均匀、有堆积或漏涂现象，不但影响卷材的粘结力，还会造成材料的浪费。

不同胶粘剂的性能和施工规定不同，有的可以在涂刷后立即粘贴，有的要待溶剂挥发后粘贴，这些都与气温、湿度、风力等施工环境因素有关，本条提出应控制胶粘剂涂刷与卷材铺贴的间隔时间的原则规定。

卷材搭接缝的粘结质量，关键是搭接宽度和粘结密封性能。卷材接缝部位可采用专用胶粘剂或胶粘带满粘，卷材接缝粘结完成后，规定卷材接缝处用 10mm 宽的密封材料封严，以提高防水层的密封防水性能。

4.3.8 采用热熔法铺贴高聚物改性沥青防水卷材时，用火焰加热器加热卷材必须均匀一致，喷嘴与卷材应保持适当的距离，加热至卷材表面有黑色光亮时方可以粘合。加热时间或温度不够，卷材胶料未完全熔融，会影响卷材接缝的粘结强度和密封性能；加热时间过长或温度过高，会使卷材胶料烧焦或烧穿卷材，从而导致卷材材性下降，防水层质量难以保证。

铺贴卷材时应将空气排出，才能粘贴牢固；滚铺卷材时缝边必须溢出热熔的改性沥青胶料，使接缝粘贴牢固、封闭严密。

4.3.9 采用自粘法铺贴卷材时，首先应将隔离层全部撕净，否则不能实现完全粘贴。为了保证卷材与基面以及卷材接缝粘结性能，在温度较低时宜对卷材和基面采用热风加热施工。

采用这种铺贴工艺，考虑到施工的可靠度、防水层的收缩，以及外力使缝口翘边开缝的可能，规定卷材接缝口用密封材料封严，以提高防水层的密封防水性能。

4.3.10 本条对 PVC 等热塑性卷材的搭接缝采用热风焊机或焊枪进行焊接的施工要点作出规定。

为确保卷材接缝的焊接质量，规定焊接前卷材应铺放平整，搭接尺寸准确，焊接缝结合面的油污、尘土、水滴等附着物擦拭干净后，才能进行焊接施工。同时，焊缝质量与热风加热温度和时间、操作人员的熟练程度关系极大，焊接施工时必须严格控制，焊接处不得出现漏焊、跳焊或焊接不牢等现象。

4.3.11 聚乙烯丙纶卷材复合防水体系，是用聚合物水泥防水胶粘材料,将聚乙烯丙纶卷材粘贴在水泥砂浆或混凝土基层上,共同组成的一道防水层。聚合物水泥防水粘结材料是由聚合物乳液或聚合物再分散性粉末等聚合物材料和水泥为主要材料组成,不得使用水泥原浆或水泥与聚乙烯醇缩合物混合的材料;聚乙烯丙纶卷材应采用聚乙烯成品原生料和一次复合成型工艺生产;聚合物防水胶粘材料应与聚乙烯丙纶卷材配套供应。本条对其施工要点作出了规定。施工时还应符合《聚乙烯丙纶卷材复合防水工程技术规程》CECS 199 的规定。

4.3.12 高分子自粘胶膜防水卷材是在一定厚度的高密度聚乙烯膜面上涂覆一层高分子自粘胶料制成的复合高分子防水卷材,归类于高分子防水卷材复合片树脂类品种 FS_2,其特点是具有较高的断裂拉伸强度和撕裂强度,胶膜的耐水性好,一二级的地下防水工程单层使用时也能达到防水规定的要求。

高分子自粘胶膜防水卷材宜采用预铺反粘法施工。施工时将卷材的高分子胶膜层朝向主体结构空铺在基面上,然后浇筑结构混凝土,使混凝土浆料与卷材胶膜层紧密地结合,防水层与主体结构结合成为一体,从而达到不窜水的效果。卷材的长边采用自粘法搭接,短边采用胶粘带搭接,所用粘结材料必须与卷材相配套。

本条规定了高分子自粘膜防水卷材施工的基本要点,为保证防水工程质量,应选择具有这方面施工经验的单位,并按照该卷材应用技术规程或工法的规定施工。

4.3.13 卷材防水层铺贴完成后应立即做保护层,防止后续施工将其损坏。

顶板防水层上应采用细石混凝土保护层。机械回填碾压时,保护层厚度不宜小于 70mm;人工回填土时,保护层厚度不宜小于 50mm。条文中规定细石混凝土保护层与防水层之间宜设置隔离层,目的是防止保护层伸缩变形而破坏防水层。

底板防水层上要进行扎筋、支模、浇筑混凝土等工作,因此底板防水层上应采用厚度不小于 50mm 的细石混凝土保护层。侧墙防水层的保护层可采用聚苯乙烯泡沫塑料板、发泡聚乙烯、塑料排水板等软质保护层,也可采用铺抹 30mm 厚 1:2.5 水泥砂浆保护层。

高分子自粘胶膜防水卷材采用预铺反粘法施工时,可不做保护层。

4.3.14 本条对卷材防水层分项工程检验批的抽样检验数量作出规定。

4.3.15 由于考虑到地下工程使用年限长,质量要求高,工程渗漏维修无法更换材料等特点,防水卷材产品标准中的某些技术指标不能满足地下工程的需要,故本规范附录第 A.1 节中列出了防水卷材及其配套材料的主要物理性能。

性能指标依据下列产品标准:

1 《弹性体改性沥青防水卷材》GB 18242
2 《改性沥青聚乙烯胎防水卷材》GB 18967
3 《聚氯乙烯防水卷材》GB 12952
4 《三元乙丙橡胶防水卷材》GB 18173.1(代号 JL_1)
5 《聚乙烯丙纶复合防水卷材》GB 18173.1(代号 FS_2)
6 《高分子自粘胶膜防水卷材》GB 18173.1(代号 FS_2)
7 《自粘聚合物改性沥青防水卷材》GB 23441
8 《带自粘层的防水卷材》GB/T 23260
9 《沥青基防水卷材用基层处理剂》JC/T 1069
10 《高分子防水卷材胶粘剂》JC 863
11 《丁基橡胶防水密封胶粘带》JC/T 942

4.3.16 转角处、变形缝、施工缝、穿墙管等部位是防水层的薄弱环节,由于基层后期产生裂缝会导致卷材或涂膜防水层的破坏,因此本规范第 4.3.5 条和第 4.4.4 条第 4 款已作规定,基层阴阳角应做成圆弧,卷材或涂料防水层在转角处、变形缝、施工缝、穿墙管等部位,应增设卷材或涂料加强层。为保证防水的整体效果,对上述细部构造节点必须精心施工和严格检查,除观察检查外还应检查隐蔽工程验收记录。

4.3.17 实践证明,只有基层牢固和基面干燥、洁净、平整,才能使卷材与基面粘贴牢固,从而保证卷材的铺贴质量。

基层的阴阳角是防水层应力集中的部位,铺贴高聚物改性沥青防水卷材时圆弧半径不应小于 50mm,铺贴合成高分子防水卷材时圆弧半径不应小于 20mm。

冷粘法铺贴卷材时,卷材接缝口应用与卷材相容的密封材料封严,其宽度不应小于 10mm。热熔法铺贴卷材时,接缝部位的热熔胶料必须溢出,并应随即刮封接口使接缝粘结严密。热塑性卷材接缝焊接时,单焊缝搭接宽度应为 60mm,有效焊缝宽度不应小于 30mm;双焊缝搭接宽度应为 80mm,中间应留设 10mm~20mm 的空腔,每条焊缝有效焊缝宽度不宜小于 10mm。

4.3.18 采用外防外贴法铺贴卷材时,应先铺平面,后铺立面,平面卷材应铺贴至立面主体结构施工缝处,交接处应交叉搭接,这个立面交接部位称为接槎。

混凝土结构完成后,铺贴立面卷材时应先将接槎部位的各层卷材揭开,并将其表面清理干净,如卷材有局部损伤,应及时进行修补。卷材接槎的搭接宽度:高聚物改性沥青类卷材应为 150mm,合成高分子类卷材应为 100mm,且上层卷材应盖过下层卷材。

4.3.19 本条规定卷材保护层与防水层应结合紧密、厚度均匀一致,是针对主体结构侧墙采用软质保护层和铺抹水泥砂浆保护层时提出来的。

4.3.20 卷材铺贴前，施工单位应根据不同卷材搭接宽度和允许偏差，在现场弹出基准线作为标准去控制施工质量。

4.4 涂料防水层

4.4.1、4.4.2 地下结构属长期浸水部位，涂料防水层应选用具有良好耐水性、耐久性、耐腐蚀性和耐菌性的涂料。

按地下工程应用防水涂料的分类，有机防水涂料主要包括合成橡胶类、合成树脂类和橡胶沥青类。氯丁橡胶防水涂料、SBS改性沥青防水涂料等聚合物乳液防水涂料，属挥发固化型；聚氨酯防水涂料属反应固化型。

有机防水涂料的特点是达到一定厚度具有较好的抗渗性，在各种复杂基面都能形成无接缝的完整防水膜，通常用于地下工程主体结构的迎水面。但近些年来，随着新材料的不断涌现，有些有机涂料的粘结性、抗渗性均有较大提高，也可用于地下工程主体结构的背水面。

无机防水涂料主要包括掺用外加剂、掺合料的水泥基防水涂料和水泥基渗透结晶型防水涂料。水泥基渗透结晶型防水涂料是一种新型刚性防水材料，与水作用后，材料中含有的活性化学物质通过载体向混凝土内部渗透，在混凝土中形成不溶于水的结晶体，填塞毛细孔道，从而提高混凝土的密实性和防水性。

由于无机防水涂料凝固快，与基面有较强的粘结力，比有机防水涂料更适宜用作主体结构背水面的防水。

目前国内聚合物水泥防水涂料发展很快，用量日益增多，该类材料是以有机高分子聚合物为主剂，加入少量无机活性粉料、填料等制备而成，除具有良好的柔韧性、粘结性、耐老化性、抗渗性外，涂膜干燥快，弹性模量适中，体积收缩小，潮湿基层可施工，兼具有机与无机防水涂料的优点。

应该指出，有机防水涂料固化成膜后最终形成柔性防水层，与防水混凝土主体结构结合为刚柔两道防水设防，无机水泥基防水涂料是在水泥中掺加一定的外加剂，不同程度地改变水泥固化后的物理力学性能，但是与防水混凝土主体结构结合仍应认为是两道刚性防水设防，不适用于变形较大或受振动部位。

4.4.3 防水涂料施工前，必须对基层表面的缺陷和渗水进行处理。因为涂料未凝固时，如受到水压力的作用，就会使涂料无法凝固或形成空洞，造成渗漏水隐患。基面洁净，无浮浆，有利于涂料均匀一致并具有较好的粘结力。

基层干燥有利于有机防水涂料的成膜及与基层粘结力，但地下工程由于施工工期所限，很难做到基面干燥。施工时，宜选用与潮湿基面粘结力较大的有机或无机涂料，也可采用先涂刷无机防水涂料，再涂刷有机防水涂料的复合防水做法。

水泥基渗透结晶型防水涂料施工前，应用洁净水充分湿润混凝土基层，但表面不得有明水，以利于其活性化学物质充分渗透，以水为载体，依靠自身所特有的活性化学物质，在混凝土中与未水化的成分进行水化。

4.4.4 对本条说明如下：

1 采用多组分涂料时，由于各组分的配料计量不准和搅拌不均匀，将会影响混合料的充分化学反应，造成涂料性能指标下降。一般配成的涂料固化时间比较短，应按照一次用量确定配料的多少，在固化前用完；已固化的涂料不能和未固化的涂料混合使用。当涂料黏度过大以及涂料固化过快或过慢时，可分别加入适量的稀释剂、缓凝剂或促凝剂，调节黏度或固化时间，但不得影响涂料的质量。

2 防水涂膜在满足厚度的前提下，涂刷的遍数越多对成膜的密实度越好，因此涂刷时应多遍涂刷，每遍涂刷应均匀，不得有露底、漏涂和堆积现象。多遍涂刷时，应待涂层干燥成膜后方可涂刷后一遍涂料；两涂层施工间隔时间不宜过长，否则会形成分层。

3 涂料施工面积较大时，为保护施工搭接缝的防水质量，规定甩槎处搭接宽度应大于100mm，接涂前应将其甩槎表面处理干净。

4 有机防水涂料大面积施工前，应对转角处、变形缝、施工缝和穿墙管等部位，设置胎体增强材料并增加涂刷遍数，以确保防水施工质量。

4.4.5 参见本规范第4.3.13条的条文说明。

4.4.6 本条对涂料防水层分项工程检验批的抽样检验数量作出规定。

4.4.7 防水涂料品种较多，选择适用于地下工程防水规定的材料，对设计和施工单位来说确有一定难度。根据地下工程防水对涂料的规定及现有涂料的性能，本规范附录A.2节列出了有机防水涂料和无机防水涂料的主要物理性能。

性能指标依据下列产品标准：

1 《聚氨酯防水涂料》GB/T 19250
2 《聚合物乳液建筑防水涂料》JC/T 864
3 《聚合物水泥防水涂料》JC/T 894
4 《水泥基渗透结晶型防水涂料》GB 18445
5 《聚氯乙烯弹性防水涂料》JC/T 674
6 《水乳型沥青防水涂料》JC/T 408
7 《溶剂型橡胶沥青防水涂料》JC/T 852

4.4.8 防水涂料必须具有一定的厚度，保证其防水功能和防水层耐久性。在工程实践中，经常出现材料用量不足或涂刷不匀的缺陷，因此控制涂层的平均厚度和最小厚度是保证防水层质量的重要措施。《地下工程防水技术规范》GB 50108-2008规定：掺外加剂、掺合料的水泥基防水涂料厚度不得小于3.0mm；水泥基渗透结晶型防水涂料的用量不应小于1.5kg/m²，且厚度不应小于1.0mm；有机防水涂料的厚度不得小于1.2mm。本条保留了原规范涂料防水层的平均厚度应符合设计要求，将最小厚度由原规范的不得小于设计厚度80%提高到90%，以防止涂层厚薄不均匀而影响防水质量。检验方法宜采用针测法检查，取消割取实样用卡尺测量。

有关涂料防水层的厚度测量，建议采用下列方法：

1 按每处10m²抽取5个点，两点间距不小于2.0m，计算5点的平均值为该处涂层平均厚度，并报告最小值；

2 涂层平均厚度符合设计规定，且最小厚度大于或等于设计厚度的90%为合格标准；

3 每个检验批当有一处涂层厚度不合格时，则允许再抽取一处按上法测量，若重新抽取一处涂层厚度不合格，则判定检验批不合格。

4.4.9 参见本规范第4.3.16条的条文说明。

4.4.10、4.4.11 涂料防水层与基层是否粘结牢固，主要取决于基层的干燥程度。要想使基面达到干燥的程度一般较难，因此涂刷涂料前应先在基层上涂一层与涂料相容的基层处理剂，这是解决粘结牢固的好方法。

涂料防水层表面应平整，涂刷应均匀，成膜后如出现流淌、鼓泡、露胎体和翘边等缺陷，会降低防水工程质量和影响使用寿命。因此每遍涂料涂布完成后，均应对涂层的表面质量进行观察检查，对可能出现的质量缺陷进行修补，检查合格后再进行下一遍涂刷。

4.4.12 参见本规范第4.3.19条的条文说明。

4.5 塑料防水板防水层

4.5.1 塑料防水板防水层一般是铺设在初期支护上，然后在其上施做二次衬砌混凝土。塑料防水板不仅起防水作用，还对初期支护与二次衬砌之间起到隔离和滑动作用，防止因初期支护对二次衬砌的约束而导致二次衬砌的开裂变形。

4.5.2 铺设基面应平整，是为了保证塑料防水板的铺设和焊接质量。不平整的处理方法是：当喷射混凝土厚度达到设计规定时，可在低凹处涂抹水泥砂浆；如喷射混凝土厚度小于设计厚度，必须用喷射混凝土找平。

塑料防水板是在喷射混凝土、地下连续墙初期支护上铺设，规定初期支护基层表面十分平整则费时费力，故条文中只提应平整，并根据工程实践的经验提出平整度的定量指标，以便于铺设塑料防水板。但基层表面上伸出的钢筋头、钢丝等坚硬物体必须予以清除，以免损伤塑料防水板。

4.5.3 地下防水工程施工，应遵循"防、排、截、堵"相结合的综合治理原则。当初期支护出现线流漏水或大面积渗水时，应在缓冲层和塑料防水板施工前进行封堵或引排。

4.5.4 对本条说明如下：

1 设缓冲层，一是因基层表面不太平整，铺设缓冲层后便于铺设塑料防水板；二是能避免基层表面的坚硬物体清除不彻底时刺破塑料防水板；三是采用无纺布或聚乙烯泡沫塑料的缓冲层具有渗排水功能，可起到引排水的作用。

缓冲层铺设时，一般采用射钉和塑料暗钉圈相配套的机械固定方法。塑料暗钉圈用于焊接固定塑料防水板，最终形成无钉孔铺设的防水层。

目前，市场上出现了无纺布和塑料防水板结合在一起的复合防水板，其铺设一般采用吊铺或撑铺，质量难以保证。为保证防水层施工质量，应先铺缓冲层，再铺塑料防水板，真正做到无钉铺设。

2 两幅塑料防水板的搭接宽度应视开挖面的平整度确定，搭接太宽造成浪费，因此保留原规范搭接宽度为100mm的规定。

下部塑料防水板压住上部塑料防水板，可使衬砌外侧上部的渗漏水能顺利流下，消除在塑料防水板搭接处渗漏水的隐患。

搭接部位层数过多，焊接机无法施焊，采用焊枪大面积焊接施工难以保证质量，但从工艺上3层是不可避免的，超过3层时应采取措施避开。

3 为确保塑料防水板的整体性，搭接缝不宜采用粘结法，因胶粘剂在地下长期使用很难确保其性能不变。塑料防水板搭接缝应采用双焊缝热熔焊接，一方面能确保焊接效果，另一方面也便于充气检查焊缝质量。

4 本条增加了"塑料防水板铺设时的分区注浆系统"。设置分区注浆的目的是防止局部渗漏水窜流。

5 分段设置塑料防水板时，若两侧封闭不好，则地下水会从此处流出。由于塑料防水板与混凝土粘结性较差，工程上一般采用设过渡层的方法，即选用一种既能与塑料防水板焊接，又能与混凝土结合的材料作为过渡层，以保证塑料防水板两侧封闭严密。

4.5.5 塑料防水板的铺设和内衬混凝土的施工是交叉作业，根据目前施工的经验，两者施工距离宜为5m～20m。同时，塑料防水板铺设时应设临时挡板，防止机械损伤和电火光灼伤塑料防水板。

4.5.6 本条规定塑料防水板应牢固地固定在基面上，固定点间距根据基面平整情况确定，为塑料防水板铺设提供了设计依据。

4.5.7 本条对塑料防水板防水层分项工程检验批的抽样检验数量作出规定。

4.5.8 目前国内常用的塑料防水板主要有以下四种：乙烯—醋酸乙烯共聚物（EVA）、乙烯—沥青共混聚合物（ECB）、聚氯乙烯（PVC）、高密度聚乙烯（HDPE）。

应选择宽幅的塑料防水板，幅宽以 2m～4m 为宜。幅宽小搭接缝过多，既增加了施工难度，又增加了渗漏水的风险；但幅宽过宽，塑料防水板的重量加大，会造成铺设困难。

塑料防水板的厚度与板的重量、造价、防水性能等相互关联，板过厚则较重，不利于铺设，且造价较高，但过薄又不易保证防水施工质量。根据我国目前的使用情况，塑料防水板在地下工程防水中使用的厚度不得小于 1.2mm。

由于塑料防水板铺设于初期支护与二次衬砌之间，在二次衬砌浇筑混凝土时会承受一定的拉力，故应有足够的抗拉强度。

耐穿刺性是施工中对材料的规定，二次衬砌施工时，绑扎钢筋会对塑料防水板造成损伤，因此规定塑料防水板具有一定的耐穿刺性。

塑料防水板因长期处于地下有水的环境中，若要保证其长久的防水性能，规定必须具有良好的耐久性、耐腐蚀性、耐菌性。

抗渗性是塑料防水板非常重要的性能，但目前的试验方法不能真实地反映塑料防水板长期处于有水作用条件下的抗渗性能，而要制定一套符合地下工程使用环境的试验方法也不是短期能够解决的问题，故只能沿用现在工程界公认的试验方法所测得的数据。

本规范附录第 A.4 节列出了塑料防水板的主要物理性能。

性能指标依据下列产品标准：

1 《乙烯—醋酸乙烯共聚物》GB 18173.1（代号 JS_2）

2 《乙烯—沥青共混聚合物》GB 18173.1（代号 JS_3）

3 《聚氯乙烯》GB 18173.1（代号 JS_1）

4 《高密度聚乙烯》GB 18173.1（代号 JS_2）

4.5.9 塑料防水板的搭接缝必须采用热风焊机和焊枪进行焊接，因热风焊机和焊枪的焊接温度、爬行速度可控，根据塑料防水板的熔点、环境温度和湿度设置焊接温度和爬行速度，塑料防水板接缝的焊接质量就有保障。

焊缝的检验一般是在双焊缝间空腔内进行充气检查。充气检查时，将专用充气检测仪一端与压力表相接，一端扎入空腔内，用打气筒进行充气，当压力表达到 0.25MPa 时停止充气，保持 15min，压力下降在 10%以内，表明焊缝合格；如果压力下降过快，表明焊缝不严密。用肥皂水涂在焊缝上，有气泡的地方重新补焊，直到不漏气为止。

4.5.10、4.5.11 塑料防水板应采用无钉孔铺设。基本做法，一是铺设塑料防水板前，应先铺缓冲层，缓冲层应采用塑料暗钉圈固定在基面上，钉距应符合本规范第 4.5.6 条的规定；二是铺设塑料防水板时，宜由拱顶向两侧展铺，并应边铺边用压焊机将塑料防水板与暗钉圈焊接牢固，不得有漏焊、假焊或焊穿等现象。

4.5.12 塑料防水板的铺设应与基层固定牢固，固定不牢会引起板面下垂，绷紧时又会将塑料防水板拉断。因拱顶防水板易绷紧，从而产生混凝土封顶厚度不够的现象，因此将绷紧的塑料防水板割开，并将切口封焊严密再浇筑混凝土，以确保封顶混凝土的厚度。

4.5.13 塑料防水板搭接缝采用热熔焊接施工时，两幅塑料防水板的搭接宽度不应小于 100mm。由于双焊缝中间需留设 10mm～20mm 空腔，且每条焊缝的有效焊接宽度不应小于 10mm，本条给出了塑料防水板搭接宽度的允许偏差，做到准确下料和保证防水层的施工质量。

4.6 金属板防水层

4.6.1 金属板防水层重量大、工艺繁、造价高，一般地下防水工程极少使用，但对于一些抗渗性能要求较高的如铸工浇注坑、电炉钢水坑等构筑物，金属板防水层仍占有重要地位和使用价值。因为钢水、铁水均为高温熔液，可使渗入坑内的水分汽化，一旦蒸汽侵入金属熔液中会导致铸件报废，严重者还有引起爆炸的危险。

4.6.2 金属板防水层在地下水的侵蚀下易产生腐蚀现象，除了对金属材料和焊条、焊剂提出质量要求外，对保护材料也作了相应的规定。

4.6.3 金属板防水层的接缝应采用焊接，为保证接缝的防水密封性能，应对焊接的质量进行外观检查和无损检验。

4.6.4 金属板防水层易产生锈蚀、麻点或被其他铁件划伤，因此本条对上述缺陷提出了质量要求。

4.6.5 本条规定了金属板防水层分项工程检验批的抽样检验数量，并对原条文作了修改。焊缝的好坏是保证金属板防水层质量的关键，金属板焊缝虽然不考虑焊缝承载要求，但对密封防水要求而言，凡是严重影响焊缝严密性的缺陷都是严禁的。本条对焊缝表面的缺陷检验是按现行国家标准《钢结构工程施工质量验收规范》GB 50205 的有关规定执行，即应按焊缝的条数抽查 5%，且不得少于 1 条焊缝；每条焊缝检查 1 处，总抽查数不得少于 10 处。

4.6.6 金属板材和焊条的规格、材质必须按设计要求选择。钢材的性能应符合现行国家标准《碳素结构钢》GB/T 700 和《低合金高强度结构钢》GB/T 1591 的规定。焊接材料对焊接质量的影响重大，钢结构工程中所采用的焊接材料应按设计要求选用，同时产品应符合相应国家现行标准的规定。

4.6.7 焊工考试按现行《建筑钢结构焊接技术规程》

JGJ 81 的有关规定进行，焊工执业资格证书应在有效期内，执业资格证书中钢材种类、焊接方法应与施焊条件相适应。

4.6.8 金属板表面如有明显凹面和损伤，会使板的厚度减薄，影响金属板防水层的使用寿命，甚至在使用过程中产生渗漏现象，因此金属板防水层完工后不得有明显凹面和损伤。

4.6.9 焊缝质量直接影响金属板防水层的使用寿命，严重者会造成渗漏，因此对焊缝的缺陷应进行严格的检查，必要时采用磁粉或渗透探伤等无损检验，可按现行行业标准《建筑钢结构焊接技术规程》JGJ81 的有关规定进行。发现焊缝不合格或渗漏时，应及时进行修整或补焊。

4.6.10 焊缝的观感应做到外形均匀、成型较好，焊道与焊道、焊道与基本金属间过渡较平滑，焊渣和飞溅物基本清除干净。

金属板防水层应加以保护，对金属板需用的保护材料应按设计要求并在焊缝检验合格后进行涂装。

4.7 膨润土防水材料防水层

4.7.1 膨润土吸收淡水后变成胶状体，膨胀为自身重量的 5 倍、自身体积的 13 倍左右，依靠粘结性和膨胀性发挥止水功能，这里的淡水是指不会降低膨润土膨胀功能且不含有害物质的水。当地下水为强酸性或强碱性时，即 pH 小于 4 或大于 10 的条件下，膨润土会丧失膨胀功能，从而也就不具有防水作用。

膨润土防水材料只有在有限的空间内吸水膨胀才能够发挥防水作用，所以膨润土防水材料防水层使用的条件是两侧必须具有一定的夹持力，且夹持力不应小于 0.014MPa。地下工程外墙膨润土防水材料施工结束后应尽早回填，回填时应分层夯实，回填土夯实密实度应大于 85%。另外，膨润土防水材料防水层应与结构物外表面密贴，才会在结构物表面形成胶体隔膜，从而达到防水的目的。

目前国内的膨润土防水材料有下列三种产品：

1 针刺法钠基膨润土防水毯，由一层编织土工布和一层非织造土工布包裹钠基膨润土颗粒针刺而成的毯状材料。

2 针刺覆膜法钠基膨润土防水毯，是在针刺法钠基膨润土防水毯的非织造土工布外表面复合一层高密度聚乙烯薄膜制成的。

3 胶粘法钠基膨润土防水板，是用胶粘剂将膨润土颗粒粘结到高密度聚乙烯板上，压缩生产的钠基膨润土防水板。

在地下防水工程中建议选用针刺覆膜法钠基膨润土防水毯，这种类型对防水工程质量更有保证。

4.7.2 钠基膨润土颗粒或粉剂是生产膨润土防水材料的主材。钠基膨润土分为天然钠基膨润土和人工钠化处理的膨润土。天然钠基膨润土的性能高于人工钠化处理的膨润土的性能。钙基膨润土的稳定性差、膨胀倍率低，不能作为防水材料使用。

4.7.3 膨润土防水材料对基层的要求虽然相对于防水卷材和涂料要低一些，但基层也不得有明水和积水，且应坚实、平整、无尖锐突出物，基面平整度 D/L 不应大于 $1/6$，其中 D 是指基层相邻两凸面间凹陷的深度，L 是指基层相邻两凸面间的距离。

膨润土防水毯在阴阳角部位可采用膨润土颗粒、膨润土棒材和水泥砂浆进行倒角处理，阴阳角应做成直径不小于 30mm 的圆弧或 30mm×30mm 的坡角。如不进行倒角处理，会导致转角部位出现剪切破坏或膨润土颗粒损失，影响整体防水质量。

4.7.4 膨润土防水毯和膨润土防水板铺设时，膨润土防水毯编织土工布和膨润土防水板的膨润土面均应朝向主体结构的迎水面，即与结构外表面密贴。膨润土遇水膨胀后形成致密的胶状体，对结构裂缝、疏松部位可起到封堵修补作用，同时有效地阻止可能在防水层与主体结构之间的窜水现象。

4.7.5 膨润土防水材料宜采用机械固定法施工。平面上在膨润土防水材料的搭接缝处固定，立面和斜面上除搭接缝处需要机械固定外，其他部位也必须进行机械固定，固定点宜呈梅花形布置。

4.7.6 采用机械固定法铺设膨润土防水材料，固定点的布置和间距、搭接缝和收头的密封处理措施等对施工质量的保证至关重要。

4.7.7 膨润土防水材料自重和厚度较大，所以收口部位必须采用金属压条和水泥钉固定，并用膨润土密封膏封边，防止防水层滑移、翘边。

4.7.8 转角处、变形缝、施工缝、后浇带和穿墙管等部位是防水层的薄弱环节，必须采取加强处理措施，以提高防水层的可靠性。

4.7.9 膨润土防水材料分段铺设完毕后，由于绑扎钢筋等后续工程施工需要一定的时间，膨润土材料长时间暴露，会影响防水效果。因此应在膨润土防水材料表面覆盖塑料薄膜等挡水材料，避免下雨或施工用水导致膨润土材料提前膨胀。雨水直接淋在膨润土防水材料表面时导致膨润土颗粒提前膨胀，并在雨水的冲刷过程中出现流失的现象，在地下工程中经常发生，严重降低了膨润土防水材料的防水性能。特别是在雨期施工时，应采取临时遮挡措施对膨润土防水材料进行有效的保护。

4.7.10 本条对膨润土防水材料防水层分项工程检验批的抽样检验数量作出规定。

4.7.11 膨润土颗粒或粉剂通过针刺法固定在编织土工布和非织造土工布之间，针刺的密度、均匀度会影响膨润土颗粒或粉剂的分散均匀性。如果针刺的密度不均匀或过小，则膨润土防水毯在运输、现场搬运以及施工过程中会导致颗粒或粉剂在毯体内移动和脱落，从而降低毯体的整体防水效果。

本规范附录第 A.4 节列入了钠基膨润土防水毯的主要物理性能，性能指标依据现行行业标准《钠基膨润土防水毯》JG/T 193的规定。

4.7.12 参见本规范第4.3.16条的条文说明。

4.7.13 参见本规范第4.7.4条的条文说明。

4.7.14 膨润土防水材料的自重较大，在立面和斜面铺贴时应上层压住下层，防止材料滑移。另外，如果工程采用针刺覆膜法钠基膨润土防水毯，膜面是朝向迎水面的，上层压住下层可以使地下水自然排走。

4.7.15 参见本规范第4.7.5条、第4.7.6条、第4.7.7条的条文说明。

4.7.16 为了保证膨润土防水材料搭接部位的有效性，规定搭接宽度的负偏差不应大于10mm。

5 细部构造防水工程

5.1 施 工 缝

5.1.1 本规范附录第 A.3 节列出了橡胶止水带和腻子型遇水膨胀止水条、遇水膨胀止水胶的主要物理性能，依据现行国家标准《高分子防水材料 第 2 部分 止水带》GB 18173.2 和行业标准《膨润土橡胶遇水膨胀止水条》JG/T 141、《遇水膨胀止水胶》JG/T 312 的规定。

本规范附录第 A.2 节列出了水泥基渗透结晶型防水涂料的主要物理性能，依据现行国家标准《水泥基渗透结晶型防水材料》GB 18445 的规定。

5.1.2 施工缝始终是防水薄弱部位，常因处理不当而在该部位产生渗漏，因此将防水效果较好的施工缝防水构造列入现行国家标准《地下工程防水技术规范》GB 50108 中。按设计要求采用止水带、遇水膨胀止水条或止水胶、水泥基渗透结晶型防水涂料和预埋注浆管等防水设防，使施工缝处不产生渗漏。

5.1.3 根据混凝土设计及施工验收相关规范的规定，施工缝应留设在剪力或弯矩较小及施工方便的部位。故本条规定了墙体水平施工缝距底板面应不小于300mm，拱、板墙交接处若需要留设水平施工缝，宜留在拱、板墙接缝线以下 150mm～300mm 处，并避免设在墙板承受弯矩或剪力最大的部位。

5.1.4 根据混凝土施工验收相关规范，在已硬化的混凝土表面上继续浇筑混凝土前，先浇混凝土强度应达到 1.2MPa，确保再施工时不损坏先浇部分的混凝土。从施工缝处开始继续浇筑时，机械振捣宜向施工缝处逐渐推进，并距 80mm～100mm 处停止振捣，但应加强对施工缝接缝的捣实，使其紧密结合。

5.1.5、5.1.6 由于先浇混凝土施工完后需养护一段时间再进行下道工序施工，在此过程中施工缝表面可能留积浮尘等，因此水平施工缝浇筑混凝土前，应将其表面浮浆和杂物清除，目的是为了使新老混凝土能很好地粘结。尽管涂刷混凝土界面处理剂或涂刷水泥基渗透结晶型防水涂料的防水机理不同，前者增强粘合力，后者使收缩裂缝被渗入涂料形成结晶闭合，但功效均是加强施工缝防水，故两者取其一。垂直施工缝规定应同水平施工缝。

5.1.7～5.1.9 传统的处理方法是将混凝土施工缝做成凹凸型接缝和阶梯接缝，实践证明这两种方法清理困难，不便施工，效果并不理想，故采用留平缝加设遇水膨胀止水条或止水胶、预留注浆管或中埋止水带等方法。

施工缝处采用遇水膨胀止水条时，一是应在表面涂缓膨胀剂，防止由于降雨或施工用水等使止水条过早膨胀；二是止水条应牢固地安装在缝表面或预留凹槽内，保证止水条与施工缝基面密贴。

施工缝采用遇水膨胀止水胶时，一是涂胶宽度及厚度应符合设计要求；二是止水胶固化期内应采取临时保护措施；三是止水胶固化前不得浇筑混凝土。

5.1.10 施工缝采用预埋注浆管时，注浆导管与注浆管的连接必须牢固、严密。根据经验预埋注浆管的间距宜为 200mm～300mm，注浆导管设置间距宜为 3.0m～5.0m。

在注浆之前应对注浆导管末端进行封闭，以免杂物进入导管产生堵塞，影响注浆工作。

5.2 变 形 缝

5.2.1 参见本规范第5.1.1条的条文说明。

本规范附录第 A.3 节列出了建筑接缝用密封胶的主要物理性能，依据现行《混凝土建筑接缝用密封胶》JC/T 881 的规定。

5.2.2 变形缝应考虑工程结构的沉降、伸缩的可变性，并保证其在变化中的密闭性，不产生渗漏水现象。变形缝处混凝土结构的厚度不应小于 300mm，变形缝的宽度宜为 20mm～30mm。全埋式地下防水工程的变形缝应为环状；半地下防水工程的变形缝应为U字形，U字形变形缝的高度应超出室外地坪500mm以上。

5.2.3～5.2.5 变形缝的渗漏水除设计不合理的原因之外，施工质量也是一个重要原因。

中埋式止水带施工时常存在以下问题：一是埋设位置不准，严重时止水带一侧往往折至缝边，根本起不到止水的作用。过去常用铁丝固定止水带，铁丝在振捣力的作用下会变形甚至振断，其效果不佳，目前推荐使用专用钢筋套或扁钢固定。二是顶、底板止水带下部的混凝土不易振捣密实，气泡也不易排出，且混凝土凝固时产生的收缩易使止水带与下面的混凝土产生缝隙，从而导致变形缝渗水。根据这种情况，条文中规定顶、底板中的止水带安装成盆形，有助于消除上述弊端。三是中埋式止水带的安装，在先浇一侧混凝土时，此端模被止水带分为两块，这给模板固定造成困难，施工时由于端模支撑不牢，不仅造成漏浆，而且也不敢按规定进行振捣，致使变形缝处的混凝土密实性较差，从而导致渗漏水。四是止水带的接缝是止水带本身的防水薄弱处，因此接缝愈少愈好，考虑到工程规模不同，缝的长度不一，对接缝数量未作严格的限定。五是转角处止水带不能折成直角，条文规定转角处应做成圆弧形，以便于止水带的安设。

5.2.6 当采用外贴式止水带时，在变形缝与施工缝相交处，由于止水带的形式不同，现场进行热压接头有一定困难；在转角部位，由于过大的弯曲半径会造成齿牙不同的绕曲和扭转，同时减少了转角部位钢筋的混凝土保护层厚度。故本条规定变形缝与施工缝的相交部位宜采用十字配件，变形缝的转角部位宜采用直角配件。

5.2.7 可卸式止水带全靠其配件压紧橡胶止水带止水，配件质量是保证防水的一个重要因素，因此要求配件一次配齐，特别是在两侧混凝土浇筑时间有一定间隔时，更要确保配件质量。金属配件的防腐蚀很重要，是保证配件可卸的关键。

另外，由于止水带厚，势必在转角处形成圆角，存在不易密贴的问题，故在转角处应做成45°折角，并增加紧固件的数量，以确保此处的防水施工质量。

5.2.8 要使嵌填的密封材料具有良好的防水性能，变形缝两侧的基面处理十分重要，否则密封材料与基面粘结不紧密，就起不到防水作用。另外，嵌缝材料下面的背衬材料不可忽视，否则会使密封材料三向受力，对密封材料的耐久性和防水性都有不利影响。

由于基层处理剂涂刷完毕后再铺设背衬材料，将会对两侧基面的基层处理剂有一定的破坏，故基层处理剂应在铺设背衬材料后进行。

密封材料的嵌填十分重要，如嵌填不饱满，出现凹陷、露嵌、孔洞、气泡，都会降低接缝密封防水质量。嵌填密封材料应符合下列规定：

1 密封材料可使用挤出枪或腻子刀嵌填，嵌填应连续和饱满，不得有气泡和孔洞。

2 采用挤出枪嵌填时，应根据嵌填的宽度选用口径合适的挤出嘴，均匀挤出密封材料由底部逐渐充满整个缝隙。

3 采用腻子刀嵌填时，应先将少量密封材料批刮在缝隙两侧，再分次将密封材料嵌填在缝内，并防止裹入空气。接头应采用斜槎。

4 密封材料嵌填后，应在表干前用腻子刀进行修整。

5.2.9 卷材或涂料防水层应在地下工程的混凝土主体结构迎水面形成封闭的防水层，本条对变形缝处卷材或涂料防水层的构造做法提出了具体的规定。为了使卷材或涂料防水层能适应变形缝处的结构伸缩变形和沉降，规定防水层施工前应先将底板垫层在变形缝处断开，并抹带有圆弧的找平层，再铺设宽度为600mm的卷材加强层；变形缝处的卷材或涂料防水层应连成整体，并应在防水层上放置$\phi 40mm \sim \phi 60mm$聚乙烯泡沫棒，防水层与变形缝之间形成隔离层。侧墙和顶板变形缝处卷材或涂料防水层的构造做法与底板相同。

5.3 后浇带

5.3.1 参见本规范第5.1.1条的条文说明。

5.3.2 补偿收缩混凝土是在混凝土中加入一定量的膨胀剂，使混凝土产生微膨胀，在有配筋的情况下，能够补偿混凝土的收缩，提高混凝土的抗裂性和抗渗性。补偿收缩混凝土配合比设计，应符合国家现行行业标准《普通混凝土配合比设计规程》JGJ 55和国家标准《混凝土外加剂应用技术规范》GB 50119的有关规定，且混凝土的抗压强度和抗渗等级均不应低于两侧混凝土。

补偿收缩混凝土中膨胀剂的掺量宜为6%～12%，实际配合比中的掺量应根据限制膨胀率的设定值经试验确定。

5.3.3 后浇带应设在受力和变形较小的部位，其间距和位置应按结构设计要求确定，宽度宜为700mm～1000mm；后浇带可做成平直缝或阶梯缝。后浇带两侧的接缝处理应符合本规范第5.1节的规定。后浇带需超前止水时，后浇带部位的混凝土应局部加厚，并应增设外贴式或中埋式止水带。

5.3.4 后浇带应采用补偿收缩混凝土浇筑，其抗压强度和抗渗等级均不应低于两侧混凝土。采用掺膨胀剂的补偿收缩混凝土，应根据设计的限制膨胀率要求，经试验确定膨胀剂的最佳掺量，只有这样才能达到控制结构裂缝的效果。

5.3.5 为了保证后浇带部位的防水质量，必须做到带内的清洁，同时也应对预设的防水设防进行有效保护。

5.3.6 后浇带两侧混凝土的接缝处理，参见本规范第5.1.5条和第5.1.6条的条文说明。后浇带应在两侧混凝土干缩变形基本稳定后施工，混凝土收缩变形一般在龄期为6周后才能基本稳定。高层建筑后浇带的施工，应符合现行行业标准《高层建筑混凝土结构技术规程》JGJ 3的规定，对高层建筑后浇带的施工应按规定时间进行。这里所指按规定时间，应通过地基变形计算和建筑物沉降观测，并在地基变形基本稳定的情况下才可以确定。

5.3.7 本条对遇水膨胀止水条、遇水膨胀止水胶、预埋注浆管和外贴式止水带的施工作出具体的规定。

5.3.8 后浇带采用补偿收缩混凝土，可以提高混凝土的抗裂性和抗渗性，如果后浇带施工留设施工缝，就会大大降低后浇带的抗渗性，因此本条强调后浇带混凝土应一次浇筑。

混凝土养护时间对混凝土的抗渗性尤为重要，混凝土早期脱水或养护过程中缺少必要的水分和温度，则抗渗性将大幅度降低甚至完全消失。因此，当混凝土进入终凝以后即应开始浇水养护，使混凝土外露表面始终保持湿润状态。后浇带混凝土必须充分湿润地养护4周，以避免后浇带混凝土的收缩，使混凝土接缝更严密。

5.4 穿墙管

5.4.2 结构变形或管道伸缩量较小时，穿墙管可采用固定式防水构造；结构变形或管道伸缩量较大或有更换要求时，应采用套管式防水构造；穿墙管线较多时，宜相对集中，并应采用穿墙盒防水构造。

5.4.3、5.4.4 止水环的作用是改变地下水的渗透路径，延长渗透路线。如果止水环与管不满焊或焊接不密实，则止水环与管接触处仍是防水薄弱环节，故止水环与管一定要满焊密实。

穿墙管外壁与混凝土交界处是防水薄弱环节，穿墙管中部加焊止水环可改变水的渗透路径，延长水的渗透路线，环绕遇水膨胀止水圈则可堵塞渗水通道，从而达到防水目的。针对目前穿墙管部位渗漏水较多的情况，穿墙管在混凝土迎水面相接触的周围应预留宽和深各15mm左右的凹槽，凹槽内嵌填密封材料，以确保穿墙管部位的防水性能。

采用套管式穿墙管时，套管内壁表面应清理干净。套管内的管道安装完毕后，应在两管间嵌入内衬填料，端部还需采用其他防水措施。

穿墙管部位不仅是防水薄弱环节，也是防护薄弱环节，因此穿墙管应作好防腐处理，防止穿墙管锈蚀和电腐蚀。

5.4.5 穿墙管线较多采用穿墙盒时，由于空间较小，容易产生渗漏现象，因此应从封口钢板上预留浇注孔注入改性沥青材料或细石混凝土加以密封，并对浇注孔口用钢板焊接密封。

5.4.6 穿墙管部位是防水薄弱环节，当主体结构迎水面有卷材或涂料防水层时，防水层与穿墙管连接处应增设卷材或涂料加强层，保证防水工程质量。

5.5 埋 设 件

5.5.2 结构上的埋设件应采用预埋或预留孔、槽。固定设备用的锚栓等预埋件，应在浇筑混凝土前埋入。如必须在混凝土预留孔、槽时，孔、槽底部须保留至少250mm厚的混凝土；如确无预埋条件或埋设件遗漏或埋设件位置不准确时，后置埋件必须采用有效的防水措施。

5.5.3 结构上的埋设件和预留孔、槽均不得遗漏。固定在模板上的埋设件和预留孔、槽，安装必须牢固，位置准确。

地下工程结构上的埋设件，长期处于潮湿或腐蚀介质环境中很容易产生锈蚀和电腐蚀。其破坏作用：一是日久锈蚀会使埋设件丧失承载能力，影响设备的正常工作；二是埋设件锈蚀后由于自身体积产生膨胀，使得埋设件与混凝土接触处产生细微裂缝，形成渗水通道。故本条提出了埋设件应进行防腐处理的规定。

5.5.4 防水混凝土结构除密实度影响抗渗性外，其厚度也对抗渗性有影响。厚度大时可以延长渗水通路，增加对水压的阻力。本条规定埋设件端部或预留孔、槽底部的混凝土厚度不得小于250mm；当厚度小于250mm时，应局部加厚或采取其他防水措施。可以弥补厚度的不足，以减少对防水混凝土结构抗渗性不利的因素。

5.5.5 由于埋设件周围的混凝土振捣不够密实，容易造成该部位的渗漏水，埋设件与迎水面混凝土相接触的周围应预留凹槽，凹槽内应嵌填密封材料，以确保埋设件部位的防水性能。

5.5.6 在采用螺栓加堵头的方法时，工具式螺栓可简化施工操作并可反复使用，因此重点介绍了这种构造做法。

穿过混凝土结构且固定模板用的螺栓周围容易造成渗漏，因此螺栓上应加焊方形止水环以增加渗水路径，同时拆模后应采取加强防水措施，将留下的凹槽封堵密实。

5.5.7 地下工程防水层应是一个封闭整体，不得有任何可能导致渗漏的缝隙。故本条规定预留孔、槽内的防水层应与主体结构防水层保持连续。

5.6 预留通道接头

5.6.2 预留通道接头处是防水薄弱环节之一，这不仅由于接头两边的结构重量及荷载有较大差异，可能产生较大沉降变形，而且由于接头两边的施工时间先后不一，间隔可达几年之久，故预留通道接头防水构造应适应这种特殊情况。

按《地下工程防水技术规范》GB 50108-2008的有关规定：预留通道接头处的最大沉降差值不得大于30mm；预留通道接头应采取变形缝防水构造方式。

5.6.3 参见本规范第5.2.3条的条文说明。

5.6.4 由于预留通道接头两边混凝土施工时间先后不一，因此特别要加强对中埋式止水带的保护，以免止水带受老化影响降低其性能，同时也要保持先浇部分混凝土端部表面平整、清洁，使可卸式止水带有良好的接触面。预埋件的锈蚀将严重影响后续工序的施工，故对预埋件应进行防锈处理。

5.6.5～5.6.7 这三条是对预留通道接头用中埋式止水带、遇水膨胀止水条或止水胶、预埋注浆管、密封材料和可卸式止水带的施工作出具体规定。

5.6.8 预留通道接头外部采用保护墙的方法，是对成品保护的重要措施。

5.7 桩 头

5.7.2 近年来，因桩头处理不好引起工程渗漏水的情况时有发生，具体位置如下：1 桩头钢筋与混凝土间；2 底板与桩头间的施工缝；3 混凝土桩身与地基之间。桩头防水构造应强调桩头与结构底板形成整体的防水系统。

5.7.3 由于桩头应按设计要求将桩顶剔凿到混凝土密实处，造成桩顶不平整，给防水层施工带来困难。因此在桩头防水施工前，应对桩头清洗干净并用聚合物水泥防水砂浆进行补平。在目前的各种防水材料中，比较合适的是水泥基渗透结晶型防水涂料，使桩头与结构底板混凝土形成整体。涂刷水泥基渗透结晶型防水涂料时，应连续、均匀，不得少涂或漏涂，并应及时进行养护。

5.7.4、5.7.5 该两条是根据《地下工程防水技术规范》GB 50108-2008列举的两种桩头防水构造，规定桩头所用防水材料的具体做法。

5.7.6 混凝土中的钢筋是地下水的渗透路径，我们在调查中也发现了很多露出桩基受力钢筋发生渗漏的现象。因此，桩头的受力钢筋根部仍是防水薄弱环节，目前比较好的处理方法是采用遇水膨胀止水条包绕钢筋的做法。

5.8 孔 口

5.8.2 地下工程通向地面的各种孔口均应采取防地面水倒灌的措施。人员和汽车出入口防水构造应符合本规范第5.8.3条的规定；窗井防水构造应符合本规范第5.8.4条和第5.8.5条的规定；通风口与窗井同样处理，竖井窗下缘离室外地面高度不得小于500mm。

5.8.3 由于雨水或其他生活用水很容易通过各种孔口倒灌到地下工程的内部，从而影响地下工程的使用功能。本条提出地下工程通向地面的各种孔口，应设置防止地面水倒灌的构造措施。

5.8.4 窗井的底部在最高地下水位以上时，为了方便施工、降低造价、利于泄水，窗井的底板和墙宜与主体结构断开，以免窗井底部积水流入窗内。

5.8.5 窗井或窗井的一部分在最高地下水位以下时，窗井应与主体结构连成整体，其防水层也应连成整体，这样有利于防水层形成整体。

5.8.6 地下室窗井由底板和侧墙构成；侧墙可以用砖墙或钢筋混凝土板墙制作，墙体顶部应高出室外地面不得小于500mm，以免造成倒灌现象。

5.9 坑、池

5.9.1 参见本规范第4.1.14条的条文说明。

5.9.2 坑、池坐落在结构底板之上，坑、池内防水层应采用聚合物水泥防水砂浆，掺外加剂或掺合料的防水砂浆用多层抹压法施工。受振动作用时，内部应设卷材或涂料防水层；坑、池外防水层应与结构底板防水层相同并保持连续。

5.9.3 坑、池、储水库内部防水层完成后必须进行蓄水试验。检查池壁和池底的抗渗质量。蓄水至设计水深进行渗水量测定时，可采用水位标尺测定；蓄水时间不应小于24h。

5.9.4 参见本规范第4.1.17条和第4.1.18条的条文说明。

5.9.5 地下工程坑、池底部的混凝土必须具有一定的厚度，才能抵抗地下水的渗透。原规范规定防水混凝土结构厚度不小于250mm，防水效果明显。本条规定了当混凝土厚度小于250mm时，应将局部底板相应降低，保证混凝土厚度不小于250mm；同时，底板的防水层应与结构主体防水层保持连续。

6 特殊施工法结构防水工程

6.1 锚喷支护

6.1.1 锚喷暗挖隧道、坑道等施工，一般采用循环形式进行开挖，为防止围岩应力变化引起塌方和地面下沉，要求开挖、锚杆支护、喷射混凝土支护三个环节紧跟。同时，为了保证施工安全和提高支护效能，在初期喷射混凝土后应及时安装锚杆。

6.1.2 喷射表面有涌水时，不仅会使喷射混凝土的粘着性变坏，还会在混凝土的背后产生水压给混凝土带来不利影响。因此，表面有涌水时应先进行封堵或排水工作。

6.1.3 喷射混凝土质量与水泥品种和强度的关系密切，而普通硅酸盐水泥与速凝剂有很好的相容性，所以应优先选用。矿渣硅酸盐水泥和火山灰硅酸盐水泥抗渗性好，对硫酸盐类侵蚀抵抗能力较强，但初凝时间长，干缩性大，所以对早期强度要求较高的喷射混凝土应选普通硅酸盐水泥为好。

为减少混合料搅拌中产生粉尘和干拌合时水泥飞扬及损失，有利于喷射混凝土时水泥充分水化，故规定砂石宜有一定的含水率。一般砂为5%～7%，石子为1%～2%，但含水率不宜过大，以免凝结成团，发生堵管现象。

粗骨料粒径的大小不应大于15mm，一是避免堵管，二是减少石子喷射时的动能，降低回弹损失。

为避免喷射混凝土时由于自重而开裂、坠落，提高其在潮湿面施喷时的适应性，故需在水泥中加入适量的速凝剂。

6.1.4 喷射混凝土配合比通常以经验方法试配，通过实测进行修正。掺速凝剂是必要的，但掺速凝剂后又会降低混凝土强度，所以要控制掺量并通过试配确定。钢纤维喷射混凝土虽然抗裂效果明显，但控制钢纤维的用量及保证钢纤维在混凝土中的均匀性却十分重要，故钢纤维喷射混凝土施工应符合现行国家标准《锚杆喷射混凝土支护技术规范》GB 50086的有关规定，确保施工的顺利和混凝土的质量。

由于砂率低于45%时容易堵管且回弹量高，于55%时则会降低混凝土强度和增加收缩量，故规定砂率宜为45%～55%。

喷射混凝土采用的是干混合料，若存放过久，砂石中的水分会与水泥反应，影响到喷射后的质量。所以，混合料尽量随拌随用，不要超过规定的存放时间。

6.1.5 由于喷射混凝土的含砂率高，水泥用量也相对较多并掺有速凝剂，其收缩变形必然要比灌注混凝土大。在喷射混凝土终凝2h后应立即进行喷水养护，且养护时间不得少于14d。当气温低于5℃时，不得喷水养护。

6.1.6 抗压试件是反映喷射混凝土物理力学性能优劣、检验喷射混凝土强度的主要指标。所以通常做抗压试件或采用回弹仪测试换算其抗压强度值，也可用钻芯法制取试件。喷射混凝土抗压强度标准试块制作方法可参考现行国家标准《锚杆喷射混凝土支护技术规范》GB 50086 的有关规定。由于地下工程还有抗渗要求，因此还应做抗渗试件。

本条对地下铁道工程喷射混凝土抗压试件和抗渗试件制作组数均作出了具体规定，主要是参考国家标准《地下铁道工程施工及验收规范》GB 50299－1999 的有关内容；对水底隧道、山岭隧道和军工隧道等其他工程喷射混凝土抗压试件制作组数，主要是参考国家标准《锚杆喷射混凝土支护技术规范》GB 50086－2001 的有关内容。因影响喷射混凝土抗渗性能的因素较多，《地下工程防水技术规范》GB 50108－2008 取消了喷射混凝土抗渗等级的规定，故本条仅对其他工程当设计有抗渗要求时，规定可增做抗渗性能试验。

6.1.7 锚杆的锚固力与安装施工工艺操作有关，锚杆安装后应进行拉拔试验，达到设计要求时方为合格。本条参考国家标准《地下铁道工程施工及验收规范》GB 50299－1999 第7.6.18条的有关规定，同一批锚杆每100根应取一组（3根）试件，同一批试件拉拔力的平均值不得小于设计锚固力，拉拔力最低值不应小于设计锚固力的90%。

6.1.8 锚喷支护分项工程检验批的抽样检验数量，参考了国家标准《地下铁道工程施工及验收规范》GB 50299－1999 第7.6.14条的规定。

6.1.9 参见本规范第6.1.3条和第6.1.4条的条文说明。

6.1.10 参见本规范第6.1.6条和第6.1.7条的条文说明。

6.1.11 锚喷支护宜用于防水等级为三级的地下工程，工程渗漏水量必须符合设计防水等级标准。喷射混凝土施工前，应根据围岩裂隙及渗漏水的情况，预先采用引排或注浆堵水。

6.1.12 喷层与围岩以及喷层之间粘结应用小锤轻击检查。

6.1.13 对喷层厚度检查宜通过在受喷面上埋设标桩或其他标志控制，也可在喷射混凝土凝结前用针探法检查，必要时可用钻孔或钻芯法检查。

区间或小于区间断面的结构每20延米检查一个断面，车站每10延米检查一个断面。每个断面从拱顶中线起，每2m检查一个点。断面检查点60%以上喷射厚度不应小于设计厚度，最小厚度不得小于设计厚度的50%，且平均厚度不得小于设计厚度时，方为合格。

6.1.14 本条是对喷射混凝土质量的外观检查。当发现喷射混凝土表面有裂缝、脱落、漏喷、露筋等情况时，应予凿除喷层重喷或进行修整。

6.1.15 本条是针对复合式衬砌的初期支护提出平整度的质量指标，以便于铺设塑料防水板。对初期支护基层表面要求十分平整则费时又费力，原规范规定"喷射混凝土表面平整度的允许偏差为30mm，且矢弦比不得大于1/6"，修改为"喷射混凝土表面平整度D/L不得大于1/6"与本规范第4.5.2条保持一致。

6.2 地下连续墙

6.2.1 地下连续墙主要作为地下工程的支护结构，也可以作为防水等级为一、二级的工程与内衬墙构成叠合墙结构或复合式衬砌的初期支护。强度与抗渗性能优异的地下连续墙，还可以直接作为主体结构，但从耐久性考虑，不应用作防水等级为一级的地下工程墙体。

6.2.2 由于地下连续墙是在水下灌注防水混凝土，其胶凝材料用量比一般防水混凝土用量多一些。同时，为保证混凝土灌注面上升速度，混凝土必须具有一定的流动性，坍落度也相应的大一些。其他均与本规范第4.1节防水混凝土相同。

6.2.3 本条参考国家标准《地下铁道工程施工及验收规范》GB 50299－1999 第4.6.5条的有关规定。

6.2.4 地下连续墙与内衬墙构成叠合墙结构，两者之间的结合施工质量至关重要，故规定地下连续墙应凿毛和清洗干净，必要时应选用聚合物水泥砂浆、聚合物水泥防水涂料或水泥基渗透结晶型防水涂料等作特殊防水处理。

6.2.5 地下连续墙的防水措施，主要是在条件允许的情况下，尽量加大槽段的长度以减少接缝，提高防水功效。由于拐角处是施工的薄弱环节，施工中易出现质量问题，所以墙体幅间接缝应避开拐角部位，防止产生渗漏水。采用复合式衬砌时，内衬结构的接缝和地下连续墙接缝要错开设置，避免通缝并防止渗漏水。

6.2.7 地下连续墙施工质量的检验数量，参考了国家标准《建筑地基基础工程施工质量验收规范》GB 50202－2002 第7.6.8条的规定，将原规范"应按连续墙每10个槽段抽查1个槽段"，修改为"应按每5

6.2.10 地下连续墙墙面、墙缝渗漏水检验宜符合表1的规定。

6.2.11 地下连续墙的槽段接缝是防水的薄弱环节，根据国家标准《地下工程防水技术规范》GB 50108-2008中第8.3.2条第7款规定，幅间接缝应选用工字钢或十字钢板接头，锁口管应能承受混凝土灌注时的侧压力，灌注混凝土时不得发生移位和混凝土绕管。

表1 地下连续墙墙面、墙缝渗漏水检验

序号	检验项目		规 定	检验数量		检验方法
				范围	点数	
1	墙面渗漏	分离墙	无线流	每幅槽段	全数	尺量、观察和检查隐蔽工程验收记录
		单层墙或叠合墙	无滴漏和小于防水二级标准的湿渍			
2	墙缝渗漏	分离墙	仅有少量泥砂和水渗漏			观察和检查隐蔽工程验收记录
		单层墙或叠合墙	无可见泥砂和水渗漏			

6.2.12 需要开挖一侧土方的地下连续墙，尚应在开挖后检查混凝土质量。由于地下连续墙是采用导管法施工，在泥浆中依靠混凝土的自重浇筑而不进行振捣，所以混凝土质量不如在正常条件下浇筑的质量。

为保证使用要求，裸露的地下连续墙墙面如有露筋、露面和夹泥现象时，需按设计要求对墙面、墙缝进行修补或防水处理。

6.2.13 本条参考国家标准《地下铁道工程施工及验收规范》GB 50299-1999第4.9.2条的有关规定。

6.3 盾构隧道

6.3.1 盾构法施工的隧道，宜采用钢筋混凝土管片、复合管片、砌块等装配式衬砌或现浇混凝土衬砌。装配式衬砌应采用防水混凝土制作。

6.3.2 本条是针对不同防水等级的盾构隧道衬砌，确定相应的防水措施。

当隧道处于侵蚀性介质的地层时，应采用相应的耐侵蚀混凝土或耐侵蚀的防水涂层。采用外防水涂料时，应按表6.3.2规定采取"应选"或"宜选"。

6.3.3 第1款增加了对管片混凝土氯离子扩散系数的设计要求，符合《混凝土结构耐久性设计规范》GB/T 50476-2008第3.4节耐久性规定。鉴于国内对处于侵蚀性地层的隧道衬砌的检测标准尚无正式规定，因而在验收条文中也不作具体规定。

第2款是按《盾构法隧道施工与验收规范》GB 50446-2008第6.7.2条有关规定作了修改，管片外观质量不允许有严重缺陷，存在一般缺陷的管片应由生产厂家按技术规定处理后重新验收。

当管片表面出现缺棱掉角、混凝土剥落、大于0.2mm宽的裂缝或贯穿性裂缝等缺陷时，必须进行修补。管片的修补材料规定采用与管片混凝土同等以上强度的砂浆或特种混凝土，可保证衬砌管片的整体强度统一，对结构受力有益。

第3款是在工厂预制的钢筋混凝土管片，为满足隧道衬砌防水要求而制定了管片制作的质量标准。

6.3.4 原规范规定"钢筋混凝土管片同一配合比每生产5环应制作抗压强度试件一组，每10环制作抗渗试件一组"，是按《地下铁道工程施工及验收规范》GB 50299-1999第8.11.3条有关规定提出的。按上海市工程建设规范《市政地下工程施工质量验收规范》DG/TJ 08-236-2006第9.3.6条的规定，由于试件的取样及留置组数比较合理，故该条直接被本规范引用。

6.3.5 原规范规定"管片每生产两环应抽查一块做检漏测试。若检验管片中有25%不合格时，应按当天生产管片逐块检漏"。条文的内容虽然简单，但可操作性不强，不少管片生产厂家提出意见。现按《盾构法隧道施工与验收规范》GB 50446-2008第16.0.6条的有关规定。根据国内管片检漏的设备水平，提出了"管片外表在0.8MPa水压力下，恒压3h，渗水进入管片外背高度不得超过50mm"的单块管片检漏标准。以前恒压时间只规定2h，但考虑到目前单块管片的检漏压力只能达到0.8MPa，而埋深超过20m的轨道交通隧道会越来越多，因此恒压时间延长至3h，以弥补单块管片检漏压力限值的缺憾。渗水进入管片外背高度不得超过50mm，可确保渗水不会到达钢筋表面，不会对钢筋的耐久性产生不良影响。

6.3.6 钢筋混凝土管片接缝防水，主要依靠防水密封垫，所以对密封垫的设置和粘贴施工提出了具体规定。同时，管片拼装前应逐块对粘贴的密封垫进行检查，在管片吊装的过程中要采取措施，防止损坏密封垫。针对采用遇水膨胀橡胶作为防水密封垫的主要材质或遇水膨胀橡胶为主的复合密封垫时，为防止其在管片拼装前预先膨胀，应采取延缓膨胀的措施。

6.3.7 管片接缝防水除粘贴密封垫外，还应进行嵌缝防水处理，为防止嵌缝后产生错裂现象，规定嵌缝应在隧道结构基本稳定后进行。另外，由于湿固化嵌缝材料的应用，嵌缝前基面只要求达到无明显渗水即可。

6.3.8 密封剂主要为不易流失的掺有填料的黏稠注浆材料以减少流失。同时，为了发挥浆液的堵漏止水功效，应对浆液的注入范围采取限制措施。

6.3.9 螺孔为管片接缝的另一渗漏途径，同样提出防水措施。

6.3.10 本条参考了上海市工程建设规范《市政地下工程施工质量验收规范》DG/TJ 08-236-2006第3.2.7条的规定，将原规范"应按每连续20环抽1

处，每处为1环，且不得少于3处"，修改为"应按每连续5环抽查1环，且不得少于3环"。

6.3.11 盾构隧道衬砌管片接缝防水主要采用弹性密封材料。本规范附录第A.3节规定了弹性橡胶密封垫材料和遇水膨胀密封垫胶料的主要物理性能。其中，弹性橡胶密封垫材料的性能指标是参考目前国内盾构隧道密封垫设计中的通常要求；遇水膨胀密封垫胶料的性能指标是参考《高分子防水材料 第3部分 遇水膨胀橡胶》GB 18173.3-2002的规定。

6.3.12 混凝土抗压试件的试验方法应符合《普通混凝土力学性能试验方法标准》GB/T 50081-2002的有关规定；混凝土抗渗试件的试验方法应符合《普通混凝土长期性能和耐久性能试验方法标准》GB/T 50082-2009的有关规定。混凝土强度的评定还应符合《混凝土强度检验评定标准》GB/T 50107-2010的规定。

6.3.13 盾构隧道衬砌渗漏水量检验宜符合表2的规定。

表2 盾构隧道衬砌渗漏水检验

序号	检验项目		规定	检验数量		检验方法
				范围	点数	
1	整条隧道	隧道渗漏量	符合设计要求	整条隧道任意100m²	1次~2次	尺量、设临时围堰储水检测
		局部湿渍与渗漏量			2次~4次	
2	管片混凝土	强度等级	符合设计要求	直径8m以下隧道	每10环制作抗压试件一组	检查试验报告、质量评定记录
				直径8m以上隧道	每5环制作抗压试件一组	
3		抗渗等级		直径8m以下隧道	每30环制作抗渗试件一组	
				直径8m以上隧道	每10环制作抗渗试件一组	
4	外防水涂层性能指标			整条隧道	1次	
5	管片接缝	密封垫	符合设计要求	直径8m以下隧道	常规指标每400环~500环 1次	检查产品合格证、质保单及抽样检验报告
					全性能检测整条隧道 1次~2次	若设计要求整环或局部嵌缝，则嵌缝材料的检查频率与方法同管片接缝其他防水
				直径8m以上隧道	常规指标每200环~250环 1次	
					全性能检测整条隧道 2次~3次	

续表2

序号	检验项目	规定	检验数量		检验方法
			范围	点数	
6	隧道与井接头、隧道与连接通道接头	密封材料	符合设计要求	隧道与井、隧道与连接通道各一组接头	1次	检查产品合格证、质保单及抽样检验报告
7	连接通道	防水混凝土、塑料防水板等外防水材料或聚合物水泥防水砂浆等内防水材料	符合设计要求	每个连接通道	1次	检查产品合格证、质保单及抽样检验报告

6.3.14 管片应至少设置一道密封垫沟槽。接缝密封垫宜选择具有合理的构造形式、良好弹性或遇水膨胀性、耐久性的橡胶类材料，其外形应与沟槽相匹配。

管片接缝密封垫应完全压入密封垫沟槽内，密封垫沟槽的截面面积应大于或等于密封垫的截面积。接缝密封垫应满足在计算的接缝最大张开量和估算的错位量及埋深水头的2倍~3倍水压力不渗漏的技术要求。

6.3.16 鉴于目前管片嵌缝槽的断面构造形式已趋于集中，并对槽的深、宽尺寸及其关系加以定量的规定。管片嵌缝槽与地面建筑、道路工程变形缝嵌缝槽不同，因嵌缝材料在背水面防水，故嵌缝槽槽深应大于槽宽；由于盾构隧道衬砌承受水压较大，相对变形较小，因而嵌缝材料应采用中、高弹性模量类的防水密封材料，有时可采用特殊外形的预制密封件为主、辅以柔性密封材料或扩张型材料构成复合密封件。

6.3.17 管片嵌缝作业应在接缝堵漏和无明显渗水后进行，嵌缝槽表面混凝土如有缺损，应采用聚合物水泥砂浆或特种水泥修补，强度应达到或超过混凝土本体的强度。嵌缝材料嵌填时，应先刷涂基层处理剂，嵌缝应密实、平整。

6.3.18 钢筋混凝土管片拼装成环时，其连接螺栓应先逐片初步拧紧，脱出盾尾后再次拧紧。当后续盾构掘进至每环管片拼装之前，应对相邻已成环的3环范围内管片螺栓进行全面检查并复紧。

管片拼装后，应填写"盾构管片拼装记录"，并按管片的环向及纵向螺栓应全部穿进并拧紧的规定进行检验。

6.4 沉 井

6.4.3 干封底混凝土达到设计强度后，集水井需最后封堵，掺防水剂、膨胀剂的混凝土或掺水泥渗透结晶型防水材料的混凝土防裂抗渗性能好，宜作为填充材料应用。

6.4.4 水下封底混凝土的浇筑导管有效作业的半径应互相搭接，并覆盖井底全部面积，浇筑应连续均匀进行。混凝土浇筑时导管插入混凝土深度不宜小于1mm，混凝土平均升高速度不宜小于0.25m/h。

6.4.6 本条对沉井分项工程检验批的抽样检验数量作出规定。

6.4.7 参见本规范第4.1.14条的条文说明。

6.4.8 参见本规范第4.1.15条的条文说明。

6.4.9 沉井井壁、墙缝渗漏水检验宜符合表3规定。

表3 沉井井壁、墙缝渗漏水检验

序号	检验项目	规定	检验数量		检验方法
			范围	点数	
1	井壁渗漏	无明显渗水和小于防水二级标准的湿渍	每两条水平施工缝之间的混凝土	10（均布）	尺量、观察和检查隐蔽工程验收记录
2	井壁接缝渗漏				尺量、观察和检查隐蔽工程验收记录
3	底板渗漏		底板混凝土	10（均布）	尺量、观察和检查隐蔽工程验收记录
4	底板与井壁或框架梁接缝				尺量、观察和检查隐蔽工程验收记录

6.5 逆筑结构

6.5.1 本节适用于地下连续墙为主体结构或地下连续墙与内衬构成复合式衬砌的逆筑法施工。

6.5.2 直接采用地下连续墙作围护的逆筑结构，无疑对降低工程造价、缩短工期、充分利用地下空间都极为有利。但由于地下连续墙的钢筋混凝土是在泥浆中浇筑的，影响混凝土质量的因素较多，从耐久性设计规定考虑较为不利。《地下工程防水技术规范》GB 50018-2008 第8.3.2条第1款规定："单层地下连续墙不应直接用于防水等级为一级的地下工程墙体。"

6.5.3 采用地下连续墙与内衬构成复合式衬砌的逆筑结构，为确保地下工程防水等级达到一、二级标准，逆筑法施工时必须处理好施工接缝的防水。施工接缝与顶板、中楼板的距离要大些，否则不便于接缝处的混凝土浇筑施工。施工接缝应做成斜坡形；一次浇筑施工接缝时，由于混凝土沉降收缩，干燥收缩等原因会在该处形成裂缝，造成渗漏水隐患。施工接缝处应采用二次浇筑，后浇混凝土应采用补偿收缩混凝土；施工接缝处宜设遇水膨胀止水条或止水胶、预埋注浆管作为防水设防。

6.5.4 参见本规范第6.2.5条的条文说明。

6.5.7 本条对逆筑结构分项工程检验批的抽样检验数量作出规定。

6.5.10 逆筑结构侧墙、墙缝渗漏水检验宜符合表4的规定。

表4 逆筑结构侧墙、墙缝渗漏水检验

序号	检验项目	规定	检验数量		检验方法
			范围	点数	
1	侧墙渗漏	根据不同的防水等级，达到相应的防水指标	每两条侧墙施工缝之间的混凝土	10（均布）	尺量、观察和检查隐蔽工程验收记录
2	墙缝渗漏	根据不同的防水等级，达到相应的防水指标	每条逆筑施工接缝		尺量、观察和检查隐蔽工程验收记录

7 排 水 工 程

7.1 渗排水、盲沟排水

7.1.1 渗排水及盲沟排水是采用疏导的方法，将地下水有组织地经过排水系统排走，以削弱水对地下结构的压力，减小水对结构的渗透作用，从而辅助地下工程达到降低地下水位和防水目的。

渗排水是将地下工程结构底板下排水层渗出的水通过集水管流入集水井内，然后采用专用水泵机械排水。盲沟排水一般设在建筑物周围，使地下水流入盲沟内，根据地形使水自动排走。如受地形限制没有自流排水条件时，可将水引到集水井中用泵抽出。

7.1.2 本条介绍渗排水层的构造、施工程序及规定，渗排水层对材料来源还应做到因地制宜。

为使渗排水层保持通畅，充分发挥其渗水作用，对砂石颗粒、砂石含泥量以及粗砂过滤层厚度均作了规定；构造上还规定在工程底板与渗排水层之间应做隔浆层，防止渗排水层堵塞。

7.1.3 盲沟的断面尺寸应根据地下水流量大小和构造上的需要确定，一般断面宽度不小于300mm，高度不小于400mm。断面过小时，盲沟宜被泥石淤塞，而失去排水效能。盲沟与基础最小距离的设计应根据工程地质情况选定。盲沟内填入的砂、石必须清洁，如砂、石含有过量泥土，就会堵塞盲沟。

本条对盲沟反滤层的层次和粒径组成作出了规定。

7.1.4 地基工程验收合格是保证渗排水、盲沟排水施工质量的前提。

7.1.5 无砂混凝土管通常均在施工现场制作，应注意检查无砂混凝土配合比和构造尺寸。

普通硬塑料管一般选用内径为100mm的硬质PVC管，壁厚6mm，沿管周六等分，间隔150mm钻12mm孔眼，隔行交错制成透水管。

软式透水管是以经防腐处理并外覆聚氯乙烯或其他材料保护层的弹簧钢丝圈为骨架，以渗透性土工织物及聚合物纤维编织物为管壁包裹材料，组成的一种复合型土工合成管材，适用于地下工程排出渗透水、降低地下水位及水土保持。软式透水管的质量应符合现行行业标准《软式透水管》JC 937 的有关规定。

7.1.6 本条对渗排水、盲沟排水分项工程检验批的抽样检验数量作出规定。

7.1.7 在工程中常采用盲沟排水来控制地下水和渗流，以减少对地下建筑物的危害。反滤层是工程降排水设施的重要环节，应正确做好反滤层的颗粒分级和层次排列，使地下水流畅而土壤中细颗粒不流失。

本条规定盲沟反滤层的层次和粒径组成必须符合设计要求。砂、石应洁净，含泥量不得大于 2%，必要时应采取冲洗方法，使砂石含泥量符合规定要求。

7.1.8 集水管应设在粗砂过滤层下部，坡度不宜小于 1‰，且不得有倒坡现象。集水管之间的距离宜为 5m～10m。

7.1.9 渗排水层应设置在工程结构底板下面，由粗砂过滤层与集水管组成，其顶面与结构底面之间，应干铺一层卷材或抹 30mm～50mm 厚 1：3 水泥砂浆作隔浆层。

7.1.10 渗排水层总厚度一般不得小于 300mm。如较厚时应分层铺填，每层厚度不得超过 300mm。同时还应做到铺平和拍实。

7.1.11 盲沟的构造类型及盲沟与基础的最小距离，应根据工程地质情况由设计人员选定。

7.1.12 平接式集水管接口处应留 30mm 空隙，外围 100mm 宽塑料排水板包无纺布一层，用 20 号镀锌钢丝绕紧。承插式集水管承插口填水泥砂浆，无砂浆处包浸煤焦油麻布。管材种类和管口接法应按工程设计综合考虑，故本条提出接口应连接牢固，不得扭曲变形和错位。

7.2 隧道排水、坑道排水

7.2.1 隧道排水、坑道排水是采用各种排水措施，使地下水能顺着预设的各种管沟被排到工程外，以降低地下水位和减少地下工程中的渗水量。

贴壁式衬砌采用暗沟或盲沟将水导入排水沟内，盲沟宜设在衬砌和围岩之间，而排水暗沟可设置在衬砌内。

复合式衬砌除纵向盲管设置在塑料防水板外侧并与缓冲排水层连接畅通外，其他均与贴壁式衬砌的要求相同。

离壁式衬砌的拱肩应设置排水沟，沟底预埋排水管或设排水孔，在侧墙和拱顶处应设检查孔。侧墙外排水沟应做明沟。

7.2.2 排水泵站的设置以及泵站、集水池的有效容积设计，与隧道或坑道消防排水、汛期排水等有密切关系，应注意相关专业的验收规定。

7.2.3 本条提到污水排放应符合国家现行有关标准的规定。

7.2.4 本条是对国防工程、人防工程等有特殊要求的地下工程提出的。

7.2.5 本条第 1 款规定是适用于围岩地下水量较少、出露比较集中的隧道，但也应注意隧道衬砌修好后围岩水文状况还会改变的地段。

第 2 款规定围岩地下水量较大、出露面广时，除出露处应该设置环向盲沟，包括拱部的环向盲沟、墙部的竖向盲沟和路面下的横向排水沟组成的环外，还应按水量大小、出露面广度，控制环向盲沟的间距，一般宜为 10m～30m，以适应衬砌施工后衬砌背后水文状况的改变。必要时，设置竖向盲沟顶的集水钻孔。设置纵向盲沟，可使环向盲沟之间的水也能得到通畅的疏导。

第 3 款规定当地下水水压较高、水量很大，仅依靠暗沟和中心深埋水沟已不足以排泄丰富的地下水时，就要对衬砌形成水压而造成渗漏水，故应根据实际情况利用或设置辅助坑道、泄水洞等作为截、排水措施，降低地下水位，尽可能使隧道处于地下水位线以上。

7.2.6 环向、纵向盲管宜采用软式透水管；横向导水管宜采用带孔混凝土管或硬质塑料管；隧道底板下与围岩接触的中心盲沟或盲管宜采用无砂混凝土管或渗水盲管，并应设置反滤层；仰拱以上的中心盲管宜采用带孔混凝土管或硬质塑料管。

7.2.7 为了排水的需要，排水明沟的纵向坡度应尽可能与隧道或坑道坡度一致，避免加深或减小边沟深度，保持流水沟的正常断面；困难地段隧道排水明沟的最小流水坡度不得小于 0.2%。在隧道路线纵坡变坡的分坡范围内，由于是流水起始点，流水量一般不大，且分坡范围的距离一般不长，减小坡顶水沟深度可作为特殊情况处理。

排水沟断面应根据水力计算确定。必要时，排水沟应设置沉砂井、检查井，并铺设盖板，其位置和结构构造应考虑便于清理和检查。

7.2.8 隧道围岩稳定和防潮要求高的工程可设置离壁式衬砌，衬砌与岩壁间的距离：拱顶上部宜为 600mm～800mm；侧墙处不应小于 500mm，主要为便于人员检查和维护而定。为加强拱部防水效果，工程上一般采用防水砂浆、塑料防水板、卷材等防水层；拱肩应设置排水沟，沟底应预埋排水管或设置排水孔；侧墙外排水沟应做成明沟，其纵向坡度不应小于 0.5%。

7.2.9 本条对隧道排水、坑道排水分项工程检验批的抽样检验数量作出规定。

7.2.10 参见本规范第 7.1.7 条的条文说明。

7.2.11 作为隧道、坑道衬砌外壁的排水盲管和衬砌内壁的导水盲管，可有多种制品供设计和施工选择，应注意其制品是否有企业标准，并按其标准检验质量。

7.2.12 隧道防排水应视水文地质条件因地制宜地采

取"以排为主,防、排、截、堵相结合"的综合治理原则,达到排水通畅、防水可靠、经济合理、不留后患的目的。"防"是指衬砌抗渗和衬砌外围防水,包括衬砌外围防水层和压浆。"排"是指衬砌背后空隙及围岩不积水,减少衬砌背后的渗水压力和渗水量。为此,对表面水、地下水应采取妥善的处理,使隧道内外形成一个完整的畅通的防排水系统。一般公路隧道应做到:1 拱部、边墙不滴水;2 路面不冒水、不积水,设备箱洞处均不渗水;3 冻害地区隧道衬砌背后不积水,排水沟不冻结。

隧道、坑道排水是按不同衬砌排水构造采取各种排水措施,将地下水和地面水引排至隧道以外。为了排水的需要,隧道一般应设置纵向排水沟、横向排水坡、横向排水暗沟或盲沟等排水设施。排水沟必须符合设计要求,隧道、坑道排水系统必须畅通,以保证正常使用和行车安全。

7.2.13 贴壁式、复合式衬砌排水构造是由纵向盲管、横向导水管、排水明沟、中心盲沟等组成。纵向盲管的坡度应符合设计要求,当设计无要求时,其坡度不得小于 0.2%;横向导水管的坡度宜为 2%;排水明沟的纵向坡度不得小于 0.2%。铁路、公路隧道长度大于 200m 时,宜设双侧排水沟,纵向坡度应与线路坡度一致,且不得小于 0.2%;中心盲沟的纵向坡度应符合设计要求。

纵向盲管的直径应根据围岩或初期支护的渗水量确定,但不得小于 100mm;横向导水管的直径应根据排水量大小确定,但不得小于 50mm;横向导水管的间距宜为 5m~25m;中心盲管的直径应根据渗排水量大小确定,但不宜小于 250mm。

7.2.14 参见本规范第 7.2.7 条和第 7.2.8 条的条文说明。

7.2.15 盲管应采用塑料带或无纺布和水泥钉固定在基层上,固定点间距:拱部宜为 300mm~500mm,边墙宜为 1000mm~1200mm,在不平处应增加固定点。

环向、纵向盲管接头部位要连接好,使汇集的地下水顺利排出。目前盲管生产厂家都配套生产了标准接头、异径接头和三通等,为施工创造了条件,施工中应尽量采用标准接头,以提高排水工程质量。

7.2.16 在贴壁式衬砌和无塑料板防水层段的复合式衬砌中铺设的盲沟或盲管,在施工混凝土衬砌前,均应用塑料布或无纺布包裹起来,以防混凝土中的水泥砂浆堵塞盲沟或盲管。

7.3 塑料排水板排水

7.3.1 无自流排水条件且防水要求较高的地下工程,可采用渗排水、盲沟排水、盲管排水、塑料排水板或机械抽水等排水方法。塑料排水板可用于地下工程底板与侧墙的室内明沟、架空地板排水以及地下工程种植顶板排水,还可用于隧道或坑道排水。塑料排水板与土工布结合,可替代传统的陶粒或卵石滤水层,并具有较高的抗压强度和排水、透气等功能。

7.3.2 塑料排水板是 HDPE 为主要原料,通过三层共挤在熔融状态下经真空吸塑和对辊辊压成型工艺制成的新型材料,具有立体空间和一定支撑高度的新型排水材料。塑料排水板的单位面积质量和支点高度应根据设计荷载和流水通量来确定。

7.3.3 本条第 1、2 款是塑料排水板在地下工程底板和侧墙中的应用。将排水板支点朝下或朝内墙,支点内灌入混凝土,可起到永久性模板作用;同时,塑料排水板与底板或内墙形成一个密封的空间,能及时地排出底板或内墙渗出的水分,起到防潮、排水、隔热、保温的作用。

第 3 款是塑料排水板在地下工程种植顶板的应用。将塑料排水板支点朝上,排水板上面覆一层土工布,防止泥水流到排水板内,保持排水畅通。

第 4 款是塑料排水板在隧道或坑道中的应用。在初期衬砌洞壁上先铺设一层土工布,防止泥水流到排水板内,保持排水畅通;将塑料排水板支点朝向洞壁,连续的排水板形成的密闭排水层,可将隧道或坑道围岩的裂隙水顺畅地引入排水盲沟。

7.3.4 塑料排水板搭接缝主要有热熔焊接、支点搭接和胶粘剂粘结等搭接工艺。塑料排水板采用双焊缝热熔焊接,适用于地下工程种植顶板中排水层兼耐根穿刺防水层,其焊接质量应符合本规范第 4.5.9 条的规定;塑料排水板采用 1 个~2 个支点搭接或胶粘剂,可使排水板形成一个整体,而透过塑料排水板的少量渗漏水则可从防水层表面与塑料排水板凹槽间流出。

7.3.5 种植顶板有时因降水形成滞水,当积水上升到一定高度并浸没植物根系时,可能会造成根系的腐烂。本条规定了种植顶板种植土若低于周边土体,排水层必须与排水沟或盲沟配套使用,并按情况分区设置,保证其排水畅通。

7.3.6 土工布是过滤层材料,应空铺在塑料排水板的支点上。土工布宜采用 200g/m²~400g/m² 的聚酯无纺布,其搭接宽度不应小于 200mm。土工布可起挡土、滤水、保湿作用,使过滤的多余清水在塑料排水板面上排出。土工布铺设不必考虑方向,搭接部位应采用粘合或缝合,防止回填种植土时将土工布接缝扯开,使土粒堵塞排水层。回填土属黏性土时,宜在土工布上先铺设 5mm~10mm 粗砂再覆土,避免土工布板结,保障其透水性。

7.3.7 本条对塑料排水板排水分项工程检验批的抽样检验数量作出规定。

7.3.8 塑料排水板和土工布的质量要求,应符合现行行业标准《种植屋面工程技术规程》JGJ 155 的有关规定。

7.3.9 塑料排水板排水，可削弱地表水、地下水对地下结构的压力并减少水对结构的渗透。有自流排水条件的地下工程，可采用自流排水法，无自流排水条件的地下工程，可采用明沟或集水井和机械抽水等排水方法，故本条规定塑料排水板排水层必须与排水系统连通，不得有堵塞现象。

8 注浆工程

8.1 预注浆、后注浆

8.1.1 注浆按地下工程施工顺序可分为预注浆和后注浆。注浆方案应根据工程地质及水文地质条件，按下列规定选择：

1 在工程开挖前，预计涌水量较大的地段、软弱地层，宜采用预注浆；

2 开挖后有大股涌水或大面积渗漏水时，应采用衬砌前围岩注浆；

3 衬砌后渗漏水严重或充填壁后空隙的地段，宜进行回填注浆；

4 回填注浆后仍有渗漏水时，宜采用衬砌后围岩注浆。

上述所列各款可单独进行，也可按工程情况综合采用，确保地下工程达到设计的防水等级标准。

8.1.2 由于国内注浆材料的品种多、性能差异大，事实上目前还没有哪一种浆材能全部满足工程需要，所以要熟悉掌握各种浆材的特性，并根据工程地质、水文地质条件、注浆目的、注浆工艺、设备和成本等因素加以选择。

8.1.3 本条列举了用于预注浆和后注浆的三种常用方法，供工程上参考。

1 渗透注浆不破坏原土的颗粒排列，使浆液渗透扩散到土粒间的孔隙，孔隙中的气体和水分被浆液固结体排除，从而使土壤密实达到加固防渗的目的。渗透注浆一般用于渗透系数大于10^{-5}cm/s的砂土层。

2 劈裂注浆是在较高的注浆压力下，把浆液渗入到渗透性小的土层中，并形成不规则的脉状固结物。由注浆压力而挤密的土体与不受注浆影响的土体构成复合地基，具有一定的密实性和承载能力。劈裂注浆一般用于渗透系数不大于10^{-6}cm/s的黏土层。

3 高压喷射注浆是利用钻机把带有喷嘴的注浆管钻进至土中的预定位置，以高压设备使浆液成为高压流从喷嘴喷出，土粒在喷射流的作用下与浆液混合形成固结体。高压喷射注浆的浆液以水泥类材料为主、化学材料为辅。高压喷射注浆可用于加固软弱地层。

8.1.4 注浆材料包括了主剂和在浆液中掺入的各种外加剂。主剂可分为颗粒浆液和化学浆液两种。颗粒浆液主要包括水泥浆、水泥砂浆、黏土浆、水泥黏土浆以及粉煤灰、石灰浆等；化学浆液常用的有聚氨酯类、丙烯酰胺类、硅酸盐类、水玻璃等。

在隧道工程注浆中，常用颗粒浆液先堵塞大的孔隙，再注入化学浆液，既经济又起到注浆的满意效果。壁后回填注浆因为起填充作用，所以尽量采用颗粒浆液。各种浆液配合比必须根据注浆效果现场试验确定。

8.1.5 对本条说明如下：

1 注浆压力能克服浆液在注浆管内的阻力，把浆液压入隧道周边地层中。如有地下水时，其注浆压力尚应高于地层中的水压，但压力不宜过高。由于注浆浆液溢出地面或超出有效范围之外，会给周边建筑结构带来不良影响，所以应严格控制注浆压力。

2 回填注浆时间的确定，是以衬砌能否承受回填注浆压力作用为依据的，避免结构过早受力而产生裂缝。回填注浆压力一般都小于0.8MPa，因此规定回填注浆应在衬砌混凝土达到设计强度的70%后进行。

为避免衬砌后围岩注浆影响浆液固结体，因此规定衬砌后围岩注浆应在回填注浆浆液固结体达到设计强度的70%后进行。

3 隧道地面建筑多，交通繁忙，地下各种管线纵横交错，一旦浆液溢出地面和超出有效注浆范围，就会危及建筑物或地下管线的安全。因此，注浆过程中应经常观测，出现异常情况应立即采取措施。

在地面进行垂直注浆后，为防止坍孔造成地面下降，规定注浆后应用砂子将注浆孔封填密实。

4 浆液的注浆压力应控制在有效范围内，如果周围的建筑物与被注点距离较近，有可能发生地面隆起、墙体开裂等工程事故。所以，在注浆作业时要定期对周围的建筑物和构筑物以及地下管线进行施工监测，保证施工安全。

5 注浆浆液特别是化学注浆浆液，有的有一定的毒性。为防止污染地下水，施工期间应定期检查地下水的水质。

8.1.6 本条对注浆工程分项工程检验批的抽样检验数量作出规定。

8.1.7 几乎所有的水泥都可以作为注浆材料使用，为了达到不同的注浆规定，往往在水泥中加入外加剂和掺合料，这样不仅扩大了水泥注浆材料的应用范围，也提高了固结体的技术性能。由于水泥和外加剂的品种较多，浆液的组成较复杂，所以有必要对进场后的注浆材料进行抽查检验。

8.1.8 注浆结束前，为防止开挖时发生坍塌或涌水事故，必须对注浆效果进行检验。通常是根据注浆设计、注浆记录、注浆结束标准，在分析各种注浆孔资料的基础上，按设计要求对注浆薄弱部位进行钻孔取芯检查，检查浆液扩散和固结情况。有条件时还可进行压力或抽水试验，检查地层吸水率或透水率，计算渗透系数及开挖时的出水量。

8.1.9 预注浆钻孔应根据岩层裂隙状态、地下水情况、设备能力、浆液有效扩散半径、钻孔偏斜率和对注浆效果的规定等，综合分析后确定注浆孔数、布孔方式及钻孔角度等注浆参数的设计。后注浆钻孔应根据围岩渗漏水或回填注浆后仍有渗漏水情况确定。

8.1.10 注浆压力是浆液在裂隙中扩散、充填、压实、脱水的动力。注浆压力太低，浆液不能充填裂隙，扩散范围受到限制而影响注浆质量；注浆压力过大，会引起裂隙扩大、岩层移动和抬高，浆液易扩散到预定范围之外。特别在浅埋隧道还会引起地表隆起，破坏地面设施。因此本条规定注浆各阶段的控制压力和注浆量应符合设计要求。

8.1.11 浆液沿注浆管壁冒出地面时，宜用水泥、水玻璃混合料封闭管壁与地表面孔隙或用栓塞进行密封，并间隔一段时间后再进行下一深度的注浆。

在松散的填土地层注浆时，宜采用间歇注浆、增加浆液浓度和速凝剂掺量、降低注浆压力等方法。

当浆液从已注好的注浆孔中冒出时，应采用跳孔施工。

8.1.12 当工程处于房屋和重要工程的密集段时，施工中应会同有关单位采取有效的保护措施，并进行必要的施工监测，以确保建筑物及地下管线的正常使用和安全运营。

8.2 结构裂缝注浆

8.2.1 混凝土结构裂缝严重影响工程结构的耐久性，随着我国经济建设的发展，化学注浆在该领域的应用技术不断创新，有许多成功实例，可满足结构正常使用和工程的耐久性规定。

本条提出结构裂缝注浆的适用范围，宽度大于0.2mm的静止裂缝以及贯穿性裂缝均是混凝土结构的有害裂缝，应采用堵水注浆，符合混凝土结构设计要求。

8.2.2 对于以混凝土承载力为主的受压构件和受剪构件，往往会出现原结构与加固部分先后破坏的各个击破现象，致使加固效果很不理想或根本不起作用。所以混凝土结构加固时，为适应加固结构应力、应变滞后现象，特别要求裂缝注浆应待结构基本稳定和混凝土达到设计强度后进行。

8.2.3 化学注浆材料为真溶液，与掺有膨润土、粉煤灰的水泥灌浆材料相比，可灌性好，胶凝时间可按工程需要调节，粘结强度高。因此，某些工程用水泥灌浆不能解决的问题，采用化学注浆材料处理或进行复合灌浆，基本上都可以满意的解决。注浆材料注入裂缝深部，达到恢复结构的整体性、耐久性及防水性的目的。

化学浆材按其功能与用途可分为防渗堵漏型和加固补强型，但两种类型的化学浆材其功能并非完全分开。聚氨酯虽有较好的堵水效果，而因强度低，不具备对混凝土的补强作用。但聚氨酯中强度较高的油溶性聚氨酯可用于非结构性混凝土裂缝补强，亲水性较好且固化较快的改性环氧浆材对渗流量小的混凝土结构裂缝具有堵水补强功能，但出水量较大的工程不宜作堵水材料。所以，在实际应用中应根据工程情况合理的选用浆材。

注浆材料的选用与结构裂缝宽度、渗水量大小、常年性渗漏还是季节性渗漏、是否有补强要求等有关。当水量较大时，可选用聚氨酯浆液，水溶性聚氨酯具有流动性好、二次渗透、发泡快等特点，非常适合快速注浆堵水；当水量小时，可选择超细水泥注浆；当结构有补强要求时，可选用环氧树脂或水泥—水玻璃浆液注浆；当渗水较少但空洞大时，可先用水泥浆填充，然后再用化学浆液封堵。

8.2.4 注浆工艺和正确选用注浆设备是裂缝注浆的关键。本条参考了《混凝土结构加固技术规范》CECS25：90的有关规定，介绍裂缝注浆施工的工艺流程，便于施工过程对质量的控制。要保障注浆工程的处理效果和提高使用的耐久性，首先要对处理工程的使用要求、使用环境和工程的实际状况进行综合分析，正确选用合适的浆材，并要结合选用浆材的特性和工程实际状况制定行之有效的施工方案和工艺，选用合适的注浆设备精心施工，才能达到预期的效果。

8.2.5 本条对结构裂缝注浆分项工程检验批的抽样检验数量作出规定。

8.2.6 对本条说明如下：

1 聚氨酯灌浆材料是以多异氰酸酯与多羟基化合物聚合反应制备的预聚体为主剂，通过灌浆注入基础或结构，与水反应生成不溶于水的具有一定弹性或强度固结体的浆液材料。产品按原材料组成分为两类：水溶性聚氨酯灌浆材料，代号WPU；油溶性聚氨酯灌浆材料，代号OPU。

2 环氧树脂灌浆材料是以环氧树脂为主剂加入固化剂、稀释剂、增韧剂等组分所形成的A、B双组分商品灌浆材料。A组分是以环氧树脂为主的体系，B组分为固化体系。环氧树脂灌浆材料（代号EGR），按初始黏度分为低黏度型（L）和普通型（N）。

高渗透改性环氧材料的应用面在扩大，高渗透改性环氧材料是指具有优异渗透性、可灌性的改性环氧材料，能渗入微米级的岩土孔隙、裂缝，在自然状态下能在混凝土表面通过毛细管道、微孔隙和肉眼看不见的微细裂纹渗入混凝土内，能在压力下灌入渗透系数为$10^{-6}cm/s \sim 10^{-8}cm/s$的低渗透软弱地层或夹泥层中。我国研发出了如"中化-798-Ⅲ高渗透改性环氧化灌浆材"第三代产品，而且结合工程实际，形成了混凝土专用的防腐、防水、补强、粘结的系列产品，具有高渗透性和优异的力学性能及耐老化性能。

8.2.7 结构裂缝注浆质量检查，一般可采用向缝中通入压缩空气或压力水检验注浆密实情况，也可钻芯取样检查浆体的外观质量，测试浆体的力学性能。封缝养护至一定强度应进行压水或压气检查，压水时可采用掺高锰酸钾、荧光黄试剂的颜色水。压水或压气所用压力不得超过设计注浆压力。

对设计有补强要求的工程，必须进行现场取芯试验，取芯方法如下：

1 起始芯：在第 1 个 25 延米注浆完成后，钻取直径 50mm 的起始芯。芯样由监理工程师指定位置钻取，其钻取深度为裂缝的深度。起始芯要有专用储存箱，按设计要求养护；注意了解和遵从业主对试件附加的要求和测试内容。

2 起始芯和质量见证芯的试验方法：渗透性为直观检验；粘结强度或抗压强度试验可采用混凝土常规法。

3 起始芯测试环氧树脂渗透的程度和粘结强度。其试验规定：渗透性以裂缝深度的 90% 充满环氧树脂浆液固结体为合格；当有补强要求而检测粘结强度时，应不在粘结面破坏。

4 试验的评定和验收规定：起始芯通过上述试验，达到标准数值，则说明这一区域的注浆作业得以验收；如果起始芯的渗透性和粘结强度测试不合格，则必须分析原因，补充注浆，重新检测，直到符合规定为止；不合格起始芯区域，返工之后，由监理工程师指定的位置钻取"见证芯"，重新按 3 和 4 的规定检测。

5 取芯孔应在得到监理工程师的允许后进行充填。

有关补强加固的结构裂缝注浆效果，应按《混凝土结构加固设计规范》GB 50367-2006 第 14.2.3 条的规定执行。

8.2.8 结构裂缝注浆钻孔应根据结构渗漏水情况布置，孔深宜为结构厚度的 1/3~2/3。

浅裂缝应骑槽粘埋注浆嘴，必要时沿缝开凿"U"形槽并用水泥砂浆封缝；深裂缝应骑缝钻孔或斜向钻孔至裂缝深部，孔内埋设注浆管。注浆嘴及注浆管设于裂缝交叉处、较宽处、端部及裂缝贯穿处等部位，注浆嘴间距宜为 100mm~1000mm，注浆管间距宜为 1000mm~2000mm。原则上应做到缝窄应密，缝宽可稀，但每条裂缝至少有一个进浆孔和排气孔。

8.2.9 现场注浆压力试验方法：拆去注浆设备的混合器，将双液输浆管连接到压力测试装置上。压力测试装置由两个独立的压力传感阀组成。关闭阀门，启动注浆泵；待压力表升到 0.5MPa 后停泵，观测压力表，在 2min 内的压力不降到 0.4MPa 为合格。

压力试验频率：压力试验可在每次注浆前进行；交接班或停工用餐后进行；在进行裂缝表面清理的间歇时间进行。

现场进浆比例试验方法：拆去注浆设备的混合器，将双液输浆管连接到比例测试装置上。比例测试装置由两个独立的阀件组成，可通过开启和关闭阀门，控制回流压力来调节，压力表可显示每个阀门的回流压力。关闭阀门，启动注浆泵；待压力升到 0.5MPa 后停泵；开启阀门，将浆液放入有刻度的容器，观测两个容器内的浆液，是否符合设备的比例参数。

9 子分部工程质量验收

9.0.1 按《建筑工程施工质量验收统一标准》GB 50300-2001 第 6 章内容的规定，地下防水工程质量验收的程序和组织有以下两点说明：

1 检验批及分项工程应由监理工程师或建设单位项目技术负责人组织施工单位项目专业质量或技术负责人等进行验收。验收前，施工单位先填好"检验批和分项工程的质量验收记录"，并由项目专业质量检验员和项目专业技术负责人分别在验收记录中相关栏签字，然后由监理工程师组织按规定程序进行。

2 分部工程应由总监理工程师或建设单位项目负责人组织施工单位项目负责人和技术、质量负责人等进行验收。由于地下防水工程技术要求严格，故有关工程的勘察、设计单位项目负责人和施工单位技术、质量部门负责人也应参加相关分部工程验收。

9.0.2 检验批是工程验收的最小单位，是分项工程乃至整个建筑工程质量验收的基础。本条规定了检验批质量合格条件：一是对检验批的质量抽样检验。主控项目是对检验批的基本质量起决定性作用的检验项目，必须全部符合本规范的有关规定，且检验结果具有否决权；一般项目是除主控项目以外的检验项目，应有 80% 以上的一般项目子项符合本规范的有关规定，对有允许偏差的项目，其最大偏差不得超过本规范规定允许偏差值的 1.5 倍；二是质量控制资料，反映检验批从原材料到最终验收的各施工工序的操作依据、检查情况以及保证质量所必需的管理制度等质量控制资料，是检验批合格的前提。

9.0.3 分项工程的验收在检验批验收的基础上进行。一般情况下，两者具有相同或相近的性质，只是批量的大小不同而已。因此，将有关的检验批汇集构成分项工程。分项工程合格质量的条件比较简单，只要构成分项工程的各检验批的验收资料文件完整，并且均已验收合格，则分项工程验收合格。

9.0.4 子分部工程的验收在其所含各分项工程验收的基础上进行。本条给出了子分部工程验收合格的条件，包括四个方面：一是所含分项工程全部验收合格；二是相应的质量控制资料文件必须完整；三是地下工程渗漏水检测；四是观感质量检查。

9.0.5 地下防水工程竣工和记录资料体现了施工全

过程控制，必须做到真实、准确，不得有涂改和伪造，各级技术负责人签字后方可有效。

9.0.6 隐蔽工程是后续的工序或分项工程覆盖、包裹、遮挡的前一分项工程。如变形缝构造、渗排水层、衬砌前围岩渗漏水处理等，经过检查验收质量符合规定方可进行隐蔽，避免因质量问题造成渗漏或不易修复而直接影响防水效果。

9.0.7 关于观感质量检查，这类检查往往难以定量，只能以观察、触摸或简单量测的方式进行，并由各个人的主观印象判断，检查结果并不给出"合格"或"不合格"的结论，而是综合给出质量评价。对于"差"的检查点应通过返修处理等补救。

本条规定的地下防水工程的观感质量检查规定，是根据本规范各分项工程的质量内容。

9.0.8 按《建筑工程施工质量验收统一标准》GB 50300-2001 第 5.0.3 条第 3 款的规定，分部工程有关安全及功能的检验和抽样检测结果应符合有关规定。因此，本规范第 3.0.14 条规定地下工程应按设计的防水等级标准进行验收，检查地下工程有无渗漏水现象，填写"地下工程渗漏水检测记录"。地下工程出现渗漏水时，应及时进行治理，并应由防水专业设计人员和有防水资质的专业施工队伍承担。

根据《建筑工程施工质量验收统一标准》GB 50300-2001 第 5.0.6 条第 4 款规定，对地下工程渗漏水治理，必须满足分部工程的安全和主要使用功能的基本要求。地下工程达到设计的防水等级标准后，可以进行验收。

9.0.9 地下防水工程完成后，应由施工单位先行自检，并整理施工过程中的有关文件和记录，确认合格后会同建设或监理单位，共同按质量标准进行验收。子分部工程的验收，应在分项工程通过验收的基础上，对必要的部位进行抽样检验和使用功能满足程度的检查。子分部工程应由总监理工程师或建设单位项目负责人组织施工技术质量负责人进行验收。

地下防水工程验收时，施工单位应按照本规范第 9.0.5 条的规定，将竣工和记录资料提供总监理工程师或建设单位项目负责人审查，检查无误后方可作为存档资料。

中华人民共和国国家标准

建筑地面工程施工质量验收规范

Code for acceptance of construction quality of
building ground

GB 50209—2010

主编部门：江 苏 省 住 房 和 城 乡 建 设 厅
批准部门：中华人民共和国住房和城乡建设部
施行日期：２０１０年１２月１日

中华人民共和国住房和城乡建设部公告

第 607 号

关于发布国家标准《建筑地面工程施工质量验收规范》的公告

现批准《建筑地面工程施工质量验收规范》为国家标准，编号为 GB 50209—2010，自 2010 年 12 月 1 日起实施。其中，第 3.0.3、3.0.5、3.0.18、4.9.3、4.10.11、4.10.13、5.7.4 条为强制性条文，必须严格执行。原《建筑地面工程施工质量验收规范》GB 50209—2002 同时废止。

本规范由我部标准定额研究所组织中国计划出版社出版发行。

中华人民共和国住房和城乡建设部
二〇一〇年五月三十一日

前　言

本规范是根据住房和城乡建设部《关于印发〈2008 年工程建设标准制定、修订计划（第一批）〉的通知》（建标〔2008〕102 号）的要求，由江苏省建筑工程集团有限公司和江苏省华建建设股份有限公司会同有关单位，在原《建筑地面工程施工质量验收规范》GB 50209—2002 的基础上修订完成的。

本规范在修订过程中，编制组开展了专题研究，进行了比较广泛的调查研究，总结了多年建筑地面工程材料、施工的经验，并以多种方式广泛征求了全国有关单位的意见，对主要问题作了反复修改，最后经审查定稿。

本规范共分 8 章和 1 个附录，主要内容包括：总则，术语，基本规定，基层铺设，整体面层铺设，板块面层铺设，木、竹面层铺设，分部（子分部）工程验收等。

本规范中以黑体字标志的条文为强制性条文，必须严格执行。

本规范由住房和城乡建设部负责管理和对强制性条文的解释，由江苏省住房和城乡建设厅负责日常管理，由江苏省建筑工程集团有限公司负责具体技术内容的解释。在执行过程中，请各单位注意总结经验，积累资料，并及时把意见和建议反馈给江苏省建筑工程集团有限公司《建筑地面工程施工质量验收规范》编制组（地址：江苏省南京市汉中路 180 号星汉大厦 15～17 层，邮政编码：210029，电子邮箱：gcb@jpcec.com，电话：025－86799322），以便今后修订时参考。

本规范主编单位、参编单位、主要起草人和主要审查人：

主 编 单 位：江苏省建筑工程集团有限公司
江苏省华建建设股份有限公司

参 编 单 位：镇江市建设工程质量监督站
江苏省建工集团有限公司
南通新华建筑集团有限公司
苏州二建建筑集团有限公司
苏州第一建筑集团有限公司
江苏中兴建设有限公司
南通四建集团有限公司

主要起草人：王　华　高宝俭　程　杰　王立群
王吉骞　蒋礼兵　王先华　邬建华
张卫东　李建华　李　健　张三旗
张卫国　佟贵森　邓学才

主要审查人：郭正兴　周桂云　田洪斌　王福川
王力健　刘新玉　金孝权　陈　贵
王玉章

目　　次

1　总则 ·················· 9—16—5
2　术语 ·················· 9—16—5
3　基本规定 ·············· 9—16—5
4　基层铺设 ·············· 9—16—7
　4.1　一般规定 ············ 9—16—7
　4.2　基土 ················ 9—16—8
　4.3　灰土垫层 ············ 9—16—8
　4.4　砂垫层和砂石垫层 ···· 9—16—8
　4.5　碎石垫层和碎砖垫层 ·· 9—16—9
　4.6　三合土垫层和四合土垫层 · 9—16—9
　4.7　炉渣垫层 ············ 9—16—9
　4.8　水泥混凝土垫层和陶粒
　　　混凝土垫层 ·········· 9—16—9
　4.9　找平层 ·············· 9—16—10
　4.10　隔离层 ············· 9—16—11
　4.11　填充层 ············· 9—16—12
　4.12　绝热层 ············· 9—16—12
5　整体面层铺设 ·········· 9—16—13
　5.1　一般规定 ············ 9—16—13
　5.2　水泥混凝土面层 ······ 9—16—13
　5.3　水泥砂浆面层 ········ 9—16—14
　5.4　水磨石面层 ·········· 9—16—15
　5.5　硬化耐磨面层 ········ 9—16—16
　5.6　防油渗面层 ·········· 9—16—16
　5.7　不发火（防爆）面层 ·· 9—16—17
　5.8　自流平面层 ·········· 9—16—18
　5.9　涂料面层 ············ 9—16—18
　5.10　塑胶面层 ··········· 9—16—19
　5.11　地面辐射供暖的整体面层 · 9—16—19
6　板块面层铺设 ·········· 9—16—20
　6.1　一般规定 ············ 9—16—20
　6.2　砖面层 ·············· 9—16—21
　6.3　大理石面层和花岗石面层 · 9—16—21
　6.4　预制板块面层 ········ 9—16—22
　6.5　料石面层 ············ 9—16—23
　6.6　塑料板面层 ·········· 9—16—23
　6.7　活动地板面层 ········ 9—16—24
　6.8　金属板面层 ·········· 9—16—25
　6.9　地毯面层 ············ 9—16—25
　6.10　地面辐射供暖的板块面层 · 9—16—26
7　木、竹面层铺设 ········ 9—16—26
　7.1　一般规定 ············ 9—16—26
　7.2　实木地板、实木集成地板、
　　　竹地板面层 ·········· 9—16—27
　7.3　实木复合地板面层 ···· 9—16—28
　7.4　浸渍纸层压木质地板面层 · 9—16—29
　7.5　软木类地板面层 ······ 9—16—29
　7.6　地面辐射供暖的木板面层 · 9—16—30
8　分部（子分部）工程验收 · 9—16—30
附录A　不发火（防爆）建筑地面
　　　材料及其制品不发火性的
　　　试验方法 ·············· 9—16—31
本规范用词说明 ············ 9—16—31
引用标准名录 ·············· 9—16—31
附：条文说明 ·············· 9—16—32

Contents

1 General Provisions ············· 9—16—5
2 Terms ············· 9—16—5
3 Basic requirement ············· 9—16—5
4 Base course laying ············· 9—16—7
   4.1 General requirement ············· 9—16—7
   4.2 Foundation earth layer ············· 9—16—8
   4.3 Lime-soil cushion ············· 9—16—8
   4.4 Sand cushion and sand-gravel cushion ············· 9—16—8
   4.5 Gravel cushion and broken-brick cushion ············· 9—16—9
   4.6 Triple-combined soil cushion and cement-lime-sand-soil cushion ········· 9—16—9
   4.7 Cinder cushion ············· 9—16—9
   4.8 Concrete cushion and ceramsite concrete cushion ············· 9—16—9
   4.9 Leveling course ············· 9—16—10
   4.10 Isolation course ············· 9—16—11
   4.11 Filler course ············· 9—16—12
   4.12 Insulation course ············· 9—16—12
5 Integral layer laying ············· 9—16—13
   5.1 General requirement ············· 9—16—13
   5.2 Concrete pavement ············· 9—16—13
   5.3 Cement mortar pavement ············· 9—16—14
   5.4 Terrazzo surface ············· 9—16—15
   5.5 Hardened abrasion resistance layer ············· 9—16—16
   5.6 Oil-proof layer ············· 9—16—16
   5.7 Misfiring (explosion-proof) layer ············· 9—16—17
   5.8 Self-leveling layer ············· 9—16—18
   5.9 Paint coating ············· 9—16—18
   5.10 Plastic coating ············· 9—16—19
   5.11 Integral layer of floor radiant heating ············· 9—16—19
6 Board surface laying ············· 9—16—20
   6.1 General requirement ············· 9—16—20
   6.2 Brick surface layer ············· 9—16—21
   6.3 Marble surface layer and granite surface layer ············· 9—16—21
   6.4 Precast slab surface layer ············· 9—16—22
   6.5 Rock surface layer ············· 9—16—23
   6.6 Plastic board surface layer ············· 9—16—23
   6.7 Raised floor surface layer ············· 9—16—24
   6.8 Sheet metal surface layer ············· 9—16—25
   6.9 Carpet surface layer ············· 9—16—25
   6.10 Board surface layer of floor radiant heating ············· 9—16—26
7 Timber flooring surface and bamboo flooring surface laying ············· 9—16—26
   7.1 General requirement ············· 9—16—26
   7.2 Solid wood flooring, glued laminated timber flooring and bamboo flooring surface layer ············· 9—16—27
   7.3 Parquet surface layer ············· 9—16—28
   7.4 Laminate flooring surface layer ······ 9—16—29
   7.5 Cork flooring surface layer ············· 9—16—29
   7.6 Wood surface layer of floor radiant heating ············· 9—16—30
8 Part project (sub-project) acceptance ············· 9—16—30
Appendix A Misfiring test method for misfiring (explosion-proof) material and products ············· 9—16—31
Explanation of wording in this code ············· 9—16—31
List of quoted standards ············· 9—16—31
Addition: Explanation of provisions ············· 9—16—32

1 总 则

1.0.1 为了加强建筑工程质量管理，保证工程质量，统一建筑地面工程施工质量的验收，制定本规范。

1.0.2 本规范适用于建筑地面工程（含室外散水、明沟、踏步、台阶和坡道）施工质量的验收。不适用于超净、屏蔽、绝缘、防止放射线以及防腐蚀等特殊要求的建筑地面工程施工质量验收。

1.0.3 建筑地面工程施工中采用的承包合同文件、设计文件及其他工程技术文件对施工质量验收的要求不得低于本规范的规定。

1.0.4 本规范应与现行国家标准《建筑工程施工质量验收统一标准》GB 50300 配套使用。

1.0.5 建筑地面工程施工质量验收除应执行本规范外，尚应符合国家现行有关标准规范的规定。

2 术 语

2.0.1 建筑地面 building ground
建筑物底层地面和楼（层地）面的总称。

2.0.2 面层 surface course
直接承受各种物理和化学作用的建筑地面表面层。

2.0.3 结合层 combined course
面层与下一构造层相联结的中间层。

2.0.4 基层 base course
面层下的构造层，包括填充层、隔离层、绝热层、找平层、垫层和基土等。

2.0.5 填充层 filler course
建筑地面中具有隔声、找坡等作用和暗敷管线的构造层。

2.0.6 隔离层 isolating course
防止建筑地面上各种液体或地下水、潮气渗透地面等作用的构造层；当仅防止地下潮气透过地面时，可称作防潮层。

2.0.7 绝热层 insulating course
用于地面阻挡热量传递的构造层。

2.0.8 找平层 leveling course
在垫层、楼板上或填充层（轻质、松散材料）上起整平、找坡或加强作用的构造层。

2.0.9 垫层 under layer
承受并传递地面荷载于基土上的构造层。

2.0.10 基土 foundation earth layer
底层地面的地基土层。

2.0.11 缩缝 shrinkage crack
防止水泥混凝土垫层在气温降低时产生不规则裂缝而设置的收缩缝。

2.0.12 伸缝 stretching crack
防止水泥混凝土垫层在气温升高时在缩缝边缘产生挤碎或拱起而设置的伸胀缝。

2.0.13 不发火（防爆）面层 misfiring (explosion-proof) layer
面层采用的材料和硬化后的试件，与金属或石块等坚硬物体进行摩擦、冲击或冲擦等机械试验时，不会产生火花（或火星），不具有致使易燃物起火或爆炸的建筑地面。

2.0.14 不发火性 misfiring
当所有材料与金属或石块等坚硬物体发生摩擦、冲击或冲擦等机械作用时，不产生火花（或火星），不会致使易燃物引起发火或爆炸的危险，称为具有不发火性。

2.0.15 地面辐射供暖系统 floor radiant heating system
在建筑地面中铺设的绝热层、隔离层、供热做法、填充层等的总称，以达到地面辐射供暖的效果。

3 基本规定

3.0.1 建筑地面工程子分部工程、分项工程的划分应按表3.0.1的规定执行。

表 3.0.1 建筑地面工程子分部工程、分项工程的划分表

分部工程	子分部工程	分项工程
建筑装饰装修工程	地面 整体面层	基层：基土、灰土垫层、砂垫层和砂石垫层、碎石垫层和碎砖垫层、三合土及四合土垫层、炉渣垫层、水泥混凝土垫层和陶粒混凝土垫层、找平层、隔离层、填充层、绝热层
		面层：水泥混凝土面层、水泥砂浆面层、水磨石面层、硬化耐磨面层、防油渗面层、不发火（防爆）面层、自流平面层、涂料面层、塑胶面层、地面辐射供暖的整体面层
	板块面层	基层：基土、灰土垫层、砂垫层和砂石垫层、碎石垫层和碎砖垫层、三合土及四合土垫层、炉渣垫层、水泥混凝土垫层和陶粒混凝土垫层、找平层、隔离层、填充层、绝热层
		面层：砖面层（陶瓷锦砖、缸砖、陶瓷地砖和水泥花砖面层）、大理石面层和花岗石面层、预制板块面层（水泥混凝土板块、水磨石板块、人造石板块面层）、料石面层（条石、块石面层）、塑料板面层、活动地板面层、金属板面层、地毯面层、地面辐射供暖的板块面层
	木、竹面层	基层：基土、灰土垫层、砂垫层和砂石垫层、碎石垫层和碎砖垫层、三合土及四合土垫层、炉渣垫层、水泥混凝土垫层和陶粒混凝土垫层、找平层、隔离层、填充层、绝热层
		面层：实木地板、实木集成地板、竹地板面层（条材、块材面层）、实木复合地板面层（条材、块材面层）、浸渍纸压木质地板面层（条材、块材面层）、软木类地板面层（条材、块材面层）、地面辐射供暖的木板面层

3.0.2 从事建筑地面工程施工的建筑施工企业应有质量管理体系和相应的施工工艺技术标准。

3.0.3 建筑地面工程采用的材料或产品应符合设计要求和国家现行有关标准的规定。无国家现行标准的，应具有省级住房和城乡建设行政主管部门的技术认可文件。材料或产品进场时还应符合下列规定：

1 应有质量合格证明文件；

2 应对型号、规格、外观等进行验收，对重要材料或产品应抽样进行复验。

3.0.4 建筑地面工程采用的大理石、花岗石、料石等天然石材以及砖、预制板块、地毯、人造板材、胶粘剂、涂料、水泥、砂、石、外加剂等材料或产品应符合国家现行有关室内环境污染控制和放射性、有害物质限量的规定。材料进场时应具有检测报告。

3.0.5 厕浴间和有防滑要求的建筑地面应符合设计防滑要求。

3.0.6 有种植要求的建筑地面，其构造做法应符合设计要求和现行行业标准《种植屋面工程技术规程》JGJ 155 的有关规定。设计无要求时，种植地面应低于相邻建筑地面 50mm 以上或作槛台处理。

3.0.7 地面辐射供暖系统的设计、施工及验收应符合现行行业标准《地面辐射供暖技术规程》JGJ 142 的有关规定。

3.0.8 地面辐射供暖系统施工验收合格后，方可进行面层铺设。面层分格缝的构造做法应符合设计要求。

3.0.9 建筑地面下的沟槽、暗管、保温、隔热、隔声等工程完工后，应经检验合格并做隐蔽记录，方可进行建筑地面工程的施工。

3.0.10 建筑地面工程基层（各构造层）和面层的铺设，均应待其下一层检验合格后方可施工上一层。建筑地面工程各层铺设前与相关专业的分部（子分部）工程、分项工程以及设备管道安装工程之间，应进行交接检验。

3.0.11 建筑地面工程施工时，各层环境温度的控制应符合材料或产品的技术要求，并应符合下列规定：

1 采用掺有水泥、石灰的拌和料铺设以及用石油沥青胶结料铺贴时，不应低于5℃；

2 采用有机胶粘剂粘贴时，不应低于10℃；

3 采用砂、石材料铺设时，不应低于0℃；

4 采用自流平、涂料铺设时，不应低于5℃，也不应高于30℃。

3.0.12 铺设有坡度的地面应采用基土高差达到设计要求的坡度；铺设有坡度的楼面（或架空地面）应采用在结构楼层板上变更填充层（或找平层）的厚度或以结构起坡达到设计要求的坡度。

3.0.13 建筑物室内接触基土的首层地面施工应符合设计要求，并应符合下列规定：

1 在冻胀性土上铺设地面时，应按设计要求做好防冻胀土处理后方可施工，并不得在冻胀土层上进行填土施工；

2 在永冻土上铺设地面时，应按建筑节能要求进行隔热、保温处理后方可施工。

3.0.14 室外散水、明沟、踏步、台阶和坡道等，其面层和基层（各构造层）均应符合设计要求。施工时应按本规范基层铺设中基土和相应垫层以及面层的规定执行。

3.0.15 水泥混凝土散水、明沟应设置伸、缩缝，其延长米间距不得大于10m，对日晒强烈且昼夜温差超过15℃的地区，其延长米间距宜为4m～6m。水泥混凝土散水、明沟和台阶等与建筑物连接处及房屋转角处应设缝处理。上述缝的宽度应为15mm～20mm，缝内应填嵌柔性密封材料。

3.0.16 建筑地面的变形缝应按设计要求设置，并应符合下列规定：

1 建筑地面的沉降缝、伸缩缝、缩缝和防震缝，应与结构相应缝的位置一致，且应贯通建筑地面的各构造层；

2 沉降缝和防震缝的宽度应符合设计要求，缝内清理干净，以柔性密封材料填嵌后用板封盖，并应与面层齐平。

3.0.17 当建筑地面采用镶边时，应按设计要求设置并应符合下列规定：

1 有强烈机械作用下的水泥类整体面层与其他类型的面层邻接处，应设置金属镶边构件；

2 具有较大振动或变形的设备基础与周围建筑地面的邻接处，应沿设备基础周边设置贯通建筑地面各构造层的沉降缝（防震缝），缝的处理应执行本规范第3.0.16条的规定；

3 采用水磨石整体面层时，应用同类材料镶边，并用分格条进行分格；

4 条石面层和砖面层与其他面层邻接处，应用顶铺的同类材料镶边；

5 采用木、竹面层和塑料板面层时，应用同类材料镶边；

6 地面面层与管沟、孔洞、检查井等邻接处，均应设置镶边；

7 管沟、变形缝等处的建筑地面面层的镶边构件，应在面层铺设前装设；

8 建筑地面的镶边宜与柱、墙面或踢脚线的变化协调一致。

3.0.18 厕浴间、厨房和有排水（或其他液体）要求的建筑地面面层与相连接各类面层的标高差应符合设计要求。

3.0.19 检验同一施工批次、同一配合比水泥混凝土和水泥砂浆强度的试块，应按每一层（或检验批）建筑地面工程不少于1组。当每一层（或检验批）建筑地面工程面积大于1000m² 时，每增加1000m² 应增做1组试块；小于1000m² 按1000m² 计算，取样1组；检验同一施工批次、同一配合比的散水、明沟、踏步、台阶、坡道的水泥混凝土、水泥砂浆强度的试块，应按每150延长米不少于1组。

3.0.20 各类面层的铺设宜在室内装饰工程基本完工后

进行。木、竹面层、塑料板面层、活动地板面层、地毯面层的铺设，应待抹灰工程、管道试压等完工后进行。

3.0.21 建筑地面工程施工质量的检验，应符合下列规定：

　　1 基层（各构造层）和各类面层的分项工程的施工质量验收应按每一层次或每层施工段（或变形缝）划分检验批，高层建筑的标准层可按每三层（不足三层按三层计）划分检验批。

　　2 每检验批应以各子分部工程的基层（各构造层）和各类面层所划分的分项工程按自然间（或标准间）检验，抽查数量应随机检验不应少于3间；不足3间，应全数检查；其中走廊（过道）应以10延长米为1间，工业厂房（按单跨计）、礼堂、门厅应以两个轴线为1间计算。

　　3 有防水要求的建筑地面子分部工程的分项工程施工质量每检验批抽查数量应按其房间总数随机检验不应少于4间，不足4间，应全数检查。

3.0.22 建筑地面工程的分项工程施工质量检验的主控项目，应达到本规范规定的质量标准，认定为合格；一般项目80%以上的检查点（处）符合本规范规定的质量要求，其他检查点（处）不得有明显影响使用，且最大偏差值不超过允许偏差值的50%为合格。凡达不到质量标准时，应按现行国家标准《建筑工程施工质量验收统一标准》GB 50300的规定处理。

3.0.23 建筑地面工程的施工质量验收应在建筑施工企业自检合格的基础上，由监理单位或建设单位组织有关单位对分项工程、子分部工程进行检验。

3.0.24 检验方法应符合下列规定：

　　1 检查允许偏差应采用钢尺、1m直尺、2m直尺、3m直尺、2m靠尺、楔形塞尺、坡度尺、游标卡尺和水准仪；

　　2 检查空鼓应采用敲击的方法；

　　3 检查防水隔离层应采用蓄水方法，蓄水深度最浅处不得小于10mm，蓄水时间不得少于24h；检查有防水要求的建筑地面的面层应采用泼水方法。

　　4 检查各类面层（含不需铺设部分或局部面层）表面的裂纹、脱皮、麻面和起砂等缺陷，应采用观感的方法。

3.0.25 建筑地面工程完工后，应对面层采取保护措施。

4 基 层 铺 设

4.1 一 般 规 定

4.1.1 本章适用于基土、垫层、找平层、隔离层、绝热层和填充层等基层分项工程的施工质量检验。

4.1.2 基层铺设的材料质量、密实度和强度等级（或配合比）等应符合设计要求和本规范的规定。

4.1.3 基层铺设前，其下一层表面应干净、无积水。

4.1.4 垫层分段施工时，接槎处应做成阶梯形，每层接槎处的水平距离应错开0.5m～1.0m。接槎处不应设在地面荷载较大的部位。

4.1.5 当垫层、找平层、填充层内埋设暗管时，管道应按设计要求予以稳固。

4.1.6 对有防静电要求的整体地面的基层，应清除残留物，将露出基层的金属物涂绝缘漆两遍晾干。

4.1.7 基层的标高、坡度、厚度等应符合设计要求。基层表面应平整，其允许偏差和检验方法应符合表4.1.7的规定。

表4.1.7 基层表面的允许偏差和检验方法

项次	项目	允许偏差（mm）												检验方法
		基土	垫层				找平层			填充层		隔离层	绝热层	
		砂、砂石、碎石、碎砖	灰土、三合土、四渣、水泥混凝土、陶粒混凝土	垫层地板		用胶结料做结合层铺设板块面层	用水泥砂浆做结合层铺设板块面层	用胶粘剂做结合层铺设拼花木板、浸渍纸层压木质地板、实木复合地板、竹地板、软木地板面层	金属板面层	松散材料	板、块材料	防水、防潮、防油渗	板块材料、浇筑材料、喷涂材料	
				拼花实木地板、拼花实木复合地板、软木类地板面层	其他种类面层									
1	表面平整度	15	15	10	3	3	5	5	2	3	7	5	3	4	用2m靠尺和楔形塞尺检查
2	标高	0 −50	±20	±10	±5	±5	±8	±5	±8	±4	±4	±4	±4	±4	用水准仪检查
3	坡度	不大于房间相应尺寸的2/1000，且不大于30													用坡度尺检查
4	厚度	在个别地方不大于设计厚度的1/10，且不大于20													用钢尺检查

4.2 基 土

4.2.1 地面应铺设在均匀密实的基土上。土层结构被扰动的基土应进行换填,并予以压实。压实系数应符合设计要求。

4.2.2 对软弱土层应按设计要求进行处理。

4.2.3 填土应分层摊铺、分层压(夯)实、分层检验其密实度。填土质量应符合现行国家标准《建筑地基基础工程施工质量验收规范》GB 50202 的有关规定。

4.2.4 填土时应为最优含水量。重要工程或大面积的地面填前,应取土样,按击实试验确定最优含水量与相应的最大干密度。

Ⅰ 主控项目

4.2.5 基土不应用淤泥、腐殖土、冻土、耕植土、膨胀土和建筑杂物作为填土,填土土块的粒径不应大于 50mm。

　　检验方法:观察检查和检查土质记录。

　　检查数量:按本规范第 3.0.21 条规定的检验批检查。

4.2.6 Ⅰ类建筑基土的氡浓度应符合现行国家标准《民用建筑工程室内环境污染控制规范》GB 50325 的规定。

　　检验方法:检查检测报告。

　　检查数量:同一工程、同一土源地点检查一组。

4.2.7 基土应均匀密实,压实系数应符合设计要求,设计无要求时,不应小于 0.9。

　　检验方法:观察检查和检查试验记录。

　　检查数量:按本规范第 3.0.21 条规定的检验批检查。

Ⅱ 一般项目

4.2.8 基土表面的允许偏差应符合本规范表 4.1.7 的规定。

　　检验方法:按本规范表 4.1.7 中的检验方法检验。

　　检查数量:按本规范第 3.0.21 条规定的检验批和第 3.0.22 条的规定检查。

4.3 灰土垫层

4.3.1 灰土垫层应采用熟化石灰与粘土(或粉质粘土、粉土)的拌和料铺设,其厚度不应小于 100mm。

4.3.2 熟化石灰粉可采用磨细生石灰,亦可用粉煤灰代替。

4.3.3 灰土垫层应铺设在不受地下水浸泡的基土上。施工后应有防止水浸泡的措施。

4.3.4 灰土垫层应分层夯实,经湿润养护、晾干后方可进行下一道工序施工。

4.3.5 灰土垫层不宜在冬期施工。当必须在冬期施工时,应采取可靠措施。

Ⅰ 主控项目

4.3.6 灰土体积比应符合设计要求。

　　检验方法:观察检查和检查配合比试验报告。

　　检查数量:同一工程、同一体积比检查一次。

Ⅱ 一般项目

4.3.7 熟化石灰颗粒粒径不应大于 5mm;粘土(或粉质粘土、粉土)内不得含有有机物质,颗粒粒径不应大于 16mm。

　　检验方法:观察检查和检查质量合格证明文件。

　　检查数量:按本规范第 3.0.21 条规定的检验批检查。

4.3.8 灰土垫层表面的允许偏差应符合本规范表 4.1.7 的规定。

　　检验方法:按本规范表 4.1.7 中的检验方法检验。

　　检查数量:按本规范第 3.0.21 条规定的检验批和第 3.0.22 条的规定检查。

4.4 砂垫层和砂石垫层

4.4.1 砂垫层厚度不应小于 60mm;砂石垫层厚度不应小于 100mm。

4.4.2 砂石应选用天然级配材料。铺设时不应有粗细颗粒分离现象,压(夯)至不松动为止。

Ⅰ 主控项目

4.4.3 砂和砂石不应含有草根等有机杂质;砂应采用中砂;石子最大粒径不应大于垫层厚度的 2/3。

　　检验方法:观察检查和检查质量合格证明文件。

　　检查数量:按本规范第 3.0.21 条规定的检验批检查。

4.4.4 砂垫层和砂石垫层的干密度(或贯入度)应符合设计要求。

　　检验方法:观察检查和检查试验记录。

　　检查数量:按本规范第 3.0.21 条规定的检验批检查。

Ⅱ 一般项目

4.4.5 表面不应有砂窝、石堆等现象。

　　检验方法:观察检查。

　　检查数量:按本规范第 3.0.21 条规定的检验批检查。

4.4.6 砂垫层和砂石垫层表面的允许偏差应符合本规范表 4.1.7 的规定。

　　检验方法:按本规范表 4.1.7 中的检验方法检验。

检查数量：按本规范第3.0.21条规定的检验批和第3.0.22条的规定检查。

4.5 碎石垫层和碎砖垫层

4.5.1 碎石垫层和碎砖垫层厚度不应小于100mm。

4.5.2 垫层应分层压（夯）实，达到表面坚实、平整。

Ⅰ 主控项目

4.5.3 碎石的强度应均匀，最大粒径不应大于垫层厚度的2/3；碎砖不应采用风化、酥松、夹有有机杂质的砖料，颗粒粒径不应大于60mm。

检验方法：观察检查和检查质量合格证明文件。

检查数量：按本规范第3.0.21条规定的检验批检查。

4.5.4 碎石、碎砖垫层的密实度应符合设计要求。

检验方法：观察检查和检查试验记录。

检查数量：按本规范第3.0.21条规定的检验批检查。

Ⅱ 一般项目

4.5.5 碎石、碎砖垫层的表面允许偏差应符合本规范表4.1.7的规定。

检验方法：按本规范表4.1.7中的检验方法检验。

检查数量：按本规范第3.0.21条规定的检验批和第3.0.22条的规定检查。

4.6 三合土垫层和四合土垫层

4.6.1 三合土垫层应采用石灰、砂（可掺入少量粘土）与碎砖的拌和料铺设，其厚度不应小于100mm；四合土垫层应采用水泥、石灰、砂（可掺少量粘土）与碎砖的拌和料铺设，其厚度不应小于80mm。

4.6.2 三合土垫层和四合土垫层均应分层夯实。

Ⅰ 主控项目

4.6.3 水泥宜采用硅酸盐水泥、普通硅酸盐水泥；熟化石灰颗粒粒径不应大于5mm；砂应用中砂，并不得含有草根等有机物质；碎砖不应采用风化、酥松和有机杂质的砖料，颗粒粒径不应大于60mm。

检验方法：观察检查和检查质量合格证明文件。

检查数量：按本规范第3.0.21条规定的检验批检查。

4.6.4 三合土、四合土的体积比应符合设计要求。

检验方法：观察检查和检查配合比试验报告。

检查数量：同一工程、同一体积比检查一次。

Ⅱ 一般项目

4.6.5 三合土垫层和四合土垫层表面的允许偏差应符合本规范表4.1.7的规定。

检验方法：按本规范表4.1.7中的检验方法检验。

检查数量：按本规范第3.0.21条规定的检验批和第3.0.22条的规定检查。

4.7 炉渣垫层

4.7.1 炉渣垫层应采用炉渣或水泥与炉渣或水泥、石灰与炉渣的拌和料铺设，其厚度不应小于80mm。

4.7.2 炉渣或水泥炉渣垫层的炉渣，使用前应浇水闷透；水泥石灰炉渣垫层的炉渣，使用前应用石灰浆或用熟化石灰浇水拌和闷透，闷透时间均不得少于5d。

4.7.3 在垫层铺设前，其下一层应湿润；铺设时应分层压实，表面不得有泌水现象。铺设后应养护，待其凝结后方可进行下一道工序施工。

4.7.4 炉渣垫层施工过程中不宜留施工缝。当必须留缝时，应留直槎，并保证间隙处密实，接槎时应先刷水泥浆，再铺炉渣拌和料。

Ⅰ 主控项目

4.7.5 炉渣内不应含有有机杂质和未燃尽的煤块，颗粒粒径不应大于40mm，且颗粒粒径在5mm及其以下的颗粒，不得超过总体积的40%；熟化石灰颗粒粒径不应大于5mm。

检验方法：观察检查和检查质量合格证明文件。

检查数量：按本规范第3.0.21条规定的检验批检查。

4.7.6 炉渣垫层的体积比应符合设计要求。

检验方法：观察检查和检查配合比试验报告。

检查数量：同一工程、同一体积比检查一次。

Ⅱ 一般项目

4.7.7 炉渣垫层与其下一层结合应牢固，不应有空鼓和松散炉渣颗粒。

检验方法：观察检查和用小锤轻击检查。

检查数量：按本规范第3.0.21条规定的检验批检查。

4.7.8 炉渣垫层表面的允许偏差应符合本规范表4.1.7的规定。

检验方法：按本规范表4.1.7中的检验方法检验。

检查数量：按本规范第3.0.21条规定的检验批和第3.0.22条的规定检查。

4.8 水泥混凝土垫层和陶粒混凝土垫层

4.8.1 水泥混凝土垫层和陶粒混凝土垫层应铺设在基土上。当气温长期处于0℃以下，设计无要求时，垫层应设置缩缝，缝的位置、嵌缝做法等应与面层伸、缩缝相一致，并应符合本规范第3.0.16条的规定。

4.8.2 水泥混凝土垫层的厚度不应小于60mm；陶粒混凝土垫层的厚度不应小于80mm。

4.8.3 垫层铺设前，当为水泥类基层时，其下一层表面应湿润。

4.8.4 室内地面的水泥混凝土垫层和陶粒混凝土垫层，应设置纵向缩缝和横向缩缝；纵向缩缝、横向缩缝的间距均不得大于6m。

4.8.5 垫层的纵向缩缝应做平头缝或加肋板平头缝。当垫层厚度大于150mm时，可做企口缝。横向缩缝应做假缝。平头缝和企口缝的缝间不得放置隔离材料，浇筑时应互相紧贴。企口缝尺寸应符合设计要求，假缝宽度宜为5mm~20mm，深度宜为垫层厚度的1/3，填缝材料应与地面变形缝的填缝材料相一致。

4.8.6 工业厂房、礼堂、门厅等大面积水泥混凝土、陶粒混凝土垫层应分区段浇筑。分区段应结合变形缝位置、不同类型的建筑地面连接处和设备基础的位置进行划分，并应与设置的纵向、横向缩缝的间距相一致。

4.8.7 水泥混凝土、陶粒混凝土施工质量检验尚应符合国家现行标准《混凝土结构工程施工质量验收规范》GB 50204和《轻骨料混凝土技术规程》JGJ 51的有关规定。

Ⅰ 主控项目

4.8.8 水泥混凝土垫层和陶粒混凝土垫层采用的粗骨料，其最大粒径不应大于垫层厚度的2/3，含泥量不应大于3%；砂为中粗砂，其含泥量不应大于3%。陶粒中粒径小于5mm的颗粒含量应小于10%；粉煤灰陶粒中大于15mm的颗粒含量不应大于5%；陶粒中不得混夹杂物或粘土块。陶粒宜选用粉煤灰陶粒、页岩陶粒等。

检验方法：观察检查和检查质量合格证明文件。

检查数量：同一工程、同一强度等级、同一配合比检查一次。

4.8.9 水泥混凝土和陶粒混凝土的强度等级应符合设计要求。陶粒混凝土的密度应在800kg/m³~1400kg/m³之间。

检验方法：检查配合比试验报告和强度等级检测报告。

检查数量：配合比试验报告按同一工程、同一强度等级、同一配合比检查一次；强度等级检测报告按本规范第3.0.19条的规定检查。

Ⅱ 一般项目

4.8.10 水泥混凝土垫层和陶粒混凝土垫层表面的允许偏差应符合本规范表4.1.7的规定。

检验方法：按本规范表4.1.7中的检验方法检验。

检查数量：按本规范第3.0.21条规定的检验批和第3.0.22条的规定检查。

4.9 找平层

4.9.1 找平层宜采用水泥砂浆或水泥混凝土铺设。当找平层厚度小于30mm时，宜用水泥砂浆做找平层；当找平层厚度不小于30mm时，宜用细石混凝土做找平层。

4.9.2 找平层铺设前，当其下一层有松散填充料时，应予铺平振实。

4.9.3 有防水要求的建筑地面工程，铺设前必须对立管、套管和地漏与楼板节点之间进行密封处理，并应进行隐蔽验收；排水坡度应符合设计要求。

4.9.4 在预制钢筋混凝土板上铺设找平层前，板缝填嵌的施工应符合下列要求：

1 预制钢筋混凝土板相邻缝底宽不应小于20mm。

2 填嵌时，板缝内应清理干净，保持湿润。

3 填缝应采用细石混凝土，其强度等级不应小于C20。填缝高度应低于板面10mm~20mm，且振捣密实；填缝后应养护。当填缝混凝土的强度等级达到C15后方可继续施工。

4 当板缝底宽大于40mm时，应按设计要求配置钢筋。

4.9.5 在预制钢筋混凝土板上铺设找平层时，其板端应按设计要求做防裂的构造措施。

Ⅰ 主控项目

4.9.6 找平层采用碎石或卵石的粒径不应大于其厚度的2/3，含泥量不应大于2%；砂为中粗砂，其含泥量不应大于3%。

检验方法：观察检查和检查质量合格证明文件。

检查数量：同一工程、同一强度等级、同一配合比检查一次。

4.9.7 水泥砂浆体积比、水泥混凝土强度等级应符合设计要求，且水泥砂浆体积比不应小于1:3（或相应强度等级）；水泥混凝土强度等级不应小于C15。

检验方法：观察检查和检查配合比试验报告、强度等级检测报告。

检查数量：配合比试验报告按同一工程、同一强度等级、同一配合比检查一次；强度等级检测报告按本规范第3.0.19条的规定检查。

4.9.8 有防水要求的建筑地面工程的立管、套管、地漏处不应渗漏，坡向应正确、无积水。

检验方法：观察检查和蓄水、泼水检验及坡度尺检查。

检查数量：按本规范第3.0.21条规定的检验批

检查。

4.9.9 在有防静电要求的整体面层的找平层施工前，其下敷设的导电地网系统应与接地引下线和地下接电体有可靠连接，经电性能检测且符合相关要求后进行隐蔽工程验收。

检验方法：观察检查和检查质量合格证明文件。

检查数量：按本规范第3.0.21条规定的检验批检查。

Ⅱ 一般项目

4.9.10 找平层与其下一层结合应牢固，不应有空鼓。

检验方法：用小锤轻击检查。

检查数量：按本规范第3.0.21条规定的检验批检查。

4.9.11 找平层表面应密实，不应有起砂、蜂窝和裂缝等缺陷。

检验方法：观察检查。

检查数量：按本规范第3.0.21条规定的检验批检查。

4.9.12 找平层的表面允许偏差应符合本规范表4.1.7的规定。

检验方法：按本规范表4.1.7中的检验方法检验。

检查数量：按本规范第3.0.21条规定的检验批和第3.0.22条的规定检查。

4.10 隔 离 层

4.10.1 隔离层材料的防水、防油渗性能应符合设计要求。

4.10.2 隔离层的铺设层数（或道数）、上翻高度应符合设计要求。有种植要求的地面隔离层的防根穿刺等应符合现行行业标准《种植屋面工程技术规程》JGJ 155的有关规定。

4.10.3 在水泥类找平层上铺设卷材类、涂料类防水、防油渗隔离层时，其表面应坚固、洁净、干燥。铺设前，应涂刷基层处理剂。基层处理剂应采用与卷材性能相容的配套材料或采用与涂料性能相容的同类涂料的底子油。

4.10.4 当采用掺有防渗外加剂的水泥类隔离层时，其配合比、强度等级、外加剂的复合掺量等应符合设计要求。

4.10.5 铺设隔离层时，在管道穿过楼板面四周，防水、防油渗材料应向上铺涂，并超过套管的上口；在靠近柱、墙处，应高出面层200mm～300mm或按设计要求的高度铺涂。阴阳角和管道穿过楼板面的根部应增加铺涂附加防水、防油渗隔离层。

4.10.6 隔离层兼作面层时，其材料不得对人体及环境产生不利影响，并应符合现行国家标准《食品安全性毒理学评价程序和方法》GB 15193.1和《生活饮用水卫生标准》GB 5749的有关规定。

4.10.7 防水隔离层铺设后，应按本规范第3.0.24条的规定进行蓄水检验，并做记录。

4.10.8 隔离层施工质量检验还应符合现行国家标准《屋面工程施工质量验收规范》GB 50207的有关规定。

Ⅰ 主控项目

4.10.9 隔离层材料应符合设计要求和国家现行有关标准的规定。

检验方法：观察检查和检查型式检验报告、出厂检验报告、出厂合格证。

检查数量：同一工程、同一材料、同一生产厂家、同一型号、同一规格、同一批号检查一次。

4.10.10 卷材类、涂料类隔离层材料进入施工现场，应对材料的主要物理性能指标进行复验。

检验方法：检查复验报告。

检查数量：执行现行国家标准《屋面工程质量验收规范》GB 50207的有关规定。

4.10.11 厕浴间和有防水要求的建筑地面必须设置防水隔离层。楼层结构必须采用现浇混凝土或整块预制混凝土板，混凝土强度等级不应小于C20；房间的楼板四周除门洞外应做混凝土翻边，高度不应小于200mm，宽同墙厚，混凝土强度等级不应小于C20。施工时结构层标高和预留孔洞位置应准确，严禁乱凿洞。

检验方法：观察和钢尺检查。

检查数量：按本规范第3.0.21条规定的检验批检查。

4.10.12 水泥类防水隔离层的防水等级和强度等级应符合设计要求。

检验方法：观察检查和检查防水等级检测报告、强度等级检测报告。

检查数量：防水等级检测报告、强度等级检测报告均按本规范第3.0.19条的规定检查。

4.10.13 **防水隔离层严禁渗漏，排水的坡向应正确、排水通畅。**

检验方法：观察检查和蓄水、泼水检验、坡度尺检查及检查验收记录。

检查数量：按本规范第3.0.21条规定的检验批检查。

Ⅱ 一般项目

4.10.14 隔离层厚度应符合设计要求。

检验方法：观察检查和用钢尺、卡尺检查。

检查数量：按本规范第3.0.21条规定的检验批检查。

4.10.15 隔离层与其下一层应粘结牢固，不应有空鼓；防水涂层应平整、均匀，无脱皮、起壳、裂缝、鼓泡等缺陷。

　　检验方法：用小锤轻击检查和观察检查。

　　检查数量：按本规范第3.0.21条规定的检验批检查。

4.10.16 隔离层表面的允许偏差应符合本规范表4.1.7的规定。

　　检验方法：按本规范表4.1.7中的检验方法检验。

　　检查数量：按本规范第3.0.21条规定的检验批和第3.0.22条的规定检查。

4.11 填 充 层

4.11.1 填充层材料的密度应符合设计要求。

4.11.2 填充层的下一层表面应平整。当为水泥类时，尚应洁净、干燥，并不得有空鼓、裂缝和起砂等缺陷。

4.11.3 采用松散材料铺设填充层时，应分层铺平拍实；采用板、块状材料铺设填充层时，应分层错缝铺贴。

4.11.4 有隔声要求的楼面，隔声垫在柱、墙面的上翻高度应超出楼面20mm，且应收口于踢脚线内。地面上有竖向管道时，隔声垫应包裹管道四周，高度同卷向柱、墙面的高度。隔声垫保护膜之间应错缝搭接，搭接长度应大于100mm，并用胶带等封闭。

4.11.5 隔声垫上部应设置保护层，其构造做法应符合设计要求。当设计无要求时，混凝土保护层厚度不应小于30mm，内配间距不大于200mm×200mm的ϕ6mm钢筋网片。

4.11.6 有隔声要求的建筑地面工程尚应符合现行国家标准《建筑隔声评价标准》GB/T 50121、《民用建筑隔声设计规范》GBJ 118的有关要求。

Ⅰ 主控项目

4.11.7 填充层材料应符合设计要求和国家现行有关标准的规定。

　　检验方法：观察检查和检查质量合格证明文件。

　　检查数量：同一工程、同一材料、同一生产厂家、同一型号、同一规格、同一批号检查一次。

4.11.8 填充层的厚度、配合比应符合设计要求。

　　检验方法：用钢尺检查和检查配合比试验报告。

　　检查数量：按本规范第3.0.21条规定的检验批检查。

4.11.9 对填充材料接缝有密闭要求的应密封良好。

　　检验方法：观察检查。

　　检查数量：按本规范第3.0.21条规定的检验批检查。

Ⅱ 一般项目

4.11.10 松散材料填充层铺设应密实；板块状材料填充层应压实、无翘曲。

　　检验方法：观察检查。

　　检查数量：按本规范第3.0.21条规定的检验批检查。

4.11.11 填充层的坡度应符合设计要求，不应有倒泛水和积水现象。

　　检验方法：观察和采用泼水或用坡度尺检查。

　　检查数量：按本规范第3.0.21条规定的检验批检查。

4.11.12 填充层表面的允许偏差应符合本规范表4.1.7的规定。

　　检验方法：按本规范表4.1.7中的检验方法检验。

　　检查数量：按本规范第3.0.21条规定的检验批和第3.0.22条的规定检查。

4.11.13 用作隔声的填充层，其表面允许偏差应符合本规范表4.1.7中隔离层的规定。

　　检验方法：按本规范表4.1.7中隔离层的检验方法检验。

　　检查数量：按本规范第3.0.21条规定的检验批和第3.0.22条的规定检查。

4.12 绝 热 层

4.12.1 绝热层材料的性能、品种、厚度、构造做法应符合设计要求和国家现行有关标准的规定。

4.12.2 建筑物室内接触基土的首层地面应增设水泥混凝土垫层后方可铺设绝热层，垫层的厚度及强度等级应符合设计要求。首层地面及楼层楼板铺设绝热层前，表面平整度宜控制在3mm以内。

4.12.3 有防水、防潮要求的地面，宜在防水、防潮隔离层施工完毕并验收合格后再铺设绝热层。

4.12.4 穿越地面进入非采暖保温区域的金属管道应采取隔断热桥的措施。

4.12.5 绝热层与地面面层之间应设有水泥混凝土结合层，构造做法及强度等级应符合设计要求。设计无要求时，水泥混凝土结合层的厚度不应小于30mm，层内应设置间距不大于200mm×200mm的ϕ6mm钢筋网片。

4.12.6 有地下室的建筑，地上、地下交界部位楼板的绝热层应采用外保温做法，绝热层表面应设有外保护层。外保护层应安全、耐候，表面应平整、无裂纹。

4.12.7 建筑物勒脚处绝热层的铺设应符合设计要求。设计无要求时，应符合下列规定：

　　1 当地区冻土深度不大于500mm时，应采用外保温做法；

　　2 当地区冻土深度大于500mm且不大于1000mm时，宜采用内保温做法；

　　3 当地区冻土深度大于1000mm时，应采用内保温做法；

4 当建筑物的基础有防水要求时，宜采用内保温做法；

5 采用外保温做法的绝热层，宜在建筑物主体结构完成后再施工。

4.12.8 绝热层的材料不应采用松散型材料或抹灰浆料。

4.12.9 绝热层施工质量检验尚应符合现行国家标准《建筑节能工程施工质量验收规范》GB 50411的有关规定。

Ⅰ 主控项目

4.12.10 绝热层材料应符合设计要求和国家现行有关标准的规定。

检验方法：观察检查和检查型式检验报告、出厂检验报告、出厂合格证。

检查数量：同一工程、同一材料、同一生产厂家、同一型号、同一规格、同一批号检查一次。

4.12.11 绝热层材料进入施工现场时，应对材料的导热系数、表观密度、抗压强度或压缩强度、阻燃性进行复验。

检验方法：检查复验报告。

检查数量：同一工程、同一材料、同一生产厂家、同一型号、同一规格、同一批号复验一组。

4.12.12 绝热层的板块材料应采用无缝铺贴法铺设，表面应平整。

检查方法：观察检查、楔形塞尺检查。

检查数量：按本规范第3.0.21条规定的检验批检查。

Ⅱ 一般项目

4.12.13 绝热层的厚度应符合设计要求，不应出现负偏差，表面应平整。

检验方法：直尺或钢尺检查。

检查数量：按本规范第3.0.21条规定的检验批检查。

4.12.14 绝热层表面应无开裂。

检验方法：观察检查。

检查数量：按本规范第3.0.21条规定的检验批检查。

4.12.15 绝热层与地面面层之间的水泥混凝土结合层或水泥砂浆找平层，表面应平整，允许偏差应符合本规范表4.1.7中"找平层"的规定。

检验方法：按本规范表4.1.7中"找平层"的检验方法检验。

检查数量：按本规范第3.0.21条规定的检验批和第3.0.22条的规定检查。

5 整体面层铺设

5.1 一般规定

5.1.1 本章适用于水泥混凝土（含细石混凝土）面层、水泥砂浆面层、水磨石面层、硬化耐磨面层、防油渗面层、不发火（防爆）面层、自流平面层、涂料面层、塑胶面层、地面辐射供暖的整体面层等面层分项工程的施工质量检验。

5.1.2 铺设整体面层时，水泥类基层的抗压强度不得小于1.2MPa；表面应粗糙、洁净、湿润并不得有积水。铺设前宜凿毛或涂刷界面剂。硬化耐磨面层、自流平面层的基层处理应符合设计及产品的要求。

5.1.3 铺设整体面层时，地面变形缝的位置应符合本规范第3.0.16条的规定；大面积水泥类面层应设置分格缝。

5.1.4 整体面层施工后，养护时间不应少于7d；抗压强度应达到5MPa后方准上人行走；抗压强度应达到设计要求后，方可正常使用。

5.1.5 当采用掺有水泥拌和料做踢脚线时，不得用石灰混合砂浆打底。

5.1.6 水泥类整体面层的抹平工作应在水泥初凝前完成，压光工作应在水泥终凝前完成。

5.1.7 整体面层的允许偏差和检验方法应符合表5.1.7的规定。

表5.1.7 整体面层的允许偏差和检验方法

项次	项目	允许偏差（mm）									检验方法
		水泥混凝土面层	水泥砂浆面层	普通水磨石面层	高级水磨石面层	硬化耐磨面层	防油渗混凝土和不发火（防爆）面层	自流平面层	涂料面层	塑胶面层	
1	表面平整度	5	4	3	2	4	5	2	2	2	用2m靠尺和楔形塞尺检查
2	踢脚线上口平直	4	4	3	3	4	4	3	3	3	拉5m线和用钢尺检查
3	缝格顺直	3	3	3	2	3	3	2	2	2	

5.2 水泥混凝土面层

5.2.1 水泥混凝土面层厚度应符合设计要求。

5.2.2 水泥混凝土面层铺设不得留施工缝。当施工间隙超过允许时间规定时，应对接槎处进行处理。

Ⅰ 主控项目

5.2.3 水泥混凝土采用的粗骨料，最大粒径不应大于面层厚度的2/3，细石混凝土面层采用的石子粒径不应大于16mm。

检验方法：观察检查和检查质量合格证明文件。

检查数量：同一工程、同一强度等级、同一配合比检查一次。

5.2.4 防水水泥混凝土中掺入的外加剂的技术性能应符合国家现行有关标准的规定，外加剂的品种和掺量应经试验确定。

检验方法：检查外加剂合格证明文件和配合比试验报告。

检查数量：同一工程、同一品种、同一掺量检查一次。

5.2.5 面层的强度等级应符合设计要求，且强度等级不应小于C20。

检验方法：检查配合比试验报告和强度等级检测报告。

检查数量：配合比试验报告按同一工程、同一强度等级、同一配合比检查一次；强度等级检测报告按本规范第3.0.19条的规定检查。

5.2.6 面层与下一层应结合牢固，且应无空鼓和开裂。当出现空鼓时，空鼓面积不应大于400cm²，且每自然间或标准间不应多于2处。

检验方法：观察和用小锤轻击检查。

检查数量：按本规范第3.0.21条规定的检验批检查。

Ⅱ 一般项目

5.2.7 面层表面应洁净，不应有裂纹、脱皮、麻面、起砂等缺陷。

检验方法：观察检查。

检查数量：按本规范第3.0.21条规定的检验批检查。

5.2.8 面层表面的坡度应符合设计要求，不应有倒泛水和积水现象。

检验方法：观察和采用泼水或用坡度尺检查。

检查数量：按本规范第3.0.21条规定的检验批检查。

5.2.9 踢脚线与柱、墙面应紧密结合，踢脚线高度和出柱、墙厚度应符合设计要求且应均匀一致。当出现空鼓时，局部空鼓长度不应大于300mm，且每自然间或标准间不应多于2处。

检验方法：用小锤轻击、钢尺和观察检查。

检查数量：按本规范第3.0.21条规定的检验批检查。

5.2.10 楼梯、台阶踏步的宽度、高度应符合设计要求。楼层梯段相邻踏步高度差不应大于10mm；每踏步两端宽度差不应大于10mm，旋转楼梯梯段每踏步两端宽度的允许偏差不应大于5mm。踏步面层应做防滑处理，齿角应整齐，防滑条应顺直、牢固。

检验方法：观察和用钢尺检查。

检查数量：按本规范第3.0.21条规定的检验批检查。

5.2.11 水泥混凝土面层的允许偏差应符合本规范表5.1.7的规定。

检验方法：按本规范表5.1.7中的检验方法检验。

检查数量：按本规范第3.0.21条规定的检验批和第3.0.22条的规定检查。

5.3 水泥砂浆面层

5.3.1 水泥砂浆面层的厚度应符合设计要求。

Ⅰ 主控项目

5.3.2 水泥宜采用硅酸盐水泥、普通硅酸盐水泥，不同品种、不同强度等级的水泥不应混用；砂应为中粗砂，当采用石屑时，其粒径应为1mm～5mm，且含泥量不应大于3%；防水水泥砂浆采用的砂或石屑，其含泥量不应大于1%。

检验方法：观察检查和检查质量合格证明文件。

检查数量：同一工程、同一强度等级、同一配合比检查一次。

5.3.3 防水水泥砂浆中掺入的外加剂的技术性能应符合国家现行有关标准的规定，外加剂的品种和掺量应经试验确定。

检验方法：观察检查和检查质量合格证明文件、配合比试验报告。

检查数量：同一工程、同一强度等级、同一配合比、同一外加剂品种、同一掺量检查一次。

5.3.4 水泥砂浆的体积比（强度等级）应符合设计要求，且体积比应为1∶2，强度等级不应小于M15。

检验方法：检查强度等级检测报告。

检查数量：按本规范第3.0.19条的规定检查。

5.3.5 有排水要求的水泥砂浆地面，坡向应正确、排水通畅；防水水泥砂浆面层不应渗漏。

检验方法：观察检查和蓄水、泼水检验或坡度尺检查及检查检验记录。

检查数量：按本规范第3.0.21条规定的检验批检查。

5.3.6 面层与下一层应结合牢固，且应无空鼓和开裂。当出现空鼓时，空鼓面积不应大于400cm²，且每自然间或标准间不应多于2处。

检验方法：观察和用小锤轻击检查。

检查数量：按本规范第3.0.21条规定的检验批检查。

Ⅱ 一般项目

5.3.7 面层表面的坡度应符合设计要求，不应有倒泛水和积水现象。

检验方法：观察和采用泼水或坡度尺检查。

5.3.8 面层表面应洁净，不应有裂纹、脱皮、麻面、起砂等现象。

检验方法：观察检查。

检查数量：按本规范第3.0.21条规定的检验批检查。

5.3.9 踢脚线与柱、墙面应紧密结合，踢脚线高度及出柱、墙厚度应符合设计要求且均匀一致。当出现空鼓时，局部空鼓长度不应大于300mm，且每自然间或标准间不应多于2处。

检验方法：用小锤轻击、钢尺和观察检查。

检查数量：按本规范第3.0.21条规定的检验批检查。

5.3.10 楼梯、台阶踏步的宽度、高度应符合设计要求。楼层梯段相邻踏步高度差不应大于10mm；每踏步两端宽度差不应大于10mm，旋转楼梯梯段的每踏步两端宽度的允许偏差不应大于5mm。踏步面层应做防滑处理，齿角应整齐，防滑条应顺直、牢固。

检验方法：观察和用钢尺检查。

检查数量：按本规范第3.0.21条规定的检验批检查。

5.3.11 水泥砂浆面层的允许偏差应符合本规范表5.1.7的规定。

检验方法：按本规范表5.1.7中的检验方法检验。

检查数量：按本规范第3.0.21条规定的检验批和第3.0.22条的规定检查。

5.4 水磨石面层

5.4.1 水磨石面层应采用水泥与石粒拌和料铺设，有防静电要求时，拌和料内应按设计要求掺入导电材料。面层厚度除有特殊要求外，宜为12mm～18mm，且宜按石粒粒径确定。水磨石面层的颜色和图案应符合设计要求。

5.4.2 白色或浅色的水磨石面层应采用白水泥；深色的水磨石面层宜采用硅酸盐水泥、普通硅酸盐水泥或矿渣硅酸盐水泥；同颜色的面层应使用同一批水泥。同一彩色面层应使用同厂、同批的颜料；其掺入量宜为水泥重量的3%～6%或由试验确定。

5.4.3 水磨石面层的结合层采用水泥砂浆时，强度等级应符合设计要求且不应小于M10，稠度宜为30mm～35mm。

5.4.4 防静电水磨石面层中采用导电金属分格条时，分格条应经绝缘处理，且十字交叉处不得碰接。

5.4.5 普通水磨石面层磨光遍数不应少于3遍。高级水磨石面层的厚度和磨光遍数应由设计确定。

5.4.6 水磨石面层磨光后，在涂草酸和上蜡前，其表面不得污染。

5.4.7 防静电水磨石面层应在表面经清净、干燥后，在表面均匀涂抹一层防静电剂和地板蜡，并应做抛光处理。

Ⅰ 主控项目

5.4.8 水磨石面层的石粒应采用白云石、大理石等岩石加工而成，石粒应洁净无杂物，其粒径除特殊要求外应为6mm～16mm；颜料应采用耐光、耐碱的矿物原料，不得使用酸性颜料。

检验方法：观察检查和检查质量合格证明文件。

检查数量：同一工程、同一体积比检查一次。

5.4.9 水磨石面层拌和料的体积比应符合设计要求，且水泥与石粒的比例应为1∶1.5～1∶2.5。

检验方法：检查配合比试验报告。

检查数量：同一工程、同一体积比检查一次。

5.4.10 防静电水磨石面层应在施工前及施工完成表面干燥后进行接地电阻和表面电阻检测，并应做好记录。

检验方法：检查施工记录和检测报告。

检查数量：按本规范第3.0.21条规定的检验批检查。

5.4.11 面层与下一层结合应牢固，且应无空鼓、裂纹。当出现空鼓时，空鼓面积不应大于400cm^2，且每自然间或标准间不应多于2处。

检验方法：观察和用小锤轻击检查。

检查数量：按本规范第3.0.21条规定的检验批检查。

Ⅱ 一般项目

5.4.12 面层表面应光滑，且应无裂纹、砂眼和磨痕；石粒应密实，显露均匀；颜色图案应一致，不混色；分格条应牢固、顺直和清晰。

检验方法：观察检查。

检查数量：按本规范第3.0.21条规定的检验批检查。

5.4.13 踢脚线与柱、墙面应紧密结合，踢脚线高度及出柱、墙厚度应符合设计要求且均匀一致。当出现空鼓时，局部空鼓长度不应大于300mm，且每自然间或标准间不应多于2处。

检验方法：用小锤轻击、钢尺和观察检查。

检查数量：按本规范第3.0.21条规定的检验批检查。

5.4.14 楼梯、台阶踏步的宽度、高度应符合设计要求。楼层梯段相邻踏步高度差不应大于10mm；每踏步两端宽度差不应大于10mm，旋转楼梯梯段的每踏步两端宽度的允许偏差不应大于5mm。踏步面层应做防滑处理，齿角应整齐，防滑条应顺直、牢固。

检验方法：观察和用钢尺检查。

检查数量：按本规范第3.0.21条规定的检验批检查。

5.4.15 水磨石面层的允许偏差应符合本规范表5.1.7的规定。

　　检验方法：按本规范表 5.1.7 中的检验方法检验。

　　检查数量：按本规范第 3.0.21 条规定的检验批和第 3.0.22 条的规定检查。

5.5 硬化耐磨面层

5.5.1 硬化耐磨面层应采用金属渣、屑、纤维或石英砂、金刚砂等，并应与水泥类胶凝材料拌和铺设或在水泥类基层上撒布铺设。

5.5.2 硬化耐磨面层采用拌和料铺设时，拌和料的配合比应通过试验确定；采用撒布铺设时，耐磨材料的撒布量应符合设计要求，且应在水泥类基层初凝前完成撒布。

5.5.3 硬化耐磨面层采用拌和料铺设时，宜先铺设一层强度等级不小于 M15、厚度不小于 20mm 的水泥砂浆，或水灰比宜为 0.4 的素水泥浆结合层。

5.5.4 硬化耐磨面层采用拌和料铺设时，铺设厚度和拌和料强度应符合设计要求。当设计无要求时，水泥钢（铁）屑面层铺设厚度不应小于 30mm，抗压强度不应小于 40MPa；水泥石英砂浆面层铺设厚度不应小于 20mm，抗压强度不应小于 30MPa；钢纤维混凝土面层铺设厚度不应小于 40mm，抗压强度不应小于 40MPa。

5.5.5 硬化耐磨面层采用撒布铺设时，耐磨材料应撒布均匀，厚度应符合设计要求；混凝土基层或砂浆基层的厚度及强度应符合设计要求。当设计无要求时，混凝土基层的厚度不应小于 50mm，强度等级不应小于 C25；砂浆基层的厚度不应小于 20mm，强度等级不应小于 M15。

5.5.6 硬化耐磨面层分格缝的间距及缝深、缝宽、填缝材料应符合设计要求。

5.5.7 硬化耐磨面层铺设后应在湿润条件下静置养护，养护期限应符合材料的技术要求。

5.5.8 硬化耐磨面层应在强度达到设计强度后方可投入使用。

Ⅰ 主控项目

5.5.9 硬化耐磨面层采用的材料应符合设计要求和国家现行有关标准的规定。

　　检验方法：观察检查和检查质量合格证明文件。

　　检查数量：采用拌和料铺设的，按同一工程、同一强度等级检查一次；采用撒布铺设的，按同一工程、同一材料、同一生产厂家、同一型号、同一规格、同一批号检查一次。

5.5.10 硬化耐磨面层采用拌和料铺设时，水泥的强度不应小于 42.5MPa。金属渣、屑、纤维不应有其他杂质，使用前应去油除锈、冲洗干净并干燥；石英砂应用中粗砂，含泥量不应大于 2%。

　　检验方法：观察检查和检查质量合格证明文件。

　　检查数量：同一工程、同一强度等级检查一次。

5.5.11 硬化耐磨面层的厚度、强度等级、耐磨性能应符合设计要求。

　　检验方法：用钢尺检查和检查配合比试验报告、强度等级检测报告、耐磨性能检测报告。

　　检查数量：厚度按本规范第 3.0.21 条规定的检验批检查；配合比试验报告按同一工程、同一强度等级、同一配合比检查一次；强度等级检测报告按本规范第 3.0.19 条的规定检查；耐磨性能检测报告按同一工程抽样检查一次。

5.5.12 面层与基层（或下一层）结合应牢固，且应无空鼓、裂缝。当出现空鼓时，空鼓面积不应大于 400cm^2，且每自然间或标准间不应多于 2 处。

　　检验方法：观察和用小锤轻击检查。

　　检查数量：按本规范第 3.0.21 条规定的检验批检查。

Ⅱ 一般项目

5.5.13 面层表面坡度应符合设计要求，不应有倒泛水和积水现象。

　　检验方法：观察和采用泼水或用坡度尺检查。

　　检查数量：按本规范第 3.0.21 条规定的检验批检查。

5.5.14 面层表面应色泽一致，切缝应顺直，不应有裂纹、脱皮、麻面、起砂等缺陷。

　　检验方法：观察检查。

　　检查数量：按本规范第 3.0.21 条规定的检验批检查。

5.5.15 踢脚线与柱、墙面应紧密结合，踢脚线高度及出柱、墙面厚度应符合设计要求且均匀一致。当出现空鼓时，局部空鼓长度不应大于 300mm，且每自然间或标准间不应多于 2 处。

　　检验方法：用小锤轻击、钢尺和观察检查。

　　检查数量：按本规范第 3.0.21 条规定的检验批检查。

5.5.16 硬化耐磨面层的允许偏差应符合本规范表 5.1.7 的规定。

　　检验方法：按本规范表 5.1.7 中的检查方法检验。

　　检查数量：按本规范第 3.0.21 条规定的检验批和第 3.0.22 条的规定检查。

5.6 防油渗面层

5.6.1 防油渗面层应采用防油渗混凝土铺设或采用防油渗涂料涂刷。

5.6.2 防油渗隔离层及防油渗面层与墙、柱连接处的构造应符合设计要求。

5.6.3 防油渗混凝土面层厚度应符合设计要求，防油渗混凝土的配合比应按设计要求的强度等级和抗渗性能通过试验确定。

5.6.4 防油渗混凝土面层应按厂房柱网分区段浇筑，区段划分及分区段缝应符合设计要求。

5.6.5 防油渗混凝土面层内不得敷设管线。露出面层的电线管、接线盒、预埋套管和地脚螺栓等的处理，以及与墙、柱、变形缝、孔洞等连接处泛水均应采取防油渗措施并应符合设计要求。

5.6.6 防油渗面层采用防油渗涂料时，材料应按设计要求选用，涂层厚度宜为5mm～7mm。

Ⅰ 主控项目

5.6.7 防油渗混凝土所用的水泥应采用普通硅酸盐水泥；碎石应采用花岗岩或石英石，不应使用松散、多孔和吸水率大的石子，粒径为5mm～16mm，最大粒径不应大于20mm，含泥量不应大于1%；砂应为中砂，且应洁净无杂物；掺入的外加剂和防油渗剂应符合有关标准的规定。防油渗涂料应具有耐油、耐磨、耐火和粘结性能。

检验方法：观察检查和检查质量合格证明文件。

检查数量：同一工程、同一强度等级、同一配合比、同一粘结强度检查一次。

5.6.8 防油渗混凝土的强度等级和抗渗性能应符合设计要求，且强度等级不应小于C30；防油渗涂料的粘结强度不应小于0.3MPa。

检验方法：检查配合比试验报告、强度等级检测报告、粘结强度检测报告。

检查数量：配合比试验报告按同一工程、同一强度等级、同一配合比检查一次；强度等级检测报告按本规范第3.0.19条的规定检查；抗拉粘结强度检测报告按同一工程、同一涂料品种、同一生产厂家、同一型号、同一规格、同一批号检查一次。

5.6.9 防油渗混凝土面层与下一层应结合牢固、无空鼓。

检验方法：用小锤轻击检查。

检查数量：按本规范第3.0.21条规定的检验批检查。

5.6.10 防油渗涂料面层与基层应粘结牢固，不应有起皮、开裂、漏涂等缺陷。

检验方法：观察检查。

检查数量：按本规范第3.0.21条规定的检验批检查。

Ⅱ 一般项目

5.6.11 防油渗面层表面坡度应符合设计要求，不得有倒泛水和积水现象。

检验方法：观察和采用泼水或用坡度尺检查。

检查数量：按本规范第3.0.21条规定的检验批检查。

5.6.12 防油渗混凝土面层表面应洁净，不应有裂纹、脱皮、麻面和起砂等现象。

检验方法：观察检查。

检查数量：按本规范第3.0.21条规定的检验批检查。

5.6.13 踢脚线与柱、墙面应紧密结合，踢脚线高度及出柱、墙厚度应符合设计要求且均匀一致。

检验方法：用小锤轻击、钢尺和观察检查。

检查数量：按本规范第3.0.21条规定的检验批检查。

5.6.14 防油渗面层的允许偏差应符合本规范表5.1.7的规定。

检验方法：按本规范表5.1.7中的检验方法检验。

检查数量：按本规范第3.0.21条规定的检验批和第3.0.22条的规定检查。

5.7 不发火（防爆）面层

5.7.1 不发火（防爆）面层应采用水泥类拌和料及其他不发火材料铺设，其材料和厚度应符合设计要求。

5.7.2 不发火（防爆）各类面层的铺设应符合本规范相应面层的规定。

5.7.3 不发火（防爆）面层采用的材料和硬化后的试件，应按本规范附录A做不发火性试验。

Ⅰ 主控项目

5.7.4 不发火（防爆）面层中碎石的不发火性必须合格；砂应质地坚硬、表面粗糙，其粒径应为0.15mm～5mm，含泥量不应大于3%，有机物含量不应大于0.5%；水泥应采用硅酸盐水泥、普通硅酸盐水泥；面层分格的嵌条应采用不发生火花的材料配制。配制时应随时检查，不得混入金属或其他易发生火花的杂质。

检验方法：观察检查和检查质量合格证明文件。

检查数量：按本规范第3.0.19条的规定检查。

5.7.5 不发火（防爆）面层的强度等级应符合设计要求。

检验方法：检查配合比试验报告和强度等级检测报告。

检查数量：配合比试验报告按同一工程、同一强度等级、同一配合比检查一次；强度等级检测报告按本规范第3.0.19条的规定检查。

5.7.6 面层与下一层应结合牢固，且应无空鼓和开裂。当出现空鼓时，空鼓面积不应大于400cm²，且每自然间或标准间不应多于2处。

检验方法：观察和用小锤轻击检查。

检查数量：按本规范第3.0.21条规定的检验批检查。

5.7.7 不发火（防爆）面层的试件应检验合格。

　　检验方法：检查检测报告。

　　检查数量：同一工程、同一强度等级、同一配合比检查一次。

Ⅱ 一般项目

5.7.8 面层表面应密实，无裂缝、蜂窝、麻面等缺陷。

　　检验方法：观察检查。

　　检查数量：按本规范第 3.0.21 条规定的检验批检查。

5.7.9 踢脚线与柱、墙面应紧密结合，踢脚线高度及出柱、墙厚度应符合设计要求且均匀一致。当出现空鼓时，局部空鼓长度不应大于 300mm，且每自然间或标准间不应多于 2 处。

　　检验方法：用小锤轻击、钢尺和观察检查。

　　检查数量：按本规范第 3.0.21 条规定的检验批检查。

5.7.10 不发火（防爆）面层的允许偏差应符合本规范表 5.1.7 的规定。

　　检验方法：按本规范表 5.1.7 中的检验方法检验。

　　检查数量：按本规范第 3.0.21 条规定的检验批和第 3.0.22 条的规定检查。

5.8 自流平面层

5.8.1 自流平面层可采用水泥基、石膏基、合成树脂基等拌和物铺设。

5.8.2 自流平面层与墙、柱等连接处的构造做法应符合设计要求，铺设时应分层施工。

5.8.3 自流平面层的基层应平整、洁净，基层的含水率应与面层材料的技术要求相一致。

5.8.4 自流平面层的构造做法、厚度、颜色等应符合设计要求。

5.8.5 有防水、防潮、防油渗、防尘要求的自流平面层应达到设计要求。

Ⅰ 主控项目

5.8.6 自流平面层的铺涂材料应符合设计要求和国家现行有关标准的规定。

　　检验方法：观察检查和检查型式检验报告、出厂检验报告、出厂合格证。

　　检查数量：同一工程、同一材料、同一生产厂家、同一型号、同一规格、同一批号检查一次。

5.8.7 自流平面层的涂料进入施工现场时，应有以下有害物质限量合格的检测报告：

　　1 水性涂料中的挥发性有机化合物（VOC）和游离甲醛；

　　2 溶剂型涂料中的苯、甲苯+二甲苯、挥发性有机化合物（VOC）和游离甲苯二异氰酸酯（TDI）。

　　检验方法：检查检测报告。

　　检查数量：同一工程、同一材料、同一生产厂家、同一型号、同一规格、同一批号检查一次。

5.8.8 自流平面层的基层的强度等级不应小于 C20。

　　检验方法：检查强度等级检测报告。

　　检查数量：按本规范第 3.0.19 条的规定检查。

5.8.9 自流平面层的各构造层之间应粘结牢固，层与层之间不应出现分离、空鼓现象。

　　检验方法：用小锤轻击检查。

　　检查数量：按本规范第 3.0.21 条规定的检验批检查。

5.8.10 自流平面层的表面不应有开裂、漏涂和倒泛水、积水等现象。

　　检验方法：观察和泼水检查。

　　检查数量：按本规范第 3.0.21 条规定的检验批检查。

Ⅱ 一般项目

5.8.11 自流平面层应分层施工，面层找平施工时不应留有抹痕。

　　检验方法：观察检查和检查施工记录。

　　检查数量：按本规范第 3.0.21 条规定的检验批检查。

5.8.12 自流平面层表面应光洁，色泽应均匀、一致，不应有起泡、泛砂等现象。

　　检验方法：观察检查。

　　检查数量：按本规范第 3.0.21 条规定的检验批检查。

5.8.13 自流平面层的允许偏差应符合本规范表 5.1.7 的规定。

　　检验方法：按本规范表 5.1.7 中的检验方法检验。

　　检查数量：按本规范第 3.0.21 条规定的检验批和第 3.0.22 条的规定检查。

5.9 涂料面层

5.9.1 涂料面层应采用丙烯酸、环氧、聚氨酯等树脂型涂料涂刷。

5.9.2 涂料面层的基层应符合下列规定：

　　1 应平整、洁净；

　　2 强度等级不应小于 C20；

　　3 含水率应与涂料的技术要求相一致。

5.9.3 涂料面层的厚度、颜色应符合设计要求，铺设时应分层施工。

Ⅰ 主控项目

5.9.4 涂料应符合设计要求和国家现行有关标准的规定。

检验方法：观察检查和检查型式检验报告、出厂检验报告、出厂合格证。

检查数量：同一工程、同一材料、同一生产厂家、同一型号、同一规格、同一批号检查一次。

5.9.5 涂料进入施工现场时，应有苯、甲苯＋二甲苯、挥发性有机化合物（VOC）和游离甲苯二异氰酸酯（TDI）限量合格的检测报告。

检验方法：检查检测报告。

检查数量：同一材料、同一生产厂家、同一型号、同一规格、同一批号检查一次。

5.9.6 涂料面层的表面不应有开裂、空鼓、漏涂和倒泛水、积水等现象。

检验方法：观察和泼水检查。

检查数量：按本规范第 3.0.21 条规定的检验批检查。

Ⅱ 一般项目

5.9.7 涂料找平层应平整，不应有刮痕。

检验方法：观察检查。

检查数量：按本规范第 3.0.21 条规定的检验批检查。

5.9.8 涂料面层应光洁，色泽应均匀、一致，不应有起泡、起皮、泛砂等现象。

检验方法：观察检查。

检查数量：按本规范第 3.0.21 条规定的检验批检查。

5.9.9 楼梯、台阶踏步的宽度、高度应符合设计要求。楼层梯段相邻踏步高度差不应大于 10mm；每踏步两端宽度差不应大于 10mm，旋转楼梯梯段的每踏步两端宽度的允许偏差不应大于 5mm。踏步面层应做防滑处理，齿角应整齐，防滑条应顺直、牢固。

检验方法：观察和用钢尺检查。

检查数量：按本规范第 3.0.21 条规定的检验批检查。

5.9.10 涂料面层的允许偏差应符合本规范表 5.1.7 的规定。

检验方法：按本规范表 5.1.7 中的检验方法检验。

检查数量：按本规范第 3.0.21 条规定的检验批和第 3.0.22 条的规定检查。

5.10 塑胶面层

5.10.1 塑胶面层应采用现浇型塑胶材料或塑胶卷材，宜在沥青混凝土或水泥类基层上铺设。

5.10.2 基层的强度和厚度应符合设计要求，表面应平整、干燥、洁净，无油脂及其他杂质。

5.10.3 塑胶面层铺设时的环境温度宜为 10℃～30℃。

Ⅰ 主控项目

5.10.4 塑胶面层采用的材料应符合设计要求和国家现行有关标准的规定。

检验方法：观察检查和检查型式检验报告、出厂检验报告、出厂合格证。

检查数量：现浇型塑胶材料按同一工程、同一配合比检查一次；塑胶卷材按同一工程、同一材料、同一生产厂家、同一型号、同一规格、同一批号检查一次。

5.10.5 现浇型塑胶面层的配合比应符合设计要求，成品试件应检测合格。

检验方法：检查配合比试验报告、试件检测报告。

检查数量：同一工程、同一配合比检查一次。

5.10.6 现浇型塑胶面层与基层应粘结牢固，面层厚度应一致，表面颗粒应均匀，不应有裂痕、分层、气泡、脱（秃）粒现象；塑胶卷材面层的卷材与基层应粘结牢固，面层不应有断裂、起泡、起鼓、空鼓、脱胶、翘边、溢液等现象。

检验方法：观察和用敲击法检查。

检查数量：按本规范第 3.0.21 条规定的检验批检查。

Ⅱ 一般项目

5.10.7 塑胶面层的各组合层厚度、坡度、表面平整度应符合设计要求。

检验方法：采用钢尺、坡度尺、2m 或 3m 水平尺检查。

检查数量：按本规范第 3.0.21 条规定的检验批检查。

5.10.8 塑胶面层应表面洁净，图案清晰，色泽一致；拼缝处的图案、花纹应吻合，无明显高低差及缝隙；无胶痕；与周边接缝应严密，阴阳角应方正、收边整齐。

检验方法：观察检查。

检查数量：按本规范第 3.0.21 条规定的检验批检查。

5.10.9 塑胶卷材面层的焊缝应平整、光洁，无焦化变色、斑点、焊瘤、起鳞等缺陷，焊缝凹凸允许偏差不应大于 0.6mm。

检验方法：观察检查。

检查数量：按本规范第 3.0.21 条规定的检验批检查。

5.10.10 塑胶面层的允许偏差应符合本规范表 5.1.7 的规定。

检验方法：按本规范表 5.1.7 中的检验方法检验。

检查数量：按本规范第 3.0.21 条规定的检验批和第 3.0.22 条的规定检查。

5.11 地面辐射供暖的整体面层

5.11.1 地面辐射供暖的整体面层宜采用水泥混凝土、水泥砂浆等，应在填充层上铺设。

5.11.2 地面辐射供暖的整体面层铺设时不得扰动填充层，不得向填充层内楔入任何物件。面层铺设尚应符合本规范第5.2节、5.3节的有关规定。

Ⅰ 主控项目

5.11.3 地面辐射供暖的整体面层采用的材料或产品除应符合设计要求和本规范相应面层的规定外，还应具有耐热性、热稳定性、防水、防潮、防霉变等特点。

检验方法：观察检查和检查质量合格证明文件。

检查数量：同一工程、同一材料、同一生产厂家、同一型号、同一规格、同一批号检查一次。

5.11.4 地面辐射供暖的整体面层的分格缝应符合设计要求，面层与柱、墙之间应留不小于10mm的空隙。

检验方法：观察和用钢尺检查。

检查数量：按本规范第3.0.21条规定的检验批检查。

5.11.5 其余主控项目及检验方法、检查数量应符合本规范本章第5.2节、5.3节的有关规定。

Ⅱ 一般项目

5.11.6 一般项目及检验方法、检查数量应符合本规范第5.2节、5.3节的有关规定。

6 板块面层铺设

6.1 一般规定

6.1.1 本章适用于砖面层、大理石和花岗石面层、预制板块面层、料石面层、塑料板面层、活动地板面层、金属板面层、地毯面层、地面辐射供暖的板块面层等面层分项工程的施工质量验收。

6.1.2 铺设板块面层时，其水泥类基层的抗压强度不得小于1.2MPa。

6.1.3 铺设板块面层的结合层和板块间的填缝采用水泥砂浆时，应符合下列规定：

1 配制水泥砂浆应采用硅酸盐水泥、普通硅酸盐水泥或矿渣硅酸盐水泥；

2 配制水泥砂浆的砂应符合现行行业标准《普通混凝土用砂、石质量及检验方法标准》JGJ 52的有关规定；

3 水泥砂浆的体积比（或强度等级）应符合设计要求。

6.1.4 结合层和板块面层填缝的胶结材料应符合国家现行有关标准的规定和设计要求。

6.1.5 铺设水泥混凝土板块、水磨石板块、人造石板块、陶瓷锦砖、陶瓷地砖、缸砖、水泥花砖、料石、大理石、花岗石等面层的结合层和填缝材料采用水泥砂浆时，在面层铺设后，表面应覆盖、湿润，养护时间不应少于7d。当板块面层的水泥砂浆结合层的抗压强度达到设计要求后，方可正常使用。

6.1.6 大面积板块面层的伸、缩缝及分格缝应符合设计要求。

6.1.7 板块类踢脚线施工时，不得采用混合砂浆打底。

6.1.8 板块面层的允许偏差和检验方法应符合表6.1.8的规定。

表6.1.8 板、块面层的允许偏差和检验方法

项次	项目	允许偏差（mm）											检验方法
		陶瓷锦砖面层、高级水磨石板、陶瓷地砖面层	缸砖面层	水泥花砖面层	水磨石板块面层	大理石面层、花岗石面层、人造石面层、金属板面层	塑料板面层	水泥混凝土板块面层	碎拼大理石、碎拼花岗石面层	活动地板面层	条石面层	块石面层	
1	表面平整度	2.0	4.0	3.0	3.0	1.0	2.0	4.0	3.0	2.0	10	10	用2m靠尺和楔形塞尺检查
2	缝格平直	3.0	3.0	3.0	3.0	2.0	3.0	3.0	—	2.5	8.0	8.0	拉5m线和用钢尺检查
3	接缝高低差	0.5	1.5	0.5	1.0	0.5	0.5	1.5	—	0.4	2.0	—	用钢尺和楔形塞尺检查
4	踢脚线上口平直	3.0	4.0	—	4.0	1.0	2.0	4.0	1.0	—	—	—	拉5m线和用钢尺检查
5	板块间隙宽度	2.0	2.0	2.0	2.0	1.0	—	6.0	—	0.3	5.0	—	用钢尺检查

6.2 砖 面 层

6.2.1 砖面层可采用陶瓷锦砖、缸砖、陶瓷地砖和水泥花砖，应在结合层上铺设。

6.2.2 在水泥砂浆结合层上铺贴缸砖、陶瓷地砖和水泥花砖面层时，应符合下列规定：

 1 在铺贴前，应对砖的规格尺寸、外观质量、色泽等进行预选；需要时，浸水湿润晾干待用；

 2 勾缝和压缝应采用同品种、同强度等级、同颜色的水泥，并做养护和保护。

6.2.3 在水泥砂浆结合层上铺贴陶瓷锦砖面层时，砖底面应洁净，每联陶瓷锦砖之间、与结合层之间以及在墙角、镶边和靠柱、墙处应紧密贴合。在靠柱、墙处不得采用砂浆填补。

6.2.4 在胶结料结合层上铺贴缸砖面层时，缸砖应干净，铺贴应在胶结料凝结前完成。

Ⅰ 主控项目

6.2.5 砖面层所用板块产品应符合设计要求和国家现行有关标准的规定。

 检验方法：观察检查和检查型式检验报告、出厂检验报告、出厂合格证。

 检查数量：同一工程、同一材料、同一生产厂家、同一型号、同一规格、同一批号检查一次。

6.2.6 砖面层所用板块产品进入施工现场时，应有放射性限量合格的检测报告。

 检验方法：检查检测报告。

 检查数量：同一工程、同一材料、同一生产厂家、同一型号、同一规格、同一批号检查一次。

6.2.7 面层与下一层的结合（粘结）应牢固，无空鼓（单块砖边角允许有局部空鼓，但每自然间或标准间的空鼓砖不应超过总数的5%）。

 检验方法：用小锤轻击检查。

 检查数量：按本规范第3.0.21条规定的检验批检查。

Ⅱ 一般项目

6.2.8 砖面层的表面应洁净、图案清晰，色泽应一致，接缝应平整，深浅应一致，周边应顺直。板块应无裂纹、掉角和缺棱等缺陷。

 检验方法：观察检查。

 检查数量：按本规范第3.0.21条规定的检验批检查。

6.2.9 面层邻接处的镶边用料及尺寸应符合设计要求，边角应整齐、光滑。

 检验方法：观察和用钢尺检查。

 检查数量：按本规范第3.0.21条规定的检验批检查。

6.2.10 踢脚线表面应洁净，与柱、墙面的结合应牢固。踢脚线高度及出柱、墙厚度应符合设计要求，且均匀一致。

 检验方法：观察和用小锤轻击及钢尺检查。

 检查数量：按本规范第3.0.21条规定的检验批检查。

6.2.11 楼梯、台阶踏步的宽度、高度应符合设计要求。踏步面块的缝隙宽度应一致；楼层梯段相邻踏步高度差不应大于10mm；每踏步两端宽度差不应大于10mm，旋转楼梯梯段的每踏步两端宽度的允许偏差不应大于5mm。踏步面层应做防滑处理，齿角应整齐，防滑条应顺直、牢固。

 检验方法：观察和用钢尺检查。

 检查数量：按本规范第3.0.21条规定的检验批检查。

6.2.12 面层表面的坡度应符合设计要求，不倒泛水、无积水；与地漏、管道结合处应严密牢固，无渗漏。

 检验方法：观察、泼水或用坡度尺及蓄水检查。

 检查数量：按本规范第3.0.21条规定的检验批检查。

6.2.13 砖面层的允许偏差应符合本规范表6.1.8的规定。

 检验方法：按本规范表6.1.8中的检验方法检验。

 检查数量：按本规范第3.0.21条规定的检验批和第3.0.22条的规定检查。

6.3 大理石面层和花岗石面层

6.3.1 大理石、花岗石面层采用天然大理石、花岗石（或碎拼大理石、碎拼花岗石）板材，应在结合层上铺设。

6.3.2 板材有裂缝、掉角、翘曲和表面有缺陷时应予剔除，品种不同的板材不得混杂使用；在铺设前，应根据石材的颜色、花纹、图案、纹理等按设计要求，试拼编号。

6.3.3 铺设大理石、花岗石面层前，板材应浸湿、晾干；结合层与板材应分段同时铺设。

Ⅰ 主控项目

6.3.4 大理石、花岗石面层所用板块产品应符合设计要求和国家现行有关标准的规定。

 检验方法：观察检查和检查质量合格证明文件。

 检查数量：同一工程、同一材料、同一生产厂家、同一型号、同一规格、同一批号检查一次。

6.3.5 大理石、花岗石面层所用板块产品进入施工现场时，应有放射性限量合格的检测报告。

 检验方法：检查检测报告。

 检查数量：同一工程、同一材料、同一生产厂家、同一型号、同一规格、同一批号检查一次。

6.3.6 面层与下一层应结合牢固，无空鼓（单块板块边角允许有局部空鼓，但每自然间或标准间的空鼓板块不应超过总数的5%）。

检验方法：用小锤轻击检查。

检查数量：按本规范第3.0.21条规定的检验批检查。

Ⅱ 一般项目

6.3.7 大理石、花岗石面层铺设前，板块的背面和侧面应进行防碱处理。

检验方法：观察检查和检查施工记录。

检查数量：按本规范第3.0.21条规定的检验批检查。

6.3.8 大理石、花岗石面层的表面应洁净、平整、无磨痕，且应图案清晰，色泽一致，接缝均匀，周边顺直，镶嵌正确，板块应无裂纹、掉角、缺棱等缺陷。

检验方法：观察检查。

检查数量：按本规范第3.0.21条规定的检验批检查。

6.3.9 踢脚线表面应洁净，与柱、墙面的结合应牢固。踢脚线高度及出柱、墙厚度应符合设计要求，且均匀一致。

检验方法：观察和用小锤轻击及钢尺检查。

检查数量：按本规范第3.0.21条规定的检验批检查。

6.3.10 楼梯、台阶踏步的宽度、高度应符合设计要求。踏步板块的缝隙宽度应一致；楼层梯段相邻踏步高度差不应大于10mm；每踏步两端宽度差不应大于10mm，旋转楼梯梯段的每踏步两端宽度的允许偏差不应大于5mm。踏步面层应做防滑处理，齿角应整齐，防滑条应顺直、牢固。

检验方法：观察和用钢尺检查。

检查数量：按本规范第3.0.21条规定的检验批检查。

6.3.11 面层表面的坡度应符合设计要求，不倒泛水、无积水；与地漏、管道结合处应严密牢固，无渗漏。

检验方法：观察、泼水或用坡度尺及蓄水检查。

检查数量：按本规范第3.0.21条规定的检验批检查。

6.3.12 大理石面层和花岗石面层（或碎拼大理石面层、碎拼花岗石面层）的允许偏差应符合本规范表6.1.8的规定。

检验方法：按本规范表6.1.8中的检验方法检验。

检查数量：按本规范第3.0.21条规定的检验批和第3.0.22条的规定检查。

6.4 预制板块面层

6.4.1 预制板块面层采用水泥混凝土板块、水磨石板块、人造石板块，应在结合层上铺设。

6.4.2 在现场加工的预制板块应按本规范第5章的有关规定执行。

6.4.3 水泥混凝土板块面层的缝隙中，应采用水泥浆（或砂浆）填缝；彩色混凝土板块、水磨石板块、人造石板块应用同色水泥浆（或砂浆）擦缝。

6.4.4 强度和品种不同的预制板块不宜混杂使用。

6.4.5 板块间的缝隙宽度应符合设计要求。当设计无要求时，混凝土板块面层缝宽不宜大于6mm，水磨石板块、人造石板块间的缝宽不应大于2mm。预制板块面层铺完24h后，应用水泥砂浆灌缝至2/3高度，再用同色水泥浆擦（勾）缝。

Ⅰ 主控项目

6.4.6 预制板块面层所用板块产品应符合设计要求和国家现行有关标准的规定。

检验方法：观察检查和检查型式检验报告、出厂检验报告、出厂合格证。

检查数量：同一工程、同一材料、同一生产厂家、同一型号、同一规格、同一批号检查一次。

6.4.7 预制板块面层所用板块产品进入施工现场时，应有放射性限量合格的检测报告。

检验方法：检查检测报告。

检查数量：同一工程、同一材料、同一生产厂家、同一型号、同一规格、同一批号检查一次。

6.4.8 面层与下一层应粘合牢固、无空鼓（单块板块边角允许有局部空鼓，但每自然间或标准间的空鼓板块不应超过总数的5%）。

检验方法：用小锤轻击检查。

检查数量：按本规范第3.0.21条规定的检验批检查。

Ⅱ 一般项目

6.4.9 预制板块表面应无裂缝、掉角、翘曲等明显缺陷。

检验方法：观察检查。

检查数量：按本规范第3.0.21条规定的检验批检查。

6.4.10 预制板块面层应平整洁净，图案清晰，色泽一致，接缝均匀，周边顺直，镶嵌正确。

检验方法：观察检查。

检查数量：按本规范第3.0.21条规定的检验批检查。

6.4.11 面层邻接处的镶边用料尺寸应符合设计要求，边角应整齐、光滑。

检验方法：观察和用钢尺检查。

检查数量：按本规范第3.0.21条规定的检验批检查。

6.4.12 踢脚线表面应洁净，与柱、墙面的结合应牢固。踢脚线高度及出柱、墙厚度应符合设计要求，且均匀一致。

检验方法：观察和用小锤轻击及钢尺检查。

检查数量：按本规范第3.0.21条规定的检验批检查。

6.4.13 楼梯、台阶踏步的宽度、高度应符合设计要求。踏步板块的缝隙宽度应一致；楼层梯段相邻踏步高度差不应大于10mm；每踏步两端宽度差不应大于10mm，旋转楼梯梯段的每踏步两端宽度的允许偏差不应大于5mm。踏步面层应做防滑处理，齿角应整齐，防滑条应顺直、牢固。

检验方法：观察和用钢尺检查。

检查数量：按本规范第3.0.21条规定的检验批检查。

6.4.14 水泥混凝土板块、水磨石板块、人造石板块面层的允许偏差应符合本规范表6.1.8的规定。

检验方法：按本规范表6.1.8中的检验方法检验。

检查数量：按本规范第3.0.21条规定的检验批和第3.0.22条的规定检查。

6.5 料石面层

6.5.1 料石面层采用天然条石和块石，应在结合层上铺设。

6.5.2 条石和块石面层所用的石材的规格、技术等级和厚度应符合设计要求。条石的质量应均匀，形状为矩形六面体，厚度为80mm～120mm；块石形状为直棱柱体，顶面粗琢平整，底面面积不宜小于顶面面积的60%，厚度为100mm～150mm。

6.5.3 不导电的料石面层的石料应采用辉绿岩石加工制成。填缝材料亦采用辉绿岩石加工的砂嵌实。耐高温的料石面层的石料，应按设计要求选用。

6.5.4 条石面层的结合层宜采用水泥砂浆，其厚度应符合设计要求；块石面层的结合层宜采用砂垫层，其厚度不应小于60mm；基土层应为均匀密实的基土或夯实的基土。

Ⅰ 主控项目

6.5.5 石材应符合设计要求和国家现行有关标准的规定；条石的强度等级应大于Mu60，块石的强度等级应大于Mu30。

检验方法：观察检查和检查质量合格证明文件。

检查数量：同一工程、同一材料、同一生产厂家、同一型号、同一规格、同一批号检查一次。

6.5.6 石材进入施工现场时，应有放射性限量合格的检测报告。

检验方法：检查检测报告。

检查数量：同一工程、同一材料、同一生产厂家、同一型号、同一规格、同一批号检查一次。

6.5.7 面层与下一层应结合牢固、无松动。

检验方法：观察和用锤击检查。

检查数量：按本规范第3.0.21条规定的检验批检查。

Ⅱ 一般项目

6.5.8 条石面层应组砌合理，无十字缝，铺砌方向和坡度应符合设计要求；块石面层石料缝隙应相互错开，通缝不应超过两块石料。

检验方法：观察和用坡度尺检查。

检查数量：按本规范第3.0.21条规定的检验批检查。

6.5.9 条石面层和块石面层的允许偏差应符合本规范表6.1.8的规定。

检验方法：按本规范表6.1.8中的检验方法检验。

检查数量：按本规范第3.0.21条规定的检验批和第3.0.22条的规定检查。

6.6 塑料板面层

6.6.1 塑料板面层应采用塑料板块材、塑料板焊接、塑料卷材以胶粘剂在水泥类基层上采用满粘或点粘法铺设。

6.6.2 水泥类基层表面应平整、坚硬、干燥、密实、洁净、无油脂及其他杂质，不应有麻面、起砂、裂缝等缺陷。

6.6.3 胶粘剂应按基层材料和面层材料使用的相容性要求，通过试验确定，其质量应符合国家现行有关标准的规定。

6.6.4 焊条成分和性能应与被焊的板相同，其质量应符合有关技术标准的规定，并应有出厂合格证。

6.6.5 铺贴塑料板面层时，室内相对湿度不宜大于70%，温度宜在10℃～32℃之间。

6.6.6 塑料板面层施工完成后的静置时间应符合产品的技术要求。

6.6.7 防静电塑料板配套的胶粘剂、焊条等应具有防静电性能。

Ⅰ 主控项目

6.6.8 塑料板面层所用的塑料板块、塑料卷材、胶粘剂等应符合设计要求和国家现行有关标准的规定。

检验方法：观察检查和检查型式检验报告、出厂检验报告、出厂合格证。

检查数量：同一工程、同一材料、同一生产厂家、同一型号、同一规格、同一批号检查一次。

6.6.9 塑料板面层采用的胶粘剂进入施工现场时，

应有以下有害物质限量合格的检测报告：

1 溶剂型胶粘剂中的挥发性有机化合物（VOC）、苯、甲苯＋二甲苯；

2 水性胶粘剂中的挥发性有机化合物（VOC）和游离甲醛。

检验方法：检查检测报告。

检查数量：同一工程、同一材料、同一生产厂家、同一型号、同一规格、同一批号检查一次。

6.6.10 面层与下一层的粘结应牢固，不翘边、不脱胶、无溢胶（单块板块边角允许有局部脱胶，但每自然间或标准间的脱胶板块不应超过总数的5%；卷材局部脱胶处面积不应大于 20cm²，且相隔间距应大于或等于50cm）。

检验方法：观察、敲击及用钢尺检查。

检查数量：按本规范第3.0.21条规定的检验批检查。

Ⅱ 一般项目

6.6.11 塑料板面层应表面洁净，图案清晰，色泽一致，接缝应严密、美观。拼缝处的图案、花纹应吻合，无胶痕；与柱、墙边交接应严密，阴阳角收边应方正。

检验方法：观察检查。

检查数量：按本规范第3.0.21条规定的检验批检查。

6.6.12 板块的焊接，焊缝应平整、光洁，无焦化变色、斑点、焊瘤和起鳞等缺陷，其凹凸允许偏差不应大于0.6mm。焊缝的抗拉强度应不小于塑料板强度的75%。

检验方法：观察检查和检查检测报告。

检查数量：按本规范第3.0.21条规定的检验批检查。

6.6.13 镶边用料应尺寸准确、边角整齐、拼缝严密、接缝顺直。

检验方法：观察和用钢尺检查。

检查数量：按本规范第3.0.21条规定的检验批检查。

6.6.14 踢脚线宜与地面面层对缝一致，踢脚线与基层的粘合应密实。

检验方法：观察检查。

检查数量：按本规范第3.0.21条规定的检验批检查。

6.6.15 塑料板面层的允许偏差应符合本规范表6.1.8的规定。

检验方法：按本规范表6.1.8中的检验方法检验。

检查数量：按本规范第3.0.21条规定的检验批和第3.0.22条的规定检查。

6.7 活动地板面层

6.7.1 活动地板面层宜用于有防尘和防静电要求的专业用房的建筑地面。应采用特制的平压刨花板为基材，表面可饰以装饰板，底层应用镀锌板经粘结胶合形成活动地板块，配以横梁、橡胶垫条和可供调节高度的金属支架组装成架空板，应在水泥类面层（或基层）上铺设。

6.7.2 活动地板所有的支座柱和横梁应构成框架一体，并与基层连接牢固；支架抄平后高度应符合设计要求。

6.7.3 活动地板面层应包括标准地板、异形地板和地板附件（即支架和横梁组件）。采用的活动地板块应平整、坚实，面层承载力不应小于7.5MPa，A级板的系统电阻应为 $1.0\times10^5\Omega\sim1.0\times10^8\Omega$，B级板的系统电阻应为 $1.0\times10^5\Omega\sim1.0\times10^{10}\Omega$。

6.7.4 活动地板面层的金属支架应支承在现浇水泥混凝土基层（或面层）上，基层表面应平整、光洁、不起灰。

6.7.5 当房间的防静电要求较高，需要接地时，应将活动地板面层的金属支架、金属横梁连通跨接，并与接地体相连，接地方法应符合设计要求。

6.7.6 活动板块与横梁接触搁置处应达到四角平整、严密。

6.7.7 当活动地板不符合模数时，其不足部分可在现场根据实际尺寸将板块切割后镶补，并应配装相应的可调支撑和横梁。切割边不经处理不得镶补安装，并不得有局部膨胀变形情况。

6.7.8 活动地板在门口处或预留洞口处应符合设置构造要求，四周侧边应用耐磨硬质板材封闭或用镀锌钢板包裹，胶条封边应符合耐磨要求。

6.7.9 活动地板与柱、墙面接缝处的处理应符合设计要求，设计无要求时应做木踢脚线；通风口处，应选用异形活动地板铺贴。

6.7.10 用于电子信息系统机房的活动地板面层，其施工质量检验尚应符合现行国家标准《电子信息系统机房施工及验收规范》GB 50462的有关规定。

Ⅰ 主控项目

6.7.11 活动地板应符合设计要求和国家现行有关标准的规定，且应具有耐磨、防潮、阻燃、耐污染、耐老化和导静电等性能。

检验方法：观察检查和检查型式检验报告、出厂检验报告、出厂合格证。

检查数量：同一工程、同一材料、同一生产厂家、同一型号、同一规格、同一批号检查一次。

6.7.12 活动地板面层应安装牢固，无裂纹、掉角和缺棱等缺陷。

检验方法：观察和行走检查。

检查数量：按本规范第3.0.21条的检验批

Ⅱ 一 般 项 目

6.7.13 活动地板面层应排列整齐、表面洁净、色泽一致、接缝均匀、周边顺直。

检验方法：观察检查。

检查数量：按本规范第3.0.21条规定的检验批检查。

6.7.14 活动地板面层的允许偏差应符合本规范表6.1.8的规定。

检验方法：按本规范表6.1.8中的检验方法检验。

检查数量：按本规范第3.0.21条规定的检验批和第3.0.22条的规定检查。

6.8 金属板面层

6.8.1 金属板面层采用镀锌板、镀锡板、复合钢板、彩色涂层钢板、铸铁板、不锈钢板、铜板及其他合成金属板铺设。

6.8.2 金属板面层及其配件宜使用不锈蚀或经过防锈处理的金属制品。

6.8.3 用于通道（走道）和公共建筑的金属板面层，应按设计要求进行防腐、防滑处理。

6.8.4 金属板面层的接地做法应符合设计要求。

6.8.5 具有磁吸性的金属板面层不得用于有磁场所。

Ⅰ 主 控 项 目

6.8.6 金属板应符合设计要求和国家现行有关标准的规定。

检验方法：观察检查和检查型式检验报告、出厂检验报告、出厂合格证。

检查数量：同一工程、同一材料、同一生产厂家、同一型号、同一规格、同一批号检查一次。

6.8.7 面层与基层的固定方法、面层的接缝处理应符合设计要求。

检验方法：观察检查。

检查数量：按本规范第3.0.21条规定的检验批检查。

6.8.8 面层及其附件如需焊接，焊缝质量应符合设计要求和现行国家标准《钢结构工程施工质量验收规范》GB 50205的有关规定。

检验方法：观察检查和按现行国家标准《钢结构工程施工质量验收规范》GB 50205规定的方法检验。

检查数量：按本规范第3.0.21条规定的检验批检查。

6.8.9 面层与基层的结合应牢固，无翘边、松动、空鼓等。

检验方法：观察和用小锤轻击检查。

检查数量：按本规范第3.0.21条规定的检验批检查。

Ⅱ 一 般 项 目

6.8.10 金属板表面应无裂痕、刮伤、刮痕、翘曲等外观质量缺陷。

检验方法：观察检查。

检查数量：按本规范第3.0.21条规定的检验批检查。

6.8.11 面层应平整、洁净、色泽一致，接缝应均匀，周边应顺直。

检验方法：观察和用钢尺检查。

检查数量：按本规范第3.0.21条规定的检验批检查。

6.8.12 镶边用料及尺寸应符合设计要求，边角应整齐。

检验方法：观察检查和用钢尺检查。

检查数量：按本规范第3.0.21条规定的检验批检查。

6.8.13 踢脚线表面应洁净，与柱、墙面的结合应牢固。踢脚线高度及出柱、墙厚度应符合设计要求，且均匀一致。

检验方法：观察和用小锤轻击及钢尺检查。

检查数量：按本规范第3.0.21条规定的检验批检查。

6.8.14 金属板面层的允许偏差应符合本规范表6.1.8的规定。

检验方法：按本规范表6.1.8中的检验方法检验。

检查数量：按本规范第3.0.21条规定的检验批和第3.0.22条的规定检查。

6.9 地 毯 面 层

6.9.1 地毯面层应采用地毯块材或卷材，以空铺法或实铺法铺设。

6.9.2 铺设地毯的地面面层（或基层）应坚实、平整、洁净、干燥，无凹坑、麻面、起砂、裂缝，并不得有油污、钉头及其他凸出物。

6.9.3 地毯衬垫应满铺平整，地毯拼缝处不得露底衬。

6.9.4 空铺地毯面层应符合下列要求：

1 块材地毯宜先拼成整块，然后按设计要求铺设；

2 块材地毯的铺设，块与块之间应挤紧服帖；

3 卷材地毯宜先长向缝合，然后按设计要求铺设；

4 地毯面层的周边应压入踢脚线下；

5 地毯面层与不同类型的建筑地面面层的连接处，其收口做法应符合设计要求。

6.9.5 实铺地毯面层应符合下列要求：

1 实铺地毯面层采用的金属卡条（倒刺板）、金属压条、专用双面胶带、胶粘剂等应符合设计要求；

2 铺设时，地毯的表面层宜张拉适度，四周应采用卡条固定；门口处宜用金属压条或双面胶带等固定；

3 地毯周边应塞入卡条和踢脚线下；

4 地毯面层采用胶粘剂或双面胶带粘结时，应与基层粘贴牢固。

6.9.6 楼梯地毯面层铺设时，梯段顶级（头）地毯应固定于平台上，其宽度应不小于标准楼梯、台阶踏步尺寸；阴角处应固定牢固；梯段末级（头）地毯与水平段地毯的连接处应顺畅、牢固。

Ⅰ 主控项目

6.9.7 地毯面层采用的材料应符合设计要求和国家现行有关标准的规定。

检验方法：观察检查和检查型式检验报告、出厂检验报告、出厂合格证。

检查数量：同一工程、同一材料、同一生产厂家、同一型号、同一规格、同一批号检查一次。

6.9.8 地毯面层采用的材料进入施工现场时，应有地毯、衬垫、胶粘剂中的挥发性有机化合物（VOC）和甲醛限量合格的检测报告。

检验方法：检查检测报告。

检查数量：同一工程、同一材料、同一生产厂家、同一型号、同一规格、同一批号检查一次。

6.9.9 地毯表面应平服，拼缝处应粘贴牢固、严密平整、图案吻合。

检验方法：观察检查。

检查数量：按本规范第3.0.21条规定的检验批检查。

Ⅱ 一般项目

6.9.10 地毯表面不应起鼓、起皱、翘边、卷边、显拼缝、露线和毛边，绒面毛应顺光一致，毯面应洁净、无污染和损伤。

检验方法：观察检查。

检查数量：按本规范第3.0.21条规定的检验批检查。

6.9.11 地毯同其他面层连接处、收口处和墙边、柱子周围应顺直、压紧。

检验方法：观察检查。

检查数量：按本规范第3.0.21条规定的检验批检查。

6.10 地面辐射供暖的板块面层

6.10.1 地面辐射供暖的板块面层宜采用缸砖、陶瓷地砖、花岗石、水磨石板块、人造石板块、塑料板等，应在填充层上铺设。

6.10.2 地面辐射供暖的板块面层采用胶结材料粘贴铺设时，填充层的含水率应符合胶结材料的技术要求。

6.10.3 地面辐射供暖的板块面层铺设时不得扰动填充层，不得向填充层内楔入任何物件。面层铺设尚应符合本规范第6.2节、6.3节、6.4节、6.6节的有关规定。

Ⅰ 主控项目

6.10.4 地面辐射供暖的板块面层采用的材料或产品除应符合设计要求和本规范相应面层的规定外，还应具有耐热性、热稳定性、防水、防潮、防霉变等特点。

检验方法：观察检查和检查质量合格证明文件。

检查数量：同一工程、同一材料、同一生产厂家、同一型号、同一规格、同一批号检查一次。

6.10.5 地面辐射供暖的板块面层的伸、缩缝及分格缝应符合设计要求；面层与柱、墙之间应留不小于10mm的空隙。

检验方法：观察和用钢尺检查。

检查数量：按本规范第3.0.21条规定的检验批检查。

6.10.6 其余主控项目及检验方法、检查数量应符合本规范第6.2节、6.3节、6.4节、6.6节的有关规定。

Ⅱ 一般项目

6.10.7 一般项目及检验方法、检查数量应符合本规范第6.2节、6.3节、6.4节、6.6节的有关规定。

7 木、竹面层铺设

7.1 一般规定

7.1.1 本章适用于实木地板面层、实木集成地板面层、竹地板面层、实木复合地板面层、浸渍纸层压木质地板面层、软木类地板面层、地面辐射供暖的木板面层等（包括免刨、免漆类）面层分项工程的施工质量检验。

7.1.2 木、竹地板面层下的木搁栅、垫木、垫层地板等采用木材的树种、选材标准和铺设时木材含水率以及防腐、防蛀处理等，均应符合现行国家标准《木结构工程施工质量验收规范》GB 50206的有关规定。所选用的材料应符合设计要求，进场时应对其断面尺寸、含水率等主要技术指标进行抽检，抽检数量应符合国家现行有关标准的规定。

7.1.3 用于固定和加固用的金属零部件应采用不锈蚀或经过防锈处理的金属件。

7.1.4 与厕浴间、厨房等潮湿场所相邻的木、竹面层的连接处应做防水（防潮）处理。

7.1.5 木、竹面层铺设在水泥类基层上，其基层表面应坚硬、平整、洁净、不起砂,表面含水率不应大于8%。

7.1.6 建筑地面工程的木、竹面层搁栅下架空结构层(或构造层)的质量检验,应符合国家相应现行标准的规定。

7.1.7 木、竹面层的通风构造层包括室内通风沟、地面通风孔、室外通风窗等,均应符合设计要求。

7.1.8 木、竹面层的允许偏差和检验方法应符合表7.1.8的规定。

表7.1.8 木、竹面层的允许偏差和检验方法

项次	项目	允许偏差(mm)				检验方法
		实木地板、实木集成地板、竹地板面层			浸渍纸层压木质地板、实木复合地板、软木类地板面层	
		松木地板	硬木地板、竹地板	拼花地板		
1	板面缝隙宽度	1.0	0.5	0.2	0.5	用钢尺检查
2	表面平整度	3.0	2.0	2.0	2.0	用2m靠尺和楔形塞尺检查
3	踢脚线上口平齐	3.0	3.0	3.0	3.0	拉5m线和用钢尺检查
4	板面拼缝平直	3.0	3.0	3.0	3.0	
5	相邻板材高差	0.5	0.5	0.5	0.5	用钢尺和楔形塞尺检查
6	踢脚线与面层的接缝	1.0				楔形塞尺检查

7.2 实木地板、实木集成地板、竹地板面层

7.2.1 实木地板、实木集成地板、竹地板面层应采用条材或块材或拼花,以空铺或实铺方式在基层上铺设。

7.2.2 实木地板、实木集成地板、竹地板面层可采用双层面层和单层面层铺设,其厚度应符合设计要求;其选材应符合国家现行有关标准的规定。

7.2.3 铺设实木地板、实木集成地板、竹地板面层时,其木搁栅的截面尺寸、间距和稳固方法等均应符合设计要求。木搁栅固定时,不得损坏基层和预埋管线。木搁栅应垫实钉牢,与柱、墙之间留出20mm的缝隙,表面应平直,其间距不宜大于300mm。

7.2.4 当面层下铺设垫层地板时,垫层地板的髓心应向上,板间缝隙不应大于3mm,与柱、墙之间应留8mm~12mm的空隙,表面应刨平。

7.2.5 实木地板、实木集成地板、竹地板面层铺设时,相邻板材接头位置应错开不小于300mm的距离;与柱、墙之间应留8mm~12mm的空隙。

7.2.6 采用实木制作的踢脚线,背面应抽槽并做防腐处理。

7.2.7 席纹实木地板面层、拼花实木地板面层的铺设应符合本规范本节的有关要求。

Ⅰ 主控项目

7.2.8 实木地板、实木集成地板、竹地板面层采用的地板、铺设时的木(竹)材含水率、胶粘剂等应符合设计要求和国家现行有关标准的规定。

检验方法:观察检查和检查型式检验报告、出厂检验报告、出厂合格证。

检查数量:同一工程、同一材料、同一生产厂家、同一型号、同一规格、同一批号检查一次。

7.2.9 实木地板、实木集成地板、竹地板面层采用的材料进入施工现场时,应有以下有害物质限量合格的检测报告:

1 地板中的游离甲醛(释放量或含量);
2 溶剂型胶粘剂中的挥发性有机化合物(VOC)、苯、甲苯+二甲苯;
3 水性胶粘剂中的挥发性有机化合物(VOC)和游离甲醛。

检验方法:检查检测报告。

检查数量:同一工程、同一材料、同一生产厂家、同一型号、同一规格、同一批号检查一次。

7.2.10 木搁栅、垫木和垫层地板等应做防腐、防蛀处理。

检验方法:观察检查和检查验收记录。

检查数量:按本规范第3.0.21条规定的检验批检查。

7.2.11 木搁栅安装应牢固、平直。

检验方法:观察、行走、钢尺测量等检查和检查验收记录。

检查数量:按本规范第3.0.21条规定的检验批检查。

7.2.12 面层铺设应牢固;粘结应无空鼓、松动。

检验方法:观察、行走或用小锤轻击检查。

检查数量:按本规范第3.0.21条规定的检验批检查。

Ⅱ 一般项目

7.2.13 实木地板、实木集成地板面层应刨平、磨光,无明显刨痕和毛刺等现象;图案应清晰、颜色应均匀一致。

检验方法:观察、手摸和行走检查。

检查数量:按本规范第3.0.21条规定的检验批检查。

7.2.14 竹地板面层的品种与规格应符合设计要求，板面应无翘曲。

检验方法：观察、用2m靠尺和楔形塞尺检查。

检查数量：按本规范第3.0.21条规定的检验批检查。

7.2.15 面层缝隙应严密；接头位置应错开，表面应平整、洁净。

检验方法：观察检查。

检查数量：按本规范第3.0.21条规定的检验批检查。

7.2.16 面层采用粘、钉工艺时，接缝应对齐，粘、钉应严密；缝隙宽度应均匀一致；表面应洁净，无溢胶现象。

检验方法：观察检查。

检查数量：按本规范第3.0.21条规定的检验批检查。

7.2.17 踢脚线应表面光滑，接缝严密，高度一致。

检验方法：观察和用钢尺检查。

检查数量：按本规范第3.0.21条规定的检验批检查。

7.2.18 实木地板、实木集成地板、竹地板面层的允许偏差应符合本规范表7.1.8的规定。

检验方法：按本规范表7.1.8中的检验方法检验。

检查数量：按本规范第3.0.21条规定的检验批和第3.0.22条的规定检查。

7.3 实木复合地板面层

7.3.1 实木复合地板面层采用的材料、铺设方式、铺设方法、厚度以及垫层地板铺设等，均应符合本规范第7.2.1条～第7.2.4条的规定。

7.3.2 实木复合地板面层应采用空铺法或粘贴法（满粘或点粘）铺设。采用粘贴法铺设时，粘贴材料应按设计要求选用，并应具有耐老化、防水、防菌、无毒等性能。

7.3.3 实木复合地板面层下衬垫的材料和厚度应符合设计要求。

7.3.4 实木复合地板面层铺设时，相邻板材接头位置应错开不小于300mm的距离；与柱、墙之间应留不小于10mm的空隙。当面层采用无龙骨的空铺法铺设时，应在面层与柱、墙之间的空隙内加设金属弹簧卡或木楔子，其间距宜为200mm～300mm。

7.3.5 大面积铺设实木复合地板面层时，应分段铺设，分段缝的处理应符合设计要求。

Ⅰ 主控项目

7.3.6 实木复合地板面层采用的地板、胶粘剂等应符合设计要求和国家现行有关标准的规定。

检验方法：观察检查和检查型式检验报告、出厂检验报告、出厂合格证。

检查数量：同一工程、同一材料、同一生产厂家、同一型号、同一规格、同一批号检查一次。

7.3.7 实木复合地板面层采用的材料进入施工现场时，应有以下有害物质限量合格的检测报告：

1 地板中的游离甲醛（释放量或含量）；

2 溶剂型胶粘剂中的挥发性有机化合物（VOC）、苯、甲苯+二甲苯；

3 水性胶粘剂中的挥发性有机化合物（VOC）和游离甲醛。

检验方法：检查检测报告。

检查数量：同一工程、同一材料、同一生产厂家、同一型号、同一规格、同一批号检查一次。

7.3.8 木搁栅、垫木和垫层地板等应做防腐、防蛀处理。

检验方法：观察检查和检查验收记录。

检查数量：按本规范第3.0.21条规定的检验批检查。

7.3.9 木搁栅安装应牢固、平直。

检验方法：观察、行走、钢尺测量等检查和检查验收记录。

检查数量：按本规范第3.0.21条规定的检验批检查。

7.3.10 面层铺设应牢固；粘贴应无空鼓、松动。

检验方法：观察、行走或用小锤轻击检查。

检查数量：按本规范第3.0.21条规定的检验批检查。

Ⅱ 一般项目

7.3.11 实木复合地板面层图案和颜色应符合设计要求，图案应清晰，颜色应一致，板面应无翘曲。

检验方法：观察、用2m靠尺和楔形塞尺检查。

检查数量：按本规范第3.0.21条规定的检验批检查。

7.3.12 面层缝隙应严密；接头位置应错开，表面应平整、洁净。

检验方法：观察检查。

检查数量：按本规范第3.0.21条规定的检验批检查。

7.3.13 面层采用粘、钉工艺时，接缝应对齐，粘、钉应严密；缝隙宽度应均匀一致；表面应洁净，无溢胶现象。

检验方法：观察检查。

检查数量：按本规范第3.0.21条规定的检验批检查。

7.3.14 踢脚线应表面光滑，接缝严密，高度一致。

检验方法：观察和用钢尺检查。

检查数量：按本规范第3.0.21条规定的检验批检查。

7.3.15 实木复合地板面层的允许偏差应符合本规范表7.1.8的规定。

检验方法：按本规范表7.1.8中的检验方法检验。

检查数量：按本规范第3.0.21条规定的检验批和第3.0.22条的规定检查。

7.4 浸渍纸层压木质地板面层

7.4.1 浸渍纸层压木质地板面层应采用条材或块材，以空铺或粘贴方式在基层上铺设。

7.4.2 浸渍纸层压木质地板面层可采用有垫层地板和无垫层地板的方式铺设。有垫层地板时，垫层地板的材料和厚度应符合设计要求。

7.4.3 浸渍纸层压木质地板面层铺设时，相邻板材接头位置应错开不小于300mm的距离；衬垫层、垫层地板及面层与柱、墙之间均应留出不小于10mm的空隙。

7.4.4 浸渍纸层压木质地板面层采用无龙骨的空铺法铺设时，宜在面层与基层之间设置衬垫层，衬垫层的材料和厚度应符合设计要求；并应在面层与柱、墙之间的空隙内加设金属弹簧卡或木楔子，其间距宜为200mm～300mm。

Ⅰ 主控项目

7.4.5 浸渍纸层压木质地板面层采用的地板、胶粘剂等应符合设计要求和国家现行有关标准的规定。

检验方法：观察检查和检查型式检验报告、出厂检验报告、出厂合格证。

检查数量：同一工程、同一材料、同一生产厂家、同一型号、同一规格、同一批号检查一次。

7.4.6 浸渍纸层压木质地板面层采用的材料进入施工现场时，应有以下有害物质限量合格的检测报告：

1 地板中的游离甲醛（释放量或含量）；

2 溶剂型胶粘剂中的挥发性有机化合物（VOC）、苯、甲苯＋二甲苯；

3 水性胶粘剂中的挥发性有机化合物（VOC）和游离甲醛。

检验方法：检查检测报告。

检查数量：同一工程、同一材料、同一生产厂家、同一型号、同一规格、同一批号检查一次。

7.4.7 木搁栅、垫木和垫层地板等应做防腐、防蛀处理；其安装应牢固、平直，表面应洁净。

检验方法：观察、行走、钢尺测量等检查和检查验收记录。

检查数量：按本规范第3.0.21条规定的检验批检查。

7.4.8 面层铺设应牢固、平整；粘贴应无空鼓、松动。

检验方法：观察、行走、钢尺测量、用小锤轻击检查。

检查数量：按本规范第3.0.21条规定的检验批检查。

Ⅱ 一般项目

7.4.9 浸渍纸层压木质地板面层的图案和颜色应符合设计要求，图案应清晰，颜色应一致，板面应无翘曲。

检验方法：观察、用2m靠尺和楔形塞尺检查。

检查数量：按本规范第3.0.21条规定的检验批检查。

7.4.10 面层的接头应错开、缝隙应严密、表面应洁净。

检验方法：观察检查。

检查数量：按本规范第3.0.21条规定的检验批检查。

7.4.11 踢脚线应表面光滑，接缝严密，高度一致。

检验方法：观察和用钢尺检查。

检查数量：按本规范第3.0.21条规定的检验批检查。

7.4.12 浸渍纸层压木质地板面层的允许偏差应符合本规范表7.1.8的规定。

检验方法：按本规范表7.1.8中的检验方法检验。

检查数量：按本规范第3.0.21条规定的检验批和第3.0.22条的规定检查。

7.5 软木类地板面层

7.5.1 软木类地板面层应采用软木地板或软木复合地板的条材或块材，在水泥类基层或垫层地板上铺设。软木地板面层应采用粘贴方式铺设，软木复合地板面层应采用空铺方式铺设。

7.5.2 软木类地板面层的厚度应符合设计要求。

7.5.3 软木类地板面层的垫层地板在铺设时，与柱、墙之间应留不大于20mm的空隙，表面应刨平。

7.5.4 软木类地板面层铺设时，相邻板材接头位置应错开不小于1/3板长且不小于200mm的距离；面层与柱、墙之间应留出8mm～12mm的空隙；软木复合地板面层铺设时，应在面层与柱、墙之间的空隙内加设金属弹簧卡或木楔子，其间距宜为200mm～300mm。

Ⅰ 主控项目

7.5.5 软木类地板面层采用的地板、胶粘剂等应符合设计要求和国家现行有关标准的规定。

检验方法：观察检查和检查型式检验报告、出厂检验报告、出厂合格证。

检查数量：同一工程、同一材料、同一生产厂家、同一型号、同一规格、同一批号检查一次。

7.5.6 软木类地板面层采用的材料进入施工现场时，

应有以下有害物质限量合格的检测报告：

　　1　地板中的游离甲醛（释放量或含量）；

　　2　溶剂型胶粘剂中的挥发性有机化合物（VOC）、苯、甲苯＋二甲苯；

　　3　水性胶粘剂中的挥发性有机化合物（VOC）和游离甲醛。

　　检验方法：检查检测报告。

　　检查数量：同一工程、同一材料、同一生产厂家、同一型号、同一规格、同一批号检查一次。

7.5.7　木搁栅、垫木和垫层地板等应做防腐、防蛀处理；其安装应牢固、平直，表面应洁净。

　　检验方法：观察、行走、钢尺测量等检查和检查验收记录。

　　检查数量：按本规范第 3.0.21 条规定的检验批检查。

7.5.8　软木类地板面层铺设应牢固；粘贴应无空鼓、松动。

　　检验方法：观察、行走检查。

　　检查数量：按本规范第 3.0.21 条规定的检验批检查。

Ⅱ　一般项目

7.5.9　软木类地板面层的拼图、颜色等应符合设计要求，板面应无翘曲。

　　检查方法：观察，2m 靠尺和楔形塞尺检查。

　　检查数量：按本规范第 3.0.21 条规定的检验批检查。

7.5.10　软木类地板面层缝隙应均匀，接头位置应错开，表面应洁净。

　　检查方法：观察检查。

　　检查数量：按本规范第 3.0.21 条规定的检验批检查。

7.5.11　踢脚线应表面光滑，接缝严密，高度一致。

　　检验方法：观察和用钢尺检查。

　　检查数量：按本规范第 3.0.21 条规定的检验批检查。

7.5.12　软木类地板面层的允许偏差应符合本规范表 7.1.8 的规定。

　　检验方法：按本规范表 7.1.8 中的检验方法检验。

　　检查数量：按本规范第 3.0.21 条规定的检验批和第 3.0.22 条的规定检查。

7.6　地面辐射供暖的木板面层

7.6.1　地面辐射供暖的木板面层宜采用实木复合地板、浸渍纸层压木质地板等，应在填充层上铺设。

7.6.2　地面辐射供暖的木板面层可采用空铺法或胶粘法（满粘或点粘）铺设。当面层设置垫层地板时，垫层地板的材料和厚度应符合设计要求。

7.6.3　与填充层接触的龙骨、垫层地板、面层地板等应采用胶粘法铺设。铺设时填充层的含水率应符合胶粘剂的技术要求。

7.6.4　地面辐射供暖的木板面层铺设时不得扰动填充层，不得向填充层内楔入任何物件。面层铺设尚应符合本规范第 7.3 节、7.4 节的有关规定。

Ⅰ　主控项目

7.6.5　地面辐射供暖的木板面层采用的材料或产品除应符合设计要求和本规范相应面层的规定外，还应具有耐热性、热稳定性、防水、防潮、防霉变等特点。

　　检验方法：观察检查和检查质量合格证明文件。

　　检查数量：同一工程、同一材料、同一生产厂家、同一型号、同一规格、同一批号检查一次。

7.6.6　地面辐射供暖的木板面层与柱、墙之间应留不小于 10mm 的空隙。当采用无龙骨的空铺法铺设时，应在空隙内加设金属弹簧卡或木楔子，其间距宜为 200mm～300mm。

　　检验方法：观察和用钢尺检查。

　　检查数量：按本规范第 3.0.21 条规定的检验批检查。

7.6.7　其余主控项目及检验方法、检查数量应符合本规范第 7.3 节、7.4 节的有关规定。

Ⅱ　一般项目

7.6.8　地面辐射供暖的木板面层采用无龙骨的空铺法铺设时，应在填充层上铺设一层耐热防潮纸（布）。防潮纸（布）应采用胶粘搭接，搭接尺寸应合理，铺设后表面应平整，无皱褶。

　　检验方法：观察检查。

　　检查数量：按本规范第 3.0.21 条规定的检验批检查。

7.6.9　其余一般项目及检验方法、检查数量应符合本规范第 7.3 节、7.4 节的有关规定。

8　分部（子分部）工程验收

8.0.1　建筑地面工程施工质量中各类面层子分部工程的面层铺设与其相应的基层铺设的分项工程施工质量检验应全部合格。

8.0.2　建筑地面工程子分部工程质量验收应检查下列工程质量文件和记录：

　　1　建筑地面工程设计图纸和变更文件等；

　　2　原材料的质量合格证明文件、重要材料或产品的进场抽样复验报告；

　　3　各层的强度等级、密实度等的试验报告和测定记录；

　　4　各类建筑地面工程施工质量控制文件；

　　5　各构造层的隐蔽验收及其他有关验收文件。

8.0.3 建筑地面工程子分部工程质量验收应检查下列安全和功能项目：

1 有防水要求的建筑地面子分部工程的分项工程施工质量的蓄水检验记录，并抽查复验；

2 建筑地面板块面层铺设子分部工程和木、竹面层铺设子分部工程采用的砖、天然石材、预制板块、地毯、人造板材以及胶粘剂、胶结料、涂料等材料证明及环保资料。

8.0.4 建筑地面工程子分部工程观感质量综合评价应检查下列项目：

1 变形缝、面层分格缝的位置和宽度以及填缝质量应符合规定；

2 室内建筑地面工程按各子分部工程经抽查分别作出评价；

3 楼梯、踏步等工程项目经抽查分别作出评价。

附录 A 不发火（防爆）建筑地面材料及其制品不发火性的试验方法

A.0.1 试验前的准备：准备直径为 150mm 的砂轮，在暗室内检查其分离火花的能力。如发生清晰的火花，则该砂轮可用于不发火（防爆）建筑地面材料及其制品不发火性的试验。

A.0.2 粗骨料的试验：从不少于 50 个，每个重 50g～250g（准确度达到 1g）的试件中选出 10 个，在暗室内进行不发火性试验。只有每个试件上磨掉不少于 20g，且试验过程中未发现任何瞬时的火花，方可判定为不发火性试验合格。

A.0.3 粉状骨料的试验：粉状骨料除应试验其制造的原料外，还应将骨料用水泥或沥青胶结料制成块状材料后进行试验。原料、胶结块状材料的试验方法同本规范第 A.0.2 条。

A.0.4 不发火水泥砂浆、水磨石和水泥混凝土的试验。试验方法同本规范第 A.0.2 条、A.0.3 条。

本规范用词说明

1 为便于在执行本规范条文时区别对待，对要求严格程度不同的用词说明如下：

1) 表示很严格，非这样做不可的：
正面词采用"必须"；反面词采用"严禁"；

2) 表示严格，在正常情况下均应这样做的：
正面词采用"应"；反面词采用"不应"或"不得"；

3) 表示允许稍有选择，在条件许可时首先应这样做的：
正面词采用"宜"；反面词采用"不宜"；

4) 表示有选择，在一定条件下可以这样做的，采用"可"。

2 条文中指明应按其他有关标准执行的写法为："应符合……的规定"或"应按……执行"。

引用标准名录

《民用建筑隔声设计规范》GBJ 118
《建筑隔声评价标准》GB/T 50121
《建筑地基基础工程施工质量验收规范》GB 50202
《混凝土结构工程施工质量验收规范》GB 50204
《钢结构工程施工质量验收规范》GB 50205
《木结构工程施工质量验收规范》GB 50206
《屋面工程施工质量验收规范》GB 50207
《建筑工程施工质量验收统一标准》GB 50300
《民用建筑工程室内环境污染控制规范》GB 50325
《建筑节能工程施工质量验收规范》GB 50411
《电子信息系统机房施工及验收规范》GB 50462
《生活饮用水卫生标准》GB 5749
《食品安全性毒理学评价程序和方法》GB 15193.1
《普通混凝土用砂、石质量及检验方法标准》JGJ 52
《地面辐射供暖技术规程》JGJ 142
《种植屋面工程技术规程》JGJ 155

中华人民共和国国家标准

建筑地面工程施工质量验收规范

GB 50209—2010

条 文 说 明

修 订 说 明

《建筑地面工程施工质量验收规范》GB 50209—2010 经住房和城乡建设部 2010 年 5 月 31 日以第 607 号公告批准发布。

本规范是在《建筑地面工程施工质量验收规范》GB 50209—2002 的基础上修订而成，上一版的主编单位：江苏省建筑工程管理局；参编单位：天津市建工（集团）总公司、苏州市第一建筑工程集团公司、江苏省建筑安装工程股份有限公司、南通市建筑安装工程总公司、江苏省建筑工程公司、江苏省建筑科学研究院；主要起草人：熊杰民、王华、佟贵森、戚森伟、朱学农、王玉章、张三旗、郭辉琴。

本规范在修订过程中，编制组依据国家现行法律、法规及相关标准和规定，按照"验评分离、强化验收、完善手段、过程控制"的方针，结合该规范 2002 版颁布实施以来新技术、新材料、新工艺的发展，在广泛调研的基础上，总结归纳了建筑地面工程施工质量管理和控制的成熟经验，对 2002 版规范内容进行了修改、补充、完善。

本规范经此次修订后，实现了与近年来颁布实施的国家现行标准《建筑节能工程施工质量验收规范》GB 50411、《民用建筑工程室内环境污染控制规范》GB 50325、《地面辐射供暖技术规程》JGJ 142、《种植屋面工程技术规程》JGJ 155 等标准的衔接；增加了辐射供暖、硬化耐磨、自流平、塑胶、金属板面层等新型地面的施工质量验收要求；明确了重要材料的现场复验、环保检测等要求；对原规范条文中的不完善之处亦进行了修订和补充。

为了广大设计、施工、科研、学校等单位有关人员在使用本规范时能理解和执行条文规定，《建筑地面工程施工质量验收规范》编制组按章、节、条顺序编制了本规范的条文说明，对条文规定的目的、依据以及执行中需要注意的有关事项进行了说明，还着重对强制性条文的强制性理由作了解释。但是，本条文说明不具备与标准正文同等的法律效力，仅供使用者作为理解和把握标准规定的参考。

目　次

1 总则 ············ 9—16—35
2 术语 ············ 9—16—35
3 基本规定 ············ 9—16—35
4 基层铺设 ············ 9—16—36
　4.1 一般规定 ············ 9—16—36
　4.2 基土 ············ 9—16—36
　4.3 灰土垫层 ············ 9—16—36
　4.4 砂垫层和砂石垫层 ············ 9—16—37
　4.5 碎石垫层和碎砖垫层 ············ 9—16—37
　4.6 三合土垫层和四合土垫层 ············ 9—16—37
　4.7 炉渣垫层 ············ 9—16—37
　4.8 水泥混凝土垫层和陶粒混凝土垫层 ············ 9—16—37
　4.9 找平层 ············ 9—16—38
　4.10 隔离层 ············ 9—16—38
　4.11 填充层 ············ 9—16—39
　4.12 绝热层 ············ 9—16—39
5 整体面层铺设 ············ 9—16—40
　5.1 一般规定 ············ 9—16—40
　5.2 水泥混凝土面层 ············ 9—16—40
　5.3 水泥砂浆面层 ············ 9—16—40
　5.4 水磨石面层 ············ 9—16—40
　5.5 硬化耐磨面层 ············ 9—16—41
　5.6 防油渗面层 ············ 9—16—42
　5.7 不发火（防爆）面层 ············ 9—16—42
　5.8 自流平面层 ············ 9—16—42
　5.9 涂料面层 ············ 9—16—43
　5.10 塑胶面层 ············ 9—16—43
　5.11 地面辐射供暖的整体面层 ············ 9—16—43
6 板块面层铺设 ············ 9—16—44
　6.1 一般规定 ············ 9—16—44
　6.2 砖面层 ············ 9—16—44
　6.3 大理石面层和花岗石面层 ············ 9—16—44
　6.4 预制板块面层 ············ 9—16—45
　6.5 料石面层 ············ 9—16—45
　6.6 塑料板面层 ············ 9—16—45
　6.7 活动地板面层 ············ 9—16—46
　6.8 金属板面层 ············ 9—16—46
　6.9 地毯面层 ············ 9—16—46
　6.10 地面辐射供暖的板块面层 ············ 9—16—46
7 木、竹面层铺设 ············ 9—16—47
　7.1 一般规定 ············ 9—16—47
　7.2 实木地板、实木集成地板、竹地板面层 ············ 9—16—47
　7.3 实木复合地板面层 ············ 9—16—48
　7.4 浸渍纸层压木质地板面层 ············ 9—16—48
　7.5 软木类地板面层 ············ 9—16—48
　7.6 地面辐射供暖的木板面层 ············ 9—16—49
8 分部（子分部）工程验收 ············ 9—16—49
附录 A 不发火（防爆）建筑地面材料及其制品不发火性的试验方法 ············ 9—16—49

1 总 则

1.0.1 本条是在住房和城乡建设部新的建筑工程施工质量系列验收规范体系中，提出修订《建筑地面工程施工质量验收规范》的原则而编制的，以达到确保工程质量之目的。

1.0.2 本条规定了本规范的适用范围主要为新建建筑地面工程，对于改、扩建工程也可适用，但为确保原有建筑的安全，应由原设计部门对建筑荷载的承受能力进行校核。对于本规范中未列入的其他建筑地面工程（含基层铺设和各类面层铺设），应按设计要求和国家现行有关标准进行施工质量验收。

1.0.3 本条规定了本规范检验、验收的质量标准和原则，考虑到目前的情况，提出检验、验收还应符合建筑地面工程设计文件和承包合同中、附加条文中有关建筑地面工程的质量指标，但这些质量指标均不应低于本规范的规定。

1.0.4 本条提出了本规范编制的依据是现行国家标准《建筑工程施工质量验收统一标准》GB 50300。建筑地面工程系建筑工程中的子分部（分项）工程，因此在执行本规范时，强调应与《建筑工程施工质量验收统一标准》GB 50300 配套使用。

1.0.5 由于建筑地面工程施工质量的检验与验收涉及面较广，与相关专业交叉，为了避免重复，本条提出除应按本规范执行外，尚应符合与本规范相关的其他有关国家现行标准的规定。

2 术 语

本章共有 15 条术语，均系本规范有关章节中所引用的。所列术语是从本规范的角度赋予其含义的，并与现行国家标准《建筑地面设计规范》GB 50037 第 2 章第 1 节的术语基本上是符合的。含义不一定是术语的定义，主要是说明本术语所指的工程内容的含义。本章术语与现行国家标准《建筑工程施工质量验收统一标准》GB 50300 的术语配套使用。

3 基 本 规 定

3.0.1 本条主要针对"建筑地面"构成各层的组成，结合本规范的适用范围，确定其各子分部工程和相应的各分项工程名称的划分，以利于施工质量的检验和验收。

3.0.2 本条是为了进一步明确和加强质量管理而提出的要求，以保证建筑地面工程的施工质量。

3.0.3 本条为强制性条文。主要是控制进场材料的质量，提出建筑地面工程的所有材料或产品均应有质量合格证明文件，以防假冒产品，并强调按规定进行抽样复验和做好检验记录，严把材料进场的质量关。为配合推动建筑新材料、新技术的发展，规定暂时没有国家现行标准的建筑地面材料或产品也可进场使用，但必须持有建筑地面工程所在地的省级住房和城乡建设行政主管部门的技术认可文件。

文中所提"质量合格证明文件"是指：随同进场材料或产品一同提供的、有效的中文质量状况证明文件。通常包括型式检验报告、出厂检验报告、出厂合格证等。进口产品还应包括出入境商品检验合格证明。

3.0.4 本条规定建筑地面工程采用的各种材料或产品除应符合设计要求外，还应符合现行国家标准《民用建筑工程室内环境污染控制规范》GB 50325、《建筑材料放射性核素限量》GB 6566、《室内装饰装修材料 人造板及其制品中甲醛释放限量》GB 18580、《室内装饰装修材料 溶剂型木器涂料中有害物质限量》GB 18581、《室内装饰装修材料 胶粘剂中有害物质限量》GB 18583、《室内装饰装修材料 聚氯乙烯卷材地板中有害物质限量》GB 18586、《室内装饰装修材料 地毯、地毯衬垫及地毯胶粘剂有害物质释放限量》GB 18587 和现行行业标准《建筑防水涂料中有害物质限量》JC 1066、《进口石材放射性检验规程》SN/T 2057 及其他现行有关放射性和有害物质限量方面的规定。

3.0.5 本条为强制性条文。以满足浴厕间和有防滑要求的建筑地面的使用功能要求，防止使用时对人体造成伤害。当设计要求进行抗滑检测时，可参照建筑工业产品行业标准《人行路面砖抗滑性检测方法》的规定执行。

3.0.6 本条对有种植要求的建筑地面构造做法作出规定。

3.0.7、3.0.8 这两条规定地面辐射供暖系统（包括建筑地面中铺设的绝热层、隔离层、供热做法、填充层等）应由专业公司设计、施工并验收合格后，方能交付给地面施工单位进行地面面层的施工。

3.0.9、3.0.10 这两条强调施工顺序，以避免上层与下层因施工质量缺陷而造成的返工，从而保证建筑地面（含构造层）工程整体施工质量水平的提高。建筑地面各构造层施工时，不仅是本工程上、下层的施工顺序，有时还涉及与其他各分部工程之间交叉进行。为保证相关土建和安装之间的施工质量，避免完工后发生质量问题的纠纷，强调中间交接质量检验是极其重要的。

3.0.11 本条对建筑地面工程各层的施工规定了铺设该层的环境温度。这不仅是使各层具有正常凝结和硬化的条件，更主要的是保证了工程质量。当不能满足环境温度施工时，应采取相应的技术措施。

3.0.12 提出本条是为了保证建筑地面工程起坡的正确性。

3.0.13 本条针对寒冷地区规定了建筑物室内接触基土的首层地面施工的具体要求。

3.0.14 本条明确了室外散水、明沟、踏步、台阶、坡道等附属工程的质量检验标准。

3.0.15 本条提出了水泥混凝土散水、明沟设置伸、缩缝的方法。

3.0.16 本条提出了地面变形缝的设置范围,强调缝的构造作用和缝的处理要求。

3.0.17 本条提出了建筑地面工程设置镶边的规定。提出"建筑地面的镶边宜与柱、墙面或踢脚线的变化协调一致"是基于地面的颜色、对缝一致等美观角度考虑的。

3.0.18 本条为强制性条文。强调了相邻面层的标高差的重要性和必要性,以防止有排水的建筑地面面层水倒泄入相邻面层,影响正常使用。

3.0.19 本条提出检验水泥混凝土和水泥砂浆的强度等级试块的取样方法。

3.0.20 本条强调施工工序,以保证建筑地面的施工质量。

3.0.21 本条提出建筑地面工程子分部工程和分项工程检验批不是按抽查总数的5%计,而是采用随机抽查自然间或标准间和最低量,其中考虑了高层建筑中建筑地面工程量较大、较繁,改为除裙楼外按高层标准间以每三层划作为检验批较为合适。对于有防水要求的房间,虽已做蓄水检验,但为保证不渗漏,随机抽查数略有提高,以保证可靠。

3.0.22 本条提出建筑地面工程子分部工程、分项工程质量检验的主控项目、一般项目的规定。对于分项工程的子分项目和允许偏差,考虑了目前的施工状况,提出80%(含80%)以上的检查点符合质量要求即判为合格;对于不合格的处理亦作出了明确规定。

3.0.23 本条明确了建筑地面工程子分部工程完工后如何组织和验收工作,进一步强化验收,以确保建筑地面工程的质量。

3.0.24 本条提出常规检查方法的规定,但不排除新的工具和检验办法。

3.0.25 提出本条是为了保证面层完工后的表面免遭破损,强调面层施工完成后的保护是非常必要的。

4 基层铺设

4.1 一般规定

4.1.1 本条根据现行国家标准《建筑工程施工质量验收统一标准》GB 50300—2001附录B表B.0.1和本规范表3.0.1中对建筑地面(子分部)工程、分项工程划分表的规定,提出了基层分项工程进行施工质量检验的适用范围。本节所列条文均系基层共性方面的规定。

4.1.2 本条提出了对基层材料和基层铺设夯实后的施工质量要求。

4.1.3 本条提出在基层铺设前,对其下一层表面的施工质量要求。

4.1.4 本条提出垫层分段施工时,接槎处的留设位置和处理要求。

4.1.5 本条提出埋设暗管应予以稳固。

4.1.6 本条提出有防静电要求的整体地面的基层处理方法。

4.1.7 本条规定了基层(各构造层)表面质量的允许偏差值和相应的检验方法。

4.2 基 土

4.2.1 本条提出对基土的要求,规定土层结构被扰动的基土应进行换填,并予以压实。

4.2.2 本条提出软弱土层应进行处理,验收应按现行国家标准《建筑地基基础工程施工质量验收规范》GB 50202和现行行业标准《建筑地基处理技术规范》JGJ 79的规定执行。

4.2.3 本条提出填土施工过程中的质量控制和对土质的质量要求应符合国家现行有关标准的规定,并强调了分层压(夯)实的重要性。

4.2.4 本条提出填土施工前,应根据工程特点、填土料种类、密实度要求、施工条件等确定填土料的含水率控制范围、虚铺厚度、压实遍数等各项参数。填土压实时,土料应控制在最优含水量的状态下进行。重要工程或大面积的地面系指厂房、公共建筑地面和高填土,应采取击实试验确定最优含水量与相应的最大干密度。

Ⅰ 主控项目

4.2.5 本条对基土土质提出严格要求,规定了几种土料不应用作地面下填土。并提出了检验方法、检查数量。

4.2.6 由于土壤中有害气体氡长期存在且不易散去,氡浓度的大小将直接影响到人体的健康。因此提出对于Ⅰ类建筑,应对基土的氡浓度进行检测,并应符合现行国家标准《民用建筑工程室内环境污染控制规范》GB 50325的规定,提出了检验方法、检查数量。

4.2.7 本条强调基土的密实度和每层压实后的压实系数不应小于0.9,并提出了检验方法、检查数量。

Ⅱ 一般项目

4.2.8 本条规定了基土表面质量的允许偏差值和检验方法、检查数量。

4.3 灰土垫层

4.3.1 本条提出了灰土垫层采用的材料,并规定了厚度的最小限值，以便与现行国家标准《建筑地面设计规范》GB 50037 相一致。

4.3.2 本条提出熟化石灰粉可采用磨细生石灰，但应按体积比与粘土拌和洒水堆放 8h 后使用；还提出了代用材料，有利于三废处理和保护环境，有一定的经济效益和社会效益。材料代用前应按现行行业标准《粉煤灰石灰类道路基层施工及验收规程》CJJ 4 的规定进行检验，合格后方可使用。

4.3.3 本条提出了灰土垫层在施工中和施工后的质量要求。

4.3.4 本条提出了灰土垫层施工过程中的质量保证措施。

4.3.5 本条规定灰土垫层不宜在冬期施工。若必须在冬期施工，则：
 1 不应在基土受冻的状态下铺设灰土；
 2 不应采用冻土或夹有冻土块的土料。

Ⅰ 主控项目

4.3.6 本条规定必须检查灰土垫层的体积比。当设计无要求时，一般常规提出熟化石灰与粘土的比例为 3∶7。并提出了检验方法、检查数量。

Ⅱ 一般项目

4.3.7 本条规定了灰土垫层的材料要求和检验方法、检查数量。

4.3.8 本条提出了灰土垫层表面质量的允许偏差值和检验方法、检查数量。

4.4 砂垫层和砂石垫层

4.4.1 本条规定了砂垫层和砂石垫层最小厚度的限值，以便与现行国家标准《建筑地面设计规范》GB 50037 相一致。

4.4.2 本条提出了施工过程中的质量控制要求。

Ⅰ 主控项目

4.4.3 本条规定了垫层的材料要求和检验方法、检查数量。

4.4.4 本条规定应检查垫层的干密度，可采取环刀法测定干密度或采用小型锤击贯入度测定，并提出了检验方法、检查数量。

Ⅱ 一般项目

4.4.5 本条提出应检查垫层表面的质量情况和检验方法、检查数量。

4.4.6 本条提出了垫层表面质量的允许偏差值和检验方法、检查数量。

4.5 碎石垫层和碎砖垫层

4.5.1 本条提出了垫层最小厚度的限值，以便与现行国家标准《建筑地面设计规范》GB 50037 相一致。

4.5.2 本条提出了施工过程中和夯实后的质量要求，以保证施工质量。

Ⅰ 主控项目

4.5.3 本条规定了垫层的材料要求和检验方法、检查数量。

4.5.4 本条规定应检查垫层的密实度。并提出了检验方法、检查数量。

Ⅱ 一般项目

4.5.5 本条提出了垫层表面质量的允许偏差值和检验方法、检查数量。

4.6 三合土垫层和四合土垫层

4.6.1 本条提出了三合土垫层、四合土垫层所采用的材料，并规定了垫层最小厚度的限值，以便与现行国家标准《建筑地面设计规范》GB 50037 相一致。

4.6.2 本条提出了三合土垫层、四合土垫层在施工过程中的质量控制要求。

Ⅰ 主控项目

4.6.3 本条规定了三合土垫层、四合土垫层的材料要求和检验方法、检查数量。

4.6.4 本条规定应检查三合土、四合土的体积比，并提出了检验方法、检查数量。

Ⅱ 一般项目

4.6.5 本条提出了三合土垫层、四合土垫层表面质量的允许偏差值和检验方法、检查数量。

4.7 炉渣垫层

4.7.1 本条规定了垫层分别采用不同的组成材料的三种做法和垫层最小厚度的限值，以便与现行国家标准《建筑地面设计规范》GB 50037 相一致。

4.7.2 本条提出了炉渣材料使用前的施工质量控制要求和闷透时间的最低限值，以防止炉渣闷不透而引起体积膨胀，从而造成质量事故。

4.7.3 本条提出了施工过程中的质量控制要求，以保证垫层质量。

4.7.4 本条提出炉渣垫层一般不宜留设施工缝，以及必须留设时施工缝的处理方法。

Ⅰ 主控项目

4.7.5 本条规定了炉渣垫层的材料要求和检验方法、检查数量。

4.7.6 本条规定应检查炉渣垫层的体积比，并提出了检验方法、检查数量。

Ⅱ 一 般 项 目

4.7.7 本条提出了炉渣垫层施工后的质量要求和检验方法、检查数量。

4.7.8 本条提出了检查炉渣垫层表面质量的允许偏差值和检验方法、检查数量。

4.8 水泥混凝土垫层和陶粒混凝土垫层

4.8.1 本条提出地面处于长期低温条件下应设置缩缝及做法，以便引起施工中的重视。

4.8.2 本条规定了垫层最小厚度的限值，以便与现行国家标准《建筑地面设计规范》GB 50037 相一致。

4.8.3 本条提出了垫层铺设前，对下一层表面的质量要求。

4.8.4 本条规定了垫层纵向、横向缩缝间距的最大限值。

4.8.5 本条提出了垫层纵向、横向缩缝的类型和施工质量要求，以确保垫层的质量。

4.8.6 本条提出了垫层分区、段浇筑的划分方法，并应与变形缝的位置相一致。

Ⅰ 主 控 项 目

4.8.8 本条规定了水泥混凝土垫层、陶粒混凝土垫层的材料要求。提出陶粒宜选用粉煤灰陶粒、页岩陶粒是基于使用粘土陶粒会造成破坏耕地、污染环境；而粉煤灰陶粒、页岩陶粒可节约资源，综合利废。并提出了检验方法、检查数量。

4.8.9 本条规定应检查水泥混凝土的强度等级、陶粒混凝土的强度等级和密度，并提出了检验方法、检查数量。

Ⅱ 一 般 项 目

4.8.10 本条提出了水泥混凝土垫层、陶粒混凝土垫层表面质量的允许偏差值和检验方法、检查数量。

4.9 找 平 层

4.9.1 本条针对找平层厚度，提出了分别采用两种不同材料的做法。

4.9.2 本条提出了铺设找平层前，其下一层的施工质量要求。

4.9.3 本条为强制性条文。是针对有防、排水要求的建筑地面工程作出的规定，以免出现渗漏和积水等缺陷。

4.9.4 本条系统地提出了预制钢筋混凝土板的板缝宽度、清理、填缝、养护和保护等各道工序的具体施工质量要求，以增强楼面与地面（架空板）的整体性，防止沿板缝方向出现开裂的质量缺陷。

4.9.5 本条提出对预制钢筋混凝土板的板端缝之间应增加防止面层开裂的构造措施。这也是克服水泥类面层出现裂缝的方法之一。

Ⅰ 主 控 项 目

4.9.6 本条规定了找平层的材料要求和检验方法、检查数量。

4.9.7 本条规定应检查找平层的体积比或强度等级，及相应的最小限值，以便与现行国家标准《建筑地面设计规范》GB 50037 相一致。并提出了检验方法、检查数量。

4.9.8 本条严格规定了对有防水要求的建筑地面工程的施工质量要求，强调应按本规范第 3.0.24 条的规定进行蓄水检验。并提出了检验方法、检查数量。

4.9.9 本条对有防静电要求的整体面层的找平层施工提出前提条件，其目的是确保面层的防静电效果。并提出了检验方法、检查数量。

有防静电要求的整体面层的找平层施工时，宜在已敷设好导电地网的基层上涂刷混凝土界面剂或用水湿润基面，再用掺入复合导电粉的干性水泥砂浆均匀铺设于导电地网上，确保找平面的平整和密实。

Ⅱ 一 般 项 目

4.9.10 本条提出了对找平层与下一层之间的施工质量要求和检验方法、检查数量。

4.9.11 本条提出了找平层表面的质量要求和检验方法、检查数量。

4.9.12 本条提出了找平层表面质量的允许偏差值和检验方法、检查数量。

4.10 隔 离 层

4.10.1 本条强调隔离层的材料应符合设计要求，其性能检测应送有资质的检测单位进行认定。

4.10.2 本条提出隔离层的层数（或道数）、上翻高度和有种植要求的地面隔离层的防根穿刺等应符合设计要求和现行有关标准的规定。

4.10.3 本条提出卷材类、涂料类隔离层施工对基层的要求，并规定隔离层铺设前应涂刷基层处理剂。对基层处理剂的选择亦作了规定。对于可带水作业的新型防水材料，其对基层的干燥度要求应符合产品的技术要求。

4.10.4 本条提出掺有防渗外加剂的水泥类隔离层，其防水剂、防油渗制剂的复合掺量和水泥类隔离层的配合比、强度等级等均应符合设计要求。

4.10.5 本条对铺设防水、防油渗隔离层和穿管四周、柱墙面以及管道与套管之间的施工工艺作了严格规定，从施工角度保证了工程质量达到隔离要求。

4.10.6 考虑到隔离层兼作面层时可能与人体接触，因此规定其材料不得对人体及周围环境产生不利影响。

4.10.7 本条针对厕浴间和有防水、防油渗要求的建筑地面工程，提出完工后做蓄水试验的方法和要求。

Ⅰ 主控项目

4.10.9 本条提出了隔离层的材料要求和检验方法、检查数量。

4.10.10 本条提出卷材类、涂料类隔离层材料进入施工现场应进行复验，并提出了检验方法、检查数量。

4.10.11 本条为强制性条文。为了防止厕浴间和有防水要求的建筑地面发生渗漏，对楼层结构提出了确保质量的规定，并提出了检验方法、检查数量。

4.10.12 本条规定应检查水泥类防水隔离层的防水等级和强度等级，并提出了检验方法、检查数量。

4.10.13 本条为强制性条文。严格规定了防水隔离层的施工质量要求和检验方法、检查数量。

Ⅱ 一般项目

4.10.14 本条提出了隔离层的厚度要求和检验方法、检查数量。

对于涂膜防水隔离层，其平均厚度应符合设计要求，最小厚度不得小于设计厚度的80%，检验方法可采取针刺法或割取20mm×20mm的实样用卡尺测量。

4.10.15 本条提出隔离层与下一层的粘结质量要求和防水涂层的施工质量要求及检验方法、检查数量。

4.10.16 本条提出了隔离层表面质量的允许偏差值和检验方法、检查数量。

4.11 填 充 层

4.11.1 本条规定填充层材料的密度应符合设计要求。

4.11.2 本条对填充层下一层的施工质量提出要求，以保证填充层的铺设质量。

4.11.3 本条对填充层材料的铺设质量提出要求。

4.11.4 本条是为防止隔声垫在出地面收口处形成声桥而提出的技术措施和工艺要求。

4.11.5 本条对隔声垫上部保护层的构造作出规定。

Ⅰ 主控项目

4.11.7 本条提出了填充层的材料要求和检验方法、检查数量。

4.11.8 本条提出填充层的厚度、配合比应符合设计要求，并提出了检验方法、检查数量。

4.11.9 对有隔声要求的地面填充层，接缝不密闭将会影响阻隔或传导的效果，从而影响设计功能的实现，故作出要求密封良好的规定，并提出了检验方法、检查数量。

Ⅱ 一般项目

4.11.10 本条提出了填充层铺设后的质量要求和检验方法、检查数量。

4.11.11 本条对填充层的坡度提出要求和检验方法、检查数量。

4.11.12 本条提出了填充层表面质量的允许偏差值和检验方法、检查数量。

4.11.13 本条特别针对用作隔声的填充层提出表面质量的允许偏差值和检验方法、检查数量。

4.12 绝 热 层

4.12.1 本条对绝热层材料的性能、品种、厚度、构造做法等提出要求。地面工程施工完成后，其热工性能尚应符合现行国家标准《公共建筑节能设计标准》GB 50189和现行行业标准《民用建筑节能设计标准（采暖居住建筑部分）》JGJ 26、《夏热冬冷地区居住建筑节能设计标准》JGJ 134、《夏热冬暖地区居住建筑节能设计标准》JGJ 75等的规定。

4.12.2 本条对建筑物室内接触基土的首层地面及楼层楼板铺设绝热层的前提条件作出规定。

4.12.3 本条提出有防水、防潮要求的地面在铺设绝热层前，防水、防潮隔离层应验收合格。

4.12.4 提出本条是为了防止因构造缺陷而产生热桥，从而影响地面的保温隔热效果。

4.12.5 本条提出地面绝热层与地面面层之间应设水泥混凝土结合层，并应按构造配筋。

4.12.6 本条提出地面绝热层采用外保温做法的适用范围及质量要求。

4.12.7 本条对建筑物勒脚处绝热层的铺设方法作出规定。

4.12.8 本条提出不应采用松散型材料或抹灰浆料作为地面绝热层材料。

Ⅰ 主控项目

4.12.10 本条提出了地面绝热层的材料要求和检验方法、检查数量。

4.12.11 本条提出应对进场的地面绝热层材料的主要性能指标进行复验，并提出了检验方法、检查数量。

绝热层材料的性能对于地面的保温隔热效果起到决定性的作用。为了保证绝热层材料的质量，避免不合格材料用于地面保温隔热工程，须由监理人员对进入现场的地面绝热层材料进行现场见证、随机抽样后，送有资质的试验、检测单位，对材料的有关性能参数进行复验，复验结果作为地面保温隔热工程质量验收的重要依据之一。

4.12.12 本条对板块状地面绝热材料的铺设方法和铺设质量提出要求，并提出了检验方法、检查数量。

Ⅱ 一般项目

4.12.13 本条对地面绝热层的厚度提出要求和检验

方法、检查数量。

4.12.14 提出本条是因为绝热层表面若出现裂纹，其保温隔热性能会因此而降低，并提出了检验方法、检查数量。

4.12.15 本条提出了地面绝热层与地面面层之间的水泥混凝土结合层或水泥砂浆找平层表面的允许偏差值和检验方法、检查数量。

5 整体面层铺设

5.1 一般规定

5.1.1 本条根据现行国家标准《建筑工程施工质量验收统一标准》GB 50300 的子分部工程划分，指明内容的适用范围及本章所列面层为整体面层子分部工程的分项工程。细石混凝土属混凝土，故加"（含细石混凝土）"予以明确。

5.1.2 本条强调铺设整体面层对水泥类基层的要求，以保证上下层结合牢固。

5.1.3 本条就防治整体类面层因温差、收缩等造成裂缝或拱起、起壳等质量缺陷，提出原则性的设缝要求，施工过程中应有较明确的工艺要求。

5.1.4 本条是对养护及使用前的保护要求，以保证面层的耐久性能。

5.1.5 本条主要是为了防治水泥类踢脚线的空鼓。

5.1.6 本条为一般规定，主要是对压光、抹平等的工序要求，防止因操作使表面结构破坏，影响面层质量。

5.1.7 本规范表 5.1.7 规定了各类整体面层的表面平整度、踢脚线上口平直、缝格顺直的允许偏差限值。

5.2 水泥混凝土面层

5.2.1 本条对面层厚度提出要求，因此施工过程中应对面层厚度采取控制措施并进行检查，以符合本规范和设计对面层厚度的要求。

5.2.2 本条提出铺设水泥混凝土面层时不得留施工缝，并规定面层施工间歇时间超过允许时间时，应对接槎处进行处理。

Ⅰ 主控项目

5.2.3 本条对粗骨料的粒径提出要求和检验方法、检查数量。

5.2.4 本条对防水水泥混凝土中掺入的外加剂提出要求和检验方法、检查数量。

商品混凝土中掺入的外加剂应由混凝土供应单位提供检测报告；现场搅拌混凝土中掺入的外加剂应事先复验合格。

5.2.5 本条对面层的强度等级提出要求和检验方法、检查数量。

5.2.6 本条对面层结合牢固提出要求和检验方法、检查数量。

Ⅱ 一般项目

5.2.7 本条对面层的表面外观质量提出要求和检验方法、检查数量。

5.2.8 本条对面层的坡度提出要求和检验方法、检查数量。

5.2.9 本条对踢脚线质量提出要求和检验方法、检查数量。

5.2.10 本条对楼梯踏步质量提出要求和检验方法、检查数量。

5.2.11 本条提出了面层质量的允许偏差值和检验方法、检查数量。

5.3 水泥砂浆面层

5.3.1 本条对面层厚度提出要求，施工中应采取控制措施并进行检查。

Ⅰ 主控项目

5.3.2 本条对面层所用材料如水泥、砂或石屑提出要求和检验方法、检查数量。

5.3.3 本条对防水水泥砂浆掺入的外加剂提出要求和检验方法、检查数量。

5.3.4 本条对水泥砂浆的体积比（强度等级）提出要求和检验方法、检查数量。

5.3.5 本条对有排水和防水要求的水泥砂浆面层的施工质量提出要求和检验方法、检查数量。

5.3.6 本条对面层结合牢固提出要求和检验方法、检查数量。

Ⅱ 一般项目

5.3.7 本条对面层的坡度提出要求和检验方法、检查数量。

5.3.8 本条对面层的表面外观质量提出要求和检验方法、检查数量。

5.3.9 本条对踢脚线质量提出要求和检验方法、检查数量。

5.3.10 本条对楼梯踏步质量提出要求和检验方法、检查数量。

5.3.11 本条提出面层质量的允许偏差值和检验方法、检查数量。

5.4 水磨石面层

5.4.1 本条规定有防静电要求的水磨石拌和料内应掺入导电材料，并明确面层厚度除有特殊要求外，宜为 12mm～18mm。

5.4.2 本条明确了深色、浅色水磨石面层应采用的水泥品种，并对彩色面层使用的水泥和颜料的掺量提出要求。

5.4.3 本条明确了面层的结合层采用水泥砂浆时的强度等级和稠度要求。水泥砂浆的稠度以标准圆锥体沉入度计取。

5.4.4 本条对防静电水磨石面层中分格条的铺设作出规定。

防静电水磨石面层中的分格条宜按如下要求进行铺设：

找平层经养护达到 5MPa 以上强度后，先在找平层上按设计要求弹出纵、横垂直分格墨线或图案分格墨线，然后按墨线截裁经校正、绝缘、干燥处理的导电金属分格条。导电金属分格条的间隙宜控制在 3mm～4mm，且十字交叉处不得碰接，如图 5.4.4 所示（当采用不导电分格条时，十字交叉处不受此限制）。分格条的嵌固可用纯水泥浆在分格条下部抹成八字角（与找平层约成 30°角）通长座嵌牢固，八字角的高度宜比分格条顶面低 3mm～5mm。在距十字中心的四个方向应各空出 20mm 不抹纯水泥浆，使石子能填入夹角内。

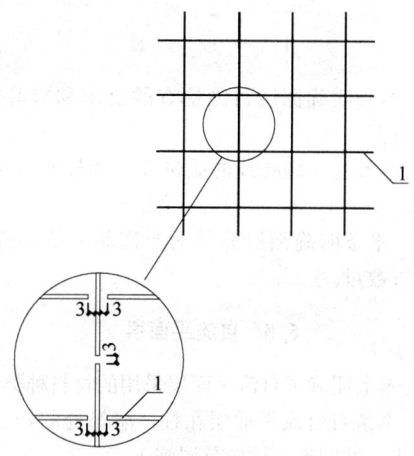

图 5.4.4　防静电水磨石地面铜
（或不锈钢）分格条接头处理
1—地面铜（或不锈钢）分格条

5.4.5 本条明确了普通水磨石面层的磨光遍数。
5.4.6 本条要求在水磨石面层磨光后做好面层的保护，以防污染。
5.4.7 本条明确了防静电水磨石面层表面的处理要求。

Ⅰ　主控项目

5.4.8 本条对水磨石面层的石粒、颜料等提出要求和检验方法、检查数量。

水磨石面层采用的石粒要求具有坚硬、可磨的特点。

5.4.9 本条规定了水磨石面层拌和料的体积比要求和检验方法、检查数量。

5.4.10 本条提出对防静电水磨石面层应分两阶段进行接地电阻和表面电阻检测，并提出了检验方法、检查数量。

5.4.11 本条对面层结合牢固提出要求和检验方法、检查数量。

Ⅱ　一般项目

5.4.12 本条对面层目测检查提出要求和检验方法、检查数量。
5.4.13 本条对踢脚线质量提出要求和检验方法、检查数量。
5.4.14 本条对楼梯踏步质量提出要求和检验方法、检查数量。
5.4.15 本条提出面层质量的允许偏差值和检验方法、检查数量。

5.5　硬化耐磨面层

5.5.1 本条明确了硬化耐磨面层目前常用的材料及铺设方法。
5.5.2 本条对硬化耐磨面层采用拌和料铺设时的配合比和采用撒布铺设时的单位面积撒布量及撒布时间提出要求。
5.5.3 本条提出采用拌和料铺设硬化耐磨面层时，为加强面层与基层的粘结，应先在基层上铺设结合层。
5.5.4 本条提出采用拌和料铺设硬化耐磨面层时，铺设厚度和拌和料强度应符合设计要求，并给出了设计无要求时面层厚度和强度的最小限值。
5.5.5 本条提出采用撒布铺设的硬化耐磨面层，面层厚度、基层的厚度及强度应符合设计要求，并给出了设计无要求时基层的厚度和强度的最小限值。
5.5.6 本条对面层留缝提出要求。
5.5.7 本条强调面层铺设后应养护，以保证面层质量。
5.5.8 本条对面层投入使用时的强度提出要求，以防过早使用影响耐磨效果。

Ⅰ　主控项目

5.5.9 本条对硬化耐磨面层采用的材料提出要求和检验方法、检查数量。
5.5.10 本条对采用拌和料铺设的硬化耐磨面层所用的水泥、金属渣、屑、纤维、石英砂、金刚砂等提出要求和检验方法、检查数量。
5.5.11 本条对硬化耐磨面层的主要技术指标，包括厚度、强度等级、耐磨性能等提出要求和检验方法、检查数量。

硬化耐磨面层的耐磨性能检验应按现行国家标准《无机地面材料耐磨性能试验方法》GB/T 12988 的规定执行。

5.5.12 本条对面层结合牢固提出要求和检验方法、检查数量。

Ⅱ 一般项目

5.5.13 本条对面层的坡度提出要求和检验方法、检查数量。

5.5.14 本条对面层的表面外观质量提出要求和检验方法、检查数量。

5.5.15 本条对踢脚线质量提出要求和检验方法、检查数量。

5.5.16 本条提出硬化耐磨面层质量的允许偏差值和检验方法、检查数量。

5.6 防油渗面层

5.6.1 本条明确了防油渗面层的铺设方法或涂刷的材料。

5.6.2 本条对防油渗隔离层及防油渗面层的做法提出原则性要求，施工前应拟订详细的工艺要求，施工中应严格执行。

5.6.3 本条对防油渗混凝土面层的厚度、施工配合比等提出要求。

5.6.4 本条对防油渗混凝土的浇筑及分区段缝的留设和处理提出原则性要求，施工前应拟订详细的工艺要求，施工中应严格执行。

5.6.5 本条对防油渗混凝土面层的构造做法作出规定。

5.6.6 本条对防油渗涂料面层的厚度及采用的材料作出规定。

Ⅰ 主控项目

5.6.7 本条对防油渗面层采用的材料提出要求和检验方法、检查数量。

5.6.8 本条对防油渗混凝土的强度等级、抗渗性能、防油渗涂料的粘结强度等提出要求和检验方法、检查数量。

5.6.9 本条对防油渗混凝土面层结合牢固提出要求和检验方法、检查数量。

5.6.10 本条对防油渗涂料面层结合牢固提出要求和检验方法、检查数量。

Ⅱ 一般项目

5.6.11 本条对面层的坡度提出要求和检验方法、检查数量。

5.6.12 本条对面层的表面外观质量提出要求和检验方法、检查数量。

5.6.13 本条对踢脚线质量提出要求和检验方法、检查数量。

5.6.14 本条提出面层质量的允许偏差值和检验方法、检查数量。

5.7 不发火（防爆）面层

5.7.1 本条明确了不发火（防爆）面层采用的材料种类和铺设厚度要求。其他不发火材料包括不发火橡胶、不发火塑料、不发火石材、不发火木材以及不发火涂料等。

5.7.2 本条明确水泥类拌和料和其他不发火材料的铺设除应符合本规范同类面层的规定外，尚应符合材料的技术要求。

Ⅰ 主控项目

5.7.4 本条为强制性条文。强调面层在原材料加工和配制时，应随时检查，不得混入金属或其他易发生火花的杂质。并提出了检验方法、检查数量。

5.7.5 本条提出面层的强度等级应符合设计要求和检验方法、检查数量。

5.7.6 本条对面层结合牢固提出要求和检验方法、检查数量。

5.7.7 本条提出面层的试件应检验合格和检验方法、检查数量。

Ⅱ 一般项目

5.7.8 本条明确面层目测检查的要求和检验方法、检查数量。

5.7.9 本条明确踢脚线的质量要求和检验方法、检查数量。

5.7.10 本条明确面层质量的允许偏差值和检验方法、检查数量。

5.8 自流平面层

5.8.1 本条明确了自流平面层采用的材料种类。

5.8.2 本条对自流平面层在柱、墙等处的构造做法提出要求，并明确面层应分层施工。

5.8.3 本条对自流平面层的基层提出要求。基层的含水率可通过含水率测定仪测定。

5.8.4 本条对自流平面层的构造做法、厚度、颜色等提出要求。当设计无要求时，自流平面层的构造层可分为底涂层、中间层、表面层等。一般情况下，自流平面层的底涂层和表面层的厚度较薄。

5.8.5 本条提出有特殊要求的自流平面层应达到设计要求。

Ⅰ 主控项目

5.8.6 本条对自流平面层的铺设材料提出要求和检验方法、检查数量。

5.8.7 本条基于环保要求，提出自流平面层的涂料进入施工现场时，应提供有害物质限量合格的检测报告，并提出了检验方法、检查数量。

5.8.8 本条对自流平面层基层的强度等级提出要求

和检验方法、检查数量。

5.8.9 本条对自流平面层各构造层之间的粘结牢度提出要求和检验方法、检查数量。

5.8.10 本条对自流平面层的施工质量提出要求和检验方法、检查数量。

Ⅱ 一般项目

5.8.11 本条提出自流平面层的分层施工要求，各层施工应在前一层达到表干时方可进行，并提出了检验方法、检查数量。

5.8.12 本条提出自流平面层的表面观感要求和检验方法、检查数量。

5.8.13 本条提出自流平面层质量的允许偏差值和检验方法、检查数量。

5.9 涂料面层

5.9.1 本条明确了涂料面层所采用涂料的类型。

5.9.2 本条对涂料面层的基层提出要求，其目的是确保面层的施工质量。

5.9.3 本条对面层的厚度、颜色和分层施工提出要求。一般情况下，涂料面层的构造层可分为底涂层和表面层。

Ⅰ 主控项目

5.9.4 本条对涂料的选用提出要求和检验方法、检查数量。

5.9.5 本条基于环保要求，提出涂料进入施工现场时，应提供有害物质限量合格的检测报告，并提出了检验方法、检查数量。

5.9.6 本条对面层的施工质量提出要求和检验方法、检查数量。

Ⅱ 一般项目

5.9.7 本条对涂料的找平施工提出要求和检验方法、检查数量。

5.9.8 本条提出面层的表面观感要求和检验方法、检查数量。

5.9.9 本条对楼梯踏步质量提出要求和检验方法、检查数量。

5.9.10 本条提出面层质量的允许偏差值和检验方法、检查数量。

5.10 塑胶面层

5.10.1 本条提出塑胶面层按施工工艺可分为现浇型和卷材型两大类，均宜在沥青混凝土基层或水泥类基层上铺设。

现浇型塑胶面层材料一般是指以聚氨酯为主要材料的混合弹性体以及丙烯酸，采用现浇法施工；卷材型塑胶面层材料一般是指聚氨酯面层（含组合层）、PVC面层（含组合层）、橡胶面层（含组合层）等，采用粘贴法施工。

塑胶面层按使用功能分类，可分为塑胶运动地板（面）和一般塑料面层。用作体育竞赛的塑胶运动地板（面）除应符合本节的要求外，还应符合国家现行体育竞赛场地专业规范的要求；一般塑料面层的施工质量验收应符合本规范第6.6节的有关规定。

5.10.2 本条对基层质量提出要求。对于水泥类基层，可用水泥砂浆或水泥基自流平涂层作为找平层，应视塑胶面层的具体要求而定；沥青混凝土应采用不含蜡或低蜡沥青，沥青混凝土基层应符合现行国家标准《沥青路面施工及验收规范》GB 50092的要求。一般情况下，塑胶运动地板（面）的基层宜采用半刚性的沥青混凝土。

5.10.3 本条对塑胶面层铺设时的环境温度提出要求。

Ⅰ 主控项目

5.10.4 本条对塑胶面层采用的材料提出要求和检验方法、检查数量。

5.10.5 本条对现浇型塑胶面层的配合比及成品试件提出要求和检验方法、检查数量。

对于现浇型塑胶面层材料，除需确认各种原材料是否相互兼容、面层表面是否具有耐久性和运动性能外，还需确认原材料的组合、铺装工艺、长期使用不会对环境造成污染。因此，现浇型塑胶面层的成品试件必须经专业实验室检测合格。

5.10.6 本条对现浇型和卷材型塑胶面层与基层的粘结牢固提出要求和检验方法、检查数量。

Ⅱ 一般项目

5.10.7 本条对塑胶面层的各组合层厚度、坡度、表面平整度等提出要求和检验方法、检查数量。

5.10.8 本条对塑胶面层的表面观感质量提出要求和检验方法、检查数量。

5.10.9 本条对卷材型塑胶面层的焊缝质量提出要求和检验方法、检查数量。

5.10.10 本条提出面层质量的允许偏差值和检验方法、检查数量。

5.11 地面辐射供暖的整体面层

5.11.1 本条提出地面辐射供暖的整体面层宜采用水泥混凝土面层、水泥砂浆面层等。

5.11.2 提出本条是为了保护地面辐射供暖系统免遭损坏，从而保证地面辐射供暖的效果。

Ⅰ 主控项目

5.11.3 本条针对地面辐射供暖的特点，对整体面层的材料或产品选择作出规定，可有效减少因材料或产品自身质量问题而导致的地面工程质量事故。并提出了检验方法、检查数量。

5.11.4 本条提出为减少面层出现开裂、拱起等质量缺陷，应按设计要求的构造措施施工，并提出了检验方法、检查数量。

6 板块面层铺设

6.1 一般规定

6.1.1 本条阐明板块面层子分部施工质量检验所涵盖的分项工程为砖面层、大理石面层和花岗石面层、预制板块面层、料石面层、塑料板面层、活动地板面层、金属板面层、地毯面层、地面辐射供暖的板块面层等。

6.1.2 本条规定了板块面层施工时基层应具有的强度。

6.1.3 本条对结合层和填缝材料为水泥砂浆的拌制材料提出要求，以满足强度等级和适用性要求为主。

6.1.4 本条对胶结材料提出要求。

6.1.5 本条同水泥类材料的养护标准要求。

6.1.6 本条对大面积板块面层的伸、缩缝及分格缝提出要求。大面积板块面层系指厂房、公共建筑、部分民用建筑等的板块面层。

6.1.7 本条主要是为防治板块类踢脚线的空鼓。

6.1.8 本条提出板块面层质量的允许偏差和相应的检验方法。允许偏差值考虑了不同板块的材料质量和材料特性对铺设质量的影响。

6.2 砖面层

6.2.1 本条阐明了砖面层可分为陶瓷锦砖、陶瓷地砖、缸砖和水泥花砖等。对于近年来建筑市场上广泛应用的广场砖、劈裂砖、仿古砖以及普通粘土砖等，施工时也可按本规范本章节的规定执行。

6.2.2 本条针对在水泥砂浆结合层上铺贴缸砖、陶瓷地砖、水泥花砖面层，提出铺贴前检验、铺贴过程以及铺贴后的养护应遵守的规定。

6.2.3 本条提出对陶瓷锦砖铺贴质量检验的有关要求。

6.2.4 本条是针对胶结料特点而作出的规定。

Ⅰ 主控项目

6.2.5 本条对砖面层采用的材料提出要求和检验方法、检查数量。

6.2.6 本条基于环保要求，提出进场的板块产品应有放射性限量合格的检测报告，并提出了检验方法、检查数量。

6.2.7 本条规定了面层与基层的结合要求和检验方法、检查数量。

Ⅱ 一般项目

6.2.8 本条对砖面层的观感质量提出要求和检验方法、检查数量。

6.2.9 本条对砖面层的镶边质量提出要求和检验方法、检查数量。

6.2.10 本条对踢脚线质量提出要求和检验方法、检查数量。

6.2.11 本条对楼梯和台阶踏步的质量提出要求和检验方法、检查数量。

6.2.12 本条对砖面层的坡度提出要求，以检查泼水不积水和蓄水不漏水为主要标准，并提出了检验方法、检查数量。

6.2.13 本条提出砖面层表面质量的允许偏差值和检验方法、检查数量。

6.3 大理石面层和花岗石面层

6.3.1 本条提出大理石面层、花岗石面层应在结合层上铺设。鉴于大理石为石灰岩，用于室外易风化；磨光板用于室外地面易滑伤人。因此，未经防滑处理的磨光大理石、磨光花岗石板材不得用于散水、踏步、台阶、坡道等地面工程。

6.3.2 本条为板材的现场检验、使用品种、试拼等的规定。

6.3.3 本条对大理石面层、花岗石面层的铺设作出规定，以便于检查验收。

Ⅰ 主控项目

6.3.4 本条对大理石、花岗石板块材料提出要求和检验方法、检查数量。

6.3.5 本条基于环保要求，提出进场的大理石、花岗石板块材料应有放射性限量合格的检测报告，并提出了检验方法、检查数量。

6.3.6 本条规定了面层与基层的结合要求和检验方法、检查数量。

Ⅱ 一般项目

6.3.7 本条提出大理石、花岗石板块应在与水泥的接触面采取刷沥青漆等隔离措施，避免板块出现返碱现象，并提出了检验方法、检查数量。

6.3.8 本条对面层观感质量提出要求和检验方法、检查数量。

6.3.9 本条对踢脚线质量提出要求和检验方法、检查数量。

6.3.10 本条对楼梯和台阶踏步质量提出要求和检验方法、检查数量。

6.3.11 本条对面层的坡度提出要求，以检查泼水不积水和蓄水不漏水为主要标准，并提出了检验方法、检查数量。

6.3.12　本条提出了大理石和花岗石面层表面质量的允许偏差值和检验方法、检查数量。

6.4　预制板块面层

6.4.1　本条阐明了预制板块面层分为水泥混凝土、水磨石、人造石等板材。玉晶石、微晶石板块属于人造石板块。

6.4.2　本条对现场加工的预制板块提出质量验收规定。

6.4.3　本条对不同色泽的预制板材填缝材料提出验收规定，若设计有要求，按设计要求验收。

6.4.4　本条规定了不同品种和强度等级的预制板块的使用方法。

6.4.5　本条规定了预制板块面层缝隙的处理方法。

Ⅰ　主控项目

6.4.6　本条对预制板块的材料提出要求和检验方法、检查数量。

6.4.7　本条基于环保要求，提出进场的预制板块材料应有放射性限量合格的检测报告，并提出了检验方法、检查数量。

6.4.8　本条规定了面层与基层的结合要求和检验方法、检查数量。

Ⅱ　一般项目

6.4.9　本条对预制板块的缺陷作出规定，提出了检验方法、检查数量。

6.4.10　本条对预制板块的观感质量提出要求和检验方法、检查数量。

6.4.11　本条对面层镶边的观感质量提出要求和检验方法、检查数量。

6.4.12　本条对踢脚线质量提出要求和检验方法、检查数量。

6.4.13　本条对楼梯和台阶踏步的质量提出要求和检验方法、检查数量。

6.4.14　本条提出预制板块面层表面质量的允许偏差值和检验方法、检查数量。

6.5　料石面层

6.5.1　本条阐明了料石面层分为天然条石和块石，均在结合层上铺设。

6.5.2　本条明确料石面层所用石材的规格、技术等级和厚度应以设计要求为检验依据。

6.5.3　本条规定不导电料石面层为辉绿岩石加工而成，除设计规定外，采用其他材料验收将不予认可。

6.5.4　本条分别对条石、块石面层结合层的材料、厚度及基土层作出规定。

Ⅰ　主控项目

6.5.5　本条对料石面层的材料提出要求和检验方法、检查数量。

6.5.6　本条基于环保要求，提出进场的料石应有放射性限量合格的检验报告，并提出了检验方法、检查数量。

6.5.7　本条提出面层与基层的结合要求和检验方法、检查数量。

Ⅱ　一般项目

6.5.8　本条以满足观感要求为主，并提出了检验方法、检查数量。

6.5.9　本条提出料石面层表面质量的允许偏差值和检验方法、检查数量。

6.6　塑料板面层

6.6.1　本条阐明塑料板面层采用的材料品种和铺设方法。

6.6.2　本条对水泥类基层表面规定了验收要求，并规定不应有麻面、起砂、裂缝等。

6.6.3　鉴于胶粘剂含有害物对人体有直接影响，规定胶粘剂必须符合国家现行有关标准的规定，不再作具体规定。基层和面层能否结合好应做相容性试验。

6.6.4　本条对塑料焊条的选择作了具体规定。

6.6.5　本条对铺贴塑料板面层时的室内相对湿度和温度提出要求。

6.6.6　本条为塑料板地面的养护要求。

6.6.7　本条的规定是确保地面的防静电效果。

Ⅰ　主控项目

6.6.8　本条对塑料板面层采用的材料提出要求和检验方法、检查数量。

6.6.9　本条基于环保要求，规定进场的胶粘剂应有有害物质限量合格的检测报告，并提出了检验方法、检查数量。

6.6.10　本条对面层与下一层粘结质量检验提出标准和允许存在的局部脱胶的限度，并提出了检验方法、检查数量。

Ⅱ　一般项目

6.6.11　本条对塑胶板面层的观感质量提出要求和检验方法、检查数量。

6.6.12　本条对板块焊接时的质量提出要求和检验方法、检查数量。

6.6.13　本条对塑料板的镶边质量提出要求和检验方法、检查数量。

6.6.14　本条对踢脚线粘合的质量提出要求和检验方法、检查数量。

6.6.15　本条提出塑胶板面层质量的允许偏差值和检验方法、检查数量。

6.7 活动地板面层

6.7.1 本条阐明了活动地板面层宜用于有防尘和防静电要求的专业用房,并对其构造要求作了明确规定。

6.7.2 本条对板块的基层和金属支架的牢固度作了规定。

6.7.3 本条对活动地板的面层承载力和体积电阻率作出规定。

6.7.4 本条对金属支架支承的现浇水泥混凝土基层作出规定。

6.7.5 本条对防静电要求较高的活动地板的接地作出规定。如设计未明确接地方式,可选择单点接地、多点接地、混合接地等。

6.7.6 本条对面板的搁置作出验收规定。

6.7.7 本条对活动地板镶补作出质量检验规定,并对切割边、镶补处理要求作出规定。

6.7.8 本条主要源于洞口处人员活动频繁,洞口四周侧边和转角易损坏,旨在对洞口处进行加强,并作为洞口处质量检验的依据。

6.7.9 本条对活动地板在与柱、墙面的接缝处及通风口处等特殊部位的处理作出规定。

6.7.10 本条提出用于电子信息系统机房的活动地板面层的施工质量检验还应按国家相关现行标准的规定执行。

Ⅰ 主控项目

6.7.11 本条对活动地板面层的材料提出要求和检验方法、检查数量。

6.7.12 本条是为满足观感和动感要求进行的规定,并提出了检验方法、检查数量。

Ⅱ 一般项目

6.7.13 本条对观感质量提出要求和检验方法、检查数量。

6.7.14 本条提出面层质量的允许偏差值和检验方法、检查数量。

6.8 金属板面层

6.8.1 本条阐述金属板面层采用的金属板种类。

6.8.2 提出本条是为了避免金属板面层及其配件锈蚀后不易更换,影响使用。

6.8.3 本条基于耐久、安全角度考虑,规定金属板面层应进行防腐、防滑处理。

6.8.4 本条基于安全角度考虑,提出金属板面层应进行接地。

6.8.5 提出本条是为避免金属板面层影响磁性设备(如磁盘吊车)的正常工作。

Ⅰ 主控项目

6.8.6 本条对金属板面层的材料提出要求和检验方法、检查数量。

6.8.7 本条对面层与基层的固定及面层的接缝处理提出要求和检验方法、检查数量。

6.8.8 本条对面层及其附件的焊缝质量提出要求和检验方法、检查数量。

6.8.9 本条对面层与基层的结合牢固提出要求和检验方法、检查数量。

Ⅱ 一般项目

6.8.10 本条对金属板的外观质量提出要求和检验方法、检查数量。

6.8.11 本条对面层的施工质量提出要求和检验方法、检查数量。

6.8.12 本条对面层镶边作出质量检验规定,并提出了检验方法、检查数量。

6.8.13 本条对踢脚线的施工质量提出要求和检验方法、检查数量。

6.8.14 本条提出面层质量的允许偏差值和检验方法、检查数量。

6.9 地毯面层

6.9.1 本条阐明地毯面层采用的材料类型和铺设方法。

6.9.2 本条规定了地毯面层下一层的施工质量要求。

6.9.3 本条规定了地毯衬垫的铺设质量要求。

6.9.4 本条对空铺地毯面层提出质量验收要求。

6.9.5 本条对实铺地毯面层提出质量验收要求。

6.9.6 本条提出楼梯地毯的铺设质量要求。

Ⅰ 主控项目

6.9.7 本条对地毯面层采用的材料提出要求和检验方法、检查数量。

6.9.8 本条基于环保要求,规定地毯面层采用的材料进入施工现场时,应提供有害物质限量合格的检测报告,并提出了检验方法、检查数量。

6.9.9 本条规定了地毯面层表面的施工质量要求和检验方法、检查数量。

Ⅱ 一般项目

6.9.10 本条规定了地毯面层的表面观感要求和检验方法、检查数量。

6.9.11 本条规定了地毯面层与其他面层交接处、收口处的施工质量要求和检验方法、检查数量。

6.10 地面辐射供暖的板块面层

6.10.1 本条提出地面辐射供暖的板块面层宜采用的

板块材料。

6.10.2 本条针对用胶结材料粘贴铺设板块面层，提出铺贴时填充层的含水率要求。

6.10.3 提出本条是为了保护地面辐射供暖系统免遭损坏，从而保证地面辐射供暖的效果。

Ⅰ 主控项目

6.10.4 本条针对地面辐射供暖的特点，对板块面层的材料或产品选择作出规定，可有效减少因材料或产品自身质量问题而导致的地面工程质量事故，并提出了检验方法、检查数量。

6.10.5 本条提出为减少面层出现开裂、拱起等质量缺陷，应按设计要求的构造措施施工，并提出了检验方法、检查数量。

7 木、竹面层铺设

7.1 一般规定

7.1.1 本章明确了建筑地面工程木、竹面层（子分部工程）是由实木地板面层、实木集成地板面层、竹地板面层、实木复合地板面层、浸渍纸层压木质地板面层、软木类地板面层、地面辐射供暖的木板面层等分项工程组成，并对各分项工程（包括免刨、免漆类的板、块）面层的施工质量检验或验收作出了规定。

7.1.2 木、竹地板面层构成的各类木搁栅、垫木、垫层地板等材板质量应符合现行国家标准《木结构工程施工质量验收规范》GB 50206 的要求。木、竹地板面层构成的各层木、竹材料（含免刨、免漆类产品）除达到设计选材质量等级要求外，应严格控制其水率限值和防腐、防蛀要求。根据地区自然条件，含水率限制应为 8%～13%；防腐、防蛀、防潮的处理不应采用沥青类处理剂，所选处理剂产品的技术质量标准应符合现行国家标准《民用建筑工程室内环境污染控制规范》GB 50325 的规定。

7.1.3 本条规定用于固定和加固用的金属零部件应不锈蚀。

7.1.4 建筑工程的厕浴间、厨房及有防水、防潮要求的建筑地面与木、竹地面应有建筑标高差，其标高差应符合设计要求；与其相邻的木、竹地面层应有防水、防潮处理，防水、防潮的构造做法应符合设计要求。

7.1.5 木、竹面层铺设在水泥类基层上，其基层的技术质量标准应符合本规范整体面层的要求。水泥类基层通过质量验收后方可进行木、竹面层铺设施工。

7.1.6 建筑地面木、竹面层采用架空构造设计时，其搁栅下的架空构造的施工除应符合设计要求外，尚应符合下列规定：

1 架空构造的砖石地垄墙（墩）的砌筑和质量检验应符合现行国家标准《砌体工程施工质量验收规范》GB 50203 的要求。

2 架空构造的水泥混凝土地垄墙（墩）的浇筑和质量检验应符合现行国家标准《混凝土结构工程施工质量验收规范》GB 50204 的要求。

3 木质架空构造的铺设施工和质量检验应符合现行国家标准《木结构工程施工质量验收规范》GB 50206 的要求。

4 钢材架空构造的施工和质量检验应符合现行国家标准《钢结构施工质量验收规范》GB 50205 的要求。

7.1.7 调研及考察和实施结果证明，木、竹面层的面层构造层、架空构造层、通风层等设计与施工是组成建筑木、竹地面的三大要素，其设计与施工质量结果直接影响建筑木、竹地面的正常使用功能、耐久程度及环境保护效果；通风层设计与施工尤为突出，无论原始的自然通风，或是近代的室内外的有组织通风，还是现代的机械通风，其通风的长久功能效果主要涉及室内通风沟、地面通风孔、室外通风窗的构造、施工及管理必须符合设计要求。所以本规范从施工方面明确其重要性。

7.1.8 本条提出木、竹面层质量的允许偏差值和相应的检验方法。

7.2 实木地板、实木集成地板、竹地板面层

7.2.1～7.2.7 本节各条对关键施工过程控制提出了要求，同时强调木搁栅固定时应采取措施防止损坏基层和基层中的预埋管线。为了防止实木地板、实木集成地板、竹地板面层整体产生线膨胀效应，规定木搁栅与柱、墙之间应留出 20mm 的缝隙；垫层地板与柱、墙之间应留出 8mm～12mm 的缝隙；实木地板、实木集成地板、竹地板面层与柱、墙之间应留出 8mm～12mm 的缝隙。

垫层地板：指在木、竹地板面层下铺设的胶合板、中密度纤维板、细木工板、实木板等。由于铺设垫层地板可改善地板面层的平整度，增加行走时的脚部舒适感，因此常用作体育地板面层、舞台地板面层下的垫层。

Ⅰ 主控项目

7.2.8 本条对实木地板、实木集成地板、竹地板面层所采用的材料、铺设时的木（竹）材含水率、胶粘剂等提出要求和检验方法、检查数量，如：实木地板应符合现行国家标准《实木地板 第 1 部分：技术要求》GB/T 15036.1 和《实木地板 第 2 部分：检验方法》GB/T 15036.2 的有关规定；实木集成地板应符合现行行业标准《实木集成地板》LY/T 1614 的有关规定；竹地板应符合现行国家标准《竹地板》GB/T 20240 的有关规定；胶粘剂应符合现行国家标准

《室内装饰装修材料胶粘剂中有害物质限量》GB 18583的有关规定。

7.2.9 本条基于环保要求，规定进场的实木地板、实木集成地板、竹地板以及配套胶粘剂应有有害物质限量合格的检测报告，并提出了检验方法、检查数量。

7.2.10～7.2.12 强调采用的木搁栅、垫木和垫层地板等应进行防腐、防蛀处理；木搁栅安装应牢固、平直；面层铺设应牢固、无松动，行走检验时不应有明显的声响，并提出了检验方法、检查数量。

Ⅱ 一 般 项 目

7.2.13～7.2.18 要求板缝严密，接头错开，粘、钉严密；表面观感应刨平、磨光、洁净，无刨痕、毛刺，图案应清晰、颜色应均匀一致；踢脚线高度应一致。明确了实木地板、实木集成地板、竹地板面层施工质量的允许偏差值应符合本规范表7.1.8的规定。并提出了检验方法、检查数量。

7.3 实木复合地板面层

7.3.1～7.3.5 实木复合地板面层应采用条材或块材或拼花，以空铺或粘贴（满粘或点粘）法施工。本节对其关键施工过程控制和构造提出了要求。

Ⅰ 主 控 项 目

7.3.6 本条对实木复合地板面层采用的地板、胶粘剂等提出要求和检验方法、检查数量，如实木复合地板应符合国家现行标准《复合地板》GB/T 18103和《实木复合地板用胶合板》LY/T 1738的有关规定；胶粘剂应符合现行国家标准《室内装饰装修材料胶粘剂中有害物质限量》GB 18583的有关规定，并提出了检验方法、检查数量。

7.3.7 本条基于环保要求，规定进场的实木复合地板和配套胶粘剂应有有害物质限量合格的检测报告，并提出了检验方法、检查数量。

7.3.8～7.3.10 强调采用的木搁栅、垫木和垫层地板等应进行防腐、防蛀处理；木搁栅安装应牢固、平直；面层铺设应牢固，粘贴无空鼓、松动，行走检验时不应有明显的声响，并提出了检验方法、检查数量。

Ⅱ 一 般 项 目

7.3.11～7.3.15 强调面层应缝隙严密，接头错开，表面观感应图案清晰、颜色一致，板面无翘曲，踢脚线高度应一致。明确了实木复合地板面层施工质量的允许偏差值应符合本规范表7.1.8的规定，并提出了检验方法、检查数量。

7.4 浸渍纸层压木质地板面层

7.4.1～7.4.4 浸渍纸层压木质地板面层应采用条材或块材，以空铺或粘贴（满粘或点粘）法施工。本节对其关键施工过程控制和构造提出了要求。

Ⅰ 主 控 项 目

7.4.5 本条对浸渍纸层压木质地板面层采用的地板、胶粘剂等提出要求和检验方法、检查数量，如浸渍纸层压木质地板应符合现行国家标准《浸渍纸层压木质地板》GB/T 18102的有关规定；胶粘剂应符合现行国家标准《室内装饰装修材料胶粘剂中有害物质限量》GB 18583的有关规定。

7.4.6 本条基于环保要求，规定进场的浸渍纸层压木质地板和配套胶粘剂应有有害物质限量合格的检测报告，并提出了检验方法、检查数量。

7.4.7、7.4.8 强调木搁栅、垫木、垫层地板等应进行防腐、防蛀处理；铺设应牢固、平整，粘贴无空鼓、松动，行走检验时不应有明显的声响，并提出了检验方法、检查数量。

Ⅱ 一 般 项 目

7.4.9～7.4.12 强调面层应缝隙严密，接头错开，表面观感应图案清晰、颜色一致，板面无翘曲，踢脚线高度应一致。明确了浸渍纸层压木质地板面层施工质量的允许偏差值应符合本规范表7.1.8的规定，并提出了检验方法、检查数量。

7.5 软木类地板面层

7.5.1～7.5.4 阐明软木类地板分为软木地板和软木复合地板，其中软木地板面层应采用条材或块材，以粘贴方式施工；软木复合地板面层应采用条材或块材，以空铺方式施工。本节对其关键施工过程控制和构造提出了要求。

Ⅰ 主 控 项 目

7.5.5 本条对软木类地板面层采用的地板、胶粘剂等提出要求和检验方法、检查数量，如软木类地板应符合现行行业标准《软木类地板》LY/T 1657的有关规定；胶粘剂应符合现行国家标准《室内装饰装修材料胶粘剂中有害物质限量》GB 18583的有关规定。

7.5.6 本条基于环保要求，规定进场的软木复合地板和配套胶粘剂应有有害物质限量合格的检测报告，并提出了检验方法、检查数量。

7.5.7、7.5.8 强调木搁栅、垫木、垫层地板等应进行防腐、防蛀处理；铺设应牢固、平整，粘贴无空鼓、松动，行走检验时不应有明显的声响，并提出了检验方法、检查数量。

Ⅱ 一 般 项 目

7.5.9～7.5.12 强调面层应缝隙严密，接头错开，板面无翘曲，踢脚线应高度一致。明确了软木类地板面层施工质量的允许偏差值应符合本规范表7.1.8的规定,并提出了检验方法、检查数量。

7.6 地面辐射供暖的木板面层

7.6.1 本条提出地面辐射供暖的木板面层宜采用的板材产品。

7.6.2 本条规定了地面辐射供暖的木板面层的铺设方法。

7.6.3 本条针对用胶粘剂粘贴龙骨、垫层地板、面层地板,提出铺贴时填充层的含水率要求。

7.6.4 提出本条是为了保护地面辐射供暖系统免遭损坏,从而保证地面辐射供暖的效果。

Ⅰ 主控项目

7.6.5 本条针对地面辐射供暖的特点,对木板面层的材料或产品选择作出规定,可有效减少因材料或产品自身质量问题而导致的地面工程质量事故,并提出了检验方法、检查数量。

7.6.6 本条提出为减少面层出现开裂、拱起等质量缺陷,应按设计要求的构造措施施工,并提出了检验方法、检查数量。

Ⅱ 一般项目

7.6.8 提出本条是为了避免木板面层与填充层之间由于无龙骨架空层,填充层因供暖受热,引起层内潮起上涌,无法通风,从而导致木板面层受潮变形,并提出了检验方法、检查数量。

8 分部(子分部)工程验收

8.0.1 本条为建筑地面工程子分部工程合格的评定基础。

8.0.2 本条提出验收建筑地面工程时,工程质量检查控制资料均应符合保证工程质量验收的要求。

8.0.3 本条对建筑地面工程安全和功能项目检验作出了具体规定,应符合现行国家标准《建筑工程施工质量验收统一标准》GB 50300 的要求。

8.0.4 本条对建筑地面工程观感质量检验提出了具体规定,应符合现行国家标准《建筑工程施工质量验收统一标准》GB 50300 的要求。

附录A 不发火(防爆)建筑地面材料及其制品不发火性的试验方法

A.0.1 不发火(防爆)建筑地面材料及其制品不发火的鉴定,可采用砂轮来进行。为确认用于试验的砂轮是合格的,应事先选择完全黑暗的房间(以便易于看见火花),在房间内对砂轮进行摩擦检查。检查时,砂轮的转速应控制在 600r/min~1000r/min,用工具钢、石英岩或含有石英岩的混凝土等能发生火花的试件在旋转的砂轮上进行摩擦,摩擦时应施加10N~20N的压力,如果发生清晰的火花,则该砂轮即认为是合格的,可用于不发火(防爆)建筑地面材料及其制品不发火性的试验。

A.0.2 不发火(防爆)建筑地面材料及其制品不发火性的试件应不少于50个,并从中选出不同表面、不同颜色、不同结晶体、不同硬度的10个试件用于不发火性试验。试验应在完全黑暗的房间内进行。试验时,砂轮的转速应控制在 600r/min~1000r/min,将试件的任意部分接触旋转的砂轮并施加10N~20N的压力后,仔细观察试件与砂轮摩擦的地方有无火花发生。试验需要持续到每个试件被磨掉不小于20g后才能停止。如在试验过程中没有发现任何瞬时的火花,可以判定该材料为不发火材料。

A.0.3 本条规定既可减少制品不符合不发火要求的可能性,也便于以后发现制品不符合不发火要求时,能检查原因(因留有样品)。

中华人民共和国国家标准

建筑装饰装修工程质量验收规范

Code for construction quality
acceptance of building decoration

GB 50210—2001

主编部门：中华人民共和国建设部
批准部门：中华人民共和国建设部
施行日期：２００２年３月１日

关于发布国家标准《建筑装饰装修工程质量验收规范》的通知

根据建设部《关于印发一九九八年工程建设国家标准制定、修订计划（第二批）的通知》（建标[1998]244号）的要求，由建设部会同有关部门共同修订的《建筑装饰装修工程质量验收规范》，经有关部门会审，批准为国家标准，编号为GB50210—2001，自2002年3月1日起施行。其中，3.1.1、3.1.5、3.2.3、3.2.9、3.3.4、3.3.5、4.1.12、5.1.11、6.1.12、8.2.4、8.3.4、9.1.8、9.1.13、9.1.14、12.5.6为强制性条文，必须严格执行。原《装饰工程施工及验收规范》（GBJ 210—83）、《建筑装饰工程施工及验收规范》（JGJ 73—91）和《建筑工程质量检验评定标准》（GBJ 301—88）中第十章、第十一章同时废止。

本标准由建设部负责管理，中国建筑科学研究院负责具体解释工作，建设部标准定额研究所组织中国建筑工业出版社出版发行。

中华人民共和国建设部
2001年11月1日

前　言

本标准是根据建设部建标[1998]244号文《关于印发一九九九年工程建设国家标准制订、修订计划（第二批）的通知》的要求，由中国建筑科学研究院会同有关单位共同对《建筑装饰工程施工及验收规范》（JGJ 73—91）和《建筑工程质量检验评定标准》（GBJ 301—88）修订而成的。

在修订过程中，规范编制组开展了专题研究，进行了比较广泛的调查研究，总结了多年来建筑装饰装修工程在设计、材料、施工等方面的经验，按照"验评分离、强化验收、完善手段、过程控制"的方针，进行了全面的修改，并以多种方式广泛征求了全国有关单位的意见，对主要问题进行了反复修改，最后经审查定稿。

本规范是决定装饰装修工程能否交付使用的质量验收规范。建筑装饰装修工程按施工工艺和装修部位划分为10个子分部工程，除地面子分部工程单独成册外，其他9个子分部工程的质量验收均由本规范作出规定。

本规范共分13章。前三章为总则、术语和基本规定。第4章至第12章为子分部工程的质量验收，其中每章的第一节为一般规定，第二节及以后的各节为分项工程的质量验收。第13章为分部工程的质量验收。

本规范将来可能需要进行局部修订，有关局部修订的信息和条文内容将刊登在《工程建设标准化》杂志上。

本规范以黑体字标志的条文为强制性条文，必须严格执行。

为了提高规范质量，请各单位在执行本规范的过程中，注意总结经验，积累资料，随时将有关的意见反馈给中国建筑科学研究院（通讯地址：北京市北三环东路30号，邮政编码：100013），以供今后修订时参考。

本规范主编单位、参编单位和主要起草人：

本规范主编单位：中国建筑科学研究院

本规范参编单位：北京市建设工程质量监督总站
　　　　　　　　中国建筑一局装饰公司
　　　　　　　　深圳市建设工程质量监督检验总站
　　　　　　　　上海汇丽（集团）公司
　　　　　　　　深圳市科源建筑装饰工程有限公司
　　　　　　　　北京建谊建筑工程有限公司

本规范主要起草人：孟小平　侯茂盛　张元勃
　　　　　　　　　熊　伟　李爱新　龚万森
　　　　　　　　　李子新　吴宏康　庄可章
　　　　　　　　　张　鸣

目　次

1　总则 ································ 9—17—4
2　术语 ································ 9—17—4
3　基本规定 ·························· 9—17—4
　3.1　设计 ···························· 9—17—4
　3.2　材料 ···························· 9—17—4
　3.3　施工 ···························· 9—17—4
4　抹灰工程 ·························· 9—17—5
　4.1　一般规定 ······················ 9—17—5
　4.2　一般抹灰工程 ··············· 9—17—5
　4.3　装饰抹灰工程 ··············· 9—17—6
　4.4　清水砌体勾缝工程 ········· 9—17—7
5　门窗工程 ·························· 9—17—7
　5.1　一般规定 ······················ 9—17—7
　5.2　木门窗制作与安装工程 ··· 9—17—7
　5.3　金属门窗安装工程 ········· 9—17—9
　5.4　塑料门窗安装工程 ········· 9—17—10
　5.5　特种门安装工程 ············ 9—17—11
　5.6　门窗玻璃安装工程 ········· 9—17—12
6　吊顶工程 ·························· 9—17—12
　6.1　一般规定 ······················ 9—17—12
　6.2　暗龙骨吊顶工程 ············ 9—17—13
　6.3　明龙骨吊顶工程 ············ 9—17—13
7　轻质隔墙工程 ···················· 9—17—14
　7.1　一般规定 ······················ 9—17—14
　7.2　板材隔墙工程 ··············· 9—17—14
　7.3　骨架隔墙工程 ··············· 9—17—15
　7.4　活动隔墙工程 ··············· 9—17—15
　7.5　玻璃隔墙工程 ··············· 9—17—16
8　饰面板（砖）工程 ············· 9—17—16
　8.1　一般规定 ······················ 9—17—16
　8.2　饰面板安装工程 ············ 9—17—17
　8.3　饰面砖粘贴工程 ············ 9—17—18
9　幕墙工程 ·························· 9—17—18
　9.1　一般规定 ······················ 9—17—18
　9.2　玻璃幕墙工程 ··············· 9—17—19
　9.3　金属幕墙工程 ··············· 9—17—21
　9.4　石材幕墙工程 ··············· 9—17—22
10　涂饰工程 ························ 9—17—23
　10.1　一般规定 ···················· 9—17—23
　10.2　水性涂料涂饰工程 ······· 9—17—24
　10.3　溶剂型涂料涂饰工程 ···· 9—17—24
　10.4　美术涂饰工程 ············· 9—17—25
11　裱糊与软包工程 ··············· 9—17—25
　11.1　一般规定 ···················· 9—17—25
　11.2　裱糊工程 ···················· 9—17—26
　11.3　软包工程 ···················· 9—17—26
12　细部工程 ························ 9—17—27
　12.1　一般规定 ···················· 9—17—27
　12.2　橱柜制作与安装工程 ···· 9—17—27
　12.3　窗帘盒、窗台板和散热器罩制作
　　　　与安装工程 ················ 9—17—27
　12.4　门窗套制作与安装工程 ··· 9—17—28
　12.5　护栏和扶手制作与安装
　　　　工程 ·························· 9—17—28
　12.6　花饰制作与安装工程 ···· 9—17—29
13　分部工程质量验收 ············ 9—17—29
附录A　木门窗用木材的
　　　　质量要求 ··················· 9—17—30
附录B　子分部工程及其分项
　　　　工程划分表 ················ 9—17—30
附录C　隐蔽工程验收记录表 ··· 9—17—31
本规范用词用语说明 ·············· 9—17—31
附：条文说明 ························ 9—17—32

1 总 则

1.0.1 为了加强建筑工程质量管理，统一建筑装饰装修工程的质量验收，保证工程质量，制定本规范。

1.0.2 本规范适用于新建、扩建、改建和既有建筑的装饰装修工程的质量验收。

1.0.3 建筑装饰装修工程的承包合同、设计文件及其他技术文件对工程质量验收的要求不得低于本规范的规定。

1.0.4 本规范应与国家标准《建筑工程施工质量验收统一标准》(GB 50300—2001) 配套使用。

1.0.5 建筑装饰装修工程的质量验收除应执行本规范外，尚应符合国家现行有关标准的规定。

2 术 语

2.0.1 建筑装饰装修 building decoration
　　为保护建筑物的主体结构、完善建筑物的使用功能和美化建筑物，采用装饰装修材料或饰物，对建筑物的内外表面及空间进行的各种处理过程。

2.0.2 基体 primary structure
　　建筑物的主体结构或围护结构。

2.0.3 基层 base course
　　直接承受装饰装修施工的面层。

2.0.4 细部 detail
　　建筑装饰装修工程中局部采用的部件或饰物。

3 基本规定

3.1 设 计

3.1.1 建筑装饰装修工程必须进行设计，并出具完整的施工图设计文件。

3.1.2 承担建筑装饰装修工程设计的单位应具备相应的资质，并应建立质量管理体系。由于设计原因造成的质量问题应由设计单位负责。

3.1.3 建筑装饰装修设计应符合城市规划、消防、环保、节能等有关规定。

3.1.4 承担建筑装饰装修工程设计的单位应对建筑物进行必要的了解和实地勘察，设计深度应满足施工要求。

3.1.5 建筑装饰装修工程设计必须保证建筑物的结构安全和主要使用功能。当涉及主体和承重结构改动或增加荷载时，必须由原结构设计单位或具备相应资质的设计单位核查有关原始资料，对既有建筑结构的安全性进行核验、确认。

3.1.6 建筑装饰装修工程的防火、防雷和抗震设计应符合现行国家标准的规定。

3.1.7 当墙体或吊顶内的管线可能产生冰冻或结露时，应进行防冻或防结露设计。

3.2 材 料

3.2.1 建筑装饰装修工程所用材料的品种、规格和质量应符合设计要求和国家现行标准的规定。当设计无要求时应符合国家现行标准的规定。严禁使用国家明令淘汰的材料。

3.2.2 建筑装饰装修工程所用材料的燃烧性能应符合现行国家标准《建筑内部装修设计防火规范》(GB 50222)、《建筑设计防火规范》(GBJ 16) 和《高层民用建筑设计防火规范》(GB 50045) 的规定。

3.2.3 建筑装饰装修工程所用材料应符合国家有关建筑装饰装修材料有害物质限量标准的规定。

3.2.4 所有材料进场时应对品种、规格、外观和尺寸进行验收。材料包装应完好，应有产品合格证书、中文说明书及相关性能的检测报告；进口产品应按规定进行商品检验。

3.2.5 进场后需要进行复验的材料种类及项目应符合本规范各章的规定。同一厂家生产的同一品种、同一类型的进场材料应至少抽取一组样品进行复验，当合同另有约定时应按合同执行。

3.2.6 当国家规定或合同约定应对材料进行见证检测时，或对材料的质量发生争议时，应进行见证检测。

3.2.7 承担建筑装饰装修材料检测的单位应具备相应的资质，并应建立质量管理体系。

3.2.8 建筑装饰装修工程所使用的材料在运输、储存和施工过程中，必须采取有效措施防止损坏、变质和污染环境。

3.2.9 建筑装饰装修工程所使用的材料应按设计要求进行防火、防腐和防虫处理。

3.2.10 现场配制的材料如砂浆、胶粘剂等，应按设计要求或产品说明书配制。

3.3 施 工

3.3.1 承担建筑装饰装修工程施工的单位应具备相应的资质，并应建立质量管理体系。施工单位应编制施工组织设计并应经过审查批准。施工单位应按有关的施工工艺标准或经审定的施工技术方案施工，并应对施工全过程实行质量控制。

3.3.2 承担建筑装饰装修工程施工的人员应有相应岗位的资格证书。

3.3.3 建筑装饰装修工程的施工质量应符合设计要求和本规范的规定，由于违反设计文件和本规范的规定施工造成的质量问题应由施工单位负责。

3.3.4 建筑装饰装修工程施工中，严禁违反设计文件擅自改动建筑主体、承重结构或主要使用功能；严禁未经设计确认和有关部门批准擅自拆改水、暖、电、燃气、通讯等配套设施。

3.3.5 施工单位应遵守有关环境保护的法律法规，并应采取有效措施控制施工现场的各种粉尘、废气、废弃物、噪声、振动等对周围环境造成的污染和危害。

3.3.6 施工单位应遵守有关施工安全、劳动保护、防火和防毒的法律法规，应建立相应的管理制度，并应配备必要的设备、器具和标识。

3.3.7 建筑装饰装修工程应在基体或基层的质量验收合格后施工。对既有建筑进行装饰装修前，应对基层进行处理并达到本规范的要求。

3.3.8 建筑装饰装修工程施工前应有主要材料的样板或做样板间（件），并应经有关各方确认。

3.3.9 墙面采用保温材料的建筑装饰装修工程，所用保温材料的类型、品种、规格及施工工艺应符合设计要求。

3.3.10 管道、设备等的安装及调试应在建筑装饰装修工程施工前完成，当必须同步进行时，应在饰面层施工前完成。装饰装修工程不得影响管道、设备等的使用和维修。涉及燃气管道的建筑装饰装修工程必须符合有关安全管理的规定。

3.3.11 建筑装饰装修工程的电器安装应符合设计要求和国家现行标准的规定。严禁不经穿管直接埋设电线。

3.3.12 室内外装饰装修工程施工的环境条件应满足施工工艺的要求。施工环境温度不应低于5℃。当必须在低于5℃气温下施工时，应采取保证工程质量的有效措施。

3.3.13 建筑装饰装修工程施工过程中应做好半成品、成品的保护，防止污染和损坏。

3.3.14 建筑装饰装修工程验收前应将施工现场清理干净。

4 抹灰工程

4.1 一般规定

4.1.1 本章适用于一般抹灰、装饰抹灰和清水砌体勾缝等分项工程的质量验收。

4.1.2 抹灰工程验收时应检查下列文件和记录：
  1 抹灰工程的施工图、设计说明及其他设计文件。
  2 材料的产品合格证书、性能检测报告、进场验收记录和复验报告。
  3 隐蔽工程验收记录。
  4 施工记录。

4.1.3 抹灰工程应对水泥的凝结时间和安定性进行复验。

4.1.4 抹灰工程应对下列隐蔽工程项目进行验收：
  1 抹灰总厚度大于或等于35mm时的加强措施。
  2 不同材料基体交接处的加强措施。

4.1.5 各分项工程的检验批应按下列规定划分：
  1 相同材料、工艺和施工条件的室外抹灰工程每500～1000m² 应划分为一个检验批，不足500m² 也应划分为一个检验批。
  2 相同材料、工艺和施工条件的室内抹灰工程每50个自然间（大面积房间和走廊按抹灰面积30m²为一间）应划分为一个检验批，不足50间也应划分为一个检验批。

4.1.6 检查数量应符合下列规定：
  1 室内每个检验批应至少抽查10%，并不得少于3间；不足3间时应全数检查。
  2 室外每个检验批每100m² 应至少抽查一处，每处不得小于10m²。

4.1.7 外墙抹灰工程施工前应先安装钢木门窗框、护栏等，并应将墙上的施工孔洞堵塞密实。

4.1.8 抹灰用的石灰膏的熟化期不应少于15d；罩面用的磨细石灰粉的熟化期不应少于3d。

4.1.9 室内墙面、柱面和门洞口的阳角做法应符合设计要求。设计无要求时，应采用1:2水泥砂浆做暗护角，其高度不应低于2m,每侧宽度不应小于50mm。

4.1.10 当要求抹灰层具有防水、防潮功能时，应采用防水砂浆。

4.1.11 各种砂浆抹灰层，在凝结前应防止快干、水冲、撞击、振动和受冻，在凝结后应采取措施防止玷污和损坏。水泥砂浆抹灰层应在湿润条件下养护。

4.1.12 外墙和顶棚的抹灰层与基层之间及各抹灰层之间必须粘结牢固。

4.2 一般抹灰工程

4.2.1 本节适用于石灰砂浆、水泥砂浆、水泥混合砂浆、聚合物水泥砂浆和麻刀石灰、纸筋石灰、石膏灰等一般抹灰工程的质量验收。一般抹灰工程分为普通抹灰和高级抹灰，当设计无要求时，按普通抹灰验收。

主控项目

4.2.2 抹灰前基层表面的尘土、污垢、油渍等应清除干净，并应洒水润湿。
检验方法：检查施工记录。

4.2.3 一般抹灰所用材料的品种和性能应符合设计要求。水泥的凝结时间和安定性复验应合格。砂浆的配合比应符合设计要求。
检验方法：检查产品合格证书、进场验收记录、复验报告和施工记录。

4.2.4 抹灰工程应分层进行。当抹灰总厚度大于或等于35mm时，应采取加强措施。不同材料基体交接处表面的抹灰，应采取防止开裂的加强措施，当采加强网时，加强网与各基体的搭接宽度不应小于100mm。

检验方法：检查隐蔽工程验收记录和施工记录。

4.2.5 抹灰层与基层之间及各抹灰层之间必须粘结牢固，抹灰层应无脱层、空鼓，面层应无爆灰和裂缝。

检验方法：观察；用小锤轻击检查；检查施工记录。

一般项目

4.2.6 一般抹灰工程的表面质量应符合下列规定：
1 普通抹灰表面应光滑、洁净、接槎平整，分格缝应清晰。
2 高级抹灰表面应光滑、洁净、颜色均匀、无抹纹，分格缝和灰线应清晰美观。

检验方法：观察；手摸检查。

4.2.7 护角、孔洞、槽、盒周围的抹灰表面应整齐、光滑；管道后面的抹灰表面应平整。

检验方法：观察。

4.2.8 抹灰层的总厚度应符合设计要求；水泥砂浆不得抹在石灰砂浆层上；罩面石膏灰不得抹在水泥砂浆层上。

检验方法：检查施工记录。

4.2.9 抹灰分格缝的设置应符合设计要求，宽度和深度应均匀，表面应光滑，棱角应整齐。

检验方法：观察；尺量检查。

4.2.10 有排水要求的部位应做滴水线（槽）。滴水线（槽）应整齐顺直，滴水线应内高外低，滴水槽的宽度和深度均不应小于10mm。

检验方法：观察；尺量检查。

4.2.11 一般抹灰工程质量的允许偏差和检验方法应符合表4.2.11的规定。

表 4.2.11 一般抹灰的允许偏差和检验方法

项次	项目	允许偏差(mm)		检验方法
		普通抹灰	高级抹灰	
1	立面垂直度	4	3	用2m垂直检测尺检查
2	表面平整度	4	3	用2m靠尺和塞尺检查
3	阴阳角方正	4	3	用直角检测尺检查
4	分格条（缝）直线度	4	3	拉5m线，不足5m拉通线，用钢直尺检查
5	墙裙、勒脚上口直线度	4	3	拉5m线，不足5m拉通线，用钢直尺检查

注：1) 普通抹灰，本表第3项阴角方正可不检查；
2) 顶棚抹灰，本表第2项表面平整度可不检查，但应平顺。

4.3 装饰抹灰工程

4.3.1 本节适用于水刷石、斩假石、干粘石、假面砖等装饰抹灰工程的质量验收。

主控项目

4.3.2 抹灰前基层表面的尘土、污垢、油渍等应清除干净，并应洒水润湿。

检验方法：检查施工记录。

4.3.3 装饰抹灰工程所用材料的品种和性能应符合设计要求。水泥的凝结时间和安定性复验应合格。砂浆的配合比应符合设计要求。

检验方法：检查产品合格证书、进场验收记录、复验报告和施工记录。

4.3.4 抹灰工程应分层进行。当抹灰总厚度大于或等于35mm时，应采取加强措施。不同材料基体交接处表面的抹灰，应采取防止开裂的加强措施，当采用加强网时，加强网与各基体的搭接宽度不应小于100mm。

检验方法：检查隐蔽工程验收记录和施工记录。

4.3.5 各抹灰层之间及抹灰层与基体之间必须粘结牢固，抹灰层应无脱层、空鼓和裂缝。

检验方法：观察；用小锤轻击检查；检查施工记录。

一般项目

4.3.6 装饰抹灰工程的表面质量应符合下列规定：
1 水刷石表面应石粒清晰、分布均匀、紧密平整、色泽一致，应无掉粒和接槎痕迹。
2 斩假石表面剁纹应均匀顺直、深浅一致，应无漏剁处；阳角处应横剁并留出宽窄一致的不剁边条，棱角应无损坏。
3 干粘石表面应色泽一致、不露浆、不漏粘，石粒应粘结牢固、分布均匀，阳角处应无明显黑边。
4 假面砖表面应平整、沟纹清晰、留缝整齐、色泽一致，应无掉角、脱皮、起砂等缺陷。

检验方法：观察；手摸检查。

4.3.7 装饰抹灰分格条（缝）的设置应符合设计要求，宽度和深度应均匀，表面应平整光滑，棱角应整齐。

检验方法：观察。

4.3.8 有排水要求的部位应做滴水线（槽）。滴水线（槽）应整齐顺直，滴水线应内高外低，滴水槽的宽度和深度均不应小于10mm。

检验方法：观察；尺量检查。

4.3.9 装饰抹灰工程质量的允许偏差和检验方法应符合表4.3.9的规定。

表 4.3.9 装饰抹灰的允许偏差和检验方法

项次	项目	允许偏差（mm）				检验方法
		水刷石	斩假石	干粘石	假面砖	
1	立面垂直度	5	4	5	5	用2m垂直检测尺检查
2	表面平整度	3	3	5	4	用2m靠尺和塞尺检查
3	阳角方正	3	3	4	4	用直角检测尺检查
4	分格条（缝）直线度	3	3	3	3	拉5m线，不足5m拉通线，用钢直尺检查
5	墙裙、勒脚上口直线度	3	3	—	—	拉5m线，不足5m拉通线，用钢直尺检查

4.4 清水砌体勾缝工程

4.4.1 本节适用于清水砌体砂浆勾缝和原浆勾缝工程的质量验收。

主 控 项 目

4.4.2 清水砌体勾缝所用水泥的凝结时间和安定性复验应合格。砂浆的配合比应符合设计要求。

检验方法：检查复验报告和施工记录。

4.4.3 清水砌体勾缝应无漏勾。勾缝材料应粘结牢固、无开裂。

检验方法：观察。

一 般 项 目

4.4.4 清水砌体勾缝应横平竖直，交接处应平顺，宽度和深度应均匀，表面应压实抹平。

检验方法：观察；尺量检查。

4.4.5 灰缝应颜色一致，砌体表面应洁净。

检验方法：观察。

5 门 窗 工 程

5.1 一 般 规 定

5.1.1 本章适用于木门窗制作与安装、金属门窗安装、塑料门窗安装、特种门安装、门窗玻璃安装等分项工程的质量验收。

5.1.2 门窗工程验收时应检查下列文件和记录：

 1 门窗工程的施工图、设计说明及其他设计文件。

 2 材料的产品合格证书、性能检测报告、进场验收记录和复验报告。

 3 特种门及其附件的生产许可文件。

 4 隐蔽工程验收记录。

 5 施工记录。

5.1.3 门窗工程应对下列材料及其性能指标进行复验：

 1 人造木板的甲醛含量。

 2 建筑外墙金属窗、塑料窗的抗风压性能、空气渗透性能和雨水渗漏性能。

5.1.4 门窗工程应对下列隐蔽工程项目进行验收：

 1 预埋件和锚固件。

 2 隐蔽部位的防腐、填嵌处理。

5.1.5 各分项工程的检验批应按下列规定划分：

 1 同一品种、类型和规格的木门窗、金属门窗、塑料门窗及门窗玻璃每100樘应划分为一个检验批，不足100樘也应划分为一个检验批。

 2 同一品种、类型和规格的特种门每50樘应划分为一个检验批，不足50樘也应划分为一个检验批。

5.1.6 检查数量应符合下列规定：

 1 木门窗、金属门窗、塑料门窗及门窗玻璃，每个检验批应至少抽查5%，并不得少于3樘，不足3樘时应全数检查；高层建筑的外窗，每个检验批应至少抽查10%，并不得少于6樘，不足6樘时应全数检查。

 2 特种门每个检验批应至少抽查50%，并不得少于10樘，不足10樘时应全数检查。

5.1.7 门窗安装前，应对门窗洞口尺寸进行检验。

5.1.8 金属门窗和塑料门窗安装应采用预留洞口的方法施工，不得采用边安装边砌口或先安装后砌口的方法施工。

5.1.9 木门窗与砖石砌体、混凝土或抹灰层接触处应进行防腐处理并应设置防潮层；埋入砌体或混凝土中的木砖应进行防腐处理。

5.1.10 当金属窗或塑料窗组合时，其拼樘料的尺寸、规格、壁厚应符合设计要求。

5.1.11 建筑外门窗的安装必须牢固。在砌体上安装门窗严禁用射钉固定。

5.1.12 特种门安装除应符合设计要求和本规范规定外，还应符合有关专业标准和主管部门的规定。

5.2 木门窗制作与安装工程

5.2.1 本节适用于木门窗制作与安装工程的质量验收。

主 控 项 目

5.2.2 木门窗的木材品种、材质等级、规格、尺寸、框扇的线型及人造木板的甲醛含量应符合设计要求。设计未规定材质等级时，所用木材的质量应符合本规范附录A的规定。

检验方法：观察；检查材料进场验收记录和复验报告。

5.2.3 木门窗应采用烘干的木材，含水率应符合《建筑木门、木窗》（JG/T 122）的规定。

检验方法：检查材料进场验收记录。

5.2.4 木门窗的防火、防腐、防虫处理应符合设计要求。

检验方法：观察；检查材料进场验收记录。

5.2.5 木门窗的结合处和安装配件处不得有木节或已填补的木节。木门窗如有允许限值以内的死节及直径较大的虫眼时，应用同一材质的木塞加胶填补。对于清漆制品，木塞的木纹和色泽应与制品一致。

检验方法：观察。

5.2.6 门窗框和厚度大于50mm的门窗扇应用双榫连接。榫槽应采用胶料严密嵌合，并应用胶楔加紧。

检验方法：观察；手扳检查。

5.2.7 胶合板门、纤维板门和模压门不得脱胶。胶合板不得刨透表层单板，不得有戗槎。制作胶合板门、纤维板门时，边框和横楞应在同一平面上，面层、边框及横楞应加压胶结。横楞和上、下冒头应各钻两个以上的透气孔，透气孔应通畅。

检验方法：观察。

5.2.8 木门窗的品种、类型、规格、开启方向、安装位置及连接方式应符合设计要求。

检验方法：观察；尺量检查；检查成品门的产品合格证书。

5.2.9 木门窗框的安装必须牢固。预埋木砖的防腐处理、木门窗框固定点的数量、位置及固定方法应符合设计要求。

检验方法：观察；手扳检查；检查隐蔽工程验收记录和施工记录。

5.2.10 木门窗扇必须安装牢固，并应开关灵活，关闭严密，无倒翘。

检验方法：观察；开启和关闭检查；手扳检查。

5.2.11 木门窗配件的型号、规格、数量应符合设计要求，安装应牢固，位置应正确，功能应满足使用要求。

检验方法：观察；开启和关闭检查；手扳检查。

一 般 项 目

5.2.12 木门窗表面应洁净，不得有刨痕、锤印。

检验方法：观察。

5.2.13 木门窗的割角、拼缝应严密平整。门窗框、扇裁口应顺直，刨面应平整。

检验方法：观察。

5.2.14 木门窗上的槽、孔应边缘整齐，无毛刺。

检验方法：观察。

5.2.15 木门窗与墙体间缝隙的填嵌材料应符合设计要求，填嵌应饱满。寒冷地区外门窗（或门窗框）与砌体间的空隙应填充保温材料。

检验方法：轻敲门窗框检查；检查隐蔽工程验收记录和施工记录。

5.2.16 木门窗批水、盖口条、压缝条、密封条的安装应顺直，与门窗结合应牢固、严密。

检验方法：观察；手扳检查。

5.2.17 木门窗制作的允许偏差和检验方法应符合表5.2.17的规定。

表5.2.17 木门窗制作的允许偏差和检验方法

项次	项 目	构件名称	允许偏差（mm）		检验方法
			普通	高级	
1	翘曲	框	3	2	将框、扇平放在检查平台上，用塞尺检查
		扇	2	2	
2	对角线长度差	框、扇	3	2	用钢尺检查，框量裁口里角，扇量外角
3	表面平整度	扇	2	2	用1m靠尺和塞尺检查
4	高度、宽度	框	0；-2	0；-1	用钢尺检查，框量裁口里角，扇量外角
		扇	+2；0	+1；0	
5	裁口、线条结合处高低差	框、扇	1	0.5	用钢直尺和塞尺检查
6	相邻棂子两端间距	扇	—	—	用钢直尺检查

5.2.18 木门窗安装的留缝限值、允许偏差和检验方法应符合表5.2.18的规定。

表5.2.18 木门窗安装的留缝限值、允许偏差和检验方法

项次	项 目	留缝限值（mm）		允许偏差（mm）		检验方法
		普通	高级	普通	高级	
1	门窗槽口对角线长度差	—	—	3	2	用钢尺检查
2	门窗框的正、侧面垂直度	—	—	2	1	用1m垂直检测尺检查
3	框与扇、扇与扇接缝高低差	—	—	2	1	用钢直尺和塞尺检查
4	门窗扇对口缝	1～2.5	1.5～2.5	—	—	用塞尺检查

续表

项次	项目	留缝限值(mm) 普通	留缝限值(mm) 高级	允许偏差(mm) 普通	允许偏差(mm) 高级	检验方法
5	工业厂房双扇大门对口缝	2~5	—	—	—	
6	门窗扇与上框间留缝	1~2	1~1.5			
7	门窗扇与侧框间留缝	1~2.5	1~1.5			用塞尺检查
8	窗扇与下框间留缝	2~3	2~2.5			
9	门扇与下框间留缝	3~5	3~4			
10	双层门窗内外框间距	—	—	4	3	用钢尺检查
11	无下框时门扇与地面间留缝 外门	4~7	5~6			用塞尺检查
	内门	5~8	6~7			
	卫生间门	8~12	8~10			
	厂房大门	10~20	—			

5.3 金属门窗安装工程

5.3.1 本节适用于钢门窗、铝合金门窗、涂色镀锌钢板门窗等金属门窗安装工程的质量验收。

主控项目

5.3.2 金属门窗的品种、类型、规格、尺寸、性能、开启方向、安装位置、连接方式及铝合金门窗的型材壁厚应符合设计要求。金属门窗的防腐处理及填嵌密封处理应符合设计要求。

检验方法：观察；尺量检查；检查产品合格证书、性能检测报告、进场验收记录和复验报告；检查隐蔽工程验收记录。

5.3.3 金属门窗框和副框的安装必须牢固。预埋件的数量、位置、埋设方式、与框的连接方式必须符合设计要求。

检验方法：手扳检查；检查隐蔽工程验收记录。

5.3.4 金属门窗扇必须安装牢固，并应开关灵活、关闭严密，无倒翘。推拉门窗扇必须有防脱落措施。

检验方法：观察；开启和关闭检查；手扳检查。

5.3.5 金属门窗配件的型号、规格、数量应符合设计要求，安装应牢固，位置应正确，功能应满足使用要求。

检验方法：观察；开启和关闭检查；手扳检查。

一般项目

5.3.6 金属门窗表面应洁净、平整、光滑、色泽一致，无锈蚀。大面应无划痕、碰伤。漆膜或保护层应连续。

检验方法：观察。

5.3.7 铝合金门窗推拉门窗扇开关力应不大于100N。

检验方法：用弹簧秤检查。

5.3.8 金属门窗框与墙体之间的缝隙应填嵌饱满，并采用密封胶密封。密封胶表面应光滑、顺直，无裂纹。

检验方法：观察；轻敲门窗框检查；检查隐蔽工程验收记录。

5.3.9 金属门窗扇的橡胶密封条或毛毡密封条应安装完好，不得脱槽。

检验方法：观察；开启和关闭检查。

5.3.10 有排水孔的金属门窗，排水孔应畅通，位置和数量应符合设计要求。

检验方法：观察。

5.3.11 钢门窗安装的留缝限值、允许偏差和检验方法应符合表5.3.11的规定。

表5.3.11 钢门窗安装的留缝限值、允许偏差和检验方法

项次	项目		留缝限值(mm)	允许偏差(mm)	检验方法
1	门窗槽口宽度、高度	≤1500mm	—	2.5	用钢尺检查
		>1500mm	—	3.5	
2	门窗槽口对角线长度差	≤2000mm	—	5	用钢尺检查
		>2000mm	—	6	
3	门窗框的正、侧面垂直度		—	3	用1m垂直检测尺检查
4	门窗横框的水平度		—	3	用1m水平尺和塞尺检查
5	门窗横框标高		—	5	用钢尺检查
6	门窗竖向偏离中心		—	4	用钢尺检查
7	双层门窗内外框间距		—	5	用钢尺检查
8	门窗框、扇配合间隙		≤2	—	用塞尺检查
9	无下框时门扇与地面间留缝		4~8	—	用塞尺检查

5.3.12 铝合金门窗安装的允许偏差和检验方法应符合表 5.3.12 的规定。

表 5.3.12　铝合金门窗安装的允许偏差和检验方法

项次	项　目		允许偏差(mm)	检验方法
1	门窗槽口宽度、高度	≤1500mm	1.5	用钢尺检查
		>1500mm	2	
2	门窗槽口对角线长度差	≤2000mm	3	用钢尺检查
		>2000mm	4	
3	门窗框的正、侧面垂直度		2.5	用垂直检测尺检查
4	门窗横框的水平度		2	用1m水平尺和塞尺检查
5	门窗横框标高		5	用钢尺检查
6	门窗竖向偏离中心		5	用钢尺检查
7	双层门窗内外框间距		4	用钢尺检查
8	推拉门窗扇与框搭接量		1.5	用钢直尺检查

5.3.13 涂色镀锌钢板门窗安装的允许偏差和检验方法应符合表 5.3.13 的规定。

表 5.3.13　涂色镀锌钢板门窗安装的允许偏差和检验方法

项次	项　目		允许偏差(mm)	检验方法
1	门窗槽口宽度、高度	≤1500mm	2	用钢尺检查
		>1500mm	3	
2	门窗槽口对角线长度差	≤2000mm	4	用钢尺检查
		>2000mm	5	
3	门窗框的正、侧面垂直度		3	用垂直检测尺检查
4	门窗横框的水平度		3	用1m水平尺和塞尺检查
5	门窗横框标高		5	用钢尺检查
6	门窗竖向偏离中心		5	用钢尺检查
7	双层门窗内外框间距		4	用钢尺检查
8	推拉门窗扇与框搭接量		2	用钢直尺检查

5.4　塑料门窗安装工程

5.4.1　本节适用于塑料门窗安装工程的质量验收。

主　控　项　目

5.4.2　塑料门窗的品种、类型、规格、尺寸、开启方向、安装位置、连接方式及填嵌密封处理应符合设计要求，内衬增强型钢的壁厚及设置应符合国家现行产品标准的质量要求。

检验方法：观察；尺量检查；检查产品合格证书、性能检测报告、进场验收记录和复验报告；检查隐蔽工程验收记录。

5.4.3　塑料门窗框、副框和扇的安装必须牢固。固定片或膨胀螺栓的数量与位置应正确，连接方式应符合设计要求。固定点应距窗角、中横框、中竖框150～200mm，固定点间距应不大于600mm。

检验方法：观察；手扳检查；检查隐蔽工程验收记录。

5.4.4　塑料门窗拼樘料内衬增强型钢的规格、壁厚必须符合设计要求，型钢应与型材内腔紧密吻合，其两端必须与洞口固定牢固。窗框必须与拼樘料连接紧密，固定点间距应不大于600mm。

检验方法：观察；手扳检查；尺量检查；检查进场验收记录。

5.4.5　塑料门窗扇应开关灵活、关闭严密，无倒翘。推拉门窗扇必须有防脱落措施。

检验方法：观察；开启和关闭检查；手扳检查。

5.4.6　塑料门窗配件的型号、规格、数量应符合设计要求，安装应牢固，位置应正确，功能应满足使用要求。

检验方法：观察；手扳检查；尺量检查。

5.4.7　塑料门窗框与墙体间缝隙应采用闭孔弹性材料填嵌饱满，表面应采用密封胶密封。密封胶应粘结牢固，表面应光滑、顺直、无裂纹。

检验方法：观察；检查隐蔽工程验收记录。

一　般　项　目

5.4.8　塑料门窗表面应洁净、平整、光滑，大面应无划痕、碰伤。

检验方法：观察。

5.4.9　塑料门窗扇的密封条不得脱槽。旋转窗间隙应基本均匀。

5.4.10　塑料门窗扇的开关力应符合下列规定：

1　平开门窗扇平铰链的开关力应不大于80N；滑撑铰链的开关力应不大于80N，并不小于30N。

2　推拉门窗扇的开关力应不大于100N。

检验方法：观察；用弹簧秤检查。

5.4.11　玻璃密封条与玻璃及玻璃槽口的接缝应平整，不得卷边、脱槽。

检验方法：观察。

5.4.12 排水孔应畅通，位置和数量应符合设计要求。

检验方法：观察。

5.4.13 塑料门窗安装的允许偏差和检验方法应符合表5.4.13的规定。

表 5.4.13 塑料门窗安装的允许偏差和检验方法

项次	项 目		允许偏差（mm）	检验方法
1	门窗槽口宽度、高度	≤1500mm	2	用钢尺检查
		>1500mm	3	
2	门窗槽口对角线长度差	≤2000mm	3	用钢尺检查
		>2000mm	5	
3	门窗框的正、侧面垂直度		3	用1m垂直检测尺检查
4	门窗横框的水平度		3	用1m水平尺和塞尺检查
5	门窗横框标高		5	用钢尺检查
6	门窗竖向偏离中心		5	用钢直尺检查
7	双层门窗内外框间距		4	用钢尺检查
8	同樘平开门窗相邻扇高度差		2	用钢直尺检查
9	平开门窗铰链部位配合间隙		+2；-1	用塞尺检查
10	推拉门窗扇与框搭接量		+1.5；-2.5	用钢直尺检查
11	推拉门窗扇与竖框平行度		2	用1m水平尺和塞尺检查

5.5 特种门安装工程

5.5.1 本节适用于防火门、防盗门、自动门、全玻门、旋转门、金属卷帘门等特种门安装工程的质量验收。

主 控 项 目

5.5.2 特种门的质量和各项性能应符合设计要求。

检验方法：检查生产许可证、产品合格证书和性能检测报告。

5.5.3 特种门的品种、类型、规格、尺寸、开启方向、安装位置及防腐处理应符合设计要求。

检验方法：观察；尺量检查；检查进场验收记录和隐蔽工程验收记录。

5.5.4 带有机械装置、自动装置或智能化装置的特种门，其机械装置、自动装置或智能化装置的功能应符合设计要求和有关标准的规定。

检验方法：启动机械装置、自动装置或智能化装置，观察。

5.5.5 特种门的安装必须牢固。预埋件的数量、位置、埋设方式、与框的连接方式必须符合设计要求。

检验方法：观察；手扳检查；检查隐蔽工程验收记录。

5.5.6 特种门的配件应齐全，位置应正确，安装应牢固，功能应满足使用要求和特种门的各项性能要求。

检验方法：观察；手扳检查；检查产品合格证书、性能检测报告和进场验收记录。

一 般 项 目

5.5.7 特种门的表面装饰应符合设计要求。

检验方法：观察。

5.5.8 特种门的表面应洁净，无划痕、碰伤。

检验方法：观察。

5.5.9 推拉自动门安装的留缝限值、允许偏差和检验方法应符合表5.5.9的规定。

表 5.5.9 推拉自动门安装的留缝限值、允许偏差和检验方法

项次	项 目		留缝限值（mm）	允许偏差（mm）	检验方法
1	门槽口宽度、高度	≤1500mm	—	1.5	用钢尺检查
		>1500mm	—	2	
2	门槽口对角线长度差	≤2000mm	—	2	用钢尺检查
		>2000mm	—	2.5	
3	门框的正、侧面垂直度		—	1	用1m垂直检测尺检查
4	门构件装配间隙		—	0.3	用塞尺检查
5	门梁导轨水平度		—	1	用1m水平尺和塞尺检查
6	下导轨与门梁导轨平行度		—	1.5	用钢尺检查
7	门扇与侧框间留缝		1.2～1.8	—	用塞尺检查
8	门扇对口缝		1.2～1.8	—	用塞尺检查

5.5.10 推拉自动门的感应时间限值和检验方法应符合表5.5.10的规定。

表 5.5.10 推拉自动门的感应时间限值和检验方法

项次	项 目	感应时间限值（s）	检验方法
1	开门响应时间	≤0.5	用秒表检查
2	堵门保护延时	16～20	用秒表检查
3	门扇全开启后保持时间	13～17	用秒表检查

5.5.11 旋转门安装的允许偏差和检验方法应符合表5.5.11的规定。

表 5.5.11 旋转门安装的允许偏差和检验方法

项次	项 目	允许偏差（mm）		检验方法
		金属框架玻璃旋转门	木质旋转门	
1	门扇正、侧面垂直度	1.5	1.5	用1m垂直检测尺检查
2	门扇对角线长度差	1.5	1.5	用钢尺检查
3	相邻扇高度差	1	1	用钢尺检查
4	扇与圆弧边留缝	1.5	2	用塞尺检查
5	扇与上顶间留缝	2	2.5	用塞尺检查
6	扇与地面间留缝	2	2.5	用塞尺检查

5.6 门窗玻璃安装工程

5.6.1 本节适用于平板、吸热、反射、中空、夹层、夹丝、磨砂、钢化、压花玻璃等玻璃安装工程的质量验收。

主 控 项 目

5.6.2 玻璃的品种、规格、尺寸、色彩、图案和涂膜朝向应符合设计要求。单块玻璃大于 1.5m² 时应使用安全玻璃。

检验方法：观察；检查产品合格证书、性能检测报告和进场验收记录。

5.6.3 门窗玻璃裁割尺寸应正确。安装后的玻璃应牢固，不得有裂纹、损伤和松动。

检验方法：观察；轻敲检查。

5.6.4 玻璃的安装方法应符合设计要求。固定玻璃的钉子或钢丝卡的数量、规格应保证玻璃安装牢固。

检验方法：观察；检查施工记录。

5.6.5 镶钉木压条接触玻璃处，应与裁口边缘平齐。木压条应互相紧密连接，并与裁口边缘紧贴，割角应整齐。

检验方法：观察。

5.6.6 密封条与玻璃、玻璃槽口的接触应紧密、平整。密封胶与玻璃、玻璃槽口的边缘应粘结牢固、接缝平齐。

检验方法：观察。

5.6.7 带密封条的玻璃压条，其密封条必须与玻璃全部贴紧，压条与型材之间无明显缝隙，压条接缝应不大于 0.5mm。

检验方法：观察；尺量检查。

一 般 项 目

5.6.8 玻璃表面应洁净，不得有腻子、密封胶、涂料等污渍。中空玻璃内外表面均应洁净，玻璃中空层内不得有灰尘和水蒸气。

检验方法：观察。

5.6.9 门窗玻璃不应直接接触型材。单面镀膜玻璃的镀膜层及磨砂玻璃的磨砂面应朝向室内。中空玻璃的单面镀膜玻璃应在最外层，镀膜层应朝向室内。

检验方法：观察。

5.6.10 腻子应填抹饱满、粘结牢固；腻子边缘与裁口应平齐。固定玻璃的卡子不应在腻子表面显露。

检验方法：观察。

6 吊 顶 工 程

6.1 一 般 规 定

6.1.1 本章适用于暗龙骨吊顶、明龙骨吊顶等分项工程的质量验收。

6.1.2 吊顶工程验收时应检查下列文件和记录：
1 吊顶工程的施工图、设计说明及其他设计文件。
2 材料的产品合格证书、性能检测报告、进场验收记录和复验报告。
3 隐蔽工程验收记录。
4 施工记录。

6.1.3 吊顶工程应对人造木板的甲醛含量进行复验。

6.1.4 吊顶工程应对下列隐蔽工程项目进行验收：
1 吊顶内管道、设备的安装及水管试压。
2 木龙骨防火、防腐处理。
3 预埋件或拉结筋。
4 吊杆安装。
5 龙骨安装。
6 填充材料的设置。

6.1.5 各分项工程的检验批应按下列规定划分：
同一品种的吊顶工程每 50 间（大面积房间和走廊按吊顶面积 30m² 为一间）应划分为一个检验批，不足 50 间也应划分为一个检验批。

6.1.6 检查数量应符合下列规定：
每个检验批应至少抽查10%，并不得少于 3 间；不足 3 间时应全数检查。

6.1.7 安装龙骨前，应按设计要求对房间净高、洞口标高和吊顶内管道、设备及其支架的标高进行交接检验。

6.1.8 吊顶工程的木吊杆、木龙骨和木饰面板必须进行防火处理，并应符合有关设计防火规范的规定。

6.1.9 吊顶工程中的预埋件、钢筋吊杆和型钢吊杆应进行防锈处理。

6.1.10 安装饰面板前应完成吊顶内管道和设备的调试及验收。

6.1.11 吊杆距主龙骨端部距离不得大于300mm，当大于300mm时，应增加吊杆。当吊杆长度大于1.5m时，应设置反支撑。当吊杆与设备相遇时，应调整并增设吊杆。

6.1.12 重型灯具、电扇及其他重型设备严禁安装在吊顶工程的龙骨上。

6.2 暗龙骨吊顶工程

6.2.1 本节适用于以轻钢龙骨、铝合金龙骨、木龙骨等为骨架，以石膏板、金属板、矿棉板、木板、塑料板或格栅等为饰面材料的暗龙骨吊顶工程的质量验收。

主 控 项 目

6.2.2 吊顶标高、尺寸、起拱和造型应符合设计要求。
  检验方法：观察；尺量检查。

6.2.3 饰面材料的材质、品种、规格、图案和颜色应符合设计要求。
  检验方法：观察；检查产品合格证书、性能检测报告、进场验收记录和复验报告。

6.2.4 暗龙骨吊顶工程的吊杆、龙骨和饰面材料的安装必须牢固。
  检验方法：观察；手扳检查；检查隐蔽工程验收记录和施工记录。

6.2.5 吊杆、龙骨的材质、规格、安装间距及连接方式应符合设计要求。金属吊杆、龙骨应经过表面防腐处理；木吊杆、龙骨应进行防腐、防火处理。
  检验方法：观察；尺量检查；检查产品合格证书、性能检测报告、进场验收记录和隐蔽工程验收记录。

6.2.6 石膏板的接缝应按其施工工艺标准进行板缝防裂处理。安装双层石膏板时，面层板与基层板的接缝应错开，并不得在同一根龙骨上接缝。
  检验方法：观察。

一 般 项 目

6.2.7 饰面材料表面应洁净、色泽一致，不得有翘曲、裂缝及缺损。压条应平直、宽窄一致。
  检验方法：观察；尺量检查。

6.2.8 饰面板上的灯具、烟感器、喷淋头、风口篦子等设备的位置应合理、美观，与饰面板的交接应吻合、严密。
  检验方法：观察。

6.2.9 金属吊杆、龙骨的接缝应均匀一致，角缝应吻合，表面应平整，无翘曲、锤印。木质吊杆、龙骨应顺直，无劈裂、变形。
  检验方法：检查隐蔽工程验收记录和施工记录。

6.2.10 吊顶内填充吸声材料的品种和铺设厚度应符合设计要求，并应有防散落措施。
  检验方法：检查隐蔽工程验收记录和施工记录。

6.2.11 暗龙骨吊顶工程安装的允许偏差和检验方法应符合表6.2.11的规定。

表6.2.11 暗龙骨吊顶工程安装的允许偏差和检验方法

项次	项目	允许偏差（mm）				检验方法
		纸面石膏板	金属板	矿棉板	木板、塑料板、格栅	
1	表面平整度	3	2	2	2	用2m靠尺和塞尺检查
2	接缝直线度	3	1.5	3	3	拉5m线，不足5m拉通线，用钢直尺检查
3	接缝高低差	1	1	1.5	1	用钢直尺和塞尺检查

6.3 明龙骨吊顶工程

6.3.1 本节适用于以轻钢龙骨、铝合金龙骨、木龙骨等为骨架，以石膏板、金属板、矿棉板、塑料板、玻璃板或格栅等为饰面材料的明龙骨吊顶工程的质量验收。

主 控 项 目

6.3.2 吊顶标高、尺寸、起拱和造型应符合设计要求。
  检验方法：观察；尺量检查。

6.3.3 饰面材料的材质、品种、规格、图案和颜色应符合设计要求。当饰面材料为玻璃板时，应使用安全玻璃或采取可靠的安全措施。
  检验方法：观察；检查产品合格证书、性能检测报告和进场验收记录。

6.3.4 饰面材料的安装应稳固严密。饰面材料与龙骨的搭接宽度应大于龙骨受力面宽度的2/3。
  检验方法：观察；手扳检查；尺量检查。

6.3.5 吊杆、龙骨的材质、规格、安装间距及连接方式应符合设计要求。金属吊杆、龙骨应进行表面防腐处理；木龙骨应进行防腐、防火处理。
  检验方法：观察；尺量检查；检查产品合格证书、进场验收记录和隐蔽工程验收记录。

6.3.6 明龙骨吊顶工程的吊杆和龙骨安装必须牢固。
  检验方法：手扳检查；检查隐蔽工程验收记录和施工记录。

一 般 项 目

6.3.7 饰面材料表面应洁净、色泽一致，不得有翘曲、裂缝及缺损。饰面板与明龙骨的搭接应平整、吻合，压条应平直、宽窄一致。

检验方法：观察；尺量检查。

6.3.8 饰面板上的灯具、烟感器、喷淋头、风口箅子等设备的位置应合理、美观，与饰面板的交接应吻合、严密。

检验方法：观察。

6.3.9 金属龙骨的接缝应平整、吻合、颜色一致，不得有划伤、擦伤等表面缺陷。木质龙骨应平整、顺直，无劈裂。

检验方法：观察。

6.3.10 吊顶内填充吸声材料的品种和铺设厚度应符合设计要求，并应有防散落措施。

检验方法：检查隐蔽工程验收记录和施工记录。

6.3.11 明龙骨吊顶工程安装的允许偏差和检验方法应符合表6.3.11的规定。

表6.3.11　明龙骨吊顶工程安装的允许偏差和检验方法

项次	项目	允许偏差（mm）				检验方法
		石膏板	金属板	矿棉板	塑料板、玻璃板	
1	表面平整度	3	2	3	2	用2m靠尺和塞尺检查
2	接缝直线度	3	2	3	3	拉5m线，不足5m拉通线，用钢直尺检查
3	接缝高低差	1	1	2	1	用钢直尺和塞尺检查

7 轻质隔墙工程

7.1 一般规定

7.1.1 本章适用于板材隔墙、骨架隔墙、活动隔墙、玻璃隔墙等分项工程的质量验收。

7.1.2 轻质隔墙工程验收时应检查下列文件和记录：

　　1 轻质隔墙工程的施工图、设计说明及其他设计文件。

　　2 材料的产品合格证书、性能检测报告、进场验收记录和复验报告。

　　3 隐蔽工程验收记录。

　　4 施工记录。

7.1.3 轻质隔墙工程应对人造木板的甲醛含量进行复验。

7.1.4 轻质隔墙工程应对下列隐蔽工程项目进行验收：

　　1 骨架隔墙中设备管线的安装及水管试压。

　　2 木龙骨防火、防腐处理。

　　3 预埋件或拉结筋。

　　4 龙骨安装。

　　5 填充材料的设置。

7.1.5 各分项工程的检验批应按下列规定划分：

同一品种的轻质隔墙工程每50间（大面积房间和走廊按轻质隔墙的墙面30m²为一间）应划分为一个检验批，不足50间也应划分为一个检验批。

7.1.6 轻质隔墙与顶棚和其他墙体的交接处应采取防开裂措施。

7.1.7 民用建筑轻质隔墙工程的隔声性能应符合现行国家标准《民用建筑隔声设计规范》（GBJ 118）的规定。

7.2 板材隔墙工程

7.2.1 本节适用于复合轻质墙板、石膏空心板、预制或现制的钢丝网水泥板等板材隔墙工程的质量验收。

7.2.2 板材隔墙工程的检查数量应符合下列规定：

每个检验批应至少抽查10%，并不得少于3间；不足3间时应全数检查。

主控项目

7.2.3 隔墙板材的品种、规格、性能、颜色应符合设计要求。有隔声、隔热、阻燃、防潮等特殊要求的工程，板材应有相应性能等级的检测报告。

检验方法：观察；检查产品合格证书、进场验收记录和性能检测报告。

7.2.4 安装隔墙板材所需预埋件、连接件的位置、数量及连接方法应符合设计要求。

检验方法：观察；尺量检查；检查隐蔽工程验收记录。

7.2.5 隔墙板材安装必须牢固。现制钢丝网水泥隔墙与周边墙体的连接方法应符合设计要求，并应连接牢固。

检验方法：观察；手扳检查。

7.2.6 隔墙板材所用接缝材料的品种及接缝方法应符合设计要求。

检验方法：观察；检查产品合格证书和施工记录。

一般项目

7.2.7 隔墙板材安装应垂直、平整、位置正确，板材不应有裂缝或缺损。

检验方法：观察；尺量检查。

7.2.8 板材隔墙表面应平整光滑、色泽一致、洁净，接缝应均匀、顺直。

检验方法：观察；手摸检查。

7.2.9 隔墙上的孔洞、槽、盒应位置正确，套割方正、边缘整齐。

检验方法：观察。

7.2.10 板材隔墙安装的允许偏差和检验方法应符合表7.2.10的规定。

表7.2.10　板材隔墙安装的允许偏差和检验方法

项次	项目	允许偏差（mm）			检验方法
		复合轻质墙板		石膏空心板	钢丝网水泥板	
		金属夹芯板	其他复合板			
1	立面垂直度	2	3	3	3	用2m垂直检测尺检查
2	表面平整度	2	3	3	3	用2m靠尺和塞尺检查
3	阴阳角方正	3	3	3	4	用直角检测尺检查
4	接缝高低差	1	2	3	3	用钢直尺和塞尺检查

7.3 骨架隔墙工程

7.3.1 本节适用于以轻钢龙骨、木龙骨等为骨架，以纸面石膏板、人造木板、水泥纤维板等为墙面板的隔墙工程的质量验收。

7.3.2 骨架隔墙工程的检查数量应符合下列规定：

每个检验批应至少抽查10%，并不得少于3间；不足3间时应全数检查。

主控项目

7.3.3 骨架隔墙所用龙骨、配件、墙面板、填充材料及嵌缝材料的品种、规格、性能和木材的含水率应符合设计要求。有隔声、隔热、阻燃、防潮等特殊要求的工程，材料应有相应性能等级的检测报告。

检验方法：观察；检查产品合格证书、进场验收记录、性能检测报告和复验报告。

7.3.4 骨架隔墙工程边框龙骨必须与基体结构连接牢固，并应平整、垂直、位置正确。

检验方法：手扳检查；尺量检查；检查隐蔽工程验收记录。

7.3.5 骨架隔墙中龙骨间距和构造连接方法应符合设计要求。骨架内设备管线的安装、门窗洞口等部位加强龙骨应安装牢固、位置正确，填充材料的设置应符合设计要求。

检验方法：检查隐蔽工程验收记录。

7.3.6 木龙骨及木墙面板的防火和防腐处理必须符合设计要求。

检验方法：检查隐蔽工程验收记录。

7.3.7 骨架隔墙的墙面板应安装牢固，无脱层、翘曲、折裂及缺损。

检验方法：观察；手扳检查。

7.3.8 墙面板所用接缝材料的接缝方法应符合设计要求。

检验方法：观察。

一般项目

7.3.9 骨架隔墙表面应平整光滑、色泽一致、洁净、无裂缝，接缝应均匀、顺直。

检验方法：观察；手摸检查。

7.3.10 骨架隔墙上的孔洞、槽、盒应位置正确、套割吻合、边缘整齐。

检验方法：观察。

7.3.11 骨架隔墙内的填充材料应干燥，填充应密实、均匀、无下坠。

检验方法：轻敲检查；检查隐蔽工程验收记录。

7.3.12 骨架隔墙安装的允许偏差和检验方法应符合表7.3.12的规定。

表7.3.12　骨架隔墙安装的允许偏差和检验方法

项次	项目	允许偏差（mm）		检验方法
		纸面石膏板	人造木板、水泥纤维板	
1	立面垂直度	3	4	用2m垂直检测尺检查
2	表面平整度	3	3	用2m靠尺和塞尺检查
3	阴阳角方正	3	3	用直角检测尺检查
4	接缝直线度	—	3	拉5m线，不足5m拉通线，用钢直尺检查
5	压条直线度	—	3	拉5m线，不足5m拉通线，用钢直尺检查
6	接缝高低差	1	1	用钢直尺和塞尺检查

7.4 活动隔墙工程

7.4.1 本节适用于各种活动隔墙工程的质量验收。

7.4.2 活动隔墙工程的检查数量应符合下列规定：

每个检验批应至少抽查20%，并不得少于6间；不足6间时应全数检查。

主控项目

7.4.3 活动隔墙所用墙板、配件等材料的品种、规格、性能和木材的含水率应符合设计要求。有阻燃、防潮等特性要求的工程，材料应有相应性能等级的检测报告。

检验方法：观察；检查产品合格证书、进场验收记录、性能检测报告和复验报告。

7.4.4 活动隔墙轨道必须与基体结构连接牢固，并应位置正确。

检验方法：尺量检查；手扳检查。

7.4.5 活动隔墙用于组装、推拉和制动的构配件必须安装牢固、位置正确，推拉必须安全、平稳、灵活。

检验方法：尺量检查；手扳检查；推拉检查。

7.4.6 活动隔墙制作方法、组合方式应符合设计要求。

检验方法：观察。

一 般 项 目

7.4.7 活动隔墙表面应色泽一致、平整光滑、洁净，线条应顺直、清晰。

检验方法：观察；手摸检查。

7.4.8 活动隔墙上的孔洞、槽、盒应位置正确、套割吻合、边缘整齐。

检验方法：观察；尺量检查。

7.4.9 活动隔墙推拉应无噪声。

检验方法：推拉检查。

7.4.10 活动隔墙安装的允许偏差和检验方法应符合表 7.4.10 的规定。

表 7.4.10　活动隔墙安装的允许偏差和检验方法

项次	项　目	允许偏差（mm）	检验方法
1	立面垂直度	3	用2m垂直检测尺检查
2	表面平整度	2	用2m靠尺和塞尺检查
3	接缝直线度	3	拉5m线，不足5m拉通线，用钢直尺检查
4	接缝高低差	2	用钢直尺和塞尺检查
5	接缝宽度	2	用钢直尺检查

7.5 玻璃隔墙工程

7.5.1 本节适用于玻璃砖、玻璃板隔墙工程的质量验收。

7.5.2 玻璃隔墙工程的检查数量应符合下列规定：
每个检验批至少抽查 20%，并不得少于 6 间；不足 6 间时应全数检查。

主 控 项 目

7.5.3 玻璃隔墙工程所用材料的品种、规格、性能、图案和颜色应符合设计要求。玻璃板隔墙应使用安全玻璃。

检验方法：观察；检查产品合格证书、进场验收记录和性能检测报告。

7.5.4 玻璃砖隔墙的砌筑或玻璃板隔墙的安装方法应符合设计要求。

检验方法：观察。

7.5.5 玻璃砖隔墙砌筑中埋设的拉结筋必须与基体结构连接牢固，并应位置正确。

检验方法：手扳检查；尺量检查；检查隐蔽工程验收记录。

7.5.6 玻璃板隔墙的安装必须牢固。玻璃板隔墙胶垫的安装应正确。

检验方法：观察；手推检查；检查施工记录。

一 般 项 目

7.5.7 玻璃隔墙表面应色泽一致、平整洁净、清晰美观。

检验方法：观察。

7.5.8 玻璃隔墙接缝应横平竖直，玻璃应无裂痕、缺损和划痕。

检验方法：观察。

7.5.9 玻璃板隔墙嵌缝及玻璃砖隔墙勾缝应密实平整、均匀顺直、深浅一致。

检验方法：观察。

7.5.10 玻璃隔墙安装的允许偏差和检验方法应符合表 7.5.10 的规定。

表 7.5.10　玻璃隔墙安装的允许偏差和检验方法

项次	项　目	允许偏差（mm）		检验方法
		玻璃砖	玻璃板	
1	立面垂直度	3	2	用2m垂直检测尺检查
2	表面平整度	3	—	用2m靠尺和塞尺检查
3	阴阳角方正	—	2	用直角检测尺检查
4	接缝直线度	—	2	拉5m线，不足5m拉通线，用钢直尺检查
5	接缝高低差	3	2	用钢直尺和塞尺检查
6	接缝宽度	—	1	用钢直尺检查

8 饰面板（砖）工程

8.1 一般规定

8.1.1 本章适用于饰面板安装、饰面砖粘贴等分项工程的质量验收。

8.1.2 饰面板（砖）工程验收时应检查下列文件和记录：

1 饰面板（砖）工程的施工图、设计说明及其他设计文件。

2 材料的产品合格证书、性能检测报告、进场验收记录和复验报告。

3 后置埋件的现场拉拔检测报告。

4 外墙饰面砖样板件的粘结强度检测报告。

5 隐蔽工程验收记录。

6 施工记录。

8.1.3 饰面板（砖）工程应对下列材料及其性能指标进行复验：

1 室内用花岗石的放射性。

2 粘贴用水泥的凝结时间、安定性和抗压强度。

3 外墙陶瓷面砖的吸水率。

4 寒冷地区外墙陶瓷面砖的抗冻性。

8.1.4 饰面板（砖）工程应对下列隐蔽工程项目进行验收：

1 预埋件（或后置埋件）。

2 连接节点。

3 防水层。

8.1.5 各分项工程的检验批应按下列规定划分：

1 相同材料、工艺和施工条件的室内饰面板（砖）工程每50间（大面积房间和走廊按施工面积30m^2为一间）应划分为一个检验批，不足50间也应划分为一个检验批。

2 相同材料、工艺和施工条件的室外饰面板（砖）工程每500～1000m^2应划分为一个检验批，不足500m^2也应划分为一个检验批。

8.1.6 检查数量应符合下列规定：

1 室内每个检验批应至少抽查10%，并不得少于3间；不足3间时应全数检查。

2 室外每个检验批每100m^2应至少抽查一处，每处不得小于10m^2。

8.1.7 外墙饰面砖粘贴前和施工过程中，均应在相同基层上做样板件，并对样板件的饰面砖粘结强度进行检验，其检验方法和结果判定应符合《建筑工程饰面砖粘结强度检验标准》（JGJ 110）的规定。

8.1.8 饰面板（砖）工程的抗震缝、伸缩缝、沉降缝等部位的处理应保证缝的使用功能和饰面的完整性。

8.2 饰面板安装工程

8.2.1 本节适用于内墙饰面板安装工程和高度不大于24m、抗震设防烈度不大于7度的外墙饰面板安装工程的质量验收。

主控项目

8.2.2 饰面板的品种、规格、颜色和性能应符合设计要求，木龙骨、木饰面板和塑料饰面板的燃烧性能等级应符合设计要求。

检验方法：观察；检查产品合格证书、进场验收记录和性能检测报告。

8.2.3 饰面板孔、槽的数量、位置和尺寸应符合设计要求。

检验方法：检查进场验收记录和施工记录。

8.2.4 饰面板安装工程的预埋件（或后置埋件）、连接件的数量、规格、位置、连接方法和防腐处理必须符合设计要求。后置埋件的现场拉拔强度必须符合设计要求。饰面板安装必须牢固。

检验方法：手扳检查；检查进场验收记录、现场拉拔检测报告、隐蔽工程验收记录和施工记录。

一般项目

8.2.5 饰面板表面应平整、洁净、色泽一致，无裂痕和缺损。石材表面应无泛碱等污染。

检验方法：观察。

8.2.6 饰面板嵌缝应密实、平直，宽度和深度应符合设计要求，嵌填材料色泽应一致。

检验方法：观察；尺量检查。

8.2.7 采用湿作业法施工的饰面板工程，石材应进行防碱背涂处理。饰面板与基体之间的灌注材料应饱满、密实。

检验方法：用小锤轻击检查；检查施工记录。

8.2.8 饰面板上的孔洞应套割吻合，边缘应整齐。

检验方法：观察。

8.2.9 饰面板安装的允许偏差和检验方法应符合表8.2.9的规定。

表8.2.9 饰面板安装的允许偏差和检验方法

项次	项目	允许偏差（mm）							检验方法
		石材			瓷板	木材	塑料	金属	
		光面	剁斧石	蘑菇石					
1	立面垂直度	2	3	3	2	1.5	2	2	用2m垂直检测尺检查
2	表面平整度	2	3	—	1.5	1	3	3	用2m靠尺和塞尺检查
3	阴阳角方正	2	4	4	2	1.5	3	3	用直角检测尺检查
4	接缝直线度	2	4	4	2	1	1	1	拉5m线，不足5m拉通线，用钢直尺检查
5	墙裙、勒脚上口直线度	2	3	3	2	2	2	2	拉5m线，不足5m拉通线，用钢直尺检查

续表

项次	项目	允许偏差（mm）						检验方法
		石材			瓷板	木材	塑料	金属	
		光面	剁斧石	蘑菇石					
6	接缝高低差	0.5	3	—	0.5	0.5	1	1	用钢直尺和塞尺检查
7	接缝宽度	1	2	2	1	1	1	1	用钢直尺检查

8.3 饰面砖粘贴工程

8.3.1 本节适用于内墙饰面砖粘贴工程和高度不大于100m、抗震设防烈度不大于8度、采用满粘法施工的外墙饰面砖粘贴工程的质量验收。

主控项目

8.3.2 饰面砖的品种、规格、图案、颜色和性能应符合设计要求。

检验方法：观察；检查产品合格证书、进场验收记录、性能检测报告和复验报告。

8.3.3 饰面砖粘贴工程的找平、防水、粘结和勾缝材料及施工方法应符合设计要求及国家现行产品标准和工程技术标准的规定。

检验方法：检查产品合格证书、复验报告和隐蔽工程验收记录。

8.3.4 饰面砖粘贴必须牢固。

检验方法：检查样板件粘结强度检测报告和施工记录。

8.3.5 满粘法施工的饰面砖工程应无空鼓、裂缝。

检验方法：观察；用小锤轻击检查。

一般项目

8.3.6 饰面砖表面应平整、洁净、色泽一致，无裂痕和缺损。

检验方法：观察。

8.3.7 阴阳角处搭接方式、非整砖使用部位应符合设计要求。

检验方法：观察。

8.3.8 墙面突出物周围的饰面砖应整砖套割吻合，边缘应整齐。墙裙、贴脸突出墙面的厚度应一致。

检验方法：观察；尺量检查。

8.3.9 饰面砖接缝应平直、光滑，填嵌应连续、密实；宽度和深度应符合设计要求。

检验方法：观察；尺量检查。

8.3.10 有排水要求的部位应做滴水线（槽）。滴水线（槽）应顺直，流水坡向应正确，坡度应符合设计要求。

检验方法：观察；用水平尺检查。

8.3.11 饰面砖粘贴的允许偏差和检验方法应符合表8.3.11的规定。

表8.3.11 饰面砖粘贴的允许偏差和检验方法

项次	项目	允许偏差（mm）		检验方法
		外墙面砖	内墙面砖	
1	立面垂直度	3	2	用2m垂直检测尺检查
2	表面平整度	4	3	用2m靠尺和塞尺检查
3	阴阳角方正	3	3	用直角检测尺检查
4	接缝直线度	3	2	拉5m线，不足5m拉通线，用钢直尺检查
5	接缝高低差	1	0.5	用钢直尺和塞尺检查
6	接缝宽度	1	1	用钢直尺检查

9 幕墙工程

9.1 一般规定

9.1.1 本章适用于玻璃幕墙、金属幕墙、石材幕墙等分项工程的质量验收。

9.1.2 幕墙工程验收时应检查下列文件和记录：

1 幕墙工程的施工图、结构计算书、设计说明及其他设计文件。

2 建筑设计单位对幕墙工程设计的确认文件。

3 幕墙工程所用各种材料、五金配件、构件及组件的产品合格证书、性能检测报告、进场验收记录和复验报告。

4 幕墙工程所用硅酮结构胶的认定证书和抽查合格证明；进口硅酮结构胶的商检证；国家指定检测机构出具的硅酮结构胶相容性和剥离粘结性试验报告；石材用密封胶的耐污染性试验报告。

5 后置埋件的现场拉拔强度检测报告。

6 幕墙的抗风压性能、空气渗透性能、雨水渗漏性能及平面变形性能检测报告。

7 打胶、养护环境的温度、湿度记录；双组份硅酮结构胶的混匀性试验记录及拉断试验记录。

8 防雷装置测试记录。

9 隐蔽工程验收记录。

10 幕墙构件和组件的加工制作记录；幕墙安装施工记录。

9.1.3 幕墙工程应对下列材料及其性能指标进行复验：

1 铝塑复合板的剥离强度。

2 石材的弯曲强度；寒冷地区石材的耐冻融性；

室内用花岗石的放射性。

3 玻璃幕墙用结构胶的邵氏硬度、标准条件拉伸粘结强度、相容性试验；石材用结构胶的粘结强度；石材用密封胶的污染性。

9.1.4 幕墙工程应对下列隐蔽工程项目进行验收：

1 预埋件（或后置埋件）。
2 构件的连接节点。
3 变形缝及墙面转角处的构造节点。
4 幕墙防雷装置。
5 幕墙防火构造。

9.1.5 各分项工程的检验批应按下列规定划分：

1 相同设计、材料、工艺和施工条件的幕墙工程每 500～1000m² 应划分为一个检验批，不足 500m² 也应划分为一个检验批。
2 同一单位工程的不连续的幕墙工程应单独划分检验批。
3 对于异型或有特殊要求的幕墙，检验批的划分应根据幕墙的结构、工艺特点及幕墙工程规模，由监理单位（或建设单位）和施工单位协商确定。

9.1.6 检查数量应符合下列规定：

1 每个检验批每 100m² 应至少抽查一处，每处不得小于 10m²。
2 对于异型或有特殊要求的幕墙工程，应根据幕墙的结构和工艺特点，由监理单位（或建设单位）和施工单位协商确定。

9.1.7 幕墙及其连接件应具有足够的承载力、刚度和相对于主体结构的位移能力。幕墙构架立柱的连接金属角码与其他连接件应采用螺栓连接，并应有防松动措施。

9.1.8 隐框、半隐框幕墙所采用的结构粘结材料必须是中性硅酮结构密封胶，其性能必须符合《建筑用硅酮结构密封胶》（GB 16776）的规定；硅酮结构密封胶必须在有效期内使用。

9.1.9 立柱和横梁等主要受力构件，其截面受力部分的壁厚应经计算确定，且铝合金型材壁厚不应小于 3.0mm，钢型材壁厚不应小于 3.5mm。

9.1.10 隐框、半隐框幕墙构件中板材与金属框之间硅酮结构密封胶的粘结宽度，应分别计算风荷载标准值和板材自重标准值作用下硅酮结构密封胶的粘结宽度，并取其较大值，且不得小于 7.0mm。

9.1.11 硅酮结构密封胶应打注饱满，并应在温度 15℃～30℃、相对湿度 50%以上、洁净的室内进行；不得在现场墙上打注。

9.1.12 幕墙的防火除应符合现行国家标准《建筑设计防火规范》（GBJ 16）和《高层民用建筑设计防火规范》（GB 50045）的有关规定外，还应符合下列规定：

1 应根据防火材料的耐火极限决定防火层的厚度和宽度，并应在楼板处形成防火带。

2 防火层应采取隔离措施。防火层的衬板应采用经防腐处理且厚度不小于 1.5mm 的钢板，不得采用铝板。

3 防火层的密封材料应采用防火密封胶。

4 防火层与玻璃不应直接接触，一块玻璃不应跨两个防火分区。

9.1.13 主体结构与幕墙连接的各种预埋件，其数量、规格、位置和防腐处理必须符合设计要求。

9.1.14 幕墙的金属框架与主体结构预埋件的连接、立柱与横梁的连接及幕墙面板的安装必须符合设计要求，安装必须牢固。

9.1.15 单元幕墙连接处和吊挂处的铝合金型材的壁厚应通过计算确定，并不得小于 5.0mm。

9.1.16 幕墙的金属框架与主体结构应通过预埋件连接，预埋件应在主体结构混凝土施工时埋入，预埋件的位置应准确。当没有条件采用预埋件连接时，应采用其他可靠的连接措施，并应通过试验确定其承载力。

9.1.17 立柱应采用螺栓与角码连接，螺栓直径应经过计算，并不应小于 10mm。不同金属材料接触时应采用绝缘垫片分隔。

9.1.18 幕墙的抗震缝、伸缩缝、沉降缝等部位的处理应保证缝的使用功能和饰面的完整性。

9.1.19 幕墙工程的设计应满足维护和清洁的要求。

9.2 玻璃幕墙工程

9.2.1 本节适用于建筑高度不大于 150m、抗震设防烈度不大于 8 度的隐框玻璃幕墙、半隐框玻璃幕墙、明框玻璃幕墙、全玻幕墙及点支承玻璃幕墙工程的质量验收。

主 控 项 目

9.2.2 玻璃幕墙工程所使用的各种材料、构件和组件的质量，应符合设计要求及国家现行产品标准和工程技术规范的规定。

检验方法：检查材料、构件、组件的产品合格证书、进场验收记录、性能检测报告和材料的复验报告。

9.2.3 玻璃幕墙的造型和立面分格应符合设计要求。

检验方法：观察；尺量检查。

9.2.4 玻璃幕墙使用的玻璃应符合下列规定：

1 幕墙应使用安全玻璃，玻璃的品种、规格、颜色、光学性能及安装方向应符合设计要求。

2 幕墙玻璃的厚度不应小于 6.0mm。全玻幕墙肋玻璃的厚度不应小于 12mm。

3 幕墙的中空玻璃应采用双道密封。明框幕墙的中空玻璃应采用聚硫密封胶及丁基密封胶；隐框和半隐框幕墙的中空玻璃应采用硅酮结构密封胶及丁基密封胶；镀膜面应在中空玻璃的第 2 或第 3 面上。

4 幕墙的夹层玻璃应采用聚乙烯醇缩丁醛（PVB）胶片干法加工合成的夹层玻璃。点支承玻璃幕墙夹层玻璃的夹层胶片（PVB）厚度不应小于0.76mm。

5 钢化玻璃表面不得有损伤；8.0mm以下的钢化玻璃应进行引爆处理。

6 所有幕墙玻璃均应进行边缘处理。

检验方法：观察；尺量检查；检查施工记录。

9.2.5 玻璃幕墙与主体结构连接的各种预埋件、连接件、紧固件必须安装牢固，其数量、规格、位置、连接方法和防腐处理应符合设计要求。

检验方法：观察；检查隐蔽工程验收记录和施工记录。

9.2.6 各种连接件、紧固件的螺栓应有防松动措施；焊接连接应符合设计要求和焊接规范的规定。

检验方法：观察；检查隐蔽工程验收记录和施工记录。

9.2.7 隐框或半隐框玻璃幕墙，每块玻璃下端应设置两个铝合金或不锈钢托条，其长度不应小于100mm，厚度不应小于2mm，托条外端应低于玻璃外表面2mm。

检验方法：观察；检查施工记录。

9.2.8 明框玻璃幕墙的玻璃安装应符合下列规定：

1 玻璃槽口与玻璃的配合尺寸应符合设计要求和技术标准的规定。

2 玻璃与构件不得直接接触，玻璃四周与构件凹槽底部应保持一定的空隙，每块玻璃下部应至少放置两块宽度与槽口宽度相同、长度不小于100mm的弹性定位垫块；玻璃两边嵌入量及空隙应符合设计要求。

3 玻璃四周橡胶条的材质、型号应符合设计要求，镶嵌应平整，橡胶条长度应比边框内槽长1.5%～2.0%，橡胶条在转角处应斜面断开，并应用粘结剂粘结牢固后嵌入槽内。

检验方法：观察；检查施工记录。

9.2.9 高度超过4m的全玻幕墙应吊挂在主体结构上，吊夹具应符合设计要求，玻璃与玻璃、玻璃与玻璃肋之间的缝隙，应采用硅酮结构密封胶填嵌严密。

检验方法：观察；检查隐蔽工程验收记录和施工记录。

9.2.10 点支承玻璃幕墙应采用带万向头的活动不锈钢爪，其钢爪间的中心距离应大于250mm。

检验方法：观察；尺量检查。

9.2.11 玻璃幕墙四周、玻璃幕墙内表面与主体结构之间的连接节点、各种变形缝、墙角的连接节点应符合设计要求和技术标准的规定。

检验方法：观察；检查隐蔽工程验收记录和施工记录。

9.2.12 玻璃幕墙应无渗漏。

检验方法：在易渗漏部位进行淋水检查。

9.2.13 玻璃幕墙结构胶和密封胶的打注应饱满、密实、连续、均匀、无气泡，宽度和厚度应符合设计要求和技术标准的规定。

检验方法：观察；尺量检查；检查施工记录。

9.2.14 玻璃幕墙开启窗的配件应齐全，安装应牢固，安装位置和开启方向、角度应正确；开启应灵活，关闭应严密。

检验方法：观察；手扳检查；开启和关闭检查。

9.2.15 玻璃幕墙的防雷装置必须与主体结构的防雷装置可靠连接。

检验方法：观察；检查隐蔽工程验收记录和施工记录。

一 般 项 目

9.2.16 玻璃幕墙表面应平整、洁净；整幅玻璃的色泽应均匀一致；不得有污染和镀膜损坏。

检验方法：观察。

9.2.17 每平方米玻璃的表面质量和检验方法应符合表9.2.17的规定。

表9.2.17 每平方米玻璃的表面质量和检验方法

项次	项 目	质量要求	检验方法
1	明显划伤和长度＞100mm的轻微划伤	不允许	观 察
2	长度≤100mm的轻微划伤	≤8条	用钢尺检查
3	擦伤总面积	≤500mm²	用钢尺检查

9.2.18 一个分格铝合金型材的表面质量和检验方法应符合表9.2.18的规定。

表9.2.18 一个分格铝合金型材的表面质量和检验方法

项次	项 目	质量要求	检验方法
1	明显划伤和长度＞100mm的轻微划伤	不允许	观 察
2	长度≤100mm的轻微划伤	≤2条	用钢尺检查
3	擦伤总面积	≤500mm²	用钢尺检查

9.2.19 明框玻璃幕墙的外露框或压条应横平竖直，颜色、规格应符合设计要求，压条安装应牢固。单元玻璃幕墙的单元拼缝或隐框玻璃幕墙的分格玻璃拼缝应横平竖直、均匀一致。

检验方法：观察；手扳检查；检查进场验收记录。

9.2.20 玻璃幕墙的密封胶缝应横平竖直、深浅一致、宽窄均匀、光滑顺直。

检验方法：观察；手摸检查。

9.2.21 防火、保温材料填充应饱满、均匀，表面应密实、平整。

检验方法：检查隐蔽工程验收记录。

9.2.22 玻璃幕墙隐蔽节点的遮封装修应牢固、整齐、美观。

检验方法：观察；手扳检查。

9.2.23 明框玻璃幕墙安装的允许偏差和检验方法应符合表9.2.23的规定。

表 9.2.23　明框玻璃幕墙安装的允许偏差和检验方法

项次	项	目	允许偏差（mm）	检验方法
1	幕墙垂直度	幕墙高度≤30m	10	用经纬仪检查
		30m<幕墙高度≤60m	15	
		60m<幕墙高度≤90m	20	
		幕墙高度>90m	25	
2	幕墙水平度	幕墙幅宽≤35m	5	用水平仪检查
		幕墙幅宽>35m	7	
3	构件直线度		2	用2m靠尺和塞尺检查
4	构件水平度	构件长度≤2m	2	用水平仪检查
		构件长度>2m	3	
5	相邻构件错位		1	用钢直尺检查
6	分格框对角线长度差	对角线长度≤2m	3	用钢尺检查
		对角线长度>2m	4	

9.2.24 隐框、半隐框玻璃幕墙安装的允许偏差和检验方法应符合表9.2.24的规定。

表 9.2.24　隐框、半隐框玻璃幕墙安装的允许偏差和检验方法

项次	项	目	允许偏差（mm）	检验方法
1	幕墙垂直度	幕墙高度≤30m	10	用经纬仪检查
		30m<幕墙高度≤60m	15	
		60m<幕墙高度≤90m	20	
		幕墙高度>90m	25	
2	幕墙水平度	层高≤3m	3	用水平仪检查
		层高>3m	5	
3	幕墙表面平整度		2	用2m靠尺和塞尺检查
4	板材立面垂直度		2	用垂直检测尺检查
5	板材上沿水平度		2	用1m水平尺和钢直尺检查

续表

项次	项　目	允许偏差（mm）	检验方法
6	相邻板材板角错位	1	用钢直尺检查
7	阳角方正	2	用直角检测尺检查
8	接缝直线度	3	拉5m线，不足5m拉通线，用钢直尺检查
9	接缝高低差	1	用钢直尺和塞尺检查
10	接缝宽度	1	用钢直尺检查

9.3　金属幕墙工程

9.3.1 本节适用于建筑高度不大于150m的金属幕墙工程的质量验收。

主 控 项 目

9.3.2 金属幕墙工程所使用的各种材料和配件，应符合设计要求及国家现行产品标准和工程技术规范的规定。

检验方法：检查产品合格证书、性能检测报告、材料进场验收记录和复验报告。

9.3.3 金属幕墙的造型和立面分格应符合设计要求。

检验方法：观察；尺量检查。

9.3.4 金属面板的品种、规格、颜色、光泽及安装方向应符合设计要求。

检验方法：观察；检查进场验收记录。

9.3.5 金属幕墙主体结构上的预埋件、后置埋件的数量、位置及后置埋件的拉拔力必须符合设计要求。

检验方法：检查拉拔力检测报告和隐蔽工程验收记录。

9.3.6 金属幕墙的金属框架立柱与主体结构预埋件的连接、立柱与横梁的连接、金属面板的安装必须符合设计要求，安装必须牢固。

检验方法：手扳检查；检查隐蔽工程验收记录。

9.3.7 金属幕墙的防火、保温、防潮材料的设置应符合设计要求，并应密实、均匀、厚度一致。

检验方法：检查隐蔽工程验收记录。

9.3.8 金属框架及连接件的防腐处理应符合设计要求。

检验方法：检查隐蔽工程验收记录和施工记录。

9.3.9 金属幕墙的防雷装置必须与主体结构的防雷装置可靠连接。

检验方法：检查隐蔽工程验收记录。

9.3.10 各种变形缝、墙角的连接节点应符合设计要求和技术标准的规定。

检验方法：观察；检查隐蔽工程验收记录。

9.3.11 金属幕墙的板缝注胶应饱满、密实、连续、均匀、无气泡，宽度和厚度应符合设计要求和技术标准的规定。

检验方法：观察；尺量检查；检查施工记录。

9.3.12 金属幕墙应无渗漏。

检验方法：在易渗漏部位进行淋水检查。

一 般 项 目

9.3.13 金属板表面应平整、洁净、色泽一致。

检验方法：观察。

9.3.14 金属幕墙的压条应平直、洁净、接口严密、安装牢固。

检验方法：观察；手扳检查。

9.3.15 金属幕墙的密封胶缝应横平竖直、深浅一致、宽窄均匀、光滑顺直。

检验方法：观察。

9.3.16 金属幕墙上的滴水线、流水坡向应正确、顺直。

检验方法：观察；用水平尺检查。

9.3.17 每平方米金属板的表面质量和检验方法应符合表9.3.17的规定。

表 9.3.17 每平方米金属板的表面质量和检验方法

项次	项 目	质量要求	检验方法
1	明显划伤和长度>100mm的轻微划伤	不允许	观察
2	长度≤100mm的轻微划伤	≤8条	用钢尺检查
3	擦伤总面积	≤500mm²	用钢尺检查

9.3.18 金属幕墙安装的允许偏差和检验方法应符合表9.3.18的规定。

表 9.3.18 金属幕墙安装的允许偏差和检验方法

项次	项 目		允许偏差(mm)	检验方法
1	幕墙垂直度	幕墙高度≤30m	10	用经纬仪检查
		30m<幕墙高度≤60m	15	
		60m<幕墙高度≤90m	20	
		幕墙高度>90m	25	
2	幕墙水平度	层高≤3m	3	用水平仪检查
		层高>3m	5	
3	幕墙表面平整度		2	用2m靠尺和塞尺检查
4	板材立面垂直度		3	用垂直检测尺检查

续表

项次	项 目	允许偏差(mm)	检验方法
5	板材上沿水平度	2	用1m水平尺和钢直尺检查
6	相邻板材板角错位	1	用钢直尺检查
7	阳角方正	2	用直角检测尺检查
8	接缝直线度	3	拉5m线，不足5m拉通线，用钢直尺检查
9	接缝高低差	1	用钢直尺和塞尺检查
10	接缝宽度	1	用钢直尺检查

9.4 石材幕墙工程

9.4.1 本节适用于建筑高度不大于100m、抗震设防烈度不大于8度的石材幕墙工程的质量验收。

主 控 项 目

9.4.2 石材幕墙工程所用材料的品种、规格、性能和等级，应符合设计要求及国家现行产品标准和工程技术规范的规定。石材的弯曲强度不应小于8.0MPa；吸水率应小于0.8%。石材幕墙的铝合金挂件厚度不应小于4.0mm，不锈钢挂件厚度不应小于3.0mm。

检验方法：观察；尺量检查；检查产品合格证书、性能检测报告、材料进场验收记录和复验报告。

9.4.3 石材幕墙的造型、立面分格、颜色、光泽、花纹和图案应符合设计要求。

检验方法：观察。

9.4.4 石材孔、槽的数量、深度、位置、尺寸应符合设计要求。

检验方法：检查进场验收记录或施工记录。

9.4.5 石材幕墙主体结构上的预埋件和后置埋件的位置、数量及后置埋件的拉拔力必须符合设计要求。

检验方法：检查拉拔力检测报告和隐蔽工程验收记录。

9.4.6 石材幕墙的金属框架立柱与主体结构预埋件的连接、立柱与横梁的连接、连接件与金属框架的连接、连接件与石材面板的连接必须符合设计要求，安装必须牢固。

检验方法：手扳检查；检查隐蔽工程验收记录。

9.4.7 金属框架和连接件的防腐处理应符合设计要求。

检验方法：检查隐蔽工程验收记录。

9.4.8 石材幕墙的防雷装置必须与主体结构防雷装置可靠连接。

检验方法：观察；检查隐蔽工程验收记录和施工记录。

9.4.9 石材幕墙的防火、保温、防潮材料的设置应符合设计要求，填充应密实、均匀、厚度一致。

检验方法：检查隐蔽工程验收记录。

9.4.10 各种结构变形缝、墙角的连接节点应符合设计要求和技术标准的规定。

检验方法：检查隐蔽工程验收记录和施工记录。

9.4.11 石材表面和板缝的处理应符合设计要求。

检验方法：观察。

9.4.12 石材幕墙的板缝注胶应饱满、密实、连续、均匀、无气泡，板缝宽度和厚度应符合设计要求和技术标准的规定。

检验方法：观察；尺量检查；检查施工记录。

9.4.13 石材幕墙应无渗漏。

检验方法：在易渗漏部位进行淋水检查。

一 般 项 目

9.4.14 石材幕墙表面应平整、洁净，无污染、缺损和裂痕。颜色和花纹应协调一致，无明显色差，无明显修痕。

检验方法：观察。

9.4.15 石材幕墙的压条应平直、洁净、接口严密、安装牢固。

检验方法：观察；手扳检查。

9.4.16 石材接缝应横平竖直、宽窄均匀；阴阳角石板压向应正确，板边合缝应顺直；凸凹线出墙厚度应一致，上下口应平直；石材面板上洞口、槽边应套割吻合，边缘应整齐。

检验方法：观察；尺量检查。

9.4.17 石材幕墙的密封胶缝应横平竖直、深浅一致、宽窄均匀、光滑顺直。

检验方法：观察。

9.4.18 石材幕墙上的滴水线、流水坡向应正确、顺直。

检验方法：观察；用水平尺检查。

9.4.19 每平方米石材的表面质量和检验方法应符合表 9.4.19 的规定。

表 9.4.19 每平方米石材的表面质量和检验方法

项次	项 目	质量要求	检验方法
1	裂痕、明显划伤和长度＞100mm 的轻微划伤	不允许	观察
2	长度≤100mm 的轻微划伤	≤8 条	用钢尺检查
3	擦伤总面积	≤500mm²	用钢尺检查

9.4.20 石材幕墙安装的允许偏差和检验方法应符合表 9.4.20 的规定。

表 9.4.20 石材幕墙安装的允许偏差和检验方法

项次	项 目		允许偏差 (mm)		检验方法
			光面	麻面	
1	幕墙垂直度	幕墙高度≤30m	10		用经纬仪检查
		30m＜幕墙高度≤60m	15		
		60m＜幕墙高度≤90m	20		
		幕墙高度＞90m	25		
2	幕墙水平度		3		用水平仪检查
3	板材立面垂直度		3		用水平仪检查
4	板材上沿水平度		2		用 1m 水平尺和钢直尺检查
5	相邻板材板角错位		1		用钢直尺检查
6	幕墙表面平整度		2	3	用垂直检测尺检查
7	阳角方正		2	4	用直角检测尺检查
8	接缝直线度		3	4	拉 5m 线，不足 5m 拉通线，用钢直尺检查
9	接缝高低差		1	—	用钢直尺和塞尺检查
10	接缝宽度		1	2	用钢直尺检查

10 涂 饰 工 程

10.1 一 般 规 定

10.1.1 本章适用于水性涂料涂饰、溶剂型涂料涂饰、美术涂饰等分项工程的质量验收。

10.1.2 涂饰工程验收时应检查下列文件和记录：

1 涂饰工程的施工图、设计说明及其他设计文件。

2 材料的产品合格证书、性能检测报告和进场验收记录。

3 施工记录。

10.1.3 各分项工程的检验批应按下列规定划分：

1 室外涂饰工程每一栋楼的同类涂料涂饰的墙面每500～1000m^2应划分为一个检验批，不足500m^2也应划分为一个检验批。

2 室内涂饰工程同类涂料涂饰的墙面每50间（大面积房间和走廊按涂饰面积30m^2为一间）应划分为一个检验批，不足50间也应划分为一个检验批。

10.1.4 检查数量应符合下列规定：

1 室外涂饰工程每100m^2应至少检查一处，每处不得小于10m^2。

2 室内涂饰工程每个检验批应至少抽查10%，并不得少于3间；不足3间时应全数检查。

10.1.5 涂饰工程的基层处理应符合下列要求：

1 新建筑物的混凝土或抹灰基层在涂饰涂料前应涂刷抗碱封闭底漆。

2 旧墙面在涂饰涂料前应清除疏松的旧装修层，并涂刷界面剂。

3 混凝土或抹灰基层涂刷溶剂型涂料时，含水率不得大于8%；涂刷乳液型涂料时，含水率不得大于10%。木材基层的含水率不得大于12%。

4 基层腻子应平整、坚实、牢固，无粉化、起皮和裂缝；内墙腻子的粘结强度应符合《建筑室内用腻子》（JG/T 3049）的规定。

5 厨房、卫生间墙面必须使用耐水腻子。

10.1.6 水性涂料涂饰工程施工的环境温度应在5～35℃之间。

10.1.7 涂饰工程应在涂层养护期满后进行质量验收。

10.2 水性涂料涂饰工程

10.2.1 本节适用于乳液型涂料、无机涂料、水溶性涂料等水性涂料涂饰工程的质量验收。

主 控 项 目

10.2.2 水性涂料涂饰工程所用涂料的品种、型号和性能应符合设计要求。

检验方法：检查产品合格证书、性能检测报告和进场验收记录。

10.2.3 水性涂料涂饰工程的颜色、图案应符合设计要求。

检验方法：观察。

10.2.4 水性涂料涂饰工程应涂饰均匀、粘结牢固，不得漏涂、透底、起皮和掉粉。

检验方法：观察；手摸检查。

10.2.5 水性涂料涂饰工程的基层处理应符合本规范第10.1.5条的要求。

检验方法：观察；手摸检查；检查施工记录。

一 般 项 目

10.2.6 薄涂料的涂饰质量和检验方法应符合表10.2.6的规定。

表10.2.6 薄涂料的涂饰质量和检验方法

项次	项 目	普通涂饰	高级涂饰	检验方法
1	颜色	均匀一致	均匀一致	观察
2	泛碱、咬色	允许少量轻微	不允许	
3	流坠、疙瘩	允许少量轻微	不允许	
4	砂眼、刷纹	允许少量轻微砂眼，刷纹通顺	无砂眼，无刷纹	
5	装饰线、分色线直线度允许偏差(mm)	2	1	拉5m线，不足5m拉通线，用钢直尺检查

10.2.7 厚涂料的涂饰质量和检验方法应符合表10.2.7的规定。

表10.2.7 厚涂料的涂饰质量和检验方法

项次	项 目	普通涂饰	高级涂饰	检验方法
1	颜色	均匀一致	均匀一致	观察
2	泛碱、咬色	允许少量轻微	不允许	
3	点状分布	—	疏密均匀	

10.2.8 复层涂料的涂饰质量和检验方法应符合表10.2.8的规定。

表10.2.8 复层涂料的涂饰质量和检验方法

项次	项 目	质量要求	检验方法
1	颜色	均匀一致	观察
2	泛碱、咬色	不允许	
3	喷点疏密程度	均匀，不允许连片	

10.2.9 涂层与其他装修材料和设备衔接处应吻合，界面应清晰。

检验方法：观察。

10.3 溶剂型涂料涂饰工程

10.3.1 本节适用于丙烯酸酯涂料、聚氨酯丙烯酸涂料、有机硅丙烯酸涂料等溶剂型涂料涂饰工程的质量验收。

主 控 项 目

10.3.2 溶剂型涂料涂饰工程所选涂料的品种、型号和性能应符合设计要求。

检验方法：检查产品合格证书、性能检测报告和进场验收记录。

10.3.3 溶剂型涂料涂饰工程的颜色、光泽、图案应符合设计要求。

检验方法：观察。

10.3.4 溶剂型涂料涂饰工程应涂饰均匀、粘结牢固，不得漏涂、透底、起皮和反锈。

检验方法：观察；手摸检查。

10.3.5 溶剂型涂料涂饰工程的基层处理应符合本规范第10.1.5条的要求。

检验方法：观察；手摸检查；检查施工记录。

一 般 项 目

10.3.6 色漆的涂饰质量和检验方法应符合表10.3.6的规定。

表10.3.6 色漆的涂饰质量和检验方法

项次	项目	普通涂饰	高级涂饰	检验方法
1	颜色	均匀一致	均匀一致	观察
2	光泽、光滑	光泽基本均匀 光滑无挡手感	光泽均匀一致 光滑无挡手感	观察、手摸检查
3	刷纹	刷纹通顺	无刷纹	观察
4	裹棱、流坠、皱皮	明显处不允许	不允许	观察
5	装饰线、分色线直线度允许偏差(mm)	2	1	拉5m线，不足5m拉通线，用钢直尺检查

注：无光色漆不检查光泽。

10.3.7 清漆的涂饰质量和检验方法应符合表10.3.7的规定。

表10.3.7 清漆的涂饰质量和检验方法

项次	项目	普通涂饰	高级涂饰	检验方法
1	颜色	基本一致	均匀一致	观察
2	木纹	棕眼刮平、木纹清楚	棕眼刮平、木纹清楚	观察
3	光泽、光滑	光泽基本均匀 光滑无挡手感	光泽均匀一致 光滑无挡手感	观察、手摸检查
4	刷纹	无刷纹	无刷纹	观察
5	裹棱、流坠、皱皮	明显处不允许	不允许	观察

10.3.8 涂层与其他装修材料和设备衔接处应吻合，界面应清晰。

检验方法：观察。

10.4 美术涂饰工程

10.4.1 本节适用于套色涂饰、滚花涂饰、仿花纹涂饰等室内外美术涂饰工程的质量验收。

主 控 项 目

10.4.2 美术涂饰所用材料的品种、型号和性能应符合设计要求。

检验方法：观察；检查产品合格证书、性能检测报告和进场验收记录。

10.4.3 美术涂饰工程应涂饰均匀、粘结牢固，不得漏涂、透底、起皮、掉粉和反锈。

检验方法：观察；手摸检查。

10.4.4 美术涂饰工程的基层处理应符合本规范第10.1.5条的要求。

检验方法：观察；手摸检查；检查施工记录。

10.4.5 美术涂饰的套色、花纹和图案应符合设计要求。

检验方法：观察。

一 般 项 目

10.4.6 美术涂饰表面应洁净，不得有流坠现象。

检验方法：观察。

10.4.7 仿花纹涂饰的饰面应具有被模仿材料的纹理。

检验方法：观察。

10.4.8 套色涂饰的图案不得移位，纹理和轮廓应清晰。

检验方法：观察。

11 裱糊与软包工程

11.1 一般规定

11.1.1 本章适用于裱糊、软包等分项工程的质量验收。

11.1.2 裱糊与软包工程验收时应检查下列文件和记录：

1 裱糊与软包工程的施工图、设计说明及其他设计文件。

2 饰面材料的样板及确认文件。

3 材料的产品合格证书、性能检测报告、进场验收记录和复验报告。

4 施工记录。

11.1.3 各分项工程的检验批应按下列规定划分：

同一品种的裱糊或软包工程每50间（大面积房间和走廊按施工面积30m²为一间）应划分为一个检验批，不足50间也应划分为一个检验批。

11.1.4 检查数量应符合下列规定：

1 裱糊工程每个检验批应至少抽查10%，并不得少于3间，不足3间时应全数检查。

2 软包工程每个检验批应至少抽查20%，并不得少于6间，不足6间时应全数检查。

11.1.5 裱糊前，基层处理质量应达到下列要求：

1 新建筑物的混凝土或抹灰基层墙面在刮腻子前应涂刷抗碱封闭底漆。

2 旧墙面在裱糊前应清除疏松的旧装修层，并涂刷界面剂。

3 混凝土或抹灰基层含水率不得大于8%；木材基层的含水率不得大于12%。

4 基层腻子应平整、坚实、牢固，无粉化、起皮和裂缝；腻子的粘结强度应符合《建筑室内用腻子》（JG/T 3049）N型的规定。

5 基层表面平整度、立面垂直度及阴阳角方正应达到本规范第4.2.11条高级抹灰的要求。

6 基层表面颜色应一致。

7 裱糊前应用封闭底胶涂刷基层。

11.2 裱糊工程

11.2.1 本章适用于聚氯乙烯塑料壁纸、复合纸质壁纸、墙布等裱糊工程的质量验收。

主控项目

11.2.2 壁纸、墙布的种类、规格、图案、颜色和燃烧性能等级必须符合设计要求及国家现行标准的有关规定。

检验方法：观察；检查产品合格证书、进场验收记录和性能检测报告。

11.2.3 裱糊工程基层处理质量应符合本规范第11.1.5条的要求。

检验方法：观察；手摸检查；检查施工记录。

11.2.4 裱糊后各幅拼接应横平竖直，拼接处花纹、图案应吻合，不离缝，不搭接，不显拼缝。

检验方法：观察；拼缝检查距离墙面1.5m处正视。

11.2.5 壁纸、墙布应粘贴牢固，不得有漏贴、补贴、脱层、空鼓和翘边。

检验方法：观察；手摸检查。

一般项目

11.2.6 裱糊后的壁纸、墙布表面应平整，色泽应一致，不得有波纹起伏、气泡、裂缝、皱折及斑污，斜视时应无胶痕。

检验方法：观察；手摸检查。

11.2.7 复合压花壁纸的压痕及发泡壁纸的发泡层应无损坏。

检验方法：观察。

11.2.8 壁纸、墙布与各种装饰线、设备线盒应交接严密。

检验方法：观察。

11.2.9 壁纸、墙布边缘应平直整齐，不得有纸毛、飞刺。

检验方法：观察。

11.2.10 壁纸、墙布阴角处搭接应顺光，阳角处应无接缝。

检验方法：观察。

11.3 软包工程

11.3.1 本节适用于墙面、门等软包工程的质量验收。

主控项目

11.3.2 软包面料、内衬材料及边框的材质、颜色、图案、燃烧性能等级和木材的含水率应符合设计要求及国家现行标准的有关规定。

检验方法：观察；检查产品合格证书、进场验收记录和性能检测报告。

11.3.3 软包工程的安装位置及构造做法应符合设计要求。

检验方法：观察；尺量检查；检查施工记录。

11.3.4 软包工程的龙骨、衬板、边框应安装牢固，无翘曲，拼缝应平直。

检验方法：观察；手扳检查。

11.3.5 单块软包面料不应有接缝，四周应绷压严密。

检验方法：观察；手摸检查。

一般项目

11.3.6 软包工程表面应平整、洁净，无凹凸不平及皱折；图案应清晰、无色差，整体应协调美观。

检验方法：观察。

11.3.7 软包边框应平整、顺直、接缝吻合。其表面涂饰质量应符合本规范第10章的有关规定。

检验方法：观察；手摸检查。

11.3.8 清漆涂饰木制边框的颜色、木纹应协调一致。

检验方法：观察。

11.3.9 软包工程安装的允许偏差和检验方法应符合表11.3.9的规定。

表11.3.9 软包工程安装的允许偏差和检验方法

项次	项　目	允许偏差(mm)	检验方法
1	垂直度	3	用1m垂直检测尺检查
2	边框宽度、高度	0；—2	用钢尺检查
3	对角线长度差	3	用钢尺检查
4	裁口、线条接缝高低差	1	用钢直尺和塞尺检查

12 细部工程

12.1 一般规定

12.1.1 本章适用于下列分项工程的质量验收：
1 橱柜制作与安装。
2 窗帘盒、窗台板、散热器罩制作与安装。
3 门窗套制作与安装。
4 护栏和扶手制作与安装。
5 花饰制作与安装。

12.1.2 细部工程验收时应检查下列文件和记录：
1 施工图、设计说明及其他设计文件。
2 材料的产品合格证书、性能检测报告、进场验收记录和复验报告。
3 隐蔽工程验收记录。
4 施工记录。

12.1.3 细部工程应对人造木板的甲醛含量进行复验。

12.1.4 细部工程应对下列部位进行隐蔽工程验收：
1 预埋件（或后置埋件）。
2 护栏与预埋件的连接节点。

12.1.5 各分项工程的检验批应按下列规定划分：
1 同类制品每 50 间（处）应划分为一个检验批，不足 50 间（处）也应划分为一个检验批。
2 每部楼梯应划分为一个检验批。

12.2 橱柜制作与安装工程

12.2.1 本节适用于位置固定的壁柜、吊柜等橱柜制作与安装工程的质量验收。

12.2.2 检查数量应符合下列规定：
每个检验批应至少抽查 3 间（处），不足 3 间（处）时应全数检查。

主控项目

12.2.3 橱柜制作与安装所用材料的材质和规格、木材的燃烧性能等级和含水率、花岗石的放射性及人造木板的甲醛含量应符合设计要求及国家现行标准的有关规定。

检验方法：观察；检查产品合格证书、进场验收记录、性能检测报告和复验报告。

12.2.4 橱柜安装预埋件或后置埋件的数量、规格、位置应符合设计要求。

检验方法：检查隐蔽工程验收记录和施工记录。

12.2.5 橱柜的造型、尺寸、安装位置、制作和固定方法应符合设计要求。橱柜安装必须牢固。

检验方法：观察；尺量检查；手扳检查。

12.2.6 橱柜配件的品种、规格应符合设计要求。配件应齐全，安装应牢固。

检验方法：观察；手扳检查；检查进场验收记录。

12.2.7 橱柜的抽屉和柜门应开关灵活、回位正确。

检验方法：观察；开启和关闭检查。

一般项目

12.2.8 橱柜表面应平整、洁净、色泽一致，不得有裂缝、翘曲及损坏。

检验方法：观察。

12.2.9 橱柜裁口应顺直、拼缝应严密。

检验方法：观察。

12.2.10 橱柜安装的允许偏差和检验方法应符合表 12.2.10 的规定。

表 12.2.10 橱柜安装的允许偏差和检验方法

项次	项 目	允许偏差 (mm)	检验方法
1	外型尺寸	3	用钢尺检查
2	立面垂直度	2	用1m垂直检测尺检查
3	门与框架的平行度	2	用钢尺检查

12.3 窗帘盒、窗台板和散热器罩制作与安装工程

12.3.1 本节适用于窗帘盒、窗台板和散热器罩制作与安装工程的质量验收。

12.3.2 检查数量应符合下列规定：
每个检验批应至少抽查 3 间（处），不足 3 间（处）时应全数检查。

主控项目

12.3.3 窗帘盒、窗台板和散热器罩制作与安装所使用材料的材质和规格、木材的燃烧性能等级和含水率、花岗石的放射性及人造木板的甲醛含量应符合设计要求及国家现行标准的有关规定。

检验方法：观察；检查产品合格证书、进场验收记录、性能检测报告和复验报告。

12.3.4 窗帘盒、窗台板和散热器罩的造型、规格、尺寸、安装位置和固定方法必须符合设计要求。窗帘盒、窗台板和散热器罩的安装必须牢固。

检验方法：观察；尺量检查；手扳检查。

12.3.5 窗帘盒配件的品种、规格应符合设计要求，安装应牢固。

检验方法：手扳检查；检查进场验收记录。

一般项目

12.3.6 窗帘盒、窗台板和散热器罩表面应平整、洁

净、线条顺直、接缝严密、色泽一致，不得有裂缝、翘曲及损坏。

检验方法：观察。

12.3.7 窗帘盒、窗台板和散热器罩与墙面、窗框的衔接应严密，密封胶缝应顺直、光滑。

检验方法：观察。

12.3.8 窗帘盒、窗台板和散热器罩安装的允许偏差和检验方法应符合表12.3.8的规定。

表12.3.8 窗帘盒、窗台板和散热器罩安装的允许偏差和检验方法

项次	项目	允许偏差（mm）	检验方法
1	水平度	2	用1m水平尺和塞尺检查
2	上口、下口直线度	3	拉5m线，不足5m拉通线，用钢直尺检查
3	两端距窗洞口长度差	2	用钢直尺检查
4	两端出墙厚度差	3	用钢直尺检查

12.4 门窗套制作与安装工程

12.4.1 本节适用于门窗套制作与安装工程的质量验收。

12.4.2 检查数量应符合下列规定：

每个检验批应至少抽查3间（处），不足3间（处）时应全数检查。

主控项目

12.4.3 门窗套制作与安装所使用材料的材质、规格、花纹和颜色、木材的燃烧性能等级和含水率、花岗石的放射性及人造木板的甲醛含量应符合设计要求及国家现行标准的有关规定。

检验方法：观察；检查产品合格证书、进场验收记录、性能检测报告和复验报告。

12.4.4 门窗套的造型、尺寸和固定方法应符合设计要求，安装应牢固。

检验方法：观察；尺量检查；手扳检查。

一般项目

12.4.5 门窗套表面应平整、洁净、线条顺直、接缝严密、色泽一致，不得有裂缝、翘曲及损坏。

检验方法：观察。

12.4.6 门窗套安装的允许偏差和检验方法应符合12.4.6的规定。

表12.4.6 门窗套安装的允许偏差和检验方法

项次	项目	允许偏差（mm）	检验方法
1	正、侧面垂直度	3	用1m垂直检测尺检查
2	门窗套上口水平度	1	用1m水平检测尺和塞尺检查
3	门窗套上口直线度	3	拉5m线，不足5m拉通线，用钢直尺检查

12.5 护栏和扶手制作与安装工程

12.5.1 本节适用于护栏和扶手制作与安装工程的质量验收。

12.5.2 检查数量应符合下列规定：

每个检验批的护栏和扶手应全部检查。

主控项目

12.5.3 护栏和扶手制作与安装所使用材料的材质、规格、数量和木材、塑料的燃烧性能等级应符合设计要求。

检验方法：观察；检查产品合格证书、进场验收记录和性能检测报告。

12.5.4 护栏和扶手的造型、尺寸及安装位置应符合设计要求。

检验方法：观察；尺量检查；检查进场验收记录。

12.5.5 护栏和扶手安装预埋件的数量、规格、位置以及护栏与预埋件的连接节点应符合设计要求。

检验方法：检查隐蔽工程验收记录和施工记录。

12.5.6 护栏高度、栏杆间距、安装位置必须符合设计要求。护栏安装必须牢固。

检验方法：观察；尺量检查；手扳检查。

12.5.7 护栏玻璃应使用公称厚度不小于12mm的钢化玻璃或钢化夹层玻璃。当护栏一侧距楼地面高度为5m及以上时，应使用钢化夹层玻璃。

检验方法：观察；尺量检查；检查产品合格证书和进场验收记录。

一般项目

12.5.8 护栏和扶手转角弧度应符合设计要求，接缝应严密，表面应光滑，色泽应一致，不得有裂缝、翘曲及损坏。

检验方法：观察；手摸检查。

12.5.9 护栏和扶手安装的允许偏差和检验方法应符合表12.5.9的规定。

表 12.5.9 护栏和扶手安装的允许偏差和检验方法

项次	项目	允许偏差（mm）	检验方法
1	护栏垂直度	3	用1m垂直检测尺检查
2	栏杆间距	3	用钢尺检查
3	扶手直线度	4	拉通线，用钢直尺检查
4	扶手高度	3	用钢尺检查

12.6 花饰制作与安装工程

12.6.1 本节适用于混凝土、石材、木材、塑料、金属、玻璃、石膏等花饰制作与安装工程的质量验收。

12.6.2 检查数量应符合下列规定：

1 室外每个检验批应全部检查。

2 室内每个检验批应至少抽查3间（处）；不足3间（处）时应全数检查。

主控项目

12.6.3 花饰制作与安装所使用材料的材质、规格应符合设计要求。

检验方法：观察；检查产品合格证书和进场验收记录。

12.6.4 花饰的造型、尺寸应符合设计要求。

检验方法：观察；尺量检查。

12.6.5 花饰的安装位置和固定方法必须符合设计要求，安装必须牢固。

检验方法：观察；尺量检查；手扳检查。

一般项目

12.6.6 花饰表面应洁净，接缝应严密吻合，不得有歪斜、裂缝、翘曲及损坏。

检验方法：观察。

12.6.7 花饰安装的允许偏差和检验方法应符合表12.6.7的规定。

表 12.6.7 花饰安装的允许偏差和检验方法

项次	项目		允许偏差（mm）		检验方法
			室内	室外	
1	条型花饰的水平度或垂直度	每米	1	2	拉线和用1m垂直检测尺检查
		全长	3	6	
2	单独花饰中心位置偏移		10	15	拉线和用钢直尺检查

13 分部工程质量验收

13.0.1 建筑装饰装修工程质量验收的程序和组织应符合《建筑工程施工质量验收统一标准》（GB 50300—2001）第6章的规定。

13.0.2 建筑装饰装修工程的子分部工程及其分项工程应按本规范附录B划分。

13.0.3 建筑装饰装修工程施工过程中，应按本规范各章一般规定的要求对隐蔽工程进行验收，并按本规范附录C的格式记录。

13.0.4 检验批的质量验收应按《建筑工程施工质量验收统一标准》（GB 50300—2001）附录D的格式记录。检验批的合格判定应符合下列规定：

1 抽查样本均应符合本规范主控项目的规定。

2 抽查样本的80%以上应符合本规范一般项目的规定。其余样本不得有影响使用功能或明显影响装饰效果的缺陷，其中有允许偏差的检验项目，其最大偏差不得超过本规范规定允许偏差的1.5倍。

13.0.5 分项工程的质量验收应按《建筑工程施工质量验收统一标准》（GB 50300—2001）附录E的格式记录，各检验批的质量均应达到本规范的规定。

13.0.6 子分部工程的质量验收应按《建筑工程施工质量验收统一标准》（GB 50300—2001）附录F的格式记录。子分部工程中各分项工程的质量均应验收合格，并应符合下列规定：

1 应具备本规范各子分部工程规定检查的文件和记录。

2 应具备表13.0.6所规定的有关安全和功能的检测项目的合格报告。

3 观感质量应符合本规范各分项工程中一般项目的要求。

表 13.0.6 有关安全和功能的检测项目表

项次	子分部工程	检测项目
1	门窗工程	1 建筑外墙金属窗的抗风压性能、空气渗透性能和雨水渗漏性能 2 建筑外墙塑料窗的抗风压性能、空气渗透性能和雨水渗漏性能
2	饰面板（砖）工程	1 饰面板后置埋件的现场拉拔强度 2 饰面砖样板件的粘结强度
3	幕墙工程	1 硅酮结构胶的相容性试验 2 幕墙后置埋件的现场拉拔强度 3 幕墙的抗风压性能、空气渗透性能、雨水渗漏性能及平面变形性能

13.0.7 分部工程的质量验收应按《建筑工程施工质量验收统一标准》（GB 50300—2001）附录F的格式

记录。分部工程中各子分部工程的质量均应验收合格，并应按本规范第13.0.6条1至3款的规定进行核查。

当建筑工程只有装饰装修分部工程时，该工程应作为单位工程验收。

13.0.8 有特殊要求的建筑装饰装修工程，竣工验收时应按合同约定加测相关技术指标。

13.0.9 建筑装饰装修工程的室内环境质量应符合国家现行标准《民用建筑工程室内环境污染控制规范》（GB 50325）的规定。

13.0.10 未经竣工验收合格的建筑装饰装修工程不得投入使用。

附录A 木门窗用木材的质量要求

A.0.1 制作普通木门窗所用木材的质量应符合表A.0.1的规定。

表 A.0.1　普通木门窗用木材的质量要求

木材缺陷		门窗扇的立梃、冒头，中冒头	窗棂、压条、门窗及气窗的线脚，通风窗立梃	门心板	门窗框
活节	不计个数，直径（mm）	<15	<5	<15	<15
	计算个数，直径	≤材宽的1/3	≤材宽的1/3	≤30mm	≤材宽的1/3
	任1延米个数	≤3	≤2	≤3	≤5
死节		允许，计入活节总数	不允许	允许，计入活节总数	不允许
髓心		不露出表面的，允许	不允许	不露出表面的，允许	不允许
裂缝		深度及长度≤厚度及材长的1/5	不允许	允许可见裂缝	深度及长度≤厚度及材长的1/4
斜纹的斜率（%）		≤7	≤5	不限	≤12
油眼		非正面，允许			
其他		浪形纹理、圆形纹理、偏心及化学变色，允许			

A.0.2 制作高级木门窗所用木材的质量应符合表A.0.2的规定。

表 A.0.2　高级木门窗用木材的质量要求

木材缺陷		木门扇的立梃、冒头，中冒头	窗棂、压条、门窗及气窗的线脚，通风窗立梃	门心板	门窗框
活节	不计个数，直径（mm）	<10	<5	<10	<10
	计算个数，直径	≤材宽的1/4	≤材宽的1/4	≤20mm	≤材宽的1/3
	任1延米个数	≤2	0	≤2	≤3
死节		允许，包括在活节总数中	不允许	允许，包括在活节总数中	不允许
髓心		不露出表面的，允许	不允许	不露出表面的，允许	不允许
裂缝		深度及长度≤厚度及材长的1/6	不允许	允许可见裂缝	深度及长度≤厚度及材长的1/5
斜纹的斜率（%）		≤6	≤4	≤15	≤10
油眼		非正面，允许			
其他		浪形纹理、圆形纹理、偏心及化学变色，允许			

附录B 子分部工程及其分项工程划分表

项次	子分部工程	分项工程
1	抹灰工程	一般抹灰，装饰抹灰，清水砌体勾缝
2	门窗工程	木门窗制作与安装，金属门窗安装，塑料门窗安装，特种门安装，门窗玻璃安装
3	吊顶工程	暗龙骨吊顶，明龙骨吊顶
4	轻质隔墙工程	板材隔墙，骨架隔墙，活动隔墙，玻璃隔墙
5	饰面板（砖）工程	饰面板安装，饰面砖粘贴
6	幕墙工程	玻璃幕墙，金属幕墙，石材幕墙
7	涂饰工程	水性涂料涂饰，溶剂型涂料涂饰，美术涂饰
8	裱糊与软包工程	裱糊，软包
9	细部工程	橱柜制作与安装，窗帘盒、窗台板和散热器罩制作与安装，门窗套制作与安装，护栏和扶手制作与安装，花饰制作与安装
10	建筑地面工程	基层，整体面层，板块面层，竹木面层

附录 C 隐蔽工程验收记录表

第 页 共 页

装饰装修工程名称		项目经理	
分项工程名称		专业工长	
隐蔽工程项目			
施工单位			
施工标准名称及代号			
施工图名称及编号			
隐蔽工程部位	质量要求	施工单位自查记录	监理（建设）单位验收记录
施工单位自查结论	施工单位项目技术负责人： 　　　　　　　　　　年　月　日		
监理（建设）单位验收结论	监理工程师（建设单位项目负责人）： 　　　　　　　　　　年　月　日		

本规范用词用语说明

1 为了便于在执行本规范条文时区别对待，对要求严格程度不同的用词说明如下：

（1）表示很严格，非这样做不可的用词：

正面词采用"必须"，反面词采用"严禁"；

（2）表示严格，在正常情况下均应这样做的用词：

正面词采用"应"，反面词采用"不应"或"不得"；

（3）表示允许稍有选择，在条件许可时首先应这样做的用词：

正面词采用"宜"，反面词采用"不宜"；

表示有选择，在一定条件下可以这样做的，采用"可"。

2 规范中指定应按其他有关标准、规范执行时，写法为："应符合……的规定"或"应按……执行"。

中华人民共和国国家标准

建筑装饰装修工程质量验收规范

GB 50210—2001

条 文 说 明

目　次

1　总则 ………………………… 9—17—34
2　术语 ………………………… 9—17—34
3　基本规定 …………………… 9—17—34
4　抹灰工程 …………………… 9—17—34
5　门窗工程 …………………… 9—17—35
6　吊顶工程 …………………… 9—17—35
7　轻质隔墙工程 ……………… 9—17—35
8　饰面板（砖）工程…………… 9—17—36
9　幕墙工程 …………………… 9—17—36
10　涂饰工程 ………………… 9—17—37
11　裱糊与软包工程 ………… 9—17—37
12　细部工程 ………………… 9—17—38
13　分部工程质量验收 ……… 9—17—38

1 总　　则

1.0.1 目前，对建筑装饰装修工程的质量验收主要依据两本标准：《建筑装饰工程施工及验收规范》（JGJ 73—91）和《建筑工程质量检验评定标准》（GBJ 301—88）的第十章、第十一章。在20世纪90年代，这两本标准为保证建筑装饰装修工程的质量发挥了重要作用。随着我国在科技和经济领域的快速发展，装饰装修工程的设计、施工、材料发生了很大变化；由于生活水平的提高，人们的要求和审美观也发生了很大变化。本规范是在两本标准的基础上编制的，同时，考虑了近十几年来建筑装饰装修领域发展的新材料、新技术。

1.0.2 此条所述新建、扩建、改建及既有建筑包括住宅工程，但不包括古建筑和保护性建筑。既有建筑是指已竣工验收合格交付使用的建筑。

1.0.3 本规范规定的施工质量要求是对建筑装饰装修工程的最低要求。建设单位不得要求设计单位按低于本规范的标准设计；设计单位提出的设计文件必须满足本规范的要求。双方不得签订低于本规范要求的合同文件。

当设计文件和承包合同的规定高于本规范的要求时，验收时必须以设计文件和承包合同为准。

2 术　　语

2.0.1 关于建筑装饰装修，目前还有几种习惯性说法，如建筑装饰、建筑装修、建筑装潢等。从三个名词在正规文件中的使用情况来看，《建筑装饰工程施工及验收规范》（JGJ 73—91）和《建筑工程质量检验评定标准》（GBJ 301—88）沿用了建筑装饰一词，《建设工程质量管理条例》和《建筑内部装修设计防火规范》（GB 50222—1995）沿用了"建筑装修"一词。从三个名词的含义来看，"建筑装饰"反映面层处理比较贴切，"装修"一词与基层处理、龙骨设置等工程内容更为符合。而装潢一词的本意是指裱画。另外，装饰装修一词在实际使用中越来越广泛。由于上述原因，本规范决定采用"装饰装修"一词并对"建筑装饰装修"加以定义。本条所列"建筑装饰装修"术语的含义包括了目前使用的"建筑装饰"、"建筑装修"和"建筑装潢"。

3 基 本 规 定

3.1.5 随着我国经济的快速发展和人民生活水平的提高，建筑装饰装修行业已经成为一个重要的新兴行业，年产值已超过1000亿元人民币，从业人数达到500多万人。建筑装饰装修行业为公众营造出了美丽、舒适的居住和活动空间，为社会积累了财富，已成为现代生活中不可或缺的一个组成部分。但是，在装饰装修活动中也存在一些不规范甚至相当危险的做法。例如，为了扩大使用面积随意拆改承重墙等。为了保证在任何情况下，建筑装饰装修活动本身不会导致建筑物的安全度降低，或影响到建筑物的主要使用功能如防水、采暖、通风、供电、供水、供燃气等，特制订本条。

3.2.5 对进场材料进行复验，是为保证建筑装饰装修工程质量采取的一种确认方式。在目前建筑材料市场假冒伪劣现象较多的情况下，进行复验有助于避免不合格材料用于装饰装修工程，也有助于解决提供样品与供货质量不一致的问题。本规范各章的第一节"一般规定"明确规定了需要复验的材料及项目。在确定项目时，考虑了三个因素，一是保证安全和主要使用功能，二是尽量减少复验发生的费用，三是尽量选择检测周期较短的项目。关于抽样数量的规定是最低要求，为了达到控制质量的目的，在抽取样品时应首先选取有疑问的样品，也可以由双方商定增加抽样数量。

3.2.9 建筑装饰装修工程采用大量的木质材料，包括木材和各种各样的人造木板，这些材料不经防火处理往往达不到防火要求。与建筑装饰装修工程有关的防火规范主要是《建筑内部装修设计防火规范》（GB 50222），《建筑设计防火规范》（GBJ 16）和《高层民用建筑设计防火规范》（GB 50045）也有相关规定。设计人员按上述规范给出所用材料的燃烧性能及处理方法后，施工单位应严格按设计进行选材和处理，不得调换材料或减少处理步骤。

3.3.7 基体或基层的质量是影响建筑装饰装修工程质量的一个重要因素。例如，基层有油污可能导致抹灰工程和涂饰工程出现脱层、起皮等质量问题；基体或基层强度不够可能导致饰面层脱落，甚至造成坠落伤人的严重事故。为了保证质量，避免返工，特制订本条。

3.3.8 一般来说，建筑装饰装修工程的装饰装修效果很难用语言准确、完整的表述出来；有时，某些施工质量问题也需要有一个更直观的评判依据。因此，在施工前，通常应根据工程情况确定制作样板间、样板件或封存材料样板。样板间适用于宾馆客房、住宅、写字楼办公室等工程，样板件适用于外墙饰面或室内公共活动场所，主要材料样板是指建筑装饰装修工程中采用的壁纸、涂料、石材等涉及颜色、光泽、图案花纹等评判指标的材料。不管采用哪种方式，都应由建设方、施工方、供货方等有关各方确认。

4 抹 灰 工 程

4.1.5 根据《建筑工程施工质量验收统一标准》（GB 50300—2001）关于检验批划分的规定，及装饰装修工程的特点，对原标准予以修改。室外抹灰一般是上下层连续作业，两层之间是完整的装饰面，没有层与层之间的界限，如果按楼层划分检验批不便于检查。另一方面各建筑物的体量和层高不一致，即使是同一建筑其层高也不完全一致，按楼层划分检验批量的概念难确定。因此，规定室外按相同材料、工艺和施工条件每 500~1000m² 划分为一个检验批。

4.1.12 经调研发现，混凝土（包括预制混凝土）顶棚基体抹灰，由于各种因素的影响，抹灰层脱落的质量事故时有发生，严重危及人身安全，引起了有关部门的重视，如北京市为解决混凝土顶棚基体表面抹灰层脱落的质量问题，要求各建筑施工单位，不得在混凝土顶棚基体表面抹灰，用腻子找平即可，5年来取得了良好的效果。

4.2.1 本规范将原标准中一般抹灰工程分为普通抹灰、中级抹灰和高级抹灰三级合并为普通抹灰和高级抹灰两级，主要是由于普通抹灰和中级抹灰的主要工序和表面质量基本相同，将原中级抹灰的主要工序和表面质量作为普通抹灰的要求。抹灰等级应由设计单位按照国家有关规定，根据技术、经济条件和装饰美观的需要来确定，并在施工图中注明。

4.2.3 材料质量是保证抹灰工程质量的基础，因此，抹灰工程所用材料如水泥、砂、石灰膏、石膏、有机聚合物等应符合设计要求及国家现行产品标准的规定，并应有出厂合格证；材料进场时应进行现场验收，不合格的材料不得用在抹灰工程上，对影响抹灰工程质量与安全的主要材料的某些性能如水泥的凝结时间和安定性进行现场抽样复验。

4.2.4 抹灰厚度过大时，容易产生起鼓、脱落等质量问题；不同材料基体交接处，由于吸水和收缩性不一致，接缝处表面的抹灰层容易开裂，上述情况均应采取加强措施，以切实保证抹灰工程的质量。

4.2.5 抹灰工程的质量关键是粘结牢固，无开裂、空鼓与脱落。如果粘结不牢，出现空鼓、开裂、脱落等缺陷，会降低墙体保护作用，且影响装饰效果。经调研分析，抹灰层之所以出现开裂、空鼓和脱落等质量问题，主要原因是基体表面清理不干净，如：基体表面尘埃及疏松物、脱模剂和油渍等影响抹灰粘结牢固的物质未彻底清除干净；基体表面光滑，抹灰前未作毛化处理；抹灰前基体表面浇水不透，抹灰后砂浆中的水分很快被基体吸收，使砂浆中的水泥未充分水化生成水泥石，影响砂浆粘结力；砂浆质量不好，使用不当；一次抹灰过厚，干缩率较大等，都会影响抹灰层与基体的粘结牢固。

4.3.1 根据国内装饰抹灰的实际情况，本规范保留了《建筑装饰工程施工及验收规范》（JGJ 73—91）中水刷石、斩假石、干粘石、假面砖等项目，删除了水磨石、拉条灰、拉毛灰、洒毛灰、喷砂、喷涂、滚涂、弹涂、仿石和彩色抹灰等项目。但水刷石浪费水资源，并对环境有污染，应尽量减少使用。

5 门窗工程

5.1.5 本条规定了门窗工程检验批划分的原则。即进场门窗应按品种、类型、规格各自组成检验批，并规定了各种门窗组成检验批的不同数量。

本条所称门窗品种，通常是指门窗的制作材料，如实木门窗、铝合金门窗、塑料门窗等；门窗类型指门窗的功能或开启方式，如平开窗、立转窗、自动门、推拉门等；门窗规格指门窗的尺寸。

5.1.6 本条对各种检验批的检查数量作出规定。考虑到对高层建筑（10层及10层以上的居住建筑和建筑高度超过24m的公共建筑）的外窗各项性能要求应更为严格，故每个检验批的检查数量增加一倍。此外，由于特种门的重要性明显高于普通门，数量则较普通门为少，为保证特种门的功能，规定每个检验批抽样检查的数量应比普通门加大。

5.1.7 本条规定了安装门窗前应对门窗洞口尺寸进行检查，除检查单门窗洞口尺寸外，还应对能够通视的成排或成列的门窗洞口进行目测或拉通线检查。如果发现明显偏差，应向有关管理人员反映，采取处理措施后再安装门窗。

5.1.8 安装金属门窗和塑料门窗，我国规范历来规定应采用预留洞口的方法施工，不得采用边安装边砌口或先安装后砌口的方法施工，其原因主要是防止门窗框受挤压变形和表面保护层受损。木门窗安装也宜采用预留洞口的方法施工。如果采用先安装后砌口的方法施工时，则应注意避免门窗框在施工中受损、受挤压变形或受到污染。

5.1.10 组合窗拼樘料不仅起连接作用，而且是组合窗的重要受力部件，故对其材料应严格要求，其规格、尺寸、壁厚等应由设计给出，并应使组合窗能够承受该地区的瞬时风压值。

5.1.11 门窗安装是否牢固既影响使用功能又影响安全，其重要性尤以外墙门窗更为显著。故本条规定，无论采用何种方法固定，建筑外墙门窗必须确保安装牢固，并将此条列为强制性条文。内墙门窗安装也必须牢固，本规范将内墙门窗安装牢固的要求列入主控项目而非强制性条文。考虑到砌体中砖、砌块以及灰缝的强度较低，受冲击容易破碎，故规定在砌体上安装门窗时严禁用射钉固定。

5.2.10 在正常情况下，当门窗关闭时，门窗扇的上端本应与下端同时或上端略早于下端贴紧门窗的上框。所谓"倒翘"通常是指当门窗扇关闭时，门窗扇的下端已经贴紧门窗下框，而门窗扇的上端由于翘曲而未能与门窗的上框贴紧，尚有离缝的现象。

5.2.11 考虑到材料的发展，本规范将门窗五金件统一称为配件。门窗配件不仅影响门窗功能，也有可能影响安全，故本规范将门窗配件的型号、规格、数量及功能列为主控项目。

5.2.17 表中允许偏差栏中所列数值，凡注明正负号的，表示本规范对此偏差的不同方向有不同要求，应严格遵守。凡没有注明正负号的，即使其偏差可能具有方向性，但本规范并未对这类偏差的方向性作出规定，故检查时对这些偏差可以不考虑方向性要求。本条说明也适用本规范其他表格中的类似情况。

5.2.18 表中除给出允许偏差外，对留缝尺寸等给出了尺寸限值。考虑到所给尺寸限值是一个范围，故不再给出允许偏差。

5.3.4 推拉门窗扇意外脱落容易造成安全方面的伤害，对高层建筑情况更为严重，故规定推拉门窗扇必须有防脱落措施。

5.4.4 拼樘料的作用不仅是连接多樘窗，而且起着重要的固定作用。故本规范从安全角度，对拼樘料作出了严格要求。

5.4.7 塑料门窗的线性膨胀系数较大，由于温度升降易引起门窗变形或在门窗框与墙体间出现裂缝，为了防止上述现象，特定塑料门窗框与墙体间缝隙应采用伸缩性能较好的闭孔弹性材料填嵌，并用密封胶密封。采用闭孔材料则是为了防止材料吸水导致连接件锈蚀，影响安装强度。

5.5.1 特种门种类繁多，功能各异，而且其品种、功能还在不断增加，故在规范中不能一一列出。本规范从安装质量验收角度，就其共性做出了原则规定。本规范未列明的其他特种门，也可参照本章的规定验收。

5.6.9 为防止门窗的框、扇型材胀缩、变形时导致玻璃破碎，门窗玻璃不应直接接触型材。为保护镀膜玻璃上的镀膜层及发挥镀膜层的作用，单面镀膜玻璃的镀膜层应朝向室内。双层玻璃的单面镀膜玻璃应在最外层，镀膜层应朝向室内。

6 吊顶工程

6.1.1 本章适用于龙骨加饰面板的吊顶工程。按照施工工艺不同，又分为暗龙骨吊顶和明龙骨吊顶。

6.1.4 为了既保证吊顶工程的使用安全，又做到竣工验收时不破坏饰面，吊顶工程的隐蔽工程验收非常重要，本条所列各款均应提供由监理工程师签名的隐蔽工程验收记录。

6.1.8 由于发生火灾时，火焰和热空气迅速向上蔓延，防火问题对吊顶工程是至关重要的，使用木质材料装饰装修顶棚时应慎重。《建筑内部装修设计防火规范》（GB 50222—1995）规定顶棚装饰装修材料的燃烧性能必须达到 A 级或 B1 级，未经防火处理的木质材料的燃烧性能达不到这个要求。

6.1.12 龙骨的设置主要是为了固定饰面材料，一些轻型设备如小型灯具、烟感器、喷淋头、风口篦子等也可以固定在饰面材料上。但如果把电扇和大型吊灯固定在龙骨上，可能会造成脱落伤人事故。为了保证吊顶工程的使用安全，特制定本条并作为强制性条文。

7 轻质隔墙工程

7.1.1 本章所说轻质隔墙是指非承重轻质内隔墙。轻质隔墙工程所用材料的种类和隔墙的构造方法很多，本章将其归纳为板材隔墙、骨架隔墙、活动隔墙、玻璃隔墙四种类型。加气混凝土砌块、空心砌块及各种小型砌块等砌体类轻质隔墙不含在本章范围内。

7.1.3 轻质隔墙施工要求对所使用人造木板的甲醛含量进行进场复验。目的是避免对室内空气环境造成污染。

7.1.4 轻质隔墙工程中的隐蔽工程施工质量是这一分项工程质量的重要组成部分。本条规定了轻质隔墙工程中的隐蔽工程验收内容，其中设备管线安装的隐蔽工程验收属于设备专业施工配合的项目，要求在骨架隔墙封面板前，对骨架中设备管线的安装进行隐蔽工程验收，隐蔽工程验收合格后才能封面板。

7.1.6 轻质隔墙与顶棚或其他材料墙体的交接处易出现裂缝，因此，要求轻质隔墙的这些部位要采取防裂缝的措施。

7.2.1 板材隔墙是指不需设置隔墙龙骨，由隔墙板材自承重，将预制或现制的隔墙板材直接固定于建筑主体结构上的隔墙工程。目前这类轻质隔墙的应用范围很广，使用的隔墙板材通常分为复合板材、单一材料板材、空心板材等类型。常见的隔墙板材如金属夹芯板、预制或现制的钢丝网水泥板、石膏夹芯板、石膏水泥板、石膏空心板、泰柏板（舒乐舍板）、增强水泥聚苯板（GRC板）、加气混凝土条板、水泥陶粒板等等。随着建材行业的技术进步，这类轻质隔墙板材的性能会不断提高，板材的品种也会不断变化。

7.3.1 骨架隔墙是指在隔墙龙骨两侧安装板面板以形成墙体的轻质隔墙。这一类隔墙主要是由龙骨作为受力骨架固定于建筑主体结构上。目前大量应用的轻钢龙骨石膏板隔墙就是典型的骨架隔墙。龙骨骨架中根据隔声或保温设计要求可以设置填充材料，根据设备安装要求安装一些设备管线等。龙骨常见的有轻钢龙骨系列、其他金属龙骨以及木龙骨。墙面板常见的有纸面石膏板、人造木板、防火板、金属板、水泥纤维板以及塑料板等。

7.3.4 龙骨体系沿地面、顶棚设置的龙骨及边框龙骨，是隔墙与主体结构之间重要的传力构件，要求这些龙骨必须与基体结构连接牢固，垂直和平整，交接处平直，位置准确。由于这是骨架隔墙施工质量的关键部位，故应作为隐蔽工程项目加以验收。

7.3.5 目前我国的轻钢龙骨主要有两大系列，一种是仿日本系列，一种是仿欧美系列。这两种系列的构造不同，仿日本龙骨系列要求安装贯通龙骨并在竖向龙骨竖向开口处安装支撑卡，以增强龙骨的整体性和刚度，而仿欧美系列则没有这项要求。在对龙骨进行隐蔽工程验收时可根据设计选用不同龙骨系列的有关规定进行检验，并符合设计要求。

骨架隔墙在有门窗洞口、设备管线安装或其他受力部位，应安装加强龙骨，增强龙骨骨架的强度，以保证门窗开启使用或受力时隔墙的稳定。

一些有特殊结构要求的墙面，如曲面、斜面等，应按照设计要求进行龙骨安装。

7.4.1 活动隔墙是指推拉式活动隔墙、可拆装的活动隔墙等。这一类隔墙大多使用成品板材及其金属框架、附件在现场组装而成，金属框架及饰面板一般不需再作饰面层。也有一些活动隔墙不需要金属框架，完全是使用半成品板材现场加工制作成活动隔墙。这都属于本节验收范围。

7.4.2 活动隔墙在大空间多功能厅室中经常使用，由于这类内隔墙是重复及动态使用，必须保证使用的安全性和灵活性。因此，每个检验批抽查的比例有所增加。

7.4.5 推拉式活动隔墙在使用过程中，经常会由于滑轨推拉制动装置的质量问题而使得推拉使用不灵活，这是一个带有普遍性的质量问题，本条规定了要进行推拉开启检查，应该推拉平稳、灵活。

7.5.1 近年来，装饰装修工程中用钢化玻璃作内隔墙、用玻璃砖砌筑内隔墙日益增多，为适应这类隔墙工程的质量验收，特制定本节内容。

7.5.2 玻璃隔墙或玻璃砖砌筑隔墙在轻质隔墙中用量一般不是很大，但是有些玻璃隔墙的单块玻璃面积比较大，其安全性就很突出，因此，要对涉及安全性的部位和节点进行检查，而且每个检验批抽查的比例也有所提高。

7.5.5 玻璃砖砌筑隔墙中应埋设拉结筋，拉结筋要与建筑主体结构或受力杆件有可靠的连接；玻璃板隔墙的受力边也要与建筑主体结构或受力杆件有可靠的连接，以充分保证其整体稳定性，保证墙体的安全。

8 饰面板（砖）工程

8.1.1 饰面板工程采用的石材有花岗石、大理石、青石板和人造石材；采用的瓷板有抛光板和磨边板两种，面积不大于 $1.2m^2$，不小于 $0.5m^2$；金属饰面板有钢板、铝板等品种；木材饰面板主要用于内墙裙。陶瓷面砖主要包括釉面瓷砖、外墙面砖、陶瓷锦砖、陶瓷壁画、劈离砖等；玻璃面砖主要包括玻璃锦砖、彩色玻璃面砖、釉面玻璃等。

8.1.3 本条仅规定对人身健康和结构安全有密切关系的材料指标进行复验。天然石材中花岗石的放射性超标的情况较多，故规定对室内用花岗石的放射性进行检测。

8.1.7 《外墙面饰面砖工程施工及验收规程》（JGJ 126—2000）中6.0.6条第3款规定："外墙面饰面砖工程，应进行粘结强度检验。其取样数量、检验方法、检验结果判定均应符合现行行业标准《建筑工程饰面砖粘结强度检验标准》（JGJ 110）的规定。"由于该方法为破坏性检验，破损饰面砖不易复原，且检验操作有一定难度，在实际验收中较少采用。故本条规定在外墙面饰面砖粘贴前和施工过程中均应制作样板件并做粘结强度试验。

8.2.7 采用传统的湿作业法安装天然石材时，由于水泥砂浆在水化时析出大量的氢氧化钙，泛到石材表面，产生不规则的花斑，俗称泛碱现象，严重影响建筑物室内外石材饰面的装饰效果。因此，在天然石材安装前，应对石材饰面采用"防碱背涂剂"进行背涂处理。

9 幕墙工程

9.1.1 由金属构件与各种板材组成的悬挂在主体结构上、不承担主体结构荷载与作用的建筑物外围护结构，称为建筑幕墙。按建筑幕墙的面板可将其分为玻璃幕墙、金属幕墙、石材幕墙、混凝土幕墙及组合幕墙等。按建筑幕墙的安装形式又可将其分为散装建筑幕墙、半单元建筑幕墙、单元建筑幕墙、小单元建筑幕墙等。

9.1.8 隐框、半隐框玻璃幕墙所采用的中性硅酮结构密封胶，是保证隐框、半隐框玻璃幕墙安全性的关键材料。中性硅酮结构密封胶有单组份和双组份之分，单组份硅酮结构密封胶靠吸收空气中水分而固化，因此，单组份硅酮结构密封胶的固化时间长，一般需要14~21天，双组份固化时间较短，一般为7~10天左右，硅酮结构密封胶在完全固化前，其粘结拉伸强度是很弱的，因此，玻璃幕墙构件在打注结构胶后，应在温度20℃、湿度50%以上的干净室内养护，待完全固化后才能进行下道工序。

幕墙工程使用的硅酮结构密封胶，应选用法定检测机构检测合格的产品，在使用前必须对幕墙工程选用的铝合金型材、玻璃、双面胶带、硅酮耐候密封胶、塑料泡沫棒等与硅酮结构密封胶接触的材料做相容性试验和粘结剥离性试验，试验合格后才能进行打胶。

9.1.9 本条规定有双重含意，一是说幕墙的立柱和横梁等主要受力杆件，其截面受力部分的壁厚应经计算确定，但又规定了最小壁厚，即如计算的壁厚小于规定的最小壁厚时，应取最小壁厚值，计算的壁厚大于规定的最小壁厚时，应取计算值，这主要是由于某些构造要求无法计算，为保证幕墙的安全可靠而采取的双控措施。

9.1.10 硅酮结构密封胶的粘结宽度是保证半隐框、隐框玻璃幕墙安全的关键环节之一，当采用半隐框、隐框幕墙时，硅酮结构密封胶的粘结宽度一定要通过计算来确定。当计算的粘结宽度小于规定的最小值时则采用最小值，当计算值大于规定的最小值时则采用计算值。

9.1.13 幕墙工程使用的各种预埋件必须经过计算确定，以保证其具有足够的承载力。为了保证幕墙与主体结构连接牢固可靠，幕墙与主体结构连接的预埋件应在主体结构施工时，按设计要求的数量、位置和方法进行埋设，埋设位置应正确。施工过程中如将预埋件的防腐层损坏，应按设计要求重新对其进行防腐处理。

9.1.15 本条所提到单元幕墙连接处及吊挂处的壁厚，是按照板块的大小、自重及材质、连接型式严格计算的，并留有一定的安全系数，壁厚计算值如果大于5mm，应取计算值，如果壁厚计算值小于5mm，应取5mm。

9.1.16 幕墙构件与混凝土结构的连接一般是通过预埋件实现的。预埋件的锚固钢筋是锚固作用的主要来源，混凝土对锚固钢筋的粘结力是决定性的，因此预埋件必须在混凝土浇灌前埋入，施工时混凝土必须振捣密实。目前实际施工中，往往由于放入预埋件时，未采取有效措施来固定预埋件，混凝土浇铸时往往使预埋件偏离设计位置，影响立柱的连接，甚至无法使用。因此应将预埋件可靠地固定在模板上或钢筋上。

当施工未设预埋件、预埋件漏放、预埋件偏离设计位置、设计变更、旧建筑加装幕墙时，往往要使用后置埋件。采用后置埋件（膨胀螺栓或化学螺栓）时，应符合设计要求并应进行现场拉拔试验。

9.2.1 本条所规定的玻璃幕墙适用范围，参照了《玻璃幕墙工程技术规范》（JGJ 102—96）的规定，建筑高度大于150m的玻璃幕墙工程目前尚无国家或行业的设计和施工标准，故不包含在本规范规定的范围内。

9.2.4 本条规定幕墙应使用安全玻璃，安全玻璃时指夹层玻璃和钢化玻璃，但不包括半钢化玻璃。夹层玻璃是一种性能良好的安全玻璃，它的制作方法是用聚乙烯醇缩丁醛胶片（PVB）将两块玻璃牢固地粘结在一起，受到外力冲击时，玻璃碎片粘在PVB胶片上，可以避免飞溅伤人。钢化玻璃是普通玻璃加热后急速冷却形成的，被打破时变成很多细小无锐角的碎片，不会造成割伤。半钢化玻璃虽然强度也比较大，但其破碎时仍然会形成锐利的碎片，因而不属于安全玻璃。

9.3.1 本条所规定的金属幕墙适用范围，参照了《金属与石材幕墙工程技术规范》（JGJ 133—2001）的规定，建筑高度大于150m的金属幕墙工程目前尚无国家或行业的设计和施工标准，故不包含在本规范规定的范围内。

9.3.2 金属幕墙工程所使用的各种材料、配件大部分都有国家标准，应按设计要求严格检查材料产品合格证书及性能检测报告、材料进场验收记录、复验报告。不符合规定要求的严禁使用。

9.3.9 金属幕墙结构中自上而下的防雷装置与主体结构的防雷装置可靠连接十分重要，导线与主体结构连接时应除掉表面的保护层，与金属直接连接。幕墙的防雷装置应由建筑设计单位认可。

9.4.1 本条所规定的石材幕墙适用范围，参照了《金属与石材幕墙工程技术规范》（JGJ 133—2001）的规定。对于建筑高度大于100m的石材幕墙工程，由于我国目前尚无国家或行业的设计和施工标准，故不包含在本规范规定的范围内。

9.4.2 石材幕墙所用的主要材料如石材的弯曲强度、金属框架杆件和金属挂件的壁厚应经过设计计算确定。本条款规定了最小限值，如计算值低于最小限值时，应取最小值，这是为了保证石材幕墙安全而采取的双控措施。

9.4.3 由于石材幕墙的饰面板大都是选用天然石材，同一品种的石材在颜色、光泽和花纹上容易出现很大的差异；在工程施工中，又经常出现石材排版放样时，石材幕墙的立面分格与设计分格有很大的出入；这些问题都不同程度地降低了石材幕墙整体的装饰效果。本条要求石材幕墙的石材样品和石材的施工分格尺寸放样图应符合设计要求并取得设计的确认。

9.4.4 石板上用于安装的钻孔或开槽是石板受力的主要部位，加工时容易出现位置不正、数量不足、深度不够或孔槽壁太薄等质量问题，本条要求对石板上孔或槽的位置、数量、深度以及孔或槽的壁厚进行进场验收；如果是现场开孔或开槽，监理单位和施工单位应对其进行抽检，并做好施工记录。

9.4.11 本条是考虑目前石材幕墙在石材表面处理上有不同做法，有些工程设计要求在石材表面涂刷保护剂，形成一层保护膜，有些工程设计要求石材表面不作任何处理，以保持天然石材本色的装饰效果；在石材板缝的做法上也有开缝和密封缝的不同做法，在施工质量验收时应符合设计要求。

9.4.14 石材幕墙要求石板不能有影响其弯曲强度的裂缝。石板进场安装前应进行预拼，拼对石材表面花纹纹路，以保证幕墙整体观感无明显色差，石材表面纹路协调美观。天然石材的修痕应力求与石材表面质感和光泽一致。

10 涂饰工程

10.1.2 涂饰工程所选用的建筑涂料，其各项性能应符合下述产品标准的技术指标。

1 《合成树脂乳液砂壁状建筑涂料》　　　JG/T 24
2 《合成树脂乳液外墙涂料》　　　　　　GB/T 9755
3 《合成树脂乳液内墙涂料》　　　　　　GB/T 9756
4 《溶剂型外墙涂料》　　　　　　　　　GB/T 9757
5 《复层建筑涂料》　　　　　　　　　　GB/T 9779
6 《外墙无机建筑涂料》　　　　　　　　JG/T 25
7 《饰面型防火涂料通用技术标准》　　　GB 12441
8 《水泥地板用漆》　　　　　　　　　　HG/T 2004
9 《水溶性内墙涂料》　　　　　　　　　JC/T 423
10 《多彩内墙涂料》　　　　　　　　　　JG/T 003
11 《聚氨酯清漆》　　　　　　　　　　　HG 2454
12 《聚氨酯磁漆》　　　　　　　　　　　HG/T 2660

10.1.5 不同类型的涂料对混凝土或抹灰基层含水率的要求不同，涂刷溶剂型涂料时，参照国际一般做法规定为不大于8%；涂刷乳液型涂料时，基层含水率控制在10%以下时装饰质量较好，同时，国内外建筑涂料产品标准对基层含水率的要求均在10%左右，故规定涂刷乳液型涂料时基层含水率不大于10%。

11 裱糊与软包工程

11.1.1 软包工程包括带内衬软包及不带内衬软包两种。
11.1.5 基层的质量与裱糊工程的质量有非常密切的关系；故作出本条规定。

1 新建筑物的混凝土抹灰基层如不涂刷抗碱封闭底漆，基层泛碱会导致裱糊后的壁纸变色。
2 旧墙面疏松的旧装修层如不清除，将会导致裱糊后的壁纸起鼓或脱落。清除后的墙面仍需达到裱糊对基层的要求。

3 基层含水率过大时，水蒸气会导致壁纸表面起鼓。

4 腻子与基层粘结不牢固，或出现粉化、起皮和裂缝，均会导致壁纸接缝处开裂，甚至脱落，影响裱糊质量。

5 抹灰工程的表面平整度、立面垂直度及阴阳角方正等质量均对裱糊质量影响很大，如其质量达不到高级抹灰的质量要求，将会造成裱糊时对花困难，并出现离缝和搭接现象，影响整体装饰效果，故抹灰质量应达到高级抹灰的要求。

6 如基层颜色不一致，裱糊后会导致壁纸表面发花，出现色差，特别是对遮蔽性较差的壁纸，这种现象将更严重。

7 底胶能防止腻子粉化，并防止基层吸水，为粘贴壁纸提供一个适宜的表面，还可使壁纸在对花、校正位置时易于滑动。

11.2.6 裱糊时，胶液极易从拼缝中挤出，如不及时擦去，胶液干后壁纸表面会产生亮带，影响装饰效果。

11.2.10 裱糊时，阴阳角均不能有对接缝，如有对接缝极易开胶、破裂，且接缝明显，影响装饰效果。阳角处应包角压实，阴角处应顺光搭接，这样可使拼缝看起来不明显。

11.3.2 木材含水率太高，在施工后的干燥过程中，会导致木材翘曲、开裂、变形，直接影响到工程质量。故应对其含水率进行进场验收。

11.3.5 如不绷压严密，经过一段时间，软包面料会因失去张力而出现下垂及皱折；单块软包上的面料不能拼接，因拼接既影响装饰效果，拼接处又容易开裂。

11.3.8 因清漆制品显示的是木料的本色，其色泽和木纹如相差较大，均会影响到装饰效果，故制定此条。

12 细部工程

12.1.1 橱柜、窗帘盒、窗台板、散热器罩、门窗套、护栏、扶手、花饰等的制作与安装在建筑装饰装修工程中的比重越来越大。国家标准《建筑工程质量检验评定标准》(GBJ 301—88)第十一章第十节"细木制品工程"的内容已经不能满足新材料、新技术的发展要求，故本章不限定材料的种类，以利于创新和提高装饰装修水平。

12.1.2 验收时检查施工图、设计说明及其他设计文件，有利于强化设计的重要性，为验收提供依据，避免口头协议造成扯皮。材料进场验收、复验、隐蔽工程验收、施工记录是施工过程控制的重要内容，是工程质量的保证。

12.1.3 人造木板的甲醛含量过高会污染室内环境，进行复验有利于核查是否符合要求。

12.2.1 本条适用于位置固定的壁柜、吊柜等橱柜制作、安装工程的质量验收。不包括移动式橱柜和家具的质量验收。

12.2.7 橱柜抽屉、柜门开闭频繁，应灵活、回位正确。

12.2.10 橱柜安装允许偏差指标是参考北京市标准《高级建筑装饰工程质量检验评定标准》(DBJ 是 01—27—96)第 7.6 条"高档固定家具"制定的。

12.3.1 本条适用于窗帘盒、散热器罩和窗台板制作、安装工程的质量验收。窗帘盒有木材、塑料、金属等多种材料做法，散热器罩以木材为主，窗台板有木材、天然石材、水磨石等多种材料做法。

12.5.2 护栏和扶手安全性十分重要，故每个检验批的护栏和扶手全部检查。

13 分部工程质量验收

13.0.2 本规范附录 B 列出了建筑装饰装修工程中十个子分部工程及其三十三个分项工程的名称，本规范第四章至第十二章分别对前九个子分部工程的施工质量提出要求。每章第一节是对子分部工程的一般规定，第二节及以后各节是对各个分项工程的施工质量要求。

与《建筑装饰工程施工及验收规范》(JGJ 73—91)相比，本规范对验收的范围和章节设置做了如下调整：

1 "门窗工程"增加了木门窗制作与安装和特种门安装；

2 将"玻璃工程"的内容分别并入相关的"门窗工程"和"轻质隔墙工程"；

3 "裱糊工程"扩充为"裱糊和软包工程"；

4 删去了"刷浆工程"；

5 "花饰工程"扩充为"细部工程"；

6 增加了"幕墙工程"。

13.0.4 本规范是决定装饰装修工程是否能够交付使用的质量验收规范，因此只有一个合格标准。在把握这个合格标准的松严程度时，编制组综合考虑了安全的需要、装饰效果的需要、技术的发展和目前施工的整体水平。本规范将涉及安全、健康、环保、以及主要使用功能方面的要求列为"主控项目"。"一般项目"大部分为外观质量要求，不涉及使用安全。考虑到目前我国装饰装修施工水平参差不齐，而某些外观质量问题返工成本高、效果不理想，故允许有 20% 以下的抽查样本存在既不影响使用功能也不明显影响装饰效果的缺陷，但是其中有允许偏差的检验项目，其最大偏差不得超过本规范规定允许偏差的 1.5 倍。

13.0.7 按照《建筑工程施工质量验收统一标准》GB 50300—2001 第 5.0.5 条的规定，分部工程验收和子分部工程验收均应按该标准附录 F 的格式记录。在进行装饰装修工程的子分部工程验收时，直接按照附录 F 的格式记录即可，但在进行装饰装修工程的分部工程验收时，应对附录 F 的格式稍加修改，"分项工程名称"应改为"子分部工程名称"，"检验批数"应改为"分项工程数"。

本条明确规定：分部工程中各子分部工程的质量均应验收合格。因此，进行分部工程验收时，应将子分部工程的验收结论进行汇总，不必再对子分部工程进行验收，但应对分部工程的质量控制资料（文件和记录）、安全和功能检验报告及观感质量进行核查。

13.0.8 有的建筑装饰装修工程除一般要求外，还会提出一些特殊的要求，如音乐厅、剧院、电影院、会堂等建筑对声学、光学有很高的要求；大型控制室、计算机房等建筑在屏蔽、绝缘方面需特别处理；一些实验室和车间有超净、防霉、防辐射等要求。为满足这些特殊要求，设计人员往往采用一些特殊的装饰装修材料和工艺。此类工程验收时，除执行本规范外，还应按设计对特殊要求进行检测和验收。

13.0.9 许多案例说明，如长期在空气污染严重、通风状况不良的室内居住或工作，会导致许多健康问题，轻者出现头痛、嗜睡、疲惫无力等症状；重者会导致支气管炎、癌症等疾病，此类病症被国际医学界统称为"建筑综合症"。而劣质建筑装饰装修材料散发出的有害气体是导致室内空气污染的主要原因。

近年来，我国政府逐步加强了对室内环境问题的管理，并正在将有关内容纳入技术法规。《民用建筑工程室内环境污染控制规范》(GB 50325)规定要对氡、甲醛、氨、苯及挥发性有机化合物进行控制，建筑装饰装修工程均应符合该规范的规定。

中华人民共和国国家标准

建筑防腐蚀工程施工质量验收规范

Code for acceptance of construction quality of
anticorrosive engineering of buildings

GB 50224—2010

主编部门：中国工程建设标准化协会化工分会
批准部门：中华人民共和国住房和城乡建设部
施行日期：２０１１年２月１日

中华人民共和国住房和城乡建设部
公 告

第 662 号

关于发布国家标准《建筑防腐蚀工程施工质量验收规范》的公告

现批准《建筑防腐蚀工程施工质量验收规范》为国家标准，编号为 GB 50224—2010，自 2011 年 2 月 1 日起实施。其中，第 3.2.6 条为强制性条文，必须严格执行。原《建设防腐蚀工程质量检验评定标准》GB 50224—95 同时废止。

本规范由我部标准定额研究所组织中国计划出版社出版发行。

中华人民共和国住房和城乡建设部
二〇一〇年七月十五日

前 言

本规范是根据原建设部《关于印发〈二〇〇四年工程建设国家标准制订、修订计划〉的通知》（建标〔2004〕67 号）的要求，由全国化工施工标准化管理中心站会同有关单位在原《建筑防腐蚀工程质量检验评定标准》GB 50224—95 的基础上修订完成的。

本规范在编制过程中，编制组经广泛调查研究，认真总结实践经验，参考有关国际标准和国外先进标准，并在广泛征求意见的基础上，最后审查定稿。

本规范共分 12 章和 1 个附录，主要技术内容包括：总则、术语、基本规定、基层处理工程、块材防腐蚀工程、水玻璃类防腐蚀工程、树脂类防腐蚀工程、沥青类防腐蚀工程、聚合物水泥砂浆防腐蚀工程、涂料类防腐蚀工程、聚氯乙烯塑料板防腐蚀工程、分部（子分部）工程验收等。

本规范修订的主要技术内容是：增加了第 2 章术语；增加了"检验批"的质量验收规定，提高了检验批中对允许偏差抽检点实测值的规定；修改了水泥砂浆或混凝土基层表面平整度的允许空隙值；增加了钢结构基层 Sa2 级的质量验收规定；增加了耐酸耐温砖的质量验收，删除了耐酸陶板、铸石板的检验内容；增加了密实型钾水玻璃砂浆整体面层、树脂玻璃鳞片胶泥整体面层的质量验收规定；增加了聚丙烯酸酯乳液水泥砂浆、环氧树脂乳液水泥砂浆整体面层和块材面层的质量验收规定；增加了聚氯乙烯塑料板防腐蚀工程和分部工程验收两章，删除了硫磺类防腐蚀工程和耐酸陶管工程两章；对附录的分项工程、分部工程质量检验记录表的内容重新进行了修改和调整。

本规范中以黑体字标志的条文为强制性条文，必须严格执行。

本规范由住房和城乡建设部负责管理和对强制性条文的解释，由中国工程建设标准化协会化工分会负责日常管理，全国化工施工标准化管理中心站负责具体技术内容的解释。执行过程中如有意见或建议，请寄送全国化工施工标准化管理中心站（地址：石家庄市桥东区槐安东路 28 号仁和商务 1-1-1107 室，邮编：050020）。

本规范主编单位、参编单位、参加单位和主要起草人、主要审查人：

主 编 单 位：全国化工施工标准化管理中心站
参 编 单 位：华东理工大学华昌聚合物有限公司
　　　　　　 上海富晨化工有限公司
　　　　　　 中冶集团建筑研究总院
　　　　　　 大连化工研究设计院
　　　　　　 中国化学工程第三建设有限公司
　　　　　　 上海化坚隔热防腐工程有限公司
　　　　　　 东华工程科技股份有限公司
　　　　　　 南京水利科学研究院
　　　　　　 中国二十冶集团有限公司
参 加 单 位：浙江永固为华涂料有限公司
主要起草人：芦 天　侯锐钢　陆士平　王东林
　　　　　　 王永飞　李相仁　徐爱阳　杨友军
　　　　　　 李昌木　刘德甫　林宝玉　李 烨
主要审查人：何进源　冯孝秋　于汉生　胡 伟
　　　　　　 唐向明　黄金亮　关慰清　陈 峰
　　　　　　 陈鸿章　柴华敏　孙世波　李靖波
　　　　　　 陈庆林

目 次

- 1 总则 ……………………………… 9—18—5
- 2 术语 ……………………………… 9—18—5
- 3 基本规定 ………………………… 9—18—5
  - 3.1 施工质量验收的划分 ……… 9—18—5
  - 3.2 施工质量验收 ……………… 9—18—5
  - 3.3 施工质量验收的程序及组织 … 9—18—5
- 4 基层处理工程 …………………… 9—18—6
  - 4.1 一般规定 …………………… 9—18—6
  - 4.2 混凝土基层 ………………… 9—18—6
  - 4.3 钢结构基层 ………………… 9—18—6
  - 4.4 木质基层 …………………… 9—18—7
- 5 块材防腐蚀工程 ………………… 9—18—7
- 6 水玻璃类防腐蚀工程 …………… 9—18—8
  - 6.1 一般规定 …………………… 9—18—8
  - 6.2 水玻璃胶泥、水玻璃砂浆铺砌的块材面层 …………………… 9—18—9
  - 6.3 密实型钾水玻璃砂浆整体面层 … 9—18—9
  - 6.4 水玻璃混凝土 ……………… 9—18—10
- 7 树脂类防腐蚀工程 ……………… 9—18—10
  - 7.1 一般规定 …………………… 9—18—10
  - 7.2 树脂玻璃钢 ………………… 9—18—11
  - 7.3 树脂胶泥、树脂砂浆铺砌的块材面层和树脂胶泥灌缝 ……… 9—18—11
  - 7.4 树脂稀胶泥、树脂砂浆、树脂玻璃鳞片胶泥整体面层 ……… 9—18—11
- 8 沥青类防腐蚀工程 ……………… 9—18—12
  - 8.1 一般规定 …………………… 9—18—12
  - 8.2 沥青玻璃布卷材隔离层 …… 9—18—12
  - 8.3 高聚物改性沥青卷材隔离层 … 9—18—12
  - 8.4 沥青胶泥铺砌的块材面层 … 9—18—13
  - 8.5 沥青砂浆和沥青混凝土整体面层 ……………………………… 9—18—13
  - 8.6 碎石灌沥青垫层 …………… 9—18—13
- 9 聚合物水泥砂浆防腐蚀工程 …… 9—18—13
  - 9.1 一般规定 …………………… 9—18—13
  - 9.2 聚合物水泥砂浆整体面层 … 9—18—14
  - 9.3 聚合物水泥砂浆铺砌的块材面层 ……………………………… 9—18—14
- 10 涂料类防腐蚀工程 ……………… 9—18—14
- 11 聚氯乙烯塑料板防腐蚀工程 …… 9—18—15
  - 11.1 一般规定 …………………… 9—18—15
  - 11.2 硬聚氯乙烯塑料板制作的池槽衬里 ……………………… 9—18—15
  - 11.3 软聚氯乙烯塑料板制作的池槽衬里或地面面层 ………… 9—18—15
- 12 分部（子分部）工程验收 …… 9—18—16
- 附录 A 质量保证资料核查记录 … 9—18—16
- 本规范用词说明 …………………… 9—18—17
- 引用标准名录 ……………………… 9—18—17
- 附：条文说明 ……………………… 9—18—18

Contents

1 General provisions ·················· 9—18—5
2 Terms ······································ 9—18—5
3 Basic requirement ·················· 9—18—5
   3.1 Division for acceptance of construction quality ································ 9—18—5
   3.2 Acceptance of construction quality ································ 9—18—5
   3.3 Procedure and organization for acceptance of construction quality ································ 9—18—5
4 Project of base course treatment ······························· 9—18—6
   4.1 General requirement ··············· 9—18—6
   4.2 Base course of concrete ········· 9—18—6
   4.3 Base course of steel structure ······ 9—18—6
   4.4 Base course of wood ··············· 9—18—7
5 Anticorrosive project of block material ································ 9—18—7
6 Anticorrosive project of water glass type ····························· 9—18—8
   6.1 General requirement ··············· 9—18—8
   6.2 Block surface course paved by daub and mortar of water glass ········· 9—18—9
   6.3 Whole surface course of potash water glass mortar in dense type ········· 9—18—9
   6.4 Water glass concrete ··············· 9—18—10
7 Anticorrosive project of resin type ······························· 9—18—10
   7.1 General requirement ··············· 9—18—10
   7.2 Glass fibre reinforced plastic of resin ································ 9—18—11
   7.3 Block surface course paved by daub of resin and mortar of resin and joint grouted by resin daub ······ 9—18—11
   7.4 Whole surface course coated by dilufe daub of resin, mortar of resin, glass flake daub of resin ································ 9—18—11
8 Anticorrosive project of asphalt type ····························· 9—18—12
   8.1 General requirement ··············· 9—18—12
   8.2 Isolating layer of glass fiber felt with asphalt ························· 9—18—12
   8.3 Isolating layer of asphalt felt modified by polymer ··············· 9—18—12
   8.4 Block surface course paved by asphalt daub ························· 9—18—13
   8.5 Whole surface course of asphalt mortar and asphalt concrete ······ 9—18—13
   8.6 Cushion course of crushed stone with asphalt fill up ··············· 9—18—13
9 Anticorrosive project for polymer cement mortar ········· 9—18—13
   9.1 General requirement ··············· 9—18—13
   9.2 Whole surface course of polymer cement mortar ························· 9—18—14
   9.3 Block surface course paved of polymer cement mortar ··············· 9—18—14
10 Anticorrosive project for coating type ····························· 9—18—14
11 Anticorrosive project for polyvinyl chloride plate ········· 9—18—15
   11.1 General requirement ··············· 9—18—15
   11.2 Pool lining fabricated by hard polyvinyl chloride plate ············ 9—18—15
   11.3 Pool lining and ground surface course fabricated by soft polyvinyl chloride plate ············ 9—18—15
12 Acceptance of subsection (sub-subsection) project ··············· 9—18—16
Appendix A Check record of quality guarantee materials ··· 9—18—16
Explanation of wording in this code ····································· 9—18—17
List of quoted standards ············ 9—18—17
Addition: Explanation of provisions ································ 9—18—18

1 总 则

1.0.1 为统一建筑防腐蚀工程施工质量的验收方法，加强技术管理和施工过程控制，强化验收，确保工程质量，制定本规范。

1.0.2 本规范适用于新建、改建和扩建的建筑物和构筑物防腐蚀工程施工质量的验收。

1.0.3 本规范应与现行国家标准《建筑工程施工质量验收统一标准》GB 50300 及《建筑防腐蚀工程施工及验收规范》GB 50212配套使用。

1.0.4 建筑防腐蚀工程施工质量的验收除应符合本规范外，尚应符合国家现行有关标准的规定。

2 术 语

2.0.1 检验批 inspection lot

按同一生产条件或规定的方式汇总，并由一定数量样本组成的检验体。

2.0.2 允许偏差 permissible deviation

检测过程中，在可满足工程安全和使用功能的前提下，允许检测点在本规范规定的检测比例范围内的偏差。

2.0.3 观察检查 visual inspection

以目测判断被检查物体是否符合规范规定的技术参数的过程。

2.0.4 抽样检验 random examination

在指定的一个检验批中，对某一具体项目按一定比例随机抽取的检验。

3 基 本 规 定

3.1 施工质量验收的划分

3.1.1 建筑防腐蚀工程施工质量的验收应划分为检验批、分项工程和分部（子分部）工程。

3.1.2 检验批应根据工程的特点、施工工艺、质量控制和专业验收，按楼层、施工段、变形缝、同种材料或施工顺序等划分。

3.1.3 分项工程应根据防腐蚀材料、施工工艺等，按基层处理工程、块材防腐蚀工程、水玻璃类防腐蚀工程、树脂类防腐蚀工程、沥青类防腐蚀工程、聚合物水泥砂浆防腐蚀工程、涂料类防腐蚀工程、聚氯乙烯塑料板防腐蚀工程划分。基层处理也可不单独构成分项工程。

3.1.4 分部工程应按能独立构成单位工程的建筑物或构筑物划分。当分部工程较大或较复杂时，可划分为若干子分部工程。

3.2 施工质量验收

3.2.1 检验批质量验收合格应符合下列规定：

1 主控项目应符合本规范的规定。

2 一般项目中每项抽检的处（点）均应符合本规范的规定；有允许偏差要求的项目，每项抽检的点数中，不低于80％的实测值应在本规范规定的允许偏差范围内。

3 检验批质量保证资料应齐全。

3.2.2 分项工程质量验收合格应符合下列规定：

1 分项工程所含的检验批均应符合质量合格的规定。

2 分项工程所含的检验批质量保证资料应齐全。

3.2.3 分部（子分部）工程质量验收合格应符合下列规定：

1 分部（子分部）工程所含的分项工程质量均应符合验收合格的规定。

2 分部（子分部）工程所含的分项工程质量保证资料应齐全。

3.2.4 建筑防腐蚀工程质量验收记录应符合下列规定：

1 检验批质量验收记录、分项工程质量验收记录、分部（子分部）工程质量验收记录应采用现行国家标准《建筑工程施工质量验收统一标准》GB 50300 的相应格式。

2 质量保证资料核查记录应采用本规范表 A 的格式。

3.2.5 当建筑防腐蚀工程施工质量不符合本规范时，应按下列规定进行处理：

1 经返工或返修的检验批，应重新验收。

2 经有资质的检测单位检测鉴定，能够达到设计要求的检验批，应予以验收。

3 经有资质的检测单位检测鉴定达不到设计要求，但经原设计单位核算认可，能够满足结构安全和使用功能的检验批，可予以验收。

4 经返修或加固处理的分项、分部工程虽然改变外形尺寸但仍能满足安全使用要求，可按技术处理方案和协商文件验收。

3.2.6 通过返修处理仍不能满足安全使用要求的工程，严禁验收。

3.2.7 凡现场抽样的性能检验及复验报告，均应由具有资质的质量检测部门出具。

3.3 施工质量验收的程序及组织

3.3.1 建筑防腐蚀工程质量验收程序，应按检验批、分项工程、分部（子分部）工程依次进行。

3.3.2 检验批质量验收应符合下列规定：

1 检验批质量验收应由施工单位分项工程技术负责人组织作业班组自检，施工单位项目专业质量检验员填写检验批质量验收记录。

2 监理工程师（建设单位项目专业技术负责人）组织施工单位项目专业质量检验员等进行验收。

3.3.3 分项工程质量验收应符合下列规定：

1 分项工程质量验收应由施工单位分部工程技术负责人组织检验，项目专业质量检验员填写分项工程质量验收记录。

2 监理工程师（建设单位项目专业技术负责人）组织施工单位项目专业技术负责人等进行验收。

3.3.4 分部（子分部）工程质量验收应符合下列规定：

1 分部（子分部）工程质量验收应由施工单位项目负责人自行组织有关人员进行检验，在自检合格的基础上，由施工单位项目专业技术负责人填写分部（子分部）工程质量验收记录。

2 总监理工程师（建设单位项目专业负责人）组织施工单位项目经理和技术、质量负责人等进行验收。

3.3.5 当建筑防腐蚀工程由分包单位施工时，其总包单位应对质量全面负责。分包单位对所承包的工程项目应按本规范规定的程序检查验收，总包单位应派人参加；分包工程完成后，应将工程有关资料交总包单位。

4 基层处理工程

4.1 一般规定

4.1.1 本章适用于混凝土基层、钢结构基层和木质结构基层处理的质量验收。

4.1.2 基层处理工程的检查数量应符合下列规定：

1 当混凝土基层为水平面时，基层处理面积小于或等于100m²，应抽查3处；当基层处理面积大于100m²时，每增加50m²，应多抽查1处，不足50m²时，按50m²计，每处测点不得少于3个。当混凝土基层为垂直面时，基层处理面积小于或等于50m²，应抽查3处；当基层处理面积大于50m²时，每增加30m²，应多抽查1处，不足30m²时，按30m²计，每处测点不得少于3个。

2 当钢结构基层处理钢材重量小于或等于2t时，应抽查4处；当基层处理钢材重量大于2t时，每增加1t，应多抽查2处，不足1t时，按1t计，每处测点不得少于3个。当钢结构构造复杂、重量统计困难时，可按构件件数抽查10%，但不得少于3件，每件应抽查3点。重要构件、难维修构件，按构件件数抽查50%，每件测点不得少于5个。

3 木质结构基层应按构件件数抽查10%，但不得少于3件，每件应抽查3点。重要构件、难维修构件，按构件件数抽查50%，每件测点不得少于5个。

4 设备基础、沟、槽等节点部位的基层处理，应加倍检查。

4.2 混凝土基层

Ⅰ 主控项目

4.2.1 基层强度应符合设计规定。

检验方法：检查混凝土强度试验报告、现场采用仪器测试。

4.2.2 混凝土基层表面应密实、平整，不得有地下水渗漏、不均匀沉陷、起砂、脱层、裂缝、蜂窝和麻面等缺陷。

检验方法：观察检查或敲击法检查。

4.2.3 基层的含水率，在深度为20mm的厚度层内，不应大于6%。

检验方法：采用现场取样称重法、塑料薄膜覆盖法或检查基层含水率试验报告。

Ⅱ 一般项目

4.2.4 基层的洁净度应符合设计规定，表面应无析出物、油迹、污染物、水泥渣、水泥皮等附着物。

检验方法：观察检查。

4.2.5 当采用细石混凝土或聚合物水泥砂浆找平时，强度等级应大于或等于C20，厚度应大于或等于30mm。

检验方法：检查强度试验报告和尺量检查。

4.2.6 当在基层表面进行块材施工时，基层的阴阳角应做成直角；进行其他种类防腐蚀施工时，基层的阴阳角应做成圆角或45°斜面。

检验方法：观察检验。

4.2.7 砌体结构抹面层水泥砂浆的质量应符合设计规定。表面应平整，不得有起砂、脱壳、蜂窝和麻面等缺陷。

检验方法：观察检查或敲击法检查。

4.2.8 穿过防腐蚀层的预埋件、预留孔应符合设计规定。

检验方法：观察检验。

4.2.9 基层表面的粗糙度应符合设计规定。

检验方法：观察检查。

4.2.10 基层坡度应符合设计规定。其允许偏差应为坡长的±0.2%，最大偏差应小于30mm。

检验方法：观察、仪器检查或泼水试验检查。

4.2.11 基层的平整度应符合下列规定：

1 当防腐蚀层厚度大于或等于5mm时，允许空隙应小于或等于4mm；

2 当防腐蚀层厚度小于5mm时，允许空隙应小于或等于2mm。

检验方法：采用2m直尺和楔形尺检查或仪器检查。

4.3 钢结构基层

Ⅰ 主控项目

4.3.1 钢结构表面采用喷射或抛射除锈的质量，应符合下列规定：

1 Sa1级：钢材表面应无可见的油脂和污垢，

且没有附着不牢的氧化皮、铁锈和油漆涂层等。

2 Sa2级：钢材表面应无可见的油脂和污垢，且氧化皮、铁锈和油漆涂层等附着物已基本清除，其残留物应是牢固可靠的。

3 Sa2$\frac{1}{2}$级：钢材表面应无可见的油脂、污垢、氧化皮、铁锈和油漆涂层等附着物，任何残留的痕迹应仅为点状或条纹状的轻微色斑。

检验方法：观察比对各等级标准照片。

4.3.2 钢结构表面采用手工和动力工具除锈的质量，应符合下列规定：

1 St2级：钢材表面应无可见的油脂和污垢，且没有附着不牢的氧化皮、铁锈和油漆涂层等。

2 St3级：钢材表面应无可见的油脂和污垢，且没有附着不牢的氧化皮、铁锈和油漆涂层等附着物。除锈等级应比St2更为彻底，底材显露部分的表面应具有金属本体光泽。

检验方法：观察比对各等级标准照片。

Ⅱ 一 般 项 目

4.3.3 钢结构表面应洁净，并应无焊渣、毛刺、铁锈、油污及其他附着物等杂质。

检验方法：观察检查或对比标准样块法。

4.3.4 钢结构表面的粗糙度等级应符合设计规定。

检验方法：采用标准样板观察检验。

4.3.5 已经除锈的钢结构表面底层涂料的涂刷时间，不应超过5h。

检验方法：检查施工记录。

4.4 木质基层

Ⅰ 主 控 项 目

4.4.1 木材的含水率不得大于15%。

检验方法：检查施工记录和木材含水率试验报告。

Ⅱ 一 般 项 目

4.4.2 木质基层的表面应平整，并应无油污、灰尘、树脂等缺陷。

检验方法：观察检查。

5 块材防腐蚀工程

5.0.1 本章适用于耐酸砖、耐酸耐温砖和天然石材块材防腐蚀工程施工质量的验收。

5.0.2 块材防腐蚀工程的检查数量应符合本规范第4.1.2条的规定。

5.0.3 块材材质、规格和性能的检查数量应符合下列规定：

1 应从每次批量到货的材料中，根据设计要求按不同材质进行随机抽样检验。

2 耐酸砖和耐酸耐温砖的取样，应按国家现行标准《耐酸砖》GB/T 8488和《耐酸耐温砖》JC/T 424的规定执行。

3 天然石材应从每批中抽取3块，抗压强度的测定可采用3个5cm×5cm×5cm的试块；浸酸安定性和吸水率的测定，可采用4个5cm×5cm×5cm的试块；耐酸度的测定，可采用5cm×5cm的碎块。

4 当抽样检测结果有一项指标为不合格时，应再进行一次抽样复检。如仍有一项指标不合格时，应判定该产品质量为不合格。

Ⅰ 主 控 项 目

5.0.4 耐酸砖、耐酸耐温砖及天然石材的品种、规格和性能应符合设计要求或国家现行有关标准的规定。

检查方法：检查产品出厂合格证、材料检测报告或现场抽样的复验报告。

5.0.5 铺砌块材的各种胶泥或砂浆的原材料及制成品的质量要求、配合比及铺砌块材的要求等，应符合本规范有关章节的规定。

检查方法：检查产品合格证、质量检测报告和施工记录。

5.0.6 块材结合层及灰缝应饱满密实、粘结牢固；灰缝均匀整齐、平整一致，不得有空鼓、疏松；铺砌的块材不得出现通缝、重叠缝等缺陷。

检查方法：仪器、尺量和敲击法检查，必要时可采用破坏法检查。

Ⅱ 一 般 项 目

5.0.7 块材坡度的检验应符合本规范第4.2.10条的规定。

检验方法：直尺和水平仪检查，并做泼水试验。

5.0.8 块材面层相邻块材间高差和表面平整度应符合下列规定：

1 块材面层相邻块材之间的高差，不应大于下列数值：

　　1）耐酸砖、耐酸耐温砖的面层应为1mm；
　　2）厚度小于或等于30mm的机械切割天然石材的面层应为2mm；
　　3）厚度大于30mm的人工加工或机械刨光天然石材的面层应为3mm。

2 块材面层平整度，其允许空隙不应大于下列数值：

　　1）耐酸砖、耐酸耐温砖的面层应为4mm；
　　2）厚度小于或等于30mm的机械切割天然石材的面层应为4mm；
　　3）厚度大于30mm的人工加工或机械刨光天

然石材的面层应为6mm。

检验方法：相邻块材高差采用尺量检查，表面平整度采用2m直尺和楔形尺检查。

6 水玻璃类防腐蚀工程

6.1 一般规定

6.1.1 水玻璃类防腐蚀工程施工质量的验收应包括下列内容：

1 水玻璃胶泥、水玻璃砂浆铺砌块材面层。
2 密实型钾水玻璃砂浆整体面层。
3 水玻璃混凝土浇筑的整体面层、设备基础和构筑物。

6.1.2 水玻璃类防腐蚀工程的检查数量应符合本规范第4.1.2条的规定。

6.1.3 水玻璃类主要原材料的取样数量应符合下列规定：

1 从每批号桶装水玻璃中随机抽样3桶，每桶取样不少于1000g，可混合后检测；当该批号小于或等于3桶时，可随机抽样1桶，样品量不少于3000g。

2 粉料或骨料应从不同粒经规格的每批号中随机抽样3袋，每袋不少于1000g，可混合后检测；当该批号小于或等于3袋时，可随机抽样1袋，样品量不少于3000g。

3 当抽样检测结果有一项指标为不合格时，应再进行一次抽样复检。如仍有一项指标不合格时，应判定该产品质量为不合格。

6.1.4 水玻璃类材料制成品的取样数量应符合下列规定：

1 当施工前需要检测时，水玻璃、粉料或骨料的取样数量按本规范第6.1.3条规定执行，并按确定的施工配合比制样，经养护后检测。

2 当需要对已配制材料进行检测时，应随机抽样3个配料批次，每个批次的同种样块至少3个，并应在水玻璃初凝前制样完毕，经养护后检测。

3 当检测结果有一项指标为不合格时，应再进行一次抽样复检。如仍有一项指标不合格时，应判定该产品质量为不合格。

Ⅰ 主控项目

6.1.5 水玻璃类防腐蚀工程所用的钠水玻璃、钾水玻璃、氟硅酸钠、缩合磷酸铝、粉料和粗、细骨料等原材料的质量，应符合设计要求或国家现行有关标准的规定。

检验方法：检查产品出厂合格证、材料检测报告或现场抽样的复验报告。

6.1.6 水玻璃制成品的质量应符合设计要求，当设计无规定时应符合下列规定：

1 钠水玻璃制成品的质量应符合表6.1.6-1的规定。

表6.1.6-1 钠水玻璃制成品的质量

项目	密实型		普通型		
	砂浆	混凝土	胶泥	砂浆	混凝土
初凝时间(min)	—	—	≥45	—	—
终凝时间(h)	—	—	≤12	—	—
抗压强度(MPa)	≥20	≥25	—	≥15	≥20
抗拉强度(MPa)	—	—	—	≥2.5	—
与耐酸砖粘结强度(MPa)	—	—	≥1.0	—	—
抗渗等级(MPa)	≥1.2	≥1.2	—	—	—
吸水率(%)	—	—	—	≤15	—
浸酸安定性	合格			合格	

2 钾水玻璃制成品的质量应符合表6.1.6-2的规定。

表6.1.6-2 钾水玻璃制成品的质量

项目	密实型			普通型		
	胶泥	砂浆	混凝土	胶泥	砂浆	混凝土
初凝时间(min)	≥45	—	—	≥45	—	—
终凝时间(h)	≤15	—	—	≤15	—	—
抗压强度(MPa)	—	≥25	≥25	—	≥20	≥20
抗拉强度(MPa)	≥3	≥3	—	≥2.5	≥2.5	—
与耐酸砖粘结强度(MPa)	≥1.2	≥1.2	—	≥1.2	≥1.2	—
抗渗等级(MPa)	≥1.2	≥1.2	—	—	—	—
吸水率(%)	—	—	—	—	≤10	—
浸酸安定性	合格			合格		

续表 6.1.6-2

项目		密实型			普通型		
		胶泥	砂浆	混凝土	胶泥	砂浆	混凝土
耐热极限温度(℃)	100~300	—	—	合格			
	300~900	—	—	合格			

注：1 表中抗拉强度和粘结强度，仅用于最大粒径1.25mm的钾水玻璃砂浆。
2 表中耐热极限温度，仅用于有耐热要求的防腐蚀工程。

检验方法：检查检测报告或现场抽样的复验报告。

Ⅱ 一般项目

6.1.7 水玻璃类材料的施工配合比应经现场试验后确定。

检验方法：检查试验报告。

6.1.8 水玻璃类防腐蚀工程的养护期和酸化处理应符合下列规定：

1 水玻璃类材料的养护期应符合表6.1.8的规定。

表 6.1.8 水玻璃类材料的养护期

材料名称		养护期（d）≥			
		10℃~15℃	16℃~20℃	21℃~30℃	31℃~35℃
钠水玻璃材料		12	9	6	3
钾水玻璃材料	普通型	—	14	8	4
	密实型	—	28	15	8

2 水玻璃类材料防腐蚀工程养护后，应采用浓度为30%~40%硫酸做表面酸化处理，酸化处理至无白色结晶盐析出时为止。酸化处理次数不宜少于4次。每次间隔时间：钠水玻璃材料不应少于8h；钾水玻璃材料不应少于4h。每次处理前应清除表面白色析出物。

检验方法：检查试验报告和施工记录。

6.2 水玻璃胶泥、水玻璃砂浆铺砌的块材面层

Ⅰ 主控项目

6.2.1 水玻璃胶泥、水玻璃砂浆铺砌块材结合层水玻璃胶泥、水玻璃砂浆应饱满密实、粘结牢固。灰缝应挤严、饱满，表面应平滑，无裂缝和气孔。结合层厚度和灰缝宽度应符合表6.2.1的规定。

表 6.2.1 结合层厚度和灰缝宽度

块材种类		结合层厚度（mm）		灰缝宽度（mm）	
		水玻璃胶泥	水玻璃砂浆	水玻璃胶泥	水玻璃砂浆
耐酸砖、耐酸耐温砖	厚度≤30mm	3~5	—	2~3	—
	厚度>30mm	4~7	5~7（最大粒径1.25mm）	2~4	4~6（最大粒径1.25mm）
天然石材	厚度≤30mm	5~7（最大粒径1.25mm）	—	3~5	—
	厚度>30mm	—	10~15（最大粒径2.5mm）	—	8~12（最大粒径2.5mm）

检验方法：面层检查：敲击法检查；灰缝检查：尺量检查和检查施工记录；裂缝检查：用5倍~10倍的放大镜检查。

6.2.2 水玻璃胶泥、水玻璃砂浆铺砌块材面层与转角处、踢脚线、地漏、门口和设备基础应粘结牢固、灰缝平整，应无起鼓、裂缝和渗漏等缺陷。

检验方法：敲击法检查和用5倍~10倍的放大镜检查。

Ⅱ 一般项目

6.2.3 水玻璃胶泥、水玻璃砂浆铺砌块材面层相邻块材高差、表面坡度和平整度的检验应符合本规范第5.0.7条和第5.0.8条的规定。

6.3 密实型钾水玻璃砂浆整体面层

Ⅰ 主控项目

6.3.1 密实型钾水玻璃砂浆整体面层与基层应粘结牢固，应无起壳、脱层、裂纹、水玻璃沉积、贯通性气泡等缺陷。

检验方法：观察检查、敲击法检查或破坏性检查。

Ⅱ 一般项目

6.3.2 密实型钾水玻璃砂浆整体面层厚度应符合设计规定。小于设计规定厚度的测点数不得大于10%，其测点厚度不得小于设计规定厚度的90%。

检验方法：检查施工记录和测厚样板。对碳钢基层上的厚度，应用磁性测厚仪检测。对混凝土基层上的厚度，应用磁性测厚仪检测在碳钢基层上做的测厚样板。

6.3.3 密实型钾水玻璃砂浆整体面层表面应平整、色泽均匀，并应无裂缝和针孔。

检验方法：观察检查。

6.3.4 密实型钾水玻璃砂浆整体面层表面坡度和平整度的检验应符合本规范第4.2.10条和第4.2.11条的规定。

6.4 水玻璃混凝土

Ⅰ 主控项目

6.4.1 钠水玻璃混凝土内的预埋金属件应除锈，并应涂刷防腐蚀涂料。

检验方法：检查施工记录。

Ⅱ 一般项目

6.4.2 水玻璃混凝土浇筑的整体面层、设备基础和构筑物的表面应平整、密实，无明显蜂窝、麻面和裂纹，预埋件的位置应正确。

检验方法：观察检查、用5倍～10倍的放大镜检查及尺量检查。

6.4.3 水玻璃混凝土整体面层厚度应符合设计规定。小于设计规定厚度的测点数不得大于10%，其测点厚度不得小于设计规定厚度的90%。

检验方法：检查施工记录和测厚样板。对钢基层上的厚度，应用磁性测厚仪检测。对混凝土基层上的厚度，应用磁性测厚仪检测在钢基层上做的测厚样板。

6.4.4 水玻璃混凝土浇筑的整体面层施工缝的留槎位置应正确，搭接应严密。

检验方法：观察检查和检查施工记录。

6.4.5 水玻璃混凝土浇筑的整体面层表面坡度和平整度的检验应符合本规范第4.2.10条和第4.2.11条的规定。

7 树脂类防腐蚀工程

7.1 一般规定

7.1.1 环氧树脂、乙烯基酯树脂、不饱和聚酯树脂、呋喃树脂和酚醛树脂防腐蚀工程施工质量的验收应包括下列内容：

1 树脂胶料铺衬的玻璃钢整体面层和隔离层。
2 树脂胶泥、砂浆铺砌的块材面层和树脂胶泥灌缝的块材面层。
3 树脂稀胶泥、树脂砂浆、树脂玻璃鳞片胶泥制作的整体面层。

7.1.2 树脂类防腐蚀工程的检查数量应符合本规范第4.1.2条的规定。

7.1.3 树脂类主要原材料和制成品的取样数量应符合本规范第6.1.3条和第6.1.4条的规定。纤维增强材料应从每批号中随机抽样3卷，每卷不少于1.0m²；当该批号小于或等于3卷时，可随机抽样1卷，样品量不少于3.0m²。

Ⅰ 主控项目

7.1.4 树脂类防腐蚀工程所用的环氧树脂、乙烯基酯树脂、不饱和聚酯树脂、呋喃树脂、酚醛树脂、玻璃纤维增强材料、粉料和细骨料等原材料的质量应符合设计要求或国家现行有关标准的规定。

检验方法：检查产品出厂合格证、材料检测报告或现场抽样的复验报告。

7.1.5 树脂类材料制成品的质量应符合表7.1.5的规定。

表7.1.5 树脂类材料制成品的质量

项目		环氧树脂	乙烯基酯树脂	不饱和聚酯树脂				呋喃树脂	酚醛树脂
				双酚A型	二甲苯型	间苯型	邻苯型		
抗压强度(MPa)≥	胶泥	80	80	70	80	80	80	70	70
	砂浆	70	70	70	70	70	70	60	—
抗拉强度(MPa)≥	胶泥	9	9	8	9	9	9	6	6
	砂浆	7	7	7	7	7	7	6	—
	玻璃钢	100	100	100	100	90	90	80	60
胶泥粘结强度(MPa)≥		与耐酸砖	3	2.5	2.5	3	1.5	1.5	1.5	1

注：当玻璃钢用于隔离层等非受力结构时，抗拉强度值可不作要求。

检验方法：检查检测报告或现场抽样的复验报告。

7.1.6 树脂玻璃鳞片胶泥制成品的质量应符合表7.1.6的规定。

表7.1.6 树脂玻璃鳞片胶泥制成品的质量

项目		乙烯基酯树脂	环氧树脂	不饱和聚酯树脂
粘结强度(MPa)≥	水泥基层	1.5	2.0	1.5
	钢材基层	2.0	1.0	2.0
抗渗性(MPa)≥		1.5	1.5	1.5

检验方法：检查检测报告或现场抽样的复验报告。

Ⅱ 一般项目

7.1.7 玻璃钢胶料，铺砌块材用的树脂胶泥或树脂砂浆，灌缝用的树脂胶泥，整体面层用的树脂稀胶泥、树脂砂浆和树脂玻璃鳞片胶泥的配合比应经现场试验确定。

检验方法：检查试验报告。

7.1.8 玻璃钢面层，块材面层，树脂稀胶泥、树脂砂浆和树脂玻璃鳞片胶泥整体面层与转角、地漏、门口、预留孔、管道出入口应结合严密、粘结牢固、接缝平整，无渗漏和空鼓。

检验方法：观察检查、敲击法检查和检查隐蔽工程记录。

7.1.9 树脂类防腐蚀工程施工完毕后，常温下的养护时间应符合表7.1.9的规定。

表7.1.9 树脂类防腐蚀工程的养护天数

树脂类别	养护期（d）≥	
	胶泥或砂浆	玻璃钢
环氧树脂	10	15
乙烯基酯树脂	10	15
不饱和聚酯树脂	10	15
呋喃树脂	15	20
酚醛树脂	20	25
树脂玻璃鳞片胶泥	10	

检验方法：检查施工记录。

7.2 树脂玻璃钢

Ⅰ 主控项目

7.2.1 玻璃纤维布增强结构的含胶量不应少于45%；玻璃纤维短切毡增强结构的含胶量不应少于70%；玻璃纤维表面毡增强结构的含胶量不应少于90%。

检验方法：按《玻璃纤维增强塑料树脂含量试验方法》GB/T 2577进行。

7.2.2 玻璃钢层的针孔检查：对钢基层采用导电底涂层的混凝土池、槽、重要混凝土构件的玻璃钢面层，通过的检测电压为3000V/mm～5000V/mm。

检验方法：采用电火花探测器检查。

7.2.3 玻璃钢防腐蚀面层的表面应固化完全，并无起壳、脱层等缺陷。

检验方法：树脂固化度应采用白棉花球蘸丙酮擦拭方法检查。

Ⅱ 一般项目

7.2.4 玻璃钢层的厚度应符合设计规定。玻璃钢厚度小于设计规定厚度的测点数不得大于10%，测点处实测厚度不得小于设计规定厚度的90%。

检验方法：检查施工记录和仪器测厚。对钢基层上的玻璃钢层厚度，应采用磁性测厚仪检测。对混凝土或水泥砂浆基层上的玻璃钢层厚度，可采用超声波测厚仪检测。

7.2.5 玻璃钢防腐蚀面层或隔离层的表面胶料应饱满，并应无纤维露出、气泡和皱折等缺陷。

检验方法：观察检查或检查隐蔽工程记录。

7.2.6 玻璃钢防腐蚀楼、地面的坡度和表面平整度的检验应符合本规范第4.2.10条和第4.2.11条的规定。

7.3 树脂胶泥、树脂砂浆铺砌的块材面层和树脂胶泥灌缝

Ⅰ 主控项目

7.3.1 树脂胶泥、树脂砂浆铺砌块材的结合层和灰缝内的树脂胶泥或树脂砂浆应饱满密实、固化完全、粘结牢固，平面块材砌体无滑移，立面块材砌体无变形，块材与基层间无脱层，结合层厚度和灰缝宽度应符合表7.3.1的规定。

表7.3.1 结合层厚度、灰缝宽度和灌缝尺寸（mm）

材料种类		铺砌		灌缝	
		结合层厚度	灰缝宽度	缝宽	缝深
耐酸砖、耐酸耐温砖	厚度≤30	4～6	2～3	—	—
	厚度>30	4～6	2～4	—	—
天然石材	厚度≤30	4～8	3～6	8～12	满灌
	厚度>30	4～12	4～12	8～15	满灌

检验方法：观察检查、尺量检查和敲击法检查。树脂固化度应用白棉花球蘸丙酮擦拭方法检查。

7.3.2 树脂胶泥灌缝的深度应符合表7.3.1的规定。缝内树脂胶泥应饱满密实、固化完全，与块材应粘结牢固，表面应无裂缝。

检验方法：检查施工记录，观察检查和尺量检查。

Ⅱ 一般项目

7.3.3 块材防腐蚀楼、地面的坡度、表面平整度和相邻块材之间高差的检验应符合本规范第5.0.7条和第5.0.8条的规定。

7.4 树脂稀胶泥、树脂砂浆、树脂玻璃鳞片胶泥整体面层

Ⅰ 主控项目

7.4.1 树脂稀胶泥、树脂砂浆、树脂玻璃鳞片胶泥

整体面层的表面应固化完全，面层与基层粘结牢固，无起壳和脱层。

检验方法：树脂固化度应用白棉花球蘸丙酮擦拭方法检查。观察和敲击法检查。

Ⅱ 一般项目

7.4.2 树脂稀胶泥、树脂砂浆、树脂玻璃鳞片胶泥面层厚度应符合设计规定。小于设计规定厚度的测点数不得大于10%，其测点厚度不得小于设计规定厚度的90%。

检验方法：检查施工记录和测厚样板。对钢基层上的厚度，应用磁性测厚仪检测。对混凝土或水泥砂浆基层上的厚度，可采用超声波测厚仪检测。

7.4.3 树脂稀胶泥、树脂砂浆、树脂玻璃鳞片胶泥整体面层的表面应平整、色泽均匀，并应无裂缝。

检验方法：观察检查。

7.4.4 树脂稀胶泥、树脂砂浆、树脂玻璃鳞片胶泥整体面层的楼、地面的坡度和表面平整度的检验应符合本规范第4.2.10条和第4.2.11条的规定。

8 沥青类防腐蚀工程

8.1 一般规定

8.1.1 沥青类防腐工程施工质量的验收应包括下列内容：
  1 沥青稀胶泥铺贴的沥青卷材隔离层、涂覆的隔离层。
  2 铺贴的沥青防水卷材隔离层。
  3 沥青胶泥铺砌的块材面层。
  4 沥青砂浆或沥青混凝土铺筑的整体面层或隔离层。
  5 碎石灌沥青垫层。

8.1.2 沥青类防腐蚀工程的检查数量应符合本标准第4.1.2条的规定。

8.1.3 沥青类主要原材料和制成品的取样数量应符合本规范第6.1.3条和第6.1.4条的规定。

Ⅰ 主控项目

8.1.4 沥青类防腐蚀工程所用的沥青、防水卷材、高聚物改性沥青防水卷材、粉料和粗、细骨料等应符合设计要求或国家现行有关标准的规定。

检验方法：检查产品出厂合格证、材料检测报告或现场抽样的复验报告。

8.1.5 沥青胶泥的浸酸质量变化不应大于1%。沥青砂浆和沥青混凝土的抗压强度，20℃时不应小于3.0MPa，50℃时不应小于1.0MPa。饱和吸水率（体积计）不应大于1.5%，浸酸安定性应合格。

检验方法：检查检测报告或现场抽样的复验报告。

Ⅱ 一般项目

8.1.6 沥青胶泥的配合比应经现场试验确定。

检验方法：检查试验记录。

8.2 沥青玻璃布卷材隔离层

Ⅰ 主控项目

8.2.1 沥青玻璃布卷材隔离层冷底子油的涂刷应完整。卷材应展平压实，应无气泡、翘边、空鼓等缺陷。接缝处应粘牢。

检验方法：观察检查和检查施工记录。

8.2.2 涂覆隔离层的层数及厚度应符合设计规定。涂覆层应结合牢固，表面应平整、光亮，无起鼓等缺陷。

检验方法：观察检查和检查施工记录。

Ⅱ 一般项目

8.2.3 沥青玻璃布卷材隔离层施工搭接缝宽度允许最大负偏差为10mm～20mm。

检验方法：观察检查和尺量检查。

8.3 高聚物改性沥青卷材隔离层

Ⅰ 主控项目

8.3.1 高聚物改性沥青卷材隔离层的施工层数应符合设计规定。

检验方法：观察检查和检查施工记录。

8.3.2 冷铺法铺贴隔离层时，卷材粘接剂的涂刷应均匀、无漏涂，卷材应平整、压实，与底层结合应牢固，接缝应整齐，无皱折、起鼓和脱层等缺陷。

检验方法：观察检查、敲击法检查和检查施工记录。

8.3.3 自粘法铺贴隔离层时，卷材应压实、平整，接缝应整齐、无皱折，与底层结合应牢固，无起鼓、脱层等缺陷。

检验方法：观察检查、敲击法检查和检查施工记录。

8.3.4 热熔法铺贴隔离层时，卷材应压实、平整，接缝应整齐、无皱折，与底层结合应牢固，无起鼓、脱层等缺陷。

检验方法：观察检查、敲击法检查和检查施工记录。

Ⅱ 一般项目

8.3.5 高聚物改性沥青卷材隔离层施工搭接缝宽度不应小于10mm。

检验方法：观察检查和直尺检查。

8.4 沥青胶泥铺砌的块材面层

Ⅰ 主 控 项 目

8.4.1 沥青胶泥铺砌块材结合层厚度和灰缝宽度应符合表8.4.1的规定。

检验方法：检查施工记录和尺量检查。

8.4.2 结合层和灰缝内的胶泥应饱满密实，表面应平整、无沥青胶泥痕迹，粘结应牢固，灰缝表面应均匀整洁。

表8.4.1 块材结合层厚度和灰缝宽度（mm）

块材种类	结合层厚度		灰缝宽度	
	挤缝法、灌缝法	刮浆铺砌法、分段浇灌法	挤缝法、刮浆铺砌法、分段浇灌法	灌缝法
耐酸砖、耐酸耐温砖	3～5	5～7	3～5	5～8
天然石材	—	—	—	8～15

检验方法：观察检查和敲击法检查。

Ⅱ 一 般 项 目

8.4.3 块材坡度、面层相邻块材间高差和表面平整度的检验应符合本规范第5.0.7条和第5.0.8条的规定。

8.5 沥青砂浆和沥青混凝土整体面层

Ⅰ 主 控 项 目

8.5.1 沥青砂浆和沥青混凝土整体面层铺设的冷底子油涂刷应完整均匀，沥青砂浆和沥青混凝土面层与基层结合应牢固，表面应密实、平整、光洁，应无裂缝、空鼓、脱层等缺陷，并应无接槎痕迹。

检验方法：检查施工记录、观察检查和敲击法检查。

Ⅱ 一 般 项 目

8.5.2 沥青砂浆和沥青混凝土地面坡度和表面平整度的检验应符合本规范第4.2.10条和第4.2.11条的规定。

8.6 碎石灌沥青垫层

Ⅰ 主 控 项 目

8.6.1 碎石夯实、浇灌及灌入深度应符合设计要求。表面应平整，并应无漏灌缺陷。

检验方法：检查施工记录和观察检查。

Ⅱ 一 般 项 目

8.6.2 碎石灌沥青垫层表面坡度的检验应符合本规范第4.2.10条的规定。

9 聚合物水泥砂浆防腐蚀工程

9.1 一 般 规 定

9.1.1 聚合物水泥砂浆防腐蚀工程施工质量的验收应包括下列内容：

1 混凝土、砖石、钢结构或木质表面铺抹的聚合物水泥砂浆整体面层。

2 聚合物水泥砂浆铺砌的块材面层。

9.1.2 基层处理和聚合物水泥砂浆防腐蚀工程面层的检查数量应符合本规范第4.1.2条的规定。

9.1.3 聚合物水泥砂浆主要原材料和制成品的取样数量应符合本规范第6.1.3条和第6.1.4条的规定。

Ⅰ 主 控 项 目

9.1.4 聚合物水泥砂浆防腐蚀工程所用的阳离子氯丁胶乳、聚丙烯酸酯乳液、环氧树脂乳液、硅酸盐水泥和细骨料等原材料质量应符合设计要求或国家现行有关标准的规定。

检验方法：检查产品出厂合格证、材料检测报告或现场抽样的复验报告。

9.1.5 聚合物水泥砂浆制成品的质量应符合表9.1.5的规定。

表9.1.5 聚合物水泥砂浆制成品的质量

项 目	阳离子氯丁胶乳水泥砂浆	聚丙烯酸酯乳液水泥砂浆	环氧树脂乳液水泥砂浆
抗压强度(MPa)	≥30	≥30	≥35
抗折强度(MPa)	≥3.0	≥4.5	≥4.5
与水泥砂浆粘结强度(MPa)	≥1.2	≥1.2	≥2.0
抗渗等级(MPa)	≥1.6	≥1.5	≥1.5
吸水率(%)	≤4.0	≤5.5	≤4.0
初凝时间(min)	>45		
终凝时间(h)	<12		

检验方法：检查检测报告或现场抽样的复验报告。

Ⅱ 一般项目

9.1.6 聚合物水泥砂浆配合比应经试验确定。

检验方法：检查试验报告。

9.1.7 聚合物水泥砂浆铺抹的整体面层和铺砌的块材面层，其面层与转角、地漏、门口、预留孔、管道出入口应结合严密、粘结牢固、接缝平整，应无渗漏和空鼓等缺陷。

检验方法：观察检查、敲击法检查和检查隐蔽工程记录。

9.1.8 聚合物水泥砂浆抹面后，表面干至不粘手时，应采用喷雾或覆盖塑料薄膜等进行养护。塑料薄膜四周应封严，并应潮湿养护7d、自然养护21d后方可使用。

　　检验方法：检查施工记录和隐蔽工程记录。

9.2 聚合物水泥砂浆整体面层

Ⅰ 主控项目

9.2.1 聚合物水泥砂浆整体面层与基层应粘结牢固，无脱层和起壳等缺陷。

　　检验方法：观察检查和敲击法检查。

9.2.2 聚合物水泥砂浆整体面层的表面应平整，无明显裂缝、脱皮、起砂和麻面等缺陷。

　　检验方法：观察检查和用5倍～10倍放大镜检查。

9.2.3 聚合物水泥砂浆面层的厚度应符合设计规定。

　　检验方法：采用测厚仪或150mm钢板尺检查。

Ⅱ 一般项目

9.2.4 整体面层表面平整度的允许空隙不应大于5mm。

　　检验方法：采用2m直尺和楔形尺检查。

9.2.5 聚合物水泥砂浆铺抹的整体面层坡度的检验应符合本规范第4.2.10条的规定。

9.3 聚合物水泥砂浆铺砌的块材面层

Ⅰ 主控项目

9.3.1 聚合物水泥砂浆铺砌的块材结合层、灰缝应饱满密实，粘结牢固，不得有疏松、十字通缝、重叠缝和裂缝。结合层厚度和灰缝宽度应符合表9.3.1的规定。

表9.3.1 结合层厚度和灰缝宽度（mm）

块材种类		结合层厚度	灰缝宽度
耐酸砖、耐酸耐温砖		4～6	4～6
天然石材	厚度≤30	6～8	6～8
	厚度>30	10～15	8～15

　　检验方法：观察检查、尺量检查和敲击法检查。

Ⅱ 一般项目

9.3.2 块材面层的坡度、表面平整度和面层相邻块材之间高差的检验应符合本规范第5.0.7条和第5.0.8条的规定。

10 涂料类防腐蚀工程

10.0.1 本章适用于钢、木、混凝土基层表面涂料类防腐蚀工程的质量验收。

10.0.2 涂料类防腐蚀工程的检查数量应符合本规范第4.1.2条的规定。

10.0.3 涂料类品种、规格和性能的检查数量应符合下列规定：

　　1 应从每次批量到货的材料中，根据设计要求按不同品种进行随机抽样检查。样品大小可由施工单位与供货厂家双方协商确定。

　　2 当抽样检测结果有一项指标为不合格时，应再进行一次抽样复检。如仍有一项指标不合格时，应判定该产品质量为不合格。

Ⅰ 主控项目

10.0.4 涂料类的品种、型号、规格和性能质量应符合设计要求或国家现行有关标准的规定。

　　检验方法：检查产品出厂合格证、材料检测报告和现场抽样的复验报告。

10.0.5 涂料类防腐蚀工程的涂装施工条件、涂装配套系统、施工工艺和涂装间隔时间应符合设计规定或国家现行有关标准的规定。

　　检验方法：检查施工记录和隐蔽工程记录。

10.0.6 涂层附着力应符合设计规定。涂层与钢铁基层的附着力：划格法不应大于1级，拉开法不应小于5MPa。涂层与混凝土基层的附着力（拉开法）不应小于1.5MPa。

　　检验方法：采用涂层附着力划格器法或附着力拉开法检查。

　　检查数量：涂层附着力测量数不应大于设计涂装构件件数的1%，但不应少于3件，每件应抽查3点。

10.0.7 涂层的层数和厚度应符合设计规定。涂层厚度小于设计规定厚度的测点数不大于10%，且测点处实测厚度不应小于设计规定厚度的90%。

　　检验方法：检查施工记录和隐蔽工程记录。钢基层表面用磁性测厚仪检测。混凝土基层表面用超声波测厚仪检测，也可对同步样板进行检测。

Ⅱ 一般项目

10.0.8 涂层表面应光滑平整、色泽一致，无气泡、透底、返锈、返粘、起皱、开裂、剥落、漏涂和误涂等缺陷。

　　检验方法：观察检查或采用5倍～10倍放大镜检查。

10.0.9 涂层针孔火花检测电压应根据涂料产品技术要求确定。每5m²发生电火花不得超过1处。

　　检验方法：采用涂层低电压漏涂检测仪或高电压火花检测仪检查。

　　检查数量：涂层针孔测量数不应大于设计涂装构件的1%，并不得少于3件。

10.0.10 涂装后涂层的养护时间应符合涂料产品使

用说明书的规定。

检验方法：检查施工记录。

10.0.11 损坏的涂层应按涂料工艺分层修补，修补后的涂层应完整、色泽均匀一致，附着力应符合设计要求。

检验方法：观察检查和采用涂层附着力划格器法或附着力（拉开法）仪器检查。

11 聚氯乙烯塑料板防腐蚀工程

11.1 一般规定

11.1.1 聚氯乙烯塑料板防腐蚀工程施工质量的验收，应包括下列内容：

   1 硬聚氯乙烯塑料板制作的池槽衬里。

   2 软聚氯乙烯塑料板制作的池槽衬里或地面面层。

   3 硬聚氯乙烯塑料板构配件的焊接。

11.1.2 聚氯乙烯塑料板防腐蚀工程的检查数量：每 $10m^2$ 抽查 1 处，每处测点不得少于 3 个；当不足 $10m^2$ 时，按 $10m^2$ 计。

11.1.3 聚氯乙烯塑料板品种、规格和性能的检查数量应符合本规范第 10.0.3 条的规定。

Ⅰ 主控项目

11.1.4 聚氯乙烯塑料防腐蚀工程所用的硬聚氯乙烯塑料板、软聚氯乙烯塑料板、聚氯乙烯焊条和胶粘剂等原材料的质量，应符合设计要求或国家现行有关标准的规定。

检验方法：检查产品出厂合格证、材料检测报告或现场抽样的复验报告。

11.1.5 从事聚氯乙烯塑料焊接作业的焊工，应持有上岗证件；焊工焊接的试件、试样的质量应进行过程测试，并应通过试件、试样检测及过程测试鉴定。

检验方法：检查上岗证、试验报告和施工记录。

11.1.6 池槽衬里面层、地面面层和构配件的焊接与转角、地漏、门口、预留孔、管道出入口应结合严密、粘接牢固、接缝平整、无空鼓。

检验方法：观察检查、敲击法检查和检查施工记录。

11.2 硬聚氯乙烯塑料板制作的池槽衬里

Ⅰ 主控项目

11.2.1 硬聚氯乙烯板下料尺寸应符合设计要求，施工前板材应进行预拼。

检验方法：尺量检查和观察检查。

11.2.2 硬聚氯乙烯板接缝处应进行坡口处理。焊接时应做成 V 形坡口，坡口角 β：当板厚为 10mm～20mm 时，β 应为 80°～75°；当板厚为 2mm～8mm 时，β 应为 90°～85°。

检验方法：尺量检查和检查隐蔽工程记录。

11.2.3 焊条直径与板厚的关系应符合表 11.2.3 的规定。

表 11.2.3 焊条直径与板厚的关系（mm）

焊件厚度	2～5	5.5～15	16 以上
焊条直径	2.0 或 2.5	2.5	2.5 或 3.0

检验方法：尺量检查。

11.2.4 硬聚氯乙烯板的接缝焊接应牢固，焊缝表面应饱满、密实，焊缝的抗拉强度不应小于塑料板强度的 60%。

检验方法：检查焊缝抗拉强度检测报告和观察检查。

Ⅱ 一般项目

11.2.5 硬聚氯乙烯塑料板衬里及构配件焊接的防腐蚀面层观感、平整度、焊缝表面质量应符合下列规定：

   1 硬聚氯乙烯塑料板防腐蚀面层观感应平整、光滑、色泽一致，并应无皱纹、孔眼、翘曲或鼓泡等缺陷。

   检验方法：观察检查。

   2 硬聚氯乙烯塑料板防腐蚀面层平整度允许空隙不应大于 2mm，相邻板块的拼缝高差不应大于 0.5mm。

   检验方法：2m 直尺和楔形尺检查。

   3 硬聚氯乙烯塑料板防腐蚀面层焊缝的焊条排列应紧密，焊条接头应错开 100mm。表面应饱满、整齐、光滑，并应呈淡黄色。两侧挤出焊浆应无焦化、焊瘤，凹凸不得大于 ±0.6mm。

   检验方法：观察检查和采用 5 倍放大镜检查。

11.3 软聚氯乙烯塑料板制作的池槽衬里或地面面层

Ⅰ 主控项目

11.3.1 软聚氯乙烯塑料板搭接缝应采用热熔法或热风法焊接。板材间应结合严密，无脱层、起鼓等缺陷。搭接外缝应用焊条满焊封缝，焊缝焊接应牢固，接缝应平整。

检验方法：剖开法检查焊缝质量和观察检查。

11.3.2 胶粘剂粘贴法所用氯丁胶粘剂和聚异氰酸酯的质量配合比为氯丁胶粘剂比聚异氰酸酯应为 100：(7～10)。

检验方法：观察检查和检查施工记录。

11.3.3 软聚氯乙烯塑料板粘贴前，表面应用酒精或丙酮进行去污脱脂处理，并应打毛至无反光。

11.3.4 软聚氯乙烯粘贴时粘贴面间的气体应排尽，接缝处应压合紧实，不得有剥离或翘角等缺陷。

检验方法：观察检查。

11.3.5 检查满涂胶粘剂的粘接情况，3mm厚板材脱落处不得大于20cm²；0.5mm～1mm厚板材脱落处不得大于9cm²；各脱胶处间距不得小于50cm。

检验方法：锤击法检查和尺量检查。

11.3.6 胶粘剂粘贴法的养护时间应按所用胶粘剂的固化时间确定，未固化前不得使用。

检验方法：检查施工记录。

11.3.7 空铺法和压条螺钉固定法中的扁钢、压条、螺钉的布置和固定应符合下列规定。

1 池槽内表面应平整，无凸瘤、起砂、裂缝、蜂窝和麻面等缺陷。

检验方法：观察检查和检查施工记录。

2 施工时焊缝应采用搭接，搭接宽度宜为20mm～25mm。

检验方法：尺量检查和检查施工记录。

3 支撑扁钢或压条下料应准确。棱角和焊接接头应磨平，支撑扁钢与池槽内壁应撑紧，压条应用螺钉拧紧，固定牢靠。支撑扁钢或压条外应覆盖软板并焊牢。

检验方法：观察检查和检查施工记录。

4 采用压条螺钉固定时，螺钉应呈三角形布置，行距应为400mm～500mm。

检验方法：观察检查和检查施工记录。

11.3.8 空铺法和压条螺钉固定法的衬里应进行24h注水试验，检漏孔内应无水渗出。

检验方法：观察检查、检查施工记录和试验报告。

11.3.9 金属构配件衬里层质量应完好无针孔。

检验方法：采用电火花检测仪检查时，试验电压和探头的行走速度应符合表11.3.9的规定，衬里层应无报警声音或击穿电弧产生。

表11.3.9 聚氯乙烯板材的试验电压和行走速度

衬里层厚度 (mm)	试验电压 (kV)	电火花探头的行走速度 (m/min)
2	9	3～6
≥2.5	10	

Ⅱ 一般项目

11.3.10 软聚氯乙烯塑料板防腐蚀面层观感、平整度、焊缝表面质量的检验应符合本规范第11.2.5条的规定。

12 分部（子分部）工程验收

12.0.1 建筑防腐蚀工程检验批、分项工程、分部（子分部）工程质量的验收应在施工单位自检合格的基础上进行，构成分项工程的各检验批的质量应符合本规范相应质量标准的规定。

12.0.2 检验批、分项工程质量验收全部合格后，进行分部（子分部）工程验收。

12.0.3 工程验收时，应提交下列资料：

1 各种防腐蚀材料、成品、半成品的出厂合格证明、材料检测报告或现场抽样的复验报告。

2 耐腐蚀胶泥、砂浆、混凝土、玻璃钢胶料、涂料的配合比和主要技术性能的试验报告或现场抽样的复验报告。

3 设计变更通知单、材料代用的技术文件以及施工过程中对重大技术问题的处理记录。

4 修补或返工记录。

5 隐蔽工程施工记录。

6 建筑防腐蚀工程交工汇总表。

12.0.4 有特殊要求的防腐蚀工程，验收时应按合同约定加测相关技术指标。

附录A 质量保证资料核查记录

表A 质量保证资料核查记录

单位工程名称			施工单位		
序号	资料名称		份数	核查意见	核查人
1	原材料出厂合格证、质量证明书或复验报告				
2	耐腐蚀胶泥、砂浆、混凝土、玻璃钢胶料和涂料的配合比和主要技术性能的试验报告				
3	设计变更单、材料代用单				
4	基层检查交接记录				
5	中间交接记录				
6	隐蔽工程施工记录				
7	修补或返工记录				
8	交工验收记录				

结论：

总监理工程师

施工单位项目经理： （建设单位项目负责人）：

年 月 日　　　　　年 月 日

注：1 有特殊要求的可据实增加核查项目。

2 质量证明书、合格证、试（检）验单或记录内容应齐全、准确、真实；复印件应注明原件存放单位，并有复印件单位的签字和盖章。

本规范用词说明

1 为便于在执行本规范条文时区别对待，对要求严格程度不同的用词说明如下：

1）表示很严格，非这样做不可的：
正面词采用"必须"，反面词采用"严禁"。

2）表示严格，在正常情况下均应这样做的：
正面词采用"应"，反面词采用"不应"或"不得"。

3）表示允许稍有选择，在条件许可时首先应这样做的：
正面词采用"宜"，反面词采用"不宜"。

4）表示有选择，在一定条件下可以这样做的，采用"可"。

2 条文中指明应按其他有关标准执行的写法为："应符合……的规定"或"应按……执行"。

引用标准名录

《建筑防腐蚀工程施工及验收规范》GB 50212
《建筑工程施工质量验收统一标准》GB 50300
《玻璃纤维增强塑料树脂含量试验方法》GB/T 2577
《耐酸砖》GB/T 8488
《耐酸耐温砖》JC/T 424

中华人民共和国国家标准

建筑防腐蚀工程施工质量验收规范

GB 50224—2010

条文说明

修 订 说 明

《建筑防腐蚀工程施工质量验收规范》(GB 50224—2010)，经住房和城乡建设部 2010 年 7 月 15 日以第 662 号公告批准发布。

本规范是在《建筑防腐蚀工程质量检验评定标准》GB 50224—95 的基础上修订而成，上一版的主编单位是化工部施工标准化管理中心站，参编单位是冶金部建筑研究总院、航空工业部第四规划设计研究院、兰州化学工业公司建设公司、中国化学工程第二建设公司，主要起草人员是张同兴、徐兰洲、杨路均、孔德英、芦天、汪家塘、冯祥云、霍永志。

本规范修订过程中，编制组进行了广泛的调查研究，总结了我国工程建设的实践经验，同时参考了国外先进技术法规、技术标准。

为了便于广大设计、施工、科研、学校等单位有关人员在使用本标准时能正确理解和执行条文规定，本规范编制组按章、节、条顺序编制了本标准的条文说明，对条文规定的目的、依据以及执行中需注意的有关事项进行了说明，还着重对强制性条文的强制性理由作了解释。但是，本条文说明不具备与标准正文同等的法律效力，仅供使用者作为理解和把握标准规定的参考。

目 次

1 总则 ………………………………… 9—18—21
2 术语 ………………………………… 9—18—21
3 基本规定 …………………………… 9—18—21
   3.1 施工质量验收的划分 …………… 9—18—21
   3.2 施工质量验收 …………………… 9—18—21
   3.3 施工质量验收的程序及组织 …… 9—18—22
4 基层处理工程 ……………………… 9—18—22
   4.1 一般规定 ………………………… 9—18—22
   4.2 混凝土基层 ……………………… 9—18—22
   4.3 钢结构基层 ……………………… 9—18—23
   4.4 木质基层 ………………………… 9—18—23
5 块材防腐蚀工程 …………………… 9—18—23
6 水玻璃类防腐蚀工程 ……………… 9—18—24
   6.1 一般规定 ………………………… 9—18—24
   6.2 水玻璃胶泥、水玻璃砂浆铺砌的
       块材面层 ………………………… 9—18—24
   6.3 密实型钾水玻璃砂浆整体面层 … 9—18—24
   6.4 水玻璃混凝土 …………………… 9—18—25
7 树脂类防腐蚀工程 ………………… 9—18—25
   7.1 一般规定 ………………………… 9—18—25
   7.2 树脂玻璃钢 ……………………… 9—18—25
   7.3 树脂胶泥、树脂砂浆铺砌的块材
       面层和树脂胶泥灌缝 …………… 9—18—26
   7.4 树脂稀胶泥、树脂砂浆、树脂
       玻璃鳞片胶泥整体面层 ………… 9—18—26
8 沥青类防腐蚀工程 ………………… 9—18—26
   8.1 一般规定 ………………………… 9—18—26
   8.2 沥青玻璃布卷材隔离层 ………… 9—18—27
   8.3 高聚物改性沥青卷材隔离层 …… 9—18—27
   8.4 沥青胶泥铺砌的块材面层 ……… 9—18—27
   8.5 沥青砂浆和沥青混凝土整体
       面层 ……………………………… 9—18—27
   8.6 碎石灌沥青垫层 ………………… 9—18—27
9 聚合物水泥砂浆防腐蚀工程 ……… 9—18—27
   9.1 一般规定 ………………………… 9—18—27
   9.2 聚合物水泥砂浆整体面层 ……… 9—18—27
   9.3 聚合物水泥砂浆铺砌的块材
       面层 ……………………………… 9—18—28
10 涂料类防腐蚀工程 ………………… 9—18—28
11 聚氯乙烯塑料板防腐蚀工程 ……… 9—18—28
   11.1 一般规定 ………………………… 9—18—28
   11.2 硬聚氯乙烯塑料板制作的
        池槽衬里 ………………………… 9—18—28
   11.3 软聚氯乙烯塑料板制作的
        池槽衬里或地面面层 …………… 9—18—28
12 分部（子分部）工程验收 ………… 9—18—29

1 总　　则

1.0.1　本条是编制本规范的宗旨，仅限于施工质量的验收，设计和使用中的质量问题不属于本规范的范畴。

为了适应建筑防腐蚀工程的发展，制定质量标准、统一验收方法，达到控制质量的目的，使所验收的工程质量结果具有一致性和可比性，有利于促进企业加强管理，确保工程质量。

修订中坚持了"验评分离、强化验收、完善手段、过程控制"的指导思想。取消"评优"的内容，对工程质量只需判断合格与否即可。

1.0.2　指出本规范的适用范围。

1.0.3　阐明编制本规范的编制依据。建筑防腐蚀工程的施工是按施工规范执行的，建筑防腐蚀施工的工程质量是否符合规定是按质量验收规范执行的，两者的技术规定应是一致的。因此，本规范主要指标和要求是根据现行国家标准《建筑防腐蚀工程施工及验收规范》GB 50212—2002（以下简称《施工规范》）规定提出的，而且是把主要控制工程质量的技术规定，作为验收工程质量的准绳，并与现行国家标准《建筑工程施工质量验收统一标准》GB 50300—2001配合使用。

2 术　　语

2.0.1～2.0.4　系新增加条文。术语条文定义所描述的内容更加准确和完善，同时也符合现阶段的实际情况。

3 基 本 规 定

3.1 施工质量验收的划分

3.1.1　建筑防腐蚀工程质量的验收，是按检验批、分项工程、分部工程进行划分的，划分检验批有利于施工班组及时纠正施工中出现的质量问题，确保工程质量。由于防腐蚀工程自身不能构成单位工程，故把建筑防腐蚀工程按上述规定划分，进行验收。

3.1.2　建筑防腐蚀工程中，划分检验批进行验收，增加了施工过程控制的内容，符合施工质量管理的需要。

3.1.3　建筑防腐蚀工程中，分项工程的划分主要是根据防腐蚀材料的类别进行的，如块材防腐蚀工程、水玻璃类防腐蚀工程、树脂类防腐蚀工程等分别构成一个分项工程，同一类别的材料所构成的工程，便于比较，且本规范与《施工规范》划分相一致，便于对照使用。另外，基层处理作业是一个重要的施工程序，单独划分为一个分项工程，强化基层处理的重要性，并与《施工规范》划分相配套，便于工程项目的验收和管理。

3.2 施工质量验收

3.2.1　检验批是工程验收的最小单位，也是整个建筑防腐蚀工程质量验收的基础，本条规定了检验批合格质量的标准，并将检验批验收项目分为"主控项目、一般项目和质量保证资料"三个部分。检验批的合格质量标准主要取决于对主控项目和一般项目的检验结果。

1　主控项目指对检验批的基本质量起决定性影响的检验项目，因此应全部符合建筑防腐蚀工程验收规范的规定。主控项目不允许有不符合要求的检验结果，即这种项目的检查具有否决权，鉴于主控项目对基本质量的决定性影响，必须从严要求。

2　一般项目是指检验批工程在实测检验中规定有允许偏差范围的项目，检验后允许有20%的抽检点的实测结果略超过允许偏差的范围，但这些点不能无限止的超差，即对超差有一个最高限值，用以限制超差的范围。

3　质量保证资料反映了检验批从原材料到工程验收的各施工过程的操作依据、检查情况和质量保证所必须具备的管理制度等，对其完整性的检查，实际是对施工过程控制的确认，是检验批合格的保证。

3.2.2　本条规定了分项工程质量验收的标准。分项工程的验收在检验批的基础上进行，一般情况下两者具有相同或相近的性质，只是批量大小不同而已。因此，将有关检验批汇集构成分项工程，构成分项工程的各检验批的验收资料文件完整，且均已验收合格，则分项工程验收合格。

3.2.3　本条规定了分部（子分部）工程质量验收的标准。分部工程质量验收是防腐蚀专业质量竣工验收，是防腐工程投入使用前的最后一次验收。分部工程的验收必须在其所含各分项工程验收合格，且相应的质量保证资料完整的基础上进行。由于各分项工程的性质不尽相同，因此，对涉及安全和使用功能的主要分项工程应进行有关见证、取样、送样、试验或抽样检测。分部工程质量验收还包括检查反映工程结构及性能质量的质量保证资料，此外还必须对主要使用功能进行抽查，使用功能的检查是对建筑防腐蚀工程最终质量的综合检查，也是用户最关心的内容。因此，在检验批、分项工程验收合格的基础上，分部工程竣工验收再做全面检查。

3.2.4　统一、规范了防腐蚀工程检验批、分项工程、分部工程（子分部工程）验收记录表和质量保证资料核查记录表表格的基本格式和内容。

3.2.5　本条给出了质量不符合要求时的处理办法。一般情况下，不合格质量出现在最基层的验收单位，检验批时就应发现并及时处理。否则将影响后续检验批和相关分项工程、分部工程的验收。因此，所有质量隐患必须尽快消灭在萌芽状态，这也是本规范"强化验收促进过程控制"原则的体现。非正常情况的处理分以下四种情况：

1 是指检验批验收时，其主控项目不能满足验收规定或一般项目超过偏差限值的子项不符合验收规定要求时，允许返工，其中严重的缺陷应推倒重来；一般的缺陷通过适当的方法予以解决，应允许施工单位在采取相应措施后重新验收。如符合防腐蚀工程施工及验收规范要求，则应认为该检验批合格。

2 是指个别检验批发现试块强度等不满足要求，难以确定是否验收时，应请具有资质的检测单位（经政府有关部门批准并取得相应检测项目资质证明的单位）检测，当鉴定结果能够达到设计要求时，该检验批仍应认为通过验收。

3 如经检测鉴定达不到设计要求，但经原设计单位核算，仍能满足安全和使用功能的，该检验批可予以验收。因为在一般情况下，规范标准给出了满足安全和功能的最低限度要求，而设计往往在此基础上留有一些余量，不满足设计要求但符合相应规范标准的要求，两者并不矛盾。

4 更为严重的缺陷和分项、分部工程的缺陷，可能影响结构的安全和使用功能。若经法定检测单位检测鉴定认为达不到规范标准的相应要求，则必须按一定的技术方案进行加固处理，使之能保证其安全使用的基本要求。这样会造成一些永久性的缺陷，如改变结构外形尺寸、影响一些次要的使用功能等，为避免社会财产更大的损失，在不影响安全和主要使用功能条件下，可按技术处理方案和协商文件验收。责任方除承担经济责任，还应深刻吸取教训，这是应该特别注意的。

3.2.6 该条为强制性条文。存在严重缺陷的工程，经返修或加固处理仍不能满足安全使用要求的，严禁验收。

3.3 施工质量验收的程序及组织

3.3.2、3.3.3 检验批和分项工程是建筑防腐蚀工程的基础，验收前施工单位应在自检合格的基础上填写"检验批和分项工程质量验收记录"（有关监理记录和结论不填），并由施工单位项目专业质量检验员和施工单位项目技术负责人分别在检验批和分项工程验收记录的相关栏目上签字，然后由监理工程师组织，严格按规定程序进行验收。

3.3.4 本条规定了分部（子分部）工程完成后，施工单位依据质量标准、设计图纸等组织有关人员进行自检，并将检查结果进行评定，符合要求后，向建设单位提交验收报告和质量资料，总监理工程师（建设单位项目专业负责人）组织施工单位项目负责人和项目技术、质量负责人及有关人员进行验收。

3.3.5 本条规定了总承包单位和分包单位的质量责任和验收程序。分包单位对总承包单位负责，也应对建设单位负责。分包单位按程序对承建的项目进行验收时，总承包单位应参加；验收合格后，分包单位应将工程的有关资料移交总承包单位。

4 基层处理工程

4.1 一般规定

4.1.1 本条规定了本章的适用范围。混凝土基层一般包括工业厂房的楼地面、钢筋混凝土柱、梁、板、基础和贮槽、贮罐构筑物等；钢结构基层一般指支架、吊车梁、钢柱、梁、屋架、梯子、栏杆及连接构架的基层等；木质结构基层一般包括木结构及木门窗等的基层。

4.1.2 本条对基层处理工程的检查数量有新的修改和补充，规定了硬性检查范围。因考虑到建筑防腐蚀工程的施工量一般少于建筑工程，且经常处于腐蚀介质或腐蚀环境中，应有更严格要求，并参照现行国家标准《建筑工程施工质量验收统一标准》GB 50300—2001及工程实际情况，经编制组商定，提出了更为严格的要求。第1款～第3款对基层处理工程的检查数量进行了相关的修改，提高了检查的数量和点数。第4款为新增条文，对设备基础、沟、槽等重要部位列为应加倍检查的范围。

4.2 混凝土基层

Ⅰ 主控项目

4.2.1 防腐蚀工程的基层属于隐蔽工程。基层质量的好坏直接影响防腐蚀工程的质量，基层的强度是衡量基层质量好坏的一个重要指标，如果强度不合格，即使防腐层施工的质量很好，一旦基层疏松或形成裂纹等都会导致防腐层的破坏。本规范将强度列为主控项目，强调应认真检查基层的强度，以防患于未然。可以通过检查水泥强度等级、混凝土强度试验报告及现场用仪器采用回弹法检查其强度。

4.2.2 本条为新增条文。对基层表面外观质量有具体的要求，基层的外观质量影响防腐层的施工质量及使用寿命，故列为主控项目。

4.2.3 混凝土基层的含水率也直接影响防腐蚀工程的质量，一般情况下，如果含水率过大，既会影响防腐层的施工，又会影响施工的质量。工程一旦投入使用，遇热后水分蒸发，使防腐层起鼓甚至脱落，从而损坏防腐层，但在有些情况下，如使用湿固化环氧树脂固化剂固化的环氧树脂玻璃钢层或隔离层及整体面层，其基层的含水率对玻璃钢固化性影响不大，可不受限制。《施工规范》对此已有详细规定，当设计对湿度有特殊要求时，应按设计要求进行。《施工规范》附录中已列有两种测试方法，一种是薄膜覆盖法，一种是称重法。第一种方法做一次需要16h，时间较长；第二种方法是破坏性检测，损坏基层。目前国外已有成型仪器生产，如日本常用CH-2H-500型高滤波式水分测定器，能测定混凝土、砂浆等基层的含水率，准确率高，使用方便。在本规范中对检验方法未作具体规定，只规定检查基层含水率试验报告，在使用本规范时应根据具体情况灵活掌握，但要保证测试结果的准确性。

Ⅱ 一般项目

4.2.4 基层的洁净度影响防腐涂料的附着力、光洁度等施工质量和使用寿命，故列为一般项目。

4.2.5 本条是根据《施工规范》的有关规定制定。

4.2.6 阴阳角处是防腐蚀工程的薄弱环节，容易被忽视，故列为一般项目。对不同的防腐面层，对基层的要求不同，应符合《施工规范》的要求。如当在混凝土基层表面进行块材铺砌时，基层的阴阳角应做成直角；进行其他种类防腐蚀工程施工时，应做成圆角或45°斜面。

4.2.7 基层表面存在明显的蜂窝和麻面，对于防腐蚀工程是决不允许的，因其内在的气泡在冷热交替下体积发生变化，使防腐层产生内应力，从而破坏防腐层，必须进行补强，故在检验中应严格掌握本标准，并列为一般项目。

4.2.8 凡穿过防腐蚀层的构件、预埋件、预留孔，均应预先埋置或留设，并按设计要求进行，避免工序颠倒，造成基层疏松或形成裂纹等导致防腐层的破坏，影响整体防腐工程的施工质量。

4.2.9 粗糙度影响防腐涂料在基层表面的附着力，故列为一般项目。

4.2.10、4.2.11 混凝土基层的表面平整度和坡度在《施工规范》中已明确规定，允许其有偏差，但有一定的要求和量化的概念，即允许少量抽测点的检测值超过规范规定值，但不能无限制的超出。此数值是编制组根据工程实际施工经验并征集有关部门意见制定的，根据抽测点超过规范规定值的实测值所占的比例，作为判断合格与否的标准。

4.3 钢结构基层

Ⅰ 主控项目

4.3.1、4.3.2 钢结构表面的处理质量关系到防腐蚀工程的成败，如果钢结构表面处理不好，即使刷上合格涂料，经过一段时间后，也会产生返锈，使表面防腐蚀层产生鼓泡、脱层等。《施工规范》中将钢结构表面处理的等级分为多种，不同种类的防腐蚀工程或不同种类的涂料对钢结构表面需要不同的等级要求，在《施工规范》各章节中有具体规定，设计时必须根据情况慎重选择钢结构的处理等级。钢结构表面的处理等级应符合设计要求，才能确保工程质量，故将其列为主控项目。

Ⅱ 一般项目

4.3.3 钢结构的表面质量直接影响防腐蚀工程的寿命，其表面的油脂、污垢、氧化皮、铁锈和油漆旧涂层的存在状况及所占面积比例根据所涂的涂料品种不同对其寿命产生不同的影响，故将其作为区别合格与否的标准，并列为一般项目。

4.3.5 为新增条文。底层涂料的涂刷时间也影响钢结构的防腐效果及钢结构的使用寿命，列为一般项目。

4.4 木质基层

Ⅰ 主控项目

4.4.1 木材的含水率过大，一是影响表面防腐层和基层的粘结强度；二是经过一段时间后，木材变形会引起表面防腐层的破坏，故将其列为主控项目。木材含水率常使用水分计进行测试，如使用MC-10型建筑水分计。

Ⅱ 一般项目

4.4.2 规定了木质基层表面的外观要求，列为一般项目来控制施工质量。

5 块材防腐蚀工程

5.0.1 本条规定了本章的适用范围。由于《工业建筑防腐蚀设计规范》GB 50046—2008（以下简称《设计规范》）和《施工规范》将用于块材防腐蚀工程中的块材规定为耐酸砖、耐酸耐温砖和天然石材三大类，淘汰了其他块材，本章也相应调整为上述三大类。

Ⅰ 主控项目

5.0.4 防腐蚀块材中常用的耐酸砖和耐酸耐温砖均已有国家标准，编号分别为GB/T 8488—2008、JC/T 424—2005；花岗岩及其他条石至今尚无供防腐蚀工程使用的统一标准。目前由于生产防腐蚀材料的厂家较多，各厂的生产及管理水平不一，即使部分块材已有国家标准或行业标准，不同地方不同厂家生产的块材质量也有很大差异，故对到达现场的块材，应具有出厂合格证或产品说明书，并应进行现场抽样复验，凡复验确定为不合格的产品不得用于防腐蚀工程。复验的试验报告应作为交工验收的交工资料，故将其列为主控项目。

5.0.5、5.0.6 铺砌及浇灌块材所用的粘结料有水玻璃胶泥、水玻璃砂浆、树脂胶泥、树脂砂浆、沥青胶泥和聚合物水泥砂浆。块材防腐蚀工程的损坏大部分由灰缝处开始。灰缝的质量又取决于粘结料的质量及灰缝的施工质量。各种粘结料的质量及灰缝的设置在各有关章节中有具体规定，故将其列为主控项目。

Ⅱ 一般项目

5.0.8 根据《建筑防腐蚀构造》08J 333和现场施工情况规范了石材加工的尺寸偏差，还规定了机械切割、人工加工或机械刨光的天然石材表面平整度的允许偏差。

6 水玻璃类防腐蚀工程

6.1 一般规定

6.1.1 水玻璃类防腐蚀工程验收包括的内容如下：

1 水玻璃胶泥、水玻璃砂浆铺砌的块材面层：水玻璃胶泥铺砌块材面层是指普通型钠水玻璃胶泥、密实型钠水玻璃胶泥（改性钠水玻璃胶泥）、普通型钾水玻璃胶泥和密实型钾水玻璃胶泥铺砌的块材面层；水玻璃砂浆铺砌块材面层是指普通型钠水玻璃砂浆、密实型钠水玻璃砂浆（改性钠水玻璃砂浆）、普通型钾水玻璃砂浆和密实型钾水玻璃砂浆铺砌的块材面层。

2 密实型钾水玻璃砂浆整体面层：是指小于90℃和耐热（90℃～130℃）的密实型钾水玻璃砂浆整体面。

3 水玻璃混凝土浇筑的整体面层、设备基础和构筑物：水玻璃混凝土是指普通型钠水玻璃混凝土、密实型钠水玻璃混凝土（改性钠水玻璃混凝土）；普通型钾水玻璃混凝土、密实型钾水玻璃混凝土和耐热的（90℃～130℃）密实型钾水玻璃混凝土。

Ⅰ 主控项目

6.1.5 水玻璃胶泥、水玻璃砂浆和水玻璃混凝土所用的原材料的质量，直接影响施工质量和投入使用后的技术经济效果。为了确保水玻璃胶泥、水玻璃砂浆和水玻璃混凝土的工程质量，在施工前应按照设计文件和《施工规范》的要求，对到达现场的材料，虽有出厂合格证，但对其材质产生怀疑时，应抽样复验，确定为不合格的产品，不得用于防腐蚀工程。

6.1.6 水玻璃胶泥的抗压强度、粘结强度和水玻璃砂浆的抗压强度是衡量其制成品质量的重要指标，如果强度达不到规定值，则会使表面产生裂纹、脱壳、结合不好等缺陷或受重压时基础疏松、塌落等缺陷，从而造成质量事故。

水玻璃混凝土及改性水玻璃混凝土主要用于灌筑整体面层、设备基础和构筑物等，常处于受压部位。故对抗压强度提出了较高的要求。如果抗压强度达不到要求，则工程投入使用后，很快会产生疏松、裂纹以至塌落。水玻璃材料的最大缺点是抗渗性能不好，如腐蚀介质渗透到混凝土的内部将降低其强度，发生质量事故。水玻璃混凝土的抗渗性和浸酸安定性也是影响其使用寿命的重要因素。

Ⅱ 一般项目

6.1.7 水玻璃胶泥、水玻璃砂浆和水玻璃混凝土的施工配合比要求严格，稍有变动，直接影响到它的耐酸和耐水性、收缩率和孔隙，因此配制时必须严格控制，特别是氟硅酸钠的加入量，多了凝固快，少了则固化不完全。所以水玻璃胶泥、水玻璃砂浆和水玻璃混凝土的施工配合比和配制方法也决定着水玻璃防腐蚀工程的质量，应经试验确定。

6.1.8 水玻璃类防腐蚀工程施工后，为了使水玻璃生成稳定的硅胶而不是游离的水分存在于硅的胶体中，应进行养护。养护完成后应进行酸化处理，酸化处理的作用是使水玻璃耐酸材料内部的有害物质氧化钠变成白色结晶粉状析出。养护和酸化处理也决定着水玻璃耐酸材料的质量。

6.2 水玻璃胶泥、水玻璃砂浆铺砌的块材面层

Ⅰ 主控项目

6.2.1 块材面层的破坏，绝大多数是由于灰缝或结合层的破坏而引起的应按本条规定执行，少数是因面层块材受机械损伤而破坏。灰缝过宽，胶泥易收缩产生裂缝；灰缝过窄，胶泥不易饱满密实且粘结也不易牢固。因此，施工中结合层的厚度和灰缝宽度应按本条规定执行。

6.2.2 因为不少单位的施工人员往往忽视块材面层与转角处、踢脚线、地漏、门口和设备基础等处的施工质量，从而在这些部位极易出现质量问题，致使其结合不严密或产生裂缝等。工程一旦投入使用，短时间内这些部位就会产生渗漏、起鼓等缺陷，影响到整个工程的使用功能。

6.3 密实型钾水玻璃砂浆整体面层

Ⅰ 主控项目

6.3.1 密实型钾水玻璃砂浆整体面层的水玻璃沉积和贯通性气泡的存在将造成工程质量事故，故列为主控项目。

在施工中为得到好的黏稠度或流动性而违反施工配合比（质量比），任意增加水玻璃用量造成水玻璃沉积，使水玻璃与固化剂比例失调，造成制成品质量

低劣。

拌和料在浇灌、振捣或抹压时形成大小不同的球形气泡,球形气泡受凝聚力的作用,在收缩、排水过程中,较小的球形气泡留存在水玻璃类材料中,形成无透漏性的封闭型小球形气泡,而大量的球形气泡随着水气排出水玻璃类材料外,留存的球形气泡壁相连相通,成为贯通性气泡,具有透漏性,即渗漏孔隙。故发现贯通性气泡应进行破坏性检查。

6.4 水玻璃混凝土

Ⅰ 主控项目

6.4.1 如果水玻璃混凝土内的预埋铁件不经除锈及涂漆防护,则短时间内就会发生腐蚀,其腐蚀产物产生的内应力将使混凝土产生裂缝,从而丧失其防护作用,故列为主控项目。

Ⅱ 一般项目

6.4.2 因水玻璃混凝土常处于受压情况,其表面如果有明显蜂窝、麻面或裂缝,既会影响其抗压强度,又会影响其抗渗耐酸性能,故规定应无明显蜂窝、麻面和裂纹。

6.4.4 施工缝的留设和施工是其质量的决定因素,而施工缝的质量又关系到整个水玻璃混凝土工程的质量。故作本条规定。

7 树脂类防腐蚀工程

7.1 一般规定

7.1.1 本条规定了本章的适用范围。本条所列的5类树脂,《施工规范》中已包括。在《施工规范》的相关条文中对其制成品的质量验收有涉及,但是可操作性不强。随着工业建筑防腐蚀设计规范的修订,也需要对防腐蚀施工的质量验收内容和要求进行调整、补充和提高。

Ⅰ 主控项目

7.1.4 原材料的质量是确保防腐蚀施工质量的第一步。对到场的材料,供应商应提供给施工方或业主"产品出厂合格证明"、"材料检测报告"等质量证明文件。当监理或业主认为需要抽检时,现场有检测条件的,可以在现场复检;也可送样请第三方复检。

乙烯基酯树脂和不饱和聚酯树脂的液体质量指标引用了现行国家标准《纤维增强塑料用液体不饱和聚酯树脂》GB/T 8237—2005 的指标。乙烯基酯树脂和不饱和聚酯树脂浇铸体质量指标,则引用了其中的耐化学型浇铸体的部分质量指标,同时结合本规范编制过程中委托第三方的国家权威检测机构对"原材料和制成品"部分性能的检测和验证结果确定的。这是该两大类树脂产品内在性能质量的重要判定指标。

7.1.5、7.1.6 树脂类材料的粘结强度、抗拉强度、抗压强度、抗渗性能是保证树脂类防腐蚀工程质量的重要指标。如粘结强度达不到要求,将产生起壳、脱层等缺陷;树脂类防腐蚀工程大多自身需具有一定的力学性能和承载能力,特别是承受拉力、压力、冲击力以及化学介质的渗透等,这就需要有足够的抗拉强度、抗压强度以及抗渗透性能,若指标达不到设计要求,会出现介质渗透、开裂、损坏等缺陷。因此,对上述指标作出了规定。

检测报告可由供应商或施工方提交。监理或业主认为有必要,可以送样请第三方复验。

Ⅱ 一般项目

7.1.7 树脂类材料的施工配合比是确保防腐蚀施工质量的关键之一。施工单位应按《施工规范》规定的配合比和环境条件进行材料的试配,并选择和确定施工配合比,一旦确定,不得擅自改变。目的是使树脂等材料发生的固化反应完全,其物理力学性能和耐腐蚀性能等达到最佳状态。

7.1.8 树脂类防腐蚀工程中,对于转角处、地漏、门口处、预留孔、管道出入口的处理,《施工规范》没有明确规定,但这些部位的施工,容易形成薄弱环节,腐蚀性介质又易在此集中,造成隐患。从调查的防腐蚀失败案例看,有许多是在上述部位出现了问题,导致整体防腐蚀失效。故将其列为一般项目。

7.1.9 树脂类材料的特点之一,就是在防腐蚀施工过程中及完工后,均需要一定时间的反应固化过程,即养护期限。如在工序间要求有24h的养护期后方能进行下一工序,而完工后必须经数天养护后才能开始使用。只有经过必要的养护,才能使树脂类材料的固化反应完全,从而达到《施工规范》所要求的物理性能指标,故作本条规定。

7.2 树脂玻璃钢

Ⅰ 主控项目

7.2.1 现行国家标准《工业建筑腐蚀设计规范》GB 50046 对玻璃钢的树脂含量提出了要求。不同的玻璃纤维,其固化后的树脂含量是不同的。本条是确保符合设计要求,确保施工质量,最终确保防腐蚀功能的重要措施之一。检测方法按《玻璃纤维增强塑料树脂含量试验方法》GB/T 2577—2005 进行。

7.2.2 玻璃钢层的针孔检查,是对玻璃钢层致密和抗介质渗透性能的有效检验手段。

7.2.3 玻璃钢的树脂固化程度是影响防腐蚀工程质量的因素之一。固化不完全说明化学反应不充分、养护期不足或养护温度低等,所以应采取措施使其固化完全。现场检查树脂固化程度的简便方法是用棉球浸上丙酮,在已施工完毕的防腐蚀层表面擦抹,观察棉球颜色变化,棉球不变色表示合格,若棉球有树脂溶解后的黄色或其他颜色则表示固化不够充分,则需延长室温养护时间,直至固化完全。

Ⅱ 一般项目

7.2.4 玻璃钢层的厚度应符合设计规定,否则会降低防腐性能,但基于玻璃钢施工过程中的实际情况,要求其厚度绝对均匀一致,也并非易事,总结大多数施工单位的经验,故将合格的玻璃钢厚度规定为"小于设计规定厚度的测点数不得大于10%,测点处实测厚度不得小于设计规定厚度的90%"。

对钢基层上的玻璃钢层厚度,采用磁性测厚仪检测。对混凝土或水泥砂浆基层上的玻璃钢层厚度,可采用超声波测厚仪检测;由于该仪器目前主要是依靠进口,价格比较昂贵,所以当无此仪器时,也可采用磁性测厚仪检测在钢基层上做的测厚施工样板。

7.3 树脂胶泥、树脂砂浆铺砌的块材面层和树脂胶泥灌缝

Ⅰ 主控项目

7.3.1 树脂胶泥或砂浆铺砌块材的结合层和灰缝,都应饱满密实、固化完全、粘结牢固,块材与基层间无脱层缺陷。

用敲击法进行面层与基层粘结牢固程度检查时,应使用小锤进行敲击检查,如有空洞声,即为粘结不牢。

7.3.2 用树脂胶泥灌缝的块材面层,如果缝的宽度、深度过大,则树脂用量加大,也使胶泥的收缩增大,易出现裂缝;过小则又增加施工难度,造成块材之间的粘结强度降低,密实度也不易保证。故作本条规定。

7.4 树脂稀胶泥、树脂砂浆、树脂玻璃鳞片胶泥整体面层

Ⅰ 主控项目

7.4.1 树脂的品种、施工配合比、外加剂、施工及固化的环境温度、施工操作方法和基层处理等因素都是影响树脂胶泥、树脂砂浆和树脂玻璃鳞片整体面层质量的重要因素。如混凝土找平层强度过低、表面处理未达标、粗糙度不符合要求等,而树脂材料在固化过程中会产生收缩应力,可能引起面层起壳或开裂,从而破坏整个面层;在施工过程中,如施工操作方法不当,也会引起面层的起壳或脱层,故作本条规定。

8 沥青类防腐蚀工程

8.1 一般规定

8.1.1 本条规定了本章的适用范围。沥青稀胶泥隔离层主要是阻挡腐蚀介质与水泥砂浆或混凝土基层直接接触,起到保护隔绝的作用。沥青类隔离层有两种,一种是沥青稀胶泥涂覆的隔离层,另一种是沥青稀胶泥铺贴的沥青卷材隔离层。沥青胶泥铺砌的块材面层主要用于耐腐蚀楼地面面层、踢脚板、墙裙、明沟及设备基础覆面等。沥青砂浆、沥青混凝土整体性好,耐稀酸、抗水性能优良,一般用来作耐腐蚀楼地面面层及基础、地坪的垫层和碎石灌沥青垫层。

Ⅰ 主控项目

8.1.4 沥青类防腐蚀工程所用的沥青、防水卷材、粉料、细骨料、粗骨料等原材料的品种、材质直接影响整个工程质量,如隔离层材质不合格、品种不符合要求,施工后的隔离层将起不到隔离作用;面层施工后,如有裂纹、起泡或粘结不好,腐蚀介质则很容易通过隔离层而腐蚀到基层,从而缩短使用寿命,甚至造成破坏。

沥青类防腐蚀工程所用的沥青应符合国家现行标准《建筑石油沥青》GB/T 494—1998、《道路石油沥青》SH 0522—2000 的规定。

到达现场的原材料,应具备出厂合格证或产品说明书,应进行抽样复验,其复验的试验报告是交工验收的重要文件之一,故列为主控项目。

8.1.5 沥青胶泥、沥青砂浆、沥青混凝土的质量指标是控制沥青类防腐蚀工程质量的重要条件之一。沥青胶泥的质量是指耐热稳定性、软化点、浸酸后质量变化率。由于沥青胶泥是热塑性材料,抗冲击性差,当温度升高时,即产生软化变形现象,强度随之急剧下降,而使块材面层结构遭到破坏,因此,在不同的使用温度下,必须具有一定耐热稳定性。沥青胶泥对稀酸、稀碱耐蚀,不耐氧化剂和有机溶剂腐蚀,故在施工前应要求对其沥青胶泥进行耐热稳定性、软化点和浸酸后质量变化率的测定。沥青砂浆和沥青混凝土抗渗性强,在建筑工程中已广泛应用于抗大气或各种侵蚀性介质及气体等的腐蚀,沥青混凝土要想达到最大的密实度,首先在细骨料的选择方面使沥青混凝土达到最小量的空隙,同样也决定于加入一定量的沥青,沥青的加入量过大或不足,都在同样程度上对混凝土的密实与强度有影响。故应严格按照规定的沥青砂浆和沥青混凝土的配合比进行配制,即可达到:"沥青砂浆和沥青混凝土的抗压强度,20℃时不应小于3.0MPa,50℃时不应小于1.0MPa。饱和吸水率(体积计)不应大于1.5%,浸酸安定性应合格"。其

检测报告应作为交工验收的交工资料，故将其列为主控项目。

Ⅱ　一 般 项 目

8.1.6　沥青胶泥的施工配合比是保证使用寿命达到良好耐腐蚀效果的前提。根据各地施工经验，施工配合比有多种多样，由于配合比组成不一，使用温度不同，使用效果也不一样。根据其耐热稳定性和使用部位，施工方法也不同。确定后的施工配合比，使用时不得任意改变。

8.2　沥青玻璃布卷材隔离层

Ⅰ　主 控 项 目

8.2.1　隔离层的质量直接关系到整个防腐蚀工程质量，它是面层和基层之间的一道防线，如果隔离层的质量不好，腐蚀介质会很快穿透隔离层，与水泥砂浆或钢筋混凝土直接发生化学作用，从而破坏整个防腐蚀工程。隔离层要做到厚薄均匀、铺贴平整，铺至地面与墙面交接处应将油毡和墙角处浇上沥青胶泥再慢慢上铺。

8.3　高聚物改性沥青卷材隔离层

Ⅰ　主 控 项 目

8.3.2～8.3.4　冷铺法铺贴、自粘法铺贴或热熔法铺贴的隔离层卷材铺贴直接关系到工程质量。所以在施工过程中，应按设计要求和《施工规范》的规定进行，以保证卷材铺贴质量。

Ⅱ　一 般 项 目

8.3.5　一般项目检查主要控制接缝宽度不应小于10mm。

8.4　沥青胶泥铺砌的块材面层

Ⅰ　主 控 项 目

8.4.1、8.4.2　块材面层的破坏，绝大多数都是由于灰缝或结合层的破坏而引起的，少数是因面层块材受机械损伤而破坏。灰缝太宽，易产生收缩裂纹；灰缝过窄，胶泥不易饱满密实，且粘结不牢固。因此，在铺砌块材时，灰缝内和结合层的胶泥应饱满密实，粘结牢固，结合层的厚度应根据铺砌方法不同而分别采用不同的厚度。

8.5　沥青砂浆和沥青混凝土整体面层

Ⅰ　主 控 项 目

8.5.1　沥青砂浆和沥青混凝土整体面层的优点是整体无缝，地面上的侵蚀性液体和冲洗水不易渗入基层，又有弹性，但受重物堆压或受温度影响易发生变形，使地面产生凹陷而积水。

为保证沥青砂浆和沥青混凝土整体地面具有良好的耐蚀性，应有足够的沥青用量。在振捣时，主要观察沥青砂浆和沥青混凝土的和易性及塑性，要尽早振捣，这样可保证其密实度。搅拌数量不宜过多，够一次烫压即可。阳角及死角处，应用小烙铁烫压平整、密实；面层如不平整或有毛面时应用喷灯加热表面，再用普通小抹子压平压光。

8.6　碎石灌沥青垫层

Ⅰ　主 控 项 目

8.6.1　碎石灌沥青垫层工程应检查碎石摊铺、夯实、沥青熬制、浇灌及灌入深度等，以防造成永久性缺陷，影响工程质量。

9　聚合物水泥砂浆防腐蚀工程

9.1　一 般 规 定

9.1.1　本条规定了本章的适用范围。聚合物水泥砂浆防腐蚀工程一般包括混凝土、砖石、钢结构或木质表面铺抹的聚合物水泥砂浆整体面层及聚合物水泥砂浆铺砌的块材面层。

Ⅰ　主 控 项 目

9.1.4　聚合物水泥砂浆防腐蚀工程质量，首先取决于所用原材料的质量，所以要严格控制聚合物水泥砂浆防腐蚀工程所用各种原材料的质量，对于产品质量检验数据不全或对现场产品质量产生怀疑时，应按要求对材料规定的性能指标进行现场抽验。

Ⅱ　一 般 项 目

9.1.7　聚合物水泥砂浆防腐蚀工程中，与面层相比，转角、地漏、门口、预留孔、管道出入口的质量更难控制，更容易在这些地方产生腐蚀，所以列为主控项目。

9.1.8　聚合物水泥砂浆的强度是随着时间的推移逐渐增加的，初期强度低不能踩踏和使用；聚合物水泥砂浆面层如果失水过快，会导致开裂，强度降低，失去保护作用，故要适当洒水养护。

9.2　聚合物水泥砂浆整体面层

Ⅰ　主 控 项 目

9.2.2　整体面层出现裂缝、脱皮、起砂和麻面，说明存在材料或施工的质量问题,会造成保护层部分或全部失去保护作用,故列为主控项目。

9.3 聚合物水泥砂浆铺砌的块材面层

Ⅰ 主控项目

9.3.1 块材面层腐蚀破坏往往是从灰缝开始,所以在施工和检验中,灰缝是重点部位,故列为主控项目进行验收。

10 涂料类防腐蚀工程

Ⅰ 主控项目

10.0.4 为了更好的保证涂料类防腐蚀工程结构安全及设计寿命,防腐蚀工程涂料产品进入施工现场后,对现场产品质量产生怀疑时,应根据工程使用量在监理单位或建设单位监督下,由施工单位有关人员现场取样,做见证取样检验。

不同品种的涂料性能差别很大,即使同一品种不同厂家的涂料,其性能也不完全一致。采用不合格的涂料会导致质量事故,因此将涂料的品种和性能质量等列为主控项目。

10.0.5 《工业建筑防腐蚀设计规范》GB 50046—2008 和《施工规范》中所列的施工配合比、配制方法及涂刷间隔时间都是涂料性能要求的,施工时应按照《施工规范》和涂料性能特殊要求进行,否则易发生涂层咬底、中间层结合不牢等缺陷,故列为主控项目。

10.0.6 本次修订根据《施工规范》增加此条规定。规定中涂层附着力检查采用的标准方法为:《色漆和清漆漆膜的划格试验》GB/T 9286—1998、《色漆和清漆拉开法附着力试验》GB/T 5210—2006 和《工业建筑防腐蚀设计规范》GB 50046—2008 中的检查方法。

这些方法适用于单层或复合涂层和基层表面附着力检查,也适用于涂层层间附着力检查。涂层附着力检验是破坏性的,检查之后要求及时进行修补。

涂层的附着力除由树脂结构起决定作用外,还与被涂物的材质和基层表面处理有密切关系。例如:铁红底涂料对铝表面附着力很差,而对除锈良好的钢铁表面附着力很好。当涂层附着力不好时,会产生裂纹、起皱、脱皮等缺陷,工程投入使用后,腐蚀介质渗入,导致整个涂层损坏,并丧失防腐蚀能力。

10.0.7 考虑到因施工的不均匀性,涂层难免出现达不到设计要求的厚度,虽不会立即造成质量事故,但会影响使用寿命,为避免不必要的返工,规定涂层厚度为小于设计规定厚度的测点数不应大于10%,但其实测厚度不应小于设计规定厚度的90%。

Ⅱ 一般项目

10.0.8 涂层表面的色泽直接影响涂层的装饰效果。流挂、起皱、脱皮、返锈、漏涂等缺陷表明产品质量和施工质量有问题,并直接影响防腐蚀工程质量和使用寿命。

10.0.9 涂层针孔质量检查时,宜选用涂层低电压漏涂检测仪或高电压火花检测仪检查。两种检查方法的区别是:在涂层上使用高电压火花检测仪时,易导致涂层受损;使用低电压漏涂检测仪不会导致涂层受损,但检查结果误差较大。因此,选用高电压火花检测仪时,使用前应考虑涂层的总厚度和涂层的绝缘性,并选择合适的测量电压。

11 聚氯乙烯塑料板防腐蚀工程

11.1 一般规定

11.1.1 本条规定了本章的适用范围。软聚氯乙烯塑料板适宜池槽衬里和地面防腐蚀面层,而硬聚氯乙烯板多用于制作耐腐蚀构件和制作较小型池槽衬里。

11.1.2 聚氯乙烯塑料板防腐蚀工程的检查数量是根据现场实际情况确定的。

Ⅰ 主控项目

11.1.4 聚氯乙烯塑料板防腐蚀工程的质量,首先取决于所用原材料的质量,所以要严格控制聚氯乙烯板材所用各种原材料质量。对于产品质量检验数据不全或对现场产品质量产生怀疑时,应按要求对材料规定的性能指标进行现场抽验。

11.2 硬聚氯乙烯塑料板制作的池槽衬里

Ⅰ 主控项目

11.2.3 硬聚氯乙烯板接缝焊接时,接缝坡口角与板厚的关系、焊条直径与板厚的关系不符合要求的,易引起焊缝未焊透或烧焦。

11.3 软聚氯乙烯塑料板制作的池槽衬里或地面面层

Ⅰ 主控项目

11.3.2 胶粘剂粘贴法所用氯丁胶粘剂或聚异氰酸酯的配合比应严格按要求配制,否则易引起胶粘剂固化时间过长、过短或不固化,造成工程质量降低或不合格。粘贴完成后,胶粘剂固化前没有强度,不应提前使用。应根据产品说明书和现场试验确定养护时间。

11.3.8 当发现渗漏时,应将水排尽,擦干衬里表面,用电火花检测仪、观察等方法检查,发现渗漏部位，用小刀挖去后，用软聚氯乙烯焊条修补。
11.3.9 电火花检测仪检查衬里层有无针孔。如有针孔，则有报警声音或击穿电弧产生。当衬里厚度大于4.5mm时，测试用的电压数值可更高。但根据相关标准和生产实际，能够耐10kV的电压，耐腐蚀性已满足生产要求，故最高耐电压为10kV。

12 分部（子分部）工程验收

12.0.1、12.0.2 工程验收在施工单位自检合格的基础上进行，有利于加强自控主体的责任心，不符合质量标准要求时，及时进行处理。分项工程按检验批进行，有助于及时纠正施工中出现的质量问题，检验批、分项工程验收合格后再进行分部工程质量验收，确保工程质量，也符合施工实际的需要。

12.0.3 本条规定了工程验收应提交的质量控制文件和保证资料，体现了施工全过程控制，必须做到真实、准确，不得有涂改和伪造。

12.0.4 有的建筑物和构筑物除一般的防腐要求外，还会根据建筑的使用功能提出一些特殊防蚀要求，此类工程验收时，除执行本规范外，还应按设计或材料产品说明对特殊要求进行检测和验收。

中华人民共和国国家标准

建筑给水排水及采暖工程
施工质量验收规范

Code for acceptance of construction quality of
Water supply drainage and heating works

GB 50242—2002

主编部门：辽 宁 省 建 设 厅
批准部门：中华人民共和国建设部
施行日期：２００２年４月１日

关于发布国家标准
《建筑给水排水及采暖工程施工质量验收规范》的通知

建标〔2002〕62号

根据建设部《关于印发〈一九九五至一九九六年工程建设国家标准制定修订计划〉的通知》（建标〔1996〕4号）的要求，辽宁省建设厅会同有关部门共同修订了《建筑给水排水及采暖工程施工质量验收规范》。我部组织有关部门对该规范进行了审查，现批准为国家标准，编号为GB 50242—2002，自2002年4月1日起施行。其中，3.3.3、3.3.16、4.1.2、4.2.3、4.3.1、5.2.1、8.2.1、8.3.1、8.5.1、8.5.2、8.6.1、8.6.3、9.2.7、10.2.1、11.3.3、13.2.6、13.4.1、13.4.4、13.5.3、13.6.1为强制性条文，必须严格执行。原《采暖与卫生工程施工及验收规范》GBJ 242—82和《建筑采暖卫生与煤气工程质量检验评定标准》GBJ 302—88中有关"采暖卫生工程"部分同时废止。

本规范由建设部负责管理和对强制性条文的解释，沈阳市城乡建设委员会负责具体技术内容的解释，建设部标准定额研究所组织中国建筑工业出版社出版发行。

中华人民共和国建设部
2002年3月15日

前　言

本规范是根据我部建标〔1996〕4号文件精神，由辽宁省建设厅为主编部门，沈阳市城乡建设委员会为主编单位，会同有关单位共同对《采暖与卫生工程施工及验收规范》GBJ 242—82和《建筑采暖卫生及煤气工程质量检验评定标准》GBJ 302—88修订而成的。

在修订过程中，规范编制组开展了专题研究，进行了比较广泛的调查研究，总结了多年建筑给水、排水及采暖工程设计、材料、施工的经验，按照"验评分离、强化验收、完善手段、过程控制"的方针，进行全面修改，增加了建筑中水系统及游泳池水系统安装、换热站安装、低温热水地板辐射采暖系统安装以及新材料（如：复合管、塑料管、铜管、新型散热器、快装管件等）的质量标准及检验方法，并以多种方式广泛征求了全国有关单位的意见，对主要问题进行了反复修改，于2001年8月经审查定稿。

本规范主要规定了工程质量验收的划分，程序和组织应按照国家标准《建筑工程施工质量验收统一标准》GB 50300的规定执行；提出了使用功能的检验和检测内容；列出了各分项工程中主控项目和一般项目的质量检验方法。

本规范将来可能需要进行局部修订，有关局部修订的信息和条文内容将刊登在《工程建设标准化》杂志上。

本规范以黑体字标志的条文为强制性条文，必须严格执行。为了提高规范质量，请各单位在执行本规范的过程中，注意总结经验、积累资料，随时将有关的意见和建议反馈给沈阳市城乡建设委员会、国家标准《建筑给水排水及采暖工程施工质量验收规范》管理组（地址：沈阳市和平区总站路115号建筑大厦8F，邮政编码：110002，EMAIL：songbo75@sohu.com），以供今后修订时参考。

本规范主编单位：沈阳市城乡建设委员会
本规范参编单位：中国建筑东北设计研究院
　　　　　　　　沈阳山盟建设（集团）公司
　　　　　　　　辽宁省建筑设计研究院
　　　　　　　　沈阳北方建设（集团）公司
　　　　　　　　中国建筑科学研究院
　　　　　　　　哈尔滨工业大学
　　　　　　　　福建亚通塑胶有限公司
本规范主要起草人：宋　波、罗　红、肖兰生
　　　　　　　　　安玉衡、金振同、戴文阁
　　　　　　　　　徐　伟、董重成、黄　维
　　　　　　　　　陈　鹊、魏作友

目 次

1 总则 ················· 9—19—4
2 术语 ················· 9—19—4
3 基本规定 ············· 9—19—4
   3.1 质量管理 ········· 9—19—4
   3.2 材料设备管理 ····· 9—19—5
   3.3 施工过程质量控制 · 9—19—5
4 室内给水系统安装 ···· 9—19—6
   4.1 一般规定 ········· 9—19—6
   4.2 给水管道及配件安装 9—19—6
   4.3 室内消火栓系统安装 9—19—7
   4.4 给水设备安装 ····· 9—19—7
5 室内排水系统安装 ···· 9—19—8
   5.1 一般规定 ········· 9—19—8
   5.2 排水管道及配件安装 9—19—8
   5.3 雨水管道及配件安装 9—19—10
6 室内热水供应系统安装 9—19—10
   6.1 一般规定 ········· 9—19—10
   6.2 管道及配件安装 ··· 9—19—10
   6.3 辅助设备安装 ····· 9—19—11
7 卫生器具安装 ········ 9—19—11
   7.1 一般规定 ········· 9—19—11
   7.2 卫生器具安装 ····· 9—19—12
   7.3 卫生器具给水配件安装 9—19—12
   7.4 卫生器具排水管道安装 9—19—13
8 室内采暖系统安装 ···· 9—19—13
   8.1 一般规定 ········· 9—19—13
   8.2 管道及配件安装 ··· 9—19—13
   8.3 辅助设备及散热器安装 9—19—14
   8.4 金属辐射板安装 ··· 9—19—15
   8.5 低温热水地板辐射采暖系统安装 ···················· 9—19—15
   8.6 系统水压试验及调试 9—19—15
9 室外给水管网安装 ···· 9—19—16
   9.1 一般规定 ········· 9—19—16
   9.2 给水管道安装 ····· 9—19—16
   9.3 消防水泵接合器及室外消火栓安装 ···················· 9—19—17
   9.4 管沟及井室 ······· 9—19—18
10 室外排水管网安装 ··· 9—19—18
   10.1 一般规定 ········ 9—19—18
   10.2 排水管道安装 ···· 9—19—18
   10.3 排水管沟及井池 ·· 9—19—19
11 室外供热管网安装 ··· 9—19—19
   11.1 一般规定 ········ 9—19—19
   11.2 管道及配件安装 ·· 9—19—19
   11.3 系统水压试验及调试 9—19—20
12 建筑中水系统及游泳池水系统安装 ···················· 9—19—20
   12.1 一般规定 ········ 9—19—20
   12.2 建筑中水系统管道及辅助设备安装 ················ 9—19—20
   12.3 游泳池水系统安装 9—19—21
13 供热锅炉及辅助设备安装 9—19—21
   13.1 一般规定 ········ 9—19—21
   13.2 锅炉安装 ········ 9—19—21
   13.3 辅助设备及管道安装 9—19—23
   13.4 安全附件安装 ···· 9—19—24
   13.5 烘炉、煮炉和试运行 9—19—25
   13.6 换热站安装 ······ 9—19—25
14 分部（子分部）工程质量验收 ···················· 9—19—25
附录A 建筑给水排水及采暖工程分部、分项工程划分 ···· 9—19—26
附录B 检验批质量验收 ··· 9—19—26
附录C 分项工程质量验收 · 9—19—27
附录D 子分部工程质量验收 9—19—27
附录E 建筑给水排水及采暖（分部）工程质量验收
附录F 本规范用词说明 ··· 9—19—28
附：条文说明 ············· 9—19—29

1 总则

1.0.1 为了加强建筑工程质量管理，统一建筑给水、排水及采暖工程施工质量的验收，保证工程质量，制定本规范。

1.0.2 本规范适用于建筑给水、排水及采暖工程施工质量的验收。

1.0.3 建筑给水、排水及采暖工程施工中采用的工程技术文件、承包合同文件对施工质量验收的要求不得低于本规范的规定。

1.0.4 本规范应与国家标准《建筑工程施工质量验收统一标准》GB 50300 配套使用。

1.0.5 建筑给水、排水及采暖工程施工质量的验收除应执行本规范外，尚应符合国家现行有关标准、规范的规定。

2 术语

2.0.1 给水系统 water supply system

通过管道及辅助设备，按照建筑物和用户的生产、生活和消防的需要，有组织的输送到用水地点的网络。

2.0.2 排水系统 drainage system

通过管道及辅助设备，把屋面雨水及生活和生产过程所产生的污水、废水及时排放出去的网络。

2.0.3 热水供应系统 hot water supply system

为满足人们在生活和生产过程中对水温的某些特定要求而由管道及辅助设备组成的输送热水的网络。

2.0.4 卫生器具 sanitary fixtures

用来满足人们日常生活中各种卫生要求，收集和排放生活及生产中的污水、废水的设备。

2.0.5 给水配件 water supply fittings

在给水和热水供应系统中，用以调节、分配水量和水压，关断和改变水流方向的各种管件、阀门和水嘴的统称。

2.0.6 建筑中水系统 intermediate water system of building

以建筑物的冷却水、沐浴排水、盥洗排水、洗衣排水等为水源，经过物理、化学方法的工艺处理，用于厕所冲洗便器、绿化、洗车、道路浇洒、空调冷却及水景等的供水系统为建筑中水系统。

2.0.7 辅助设备 auxiliaries

建筑给水、排水及采暖系统中，为满足用户的各种使用功能和提高运行质量而设置的各种设备。

2.0.8 试验压力 test pressure

管道、容器或设备进行耐压强度和气密性试验规定所要达到的压力。

2.0.9 额定工作压力 rated working pressure

指锅炉及压力容器出厂时所标定的最高允许工作压力。

2.0.10 管道配件 pipe fittings

管道与管道或管道与设备连接用的各种零、配件的统称。

2.0.11 固定支架 fixed trestle

限制管道在支撑点处发生径向和轴向位移的管道支架。

2.0.12 活动支架 movable trestle

允许管道在支撑点处发生轴向位移的管道支架。

2.0.13 整装锅炉 integrative boiler

按照运输条件所允许的范围，在制造厂内完成总装整台发运的锅炉，也称快装锅炉。

2.0.14 非承压锅炉 boiler without bearing

以水为介质，锅炉本体有规定水位且运行中直接与大气相通，使用中始终与大气压强相等的固定式锅炉。

2.0.15 安全附件 safety accessory

为保证锅炉及压力容器安全运行而必须设置的附属仪表、阀门及控制装置。

2.0.16 静置设备 still equipment

在系统运行时，自身不做任何运动的设备，如水箱及各种罐类。

2.0.17 分户热计量 household-based heat metering

以住宅的户（套）为单位，分别计量向户内供给的热量的计量方式。

2.0.18 热计量装置 heat metering device

用以测量热媒的供热量的成套仪表及构件。

2.0.19 卡套式连接 compression joint

由带锁紧螺帽和丝扣管件组成的专用接头而进行管道连接的一种连接形式。

2.0.20 防火套管 fire-resisting sleeves

由耐火材料和阻燃剂制成的，套在硬塑料排水管外壁可阻止火势沿管道贯穿部位蔓延的短管。

2.0.21 阻火圈 firestops collar

由阻燃膨胀剂制成的，套在硬塑料排水管外壁可在发生火灾时将管道封堵，防止火势蔓延的套圈。

3 基本规定

3.1 质量管理

3.1.1 建筑给水、排水及采暖工程施工现场应具有必要的施工技术标准、健全的质量管理体系和工程质量检测制度，实现施工全过程质量控制。

3.1.2 建筑给水、排水及采暖工程的施工应按照批准的工程设计文件和施工技术标准进行施工。修改设计应有设计单位出具的设计变更通知单。

3.1.3 建筑给水、排水及采暖工程的施工应编制施工组织设计或施工方案，经批准后方可实施。

3.1.4 建筑给水、排水及采暖工程的分部、分项工程划分见附录A。

3.1.5 建筑给水、排水及采暖工程的分项工程，应按系统、区域、施工段或楼层等划分。分项工程应划分成若干个检验批进行验收。

3.1.6 建筑给水、排水及采暖工程的施工单位应当具有相应的资质。工程质量验收人员应具备相应的专业技术资格。

3.2 材料设备管理

3.2.1 建筑给水、排水及采暖工程所使用的主要材料、成品、半成品、配件、器具和设备必须具有中文质量合格证明文件，规格、型号及性能检测报告应符合国家技术标准或设计要求。进场时应做检查验收，并经监理工程师核查确认。

3.2.2 所有材料进场时应对品种、规格、外观等进行验收。包装应完好，表面无划痕及外力冲击破损。

3.2.3 主要器具和设备必须有完整的安装使用说明书。在运输、保管和施工过程中，应采取有效措施防止损坏或腐蚀。

3.2.4 阀门安装前，应作强度和严密性试验。试验应在每批（同牌号、同型号、同规格）数量中抽查10%，且不少于一个。对于安装在主干管上起切断作用的闭路阀门，应逐个作强度和严密性试验。

3.2.5 阀门的强度和严密性试验，应符合以下规定：阀门的强度试验压力为公称压力的1.5倍；严密性试验压力为公称压力的1.1倍；试验压力在试验持续时间内应保持不变，且壳体填料及阀瓣密封面无渗漏。阀门试压的试验持续时间应不少于表3.2.5的规定。

表3.2.5 阀门试验持续时间

公称直径DN (mm)	最短试验持续时间（s）		
	严密性试验		强度试验
	金属密封	非金属密封	
≤50	15	15	15
65～200	30	15	60
250～450	60	30	180

3.2.6 管道上使用冲压弯头时，所使用的冲压弯头外径应与管道外径相同。

3.3 施工过程质量控制

3.3.1 建筑给水、排水及采暖工程与相关各专业之间，应进行交接质量检验，并形成记录。

3.3.2 隐蔽工程应在隐蔽前经验收各方检验合格后，才能隐蔽，并形成记录。

3.3.3 地下室或地下构筑物外墙有管道穿过的，应采取防水措施。对有严格防水要求的建筑物，必须采用柔性防水套管。

3.3.4 管道穿过结构伸缩缝、抗震缝及沉降缝敷设时，应根据情况采取下列保护措施：
1 在墙体两侧采取柔性连接。
2 在管道或保温层外皮上、下部留有不小于150mm的净空。
3 在穿墙处做成方形补偿器，水平安装。

3.3.5 在同一房间内，同类型的采暖设备、卫生器具及管道配件，除有特殊要求外，应安装在同一高度上。

3.3.6 明装管道成排安装时，直线部分应互相平行。曲线部分：当管道水平或垂直并行时，应与直线部分保持等距；管道水平上下并行时，弯管部分的曲率半径应一致。

3.3.7 管道支、吊、托架的安装，应符合下列规定：
1 位置正确，埋设应平整牢固。
2 固定支架与管道接触应紧密，固定应牢靠。
3 滑动支架应灵活，滑托与滑槽两侧间应留有3～5mm的间隙，纵向移动量应符合设计要求。
4 无热伸长管道的吊架、吊杆应垂直安装。
5 有热伸长管道的吊架、吊杆应向热膨胀的反方向偏移。
6 固定在建筑结构上的管道支、吊架不得影响结构的安全。

3.3.8 钢管水平安装的支、吊架间距不应大于表3.3.8的规定。

表3.3.8 钢管管道支架的最大间距

公称直径(mm)		15	20	25	32	40	50	70	80	100	125	150	200	250	300
支架的最大间距(m)	保温管	2	2.5	2.5	2.5	3	3	4	4.5	6	7	8	8.5		
	不保温管	2.5	3	3.5	4	4.5	5	6	6.5	7	8	9.5	11	12	

3.3.9 采暖、给水及热水供应系统的塑料管及复合管垂直或水平安装的支架间距应符合表3.3.9的规定。采用金属制作的管道支架，应在管道与支架间加衬非金属垫或套管。

表3.3.9 塑料管及复合管管道支架的最大间距

管径(mm)		12	14	16	18	20	25	32	40	50	63	75	90	110
最大间距(m)	立管	0.5	0.6	0.7	0.8	0.9	1.0	1.1	1.3	1.6	1.8	2.0	2.2	2.4
	水平管 冷水管	0.4	0.4	0.5	0.5	0.6	0.7	0.8	0.9	1.0	1.1	1.2	1.35	1.55
	水平管 热水管	0.2	0.2	0.25	0.3	0.3	0.35	0.4	0.5	0.6	0.7	0.8		

3.3.10 铜管垂直或水平安装的支架间距应符合表3.3.10的规定。

表 3.3.10　铜管管道支架的最大间距

公称直径(mm)	15	20	25	32	40	50	65	80	100	125	150	200
支架的最大间距(m) 垂直管	1.8	2.4	2.4	3.0	3.0	3.0	3.5	3.5	3.5	3.5	4.0	4.0
支架的最大间距(m) 水平管	1.2	1.8	1.8	2.4	2.4	2.4	3.0	3.0	3.0	3.0	3.5	3.5

3.3.11　采暖、给水及热水供应系统的金属管道立管管卡安装应符合下列规定：

1　楼层高度小于或等于5m，每层必须安装1个。

2　楼层高度大于5m，每层不得少于2个。

3　管卡安装高度，距地面应为1.5～1.8m，2个以上管卡应均匀安装，同一房间管卡应安装在同一高度上。

3.3.12　管道及管道支墩（座），严禁铺设在冻土和未经处理的松土上。

3.3.13　管道穿过墙壁和楼板，应设置金属或塑料套管。安装在楼板内的套管，其顶部应高出装饰地面20mm；安装在卫生间及厨房内的套管，其顶部应高出装饰地面50mm，底部应与楼板底面相平；安装在墙壁内的套管其两端与饰面相平。穿过楼板的套管与管道之间缝隙应用阻燃密实材料和防水油膏填实，端面光滑。穿墙套管与管道之间缝隙宜用阻燃密实材料填实，且端面应光滑。管道的接口不得设在套管内。

3.3.14　弯制钢管，弯曲半径应符合下列规定：

1　热弯：应不小于管道外径的3.5倍。

2　冷弯：应不小于管道外径的4倍。

3　焊接弯头：应不小于管道外径的1.5倍。

4　冲压弯头：应不小于管道外径。

3.3.15　管道接口应符合下列规定：

1　管道采用粘接口，管端插入承口的深度不得小于表3.3.15的规定。

表 3.3.15　管端插入承口的深度

公称直径（mm）	20	25	32	40	50	75	100	125	150
插入深度（mm）	16	19	22	26	31	44	61	69	80

2　熔接连接管道的结合面应有一均匀的熔接圈，不得出现局部熔瘤或熔接圈凸凹不匀现象。

3　采用橡胶圈接口的管道，允许沿曲线敷设，每个接口的最大偏转角不得超过2°。

4　法兰连接时衬垫不得凸入管内，其外边缘接近螺栓孔为宜。不得放双垫或偏垫。

5　连接法兰的螺栓，直径和长度应符合标准，拧紧后，突出螺母的长度不应大于螺杆直径的1/2。

6　螺纹连接管道安装后的管螺纹根部应有2～3扣的外露螺纹，多余的麻丝应清理干净并做防腐处理。

7　承插口采用水泥捻口时，油麻必须清洁、填塞密实，水泥应捻入并密实饱满，其接口面凹入承口边缘的深度不得大于2mm。

8　卡箍（套）式连接两管口端应平整、无缝隙，沟槽应均匀，卡紧螺栓后管道应平直，卡箍（套）安装方向应一致。

3.3.16　各种承压管道系统和设备应做水压试验，非承压管道系统和设备应做灌水试验。

4　室内给水系统安装

4.1　一般规定

4.1.1　本章适用于工作压力不大于1.0MPa的室内给水和消火栓系统管道安装工程的质量检验与验收。

4.1.2　给水管道必须采用与管材相适应的管件。生活给水系统所涉及的材料必须达到饮用水卫生标准。

4.1.3　管径小于或等于100mm的镀锌钢管应采用螺纹连接，套丝扣时破坏的镀锌层表面及外露螺纹部分应做防腐处理；管径大于100mm的镀锌钢管应采用法兰或卡套式专用管件连接，镀锌钢管与法兰的焊接处应二次镀锌。

4.1.4　给水塑料管和复合管可以采用橡胶圈接口、粘接接口、热熔连接、专用管件连接及法兰连接等形式。塑料管和复合管与金属管件、阀门等的连接应使用专用管件连接，不得在塑料管上套丝。

4.1.5　给水铸铁管管道应采用水泥捻口或橡胶圈接口方式进行连接。

4.1.6　铜管连接可采用专用接头或焊接，当管径小于22mm时宜采用承插或套管焊接，承口应迎介质流向安装；当管径大于或等于22mm时宜采用对口焊接。

4.1.7　给水立管和装有3个或3个以上配水点的支管始端，均应安装可折卸的连接件。

4.1.8　冷、热水管道同时安装应符合下列规定：

1　上、下平行安装时热水管应在冷水管上方。

2　垂直平行安装时热水管应在冷水管左侧。

4.2　给水管道及配件安装

主控项目

4.2.1　室内给水管道的水压试验必须符合设计要求。当设计未注明时，各种材质的给水管道系统试验压力均为工作压力的1.5倍，但不得小于0.6MPa。

检验方法：金属及复合管给水管道系统在试验压力下观测10min，压力降不应大于0.02MPa，然后降到工作压力进行检查，应不渗不漏；塑料管给水系统应在试验压力下稳压1h，压力降不得超过0.05MPa，然后在工作压力的1.15倍状态下稳压2h，压力降不得超过0.03MPa，同时检查各连接处不得渗漏。

4.2.2 给水系统交付使用前必须进行通水试验并做好记录。

检验方法：观察和开启阀门、水嘴等放水。

4.2.3 生活给水系统管道在交付使用前必须冲洗和消毒，并经有关部门取样检验，符合国家《生活饮用水标准》方可使用。

检验方法：检查有关部门提供的检测报告。

4.2.4 室内直埋给水管道（塑料管道和复合管道除外）应做防腐处理。埋地管道防腐层材质和结构应符合设计要求。

检验方法：观察或局部解剖检查。

一般项目

4.2.5 给水引入管与排水排出管的水平净距不得小于1m。室内给水与排水管道平行敷设时，两管间的最小水平净距不得小于0.5m；交叉铺设时，垂直净距不得小于0.15m。给水管宜铺在排水管上面，若给水管必须铺在排水管的下面时，给水管应加套管，其长度不得小于排水管管径的3倍。

检验方法：尺量检查。

4.2.6 管道及管件焊接的焊缝表面质量应符合下列要求：

1 焊缝外形尺寸应符合图纸和工艺文件的规定，焊缝高度不得低于母材表面，焊缝与母材应圆滑过渡。

2 焊缝及热影响区表面应无裂纹、未熔合、未焊透、夹渣、弧坑和气孔等缺陷。

检验方法：观察检查。

4.2.7 给水水平管道应有2‰～5‰的坡度坡向泄水装置。

检验方法：水平尺和尺量检查。

4.2.8 给水管道和阀门安装的允许偏差应符合表4.2.8的规定。

表 4.2.8 管道和阀门安装的允许偏差和检验方法

项次	项	目	允许偏差(mm)	检验方法
1	水平管道纵横方向弯曲	钢管 每米 全长25m以上	1 ≥25	用水平尺、直尺、拉线和尺量检查
		塑料管 复合管 每米 全长25m以上	1.5 ≥25	
		铸铁管 每米 全长25m以上	2 ≥25	
2	立管垂直度	钢管 每米 5m以上	3 ≥8	吊线和尺量检查
		塑料管 复合管 每米 5m以上	2 ≥8	
		铸铁管 每米 5m以上	3 ≥10	
3	成排管段和成排阀门	在同一平面上间距	3	尺量检查

4.2.9 管道的支、吊架安装应平整牢固，其间距应符合本规范第3.3.8条、第3.3.9条或第3.3.10条的规定。

检验方法：观察、尺量及手扳检查。

4.2.10 水表应安装在便于检修、不受曝晒、污染和冻结的地方。安装螺翼式水表，表前与阀门应有不小于8倍水表接口直径的直线管段。表外壳距墙表面净距为10～30mm；水表进水口中心标高按设计要求，允许偏差为±10mm。

检验方法：观察和尺量检查。

4.3 室内消火栓系统安装

主控项目

4.3.1 室内消火栓系统安装完成后应取屋顶层（或水箱间内）试验消火栓和首层取二处消火栓做试射试验，达到设计要求为合格。

检验方法：实地试射检查。

一般项目

4.3.2 安装消火栓水龙带，水龙带与水枪和快速接头绑扎好后，应根据箱内构造将水龙带挂放在箱内的挂钉、托盘或支架上。

检验方法：观察检查。

4.3.3 箱式消火栓的安装应符合下列规定：

1 栓口应朝外，并不应安装在门轴侧。

2 栓口中心距地面为1.1m，允许偏差±20mm。

3 阀门中心距箱侧面为140mm，距箱后内表面为100mm，允许偏差±5mm。

4 消火栓箱体安装的垂直度允许偏差为3mm。

检验方法：观察和尺量检查。

4.4 给水设备安装

主控项目

4.4.1 水泵就位前的基础混凝土强度、坐标、标高、尺寸和螺栓孔位置必须符合设计规定。

检验方法：对照图纸用仪器和尺量检查。

4.4.2 水泵试运转的轴承温升必须符合设备说明书的规定。

检验方法：温度计实测检查。

4.4.3 敞口水箱的满水试验和密闭水箱（罐）的水压试验必须符合设计与本规范的规定。

检验方法：满水试验静置24h观察，不渗不漏；水压试验在试验压力下10min压力不降，不渗不漏。

一般项目

4.4.4 水箱支架或底座安装，其尺寸及位置应符合设计规定，埋设平整牢固。

检验方法：对照图纸，尺量检查。

4.4.5 水箱溢流管和泄放管应设置在排水地点附近但不得与排水管直接连接。

检验方法：观察检查。

4.4.6 立式水泵的减振装置不应采用弹簧减振器。

检验方法：观察检查。

4.4.7 室内给水设备安装的允许偏差应符合表4.4.7的规定。

表4.4.7　室内给水设备安装的允许偏差和检验方法

项次	项　目		允许偏差(mm)	检验方法
1	静置设备	坐标	15	经纬仪或拉线、尺量
		标高	±5	用水准仪、拉线和尺量检查
		垂直度（每米）	5	吊线和尺量检查
2	离心式水泵	立式泵体垂直度（每米）	0.1	水平尺和塞尺检查
		卧式泵体水平度（每米）	0.1	水平尺和塞尺检查
		联轴器同心度	轴向倾斜（每米） 0.8	在联轴器互相垂直的四个位置上用水准仪、百分表或测微螺钉和塞尺检查
			径向位移 0.1	

4.4.8 管道及设备保温层的厚度和平整度的允许偏差应符合表4.4.8的规定。

表4.4.8　管道及设备保温的允许偏差和检验方法

项次	项　目		允许偏差(mm)	检验方法
1	厚度		$+0.1\delta$ -0.05δ	用钢针刺入
2	表面平整度	卷材	5	用2m靠尺和楔形塞尺检查
		涂抹	10	

注：δ为保温层厚度。

5　室内排水系统安装

5.1　一般规定

5.1.1 本章适用于室内排水管道、雨水管道安装工程的质量检验与验收。

5.1.2 生活污水管道应使用塑料管、铸铁管或混凝土管（由成组洗脸盆或饮用喷水器到共用水封之间的排水管和连接卫生器具的排水短管，可使用钢管）。

雨水管道宜使用塑料管、铸铁管、镀锌和非镀锌钢管或混凝土管等。

悬吊式雨水管道应选用钢管、铸铁管或塑料管。易受振动的雨水管道（如锻造车间等）应使用钢管。

5.2　排水管道及配件安装

主控项目

5.2.1 隐蔽或埋地的排水管道在隐蔽前必须做灌水试验，其灌水高度应不低于底层卫生器具的上边缘或底层地面高度。

检验方法：满水15min水面下降后，再灌满观察5min，液面不降，管道及接口无渗漏为合格。

5.2.2 生活污水铸铁管道的坡度必须符合设计或本规范表5.2.2的规定。

表5.2.2　生活污水铸铁管道的坡度

项次	管径（mm）	标准坡度（‰）	最小坡度（‰）
1	50	35	25
2	75	25	15
3	100	20	12
4	125	15	10
5	150	10	7
6	200	8	5

检验方法：水平尺、拉线尺量检查。

5.2.3 生活污水塑料管道的坡度必须符合设计或本规范表5.2.3的规定。

表5.2.3　生活污水塑料管道的坡度

项次	管径（mm）	标准坡度（‰）	最小坡度（‰）
1	50	25	12
2	75	15	8
3	110	12	6
4	125	10	5
5	160	7	4

检验方法：水平尺、拉线尺量检查。

5.2.4 排水塑料管必须按设计要求及位置装设伸缩节。如设计无要求时，伸缩节间距不得大于4m。

高层建筑中明设排水塑料管道应按设计要求设置阻火圈或防火套管。

检验方法：观察检查。

5.2.5 排水主立管及水平干管管道均应做通球试验，通球球径不小于排水管道管径的2/3，通球率必须达到100%。

检查方法：通球检查。

一般项目

5.2.6 在生活污水管道上设置的检查口或清扫口，当设计无要求时应符合下列规定：

1 在立管上每隔一层设置一个检查口，但在最底层和有卫生器具的最高层必须设置。如为两层建筑时,可仅在底层设置立管检查口;如有乙字弯管时,则在该层乙字弯管的上部设置检查口。检查口中心高度距操作地面一般为1m,允许偏差±20mm;检查口的朝向应便于检修。暗装立管,在检查口处应安装检修门。

  2 在连接2个及2个以上大便器或3个及3个以上卫生器具的污水横管上应设置清扫口。当污水管在楼板下悬吊敷设时,可将清扫口设在上一层楼地面上,污水管起点的清扫口与管道相垂直的墙面距离不得小于200mm;若污水管起点设置堵头代替清扫口时,与墙面距离不得小于400mm。

  3 在转角小于135°的污水横管上,应设置检查口或清扫口。

  4 污水横管的直线管段,应按设计要求的距离设置检查口或清扫口。

  检验方法:观察和尺量检查。

5.2.7 埋在地下或地板下的排水管道的检查口,应设在检查井内。井底表面标高与检查口的法兰相平,井底表面应有5%坡度,坡向检查口。

  检验方法:尺量检查。

5.2.8 金属排水管道上的吊钩或卡箍应固定在承重结构上。固定件间距:横管不大于2m;立管不大于3m。楼层高度小于或等于4m,立管可安装1个固定件。立管底部的弯管处应设支墩或采取固定措施。

  检验方法:观察和尺量检查。

5.2.9 排水塑料管道支、吊架间距应符合表5.2.9的规定。

表5.2.9 排水塑料管道支吊架最大间距(单位:m)

管径(mm)	50	75	110	125	160
立管	1.2	1.5	2.0	2.0	2.0
横管	0.5	0.75	1.10	1.30	1.6

  检验方法:尺量检查。

5.2.10 排水通气管不得与风道或烟道连接,且应符合下列规定:

  1 通气管应高出屋面300mm,但必须大于最大积雪厚度。

  2 在通气管出口4m以内有门、窗时,通气管应高出门、窗顶600mm或引向无门、窗一侧。

  3 在经常有人停留的平屋顶上,通气管应高出屋面2m,并应根据防雷要求设置防雷装置。

  4 屋顶有隔热层应从隔热层板面算起。

  检验方法:观察和尺量检查。

5.2.11 安装未经消毒处理的医院含菌污水管道,不得与其他排水管道直接连接。

  检验方法:观察检查。

5.2.12 饮食业工艺设备引出的排水管及饮用水水箱的溢流管,不得与污水管道直接连接,并应留出不小于100mm的隔断空间。

  检验方法:观察和尺量检查。

5.2.13 通向室外的排水管,穿过墙壁或基础必须下返时,应采用45°三通和45°弯头连接,并应在垂直管段顶部设置清扫口。

  检验方法:观察和尺量检查。

5.2.14 由室内通向室外排水检查井的排水管,井内引入管应高于排出管或两管顶相平,并有不小于90°的水流转角,如跌落差大于300mm可不受角度限制。

  检验方法:观察和尺量检查。

5.2.15 用于室内排水的水平管道与水平管道、水平管道与立管的连接,应采用45°三通或45°四通和90°斜三通或90°斜四通。立管与排出管端部的连接,应采用两个45°弯头或曲率半径不小于4倍管径的90°弯头。

  检验方法:观察和尺量检查。

5.2.16 室内排水管道安装的允许偏差应符合表5.2.16的相关规定。

表5.2.16 室内排水和雨水管道安装的允许偏差和检验方法

项次	项 目			允许偏差(mm)	检验方法
1	坐 标			15	用水准仪(水平尺)、直尺、拉线和尺量检查
2	标 高			±15	
3	横管纵横方向弯曲	铸铁管	每1m	≥1	
			全长(25m以上)	≥25	
		钢管	每1m	管径小于或等于100mm 1	
				管径大于100mm 1.5	
			全长(25m以上)	管径小于或等于100mm ≥25	
				管径大于100mm ≥308	
		塑料管	每1m	1.5	
			全长(25m以上)	≥38	
		钢筋混凝土管、混凝土管	每1m	3	
			全长(25m以上)	≥75	
4	立管垂直度	铸铁管	每1m	3	吊线和尺量检查
			全长(5m以上)	≥15	
		钢 管	每1m	3	
			全长(5m以上)	≥10	
		塑料管	每1m	3	
			全长(5m以上)	≥15	

5.3 雨水管道及配件安装

主控项目

5.3.1 安装在室内的雨水管道安装后应做灌水试验，灌水高度必须到每根立管上部的雨水斗。

检验方法：灌水试验持续1h，不渗不漏。

5.3.2 雨水管道如采用塑料管，其伸缩节安装应符合设计要求。

检验方法：对照图纸检查。

5.3.3 悬吊式雨水管道的敷设坡度不得小于5‰；埋地雨水管道的最小坡度，应符合表5.3.3的规定。

表5.3.3 地下埋设雨水排水管道的最小坡度

项 次	管 径（mm）	最小坡度（‰）
1	50	20
2	75	15
3	100	8
4	125	6
5	150	5
6	200~400	4

检验方法：水平尺、拉线尺量检查。

一般项目

5.3.4 雨水管道不得与生活污水管道相连接。

检验方法：观察检查。

5.3.5 雨水斗管的连接应固定在屋面承重结构上。雨水斗边缘与屋面相连处应严密不漏。连接管管径当设计无要求时，不得小于100mm。

检验方法：观察和尺量检查。

5.3.6 悬吊式雨水管道的检查口或带法兰堵口的三通的间距不得大于表5.3.6的规定。

表5.3.6 悬吊管检查口间距

项次	悬吊管直径（mm）	检查口间距（m）
1	≤150	≥15
2	≥200	≥20

检验方法：拉线、尺量检查。

5.3.7 雨水管道安装的允许偏差应符合本规范表5.2.16的规定。

5.3.8 雨水钢管管道焊接的焊口允许偏差应符合表5.3.8的规定。

表5.3.8 钢管管道焊口允许偏差和检验方法

项次	项 目		允许偏差	检验方法
1	焊口平直度	管壁厚10mm以内	管壁厚1/4	焊接检验尺和游标卡尺检查
2	焊缝加强面	高 度	+1mm	
		宽 度		
3	咬边	深 度	小于0.5mm	直尺检查
		连续长度	25mm	
		长度	总长度（两侧）小于焊缝长度的10%	

6 室内热水供应系统安装

6.1 一般规定

6.1.1 本章适用于工作压力不大于1.0MPa，热水温度不超过75℃的室内热水供应管道安装工程的质量检验与验收。

6.1.2 热水供应系统的管道应采用塑料管、复合管、镀锌钢管和铜管。

6.1.3 热水供应系统管道及配件安装应按本规范第4.2节的相关规定执行。

6.2 管道及配件安装

主控项目

6.2.1 热水供应系统安装完毕，管道保温之前应进行水压试验。试验压力应符合设计要求。当设计未注明时，热水供应系统水压试验压力应为系统顶点的工作压力加0.1MPa，同时在系统顶点的试验压力不小于0.3MPa。

检验方法：钢管或复合管道系统试验压力下10min内压力降不大于0.02MPa，然后降至工作压力检查，压力应不降，且不渗不漏；塑料管道系统在试验压力下稳压1h，压力降不得超过0.05MPa，然后在工作压力1.15倍状态下稳压2h，压力降不得超过0.03MPa，连接处不得渗漏。

6.2.2 热水供应管道应尽量利用自然弯补偿热伸缩，直线段过长则应设置补偿器。补偿器型式、规格、位置应符合设计要求，并按有关规定进行预拉伸。

检验方法：对照设计图纸检查。

6.2.3 热水供应系统竣工后必须进行冲洗。

检验方法：现场观察检查。

一般项目

6.2.4 管道安装坡度应符合设计规定。

检验方法：水平尺、拉线尺量检查。

6.2.5 温度控制器及阀门应安装在便于观察和维护的位置。

检验方法：观察检查。

6.2.6 热水供应管道和阀门安装的允许偏差应符合本规范表4.2.8的规定。

6.2.7 热水供应系统管道应保温（浴室内明装管道除外），保温材料、厚度、保护壳等应符合设计规定。保温层厚度和平整度的允许偏差应符合本规范表4.4.8的规定。

6.3 辅助设备安装

主 控 项 目

6.3.1 在安装太阳能集热器玻璃前,应对集热排管和上、下集管作水压试验,试验压力为工作压力的1.5倍。

检验方法:试验压力下10min内压力不降,不渗不漏。

6.3.2 热交换器应以工作压力的1.5倍作水压试验。蒸汽部分应不低于蒸汽供汽压力加0.3MPa;热水部分应不低于0.4MPa。

检验方法:试验压力下10min内压力不降,不渗不漏。

6.3.3 水泵就位前的基础混凝土强度、坐标、标高、尺寸和螺栓孔位置必须符合设计要求。

检验方法:对照图纸用仪器和尺量检查。

6.3.4 水泵试运转的轴承温升必须符合设备说明书的规定。

检验方法:温度计实测检查。

6.3.5 敞口水箱的满水试验和密闭水箱(罐)的水压试验必须符合设计与本规范的规定。

检验方法:满水试验静置24h,观察不渗不漏;水压试验在试验压力下10min压力不降,不渗不漏。

一 般 项 目

6.3.6 安装固定式太阳能热水器,朝向应正南。如受条件限制时,其偏移角不得大于15°。集热器的倾角,对于春、夏、秋三个季节使用的,应采用当地纬度为倾角;若以夏季为主,可比当地纬度减少10°。

检验方法:观察和分度仪检查。

6.3.7 由集热器上、下集管接往热水箱的循环管道,应有不小于5‰的坡度。

检验方法:尺量检查。

6.3.8 自然循环的热水箱底部与集热器上集管之间的距离为0.3~1.0m。

检验方法:尺量检查。

6.3.9 制作吸热钢板凹槽时,其圆度应准确,间距应一致。安装集热排管时,应用卡箍和钢丝紧固在钢板凹槽内。

检验方法:手扳和尺量检查。

6.3.10 太阳能热水器的最低处应安装泄水装置。

检验方法:观察检查。

6.3.11 热水箱及上、下集管等循环管道均应保温。

检验方法:观察检查。

6.3.12 凡以水作介质的太阳能热水器,在0℃以下地区使用,应采取防冻措施。

检验方法:观察检查。

6.3.13 热水供应辅助设备安装的允许偏差应符合本规范表4.4.7的规定。

6.3.14 太阳能热水器安装的允许偏差应符合表6.3.14的规定。

表6.3.14 太阳能热水器安装的允许偏差和检验方法

项 目		允许偏差	检验方法
板式直管太阳能热水器	标高 中心线距地面(mm)	±20	尺量
	固定安装朝向 最大偏移角	不大于15°	分度仪检查

7 卫生器具安装

7.1 一 般 规 定

7.1.1 本章适用于室内污水盆、洗涤盆、洗脸(手)盆、盥洗槽、浴盆、淋浴器、大便器、小便器、小便槽、大便冲洗槽、妇女卫生盆、化验盆、排水栓、地漏、加热器、煮沸消毒器和饮水器等卫生器具安装的质量检验与验收。

7.1.2 卫生器具的安装应采用预埋螺栓或膨胀螺栓安装固定。

7.1.3 卫生器具安装高度如设计无要求时,应符合表7.1.3的规定。

表7.1.3 卫生器具的安装高度

项次	卫生器具名称		卫生器具安装高度(mm)		备 注
			居住和公共建筑	幼儿园	
1	污水盆(池)	架空式 落地式	800 500	800 500	自地面至器具上边缘
2	洗涤盆(池)		800	800	自地面至器具上边缘
3	洗脸盆、洗手盆(有塞、无塞)		800	500	自地面至器具上边缘
4	盥洗槽		800	500	自地面至器具上边缘
5	浴盆		≯520		自地面至器具上边缘
6	蹲式大便器	高水箱 低水箱	1800 900	1800 900	自台阶面至高水箱底 自台阶面至低水箱底
7	坐式大便器	高水箱 低水箱 外露排水管式 虹吸喷射式	1800 510 470	1800 370	自地面至高水箱底 自地面至低水箱底
8	小便器	挂式	600	450	自地面至下边缘
9	小便槽		200	150	自地面至台阶面
10	大便槽冲洗水箱		≮2000		自台阶面至水箱底
11	妇女卫生盆		360		自地面至器具上边缘
12	化验盆		800		自地面至器具上边缘

7.1.4 卫生器具给水配件的安装高度，如设计无要求时，应符合表7.1.4的规定。

表 7.1.4　卫生器具给水配件的安装高度

项次	给水配件名称		配件中心距地面高度(mm)	冷热水龙头距离(mm)
1	架空式污水盆（池）水龙头		1000	—
2	落地式污水盆（池）水龙头		800	—
3	洗涤盆（池）水龙头		1000	150
4	住宅集中给水龙头		1000	—
5	洗手盆水龙头		1000	—
6	洗脸盆	水龙头（上配水）	1000	150
		水龙头（下配水）	800	150
		角阀（下配水）	450	—
7	盥洗槽	水龙头	1000	150
		冷热水管 其中热水龙头 上下并行	1100	150
8	浴盆	水龙头（上配水）	670	150
9	淋浴器	截止阀	1150	95
		混合阀	1150	
		淋浴喷头下沿	2100	
10	蹲式大便器（台阶面算起）	高水箱角阀及截止阀	2040	
		低水箱角阀	250	
		手动式自闭冲洗阀	600	
		脚踏式自闭冲洗阀	150	
		拉管式冲洗阀（从地面算起）	1600	
		带防污助冲器阀门（从地面算起）	900	
11	坐式大便器	高水箱角阀及截止阀	2040	
		低水箱角阀	150	
12	大便槽冲洗水箱截止阀（从台阶面算起）		≤2400	
13	立式小便器角阀		1130	
14	挂式小便器角阀及截止阀		1050	
15	小便槽多孔冲洗管		1100	
16	实验室化验水龙头		1000	
17	妇女卫生盆混合阀		360	

注：装设在幼儿园内的洗手盆、洗脸盆和盥洗槽水嘴中心离地面安装高度应为700mm，其他卫生器具给水配件的安装高度，应按卫生器具实际尺寸相应减少。

7.2 卫生器具安装

主控项目

7.2.1 排水栓和地漏的安装应平正、牢固，低于排水表面，周边无渗漏。地漏水封高度不得小于50mm。

检验方法：试水观察检查。

7.2.2 卫生器具交工前应做满水和通水试验。

检验方法：满水后各连接件不渗不漏；通水试验给、排水畅通。

一般项目

7.2.3 卫生器具安装的允许偏差应符合表7.2.3的规定。

表 7.2.3　卫生器具安装的允许偏差和检验方法

项次	项　目		允许偏差(mm)	检验方法
1	坐标	单独器具	10	拉线、吊线和尺量检查
		成排器具	5	
2	标高	单独器具	±15	
		成排器具	±10	
3	器具水平度		2	用水平尺和尺量检查
4	器具垂直度		3	吊线和尺量检查

7.2.4 有饰面的浴盆，应留有通向浴盆排水口的检修门。

检验方法：观察检查。

7.2.5 小便槽冲洗管，应采用镀锌钢管或硬质塑料管。冲洗孔应斜向下方安装，冲洗水流同墙面成45°角。镀锌钢管钻孔后应进行二次镀锌。

检验方法：观察检查。

7.2.6 卫生器具的支、托架必须防腐良好，安装平整、牢固，与器具接触紧密、平稳。

检验方法：观察和手扳检查。

7.3 卫生器具给水配件安装

主控项目

7.3.1 卫生器具给水配件应完好无损伤，接口严密，启闭部分灵活。

检验方法：观察及手扳检查。

一般项目

7.3.2 卫生器具给水配件安装标高的允许偏差应符合表7.3.2的规定。

7.3.3 浴盆软管淋浴器挂钩的高度，如设计无要求，应距地面1.8m。

检验方法：尺量检查。

表 7.3.2 卫生器具给水配件安装标高的允许偏差和检验方法

项次	项目	允许偏差(mm)	检验方法
1	大便器高、低水箱角阀及截止阀	±10	尺量检查
2	水嘴	±10	
3	淋浴器喷头下沿	±15	
4	浴盆软管淋浴器挂钩	±20	

7.4 卫生器具排水管道安装

主控项目

7.4.1 与排水横管连接的各卫生器具的受水口和立管均应采取妥善可靠的固定措施；管道与楼板的接合部位应采取牢固可靠的防渗、防漏措施。

检验方法：观察和手扳检查。

7.4.2 连接卫生器具的排水管道接口应紧密不漏，其固定支架、管卡等支撑位置应正确、牢固，与管道的接触应平整。

检验方法：观察及通水检查。

一般项目

7.4.3 卫生器具排水管道安装的允许偏差应符合表7.4.3的规定。

表 7.4.3 卫生器具排水管道安装的允许偏差及检验方法

项次	检查项目		允许偏差(mm)	检验方法
1	横管弯曲度	每1m长	2	用水平尺量检查
		横管长度≤10m，全长	<8	
		横管长度>10m，全长	10	
2	卫生器具的排水管口及横支管的纵横坐标	单独器具	10	用尺量检查
		成排器具	5	
3	卫生器具的接口标高	单独器具	±10	用水平尺和尺量检查
		成排器具	±5	

7.4.4 连接卫生器具的排水管管径和最小坡度，如设计无要求时，应符合表7.4.4的规定。

表 7.4.4 连接卫生器具的排水管管径和最小坡度

项次	卫生器具名称		排水管管径(mm)	管道的最小坡度(‰)
1	污水盆（池）		50	25
2	单、双格洗涤盆（池）		50	25
3	洗手盆、洗脸盆		32～50	20
4	浴盆		50	20
5	淋浴器		50	20
6	大便器	高、低水箱	100	12
		自闭式冲洗阀	100	12
		拉管式冲洗阀	100	12
7	小便器	手动、自闭式冲洗阀	40～50	20
		自动冲洗水箱	40～50	20
8	化验盆（无塞）		40～50	25
9	净身器		40～50	20
10	饮水器		20～50	10～20
11	家用洗衣机		50（软管为30）	

检验方法：用水平尺和尺量检查。

8 室内采暖系统安装

8.1 一般规定

8.1.1 本章适用于饱和蒸汽压力不大于0.7MPa，热水温度不超过130℃的室内采暖系统安装工程的质量检验与验收。

8.1.2 焊接钢管的连接，管径小于或等于32mm，应采用螺纹连接；管径大于32mm，采用焊接。镀锌钢管的连接见本规范第4.1.3条。

8.2 管道及配件安装

主控项目

8.2.1 管道安装坡度，当设计未注明时，应符合下列规定：

1 气、水同向流动的热水采暖管道和汽、水同向流动的蒸汽管道及凝结水管道，坡度应为3‰，不得小于2‰；
2 气、水逆向流动的热水采暖管道和汽、水逆向流动的蒸汽管道，坡度不应小于5‰；
3 散热器支管的坡度应为1%，坡向应利于排气和泄水。

检验方法：观察，水平尺、拉线、尺量检查。

8.2.2 补偿器的型号、安装位置及预拉伸和固定支架的构造及安装位置应符合设计要求。

检验方法：对照图纸，现场观察，并查验预拉伸记录。

8.2.3 平衡阀及调节阀型号、规格、公称压力及安装位置应符合设计要求。安装完后应根据系统平衡要求进行调试并作出标志。

检验方法：对照图纸查验产品合格证，并现场查看。

8.2.4 蒸汽减压阀和管道及设备上安全阀的型号、规格、公称压力及安装位置应符合设计要求。安装完毕后应根据系统工作压力进行调试，并做出标志。

检验方法：对照图纸查验产品合格证及调试结果证明书。

8.2.5 方形补偿器制作时，应用整根无缝钢管煨制，如需要接口，其接口应设在垂直臂的中间位置，且接口必须焊接。

检验方法：观察检查。

8.2.6 方形补偿器应水平安装，并与管道的坡度一致；如其臂长方向垂直安装必须设排气及泄水装置。

检验方法：观察检查。

一 般 项 目

8.2.7 热量表、疏水器、除污器、过滤器及阀门的型号、规格、公称压力及安装位置应符合设计要求。

检验方法：对照图纸查验产品合格证。

8.2.8 钢管管道焊口尺寸的允许偏差应符合本规范表5.3.8的规定。

8.2.9 采暖系统入口装置及分户热计量系统入户装置，应符合设计要求。安装位置应便于检修、维护和观察。

检验方法：现场观察。

8.2.10 散热器支管长度超过1.5m时，应在支管上安装管卡。

检验方法：尺量和观察检查。

8.2.11 上供下回式系统的热水干管变径应顶平偏心连接，蒸汽干管变径应底平偏心连接。

检验方法：观察检查。

8.2.12 在管道干管上焊接垂直或水平分支管道时，干管开孔所产生的钢渣及管壁等废弃物不得残留管内，且分支管道在焊接时不得插入干管内。

8.2.13 膨胀水箱的膨胀管及循环管上不得安装阀门。

检验方法：观察检查。

8.2.14 当采暖热媒为110～130℃的高温水时，管道可拆卸件应使用法兰，不得使用长丝和活接头。法兰垫料应使用耐热橡胶板。

检验方法：观察和查验进料单。

8.2.15 焊接钢管管径大于32mm的管道转弯，在作为自然补偿时应使用煨弯。塑料管及复合管除必须使用直角弯头的场合外应使用管道直接弯曲转弯。

检验方法：观察检查。

8.2.16 管道、金属支架和设备的防腐和涂漆应附着良好，无脱皮、起泡、流淌和漏涂缺陷。

检验方法：现场观察检查。

8.2.17 管道和设备保温的允许偏差应符合本规范表4.4.8的规定。

8.2.18 采暖管道安装的允许偏差应符合表8.2.18的规定。

表 8.2.18 采暖管道安装的允许偏差和检验方法

项次	项 目		允许偏差	检验方法
1	横管道纵、横方向弯曲(mm)	每1m 管径≤100mm	1	用水平尺、直尺、拉线和尺量检查
		每1m 管径>100mm	1.5	
		全长(25m以上) 管径≤100mm	≯13	
		全长(25m以上) 管径>100mm	≯25	
2	立管垂直度(mm)	每1m	2	吊线和尺量检查
		全长(5m以上)	≯10	
3	弯管	椭圆率 $\dfrac{D_{max}-D_{min}}{D_{max}}$ 管径≤100mm	10%	用外卡钳和尺量检查
		椭圆率 管径>100mm	8%	
		折皱不平度(mm) 管径≤100mm	4	
		折皱不平度(mm) 管径>100mm	5	

注：D_{max}、D_{min}分别为管子最大外径和最小外径。

8.3 辅助设备及散热器安装

主 控 项 目

8.3.1 散热器组对后，以及整组出厂的散热器在安装之前应作水压试验。试验压力如设计无要求时应为工作压力的1.5倍，但不小于0.6MPa。

检验方法：试验时间为2～3min，压力不降且不渗不漏。

8.3.2 水泵、水箱、热交换器等辅助设备安装的质量检验与验收应按本规范第4.4节和第13.6节的相关规定执行。

一 般 项 目

8.3.3 散热器组对应平直紧密，组对后的平直度应符合表8.3.3规定。

表 8.3.3 组对后的散热器平直度允许偏差

项次	散热器类型	片 数	允许偏差(mm)
1	长 翼 型	2～4	4
		5～7	6
2	铸铁片式 钢制片式	3～15	4
		16～25	6

检验方法：拉线和尺量

8.3.4 组对散热器的垫片应符合下列规定：

1 组对散热器垫片应使用成品，组对后垫片外露不应大于1mm。

2 散热器垫片材质当设计无要求时，应采用耐热橡胶。

检验方法：观察和尺量检查。

8.3.5 散热器支架、托架安装，位置应准确，埋设牢固。散热器支架、托架数量，应符合设计或产品说明书要求。如设计未注时，则应符合表8.3.5的规定。

表8.3.5 散热器支架、托架数量

项次	散热器型式	安装方式	每组片数	上部托钩或卡架数	下部托钩或卡架数	合计
1	长翼型	挂墙	2～4	1	2	3
			5	2	2	4
			6	2	3	5
			7	2	4	6
2	柱型柱翼型	挂墙	3～8	1	2	3
			9～12	2	2	4
			13～16	2	4	6
			17～20	2	5	7
			21～25	2	6	8
3	柱型柱翼型	带足落地	3～8	1	—	1
			8～12	1	—	1
			13～16	2	—	2
			17～20	2	—	2
			21～25	2	—	2

检验方法：现场清点检查

8.3.6 散热器背面与装饰后的墙内表面安装距离，应符合设计或产品说明书要求。如设计未注明，应为30mm。

检验方法：尺量检查。

8.3.7 散热器安装允许偏差应符合表8.3.7的规定。

表8.3.7 散热器安装允许偏差和检验方法

项次	项目	允许偏差(mm)	检验方法
1	散热器背面与墙内表面距离	3	尺量
2	与窗中心线或设计定位尺寸	20	尺量
3	散热器垂直度	3	吊线和尺量

8.3.8 铸铁或钢制散热器表面的防腐及面漆应附着良好，色泽均匀，无脱落、起泡、流淌和漏涂缺陷。

检验方法：现场观察。

8.4 金属辐射板安装

主控项目

8.4.1 辐射板在安装前应作水压试验，如设计无要求时试验压力应为工作压力1.5倍，但不得小于0.6MPa。

检验方法：试验压力下2～3min压力不降且不渗不漏。

8.4.2 水平安装的辐射板应有不小于5‰的坡度坡向回水管。

检验方法：水平尺、拉线和尺量检查。

8.4.3 辐射板管道及带状辐射板之间的连接，应使用法兰连接。

检验方法：观察检查。

8.5 低温热水地板辐射采暖系统安装

主控项目

8.5.1 地面下敷设的盘管埋地部分不应有接头。

检验方法：隐蔽前现场查看。

8.5.2 盘管隐蔽前必须进行水压试验，试验压力为工作压力的1.5倍，但不小于0.6MPa。

检验方法：稳压1h内压力降不大于0.05MPa且不渗不漏。

8.5.3 加热盘管弯曲部分不得出现硬折弯现象，曲率半径应符合下列规定：

1 塑料管：不应小于管道外径的8倍。

2 复合管：不应小于管道外径的5倍。

检验方法：尺量检查

一般项目

8.5.4 分、集水器型号、规格、公称压力及安装位置、高度等应符合设计要求。

检验方法：对照图纸及产品说明书，尺量检查。

8.5.5 加热盘管管径、间距和长度应符合设计要求。间距偏差不大于±10mm。

检验方法：拉线和尺量检查。

8.5.6 防潮层、防水层、隔热层及伸缩缝应符合设计要求。

检验方法：填充层浇灌前观察检查。

8.5.7 填充层强度标号应符合设计要求。

检验方法：作试块抗压试验。

8.6 系统水压试验及调试

主控项目

8.6.1 采暖系统安装完毕，管道保温之前应进行水压试验。试验压力应符合设计要求。当设计未注明时，应符合下列规定：

1 蒸汽、热水采暖系统，应以系统顶点工作压力加0.1MPa作水压试验，同时在系统顶点的试验压力不小于0.3MPa。

2 高温热水采暖系统，试验压力应为系统顶点工作压力加0.4MPa。

3 使用塑料管及复合管的热水采暖系统,应以系统顶点工作压力加0.2MPa作水压试验,同时在系统顶点的试验压力不小于0.4MPa。

检验方法:使用钢管及复合管的采暖系统应在试验压力下10min内压力降不大于0.02MPa,降至工作压力后检查,不渗、不漏;

使用塑料管的采暖系统应在试验压力下1h内压力降不大于0.05MPa,然后降压至工作压力的1.15倍,稳压2h,压力降不大于0.03MPa,同时各连接处不渗、不漏。

8.6.2 系统试压合格后,应对系统进行冲洗并清扫过滤器及除污器。

检验方法:现场观察,直至排出水不含泥沙、铁屑等杂质,且水色不浑浊为合格。

8.6.3 系统冲洗完毕应充水、加热,进行试运行和调试。

检验方法:观察、测量室温应满足设计要求。

9 室外给水管网安装

9.1 一般规定

9.1.1 本章适用于民用建筑群(住宅小区)及厂区的室外给水管网安装工程的质量检验与验收。

9.1.2 输送生活给水的管道应采用塑料管、复合管、镀锌钢管或给水铸铁管。塑料管、复合管或给水铸铁管的管材、配件,应是同一厂家的配套产品。

9.1.3 架空或在地沟内敷设的室外给水管道其安装要求按室内给水管道的安装要求执行。塑料管道不得露天架空铺设,必须露天架空铺设时应有保温和防晒等措施。

9.1.4 消防水泵接合器及室外消火栓的安装位置、型式必须符合设计要求。

9.2 给水管道安装

主控项目

9.2.1 给水管道在埋地敷设时,应在当地的冰冻线以下,如必须在冰冻线以上铺设时,应做可靠的保温防潮措施。在无冰冻地区,埋地敷设时,管顶的覆土埋深不得小于500mm,穿越道路部位的埋深不得小于700mm。

检验方法:现场观察检查。

9.2.2 给水管道不得直接穿越污水井、化粪池、公共厕所等污染源。

检验方法:观察检查。

9.2.3 管道接口法兰、卡扣、卡箍等应安装在检查井或地沟内,不应埋在土壤中。

检验方法:观察检查。

9.2.4 给水系统各种井室内的管道安装,如设计无要求,井壁距法兰或承口的距离:管径小于或等于450mm时,不得小于250mm;管径大于450mm时,不得小于350mm。

检验方法:尺量检查。

9.2.5 管网必须进行水压试验,试验压力为工作压力的1.5倍,但不得小于0.6MPa。

检验方法:管材为钢管、铸铁管时,试验压力下10min内压力降不应大于0.05MPa,然后降至工作压力进行检查,压力应保持不变,不渗不漏;管材为塑料管时,试验压力下,稳压1h压力降不大于0.05MPa,然后降至工作压力进行检查,压力应保持不变,不渗不漏。

9.2.6 镀锌钢管、钢管的埋地防腐必须符合设计要求,如设计无规定时,可按表9.2.6的规定执行。卷材与管材间应粘贴牢固,无空鼓、滑移、接口不严等。

检验方法:观察和切开防腐层检查。

表9.2.6 管道防腐层种类

防腐层层次 (从金属表面起)	正常防腐层	加强防腐层	特加强防腐层
1	冷底子油	冷底子油	冷底子油
2	沥青涂层	沥青涂层	沥青涂层
3	外包保护层	加强包扎层	加强包扎层
		(封闭层)	(封闭层)
4		沥青涂层	沥青涂层
5		外保护层	加强包扎层
6			(封闭层)
			沥青涂层
7			外包保护层
防腐层厚度不小于(mm)	3	6	9

9.2.7 给水管道在竣工后,必须对管道进行冲洗,饮用水管道还要在冲洗后进行消毒,满足饮用水卫生要求。

检验方法:观察冲洗水的浊度,查看有关部门提供的检验报告。

一般项目

9.2.8 管道的坐标、标高、坡度应符合设计要求,管道安装的允许偏差应符合表9.2.8的规定。

表 9.2.8　室外给水管道安装的允许偏差和检验方法

项次	项	目	允许偏差(mm)	检验方法
1	坐标	铸铁管 埋地	100	拉线和尺量检查
		铸铁管 敷设在沟槽内	50	
		钢管、塑料管、复合管 埋地	100	
		钢管、塑料管、复合管 敷设在沟槽内或架空	40	
2	标高	铸铁管 埋地	±50	拉线和尺量检查
		铸铁管 敷设在地沟内	±30	
		钢管、塑料管、复合管 埋地	±50	
		钢管、塑料管、复合管 敷设在地沟内或架空	±30	
3	水平管纵横向弯曲	铸铁管 直段(25m以上)起点～终点	40	拉线和尺量检查
		钢管、塑料管、复合管 直段(25m以上)起点～终点	30	

9.2.9　管道和金属支架的涂漆应附着良好,无脱皮、起泡、流淌和漏涂等缺陷。

检验方法:现场观察检查。

9.2.10　管道连接应符合工艺要求,阀门、水表等安装位置应正确。塑料给水管道上的水表、阀门等设施其重量或启闭装置的扭矩不得作用于管道上,当管径≥50mm时必须设独立的支承装置。

检验方法:现场观察检查。

9.2.11　给水管道与污水管道在不同标高平行敷设,其垂直间距在500mm以内时,给水管管径小于或等于200mm的,管壁水平距不得小于1.5m;管径大于200mm的,不得小于3m。

检验方法:观察和尺量检查。

9.2.12　铸铁管承插捻口连接的对口间隙应不小于3mm,最大间隙不得大于表9.2.12的规定。

表 9.2.12　铸铁管承插捻口的对口最大间隙

管径(mm)	沿直线敷设(mm)	沿曲线敷设(mm)
75	4	5
100-250	5	7-13
300-500	6	14-22

检验方法:尺量检查。

9.2.13　铸铁管沿直线敷设,承插捻口连接的环型间隙应符合表9.2.13的规定;沿曲线敷设,每个接口允许有2°转角。

表 9.2.13　铸铁管承插捻口的环型间隙

管径(mm)	标准环型间隙(mm)	允许偏差(mm)
75～200	10	+3 / −2
250～450	11	+4 / −2
500	12	+4 / −2

检验方法:尺量检查。

9.2.14　捻口用的油麻填料必须清洁,填塞后应捻实,其深度应占整个环型间隙深度的1/3。

检验方法:观察和尺量检查。

9.2.15　捻口用水泥强度应不低于32.5MPa,接口水泥应密实饱满,其接口水泥面凹入承口边缘的深度不得大于2mm。

检验方法:观察和尺量检查。

9.2.16　采用水泥捻口的给水铸铁管,在安装地点有侵蚀性的地下水时,应在接口处涂抹沥清防腐层。

检验方法:观察检查。

9.2.17　采用橡胶圈接口的埋地给水管道,在土壤或地下水对橡胶圈有腐蚀的地段,在回填土前应用沥青胶泥、沥青麻丝或沥青锯末等材料封闭橡胶圈接口。橡胶圈接口的管道,每个接口的最大偏转角不得超过表9.2.17的规定。

表 9.2.17　橡胶圈接口最大允许偏转角

公称直径(mm)	100	125	150	200	250	300	350	400
允许偏转角度	5°	5°	5°	5°	4°	4°	4°	3°

检验方法:观察和尺量检查。

9.3　消防水泵接合器及室外消火栓安装

主 控 项 目

9.3.1　系统必须进行水压试验,试验压力为工作压力的1.5倍,但不得小于0.6MPa。

检验方法:试验压力下,10min内压力降不大于0.05MPa,然后降至工作压力进行检查,压力保持不变,不渗不漏。

9.3.2　消防管道在竣工前,必须对管道进行冲洗。

检验方法:观察冲洗出水的浊度。

9.3.3　消防水泵接合器和消火栓的位置标志应明显,栓口的位置应方便操作。消防水泵接合器和室外消火栓当采用墙壁式时,如设计未要求,进、出水栓口的中心安装高度距地面应为1.10m,其上方应设有防坠落物打击的措施。

检验方法:观察和尺量检查。

一 般 项 目

9.3.4　室外消火栓和消防水泵接合器的各项安装尺寸应符合设计要求,栓口安装高度允许偏差为±20mm。

检验方法:尺量检查。

9.3.5　地下式消防水泵接合器顶部进水口或地下式消火栓的顶部出水口与消防井盖底面的距离不得大于400mm,井内应有足够的操作空间,并设爬梯。寒冷地区井内应做防冻保护。

检验方法:观察和尺量检查。

9.3.6 消防水泵接合器的安全阀及止回阀安装位置和方向应正确,阀门启闭应灵活。

检验方法:现场观察和手扳检查。

9.4 管沟及井室

主控项目

9.4.1 管沟的基层处理和井室的地基必须符合设计要求。

检验方法:现场观察检查。

9.4.2 各类井室的井盖应符合设计要求,应有明显的文字标识,各种井盖不得混用。

检验方法:现场观察检查。

9.4.3 设在通车路面下或小区道路下的各种井室,必须使用重型井圈和井盖,井盖上表面应与路面相平,允许偏差为±5mm。绿化带上和不通车的地方可采用轻型井圈和井盖,井盖的上表面应高出地坪50mm,并在井口周围以2%的坡度向外做水泥砂浆护坡。

检验方法:观察和尺量检查。

9.4.4 重型铸铁或混凝土井圈,不得直接放在井室的砖墙上,砖墙上应做不少于80mm厚的细石混凝土垫层。

检验方法:观察和尺量检查。

一般项目

9.4.5 管沟的坐标、位置、沟底标高应符合设计要求。

检验方法:观察、尺量检查。

9.4.6 管沟的沟基层应是原土层,或是夯实的回填土,沟底应平整,坡度应顺畅,不得有尖硬的物体、块石等。

检验方法:观察检查。

9.4.7 如沟基为岩石、不易清除的块石或为砾石层时,沟底应下挖100~200mm,填铺细砂或粒径不大于5mm的细土,夯实到沟底标高后,方可进行管道敷设。

检验方法:观察和尺量检查。

9.4.8 管沟回填土,管顶上部200mm以内应用砂子或无块石及冻土块的土,并不得用机械回填;管顶上部500mm以内不得回填直径大于100mm的块石和冻土块;500mm以上部分回填土中的块石或冻土块不得集中。上部用机械回填时,机械不得在管沟上行走。

检验方法:观察和尺量检查。

9.4.9 井室的砌筑应按设计或给定的标准图施工。井室的底标高在地下水位以上时,基层应为素土夯实;在地下水位以下时,基层应打100mm厚的混凝土底板。砌筑采用水泥砂浆,内表面抹灰后应严密不透水。

检验方法:观察和尺量检查。

9.4.10 管道穿过井壁处,应用水泥砂浆分二次填塞严密、抹平,不得渗漏。

检验方法:观察检查。

10 室外排水管网安装

10.1 一般规定

10.1.1 本章适用于民用建筑群(住宅小区)及厂区的室外排水管网安装工程的质量检验与验收。

10.1.2 室外排水管道应采用混凝土管、钢筋混凝土管、排水铸铁管或塑料管。其规格及质量必须符合现行国家标准及设计要求。

10.1.3 排水管沟及井池的土方工程、沟底的处理、管道穿井壁处的处理、管沟及井池周围的回填要求等,均参照给水管沟及井室的规定执行。

10.1.4 各种排水井、池应按设计给定的标准图施工,各种排水井和化粪池均应用混凝土做底板(雨水井除外),厚度不小于100mm。

10.2 排水管道安装

主控项目

10.2.1 排水管道的坡度必须符合设计要求,严禁无坡或倒坡。

检验方法:用水准仪、拉线和尺量检查。

10.2.2 管道埋设前必须做灌水试验和通水试验,排水应畅通,无堵塞,管接口无渗漏。

检验方法:按排水检查井分段试验,试验水头应以试验段上游管顶加1m,时间不少于30min,逐段观察。

一般项目

10.2.3 管道的坐标和标高应符合设计要求,安装的允许偏差应符合表10.2.3的规定。

表10.2.3 室外排水管道安装的允许偏差和检验方法

项次	项 目		允许偏差(mm)	检验方法
1	坐标	埋地	100	拉线尺量
		敷设在沟槽内	50	
2	标高	埋地	±20	用水平仪、拉线和尺量
		敷设在沟槽内	±20	
3	水平管道纵横向弯曲	每5m长	10	拉线尺量
		全长(两井间)	30	

10.2.4 排水铸铁管采用水泥捻口时，油麻填塞应密实，接口水泥应密实饱满，其接口面凹入承口边缘且深度不得大于2mm。

　　检验方法：观察和尺量检查。

10.2.5 排水铸铁管外壁在安装前应除锈，涂二遍石油沥青漆。

　　检验方法：观察检查。

10.2.6 承插接口的排水管道安装时，管道和管件的承口应与水流方向相反。

　　检验方法：观察检查。

10.2.7 混凝土管或钢筋混凝土管采用抹带接口时，应符合下列规定：

　　1 抹带前应将管口的外壁凿毛，扫净，当管径小于或等于500mm时，抹带可一次完成；当管径大于500mm时，应分二次抹成，抹带不得有裂纹。

　　2 钢丝网应在管道就位前放入下方，抹压砂浆时应将钢丝网抹压牢固，钢丝网不得外露。

　　3 抹带厚度不得小于管壁的厚度，宽度宜为80～100mm。

　　检验方法：观察和尺量检查。

10.3 排水管沟及井池

主控项目

10.3.1 沟基的处理和井池的底板强度必须符合设计要求。

　　检验方法：现场观察和尺量检查，检查混凝土强度报告。

10.3.2 排水检查井、化粪池的底板及进、出水管的标高，必须符合设计，其允许偏差为±15mm。

　　检验方法：用水准仪及尺量检查。

一般项目

10.3.3 井、池的规格、尺寸和位置应正确，砌筑和抹灰符合要求。

　　检验方法：观察及尺量检查。

10.3.4 井盖选用应正确，标志应明显，标高应符合设计要求。

　　检验方法：观察、尺量检查。

11 室外供热管网安装

11.1 一般规定

11.1.1 本章适用于厂区及民用建筑群（住宅小区）的饱和蒸汽压力不大于0.7MPa、热水温度不超过130℃的室外供热管网安装工程的质量检验与验收。

11.1.2 供热管网的管材应按设计要求。当设计未注明时，应符合下列规定：

　　1 管径小于或等于40mm时，应使用焊接钢管。

　　2 管径为50～200mm时，应使用焊接钢管或无缝钢管。

　　3 管径大于200mm时，应使用螺旋焊接钢管。

11.1.3 室外供热管道连接均应采用焊接连接。

11.2 管道及配件安装

主控项目

11.2.1 平衡阀及调节阀型号、规格及公称压力应符合设计要求。安装后应根据系统要求进行调试，并作出标志。

　　检验方法：对照设计图纸及产品合格证，并现场观察调试结果。

11.2.2 直埋无补偿供热管道预热伸长及三通加固应符合设计要求。回填前应注意检查预制保温层外壳及接口的完好性。回填应按设计要求进行。

　　检验方法：回填前现场验核和观察。

11.2.3 补偿器的位置必须符合设计要求，并应按设计要求或产品说明书进行预拉伸。管道固定支架的位置和构造必须符合设计要求。

　　检验方法：对照图纸，并查验预拉伸记录。

11.2.4 检查井室、用户入口处管道布置应便于操作及维修，支、吊、托架稳固，并满足设计要求。

　　检验方法：对照图纸，观察检查。

11.2.5 直埋管道的保温应符合设计要求，接口在现场发泡时，接头处厚度应与管道保温层厚度一致，接头处保护层必须与管道保护层成一体，符合防潮防水要求。

　　检验方法：对照图纸，观察检查。

一般项目

11.2.6 管道水平敷设其坡度应符合设计要求。

　　检验方法：对照图纸，用水准仪（水平尺）、拉线和尺量检查。

11.2.7 除污器构造应符合设计要求，安装位置和方向应正确。管网冲洗后应清除内部污物。

　　检验方法：打开清扫口检查。

11.2.8 室外供热管道安装的允许偏差应符合表11.2.8的规定。

11.2.9 管道焊口的允许偏差应符合本规范表5.3.8的规定。

11.2.10 管道及管件焊接的焊缝表面质量应符合下列规定：

　　1 焊缝外形尺寸应符合图纸和工艺文件的规定，焊缝高度不得低于母材表面，焊缝与母材应圆滑过渡；

　　2 焊缝及热影响区表面应无裂纹、未熔合、未焊透、夹渣、弧坑和气孔等缺陷。

检验方法：观察检查。

表 11.2.8　室外供热管道安装的允许偏差和检验方法

项次	项目		允许偏差	检验方法
1	坐标(mm)	敷设在沟槽内及架空	20	用水准仪（水平尺）、直尺、拉线
		埋　地	50	
2	标高(mm)	敷设在沟槽内及架空	±10	尺量检查
		埋　地	±15	
3	水平管道纵、横方向弯曲(mm)	每1m	管径≤100mm	1	用水准仪（水平尺）、直尺、拉线和尺量检查
		管径>100mm	1.5	
	全长(25m以上)	管径≤100mm	≯13	
		管径>100mm	≯25	
4	弯管	椭圆率 $\dfrac{D_{max}-D_{min}}{D_{max}}$	管径≤100mm	8%	用外卡钳和尺量检查
		管径>100mm	5%	
	折皱不平度(mm)	管径≤100mm	4	
		管径125~200mm	5	
		管径250~400mm	7	

11.2.11　供热管道的供水管或蒸汽管，如设计无规定时，应敷设在载热介质前进方向的右侧或上方。

检验方法：对照图纸，观察检查。

11.2.12　地沟内的管道安装位置，其净距（保温层外表面）应符合下列规定：

　　与沟壁　　　　　　　　100~150mm；
　　与沟底　　　　　　　　100~200mm；
　　与沟顶（不通行地沟）　50~100mm；
　　　　　（半通行和通行地沟）200~300mm。

检验方法：尺量检查。

11.2.13　架空敷设的供热管道安装高度，如无规定时，应符合下列规定（以保温层外表面计算）：

　1　人行地区，不小于2.5m；
　2　通行车辆地区，不小于4.5m；
　3　跨越铁路，距轨顶不小于6m。

检验方法：尺量检查。

11.2.14　防锈漆的厚度应均匀，不得有脱皮、起泡、流淌和漏涂等缺陷。

检验方法：保温前观察检查。

11.2.15　管道保温层的厚度和平整度的允许偏差应符合本规范表4.4.8的规定。

11.3　系统水压试验及调试

主控项目

11.3.1　供热管道的水压试验压力应为工作压力的1.5倍，但不得小于0.6MPa。

检验方法：在试验压力下10min内压力降不大于0.05MPa，然后降至工作压力下检查，不渗不漏。

11.3.2　管道试压合格后，应进行冲洗。

检验方法：现场观察，以水色不浑浊为合格。

11.3.3　管道冲洗完毕应通水、加热，进行试运行和调试。当不具备加热条件时，应延期进行。

检验方法：测量各建筑物热力入口处供回水温度及压力。

11.3.4　供热管道作水压试验时，试验管道上的阀门应开启，试验管道与非试验管道应隔断。

检验方法：开启和关闭阀门检查。

12　建筑中水系统及游泳池水系统安装

12.1　一般规定

12.1.1　中水系统中的原水管道管材及配件要求按本规范第5章执行。

12.1.2　中水系统给水管道及排水管道检验标准按本规范第4、5章规定执行。

12.1.3　游泳池排水系统安装、检验标准等按本规范第5章相关规定执行。

12.1.4　游泳池水加热系统安装、检验标准等均按本规范第6章相关规定执行。

12.2　建筑中水系统管道及辅助设备安装

主控项目

12.2.1　中水高位水箱应与生活高位水箱分设在不同的房间内，如条件不允许只能设在同一房间时，与生活高位水箱的净距离应大于2m。

检验方法：观察和尺量检查。

12.2.2　中水给水管道不得装设取水水嘴。便器冲洗宜采用密闭型设备和器具。绿化、浇洒、汽车冲洗宜采用壁式或地下式的给水栓。

检验方法：观察检查。

12.2.3　中水供水管道严禁与生活饮用水给水管道连接，并应采取下列措施：

　1　中水管道外壁应涂浅绿色标志；
　2　中水池（箱）、阀门、水表及给水栓均应有"中水"标志。

检验方法：观察检查。

12.2.4　中水管道不宜暗装于墙体和楼板内。如必须暗装于墙槽内时，必须在管道上有明显且不会脱落的标志。

检验方法：观察检查。

一般规定

12.2.5　中水给水管道管材及配件应采用耐腐蚀的给

水管管材及附件。

检验方法：观察检查。

12.2.6 中水管道与生活饮用水管道、排水管道平行埋设时，其水平净距离不得小于0.5m；交叉埋设时，中水管道应位于生活饮用水管道下面，排水管道的上面，其净距离不应小于0.15m。

检验方法：观察和尺量检查。

12.3 游泳池水系统安装

主控项目

12.3.1 游泳池的给水口、回水口、泄水口应采用耐腐蚀的铜、不锈钢、塑料等材料制造。溢流槽、格栅应为耐腐蚀材料制造，并为组装型。安装时其外表面应与池壁或池底面相平。

检验方法：观察检查。

12.3.2 游泳池的毛发聚集器应采用铜或不锈钢等耐腐蚀材料制造，过滤筒（网）的孔径应不大于3mm，其面积应为连接管截面积的1.5～2倍。

检验方法：观察和尺量计算方法。

12.3.3 游泳池地面，应采取有效措施防止冲洗排水流入池内。

检验方法：观察检查。

一般规定

12.3.4 游泳池循环水系统加药（混凝剂）的药品溶解池、溶液池及定量投加设备应采用耐腐蚀材料制作。输送溶液的管道应采用塑料管、胶管或铜管。

检验方法：观察检查。

12.3.5 游泳池的浸脚、浸腰消毒池的给水管、投药管、溢流管、循环管和泄空管应采用耐腐蚀材料制成。

检验方法：观察检查。

13 供热锅炉及辅助设备安装

13.1 一般规定

13.1.1 本章适用于建筑供热和生活热水供应的额定工作压力不大于1.25MPa、热水温度不超过130℃的整装蒸汽和热水锅炉及辅助设备安装工程的质量检验与验收。

13.1.2 适用于本章的整装锅炉及辅助设备安装工程的质量检验与验收，除应按本规范规定执行外，尚应符合现行国家有关规范、规程和标准的规定。

13.1.3 管道、设备和容器的保温，应在防腐和水压试验合格后进行。

13.1.4 保温的设备和容器，应采用粘接保温钉固定保温层，其间距一般为200mm。当需采用焊接勾钉固定保温层时，其间距一般为250mm。

13.2 锅炉安装

主控项目

13.2.1 锅炉设备基础的混凝土强度必须达到设计要求，基础的坐标、标高、几何尺寸和螺栓孔位置应符合表13.2.1的规定。

表13.2.1 锅炉及辅助设备基础的允许偏差和检验方法

项次	项 目		允许偏差(mm)	检验方法
1	基础坐标位置		20	经纬仪、拉线和尺量
2	基础各不同平面的标高		0,−20	水准仪、拉线尺量
3	基础平面外形尺寸		20	尺量检查
4	凸台上平面尺寸		0,−20	
5	凹穴尺寸		+20,0	
6	基础上平面水平度	每 米	5	水平仪（水平尺）和楔形塞尺检查
6		全 长	10	
7	坚向偏差	每 米	5	经纬仪或吊线和尺量
7		全 高	10	
8	预埋地脚螺栓	标高（顶端）	+20,0	水准仪、拉线和尺量
8		中心距（根部）	2	
9	预留地脚螺栓孔	中心位置	10	尺量
9		深 度	−20,0	
9		孔壁垂直度	10	吊线和尺量
10	预埋活动地脚螺栓锚板	中心位置	5	拉线和尺量
10		标高	+20,0	
10		水平度（带槽锚板）	5	水平尺和楔形塞尺检查
10		水平度（带螺纹孔锚板）	2	

13.2.2 非承压锅炉，应严格按设计或产品说明书的要求施工。锅筒顶部必须敞口或装设大气连通管，连通管上不得安装阀门。

检验方法：对照设计图纸或产品说明书检查。

13.2.3 以天然气为燃料的锅炉的天然气释放管或大气排放管不得直接通向大气，应通向贮存或处理装置。

检验方法：对照设计图纸检查。

13.2.4 两台或两台以上燃油锅炉共用一个烟囱时，每一台锅炉的烟道上均应配备风阀或挡板装置，并应具有操作调节和闭锁功能。

检验方法：观察和手扳检查。

13.2.5 锅炉的锅筒和水冷壁的下集箱及后棚管的后

集箱的最低处排污阀及排污管道不得采用螺纹连接。

检验方法：观察检查。

13.2.6 锅炉的汽、水系统安装完毕后，必须进行水压试验。水压试验的压力应符合表13.2.6的规定。

表13.2.6 水压试验压力规定

项次	设备名称	工作压力 P(MPa)	试验压力(MPa)
1	锅炉本体	P<0.59	1.5P但不小于0.2
		0.59≤P≤1.18	P+0.3
		P>1.18	1.25P
2	可分式省煤器	P	1.25P+0.5
3	非承压锅炉	大气压力	0.2

注：①工作压力P对蒸汽锅炉指锅筒工作压力，对热水锅炉指锅炉额定出水压力；
②铸铁锅炉水压试验同热水锅炉；
③非承压锅炉水压试验压力为0.2MPa，试验期间压力应保持不变。

检验方法：

1. 在试验压力下10min内压力降不超过0.02MPa；然后降至工作压力进行检查，压力不降，不渗、不漏；

2. 观察检查，不得有残余变形，受压元件金属壁和焊缝上不得有水珠和水雾。

13.2.7 机械炉排安装完毕后应做冷态运转试验，连续运转时间不应少于8h。

检验方法：观察运转试验全过程。

13.2.8 锅炉本体管道及管件焊接的焊缝质量应符合下列规定：

1 焊缝表面质量应符合本规范第11.2.10条的规定。

2 管道焊口尺寸的允许偏差应符合本规范表5.3.8的规定。

3 无损探伤的检测结果应符合锅炉本体设计的相关要求。

检验方法：观察和检验无损探伤检测报告。

一般项目

13.2.9 锅炉安装的坐标、标高、中心线和垂直度的允许偏差应符合表13.2.9的规定。

表13.2.9 锅炉安装的允许偏差和检验方法

项次	项目		允许偏差(mm)	检验方法
1	坐标		10	经纬仪、拉线和尺量
2	标高		±5	水准仪、拉线和尺量
3	中心线垂直度	卧式锅炉炉体全高	3	吊线和尺量
		立式锅炉炉体全高	4	吊线和尺量

13.2.10 组装链条炉排安装的允许偏差应符合表13.2.10的规定。

表13.2.10 组装链条炉排安装的允许偏差和检验方法

项次	项目		允许偏差(mm)	检验方法
1	炉排中心位置		2	经纬仪、拉线和尺量
2	墙板的标高		±5	水准仪、拉线和尺量
3	墙板的垂直度，全高		3	吊线和尺量
4	墙板间两对角线的长度之差		5	钢丝线和尺量
5	墙板框的纵向位置		5	经纬仪、拉线和尺量
6	墙板顶面的纵向水平度		长度1/1000，且≯5	拉线、水平尺和尺量
7	墙板间的距离	跨距≤2m	+3 0	钢丝线和尺量
		跨距>2m	+5 0	
8	两墙板的顶面在同一水平面上相对高差		5	水准仪、吊线和尺量
9	前轴、后轴的水平度		长度1/1000	拉线、水平尺和尺量
10	前轴和后轴和轴心线相对标高差		5	水准仪、吊线和尺量
11	各轨道在同一水平面上的相对高差		5	水准仪、吊线和尺量
12	相邻两轨道间的距离		±2	钢丝线和尺量

13.2.11 往复炉排安装的允许偏差应符合表13.2.11的规定。

表13.2.11 往复炉排安装的允许偏差和检验方法

项次	项目		允许偏差(mm)	检验方法
1	两侧板的相对标高		3	水准仪、吊线和尺量
2	两侧板间距离	跨距≤2m	+3 0	钢丝线和尺量
		跨距>2m	+4 0	
3	两侧板的垂直度，全高		3	吊线和尺量
4	两侧板间对角线的长度之差		5	钢丝线和尺量
5	炉排片的纵向间隙		1	钢板尺量
6	炉排两侧的间隙		2	

13.2.12 铸铁省煤器破损的肋片数不应大于总肋片数的5%，有破损肋片的根数不应大于总根数的10%。

铸铁省煤器支承架安装的允许偏差应符合表13.2.12的规定。

表 13.2.12　铸铁省煤器支承架安装的允许偏差和检验方法

项次	项目	允许偏差(mm)	检验方法
1	支承架的位置	3	经纬仪、拉线和尺量
2	支承架的标高	0 -5	水准仪、吊线和尺量
3	支承架的纵、横向水平度（每米）	1	水平尺和塞尺检查

13.2.13　锅炉本体安装应按设计或产品说明书要求布置坡度并坡向排污阀。

检验方法：用水平尺或水准仪检查。

13.2.14　锅炉由炉底送风的风室及锅炉底座与基础之间必须封、堵严密。

检验方法：观察检查。

13.2.15　省煤器的出口处（或入口处）应按设计或锅炉图纸要求安装阀门和管道。

检验方法：对照设计图纸检查。

13.2.16　电动调节阀门的调节机构与电动执行机构的转臂应在同一平面内动作，传动部分应灵活、无空行程及卡阻现象，其行程及伺服时间应满足使用要求。

检验方法：操作时观察检查。

13.3　辅助设备及管道安装

主 控 项 目

13.3.1　辅助设备基础的混凝土强度必须达到设计要求，基础的坐标、标高、几何尺寸和螺栓孔位置必须符合本规范表13.2.1的规定。

13.3.2　风机试运转，轴承温升应符合下列规定：

1　滑动轴承温度最高不得超过60℃。

2　滚动轴承温度最高不得超过80℃。

检验方法：用温度计检查。

轴承径向单振幅应符合下列规定：

1　风机转速小于1000r/min时，不应超过0.10mm；

2　风机转速为1000～1450r/min时，不应超过0.08mm。

检验方法：用测振仪表检查。

13.3.3　分汽缸（分水器、集水器）安装前应进行水压试验，试验压力为工作压力的1.5倍，但不得小于0.6MPa。

检验方法：试验压力下10min内无压降、无渗漏。

13.3.4　敞口箱、罐安装前应做满水试验；密闭箱、罐应以工作压力的1.5倍作水压试验，但不得小于0.4MPa。

检验方法：满水试验满水后静置24h不渗不漏；水压试验在试验压力下10min内无压降、不渗不漏。

13.3.5　地下直埋油罐在埋地前应做气密性试验，试验压力降不应小于0.03MPa。

检验方法：试验压力下观察30min不渗、不漏，无压降。

13.3.6　连接锅炉及辅助设备的工艺管道安装完毕后，必须进行系统的水压试验，试验压力为系统中最大工作压力的1.5倍。

检验方法：在试验压力10min内压力降不超过0.05MPa，然后降至工作压力进行检查，不渗不漏。

13.3.7　各种设备的主要操作通道的净距如设计不明确时不应小于1.5m，辅助的操作通道净距不应小于0.8m。

检验方法：尺量检查。

13.3.8　管道连接的法兰、焊缝和连接管件以及管道上的仪表、阀门的安装位置应便于检修，并不得紧贴墙壁、楼板或管架。

检验方法：观察检查。

13.3.9　管道焊接质量应符合本规范第11.2.10条的要求和表5.3.8的规定。

一 般 项 目

13.3.10　锅炉辅助设备安装的允许偏差应符合表13.3.10的规定。

表 13.3.10　锅炉辅助设备安装的允许偏差和检验方法

项次	项目		允许偏差(mm)	检验方法
1	送、引风机	坐标	10	经纬仪、拉线和尺量
		标高	±5	水准仪、拉线和尺量
2	各种静置设备（各种容器、箱、罐等）	坐标	15	经纬仪、拉线和尺量
		标高	±5	水准仪、拉线和尺量
		垂直度(1m)	2	吊线和尺量
3	离心式水泵	泵体水平度(1m)	0.1	水平尺和塞尺检查
		联轴器同心度 轴向倾斜(1m)	0.8	水准仪、百分表（测微螺钉）和塞尺检查
		联轴器同心度 径向位移	0.1	

13.3.11　连接锅炉及辅助设备的工艺管道安装的允许偏差应符合表13.3.11的规定。

13.3.12　单斗式提升机安装应符合下列规定：

1　导轨的间距偏差不大于2mm。

2　垂直式导轨的垂直度偏差不大于1‰；倾斜式导轨的倾斜度偏差不大于2‰。

3　料斗的吊点与料斗垂心在同一垂线上，重合度偏差不大于10mm。

4　行程开关位置应准确，料斗运行平稳，翻转灵活。

检验方法：吊线坠、拉线及尺量检查。

表 13.3.11　工艺管道安装的允许偏差和检验方法

项次	项目		允许偏差(mm)	检验方法
1	坐标	架空	15	水准仪、拉线和尺量
		地沟	10	
2	标高	架空	±15	水准仪、拉线和尺量
		地沟	±10	
3	水平管道纵、横方向弯曲	DN≤100mm	2‰，最大 50	直尺和拉线检查
		DN>100mm	3‰，最大 70	
4	立管垂直		2‰，最大 15	吊线和尺量
5	成排管道间距		3	直尺尺量
6	交叉管的外壁或绝热层间距		10	

13.3.13 安装锅炉送、引风机，转动应灵活无卡碰等现象；送、引风机的传动部位，应设置安全防护装置。

检验方法：观察和启动检查。

13.3.14 水泵安装的外观质量检查：泵壳不应有裂纹、砂眼及凹凸不平等缺陷；多级泵的平衡管路应无损伤或折陷现象；蒸汽往复泵的主要部件、活塞及活动轴必须灵活。

检验方法：观察和启动检查。

13.3.15 手摇泵应垂直安装。安装高度如设计无要求时，泵中心距地面为 800mm。

检验方法：吊线和尺量检查。

13.3.16 水泵试运转，叶轮与泵壳不应相碰，进、出口部位的阀门应灵活。轴承温升应符合产品说明书的要求。

检验方法：通电、操作和测温检查。

13.3.17 注水器安装高度，如设计无要求时，中心距地面为 1.0～1.2m。

检验方法：尺量检查。

13.3.18 除尘器安装应平稳牢固，位置和进、出口方向应正确。烟管与引风机连接时应采用软接头，不得将烟管重量压在风机上。

检验方法：观察检查。

13.3.19 热力除氧器和真空除氧器的排汽管应通向室外，直接排入大气。

检验方法：观察检查。

13.3.20 软化水设备罐体的视镜应布置在便于观察的方向。树脂装填的高度应按设备说明书要求进行。

检验方法：对照说明书，观察检查。

13.3.21 管道及设备保温层的厚度和平整度的允许偏差应符合本规范表4.4.8的规定。

13.3.22 在涂刷油漆前，必须清除管道及设备表面的灰尘、污垢、锈斑、焊渣等物。涂漆的厚度应均匀，不得有脱皮、起泡、流淌和漏涂等缺陷。

检验方法：现场观察检查。

13.4　安全附件安装

主控项目

13.4.1 锅炉和省煤器安全阀的定压和调整应符合表13.4.1的规定。锅炉上装有两个安全阀时，其中的一个按表中较高值定压，另一个按较低值定压。装有一个安全阀时，应按较低值定压。

表 13.4.1　安全阀定压规定

项次	工作设备	安全阀开启压力（MPa）
1	蒸汽锅炉	工作压力+0.02MPa
		工作压力+0.04MPa
2	热水锅炉	1.12倍工作压力，但不少于工作压力+0.07MPa
		1.14倍工作压力，但不少于工作压力+0.10MPa
3	省煤器	1.1倍工作压力

检验方法：检查定压合格证书。

13.4.2 压力表的刻度极限值，应大于或等于工作压力的1.5倍，表盘直径不得小于100mm。

检验方法：现场观察和尺量检查。

13.4.3 安装水位表应符合下列规定：

1　水位表应有指示最高、最低安全水位的明显标志，玻璃板（管）的最低可见边缘应比最低安全水位低 25mm；最高可见边缘应比最高安全水位高 25mm。

2　玻璃管式水位表应有防护装置。

3　电接点式水位表的零点应与锅筒正常水位重合。

4　采用双色水位表时，每台锅炉只能装设一个，另一个装设普通水位表。

5　水位表应有放水旋塞（或阀门）和接到安全地点的放水管。

检验方法：现场观察和尺量检查。

13.4.4 锅炉的高、低水位报警和超温、超压报警器及联锁保护装置必须按设计要求安装齐全和有效。

检验方法：启动、联动试验并作好试验记录。

13.4.5 蒸汽锅炉安全阀应安装通向室外的排汽管。热水锅炉安全阀泄水管应接到安全地点。在排汽管和泄水管上不得装设阀门。

检验方法：观察检查。

一 般 项 目

13.4.6 安装压力表必须符合下列规定：
1 压力表必须安装在便于观察和吹洗的位置，并防止受高温、冰冻和振动的影响，同时要有足够的照明。
2 压力表必须设有存水弯管。存水弯管采用钢管煨制时，内径不应小于10mm；采用铜管煨制时，内径不应小于6mm。
3 压力表与存水弯管之间应安装三通旋塞。
检验方法：观察和尺量检查。

13.4.7 测压仪表取源部件在水平工艺管道上安装时，取压口的方位应符合下列规定：
1 测量液体压力的，在工艺管道的下半部与管道的水平中心线成0°～45°夹角范围内。
2 测量蒸汽压力的，在工艺管道的上半部或下半部与管道水平中心线成0°～45°夹角范围内。
3 测量气体压力的，在工艺管道的上半部。
检验方法：观察和尺量检查。

13.4.8 安装温度计应符合下列规定：
1 安装在管道和设备上的套管温度计，底部应插入流动介质内，不得装在引出的管段上或死角处。
2 压力式温度计的毛细管应固定好并有保护措施，其转弯处的弯曲半径不应小于50mm，温包必须全部浸入介质内；
3 热电偶温度计的保护套管应保证规定的插入深度。
检验方法：观察和尺量检查。

13.4.9 温度计与压力表在同一管道上安装时，按介质流动方向温度计应在压力表下游处安装，如温度计需在压力表的上游安装时，其间距不应小于300mm。
检验方法：观察和尺量检查。

13.5 烘炉、煮炉和试运行

主 控 项 目

13.5.1 锅炉火焰烘炉应符合下列规定：
1 火焰应在炉膛中央燃烧，不应直接烧烤炉墙及炉拱。
2 烘炉时间一般不少于4d，升温应缓慢，后期烟温不应高于160℃，且持续时间不应少于24h。
3 链条炉排在烘炉过程中应定期转动。
4 烘炉的中、后期应根据锅炉水水质情况排污。
检验方法：计时测温、操作观察检查。

13.5.2 烘炉结束后应符合下列规定：
1 炉墙经烘烤后没有变形、裂纹及塌落现象。
2 炉墙砌筑砂浆含水率达到7%以下。
检验方法：测试及观察检查。

13.5.3 锅炉在烘炉、煮炉合格后，应进行48h的带负荷连续试运行，同时应进行安全阀的热状态定压检验和调整。
检验方法：检查烘炉、煮炉及试运行全过程。

一 般 项 目

13.5.4 煮炉时间一般应为2～3d，如蒸汽压力较低，可适当延长煮炉时间。非砌筑或浇注保温材料保温的锅炉，安装后可直接进行煮炉。煮炉结束后，锅筒和集箱内壁应无油垢，擦去附着物后金属表面应无锈斑。
检验方法：打开锅筒和集箱检查孔检查。

13.6 换热站安装

主 控 项 目

13.6.1 热交换器应以最大工作压力的1.5倍作水压试验，蒸汽部分应不低于蒸汽供汽压力加0.3MPa；热水部分应不低于0.4MPa。
检验方法：在试验压力下，保持10min压力不降。

13.6.2 高温水系统中，循环水泵和换热器的相对安装位置应按设计文件施工。
检验方法：对照设计图纸检查。

13.6.3 壳管式热交换器的安装，如设计无要求时，其封头与墙壁或屋顶的距离不得小于换热管的长度。
检验方法：观察和尺量检查。

一 般 项 目

13.6.4 换热站内设备安装的允许偏差应符合本规范表13.3.10的规定。

13.6.5 换热站内的循环泵、调节阀、减压器、疏水器、除污器、流量计等安装应符合本规范的相关规定。

13.6.6 换热站内管道安装的允许偏差应符合本规范表13.3.11的规定。

13.6.7 管道及设备保温层的厚度和平整度的允许偏差应符合本规范表4.4.8的规定。

14 分部（子分部）工程质量验收

14.0.1 检验批、分项工程、分部（或子分部）工程质量的验收，均应在施工单位自检合格的基础上进行。并应按检验批、分项、分部（或子分部）、单位（或子单位）工程的程序进行验收，同时做好记录。
1 检验批、分项工程的质量验收应全部合格。

检验批质量验收见附录B。

分项工程质量验收见附录C。

2 分部（子分部）工程的验收，必须在分项工程验收通过的基础上，对涉及安全、卫生和使用功能的重要部位进行抽样检验和检测。

子分部工程质量验收见附录D。

建筑给水、排水及采暖（分部）工程质量验收见附录E。

14.0.2 建筑给水、排水及采暖工程的检验和检测应包括下列主要内容：

  1 承压管道系统和设备及阀门水压试验。
  2 排水管道灌水、通球及通水试验。
  3 雨水管道灌水及通水试验。
  4 给水管道通水试验及冲洗、消毒检测。
  5 卫生器具通水试验，具有溢流功能的器具满水试验。
  6 地漏及地面清扫口排水试验。
  7 消火栓系统测试。
  8 采暖系统冲洗及测试。
  9 安全阀及报警联动系统动作测试。
  10 锅炉48h负荷试运行。

14.0.3 工程质量验收文件和记录中应包括下列主要内容：

  1 开工报告。
  2 图纸会审记录、设计变更及洽商记录。
  3 施工组织设计或施工方案。
  4 主要材料、成品、半成品、配件、器具和设备出厂合格证及进场验收单。
  5 隐蔽工程验收及中间试验记录。
  6 设备试运转记录。
  7 安全、卫生和使用功能检验和检测记录。
  8 检验批、分项、子分部、分部工程质量验收记录。
  9 竣工图。

附录A 建筑给水排水及采暖工程分部、分项工程划分

建筑给水排水及采暖工程的分部、子分部和分项工程可按附表A划分。

附表A 建筑给水、排水及采暖工程分部、分项工程划分表

分部工程	序号	子分部工程	分项工程
建筑给水、排水及采暖工程	1	室内给水系统	给水管道及配件安装、室内消火栓系统安装、给水设备安装、管道防腐、绝热
建筑给水、排水及采暖工程	2	室内排水系统	排水管道及配件安装、雨水管道及配件安装
建筑给水、排水及采暖工程	3	室内热水供应系统	管道及配件安装、辅助设备安装、防腐、绝热
建筑给水、排水及采暖工程	4	卫生器具安装	卫生器具安装、卫生器具给水配件安装、卫生器具排水管道安装
建筑给水、排水及采暖工程	5	室内采暖系统	管道及配件安装、辅助设备及散热器安装、金属辐射板安装、低温热水地板辐射采暖系统安装、系统水压试验及调试、防腐、绝热
建筑给水、排水及采暖工程	6	室外给水管网	给水管道安装、消防水泵接合器及室外消火栓安装、管沟及井室
建筑给水、排水及采暖工程	7	室外排水管网	排水管道安装、排水管沟与井池
建筑给水、排水及采暖工程	8	室外供热管网	管道及配件安装、系统水压试验及调试、防腐、绝热
建筑给水、排水及采暖工程	9	建筑中水系统及游泳池系统	建筑中水系统管道及辅助设备安装、游泳池水系统安装
建筑给水、排水及采暖工程	10	供热锅炉及辅助设备安装	锅炉安装、辅助设备及管道安装、安全附件安装、烘炉、煮炉和试运行、换热站安装、防腐、绝热

附录B 检验批质量验收

检验批质量验收表由施工单位项目专业质量检查员填写，监理工程师（建设单位项目专业技术负责人）组织施工单位项目质量（技术）负责人等进行验收，并按附表B填写验收结论。

附表B 检验批质量验收表

工程名称			专业工长/证号	
分部工程名称			施工班、组长	
分项工程施工单位			验收部位	
施工依据	标准名称		材料/数量	/
施工依据	编号		设备/台数	/
施工依据	存放处		连接形式	
主控项目	《规范》章、节、条、款号	质量规定	施工单位检查评定结果	监理（建设）单位验收
主控项目				
主控项目				
主控项目				

续表

工程名称		专业工长/证号	
一般项目			
施工单位检查评定结果	项目专业质量检查员： 项目专业质量（技术）负责人： 年　月　日		
监理（建设）单位验收结论	监理工程师： （建设单位项目专业技术负责人） 年　月　日		

附录C　分项工程质量验收

分项工程质量验收由监理工程师（建设单位项目专业技术负责人）组织施工单位项目专业质量（技术）负责人等进行验收，并按附表C填写。

附表C　＿＿＿＿＿分项工程质量验收表

工程名称		项目技术负责人/证号	/
子分部工程名称		项目质检员/证号	/
分项工程名称		专业工长/证号	/
分项工程施工单位		检验批数量	
序号	检验批部位	施工单位检查评定结果	监理（建设）单位验收结论
1			
2			
3			
4			
5			
6			
7			
8			
9			
10			
检查结论	项目专业质量（技术）负责人： 年　月　日	验收结论	监理工程师： （建设单位项目专业技术负责人） 年　月　日

附录D　子分部工程质量验收

子分部工程质量验收由监理工程师（建设单位项目专业负责人）组织施工单位项目负责人、专业项目负责人、设计单位项目负责人进行验收，并按附录D填表。

附表D　＿＿＿＿＿子分部工程质量验收表

工程名称			项目技术负责人/证号	/
子分部工程名称			项目质检员/证号	/
子分部工程施工单位			专业工长/证号	/
序号	分项工程名称	检验批数量	施工单位检查结果	监理（建设）单位验收结论
1				
2				
3				
4				
5				
6				
质量管理				
使用功能				
观感质量				
验收意见	专业施工单位	项目专业负责人：　年　月　日		
	施工单位	项目负责人：　年　月　日		
	设计单位	项目负责人：　年　月　日		
	监理（建设）单位	监理工程师： （建设单位项目专业负责人） 年　月　日		

附录E　建筑给水排水及采暖（分部）工程质量验收

附表E由施工单位填写，验收结论由监理（建设）单位填写。综合验收结论由参加验收各方共同商定，建设单位填写，填写内容应对工程质量是否符合设计和规范要求及总体质量作出评价。

附表 E 建筑给水排水及采暖(分部)工程质量验收表

工程名称				层数/建筑面积	/
施工单位				开/竣工日期	/
项目经理/证号	/	专业技术负责人/证号	/	项目专业技术负责人/证号	/

序号	项目	验收内容	验收结论
1	子分部工程质量验收	共____子分部,经查____子分部;符合规范及设计要求____项	
2	质量管理资料核查	共____项,经审查符合要求____项;经核定符合规范要求____项	
3	安全、卫生和主要使用功能核查抽查结果	共抽查____项,符合要求____项;经返工处理符合要求____项	
4	观感质量验收	共抽查____项,符合要求____项;不符合要求____项	
5	综合验收结论		

参加验收单位	施工单位	设计单位	监理单位	建设单位
	(公章)	(公章)	(公章)	(公章)
	单位(项目)负责人:	单位(项目)负责人:	总监理工程师:	单位(项目)负责人:
	年 月 日	年 月 日	年 月 日	年 月 日

附录 F 本规范用词说明

B.0.1 为便于在执行本规范条文时区别对待,对要求严格程度不同的用词说明如下:

1 表示很严格,非这样做不可的用词:
正面词采用"必须",反面词采用"严禁"。

2 表示严格,在正常情况下均应这样做的用词:
正面词采用"应",反面词采用"不应"或"不得"。

3 表示允许稍有选择,在条件许可时,首先应这样做的用词:
正面词采用"宜",
反面词采用"不宜"。

表示有选择,在一定条件下可以这样做的,采用"可"。

B.0.2 条文中指明应按其他有关标准、规范执行时,采用"应按……执行"或"应符合……要求或者规定"。

中华人民共和国国家标准

建筑给水排水及采暖工程
施工质量验收规范

GB 50242—2002

条 文 说 明

目　　次

- 3 基本规定 …………………… 9—19—31
  - 3.1 质量管理 …………………… 9—19—31
  - 3.2 材料设备管理 ……………… 9—19—31
  - 3.3 施工过程质量控制 ………… 9—19—31
- 4 室内给水系统安装 …………… 9—19—32
  - 4.1 一般规定 …………………… 9—19—32
  - 4.2 给水管道及配件安装 ……… 9—19—32
  - 4.3 室内消火栓系统安装 ……… 9—19—32
  - 4.4 给水设备安装 ……………… 9—19—33
- 5 室内排水系统安装 …………… 9—19—33
  - 5.1 一般规定 …………………… 9—19—33
  - 5.2 排水管道及配件安装 ……… 9—19—33
  - 5.3 雨水管道及配件安装 ……… 9—19—34
- 6 室内热水供应系统安装 ……… 9—19—34
  - 6.1 一般规定 …………………… 9—19—34
  - 6.2 管道及配件安装 …………… 9—19—34
  - 6.3 辅助设备安装 ……………… 9—19—34
- 7 卫生器具安装 ………………… 9—19—34
  - 7.1 一般规定 …………………… 9—19—34
  - 7.2 卫生器具安装 ……………… 9—19—35
  - 7.3 卫生器具给水配件安装 …… 9—19—35
  - 7.4 卫生器具排水管道安装 …… 9—19—35
- 8 室内采暖系统安装 …………… 9—19—35
  - 8.1 一般规定 …………………… 9—19—35
  - 8.2 管道及配件安装 …………… 9—19—35
  - 8.3 辅助设备及散热器安装 …… 9—19—36
  - 8.4 金属辐射板安装 …………… 9—19—36
  - 8.5 低温热水地板辐射采暖系统安装 …………………… 9—19—36
  - 8.6 系统水压试验及调试 ……… 9—19—36
- 9 室外给水管网安装 …………… 9—19—36
  - 9.1 一般规定 …………………… 9—19—36
  - 9.2 给水管道安装 ……………… 9—19—37
  - 9.3 消防水泵接合器及室外消火栓安装 ……………………… 9—19—37
  - 9.4 管沟及井室 ………………… 9—19—38
- 10 室外排水管网安装 …………… 9—19—38
  - 10.1 一般规定 …………………… 9—19—38
  - 10.2 排水管道安装 ……………… 9—19—38
  - 10.3 排水管沟与井池 …………… 9—19—39
- 11 室外供热管网安装 …………… 9—19—39
  - 11.1 一般规定 …………………… 9—19—39
  - 11.2 管道及配件安装 …………… 9—19—39
  - 11.3 系统水压试验及调试 ……… 9—19—39
- 12 建筑中水系统及游泳池水系统安装 ………………………… 9—19—39
  - 12.1 一般规定 …………………… 9—19—39
  - 12.2 建筑中水系统管道及辅助设备安装 ……………………… 9—19—40
  - 12.3 游泳池水系统安装 ………… 9—19—40
- 13 供热锅炉及辅助设备安装 …… 9—19—40
  - 13.1 一般规定 …………………… 9—19—40
  - 13.2 锅炉安装 …………………… 9—19—40
  - 13.3 辅助设备及管道安装 ……… 9—19—41
  - 13.4 安全附件安装 ……………… 9—19—42
  - 13.5 烘炉、煮炉和试运行 ……… 9—19—42
  - 13.6 换热站安装 ………………… 9—19—42
- 14 分部（子分部）工程质量验收 …………………………… 9—19—42

3 基本规定

3.1 质量管理

3.1.1 按照《建设工程质量管理条例》(以下简称《条例》)精神，结合《建筑工程施工质量验收统一标准》GB50300(以下简称《统一标准》)，抓好施工企业对项目质量的管理，所以施工单位应有技术标准和工程质量检测仪器、设备，实现过程控制。

3.1.2 按《条例》精神，施工图设计文件必须经过审查批准方可施工使用的要求，并在原《采暖与卫生工程施工及验收规范》GBJ242—82(以下简称原《规范》)基础上，做了条文修改。

3.1.3 按《统一标准》要求，结合调研了解到，施工组织设计或施工方案对指导工程施工和提高施工质量，明确质量验收标准确有实效，同时监理或建设单位审查利于互相遵守。

3.1.4 按建筑给水、排水、采暖、锅炉工程的工艺特点，分项工程结合原《规范》进行划分。

3.1.5 该条提出了结合本专业特点，分项工程应按系统、区域、施工段或楼层等划分。又因为每个分项有大有小所以增加了检验批。如：一个30层楼的室内给水系统，可按每10层或每5层一个检验批。这样既便于施工划分，也便于检查记录。如：一个5层楼的室内排水系统，可以按每单元1个检验批进行验收检查。

3.1.6 按《条例》精神，结合调研发现建筑工程中，给水、排水或采暖工程的施工单位，有很多小包工队不具备施工资质，没有执行的技术标准，建设单位或总包单位为了降低成本，有意肢解发包工程，所以增加此条，加强建筑市场的管理。调研中还了解到验收人员中行政管理人员居多，专业技术人员太少或技术资格不够，故增加此内容。

3.2 材料设备管理

3.2.1 该条符合《条例》精神，经多年实用可行。按现行市场管理体制，增加了适应国情的中文质量证明文件及监理工程师核查确认。

3.2.2 进场材料的验收对提高工程质量是非常必要的，在对品种、规格、外观加强验收的同时，应对材料包装表面情况及外力冲击进行重点检验。

3.2.3 进场的主要器具和设备应有安装使用说明书是抓好工程质量的重要一环。调研中了解到器具和设备在安装上不规范、不正确的安装满足不了使用功能的情况时有出现，运行调试不按程序进行导致器具或设备损坏，所以增加此内容。在运输、保管和施工过程中对器具和设备的保护也很重要，措施不得当就有损坏和腐蚀情况。

3.2.4 取消了原《规范》第2.0.14条"如有漏、裂不合格的应再抽查20%，仍有不合格的则须逐个试验"。调研中了解到目前国内小型阀门厂很多，但质量问题也很多，若保留此条款内容则给施工单位增加了很大工作量，而且保护了质量差的产品。国内大企业或合资企业的阀门质量相对较好。

3.2.5 参考《通用阀门压力试验》GBJ/T 13927的有关规定。

3.2.6 调研中了解到，非标准冲压弯头有使用现象，缩小了管径，外观也不美观，故增加此条。

3.3 施工过程质量控制

3.3.1 按《条例》和《统一标准》精神，增加此条，主要是解决相关各专业间的矛盾，落实中间过程控制。

3.3.2 调研中了解到隐蔽工程出现的问题较多，处理较困难。给使用者、用户和管理者带来很多麻烦，故增加此条款。

3.3.3 原《规范》经过多年的实践对该条执行较为认真并有效地防止了质量事故的产生。如果忽略此条内容或不够重视将造成严重的后果，所以将此条列为强制性条文。

3.3.4 在调研中了解到，有些工程项目在伸缩缝、抗震缝及沉降缝处的管道安装，由于处理不当，使用中出现变形破裂现象，所以增加了此条款。

3.3.5~3.3.7 原《规范》第2.0.8条、第2.0.9条、第2.0.11条经过多年的实践是可行适用的，故保留。

3.3.8 原《规范》第2.0.12条中保温管道支架间距根据调研及参考一些资料适当地放宽0.5m。

3.3.9 参考中国工程建设标准化协会标准、资料和有关省市规定编写。

3.3.10 调研中了解到近年采用铜管做给水管材的很多，支架间距较杂。此条参考上海市工程建设标准化办公室的推荐性标准《建筑给水铜管管道工程技术规程》编写。

3.3.11 原《规范》第2.0.13条调整并增加同一房间管卡应安装在同一高度的要求。

3.3.12~3.3.14 原《规范》条文，增加了套管与管道之间缝隙应用阻燃密实材料。经过调研了解到，这个缝隙不堵不美观，而且不具私密性，所以增加此内容。

3.3.15 管道接口形式，保留了传统适用的连接形式，又增加了目前常见的新连接形式，并做了基本规定，有利于工程质量过程控制。

3.3.16 见各章节相关说明。

4 室内给水系统安装

4.1 一般规定

4.1.1 本章适用范围。为适应当前高层建筑室内给水和消火栓系统工作压力的需求,经调研和组织专家论证,将其工作压力限定在不大于1.0MPa是合适的。

4.1.2 目前市场上可供选择的给水系统管材种类繁多,每种管材均有自己的专用管道配件及连接方法,故强调给水管道必须采用与管材相适应的管件,以确保工程质量。为防止生活饮用水在输送中受到二次污染,也强调了生活给水系统所涉及的材料必须达到饮用水卫生标准。

4.1.3 调研中了解到给水系统用镀锌钢管较为普遍,DN≤100mm镀锌钢管丝扣连接较多,同时使用中发现由于焊接破坏了镀锌层产生锈蚀十分严重,故要求管径小于或等于100mm的镀锌钢管应采用螺纹连接,并强调套丝后被破坏的镀锌层表面及外露螺纹部分应作防腐处理,以确保工程质量。管径大于100mm的镀锌钢管套丝困难,安装也不方便,故规定应采用法兰或卡箍(套)式等专用管件连接,并强调了镀锌钢管与法兰的焊接处应二次镀锌,防止锈蚀,以确保工程质量。

4.1.4 综合目前市场上出现的各种塑料管和复合管生产厂家推荐的管道连接方式。列出室内给水管道可采用的连接方法及使用范围。

4.1.5 给水铸铁管连接方式很多,本条列出的两种连接方式安装方便,问题较少,并能保证工程质量。

4.1.6 调研时了解到,铜管安装连接时,普遍做法是参照制冷系统管道的连接方法。限制承插连接管径为22mm,以防管壁过厚易裂。

4.1.7 给水立管和装有3个或3个以上配水点的支管始端,要求安装可拆的连接件,主要是为了便于维修、拆装方便。

4.1.8 冷、热水管道同时安装,规定1.上下平行安装时热水管应在冷水管上方,主要防止冷水管安装在热水管上方时冷水管外表面结露;2.垂直安装时热水管应在冷水管左侧,主要是便于管理、维修。

4.2 给水管道及配件安装

主控项目

4.2.1 强调室内给水管道试压必须按设计要求且符合规范规定,列为主控项目。检验方法分两档:金属及复合管给水管道系统试压参照钢制给水管道试压的有关规定;塑料给水管道系统试压则参照CECS18:90及各塑料给水管生产厂家的有关规定,制定本条以统一检验方法。

4.2.2 为保证使用功能,强调室内给水系统在竣工后或交付使用前必须通水试验,并作好记录,以备查验。

4.2.3 为保证水质、使用安全,强调生活饮用水管道在竣工后或交付使用前必须进行吹洗,除去杂物,使管道清洁,并经有关部门取样化验,达到国家《生活饮用水标准》才能交付使用。

4.2.4 为延长使用寿命,确保使用安全,规定除塑料管和复合管本身具有防腐功能可直接埋地敷设外,其他金属给水管材埋地敷设均应按规范规定作防腐处理。

一般项目

4.2.5 给水管与排水管上、下交叉铺设,规定给水管应铺设在排水管上面,主要是为防止给水管水质不受污染。如因条件限制,给水管必须铺设在排水管下面时,给水管应加套管,为安全起见,规定套管长度不得小于排水管管径的3倍。

4.2.6 原《规范》第9章内容过于烦锁,使用不方便,根据调研确定此两款。

4.2.7 给水水平管道设置坡度坡向泄水装置是为了在试压冲洗及维修时能及时排空管道内的积水,尤其在北方寒冷地区,在冬季未正式采暖时管道内如有残存积水易冻结。

4.2.8 本条参照《建筑采暖卫生与煤气工程质量检验评定标准》GBJ 302—88(以下简称《验评标准》)第2.1.14条及表2.1.14并增加塑料管和复合管部分内容。

4.2.9 管道支吊架应外观平整,结构牢固,间距应符合规范规定,属一般控制项目。

4.2.10 为保护水表不受损坏,兼顾南北方气候差异限定水表安装位置。对螺翼式水表,为保证水表测量精度,规定了表前与阀门间应不小于8倍水表接口直径的直线管段。水表外壳距墙面净距应保持安装距离。至于水表安装标高各地区有差异,不好作统一规定,应以设计为准,仅规定了允许偏差。

4.3 室内消火栓系统安装

主控项目

4.3.1 室内消火栓给水系统在竣工后均应作消火栓试射试验,以检验其使用效果,但不能逐个试射,故选取有代表性的三处:屋顶(北方一般在屋顶水箱间等室内)试验消火栓和首层取两处消火栓。屋顶试验消火栓试射可测出流量和压力(充实水柱);首层两处消火栓试射可检验两股充实水柱同时到达本消火栓应到达的最远点的能力。

一般项目

4.3.2 施工单位在竣工时往往不按规定把水龙带挂

在消火栓箱内挂钉或水龙带卷盘上,而将水龙带卷放在消火栓箱内交工,建设单位接管后必须重新安装,否则失火时会影响使用。

4.3.3 箱式消火栓的安装,其栓口朝外并不应安装在门轴侧主要是取用方便;栓口中心距地面为1.1m符合现行防火设计规范规定。控制阀门中心距侧面及后内表面距离,规定允许偏差,给出箱体安装的垂直度允许偏差均为了确保工程质量和检验方便。

4.4 给水设备安装

主 控 项 目

4.4.1 为保证水泵基础质量,对水泵就位前的混凝土强度、坐标、标高、尺寸和螺栓孔位置按设计要求进行控制。

4.4.2 为保证水泵运行安全,其试运转的轴承温升值必须符合设备说明书的限定值。

4.4.3 敞口水箱是无压的,作满水试验检验其是否渗漏即可。而密闭水箱(罐)是与系统连在一起的,其水压试验应与系统相一致,即以其工作压力的1.5倍作水压试验。

一 般 项 目

4.4.4 为使用安全,水箱的支架或底座应构造正确,埋设平整牢固,其尺寸及位置应符合设计规定。

4.4.5 水箱的溢流管和泄放管设置应引至排水地点附近是满足排水方便,不得与排水管直接连接,一定要断开是防止排水系统污物或细菌污染水箱水质。

4.4.6 因弹簧减振器不利于立式水泵运行时保持稳定,故规定立式水泵的减振装置不应采用弹簧减振器。

4.4.7 《验评标准》第2.3.7条及表2.3.7之1、2两项经多年使用起到了保证质量的作用。

4.4.8 《验评标准》第2.3.7条及表2.3.7之3项适用检查保温材料,而且非常方便,起到保证质量的作用。

5 室内排水系统安装

5.1 一 般 规 定

5.1.1 本章适用范围。
5.1.2 对室内排水管道可选用的管材作一般规定。

5.2 排水管道及配件安装

主 控 项 目

5.2.1 隐蔽或埋地的排水管道在隐蔽前作灌水试验,主要是防止管道本身及管道接口渗漏。灌水高度不低于底层卫生器具的上边缘或底层地面高度,主要是按施工程序确定的,安装室内排水管道一般均采取先地下后地上的施工方法。从工艺要求看,铺完管道后,经试验检查无质量问题,为保护管道不被砸碰和不影响土建及其他工序,必须进行回填。如果先隐蔽,待一层主管做完再补做灌水试验,一旦有问题,就不好查找是哪段管道或接口漏水。

5.2.2 根据《验评标准》第3.4.8条表3.4.8,主要为保证排水畅通。

5.2.3 塑料排水管道内壁较光滑,结合对多项工程的调研,确定表5.2.3的坡度值。

5.2.4 参照CJJ/T 29—98;第3.1.3-4条;第3.1.17-20条;第4.1.14条编写。经调研,凡直线长度超过4m的排水塑料管道没有设伸缩节的都出现变形、裂漏等现象,这条规定是合适的;高层建筑中明设排水塑料管道在楼板下设阻火圈或防火套管是防止发生火灾时塑料管被烧坏后火势穿过楼板使火灾蔓延到其他层。

5.2.5 根据对排水工程质量常见病的调研,保证工程质量要求排水立管及水平干管均应作通球试验;通球要必保100%;球径以不小于排水管径的2/3为宜。

一 般 项 目

5.2.6 参照《建筑给水排水设计规范》GBJ 15—88(以下简称《给排水设计规范》)第3.5.3条,结合近年施工经验设此条。其第4款中的污水横管的直线管段上检查口或清扫口之间的最大距离应符合表3.5.3的规定。

5.2.7 主要为了便于检查清扫。井底表面设坡度,是为了使井底内不积存脏物。

5.2.8 金属排水管道较重,要求吊钩或卡箍固定在承重结构上是为了安全。固定件间距则根据调研确定。要求立管底部的弯管处设支墩,主要防止立管下沉,造成管道接口断裂。

5.2.9 根据各排水塑料管材生产厂家提供的资料及对各施工单位现场调研综合编制表5.2.9。

5.2.10 参照《给排水设计规范》第3.6.9条、第3.6.11条编写。

5.2.11 参照《给排水设计规范》第3.3.3条3款,主要防止未经过灭菌处理的废水带来大量病菌排入污水管道进而扩散。

5.2.12 参照《给排水设计规范》第3.3.3条1、2款。主要为了防止大肠杆菌及有害气体沿溢流管道进入设备及水箱污染水质。

5.2.13 参照《给排水设计规范》第3.3.16条。主要为了便于清扫,防止管道堵塞。

5.2.14 参照《给排水设计规范》第3.3.19条。主要为了保证室内排水畅通,防止外管网污水倒流。

5.2.15 参照《给排水设计规范》第3.3.15条编写。

5.2.16 《验评标准》第3.1.12条表3.1.12经多年使用未发现问题，是适用的。

5.3 雨水管道及配件安装

主控项目

5.3.1 主要为保证工程质量。因雨水管有时是满管流，要具备一定的承压能力。

5.3.2 塑料排水管要求每层设伸缩节，作为雨水管也应按设计要求安装伸缩节。

5.3.3 主要为使排水通畅。

5.3.4 主要防止雨水管道满水后倒灌到生活污水管，破坏水封造成污染并影响雨水排出。

5.3.5 雨水斗的连接管应固定在屋面承重结构上，主要是为了安全、防止断裂；雨水斗边缘与屋面相连处应严密不漏，主要防止接触不严漏水。DN100是雨水斗的最小规格。

5.3.6 主要为便于清扫。

5.3.7 参照《验评标准》第3.1.12条表3.1.12编写。

5.3.8 主要为检验焊接质量。

6 室内热水供应系统安装

6.1 一般规定

6.1.1 本章适用范围。热水温度不超过75℃编写。

6.1.2 为保证卫生热水供应的质量。热水供应系统的管道应采用耐腐蚀、对水质无污染的管材。

6.1.3 热水供应系统管道及配件安装应与室内给水系统管道及配件安装要求相同。

6.2 管道及配件安装

主控项目

6.2.1 《验评标准》第4.2.2条经多年使用未出现问题，只是增加了新的材料。热水供应系统安装完毕，管道保温前进行水压试验，主要是防止运行后漏水不易发现和返修。

6.2.2 为保证使用安全，热水供应系统管道热伸缩一定要考虑。补偿器部分沿用《验评标准》第4.1.4条，主要防止施工单位不按设计要求位置安装和不作安装前的预拉伸，致使补偿器达不到设计计算的伸长量，导致管道或接口断裂漏水漏汽。

6.2.3 要求基本同本规范第4.2.3条，只是可以不消毒，不必完全达到国家《生活饮用水标准》。

一般项目

6.2.4 为保证热水供应系统运行安全，有利于管道系统排气和泄水。

6.2.5 温度控制器和阀门是热水制备装置中的重要部件之一，其安装必须符合设计要求，以保证热水供应系统的正常运行。

6.2.6 见本规范条文说明第4.2.8条。

6.2.7 为保证热水供应系统水温质量减少无效热损失，见本规范条文说明第4.4.8条。

6.3 辅助设备安装

主控项目

6.3.1 太阳能热水器的集热排管和上、下集管是受热承压部分，为确保使用安全，在装集热玻璃之前一定要作水压试验。

6.3.2 热交换器是热水供应系统的主要辅助设备，其水压试验应与热水供应系统相同。

6.3.3 主要为保证水泵基础质量。

6.3.4 主要为保证水泵安全运行。

6.3.5 要求水箱安装前作满水和水压试验，主要避免安装后漏水不易修补。

一般项目

6.3.6 根据各地经验及各太阳能热水器生产厂家的安装使用说明书综合编写。

6.3.7 主要为避免循环管路集存空气影响水循环。

6.3.8 为了保持系统有足够的循环压差，克服循环阻力。

6.3.9 为防止吸热板与采热管接触不严而影响集热效率。

6.3.10 为排空集热器内的集水，防止严寒地区不用时冻结。

6.3.11 为减少集热器热损失。

6.3.12 为避免集热器内载热流体被冻结。

6.3.13 保留《验评标准》第4.3.7条及表4.3.7之1、2项编写。

6.3.14 保留《验评标准》第4.2.8条及表4.2.8之4编写。

7 卫生器具安装

7.1 一般规定

7.1.1 本章适用范围。

7.1.2 用预埋螺栓和膨胀螺栓固定卫生器具仍是目前最常用的安装方法。

7.1.3 参照《给排水设计规范》第3.2.7条及表3.2.7编写。

7.1.4 参照《给水排水标准图集》S3中99S304《卫生设备安装》及卫生器具安装说明书综合编写。

7.2 卫生器具安装

主控项目

7.2.1 为保证排水栓和地漏的使用安全,排水栓和地漏安装应平整、牢固,低于排水表面,这是最基本的要求。其周边的渗漏往往被人们所忽视,是一大隐患。强调周边做到无渗漏。规定水封高度,保证地漏使用功能。

7.2.2 经调研很多卫生器具如洗面盆、浴盆等如不作满水试验,其溢流口、溢流管是否畅通无从检查;所有的卫生器具均应作通水试验,以检验其使用效果。

7.2.3 保留《验评标准》第3.2.6条及表3.2.6编写。

7.2.4 主要为了方便检修。

7.2.5 主要是保证冲洗水质和冲洗效果。要求镀锌钢管钻孔后进行二次镀锌,主要是防止因钻孔氧化腐蚀,出水腐蚀墙面并减少冲洗管的使用寿命。

7.2.6 主要为了保证卫生器具安装质量。

7.3 卫生器具给水配件安装

主控项目

7.3.1 对卫生器具给水配件质量进行控制,主要是保证外观质量和使用功能。

一般项目

7.3.2 保留《验评标准》第2.2.6条及表2.2.6编写。

7.3.3 经调研,普遍认为挂钩距地面1.8m较为合适,使用方使。

7.4 卫生器具排水管道安装

主控项目

7.4.1 根据调研和多年的工程实践情况,卫生器具排水管道与楼板的接合部位一向是薄弱环节,存在严重质量通病,最容易漏水。故强调与排水横管连接的各卫生器具的受水口和立管均应采取妥善可靠的固定措施;管道与楼板的接合部位应采取牢固可靠的防渗、防漏措施。

7.4.2 保留《验评标准》第3.2.2条编写。主要为了杜绝卫生器具漏水,保证使用功能。

一般项目

7.4.3 保留《验评标准》第3.1.12条及表3.1.12编写。

7.4.4 参照GBJ 15—88第3.4.1条及表3.4.1编写。

8 室内采暖系统安装

8.1 一般规定

8.1.1 根据国内采暖系统目前普遍使用的蒸汽压力及热水温度的现状,对本章的适用范围作出了规定。

8.1.2 管径小于或等于32mm的管道多用于连接散热设备立支管,拆卸相对较多,且截面较小,施焊时易使其截面缩小,因此参照各地习惯做法规定,不同管径的管道采用不同的连接方法。

此外,根据调查采暖系统近年来使用镀锌钢管渐多,增加了镀锌钢管连接的规定。

8.2 管道及配件安装

主控项目

8.2.1 管道坡度是热水采暖系统中的空气和蒸汽采暖系统中的凝结水顺利排除的重要措施,安装时应满足设计或本规范要求。

8.2.2 为妥善补偿采暖系统中的管道伸缩,避免因此而导致的管道破坏,本条规定补偿器及固定支架等应按设计要求正确施工。

8.2.3 在调研中发现,热水采暖系统由于水力失调导致热力失调的情况多有发生。为此,系统中的平衡阀及调节阀,应按设计要求安装,并在试运行时进行调节、作出标志。

8.2.4 此条规定目的在于保证蒸汽采暖系统安全正常的运行。

8.2.5 主要从受力状况考虑,使焊口处所受的力最小,确保方形补偿器不受损坏。

8.2.6 避免因方形补偿器垂直安装产生"气塞"造成的排气、泄水不畅。

一般项目

8.2.7 热量表、疏水器、降污器、过滤器及阀门等,是采暖系统的重要配件,为保证系统正常运行,安装时应符合设计要求。

8.2.8 见本规范第5.3.8条说明。

8.2.9 集中采暖建筑物热力入口及分户热计量户内系统入户装置,具有过滤、调节、计量及关断等多种功能,为保证正常运转及方便检修、查验,应按设计要求施工和验收。

8.2.10 为防止支管中部下沉,影响空气或凝结水的顺利排除,作此规定。

8.2.11 为保证热水干管顺利排气和蒸汽干管顺利排除凝结水,以利系统运行。

8.2.12 调研发现,采暖系统主干管道在与垂直或水平的分支管道连接时,常因钢渣挂在管壁内或分支管道本身经开孔处伸入干管内，影响介质流动。为避免此类事情发生，规定此条。

8.2.13 防止阀门误关导致膨胀水箱失效或水箱内水循环停止的不良后果。

8.2.14 高温热水一般工作压力较高，而一旦渗漏危害性也要高于低温热水，因此规定可拆件使用安全度较高的法兰和耐热橡胶板做垫料。

8.2.15 室内采暖系统的安装，当管道焊接连接时，较多使用冲压弯头。由于其弯曲半径小，不利于自然补偿。因此本条规定，在作为自然补偿时，应使用煨弯。同时规定，塑料管和铝塑复合管除必须使用直角弯头的场合，应使用管道弯曲转弯，以减少阻力和渗漏的可能，特别是在隐蔽敷设时。

8.2.16 保证涂漆质量，以利防锈和美观。

8.2.17 见本规范第4.4.8条说明。

8.2.18 本条规定基本延用《验评标准》第4.1.16条内容。据调查，在多年执行中是可行的。

8.3 辅助设备及散热器安装

主控项目

8.3.1 散热器在系统运行时损坏漏水，危害较大。因此规定组对后和整组出厂的散热器在安装之前应进行水压试验，并限定最低试验压力为0.6MPa。

8.3.2 随着大型、高层建筑物兴建，很多室内采暖系统中附设有热交换装置、水泵及水箱等。因此作本条规定。

一般项目

8.3.3 为保证散热器组对的平直度和美观，对其允许偏差做出规定。

8.3.4 为保证垫片质量，要求使用成品并对材质提出要求。

8.3.5 本条目的为保证散热器挂装质量。对于常用散热器支架及托架数量也做出了规定。

8.3.6 散热器的传热与墙表面的距离相关。过去散热器与墙表面的距离多以散热器中心计算。由于散热器厚度不同，其背面与墙表面距离即使相同，规定的距离也会各不相同，显得比较繁杂。本条规定，如设计未注明，散热器背面与装饰后的墙内表面距离应为30mm。

8.3.7 为保证散热器安装垂直和位置准确，规定了允许偏差。

8.3.8 保证涂漆质量，以利防锈和美观。

8.4 金属辐射板安装

主控项目

8.4.1 保证辐射板具有足够的承压能力，利于系统安全运行。

8.4.2 保证泄水和放气的顺畅进行。

8.4.3 为便于拆卸检修，规定使用法兰连接。

8.5 低温热水地板辐射采暖系统安装

主控项目

8.5.1 地板敷设采暖系统的盘管在填充层及地面内隐蔽敷设，一旦发生渗漏，将难以处理，本条规定的目的在于消除隐患。

8.5.2 隐蔽前对盘管进行水压试验，检验其应具备的承压能力和严密性，以确保地板辐射采暖系统的正常运行。

8.5.3 盘管出现硬折弯情况，会使水流通面积减小，并可能导致管材损坏，弯曲时应予以注意，曲率半径不应小于本条规定。

一般项目

8.5.4 分、集水器为地面辐射采暖系统盘管的分路装置，设有放气阀及关断阀等，属重要部件，应按设计要求进行施工及验收。

8.5.5 作为散热部件的盘管，在供回水温度一定的条件下，其散热量取决于盘管的管径及间距。为保证足够的散热量，应按设计图纸进行施工和验收。

8.5.6 为保证地面辐射采暖系统在完好和正常的情况下使用，防潮层、防水层、隔热层及伸缩缝等均应符合设计要求。

8.5.7 填充层的作用在于固定和保护散热盘管，使热量均匀散出。为保证其完好和正常使用，应符合设计要求的强度，特别在地面负荷较大时，更应注意。

8.6 系统水压试验及调试

主控项目

8.6.1 据调查，原《规范》关于水压试验的内容，经多年实践，是基本适用可行的。本条规定在此基础上作了部分调整。塑料管和复合管其承压能力随着输送的热水温度的升高而降低。采暖系统中此种管道在运行时，承压能力较水压试验时有所降低。因此，与使用钢管的系统相比，水压试验值规定得稍高一些。

8.6.2 为保证系统内部清洁，防止因泥沙等积存影响热媒的正常流动。

8.6.3 系统充水、加热，进行试运行和调试是对采暖系统功能的最终检验，检验结果应满足设计要求。若加热条件暂不具备，应延期进行该项工作。

9 室外给水管网安装

9.1 一般规定

9.1.1 界定本章条文的适用范围。

9.1.2 规定输送生活饮用水的给水管道应采用塑料管、复合管、镀锌钢管或给水铸铁管是为保证水体不在输送中受污染。强调管材、管件应是同一厂家的配套产品是为了保证管材和管件的匹配公差一致，从而保证安装质量，同时也是为了让管材生产厂家承担材质的连带责任。

9.1.3 室外架空或在室外地沟内铺设给水管道与在室内铺设给水管道安装条件和办法相似，故其检验和验收的要求按室内给水管道相关规定执行。但室外架空管道是在露天环境中，温度变化波动大，塑料管道在阳光的紫外线作用下会老化，所以要求室外架空铺设的塑料管道必须有保温和防晒等措施。

9.1.4 室外消防水泵接合器及室外消火栓的安装位置及形式是设计后，经当地消防部门综合当地情况按消防法规严格审定的，故不可随意改动。

9.2 给水管道安装

主控项目

9.2.1 要求将室外给水管道埋设在当地冰冻线以下，是为防止给水管道受冻损坏。调查时反映，一些特殊情况，如山区，有些管道必须在冰冻线以上铺设，管道的保温和防潮措施由于考虑不周出了问题，因此要求凡在冰冻线以上铺设的给水管道必须制定可靠的措施才能进行施工。

据资料介绍，地表0.5m以下的土层温度在一天内波动非常小，在此深度以下埋设管道，其中蠕变可视为不发生。另考虑到一般小区内给水管道内压及外部可能的荷载，考虑到各种管材的强度，在汇总多家意见的基础上，规定在无冰冻地区给水管道管顶的覆土埋深不得小于500mm，穿越道路（含路面下）部位的管顶覆土层深不得小于700mm。

9.2.2 为使饮用水管道远离污染源，界定此条。

9.2.3 法兰、卡扣、卡箍等是管道可拆卸的连接件，埋在土壤中，这些管件必然要锈蚀，挖出后再拆卸已不可能。即或不挖出不做拆卸，这些管件的所在部位也必然成为管道的易损部位，从而影响管道的寿命。

9.2.4 条文中尺寸是从便于安装和检修考虑确定的。

9.2.5 对管网进行水压试验，是确保系统能正常使用的关键，条文中规定的试验压力值及不同管材的试压检验方法是依据多年的施工实践，在广泛征求各方意见的基础上综合制订的。

9.2.6 本条文中镀锌钢管系指输送饮用水所采用的热镀锌钢管，钢管系指输送消防给水用的无缝或有缝钢管。镀锌钢管和钢管埋地铺设时为提高使用年限，外壁必须采取防腐蚀措施。目前常用的管外壁防腐蚀涂料有沥青漆、环氧树脂漆、酚醛树脂漆等，涂覆方法可采用刷涂、喷涂、浸涂等。条文的表9.2.6中给定的是多年沿用的老方法，但因其价格廉，易操作，适用性好等特点仍应采用，表中防腐层厚度可供涂覆其他防腐涂料时参考（对球墨铸铁给水管要求外壁必须刷沥青漆防腐）。

9.2.7 对输送饮用水的管道进行冲洗和消毒是保证人们饮用到卫生水的两个关键环节，要求不仅要做到而且要做好。

一般项目

9.2.8 条文的规定是本着既实际可行，又能起到控制质量的情况下给出的。

9.2.9 钢材的使用寿命与涂漆质量有直接关系。也是人们的感观的要求，故刷油质量必须控制好。

9.2.10 目前给水塑料管的强度和刚度大都比钢管和给水铸铁管差，调查中发现，管径≥50mm的给水塑料管道由于其管道上的阀门安装时没采取相应的辅助固定措施，在多次开启或拆卸时，多数引起了管道破损漏水的情况发生。

9.2.11 从便于检修操作和防止渗漏污染考虑预留的距离。

9.2.12 限定铸铁管承插口的对口最大间隙，主要为保证接口质量。

9.2.13 限定铸铁管承插口的环形间隙，主要为保证接口质量。

9.2.14 给水铸铁管采用承插捻口连接时，捻麻是接口内一项重要工作，麻捻压的虚和实将直接影响管接口的严密性。提出深度应占整个环形间隙深度的1/3是为进行施工过程控制时参考。

9.2.15 铸铁管的承插接口填料多年来一直采用石棉水泥或膨胀水泥，但石棉水泥因其中含有石棉绒，这种材料不符合饮用水卫生标准要求，故这次将其删除，推荐采用硅酸盐水泥捻口，捻口水泥的强度等级不得低于32.5级。

9.2.16 目的是防止有侵蚀性水质对接口填料造成腐蚀。

9.2.17 主要为保护橡胶圈接口处不受腐蚀性的土壤或地下水的侵蚀性损坏。条文还综合有关行标对橡胶圈接口最大偏转角度进行了限定。

9.3 消防水泵接合器及室外消火栓安装

主控项目

9.3.1 根据调研及多年的工程实践，统一规定试验压力为工作压力的1.5倍，但不得小于0.6MPa。这样既便于验收时掌握，也能满足工程需要。

9.3.2 消防管道进行冲洗的目的是为保证管道畅通，防止杂质、焊渣等损坏消火栓。

9.3.3 消防水泵接合器和消火栓的位置标志应明

显，栓口的位置应方便操作，是为了突出其使用功能，确保操作快捷。室外消防水泵接合器和室外消火栓当采用墙壁式时，其进、出水栓口的中心安装高度距地面为1.1m也是为了方便操作。因栓口直接设在建筑物外墙上，操作时必然紧靠建筑物，为保证消防人员的操作安全，故强调上方必须有防坠落物打击的措施。

一般项目

9.3.4 为了统一标准，保证使用功能。

9.3.5 为了保证实用和便于操作。

9.3.6 消防水泵接合器的安全阀应进行定压（定压值应由设计给定），定压后的系统应能保证最高处的一组消火栓的水栓能有10～15m的充实水柱。

9.4 管沟及井室

主控项目

9.4.1 管沟的基层处理好坏，井室的地基是否牢固直接影响管网的寿命，一但出现不均匀沉降，就可能造成管道断裂。

9.4.2 强调井盖上必须有明显的中文标志是为便于查找和区分各井室的功能。

9.4.3 调查时发现，许多小区的井圈和井盖在使用时轻型和重型不分，特别是用轻不用重，造成井盖损坏，给行车行人带来麻烦。这次对此突出做了要求。

9.4.4 强调重型铸铁或混凝土井圈，不得直接放在井室的砖墙上，砖墙上应做不少于80mm厚的细石混凝土垫层，垫层与井圈间应用高强度等级水泥砂浆找平，目的是为保证井圈与井壁成为一体，防止井圈受力不均时或反复冻胀后松动，压碎井壁砖导致井室塌陷。

一般项目

9.4.5 本条界定了管沟的施工标准及应遵循的原则。

9.4.6 要求管沟的沟底应是原土层或是夯实的回填土，目的是为了管道铺设后，沟底不塌陷。要求沟底不得有尖硬的物体、块石，目的是为了保护管壁在安装过程中不受损坏。

9.4.7 针对沟基下为岩石、无法清除的块石或沟底为砾石层时，为了保护管壁在安装过程中及以后的沉降过程中不受损坏，采取的措施。

9.4.8 本条文的规定是为了确保管道回填土的密实度和在管沟回填过程中管道不受损坏。

9.4.9 本条系对井室砌筑的施工要求。检查时建议可参照有关土建专业施工质量验收规范进行。

9.4.10 调查时发现，管穿过井壁处，采用一次填塞易出现裂纹，二次填塞基本保证消除裂纹，且表面也易抹平，故规定此条文。

10 室外排水管网安装

10.1 一般规定

10.1.1 界定本章条文的适用范围。

10.1.2 调查中反映，住宅小区的室外排水工程大部分还在应用混凝土管、钢筋混凝土管、排水铸铁管，用的也比较安全，反映也较好，故条文中将其列入。以前常用的缸瓦管因管壁较脆，易破损，多数地区已不用或很少用，所以条文中没列入。近几年发展起来的各种塑料排水管如：聚氯乙烯直壁管、环向（或螺旋）加肋管、双壁波纹管、高密度聚乙烯双重壁缠绕管和非热塑性夹砂玻璃钢管等已大量问世，由于其施工方便、密封可靠、美观、耐腐蚀、耐老化、机械强度好等优点已被多数用户所认可，在上海市已被大量采用，完全有取代其他排水管的趋势，故将其列入条文中。

10.1.3 排水系统的管沟及井室的土方工程，沟底的处理，管道穿井壁处的处理，管沟及井池周围的回填要求等与给水系统的对应要求相同，因此确定执行同样规则。

10.1.4 要求各种排水井和化粪池必须用混凝土打底板是由其使用环境所决定，调查时发现一些井池坍塌多数是由于混凝土底板没打或打的质量不好，在粪水的长期浸泡下出的问题。故要求必须先打混凝土底板后，再在其上砌井室。

10.2 排水管道安装

主控项目

10.2.1 找好坡度直接关系到排水管道的使用功能，故严禁无坡或倒坡。

10.2.2 排水管道中虽无压，但不应渗漏，长期渗漏处可导致管基下沉，管道悬空，因此要求在施工过程中，在两检查井间管道安装完毕后，即应做灌水试验。通水试验是检验排水使用功能的手段，随着从上游不断向下游做灌水试验的同时，也检验了通水的能力。

一般项目

10.2.3 条文中的规定是本着既满足实际，又适当放宽情况下给出的。

10.2.4 排水铸铁管和给水铸铁管在安装程序上、过程控制的内容上相似，施工检查可参照给水铸铁管承插接口的要求执行，但在材质上，通过的介质、压力上又承认差别，故应承认差别。但必须要保证接口不漏水。

10.2.5 刷二遍石油沥青漆是为了提高管材抗腐蚀

能力，提高管材使用年限。

10.2.6 承插接口的排水管道安装时，要求管道和管件的承口应与水流方向相反，是为了减少水流的阻力，减少水流对接口材料的压力（或冲刷力），从而保持抗渗漏能力，提高管网使用寿命。

10.2.7 条文中的控制规定是为确保抹带接口的质量，使管道接口处不渗漏。

10.3 排水管沟与井池

主控项目

10.3.1 如沟基夯实和支墩大小、尺寸、距离，强度等不符合要求，待管道安装上，土回填后必然造成沉降不均，管道或接口处会因受力不均而断裂。如井池底板不牢，必然产生井池体变形或开裂，必然迁带管道不均匀沉降，给管网带来损失。因此必须重视排水沟基的处理和保证井池的底板强度。

10.3.2 检查井、化粪池的底板及进出水管的标高直接影响整个排水系统的使用功能，一处变动迁动多处。故相关标高必须严格控制好。

一般项目

10.3.3 由于排水井池常期处在污水浸泡中，故其砌筑和抹灰等要求应比给水检查井室要严格。

10.3.4 排水检查井是住宅小区或厂区中数量最多的一种检查井，其井盖混用情况也最严重，损坏也最严重，群众意见也最大，故在通车路面下或小区道路下的排水井池也必须严格执行本规范第9.4.3条、第9.4.4条的规定。

11 室外供热管网安装

11.1 一般规定

11.1.1 根据国内采暖系统蒸汽压力及热水温度的现状，对本章的适用范围做出了规定。

11.1.2 对供热管网的管材，首先规定应按设计要求，对设计未注明时，规定中给出了管材选用的推荐范围。

11.1.3 为保证管网安装质量，尽量减少渗漏可能性采用焊接。

11.2 管道及配件安装

主控项目

11.2.1 在热水采暖的室外管网中，特别是枝状管网，装设平衡阀或调节阀已成为各用户之间压力平衡的重要手段。本条规定，施工与验收应符合设计要求并进行调试。

11.2.2 供热管道的直埋敷设渐多并已基本取代地沟敷设。本条文对直埋管道的预热伸长、三通加固及回填等的要求做了规定。

11.2.3 补偿器及固定支架的正确安装，是供热管道解决伸缩补偿，保证管道不出现破损所不可缺少的，本条文规定，安装和验收应符合设计要求。

11.2.4 采暖用户入口装置设于室外者很多。用户入口装置及检查应按设计要求施工验收，以方便操作与维修。

11.2.5 与地沟敷设相比，直埋管道的保温构造有着更高的要求，接头处现场发泡施工时更须注意，本条规定应遵照设计要求。

一般项目

11.2.6 坡度应符合设计要求，以便于排气、泄水及凝结水的流动。

11.2.7 为保证过滤效果，并及时清除脏物。

11.2.8 本条规定基本延用《验评标准》第8.0.16条内容。经实践验证可行，在控制管道安装允许偏差上是必须的，因此列入本条。

11.2.9 见本规范第5.3.8条说明。

11.2.10 为保证焊接质量，对焊缝质量标准提出具体要求。

11.2.11 为统一管道排列和便于管理维护。

11.2.12 主要为便于安装和检修。

11.2.13 主要在设计无要求时为保证和统一架空管道有足够的高度，以免影响行人或车辆通行。

11.2.14 保证涂漆质量，利于防锈。

11.2.15 见本规范第4.4.8条说明。

11.3 系统水压试验及调试

主控项目

11.3.1 沿用原《规范》第8.2.10条。据调查，该条文规定的试验压力适用可行，因此引入本条文内。

11.3.2 为保证系统管道内部清洁，防止因泥沙等积存影响热媒正常流动。

11.3.3 对于室外供热管道功能的最终调试和检验。

11.3.4 为保证水压试验在规定管段内正常进行。

12 建筑中水系统及游泳池水系统安装

12.1 一般规定

12.1.1 因中水水源多取自生活污水及冷却水等，故原水管道管材及配件要求应同建筑排水管道。

12.1.2 建筑中水供水及排水系统与室内给水及排水系统仅水质标准不同，其他均无本质区别，完全可以引用室内给水排水有关规范条文。

12.1.3 游泳池排水管材及配件应由耐腐蚀材料制成,其系统安装与检验要求与室内排水系统安装及检验要求应完全相同,故可引用本规范第5章相关内容。

12.1.4 游泳池水加热系统与热水供应加热系统基本相同,故系统安装、检验与验收应与本规范第6章相关规定相同。

12.2 建筑中水系统管道及辅助设备安装

主 控 项 目

12.2.1 为防止中水污染生活饮用水,对其水的设置做出要求,以确保使用安全。

12.2.2 为防止误饮、误用。

12.2.3 为防止中水污染生活饮用水的几项措施。

12.2.4 为方便维修管理,也是防止误接、误饮、误用的措施。

一 般 项 目

12.2.5 中水供水需经过化学药物消毒处理,故中水供水管道及配件要求为耐腐蚀材料。

12.2.6 为防止中水污染生活饮用水,参照CECS30:91第7.1.4条编写。

12.3 游泳池水系统安装

主 控 项 目

12.3.1 因游泳池水多数都循环使用且经加药消毒,故要求游泳池的给水、排水配件应由耐腐蚀材料制成。

12.3.2 毛发聚集器是游泳池循环水系统中的主要设备之一,应采用耐腐蚀材料制成。

12.3.3 防止清洗、冲洗等排水流入游泳池内而污染池水的措施。

一 般 项 目

12.3.4 因游泳池循环水需经加药消毒,故其循环管道应由耐腐蚀材料制成。

12.3.5 加药、投药和输药管道也应采用耐腐蚀材料制成,保证使用安全。

12.3.6 为保证使用卫生条件,本条所列管道均采用耐腐蚀管材。

13 供热锅炉及辅助设备安装

13.1 一 般 规 定

13.1.1 根据目前锅炉市场整装锅炉的炉型、吨位和额定工作压力等技术条件的变化及城市供暖向集中供热发展的趋势,以及绝大多数建筑施工企业锅炉安装队伍所具有的施工资质等级的情况,将本章的适用范围规定为"锅炉额定工作压力不大于1.25MPa,热水温度不超过130℃的整装蒸汽和热水锅炉及辅助设备"的安装。属于现场组装的锅炉(包括散装锅炉和组装锅炉)的安装应暂按行业标准《工业锅炉安装工程施工及验收规范》JBJ 27—96(以下简称《工业锅炉验收规范》)规定执行。

本章的规定同时也适用于燃油和燃气的供暖和供热水整装锅炉及辅助设备的安装工程的质量检验与验收。

13.1.2 供热锅炉安装工程不仅应执行建筑施工质量检验和验收的规范规定,同时还应执行国家环保、消防及安全监督等部门的有关规范、规程和标准的规定,以保证锅炉安全运行和使用功能。

本规范未涉及到的燃油锅炉的供油系统,燃气锅炉的供气系统,输煤系统及自控系统等的安装工程的质量检验和验收应执行相关行业的质量检验和验收规范及标准。

13.1.3 主要为防止管道、设备和容器未经试压和防腐就保温,不易检查管道、设备和容器自身和焊口或其他形式接口的渗漏情况和防腐质量。

13.1.4 为便于施工,并防止设备和容器的保温层脱落,规定保温层应采用钩钉或保温钉固定,其间距是根据调研中综合大多数施工企业目前施工经验而规定的。

13.2 锅炉安装

主 控 项 目

13.2.1 为保证设备基础质量,规定了对锅炉及辅助设备基础进行工序交接验收时的验收标准。表13.2.1参考了国家标准《混凝土工程施工及验收规范》GB 50204—92和《验评标准》的有关标准和要求。

13.2.2 根据调研,近几年非承压热水锅炉(包括燃油、燃气的热水锅炉)被广泛采用,各地技术监督部门已经对非承压锅炉的安装和使用进行监管。非承压锅炉的安装,如果忽视了它的特殊性,不严格按设计或产品说明书的要求进行施工,也会造成不安全运行的隐患。非承压锅炉最特殊的要求之一就是锅筒顶部必须敞口或装设大气连通管。

13.2.3 因为天然气通过释放管或大气排放管直接向大气排放是十分危险的,所以不能直接排放,规定必须采取处理措施。

13.2.4 燃油锅炉是本规范新增的内容,参考美国《燃油和天然气单燃器锅炉炉膛防爆法规》(NFPA 85A—82)的有关规定,为保证安全运行而增补了此条规定。

13.2.5 主要是为了保证阀门与管道，管道与管道之间的连接强度和可靠性，避免锅炉运行事故，保证操作人员人身安全。

13.2.6 根据《蒸汽锅炉安全技术监察规程》和《热水锅炉安全技术监察规程》的规定，参考了《工业锅炉验收规范》做了适当修改。为保证非承压锅炉的安全运行，对非承压锅炉本体及管道也应进行水压试验，防止渗、漏。其试验标准按工作压力小于 0.6MPa 时，试验压力不小于 1.5P+0.2MPa 的标准执行，因其工作压力为 0，所以应为 0.2MPa。

13.2.7 原《规范》的规定，据调查该条经多年实践是实用的，主要为保证锅炉安全可靠地运行。

13.2.8 保留原《规范》的规定，作为对锅炉安装焊接质量检验的标准。"锅炉本体管道"是指锅炉"三阀"（主汽阀或出水阀、安全阀、排污阀）之内的与锅炉锅筒或集箱连接的管道。

本条第 3 款所规定的"无损探伤的检测结果应符合锅炉本体设计的相关要求"，是指探伤数量和等级要求，为了保证安装焊接质量不低于锅炉制造的焊接质量。

一般项目

13.2.9 主要为保证工程质量，控制锅炉安装位置。

13.2.10 参照《工业锅炉验收规范》及《链条炉排技术条件》(JBJ 3271—83) 的有关规定，主要为检验锅炉炉排组装后或运输过程中是否有损坏或变形，控制炉排组装质量，保证锅炉安全运行。

13.2.11 参考《工业锅炉验收规范》的有关标准，主要为控制炉排安装偏差，保证锅炉可靠运行。

13.2.12 参考了原《规范》和《工业锅炉质量分等标准》(JB/DQ 9001—87) 的规定，将原规定每根管肋片破损数不得超过总肋片数的 10% 修改为 5%，提高了对省煤器的质量要求。

13.2.13 主要为便于排空锅炉内的积水和脏物。

13.2.14 根据整装锅炉安装施工的质量通病而规定，减少锅炉送风的漏风量。

13.2.15 根据《蒸汽锅炉安全监察规程》和《热水锅炉安全监察规程》规定，省煤器的出口处或入口处应安装安全阀、截止阀、止回阀、排气阀、排水管、旁通烟道、循环管等等，而有些设计者在设计时或者标注不全，或者笼统提出按有关规程处理，而施工单位则往往疏忽，造成锅炉运行时存在不安全隐患。

13.2.16 由于电动调节阀越来越普遍地使用，为保证确实发挥其调节和经济运行功能而规定的条款。

13.3 辅助设备及管道安装

主控项目

13.3.1 同第 13.2.1 条。

13.3.2 为保证风机安装的质量和安全运行，参考了《工业锅炉验收规范》的有关规定。

13.3.3 为保证压力容器在运行中的安全可靠性，因此予以明确和强调。

13.3.4 在调研中反映有的施工单位，对敞口箱、罐在安装前不作满水试验，结果投入使用后渗、漏水情况发生。为避免通病，故规定满水试验应静置 24h，以保证满水试验的可靠性。

13.3.5 参考美国《油燃烧设备的安装》(NFPA31) 中的同类设备的相关规定而制定的条款，主要是为保证储油罐体不渗、不漏。

13.3.6 为保证管道安装质量，所以作为主控项目予以规定。

13.3.7 主要为便于操作人员迅速处理紧急事故以及操作和维修。

13.3.8 根据调研，一些施工人员随意施工，常有不符合规范要求和不方便使用单位管理人员操作和检修的情况发生。本条规定是为了引起施工单位的重视。

13.3.9 根据《验评标准》的相关规定而制定的标准。

一般项目

13.3.10 根据《验评标准》的相关规定而制定的标准。

13.3.11 为明确和统一整装锅炉安装工艺管道的质量验收标准而制定的。此标准高于工业管道而低于室内采暖管道的标准，参考了《工业金属管道工程质量检验评定标准》(GB 50184—93) 的相关规定。

13.3.12 为保证锅炉上煤设备的安装质量和安全运行而制定的验收标准。参考了《连续输送设备安装工程施工及验收规范》(JBJ 32—96) 的有关内容而规定的。

13.3.13 参考了原《规范》的有关规定，并根据《电工名词术语·固定锅炉》(GB 2900·48—83) 的统一提法，将过去的习惯用语锅炉"鼓风机"改为"送风机"。

13.3.14 为防止水泵由于运输和保管等原因将泵的主要部件、活塞、活动轴、管路及泵体损伤，故规定安装前必须进行检查。

13.3.15 主要为统一安装标准，便于操作。

13.3.16 主要为保证安装质量和正常运行。

13.3.17 为统一安装标准，便于操作。

13.3.18 为保证除尘器安装质量和正常运行，同时为使风机不受重压，延长使用寿命，规定了"不允许将烟管重量压在风机上"。

13.3.19 为避免操作运行出现人身伤害事故，故予以硬性规定。

13.3.20 为便于操作、观察和维护，保证经软化处理的水质质量而规定的。

13.3.21 保留《验评标准》有关条款而制定。

13.3.22 为保证防腐和油漆工程质量，消除油漆工程质量通病而制定。

13.4 安全附件安装

主控项目

13.4.1 主要为保证锅炉安全运行，一旦出现超过规定压力时通过安全阀将锅炉压力泄放，使锅炉内压力降到正常运行状态，避免出现锅炉爆裂等恶性事故。故列为了强制性条文。

13.4.2 为保证压力表能正常计算和显示，同时也便于操作管理人员观察。

13.4.3 为保证真实反映锅炉及压力容器内水位情况，避免出现缺水和满水的事故。对各种形式的水位表根据其构造特点做出了不同的规定。

13.4.4 为保证对锅炉超温、超压、满水和缺水等安全事故及时报警和处理，因此上述报警装置及联锁保护必须齐全，并且可靠有效。此条列为强制性条文。

13.4.5 主要为保证操作人员人身安全。

一般项目

13.4.6 为保证锅炉安全运行，反映锅炉压力容器及管道内的真实压力。考虑到存水弯要经常冲洗，强调要求在压力表和存水弯之间应安装三通旋塞。

13.4.7 随着科学技术的发展，对锅炉安全运行的监控水平的不断提高，热工仪表得到广泛应用。参照《工业自动化仪表工程施工及验收规范》（GBJ 93—86）的有关规定而增加了本条规定。

13.4.8 规定不得将套管温度计装在管道及设备的死角处保证温度计全部浸入介质内和安装在温度变化灵敏的部位，是为了测量到被测介质的真实温度。

13.4.9 为避免或减少测温元件的套管所产生的阻力对被测介质压力的影响，取压口应选在测温元件的上游安装。

13.5 烘炉、煮炉和试运行

主控项目

13.5.1 第 1 款规定是为了防止炉墙及炉拱温度过高，第 2 款规定是为了防止烟气升温过急、过高，两种情况都可能造成炉墙或炉拱变形、爆裂等事故，参考《工业锅炉验收规范》的相关规定，将后期烟温规定为不应高于 160℃；第 3 款规定是为防止火焰在不变位置上燃烧，烧坏炉排；第 4 款规定是为减少锅筒和集箱内的沉积物，防止结垢和影响锅炉自身的水循环，避免爆管事故。

13.5.2 为提高烘炉质量，参考了有关的资料及一些地方的操作规程，将目前一些规程中砌筑砂浆含水率应降到 10%以下的规定修改为 7%以下，以提高对烘炉的质量要求。本条又增加了对烘炉质量检验的宏观标准。

13.5.3 锅炉带负荷连续 48h 试运行，是全面考核锅炉及附属设备安装工程的施工质量和锅炉设计、制造及燃料适用性的重要步骤，是工程使用功能的综合检验，因此列为强制性条文。

一般项目

13.5.4 为保证煮炉的效果必须保证煮炉的时间。规定了非砌筑和浇筑保温材料保温的锅炉安装后应直接进行煮炉的规定，目的在于强调整装的燃油、燃气锅炉安装后要进行煮炉，以除掉锅炉及管道中的油垢和附锈等。

13.6 换热站安装

主控项目

13.6.1 为保证换热器在运行中安全可靠，因而将此条作为强制性条文。考虑到相互隔离的两个换热部分内介质的工作压力不同，故分别规定了试验压力参数。

13.6.2 在高温水系统中，热交换器应安装在循环水泵出口侧，以防止由于系统内一旦压力降低产生高温水汽化现象。做出此条规定，突出强调，以保证系统的正常运行。

13.6.3 主要是为了保证维修和更换换热管的操作空间。

一般项目

13.6.4 同 13.3.10。

13.6.5 规定了热交换站内的循环泵、调节阀、减压器、疏水器、除污器、流量计等安装与本规范其他章节相应设备及阀、表的安装要求的一致性。

13.6.6 同 13.3.11。

13.6.7 同本规范 4.4.8。

14 分部（子分部）工程质量验收

14.0.1 依据《统一标准》，对检验批中的主控项目、一般项目和工艺过程进行的质量验收要求，对分项、分部工程的验收程序进行了划分和说明，并增加了验收表格。

14.0.2 重点突出了安全、卫生和使用功能的内容。这些项目应列出表格，在"施工工艺标准"或"施工技术指南"中体现。

14.0.3 保留原《规范》第 12.0.3 条，增加了技术质量管理内容和使用功能内容。

中华人民共和国国家标准

通风与空调工程施工
质量验收规范

Code of acceptance for construction quality of
ventilation and air conditioning works

GB 50243—2002

主编部门：中华人民共和国建设部
批准部门：中华人民共和国建设部
施行日期：２００２年４月１日

关于发布国家标准《通风与空调工程施工质量验收规范》的通知

建标 [2002] 60 号

根据建设部《关于印发〈二〇〇〇至二〇〇一年度工程建设国家标准制定、修订计划〉的通知》（建标[2001]87号）的要求，上海市建设和管理委员会会同有关部门共同修订了《通风与空调工程施工质量验收规范》。我部组织有关部门对该规范进行了审查，现批准为国家标准，编号为 GB 50243—2002，自 2002 年 4 月 1 日起施行。其中，4.2.3、4.2.4、5.2.4、5.2.7、6.2.1、6.2.2、6.2.3、7.2.2、7.2.7、7.2.8、8.2.6、8.2.7、11.2.1、11.2.4 为强制性条文，必须严格执行。原《通风与空调工程质量检验评定标准》GBJ 304—88 及《通风与空调工程施工及验收规范》GB 50243—97 同时废止。

本规范由建设部负责管理和对强制性条文的解释，上海市安装工程有限公司负责具体技术内容的解释，建设部标准定额研究所组织中国计划出版社出版发行。

中华人民共和国建设部
二〇〇二年三月十五日

前 言

本规范是根据建设部建标[2001]87号文件"关于印发《二〇〇〇至二〇〇一年度工程建设国家标准制订、修订计划》的通知"的要求，由上海市安装工程有限公司会同有关单位共同对《通风与空调工程质量检验评定标准》GBJ 304—88 和《通风与空调工程施工及验收规范》GB 50243—97 修订而成的。

在修订过程中，规范编制组开展了专题研究，进行了比较广泛、深入的调查研究，总结了多年来通风与空调工程施工质量检验和验收的经验，尤其总结了自 GB 50243—97 规范实施以来的工程实践经验，依照建设部"验评分离、强化验收、完善手段、过程控制"十六字方针，对原规范进行了全面修订。在修订的过程中，还以多种方式广泛征求了全国有关单位和行业专家的意见，对主要的质量指标进行了多次探讨和论证，对稿件进行了反复修改，最后经审定定稿。

本标准主要规定的内容有：
1 本规范的适用范围；
2 通风与空调工程施工质量验收的统一准则；
3 通风与空调工程施工质量验收中子分部工程的划分和所包含分项内容；
4 按通风与空调工程施工的特点，将本分部工程分为风管制作、风管部件制作、风管系统安装、通风与空调设备安装、空调制冷系统安装、空调水系统安装、防腐与绝热、系统调试、竣工验收和工程综合效能测定与调整等十个具体的工艺分类项目，并对其验收的内容、检查数量和检查方法作出了具体的规定；
5 按《建筑工程施工质量统一标准》GB 50300—2001 的规定，完善了本分部工程使用的质量验收记录；
6 为保证通风与空调工程使用效果与工程质量验收的完整，本规范对工程综合效能测定与调整作出了规定；
7 本规范中的强制性条文。

本规范将来可能需要进行局部修订,有关局部修订的信息和条文内容将刊登在《工程建设标准化》期刊上。

本规范以黑体字标志的条文为强制性条文，必须严格执行。

为了提高规范质量，请各单位在执行本规范的过程中，注意总结经验，积累资料，随时将有关的意见和建议反馈给上海市安装工程有限公司（上海市塘沽路 390 号，邮编：200080，E-mail：kj@chinasiec.com），以供今后修订时参考。

本规范主编单位、参编单位和主要起草人：
主编单位：上海市安装工程有限公司
参编单位：同济大学
　　　　　上海建筑设计研究院有限公司
　　　　　陕西省设备安装工程公司
　　　　　四川省工业设备安装公司
　　　　　中国电子工程设计院
　　　　　广州市机电安装有限公司
　　　　　北京市设备安装工程公司
　　　　　中国建筑科学研究院空气调节研究所
　　　　　福建省建设工程质量监督总站
　　　　　中国电子系统工程第二建设公司
　　　　　北京城建九建设安装工程有限公司
主要起草人：张耀良　刘传聚　寿炜炜　于正富
　　　　　　姚守先　秦学礼　陈晓文　何伟斌
　　　　　　刘元光　彭　荣　路小闽　秦立洋
　　　　　　傅超凡

目 次

1 总则 ······ 9—20—4	8.3 一般项目 ······ 9—20—17
2 术语 ······ 9—20—4	9 空调水系统管道与设备安装 ····· 9—20—18
3 基本规定 ······ 9—20—5	9.1 一般规定 ······ 9—20—18
4 风管制作 ······ 9—20—5	9.2 主控项目 ······ 9—20—18
4.1 一般规定 ······ 9—20—5	9.3 一般项目 ······ 9—20—19
4.2 主控项目 ······ 9—20—6	10 防腐与绝热 ······ 9—20—21
4.3 一般项目 ······ 9—20—8	10.1 一般规定 ······ 9—20—21
5 风管部件与消声器制作 ······ 9—20—10	10.2 主控项目 ······ 9—20—21
5.1 一般规定 ······ 9—20—10	10.3 一般项目 ······ 9—20—21
5.2 主控项目 ······ 9—20—10	11 系统调试 ······ 9—20—22
5.3 一般项目 ······ 9—20—11	11.1 一般规定 ······ 9—20—22
6 风管系统安装 ······ 9—20—12	11.2 主控项目 ······ 9—20—22
6.1 一般规定 ······ 9—20—12	11.3 一般项目 ······ 9—20—23
6.2 主控项目 ······ 9—20—12	12 竣工验收 ······ 9—20—23
6.3 一般项目 ······ 9—20—12	13 综合效能的测定与调整 ······ 9—20—24
7 通风与空调设备安装 ······ 9—20—14	附录A 漏光法检测与漏风量测试 ······ 9—20—24
7.1 一般规定 ······ 9—20—14	附录B 洁净室测试方法 ······ 9—20—26
7.2 主控项目 ······ 9—20—14	附录C 工程质量验收记录用表 ····· 9—20—28
7.3 一般项目 ······ 9—20—14	本规范用词说明 ······ 9—20—40
8 空调制冷系统安装 ······ 9—20—16	附：条文说明 ······ 9—20—41
8.1 一般规定 ······ 9—20—16	
8.2 主控项目 ······ 9—20—16	

1 总则

1.0.1 为了加强建筑工程质量管理,统一通风与空调工程施工质量的验收,保证工程质量,制定本规范。

1.0.2 本规范适用于建筑工程通风与空调工程施工质量的验收。

1.0.3 本规范应与现行国家标准《建筑工程施工质量验收统一标准》GB 50300—2001 配套使用。

1.0.4 通风与空调工程施工中采用的工程技术文件、承包合同文件对施工质量的要求不得低于本规范的规定。

1.0.5 通风与空调工程施工质量的验收除应执行本规范的规定外,尚应符合国家现行有关标准规范的规定。

2 术语

2.0.1 风管 air duct

采用金属、非金属薄板或其他材料制作而成,用于空气流通的管道。

2.0.2 风道 air channel

采用混凝土、砖等建筑材料砌筑而成,用于空气流通的通道。

2.0.3 通风工程 ventilation works

送风、排风、除尘、气力输送以及防、排烟系统工程的统称。

2.0.4 空调工程 air conditioning works

空气调节、空气净化与洁净室空调系统的总称。

2.0.5 风管配件 duct fittings

风管系统中的弯管、三通、四通、各类变径及异形管、导流叶片和法兰等。

2.0.6 风管部件 duct accessory

通风、空调风管系统中的各类风口、阀门、排气罩、风帽、检查门和测定孔等。

2.0.7 咬口 seam

金属薄板边缘弯曲成一定形状,用于相互固定连接的构造。

2.0.8 漏风量 air leakage rate

风管系统中,在某一静压下通过风管本体结构及其接口,单位时间内泄出或渗入的空气体积量。

2.0.9 系统风管允许漏风量 air system permissible leakage rate

按风管系统类别所规定平均单位面积、单位时间内的最大允许漏风量。

2.0.10 漏风率 air system leakage ratio

空调设备、除尘器等,在工作压力下空气渗入或泄漏量与其额定风量的比值。

2.0.11 净化空调系统 air cleaning system

用于洁净空间的空气调节、空气净化系统。

2.0.12 漏光检测 air leak check with lighting

用强光源对风管的咬口、接缝、法兰及其他连接处进行透光检查,确定孔洞、缝隙等渗漏部位及数量的方法。

2.0.13 整体式制冷设备 packaged refrigerating unit

制冷机、冷凝器、蒸发器及系统辅助部件组装在同一机座上,而构成整体形式的制冷设备。

2.0.14 组装式制冷设备 assembling refrigerating unit

制冷机、冷凝器、蒸发器及辅助设备采用部分集中、部分分开安装形式的制冷设备。

2.0.15 风管系统的工作压力 design working pressure

指系统风管总风管处设计的最大的工作压力。

2.0.16 空气洁净度等级 air cleanliness class

洁净空间单位体积空气中,以大于或等于被考虑粒径的粒子最大浓度限值进行划分的等级标准。

2.0.17 角件 corner pieces

用于金属薄钢板法兰风管四角连接的直角型专用构件。

2.0.18 风机过滤器单元(FFU、FMU) fan filter(module) unit

由风机箱和高效过滤器等组成的用于洁净空间的单元式送风机组。

2.0.19 空态 as-built

洁净室的设施已经建成,所有动力接通并运行,但无生产设备、材料及人员在场。

2.0.20 静态 at-rest

洁净室的设施已经建成,生产设备已经安装,并按业主与供应商同意的方式运行,但无生产人员。

2.0.21 动态 operational

洁净室的设施以规定的方式运行及规定的人员数量在场,生产设备按业主及供应商双方商定的状态下进行工作。

2.0.22 非金属材料风管 nonmetallic duct

采用硬聚氯乙烯、有机玻璃钢、无机玻璃钢等非金属无机材料制成的风管。

2.0.23 复合材料风管 foil-insulant composite duct

采用不燃材料面层复合绝热材料板制成的风管。

2.0.24 防火风管 refractory duct

采用不燃、耐火材料制成,能满足一定耐火极限的风管。

3 基本规定

3.0.1 通风与空调工程施工质量的验收,除应符合本规范的规定外,还应按照被批准的设计图纸、合同约定的内容和相关技术标准的规定进行。施工图纸修改必须有设计单位的设计变更通知书或技术核定签证。

3.0.2 承担通风与空调工程项目的施工企业,应具有相应工程施工承包的资质等级及相应质量管理体系。

3.0.3 施工企业承担通风与空调工程施工图纸深化设计及施工时,还必须具有相应的设计资质及其质量管理体系,并应取得原设计单位的书面同意或签字认可。

3.0.4 通风与空调工程施工现场的质量管理应符合《建筑工程施工质量验收统一标准》GB 50300—2001 第3.0.1条的规定。

3.0.5 通风与空调工程所使用的主要原材料、成品、半成品和设备的进场,必须对其进行验收。验收应经监理工程师认可,并应形成相应的质量记录。

3.0.6 通风与空调工程的施工,应把每一个分项施工工序作为工序交接检验点,并形成相应的质量记录。

3.0.7 通风与空调工程施工过程中发现设计文件有差错的,应及时提出修改意见或更正建议,并形成书面文件及归档。

3.0.8 当通风与空调工程作为建筑工程的分部工程施工时,其子分部与分项工程的划分应按表3.0.8的规定执行。当通风与空调工程作为单位工程独立验收时,子分部上升为分部,分项工程的划分同上。

表 3.0.8 通风与空调分部工程的子分部划分

子分部工程	分 项 工 程	
送、排风系统	风管与配件制作 部件制作 风管系统安装 风管与设备防腐 风机安装 系统调试	通风设备安装、消声设备制作与安装
防、排烟系统		排烟风口、常闭正压风口与设备安装
除尘系统		除尘器与排污设备安装
空调系统		空调设备安装、消声设备制作与安装、风管与设备绝热
净化空调系统		空调设备安装、消声设备制作与安装、风管与设备绝热、高效过滤器安装、净化设备安装
制冷系统	制冷机组安装、制冷剂管道及配件安装、制冷附属设备安装、管道及设备的防腐与绝热、系统调试	
空调水系统	冷热水管道系统安装、冷却水管道系统安装、冷凝水管道系统安装、阀门及部件安装、冷却塔安装、水泵及附属设备安装、管道与设备的防腐与绝热、系统调试	

3.0.9 通风与空调工程的施工应按规定的程序进行,并与土建及其他专业工种互相配合;与通风与空调系统有关的土建工程施工完毕后,应由建设或总承包、监理、设计及施工单位共同会检。会检的组织宜由建设、监理或总承包单位负责。

3.0.10 通风与空调工程分项工程施工质量的验收,应按本规范对应分项的具体条文规定执行。子分部中的各个分项,可根据施工工程的实际情况一次验收或数次验收。

3.0.11 通风与空调工程中的隐蔽工程,在隐蔽前必须经监理人员验收及认可签证。

3.0.12 通风与空调工程中从事管道焊接施工的焊工,必须具备操作资格证书和相应类别管道焊接的考核合格证书。

3.0.13 通风与空调工程竣工的系统调试,应在建设和监理单位的共同参与下进行,施工企业应具有专业检测人员和符合有关标准规定的测试仪器。

3.0.14 通风与空调工程施工质量的保修期限,自竣工验收合格日起计算为二个采暖期、供冷期。在保修期内发生施工质量问题的,施工企业应履行保修职责,责任方承担相应的经济责任。

3.0.15 净化空调系统洁净室(区域)的洁净度等级应符合设计的要求。洁净度等级的检测应按本规范附录B第B.4条的规定,洁净度等级与空气中悬浮粒子的最大浓度限值(C_n)的规定,见本规范附录B表B.4.6-1。

3.0.16 分项工程检验批验收合格质量应符合下列规定:
   1 具有施工单位相应分项合格质量的验收记录;
   2 主控项目的质量抽样检验应全数合格;
   3 一般项目的质量抽样检验,除有特殊要求外,计数合格率不应小于80%,且不得有严重缺陷。

4 风管制作

4.1 一般规定

4.1.1 本章适用于建筑工程通风与空调工程中,使用的金属、非金属风管与复合材料风管或风道的加工、制作质量的检验与验收。

4.1.2 对风管制作质量的验收,应按其材料、系统类别和使用场所的不同分别进行,主要包括风管的材质、规格、强度、严密性与成品外观质量等项内容。

4.1.3 风管制作质量的验收,按设计图纸与本规范的规定执行。工程中所选用的外购风管,必须提供其产品合格证明文件或进行强度和严密性的验证,符合要求的方可使用。

4.1.4 通风管道规格的验收,风管以外径或外边长为准,风道以内径或内边长为准。通风管道的规格宜按照表4.1.4-1、表4.1.4-2的规定。圆形风管应优先采用基本系列。非规则椭圆型风管参照矩形风管,并以长径平面边长及短径尺寸为准。

表 4.1.4-1 圆形风管规格(mm)

风管直径 D			
基本系列	辅助系列	基本系列	辅助系列
100	80	250	240
	90		260
120	110	280	300
140	130	320	340
160	150	360	380
180	170	400	420
200	190	450	480
220	210	500	530
		560	

续表 4.1.4-1

风管直径 D			
基本系列	辅助系列	基本系列	辅助系列
630	600	1250	1180
700	670	1400	1320
800	750	1600	1500
900	850	1800	1700
1000	950	2000	1900
1120	1060		

表 4.1.4-2　矩形风管规格(mm)

风管边长				
120	320	800	2000	4000
160	400	1000	2500	—
200	500	1250	3000	—
250	630	1600	3500	—

4.1.5 风管系统按其系统的工作压力划分为三个类别,其类别划分应符合表 4.1.5 的规定。

表 4.1.5　风管系统类别划分

系统类别	系统工作压力 P(Pa)	密封要求
低压系统	$P \leqslant 500$	接缝和接管连接处严密
中压系统	$500 < P \leqslant 1500$	接缝和接管连接处增加密封措施
高压系统	$P > 1500$	所有的拼接缝和接管连接处,均应采取密封措施

4.1.6 镀锌钢板及各类含有复合保护层的钢板,应采用咬口连接或铆接,不得采用影响其保护层防腐性能的焊接连接方法。

4.1.7 风管的密封,应以板材连接的密封为主,可采用密封胶嵌缝和其他方法密封。密封胶性能应符合使用环境的要求,密封面宜设在风管的正压侧。

4.2 主控项目

4.2.1 金属风管的材料品种、规格、性能与厚度等应符合设计和现行国家产品标准的规定。当设计无规定时,应按本规范执行。钢板或镀锌钢板的厚度不得小于表 4.2.1-1 的规定;不锈钢板的厚度不得小于表 4.2.1-2 的规定;铝板的厚度不得小于表 4.2.1-3 的规定。

表 4.2.1-1　钢板风管板材厚度(mm)

风管直径 D 或长边尺寸 b	圆形风管	矩形风管		除尘系统风管
		中、低压系统	高压系统	
$D(b) \leqslant 320$	0.5	0.5	0.75	1.5
$320 < D(b) \leqslant 450$	0.6	0.6	0.75	1.5
$450 < D(b) \leqslant 630$	0.75	0.75	0.75	2.0
$630 < D(b) \leqslant 1000$	0.75	0.75	1.0	2.0
$1000 < D(b) \leqslant 1250$	1.0	1.0	1.0	2.0
$1250 < D(b) \leqslant 2000$	1.2	1.2	1.2	按设计
$2000 < D(b) \leqslant 4000$	按设计	1.2	1.2	按设计

注：1　螺旋风管的钢板厚度可适当减小 10%～15%。
　　2　排烟系统风管板材厚度可按高压系统。
　　3　特殊除尘系统风管钢板厚度应符合设计要求。
　　4　不适用于地下人防与防火隔墙的预埋管。

表 4.2.1-2　高、中、低压系统不锈钢板风管板材厚度(mm)

风管直径或长边尺寸 b	不锈钢板厚度
$b \leqslant 500$	0.5
$500 < b \leqslant 1120$	0.75
$1120 < b \leqslant 2000$	1.0
$2000 < b \leqslant 4000$	1.2

表 4.2.1-3　中、低压系统铝板风管板材厚度(mm)

风管直径或长边尺寸 b	铝板厚度
$b \leqslant 320$	1.0
$320 < b \leqslant 630$	1.5
$630 < b \leqslant 2000$	2.0
$2000 < b \leqslant 4000$	按设计

检查数量：按材料与风管加工批数量抽查 10%,不得少于 5 件。

检查方法：查验材料质量合格证明文件、性能检测报告,尺量、观察检查。

4.2.2 非金属风管的材料品种、规格、性能与厚度等应符合设计和现行国家产品标准的规定。当设计无规定时,应按本规范执行。硬聚氯乙烯风管板材的厚度,不得小于表 4.2.2-1 或表 4.2.2-2 的规定;有机玻璃钢风管板材的厚度,不得小于表 4.2.2-3 的规定;无机玻璃钢风管板材的厚度应符合表 4.2.2-4 的规定,相应的玻璃布层数不应少于表 4.2.2-5 的规定,其表面不得出现返卤或严重泛霜。

用于高压风管系统的非金属风管厚度应按设计规定。

表 4.2.2-1　中、低压系统硬聚氯乙烯圆形风管板材厚度(mm)

风管直径 D	板材厚度
$D \leqslant 320$	3.0
$320 < D \leqslant 630$	4.0
$630 < D \leqslant 1000$	5.0
$1000 < D \leqslant 2000$	6.0

表 4.2.2-2　中、低压系统硬聚氯乙烯矩形风管板材厚度(mm)

风管长边尺寸 b	板材厚度
$b \leqslant 320$	3.0
$320 < b \leqslant 500$	4.0
$500 < b \leqslant 800$	5.0
$800 < b \leqslant 1250$	6.0
$1250 < b \leqslant 2000$	8.0

表 4.2.2-3　中、低压系统有机玻璃钢风管板材厚度(mm)

圆形风管直径 D 或矩形风管长边尺寸 b	壁厚
$D(b) \leqslant 200$	2.5
$200 < D(b) \leqslant 400$	3.2
$400 < D(b) \leqslant 630$	4.0
$630 < D(b) \leqslant 1000$	4.8
$1000 < D(b) \leqslant 2000$	6.2

表 4.2.2-4　中、低压系统无机玻璃钢风管板材厚度(mm)

圆形风管直径 D 或矩形风管长边尺寸 b	壁厚
$D(b) \leqslant 300$	2.5～3.5
$300 < D(b) \leqslant 500$	3.5～4.5
$500 < D(b) \leqslant 1000$	4.5～5.5
$1000 < D(b) \leqslant 1500$	5.5～6.5
$1500 < D(b) \leqslant 2000$	6.5～7.5
$D(b) > 2000$	7.5～8.5

表 4.2.2-5 中、低压系统无机玻璃钢风管玻璃纤维布厚度与层数(mm)

圆形风管直径D或矩形风管长边b	风管管体玻璃纤维布厚度		风管法兰玻璃纤维布厚度	
	0.3	0.4	0.3	0.4
	玻璃布层数			
D(b)≤300	5	4	8	7
300<D(b)≤500	7	5	10	8
500<D(b)≤1000	8	6	11	9
1000<D(b)≤1500	9	7	14	10
1500<D(b)≤2000	12	8	16	14
D(b)>2000	14	9	20	16

检查数量：按材料与风管加工批数量抽查10%，不得少于5件。

检查方法：查验材料质量合格证明文件、性能检测报告，尺量、观察检查。

4.2.3 防火风管的本体、框架与固定材料、密封垫料必须为不燃材料，其耐火等级应符合设计的规定。

检查数量：按材料与风管加工批数量抽查10%，不应少于5件。

检查方法：查验材料质量合格证明文件、性能检测报告，观察检查与点燃试验。

4.2.4 复合材料风管的覆面材料必须为不燃材料，内部的绝热材料应为不燃或难燃 B_1 级，且对人体无害的材料。

检查数量：按材料与风管加工批数量抽查10%，不应少于5件。

检查方法：查验材料质量合格证明文件、性能检测报告，观察检查与点燃试验。

4.2.5 风管必须通过工艺性的检测或验证，其强度和严密性要求应符合设计或下列规定：

1 风管的强度应能满足在1.5倍工作压力下接缝处无开裂；

2 矩形风管的允许漏风量应符合以下规定：

低压系统风管 $Q_L \leq 0.1056 P^{0.65}$

中压系统风管 $Q_M \leq 0.0352 P^{0.65}$

高压系统风管 $Q_H \leq 0.0117 P^{0.65}$

式中 Q_L、Q_M、Q_H——系统风管在相应工作压力下，单位面积风管单位时间内的允许漏风量[$m^3/(h \cdot m^2)$]；

P——指风管系统的工作压力(Pa)。

3 低压、中压圆形金属风管、复合材料风管以及采用非法兰形式的非金属风管的允许漏风量，应为矩形风管规定值的50%；

4 砖、混凝土风道的允许漏风量不应大于矩形低压系统风管规定值的1.5倍；

5 排烟、除尘、低温送风系统按中压系统风管的规定，1～5级净化空调系统按高压系统风管的规定。

检查数量：按风管系统的类别和材质分别抽查，不得少于3件及15m^2。

检查方法：检查产品合格证明文件和测试报告，或进行风管强度和漏风量测试(见本规范附录A)。

4.2.6 金属风管的连接应符合下列规定：

1 风管板材拼接的咬口缝应错开，不得有十字型拼接缝。

2 金属风管法兰材料规格不小于表4.2.6-1或表4.2.6-2的规定。中、低压系统风管法兰的螺栓及铆钉孔的孔距不得大于150mm；高压系统风管不得大于100mm。矩形风管法兰的四角部位应设有螺孔。

当采用加固方法提高了风管法兰部位的强度时，其法兰材料规格相应的使用条件可适当放宽。

无法兰连接风管的薄钢板法兰高度应参照金属法兰风管的规定执行。

表 4.2.6-1 金属圆形风管法兰及螺栓规格(mm)

风管直径D	法兰材料规格		螺栓规格
	扁钢	角钢	
D≤140	20×4	—	M6
140<D≤280	25×4	—	M6
280<D≤630	—	25×3	M8
630<D≤1250	—	30×4	M8
1250<D≤2000	—	40×4	M8

表 4.2.6-2 金属矩形风管法兰及螺栓规格(mm)

风管长边尺寸b	法兰材料规格(角钢)	螺栓规格
b≤630	25×3	M6
630<b≤1500	30×3	M8
1500<b≤2500	40×4	M8
2500<b≤4000	50×5	M10

检查数量：按加工批数量抽查5%，不得少于5件。

检查方法：尺量、观察检查。

4.2.7 非金属(硬聚氯乙烯、有机、无机玻璃钢)风管的连接还应符合下列规定：

1 法兰的规格应分别符合表4.2.7-1、4.2.7-2、4.2.7-3的规定，其螺栓孔的间距不得大于120mm；矩形风管法兰的四角处，应设有螺孔；

表 4.2.7-1 硬聚氯乙烯圆形风管法兰规格(mm)

风管直径D	材料规格(宽×厚)	连接螺栓	风管直径D	材料规格(宽×厚)	连接螺栓
D≤180	35×6	M6	800<D≤1400	45×12	M10
180<D≤400	35×8	M6	1400<D≤1600	50×15	M10
400<D≤500	35×10	M8	1600<D≤2000	60×15	M10
500<D≤800	40×10	M8	D>2000	按设计	

表 4.2.7-2 硬聚氯乙烯矩形风管法兰规格(mm)

风管边长b	材料规格(宽×厚)	连接螺栓	风管边长b	材料规格(宽×厚)	连接螺栓
b≤160	35×6	M8	800<b≤1250	45×12	M10
160<b≤400	35×8	M8	1250<b≤1600	50×15	M10
400<b≤500	35×10	M8	1600<b≤2000	60×18	M10
500<b≤800	40×10	M10	b>2000	按设计	

表 4.2.7-3 有机玻璃钢风管法兰规格(mm)

风管直径D或风管边长b	材料规格(宽×厚)	连接螺栓
D(b)≤400	30×4	M8
400<D(b)≤1000	40×6	M8
1000<D(b)≤2000	50×8	M10

2 采用套管连接时，套管厚度不得小于风管板材厚度。

检查数量：按加工批数量抽查5%，不得少于5件。

检查方法：尺量、观察检查。

4.2.8 复合材料风管采用法兰连接时，法兰与风管板材的连接应可靠，其绝热层不得外露，不得采用降低板材强度和绝热性能的连接方法。

检查数量：按加工批数量抽查5%，不得少于5件。

检查方法：尺量、观察检查。

4.2.9 砖、混凝土风道的变形缝，应符合设计要求，不应渗水和漏风。

检查数量：全数检查。

检查方法：观察检查。

4.2.10 金属风管的加固应符合下列规定：

1 圆形风管(不包括螺旋风管)直径大于等于800mm，且其管段长度大于1250mm或总表面积大于4m^2均应采取加固措施；

2 矩形风管边长大于630mm、保温风管边长大于800mm，管段长度大于1250mm或低压风管单边平面积大于1.2m²、中、高压风管大于1.0m²，均应采取加固措施；

3 非规则椭圆风管的加固，应参照矩形风管执行。

检查数量：按加工批抽查5%，不得少于5件。
检查方法：尺量、观察检查。

4.2.11 非金属风管的加固，除应符合本规范第4.2.10条的规定外还应符合下列规定：

1 硬聚氯乙烯风管的直径或长边大于500mm时，其风管与法兰的连接处应设加强板，且间距不得大于450mm；

2 有机及无机玻璃钢风管的加固，应为本体材料或防腐性能相同的材料，并与风管成一整体。

检查数量：按加工批抽查5%，不得少于5件。
检查方法：尺量、观察检查。

4.2.12 矩形风管弯管的制作，一般应采用曲率半径为一个平面边长的内外同心弧形弯管。当采用其他形式的弯管，平面边长大于500mm时，必须设置弯管导流片。

检查数量：其他形式的弯管抽查20%，不得少于2件。
检查方法：观察检查。

4.2.13 净化空调系统风管还应符合下列规定：

1 矩形风管边长小于或等于900mm时，底面板不应有拼接缝；大于900mm时，不应有横向拼接缝；

2 风管所用的螺栓、螺母、垫圈和铆钉均应采用与管材性能相匹配、不会产生电化学腐蚀的材料，或采取镀锌或其他防腐措施，并不得采用抽芯铆钉；

3 不应在风管内设加固框及加固筋，风管无法兰连接不得使用S形插条、直角形插条及立联合形插条等形式；

4 空气洁净度等级为1～5级的净化空调系统风管不得采用按扣式咬口；

5 风管的清洗不得使用对人体和材质有危害的清洁剂；

6 镀锌钢板风管不得有镀锌层严重损坏的现象，如表层大面积白花、锌层粉化等。

检查数量：按风管数抽查20%，每个系统不得少于5个。
检查方法：查阅材料质量合格证明文件和观察检查，白绸布擦拭。

4.3 一般项目

4.3.1 金属风管的制作应符合下列规定：

1 圆形弯管的曲率半径（以中心线计）和最少分节数量应符合表4.3.1-1的规定。圆形弯管的弯曲角度及圆形三通、四通支管与总管夹角的制作偏差不应大于3°；

表4.3.1-1　圆形弯管曲率半径和最少节数

弯管直径 D(mm)	曲率半径 R	弯管角度和最少节数							
		90°		60°		45°		30°	
		中节	端节	中节	端节	中节	端节	中节	端节
80～220	≥1.5D	2	2	1	2	1	2	—	2
220～450	D～1.5D	3	2	2	2	1	2	1	2
450～800	D～1.5D	4	2	2	2	1	2	1	2
800～1400	D	5	2	3	2	2	2	1	2
1400～2000	D	8	2	5	2	3	2	2	2

2 风管与配件的咬口缝应紧密、宽度应一致；折角应平直，圆弧应均匀；两端面平行。风管无明显扭曲与翘角；表面应平整，凹凸不大于10mm；

3 风管外径或外边长的允许偏差：当小于或等于300mm时，为2mm；当大于300mm时，为3mm。管口平面度的允许偏差为2mm，矩形风管两条对角线长度之差不应大于3mm；圆形法兰任意正交两直径之差不应大于2mm；

4 焊接风管的焊缝应平整，不应有裂缝、凸瘤、穿透的夹渣、气孔及其他缺陷等，焊接后板材的变形应矫正，并将焊渣及飞溅物清除干净。

检查数量：通风与空调工程按制作数量10%抽查，不得少于5件。净化空调工程按制作数量抽查20%，不得少于5件。
检查方法：查验测试记录，进行装配试验，尺量、观察检查。

4.3.2 金属法兰连接风管的制作还应符合下列规定：

1 风管法兰的焊缝应熔合良好、饱满，无假焊和孔洞；法兰平面度的允许偏差为2mm，同一批量加工的相同规格法兰的螺孔排列应一致，并具有互换性。

2 风管与法兰采用铆接连接时，铆接应牢固、不应有脱铆和漏铆现象；翻边应平整、紧贴法兰，其宽度应一致，且不小于6mm；咬缝与四角处不应有开裂与孔洞。

3 风管与法兰采用焊接连接时，风管端面不得高于法兰接口平面。除尘系统的风管，宜采用内侧满焊、外侧间断焊形式；风管端面距法兰接口平面不应小于5mm。

当风管与法兰采用点焊固定连接时，焊点应融合良好，间距不应大于100mm；法兰与风管应紧贴，不应有穿透的缝隙或孔洞。

4 当不锈钢板或铝板风管的法兰采用碳素钢时，其规格应符合本规范表4.2.6-1、4.2.6-2的规定，并应根据设计要求做防腐处理，铆钉应采用与风管材质相同或不产生电化学腐蚀的材料。

检查数量：通风与空调工程按制作数量抽查10%，不得少于5件。净化空调工程按制作数量抽查20%，不得少于5件。
检查方法：查验测试记录，进行装配试验，尺量、观察检查。

4.3.3 无法兰连接风管的制作还应符合下列规定：

1 无法兰连接风管的接口及连接件，应符合表4.3.3-1、表4.3.3-2的要求。圆形风管的芯管连接应符合表4.3.3-3的要求。

2 薄钢板法兰矩形风管的接口及附件，其尺寸应准确，形状应规则，接口处应严密；

薄钢板法兰的折边（或法兰条）应平直，弯曲度不应大于5/1000；弹性插条或弹簧夹条与薄钢板法兰相匹配；角件与风管薄钢板法兰四角接口的固定应稳固、紧贴，端面应平整，相连不应有缝隙大于2mm的连续穿透缝；

3 采用C、S形插条连接的矩形风管，其边长不应大于630mm；插条与风管加工插口的宽度应匹配一致，其允许偏差为2mm；连接应平整、严密，插条两端压倒长度不应小于20mm。

4 采用立咬口、包边立咬口连接的矩形风管，其立筋的高度应大于或等于同规格风管的角钢法兰宽度。同一规格风管的立咬口、包边立咬口的高度应一致，折角应倾角、直线度允许偏差为5/1000；咬口连接铆钉的间距不应大于150mm，间隔应均匀；立咬口四角连接处的铆固，应紧密、无孔洞。

表4.3.3-1　圆形风管无法兰连接形式

无法兰连接形式	附件板厚 (mm)	接口要求	使用范围
承插连接	—	插入深度≥30mm, 有密封要求	低压风管 直径<700mm
带加强筋承插		插入深度≥20mm, 有密封要求	中、低压风管
角钢加固承插		插入深度≥20mm, 有密封要求	中、低压风管
芯管连接	≥管板厚	插入深度≥20mm, 有密封要求	中、低压风管
立筋抱箍连接	≥管板厚	翻边与楞筋匹配一致，紧固严密	中、低压风管
抱箍连接	≥管板厚	对口尽量靠近不重叠，抱箍应居中	中、低压风管宽度 ≥100mm

表 4.3.3-2 矩形风管无法兰连接形式

无法兰连接形式		附件板厚(mm)	使用范围
S形插条		≥0.7	低压风管单独使用连接处必须有固定措施
C形插条		≥0.7	中、低压风管
立插条		≥0.7	中、低压风管
立咬口		≥0.7	中、低压风管
包边立咬口		≥0.7	中、低压风管
薄钢板法兰插条		≥1.0	中、低压风管
薄钢板法兰弹簧夹		≥1.0	中、低压风管
直角形平插条		≥0.7	低压风管
立联合角形插条		≥0.8	低压风管

注：薄钢板法兰风管也可采用铆接法兰条连接的方法。

表 4.3.3-3 圆形风管的芯管连接

风管直径 D(mm)	芯管长度 l(mm)	自攻螺丝或抽芯铆钉数量(个)	外径允许偏差(mm)	
			圆管	芯管
120	120	3×2	−1~0	−3~−4
300	160	4×2		
400	200	4×2		
700	200	6×2	−2~0	−4~−5
900	200	8×2		
1000	200	8×2		

检查数量：按制作数量抽查10%，不得少于5件；净化空调工程抽查20%，均不得少于5件。

检查方法：查验测试记录，进行装配试验，尺量、观察检查。

4.3.4 风管的加固应符合下列规定：

1 风管的加固可采用楞筋、立筋、角钢（内、外加固）、扁钢、加固筋和管内支撑等形式，如图4.3.4；

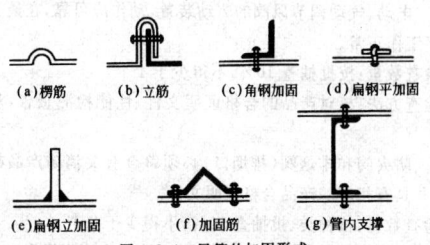

(a)楞筋　(b)立筋　(c)角钢加固　(d)扁钢平加固
(e)扁钢立加固　(f)加固筋　(g)管内支撑
图 4.3.4 风管的加固形式

2 楞筋或楞线的加固，排列应规则，间隔应均匀，板面不应有明显的变形；

3 角钢、加固筋的加固，应排列整齐、均匀对称，其高度应小于或等于风管的法兰宽度。角钢、加固筋与风管的铆接应牢固、间隔应均匀，不应大于220mm；两相交处应连接成一体；

4 管内支撑与风管的固定应牢固，各支撑点之间或与风管的边沿或法兰的间距应均匀，不应大于950mm；

5 中压和高压系统风管的管段，其长度大于1250mm时，还应有加固框补强。高压系统金属风管的单咬口缝，还应有防止咬口缝胀裂的加固或补强措施。

检查数量：按制作数量抽查10%，净化空调系统抽查20%，均不得少于5件。

检查方法：查验测试记录，进行装配试验，观察和尺量检查。

4.3.5 硬聚氯乙烯风管除应执行本规范第4.3.1条第1、3款和第4.3.2条第1款外，还应符合下列规定：

1 风管的两端面平行，无明显扭曲，外径或外边长的允许偏差为2mm；表面平整、圆弧均匀，凹凸不应大于5mm；

2 焊缝的坡口形式和角度应符合表4.3.5的规定；

表 4.3.5 焊缝形式及坡口

焊缝形式	焊缝名称	图形	焊缝高度(mm)	板材厚度(mm)	焊缝坡口张角 α(°)
对接焊缝	V形单面焊		2~3	3~5	70~90
对接焊缝	V形双面焊		2~3	5~8	70~90
对接焊缝	X形双面焊		2~3	≥8	70~90
搭接焊缝	搭接焊		≥最小板厚	3~10	
填角焊缝			≥最小板厚	6~18	
填角焊缝	无坡角		≥最小板厚	≥3	—
对角焊缝	V形对角焊		≥最小板厚	3~5	70~90
对角焊缝	V形对角焊		≥最小板厚	5~8	70~90
对角焊缝	V形对角焊		≥最小板厚	6~15	70~90

3 焊缝应饱满,焊条排列应整齐,无焦黄、断裂现象;
4 用于洁净室时,还应按本规范第4.3.11条的有关规定执行。

检查数量:按风管总数抽查10%,法兰数抽查5%,不得少于5件。

检查方法:尺量、观察检查。

4.3.6 有机玻璃钢风管除应执行本规范第4.3.1条第1~3款和第4.3.2条第1款外,还应符合下列规定:
1 风管不应有明显扭曲、内表面应平整光滑,外表面应整齐美观,厚度应均匀,且边缘无毛刺,并无气泡及分层现象;
2 风管的外径或外边长尺寸的允许偏差为3mm;圆形风管的任意正交两直径之差不应大于5mm;矩形风管的两对角线之差不应大于5mm;
3 法兰应与风管成一整体,并应有过渡圆弧,并与风管轴线成直角,管口平面度的允许偏差为3mm;螺孔的排列应均匀,至管壁的距离应一致,允许偏差为2mm;
4 矩形风管的边长大于900mm,且管段长度大于1250mm时,应加固。加固筋的分布应均匀、整齐。

检查数量:按风管总数抽查10%,法兰数抽查5%,不得少于5件。

检查方法:尺量、观察检查。

4.3.7 无机玻璃钢风管除应执行本规范第4.3.1条第1~3款和第4.3.2条第1款外,还应符合下列规定:
1 风管的表面应光洁、无裂纹、无明显泛霜和分层现象;
2 风管的外形尺寸的允许偏差应符合表4.3.7的规定;
3 风管法兰的规定与有机玻璃钢法兰相同。

检查数量:按风管总数抽查10%,法兰数抽查5%,不得少于5件。

检查方法:尺量、观察检查。

表4.3.7 无机玻璃钢风管外形尺寸(mm)

直径或大边长	矩形风管外表平面度	矩形风管管口对角线之差	法兰平面度	圆形风管两直径之差
≤300	≤3	≤3	≤2	≤3
301~500	≤3	≤4	≤2	≤3
501~1000	≤4	≤5	≤2	≤4
1001~1500	≤5	≤6	≤3	≤5
1501~2000	≤5	≤7	≤4	≤5
>2000	≤6	≤8	≤4	≤5

4.3.8 砖、混凝土风道内表面水泥砂浆应抹平整、无裂缝,不渗水。

检查数量:按风道总数抽查10%,不得少于一段。

检查方法:观察检查。

4.3.9 双面铝箔绝热板风管除应执行本规范第4.3.1条第2、3款和第4.3.2条第2款外,还应符合下列规定:
1 板材拼接宜采用专用的连接构件,连接后板面平面度的允许偏差为5mm;
2 风管的折角应平直,拼缝粘接应牢固、平整,风管的粘结材料宜为难燃材料;
3 风管采用法兰连接时,其连接应牢固,法兰平面度的允许偏差为2mm;
4 风管的加固,应根据系统工作压力及产品技术标准的规定执行。

检查数量:按风管总数抽查10%,法兰数抽查5%,不得少于5件。

检查方法:尺量、观察检查。

4.3.10 铝箔玻璃纤维板风管除应执行本规范第4.3.1条第2、3款和第4.3.2条第2款外,还应符合下列规定:
1 风管的离心玻璃纤维板材应干燥、平整,板外表面的铝箔隔气保护层应与内芯玻璃纤维材料粘合牢固;内表面应有防纤维脱落的保护层,并应对人体无危害。
2 当风管连接采用插入接口形式时,接缝处的粘接应严密、牢固,外表面铝箔胶带密封的每一边粘贴宽度不应小于25mm,并应有辅助的连接固定措施。

当风管的连接采用法兰形式时,法兰与风管的连接应牢固,并应能防止板材纤维逸出和冷桥。

3 风管表面应平整、两端面平行,无明显凹穴、变形、起泡,铝箔无破损等。
4 风管的加固,应根据系统工作压力及产品技术标准的规定执行。

检查数量:按风管总数抽查10%,不得少于5件。

检查方法:尺量、观察检查。

4.3.11 净化空调系统风管还应符合以下规定:
1 现场应保持清洁,存放时应避免积尘和受潮。风管的咬口缝、折边和铆接等处有损坏时,应做防腐处理。
2 风管法兰铆钉孔的间距,当系统洁净度的等级为1~5级时,不应大于65mm;为6~9级时,不应大于100mm;
3 静压箱本体、箱内固定高效过滤器的框架及固定件应做镀锌、镀镍等防腐处理。
4 制作完成的风管,应进行第二次清洗,经检查达到清洁要求后应及时封口。

检查数量:按风管总数抽查20%,法兰数抽查10%,不得少于5件。

检查方法:观察检查,查阅风管清洗记录,用白绸布擦拭。

5 风管部件与消声器制作

5.1 一般规定

5.1.1 本章适用于通风与空调工程中风口、风阀、排风罩等其他部件及消声器的加工制作或成品品质量的验收。

5.1.2 一般风量调节阀按设计文件和风阀制作的要求进行验收,其他风阀按外购产品质量进行验收。

5.2 主控项目

5.2.1 手动单叶片或多叶片调节风阀的手轮或扳手,应以顺时针方向转动为关闭,其调节范围及开启角度指示应与叶片开启角度相一致。

用于除尘系统间歇工作点的风阀,关闭时应能密封。

检查数量:按批抽查10%,不得少于1个。

检查方法:手动操作、观察检查。

5.2.2 电动、气动调节风阀的驱动装置,动作应可靠,在最大工作压力下工作正常。

检查数量:按批抽查10%,不得少于1个。

检查方法:核对产品的合格证明文件、性能检测报告,观察或测试。

5.2.3 防火阀和排烟阀(排烟口)必须符合有关消防产品标准的规定,并具有相应的产品合格证明文件。

检查数量:按种类、批抽查10%,不得少于2个。

检查方法:核对产品的合格证明文件、性能检测报告。

5.2.4 防爆风阀的制作材料必须符合设计规定,不得自行替换。

检查数量：全数检查。
检查方法：核对材料品种、规格，观察检查。

5.2.5 净化空调系统的风阀，其活动件、固定件以及紧固件均应采取镀锌或作其他防腐处理（如喷塑或烤漆），阀体与外界相通的缝隙处，应有可靠的密封措施。
检查数量：按批抽查10%，不得少于1个。
检查方法：核对产品的材料，手动操作、观察。

5.2.6 工作压力大于1000Pa的调节风阀，生产厂家提供（在1.5倍工作压力下能自由开关）强度测试合格的证书（或试验报告）。
检查数量：按批抽查10%，不得少于1个。
检查方法：核对产品的合格证明文件、性能检测报告。

5.2.7 防排烟系统柔性短管的制作材料必须为不燃材料。
检查数量：全数检查。
检查方法：核对材料品种的合格证明文件。

5.2.8 消声弯管的平面边长大于800mm时，应加设吸声导流片；消声器内直接迎风面的布质覆面层应有保护措施；净化空调系统消声器内的覆面应为不易产尘的材料。
检查数量：全数检查。
检查方法：观察检查，核对产品的合格证明文件。

5.3 一般项目

5.3.1 手动单叶片或多叶片调节风阀应符合下列规定：
1 结构应牢固，启闭应灵活，法兰应与相应材质风管的相一致；
2 叶片的搭接应贴合一致，与阀体缝隙应小于2mm；
3 截面积大于1.2m²的风阀应实施分组调节。
检查数量：按类别、批抽查10%，不得少于1个。
检查方法：手动操作、尺量、观察检查。

5.3.2 止回风阀应符合下列规定：
1 启动灵活，关闭时应严密；
2 阀叶的转轴、铰链应采用不易锈蚀的材料制作，保证转动灵活、耐用；
3 阀片的强度应保证在最大负荷压力下不弯曲变形；
4 水平安装的止回风阀应有可靠的平衡调节机构。
检查数量：按类别、批抽查10%，不得少于1个。
检查方法：观察、尺量，手动操作试验与核对产品的合格证明文件。

5.3.3 插板风阀应符合下列规定：
1 壳体应严密，内壁应作防腐处理；
2 插板应平整，启闭灵活，并有可靠的定位固定装置；
3 斜插板风阀的上下接管应成一直线。
检查数量：按类别、批抽查10%，不得少于1个。
检查方法：手动操作、尺量、观察检查。

5.3.4 三通调节风阀应符合下列规定：
1 拉杆或手柄的转轴与风管的结合处应严密；
2 拉杆可在任意位置上固定，手ець开关应标明调节的角度；
3 阀板调节方便，并不与风管相碰擦。
检查数量：按类别、批分别抽查10%，不得少于1个。
检查方法：观察、尺量，手动操作试验。

5.3.5 风量平衡阀应符合产品技术文件的规定。
检查数量：按类别、批分别抽查10%，不得少于1个。
检查方法：观察、尺量，核对产品的合格证明文件。

5.3.6 风罩的制作应符合下列规定：
1 尺寸正确、连接牢固、形状规则、表面平整光滑，其外壳不应有尖锐硬角；
2 槽边侧吸罩、条缝抽风罩尺寸应正确，转角处弧度均匀、形状规则，吸入口平整，罩加强板分隔间距应一致；
3 厨房锅灶排烟罩应用不易锈蚀材料制作，其下部集水槽应严密不漏水，并坡向排放口，罩内油烟过滤器应便于拆卸和清洗。
检查数量：每批抽查10%，不得少于1个。
检查方法：尺量、观察检查。

5.3.7 风帽的制作应符合下列规定：
1 尺寸应正确，结构牢靠，风帽接管尺寸的允许偏差同风管的规定一致；
2 伞形风帽伞盖的边缘应有加固措施，支撑高度尺寸应一致；
3 锥形风帽内外锥体的中心应同心，锥体组合的连接缝应顺水，下部排水应畅通；
4 筒形风帽的形状应规则，外筒体的上下沿口应加固，其不圆度不应大于直径的2%。伞盖边缘与外筒体的距离应一致，挡风圈的位置应正确；
5 三叉形风帽三个支管的夹角应一致，与主管的连接应严密。主管与支管的锥度应为3°～4°。
检查数量：按批抽查10%，不得少于1个。
检查方法：尺量、观察检查。

5.3.8 矩形弯管导流叶片的迎风侧边缘应圆滑，固定应牢固。导流片的弧度应与弯管的角度相一致。导流片的分布应符合设计规定。当导流叶片的长度超过1250mm时，应有加强措施。
检查数量：按批抽查10%，不得少于1个。
检查方法：核对材料，尺量、观察检查。

5.3.9 柔性短管应符合下列规定：
1 应选用防腐、防潮、不透气、不易霉变的柔性材料。用于空调系统的应采取防止结露的措施；用于净化空调系统的还应是内壁光滑、不易产生尘埃的材料；
2 柔性短管的长度，一般宜为150～300mm，其连接应严密、牢固可靠；
3 柔性短管不宜作为找正、找平的异径连接管；
4 设于结构变形缝的柔性短管，其长度宜为变形缝的宽度加100mm及以上。
检查数量：按数量抽查10%，不得少于1个。
检查方法：尺量、观察检查。

5.3.10 消声器的制作应符合下列规定：
1 所选用的材料，应符合设计的规定，如防火、防腐、防潮和卫生性能等要求；
2 外壳应牢固、严密，其漏风量应符合本规范第4.2.5条的规定；
3 充填的消声材料，应按规定的密度均匀铺设，并应有防止下沉的措施。消声材料的覆面层不得破损，搭接应顺气流，且应拉紧，界面无毛边；
4 隔板与壁板结合处应紧贴、严密；穿孔板应平整、无毛刺，其孔径和穿孔率应符合设计要求。
检查数量：按批抽查10%，不得少于1个。
检查方法：尺量、观察检查，核对材料合格的证明文件。

5.3.11 检查门应平整、启闭灵活、关闭严密，其与风管或空气处理室的连接处应采取密封措施，无明显渗漏。
净化空调系统风管检查门的密封垫料，宜采用成型密封胶带或软橡胶条制作。
检查数量：按数量抽查20%，不得少于1个。
检查方法：观察检查。

5.3.12 风口的验收，规格以颈部外径与外边长为准，其尺寸的允许偏差值应符合表5.3.12的规定。风口的外表装饰面应平整、叶片或扩散环的分布应对称、颜色应一致、无明显的划伤和压痕，调节装置转动应灵活、可靠，定位后应无明显自由松动。
检查数量：按类别、批分别抽查5%，不得少于1个。
检查方法：尺量、观察检查，核对材料合格的证明文件与手动操作检查。

表 5.3.12 风口尺寸允许偏差(mm)

圆形风口		
直径	≤250	>250
允许偏差	0～-2	0～-3
矩形风口		
边长	<300	300～800	>800
允许偏差	0～-1	0～-2	0～-3
对角线长度	<300	300～500	>500
对角线长度之差	≤1	≤2	≤3

6 风管系统安装

6.1 一般规定

6.1.1 本章适用于通风与空调工程中的金属和非金属风管系统安装质量的检验和验收。

6.1.2 风管系统安装后,必须进行严密性检验,合格后方能交付下道工序。风管系统严密性检验以主、干管为主。在加工工艺得到保证的前提下,低压风管系统可采用漏光法检测。

6.1.3 风管系统吊、支架采用膨胀螺栓等胀锚方法固定时,必须符合其相应技术文件的规定。

6.2 主控项目

6.2.1 在风管穿过需要封闭的防火、防爆的墙体或楼板时,应设预埋管或防护套管,其钢板厚度不应小于1.6mm。风管与防护套管之间,应用不燃且对人体无危害的柔性材料封堵。

检查数量:按数量抽查20%,不得少于1个系统。
检查方法:尺量、观察检查。

6.2.2 风管安装必须符合下列规定:
  1 风管内严禁其他管线穿越;
  2 输送含有易燃、易爆气体或安装在易燃、易爆环境的风管系统应有良好的接地,通过生活区或其他辅助生产房间时必须严密,并不得设置接口;
  3 室外立管的固定拉索严禁拉在避雷针或避雷网上。

检查数量:按数量抽查20%,不得少于1个系统。
检查方法:手扳、尺量、观察检查。

6.2.3 输送空气温度高于80℃的风管,应按设计规定采取防护措施。

检查数量:按数量抽查20%,不得少于1个系统。
检查方法:观察检查。

6.2.4 风管部件安装必须符合下列规定:
  1 各类风管部件及操作机构的安装,应能保证其正常的使用功能,并便于操作;
  2 斜插板风阀的安装,阀板必须为向上拉启;水平安装时,阀板还应为顺气流方向插入;
  3 止回风阀、自动排气活门的安装方向应正确。

检查数量:按数量抽查20%,不得少于5件。
检查方法:尺量、观察检查,动作试验。

6.2.5 防火阀、排烟阀(口)的安装方向、位置应正确。防火分区隔墙两侧的防火阀,距墙表面不应大于200mm。

检查数量:按数量抽查20%,不得少于5件。
检查方法:尺量、观察检查,动作试验。

6.2.6 净化空调系统风管的安装还应符合下列规定:
  1 风管、静压箱及其他部件,必须擦拭干净,做到无油污和浮尘,当施工停顿或完毕时,端口应封好;
  2 法兰垫料应为不产尘、不易老化和具有一定强度和弹性的材料,厚度为5～8mm,不得采用乳胶海绵;法兰垫片应尽量减少拼接,并不允许直缝对接连接,严禁在垫料表面涂涂料;
  3 风管与洁净室吊顶、隔墙等围护结构的接缝处应严密。

检查数量:按数量抽查20%,不得少于1个系统。
检查方法:观察、用白绸布擦拭。

6.2.7 集中式真空吸尘系统的安装应符合下列规定:
  1 真空吸尘系统弯管的曲率半径不应小于4倍管径,弯管的内壁面应光滑,不得采用褶皱弯管;
  2 真空吸尘系统三通的夹角不得大于45°;四通制作应采用两个斜三通的做法。

检查数量:按数量抽查20%,不得少于2件。
检查方法:尺量、观察检查。

6.2.8 风管系统安装完毕后,应按系统类别进行严密性检验,漏风量应符合设计与本规范第4.2.5条的规定。风管系统的严密性检验,应符合下列规定:
  1 低压系统风管的严密性检验应采用抽检,抽检率为5%,且不得少于1个系统。在加工工艺得到保证的前提下,采用漏光法检测。检测不合格时,应按规定的抽检率做漏风量测试。
  中压系统风管的严密性检验,应在漏光法检测合格后,对系统漏风量测试进行抽检,抽检率为20%,且不得少于1个系统。
  高压系统风管的严密性检验,为全数进行漏风量测试。
  系统风管严密性检验的被抽检系统,应全数合格,则视为通过;如有不合格时,则应再加倍抽检,直至全数合格。
  2 净化空调系统风管的严密性检验,1～5级的系统按高压系统风管的规定执行;6～9级的系统按本规范第4.2.5条的规定执行。

检查数量:按条文中的规定。
检查方法:按本规范附录A的规定进行严密性测试。

6.2.9 手动密闭阀安装,阀门上标志的箭头方向必须与受冲击波方向一致。

检查数量:全数检查。
检查方法:观察、核对检查。

6.3 一般项目

6.3.1 风管的安装应符合下列规定:
  1 风管安装前,应清除内、外杂物,并做好清洁和保护工作;
  2 风管安装的位置、标高、走向,应符合设计要求。现场风管接口的配置,不得缩小其有效截面;
  3 连接法兰的螺栓应均匀拧紧,其螺母宜在同一侧;

4 风管接口的连接应严密、牢固。风管法兰的垫片材质应符合系统功能的要求,厚度不应小于 3mm。垫片不应凸入管内,亦不宜突出法兰外;

5 柔性短管的安装,应松紧适度,无明显扭曲;

6 可伸缩性金属或非金属软风管的长度不宜超过 2m,并不应有弯或塌凹;

7 风管与砖、混凝土风道的连接接口,应顺着气流方向插入,并应采取密封措施。风管穿过屋面处应设有防雨装置;

8 不锈钢板、铝板风管与碳素钢支架的接触处,应有隔绝或防腐绝缘措施。

检查数量:按数量抽查 10%,不得少于 1 个系统。
检查方法:尺量、观察检查。

6.3.2 无法兰连接风管的安装还应符合下列规定:
1 风管的连接处,应完整无缺损、表面应平整,无明显扭曲;
2 承插式风管的四周缝隙应一致,无明显的弯曲或褶皱;内涂的密封胶应完整,外粘的密封胶带,应粘贴牢固、完整无缺损;
3 薄钢板法兰形式风管的连接,弹性插条、弹簧夹或紧固螺栓的间隔不应大于 150mm,且分布均匀,无松动现象;
4 插条连接的矩形风管,连接后的板面应平整、无明显弯曲。

检查数量:按数量抽查 10%,不得少于 1 个系统。
检查方法:尺量、观察检查。

6.3.3 风管的连接应平直、不扭曲。明装风管水平安装,水平度的允许偏差为 3/1000,总偏差不应大于 20mm。明装风管垂直安装,垂直度的允许偏差为 2/1000,总偏差不应大于 20mm。暗装风管的位置,应正确,无明显偏差。

除尘系统的风管,宜垂直或倾斜敷设,与水平夹角宜大于或等于 45°,小坡度和水平管应尽量短。

对含有凝结水或其他液体的风管,坡度应符合设计要求,并在最低处设排液装置。

检查数量:按数量抽查 10%,但不得少于 1 个系统。
检查方法:尺量、观察检查。

6.3.4 风管支、吊架的安装应符合下列规定:
1 风管水平安装,直径或长边尺寸小于等于 400mm,间距不应大于 4m;大于 400mm,不应大于 3m。螺旋风管的支、吊架间距可分别延长为 5m 和 3.75m;对于薄钢板法兰的风管,其支、吊架间距不应大于 3m。

2 风管垂直安装,间距不应大于 4m,单根直管至少应有 2 个固定点。

3 风管支、吊架宜按国标图集与规范选用强度和刚度相适应的形式和规格。对于直径或边长大于 2500mm 的超宽、超重等特殊风管的支、吊架应按设计规定。

4 支、吊架不宜设置在风口、阀门、检查门及自控机构处,离风口或插接管的距离不宜小于 200mm。

5 当水平悬吊的主、干风管长度超过 20m 时,应设置防止摆动的固定点,每个系统不应少于 1 个。

6 吊架的螺孔应采用机械加工。吊杆应平直,螺纹完整、光洁。安装后各副支、吊架的受力应均匀,无明显变形。

风管或空调设备使用的可调隔振支、吊架的拉伸或压缩量应按设计的要求进行调整。

7 抱箍支架,折角应平直,抱箍应紧贴并箍紧风管。安装在支架上的圆形风管应设托座和抱箍,其圆弧应均匀,且与风管外径相一致。

检查数量:按数量抽查 10%,不得少于 1 个系统。
检查方法:尺量、观察检查。

6.3.5 非金属风管的安装还应符合下列的规定:
1 风管连接两法兰端面应平行、严密,法兰螺栓两侧应加镀锌垫圈;
2 应适当增加支、吊架与水平风管的接触面积;

3 硬聚氯乙烯风管的直段连续长度大于 20m,应按设计要求设置伸缩节;支管的重量不得由干管来承受,必须自行设置支、吊架;

4 风管垂直安装,支架间距不应大于 3m。

检查数量:按数量抽查 10%,不得少于 1 个系统。
检查方法:尺量、观察检查。

6.3.6 复合材料风管的安装还应符合下列规定:
1 复合材料风管的连接处,接缝应牢固,无孔洞和开裂。当采用插接连接时,接口应匹配、无松动,端口缝隙不应大于 5mm;
2 采用法兰连接时,应有防冷桥的措施;
3 支、吊架的安装宜按产品标准的规定执行。

检查数量:按数量抽查 10%,但不得少于 1 个系统。
检查方法:尺量、观察检查。

6.3.7 集中式真空吸尘系统的安装应符合下列规定:
1 吸尘管道的坡度宜为 5/1000,并坡向立管或吸尘点;
2 吸尘嘴与管道的连接,应牢固、严密。

检查数量:按数量抽查 20%,不得少于 5 件。
检查方法:尺量、观察检查。

6.3.8 各类风阀安装在便于操作及检修的部位,安装后的手动或电动操作装置应灵活、可靠,阀板关闭应保持严密。

防火阀直径或长边尺寸大于等于 630mm 时,宜设独立支、吊架。

排烟阀(排烟口)及手控装置(包括预埋套管)的位置应符合设计要求。预埋套管不得有死弯及瘪陷。

除尘系统吸入管段的调节阀,宜安装在垂直管段上。

检查数量:按数量抽查 10%,不得少于 5 件。
检查方法:尺量、观察检查。

6.3.9 风帽安装必须牢固,连接风管与屋面或墙面的交接处不应渗水。

检查数量:按数量抽查 10%,不得少于 5 件。
检查方法:尺量、观察检查。

6.3.10 排、吸风罩的安装位置应正确,排列整齐,牢固可靠。

检查数量:按数量抽查 10%,不得少于 5 件。
检查方法:尺量、观察检查。

6.3.11 风口与风管的连接应严密、牢固,与装饰面相紧贴;表面平整、不变形,调节灵活、可靠。条形风口的安装,接缝处应衔接自然,无明显缝隙。同一厅室、房间内的相同风口的安装高度应一致,排列应整齐。

明装无吊顶的风口,安装位置和标高偏差不应大于 10mm。

风口水平安装,水平度的偏差不应大于 3/1000。

风口垂直安装,垂直度的偏差不应大于 2/1000。

检查数量:按数量抽查 10%,不得少于 1 个系统或不少于 5 件和 2 个房间的风口。
检查方法:尺量、观察检查。

6.3.12 净化空调系统风口安装还应符合下列规定:
1 风口安装前应清扫干净,其边框与建筑顶棚或墙面间的接缝处应加设密封垫料或密封胶,不应漏风;
2 带高效过滤器的送风口,应采用可分别调节高度的吊杆。

检查数量:按数量抽查 20%,不得少于 1 个系统或不少于 5 件和 2 个房间的风口。
检查方法:尺量、观察检查。

7 通风与空调设备安装

7.1 一般规定

7.1.1 本章适用于工作压力不大于 5kPa 的通风机与空调设备安装质量的检验与验收。

7.1.2 通风与空调设备应有装箱清单、设备说明书、产品质量合格证书和产品性能检测报告等随机文件，进口设备还应具有商检合格的证明文件。

7.1.3 设备安装前，应进行开箱检查，并形成验收文字记录。参加人员为建设、监理、施工和厂商等方单位的代表。

7.1.4 设备就位前应对其基础进行验收，合格后方能安装。

7.1.5 设备的搬运和吊装必须符合产品说明书的有关规定，并应做好设备的保护工作，防止因搬运或吊装而造成设备损伤。

7.2 主控项目

7.2.1 通风机的安装应符合下列规定：
 1 型号、规格应符合设计规定，其出口方向应正确；
 2 叶轮旋转应平稳，停转后不应每次停留在同一位置上；
 3 固定通风机的地脚螺栓应拧紧，并有防松动措施。
 检查数量：全数检查。
 检查方法：依据设计图核对、观察检查。

7.2.2 通风机传动装置的外露部位以及直通大气的进、出口，必须装设防护罩(网)或采取其他安全设施。
 检查数量：全数检查。
 检查方法：依据设计图核对、观察检查。

7.2.3 空调机组的安装应符合下列规定：
 1 型号、规格、方向和技术参数应符合设计要求；
 2 现场组装的组合式空气调节机组应做漏风量的检测，其漏风量必须符合现行国家标准《组合式空调机组》GB/T 14294 的规定。
 检查数量：按总数抽检 20%，不得少于 1 台。净化空调系统的机组，1～5 级全数检查，6～9 级抽查 50%。
 检查方法：依据设计图核对，检查测试记录。

7.2.4 除尘器的安装应符合下列规定：
 1 型号、规格、进出口方向必须符合设计要求；
 2 现场组装的除尘器壳体应做漏风量检测，在设计工作压力下允许漏风率为 5%，其中离心式除尘器为 3%；
 3 布袋除尘器、电除尘器的壳体及辅助设备接地应可靠。
 检查数量：按总数抽查 20%，不得少于 1 台；接地全数检查。
 检查方法：按图核对、检查测试记录和观察检查。

7.2.5 高效过滤器应在洁净室及净化空调系统进行全面清扫和系统连续试车 12h 以上后，在现场拆开包装并进行安装。
 安装前需进行外观检查和仪器检漏。目测不得有变形、脱落、断裂等破损现象；仪器抽检检漏应符合产品质量文件的规定。
 合格后立即安装，其方向必须正确，安装后的高效过滤器四周及接口，应严密不漏；在调试前应进行扫描检漏。
 检查数量：高效过滤器的仪器抽检检漏按批抽 5%，不得少于 1 台。
 检查方法：观察检查、按本规范附录 B 规定扫描检测或查看检测记录。

7.2.6 净化空调设备的安装还应符合下列规定：
 1 净化空调设备与洁净室围护结构相连的接缝必须密封；
 2 风机过滤器单元(FFU 与 FMU 空气净化装置)应在洁净的现场进行外观检查，目测不得有变形、锈蚀、漆膜脱落、拼接板破损等现象；在系统试运转时，必须在进风口处加装临时中效过滤器作为保护。
 检查数量：全数检查。
 检查方法：按设计图核对、观察检查。

7.2.7 静电空气过滤器金属外壳接地必须良好。
 检查数量：按总数抽查 20%，不得少于 1 台。
 检查方法：核对材料、观察检查或电阻测定。

7.2.8 电加热器的安装必须符合下列规定：
 1 电加热器与钢构架间的绝热层必须为不燃材料；接线柱外露的应加设安全防护罩；
 2 电加热器的金属外壳接地必须良好；
 3 连接电加热器的风管的法兰垫片，应采用耐热不燃材料。
 检查数量：按总数抽查 20%，不得少于 1 台。
 检查方法：核对材料、观察检查或电阻测定。

7.2.9 干蒸汽加湿器的安装，蒸汽喷管不应朝下。
 检查数量：全数检查。
 检查方法：观察检查。

7.2.10 过滤吸收器的安装方向必须正确，并应设独立支架，与室外的连接管段不得泄漏。
 检查数量：全数检查。
 检查方法：观察或检测。

7.3 一般项目

7.3.1 通风机的安装应符合下列规定：
 1 通风机的安装，应符合表 7.3.1 的规定，叶轮转子与机壳的组装位置应正确；叶轮进风口插入风机机壳进风口或密封圈的深度，应符合设备技术文件的规定，或为叶轮外径值的 1/100；

表 7.3.1 通风机安装的允许偏差

项次	项 目		允许偏差	检验方法
1	中心线的平面位移		10mm	经纬仪或拉线和尺量检查
2	标高		±10mm	水准仪或水平仪、直尺、拉线和尺量检查
3	皮带轮宽中心平面偏移		1mm	在主、从动带轮端面拉线和尺量检查
4	传动轴水平度		纵向 0.2/1000 横向 0.3/1000	在轴或皮带轮 0°和 180°的两个位置上，用水平仪检查
5	联轴器	两轴芯径向位移	0.05mm	在联轴器互相垂直的四个位置上，用百分表检查
		两轴线倾斜	0.2/1000	

 2 现场组装的轴流风机叶片安装角度应一致，达到在同一平面内运转，叶轮与筒体之间的间隙应均匀，水平度允许偏差为 1/1000；
 3 安装隔振器的地面应平整，各组隔振器承受荷载的压缩量应均匀，高度误差应小于 2mm；
 4 安装风机的隔振钢支、吊架，其结构形式和外形尺寸应符合设计或设备技术文件的规定；焊接应牢固，焊缝应饱满、均匀。
 检查数量：按总数抽查 20%，不得少于 1 台。
 检查方法：尺量、观察或检查施工记录。

7.3.2 组合式空调机组及柜式空调机组的安装应符合下列规定：
 1 组合式空调机组各功能段的组装，应符合设计规定的顺序和要求；各功能段之间的连接应严密，整体应平直；
 2 机组与供回水管的连接应正确，机组下部冷凝水排放管的水封高度应符合设计要求；
 3 机组应清扫干净，箱体内应无杂物、垃圾和积尘；

4 机组内空气过滤器(网)和空气热交换器翅片应清洁、完好。

检查数量:按总数抽查20%,不得少于1台。
检查方法:观察检查。

7.3.3 空气处理室的安装应符合下列规定:

1 金属空气处理室壁板及各段的组装位置应正确,表面平整,连接严密、牢固;

2 喷水段的本体及其检查门不得漏水,喷水管和喷嘴的排列、规格应符合设计的规定;

3 表面式换热器的散热面应保持清洁、完好。当用于冷却空气时,在下部应设有排水装置,冷凝水的引流管或槽应畅通,冷凝水不外溢;

4 表面式换热器与围护结构间的缝隙,以及表面式热交换器之间的缝隙,应封堵严密;

5 换热器与系统供回水管的连接应正确,且严密不漏。

检查数量:按总数抽查20%,不得少于1台。
检查方法:观察检查。

7.3.4 单元式空调机组的安装应符合下列规定:

1 分体式空调机组的室外机和风冷整体式空调机组的安装,固定应牢固、可靠;除满足冷却风循环空间的要求外,还应符合环境卫生保护有关法规的规定;

2 分体式空调机组的室内机的位置应正确、并保持水平,冷凝水排放应畅通。管道穿墙处必须密封,不得有雨水渗入;

3 整体式空调机组管道的连接应严密、无渗漏,四周应留有相应的维修空间。

检查数量:按总数抽查20%,不得少于1台。
检查方法:观察检查。

7.3.5 除尘设备的安装应符合下列规定:

1 除尘器的安装位置应正确、牢固平稳,允许误差应符合表7.3.5的规定:

表7.3.5 除尘器安装允许偏差和检验方法

项次	项目		允许偏差(mm)	检验方法
1	平面位移		≤10	用经纬仪或拉线、尺量检查
2	标高		±10	用水准仪、直尺、拉线和尺量检查
3	垂直度	每米	≤2	吊线和尺量检查
		总偏差	≤10	

2 除尘器的活动或转动部件的动作应灵活、可靠,并应符合设计要求;

3 除尘器的排灰阀、卸料阀、排泥阀的安装应严密,并便于操作与维修理。

检查数量:按总数抽查20%,不得少于1台。
检查方法:尺量、观察检查及检查施工记录。

7.3.6 现场组装的静电除尘器的安装,还应符合设备技术文件及下列规定:

1 阳极板组合后的阳极排平面度允许偏差为5mm,其对角线允许偏差为10mm;

2 阴极小框架组合后主平面的平面度允许偏差为5mm,其对角线允许偏差为10mm;

3 阴极大框架的整体平面度允许偏差为15mm,整体对角线允许偏差为10mm;

4 阳极板高度小于或等于7m的电除尘器,阴、阳极间距允许偏差为5mm。阳极板高度大于7m的电除尘器,阴、阳极间距允许偏差为10mm;

5 振打锤装置的固定,应可靠,振打锤的转动,应灵活。锤头方向应正确;振打锤与振打砧之间应保持良好的线接触状态,接触长度应大于锤头厚度的0.7倍。

检查数量:按总数抽查20%,不得少于1组。
检查方法:尺量、观察检查及检查施工记录。

7.3.7 现场组装布袋除尘器的安装,还应符合下列规定:

1 外壳应严密、不漏,布袋接口应牢固;

2 分室反吹袋式除尘器的滤袋安装,必须平直。每条滤袋的拉紧力应保持在25~35N/m;与滤袋连接接触的短管和袋帽,应无毛刺;

3 机械回转扁袋式除尘器的旋臂,转动应灵活可靠,净气室上部的顶盖,应密封不漏气,旋转应灵活,无卡阻现象;

4 脉冲袋式除尘器的喷吹孔,应对准文氏管的中心,同心度允许偏差为2mm。

检查数量:按总数抽查20%,不得少于1台。
检查方法:尺量、观察检查及检查施工记录。

7.3.8 洁净室空气净化设备的安装,应符合下列规定:

1 带有通风机的气闸室、吹淋室与地面间应有隔振垫;

2 机械式余压阀的安装,阀体、阀板的转轴应水平,允许偏差为2/1000。余压阀的安装位置应在室内气流的下风侧,并不应在工作面高度范围内;

3 传递窗的安装,应牢固、垂直,与墙体的连接处应密封。

检查数量:按总数抽查20%,不得少于1件。
检查方法:尺量、观察检查。

7.3.9 装配式洁净室的安装应符合下列规定:

1 洁净室的顶板和壁板(包括夹芯材料)应为不燃材料;

2 洁净室的地面应干燥、平整,平整度允许偏差为1/1000;

3 壁板的构配件和辅助材料的开箱,应在清洁的室内进行,安装前应严格检查其规格和质量。壁板应垂直安装,底部宜采用圆弧或钝角交接;安装后的壁板之间、壁板与顶板间的拼缝,应平整严密,墙板的垂直允许偏差为2/1000,顶板水平度的允许偏差与每个单间的几何尺寸的允许偏差均为2/1000;

4 洁净室吊顶在受荷载后应保持平直,压条全部紧贴。洁净室壁板若为上、下槽形板时,其接头应平整、严密;组装完毕的洁净室所有拼接缝,包括与建筑的接缝,均应采取密封措施,做到不脱落,密封良好。

检查数量:按总数抽查20%,不得少于5处。
检查方法:尺量、观察检查及检查施工记录。

7.3.10 洁净层流罩的安装应符合下列规定:

1 应设独立的吊杆,并有防晃动的固定措施;

2 层流罩安装的水平度允许偏差为1/1000,高度的允许偏差为±1mm;

3 层流罩安装在吊顶上,其四周与顶板之间应设有密封及隔振措施。

检查数量:按总数抽查20%,且不得少于5件。
检查方法:尺量、观察检查及检查施工记录。

7.3.11 风机过滤器单元(FFU、FMU)的安装应符合下列规定:

1 风机过滤器单元的高效过滤器安装前应按本规范第7.2.5条的规定检漏,合格后进行安装,方向必须正确。安装后的FFU或FMU机组应便于检修;

2 安装后的FFU风机过滤器单元,应保持整体平整,与吊顶衔接良好。风机箱与过滤器之间的连接、过滤器单元与吊顶框架间应有可靠的密封措施。

检查数量:按总数抽查20%,且不得少于2个。
检查方法:尺量、观察检查及检查施工记录。

7.3.12 高效过滤器的安装应符合下列规定:

1 高效过滤器采用机械密封时,须采用密封垫料,其厚度为6~8mm,并定位贴在过滤器边框上,安装后垫料的压缩应均匀,压缩率为25%~50%;

2 采用液槽密封时,槽架安装应水平,不得有渗漏现象,槽内无污物和水,槽内密封液高度宜为2/3槽深。密封液的熔点宜于50℃。

检查数量:按总数抽查20%,不得少于5个。

检查方法:尺量、观察检查。

7.3.13 消声器的安装应符合下列规定:
  1 消声器安装前应保持干净,做到无油污和浮尘;
  2 消声器安装的位置、方向应正确,与风管的连接应严密,不得有损坏与受潮。两组同类型消声器不宜直接串联;
  3 现场安装的组合式消声器,消声组件的排列、方向和位置应符合设计要求。单个消声器组件的固定应牢固;
  4 消声器、消声弯管均应设独立支、吊架。
  检查数量:整体安装的消声器,按总数抽查10%,且不得少于5台。现场组装的消声器全数检查。
  检查方法:手扳和观察检查,核对安装记录。

7.3.14 空气过滤器的安装应符合下列规定:
  1 安装平整、牢固,方向正确。过滤器与框架、框架与围护结构之间应严密无穿透缝;
  2 框架式或粗效、中效袋式空气过滤器的安装,过滤器四周与框架应均匀压紧,无可见缝隙,并应便于拆卸和更换滤料;
  3 卷绕式过滤器的安装,框架应平整,展开的滤料,应松紧适度、上下筒体应平行。
  检查数量:按总数抽查10%,且不得少于1台。
  检查方法:观察检查。

7.3.15 风机盘管机组的安装应符合下列规定:
  1 机组安装前宜进行单机三速试运转及水压检漏试验。试验压力为系统工作压力的1.5倍,试验观察时间为2min,不渗漏为合格;
  2 机组应设独立支、吊架,安装的位置、高度及坡度应正确、固定牢固;
  3 机组与风管、回风箱或风口的连接,应严密、可靠。
  检查数量:按总数抽查10%,且不得少于1台。
  检查方法:观察检查、查阅检查试验记录。

7.3.16 转轮式换热器安装的位置、转轮旋转方向及接管应正确,运转应平稳。
  检查数量:按总数抽查20%,且不得少于1台。
  检查方法:观察检查。

7.3.17 转轮去湿机安装应牢固,转轮及传动部件应灵活、可靠,方向正确;处理空气与再生空气接管应正确;排风水平管须保持一定的坡度,并坡向排出方向。
  检查数量:按总数抽查20%,且不得少于1台。
  检查方法:观察检查。

7.3.18 蒸汽加湿器的安装应设置独立支架,并固定牢固;接管尺寸正确、无渗漏。
  检查数量:全数检查。
  检查方法:观察检查。

7.3.19 空气风幕机的安装,位置方向应正确、牢固可靠,纵向垂直度与横向水平度的偏差均不应大于2/1000。
  检查数量:按总数10%的比例抽查,且不得少于1台。
  检查方法:观察检查。

7.3.20 变风量末端装置安装前宜做动作试验,与风管连接前宜做动作试验。
  检查数量:按总数抽查10%,且不得少于1台。
  检查方法:观察检查、查阅检查试验记录。

8 空调制冷系统安装

8.1 一般规定

8.1.1 本章适用于空调工程中工作压力不高于2.5MPa,工作温度在−20～150℃的整体式、组装式及单元式制冷设备(包括热泵)、制冷附属设备、其他配套设备和管路系统安装工程施工质量的检验和验收。

8.1.2 制冷设备、制冷附属设备、管道、管件及阀门的型号、规格、性能及技术参数等必须符合设计要求。设备机组的外表应无损伤、密封应良好,随机文件和配件应齐全。

8.1.3 与制冷机组配套的蒸汽、燃油、燃气供应系统和蓄冷系统的安装,还应符合设计文件、有关消防规范与产品技术文件的规定。

8.1.4 空调用制冷设备的搬运和吊装,应符合产品技术文件和本规范第7.1.5条的规定。

8.1.5 制冷机组本体的安装、试验、试运转及验收还应符合现行国家标准《制冷设备、空气分离设备安装工程施工及验收规范》GB 50274有关条文的规定。

8.2 主控项目

8.2.1 制冷设备与制冷附属设备的安装应符合下列规定:
  1 制冷设备、制冷附属设备的型号、规格和技术参数必须符合设计要求,并具有产品合格证书、产品性能检验报告;
  2 设备的混凝土基础必须进行质量交接验收,合格后方可安装;
  3 设备安装的位置、标高和管口方向必须符合设计要求。用地脚螺栓固定的制冷设备或制冷附属设备,其垫铁的放置位置应正确、接触紧密;螺栓必须拧紧,并有防松动措施。
  检查数量:全数检查。
  检查方法:查阅图纸核对设备型号、规格;产品质量合格证书和性能检验报告。

8.2.2 直接膨胀表面式冷却器的外表应保持清洁、完整,空气与制冷剂应呈逆向流动;表面式冷却器与外壳四周的缝隙应堵严,冷凝水排放应畅通。
  检查数量:全数检查。
  检查方法:观察检查。

8.2.3 燃油系统的设备与管道,以及储油罐及日用油箱的安装,位置和连接方法应符合设计与消防要求。
  燃气系统设备的安装应符合设计和消防要求。调压装置、过滤器的安装和调节应符合设备技术文件的规定,且应可靠接地。
  检查数量:全数检查。
  检查方法:按图纸核对、观察、查阅接地测试记录。

8.2.4 制冷设备的各项严密性试验和试运行的技术数据,均应符合设备技术文件的规定。对组装式的制冷机组和现场充注制冷剂的机组,必须进行吹污、气密性试验、真空试验和充注制冷剂检漏试验,其相应的技术数据必须符合产品技术文件和有关现行国家标准、规范的规定。
  检查数量:全数检查。
  检查方法:旁站观察、检查和查阅试运行记录。

8.2.5 制冷系统管道、管件和阀门的安装应符合下列规定:
  1 制冷系统的管道、管件和阀门的型号、材质及工作压力等必须符合设计要求,并应具有出厂合格证、质量证明书;
  2 法兰、螺纹等处的密封材料应与管内的介质性能相适应;
  3 制冷剂液体管不得向上装成"Ω"形。气体管道不得向下装成"U"形(特殊回油管除外);液体支管引出时,必须从干管底部或侧面接出;气体支管引出时,必须从干管顶部或侧面接出;有两根以上的支管从干管引出时,连接部位应错开,间距不应小于2倍支管直径，且不小于200mm；

4 制冷机与附属设备之间制冷剂管道的连接，其坡度与坡向应符合设计及设备技术文件要求。当设计无规定时，应符合表8.2.5的规定；

表8.2.5 制冷剂管道坡度、坡向

管道名称	坡向	坡度
压缩机吸气水平管(氟)	压缩机	≥10/1000
压缩机吸气水平管(氨)	蒸发器	≥3/1000
压缩机排气水平管	油分离器	≥10/1000
冷凝器水平供液管	贮液器	(1~3)/1000
油分离器至冷凝器水平管	油分离器	(3~5)/1000

5 制冷系统投入运行前，应对安全阀进行调试校核，其开启和回座压力应符合设备技术文件的要求。

检查数量：按总数抽检20%，且不得少于5件。第5款全数检查。

检查方法：核查合格证明文件、观察、水平仪测量、查阅调校记录。

8.2.6 燃油管道系统必须设置可靠的防静电接地装置，其管道法兰应采用镀锌螺栓连接或在法兰处用铜导线进行跨接，且接合良好。

检查数量：系统全数检查。

检查方法：观察检查、查阅试验记录。

8.2.7 燃气系统管道与机组的连接不得使用非金属软管。燃气管道的吹扫和压力试验应为压缩空气或氮气，严禁用水。当燃气供气管道压力大于0.005MPa时，焊缝的无损检测的执行标准应按设计规定。当设计无规定，且采用超声波探伤时，应全数检测，以质量不低于Ⅱ级为合格。

检查数量：系统全数检查。

检查方法：观察检查、查阅探伤报告和试验记录。

8.2.8 氨制冷剂系统管道、附件、阀门及填料不得采用铜及铜合金材料(磷青铜除外)，管内不得镀锌。氨系统的管道焊缝应进行射线照相检验，抽检率为10%，以质量不低于Ⅲ级为合格。在不易进行射线照相检验操作的场合，可用超声波检验代替，以不低于Ⅱ级为合格。

检查数量：系统全数检查。

检查方法：观察检查、查阅探伤报告和试验记录。

8.2.9 输送乙二醇溶液的管道系统，不得使用内镀锌管道及配件。

检查数量：按系统的管段抽查20%，且不得少于5件。

检查方法：观察检查、查阅安装记录。

8.2.10 制冷管道系统应进行强度、气密性试验及真空试验，且必须合格。

检查数量：系统全数检查。

检查方法：旁站、观察检查和查阅试验记录。

8.3 一般项目

8.3.1 制冷机组与制冷附属设备的安装应符合下列规定：

1 制冷设备及制冷附属设备安装位置、标高的允许偏差，应符合表8.3.1的规定；

表8.3.1 制冷设备与制冷附属设备安装允许偏差和检验方法

项次	项目	允许偏差(mm)	检验方法
1	平面位移	10	经纬仪或拉线和尺量检查
2	标高	±10	水准仪或经纬仪、拉线和尺量检查

2 整体安装的制冷机组，其机身纵、横向水平度的允许偏差为1/1000，并应符合设备技术文件的规定。

3 制冷附属设备安装的水平度或垂直度允许偏差为1/1000，并应符合设备技术文件的规定；

4 采用隔振措施的制冷设备或制冷附属设备，其隔振器安装位置应正确；各个隔振器的压缩量，应均匀一致，偏差不应大于2mm；

5 设置弹簧隔振的制冷机组，应设有防止机组运行时水平位移的定位装置。

检查数量：全数检查。

检查方法：在机座或指定的基准面上用水平仪、水准仪等检测、尺量与观察检查。

8.3.2 模块式冷水机组单元多台并联组合时，接口应牢固，且严密不漏。连接后机组的外表，应平整、完好，无明显的扭曲。

检查数量：全数检查。

检查方法：尺量、观察检查。

8.3.3 燃油系统油泵及蓄冷系统载冷剂泵的安装，纵、横向水平度允许偏差为1/1000，联轴器两轴芯轴向倾斜允许偏差为0.2/1000，径向位移为0.05mm。

检查数量：全数检查。

检查方法：在机座或指定的基准面上，用水平仪、水准仪等检测、尺量、观察检查。

8.3.4 制冷系统管道、管件的安装应符合下列规定：

1 管道、管件的内外壁应清洁、干燥；铜管管道支吊架的型式、位置、间距及管道安装标高应符合设计要求，连接制冷机的吸、排气管道应设单独支架；管径小于等于20mm的铜管道，在阀门处应设置支架；管道上下平行敷设时，吸气管在下方；

2 制冷剂管道弯管的弯曲半径不应小于3.5D(管道直径)，其最大外径与最小外径之差不应大于0.08D，且不应使用焊接弯管及皱褶弯管；

3 制冷剂管道分支管应按介质流向弯成90°弧度与主管连接，不宜使用弯曲半径小于1.5D的压制弯管；

4 铜管切口应平整、不得有毛刺、凹凸等缺陷，切口允许倾斜偏差为管径的1%，管口翻边后应保持同心，不得有开裂及皱褶，并应有良好的密封面；

5 采用承插钎焊焊接连接的铜管，其插接深度应符合表8.3.4的规定，承插的扩口方向应迎介质流向。当采用套管钎焊接连接时，其插接深度应不小于承插连接的规定。

采用对焊缝组对管道的内壁应齐平，错边量不大于0.1倍壁厚，且不大于1mm。

表8.3.4 承插式焊接的铜管承口的扩口深度表(mm)

铜管规格	≤DN15	DN20	DN25	DN32	DN40	DN50	DN65
承插口的扩口深度	9~12	12~15	15~18	17~20	21~24	24~26	26~30

6 管道穿越墙体或楼板时，管道的支吊架和钢管的焊接应按本规范第9章的有关规定执行。

检查数量：按系统抽查20%，且不得少于5件。

检查方法：尺量、观察检查。

8.3.5 制冷系统阀门的安装应符合下列规定：

1 制冷剂阀门安装前应进行强度和严密性试验。强度试验压力为阀门公称压力的1.5倍，时间不得少于5min；严密性试验压力为阀门公称压力的1.1倍，持续时间30s不漏为合格。合格后应保持阀体内干燥。如阀门进、出口封闭破损或阀体锈蚀的还应进行解体清洗；

2 位置、方向和高度应符合设计要求；

3 水平管道上的阀门的手柄不应朝下；垂直管道上的阀门手柄朝向便于操作的地方；

4 自控阀安装的位置应符合设计要求。电磁阀、调节阀、热力膨胀阀、升降式止回阀等的阀头均应向上；热力膨胀阀安装位置应高于感温包，感温包应装在蒸发器末端的回气管上，与管道接触良好，绑扎紧密；

5 安全阀应垂直安装在便于检修的位置，其排气管的出口应朝向安全地带，排液管应装在泄水管上。

检查数量：按系统抽查20%，且不得少于5件。

检查方法：尺量、观察检查、旁站或查阅试验记录。

8.3.6 制冷系统的吹扫排污应采用压力为0.6MPa的干燥压缩空气或氮气，以浅色布检查5min，无污物为合格。系统吹扫干净后，应将系统中阀门的阀芯拆下清洗干净。

检查数量：全数检查。

检查方法：观察、旁站或查阅试验记录。

9 空调水系统管道与设备安装

9.1 一般规定

9.1.1 本章适用于空调工程水系统安装子分部工程，包括冷(热)水、冷却水、凝结水系统的设备(不包括末端设备)、管道及附件施工质量的检验及验收。

9.1.2 镀锌钢管应采用螺纹连接。当管径大于DN100时，可采用卡箍式、法兰或焊接连接，但应对焊缝及热影响区的表面进行防腐处理。

9.1.3 从事金属管道焊接的企业，应具有相应项目的焊接工艺评定，焊工应持有相应类别焊接的焊工合格证书。

9.1.4 空调用蒸汽管道的安装，应按现行国家标准《建筑给水、排水及采暖工程施工质量验收规范》GB 50242—2002的规定执行。

9.2 主控项目

9.2.1 空调工程水系统的设备与附属设备、管道、管配件及阀门的型号、规格、材质及连接形式应符合设计规定。

检查数量：按总数抽查10%，且不得少于5件。

检查方法：观察检查外观质量并检查产品质量证明文件、材料进场验收记录。

9.2.2 管道安装应符合下列规定：

1 隐蔽管道必须按本规范第3.0.11条的规定执行；
2 焊接钢管、镀锌钢管不得采用热煨弯；
3 管道与设备的连接，应在设备安装完毕后进行，与水泵、制冷机组的接管必须为柔性接口。柔性短管不得强行对口连接，与其连接的管道应设置独立支架；

4 冷热水及冷却水系统应在系统冲洗、排污合格(目测：以排出口的水色和透明度与入水口对比相近，无可见杂物)，再循环试运行2h以上，且水质正常后才能与制冷机组、空调设备相贯通；

5 固定在建筑结构上的管道支、吊架，不得影响结构的安全。管道穿越墙体或楼板处应设钢制套管，管道接口不得置于套管内，钢制套管应与墙体饰面或楼板底部平齐，上部应高出楼层地面20～50mm，并不得将套管作为管道支撑。

保温管道与套管四周间隙应使用不燃绝热材料填塞紧密。

检查数量：系统全数检查。每个系统管道、部件数量抽查10%，且不得少于5件。

检查方法：尺量、观察检查、旁站或查阅试验记录、隐蔽工程记录。

9.2.3 管道系统安装完毕，外观检查合格后，应按设计要求进行水压试验。当设计无规定时，应符合下列规定：

1 冷热水、冷却水系统的试验压力，当工作压力小于等于1.0MPa时，为1.5倍工作压力，但最低不小于0.6MPa；当工作压力大于1.0MPa时，为工作压力加0.5MPa。

2 对于大型或高层建筑垂直位差较大的冷(热)媒水、冷却水管道系统宜采用分区、分层试压和系统试压相结合的方法。一般建筑可采用系统试压方法。

分区、分层试压：对相对独立的局部区域的管道进行试压。在试验压力下，稳压10min，压力不得下降，再将系统压力降至工作压力，在60min内压力不得下降、外观检查无渗漏为合格。

系统试压：在各分区管道与系统主、干管全部连通后，对整个系统的管道进行系统的试压。试验压力以最低点的压力为准，但最低点的压力不得超过管道与组成件的承受压力。压力试验升至试验压力后，稳压10min，压力下降不得大于0.02MPa，再将系统压力降至工作压力，外观检查无渗漏为合格。

3 各类耐压塑料管的强度试验压力为1.5倍工作压力，严密性工作压力为1.15倍的设计工作压力；

4 凝结水系统采用充水试验，应以不渗漏为合格。

检查数量：系统全数检查。

检查方法：旁站观察或查阅试验记录。

9.2.4 阀门的安装应符合下列规定：

1 阀门的安装位置、高度、进出口方向必须符合设计要求，连接应牢固紧密；

2 安装在保温管道上的各类手动阀门，手柄均不得向下；

3 阀门安装前必须进行外观检查，阀门的铭牌应符合现行国家标准《通用阀门标志》GB 12220的规定。对于工作压力大于1.0MPa及在主干管上起到切断作用的阀门，应进行强度和严密性试验，合格后方准使用。其他阀门可不单独进行试验，待在系统试压中检验。

强度试验时，试验压力为公称压力的1.5倍，持续时间不少于5min，阀门的壳体、填料应无渗漏。

严密性试验时，试验压力为公称压力的1.1倍；试验压力在试验持续的时间内应保持不变，时间应符合表9.2.4的规定，以阀瓣密封面无渗漏为合格。

表9.2.4 阀门压力持续时间

公称直径 DN(mm)	最短试验持续时间(s)	
	严密性试验	
	金属密封	非金属密封
≤50	15	15
65～200	30	15
250～450	60	30
≥500	120	60

检查数量：1、2款抽查5%，且不得少于1个。水压试验以每批(同牌号、同规格、同型号)数量中抽查20%，且不得少于1个。对于安装在主干管上起切断作用的闭路阀门，全数检查。

检查方法：按设计图核对、观察检查；旁站或查阅试验记录。

9.2.5 补偿器的补偿量和安装位置必须符合设计及产品技术文件的要求，并应根据设计计算的补偿量进行预拉伸或预压缩。

设有补偿器(膨胀节)的管道应设置固定支架，其结构形式和固定位置应符合设计要求，并应在补偿器的预拉伸(或预压缩)前固定；导向支架的设置应符合所安装产品技术文件的要求。

检查数量：抽查20%，且不得少于1个。

检查方法：观察检查，旁站或查阅补偿器的预拉伸或预压缩记录。

9.2.6 冷却塔的型号、规格、技术参数必须符合设计要求。对含有易燃材料冷却塔的安装，必须严格执行施工防火安全的规定。

检查数量：全数检查。

检查方法：按图纸核对，监督执行防火规定。

9.2.7 水泵的规格、型号、技术参数应符合设计要求和产品性能指标。水泵正常连续试运行的时间，不应少于2h。

检查数量：全数检查。

检查方法：按图纸核对，实测或查阅水泵试运行记录。

9.2.8 水箱、集水缸、分水缸、储冷罐的满水试验或水压试验必须符合设计要求。储冷罐内壁防腐涂层的材质、涂抹质量、厚度必须符合设计或产品技术文件要求，储冷罐与底座必须进行绝热处理。

检查数量：全数检查。

检查方法：尺量、观察检查，查阅试验记录。

9.3 一般项目

9.3.1 当空调水系统的管道，采用建筑用硬聚氯乙烯(PVC-U)、聚丙烯(PP-R)、聚丁烯(PB)与交联聚乙烯(PEX)等有机材料管道时，其连接方法应符合设计和产品技术要求的规定。

检查数量：按总数抽查20%，且不得少于2处。

检查方法：尺量、观察检查，验证产品合格证书和试验记录。

9.3.2 金属管道的焊接应符合下列规定：

1 管道焊接材料的品种、规格、性能应符合设计要求。管道对接焊口的组对和坡口形式等应符合表9.3.2的规定；对口的平直度为1/100，全长不大于10mm。管道的固定焊口应远离设备，且不宜与设备接口中心线相重合。管道对接焊缝与支、吊架的距离应大于50mm；

表9.3.2 管道焊接坡口形式和尺寸

项次	厚度T(mm)	坡口名称	坡口形式	间隙C(mm)	钝边P(mm)	坡口角度α(°)	备注
1	1~3	I型坡口		0~1.5			内壁错边量≤0.1T，且≤2mm
	3~6 双面焊			1~2.5			
2	6~9	V型坡口		0~2.0	0~2	65~75	外壁3mm
	9~26			0~3.0	0~3	55~65	
3	2~30	T型坡口		0~2.0			

2 管道焊缝表面应清理干净，并进行外观质量的检查。焊缝外观质量不得低于现行国家标准《现场设备、工业管道焊接工程施工及验收规范》GB 50236中第11.3.3条的Ⅳ级规定(氨管为Ⅲ级)。

检查数量：按总数抽查20%，且不得少于1处。

检查方法：尺量、观察检查。

9.3.3 螺纹连接的管道，螺纹应清洁、规整，断丝或缺丝不大于螺纹全扣数的10%；连接牢固；接口处根部外露螺纹为2~3扣，无外露填料；镀锌管道的镀锌层应注意保护，对局部的破损处，应做防腐处理。

检查数量：按总数抽查5%，且不得少于5处。

检查方法：尺量、观察检查。

9.3.4 法兰连接的管道，法兰面应与管道中心线垂直，并同心。法兰对接应平行，其偏差不应大于其外径的1.5/1000，且不得大于2mm；连接螺栓长度应一致、螺母在同侧、均匀拧紧。螺栓紧固后不应低于螺母平面。法兰的衬垫规格、品种与厚度应符合设计的要求。

检查数量：按总数抽查5%，且不得少于5处。

检查方法：尺量、观察检查。

9.3.5 钢制管道的安装应符合下列规定：

1 管道和管件在安装前，应将其内、外壁的污物和锈蚀清除干净。当管道安装间断时，应及时封闭敞开的管口。

2 管道弯制弯管的弯曲半径，热弯不应小于管道外径的3.5倍，冷弯不应小于4倍；焊接弯管不应小于1.5倍；冲压弯管不应小于1倍。弯管的最大外径与最小外径的差不应大于管道外径的8/100，管壁减薄率不应大于15%；

3 冷凝水排水管坡度，应符合设计文件的规定。当设计无规定时，其坡度宜大于或等于8‰；软管连接的长度，不宜大于150mm；

4 冷热水管道与支、吊架之间，应有绝热衬垫(承压强度能满足管道重量的不燃、难燃硬质绝热材料或经防腐处理的木衬垫)，其厚度不应小于绝热层厚度，宽度应大于支、吊架支承面的宽度。衬垫的表面应平整，衬垫接合面的空隙应填实；

5 管道安装的坐标、标高和纵、横向的弯曲度应符合表9.3.5的规定。在吊顶内等暗装管道的位置应正确，无明显偏差。

表9.3.5 管道安装的允许偏差和检验方法

项	目		允许偏差(mm)	检查方法
坐标	架空及地沟	室外	25	按系统检查管道的起点、终点、分支点和变向点及各点之间的直管
		室内	15	
	埋地		60	
标高	架空及地沟	室外	±20	用经纬仪、水准仪、液体连通器、水平仪、拉线和尺量检查
		室内	±15	
	埋地		±25	
水平管道平直度	DN≤100mm		2L‰，最大40	用直尺、拉线和尺量检查
	DN>100mm		3L‰，最大60	
立管垂直度			5L‰，最大25	用直尺、线锤、拉线和尺量检查
成排管段间距			15	用直尺尺量检查
成排管段或成排阀门在同一平面上			3	用直尺、拉线和尺量检查

注：L—管道的有效长度(mm)。

检查数量：按总数抽查10%，且不得少于5处。

检查方法：尺量、观察检查。

9.3.6 钢塑复合管道的安装，当系统工作压力不大于1.0MPa时，可采用涂(衬)塑焊接钢管螺纹连接，与管道配件的连接深度和扭矩应符合表9.3.6-1的规定；当系统工作压力为1.0~2.5MPa时，可采用涂(衬)塑无缝钢管法兰连接或沟槽式连接，管道配件均为无缝钢管涂(衬)塑管件。

沟槽式连接的管道，其沟槽与橡胶密封圈和卡箍套必须为配套合格产品；支、吊架的间距应符合表9.3.6-2的规定。

表9.3.6-1 钢塑复合管螺纹连接深度及紧固扭矩

公称直径(mm)		15	20	25	32	40	50	65	80	100
螺纹连接	深度(mm)	11	13	15	17	18	20	23	27	33
	牙数	6.0	6.5	7.0	7.5	8.0	9.0	10.0	11.5	13.5
扭矩(N·m)		40	60	100	120	150	200	250	300	400

表9.3.6-2 沟槽式连接管道的沟槽及支、吊架的间距

公称直径(mm)	沟槽深度(mm)	允许偏差(mm)	支、吊架的间距(m)	端面垂直度允许偏差(mm)
65~100	2.20	0~+0.3	3.5	1.0
125~150	2.20	0~+0.3	4.2	
200	2.50	0~+0.3	4.2	
225~250	2.50	0~+0.3	5.0	1.5
300	3.0	0~+0.5	5.0	

注：1 连接管端面应平整光滑、无毛刺；沟槽过深，应作为废品，不得使用。
2 支、吊架不得支承在连接头上，水平管的任意两个连接头之间必须有支、吊架。

检查数量：按总数抽查10%，且不得少于5处。
检查方法：尺量、观察检查、查阅产品合格证明文件。

9.3.7 风机盘管机组及其他空调设备与管道的连接，宜采用弹性接管或软接管（金属或非金属软管），其耐压值应大于等于1.5倍的工作压力。软管的连接应牢固，不应有强扭及瘪管。

检查数量：按总数抽查10%，且不得少于5处。
检查方法：观察、查阅产品合格证明文件。

9.3.8 金属管道的支、吊架的型式、位置、间距、标高应符合设计或有关技术标准的要求。设计无规定时，应符合下列规定：

1 支、吊架的安装应平整牢固，与管道接触紧密。管道与设备连接处，应设独立支、吊架。

2 冷（热）媒水、冷却水系统管道机房内总、干管的支、吊架，应采用承重防晃管架；与设备连接的管道管架宜有减振措施。当水平支管的管架采用单杆吊架时，应在管道起始点、阀门、三通、弯头及长度每隔15m设置承重防晃支、吊架。

3 无热位移的管道吊架，其吊杆应垂直安装。有热位移的，吊杆应向热膨胀（或冷收缩）的反方向偏移安装，偏移量应按计算确定。

4 滑动支架的滑动面应清洁、平整，其安装位置应从支承面中心向位移反方向偏移1/2位移值或符合设计文件规定；

5 竖井内的立管，每隔2~3层应设导向支架。在建筑结构负重允许的情况下，水平安装管道支、吊架的间距应符合表9.3.8的规定；

表9.3.8 钢管道支、吊架的最大间距

公称直径(mm)	15	20	25	32	40	50	70	80	100	125	150	200	250	300
支架的最大间距(m) L_1	1.5	2.0	2.0	2.5	3.0	3.0	4.0	4.0	4.5	5.0	5.5	6.5	7.5	8.5	9.5
L_2	2.5	3.0	3.5	4.0	4.5	5.0	6.0	6.0	6.5	7.0	8.0	9.5	9.5	10.5

对大于300mm的管道可参考300mm管道

注：1 适用于工作压力不大于2.0MPa，不保温及保温材料密度不大于200 kg/m³的管道系统。
2 L_1用于保温管道，L_2用于不保温管道。

6 管道支、吊架的焊接应由合格持证焊工施焊，并不得有漏焊、欠焊或焊接裂纹等缺陷。支架与管道焊接时，管道侧的咬边量，应小于0.1管壁厚。

检查数量：按系统支架数量抽查5%，且不得少于5个。
检查方法：尺量、观察检查。

9.3.9 采用建筑用硬聚氯乙烯(PVC-U)、聚丙烯(PP-R)与交联聚乙烯(PEX)等管道时，管道与金属支、吊架之间应有隔绝措施，不可直接接触。当为热水管道时，还应加宽其接触的面积。支、吊架的间距应符合设计和产品技术要求的规定。

检查数量：按系统支架数量抽查5%，且不得少于5个。
检查方法：观察检查。

9.3.10 阀门、集气罐、自动排气装置、除污器（水过滤器）等管道部件的安装应符合设计要求，并应符合下列规定：

1 阀门安装的位置、进出口方向应正确，并便于操作，连接牢密紧密，启闭灵活；成排阀门的排列应整齐美观，在同一平面上的允许偏差为3mm；

2 电动、气动等自控阀门在安装前应进行单体的调试，包括开启、关闭等动作试验；

3 冷冻水和冷却水的除污器（水过滤器）应安装在进机组前的管道上，方向正确且便于清污；与管道连接牢固、严密，其安装位置应便于滤网的拆装和清洗。过滤器滤网的材质、规格和包扎方法应符合设计要求；

4 闭式系统管路应在系统最高处及所有可能积聚空气的高点设置排气阀，在管路最低点应设置排水管及排水阀。

检查数量：按规格、型号抽查10%，且不得少于2个。
检查方法：对照设计文件尺量、观察和操作检查。

9.3.11 冷却塔安装应符合下列规定：

1 基础标高应符合设计的规定，允许误差为±20mm。冷却塔地脚螺栓与预埋件的连接或固定应牢固，各连接部件应采用热镀锌或不锈钢螺栓，其紧固力应一致、均匀。

2 冷却塔安装应水平，单台冷却塔安装水平度和垂直度允许偏差均为2/1000。同一冷却水系统的多台冷却塔安装时，各台冷却塔的水面高度应一致，高差不应大于30mm；

3 冷却塔的出水口及喷嘴的方向和位置应正确，积水盘应严密无渗漏；分水器布水均匀。带转动布水器的冷却塔，其转动部分应灵活，喷水出口按设计或产品要求，方向应一致；

4 冷却塔风机叶片端部与塔体四周的径向间隙应均匀。对于可调整角度的叶片，角度应一致。

检查数量：全数检查。
检查方法：尺量、观察检查，积水盘做充水试验或查阅试验记录。

9.3.12 水泵及附属设备的安装应符合下列规定：

1 水泵的平面位置和标高允许偏差为±10mm，安装的地脚螺栓应垂直、拧紧，且与设备底座接触紧密。

2 垫铁组放置位置正确、平稳，接触紧密，每组不超过3块。

3 整体安装的泵，纵向水平偏差不应大于0.1/1000，横向水平偏差不应大于0.20/1000；解体安装的泵纵、横向安装水平偏差均不应大于0.05/1000；

水泵与电机采用联轴器连接时，联轴器两轴芯的允许偏差，轴向倾斜不应大于0.2/1000，径向位移不应大于0.05mm；

小型整体安装的管道水泵不应有明显偏斜。

4 减震器与水泵及水泵基础连接牢固、平稳、接触紧密。

检查数量：全数检查。
检查方法：扳手试拧，观察检查，用水平仪和塞尺测量或查阅设备安装记录。

9.3.13 水箱、集水器、分水器、储冷罐等设备的安装，支架或底座的尺寸、位置符合设计要求。设备与支架或底座接触紧密，安装平正、牢固。平面位置允许偏差为15mm，标高允许偏差为±5mm，垂直度允许偏差为1/1000。

膨胀水箱安装的位置及接管的连接，应符合设计文件的要求。

检查数量：全数检查。
检查方法：尺量、观察检查，旁站或查阅试验记录。

10 防腐与绝热

10.1 一般规定

10.1.1 风管与部件及空调设备绝热工程施工应在风管系统严密性检验合格后进行。

10.1.2 空调工程的制冷系统管道,包括制冷剂和空调水系统绝热工程的施工,应在管路系统强度与严密性检验合格和防腐处理结束后进行。

10.1.3 普通薄钢板在制作风管前,宜预涂防锈漆一遍。

10.1.4 支、吊架的防腐处理应与风管或管道相一致,其明装部分必须涂面漆。

10.1.5 油漆施工时,应采取防火、防冻、防雨等措施,并不应在低温或潮湿环境下作业。明装部分的最后一遍色漆,宜在安装完毕后进行。

10.2 主控项目

10.2.1 风管和管道的绝热,应采用不燃或难燃材料,其材质、密度、规格与厚度应符合设计要求。如采用难燃材料时,应对其难燃性进行检查,合格后方可使用。

检查数量:按批随机抽查1件。

检查方法:观察检查、检查材料合格证,并做点燃试验。

10.2.2 防腐涂料和油漆,必须是在有效保质期限内的合格产品。

检查数量:按批检查。

检查方法:观察、检查材料合格证。

10.2.3 在下列场合必须使用不燃绝热材料:
1 电加热器前后800mm的风管和绝热层;
2 穿越防火隔墙两侧2m范围内风管、管道和绝热层。

检查数量:全数检查。

检查方法:观察、检查材料合格证及做点燃试验。

10.2.4 输送介质温度低于周围空气露点温度的管道,当采用非闭孔性绝热材料时,隔汽层(防潮层)必须完整,且封闭良好。

检查数量:按数量抽查10%,且不得少于5段。

检查方法:观察检查。

10.2.5 位于洁净室内的风管及管道的绝热,不应采用易产尘的材料(如玻璃纤维、短纤维矿棉等)。

检查数量:全数检查。

检查方法:观察检查。

10.3 一般项目

10.3.1 喷、涂油漆的漆膜,应均匀、无堆积、皱纹、气泡、掺杂、混色与漏涂等缺陷。

检查数量:按面积抽查10%。

检查方法:观察检查。

10.3.2 各类空调设备、部件的油漆喷、涂,不得遮盖铭牌标志和影响部件的功能使用。

检查数量:按数量抽查10%,且不得少于2个。

检查方法:观察检查。

10.3.3 风管系统部件的绝热,不应影响其操作功能。

检查数量:按数量抽查10%,且不得少于2个。

检查方法:观察检查。

10.3.4 绝热材料层应密实,无裂缝、空隙等缺陷。表面应平整,当采用卷材或板材时,允许偏差为5mm;采用涂抹或其他方式时,允许偏差为10mm。防潮层(包括绝热层的端部)应完整,且封闭良好;其搭接缝顺水。

检查数量:管道按轴线长度抽查10%;部件、阀门抽查10%,且不得少于2个。

检查方法:观察检查、用钢丝刺入保温层、尺量。

10.3.5 风管绝热层采用粘结方法固定时,施工应符合下列规定:
1 粘结剂的性能应符合使用温度和环境卫生的要求,并与绝热材料相匹配;
2 粘结材料宜均匀地涂在风管、部件或设备的外表面上,绝热材料与风管、部件及设备表面应紧密贴合,无空隙;
3 绝热层纵、横向的接缝,应错开;
4 绝热层粘贴后,如进行包扎或捆扎,包扎的搭接应均匀、贴紧;捆扎的应松紧适度,不得损坏绝热层。

检查数量:按数量抽查10%。

检查方法:观察检查和检查材料合格证。

10.3.6 风管绝热层采用保温钉连接固定时,应符合下列规定:
1 保温钉与风管、部件及设备表面的连接,可采用粘接或焊接,结合应牢固,不得脱落;焊接后应保持风管的平整,并不应影响镀锌钢板的防腐性能;
2 矩形风管或设备保温钉的分布应均匀,其数量底面每平方米不应少于16个,侧面不应少于10个,顶面不应少于8个。首行保温钉至风管或保温材料边沿的距离应小于120mm;
3 风管法兰部位的绝热层的厚度,不应低于风管绝热层的0.8倍;
4 带有防潮隔汽层绝热材料的拼缝处,应用粘胶带封严。粘胶带的宽度不应小于50mm。粘胶带应牢固地粘贴在防潮面层上,不得有胀裂和脱落。

检查数量:按数量抽查10%,且不得少于5处。

检查方法:观察检查。

10.3.7 绝热涂料作绝热层时,应分层涂抹,厚度均匀,不得有气泡和漏涂等缺陷,表面固化层应光滑,牢固无缝隙。

检查数量:按数量抽查10%。

检查方法:观察检查。

10.3.8 当采用玻璃纤维布作绝热保护层时,搭接的宽度应均匀,宜为30~50mm,且松紧适度。

检查数量:按数量抽查10%,且不得少于10m²。

检查方法:尺量、观察检查。

10.3.9 管道阀门、过滤器及法兰部位的绝热结构应能单独拆卸。

检查数量:按数量抽查10%,且不得少于5个。

检查方法:观察检查。

10.3.10 管道绝热层的施工,应符合下列规定:
1 绝热产品的材质和规格,应符合设计要求,管壳的粘贴应牢固、铺设应平整,绑扎应紧密,无滑动、松动与断裂现象;
2 硬质或半硬质绝热管壳的拼接缝隙,保温时不应大于5mm、保冷时不应大于2mm,并用粘结材料勾缝填满,纵缝应错开,外层的水平接缝应设在侧下方。当绝热层的厚度大于100mm时,应分层铺设,层间应压缝;
3 硬质或半硬质绝热管壳应用金属丝或难燃织带捆扎,其间距为300~350mm,且每节至少捆扎2道;
4 松散或软质绝热材料应按规定的密度压缩其体积,疏密应均匀。毡类材料在管道上包扎时,搭接处不应有空隙。

检查数量:按数量抽查10%,且不得少于10段。

检查方法:尺量、观察检查及查阅施工记录。

10.3.11 管道防潮层的施工应符合下列规定:
1 防潮层应紧密粘贴在绝热层上,封闭良好,不得有虚粘、气泡、褶皱、裂缝等缺陷;
2 立管的防潮层,应由管道的低端向高端敷设,环向搭接的缝口应朝向低端;纵向的搭接缝应位于管道的侧面,并顺水;

3 卷材防潮层采用螺旋形缠绕的方式施工时，卷材的搭接宽度宜为30～50mm。

检查数量：按数量抽查10%，且不得少于10m。
检查方法：尺量、观察检查。

10.3.12 金属保护壳的施工，应符合下列规定：

1 应紧贴绝热层，不得有脱壳、褶皱、强行接口等现象。接口的搭接应顺水，并有凸筋加强，搭接尺寸为20～25mm。采用自攻螺丝固定时，螺钉间距应均匀对称，并不得刺破防潮层。

2 户外金属保护壳的纵、横向接缝，应顺水；其纵向接缝应位于管道的侧面。金属保护壳与外墙面或屋顶的交接处应加设泛水。

检查数量：按数量抽查10%。
检查方法：观察检查。

10.3.13 冷热源机房内制冷系统管道的外表面，应做色标。

检查数量：按数量抽查10%。
检查方法：观察检查。

11 系统调试

11.1 一般规定

11.1.1 系统调试所使用的测试仪器和仪表，性能应稳定可靠，其精度等级及最小分度值应能满足测定的要求，并应符合国家有关计量法规及检定规程的规定。

11.1.2 通风与空调工程的系统调试，应由施工单位负责、监理单位监督，设计单位与建设单位参与和配合。系统调试的实施可以是施工企业本身或委托给具有调试能力的其他单位。

11.1.3 系统调试前，承包单位应编制调试方案，报送专业监理工程师审核批准；调试结束后，必须提供完整的调试资料和报告。

11.1.4 通风与空调工程系统无生产负荷的联合试运转及调试，应在制冷设备和通风与空调设备单机试运转合格后进行。空调系统带冷(热)源的正常联合试运转不应少于8h，当竣工季节与设计条件相差较大时，仅做不带冷(热)源试运转。通风、除尘系统的连续试运转不应少于2h。

11.1.5 净化空调系统运行前应在回风、新风的吸入口处和粗、中效过滤器前设置临时用过滤器(如无纺布等)，实行对系统的保护。净化空调系统的检测和调整，应在系统进行全面清扫，且已运行24h以上达到稳定后进行。

洁净室洁净度的检测，应在空态或静态下进行或按合约规定。室内洁净度检测时，人员不宜多于3人，均必须穿与洁净室洁净度等级相适应的洁净工作服。

11.2 主控项目

11.2.1 通风与空调工程安装完毕，必须进行系统的测定和调整(简称调试)。系统调试应包括下列项目：

1 设备单机试运转及调试；
2 系统无生产负荷下的联合试运转及调试。

检查数量：全数。
检查方法：观察、旁站、查阅调试记录。

11.2.2 设备单机试运转及调试应符合下列规定：

1 通风机、空调机组中的风机，叶轮旋转方向正确、运转平稳、无异常振动与声响，其电机运行功率应符合设备技术文件的规定。在额定转速下连续运转2h后，滑动轴承外壳最高温度不得超过70℃；滚动轴承不得超过80℃；

2 水泵叶轮旋转方向正确，无异常振动和声响，紧密连接部位无松动，其电机运行功率值符合设备技术文件的规定。水泵连续运转2h后，滑动轴承外壳最高温度不得超过70℃；滚动轴承不得超过75℃；

3 冷却塔本体应稳固、无异常振动，其噪声应符合设备技术文件的规定。风机试运转按本条第1款的规定；

冷却塔风机与冷却水系统循环试运行不少于2h，运行应无异常情况；

4 制冷机组、单元式空调机组的试运转，应符合设备技术文件和现行国家标准《制冷设备、空气分离设备安装工程施工及验收规范》GB 50274的有关规定，正常运转不应少于8h；

5 电控防火、防排烟风阀(口)的手动、电动操作应灵活、可靠，信号输出正确。

检查数量：第1款按风机数量抽查10%，且不得少于1台；第2、3、4款全数检查；第5款按系统中风阀的数量抽查20%，且不少于5件。

检查方法：观察、旁站、用声级计测定、查阅试运转记录及有关文件。

11.2.3 系统无生产负荷的联合试运转及调试应符合下列规定：

1 系统总风量调试结果与设计风量的偏差不应大于10%；

2 空调冷热水、冷却水总流量测试结果与设计流量的偏差不应大于10%；

3 舒适空调的温度、相对湿度应符合设计的要求。恒温、恒湿房间室内空气温度、相对湿度及波动范围应符合设计规定。

检查数量：按风管系统数量抽查10%，且不得少于1个系统。

检查方法：观察、旁站、查阅调试记录。

11.2.4 防排烟系统联合试运行与调试的结果(风量及正压)，必须符合设计与消防的规定。

检查数量：按总数抽查10%，且不得少于2个楼层。
检查方法：观察、旁站、查阅调试记录。

11.2.5 净化空调系统还应符合下列规定：

1 单向流洁净室系统的系统总风量调试结果与设计风量的允许偏差为0～20%，室内各风口风量与设计风量的允许偏差为15%。

新风量与设计新风量的允许偏差为10%。

2 单向流洁净室系统的室内截面平均风速的允许偏差为0～20%，且截面风速不均匀度不大于0.25。

新风量和设计新风量的允许偏差为10%。

3 相邻不同级别洁净室之间和洁净室与非洁净室之间的静压差不应小于5Pa，洁净室与室外的静压差不应小于10Pa；

4 室内空气洁净度等级必须符合设计规定的等级或在商定验收状态下的等级要求。

高于等于5级的单向流洁净室，在门开启的状态下，测定距离门0.6m室内侧工作高度处空气的含尘浓度，亦不应超过室内洁净度等级上限的规定。

检查数量：调试记录全数检查，测点抽查5%，且不得少于1点。

检查方法：检查、验证调试记录，按本规范附录B进行测试校核。

11.3 一般项目

11.3.1 设备单机试运转及调试应符合下列规定：

1 水泵运行时不应有异常振动和声响，壳体密封处不得渗漏，紧固连接部位不应松动，轴封的温升应正常；在无特殊要求的情况下，普通填料泄漏量不应大于60mL/h，机械密封的不应大于5mL/h；

2 风机、空调机组、冷热泵等设备运行时，产生的噪声不宜超过产品性能说明书的规定值；

3 风机盘管机组的三速、温控开关的动作应正确，并与机组运行状态一一对应。

检查数量：第1、2款抽查20%，且不得少于1台；第3款抽查10%，且不得少于5台。

检查方法：观察、旁站、查阅试运转记录。

11.3.2 通风工程系统无生产负荷联合试运转及调试应符合下列规定：

1 系统联动试运转中，设备及主要部件的联动必须符合设计要求，动作协调、正确，无异常现象；

2 系统经过平衡调整，各风口或吸风罩的风量与设计风量的允许偏差不应大于15%；

3 湿式除尘器的供水与排水系统运行应正常。

11.3.3 空调工程系统无生产负荷联动试运转及调试还应符合下列规定：

1 空调工程水系统应冲洗干净、不含杂物，并排除管道系统中的空气；系统连续运行应达到正常、平稳；水泵的压力和水泵电机的电流不应出现大幅波动。系统平衡调整后，各空调机组的水流量应符合设计要求，允许偏差为20%；

2 各种自动计量检测元件和执行机构的工作应正常，满足建筑设备自动化（BA、FA等）系统对被测定参数进行检测和控制的要求；

3 多台冷却塔并联运行时，各冷却塔的进、出水量应达到均衡一致；

4 空调室内噪声应符合设计规定要求；

5 有压差要求的房间、厅堂与其他相邻房间之间的压差，舒适性空调正压为0~25Pa；工艺性的空调应符合设计的规定；

6 有环境噪声要求的场所，制冷、空调机组应按现行国家标准《采暖通风与空气调节设备噪声声功率级的测定——工程法》GB 9068 的规定进行测定。洁净室内的噪声应符合设计的规定。

检查数量：按系统数量抽查10%，且不得少于1个系统或1间。

检查方法：观察、用仪表测量检查及查阅调试记录。

11.3.4 通风与空调工程的控制和监测设备，应能与系统的检测元件和执行机构正常沟通，系统的状态参数应正确显示，设备联锁、自动调节、自动保护应能正确动作。

检查数量：按系统或监测系统总数抽查30%，且不得少于1个系统。

检查方法：旁站观察、查阅调试记录。

12 竣工验收

12.0.1 通风与空调工程的竣工验收，是在工程施工质量得到有效监控的前提下，施工单位通过整个分部工程的无生产负荷系统联合试运转与调试和观感质量的检查，按本规范要求将质量合格的分部工程移交建设单位的验收过程。

12.0.2 通风与空调工程的竣工验收，应由建设单位负责，组织施工、设计、监理等单位共同进行，合格后即应办理竣工验收手续。

12.0.3 通风与空调工程竣工验收时，应检查竣工验收的资料，一般包括下列文件及记录：

1 图纸会审记录、设计变更通知书和竣工图；

2 主要材料、设备、成品、半成品和仪表的出厂合格证明及进场检（试）验报告；

3 隐蔽工程检查验收记录；

4 工程设备、风管系统、管道系统安装及检验记录；

5 管道试验记录；

6 设备单机试运转记录；

7 系统无生产负荷联合试运转与调试记录；

8 分部（子分部）工程质量验收记录；

9 观感质量综合检查记录；

10 安全和功能检验资料的核查记录。

12.0.4 观感质量检查应包括以下项目：

1 风管表面应平整、无损坏；接ított合理，风管的连接以及风管与设备或调节装置的连接，无明显缺陷；

2 风口表面应平整，颜色一致，安装位置正确，风口可调节部件应能正常动作；

3 各类调节装置的制作和安装应正确牢固，调节灵活，操作方便。防火及排烟阀等关闭严密，动作可靠；

4 制冷及水管系统的管道、阀门及仪表安装位置正确，系统无渗漏；

5 风管、部件及管道的支、吊架型式、位置及间距应符合本规范要求；

6 风管、管道的软性接管位置应符合设计要求，接管正确、牢固，自然无强扭；

7 通风机、制冷机、水泵、风机盘管机组的安装应正确牢固；

8 组合式空气调节机组外表面应平整光滑、接缝严密、组装顺序正确，喷水室外表面无渗漏；

9 除尘器、积尘室安装应牢固，接口严密；

10 消声器安装方向正确，外表面应平整无损坏；

11 风管、部件、管道及支架的油漆应附着牢固，漆膜厚度均匀，油漆颜色与标志符合设计要求；

12 绝热层的材质、厚度应符合设计要求；表面平整、无断裂和脱落；室外防潮层或保护壳应顺水搭接、无渗漏。

检查数量：风管、管道各按系统抽查10%，且不得少于1个系统。各类部件、阀门及仪表抽检5%，且不得少于10件。

检查方法：尺量、观察检查。

12.0.5 净化空调系统的观感质量检查还应包括下列项目：

1 空调机组、风机、净化空调机组、风机过滤器单元和空气吹淋室等的安装位置应正确、固定牢固、连接严密，其偏差应符合本规范有关条文的规定；

2 高效过滤器与风管、风管与设备的连接处应有可靠密封；

3 净化空调机组、静压箱、风管及送回风口清洁无积尘；

4 装配式洁净室的内墙面、吊顶和地面应光滑、平整、色泽均匀、不起灰尘，地板静电值应低于设计规定；

5 送回风口、各类末端装置以及各类管道等与洁净室内表面的连接处密封处理应可靠、严密。
检查数量：按数量抽查20%，且不得少于1个。
检查方法：尺量、观察检查。

13 综合效能的测定与调整

13.0.1 通风与空调工程交工前，应进行系统生产负荷的综合效能试验的测定与调整。

13.0.2 通风与空调工程带生产负荷的综合效能试验与调整，应在已具备生产试运行的条件下进行，由建设单位负责，设计、施工单位配合。

13.0.3 通风、空调系统带生产负荷的综合效能试验测定与调整的项目，应由建设单位根据工程性质、工艺和设计的要求进行确定。

13.0.4 通风、除尘系统综合效能试验可包括下列项目：
1 室内空气中含尘浓度或有害气体浓度与排放浓度的测定；
2 吸气罩罩口气流特性的测定；
3 除尘器阻力和除尘效率的测定；
4 空气油烟、酸雾过滤装置净化效率的测定。

13.0.5 空调系统综合效能试验可包括下列项目：
1 送回风口空气状态参数的测定与调整；
2 空气调节机组性能参数的测定与调整；
3 室内噪声的测定；
4 室内空气温度和相对湿度的测定与调整；
5 对气流有特殊要求的空调区域做气流速度的测定。

13.0.6 恒温恒湿空调系统除应包括空调系统综合效能试验项目外，尚可增加下列项目：
1 室内静压的测定和调整；
2 空调机组各功能段性能的测定和调整；
3 室内温度、相对湿度场的测定和调整；
4 室内气流组织的测定。

13.0.7 净化空调系统除应包括恒温恒湿空调系统综合效能试验项目外，尚可增加下列项目：
1 生产负荷状态下室内空气洁净度等级的测定；
2 室内浮游菌和沉降菌的测定；
3 室内自净时间的测定；
4 空气洁净度高于5级的洁净室，除应进行净化空调系统综合效能试验项目外，尚应增加设备泄漏控制、防止污染扩散等特定项目的测定；
5 洁净度等级高于等于5级的洁净室，可进行单向流流线平行度的检测，在工作区内气流流向偏离规定方向的角度不大于15°。

13.0.8 防排烟系统综合效能试验的测定项目，为模拟状态下安全区正压变化测定及烟雾扩散试验等。

13.0.9 净化空调系统的综合效能检测单位和检测状态，宜由建设、设计和施工单位三方协商确定。

附录A 漏光法检测与漏风量测试

A.1 漏光法检测

A.1.1 漏光法检测是利用光线对小孔的强穿透力，对系统风管严密程度进行检测的方法。

A.1.2 检测应采用具有一定强度的安全光源。手持移动光源可采用不低于100W带保护罩的低压照明灯，或其他低压光源。

A.1.3 系统风管漏光检测时，光源可置于风管内侧或外侧，但其相对侧应为暗黑环境。检测光源应沿着被检测接口部位与接缝作缓慢移动，在另一侧进行观察，当发现有光线射出，则说明查到明显漏光处，并应做好记录。

A.1.4 对系统风管的检测，宜采用分段检测、汇总分析的方法。在严格安装质量管理的基础上，系统风管的检测以总管和干管为主。当采用漏光法检测系统的严密性时，低压系统风管以每10m接缝，漏光点不大于2处，且100m接缝平均不大于16处为合格；中压系统风管每10m接缝，漏光点不大于1处，且100m接缝平均不大于8处为合格。

A.1.5 漏光检测中对发现的条缝形漏光，应作密封处理。

A.2 测试装置

A.2.1 漏风量测试应采用经检验合格的专用测量仪器，或采用符合现行国家标准《流量测量节流装置》规定的计量元件搭设的测量装置。

A.2.2 漏风量测试装置可采用风管式或风室式。风管式测试装置采用孔板做计量元件；风室式测试装置采用喷嘴做计量元件。

A.2.3 漏风量测试装置的风机，其风压和风量应选择分别大于被测定系统或设备的规定试验压力及最大允许漏风量的1.2倍。

A.2.4 漏风量测试装置试验压力的调节，可采用调整风机转速的方法，也可采用控制节流装置开度的方法。漏风量值必须在系统经调整后，保持稳压的条件下测得。

A.2.5 漏风量测试装置的压差测定应采用微压计，其最小读分格不应大于2.0Pa。

A.2.6 风管式漏风量测试装置：
1 风管式漏风量测试装置由风机、连接风管、测压仪器、整流栅、节流器和标准孔板等组成（图A.2.6-1）。

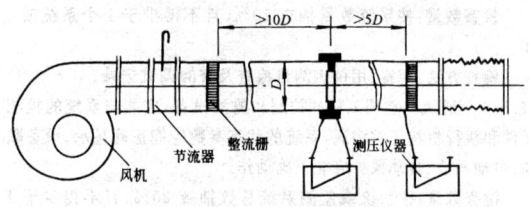

图A.2.6-1 正压风管式漏风量测试装置

2 本装置采用角接取压的标准孔板。孔板β值范围为0.22～0.7($\beta=d/D$)；孔板至前、后整流栅及整流栅外直管段距离，应分别符合大于10倍和5倍圆管直径D的规定。

3 本装置的连接风管均为光滑圆管。孔板至上游2D范围内其圆度允许偏差为0.3%；下游为2%。

4 孔板与风管连接，其前端与管道轴线垂直度允许偏差为1°；孔板与风管同心度允许偏差为0.015D。

5 在第一整流栅后，所有连接部分应该严密不漏。

6 用下列公式计算漏风量：

$$Q = 3600\varepsilon \cdot \alpha \cdot A_n \sqrt{\frac{2}{\rho}\Delta P} \qquad (A.2.6)$$

式中 Q——漏风量(m^3/h);
　　　ε——空气流束膨胀系数;
　　　α——孔板的流量系数;
　　　A_n——孔板开口面积(m^2);
　　　ρ——空气密度(kg/m^3);
　　　ΔP——孔板差压(Pa)。

7 孔板的流量系数与 β 值的关系根据图 A.2.6-2 确定,其适用范围应满足下列条件,在此范围内,不计管道粗糙度对流量系数的影响。

$10^5 < Re < 2.0 \times 10^6$
$0.05 < \beta^2 \leqslant 0.49$
$50mm < D \leqslant 1000mm$

雷诺数小于 10^5 时,则应按现行国家标准《流量测量节流装置》求得流量系数 α。

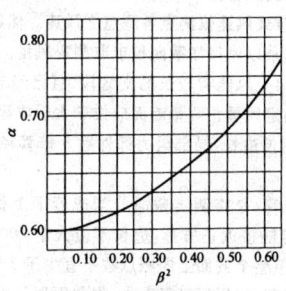

图 A.2.6-2 孔板流量系数图

8 孔板的空气流束膨胀系数 ε 值可根据表 A.2.6 查得。

表 A.2.6 采用角接取压标准孔板流束膨胀系数 ε 值($k=1.4$)

P_2/P_1 β^4	1.0	0.98	0.96	0.94	0.92	0.90	0.85	0.80	0.75
0.08	1.0000	0.9930	0.9866	0.9803	0.9742	0.9681	0.9531	0.9381	0.9232
0.1	1.0000	0.9924	0.9854	0.9787	0.9720	0.9654	0.9491	0.9328	0.9166
0.2	1.0000	0.9918	0.9843	0.9770	0.9698	0.9627	0.9450	0.9275	0.9100
0.3	1.0000	0.9912	0.9831	0.9753	0.9676	0.9599	0.9410	0.9222	0.9034

注:1 本表允许内插,不允许外延。
　　2 P_2/P_1 为孔板后与孔板前的全压值之比。

9 当测试系统或设备负压条件下的漏风量时,装置连接应符合图 A.2.6-3 的规定。

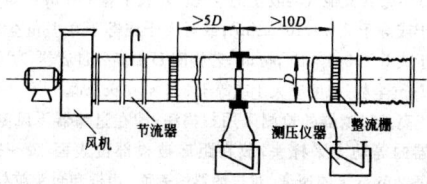

图 A.2.6-3 负压风管式漏风量测试装置

A.2.7 风室式漏风量测试装置:
1 风室式漏风量测试装置由风机、连接风管、测压仪器、均流板、节流器、风室、隔板和喷嘴等组成,如图 A.2.7-1 所示。
2 测试装置采用标准长颈喷嘴(图 A.2.7-2)。喷嘴必须按图 A.2.7-1 的要求安装在隔板上,数量可为单个或多个。两个喷嘴之间的中心距离不得小于较大喷嘴喉部直径的 3 倍;任一喷嘴

中心到风室最近侧壁的距离不得小于其喷嘴喉部直径的 1.5 倍。
3 风室的断面面积不应小于被测定风量按断面平均流速小于 0.75m/s 时的断面面积。风室内均流板(多孔板)安装位置应符合图 A.2.7-1 的规定。

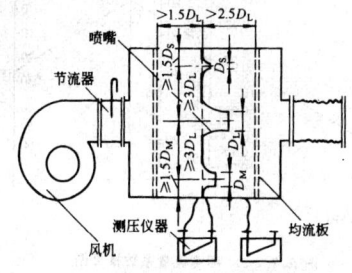

图 A.2.7-1 正压风室式漏风量测试装置
D_S—小号喷嘴直径 D_M—中号喷嘴直径 D_L—大号喷嘴直径

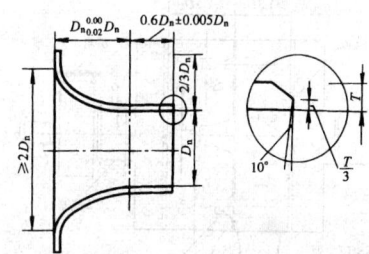

图 A.2.7-2 标准长颈喷嘴

4 风室中喷嘴两端的静压取压接口,应为多个且均布于四壁。静压取压接口至喷嘴隔板的距离不得大于最小喷嘴喉部直径的 1.5 倍。然后,并联成静压环,再与测压仪器相接。
5 采用本装置测定漏风量时,通过喷嘴喉部的流速应控制在 15~35m/s 范围内。
6 本装置要求风室中喷嘴隔板后的所有连接部分应严密不漏。
7 用下列公式计算单个喷嘴风量:

$$Q_n = 3600C_d \cdot A_d \sqrt{\frac{2}{\rho}\Delta P} \qquad (A.2.7-1)$$

多个喷嘴风量: $Q = \sum Q_n$ (A.2.7-2)

式中 Q_n——单个喷嘴漏风量(m^3/h);
　　　C_d——喷嘴的流量系数(直径127mm 以上取 0.99,小于 127mm 可按表 A.2.7 或图 A.2.7-3 查取);
　　　A_d——喷嘴的喉部面积(m^2);
　　　ΔP——喷嘴前后的静压差(Pa)。

表 A.2.7 喷嘴流量系数表

Re	流量系数 C_d	Re	流量系数 C_d	Re	流量系数 C_d	Re	流量系数 C_d
12000	0.950	40000	0.973	80000	0.983	200000	0.991
16000	0.956	50000	0.977	90000	0.984	250000	0.993
20000	0.961	60000	0.979	100000	0.985	300000	0.994
30000	0.969	70000	0.981	150000	0.989	350000	0.994

注:不计温度系数。

8 当测试系统或设备负压条件下的漏风量时,装置连接应符合图 A.2.7-4 的规定。

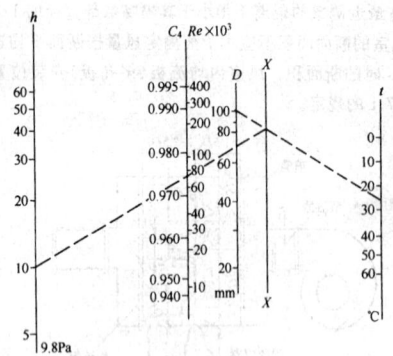

图 A.2.7-3　喷嘴流量系数推算图

注：先用直径与温度标尺在指数标尺(X)上求点，再将指数与压力标尺点相连，可求取流量系数值。

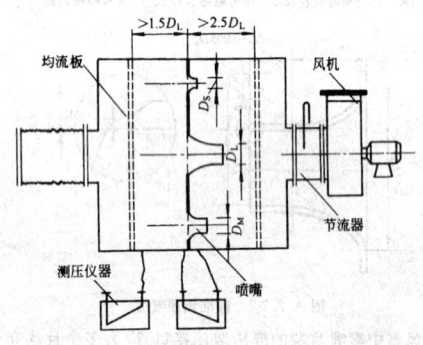

图 A.2.7-4　负压风室式漏风量测试装置

A.3　漏风量测试

A.3.1　正压或负压系统风管与设备的漏风量测试，分正压试验和负压试验两类。一般可采用正压条件下的测试来检验。

A.3.2　系统漏风量测试可以整体或分段进行。测试时，被测系统的所有开口均应封闭，不应漏风。

A.3.3　被测系统的漏风量超过设计和本规范的规定时，应查出漏风部位(可用听、摸、观察、水或烟检漏)，做好标记；修补完工后，重新测试，直至合格。

A.3.4　漏风量测定值一般应为规定测试压力下的实测数值。特殊条件下，也可用相近或大于规定压力下的测试代替，其漏风量可按下式换算：

$$Q_0 = Q(P_0/P)^{0.65} \quad (A.3.4)$$

式中　P_0——规定试验压力，500Pa；
　　　Q_0——规定试验压力下的漏风量[m³/(h·m²)]；
　　　P——风管工作压力(Pa)；
　　　Q——工作压力下的漏风量[m³/(h·m²)]。

附录 B　洁净室测试方法

B.1　风量或风速的检测

B.1.1　对于单向流洁净室，采用室截面平均风速和截面积乘积的方法确定送风量。离高效过滤器0.3m，垂直于气流的截面作为采样测试截面，截面上测点间距不宜大于0.6m，测点数不应少于5个，以所有测点风速读数的算术平均值作为平均风速。

B.1.2　对于非单向流洁净室，采用风口法或风管法确定送风量，做法如下：

　　1　风口法是在安装有高效过滤器的风口处，根据风口形状连接辅助风管进行测量。即用镀锌钢板或其他不产尘材料做成与风口形状及内截面相同，长度等于2倍风口长边长的直管段，连接于风口外部。在辅助风管出口平面上，按最少测点数不少于6点均匀布置，使用热球式风速仪测定各测点之风速。然后，以求取的风口截面平均风速乘以风口净截面积求取测定风量。

　　2　对于风口上风侧有较长的支管段，且已经或可以钻孔时，可以用风管法确定风量。测量断面应位于大于或等于局部阻力部件前3倍管径或长边长，局部阻力部件后5倍管径或长边长的部位。

　　对于矩形风管，是将测定截面分割成若干个相等的小截面。每个小截面尽可能接近正方形，边长不应大于200mm，测点应位于小截面中心，但整个截面上的测点数不宜少于3个。

　　对于圆形风管，应根据管径大小，将截面划分成若干个面积相同的同心圆环，每个圆环测4点。根据管径确定圆环数量，不宜少于3个。

B.2　静压差的检测

B.2.1　静压差的测定应在所有的门关闭的条件下，由高压向低压，由平面布置上与外界最远的里间房间开始，依次向外测定。

B.2.2　采用的微差压力计，其灵敏度不应低于2.0Pa。

B.2.3　有孔洞相通的不同等级相邻的洁净室，其洞口处应有合理的气流流向。洞口的平均风速大于等于0.2m/s时，可用热球风速仪检测。

B.3　空气过滤器泄漏测试

B.3.1　高效过滤器的检漏，应使用采样速率大于1L/min的光学粒子计数器。D类高效过滤器宜使用激光粒子计数器或凝结核计数器。

B.3.2　采用粒子计数器检漏高效过滤器，其上风侧应引人均匀浓度的大气尘或含其他气溶胶尘的空气。对大于等于0.5μm尘粒，浓度大于或等于3.5×10⁵pc/m³；或对大于或等于0.1μm尘粒，浓度大于或等于3.5×10⁷pc/m³；若检测D类高效过滤器，对大于或等于0.1μm尘粒，浓度应大于或等于3.5×10⁹pc/m³。

B.3.3　高效过滤器的检测采用扫描法，即在过滤器下风侧用粒子计数器的等动力采样头，放在距离被检部位表面20～30mm处，以5～20mm/s的速度，对过滤器的表面、边框和封头胶处进行移动扫描检查。

B.3.4　泄漏率的检测应在接近设计风速的条件下进行。将受检高效过滤器下风侧测得的泄漏浓度换算成透过率，高效过滤器不得大于出厂合格透过率的2倍；D类高效过滤器不得大于出厂合格透过率的3倍。

B.3.5　在移动扫描检测工程中，应对计数突然递增的部位进行定点检验。

B.4 室内空气洁净度等级的检测

B.4.1 空气洁净度等级的检测应在设计指定的占用状态(空态、静态、动态)下进行。

B.4.2 检测仪器的选用:应使用采样速率大于 1L/min 的光学粒子计数器,在仪器选用时应考虑粒径鉴别能力,粒子浓度适用范围和计数效率。仪表应有有效的标定合格证书。

B.4.3 采样点的规定:

1 最低限度的采样点数 N_L,见表 B.4.3。

表 B.4.3 最低限度的采样点数 N_L 表

测点数 N_L	2	3	4	5	6	7	8	9	10
洁净区面积 $A(m^2)$	2.1~6.0	6.1~12.0	12.1~20.0	20.1~30.0	30.1~42.0	42.1~56.0	56.1~72.0	72.1~90.0	90.1~110.0

注:1 在水平单向流时,面积 A 为与气流方向呈垂直的流动空气截面的面积。
2 最低限度的采样点数 N_L 按公式 $N_L=A^{0.5}$ 计算(四舍五入取整数)。

2 采样点应均匀分布于整个面积内,并位于工作区的高度(距地坪 0.8m 的水平面),或设计单位、业主特指的位置。

B.4.4 采样量的确定:

1 每次采样的最少采样量见表 B.4.4;

表 B.4.4 每次采样的最少采样量 $V_s(L)$ 表

洁净度等级	粒径(μm)					
	0.1	0.2	0.3	0.5	1.0	5.0
1	2000	8400	—	—	—	—
2	200	840	1960	5680	—	—
3	20	84	196	568	2400	—
4	2	8	20	57	240	—
5	2	2	2	6	24	680
6	2	2	2	2	2	68
7	—	—	—	2	2	7
8	—	—	—	2	2	2
9	—	—	—	2	2	2

2 每个采样点的最少采样时间为 1min,采样量至少为 2L;

3 每个洁净室(区)最少采样次数为 3 次。当洁净区仅有一个采样点时,则在该点至少采样 3 次;

4 对预期空气洁净度等级达到 4 级或更洁净的环境,采样量很大,可采用 ISO 14644-1 附录 F 规定的顺序采样法。

B.4.5 检测采样的规定:

1 采样时采样口处的气流速度,应尽可能接近室内的设计气流速度;

2 对单向流洁净室,其粒子计数器的采样口应迎着气流方向;对非单向流洁净室,采样管口宜向上;

3 采样管必须干净,连接处不得有渗漏。采样管的长度应根据允许长度确定,如果无规定时,不宜大于 1.5m;

4 室内的测定人员必须穿洁净工作服,且不宜超过 3 名,并应远离或位于采样点的下风侧静止不动或微动。

B.4.6 记录数据评价。空气洁净度测试中,当全室(区)测点为 2~9 点时,必须计算每个采样点的平均粒子浓度 C_i 值、全部采样点的平均粒子浓度 N 及其标准差,导出 95% 置信上限值;采样点超过 9 点时,可采用算术平均值 N 作为置信上限值。

1 每个采样点的平均粒子浓度 C_i 应小于或等于洁净度等级规定的限值,见表 B.4.6-1。

表 B.4.6-1 洁净度等级及悬浮粒子浓度限值

洁净度等级	大于或等于表中粒径 D 的最大浓度 C_n(pc/m³)					
	0.1μm	0.2μm	0.3μm	0.5μm	1.0μm	5.0μm
1	10	2				
2	100	24	10	4		
3	1000	237	102	35	8	
4	10000	2370	1020	352	83	
5	100000	23700	10200	3520	832	29
6	1000000	237000	102000	35200	8320	293
7	—	—	—	352000	83200	2930
8	—	—	—	3520000	832000	29300
9	—	—	—	35200000	8320000	293000

注:1 本表仅表示了整数值的洁净度等级(N)悬浮粒子最大浓度的限值。
2 对于非整数洁净度等级,其对应于粒子粒径 $D(μm)$ 的最大浓度限值(C_n),应按下列公式计算求取:

$$C_n = 10^N \times \left(\frac{0.1}{D}\right)^{2.08}$$

3 洁净度等级定级的粒径范围为 0.1~5.0μm,用于定级的粒径数不应大于 3 个,且其粒径的顺序级差不小于 1.5 倍。

2 全部采样点的平均粒子浓度 N 的 95% 置信上限值,应小于或等于洁净等级规定的限值。即:

$$(N + t \times s/\sqrt{n}) \leq 级别规定的限值$$

式中 N ——室内各测点平均含尘浓度,$N=\sum C_i/n$;

n ——测点数;

s ——室内各测点平均含尘浓度 N 的标准差:$s=\sqrt{\frac{(C_i-N)^2}{n-1}}$;

t ——置信度上限为 95% 时,单侧 t 分布的系数,见表 B.4.6-2。

表 B.4.6-2 t 系数

点数	2	3	4	5	6	7~9
t	6.3	2.9	2.4	2.1	2.0	1.9

B.4.7 每次测试应做记录,并提交性能合格或不合格的测试报告。测试报告应包括以下内容:

1 测试机构的名称、地址;

2 测试日期和测试者签名;

3 执行标准的编号及标准实施日期;

4 被测试的洁净室或洁净区的地址、采样点的特定编号及坐标图;

5 被测洁净室或洁净区的空气洁净度等级、被测粒径(或沉降菌、浮游菌)、被测洁净室所处的状态、气流流型和静压差;

6 测量用的仪器的编号和标定证书;测试方法细则及测试中的特殊情况;

7 测试结果包括在全部采样点坐标图上注明所测的粒子浓度(或沉降菌、浮游菌的菌落数);

8 对异常测试值进行说明及数据处理。

B.5 室内浮游菌和沉降菌的检测

B.5.1 微生物检测方法有空气悬浮微生物法和沉降微生物法两种,采样后的基片(或平皿)经过恒温箱内 37℃、48h 的培养生成菌落后进行计数。使用的采样器皿和培养基必须进行消毒灭菌处理。采样点可均匀布置或取代表性地域布置。

B.5.2 悬浮微生物法应采用离心式、狭缝式和针孔式等碰击式采样器,采样时间应根据空气中微生物浓度来决定,采样点数可与测空气洁净度测点数相同。各种采样器应按仪器说明书规定的方法使用。

沉降微生物法,应采用直径为 90mm 培养皿,在采样点上沉降 30min 后进行采样,培养皿最少采样数应符合表 B.5.2 的规定。

B.5.3 制药厂洁净室(包括生物洁净室)室内浮游菌和沉降菌测试,也可采用按协议确定的采样方案。

表 B.5.2　最少培养皿数

空气洁净度级别	培养皿数
≤5	44
5	14
6	5
≥7	2

B.5.4 用培养皿测定沉降菌，用碰撞式采样器或过滤采样器测定浮游菌，还应遵守以下规定：
　　1 采样装置采样前的准备及采样后的处理，均应在设有高效空气过滤器排风的负压实验室进行操作，该实验室的温度应为 22±2℃；相对湿度应为 50%±10%；
　　2 采样仪器应消毒灭菌；
　　3 采样器选择应审核其精度和效率，并有合格证书；
　　4 采样装置的排气不应污染洁净室；
　　5 沉降皿个数及采样点、培养基及培养温度、培养时间应按有关规范的规定执行；
　　6 浮游菌采样器的采样率应大于 100L/min；
　　7 碰撞培养基的空气速度应小于 20m/s。

B.6　室内空气温度和相对湿度的检测

B.6.1 根据温度和相对湿度波动范围，应选择相应的具有足够精度的仪表进行测定。每次测定间隔不应大于 30min。
B.6.2 室内测点布置：
　　1 送回风口处；
　　2 恒温工作区具有代表性的地点（如沿着工艺设备周围布置或等距离布置）；
　　3 没有恒温要求的洁净室中心；
　　4 测点一般应布置在距外墙表面大于 0.5m，离地面 0.8m 的同一高度上；也可以根据恒温区的大小，分别布置在离地不同高度的几个平面上。
B.6.3 测点数应符合表 B.6.1 的规定。

表 B.6.1　温、湿度测点数

波动范围	室面积≤50m²	每增加 20~50m²
$\Delta t = \pm 0.5 \sim \pm 2℃$	5个	增加 3~5 个
$\Delta RH = \pm 5\% \sim \pm 10\%$		
$\Delta t \leq 0.5℃$	点间距不应大于2m,点数不应少于5个	
$\Delta RH \leq \pm 5\%$		

B.6.4 有恒温恒湿要求的洁净室。室温波动范围按各测点的各次温度中偏差控制点温度的最大值，占测点总数的百分比整理成累积统计曲线。如 90% 以上测点偏差在室温波动范围内，为符合设计要求。反之，为不合格。
　　区域温度以各测点中最低的一次测试温度为基准，各测点平均温度与超偏差值的点数，占测点总数的百分比整理成累积统计曲线，90%以上测点所达到的偏差值为区域温差，应符合设计要求。相对温度波动范围可按室温波动范围的规定执行。

B.7　单向流洁净室截面平均速度，速度不均匀度的检测

B.7.1 洁净室垂直单向流和非单向流应选择距墙或围护结构内表面大于 0.5m，离地面高度 0.5~1.5m 作为工作区。水平单向流以距送风墙或围护结构内表面 0.5m 处的纵断面为第一工作面。
B.7.2 测定截面的测点数和测定仪器应符合本规范第 B.6.3 条的规定。
B.7.3 测定风速应用测定架固定风速仪，以避免人体干扰。不得不用手持风速仪测定时，手臂应伸至最长位置，尽量使人远离测头。
B.7.4 室内气流流形的测定，宜采用发烟或悬挂丝线的方法，进行观察测量与记录。然后，标在记录的送风平面的气流流形图上。一般每台过滤器至少对应 1 个观察点。
　　风速的不均匀度 β_0 按下列公式计算，一般 β_0 值不应大于 0.25。

$$\beta_0 = \frac{s}{v}$$

式中　v——各测点风速的平均值；
　　　s——标准差。

B.8　室内噪声的检测

B.8.1 测噪声仪器应采用带倍频程分析的声级计。
B.8.2 测点布置应按洁净室面积均分，每 50m² 设一点。测点位于其中心，距地面 1.1~1.5m 高度处或按工艺要求设定。

附录 C　工程质量验收记录用表

C.1　通风与空调工程施工质量验收记录说明

C.1.1 通风与空调分部工程的检验批质量验收记录由施工项目本专业质量检查员填写，监理工程师（建设单位项目专业技术负责人）组织项目专业质量检查员等进行验收，并按各个分项工程的检验批质量验收表的要求记录。
C.1.2 通风与空调分部工程的分项工程质量验收记录由监理工程师（建设单位项目专业技术负责人）组织施工项目经理和有关专业技术负责人等进行验收，并按表 C.3.1 记录。
C.1.3 通风与空调分部（子分部）工程的质量验收记录由总监理工程师（建设单位项目专业技术负责人）组织项目专业质量检查员等进行验收，并按表 C.4.1 或表 C.4.2 记录。

C.2　通风与空调工程施工质量检验批质量验收记录

C.2.1 风管与配件制作检验批质量验收记录见表 C.2.1-1、C.2.1-2。
C.2.2 风管部件与消声器制作检验批质量验收记录见表 C.2.2。
C.2.3 风管系统安装检验批质量验收记录见表 C.2.3-1、C.2.3-2、C.2.3-3。
C.2.4 通风机安装检验批质量验收记录见表 C.2.4。
C.2.5 通风与空调设备安装检验批质量验收记录见表 C.2.5-1、C.2.5-2、C.2.5-3。
C.2.6 空调制冷系统安装检验批质量验收记录见表 C.2.6。
C.2.7 空调水系统安装检验批质量验收记录见表 C.2.7-1、C.2.7-2、C.2.7-3。

C.2.8 防腐与绝热施工检验批质量验收记录见表C.2.8-1、C.2.8-2。

C.2.9 工程系统调试检验批质量验收记录见表C.2.9。

C.3 通风与空调分部工程的分项工程质量验收记录

C.3.1 通风与空调分部工程的分项工程质量验收记录见表C.3.1。

C.4 通风与空调分部(子分部)工程的质量验收记录

C.4.1 通风与空调各子分部工程的质量验收记录按下列规定：
送、排风系统子分部工程见表C.4.1-1。
防、排烟系统子分部工程见表C.4.1-2。
除尘通风系统子分部工程见表C.4.1-3。
空调风管系统子分部工程见表C.4.1-4。
净化空调系统子分部工程见表C.4.1-5。
制冷系统子分部工程见表C.4.1-6。
空调水系统子分部工程见表C.4.1-7。

C.4.2 通风与空调分部(子分部)工程的质量验收记录见表C.4.2。

表C.2.1-1 风管与配件制作检验批质量验收记录
（金属风管）

工程名称		分项工程名称		验收部位	
施工单位			专业工长		项目经理
施工执行标准名称及编号					
分包单位		分包项目经理		施工班组长	
	质量验收规范的规定		施工单位检查评定记录		监理(建设)单位验收记录
主控项目	1 材质种类、性能及厚度（第4.2.1条）				
	2 防火风管（第4.2.3条）				
	3 风管强度及严密性工艺性检测（第4.2.5条）				
	4 风管的连接（第4.2.6条）				
	5 风管的加固（第4.2.10条）				
	6 矩形弯管导流片（第4.2.12条）				
	7 净化空调风管（第4.2.13条）				

续表C.2.1-1

一般项目	1 圆形弯管制作（第4.3.1-1条）		
	2 风管的外形尺寸（第4.3.1-2,3条）		
	3 焊接风管（第4.3.1-4条）		
	4 法兰风管制作（第4.3.2条）		
	5 铝板或不锈钢板风管（第4.3.2-4条）		
	6 无法兰矩形风管制作（第4.3.3条）		
	7 无法兰圆形风管制作（第4.3.3条）		
	8 风管的加固（第4.3.4条）		
	9 净化空调风管（第4.3.11条）		
施工单位检查结果评定		项目专业质量检查员： 年 月 日	
监理(建设)单位验收结论		监理工程师： (建设单位项目专业技术负责人) 年 月 日	

表C.2.1-2 风管与配件制作检验批质量验收记录
（非金属、复合材料风管）

工程名称		分项工程名称		验收部位	
施工单位			专业工长		项目经理
施工执行标准名称及编号					
分包单位		分包项目经理		施工班组长	
	质量验收规范的规定		施工单位检查评定记录		监理(建设)单位验收记录
主控项目	1 材质种类、性能及厚度（第4.2.2条）				
	2 复合材料风管的材料（第4.2.4条）				
	3 风管强度及严密性工艺性检测（第4.2.5条）				
	4 风管的连接（第4.2.6,4.2.7条）				
	5 复合材料风管的连接（第4.2.8条）				
	6 砖、混凝土风道的变形缝（第4.2.9条）				
	7 风管的加固（第4.2.11条）				
	8 矩形弯管导流片（第4.2.12条）				
	9 净化空调风管（第4.2.13条）				

续表 C.2.1-2

	质量验收规范的规定	施工单位检查评定记录	监理(建设)单位验收记录
一般项目	1 风管的外形尺寸 (第4.3.1条)		
	2 硬聚氯乙烯风管 (第4.3.5条)		
	3 有机玻璃钢风管 (第4.3.6条)		
	4 无机玻璃钢风管 (第4.3.7条)		
	5 砖、混凝土风道 (第4.3.8条)		
	6 双面铝箔绝热板风管 (第4.3.9条)		
	7 铝箔玻璃纤维板风管 (第4.3.10条)		
	8 净化空调风管 (第4.3.11条)		
施工单位检查结果评定		项目专业质量检查员： 年 月 日	
监理(建设)单位验收结论		监理工程师： (建设单位项目专业技术负责人) 年 月 日	

表 C.2.2 风管部件与消声器制作检验批质量验收记录

工程名称		分项工程名称		验收部位	
施工单位			专业工长		项目经理
施工执行标准名称及编号					
分包单位			分包项目经理		施工班组长
	质量验收规范的规定	施工单位检查评定记录	监理(建设)单位验收记录
---	---	---	---
主控项目	1 一般风阀 (第5.2.1条)		
	2 电动风阀 (第5.2.2条)		
	3 防火阀、排烟阀(口) (第5.2.3条)		
	4 防爆风阀 (第5.2.4条)		
	5 净化空调系统风阀 (第5.2.5条)		
	6 特殊风阀 (第5.2.6条)		
	7 防排烟柔性短管 (第5.2.7条)		
	8 消声弯管、消声器 (第5.2.8条)		

续表 C.2.2

	质量验收规范的规定	施工单位检查评定记录	监理(建设)单位验收记录
一般项目	1 调节风阀 (第5.3.1条)		
	2 止回风阀 (第5.3.2条)		
	3 插板风阀 (第5.3.3条)		
	4 三通调节阀 (第5.3.4条)		
	5 风量平衡阀 (第5.3.5条)		
	6 风罩 (第5.3.6条)		
	7 风帽 (第5.3.7条)		
	8 矩形弯管导流片 (第5.3.8条)		
	9 柔性短管 (第5.3.9条)		
	10 消声器 (第5.3.10条)		
	11 检查门 (第5.3.11条)		
	12 风口 (第5.3.12条)		
施工单位检查结果评定		项目专业质量检查员： 年 月 日	
监理(建设)单位验收结论		监理工程师： (建设单位项目专业技术负责人) 年 月 日	

表 C.2.3-1 风管系统安装检验批质量验收记录
(送、排风，排烟系统)

工程名称		分项工程名称		验收部位	
施工单位			专业工长		项目经理
施工执行标准名称及编号					
分包单位			分包项目经理		施工班组长
	质量验收规范的规定	施工单位检查评定记录	监理(建设)单位验收记录
---	---	---	---
主控项目	1 风管穿越防火、防爆墙 (第6.2.1条)		
	2 风管内严禁其他管线穿越 (第6.2.2条)		
	3 室外立管的固定拉索 (第6.2.2-3条)		
	4 高于80℃风管系统 (第6.2.3条)		
	5 风阀的安装 (第6.2.4条)		
	6 手动密闭阀安装 (第6.2.9条)		
	7 风管严密性检验 (第6.2.8条)		

续表 C.2.3-1

	质量验收规范的规定	施工单位检查评定记录	监理(建设)单位验收记录
一般项目	1 风管系统的安装（第6.3.1条）		
	2 无法兰风管系统的安装（第6.3.2条）		
	3 风管安装的水平、垂直质量（第6.3.3条）		
	4 风管的支、吊架（第6.3.4条）		
	5 铝板、不锈钢板风管安装（第6.3.1-8条）		
	6 非金属风管的安装（第6.3.5条）		
	7 风阀的安装（第6.3.8条）		
	8 风帽的安装（第6.3.9条）		
	9 吸、排风罩的安装（第6.3.10条）		
	10 风口的安装（第6.3.11条）		

施工单位检查结果评定	项目专业质量检查员：　　　年 月 日
监理(建设)单位验收结论	监理工程师： (建设单位项目专业技术负责人)　　年 月 日

续表 C.2.3-2

	质量验收规范的规定	施工单位检查评定记录	监理(建设)单位验收记录
一般项目	1 风管系统的安装（第6.3.1条）		
	2 无法兰风管系统的安装（第6.3.2条）		
	3 风管安装的水平、垂直质量（第6.3.3条）		
	4 风管的支、吊架（第6.3.4条）		
	5 铝板、不锈钢板风管安装（第6.3.1-8条）		
	6 非金属风管的安装（第6.3.5条）		
	7 复合材料风管安装（第6.3.6条）		
	8 风阀的安装（第6.3.8条）		
	9 风口的安装（第6.3.11条）		
	10 变风量末端装置安装（第7.3.20条）		

施工单位检查结果评定	项目专业质量检查员：　　　年 月 日
监理(建设)单位验收结论	监理工程师： (建设单位项目专业技术负责人)　　年 月 日

表 C.2.3-2　风管系统安装检验批质量验收记录
（空调系统）

工程名称		分项工程名称		验收部位	
施工单位		专业工长		项目经理	
施工执行标准名称及编号					
分包单位		分包项目经理		施工班组长	

	质量验收规范的规定	施工单位检查评定记录	监理(建设)单位验收记录
主控项目	1 风管穿越防火、防爆墙（第6.2.1条）		
	2 风管内严禁其他管线穿越（第6.2.2条）		
	3 室外立管的固定拉索（第6.2.2-3条）		
	4 高于80℃风管系统（第6.2.3条）		
	5 风阀的安装（第6.2.4条）		
	6 手动密闭阀安装（第6.2.9条）		
	7 风管严密性检验（第6.2.8条）		

表 C.2.3-3　风管系统安装检验批质量验收记录
（净化空调系统）

工程名称		分项工程名称		验收部位	
施工单位		专业工长		项目经理	
施工执行标准名称及编号					
分包单位		分包项目经理		施工班组长	

	质量验收规范的规定	施工单位检查评定记录	监理(建设)单位验收记录
主控项目	1 风管穿越防火、防爆墙（第6.2.1条）		
	2 风管内严禁其他管线穿越（第6.2.2条）		
	3 室外立管的固定拉索（第6.2.2-3条）		
	4 高于80℃风管系统（第6.2.3条）		
	5 风阀的安装（第6.2.4条）		
	6 手动密闭阀安装（第6.2.5条）		
	7 净化风管安装（第6.2.6条）		
	8 真空吸尘系统安装（第6.2.7条）		
	9 风管严密性检验（第6.2.8条）		

续表 C.2.3-3

	质量验收规范的规定	施工单位检查评定记录	监理(建设)单位验收记录
一般项目	1 风管系统的安装 (第6.3.1条)		
	2 无法兰风管系统的安装(第6.3.2条)		
	3 风管安装的水平、垂直质量(第6.3.3条)		
	4 风管的支、吊架 (第6.3.4条)		
	5 铝板、不锈钢板风管安装(第6.3.1-8条)		
	6 非金属风管的安装 (第6.3.5条)		
	7 复合材料风管安装 (第6.3.6条)		
	8 风阀的安装 (第6.3.8条)		
	9 净化空调风口的安装 (第6.3.12条)		
	10 真空吸尘系统安装 (第6.3.7条)		
	11 风口的安装 (第6.3.12条)		

施工单位检查结果评定	项目专业质量检查员： 年 月 日
监理(建设)单位验收结论	监理工程师： (建设单位项目专业技术负责人) 年 月 日

表 C.2.4 通风机安装检验批质量验收记录

工程名称		分项工程名称		验收部位	
施工单位		专业工长		项目经理	
施工执行标准名称及编号					
分包单位		分包项目经理		施工班组长	
	质量验收规范的规定	施工单位检查评定记录	监理(建设)单位验收记录
主控项目	1 通风机的安装 (第7.2.1条)		
	2 通风机安全措施 (第7.2.2条)		

续表 C.2.4

	质量验收规范的规定	施工单位检查评定记录	监理(建设)单位验收记录
一般项目	1 离心风机的安装 (第7.3.1-1条)		
	2 轴流风机的安装 (第7.3.1-2条)		
	3 风机的隔振支架(第7.3.1-3、7.3.1-4条)		

施工单位检查结果评定	项目专业质量检查员： 年 月 日
监理(建设)单位验收结论	监理工程师： (建设单位项目专业技术负责人) 年 月 日

表 C.2.5-1 通风与空调设备安装检验批质量验收记录
(通风系统)

工程名称		分项工程名称		验收部位	
施工单位		专业工长		项目经理	
施工执行标准名称及编号					
分包单位		分包项目经理		施工班组长	
	质量验收规范的规定	施工单位检查评定记录	监理(建设)单位验收记录
主控项目	1 通风机的安装 (第7.2.1条)		
	2 通风机安全措施 (第7.2.2条)		
	3 除尘器的安装 (第7.2.4条)		
	4 布袋与静电除尘器的接地 (第7.2.4-3条)		
	5 静电空气过滤器安装 (第7.2.7条)		
	6 电加热器的安装 (第7.2.8条)		
	7 过滤吸收器的安装 (第7.2.10条)		

续表 C.2.5-1

	质量验收规范的规定	施工单位检查评定记录	监理(建设)单位验收记录
一般项目	1 通风机的安装（第7.3.1条）		
	2 除尘设备的安装（第7.3.5条）		
	3 现场组装静电除尘器的安装（第7.3.6条）		
	4 现场组装布袋除尘器的安装（第7.3.7条）		
	5 消声器的安装（第7.3.13条）		
	6 空气过滤器的安装（第7.3.14条）		
	7 蒸汽加湿器的安装（第7.3.18条）		
	8 空气风幕机的安装（第7.3.19条）		

施工单位检查结果评定	项目专业质量检查员： 年 月 日
监理(建设)单位验收结论	监理工程师：（建设单位项目专业技术负责人） 年 月 日

续表 C.2.5-2

	质量验收规范的规定	施工单位检查评定记录	监理(建设)单位验收记录
一般项目	1 通风机的安装（第7.3.1条）		
	2 组合式空调机组的安装（第7.3.2条）		
	3 现场组装的空气处理室安装（第7.3.3条）		
	4 单元式空调机组的安装（第7.3.4条）		
	5 消声器的安装（第7.3.13条）		
	6 风机盘管机组安装（第7.3.15条）		
	7 粗、中效空气过滤器的安装（第7.3.14条）		
	8 空气风幕机的安装（第7.3.19条）		
	9 转轮式换热器安装（第7.3.16条）		
	10 转轮式去湿器安装（第7.3.17条）		
	11 蒸汽加湿器安装（第7.3.18条）		

施工单位检查结果评定	项目专业质量检查员： 年 月 日
监理(建设)单位验收结论	监理工程师：（建设单位项目专业技术负责人） 年 月 日

表 C.2.5-2 通风与空调设备安装检验批质量验收记录
（空调系统）

工程名称		分项工程名称		验收部位	
施工单位			专业工长		项目经理
施工执行标准名称及编号					
分包单位		分包项目经理		施工班组长	

	质量验收规范的规定	施工单位检查评定记录	监理(建设)单位验收记录
主控项目	1 通风机的安装（第7.2.1条）		
	2 通风机安全措施（第7.2.2条）		
	3 空调机组的安装（第7.2.3条）		
	4 静电空气过滤器安装（第7.2.7条）		
	5 电加热器的安装（第7.2.8条）		
	6 干蒸汽加湿器的安装（第7.2.9条）		

表 C.2.5-3 通风与空调设备安装检验批质量验收记录
（净化空调系统）

工程名称		分项工程名称		验收部位	
施工单位			专业工长		项目经理
施工执行标准名称及编号					
分包单位		分包项目经理		施工班组长	

	质量验收规范的规定	施工单位检查评定记录	监理(建设)单位验收记录
主控项目	1 通风机的安装（第7.2.1条）		
	2 通风机安全措施（第7.2.2条）		
	3 空调机组的安装（第7.2.3条）		
	4 净化空调设备的安装（第7.2.6条）		
	5 高效过滤器的安装（第7.2.5条）		
	6 静电空气过滤器安装（第7.2.7条）		
	7 电加热器的安装（第7.2.8条）		
	8 干蒸汽加湿器的安装（第7.2.9条）		

续表 C.2.5-3

	质量验收规范的规定	施工单位检查评定记录	监理(建设)单位验收记录
一般项目	1 通风机的安装 (第 7.3.1 条)		
	2 组合式净化空调机组的安装 (第 7.3.2 条)		
	3 净化设备安装 (第 7.3.8 条)		
	4 装配式洁净室的安装 (第 7.3.9 条)		
	5 洁净室层流罩的安装 (第 7.3.10 条)		
	6 风机过滤单元安装 (第 7.3.11 条)		
	7 粗、中效空气过滤器的安装 (第 7.3.14 条)		
	8 高效过滤器安装 (第 7.3.12 条)		
	9 消声器的安装 (第 7.3.13 条)		
	10 蒸汽加湿器安装 (第 7.3.18 条)		
施工单位检查结果评定		项目专业质量检查员：　　　年 月 日	
监理(建设)单位验收结论		监理工程师： (建设单位项目专业技术负责人)　　　年 月 日	

表 C.2.6 空调制冷系统安装检验批质量验收记录

工程名称		分项工程名称		验收部位	
施工单位		专业工长		项目经理	
施工执行标准名称及编号					
分包单位		分包项目经理		施工班组长	
	质量验收规范的规定	施工单位检查评定记录		监理(建设)单位验收记录	
主控项目	1 制冷设备与附属设备安装 (第 8.2.1-1、3 条)				
	2 设备混凝土基础的验收 (第 8.2.1-2 条)				
	3 表冷器的安装 (第 8.2.2 条)				
	4 燃气、燃油系统设备的安装 (第 8.2.3 条)				
	5 制冷设备的严密性试验及试运行 (第 8.2.4 条)				
	6 管道及管配件的安装 (第 8.2.5 条)				
	7 燃油管道系统接地 (第 8.2.6 条)				
	8 燃气系统的安装 (第 8.2.7 条)				
	9 氨管道焊缝的无损检测 (第 8.2.8 条)				
	10 乙二醇管道系统的规定 (第 8.2.9 条)				
	11 制冷剂管路的试验 (第 8.2.10 条)				

续表 C.2.6

	质量验收规范的规定	施工单位检查评定记录	监理(建设)单位验收记录
一般项目	1 制冷设备安装 (第 8.3.1-1、2、4、5 条)		
	2 制冷附属设备安装 (第 8.3.1-3 条)		
	3 模块式冷水机组安装 (第 8.3.2 条)		
	4 泵的安装 (第 8.3.3 条)		
	5 制冷剂管道的安装 (第 8.3.4-1、2、3、4 条)		
	6 管道的焊接 (第 8.3.4-5、6 条)		
	7 阀门安装 (第 8.3.5-2~5 条)		
	8 阀门的试压 (第 8.3.5-1 条)		
	9 制冷系统的吹扫 (第 8.3.6 条)		
施工单位检查结果评定		项目专业质量检查员：　　　年 月 日	
监理(建设)单位验收结论		监理工程师： (建设单位项目专业技术负责人)　　　年 月 日	

表 C.2.7-1 空调水系统安装检验批质量验收记录
(金属管道)

工程名称		分项工程名称		验收部位	
施工单位		专业工长		项目经理	
施工执行标准名称及编号					
分包单位		分包项目经理		施工班组长	
	质量验收规范的规定	施工单位检查评定记录		监理(建设)单位验收记录	
主控项目	1 系统的管材与配件验收 (第 9.2.1 条)				
	2 管道柔性接管的安装 (第 9.2.2-3 条)				
	3 管道的套管 (第 9.2.2-5 条)				
	4 管道补偿器安装及固定支架 (第 9.2.5 条)				
	5 系统的冲洗、排污 (第 9.2.2-4 条)				
	6 阀门的安装 (第 9.2.4 条)				
	7 阀门的试压 (第 9.2.4-3 条)				
	8 系统的试压 (第 9.2.3 条)				
	9 隐蔽管道的验收 (第 9.2.2-1 条)				

续表 C.2.7-1

	质量验收规范的规定	施工单位检查评定记录	监理(建设)单位验收记录
一般项目	1 管道的焊接 (第9.3.2条)		
	2 管道的螺纹连接 (第9.3.3条)		
	3 管道的法兰连接 (第9.3.4条)		
	4 管道的安装 (第9.3.5条)		
	5 钢塑复合管道的安装 (第9.3.6条)		
	6 管道沟槽式连接 (第9.3.6条)		
	7 管道的支、吊架 (第9.3.8条)		
	8 阀门及其他部件的安装 (第9.3.10条)		
	9 系统放气阀与排水阀 (第9.3.10-4条)		
施工单位检查结果评定		项目专业质量检查员： 年 月 日	
监理(建设)单位验收结论		监理工程师： (建设单位项目专业技术负责人) 年 月 日	

续表 C.2.7-2

	质量验收规范的规定	施工单位检查评定记录	监理(建设)单位验收记录
一般项目	1 PVC-U 管道的安装 (第9.3.1条)		
	2 PP-R 管道的安装 (第9.3.1条)		
	3 PEX 管道的安装 (第9.3.1条)		
	4 管道安装的位置 (第9.3.9条)		
	5 管道的支、吊架 (第9.3.8条)		
	6 阀门的安装 (第9.3.10条)		
	7 系统放气阀与排水阀 (第9.3.10-4条)		
施工单位检查结果评定		项目专业质量检查员： 年 月 日	
监理(建设)单位验收结论		监理工程师： (建设单位项目专业技术负责人) 年 月 日	

表 C.2.7-2 空调水系统安装检验批质量验收记录
(非金属管道)

工程名称		分项工程名称		验收部位	
施工单位		专业工长		项目经理	
施工执行标准名称及编号					
分包单位		分包项目经理		施工班组长	
	质量验收规范的规定	施工单位检查评定记录		监理(建设)单位验收记录	
主控项目	1 系统的管材与配件验收 (第9.2.1条)				
	2 管道柔性接管的安装 (第9.2.2-3条)				
	3 管道的套管 (第9.2.2-5条)				
	4 管道补偿器安装及固定支架 (第9.2.5条)				
	5 系统的冲洗、排污 (第9.2.2-4条)				
	6 阀门的安装 (第9.2.4条)				
	7 阀门的试压 (第9.2.4-3条)				
	8 系统的试压 (第9.2.3条)				
	9 隐蔽管道的验收 (第9.2.2-1条)				

表 C.2.7-3 空调水系统安装检验批质量验收记录
(设 备)

工程名称		分项工程名称		验收部位	
施工单位		专业工长		项目经理	
施工执行标准名称及编号					
分包单位		分包项目经理		施工班组长	
	质量验收规范的规定	施工单位检查评定记录		监理(建设)单位验收记录	
主控项目	1 系统的设备与附属设备 (第9.2.1条)				
	2 冷却塔的安装 (第9.2.6条)				
	3 水泵的安装 (第9.2.7条)				
	4 其他附属设备的安装 (第9.2.8条)				

续表 C.2.7-3

	质量验收规范的规定	施工单位检查评定记录	监理(建设)单位验收记录
一般项目	1 风机盘管的管道连接(第9.3.7条)		
	2 冷却塔的安装(第9.3.11条)		
	3 水泵及附属设备的安装(第9.3.12条)		
	4 水箱、集水缸、分水缸、储冷罐等设备的安装(第9.3.13条)		
	5 水过滤器等设备的安装(第9.3.10-3条)		

施工单位检查结果评定	项目专业质量检查员：　　　年 月 日
监理(建设)单位验收结论	监理工程师：(建设单位项目专业技术负责人)　　　年 月 日

续表 C.2.8-1

	质量验收规范的规定	施工单位检查评定记录	监理(建设)单位验收记录
一般项目	1 防腐涂层质量(第10.3.1条)		
	2 空调设备、部件油漆或绝热(第10.3.2、10.3.3条)		
	3 绝热材料厚度及平整度(第10.3.4条)		
	4 风管绝热粘接固定(第10.3.5条)		
	5 风管绝热层保温钉固定(第10.3.6条)		
	6 绝热涂料(第10.3.7条)		
	7 玻璃布保护层的施工(第10.3.8条)		
	8 金属保护壳的施工(第10.3.12条)		

施工单位检查结果评定	项目专业质量检查员：　　　年 月 日
监理(建设)单位验收结论	监理工程师：(建设单位项目专业技术负责人)　　　年 月 日

表 C.2.8-1 防腐与绝热施工检验批质量验收记录
（风管系统）

工程名称		分项工程名称		验收部位	
施工单位		专业工长		项目经理	
施工执行标准名称及编号					
分包单位		分包项目经理		施工班组长	

	质量验收规范的规定	施工单位检查评定记录	监理(建设)单位验收记录
主控项目	1 材料的验证(第10.2.1条)		
	2 防腐涂料或油漆质量(第10.2.2条)		
	3 电加热器与防火墙2m管道(第10.2.3条)		
	4 低温风管的绝热(第10.2.4条)		
	5 洁净室内风管(第10.2.5条)		

表 C.2.8-2 防腐与绝热施工检验批质量验收记录
（管道系统）

工程名称		分项工程名称		验收部位	
施工单位		专业工长		项目经理	
施工执行标准名称及编号					
分包单位		分包项目经理		施工班组长	

	质量验收规范的规定	施工单位检查评定记录	监理(建设)单位验收记录
主控项目	1 材料的验证(第10.2.1条)		
	2 防腐涂料或油漆质量(第10.2.2条)		
	3 电加热器与防火墙2m管道(第10.2.3条)		
	4 冷冻水管道的绝热(第10.2.4条)		
	5 洁净室内管道(第10.2.5条)		

续表 C.2.8-2

一般项目	1 防腐涂层质量（第10.3.1条）		
	2 空调设备、部件油漆或绝热（第10.3.2、10.3.3条）		
	3 绝热材料厚度及平整度（第10.3.4条）		
	4 绝热涂料（第10.3.7条）		
	5 玻璃布保护层的施工（第10.3.8条）		
	6 管道阀门的绝热（第10.3.9条）		
	7 管道绝热层的施工（第10.3.10条）		
	8 管道防潮层的施工（第10.3.11条）		
	9 金属保护层的施工（第10.3.12条）		
	10 机房内制冷管道色标（第10.3.13条）		
施工单位检查结果评定		项目专业质量检查员： 年 月 日	
监理（建设）单位验收结论		监理工程师：（建设单位项目专业技术负责人） 年 月 日	

续表 C.2.9

一般项目	1 风机、空调机组（第11.3.1-2、3条）		
	2 水泵的安装（第11.3.1-1条）		
	3 风口风量的平衡（第11.3.2-2条）		
	4 水系统的试运行（第11.3.3-1、3条）		
	5 水系统检测元件的工作（第11.3.3-2条）		
	6 空调房间的参数（第11.3.3-4、5、6条）		
	7 洁净空调房间的参数（第11.3.3条）		
	8 工程的控制和监测元件和执行结构（第11.3.4条）		
施工单位检查结果评定		项目专业质量检查员： 年 月 日	
监理（建设）单位验收结论		监理工程师：（建设单位项目专业技术负责人） 年 月 日	

表 C.2.9 工程系统调试检验批质量验收记录

工程名称		分项工程名称		验收部位	
施工单位			专业工长		项目经理
施工执行标准名称及编号					
分包单位			分包项目经理		施工班组长
	质量验收规范的规定		施工单位检查评定记录		监理（建设）单位验收记录
主控项目	1 通风机、空调机组单机试运转及调试（第11.2.2-1条）				
	2 水泵单机试运转及调试（第11.2.2-2条）				
	3 冷却塔单机试运转及调试（第11.2.2-3条）				
	4 制冷机组单机试运转及调试（第11.2.2-4条）				
	5 电控防、排烟阀的动作试验（第11.2.2-5条）				
	6 系统风量的调试（第11.2.3-1条）				
	7 空调水系统的调试（第11.2.3-2条）				
	8 恒温、恒湿空调（第11.2.3-3条）				
	9 防、排风系统调试（第11.2.4条）				
	10 净化空调系统的调试（第11.2.5条）				

表 C.3.1 通风与空调工程分项工程质量验收记录
（分项工程）

工程名称		结构类型		检验批数	
施工单位		项目经理		项目技术负责人	
分包单位		分包单位负责人		分包项目经理	
序号	检验批部位、区、段		施工单位检查评定结果		监理（建设）单位验收结论
检查结论	项目专业技术负责人： 年 月 日		验收结论	监理工程师：（建设单位项目专业技术负责人） 年 月 日	

表 C.4.1-1　通风与空调子分部工程质量验收记录
（送、排风系统）

工程名称		结构类型		层数	
施工单位		技术部门负责人		质量部门负责人	
分包单位		分包单位负责人		分包技术负责人	

序号	分项工程名称	检验批数	施工单位检查评定意见	验收意见
1	风管与配件制作			
2	部件制作			
3	风管系统安装			
4	风机与空气处理设备安装			
5	消声设备制作与安装			
6	风管与设备防腐			
7	系统调试			

质量控制资料		
安全和功能检验(检测)报告		
观感质量验收		

验收单位	分包单位	项目经理：　　　　　年　月　日
	施工单位	项目经理：　　　　　年　月　日
	勘察单位	项目负责人：　　　　年　月　日
	设计单位	项目负责人：　　　　年　月　日
	监理(建设)单位	总监理工程师： (建设单位项目专业负责人)　年　月　日

表 C.4.1-2　通风与空调子分部工程质量验收记录
（防、排烟系统）

工程名称		结构类型		层数	
施工单位		技术部门负责人		质量部门负责人	
分包单位		分包单位负责人		分包技术负责人	

序号	分项工程名称	检验批数	施工单位检查评定意见	验收意见
1	风管与配件制作			
2	部件制作			
3	风管系统安装			
4	风机与空气处理设备安装			
5	排烟风口、常闭正压风口安装			
6	风管与设备防腐			
7	系统调试			
8	消声设备制作与安装（合用系统时检查）			

质量控制资料		
安全和功能检验(检测)报告		
观感质量验收		

验收单位	分包单位	项目经理：　　　　　年　月　日
	施工单位	项目经理：　　　　　年　月　日
	勘察单位	项目负责人：　　　　年　月　日
	设计单位	项目负责人：　　　　年　月　日
	监理(建设)单位	总监理工程师： (建设单位项目专业负责人)　年　月　日

表 C.4.1-3　通风与空调子分部工程质量验收记录
（除尘系统）

工程名称		结构类型		层数	
施工单位		技术部门负责人		质量部门负责人	
分包单位		分包单位负责人		分包技术负责人	

序号	分项工程名称	检验批数	施工单位检查评定意见	验收意见
1	风管与配件制作			
2	部件制作			
3	风管系统安装			
4	风机安装			
5	除尘器与排污设备安装			
6	风管与设备防腐			
7	风管与设备绝热			
8	系统调试			

质量控制资料		
安全和功能检验(检测)报告		
观感质量验收		

验收单位	分包单位	项目经理：　　　　　年　月　日
	施工单位	项目经理：　　　　　年　月　日
	勘察单位	项目负责人：　　　　年　月　日
	设计单位	项目负责人：　　　　年　月　日
	监理(建设)单位	总监理工程师： (建设单位项目专业负责人)　年　月　日

表 C.4.1-4　通风与空调子分部工程质量验收记录
（空调系统）

工程名称		结构类型		层数	
施工单位		技术部门负责人		质量部门负责人	
分包单位		分包单位负责人		分包技术负责人	

序号	分项工程名称	检验批数	施工单位检查评定意见	验收意见
1	风管与配件制作			
2	部件制作			
3	风管系统安装			
4	风机与空气处理设备安装			
5	消声设备制作与安装			
6	风管与设备防腐			
7	风管与设备绝热			
8	系统调试			

质量控制资料		
安全和功能检验(检测)报告		
观感质量验收		

验收单位	分包单位	项目经理：　　　　　年　月　日
	施工单位	项目经理：　　　　　年　月　日
	勘察单位	项目负责人：　　　　年　月　日
	设计单位	项目负责人：　　　　年　月　日
	监理(建设)单位	总监理工程师： (建设单位项目专业负责人)　年　月　日

表 C.4.1-5 通风与空调子分部工程质量验收记录
（净化空调系统）

工程名称		结构类型		层数	
施工单位		技术部门负责人		质量部门负责人	
分包单位		分包单位负责人		分包技术负责人	
序号	分项工程名称	检验批数	施工单位检查评定意见		验收意见
1	风管与配件制作				
2	部件制作				
3	风管系统安装				
4	风机与空气处理设备安装				
5	消声设备制作与安装				
6	风管与设备防腐				
7	风管与设备绝热				
8	高效过滤器安装				
9	净化设备安装				
10	系统调试				
质量控制资料					
安全和功能检验（检测）报告					
观感质量验收					
验收单位	分包单位	项目经理：		年 月 日	
	施工单位	项目经理：		年 月 日	
	勘察单位	项目负责人：		年 月 日	
	设计单位	项目负责人：		年 月 日	
	监理（建设）单位	总监理工程师：（建设单位项目专业负责人）		年 月 日	

表 C.4.1-6 通风与空调子分部工程质量验收记录
（制冷系统）

工程名称		结构类型		层数	
施工单位		技术部门负责人		质量部门负责人	
分包单位		分包单位负责人		分包技术负责人	
序号	分项工程名称	检验批数	施工单位检查评定意见		验收意见
1	制冷机组安装				
2	制冷剂管道及配件安装				
3	制冷附属设备安装				
4	管道及设备的防腐和绝热				
5	系统调试				
质量控制资料					
安全和功能检验（检测）报告					
观感质量验收					
验收单位	分包单位	项目经理：		年 月 日	
	施工单位	项目经理：		年 月 日	
	勘察单位	项目负责人：		年 月 日	
	设计单位	项目负责人：		年 月 日	
	监理（建设）单位	总监理工程师：（建设单位项目专业负责人）		年 月 日	

表 C.4.1-7 通风与空调子分部工程质量验收记录
（空调水系统）

工程名称		结构类型		层数	
施工单位		技术部门负责人		质量部门负责人	
分包单位		分包单位负责人		分包技术负责人	
序号	分项工程名称	检验批数	施工单位检查评定意见		验收意见
1	冷热水管道系统安装				
2	冷却水管道系统安装				
3	冷凝水管道系统安装				
4	管道阀门和部件安装				
5	冷却塔安装				
6	水泵及附属设备安装				
7	管道与设备的防腐和绝热				
8	系统调试				
质量控制资料					
安全和功能检验（检测）报告					
观感质量验收					
验收单位	分包单位	项目经理：		年 月 日	
	施工单位	项目经理：		年 月 日	
	勘察单位	项目负责人：		年 月 日	
	设计单位	项目负责人：		年 月 日	
	监理（建设）单位	总监理工程师：（建设单位项目专业负责人）		年 月 日	

表 C.4.2 通风与空调分部工程质量验收记录

工程名称		结构类型		层数	
施工单位		技术部门负责人		质量部门负责人	
分包单位		分包单位负责人		分包技术负责人	
序号	子分部工程名称	检验批数	施工单位检查评定意见		验收意见
1	送、排风系统				
2	防、排烟系统				
3	除尘系统				
4	空调系统				
5	净化空调系统				
6	制冷系统				
7	空调水系统				
质量控制资料					
安全和功能检验（检测）报告					
观感质量验收					
验收单位	分包单位	项目经理：		年 月 日	
	施工单位	项目经理：		年 月 日	
	勘察单位	项目负责人：		年 月 日	
	设计单位	项目负责人：		年 月 日	
	监理（建设）单位	总监理工程师：（建设单位项目专业负责人）		年 月 日	

本规范用词说明

1 为便于在执行本规范条文时区别对待,对要求严格程度不同的用词说明如下:

1)表示很严格,非这样做不可的用词:
正面词采用"必须",反面词采用"严禁"。
2)表示严格,在正常情况下均应这样做的用词:
正面词采用"应",反面词采用"不应"或"不得"。
3)表示允许稍有选择,在条件许可时首先应这样做的用词:
正面词采用"宜",反面词采用"不宜"。
表示有选择,在一定条件下可以这样做的用词采用"可"。

2 本规范中指明应按其他有关标准、规范执行的写法为"应符合……要求或规定"或"应按……执行"。

中华人民共和国国家标准

通风与空调工程施工质量验收规范

GB 50243—2002

条 文 说 明

目　次

1 总则 …………………………………… 9—20—43
2 术语 …………………………………… 9—20—43
3 基本规定 ……………………………… 9—20—43
4 风管制作 ……………………………… 9—20—44
　4.1 一般规定 ………………………… 9—20—44
　4.2 主控项目 ………………………… 9—20—45
　4.3 一般项目 ………………………… 9—20—46
5 风管部件与消声器制作 ……………… 9—20—46
　5.1 一般规定 ………………………… 9—20—46
　5.2 主控项目 ………………………… 9—20—46
　5.3 一般项目 ………………………… 9—20—47
6 风管系统安装 ………………………… 9—20—47
　6.1 一般规定 ………………………… 9—20—47
　6.2 主控项目 ………………………… 9—20—47
　6.3 一般项目 ………………………… 9—20—48
7 通风与空调设备安装 ………………… 9—20—48
　7.1 一般规定 ………………………… 9—20—48
　7.2 主控项目 ………………………… 9—20—48
　7.3 一般项目 ………………………… 9—20—49
8 空调制冷系统安装 …………………… 9—20—50
　8.1 一般规定 ………………………… 9—20—50
　8.2 主控项目 ………………………… 9—20—50
　8.3 一般项目 ………………………… 9—20—50
9 空调水系统管道与设备安装 ………… 9—20—51
　9.1 一般规定 ………………………… 9—20—51
　9.2 主控项目 ………………………… 9—20—51
　9.3 一般项目 ………………………… 9—20—52
10 防腐与绝热 ………………………… 9—20—53
　10.1 一般规定 ……………………… 9—20—53
　10.2 主控项目 ……………………… 9—20—53
　10.3 一般项目 ……………………… 9—20—53
11 系统调试 …………………………… 9—20—54
　11.1 一般规定 ……………………… 9—20—54
　11.2 主控项目 ……………………… 9—20—54
　11.3 一般项目 ……………………… 9—20—55
12 竣工验收 …………………………… 9—20—55
13 综合效能的测定与调整 …………… 9—20—55

1 总则

1.0.1 本条文阐明了制定本规范的目的。
1.0.2 本条文明确了本规范适用的对象。
1.0.3 本条文说明了本规范与《建筑工程施工质量验收统一标准》GB 50300—2001 的隶属关系，强调了在进行通风与空调工程施工质量验收时，还应执行上述标准的规定。
1.0.4 本条文规定了通风与空调工程施工质量验收的依据为本规范，为保证工程的使用安全、节能和整体质量，强调了有关工程施工合同的主要技术指标，不得低于本规范的规定。
1.0.5 通风与空调工程施工质量的验收，涉及较多的工程技术和设备，本规范不可能包括全部的内容。为满足和完善工程的验收标准，规定除应执行本规范的规定外，尚应符合现行国家有关标准、规范的规定。

2 术语

本章给出的 24 个术语，是在本规范的章节中所引用的。本规范的术语是从本规范的角度赋予其相应涵义的，但涵义不一定是术语的定义。同时，对中文术语还给出了相应的推荐性英文术语，该英文术语不一定是国际上的标准术语，仅供参考。

3 基本规定

3.0.1 本条文对通风与空调工程施工验收的依据作出了规定：一是被批准的设计图纸，二是相关的技术标准。

按被批准的设计图纸进行工程的施工，是质量验收最基本的条件。工程施工是让设计意图转化成为现实，故施工单位无权任意修改设计图纸。因此，本条文明确规定修改设计必须有设计变更的正式手续。这对保证工程质量有重要作用。

主要技术标准是指工程中约定的施工及质量验收标准，包括本规范、相关国家标准、行业标准、地方标准与企业标准。其中本规范和相关国家标准为最低标准，必须采纳。工程施工也可以全部或部分采纳高于国家标准的行业、地方或企业标准。
3.0.2 在不同的建筑项目施工中，通风与空调工程实际的情况差异很大。无论是工程实物量，还是工程施工的内容与难度，以及对工程施工管理和技术管理的要求，都会有所不同，不可能处于同一个水平层次。虽然从国际上来说，工程承包并没有严格的企业资质规定，但是，这并不符合当前我国建筑企业按施工的能力划分资质等级的建筑市场管理模式规定的现实。同时也应该看到，我国不同等级的企业，除极个别情况之外，也确实能体现相应层次的工程管理及工程施工的技术水平。为了更好地保证工程施工质量，规范规定施工企业具有相应的资质，还是符合目前我国建筑市场实际状况的。
3.0.3 随着我国建筑业市场经济的进一步发展，通风与空调工程的施工承包将逐渐向国际惯例靠拢。目前，少数有相当技术基础的大、中型施工企业，已经具有符合国际惯例的施工图深化和施工的能力，但大部分的中、小施工单位是不具备此项能力的，为了保证工程质量与国际市场的正常接轨，特制定本条文。
3.0.4 在《建筑工程施工质量验收统一标准》GB 50300—2001 中，已明确规定了建筑工程施工现场质量管理的全部内容，本规范直接引用。
3.0.5 通风与空调工程所使用的主要原材料、产成品、半成品和设备的质量，将直接影响到工程的整体质量。所以，本规范对其作出规定，在进入施工现场后，必须对其进行实物到货验收。验收一般应由供货商、监理、施工单位的代表共同参加，验收必须得到监理工程师的认可，并形成文件。
3.0.6 通风与空调工程对每一个具体的工程，有着不同的内容和要求。本条文从施工实际出发，强制制定了承担通风与空调工程的施工企业，应针对所施工的特定工程情况制定相应的工艺文件和技术措施，并规定以分项工程和本规范条文中所规定需验证的工序完毕后，均应作为工序检验的交接点，并应留有相应的质量记录。这个规定强调了施工过程的质量控制和施工过程质量的可追溯性，应予以执行。
3.0.7 本条文是对施工企业提出的要求。在通风与空调工程施工过程中，由施工人员发现工程施工图纸实施中的问题和部分差错，是正常的。我们要求按正规的手续，反映情况和及时更正，并将文件归档，这符合工程管理的基本规定。在这里要说明的是，对工程施工图的预审很重要，应予提倡。
3.0.8 通风与空调工程在整个建筑工程中，是属于一个分部工程。本规范根据通风与空调工程中各类系统的功能特性不同，划分为七个独立的子分部工程，以便于工程施工质量的监督和验收。在表 3.0.8 中对每个子分部，已经列举出相应的分项工程，分部工程的验收应按此规定执行。当通风与空调工程以独立的单项工程的形式进行施工承包时，则本条文规定的通风与空调分部工程上升为单位工程，子分部工程上升为分部工程，其分项工程的内容不发生变化。
3.0.9 本条文规定了通风与空调工程应按正确的、规定的施工程序进行，并与土建及其他专业工种的施工相互配合，通过对上道工程的质量交接验收，共同保证工程质量，以避免质量隐患或不必要的重复劳动。"质量交接会检"是施工过程中的重要环节，是对上道工序质量认可及分清责任的有效手段，符合建设工程质量管理的基本原则和我国建设工程的实际情况，应予以加强。条文较明确地规定了组织会检的责任者，有利于执行。

3.0.10 本条文是对通风与空调工程分项工程验收的规定。本规范是按照相同施工工艺的内容，进行分项编写的。同一个分项内容中，可能包含了不同子分部类似工艺的规定。因此，执行时必须按照规范对应分项中具体条文的详细内容，一一对照执行。如风管制作分项，它包括了多种材料风管的质量规定，如金属、非金属与复合材料风管的内容；也包括送风、排烟、空调、净化空调与除尘系统等子分部系统的风管。因为它们同为风管，具有基本的属性，故考虑放在同一章节中叙述比较合理。所以，对于各种材料、各个子分部工程中风管质量验收的具体规定，如风管的严密性、清洁度、加工的连接质量规定等，只能分列在具体的条文之中，要求执行时不能搞错。另外，条文对分项工程质量的验收规定为根据工程量的大小、施工工期的长短或加工批，可分别采取一个分项一次验收或分数次验收的方法。

3.0.11 通风与空调工程系统中的风管或管道，被安装于封闭的部位或埋设于结构内或直接埋地时，均属于隐蔽工程。在结构做永久性封闭前，必须对该部分将被隐蔽的风管或管道工程施工质量进行验收，且必须得到现场监理人员认可的合格签证，否则不得进行封闭作业。

3.0.12 在通风与空调工程施工中，金属管道采用焊接连接是一种常规的施工工艺之一。管道焊接的质量，将直接影响到系统的安全使用和工程的质量。根据《现场设备、工业管道焊接工程施工及验收规范》GB 50236—98对焊工资格规定："从事相应的管道焊接作业，必须具有相应焊接方法考试项目合格证书，并在有效期内"的规定，通风与空调工程中施工的管道，包括多种焊接方法与质量等级，为保证工程施工质量故作出本规定。

3.0.13 通风与空调工程竣工的系统调试，是工程施工的一部分。它是将施工完毕的工程系统进行正确的调整，直至符合设计规定要求的过程。同时，系统调试也是对工程施工质量进行全面检验的过程。因此，本条文强调建设和监理单位共同参与，既能起到监督的作用，又能提高对工程系统的全面了解，利于将来运行的管理。

通风与空调工程竣工阶段的系统调试，是一项技术要求很高的工作，必须具有相应的专业技术人员和测试仪器，否则是不可能很好完成此项工作及达到预定效果的，故本条文作出了明确规定。

3.0.14 本条文根据《建筑工程质量管理条例》，规定通风与空调工程的保修期限为两个采暖期和供冷期。此段时间内，在工程使用过程中如发现一些问题，应是正常的。问题可能是由于施工设备与材料的原因，也可能是业主或设计原因造成的。因此，应对产生的问题进行调查分析，找出原因，分清责任，然后进行整改，由责任方承担经济损失。规定通风与空调工程质量以两个采暖期和供冷期为保修期限，这对设计和施工质量提出了比较高的要求，但有利于本行业技术水平的进步，应予以认真执行。

3.0.15 本条文是对净化空调系统洁净度等级的划分，应执行标准的规定。我国过去对净化空调系统洁净室等级的划分，是按照209b执行的，已经不能符合当前洁净室技术发展的需要。现在采用的标准为新修编的《洁净厂房设计规范》GB 50073—2001的规定，已与国际标准的划分相一致。工程的施工、调试、质量验收应统一以此为标准。

3.0.16 本条文规定了分项工程检验批质量验收合格的基本条件。

4 风管制作

4.1 一般规定

4.1.1 工业与民用建筑通风与空调工程中所使用的金属与非金属风管，其加工和制作质量都应符合本章条文的规定，并按相对应条文进行质量的检验和验收。

4.1.2 风管应按材料与不同分部项目规定的加工质量验收，一是要按风管的类别，是高压系统、中压系统，还是低压系统进行验收；二是要按风管属于哪个子分部进行验收。

4.1.3 风管验收的依据是本规范的规定和设计要求。一般情况下，风管的质量可以直接引用本规范。但当设计根据工程的需要，认为风管施工质量标准要高于本规范的规定时，可以提出更严格的要求。此时，施工单位应按较高的标准进行施工，监理按照高标准验收。目前，风管的加工已经有向产品化发展的趋势，值得提倡。作为产品（成品）必须提供相应的产品合格证书或进行强度和严密性的验证，以证明所提供风管的加工工艺水平和质量。对工程中所选用的外购风管，应按要求进行查对，符合要求的方可同意使用。

4.1.4 本条文规定了风管的规格尺寸以外径或外边长为准；建筑风道以内径或内边长为准。风管板材的厚度较薄，以外径或外边长为准对风管的截面积影响很小，且与风管法兰以内径或内边长为准可相匹配。建筑风道的壁厚较厚，以内径或内边长为准可以正确控制风道的内截面面积。

条文对圆形风管规定了基本和辅助两个系列。一般送、排风及空调系统应采用基本系列。除尘与气力输送系统的风管，管内流速高，管径对系统的阻力损失影响较大，在优先采用基本系列的前提下，可以采用辅助系列。本规范强调采用基本系列的目的是在满足工程使用需要的前提下，实行工程的标准化施工。

对于矩形风管的口径尺寸，从工程施工的情况来看，规格数量繁多，不便于明确规定。因此，本条文采用规定边长规格，按需要组合的表达方法。

4.1.5 本条文规定了通风与空调工程中的风管，应按系统性质及工作压力划分为三个等级，即低压系统、中压系统与高压系统。不同压力等级的风管，可以适用于不同类别的风管系统，如一般通风、空调和净化空调等系统。这是根据当前通风与空调工程技术发展的需要和风管制作技术水平状况而提出的。表4.1.5中还列举了三个等级的密封要求，供在实际工程中选用。

4.1.6 镀锌钢板及含有各类复合保护层的钢板，优良的抗防腐蚀性能主要依靠这层保护薄膜。如果采用电焊或气焊熔焊焊接的连接方法，由于高温不仅使焊缝处的镀锌层被烧蚀，而且会造成大于数倍以上焊缝范围板面的保护层遭到破坏。被破坏了保护层后的复合钢板，可能由于发生电化学的作用，会使其焊缝范围处腐蚀的速度成倍增长。因此，规定镀锌钢板及含有各类复合保护层的钢板，在正常情况下不得采用破坏保护层的熔焊焊接连接方法。

4.1.7 本条文对风管密封的要点内容，从材料和施工方法上作出了规定。

4.2 主控项目

4.2.1、4.2.2 风管板材的厚度，以满足功能的需要为前提，过厚或过薄都不利于工程的使用。本条文从保证工程风管质量的角度出发，对常用材料风管的厚度，主要是对最低厚度进行了规定；而对无机玻璃钢风管则是规定了一个厚度范围，均不得违反。

无机玻璃钢风管是以中碱或无碱玻璃布为增强材料，无机胶凝材料为胶结材料制成的通风管道。对于无机玻璃钢风管质量控制的要点是本体的材料质量（包括强度和耐腐蚀性）与加工的外观质量。对一般水硬性胶凝材料的无机玻璃钢风管，主要是控制玻璃布的层数和加工的外观质量。对气硬性胶凝材料的无机玻璃钢风管，除了应控制玻璃布的层数和加工的外观质量外，还得注意其胶凝材料的质量。在加工过程中以胶结材料和玻璃纤维的性能、层数和两者的结合质量为关键。在实际的工程中，我们应该注意不使用一些加工质量较差，仅加厚无机材料涂层的风管。那样的风管既加重了风管的重量，又不能提高风管的强度和质量。故条文规定无机玻璃钢风管的厚度，为一个合理的区间范围。另外，无机玻璃钢风管如发生泛卤或严重泛霜，则表明胶结材料不符合风管使用性能的要求，不得应用于工程之中。

4.2.3 防火风管为建筑中的安全救生系统，是指建筑物局部起火后，仍可维持一定时间正常功能的风管。它们主要应用于火灾时的排烟和正压送风的救生保障系统，一般可分为1h、2h、4h等的不同要求级别。建筑物内的风管，需要具有一定时间的防火能力，这也是近年来，通过建筑物火灾发生后的教训而得来的。为了保证工程的质量和防火功能的正常发挥，规范规定了防火风管的本体、框架与固定、密封垫料不仅必须为不燃材料，而且其耐火性能还要满足设计防火等级的规定。

4.2.4 复合材料风管的板材，一般由两种或两种以上不同性能的材料所组成，它具有重量轻、导热系数小、施工操作方便等特点，具有较大推广应用的前景。复合材料风管中的绝热材料可以为多种性能的材料，为了保障在工程中风管使用的安全防火性能，规范规定其内部的绝热材料必须为不燃或难燃B_1级，且是对人体无害的材料。

4.2.5 风管的强度和严密性能，是风管加工和制作质量的重要指标之一，必须达到。风管强度的检测主要检查风管的耐压能力，以保证系统安全运行的性能。验收合格的规定，为在1.5倍的工作压力下，风管的咬口或其他连接处没有张口、开裂等损坏的现象。

风管系统由于结构的原因，少量漏风是正常的，也可以说是不可避免的。但是过量的漏风，则会影响整个系统功能的实现和能源的大量浪费。因此，本条文对不同系统类别及功能风管的允许漏风量进行了明确的规定。允许漏风量是指系统工作压力条件下，系统风管的单位表面积、在单位时间内允许空气泄漏的最大数量。这个规定对于风管严密性能的检验是比较科学的，它与国际上的通用标准相一致。条文还根据不同材料风管的连接特征，规定了相应的指标值，更有利于质量的监督和应用。

4.2.6～4.2.8 条文规定了金属、非金属和复合材料风管连接的基本要求。

4.2.9 本条文规定了砖、混凝土风管的变形缝应达到的基本质量要求。

4.2.10 本条文规定了圆形风管与矩形风管必须采取加固措施的范围和基本质量要求。当圆形风管直径大于等于800mm，且管段长度大于1250mm或管段长度不大于1250mm，但总表面积已大于4m²时，均应采取加固措施。矩形风管当边长大于等于630mm或保温风管边长大于等于800mm，且管段长度大于1250mm或管段长度不大于1250mm，但单边平表面积大于1.2m²（中、高压风管为1.0m²）时，也均应采取加固措施。条文将风管的加固与风管的口径、管段长度及表面积三者统一考虑是比较合理的，且便于执行，符合工程的实际情况。

在我国，非规则椭圆风管也已经开始应用，它主要采用螺旋风管的生产工艺，再经过定型加工而成。风管除去两侧的圆弧部分外，另两侧中间的平面部分与矩形风管相类似，故对其的加固也应执行与矩形风管相同的规定。

4.2.11 本条文对不同材料特性非金属风管的加固，作出了规定。硬聚氯乙烯风管焊缝的抗拉强度较低，故要求设有加强板。

4.2.12 为了降低风管系统的局部阻力，本条文对不采用曲率半径为一个平面边长的内外同心弧形弯管，其平面边长大于500mm的，作出了必须加设弯管导流片的规定。它主要依据为《全国通用通风管道配件图表》矩形弯管局部阻力系数的结论数据。

4.2.13 空气净化空调系统与一般通风、空调系统风管之间的区别，主要是体现在对风管的清洁度和严密性能要求上的差异。本条文就是针对这个特点，对其在加工制作时应做到的具体内容作出了规定。

空气净化空调系统风管的制作，首先应去除风管内壁的油污及积尘，为了预防二次污染和对施工人员的保护，规定了清洗剂应为对人和板材无危害的材料。二是对镀锌钢板的质量作出了明确的规定，即表面镀锌层产生严重损坏的板材（如观察到板材表层镀锌层有大面积白花、用手一抹有粉末掉落现象）不得使用。三是对风管加工的一些工序要求作出了硬性的规定，如1～5级的净化空调系统风管不得采用按扣式咬口，不得采用抽芯铆钉等，应予执行。

4.3 一般项目

4.3.1 本条文是对金属风管制作质量的基本规定，应遵照执行。

4.3.2 本条文是对金属法兰风管的制作质量作出的规定。验收时应先验收法兰的质量，后验收风管的整体质量。

4.3.3 本条文是对金属无法兰风管的制作质量作出的规定。金属无法兰风管与法兰风管相比，虽在加工工艺上存在着较大的差别，但对其整体质量的要求应是相同的。因此本条文只是针对不同无法兰结构形式特点的质量验收内容，进行了叙述和规定。

4.3.4 本条文是对风管加固的验收标准，作出了具体的规定。

4.3.5～4.3.7 条文是根据硬聚氯乙烯、有机玻璃钢、无机玻璃钢风管的不同特性，分别规定了风管制作的质量验收规定。

4.3.8 砖、混凝土风道内表面的质量直接影响到风管系统的使用性能，故对其施工质量的验收作出了规定。

4.3.9、4.3.10 本条文分别对双面铝箔绝热板和铝箔玻璃纤维绝热板新型材料风管的制作质量作出了规定。

复合材料风管都是以产品供应的形式，应用于工程的。故本条文仅规定了一些基本的质量要求。在实际工程应用中，除应符合风管的一般质量要求外，还需根据产品技术标准的详细规定进行施工和验收。

4.3.11 条文对净化空调系统风管施工质量验收的特殊内容作出了规定。净化空调系统风管的洁净度等级不同，对风管的严密性要求亦不同。为了能保证其相对的质量，故对系统洁净等级为6～9级风管法兰铆钉的间距，规定为不应大于100mm；1～5级风管法兰铆钉的间距不应大于65mm。在工程施工中对制作完毕的净化空调系统风管，进行二次清洗和及时封口，可以较好地保持系统内部的清洁，很有必要。

5 风管部件与消声器制作

5.1 一般规定

本节规定了通风与空调工程中风管部件验收的一般规定。风管部件有施工企业按工程的需要自行加工的，也有外购的产成品。按我国工程施工发展的趋势，风管部件以产品生产为主的格局正在逐步形成。为此，本条文规定对一般风量调节阀按制作风阀的要求验收，其他的宜按外购产成品的质量进行验收。一般风量调节阀是指用于系统中，不要求严密关断的阀门，如三通调节阀、系统支管的调节阀等。

5.2 主控项目

5.2.1 本条文是对一般手动调节风阀质量验收的主控项目作出的规定。

5.2.2 本条文强调的是对调节风阀电动、气动驱动装置可靠性的验收。

5.2.3 防火阀与排烟阀是使用于建筑工程中的救生系统，其质量必须符合消防产品的规定。

5.2.4 防爆风阀主要使用于易燃、易爆的系统和场所，其材料使用不当，会造成严重的后果，故在验收时必须严格执行。

5.2.5 本条文是对净化空调系统风阀质量验收的主控项目作出的规定。

5.2.6 本条文强调的是对高压调节风阀动作可靠性的验收。

5.2.7 当火灾发生防排烟系统应用时，其管内或管外的空气温度都比较高，如应用普通可燃材料制作的柔性短管，在高温的烘烤下，极易造成破损或被引燃，会使系统功能失效。为此，本条文规定防排烟系统的柔性短管，必须用不燃材料做成。

5.2.8 当消声弯管的平面边长大于800mm时，其消声效果呈加速下降，而阻力反呈上升趋势。因此，条文作出规定，应加设吸声导流片，以改善气流组织，提高消声性能。阻性消声弯管和消声器内表面的覆面材料，大都为玻璃纤维织布材料，在管内气流长时间的冲击下，易使织面松动、纤维断裂而造成布面破损、吸声材料飞散。因此，本条文规定消声器内直接迎风面的布质覆面层应有保护措施。

净化空调系统对风管内的洁净要求很高，连接在系统中的消声器不应该是个发尘源，故本条文规定其消声器内的覆面材料应为不产尘或不易产尘的材料。

5.3 一般项目

5.3.1～5.3.4 条文按不同种类的风阀，对其制作质量进行了规定，以便于验收。

5.3.5 风量平衡阀是一个精度较高的风阀，都由专业工厂生产，故强调按产品标准进行验收。

5.3.6 本条文仅对通风系统中经常应用的吸风罩的基本质量验收要求作出了规定。

5.3.7 本条文按风帽的种类不同，分别规定了制作质量的验收要求。

5.3.8 弯管内设导流片可起到降低弯管局部阻力的作用。导流片的加工可以有多种形式和方法。现在已逐步向定型产品方向发展，故条文强调的是不同材质的矩形风管应用性能相同，而不是规定为同一材质。导流片置于矩形弯管内，迎风侧尖锐的边缘易产生噪声，不利于在系统中使用。导流片的安装可分为等距排列安装和非等距排列安装两种。等距排列安装比较方便，且符合产品批量生产的特点；非等距排列安装需根据风管的口径进行计算，定位、安装比较复杂。另外，矩形弯管导流片还可以按气流特性进行全程分割。根据以上情况，条文规定导流片在弯管内的分布应符合设计比较妥当。

5.3.9 柔性短管的主要作用是隔振，常应用于与风机或带有动力的空调设备的进出口处，作为风管系统中的连接管；有时也用于建筑物的沉降缝处，作为伸缩管使用。因此，对其材质、连接质量和相应的长度进行规定和控制都是必要的。

5.3.10 本条文规定了一般阻性、抗性与阻抗复合式等消声器制作质量的验收要求。

5.3.11 检查门一般安装在风管或空调设备上，用于对系统设备的检查和维修，它的严密性能直接影响到系统的运行。因此，本条文主要强调了对检查门开启的灵活性和关闭时密封性的验收。

5.3.12 本条文规定了风口质量的验收要求。

6 风管系统安装

6.1 一般规定

本节仅对风管系统安装通用的施工内容作出了相应的规定。如风管系统严密性的检验和测试，风管吊、支架膨胀螺栓锚固的规定等。工程中风管系统的严密性检验，是一桩比较困难的工作。如一个风管系统常可能跨越多个楼层和房间，支管口的封堵比较困难，以及工程的交叉施工影响等。另外，从风管系统漏风的机理来分析，系统末端的静压小，相对的漏风量亦小。只要按工艺要求对支管的安装质量进行严格的监督管理，就能比较有效地控制它的漏风量。因此，在第6.1.2条中明确规定风管系统的严密性检验以主、干管为主。

6.2 主控项目

6.2.1～6.2.3 条文分别规定了风管系统工程中必须遵守的强制性项目内容。如不按规定施工都会有可能带来严重后果，因此必须遵守。

6.2.4 本条文规定了风管系统中一般部件安装应验收的主控项目内容。

6.2.5 防火阀、排烟阀的安装方向、位置会影响阀门功能的正常发挥，故必须正确。防火墙两侧的防火阀离墙越远，对过墙管的耐火性能要求越高，阀门的功能作用越差，故条文对此作出了规定。

6.2.6 本条文规定了净化空调风管系统安装应验收的主控项目内容。

6.2.7 本条文规定了真空吸尘风管系统安装应验收的主控项目内容。

6.2.8 本条文规定了风管系统安装后，必须进行严密性的检测。风管系统的严密性测试，是根据通风与空调工程发展需要而决定的，它与国际上技术先进国家的标准要求相一致。同时，风管系统的漏风量测试又是一件在操作上具有一定难度的工作。测试需要一些专业的检测仪器、仪表和设备；还需要对系统中的开口进行封堵，并要与工程的施工进度及其他工种施工相协调。因此，本规范根据我国通风与空调工程施工的实际情况，将工程的风管系统严密性的检验分为三个等级，分别规定了抽检数量和方法。

高压风管系统的泄漏，对系统的正常运行会产生较大的影响，应进行全数检测。

中压风管系统大都为低级别的净化空调系统、恒温恒湿与排烟系统等，对风管的质量有较高的要求，应进行系统漏风量的抽查检测。

低压系统在通风与空调工程中占有最大的数量，大都为一般的通风、排气和舒适性空调系统。它们对系统的严密性要求相对较低，少量的漏风对系统的正常运行影响不太大，不宜动用大量人力、物力进行现场系统的漏风量测定，宜采用严格施工工艺的监督，用附录A规定的漏光方法来替代。在漏光检测时，风管系统没有明显的、众多的漏光点，可以说明工艺质量是稳定可靠的，就认为风管的漏风量符合规范的规定要求，可不再进行漏风量的测试。当漏光检测时，发现大量的、明显的漏光，则说明风管加工工艺质量存在问题，其漏风量会很大，那必须用漏风量的测试来进行验证。

1～5级的净化空调系统风管的过量泄漏，会严重影响洁净度目标的实现，故规定以高压系统的要求进行验收。

6.2.9 手动密闭阀是为了防止高压冲击波对人体的伤害而设置的，安装方向必须正确。

6.3 一般项目

6.3.1 本条文对风管系统安装中基本质量的验收要求作出了规定。如现场安装的风管接口、返弯或异径管等，由于配置不当、截面缩小过甚，往往会影响系统的正常运行，其中以连接风机和空调设备处的接口影响最为严重。

6.3.2 本条文按类别对无法兰连接风管安装中基本的质量验收要求作出了规定。

6.3.3 本条文对系统风管安装的位置、水平度、垂直度等的验收要求，作出了规定。对于暗装风管的水平度、垂直度，条文没有作出量的规定，只要求"位置应正确，无明显偏差"。这不是降低标准，而是从施工实际出发，如果暗装风管也要求其横平竖直，实际意义不大，况且在狭窄的空间内，各种管道纵横交叉，客观上也很难做到。

6.3.4 本条文对风管系统支、吊架安装质量的验收要求作出了规定。风管安装后，还应立即对其进行调整，以避免出现各副支、吊架受力不匀或风管局部变形。

6.3.5～6.3.7 条文分别对非金属、复合材料、集中式真空吸尘风管系统安装基本质量的验收要求作出了规定。

6.3.8 本条文对风管系统中各类风阀安装质量的验收要求作出了规定。

6.3.9 本条文对风管系统中风帽安装的最基本的质量要求（牢固和不渗漏）作出了规定。

6.3.10 本条文对风管系统中风罩安装的基本质量要求作出了规定。

6.3.11 本条文对风管系统中风口安装的基本质量要求作出了规定。风口安装质量应以连接的严密性和观感的舒适、美观为主。

6.3.12 净化空调系统风口安装有较高的要求，故本条文作了附加规定。

7 通风与空调设备安装

7.1 一般规定

本节对通风与空调工程风管系统设备安装的通用要求作出了规定。

设备的随机文件既代表了产品质量，又是安装、使用的说明书和技术指导资料，必须加以重视。随着国际交往的不断发展，国内工程中安装进口设备会有所增加。我们应该根据国际惯例，对所安装的设备规定必须通过国家商检部门的鉴定，并具有检验合格的证明文件。

通风与空调工程中大型、高空或特殊场合的设备吊装，是工程施工中一个特殊的工序，并具有较大的危险性，稍有疏忽就可能造成机毁人伤，因此必须加以重视。第7.1.5条就是为了保证安全施工所作出的规定。

7.2 主控项目

7.2.1 本条文规定了通风机安装验收的主控项目内容。工程现场对风机叶轮安装的质量和平衡性的检查，最有效、粗略的方法就是盘动叶轮，观察它的转动情况和是否会停留在同一个位置。

7.2.2 为防止由于风机对人的意外伤害，本条文对通风机转动件的外露部分和敞口作了强制的保护性措施规定。

7.2.3 本条文规定了空调机组安装验收主控项目的内容。一般大型空调机组由于体积大，不便于整体运输，常采用散装或组装功能段运至现场进行整体拼装的施工方法。由于加工质量和组装水平的不同，组装后机组的密封性能存在着较大的差异，严重的漏风将影响系统的使用功能。同时，空调机组整机的漏风量测试也是工程设备验收的必要步骤之一。因此，现场组装的机组在安装完毕后，应进行漏风量的测试。

7.2.4 本条文规定了除尘器安装验收主控项目的内容。现场组装的除尘器，在安装完毕后，应进行机组的漏风量测试，本条文对设计工作压力下除尘器的允许漏风率作出了规定。

7.2.5 本条文规定了高效过滤器安装验收主控项目的内容。高效过滤器主要运用于洁净室及净化空调系统之中，其安装质量的好坏将直接影响到室内空气洁净度等级的实现，故应认真执行。

7.2.6 本条文规定了净化空调设备安装验收主控项目的内容。净化空调设备指的是空气净化系统应用的专用设备，安装时应达到清洁、严密。对于风机过滤器单元，还强调规定了系统试运行时，必须加装中效过滤器作为保护。

7.2.7 本条文强制规定了静电空气处理设备安装必须可靠接地的要求。

7.2.8 本条文强制规定了电加热器安装必须可靠接地和防止燃烧的要求。

7.2.9 本条文规定了干蒸汽加湿器安装、验收的主控项目内容。干蒸汽加湿器的喷气管如果向下安装，会使产生干蒸汽的工作环境遭到破坏，故不允许。

7.2.10 本条文规定了过滤吸收器安装验收主控项目的内容。过滤吸收器是人防工程中一个重要的空气处理装置，具有过滤、吸附有毒有害气体，保障人身安全的作用。如果安装发生差错，将会使过滤吸收器的功能失效，无法保证系统的安全使用。

7.3 一般项目

7.3.1 本条文对通风机安装的允许偏差和隔振支架安装的验收质量作出了规定。

为防止隔振器移位，规定安装隔振器地面应平整。同一机座的隔振器压缩量应一致，使隔振器受力均匀。

安装风机的隔振器和钢支、吊架应按其荷载和使用场合进行选用，并应符合设计和设备技术文件的规定，以防造成隔振器失效。

7.3.2 本条文对组合式空调机组安装的验收质量作出了规定。

组合式空调机的组装、功能段的排序应符合设计规定，还要求达到机组外观整体平直、功能段之间的连接严密、保持清洁及做好设备保护工作等质量要求。

7.3.3 本条文对现场组装的空气处理室安装的验收质量作出了规定。

现场组装空气处理室容易发生渗漏水的部位，主要是在预埋管、检查门、水管接口以及喷水段的组装接缝等处，施工质量验收时，应引起重视。目前，国内喷水式空气处理室，应用的数量虽然比较少，但是作为一种有效的空气处理形式，还是有实用的价值，故本规范给予保留。

表面式换热器的金属翅片在运输与安装过程中易被损坏和沾染污物，会增加空气阻力，影响热交换效率。所以条文也作了相应的规定，以防止类似情况的发生。

7.3.4 本条文是针对分体式空调机组和风冷整体式空调机组的安装，提出了质量验收的要求。

7.3.5 本条文对各类除尘器安装通用的验收质量作出了规定。

除尘器安装位置正确，可保证风管镶接的顺利进行。除尘器的安装质量与除尘效率有着密切关系。本条文对除尘器安装的允许偏差和检验方法作了具体规定。

除尘器的活动或转动部位为清灰的主要部件，故强调其动作应灵活、可靠。

除尘器的排灰阀、卸料阀、排泥阀的安装应严密，以防止产生粉尘泄漏、污染环境和影响除尘效率。

7.3.6 对现场组装的静电除尘器，本条文强调的是阴、阳电极极板的安装质量。

7.3.7 对现场组装的布袋除尘器的验收，主要应控制其外壳、布袋与机械落灰装置的安装质量。

7.3.8 本条文对净化空调系统洁净设备安装的验收质量作出了规定。

带有通风机的气闸室、吹淋室的振动会对洁净室的环境带来不利影响，因此，要求垫隔振垫。

条文对机械式余压阀、传递窗安装质量的验收，强调的是水平度和密封性。

7.3.9 本条文对装配式洁净室安装的验收质量作出了规定。

为保障装配室洁净室的安全使用，故规定其顶板和壁板为不燃材料。

洁净室干燥、平整的地面，才能满足其表面涂料与铺贴材料施工质量的需要。为控制洁净室的拼装质量，条文还对壁板、墙板安装的垂直度、顶板的水平度以及每个单顶几何尺寸的允许偏差作出了规定。

对装配式洁净室的吊顶、壁板的接口等，强调接缝整齐、严密，并在承重后保持平整。装配式洁净室接缝的密封措施和操作质量，将直接影响洁净室的洁净等级和压差控制目标的实现，故需特别引起重视。

7.3.10 本条文对净化空调系统中洁净层流罩安装的验收质量作出了规定。

7.3.11 本条文对净化空调系统中风机过滤单元安装的验收质量作出了规定。

7.3.12 本条文对净化空调系统中高效过滤器安装的验收质量作出了规定。

高效过滤器采用机械密封时，密封垫料的厚度及安装的接缝处理非常重要，厚度应按条文的规定执行，接缝不应为直线连接。

当高效过滤器采用液槽密封时，密封液深度以2/3槽深为宜，过少会使插入端口处不易密封，过多会造成密封液外溢。

7.3.13 本条文对消声器安装的验收质量作出了规定。

条文强调消声器安装前，应做外观检查；安装过程中，应注意保护与防潮。不少消声器安装是具有方向要求的，不能反方向安装。消声器、消声弯管的体积、重量大，应设置单独支、吊架，不应使风管承受消声器和消声弯管的重量。这样可以方便消声器或消声弯管的维修与更换。

7.3.14 本条文对空气过滤器安装的验收质量作出了规定。

空气过滤器与框架、框架与围护结构之间封堵的不严，会影响过滤器的滤尘效果，所以要求安装时无穿透的缝隙。

卷绕式过滤器的安装，应平整，上下筒体应平行，以达到滤料的松紧一致，使用时不发生跑料。

7.3.15 本条文对风机盘管空调器安装的验收质量作出了规定。

风机盘管机组安装前宜对产品的质量进行抽检，这样可使工程质量得到有效的控制，避免安装后发现问题再返工。风机盘管机组的安装，还应注意水平坡度的控制，坡度不当，会影响凝结水的正常排放。

风机盘管机组与风管、回风箱或风口的连接，在工程施工中常存在不到位、空缝等不良现象，故条文对此进行了强调。

7.3.16 本条文对转轮式换热器安装的验收质量作出了规定。

条文强调了风管连接不能搞错,以防止功能失效和系统空气的污染。

7.3.17 本条文对转轮式去湿器安装的验收质量作出了规定。

7.3.18 本条文对蒸汽加湿器安装的验收质量作出了规定。

为防止蒸汽加湿器使用过程中产生不必要的振动,应设置独立支架,并固定牢固。

7.3.19 本条文对空气风幕机安装的验收质量作出了规定。

为避免空气风幕机运转时发生不正常的振动,因此规定其安装应牢固可靠。风幕机常为明露安装,故对其垂直度、水平度的允许偏差作出了规定。

7.3.20 本条文对变风量末端装置安装的验收质量作出了规定。

变风量末端装置应设置单独支、吊架,以便于调整和检修;与风管连接前宜做动作试验,确认运行正常后再封口,可以保证安装后设备的正常运行。

8 空调制冷系统安装

8.1 一般规定

8.1.1 本条文把适用于空调工程制冷系统的工作范围,定为工作压力不高于2.5MPa,工作温度在−20∼150℃的整体式、组装式及单元式制冷设备、制冷附属设备、其他配套设备和管路系统的安装工程。不包括空气分离、速冻、深冷等的制冷设备及系统。

8.1.2 空调制冷是一个完整的循环系统,要求其机组、附属设备、管道和阀门等,均必须相互匹配、完好。为此,本条文特作出了规定,要求它们的型号、规格和技术参数必须符合设计的规定,不能任意调换。

8.1.3 现在,空调制冷系统制冷机组的动力源,不再是仅使用单一的电能,已经发展成为多种能源的新格局。空调制冷设备新能源,如燃油、燃气与蒸汽的安装,都具有较大的特殊性。为此,本条文强调应按设计文件、有关的规范和产品技术文件的规定执行。

8.1.4 制冷设备种类繁多、形状各一,其重量及体积差异很大,且装有相互关联的配件、仪表、电器和自控装置等,对搬运与吊装的要求较高。制冷机组的吊装就位,也是设备安装的主要工序之一。本条文强调吊装不使设备变形、受损是关键。对大型、高空和特殊场合的设备吊装,应编制施工方案。

8.1.5 空调制冷系统分部工程中制冷机组的本体安装,本规范采用直接引用《制冷设备、空气分离设备安装工程施工及验收规范》GB 50274—1998的办法。

8.2 主控项目

8.2.1 本条文规定了对制冷设备及制冷附属设备安装质量的验收应符合的主控项目内容。

8.2.2 直接膨胀表面式换热器的换热效果,与换热器内、外两侧的传热状态条件有关。设备安装时应保持换热器外表面清洁、空气与制冷剂呈逆向流动的状态。

8.2.3 燃油与燃气系统的设备安装,消防安全是第一位的要求,故条文特别强调位置和连接方法应符合设计和消防的要求,并按设计规定可靠接地。

8.2.4 制冷设备各项严密性试验和试运行的过程,是对设备本体质量与安装质量验收的依据,必须引起重视。故本条文把它作为验收的主控项目。对于组装式的制冷设备,试验的项目应符合条文中所列举项目的全部,并均应符合相应技术标准规定的指标。

8.2.5 本条文对制冷系统管路安装的质量验收的主控项目作出了明确的规定。制冷剂管道连接的部位、坡向都会影响系统的正常运行,故条文规定了验收的具体要求。

8.2.6 燃油管道系统的静电火花,可能会造成很大的危害,必须杜绝。本条文就是针对这个问题而作出规定的。

8.2.7 制冷设备应用的燃气管道可分为低压和中压两个类别。当接入管道的压力大于0.005MPa时,属于中压燃气系统,为了保障使用的安全,其管道的施工质量必须符合本条文的规定,如管道焊缝的焊接质量,应按设计的规定进行无损检测的验证,管道与设备的连接不得采用非金属软管,压力试验不得用水等。燃气系统管道焊缝的焊接质量,采用无损检测的方法来进行质量的验证,要求是比较高的。但是,必须这样做,尤其对天然气类的管道。因为它们一旦泄漏燃烧、爆炸,将对建筑和人体造成严重危害。

8.2.8 氨属于有毒、有害气体,但又是性能良好的制冷介质。为了保障使用的安全,本条文对氨制冷系统的管道及其部件安装的密封要求作出了严格的规定,必须遵守。

8.2.9 乙二醇溶液与锌易产生不利于管道使用的化学反应,故规定不得使用镀锌管道和配件。

8.2.10 本条文规定的制冷管路系统,主要是指现场安装的制冷剂管路,包括气管、液管及配件。它们的强度、气密性与真空试验必须合格。这属于制冷管路系统施工验收中一个最基本的主控项目。

8.3 一般项目

8.3.1 不论是容积式制冷机组,还是吸收式制冷设备,它们对机体的水平度、垂直度等安装质量都有要求,否则会给机组的运行带来不良影响。因此,本条文对其验收要求作出了规定。

8.3.2 模块式制冷机组是按一定结构尺寸和形式，将制冷机、蒸发器、冷凝器、水泵及控制机构组成一个完整的制冷系统单元（即模块）。它既可以单独使用，又可以多个并联组成大容量冷水机组组合使用。模块与模块之间的管道，常采用 V 形夹固定连接。本条文就是对冷水管道、管道部件和阀门安装验收的质量要求作出了规定。

8.3.3 本条文对燃油泵和蓄冷系统载冷剂泵安装验收的质量要求作出了规定。

8.3.4 本条文是对制冷系统管道安装质量的一般项目内容作出了规定。

8.3.5 制冷系统中应用的阀门，在安装前均应进行严格的检查和验收。凡具有产品合格证明文件，进出口封闭良好，且在技术文件规定期限内的阀门，可不做解体清洗。如不符合上述条件的阀门应做全面拆卸检查，除污、除锈、清洗、更换垫料，然后重新组装，进行强度和密封性试验。同时，根据阀门的特性要求，条文对一些阀门的安装方向作出了规定。

8.3.6 本条文规定管路系统吹扫排污，应采用压力为 0.6MPa 干燥压缩空气或氮气，为的是控制管内的流速不致过大，又能满足管路清洁、安全施工的目的。

9 空调水系统管道与设备安装

9.1 一般规定

9.1.1 本条文规定了本章适用的范围。

9.1.2 镀锌钢管表面的镀锌层，是管道防腐的主要保护层，为不破坏镀锌层，故提倡采用螺纹连接。根据国内工程施工的情况，当管径大于等于 $DN100mm$ 时，螺纹的加工与连接质量不太稳定，不如采用法兰、焊接或其他连接方法更为合适。对于闭式循环运行的冷媒水系统，管道内部的腐蚀性相对较弱，对被破坏的表面进行局部处理可以满足需要。但是，对于开式运行的冷却水系统，则应采取更为有效的防腐措施。

9.1.3 空调工程水系统金属管道的焊接，是该工程施工中应具备的一个基本技术条件。企业应具有相应焊接管道材料和条件的合格工艺评定，焊工应具有相应类别焊接考核合格且在有效期内的资格证书。这是保证管道焊接施工质量的前提条件。

9.1.4 空调工程的蒸汽能源管道或蒸汽加湿管道，其施工要求与采暖工程的规定相同，故本条文采用直接引用《建筑给水、排水及采暖工程施工质量验收规范》GB 50242—2002 的方法。

9.2 主控项目

9.2.1 本条文规定了空调水系统的设备与附属设备、管道、管道部件和阀门的材质、型号和规格，必须符合设计的基本规定。

9.2.2 本条文主要规定了空调水系统管道、管道部件和阀门的施工，必须执行的主控项目内容和质量要求。

在实际工程中，空调工程水系统的管道存在有局部埋地或隐蔽铺设时，在为其实施覆土、浇捣混凝土或其他隐蔽施工之前，必须进行水压试验并合格。如有防腐及绝热施工的，则应该完成全部施工，并经过现场监理的认可和签字，办妥手续后，方可进行下道隐蔽工程的施工。这是强制性的规定，必须遵守。

管道与空调设备的连接，应在设备定位和管道冲洗合格后进行。一是可以保证接管的质量，二是可以防止管路内的垃圾堵塞空调设备。

9.2.3 空调工程管道水系统安装后必须进行水压试验（凝结水系统除外），试验压力根据工程系统的设计工作压力分为两种。冷热水、冷却水系统的试验压力，当工作压力小于等于 1.0MPa 时，为 1.5 倍工作压力，最低不小于 0.6MPa；当工作压力大于等于 1.0MPa 时，为工作压力加 0.5MPa。

一般建筑的空调工程，绝大部分建筑高度不会很高，空调水系统的工作压力大多不会大于 1.0MPa。符合常规的压力试验条件，即试验压力为 1.5 倍的工作压力，并不得小于 0.6MPa，稳压 10min，压降不大于 0.02MPa，然后降至工作压力做外观检查。因此，完全可以按该方法进行。

对于大型或高层建筑的空调水系统，其系统下部受静水压力的影响，工作压力往往很高，采用常规 1.5 倍工作压力的试验方法极易造成设备和零部件损坏。因此，对于工作压力大于 1.0MPa 的空调水系统，条文规定试验压力为工作压力加上 0.5MPa。这是因为现在空调水系统绝大多数采用闭式循环系统，目的是为了节约水泵的运行能耗，这也就决定了因各种原因造成管道内压力上升不会大于 0.5MPa。这种试压方法在国内高层建筑工程中试用过，效果良好，符合工程实际情况。

试压压力是以系统最高处，还是最低处的压力为准，这个问题以前一直没有明确过，本条文明确了应以最低处的压力为准。这是因为，如果以系统最高处压力试压，那么系统最低处的试验压力等于 1.5 倍的工作压力再加上高度差引起的静压差值。这在高层建筑中最低处压力甚至会再增大几个 MPa，将远远超出了管配件的承压能力。所以，取点为最高处是不合适的。此外，在系统设计时，计算系统最高压力也是在系统最低处，随着管道位置的提高，内部的压力也逐步降低。在系统实际运行时，高度—压力变化关系同样是这样；因此一个系统只要最低处的试验压力比工作压力高出一个 ΔP，那么系统管道的任意处的试验压力也比该处的工作压力同样高出一个 ΔP，也就是说系统管道的任意处都是有安全保证的。所以条文明确了这一点。

对于各类耐压非金属（塑料）管道系统的试验压力规定为1.5倍的工作压力，（试验）工作压力为1.15倍的设计工作压力，这是考虑非金属管道的强度，随着温度的上升而下降，故适当提高了（试验）工作压力的压力值。

9.2.4 本条文规定了空调水系统管道阀门安装，必须遵守的主控项目的内容。

空调水系统中的阀门质量，是系统工程质量验收的一个重要项目。但是，从国家整体质量管理的角度来说，阀门的本体质量应归属于产品的范畴，不能因为产品质量的问题而要求在工程施工中负责产品的检验工作。本规范从职责范围和工程施工的要求出发，对阀门的检验规定为阀门安装前必须进行外观检查，其外表应无损伤、阀体无锈蚀，阀体的铭牌应符合《通用阀门标志》GB 12220 的规定。

管道阀门的强度试验过去一直是参照《采暖与卫生工程施工及验收规范》GBJ 242—82 中的通用规定，抽查10%数量的阀门进行试验。由于在一个较大工程中的阀门数量很大，要进行10%的阀门的强度试验，其工作量也是惊人的，何况阀门的规格也相当多，试验很困难，不应在施工过程中占用大量的人力和物力。为此，修编后的条文将根据各种阀门的不同要求予以区别对待：

1 对于工作压力高于 1.0MPa 的阀门规定抽检 20%，这个要求比原抽检 10%严格了。

2 对于安装在主干管上起切断作用的阀门，条文规定按全数检查。

3 其他阀门的强度检验工作可结合管道的强度试验工作一起进行。条文规定的阀门强度试验压力（1.5倍的工作压力）和压力持续时间（5min）均符合国家行业标准《阀门检验与管理规程》SH 3518—2000 的规定。

这样，不但减少了阀门检验的工作量，而且也提高了检验的要求。既保证了工程质量，又易于实施。

9.2.5 本条文规定了管道补偿器安装质量验收的主控项目内容。

9.2.6 本条文规定了空调水系统中冷却塔的安装，必须遵守的主控项目内容。玻璃钢冷却塔虽然具有重量轻、耐化学腐蚀、性能高的特点，在工程中得到广泛应用。但是，玻璃钢外壳以及塑料点波片或蜂窝片大都是易燃物品。在系统运行的过程中，被水不断的冲淋，不可能发生燃烧，但是，在安装施工的过程中却是非常容易被引燃的。因此，本条文特别提出规定，必须严格遵守施工防火安全管理的规定。

9.2.7 本条文规定了空调水系统中的水泵的安装，必须遵守的主控项目的内容。

9.2.8 本条文规定了空调水系统其他附属设备安装必须遵守的主控项目的内容。

9.3 一般项目

9.3.1 根据当前有机类化学新型材料管道的发展，为了适应工程新材料施工质量的监督和检验，本条文对非金属管道和管道部件安装的基本质量要求作出了规定。

9.3.2 金属管道的焊接质量，直接影响空调水系统工程的正常运行和安全使用，故本条文对空调水系统金属管道安装焊接的基本质量要求作出了规定。

9.3.3 本条文对采用螺纹连接管道施工质量验收的一般要求作出了规定。

9.3.4 本条文对采用法兰连接的管道施工质量验收的一般要求作出了规定。

9.3.5 本条文对空调水系统钢制管道、管道部件等施工质量验收的一般要求作出了规定。对于管道安装的允许偏差和支、吊架衬垫的检查方法等也作了说明。

9.3.6 钢塑复合管道既具有钢管的强度，又具有塑料管耐腐蚀的特性，是一种空调水系统中应用较理想的材料。但是，如果在施工过程中处理不当，管内的涂塑层遭到破坏，则会丧失其优良的防腐蚀性能。故本条文规定当系统工作压力小于等于 1.0MPa，钢塑复合管采用螺纹连接时，宜采用涂（衬）塑焊接钢管与无缝钢管涂（衬）塑管配件，螺纹连接的深度和扭矩应符合本规范条文中表9.3.6-1的规定。当系统工作压力大于 1.0MPa 时，宜采用涂（衬）塑无缝钢管法兰连接或沟槽式连接，管道的配件也为无缝钢管涂（衬）塑管件。沟槽式连接管道的沟槽与连接使用的橡胶密封圈和卡箍套也必须为配套合格产品。这点应该引起重视，否则不易保证施工质量。

管道的沟槽式连接为弹性连接，不具有刚性管道的特性，故规定支、吊架不得支承在连接卡箍上，其间距应符合本规范条文中表 9.3.6-2 的规定。水平管的任两个连接卡箍之间必须设有支、吊架。

9.3.7 本条文对风机盘管施工质量验收的一般要求作出了规定。

9.3.8 本条文对空调水系统管道支、吊架安装的基本质量要求作出了规定。以往管道系统支、吊架的间距和要求，一直套用《采暖与卫生工程施工及验收规范》GBJ 242—82 的规定。它与当前的技术发展存在较大的差距，因而进行了计算和新编。本条文规定的金属管道的支、吊架的最大跨距，是以工作压力不大于2.0MPa，现在工程常用的绝热材料和管道的口径为条件的。支、吊架条文表9.3.8中规定的最大口径为 $DN300mm$，保温管道的间距为9.5m。对于大于 $DN300mm$ 的管道口径也按这个间距执行。这是因为空调水系统的管道，绝大多数为室内管道，更长的支、吊架距离不符合施工现场的条件。

沟槽式连接管道的支、吊架距离，不得执行本条

9.3.9 本条文仅对空调水系统的非金属管道支、吊架安装的基本质量要求作出了规定。热水系统的非金属管道，其强度与温度成反比，故要求增加其支、吊架支承面的面积，一般宜加倍。

9.3.10 本条文仅对空调水管道阀门及部件安装的基本质量要求作出了规定。

9.3.11 本条文主要对空调系统应用的冷却塔及附属设备安装的基本质量要求作出了规定。冷却塔安装的位置大都在建筑顶部，一般需要设置专用的基础或支座。冷却塔属于大型的轻型结构设备，运行时既有水的循环，又有风的循环。因此，在设备安装验收时，应强调安装的固定质量和连接质量。

9.3.12 本条文对水泵安装施工质量验收的一般要求作出了规定。

9.3.13 本条文对空调水系统附属设备安装的基本质量要求作出了规定。

10 防腐与绝热

10.1 一般规定

10.1.1 本条文规定了风管与部件及空调设备绝热工程施工的前提条件，是在风管系统严密性检验合格后才能进行。风管系统的严密性检验，是指对风管系统所进行的漏光检测或漏风量测定。

10.1.2 本条文是对空调制冷剂管道和空调水系统管道的绝热施工条件的规定。管道的绝热施工是管道安装工程的后道工序，只有当前道工序完成，并被验证合格后才能进行。

10.1.3 普通薄钢板风管的防腐处理，可采取两种方法，即先加工成型后刷防腐漆和先刷防腐漆后再加工成型。两者相比，后者的施工工效高，并对咬口缝和法兰铆接处的防腐效果要好得多。为了提高风管的防腐性能，保障工程质量，故作此规定。

10.1.4 在一般的情况下，支、吊架与风管或管道同为黑色金属材料，并处于同一环境。因此，它们的防腐处理理应与风管或管道相一致。而在有些含有酸、碱或其他腐蚀性气体的建筑厂房，风管或管道采用硬聚氯乙烯、玻璃钢或不锈钢板(管)时，则支、吊架的防腐处理应与风管、管道的抗腐蚀性能相同或按设计的规定执行。

油漆可分为底漆和面漆。底漆以附着和防锈蚀的性能为主，面漆以保护底漆、增加抗老化性能和调节表面色泽为主。非隐蔽明装部分的支、吊架，如不刷面漆会使防腐底漆很快老化失效，且不美观。

10.1.5 油漆施工时，应采用防火、防冻、防雨等措施，这是一般油漆工程施工必须做到的基本要求。但是，有些操作人员并不重视这方面的工作，不但会影响油漆质量，还可能引发火灾事故。另外，大部分的油漆在低温时(通常指5℃以下)黏度增大，喷涂不易进行，造成厚薄不匀，不易干燥等缺陷，影响防腐效果。如果在潮湿的环境下(一般指相对湿度大于85%)进行防腐施工，由于金属表面聚集了一定量的水汽，易使涂膜附着能力降低和产生气孔等，故作此规定。

10.2 主控项目

10.2.1 本条文规定了空调工程系统风管和管道使用的绝热材料，必须是不燃或难燃材料，不得为可燃材料。从防火的角度出发，绝热材料应尽量采用不燃的材料。但是，从绝热的使用效果、性能等诸条件来对比，难燃材料还有其相对的长处，在工程中占有一定的比例。难燃材料一般用易燃材料作基材，采用添加阻燃剂或浸涂阻燃材料而制成。它们的外型与易燃材料差异不大，很易混淆。无论是国内、还是国外，都发生过空调工程中绝热材料被引燃后造成恶果。为此，条文明确规定，当工程绝热材料为难燃材料时，必须对其难燃性能进行验证，合格后方准使用。

10.2.2 防腐涂料和油漆都有一定的有效期，超过期限后，其性能会发生很大的变化。工程中当然不得使用过期的和不合格的产品。

10.2.3 本条文规定了电加热器前后800mm和防火隔墙两侧2m范围内风管的绝热材料，必须为不燃材料。这主要是为了防止电加热器可能引起绝热材料的自燃和杜绝邻室火灾通过风管或管道绝热材料传递的通道。

10.2.4 本条文规定了空调冷媒水系统的管道，当采用通孔性的绝热材料时，隔汽层(防潮层)必须完整、密封。通孔性绝热材料由疏松的纤维材料和空气层组成，空气是热的不良导体，两者结合构成了良好的绝热性能。这个性能的前提条件是要求空气层为静止的或流动非常缓慢。所以，使用通孔性绝热材料作为绝热层时，外表面必须加设隔汽层(防潮层)，且隔汽层应完整，并封闭良好。当使用于输送介质温度低于周围空气露点温度的管道时，隔汽层的开口之处与绝热材料内层的空气产生对流，空气中的水蒸汽遇到过冷的管道将被凝结、析出。凝结水的产生将进一步降低材料的热阻，加速空气的对流，随着时间的推迟最终导致绝热层失效。

10.2.5 洁净室控制的主要对象就是空气中的浮尘数量，室内风管与管道的绝热材料如采用易产尘的材料(如玻璃纤维、短纤维矿棉等)，显然对洁净室内的洁净度达标不利。故条文规定不应采用易产尘的材料。

10.3 一般项目

10.3.1 本条文仅对空调工程油漆施工质量的基本质量要求作出了规定。

10.3.2 空调工程施工中，一些空调设备或风管与管道的部件，需要进行油漆修补或重新涂刷。在操作中不注意对设备标志的保护与对风口等的转动轴、叶片活动面的防护，会造成标志无法辨认或叶片粘连影响正常使用等问题。故本条文作出了规定。

10.3.3 本条文仅对风管部件绝热施工的基本质量要求作出了规定。

10.3.4 本条文仅对空调工程中绝热层施工的拼接和厚度控制的基本质量要求作出了规定。

10.3.5 本条文仅对空调工程的绝热，采用粘接方法固定施工时，为控制其基本质量作出了规定。当前，通风与空调工程绝热施工中可使用的粘接材料品种繁多，它们的理化性能各不相同。因此，我们规定粘接剂的选择，必须符合环境卫生的要求，并与绝热材料相匹配，不应发生熔蚀、产生有毒气体等不良现象。对于采用粘接的部分绝热材料，随着时间的推移，有可能发生分层、脱胶等现象。为了提高其使用的质量和寿命，可采用打包捆扎或包扎。捆扎的应松紧适度，不得损坏绝热层；包扎的搭接处应均匀、贴紧。

10.3.6 本条文仅对空调风管绝热层采用保温钉进行固定连接施工的基本质量要求作出了规定。采用保温钉固定绝热层的施工方法，其钉的固定极为关键。在工程中保温钉脱落的现象时有发生。保温钉不牢固的主要原因，有粘接剂选择不当、粘接处不清洁（有油污、灰尘或水汽等）、粘接剂过期失效或粘接后未完全固化等。因此，条文强调粘接应牢固，不得脱落。

如果保温钉的连接采用焊接固定的方法，则要求固定牢固，能在数千克的拉力下不脱落。同时，应在保温钉焊接后，仍保持风管的平整。当保温钉焊接连接应用于镀锌钢板时，应达到不影响其防腐性能。一般宜采用螺柱焊焊接的技术和方法。

10.3.7 绝热涂料是一种新型的不燃绝热材料，施工时直接涂抹在风管、管道或设备的表面，经干燥固化后即形成绝热层。该材料的施工，主要是涂抹性的湿作业，故规定要涂层均匀，不应有气泡和漏涂等缺陷。当涂层较厚时，应分层施工。

10.3.8 本条文仅对玻璃布保护层安装的基本质量要求作出了规定。

10.3.9 本条文对空调水系统的管道阀门、法兰等部位的绝热施工，规定可单独拆卸的结构，以方便系统的维修和保养。

10.3.10 本条文仅对空调水系统管道绝热施工的基本质量要求作出了规定。

10.3.11 本条文仅对空调水系统管道绝热防潮层施工的基本质量要求作出了规定。

10.3.12 本条文仅对绝热层金属保护壳安装的基本质量要求作出了规定。

10.3.13 为了方便系统的管理和维修，应根据国家有关规定作出标识。

11 系统调试

11.1 一般规定

11.1.1 本条文对应用于通风与空调工程调试的仪器、仪表性能和精度要求作出了规定。

11.1.2 本条文明确规定通风与空调工程完工后的系统调试，应以施工企业为主，监理单位监督，设计单位、建设单位参与配合。设计单位的参与，除应提供工程设计的参数外，还应对调试过程中出现的问题提出明确的修改意见；监理、建设单位参加调试，既可起到工程的协调作用，又有助于工程的管理和质量的验收。

对有的施工企业，本身不具备工程系统调试的能力，则可以采用委托给具有相应调试能力的其他单位或施工企业。

11.1.3 本条文对通风与空调工程的调试，作出了必须编制调试方案的规定。通风与空调工程的系统调试是一项技术性很强的工作，调试的质量会直接影响到工程系统功能的实现。因此，本条文规定调试前必须编制调试方案，方案可指导调试人员按规定的程序、正确方法与进度实施调试，同时，也利于监理对调试过程的监督。

11.1.4 本条文对通风与空调工程系统无生产负荷的联合试运转及调试，无故障正常运转的时间要求作出了规定。

11.1.5 本条文对净化空调工程系统调试的要求作出了具体的规定。

11.2 主控项目

11.2.1 通风与空调工程完工后，为了使工程达到预期的目标，规定必须进行系统的测定和调整（简称调试）。它包括设备的单机试运转和调试及无生产负荷下的联合试运转及调试两大内容。这是必须进行的强制性规定。其中系统无生产负荷下的联合试运转及调试，还可分为子分部系统的联合试运转与调试及整个分部工程系统的平衡与调整。

11.2.2 本条文规定了空调工程系统设备的单机试运转，应达到的主控项目及要求。

11.2.3 本条文规定了空调工程系统无生产负荷的联动试运转及调试，应达到的主要控制项目及要求。

11.2.4 通风与空调工程中的防排烟系统是建筑内的安全保障救生设备系统，必须符合设计和消防的验收规定。属于强制性条文。

11.2.5 本条文规定了洁净空调工程系统无生产负荷的联动试运转及调试，应达到的主控项目及要求。洁净室洁净度的测定，一般应以空态或静态为主，并应符合设计的规定等级，另外，工程也可以采用与业主商定验收状态条件下，进行室内的洁净度的测定和验证。

11.3 一般项目

11.3.1 本条文对通风、空调系统设备单机试运转的基本质量要求作出了规定。

11.3.2 本条文对通风工程系统无生产负荷的联动试运转及调试的基本质量要求作出了规定。

11.3.3 本条文对空调工程系统无生产负荷的联动试运转及调试的基本质量要求作出了规定。

11.3.4 本条文对通风、空调工程的控制和监测设备，与系统的检测元件和执行机构的沟通，以及整个自控系统正常运行的基本质量要求作出了规定。

12 竣工验收

12.0.1 本条文将通风与空调工程的竣工验收强调为一个交接的验收过程。

12.0.2 本条文规定通风与空调工程的竣工验收，应由建设单位负责，组织施工、设计、监理等单位（项目）负责人及技术、质量负责人、监理工程师共同参加的对本分部工程进行的竣工验收，合格后即应办理验收手续。

12.0.3 本条文规定了通风与空调工程施工竣工验收应提供的文件和资料。

12.0.4 本条文规定了通风与空调工程外观检查项目和质量标准。

通风与空调工程有时按独立单位工程的形式进行工程的验收，甚至仅以本规范所划分的一个子分部作为一个独立的单位工程，那时可以将通风与空调工程分部或子分部作为一个独立验收单位，但必须有相应工程内容完整的验收资料。

12.0.5 本条文规定了净化空调工程需增加的外观检查项目和质量标准。

13 综合效能的测定与调整

本章将通风与空调工程综合效能测定和调整的项目和要求进行了规定，以完善整个工程的验收。

工程系统的综合效能测定和调整是对通风与空调工程整体质量的检验和验证。但是，它的实施需要一定的条件，其中最基本的就是要满足生产负荷的工况，并在此条件下进行测试和调整，最后作出评价。因此，这项工作只能由建设单位或业主来组织和实施。

系统效能测试与生产有联系又有矛盾，尤其进入正式产品生产后，矛盾更为突出。为了能保证工程投资效益的正常发挥，这项工作最好在工程试运行或试生产阶段，或正式投产前进行。

工程系统的综合效能测定和调整的具体项目内容的选定，应由建设单位或业主根据产品工艺的要求进行综合衡量为好。一般应以适用为准则，不宜提出过高的要求。在调试过程中，设计和施工单位应参与配合。

净化空调系统的综合效能测定和调整与洁净室的运行状态密切相关。因此，需要由建设单位、供应商、设计和施工多方对检测的状态进行协商后确定。

中华人民共和国国家标准

建筑电气工程施工质量验收规范

Code of acceptance of construction quality
of electrical installation in building

GB 50303—2002

主编部门：浙 江 省 建 设 厅
批准部门：中华人民共和国建设部
施行日期：２００２年６月１日

关于发布国家标准《建筑电气工程施工质量验收规范》的通知

建标〔2002〕82号

根据建设部《关于印发〈二〇〇〇至二〇〇一年度工程建设国家标准制定、修订计划〉的通知》(建标〔2001〕87号)的要求,浙江省建设厅会同有关部门共同修订了《建筑电气工程施工质量验收规范》。我部组织有关部门对该规范进行了审查,现批准为国家标准,编号为GB 50303—2002,自2002年6月1日起施行。其中,3.1.7、3.1.8、4.1.3、7.1.1、8.1.3、9.1.4、11.1.1、12.1.1、13.1.1、14.1.2、15.1.1、19.1.2、19.1.6、21.1.3、22.1.2、24.1.2为强制性条文,必须严格执行。原《建筑电气安装工程质量检验评定标准》GBJ 303—88、《电气装置安装工程1kV及以下配线工程施工及验收规范》GB 50258—96、《电气装置安装工程电气照明装置施工及验收规范》GB 50259—96同时废止。

本规范由建设部负责管理和对强制性条文的解释,浙江省开元安装集团有限公司负责具体技术内容的解释,建设部标准定额研究所组织中国计划出版社出版发行。

中华人民共和国建设部
二〇〇二年四月一日

前　言

本规范是根据建设部《关于印发〈二〇〇〇至二〇〇一年度工程建设国家标准制定、修订计划〉的通知》(建标〔2001〕87号)的要求,由浙江省建设厅负责组织主编单位浙江省开元安装集团有限公司(原浙江省工业设备安装公司)会同有关单位共同对《建筑电气安装工程质量检验评定标准》GBJ 303—88、《电气装置安装工程1kV及以下配线工程施工及验收规范》GB 50258—96、《电气装置安装工程电气照明装置施工及验收规范》GB 50259—96修订而成的。

本规范在编制过程中,编制组进行了比较广泛的调查研究,总结了我国建筑电气工程施工质量控制和质量验收的实践经验,在坚持"验评分离、强化验收、完善手段、过程控制"指导原则的前提下,与《建筑工程施工质量验收统一标准》GB 50300—2001协调一致,并征求了设计、监理、施工各有关单位的意见。于2001年10月进行审查定稿。

本规范是含有强制性条文的强制性标准。是以保证工程安全、使用功能、人体健康、环境效益和公众利益为重点,对建筑电气工程施工质量作出控制和验收的规定。同时也适当地规定了少许外观质量要求的条款。

本规范将来可能需要进行局部修订,有关局部修订的信息和条文内容将刊登在《工程建设标准化》杂志上。

本规范以黑体字标识的条文为强制性条文,必须严格执行。

为了提高规范质量,请各单位在执行本标准的过程中,注意总结经验,积累资料,随时将有关意见和建议反馈给浙江省开元安装集团有限公司(地址:浙江省杭州市开元路21号　邮政编码310001),以供今后修订时参考。

本规范主编单位、参编单位和主要起草人:
主编单位: 浙江省开元安装集团有限公司
参编单位: 北京市建设工程质量监督总站
　　　　　　杭州市建筑工程质量监督站
　　　　　　浙江省建筑设计研究院
　　　　　　上海市建设工程质量监督总站
主要起草人: 钱大治　王振生　傅慈英　刘波平
　　　　　　林　翰　徐乃一　李维瑜

目　　次

1　总则 …………………………………… 9—21—5
2　术语 …………………………………… 9—21—5
3　基本规定 ……………………………… 9—21—5
　3.1　一般规定 ………………………… 9—21—5
　3.2　主要设备、材料、成品和半成品进场
　　　　验收 ……………………………… 9—21—6
　3.3　工序交接确认 …………………… 9—21—7
4　架空线路及杆上电气设备安装 ……… 9—21—8
　4.1　主控项目 ………………………… 9—21—8
　4.2　一般项目 ………………………… 9—21—8
5　变压器、箱式变电所安装 …………… 9—21—9
　5.1　主控项目 ………………………… 9—21—9
　5.2　一般项目 ………………………… 9—21—9
6　成套配电柜、控制柜（屏、台）
　　和动力、照明配电箱（盘）
　　安装 ……………………………………… 9—21—9
　6.1　主控项目 ………………………… 9—21—9
　6.2　一般项目 ………………………… 9—21—10
7　低压电动机、电加热器及电动执行机
　　构检查接线 …………………………… 9—21—10
　7.1　主控项目 ………………………… 9—21—10
　7.2　一般项目 ………………………… 9—21—10
8　柴油发电机组安装 …………………… 9—21—11
　8.1　主控项目 ………………………… 9—21—11
　8.2　一般项目 ………………………… 9—21—11
9　不间断电源安装 ……………………… 9—21—11
　9.1　主控项目 ………………………… 9—21—11
　9.2　一般项目 ………………………… 9—21—11
10　低压电气动力设备试验
　　　和试运行 ……………………………… 9—21—11
　10.1　主控项目 ………………………… 9—21—11
　10.2　一般项目 ………………………… 9—21—11
11　裸母线、封闭母线、插接式母线
　　　安装 …………………………………… 9—21—12
　11.1　主控项目 ………………………… 9—21—12
　11.2　一般项目 ………………………… 9—21—12
12　电缆桥架安装和桥架内电缆敷
　　　设 ……………………………………… 9—21—12
　12.1　主控项目 ………………………… 9—21—12
　12.2　一般项目 ………………………… 9—21—12
13　电缆沟内和电缆竖井内电缆敷
　　　设 ……………………………………… 9—21—13
　13.1　主控项目 ………………………… 9—21—13
　13.2　一般项目 ………………………… 9—21—13
14　电线导管、电缆导管和线槽敷
　　　设 ……………………………………… 9—21—14
　14.1　主控项目 ………………………… 9—21—14
　14.2　一般项目 ………………………… 9—21—14
15　电线、电缆穿管和线槽敷线 ……… 9—21—14
　15.1　主控项目 ………………………… 9—21—14
　15.2　一般项目 ………………………… 9—21—14
16　槽板配线 …………………………… 9—21—15
　16.1　主控项目 ………………………… 9—21—15
　16.2　一般项目 ………………………… 9—21—15
17　钢索配线 …………………………… 9—21—15
　17.1　主控项目 ………………………… 9—21—15
　17.2　一般项目 ………………………… 9—21—15
18　电缆头制作、接线和线路绝缘
　　　测试 …………………………………… 9—21—15
　18.1　主控项目 ………………………… 9—21—15
　18.2　一般项目 ………………………… 9—21—15
19　普通灯具安装 ……………………… 9—21—16
　19.1　主控项目 ………………………… 9—21—16
　19.2　一般项目 ………………………… 9—21—16
20　专用灯具安装 ……………………… 9—21—16
　20.1　主控项目 ………………………… 9—21—16
　20.2　一般项目 ………………………… 9—21—17
21　建筑物景观照明灯、航空障碍
　　　标志灯和庭院灯安装 ………………… 9—21—17
　21.1　主控项目 ………………………… 9—21—17
　21.2　一般项目 ………………………… 9—21—18
22　开关、插座、风扇安装 …………… 9—21—18
　22.1　主控项目 ………………………… 9—21—18
　22.2　一般项目 ………………………… 9—21—18
23　建筑物照明通电试运行 …………… 9—21—19
　23.1　主控项目 ………………………… 9—21—19

24	接地装置安装 …………… 9—21—19	27.2	一般项目 ……………… 9—21—20
24.1	主控项目 ……………… 9—21—19	28	分部（子分部）工程验收 …… 9—21—21
24.2	一般项目 ……………… 9—21—19	附录 A	发电机交接试验 ………… 9—21—21
25	避雷引下线和变配电室接地干线	附录 B	低压电器交接试验 ……… 9—21—22
	敷设 …………………… 9—21—20	附录 C	母线螺栓搭接尺寸 ……… 9—21—22
25.1	主控项目 ……………… 9—21—20	附录 D	母线搭接螺栓的拧紧
25.2	一般项目 ……………… 9—21—20		力矩 …………………… 9—21—22
26	接闪器安装 ……………… 9—21—20	附录 E	室内裸母线最小安全
26.1	主控项目 ……………… 9—21—20		净距 …………………… 9—21—23
26.2	一般项目 ……………… 9—21—20	本规范用词说明 ………………… 9—21—24
27	建筑物等电位联结 ………… 9—21—20	附：条文说明 …………………… 9—21—25
27.1	主控项目 ……………… 9—21—20		

1 总　则

1.0.1 为了加强建筑工程质量管理,统一建筑电气工程施工质量的验收,保证工程质量,制定本规范。

1.0.2 本规范适用于满足建筑物预期使用功能要求的电气安装工程施工质量验收。适用电压等级为10kV及以下。

1.0.3 本规范应与国家标准《建筑工程施工质量验收统一标准》GB 50300—2001和相应的设计规范配套使用。

1.0.4 建筑电气工程施工中采用的工程技术文件、承包合同文件对施工质量验收的要求不得低于本规范的规定。

1.0.5 建筑电气工程施工质量验收除应执行本规范外,尚应符合国家现行有关标准、规范的规定。

2 术　语

2.0.1 布线系统　wiring system
一根电缆(电线)、多根电缆(电线)或母线以及固定它们的部件的组合。如果需要,布线系统还包括封装电缆(电线)或母线的部件。

2.0.2 电气设备　electrical equipment
发电、变电、输电、配电或用电的任何物件,诸如电机、变压器、电器、测量仪表、保护装置、布线系统的设备、电气用具。

2.0.3 用电设备　current-using equipment
将电能转换成其他形式能量(例如光能、热能、机械能)的设备。

2.0.4 电气装置　electrical installation
为实现一个或几个具体目的且特性相配合的电气设备的组合。

2.0.5 建筑电气工程(装置)　electrical installation in building
为实现一个或几个具体目的且特性相配合的,由电气装置、布线系统和用电设备电气部分的组合。这种组合能满足建筑物预期的使用功能和安全要求,也能满足使用建筑物的人的安全需要。

2.0.6 导管　conduit
在电气安装中用来保护电线或电缆的圆型或非圆型的布线系统的一部分,导管有足够的密封性,使电线电缆只能从纵向引入,而不能从横向引入。

2.0.7 金属导管　metal conduit
由金属材料制成的导管。

2.0.8 绝缘导管　insulating conduit
没有任何导电部分(不管是内部金属衬套或是外部金属网、金属涂层等均不存在),由绝缘材料制成的导管。

2.0.9 保护导体(PE)　protective conductor(PE)
为防止发生电击危险而与下列部件进行电气连接的一种导体：
——裸露导电部件;
——外部导电部件;
——主接地端子;
——接地电极(接地装置);
——电源的接地点或人为的中性接点。

2.0.10 中性保护导体(PEN)　PEN conductor
一种同时具有中性导体和保护导体功能的接地导体。

2.0.11 可接近的　accessible
(用于配线方式)在不损坏建筑物结构或装修的情况下就能移出或暴露的,或者不是永久性地封装在建筑物的结构或装修中的。
(用于设备)因为没有锁住的门、抬高或其他有效方法用来防护,而许可十分靠近者。

2.0.12 景观照明　landscape lighting
为表现建筑物造型特色、艺术特点、功能特征和周围环境布置的照明工程,这种工程通常在夜间使用。

3 基本规定

3.1 一般规定

3.1.1 建筑电气工程施工现场的质量管理,除应符合现行国家标准《建筑工程施工质量验收统一标准》GB 50300—2001的3.0.1规定外,尚应符合下列规定:
1 安装电工、焊工、起重吊装工和电气调试人员等,按有关要求持证上岗;
2 安装和调试用各类计量器具,应检定合格,使用时在有效期内。

3.1.2 除设计要求外,承力建筑钢结构构件上,不得采用熔焊连接固定电气线路、设备和器具的支架、螺栓等部件;且严禁热加工开孔。

3.1.3 额定电压交流1kV及以下、直流1.5kV及以下的应为低压电器设备、器具和材料;额定电压大于交流1kV、直流1.5kV的应为高压电器设备、器具和材料。

3.1.4 电气设备上计量仪表和与电气保护有关的仪表应检定合格,当投入试运行时,应在有效期内。

3.1.5 建筑电气动力工程的空载试运行和建筑电气照明工程的负荷试运行,应按本规范规定执行;建筑电气动力工程的负荷试运行,依据电气设备及相关建筑设备的种类、特性,编制试运行方案或作业指导书,并应经施工单位审查批准、监理单位确认后执行。

3.1.6 动力和照明工程的漏电保护装置应做模拟动作试验。

3.1.7 接地(PE)或接零(PEN)支线必须单独与接地(PE)或接零(PEN)干线相连接,不得串联连接。

3.1.8 高压的电气设备和布线系统及继电保护系统的交接试验,

必须符合现行国家标准《电气装置安装工程电气设备交接试验标准》GB 50150 的规定。

3.1.9 低压的电气设备和布线系统的交接试验,应符合本规范的规定。

3.1.10 送至建筑智能化工程变送器的电量信号精度等级应符合设计要求,状态信号应正确;接收建筑智能化工程的指令应使建筑电气工程的自动开关动作符合指令要求,且手动、自动切换功能正常。

3.2 主要设备、材料、成品和半成品进场验收

3.2.1 主要设备、材料、成品和半成品进场检验结论应有记录,确认符合本规范规定,才能在施工中应用。

3.2.2 因有异议送有资质试验室进行抽样检测,试验室应出具检测报告,确认符合本规范和相关技术标准规定,才能在施工中应用。

3.2.3 依法定程序批准进入市场的新电气设备、器具和材料进场验收,除符合本规范规定外,尚应提供安装、使用、维修和试验要求等技术文件。

3.2.4 进口电气设备、器具和材料进场验收,除符合本规范规定外,尚应提供商检证明和中文的质量合格证明文件、规格、型号、性能检测报告以及中文的安装、使用、维修和试验要求等技术文件。

3.2.5 经批准的免检产品或认定的名牌产品,当进场验收时,宜不做抽样检测。

3.2.6 变压器、箱式变电所、高压电器及电瓷制品应符合下列规定:
  1 查验合格证和随带技术文件,变压器有出厂试验记录;
  2 外观检查:有铭牌,附件齐全,绝缘件无缺损、裂纹,充油部分不渗漏,充气高压设备气压指示正常,涂层完整。

3.2.7 高低压成套配电柜、蓄电池柜、不间断电源柜、控制柜(屏、台)及动力、照明配电箱(盘)应符合下列规定:
  1 查验合格证和随带技术文件,实行生产许可证和安全认证制度的产品,有许可证编号和安全认证标志。不间断电源柜有出厂试验记录;
  2 外观检查:有铭牌,柜内元器件无损坏丢失、接线无脱落脱焊,蓄电池柜内电池壳体无碎裂、漏液,充油、充气设备无泄漏,涂层完整,无明显碰撞凹陷。

3.2.8 柴油发电机组应符合下列规定:
  1 依据装箱单,核对主机、附件、专用工具、备品备件和随带技术文件,查验合格证和出厂试运行记录,发电机及其控制柜有出厂试验记录;
  2 外观检查:有铭牌,机身无缺件,涂层完整。

3.2.9 电动机、电加热器、电动执行机构和低压开关设备等应符合下列规定:
  1 查验合格证和随带技术文件,实行生产许可证和安全认证制度的产品,有许可证编号和安全认证标志;
  2 外观检查:有铭牌,附件齐全,电气接线端子完好,设备器件无缺损,涂层完整。

3.2.10 照明灯具及附件应符合下列规定:
  1 查验合格证,新型气体放电灯具有随带技术文件;
  2 外观检查:灯具涂层完整,无损伤,附件齐全。防爆灯具铭牌上有防爆标志和防爆合格证号,普通灯具有安全认证标志;
  3 对成套灯具的绝缘电阻、内部接线等性能进行现场抽样检测。灯具的绝缘电阻值不小于 2MΩ,内部接线为铜芯绝缘电线,芯线截面积不小于 0.5mm²,橡胶或聚氯乙烯(PVC)绝缘电线的绝缘层厚度不小于 0.6mm。对游泳池和类似场所灯具(水下灯及防水灯具)的密闭和绝缘性能有异议时,按批抽样送有资质的试验室检测。

3.2.11 开关、插座、接线盒和风扇及其附件应符合下列规定:
  1 查验合格证,防爆产品有防爆标志和防爆合格证号,实行安全认证制度的产品有安全认证标志;
  2 外观检查:开关、插座的面板及接线盒盒体完整、无碎裂、零件齐全,风扇无损坏,涂层完整,调速器等附件适配;
  3 对开关、插座的电气和机械性能进行现场抽样检测。检测规定如下:
   1)不同极性带电部件间的电气间隙和爬电距离不小于 3mm;
   2)绝缘电阻值不小于 5MΩ;
   3)用自攻锁紧螺钉或自切螺钉安装的,螺钉与软塑固定件旋合长度不小于 8mm,软塑固定件在经受 10 次拧紧退出试验后,无松动或掉渣,螺钉及螺纹无损坏现象;
   4)金属间相旋合的螺钉螺母,拧紧后完全退出,反复 5 次仍能正常使用。
  4 对开关、插座、接线盒及其面板等塑料绝缘材料阻燃性能有异议时,按批抽样送有资质的试验室检测。

3.2.12 电线、电缆应符合下列规定:
  1 按批查验合格证,合格证有生产许可证编号,按《额定电压 450/750V 及以下聚氯乙烯绝缘电缆》GB 5023.1～5023.7 标准生产的产品有安全认证标志;
  2 外观检查:包装完好,抽检的电线绝缘层完整无损,厚度均匀。电缆无压扁、扭曲,铠装不松卷。耐热、阻燃的电线、电缆外护层有明显标识和制造厂标;
  3 按制造标准,现场抽样检测绝缘层厚度和圆形线芯的直径;线芯直径误差不大于标称直径的 1%;常用的 BV 型绝缘电线的绝缘层厚度不小于表 3.2.12 的规定;

表 3.2.12 BV 型绝缘电线的绝缘层厚度

序号	1	2	3	4	5	6	7	8	9	10	11	12	13	14	15	16	17
电线芯线标称截面积(mm²)	1.5	2.5	4	6	10	16	25	35	50	70	95	120	150	185	240	300	400
绝缘层厚度规定值(mm)	0.7	0.8	1.0	1.0	1.0	1.0	1.2	1.2	1.4	1.4	1.6	1.6	1.8	2.0	2.2	2.4	2.6

  4 对电线、电缆绝缘性能、导电性能和阻燃性能有异议时,按批抽样送有资质的试验室检测。

3.2.13 导管应符合下列规定:
  1 按批查验合格证;
  2 外观检查:钢导管无压扁、内壁光滑。非镀锌钢导管无严重锈蚀,按制造标准油漆出厂的油漆完整;镀锌钢导管镀层覆盖完整、表面无锈斑;绝缘导管及配件不碎裂、表面有阻燃标记和制造厂标;
  3 按制造标准现场抽样检测导管的管径、壁厚及均匀度。对绝缘导管及配件的阻燃性能有异议时,按批抽样送有资质的试验室检测。

3.2.14 型钢和电焊条应符合下列规定:
  1 按批查验合格证和材质证明书;有异议时,按批抽样送有资质的试验室检测。
  2 外观检查:型钢表面无严重锈蚀,无过度扭曲、弯折变形;电焊条包装完整,拆包抽检,焊条尾部无锈斑。

3.2.15 镀锌制品(支架、横担、接地极、避雷用型钢等)和外线金具应符合下列规定:
  1 按批查验合格证或镀锌厂出具的镀锌质量证明书;
  2 外观检查:镀锌层覆盖完整、表面无锈斑,金具配件齐全,无砂眼;
  3 对镀锌质量有异议时,按批抽样送有资质的试验室检测。

3.2.16 电缆桥架、线槽应符合下列规定:
  1 查验合格证;
  2 外观检查:部件齐全、表面光滑、不变形;钢制桥架涂层完整,无锈蚀;玻璃钢制桥架色泽均匀,无破损碎裂;铝合金桥架涂层完整,无扭曲变形,不压扁,表面不划伤。

3.2.17 封闭母线、插接母线应符合下列规定:
  1 查验合格证和随带安装技术文件

2 外观检查:防潮密封良好,各段编号标志清晰,附件齐全,外壳不变形,母线螺栓搭接面平整、镀层覆盖完整、无起皮和麻面,插接母线上的静触头无缺损、表面光滑、镀层完整。

3.2.18 裸母线、裸导线应符合下列规定:
1 查验合格证;
2 外观检查:包装完好,裸母线平直,表面无明显划痕,测量厚度和宽度符合制造标准;裸导线表面无明显损伤,不松股、扭折和断股(线),测量线径符合制造标准。

3.2.19 电缆头部件及接线端子应符合下列规定:
1 查验合格证;
2 外观检查:部件齐全,表面无裂纹和气孔,随带的袋装涂料或填料不泄漏。

3.2.20 钢制灯柱应符合下列规定:
1 按批查验合格证;
2 外观检查:涂层完整,根部接线盒盒盖紧固件和内置熔断器、开关等器件齐全,盒盖密封垫片完整。钢柱内设有专用接地螺栓,地脚螺孔位置按提供的附图尺寸,允许偏差为±2mm。

3.2.21 钢筋混凝土电杆和其他混凝土制品应符合下列规定:
1 按批查验合格证;
2 外观检查:表面平整,无缺角露筋,每个制品表面有合格印记;钢筋混凝土电杆表面光滑,无纵向、横向裂纹,杆身平直,弯曲不大于杆长的1/1000。

3.3 工序交接确认

3.3.1 架空线路及杆上电气设备安装应按以下程序进行:
1 线路方向和杆位及拉线坑位测量埋桩后,经检查确认,才能挖掘杆坑和拉线坑;
2 杆坑、拉线坑的深度和坑型,经检查确认,才能立杆和埋设拉线盘;
3 杆上高压电气设备交接试验合格,才能通电;
4 架空线路做绝缘检查,且经单相冲击试验合格,才能通电;
5 架空线路的相位经检查确认,才能与接户线连接。

3.3.2 变压器、箱式变电所安装应按以下程序进行:
1 变压器、箱式变电所的基础验收合格,且对埋入基础的电线导管、电缆导管和变压器进、出线预留孔及相关预埋件进行检查,才能安装变压器、箱式变电所;
2 杆上变压器的支架紧固检查后,才能吊装变压器且就位固定;
3 变压器及接地装置交接试验合格,才能通电。

3.3.3 成套配电柜、控制柜(屏、台)和动力、照明配电箱(盘)安装应按以下程序进行:
1 埋设的基础型钢和柜、屏、台下的电缆沟等相关建筑物检查合格,才能安装柜、屏、台;
2 室内外落地动力配电箱的基础验收合格,且对埋入基础的电线导管、电缆导管进行检查,才能安装配电箱体;
3 墙上明装的动力、照明配电箱(盘)的预埋件(金属埋件、螺栓),在抹灰前预留和预埋;暗装的动力、照明配电箱的预留孔和动力、照明配线的线盒和电线导管等,经检查确认到位,才能安装配电箱(盘);
4 接地(PE)或接零(PEN)连接完成后,核对柜、屏、台、箱、盘内的元件规格、型号,且交接试验合格,才能投入试运行。

3.3.4 低压电动机、电加热器及电动执行机构应与机械设备完成连接,绝缘电阻测试合格,经手动操作符合工艺要求,才能接线。

3.3.5 柴油发电机组安装应按以下程序进行:
1 基础验收合格,才能安装机组;
2 地脚螺栓固定的机组经初平、螺栓孔灌浆、精平、紧固地脚螺栓、二次灌浆等机械安装程序;安放式的机组将底部垫平、垫实;
3 油、气、水冷、烟气排放等系统和隔振防噪声设施安装完成;按设计要求配置的消防器材齐全到位;发电机静态试验、随机配盘控制柜接线检查合格,才能空载试运行;
4 发电机空载试运行和试验调整合格,才能负荷试运行;
5 在规定时间内,连续无故障负荷试运行合格,才能投入备用状态。

3.3.6 不间断电源按产品技术要求试验调整,应检查确认,才能接至馈电网路。

3.3.7 低压电气动力设备试验和试运行应按以下程序进行:
1 设备的可接近裸露导体接地(PE)或接零(PEN)连接完成,经检查合格,才能进行试验;
2 动力成套配电(控制)柜、屏、台、箱、盘的交流工频耐压试验、保护装置的动作试验合格,才能通电;
3 控制回路模拟动作试验合格,盘车或手动操作,电气部分与机械部分的转动或动作协调一致,经检查确认,才能空载试运行。

3.3.8 裸母线、封闭母线、插接式母线安装应按以下程序进行:
1 变压器、高低压成套配电柜、穿墙套管及绝缘子等安装就位,经检查合格,才能安装变压器和高低压成套配电柜的母线;
2 封闭、插接式母线安装,在结构封顶时、室内底层地面施工完成或已确定地面标高、场地清理、层间距离复核后,才能确定支架设置位置;
3 与封闭、插接式母线安装位置有关的管道、空调及建筑装修工程施工基本结束,确认扫尾施工不会影响已安装的母线,才能安装母线;
4 封闭、插接式母线每段母线组对接续前,绝缘电阻测试合格,绝缘电阻值大于20MΩ,才能安装组对;
5 母线支架和封闭、插接式母线的外壳接地(PE)或接零(PEN)连接完成,母线绝缘电阻测试和交流工频耐压试验合格,才能通电。

3.3.9 电缆桥架安装和桥架内电缆敷设应按以下程序进行:
1 测量定位,安装桥架的支架,经检查确认,才能安装桥架;
2 桥架安装检查合格,才能敷设电缆;
3 电缆敷设前绝缘测试合格,才能敷设;
4 电缆电气交接试验合格,且对接线去向、相位和防火隔堵措施等检查确认,才能通电。

3.3.10 电缆在沟内、竖井内支架上敷设应按以下程序进行:
1 电缆沟、电缆竖井内的施工临时设施、模板及建筑废料等清除,测量定位后,才能安装支架;
2 电缆沟、电缆竖井内支架安装及电缆导管敷设结束,接地(PE)或接零(PEN)连接完成,经检查确认,才能敷设电缆;
3 电缆敷设前绝缘测试合格,才能敷设;
4 电缆交接试验合格,且对接线去向、相位和防火隔堵措施等检查确认,才能通电。

3.3.11 电线导管、电缆导管和线槽敷设应按以下程序进行:
1 除埋入混凝土中的非镀锌钢导管外壁不做防腐处理外,其他场所的非镀锌钢导管内外壁均做防腐处理,经检查,才能配管;
2 室外直埋导管的路径、沟槽深度、宽度及垫层处理经检查确认,才能埋设导管;
3 现浇混凝土板内配管在底层钢筋绑扎完成,上层钢筋未绑扎前敷设,且检查确认,才能绑扎上层钢筋和浇捣混凝土;
4 现浇混凝土墙体内的钢筋网片绑扎完成,门、窗等位置已放线,经检查确认,才能在墙体内配管;
5 被隐蔽的接线盒和导管在隐蔽前检查合格,才能隐蔽;
6 在梁、板、柱等部位明配管的导管套管、埋件、支架等检查合格,才能配管;
7 吊顶上的灯位及电气器具位置先放样,且与土建及各专业施工单位商定,才能在吊顶内配管;

8 顶棚和墙面的喷浆、油漆或壁纸等基本完成，才能敷设线槽、槽板。

3.3.12 电线、电缆穿管及线槽敷线应按以下程序进行：

1 接地(PE)或接零(PEN)及其他焊接施工完成，经检查确认，才能穿入电线或电缆以及线槽内敷设；

2 与导管连接的柜、屏、台、箱、盘安装完成，管内积水及杂物清理干净，经检查确认，才能穿入电线、电缆；

3 电缆穿管前绝缘测试合格，才能穿入导管；

4 电线、电缆交接试验合格，且对接线去向和相位等检查确认，才能通电。

3.3.13 钢索配管的预埋件及预留孔，应预埋、预留完成；装修工程除地面外基本结束，才能吊装钢索及敷设线路。

3.3.14 电缆头制作和接线应按以下程序进行：

1 电缆连接位置、连接长度和绝缘测试经检查确认，才能制作电缆头；

2 控制电缆绝缘电阻测试和校线合格，才能接线；

3 电线、电缆交接试验和相位核对合格，才能接线。

3.3.15 照明灯具安装应按以下程序进行：

1 安装灯具的预埋螺栓、吊杆和吊顶上嵌入式灯具安装专用骨架等完成，按设计要求做承载试验合格，才能安装灯具；

2 影响灯具安装的模板、脚手架拆除；顶棚和墙面喷浆、油漆或壁纸等及地面清理工作基本完成后，才能安装灯具；

3 导线绝缘测试合格，才能灯具接线；

4 高空安装的灯具，地面通断电试验合格，才能安装。

3.3.16 照明开关、插座、风扇安装：吊扇的吊钩预埋完成；电线绝缘测试应合格，顶棚和墙面的喷浆、油漆或壁纸等应基本完成，才能安装开关、插座和风扇。

3.3.17 照明系统的测试和通电试运行应按以下程序进行：

1 电线绝缘电阻测试前电线的接续完成；

2 照明箱(盘)、灯具、开关、插座的绝缘电阻测试在就位前或接线前完成；

3 备用电源或事故照明电源作空载自动投切试验前拆除负荷，空载自动投切试验合格，才能做有载自动投切试验；

4 电气器具及线路绝缘电阻测试合格，才能通电试验；

5 照明全负荷试验必须在本条的1、2、4完成后进行。

3.3.18 接地装置安装应按以下程序进行：

1 建筑物基础接地体：底板钢筋敷设完成，按设计要求做接地施工，经检查确认，才能支模或浇捣混凝土；

2 人工接地体：按设计要求位置开挖沟槽，经检查确认，才能打入接地极和敷设地下接地干线；

3 接地模块：按设计位置开挖模块坑，并将地下接地干线引到模块上，经检查确认，才能相互焊接；

4 装置隐蔽：检查验收合格，才能覆土回填。

3.3.19 引下线安装应按以下程序进行：

1 利用建筑物柱内主筋作引下线，在柱内主筋绑扎后，按设计要求施工，经检查确认，才能支模；

2 直接从基础接地体或人工接地体暗敷埋入粉刷层内的引下线，经检查确认不外露，才能贴面砖或刷涂料等；

3 直接从基础接地体或人工接地体引出明敷的引下线，先埋设及安装支架，经检查确认，才能敷设引下线。

3.3.20 等电位联结应按以下程序进行：

1 总等电位联结：对可作导电接地体的金属管道入户处和供总等电位联结的接地干线的位置检查确认，才能安装焊接总等电位联结端子板，按设计要求做总等电位联结；

2 辅助等电位联结：对供辅助等电位联结的接地母线位置检查确认，才能安装焊接辅助等电位联结端子板，才能做辅助等电位联结；

3 对特殊要求的建筑金属屏蔽网箱、网箱施工完成，经检查确认，才能与接地线连接。

3.3.21 接闪器安装：接地装置和引下线应施工完成，才能安装接闪器，且与引下线连接。

3.3.22 防雷接地系统测试：接地装置施工完成测试应合格，避雷接闪器安装完成，整个防雷接地系统连成回路，才能系统测试。

4 架空线路及杆上电气设备安装

4.1 主控项目

4.1.1 电杆坑、拉线坑的深度允许偏差，应不深于设计坑深100mm，不浅于设计坑深50mm。

4.1.2 架空导线的弧垂值，允许偏差为设计弧垂值的±5%，水平排列的同档导线间弧垂值偏差为±50mm。

4.1.3 **变压器中性点应与接地装置引出干线直接连接，接地装置的接地电阻值必须符合设计要求。**

4.1.4 杆上变压器和高压绝缘子、高压隔离开关、跌落式熔断器、避雷器等必须按本规范第3.1.8条的规定交接试验合格。

4.1.5 杆上低压配电箱的电气装置和馈电线路交接试验应符合下列规定：

1 每路配电开关及保护装置的规格、型号，应符合设计要求；

2 相间和相对地间的绝缘电阻值应大于0.5MΩ；

3 电气装置的交流工频耐压试验电压为1kV，当绝缘电阻值大于10MΩ时，可采用2500V兆欧表摇测替代，试验持续时间1min，无击穿闪络现象。

4.2 一般项目

4.2.1 拉线的绝缘子及金具应齐全，位置正确，承力拉线应与路中心线方向一致，转角拉线应与线路分角线方向一致。拉线应收紧，收紧程度与杆上导线数量规格及弧垂值相适配。

4.2.2 电杆组立应正直，直线杆横向位移不应大于50mm，杆梢偏移不应大于梢径的1/2，转角杆紧线后不向内角倾斜，向外角倾斜不应大于1个杆梢。

4.2.3 直线杆单横担应装于受电侧,终端杆、转角杆的单横担应装于拉线侧。横担的上下歪斜和左右扭斜,从横担端部测量不应大于20mm。横担等镀锌制品应热浸镀锌。

4.2.4 导线无断股、扭绞和死弯,与绝缘子固定可靠,金具规格应与导线规格适配。

4.2.5 线路的跳线、过引线、接户线的线间和线对地间的安全距离,电压等级为6~10kV的,应大于300mm;电压等级为1kV及以下的,应大于150mm。用绝缘导线架设的线路,绝缘破口处应修补完整。

4.2.6 杆上电气设备安装应符合下列规定:
    1 固定电气设备的支架、紧固件为热浸镀锌制品,紧固件及防松零件齐全;
    2 变压器油位正常,附件齐全、无渗油现象,外壳涂层完整;
    3 跌落式熔断器安装的相间距离不小于500mm;熔管试操动能自然开旋下;
    4 杆上隔离开关分、合操动灵活,操动机构机械锁定可靠,分合时三相同期性好,分闸后,刀片与静触头间空气间隙距离不小于200mm;地面操作杆的接地(PE)可靠,且有标识;
    5 杆上避雷器排列整齐,相间距离不小于350mm,电源侧引线铜线截面积不小于16mm²、铝线截面积不小于25mm²,接地侧引线铜线截面积不小于25mm²、铝线截面积不小于35mm²。与接地装置引出线连接可靠。

5 变压器、箱式变电所安装

5.1 主控项目

5.1.1 变压器安装应位置正确,附件齐全,油浸变压器油位正常,无渗油现象。

5.1.2 接地装置引出的接地干线与变压器的低压侧中性点直接连接;接地干线与箱式变电所的N母线和PE母线直接连接;变压器箱体、干式变压器的支架或外壳应接地(PE)。所有连接应可靠,紧固件及防松零件齐全。

5.1.3 变压器必须按本规范第3.1.8条的规定交接试验合格。

5.1.4 箱式变电所及落地式配电箱的基础应高于室外地坪,周围排水通畅。用地脚螺栓固定的螺帽齐全,拧紧牢固;自由安放的应垫平放正。金属箱式变电所及落地式配电箱,箱体应接地(PE)或接零(PEN)可靠,且有标识。

5.1.5 箱式变电所的交接试验,必须符合下列规定:
    1 由高压成套开关柜、低压成套开关柜和变压器三个独立单元组成的箱式变电所高压电气设备部分,按本规范3.1.8的规定交接试验合格;
    2 高压开关、熔断器等与变压器组合在同一个密闭油箱内的箱式变电所,交接试验按产品提供的技术文件要求执行;
    3 低压成套配电柜交接试验符合本规范第4.1.5条的规定。

5.2 一般项目

5.2.1 有载调压开关的传动部分润滑应良好,动作灵活,点动给定位置与开关实际位置一致,自动调节符合产品的技术文件要求。

5.2.2 绝缘件应无裂纹、缺损和瓷件瓷釉损坏等缺陷,外表清洁,测温仪表指示准确。

5.2.3 装有滚轮的变压器就位后,应将滚轮用能拆卸的制动部件固定。

5.2.4 变压器应按产品技术文件要求进行检查器身,当满足下列条件之一时,可不检查器身。
    1 制造厂规定不检查器身者;
    2 就地生产仅做短途运输的变压器,且在运输过程中有效监督,无紧急制动、剧烈振动、冲撞或严重颠簸等异常情况者。

5.2.5 箱式变电所内外涂层完整、无损伤,有通风口的风口防护网完好。

5.2.6 箱式变电所的高低压柜内部接线完整、低压每个输出回路标记清晰,回路名称准确。

5.2.7 装有气体继电器的变压器顶盖,沿气体继电器的气流方向有1.0%~1.5%的升高坡度。

6 成套配电柜、控制柜(屏、台)和动力、照明配电箱(盘)安装

6.1 主控项目

6.1.1 柜、屏、台、箱、盘的金属框架及基础型钢必须接地(PE)或接零(PEN)可靠;装有电器的可开启门,门和框架的接地端子间应用裸编织铜线连接,且有标识。

6.1.2 低压成套配电柜、控制柜(屏、台)和动力、照明配电箱(盘)应有可靠的电击保护。柜(屏、台、箱、盘)内保护导体应有裸露的连接外部保护导体的端子,当设计无要求时,柜(屏、台、箱、盘)内保护导体最小截面积S_p不应小于表6.1.2的规定。

表6.1.2 保护导体的截面积

相线的截面积 $S(mm^2)$	相应保护导体的最小截面积 $S_p(mm^2)$
$S \leq 16$	S
$16 < S \leq 35$	16
$35 < S \leq 400$	$S/2$
$400 < S \leq 800$	200
$S > 800$	$S/4$

注:S指柜(屏、台、箱、盘)电源进线相线截面积,且两者(S,S_p)材质相同。

6.1.3 手车、抽出式成套配电柜推拉应灵活,无卡阻碰撞现象。动触头与静触头的中心线应一致,且触头接触紧密,投入时,接地触头先于主触头接触;退出时,接地触头后于主触头脱开。

6.1.4 高压成套配电柜必须按本规范第3.1.8条的规定交接试验合格，且应符合下列规定：

    1 继电保护元器件、逻辑元件、变送器和控制用计算机等单体校验合格，整组试验动作正确，整定参数符合设计要求；

    2 凡经法定程序批准，进入市场投入使用的新高压电气设备和继电保护装置，按产品技术文件要求交接试验。

6.1.5 低压成套配电柜交接试验，必须符合本规范第4.1.5条的规定。

6.1.6 柜、屏、台、箱、盘间线路的线间和线对地间绝缘电阻值，馈电线路必须大于0.5MΩ；二次回路必须大于1MΩ。

6.1.7 柜、屏、台、箱、盘间二次回路交流工频耐压试验，当绝缘电阻大于10MΩ时，用2500V兆欧表摇测1min，应无闪络击穿现象；当绝缘电阻值在1～10MΩ时，做1000V交流工频耐压试验，时间1min，应无闪络击穿现象。

6.1.8 直流屏试验，应将屏内电子器件从线路上退出，检测主回路线间和线对地间绝缘电阻值应大于0.5MΩ，直流屏所附蓄电池组的充、放电应符合产品技术文件要求；整流器的控制调整和输出特性试验应符合产品技术文件要求。

6.1.9 照明配电箱（盘）安装应符合下列规定：

    1 箱（盘）内配线整齐，无绞接现象。导线连接紧密，不伤芯线，不断股。垫圈下螺丝两侧压的导线截面积相同，同一端子上导线连接不多于2根，防松垫圈等零件齐全；

    2 箱（盘）内开关动作灵活可靠，带有漏电保护的回路，漏电保护装置动作电流不大于30mA，动作时间不大于0.1s。

    3 照明箱（盘）内，分别设置零线（N）和保护地线（PE线）汇流排，零线和保护地线经汇流排配出。

6.2 一般项目

6.2.1 基础型钢安装应符合表6.2.1的规定。

表6.2.1 基础型钢安装允许偏差

项 目	允许偏差	
	(mm/m)	(mm/全长)
不直度	1	5
水平度	1	5
不平行度	1	5

6.2.2 柜、屏、台、箱、盘相互间或与基础型钢应用镀锌螺栓连接，且防松零件齐全。

6.2.3 柜、屏、台、箱、盘安装垂直度允许偏差为1.5‰，相互间接缝不应大于2mm，成列盘面偏差不应大于5mm。

6.2.4 柜、屏、台、箱、盘内检查试验应符合下列规定：

    1 控制开关及保护装置的规格、型号符合设计要求；

    2 闭锁装置动作准确、可靠；

    3 主开关的辅助开关切换动作与主开关动作一致；

    4 柜、屏、台、箱、盘上的标识器件标明被控设备编号及名称，或操作位置，接线端子有编号，且清晰、工整、不易脱色。

    5 回路中的电子元件不应参加交流工频耐压试验；48V及以下回路可不做交流工频耐压试验。

6.2.5 低压电器组合应符合下列规定：

    1 发热元件安装在散热良好的位置；

    2 熔断器的熔体规格、自动开关的整定值符合设计要求；

    3 切换压板接触良好，相邻压板间有安全距离，切换时，不触及相邻的压板；

    4 信号回路的信号灯、按钮、光字牌、电铃、电笛、事故电钟等动作和信号显示准确；

    5 外壳需接地（PE）或接零（PEN）的，连接可靠；

    6 端子排安装牢固，端子有序号，强电、弱电端子隔离布置，端子规格与芯线截面积大小适配。

6.2.6 柜、屏、台、箱、盘间配线：电流回路应采用额定电压不低于750V、芯线截面积不小于2.5mm²的铜芯绝缘电线或电缆；除电子元件回路或类似回路外，其他回路的电线应采用额定电压不低于750V、芯线截面不小于1.5mm²的铜芯绝缘电线或电缆。

    二次回路连线应成束绑扎，不同电压等级、交流、直流线路及计算机控制线路应分别绑扎，且有标识；固定后不应妨碍手车开关或抽出式部件的拉出或推入。

6.2.7 连接柜、屏、台、箱、盘面板上的电器及控制台、板等可动部位的电线应符合下列规定：

    1 采用多股铜芯软电线，敷设长度留有适当裕量；

    2 线束有外套塑料管等加强绝缘保护层；

    3 与电器连接时，端部绞紧，且不开口的终端端子或搪锡，不松散、断股；

    4 可转动部位的两端用卡子固定。

6.2.8 照明配电箱（盘）安装应符合下列规定：

    1 位置正确，部件齐全，箱体开孔与导管管径适配，暗装配电箱箱盖紧贴墙面，箱（盘）涂层完整；

    2 箱（盘）内接线整齐，回路编号齐全，标识正确；

    3 箱（盘）不采用可燃材料制作；

    4 箱（盘）安装牢固，垂直度允许偏差为1.5‰；底边距地面为1.5m，照明配电板底边距地面不小于1.8m。

7 低压电动机、电加热器及电动执行机构检查接线

7.1 主控项目

7.1.1 电动机、电加热器及电动执行机构的可接近裸露导体必须接地（PE）或接零（PEN）。

7.1.2 电动机、电加热器及电动执行机构绝缘电阻值应大于0.5MΩ。

7.1.3 100kW以上的电动机，应测量各相直流电阻值，相互差不应大于最小值的2%；无中性点引出的电动机，测量间直流电阻值，相互差不应大于最小值的1%。

7.2 一般项目

7.2.1 电气设备安装应牢固，螺栓及防松零件齐全，不松动。防水防潮电气设备的接线入口及接线盒盖等应做密封处理。

7.2.2 除电动机随带技术文件说明不允许在施工现场抽芯检查外，有下列情况之一的电动机，应抽芯检查：

    1 出厂时间已超过制造厂保证期限，无保证期限的已超过出厂时间一年以上；

    2 外观检查、电气试验、手动盘转和试运转，有异常情况。

7.2.3 电动机抽芯检查应符合下列规定：

    1 线圈绝缘层完好、无伤痕，端部绑线不松动，槽楔固定、无断裂，引线焊接饱满，内部清洁，通风孔道无堵塞；

    2 轴承无锈斑，注油（脂）的型号、规格和数量正确，转子平衡块紧固，平衡螺丝锁紧，风扇叶片无裂纹；

    3 连接用紧固件的防松零件齐全完整；

4 其他指标符合产品技术文件的特有要求。

7.2.4 在设备接线盒内裸露的不同相导线间和导线对地间最小距离应大于8mm,否则应采取绝缘防护措施。

8 柴油发电机组安装

8.1 主控项目

8.1.1 发电机的试验必须符合本规范附录A的规定。

8.1.2 发电机组至低压配电柜馈电线路的相间、相对地间的绝缘电阻值大于0.5MΩ；塑料绝缘电缆馈电线路直流耐压试验为2.4kV,时间15min,泄漏电流稳定,无击穿现象。

8.1.3 柴油发电机馈电线路连接后,两端的相序必须与原供电系统的相序一致。

8.1.4 发电机中性线(工作零线)应与接地干线直接连接,螺栓防松零件齐全,且有标识。

8.2 一般项目

8.2.1 发电机组随带的控制柜接线应正确,紧固件紧固状态良好,无遗漏脱落。开关、保护装置的型号、规格正确,验证出厂试验的锁定标记应无位移,有位移重新按制造厂要求试验标定。

8.2.2 发电机本体和机械部分的可接近裸露导体应接地(PE)或接零(PEN)可靠,且有标识。

8.2.3 受电侧低压配电柜的开关设备、自动或手动切换装置和保护装置等试验合格,应按设计的自备电源使用分配预案进行负荷试验,机组连续运行12h无故障。

9 不间断电源安装

9.1 主控项目

9.1.1 不间断电源的整流装置、逆变装置和静态开关装置的规格、型号必须符合设计要求。内部结线连接正确,紧固件齐全,可靠不松动,焊接连接无脱落现象。

9.1.2 不间断电源的输入、输出各级保护系统和输出的电压稳定性、波形畸变系数、频率、相位、静态开关的动作等各项技术性能指标试验调整必须符合产品技术文件要求,且符合设计文件要求。

9.1.3 不间断电源装置间连线的线间、线对地间绝缘电阻值应大于0.5MΩ。

9.1.4 不间断电源输出端的中性线(N极),必须与由接地装置直接引来的接地干线相连接,做重复接地。

9.2 一般项目

9.2.1 安放不间断电源的机架组装应横平竖直,水平度、垂直度允许偏差不应大于1.5‰,紧固件齐全。

9.2.2 引入或引出不间断电源装置的主回路电线、电缆和控制电线、电缆应分别穿保护管敷设,在电缆支架上平行敷设应保持150mm的距离；电线、电缆的屏蔽护套接地连接可靠,与接地干线就近连接,紧固件齐全。

9.2.3 不间断电源装置的可接近裸露导体应接地(PE)或接零(PEN)可靠,且有标识。

9.2.4 不间断电源正常运行时产生的A声级噪声,不应大于45dB；输出额定电流为5A及以下的小型不间断电源噪声,不应大于30dB。

10 低压电气动力设备试验和试运行

10.1 主控项目

10.1.1 试运行前,相关电气设备和线路应按本规范的规定试验合格。

10.1.2 现场单独安装的低压电器交接试验项目应符合本规范附录B的规定。

10.2 一般项目

10.2.1 成套配电(控制)柜、台、箱、盘的运行电压、电流应正常,各种仪表指示正常。

10.2.2 电动机应试通电,检查转向和机械转动有无异常情况；可空载试运行的电动机,时间一般为2h,记录空载电流,且检查机身和轴承的温升。

10.2.3 交流电动机在空载状态下(不投料)可启动次数及间隔时间应符合产品技术条件的要求；无要求时,连续启动2次的时间间隔不应小于5min,再次启动应在电动机冷却至常温下。空载状态(不投料)运行,应记录电流、电压、温度、运行时间等有关数据,且应符合建筑设备或工艺装置的空载状态运行(不投料)要求。

10.2.4 大容量(630A及以上)导线或母线连接处,在设计计算负荷运行情况下应做温度抽测记录,温升值稳定且不大于设计值。

10.2.5 电动执行机构的动作方向及指示,应与工艺装置的设计要求一致。

11 裸母线、封闭母线、插接式母线安装

11.1 主控项目

11.1.1 绝缘子的底座、套管的法兰、保护网(罩)及母线支架等可接近裸露导体应接地(PE)或接零(PEN)可靠。不应作为接地(PE)或接零(PEN)的接续导体。

11.1.2 母线与母线或母线与电器接线端子,当采用螺栓搭接连接时,应符合下列规定:
  1 母线的各类搭接连接的钻孔直径和搭接长度符合本规范附录C的规定,用力矩扳手拧紧钢制连接螺栓的力矩值符合本规范附录D的规定;
  2 母线接触面保持清洁,涂电力复合脂,螺栓孔周边无毛刺;
  3 连接螺栓两侧有平垫圈,相邻垫圈间有大于3mm的间隙,螺母侧装有弹簧垫圈或锁紧螺母;
  4 螺栓受力均匀,不使电器的接线端子受额外应力。

11.1.3 封闭、插接式母线安装应符合下列规定:
  1 母线与外壳同心,允许偏差为±5mm;
  2 当段与段连接时,两相邻段母线及外壳对准,连接后不使母线及外壳受额外应力;
  3 母线的连接方法符合产品技术文件要求。

11.1.4 室内裸母线的最小安全净距应符合本规范附录E的规定。

11.1.5 高压母线交流工频耐压试验必须按本规范第3.1.8条的规定交接试验合格。

11.1.6 低压母线交接试验应符合本规范第4.1.5条的规定。

11.2 一般项目

11.2.1 母线的支架与预埋铁件采用焊接固定时,焊缝应饱满;采用膨胀螺栓固定时,选用的螺栓应适配,连接应牢固。

11.2.2 母线与母线、母线与电器接线端子搭接,搭接面的处理应符合下列规定:
  1 铜与铜:室外、高温且潮湿的室内,搭接面搪锡;干燥的室内,不搪锡;
  2 铝与铝:搭接面不做涂层处理;
  3 钢与钢:搭接面搪锡或镀锌;
  4 铜与铝:在干燥的室内,铜导体搭接面搪锡;在潮湿场所,铜导体搭接面搪锡,且采用铜铝过渡板与铝导体连接;
  5 钢与铜或铝:钢搭接面搪锡。

11.2.3 母线的相序排列及涂色,当设计无要求时应符合下列规定:
  1 上、下布置的交流母线,由上至下排列为A、B、C相;直流母线正极在上,负极在下;
  2 水平布置的交流母线,由盘后向盘前排列为A、B、C相;直流母线正极在后,负极在前;
  3 面对引下线的交流母线,由左至右排列为A、B、C相;直流母线正极在左,负极在右;
  4 母线的涂色:交流,A相为黄色、B相为绿色、C相为红色;直流,正极为赭色、负极为蓝色;在连接处或支持件边缘两侧10mm以内不涂色。

11.2.4 母线在绝缘子上安装应符合下列规定:
  1 金具与绝缘子间的固定平整牢固,不使母线受额外应力;
  2 交流母线的固定金具或其他支持金具不形成闭合铁磁回路;
  3 除固定点外,当母线平置时,母线支持夹板的上部压板与母线间有1～1.5mm的间隙;当母线立置时,上部压板与母线间有1.5～2mm的间隙;
  4 母线的固定点,每段设置1个,设置于全长或两母线伸缩节的中点;
  5 母线采用螺栓搭接时,连接处距绝缘子的支持夹板边缘不小于50mm。

11.2.5 封闭、插接式母线组装和固定位置应正确,外壳与底座间、外壳各连接部位和母线的连接螺栓应按产品技术文件要求选择正确,连接紧固。

12 电缆桥架安装和桥架内电缆敷设

12.1 主控项目

12.1.1 金属电缆桥架及其支架和引入或引出的金属电缆导管必须接地(PE)或接零(PEN)可靠,且必须符合下列规定:
  1 金属电缆桥架及其支架全长应不少于2处与接地(PE)或接零(PEN)干线相连接;
  2 非镀锌电缆桥架间连接板的两端跨接铜芯接地线,接地线最小允许截面积不小于4mm²;
  3 镀锌电缆桥架间连接板的两端不跨接地线,但连接板两端不少于2个有防松螺帽或防松垫圈的连接固定螺栓。

12.1.2 电缆敷设严禁有绞拧、铠装压扁、护层断裂和表面严重划伤等缺陷。

12.2 一般项目

12.2.1 电缆桥架安装应符合下列规定:
  1 直线段钢制电缆桥架长度超过30m、铝合金或玻璃钢制电缆桥架长度超过15m设有伸缩节;电缆桥架跨越建筑物变形缝处设置补偿装置;
  2 电缆桥架转弯处的弯曲半径,不小于桥架内电缆最小允许弯曲半径,电缆最小允许弯曲半径见表12.2.1-1;

表12.2.1-1 电缆最小允许弯曲半径

序号	电缆种类	最小允许弯曲半径
1	无铅包钢铠护套的橡皮绝缘电力电缆	10D
2	有钢铠护套的橡皮绝缘电力电缆	20D

续表 12.2.1-1

序号	电缆种类	最小允许弯曲半径
3	聚氯乙烯绝缘电力电缆	10D
4	交联聚乙烯绝缘电力电缆	15D
5	多芯控制电缆	10D

注：D 为电缆外径。

3 当设计无要求时，电缆桥架水平安装的支架间距为1.5～3m；垂直安装的支架间距不大于2m；

4 桥架与支架间螺栓、桥架连接板螺栓固定紧固无遗漏，螺母位于桥架外侧；当铝合金桥架与钢支架固定时，有相互间绝缘的防电化腐蚀措施；

5 电缆桥架敷设在易燃易爆气体管道和热力管道的下方，当设计无要求时，与管道的最小净距，符合表12.2.1-2的规定；

表 12.2.1-2 与管道的最小净距(m)

管道类别		平行净距	交叉净距
一般工艺管道		0.4	0.3
易燃易爆气体管道		0.5	0.5
热力管道	有保温层	0.5	0.3
	无保温层	1.0	0.5

6 敷设在竖井内和穿越不同防火区的桥架，按设计要求位置，有防火隔堵措施；

7 支架与预埋件焊接固定时，焊缝饱满；膨胀螺栓固定时，选用螺栓适配，连接紧固，防松零件齐全。

12.2.2 桥架内电缆敷设应符合下列规定：

1 大于45°倾斜敷设的电缆每隔2m处固定点；

2 电缆出入电缆沟、竖井、建筑物、柜(盘)、台处以及管子管口处等做密封处理；

3 电缆敷设排列整齐，水平敷设的电缆，首尾两端、转弯两侧及每隔5～10m处设固定点；敷设于垂直桥架内的电缆固定点间距，不大于表12.2.2的规定；

表 12.2.2 电缆固定点的间距(mm)

电缆种类		固定点的间距
电力电缆	全塑型	1000
	除全塑型外的电缆	1500
控制电缆		1000

12.2.3 电缆的首端、末端和分支处应设标志牌。

13 电缆沟内和电缆竖井内电缆敷设

13.1 主控项目

13.1.1 金属电缆支架、电缆导管必须接地(PE)或接零(PEN)可靠。

13.1.2 电缆敷设严禁有绞拧、铠装压扁、护层断裂和表面严重划伤等缺陷。

13.2 一般项目

13.2.1 电缆支架安装应符合下列规定：

1 当设计无要求时，电缆支架最上层至竖井顶部或楼板的距离不小于150～200mm；电缆支架最下层至沟底或地面的距离不小于50～100mm；

2 当设计无要求时，电缆支架层间最小允许距离符合表13.2.1的规定；

表 13.2.1 电缆支架层间最小允许距离(mm)

电缆种类	支架层间最小距离
控制电缆	120
10kV及以下电力电缆	150～200

3 支架与预埋件焊接固定时，焊缝饱满；用膨胀螺栓固定时，选用螺栓适配，连接紧固，防松零件齐全。

13.2.2 电缆在支架上敷设，转弯处的最小允许弯曲半径应符合本规范表12.2.1-1的规定。

13.2.3 电缆敷设固定应符合下列规定：

1 垂直敷设或大于45°倾斜敷设的电缆在每个支架上固定；

2 交流单芯电缆或分相后的每相电缆固定用的夹具和支架，不形成闭合铁磁回路；

3 电缆排列整齐，少交叉；当设计无要求时，电缆支持点间距，不大于表13.2.3的规定；

表 13.2.3 电缆支持点间距(mm)

电缆种类		敷设方式	
		水平	垂直
电力电缆	全塑型	400	1000
	除全塑型外的电缆	800	1500
控制电缆		800	1000

4 当设计无要求时，电缆与管道的最小净距，符合本规范表12.2.1-2的规定，且敷设在易燃易爆气体管道和热力管道的下方；

5 敷设电缆的电缆沟和竖井，按设计要求位置，有防火隔堵措施。

13.2.4 电缆的首端、末端和分支处应设标志牌。

14 电线导管、电缆导管和线槽敷设

14.1 主控项目

14.1.1 金属的导管和线槽必须接地(PE)或接零(PEN)可靠,并符合下列规定:

1 镀锌的钢导管、可挠性导管和金属线槽不得熔焊跨接接地线,以专用接地卡跨接的两卡间连线为铜芯软导线,截面积不小于 $4mm^2$;

2 当非镀锌钢导管采用螺纹连接时,连接处的两端焊跨接接地线;当镀锌钢导管采用螺纹连接时,连接处的两端用专用接地卡固定跨接接地线;

3 金属线槽不作设备的接地导体,当设计无要求时,金属线槽全长不少于2处与接地(PE)或接零(PEN)干线连接;

4 非镀锌金属线槽间连接板的两端跨接铜芯接地线,镀锌线槽间连接板的两端不跨接接地线,但连接板两端不少于2个有防松螺帽或防松垫圈的连接固定螺栓。

14.1.2 金属导管严禁对口熔焊连接;镀锌和壁厚小于等于2mm的钢导管不得套管熔焊连接。

14.1.3 防爆导管不应采用倒扣连接;当连接有困难时,应采用防爆活接头,其接合面应严密。

14.1.4 当绝缘导管在砌体上剔槽埋设时,应采用强度等级不小于M10的水泥砂浆抹面保护,保护层厚度大于15mm。

14.2 一般项目

14.2.1 室外埋地敷设的电缆导管,埋深不应小于0.7m。壁厚小于等于2mm的钢电线导管不应埋设于室外土壤内。

14.2.2 室外导管的管口应设置在盒、箱内。在落地式配电箱内的管口,箱底无封板,管口应高出基础面50~80mm。所有管口在穿入电线、电缆后应做密封处理。由箱式变电所或落地式配电箱引向建筑物的导管,建筑物一侧的导管管口应设在建筑物内。

14.2.3 电缆导管的弯曲半径不应小于电缆最小允许弯曲半径,电缆最小允许弯曲半径应符合本规范表12.2.1-1的规定。

14.2.4 金属导管内外壁应防腐处理;埋设于混凝土内的导管内壁应防腐处理,外壁可不防腐处理。

14.2.5 室内进入落地式柜、台、箱、盘内的导管管口,应高出柜、台、箱、盘的基础面50~80mm。

14.2.6 暗配的导管,埋设深度与建筑物、构筑物表面的距离不应小于15mm;明配的导管应排列整齐,固定点间距均匀,安装牢固;在终端、弯头中点或柜、台、箱、盘等边缘的距离150~500mm范围内设有管卡,中间直线段管卡间的最大距离应符合表14.2.6的规定。

表14.2.6 管卡间最大距离

敷设方式	导管种类	导管直径(mm)				
		15~20	25~32	32~40	50~65	65以上
		管卡间最大距离(m)				
支架或沿墙明敷	壁厚>2mm刚性钢导管	1.5	2.0	2.5	2.5	3.5
	壁厚≤2mm刚性钢导管	1.0	1.5	2.0	—	—
	刚性绝缘导管	1.0	1.5	1.5	2.0	2.0

14.2.7 线槽应安装牢固,无扭曲变形,紧固件的螺母应在线槽外侧。

14.2.8 防爆导管敷设应符合下列规定:

1 导管间及与灯具、开关、线盒等的螺纹连接处紧密牢固,除设计有特殊要求外,连接处不跨接接地线,在螺纹上涂以电力复合酯或导电性防锈酯;

2 安装牢固顺直,镀锌层锈蚀或剥落处做防腐处理。

14.2.9 绝缘导管敷设应符合下列规定:

1 管口平整光滑;管与管、管与盒(箱)等器件采用插入法连接时,连接处结合面涂专用胶合剂,接口牢固密封;

2 直埋于地下或楼板内的刚性绝缘导管,在穿出地面或楼板易受机械损伤的一段,采取保护措施;

3 当设计无要求时,埋设在墙内或混凝土内的绝缘导管,采用中型以上的导管;

4 沿建筑物、构筑物表面和在支架上敷设的刚性绝缘导管,按设计要求装设温度补偿装置。

14.2.10 金属、非金属柔性导管敷设应符合下列规定:

1 刚性导管经柔性导管与电气设备、器具连接,柔性导管的长度在动力工程中不大于0.8m,在照明工程中不大于1.2m;

2 可挠金属或其他柔性导管与刚性导管或电气设备、器具间的连接采用专用接头;复合型可挠金属管或其他柔性导管的连接处密封良好,防液覆盖层完整无损;

3 可挠性金属导管和金属柔性导管不能做接地(PE)或接零(PEN)的接续导体。

14.2.11 导管和线槽,在建筑物变形缝处,应设补偿装置。

15 电线、电缆穿管和线槽敷线

15.1 主控项目

15.1.1 三相或单相的交流单芯电缆,不得单独穿于钢导管内。

15.1.2 不同回路、不同电压等级和交流与直流的电线,不应穿于同一导管内;同一交流回路的电线应穿于同一金属导管内,且管内电线不得有接头。

15.1.3 爆炸危险环境照明线路的电线和电缆额定电压不得低于750V,且电线必须穿于钢导管内。

15.2 一般项目

15.2.1 电线、电缆穿管前,应清除管内杂物和积水。管口应有保护措施,不进入接线盒(箱)的垂直管口穿入电线、电缆后,管口应密封。

15.2.2 当采用多相供电时,同一建筑物、构筑物的电线绝缘层颜色选择应一致,即保护地线(PE线)应是黄绿相间色,零线用淡蓝色;相线用:A相——黄色,B相——绿色,C相——红色。

15.2.3 线槽敷线应符合下列规定:

1 电线在线槽内有一定余量,不得有接头。电线按回路编号分段绑扎,绑扎点间距不应大于2m;

2 同一回路的相线和零线,敷设于同一金属线槽内;

3 同一电源的不同回路无抗干扰要求的线路可敷设于同一线槽内;敷设于同一线槽内有抗干扰要求的线路用隔板隔离,或采用屏蔽电线且屏蔽护套一端接地。

16 槽板配线

16.1 主控项目

16.1.1 槽板内电线无接头,电线连接设在器具处;槽板与各种器具连接时,电线应留有余量,器具底座应压住槽板端部。

16.1.2 槽板敷设应紧贴建筑物表面,且横平竖直、固定可靠,严禁用木楔固定;木槽板应经阻燃处理,塑料槽板表面应有阻燃标识。

16.2 一般项目

16.2.1 木槽板无劈裂,塑料槽板无扭曲变形。槽板底板固定点间距应小于500mm;槽板盖板固定点间距应小于300mm;底板距终端50mm和盖板距终端30mm处应固定。

16.2.2 槽板的底板接口与盖板接口应错开20mm,盖板在直线段和90°转角处应成45°斜口对接,T形分支处应成三角叉接,盖板应无翘角,接口应严密齐平。

16.2.3 槽板穿过梁、墙和楼板处应有保护套管,跨越建筑物变形缝处槽板应设补偿装置,且与槽板结合严密。

17 钢索配线

17.1 主控项目

17.1.1 应采用镀锌钢索,不应采用含油芯的钢索。钢索的钢丝直径应小于0.5mm,钢索不应有扭曲和断股等缺陷。

17.1.2 钢索的终端拉环埋件应牢固可靠,钢索与终端拉环套接处应采用心形环,固定钢索的线卡不应少于2个,钢索端头应用镀锌铁线绑扎紧密,且应接地(PE)或接零(PEN)可靠。

17.1.3 当钢索长度在50m及以下时,应在钢索一端装设花篮螺栓紧固;当钢索长度大于50m时,应在钢索两端装设花篮螺栓紧固。

17.2 一般项目

17.2.1 钢索中间吊架间距不应大于12m,吊架与钢索连接处的吊钩深度不应小于20mm,并应有防止钢索跳出的锁定零件。

17.2.2 电线和灯具在钢索上安装后,钢索应承受全部负载,且钢索表面应整洁、无锈蚀。

17.2.3 钢索配线的零件间和线间距离应符合表17.2.3的规定。

表17.2.3 钢索配线的零件间和线间距离(mm)

配线类别	支持件之间最大距离	支持件与灯头盒之间最大距离
钢 管	1500	200
刚性绝缘导管	1000	150
塑料护套线	200	100

18 电缆头制作、接线和线路绝缘测试

18.1 主控项目

18.1.1 高压电力电缆直流耐压试验必须按本规范第3.1.8条的规定交接试验合格。

18.1.2 低压电线和电缆,线间和线对地间的绝缘电阻值必须大于0.5MΩ。

18.1.3 铠装电力电缆头的接地线应采用铜绞线或镀锡铜编织线,截面积不应小于表18.1.3的规定。

表18.1.3 电缆芯线和接地线截面积(mm^2)

电缆芯线截面积	接地线截面积
120及以下	16
150及以上	25

注:电缆芯线截面积在$16mm^2$及以下,接地线截面积与电缆芯线截面积相等。

18.1.4 电线、电缆接线必须准确,并联运行电线或电缆的型号、规格、长度、相位应一致。

18.2 一般项目

18.2.1 芯线与电器设备的连接应符合下列规定:

1 截面积在$10mm^2$及以下的单股铜芯线和单股铝芯线直接与设备、器具的端子连接;

2 截面积在$2.5mm^2$及以下的多股铜芯线拧紧搪锡或接续端子后与设备、器具的端子连接;

3 截面积大于$2.5mm^2$的多股铜芯线,除设备自带插接式端子外,接续端子后与设备或器具的端子连接;多股铜芯线与插接式端子连接前,端部拧紧搪锡;

4 多股铝芯线接续端子后与设备、器具的端子连接;

5 每个设备和器具的端子接线不多于2根电线。

18.2.2 电线、电缆的芯线连接金具(连接管和端子),规格应与芯线的规格适配,且不得采用开口端子。

18.2.3 电线、电缆的回路标记应清晰,编号准确。

19 普通灯具安装

19.1 主控项目

19.1.1 灯具的固定应符合下列规定：

  1 灯具重量大于 3kg 时，固定在螺栓或预埋吊钩上；

  2 软线吊灯，灯具重量在 0.5kg 及以下时，采用软电线自身吊装；大于 0.5kg 的灯具采用吊链，且软电线编叉在吊链内，使电线不受力；

  3 灯具固定牢固可靠，不使用木楔。每个灯具固定用螺钉或螺栓不少于 2 个；当绝缘台直径在 75mm 及以下时，采用 1 个螺钉或螺栓固定。

19.1.2 花灯吊钩圆钢直径不应小于灯具挂销直径，且不应小于 6mm。大型花灯的固定及悬吊装置，应按灯具重量的 2 倍做过载试验。

19.1.3 当钢管做灯杆时，钢管内径不应小于 10mm，钢管厚度不应小于 1.5mm。

19.1.4 固定灯具带电部件的绝缘材料以及提供防触电保护的绝缘材料，应耐燃烧和防明火。

19.1.5 当设计无要求时，灯具的安装高度和使用电压等级应符合下列规定：

  1 一般敞开式灯具，灯头对地面距离不小于下列数值（采用安全电压时除外）：

   1）室外：2.5m（室外墙上安装）；
   2）厂房：2.5m；
   3）室内：2m；
   4）软吊线带升降器的灯具在吊线展开后：0.8m。

  2 危险性较大及特殊危险场所，当灯具距地面高度小于 2.4m 时，使用额定电压为 36V 及以下的照明灯具，或有专用保护措施。

19.1.6 当灯具距地面高度小于 2.4m 时，灯具的可接近裸露导体必须接地（PE）或接零（PEN）可靠，并应有专用接地螺栓，且有标识。

19.2 一般项目

19.2.1 引向每个灯具的导线线芯最小截面积应符合表 19.2.1 的规定。

表 19.2.1 导线线芯最小截面积（mm²）

灯具安装的场所及用途		线芯最小截面积		
		铜芯软线	铜线	铝线
灯头线	民用建筑室内	0.5	0.5	2.5
	工业建筑室内	0.5	1.0	2.5
	室外	1.0	1.0	2.5

19.2.2 灯具的外形、灯头及其接线应符合下列规定：

  1 灯具及其配件齐全，无机械损伤、变形、涂层剥落和灯罩破裂等缺陷；

  2 软吊灯的软线两端做保护扣，两端芯线搪锡；当装升降器时，套塑料软管，采用安全灯头；

  3 除敞开式灯具外，其他各类灯具灯泡容量在 100W 及以上者采用瓷质灯头；

  4 连接灯具的软线盘扣、搪锡压线，当采用螺口灯头时，相线接于螺口灯头中间的端子上；

  5 灯头的绝缘外壳不破损和漏电；带开关的灯头，开关手柄无裸露的金属部分。

19.2.3 变电所内，高低压配电设备及裸母线的正上方不应安装灯具。

19.2.4 装有白炽灯泡的吸顶灯具，灯泡不应紧贴灯罩；当灯泡与绝缘台间距离小于 5mm 时，灯具与绝缘台间应采取隔热措施。

19.2.5 安装在重要场所的大型灯具的玻璃罩，应采取防止玻璃罩碎裂后向下溅落的措施。

19.2.6 投光灯的底座及支架应固定牢固，枢轴应沿需要的光轴方向拧紧固定。

19.2.7 安装在室外的壁灯应有泄水孔，绝缘台与墙面之间应有防水措施。

20 专用灯具安装

20.1 主控项目

20.1.1 36V 及以下行灯变压器和行灯安装必须符合下列规定：

  1 行灯电压不大于 36V，在特殊潮湿场所或导电良好的地面上以及工作地点狭窄、行动不便的场所行灯电压不大于 12V；

  2 变压器外壳、铁芯和低压侧的任意一端或中性点，接地（PE）或接零（PEN）可靠；

  3 行灯变压器为双圈变压器，其电源侧和负荷侧有熔断器保护，熔丝额定电流分别不大于变压器一次、二次的额定电流；

  4 行灯灯体和手柄绝缘良好，坚固耐热耐潮湿；灯头与灯体结合紧密，灯头无开关，灯泡外部有金属保护网、反光罩及悬吊挂钩，挂钩固定在灯具的绝缘手柄上。

20.1.2 游泳池和类似场所灯具（水下灯及防水灯具）的等电位联结应可靠，且有明显标识，其电源的专用漏电保护装置应全部检测合格。自电源引入灯具的导管必须采用绝缘导管，严禁采用金属或有金属护层的导管。

20.1.3 手术台无影灯安装应符合下列规定：

  1 固定灯座的螺栓数量不少于灯具法兰底座上的固定孔数，且螺栓直径与底座孔径相适配；螺栓采用双螺母锁固；

  2 在混凝土结构上螺栓与主筋相焊接或将螺栓末端弯曲与主筋绑扎锚固；

  3 配电箱内装有专用的总开关及分路开关，电源分别接在两条专用的回路上，开关至灯具的电线采用额定电压不低于 750V

的铜芯多股绝缘电线。

20.1.4 应急照明灯具安装应符合下列规定：

1 应急照明的电源除正常电源外，另一路电源供电；或者是独立于正常电源的柴油发电机组供电；或由蓄电池柜供电或选用自带电源型应急灯具；

2 应急照明在正常电源断电后，电源转换时间为：疏散照明≤15s；备用照明≤15s（金融商店交易所≤1.5s）；安全照明≤0.5s；

3 疏散照明由安全出口标志灯和疏散标志灯组成。安全出口标志灯距地高度不低于2m，且安装在疏散出口和楼梯口里侧的上方；

4 疏散标志灯安装在安全出口的顶部，楼梯间、疏散走道及其转角处应安装在1m以下的墙面上。不易安装的部位可安装在上部。疏散通道上的标志灯间距不大于20m（人防工程不大于10m）；

5 疏散标志灯的设置，不影响正常通行，且不在其周围设置容易混同疏散标志灯的其他标志牌等；

6 应急照明灯具、运行中温度大于60℃的灯具，当靠近可燃物时，采取隔热、散热等防火措施。当采用白炽灯、卤钨灯等光源时，不直接安装在可燃装修材料或可燃物件上；

7 应急照明线路在每个防火分区有独立的应急照明回路，穿越不同防火分区的线路有防火隔堵措施；

8 疏散照明线路采用耐火电线、电缆，穿管明敷或在非燃烧体内穿刚性导管暗敷，暗敷保护层厚度不小于30mm。电线采用额定电压不低于750V的铜芯绝缘电线。

20.1.5 防爆灯具安装应符合下列规定：

1 灯具的防爆标志、外壳防护等级和温度组别与爆炸危险环境相适配。当设计无要求时，灯具种类和防爆结构的选型应符合表20.1.5的规定；

表20.1.5 灯具种类和防爆结构的选型

爆炸危险区域防爆结构 照明设备种类	Ⅰ 区		Ⅱ 区	
	隔爆型 d	增安型 e	隔爆型 d	增安型 e
固定式灯	○	×	○	○
移动式灯	△	—	△	—
携带式电池灯	○	—	○	—
镇流器	○	△	○	○

注：○为适用；△为慎用；×为不适用。

2 灯具配套齐全，不用非防爆零件替代灯具配件（金属护网、灯罩、接线盒等）；

3 灯具的安装位置离开释放源，且不在各种管道的泄压口及排放口上下方安装灯具；

4 灯具及开关安装牢固可靠，灯具吊管及开关与接线盒螺纹啮合扣数不少于5扣，螺纹加工光滑、完整、无锈蚀，并在螺纹上涂以电力复合脂或导电性防锈酯；

5 开关安装位置便于操作，安装高度1.3m。

20.2 一般项目

20.2.1 36V及以下行灯变压器和行灯安装应符合下列规定：

1 行灯变压器的固定支架牢固，油漆完整；
2 携带式局部照明灯电线采用橡套软线。

20.2.2 手术台无影灯安装应符合下列规定：

1 底座紧贴顶板，四周无缝隙；
2 表面保持整洁、无污染，灯具镀、涂层完整无划伤。

20.2.3 应急照明灯具安装应符合下列规定：

1 疏散照明采用荧光灯或白炽灯；安全照明采用卤钨灯，或采用瞬时可靠点燃的荧光灯；

2 安全出口标志灯和疏散标志灯装有玻璃或非燃材料的保护罩，面板亮度均匀度为1:10（最低:最高），保护罩应完整、无裂纹。

20.2.4 防爆灯具安装应符合下列规定：

1 灯具及开关的外壳完整，无损伤，无凹陷或沟槽，灯罩无裂纹，金属护网无扭曲变形，防爆标志清晰；

2 灯具及开关的紧固螺栓无松动、锈蚀，密封垫圈完好。

21 建筑物景观照明灯、航空障碍标志灯和庭院灯安装

21.1 主控项目

21.1.1 建筑物彩灯安装应符合下列规定：

1 建筑物顶部彩灯采用有防雨性能的专用灯具，灯罩要拧紧；

2 彩灯配线管路按明配管敷设，且有防雨功能。管路间、管路与灯头盒间螺纹连接，金属导管及彩灯的构架、钢索等可接近裸露导体接地（PE）或接零（PEN）可靠；

3 垂直彩灯悬挂挑臂采用不小于10#的槽钢。端部吊挂钢索用的吊钩螺栓直径不小于10mm，螺栓在槽钢上固定，两侧有螺帽，且加平垫和弹簧垫圈紧固；

4 悬挂钢丝绳直径不小于4.5mm，底把圆钢直径不小于16mm，地锚采用架空外线用拉线盘，埋设深度大于1.5m；

5 垂直彩灯采用防水吊线灯头，下端灯头距地面高于3m。

21.1.2 霓虹灯安装应符合下列规定：

1 霓虹灯管完好，无破裂；

2 灯管采用专用的绝缘支架固定，且牢固可靠。灯管固定后，与建筑物、构筑物表面的距离不小于20mm；

3 霓虹灯专用变压器采用双圈式，所供灯管长度不大于允许负载长度，露天安装的有防雨措施；

4 霓虹灯专用变压器的二次电线和灯管间的连接线采用额定电压不小于15kV的高压绝缘电线。二次电线与建筑物、构筑物表面的距离不小于20mm。

21.1.3 建筑物景观照明灯具安装应符合下列规定：

1 每套灯具的导电部分对地绝缘电阻值大于 2MΩ;

2 在人行道等人员来往密集场所安装的落地式灯具,无围栏防护,安装高度距地面 2.5m 以上;

3 金属构架和灯具的可接近裸露导体及金属软管的接地(PE)或接零(PEN)可靠,且有标识。

21.1.4 航空障碍标志灯安装应符合下列规定:

1 灯具装设在建筑物或构筑物的最高部位。当最高部位平面面积较大或为建筑群时,除在其最高端装设外,还在其外侧转角的顶端分别装设灯具;

2 当灯具在烟囱顶上装设时,安装在低于烟囱口 1.5~3m 的部位且呈正三角形水平排列;

3 灯具的选型根据安装高度决定;低光强的(距地面 60m 以下装设时采用)为红色光,其有效光强大于 1600cd。高光强的(距地面 150m 以上装设时采用)为白色光,有效光强随背景亮度而定;

4 灯具的电源按主体建筑中最高负荷等级要求供电;

5 灯具安装牢固可靠,且设置维修和更换光源的措施。

21.1.5 庭院灯安装应符合下列规定:

1 每套灯具的导电部分对地绝缘电阻值大于 2MΩ;

2 立柱式路灯、落地式路灯、特种园艺等灯具与基础固定可靠,地脚螺栓备帽齐全。灯具的接线盒或熔断器盒,盒盖的防水密封垫完整。

3 金属立柱及灯具可接近裸露导体接地(PE)或接零(PEN)可靠。接地线单设干线,干线沿庭院灯布置位置形成环网状,且不少于 2 处与接地装置引出线连接。由干线引出支线与金属灯柱及灯具的接地端子连接,且有标识。

21.2 一般项目

21.2.1 建筑物彩灯安装应符合下列规定:

1 建筑物顶部彩灯灯罩完整,无碎裂;

2 彩灯电线导管防腐完好,敷设平整、顺直。

21.2.2 霓虹灯安装应符合下列规定:

1 当霓虹灯变压器明装时,高度不小于 3m;低于 3m 采取防护措施。

2 霓虹灯变压器的安装位置方便检修,且隐蔽在不易被非检修人触及的场所,不装在吊平顶内;

3 当橱窗内装有霓虹灯时,橱窗门与霓虹灯变压器一次侧开关有联锁装置,确保开门不接通霓虹灯变压器的电源;

4 霓虹灯变压器二次侧的电线采用玻璃制品绝缘支持物固定,支持点距离不大于下列数值:

水平线段:0.5m;

垂直线段:0.75m。

21.2.3 建筑物景观照明灯具构架应固定可靠,地脚螺栓拧紧,备帽齐全;灯具的螺栓紧固、无遗漏。灯具外露的电线或电缆应有柔性金属导管保护。

21.2.4 航空障碍标志灯安装应符合下列规定:

1 同一建筑物或建筑群灯具间的水平、垂直距离不大于 45m;

2 灯具的自动通、断电源控制装置动作准确。

21.2.5 庭院灯安装应符合下列规定:

1 灯具的自动通、断电源控制装置动作准确,每套灯具熔断器盒内熔丝齐全,规格与灯具适配。

2 架空线路电杆上的路灯,固定可靠,紧固件齐全、拧紧,灯位正确;每套灯具配有熔断器保护。

22 开关、插座、风扇安装

22.1 主控项目

22.1.1 当交流、直流或不同电压等级的插座安装在同一场所时,应有明显的区别,且必须选择不同结构、不同规格和不能互换的插座;配套的插头应按交流、直流或不同电压等级区别使用。

22.1.2 插座接线应符合下列规定:

1 单相两孔插座,面对插座的右孔或上孔与相线连接,左孔或下孔与零线连接;单相三孔插座,面对插座的右孔与相线连接,左孔与零线连接;

2 单相三孔、三相四孔及三相五孔插座的接地(PE)或接零(PEN)线接在上孔。插座的接地端子不与零线端子连接。同一场所的三相插座,接线的相序一致。

3 接地(PE)或接零(PEN)线在插座间不串联连接。

22.1.3 特殊情况下插座安装应符合下列规定:

1 当接插有触电危险家用电器的电源时,采用能断开电源的带开关插座,开关断开相线;

2 潮湿场所采用密封型并带保护地线触头的保护型插座,安装高度不低于 1.5m。

22.1.4 照明开关安装应符合下列规定:

1 同一建筑物、构筑物的开关采用同一系列的产品,开关的通断位置一致,操作灵活、接触可靠;

2 相线经开关控制;民用住宅无软线引至床边的床头开关。

22.1.5 吊扇安装应符合下列规定:

1 吊扇挂钩安装牢固,吊扇挂钩的直径不小于吊扇挂销直径,且不小于 8mm,有防振橡胶垫;挂销的防松零件齐全、可靠;

2 吊扇扇叶距地高度不小于 2.5m;

3 吊扇组装不改变扇叶角度,扇叶固定螺栓防松零件齐全;

4 吊杆间、吊杆与电机间螺纹连接,啮合长度不小于 20mm,且防松零件齐全紧固;

5 吊扇接线正确,当运转时扇叶无明显颤动和异常声响。

22.1.6 壁扇安装应符合下列规定:

1 壁扇底座采用尼龙塞或膨胀螺栓固定;尼龙塞或膨胀螺栓的数量不少于 2 个,且直径不小于 8mm。固定牢固可靠;

2 壁扇防护扣紧,固定可靠,当运转时扇叶和防护罩无明显颤动和异常声响。

22.2 一般项目

22.2.1 插座安装应符合下列规定:

1 当不采用安全型插座时,托儿所、幼儿园及小学等儿童活动场所安装高度不小于 1.8m;

2 暗装的插座面板紧贴墙面,四周无缝隙,安装牢固,表面光滑整洁、无碎裂、划伤,装饰帽齐全;

3 车间及试(实)验室的插座安装高度距地面不小于 0.3m;特殊场所暗装的插座不小于 0.15m;同一室内插座安装高度一致;

4 地插座面板与地面齐平或紧贴地面,盖板固定牢固,密封良好。

22.2.2 照明开关安装应符合下列规定:

1 开关安装位置便于操作,开关边缘距门框边缘的距离 0.15~0.2m,开关距地面高度 1.3m;拉线开关距地面高度 2~3m,层高小于 3m 时,拉线开关距顶板不小于 100mm,拉线出口垂直向下;

2 相同型号并列安装及同一室内开关安装高度一致,且控制有序不错位。并列安装的拉线开关的相邻间距不小于 20mm;

3 暗装的开关面板应紧贴墙面,四周无缝隙,安装牢固,表面光滑整洁、无碎裂、划伤,装饰帽齐全。
22.2.3 吊扇安装应符合下列规定:
　　1 涂层完整,表面无划痕、无污染,吊杆上下扣碗安装牢固到位;
　　2 同一室内并列安装的吊扇开关高度一致,且控制有序不错位。
22.2.4 壁扇安装应符合下列规定:
　　1 壁扇下侧边缘距地面高度不小于1.8m;
　　2 涂层完整,表面无划痕、无污染,防护罩无变形。

23 建筑物照明通电试运行

23.1 主控项目

23.1.1 照明系统通电,灯具回路控制应与照明配电箱及回路的标识一致;开关与灯具控制顺序相对应,风扇的转向及调速开关应正常。
23.1.2 公用建筑照明系统通电连续试运行时间应为24h,民用住宅照明系统通电连续试运行时间应为8h。所有照明灯具均应开启,且每2h记录运行状态1次,连续试运行时间内无故障。

24 接地装置安装

24.1 主控项目

24.1.1 人工接地装置或利用建筑物基础钢筋的接地装置必须在地面以上按设计要求位置设测试点。
24.1.2 测试接地装置的接地电阻值必须符合设计要求。
24.1.3 防雷接地的人工接地装置的接地干线埋设,经人行通道处埋地深度不应小于1m,且应采取均压措施或在其上方铺设卵石或沥青地面。
24.1.4 接地模块顶面埋深不应小于0.6m,接地模块间距不应小于模块长度的3～5倍。接地模块埋设基坑,一般为模块外形尺寸的1.2～1.4倍,且在开挖深度内详细记录地层情况。
24.1.5 接地模块应垂直或水平就位,不应倾斜设置,保持与原土层接触良好。

24.2 一般项目

24.2.1 当设计无要求时,接地装置顶面埋设深度不应小于0.6m。圆钢、角钢及钢管接地极应垂直入地下,间距不应小于5m。接地装置的焊接应采用搭接焊,搭接长度应符合下列规定:
　　1 扁钢与扁钢搭接为扁钢宽度的2倍,不少于三面施焊;
　　2 圆钢与圆钢搭接为圆钢直径的6倍,双面施焊;
　　3 圆钢与扁钢搭接为圆钢直径的6倍,双面施焊;
　　4 扁钢与钢管,扁钢与角钢焊接,紧贴角钢外侧两面,或紧贴3/4钢管表面,上下两侧施焊;
　　5 除埋设在混凝土中的焊接接头外,有防腐措施。
24.2.2 当设计无要求时,接地装置的材料采用为钢材,热浸镀锌处理,最小允许规格、尺寸应符合表24.2.2的规定:

表24.2.2 最小允许规格、尺寸

种类、规格及单位	敷设位置及使用类别			
	地上		地下	
	室内	室外	交流电流回路	直流电流回路
圆钢直径(mm)	6	8	10	12
扁钢 截面(mm²)	60	100	100	100
扁钢 厚度(mm)	3	4	4	4
角钢厚度(mm)	2	2.5	4	6
钢管管壁厚度(mm)	2.5	2.5	3.5	4.5

24.2.3 接地模块应集中引线,用干线把接地模块并联焊接成一个环路,干线的材质与接地模块焊接点的材质应相同,钢制的采用热浸镀锌扁钢,引出线不少于2处。

25 避雷引下线和变配电室接地干线敷设

25.1 主控项目

25.1.1 暗敷在建筑物抹灰层内的引下线应有卡钉分段固定;明敷的引下线应平直、无急弯,与支架焊接处,油漆防腐,且无遗漏。

25.1.2 变压器室、高低压开关室内的接地干线应有不少于2处与接地装置引出干线连接。

25.1.3 当利用金属构件、金属管道做接地线时,应在构件或管道与接地干线间焊接金属跨接线。

25.2 一般项目

25.2.1 钢制接地线的焊接连接应符合本规范第24.2.1条的规定,材料采用及最小允许规格、尺寸应符合本规范第24.2.2条的规定。

25.2.2 明敷接地引下线及室内接地干线的支持件间距应均匀,水平直线部分0.5~1.5m;垂直直线部分1.5~3m;弯曲部分0.3~0.5m。

25.2.3 接地线在穿越墙壁、楼板和地坪处应加套钢管或其他坚固的保护套管,钢套管应与接地线做电气连通。

25.2.4 变配电室内明敷接地干线安装应符合下列规定:
1. 便于检查,敷设位置不妨碍设备的拆卸与检修;
2. 当沿建筑物墙壁水平敷设时,距地面高度250~300mm;与建筑物墙壁间的间隙10~15mm;
3. 当接地线跨越建筑物变形缝时,设补偿装置;
4. 接地线表面沿长度方向,每段为15~100mm,分别涂以黄色和绿色相间的条纹;
5. 变压器室、高压配电室的接地干线上应设置不少于2个供临时接地用的接线柱或接地螺栓。

25.2.5 当电缆穿过零序电流互感器时,电缆头的接地线应通过零序电流互感器后接地;由电缆头至穿过零序电流互感器的一段电缆金属护层和接地线应对地绝缘。

25.2.6 配电间隔和静止补偿装置的栅栏门及变配电室金属门铰链处的接地连接,应采用编织铜线。变配电室的避雷器应用最短的接地线与接地干线连接。

25.2.7 设计要求接地的幕墙金属框架和建筑物的金属门窗,应就近与接地干线连接可靠,连接处不同金属间应有防电化腐蚀措施。

26 接闪器安装

26.1 主控项目

26.1.1 建筑物顶部的避雷针、避雷带等必须与顶部外露的其他金属物体连成一个整体的电气通路,且与避雷引下线连接可靠。

26.2 一般项目

26.2.1 避雷针、避雷带应位置正确,焊接固定的焊缝饱满无遗漏,螺栓固定的应备帽等防松零件齐全,焊接部分补刷的防腐油漆完整。

26.2.2 避雷带应平正顺直,固定点支持件间距均匀、固定可靠,每个支持件应能承受大于49N(5kg)的垂直拉力。当设计无要求时,支持件间距符合本规范第25.2.2条的规定。

27 建筑物等电位联结

27.1 主控项目

27.1.1 建筑物等电位联结干线应从与接地装置有不少于2处直接连接的接地干线或总等电位箱引出,等电位联结干线或局部等电位箱间的连接线形成环形网路,环形网路就近与等电位联结干线或局部等电位箱连接。支线间不应串联连接。

27.1.2 等电位联结的线路最小允许截面应符合表27.1.2的规定:

表27.1.2 线路最小允许截面(mm²)

材料	截面	
	干线	支线
铜	16	6
钢	50	16

27.2 一般项目

27.2.1 等电位联结的可接近裸露导体或其他金属部件、构件与支线连接应可靠,熔焊、钎焊或机械紧固应导通正常。

27.2.2 需等电位联结的高级装修金属部件或零件,应有专用接线螺栓与等电位联结支线连接,且有标识;连接处螺帽紧固、防松零件齐全。

28 分部(子分部)工程验收

28.0.1 当建筑电气分部工程施工质量检验时,检验批的划分应符合下列规定:

1 室外电气安装工程中分项工程的检验批,依据庭院大小、投运时间先后、功能区块不同划分;

2 变配电室安装工程中分项工程的检验批,主变配电室为1个检验批;有数个分变配电室,且不属于子单位工程的子分部工程,各为1个检验批,其验收记录汇入所有变配电室有关分项工程的验收记录中;如各分变配电室属于各子单位工程的子分部工程,所属分项工程各为1个检验批,其验收记录应为一个分项工程验收记录,经子分部工程验收记录汇入分部工程验收记录中。

3 供电干线安装工程分项工程的检验批,依据供电区段和电气线缆竖井的编号划分;

4 电气动力和电气照明安装工程中分项工程及建筑物等电位联结分项工程的检验批,其划分的界区,应与建筑土建工程一致;

5 备用和不间断电源安装工程中分项工程各自成为1个检验批;

6 防雷及接地装置安装工程中分项工程检验批,人工接地装置和利用建筑物基础钢筋的接地体各为1个检验批,大型基础可按区块划分成几个检验批;避雷引下线安装6层以下的建筑为1个检验批,高层建筑依均压环设置间隔的层数为1个检验批;接闪器安装同一屋面为1个检验批。

28.0.2 当验收建筑电气工程时,应核查下列各项质量控制资料,且检查分项工程质量验收记录和分部(子分部)质量验收记录应正确,责任单位和责任人的签章齐全。

1 建筑电气工程施工图设计文件和图纸会审记录及洽商记录;
2 主要设备、器具、材料的合格证和进场验收记录;
3 隐蔽工程记录;
4 电气设备交接试验记录;
5 接地电阻、绝缘电阻测试记录;
6 空载试运行和负荷试运行记录;
7 建筑照明通电试运行记录;
8 工序交接合格与施工安装记录。

28.0.3 根据单位工程实际情况,检查建筑电气分部(子分部)工程所含分项工程的质量验收记录应无遗漏缺项。

28.0.4 当单位工程质量验收时,建筑电气分部(子分部)工程实物质量的抽检部位如下,且抽检结果应符合本规范规定。

1 大型公用建筑的变配电室、技术层的动力工程,供电干线的竖井,建筑顶部的防雷工程,重要的或大面积活动场所的照明工程,以及5%自然间的建筑电气动力、照明工程;

2 一般民用建筑的配电室和5%自然间的建筑电气照明工程,以及建筑顶部的防雷工程;

3 室外电气工程以变配电室为主,且抽检各灯具的5%。

28.0.5 核查各类技术资料应齐全,且符合工序要求,有可追溯性;各责任人应签章确认。

28.0.6 为方便检测验收,高低压配电装置的调整试验应提前通知监理和有关监督部门,实行旁站确认。变配电室通电后可抽测的项目主要是:各类电源自动切换或通断装置、馈电线路的绝缘电阻、接地(PE)或接零(PEN)导通状态、开关插座的接线正确性、漏电保护装置的动作电流和时间、接地装置的接地电阻和由照明设计确定的照度等。抽测的结果应符合本规范规定和设计要求。

28.0.7 检验方法应符合下列规定:

1 电气设备、电缆和继电保护系统的调整试验结果,查阅试验记录或试验时旁站;

2 空载试运行和负荷试运行结果,查阅试运行记录或试运行时旁站;

3 绝缘电阻、接地电阻和接地(PE)或接零(PEN)导通状态及插座接线正确性的测试结果,查阅测试记录或测试时旁站或用适配仪表进行抽测;

4 漏电保护装置动作数据值,查阅测试记录或用适配仪表进行抽测;

5 负荷试运行时大电流节点温升测量用红外线遥测温度仪抽测或查阅负荷试运行记录;

6 螺栓紧固程度用适配工具做拧动试验;有最终拧紧力矩要求的螺栓用扭力扳手抽测;

7 需吊芯、抽芯检查的变压器和大型电动机,吊芯、抽芯时旁站或查阅吊芯、抽芯记录;

8 需做动作试验的电气装置,高压部分不应带电试验,低压部分无负荷试验;

9 水平度用铁水平尺测量,垂直度用线锤吊线尺量,盘面平整度拉线尺量,各种距离的尺量用塞尺、游标卡尺、钢尺、塔尺或采用其他仪器仪表等测量;

10 外观质量情况目测检查;

11 设备规格型号、标志及接线,对照工程设计图纸及其变更文件检查。

附录 A 发电机交接试验

表 A 发电机交接试验

序号	内容部位	试验内容	试验结果
1	定子电路	测量定子绕组的绝缘电阻和吸收比	绝缘电阻值大于0.5MΩ,沥青浸胶及烘卷云母绝缘吸收比大于1.3,环氧粉云母绝缘吸收比大于1.6
2		在常盘下,绕组表面温度与空气温度差在±3℃范围内测量各相直流电阻	各相直流电阻值相互间差值不大最小值2%,与出厂值在同温度下比差值不大于2%
3		交流工频耐压试验1min	试验电压为1.5Un+750V,无闪络击穿现象,Un为发电机额定电压
4	静态试验 转子电路	用1000V兆欧表测量转子绝缘电阻	绝缘电阻值大于0.5MΩ
5		在常盘下,绕组表面温度与空气温度差在±3℃范围内测量各相直流电阻	数值与出厂值在同温度下比差值不大于2%
6		交流工频耐压试验1min	用2500V摇表测量绝缘电阻替代
7	励磁电路	退出励磁电路电子器件后,测量励磁电路的线路设备的绝缘电阻	绝缘电阻值大于0.5MΩ
8		退出励磁电路电子器件后,进行交流工频耐压试验1min	试验电压1000V,无击穿络现象
9	其他	有绝缘轴承的用1000V兆欧表测量轴承绝缘电阻	绝缘电阻值大于0.5MΩ
10		测量检温计(埋入式)绝缘电阻,校核检温计精度	用250V兆欧表检测不短路,精度符合出厂规定
11		测量灭磁电阻,自同步电阻的直流电阻值	与铭牌相比较,其差值为±10%
12	运转试验	发电机空载特性试验	按设备说明书对,符合要求
13		测量相序	相序与出线标识相符
14		测量空载和负荷后轴电压	按设备说明书对,符合要求

附录B 低压电器交接试验

表B 低压电器交接试验

序号	试验内容	试验标准或条件
1	绝缘电阻	用500V兆欧表摇测,绝缘电阻值大于等于≥1MΩ;潮湿场所,绝缘电阻大于等于≥0.5MΩ
2	低压电器动作情况	除产品另有规定外,电压、液压或气压在额定值的85%~110%范围内能可靠动作
3	脱扣器的整定值	整定值误差不得超过产品技术条件的规定
4	电阻器和变阻器的直流电阻差值	符合产品技术条件规定

附录D 母线搭接螺栓的拧紧力矩

表D 母线搭接螺栓的拧紧力矩

序号	螺栓规格	力矩值(N·m)
1	M8	8.8~10.8
2	M10	17.7~22.6
3	M12	31.4~39.2
4	M14	51.0~60.8
5	M16	78.5~98.1
6	M18	98.0~127.4
7	M20	156.9~196.2
8	M24	274.6~343.2

附录C 母线螺栓搭接尺寸

表C 母线螺栓搭接尺寸

搭接形式	类别	序号	连接尺寸(mm) b_1	b_2	a	钻孔要求 ϕ(mm)	个数	螺栓规格
(图示)	直线连接	1	125	125	b_1或b_2	21	4	M20
		2	100	100	b_1或b_2	17	4	M16
		3	80	80	b_1或b_2	13	4	M12
		4	63	63	b_1或b_2	11	4	M10
		5	50	50	b_1或b_2	9	4	M8
		6	45	45	b_1或b_2	9	4	M8
(图示)	直线连接	7	40	40	80	13	2	M12
		8	31.5	31.5	63	11	2	M10
		9	25	25	50	9	2	M8
(图示)	垂直连接	10	125	125	—	21	4	M20
		11	125	100~80	—	17	4	M16
		12	125	63	—	13	4	M12
		13	100	100~80	—	17	4	M16
		14	80	80~63	—	13	4	M12
		15	63	63~50	—	11	4	M10
		16	50	50	—	9	4	M8
		17	45	45	—	9	4	M8
(图示)	垂直连接	18	125	50~40	—	17	2	M16
		19	100	63~40	—	17	2	M16
		20	80	63~40	—	15	2	M14
		21	63	50~40	—	13	2	M12
		22	50	45~40	—	11	2	M10
		23	63	31.5~25	—	11	2	M10
		24	50	31.5~25	—	9	2	M8

续表C

搭接形式	类别	序号	连接尺寸(mm)			钻孔要求		螺栓规格
			b_1	b_2	a	ϕ(mm)	个数	
(图) 垂直连接	垂直连接	25	125	31.5～25	60	11	2	M10
		26	100	31.5～25	50	9	2	M8
		27	80	31.5～25	50	9	2	M8
(图) 垂直连接	垂直连接	28	40	40～31.5	—	13	1	M12
		29	40	25	—	11	1	M10
		30	31.5	31.5～25	—	11	1	M10
		31	25	22	—	9	1	M8

附录E 室内裸母线最小安全净距

表E 室内裸母线最小安全净距(mm)

符号	适用范围	图号	额定电压(kV)			
			0.4	1～3	6	10
A_1	1.带电部分至接地部分之间 2.网状和板状遮栏向上延伸线距地2.3m处与遮栏上方带电部分之间	图E.1	20	75	100	125
A_2	1.不同相的带电部分之间 2.断路器和隔离开关的断口两侧带电部分之间	图E.1	20	75	100	125
B_1	1.栅状遮栏至带电部分之间 2.交叉的不同时停电检修的无遮栏带电部分之间	图E.1 图E.2	800	825	850	875
B_2	网状遮栏至带电部分之间	图E.1	100	175	200	225
C	无遮栏裸导体至地(楼)面之间	图E.1	2300	2375	2400	2425
D	平行的不同时停电检修的无遮栏裸导体之间	图E.1	1875	1875	1900	1925
E	通向室外的出线套管至室外通道的路面	图E.2	3650	4000	4000	4000

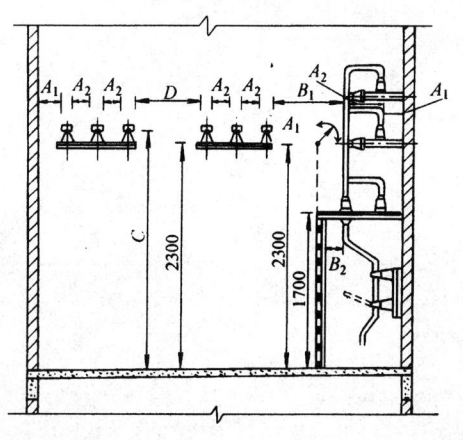

图E.1 室内 A_1、A_2、B_1、B_2、C、D 值校验

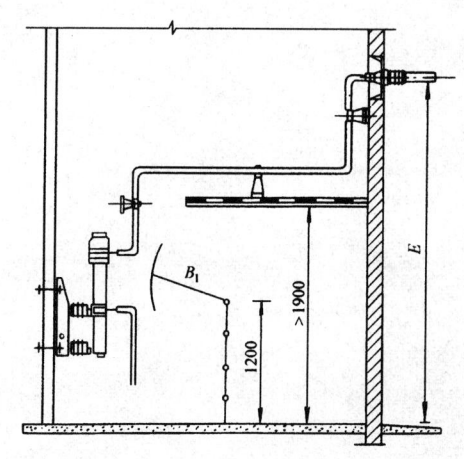

图E.2 室内 B_1、E 值校验

本规范用词说明

1 为便于在执行本规范条文时区别对待,对要求严格程度不同的用词说明如下:

1) 表示很严格,非这样做不可的用词:

正面词采用"必须";反面词采用"严禁";

2) 表示严格,在正常情况下均应这样做的用词:

正面词采用"应";反面词采用"不应"或"不得";

3) 表示允许稍有选择,在条件许可时首先应这样做的用词:

正面词采用"宜";反面词采用"不宜";

表示有选择,在一定条件下可以这样做的用词采用"可"。

2 本规范中指明应按其他有关标准、规范执行时,写法为"应符合……的要求或规定"或"应按……执行"。

中华人民共和国国家标准

建筑电气工程施工质量验收规范

GB 50303—2002

条 文 说 明

目　次

1　总则 …………………………… 9—21—27	14　电线导管、电缆导管和线槽
3　基本规定 ……………………… 9—21—27	敷设 ………………………… 9—21—37
3.1　一般规定 …………………… 9—21—27	14.1　主控项目 ………………… 9—21—37
3.2　主要设备、材料、成品和半成品	14.2　一般项目 ………………… 9—21—37
进场验收 …………………… 9—21—28	15　电线、电缆穿管和线槽敷线 … 9—21—38
3.3　工序交接确认 ……………… 9—21—29	15.1　主控项目 ………………… 9—21—38
4　架空线路及杆上电气设备	15.2　一般项目 ………………… 9—21—38
安装 …………………………… 9—21—31	16　槽板配线 …………………… 9—21—38
4.1　主控项目 …………………… 9—21—31	17　钢索配线 …………………… 9—21—38
4.2　一般项目 …………………… 9—21—32	17.1　主控项目 ………………… 9—21—38
5　变压器、箱式变电所安装 …… 9—21—32	17.2　一般项目 ………………… 9—21—38
5.1　主控项目 …………………… 9—21—32	18　电缆头制作、接线和线路绝缘
5.2　一般项目 …………………… 9—21—32	测试 ………………………… 9—21—39
6　成套配电柜、控制柜(屏、台)和动力、	18.1　主控项目 ………………… 9—21—39
照明配电箱（盘）安装 ……… 9—21—33	18.2　一般项目 ………………… 9—21—39
6.1　主控项目 …………………… 9—21—33	19　普通灯具安装 ……………… 9—21—39
6.2　一般项目 …………………… 9—21—33	19.1　主控项目 ………………… 9—21—39
7　低压电动机、电加热器及电动	19.2　一般项目 ………………… 9—21—39
执行机构检查接线 …………… 9—21—34	20　专用灯具安装 ……………… 9—21—40
7.1　主控项目 …………………… 9—21—34	20.1　主控项目 ………………… 9—21—40
7.2　一般项目 …………………… 9—21—34	20.2　一般项目 ………………… 9—21—40
8　柴油发电机组安装 …………… 9—21—34	21　建筑物景观照明灯、航空障碍
8.1　主控项目 …………………… 9—21—34	标志灯和庭院灯安装 ……… 9—21—40
8.2　一般项目 …………………… 9—21—35	21.1　主控项目 ………………… 9—21—40
9　不间断电源安装 ……………… 9—21—35	21.2　一般项目 ………………… 9—21—40
9.1　主控项目 …………………… 9—21—35	22　开关、插座、风扇安装 ……… 9—21—41
9.2　一般项目 …………………… 9—21—35	22.1　主控项目 ………………… 9—21—41
10　低压电气动力设备试验和试	22.2　一般项目 ………………… 9—21—41
运行 …………………………… 9—21—35	23　建筑物照明通电试运行 …… 9—21—41
10.1　主控项目 ………………… 9—21—35	23.1　主控项目 ………………… 9—21—41
10.2　一般项目 ………………… 9—21—35	24　接地装置安装 ……………… 9—21—41
11　裸母线、封闭母线、插接式	24.1　主控项目 ………………… 9—21—41
母线安装 ……………………… 9—21—36	24.2　一般项目 ………………… 9—21—41
11.1　主控项目 ………………… 9—21—36	25　避雷引下线和变配电室接地
11.2　一般项目 ………………… 9—21—36	干线敷设 …………………… 9—21—42
12　电缆桥架安装和桥架内电缆敷	25.1　主控项目 ………………… 9—21—42
设 ……………………………… 9—21—36	25.2　一般项目 ………………… 9—21—42
12.1　主控项目 ………………… 9—21—36	26　接闪器安装 ………………… 9—21—42
12.2　一般项目 ………………… 9—21—36	26.1　主控项目 ………………… 9—21—42
13　电缆沟内和电缆竖井内电缆	26.2　一般项目 ………………… 9—21—42
敷设 …………………………… 9—21—36	27　建筑物等电位联结 ………… 9—21—42
13.1　主控项目 ………………… 9—21—36	27.1　主控项目 ………………… 9—21—42
13.2　一般项目 ………………… 9—21—37	27.2　一般项目 ………………… 9—21—42

1 总　则

1.0.1 明确规范制定的目的，是为对建筑电气工程施工质量验收时，提供判断质量是否合格的标准，即符合规范合格，反之不合格；换言之，要求施工时，对照规范来执行，因而规范起到保证工程质量的作用。

1.0.2 说明适用范围、建筑电气工程的含义和适用的电压等级。

1.0.3 在电气分部工程质量验收时，判断技术及技术管理是否符合要求，是以本规范作依据。而验收的程序和组织；单位（子单位）工程、分部（子分部）工程、分项工程和检验批的划分，以及合格判定；发生工程质量不符合规定的处理；以及验收中使用的表格及填写方法等，均必须遵循统一标准的规定。

1.0.4 本条是认真执行具体落实《建设工程质量管理条例》规定的体现，也是符合标准化法的规定。即不管哪个层次的标准，其内容不得低于国家标准的规定。

1.0.5 本条规定有两层意思。第一，虽然制定规范时，已注意到相关法律、法规、技术标准和管理标准的有关规定，使之不违反且协调一致，但不可能全部反映出来，尤其是国家颁发的产品制造技术标准、技术条件中，对安装和使用要求部分，更是难能全部、完整反映。制定规范时，已考虑到这个情况，对新产品安装、新技术应用，其施工质量验收作了比较灵活的描述。

第二，随着我国经济发展和技术进步加快，新的生产力发展迅猛，入世后，经济、技术管理趋向国际化更为突现，与规范相关的法律、法规、技术标准和管理标准，必然会更迭或修正，即使本规范也在所难免，这层意思是说明要有动态观念，密切注意变化，才能及时顺利执行本规范。

3 基本规定

3.1 一般规定

3.1.1 《建筑工程施工质量验收统一标准》3.0.1对施工现场应有的质量管理体系、制度和遵循的施工技术标准及其检查内容（见《统一标准》附录A）作出了明确的规定。本条结合本专业特点，在符合《统一标准》3.0.1及附录A的规定前提下，作补充规定。

3.1.2 建筑电气工程施工，基本上在建筑结构施工完成以后，才能全面展开。钢结构构件就位前，按设计要求做好电气安装用支架、螺栓等的定位和连接，而构件就位，形成整体，处于受力状态，若不管构件大小、受力情况，盲目采用熔焊连接电气安装用的支架、螺栓等部件，会导致构件变形，使受拉构件失去预期承载能力，而存在隐患，显然是不允许的。气割开孔等热加工作业和熔焊一样会影响钢结构工程质量。

3.1.3 本条是对建筑电气工程高低压的定义。与已颁布施行的国家标准《低压成套开关设备和控制设备》"第一部分：型式试验和部分型式试验成套设备"GB 7251.1 idt IEC439-1中的规定是一致的。且与IEC-64的出版物364-1相吻合的。是与国际标准相同的。

3.1.4 这些仪表的指示或信号准确与否，关系到正确判断电气设备和其他建筑设备的运行状态，以及预期的功能和安全要求。

3.1.5 电气空载试运行，是指通电，不带负载；照明工程一般不做空载试运行，通电试灯即为负荷试运行。动力工程的空载试运行则有两层含义，一是电动机或其他电动执行机构等与建筑设备脱离，无机械上的连接单独通电运转，这时对电气线路、开关、保护系统等是有载的，不过负荷很小，而电动机或其他电动执行机构等是空载的；二是电动机或其他电动执行机构等与建筑设备相连接，通电运转，但建筑设备既不输入，也不输出，如泵不打水，空压机不输气等。这时建筑设备处于空载状态，如建筑设备有输入输出，则就成为负荷试运行，本规范指的负荷试运行就是建筑设备有输入输出情况下的试运行。

负荷试运行方案或作业指导书的审查批准和确认单位，可根据工程具体情况按单位的管理制度实施审查批准和确认，但必须有负责人签字。

3.1.6 漏电保护装置，也称残余（冗余）电流保护装置，是当用电设备发生电气故障形成电气设备可接近裸露导体带电时，为避免造成电击伤害人或动物而迅速切断电源的保护装置，故而在安装前或安装后要作模拟动作试验，以保证其灵敏度和可靠性。

3.1.7 电气设备或导管等可接近裸露导体的接地（PE）或接零（PEN）可靠是防止电击伤害的主要手段。关于干线与支线的区别如图1所示。

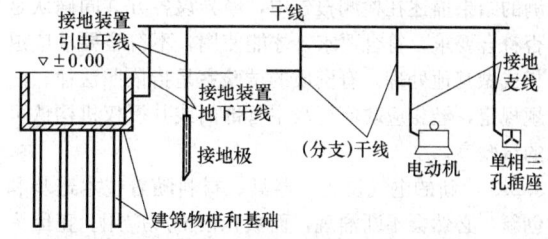

图1　干线与支线的区别

从上图可知，干线是在施工设计时，依据整个单位工程使用寿命和功能来布置选择的，它的连接通常具有不可拆卸性，如熔焊连接，只有在整个供电系统进行技术改造时，干线包括分支干线才有可能更动敷设位置和相互连接处的位置，所以说干线本身始终处于良好的电气导通状态。而支线是指由干线引向某个电气设备、器具（如电动机、单相三孔插座等）以及其他需接地或接零单独个体的接地线，通常用可拆卸的螺栓连接；这些设备、器具及其他需接地或接零的单独个体，在使用中往往由于维修、更换等种种原因需临时或永久的拆除，若他们的接地支线彼此间是相互串联连接，只要拆除中间一件，则与干线相连方向相反的另一侧所有电气设备、器具及其他需接地或接零的单独个体全部失去电击保护，这显然不允许，要严禁发生的，所以支线不能串联连接。

3.1.8 高压的电气设备和布线系统及继电保护系统，在建筑电气工程中，是电网电力供应的高压终端，在投入运行前必须做交接试验，试验标准统一按现行国家标准《电气装置安装工程电气设备交接试验标准》GB 50150 执行。

3.1.9 低压部分交接试验结合建筑电气工程特点在有的分项工程中作了补充规定。

3.1.10 建筑智能化工程能正常运转离不开建筑电气工程的配合，条文的规定以明确彼此间接口关系。

3.2 主要设备、材料、成品和半成品进场验收

本节各条款是基于如下情况编写的，一是制造商是按制造标准制造的，供货商（销售商）是依法经营的；二是进场验收的检查要点，是由于产品流通过程中，因保管、运输不当而造成的缺损，目的是及时采取补救措施；三是发生异议的条件，是近期因产品质量低劣而被曝光的有关制造商的产品；经了解在工程使用中因质量不好而发生质量安全事故的同一铭牌的产品；进场验收时发现与同类产品比较或与制造标准比较有明显差异的产品。

3.2.1 主要设备、材料、成品和半成品进场检验工作，是施工管理的停止点，其工作过程、检验结论要有书面证据，所以要有记录，检验工作应有施工单位和监理单位参加，施工单位为主，监理单位确认。

3.2.2 因有异议而送有资质的试验室进行检测，检测的结果描述在检测报告中，经异议各方共同确认是否符合要求，符合要求，才能使用，不符合要求应退货或做其他处理。有资质的试验室是指按照法律、法规规定，经相应政府行政主管部门或其授权机构认可的试验室。

3.2.3 新的电气设备、器具、材料随着技术进步和创新，必然会不断涌现，而被积极推广应用。正因为新，认知的人少，也必然有新的安装技术要求，使用维修保养有特定的规定。为使新设备、器具、材料顺利进入市场，作出此条规定。

3.2.4 中国入世后，进口的电气设备、器具、材料日趋增多，按国际惯例应进行商检，且提供中文的相关文件。

3.2.5 为推动产品质量的提高和稳定，制定本条文。

3.2.6 合格证表示制造商已做有关试验检测并符合标准，可以出厂进入市场，同时也表明制造商对产品质量的承诺和负有相关质量法律责任。出厂试验记录至关重要，交接试验的结果要与出厂试验记录相对比，用以判断在运输、保管、安装中是否失当，而导致变压器内部结构遭到损坏或变异。

通过对设备、器具和材料表面检查是否有缺损，从而判断到达施工现场前有否因运输、保管不当而遭到损坏，尤其是电瓷、充油、充气的部位要认真检查。

3.2.7 当前，建筑电气工程使用的设备、器具、材料有的是实行生产许可证的，有的是经安全认证的，有的是经合格认证的。实行生产许可证的是国家强制执行的，而经安全认证或合格认证的产品，是企业为了保证产品质量、提高社会信誉，自愿向认可的认证机构申请认证，经认证合格，制造商必然会在技术文件中加以说明，产品上会有认证标志。同理，许可证的编号也是会出现在技术文件或铭牌上。但是列入许可证目录的产品是动态的，且随着产品更新换代、制造标准修订变化也大，因而要广收资料、掌握信息、密切注意变化。

不间断电源柜或成套柜要提供出厂试验记录，目的是为了在交接试验时作对比用。

成套配电柜、屏、台、箱、盘在运输过程中，因受振使螺栓松动或导线连接脱落脱焊是经常发生的，所以进场验收时要注意检查，以利采取措施、使其正确复位。

3.2.8 柴油发电机组供货时，零部件多，要依据装箱单逐一清点。通常发电机是由柴油机厂向电机厂订货后，统一组装成发电机组，有电机制造厂的出厂试验记录，可在交接试验时作对比用。

3.2.10 气体放电灯具通常接线比普通灯具复杂，且附件多，有防高温要求，尤其新型气体放电灯具，功率也大，因而需要提供技术文件，以利正确安装。

按现行国家标准《爆炸性环境用防爆电气设备》GB 3836 的规定，防爆电气产品获得防爆合格证后方可生产。防爆电气设备的类型、级别、组别和外壳上的"Ex"标志，是其重要特征，验收时要依据设计图纸认真仔细核对。

对成套灯具的使用安全发生异议，以现场抽样检测为主，重点在于导电部分的绝缘电阻和使用的电线芯线大小是否符合要求。由于建筑电气工程中Ⅱ类灯具很少使用，所以未将Ⅱ类灯具的有关要求纳入。

对游泳池和类似场所灯具（水下灯和防水灯具）的质量有异议时，现场不具备抽样检测条件，要送至有资质的试验室抽样检测。

测量绝缘电阻时，兆欧表的电压等级，按现行国家标准《电气装置安装工程电气设备交接试验标准》

GB 50150规定执行,即：

(1) 100V以下的电气设备或线路,采用250V兆欧表；

(2) 100～500V的电气设备或线路,采用500V兆欧表；

(3) 500～3000V的电气设备或线路,采用1000V兆欧表；

(4) 3000～10000V的电气设备或线路,采用2500V兆欧表。

注：本检测方法对用电设备的电气部分绝缘检测同样适用,本说明对以后有关条款同样有效。

3.2.11 合格证查验和外观检查如前所述,不再作其他说明(以下各条同)。在《家用和类似用途电器的安全 第一部分：通用要求》GB 4706.1 eqv IEC335-1中第29章爬电距离、电器间隙和穿通绝缘距离的表21规定,工作电压大于250～400V不同极性带电部件之间为2～4mm,考虑到所述电器为有防止污染物沉积保护的,故取3mm；其绝缘电阻按Ⅱ类器具加以考虑,绝缘电阻值为5MΩ；关于螺钉螺母旋合的要求和试验,该标准第28章1款有规定。阻燃性能试验,现场不能满足规定条件时,应送有资质的试验室进行检测。

3.2.12 《额定电压450V/750V及以下聚氯乙烯绝缘电缆》第一部分：一般要求 GB 5023.1 idt IEC227-1中前言指出"本标准使用的产品均是我国电工产品认证委员会强制认证的产品",所以按此标准生产的产品均应有安全认证的标志。施行生产许可证的,应在合格证上或提供的文件上有合格证编号。

按现行国家标准《额定电压450/750V及以下聚氯乙烯绝缘软电缆》GB 5023.1～5023.7idt IEC227-1～7生产的电缆(电线),其适用范围是交流标称电压不超过450/750V的动力装置。与旧标准相比,对施工安装而言,要掌握的是：①U_0/U的定义基本不变,仅作了文字上的调整；②没有了300/500V这个电压等级；③铝芯绝缘电线的制造标准未列入国家标准；④型号规格的命名有了较大的变化。

通常在进场验收时,对电线、电缆的绝缘层厚度和电线的线芯直径比较关注,数据与国际标准的规定是一致的。

仅从电线、电缆的几何尺寸,不足以说明其导电性能、绝缘性能一定能满足要求。电线、电缆的绝缘性能、导电性能和阻燃性能,除与几何尺寸有关外,更重要的是与构成的化学成分有关,在进场验收时是无法判定的,要送有资质的试验室进行检测。

3.2.13 电气安装用导管也是建筑电气工程中使用的大宗材料,按国家推荐性标准《电气安装用导管的技术要求 通用要求》GB/T 13381.1和特殊要求等标准,进行现场验收；这些标准与IEC标准是基本一致的。

3.2.14 严重锈蚀是指型钢因防护不妥,表面产生鳞片状的氧化物；过度扭曲或弯折变形是指在施工现场用普通手工工具无法以人力矫正的变形。电焊条是弧焊条,如保管存放不妥,会引起受潮、所附焊药变质,通常判断的方法是焊条尾部裸露的钢材是否生锈,这种锈斑形成连续的条或块,表示焊条已经无法在工程上使用。

3.2.15 镀锌制品通常有两种供应方法,一种是进入现场是已镀好锌的成品或半成品,只要查验合格证即可；另一种是进货为未镀锌的钢材,经加工后,出场委托进行热浸镀锌后再进场,这样就既要查验钢材的合格证,又要查验镀锌厂出具的镀锌质量证明书。

电气工程使用的镀锌制品,在许多产品标准中均规定为热浸镀锌工艺所制成。热浸镀锌的工艺镀层厚,使制品的使用年限长,虽然外观质量比电镀锌工艺差一点,但电气工程中使用的镀锌横担、支架、接地极和避雷线等以使用寿命为主要考虑因素,况且室外和埋入地下较多,故规定要用热浸镀锌的制品。

3.2.16 由于不同材质的电缆桥架应用的环境不同,防腐蚀的性能也不同,所以对外观质量的要求也各有特点。

3.2.17 封闭母线、插接母线订货时,除指定导电部分的规格尺寸外,还要根据电气设备布置位置和建筑物层高、母线敷设位置等条件,提出母线外形尺寸的规格和要求,这些是制造商必须满足的,且应在其提供的安装技术文件上作出说明,包括编号或安装顺序号,安装注意事项等。

母线搭接面和插接式母线静触头表面的镀层质量及平整度是导电良好的关键,也是查验的重点。

3.2.20 庭院内的钢制灯柱路灯或其他金属制成的园艺灯具,每套灯具通常备有熔断器等保护装置,有的甚至还有独立的控制开关,这样配置的目的很明显,是为了不因一套灯具发生故障而使同一回路内的所有灯具中断工作,且又方便检修。钢制灯柱或其他金属制成的园艺灯具,其金属部分不宜埋入土中固定,连接部分的混凝土基础要略高于周边地面,以减缓腐蚀损坏。钢制灯柱与基础的连接,常用法兰与基础地脚螺栓相连,因而要规定螺孔的偏位尺寸。

3.2.21 在工程规模较大时,钢筋混凝土电杆和其他混凝土制品常是分批进场,所以要按批查验。

对混凝土电杆的检验要求,符合《电气装置安装工程 35kV及以下架空电力线路施工及验收规范》GB 50173的规定。

3.3 工序交接确认

3.3.1 架空线路的架设位置既要考虑地面道路照明、线路与两侧建筑物和树木的安全距离及接户线引接等因素,又要顾及杆坑和拉线坑下有无地下管线,且要留出必要的管线检修移位时因挖土防电杆倒伏的位置,这样才能满足功能要求,也是安全可靠的。因而施工时，线路方向及杆位、拉线坑位的定位是关键工作，如不依据设计图纸位置埋桩确认，后续工作是无法展开的。

杆坑、拉线坑的坑深、坑型关系到线路抗倒伏能力，所以必须按设计图纸或施工大样图的规定进行验收后，才能立杆或埋设拉线盘。

杆上高压电气设备和材料均要按本规范技术规定（即分项工程中的具体规定）进行试验后才能通电，即不经试验不准通电。至于在安装前试验还是安装后试验，可视具体情况而定。通常是在地面试验后再安装就位，但必须注意，安装时应不使电气设备和材料受到撞击和破损，尤其应注意防止电瓷部件的损坏。

架空线路的绝缘检查，主要以目视检查，检查的目的是查看线路上有无如树枝、风筝和其他杂物悬挂在上面。采用单相冲击试验后才能三相同时通电，这一操作要求是为了检查每相对地绝缘是否可靠，在单相合闸的涌流电压作用下是否会击穿绝缘，如首次通电贸然三相同时合闸，万一发生绝缘击穿，事故的后果要比单相合闸绝缘击穿大得多。

架空线路相位确定后，接户线接电时不致接错，不使单相220V入户的接线错接成380V入户，也可对有相序要求的保证相序正确，同时对三相负荷的分配均匀也有好处。

3.3.2 基础验收是土建工作和安装工作的中间工序交接，只有验收合格，才能开展安装工作。验收时应依据施工设计图纸核对形位尺寸，并对是否可以安装（指混凝土强度、基坑回填、集油坑卵石铺设等条件）作出判断。

除杆上变压器可以视具体情况在安装前或安装后做交接试验外，其他的均应在安装就位后做交接试验。

3.3.3 本条是土建和安装的工序交接，如相关建筑物不符合要求，安装后建筑物的修补或处理操作难度很大，也对安装好的柜、台会有不利的影响。

装在墙上的配电盘、箱，无论是暗装还是明装，其施工工序安排得好坏，直接影响墙面装修质量和建筑物的观感质量，因而要认真重视预埋、预留工作和与土建工作的工序合理搭接。

柜、屏、台、箱、盘内的元件规格、型号，在设备进场验收时，已依据其随带的技术文件进行核对，但在施工中经常发生因用电设备容量变化而修改设计，这时就要调换元器件。因此在电气交接试验前，依据施工设计图纸及变更文件，再进行一次认真仔细的核对工作很有必要，有利于试验的正确性和通电运行的安全性。

3.3.4 这是操作工序，要十分注意电气设备的动作方向符合建筑设备的工艺要求。如电动机正转打开阀门，反转关闭阀门；温度控制器接通，电加热器通电加温，反之断电停止加温。若与工艺要求不一致，轻则不能达到预期功能要求，重则损坏电气设备或其他建筑设备，也可能给智能化系统联动调校带来麻烦。

3.3.5 柴油发电机组的柴油机需空载试运行，经检查无油、水泄漏，且机械运转平稳、转速自动或手动控制符合要求，这时发电机已做过静态试验，才具备条件做下一步的发电机空载和负载试验。为了防止空载试运行时发生意外，燃油外漏，引发火灾事故，所以要按设计要求或消防规定配齐灭火器材，同时还应做好消防灭火预案。

柴油机空载试运行合格，做发电机空载试验，否则盲目带上发电机负荷，是不安全的。

一幢建筑物配有柴油发电机等备用电源，目的是当市电因故中断供电时，建筑物内的重要用电负荷仍能得到电能，可以持续运行，成为选择备用电源容量的依据。正因为备用电源的重要性和提供人们安全感的需要，所以其投入备用状态前要经可靠的负荷试运行。

3.3.6 不间断电源主要供给计算机和智能化系统，其输出的电压或电流的质量要求高，要满足需要，所以调试合格后，才能允许接至馈电网络，否则会导致整个智能化系统失灵损坏，甚至崩溃。

3.3.7 设备的可接近裸露导体即原规范中的非带电金属部分，新的提法比较合理，"可接近"的主体是指人或动物，这与IEC标准的提法与理解是一致的。接地（PE）或接零（PEN）由施工设计选定，只有做好该项工作后进行电气测试、试验，对人身和设备的安全才是有保障的。

规定先试验，合格后通电，是重要的、合理的工作顺序，目的是确保安全。

电气设备的转动或直线运动均为了给建筑设备提供符合需要的动力，动作方向是否正确是关键，不然建筑设备无法正常工作；不能逆向动作的设备，方向错了会造成损坏。控制回路的模拟动作试验，是指电气线路的主回路开关出线处断开，电动机等电气设备不受电动作；但是控制回路是通电的，可以模拟合闸、分闸，也可以将各个联锁接点（包括电信号和非电信号），进行人工模拟动作而控制主回路开关的动作。

3.3.8 封闭母线和插接式母线是依据建筑结构和母线布置位置的订货图分段制造，进场验收也依照订货图查验规格尺寸和外观质量。建筑物的实际尺寸和图纸标注尺寸间有一定的误差，所以要验证建筑物的实际尺寸，是否与预期尺寸基本一致，若有差异（指超过预期误差）可及时设法处理。

封闭母线和插接式母线外壳比管道包括有些风管在内强度要差一些，所以各专业安装的程序安排为各种管道先装、母线殿后。这是因为母线先装，会影响粉刷工程的操作，而使局部位置无法粉刷，后装则可以避免粉刷中对母线外壳的污染。

封闭母线和插接式母线是分段供货,现场组对连接,完成后要检查总体交流工频耐压水平和绝缘程度。为了能顺利通过最终检验,防患于未然,所以安装前要对各段母线进行绝缘检查,包括各相对的和相间的绝缘检查。

3.3.9 先装支架是合理的工序,如反过来进行施工,不仅会导致电缆桥架损坏,而且要用大量的临时支撑,也是极不经济的。

电缆敷设前要做预试绝缘检查,如合格则可进行敷设,否则最终试验不合格,拆下返工浪费太大。

无论高压低压建筑电气工程,施工的最后阶段,都应做交接试验,合格后才能交付通电,投入运行。这样可以鉴别工程的可靠性和在分、合闸过程中暂态冲击的耐受能力。所以电缆通电前也必须按本规范规定做交接试验。电缆的防火隔堵措施在施工设计中有明确的位置和具体要求,措施未实施,电缆不能通电,以防万一发生电气火灾,导致整幢建筑物受损。

3.3.10 电缆在沟内、竖井内支架上敷设,支架要经预制、防腐和安装,且还要焊接接地(PE)或接零(PEN)线,同时对有碍安装或安装后不便清理的建筑垃圾进行清除,具备这样的条件,才能敷设固定电缆,否则不能施工。

3.3.11 从现行国家推荐性标准《电气安装用导管的技术要求 通用要求》GB/T 1338.1 的规定来分析,金属导管的内外表面应有防腐蚀的防护层且根据防腐蚀的能力高低分6个等级。所以对金属导管的内外表面不需作防腐处理的理由是不充分的,问题是选用何种防腐等级或用何种方式防腐,应由施工设计根据导管的使用环境和预期使用寿命作出确定。

明确现浇混凝土楼板内钢筋绑扎与电气配管的关系,是电气安装与建筑工程土建施工合理搭接的工序,这样做,可以既保证钢筋工程质量,又保证电气配管质量。

3.3.12 电线、电缆的绝缘外保护层是不允许高温灼烤的,否则要影响其绝缘的可靠性和完整性,所以在穿管敷线前应将焊接施工尤其是熔焊施工全部结束。

3.3.14 电缆头制作是电缆安装的关键工序,尤其是芯线截面较大的电力电缆,电缆头的引线与开关设备连接时要注意引线的方向,留有足够的长度,不致使开关设备的连接处受额外引力或发生强行组对一样的强制力,以避免受到振动后使设备损坏。剖开电缆前,应先确认一下连接的开关设备是否是施工设计的位置。

3.3.15 安装灯具的预埋件和嵌入式灯具安装专用骨架通常由施工设计出图,要注意的是有的可能在土建施工图上,也有的可能在电气安装施工图上,这就要求做好协调分工,特别在图纸会审时给以明确。

3.3.17 照明工程的通电是带电后就有负荷,因而事先的检查要认真仔细,严格按本规范工序执行,同时照明工程在大型公用建筑中起着重要作用,面大量广是其主要特点,所以通电试灯要有序进行。插座等的通电测试也要一个回路一个回路地进行,以防止供电电压失误造成成批灯具烧毁或电气器具损坏。

3.3.18 图纸会审和做好土建施工、电气安装施工协调工作是正确完成这道工序的关键。

接地模块与干线焊接位置,要依据模块供货商提供的技术文件,在实施焊接时做一次核对,以检查有无特殊要求。

3.3.21 这是一个重要工序的排列,不准逆反,否则要酿大祸。若先装接闪器,而接地装置尚未施工,引下线也没有连接,会使建筑物遭受雷击的概率大增。

4 架空线路及杆上电气设备安装

4.1 主控项目

4.1.1 架空线路的杆型、拉线设置及两者的埋设深度,在施工设计时是依据所在地的气象条件、土壤特性、地形情况等因素加以考虑决定的。埋设深度是否足够,涉及线路的抗风能力和稳固性。太深会使材料浪费。允许偏差的数值与现行国家标准《电气装置安装工程 35kV及以下架空电力线路施工及验收规范》GB 50173 的规定相一致。

4.1.2 规范中要测量的弧垂值,是指档距内的最大弧垂值,因建筑电气工程中的架空线路处于地形平坦处居多,所以最大弧垂值的位置在档距的1/2处。施工时紧线器收紧程度越大,导线受到张力越大,弧垂值越小。施工设计时依据导线规格大小和架空线路的档距大小,经计算或查表给定弧垂值,但要注意弧垂值的大小与环境温度有关,通常设计给定是标准气温下的,施工中测量要经实际温度下换算修正。为了使导线摆动时不致相互碰线,所以要求导线间弧垂值偏差不大于 50mm。允许偏差的数值与现行国家标准《电气装置安装工程 35kV及以下架空电力线路施工及验收规范》GB 50173 的规定相一致。

4.1.3 变压器的中性点即变压器低压侧三相四线输出的中性点(N端子)。为了用电安全,建筑电气设计选用中性点(N)接地的系统,并规定与其相连的接地装置接地电阻最大值,施工后实测值不允许超过规定值。由接地装置引出的干线,以最近距离直接与变压器中性点(N端子)可靠连接,以确保低压供电系统可靠、安全地运行。

4.1.4 架空线路的绝缘子、高压隔离开关、跌落式熔断器等对地的绝缘电阻,是在安装前逐个(逐相)用2500V兆欧表摇测。高压的绝缘子、高压隔离开关、跌落式熔断器还要做交流工频耐压试验,试验数据和时间按现行国家标准《电气装置安装工程电气设备交接试验标准》GB 50150 执行。

4.1.5 低压部分的交接试验分为线路和装置两个单元,线路仅测量绝缘电阻,装置既要测量绝缘电阻又要做工频耐压试验。测量和试验的目的,是对出厂试验的复核,以使通电前对供电的安全性和可靠性作出判断。

4.2 一般项目

4.2.1 拉线是使线路稳固的主要部件之一,且受振动和易受人们不经意的扰动,所以其紧固金具是否齐全是关系到拉线能否正常受力,保持张紧状态,不使电杆因受力不平衡或受风力影响而发生歪斜倾覆的关键。拉线的位置要正确,目的是使电杆横向受力处于平衡状态,理论上说,拉线位置对了,正常情况下,电杆只受到垂直向下的压力。

4.2.2 本条是对电杆组立的形位要求,目的是在线路架设后,使电杆和线路的受力状态处于合理和允许的情况下,即线路受力正常,电杆受的弯距也是最小。

4.2.3 本条是约定俗成和合理布置相结合的规定。

4.2.5 本条是线路架设中或连接时必须注意的安全规定,有两层含义,即确保绝缘可靠和便于带电维修。

4.2.6 因考虑到打开跌落熔断器时,有电弧产生,防止在有风天气下打开发生飞弧现象而导致相间断路,所以必须大于规定的最小距离。

5 变压器、箱式变电所安装

5.1 主控项目

5.1.1 本条是对变压器安装的基本要求,位置正确是指中心线和标高符合设计要求。采用定尺寸的封闭母线做引出入线,则更应控制变压器的安装定位位置。油浸变压器有渗油现象说明密封不好,是不应存在的现象。

5.1.2 变压器的接地既有高压部分的保护接地,又有低压部分的工作接地;而低压供电系统在建筑电气工程中普遍采用 TN-S 或 TN-C-S 系统,即不同形式的保护接零系统。且两者共用同一个接地装置,在变配电室要求接地装置从地下引出的接地干线,以最近的路径直接引至变压器壳体和变压器的零母线 N(变压器的中性点)及低压供电系统的 PE 干线或 PEN 干线,中间尽量减少螺栓搭接处,决不允许经其他电气装置接地后,串联连接过来,以确保运行中人身和电气设备的安全。油浸变压器箱体、干式变压器的铁芯和金属件,以及有保护外壳的干式变压器金属箱体,均是电气装置中重要的经常为人接触的非带电可接近裸露导体,为了人身及动物和设备安全,其保护接地要十分可靠。

5.1.3 变压器安装好后,必须经交接试验合格、出具报告后,才具备通电条件。交接试验的内容和要求,即合格的判定条件是依据现行国家标准《电气装置安装工程电气设备交接试验标准》GB 50150。

5.1.4 箱式变电所在建筑电气工程中以住宅小区室外设置为主要形式,本体有较好的防雨雪和通风性能,但其底部不是全密闭的,故而要注意防积水入侵,其基础的高度及周围排水通道设置应在施工图上加以明确。因产品的固定形式有两种,所以分别加以描述。

5.1.5 目前国内箱式变电所主要有两种产品,前者为高压柜、低压柜、变压器三个独立的单元组合而成,后者为引进技术生产的高压开关设备和变压器设在一个油箱内的箱式变电所。根据产品的技术要求不同,试验的内容和具体的规定也不一样。

5.2 一般项目

5.2.1 为提高供电质量,建筑电气工程经常采用有载调压变压器,而且是以自动调节的为主,通电前除应做电气交接试验外,还应对有载调压开关裸露在(油)箱外的机械传动部分做检查,要在点动试验符合要求后,才能切换到自动位置。自动切换调节的有载调压变压器,由于控制调整的元件不同,调整试验时,还应注意产品技术文件的特殊规定。

5.2.2 变压器就位后,要在其上部配装进出入母线和其他有关部件,往往由于工作不慎,在施工中会给变压器外部的绝缘器件造成损伤,所以交接试验和通电前均应认真检查是否有损坏,且外表不应有尘垢,否则初通电时会有电气故障发生。变压器的测温仪表在安装前应对其准确度进行检定,尤其是带讯号发送的更应这样做。

5.2.3 装有滚轮的变压器定位在钢制的轨道(滑道)上,就位找正纵横中心线后,即应按施工图纸装好制动装置,不拆卸滑轮,便于变压器日后退出吊芯和维修。但也有明显的缺点,就是轻度的地震或受到意外的冲力时,变压器很容易发生位移,导致器身和上部外接线损坏而造成电气安全事故,所以安装好制动装置是攸关着变压器的安全运行。

5.2.4 器身不做检查的条件是与《电气装置安装工程电力变压器、油浸电抗器、互感器施工及验收规范》GBJ 148 的规定相一致的。从总体来看,变压器在施工现场不做器身检查是发展趋势,除施工现场条件不如制造厂条件好这一因素外,在产品结构设计和质量管理及货运管理水平日益提高的情况下,器身检查发现的问题日益减少,有些引进的变压器等设备在技术文件中明确不准进行器身检查,是由供货方作出担保的。

5.2.7 气体继电器是油浸变压器保护继电器之一,装在变压器箱体与油枕的连通管水平段中间。当变压器过载或局部故障时,使线圈有机绝缘或变压器油发生气化,升至箱体顶部,为有利气体流向气体继电器发出报警信号,并使气体经油枕泄放,因而要有规定的升高坡度,决不允许倒置。安装无气体继电器的小型油浸变压器,为了同样的理由,使各种原因产生的气体方便经油枕、呼吸器泄放,有升高坡度,是合理的。

6 成套配电柜、控制柜(屏、台)和动力、照明配电箱(盘)安装

6.1 主控项目

6.1.1 对高压柜而言是保护接地。对低压柜而言是接零,因低压供电系统布线或制式不同,有TN-C、TN-C-S、TN-S不同的系统,而将保护地线分别称为PE线和PEN线。显然,在正常情况下PE线内无电流流通,其电位与接地装置的电位相同;而PEN线内当三相供电不平衡时,有电流流通,各点的电位也不相同,靠近接地装置端最低,与接地干线引出端的电位相同。设计时对此已作了充分考虑,对接地电阻值、PE线和PEN线的大小规格、是否要重复接地、继电保护设置等做出选择安排,而施工时要保证各接地连接可靠,正常情况下不松动,且标识明显,使人身、设备在通电运行中确保安全。施工操作虽工艺简单,但施工质量是至关重要的。

6.1.2 依据现行国家标准《低压成套开关设备和控制设备 第一部分:型式试验和部分型式试验成套设备》GB 7251.1 idt IEC439-1 7.4电击防护规定,低压成套设备中的PE线要符合该标准7.4.3.1.7表4的要求,且指明PE线的导体材料和相线导体材料不同时,要将PE线导体截面积的确定,换算至与表4相同的导电要求,其理由是使载流容量足以承受流过的接地故障电流,使保护器件动作,在保护器件动作电流和时间范围内,不会损坏保护导体或破坏它的电连续性。诚然也不应在发生故障至保护器件动作这个时段内危及人身安全。本条规定的原则是适用于供电系统各级的PE线导体截面积的选择。

6.1.3 本条规定,产品制造是要确保达到的,也是安装后必须检查的项目。动、静触头中心线一致使通电可靠,接地触头的先入后出是保证安全的必要措施,家用电器的插头制造也是遵循保护接地先于电源接通,后于电源断开这一普遍性的安全原则。

6.1.4 高压配电柜内的电气设备,要经电气交接试验,并由试验室出具试验报告,判定符合要求后,才能通电试运行。

控制回路的校验、试验与控制回路中的元器件的规格型号有关,整组试验的有关参数通常由设计单位给定,并得到当地供电单位的确认,目的是既保证建筑电气工程本身的稳定可靠运行,又不影响整个供电电网的安全。由于技术进步和创新,高压配电柜内的主回路和二次回路的元器件必然会相继涌现新的产品,因而其试验要求还来不及纳入规范而已在较大范围内推广应用,所以要按新产品提供的技术要求进行试验。

6.1.7 试验的要求和规定与现行国家标准《电气装置安装工程电气设备交接试验标准》GB 50150的规定一致。

6.1.8 直流屏柜是指蓄电池的充电整流装置、直流电配电开关和蓄电池组合在一起的成套柜,即交流电源送入、直流电源分路送出的成套柜,其投入运行前应按产品技术文件要求做相关试验和操作,并对其主回路的绝缘电阻进行检测。

6.1.9 每个接线端子上的电线连接不超过2根,是为了连接紧密,不因通电后由于冷热交替等时间因素而过早在检修期内发生松动,同时也考虑到方便检修,不使因检修而扩大停电范围。同一垫圈下的螺丝两侧压的电线截面积和线径均应一致,实际上这是一个结构是否合理的问题,如不一致,螺丝既受拉力,又受弯距,使电线芯线必然一根压紧、另一根稍差,对导电不利。

漏电保护装置的设置和选型由设计确定。本条强调对漏电保护装置的检测,数据要符合要求,本规范所述是指对民用建筑电气工程而言,与《民用建筑电气工程设计规范》JGJ/T 16—92相一致。根据IEC出版物479(1974)提供的《电流通过人体的效应》一文来看,如电流为30mA、时间0.1s是属于②区,即通常为无病理生理危险效应,且离发生危险的③区和④区有着较大的安全空间(见图2)。

目前在建筑电气工程中,尤其是在照明工程中,TN-S系统,即三相五线制应用普遍,要求PE线和N线截然分开,所以在照明配电箱内要分设PE排和N排。这不仅施工时要严格区分,日后维修时也要注意不能因误接而失去应有的保护作用。

因照明配电箱额定容量有大小,小容量的出线回路少,仅2～3个回路,可以用数个接线柱(如绝缘的多孔瓷或胶木接头)分别组合成PE和N接线排,但决不允许两者混合连接。

6.2 一般项目

6.2.2 用螺栓连接固定,既方便拆卸更迭,又避免因焊接固定而造成柜箱壳体涂层防腐损坏、使用寿命缩短。

6.2.3 原有关标准规范中,除有垂直度、相互间接缝、成列盘面间的安装要求外,还有盘顶的高度差规定。由于盘、柜、屏、台的生产技术从国外引进较多,其标准也不同,尤其表现在盘、柜的高度方面,这样对柜顶标高的控制就失去了实际意义。如订货时并列安装的柜、盘来自同一家制造商,且明确外形尺

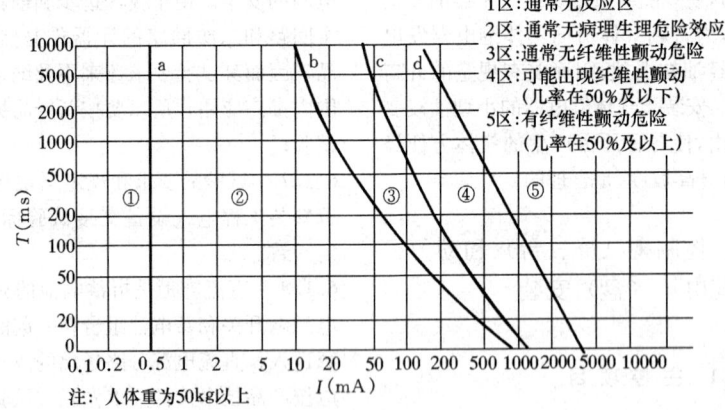

图2 交流电流（50/60Hz）对成年人的效应区域

寸，控制好基础型钢的安装尺寸，盘顶标高一般是自然会形成一致的。

6.2.4、6.2.5 在施工中检查和施工后检验及试动作的质量要求，这是常规，这样，才能确保通电运行正常，安全保护可靠，日后操作维护方便。

6.2.6 柜盘等的内部接线由制造商完成。本条规定是指柜盘间的二次回路连线的敷设，也适用于因设计变更需要施工现场对盘柜内二次回路连线的修改。为了不相互干扰，成束绑扎时要分开，标识清楚便于检修。

6.2.7 如制造商按订货图制造，设计不作变更，本条在施工中基本很少应用。用铜芯软导线作加强绝缘保护层、端部固定等，均是为了在运行中保护电线不致反复弯曲受力而折断线芯、破坏绝缘，同时也为了开启或闭合面板时，防止电线两端的元器件接线端子受到不应有的机械应力，而使通电中断。上述措施均是为了达到安全运行的目的。

6.2.8 标识齐全、正确是为方便使用和维修，防止误操作而发生人身触电事故。

7 低压电动机、电加热器及电动执行机构检查接线

7.1 主控项目

7.1.1 建筑电气的低压动力工程采用何种供电系统，由设计选定，但可接近的裸露导体（即原规范中的非带电金属部分）必须接地或接零，以确保使用安全。

7.1.2、7.1.3 建筑电气工程中电动机容量一般不大，其启动控制也不甚复杂，所以交接试验内容也不多，主要是绝缘电阻检测和大电机的直流电阻检测。

7.2 一般项目

7.2.2 关于电动机是否要抽芯是有争论的，有的认为施工现场条件没有制造厂车间内条件好，在现场拆卸检查没有好处，况且有的制造厂说明书明确规定不允许拆卸检查（如某些特殊电动机或进口的电动机）；另一种意见认为，电动机安装前应做抽芯检查，只要在施工现场找一个干净通风、湿度在允许范围内的场所即可，尤其是开启式电动机一定要抽芯检查。为此现行国家标准《电气装置安装工程旋转电机施工及验收规范》GB 50170 第 3.2.2 条对是否要抽芯的条件作出了规定，同时也明确了制造厂不允许抽芯的电动机要另行处理。可以理解为电动机有抽芯检查的必要，而制造厂又明确说明不允许抽芯，则应召集制造厂代表会同协商处理，以明确责任。

7.2.3 本条仅对抽芯检查的部位和要求作出了相应的规定。

7.2.4 本条是对操作过电压引起放电，避免发生事故作出的规定。与有关制造标准相协调一致。

8 柴油发电机组安装

8.1 主控项目

8.1.1 在建筑电气工程中，自备电源的柴油发电机，均选用 380V/220V 的低压发电机，发电机在制造厂均做出厂试验，合格后与柴油发动机组成套供货。安装后应按本规范规定做交接试验。

由于电气交接试验是在空载情况下对发电机性能的考核，而负载情况下的考核要和柴油机有关试验一并进行，包括柴油机的调速特性能否满足供电质量要求等。

8.1.2 由柴油发电机至配电室或经成套的控制柜至配电室的馈电线路，以绝缘电线或电力电缆来考虑，通电前应按本条规定进行试验；如馈电线路是封闭母线，则应按本规范对封闭母线的验收规定进行检查和试验。

8.1.3 核相是两个电源向同一供电系统供电的必经手续，虽然不出现并列运行，但相序一致才能确保用电设备的性能和安全。

8.2 一般项目

8.2.1 有的柴油发电机及其控制柜、配电柜在出厂时已做负载试验，并按产品制造要求对发电机本体保护的各类保护装置做出标定或锁定。考虑到成套供应的柴油发电机，经运输保管和施工安装，有可能随机各柜的紧固件发生松动移位，所以要认真检查，以确保安全运行。

8.2.3 与柴油发电机馈电有关的电气线路及其元器件的试验均合格后，才具有作为备用电源的可能性。而其可靠性检验是在建筑物尚未正式投入使用，按设计预案，使柴油发电机带上预定负荷，经12h连续运转，无机械和电气故障，方可认为这个备用电源是可靠的。

现行国家标准《工频柴油发电机组通用技术条件》GB 2820 第 7.14 "额定工况下的连续试运行试验"也明确指出："连续运行 12h 内应无漏油、漏水、漏气等不正常现象"。

9 不间断电源安装

9.1 主控项目

9.1.1 现行国家标准《不间断电源设备》GB 7260中明确，其功能单元由整流装置、逆变装置、静态开关和蓄电池组四个功能单元组成，由制造厂以柜式出厂供货，有的组合在一起，容量大的分柜供应，安装时基本与柜盘安装要求相同。但有其独特性，即供电质量和其他技术指标是由设计根据负荷性质对产品提出特殊要求，因而对规格型号的核对和内部线路的检查显得十分必要。

9.1.2 不间断电源的整流、逆变、静态开关各个功能单元都要单独试验合格，才能进行整个不间断电源试验。这种试验根据供货协议可以在工厂或安装现场进行，以安装现场试验为最佳选择，因为如无特殊说明，在制造厂试验一般使用的是电阻性负载。无论采用何种方式，都必须符合工程设计文件和产品技术条件的要求。

9.1.4 不间断电源输出端的中性线（N 极）通过接地装置引入干线做重复接地，有利于遏制中心点漂移，使三相电压均衡度提高。同时，当引向不间断电源供电侧的中性线意外断开时，可确保不间断电源输出端不会引起电压升高而损坏由其供电的重要用电设备，以保证整幢建筑物的安全使用。

9.2 一般项目

9.2.1 本条是对机架组装质量的规定。
9.2.2 为防止运行中的相互干扰，确保屏蔽可靠，故作此规定。

9.2.4 本条是对噪声的规定。既考核产品制造质量，又维护了环境质量，有利于保护有人值班的变配电室工作人员的身体健康。

10 低压电气动力设备试验和试运行

10.1 主控项目

10.1.1 建筑电气工程和其他电气工程一样，反映它的施工质量有两个方面，一是静态的检查检测是否符合本规范的有关规定；另一是动态的空载试运行及与其他建筑设备一起的负荷试运行，试运行符合要求，才能最终判定施工质量为合格。鉴于在整个施工过程中，大量的时间为安装阶段，即静态的验收阶段，而施工的最终阶段为试运行阶段，两个阶段相隔时间很长，用在同一个分项工程中来填表检验很不方便，故而单列这个分项，把动态检查验收分离出来，更具有可操作性。

电气动力设备试运行前，各项电气交接试验均应合格，而交接试验的核心是承受电压冲击的能力，也就是确保了电气装置的绝缘状态良好，各类开关和控制保护动作正确，使在试运行中检验电流承受能力和冲击有可靠的安全保护。

10.1.2 在试运行前，要对相关的现场单独安装的各类低压电器进行单体的试验和检测，符合本规范规定，才具有试运行的必备条件。与试运行有关的成套柜、屏、台、箱、盘已在试运行前试验合格。

10.2 一般项目

10.2.1 试运行时要检测有关仪表的指示，并做记录，对照电气设备的铭牌标示值有否超标，以判定试运行是否正常。

10.2.2 电动机的空载电流一般为额定电流的 30%（指异步电动机）以下，机身的温升经 2h 空载试运行不会太高，重点是考核机械装配质量，尤其要注意噪声是否太大或有异常撞击声响，此外要检查轴承的温度是否正常，如滚动轴承润滑脂填充量过多，会导致轴承温度过高，且试运行中温度上升急剧。

10.2.3 电动机启动瞬时电流要比额定电流大，有的达 6~8 倍，虽然空载（设备不投料）无负荷，但因被拖动的设备转动惯量大（如风机等），启动电流衰减的速度慢、时间长。为防止因启动频繁造成电动机线圈过热，而作此规定。调频调速启动的电动机要按产品技术文件的规定确定启动的间隔时间。

10.2.4 在负荷试运行时，随着设备负荷的增大，电气装置主回路的负荷电流也增大，直至达到设计预期的最大值，这时主回路导体的温度随着试运行时间延续而逐渐稳定在允许范围内的最高值，这是正常现象。只要设计选择无失误，主回路的导体本身是不会有问题的,而要出现故障的往往是其各个连接处,所以试运行时要对连接处的发热情况注意检查,防止因过热而发生故障。这也是对导体连接质量的最终检验。过去采用观察连接处导体的颜色变化或用变色漆指示;一般不能用测温仪表直接去测带电导体的温度,可使用红外线遥测温度仪进行测量,也是使用单位为日常维护需要通常配备的仪表。通过调研,反馈意见认为以630A为界较妥。

10.2.5 电动执行机构的动作方向,在手动或点动时已经确认与工艺装置要求一致,但在联动试运行时,仍需仔细检查,否则工艺的工况会出现不正常,有的会导致诱发安全事故。

11 裸母线、封闭母线、插接式母线安装

11.1 主控项目

11.1.1 母线是供电主干线,凡与其相关的可接近的裸露导体要接地或接零的理由主要是:发生漏电可导入接地装置,确保接触电压不危及人身安全,同时也给具有保护或讯号的控制回路正确发出讯号提供可能。为防止接地或接零支线线间的串联连接,所以规定不能作为接地或接零的中间导体。

11.1.2 建筑电气工程选用的母线均为矩形铜、铝硬母线,不选用软母线和管型母线。本规范仅对矩形母线的安装作了规定。所有规定均与现行国家标准《电气装置安装工程母线装置施工及验收规范》GBJ 149一致。其中第3款对"垫圈间应有大于3mm的间隙"是指钢垫圈而言。

11.1.3 由于封闭、插接式母线是定尺寸按施工图订货和供应,制造商提供的安装技术要求文件,指明连接程序、伸缩节设置和连接以及其他说明,所以安装时要注意符合产品技术文件要求。

11.1.4 安全净距指带电导体与非带电物体或不同相带电导体间的空间最近距离。保持这个距离可以防止各种原因引起的过电压而发生空气击穿现象,诱发短路事故等电气故障,规定的数值与现行国家标准《电气装置安装工程母线装置施工及验收规范》GBJ 149一致。

11.1.5 母线和其他供电线路一样,安装完毕后,要做电气交接试验。必须注意,6kV以上(含6kV)的母线试验时与穿墙套管要断开,因为有时两者的试验电压是不同的。

11.2 一般项目

11.2.2 本条是为防止电化腐蚀而作出的规定。因每种金属的化学活泼程度不同,相互接触表现正负极性也不相同。在潮湿场所会形成电池,而导致金属腐蚀,采用过渡层,可降低接触处的接触电压,而缓解腐蚀速度。而腐蚀速度往往取决于环境的潮湿与否及空气的洁净程度。

11.2.3 本条是为了鉴别相位而作的规定,以方便维护检修和扩建结线等。

11.2.4 本条是对矩形母线在支持绝缘子上固定的技术要求,是保证母线通电后,在负荷电流下不发生短路环涡流效应,使母线可自由伸缩,防止局部过热及产生热膨胀后应力增大而影响母线安全运行。

12 电缆桥架安装和桥架内电缆敷设

12.1 主控项目

12.1.1 建筑电气工程中的电缆桥架均为钢制产品,较少采用在工业工程中为了防腐蚀而使用的非金属桥架或铝合金桥架。所以其接地或接零至为重要,目的是为了保证供电干线电路的使用安全。有的施工设计在桥架内底部,全线敷设一支铜或镀锌扁钢制成的保护地线(PE),且与桥架每段有数个电气连通点,则桥架的接地或接零保护十分可靠,因而验收时可不做本条2、3款的检查。

12.1.2 要在每层电缆敷设完成后,进行检查;全部敷设完毕,经检查后,才能盖上桥架的盖板。

12.2 一般项目

12.2.1 直线敷设的电缆桥架,要考虑因环境温度变化而引起膨胀或收缩,所以要装补偿的伸缩节,以免产生过大的引力而破坏桥架本体。建筑物伸缩缝处的桥架补偿装置是为了防止建筑物沉降等发生位移时,切断桥架和电缆的措施,以保证供电安全可靠。电缆敷设要保持电缆弯曲半径不小于最小允许弯曲半径值,目的是防止破坏电缆的绝缘层和外护层,太小了要引起断裂而破坏导电功能,数据来自制造和检验标准。为了使电缆供电时散热良好和当气体管道发生故障时,最大限度地减少对桥架及电缆的影响,因而作出敷设位置和注意事项的规定,同时根据防火需要提出应做好防火隔堵措施等均是必要的防范规定。

12.2.2 所有对固定点的规定,是使电缆固定时受力合理,保证固定可靠,不因受到意外冲击时发生脱位而影响正常供电。出入口、管子口的封堵目的是:防火、防小动物入侵、防异物跌入的需要,均是为安全供电而设置的技术防范措施。

12.2.3 为运行中巡视和方便维护检修而作出的规定。

13 电缆沟内和电缆竖井内电缆敷设

13.1 主控项目

13.1.1 本条是根据电气装置的可接近的裸露导体

（旧称非带电金属部分）均应接地或接零这一原则提出的，目的是保护人身安全和供电安全，如整个建筑物要求等电位联结，更毋用置疑，要接地或接零。

13.1.2 在电缆沟内和竖井内的支架上敷设电缆，其外观检查，可以全部敷设完后进行，它不同于桥架内要分层检查，原因是查验时的可见情况好。

13.2 一般项目

13.2.1 电缆在沟内或竖井内敷设，要用支架支持或固定，因而支架的安装是关键，其相互间距离是否恰当，将影响通电后电缆的散热状况是否良好、对电缆的日常巡视和维护检修是否方便，以及在电缆弯曲处的弯曲半径是否合理。

13.2.3 本条是电缆敷设在支架上的基本要求，也是为了安全供电应该做出的规定。尤其在采用预制电缆头做分支连接时，要防止分支处电缆芯线单相固定时，采用的夹具和支架形成闭合铁磁回路。电缆在竖井内敷设完毕，先做电气交接试验，合格后再按设计要求做防火隔堵措施。防火隔堵是否符合要求，是施工验收时必检的项目。

13.2.4 为运行中巡视和方便维护检修而作出的规定。

14 电线导管、电缆导管和线槽敷设

14.1 主控项目

14.1.1 电气装置的可接近的裸露导体要接地和接零是用电安全的基本要求，以防产生电击现象。本条主要突出对镀锌与非镀锌的不同处理方法和要求。设计选用镀锌的材料，理由是抗锈蚀性好，使用寿命长，施工中不应破坏锌保护层，保护层不仅是外表面，还包括内壁表面，如果焊接接地线用熔焊法，则必然引起破坏内外表面的锌保护层，外表面尚可用刷油漆补救，而内表面则无法刷漆。这显然违背了施工设计采用镀锌材料的初衷，若施工设计既选用镀锌材料，说明中又允许熔焊处理，其推理上必然相悖。

14.1.2 镀锌管不能熔焊连接的理由如 14.1.1 所述，考虑到技术经济原因，钢导管不得采用熔焊对口连接，技术上熔焊会产生烧穿，内部结瘤，使穿线缆时损坏其绝缘层，埋入混凝土中会渗入浆水导致导管堵塞，这种现象是不容许发生的；若使用高素质焊工，采用气体保护焊方法，进行焊口破坏性抽检，在建筑电气配管来说没有这个必要，不仅施工工序烦琐，使施工效率低下，在经济上也是不合算的。现在已有不少薄壁钢导管的连接工艺标准问世，如螺纹连接、紧定连接、卡套连接等，技术上既可行，经济上又价廉，只要依据具体情况选用连接方法，薄壁钢导管的连接工艺问题是可以解决的。这条规定仅是不允许安全风险太大的熔焊连接工艺的应用。如果紧定连接、卡套连接等的工艺标准经鉴定，镀锌钢导管的连接处可不跨接接地线，且各种状况下的试验数据齐全，足以证明这种连接工艺的接地导通可靠持久，则连接处不跨接接地线的理由成立。

条文中的薄壁钢导管是指壁厚小于等于 2mm 的钢导管；壁厚大于 2mm 的称厚壁钢导管。

14.1.3 倒扣连接管螺纹长，接口不严密，尤其是正压防爆，充保护气体防爆，极易发生泄漏现象，破坏防爆性能，是不允许的。且市场上有与防爆等级相适配的各类导管安装用配件供应，是完全可能做到的。

14.2 一般项目

14.2.1 建筑电气工程的室外部分与主体建筑的电气工程往往是紧密相连的，如庭院布置的需要、对建筑景观照明的需要，且维修更新的周期短，人来车往接触频繁。因此设计中考虑的原则也不一样，不能与工厂或长途输电的电缆一样采用直埋敷设；敷设的位置也很难避免车辆和人流的干扰。为确保安全，均规定为穿导管敷设，且要有一定的埋设深度。电线导管直埋于土壤内，尤其是薄壁的很易腐蚀，使用寿命不长。

14.2.2 管口设在盒箱和建筑物内，是为防止雨水侵入；管口密封有两层含义，一是防止异物进入；二是最大限度地减少管内凝露，以减缓内壁锈蚀现象。

14.2.4 非镀锌钢导管的防腐，对外壁防腐的争论不大，内壁防腐尤其是管径小，较难处理，主要是工艺较麻烦，不是做不到。据《电气安装用导管的技术要求——通用要求》GB/T 1338.1 附录 A 和《电气安装用导管的特殊要求——金属导管》GB/T 14823.1 两个与 IEC 614 标准一致的国家推荐性标准介绍，钢导管要有防护能力，分为 5 个等级，并作出防护试验的细则规定。由此可以认为，非镀锌钢导管应做防护（防腐），不过什么场所选用何种等级，是施工设计要明确的，否则仅认为导管内外壁要做油漆处理。

14.2.5 管口高出基础面的目的是防止尘埃等异物进入管子，也避免清扫冲洗地面时，水流流入管内，以使管子的防腐和电线的绝缘处于良好状态；管口太高了也不合适，会影响电线或电缆的上引和柜箱盘内下部电气设备的接线。

14.2.6 暗配管要有一定的埋设深度，太深不利于与盒箱连接，有时剔槽太深会影响墙体等建筑物的质量；太浅同样不利于与盒箱连接，还会使建筑物表面有裂纹，在某些潮湿场所（如实验室等），钢导管的锈蚀会印显在墙面上，所以埋设深度恰当，既保护导管又不影响建筑物质量。

明配管要合理设置固定点，是为了穿线缆时不发生管子移位脱落现象，也是为了使电气线路有足够的机械强度，受到冲击（如轻度地震）仍安全可靠地保持使用功能。

14.2.7 线槽内的各种连接螺栓，均要由内向外穿，应尽量使螺栓的头部与线槽内壁平齐，以利敷线，不致敷线时损坏导线的绝缘护层。

14.2.8 在建筑电气工程中，需要按防爆标准施工的具有爆炸和火灾危险环境的场所，主要是锅炉房和自备柴油发电机机组的燃油或燃气供给运转室，以及燃料的小额储备室。其配管应按防爆要求执行。由于防爆线路明确用低压流体镀锌钢管做导管，管子间连接、管子与电气设备器具间连接一律采用螺纹连接，且要在丝扣上涂电力复合酯，使导管具有导电连续性，所以除设计要求外，可以不跨接接地线。同时有些防爆接线盒等器具是铝合金的，也不宜焊接，因而施工设计中通常有专用保护地线（PE线）与设备、器具及零部件用螺栓连接，使接地可靠连通。

14.2.9 刚性绝缘导管可以螺纹连接，更适宜用胶合剂胶接，胶接可方便与设备器具间的连接，效率高、质量好、便于施工。

14.2.10 在建筑电气工程中，不能将柔性导管用做线路的敷设，仅在刚性导管不能准确配入电气设备器具时，做过渡导管用，所以要限制其长度，且动力工程和照明工程有所不同，其规定的长度是结合工程实际，经向各地调研后取得共识而确定的。

15 电线、电缆穿管和线槽敷线

15.1 主控项目

15.1.1 本条是为了防止产生涡流效应必须遵守的规定。

15.1.2 本条是为防止相互干扰，避免发生故障时扩大影响面而作出的规定。同一交流回路要穿在同一金属管内的目的，也是为了防止产生涡流效应。回路是指同一个控制开关及保护装置引出的线路，包括相线和中性线或直流正、负2根电线，且线路自始端至用电设备器具之间或至下一级配电箱之间不再设置保护装置。

15.1.3 由于现行国家标准 GB 5023.1～5023.7idt IEC 227 的聚氯乙烯绝缘电缆的额定电压提高为450/750V，故而将电压提高为750V，其余规定与《电气装置安装工程爆炸和火灾危险环境电气装置施工及验收规范》GB 50257 相一致。

15.2 一般项目

15.2.2 电线外护层的颜色不同是为区别其功能不同而设定的，对识别和方便维护检修均有利。PE线的颜色是全世界统一的，其他电线的颜色还未一致起来。要求同一建筑物内其不同功能的电线绝缘层颜色有区别是提高服务质量的体现。

15.2.3 为方便识别和检修，对每个回路在线槽内进行分段绑扎；由于线槽内电线有相互交叉和平行紧挨现象，所以要注意有抗电磁干扰要求的线路采取屏蔽和隔离措施。

16 槽板配线

在建筑电气工程的照明工程中，随着人们物质生活水平的提高，大型公用建筑已基本不用槽板配线，在一般民用建筑或有些古建筑的修复工程中，以及个别地区仍有较多的使用。

槽板配线除应注意材料的防火外，更应注意敷设牢固和建筑物棱线的协调，使之具有装饰美观的效果。

17 钢索配线

17.1 主控项目

17.1.1 采用镀锌钢索是为抗锈蚀而延长使用寿命；规定钢索直径是为使钢索柔性好，且在使用中不因经常摆动而发生钢丝过早断裂；不采用含油芯的钢索可以避免积尘，便于清扫。

17.1.2 固定电气线路的钢索，其端部固定是否可靠是影响安全的关键，所以必须注意。钢索是电气装置的可接近的裸露导体，为防触电危险，故必须接地或接零。

17.1.3 钢索配线有一个弧垂问题，弧垂的大小应按设计要求调整，装设花篮螺栓的目的是便于调整弧垂值。弧垂值的大小在某些场所是个敏感的事，太小会使钢索超过允许受力值；太大钢索摆动幅度大，不利于在其上固定的线路和灯具等正常运行，还要考虑其自由振荡频率与同一场所的其他建筑设备的运转频率的关系，不要产生共振现象，所以要将弧垂值调整适当。

17.2 一般项目

17.2.1 钢索有中间吊架，可改善钢索受力状态。为防止钢索受振动而跳出破坏整条线路，所以在吊架上要有锁定装置，锁定装置是既可打开放入钢索，可闭合防止钢索跳出，锁定装置和吊架一样，与钢索间无强制性固定。

17.2.3 为确保钢索上线路可靠固定制定本规定。其数值与原《电气装置安装工程 1kV 及以下配线工程施工及验收规范》GB 50258—96 的规定一致。

18 电缆头制作、接线和线路绝缘测试

18.1 主控项目

18.1.1、18.1.2 馈电线路敷设完毕，电缆做好电缆头、电线做好连接端子后，与其他电气设备、器具一样，要做电气交接试验，合格后，方能通电运行。

18.1.3 接地线的截面积应按电缆线路故障时，接地电流的大小而选定。在建筑电气工程中由于容量比发电厂、大型变电所小，故障电流也较小，加上实际工程中也缺乏设计提供的资料，所以表中推荐值为经常选用值，在使用中尚未发现因故障而熔断现象。使用镀锡铜编织线，更有利于方便橡塑电缆头焊接地线，如用铜绞线也应先搪锡再焊接。

18.1.4 接线准确，是指定位准确，不要错接开关的位号或编号，也不要把相位接错，以避免送电时造成失误而引发重大安全事故。并联运行的线路设计通常采用同规格型号，使之处于最经济合理状态，而施工同样要使负荷电流平衡达到设计要求，所以要十分注意长度和连接方法。相位一致是并联运行的基本条件，也是必检项目，否则不可能并联运行。

18.2 一般项目

18.2.1 为保证导线与设备器具连接可靠，不致通电运行后发生过热效应，并诱发燃烧事故，作此规定。要说明一下，芯线的端子即端部的接头，俗称铜接头、铝接头，也有称接线鼻子的；设备、器具的端子指设备、器具的接线柱、接线螺丝或其他形式的接线处，即俗称的接线桩头；而标示线路符号套在电线端部做标记用的零件称端子头；有些设备内、外部接线的接口零件称端子板。

18.2.2 大规格金具、端子与小规格芯线连接，如焊接要多用焊料，不经济，如压接更不可取，压接不到位也压不紧，电阻大，运行时要过热而出故障；反之小规格金具、端子与大规格芯线连接，必然要截去部分芯线，同样不能保证连接质量，而在使用中易引发电气故障，所以必须两者适配。开口端子一般用于实验室或调试用的临时线路上，以便拆装，不应用在永久性连接的线路上，否则可靠性就无法保证。

18.2.3 本条是为日常巡视和方便维护检修需要而作的规定。

19 普通灯具安装

19.1 主控项目

19.1.1 由于灯具悬于人们日常生活工作的正上方，能否可靠固定，在受外力冲击情况下也不致坠落（如轻度地震等）而危害人身安全，是至关重要的。普通软线吊灯，已大部分由双股塑料软线替代纱包双芯花线，其抗张强度降低，以 227IEC06（RV）导线为例，其所用的塑料是 PVC/D，交货状态的抗张强度为 $10N/mm^2$，在 80℃ 空气中经一周老化后为 $10\pm20\%N/mm^2$，取下限为 $8N/mm^2$（约可承受质量为 0.8kg 不被拉断）。而软线吊灯的自重连塑料灯伞、灯头、灯泡在内重量不超过 0.5kg，为确保安全，将普通吊线灯的重量规定为 0.5kg，超过时要用吊链。其余的规定与原《电气装置安装工程电气照明装置施工及验收规范》GB 50258—96 规定一致。

19.1.2 固定灯具的吊钩与灯具一致，是等强度概念。若直径小于 6mm，吊钩易受意外拉力而变直、发生灯具坠落现象，故规定此下限。大型灯具的固定及悬吊装置由施工设计经计算后出图预埋安装，为检验其牢固程度是否符合图纸要求，故应做过载试验，同样是为了使用安全。

19.1.3 钢管吊杆与灯具和吊杆上端法兰均为螺纹连接，直径太小，壁厚太薄，均不利套丝，套丝后强度不能保证，受外力冲撞或风吹后易发生螺纹断裂现象，于安全使用不利。故作此规定。

19.1.4 灯具制造标准中已有此项规定，施工中在固定灯具或另外提供安装的防触电保护材料同样也要遵守此项规定。

19.1.5 在建筑电气照明工程中，灯具的安装位置和高度，以及根据不同场所采用的电压等级，通常由施工设计确定，施工时应严格按设计要求执行。本条仅作设计的补充。

19.1.6 据统计，人站立时平均伸臂范围最高处约可达 2.4m 高度，也即是可能碰到可接近的裸露导体的高限，故而当灯具安装高度距地面小于 2.4m 时，其可接近的裸露导体必须接地或接零，以确保人身安全。

19.2 一般项目

19.2.1 为保证电线能承受一定的机械应力和可靠地安全运行，根据不同使用场所和电线种类，规定了引向灯具的电线最小允许芯线截面积。由于制造电线的标准已采用 IEC 227 标准，因此仅对有关规范规定的非推荐性标称截面积作了修正，如 $0.4mm^2$ 改为 $0.5mm^2$；$0.8mm^2$ 改为 $1.0mm^2$。

19.2.3 为确保灯具维修时的人身安全，同时也不致因维修需要而使变配电设备正常供电中断，造成不必要的损失，故作此规定。

19.2.4 白炽灯泡发热量较大，离绝缘台过近，不管绝缘台是木质的还是塑料制成的，均会因过热而易烤焦或老化，导致燃烧，故应在灯泡与绝缘台间设置隔热阻燃制品，如石棉布等。

19.2.7 灯具制造标准《灯具一般安全要求与试验》GB 7000.1（相同于 IEC 598-1）"4.17 排水孔"中一段文字是这样描述的："防滴、防淋、防溅和防喷灯具应设计得如果灯具内积水能及时有效地排出，比如开一个或多个排水孔。"同样室外的壁灯应防淋、如有积水，应可以及时排放，如灯具本身不会积水，则无开排水孔的需要，也就是说水密型或伞型壁灯可以不开排水孔。制定这条规定是要引起注意检查，施工中查验排水孔是否畅通，没有的话，要加工钻孔。

20 专用灯具安装

20.1 主控项目

20.1.1 在建筑电气工程中，除在有些特殊场所，如电梯井道底坑、技术层的某些部位为检修安全而设置固定的低压照明电源外，大都是作工具用的移动便携式低压电源和灯具。

双圈的行灯变压器次级线圈只要有一点接地或接零即可箝制电压，在任何情况下不会超过安全电压，即使初级线圈因漏电而窜入次级线圈时也能得到有效保护。

20.1.2 采用何种安全防护措施，由施工设计确定，但施工时要依据已确定的防护措施按本规范规定执行。

20.1.3 手术台上无影灯重量较大，使用中根据需要经常调节移动，子母式的更是如此，所以其固定和防松是安装的关键。它的供电方式由设计选定，通常由双回路引向灯具，而其专用控制箱由多个电源供电，以确保供电绝对可靠，施工中要注意多电源的识别和连接，如有应急直流供电的话要区别标识。

20.1.4 应急疏散照明是当建筑物处于特殊情况下，如火灾、空袭、市电供电中断等，使建筑物的某些关键位置的照明器具仍能持续工作，并有效指导人群安全撤离，所以是至关重要的。本条所述各项规定虽然应在施工设计中按有关规范作出明确要求，但是均为实际施工中应认真执行的条款，有的还需施工终结时给予试验和检测，以确认是否达到预期的功能要求。

20.1.5 防爆灯具的安装主要是严格按图纸规定选用规格型号，且不混淆，更不能用非防爆产品替代。各泄放口上下方不得安装灯具，主要因为泄放时有气体冲击，会损坏防爆灯具，如管道放出的是爆炸性气体，更加危险。

20.2 一般项目

20.2.2 手术室应是无菌洁净场所，不能积尘，要便于清扫消毒，保持无影灯安装密闭、表面整洁，不仅是给病人一个宁静安谧的观感，更主要是卫生工作的需要。

20.2.3 应急照明是在特殊情况起关键作用的照明，有争分夺秒的含义，只要通电需瞬时发光，故其灯源不能用延时点燃的高汞灯泡等。疏散指示灯要明亮醒目，且在人群通过时偶尔碰撞也不应有所损坏。

21 建筑物景观照明灯、航空障碍标志灯和庭院灯安装

21.1 主控项目

21.1.1 彩灯安装在建筑物外部，通常与建筑物的轮廓线一致，以显示建筑造型的魅力。正由于在室外，密闭防水是施工的关键。垂直装设的彩灯采用直敷钢索配线，在室外要受风力的侵扰，悬挂装置的机械强度至关重要。所有可接近的裸露导体均应保护接地，是为防止人身触电事故的发生。

21.1.2 霓虹灯为高压气体放电装饰用灯具，通常安装在临街商店的正面，人行道的正上方，要特别注意安装牢固可靠，防止高电压泄漏和气体放电灯管破碎下落而伤人，同样也要防止风力破坏下落伤人。

21.1.3 随着城市美化，建筑物立面反射灯应用众多，有的由于位置关系，灯架安装在人员来往密集的场所或易被人接触的位置，因而要有严格的防灼伤和防触电的措施。

21.1.4 随高层建筑物和高耸构筑物的增多，航空障碍标志灯的安装也深为人们关心，虽然其位置选型由施工设计确定，但施工中应掌握的原则还是要纳入本规范，以防止误装、误用。由于其装在建筑物或构筑物外侧高处，对维护和更换光源不便也不安全，所以要有专门措施，而这种措施要由建筑设计来提供，如预留悬梯的挂件或可活动的专用平台等，这些在图纸会审时要加以注意。

21.1.5 庭院灯形式多种，结构上高矮不一，造型上花样众多，材料上有金属和非金属之分，但有着装在室外要防雨水入侵、人们日常易接触灯具表面、随着园艺更新而灯具更迭周期短等共同点，因而灯具绝缘、密闭防水、牢固稳妥、接地可靠是要严格注意的，尤其是灯具的接地支线不能串联连接，以防止个别灯具移位或更换使其他灯具失去接地保护作用，而发生人身安全事故。在大的公园内要注意重复接地极的必要性和每套灯具熔断器熔芯的适配性。

21.2 一般项目

21.2.2 霓虹灯变压器是升压变压器，输出电压高，要注意变压器本体安全保护，又不应危及人身安全。如商店橱窗内装有霓虹灯，当有人进入橱窗进行商品布置或维修灯具时，应将橱窗门打开直至人员退出橱

窗门才关闭,这样可避免高电压危及人的安全。

21.2.4 航空障碍标志灯安装位置高,检修不方便,要在安装前调试试灯,符合要求后就位,可最大限度地减少危险的高空作业。

21.2.5 为了节约用电,庭院灯和杆上路灯现通常有根据自然光的亮度而自动启闭,所以要进行调试,不像以前只要装好后,用人工开断试亮即可。由于庭院灯的作用除照亮人们使行动方便或点缀园艺外,实则还有夜间安全警卫的作用,所以每套灯具的熔丝要适配,否则某套灯具的故障会造成整个回路停电,较大面积没有照明,是对人们行动和安全不利的。

22 开关、插座、风扇安装

22.1 主控项目

22.1.1 同一场所装有交流和直流的电源插座,或不同电压等级的插座,是为不同需要的用电设备而设置的,用电时不能插错,否则会导致设备损坏或危及人身安全,这是常规知识,但必须在措施上作出保证。

22.1.2 为了统一接线位置,确保用电安全,尤其三相五线制在建筑电气工程中较普遍地得到推广应用,零线和保护地线不能混同,除在变压器中性点可互连外,其余各处均不能相互连通,在插座的接线位置要严格区分,否则有可能导致线路工作不正常和危及人身安全。

22.1.4 照明开关是人们每日接触最频繁的电气器具,为方便实用,要求通断位置一致,也可给维修人员提供安全操作保障,就是说,如位置紊乱、不切断相线,易给维修人员造成认知上的错觉,检修时较易产生触电现象。

22.1.5 本条规定的主旨是确保使用安全。吊扇为转动的电气器具,运转时有轻微的振动,为防安装器件松动而发生坠落,故其减振防松措施要齐全。

22.1.6 由于城乡住宅高度趋低,吊扇使用屡有事故发生。壁扇应用较多,固定可靠和转动部分防护措施完善及运转正常是鉴别壁扇制造和安装质量的要点。

22.2 一般项目

22.2.1 插座的安装高度应以方便使用为原则,但在某些易引起触电事故的场所,如小学等易发生用导电异物去触及插座导电部分,所以应加以限制。同一场所的插座高度一致是为了观感舒适的要求,但一致的程度如何,应由企业标准确定。

22.2.3 本条是为方便使用,注意观感作出的规定。

22.2.4 本条是为不影响人们的日常行动,避免由于不慎伤及人身作出的规定。其余为观感要求。

23 建筑物照明通电试运行

23.1 主控项目

23.1.1 照明工程包括照明配电箱、线路、开关、插座和灯具等。安装施工结束后,要做通电试验,以检验施工质量和设计的预期功能,符合要求方能认为合格。

23.1.2 大型公用建筑的照明工程负荷大、灯具众多,且本身要求可靠性严,所以要做连续负荷试验,以检查整个照明工程的发热稳定性和安全性。同时也可暴露一些灯具和光源的质量问题,以便于更换,若有照明照度自动控制系统,则试灯时可检测照度随着开启回路多少而变化的规律,给建筑智能化软件设计提供依据或检验其设计的符合性。民用建筑也要通电试运行以检查线路和灯具的可靠性和安全性,但由于容量与大型公用建筑相比要小,故而通电时间较短。

24 接地装置安装

24.1 主控项目

24.1.1 由于人工接地装置、利用建筑物基础钢筋的接地装置或两者联合的接地装置,均会随着时间的推移、地下水位的变化、土壤导电率的变化,其接地电阻值也会发生变化。故要对接地电阻值进行检测监视,则每幢有接地装置的建筑物要设置检测点,通常不少于2个。施工中不可遗漏。

24.1.2 由于建筑物性质不同,建筑物内的建筑设备种类不同,对接地装置的设置和接地电阻值的要求也不同,所以施工设计要给出接地电阻值数据,施工结束要检测。检测结果必须符合要求,若不符合应由原设计单位提出措施,进行完善后再经检测,直至符合要求为止。

24.1.3 在施工设计时,一般尽量避免防雷接地干线穿越人行通道,以防止雷击时跨步电压过高而危及人身安全。

24.1.4、24.1.5 接地模块是新型的人工接地体,埋设时除按本规范规定执行外,还要参阅供货商提供的有关技术说明。

24.2 一般项目

24.2.2 热浸镀锌锌层厚,抗腐蚀,有较长的使用寿命,材料使用的最小允许规格的规定与现行国家标准《电气装置安装工程接地装置施工及验收规范》GB 50169相一致。但不能作为施工中选择接地体的依据,选择的依据是施工设计,但施工设计也不应选择比最小允许规格还小的规格。

25　避雷引下线和变配电室接地干线敷设

25.1　主控项目

25.1.1　避雷引下线的敷设方式由施工设计选定，如埋入抹灰层内的引下线则应分段卡牢固定，且紧贴砌体表面，不能有过大的起伏，否则会影响抹灰施工，也不能保证应有的抹灰层厚度。避雷引下线允许焊接连接和专用支架固定，但焊接处要刷油漆防腐，如用专用卡具连接或固定，不破坏锌保护层则更好。

25.1.2　为保证供电系统接地可靠和故障电流的流散畅通，故作此规定。

25.2　一般项目

25.2.2　明敷接地引下线的间距均匀是观感的需要，规定间距的数值是考虑受力和可靠，使线路能顺直；要注意同一条线路的间距均匀一致，可以在给定的数值范围选取一个定值。

25.2.3　保护管的作用是避免引下线受到意外冲击而损坏或脱落。钢保护管要与引下线做电气连通，可使雷电泄放电流以最小阻抗向接地装置泄放，不连通的钢管则如一个短路环一样，套在引下线外部，互抗存在，泄放电流受阻，引下线电压升高，易产生反击现象。

25.2.5　本条是为使零序电流互感器正确反映电缆运行情况，并防止离散电流的影响而使零序保护错误发出讯号或动作而作出的规定。

26　接闪器安装

26.1　主控项目

26.1.1　形成等电位，可防静电危害。与现行国家标准《电气装置安装工程接地装置施工及验收规范》GB 50169 的规定相一致。

26.2　一般项目

26.2.2　本条是为使避雷带顺直、固定可靠，不因受外力作用而发生脱落现象而做出的规定。

27　建筑物等电位联结

27.1　主控项目

27.1.1　建筑物是否需要等电位联结、哪些部位或设施需等电位联结、等电位联结干线或等电位箱的布置均应由施工设计来确定。本规范仅对等电位联结施工中应遵守的事项作出规定。主旨是连接可靠合理，不因某个设施的检修而使等电位联结系统开断。

27.2　一般项目

27.2.2　在高级装修的卫生间内，各种金属部件外观华丽，应在内侧设置专用的等电位连接点与暗敷的等电位连接支线连通，这样就不会因乱接而影响观感质量。

中华人民共和国国家标准

电梯工程施工质量验收规范

Code for acceptance of installation quality of
lifts, escalators and passenger conveyors

GB 50310—2002

主编部门：中华人民共和国建设部
批准部门：中华人民共和国建设部
施行日期：２００２年６月１日

关于发布国家标准《电梯工程施工质量验收规范》的通知

建标〔2002〕80号

根据我部"关于印发《二〇〇〇至二〇〇一年度工程建设国家标准制定、修订计划》的通知"（建标〔2001〕87号）的要求，由建设部会同有关部门共同修订的《电梯工程施工质量验收规范》，经有关部门会审，批准为国家标准，编号为GB 50310—2002，自2002年6月1日起施行。其中，4.2.3、4.5.2、4.5.4、4.8.1、4.8.2、4.9.1、4.10.1、4.11.3、6.2.2为强制性条文，必须严格执行。原《电梯安装工程质量检验评定标准》GBJ 310—88、《电气装置安装工程 电梯电气装置施工及验收规范》GB 50182—93同时废止。

本规范由建设部负责管理和对强制性条文的解释。中国建筑科学研究院建筑机械化研究分院负责具体技术内容的解释。建设部标准定额研究所组织中国建筑工业出版社出版发行。

中华人民共和国建设部
二〇〇二年四月一日

前　言

根据我部"关于印发《二〇〇〇至二〇〇一年度工程建设国家标准制定、修订计划》的通知"（建标〔2001〕87号）的要求，由中国建筑科学研究院建筑机械化研究分院会同有关单位共同对《电梯安装工程质量检验评定标准》GBJ 310—88修订而成的。

本规范在编制过程中，编写组进行了广泛的调查研究，认真总结了我国电梯安装工程质量验收的实践经验，同时参考了EN 81—1：1998《电梯制造与安装安全规范》及EN 81—2：1998《液压电梯制造与安装安全规范》，并广泛征求了有关单位的意见，由建设部组织审查。

本规范以建设部提出的"验评分离、强化验收、完善手段、过程控制"为指导方针；以《建筑工程施工质量验收统一标准》为准则；把电梯安装工程规范的质量检验和质量评定、质量验收和施工工艺的内容分开，将可采纳的检验和验收内容修订成本规范相应条款；强化电梯安装工程质量验收要求，明确验收检验项目，尤其是把涉及到电梯安装工程的质量、安全及环境保护等方面的内容，作为主控项目要求；完善设备进场验收、土建交接检验、分项工程检验及整机检测项目，充分反映电梯安装工程质量验收的条件和内容，进一步提高各条款的科学性、可操作性，减少人为因素的干扰和观感评价的影响；施工过程中电梯安装单位内部应对分项工程逐一进行自检，上一道工序没有验收合格就不能进行下一道工序施工；在确保电梯安装工程质量的前提下，考虑电梯安装工艺及电梯产品的技术进步，以使本规范能更好地反映电梯安装工程的质量。

进入建筑工程现场的电梯产品应符合国家标准GB 7588、GB 10060、GB 16899的规定。

本规范将来可能需要进行局部修订，有关局部修订的信息和条文内容将刊登在《工程建设标准化》杂志上。

本规范以黑体字标志的条文为强制性条文，必须严格执行。

为了提高规范质量，请各单位在执行本规范过程中，注意总结经验，积累资料，随时将有关的意见和建议反馈给中国建筑科学研究院建筑机械化研究分院（河北省廊坊市金光道61号，邮政编码：065000，E-mail：fwcgb@heinfo.net），以供今后修订时参考。

主编单位：中国建筑科学研究院建筑机械化研究分院

参编单位：国家电梯质量监督检验中心
　　　　　中国迅达电梯有限公司
　　　　　天津奥的斯电梯有限公司
　　　　　上海三菱电梯有限公司
　　　　　广州日立电梯有限公司
　　　　　沈阳东芝电梯有限公司
　　　　　苏州江南电梯有限公司
　　　　　华升富士达电梯有限公司
　　　　　大连星玛电梯有限公司

主要起草人：陈凤旺　严　涛　江　琦　陈化平
　　　　　　陆棕桦　王兴琪　曾健智　陈秋丰
　　　　　　魏山虎　陈路阳　王启文

目　次

1 总则 …………………………… 9—22—4
2 术语 …………………………… 9—22—4
3 基本规定 ……………………… 9—22—4
4 电力驱动的曳引式或强制式电梯
　安装工程质量验收 …………… 9—22—4
　4.1 设备进场验收 …………… 9—22—4
　4.2 土建交接检验 …………… 9—22—4
　4.3 驱动主机 ………………… 9—22—5
　4.4 导轨 ……………………… 9—22—6
　4.5 门系统 …………………… 9—22—6
　4.6 轿厢 ……………………… 9—22—6
　4.7 对重（平衡重）…………… 9—22—6
　4.8 安全部件 ………………… 9—22—6
　4.9 悬挂装置、随行电缆、补偿
　　　装置 ……………………… 9—22—7
　4.10 电气装置 ………………… 9—22—7
　4.11 整机安装验收 …………… 9—22—7
5 液压电梯安装工程质量验收 … 9—22—8
　5.1 设备进场验收 …………… 9—22—8
　5.2 土建交接检验 …………… 9—22—8
　5.3 液压系统 ………………… 9—22—8
　5.4 导轨 ……………………… 9—22—9
　5.5 门系统 …………………… 9—22—9
　5.6 轿厢 ……………………… 9—22—9
　5.7 平衡重 …………………… 9—22—9
　5.8 安全部件 ………………… 9—22—9
　5.9 悬挂装置、随行电缆 …… 9—22—9
　5.10 电气装置 ………………… 9—22—9
　5.11 整机安装验收 …………… 9—22—9
6 自动扶梯、自动人行道安装工程
　质量验收 ……………………… 9—22—10
　6.1 设备进场验收 …………… 9—22—10
　6.2 土建交接检验 …………… 9—22—11
　6.3 整机安装验收 …………… 9—22—11
7 分部（子分部）工程质量
　验收 …………………………… 9—22—12
附录 A　土建交接检验记录表 … 9—22—12
附录 B　设备进场验收记录表 … 9—22—13
附录 C　分项工程质量验收记
　　　　录表 ………………… 9—22—13
附录 D　子分部工程质量验收记
　　　　录表 ………………… 9—22—14
附录 E　分部工程质量验收记
　　　　录表 ………………… 9—22—14
本规范用词说明 ………………… 9—22—15
附：条文说明 …………………… 9—22—16

1 总 则

1.0.1 为了加强建筑工程质量管理，统一电梯安装工程施工质量的验收，保证工程质量，制订本规范。

1.0.2 本规范适用于电力驱动的曳引式或强制式电梯、液压电梯、自动扶梯和自动人行道安装工程质量的验收；本规范不适用于杂物电梯安装工程质量的验收。

1.0.3 本规范应与国家标准《建筑工程施工质量验收统一标准》GB 50300—2001 配套使用。

1.0.4 本规范是对电梯安装工程质量的最低要求，所规定的项目都必须达到合格。

1.0.5 电梯安装工程质量验收除应执行本规范外，尚应符合现行有关国家标准的规定。

2 术 语

2.0.1 电梯安装工程 installation of lifts, escalators and passenger conveyors

电梯生产单位出厂后的产品，在施工现场装配成整机至交付使用的过程。

注：本规范中的"电梯"是指电力驱动的曳引式或强制式电梯、液压电梯、自动扶梯和自动人行道。

2.0.2 电梯安装工程质量验收 acceptance of installation quality of lifts, escalators and passenger conveyors

电梯安装的各项工程在履行质量检验的基础上，由监理单位（或建设单位）、土建施工单位、安装单位等几方共同对安装工程的质量控制资料、隐蔽工程和施工检查记录等档案材料进行审查，对安装工程进行普查和整机运行考核，并对主控项目全验和一般项目抽验，根据本规范以书面形式对电梯安装工程质量的检验结果作出确认。

2.0.3 土建交接检验 handing over inspection of machine rooms and wells

电梯安装前，应由监理单位（或建设单位）、土建施工单位、安装单位共同对电梯井道和机房（如果有）按本规范的要求进行检查，对电梯安装条件作出确认。

3 基本规定

3.0.1 安装单位施工现场的质量管理应符合下列规定：

1 具有完善的验收标准、安装工艺及施工操作规程。

2 具有健全的安装过程控制制度。

3.0.2 电梯安装工程施工质量控制应符合下列规定：

1 电梯安装前应按本规范进行土建交接检验，可按附录 A 表 A 记录。

2 电梯安装前应按本规范进行电梯设备进场验收，可按附录 B 表 B 记录。

3 电梯安装的各分项工程应按企业标准进行质量控制，每个分项工程应有自检记录。

3.0.3 电梯安装工程质量验收应符合下列规定：

1 参加安装工程施工和质量验收人员应具备相应的资格。

2 承担有关安全性能检测的单位，必须具有相应资质。仪器设备应满足精度要求，并应在检定有效期内。

3 分项工程质量验收均应在电梯安装单位自检合格的基础上进行。

4 分项工程质量应分别按主控项目和一般项目检查验收。

5 隐蔽工程应在电梯安装单位检查合格后，于隐蔽前通知有关单位检查验收，并形成验收文件。

4 电力驱动的曳引式或强制式电梯安装工程质量验收

4.1 设备进场验收

主控项目

4.1.1 随机文件必须包括下列资料：

1 土建布置图；

2 产品出厂合格证；

3 门锁装置、限速器、安全钳及缓冲器的型式试验证书复印件。

一般项目

4.1.2 随机文件还应包括下列资料：

1 装箱单；

2 安装、使用维护说明书；

3 动力电路和安全电路的电气原理图。

4.1.3 设备零部件应与装箱单内容相符。

4.1.4 设备外观不应存在明显的损坏。

4.2 土建交接检验

主控项目

4.2.1 机房（如果有）内部、井道土建（钢架）结构及布置必须符合电梯土建布置图的要求。

4.2.2 主电源开关必须符合下列规定：

1 主电源开关应能够切断电梯正常使用情况下最大电流；

2 对有机房电梯该开关应能从机房入口处方便地接近；

3 对无机房电梯该开关应设置在井道外工作人员方便接近的地方,且应具有必要的安全防护。

4.2.3 井道必须符合下列规定:

1 当底坑底面下有人员能到达的空间存在,且对重(或平衡重)上未设有安全钳装置时,对重缓冲器必须能安装在(或平衡重运行区域的下边必须)一直延伸到坚固地面上的实心桩墩上;

2 电梯安装之前,所有层门预留孔必须设有高度不小于 1.2m 的安全保护围封,并应保证有足够的强度;

3 当相邻两层门地坎间的距离大于 11m 时,其间必须设置井道安全门,井道安全门严禁向井道内开启,且必须装有安全门处于关闭时电梯才能运行的电气安全装置。当相邻轿厢间有相互救援用轿厢安全门时,可不执行本款。

一 般 项 目

4.2.4 机房(如果有)还应符合下列规定:

1 机房内应设有固定的电气照明,地板表面上的照度不应小于 200lx。机房内应设置一个或多个电源插座。在机房内靠近入口的适当高度处应设有一开关或类似装置控制机房照明电源。

2 机房内应通风,从建筑物其他部分抽出的陈腐空气,不得排入机房内。

3 应根据产品供应商的要求,提供设备进场所需要的通道和搬运空间。

4 电梯工作人员应能方便地进入机房或滑轮间,而不需要临时借助于其他辅助设施。

5 机房应采用经久耐用且不易产生灰尘的材料建造,机房内的地板应采用防滑材料。

注:此项可在电梯安装后验收。

6 在一个机房内,当有两个以上不同平面的工作平台,且相邻平台高度差大于 0.5m 时,应设置楼梯或台阶,并应设置高度不小于 0.9m 的安全防护栏杆。当机房地面有深度大于 0.5m 的凹坑或槽坑时,均应盖住。供人员活动空间和工作台面以上的净高度不应小于 1.8m。

7 供人员进出的检修活板门应有不小于 0.8m×0.8m 的净通道,开门到位后应能自行保持在开启位置。检修活板门关闭后应能支撑两个人的重量(每个人按在门的任意 0.2m×0.2m 面积上作用 1000N 的力计算),不得有永久性变形。

8 门或检修活板门应装有带钥匙的锁,它应从机房内不用钥匙打开。只供运送器材的活板门,可在机房内部锁住。

9 电源零线和接地线应分开。机房内接地装置的接地电阻值不应大于 4Ω。

10 机房应有良好的防渗、防漏水保护。

4.2.5 井道还应符合下列规定:

1 井道尺寸是指垂直于电梯设计运行方向的井道截面沿电梯设计运行方向投影所测定的井道最小净空尺寸,该尺寸应和土建布置图所要求的一致,允许偏差应符合下列规定:

1) 当电梯行程高度小于等于 30m 时为 0~+25mm;

2) 当电梯行程高度大于 30m 且小于等于 60m 时为 0~+35mm;

3) 当电梯行程高度大于 60m 且小于等于 90m 时为 0~+50mm;

4) 当电梯行程高度大于 90m 时,允许偏差应符合土建布置图要求。

2 全封闭或部分封闭的井道,井道的隔离保护、井道壁、底坑底面和顶板应具有安装电梯部件所需要的足够强度,应采用非燃烧材料建造,且应不易产生灰尘。

3 当底坑深度大于 2.5m 且建筑物布置允许时,应设置一个符合安全门要求的底坑进口;当没有进入底坑的其他通道时,应设置一个从层门进入底坑的永久性装置,且此装置不得凸入电梯运行空间。

4 井道应为电梯专用,井道内不得装设与电梯无关的设备、电缆等。井道可装设采暖设备,但不得采用蒸汽和水作为热源,采暖设备的控制与调节装置应装在井道外面。

5 井道内应设置永久性电气照明,井道内照度应不得小于 50lx,井道最高点和最低点 0.5m 以内应各装一盏灯,再设中间灯,并分别在机房和底坑设置一控制开关。

6 装有多台电梯的井道内各电梯的底坑之间应设置最低点离底坑地面不大于 0.3m,且至少延伸到最低层站楼面以上 2.5m 高度的隔障,在隔障宽度方向上隔障与井道壁之间的间隙不应大于 150mm。

当轿顶边缘和相邻电梯运动部件(轿厢、对重或平衡重)之间的水平距离小于 0.5m 时,隔障应延长贯穿整个井道的高度。隔障的宽度不得小于被保护的运动部件(或其部分)的宽度每边再各加 0.1m。

7 底坑内应有良好的防渗、防漏水保护,底坑内不得有积水。

8 每层楼面应有水平面基准标识。

4.3 驱 动 主 机

主 控 项 目

4.3.1 紧急操作装置动作必须正常。可拆卸的装置必须置于驱动主机附近易接近处,紧急救援操作说明必须贴于紧急操作时易见处。

一 般 项 目

4.3.2 当驱动主机承重梁需埋入承重墙时,埋入端长度应超过墙厚中心至少 20mm，且支承长度不应小于 75mm。

4.3.3 制动器动作应灵活，制动间隙调整应符合产品设计要求。

4.3.4 驱动主机、驱动主机底座与承重梁的安装应符合产品设计要求。

4.3.5 驱动主机减速箱（如果有）内油量应在油标所限定的范围内。

4.3.6 机房内钢丝绳与楼板孔洞边间隙应为 20～40mm，通向井道的孔洞四周应设置高度不小于 50mm 的台缘。

4.4 导 轨

主控项目

4.4.1 导轨安装位置必须符合土建布置图要求。

一般项目

4.4.2 两列导轨顶面间的距离偏差应为：轿厢导轨 0～+2mm；对重导轨 0～+3mm。

4.4.3 导轨支架在井道壁上的安装应固定可靠。预埋件应符合土建布置图要求。锚栓（如膨胀螺栓等）固定应在井道壁的混凝土构件上使用，其连接强度与承受振动的能力应满足电梯产品设计要求，混凝土构件的压缩强度应符合土建布置图要求。

4.4.4 每列导轨工作面（包括侧面与顶面）与安装基准线每 5m 的偏差均不应大于下列数值：
轿厢导轨和设有安全钳的对重（平衡重）导轨为 0.6mm；不设安全钳的对重（平衡重）导轨为 1.0mm。

4.4.5 轿厢导轨和设有安全钳的对重（平衡重）导轨工作面接头处不应有连续缝隙，导轨接头处台阶不应大于 0.05mm。如超过应修平，修平长度应大于 150mm。

4.4.6 不设安全钳的对重（平衡重）导轨接头处缝隙不应大于 1.0mm，导轨工作面接头处台阶不应大于 0.15mm。

4.5 门 系 统

主控项目

4.5.1 层门地坎至轿厢地坎之间的水平距离偏差为 0～+3mm，且最大距离严禁超过 35mm。

4.5.2 层门强迫关门装置必须动作正常。

4.5.3 动力操纵的水平滑动门在关门开始的 1/3 行程之后，阻止关门的力严禁超过 150N。

4.5.4 层门锁钩必须动作灵活，在证实锁紧的电气安全装置动作之前，锁紧元件的最小啮合长度为 7mm。

一般项目

4.5.5 门刀与层门地坎、门锁滚轮与轿厢地坎间隙不应小于 5mm。

4.5.6 层门地坎水平度不得大于 2/1000，地坎应高出装修地面 2～5mm。

4.5.7 层门指示灯盒、召唤盒和消防开关盒应安装正确，其面板与墙面贴实，横竖端正。

4.5.8 门扇与门扇、门扇与门套、门扇与门楣、门扇与门口处轿壁、门扇下端与地坎的间隙，乘客电梯不应大于 6mm，载货电梯不应大于 8mm。

4.6 轿 厢

主控项目

4.6.1 当距轿底面在 1.1m 以下使用玻璃轿壁时，必须在距轿底面 0.9～1.1m 的高度安装扶手，且扶手必须独立地固定，不得与玻璃有关。

一般项目

4.6.2 当轿厢有反绳轮时，反绳轮应设置防护装置和挡绳装置。

4.6.3 当轿顶外侧边缘至井道壁水平方向的自由距离大于 0.3m 时，轿顶应装设防护栏及警示性标识。

4.7 对重（平衡重）

一般项目

4.7.1 当对重（平衡重）架有反绳轮，反绳轮应设置防护装置和挡绳装置。

4.7.2 对重（平衡重）块应可靠固定。

4.8 安 全 部 件

主控项目

4.8.1 限速器动作速度整定封记必须完好，且无拆动痕迹。

4.8.2 当安全钳可调节时，整定封记应完好，且无拆动痕迹。

一般项目

4.8.3 限速器张紧装置与其限位开关相对位置安装应正确。

4.8.4 安全钳与导轨的间隙应符合产品设计要求。

4.8.5 轿厢在两端站平层位置时，轿厢、对重的缓冲器撞板与缓冲器顶面间的距离应符合土建布置图要求。轿厢、对重的缓冲器撞板中心与缓冲器中心的偏差不应大于 20mm。

4.8.6 液压缓冲器柱塞铅垂度不应大于 0.5%，充液量应正确。

4.9 悬挂装置、随行电缆、补偿装置

主控项目

4.9.1 绳头组合必须安全可靠，且每个绳头组合必须安装防螺母松动和脱落的装置。

4.9.2 钢丝绳严禁有死弯。

4.9.3 当轿厢悬挂在两根钢丝绳或链条上，且其中一根钢丝绳或链条发生异常相对伸长时，为此装设的电气安全开关应动作可靠。

4.9.4 随行电缆严禁有打结和波浪扭曲现象。

一般项目

4.9.5 每根钢丝绳张力与平均值偏差不应大于5%。

4.9.6 随行电缆的安装应符合下列规定：
 1 随行电缆端部应固定可靠；
 2 随行电缆在运行中应避免与井道内其他部件干涉。当轿厢完全压在缓冲器上时，随行电缆不得与底坑地面接触。

4.9.7 补偿绳、链、缆等补偿装置的端部应固定可靠。

4.9.8 对补偿绳的张紧轮，验证补偿绳张紧的电气安全开关应动作可靠。张紧轮应安装防护装置。

4.10 电气装置

主控项目

4.10.1 电气设备接地必须符合下列规定：
 1 所有电气设备及导管、线槽的外露可导电部分均必须可靠接地(PE)；
 2 接地支线应分别直接接至接地干线接线柱上，不得互相连接后再接地。

4.10.2 导体之间和导体对地之间的绝缘电阻必须大于1000Ω/V，且其值不得小于：
 1 动力电路和电气安全装置电路：0.5MΩ；
 2 其他电路（控制、照明、信号等）：0.25MΩ。

一般项目

4.10.3 主电源开关不应切断下列供电电路：
 1 轿厢照明和通风；
 2 机房和滑轮间照明；
 3 机房、轿顶和底坑的电源插座；
 4 井道照明；
 5 报警装置。

4.10.4 机房和井道内应按产品要求配线。软线和无护套电缆应在导管、线槽或能确保起到等效防护作用的装置中使用。护套电缆和橡套软电缆可明敷于井道或机房内使用，但不得明敷于地面。

4.10.5 导管、线槽的敷设应整齐牢固。线槽内导线总面积不应大于线槽净面积60%；导管内导线总面积不应大于导管净面积40%；软管固定间距不应大于1m，端头固定间距不应大于0.1m。

4.10.6 接地支线应采用黄绿相间的绝缘导线。

4.10.7 控制柜（屏）的安装位置应符合电梯土建布置图中的要求。

4.11 整机安装验收

主控项目

4.11.1 安全保护验收必须符合下列规定：
 1 必须检查以下安全装置或功能：
  1) 断相、错相保护装置或功能
  当控制柜三相电源中任何一相断开或任何二相错接时，断相、错相保护装置或功能应使电梯不发生危险故障。
  注：当错相不影响电梯正常运行时可没有错相保护装置或功能。
  2) 短路、过载保护装置
  动力电路、控制电路、安全电路必须有与负载匹配的短路保护装置；动力电路必须有过载保护装置。
  3) 限速器
  限速器上的轿厢（对重、平衡重）下行标志必须与轿厢（对重、平衡重）的实际下行方向相符。限速器铭牌上的额定速度、动作速度必须与被检电梯相符。限速器必须与其型式试验证书相符。
  4) 安全钳
  安全钳必须与其型式试验证书相符。
  5) 缓冲器
  缓冲器必须与其型式试验证书相符。
  6) 门锁装置
  门锁装置必须与其型式试验证书相符。
  7) 上、下极限开关
  上、下极限开关必须是安全触点，在端站位置进行动作试验时必须动作正常。在轿厢或对重（如果有）接触缓冲器之前必须动作，且缓冲器完全压缩时，保持动作状态。
  8) 轿顶、机房（如果有）、滑轮间（如果有）、底坑停止装置
  位于轿顶、机房（如果有）、滑轮间（如果有）、底坑的停止装置的动作必须正常。
 2 下列安全开关，必须动作可靠：
  1) 限速器绳张紧开关；
  2) 液压缓冲器复位开关；
  3) 有补偿张紧轮时，补偿绳张紧开关；

4) 当额定速度大于3.5m/s时，补偿绳轮防跳开关；

5) 轿厢安全窗（如果有）开关；

6) 安全门、底坑门、检修活板门（如果有）的开关；

7) 对可拆卸式紧急操作装置所需要的安全开关；

8) 悬挂钢丝绳（链条）为两根时，防松动安全开关。

4.11.2 限速器安全钳联动试验必须符合下列规定：

1 限速器与安全钳电气开关在联动试验中必须动作可靠，且应使驱动主机立即制动；

2 对瞬时式安全钳，轿厢应载有均匀分布的额定载重量；对渐进式安全钳，轿厢应载有均匀分布的125%额定载重量。当短接限速器及安全钳电气开关，轿厢以检修速度下行，人为使限速器机械动作时，安全钳应可靠动作，轿厢必须可靠制动，且轿底倾斜度不应大于5%。

4.11.3 层门与轿门的试验必须符合下列规定：

1 每层层门必须能够用三角钥匙正常开启；

2 当一个层门或轿门（在多扇门中任何一扇门）非正常打开时，电梯严禁启动或继续运行。

4.11.4 曳引式电梯的曳引能力试验必须符合下列规定：

1 轿厢在行程上部范围空载上行及行程下部范围载有125%额定载重量下行，分别停层3次以上，轿厢必须可靠地制停（空载上行工况应平层）。轿厢载有125%额定载重量以正常运行速度下行时，切断电动机与制动器供电，电梯必须可靠制动。

2 当对重完全压在缓冲器上，且驱动主机按轿厢上行方向连续运转时，空载轿厢严禁向上提升。

一 般 项 目

4.11.5 曳引式电梯的平衡系数应为0.4～0.5。

4.11.6 电梯安装后应进行运行试验；轿厢分别在空载、额定载荷工况下，按产品设计规定的每小时启动次数和负载持续率各运行1000次（每天不少于8h），电梯应运行平稳、制动可靠、连续运行无故障。

4.11.7 噪声检验应符合下列规定：

1 机房噪声：对额定速度小于等于4m/s的电梯，不应大于80dB（A）；对额定速度大于4m/s的电梯，不应大于85dB（A）。

2 乘客电梯和病床电梯运行中轿内噪声：对额定速度小于等于4m/s的电梯，不应大于55dB（A）；对额定速度大于4m/s的电梯，不应大于60dB（A）。

3 乘客电梯和病床电梯的开关门过程噪声不应大于65dB（A）。

4.11.8 平层准确度检验应符合下列规定：

1 额定速度小于0.63m/s的交流双速电梯，应在±15mm的范围内；

2 额定速度大于0.63m/s且小于等于1.0m/s的交流双速电梯，应在±30mm的范围内；

3 其他调速方式的电梯，应在±15mm的范围内。

4.11.9 运行速度检验应符合下列规定：

当电源为额定频率和额定电压、轿厢载有50%额定载荷时，向下运行至行程中段（除去加速加减速段）时的速度，不应大于额定速度的105%，且不应小于额定速度的92%。

4.11.10 观感检查应符合下列规定：

1 轿门带动层门开、关运行，门扇与门扇、门扇与门套、门扇与门楣、门扇与门口处轿壁、门扇下端与地坎应无刮碰现象；

2 门扇与门扇、门扇与门套、门扇与门楣、门扇与门口处轿壁、门扇下端与地坎之间各自的间隙在整个长度上应基本一致；

3 对机房（如果有）、导轨支架、底坑、轿顶、轿内、轿门、层门及门地坎等部位应进行清理。

5 液压电梯安装工程质量验收

5.1 设备进场验收

主 控 项 目

5.1.1 随机文件必须包括下列资料：

1 土建布置图；

2 产品出厂合格证；

3 门锁装置、限速器（如果有）、安全钳（如果有）及缓冲器（如果有）的型式试验合格证书复印件。

一 般 项 目

5.1.2 随机文件还应包括下列资料：

1 装箱单；

2 安装、使用维护说明书；

3 动力电路和安全电路的电气原理图；

4 液压系统原理图。

5.1.3 设备零部件应与装箱单内容相符。

5.1.4 设备外观不应存在明显的损坏。

5.2 土建交接检验

5.2.1 土建交接检验应符合本规范第4.2节的规定。

5.3 液压系统

主 控 项 目

5.3.1 液压泵站及液压顶升机构的安装必须按土建布置图进行。顶升机构必须安装牢固，缸体垂直度严禁大于 0.4‰。

一 般 项 目

5.3.2 液压管路应可靠联接，且无渗漏现象。

5.3.3 液压泵站油位显示应清晰、准确。

5.3.4 显示系统工作压力的压力表应清晰、准确。

5.4 导　轨

5.4.1 导轨安装应符合本规范第 4.4 节的规定。

5.5 门 系 统

5.5.1 门系统安装应符合本规范第 4.5 节的规定。

5.6 轿　厢

5.6.1 轿厢安装应符合本规范第 4.6 节的规定。

5.7 平 衡 重

5.7.1 如果有平衡重，应符合本规范第 4.7 节的规定。

5.8 安 全 部 件

5.8.1 如果有限速器、安全钳或缓冲器，应符合本规范第 4.8 节的有关规定。

5.9 悬挂装置、随行电缆

主 控 项 目

5.9.1 如果有绳头组合，必须符合本规范第 4.9.1 条的规定。

5.9.2 如果有钢丝绳，严禁有死弯。

5.9.3 当轿厢悬挂在两根钢丝绳或链条上，其中一根钢丝绳或链条发生异常相对伸长时，为此装设的电气安全开关必须动作可靠。对具有两个或多个液压顶升机构的液压电梯，每一组悬挂钢丝绳均应符合上述要求。

5.9.4 随行电缆严禁有打结和波浪扭曲现象。

一 般 项 目

5.9.5 如果有钢丝绳或链条，每根张力与平均值偏差不应大于5%。

5.9.6 随行电缆的安装还应符合下列规定：
  1 随行电缆端部应固定可靠。
  2 随行电缆在运行中应避免与井道内其他部件干涉。当轿厢完全压在缓冲器上时，随行电缆不得与底坑地面接触。

5.10 电 气 装 置

5.10.1 电气装置安装应符合本规范第 4.10 节的规定。

5.11 整机安装验收

主 控 项 目

5.11.1 液压电梯安全保护验收必须符合下列规定：
  1 必须检查以下安全装置或功能：
  1) 断相、错相保护装置或功能
     当控制柜三相电源中任何一相断开或任何二相错接时，断相、错相保护装置或功能应使电梯不发生危险故障。
     注：当错相不影响电梯正常运行时可没有错相保护装置或功能。
  2) 短路、过载保护装置
     动力电路、控制电路、安全电路必须有与负载匹配的短路保护装置；动力电路必须有过载保护装置。
  3) 防止轿厢坠落、超速下降的装置
     液压电梯必须装有防止轿厢坠落、超速下降的装置，且各装置必须与其型式试验证书相符。
  4) 门锁装置
     门锁装置必须与其型式试验证书相符。
  5) 上极限开关
     上极限开关必须是安全触点，在端站位置进行动作试验时必须动作正常。它必须在柱塞接触到其缓冲制停装置之前动作，且柱塞处于缓冲制停区时保持动作状态。
  6) 机房、滑轮间（如果有）、轿顶、底坑停止装置
     位于轿顶、机房、滑轮间（如果有）、底坑的停止装置的动作必须正常。
  7) 液压油温升保护装置
     当液压油达到产品设计温度时，温升保护装置必须动作，使液压电梯停止运行。
  8) 移动轿厢的装置
     在停电或电气系统发生故障时，移动轿厢的装置必须能移动轿厢上行或下行，且下行时还必须装设防止顶升机构与轿厢运动相脱离的装置。
  2 下列安全开关，必须动作可靠：
  1) 限速器（如果有）张紧开关；
  2) 液压缓冲器（如果有）复位开关；
  3) 轿厢安全窗（如果有）开关；
  4) 安全门、底坑门、检修活板门（如果有）的开关；
  5) 悬挂钢丝绳（链条）为两根时，防松动安全开关。

5.11.2 限速器（安全绳）安全钳联动试验必须符合下列规定：

1 限速器（安全绳）与安全钳电气开关在联动试验中必须动作可靠，且应使电梯停止运行。

2 联动试验时轿厢载荷及速度应符合下列规定：

  1）当液压电梯额定载重量与轿厢最大有效面积符合表 5.11.2 的规定时，轿厢应载有均匀分布的额定载重量；当液压电梯额定载重量小于表 5.11.2 规定的轿厢最大有效面积对应的额定载重量时，轿厢应载有均匀分布的 125% 的液压电梯额定载重量，但该载荷不应超过表 5.11.2 规定的轿厢最大有效面积对应的额定载重量；

  2）对瞬时式安全钳，轿厢应以额定速度下行；对渐进式安全钳，轿厢应以检修速度下行。

3 当装有限速器安全钳时，使下行阀保持开启状态（直到钢丝绳松弛为止）的同时，人为使限速器机械动作，安全钳应可靠动作，轿厢必须可靠制动，且轿底倾斜度不应大于 5%。

4 当装有安全绳安全钳时，使下行阀保持开启状态（直到钢丝绳松弛为止）的同时，人为使安全绳机械动作，安全钳应可靠动作，轿厢必须可靠制动，且轿底倾斜度不应大于 5%。

表 5.11.2　额定载重量与轿厢最大有效面积之间关系

额定载重量 (kg)	轿厢最大有效面积 (m²)	额定载重量 (kg)	轿厢最大有效面积 (m²)	额定载重量 (kg)	轿厢最大有效面积 (m²)	额定载重量 (kg)	轿厢最大有效面积 (m²)
100[1]	0.37	525	1.45	900	2.20	1275	2.95
180[2]	0.58	600	1.60	975	2.35	1350	3.10
225	0.70	630	1.66	1000	2.40	1425	3.25
300	0.90	675	1.75	1050	2.50	1500	3.40
375	1.10	750	1.90	1125	2.65	1600	3.56
400	1.17	800	2.00	1200	2.80	2000	4.20
450	1.30	825	2.05	1250	2.90	2500[3]	5.00

注：1　一人电梯的最小值；
　　2　二人电梯的最小值；
　　3　额定载重量超过 2500kg 时，每增加 100kg 面积增加 0.16m²，对中间的载重量其面积由线性插入法确定。

5.11.3 层门与轿门的试验符合下列规定：

层门与轿门的试验必须符合本规范第 4.11.3 条的规定。

5.11.4 超载试验必须符合下列规定：

当轿厢载荷达到 110% 的额定载重量，且 10% 的额定载重量的最小值按 75kg 计算时，液压电梯严禁启动。

一般项目

5.11.5 液压电梯安装后应进行运行试验；轿厢在额定载重量工况下，按产品设计规定的每小时启动次数运行 1000 次（每天不少于 8h），液压电梯应平稳、制动可靠、连续运行无故障。

5.11.6 噪声检验应符合下列规定：

1 液压电梯的机房噪声不应大于 85dB（A）；

2 乘客液压电梯和病床液压电梯运行中轿内噪声不应大于 55dB（A）；

3 乘客液压电梯和病床液压电梯的开关门过程噪声不应大于 65dB（A）。

5.11.7 平层准确度检验应符合下列规定：

液压电梯平层准确度应在 ±15mm 范围内。

5.11.8 运行速度检验应符合下列规定：

空载轿厢上行速度与上行额定速度的差值不应大于上行额定速度的 8%；载有额定载重量的轿厢下行速度与下行额定速度的差值不应大于下行额定速度的 8%。

5.11.9 额定载重量沉降量试验应符合下列规定：

载有额定载重量的轿厢停靠在最高层站时，停梯 10min，沉降量不应大于 10mm，但因油温变化而引起的油体积缩小所造成的沉陷不包括在 10mm 内。

5.11.10 液压泵站溢流阀压力检查应符合下列规定：

液压泵站上的溢流阀应设定在系统压力为满载压力的 140%～170% 时动作。

5.11.11 压力试验应符合下列规定：

轿厢停靠在最高层站，将截止阀关闭，在轿内施在 200% 的额定载重量，持续 5min 后，液压系统应完好无损。

5.11.12 观感检查应符合本规范第 4.11.10 条的规定。

6 自动扶梯、自动人行道安装工程质量验收

6.1 设备进场验收

主控项目

6.1.1 必须提供以下资料：

1 技术资料

1）梯级或踏板的型式试验报告复印件，或胶带的断裂强度证明文件复印件；

2）对公共交通型自动扶梯、自动人行道应有扶手带的断裂强度证明文件复印件。

2 随机文件

1）土建布置图；

2）产品出厂合格证。

一般项目

6.1.2 随机文件还应提供以下资料：

1 装箱单；

2 安装、使用维护说明书；

3 动力电路和安全电路的电气原理图。

6.1.3 设备零部件应与装箱单内容相符。
6.1.4 设备外观不应存在明显的损坏。

6.2 土建交接检验

主控项目

6.2.1 自动扶梯的梯级或自动人行道的踏板或胶带上空，垂直净高度严禁小于2.3m。
6.2.2 在安装之前，井道周围必须设有保证安全的栏杆或屏障，其高度严禁小于1.2m。

一般项目

6.2.3 土建工程应按照土建布置图进行施工，且其主要尺寸允许误差应为：
　　　提升高度−15～+15mm；跨度0～+15mm。
6.2.4 根据产品供应商的要求应提供设备进场所需的通道和搬运空间。
6.2.5 在安装之前，土建施工单位应提供明显的水平基准线标识。
6.2.6 电源零线和接地线应始终分开。接地装置的接地电阻值不应大于4Ω。

6.3 整机安装验收

主控项目

6.3.1 在下列情况下，自动扶梯、自动人行道必须自动停止运行，且第4款至第11款情况下的开关断开的动作必须通过安全触点或安全电路来完成。
　　1 无控制电压；
　　2 电路接地的故障；
　　3 过载；
　　4 控制装置在超速和运行方向非操纵逆转下动作；
　　5 附加制动器（如果有）动作；
　　6 直接驱动梯级、踏板或胶带的部件（如链条或齿条）断裂或过分伸长；
　　7 驱动装置与转向装置之间的距离（无意性）缩短；
　　8 梯级、踏板或胶带进入梳齿板处有异物夹住，且产生损坏梯级、踏板或胶带支撑结构；
　　9 无中间出口的连续安装的多台自动扶梯、自动人行道中的一台停止运行；
　　10 扶手带入口保护装置动作；
　　11 梯级或踏板下陷。
6.3.2 应测量不同回路导线对地的绝缘电阻。测量时，电子元件应断开。导体之间和导体对地之间的绝缘电阻应大于1000Ω/V，且其值必须大于：
　　1 动力电路和电气安全装置电路0.5MΩ；
　　2 其他电路（控制、照明、信号等）0.25MΩ。

6.3.3 电气设备接地必须符合本规范第4.10.1条的规定；

一般项目

6.3.4 整机安装检查应符合下列规定：
　　1 梯级、踏板、胶带的楞齿及梳齿板应完整、光滑；
　　2 在自动扶梯、自动人行道入口处应设置使用须知的标牌；
　　3 内盖板、外盖板、围裙板、扶手支架、扶手导轨、护壁板接缝应平整。接缝处的凸台不应大于0.5mm；
　　4 梳齿板梳齿与踏板面齿槽的啮合深度不应小于6mm；
　　5 梳齿板梳齿与踏板面齿槽的间隙不应大于4mm；
　　6 围裙板与梯级、踏板或胶带任何一侧的水平间隙不应大于4mm，两边的间隙之和不应大于7mm。当自动人行道的围裙板设置在踏板或胶带之上时，踏板表面与围裙板下端之间的垂直间隙不应大于4mm。当踏板或胶带有横向摆动时，踏板或胶带的侧边与围裙板垂直投影之间不得产生间隙。
　　7 梯级间或踏板间的间隙在工作区段内的任何位置，从踏面测得的两个相邻梯级或两个相邻踏板之间的间隙不应大于6mm。在自动人行道过渡曲线区段，踏板的前缘和相邻踏板的后缘啮合，其间隙不应大于8mm；
　　8 护壁板之间的空隙不应大于4mm。
6.3.5 性能试验应符合下列规定：
　　1 在额定频率和额定电压下，梯级、踏板或胶带沿运行方向空载时的速度与额定速度之间的允许偏差为±5%；
　　2 扶手带的运行速度相对梯级、踏板或胶带的速度允许偏差为0～+2%。
6.3.6 自动扶梯、自动人行道制动试验应符合下列规定：
　　1 自动扶梯、自动人行道应进行空载制动试验，制停距离应符合表6.3.6-1的规定。

表6.3.6-1　制　停　距　离

额定速度 (m/s)	制停距离范围（m）	
	自动扶梯	自动人行道
0.5	0.20～1.00	0.20～1.00
0.65	0.30～1.30	0.30～1.30
0.75	0.35～1.50	0.35～1.50
0.90	—	0.40～1.70

注：若速度在上述数值之间，制停距离用插入法计算。制停距离应从电气制动装置动作开始测量。

　　2 自动扶梯应进行载有制动载荷的下行制停距离试验（除非制停距离可以通过其他方法检验），制动载荷应符合表 6.3.6-2 规定，制停距离应符合表 6.3.6-1 的规定；对自动人行道，制造商应提供按载有表 6.3.6-2 规定的制动载荷计算的制停距离，且制停距离应符合表 6.3.6-1 的规定。

表 6.3.6-2　　制 动 载 荷

梯级、踏板或胶带的名义宽度（m）	自动扶梯每个梯级上的载荷（kg）	自动人行道每0.4m长度上的载荷（kg）
$z≤0.6$	60	50
$0.6<z≤0.8$	90	75
$0.8<z≤1.1$	120	100

注：1　自动扶梯受载的梯级数量由提升高度除以最大可见梯级踢板高度求得，在试验时允许将总制动载荷分布在所求得的2/3的梯级上；
　　2　当自动人行道倾斜角度不大于6°、踏板或胶带的名义宽度大于1.1m时，宽度每增加0.3m，制动载荷应在每0.4m长度上增加25kg；
　　3　当自动人行道在长度范围内有多个不同倾斜角度（高度不同）时，制动载荷应仅考虑到那些能组合成最不利载荷的水平区段和倾斜区段。

6.3.7　电气装置还应符合下列规定：
　　1　主电源开关不应切断电源插座、检修和维护所必需的照明电源。
　　2　配线应符合本规范第 4.10.4、4.10.5、4.10.6 条的规定。

6.3.8　观感检查应符合下列规定：
　　1　上行和下行自动扶梯、自动人行道，梯级、踏板或胶带与围裙板之间应无刮碰现象（梯级、踏板或胶带上的导向部分与围裙板接触除外），扶手带外表面应无刮痕。
　　2　对梯级（踏板或胶带）、梳齿板、扶手带、护壁板、围裙板、内外盖板、前沿板及活动盖板等部位的外表面应进行清理。

7　分部（子分部）工程质量验收

7.0.1　分项工程质量验收合格应符合下列规定：
　　1　各分项工程中的主控项目应进行全验，一般项目应进行抽验，且均应符合合格质量规定。可按附录 C 表 C 记录。
　　2　应具有完整的施工操作依据、质量检查记录。

7.0.2　分部（子分部）工程质量验收合格应符合下列规定：
　　1　子分部工程所含分项工程的质量均应验收合格且验收记录应完整。子分部可按附录 D 表 D 记录；
　　2　分部工程所含子分部工程的质量均应验收合格。分部工程质量验收可按附录 E 表 E 记录汇总；
　　3　质量控制资料应完整；
　　4　观感质量应符合本规范要求。

7.0.3　当电梯安装工程质量不合格时，应按下列规定处理：
　　1　经返工重做、调整或更换部件的分项工程，应重新验收；
　　2　通过以上措施仍不能达到本规范要求的电梯安装工程，不得验收合格。

附录 A　土建交接检验记录表

表 A　　土建交接检验记录表

工程名称			
安装地点			
产品合同号/安装合同号		梯　号	
施工单位		项目负责人	
安装单位		项目负责人	
监理（建设）单位		监理工程师/项目负责人	
执行标准名称及编号			
检 验 项 目		检 验 结 果	
		合　格	不合格
主控项目			
一般项目			
验 收 结 论			
参加验收单位	施工单位	安装单位	监理（建设）单位
	项目负责人：	项目负责人：	监理工程师：（项目负责人）
	年　月　日	年　月　日	年　月　日

附录 B 设备进场验收记录表

表 B　　设备进场验收记录表

工程名称				
安装地点				
产品合同号/安装合同号		梯　号		
电梯供应商		代　表		
安装单位		项目负责人		
监理（建设）单位		监理工程师/项目负责人		
执行标准名称及编号				
检　验　项　目		检　验　结　果		
		合　格		不合格
主控项目				
一般项目				
验　收　结　论				
参加验收单位	电梯供应商	安装单位	监理(建设)单位	
	代表： 　年　月　日	项目负责人： 　年　月　日	监理工程师： (项目负责人) 　年　月　日	

附录 C 分项工程质量验收记录表

表 C　　分项工程质量验收记录表

工程名称			
安装地点			
产品合同号/安装合同号		梯　号	
安装单位		项目负责人	
监理（建设）单位		监理工程师/项目负责人	
执行标准名称及编号			
检　验　项　目		检　验　结　果	
		合　格	不合格
主控项目			
一般项目			
验　收　结　论			
参加验收单位	安装单位		监理（建设）单位
	项目负责人： 　年　月　日		监理工程师： (项目负责人) 　年　月　日

附录 D 子分部工程质量验收记录表

表 D　子分部工程质量验收记录表

工程名称			
安装地点			
产品合同号/安装合同号		梯　号	
安装单位		项目负责人	
监理（建设）单位		监理工程师/项目负责人	

序号	分项工程名称	检验结果	
		合　格	不合格

验收结论	
安装单位	监理（建设）单位
参加验收单位	
项目负责人： 　　　　年 月 日	总监理工程师： （项目负责人） 　　　年 月 日

附录 E 分部工程质量验收记录表

表 E　分部工程质量验收记录表

工程名称			
安装地点			
监理（建设）单位		监理工程师/项目负责人	

子分部工程名称			检验结果	
			合　格	不合格
合同号	梯　号	安装单位		

验收结论
监理（建设）单位
总监理工程师： （项目负责人） 　　　　年 月 日

本规范用词说明

1 为便于在执行本规范条文时区别对待，对要求严格程度不同的用词说明如下：

1) 表示很严格，非这样做不可的用词：
   正面词采用"必须"；
   反面词采用"严禁"。
2) 表示严格，在正常情况均应这样做的用词：
   正面词采用"应"；
   反面词采用"不应"或"不得"。
3) 表示允许稍有选择，在条件许可时，首先应这样做的用词：
   正面词采用"宜"；反面词采用"不宜"。
   表示允许有选择，在一定条件下可以这样做的，采用"可"。

2 在条文中按指定的标准、规范执行时，写法为"应符合……的规定"或"应按……的规定执行"。

中华人民共和国国家标准

电梯工程施工质量验收规范

GB 50310—2002

条 文 说 明

目　次

1 总则 …………………………… 9—22—18
2 术语 …………………………… 9—22—18
3 基本规定 ……………………… 9—22—18
4 电力驱动的曳引式或强制式电梯
　安装工程质量验收 …………… 9—22—18
5 液压电梯安装工程质量验收 …… 9—22—19
6 自动扶梯、自动人行道安装
　工程质量验收 ………………… 9—22—19

1 总　　则

1.0.1 本条说明制订本规范的目的。

电梯作为重要的建筑设备，其总装配是在施工现场完成，电梯安装工程质量对于提高工程的整体质量水平至关重要。《电梯工程施工质量验收规范》是十四个工程质量验收规范的重要组成部分，是与《建设工程质量管理条例》系列配套的标准规范。

由于电梯安装工程技术的发展、电梯产品标准的修订及工程标准体系的改革，现有的电梯安装工程标准《电梯安装工程质量检验评定标准》GBJ 310—88、《电气装置安装工程　电梯电气装置施工及验收规范》GB 50182—93 已不能满足电梯安装工程的需要。另外，对于液压电梯子分部工程及自动扶梯、自动人行道子分部工程还没有制订安装工程质量验收依据，因此本规范的制订，在提高工程的整体质量、减少质量纠纷、保证电梯产品正常使用、延长电梯使用寿命等方面均具有重要意义。

2 术　　语

2.0.1～2.0.3 列出了理解和执行本规范应掌握的几个基本的术语。本规范中的"电梯"是电力驱动的曳引式或强制式电梯、液压电梯及自动扶梯和自动人行道的总称。

3 基本规定

3.0.1 本条规定了电梯安装单位施工现场的质量管理应包括的内容。

　　1　安装工艺是指在施工现场指导安装人员完成作业的技术文件，安装工艺也可以称作安装手册或安装说明书。

　　2　安装工程过程控制制度是指电梯安装单位为了实现过程控制，所制订的上、下工序之间验收的规程。

3.0.3 本条规定了电梯安装工程质量验收的要求。

　　5　有关单位是指监理单位、建设单位。

4 电力驱动的曳引式或强制式电梯安装工程质量验收

4.1 设备进场验收

设备进场验收是保证电梯安装工程质量的重要环节之一。全面、准确地进行进场验收能够及时发现问题，解决问题，为即将开始的电梯安装工程奠定良好的基础，也是体现过程控制的必要手段。

4.1.1～4.1.2 随机文件是电梯产品供应商应移交给建设单位及安装单位的文件，这些文件应针对所安装的电梯产品，应能指导电梯安装人员顺利、准确地进行安装作业，是保证电梯安装工程质量的关键。

4.1.1

　　3　因为门锁装置、限速器、安全钳、缓冲器是保证电梯安全的部件，因此在设备进场阶段必须提供由国家指定部门出具的型式试验合格证复印件。

4.1.2

　　3　电气原理图是电气装置分项工程安装、接线、调试及交付使用后维修必备的文件。

4.1.4 本条规定电梯设备进场时应进行观感检查，损坏是指因人为或意外而造成明显的凹凸、断裂、永久变形、表面涂层脱落等缺陷。

4.2 土建交接检验

4.2.1～4.2.5 是保证电梯安装工程顺利进行和确保电梯安装工程质量的重要环节。

4.3 驱动主机

4.3.1 为了紧急救援操作时，正确、安全、方便地进行救援工作。

4.4 导　　轨

4.4.3 根据技术的发展，增加了用锚栓（如膨胀螺栓等）固定导轨支架的安装方式。

4.5 门　系　统

4.5.5 要求安装人员应将门刀与地坎，门锁滚轮与地坎间隙调整正确。避免在电梯运行时，出现摩擦、碰撞。

4.6 轿　　厢

4.6.3 警示性标识可采用警示性颜色或警示性标语、标牌。

4.8 安 全 部 件

4.8.1 为防止其他人员调整限速器、改变动作速度，造成安全钳误动作或达到动作速度而不能动作。

4.8.2 为防止其他人员调整安全钳，造成其失去应有作用。

4.11 整机安装验收

4.11.3 层门与轿门联锁是防止发生坠落、剪切的安全保护。

5 液压电梯安装工程质量验收

5.11 整机安装验收

5.11.5 电梯每完成一个启动、正常运行、停止过程计数一次。

6 自动扶梯、自动人行道安装工程质量验收

6.3.6 对于倾斜角度大于6°的自动人行道，踏板或胶带的名义宽度不应大于1.1m。

中华人民共和国国家标准

智能建筑工程质量验收规范

Code for acceptance of quality of intelligent building systems

GB 50339—2013

批准部门：中华人民共和国住房和城乡建设部
施行日期：2014年2月1日

中华人民共和国住房和城乡建设部
公 告

第 83 号

住房城乡建设部关于发布国家标准《智能建筑工程质量验收规范》的公告

现批准《智能建筑工程质量验收规范》为国家标准，编号为 GB 50339-2013，自 2014 年 2 月 1 日起实施。其中，第 12.0.2、22.0.4 条为强制性条文，必须严格执行。原《智能建筑工程质量验收规范》GB 50339-2003 同时废止。

本规范由我部标准定额研究所组织中国建筑工业出版社出版发行。

中华人民共和国住房和城乡建设部
2013 年 6 月 26 日

前 言

根据原建设部《关于印发〈2006 年工程建设标准规范制订、修订计划（第一批）〉的通知》（建标[2006]77 号）要求，规范编制组经广泛调查研究，认真总结实践经验，参考有关国际标准和国外先进标准，并在广泛征求意见的基础上，修订本规范。

本规范的主要技术内容是：1. 总则；2. 术语和符号；3. 基本规定；4. 智能化集成系统；5. 信息接入系统；6. 用户电话交换系统；7. 信息网络系统；8. 综合布线系统；9. 移动通信室内信号覆盖系统；10. 卫星通信系统；11. 有线电视及卫星电视接收系统；12. 公共广播系统；13. 会议系统；14. 信息导引及发布系统；15. 时钟系统；16. 信息化应用系统；17. 建筑设备监控系统；18. 火灾自动报警系统；19. 安全技术防范系统；20. 应急响应系统；21. 机房工程；22. 防雷与接地。

本规范修订的主要技术内容是：1. 取消了住宅（小区）智能化 1 章；2. 增加了移动通信室内信号覆盖系统、卫星通信系统、会议系统、信息导引及发布系统、时钟系统和应急响应系统 6 章；3. 将原第 4 章通信网络系统拆分为信息接入系统、用户电话交换系统、有线电视及卫星电视接收系统和公共广播系统共 4 章，将原第 5 章信息网络系统拆分为信息网络系统和信息化应用系统 2 章，将原第 12 章环境调整为机房工程，对保留的各章所涉及的主要技术内容进行了补充、完善和必要的修改。

本规范中以黑体字标志的条文为强制性条文，必须严格执行。

本规范由住房和城乡建设部负责管理和对强制性条文的解释，由同方股份有限公司负责具体技术内容的解释。执行过程中如有意见或建议，请寄送同方股份有限公司智能建筑工程质量验收规范编制组（地址：北京市海淀区王庄路 1 号清华同方科技广场 A 座 23 层；邮编：100083）。

本 规 范 主 编 单 位：同方股份有限公司
本 规 范 参 编 单 位：中国建筑业协会智能建筑分会
中国建筑标准设计研究院
北京市建筑设计研究院有限公司
上海现代建筑设计（集团）有限公司
中国电子工程设计院
清华大学
同方泰德国际科技（北京）有限公司
上海延华智能科技（集团）股份有限公司
上海市安装工程集团有限公司
深圳市赛为智能股份有限公司
北京捷通机房设备工程有限公司
北京泰豪智能工程有限公司

	合肥爱默尔电子科技有限公司
	厦门万安智能股份有限公司
	大连理工现代工程检测有限公司
	深圳市台电实业有限公司
	深圳市信息安全测评中心
本规范主要起草人员：	赵晓宇　段文凯　吴悦明
	赵凤泉　蒋　健　张丹育
	崔耀华　胡洪波　孙　兰
	张　宜　顾克明　孙成群
	苗占胜　姜文潭　赵济安
	杨建光　王东伟　李翠萍
	李　晓　汪　浩　林必毅
	王梁东　侯移门　赵晓波
	秦绪忠　吴品堃　刘洪山
	王福林　李　健　罗维芳
	武　刚
本规范主要审查人员：	张文才　谢　卫　程大章
	刘希清　朱立彤　瞿二澜
	范同顺　周名嘉　刘　芳
	朱跃忠　白幸园

目　次

1 总则 ·· 9—23—6
2 术语和符号 ······································ 9—23—6
   2.1 术语 ·· 9—23—6
   2.2 符号 ·· 9—23—6
3 基本规定 ·· 9—23—6
   3.1 一般规定 ···································· 9—23—6
   3.2 工程实施的质量控制 ················ 9—23—7
   3.3 系统检测 ···································· 9—23—8
   3.4 分部（子分部）工程验收 ········ 9—23—8
4 智能化集成系统 ······························ 9—23—9
5 信息接入系统 ·································· 9—23—9
6 用户电话交换系统 ························· 9—23—9
7 信息网络系统 ·································· 9—23—9
   7.1 一般规定 ···································· 9—23—9
   7.2 计算机网络系统检测 ················ 9—23—10
   7.3 网络安全系统检测 ···················· 9—23—10
8 综合布线系统 ································ 9—23—11
9 移动通信室内信号覆盖
   系统 ·· 9—23—11
10 卫星通信系统 ······························ 9—23—11
11 有线电视及卫星电视
    接收系统 ······································ 9—23—12
12 公共广播系统 ······························ 9—23—13
13 会议系统 ······································ 9—23—13
14 信息导引及发布系统 ·················· 9—23—14
15 时钟系统 ······································ 9—23—14
16 信息化应用系统 ·························· 9—23—15
17 建筑设备监控系统 ······················ 9—23—15
18 火灾自动报警系统 ······················ 9—23—16
19 安全技术防范系统 ······················ 9—23—16
20 应急响应系统 ······························ 9—23—17
21 机房工程 ······································ 9—23—17
22 防雷与接地 ·································· 9—23—18
附录 A　施工现场质量管理
        检查记录 ······························ 9—23—18
附录 B　工程实施的质量控制
        记录 ······································ 9—23—19
附录 C　检测记录 ······························ 9—23—25
附录 D　分部（子分部）工程
        验收记录 ······························ 9—23—42
本规范用词说明 ·································· 9—23—45
引用标准名录 ······································ 9—23—45
附：条文说明 ······································ 9—23—46

Contents

1 General Provisions ················ 9—23—6
2 Terms and Symbols ·············· 9—23—6
   2.1 Terms ································· 9—23—6
   2.2 Symbols ····························· 9—23—6
3 Basic Requirement ················ 9—23—6
   3.1 General Requirement ············· 9—23—6
   3.2 Quality Control of Project
       Implementation ····················· 9—23—7
   3.3 System Testing ···················· 9—23—8
   3.4 Final Acceptance of Division
       (Subdivision) Works ············ 9—23—8
4 Intelligent Integrated
   System ································· 9—23—9
5 Communication Access
   System ································· 9—23—9
6 Telephone Switching
   System ································· 9—23—9
7 Information Network
   System ································· 9—23—9
   7.1 General Requirement ············· 9—23—9
   7.2 Computer Network System
       Testing ······························ 9—23—10
   7.3 Network Security System
       Testing ······························ 9—23—10
8 Generic Cabling System ········ 9—23—11
9 Mobile Communication Indoor
   Coverage System ·················· 9—23—11
10 Satellite Communication
    System ······························· 9—23—11
11 Cable Television and Satellite
    Television Receiving
    System ······························· 9—23—12
12 Public Address System ········ 9—23—13
13 Conference System ············· 9—23—13
14 Guidance Information Display
    System ······························· 9—23—14
15 Time Synchronized System ··· 9—23—14
16 Information Technology
    Application System ·············· 9—23—15
17 Building Automation
    System ······························· 9—23—15
18 Fire Alarm System ·············· 9—23—16
19 Security and Protection
    System ······························· 9—23—16
20 Emergency Response
    System ······························· 9—23—17
21 Engineering of Electronic
    Equipment Plant ·················· 9—23—17
22 Lightning Protection and
    Earthing ····························· 9—23—18
Appendix A Records of Quality
              Management
              Inspection in
              Construction
              Site ·················· 9—23—18
Appendix B Records of Project
              Implementation and
              Quality Control ······ 9—23—19
Appendix C Test Records ············ 9—23—25
Appendix D Records of Division
              (Subdivision) Works
              Final Acceptance ······ 9—23—42
Explanation of Wording in This
   Code ································· 9—23—45
List of Quoted Standards ············· 9—23—45
Addition: Explanation of
        Provisions ···················· 9—23—46

1 总 则

1.0.1 为加强智能建筑工程质量管理，规范智能建筑工程质量验收，规定智能建筑工程质量检测和验收的组织程序和合格评定标准，保证智能建筑工程质量，制定本规范。

1.0.2 本规范适用于新建、扩建和改建工程中的智能建筑工程的质量验收。

1.0.3 智能建筑工程的质量验收除应符合本规范外，尚应符合国家现行有关标准的规定。

2 术语和符号

2.1 术 语

2.1.1 系统检测 system checking and measuring
建筑智能化系统安装、调试、自检完成并经过试运行后，采用特定的方法和仪器设备对系统功能和性能进行全面检查和测试并给出结论。

2.1.2 整改 rectification
对工程中的不合格项进行修改和调整，使其达到合格的要求。

2.1.3 试运行 trial running
建筑智能化系统安装、调试和自检完成后，系统按规定时间进行连续运行的过程。

2.1.4 项目监理机构 project supervision
监理单位派驻工程项目负责履行委托监理合同的组织机构。

2.1.5 验收小组 acceptance group
工程验收时，建设单位组织相关人员形成的、承担验收工作的临时机构。

2.2 符 号

HFC——混合光纤同轴网
ICMP——因特网控制报文协议
IP——网络互联协议
PCM——脉冲编码调制
QoS——服务质量保证
VLAN——虚拟局域网

3 基本规定

3.1 一般规定

3.1.1 智能建筑工程质量验收应包括工程实施的质量控制、系统检测和工程验收。

3.1.2 智能建筑工程的子分部工程和分项工程划分应符合表3.1.2的规定。

表3.1.2 智能建筑工程的子分部工程和分项工程划分

子分部工程	分项工程
智能化集成系统	设备安装，软件安装，接口及系统调试，试运行
信息接入系统	安装场地检查
用户电话交换系统	线缆敷设，设备安装，软件安装，接口及系统调试，试运行
信息网络系统	计算机网络设备安装，计算机网络软件安装，网络安全设备安装，网络安全软件安装，系统调试，试运行
综合布线系统	梯架、托盘、槽盒和导管安装，线缆敷设，机柜、机架、配线架的安装，信息插座安装，链路或信道测试，软件安装，系统调试，试运行
移动通信室内信号覆盖系统	安装场地检查
卫星通信系统	安装场地检查
有线电视及卫星电视接收系统	梯架、托盘、槽盒和导管安装，线缆敷设，设备安装，软件安装，系统调试，试运行
公共广播系统	梯架、托盘、槽盒和导管安装，线缆敷设，设备安装，软件安装，系统调试，试运行
会议系统	梯架、托盘、槽盒和导管安装，线缆敷设，设备安装，软件安装，系统调试，试运行
信息导引及发布系统	梯架、托盘、槽盒和导管安装，线缆敷设，显示设备安装，机房设备安装，软件安装，系统调试，试运行

续表 3.1.2

子分部工程	分项工程
时钟系统	梯架、托盘、槽盒和导管安装,线缆敷设,设备安装,软件安装,系统调试,试运行
信息化应用系统	梯架、托盘、槽盒和导管安装,线缆敷设,设备安装,软件安装,系统调试,试运行
建筑设备监控系统	梯架、托盘、槽盒和导管安装,线缆敷设,传感器安装,执行器安装,控制器、箱安装,中央管理工作站和操作分站设备安装,软件安装,系统调试,试运行
火灾自动报警系统	梯架、托盘、槽盒和导管安装,线缆敷设,探测器类设备安装,控制器类设备安装,其他设备安装,软件安装,系统调试,试运行
安全技术防范系统	梯架、托盘、槽盒和导管安装,线缆敷设,设备安装,软件安装,系统调试,试运行
应急响应系统	设备安装,软件安装,系统调试,试运行
机房工程	供配电系统,防雷与接地系统,空气调节系统,给水排水系统,综合布线系统,监控与安全防范系统,消防系统,室内装饰装修,电磁屏蔽,系统调试,试运行
防雷与接地	接地装置,接地线,等电位联结,屏蔽设施,电涌保护器,线缆敷设,系统调试,试运行

3.1.3 系统试运行应连续进行 120h。试运行中出现系统故障时,应重新开始计时,直至连续运行满 120h。

3.2 工程实施的质量控制

3.2.1 工程实施的质量控制应检查下列内容:
    1 施工现场质量管理检查记录;
    2 图纸会审记录;存在设计变更和工程洽商时,还应检查设计变更记录和工程洽商记录;
    3 设备材料进场检验记录和设备开箱检验记录;
    4 隐蔽工程(随工检查)验收记录;
    5 安装质量及观感质量验收记录;
    6 自检记录;
    7 分项工程质量验收记录;
    8 试运行记录。

3.2.2 施工现场质量管理检查记录应由施工单位填写、项目监理机构总监理工程师(或建设单位项目负责人)作出检查结论,且记录的格式应符合本规范附录 A 的规定。

3.2.3 图纸会审记录、设计变更记录和工程洽商记录应符合现行国家标准《智能建筑工程施工规范》GB 50606 的规定。

3.2.4 设备材料进场检验记录和设备开箱检验记录应符合下列规定:
    1 设备材料进场检验记录应由施工单位填写、监理(建设)单位的监理工程师(项目专业工程师)作出检查结论,且记录的格式应符合本规范附录 B 的表 B.0.1 的规定;
    2 设备开箱检验记录应符合现行国家标准《智能建筑工程施工规范》GB 50606 的规定。

3.2.5 隐蔽工程(随工检查)验收记录应由施工单位填写、监理(建设)单位的监理工程师(项目专业工程师)作出检查结论,且记录的格式应符合本规范附录 B 的表 B.0.2 的规定。

3.2.6 安装质量及观感质量验收记录应由施工单位填写、监理(建设)单位的监理工程师(项目专业工程师)作出检查结论,且记录的格式应符合本规范附录 B 的表 B.0.3 的规定。

3.2.7 自检记录由施工单位填写、施工单位的专业技术负责人作出检查结论,且记录的格式应符合本规范附录 B 的表 B.0.4 的规定。

3.2.8 分项工程质量验收记录应由施工单位填写、施工单位的专业技术负责人作出检查结论、监理(建设)单位的监理工程师(项目专业技术负责人)作出验收结论,且记录的格式应符合本规范附录 B 的表 B.0.5 的规定。

3.2.9 试运行记录应由施工单位填写、监理(建设)单位的监理工程师(项目专业工程师)作出检查结论,且记录的格式应符合本规范附录 B 的表 B.0.6 的规定。

3.2.10 软件产品的质量控制除应检查本规范第 3.2.4 条规定的内容外,尚应检查文档资料和技术指标,并应符合下列规定:
    1 商业软件的使用许可证和使用范围应符合合同要求;
    2 针对工程项目编制的应用软件,测试报告中的功能和性能测试结果应符合工程项目的合同要求。

3.2.11 接口的质量控制除应检查本规范第 3.2.4 条规定的内容外,尚应符合下列规定:
    1 接口技术文件应符合合同要求;接口技术文件应包括接口概述、接口框图、接口位置、接口类型与数量、接口通信协议、数据流向和接口责任边界等内容;
    2 根据工程项目实际情况修订的接口技术文件应经过建设单位、设计单位、接口提供单位和施工单位签字确认;

3 接口测试文件应符合设计要求；接口测试文件应包括测试链路搭建、测试用仪器仪表、测试方法、测试内容和测试结果评判等内容；

4 接口测试应符合接口测试文件要求，测试结果记录应由接口提供单位、施工单位、建设单位和项目监理机构签字确认。

3.3 系统检测

3.3.1 系统检测应在系统试运行合格后进行。

3.3.2 系统检测前应提交下列资料：
1 工程技术文件；
2 设备材料进场检验记录和设备开箱检验记录；
3 自检记录；
4 分项工程质量验收记录；
5 试运行记录。

3.3.3 系统检测的组织应符合下列规定：
1 建设单位应组织项目检测小组；
2 项目检测小组应指定检测负责人；
3 公共机构的项目检测小组应由有资质的检测单位组成。

3.3.4 系统检测应符合下列规定：
1 应依据工程技术文件和本规范规定的检测项目、检测数量及检测方法编制系统检测方案，检测方案应经建设单位或项目监理机构批准后实施；
2 应按系统检测方案所列检测项目进行检测，系统检测的主控项目和一般项目应符合本规范附录C的规定；
3 系统检测应按照先分项工程，再子分部工程，最后分部工程的顺序进行，并填写《分项工程检测记录》、《子分部工程检测记录》和《分部工程检测汇总记录》；
4 分项工程检测记录由检测小组填写，检测负责人作出检测结论，监理（建设）单位的监理工程师（项目专业技术负责人）签字确认，且记录的格式应符合本规范附录C的表C.0.1的规定；
5 子分部工程检测记录由检测小组填写，检测负责人作出检测结论，监理（建设）单位的监理工程师（项目专业技术负责人）签字确认，且记录的格式应符合本规范附录C的表C.0.2～表C.0.16的规定；
6 分部工程检测汇总记录由检测小组填写，检测负责人作出检测结论，监理（建设）单位的监理工程师（项目专业技术负责人）签字确认，且记录的格式应符合本规范附录C的表C.0.17的规定。

3.3.5 检测结论与处理应符合下列规定：
1 检测结论应分为合格和不合格；
2 主控项目有一项及以上不合格的，系统检测结论应为不合格；一般项目有两项及以上不合格的，系统检测结论应为不合格；
3 被集成系统接口检测不合格的，被集成系统和集成系统的系统检测结论均应为不合格；
4 系统检测不合格时，应限期对不合格项进行整改，并重新检测，直至检测合格。重新检测时抽检应扩大范围。

3.4 分部（子分部）工程验收

3.4.1 建设单位应按合同进度要求组织人员进行工程验收。

3.4.2 工程验收应具备下列条件：
1 按经批准的工程技术文件施工完毕；
2 完成调试及自检，并出具系统自检记录；
3 分项工程质量验收合格，并出具分项工程质量验收记录；
4 完成系统试运行，并出具系统试运行报告；
5 系统检测合格，并出具系统检测记录；
6 完成技术培训，并出具培训记录。

3.4.3 工程验收的组织应符合下列规定：
1 建设单位应组织工程验收小组负责工程验收；
2 工程验收小组的人员应根据项目的性质、特点和管理要求确定，并应推荐组长和副组长；验收人员的总数应为单数，其中专业技术人员的数量不应低于验收人员总数的50%；
3 验收小组应对工程实体和资料进行检查，并作出正确、公正、客观的验收结论。

3.4.4 工程验收文件应包括下列内容：
1 竣工图纸；
2 设计变更记录和工程洽商记录；
3 设备材料进场检验记录和设备开箱检验记录；
4 分项工程质量验收记录；
5 试运行记录；
6 系统检测记录；
7 培训记录和培训资料。

3.4.5 工程验收小组的工作应包括下列内容：
1 检查验收文件；
2 检查观感质量；
3 抽检和复核系统检测项目。

3.4.6 工程验收的记录应符合下列规定：
1 应由施工单位填写《分部（子分部）工程质量验收记录》，设计单位的项目负责人和项目监理机构总监理工程师（建设单位项目专业负责人）作出检查结论，且记录的格式应符合本规范附录D的表D.0.1的规定；
2 应由施工单位填写《工程验收资料审查记录》，项目监理机构总监理工程师（建设单位项目负责人）作出检查结论，且记录的格式应符合本规范附录D的表D.0.2的规定；
3 应由施工单位按表填写《验收结论汇总记录》，验收小组作出检查结论，且记录的格式应符合本规范附录D的表D.0.3的规定。

3.4.7 工程验收结论与处理应符合下列规定：
　　1 工程验收结论应分为合格和不合格；
　　2 本规范第 3.4.4 条规定的工程验收文件齐全、观感质量符合要求且检测项目合格时，工程验收结论应为合格，否则应为不合格；
　　3 当工程验收结论为不合格时，施工单位应限期整改，直到重新验收合格；整改后仍无法满足使用要求的，不得通过工程验收。

4　智能化集成系统

4.0.1 智能化集成系统的设备、软件和接口等的检测和验收范围应根据设计要求确定。

4.0.2 智能化集成系统检测应在被集成系统检测完成后进行。

4.0.3 智能化集成系统检测应在服务器和客户端分别进行，检测点应包括每个被集成系统。

4.0.4 接口功能应符合接口技术文件和接口测试文件的要求，各接口均应检测，全部符合设计要求的应为检测合格。

4.0.5 检测集中监视、储存和统计功能时，应符合下列规定：
　　1 显示界面应为中文；
　　2 信息显示应正确，响应时间、储存时间、数据分类统计等性能指标应符合设计要求；
　　3 每个被集成系统的抽检数量宜为该系统信息点数的 5%，且抽检点数不应少于 20 点，当信息点数少于 20 点时应全部检测；
　　4 智能化集成系统抽检总点数不宜超过 1000 点；
　　5 抽检结果全部符合设计要求的，应为检测合格。

4.0.6 检测报警监视及处理功能时，应现场模拟报警信号，报警信息显示应正确，信息显示响应时间应符合设计要求。每个被集成系统的抽检数量不应少于该系统报警信息点数的 10%。抽检结果全部符合设计要求的，应为检测合格。

4.0.7 检测控制和调节功能时，应在服务器和客户端分别输入设置参数，调节和控制效果应符合设计要求。各被集成系统应全部检测，全部符合设计要求的应为检测合格。

4.0.8 检测联动配置及管理功能时，应现场逐项模拟触发信号，所有被集成系统的联动动作均应安全、正确、及时和无冲突。

4.0.9 权限管理功能检测应符合设计要求。

4.0.10 冗余功能检测应符合设计要求。

4.0.11 文件报表生成和打印功能应逐项检测。全部符合设计要求的应为检测合格。

4.0.12 数据分析功能应对各被集成系统逐项检测。全部符合设计要求的应为检测合格。

4.0.13 验收文件除应符合本规范第 3.4.4 条的规定外，尚应包括下列内容：
　　1 针对项目编制的应用软件文档；
　　2 接口技术文件；
　　3 接口测试文件。

5　信息接入系统

5.0.1 本章适用于对铜缆接入网系统、光缆接入网系统和无线接入网系统等信息接入系统设备安装场地的检查。

5.0.2 信息接入系统的检查和验收范围应根据设计要求确定。

5.0.3 机房的净高、地面防静电、电源、照明、温湿度、防尘、防水、消防和接地等应符合通信工程设计要求。

5.0.4 预留孔洞位置、尺寸和承重荷载应符合通信工程设计要求。

6　用户电话交换系统

6.0.1 本章适用于用户电话交换系统、调度系统、会议电话系统和呼叫中心的工程实施的质量控制、系统检测和竣工验收。

6.0.2 用户电话交换系统的检测和验收范围应根据设计要求确定。

6.0.3 用户电话交换系统的机房接地应符合现行国家标准《通信局（站）防雷与接地工程设计规范》GB 50689 的有关规定。

6.0.4 对于抗震设防的地区，用户电话交换系统的设备安装应符合现行行业标准《电信设备安装抗震设计规范》YD 5059 的有关规定。

6.0.5 用户电话交换系统工程实施的质量控制除应符合本规范第 3 章的规定外，尚应检查电信设备入网许可证。

6.0.6 用户电话交换系统的业务测试、信令方式测试、系统互通测试、网络管理及计费功能测试等检测结果，应满足系统的设计要求。

7　信息网络系统

7.1　一般规定

7.1.1 信息网络系统可根据设备的构成，分为计算机网络系统和网络安全系统。信息网络系统的检测和验收范围应根据设计要求确定。

7.1.2 对于涉及国家秘密的网络安全系统，应按国家保密管理的相关规定进行验收。

7.1.3 网络安全设备除应符合本规范第 3 章的规定外，尚应检查公安部计算机管理监察部门审批颁发的安全保护等信息系统安全专用产品销售许可证。

7.1.4 信息网络系统验收文件除应符合本规范第 3.4.4 条的规定外，尚应包括下列内容：

 1 交换机、路由器、防火墙等设备的配置文件；
 2 QoS 规划方案；
 3 安全控制策略；
 4 网络管理软件的相关文档；
 5 网络安全软件的相关文档。

7.2 计算机网络系统检测

7.2.1 计算机网络系统的检测可包括连通性、传输时延、丢包率、路由、容错功能、网络管理功能和无线局域网功能检测等。采用融合承载通信架构的智能化设备网，还应进行组播功能检测和 QoS 功能检测。

7.2.2 计算机网络系统的检测方法应根据设计要求选择，可采用输入测试命令进行测试或使用相应的网络测试仪器。

7.2.3 计算机网络系统的连通性检测应符合下列规定：

 1 网管工作站和网络设备之间的通信应符合设计要求，并且各用户终端应根据安全访问规则只能访问特定的网络与特定的服务器；
 2 同一 VLAN 内的计算机之间应能交换数据包，不在同一 VLAN 内的计算机之间不应交换数据包；
 3 应按接入层设备总数的 10% 进行抽样测试，且抽样数不应少于 10 台；接入层设备少于 10 台的，应全部测试；
 4 抽检结果全部符合设计要求的，应为检测合格。

7.2.4 计算机网络系统的传输时延和丢包率的检测应符合下列规定：

 1 应检测从发送端口到目的端口的最大延时和丢包率等数值；
 2 对于核心层的骨干链路、汇聚层到核心层的上联链路，应进行全部检测；对接入层到汇聚层的上联链路，应按不低于 10% 的比例进行抽样测试，且抽样数不应少于 10 条；上联链路数不足 10 条的，应全部检测；
 3 抽检结果全部符合设计要求的，应为检测合格。

7.2.5 计算机网络系统的路由检测应包括路由设置的正确性和路由的可达性，并应根据核心设备路由表采用路由测试工具或软件进行测试。检测结果符合设计要求的，应为检测合格。

7.2.6 计算机网络系统的组播功能检测应采用模拟软件生成组播流。组播流的发送和接收检测结果符合设计要求的，应为检测合格。

7.2.7 计算机网络系统的 QoS 功能应检测队列调度机制。能够区分业务流并保障关键业务数据优先发送的，应为检测合格。

7.2.8 计算机网络系统的容错功能应采用人为设置网络故障的方法进行检测，并应符合下列规定：

 1 对具备容错能力的计算机网络系统，应具有错误恢复和故障隔离功能，并在出现故障时自动切换；
 2 对有链路冗余配置的计算机网络系统，当其中的某条链路断开或有故障发生时，整个系统仍应保持正常工作，并在故障恢复后应能自动切换回主系统运行；
 3 容错功能应全部检测，且全部结果符合设计要求的应为检测合格。

7.2.9 无线局域网的功能检测除应符合本规范第 7.2.3～7.2.8 条的规定外，尚应符合下列规定：

 1 在覆盖范围内接入点的信道信号强度应不低于 $-75dBm$；
 2 网络传输速率不应低于 5.5Mbit/s；
 3 应采用不少于 100 个 ICMP 64Byte 帧长的测试数据包，不少于 95% 路径的数据包丢失率应小于 5%；
 4 应采用不少于 100 个 ICMP 64Byte 帧长的测试数据包，不小于 95% 且跳数小于 6 的路径的传输时延应小于 20ms；
 5 应按无线接入点总数的 10% 进行抽样测试，抽样数不应少于 10 个；无线接入点少于 10 个的，应全部测试。抽检结果全部符合本条第 1～4 款要求的，应为检测合格。

7.2.10 计算机网络系统的网络管理功能应在网管工作站检测，并应符合下列规定：

 1 应搜索整个计算机网络系统的拓扑结构图和网络设备连接图；
 2 应检测自诊断功能；
 3 应检测对网络设备进行远程配置的功能，当具备远程配置功能时，应检测网络性能参数含网络节点的流量、广播率和错误率等；
 4 检测结果符合设计要求的，应为检测合格。

7.3 网络安全系统检测

7.3.1 网络安全系统检测宜包括结构安全、访问控制、安全审计、边界完整性检查、入侵防范、恶意代码防范和网络设备防护等安全保护能力的检测。检测方法应依据设计确定的信息系统安全防护等级进行制定，检测内容应按现行国家标准《信息安全技术 信息系统安全等级保护基本要求》GB/T 22239 执行。

7.3.2 业务办公网及智能化设备网与互联网连接时，应检测安全保护技术措施。检测结果符合设计要求的，应为检测合格。

7.3.3 业务办公网及智能化设备网与互联网连接时，网络安全系统应检测安全审计功能，并应具有至少保存60d记录备份的功能。检测结果符合设计要求的，应为检测合格。

7.3.4 对于要求物理隔离的网络，应进行物理隔离检测，且检测结果符合下列规定的应为检测合格：
 1 物理实体上应完全分开；
 2 不应存在共享的物理设备；
 3 不应有任何链路上的连接。

7.3.5 无线接入认证的控制策略应符合设计要求，并应按设计要求的认证方式进行检测，且应抽取网络覆盖区域内不同地点进行20次认证。认证失败次数不超过1次的，应为检测合格。

7.3.6 当对网络设备进行远程管理时，应检测防窃听措施。检测结果符合设计要求的，应为检测合格。

8 综合布线系统

8.0.1 综合布线系统检测应包括电缆系统和光缆系统的性能测试，且电缆系统测试项目应根据布线信道或链路的设计等级和布线系统的类别要求确定。

8.0.2 综合布线系统测试方法应按现行国家标准《综合布线系统工程验收规范》GB 50312 的规定执行。

8.0.3 综合布线系统检测单项合格判定应符合下列规定：
 1 一个及以上被测项目的技术参数测试结果不合格的，该项目应判为不合格；某一被测项目的检测结果与相应规定的差值在仪表准确度范围内的，该被测项目应判为合格；
 2 采用4对对绞电缆作为水平电缆或主干电缆，所组成的链路或信道有一项及以上指标测试结果不合格的，该链路或信道应判为不合格；
 3 主干布线大对数电缆中按4对对绞线对组成的链路一项及以上测试指标不合格的，该线对应判为不合格；
 4 光纤链路或信道测试结果不满足设计要求的，该光纤链路或信道应判为不合格；
 5 未通过检测的链路或信道应在修复后复检。

8.0.4 综合布线系统检测的综合合格判定应符合下列规定：
 1 对绞电缆布线全部检测时，无法修复的链路、信道或不合格线对数量有一项及以上超过被测总数的1%的，结论应判为不合格；光缆布线检测时，有一条及以上光纤链路或信道无法修复的，应判为不合格；
 2 对于抽样检测，被抽样检测点（线对）不合格比例不大于被测总数1%的，抽样检测应判为合格，且不合格点（线对）应予以修复并复检；被抽样检测点（线对）不合格比例大于1%的，应判为一次抽样检测不合格，并应进行加倍抽样，加倍抽样不合格比例不大于1%的，抽样检测应判为合格；不合格比例仍大于1%的，抽样检测应判为不合格，且应进行全部检测，并按全部检测要求进行判定；
 3 全部检测或抽样检测结论为合格的，系统检测的结论应为合格；全部检测结论为不合格的，系统检测的结论应为不合格。

8.0.5 对绞电缆链路或信道和光纤链路或信道的检测应符合下列规定：
 1 自检记录应包括全部链路或信道的检测结果；
 2 自检记录中各单项指标全部合格时，应判为检测合格；
 3 自检记录中各单项指标中有一项及以上不合格时，应抽检，且抽样比例不应低于10%，抽样点应包括最远布线点；抽检结果的判定应符合本规范第8.0.4条的规定。

8.0.6 综合布线的标签和标识应按10%抽检，综合布线管理软件功能应全部检测。检测结果符合设计要求的，应判为检测合格。

8.0.7 电子配线架应检测管理软件中显示的链路连接关系与链路的物理连接的一致性，并应按10%抽检。检测结果全部一致的，应判为检测合格。

8.0.8 综合布线系统的验收文件除应符合本规范第3.4.4条的规定外，尚应包括综合布线管理软件的相关文档。

9 移动通信室内信号覆盖系统

9.0.1 本章适用于对移动通信室内信号覆盖系统设备安装场地的检查。

9.0.2 机房的净高、地面防静电、电源、照明、温湿度、防尘、防水、消防和接地等，应符合通信工程设计要求。

9.0.3 预留孔洞位置和尺寸应符合设计要求。

10 卫星通信系统

10.0.1 本章适用于对卫星通信系统设备安装场地的检查。

10.0.2 机房的净高、地面防静电、电源、照明、温湿度、防尘、防水、消防和接地等，应符合通信工程设计要求。

10.0.3 预留孔洞位置、尺寸及承重荷载和屋顶楼板孔洞防水处理应符合设计要求。

10.0.4 预埋天线的安装加固件、防雷和接地装置的位置和尺寸应符合设计要求。

11 有线电视及卫星电视接收系统

11.0.1 有线电视及卫星电视接收系统的设备及器材的进场验收，除应符合本规范第3章的规定外，尚应检查国家广播电视总局或有资质检测机构颁发的有效认定标识。

11.0.2 对有线电视及卫星电视接收系统进行主观评价和客观测试时，应选用标准测试点，并应符合下列规定：

1 系统的输出端口数量小于1000时，测试点不得少于2个；系统的输出端口数量大于等于1000时，每1000点应选取（2～3）个测试点；

2 对于基于HFC或同轴传输的双向数字电视系统，主观评价的测试点数应符合本条第1款规定，客观测试点的数量不应少于系统输出端口数量的5%，测试点数不应少于20个；

3 测试点应至少有一个位于系统中主干线的最后一个分配放大器之后的点。

11.0.3 客观测试应包括下列内容，且检测结果符合设计要求应判定为合格：

1 应测试卫星接收电视系统的接收频段、视频系统指标及音频系统指标；

2 应测量有线电视系统的终端输出电平。

11.0.4 模拟信号的有线电视系统主观评价应符合下列规定：

1 模拟电视主要技术指标应符合表11.0.4-1的规定；

表 11.0.4-1 模拟电视主要技术指标

序号	项目名称	测试频道	主观评价标准
1	系统载噪比	系统总频道的10%且不少于5个，不足5个全检，且分布于整个工作频段的高、中、低段	无噪波，即无"雪花干扰"
2	载波互调比	系统总频道的10%且不少于5个，不足5个全检，且分布于整个工作频段的高、中、低段	图像中无垂直、倾斜或水平条纹
3	交扰调制比	系统总频道的10%且不少于5个，不足5个全检，且分布于整个工作频段的高、中、低段	图像中无移动、垂直或斜图案，即无"窜台"
4	回波值	系统总频道的10%且不少于5个，不足5个全检，且分布于整个工作频段的高、中、低段	图像中无沿水平方向分布在右边一条或多条轮廓线，即无"重影"
5	色/亮度时延差	系统总频道的10%且不少于5个，不足5个全检，且分布于整个工作频段的高、中、低段	图像中色、亮信息对齐，即无"彩色鬼影"
6	载波交流声	系统总频道的10%且不少于5个，不足5个全检，且分布于整个工作频段的高、中、低段	图像中无上下移动的水平条纹，即无"滚道"现象
7	伴音和调频广播的声音	系统总频道的10%且不少于5个，不足5个全检，且分布于整个工作频段的高、中、低段	无背景噪声，如丝丝声、哼声、蜂鸣声和串音等

2 图像质量的主观评价应符合下列规定：

1）图像质量主观评价评分应符合表11.0.4-2的规定：

表 11.0.4-2 图像质量主观评价评分

图像质量主观评价	评分值（等级）
图像质量极佳，十分满意	5分（优）
图像质量好，比较满意	4分（良）
图像质量一般，尚可接受	3分（中）
图像质量差，勉强能看	2分（差）
图像质量低劣，无法看清	1分（劣）

2）评价项目可包括图像清晰度、亮度、对比度、色彩还原性、图像色彩及色饱和度等内容；

3）评价人员数量不宜少于5个，各评价人员应独立评分，并应取算术平均值为评价结果；

4）评价项目的得分值不低于4分的应判定为合格。

11.0.5 对于基于HFC或同轴传输的双向数字电视系统下行指标的测试，检测结果符合设计要求的应判定为合格。

11.0.6 对于基于HFC或同轴传输的双向数字电视系统上行指标的测试，检测结果符合设计要求的应判定为合格。

11.0.7 数字信号的有线电视系统主观评价的项目和要求应符合表11.0.7的规定。且测试时应选择图源图像和源声音均较好的节目频道。

表 11.0.7 数字信号的有线电视系统主观评价的项目和要求

项目	技术要求	备注
图像质量	图像清晰、色彩鲜艳，无马赛克或图像停顿	符合本规范第 11.0.4 条第 2 款要求
声音质量	对白清晰；音质无明显失真；不应出现明显的噪声和杂音	—
唇音同步	无明显的图像滞后或超前于声音的现象	—
节目频道切换	节目频道切换时不能出现严重的马赛克或长时间黑屏现象；节目切换平均等待时间应小于 2.5s，最大不应超过 3.5s	包括加密频道和不在同一射频频点的节目频道
字幕	清晰、可识别	—

11.0.8 验收文件除应符合本规范第 3.4.4 条的规定外，尚应包括用户分配电平图。

12 公共广播系统

12.0.1 公共广播系统可包括业务广播、背景广播和紧急广播。检测和验收的范围应根据设计要求确定。

12.0.2 当紧急广播系统具有火灾应急广播功能时，应检查传输线缆、槽盒和导管的防火保护措施。

12.0.3 公共广播系统检测时，应打开广播分区的全部广播扬声器，测量点宜均匀布置，且不应在广播扬声器附近和其声辐射轴线上。

12.0.4 公共广播系统检测时，应检测公共广播系统的应备声压级，检测结果符合设计要求的应判定为合格。

12.0.5 主观评价时应对广播分区逐个进行检测和试听，并应符合下列规定：
    1 语言清晰度主观评价评分应符合表 12.0.5 的规定；

表 12.0.5 语言清晰度主观评价评分

主观评价	评分值（等级）
语言清晰度极佳，十分满意	5 分（优）
语言清晰度好，比较满意	4 分（良）
语言清晰度一般，尚可接受	3 分（中）
语言清晰度差，勉强能听	2 分（差）
语言清晰度低劣，无法接受	1 分（劣）

    2 评价人员应独立评价打分，评价结果应取所有评价人员打分的算术平均值；
    3 评价结果不低于 4 分的应判定为合格。

12.0.6 公共广播系统检测时，应检测紧急广播的功能和性能，检测结果符合设计要求的应判定为合格。当紧急广播包括火灾应急广播功能时，还应检测下列内容：
    1 紧急广播具有最高级别的优先权；
    2 警报信号触发后，紧急广播向相关广播区播放警示信号、警报语声文件或实时指挥语声的响应时间；
    3 音量自动调节功能；
    4 手动发布紧急广播的一键到位功能；
    5 设备的热备用功能、定时自检和故障自动告警功能；
    6 备用电源的切换时间；
    7 广播分区与建筑防火分区匹配。

12.0.7 公共广播系统检测时，应检测业务广播和背景广播的功能，符合设计要求的应判定为合格。

12.0.8 公共广播系统检测时，应检测公共广播系统的声场不均匀度、漏出声衰减及系统设备信噪比，检测结果符合设计要求的应判定为合格。

12.0.9 公共广播系统检测时，应检查公共广播系统的扬声器位置，分布合理、符合设计要求的应判定为合格。

13 会议系统

13.0.1 会议系统可包括会议扩声系统、会议视频显示系统、会议灯光系统、会议同声传译系统、会议讨论系统、会议电视系统、会议表决系统、会议集中控制系统、会议摄像系统、会议录播系统和会议签到管理系统等。检测和验收的范围应根据设计要求确定。

13.0.2 会议系统检测时，应根据系统规模和实际所选用功能和系统，以及会议室的重要性和设备复杂性确定检测内容和验收项目。

13.0.3 会议系统检测前，宜检查会议系统引入电源和会场建声的检测记录。

13.0.4 会议系统检测应符合下列规定：
    1 功能检测应采用现场模拟的方法，根据设计要求逐项检测；
    2 性能检测可采用客观测量或主观评价方法进行。

13.0.5 会议扩声系统的检测应符合下列规定：
    1 声学特性指标可检测语言传输指数，或直接检测下列内容：
        1）最大声压级；
        2）传输频率特性；
        3）传声增益；

4）声场不均匀度；
　　5）系统总噪声级。
　2 声学特性指标的测量方法应符合现行国家标准《厅堂扩声特性测量方法》GB/T 4959 的规定，检测结果符合设计要求的应判定为合格。
　3 主观评价应符合下列规定：
　　1）声源应包括语言和音乐两类；
　　2）评价方法和评分标准应符合本规范第 12.0.5 条的规定。

13.0.6 会议视频显示系统的检测应符合下列规定：
　1 显示特性指标的检测应包括下列内容：
　　1）显示屏亮度；
　　2）图像对比度；
　　3）亮度均匀性；
　　4）图像水平清晰度；
　　5）色域覆盖率；
　　6）水平视角、垂直视角。
　2 显示特性指标的测量方法应符合现行国家标准《视频显示系统工程测量规范》GB/T 50525 的规定。检测结果符合设计要求的应判定为合格。
　3 主观评价应符合本规范第 11.0.4 条第 2 款的规定。

13.0.7 具有会议电视功能的会议灯光系统，应检测平均照度值。检测结果符合设计要求的应判定为合格。

13.0.8 会议讨论系统和会议同声传译系统应检测与火灾自动报警系统的联动功能。检测结果符合设计要求的应判定为合格。

13.0.9 会议电视系统的检测应符合下列规定：
　1 应对主会场和分会场功能分别进行检测；
　2 性能评价的检测宜包括声音延时、声像同步、会议电视回声、图像清晰度和图像连续性；
　3 会议灯光系统的检测宜包括照度、色温和显色指数；
　4 检测结果符合设计要求的应判定为合格。

13.0.10 其他系统的检测应符合下列规定：
　1 会议同声传译系统的检测应按现行国家标准《红外线同声传译系统工程技术规范》GB 50524 的规定执行；
　2 会议签到管理系统应测试签到的准确性和报表功能；
　3 会议表决系统应测试表决速度和准确性；
　4 会议集中控制系统的检测应采用现场功能演示的方法，逐项进行功能检测；
　5 会议录播系统应对现场视频、音频、计算机数字信号的处理、录制和播放功能进行检测，并检验其信号处理和录播系统的质量；
　6 具备自动跟踪功能的会议摄像系统应与会议讨论系统相配合，检查摄像机的预置位调用功能；
　7 检测结果符合设计要求的应判定为合格。

14 信息导引及发布系统

14.0.1 信息引导及发布系统可由信息播控设备、传输网络、信息显示屏（信息标识牌）和信息导引设施或查询终端等组成，检测和验收的范围应根据设计要求确定。

14.0.2 信息引导及发布系统检测应以系统功能检测为主，图像质量主观评价为辅。

14.0.3 信息引导及发布系统功能检测应符合下列规定：
　1 应根据设计要求对系统功能逐项检测；
　2 软件操作界面应显示准确、有效；
　3 检测结果符合设计要求的应判定为合格。

14.0.4 信息引导及发布系统检测时，应检测显示性能，且结果符合设计要求的应判定为合格。

14.0.5 信息引导及发布系统检测时，应检查系统断电后再次恢复供电时的自动恢复功能，且结果符合设计要求的应判定为合格。

14.0.6 信息引导及发布系统检测时，应检测系统终端设备的远程控制功能，且结果符合设计要求的应判定为合格。

14.0.7 信息导引及发布系统的图像质量主观评价，应符合本规范第 11.0.4 条第 2 款的规定。

15 时 钟 系 统

15.0.1 时钟系统测试方法应符合现行行业标准《时间同步系统》QB/T 4054 的相关规定。

15.0.2 时钟系统检测应以接收及授时功能为主，其他功能为辅。

15.0.3 时钟系统检测时，应检测母钟与时标信号接收器同步、母钟对子钟同步校时的功能，检测结果符合设计要求的应判定为合格。

15.0.4 时钟系统检测时，应检测平均瞬时日差指标，检测结果符合下列条件的应判定为合格：
　1 石英谐振器一级母钟的平均瞬时日差不大于 0.01s/d；
　2 石英谐振器二级母钟的平均瞬时日差不大于 0.1s/d；
　3 子钟的平均瞬时日差在（−1.00～+1.00）s/d。

15.0.5 时钟系统检测时，应检测时钟显示的同步偏差，检测结果符合下列条件的应判定为合格：
　1 母钟的输出口同步偏差不大于 50ms；
　2 子钟与母钟的时间显示偏差不大于 1s。

15.0.6 时钟系统检测时，应检测授时校准功能，检测结果符合下列条件的应判定为合格：

1 一级母钟能可靠接收标准时间信号及显示标准时间，并向各二级母钟输出标准时间信号；无标准时间信号时，一级母钟能正常运行；

2 二级母钟能可靠接收一级母钟提供的标准时间信号，并向子钟输出标准时间信号；无一级母钟时间信号时，二级母钟能正常运行；

3 子钟能可靠接收二级母钟提供的标准时间信号；无二级母钟时间信号时，子钟能正常工作，并能单独调时。

15.0.7 时钟系统检测时，应检测母钟、子钟和时间服务器等运行状况的监测功能，结果符合设计要求的应判定为合格。

15.0.8 时钟系统检测时，应检查时钟系统断电后再次恢复供电时的自动恢复功能，结果符合设计要求的应判定为合格。

15.0.9 时钟系统检测时，应检查时钟系统的使用可靠性，符合下列条件的应判定为合格：

1 母钟在正常使用条件下不停走；

2 子钟在正常使用条件下不停走，时间显示正常且清楚。

15.0.10 时钟系统检测时，应检查有日历显示的时钟换历功能，结果符合设计要求的应判定为合格。

15.0.11 时钟系统检测时，应检查时钟系统对其他系统主机的校时和授时功能，结果符合设计要求的应判定为合格。

16 信息化应用系统

16.0.1 信息化应用系统可包括专业业务系统、信息设施运行管理系统、物业管理系统、通用业务系统、公众信息系统、智能卡应用系统和信息安全管理系统等，检测和验收的范围应根据设计要求确定。

16.0.2 信息化应用系统按构成要素分为设备和软件，系统检测应先检查设备，后检测应用软件。

16.0.3 应用软件测试应按软件需求规格说明编制测试大纲，并确定测试内容和测试用例，且宜采用黑盒法进行。

16.0.4 信息化应用系统检测时，应检查设备的性能指标，结果符合设计要求的应判定为合格。对于智能卡设备还应检测下列内容：

1 智能卡与读写设备间的有效作用距离；

2 智能卡与读写设备间的通信传输速率和读写验证处理时间；

3 智能卡序号的唯一性。

16.0.5 信息化应用系统检测时，应测试业务功能和业务流程，结果符合软件需求规格说明的应判定为合格。

16.0.6 信息化应用系统检测时，应用软件的重要功能和性能测试应包括下列内容，结果符合软件需求规格说明的应判定为合格：

1 重要数据删除的警告和确认提示；

2 输入非法值的处理；

3 密钥存储方式；

4 对用户操作进行记录并保存的功能；

5 各种权限用户的分配；

6 数据备份和恢复功能；

7 响应时间。

16.0.7 应用软件修改后，应进行回归测试，修改后的应用软件能满足软件需求规格说明的应判定为合格。

16.0.8 应用软件的一般功能和性能测试应包括下列内容，结果符合软件需求规格说明的应判定为合格：

1 用户界面采用的语言；

2 提示信息；

3 可扩展性。

16.0.9 信息化应用系统检测时，应检查运行软件产品的设备中安装的软件，没有安装与业务应用无关的软件的应判定为合格。

16.0.10 信息化应用系统验收文件除应符合本规范第3.4.4条的规定外，尚应包括应用软件的软件需求规格说明、安装手册、操作手册、维护手册和测试报告。

17 建筑设备监控系统

17.0.1 建筑设备监控系统可包括暖通空调监控系统、变配电监测系统、公共照明监控系统、给排水监控系统、电梯和自动扶梯监测系统及能耗监测系统等。检测和验收的范围应根据设计要求确定。

17.0.2 建筑设备监控系统工程实施的质量控制除应符合本规范第3章的规定外，用于能耗结算的水、电、气和冷/热量表等，尚应检查制造计量器具许可证。

17.0.3 建筑设备监控系统检测应以系统功能测试为主，系统性能评测为辅。

17.0.4 建筑设备监控系统检测应采用中央管理工作站显示与现场实际情况对比的方法进行。

17.0.5 暖通空调监控系统的功能检测应符合下列规定：

1 检测内容应按设计要求确定；

2 冷热源的监测参数应全部检测；空调、新风机组的监测参数应按总数的20%抽检，且不应少于5台，不足5台时应全部检测；各种类型传感器、执行器应按10%抽检，且不应少于5只，不足5只时应全部检测；

3 抽检结果全部符合设计要求的应判定为合格。

17.0.6 变配电监测系统的功能检测应符合下列规定：

1 检测内容应按设计要求确定；

2 对高低压配电柜的运行状态、变压器的温度、储油罐的液位、各种备用电源的工作状态和联锁控制功能等应全部检测；各种电气参数检测数量应按每类参数抽20%，且数量不应少于20点，数量少于20点时应全部检测；

3 抽检结果全部符合设计要求的应判定为合格。

17.0.7 公共照明监控系统的功能检测应符合下列规定：

1 检测内容应按设计要求确定；

2 应按照明回路总数的10%抽检，数量不应少于10路，总数少于10路时应全部检测；

3 抽检结果全部符合设计要求的应判定为合格。

17.0.8 给排水监控系统的功能检测应符合下列规定：

1 检测内容应按设计要求确定；

2 给水和中水监控系统应全部检测；排水监控系统应抽检50%，且不得少于5套，总数少于5套时应全部检测；

3 抽检结果全部符合设计要求的应判定为合格。

17.0.9 电梯和自动扶梯监测系统应检测启停、上下行、位置、故障等运行状态显示功能。检测结果符合设计要求的应判定为合格。

17.0.10 能耗监测系统应检测能耗数据的显示、记录、统计、汇总及趋势分析等功能。检测结果符合设计要求的应判定为合格。

17.0.11 中央管理工作站与操作分站的检测应符合下列规定：

1 中央管理工作站的功能检测应包括下列内容：

 1）运行状态和测量数据的显示功能；
 2）故障报警信息的报告应及时准确，有提示信号；
 3）系统运行参数的设定及修改功能；
 4）控制命令应无冲突执行；
 5）系统运行数据的记录、存储和处理功能；
 6）操作权限；
 7）人机界面应为中文。

2 操作分站的功能应检测监控管理权限及数据显示与中央管理工作站的一致性；

3 中央管理工作站功能应全部检测，操作分站应抽检20%，且不得少于5个，不足5个时应全部检测；

4 检测结果符合设计要求的应判定为合格。

17.0.12 建筑设备监控系统实时性的检测应符合下列规定：

1 检测内容应包括控制命令响应时间和报警信号响应时间；

2 应抽检10%且不得少于10台，少于10台时应全部检测；

3 抽测结果全部符合设计要求的应判定为合格。

17.0.13 建筑设备监控系统可靠性的检测应符合下列规定：

1 检测内容应包括系统运行的抗干扰性能和电源切换时系统运行的稳定性；

2 应通过系统正常运行时，启停现场设备或投切备用电源，观察系统的工作情况进行检测；

3 检测结果符合设计要求的应判定为合格。

17.0.14 建筑设备监控系统可维护性的检测应符合下列规定：

1 检测内容应包括：

 1）应用软件的在线编程和参数修改功能；
 2）设备和网络通信故障的自检测功能。

2 应通过现场模拟修改参数和设置故障的方法检测；

3 检测结果符合设计要求的应判定为合格。

17.0.15 建筑设备监控系统性能评测项目的检测应符合下列规定：

1 检测宜包括下列内容：

 1）控制网络和数据库的标准化、开放性；
 2）系统的冗余配置；
 3）系统可扩展性；
 4）节能措施。

2 检测方法应根据设备配置和运行情况确定；

3 检测结果符合设计要求的应判定为合格。

17.0.16 建筑设备监控系统验收文件除应符合本规范第3.4.4条的规定外，还应包括下列内容：

1 中央管理工作站软件的安装手册、使用和维护手册；

2 控制器箱内接线图。

18 火灾自动报警系统

18.0.1 火灾自动报警系统提供的接口功能应符合设计要求。

18.0.2 火灾自动报警系统工程实施的质量控制、系统检测和工程验收应符合现行国家标准《火灾自动报警系统施工及验收规范》GB 50166的规定。

19 安全技术防范系统

19.0.1 安全技术防范系统可包括安全防范综合管理系统、入侵报警系统、视频安防监控系统、出入口控制系统、电子巡查系统和停车库（场）管理系统等子系统。检测和验收的范围应根据设计要求确定。

19.0.2 高风险对象的安全技术防范系统除应符合本规范的规定外，尚应符合国家现行有关标准的规定。

19.0.3 安全技术防范系统工程实施的质量控制除应符合本规范第3章的规定外，对于列入国家强制性认证产品目录的安全防范产品尚应检查产品的认证证书或检测报告。

19.0.4 安全技术防范系统检测应符合下列规定：

1 子系统功能应按设计要求逐项检测；

2 摄像机、探测器、出入口识读设备、电子巡查信息识读器等设备抽检的数量不应低于20%，且不应少于3台，数量少于3台时应全部检测；

3 抽检结果全部符合设计要求的，应判定子系统检测合格。

4 全部子系统功能检测均合格的，系统检测应判定为合格。

19.0.5 安全防范综合管理系统的功能检测应包括下列内容：

1 布防/撤防功能；

2 监控图像、报警信息以及其他信息记录的质量和保存时间；

3 安全技术防范系统中的各子系统之间的联动；

4 与火灾自动报警系统和应急响应系统的联动、报警信号的输出接口；

5 安全技术防范系统中的各子系统对监控中心控制命令的响应准确性和实时性；

6 监控中心对安全技术防范系统中的各子系统工作状态的显示、报警信息的准确性和实时性。

19.0.6 视频安防监控系统的检测应符合下列规定：

1 应检测系统控制功能、监视功能、显示功能、记录功能、回放功能、报警联动功能和图像丢失报警功能等，并应按现行国家标准《安全防范工程技术规范》GB 50348中有关视频安防监控系统检验项目、检验要求及测试方法的规定执行；

2 对于数字视频安防监控系统，还应检测下列内容：

　　1) 具有前端存储功能的网络摄像机及编码设备进行图像信息的存储；

　　2) 视频智能分析功能；

　　3) 音视频存储、回放和检索功能；

　　4) 报警预录和音视频同步功能；

　　5) 图像质量的稳定性和显示延迟。

19.0.7 入侵报警系统的检测应包括入侵报警功能、防破坏及故障报警功能、记录及显示功能、系统自检功能、系统报警响应时间、报警复核功能、报警声级、报警优先功能等，并应按现行国家标准《安全防范工程技术规范》GB 50348中有关入侵报警系统检验项目、检验要求及测试方法的规定执行。

19.0.8 出入口控制系统的检测应包括出入目标识读装置功能、信息处理/控制设备功能、执行机构功能、报警功能和访客对讲功能等，并应按现行国家标准《安全防范工程技术规范》GB 50348中有关出入口控制系统检验项目、检验要求及测试方法的规定执行。

19.0.9 电子巡查系统的检测应包括巡查设置功能、记录打印功能、管理功能等，并应按现行国家标准《安全防范工程技术规范》GB 50348中有关电子巡查系统检验项目、检验要求及测试方法的规定执行。

19.0.10 停车库（场）管理系统的检测应符合下列规定：

1 应检测识别功能、控制功能、报警功能、出票验票功能、管理功能和显示功能等，并应按现行国家标准《安全防范工程技术规范》GB 50348中有关停车库（场）管理系统检验项目、检验要求及测试方法的规定执行；

2 应检测紧急情况下的人工开闸功能。

19.0.11 安全技术防范系统检测时，应检查监控中心管理软件中电子地图显示的设备位置，且与现场位置一致的应判定为合格。

19.0.12 安全技术防范系统的安全性及电磁兼容性检测应符合现行国家标准《安全防范工程技术规范》GB 50348的有关规定。

19.0.13 安全技术防范系统中的各子系统可分别进行验收。

20 应急响应系统

20.0.1 应急响应系统检测应在火灾自动报警系统、安全技术防范系统、智能化集成系统和其他关联智能化系统等通过系统检测后进行。

20.0.2 应急响应系统检测应按设计要求逐项进行功能检测。检测结果符合设计要求的应判定为合格。

21 机 房 工 程

21.0.1 机房工程宜包括供配电系统、防雷与接地系统、空气调节系统、给水排水系统、综合布线系统、监控与安全防范系统、消防系统、室内装饰装修和电磁屏蔽等。检测和验收的范围应根据设计要求确定。

21.0.2 机房工程实施的质量控制除应符合本规范第3章的规定外，有防火性能要求的装饰装修材料还应检查防火性能证明文件和产品合格证。

21.0.3 机房工程系统检测前，宜检查机房工程的引入电源质量的检测记录。

21.0.4 机房工程验收时，应检测供配电系统的输出电能质量，检测结果符合设计要求的应判定为合格。

21.0.5 机房工程验收时，应检测不间断电源的供电时延，检测结果符合设计要求的应判定为合格。

21.0.6 机房工程验收时，应检测静电防护措施，检测结果符合设计要求的应判定为合格。

21.0.7 弱电间检测应符合下列规定：

1 室内装饰装修检测下列内容，检测结果符合设计要求的应判定为合格：

　　1) 房间面积、门的宽度及高度和室内顶棚净高；
2) 墙、顶和地的装修面层材料；
3) 地板铺装；
4) 降噪隔声措施。
2 线缆路由的冗余应符合设计要求。
3 供配电系统的检测应符合下列规定：
1) 电气装置的型号、规格和安装方式应符合设计要求；
2) 电气装置与其他系统联锁动作的顺序及响应时间应符合设计要求；
3) 电线、电缆的相序、敷设方式、标志和保护等应符合设计要求；
4) 不间断电源装置支架应安装平整、稳固，内部接线应连接正确，紧固件应齐全、可靠不松动，焊接连接不应有脱落现象；
5) 配电柜（屏）的金属框架及基础型钢接地应可靠；
6) 不同回路、不同电压等级和交流与直流的电线的敷设应符合设计要求；
7) 工作面水平照度应符合设计要求。
4 空调通风系统应检测下列内容，检测结果符合设计要求的应判定为合格：
1) 室内温度和湿度；
2) 室内洁净度；
3) 房间内与房间外的压差值。
5 防雷与接地的检测应按本规范第22章的规定执行。
6 消防系统的检测应按本规范第18章的规定执行。

21.0.8 对于本规范第21.0.7条规定的弱电间以外的机房，应按现行国家标准《电子信息系统机房施工及验收规范》GB 50462中有关供配电系统、防雷与接地系统、空气调节系统、给水排水系统、综合布线系统、监控与安全防范系统、消防系统、室内装饰装修和电磁屏蔽等系统的检验项目、检验要求及测试方法的规定执行，检测结果符合设计要求的应判定为合格。

21.0.9 机房工程验收文件除应符合本规范第3.4.4条的规定外，尚应包括机柜设备装配图。

22 防雷与接地

22.0.1 防雷与接地宜包括智能化系统的接地装置、接地线、等电位联结、屏蔽设施和电涌保护器。检测和验收的范围应根据设计要求确定。

22.0.2 智能建筑的防雷与接地系统检测前，宜检查建筑物防雷工程的质量验收记录。

22.0.3 智能建筑的防雷与接地系统检测应检查下列内容，结果符合设计要求的应判定为合格：

1 接地装置及接地连接点的安装；
2 接地电阻的阻值；
3 接地导体的规格、敷设方法和连接方法；
4 等电位联结带的规格、联结方法和安装位置；
5 屏蔽设施的安装；
6 电涌保护器的性能参数、安装位置、安装方式和连接导线规格。

22.0.4 智能建筑的接地系统必须保证建筑内各智能化系统的正常运行和人身、设备安全。

22.0.5 智能建筑的防雷与接地系统的验收文件除应符合本规范第3.4.4条的规定外，尚应包括防雷保护设备的一览表。

附录 A 施工现场质量管理检查记录

表 A 施工现场质量管理检查记录

工程名称		资料编号	
		施工许可证（开工证）	
建设单位		项目负责人	
设计单位		项目负责人	
监理单位		总监理工程师	
施工单位		项目经理	项目技术负责人

序号	项目	内容
1	现场质量管理制度	
2	质量责任制	
3	施工安全技术措施	
4	主要专业工种操作上岗证书	
5	施工单位资质与管理制度	
6	施工图审查情况	
7	施工组织设计、施工方案及审批	
8	施工技术标准	
9	工程质量检验制度	
10	现场设备、材料存放与管理	
11	检测设备、计量仪表检验	

检查结论：

总监理工程师
（建设单位项目负责人）　　　　　年 月 日

附录 B 工程实施的质量控制记录

B.0.1 智能建筑的设备材料进场检验记录应按表 B.0.1 执行。

B.0.2 智能建筑的隐蔽工程（随工检查）验收记录应按表 B.0.2 执行。

B.0.3 智能建筑的安装质量及观感质量验收记录应按表 B.0.3 执行。

B.0.4 智能建筑的自检记录应按表 B.0.4 执行。

B.0.5 智能建筑的分项工程质量验收记录应按表 B.0.5 执行。

B.0.6 智能建筑的试运行记录应按表 B.0.6 执行。

表 B.0.1 设备材料进场检验记录

工程名称					资料编号			
					检验日期			
序号	名称	规格型号	进场数量	生产厂家合格证号	检验项目	检验结果	备注	

检验结论：

签字栏	施工单位		专业质检员	专业工长	检验员
	监理（建设）单位			专业工程师	

表 B.0.2 隐蔽工程（随工检查）验收记录

		资料编号	
工程名称			
隐检项目		隐检日期	
隐检部位		层　　轴线　　标高	

隐检依据：施工图图号_____，设计变更/洽商（编号_____）及有关国家现行标准等。
主要材料名称及规格/型号：_____

隐检内容：

申报人：

检查意见：

检查结论：□ 同意隐检　　　　　　　　　　　　　　□ 不同意，修改后进行复查

复查结论：

复查人：　　　　　　　　　　　　　　　　　　　　　　　　　　　复查日期：

签字栏			专业技术负责人	专业质检员	专业工长
	施工单位				
	监理（建设）单位			专业工程师	

表 B.0.3 安装质量及观感质量验收记录

资料编号																
工程名称																
系统名称									检查日期							
检查部位\检查项目	1	2	3	4	5	1	2	3	4	5	1	2	3	4	5

检查结论：

签字栏	施工单位		专业技术负责人	专业质检员	专业工长
	监理（建设）单位			专业工程师	

表 B.0.4 自检记录

工程名称			编号		
系统名称			检测部位		
施工单位			项目经理		
执行标准名称及编号					

	自检内容	自检结果		备注
		合格	不合格	
主控项目				
一般项目				
强制性条文				

施工单位的自检结论

专业技术负责人
年 月 日

注：1 自检结果栏中，左列打"√"为合格，右列打"√"为不合格；
    2 备注栏内填写自检时出现的问题。

表 B.0.5 _____分项工程质量验收记录

工程名称			结构类型	
分部（子分部）工程名称			检验批数	
施工单位			项目经理	

序号	检验批名称、部位、区段	施工单位检查评定结果	监理（建设）单位验收结论
1			
2			
3			
4			
5			
6			
7			
8			
9			
10			
11			

说明	

检查结论	施工单位专业技术负责人： 年 月 日	验收结论	监理工程师： （建设单位项目专业技术负责人） 年 月 日

表 B.0.6 试运行记录

		资料编号	
工程名称			
系统名称		试运行部位	

序号	日期/时间	系统试运转记录	值班人	备 注
				系统试运转记录栏中，注明正常/不正常，并每班至少填写一次；不正常的要说明情况（包括修复日期）

结论：

签字栏	施工单位		专业技术负责人	专业质检员	施工员
	监理（建设）单位			专业工程师	

附录 C 检 测 记 录

C.0.1 智能建筑的分项工程检测记录应按表 C.0.1 执行。

表 C.0.1 分项工程检测记录

工程名称		编号	
子分部工程			
分项工程名称		验收部位	
施工单位		项目经理	
施工执行标准名称及编号			
检测项目及抽检数	检测记录		备注

检测结论：

监理工程师签字　　　　　　　　　　　　　　　　　　检测负责人签字

（建设单位项目专业技术负责人）

　　　年　月　日　　　　　　　　　　　　　　　　　　　年　月　日

C.0.2 智能化集成系统子分部工程检测记录应按表C.0.2执行。

表C.0.2 智能化集成系统子分部工程检测记录

工程名称					编号		
子分部名称	智能化集成系统				检测部位		
施工单位					项目经理		
执行标准名称及编号							
	检测内容	规范条款	检测结果记录	结果评价		备注
				合格	不合格	
主控项目	接口功能	4.0.4				
	集中监视、储存和统计功能	4.0.5				
	报警监视及处理功能	4.0.6				
	控制和调节功能	4.0.7				
	联动配置及管理功能	4.0.8				
	权限管理功能	4.0.9				
	冗余功能	4.0.10				
一般项目	文件报表生成和打印功能	4.0.11				
	数据分析功能	4.0.12				

检测结论：

监理工程师签字　　　　　　　　　　　　　　　　　　　　　　检测负责人签字
（建设单位项目专业技术负责人）
　　年　月　日　　　　　　　　　　　　　　　　　　　　　　　年　月　日

注：1 结果评价栏中，左列打"√"为合格，右列打"√"为不合格；
　　2 备注栏内填写检测时出现的问题。

C.0.3 用户电话交换系统子分部工程检测记录应按表C.0.3执行。

表C.0.3 用户电话交换系统子分部工程检测记录

工程名称				编号		
子分部名称		用户电话交换系统		检测部位		
施工单位				项目经理		
执行标准名称及编号						
	检测内容	规范条款	检测结果记录	结果评价		备注
				合格	不合格	
主控项目	业务测试	6.0.5				
	信令方式测试	6.0.5				
	系统互通测试	6.0.5				
	网络管理测试	6.0.5				
	计费功能测试	6.0.5				

检测结论：

监理工程师签字　　　　　　　　　　　　　　　　　　检测负责人签字
（建设单位项目专业技术负责人）
　　　年　月　日　　　　　　　　　　　　　　　　　　年　月　日

注：1 结果评价栏中，左列打"√"为合格，右列打"√"为不合格；
　　2 备注栏内填写检测时出现的问题。

C.0.4 信息网络系统子分部工程检测记录应按表 C.0.4 执行。

表 C.0.4 信息网络系统子分部工程检测记录

工程名称				编号		
子分部名称		信息网络系统		检测部位		
施工单位				项目经理		
执行标准名称及编号						
	检测内容		规范条款	检测结果记录	结果评价	备注
					合格 / 不合格	
主控项目	计算机网络系统连通性		7.2.3			
	计算机网络系统传输时延和丢包率		7.2.4			
	计算机网络系统路由		7.2.5			
	计算机网络系统组播功能		7.2.6			
	计算机网络系统 QoS 功能		7.2.7			
	计算机网络系统容错功能		7.2.8			
	计算机网络系统无线局域网的功能		7.2.9			
	网络安全系统安全保护技术措施		7.3.2			
	网络安全系统安全审计功能		7.3.3			
	网络安全系统有物理隔离要求的网络的物理隔离检测		7.3.4			
	网络安全系统无线接入认证的控制策略		7.3.5			
一般项目	计算机网络系统网络管理功能		7.2.10			
	网络安全系统远程管理时,防窃听措施		7.3.6			

检测结论:

监理工程师签字 　　　　　　　　　　　　　　　　　　　检测负责人签字
(建设单位项目专业技术负责人)
　　　　年　月　日 　　　　　　　　　　　　　　　　　年　月　日

注:1 结果评价栏中,左列打"√"为合格,右列打"√"为不合格;
　　2 备注栏内填写检测时出现的问题。

C.0.5 综合布线系统子分部工程检测记录应按表C.0.5执行。

表C.0.5 综合布线系统子分部工程检测记录

工程名称				编号		
子分部名称	综合布线系统			检测部位		
施工单位				项目经理		
执行标准名称及编号						

	检测内容	规范条款	检测结果记录	结果评价		备注
				合格	不合格	
主控项目	对绞电缆链路或信道和光纤链路或信道的检测	8.0.5				
一般项目	标签和标识检测，综合布线管理软件功能	8.0.6				
	电子配线架管理软件	8.0.7				

检测结论：

监理工程师签字　　　　　　　　　　　　　　　　　　检测负责人签字
（建设单位项目专业技术负责人）
　　　　年　月　日　　　　　　　　　　　　　　　　　年　月　日

注：1 结果评价栏中，左列打"√"为合格，右列打"√"为不合格；
　　2 备注栏内填写检测时出现的问题。

C.0.6 有线电视及卫星电视接收系统子分部工程检测记录应按表C.0.6执行。

表C.0.6 有线电视及卫星电视接收系统子分部工程检测记录

工程名称				编号		
子分部名称	有线电视及卫星电视接收系统			检测部位		
施工单位				项目经理		
执行标准名称及编号						
	检测内容	规范条款	检测结果记录	结果评价		备注
				合格	不合格	
主控项目	客观测试	11.0.3				
	主观评价	11.0.4				
一般项目	HFC网络和双向数字电视系统下行测试	11.0.5				
	HFC网络和双向数字电视系统上行测试	11.0.6				
	有线数字电视主观评价	11.0.7				

检测结论：

监理工程师签字　　　　　　　　　　　　　　　　　　检测负责人签字
(建设单位项目专业技术负责人)
　　　　年　月　日　　　　　　　　　　　　　　　　　　年　月　日

注：1 结果评价栏中，左列打"√"为合格，右列打"√"为不合格；
　　2 备注栏内填写检测时出现的问题。

C.0.7 公共广播系统子分部工程检测记录应按表C.0.7执行。

表C.0.7 公共广播系统子分部工程检测记录

工程名称				编号	
子分部名称		公共广播系统		检测部位	
施工单位				项目经理	
执行标准名称及编号					

	检测内容	规范条款	检测结果记录	结果评价		备注
				合格	不合格	
主控项目	公共广播系统的应备声压级	12.0.4				
	主观评价	12.0.5				
	紧急广播的功能和性能	12.0.6				
一般项目	业务广播和背景广播的功能	12.0.7				
	公共广播系统的声场不均匀度、漏出声衰减及系统设备信噪比	12.0.8				
	公共广播系统的扬声器分布	12.0.9				
强制性条文	当紧急广播系统具有火灾应急广播功能时，应检查传输线缆、槽盒和导管的防火保护措施	12.0.2				

检测结论：

监理工程师签字　　　　　　　　　　　　　　　　　　　　　　检测负责人签字
（建设单位项目专业技术负责人）
　　年　月　日　　　　　　　　　　　　　　　　　　　　　　　年　月　日

注：1 结果评价栏中，左列打"√"为合格，右列打"√"为不合格；
　　2 备注栏内填写检测时出现的问题。

C.0.8 会议系统子分部工程检测记录应按表C.0.8执行。

表C.0.8 会议系统子分部工程检测记录

工程名称				编号		
子分部名称		会议系统		检测部位		
施工单位				项目经理		
执行标准名称及编号						
	检测内容	规范条款	检测结果记录	结果评价		备注
				合格	不合格	
主控项目	会议扩声系统声学特性指标	13.0.5				
	会议视频显示系统显示特性指标	13.0.6				
	具有会议电视功能的会议灯光系统的平均照度值	13.0.7				
	与火灾自动报警系统的联动功能	13.0.8				
一般项目	会议电视系统检测	13.0.9				
	其他系统检测	13.0.10				

检测结论：

监理工程师签字　　　　　　　　　　　　　　　　　　检测负责人签字
（建设单位项目专业技术负责人）
　　　年　月　日　　　　　　　　　　　　　　　　　　年　月　日

注：1 结果评价栏中，左列打"√"为合格，右列打"√"为不合格；
　　2 备注栏内填写检测时出现的问题。

C.0.9 信息导引及发布系统子分部工程检测记录应按表C.0.9执行。

表C.0.9 信息导引及发布系统子分部工程检测记录

工程名称				编号		
子分部名称	信息导引及发布系统			检测部位		
施工单位				项目经理		
执行标准名称及编号						
	检测内容	规范条款	检测结果记录	结果评价 合格	结果评价 不合格	备注
主控项目	系统功能	14.0.3				
主控项目	显示性能	14.0.4				
一般项目	自动恢复功能	14.0.5				
一般项目	系统终端设备的远程控制功能	14.0.6				
一般项目	图像质量主观评价	14.0.7				

检测结论：

监理工程师签字　　　　　　　　　　　　　　　　　　检测负责人签字
（建设单位项目专业技术负责人）
　　年　月　日　　　　　　　　　　　　　　　　　　　年　月　日

注：1　结果评价栏中，左列打"√"为合格，右列打"√"为不合格；
　　2　备注栏内填写检测时出现的问题。

C.0.10 时钟系统子分部工程检测记录应按表C.0.10执行。

表 C.0.10 时钟系统子分部工程检测记录

工程名称				编号		
子分部名称		时钟系统		检测部位		
施工单位				项目经理		
执行标准名称及编号						
	检测内容	规范条款	检测结果记录	结果评价 合格	结果评价 不合格	备注
主控项目	母钟与时标信号接收器同步、母钟对子钟同步校时的功能	15.0.3				
主控项目	平均瞬时日差指标	15.0.4				
主控项目	时钟显示的同步偏差	15.0.5				
主控项目	授时校准功能	15.0.6				
一般项目	母钟、子钟和时间服务器等运行状态的监测功能	15.0.7				
一般项目	自动恢复功能	15.0.8				
一般项目	系统的使用可靠性	15.0.9				
一般项目	有日历显示的时钟换历功能	15.0.10				

检测结论：

监理工程师签字　　　　　　　　　　　　　　　　　　　　检测负责人签字
(建设单位项目专业技术负责人)
　　　　年　月　日　　　　　　　　　　　　　　　　　　　　年　月　日

注：1　结果评价栏中，左列打"√"为合格，右列打"√"为不合格；
　　2　备注栏内填写检测时出现的问题。

C.0.11 信息化应用系统子分部工程检测记录应按表C.0.11执行。

表 C.0.11 信息化应用系统子分部工程检测记录

工程名称					编号		
子分部名称		信息化应用系统			检测部位		
施工单位					项目经理		
执行标准名称及编号							

	检测内容	规范条款	检测结果记录	结果评价		备注
				合格	不合格	
主控项目	检查设备的性能指标	16.0.4				
	业务功能和业务流程	16.0.5				
	应用软件功能和性能测试	16.0.6				
	应用软件修改后回归测试	16.0.7				
一般项目	应用软件功能和性能测试	16.0.8				
	运行软件产品的设备中与应用软件无关的软件检查	16.0.9				

检测结论：

监理工程师签字　　　　　　　　　　　　　　　检测负责人签字
（建设单位项目专业技术负责人）
　　　年　月　日　　　　　　　　　　　　　　　　年　月　日

注：1 结果评价栏中，左列打"√"为合格，右列打"√"为不合格；
　　2 备注栏内填写检测时出现的问题。

C.0.12 建筑设备监控系统子分部工程检测记录应按表 C.0.12 执行。

表 C.0.12 建筑设备监控系统子分部工程检测记录

工程名称				编号		
子分部名称		建筑设备监控系统		检测部位		
施工单位				项目经理		
执行标准名称及编号						
	检测内容	规范条款	检测结果记录	结果评价 合格	结果评价 不合格	备注
主控项目	暖通空调监控系统的功能	17.0.5				
主控项目	变配电监测系统的功能	17.0.6				
主控项目	公共照明监控系统的功能	17.0.7				
主控项目	给排水监控系统的功能	17.0.8				
主控项目	电梯和自动扶梯监测系统启停、上下行、位置、故障等运行状态显示功能	17.0.9				
主控项目	能耗监测系统能耗数据的显示、记录、统计、汇总及趋势分析等功能	17.0.10				
主控项目	中央管理工作站与操作分站功能及权限	17.0.11				
主控项目	系统实时性	17.0.12				
主控项目	系统可靠性	17.0.13				
一般项目	系统可维护性	17.0.14				
一般项目	系统性能评测项目	17.0.15				

检测结论：

监理工程师签字
（建设单位项目专业技术负责人）
　　　　年　月　日

检测负责人签字
　　　　年　月　日

注：1　结果评价栏中，左列打"√"为合格，右列打"√"为不合格；
　　2　备注栏内填写检测时出现的问题。

C.0.13 安全技术防范系统子分部工程检测记录应按表C.0.13执行。

表C.0.13 安全技术防范系统子分部工程检测记录

工程名称				编号		
子分部名称		安全技术防范系统		检测部位		
施工单位				项目经理		
执行标准名称及编号						
	检测内容	规范条款	检测结果记录	结果评价		备注
				合格	不合格	
主控项目	安全防范综合管理系统的功能	19.0.5				
	视频安防监控系统控制功能、监视功能、显示功能、存储功能、回放功能、报警联动功能和图像丢失报警功能	19.0.6				
	入侵报警系统的入侵报警功能、防破坏及故障报警功能、记录及显示功能、系统自检功能、系统报警响应时间、报警复核功能、报警声级、报警优先功能	19.0.7				
	出入口控制系统的出入目标识读装置功能、信息处理/控制设备功能、执行机构功能、报警功能和访客对讲功能	19.0.8				
	电子巡查系统的巡查设置功能、记录打印功能、管理功能	19.0.9				
	停车库（场）管理系统的识别功能、控制功能、报警功能、出票验票功能、管理功能和显示功能	19.0.10				
一般项目	监控中心管理软件中电子地图显示的设备位置	19.0.11				
	安全性及电磁兼容性	19.0.12				

检测结论：

监理工程师签字　　　　　　　　　　　　　　　　　　　　　检测负责人签字
（建设单位项目专业技术负责人）
　　　　年　月　日　　　　　　　　　　　　　　　　　　　　　　年　月　日

注：1 结果评价栏中，左列打"√"为合格，右列打"√"为不合格；
　　2 备注栏内填写检测时出现的问题。

C.0.14 应急响应系统子分部工程检测记录应按表 C.0.14 执行。

表 C.0.14 应急响应系统子分部工程检测记录

工程名称			编号		
子分部名称	应急响应系统		检测部位		
施工单位			项目经理		
执行标准名称及编号					
	检测内容	规范条款	检测结果记录	结果评价 合格 / 不合格	备注
主控项目	功能检测	20.0.2			
检测结论:					
监理工程师签字 (建设单位项目专业技术负责人) 年 月 日			检测负责人签字 年 月 日		
注:1 结果评价栏中,左列打"√"为合格,右列打"√"为不合格; 2 备注栏内填写检测时出现的问题。					

C.0.15 机房工程子分部工程检测记录应按表 C.0.15 执行。

表 C.0.15 机房工程子分部工程检测记录

工程名称				编号		
子分部名称		机房工程		检测部位		
施工单位				项目经理		
执行标准名称及编号						
	检测内容	规范条款	检测结果记录	结果评价 合格	结果评价 不合格	备注
主控项目	供配电系统的输出电能质量	21.0.4				
	不间断电源的供电时延	21.0.5				
	静电防护措施	21.0.6				
	弱电间检测	21.0.7				
	机房供配电系统、防雷与接地系统、空气调节系统、给水排水系统、综合布线系统、监控与安全防范系统、消防系统、室内装饰装修和电磁屏蔽等系统检测	21.0.8				

检测结论：

监理工程师签字
（建设单位项目专业技术负责人）
　　　　年　月　日

检测负责人签字

　　　　年　月　日

注：1 结果评价栏中，左列打"√"为合格，右列打"√"为不合格；
　　2 备注栏内填写检测时出现的问题。

C.0.16 防雷与接地子分部工程检测记录应按表 C.0.16 执行。

表 C.0.16 防雷与接地子分部工程检测记录

工程名称					编号		
子分部名称		防雷与接地			检测部位		
施工单位					项目经理		
执行标准名称及编号							
	检测内容	规范条款	检测结果记录	结果评价		备注	
				合格	不合格		
主控项目	接地装置与接地连接点安装	22.0.3					
	接地导体的规格、敷设方法和连接方法	22.0.3					
	等电位联结带的规格、联结方法和安装位置	22.0.3					
	屏蔽设施的安装	22.0.3					
	电涌保护器的性能参数、安装位置、安装方式和连接导线规格	22.0.3					
强制性条文	智能建筑的接地系统必须保证建筑内各智能化系统的正常运行和人身、设备安全	22.0.4					

检测结论：

监理工程师签字　　　　　　　　　　　　　　　　　　　　检测负责人签字
（建设单位项目专业技术负责人）
　　　　年　月　日　　　　　　　　　　　　　　　　　　　　年　月　日

注：1 结果评价栏中，左列打"√"为合格，右列打"√"为不合格；
　　2 备注栏内填写检测时出现的问题。

C.0.17 智能建筑分部工程检测汇总记录应按表C.0.17执行。

表 C.0.17 分部工程检测汇总记录

工程名称				编号	
设计单位			施工单位		
子分部名称	序号	内容及问题		检测结果	
				合格	不合格

检测结论：

检测负责人签字
年　　月　　日

注：在检测结果栏，按实际情况在相应空格内打"√"（左列打"√"为合格，右列打"√"为不合格）。

附录 D 分部（子分部）工程验收记录

D.0.1 智能建筑分部（子分部）工程质量验收记录应按表 D.0.1 执行。

表 D.0.1 ＿＿＿＿＿＿＿＿分部（子分部）工程质量验收记录

工程名称		结构类型		层数	
施工单位		技术负责人		质量负责人	
序号	子分部（分项）工程名称	分项工程（检验批）数	施工单位检查评定	验收意见	
1					
2	质量控制资料				
3	安全和功能检验（检测）报告				
4	观感质量验收				
验收单位	施工单位	项目经理		年 月 日	
	设计单位	项目负责人		年 月 日	
	监理（建设）单位				

D.0.2 智能建筑工程验收资料审查记录应按表 D.0.2 执行。

表 D.0.2 工程验收资料审查记录

工程名称		施工单位		
序号	资料名称	份数	审核意见	审核人
1	图纸会审、设计变更、洽商记录、竣工图及设计说明			
2	材料、设备出厂合格证及技术文件及进场检（试）验报告			
3	隐蔽工程验收记录			
4	系统功能测定及设备调试记录			
5	系统技术、操作和维护手册			
6	系统管理、操作人员培训记录			
7	系统检测报告			
8	工程质量验收记录			

结论：

总监理工程师：

施工单位项目经理：　　　　　　　　　　　　　　　　　（建设单位项目负责人）

年　月　日　　　　　　　　　　　　　　　　　　　　　　年　月　日

D.0.3 智能建筑工程质量验收结论汇总记录应按表 D.0.3 执行。

表 D.0.3 验收结论汇总记录

工程名称		编号	
设计单位		施工单位	
工程实施的质量控制检验结论		验收人签名：	年 月 日
系统检测结论		验收人签名：	年 月 日
系统检测抽检结果		抽检人签名：	年 月 日
观感质量验收		验收人签名：	年 月 日
资料审查结论		审查人签名：	年 月 日
人员培训考评结论		考评人签名：	年 月 日
运行管理队伍及规章制度审查		审查人签名：	年 月 日
设计等级要求评定		评定人签名：	年 月 日
系统验收结论		验收小组组长签名： 日期：	
建议与要求： 验收组长、副组长签名：			

注：1 本汇总表须附本附录所有表格、行业要求的其他文件及出席验收会与验收机构人员名单（签到）。
　　2 验收结论一律填写"合格"或"不合格"。

本规范用词说明

1 为便于在执行本规范条文时区别对待，对要求严格程度不同的用词说明如下：

　1）表示很严格，非这样做不可的用词：
　　正面词采用"应"，反面词采用"严禁"；
　2）表示严格，在正常情况下均应这样做的用词：
　　正面词采用"应"，反面词采用"不应"或"不得"；
　3）表示允许稍有选择，在条件许可时首先应这样做的用词：
　　正面词采用"宜"，反面词采用"不宜"；
　4）表示有选择，在一定条件下可以这样做的用词采用"可"。

2 条文中指明应按其他有关标准执行的写法为："应符合……的规定"或"应按……执行"。

引用标准名录

1 《火灾自动报警系统施工及验收规范》GB 50166
2 《综合布线系统工程验收规范》GB 50312
3 《安全防范工程技术规范》GB 50348
4 《电子信息系统机房施工及验收规范》GB 50462
5 《红外线同声传译系统工程技术规范》GB 50524
6 《视频显示系统工程测量规范》GB/T 50525
7 《智能建筑工程施工规范》GB 50606
8 《通信局（站）防雷与接地工程设计规范》GB 50689
9 《厅堂扩声特性测量方法》GB/T 4959
10 《信息安全技术　信息系统安全等级保护基本要求》GB/T 22239
11 《时间同步系统》QB/T 4054
12 《电信设备安装抗震设计规范》YD 5059

中华人民共和国国家标准

智能建筑工程质量验收规范

GB 50339—2013

条 文 说 明

修 订 说 明

《智能建筑工程质量验收规范》GB 50339-2013，经住房和城乡建设部 2013 年 6 月 26 日以第 83 号公告批准、发布。

本规范是在《智能建筑工程质量验收规范》GB 50339-2003 的基础上修订而成，上一版的主编单位是清华同方股份有限公司，参编单位是建设部建筑智能化系统工程设计专家工作委员会、北京市建筑设计研究院、信息产业部北京邮电设计院、中国建筑标准设计研究所、上海现代建筑设计（集团）有限公司、中国电子工程设计院、中国电信集团公司、北京华夏正邦科技有限公司、北京中加集成智能系统工程有限公司、厦门市万安科技有限公司、广州市机电安装有限公司、深圳鑫王自动化工程有限公司、武汉安泰系统工程有限公司、北京寰岛中安安全系统工程技术有限公司、巨龙信息技术有限责任公司、上海市安装工程有限公司、北京金智厦建筑智能化系统工程咨询有限公司、海湾科技集团有限公司，主要起草人员是江亿、孙述璞、张青虎、濮容生、张宜、孙兰、崔晓东、杨维迅、岳子平、王家隽、刘延宁、龚代明、王冬松、杨柱石、于凡、黄与群、王辉、段文凯、吴翘、郝斌、路刚、陈海岩。

本次修订的主要技术内容是：1. 总则。2. 术语和符号。3. 基本规定。4. 智能化集成系统。5. 信息接入系统。6. 用户电话交换系统。7. 信息网络系统。8. 综合布线系统。9. 移动通信室内信号覆盖系统。10. 卫星通信系统。11. 有线电视及卫星电视接收系统。12. 公共广播系统。13. 会议系统。14. 信息导引及发布系统。15. 时钟系统。16. 信息化应用系统。17. 建筑设备监控系统。18. 火灾自动报警系统。19. 安全技术防范系统。20. 应急响应系统。21. 机房工程。22. 防雷与接地。另有附录 A～附录 D，共 4 部分。

本规范修订过程中，编制组进行了对上版规范执行情况的调查研究，总结了我国工程建设智能建筑专业领域近年来的实践经验，同时参考了国外先进技术法规和标准。取消了住宅（小区）智能化 1 章；增加了移动通信室内信号覆盖系统、卫星通信系统、会议系统、信息导引及发布系统、时钟系统和应急响应系统 6 章；将原第 4 章通信网络系统拆分为信息接入系统、用户电话交换系统、有线电视及卫星电视接收系统和公共广播系统共 4 章；将原第 5 章信息网络系统拆分为信息网络系统和信息化应用系统 2 章，将原第 12 章环境调整为机房工程，对保留的各章所涉及的主要技术内容进行了补充、完善和必要的修改。

为便于广大设计、施工、科研、学校等单位有关人员在使用本规范时能正确理解和执行条文规定，《智能建筑工程质量验收规范》编制组按章、节、条顺序编制了本标准的条文说明，对条文规定的目的、依据以及执行中需要注意的有关事项进行了说明，还着重对强制性条文的强制性理由做了解释。但是，本条文说明不具备与规范正文同等的法律效力，仅供使用者作为理解和把握规范规定的参考。

目 次

1 总则 ·················· 9—23—49
3 基本规定 ············· 9—23—49
　3.1 一般规定 ········· 9—23—49
　3.2 工程实施的质量控制 ···· 9—23—49
　3.3 系统检测 ········· 9—23—49
　3.4 分部（子分部）工程验收 ··· 9—23—50
4 智能化集成系统 ········ 9—23—50
5 信息接入系统 ·········· 9—23—51
6 用户电话交换系统 ······ 9—23—51
7 信息网络系统 ·········· 9—23—51
　7.1 一般规定 ········· 9—23—51
　7.2 计算机网络系统检测 ···· 9—23—51
　7.3 网络安全系统检测 ···· 9—23—52
8 综合布线系统 ·········· 9—23—52
9 移动通信室内信号覆盖系统 ··· 9—23—52
10 卫星通信系统 ········· 9—23—52
11 有线电视及卫星电视接收系统 ············· 9—23—52
12 公共广播系统 ········· 9—23—53
13 会议系统 ············ 9—23—55
14 信息导引及发布系统 ···· 9—23—55
15 时钟系统 ············ 9—23—56
16 信息化应用系统 ······· 9—23—56
17 建筑设备监控系统 ······ 9—23—56
19 安全技术防范系统 ······ 9—23—56
20 应急响应系统 ········· 9—23—57
21 机房工程 ············ 9—23—57
22 防雷与接地 ·········· 9—23—57

1 总　　则

1.0.1 明确规范制定的目的。本规范中智能建筑工程是指建筑智能化系统工程。

智能建筑工程是建筑工程中不可缺少的组成部分，需要一套规范来指导我国智能建筑工程建设的质量验收。本规范修订中坚持了"验评分离、强化验收、完善手段、过程控制"的指导思想，规定了智能建筑工程质量的验收方法、程序和质量指标。

1.0.3 规范性引用文件的规定。

1 本规范根据《建筑工程施工质量验收统一标准》GB 50300 规定的原则编制，执行本规范时还应与《智能建筑设计标准》GB/T 50314 和《智能建筑工程施工规范》GB 50606 配套使用；

2 本规范所引用的国家现行标准是指现行的工程建设国家标准和行业标准；

3 合同和工程文件中要求采用国际标准时，应按要求采用适用的国际标准，但不应低于本规范的规定。

3 基本规定

3.1 一般规定

3.1.1 为贯彻"验评分离、强化验收、完善手段、过程控制"的十六字方针，根据智能建筑的特点，将智能建筑工程质量验收过程划分为"工程实施的质量控制"、"系统检测"和"工程验收"三个阶段。

根据工程实践的经验，占绝大多数的不合格工程都是由于设备、材料不合格造成的，因此在工程中把好设备、材料的质量关是非常重要的。其主要办法就是在设备、器材进场时进行验收。而智能化系统涉及的产品种类繁多，因此对其质量检查单独进行规定。

3.1.2 智能建筑工程中子分部工程和分项工程的划分。

对于单位建筑工程，智能建筑工程为其中的一个分部工程。根据智能建筑工程的特点，本规范按照专业系统及类别划分为若干子分部工程，再按照主要工种、材料、施工工艺和设备类别等划分为若干分项工程。

不同功能的建筑还可能配置其他相关的专业系统，如医院的呼叫对讲系统、体育场馆的升旗系统、售验票系统等等，可根据工程项目内容补充作为子分部工程进行验收。

3.1.3 工程施工完成后，通电进行试运行是对系统运行稳定性观察的重要阶段，也是对设备选用、系统设计和实际施工质量的直接检验。

各系统应在调试自检完成后进行一段时间连续不中断的试运行，当有联动功能时需要联动试运行。试运行中如出现系统故障，应在排除故障后，重新开始试运行直至满 120h。

3.2 工程实施的质量控制

3.2.1 关于工程实施的质量控制检查内容的规定。

施工过程的质量控制应符合现行国家标准《建筑工程施工质量验收统一标准》GB 50300 和《智能建筑工程施工规范》GB 50606 的规定。验收时应检查施工过程中形成的记录。

3.2.10 软件产品的质量控制要求。

软件产品分为商业软件和针对项目编制的应用软件两类。

商业软件包括：操作系统软件、数据库软件、应用系统软件、信息安全软件和网管软件等；商业化的软件应提供完整的文档，包括：安装手册、使用和维护手册等。

针对项目编制的应用软件包括：用户应用软件、用户组态软件及接口软件等；针对项目编制的软件应提供完整的文档，包括：软件需求规格说明、安装手册、使用和维护手册及软件测试报告等。

3.2.11 接口的质量控制要求。

接口通常由接口设备及与之配套的接口软件构成，实现系统之间的信息交互。接口是智能建筑工程中出现问题最多的环节，因此本条对接口的检测验收程序和要求作了专门规定。

由于接口涉及智能建筑工程施工单位和接口提供单位，且需要多方配合完成，建设单位（项目监理机构）在设计阶段应组织相关单位提交接口技术文件和接口测试文件，这两个文件均需各方确认，在接口测试阶段应检查接口双方签字确认的测试结果记录，以保证接口的制造质量。

3.3 系统检测

3.3.3 关于系统检测的组织的规定。

系统检测应由建设单位组织专人进行。因为智能建筑与信息技术密切相关，应用新技术和新产品多，且技术发展迅速，进行智能建筑工程的系统检测应有合格的检测人员和相关的检测设备。

公共机构是指全部或部分使用财政性资金的国家机关、事业单位和团体组织；为保证工程质量，也由于智能建筑工程各系统的专业性，系统检测应由建设单位委托具有相关资质的专业检测机构实施。

智能建筑工程专业检测机构的资质目前有几种：1. 通过智能建筑工程检测的计量（CMA）认证，取得《计量认证证书》；2. 省（市）以上政府建设行政主管部门颁发的《智能建筑工程检测资质证书》；3. 中国合格评定国家认可委员会（CNAS）实验室认可评审的《实验室认可证书》和《检查机构认可证书》，通过认可的检查机构既可以出具《智能建筑工程检测报告》，也可以出具《智能建筑工程检查/鉴定报告》。

3.3.4 关于系统检测的规定。

应根据工程技术文件以及本规范的相关规定来编制系统检测方案，项目如有特殊要求应在工程设计说明中包括系统功能及性能的要求。此条款体现了动态跟进技术发展的思想，既能跟上技术的发展，又能做到检测要求合理和保证工程质量。

子分部中的分项工程含有其他分项工程的设备和材料时，应参照相关分项的规定进行。例如，其他系统中的光缆敷设应按照本规范第 8 章的规定进行检测，网络设备和应用软件应分别按照本规范第 7 章和第 16 章的规定进行检测。

3.3.5 本条对检测结论与处理只做原则性规定，各系统将根据其自身特点和质量控制要求作出具体规定。

第 3 款 由于智能建筑工程通常接口遇到的问题较多，为保证各方对接口的重视，做此规定。凡是被集成系统接口检测不合格的，则判定为该系统和集成系统的系统检测均不合格。

3.4 分部（子分部）工程验收

3.4.4 工程验收文件的内容。

第 1 款 竣工图纸包括系统设计说明、系统结构图、施工平面图和设备材料清单等内容。各系统如有特殊要求详见各章的相关规定。

第 7 款 培训一般有现场操作、系统操作和使用维护等内容，根据各系统情况编制培训资料。各系统如有特殊要求详见各章的相关规定。

3.4.5 本条所列验收内容是各系统在验收时应进行认真查验的内容，但不限于此内容。本规范中各系统有特殊要求时，可在各章中作出补充规定。

第 2 款 主要是对在系统检测和试运行中发现问题的子系统或项目部分进行复检。

第 3 款 观感质量包括设备的布局合理性、使用方便性及外观等内容。

4 智能化集成系统

4.0.1 本系统的设备包括：集成系统平台与被集成子系统连通需要的综合布线设备、网络交换机、计算机网卡、硬线连接、服务器、工作站、网络安全、存储、协议转换设备等。

软件包括：集成系统平台软件（各子系统进行信息交互的平台，可进行持续开发和扩展功能，具有开放架构的成熟的应用软件）及基于平台的定制功能软件、数据库软件、操作系统、防病毒软件、网络安全软件、网管软件等。

接口是指被集成子系统与集成平台软件进行数据互通的通信接口。

集成功能包括下列内容：

1 数据集中监视、统计和储存

通过统一的人机界面显示子系统各种数据并进行统计和存档，数据显示与被集成子系统一致，数据响应时间满足使用要求。能够支持的同时在线设备数量及用户数量、并发访问能力满足使用要求。

2 报警监视及处理

通过统一的人机界面实现对各系统中报警数据的显示，并能提供画面和声光报警。可根据各种设备的有关性能指标，指定相应的报警规则，通过电脑显示器，显示报警具体信息并打印，同时可按照预先设置发送给相应管理人员。报警数据显示与被集成子系统一致，数据响应时间满足使用要求。

3 文件报表生成和打印

能将报警、数据统计、操作日志等按用户定制格式生成和打印报表。

4 控制和调节

通过集成系统设置参数，调节和控制子系统设备。控制响应时间满足使用要求。

5 联动配置及管理

通过集成系统配置子系统之间的联动策略，实现跨系统之间的联动控制等。控制响应时间满足使用要求。

6 数据分析

提供历史数据分析，为第三方软件，例如：物业管理软件、办公管理软件、节能管理软件等提供设备运行情况、设备维护预警、节能管理等方面的标准化数据以及决策依据。

安全性包括：

1 权限管理

具有集中统一的用户注册管理功能，并根据注册用户的权限，开放不同的功能。权限级别至少具有管理级、操作级、浏览级等。

2 冗余

双机备份及切换、数据库备份、备用电源及切换和通信链路的冗余切换、故障自诊断、事故情况下的安全保障措施。

4.0.3 关于系统检测的总体规定。其中检测点应包括各被集成系统，抽检比例或点数详见后续规定。

4.0.5 关于集中监视、储存和统计功能检测的规定。

关于抽检数量的确定，以大型公共建筑的智能化集成系统进行测算。大型公共建筑一般指建筑面积 2 万 m² 以上的办公建筑、商业建筑、旅游建筑、科教文卫建筑、通信建筑以及交通运输用房。对于 2 万 m² 的公共建筑，被集成系统通常包括：建筑设备监控系统，安全技术防范系统，火灾自动报警系统，公共广播系统，综合布线系统等。集成的信息包括数值、语音和图像等，总信息点数约为 2000（不同功能建筑的系统配置会有不同），按 5% 比例的抽检点数约为 100 点，考虑到每个被集成系统都要抽检，规定每个被集成系统的抽检点数下限为 20 点。

20 万 m^2 的大型公共建筑或集成信息点为 2 万的集成系统抽检总点数约为 1000 点，已涵盖绝大多数实际工程的使用范围，而且考虑到系统检测的周期和经费等问题，推荐抽检总点数不超过 1000 点。

4.0.6 关于报警监视及处理功能检测的规定。

考虑到报警信息比较重要而且报警点也相对较少，抽检比例比第 4.0.5 条的规定增加一倍。

4.0.7 关于控制和调节功能检测的规定。

考虑到控制和调节点很少且重要，因此规定进行全检。

4.0.8 关于联动配置及管理功能检测的规定。

与第 4.0.7 条类似，联动功能很重要，因此规定进行全检。

4.0.9 冗余功能包括双机备份及切换、数据库备份、备用电源及切换和通信链路冗余切换、故障自诊断、事故情况下的安全保障措施。

5 信息接入系统

5.0.1 目前，智能建筑工程中信息接入系统大多由电信运营商或建设单位测试验收。本章仅为保障信息接入系统的通信畅通，对通信设备安装场地的检查提出技术要求。

6 用户电话交换系统

6.0.1 考虑到用户电话交换设备本身可以具备调度功能、会议电话功能和呼叫中心功能，在用户容量较大时，可单独设置调度系统、会议电话系统和呼叫中心。因此本章用户电话交换系统工程的验收还适用于调度系统、会议电话系统和呼叫中心的验收内容和要求。

6.0.6 考虑到在测试阶段一般不具备接入设备容量 20% 以上的用户终端设备或电路的条件，为了满足整个智能建筑工程验收的进度要求，系统检测合格后，可进入智能建筑工程验收阶段。

待智能化系统通过验收，用户入驻，当接入的用户终端设备与电路容量满足试运转条件后，方可进行系统的试运转。系统试运转时间不应小于 3 个月，试运转期间设备运行应满足下列要求：

    1 试运转期间，因元器件损坏等原因，需要更换印制板的次数每月不应大于 0.04 次/100 户及 0.004 次/30 路 PCM。

    2 试运转期间，因软件编程错误造成的故障不应大于 2 件/月。

    3 呼叫测试

      1）局内接通率测试应符合下列规定：
        a 处理器正常工作时，接通率不应小于 99%。
        b 处理器超负荷 20% 时，接通率不应小于 95%。
      2）局间接通率测试应符合下列规定：
        a 处理器正常工作时，接通率不应小于 99.5%。
        b 处理器超负荷 20% 时，接通率不应小于 97.5%。

7 信息网络系统

7.1 一般规定

7.1.1 本条对信息网络系统所涉及的具体检测和验收范围进行界定。由于信息网络系统的含义较为宽泛，而智能建筑工程中一般只包括计算机网络系统和网络安全系统。因为信息网络系统是通信承载平台，会因承载业务和传输介质的不同而有不同的功能及检测要求，所以本章对信息网络系统进行了不同层次的划分以便于验收的实施。根据承载业务的不同，分为业务办公网和智能化设备网；根据传输介质的不同，分为有线网和无线网。

当前建筑智能化系统中存在大量采用 IP 网络架构的设备，本章规定了智能化设备网的验收内容。智能化设备网是指在建筑物内构建相对独立的 IP 网络，用于承载安全技术防范系统、建筑设备监控系统、公共广播系统、信息导引及发布系统等业务。智能化设备网可采用单独组网或统一组网的网络架构，并根据各系统的业务需求和数据特征，通过 VLAN、QoS 等保障策略对数据流量提供高可靠、高实时和高安全的传输承载服务。因智能化设备网承载的业务对网络性能具有特殊要求，故验收标准应与业务办公网有所差异。

根据国家标准《信息安全技术 信息系统安全等级保护基本要求》GB/T 22239-2008 的规定，广义的信息安全包括物理安全、网络安全、主机安全、数据安全和应用安全五个层面，本章中提到的网络安全只是其中的一个层面。

7.1.3 本规定根据公安部 1997 年 12 月 12 日下发的《计算机信息系统安全专用产品检测和销售许可证管理办法》制订。

7.2 计算机网络系统检测

7.2.1 智能化设备网需承载音视频等多媒体业务，对延时和丢包等网络性能要求较高，尤其公共广播系统经常通过组播功能发送数据，因此，智能化设备网应具备组播功能和一定的 QoS 功能。

7.2.3 系统连通性的测试方法及测试合格指标,可按《基于以太网技术的局域网系统验收测评规范》GB/T 21671-2008 第 7.1.1 条的相关规定执行。

7.2.4 传输时延和丢包率的测试方法及测试合格指标,可依照国家标准《基于以太网技术的局域网系统验收测评规范》GB/T 21671-2008 第 7.1.4 条和第 7.1.5 条的相关规定执行。

7.2.5 路由检测的方法及测试合格指标,可依照《具有路由功能的以太网交换机测试方法》YD/T 1287 的相关规定执行。

7.2.6 建筑智能化系统中的视频安防监控、公共广播、信息导引及发布系统的部分业务流需采用组播功能。

7.2.7 通过 QoS,网络系统能够对报警数据、视频流等对实时性要求较高的数据提供优先服务,从而保证较低的时延。

7.2.9 无线局域网的检测要求。

第 1 款 是对无线网络覆盖范围内的接入信号强度作出的规定。dBm 是无线通信领域内的常用单位,表示相对于 1 毫瓦的分贝数,中文名称为分贝毫瓦,在各国移动通信技术规范中广泛使用 dBm 单位对无线信号强度和设备发射功率进行描述。

第 5 款 无线接入点的抽测比例按照国家标准《基于以太网技术的局域网系统验收测评规范》GB/T 21671-2008 中的抽测比例规定执行。

7.3 网络安全系统检测

7.3.1 根据国家标准《信息安全技术 信息系统安全等级保护基本要求》GB/T 22239-2008,信息系统安全基本技术要求从物理安全、网络安全、主机安全、应用安全和数据安全五个层面提出,本标准仅限于网络安全层面。

根据信息安全技术的国家标准,信息系统安全采用等级保护体系,共设置五级安全保护等级。在每一级安全保护等级中,均对网络安全内容进行了明确规定。建筑智能化工程中的网络安全系统检测,应符合信息系统安全等级保护体系的要求,严格按照设计确定的防护等级进行相关项目检测。

7.3.2 网络安全措施的要求。

本条制定的依据来自于公安部第 82 号令《互联网安全保护技术措施规定》,互联网服务提供者和联网使用单位应当落实下列互联网安全保护技术措施:防范计算机病毒、网络入侵和攻击破坏等危害网络安全事项或者行为的技术措施;重要数据库和系统主要设备的冗灾备份等措施。尤其智能化设备网所承载的视频安防监控、出入口控制、信息导引及发布、建筑设备监控、公共广播等智能化系统关乎人们生命财产安全及建筑物正常运行,因此该网络系统在与互联网连接,应采取安全保护技术措施以保障该网络的高可靠运行。

7.3.3 网络安全系统安全审计功能的要求。

本条制定的依据来自于公安部第 82 号令《互联网安全保护技术措施规定》,提供互联网接入服务的单位,其网络安全系统应具有安全审计功能,能够记录、跟踪网络运行状态,监测、记录网络安全事件等。

7.3.6 当对网络设备进行远程管理时,应防止鉴别信息在网络传输过程中被窃听,通常可采用加密算法对传输信息进行有效加密。

8 综合布线系统

8.0.5 信道测试应在完成链路测试的基础上实施,主要是测试设备线缆与跳线的质量,该测试对布线系统在高速计算机网络中的应用尤为重要。

8.0.6 综合布线管理软件的显示、监测、管理和扩容等功能应根据厂商提供的产品手册内容进行系统检测。

9 移动通信室内信号覆盖系统

9.0.1 目前,智能建筑工程中移动通信室内信号覆盖系统大多由电信运营商或建设单位测试验收。本章仅为保障移动通信室内信号覆盖系统的通信畅通,对通信设备安装场地的检查提出技术要求。

10 卫星通信系统

10.0.1 目前,智能建筑工程中卫星通信系统大多由电信运营商或建设单位测试验收。本章仅为保障卫星通信系统的通信畅通,对通信设备安装场地的检查提出技术要求。

11 有线电视及卫星电视接收系统

本章验收的信号源包括自办节目和卫星节目,传输分配网络的干线可采用射频同轴电缆或光缆。

11.0.1 本条提出的设备及器材验收主要依据《广播电视设备器材入网认定管理办法》的规定,包括的设备及器材有:有线电视系统前端设备器材;有线电视干线传输设备器材;用户分配网络的各种设备器材;广播电视中心节目制作和播出设备器材;广播电视信号无线发射与传输设备器材;广播电视信号加解扰、加解密设备器材;卫星广播设备器材;广播电视系统专用电源产品;广播电视监测、监控设备器材;其他法律、行政法规规定应进行入网认定的设备器材。另外,有线电视设备也属于国家广播电影电视总局强制入网认证的广播电视设备。

11.0.2 标准测试点应是典型的系统输出口或其等效终端。等效终端的信号应和正常的系统输出口信号在电性能上等同。标准测试点应选择噪声、互调失真、交调失真、交流声调制以及本地台直接窜入等影响最大的点。

第2款 因为双向数字电视系统具有数字传输功能，可做上网等应用，因此对于传输网络的要求较高，做此规定。

第3款 为保证测试点选取具有代表性，做此规定。

11.0.4 关于模拟信号的有线电视系统的主观评价的规定。

第2款 关于图像质量的主观评价，本次修订做了调整。

现行国家标准《有线电视系统工程技术规范》GB 50200中采用五级损伤制评定，五级损伤制评分分级见表1的规定。

因为视频显示在建筑智能化系统中有诸多应用，考虑到本规范的适用性较广而且为了便于实际操作，因此本次修订做了相应调整。

表1 五级损伤制评分分级

图像质量损伤的主观评价	评分分级
图像上不觉察有损伤或干扰存在	5
图像上有稍可觉察的损伤或干扰，但不令人讨厌	4
图像上有明显觉察的损伤或干扰，令人讨厌	3
图像上损伤或干扰较严重，令人相当讨厌	2
图像上损伤或干扰极严重，不能观看	1

11.0.5 基于HFC或同轴传输的双向数字电视系统的下行测试指标，可以依据行业标准《有线广播电视系统技术规范》GY/T 106-1999和《有线数字电视系统技术要求和测量方法》GY/T 221-2005有关规定，主要技术要求见表2。

表2 系统下行输出口技术要求

序号	测试内容		技术要求
1	模拟频道输出口电平		$60dB\mu V \sim 80dB\mu V$
2	数字频道输出口电平		$50dB\mu V \sim 75dB\mu V$
3	频道间电平差	相邻频道电平差	$\leqslant 3dB$
		任意模拟/数字频道间	$\leqslant 10dB$
		模拟频道与数字频道间电平差	$0dB \sim 10dB$
4	MER	64QAM，均衡关闭	$\geqslant 24dB$
5	BER（误码率）	24H，Rs解码后	$1 \times 10E-6$
6	C/N（模拟频道）		$\geqslant 43dB$
7	载波交流声比（HUM）（模拟）		$\leqslant 3\%$
8	数字射频信号与噪声功率比 SD, RF/N		$\geqslant 26dB$（64QAM）
9	载波复合二次差拍比（C/CSO）		$\geqslant 54dB$
10	载波复合三次差拍比（C/CTB）		$\geqslant 54dB$

11.0.6 基于HFC或同轴传输的双向数字电视系统上行测试指标，可以依据行业标准《HFC网络上行传输物理通道技术规范》GY/T 180-2001有关规定，主要技术要求见表3。

表3 系统上行技术要求

序号	测试内容	技术要求
1	上行通道频率范围	$(5 \sim 65)$MHz
2	标称上行端口输入电平	$100dB\mu V$
3	上行传输路由增益差	$\leqslant 10dB$
4	上行通道频率响应	$\leqslant 10dB$（7.4MHz $\sim$ 61.8MHz） $\leqslant 1.5dB$（7.4MHz $\sim$ 61.8MHz 任意3.2MHz 范围内）
5	信号交流声调制比	$\leqslant 7\%$
6	载波/汇集噪声	$\geqslant 20dB$（Ra 波段） $\geqslant 26dB$（Rb、Rc 波段）

11.0.7 关于数字信号的有线电视系统的主观评价的项目和要求，依据行业标准《有线数字电视系统技术要求和测量方法》GY/T 221-2006确定。

12 公共广播系统

12.0.1 公共广播系统工程包括电声部分和建筑声学工程两个部分。本规范中涉及的智能建筑工程安装的公共广播系统工程，只针对电声工程部分。

根据国家标准《公共广播系统工程技术规范》GB 50526-2010的规定，业务广播是指公共广播系统向服务区播送的、需要被全部或部分听众收听的日常广播，包括发布通知、新闻、信息、语声文件、寻呼、报时等。背景广播是指公共广播系统向其服务区播送渲染环境气氛的广播，包括背景音乐和各种场合的背景音响（包括环境模拟声）等。紧急广播是指公共广播系统为应对突发公共事件而向其服务区发布广播，包括警报信号、指导公众疏散的信息和有关部门进行现场指挥的命令等。

12.0.2 本条为强制性条文。

为保证火灾发生初期火灾应急广播系统的线路不被破坏，能够正常向相关防火分区播放警示信号（含警笛）、警报语声文件或实时指挥语声，协助人员逃生制定本条文。否则，火灾发生时，火灾应急广播系统的线路烧毁，不能利用火灾应急广播有效疏导人流，直接危及火灾现场人员生命。

国家标准《公共广播系统工程技术规范》GB 50526-2010中第3.5.6条和《智能建筑工程施工规范》GB 50606-2010第9.2.1条第3款均为强制性条款,对火灾应急广播系统传输线缆、槽盒和导管的选材及施工作出了规定,本规范强调的是其检验。

在施工验收过程中,为保证火灾应急广播系统传输线路可靠、安全,该传输线路需要采取防火保护措施。防火保护措施包括传输线路中线缆、槽盒和导管的选材及安装等。

火灾应急广播系统传输线路需要满足火灾前期连续工作的要求,验收时重点检查下列内容:

1 明敷时(包括敷设在吊顶内)需要穿金属导管或金属槽盒,并在金属管或金属槽盒上涂防火涂料进行保护;

2 暗敷时,需要穿导管,并且敷设在不燃烧体结构内且保护层厚度不小于30mm;

3 当采用阻燃或耐火电缆时,敷设在电缆井、电缆沟内时,可以不采取防火保护措施。

12.0.4 公共广播系统的电声性能指标,在国家标准《公共广播系统工程技术规范》GB 50526-2010中有相关规定,见表4。

表4 公共广播系统电声性能指标

指标\性能\分类	应备声压级*	声场不均匀度(室内)	漏出声衰减	系统设备信噪比	扩声系统语言传输指数	传输频率特性(室内)
一级业务广播系统		≤10dB	≥15dB	≥70dB	≥0.55	图1
二级业务广播系统	≥83dB	≤12dB	≥12dB	≥65dB	≥0.45	图2
三级业务广播系统					≥0.40	图3
一级背景广播系统		≤10dB	≥15dB	≥70dB	—	图1
二级背景广播系统	≥80dB	≤12dB	≥12dB	≥65dB	—	图2
三级背景广播系统		—	—	—	—	—
一级紧急广播系统			≥15dB	≥70dB	≥0.55	
二级紧急广播系统	≥86dB		≥12dB	≥65dB	≥0.45	
三级紧急广播系统					≥0.40	

*注:紧急广播的应备声压级尚应符合:以现场环境噪声为基准,紧急广播的信噪比应等于或大于12dB。

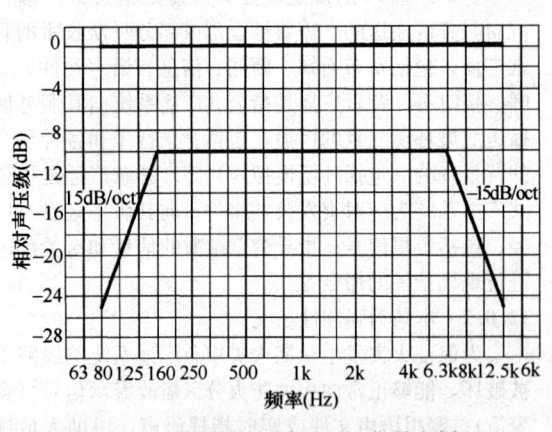

图1 一级业务广播、一级背景广播
室内传输频率特性容差域
(以频带内的最大值为0dB)

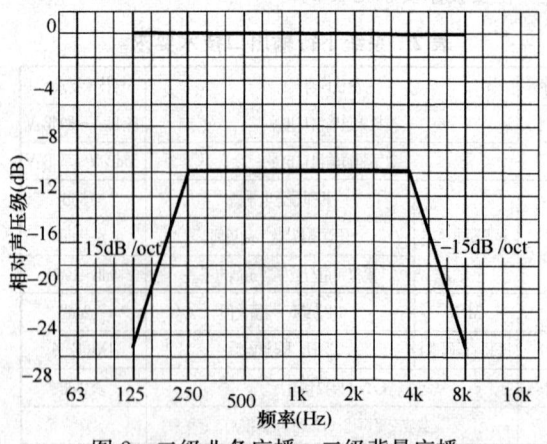

图2 二级业务广播、二级背景广播
室内传输频率特性容差域
(以频带内的最大值为0dB)

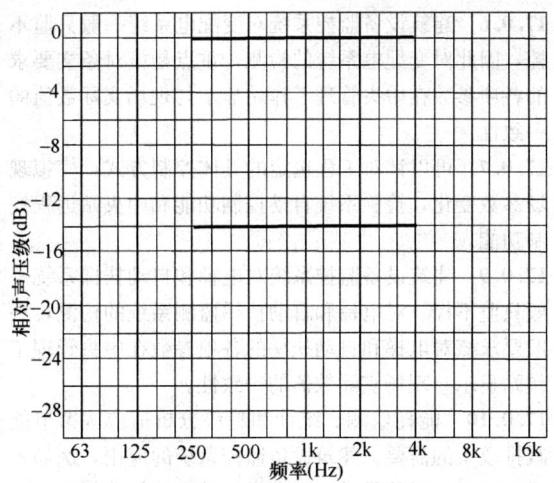

图 3 三级业务广播 室内传输频率特性容差域
（以频带内的最大值为0dB）

13 会议系统

13.0.3 本条规定的是会议系统检测前的检查内容。

会议系统设备对供电质量要求较高，电源干扰容易影响音、视频的质量，故提出本条要求。供电电源质量包括供电的电压、相位、频率和接地等。

在会议系统工程实施中，常常将会场装修与系统设备进行分开招标实施，为了避免招标文件对建声指标无要求也不作测试导致影响会场使用效果，所以会议系统进行系统检测前宜提供合格的会场建声检测记录。建声指标和电声指标是两个同等重要声学指标。

会场建声检测主要内容有：混响时间、本底噪声和隔声量。混响时间可以按照国家《剧场、电影院和多用途厅堂建筑声学设计规范》GB/T 50356 的相关规定进行检测。会议系统以语言扩声为主，会场混响时间适当短些，一般参考值为(1.0±0.2)s，具有会议电视功能的会议室混响时间更短些，宜为(0.6±0.1)s。同时提倡低频不上升的混响时间频率特性，应该尽可能在(63～4000)Hz 范围内低频不上升，减少低频的掩蔽效应，对提高语言清晰度大有益处。

13.0.4 会议系统检测的要求。

第 2 款 系统性能检测有两种方法：客观测量和主观评价，同等重要，可根据实际情况选择。会议系统最终效果是以人们现场主观感觉来评价，语言信息靠人耳试听、图像信息靠视觉感知、整体效果需通过试运行来综合评判。

13.0.5 本条为会议扩声系统的检测规定。

第 1 款为会议声学特性指标的规定。

国家标准《厅堂扩声系统设计规范》GB 50371－2006 中对会议类扩声系统声学特性指标：最大声压级、传输频率特性、传声增益、声场不均匀度和系统总噪声级都有了明确规定（俗称五大指标）。国家标准《会议电视会场系统工程设计规范》GB 50635－2010 中增加了扩声系统语言传输指数（STIPA）的要求，并且制定了定量标准，一级大于等于 0.60、二级大于等于 0.50。

对于扩声系统的语言传输指数（STIPA），即常讲的语言清晰度（亦有称语言可懂度），这里作为主控项目，意指非常重要。只要 STIPA 达到了设计要求，其他五大指标基本也会达标。语言传输指数（STIPA）测试值是指会场具有代表性的多个测量点的测试数据的平均值。

13.0.6 因为灯光照射到投影幕布上会对显示图像产生干扰，降低对比度，所以在本系统检测中要开启会议灯光，观察环境光对屏幕图像显示质量的影响程度。会议系统中应将这种影响缩小到最低程度。

13.0.7 本条为会议电视灯光系统检测的规定。

具有会议电视功能的系统对照度要求较高，国家标准《会议电视会场系统工程设计规范》GB 50635－2010 规定的会议电视灯光平均照度值见表 5。

表 5 会议电视灯光平均照度值

照明区域	垂直照度(lx)	参考平面	水平照度(lx)	参考平面
主席台座席区	≥400	1.40m 垂直面	≥600	0.75m 水平面
听众摄像区	≥300	1.40m 垂直面	≥500	0.75m 水平面

13.0.8 火灾自动报警联动功能的检测要求。

系统与火灾自动报警的联动功能是指，一旦消防中心有联动信号发送过来，系统可立即自动终止会议，同时会议讨论系统的会议单元及翻译单元可显示报警提示，并自动切换到报警信号，让与会人员通过耳机、会议单元扬声器或会场扩声系统听到紧急广播。

13.0.9 本条为会议电视系统的规定。

第 1 款 会议电视系统的会场功能有：主会场与分会场。在设计中往往比较注重主会场功能设计，常常忽视分会场功能设计，造成在作为分会场使用时效果很差。尤其是会议灯光系统要有明显不同的两个工作模式：主会场灯光工作模式、分会场灯光工作模式，才能保证会议电视会场使用效果。

14 信息导引及发布系统

14.0.3 信息导引及发布系统的功能主要包括网络播放控制、系统配置管理和日志信息管理等，根据设计要求确定检测项目。

14.0.4 视频显示系统，包括 LED 视频显示系统、投影型视频显示系统和电视型视频显示系统，其性能和指标需符合国家标准《视频显示系统工程技术规范》GB 50464-2008 第 3 章"视频显示系统工程的分类和分级"的规定，检测方法需符合现行国家标准《视频显示系统工程测量规范》GB/T 50525 的规定。

14.0.7 图像质量的主观评价项目，可以按国家标准《视频显示系统工程技术规范》GB 50464-2008 第 7.4.9 条和第 7.4.10 条执行。

15 时钟系统

15.0.4 本条来源于行业标准《时间同步系统》QB/T 4054-2010，其规定的平均瞬时日差指标见表 6。

表 6 平均瞬时日差指标

类 别	平均瞬时日差（s/d）		
	优等	一等	合格
石英谐振器一级母钟	0.001	0.005	0.01
石英谐振器二级母钟	0.01	0.05	0.1
子钟	$-0.50\sim+0.50$		$-1.00\sim+1.00$

16 信息化应用系统

16.0.3 应用软件的测试内容包括基本功能、界面操作的标准性、系统可扩展性、管理功能和业务应用功能等，根据软件需求规格说明的要求确定。

黑盒法是指测试不涉及软件的结构及编码等，只要求规定的输入能够获得预定的输出。

16.0.7 应用软件修改后进行回归测试，主要是验证是否因修改引出新的错误，修改后的应用软件仍需满足软件需求规格说明的要求。

17 建筑设备监控系统

17.0.1 建筑设备监控系统主要是用于对智能建筑内各类机电设备进行监测和控制，以达到安全、可靠、节能和集中管理的目的。监测和控制的范围及方式等与具体项目及其设备配置相关，因此应根据设计要求确定检测和验收的范围。

17.0.3 建筑设备监控系统功能检测主要体现在：

1 监视功能。系统设备状态、参数及其变化在中央管理工作站和操作分站的显示功能。

2 报警功能。系统设备故障和设备超过参数限定值运行时在中央管理工作站和操作分站报警功能。

3 控制功能。水泵、风机等系统动力设备，风阀、水阀等可调节设备在中央管理工作站和操作分站远程控制功能。

17.0.6 建筑设备监控系统对变配电系统一般只监不控，因此对变配电系统的检测，重点是核对条文要求的各项参数在中央管理工作站显示与现场实际数值的一致性。

17.0.7 可以针对工程选定的具体控制方式，模拟现场参数变化，检验系统自动控制功能和中央站远程控制功能。

17.0.9 建筑设备监控系统对电梯和自动扶梯系统一般只监不控。对电梯和自动扶梯监测系统的检测，一般要求核对电梯和自动扶梯的各项参数在中央管理工作站显示与现场实际数值的一致性。

17.0.10 能耗监测、统计和趋势分析适应国家节能减排政策的需要。建筑设备监控系统的应用，例如各设备的运行时间累计、耗电量统计和能效分析等可以为建筑中设备的运行管理和节能工作的量化和优化发挥巨大作用。近年来，随着住房和城乡建设部在全国主要省市进行远程能耗监管平台的建设，本系统还可为其提供基本数据的远传，为国家建筑节能工作做出贡献。由于该部分功能与建筑业主的需求和国家与地方的政策密切相关，因此本条文要求做能耗管理功能的检查，以符合设计要求为合格的判据。

17.0.11 对中央管理工作站和操作分站的检测以功能检查为主，所有功能和各管理界面全检。

17.0.12 系统控制命令响应时间是指从系统控制命令发出到现场执行器开始动作的这一段时间。系统报警信号响应时间是指从现场报警信号到其设定值到控制中心出现报警信号的这一段时间。上述两种响应时间受系统规模大小、网络架构、选用设备的灵敏度和系统控制软件等因素影响很大，当设计无明确要求时，一般实际工程在秒级是可以接受的。

17.0.15 建筑设备监控系统评测项目应根据项目具体情况确定。

第 2 款 系统的冗余配置主要是指控制网络、工作站、服务器、数据库和电源等设备的配置；

第 3 款 系统的可扩展性是指现场控制器输入/输出口的备用量；

第 4 款 目前常用的节能措施有空调设备的优化控制、冷热源负荷自动调节、照明设备自动控制、水泵和风机的变频调速等。进行节能评价是一项重要的工作，具体评价方法可参见相关标准要求。因为节能评测是一项多专业、多系统的综合工作，本条款推荐在条件适宜情况下进行此项评测，需要根据设备配置情况确定评测内容。

19 安全技术防范系统

19.0.1 本规定中所列安全技术防范系统的范围是目前通用型公共建筑物广泛采用的系统。

19.0.2 在现行国家标准《安全防范工程技术规范》

GB 50348中，高风险建筑包括文物保护单位和博物馆、银行营业场所、民用机场、铁路车站、重要物资储存库等。由于这类建筑的使用功能对于安全的要求较高，因此应执行专业标准和特殊行业的相关标准。

19.0.3 列入国家安全技术防范产品强制性认证目录的产品需要取得CCC认证证书；列入国家安全技术防范产品登记目录的产品需要取得生产登记批准书。

19.0.5 综合管理系统是指对各安防子系统进行集成管理的综合管理软硬件平台。检查综合管理系统时，集成管理平台上显示的各项信息（如工作状态和报警信息等）和各子系统自身的管理计算机（或管理主机）上所显示的各项信息内容应一致，并能真实反映各子系统的实际工作状态；对集成管理平台可进行控制的子系统，从集成管理平台和子系统管理计算机（或管理主机）上发出的指令，子系统均应正确响应。具体的集成管理功能和性能指标应按设计要求逐项进行检查。

19.0.6 视频安防监控系统的检测要求和数字视频安防监控系统的检测内容。

第2款 对于数字视频安防监控系统的检测内容的补充要求。其中第3）项：音视频存储功能检测包括存储格式（如H.264、MPEG-4等）、存储方式（如集中存储、分布存储等）、存储质量（如高清、标清等）、存储容量和存储帧率等。对存储设备进行回放试验，检查其试运行中存贮的图像最大容量、记录速度（掉帧情况）等。通过操作试验，对检测记录进行检索、回放等，检测其功能。

19.0.13 各子系统可独立建设，并可由不同施工单位实施，可根据合同约定分别进行验收。

20 应急响应系统

20.0.1 本规范所称的应急响应系统是指以智能化集成系统、火灾自动报警系统、安全技术防范系统或其他智能化系统为基础，综合公共广播系统、信息导引及发布系统、建筑设备监控系统等，所构建的对各类突发公共安全事件具有报警响应和联动功能的综合性集成系统，以维护公共建筑物（群）区域内的公共安全。

21 机房工程

21.0.1 智能建筑工程中的机房包括信息接入机房、有线电视前端机房、智能化总控室、信息网络机房、用户电话交换机房、信息设施系统总配线机房、消防控制室、安防监控中心、应急响应中心、弱电间和电信间等。

21.0.3 机房所用电源包括：智能化系统交、直流供电设备；智能化系统配备的不间断供电设备、蓄电池组和充电设备；以及供电传输、操作、保护和改善电能质量的设备和装置。

21.0.7 智能化系统弱电间除布放线缆外，还需要放置很多电子信息系统的设备，如安防设备、网络设备等，机房工程的质量对电子信息系统设备的正常运行有影响。因此在本条中单独列出对智能化系统弱电间的检测规定，加强对弱电间的工程质量控制。

第2款 线缆路由主要指敷设线缆的梯架、槽盒、托盘和导管的空间。检测冗余度的主要原因是便于智能化系统今后的扩展性和灵活调整性，确保后期改造和扩展的空间冗余。

22 防雷与接地

22.0.4 本条为强制性条文。

为了防止由于雷电、静电和电源接地故障等原因导致建筑智能化系统的操作维护人员电击伤亡以及设备损坏，故作此强制性规定。建筑智能化系统工程中有大量安装在室外的设备（如安全技术防范系统的室外报警设备和摄像机、有线电视系统的天线、信息导引系统的室外终端设备、时钟系统的室外子钟等等，还有机房中的主机设备如网络交换机等）需可靠地与接地系统连接，保证雷击、静电和电源接地故障产生的危害不影响人身安全及智能化设备的运行。

智能化系统电子设备的接地系统，一般可分为功能性接地、直流接地、保护性接地和防雷接地，接地系统的设置直接影响到智能化系统的正常运行和人身安全。当接地系统采用共用接地方式时，其接地电阻应采用接地系统中要求最小的接地电阻值。

检测建筑智能化系统工程中的接地装置、接地线、接地电阻和等电位联结符合设计的要求，并检测电涌保护器、屏蔽设施、静电防护设施、智能化系统设备及线路可靠接地。接地电阻值除另有规定外，电子设备接地电阻值不应大于4Ω，接地系统共用接地电阻不应大于1Ω。当电子设备接地与防雷接地系统分开时，两接地装置的距离不应小于10m。

中华人民共和国国家标准

建筑物防雷工程施工与质量验收规范

Code for construction and quality acceptance for
lightning protection engineering of structures

GB 50601—2010

主编部门：江 苏 省 住 房 和 城 乡 建 设 厅
批准部门：中华人民共和国住房和城乡建设部
施行日期：２０１１年２月１日

中华人民共和国住房和城乡建设部
公 告

第 664 号

关于发布国家标准《建筑物防雷工程施工与质量验收规范》的公告

现批准《建筑物防雷工程施工与质量验收规范》为国家标准，编号为 GB 50601—2010，自 2011 年 2 月 1 日起实施。其中，第 3.2.3、5.1.1（3、6）、6.1.1（1）条（款）为强制性条文，必须严格执行。

本规范由我部标准定额研究所组织中国计划出版社出版发行。

中华人民共和国住房和城乡建设部
二〇一〇年七月十五日

前 言

本规范是根据住房和城乡建设部《关于印发〈2008 年工程建设标准规范制订、修订计划（第一批）〉的通知》（建标〔2008〕102 号）的要求，由南通五建建设工程有限公司和江苏顺通建设工程有限公司会同有关单位共同编制而成的。

本规范在编制过程中，编制组在调查研究的基础上，总结了国内最新的实践经验，吸收了符合我国国情的国外先进技术。经广泛征求意见，反复研究，多次修改，最后经审查定稿。

本规范共分为 11 章和 5 个附录，主要内容包括总则、术语、基本规定、接地装置分项工程、引下线分项工程、接闪器分项工程、等电位连接分项工程、屏蔽分项工程、综合布线分项工程、电涌保护器分项工程和工程质量验收等。

本规范中以黑体字标志的条文为强制性条文，必须严格执行。

本规范由住房和城乡建设部管理和对强制性条文的解释，江苏省住房和城乡建设厅负责日常管理，南通五建建设工程有限公司负责具体技术内容的解释。请各单位在执行本规范过程中注意总结经验、积累数据，随时将需要修改和补充的意见寄至南通五建建设工程有限公司（地址：江苏省如东县掘港镇友谊东路洋口港开发大楼，邮政编码：226400），以便今后修订时参考。

本规范主编单位、参编单位、主要起草人和主要审查人：

主 编 单 位：南通五建建设工程有限公司
江苏顺通建设工程有限公司

参 编 单 位：江苏新源建筑工程有限公司
南通万通建设工程有限公司
南通光华建筑工程有限公司
中国气象科学研究院
江苏省防雷中心
广东省防雷中心
深圳市防雷中心
如东县气象局

主要起草人：胡 斌　曹国祥　曹卫东　丁小建
管学新　傅 明　葛加君　佘小颉
葛政新　胡学明　俞光武　孟 青
冯民学　金 良　余立平　曹书涛
盛海峰　陈 刚　关象石

主要审查人：林维勇　孙 兰　李道本　欧清礼
陈善敏　潘正林　徐建荣　张小青
王光龙

目 次

1 总则 …………………………… 9—24—5
2 术语 …………………………… 9—24—5
3 基本规定 ……………………… 9—24—5
   3.1 施工现场质量管理 ………… 9—24—5
   3.2 施工质量控制要求 ………… 9—24—5
4 接地装置分项工程 …………… 9—24—6
   4.1 接地装置安装 ……………… 9—24—6
   4.2 接地装置安装工序 ………… 9—24—6
5 引下线分项工程 ……………… 9—24—6
   5.1 引下线安装 ………………… 9—24—6
   5.2 引下线安装工序 …………… 9—24—7
6 接闪器分项工程 ……………… 9—24—7
   6.1 接闪器安装 ………………… 9—24—7
   6.2 接闪器安装工序 …………… 9—24—8
7 等电位连接分项工程 ………… 9—24—8
   7.1 等电位连接安装 …………… 9—24—8
   7.2 等电位连接安装工序 ……… 9—24—8
8 屏蔽分项工程 ………………… 9—24—8
   8.1 屏蔽装置安装 ……………… 9—24—8
   8.2 屏蔽装置安装工序 ………… 9—24—8
9 综合布线分项工程 …………… 9—24—9
   9.1 综合布线安装 ……………… 9—24—9
   9.2 综合布线安装工序 ………… 9—24—9
10 电涌保护器分项工程 ………… 9—24—9
   10.1 电涌保护器安装 …………… 9—24—9
   10.2 电涌保护器安装工序 ……… 9—24—10
11 工程质量验收 ………………… 9—24—10
   11.1 一般规定 …………………… 9—24—10
   11.2 防雷工程中各分项工程的检验批划分和检测要求 …… 9—24—10
附录 A 施工现场质量管理检查记录 …………………………… 9—24—12
附录 B 外部防雷装置和等电位连接导体的材料、规格 …… 9—24—12
附录 C 电涌保护器分类和应提供的信息要求 ……………… 9—24—14
附录 D 安装图 ………………………… 9—24—15
附录 E 质量验收记录 ………………… 9—24—20
本规范用词说明 ………………………… 9—24—24
引用标准名录 …………………………… 9—24—24
附：条文说明 …………………………… 9—24—25

Contents

1 General provisions ·············· 9—24—5
2 Terms ·············· 9—24—5
3 Basic requirement ·············· 9—24—5
  3.1 Quality management of construction site ·············· 9—24—5
  3.2 Requirements of construction quality control ·············· 9—24—5
4 Subdivision work of earth-termination system ·············· 9—24—6
  4.1 Installation of earth-termination system ·············· 9—24—6
  4.2 Installation procedures of earth-termination system ·············· 9—24—6
5 Subdivision work of down-conductor system ·············· 9—24—6
  5.1 Installation of down-conductor system ·············· 9—24—6
  5.2 Installation procedures of down-conductor system ·············· 9—24—7
6 Subdivision work of air-termination system ·············· 9—24—7
  6.1 Installation of air-termination system ·············· 9—24—7
  6.2 Installation procedures of air-termination system ·············· 9—24—8
7 Subdivision work of equipotential bonding ·············· 9—24—8
  7.1 Installation of equipotential bonding ·············· 9—24—8
  7.2 Installation procedures of equipotential bonding ·············· 9—24—8
8 Subdivision work of shielding ·············· 9—24—8
  8.1 Installation of shielding device ·············· 9—24—8
  8.2 Installation procedures of shielding device ·············· 9—24—8
9 Subdivision work of generic cabling ·············· 9—24—9
  9.1 Installation of generic cabling ·············· 9—24—9
  9.2 Installation procedures of generic cabling ·············· 9—24—9
10 Subdivision work of surge protective device ·············· 9—24—9
  10.1 Installation of surge protective device ·············· 9—24—9
  10.2 Installation procedures of surge protective device ·············· 9—24—10
11 Acceptance of engineering construction quality ·············· 9—24—10
  11.1 General requirement ·············· 9—24—10
  11.2 Inspection lot division and test requirements of subdivision works in lightning protection engineering ·············· 9—24—10
Appendix A Record of quality management and test in construction site ·············· 9—24—12
Appendix B Material specification for external lightning protection system and equipotential bonding conductor ·············· 9—24—12
Appendix C Classification and information requirements for surge protective device ·············· 9—24—14
Appendix D Installation diagram ·············· 9—24—15
Appendix E Records of quality acceptance ·············· 9—24—20
Explanation of wording in this code ·············· 9—24—24
List of quoted standards ·············· 9—24—24
Addition: Explanation of provisions ·············· 9—24—25

1 总 则

1.0.1 为加强建筑物防雷工程质量监督管理，统一防雷工程施工与质量验收，保证工程质量和建筑物的防雷装置安全运行，制定本规范。

1.0.2 本规范适用于新建、改建和扩建建筑物防雷工程的施工与质量验收。

1.0.3 建筑物防雷工程施工与质量验收除应符合本规范外，尚应符合国家现行有关标准的规定。

2 术 语

2.0.1 防雷装置 lightning protection system (LPS)
用于对建筑物进行雷电防护的整套装置，由外部防雷装置和内部防雷装置组成。

2.0.2 外部防雷装置 external lightning protection system
用于防护直击雷的防雷装置，由接闪器、引下线和接地装置组成。

2.0.3 内部防雷装置 internal lightning protection system
用于减小雷电流在所需防护空间内产生的电磁效应的防雷装置，由屏蔽导体、等电位连接件和电涌保护器等组成。

2.0.4 接地体 earth electrode
埋入土壤或混凝土基础中作散流用的导体。

2.0.5 接地线 earthing conductor
从引下线断接卡或测试点至接地体的连接导体，或从接地端子、等电位连接带至接地体的连接导体。

2.0.6 共用接地系统 common earthing system
将防雷装置、建筑物基础金属构件、低压配电保护线、设备保护接地、屏蔽体接地、防静电接地和信息技术设备逻辑地等相互连接在一起的接地系统。

2.0.7 电涌保护器 surge protective device (SPD)
用于限制瞬态过电压和分泄电涌电流的器件。至少含有一个非线性元件。

2.0.8 后备过电流保护 back-up overcurrent protection
位于电涌保护器外部的前端，作为电气装置的一部分的过电流保护装置。

2.0.9 内部系统 internal system
建筑物内的电气和电子系统。

2.0.10 电气系统 electrical system
由低压供电组部件构成的系统。

2.0.11 电子系统 electronic system
由通信设备、计算机、控制和仪表系统、无线电系统和电力电子装置构成的系统。

2.0.12 检验批 inspection lot
按同一的生产条件或规定的方式汇总起来供检验用的，由一定的数量样本组成的检验体。

2.0.13 主控项目 dominant item
建筑工程中对安全、卫生、环境保护和公众利益起决定性作用的检验项目。

2.0.14 一般项目 general item
除主控项目以外的检验项目。

3 基 本 规 定

3.1 施工现场质量管理

3.1.1 防雷工程施工现场的质量管理，应有相应的施工技术标准、健全的质量管理体系、施工质量检验制度和综合施工质量水平判断评定考核制度。总监理工程师或建设单位项目负责人应逐项检查并填写本规范附录 A 表 A.0.1。

3.1.2 施工人员、资质和计量器具应符合下列规定：
1 施工中的各工种技工、技术人员均应具备相应的资格，并应持证上岗。
2 施工单位应具备相应的施工资质。
3 在安装和调试中使用的各种计量器具，应经法定计量认证机构检定合格，并应在检定合格有效期内使用。

3.2 施工质量控制要求

3.2.1 防雷工程采用的主要设备、材料、成品、半成品进场检验结论应有记录，并应在确认符合本规范的规定后再在施工中应用。对依法定程序批准进入市场的新设备、器具和材料进场验收，供应商尚应提供安装、使用、维修和试验要求等技术文件。对进口设备、器具和材料进场验收，供应商尚应提供商检（或国内检测机构）证明和中文的质量合格证明文件，规格、型号、性能检验报告，以及中文的安装、使用、维修和试验要求等技术文件。

当对防雷工程采用的主要设备、材料、成品、半成品存在异议时，应由法定检测机构的试验室进行抽样检测，并应出具检测报告。

主要防雷装置的材料、规格和试验要求宜符合本规范附录 B 和附录 C 的规定。

3.2.2 各工序应按本规范规定的工序进行质量控制，每道工序完成后，应进行检查。相关各专业工种之间应进行交接检验，并应形成记录，应包括隐蔽工程记录。未经监理工程师或建设单位技术负责人检查确认，不得进行下道工序施工。

3.2.3 除设计要求外，兼做引下线的承力钢结构构件、混凝土梁、柱内钢筋与钢筋的连接，应采用土建施工的绑扎法或螺丝扣的机械连接，严禁热加工连接。

4 接地装置分项工程

4.1 接地装置安装

4.1.1 主控项目应符合下列规定：

1 利用建筑物桩基、梁、柱内钢筋做接地装置的自然接地体和为接地需要而专门埋设的人工接地体，应在地面以上按设计要求的位置设置可供测量、接人工接地体和做等电位连接用的连接板。

2 接地装置的接地电阻值应符合设计文件的要求。

3 在建筑物外人员可经过或停留的引下线与接地体连接处 3m 范围内，应采用防止跨步电压对人员造成伤害的一种或多种方法如下：

1）铺设使地面电阻率不小于 50kΩ·m 的 5cm 厚的沥青层或 15cm 厚的砾石层。
2）设立阻止人员进入的护栏或警示牌。
3）将接地体敷设成水平网格。

4 当工程设计文件对第一类防雷建筑物接地装置设计为独立接地时，独立接地体与建筑物基础地网及与其有联系的管道、电缆等金属物之间的间隔距离，应符合现行国家标准《建筑物防雷设计规范》GB 50057—2010 中第 4.2.1 条的规定。

4.1.2 一般项目应符合下列规定：

1 当设计无要求时，接地装置顶面埋设深度不应小于 0.5m。角钢、钢管、铜棒、铜管等接地体应垂直配置。人工垂直接地体的长度宜为 2.5m，人工垂直接地体之间的间距不宜小于 5m。人工接地体与建筑物外墙或基础之间的水平距离不宜小于 1m。

2 可采取下列方法降低接地电阻：

1）将垂直接地体深埋到低电阻率的土壤中或扩大接地体与土壤的接触面积。
2）置换成低电阻率的土壤。
3）采用降阻剂或新型接地材料。
4）在永冻土地区和采用深孔（井）技术的降阻方法，应符合现行国家标准《电气装置安装工程 接地装置施工及验收规范》GB 50169—2006 中第 3.2.10 条～第 3.2.12 条的规定。
5）采用多根导体外引，外引长度不应大于现行国家标准《建筑物防雷设计规范》GB 50057—2010 中第 5.4.6 条的有关规定。

3 当接地装置仅用于防雷保护，且当地土壤电阻率较高，难以达到设计要求的接地电阻值时，可采用现行国家标准《雷电防护 第 3 部分：建筑物的物理损坏和生命危险》GB/T 21714.3—2008 中第 5.4.2 条的规定。

4 接地体的连接应采用焊接，并宜采用放热焊接（热剂焊）。当采用通用的焊接方法时，应在焊接处做防腐处理。钢材、铜材的焊接应符合下列规定：

1）导体为钢材时，焊接时的搭接长度及焊接方法要求应符合表 4.1.2 的规定。

表 4.1.2 防雷装置钢材焊接时的搭接长度及焊接方法

焊接材料	搭接长度	焊接方法
扁钢与扁钢	不应少于扁钢宽度的 2 倍	两个大面不应少于 3 个棱边焊接
圆钢与圆钢	不应少于圆钢直径的 6 倍	双面施焊
圆钢与扁钢	不应少于圆钢直径的 6 倍	双面施焊
扁钢与钢管、扁钢与角钢	紧贴角钢外侧两面或紧贴 3/4 钢管表面，上、下两侧施焊，并应以由扁钢弯成的弧形（或直角形）卡子或直接由扁钢本身弯成弧形或直角形与钢管或角钢焊接	

2）导体为铜材与铜材或铜材与钢材时，连接工艺应采用放热焊接，熔接接头应将被连接的导体完全包在接头里，应保证连接部位的金属完全熔化，并应连接牢固。

5 接地线连接要求及防止发生机械损伤和化学腐蚀的措施，应符合现行国家标准《电气装置安装工程 接地装置施工及验收规范》GB 50169—2006 中第 3.2.7 条、第 3.3.1 条和第 3.3.3 条的规定。

6 接地装置在地面处与引下线的连接施工图示和不同地基的建筑物基础接地施工图示，见本规范附录 D 中图 D.0.1-1～图 D.0.1-3。

7 敷设在土壤中的接地体与混凝土基础中的钢材相连接时，宜采用铜材或不锈钢材料。

4.2 接地装置安装工序

4.2.1 自然接地体底板钢筋敷设完成，应按设计要求做接地施工，应经检查确认并做隐蔽工程验收记录后再支模或浇捣混凝土。

4.2.2 人工接地体应按设计要求位置开挖沟槽，打入人工垂直接地体或敷设金属接地模块（管）和使用人工水平接地体进行电气连接，应经检查确认并做隐蔽工程验收记录。

4.2.3 接地装置隐蔽应经检查验收合格后再覆土回填。

5 引下线分项工程

5.1 引下线安装

5.1.1 主控项目应符合下列规定：

1 引下线的安装布置应符合现行国家标准《建筑物防雷设计规范》GB 50057 的有关规定，第一类、第二类和第三类防雷建筑物专设引下线不应少于 2 根，并应沿建筑物周围均匀布设，其平均间距分别不应大于 12m、18m 和 25m。

2 明敷的专用引下线应分段固定，并应以最短路径敷设到接地体，敷设应平正顺直、无急弯。焊接固定的焊缝应饱满无遗漏，螺栓固定应有防松零件（垫圈），焊接部分的防腐应完整。

3 建筑物外的引下线敷设在人员可停留或经过的区域时，应采用下列一种或多种方法，防止接触电压和旁侧闪络电压对人员造成伤害：

   1) 外露引下线在高 2.7m 以下部分应穿不小于 3mm 厚的交联聚乙烯管，交联聚乙烯管应能耐受 100kV 冲击电压（1.2/50μs 波形）。
   2) 应设立阻止人员进入的护栏或警示牌。护栏与引下线水平距离不应小于 3m。

4 引下线两端应分别与接闪器和接地装置做可靠的电气连接。

5 引下线上应无附着的其他电气线路，在通信塔或其他高耸金属构架起接闪作用的金属物上敷设电气线路时，线路应采用直埋于土壤中的铠装电缆或穿金属管敷设的导线。电缆的金属护层或金属管应两端接地，埋入土壤中的长度不应小于 10m。

6 引下线安装与易燃材料的墙壁或墙体保温层间距应大于 0.1m。

5.1.2 一般项目应符合下列规定：

1 引下线固定支架应固定可靠，每个固定支架应能承受 49N 的垂直拉力。固定支架的高度不宜小于 150mm，固定支架应均匀，引下线和接闪导体固定支架的间距应符合表 5.1.2 的要求。

表 5.1.2 引下线和接闪导体固定支架的间距

布置方式	扁形导体和绞线固定支架的间距（mm）	单根圆形导体固定支架的间距（mm）
水平面上的水平导体	500	1000
垂直面上的水平导体	500	1000
地面至 20m 处的垂直导体	1000	1000
从 20m 处起往上的垂直导体	500	1000

2 引下线可利用建筑物的钢梁、钢柱、消防梯等金属构件作为自然引下线，金属构件之间应电气贯通。当利用混凝土内钢筋、钢柱作为自然引下线并采用基础钢筋接地体时，不宜设置断接卡，但应在室外墙体上留出供测量用的测接地电阻孔洞及与引下线相连的测试点接头。暗敷的自然引下线（柱内钢筋）的施工应符合现行国家标准《混凝土结构工程施工质量验收规范》GB 50204—2002 中第 5 章的规定。混凝土柱内钢筋，应按工程设计文件要求采用土建施工的绑扎法、螺丝扣连接等机械连接或对焊、搭焊等焊接连接。

3 当设计要求引下线的连接采用焊接时，焊接要求应符合本规范第 4.1.2 条第 4 款的规定。

4 在易受机械损伤之处，地面上 1.7m 至地面下 0.3m 的一段接地应采用暗敷保护，也可采用镀锌角钢、改性塑料管或橡胶等保护，并应在每一根引下线上距地面不低于 0.3m 处设置断接卡连接。

5 引下线不应敷设在下水管道内，并不宜敷设在排水槽沟内。

6 引下线安装中应避免形成环路，引下线与接闪器连接的施工可按本规范附录 D 中图 D.0.2-1～图 D.0.2-5 和图 D.0.3-2 执行。

5.2 引下线安装工序

5.2.1 利用建筑物柱内钢筋作为引下线，在柱内主钢筋绑扎或焊接连接后，应做标志，并应按设计要求施工，应经检查确认记录后再支模。

5.2.2 直接从基础接地体或人工接地体引出的专用引下线，应先按设计要求安装固定支架，并应经检查确认后再敷设引下线。

6 接闪器分项工程

6.1 接闪器安装

6.1.1 主控项目应符合下列规定：

1 建筑物顶部和外墙上的接闪器必须与建筑物栏杆、旗杆、吊车梁、管道、设备、太阳能热水器、门窗、幕墙支架等外露的金属物进行等电位连接。

2 接闪器的安装布置应符合工程设计文件的要求，并应符合现行国家标准《建筑物防雷设计规范》GB 50057 中对不同类别防雷建筑物接闪器布置的要求。

3 位于建筑物顶部的接闪导线可按工程设计文件要求暗敷在混凝土女儿墙或混凝土屋面内。当采用暗敷时，作为接闪导线的钢筋施工应符合现行国家标准《混凝土结构工程施工质量验收规范》GB 50204—2002 中第 5 章的规定。高层建筑物的接闪器应采取明敷。在多雷区，宜于屋面拐角处安装短接闪杆。

4 专用接闪杆应能承受 0.7kN/m² 的基本风压，在经常发生台风和大于 11 级大风的地区，宜增大接闪杆的尺寸。

5 接闪器上应无附着的其他电气线路或通信线、信号线，设计文件中有其他电气线和通信线敷设在通信塔上时，应符合本规范第 5.1.1 条第 5 款的规定。

6.1.2 一般项目应符合下列规定：

1 当利用建筑物金属屋面、旗杆、铁塔等金属物做接闪器时，建筑物金属屋面、旗杆、铁塔等金属物的材料、规格应符合本规范附录 B 的有关规定。

2 专用接闪杆位置应正确，焊接固定的焊缝应饱满无遗漏，焊接部分防腐应完整。接闪导线应位置正确、平正顺直、无急弯。焊接的焊缝应饱满无遗漏，螺栓固定的应有防松零件。

3 接闪导线焊接时的搭接长度及焊接方法应符

合本规范第4.1.2条第4款的规定。

4 固定接闪导线的固定支架应固定可靠，每个固定支架应能承受49N的垂直拉力。固定支架应均匀，并应符合本规范表5.1.2的要求。

5 接闪器在建筑物伸缩缝处的跨接及坡屋面上施工可按本规范附录D中图D.0.3-1～图D.0.3-3执行。

6.2 接闪器安装工序

6.2.1 暗敷在建筑物混凝土中的接闪导线，在主筋绑扎或认定主筋进行焊接并做好标志后，应按设计要求施工，并应经检查确认隐蔽工程验收记录后再支模或浇捣混凝土。

6.2.2 明敷在建筑物上的接闪器应在接地装置和引下线施工完成后再安装，并应与引下线电气连接。

7 等电位连接分项工程

7.1 等电位连接安装

7.1.1 主控项目应符合下列规定：

1 除应符合本规范第6.1.1条第1款的规定，尚应按现行国家标准《建筑物防雷设计规范》GB 50057中有关各类防雷建筑物的规定，对进出建筑物的金属管线做等电位连接。

2 在建筑物入户处应做总等电位连接。建筑物等电位连接干线与接地装置应有不少于2处的直接连接。

3 第一类防雷建筑物和具有1区、2区、21区及22区爆炸危险场所的第二类防雷建筑物内、外的金属管道、构架和电缆金属外皮等长金属物的跨接，应符合现行国家标准《建筑物防雷设计规范》GB 50057的有关规定。

7.1.2 一般项目应符合下列规定：

1 等电位连接可采取焊接、螺钉或螺栓连接等。当采用焊接时，应符合本规范第4.1.2条第4款的规定。

2 在建筑物后续防雷区界面处的等电位连接应符合现行国家标准《建筑物防雷设计规范》GB 50057的有关规定。

3 电子系统设备机房的等电位连接应根据电子系统的工作频率分别采用星形结构（S型）或网形结构（M型）。工作频率小于300kHz的模拟线路，可采用星形结构等电位连接网络；频率为兆赫（MHz）级的数字线路，应采用网形结构等电位连接网络。

4 建筑物入户处等电位连接施工和屋面金属管入户等电位连接施工可按本规范附录D中图D.0.2-5、图D.0.3-3和图D.0.4-1～图D.0.4-5执行。

7.2 等电位连接安装工序

7.2.1 在建筑物入户处的总等电位连接，应对入户金属管线和总等电位连接板的位置检查确认后再设置与接地装置连接的总等电位连接板，并应按设计要求做等电位连接。

7.2.2 在后续防雷区交界处，应对供连接用的等电位连接板和需要连接的金属物体的位置检查确认记录后再设置与建筑物主筋连接的等电位连接板，并应按设计要求做等电位连接。

7.2.3 在确认网形结构等电位连接网与建筑物内钢筋或钢构件连接点的位置、信息技术设备的位置后，应按设计要求施工。网形结构等电位连接网的周边宜每隔5m与建筑物内的钢筋或钢结构连接一次。电子系统模拟线路工作频率小于300kHz时，可在选择与接地系统最接近的位置设置接地基准点后，再按星形结构等电位连接网设计要求施工。

8 屏蔽分项工程

8.1 屏蔽装置安装

8.1.1 主控项目应符合下列规定：

1 当工程设计文件要求为了防止雷击电磁脉冲对室内电子设备产生损害或干扰而需采取屏蔽措施时，屏蔽工程施工应符合工程设计文件和现行国家标准《电子信息系统机房施工及验收规范》GB 50462的有关规定。

2 当工程设计文件有防雷专用屏蔽室时，屏蔽壳体、屏蔽门、各类滤波器、截止通风导窗、屏蔽玻璃窗、屏蔽暗箱的安装，应符合工程设计文件的要求。屏蔽室的等电位连接应符合本规范第7.1.2条第3款的规定。

8.1.2 一般项目应符合下列规定：

1 设有电磁屏蔽室的机房，建筑结构应满足屏蔽结构对荷载的要求。

2 电磁屏蔽室与建筑物内墙之间宜预留维修通道。

8.2 屏蔽装置安装工序

8.2.1 建筑物格栅形大空间屏蔽工程安装工序应符合下列规定：

1 应按工程设计文件要求选用金属导体在建筑物六面体上敷设，对金属导体本身或其与建筑物内的钢筋构成的网格尺寸，应经检查确认后再进行电气连接。

2 支模或进行内装修时，应使屏蔽网格埋在混凝土或装修材料之中。

8.2.2 专用屏蔽室安装工序应符合下列规定：

1 应将模块式的可拆式屏蔽室在房间内按设计要求安装，并应预留出等电位连接端子。

2 应将屏蔽室预留等电位连接端子与建筑物内等电位连接带进行电气连接，并应经检查确认后再进行屏蔽室固定和外部装修。

3 应安装屏蔽门、屏蔽窗和滤波器，并应检查屏蔽焊缝的严密和牢固。

9 综合布线分项工程

9.1 综合布线安装

9.1.1 主控项目应符合下列规定：

1 低压配电线路（三相或单相）的单芯线缆不应单独穿于金属管内。

2 不同回路、不同电压等级的交流和直流电线不应穿于同一金属管中，同一交流回路的电线应穿于同一金属管中，管内电线不得有接头。

3 爆炸危险场所使用的电线（电缆）的额定耐受电压值不应低于750V，且应穿在金属管中。

9.1.2 一般项目应符合下列规定：

1 建筑物内传输网络的综合布线施工应符合现行国家标准《综合布线系统工程验收规范》GB 50312 的有关规定。

2 当信息技术电缆与供配电电缆同属一个电缆管理系统和同一路由时，其布线应符合下列规定：

1）电缆布线系统的全部外露可导电部分，均应按本规范第 7.1 节的要求进行等电位连接。

2）由分线箱引出的信息技术电缆与供配电电缆平行敷设的长度大于 35m 时，从分线箱起的 20m 内应采取隔离措施，也可保持两线缆之间有大于 30mm 的间距，或在槽盒中加金属板隔开。

3）在条件许可时，宜采用多层走线槽盒，强、弱电线路宜分层布设。

3 低压配电系统的电线色标应符合相线采用黄、绿、红色，中性线用浅蓝色，保护线用绿/黄双色线的要求。

9.2 综合布线安装工序

9.2.1 信息技术设备应按设计要求确认安装位置，并应按设备主次逐个安装机柜、机架。

9.2.2 各类配线的额定电压值、色标应符合本规范第9.1节和设计文件的要求，并应经检查确认后备用。

9.2.3 敷设各类配线的线槽（盒）、桥架或金属管应符合设计文件的要求，并应经检查确认后，再按设计文件要求的位置和走向安装固定。

9.2.4 已安装固定的线槽（盒）、桥架或金属管应与建筑物内的等电位连接带进行电气连接，连接处的过渡电阻不应大于 0.24Ω。

9.2.5 各类配线应按设计文件的要求分别布设到线槽（盒）、桥架或金属管内，并应经检查确认后，再与低压配电系统和信息技术设备相连接。

10 电涌保护器分项工程

10.1 电涌保护器安装

10.1.1 主控项目应符合下列规定：

1 低压配电系统中 SPD 的安装布置应符合工程设计文件的要求，并应符合现行国家标准《建筑物电气装置 第 5-53 部分：电气设备的选择和安装 隔离、开关和控制设备 第 534 节：过电压保护电器》GB 16895.22、《低压配电系统的电涌保护器（SPD）第 12 部分：选择和使用导则》GB/T 18802.12 和《建筑物防雷设计规范》GB 50057 的有关规定。

2 电子系统信号网络中的 SPD 的安装布置应符合工程设计文件的要求，并应符合现行国家标准《低压电涌保护器 第 22 部分：电信和信号网络的电涌保护器（SPD）选择和使用导则》GB/T 18802.22 和《建筑物防雷设计规范》GB 50057 的有关规定。

3 当建筑物上有外部防雷装置，或建筑物上虽未敷设外部防雷装置，但与之邻近的建筑物上有外部防雷装置且两建筑物之间有电气联系时，有外部防雷装置的建筑物和有电气联系的建筑物内总配电柜上安装的 SPD 应符合下列规定：

1）应当使用Ⅰ级分类试验的 SPD。

2）低压配电系统的 SPD 的主要性能参数：冲击电流不应小于 $12.5kA$（$10/350\mu s$），电压保护水平不应大于 2.5kV，最大持续运行电压应根据低压配电系统的接地型式选取。

4 当 SPD 内部未设计热脱扣装置时，对失效状态为短路型的 SPD，应在其前端安装熔丝、热熔线圈或断路器进行后备过电流保护。

10.1.2 一般项目应符合下列规定：

1 低压配电系统中安装的第一级 SPD 与被保护设备之间关系无法满足下列条件时，应在靠近被保护设备的分配电盘或设备前端安装第二级 SPD：

1）第一级 SPD 的有效电压保护水平低于设备的耐过电压额定值时。

2）第一级 SPD 与被保护设备之间的线路长度小于 10m 时。

3）在建筑物内部不存在雷击放电或内部干扰源产生的电磁场干扰时。

2 第二级 SPD 无法满足本条第1款的条件时，应安装第三级 SPD。

3 无明确的产品安装指南时,开关型 SPD 与限压型 SPD 之间的线路长度不宜小于 10m,限压型 SPD 之间的线路长度不宜小于 5m。当 SPD 之间的线路长度小于 10m 或 5m 时,应加装退耦的电感(或电阻)元件。生产厂明确在其产品中已有能量配合的措施时,可不再接退耦元件。

4 在电子信号网络中安装的第一级 SPD 应安装在建筑物入户处的配线架上,当传输电缆直接接至被保护设备的接口时,宜安装在设备接口上。

5 在电子信号网络中安装第二级、第三级 SPD 的方法应符合本条第 1～3 款的规定。

6 SPD 两端连线的材料和最小截面要求应符合本规范附录 B 中表 B.2.2 的规定。连线应短且直,总连线长度不宜大于 0.5m,如有实际困难,可按本规范附录 D 中图 D.0.7-2 所示采用 V 形连接。

7 SPD 在低压配电系统中和电子系统中安装施工可按本规范附录 D 中图 D.0.5-1～图 D.0.5-5、图 D.0.6-1、图 D.0.6-2 和图 D.0.8-1～图 D.0.8-3 执行。

10.2 电涌保护器安装工序

10.2.1 低压配电系统中的 SPD 安装,应在对配电系统接地型式、SPD 安装位置、SPD 的后备过电流保护安装位置及 SPD 两端连线位置检查确认后,首先安装 SPD,在确认安装牢固后,应将 SPD 的接地线与等电位连接带连接后再与带电导线进行连接。

10.2.2 电信和信号网络中的 SPD 安装,应在 SPD 安装位置和 SPD 两端连接件及接地线位置检查确认后,首先安装 SPD,在确认安装牢固后,应将 SPD 的接地线与等电位连接带连接后再接入网络。

11 工程质量验收

11.1 一般规定

11.1.1 建筑物防雷工程施工质量验收应符合本规范和现行国家标准《建筑工程施工质量验收统一标准》GB 50300 的有关规定,并应符合施工所依据的工程技术文件的要求。

11.1.2 检验批及分项工程应由监理工程师或建设单位项目技术负责人组织具备资质的防雷技术服务机构和施工单位项目专业质量(技术)负责人进行验收。隐蔽工程在隐蔽前应由施工单位通知监理工程师或建设单位项目技术负责人、防雷技术服务机构项目负责人共同进行验收,并应形成验收文件。检验批及分项工程验收前,施工单位应进行自行检查。

11.1.3 防雷工程(子分部工程)应由总监理工程师或建设单位项目负责人组织施工单位项目负责人和技术、质量负责人,防雷主管单位项目负责人共同进行工程验收。

11.1.4 检验批合格质量应符合下列规定:

1 主控项目和一般项目的质量应经抽样检验合格。

2 应具有完整的施工操作依据、质量检查记录。

3 检验批的质量检验抽样方案应符合现行国家标准《建筑工程施工质量验收统一标准》GB 50300—2001 中第 3.0.4 条的规定。对生产方错判概率,主控项目和一般项目的合格质量水平的错判概率值不宜超过 5%;对使用方漏判概率,主控项目的合格质量水平的错判概率值不宜超过 5%,一般项目的合格质量水平的漏判概率值不宜超过 10%。

4 检验批的质量验收记录表格样式可按本规范附录 E 执行。

11.1.5 分项工程质量验收合格应符合下列规定:

1 分项工程所含的检验批均应符合本规范第 11.1.4 条的规定。

2 分项工程所含的检验批的质量验收记录应完整。分项工程质量验收表格样式可按本规范附录 E 执行。

11.1.6 防雷工程(子分部工程)质量验收合格应符合下列规定:

1 防雷工程所含的分项工程的质量均应验收合格。

2 质量控制资料应符合本规范第 3.2.1 条和第 3.2.2 条的要求,并应完整齐全。

3 施工现场质量管理检查记录表的填写应完整。

4 工程的观感质量验收应经验收人员通过现场检查,并应共同确认。

5 防雷工程(子分部工程)质量验收记录表格可按本规范附录 E 执行。

11.2 防雷工程中各分项工程的检验批划分和检测要求

11.2.1 接地装置安装工程的检验批划分和验收应符合下列规定:

1 接地装置安装工程应按人工接地装置和利用建筑物基础钢筋的自然接地体各分为 1 个检验批,大型接地网可按区域划分为几个检验批进行质量验收和记录。

2 主控项目和一般项目应进行下列检测:

1) 供测量和等电位连接用的连接板(测量点)的数量和位置是否符合设计要求。

2) 测试接地装置的接地电阻值。

3) 检查在建筑物外人员可停留或经过的区域需要防跨步电压的措施。

4) 检查第一类防雷建筑物接地装置及与其有电气联系的金属管线与独立接闪器接地装置的安全距离。

5）检查整个接地网外露部分接地线的规格、防腐、标识和防机械损伤等措施。测试与同一接地网连接的各相邻设备连接线的电气贯通状况，其间直流过渡电阻不应大于0.2Ω。

11.2.2 引下线安装工程的检验批划分和验收应符合下列规定：

1 引下线安装工程应按专用引下线、自然引下线和利用建筑物柱内钢筋各分1个检验批进行质量验收和记录。

2 主控项目和一般项目应进行下列检测：
   1）检测引下线的平均间距。当利用建筑物的柱内钢筋作为引下线且无隐蔽工程记录可查时，宜按现行行业标准《混凝土中钢筋检测技术规程》JGJ/T 152 的有关规定进行检测。
   2）检查引下线的敷设、固定、防腐、防机械损伤措施。
   3）检查明敷引下线防接触电压、闪络电压危害的措施。检查引下线与易燃材料的墙壁或保温层的安全间距。
   4）测量引下线两端和引下线连接处的电气连接状况，其间直流过渡电阻值不应大于0.2Ω。
   5）检测在引下线上附着其他电气线路的防雷电波引入措施。

11.2.3 接闪器安装工程的检验批划分和验收应符合下列规定：

1 接闪器安装工程应按专用接闪器和自然接闪器各分为1个检验批，一幢建筑物上在多个高度上分别敷设接闪器时，可按安装高度划分为几个检验批进行质量验收和记录。

2 主控项目和一般项目应进行下列检测：
   1）检查接闪器与大尺寸金属物体的电气连接情况，其间直流过渡电阻值不应大于0.2Ω。
   2）检查明敷接闪器的布置，接闪导线（避雷网）的网格尺寸是否大于第一类防雷建筑物5m×5m 或 4m×6m，第二类防雷建筑物10m×10m 或 8m×12m，第三类防雷建筑物20m×20m 或 16m×24m 的要求。
   3）检查暗敷接闪器的敷设情况，当无隐蔽工程记录可查时，宜按本规范第11.2.2条第2款的要求进行检测。
   4）检查接闪器的焊接、螺栓固定的应备帽、焊接处防锈状况。
   5）检查接闪导线的平正顺直、无急弯和固定支架的状况。
   6）检查接闪器上附着其他电气线路或其他导电物是否有防雷电波引入措施和与易燃易爆物品之间的安全间距。

11.2.4 等电位连接工程的检验批划分和验收应符合下列规定：

1 等电位连接工程应按建筑物外大尺寸金属物等电位连接、金属管线等电位连接、各防雷区等电位连接和电子系统设备机房各分为1个检验批进行质量验收和记录。

2 等电位连接的有效性可通过等电位连接导体之间的电阻值测试来确定，第一类防雷建筑物中长金属物的弯头、阀门、法兰盘等连接处的过渡电阻不应大于0.03Ω；连在额定值为16A的断路器线路中，同时触及的外露可导电部分和装置外可导电部分之间的电阻不应大于0.24Ω；等电位连接带与连接范围内的金属管道等金属体末端之间的直流过渡电阻值不应大于3Ω。

11.2.5 屏蔽装置工程的检验批划分和验收应符合下列规定：

1 屏蔽装置工程应按建筑物格栅形大空间屏蔽和专用屏蔽室各分为1个检验批进行质量验收和记录。

2 防雷电磁屏蔽室的主控项目和一般项目应进行下列检测：
   1）对壳体的所有接缝、屏蔽门、截止波导通风窗、滤波器等屏蔽接口使用电磁屏蔽检漏仪进行连续检漏。
   2）检查壳体的等电位连接状况，其间直流过渡电阻值不应大于0.2Ω。
   3）屏蔽效能的测试应符合现行国家标准《电磁屏蔽室屏蔽效能的测量方法》GB/T 12190 的有关规定。

11.2.6 综合布线工程的检验批划分和验收应符合下列规定：

1 综合布线工程应为1个检验批，当建筑工程有若干独立的建筑时，可按建筑物的数量分为几个检验批进行质量验收和记录。

2 对工程主控项目和一般项目应逐项进行检查和测量。

3 综合布线工程电气测试应符合现行国家标准《综合布线系统工程验收规范》GB 50312 的有关规定。

11.2.7 SPD安装工程的检验批划分和验收应符合下列规定：

1 SPD安装工程可作为1个检验批，也可按低压配电系统和电子系统中的安装分为2个检验批进行质量验收和记录。

2 对主控项目和一般项目应逐项进行检查。

3 SPD的主要性能参数测试应符合现行国家标准《建筑物防雷装置检测技术规范》GB/T 21431—2008第5.8.2条和第5.8.3条的规定。

附录 A 施工现场质量管理检查记录

A.0.1 施工现场质量管理检查记录应由施工单位按表 A.0.1 填写，总监理工程师（建设单位项目负责人）进行检查，并做出检查结论。

表 A.0.1　施工现场质量管理检查记录

开工日期：

工程名称			施工许可证(开工证)	
建设单位			项目负责人	
设计单位			项目负责人	
监理单位			总监理工程师	
施工单位		项目经理	项目技术负责人	
序号	项目		内容	
1	现场质量管理制度			
2	质量责任制			
3	主要专业工种操作上岗证书			
4	分包方资质与对分包单位的管理制度			
5	施工图审查情况			
6	施工组织设计、施工方案及审批			
7	施工技术标准			
8	工程质量检验制度			
9	施工安全技术措施			
10	设备、材料进场检验记录、存放与管理			
11	检测设备、计量仪表检验			
12	开工报告			
13				
检查结论： 总监理工程师 （建设单位项目负责人） 年 月 日				

附录 B 外部防雷装置和等电位连接导体的材料、规格

B.1 接闪杆（线、带）和引下线的材料、规格

B.1.1 接闪线（带）、接闪杆和引下线的材料、结构和最小截面面积应符合表 B.1.1 的规定。

表 B.1.1　接闪线（带）、接闪杆和引下线的材料、结构和最小截面面积

材料	结构	最小截面面积 (mm²)	备注
铜	单根扁铜	50①	厚度 2mm
	单根圆铜	50	直径 8mm
	铜绞线	50①	每股线直径 1.7mm
	单根圆铜	176	直径 15mm
镀锡铜	单根扁铜	50	厚度 2mm
	单根圆铜	50	直径 8mm
	铜绞线	50①	每股线直径 1.7mm
铝	单根扁铝	70	厚度 3mm
	单根圆铝	50	直径 8mm
	铝绞线	50	每股线直径 1.7mm
铝合金	单根扁形导体	50	厚度 2.5mm
	单根圆形导体	50	直径 8mm
	绞线	50①	每股线直径 1.7mm
	单根圆形导体	176	直径 15mm
	表面镀铜的单根圆形导体	50	径向镀铜厚度至少 250μm，铜纯度 99.9%
热浸镀锌钢	单根扁钢	50①	厚度 2.5mm
	单根圆钢	50	直径 8mm
	绞线	50①	每股线直径 1.7mm
	单根圆钢	176	直径 15mm
不锈钢	单根扁钢	50	厚度 2mm
	单根圆钢	50	直径 8mm
	绞线	70①	每股线直径 1.7mm
	单根圆钢	176	直径 15mm
钢	表面镀铜的单根圆钢	50	径向镀铜厚度至少 250μm，铜纯度 99.9%

注：1　热浸或电镀锡的锡层最小厚度为 1μm；
　　2　热浸镀锌钢的镀锌层宜光滑连贯、无焊剂斑点，镀锌层至小圆钢镀层厚度 22.7g/m²，扁钢镀层厚 32.4g/m²；
　　3　单根圆铜、单根圆形导体铝合金、单根圆钢热浸镀锌钢、单根圆钢不锈钢仅应用于接闪杆。当应用于机械应力没达到临界值之处，可采用直径 10mm、最长 1m 的接闪杆，并应固定牢固；
　　4　单根圆铜、单根圆钢热浸镀锌钢、单根圆钢不锈钢仅应用于入地之处；
　　5　不锈钢中铬大于等于 16%，镍大于等于 8%，碳小于等于 0.07%；
　　6　对埋于混凝土中以及与可燃材料直接接触的不锈钢，当为单根圆钢时最小尺寸宜增大至直径 10mm、截面面积 78mm²，当为单根扁钢时，最小厚度宜为 3mm、截面面积 75mm²；
　　7　在机械强度无重要要求之处，截面面积 50mm²（直径 8mm）可减为截面面积 28mm²（直径 6mm）。当使用截面面积 28mm²（直径 6mm）的单根圆铜作为接闪器或引下线时，固定支架的间距应小于本规范第 5.1.2 规定的数值；
　　8　避免在单位能量 10MJ/Ω 下熔化的最小截面为铜 16mm²、铝 25mm²、钢 50mm²、不锈钢 50mm²；
　　9　截面面积允许误差为 -3%；
　① 当雷电装置安装位置具有高温或外来机械力的威胁时，截面面积 50mm² 的单根金属材料的尺寸应加大到截面面积 60mm² 的单根扁形材料或采用直径 8mm 的单根圆形材料。

B.1.2 利用金属屋面做第二类、第三类防雷建筑物的接闪器时，接闪的金属屋面的材料和规格应符合下列规定：

1 金属板下无易燃物品时，应符合下列规定：
　　1）铅板厚度大于等于2mm。
　　2）钢、钛、铜板厚度大于等于0.5mm。
　　3）铝板厚度大于等于0.65mm。
　　4）锌板厚度大于等于0.7mm。

2 金属板下有易燃物品时，应符合下列规定：
　　1）钢、钛板厚度大于等于4mm。
　　2）铜板厚度大于等于5mm。
　　3）铝板厚度大于等于7mm。

3 使用单层彩钢板为屋面接闪器时，其厚度应分别符合本条第1款和第2款的要求；使用双层夹保温材料的彩钢板，且保温材料为非阻燃材料和（或）彩钢板下无阻隔材料时，不宜在有易燃物品的场所使用。

B.2 接地体和等电位连接导体的材料、规格

B.2.1 接地体的材料、结构和最小尺寸要求应符合表B.2.1的规定。

表 B.2.1　接地体的材料、结构和最小尺寸

材料	结构	最小尺寸			备注
		垂直接地体最小直径（mm）	水平接地体最小截面面积或直径（mm）	接地板最小尺寸（mm）	
铜	铜绞线	—	50mm²	—	每股直径1.7mm
	单根圆铜	—	50mm²	—	直径8mm
	单根扁铜	—	50mm²	—	厚度2mm
	单根圆铜	15	—	—	
	铜管	20	—	—	壁厚2mm
	整块铜板	—	—	500×500	厚度2mm
	网络铜板	—	—	600×600	各网格边截面25mm×2mm，网格网总长度不少于4.8m
钢	热镀锌圆钢	14	78mm²	—	
	热镀锌钢管	20	—	—	壁厚2mm
	热镀锌扁钢	—	90mm²	—	厚度3mm
	热镀锌钢板	—	—	500×500	厚度3mm
	热镀锌网格钢板	—	—	600×600	各网格截面30mm×3mm，网格网总长度不少于4.8m

续表 B.2.1

材料	结构	最小尺寸			备注
		垂直接地体最小直径（mm）	水平接地体最小截面面积或直径（mm）	接地板最小尺寸（mm）	
钢	镀铜圆钢	14	—	—	径向镀铜层至少250μm，铜纯度99.9%
	裸圆钢	14	78mm²	—	—
	裸扁钢或热镀锌扁钢	—	90mm²	—	厚度3mm
	热镀锌钢绞线	—	70mm²	—	每股直径1.7mm
	热镀锌角钢	50×50×3	—	—	
	镀铜圆钢	—	50mm²	—	径向镀铜层至少250μm，铜纯度99.9%
不锈钢	圆形导体	16	78mm²	—	
	扁形导体	—	100mm²	—	厚度2mm

注：1 镀锌层应光滑连贯、无焊剂斑点，镀锌层至小圆钢镀层厚度22.7g/m²、扁钢镀层厚度32.4g/m²；
　　2 热镀锌之前螺纹应先加工好；
　　3 铜绞线、单根圆铜、单根扁铜也可采用镀锡；
　　4 铜应与钢结合良好；
　　5 裸圆钢、裸扁钢和钢绞线作为接地体时，只有在完全埋在混凝土中时才允许采用；
　　6 裸扁钢和热镀锌扁钢、热镀锌钢绞线，只适用于与建筑物内的钢筋或钢结构每隔5m的连接；
　　7 不锈钢中铬大于等于16%，镍大于等于5%，钼大于等于2%，碳小于等于0.08%；
　　8 截面面积允许误差为−3%；
　　9 不同截面的型钢，其截面不小于290mm²，最小厚度为3mm，如可用50mm×50mm×3m的角钢作垂直接地体。

B.2.2 防雷装置各连接部件的最小截面面积应符合表B.2.2的规定。

表 B.2.2　防雷装置各连接部件的最小截面面积

等电位连接部件	材料	截面面积（mm²）
等电位连接带（铜或热镀锌钢）	铜、铁	50
从等电位连接带至接地装置或其他等电位连接带的连接导体	铜	16
	铝	25
	铁	50
从屋内金属装置至等电位连接带的连接导体	铜	6
	铝	10
	铁	16

续表 B.2.2

等电位连接部件		材料	截面面积 (mm²)
连接SPD的导体	电气系统	Ⅰ级试验的SPD	铜	6
		Ⅱ级试验的SPD		2.5
		Ⅲ级试验的SPD		1.5
	电子系统	D1类SPD		1.2
		其他类的SPD (连接导体的截面面积可不小于1.2mm²)		根据具体情况确定

注：连接单台或多台Ⅰ级分类试验或D1类SPD的单根导体的最小截面面积的计算方法，应符合现行国家标准《建筑物防雷设计规范》GB 50057—2010中第5.1.2条的规定。

附录C 电涌保护器分类和应提供的信息要求

C.0.1 低压配电系统的SPD分类应符合表C.0.1的要求。

表C.0.1 低压配电系统的SPD分类

大类序号	分类方式	小类序号	具体分类
1	按有无串联附加阻抗	1	无串阻抗（单口）
		2	串联阻抗（双口）
2	按电路设计拓扑	3	电压开关型
		4	电压限制型
		5	组合型
3	按冲击试验类型	6	Ⅰ级分类试验 I_{imp}，即 T1
		7	Ⅱ级分类试验 I_{max}，即 T2
		8	Ⅲ级分类试验 U_{OC}，即 T3
4	按可触及性	9	易触及型
		10	不易触及型
5	按安装方式	11	固定式
		12	可移式
6	脱离器	安装位置 13	安在SPD内部
		14	安在SPD外部
		15	内、外部均有
		保护功能 16	有防过热功能
		17	有防泄漏电流功能
		18	有防过电流功能
7	后备过电流保护	19	有具体规定的
		20	无具体规定的
8	外壳保护等级	21	按IP代码规定划分
		21+1	
		21+2	
		⋮	
		21+n	
9	温度范围	22	工作在正常温度范围
		23	工作在异常温度范围

C.0.2 电信、信号网络的SPD分类应符合表C.0.2-1和C.0.2-2的要求。

表C.0.2-1 电信、信号网络的SPD分类

大类序号	分类方式	小类序号	具体分类
1	有、无限流元件	1	无限流元件
		2	有限流元件
2	按冲击试验分类	3	A类：见表C.0.2-2
		4	B类：见表C.0.2-2
		5	C类：见表C.0.2-2
		6	D类：见表C.0.2-2
3	按过载故障模式	7	模式1
		8	模式2
		9	模式3
4	按使用地点分类	10	户外型
		11	户内型
5	按线路对数	12	一对线的
		13	一对线以上的
6	按限流器件的可复位性能	14	非复位的
		15	可复位的
		16	自动复位的
7	温度范围	17	工作在正常温度范围
		18	工作在异常温度范围
8	外壳保护等级	19 19+1 ⋮ 19+n	按IP代码规定划分

表C.0.2-2 SPD按实验方法分类

类别	试验类型	开路电压	短路电流
A1	很慢的上升速率	≥1kV 0.1kV/μs～100kV/s	10A, 0.1A/μs～2A/μs ≥1000μs（持续时间）
A2	AC	按《低压电涌保护器 第21部分：电信和信号网络的电涌保护器（SPD）——性能要求和试验方法》GB/T 18802.21—2004中表5的规定实验	
B1	慢的上升速率	1kV, 10/1000μs	100A, 10/1000μs
B2		1kV～4kV, 10/700μs	25A～100A, 5/300μs
B3		≥1kV, 100V/μs	10A～100A, 10/1000μs
C1	快的上升速率	0.5kV～<1kV, 1.2/50μs	0.25kA～<1kA, 8/20μs
C2		2kV～10kV, 1.2/50μs	1kA～5kA, 8/20μs
C3		≥1kV, 100V/μs	10A～100A, 10/1000μs
D1	高能量	≥1kV	0.5kA～2.5kA, 10/350μs
D2		≥1kV	0.6kA～2.0kA, 10/250μs

C.0.3 SPD生产厂应在其产品标志、铭牌或使用说明书上提供下列信息：

1 生产厂名、商标及型号。

2 是否串有阻抗（双口或单口）。

3 安装方法。

4 最大持续运行电压 U_c（每一种保护模式一个值）。

5 低压配电系统的 SPD 生产厂应说明产品属于下列的何种试验类别：

    1）Ⅰ级分类试验 I_{imp}，即 T1。

    2）Ⅱ级分类试验 I_{max}，即 T2。

    3）Ⅲ级分类试验 U_{OC}，即 T3。

6 电信和信号网络中的 SPD 生产厂应说明产品属于下列的何种试验类别：

    1）A1～A2。

    2）B1～B3。

    3）C1～C3。

    4）D1～D2。

7 Ⅰ级分类及Ⅱ级分类试验预处理中的标称放电电流值，每一种保护模式应为一个值。

8 电压保护水平，每一种保护模式应为一个值。

9 额定负载电流 I_L。

10 外壳保护等级（当 IP＞20 时）。

11 承受短路电流。

12 后备过电流保护推荐的最大额定值。

13 脱离器动作指示。

14 具有特殊用途产品的安装位置。

15 接线端的标志。

16 连接、机械尺寸、导线长度等安装指南。

17 电网供电类型。

18 Ⅰ级分类试验中比能量。

19 温度范围。

20 额定断开续流值（除限压型 SPD 外）。

21 推荐使用外部断路器的指标。

22 残流。

23 暂时过电压耐受特性。

24 冲击复位时间。

25 交流耐受能力。

26 过载故障模式。

27 传输速率、插入损耗、驻波比、带宽等传输特性。

28 工作频段。

29 接口型式。

30 串联电阻。

C.0.4 随产品提供的技术文件，应包括下列内容：

  1 包装清单。

  2 产品出厂合格证明书。

  3 安装、使用说明书。

  4 法定检验机构型式试验报告。

附录 D 安 装 图

D.0.1 接地装置安装见图 D.0.1-1～图 D.0.1-3。

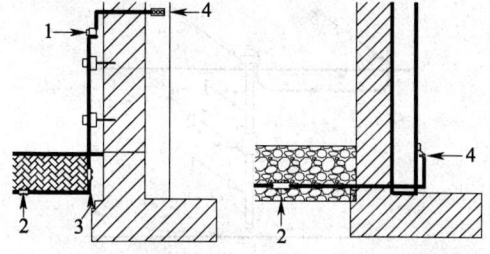

(a) 墙上的测试接头   (b) 地面的测试接头

图 D.0.1-1 在建筑物地面处连接板（测试点）的安装
1—墙上的测试点；2—土壤中抗腐蚀的 T 形接头；
3—土壤中抗腐蚀的接头；4—钢梁与接地线的接点

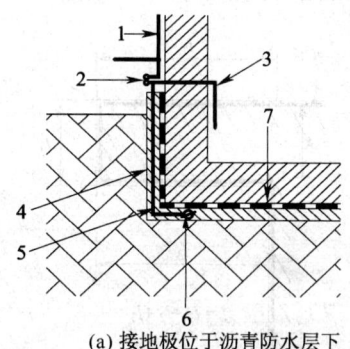

(a) 接地极位于沥青防水层下无钢筋的混凝土中

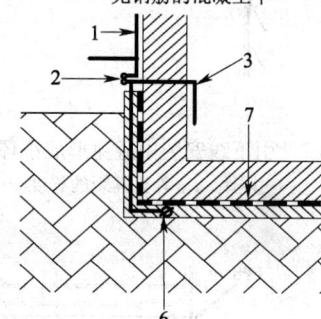

(b) 部分接地导体穿过土壤

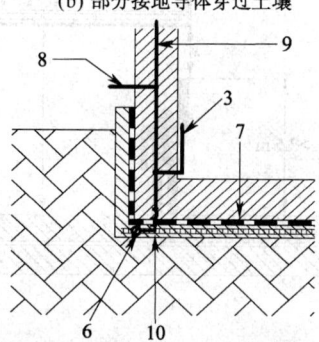

(c) 穿过沥青防水层将基础接地极与接地排相连的连接导体

图 D.0.1-2 地基防水层外接地极连接安装
1—引下线；2—测试接头；3—与内部 LPS 相连的等电位连接导体；
4—无钢筋的混凝土；5—LPS 的连接导体；6—基础接地极；
7—沥青防水层；8—测试接头与钢筋的连接导体；
9—混凝土中的钢筋；10—穿过沥青防水层的防水套管

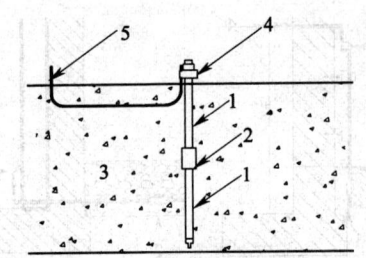

图 D.0.1-3 A型接地装置与接地线连接安装
1—可延伸的接地体；2—接地体接合器；3—土壤；
4—接地线与接地体连接的夹具；5—接地线

D.0.2 引下线安装见图 D.0.2-1～图 D.0.2-5。

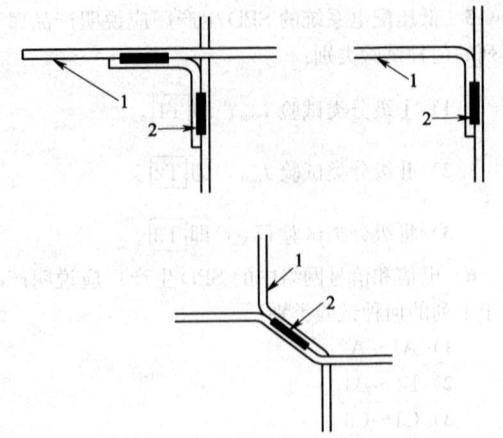

图 D.0.2-3 引下线（接闪导线）在弯曲处焊接要求
1—钢筋；2—焊接缝口

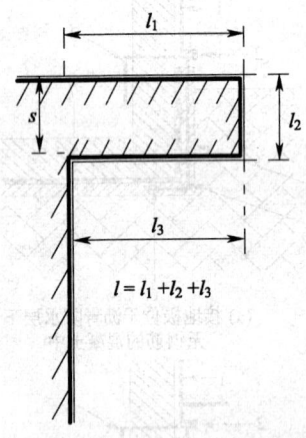

图 D.0.2-1 引下线安装中避免形成小环路的安装
s—隔距；l—计算隔距的长度

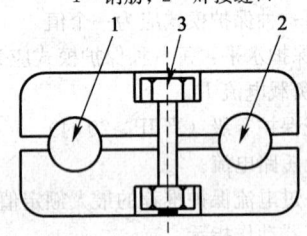

(a) 钢筋与圆形导体卡接

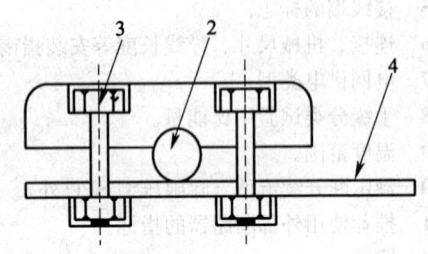

(b) 钢筋与带状导体卡接

图 D.0.2-4 钢筋与导体间的卡接施工
1—钢筋；2—圆形导体；3—螺栓；4—带状导体

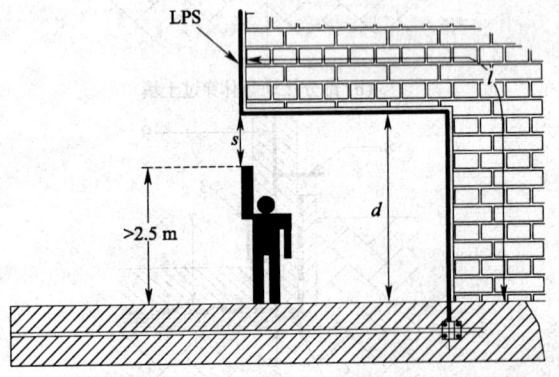

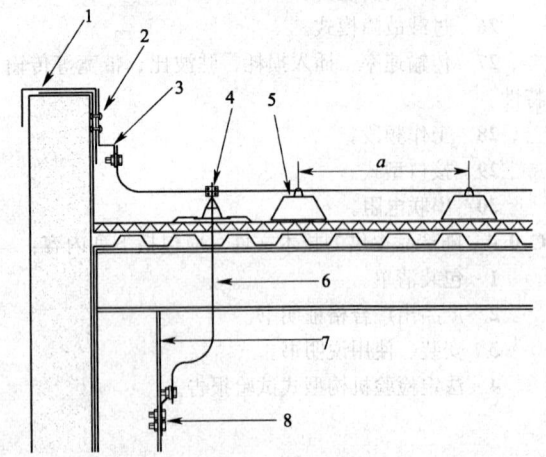

图 D.0.2-2 明敷引下线避免对人体闪络的安装
d—实际距离应大于 $s+2.5$；s—隔距，$s=k_i\dfrac{k_c}{k_m}l$ (m)，其中，k_i：第一类防雷建筑物取 0.08，第二类防雷建筑物取 0.06，第三类防雷建筑物取 0.04；k_c：引下线为1根时取1，引下线为2根时取 0.66，引下线为3根或以上时取 0.44；k_m：绝缘介质为空气时取1，绝缘介质为钢筋混凝土或砖瓦时取 0.5；l—需考虑隔离的点到最近某电位连接点的长度

图 D.0.2-5 使用屋面自然金属构件作 LPS 施工
1—屋面女儿墙；2—接头；3—可弯曲的接头；4—T形连接点；
5—接闪导体；6—穿过防水套管的引下线；7—钢筋梁；8—接头；
a—接闪带固定支架的间距，取 500mm～1000mm

D.0.3 接闪器安装见图 D.0.3-1～图 D.0.3-3。

D.0.4 等电位连接安装见图 D.0.4-1～图 D.0.4-5。

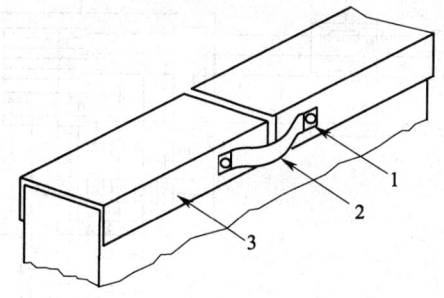

图 D.0.3-1　女儿墙上金属盖罩做自然接闪器
时的跨接施工
1—耐腐蚀的接头；2—可弯曲导体；3—女儿墙上金属盖罩

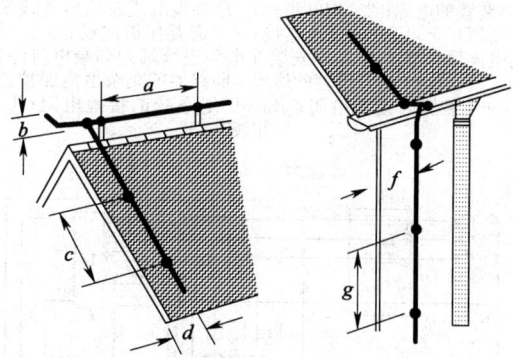

(a) 坡屋顶屋脊上接闪器及屋顶　　(b) 与屋檐排水沟连接的
　　引下线的安装　　　　　　　　　　　引下线的安装

图 D.0.3-2　坡屋面接闪器与引下线的安装施工
a—水平接闪导线支架的距离，取 500mm～1000mm；
b—水平接闪导线的翘起高度，取 100mm；
c—坡面接闪导线支架的距离，取 500mm～1000mm；
d—接闪器与屋面边沿的距离，尽可能靠近屋面边沿；
f—引下线与建筑物转角处的距离，取 300mm；
g—引下线支架距离，取 1000mm

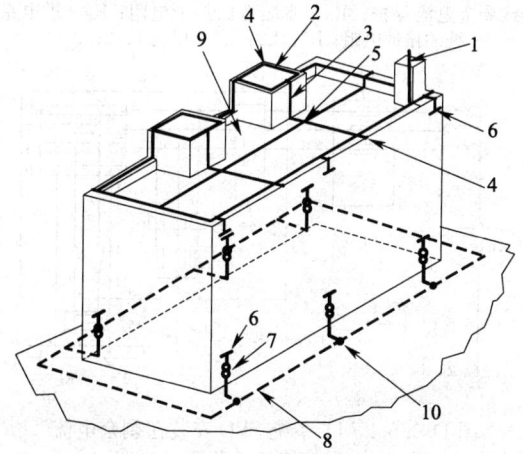

图 D.0.3-3　利用钢筋混凝土结构建筑外墙柱内钢筋
引下的外部防雷装置的施工
1—接闪杆（避雷针）；2—水平接闪导体；3—引下线；
4—T 形接头；5—十字形接头；6—与钢筋的连接；7—测试
接头；8—B 型接地装置、环形接地体；9—有屋顶装置的平
屋面；10—耐腐蚀的 T 形连接点

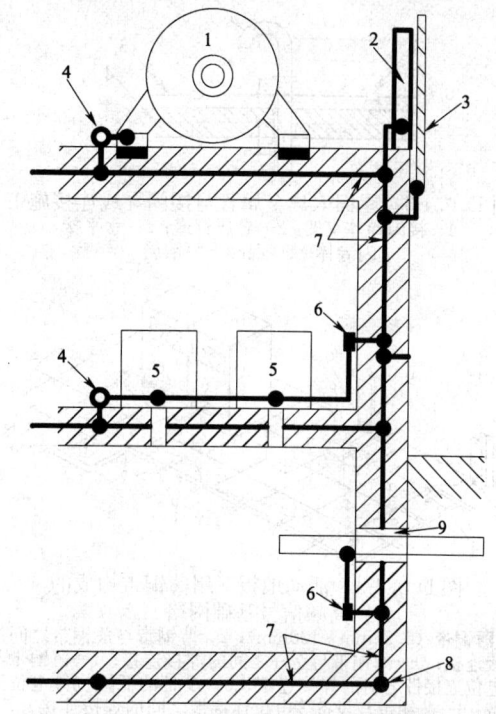

图 D.0.4-1　钢筋混凝土建筑物等电位连接位置
1—屋面配电设备；2—钢梁；3—立面的金属覆盖物；4—等
电位连接点；5—电气设备或电子设备；6—等电位连接带；
7—混凝土中的钢筋（含网状导体）；8—基础接地极；9—各
种管线的公共入口

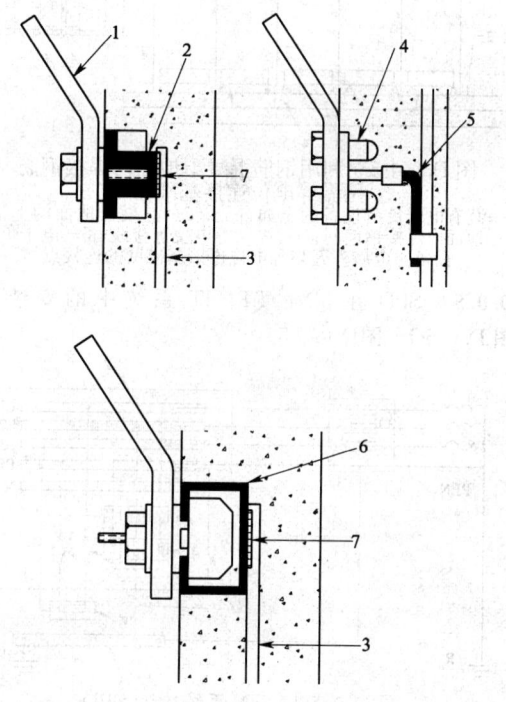

图 D.0.4-2　钢筋混凝土墙内钢筋外接等
电位连接预留件施工
1—等电位连接导体；2—焊接在钢筋等电位连接线上的螺
帽；3—钢筋等电位连接线；4—非金属铸件等电位连接点；
5—铜等电位连接绞线；6—C 形钢质安装带；7—焊接

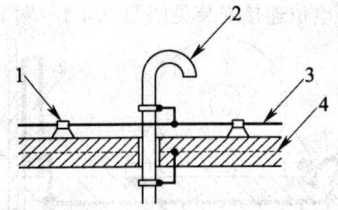

图 D.0.4-3 屋面入户金属管与接闪导线连接施工
1—接闪导体支架；2—金属管道；3—水平接闪导体；4—混凝土中钢筋

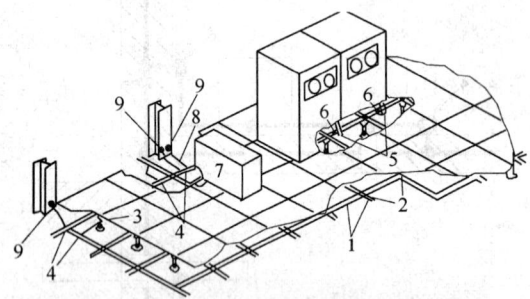

图 D.0.4-4 活动地板下用薄铜带构成的高频信号基础网络
1—薄铜带（0.25mm×100mm）；2—薄铜带与薄铜带之间的焊接连接；3—薄铜带与立柱之间的焊接连接；4—薄铜带与等电位连接带之间的焊接连接；5—设备的低阻抗等电位连接带；6—薄铜带与设备等电位连接带之间的焊接连接；7—电源配电中心；8—电源配电中心的接地线；9—基准网络与周围建筑物钢柱（或钢筋混凝土柱上的预埋件）的焊接连接

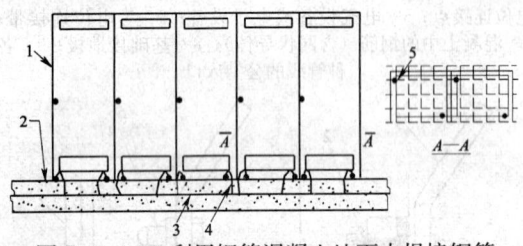

图 D.0.4-5 利用钢筋混凝土地面内焊接钢筋网做等电位连接基准网
1—装有电子负荷设备的金属外壳；2—混凝土地面的上部；3—地面内焊接钢筋网；4—高频等电位连接线；5—电子负荷设备的金属外壳与等电位连接基准网的连接点

D.0.5 SPD 在 TN、TT、IT 系统中的安装见图 D.0.5-1～图 D.0.5-5。

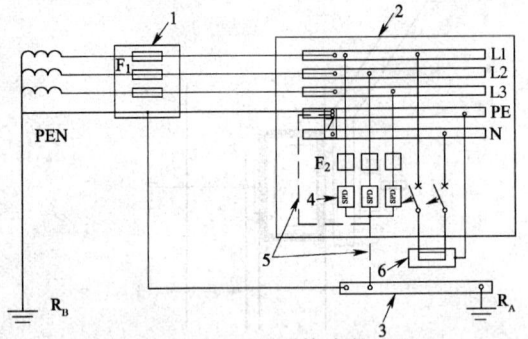

图 D.0.5-1 TN 系统中的 SPD
1—装置的电源；2—配电盘；3—总接地端或总接地连接带；4—SPD；5—SPD 的接地连接；6—PE 与 N 线的连接；F_1—安装在电源进线端的剩余电流保护器；F_2—保护 SPD 推荐的熔丝、断路器或剩余电流保护器；R_A—本装置的接地电阻；R_B—供电系统的接地电阻；L1、L2、L3—相线 1、2、3

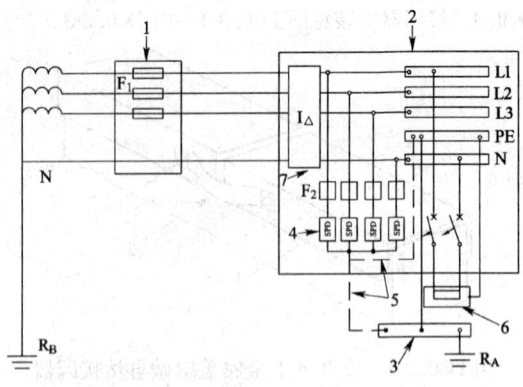

图 D.0.5-2 TT 系统中 SPD 安装在剩余电流保护器的负荷侧
1—装置的电源；2—配电盘；3—总接地端或总接地连接带；4—SPD；5—SPD 的接地连接；6—需要保护的设备；7—剩余电流保护器 $I_\triangle$；F_1—安装在电源进线端的剩余电流保护器；F_2—保护 SPD 推荐的熔丝、断路器或剩余电流保护器；R_A—本装置的接地电阻；R_B—供电系统的接地电阻；L1、L2、L3—相线 1、2、3

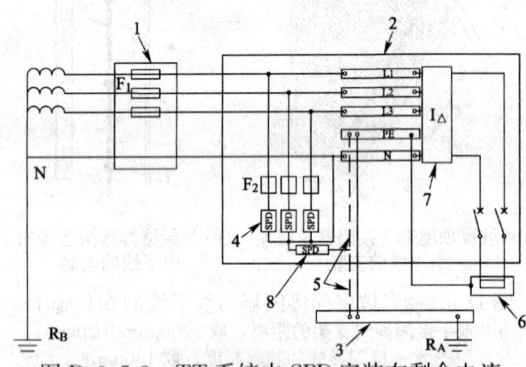

图 D.0.5-3 TT 系统中 SPD 安装在剩余电流保护器的电源侧
1—装置的电源；2—配电盘；3—总接地端或总接地连接带；4—SPD；5—SPD 的接地连接；6—需要保护的设备；7—剩余电流保护器 $I_\triangle$；8—SPD 或放电间隙；F_1—安装在电源进线端的剩余电流保护器；F_2—保护 SPD 推荐的熔丝、断路器或剩余电流保护；R_A—本装置的接地电阻；R_B—供电系统的接地电阻；L1、L2、L3—相线 1、2、3

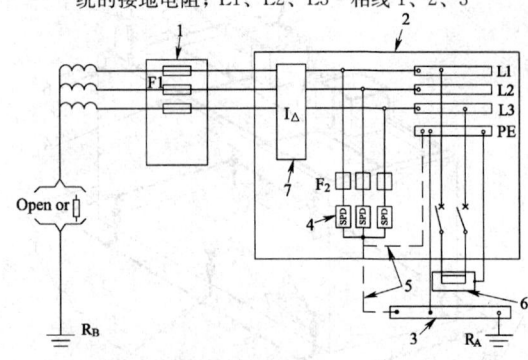

图 D.0.5-4 IT 系统 SPD 安装在剩余电流保护器的负荷侧
1—装置的电源；2—配电盘；3—总接地端或总接地连接带；4—SPD；5—SPD 的接地连接；6—需要保护的设备；7—剩余电流保护器 $I_\triangle$；F_1—安装在电源进线端的剩余电流保护器；F_2—保护 SPD 推荐的熔丝、断路器或剩余电流保护器；R_A—本装置的接地电阻；R_B—供电系统的接地电阻；L1、L2、L3—相线 1、2、3

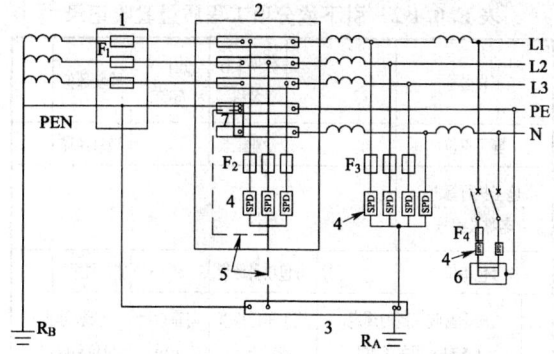

图 D.0.5-5　在 TN-C-S 系统中Ⅰ级、Ⅱ级和
Ⅲ级试验的 SPD 的安装

1—装置的电源；2—配电盘；3—总接地端或总接地连接带；
4—SPD；5—SPD 的接地连接；6—需要保护的设备；7—PE
与 N 线的连接带；F_1—安装在电源进线端的剩余电流保护
器；F_2、F_3、F_4—保护器；R_A—本装置的接地电阻；R_B—供
电系统的接地电阻；L1、L2、L3—相线 1、2、3

D.0.6　SPD 在电信、信号网络中的安装见图 D.0.6-1 和图 D.0.6-2。

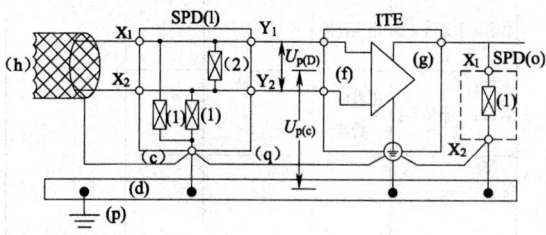

图 D.0.6-1　电子设备的信号（f）和低压配电输
入（g）的共模电压和差模电压的防护措施示例

(c)—SPD 的连接点；(d)—总等电位连接带（EBB）；
(f)—信息技术设备/电信端口；(g)—电线接口；(h)—信
息技术线路/电信通信线/网络；(l)—电信和信息网络上的
SPD；(o)—直流配电线路上的 SPD；(p)—接地连接导
体；(q)—必要的连接；$U_{p(C)}$—共模状况下电压保护水平；
$U_{p(D)}$—差模状况下电压保护水平；X_1、X_2—SPD 的接线端
子；Y_1、Y_2—SPD 保护侧的接线端子；
(1)—限制共模电压的电涌防护元件；(2)—限制差模
电压的电涌防护元件

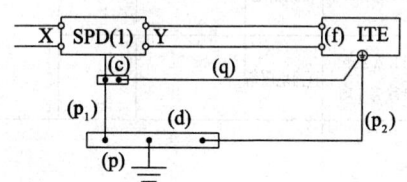

图 D.0.6-2　减小对 SPD 电压保护水平影响
的连接示例（连接至电子设备的三个、五个或
多个连接端口）

(c)—SPD 的共用连接终端；(d)—等电位连接带（EBB）；
(f)—信息技术设备/电信端口；(l)—电信和信号网络上的
SPD；(p)—接地连接导体；(p_1、p_2)—接地导体；(q)—
必要的连接；X、Y—SPD 的接线端子，X 为输入端、Y 为
输出端

D.0.7　安装两端连线应又短又直的 SPD 在电信、信号网络中的图示见图 D.0.7-1 和图 D.0.7-2。

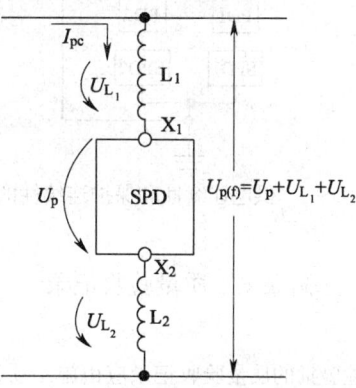

图 D.0.7-1　由 SPD 两端连线上电感导致的电
压降 U_{L_1} 和 U_{L_2} 对电压保护水平 U_p 影响的示例

L_1、L_2—连接导体的电感；
U_{L_1}、U_{L_2}—由电涌电流的 dI_{pc}/dt 感应出的电压降；
X_1、X_2—SPD 的接线端子；I_{pc}—部分雷电流；
$U_{p(f)}$—有效电压保护水平；U_p—电压保护水平

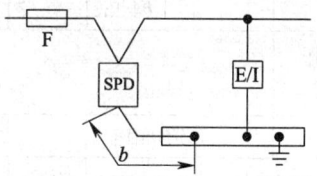

图 D.0.7-2　SPD 安装在或靠近电气装置电源
进线端的示例

b—SPD（电涌保护器）与等电位连接带之间的连接导线长
度，不宜大于 0.5m；F—安装在电源进线端的剩余电流保护
器；E/I—被保护的电子设备

D.0.8　安装 SPD 与过电流保护参见图 D.0.8-1～图 D.0.8-3。

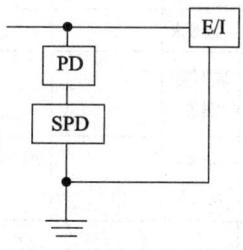

图 D.0.8-1　优先重点保证供电连续性

PD—SPD 的过电流保护器；E/I—被保护的电气装置或设备

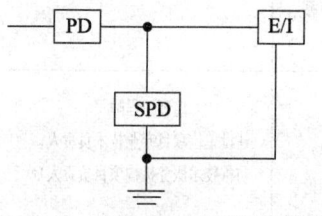

图 D.0.8-2　优先重点保证保护连续性

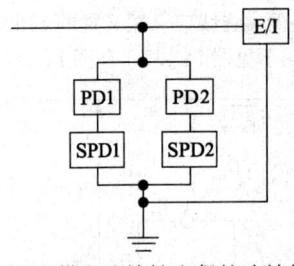

图 D.0.8-3 供电连续性和保护连续性的结合

附录 E 质量验收记录

E.0.1 检验批的质量验收记录应由施工项目专业质量检查员填写，并由监理工程师（建设单位项目专业技术负责人）组织项目专业质量检查员进行验收。各分项工程应按表 E.0.1-1～表 E.0.1-7 记录。

表 E.0.1-1 接地装置分项工程质量验收记录

工程名称		分项工程名称	接地装置安装	验收部位	
施工单位		专业工长		项目经理	
施工执行标准名称及编号					
分包单位		分包项目经理		施工班组长	
	质量验收规范的规定（本规范相关条款）	施工单位检查评定记录		防雷检测记录	监理(建设)单位验收记录
主控项目	第4.1.1条第1款 连接板设置				
	第4.1.1条第2款 接地电阻值				
	第4.1.1条第3款 防跨步电压				
	第4.1.1条第4款 安全距离				
一般项目	第4.1.2条第1款 埋设要求				
	第4.1.2条第4款 焊接要求				
	第4.1.2条第5款 防损(腐)措施				
	第11.2.1条第2款第5项 直流电阻值				
施工单位检查评定结果	项目专业质量检查员 年 月 日				
监理(建设)单位验收结论	监理工程师（建设单位项目专业技术负责人，防雷技术服务机构项目负责人） 年 月 日				

表 E.0.1-2 引下线分项工程质量验收记录

工程名称		分项工程名称	引下线安装	验收部位	
施工单位		专业工长		项目经理	
施工执行标准名称及编号					
分包单位		分包项目经理		施工班组长	
	质量验收规范的规定（本规范相关条款）	施工单位检查评定记录	防雷检测记录	监理(建设)单位验收记录
主控项目	第5.1.1条第1款 平均间距			
	第5.1.1条第2款 敷设状况			
	第5.1.1条第3款 安全措施			
	第5.1.1条第4款 电气连接			
	第5.1.1条第5款 附着电气线路			
	第5.1.1条第6款 防火间距			
一般项目	第5.1.2条第1款 支架固定			
	第5.1.2条第2款 预留测试点			
	第5.1.2条第3款 焊接要求			
	第5.1.2条第4款 防损措施			
	第5.1.2条第5款 防锈措施			
	第11.2.2条第2款第4项 直流电阻值			
施工单位检查评定结果	项目专业质量检查员 年 月 日			
监理(建设)单位验收结论	监理工程师（建设单位项目专业技术负责人，防雷技术服务机构项目负责人） 年 月 日			

表 E.0.1-3 接闪器分项工程质量验收记录

工程名称		分项工程名称	接闪器安装		验收部位	
施工单位		专业工长			项目经理	
施工执行标准名称及编号						
分包单位		分包项目经理			施工班组长	
	质量验收规范的规定(本规范相关条款)		施工单位检查评定记录		防雷检测记录	监理(建设)单位验收记录
主控项目	第6.1.1条第1款	电气连接				
	第6.1.1条第2款	布置要求				
	第6.1.1条第3款	暗敷风险				
	第6.1.1条第4款	抗风能力				
	第6.1.1条第5款	附着电气线路				
一般项目	第6.1.2条第1款	自然接闪器				
	第6.1.2条第2款	安装状况				
	第6.1.2条第3款	焊接要求				
	第6.1.2条第4款	固定支架				
	第11.2.3条第2款第1项	直流电阻值				
施工单位检查评定结果	项目专业质量检查员 年 月 日					
监理(建设)单位验收结论	监理工程师 (建设单位项目专业技术负责人、防雷技术服务机构项目负责人) 年 月 日					

表 E.0.1-4 等电位连接分项工程质量验收记录

工程名称		分项工程名称	等电位连接安装		验收部位	
施工单位		专业工长			项目经理	
施工执行标准名称及编号						
分包单位		分包项目经理			施工班组长	
	质量验收规范的规定(本规范相关条款)		施工单位检查评定记录		防雷检测记录	监理(建设)单位验收记录
主控项目	第7.1.1条第1款	金属管线连接				
	第7.1.1条第2款	总等电位连接				
	第7.1.1条第3款	跨接要求				
一般项目	第7.1.2条第1款和第11.2.4条第2款	电气连接和有效性测试				
	第7.1.2条第2款	后续防雷区连接				
	第7.1.2条第3款	机房M或S型连接				
	第11.2.3条第2款第1项	直流电阻值				
施工单位检查评定结果	项目专业质量检查员 年 月 日					
监理(建设)单位验收结论	监理工程师 (建设单位项目专业技术负责人、防雷技术服务机构项目负责人) 年 月 日					

表E.0.1-5 屏蔽装置安装分项工程质量验收记录

工程名称		分项工程名称	屏蔽装置安装	验收部位	
施工单位		专业工长		项目经理	
施工执行标准名称及编号					
分包单位		分包项目经理		施工班组长	
	质量验收规范的规定(本规范相关条款)		施工单位检查评定记录	防雷检测记录	监理(建设)单位验收记录
主控项目	第8.1.1条第1款	格栅网格尺寸			
	第8.1.1条第2款	屏蔽室安装			
	第11.2.5条第2款第1项	屏蔽效能测试			
一般项目	第8.1.2条第1款	结构荷载			
	第8.1.2条第2款	维修通道预留			
	第11.2.5条第2款第2项	直流电阻值			
施工单位检查评定结果	项目专业质量检查员 年 月 日				
监理(建设)单位验收结论	监理工程师 (建设单位项目专业技术负责人、防雷技术服务机构项目负责人) 年 月 日				

表E.0.1-6 综合布线分项工程质量验收记录

工程名称		分项工程名称	综合布线安装	验收部位	
施工单位		专业工长		项目经理	
施工执行标准名称及编号					
分包单位		分包项目经理		施工班组长	
	质量验收规范的规定(本规范相关条款)		施工单位检查评定记录	防雷检测记录	监理(建设)单位验收记录
主控项目	第9.1.1条第1款和第9.1.1条第2款	穿管要求			
	第9.1.1条第3款	电线额定电压值			
一般项目	第9.1.2条第2款	最小净距			
	第9.1.2条第3款	电线色标			
	第11.2.6条第3款	电气测试			
施工单位检查评定结果	项目专业质量检查员 年 月 日				
监理(建设)单位验收结论	监理工程师 (建设单位项目专业技术负责人、防雷技术服务机构项目负责人) 年 月 日				

表 E.0.1-7　SPD 分项工程质量验收记录

工程名称			分项工程名称	SPD安装	验收部位	
施工单位			专业工长		项目经理	
施工执行标准名称及编号						
分包单位			分包项目经理		施工班组长	
	质量验收规范的规定(本规范相关条款)		施工单位检查评定记录	防雷检测记录		监理(建设)单位验收记录
主控项目	第10.1.1条第1款	配电SPD选择				
	第10.1.1条第2款	信号SPD选择				
	第10.1.1条第4款	后备过电流保护				
一般项目	第10.1.2条第1款	SPD2选择(配电)				
	第10.1.2条第3款	能量配合				
	第10.1.2条第4款	SPD2选择(信号)				
	第10.1.2条第6款	SPD两端连线				
施工单位检查评定结果			项目专业质量检查员　　　　　　　年 月 日			
监理(建设)单位验收结论			监理工程师(建设单位项目专业技术负责人、防雷技术服务机构项目负责人)　　　　年 月 日			

E.0.2　防雷工程(子分部)工程质量应由施工项目专业检查员填写，并由总监理工程师(建设单位项目专业负责人)组织相关部门负责人进行验收，同时应按表 E.0.2 记录。

表 E.0.2　防雷工程(子分部工程)验收记录

工程名称			结构类型		层数	
施工单位			技术部门负责人		质量部门负责人	
分包单位			分包单位负责人		分包技术负责人	
序号	分项工程名称		检验批数	施工单位检查意见		验收意见
1	接地装置安装					
2	引下线安装					
3	接闪器安装					
4	等电位连接安装					
5	屏蔽装置安装					
6	综合布线安装					
7	SPD安装					
质量控制资料						
安全和功能检验(检测)报告						
观感质量验收						
验收单位	分包单位			项目经理　　　年 月 日		
	施工单位			项目经理　　　年 月 日		
	勘察单位			项目负责人　　年 月 日		
	设计单位			项目负责人　　年 月 日		
	防雷主管单位			项目负责人　　年 月 日		
验收单位	监理(建设)单位			总监理工程师(建设单位项目专业技术负责人)　　年 月 日		

本规范用词说明

1 为便于在执行本规范条文时区别对待，对要求严格程度不同的用词说明如下：

1) 表示很严格，非这样做不可的：
正面词采用"必须"，反面词采用"严禁"；

2) 表示严格，在正常情况下均应这样做的：
正面词采用"应"，反面词采用"不应"或"不得"；

3) 表示允许稍有选择，在条件许可时首先应这样做的：
正面词采用"宜"，反面词采用"不宜"；

4) 表示有选择，在一定条件下可以这样做的，采用"可"。

2 条文中指明应按其他有关标准执行的写法为："应符合……的规定"或"应按……执行"。

引用标准名录

《电磁屏蔽室屏蔽效能的测量方法》GB/T 12190

《建筑物电气装置 第5-53部分：电气设备的选择和安装 隔离、开关和控制设备 第534节：过电压保护电器》GB 16895.22

《低压配电系统的电涌保护器（SPD） 第12部分：选择和使用导则》GB/T 18802.12

《低压电涌保护器 第21部分：电信和信号网络的电涌保护器（SPD）——性能要求和试验方法》GB/T 18802.21

《低压电涌保护器 第22部分：电信和信号网络的电涌保护器（SPD）选择和使用导则》GB/T 18802.22

《建筑物防雷装置检测技术规范》GB/T 21431

《雷电防护 第3部分：建筑物的物理损坏和生命危险》GB/T 21714.3

《建筑物防雷设计规范》GB 50057

《电气装置安装工程 接地装置施工及验收规范》GB 50169

《混凝土结构工程施工质量验收规范》GB 50204

《建筑工程施工质量验收统一标准》GB 50300

《综合布线系统工程验收规范》GB 50312

《电子信息系统机房施工及验收规范》GB 50462

《混凝土中钢筋检测技术规程》JGJ/T 152

中华人民共和国国家标准

建筑物防雷工程施工与质量验收规范

GB 50601—2010

条 文 说 明

制 定 说 明

《建筑物防雷工程施工与质量验收规范》GB 50601—2010，经住房和城乡建设部2010年7月15日以第664号公告批准发布。

为便于广大设计、施工和生产单位有关人员在使用本规范时能正确理解和执行条文规定，《建筑物防雷工程施工与质量验收规范》编制组按章、节、条顺序编制了本规范的条文说明，对条文规定的目的、依据以及执行中需注意的有关事项进行了说明。但是本条文说明不具备与标准正文同等的法律效力，仅供使用者作为理解和把握标准规定的参考。

目 次

- 2 术语 ……………………………… 9—24—28
- 3 基本规定 …………………………… 9—24—28
  - 3.1 施工现场质量管理 ……………… 9—24—28
  - 3.2 施工质量控制要求 ……………… 9—24—28
- 4 接地装置分项工程 ………………… 9—24—28
  - 4.1 接地装置安装 …………………… 9—24—28
- 5 引下线分项工程 …………………… 9—24—28
  - 5.1 引下线安装 ……………………… 9—24—28
- 6 接闪器分项工程 …………………… 9—24—29
  - 6.1 接闪器安装 ……………………… 9—24—29
- 7 等电位连接分项工程 ……………… 9—24—29
  - 7.1 等电位连接安装 ………………… 9—24—29
- 8 屏蔽分项工程 ……………………… 9—24—29
  - 8.1 屏蔽装置安装 …………………… 9—24—29
  - 8.2 屏蔽装置安装工序 ……………… 9—24—29
- 9 综合布线分项工程 ………………… 9—24—29
  - 9.1 综合布线安装 …………………… 9—24—29
- 10 电涌保护器分项工程 ……………… 9—24—30
  - 10.1 电涌保护器安装 ……………… 9—24—30
  - 10.2 电涌保护器安装工序 ………… 9—24—30
- 11 工程质量验收 …………………… 9—24—30
  - 11.2 防雷工程中各分项工程的检验批划分和检测要求 ……………… 9—24—30

2 术 语

2.0.8 过电流保护主要安装在电涌保护器前端，其作用是在电涌保护器损坏时呈短路状态或电涌保护器不能切断雷电流流过后的工频续流时，能将电涌保护器与被保护线路断开，防止发生燃烧等事故。见《低压配电系统的电涌保护器（SPD） 第12部分：选择和使用导则》GB/T 18802.12—2006/IEC 61643-12：2002中定义3.38，定义3.16对电涌保护器的脱离器作了说明。

2.0.9 内部系统见《雷电防护 第4部分：建筑物内电气和电子系统》GB/T 21714.4—2008/IEC 62305—4：2006中定义3.3，其定义仅适用于防雷标准。

2.0.12 检验批又称施工单元。

3 基本规定

3.1 施工现场质量管理

3.1.2 本条文参照《建筑工程施工质量验收统一标准》GB 50300—2001中第3.0.2条和第3.0.3条制定。

3.2 施工质量控制要求

3.2.3 本条为强制性条文。承力建筑钢结构构件（含构件内的钢筋）采用焊接连接时可能会降低建筑物结构的负荷能力。《建筑物防雷设计规范》GB 50057—2010第4.3.5条条文说明认为"在交叉点采用金属绑线绑扎在一起……建筑物具有许许多多钢筋和连接点，它们保证将全部雷电流经过许多次再分流流入大量的并联放电路径"，因此，绑扎可以保证雷电流的泄放。《建筑电气工程施工质量验收规范》GB 50303—2002中第3.1.2条要求"除设计要求外，承力建筑钢结构构造上，不得采用熔焊连接……；且严禁热加工开孔"。

4 接地装置分项工程

4.1 接地装置安装

4.1.1 现行国家标准《建筑物防雷设计规范》GB 50057规定当建筑物采用共用接地装置时，"共用接地装置的接地电阻应按50Hz电气装置的接地电阻确定，以不大于按人身安全所确定的接地电阻值为准"。这是由于共地的防雷接地、屏蔽体接地和防静电接地所要求的电阻值都不是很小（低值），ITE设备的逻辑地有S形和M形要求，而无低接地电阻值要求，因此突出了低压电气设备保护接地要求。其要求见现行国家标准《低压配电设计规范》GB 50054—95第四章第四节"接地故障保护"中的相关规定。

为防止跨步电压危险，可采用本规范提供的三种方法中的一种。

4.1.2 当接地装置仅用于防雷保护时，有时因当地土壤电阻率较高，为达到设计的接地电阻（如10Ω或30Ω）要求，可能需要较大的花费且尚难以达到设计要求。按现行国家标准《建筑物防雷设计规范》GB 50057和《雷电防护 第3部分：建筑物的物理损坏和生命危险》GB/T 21714.3—2008中的规定，可采取加长A型接地装置接地极的长度或B型接地装置包围或覆盖的面积，以使防雷接地电阻值可不计及。对第一类防雷建筑物：当土壤电阻率不大于500Ω·m时，A型接地装置的接地极的长度不应小于5m；B型接地装置的等效半径不应小于5m即符合要求。当土壤电阻率大于500Ω·m至3000Ω·m时，A型接地装置的接地极长度不应小于（11ρ－3600）/380；B型接地装置的等效半径不应小于（11ρ－3600）/380即符合要求。对第二类防雷建筑物：当土壤电阻率不大于800Ω·m时，A型接地装置的接地极的长度不应小于5m；B型接地装置的等效半径应不小于5m即符合要求。当土壤电阻率大于800Ω·m至3000Ω·m时，A型接地装置的接地极长度不应小于（ρ－550）/50；B型接地装置的等效半径不应小于（ρ－550）/50即符合要求。对第三类防雷建筑物：A型接地装置的接地极的长度不应小于5m；B型接地装置的等效半径不应小于5m或环形接地包围（覆盖）的面积不小于79m²即符合要求。采用上述施工工艺的最大优点是节约和方便施工。

在《雷电防护 第3部分：建筑物的物理损坏和生命危险》GB/T 1714.3—2008第5.4节中对A型接地装置的说明是："包括安装在受保护建筑物外，且与引下线相连的水平接地极与垂直接地极"。B型接地装置"可以是位于建筑物外面且总长度至少80％与土壤接触的环形导体或基础接地体。接地体可以是网状"。可以看出两者的主要区别在于是否呈闭合状。A型接地装置大多为人工水平接地极与垂直接地极，也并不排除利用埋地水管的自然接地极，尽管这种情况是较少的。

5 引下线分项工程

5.1 引下线安装

5.1.1 本条第3款因引下线明敷可能会因接触电压时，旁侧闪络电压造成人员伤亡，因此定为强制性条款。

本条第6款的要求引自现行国家标准《电气装置安装工程 接地装置施工及验收规范》GB 50169

2006 中第 3.5.3 条，为强制性条款。

在现行国家标准《雷电防护 第 3 部分：建筑物的物理损坏和生命危险》GB/T 21714.3—2008 中第 D.5.1 条中要求"如果条件允许，外部 LPS 的所有部件（接闪器和引下线）至少应远离危险区域 1m。如果条件不允许，距危险区 0.5m 区域内经过的导线应连续，应进行牢固焊接或压接"。此处危险区域指爆炸和火灾危险场所，对第一类防雷建筑物，当建筑物太高或其他原因难以装设独立接闪器时，可按现行国家标准《建筑物防雷设计规范》GB 50057 的规定在建筑物上架设接闪网或网和针的混合 LPS。此时 LPS 的所有导线应电气贯通，防止产生危险的电火花，这种情况下可不受 1m 的限制。

5.1.2 本条第 5 款的目的是防止引下线在潮湿环境中锈蚀。

本条第 6 款的目的是防止相邻导体之间闪络，这种闪络会破坏引下线、接闪器，并对人身造成伤害，见本规范图 D.0.2-1 和图 D.0.2-2 所示。具体计算方法见现行国家标准《雷电防护 第 3 部分：建筑物的物理损坏和生命危险》GB/T 21714.3—2008 中第 6.3 节的规定。

6 接闪器分项工程

6.1 接闪器安装

6.1.1 本条第 1 款要求大尺寸金属物的等电位连接。在现行国家标准《建筑电气工程施工质量验收规范》GB 50303—2002 第 26.1.1 条中列为主控项目，在现行国家标准《建筑物防雷设计规范》GB 50057 中也有相关要求，为强制性条款。

本条第 3 款主要是考虑到如采用暗敷，雷击时可能将接闪器外边的砖、石、水泥块击掉而会坠落到地面发生事故。多层建筑物如建在人员稠密的区域时，也不宜采用暗敷方法。

7 等电位连接分项工程

7.1 等电位连接安装

7.1.2 本条第 3 款按现行国家标准《建筑物防雷设计规范》GB 50057 和《雷电防护 第 4 部分：建筑物内电气和电子系统》GB/T 21714.4 中的要求，规定了电子系统的工作频率在 300kHz 以下时采用星形（S 型）等电位连接结构和电子系统的工作频率为兆赫（MHz）级时采用网状（M 型）等电位连接结构，这是对现行国家标准《电子信息系统机房施工及验收规范》GB 50462 的补充。关于 S 型和 M 型的具体做法见《建筑物防雷设计规范》GB 50057—2010 中第 6.3.4 条的规定。需要说明的是：当信息技术设备（ITE）机房面积较大而信息技术设备占用面积并不是很大时，M 型网格可仅仅敷设在信息技术设备（ITE）设备的地板下。具体做法参见本规范图 D.0.4-4 和图 D.0.4-5。

本条第 4 款建议参考《等电位联结安装》02D501-2 的图示做各 LPZ 界面处的等电位连接。需要注意的是：在建筑物入口处凡是做了阴极保护的可燃气（液）体管道，需插一段绝缘段或绝缘法兰盘后，管道才允许与建筑物进行等电位连接，在绝缘段（或法兰盘）两端应跨接防爆型放电间隙，具体要求见现行国家标准《建筑物防雷设计规范》GB 50057—2010 中第 4.2.4 条的规定。

8 屏蔽分项工程

8.1 屏蔽装置安装

8.1.1 防雷屏蔽工程区别于现行国家标准《电子信息系统机房施工及验收规范》GB 50462—2008 中的第 12 章 "电磁屏蔽"的内容是：现行国家标准《电子信息系统机房施工及验收规范》GB 50462—2008 仅对屏蔽壳体、屏蔽门、各类滤波器、截止通风波导窗、屏蔽玻璃窗、信号接口板的专用屏蔽体做了要求，而防雷工程首先利用了钢筋混凝土结构建筑物内的钢筋进行格栅形大空间屏蔽，并规定了当雷电直接击中 $LPZ0_A$ 区的格栅形大空间屏蔽或与其连接的接闪器的情况下，通过格栅形大空间屏蔽对雷击磁场的衰减后的磁场强度 H_1 并用 H_1 与电子系统 ITE 设备额定耐受磁场强度值（对首次雷击而言，该值分为 1000A/m、300A/m 和 100A/m 三个等级）相比较，只有在 H_1 大于 ITE 额定耐受磁场强度值时，才考虑进一步的屏蔽措施。

8.2 屏蔽装置安装工序

8.2.1 当建筑物位于底层时，地面可不再敷设屏蔽网。同样，当 ITE 机房的顶和地板内有符合屏蔽要求的金属网格时，可仅在四壁敷设格栅形大空间屏蔽网格。

9 综合布线分项工程

9.1 综合布线安装

9.1.1 在现行国家标准《建筑电气工程施工质量验收规范》GB 50303—2002 第 15 章 "电线、电缆穿管和线槽敷线"的 "15.1 主控项目"中规定如下：

15.1.1 三相或单项的交流单芯电缆，不得单独穿于同一导管内。

15.1.2 同一交流回路的电线应穿于同一金属导管内，且管内电线不得有接头。

15.1.3 爆炸危险环境照明线路的电线和电缆额定电压不得低于750V，且电线必须穿于钢导管内。

其中第15.1.1条为强制性条文。

现行国家标准《爆炸和火灾危险环境电力装置设计规范》GB 50058—92与现行国家标准《建筑电气工程施工质量验收规范》GB 50303—2002的区别是：

第2.5.8条第五款规定"在爆炸性气体环境内，低压电力、照明线路用的绝缘导线和电缆的额定电压，必须不低于工作电压，且不低于500V"。

第2.5.10条规定"在1区内电缆线路严禁有中间接头，在2区内不应有中间接头"。

在《建筑物电气装置 第5部分：电气设备的选择和安装 第52章：布线系统》GB 16895.6—2006/IEC 60364-5-52：1993中"521.6管道和槽盒系统"中规定"假如所有导体的绝缘均能耐受可能出现的最高标称电压，则允许在同一管道或槽盒内敷设多个回路"。但是并未给出"可能出现的最高标称电压"值。

鉴于以上分析，本规范仍遵从现行国家标准《建筑电气工程施工质量验收规范》GB 50303的规定，并说明如下。

9.1.2 综合布线施工必须符合现行国家标准《综合布线系统工程验收规范》GB 50312中安全距离的要求。在《低压电气装置 第4-44部分：安全防护——电压骚扰和电磁骚扰防护》IEC 60364-4-44：2007中尚有如下规定：

"444.6.1 一般规则

共用同一电缆管理系统和相同路由的信息技术电缆和电力电缆应根据以下各款要求进行安装。"

应实施根据《建筑物电气装置 第6-61部分：检验——初检》IEC 60364-6-61和《低压电气装置 第5-52部分：电气设备的选择和安装 布线系统》IEC 60364-5-52：2009的第528.1条的电气安全校验和电气隔离，见《低压电气装置 第4-44部分：安全防护——电压骚扰和电磁骚扰防护》IEC 60364-4-44：2007第413节和（或）第444.7.2款。其中第444.7.2款提出了电缆管理系统的设计导则，主要需从材料和形状来考虑，其要点有：沿线的电磁场强度；该系统对传导和空间辐射的耐受水平；电缆是否屏蔽；连接的ITE设备抗扰度；受其他环境条件，如化学、机械、气象等的限制要求；需考虑该系统在将来的扩展等。该条文指出：电缆承载系统的金属构件和形状（平面、U形及管状等）决定了该系统的特性阻抗，而不是其截面大小起主要作用。呈封闭（闭合）状态时，降低共模耦合的作用最佳。在《低压电气装置 第4-41部分：安全防护——电击防护》GB 16895.21—2004/IEC 60364-4-41：2005第413节中，第413.5.1.5项要求"分隔回路最好采用分开的布线系统。如果分隔回路和其他回路的导体处在同一布线系统中不可避免，则应采用没有金属外层的多芯电缆，或敷设在绝缘的导管、管槽或槽盒中的绝缘导线。它们的额定电压不应低于可能出现的最高电压，且每个回路都有过电流保护"。

10 电涌保护器分项工程

10.1 电涌保护器安装

10.1.1 电涌保护器（SPD，又称浪涌保护器，过去叫电压保护器。一些不规范的名称有：低压避雷器、防雷保安器等）的选择和安装在现行国家标准、行业标准中规定并不一致。本规范选取等同采用IEC标准的现行国家标准《建筑物电气装置 第5-53部分：电气设备的选择和安装 隔离、开关和控制设备 第534节：过电压保护电器》GB 16895.22、《低压配电系统的电涌保护器（SPD） 第12部分：选择和使用导则》GB/T 18802.12和《建筑物防雷设计规范》GB 50057。因其属设计范畴，不在此展开。

10.2 电涌保护器安装工序

10.2.2 在电子系统的电信和信号网络线路上选择和安装符合现行国家标准《低压电涌保护器 第21部分：电信和信号网络的电涌保护器（SPD）——性能要求和试验方法》GB/T 18802.21中的SPD，除了在配线架上安装外，在传输电缆上的安装从外表看大都是串接在电缆接头两端的，因而有的SPD生产厂家将其生产的这种SPD称为"串联型"SPD，这是一种误解。按现行国家标准《低压配电系统的电涌保护器（SPD） 第1部分：性能要求和试验方法》GB 18802.1和《低压电涌保护器 第21部分：电信和信号网络的电涌保护器（SPD）——性能要求和试验方法》GB/T 18802.21中限压元件的定义，其在正常工作电压下呈高阻状况，只有在其两端出现了大于U_c的过电压状况时，才能迅速转呈低阻状况。如果将SPD的限压元件串在受保护线路中，线路无法传导工频（或直流）电流。因此只能说这种安装方式叫"串接接线方式"，而不能称为"串联型SPD"。

11 工程质量验收

11.2 防雷工程中各分项工程的检验批划分和检测要求

11.2.1 检测等电位连接有效性能的指标，"其间直流过渡电阻不应大于0.2Ω"的要求引自现行国家标准《电气装置安装工程 电气设备交接试验标准》GB 50150—2006中第26.0.2条。

关于大型接地网的概念，目前国内标准尚无统一的定义。在现行国家标准《电气装置安装工程 电气设备交接试验标准》GB 50150—2006 中术语第 2.0.17 条的定义为："大型接地装置：110kV 以上电压等级变电所、装机容量在 200MW 以及以上火电厂和水电厂或者等效面积在 5000m² 及以上的接地装置。"在《接地装置工频特性参数的测量导则》DL 475—92 中未对该概念定义，只是指出"当被测接地装置的最大对角线 D 较大"时的测量方法。在《接地系统的土壤电阻率、接地阻抗和地面电位测量导则 第 1 部分：常规测量》GB/T 17949.1—2000 中第 13.5 中规定了"大型变电站的测量"，未对大地网定义，在第 8.1.1 条中称小型接地网的面积小于 50m²，未对"大面积接地网"定义。在许颖先生论文《工企内部电网的大型地网工频接地电阻值测量》中将"接地网最大对角线长度 100m 以上"称为"工企内部大型接地网"，接地面积小于或等于 30m×30m 为"小面积接地网"。解广润先生《电力系统接地技术》中表 1-7 将接地网所占面积在 900m² ～10000m² 称为"大中型地网"。

11.2.4 检测第一类防雷建筑物中长金属的弯头、阀门、法兰盘等连接处的过渡电阻不应大于 0.03Ω 引自现行国家标准《建筑物防雷设计规范》GB 50057，该标准中尚说明在非腐蚀环境下，如有不少于 5 根螺栓连接的法兰盘（含弯头、阀门），当过渡电阻大于 0.03Ω 时，可不采取跨接措施。

检测为使切断回路时间不超过 5s 的整定值为 16A 的断路器动作，同时触及的外露可导电部分与装置外可导电部分之间等电位连接的有效性，直流过渡电阻应小于 0.24Ω 的规定引自《等电位联结安装》02D501-2 中说明 3.3。等电位连接带与连接范围内的金属管道等金属体末端之间的直流过渡电阻值不应大于 3Ω 要求引自《等电位联结安装》02D501-2 中说明 7。

11.2.5 屏蔽室的连续检漏在现行国家标准《电子信息系统机房施工及验收规范》GB 50462—2008 第 12.5.1 条中有具体规定，其条文说明为"任何一处焊穿的孔洞及漏焊点都会造成电磁泄漏，因此在屏蔽效能的检测过程中应及时对影响其屏蔽效能的薄弱处及焊接缺陷进行重点检漏和补漏"。第 13.6.1 条规定"屏蔽效能的检测"方法应按现行国家标准《电磁屏蔽室屏蔽效能的测量方法》GB/T 12190 的规定或按建设单位指定的国家相关部门制定的检测方法执行。

中华人民共和国国家标准

工业炉砌筑工程质量验收规范

Code for quality inspection and acceptance of industrial furnaces building

GB 50309—2007

主编部门：中国冶金建设协会
批准部门：中华人民共和国建设部
施行日期：2008年4月1日

中华人民共和国建设部
公　告

第 737 号

建设部关于发布国家标准
《工业炉砌筑工程质量验收规范》的公告

现批准《工业炉砌筑工程质量验收规范》为国家标准，编号为 GB 50309—2007，自 2008 年 4 月 1 日起实施。其中，第 3.3.3、4.1.4、7.3.3、7.4.3、7.5.3、10.1.4、10.1.5、15.1.6 条为强制性条文，必须严格执行。原《工业炉砌筑工程质量检验评定标准》GB 50309—92 同时废止。

本规范由建设部标准定额研究所组织中国计划出版社出版发行。

中华人民共和国建设部
二〇〇七年十月二十三日

前　言

本规范是根据建设部《关于印发"二〇〇四年工程建设国家标准制订、修订计划"的通知》（建标〔2004〕67 号）的要求，由武汉冶金建筑研究院会同冶金、有色、金属、化工、建材、机械等行业所属有关单位，对《工业炉砌筑工程质量检验评定标准》GB 50309—92（以下简称原标准）进行修订而成。

在修订过程中，编制组认真总结了近十年来工业炉砌筑工程设计、施工、科研和生产使用等方面的经验，广泛征求全国有关单位意见，结合我国工程质量检验的发展趋势，并根据建设部关于工程建设标准的编写规定进行修订。

本规范共分 17 章，其中前 5 章是通用部分，包括各种工业炉工程质量验收的共同规定；其余各章为所列各专业炉砌筑工程质量验收的特殊要求。各工业部门中未列入本规范专门章节的工业炉，可按本规范的通用部分进行质量验收。

这次修订的主要内容有：

1. 本规范名称由原"工业炉砌筑工程质量检验评定标准"改为现用名称。取消质量等级的评定，同时取消"工程观感质量评定"的内容，提供判断工程质量是否通过验收的规定。

2. 为使质量验收更加细化，突出过程质量控制，有利于整个工程的质量控制，本规范增加新的检验层次——"检验批"。并将原标准中的"保证项目"改为"主控项目"，"基本项目"改为"一般项目"，"允许误差项目"合并进"一般项目"。

3. 配合现行国家标准《工业炉砌筑工程施工及验收规范》GB 50211—2004（以下简称施工规范）的内容，同时结合实际施工的要求，在第 3 章中增加"管道"一节。

4. 为体现与施工规范修订口径一致，不再推荐现场调制泥浆，有关内容予以修订。"不定形耐火材料"章节中删除工地自配不定形耐火材料的相关内容，并新增第 5 章"耐火陶瓷纤维"。

5. "焦炉和熄焦罐"一章更名为"焦炉及干熄焦设备"，并对原条文进行大幅度的修订。新增内容较多，反映了我国干熄焦设备砌筑的现代技术水准。

6. 炼钢炉一章新增"RH 精炼炉"一节，补充了 RH 精炼炉砌体质量验收的相关内容。

7. 为了与施工规范内容相适应，本次修订将加热炉章节中的均热炉和加热炉分别单独成节编写，并新增加环形加热炉有关质量验收的内容。

8. 重有色炉增加了回转熔炼炉、艾萨炉各一节，取消鼓风炉一节。

9. 原标准第十三章包括隧道窑、倒焰窑和回转窑。因近十年来建材工业生产和技术发展很快，故将回转窑单列一章。倒焰窑因节能和环保原因被列为行业限建项目，结构也不太复杂，本次修订予以取消。同时增加陶瓷工业主体设备——"辊道窑"一节。

10. 近年来城市煤气部门大多以焦炉煤气、天然气和石油液化气作为能源的主要来源，很少再新建连续式直立炉，而且其结构和材料均与焦炉相近。因此本次修订将该章节予以取消。

本规范以黑体字标志的条文为强制性条文，必须严格执行。

本规范由建设部负责管理和对强制性条文的解释，由武汉冶金建筑研究院负责具体技术内容的解释。各单位在执行本规范过程中，如发现需要修改和补充之处，请将意见和有关资料寄交武汉冶金建筑研究院规范管理组（地址：湖北省武汉市青山区和平大道1256号，邮政编码：430081），以供今后修订时参考。

本规范主编单位、参编单位和主要起草人：

主 编 单 位：武汉冶金建筑研究院
参 编 单 位：中国第一冶金建设公司
　　　　　　上海宝冶建设工业炉工程技术有限公司
　　　　　　中国第五冶金建设公司
　　　　　　中国第二十二冶金建设公司
　　　　　　宝钢股份宝钢分公司
　　　　　　武钢精鼎工业炉有限公司
　　　　　　南昌有色冶金设计研究院
　　　　　　景德镇陶瓷学院
　　　　　　中国第七冶金建设公司
　　　　　　大冶有色金属公司
　　　　　　北京瑞泰高温材料科技股份有限公司
　　　　　　天津金耐达筑炉衬里有限公司
　　　　　　中国建材国际工程公司
　　　　　　机械工业第五设计研究院
　　　　　　全国化工工业炉设计技术中心站
　　　　　　中国第十九冶金建设公司
　　　　　　焦作市宏达耐火材料有限公司
　　　　　　巩义市金岭耐火材料有限公司

主要起草人：谢朝晖　胡孝成　李世耀　孙怀平
　　　　　　袁海松　许嘉庆　白明根　李国庆
　　　　　　黄志球　姜　华　张和平　刘红浪
　　　　　　范江民　石永红　冯　青　汪和平
　　　　　　刘成西　张传望　舒旭波　戴兰生
　　　　　　金烈火　苏延秋　王宗伟　康　建
　　　　　　郑步东　任　杰　彭　艳

目 次

1 总则 …………………………………… 9—25—5
2 质量验收的划分、程序及组织 …… 9—25—5
　2.1 质量验收的划分 ………………… 9—25—5
　2.2 质量验收 ………………………… 9—25—5
　2.3 质量验收的程序及组织………… 9—25—5
3 工业炉砌筑工程质量验收的
　　共同规定 ………………………… 9—25—6
　3.1 一般规定 ………………………… 9—25—6
　3.2 底和墙 …………………………… 9—25—6
　3.3 拱顶 ……………………………… 9—25—7
　3.4 管道 ……………………………… 9—25—8
4 不定形耐火材料 …………………… 9—25—8
　4.1 耐火浇注料 ……………………… 9—25—8
　4.2 耐火可塑料 ……………………… 9—25—9
　4.3 耐火捣打料 ……………………… 9—25—9
　4.4 耐火喷涂料 ……………………… 9—25—9
5 耐火陶瓷纤维 ……………………… 9—25—10
　5.1 层铺式内衬 ……………………… 9—25—10
　5.2 叠砌式内衬 ……………………… 9—25—10
　5.3 不定形耐火陶瓷纤维内衬 ……… 9—25—10
6 高炉及其附属设备 ………………… 9—25—11
　6.1 一般规定 ………………………… 9—25—11
　6.2 高炉炉底 ………………………… 9—25—11
　6.3 高炉炉缸 ………………………… 9—25—12
　6.4 高炉炉腹及其以上部位 ………… 9—25—13
　6.5 热风炉炉底、炉墙 ……………… 9—25—14
　6.6 热风炉砖格子 …………………… 9—25—15
　6.7 热风炉炉顶 ……………………… 9—25—15
　6.8 热风管道 ………………………… 9—25—15
7 焦炉及干熄焦设备 ………………… 9—25—16
　7.1 焦炉基础平台砌体 ……………… 9—25—16
　7.2 焦炉蓄热室 ……………………… 9—25—16
　7.3 焦炉斜烟道 ……………………… 9—25—17
　7.4 焦炉炭化室 ……………………… 9—25—18
　7.5 焦炉炉顶 ………………………… 9—25—19
　7.6 熄焦室冷却段 …………………… 9—25—19
　7.7 熄焦室斜风道 …………………… 9—25—20
　7.8 熄焦室预存段 …………………… 9—25—20
　7.9 集尘沉降槽底、墙 ……………… 9—25—20
　7.10 集尘沉降槽拱顶 ……………… 9—25—21
　7.11 旋风除尘器 …………………… 9—25—21
8 炼钢转炉、炼钢电炉、混铁炉、
　　混铁车和 RH 精炼炉 …………… 9—25—22
　8.1 炼钢转炉 ………………………… 9—25—22
　8.2 炼钢电炉 ………………………… 9—25—23
　8.3 混铁炉 …………………………… 9—25—23
　8.4 混铁车 …………………………… 9—25—24
　8.5 RH 精炼炉 ……………………… 9—25—24
9 均热炉、加热炉和热处理炉 ……… 9—25—25
　9.1 均热炉 …………………………… 9—25—25
　9.2 加热炉和热处理炉 ……………… 9—25—26
10 反射炉、回转熔炼炉、闪速炉、艾萨
　　炉、卧式转炉和矿热电炉 ……… 9—25—27
　10.1 反射炉 ………………………… 9—25—27
　10.2 回转熔炼炉 …………………… 9—25—27
　10.3 闪速炉 ………………………… 9—25—28
　10.4 艾萨炉 ………………………… 9—25—29
　10.5 卧式转炉 ……………………… 9—25—30
　10.6 矿热电炉 ……………………… 9—25—30
11 铝电解槽 ………………………… 9—25—31
12 炭素煅烧炉和炭素焙烧炉 ……… 9—25—32
　12.1 炭素煅烧炉 …………………… 9—25—32
　12.2 炭素焙烧炉 …………………… 9—25—33
13 玻璃熔窑 ………………………… 9—25—35
14 回转窑及其附属设备 …………… 9—25—36
15 隧道窑和辊道窑 ………………… 9—25—37
　15.1 隧道窑 ………………………… 9—25—37
　15.2 辊道窑 ………………………… 9—25—38
16 转化炉和裂解炉 ………………… 9—25—39
　16.1 一段转化炉 …………………… 9—25—39
　16.2 二段转化炉 …………………… 9—25—40
　16.3 裂解炉 ………………………… 9—25—40
17 工业锅炉 ………………………… 9—25—41
附录 A 检验批质量验收记录 ……… 9—25—42
附录 B 分项工程质量验收记录 …… 9—25—43
附录 C 分部（子分部）工程
　　　 质量验收记录 ……………… 9—25—43
附录 D 质量保证资料核查记录 …… 9—25—44
附录 E 单位（子单位）工程质量
　　　 竣工验收记录 ……………… 9—25—44
附录 F 检验器具表 ………………… 9—25—45
本规范用词说明 ……………………… 9—25—45
附：条文说明 ………………………… 9—25—46

1 总　　则

1.0.1 为了统一工业炉砌筑工程质量验收方法，促进企业加强管理，确保工程质量，制定本规范。

1.0.2 本规范适用于各种工业炉砌筑工程的质量验收。

1.0.3 本规范的主控项目，当没有注明检查数量时，均应按全数检查。

1.0.4 工业炉砌筑工程的质量验收，除应按本规范执行外，还应符合国家现行有关标准的规定。

2 质量验收的划分、程序及组织

2.1 质量验收的划分

2.1.1 工业炉砌筑工程的质量验收，应按检验批、分项工程、分部工程和单位工程进行划分。

2.1.2 工业炉砌筑工程质量验收的检验批、分项工程、分部工程和单位工程的划分，应符合下列规定：

1 检验批应根据工业炉工程量大小、施工及质量检查控制需要按部位的层数、施工段、膨胀缝等进行划分。

2 分项工程应按工业炉的结构组成或区段进行划分，分项工程可由一个或若干个检验批组成。当工业炉砌体工程量小于 100m³ 时，可将一座（台）炉作为一个分项工程。

3 分部工程应按工业炉的座（台）进行划分。当一个分部工程较大，且可以分成两个或两个以上相互独立的工程项目时，则这两个或两个以上相互独立的工程项目也可各自成为一个分部工程（或子分部工程）。当一个分部工程中仅有一个分项工程时，则该分项工程即为分部工程。

4 单位工程应按一个独立生产系统的工业炉砌筑工程划分。当一个单位工程较大，且可以分成两个或两个以上相互独立的工程项目时，则这两个或两个以上相互独立的工程项目也可各自成为一个单位工程（或子单位工程）。当一个单位工程中仅有一个分部工程时，则该分部工程即为单位工程。

　　1）一个独立生产系统中，当工业炉砌体工程量小于 500m³ 时，工业炉砌筑工程可作为一个分部工程与其他专业或其他建筑安装工程一并作为一个单位工程。

　　2）当一个建筑物或构筑物内有数座（台）工业炉时，数座（台）工业炉砌筑工程可作为一个单位工程，而将每座（台）工业炉砌筑工程作为一个分部工程。

2.2 质量验收

2.2.1 检验批质量合格应符合下列规定：

1 主控项目应符合本规范的规定；

2 一般项目每项抽检处均应符合本规范的规定。允许误差项目抽检的点数中，应有80%及其以上的实测值在本规范的允许误差范围内（其中关键项的实测值应全部在本规范的允许误差范围内）。

2.2.2 分项工程质量合格应符合下列规定：

1 分项工程所含的检验批均应符合质量合格的规定；

2 分项工程所含的检验批的质量保证资料应齐全。

2.2.3 分部工程质量合格应符合下列规定：

1 分部工程所含分项工程的质量应全部合格；

2 分部工程所含分项工程的质量保证资料应齐全。

2.2.4 单位工程质量合格应符合下列规定：

1 单位工程所含分部工程的质量应全部合格；

2 单位工程所含分部工程的质量保证资料应齐全。

2.2.5 检验批的质量不符合本规范合格的规定时，应及时处理，直至达到质量合格。

　　当处理后经检查鉴定仍达不到原设计规定的，经原设计单位认可能够满足生产安全和使用功能的检验批，可予以验收。

2.3 质量验收的程序及组织

2.3.1 检验批质量应在作业班组自检、工段长组织自检的基础上，由施工单位项目专业质量检查员填写"检验批质量验收记录"并签字后报验。监理工程师或建设单位项目专业技术负责人应组织施工单位项目专业质量检查员等进行验收。

　　检验批质量验收记录应采用本规范附录 A 的格式。

2.3.2 分项工程质量应由施工单位项目专业质量检查员填写"分项工程质量验收记录"，交项目技术负责人签字后报验。监理工程师或建设单位项目专业技术负责人应组织施工单位项目专业质量检查员等进行验收。

　　分项工程质量验收记录应采用本规范附录 B 的格式。

2.3.3 分部工程质量应由施工单位项目专业质量检查员填写"分部（子分部）工程质量验收记录"，交项目经理签字后报验。总监理工程师或建设单位项目专业负责人应组织监理、建设和施工等单位的项目负责人共同进行验收。

　　分部（子分部）工程质量验收记录应采用本规范附录 C 的格式。

2.3.4 单位工程质量应由施工单位填写"单位（子单位）工程质量竣工验收记录"报验，并将有关资料提交建设单位、监理单位和设计单位审核。验收结论应由监理或建设单位填写。综合验收结论应由参加验收各方共同商定，建设单位填写质量保证资料核查记录应采用本规范附录D的格式。

单位（子单位）工程质量竣工验收记录应采用本规范附录E的格式。

3 工业炉砌筑工程质量验收的共同规定

3.1 一般规定

3.1.1 本规范中未列入各专门章节的工业炉砌筑工程，其质量验收可按本章规定执行。本规范中列入各专门章节的工业炉砌筑工程，应按本章有关规定和各专门章节的要求进行质量验收。

3.2 底和墙

Ⅰ 主控项目

3.2.1 耐火材料和制品的品种、牌号应符合设计要求和国家现行有关标准的规定。

检验方法：观察检查，检查质量证明书或检验报告。

3.2.2 耐火泥浆的品种、牌号应符合设计要求。泥浆的稠度应与砌体类别相适应，不同稠度的泥浆及其适用的砌体类别应符合表3.2.2的规定。

表3.2.2 泥浆稠度及其适用的砌体类别

名 称	稠 度	砌 体 类 别
泥 浆	320～380	Ⅰ、Ⅱ
	280～320	Ⅲ
	260～280	Ⅳ

检验方法：观察检查，检查质量证明书或检验报告，检查泥浆试配记录。

3.2.3 砌体砖缝的泥（砂）浆饱满度应符合下列规定：

1 耐火砌体砖缝的泥浆饱满度应大于90%，对气密性有较严格要求以及有熔融金属或渣侵蚀的底和墙，泥浆饱满度应大于95%；

2 普通黏土砖内衬砖缝的泥浆饱满度应大于85%；

3 外部普通黏土砖砌体砖缝的砂浆饱满度应大于80%。

检查数量：每层炉底抽查2～4处；炉墙每1.25m高检查1次，每次抽查2～4处。

检验方法：用百格网检查砖面与泥浆粘接面积，每处掀3块砖，取其平均值。

注：1 耐火砌体干砌时，缝内应以干耐火粉填满或填以规定的材料。检查数量应符合本条规定，检验方法应为观察检查。

2 当耐火砖的体积、质量很大，无法按上述方法检查泥浆饱满度时，应在施工时观察检查。

Ⅱ 一般项目

3.2.4 工业炉炉底、炉墙砌体的砖缝厚度应符合表3.2.4的规定，其检查数量和检验方法应符合下列规定：

检查数量：炉底表面抽查2～4处；对有熔融金属或渣侵蚀的炉底应逐层检查，每层抽查2～4处；炉墙每1.25m高检查1次，每次抽查2～4处。

检验方法：在每处砌体的5m² 表面上用塞尺检查10点，比规定砖缝厚度大50%以内的砖缝，Ⅱ类砌体不超过4点，Ⅲ、Ⅳ类砌体不超过5点。

表3.2.4 工业炉炉底、炉墙砌体的砖缝厚度

项次	项 目	砖缝厚度（mm）≤
1	底、墙	3
2	高温或有炉渣作用的底、墙	2
3	隔热耐火砖（黏土质、高铝质和硅质） （1）工作层 （2）非工作层	 2 3
4	烧嘴砖	2
5	硅藻土砖	5
6	普通黏土砖内衬	5
7	外部普通黏土砖	10

注：当设计对炉底、炉墙的砖缝有特殊要求时，其砖缝厚度应符合设计要求。

3.2.5 工业炉炉底、炉墙砌体的允许误差和检验方法应符合表3.2.5的规定。

表3.2.5 工业炉炉底、炉墙砌体的允许误差和检验方法

项次	项 目		允许误差（mm）	检验方法
1	垂直误差	（1）墙 每米高 全高	3 15	托线板检查，吊线和尺量检查。每面墙（或砖墩）抽查3处（或1处），每处上、中、下各检查1点
		（2）基础 每米高 砖墩 全高	3 10	
2	表面平整误差	（1）墙面	5	2m靠尺检查。每1.25m高检查1次，每次抽查2～4处
		（2）挂砖墙面	7	
		（3）拱脚砖下炉墙上表面	5	2m靠尺检查。每侧墙抽查2～4处

续表3.2.5

项次	项 目		允许误差(mm)	检验方法
3	线尺寸误差	(1) 矩（或方）形炉膛的长度和宽度	±10	尺量检查。沿墙的上、中、下各检查1处
		(2) 矩（或方）形炉膛的对角线长度差	15	尺量检查。上、中、下各检查1处
		(3) 圆形炉膛内半径 ≥2m <2m	±15 ±10	钢卷尺检查。按砌体部位每1.25m高检查1次，每次沿圆周平均分度检查8点
		(4) 烟道的高度、宽度	±15	尺量检查。每5m长抽查1处，整个烟道的抽查数量不少于3处
4	膨胀缝宽度	≤20mm	+2 -1	尺量检查。按砌体部位抽查2～4处
		>20mm	±10%	

注：项次2中（3）、项次4为关键项。

3.2.6 炉底砌体应符合下列规定：

1 砌体应错缝砌筑；

2 砌体表面应平整，表面平整误差不应超过5mm；

3 最上层炉底的标高及结构形式应符合设计要求，非弧形炉底、通道底的最上层砖的长边，应与炉料、金属、渣或气体的流动方向垂直，或成一交角。

检查数量：炉底表面每$5m^2$抽查1处，但不少于3处。

检验方法：观察检查，2m靠尺检查，拉线或水准仪检查，检查施工记录。

3.2.7 炉墙错缝应符合下列规定：

1 砌体应错缝正确；

2 圆形炉墙不应有三层重缝或三环通缝，合门砖应均匀分布。

检查数量：每4m高检查1次，不足4m按4m计，每次抽查2～4处，每处长3m；合门砖全数检查。

检验方法：观察检查，尺量检查，检查施工记录。

注：1 圆形炉墙上、下两层砖或同层两环砖的错缝距离小于12mm，即认为重缝。
2 单环同径圆形炉墙上、下两层砖不应有重缝。

3.2.8 砌体中的各种烧嘴、孔洞、通道、膨胀缝及隔热层的构造，应符合下列规定：

1 烧嘴砖砌体中心线的标高应符合设计要求；

2 孔洞、通道应砌筑正确；

3 隔热层的构造应符合设计要求；

4 烧嘴砖砌体、孔洞砖砌体与其周围砌体的结合处不应有明显错牙；

5 膨胀缝应留设均匀、平直，位置正确，缝内清洁，并应按规定填充材料。

检查数量：烧嘴、膨胀缝均按全数检查，其他项目按砌体部位抽查2～4处。

检验方法：观察检查，尺量检查，检查施工记录。

3.2.9 炉墙工作面应组砌正确、勾缝密实、横平竖直，墙面应平整、清洁。

检查数量：按本规范第3.2.7条的规定执行。

检验方法：观察检查。

3.2.10 外部普通黏土砖墙面应组砌正确、刮缝深度适宜、墙面整洁，游丁走缝的误差不应超过20mm。

检查数量：按本规范第3.2.7条的规定执行。

检验方法：观察检查，吊线检查，尺量检查。

3.3 拱 顶

Ⅰ 主控项目

3.3.1 耐火材料和制品的品种、牌号，耐火泥浆的品种、牌号、稠度应符合本规范第3.2.1条和第3.2.2条的规定。

3.3.2 砌体砖缝的泥浆饱满度应大于90%。

检查数量：按拱顶部位抽查2～4处。

检验方法：按本规范第3.2.3条的规定执行。

3.3.3 拱脚砖必须紧靠拱脚梁或金属箍。

吊挂砖的主要受力部位严禁有各种裂纹，其余部位不得有显裂纹。

检验方法：观察检查。裂纹的检查应符合现行国家标准《定形耐火制品尺寸、外观及断面的检查方法》GB/T 10326的有关规定。

Ⅱ 一般项目

3.3.4 工业炉拱顶砌体的砖缝厚度应符合表3.3.4的规定，其检查数量和检验方法应符合下列规定：

检查数量：按拱顶部位抽查2～4处。

检验方法：在每处砌体的$5m^2$表面上用塞尺检查10点，比规定砖缝厚度大50%以内的砖缝，Ⅱ类砌体不超过4点，Ⅲ类砌体不超过5点。

表3.3.4 工业炉拱顶砌体的砖缝厚度

项次	项 目	砖缝厚度（mm）≤
1	拱顶 (1) 湿砌 (2) 干砌	 2 1.5
2	带齿挂砖 (1) 湿砌 (2) 干砌	 3 2

注：当设计对炉底、炉墙的砖缝有特殊要求时，其砖缝厚度应符合设计要求。

3.3.5 工业炉拱顶砌体的允许误差和检验方法应符合表3.3.5的规定。

表3.3.5 工业炉拱顶砌体的允许误差和检验方法

项次	项目		允许误差(mm)	检验方法
1	拱顶的跨度尺寸		±10	拉线检查。每3m长检查1处
2	膨胀缝宽度	≤20mm	+2 -1	尺量检查。按砌体部位抽查2~4处
		>20mm	±10%	

注:项次2为关键项。

3.3.6 拱顶砌体应符合下列规定:
　　1 环砌拱顶的砖环应平整、彼此平行,且应与纵向中心线垂直;
　　2 错砌拱顶的纵向砖列应平直,且应与纵向中心线平行;
　　3 拱顶内表面应平整,错牙不应超过3mm。
　　检查数量:环砌拱顶抽查3~5环,错砌拱顶抽查3~5列;错牙按拱顶抽查2~4处,每处5m²。
　　检验方法:拉线检查,塞尺检查,观察检查,检查施工记录。

3.3.7 球形或圆形拱顶砌体的内弧面应平整,错牙不应超过3mm;每环砖应排列匀称,合门砖应均匀分布。
　　检查数量:错牙按拱顶抽查2~4处,每处5m²;合门砖全数检查。
　　检验方法:塞尺检查,观察检查,检查施工记录。

3.3.8 吊挂拱顶或平顶砌体应符合下列规定:
　　1 内表面应平整,错牙不应超过3mm;
　　2 吊挂砖或吊挂垫板应排列均匀、整齐;
　　3 镁质吊挂拱顶砖环中的钢垫片、销钉的制作、安装,应符合设计要求;
　　4 在镁质吊挂拱顶的砖环中,砖与砖之间应插入销钉和夹入钢垫片,不应遗漏或多夹。销钉的直径和长度、钢垫片的长度和宽度,均不应做成正公差。钢垫片的穿销孔不应做成负公差。钢垫片应平直,不应有扭曲和毛刺。
　　检查数量:错牙按拱顶抽查2~4处,每处5m²;吊挂砖或吊挂垫板各抽查3~5列(环)。
　　检验方法:塞尺检查,观察检查,检查施工记录。

3.3.9 拱顶砌体的各种烧嘴、孔洞、膨胀缝及隔热层的构造,应符合本规范第3.2.8条的规定。

3.4 管 道

Ⅰ 主控项目

3.4.1 耐火材料和制品的品种、牌号、耐火泥浆的品种、牌号、稠度应符合本规范第3.2.1条和第3.2.2条的规定。

3.4.2 砌体砖缝的泥浆饱满度应大于90%。
　　检查数量:每5~8m长抽查1~2处。
　　检验方法:按本规范第3.2.3条的规定执行。

Ⅱ 一般项目

3.4.3 管道砌体的砖缝厚度应符合表3.4.3的规定,其检查数量和检验方法应符合下列规定:
　　检查数量:每5~8m长抽查1~2处。
　　检验方法:在每处砌体的5m²表面上用塞尺检查10点,比规定砖缝厚度大50%以内的砖缝,Ⅱ类砌体不超过4点,Ⅲ类砌体不超过5点。

表3.4.3 管道砌体的砖缝厚度

项次	项目	砖缝厚度(mm)≤
1	用磷酸盐泥浆砌筑的耐火砖砌体	3
2	用非磷酸盐泥浆砌筑的耐火砖砌体	2

3.4.4 管道砌体的允许误差和检验方法应符合表3.4.4的规定。

表3.4.4 管道砌体的允许误差和检验方法

项次	项目		允许误差(mm)	检验方法
1	内(直)径误差	有喷涂层	±15	钢卷尺检查。管道每5~8m长和每个支管各抽查1处,沿圆周平均分度检查4~8点
		无喷涂层	±20	
2	膨胀缝宽度	≤20mm	+2 -1	钢卷尺或钢尺检查。管道每5~8m长和每个支管各抽查1处,沿圆周平均分度检查4~8点
		>20mm	±10%	
3	法兰面与耐火砖砌体之间的间隙尺寸		+3 0	靠尺和塞尺检查。每面沿圆周平均分度检查4~8点
4	内表面的错牙		3	塞尺检查。抽查2~4处,每处5m²,合门砖全数检查

注:项次2、3为关键项。

3.4.5 管道砌体的膨胀缝应符合本规范第3.2.8条的规定。

4 不定形耐火材料

4.1 耐火浇注料

Ⅰ 主控项目

4.1.1 耐火浇注料的品种、牌号应符合设计要求和国家现行有关标准的规定。

检验方法：检查质量证明书、使用说明书、有效期限和检验报告。

4.1.2 耐火浇注料施工时，其模板、配料计量、搅拌、养护、施工缝处理应符合使用说明书要求及现行国家标准《工业炉砌筑工程施工及验收规范》GB 50211—2004 第4.1.3条和第4.2节的规定。

检验方法：观察检查，检查施工记录。

4.1.3 现场浇注耐火浇注料时，应留置试块检验现场的浇注质量。

每一种牌号或配合比应按每 $20m^3$ 为一个检验批，留置试块进行检验，不足此数时亦作一批检验。采用同一种牌号或配合比多次施工时，每次均应留置试块进行检验。

检验方法：检查试块质量检验报告。

4.1.4 锚固件的留设应符合设计要求，焊接必须牢固。

锚固砖或吊挂砖的主要受力部位严禁有各种裂纹，其余部位不得有显裂纹。

检验方法：观察检查，锤击检查。裂纹的检查应按本规范第3.3.3条的规定执行。

Ⅱ 一般项目

4.1.5 耐火浇注料内衬的允许误差和检验方法，可按本规范第3.2.5条的规定执行。

4.1.6 耐火浇注料内衬的质量，应符合下列规定：
1 耐火浇注料应振捣密实，表面不应有剥落、裂缝、孔洞等缺陷，可有轻微的网状裂纹；
2 膨胀缝应留设均匀、平直，位置正确，缝内清洁，并应按规定填充材料；
3 隔热层的构造应符合设计要求。

检查数量：膨胀缝全数检查。其他项目：炉底、拱顶各抽查2～4处；炉墙每4m高检查1次，不足4m按4m计，每次抽查2～4处，每处 $5m^2$。

检验方法：观察检查，刻度放大镜检查，检查施工记录。

4.2 耐火可塑料

Ⅰ 主控项目

4.2.1 耐火可塑料的品种、牌号和可塑性指数应符合设计要求和国家现行有关标准的规定。

检验方法：检查质量证明书、使用说明书、有效期限和检验报告。

4.2.2 锚固件的留设、锚固砖或吊挂砖应符合本规范第4.1.4条的规定。

Ⅱ 一般项目

4.2.3 耐火可塑料内衬的允许误差和检验方法，可按本规范第3.2.5条的规定执行。

4.2.4 耐火可塑料内衬的质量应符合下列规定：
1 耐火可塑料内衬应密实、均一，与锚固砖或吊挂砖咬合紧密，其施工缝应留设在同一排锚固砖或吊挂砖的中心线处；
2 可塑料内衬受热面应开设 $\phi 4\sim 6mm$ 的通气孔，孔的间距宜为150～230mm，孔的位置宜在两个锚固砖中间，深度宜为捣固体厚度的1/2～2/3；
3 膨胀线的留设应符合设计要求，膨胀线宽宜为5mm，深宜为50～80mm。

检查数量：按本规范第4.1.6条的规定执行。

检验方法：观察检查，尺量检查，检查施工记录。

4.2.5 烘炉前耐火可塑料内衬的修补应符合现行国家标准《工业炉砌筑工程施工及验收规范》GB 50211—2004 第4.3.15条的规定。

检验方法：观察检查，尺量检查。

4.3 耐火捣打料

Ⅰ 主控项目

4.3.1 耐火捣打料的品种、牌号应符合设计要求。

检验方法：检查质量证明书、使用说明书、有效期限和检验报告。

Ⅱ 一般项目

4.3.2 耐火捣打料内衬的质量应符合下列规定：
1 采用风动锤捣打时，每层铺料的厚度不应超过100mm；
2 振捣应密实、无空鼓，接槎处应粘接牢固，捣实后的体积密度或压缩比应达到设计要求。

检查数量：炉底、炉墙逐层各抽查2～4处。

检验方法：观察检查，体积密度或压缩比检查，检查施工记录。

4.4 耐火喷涂料

Ⅰ 主控项目

4.4.1 耐火喷涂料的品种、牌号应符合设计要求。

检验方法：检查质量证明书、使用说明书、有效期限和检验报告。

4.4.2 金属支承件的留设应符合设计要求，焊接必须牢固。

检验方法：观察检查，锤击检查。

Ⅱ 一般项目

4.4.3 耐火喷涂料内衬的表面应平整，粗细颗粒分布均匀；料体应密实，不应有明显的夹层、空洞等缺陷；喷涂层应厚度一致。

检查数量：按本规范第4.1.6条的规定执行。
检验方法：观察检查，锤击检查，尺量检查，检查施工记录。

5 耐火陶瓷纤维

5.1 层铺式内衬

Ⅰ 主控项目

5.1.1 耐火陶瓷纤维毯的品种、牌号和粘接剂，应符合设计要求。

检查数量：不同品种、牌号的耐火陶瓷纤维，按20t为一检验批进行验收。

检验方法：检查质量证明书或检验报告。

5.1.2 锚固件的材质应符合设计要求，焊接必须牢固。

检验方法：锤击检查，检查质量证明书。

Ⅱ 一般项目

5.1.3 层铺式耐火陶瓷纤维毯的固定应符合下列规定：

1 层铺式耐火陶瓷纤维毯应与受热面平行，用陶瓷杯、陶瓷螺母或金属转卡盖固定；

2 陶瓷杯内应均匀填充保护金属锚固钉的耐火陶瓷纤维，并用杯盖封住保护；

3 采用陶瓷螺母、金属转卡压盖固定时，其表面应用耐火陶瓷纤维毯覆盖，并粘贴牢固。

检查数量：每100m²抽查3处，每处5m²；不足100m²按100m²计，少于5m²全数检查。

检验方法：观察检查，检查施工记录。

5.1.4 层铺式耐火陶瓷纤维毯内衬应符合下列规定：

1 耐火陶瓷纤维毯应紧贴基层表面铺贴，松紧适度、接缝严密，不应有松散、折皱、拉裂、毛刺现象；

2 层间宜错缝铺设，各层间错缝距离应大于100mm；

3 隔热层可对缝铺贴；

4 受热面层应搭接，搭接长度宜为100mm，搭接方向应顺气流方向，不得逆向。

检查数量：每100m²抽查3处，每处5m²；不足100m²按100m²计，少于5m²全数检查。

检验方法：观察检查，尺量检查，检查施工记录。

5.1.5 层铺式耐火陶瓷纤维内衬锚固件的安装应位置正确，允许误差不应超过±5mm。

检查数量：每100m²抽查3处，每处5m²；不足100m²按100m²计，少于5m²全数检查。

检验方法：观察检查，尺量检查。

5.1.6 耐火陶瓷纤维毯应在炉墙拐角、炉墙与砌体或其他耐火炉衬的连接处相互交错，不应出现通缝。

检查数量：全数检查。

检验方法：观察检查。

5.2 叠砌式内衬

Ⅰ 主控项目

5.2.1 耐火陶瓷纤维模块的品种、牌号，应符合设计要求。

检查数量：不同品种、牌号的耐火陶瓷纤维模块，按20t为一检验批进行验收。

检验方法：检查质量证明书或检验报告。

5.2.2 锚固件应符合本规范第5.1.2条的规定。

Ⅱ 一般项目

5.2.3 耐火陶瓷纤维模块相邻的模块应挤紧，不应有模块交叉角的窜气缝。

检查数量：每100m²抽查3处，每处5m²；不足100m²按100m²计，少于5m²全数检查。

检验方法：观察检查。

5.2.4 当模块为非折叠方向时，应在耐火陶瓷纤维模块与砌体或其他耐火炉衬连接处的直通缝中，加装对折压缩的耐火陶瓷纤维毯。

检查数量：每100m²抽查3处，每处5m²；不足100m²按100m²计，少于5m²全数检查。

检验方法：观察检查。

5.2.5 耐火陶瓷纤维模块内衬中，锚固件的安装应位置正确，允许误差不应超过±3mm。

检查数量：每100m²抽查3处，每处5m²；不足100m²按100m²计，少于5m²全数检查。

检验方法：观察检查，尺量检查。

5.3 不定形耐火陶瓷纤维内衬

Ⅰ 主控项目

5.3.1 不定形耐火陶瓷纤维的品种、牌号和粘接剂，应符合设计要求。

检查数量：不同品种、牌号的耐火陶瓷纤维喷涂料或可塑料，按20t为一检验批进行验收。

检验方法：检查质量证明书或检验报告。

5.3.2 锚固件应符合本规范第5.1.2条的规定。

5.3.3 炉顶或仰面耐火陶瓷纤维喷涂时，V形锚固钉结构层间应缠绕米字形耐热钢丝，L形锚固钉结构应安装快速夹子固定。

检查数量：全数检查。

检验方法：观察检查，检查施工记录。

5.3.4 不定形耐火陶瓷纤维内衬，其现场留置试块的性能指标应符合设计要求。

检查数量：分项工程中每种牌号每50m³为一个检验批。工程试块尺寸：耐火陶瓷纤维喷涂料100mm×100mm×20mm，耐火陶瓷纤维可塑料40mm×40mm×160mm，每批留置不少于2组，每组3块。

检验方法：检查试块检验报告。

Ⅱ 一般项目

5.3.5 不定形耐火陶瓷纤维内衬应符合下列规定：

1 锚固件的安装应位置正确，允许误差不应超过±5mm；

2 内衬体积应密度均匀、表面平整，不应有明显疏松、孔洞和缝隙。

检查数量：每100m²抽查3处，每处5m²；不足100m²按100m²计，少于5m²全数检查。

检验方法：观察检查，尺量检查。

6 高炉及其附属设备

6.1 一般规定

6.1.1 高炉及其附属设备的砌筑应为一个单位工程。当高炉容积或工程量较大时，每座高炉或热风炉也可各为一个单位工程或子单位工程。

6.1.2 高炉砌筑分部工程和分项工程的划分应符合表6.1.2的规定。

表6.1.2 高炉砌筑分部工程和分项工程的划分

项次	分部工程	分项工程
1	高炉炉体	炉底、炉缸、炉腹、炉腰、炉身、煤气封板和钢砖
2	粗煤气管道	上升管、下降管、除尘器
3	热风围管	喷涂层、耐火砖砌体、送风支管
4	出铁场	主沟、铁沟、渣沟和冲渣沟、残铁沟、摆动流嘴、沟盖板、出铁场平台和风口平台面、其他零星部位

6.1.3 热风炉砌筑分部工程和分项工程的划分应符合表6.1.3的规定。

表6.1.3 热风炉砌筑分部工程和分项工程的划分

项次	分部工程	分项工程
1	每座热风炉炉体	内燃式：炉底和炉墙、砖格子、燃烧器、炉顶 外燃式：蓄热室炉底和炉墙、砖格子、燃烧室炉底和炉墙、燃烧器、炉顶（含连接管） 顶燃式：炉底和炉墙、砖格子、炉顶 混风室底、墙、顶可作为一个分项工程

续表6.1.3

项次	分部工程	分项工程
2	热风总管和支管	热风总管和支管的喷涂层、热风总管砌砖、热风支管砌砖
3	烟道管和余热回收管道	烟道管、余热回收管道

6.1.4 分项工程可由一个或若干个检验批组成，检验批可根据高炉容积大小、施工和质量检查控制的需要，按层数、施工段、膨胀缝等进行划分。

6.2 高炉炉底

Ⅰ 主控项目

6.2.1 耐火材料和制品的品种、牌号，耐火泥浆的品种、牌号、稠度应符合本规范第3.2.1条和第3.2.2条的规定。

6.2.2 砌体砖缝的泥浆饱满度应大于95%。

检查数量和检验方法应按本规范第3.2.3条的规定执行。

6.2.3 炉底上表面与出铁口中心或风口中心平均的距离、每层炉底的砌筑中心线与出铁口中心线的交错角度，均应符合设计要求。

检验方法：尺量检查，检查施工记录。

Ⅱ 一般项目

6.2.4 炉底砌体的砖缝厚度应符合表6.2.4的规定，其检查数量和检验方法应符合下列规定：

检查数量：炉底逐层检查，每层抽查2~4处。

检验方法：在每处砌体的5m²表面上用塞尺检查10点，比规定砖缝厚度大50%以内的砖缝，Ⅱ类砌体不超过4点，Ⅲ类砌体不超过5点。

表6.2.4 炉底砌体的砖缝厚度

项	目	砖缝厚度（mm）≤
炭砖砌体	垂直缝	1.5
	水平缝	2
其他耐火砖砌体	垂直缝	2
	水平缝	2.5

注：当炭砖外形尺寸的允许误差为±0.5mm时，砖缝厚度不应超过1mm。

6.2.5 炉底砌体的允许误差和检验方法应符合表6.2.5的规定。

表 6.2.5 炉底砌体的允许误差和检验方法

项次	项目		允许误差（mm）		检验方法
			炭砖砌体	其他耐火砖砌体	
1	表面平整误差	(1) 炉底砖层表面的错牙		2	钢板尺和楔形塞尺检查。逐层检查，每层抽查2~4处，每处5m²
		(2) 炉底炭素料找平层、炉底各砖层和炉底最上层砌筑炉缸墙的地点	2	5	2m靠尺和塞尺检查。逐层检查，每层表面分格抽查8~24点
		(3) 炉底炭素料找平层和各砖层上表面各点的相对标高差	5	8	测量仪器检查。逐层检查，每层表面分格抽查8~24点
2	垂直误差	炉底的每块砖		2	水平尺检查。逐层检查，每层抽查4~8块砖
3	环状炭砖砌体径向倾斜度误差		2		水平尺和塞尺检查。每次抽查6~10处

注：1 项次1中(1)、(3)为关键项。
2 炉底最上一层除砌筑炉缸墙的地点外，砖层表面的错牙和各点的相对标高差可不检查。
3 满铺炭砖炉底砌体（包括炉底炭素料找平层）的表面平整误差，应用3m钢靠尺检查。

6.2.6 炉底炭素捣打找平层应配料正确、拌和均匀，铺料厚度应符合规定；捣打应密实，捣实后的体积密度或压缩比应符合设计的要求。

检查数量：逐层检查，每层抽查4处。

检验方法：观察检查，体积密度或压缩比检查。

6.2.7 满铺炭砖砌体应符合下列规定：
1 炭砖列应平直、平面位置应正确；
2 炭砖砌体与冷却壁或炉壳之间缝隙的炭素捣打料捣实后的压缩比应大于40%。

检查数量：逐层检查，每层抽查3~5处。

检验方法：观察检查，压缩比检查。

6.2.8 环状大块炭砖砌体应符合下列规定：
1 放射缝应与半径方向相吻合，上、下层砖缝应错开；
2 炭砖砌体与冷却壁或炉壳、底垫耐火砖之间缝隙的炭素（刚玉）捣打料捣实后的压缩比分别应大于40%和45%。

检查数量：逐层检查，每层抽查4处。

检验方法：观察检查，压缩比检查。

6.2.9 其他耐火砖砌体应符合下列规定：
1 上、下两层炉底的砌筑中心线应交错成30°角，并均应与出铁口中心线成30°~60°角；
2 通过上、下层中心点的垂直缝不应重合。

检查数量：逐层检查。

检验方法：观察检查。

6.3 高炉炉缸

I 主控项目

6.3.1 耐火材料和制品的品种、牌号，耐火泥浆的品种、牌号、稠度应符合本规范第3.2.1条和第3.2.2条的规定。

6.3.2 砌体砖缝的泥浆饱满度应符合本规范第6.2.2条的规定。

6.3.3 出铁口框和渣口大套外环宽500mm范围内的砌体以及风口带的砌体应紧靠冷却壁或炉壳，间隙内的耐火泥浆应饱满、密实。

检验方法：观察检查，尺量检查。

II 一般项目

6.3.4 炉缸砌体的砖缝厚度应符合表6.3.4的规定，其检查数量和检验方法应符合下列规定：

检查数量：每1.25m高检查1次，每次抽查2~4处。

检验方法：在每处砌体的5m²表面上用塞尺检查10点，比规定砖缝厚度大50%以内的砖缝，II类砌体不超过4点。

表 6.3.4 炉缸砌体的砖缝厚度

项次	项目		砖缝厚度（mm）≤
1	炭砖砌体	垂直缝	1.5
		水平缝	2
2	其他耐火砖砌体		2

注：1 当炭砖外形尺寸的允许误差为±0.5mm时，砖缝厚度不应超过1mm。
2 用磷酸盐泥浆砌筑时，圆形砌体的环缝厚度可增大，但不应超过5mm。

6.3.5 炉缸砌体的允许误差和检验方法应符合表6.3.5的规定。

表6.3.5 炉缸砌体的允许误差和检验方法

项次	项目	允许误差（mm）		检验方法
		炭砖砌体	其他耐火砖砌体	
1	各砖层上表面平整误差	2	5	2m靠尺和塞尺检查。逐层检查，每层表面抽查6～10处
2	半径误差	±15	±15	拉中心线，钢卷尺或半径规检查。每1.25m高检查1次，每次沿圆周平均分度检查4～8点
3	径向倾斜度误差	2	5	水平尺和塞尺检查。每次抽查6～10处

注：项次1为关键项。

6.3.6 环状大块炭砖砌体的砌筑应符合本规范第6.2.8条的规定。

6.3.7 其他耐火砖砌体应符合下列规定：
　　1 砌筑时不应同时有3层以上的退台；
　　2 在同一层内，每环"合门"不应多于4处，并应均匀分布；
　　3 不应有三层重缝或三环通缝，上、下两层重缝与相邻两环通缝不应在同一地点；
　　4 砌体与冷却壁或炉壳间应填料密实。
　　检查数量：随时抽查。
　　检验方法：观察检查。

6.4 高炉炉腹及其以上部位

Ⅰ 主控项目

6.4.1 耐火材料和制品的品种、牌号，耐火泥浆的品种、牌号、稠度应符合本规范第3.2.1条和第3.2.2条的规定。

6.4.2 砌体砖缝的泥浆饱满度应大于90%。
　　检查数量和检验方法应按本规范第3.2.3条的规定执行。

6.4.3 厚壁炉腰和炉身砌体的中心线应以炉口钢圈中心为准。
　　检验方法：经纬仪和吊线检查，检查施工记录。

Ⅱ 一般项目

6.4.4 炉腹及其以上部位砌体的砖缝厚度应符合表6.4.4的规定，其检查数量和检验方法应符合下列规定：
　　检查数量：每1.25m高检查1次，每次抽查2～4处。
　　检验方法：在每处砌体的5m²表面上用塞尺检查10点，比规定砖缝厚度大50%以内的砖缝，Ⅱ类砌体不超过4点，Ⅲ类砌体不超过5点。

表6.4.4 炉腹及其以上部位砌体的砖缝厚度

项次	项目		砖缝厚度（mm）≤
	含炭耐火砖砌体		
1	炉腹及其以上部位	垂直缝	2
		水平缝	2.5
	用磷酸盐泥浆砌筑的耐火砖砌体		
2	炉腹和炉腰		2.5
3	炉身		3
	用非磷酸盐泥浆砌筑的耐火砖砌体		
4	炉身上部		2

注：1 用磷酸盐泥浆砌筑时，圆形砌体的环缝厚度可增大，但不应超过5mm。
　　2 用非磷酸盐泥浆砌筑（含硅砖）时，环缝厚度不应超过规定砖缝厚度的50%。

6.4.5 炉腹及其以上部位砌体的允许误差和检验方法应符合表6.4.5的规定。

表6.4.5 炉腹及其以上部位砌体的允许误差和检验方法

项次	项目	允许误差（mm）		检验方法
		含炭耐火砖砌体	其他耐火砖砌体	
1	砖层上表面平整误差	2	10	2m靠尺和塞尺检查。每1.25m高检查1次，每次沿圆周平均分度检查4～8点
2	厚壁炉腰和炉身半径误差	±15	±15	拉中心线，钢卷尺或半径规检查。每1.25m高检查1次，每次沿圆周平均分度检查4～8点
3	径向倾斜度误差	2	5	水平尺和塞尺检查。每1.25m高检查1次，每次沿圆周平均分度检查4～8点

6.4.6 炉腹和薄壁炉腰砌体应紧靠冷却壁或炉壳，间隙内的耐火泥浆应饱满、密实。

检查数量：随时抽查。

检验方法：观察检查。

6.4.7 厚壁炉腰和炉身砌体应符合下列规定：

1 砌体与冷却板（壁、箱）、炉身砌体与钢砖底部之间的缝隙尺寸应符合设计要求；

2 冷却板（箱）周围的一块砖应紧靠炉壳砌筑，不应留填料缝；

3 炉身砌体与钢砖底部之间的缝隙应为50～120mm，当设计没有规定时，缝内应填黏土质耐火泥料；

4 填料或捣打料应密实，砌体不应有三层重缝或三环通缝。

检查数量：炉身砌体与钢砖底部之间的缝隙尺寸沿圆周平均分度检查4～8点；重缝或通缝随时检查。

检验方法：观察检查，尺量检查。

6.5 热风炉炉底、炉墙

Ⅰ 主控项目

6.5.1 耐火材料和制品的品种、牌号、耐火泥浆的品种、牌号、稠度应符合本规范第3.2.1条和第3.2.2条的规定。

6.5.2 砌体砖缝的泥浆饱满度应符合本规范第6.4.2条的规定。

6.5.3 当设计图纸无规定时，热风口、燃烧口和炉顶连接管口等周围环宽1m范围内，耐火砖应紧靠炉壳或喷涂层，间隙内的耐火泥浆应饱满、密实。

检验方法：观察检查，尺量检查，检查施工记录。

Ⅱ 一般项目

6.5.4 炉底、炉墙砌体的砖缝厚度应符合表6.5.4的规定，其检查数量和检验方法应符合下列规定：

检查数量：炉底表面抽查2～4处；炉墙每1.25m高检查1次，每次抽查2～4处。

检验方法：在每处砌体的5m²表面上用塞尺检查10点，比规定砖缝厚度大50%以内的砖缝，Ⅱ类砌体不超过4点，Ⅲ类砌体不超过5点。

表6.5.4 炉底、炉墙砌体的砖缝厚度

项次	项目		砖缝厚度（mm）≤
1	用磷酸盐泥浆砌筑的耐火砖砌体		3
2	用非磷酸盐泥浆砌筑的耐火砖砌体	炉墙	2
		炉底	2.5
3	硅砖砌体		2

注：1 用磷酸盐泥浆砌筑时，圆形砌体的环缝厚度可增大，但不应超过5mm。

  2 用非磷酸盐泥浆砌筑（含硅砖）时，环缝厚度不应超过规定砖缝厚度的50%。

6.5.5 蓄热室、燃烧室、混风室炉底、炉墙砌体的允许误差和检验方法，应符合表6.5.5的规定。

表6.5.5 炉底、炉墙砌体的允许误差和检验方法

项次	项目		允许误差（mm）	检验方法
1	表面平整误差	(1) 炉墙各砖层上表面	10	2m靠尺和塞尺检查。每1.25m高检查1次，每次沿圆周平均分度检查4～8点
		(2) 炉顶下的炉墙上表面	5	2m靠尺和塞尺检查。沿圆周平均分度检查4～8点
		(3) 径向倾斜度误差	10	水平尺和塞尺检查。每1.25m高检查1次，每次沿圆周平均分度检查4～8点
2	半径误差	(1) 炉壳喷涂层	+10 0	半径规或拉十字中心线和钢卷尺检查。每1.25m高检查1次，每次沿圆周平均分度检查4～8点
		(2) 有喷涂层的炉墙	+10 -5	
		(3) 无喷涂层的炉墙	±10	
		(4) 内燃式热风炉燃烧室炉墙	±10	
3	内燃式热风炉燃烧室炉墙垂直误差	每米高	5	2m托线板或吊线锤检查。沿圆周平均分度检查8点
		全高	30	
4	标高误差	组合砖砌体下的炉墙上表面	0 -5	测量仪器和钢尺检查。沿圆周平均分度检查8点
5	膨胀缝宽度	≤20mm	+2 -1	尺量检查。每1.25m高检查1次，每次沿圆周平均分度检查4～8点
		>20mm	±10%	

注：项次1中（2）为关键项。

6.5.6 热风炉炉底砌体应符合本规范第3.2.6条的规定。

6.5.7 热风炉炉墙砌体的膨胀缝应符合本规范第3.2.8条的规定。

6.6 热风炉砖格子

Ⅰ 主控项目

6.6.1 格子砖的品种、牌号，应符合设计要求和国家现行有关标准的规定。

检验方法：观察检查，检查质量证明书或检验报告。

6.6.2 砌筑砖格子以前，应检查炉箅子和支柱。炉箅子上表面的平整误差不应超过5mm，炉箅子格孔中心线对设计位置的误差不应超过3mm。

检验方法：拉线检查，检查工序交接书。

Ⅱ 一般项目

6.6.3 砖格子砌体堵塞格孔的数量不应超过第一层完整格孔数量的3%；砖格子与炉墙间的膨胀缝内应清洁，并用木楔楔紧。

检查数量：全数检查。

检验方法：灯光透过格孔检查；用绳子从上面放下钢钎，检查钢钎是否能够通过格孔全高。

注：采用上、下带沟舌的多孔格子砖砌筑时，砖格子的堵孔率可不作为检查项目。

6.7 热风炉炉顶

Ⅰ 主控项目

6.7.1 耐火材料和制品的品种、牌号，耐火泥浆的品种、牌号、稠度应符合本规范第3.2.1条和第3.2.2条的规定。

6.7.2 砌体砖缝的泥浆饱满度应大于90%。

检查数量：按拱顶部位抽查2~4处。

检验方法：按本规范第3.2.3条的规定执行。

6.7.3 炉顶砌体或喷涂层的中心，应根据炉顶孔的中心和标高确定。

检验方法：尺量和吊线检查，检查施工记录。

Ⅱ 一般项目

6.7.4 炉顶砌体的砖缝厚度应符合表6.7.4的规定，其检查数量和检验方法应符合下列规定：

检查数量：炉顶内表面抽查2~4处。

检验方法：在每处砌体的5m² 表面上用塞尺检查10点，比规定砖缝厚度大50%以内的砖缝，Ⅱ类砌体不超过4点，Ⅲ类砌体不超过5点。

表6.7.4 炉顶砌体的砖缝厚度

项次	项 目	砖缝厚度（mm）≤
1	用磷酸盐泥浆砌筑的耐火砖砌体	3

续表6.7.4

项次	项 目	砖缝厚度（mm）≤
2	用非磷酸盐泥浆砌筑的耐火砖砌体	2
3	硅砖炉顶砌体	2

6.7.5 炉顶砌体的允许误差和检验方法应符合表6.7.5的规定。

表6.7.5 炉顶砌体的允许误差和检验方法

项次	项 目		允许误差（mm）	检验方法
1	砖层表面的错牙		3	观察和塞尺检查 抽查2~4处
2	半径误差	外燃式	+10 −5	半径规检查，每1.25m高检查1次，每次沿圆周平均分度检查4~8点
		内燃式	±10	
		顶燃式	±15	
3	膨胀缝宽度	≤20mm	+2 −1	尺量检查，每1.25m高检查1次，每次沿圆周平均分度检查4~8点
		>20mm	±10%	

6.7.6 炉顶砌体合门砖应分布均匀。

检查数量：全数检查。

检验方法：观察检查。

6.8 热风管道

Ⅰ 主控项目

6.8.1 耐火材料和制品的品种、牌号，耐火泥浆的品种、牌号、稠度应符合本规范第3.2.1条和第3.2.2条的规定。

6.8.2 砌体砖缝的泥浆饱满度应大于90%。

检查数量：每5~8m长抽查1~2处。

检验方法：按本规范第3.2.3条的规定执行。

Ⅱ 一般项目

6.8.3 热风管道砌体的砖缝厚度、检查数量和检验方法应符合本规范第3.4.3条的规定。

6.8.4 热风管道砌体的允许误差和检验方法应符合表6.8.4的规定。

表6.8.4 热风管道砌体的允许误差和检验方法

项次	项目		允许误差(mm)	检验方法
1	内径误差	有喷涂层	±10	钢卷尺检查。总管、围管每5～8m长和每个支管各抽查1处,沿圆周平均分度检查4～8点
		无喷涂层	±15	
2	膨胀缝宽度	≤20mm	+2 -1	钢卷尺或钢尺检查。总管、围管每5～8m长和每个支管各抽查1处,沿圆周平均分度检查4～8点
		>20mm	±10%	
3	内表面的错牙		3	塞尺检查。抽查2～4处,每处5m²,合门砖全数检查

6.8.5 热风阀处法兰面与耐火砖砌体间隙尺寸的允许误差不应超过0～+3mm。

　　检查数量:每面沿圆周平均分度检查4～8点。

　　检验方法:靠尺检查,塞尺检查。

6.8.6 热风管道砌体的膨胀缝应符合本规范第3.2.8条的规定。

7 焦炉及干熄焦设备

　　焦炉应按结构、部位划分为基础平台砌体、蓄热室、斜烟道、炭化室和炉顶5个分部工程。每个分部工程可按4～6孔(室)为一区段划分为若干分项工程,每个分项工程可由一个或若干个检验批组成。检验批可根据施工和质量检查控制的需要,按层数、施工段、膨胀缝等进行划分。

　　每套干熄焦设备应按结构、部位划分为熄焦室、除尘系统、余热锅炉3个分部工程。熄焦室可划分为冷却段、斜风道、预存段3个分项工程;除尘系统可划分为集尘沉降槽底和墙、拱顶、旋风除尘器3个分项工程;余热锅炉可按工业锅炉的标准进行验收。

7.1 焦炉基础平台砌体

Ⅰ 主控项目

7.1.1 耐火材料和制品的品种、牌号,耐火泥浆的品种、牌号、稠度应符合本规范第3.2.1条和第3.2.2条的规定。

7.1.2 普通黏土砖砌体砖缝的泥浆饱满度应大于90%

　　检查数量:每个检验批抽查3处。

　　检验方法:按本规范第3.2.3条的规定执行。

Ⅱ 一般项目

7.1.3 基础平台普通黏土砖和高强隔热耐火砖砌体顶面的平整误差不应超过5mm。

　　检查数量:在机侧、机中、中心、焦中、焦侧每个检验批各检查1点。

　　检验方法:2m靠尺检查。

7.1.4 基础平台砌体顶面标高的允许误差不应超过±5mm,顶面相邻测点间(间距1.0～1.5m)标高的允许误差不应超过5mm。

　　检查数量:在机侧、机中、中心、焦中、焦侧每个检验批各检查1点。

　　检验方法:水准仪检查。

7.1.5 砌体砖缝厚度的允许误差不应超过-1～+2mm。

　　检查数量:在机侧、机中、中心、焦中、焦侧每个检验批各检查1点。

　　检验方法:塞尺检查。

7.2 焦炉蓄热室

Ⅰ 主控项目

7.2.1 耐火材料和制品的品种、牌号,耐火泥浆的品种、牌号、稠度应符合本规范第3.2.1条和第3.2.2条的规定。

7.2.2 砌体砖缝的泥浆饱满度应大于95%。

　　检查数量和检验方法应按本规范第3.2.3条的规定执行。

7.2.3 箅子砖号的排列应准确无误。

　　检验方法:观察检查,尺量检查,检查施工记录。

Ⅱ 一般项目

7.2.4 蓄热室砌体的允许误差和检验方法应符合表7.2.4的规定。

表7.2.4 蓄热室砌体的允许误差和检验方法

项次	项目		允许误差(mm)	检验方法
1	线尺寸误差	(1) 小烟道和蓄热室的宽度	±4	用伸缩尺在机侧、机中、中心、焦中、焦侧上下各检查1点
		(2) 蓄热室炉头脱离正面线	±3	拉线或弹线,用钢板尺在机、焦侧上、中、下各检查1点
		(3) 相邻焦炉煤气道的中心线间的间距及各孔道中心线与焦炉纵中心线的间距	±3	用钢卷尺或水平标尺杆检查1道墙

续表 7.2.4

项次	项目		允许误差(mm)	检验方法
2	标高误差	(1) 蓄热室墙顶的标高差	±4	用水准仪在机侧、机中、中心、焦中、焦侧各检查1点
		(2) 相邻蓄热室墙顶的标高差	3	
3	表面平整误差	(1) 蓄热室墙及箅子砖表面	5	用2m靠尺在机侧、机中、中心、焦中、焦侧左、右各检查1处
		(2) 蓄热室炉头正面	5	用2m靠尺在机、焦侧炉头各检查1处
4	垂直误差	(1) 蓄热室墙	5	用线锤在机侧、机中、中心、焦中、焦侧各检查1处
		(2) 蓄热室墙炉头正面	5	用线锤在机、焦侧炉头各检查1处
5	砖缝厚度	一般砖缝	+2 -1	用塞尺在机侧、机中、中心、焦中、焦侧各检查1处

注：1 项次2中(2)为关键项。
2 当设计规定砖缝厚度为5mm时，最小的砖缝厚度应大于3mm。

检查数量：每个分项工程抽查1孔（室）。

7.2.5 膨胀缝和滑动缝应符合下列规定：

1 一般膨胀缝尺寸的允许误差不应超过−1～+2mm，端墙膨胀缝尺寸的允许误差不应超过±4mm；

2 膨胀缝应留设均匀、平直，位置正确，缝内清洁，并应按规定填充材料；

3 滑动缝纸应位置正确。

检查数量：每个检验批抽查1处。

检验方法：观察检查，尺量检查，检查施工记录。

7.2.6 小烟道承插口的宽度和高度的允许误差不应超过±4mm。

检查数量：每个检验批抽查1处。

检验方法：尺量检查，检查施工记录。

7.2.7 蓄热室炉头表面、墙表面应勾缝密实，无空缝。

检查数量：每个分项工程抽查1孔（室）。

检验方法：观察检查，塞尺检查。

7.3 焦炉斜烟道

Ⅰ 主控项目

7.3.1 耐火材料和制品的品种、牌号，耐火泥浆的品种、牌号、稠度应符合本规范第3.2.1条和第3.2.2条的规定。

7.3.2 砌体砖缝的泥浆饱满度应符合本规范第7.2.2条的规定。

7.3.3 炭化室的底面不得有逆向错牙。

检验方法：观察检查。

Ⅱ 一般项目

7.3.4 斜烟道砌体的允许误差和检验方法应符合表7.3.4的规定。

表 7.3.4 斜烟道砌体的允许误差和检验方法

项次	项目		允许误差(mm)	检验方法
1	线尺寸误差	(1) 相邻斜烟道口的中心线间的间距及各孔道中心线与焦炉纵中心线的间距	±3	用钢卷尺或水平标尺杆检查1道墙
		(2) 斜烟道炉头脱离正面线	±3	拉线或弹线，用钢板尺在机、焦侧上、下各检查1点
		(3) 斜烟道口的长度和宽度	±2	用钢板尺或钢卷尺检查
		(4) 保护板砖座到炭化室底的距离	+3 0	
2	标高误差	(1) 斜烟道在蓄热室顶盖下一层相邻墙顶的标高差	2	用水准仪在机侧、机中、中心、焦中、焦侧各检查1点
		(2) 相邻水平煤气道砖座的标高差	2	
		(3) 相邻燃烧室保护板砖座的标高差	2	用水准仪在机、焦侧左、右各检查1点
		(4) 相邻炭化室底的标高差	3	用水准仪在机侧、机中、中心、焦中、焦侧各检查1点

续表 7.3.4

项次	项目		允许误差(mm)	检验方法
3	表面平整误差	(1) 炭化室底	3	用2m靠尺在机侧、机中、中心、焦中、焦侧各检查1处
		(2) 斜烟道炉头正面	5	用2m靠尺在机、焦侧炉头各检查1处
4	错牙	炭化室底表面（非逆向）	1	用钢板尺和楔形塞尺在机侧、机中、中心、焦中、焦侧各检查1处
5	砖缝厚度	一般砖缝	+2 -1	用塞尺在机侧、机中、中心、焦中、焦侧各检查1处

注：1 项次2中（4）、项次4为关键项。
    2 当设计规定砖缝厚度为5mm时，最小的砖缝厚度应大于3mm。

检查数量：每个分项工程抽查1孔（室）。

7.3.5 膨胀缝和滑动缝应符合本规范第7.2.5条的规定。

7.3.6 斜烟道出口处宽度的允许误差不应超过±1mm，孔内应清洁。

检查数量：每个分项工程抽查1孔（室）。
检验方法：观察检查，尺量检查。

7.3.7 炭化室底标高的允许误差不应超过±3mm。

检查数量：每个分项工程抽查1孔（室），在机侧、机中、中心、焦中、焦侧各检查1点。
检验方法：水准仪检查。

7.3.8 斜烟道炉头表面、墙表面应匀缝密实，无空缝。

检查数量：每个分项工程抽查1孔（室）。
检验方法：观察检查，塞尺检查。

7.4 焦炉炭化室

Ⅰ 主控项目

7.4.1 耐火材料和制品的品种、牌号，耐火泥浆的品种、牌号、稠度应符合本规范第3.2.1条和第3.2.2条的规定。

7.4.2 砌体砖缝的泥浆饱满度应符合本规范第7.2.2条的规定。

7.4.3 炭化室的墙面不得有逆向错牙。
检验方法：观察检查。

Ⅱ 一般项目

7.4.4 炭化室砌体的允许误差和检验方法应符合表7.4.4的规定。

表 7.4.4 炭化室砌体的允许误差和检验方法

项次	项目		允许误差(mm)	检验方法
1	线尺寸误差	(1) 相邻立火道的中心线间的间距及各孔道中心线与焦炉纵中心线的间距	±3	用钢卷尺或水平标尺杆检查1道墙
		(2) 炭化室炉头肩部脱离正面线	±3	拉线或弹线，用钢板尺在机、焦侧上、中、下各检查1点
		(3) 炭化室的宽度	±3	用伸缩尺在机侧、机中、中心、焦中、焦侧上、中、下各检查1点
2	标高误差	(1) 炭化室墙顶的标高差	±5	用水准仪在机侧、机中、中心、焦中、焦侧左、右各检查1点
		(2) 相邻炭化室墙顶的标高差	3	
3	表面平整误差	(1) 炭化室墙	3	用2m靠尺在机侧、机中、中心、焦中、焦侧左、右各检查1处
		(2) 炭化室炉头肩部	3	用2m靠尺在机、焦侧炉头各检查1处
4	错牙	炭化室墙面（非逆向）	1	用钢板尺和楔形塞尺在机侧、机中、中心、焦中、焦侧各检查1处
5	垂直误差	(1) 炭化室墙	4	用线锤在机侧、机中、中心、焦中、焦侧各检查1处
		(2) 炭化室墙炉头肩部	4	用线锤在机、焦侧炉头各检查1处
6	砖缝厚度	(1) 炭化室墙面砖缝	±1	用塞尺在机侧、机中、中心、焦中、焦侧各检查1处
		(2) 一般砖缝	+2 -1	

注：1 项次2中（2）、项次4为关键项。
    2 当设计规定砖缝厚度为5mm时，最小的砖缝厚度应大于3mm。

检查数量：每个分项工程抽查1孔（室）。

7.4.5 端墙膨胀缝尺寸的允许误差不应超过±4mm；膨胀缝应留设均匀、平直，位置正确，缝内清洁，并应按规定填充材料。

检查数量：每道膨胀缝在上、中、下部位于机侧、机中、中心、焦中、焦侧各检查1点。
检验方法：观察检查，尺量检查，检查施工

记录。

7.4.6 炭化室炉头表面、墙表面应勾缝密实、无空缝。

检查数量：每个分项工程抽查1孔（室）。
检验方法：观察检查，塞尺检查。

7.5 焦炉炉顶

Ⅰ 主控项目

7.5.1 耐火材料和制品的品种、牌号，耐火泥浆的品种、牌号、稠度应符合本规范第 3.2.1 条和第 3.2.2 条的规定。

7.5.2 砌体砖缝的泥浆饱满度应大于95％。

检查数量：按拱顶部位抽查2～4处。
检验方法：按本规范第3.2.3条的规定执行。

7.5.3 炭化室跨顶砖除长度方向的端面外，其他面均不得加工；跨顶砖的工作面，不得有横向裂纹，其余部位不得有显裂纹。

检验方法：观察检查。裂纹的检查应按本规范第3.3.3条的规定执行。

Ⅱ 一般项目

7.5.4 炉顶砌体的允许误差和检验方法应符合表7.5.4的规定。

表 7.5.4 炉顶砌体的允许误差和检验方法

项次	项 目		允许误差(mm)	检验方法
1	线尺寸误差	（1）相邻看火孔的中心线间的间距及各孔道中心线与焦炉纵中心线的间距	±3	用钢卷尺或水平标尺杆检查1道墙
		（2）装煤孔和上升管孔的中心线与焦炉纵中心线的间距	±3	拉线或弹线，用钢卷尺检查
		（3）炭化室机、焦侧跨顶砖（及其上部与保护板接触的砌体）与炉肩的正面差	0 −5	用钢板尺在机、焦侧炉头左、右各检查1点
2	标高误差	炉顶表面的标高差	±6	用水准仪在机侧、机中、中心、焦中、焦侧各检查1点
3	砖缝厚度	一般砖缝	+2 −1	用塞尺在机侧、机中、中心、焦中、焦侧各检查1处

注：当设计规定砖缝厚度为5mm时，最小的砖缝厚度应大于3mm。

检查数量：每个分项工程抽查1孔（室）。

7.5.5 膨胀缝和滑动缝应符合本规范第7.2.5条的规定。

7.6 熄焦室冷却段

Ⅰ 主控项目

7.6.1 耐火材料和制品的品种、牌号，耐火泥浆的品种、牌号、稠度应符合本规范第3.2.1条和第3.2.2条的规定。

7.6.2 砌体砖缝的泥浆饱满度应符合本规范第7.2.2条的规定。

Ⅱ 一般项目

7.6.3 熄焦室冷却段砌体的允许误差和检验方法应符合表7.6.3的规定。

表 7.6.3 熄焦室砌体的允许误差和检验方法

项次	项 目		允许误差(mm)	检验方法
1	线尺寸误差	（1）预存段筒身砌体半径	±10	尺量检查。①斜风道顶部内墙、外墙各检查16点；②环形排风道内墙上、中、下各检查8点；③上调节孔中部、顶部各检查8点；④预存段筒身上部砌体的中部、顶部各检查8点
		（2）室顶进料口半径	0 −3	尺量检查。上部、下部各检查8点
		（3）环形排风道的宽度	±10	尺量检查。上部、下部各检查8点
		（4）调节尺长度 宽度	±10 ±6	尺量检查。每孔检查1点
		（5）通风孔孔的内表面距孔中心 孔中心与风管中心的高向间距	±5 ±10	尺量检查。检查2点
		（6）测温孔的底面和两侧面距孔中心	±5	尺量检查。每孔检查3点
		（7）预存段室顶锥体部位的喷涂层厚度	+10 0	尺量检查。下部通风道上、中、下各检查8点；锥体部位分4段，每段检查8点

续表 7.6.3

项次	项目		允许误差(mm)	检验方法
2 标高误差	(1)	冷却段墙顶面	±5	水准仪检查。沿圆周平均分度检查8点
	(2)	斜风道隔墙顶面	±3	水准仪检查。每道隔墙检查1点
	(3)	下部调节孔上表面	±3	水准仪检查。沿圆周平均分度检查8点
	(4)	预存段砌体滑动层	±3	水准仪检查。沿圆周平均分度检查8点
	(5)	预存段砌体顶面	±5	水准仪检查。沿圆周平均分度检查8点
	(6)	通风孔底面	±5	水准仪检查。检查2点
	(7)	进料口上表面	0 −3	水准仪检查。沿圆周平均分度检查8点
3 砖缝厚度	(1)	水平缝和放射缝	±2	尺量检查。每个分项工程抽查4处
	(2)	环缝	+4 −2	
4 膨胀缝宽度	(1)	预存段托砖板部位的水平膨胀缝	+10 0	尺量检查。沿圆周平均分度检查8点
	(2)	预存段上部的放射形膨胀缝	+20 0	
	(3)	进料口砌体与炉壳之间的膨胀缝	+30 0	

注：1 项次1中（1）、（2），项次2中（2）、（7）为关键项。
  2 拱顶工作层放射缝的厚度不应超过2mm。

7.6.4 熄焦室冷却段砌体应错缝正确，不应有三层重缝或三环通缝，合门砖应均匀分布。

  检查数量：每4m高检查1次，不足4m按4m计，每次抽查2～4处，每处长3m；合门砖全数检查。

  检验方法：观察检查，尺量检查，检查施工记录。

7.6.5 熄焦室冷却段上部砌体最后10层应以熄焦室纵中心线为基准；筒身半径的允许误差不应超过±7mm，结合段应平滑过渡。

  检查数量：沿圆周平均分度检查8点。

  检验方法：观察检查，尺量检查。

7.7 熄焦室斜风道

Ⅰ 主控项目

7.7.1 耐火材料和制品的品种、牌号，耐火泥浆的品种、牌号、稠度应符合本规范第3.2.1条和第3.2.2条的规定。

7.7.2 砌体砖缝的泥浆饱满度应符合本规范第7.2.2条的规定。

7.7.3 熄焦室斜风道支柱砖的砌筑应以熄焦室纵中心线为基准，支柱半径的允许误差不应超过±5mm。

  检验方法：观察检查，尺量检查。

Ⅱ 一般项目

7.7.4 熄焦室斜风道砌体的允许误差和检验方法应符合本规范第7.6.3条的规定。

7.7.5 熄焦室斜风道砌体的错缝和合门砖应符合本规范第7.6.4条的规定。

7.8 熄焦室预存段

Ⅰ 主控项目

7.8.1 耐火材料和制品的品种、牌号，耐火泥浆的品种、牌号、稠度应符合本规范第3.2.1条和第3.2.2条的规定。

7.8.2 砌体砖缝的泥浆饱满度应符合本规范第7.2.2条的规定。

7.8.3 γ射线孔应符合下列规定：

  1 γ射线孔上、下表面距孔中心尺寸的允许误差不应超过±1.5mm，孔两侧面距孔中心尺寸的允许误差不应超过±1mm；

  2 相对的两个γ射线孔的中心线应在同一条直径线上。

  检查数量：内、外墙每孔检查4点。

  检验方法：拉线检查，尺量检查。

Ⅱ 一般项目

7.8.4 熄焦室预存段砌体的允许误差和检验方法应符合本规范第7.6.3条的规定。

7.8.5 熄焦室预存段砌体的错缝和合门砖应符合本规范第7.6.4条的规定。

7.8.6 熄焦室预存段下、中部砌体应以熄焦室纵中心线为基准，锥形砌体上部应以炉壳为导面砌筑，中、上部砌体半径的允许误差不应超过±15mm。

  检查数量：每4层沿圆周平均分度检查8点。

  检验方法：观察检查，尺量检查。

7.8.7 膨胀缝应留设均匀、平直，位置正确，缝内清洁，并应按规定填充材料；滑动缝纸应位置正确。

  检查数量：全数检查。

  检验方法：观察检查，检查施工记录。

7.9 集尘沉降槽底、墙

Ⅰ 主控项目

7.9.1 耐火材料和制品的品种、牌号，耐火泥浆的品种、牌号、稠度应符合本规范第3.2.1条和第3.2.2条的规定。

7.9.2 砌体砖缝的泥浆饱满度应符合本规范第7.2.2条的规定。

Ⅱ 一般项目

7.9.3 集尘沉降槽底、墙砌体的允许误差和检验方法应符合表7.9.3的规定。

表7.9.3 集尘沉降槽砌体的允许误差和检验方法

项次	项目		允许误差(mm)	检验方法
1	线尺寸误差	炉中心线到墙边间距	±5	经纬仪与钢卷尺检查。沿长度方向每3m抽查1处,全部抽查数量不少于3处
2	表面平整误差	墙面	5	2m靠尺检查。每1.25m高检查1次,每次抽查2～4处
3	标高误差	拱脚	±3	水准仪检查。沿长度方向每3m长抽查1处,全部抽查数量不少于3处
4	垂直误差	墙面 每米高 全高	3 15	托线板检查,吊线和尺量检查。每面墙抽查3处,每处上、中、下各检查1点
5	膨胀缝宽度	(1) 拱顶膨胀缝	+4 −2	尺量检查。按砌体部位抽查2～4处
		(2) 拱与炉墙之间膨胀缝	+5 −3	
		(3) 拱脚砖托板与炉墙之间膨胀缝	+5 −2	
		(4) 隔墙与拱顶之间膨胀缝	+5 −2	
		(5) 隔墙上膨胀缝	+2 −1	
		(6) 伸缩节两侧膨胀缝	+3 −2	
		(7) 伸缩节中间膨胀缝	+3 −2	
		(8) 炉墙与托砖板之间水平膨胀缝	±2	

续表7.9.3

项次	项目		允许误差(mm)	检验方法
6	砖缝厚度	(1) 墙、底砖缝	+2 −1	尺量检查。按砌体部位抽查2～4处
		(2) 拱顶环缝	±2	

7.9.4 集尘沉降槽底、墙砌体的膨胀缝和滑动缝应符合本规范第7.8.7条的规定。

7.10 集尘沉降槽拱顶

Ⅰ 主控项目

7.10.1 耐火材料和制品的品种、牌号,耐火泥浆的品种、牌号、稠度应符合本规范第3.2.1条和第3.2.2条的规定。

7.10.2 砌体砖缝的泥浆饱满度应大于95%。

检查数量:按拱顶部位抽查2～4处。

检验方法:按本规范第3.2.3条的规定执行。

7.10.3 拱脚砖应紧靠炉壳砌筑,拱脚砖与炉壳之间应用规定的材料填充密实。

检验方法:观察检查,尺量检查,检查施工记录。

Ⅱ 一般项目

7.10.4 集尘沉降槽拱顶砌体的允许误差和检验方法应符合本规范第7.9.3条的规定。

7.10.5 集尘沉降槽拱顶砌体的膨胀缝和滑动缝应符合本规范第7.8.7条的规定。施工上层隔热耐火砖时,膨胀缝处应严格按照设计要求用耐火砖代替隔热耐火砖封堵严密。

7.10.6 有填充料的拱顶,耐火砖的外弧面错台不应超过3mm;施工上层隔热耐火砖前,可用耐火泥浆将外弧面涂抹光滑并铺设好滑动纸。

检查数量:全数检查。

检验方法:观察检查,尺量检查,检查施工记录。

7.11 旋风除尘器

Ⅰ 主控项目

7.11.1 耐火材料和制品的品种、牌号,耐火泥浆的品种、牌号、稠度应符合本规范第3.2.1条和第3.2.2条的规定。

7.11.2 砌体砖缝的泥浆应饱满,不应出现中空现象。

检查数量:每1m高随机抽查3处。

检验方法:观察检查,锤击、听音。

Ⅱ 一般项目

7.11.3 旋风除尘器内衬砌体的允许误差和检验方法应符合表7.11.3的规定。

表7.11.3 旋风除尘器内衬砌体的允许误差和检验方法

项次	项目	允许误差(mm)	检验方法
1	砖缝厚度	+4 -1	钢板尺检查 每1.25m高检查1次，每次抽查4～8点
2	表面平整误差	5	2m靠尺检查 每1.25m高检查1次，每次沿圆周平均分度检查2～4点
3	内径	±10	半径规检查 每1.25m高检查1次，每次沿圆周平均分度检查4～8点

7.11.4 锚固钢丝网应焊接牢固，焊接点应分布合理，符合设计要求。

检查数量：全数检查。

检验方法：观察检查，检查施工记录。

8 炼钢转炉、炼钢电炉、混铁炉、混铁车和RH精炼炉

8.1 炼钢转炉

8.1.1 每座炼钢转炉应为一个分部工程。每个分部工程可划分为炉底、熔池（包括活炉底的接炉底）、炉身、炉帽及出钢口等分项工程。每个分项工程可按施工段和同一部位的不同砌筑材料划分为一个或若干个检验批进行验收。

Ⅰ 主控项目

8.1.2 耐火材料和制品的品种、牌号、耐火泥浆的品种、牌号、稠度应符合本规范第3.2.1条和第3.2.2条的规定。

8.1.3 耐火浇注料、耐火捣打料的品种、牌号应符合本规范第4.1.1条和第4.3.1条的规定。

8.1.4 砌体砖缝的泥浆饱满度应达到：工作层部位应大于95%，其他部位应大于90%；干砌砖缝应填满干细耐火粉或规定的材料。

检查数量和检验方法应按本规范第3.2.3条和第3.3.2条的规定执行。

8.1.5 炉底工作层最上层砖应竖砌。反球拱底与炉身墙的接触面应严密，其表面平整误差不应超过2mm，并应符合设计标高。

活炉底与炉身的接缝应符合现行国家标准《工业炉砌筑工程施工及验收规范》GB 50211—2004第8.2.9条的规定。

检验方法：观察检查，2m靠尺检查，检查施工记录。

8.1.6 膨胀缝的留设应符合设计要求和本规范第3.2.8条的规定。

Ⅱ 一般项目

8.1.7 炼钢转炉砌体的砖缝厚度应符合表8.1.7的规定，其检查数量和检验方法应符合下列规定：

检查数量：炉底逐层检查，每层抽查1～2处；熔池、炉身、炉帽每1.25m高抽查1～2处。

检验方法：在每处砌体的5m²表面上用塞尺检查10点，比规定砖缝厚度大50%以内的砖缝，工作层不超过2点，非工作层不超过4点。

表8.1.7 炼钢转炉砌体的砖缝厚度

项次	项 目	砖缝厚度(mm)≤
1	工作层（镁碳砖）	2
2	永久层（镁砖）	2
3	其他	3
4	供气砖与周边砖层	2

8.1.8 炉底砌体应符合下列规定：

1 按十字形对称砌筑的炉底，上、下两层砖的纵向长缝应砌成30°～60°的交角，最上层炉底砖的纵向长缝应与出钢口的中心线成一交角，通过上、下层中心点的垂直缝不应重合；

2 炉底隔热材料的铺设应符合设计要求，捣打料应密实。

检查数量：逐层检查，每层抽查1～2处。

检验方法：观察检查，检查施工记录。

8.1.9 炉身砌体应符合下列规定：

1 砌体应错缝正确；

2 上、下层合门砖应位置错开，砌在易补炉侧，合门应紧密；

3 永久层和工作层之间应填料密实，隔热材料的铺设应符合设计要求。

检查数量：每1.25m高检查1次，每次抽查1～2处。

检验方法：观察检查。

8.1.10 炉帽砌体应符合下列规定：

1 砌体应紧靠炉壳、错缝正确、内表面应平整；

2 上、下层合门砖应错开、紧密，填料应密实；

3 出钢口位置应符合设计要求，出钢口砌

体与出钢口铁壳的间隙应用设计规定的填料填实。

检查数量：每 1.25m 高检查 1 次，每次抽查 1～2 处。

检验方法：观察检查。

8.1.11 炉墙砖层的表面平整误差不应超过 3mm，径向倾斜误差不应超过 2mm。

检查数量：每 1.25m 高检查 1 次，每次抽查 1～2 处。

检验方法：1m 靠尺检查。

8.1.12 砌体工作面的错牙不应超过 3mm。

检查数量：每 1.25m 高检查 1 次，每次抽查 8～10 处。

检验方法：尺量检查。

8.2 炼钢电炉

8.2.1 每座炼钢电炉应为一个分部工程。每个分部工程可划分为炉底、炉墙和炉盖等分项工程。每个分项工程可按施工段和同一部位的不同砌筑材料划分为一个或若干个检验批进行验收。

Ⅰ 主控项目

8.2.2 耐火材料和制品的品种、牌号，耐火泥浆的品种、牌号、稠度应符合本规范第 3.2.1 条和第 3.2.2 条的规定。

8.2.3 耐火浇注料、耐火捣打料的品种、牌号应符合本规范第 4.1.1 条和第 4.3.1 条的规定。

8.2.4 砌体砖缝的泥浆饱满度应符合本规范第 8.1.4 条的规定。

8.2.5 炉底与炉身墙的接触面应严密，其表面平整误差不应超过 2mm。

检验方法：观察检查，2m 靠尺检查，检查施工记录。

8.2.6 电极口及其周围砌体的接触处应严密，并应保持电极口砖圈的直径，各电极口中心之间的距离误差不应超过±5mm。

检验方法：观察检查，尺量检查。

8.2.7 膨胀缝的留设应符合本规范第 3.2.8 条的规定。

Ⅱ 一般项目

8.2.8 炼钢电炉砌体的砖缝厚度应符合表 8.2.8 的规定，其检查数量和检验方法应符合下列规定：

检查数量：炉底逐层检查，每层抽查 1～2 处；炉墙、炉盖分别抽查 1～2 处。

检验方法：在每处砌体的 5m² 表面上用塞尺检查 10 点，比规定砖缝厚度大 50% 以内的砖缝，工作层不超过 2 点，非工作层不超过 4 点。

表 8.2.8 炼钢电炉砌体的砖缝厚度

项次	项 目	砖缝厚度(mm)≤
1	炉底、炉墙： （1）工作层（镁砖） （2）永久层（黏土耐火砖、硅砖）	1 2
2	炉盖： （1）干砌 （2）湿砌	1.5 2

8.2.9 炉底砌体应符合下列规定：

1 炉底应错缝干砌，砖缝内应填满干细耐火粉；

2 上、下砖层纵向长缝的交角应为 30°～60°；

3 炉底最上层砖应竖砌，捣打料应密实。

检查数量：逐层检查。

检验方法：观察检查，检查施工记录。

8.2.10 炉墙砌体应符合下列规定：

1 砌体应错缝正确；

2 上、下层合门砖应位置错开，合门紧密；

3 永久层和工作层之间应填充密实，隔热材料的铺设应符合设计要求；

4 出钢口应符合设计要求，填料应密实。

检查数量：每 1.25m 高检查 1 次，每次抽查 1～2 处。

检验方法：观察检查。

8.2.11 炉盖砌体应符合下列规定：

1 内弧面应平整，错牙不应超过 3mm；

2 合门砖应分布均匀，合门紧密。

检查数量：抽查 1～2 处。

检验方法：塞尺检查，观察检查。

8.2.12 炉墙砖层的表面平整误差不应超过 3mm。

检查数量：每 1.25m 高检查 1 次，每次抽查 1～2 处。

检验方法：1m 靠尺检查。

8.3 混 铁 炉

8.3.1 每座混铁炉应为一个分部工程。每个分部工程可划分为炉底、炉墙和炉顶等分项工程。每个分项工程可按施工段和同一部位的不同砌筑材料划分为一个或若干个检验批进行验收。

Ⅰ 主控项目

8.3.2 耐火材料和制品的品种、牌号，耐火泥浆的品种、牌号、稠度应符合本规范第 3.2.1 条和第 3.2.2 条的规定。

8.3.3 砌体砖缝的泥浆饱满度应符合本规范第 8.1.4 条的规定。

8.3.4 炉底、炉墙和炉顶填充层的填料应饱满、密实。

检验方法：观察检查。

8.3.5 炉底与炉墙、受铁口与炉顶交接处的接缝均应严密；平砌的前、后墙和端墙，应交错成整体。

检验方法：观察检查。

8.3.6 膨胀缝的留设应符合本规范第 3.2.8 条的规定。

Ⅱ 一般项目

8.3.7 混铁炉砌体的砖缝厚度应符合表 8.3.7 的规定，其检查数量和检验方法应符合下列规定：

检查数量：炉底逐层检查，每层抽查 2～4 处；炉墙每 1.25m 高检查 1 次，每次抽查 2～4 处；炉顶抽查 2～4 处。

检验方法：在每处砌体的 5m² 表面上用塞尺检查 10 点，比规定砖缝厚度大 50% 以内的砖缝，工作层不超过 2 点，非工作层不超过 4 点。

表 8.3.7 混铁炉砌体的砖缝厚度

项次	项 目	砖缝厚度 (mm) ≤
1	炉底、炉墙： 铁水面以下 （1）工作层（镁砖） （2）永久层（黏土耐火砖） 铁水面以上	 1 2 2
2	炉顶（高铝耐火砖） 放射缝 环缝	 2 2

8.3.8 炉底砌体应砖列平直，砖层的表面平整误差不应超过 5mm。

检查数量：逐层检查，每层抽查 2～4 处。

检验方法：2m 靠尺检查，观察检查。

8.3.9 炉墙砌体出铁口两侧墙与前墙应交错成整体，炉墙砌体的表面平整误差和向炉内倾斜误差不应超过 5mm。

检查数量：每 1.25m 高检查 1 次，每次抽查 2～4 处。

检验方法：观察检查，铁水平尺和 2m 靠尺检查。

8.3.10 炉顶砌体应符合下列规定：

1 拱顶砖环应平整垂直，合门砖应紧密；

2 拱顶内表面的错牙不应超过 3mm；

3 隔热填料的厚度应符合设计要求。

检查数量：拱顶抽查 3～5 环；错牙按拱顶抽查 2～4 处，每处 5m²；隔热填料全数检查。

检验方法：观察检查，拉线检查，2m 靠尺检查，检查施工记录。

8.4 混 铁 车

8.4.1 若干台混铁车应为一个分部工程，一台混铁车应为一个分项工程。每个分项工程可按施工段和同一部位的不同砌筑材料划分为一个或若干个检验批进行验收。

Ⅰ 主控项目

8.4.2 耐火材料和制品的品种、牌号，耐火泥浆的品种、牌号、稠度应符合本规范第 3.2.1 条和第 3.2.2 条的规定。

8.4.3 砌体砖缝的泥浆饱满度应大于 95%。

检查数量：每台混铁车抽查 2～4 处。

检验方法：按本规范第 3.2.3 条的规定执行。

8.4.4 永久层黏土耐火砖应紧靠炉壳或喷涂层砌筑。

检验方法：观察检查。

8.4.5 端部与锥形部接触处应严密，端部与炉壳间应填料密实。

检验方法：观察检查。

Ⅱ 一般项目

8.4.6 混铁车砌体工作层和非工作层的砖缝厚度不应超过 2mm。

检查数量：逐层检查，每层抽查 2～4 处。

检验方法：在每处砌体的 5m² 表面上用塞尺检查 10 点，比规定砖缝厚度大 50% 以内的砖缝，工作层不超过 2 点，非工作层不超过 4 点。

8.4.7 砌体应符合下列规定：

1 错砌部位的纵向砖列应平直，环砌部位的砖环应平整垂直；

2 下半圆工作层和永久层之间的耐火浇注料应密实找圆，其纵向表面平整误差不应超过 3mm，圆弧面与弧形样板之间的间隙不应超过 2mm；

3 端部工作层的垂直误差不应超过 2mm。

检查数量：每 5 列（环）砖检查 1 次；浇注料纵向表面及圆弧面抽查 5～8 处；垂直误差每端面抽查 2 处。

检验方法：观察检查，拉线检查，2m 靠尺检查，弧形样板（弦长 1m）检查，托线板检查。

8.5 RH 精 炼 炉

8.5.1 每座 RH 精炼炉应为一个分部工程。每个分部工程可划分为底部、中部、顶部、插入管等分项工程。每个分项工程可按施工段和同一部位的不同砌筑材料划分为一个或若干个检验批进行验收。

Ⅰ 主控项目

8.5.2 耐火材料和制品的品种、牌号，耐火泥浆的品种、牌号、稠度应符合本规范第 3.2.1 条和第 3.2.2 条的规定。

8.5.3 耐火浇注料、耐火捣打料的品种、牌号应符合本规范第 4.1.1 条和第 4.3.1 条的规定。

8.5.4 砌体湿砌时，砖缝的泥浆饱满度应大于95%。

检查数量和检验方法应按本规范第3.2.3条和第3.3.2条的规定执行。

Ⅱ 一般项目

8.5.5 RH精炼炉砌体的砖缝厚度应符合表8.5.5的规定，其检查数量和检验方法应符合下列规定：

检查数量：每个检验批抽查1~2处。

检验方法：在每处砌体的5m²表面上用塞尺检查10点，比规定砖缝厚度大50%以内的砖缝，工作层其他部位不超过2点（插入管、循环管和底部的砖缝厚度应全部符合规定），非工作层不超过4点。

表8.5.5 RH精炼炉砌体的砖缝厚度

项次	项 目	砖缝厚度(mm)≤
1	镁铬砖（工作层）	1
2	高铝砖（永久层）	2
3	插入管、循环管及其对接缝	1
4	轻质黏土砖永久层	3

8.5.6 RH精炼炉砌体的允许误差和检验方法应符合表8.5.6的规定。

表8.5.6 RH精炼炉砌体的允许误差和检验方法

项次	项 目	允许误差(mm)	检验方法
1	底部内径	±15	尺量检查，每项各检查2点
2	中部下段内径	±15	
3	中部上段内径	±10	
4	顶部内径	±10	

8.5.7 底部砌体应符合下列规定：

1 插入管与循环管的对接偏心度不应超过3mm；
2 壁永久层及最上层的锁口砖应低于法兰面；
3 浇注体应符合设计标高，纤维毡的铺设应符合设计要求，捣打料应密实。

检查数量：逐层检查。

检验方法：观察检查，尺量检查，检查施工记录。

8.5.8 中部砌体应符合下列规定：

1 砌体应错缝正确；
2 合门砖应位置错开，合门紧密；
3 永久层和工作层之间应泥浆饱满，各种开孔的孔径及留设位置应符合设计要求。

检查数量：每1.25m高检查1次，每次抽查1~2处，各种开孔全数检查。

检验方法：观察检查，尺量检查。

8.5.9 顶部砌体应符合下列规定：

1 砌体应紧靠炉壳，内表面应平整；
2 上、下层砖缝应错开，合门砖应分布均匀，合门紧密；
3 填料应密实，各种开孔的孔径及留设位置应符合设计要求。

检查数量：每个顶抽查1~2处；各种开孔全数检查。

检验方法：观察检查，尺量检查。

8.5.10 插入管砌体应符合下列规定：

1 砌体与钢结构的间距应均等，砌体与法兰盘的偏心度不应超过3mm；
2 上、下砖环的工作面应对齐，四周的浇注料应捣打密实；
3 上升管的氩气管道应畅通。

检查数量：全数检查。

检验方法：观察检查，通气检查，尺量检查。

8.5.11 循环管砌体上、下砖环的工作面应对齐，砌体与法兰盘的偏心度不应超过3mm，非工作面应填料密实。

检查数量：全数检查。

检验方法：观察检查，水平尺检查，尺量检查。

8.5.12 砖层的表面平整误差不应超过2mm。

检查数量：每个检验批抽查1~2处。

检验方法：1m靠尺检查。

8.5.13 砌体工作面的错牙不应超过2mm。

检查数量：每个检验批抽查8~10处。

检验方法：尺量检查，塞尺检查。

9 均热炉、加热炉和热处理炉

每座均热炉、加热炉和热处理炉应为一个分部工程。每个分部工程可划分为炉底、炉墙和炉顶或炉盖等分项工程。每个分项工程可按施工段及同一部位的不同砌筑材料划分为一个或若干个检验批进行验收。

9.1 均 热 炉

Ⅰ 主控项目

9.1.1 耐火材料和制品的品种、牌号，耐火泥浆的品种、牌号、稠度应符合本规范第3.2.1条和第3.2.2条的规定。

9.1.2 砌体砖缝的泥浆饱满度应大于90%。

检查数量和检验方法应按本规范第3.2.3条和第3.3.2条的规定执行。

9.1.3 各组均热炉中心线对设计位置的误差不应超过20mm，炉膛墙上表面和主烧嘴烧嘴砖的标高（冷态尺寸）应符合设计要求。

检验方法：水准仪检查，尺量检查。

9.1.4 吊挂炉盖周围的楔形砖经加工后，其小头尺寸应大于60mm。

检验方法：尺量检查。

Ⅱ 一般项目

9.1.5 均热炉砌体的砖缝厚度应符合表9.1.5的规定，其检查数量和检验方法应符合下列规定：

检查数量：炉底、拱顶各抽查2~4处；炉墙每1.25m高检查1次，每次抽查2~4处。

检验方法：在每处砌体的5m²表面上用塞尺检查10点，比规定砖缝厚度大50%以内的砖缝，Ⅱ类砌体不超过4点。

表9.1.5 均热炉砌体的砖缝厚度

项次	项 目	砖缝厚度（mm）≤
1	炉底、炉墙和吊挂炉盖	2
2	烧嘴砖	2
3	拱形炉盖	1.5

9.1.6 均热炉砌体的允许误差和检验方法应符合表9.1.6的规定。

表9.1.6 均热炉砌体的允许误差和检验方法

项次	项 目		允许误差（mm）	检验方法
1	线尺寸误差	(1) 并列通道中心线的距离和砌体的外形尺寸	±10	拉线和尺量检查。(1) 并列通道中心线的距离，每3m长检查1次；(2) 砌体外形尺寸，沿砌体四周上、中、下各检查1次
		(2) 烟道拱顶的跨度	±10	尺量检查。每5m长抽查1处，整个烟道的抽查数量不少于3处
		(3) 炉膛的长度和宽度	±10	尺量检查。沿墙上、中、下各检查1次
2	烟道底衬表面平整误差		10	2m靠尺检查。每层抽查2~4处
3	烟道下部通风道砖垛上表面的相对标高差		5	测量仪器检查。检查测量记录
4	炉膛墙全高的垂直误差		10	托线板或吊线检查。每面墙抽查3处，每处上、中、下各检查1点

9.1.7 均热炉的拱形炉盖应从四边拱脚开始砌筑，其对角线部分应交错砌筑，不应加工成直缝。

检查数量：全数检查。

检验方法：观察检查。

9.2 加热炉和热处理炉

Ⅰ 主控项目

9.2.1 耐火材料和制品的品种、牌号，耐火泥浆的品种、牌号、稠度应符合本规范第3.2.1条和第3.2.2条的规定。

9.2.2 砌体砖缝的泥浆饱满度应符合本规范第9.1.2条的规定。

9.2.3 环形加热炉底边缘砖与炉墙凸缘砖之间的环形间隙不应小于设计尺寸，内环炉墙应保持垂直，不应向炉内倾斜。

检验方法：尺量检查，托线板检查。

9.2.4 连续式加热炉水管托墙下面不应砌隔热耐火砖，水管托墙最上层砖与水管托座间应紧密接触。

检验方法：观察检查。

Ⅱ 一般项目

9.2.5 加热炉和热处理炉砌体的砖缝厚度应符合9.2.5的规定，其检查数量和检验方法应符合下列规定：

检查数量：炉底、拱顶各抽查2~4处；炉墙每1.25m高检查1次，每次抽查2~4处。

检验方法：在每处砌体的5m²表面上用塞尺检查10点，比规定砖缝厚度大50%以内的砖缝，Ⅱ类砌体不超过4点，Ⅲ类砌体不超过5点。

表9.2.5 加热炉和热处理炉砌体的砖缝厚度

项次	项 目	砖缝厚度（mm）≤
1	镁砖或镁铬砖炉底	2
2	加热炉预热段、加热段和均热段的墙	2
3	其他底和墙	3
4	炉顶、拱	2
5	烧嘴砖	2

9.2.6 加热炉和热处理炉砌体的允许误差和检验方法应符合本规范第3.2.5条和第3.3.5条的规定。

9.2.7 烧嘴砖应紧靠烧嘴铁件（或烧嘴安装板）砌筑，其间隙应用耐火泥浆填充密实，不应在烧嘴砖与烧嘴铁件（或烧嘴安装板）之间填轻质隔热棉等松软材料。

检查数量：全数检查。
检验方法：观察检查。

10 反射炉、回转熔炼炉、闪速炉、艾萨炉、卧式转炉和矿热电炉

本章条文所列分项工程、分部工程是根据炉子的结构部位和座（台）数划分。回转式阳极炉、倾动式阳极炉等其他炉型的砌筑工程可按本章类似炉型的规定进行验收。

10.1 反 射 炉

10.1.1 每台反射炉应为一个分部工程。每个分部工程根据结构可划分为炉底、炉墙和炉顶等分项工程。每个分项工程可按施工段和同一部位的不同砌筑材料划分为一个或若干个检验批进行验收。

Ⅰ 主控项目

10.1.2 耐火材料和制品的品种、牌号，耐火泥浆的品种、牌号、稠度应符合本规范第 3.2.1 条和第 3.2.2 条的规定。

10.1.3 砌体砖缝的泥浆饱满度应达到：工作层部位应大于 95%，其他部位应大于 90%；干砌砖缝应填满干耐火粉或规定的材料。

检查数量和检验方法应按本规范第 3.2.3 条和第 3.3.2 条的规定执行。

10.1.4 炉底工作层反拱拱脚砖必须砌入墙内。反拱砌体与侧墙、端墙的接触面必须湿砌，接合应严密、牢固。拱脚砖不得现场加工。

反拱下部有捣料层时，应待捣打料层干燥并达到技术要求和施工要求后，进行反拱的施工。

检验方法：现场观察检查，检查施工记录。

10.1.5 炉顶拱脚砖必须紧靠拱脚梁。

吊挂砖的主要受力部位严禁有各种裂纹，其余部位不得有显裂纹。

检验方法：观察检查。裂纹的检查应按本规范第 3.3.3 条的规定执行。

Ⅱ 一般项目

10.1.6 反射炉砌体的砖缝厚度应符合表 10.1.6 的规定，其检查数量和检验方法应符合下列规定：

检查数量：反拱逐层检查，每层抽查 2~4 处；炉墙每 1.25m 高检查 1 次，每次抽查 2~4 处；炉顶抽查 2~4 处。

检验方法：在每处砌体的 5m² 表面上用塞尺检查 10 点，比规定砖缝厚度大 50% 以内的砖缝，Ⅰ、Ⅱ类砌体均不超过 4 点。

表 10.1.6 反射炉砌体的砖缝厚度

项次	项 目		砖缝厚度（mm）≤
1	炉底	（1）反拱下部砌体	2
		（2）反拱 环缝 放射缝	 1.5 1
2	炉墙	（1）渣线以下 （2）渣线以上	1.5 2
3	炉顶	（1）错缝砌 （2）环砌 环缝 放射缝	1.5 1.5 1
4	上升烟道		2

注：炉顶的砖缝厚度，不应包括夹入垫片的厚度。

10.1.7 反射炉砌体的允许误差和检验方法应符合本规范第 3.2.5 条和第 3.3.5 条的规定。

10.1.8 反拱捣打层应密实均匀，与砌体表面接合紧密；捣打层表面与弧形样板间隙的允许误差不应超过 3mm。

检查数量：每 5m² 的表面上抽查 1 处，整个表面的抽查数量不少于 3 处。

检验方法：观察检查，弧形样板检查，检查施工记录。

10.1.9 反拱砌体表面的弧度应符合设计规定，错牙不应超过 3mm。

检查数量：弧长每 5m 抽查 1 处，整个弧长的抽查数量不少于 3 处；错牙按反拱抽查 2~4 处，每处 5m²，对小于 10m² 的表面，抽查数量不少于 4 处。

检验方法：弧形样板检查，塞尺检查。

10.1.10 炉墙砌体应符合下列规定：

1 砌体应错缝正确，表面应平直；

2 各孔口应仔细加工、错缝湿砌，其中心线和尺寸应准确；

3 膨胀缝应留设均匀、平直，位置正确，缝内清洁，并应按规定填充材料。

检查数量：墙面抽查 1~3 处，每处长 3m；各孔口、膨胀缝全数检查。

检验方法：观察检查，尺量检查，检查施工记录。

10.1.11 炉顶砌体应符合本规范第 3.3.6 条或第 3.3.8 条的规定，其中各孔口应符合本规范第 10.1.10 条的规定。

10.2 回转熔炼炉

10.2.1 每台回转熔炼炉（也称诺兰达炉）应为一个分部工程。每个分部工程可划分端墙、炉身圆周砌体和风口区等分项工程。每个分项工程可按施工段和同一部位的不同砌筑材料划分为一个或若干个检验批进行验收。

Ⅰ 主控项目

10.2.2 耐火材料和制品的品种、牌号,耐火泥浆的品种、牌号、稠度应符合本规范第3.2.1条和第3.2.2条的规定。

10.2.3 砌体砖缝的泥浆饱满度应大于95%。
检查数量和检验方法应按本规范第3.2.3和第3.3.2条的规定执行。

10.2.4 耐火捣打料的品种、牌号应符合本规范第4.3.1条的规定。

10.2.5 膨胀缝的留设应符合本规范第3.2.8条的规定。

10.2.6 风口区砌体应符合下列规定:
1 风口区应湿砌,不留膨胀缝,风口区砖与炉壳之间应填约8mm厚碳化硅泥浆;
2 对现场钻孔的风口,钻孔前,风口区表面应填约20mm厚高强镁铬质泥浆,泥浆硬化后应支好木支撑,由外向内钻孔。
检验方法:观察检查,检查施工记录。

Ⅱ 一般项目

10.2.7 回转熔炼炉砌体的砖缝厚度应符合表10.2.7的规定,其检查数量和检验方法应符合下列规定:
检查数量:抽查1~3处。
检验方法:在每处砌体的5m²表面上用塞尺检查10点,比规定砖缝厚度大50%以内的砖缝,Ⅰ、Ⅱ类砌体不超过4点。

表10.2.7 回转熔炼炉砌体的砖缝厚度

项次	项 目	砖缝厚度(mm)≤
1	渣线以下砌体、风口区、冰铜放出口、放渣口	1
2	渣线以上砌体、烧嘴口、加料口、测量孔	1.5
3	炉口反拱:(1)放射缝 (2)环缝	1 2

注:炉顶的砖缝厚度,不应包括夹入垫片的厚度。

10.2.8 回转熔炼炉砌体的允许误差和检验方法应符合本规范第3.2.5条和第3.3.5条的规定。

10.2.9 直形端墙应错缝严密,砌体与炉壳间的填料应逐层密实;墙面应平直,其表面平整误差不应超过4mm。
检查数量:全数检查。
检验方法:观察检查,2m靠尺检查。

10.2.10 圆周砌体应符合下列规定:
1 圆周砌体应锁砖严紧,内、外砖缝一致,且应与端墙接触严密;
2 砌体与炉壳的间隙应用规定的填充料逐层填捣密实,上部1/3砌体与炉壳间应按设计要求留设空气间隙;
3 圆周砌体应弧度圆滑,错牙不应超过3mm。
检查数量:全数检查。
检验方法:观察检查,塞尺检查,检查施工记录。

10.2.11 冰铜放出口、放渣口、烧嘴口、测量孔等孔口砌体的位置与角度应准确、表面平整,中心线应符合设计要求。
检查数量:全数检查。
检验方法:观察检查,角度板、尺量检查。

10.2.12 炉口砌体应仔细加工并湿砌;炉口支撑拱应紧靠拱下砌体,接触严密;炉口应尺寸准确,表面美观。
检查数量:全数检查。
检验方法:观察检查,尺量检查,检查施工记录。

10.3 闪速炉

10.3.1 每台闪速炉应为一个分部工程。每个分部工程根据结构和熔炼过程可划分为反应塔、沉淀池和上升烟道等分项工程。每个分项工程可按施工段和同一部位的不同砌筑材料划分为一个或若干个检验批进行验收。

Ⅰ 主控项目

10.3.2 耐火材料和制品的品种、牌号,耐火泥浆的品种、牌号、稠度应符合本规范第3.2.1条和第3.2.2条的规定。

10.3.3 砌体砖缝的泥浆饱满度应符合本规范第10.2.3条的规定。

10.3.4 耐火浇注料的品种、牌号、施工及质量应符合本规范第4.1节的规定。

10.3.5 耐火捣打料的品种、牌号、施工及质量应符合本规范第4.3节的规定。

10.3.6 反拱砌体与炉墙接触面应符合本规范第10.1.4条的规定。

10.3.7 膨胀缝的留设应符合本规范第3.2.8条的规定。

10.3.8 各部位水冷装置周围及其与砌体之间的间隙,应用设计规定的材料逐层填捣密实。
检验方法:观察检查,检查施工记录。

10.3.9 沉淀池的吊挂砖应符合本规范第10.1.5条的规定。

Ⅱ 一般项目

10.3.10 闪速炉砌体的砖缝厚度应符合表10.3.10

的规定，其检查数量和检验方法应符合下列规定：

检查数量：反拱逐层检查，每层抽查2～4处；炉墙每1.25m高检查1次，每次抽查2～4处；炉顶（包括反应塔顶和上升烟道斜顶、平顶）抽查2～4处。

检验方法：在每处砌体的5m²表面上用塞尺检查10点，比规定砖缝厚度大50%以内的砖缝，Ⅰ、Ⅱ类砌体不超过4点。

表10.3.10　闪速炉砌体的砖缝厚度

项次	项　目		砖缝厚度 (mm)≤
1	沉淀池炉底	(1) 镁铬砖环缝 　　两层反拱之间 　　同层反拱两环之间 (2) 铬砖放射缝 (3) 黏土耐火砖	2 1 1 2
2	沉淀池	(1) 炉墙渣线以上 (2) 炉墙渣线以下 (3) 炉顶（平顶、拱顶）	2 1 2
3	反应塔	(1) 反应塔体 (2) 反应塔顶	2 1.5
4	上升烟道	(1) 上升烟道墙 (2) 上升烟道顶	2 1.5

注：炉顶的砖缝厚度，不应包括夹入垫片的厚度。

10.3.11 闪速炉砌体的允许误差和检验方法应符合本规范第3.2.5条和第3.3.5条的规定。

10.3.12 炉底砌体应符合下列规定：

1 砌体应密实，两层反拱间及反拱与其下层表面应接触严密；

2 弧度应符合设计要求，错牙不应超过2mm。

检查数量：弧长每5m抽查1处，整个弧长的抽查数量不少于3处；错牙按反拱抽查2～4处，每处5m²。

检验方法：观察检查，弧形样板检查，塞尺检查，检查施工记录。

10.3.13 炉墙砌体除应符合本规范第3.2.7条和第3.2.9条的规定外，还应符合下列规定：

1 斜墙的斜度应符合设计要求；

2 2m高直墙的垂直误差不应超过5mm，大于2m高直墙的垂直误差不应超过10mm；

3 反应塔内径的允许误差不应超过±8mm。

检查数量：垂直误差每面墙抽查3处，每处上、中、下各检查1点；半径误差每1.25m高检查1次，每次沿圆周平均分度检查8点。

检验方法：观察检查，吊线检查，半径规检查。

10.3.14 冰铜放出口、渣口、料口及其他孔洞砌体的组合砖应精细修正加工，位置与角度应准确，表面平整，中心线应符合设计要求。

检查数量：全数检查。

检验方法：观察检查，角度板、尺量检查。

10.3.15 吊挂拱顶砌体应符合本规范第3.3.8条的规定。

10.4　艾萨炉

10.4.1 每台艾萨炉应为一个分部工程。每个分部工程根据结构可划分为炉底、炉身和炉顶等分项工程。每个分项工程可按施工段和同一部位的不同砌筑材料划分为一个或若干个检验批进行验收。

Ⅰ　主控项目

10.4.2 耐火材料和制品的品种、牌号，耐火泥浆的品种、牌号、稠度应符合本规范第3.2.1条和第3.2.2条的规定。

10.4.3 砌体砖缝的泥浆饱满度应符合本规范第10.2.3条的规定。

10.4.4 耐火浇注料的品种、牌号、施工及质量应符合本规范第4.1节的规定。

10.4.5 耐火捣打料的品种、牌号、施工及质量应符合本规范第4.3节的规定。

10.4.6 反拱砌体与炉墙接触面应符合本规范第10.1.4条的规定。

10.4.7 膨胀缝的留设应符合本规范第3.2.8条的规定。

10.4.8 对有水套的艾萨炉，各部位水冷装置周围及其与砌体之间的间隙，应用设计规定的材料逐层填捣密实。

检验方法：观察检查，检查施工记录。

Ⅱ　一般项目

10.4.9 艾萨炉砌体的砖缝厚度应符合表10.4.9的规定，其检查数量和检验方法应符合下列规定：

检查数量：反拱逐层检查，每层抽查2～4处；炉墙每1.25m高检查1次，每次抽查2～4处；炉顶抽查2～4处。

检验方法：在每处砌体的5m²表面上用塞尺检查10点，比规定砖缝厚度大50%以内的砖缝，Ⅰ、Ⅱ类砌体不超过4点。

表10.4.9　艾萨炉砌体的砖缝厚度

项次	项　目		砖缝厚度 (mm)≤
1	炉底	(1) 镁铬砖环缝 　　两层反拱之间 　　同层反拱两环之间 (2) 铬砖放射缝 (3) 黏土耐火砖	2 1 1 2
2	炉墙	(1) 渣线以上 (2) 渣线以下	2 1

注：炉顶的砖缝厚度，不应包括夹入垫片的厚度。

10.4.10 艾萨炉砌体的允许误差和检验方法应符合本规范第3.2.5条和第3.3.5条的规定。

10.4.11 炉底砌体应符合下列规定：

1 砌体应密实，两层反拱间及反拱与其下层表面应接触严密；

2 弧度应符合设计要求，错牙不应超过3mm。

检查数量：弧长每5m抽查1处，整个弧长的抽查数量不少于3处；错牙按反拱抽查2～4处，每处5m²。

检验方法：观察检查，弧形样板检查，塞尺检查，检查施工记录。

10.4.12 炉墙砌体除应符合本规范第3.2.7条和第3.2.9条的规定外，直墙的垂直误差不应超过12mm，半径的允许误差不应超过±4mm。

检查数量：垂直误差每面墙抽查3处，每处上、中、下各检查1点；半径误差每1.25m高检查1次，每次沿圆周平均分度检查8点。

检验方法：观察检查，吊线检查，半径规检查。

10.4.13 冰铜放出口、渣口、料口及其他孔洞砌体的组合砖应精细修正加工，位置与角度应准确、表面平整，中心线应符合设计要求。

检查数量：全数检查。

检验方法：观察检查，角度板、尺量检查。

10.5 卧式转炉

10.5.1 每台卧式转炉应为一个分部工程。每个分部工程可划分为端墙、炉身圆周砌体和风口、冰铜放出口等分项工程。每个分项工程可按施工段和同一部位的不同砌筑材料划分为一个或若干个检验批进行验收。

Ⅰ 主控项目

10.5.2 耐火材料和制品的品种、牌号，耐火泥浆的品种、牌号、稠度应符合本规范第3.2.1条和第3.2.2条的规定。

10.5.3 砌体砖缝的泥浆饱满度应大于95%，干砌砖缝应填满干细耐火粉或规定的材料。

检查数量和检验方法应按本规范第3.2.3条和第3.3.2条的规定执行。

10.5.4 风眼砖、还原风口砖和冰铜放出口砖应放正砌平、无三角缝，填料应密实；风眼上部砌体的每层退台应一致。

检验方法：观察检查，尺量检查。

Ⅱ 一般项目

10.5.5 卧式转炉砌体的砖缝厚度应符合表10.5.5的规定，其检查数量和检验方法应符合下列规定：

检查数量：抽查1～3处。

检验方法：在每处砌体的5m²表面上用塞尺检查10点，比规定砖缝厚度大50%以内的砖缝，Ⅰ、Ⅱ类砌体不超过4点。

表10.5.5 卧式转炉砌体的砖缝厚度

项次	项 目	砖缝厚度（mm）≤
1	风眼区、风口区、冰铜放出口区	1
2	其他砌体	1.5

注：炉顶的砖缝厚度，不应包括夹入垫片的厚度。

10.5.6 卧式转炉砌体的允许误差和检验方法应符合本规范第3.2.5条和第3.3.5条的规定。

10.5.7 端墙砌体应符合下列规定：

1 直形端墙应错缝严密，砌体与炉壳间的填料应逐层密实，圆周砌体应牢固；

2 墙面应平直，其表面平整误差不应超过4mm；

3 球形端墙应表面平滑，弧度应符合设计要求，错牙不应超过3mm。

检查数量：全数检查。

检验方法：观察检查，2m靠尺检查，塞尺检查，尺量检查。

10.5.8 圆周砌体应符合下列规定：

1 圆周砌体应锁砖严紧，内、外砖缝一致，且应与端墙接触严密；

2 砌体与炉壳的间隙应用规定的填充料逐层填捣密实；

3 圆周砌体应弧度圆滑，错牙不应超过3mm。

检查数量：全数检查。

检验方法：观察检查，塞尺检查，检查施工记录。

10.5.9 炉口砌体应仔细加工并湿砌；炉口支撑拱应紧靠拱下砌体，接触严密。

检查数量：全数检查。

检验方法：观察检查，尺量检查，检查施工记录。

10.6 矿热电炉

10.6.1 每台矿热电炉应为一个分部工程。每个分部工程根据结构可划分为炉底、炉墙和炉顶等分项工程。每个分项工程可按施工段和同一部位的不同砌筑材料划分为一个或若干个检验批进行验收。

Ⅰ 主控项目

10.6.2 耐火材料和制品的品种、牌号，耐火泥浆的品种、牌号、稠度应符合本规范第3.2.1条和第3.2.2条的规定。

10.6.3 砌体砖缝的泥浆饱满度应符合本规范第10.2.3条的规定。

10.6.4 耐火浇注料的品种、牌号、施工及质量应符合本规范第4.1节的规定。

10.6.5 耐火捣打料的品种、牌号、施工及质量应符合本规范第4.3节的规定。

10.6.6 反拱砌体与炉墙接触面应符合本规范第10.1.4条的规定，炉底接地线铜带与炉底砌体应接触严密，并应露出炉底上表面30～50mm。

检验方法：观察检查，尺量检查，检查施工记录。

10.6.7 炉顶拱脚砖必须紧靠拱脚梁。

检验方法：观察检查。

Ⅱ 一般项目

10.6.8 矿热电炉砌体的砖缝厚度应符合表10.6.8的规定，其检查数量和检验方法应符合下列规定：

检查数量：反拱逐层检查，每层抽查2～4处；炉墙每1.25m高检查1次，每次抽查2～4处；炉顶抽查2～4处。

检验方法：在每处砌体的5m²表面上用塞尺检查10点，比规定砖缝厚度大50%以内的砖缝，Ⅰ、Ⅱ类砌体不超过4点。

表10.6.8 矿热电炉砌体的砖缝厚度

项次	项目		砖缝厚度(mm)≤
1	炉底	(1)铬砖环缝 两层反拱之间 同层反拱两环之间	1.5 1.5
		(2)铬砖放射缝	1
		(3)黏土耐火砖	2
2	炉墙	(1)渣线以上	2
		(2)渣线以下	1.5
3	炉顶		1.5

注：炉顶的砖缝厚度，不应包括夹入垫片的厚度。

10.6.9 矿热电炉砌体的允许误差和检验方法应符合本规范第3.2.5条和第3.3.5条的规定。

10.6.10 反拱捣打层应符合本规范第10.1.8条的规定，反拱砌体应符合本规范第10.1.9条的规定。

10.6.11 炉墙砌体除应符合本规范第3.2.7条、第3.2.8条和第3.2.9条的规定外，还应符合下列规定：

1 出料口的中心线和尺寸应准确，炉墙上表面平整误差不应超过2mm；

2 两侧墙应顶面平整，其相对标高差不应超过5mm。

检查数量：全数检查。

检验方法：尺量检查，水准仪检查，靠尺检查，检查施工记录。

10.6.12 炉顶砌体除应符合本规范第3.3.6条的规定外，还应符合下列规定：

1 各孔口周围的砖应位置正确、砌筑紧密，锁砖应避开孔口；

2 砌体应表面平整，错牙不应超过3mm。

检查数量：全数检查。

检验方法：观察检查，塞尺检查，检查施工记录。

11 铝电解槽

11.0.1 若干台铝电解槽可为一个分部工程，每台铝电解槽应为一个分项工程。每个分项工程可划分为槽底、阴极炭块组装和安装、侧部炭块和碳化硅砖砌筑、槽底扎固和阳极等检验批。

Ⅰ 主控项目

11.0.2 耐火材料和制品的品种、牌号、耐火泥浆的品种、牌号、稠度应符合本规范第3.2.1条和第3.2.2条的规定。

11.0.3 砌体砖缝的泥浆饱满度应达到：炭块应大于95%，碳化硅砖应大于95%，黏土耐火砖应大于90%；干砌砖缝应填满规定的材料。

检查数量和检验方法应按本规范第3.2.3条的规定执行。

11.0.4 耐火浇注料的品种、牌号、施工及质量应符合本规范第4.1节的规定。

11.0.5 置于炭槽部分的阴极钢棒、预焙阳极的钢爪与炭素捣打料或磷生铁接触的表面，均应除锈至呈现金属光泽。

阴极炭块组制品应符合设计要求。

检验方法：观察检查，仪器检查，检查施工记录。

11.0.6 槽底采用干式防渗料夯实的，其压缩比应大于18%。

检验方法：观察检查，尺量检查，检查施工记录。

11.0.7 炭素捣打料应密实均匀、接触面结合严密，其压缩比应大于40%。

检验方法：观察检查，检查施工记录。

Ⅱ 一般项目

11.0.8 铝电解槽砌体的砖缝厚度应符合表11.0.8的规定，其检查数量和检验方法应符合下列规定：

检查数量：底逐层检查，墙每面检查1～3处。

检验方法：在每处砌体5m²的表面上用塞尺检查10点，比规定砖缝厚度大50%以内的砖缝，Ⅰ、Ⅱ类砌体不超过4点，Ⅲ类砌体不超过5点。

表 11.0.8 铝电解槽砌体的砖缝厚度

项次	项目	砖缝厚度 (mm) ≤
1	底： (1) 隔热耐火砖 (2) 黏土耐火砖	2 2
2	墙： (1) 黏土耐火砖 (2) 侧部炭块相邻两块间的垂直缝 　　干砌 　　炭胶泥砌 (3) 侧部碳化硅砖相邻两块间的垂直缝 　　干砌 　　湿砌	2 0.3 1.5 0.3 1
3	(1) 侧部炭块与黏土耐火砖接触面 (2) 侧部碳化硅砖与黏土耐火砖接触面	3 1

11.0.9 铝电解槽砌体的允许误差和检验方法应符合表 11.0.9 的规定。

表 11.0.9 铝电解槽砌体的允许误差和检验方法

项次	项目		允许误差 (mm)	检验方法
1	表面平整误差	侧部炭块下部砌体	3	2m 靠尺检查。抽查 2~4 处
2	垂直误差	侧部黏土耐火砖砌体	3	吊线检查。每面墙检查 4 处（各 1 点）
3	标高误差	炭块组顶面	±5	水准仪检查。全数检查

11.0.10 黏土耐火砖砌体应符合下列规定：

1 黏土耐火砖应错缝砌筑；

2 槽底黏土耐火砖的顶面标高差不应超过 3mm，表面平整误差不应超过 5mm，阴极钢棒应位于阴极窗口的中心；

3 侧部黏土耐火砖的墙面应平整。

检查数量：全数检查。

检验方法：拉线检查，水准仪检查，观察检查。

11.0.11 振捣干式防渗料应符合下列规定：

1 振捣干式防渗料的压缩比应符合设计要求，振捣高度超过 180mm 时应分层振捣，振捣后的干式防渗料表面应用专用刮尺找平；

2 振捣干式防渗料的顶面标高差不应超过 3mm，表面平整误差不应超过 5mm，阴极钢棒应位于阴极窗口的中心。

检查数量：全数检查。

检验方法：拉线检查，水准仪检查，观察检查。

11.0.12 阴极炭块组的安装应符合下列规定：

1 阴极炭块组应安装平稳，与底层接合严密；

2 阴极钢棒与阴极窗口四周的间隙应大于 5mm，并用设计规定的材料密封；

3 相邻炭块组的顶面标高差不应超过 5mm，阴极炭块组之间垂直缝的宽度与设计尺寸的误差不应超过±2mm，安装阴极炭块组后的两侧边缘线与槽体的纵、横中心线之间的误差不应超过±3mm。

检查数量：全数检查。

检验方法：尺量检查，观察检查，水准仪检查，检查施工记录。

11.0.13 侧部炭块或碳化硅砖砌体应接缝严密；侧部和角部炭块或碳化硅砖应紧贴槽壳，顶面与槽沿板间应按设计要求密封。

检查数量：全数检查。

检验方法：观察检查，检查施工记录。

11.0.14 阳极应符合下列规定：

1 预焙阳极浇注的磷生铁应与炭阳极、钢爪接合严密；

2 炭阳极不应有水平方向的裂纹；

3 钢爪中心线与炭阳极中心线之间的尺寸误差不应超过 5mm；

4 铝导杆的垂直误差全高不应超过 5mm；

5 组合的炭阳极，其底面应平整，顶面的高低差不应超过 5mm。

检查数量：全数检查。

检验方法：观察检查，尺量检查，检查施工记录。

12 炭素煅烧炉和炭素焙烧炉

12.1 炭素煅烧炉

12.1.1 每座炭素煅烧炉应为一个分部工程。每个分部工程按炉体结构可划分为底部黏土耐火砖段、中部硅砖段和顶部黏土耐火砖段等分项工程。每个分项工程可按每天的砌砖高度划分为若干个检验批进行验收。

I 主控项目

12.1.2 耐火材料和制品的品种、牌号、耐火泥浆的品种、牌号、稠度应符合本规范第 3.2.1 条和第 3.2.2 条的规定。

12.1.3 砌体砖缝的泥浆饱满度应大于 95%，煅烧罐的内、外砖缝均应勾缝严密。

检查数量：抽查罐数的 20%。每 1.25m 高检查 1 次，每次抽查 2~4 处。

检验方法：泥浆饱满度按本规范第 3.2.3 条的规定执行；勾缝为观察检查，并检查施工记录。

12.1.4 砌体内表面不应有与排料方向逆向的错牙,其顺向错牙不应超过2mm。

检验方法:观察检查,塞尺检查。

Ⅱ 一般项目

12.1.5 炭素煅烧炉黏土耐火砖砌体的砖缝厚度应符合表12.1.5的规定,其检查数量和检验方法应符合下列规定:

检查数量:抽查罐数的20%;每1.25m高检查1次,每次抽查2~4处。

检验方法:在每处砌体的5m²表面上用塞尺检查10点,比规定砖缝厚度大50%以内的砖缝,Ⅱ类砌体不超过4点,Ⅲ类砌体不超过5点。

表12.1.5 炭素煅烧炉黏土耐火砖砌体的砖缝厚度

项次	项目	砖缝厚度(mm)≤
1	底、墙	3
2	烧嘴砖	2

12.1.6 炭素煅烧炉硅砖砌体的砖缝厚度应符合下列规定:

煅烧罐和火道盖板:1~3mm;
火道隔墙和四周墙:2~4mm。
检查数量:抽查罐数的20%;每1.25m高检查1次,每次在5m²表面上检查10点。
检验方法:塞尺检查。

12.1.7 炭素煅烧炉砌体的允许误差和检验方法应符合表12.1.7的规定。

表12.1.7 炭素煅烧炉砌体的允许误差和检验方法

项次	项目		允许误差(mm)	检验方法
1	线尺寸误差	(1) 相邻烧嘴中心线的间距	±2	拉线检查。抽查罐数的20%
		(2) 烧嘴中心线与火道中心线的间距	±2	
		(3) 煅烧罐的长度	±4	尺量检查。抽查罐数的20%,每罐上、中、下各检查1点
		(4) 煅烧罐的宽度	±2	
2	表面平整误差	(1) 炉底最上层砖	3	2m靠尺检查。抽查罐数的20%,每5m²检查1处
		(2) 每组煅烧罐各层火道盖板砖下的砌体上表面:每米长 总长	2 4	拉线检查。抽查罐数的20%

续表12.1.7

项次	项目		允许误差(mm)	检验方法
3	标高误差	(1) 烧嘴中心	±5	水准仪检查。全数检查
		(2) 煅烧室硅砖砌体上表面	±7	水准仪检查。全数检查,每2m²抽查1点
		(3) 炉顶表面	±10	
4	垂直误差	煅烧罐全高	4	吊线检查。抽查罐数的20%,每罐抽查2处,每处上、中、下各检查1点
5	膨胀缝宽度(黏土耐火砖墙与硅砖砌体之间)		+2 −1	尺量检查。抽查罐数的20%

注:项次2中(2)、项次4为关键项。

12.1.8 相邻煅烧罐中心线间距的允许误差不应超过±2mm,各组煅烧罐中心线间距的允许误差不应超过±5mm。

检查数量:抽查罐数的50%。
检验方法:拉线检查,尺量检查。

12.1.9 膨胀缝应留设均匀、平直,位置正确,缝内清洁,并应按规定填充材料;滑动缝纸应按规定铺设。

检查数量:全数检查。
检验方法:观察检查,检查施工记录。

12.1.10 所有孔道在换向和封闭前应做彻底清扫,孔道应畅通、无残留渣物、整洁美观。

检查数量:抽查罐数的20%。
检验方法:观察检查,灯光检查,检查施工记录。

12.2 炭素焙烧炉

12.2.1 每座炭素焙烧炉应为一个分部工程。每个分部工程可划分为炉底、炉墙、炉盖、连通火道等分项工程。每个分项工程可按施工段和同一部位的不同砌筑材料划分为一个或若干个检验批进行验收。

Ⅰ 主控项目

12.2.2 耐火材料和制品的品种、牌号,耐火泥浆的品种、牌号、稠度应符合本规范第3.2.1条和第3.2.2条的规定。

12.2.3 砌体砖缝的泥浆饱满度应大于95%,密闭式焙烧炉料箱墙内表面的砖缝应勾缝严密。

检查数量:抽查室数的20%。炉底每层抽查2处;炉墙每1.25m高检查1次,每次抽查2处;每个炉盖抽查1~2处。

检验方法:泥浆饱满度按本规范第3.2.3条的规

定执行；勾缝为观察检查，并检查施工记录。

12.2.4 炉盖拱脚砖必须紧靠金属箍。

检验方法：观察检查。

Ⅱ 一般项目

12.2.5 炭素焙烧炉砌体的砖缝厚度应符合表12.2.5的规定，其检查数量和检验方法应符合下列规定：

检查数量：抽查室数的20%。炉底每层抽查2处；炉墙每1.25m高检查1次，每次抽查2处；每个炉盖抽查1～2处。

检验方法：在每处砌体的5m²表面上用塞尺检查10点，比规定砖缝厚度大50%以内的砖缝，Ⅱ类砌体不超过4点，Ⅲ类砌体不超过5点。

表12.2.5 炭素焙烧炉砌体的砖缝厚度

项次	项 目	砖缝厚度(mm)≤
1	密闭式焙烧炉 (1) 炉底、炉墙 (2) 拱 (3) 料箱墙、炕面砖 (4) 炉盖	3 2 3 2
2	敞开式焙烧炉 (1) 炉底、炉墙 (2) 横墙	3 3

注：敞开式焙烧炉火道封顶下部砌体的砖缝厚度和砌筑方法应符合设计要求。

12.2.6 炭素焙烧炉砌体的允许误差和检验方法应符合表12.2.6的规定。

表12.2.6 炭素焙烧炉砌体的允许误差和检验方法

项次	项 目		允许误差(mm)		检验方法
			密闭式	敞开式	
1	线尺寸误差	(1) 焙烧室中心线的间距	±3	±3	拉线检查。抽查室数的20%
		(2) 横墙中心线的间距	±2	±2	
		(3) 料箱中心线的间距	±2	±2	
		(4) 火井中心线的间距	±2	—	
		(5) 烧嘴中心线的间距	±3	±3	
		(6) 操作孔中心线的间距	±3	—	
		(7) 料箱长度	±4	—	尺量检查。抽查室数的20%
		(8) 料箱宽度			

续表12.2.6

项次	项 目		允许误差(mm)		检验方法
			密闭式	敞开式	
2	表面平整误差	(1) 炕面砖	3	—	2m靠尺检查。抽查室数的20%，每5m²检查1点
		(2) 料箱墙下的相邻炕面砖	2	—	
		(3) 料箱墙各层砖	3	—	
		(4) 炉底最上层砖	—	3	
		(5) 火道墙各层砖	—	3	
		(6) 焙烧室间横墙最上层砖	5	5	
		(7) 全炉炉墙上表面各点相对标高差	20	20	水准仪检查。每2m²检查1点
3	标高误差	火道顶表面	—	±5	水准仪检查。每2m检查1点
4	垂直误差	料箱墙：每米高 全高	3 10	3 8	吊线检查。抽查室数的20%
5	膨胀缝宽度		+2 -1	+2 -1	尺量检查。抽查室数的20%

注：项次2中(2)、项次5为关键项。

12.2.7 密闭式焙烧炉炉底和炉墙砌体应符合本规范第3.2.6～3.2.10条的规定，烧嘴中心标高的允许误差不应超过±3mm，孔道在转向、封闭前应清扫干净。

检查数量：抽查室数的20%。

检验方法：水准仪检查，观察检查，检查施工记录。

12.2.8 敞开式焙烧炉的炉底和炉墙砌体除应符合本规范第3.2.6～3.2.10条的规定外，还应符合下列规定：

1 侧墙与横墙上凹形砌体的内表面应平直，线尺寸的允许误差不应超过0～+3mm，其中有60%及其以上检查点不应超过0～+2mm；

2 装配式火道墙的锁砖打入后，火道砌体不应产生变形和位移。

检查数量：抽查室数的20%。

检验方法：观察检查，尺量检查，检查施工记录。

12.2.9 炭素焙烧炉的炉盖应符合本规范第3.3.7条的规定。

12.2.10 炭素焙烧炉砌体的膨胀缝和滑动缝应符合本规范第12.1.9条的规定。

12.2.11 连通火道中心线与火道墙接口的孔洞中心线允许误差不应超过±3mm,孔洞四周砌体墙的厚度和尺寸应符合设计要求。

检查数量：全数检查。

检验方法：观察检查，尺量检查，检查施工记录。

13 玻璃熔窑

13.0.1 每座玻璃熔窑应为一个分部工程。每个分部工程可划分为烟道、蓄热室和小炉、熔化部和冷却部、供料通路和成型室等分项工程。每个分项工程可按施工段和同一部位的不同砌筑材料划分为一个或若干个检验批进行验收。

Ⅰ 主控项目

13.0.2 耐火材料和制品的品种、牌号、耐火泥浆的品种、牌号、稠度应符合本规范第3.2.1条和第3.2.2条的规定。

13.0.3 除设计另有要求外，干砌砌体砖与砖之间应相互靠紧，不应加填充物。

检验方法：观察检查，检查施工记录。

13.0.4 湿砌砌体砖缝的泥浆饱满度应达到：烟道应大于90%,其他部位应大于95%。

检查数量和检验方法应按本规范第3.2.3条和第3.3.2条的规定执行。

13.0.5 成型室的尺寸、成型室与玻璃成型设备的相对位置应符合设计要求。

锡槽纵向中心线应与熔窑纵向中心线一致，锡槽底锚固件的焊接应牢固。

检验方法：经纬仪检查，拉线检查，锤击检查。

13.0.6 拱脚砖必须紧靠拱脚梁，各部位窑拱砌体不应有下沉、变形和局部下陷。

检验方法：观察检查，尺量检查。

Ⅱ 一般项目

13.0.7 玻璃熔窑砌体的砖缝厚度应符合表13.0.7的规定，其检查数量和检验方法应符合下列规定：

检查数量：每个检验批中，按砌体部位抽查2～4处,不足5m²的部位抽查1处。

检验方法：在每处砌体5m²的表面上用塞尺检查10点，比规定砖缝厚度大50%以内的砖缝,Ⅰ、Ⅱ类砌体不超过4点,Ⅲ类砌体不超过5点。

表13.0.7 玻璃熔窑砌体的砖缝厚度

项次	项 目	砖缝厚度 (mm) ≤
1	烟道和蓄热室 (1) 底、墙 (2) 蓄热室拱脚以上的分隔墙 (3) 拱	3 2 2

续表13.0.7

项次	项 目	砖缝厚度 (mm) ≤
2	小炉 (1) 用硅砖砌筑的墙和拱 (2) 用熔铸砖砌筑的墙和拱 (3) 用熔铸砖砌筑的小炉口 (4) 底	2 2 1（干砌） 2
3	熔化部和冷却部 (1) 用大型熔铸砖砌筑的池壁 (2) 窑拱 (3) 前墙拱、分隔装置的单环拱 (4) 用硅砖砌筑的胸墙 (5) 用熔铸砖砌筑的胸墙 (6) 流液洞砖砌体	2（干砌） 1.5 1 1.5 2 1（干砌）
4	通路 (1) 用大型熔铸砖砌筑的池壁 (2) 供料通路接触玻璃液的底和墙 (3) 拱（用带子口砖或不带子母口砖砌筑） (4) 上部墙	1（干砌） 1 1.5 2

注：表中用熔铸砖砌筑的部位，砖已经过切磨加工。

13.0.8 玻璃熔窑砌体的允许误差和检验方法应符合表13.0.8的规定。

表13.0.8 玻璃熔窑砌体的允许误差和检验方法

项次	项 目	允许误差 (mm)	检验方法
1	线尺寸误差	蓄热室炉条的间距	±2	拉线检查，尺量检查。抽查全数的20%
2	垂直误差	蓄热室砖格子高度方向的倾斜	10	观察检查，尺量检查。每个蓄热室抽查2～4处
3	标高误差	(1) 次梁 (2) 碹梁	±3 ±2	水准仪检查。抽查全数的20%
4	膨胀缝宽度		+2 -1	尺量检查。全数检查

注：项次4为关键项。

13.0.9 烟道、蓄热室和小炉砌体除应符合本规范第3.2.8条、第3.2.9条和第3.3.6条的规定外，还应符合下列规定：

1 砖格子应表面水平，上、下层格孔垂直，砖格子与墙间缝隙应符合设计要求；

2 蓄热室实际中心线的允许误差不应超过±5mm,各小炉实际中心线的允许误差不应超过±3mm。

检查数量：全数检查。

检验方法：观察检查，尺量检查，检查施工记录。

13.0.10 池底、池壁应符合下列规定：

1 池底砖应搁放准确，池壁顶面标高的允许误差不应超过±5mm（浮法窑池壁顶面标高的允许误差不应超过0～+5mm）；

2 各处膨胀缝应符合本规范第3.2.8条的规定。

检查数量：池底砌体抽查4～6处，标高每3m长检查1点，膨胀缝全数检查。

检验方法：观察检查，水准仪检查，尺量检查，检查施工记录。

13.0.11 各部位窑拱砌体拱脚砖的位置和标高应符合设计要求；窑顶内表面应平整，错牙不应超过3mm。

检查数量：错牙抽查2～4处，每处5m²；其他项目全数检查。

检验方法：观察检查，塞尺检查，尺量检查。

13.0.12 接触玻璃液的池底、池壁及其上部结构全部砌完后，应进行清理；砌体内表面应清洁，砖缝内不应有杂物。

检查数量：按部位抽查3～5处，每处5m²。

检验方法：观察检查。

14 回转窑及其附属设备

14.0.1 回转窑及其附属设备应为一个单位工程。每台回转窑应为一个分部工程，并按区段划分为若干个分项工程，每个分项工程可按施工段和同一部位的不同砌筑材料划分为一个或若干个检验批进行验收；回转窑的附属设备（预热器、分解炉、窑门罩、冷却机、三次风管和沉降室等）可各为一个分部工程，按本规范第3章和第4章的规定进行验收。

Ⅰ 主控项目

14.0.2 耐火材料和制品的品种、牌号、耐火泥浆的品种、牌号、稠度应符合本规范第3.2.1条和第3.2.2条的规定。

14.0.3 砌体砖缝的泥浆饱满度应大于95%。

检查数量和检验方法应按本规范第3.2.3条的规定执行。

14.0.4 回转窑筒体和单筒冷却机内壁上过高的焊缝和渣屑应打磨平整，焊缝高度不应超过3mm；回转窑筒体内应按规定预先划出纵向施工标准线、环向施工标准线和实际施工控制线。

检验方法：观察检查。

14.0.5 锁口砖宜选用专用锁砖；如需要在楔形面上加工耐火砖时应精细加工，切加工后砖的厚度应大于原砖厚度的2/3，并不得作为本环最后一块锁砖打入砌体。

检验方法：观察检查，尺量检查。

14.0.6 回转窑或单筒冷却机内每环耐火砖必须环环紧锁，一个锁口缝内应只使用一块2～3mm厚的钢板锁片。每环锁口缝的锁片不应超过4块，并均匀分布在锁口区内。

检查数量：每个砌筑区段内抽查2～4处。

检验方法：观察检查，检查施工记录。

14.0.7 膨胀缝应留设均匀、平直，位置正确，缝内清洁，并应按规定填充材料。

检验方法：观察检查，尺量检查。

Ⅱ 一般项目

14.0.8 回转窑及其附属设备砌体的砖缝厚度应符合表14.0.8的规定，其检查数量和检验方法应符合下列规定：

检查数量：回转窑或单筒冷却机的每个区段内抽查2～4处；其他各分部工程抽查2～4处。

检验方法：在每处砌体的5m²表面上用塞尺检查10点，比规定砖缝厚度大50%以内的砖缝，Ⅱ类砌体不超过4点，Ⅲ类砌体不超过5点。

表14.0.8 回转窑及其附属设备砌体的砖缝厚度

项次	项 目	砖缝厚度（mm）≤
1	回转窑和单筒冷却机（包括环砌、错缝砌筑） (1) 纵向缝 　　湿法砌筑 　　干法或钢板砌筑 (2) 环向缝	 2 依设计规定 3
2	预热器、分解炉 (1) 窑尾烟室和分解炉内直（圆）墙和斜墙的耐火砖 (2) 其他各部位的耐火砖 (3) 隔热耐火砖、隔热板	 2 3 3
3	窑门罩、箅式冷却机和三次风管 (1) 耐火砖 (2) 隔热耐火砖和隔热板	 2 3

注：用镁质耐火制品砌筑的内衬，其砖缝厚度应由设计规定。

14.0.9 回转窑或单筒冷却机内衬的纵向砖缝应与窑轴线在同一平面内，环向砖缝应与窑轴线垂直。环砌时，环向缝的最大扭曲偏差每米应小于3mm，全环不应超过10mm；交错砌筑时，纵向缝的最大扭曲偏差每米应小于3mm，同一砌筑段内（通常为5～6m）不应超过20mm。

检查数量：每个砌筑区段内抽查2～4处。

检验方法：观察检查，拉线检查，尺量检查，重锤吊线检查。

14.0.10 旋风筒和分解炉的锥体、窑尾烟室的下料斜坡以及相关设备中的斜墙等部位的内衬表面应光滑平直、无麻面，物料运动方向上的表面平整误差不应超过5mm，无逆向错牙。

检查数量：每个分项工程内抽查2～4处。

检验方法：观察检查，2m靠尺检查。

14.0.11 耐火浇注料的品种、牌号、施工及质量应符合本规范第4.1节的规定。

15 隧道窑和辊道窑

15.1 隧道窑

15.1.1 每座隧道窑应为一个分部工程。每个分部工程可划分为窑墙、窑顶、窑车等分项工程。每个分项工程可按施工段和同一部位的不同砌筑材料划分为一个或若干个检验批进行验收。

Ⅰ 主控项目

15.1.2 耐火材料和制品的品种、牌号,耐火泥浆的品种、牌号、稠度应符合本规范第3.2.1条和第3.2.2条的规定。

15.1.3 耐火浇注料、耐火捣打料的品种、牌号应符合本规范第4.1.1条和第4.3.1条的规定。

15.1.4 砌体砖缝的泥(砂)浆饱满度应达到:耐火砖应大于90%,外部普通黏土砖应大于80%。

检查数量和检验方法应按本规范第3.2.3条和第3.3.2条的规定执行。

15.1.5 窑体砌筑的标高和中心线,应以窑车轨面的标高和轨道中心线为准。

检验方法:检查测量记录。

15.1.6 窑顶拱脚砖必须紧靠拱脚梁。

吊挂砖的留设应符合设计要求,其主要受力部位严禁有各种裂纹,其余部位不得有显裂纹。

检验方法:观察检查。裂纹的检查应按本规范第3.3.3条的规定执行。

Ⅱ 一般项目

15.1.7 隧道窑砌体的砖缝厚度应符合表15.1.7的规定,其检查数量和检验方法应符合下列规定:

检查数量:窑墙每1.25m高检查1次,每次抽查2~4处;窑顶每10m长检查1次,每次抽查1处;窑车抽查全数的10%。

检验方法:在每处砌体的5m²表面上用塞尺检查10点,比规定砖缝厚度大50%以内的砖缝,Ⅱ类砌体不超过4点,Ⅲ、Ⅳ类砌体不超过5点。

表15.1.7 隧道窑砌体的砖缝厚度

项次	项 目	砖缝厚度(mm)≤
1	窑墙 (1)预热带及冷却带内层耐火砖(包括隔焰板和空心砖砌体) (2)烧成带内层耐火砖(包括隔焰板) (3)隔热层砌体 (4)外墙耐火砖 (5)外部普通黏土砖	3 2 3 3 10

续表15.1.7

项次	项 目	砖缝厚度(mm)≤
2	散热孔拱、燃烧室拱及其他拱	2
3	烧嘴砖	2
4	窑顶 (1)耐火砖 (2)黏土质隔热耐火砖	2 3
5	窑车砌体 (1)普型砖 (2)大型砖	3 5

15.1.8 隧道窑砌体的允许误差和检验方法应符合表15.1.8的规定。

表15.1.8 隧道窑砌体的允许误差和检验方法

项次	项 目		允许误差(mm) 陶瓷窑	允许误差(mm) 耐火窑	检验方法
1	线尺寸误差	(1)窑墙内各种气道的纵向中心线	±3	±5	尺量检查。每5m长检查1处
		(2)窑车砌体的宽度	0 -5	0 -5	尺量检查。抽查窑车数的20%
2	垂直误差	(1)内墙	3	5	吊线检查。每5m抽查1处,每处上、中、下各检查1点
		(2)外墙	5	10	
3	标高误差	(1)砂封槽下墙面	±3	±3	水准仪检查。每5m长检查1处
		(2)窑墙顶面	±3	±5	
4	表面平整误差	(1)内墙	3	5	2m靠尺检查。每5m长检查1处
		(2)窑墙顶面	3	5	
5	膨胀缝宽度		+2 -1	+2 -1	尺量检查。全数检查

注:项次4中(2)、项次5为关键项。

15.1.9 曲封砖砌体应符合下列规定:

两侧墙曲封砖间间距尺寸的允许误差:陶瓷窑不应超过0~+5mm,耐火窑不应超过-5~+10mm;

顶面标高的允许误差:陶瓷窑不应超过-3~+3mm,耐火窑不应超过-5~+5mm;

表面平整误差:陶瓷窑不应超过3mm,耐火窑不应超过5mm。

检查数量:两侧墙曲封砖间的间距尺寸和表面平整误差每5m长检查1处;顶面标高全数检查,每2m长检查1点。

检验方法:尺量检查,水准仪检查,2m靠尺检查。

15.1.10 隧道窑的断面尺寸应符合下列规定：

宽度和高度尺寸的允许误差：陶瓷窑不应超过-5~+5mm，耐火窑不应超过-5~+10mm；

窑墙内表面与中心线间距的允许误差：陶瓷窑不应超过-3~+3mm，耐火窑不应超过-5~+5mm。

检查数量：每1.25m高检查1次，沿纵长方向每5m检查1处。

检验方法：尺量检查。

15.1.11 隧道窑的膨胀缝应符合本规范第3.2.8条的规定。

15.1.12 外部普通黏土砖砌体应符合本规范第3.2.10条的规定。

15.1.13 隧道窑窑顶砌体应符合本规范第3.3.6条或第3.3.8条的规定。

15.2 辊 道 窑

15.2.1 每座辊道窑应为一个分部工程。每个分部工程可划分为窑墙、窑底、窑顶、辊孔等分项工程。窑墙可划分为辊孔砖下部和上部两个检验批，窑顶可划分为吊挂砖（拱顶砖）和隔热层两个检验批。

Ⅰ 主控项目

15.2.2 耐火材料和制品的品种、牌号，耐火泥浆的品种、牌号、稠度应符合本规范第3.2.1条和第3.2.2条的规定。

15.2.3 砌体砖缝的泥浆饱满度应符合本规范第15.1.4条的规定。

15.2.4 辊孔砖砌体的标高和辊道轴线位置的允许误差均不应超过±2mm。

检验方法：检查测量记录。

15.2.5 窑顶的拱脚砖和吊挂砖应符合本规范第15.1.6条的规定。

Ⅱ 一般项目

15.2.6 辊道窑砌体的砖缝厚度应符合表15.2.6的规定，其检查数量和检验方法应符合下列规定：

检查数量：窑墙每个检验批检查1次，每次抽查2~4处；窑底和窑顶每10m长检查1次，每次抽查1处。

检验方法：在每处砌体的5m²表面上用塞尺检查10点，比规定砖缝厚度大50%以内的砖缝，Ⅱ类砌体不超过4点，Ⅲ、Ⅳ类砌体不超过5点。

表15.2.6 辊道窑砌体的砖缝厚度

项次	项　目	砖缝厚度（mm）≤
1	窑底	3
2	窑墙	2
3	窑拱顶和拱	2

续表15.2.6

项次	项　目		砖缝厚度（mm）≤
4	烧嘴砖		2
5	隔热耐火砖	（1）工作层	2
		（2）非工作层	3
6	硅藻土砖		5
7	普通黏土砖内衬		5
8	外部普通黏土砖	（1）底、墙	10
		（2）拱顶、拱	8

15.2.7 辊道窑砌体的允许误差和检验方法应符合表15.2.7的规定。

表15.2.7 辊道窑砌体的允许误差和检验方法

项次	项　目		允许误差（mm）	检验方法
1	线尺寸误差	（1）窑体纵向中心线的直线度	±2	尺量检查。每5m长检查1处
		（2）窑体的断面尺寸 宽度	±3	
		高度	±3	
		（3）窑体内表面与纵向中心线的间距	±2	
		（4）窑墙内各种气道的纵向中心线的直线度	3	
		（5）拱顶跨度	±10	拉线检查。每3m长检查1处
2	垂直误差	侧墙 内墙	±2	吊线检查。每5m抽查1处，每处上、中、下各检查1点
		外墙	±5	
3	标高误差	（1）窑顶	±3	水准仪检查。每5m长检查1处
		（2）窑底	±3	
		（3）拱脚砖下顶面	±3	
		（4）辊孔砖中心	±1	
4	表面平整误差	（1）内墙	2	2m靠尺检查。每5m长检查1处
		（2）窑墙顶面	3	
		（3）窑底内表面	3	
		（4）辊孔上表面	1	
5	膨胀缝宽度	（1）窑墙	+2 0	尺量检查。全数检查
		（2）拱顶	+2 -1	尺量检查。按砌体部位抽查2~4处

注：项次3中（4）、项次4中（4）、项次5为关键项。

15.2.8 辊道窑辊孔砖应进行检选，尺寸应符合设计要求，不应有裂纹和进行过磨削加工。

检查数量：按部位检查，每个部位抽查2～4处。
检验方法：观察检查。

15.2.9 辊道窑事故处理孔的过桥砖不应有裂纹、层裂等质量缺陷，其工作面的表面平整误差不应超过±3mm；事故处理孔的底面不应高于辊道窑的底平面。

检查数量：全数检查。
检验方法：靠尺检查，观察检查。

15.2.10 上挡板与插入孔之间应用耐火陶瓷纤维密封严密。

检查数量：全数检查。
检验方法：观察检查。

15.2.11 辊道窑窑顶砌体应符合本规范第3.3.6条和第3.3.7条的规定。

15.2.12 辊道窑砌体中各种烧嘴、孔洞、通道、膨胀缝及隔热层的构造应符合本规范第3.2.8条的规定。

16 转化炉和裂解炉

16.1 一段转化炉

16.1.1 每座一段转化炉应为一个分部工程。每个分部工程按区段可划分为辐射段、过渡段、对流段和输气总管等分项工程。每个分项工程可按施工段和同一部位的不同砌筑材料划分为一个或若干个检验批进行验收。

Ⅰ 主控项目

16.1.2 耐火材料和制品的品种、牌号，耐火泥浆的品种、牌号、稠度应符合本规范第3.2.1条和第3.2.2条的规定。

16.1.3 砌体砖缝的泥浆饱满度应大于95%。

检查数量和检验方法应按本规范第3.2.3条和第3.3.2条的规定执行。

16.1.4 隔热耐火浇注料的品种、牌号和锚固件应符合本规范第4.1.1条和第4.1.4条的规定。

16.1.5 耐火陶瓷纤维内衬的品种、牌号和粘接剂应符合本规范第5.1.1条的规定，锚固件应符合本规范第5.1.2条的规定。

16.1.6 炉顶砖与吊挂砖的搭接应稳定可靠，搭接尺寸应大于12mm；炉顶内表面的错牙不应超过3mm。

检查数量：每5m²的表面上检查2处。
检验方法：观察检查，尺量检查，塞尺检查。

Ⅱ 一般项目

16.1.7 一段转化炉砌体的砖缝厚度应符合表16.1.7的规定，其检查数量和检验方法应符合下列规定：

检查数量：炉底表面抽查2～4处；炉墙每1.25m高检查1次，每次抽查2～4处；炉顶按部位抽查2～4处。

检验方法：在每处砌体的5m²表面上用塞尺检查10点，比规定砖缝厚度大50%以内的砖缝，Ⅱ类砌体不超过4点，Ⅲ、Ⅳ类砌体不超过5点。

表16.1.7 一段转化炉砌体的砖缝厚度

项次	项 目	砖缝厚度（mm）≤
1	炉墙	2
2	辐射段炉顶	4
3	烟道、挡火墙	2
4	辅助锅炉炉顶	3

16.1.8 一段转化炉砌体的允许误差和检验方法应符合表16.1.8的规定。

表16.1.8 一段转化炉砌体的允许误差和检验方法

项次	项目		允许误差（mm）	检验方法
1	垂直误差	（1）隔热耐火浇注料炉墙 　全高：≤4.0m 　　　　>4.0m （2）耐火砖砌炉墙 　每米高 　全高 （3）烟道墙、挡火墙 　每米高 　全高 （4）耐火陶瓷纤维墙 　每米高 　全高	12 15 3 15 3 15 10 20	吊线和尺量检查。每面墙抽查3处，每处上、中、下各检查1点
2	表面平整误差	（1）隔热耐火浇注料内衬 　长度：≤2.0m 　　　　2.0～4.0m （2）炉墙上层砖 （3）炉顶吊挂砖 （4）烟道、挡火墙 （5）炉底、烟道底 （6）耐火陶瓷纤维墙、炉顶	3 10 5 5 6 6 10	2m靠尺检查。每1.25m高检查1次，每次抽查2～4处
3	线尺寸误差	（1）隔热耐火浇注料内衬 　厚度：≤150mm 　　　　>150mm （2）炉膛内层长度、宽度 （3）炉墙对角线长度差 （4）耐火陶瓷纤维内衬 　厚度：≤100mm 　　　　>100mm	±4 ±10 ±10 15 10 15	尺量检查。沿墙上、中、下各检查1处
4	膨胀缝宽度	（1）一般膨胀缝 （2）隔热耐火砖炉墙膨胀缝	+2 −1 +2 0	尺量检查。按部位检查2～4处

注：项次1中(2)、项次3中(1)、项次4为关键项。

16.1.9 炉墙隔热板应紧贴炉壳、铺砌平稳；板与板之间应靠紧，每处的轻微松动不应超过2块。

检查数量：按隔热层面积每100m² 抽查3处，每处5m²；不足100m² 按100m² 计，少于5m² 全数检查。

检验方法：观察检查。

16.1.10 预埋拉砖钩应符合下列规定：

1 数量、长度均应符合设计要求，且位于隔热耐火砖的中间；

2 当个别拉砖钩遇到砖缝时，可水平转动拉砖钩，使其嵌入处与砖缝间的距离应大于40mm；

3 插入锚钉孔的深度应大于25mm，且应平直地嵌入砖内，无未拉或虚拉。

检查数量：全数检查。

检验方法：观察检查，尺量检查，检查施工记录。

16.1.11 输气总管锐角处的隔热耐火浇注料应捣固密实，气孔不应超过50mm。

检查数量：全数检查。

检验方法：X射线检查。

16.1.12 隔热耐火浇注料的内衬表面应平整，无剥落、起砂等缺陷，烘炉后裂缝宽度不应超过3mm。

检查数量：每10m² 检查1次，每次抽查3处，不足10m² 按10m² 计。

检验方法：观察检查，尺量检查。

16.1.13 耐火陶瓷纤维模块内衬中，模块和锚固件的安装应符合本规范第5.2.3～5.2.5条的规定。

16.2 二段转化炉

16.2.1 每座二段转化炉应为一个分部工程。每个分部工程按结构部位可划分为炉墙（拱脚）、炉底、球拱顶三个分项工程。每个分项工程可按施工段和同一部位的不同砌筑材料划分为一个或若干个检验批进行验收。

Ⅰ 主控项目

16.2.2 耐火材料和制品的品种、牌号，耐火泥浆的品种、牌号、稠度应符合本规范第3.2.1条和第3.2.2条的规定。

16.2.3 砌体砖缝的泥浆饱满度应符合本规范第16.1.3条的规定。

16.2.4 隔热耐火浇注料的品种、牌号和锚固件应符合本规范第4.1.1条和第4.1.4条的规定。

16.2.5 隔热耐火浇注料内衬应密实，不应有施工缝，并符合设计要求的强度。

检验方法：检查试验报告和施工记录。

16.2.6 球拱拱脚表面和筒体中心线的夹角、拱脚砖的标高、带孔砖与不带孔砖的位置均应符合设计要求。

检验方法：观察检查，尺量检查。

Ⅱ 一般项目

16.2.7 二段转化炉砌体的砖缝厚度应符合表16.2.7的规定，其检查数量和检验方法应符合下列规定：

检查数量：按部位各抽查2～4处。

检验方法：在每处砌体的5m² 表面上用塞尺检查10点，比规定砖缝厚度大50%以内的砖缝，Ⅱ类砌体不超过4点。

表16.2.7 二段转化炉砌体的砖缝厚度

项次	项 目	砖缝厚度（mm）≤
1	炉墙（拱脚）	2
2	球形拱顶	2

16.2.8 二段转化炉砌体的允许误差和检验方法应符合表16.2.8的规定。

表16.2.8 二段转化炉砌体的允许误差和检验方法

项次	项 目	允许误差（mm）	检验方法
1	炉墙内直径误差	±15	半径规检查，尺量检查
2	隔热耐火浇注料的内衬椭圆度	直径的0.4%，并不应大于20mm	沿圆周平均分度检查8处

注：项次2为关键项。

16.2.9 隔热耐火浇注料内衬的质量应符合本规范第16.1.12条的规定。

16.2.10 刚玉砖砌体应组砌正确、排列匀称、烘烤得当；弧面应平整，错牙不应超过3mm；砌体砖缝应泥浆饱满。

检查数量：全数检查。

检验方法：观察检查，尺量检查，检查烘烤记录。

16.3 裂解炉

16.3.1 每座裂解炉应为一个分部工程。每个分部工程按区段可划分为辐射段、对流段等分项工程。每个分项工程可按施工段和同一部位的不同砌筑材料划分为一个或若干个检验批进行验收。

Ⅰ 主控项目

16.3.2 耐火材料和制品的品种、牌号，耐火泥浆的品种、牌号、稠度应符合本规范第3.2.1条和第3.2.2条的规定。

16.3.3 砌体砖缝的泥浆饱满度应符合本规范第16.1.3条的规定。

16.3.4 隔热耐火浇注料的品种、牌号和锚固件应符合本规范第4.1.1条和第4.1.4条的规定。

16.3.5 耐火陶瓷纤维毯的品种、牌号和粘接剂应符合本规范第5.1.1条的规定,锚固件应符合本规范第5.1.2条的规定。

16.3.6 隔热耐火浇注料的内衬应密实,不应有施工缝,强度应符合设计要求。

检验方法:检查试验报告和施工记录。

Ⅱ 一般项目

16.3.7 裂解炉砌体的砖缝厚度应符合表16.3.7的规定,其检查数量和检验方法应符合下列规定:

检查数量:炉墙每1.25m高检查1次,每次抽查2~4处;炉顶按部位抽查2~4处;燃烧器砖全数检查。

检验方法:在每处砌体的5m²表面上用塞尺检查10点,比规定砖缝厚度大50%以内的砖缝,Ⅱ类砌体不超过4点,Ⅳ类砌体不超过5点。

表16.3.7 裂解炉砌体的砖缝厚度

项次	项 目	砖缝厚度(mm)≤
1	炉墙	2
2	辐射段炉顶	4
3	燃烧器	2

16.3.8 裂解炉砌体的允许误差和检验方法应符合本规范第16.1.8条的规定。

16.3.9 隔热耐火浇注料内衬的质量应符合本规范第16.1.12条的规定。

16.3.10 层铺式耐火陶瓷纤维内衬的质量应符合本规范第5.1.4条的规定。

16.3.11 耐火陶瓷纤维模块内衬中,模块和锚固件的安装应符合本规范第5.2.3~5.2.5条的规定。

17 工业锅炉

17.0.1 每台工业锅炉应为一个分部工程。每个分部工程可划分为落灰斗、燃烧室、炉顶和省煤器等分项工程。每个分项工程可按施工段和同一部位的不同砌筑材料划分为一个或若干个检验批进行验收。

Ⅰ 主控项目

17.0.2 耐火材料和制品的品种、牌号、耐火泥浆的品种、牌号、稠度应符合本规范第3.2.1条和第3.2.2条的规定。

17.0.3 砌体砖缝的泥浆饱满度应达到:黏土耐火砖应大于90%,普通黏土砖应大于80%。

检查数量和检验方法应按本规范第3.2.3条和第3.3.2条的规定执行。

17.0.4 通过砌体的水冷壁集箱和管道以及管道的滑动支座,不应固定。

检验方法:观察检查。

17.0.5 耐火砌体(包括耐火浇注料)中锅炉零件和各种管子的周围,膨胀缝应留设均匀、平直,位置正确,缝内清洁,并应按规定填充材料。

检验方法:观察检查,尺量检查,检查施工记录。

Ⅱ 一般项目

17.0.6 工业锅炉砌体的砖缝厚度应符合表17.0.6的规定,其检查数量和检验方法应符合下列规定:

检查数量:落灰斗炉墙每1.25m高检查1次,每次抽查1~3处;炉顶抽查1~3处。

检验方法:在每处砌体的5m²表面上用塞尺检查10点,比规定砖缝厚度大50%以内的砖缝,Ⅱ类砌体不超过4点,Ⅲ类砌体不超过5点。

表17.0.6 工业锅炉砌体的砖缝厚度

项次	项 目	砖缝厚度(mm)≤
1	落灰斗	3
2	燃烧室 (1)无水冷壁 (2)有水冷壁	2 3
3	前后拱、各类拱门	2
4	折焰墙	3
5	炉顶	3
6	省煤器墙	3

17.0.7 工业锅炉砌体的允许误差和检验方法应符合表17.0.7的规定。

表17.0.7 工业锅炉砌体的允许误差和检验方法

项次	项 目		允许误差(mm)	检验方法
1	线尺寸误差	(1)水冷壁管、对流管束与炉墙表面之间的间隙	+20 -10	尺量检查。按部位抽查2~4处
		(2)过热器管、再热器、省煤器管与炉墙表面之间的间隙	+20 -5	
		(3)汽包与炉墙表面之间的间隙	+10 -5	
		(4)集箱、穿墙管壁与炉墙之间的间隙	+10 0	
		(5)水冷壁下联箱与灰渣室炉墙之间的间隙	+10 0	

续表 17.0.7

项次	项 目		允许误差(mm)	检验方法
2	表面平整误差	(1)墙面	5	2m靠尺检查。每面墙检查2~4处
		(2)挂砖墙面	7	
3	垂直误差	炉墙 每米高 全高	3 15	吊线检查。每面墙抽查1~3处，每处上、中、下各检查1点
4	膨胀缝宽度		+2 −1	尺量检查。全数检查

注：项次4为关键项。

17.0.8 耐火砖砌体内墙表面与管壁的间隙中不应有碎砖等杂物，炉墙拉砖钩的留设应位置正确。
　　检查数量：全数检查。
　　检验方法：观察检查。

17.0.9 耐火浇注料内衬的埋设件和钢筋表面不应有污垢，沥青不应漏刷；耐火浇注料应密实，不应露筋和有蜂窝。
　　检查数量：按耐火浇注料部位抽查2~4处。
　　检验方法：观察检查。

附录 A 检验批质量验收记录

工程名称：　　　　　　　　分项工程名称：
验收部位：　　　　　　　　施工单位：

	项 目		检 查 记 录										监理或建设单位验收记录
主控项目	1												
	2												
	3												
	4												
一般项目	砖缝厚度(mm)	项目	规定值	检 查 记 录									
				1	2	3	4	5	6	7	8	9	10	
		1												
		2												
		3												
	允许误差(mm)	项目	允许误差	实 测 记 录									
				1	2	3	4	5	6	7	8	9	10	
		1												
		2												
		3												
		4												
		5												
		6												
	其他	项目	检 查 记 录										
		1												
		2												
		3												

检查结果	主控项目			
	一般项目	砖缝厚度	检查　点，其中合格　点	点合格率　　%
		允许误差	实测　点，其中合格　点	
		其他		
施工单位检查结果	工段长：　　　　　专检员：　　　　　　　　　　　　　　年　月　日			
监理或建设单位验收结论	监理工程师（建设单位项目专业技术负责人）：　　　　　　　　　年　月　日			

附录B 分项工程质量验收记录

工程名称：　　　　　　分项工程名称：
分部工程名称：　　　　施工单位：

序号	检验批部位、区段	施工单位检查结果	监理或建设单位验收结论
1			
2			
3			
4			
5			
6			
7			
8			
9			
10			
检查结果	专检员： 项目技术负责人： 年 月 日	验收结论	监理工程师： （建设单位项目专业技术负责人） 年 月 日

附录C 分部（子分部）工程质量验收记录

工程名称：　　　　　　分部工程名称：
施工单位：

序号	分项工程名称	检验批数	施工单位检查结果	监理或建设单位验收结论
1				
2				
3				
4				
5				
6				
7				
8				
9				

验收单位	施工单位	项目经理： 年 月 日
	建设单位	项目专业负责人： 年 月 日
	监理单位	总监理工程师： 年 月 日

附录 D 质量保证资料核查记录

工程名称：

序号	项目名称	份数	施工单位自查情况	监理或建设单位验收结论
1	耐火材料和制品的质量证明书或试验报告			
2	隔热材料和制品的质量证明书或试验报告			
3	建筑材料和制品的出厂合格证或试验报告			
4	不定形耐火材料的质量证明书或检验报告及试块检验报告			
5	耐火泥浆和不定形耐火材料的现场配制记录			
6	炉子基础、炉体骨架结构和有关设备安装的工序交接证明书			
7	筑炉隐蔽工程记录			
8	冬期施工的测温记录			
9	炉子主要部位的测量记录			

结论：

　　施工单位项目经理：　　　　总监理工程师：
　　　　　　　　　　　　　　（建设单位项目专业负责人）

　　　　　　　　　　　　　　　　　　年 月 日　　　　　　年 月 日

注：1 有特殊要求的工业炉砌筑工程，可据实增加核查项目。
　　2 质量证明书、合格证、试（检）验单或记录内容应齐全、准备、真实；复印件应注明原件存放单位，并有复印件单位的签字和盖章。

附录 E 单位（子单位）工程质量竣工验收记录

工程名称			
施工单位	技术负责人		开工日期
项目经理	项目技术负责人		竣工日期

序号	项目	验收记录	验收结论
1	分部工程质量汇总	共 分部，经查 分部符合规范及设计要求	
2	质量保证资料核查	共 项，经查 项符合规范及设计要求	
3	综合验收结论		

参加验收单位	建设单位	监理单位	施工单位	设计单位
	（公章）	（公章）	（公章）	（公章）
	单位(项目)负责人：	总监理工程师：	单位负责人：	单位(项目)负责人：
	年 月 日	年 月 日	年 月 日	年 月 日

注：验收记录由施工单位填写，验收结论由监理或建设单位填写。综合验收结论由参加验收各方共同商定，建设单位填写，应对工程质量是否符合设计和规范要求及总体质量水平作出评价。

附录 F 检验器具表

名 称	规 格 型 号
塞尺	厚 0.3mm、0.5mm、0.75mm、1.0mm、1.5mm、2.0mm、3.0 mm，宽 15mm，长 120mm
炭砖塞尺	厚 0.5mm、1.0mm、1.5mm、2.0mm，宽 30mm，长 300mm
靠尺	1.0m、1.5m、2.0m
钢靠尺	长 3m，精度 ▽▽▽9
楔形塞尺	15mm×15mm×120mm，其 70mm 长斜坡上均分 15 格
百格网	114mm×230mm，长宽方向各均分 10 格
托线板	15mm×120mm×1500～2000mm
小线	尼龙线，ϕ0.5mm
线锤	0.25kg
小锤	0.50kg
铁水平尺	镶有水平珠直尺，长度 150～1000mm
小钢卷尺	2m、3m
大钢卷尺	30m、50m
刻度放大镜	5～8 倍
透孔钎子	ϕ20mm×200mm
温度计	−30～150℃ 不同区界
游标卡尺	分刻度 0.1mm
经纬仪	DJ_2 级

续附表 F

名 称	规 格 型 号
水准仪	S_1 级～S_3 级
容重取样器	自制
托盘天平	最大称量 2kg，最小分度值 2g
量筒	100～500mL
塔尺	2m、3m、5m
钢板尺	150mm、300mm
针入度测定器	符合国家现行标准《耐火泥浆稠度试验方法》YB/T 5121—93 的规定
宽座直角尺	400mm×250mm
弹簧秤	10kg

本规范用词说明

1 为便于在执行本规范条文时区别对待，对要求严格程度不同的用词说明如下：

1）表示很严格，非这样做不可的用词：
正面词采用"必须"，反面词采用"严禁"。

2）表示严格，在正常情况下均应这样做的用词：
正面词采用"应"，反面词采用"不应"或"不得"。

3）表示允许稍有选择，在条件许可时首先应这样做的用词：
正面词采用"宜"，反面词采用"不宜"；
表示有选择，在一定条件下可以这样做的用词，采用"可"。

2 本规范中指明应按其他有关标准、规范执行的写法为"应符合……的规定"或"应按……执行"。

中华人民共和国国家标准

工业炉砌筑工程质量验收规范

GB 50309—2007

条 文 说 明

目　次

1 总则 …… 9—25—48
2 质量验收的划分、程序及组织 …… 9—25—48
　2.1 质量验收的划分 …… 9—25—48
　2.2 质量验收 …… 9—25—48
　2.3 质量验收的程序及组织 …… 9—25—49
3 工业炉砌筑工程质量验收的共同规定 …… 9—25—49
　3.1 一般规定 …… 9—25—49
　3.2 底和墙 …… 9—25—49
　3.3 拱顶 …… 9—25—50
　3.4 管道 …… 9—25—51
4 不定形耐火材料 …… 9—25—51
　4.1 耐火浇注料 …… 9—25—51
　4.2 耐火可塑料 …… 9—25—51
　4.3 耐火捣打料 …… 9—25—52
　4.4 耐火喷涂料 …… 9—25—52
5 耐火陶瓷纤维 …… 9—25—52
　5.1 层铺式内衬 …… 9—25—52
　5.2 叠砌式内衬 …… 9—25—53
　5.3 不定形耐火陶瓷纤维内衬 …… 9—25—53
6 高炉及其附属设备 …… 9—25—53
　6.1 一般规定 …… 9—25—53
　6.2 高炉炉底 …… 9—25—53
　6.3 高炉炉缸 …… 9—25—54
　6.4 高炉炉腹及其以上部位 …… 9—25—54
　6.5 热风炉炉底、炉墙 …… 9—25—55
　6.6 热风炉砖格子 …… 9—25—55
　6.7 热风炉炉顶 …… 9—25—55
　6.8 热风管道 …… 9—25—56
7 焦炉及干熄焦设备 …… 9—25—56
　7.1 焦炉基础平台砌体 …… 9—25—56
　7.2 焦炉蓄热室 …… 9—25—56
　7.3 焦炉斜烟道 …… 9—25—56
　7.4 焦炉炭化室 …… 9—25—57
　7.5 焦炉炉顶 …… 9—25—57
　7.6 熄焦室冷却段 …… 9—25—57
　7.7 熄焦室斜风道 …… 9—25—57
　7.8 熄焦室预存段 …… 9—25—57
　7.9 集尘沉降槽底、墙 …… 9—25—57
　7.10 集尘沉降槽拱顶 …… 9—25—57
8 炼钢转炉、炼钢电炉、混铁炉、混铁车和 RH 精炼炉 …… 9—25—57
　8.1 炼钢转炉 …… 9—25—57
　8.2 炼钢电炉 …… 9—25—58
　8.3 混铁炉 …… 9—25—58
　8.4 混铁车 …… 9—25—58
　8.5 RH 精炼炉 …… 9—25—59
9 均热炉、加热炉和热处理炉 …… 9—25—59
　9.1 均热炉 …… 9—25—59
　9.2 加热炉和热处理炉 …… 9—25—59
10 反射炉、回转熔炼炉、闪速炉、艾萨炉、卧式转炉和矿热电炉 …… 9—25—59
　10.1 反射炉 …… 9—25—59
　10.2 回转熔炼炉 …… 9—25—60
　10.3 闪速炉 …… 9—25—60
　10.4 艾萨炉 …… 9—25—61
　10.5 卧式转炉 …… 9—25—61
　10.6 矿热电炉 …… 9—25—61
11 铝电解槽 …… 9—25—62
12 炭素煅烧炉和炭素焙烧炉 …… 9—25—62
　12.1 炭素煅烧炉 …… 9—25—62
　12.2 炭素焙烧炉 …… 9—25—63
13 玻璃熔窑 …… 9—25—63
14 回转窑及其附属设备 …… 9—25—63
15 隧道窑和辊道窑 …… 9—25—64
　15.1 隧道窑 …… 9—25—64
　15.2 辊道窑 …… 9—25—65
16 转化炉和裂解炉 …… 9—25—65
　16.1 一段转化炉 …… 9—25—65
　16.2 二段转化炉 …… 9—25—65
　16.3 裂解炉 …… 9—25—66
17 工业锅炉 …… 9—25—66
附录 A 检验批质量验收记录 …… 9—25—66
附录 B 分项工程质量验收记录 …… 9—25—66
附录 C 分部（子分部）工程质量验收记录 …… 9—25—66
附录 D 质量保证资料核查记录 …… 9—25—66
附录 E 单位（子单位）工程质量竣工验收记录 …… 9—25—66
附录 F 检验器具表 …… 9—25—66

1 总 则

1.0.1 本条阐明编制本规范的宗旨。为了适应工业炉建设的发展，对各种工业炉的砌筑工程分别制定质量标准，统一验收方法，达到质量控制的目的。使所检验的工程质量结果具有一致性和可比性，有利于促进企业加强管理，确保工程质量。本条是对《工业炉砌筑工程质量检验评定标准》GB 50309—1992（以下简称原标准）原条文的改写，取消"评定"二字，是为了坚持"验评分离、强化验收、完善手段、过程控制"的指导思想。评定工作以后由行业协会去做，对工程质量只需判断合格与否即可。

1.0.2 本条是对原条文的改写，取消"评定"二字，指出本规范的适用范围。

1.0.3 本条是对原条文的改写，将"保证项目"改为"主控项目"。本条属于本规范各章节主控项目检查数量的通用规定。在各章节的主控项目中，凡未注明检查数量的均按全数检查。

1.0.4 工业炉砌筑工程的施工是按现行国家标准《工业炉砌筑工程施工及验收规范》GB 50211—2004（以下简称施工规范）执行，质量验收规范的制定是为了确定工程质量是否符合规定。两者的技术规定应是一致的。因此，本规范的主要指标和要求根据施工规范的规定提出，而且把主要的、足以代表工程质量的技术规定列上，作为工程质量验收的准绳。

2 质量验收的划分、程序及组织

本章将原标准章节的"等级"二字取消，是因为质量目前只有"合格"这一级。增加"检验批"这一检验层次，使质量检查控制更加细化，有利于质量控制。

2.1 质量验收的划分

2.1.1 本条规定了工业炉砌筑工程的质量验收应按检验批、分项工程、分部工程和单位工程来划分，并且按先检验批、后分项工程、再分部工程、最后单位工程的程序进行验收。本条是对原条文的改写，取消"评定"二字，增加了"检验批"这一检验层次。

2.1.2 本条增加了"检验批"这一检验层次，对检验批的划分是根据工业炉工程的实际而规定的。历年来的实践证明，工业炉砌筑工程按检验批、分项工程、分部工程和单位工程四级来划分是可行的。并且原则上规定：分项工程按工业炉的结构组成或区段划分，如高炉炉底、炉缸等，转化炉辐射段、过渡段和对流段等；分部工程按工业炉的座（台）划分，如一座高炉、一座热风炉、一座均热炉、数台铝电解槽、一座裂解炉等；单位工程则按一个独立生产系统的工业炉砌筑工程划分，如高炉及热风炉的砌筑工程、铝电解车间内所有铝电解槽的砌筑工程、轧钢车间内所有工业炉的砌筑工程等。轧钢车间内所有工业炉的砌筑工程包括以下情况，如热轧车间内有若干座加热炉，某薄板车间内有2座加热炉、4座热处理炉等。它们的砌筑工程均可作为一个单位（或子单位）工程。

考虑到有些工业炉的砌体工程量较小，划分不宜过细，故条文对分项工程、分部工程作了不同的规定。当砌体工程量小于100m³时，可将一座（台）炉作为一个分项工程，如一座混铁炉、一座热处理炉等；也可将两个或两个以上的部位或区段合并为一个分项工程，如加热炉的炉底、炉墙等，回转窑的预热段、加热段、冷却段等。在一个独立生产系统中，当工业炉的砌体工程量小于500m³时，工业炉砌筑工程可作为一个分部工程，与其他专业或其他建筑安装工程一并作为一个单位工程。鉴于某些工业炉是关键的热工设备，且其砌筑工程的技术要求非常复杂，质量上稍有不慎就会导致严重的后果，不便与其他专业或其他建筑安装工程合为一个单位工程，故本条文中采用了"可"。

近年来单位工程的划分并不是固定不变的，经常与各地的档案要求不一致。作为施工单位，应尽量满足业主档案的要求。

2.2 质量验收

2.2.1 本条是对原条文的修改，将原条文的内容代之以检验批质量合格的规定。检验批的质量验收由"主控项目"和"一般项目"两部分组成，将"允许误差项目"合并到"一般项目"中。

"主控项目"是保证工程安全或使用功能的重要验收项目，应全部满足规定的指标要求。鉴于主控项目是应达到的质量要求，因而是主要项目、基础项目。据此，特将主要材料（耐火材料和制品、耐火泥浆等）的质量、性能及施工中关键的技术要求列入主控项目。

"一般项目"是保证工程安全或使用功能的验收项目。其中"允许误差项目"是检验批实际检验中规定有允许误差范围的项目，验收时允许有少量抽检点的测量结果略超过允许误差范围。

一般项目的重要性虽比主控项目稍差，但质量检验时所占比重很大，并且对使用安全、炉龄长短、外表美观均有影响。允许误差项目中，实测值允许有20%的点超过规定的误差值。应该指出，这些点也应基本达到本规范允许误差的规定，不得超差太大，以这些点的实测值不超过本规范规定允许误差范围的1.5倍为宜。否则，会影响炉子的结构安全和使用功能。

生产实践表明：工业炉内衬的破坏，首先从砌体的砖缝开始。因此，砖缝是砌体中的薄弱环节。砖缝厚度和泥浆饱满度是衡量砌体砖缝砌筑质量的两项重要指标。两者相比，泥浆饱满度更为主要。砌体最忌空缝、花脸。为此，将砌体砖缝泥浆饱满度的检验列入主控项目，而将砖缝厚度的检验列入一般项目。根据当前砌筑工程质量的情况，在其他一般项目的编写上尽可能地给出量的规定，使条文内容具体、实在，以便验收中易于掌握。

2.2.2 分项工程质量验收是综合各个检验批工程质量验收而来的。

2.2.3 分部工程质量验收是综合各个分项工程质量验收而来的。

2.2.4 单位工程的质量验收综合了各个分部工程的质量验收，而且增加了反映单位工程内在质量的质量保证资料核查记录。这样，单位工程的整体质量就有比较系统、全面的检查。

从控制检验批质量开始，逐级控制分项工程、分部工程和单位工程的质量，一环扣一环，前后衔接。这样，就能保证单位工程质量验收工作做到全面、系统、真实。

本规范是检验批、分项工程、分部工程和单位工程竣工后（有的指标是在施工过程中）检验工程质量的统一尺度。施工过程应按设计要求和施工规范进行，并按本规范的规定进行验收。

2.2.5 当前工业炉砌筑工程大部分为手工操作，一些企业的管理水平、工人的操作素质参差不齐，加之国内生产的耐火制品的外形扭曲和尺寸偏差尚难全部达到设计和施工规范的要求，因此有时会出现砌筑质量的波动。为此，如遇检验批质量不符合合格的规定时，应及时处理。

例如：高炉炉底分项工程中，当某层砌体砖缝厚度超过规定时，应进行返工重砌。返工重砌后的这层炉底，应重新抽检。

又如：均热炉分部工程中，炉墙分项工程的炉膛尺寸误差超过本规范的合格规定。经原设计单位鉴定，认为超差值还不太大，能够满足生产安全和使用功能的要求，则该检验批可予以验收。

2.3 质量验收的程序及组织

2.3.1 本条为新增条文。本条重点指出施工者负责质量的原则，并就检验批质量的验收规定由工段长组织班组长进行自检，由施工单位项目专业质量检查员申报查验，由监理工程师或建设单位项目专业技术负责人组织验收。条文强调在班组自检的基础上，控制与加强检验批的质量，从而为确保分项工程、分部工程、单位工程的质量提供有利的条件。

2.3.2 本条是对原条文的改写，目的是为适应现在的质量管理体制。本条规定了分项工程的质量由项目技术负责人签字报验，监理工程师或建设单位项目专业技术负责人组织施工单位的项目专业质量检查员进行验收。

2.3.3 为适应现在的质量管理体制，本条突出了项目经理对工程质量负责的原则。项目经理应关心工程质量，正确执行技术法规，严格贯彻质量责任制，推行全面质量管理，对每项工程严格把好质量关。规定分部工程的质量由项目经理签字报验，总监理工程师或建设单位项目专业负责人组织监理、建设和施工单位的项目负责人共同进行验收。

2.3.4 施工单位提交建设单位、监理单位和设计单位核定工程质量的有关质量验收资料，一般包括：检验批质量验收记录、分项工程质量验收记录、分部（子分部）工程质量验收记录、质量保证资料核查记录、单位（子单位）工程质量竣工验收记录等。

3 工业炉砌筑工程质量验收的共同规定

3.1 一般规定

3.1.1 本条指出各种专业炉的砌筑工程除应遵守所列专门章节的特殊要求外，还应遵守本章共同规定的要求。对于未列入专门章节的工业炉砌筑工程，则应按本章的规定进行质量验收。

3.2 底 和 墙

Ⅰ 主控项目

3.2.1 根据施工规范第 3.1.1 条编写。炉子内衬设计时，耐火材料和制品的选择与确定取决于内衬结构及其生产时的工作条件（工作温度、熔融金属或渣的侵蚀、烟气流的冲刷等）。所用的耐火材料和制品应具有承受主要破坏的能力。因此，其品种、牌号应符合设计要求和国家现行有关标准的规定。如果使用不当或不符合设计要求，则将导致内衬的加速破坏，缩短炉体的使用寿命，严重时还可能造成重大事故。

3.2.2 根据施工规范第 3.1.7～3.1.10 条、第 3.1.12 条和第 3.1.15 条综合编写。在工业炉内，砌体砖缝中耐火泥浆与耐火砖的工作条件相同，两者的理化性能也应相同或相似。故耐火泥浆的品种、牌号应符合设计要求。

如果泥浆的稠度及其适用的砌体类别不符合施工规范的规定，说明泥浆中的加水量已经失控，这样就会严重影响砌体的质量。

3.2.3 根据施工规范第 3.2.11 条和第 3.2.26 条编写。砖缝是耐火砌体的薄弱环节，耐火砌体的破坏一般首先从砖缝开始。而且，对整个砌体而言，砖缝是透气度最大的部位。为了使泥浆将砖粘接成致密的整体内衬，砖缝内的泥浆应密实饱满。故条文规定了底和墙耐火泥浆饱满度的具体数值。

泥浆饱满度以百分数表示,其计算式如下:

泥浆饱满度＝泥浆饱满的格数/被检查面的格数
×100%

工业炉普通黏土耐火砖砌体作内衬或外墙时均应有气密性要求,故对其泥(砂)浆饱满度分别作出规定。

Ⅱ 一般项目

3.2.4 根据施工规范第3.2.2条和第3.2.26条编写。砖缝厚度标志着砌筑的精细程度。控制砖缝厚度是为了强化耐火砌体的薄弱环节,满足炉子正常生产的要求。条文规定达到验收规范规定的为合格,目的就是确保砌体的质量。这里"高温"定义为"≥1000℃"。

检验时,被检查砖缝的位置是随机的。随机抽样是指从总体单位中抽取部分单位进行调查,取得资料,并以之推断总体的有关指标。按照随机原则,在抽取被查单位时,每个单位都有同等被抽到的机会。被抽中的单位完全是偶然性的、无意识的。

耐火砌体分类的定义,见施工规范第3.2.1条规定。

3.2.5 根据施工规范第3.2.3条编写。表3.2.5中检验方法内已包含检查数量,故检查数量不再单独列出。本条将原标准表3.2.10中项次4,即膨胀缝的宽度要求分为两种情况来写。规定膨胀缝的宽度≤20mm时,其允许误差为－1～＋2mm;膨胀缝的宽度＞20mm时,其允许误差为±10%。当膨胀缝的宽度＞20mm时,实际上对膨胀缝的宽度要求已没有那么严格,这里提出的±10%是依据上海宝冶建设工业炉工程技术有限公司及其他单位的实践经验确定的。

3.2.6 根据施工规范第3.2.3条、第3.2.10条和第3.2.32条综合编写。条文中的几项规定是工业炉砌筑的基本要求。其中最上层炉底的结构形式与炉底的结构强度有关;而标高的控制,是保证炉膛或通道的高度尺寸符合设计要求的主要前提,故本条作此规定。

3.2.7 根据施工规范第3.2.10条和第3.2.40条编写。除专门尺寸设计的砖型外,用一般直形砖和楔形砖砌筑的多环圆形炉墙,都不可避免出现重缝。夹砌条子砖虽可消除局部重缝,但其使用应适度。否则,砖缝将增多,相应地增加了重缝的次数。两层重缝在施工规范中是允许的,但如能均匀散开,则墙面比较美观。"合门"是砌体中的薄弱环节,故砌筑时合门砖应均匀分布。

3.2.8 根据施工规范第3.2.15条、第3.2.20条、第9.1.6条和第16.1.6条综合编写。规定此条主要是为了使砌体各结构部位的尺寸符合设计要求,以便炉子正常投产。为此,施工中应着重检查中心线、标高、放线、摆底、标杆等是否正确。膨胀缝的留设是为了更好地吸收砌体加热后的膨胀,故要求均匀、平直,位置正确,缝内清洁,并应按规定填充材料。

3.2.9、3.2.10 根据施工规范第3.2.11条和第3.2.33条编写。这两条都是对砌体表面质量的要求,指出应着重检查组砌正确、勾缝密实、横平竖直、墙面清洁等内容。

3.3 拱 顶

Ⅰ 主控项目

3.3.3 根据施工规范第3.2.46条和第3.2.57条编写。本条是确保炉衬结构安全和使用寿命的重要条文,文内所述是拱顶砌筑的基本要求。如被忽视,将导致拱顶砌体产生位移、塌落、漏气、窜火等事故。故特别提出,并纳入主控项目。

吊挂砖的主要受力部位如有裂纹,投产后可能断裂或脱落,从而导致漏气、窜火,影响正常生产。

关于耐火砖裂纹在现行国家标准《定形耐火制品尺寸、外观及断面的检查方法》GB/T 10326中有明确的定义和检查方法,具体的规定是:

裂纹的定义:① 细裂纹:砖面上目视可见的微小裂纹,其长度可测量,宽度≤0.2mm;② 表面网状裂纹:在砖面上形成的网状细裂纹;③ 显裂纹:砖面上的裂纹或裂口,其长度＞10mm,宽度＞0.2mm。

裂纹的检查方法:① 裂纹的长度用钢卷尺测量,当裂纹不成直线时,可进行一次或多次的直线测量,各段长度之和即为该裂纹的长度。如果裂纹的延伸跨越了一个砖面,裂纹的长度等于每一个砖面上该裂纹长度之和。当一条裂纹同时跨越工作面和非工作面时,一律按工作面考核。② 裂纹的宽度用塞丝测量,检查时将塞丝自然插入裂纹的最宽处,但不得插入目视可见颗粒脱落处,凡0.25mm塞丝不能插入的裂纹,其宽度用＜0.25mm表示;凡0.25mm塞丝能够插入而0.5mm塞丝不能插入的裂纹,其宽度用0.26～0.5mm表示,以此类推。③ 表面网状裂纹的测量按面积计算。因冷却不当而形成的裂纹为急冷裂纹(炸裂),应按不合格品计算。④ 测量裂纹的长度精确到1mm。

因此本规范各章节中对耐火砖裂纹的检查均应符合上述规定。

Ⅱ 一般项目

3.3.4 根据施工规范第3.2.2条和第3.2.26条编写。拱顶是炉子的重要部位,受力情况比较复杂,且承受火焰气流的冲刷。生产时如"抽签"、甚至脱落,则将导致漏气、窜火,影响炉子的正常生产。故对其砖缝厚度的要求较高,检验时也应力求仔细。

3.3.5 根据施工规范第3.2.3条编写。表3.3.5中检验方法已包含检查数量,故检查数量不再单独列出。膨胀缝的改写理由同本规范第3.2.5条条文说明。

3.3.6 根据施工规范第3.2.47条、第3.2.49条和第3.2.51条综合编写。条文内容是检验拱顶砌筑质量的主要方面。

环砌拱顶的砖环均应平整，彼此平行，且与纵向中心线垂直；错砌拱顶的纵向砖列均应平直，且与纵向中心线平行。目的都是使拱顶砖砌筑平直、整齐、避免环缝处出现"张嘴"和收口时产生扭斜现象。砌体内表面平整、错牙较少，意味着拱顶的放射缝与半径方向相吻合。

3.3.7 根据施工规范第3.2.55条编写。条文是检验球形（圆形）拱顶砌筑质量的主要方面。

球形（圆形）拱顶的内表面不平整、错牙过多，则砌体的放射缝与半径方向必然不相吻合，几何尺寸不准确，并且其弧度也不符合设计要求。收口处将呈现不规则的圆形，导致砖的加工量大大增加。球形（圆形）拱顶的合门砖处，一般是该砖环的薄弱环节。如果分布不均匀或集中在一处，就会降低拱顶的结构强度。

3.3.8 根据施工规范第3.2.56条和第3.2.61条编写。内表面平整、吊挂砖或吊挂垫板排列均匀、整齐，是保证吊挂拱顶（或平顶）砌筑质量的基本要求。

钢垫片、销钉和镁质吊挂顶砖是配套件，相互的尺寸应配合适当。制作时，一定要符合设计要求和施工规范规定。如果钢垫片遗漏，砖与砖之间就不能产生烧结熔融状物质，达不到黏结和密封的目的。反之，多夹钢垫片，则将导致砖缝厚度超过规定的尺寸。

3.4 管　道

本节为新增内容，是为了与现行国家标准《工业炉砌筑工程施工及验收规范》GB 50211—2004相适应。

Ⅱ　一般项目

3.4.4 本条规定了管道砌体各项目的允许误差和检验方法。其中内（直）径允许误差是参考本规范表3.2.5项次3（3）圆形炉膛内半径允许误差的数值，并结合各施工单位的实际经验综合而来。膨胀缝允许误差的修改理由同前。

4　不定形耐火材料

4.1　耐火浇注料

Ⅰ　主控项目

4.1.1 根据施工规范第3.1.1条编写。耐火浇注料的品种、牌号是根据生产时炉衬的工作条件选定，关系到耐火浇注料的理化性能能否符合设计要求和施工规范的规定，是牵涉耐火浇注料内衬质量的关键问题。因此，施工时应符合设计要求和国家现行有关标准的规定，不得任意更改。

4.1.2 根据施工规范第4.1.3条和第4.2节综合编写。在施工规范中，第4.1.3条、第4.2.2条和第4.2.10条是强制性条文，应严格执行。

浇注用模板直接关系到浇注料质量的好坏，浇注前应严格检查模板是否符合各项要求（刚度、强度、尺寸、严密性、防黏措施等）。以隔热耐火砖砌体代替模板的，应检查防水措施。

成品浇注料的加水量对耐火浇注料的施工性能和热工性能影响很大，应予以特别注意。搅拌用水的质量也不容忽视，其相关规定参见施工规范第4.2.1条及条文说明。

养护是为了使浇注料凝结与硬化，以获得初期强度。各种浇注料因成分、配方不同，养护要求的环境、温度和时间也不同，因此应按施工规范第4.2.9条执行。

施工缝不是结构缝，施工时应尽量少留。当必须留设时，其处理方式和留设位置应符合施工规范第4.2.8条的规定。

4.1.4 根据施工规范第4.1.6条和第4.1.7条编写。锚固件、锚固砖或吊挂砖在荷载作用下是力的传递元件。其作用是使炉子内衬牢固地连接在炉壳（或支承吊梁）上，从而增加内衬的整体强度。

锚固件如果焊接不牢固，生产时炉子内衬会由于与炉壳的连接松弛而脱落。锤击检查是指用小锤轻轻敲击。

有横向裂纹的锚固砖或吊挂砖，在荷载作用下可能断裂并易引起连锁反应，故不得使用。

Ⅱ　一般项目

4.1.5 根据施工规范第4.1.9条编写。不定形耐火材料与耐火砖作内衬的工业炉，其生产时的工艺要求相同。故两者尺寸的允许误差及检验方法应基本一致。

4.1.6 根据施工规范第3.2.15条、第3.2.20条、第4.2.7条和第4.2.12条综合编写。膨胀缝漏留或留设不当，都会导致烘炉和生产过程中耐火浇注料内衬胀裂或窜火。因此，膨胀缝的留设应符合设计要求。在优质耐火砖等定形耐火制品的标准中规定，0.1~0.25mm的裂纹属轻微裂纹，一般不作限制。由于是不定形耐火产品，故将"轻微的网状裂纹"定义为小于0.25mm。

4.2　耐火可塑料

Ⅰ　主控项目

4.2.1 根据施工规范第3.1.1条和第4.3.1条编写。

耐火可塑料的品种、牌号是根据生产时炉衬的工作条件选定的。因此，施工时应符合设计要求和国家现行有关标准的规定，不得任意更改。

可塑性指数是衡量耐火可塑料施工性能的重要指标。指数小于规定值，难于捣打密实；指数大于规定值，不但捣打不易密实，而且烧成收缩大。故条文规定，可塑性指数应符合设计要求和国家现行有关标准的规定。

Ⅱ 一般项目

4.2.3 根据施工规范第4.1.9条编写。不定形耐火材料与耐火砖作内衬的工业炉，其生产时的工艺要求相同。故两者尺寸的允许误差及检验方法应基本一致。

4.2.4 根据施工规范第4.3.3条、第4.3.5条、第4.3.11条和第4.3.13条综合编写。膨胀缝漏留或留设不当，会导致可塑料内衬加热后胀裂或窜火，故应符合设计要求。

可塑料一般含有8%～10%的游离水，此外还有结合水，修整的目的是将捣实后的内衬表面加工成设计要求的尺寸。与此同时，将表面致密层削去，形成粗糙表面，露出内部气孔，使水分容易散发出去。在干燥升温过程中，开通气孔不仅便于内衬深部的水分逸出，还可对该过程中产生的收缩和膨胀起缓冲作用，故是施工中不可缺少的环节。

膨胀线的开设，则是将不规则的干燥开裂集中于膨胀线处，减少墙面裂缝，使墙面完整。

4.2.5 根据施工规范第4.3.15条编写。在烘烤前，应对耐火可塑料内衬表面出现的裂缝按施工规范的规定进行修补。否则烘炉后无法弥补，将形成永久性缺陷。

4.3 耐火捣打料

Ⅰ 主控项目

4.3.1 根据施工规范第3.1.1条编写。耐火捣打料的品种、牌号是根据生产时炉衬的工作条件选定。施工时，应按设计要求采用，不得任意更改。

Ⅱ 一般项目

4.3.2 根据施工规范第4.4.2条和第4.4.3条编写。捣打料铺料厚度应适中，如过厚则不易捣实。接槎处粘接牢固，是为了使捣打料内衬形成整体。

捣打料捣实后的体积密度或压缩比是检验施工质量的主要指标，应予确保。如捣实后的实际体积密度或压缩比低于设计规定值，就不能保证捣打料内衬具有必要的强度和高温物理性能。从而缩短炉子的使用寿命，甚至可能造成重大事故。

4.4 耐火喷涂料

Ⅰ 主控项目

4.4.2 根据施工规范第4.5.2条编写。金属支承件的作用是使喷涂料内衬紧密地连接在炉壳上，从而增强其整体强度。如果焊接不牢固，则内衬组织松弛，容易脱落。

不定形耐火材料内衬锚固件（包括金属支承件）的焊接由安装单位施工时，安装单位应按规定向筑炉公司（队）进行工序交接。

Ⅱ 一般项目

4.4.3 根据施工规范第4.5.6条编写。喷涂料粗细颗粒分布均匀，意味着内衬组织密实，体积密度均匀，可获得较好的力学性能和高温性能。

5 耐火陶瓷纤维

5.1 层铺式内衬

Ⅰ 主控项目

5.1.1 根据施工规范第5.1.2条编写。不同材质的耐火陶瓷纤维有不同的耐高温等级，不得越级使用。耐火陶瓷纤维的导热系数随着其体积密度、使用温度的不同而变化。导热系数是衡量纤维制品节能效果的重要指标，在质量证明书中应有导热系数的检验结果。

5.1.2 根据施工规范第5.2.2条编写。锚固件焊接不牢、焊缝断裂会导致耐火陶瓷纤维内衬脱落。

Ⅱ 一般项目

5.1.3 根据施工规范第5.2.10条编写。用锚固件固定时，其表面应做保护性处理，以免锚固件暴露在高温炉膛中被氧化烧损。这对安全使用至关重要。

5.1.4 根据施工规范第5.2.4条编写。为提高内衬的气密性，避免内衬因耐火陶瓷纤维在高温下收缩而产生贯通缝，不易受气流冲刷而脱落，故作此规定。

5.1.5 根据施工规范第5.2.3条编写。锚固件是层铺式耐火陶瓷纤维毯内衬的固定结构，位置应符合设计要求，以防止耐火陶瓷纤维毯下垂、产生空隙，影响炉子的隔热效果。

5.1.6 根据施工规范第5.2.9条编写。耐火陶瓷纤维在高温状态下有收缩的特点，为保证耐火陶瓷纤维内衬的严密性，所有内衬连接处应相互交错，避免通缝使炉壁出现热点。

5.2 叠砌式内衬

Ⅰ 主控项目

5.2.1 耐火陶瓷纤维模块是穿钉式结构和吊杆式结构的统称。

Ⅱ 一般项目

5.2.3 根据施工规范第5.3.12条编写。模块无论采用单向排列还是拼花式排列，安装时都应避免模块交叉角的窜气缝。

5.2.4 根据施工规范第5.3.13条编写。由于耐火陶瓷纤维在高温下有收缩的特点，当模块为非折叠方向时，应在耐火陶瓷纤维模块与砌体或其他耐火炉衬连接处的直通缝中，加装对折压缩的耐火陶瓷纤维毯，以补偿高温状态下耐火陶瓷纤维的收缩，避免炉壁出现热点。拼花式排列的模块由于尺寸误差，十字缝处的窜气缝不可避免，施工时应用耐火陶瓷纤维棉加粘接剂填塞密实。

5.2.5 锚固件是耐火陶瓷纤维模块的支撑结构，必须焊接牢固；其安装位置应正确，以保证模块安装紧密。模块间接缝严密是保证炉壁无热点的重要项目。

5.3 不定形耐火陶瓷纤维内衬

Ⅰ 主控项目

5.3.3 耐火陶瓷纤维内衬炉顶或仰面耐火陶瓷纤维喷涂时，层间应缠绕米字形耐热钢丝或安装快速夹子固定，防止耐火陶瓷纤维炉顶坠落。

5.3.4 现场试块性能指标检验是炉墙质量验收的主控项目。体积密度能体现导热性能，故控制喷涂料体的密度均匀性十分重要。

Ⅱ 一般项目

5.3.5 不定形耐火陶瓷纤维内衬（耐火陶瓷纤维喷涂料、耐火陶瓷纤维可塑料）表面应致密平整，不得加浆抹面。

6 高炉及其附属设备

6.1 一般规定

6.1.1 高炉及其附属设备砌筑工程的质量直接影响到炉子的功能和使用寿命，故明确规定"高炉及其附属设备的砌筑应为一个单位工程"。高炉及其附属设备往往分成高炉和热风炉两个标段进行招投标，由两个施工单位分别承担砌筑任务，尤其是大型和特大型高炉。为了有利于施工管理、工程质量检查和交工验收，本条增加了"当高炉容积或工程量较大时，每座高炉或热风炉也可各为一个单位工程或子单位工程"的内容。

6.1.2 高炉包括炉体、粗煤气管道、热风围管和出铁场几个相对独立的部分。因此，砌筑工程的质量验收可将这几个部分分别作为分部工程，而将这些分部工程中的各个不同部位（如高炉炉体的炉底、炉缸、炉腹及其以上部位等）作为分项工程。

6.1.3 热风炉包括多座热风炉炉体、热风总管和支管、烟道管和余热回收管道几个相对独立的部分。因此，砌筑工程的质量验收可将这几个部分分别作为分部工程，而将这些分部工程中的各个不同部位（如热风炉炉体的炉底和炉墙、砖格子、炉顶、热风管道等）作为分项工程。

热风炉因其炉型、构造不同，按内燃式、外燃式和顶燃式分别划分不同的分项工程。

6.1.4 高炉及其附属设备的各分项工程划分成一个或若干个检验批进行验收，有助于及时纠正施工中出现的质量问题，确保工程质量，符合施工实际需要。例如，高炉炉底作为一个分项工程，而将炉底炭素料找平层和每层炉底均作为一个检验批，既有利于保证工程质量，又便于操作，不留后患；热风炉炉墙高、层数多，将20～30层砖作为一个检验批，是比较切合实际的；热风管道比较长，以膨胀缝为界分段划分成若干个检验批进行检验，每个热风炉的热风支管可作为一个检验批检验。

热风炉烟道、余热回收管道、粗煤气管道中的下降管和除尘器以及只有一个出铁口的高炉的渣铁沟等，由于构造简单，一个分项工程一般划分为一个检验批（每个上升管可作为一个检验批）。

6.2 高炉炉底

Ⅰ 主控项目

6.2.3 根据施工规范第6.2.1条、第6.2.7条和第6.2.22条综合编写。炉底各砖层的标高以出铁口中心或风口中心的平均标高往下返，并在炉壳（或冷却壁）上做标记，逐层按控制线砌筑。这样可保证出铁口中心或风口中心与炉底上表面的平均距离符合设计要求，并能与出铁场的设备以及风口组合砖协调配合。

高炉出铁时，炉底承受铁水冲刷，故每层炉底的砌筑中心线应与出铁口中心线交错成一角度。

Ⅱ 一般项目

6.2.4 根据施工规范第6.1.1条编写。砖缝厚度符合规定是防止高炉炉底铁水渗透的重要保证条件。表6.2.4项目栏按施工规范表6.1.1中"Ⅱ 以磷酸盐泥浆砌筑的耐火砖砌体"改为"其他耐火砖砌体"更确切，也是为了与本规范表6.2.5的提法一致。

6.2.5 根据施工规范第6.1.2条编写。本条表6.2.5项目栏中用"炉底炭素料找平层"代替施工规范表6.1.2中"高炉炉底底基"更确切，真实反映了高炉的炉底构造。

炉底炭素料的找平是十分重要的工作。只有上表面平整，才能保证炭砖砌体的砖缝厚度，并为保证以上各层炉底的表面平整度提供良好的基础；只有上表面标高准确，才能保证出铁口中心或风口中心与炉底上表面的平均距离符合设计要求。

保证炉底每块砖砌筑的垂直度，能消除垂直三角缝和上表面过大的错牙。

表6.2.5中"项次3 环状炭砖砌体径向倾斜度误差2mm"，是根据施工规范表6.1.2注2和原规范第5.1.7条编写。环状炭砖砌体径向水平，也是保证砌筑工程质量的一个方面，故表6.2.5对砌体径向倾斜度的允许误差作出规定。

6.2.6 根据施工规范第6.2.3条和第6.2.4条编写。炉底炭素料要求捣打密实，以使整个找平层具有较高的强度和导热能力，而捣打密实度是用压缩比或体积密度来衡量。要达到规定的压缩比或体积密度，应做到配料正确、拌和均匀，并逐层控制铺料厚度。

6.2.7 根据施工规范第6.2.3条和第6.2.8条编写。炭砖列平直，是为了使砖缝达到规定厚度和上表面平整；平面位置正确，可保证周围间隙均匀；周围间隙炭素捣打料压缩比达到规定值，可确保其获得应有的导热性能。

若由于堆放或运输原因使炭素捣打料被压缩，影响压缩比指标，可预先与监理和业主共同进行试验，将体积密度符合规定的压缩比作为检验标准（本条说明适用于以下相关条款）。

6.2.8 根据施工规范第6.2.3条和第6.2.11条编写。只有楔形炭砖的放射缝与半径相吻合，砖的前后才不会出现错牙，而且砌体内受力均匀。上、下层砖错缝砌筑，可提高砌体的耐压强度。

炭砖砌体与底垫耐火砖之间的缝隙为工作缝，一般采用刚玉捣打料，捣打后的压缩比应大于45%。

6.2.9 根据施工规范第6.2.7条和第6.2.22条编写。其规定是为了增强炉底砌体的整体性，避免铁水沿垂直贯通缝向下渗透和出铁时铁水沿砖缝冲刷。

6.3 高炉炉缸

Ⅰ 主控项目

6.3.3 根据施工规范第6.2.26条编写。主要是为了保证这几个部位的砌体严密，防止铁水、炉渣或火焰从不严密处喷出而烧坏冷却壁及炉壳。因此，这些部位的耐火砖应紧靠冷却壁或炉壳，间隙内的耐火泥浆应饱满、密实。

Ⅱ 一般项目

6.3.4 根据施工规范第6.1.1条编写。表6.3.4项目栏将施工规范表6.1.1中"Ⅱ 以磷酸盐泥浆砌筑的耐火砖砌体"改为"其他耐火砖砌体"更确切，也是为了与本规范表6.3.5的提法一致。

6.3.5 根据施工规范第6.1.2条编写。"各砖层上表面平整误差"和"径向倾斜度误差"是根据施工规范表6.1.2注2编写，目的是提高砌体的砌筑质量。规定半径的允许误差值，是为了保证高炉的有效容积和铁水产量。

6.3.7 根据施工规范第3.2.40条、第6.2.32条和实际施工经验综合编写。圆形砌体过多的退台会影响工程质量，也容易造成上、下层的"合门"在同一位置，因此对退台的砌筑作了限制；重缝和合门砖是砌体的薄弱部位，其数量愈少，砌体的质量就愈好。

用直形砖和楔形砖、楔形砖和楔形砖砌筑多环圆形炉墙，两层重缝或两环通缝是不可避免的，但也应通过干排预演。适当夹砌少量的条砖，可尽量减少两层重缝或两环通缝，但不应出现三层重缝或三环通缝。

砌体与冷却壁或炉壳间填料密实是为了保证砌体的稳定性和导热能力。

6.4 高炉炉腹及其以上部位

高炉炉腹及其以上的各部位都为圆柱形或圆锥台形砌体，质量要求大致相同。因此，把炉腹、炉腰、炉身等分项工程合写一节，作为质量验收的依据。炉喉主要是配合安装钢砖施工浇注料，炉顶即煤气封板多采用耐火喷涂料，这两个部分的质量验收可按本规范第4章的有关规定执行。

Ⅰ 主控项目

6.4.3 根据施工规范第6.2.1条和第6.2.33条编写。厚壁炉腰以上的砌体以炉口钢圈中心为基准砌筑，是为了保证炉子开炉后布料均匀（不偏料）、生产顺行。因此，砌筑时应按施工规范的规定挂设中心线，并随时检查砌体半径，以保证炉体内形准确。

Ⅱ 一般项目

6.4.4 根据施工规范第3.2.26条和第6.1.1条编写。由于高温的渣蚀、急速上升气流的冲刷、炭素沉积等作用，炉腹及其以上部位是砌体较为薄弱的环节，严格控制其砖缝厚度很重要。

本条将施工规范表6.1.1的"Ⅰ 高炉炭砖砌体"改为"含炭耐火砖砌体"更确切，因该部位可采用铝碳质、碳化硅质或石墨砖等含炭耐火制品。

6.4.5 根据施工规范第6.1.2条和实际施工经验综合编写。砖层上表面平整误差和径向倾斜度误差过大,都会影响砌体的稳定性,并给其上砖层的砌筑造成困难。过大的半径误差会影响炉子开炉后布料的均匀性。

6.4.6 砌体紧靠冷却壁或炉壳砌筑,间隙内的耐火泥浆饱满、密实,有利于保证砌体的稳定性和导热性能。

6.4.7 根据施工规范第3.2.40条、第6.2.34条和第6.2.36条综合编写。高炉砌体在高温下会产生膨胀,因此,砌体与冷却板(壁、箱)、炉身砌体与钢砖底部间都应留有间隙,以吸收砌体的膨胀,不致破坏设备。填料或捣打料应密实,是为了防止烟气窜漏,影响炉子的正常生产。重缝和通缝是砌体的薄弱位置,应愈少愈好。

6.5 热风炉炉底、炉墙

Ⅰ 主控项目

6.5.3 根据施工规范第6.3.7条编写。热风口等周围环宽1m范围内的耐火砖紧靠炉壳(或喷涂层)砌筑,是为了防止从这些不严密处向外窜火而烧坏炉壳或管壳。作为主控项目,应仔细检查。但近几年由于耐火材料材质的提高和结构设计的改进,该部位也有用隔热耐火砖和耐火陶瓷纤维毯(毡)紧靠炉壳(或喷涂层)的,故本条作了适当的修改。

Ⅱ 一般项目

6.5.4 根据施工规范第3.2.26条和第6.1.1条编写。砌体的砖缝厚度是衡量热风炉砌筑工程的重要质量指标之一。施工规范对热风炉各部位砌体砖缝厚度所作的规定,只要认真操作,是完全可以达到的,而且能满足生产顺行和炉子长寿的需要。

6.5.5 根据施工规范第6.1.2条、第6.1.3条和第6.3.3条综合编写,对内燃式、外燃式热风炉均适用。

砌体表面平整误差对保证砌体质量至关重要。根据历年来的施工经验,由于操作者操作不当,炉墙上表面经常砌成波浪样,愈砌愈难砌;组合砖砌体下炉墙上表面的标高控制不好,会直接影响到孔口组合砖砌体的几何尺寸、孔口水平中心标高,并造成组合砖单体砖的二次加工;炉顶下的炉墙上表面平整误差是保证炉顶砌体几何形状、膨胀缝尺寸和砖缝厚度的重要前提条件。

热风炉砌筑中,大量采用喷涂层、组合砖、交错砌筑的多孔格子砖、垂直滑动缝等新技术,而这些新技术都要求炉墙内径准确。因此,应严格按中心线控制喷涂层和砌体的半径。

对内燃式热风炉燃烧室炉墙的垂直度作严格要求,目的是保证炉墙砌体的稳定性和燃烧室的几何形状,满足使用功能的要求。

膨胀缝是保证砌体受热后稳定性和几何形状的重要条件,根据历年来的施工经验和生产实践,对膨胀缝宽度的允许误差作严格规定是完全有必要的。

6.5.7 根据施工规范第3.2.18条和第3.2.20条编写。膨胀缝是保证砌体受热后不变形、不窜火、稳定顺行和较长的使用寿命的重要因素之一。

6.6 热风炉砖格子

Ⅰ 主控项目

6.6.2 根据施工规范第6.3.11条编写。炉箅子上表面愈平整,格孔中心线对设计位置的误差就愈小,砌筑的砖格子就愈平整,格子砖与炉箅子的错位也愈小。能保证生产时气流顺行,有利于生产。

虽然炉箅子一般由安装单位安装,但在正式砌筑格子砖前,仍应认真检查验收,为后续的砌筑创造良好条件。

Ⅱ 一般项目

6.6.3 根据施工规范第6.3.16条编写。格孔堵塞会减少砖格子的蓄热面积,影响风温的提高,故根据以往施工经验和生产实践,将格孔的堵塞率定为不超过第一层砖格子完整格孔数量的3%。采用上、下带沟舌的多孔格子砖砌筑时,一般是上、下咬合砌筑;同时,与炉墙接触的周边格子砖采用预加工砌筑,加工砖碎块堵塞格孔的可能性很小,故不将砖格子的堵孔率作为检查项目。

用木楔楔紧砖格子与围墙之间的间隙,是为了防止冷态时边缘的格子砖产生位移,从而增强砖格子的稳定性,保证格孔畅通。

6.7 热风炉炉顶

Ⅰ 主控项目

6.7.3 根据施工规范第6.3.18条编写。按炉顶孔的中心和标高来确定球形拱顶砌砖(或喷涂层)的中心,可以使砌体与炉壳之间的间隙符合要求,便于热电偶管的安装。

Ⅱ 一般项目

6.7.4 根据施工规范第3.2.26条和第6.1.1条编写。热风炉炉顶砌体内表面易沿砖缝裂开,采用磷酸盐耐火泥浆砌筑后,炉顶裂缝大为减少。但由于炉顶长期处于高温和气流冲刷的条件下,故其砖缝厚度仍是很重要的质量验收指标之一。

6.7.5 根据施工规范第6.1.2条编写。内弧面平整、砖层表面的错牙小,说明砌筑时砖型使用得当,砖缝与半径方向一致，砌体内受力均匀，气流阻力小。炉顶内径是保证炉顶几何形状和使用功能的必要条件。膨胀缝是保证炉顶砌体受热后稳定性、几何形状和使用寿命的重要条件。

6.7.6 根据施工规范第 3.2.55 条编写。合门砖是拱顶的薄弱环节，应分布均匀。

6.8 热风管道

Ⅱ 一般项目

6.8.4 根据施工规范第 3.2.3 条和实际施工经验综合编写。管道内径是满足管道使用功能的重要条件之一。

6.8.5 为保证热风阀在生产使用过程中能正常开闭，应确保热风阀两边法兰面与管道耐火砌体之间的间隙尺寸。根据施工经验和生产实践，规定热风阀处法兰面与耐火砖砌体之间间隙尺寸的允许误差不应超过 0～+3mm。

6.8.6 根据施工规范第 3.2.18 条和第 3.2.20 条编写。

7 焦炉及干熄焦设备

焦炉砌筑工程具有独立施工条件，无其他附属设备，故可划分为一个单位工程。并应按结构、部位划分为基础平台砌体、蓄热室、斜烟道、炭化室和炉顶 5 个分部工程，每个分部工程可按 4～6 孔（室）为一区段划分为若干分项工程。每个分项工程与每个施工小组负责的孔（室）数的倍数相一致，这样有利于对施工小组的砌筑质量进行考核。当一个部位砌筑完成后，即可进行分项工程的质量验收，分部工程的验收也可同时进行。

一套干熄焦设备的砌筑工程，一般由熄焦室、除尘系统、余热锅炉 3 部分组成，除尘系统还包括集尘沉降槽和二次除尘器。故本次修订增加了集尘沉降槽砌体的验收条文，并对余热锅炉的验收作了界定。

7.1 焦炉基础平台砌体

Ⅰ 主控项目

7.1.2 焦炉基础平台普通黏土砖是使用加水泥的耐热泥浆砌筑。除具有一定的耐压强度外，还应具有一定的耐热性和气密性。由于不同于用砂浆砌筑的普通黏土砖砌体，故砖缝的泥浆饱满度应大于 90%。

砌完后的砌体不宜过多地掀砖检查，而应加强过程中的操作监督和塞尺检查。在分项工程的质量检验中，确定每个分项工程抽查 3 块砖，用百格网检查砖面与泥浆的粘接面积，计算其平均值。

Ⅱ 一般项目

7.1.3 为保证焦炉基础平台砌体顶面与滑动钢板更好地接触，以及在烘炉过程中炉体能够顺利滑动，对基础平台砌体顶面的表面平整误差作出规定。

7.1.4 为更好地控制炉子的整体标高，对基础平台砌体顶面标高的允许误差作出规定。检验时，在每个检验批中抽查相邻两道墙，测出机侧、机中、中心、焦中、焦侧各两点的标高值，计算出机侧、机中、中心、焦中、焦侧相邻测点间的标高差。

7.2 焦炉蓄热室

Ⅰ 主控项目

7.2.2 焦炉砌体砖缝的泥浆应饱满，避免气体窜漏而影响生产，故规定其砖缝的泥浆饱满度应大于 95%。焦炉砌体的结构和砖型较复杂，有些部位的砖无法用挤浆法砌筑，其垂直缝的泥浆饱满度较难保证。对于这些部位应加强勾缝，以保证该部位砖缝的泥浆饱满度也应大于 95%。

7.2.3 国内设计的大、中型焦炉都配有控制空气和高炉煤气流量的箅子砖。通过箅子砖孔的大小控制气体的流量，使加热后炭化室的温度分布均匀。由于箅子砖孔的大小对生产影响较大，加之耐火材料厂所生产的箅子砖的孔径尺寸误差偏大，故规定砌筑前应按设计要求，将箅子砖按箅孔的实际尺寸准确排列好后再进行砌筑。

Ⅱ 一般项目

7.2.5 焦炉各部位的膨胀缝和滑动缝十分重要，关系到烘炉期间焦炉砌体的顺利膨胀和滑动。通常在砌筑完上一层砖后，无法对该层的膨胀缝和滑动缝进行检查。故需加强过程中的检查工作，并做好记录。

7.2.6 为保证烟道的废气开闭器顺利安装，使两叉部突缘与小烟道承插口周围的间隙不致过大或过小，影响废气开闭器的安装质量，故作出此规定。

7.3 焦炉斜烟道

Ⅰ 主控项目

7.3.3 炭化室底面的逆向错牙会增大推焦时的阻力，影响推焦的顺利进行。为了提高焦炉的生产效率，延长焦炉的使用寿命，减少生产中的不利因素，故提出此要求。

验收时，每个分项工程抽查一个炭化室，并沿炭化室底的全长进行检查。

Ⅱ 一般项目

7.3.6 斜烟道出口处是控制进入燃烧室气体流量

的一个关口。气体流量过大或过小时，在其长度方向上，可用调节砖加以调节，而在其宽度方向上则无法进行调节。所以严格控制其宽度尺寸是十分必要的。

7.3.7 为了使推焦机的推焦杆不因炭化室底标高的允许误差过大而无法正常运行，特提出此要求。

7.4 焦炉炭化室

Ⅰ 主控项目

7.4.3 本条说明同第7.3.3条条文说明。但验收时，应在被抽检炭化室的两个墙面上全面进行检查。

Ⅱ 一般项目

7.4.5 在焦炉炭化室部位只有端墙留有膨胀缝，端墙膨胀缝与其他部位膨胀缝同样重要。分项工程验收时，膨胀缝的内部无法检查。故应加强施工过程中的检查工作，并做好记录。

7.4.6 炭化室炉头表面、墙面勾缝是一项比较重要的工作。将墙表面的砖缝勾紧，不仅美观，还可借此将砖缝表面的泥浆勾压密实，提高砖缝烧结后的强度。为避免勾缝不严、丢缝等现象，特制定本条。

7.5 焦炉炉顶

Ⅰ 主控项目

7.5.3 炭化室跨顶砖除要承受炉顶砖砌体的自重外，还要承受加煤车等重量。如果跨顶砖工作面有横向裂纹，可能会断裂，并且无法修理，直接影响生产。因此，制定本条文以严格要求，并加强这方面的施工管理和验收工作。

7.6 熄焦室冷却段

Ⅱ 一般项目

7.6.5 熄焦室冷却段顶部是斜风道支柱的基础，其圆弧度直接影响到支柱的受力分配，故制定本条。

7.7 熄焦室斜风道

Ⅰ 主控项目

7.7.3 熄焦室斜风道支柱的圆弧度直接影响到受力分配的均匀性和支柱的使用寿命，从而影响炉子的使用寿命，故制定本条。

7.8 熄焦室预存段

Ⅰ 主控项目

7.8.3 熄焦室两个相对γ射线孔的中心线位置应处在同一条直径线上，采用拉细钢丝的方法进行检查。生产过程中的上、下料位由此控制，故对其位置控制相对较严。

Ⅱ 一般项目

7.8.7 在砌体中，熄焦室砌体膨胀缝和滑动缝的留设十分重要，它关系到烘炉期间熄焦室砌体的顺利膨胀和滑动。通常在砌筑完上一层砖后，无法对该层的膨胀缝和滑动缝进行检查。需加强施工过程中的检查工作，并做好记录。

7.9 集尘沉降槽底、墙

Ⅱ 一般项目

7.9.3 根据多年的干熄焦筑炉检修经验，炉子内衬中影响干熄焦顺行和使用寿命的主要部位有如下几个：冷却段、斜风道、环形排风道、集尘沉降槽拱顶、集尘沉降槽隔墙等。故本次修订增加了集尘沉降槽砌体的允许误差和检验方法的内容。

7.10 集尘沉降槽拱顶

Ⅱ 一般项目

7.10.6 集尘沉降槽在生产时为负压状态，为避免拱顶填充粉料被吸进槽内堵塞料口，保证系统的气密性，特制定此条规定。

8 炼钢转炉、炼钢电炉、混铁炉、混铁车和RH精炼炉

8.1 炼 钢 转 炉

8.1.1 氧气顶吹转炉的分项工程、分部工程是根据炉子的结构部位和座（台）来进行划分的。

Ⅰ 主控项目

8.1.4 由于镁碳砖制砖精度的提高和溅渣护炉技术的推广，工作层一般是干砌，不需要接缝料。只有当砖的接触面不平和砖环合门时才允许使用耐火泥浆，且泥浆的厚度不得超过砖缝的允许厚度。

8.1.5 炉底工作层最上层砖应竖砌，是为了增强炉底层结构的稳定性，并防止砖的漂浮。转炉反球拱底与炉身墙的接触面，是砌体中的薄弱环节。该处砖如加工不平，势必导致砖缝厚度超过规定，使钢水容易渗透，并影响上部炉身墙的平整。活炉底与炉身接缝的质量直接关系到转炉的安全生产，应严格检查。

8.1.6 正确留设膨胀缝对炉衬的安全使用起着至关重要的作用，因此将此条列入主控项目。

Ⅱ 一般项目

8.1.8 炉底按十字形对称砌筑，砌体的整体性较其他形式好，尤其是圆形底和球形底更是如此。上、下层纵向砖缝错开，避免形成贯通缝，从而防止钢水沿贯通缝往下渗透。最上层炉底砖的纵向长缝与出钢口中心线成一交角，是为了防止钢水沿砖缝冲刷而损坏炉底。

8.1.9 转炉在冶炼过程中，炉体经常倾动。条文明确提出应错缝正确、合门紧密、位置错开且填料密实。

8.1.11 炉墙砖层的表面平整误差直接影响砌体的结构强度，同时也影响砖缝的厚度。

8.2 炼钢电炉

Ⅰ 主控项目

8.2.1 炼钢电炉的分项工程、分部工程是根据炉子的结构部位和座（台）来进行划分的。

8.2.5 炉底与炉身墙接触面是一直通缝，应严格控制其表面平整误差，防止出现较大的砖缝。

8.2.6 由于电极口及其周围砌体是技术要求高的关键部位，故条文中着重提出其接触处应严密。即砌筑时，砖应仔细加工、组砌正确，使其形成结构紧密的整体，特别忌用小条砖加工。

电极口砖圈的直径是否准确，也关系到电炉的正常生产。直径过小，会影响电极的正常生产操作；直径过大，又会导致大量烟尘窜出，损失热能、污染环境。

各电极口中心之间的距离应符合设计要求，以免电极口和电极棒的位置对不上。条文中规定的允许误差值是应达到的指标。

Ⅱ 一般项目

8.2.11 条文内容是检验球形（圆形）拱顶砌筑质量的主要方面。

球形（圆形）拱顶的内表面不平整、错牙过多，则砌体的放射缝与半径方向必然不相吻合，其弧度也无法符合设计要求。收口处呈现不规则的圆形，从而大大增加砖的加工量。球形拱顶的合门砖处，一般是该砖环的薄弱环节，如果分布不均匀或集中在一处，会降低拱顶的结构强度。

8.3 混铁炉

8.3.1 混铁炉砖的分项工程、分部工程是根据炉子的结构部位和座（台）来进行划分的。

Ⅰ 主控项目

8.3.4 填料是起隔热作用的散状材料，施工时往往为人们所忽视，不注意捣实。由于这种材料有一定的压缩性，如不捣实，在炉子生产加热转动时，砌体极易松动、变形，甚至出现坍塌等事故。

8.3.5 混铁炉的炉底和炉墙交接处、受铁口和炉顶交接处，都是砌体的薄弱部位。而且镁质材料加工困难，不易达到1mm的砖缝厚度；砖缝厚度超过规定值又会有铁水渗透的危险。故条文中规定，交接处的接缝均应严密。平砌的前、后墙与端墙交错砌成整体，可增加整个炉衬的整体性和稳定性，有利于防止铁水的渗漏。

8.3.6 混铁炉膨胀缝的留设较为复杂，通常设计图纸规定是每隔多少块砖留设一个膨胀缝。砌筑时，偶尔偏差一块砖还是允许的。

Ⅱ 一般项目

8.3.7 混铁炉是盛装铁水的设备，倾动频繁，故要求砌体砖缝厚度愈小愈好，防止铁水渗透。根据以往的经验，镁砖经过加工后，按施工规范规定的砖缝厚度精心砌筑的砌体，能够满足炉子正常生产的需要。

8.3.8 保证炉底砖列平直，是为了避免砌体出现三角缝。

8.3.9 混铁炉炉墙一般为平砌，其前、后墙与端墙、出铁口两侧墙与前墙都应交错砌成整体。生产时，混铁炉不仅要前后倾动，还要受到铁水的冲刷。如果这些部位不交错砌成整体，炉墙很容易拉裂坍塌。

8.4 混 铁 车

Ⅰ 主控项目

8.4.4 混铁车在运行或转动时，为了防止砌体松动，永久层黏土耐火砖应紧靠炉壳（或喷涂层）砌筑，其间不得有空隙，并一次性砌完。这点很重要，故列为主控项目。

8.4.5 混铁车的两端部与锥形部接触处是整个内衬的薄弱环节，如果接触不严，很容易渗漏铁水。

端部与炉壳间有一定的空隙用来填充可塑料或浇注料。填料应捣打密实，使其结合紧密，增强端部砌体的整体性。

Ⅱ 一般项目

8.4.7 错砌部位的纵向砖列平直、环砌部位的砖环平整垂直，是为了避免收口处出现扭斜、环缝处产生"张嘴"现象。

下半圆工作层和永久层之间的耐火浇注料密实找圆，可增强混铁车的整体性和严密性。其表面（纵向面、圆弧面）力求平整，为永久层的砌筑创造条件。

端墙砌得愈垂直，则锥体环砌的砖就愈平直，为环缝彼此平行创造良好的条件。

8.5 RH 精炼炉

8.5.1 RH 精炼炉可以拆分为底部、中部、顶部和插入管等部位单个进行施工,最后通过法兰将各个部位安装成整体。因此,可按可拆分的部位分为四个分项工程。

Ⅰ 主 控 项 目

8.5.4 工作层一般是用镁铬砖干砌,不需要接缝料。只有当砖的接触面不平和砖环合口时才允许使用耐火泥浆,但泥浆的厚度不得超过砖缝的允许厚度。

Ⅱ 一 般 项 目

8.5.5 RH 精炼炉对砖缝厚度的要求很严格,特别是插入管、循环管和底部等直接接触钢水的部位,其砖缝厚度不应超过 1mm。

8.5.7 插入管与循环管是用法兰连接,如果砖环与法兰盘之间的偏心度较大,插入管与循环管的连接处就会出现较大错台。这种错台不但对钢流、气流产生较大的阻力,还会减薄砌体的有效厚度。因此,为防止产生较大错台,应严格控制其偏心度。

8.5.8~8.5.11 由于 RH 精炼炉是在相对真空的条件下工作,故要求衬体具有较好的气密性。工作层与非工作层的砖缝尽量错开,防止直通缝;砌体与钢结构之间的耐火浇注料应捣打密实。工作层与非工作层之间应泥浆饱满、填料密实,法兰盘的连接应严密。同时还要求内衬平整,各种开孔(包括电极孔、摄像孔、合金料槽和窥视孔等)的留设位置和尺寸大小应符合设计要求。

8.5.12 RH 精炼炉对砖缝厚度的要求很严格,若砖层的表面平整误差较大,会导致较大的三角缝。

8.5.13 为了尽量减少气流、钢流的阻力,应严格控制砌体工作面的错牙。

9 均热炉、加热炉和热处理炉

本次修订将均热炉、加热炉和热处理炉分别单独成节编写,目的是与施工规范相适应,条文内容上也作了较大的修改。

对均热炉、加热炉和热处理炉的检验批、分项工程、分部工程的划分原则作了明确规定。

9.1 均 热 炉

Ⅰ 主 控 项 目

9.1.3 实践证明本条内容宽严适度,符合实际情况。由于目前均热炉炉膛的主烧嘴都设计在炉墙的上部,投产后炉膛和主烧嘴同时向上膨胀,故炉膛墙上表面和主烧嘴烧嘴砖的标高(冷态尺寸)应符合设计要求。

9.1.4 吊挂炉盖边缘的砌砖是较薄弱的环节,故应仔细加工砌筑。为避免吊挂炉盖周围的楔形砖经加工后的尺寸过小而影响砌筑质量,对其加工后的小头尺寸作了必要规定。

Ⅱ 一 般 项 目

9.1.7 拱形炉盖从四边拱脚开始砌筑,其对角线部分交错砌筑,对保证砌筑质量、加快施工进度都是有利的。

9.2 加热炉和热处理炉

Ⅰ 主 控 项 目

9.2.3 设计已考虑了炉子加热后各部位砌体的膨胀,施工时应注意。环形加热炉底边缘砖与炉墙凸缘砖及其以下墙间的环形间隙(冷态尺寸)不应小于设计尺寸,以免影响炉体的正常运转。

环形加热炉的内墙、外墙系圆形墙,内墙砖的大头均朝向炉内,受热膨胀会使砌体胀松。因此,砌筑时内墙应保持垂直。如向炉内倾斜,炉墙在生产时极易倾倒。

9.2.4 本条为新增内容。考虑到炉料荷重的影响,连续式加热炉水管托墙下面不应砌筑耐压强度较低的隔热耐火砖。因一般图纸上均不画大样图,也很少在图上加以说明,故纳入主控项目,引起注意。

加热炉的水管托墙最上层砖与水管托座间应紧密接触,其间不得有缝隙或松软材料,防止炉墙局部松动,造成水管下扰而影响推钢。

Ⅱ 一 般 项 目

9.2.7 本条为新增内容。烧嘴砖与烧嘴铁件(或烧嘴安装板)间如填松软材料,投产后该部位炉壳容易烧红变形。所以强调烧嘴砖应紧靠烧嘴铁件(或烧嘴安装板)砌筑,不应在其间填轻质隔热棉等松软材料。

10 反射炉、回转熔炼炉、闪速炉、艾萨炉、卧式转炉和矿热电炉

10.1 反 射 炉

10.1.1 条文中所列分项工程、分部工程是根据炉子的结构部位和座(台)划分的。

Ⅰ 主 控 项 目

10.1.4 根据施工规范第 10.1.6 条和第 10.1.7 条编写。生产中炉底承受高温和熔体的侵蚀,反拱砌体与侧墙、端墙的接触面为薄弱环节,较易渗透。故应精

细加工并湿砌，结合要紧密牢固。

Ⅱ 一般项目

10.1.6 根据施工规范第3.2.26条和第10.1.1条编写。反射炉在熔体侵蚀和高温的条件下工作，要求砌体稳固、耐高温、抗侵蚀、不渗漏。砖缝厚度是衡量和检验砌体质量的重要指标之一，所以条文强调该项的检查。

10.1.8 根据施工规范第10.1.3条编写。反拱下部捣打层只有捣打密实均匀、弧度准确，才能与其上、下层接合紧密，防止熔体渗漏。

10.1.9 根据施工规范第3.2.51条与实际施工经验综合编写。拱内应表面平整，按规定安设膨胀缝纸板和铁片。如果是止推吊压式或吊挂式拱顶，应安装相应的铁销子，弧度应准确圆滑，相应接触面吻合。这样砌体才牢固，在生产中才能抵抗高温与烟气的冲刷。

10.1.10 根据施工规范第3.2.10条、第3.2.20条、第10.1.9条和实际施工经验综合编写。反射炉墙体无论干砌还是湿砌，各孔口处都应仔细加工；错缝湿砌是因为这些部位受高温、熔体冲刷侵蚀以及操作机具碰撞等影响，容易松动损坏。

10.2 回转熔炼炉

10.2.1 回转熔炼炉（也称诺兰达炉）的分项工程是根据其结构部位划分的。

Ⅰ 主控项目

10.2.6 风口区是该炉最易损坏部位，其炉衬寿命决定了诺兰达炉衬的检修周期。为了防止高温及熔体对该部位的侵蚀，风口区除选用优质镁铬砖外，还应选用高强镁铬质泥浆砌筑。该部位不留膨胀缝，膨胀由相邻部位的砌体承受。

风口区砖与炉壳之间填约8mm厚碳化硅泥浆，是因碳化硅导热系数大、传热快。值得注意的是，碳化硅泥浆不能太厚，以免过厚的碳化硅层因钻孔而损坏，无法形成良好的传热层。

钻孔前，在风口区表面填约20mm厚高强镁铬质耐火泥浆。一般12h硬化后形成一个加固层整体，再支好木支撑，由外向内钻孔。填高强镁铬质耐火泥浆层可以防止钻孔时，机具对炉膛内所钻砖层的损坏。

Ⅱ 一般项目

10.2.7 根据施工规范第3.2.26条和第10.1.1条编写。

10.2.10 根据施工规范第10.4.4条和第10.4.7条编写。诺兰达炉炉内温度高、化学反应激烈、熔体渗透性强、炉体转动角度较大且频繁，所以端墙和圆周砌体应接合严密。关键部位风口区、加料口、烧嘴口、放渣口、测量孔均应精细加工并湿砌。砌体与炉壳之间的填充料应逐层填捣密实，防止砌体松动，增强砌体的整体性和稳定性，提高其抵抗高温、烟气以及熔体渗透冲刷的能力。

圆周横中心线上部砌体与炉壳之间按设计要求留设50mm空气间隙，且不填任何耐火材料（实为膨胀缝）是该炉的一个特点。该部位的砌筑是在操作平台上支好钢拱胎后进行的。

10.2.11、10.2.12 根据施工规范第10.4.5条、第10.4.9条和第10.4.10条综合编写。为保证冰铜放出口位置准确，砌筑时要求采用定位钢支架。炉口受高温烟气冲刷，生产时转动频繁，所以炉口反拱砖和反拱拱脚应精细加工并湿砌。炉口两侧最后一环砖合门时，利用炉体上部空气间隙，用1mm钢带将合门砖包围顶入砌体中，然后向下拉紧，注意合门砖不得使用直形砖。这种炉口合门砖砌筑技术与其他卧式转炉、回转式阳极炉有所不同，经实践证明可行且砌筑质量好，能保证砌筑的整体性与稳定性。

10.3 闪 速 炉

10.3.1 条文中所列分项工程是根据炉体的结构部位和冶炼流程划分的。

Ⅰ 主控项目

10.3.4、10.3.5 耐火浇注料和耐火捣打料在该冶金炉炉体砌筑中的使用量比以往大，且使用部位多。有必要增加该条，以强化对砌筑部位的质量控制。

10.3.7 各种耐火砌体在受热后均会产生不同程度的膨胀，膨胀缝能缓冲、吸收砌体的膨胀。各种膨胀缝均应按规定留设，否则会引起砌体变形，甚至胀裂。闪速炉结构复杂、温度高，高温区域可达1400℃以上，工作条件极为苛刻。故列入主控项目，严格要求。

10.3.8 我国第一座闪速炉于1985年年底建成投产，经过近20年的发展，高投料量、高冰铜品位、高富氧浓度、高热负荷的强化冶炼技术在闪速炉上得到应用。以炼铜闪速炉为例，单座闪速炉的产量由最初的年产铜10万t发展到年产铜30万t以上。为适应新的冶炼作业条件，闪速炉所采用的特殊立体冷却系统（该系统采用的水冷元件主要包含带翅片水冷铜管、水平铜水套、倾斜铜水套、倒"F"形铜水套、"H"形水冷梁等）也有所发展。水冷元件无论在品种上还是数量上都较以往有所增加，其分布范围也有所扩大。它们不仅延长了耐火内衬的使用寿命，还改善了操作环境。条文中要求各部位水冷装置周围及其与砌体之间的间隙应用设计规定的材料逐层填捣密实，就是为了加强砌体的整体性，保证冷却系统充分发挥其作用。

10.3.9 沉淀池吊挂砖主要集中在反应塔塔壁与沉淀

池连接部的三角区、沉淀池顶、上升烟道的倾斜顶与水平顶等处。这些部位跨度大，砌筑用砖大部分无大、小头。即使有很少一部分有大、小头，大、小头尺寸也相差甚微，不超过 5mm。砖完全依靠其上端吊挂件吊挂，因此，将该条列为主控项目。

Ⅱ 一般项目

10.3.10 根据施工规范第 3.2.26 条和第 10.1.1 条编写。

10.3.11 一般工业炉底、墙和拱顶的允许误差基本适用于闪速炉，故采用其有关项目。炉墙垂直误差及反应塔的内半径误差已列入一般项目（第 10.3.13 条），不再视作允许误差项目。

10.3.12 炉底反拱砌体弧度准确、错牙小可使两层反拱之间、反拱砌体与其下层砌体间相互接触严密，加强整体性。

10.3.13 根据施工规范第 3.2.3 条和实际施工经验综合编写。炉墙砌体的垂直度是保证炉墙与炉壳间隙均匀、炉墙砌体稳定的重要方面。鉴于闪速炉的工作条件极为苛刻，故列入质量验收项目。

10.3.14 冰铜放出口、渣口、料口及其他孔洞砌体常受到操作机具、物料和熔体的冲击摩擦，且高温下易受侵蚀并松动。故应仔细砌筑，保证其中心线符合设计要求，尺寸准确。

10.4 艾 萨 炉

10.4.1 条文中所列分项工程是根据其结构部位划分的。

Ⅰ 主控项目

10.4.2 为提高工业炉的砌筑质量，应选择优良的耐火材料，故列入主控项目。

10.4.3 砌体砖缝泥浆是否饱满，是衡量砖缝厚度和熔体渗透程度的参数，故列入主控项目。

10.4.4、10.4.5 为提高工业炉的砌筑质量，应选择优良的耐火材料，故列入主控项目。

10.4.7 熔炼炉膨胀缝的留设和填充材料的填塞是关键的砌筑步骤，应符合本规范第 3.2.8 条的规定。

10.4.8 艾萨炉（包括奥斯炉）是一种大型熔池熔炼炉，作为引进炉型，其冷却方式、各部位水冷装置周围及其与砌体之间的间隙都有独特的要求。所以，条文中要求应符合设计要求。

Ⅱ 一般项目

10.4.9 根据施工规范第 3.2.2 条、第 10.1.1 条和实际施工经验综合编写。

10.4.12 根据施工规范第 3.2.3 条和实际施工经验综合编写。炉墙砌体的垂直度是保证炉墙与炉壳及水套正确接触、炉墙砌体稳定的重要方面。鉴于艾萨炉的工作条件极为苛刻，故列入一般项目以引起重视。

10.4.13 同本规范第 10.3.14 条条文说明。

10.5 卧式转炉

10.5.1 因回转式阳极炉和卧式转炉炉体结构相近，且应用较少，故其砌筑工程可按卧式转炉的规定进行验收。其分项工程都是根据炉体的结构部位进行划分。

Ⅰ 主控项目

10.5.4 根据施工规范第 10.6.9 和第 10.6.10 条编写。风眼区是卧式转炉的重要部位，而风口区和冰铜放出口区是回转式阳极炉的重要部位，其工作条件均非常恶劣。风眼砖、风口砖和冰铜放出砖一般为梯形大块砖，单块砖的重量接近 50kg，砌筑难度较大。如砌筑不当，将导致风眼砖之间出现三角缝，容易引起砌体松动。风眼区、风口区和冰铜放出口区应填料密实，保证该区域砌体的整体性和严密性。

Ⅱ 一般项目

10.5.5 根据施工规范第 3.2.26 条和第 10.1.1 条编写。

10.5.7、10.5.8 根据施工规范第 10.6.4～10.6.6 条和第 10.6.11 条综合编写。卧式转炉和回转式阳极炉内温度较高，炉体转动角度大。故端墙和圆周砌体均应砌筑严密，防止砌体松动，以增强砌体的稳定性和耐熔体冲刷、侵蚀的能力。另外，圆周砌体采用转动砌筑，故锁砖应按施工规范规定锁紧，内外砖缝一致。

10.5.9 根据施工规范第 10.6.12 条编写。炉口常受高温物料冲刷，生产时转动频繁，极易损坏。故炉口支撑拱应紧靠拱下砌体、接触严密，以增强炉口砌体的稳定性和耐侵蚀性。

10.6 矿 热 电 炉

10.6.1 矿热电炉的种类较多，本条文是按一般矿热电炉的结构部位来划分分项工程的。

Ⅰ 主控项目

10.6.6 第一段条文同本规范第 10.1.4 条条文说明，第二段条文根据施工规范第 10.3.2 条编写。炉底接地线铜带与炉底砌体的接缝是整个炉底的薄弱环节，应砌筑严密，防止渗透。接地线如不按规定露出炉底上表面，则失去其接地作用。

Ⅱ 一般项目

10.6.8 根据施工规范第 3.2.26 条和第 10.1.1 条编写。

10.6.10 同本规范第 10.1.8 条和第 10.1.9 条条文

说明。

10.6.11 根据施工规范第10.3.3条和实际施工经验综合编写。为保证矿热电炉拱顶砌筑的准确性，对炉墙上表面的表面平整误差及两侧墙上表面的相对标高差作出规定。

10.6.12 根据施工规范第10.3.4条编写。炉顶孔口砌体为薄弱环节，周围砖应砌筑紧密，锁砖应避开孔口。矿热电炉炉顶结构复杂、孔口较多，其位置正确与否直接影响到设备的安装。

11 铝电解槽

Ⅰ 主控项目

11.0.3 由于目前在铝电解槽侧部小墙的砌筑中，大量使用复合碳化硅砖，因此本条增加了碳化硅砖砌筑的要求。

11.0.4 目前，国内绝大多数铝电解槽侧部小墙下的阴极钢棒间不再使用耐火砖砌体，而改用钢棒浇注料或耐火浇注料。因为在下一道工序中温度最高可达1100℃，所以本条强调对耐火浇注料质量的要求。

11.0.5 根据施工规范第11.1.4条编写。铝电解槽的强大电流是通过炭阳极引入，经槽内的铝电解液，由阴极炭块组的钢棒导出。要求阴、阳极均应具有较强的耐腐蚀性和良好的导电性。对与炭素捣打料或磷生铁接触的钢结构构件表面进行除锈，目的是使两者能够紧密接合，降低其接触电阻。

11.0.6 根据施工规范第11.2.3条编写。近年来不少铝厂用干式防渗料替代黏土耐火砖进行槽底砌筑，故增加本条。

11.0.7 根据施工规范第11.3.8条和第11.3.9条编写。炭素捣打料捣打密实、均匀，才能经受金属熔液的侵蚀，导电性好。炭素捣打料的压缩比应按施工条件和材料的性质、配合比在施工前由实验确定，但其压缩比应大于40%。

Ⅱ 一般项目

11.0.8 根据施工规范第11.1.5条编写。现在不少铝厂均强调，侧部炭块（碳化硅砖）相邻两块间的垂直缝（干砌）需在0.2mm以内，这在精心准备和施工的条件下是可以做到的。但由于目前国内耐火材料允许误差的限制以及施工条件和技术的局限，有时0.2mm的要求难以实现，故本条仍维持在0.3mm以内。现在电解槽侧部小墙的砌筑中，大量使用复合碳化硅砖，所以也增加了对碳化硅砖砌筑的要求。

11.0.10、11.0.11 根据施工规范第11.2.3条和实际施工经验综合编写。铝电解槽底部黏土耐火砖或振捣干式防渗料的顶面标高差直接关系到阴极钢棒是否能位于阴极窗口的中心；侧部黏土耐火砖墙面是否平整，将影响到侧部炭块的砌筑；现在铝电解槽槽底大多采用振捣干式防渗料施工，故本规范也增加了相应的验收要求。

11.0.12 根据施工规范第11.3.4条和第11.3.10条编写。阴极炭块组安装平稳且与底层接合严密，相邻炭块组的顶面标高差不超过规定值，这都是阴极炭块组安装的基本要求；并且要求阴极炭块组安装后的两侧边缘线与槽体纵横中心线的误差不超过规定值，以保证周围炭素捣打料施工的宽度和厚度。

11.0.13 要求侧部和角部炭块或碳化硅砖紧贴槽壳砌筑对保证砌筑质量有益，因此增加此内容。

11.0.14 根据施工规范第11.4.1条和第11.4.2条编写。实践证明，预焙阳极浇注的磷生铁与炭阳极、钢爪接合严密，炭阳极无水平方向的裂纹等，能保证阳极导电性能良好，延长其使用寿命。

12 炭素煅烧炉和炭素焙烧炉

12.1 炭素煅烧炉

12.1.1 每座炭素煅烧炉应为一个分部工程，分项工程可按煅烧炉的罐体结构划分。罐体中段是硅砖段，上、下段是黏土耐火砖段，故划分为3个分项工程。本条也根据目前质量验收的程序增加了检验批的划分。

Ⅰ 主控项目

12.1.3 由于煅烧炉的罐壁很薄，为防止火道与罐室窜漏，应对罐体内、外砖缝泥浆的饱满度进行检查。每层火道盖板盖死后，罐体外部的砖缝无法勾缝，故将相关的验收列入主控项目。

12.1.4 根据施工规范第12.2.5条编写。煅烧罐由上部装料、下部排料，罐体高而窄小。为了出料方便、操作顺利，规定煅烧罐砌体的内表面不应有与排料方向逆向的错牙，其顺向错牙也不应超过2mm。

Ⅱ 一般项目

12.1.8 根据施工规范第12.2.1条编写。多室煅烧罐同时向上砌筑。严格检查相邻煅烧罐、各组煅烧罐中心线的间距是否符合设计要求，无疑是砌筑质量验收的重要环节。

12.1.9 根据施工规范第12.2.6条编写。煅烧炉的主要部位采用硅砖，而下部和上部都是黏土耐火砖。因此，正确留设各部位、各砖种的膨胀缝以及它们之间的滑动缝，对保证煅烧炉的砌筑质量至关重要。

12.1.10 根据施工规范第12.1.3条编写。煅烧炉孔道众多、布置密集，有的转向频繁，有的分层封闭。为了保证孔道畅通，在换向与封闭前应对各孔道做彻底的清扫。并且应在封闭前会同建设、监理单位的质检人员共同检查,作出记录。

12.2 炭素焙烧炉

Ⅰ 主控项目

12.2.3 根据施工规范第12.3.4条编写。密闭式焙烧炉的料箱墙由于经过设计的改变,应随砌随匀缝。而近年来连通火道的结构也有了新的变化,故本条文作出相应补充。

Ⅱ 一般项目

12.2.5 根据施工规范第12.1.1条编写。砌体各部位的砖缝厚度是否符合要求,是工程质量检验的主要方面,故予以列出。

12.2.6 根据施工规范第12.3.1条编写。本条增加横墙中心线间距和操作孔中心线间距的允许误差,是由于这两个要求对焙烧炉的使用寿命都有直接的影响,实践证明也是切实可行的。

12.2.7 密闭式焙烧炉的炉底和炉墙基本与普通工业窑炉类同,故应符合本规范第3.2.6～3.2.10条的有关规定。此外,密闭式焙烧炉烧嘴中心的标高是炉子热工制度的重要环节,故根据施工规范第12.3.1条予以列入。关于孔道砌体,本规范第3.2.8条已有规定,本条文主要强调转向、封闭前的清扫工作。

12.2.8 敞开式焙烧炉的炉底和炉墙也应符合本规范第3.2.6～3.2.10条的有关规定。此外,按其结构特点,根据施工规范第12.3.9条和第12.3.12条作了补充。敞开式焙烧炉的火道墙是一个独立的砌体,其两端均插入横墙上的凹形槽内,故将凹形砌体墙面线尺寸的允许误差列入一般项目。

12.2.10 膨胀缝和滑动缝对火道墙的变形起着很关键的作用,故增加本条,强调对其的检验。

12.2.11 为保证连通火道与火道墙接口孔洞内壁墙体的厚度符合设计尺寸,故增加本条内容。

13 玻璃熔窑

13.0.1 本条提出按区段将玻璃熔窑分成烟道、蓄热室和小炉、熔化部和冷却部、供料通路和成型室等分项工程,并增加按施工段和材质划分检验批的规定。

Ⅰ 主控项目

13.0.3 根据玻璃熔窑的功能特点和使用要求,玻璃熔窑的几个主要部位需要干砌。除设计规定留设膨胀缝或加入填充物外,砖与砖之间应相互靠紧,不添填充物。对用于干砌部位的耐火材料,其干砌的接合面应进行切、磨加工;重要部位的砖需进行预排,以保证其接合紧密。

13.0.4 当采用湿砌时,玻璃熔窑关键部位的砌筑要求高于普通工业炉。特别是熔化部的拱和山墙的拱,检查时应注意。

13.0.5 成型室的尺寸、成型室与玻璃成型设备的相对位置直接关系到玻璃成型时的温度和玻璃产品产量的高低、质量的好坏,故将其列为主控项目。

13.0.6 拱脚砖必须紧靠拱脚梁对保证烘炉期间窑拱的整体均匀膨胀非常重要。

Ⅱ 一般项目

13.0.7 各部位砌体的砖缝厚度是否符合要求,是检验窑炉砌筑质量的主要方面,对保证玻璃熔窑的使用寿命和玻璃产品的质量非常重要。

13.0.9 砖格子表面水平,上、下层格孔垂直,砖格子与墙间缝隙符合设计要求是衡量蓄热室砌筑质量的主要环节。蓄热室、各小炉实际中心线与设计的误差是否符合要求,是保证小炉和胸墙结合部紧密接合的重要方面。

13.0.10 池底砖位置搁放准确是保证烘炉期间砌体整体均匀膨胀的重要方面。控制池壁顶面标高和按设计规定留设膨胀缝,对保证玻璃熔窑的使用寿命也很重要。

13.0.11 玻璃熔窑各部位的窑拱砌体,特别是熔化部窑拱的砌筑质量直接关系到玻璃熔窑的使用寿命和玻璃产品的质量。故对完工后的窑拱砌体,条文明确提出应对拱脚砖的位置和标高、砌体内表面的平整度进行检验。

13.0.12 为保证投产后玻璃的质量,规定完工后应对接触玻璃液的池壁、池底及其上部结构进行清理。

14 回转窑及其附属设备

14.0.1 回转窑与预热器系统、分解炉、窑门罩、冷却机、三次风管和沉降室等附属设备组成一个完整的烧成系统。每台回转窑的砌筑工程应为一个分部工程,并可按砌筑段划分为若干个分项工程。预热器系统的各级旋风筒(包括相应的下料管)及其进风管、分解炉、窑门罩、冷却机、三次风管和沉降室均各为一个分部工程。由于对这些附属设备衬里的砌筑基本上没有太多的特殊要求,本章只提及少数较为重要的验收条款,其他质量验收应按本规范的有关规定执行。

Ⅰ 主控项目

14.0.4 根据施工规范第14.1.2～14.1.4条综合编写。严格按基准线砌筑耐火砖,不但能保证砌筑质量,还能加快施工进度,并保证锁砖区的每环砖首尾相对，便于锁砖。为此，在砌筑回转窑和筒式冷却机内的耐火砖之前，应先做好窑筒内砌筑用基准线的放线工作。轴向基准线沿窑体周长每 1.5m 放一条，每条线均应与窑体的轴线平行；环向基准线沿窑体长度每 10m 放一条，每条线均应相互平行且垂直于窑体的轴线；实际施工控制线每隔 1～2m 放一条。基准线可借助激光装置和水准仪绘制，有时也可将窑体的轴向和环向焊缝作为辅助基准线。

14.0.5 根据施工规范第 14.1.13 条和第 14.1.14 条编写。回转窑和筒式冷却机的锁砖区往往是整个窑衬中最易被损坏的薄弱环节，所以各个砖环的锁缝正确极为重要。要求尽量用原砖锁砖，尽可能避免使用在楔形面上经过加工的砖。如不得已需要在厚度方向（楔形面）加工耐火砖，则应精细加工。

14.0.6 根据施工规范第 14.1.8 条和第 14.1.15 条编写。要在回转窑和筒式冷却机内砌出高质量的窑衬，还应做到砌体内的每一块砖与窑体"同心"。这就要求砖衬尽可能砌紧，不论在冷态下还是在热态运行中，每圈砖衬的顶部都与筒体紧贴；每环中相邻两砖的楔形面也紧密接触；每块砖大头的四个角尽量与筒体接触，避免局部应力集中的现象。需要用数块薄形的锁砖时，不得将它们在轴向或环向上连续并排使用，应用标准的主砖将它们隔开；锁砖打入后，还应用钢板再将砖环锁紧。每条锁口缝内只允许使用一块钢板，钢板的一边需磨尖，其厚度为 2～3mm；如需用几块钢板来锁砖时，应将它们均匀地分布在整个锁砖区内，尽量避免在薄形的锁砖边打入钢板。

Ⅱ 一 般 项 目

14.0.8 根据施工规范第 14.0.1 条编写。施工规范第 14.0.1 条中对回转窑和筒式冷却机衬里纵向缝的规定不够具体。湿法砌筑时，将纵向砖缝厚度控制在 2mm 以内是合理的；但是将干法砌筑时的纵向砖缝厚度也控制在 2mm 以内，就不太合理。因此，规定湿法砌筑时的纵向砖缝厚度应控制在 2mm 以内；干法砌筑（包括净砌筑法、钢板法砌筑镁质砖等）时纵向砖缝的厚度应符合设计规定。在回转窑和筒式冷却机衬里的砌筑过程中，纵向砖缝应尽可能小，而对环向砖缝的要求则比较宽松。本规范将两种砌筑情况下的环向砖缝厚度都规定在 3mm 以内。

14.0.9 要砌筑出高质量的回转窑和筒式冷却机耐火衬里，另一个关键要做到的是：环向砖缝与窑轴向线垂直，不能扭曲；纵向砖缝与窑轴向线平行，不应偏离。施工规范第 14.1.12 条只对交错砌筑时纵向砖缝的允许扭曲偏差作了规定，而没有提及环砌时环向砖缝的允许扭曲偏差。另外，实际施工中普遍使用环法砌筑，交错砌筑法则较少使用。因而，作为补充，本规范对环砌法和交错砌筑法的环向砖缝和纵向砖缝的允许扭曲偏差都作了明确的规定。

14.0.10 根据施工规范第 14.2.7 条编写。旋风筒和分解炉的锥体、窑尾烟室的下料斜坡等部位的内衬表面如不平整，生产过程中物料就会在这些部位逐渐堆积，堆积到一定程度后又会突然坍塌。这将破坏整个烧成系统的平衡，严重影响系统的正常运行。为此，本条特别对这些部位衬里的表面平整度作了必要的规定和要求。

15 隧道窑和辊道窑

15.1 隧 道 窑

15.1.1 隧道窑按窑体结构划分为窑墙、窑顶、窑车 3 个分项工程。

Ⅰ 主控项目

15.1.5 隧道窑窑体很长，超过 100m 甚至近 200m。在此长度方向上要使窑车顺利运行，窑体砌筑的标高和中心线，应以窑车轨面标高和轨道中心线为准，不得各行其是。

Ⅱ 一 般 项 目

15.1.7 检验各部位砌体的砖缝厚度是否符合规范要求，是窑炉砌筑质量验收的主要方面。施工规范第 15.1.1 条对隧道窑砌体的砖缝厚度作了规定，经多年实践证明是行之有效的。

15.1.8 施工规范允许误差表中的一些主要项目已在本节某些条文中提到。其他一些项目，经多年实践证明是行之有效的，故列入本条内容。隧道窑的膨胀缝通常留成直缝式，其留设要求在本规范第 15.1.11 条作了规定。此处仅对膨胀缝尺寸的允许误差作出规定。

15.1.9 曲封砖是隧道窑的关键部位。两侧墙曲封砖之间的间距、曲封砖顶面的标高与表面平整度的允许误差符合规定，才能保证其与窑车间的间隙符合设计要求，确保上部砌体的质量。条文中对两侧墙曲封砖之间间距误差的规定是根据施工规范第 15.1.3 条编写，以确保窑车的顺利运行。

15.1.10 生产时要保证窑车顺利运行，除应按本规范第 15.1.5 条的规定执行外，还应保证整个窑体的断面尺寸正确，包括高度、宽度、窑墙内表面与中心线的间距。本条分别制定了陶瓷窑和耐火窑的验收规定。

15.1.11～15.1.13 隧道窑膨胀缝的留设、外部普通黏土砖砌体和窑顶砌体的砌筑质量验收均与普通工业炉类同，故应按本规范第 3 章的有关规定执行。

15.2 辊 道 窑

15.2.1 辊道窑可按窑体结构划分分项工程。窑墙砌筑至辊孔处时，应对标高及表面平整度进行检查，故将窑墙分成辊孔砖下部与上部两个检验批。窑顶吊挂砖（拱顶砖）的砌筑非常关键，故单列为一个检验批。

15.2.4 辊道窑较长，辊孔砖的基准定位、尺寸直接影响到正常生产，故本条对其质量验收作出相应的规定。

Ⅱ 一般项目

15.2.6 各部位砌体的砖缝厚度是否符合规定，是检验窑炉砌筑质量的主要方面。本条是根据施工规范第15.1.1条及国家现行标准《陶瓷工业窑炉施工及验收规程》CECS 166：2004 第3.2.8条的规定编写。

15.2.7 辊道窑的砌筑质量对以后的生产和使用有很大影响，应高度重视辊道窑砌体各部位的允许误差，在施工过程中认真进行检查。本条是根据施工规范第15.1.3条及国家现行标准《陶瓷工业窑炉施工及验收规程》CECS 166：2004 第5.1.2条的规定编写。

15.2.8 辊道窑较长，辊孔砖的质量直接影响到生产，故本条对其质量验收作出相应的规定。

15.2.9 过桥砖一般为承重的异型砖，不应有质量缺陷，以免下沉或断裂。为了保证砖缝厚度和方便处理事故，本条文对其质量验收作了规定。

15.2.10 耐火陶瓷纤维的密封是为了保证辊道窑的气密性，以免冷风进入窑体，降低窑内温度，增大能耗。

15.2.12 辊道窑窑体砌筑时，应按设计要求留设膨胀缝，并用耐火陶瓷纤维束填充。箱体结构的辊道窑，一般2.0～2.2m为一节，每节砌体宜在箱体中部留设一道膨胀缝。

16 转化炉和裂解炉

16.1 一段转化炉

16.1.1 大型合成氨装置的转化系统是由一段转化炉和二段转化炉两部分组成。因此，每座一段转化炉应为一个分部工程，分项工程按区段进行划分。

Ⅰ 主控项目

16.1.6 根据施工规范第16.2.5条编写。炉顶砖与吊挂砖若搭接不好，在生产过程中容易造成掉砖事故，打坏烟道盖板，甚至将一段转化炉底部的下集气管打坏，严重影响炉子的正常生产。

Ⅱ 一般项目

16.1.7 根据施工规范第16.1.1条编写。砖缝是耐火砌体的薄弱环节，耐火砌体的破坏首先从砖缝开始。而砖缝厚度是衡量耐火砌体砌筑质量的重要指标，故本条文对其作出规定。

16.1.8 根据施工规范第16.1.2条编写。转化炉结构复杂，对砌体的严密性要求更为严格。多年实践证明，这些允许误差对保证炉子的砌筑质量和使用寿命大有好处。只要精心施工并加强质量管理和验收工作，是完全可以做到的。

16.1.9 根据施工规范第16.2.2条编写。炉墙隔热板紧贴炉壳铺砌，是为了得到良好的绝热效果。因此，本条规定隔热板铺砌平稳，板与板之间应靠紧，每处的轻微松动不应超过2块。

16.1.10 根据施工规范第3.2.38条、第3.2.39条和第16.2.3条综合编写。炉墙耐火砌体与炉壳的连接全靠拉砖钩，但有的施工单位对预埋拉砖钩重视不够。有的拉砖钩直径、长度不符合设计要求，有的预埋位置不准确、间距未按设计要求设置，甚至有漏埋现象，严重影响砌体的质量。因此，本条规定拉砖钩插入锚钉孔的深度应大于25mm，避免生产过程中砌体受热膨胀而导致拉砖钩脱离锚钉孔。

16.1.11 根据施工规范第16.2.19条编写。隔热耐火浇注料内衬的耐火性能与浇注料的密实程度有关，施工时，浇注方法直接影响到浇注体的密实性。因此，本条文强调输气总管隔热耐火浇注料应捣固密实，尤其是锐角处，并用X射线拍片检查是否有气孔存在。

16.1.12 根据施工规范第4.2.12条和第16.1.8条编写。浇注隔热耐火浇注料时，表面允许出现少量气孔。浇注体投产后，表面出现一些干燥裂纹也在所难免。但对检查出的缺陷应及时进行处理。

16.2 二段转化炉

16.2.1 每座二段转化炉应为一个分部工程，其分项工程可按结构部位划分为炉墙（拱脚）、炉底、球拱顶三部分。

Ⅰ 主控项目

16.2.5 隔热耐火浇注料的隔热性能与料体的密实程度有关，施工时其配合比和浇注方法直接影响到浇注料的密实性。因此，条文规定隔热耐火浇注料的内衬应密实。二段转化炉在高温气体下工作，要求浇注料具有良好的整体性，故不应留设施工缝。

16.2.6 根据施工规范第16.3.9条和第16.3.10条编写。为了确保球拱顶砌体的质量，满足气体合理均匀分布的要求，作此规定。

Ⅱ 一般项目

16.2.8 根据施工规范第 16.1.2 条编写。只要加强质量管理和检验工作，这些允许误差值均能达到并满足生产要求。

16.2.10 刚玉砖砌体比较复杂，施工质量的好坏直接关系到气体能否顺利进入废热锅炉。因此，刚玉砖组砌是否正确、砖缝泥浆是否饱满、烘烤是否得当等均是保证砌体质量的关键。

16.3 裂解炉

16.3.1 每座裂解炉应为一个分部工程，并可按区段将其划分为辐射段、对流段两个分项工程。

Ⅱ 一般项目

16.3.10 根据施工规范第 5.2.3 条和第 16.4.14 条编写。耐火陶瓷纤维毯刚度好、锚固钉留设位置正确，是为了防止耐火陶瓷纤维毯因下垂而出现空隙，影响炉子的隔热效果。同时还规定其应紧贴基层表面铺贴，保证耐火陶瓷纤维内衬的质量。

17 工业锅炉

Ⅰ 主控项目

17.0.4 通过砌体的水冷壁集箱和管道以及管道的滑动支座在冷态下就位、找正后，热态下会向自由端产生膨胀。故规定其不得固定，防止膨胀无法顺利进行。

17.0.5 工业锅炉长期在高温下运行，砌体中的锅炉零件和各种管子会因受热膨胀而发生移动。如果和耐火砌体（包括耐火浇注料）不加分开而结合在一起，将妨碍锅炉零件和管子的伸胀，导致砌体拉裂。故锅炉零件和各种管子的周围应按设计要求留设膨胀缝，并逐根（件）检查。

Ⅱ 一般项目

17.0.8 工业锅炉在高温下运行时，水冷壁排管随温度的升降而上下移动。如果不保持一定的距离或者间隙内夹有碎砖等，会影响水冷壁的自由伸缩，甚至磨坏管壁。

因工业锅炉炉墙较高，内衬耐火砖又较薄，故在黏土耐火砖墙和普通黏土砖墙之间设置拉砖钩，以增加内衬砌体的稳定性。拉砖钩的位置一般由设计规定，施工时可根据内、外墙砖层的情况适当调整。

17.0.9 耐火浇注料和钢筋的膨胀率不同，为防止高温下因膨胀出现问题，在埋设件和钢筋表面以沥青为隔离层，并不应漏刷。

附录 A 检验批质量验收记录

附录 A 是在原标准附录一的基础上并结合实际施工情况修改而成。将原标准"保证项目"、"基本项目"分别改为"主控项目"、"一般项目"，同时将"允许误差项目"合并进"一般项目"，并增加"监理或建设单位验收记录"一栏，由监理填写。

附录 B 分项工程质量验收记录

附录 B 是在原标准附录二的基础上修改而成。增加"监理或建设单位验收结论"一栏，由监理填写。

附录 C 分部（子分部）工程质量验收记录

附录 C 是在原标准附录二的基础上修改而成。增加"监理或建设单位验收结论"一栏，由监理填写。

附录 D 质量保证资料核查记录

附录 D 是在原标准附录三的基础上修改而成。增加"监理或建设单位验收结论"一栏，由监理填写。

本次修编取消了原标准附录四《单位工程观感质量评定表》。

附录 E 单位（子单位）工程质量竣工验收记录

附录 E 是在原标准附录五的基础上并结合实际施工情况修改而成。

附录 F 检验器具表

附录 F 是在原标准附录六的基础上修改而成。

中华人民共和国国家标准

综合布线系统工程验收规范

Code for engineering acceptance of generic cabling system

GB 50312—2007

主编部门：中华人民共和国信息产业部
批准部门：中华人民共和国建设部
施行日期：２００７年１０月１日

中华人民共和国建设部
公　告

第 620 号

建设部关于发布国家标准
《综合布线系统工程验收规范》的公告

现批准《综合布线系统工程验收规范》为国家标准，编号为 GB 50312—2007，自 2007 年 10 月 1 日起实施。其中，第 5.2.5 条为强制性条文，必须严格执行。原《建筑与建筑群综合布线系统工程验收规范》GB/T 50312—2000 同时废止。

本规范由建设部标准定额研究所组织中国计划出版社出版发行。

中华人民共和国建设部
二〇〇七年四月六日

前　言

本规范是根据建设部建标〔2004〕67 号文件《关于印发"二〇〇四年工程建设国家标准制定、修订计划"的通知》的要求，对原《建筑与建筑群综合布线系统工程验收规范》GB/T 50312—2000 工程建设国家标准进行了修订，由信息产业部作为主编部门，中国移动通信集团设计院有限公司会同其他参编单位组成规范编写组共同编写完成的。

本规范在修订过程中，编制组进行了广泛的市场调查并展开了多项专题研究，认真总结了规范执行过程中的经验和教训，加以补充完善和修改，广泛吸取国内有关单位和专家的意见。同时，参考了国内外相关标准规定的内容。

本规范中以黑体字标志的条文为强制性条文，必须严格执行。

本规范由建设部负责管理和对强制性条文的解释，信息产业部负责日常管理，中国移动通信集团设计院有限公司负责具体技术内容的解释。在应用过程中如有需要修改与补充的建议，请将有关资料寄送中国移动通信集团设计院有限公司（地址：北京市海淀区丹棱街 16 号，邮编：100080），以供修订时参考。

本规范主编单位、参编单位和主要起草人：

主　编　单　位：中国移动通信集团设计院有限公司

参　编　单　位：中国建筑标准设计研究院
中国建筑设计研究院
中国建筑东北设计研究院
现代集团华东建筑设计研究院有限公司
五洲工程设计研究院

主要起草人：张　宜　张晓微　孙　兰　李雪佩
张文才　陈　琪　成　彦　温伯银
赵济安　瞿二澜　朱立彤　刘　侃
陈汉民

目 次

1 总则 …………………………… 9—26—4
2 环境检查 ……………………… 9—26—4
3 器材及测试仪表工具检查 …… 9—26—4
4 设备安装检验 ………………… 9—26—5
5 缆线的敷设和保护方式检验 … 9—26—5
　5.1 缆线的敷设 ……………… 9—26—5
　5.2 保护措施 ………………… 9—26—6
6 缆线终接 ……………………… 9—26—7
7 工程电气测试 ………………… 9—26—8
8 管理系统验收 ………………… 9—26—9
9 工程验收 ……………………… 9—26—9

附录A 综合布线系统工程
　　　 检验项目及内容 ………… 9—26—10
附录B 综合布线系统工程电气
　　　 测试方法及测试内容 …… 9—26—11
附录C 光纤链路测试方法 ……… 9—26—18
附录D 综合布线工程管理
　　　 系统验收内容 …………… 9—26—19
附录E 测试项目和技术指标
　　　 含义 ……………………… 9—26—20
本规范用词说明 ………………… 9—26—21
附：条文说明 …………………… 9—26—22

1 总则

1.0.1 为统一建筑与建筑群综合布线系统工程施工质量检查、随工检验和竣工验收等工作的技术要求，特制定本规范。

1.0.2 本规范适用于新建、扩建和改建建筑与建筑群综合布线系统工程的验收。

1.0.3 综合布线系统工程实施中采用的工程技术文件、承包合同文件对工程质量验收的要求不得低于本规范规定。

1.0.4 在施工过程中，施工单位必须执行本规范有关施工质量检查的规定。建设单位应通过工地代表或工程监理人员加强工地的随工质量检查，及时组织隐蔽工程的检验和验收。

1.0.5 综合布线系统工程应符合设计要求，工程验收前应进行自检测试、竣工验收测试工作。

1.0.6 综合布线系统工程的验收，除应符合本规范外，还应符合国家现行有关技术标准、规范的规定。

2 环境检查

2.0.1 工作区、电信间、设备间的检查应包括下列内容：

1 工作区、电信间、设备间土建工程已全部竣工。房屋地面平整、光洁，门的高度和宽度应符合设计要求。

2 房屋预埋线槽、暗管、孔洞和竖井的位置、数量、尺寸均应符合设计要求。

3 铺设活动地板的场所，活动地板防静电措施及接地应符合设计要求。

4 电信间、设备间应提供220V带保护接地的单相电源插座。

5 电信间、设备间应提供可靠的接地装置，接地电阻值及接地装置的设置应符合设计要求。

6 电信间、设备间的位置、面积、高度、通风、防火及环境温、湿度等应符合设计要求。

2.0.2 建筑物进线间及入口设施的检查应包括下列内容：

1 引入管道与其他设施如电气、水、煤气、下水道等的位置间距应符合设计要求。

2 引入缆线采用的敷设方法应符合设计要求。

3 管线入口部位的处理应符合设计要求，并应检查采取排水及防止气、水、虫等进入的措施。

4 进线间的位置、面积、高度、照明、电源、接地、防火、防水等应符合设计要求。

2.0.3 有关设施的安装方式应符合设计文件规定的抗震要求。

3 器材及测试仪表工具检查

3.0.1 器材检验应符合下列要求：

1 工程所用缆线和器材的品牌、型号、规格、数量、质量应在施工前进行检查，应符合设计要求并具备相应的质量文件或证书，无出厂检验证明材料、质量文件或与设计不符者不得在工程中使用。

2 进口设备和材料应具有产地证明和商检证明。

3 经检验的器材应做好记录，对不合格的器件应单独存放，以备核查与处理。

4 工程中使用的缆线、器材应与订货合同或封存的产品在规格、型号、等级上相符。

5 备品、备件及各类文件资料应齐全。

3.0.2 配套型材、管材与铁件的检查应符合下列要求：

1 各种型材的材质、规格、型号应符合设计文件的规定，表面应光滑、平整，不得变形、断裂。预埋金属线槽、过线盒、接线盒及桥架等表面涂覆或镀层应均匀、完整，不得变形、损坏。

2 室内管材采用金属管或塑料管时，其管身应光滑、无伤痕，管孔无变形，孔径、壁厚应符合设计要求。

金属管槽应根据工程环境要求做镀锌或其他防腐处理。塑料管槽必须采用阻燃管槽，外壁应具有阻燃标记。

3 室外管道应按通信管道工程验收的相关规定进行检验。

4 各种铁件的材质、规格均应符合相应质量标准，不得有歪斜、扭曲、飞刺、断裂或破损。

5 铁件的表面处理和镀层应均匀、完整，表面光洁，无脱落、气泡等缺陷。

3.0.3 缆线的检验应符合下列要求：

1 工程使用的电缆和光缆型式、规格及缆线的防火等级应符合设计要求。

2 缆线所附标志、标签内容应齐全、清晰，外包装应注明型号和规格。

3 缆线外包装和外护套需完整无损，当外包装损坏严重时，应测试合格后再在工程中使用。

4 电缆应附有本批量的电气性能检验报告，施工前应进行链路或信道的电气性能及缆线长度的抽验，并做测试记录。

5 光缆开盘后应先检查光缆端头封装是否良好。光缆外包装或光缆护套如有损伤，应对该盘光缆进行光纤性能指标测试，如有断纤，应进行处理，待检查合格才允许使用。光纤检测完毕，光缆端头应密封固定，恢复外包装。

6 光纤接插软线或光跳线检验应符合下列规定：

1）两端的光纤连接器件端面应装配合适的保护盖帽。

2) 光纤类型应符合设计要求,并应有明显的标记。

3.0.4 连接器件的检验应符合下列要求:

1 配线模块、信息插座模块及其他连接器件的部件应完整,电气和机械性能等指标符合相应产品生产的质量标准。塑料材质应具有阻燃性能,并应满足设计要求。

2 信号线路浪涌保护器各项指标应符合有关规定。

3 光纤连接器件及适配器使用型式和数量、位置应与设计相符。

3.0.5 配线设备的使用应符合下列规定:

1 光、电缆配线设备的型式、规格应符合设计要求。

2 光、电缆配线设备的编排及标志名称应与设计相符。各类标志名称应统一,标志位置正确、清晰。

3.0.6 测试仪表和工具的检验应符合下列要求:

1 应事先对工程中需要使用的仪表和工具进行测试或检查,缆线测试仪表应附有相应检测机构的证明文件。

2 综合布线系统的测试仪表应能测试相应类别工程的各种电气性能及传输特性,其精度符合相应要求。测试仪表的精度应按相应的鉴定规程和校准方法进行定期检查和校准,经过相应计量部门校验取得合格证后,方可在有效期内使用。

3 施工工具,如电缆或光缆的接续工具:剥线器、光缆切断器、光纤熔接机、光纤磨光机、卡接工具等必须进行检查,合格后方可在工程中使用。

3.0.7 现场尚无检测手段取得屏蔽布线系统所需的相关技术参数时,可将认证检测机构或生产厂家附有的技术报告作为检查依据。

3.0.8 对绞电缆电气性能、机械特性、光缆传输性能及连接器件的具体技术指标和要求,应符合设计要求。经过测试与检查,性能指标不符合设计要求的设备和材料不得在工程中使用。

4 设备安装检验

4.0.1 机柜、机架安装应符合下列要求:

1 机柜、机架安装位置应符合设计要求,垂直偏差度不应大于 3mm。

2 机柜、机架上的各种零件不得脱落或碰坏,漆面不应有脱落及划痕,各种标志应完整、清晰。

3 机柜、机架、配线设备箱体、电缆桥架及线槽等设备的安装应牢固,如有抗震要求,应按抗震设计进行加固。

4.0.2 各类配线部件安装应符合下列要求:

1 各部件应完整,安装就位,标志齐全。

2 安装螺丝必须拧紧,面板应保持在一个平面上。

4.0.3 信息插座模块安装应符合下列要求:

1 信息插座模块、多用户信息插座、集合点配线模块安装位置和高度应符合设计要求。

2 安装在活动地板内或地面上时,应固定在接线盒内,插座面板采用直立和水平等形式;接线盒盖可开启,并应具有防水、防尘、抗压功能。接线盒盖面应与地面齐平。

3 信息插座底盒同时安装信息插座模块和电源插座时,间距及采取的防护措施应符合设计要求。

4 信息插座模块明装底盒的固定方法根据施工现场条件而定。

5 固定螺丝需拧紧,不应产生松动现象。

6 各种插座面板应有标识,以颜色、图形、文字表示所接终端设备业务类型。

7 工作区内终接光缆的光纤连接器件及适配器安装底盒应具有足够的空间,并应符合设计要求。

4.0.4 电缆桥架及线槽的安装应符合下列要求:

1 桥架及线槽的安装位置应符合施工图要求,左右偏差不应超过 50mm。

2 桥架及线槽水平度每米偏差不应超过 2mm。

3 垂直桥架及线槽应与地面保持垂直,垂直度偏差不应超过 3mm。

4 线槽截断处及两线槽拼接处应平滑、无毛刺。

5 吊架和支架安装应保持垂直,整齐牢固,无歪斜现象。

6 金属桥架、线槽及金属管各段之间应保持连接良好,安装牢固。

7 采用吊顶支撑柱布放缆线时,支撑点宜避开地面沟槽和线槽位置,支撑应牢固。

4.0.5 安装机柜、机架、配线设备屏蔽层及金属管、线槽、桥架使用的接地体应符合设计要求,就近接地,并应保持良好的电气连接。

5 缆线的敷设和保护方式检验

5.1 缆线的敷设

5.1.1 缆线敷设应满足下列要求:

1 缆线的型式、规格应与设计规定相符。

2 缆线在各种环境中的敷设方式、布放间距均应符合设计要求。

3 缆线的布放应自然平直,不得产生扭绞、打圈、接头等现象,不应受外力的挤压和损伤。

4 缆线两端应贴有标签,应标明编号,标签书写应清晰、端正和正确。标签应选用不易损坏的材料。

5 缆线应有余量以适应终接、检测和变更。对绞电缆预留长度:在工作区宜为 3~6cm,电信间宜为 0.5~2m,设备间宜为 3~5m;光缆布放路由宜盘留，预留长度宜为3~5m，有特殊要求的应按设计要求预留长度。

 6 缆线的弯曲半径应符合下列规定：
  1）非屏蔽4对对绞电缆的弯曲半径应至少为电缆外径的4倍。
  2）屏蔽4对对绞电缆的弯曲半径应至少为电缆外径的8倍。
  3）主干对绞电缆的弯曲半径应至少为电缆外径的10倍。
  4）2芯或4芯水平光缆的弯曲半径应大于25mm；其他芯数的水平光缆、主干光缆和室外光缆的弯曲半径应至少为光缆外径的10倍。

 7 缆线间的最小净距应符合设计要求：
  1）电源线、综合布线系统缆线应分隔布放，并应符合表5.1.1-1的规定。

表5.1.1-1 对绞电缆与电力电缆最小净距

条件	最小净距（mm）		
	380V <2kV·A	380V 2~5kV·A	380V >5kV·A
对绞电缆与电力电缆平行敷设	130	300	600
有一方在接地的金属槽道或钢管中	70	150	300
双方均在接地的金属槽道或钢管中②	10①	80	150

注：①当380V电力电缆<2kV·A，双方都在接地的线槽中，且平行长度≤10m时，最小间距可为10mm。
②双方都在接地的线槽中，系指两个不同的线槽，也可在同一线槽中用金属板隔开。

  2）综合布线与配电箱、变电室、电梯机房、空调机房之间最小净距宜符合表5.1.1-2的规定。

表5.1.1-2 综合布线电缆与其他机房最小净距

名称	最小净距（m）	名称	最小净距（m）
配电箱	1	电梯机房	2
变电室	2	空调机房	2

  3）建筑物内电、光缆暗管敷设与其他管线最小净距见表5.1.1-3的规定。

表5.1.1-3 综合布线缆线及管线与其他管线的间距

管线种类	平行净距（mm）	垂直交叉净距（mm）
避雷引下线	1000	300
保护地线	50	20
热力管（不包封）	500	500
热力管（包封）	300	300
给水管	150	20
煤气管	300	20
压缩空气管	150	20

  4）综合布线缆线宜单独敷设，与其他弱电系统缆线间距应符合设计要求。
  5）对于有安全保密要求的工程，综合布线缆线与信号线、电力线、接地线的间距应符合相应的保密规定。对于具有安全保密要求的缆线应采取独立的金属管或金属线槽敷设。

 8 屏蔽电缆的屏蔽层端到端应保持完好的导通性。

5.1.2 预埋线槽和暗管敷设缆线应符合下列规定：
 1 敷设线槽和暗管的两端宜用标志表示出编号等内容。
 2 预埋线槽宜采用金属线槽，预埋或密封线槽的截面利用率应为30%~50%。
 3 敷设暗管宜采用钢管或阻燃聚氯乙烯硬质管。布放大对数主干电缆及4芯以上光缆时，直线管道的管径利用率应为50%~60%，弯管道应为40%~50%。暗管布放4对对绞电缆或4芯及以下光缆时，管道的截面利用率应为25%~30%。

5.1.3 设置缆线桥架和线槽敷设缆线应符合下列规定：
 1 密封线槽内缆线布放应顺直，尽量不交叉，在缆线进出线槽部位、转弯处绑扎固定。
 2 缆线桥架内缆线垂直敷设时，在缆线的上端和每间隔1.5m处应固定在桥架的支架上；水平敷设时，在缆线的首、尾、转弯及每间隔5~10m处进行固定。
 3 在水平、垂直桥架中敷设缆线时，应对缆线进行绑扎。对绞电缆、光缆及其他信号电缆应根据缆线的类别、数量、缆径、缆线芯数分束绑扎。绑扎间距不宜大于1.5m，间距应均匀，不宜绑扎过紧或使缆线受到挤压。
 4 楼内光缆在桥架敞开敷设时应在绑扎固定段加装垫套。

5.1.4 采用吊顶支撑柱作为线槽在顶棚内敷设缆线时，每根支撑柱所辖范围内的缆线可以不设置密封线槽进行布放，但应分束绑扎，缆线应阻燃，缆线选用应符合设计要求。

5.1.5 建筑群子系统采用架空、管道、直埋、墙壁及暗管敷设电、光缆的施工技术要求应按照本地网通信线路工程验收的相关规定执行。

5.2 保护措施

5.2.1 配线子系统缆线敷设保护应符合下列要求：
 1 预埋金属线槽保护要求：
  1）在建筑物中预埋线槽，宜按单层设置，每一路由进出同一过路盒的预埋线槽均不应超过3根，线槽截面高度不宜超过25mm，总宽度不宜超过300mm。线槽路由中若包括过线盒和出线盒,截面高度宜在 70～100mm 范围内。
   2) 线槽直埋长度超过 30m 或在线槽路由交叉、转弯时,宜设置过线盒,以便于布放缆线和维修。
   3) 过线盒盖能开启,并与地面齐平,盒盖处应具有防灰与防水功能。
   4) 过线盒和接线盒盒盖应能抗压。
   5) 从金属线槽至信息插座模块接线盒间或金属线槽与金属钢管之间相连接时的缆线宜采用金属软管敷设。
 2 预埋暗管保护要求:
   1) 预埋在墙体中间暗管的最大管外径不宜超过 50 mm,楼板中暗管的最大管外径不宜超过 25mm,室外管道进入建筑物的最大管外径不宜超过 100mm。
   2) 直线布管每 30m 处应设置过线盒装置。
   3) 暗管的转弯角度应大于 90°,在路径上每根暗管的转弯角不得多于 2 个,并不应有 S 弯出现,有转弯的管段长度超过 20m 时,应设置管线过线盒装置;有 2 个弯时,不超过 15m 应设置过线盒。
   4) 暗管管口应光滑,并加有护口保护,管口伸出部位宜为 25～50mm。
   5) 至楼层电信间暗管的管口应排列有序,便于识别与布放缆线。
   6) 暗管内应安置牵引线或拉线。
   7) 金属管明敷时,在距接线盒 300mm 处,弯头处的两端,每隔 3m 处应采用管卡固定。
   8) 管路转弯的曲率半径不应小于所穿入缆线的最小允许弯曲半径,并且不应小于该管外径的 6 倍,如暗管外径大于 50mm 时,不应小于 10 倍。
 3 设置缆线桥架和线槽保护要求:
   1) 缆线桥架底部应高于地面 2.2m 及以上,顶部距建筑物楼板不宜小于 300mm,与梁及其他障碍物交叉处的距离不宜小于 50mm。
   2) 缆线桥架水平敷设时,支撑间距宜为 1.5～3m。垂直敷设时固定在建筑物结构体上的间距宜小于 2m,距地 1.8m 以下部分应加金属盖板保护,或采用金属走线柜包封,门应可开启。
   3) 直线段缆线桥架每超过 15～30m 或跨越建筑物变形缝时,应设置伸缩补偿装置。
   4) 金属线槽敷设时,在下列情况下应设置支架或吊架:线槽接头处;每间距 3m 处;离开线槽两端出口 0.5m 处;转弯处。
   5) 塑料线槽底固定点距离宜为 1m。

   6) 缆线桥架和缆线线槽转弯半径不应小于槽内线缆的最小允许弯曲半径,线槽直角弯处最小弯曲半径不应小于槽内最粗缆线外径的 10 倍。
   7) 桥架和线槽穿过防火墙体或楼板时,缆线布放完成后应采取防火封堵措施。
 4 网络地板缆线敷设保护要求:
   1) 线槽之间应沟通。
   2) 线槽盖板应可开启。
   3) 主线槽的宽度宜在 200～400mm,支线槽宽度不宜小于 70mm。
   4) 可开启的线槽盖板与明装插座底盒间应采用金属软管连接。
   5) 地板块与线槽盖板应抗压、抗冲击和阻燃。
   6) 当网络地板具有防静电功能时,地板整体应接地。
   7) 网络地板板块间的金属线槽段与段之间应保持良好导通并接地。
 5 在架空活动地板下敷设缆线时,地板内净空应为 150～300mm。若空调采用下送风方式则地板内净高应为 300～500mm。
 6 吊顶支撑柱中电力线和综合布线缆线合一布放时,中间应有金属板隔开,间距应符合设计要求。
5.2.2 当综合布线缆线与大楼弱电系统缆线采用同一线槽或桥架敷设时,子系统之间应采用金属板隔开,间距应符合设计要求。
5.2.3 干线子系统缆线敷设保护方式应符合下列要求:
 1 缆线不得布放在电梯或供水、供气、供暖管道竖井中,缆线不应布放在强电竖井中。
 2 电信间、设备间、进线间之间干线通道应沟通。
5.2.4 建筑群子系统缆线敷设保护方式应符合设计要求。
5.2.5 当电缆从建筑物外面进入建筑物时,应选用适配的信号线路浪涌保护器,信号线路浪涌保护器应符合设计要求。

6 缆线终接

6.0.1 缆线终接应符合下列要求:
 1 缆线在终接前,必须核对缆线标识内容是否正确。
 2 缆线中间不应有接头。
 3 缆线终接处必须牢固、接触良好。
 4 对绞电缆与连接器件连接应认准线号、线位色标,不得颠倒和错接。
6.0.2 对绞电缆终接应符合下列要求:
 1 终接时,每对对绞线应保持扭绞状态,扭绞松开长度对于3类电缆不应大于75mm；对于5类电缆不应大于13mm；对于6类电缆应尽量保持扭绞状态，减小扭绞松开长度。

2 对绞线与8位模块式通用插座相连时，必须按色标和线对顺序进行卡接。插座类型、色标和编号应符合图6.0.2的规定。两种连接方式均可采用，但在同一布线工程中两种连接方式不应混合使用。

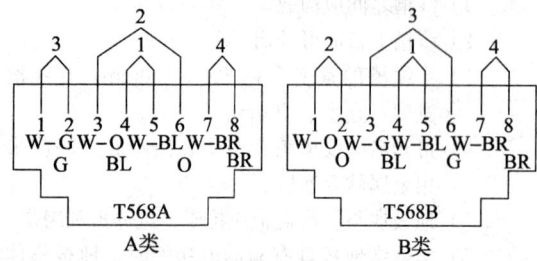

图6.0.2 8位模块式通用插座连接
G（Green）—绿；BL（Blue）—蓝；BR（Brown）—棕；
W（White）—白；O（Orange）—橙

3 7类布线系统采用非RJ45方式终接时，连接图应符合相关标准规定。

4 屏蔽对绞电缆的屏蔽层与连接器件终接处屏蔽罩应通过紧固器件可靠接触，缆线屏蔽层应与连接器件屏蔽罩360°圆周接触，接触长度不宜小于10mm。屏蔽层不应用于受力的场合。

5 对不同的屏蔽对绞线或屏蔽电缆，屏蔽层应采用不同的端接方法。应对编织层或金属箔与汇流导线进行有效的端接。

6 每个2口86面板底盒宜终接2条对绞电缆或1根2芯/4芯光缆，不宜兼做过路盒使用。

6.0.3 光缆终接与接续应采用下列方式：

1 光纤与连接器件连接可采用尾纤熔接、现场研磨和机械连接方式。

2 光纤与光纤接续可采用熔接和光连接子（机械）连接方式。

6.0.4 光缆芯线终接应符合下列要求：

1 采用光纤连接盘对光纤进行连接、保护，在连接盘中光纤的弯曲半径应符合安装工艺要求。

2 光纤熔接处应加以保护和固定。

3 光纤连接盘面板应有标志。

4 光纤连接损耗值，应符合表6.0.4的规定。

表6.0.4 光纤连接损耗值（dB）

连接类别	多模		单模	
	平均值	最大值	平均值	最大值
熔接	0.15	0.3	0.15	0.3
机械连接	—	0.3	—	0.3

6.0.5 各类跳线的终接应符合下列规定：

1 各类跳线缆线和连接器件间接触应良好，接线无误，标志齐全。跳线选用类型应符合系统设计要求。

2 各类跳线长度应符合设计要求。

7 工程电气测试

7.0.1 综合布线工程电气测试包括电缆系统电气性能测试及光纤系统性能测试。电缆系统电气性能测试项目应根据布线信道或链路的设计等级和布线系统的类别要求制定。各项测试结果应有详细记录，作为竣工资料的一部分。测试记录内容和形式宜符合表7.0.1-1和表7.0.1-2的要求。

表7.0.1-1 综合布线系统工程电缆（链路/信道）性能指标测试记录

序号	工程项目名称									
	编号			内容						备注
				电缆系统						
	地址号	缆线号	设备号	长度	接线图	衰减	近端串音	……	电缆屏蔽层连通情况	其他任选项目	
测试日期、人员及测试仪表型号测试仪表精度										
处理情况										

表7.0.1-2 综合布线系统工程光纤（链路/信道）性能指标测试记录

工程项目名称										
序号	编号			光缆系统						备注
	地址号	缆线号	设备号	多模				单模		
				850nm		1300nm		1310nm	1550nm	
				衰减（插入损耗）	长度	衰减（插入损耗）	长度	衰减（插入损耗）	长度	衰减（插入损耗）	长度	
测试日期、人员及测试仪表型号测试仪表精度										
处理情况										

7.0.2 对绞电缆及光纤布线系统的现场测试仪应符合下列要求：

1 应能测试信道与链路的性能指标。

2 应具有针对不同布线系统等级的相应精度，应考虑测试仪的功能、电源、使用方法等因素。

3 测试仪精度应定期检测，每次现场测试前仪表厂家应出示测试仪的精度有效期限证明。

7.0.3 测试仪表应具有测试结果的保存功能并提供输出端口，将所有存贮的测试数据输出至计算机和打印机，测试数据必须不被修改，并进行维护和文档管理。测试仪表应提供所有测试项目、概要和详细的报告。测试仪表宜提供汉化的通用人机界面。

8 管理系统验收

8.0.1 综合布线管理系统宜满足下列要求：

1 管理系统级别的选择应符合设计要求。

2 需要管理的每个组成部分均设置标签，并由唯一的标识符进行表示，标识符与标签的设置应符合设计要求。

3 管理系统的记录文档应详细完整并汉化，包括每个标识符相关信息、记录、报告、图纸等。

4 不同级别的管理系统可采用通用电子表格、专用管理软件或电子配线设备等进行维护管理。

8.0.2 综合布线管理系统的标识符与标签的设置应符合下列要求：

1 标识符应包括安装场地、缆线终端位置、缆线管道、水平链路、主干缆线、连接器件、接地等类型的专用标识，系统中每一组件应指定一个唯一标识符。

2 电信间、设备间、进线间所设置配线设备及信息点处均应设置标签。

3 每根缆线应指定专用标识符，标在缆线的护套上或在距每一端护套300mm内设置标签，缆线的终接点应设置标签标记指定的专用标识符。

4 接地体和接地导线应指定专用标识符，标签应设置在靠近导线和接地体的连接处的明显部位。

5 根据设置的部位不同，可使用粘贴型、插入型或其他类型标签。标签表示内容应清晰，材质应符合工程应用环境要求，具有耐磨、抗恶劣环境、附着力强等性能。

6 终接色标应符合缆线的布放要求，缆线两端终接点的色标颜色应一致。

8.0.3 综合布线系统各个组成部分的管理信息记录和报告，应包括如下内容：

1 记录应包括管道、缆线、连接器件及连接位置、接地等内容，各部分记录中应包括相应的标识符、类型、状态、位置等信息。

2 报告应包括管道、安装场地、缆线、接地系统等内容，各部分报告中应包括相应的记录。

8.0.4 综合布线系统工程如采用布线工程管理软件和电子配线设备组成的系统进行管理和维护工作，应按专项系统工程进行验收。

9 工程验收

9.0.1 竣工技术文件应按下列要求进行编制：

1 工程竣工后，施工单位应在工程验收以前，将工程竣工技术资料交给建设单位。

2 综合布线系统工程的竣工技术资料应包括以下内容：

1）安装工程量。

2）工程说明。

3）设备、器材明细表。

4）竣工图纸。
5）测试记录（宜采用中文表示）。
6）工程变更、检查记录及施工过程中，需更改设计或采取相关措施，建设、设计、施工等单位之间的双方洽商记录。
7）随工验收记录。
8）隐蔽工程签证。
9）工程决算。

3 竣工技术文件要保证质量，做到外观整洁，内容齐全，数据准确。

9.0.2 综合布线系统工程，应按本规范附录 A 所列项目、内容进行检验。检测结论作为工程竣工资料的组成部分及工程验收的依据之一。

1 系统工程安装质量检查，各项指标符合设计要求，则被检项目检查结果为合格；被检项目的合格率为100％，则工程安装质量判为合格。

2 系统性能检测中，对绞电缆布线链路、光纤信道应全部检测，竣工验收需要抽验时，抽样比例不低于10％，抽样点应包括最远布线点。

3 系统性能检测单项合格判定：
1）如果一个被测项目的技术参数测试结果不合格，则该项目判为不合格。如果某一被测项目的检测结果与相应规定的差值在仪表准确度范围内，则该被测项目应判为合格。
2）按本规范附录 B 的指标要求，采用 4 对对绞电缆作为水平电缆或主干电缆，所组成的链路或信道有一项指标测试结果不合格，则该水平链路、信道或主干链路判为不合格。
3）主干布线大对数电缆中按 4 对对绞线对测试，指标有一项不合格，则判为不合格。
4）如果光纤信道测试结果不满足本规范附录 C 的指标要求，则该光纤信道判为不合格。
5）未通过检测的链路、信道的电缆线对或光纤信道可在修复后复检。

4 竣工检测综合合格判定：
1）对绞电缆布线全部检测时，无法修复的链路、信道或不合格线对数量有一项超过被测总数的 1％，则判为不合格。光缆布线检测时，如果系统中有一条光纤信道无法修复，则判为不合格。
2）对绞电缆布线抽样检测时，被抽样检测点（线对）不合格比例不大于被测总数的 1％，则视为抽样检测通过，不合格点（线对）应予以修复并复检。被抽样检测点（线对）不合格比例如果大于 1％，则视为一次抽样检测未过，应进行加倍抽样，加倍抽样不合格比例不大于 1％，则视为抽样检测通过。若不合格比例仍大于 1％，则视为抽样检测不通过，应进行全部检测，并按全部检测要求进行判定。
3）全部检测或抽样检测的结论为合格，则竣工检测的最后结论为合格；全部检测的结论为不合格，则竣工检测的最后结论为不合格。

5 综合布线管理系统检测，标签和标识按 10％抽检，系统软件功能全部检测。检测结果符合设计要求，则判为合格。

附录 A 综合布线系统工程检验项目及内容

表 A 检验项目及内容

阶段	验收项目	验收内容	验收方式
施工前检查	1. 环境要求	（1）土建施工情况：地面、墙面、门、电源插座及接地装置； （2）土建工艺：机房面积、预留孔洞； （3）施工电源； （4）地板铺设； （5）建筑物入口设施检查	施工前检查
	2. 器材检验	（1）外观检查； （2）型式、规格、数量； （3）电缆及连接器件电气性能测试； （4）光纤及连接器件特性测试； （5）测试仪表和工具的检验	
	3. 安全、防火要求	（1）消防器材； （2）危险物的堆放； （3）预留孔洞防火措施	
设备安装	1. 电信间、设备间、设备机柜、机架	（1）规格、外观； （2）安装垂直、水平度； （3）油漆不得脱落，标志完整齐全； （4）各种螺丝必须紧固； （5）抗震加固措施； （6）接地措施	随工检验
	2. 配线模块及 8 位模块式通用插座	（1）规格、位置、质量； （2）各种螺丝必须拧紧； （3）标志齐全； （4）安装符合工艺要求； （5）屏蔽层可靠连接	
电、光缆布放（楼内）	1. 电缆桥架及线槽布放	（1）安装位置正确； （2）安装符合工艺要求； （3）符合布放缆线工艺要求； （4）接地	随工检验
	2. 缆线暗敷（包括暗管、线槽、地板下等方式）	（1）缆线规格、路由、位置； （2）符合布放缆线工艺要求； （3）接地	隐蔽工程签证

续表 A

阶段	验收项目	验收内容	验收方式
电、光缆布放（楼间）	1. 架空缆线	（1）吊线规格、架设位置、装设规格；（2）吊线垂度；（3）缆线规格；（4）卡、挂间隔；（5）缆线的引入符合工艺要求	随工检验
	2. 管道缆线	（1）使用管孔孔位；（2）缆线规格；（3）缆线走向；（4）缆线的防护设施的设置质量	隐蔽工程签证
	3. 埋式缆线	（1）缆线规格；（2）敷设位置、深度；（3）缆线的防护设施的设置质量；（4）回土夯实质量	
	4. 通道缆线	（1）缆线规格；（2）安装位置、路由；（3）土建设计符合工艺要求	
	5. 其他	（1）通信线路与其他设施的间距；（2）进线室设施安装、施工质量	随工检验或隐蔽工程签证
缆线终接	1. 8位模块式通用插座	符合工艺要求	随工检验
	2. 光纤连接器件	符合工艺要求	
	3. 各类跳线	符合工艺要求	
	4. 配线模块	符合工艺要求	
系统测试	1. 工程电气性能测试	（1）连接图；（2）长度；（3）衰减；（4）近端串音；（5）近端串音功率和；（6）衰减串音比；（7）衰减串音功率和；（8）等电平远端串音；（9）等电平远端串音功率和；（10）回波损耗；（11）传播时延；（12）传播时延偏差；（13）插入损耗；（14）直流环路电阻；（15）设计中特殊规定的测试内容；（16）屏蔽层的导通	竣工检验
	2. 光纤特性测试	（1）衰减；（2）长度	

续表 A

阶段	验收项目	验收内容	验收方式
管理系统	1. 管理系统级别	符合设计要求	竣工检验
	2. 标识符与标签设置	（1）专用标识符类型及组成；（2）标签设置；（3）标签材质及色标	
	3. 记录和报告	（1）记录信息；（2）报告；（3）工程图纸	
工程总验收	1. 竣工技术文件	清点、交接技术文件	
	2. 工程验收评价	考核工程质量，确认验收结果	

注：系统测试内容的验收亦可在随工中进行检验。

附录 B 综合布线系统工程电气测试方法及测试内容

B.0.1 3类和5类布线系统按照基本链路和信道进行测试，5e类和6类布线系统按照永久链路和信道进行测试，测试按图 B.0.1-1～图 B.0.1-3 进行连接。

1 基本链路连接模型应符合图 B.0.1-1 的方式。

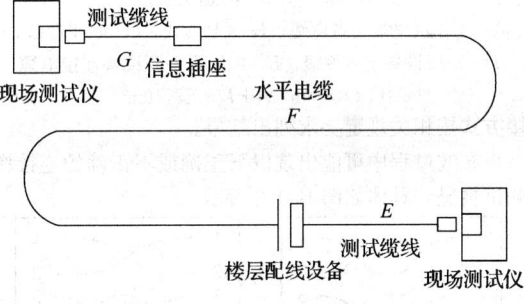

图 B.0.1-1 基本链路方式
$G=E=2m$ $F\leqslant 90m$

2 永久链路连接模型：适用于测试固定链路（水平电缆及相关连接器件）性能。链路连接应符合图 B.0.1-2 的方式。

3 信道连接模型：在永久链路连接模型的基础上，包括了工作区和电信间的设备电缆和跳线在内的整体信道性能。信道连接应符合图 B.0.1-3 方式。

信道包括：最长 90m 的水平缆线、信息插座模块、集合点、电信间的配线设备、跳线、设备线缆在内，总长不得大于 100m。

B.0.2 测试包括以下内容：

1 接线图的测试，主要测试水平电缆终接在工作区或电信间配线设备的 8 位模块式通用插座的安装连接正确或错误。正确的线对组合为：1/2、3/6、4/5、7/8，分为非屏蔽和屏蔽两类，对于非 RJ45 的连

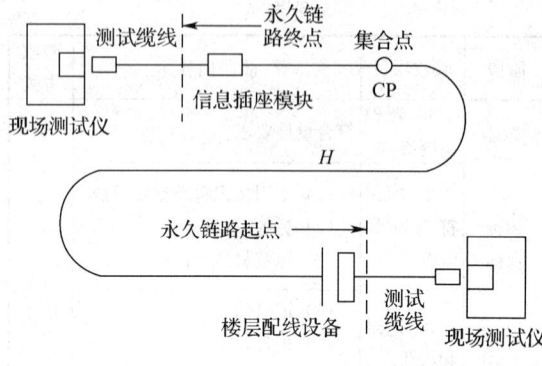

图 B.0.1-2 永久链路方式
H—从信息插座至楼层配线设备
（包括集合点）的水平电缆，H≤90m

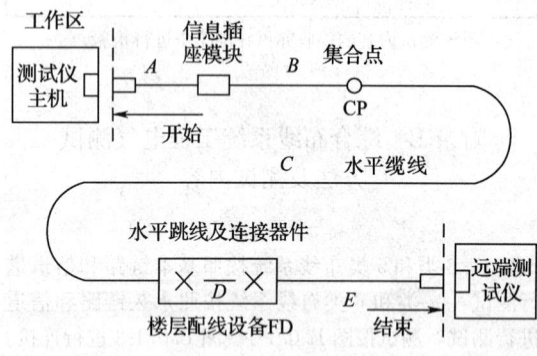

图 B.0.1-3 信道方式
A—工作区终端设备电缆；B—CP 缆线；C—水平缆线；
D—配线设备连接跳线；E—配线设备到设备连接电缆
B+C≤90m A+D+E≤10m

接方式按相关规定要求列出结果。

布线过程中可能出现以下正确或不正确的连接图测试情况，具体如图 B.0.2 所示。

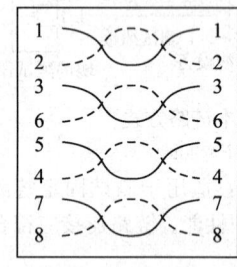
（a）正确连接

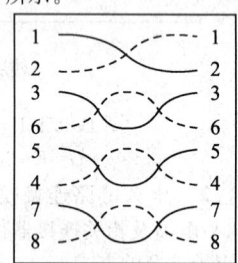
（b）反向线对

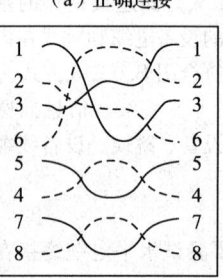
（c）交叉线对

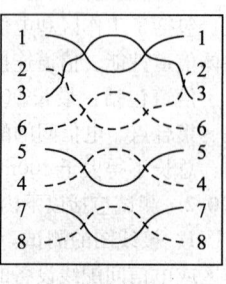
（d）串对

图 B.0.2 接线图

2 布线链路及信道缆线长度应在测试连接图所要求的极限长度范围之内。

B.0.3 3 类和 5 类水平链路及信道测试项目及性能指标应符合表 B.0.3-1 和表 B.0.3-2 的要求（测试条件为环境温度 20℃）。

表 B.0.3-1 3 类水平链路及信道性能指标

频率（MHz）	基本链路性能指标		信道性能指标	
	近端串音(dB)	衰减(dB)	近端串音(dB)	衰减(dB)
1.00	40.1	3.2	39.1	4.2
4.00	30.7	6.1	29.3	7.3
8.00	25.9	8.8	24.3	10.2
10.00	24.3	10.0	22.7	11.5
16.00	21.0	13.2	19.3	14.9
长度（m）	94		100	

表 B.0.3-2 5 类水平链路及信道性能指标

频率（MHz）	基本链路性能指标		信道性能指标	
	近端串音(dB)	衰减(dB)	近端串音(dB)	衰减(dB)
1.00	60.0	2.1	60.0	2.5
4.00	51.8	4.0	50.6	4.5
8.00	47.1	5.7	45.6	6.3
10.00	45.5	6.3	44.0	7.0
16.00	42.3	8.2	40.6	9.2
20.00	40.7	9.2	39.0	10.3
25.00	39.1	10.3	37.4	11.4
31.25	37.6	11.5	35.7	12.8
62.50	32.7	16.7	30.6	18.5
100.00	29.3	21.6	27.1	24.0
长度（m）	94		100	

注：基本链路长度为 94m，包括 90m 水平缆线及 4m 测试仪表的测试电缆长度，在基本链路中不包括 CP 点。

B.0.4 5e 类、6 类和 7 类信道测试项目及性能指标应符合以下要求（测试条件为环境温度 20℃）。

1 回波损耗（RL）：只在布线系统中的 C、D、E、F 级采用，信道的每一线对和布线的两端均应符合回波损耗值的要求，布线系统信道的最小回波损耗值应符合表 B.0.4-1 的规定，并可参考表 B.0.4-2 所列关键频率的回波损耗建议值。

表 B.0.4-1 信道回波损耗值

级别	频率（MHz）	最小回波损耗（dB）
C	1≤f≤16	15.0
D	1≤f<20	17.0
	20≤f≤100	30−10 lg（f）
E	1≤f<10	19.0
	10≤f<40	24−5 lg（f）
	40≤f≤250	32−10 lg（f）
F	1≤f<10	19.0
	10≤f<40	24−5 lg（f）
	40≤f<251.2	32−10 lg（f）
	251.2≤f≤600	8.0

表 B.0.4-2　信道回波损耗建议值

频率 (MHz)	最小回波损耗（dB）			
	C 级	D 级	E 级	F 级
1	15.0	17.0	19.0	19.0
16	15.0	17.0	18.0	18.0
100	—	10.0	12.0	12.0
250	—	—	8.0	8.0
600	—	—	—	8.0

2 插入损耗（IL）：布线系统信道每一线对的插入损耗值应符合表 B.0.4-3 的规定，并可参考表 B.0.4-4 所列关键频率的插入损耗建议值。

表 B.0.4-3　信道插入损耗值

级别	频率（MHz）	最大插入损耗（dB）
A	$f=0.1$	16.0
B	$f=0.1$	5.5
	$f=1$	5.8
C	$1\leqslant f\leqslant 16$	$1.05\times(3.23\sqrt{f})+4\times 0.2$
D	$1\leqslant f\leqslant 100$	$1.05\times(1.9108\sqrt{f}+0.0222\times f$ $+0.2/\sqrt{f})+4\times 0.04\sqrt{f}$
E	$1\leqslant f\leqslant 250$	$1.05\times(1.82\sqrt{f}+0.0169\times f$ $+0.25/\sqrt{f})+4\times 0.02\sqrt{f}$
F	$1\leqslant f\leqslant 600$	$1.05\times(1.8\sqrt{f}+0.01\times f$ $+0.2/\sqrt{f})+4\times 0.02\sqrt{f}$

注：插入损耗（IL）的计算值小于 4.0dB 时均按 4.0dB 考虑。

表 B.0.4-4　信道插入损耗建议值

频率 (MHz)	最大插入损耗（dB）				
	A 级	B 级	C 级	D 级	E 级	F 级
0.1	16.0	5.5	—	—	—	—
1	—	5.8	4.2	4.0	4.0	4.0
16	—	—	14.4	9.1	8.3	8.1
100	—	—	—	24.0	21.7	20.8
250	—	—	—	—	35.9	33.8
600	—	—	—	—	—	54.6

3 近端串音（NEXT）：在布线系统信道的两端，线对与线对之间的近端串音值均应符合表 B.0.4-5 的规定，并可参考表 B.0.4-6 所列关键频率的近端串音建议值。

表 B.0.4-5　信道近端串音值

级别	频率 (MHz)	最小 NEXT（dB）
A	$f=0.1$	27.0
B	$0.1\leqslant f\leqslant 1$	$25-15\lg(f)$
C	$1\leqslant f\leqslant 16$	$39.1-16.4\lg(f)$
D	$1\leqslant f\leqslant 100$	$-20\lg[10^{\frac{65.3-15\lg(f)}{-20}}+2\times 10^{\frac{83-20\lg(f)}{-20}}]$①

续表 B.0.4-5

级别	频率 (MHz)	最小 NEXT（dB）
E	$1\leqslant f\leqslant 250$	$-20\lg[10^{\frac{74.3-15\lg(f)}{-20}}+2\times 10^{\frac{94-20\lg(f)}{-20}}]$②
F	$1\leqslant f\leqslant 600$	$-20\lg[10^{\frac{102.4-15\lg(f)}{-20}}+2\times 10^{\frac{102.4-15\lg(f)}{-20}}]$②

注：① NEXT 计算值大于 60.0dB 时均按 60.0dB 考虑。
② NEXT 计算值大于 65.0dB 时均按 65.0dB 考虑。

表 B.0.4-6　信道近端串音建议值

频率 (MHz)	最小 NEXT（dB）				
	A 级	B 级	C 级	D 级	E 级	F 级
0.1	27.0	40.0	—	—	—	—
1	—	25.0	39.1	60.0	65.0	65.0
16	—	—	19.4	43.6	53.2	65.0
100	—	—	—	30.1	39.9	62.9
250	—	—	—	—	33.1	56.9
600	—	—	—	—	—	51.2

4 近端串音功率和（PS NEXT）：只应用于布线系统的 D、E、F 级，信道的每一线对和布线的两端均应符合 PS NEXT 值要求，布线系统信道的最小 PS NEXT 值应符合表 B.0.4-7 的规定，并可参考表 B.0.4-8 所列关键频率的近端串音功率和建议值。

表 B.0.4-7　信道 PS NEXT 值

级别	频率 (MHz)	最小 PS NEXT（dB）
D	$1\leqslant f\leqslant 100$	$-20\lg[10^{\frac{62.3-15\lg(f)}{-20}}+2\times 10^{\frac{80-20\lg(f)}{-20}}]$①
E	$1\leqslant f\leqslant 250$	$-20\lg[10^{\frac{72.3-15\lg(f)}{-20}}+2\times 10^{\frac{90-20\lg(f)}{-20}}]$①
F	$1\leqslant f\leqslant 600$	$-20\lg[10^{\frac{99.4-15\lg(f)}{-20}}+2\times 10^{\frac{99.4-15\lg(f)}{-20}}]$②

注：① PS NEXT 计算值大于 57.0dB 时均按 57.0dB 考虑。
② PS NEXT 计算值大于 62.0dB 时均按 62.0dB 考虑。

表 B.0.4-8　信道 PS NEXT 建议值

频率 (MHz)	最小 PS NEXT（dB）		
	D 级	E 级	F 级
1	57.0	62.0	62.0
16	40.6	50.6	62.0
100	27.1	37.1	59.9
250	—	30.2	53.9
600	—	—	48.2

5 线对与线对之间的衰减串音比（ACR）：只应用于布线系统的 D、E、F 级，信道的每一线对和布线的两端均应符合 ACR 值要求。布线系统信道的 ACR 值可用以下计算公式进行计算，并可参考表 B.0.4-9 所列关键频率的 ACR 建议值。

线对 i 与 k 间衰减串音比的计算公式：

$$ACR_{ik} = NEXT_{ik} - IL_k \qquad (B.0.4-1)$$

式中 i——线对号；
　　　k——线对号；
　　$NEXT_{ik}$——线对 i 与线对 k 间的近端串音；
　　　IL_k——线对 k 的插入损耗。

表 B.0.4-9　信道 ACR 建议值

频率 (MHz)	最小 ACR (dB)		
	D 级	E 级	F 级
1	56.0	61.0	61.0
16	34.5	44.9	56.9
100	6.1	18.2	42.1
250	—	−2.8	23.1
600	—	—	−3.4

6 ACR 功率和（PS ACR）：为近端串音功率和与插入损耗之间的差值，信道的每一线对和布线的两端均应符合要求。布线系统信道的 PS ACR 值可用以下计算公式进行计算，并可参考表 B.0.4-10 所列关键频率的 PS ACR 建议值。

线对 k 的 ACR 功率和的计算公式：

$$PS\ ACR_k = PS\ NEXT_k - IL_k \qquad (B.0.4-2)$$

式中　　　k——线对号；
　　$PS\ NEXT_k$——线对 k 的近端串音功率和；
　　　IL_k——线对 k 的插入损耗。

表 B.0.4-10　信道 PS ACR 建议值

频率 (MHz)	最小 PS ACR (dB)		
	D 级	E 级	F 级
1	53.0	58.0	58.0
16	31.5	42.3	53.9
100	3.1	15.4	39.1
250	—	−5.8	20.1
600	—	—	−6.4

7 线对与线对之间等电平远端串音（ELFEXT）：为远端串音与插入损耗之间的差值，只应用于布线系统的 D、E、F 级。布线系统信道每一线对的 ELFEXT 数值应符合表 B.0.4-11 的规定，并可参考表 B.0.4-12 所列关键频率的 ELFEXT 建议值。

表 B.0.4-11　信道 ELFEXT 值

级别	频率 (MHz)	最小 ELFEXT (dB)①
D	$1 \leqslant f \leqslant 100$	$-20\lg[10^{\frac{63.8-20\lg(f)}{-20}} + 4 \times 10^{\frac{75.1-20\lg(f)}{-20}}]$②
E	$1 \leqslant f \leqslant 250$	$-20\lg[10^{\frac{67.8-20\lg(f)}{-20}} + 4 \times 10^{\frac{83.1-20\lg(f)}{-20}}]$②
F	$1 \leqslant f \leqslant 600$	$-20\lg[10^{\frac{94-20\lg(f)}{-20}} + 4 \times 10^{\frac{90-15\lg(f)}{-20}}]$③

注：① 与测量的近端串音 FEXT 值对应的 ELFEXT 值若大于 70.0dB 则仅供参考。
　　② ELFEXT 计算值大于 60.0dB 时均按 60.0dB 考虑。
　　③ ELFEXT 计算值大于 65.0dB 时均按 65.0dB 考虑。

表 B.0.4-12　信道 ELFEXT 建议值

频率 (MHz)	最小 ELFEXT (dB)		
	D 级	E 级	F 级
1	57.4	63.3	65.0
16	33.3	39.2	57.5
100	17.4	23.3	44.4
250	—	15.3	37.8
600	—	—	31.3

8 等电平远端串音功率和（PS ELFEXT）：布线系统信道每一线对的 PS ELFEXT 数值应符合表 B.0.4-13 的规定，并可参考表 B.0.4-14 所列关键频率的 PS ELFEXT 建议值。

表 B.0.4-13　信道 PS ELFEXT 值

级别	频率 (MHz)	最小 PS ELFEXT (dB)①
D	$1 \leqslant f \leqslant 100$	$-20\lg[10^{\frac{60.8-20\lg(f)}{-20}} + 4 \times 10^{\frac{72.1-20\lg(f)}{-20}}]$②
E	$1 \leqslant f \leqslant 250$	$-20\lg[10^{\frac{64.8-20\lg(f)}{-20}} + 4 \times 10^{\frac{80.1-20\lg(f)}{-20}}]$②
F	$1 \leqslant f \leqslant 600$	$-20\lg[10^{\frac{91-20\lg(f)}{-20}} + 4 \times 10^{\frac{87-15\lg(f)}{-20}}]$③

注：① 与测量的远端串音 FEXT 值对应的 PS ELFEXT 值若大于 70.0dB 则仅供参考。
　　② PS ELFEXT 计算值大于 57.0dB 时均按 57.0dB 考虑。
　　③ PS ELFEXT 计算值大于 62.0dB 时均按 62.0dB 考虑。

表 B.0.4-14　信道 PS ELFEXT 建议值

频率 (MHz)	最小 PS ELFEXT (dB)		
	D 级	E 级	F 级
1	54.4	60.3	62.0
16	30.3	36.2	54.5
100	14.4	20.3	41.4
250	—	12.3	34.8
600	—	—	28.3

9 直流（d.c.）环路电阻：布线系统信道每一线对的直流环路电阻应符合表 B.0.4-15 的规定。

表 B.0.4-15　信道直流环路电阻

最大直流环路电阻 (Ω)					
A 级	B 级	C 级	D 级	E 级	F 级
560	170	40	25	25	25

10 传播时延：布线系统信道每一线对的传播时延应符合表 B.0.4-16 的规定，并可参考表 B.0.4-17 所列的关键频率建议值。

表 B.0.4-16　信道传播时延

级别	频率（MHz）	最大传播时延（μs）
A	$f=0.1$	20.000
B	$0.1≤f≤1$	5.000
C	$1≤f≤16$	$0.534+0.036/\sqrt{f}+4×0.0025$
D	$1≤f≤100$	$0.534+0.036/\sqrt{f}+4×0.0025$
E	$1≤f≤250$	$0.534+0.036/\sqrt{f}+4×0.0025$
F	$1≤f≤600$	$0.534+0.036/\sqrt{f}+4×0.0025$

表 B.0.4-17　信道传播时延建议值

频率（MHz）	最大传播时延（μs）					
	A级	B级	C级	D级	E级	F级
0.1	20.000	5.000	—	—	—	—
1	—	5.000	0.580	0.580	0.580	0.580
16	—	—	0.553	0.553	0.553	0.553
100	—	—	—	0.548	0.548	0.548
250	—	—	—	—	0.546	0.546
600	—	—	—	—	—	0.545

11 传播时延偏差：布线系统信道所有线对间的传播时延偏差应符合表 B.0.4-18 的规定。

表 B.0.4-18　信道传播时延偏差

等级	频率（MHz）	最大时延偏差（μs）
A	$f=0.1$	—
B	$0.1≤f≤1$	—
C	$1≤f≤16$	0.050①
D	$1≤f≤100$	0.050①
E	$1≤f≤250$	0.050①
F	$1≤f≤600$	0.030②

注：① 0.050 为 0.045+4×0.00125 计算结果。
　　② 0.030 为 0.025+4×0.00125 计算结果。

B.0.5 5e类、6类和7类永久链路或CP链路测试项目及性能指标应符合以下要求：

1 回波损耗（RL）：布线系统永久链路或CP链路每一线对和布线两端的回波损耗值应符合表 B.0.5-1 的规定，并可参考表 B.0.5-2 所列的关键频率建议值。

表 B.0.5-1　永久链路或CP链路回波损耗值

级别	频率（MHz）	最小回波损耗（dB）
C	$1≤f≤16$	15.0
D	$1≤f<20$	19.0
	$20≤f≤100$	$32-10\lg(f)$
E	$1≤f<10$	21.0
	$10≤f<40$	$26-5\lg(f)$
	$40≤f≤250$	$34-10\lg(f)$

续表 B.0.5-1

级别	频率（MHz）	最小回波损耗（dB）
F	$1≤f<10$	21.0
	$10≤f<40$	$26-5\lg(f)$
	$40≤f<251.2$	$34-10\lg(f)$
	$251.2≤f≤600$	10.0

表 B.0.5-2　永久链路回波损耗建议值

频率（MHz）	最小回波损耗（dB）			
	C级	D级	E级	F级
1	15.0	19.0	21.0	21.0
16	15.0	19.0	20.0	20.0
100	—	12.0	14.0	14.0
250	—	—	10.0	10.0
600	—	—	—	10.0

2 插入损耗（IL）：布线系统永久链路或CP链路每一线对的插入损耗值应符合表 B.0.5-3 的规定，并可参考表 B.0.5-4 所列的关键频率建议值。

表 B.0.5-3　永久链路或CP链路插入损耗值

级别	频率（MHz）	最大插入损耗（dB）①
A	$f=0.1$	16.0
B	$f=0.1$	5.5
	$f=1$	5.8
C	$1≤f≤16$	$0.9×(3.23\sqrt{f})+3×0.2$
D	$1≤f≤100$	$(L/100)×(1.9108\sqrt{f}+0.0222×f+0.2/\sqrt{f})+n×0.04×\sqrt{f}$
E	$1≤f≤250$	$(L/100)×(1.82\sqrt{f}+0.0169×f+0.25/\sqrt{f})+n×0.02×\sqrt{f}$
F	$1≤f≤600$	$(L/100)×(1.8\sqrt{f}+0.01×f+0.2/\sqrt{f})+n×0.02×\sqrt{f}$

注：插入损耗（IL）计算值小于 4.0dB 时均按 4.0dB 考虑。
$L=L_{FC}+L_{CP}Y$
L_{FC}——固定电缆长度（m）；
L_{CP}——CP电缆长度（m）；
　Y——CP电缆衰减（dB/m）与固定水平电缆衰减（dB/m）比值。
$n=2$ 对于不包含CP点的永久链路的测试或仅测试CP链路；
$n=3$ 对于包含CP点的永久链路的测试。

表 B.0.5-4 永久链路插入损耗建议值

频率(MHz)	最大插入损耗 (dB)					
	A级	B级	C级	D级	E级	F级
0.1	16.0	5.5	—	—	—	—
1	—	5.8	4.0	4.0	4.0	4.0
16	—	—	12.2	7.7	7.1	6.9
100	—	—	—	20.4	18.5	17.7
250	—	—	—	—	30.7	28.8
600	—	—	—	—	—	46.6

3 近端串音（NEXT）：布线系统永久链路或 CP 链路每一线对和布线两端的近端串音值应符合表 B.0.5-5 的规定，并可参考表 B.0.5-6 所列的关键频率建议值。

表 B.0.5-5 永久链路或 CP 链路近端串音值

级别	频率（MHz）	最小 NEXT (dB)
A	$f=0.1$	27.0
B	$0.1 \leqslant f \leqslant 1$	$25-15 \lg(f)$
C	$1 \leqslant f \leqslant 16$	$40.1-15.8 \lg(f)$
D	$1 \leqslant f \leqslant 100$	$-20 \lg[10^{\frac{65.3-15\lg(f)}{-20}} + 10^{\frac{83-20\lg(f)}{-20}}]$ ①
E	$1 \leqslant f \leqslant 250$	$-20 \lg[10^{\frac{74.3-15\lg(f)}{-20}} + 10^{\frac{94-20\lg(f)}{-20}}]$ ②
F	$1 \leqslant f \leqslant 600$	$-20 \lg[10^{\frac{102.4-15\lg(f)}{-20}} + 10^{\frac{102.4-15\lg(f)}{-20}}]$ ②

注：① NEXT 计算值大于 60.0dB 时均按 60.0dB 考虑。
② NEXT 计算值大于 65.0DB 时均按 65.0DB 考虑。

表 B.0.5-6 永久链路近端串音建议值

频率(MHz)	最小 NEXT (dB)					
	A级	B级	C级	D级	E级	F级
0.1	27.0	40.0	—	—	—	—
1	—	25.0	40.1	60.0	65.0	65.0
16	—	—	21.1	45.2	54.6	65.0
100	—	—	—	32.3	41.8	65.0
250	—	—	—	—	35.3	60.4
600	—	—	—	—	—	54.7

4 近端串音功率和（PS NEXT）：只应用于布线系统的 D、E、F 级，布线系统永久链路或 CP 链路每一线对和布线两端的近端串音功率和值应符合表 B.0.5-7 的规定，并可参考表 B.0.5-8 所列的关键频率建议值。

表 B.0.5-7 永久链路或 CP 链路近端串音功率和值

级别	频率（MHz）	最小 PS NEXT (dB)
D	$1 \leqslant f \leqslant 100$	$-20 \lg[10^{\frac{62.3-15\lg(f)}{-20}} + 10^{\frac{80-20\lg(f)}{-20}}]$ ①
E	$1 \leqslant f \leqslant 250$	$-20 \lg[10^{\frac{72.3-15\lg(f)}{-20}} + 10^{\frac{90-20\lg(f)}{-20}}]$ ②
F	$1 \leqslant f \leqslant 600$	$-20 \lg[10^{\frac{99.4-15\lg(f)}{-20}} + 10^{\frac{99.4-15\lg(f)}{-20}}]$ ②

注：① PS NEXT 计算值大于 57.0dB 时均按 57.0dB 考虑。
② PS NEXT 计算值大于 62.0dB 时均按 62.0dB 考虑。

表 B.0.5-8 永久链路近端串音功率和参考值

频率(MHz)	最小 PS NEXT (dB)		
	D级	E级	F级
1	57.0	62.0	62.0
16	42.2	52.2	62.0
100	29.3	39.3	62.0
250	—	32.7	57.4
600	—	—	51.7

5 线对与线对之间的衰减串音比（ACR）：只应用于布线系统的 D、E、F 级，布线系统永久链路或 CP 链路每一线对和布线两端的 ACR 值可用以下计算公式进行计算，并可参考表 B.0.5-9 所列关键频率的 ACR 建议值。

线对 i 与线对 k 间 ACR 值的计算公式：

$$ACR_{ik} = NEXT_{ik} - IL_k \quad (B.0.5-1)$$

式中 i——线对号；
k——线对号；
$NEXT_{ik}$——线对 i 与线对 k 间的近端串音；
IL_k——线对 k 的插入损耗。

表 B.0.5-9 永久链路 ACR 建议值

频率(MHz)	最小 ACR (dB)		
	D级	E级	F级
1	56.0	61.0	61.0
16	37.5	47.5	58.1
100	11.9	23.3	47.3
250	—	4.7	31.6
600	—	—	8.1

6 ACR 功率和（PS ACR）：布线系统永久链路或 CP 链路每一线对和布线两端的 PS ACR 值可用以下计算公式进行计算，并可参考表 B.0.5-10 所列关键频率的 PS ACR 建议值。

线对 k 的 PS ACR 值计算公式：

$$PS\ ACR_k = PS\ NEXT_k - IL_k \quad (B.0.5-2)$$

式中 k——线对号；
$PS\ NEXT_k$——线对 k 的近端串音功率和；
IL_k——线对 k 的插入损耗。

表 B.0.5-10 永久链路 PS ACR 建议值

频率(MHz)	最小 PS ACR (dB)		
	D级	E级	F级
1	53.0	58.0	58.0
16	34.5	45.1	55.1
100	8.9	20.8	44.3
250	—	2.0	28.6
600	—	—	5.1

7 线对与线对之间等电平远端串音（ELFEXT）：只应用于布线系统的 D、E、F 级。布线系统永久链路或 CP 链路每一线对的等电平远端串音值应符合表 B.0.5-11 的规定，并可参考表 B.0.5-12 所列的关键频率建议值。

表 B.0.5-11 永久链路或 CP 链路等电平远端串音值

级别	频率 (MHz)	最小 ELFEXT (dB)①
D	$1 \leqslant f \leqslant 100$	$-20\lg[10^{\frac{63.8-20\lg(f)}{-20}}+n\times 10^{\frac{75.1-20\lg(f)}{-20}}]$②
E	$1 \leqslant f \leqslant 250$	$-20\lg[10^{\frac{67.8-20\lg(f)}{-20}}+n\times 10^{\frac{83.1-20\lg(f)}{-20}}]$③
F	$1 \leqslant f \leqslant 600$	$-20\lg[10^{\frac{94-20\lg(f)}{-20}}+n\times 10^{\frac{90-15\lg(f)}{-20}}]$③

注：$n=2$ 对于不包含 CP 点的永久链路的测试或仅测试 CP 链路；
$n=3$ 对于包含 CP 点的永久链路的测试。
① 与测量的远端串音 FEXT 值对应的 ELFEXT 值若大于 70.0dB 则仅供参考。
② ELFEXT 计算值大于 60.0dB 时均按 60.0dB 考虑。
③ ELFEXT 计算值大于 65.0dB 时均按 65.0dB 考虑。

表 B.0.5-12 永久链路等电平远端串音建议值

频率 (MHz)	最小 ELFEXT (dB)		
	D 级	E 级	F 级
1	58.6	64.2	65.0
16	34.5	40.1	59.3
100	18.6	24.2	46.0
250	—	16.2	39.2
600	—	—	32.6

8 等电平远端串音功率和（PS ELFEXT）：布线系统永久链路或 CP 链路每一线对的 PS ELFEXT 值应符合表 B.0.5-13 的规定，并可参考表 B.0.5-14 所列的关键频率建议值。

表 B.0.5-13 永久链路或 CP 链路 PS ELFEXT 值

级别	频率 (MHz)	最小 PS ELFEXT (dB)①
D	$1 \leqslant f \leqslant 100$	$-20\lg[10^{\frac{60.8-20\lg(f)}{-20}}+n\times 10^{\frac{72.1-20\lg(f)}{-20}}]$②
E	$1 \leqslant f \leqslant 250$	$-20\lg[10^{\frac{64.8-20\lg(f)}{-20}}+n\times 10^{\frac{80.1-20\lg(f)}{-20}}]$③
F	$1 \leqslant f \leqslant 600$	$-20\lg[10^{\frac{91-20\lg(f)}{-20}}+n\times 10^{\frac{87-15\lg(f)}{-20}}]$③

注：$n=2$ 对于不包含 CP 点的永久链路的测试或仅测试 CP 链路；
$n=3$ 对于包含 CP 点的永久链路的测试。
① 与测量的远端串音 FEXT 值对应的 ELFEXT 值若大于 70.0dB 则仅供参考。
② PS ELFEXT 计算值大于 57.0dB 时均按 57.0dB 考虑。
③ PS ELFEXT 计算值大于 62.0dB 时均按 62.0dB 考虑。

表 B.0.5-14 永久链路 PS ELFEXT 建议值

频率 (MHz)	最小 PS ELFEXT (dB)		
	D 级	E 级	F 级
1	55.6	61.2	62.0
16	31.5	37.1	56.3
100	15.6	21.2	43.0
250	—	13.2	36.2
600	—	—	29.6

9 直流（d.c.）环路电阻：布线系统永久链路或 CP 链路每一线对的直流环路电阻应符合表 B.0.5-15 的规定，并可参考表 B.0.5-16 所列的建议值。

表 B.0.5-15 永久链路或 CP 链路直流环路电阻值

级别	最大直流环路电阻（Ω）
A	530
B	140
C	34
D	$(L/100)\times 22+n\times 0.4$
E	$(L/100)\times 22+n\times 0.4$
F	$(L/100)\times 22+n\times 0.4$

注：$L=L_{FC}+L_{CP}Y$
L_{FC}——固定电缆长度（m）；
L_{CP}——CP 电缆长度（m）；
Y——CP 电缆衰减（dB/m）与固定水平电缆衰减（dB/m）比值；
$n=2$ 对于不包含 CP 点的永久链路的测试或仅测试 CP 链路；
$n=3$ 对于包含 CP 点的永久链路的测试。

表 B.0.5-16 永久链路直流环路电阻建议值

最大直流环路电阻（Ω）					
A 级	B 级	C 级	D 级	E 级	F 级
530	140	34	21	21	21

10 传播时延：布线系统永久链路或 CP 链路每一线对的传播时延应符合表 B.0.5-17 的规定，并可参考表 B.0.5-18 所列的关键频率建议值。

表 B.0.5-17 永久链路或 CP 链路传播时延值

级别	频率 (MHz)	最大传播时延（μs）
A	$f=0.1$	19.400
B	$0.1 \leqslant f \leqslant 1$	4.400
C	$1 \leqslant f \leqslant 16$	$(L/100)\times(0.534+0.036/\sqrt{f})+n\times 0.0025$
D	$1 \leqslant f \leqslant 100$	$(L/100)\times(0.534+0.036/\sqrt{f})+n\times 0.0025$

续表 B.0.5-17

级别	频率（MHz）	最大传播时延（μs）
E	1≤f≤250	$(L/100) \times (0.534+0.036/\sqrt{f}) + n \times 0.0025$
F	1≤f≤600	$(L/100) \times (0.534+0.036/\sqrt{f}) + n \times 0.0025$

注：$L = L_{FC} + L_{CP}$

L_{FC}——固定电缆长度（m）；

L_{CP}——CP 电缆长度（m）；

$n=2$ 对于不包含 CP 点的永久链路的测试或仅测试 CP 链路；

$n=3$ 对于包含 CP 点的永久链路的测试。

表 B.0.5-18 永久链路传播时延建议值

频率（MHz）	最大传播时延（μs）					
	A级	B级	C级	D级	E级	F级
0.1	19.400	4.400	—	—	—	—
1	—	4.400	0.521	0.521	0.521	0.521
16	—	—	0.496	0.496	0.496	0.496
100	—	—	—	0.491	0.491	0.491
250	—	—	—	—	0.490	0.490
600	—	—	—	—	—	0.489

11 传播时延偏差：布线系统永久链路或 CP 链路所有线对间的传播时延偏差应符合表 B.0.5-19 的规定，并可参考表 B.0.5-20 所列的建议值。

表 B.0.5-19 永久链路或 CP 链路传播时延偏差

级别	频率（MHz）	最大时延偏差（μs）
A	$f=0.1$	—
B	$0.1 \leq f \leq 1$	—
C	$1 \leq f \leq 16$	$(L/100) \times 0.045 + n \times 0.00125$
D	$1 \leq f \leq 100$	$(L/100) \times 0.045 + n \times 0.00125$
E	$1 \leq f \leq 250$	$(L/100) \times 0.045 + n \times 0.00125$
F	$1 \leq f \leq 600$	$(L/100) \times 0.025 + n \times 0.00125$

注：$L = L_{FC} + L_{CP}$

L_{FC}——固定电缆长度（m）；

L_{CP}——CP 电缆长度（m）；

$n=2$ 对于不包含 CP 点的永久链路的测试或仅测试 CP 链路；

$n=3$ 对于包含 CP 点的永久链路的测试。

表 B.0.5-20 永久链路传播时延偏差建议值

等级	频率（MHz）	最大时延偏差（μs）
A	$f=0.1$	—
B	$0.1 \leq f \leq 1$	—
C	$1 \leq f \leq 16$	0.044[①]
D	$1 \leq f \leq 100$	0.044[①]
E	$1 \leq f \leq 250$	0.044[①]
F	$1 \leq f \leq 600$	0.026[②]

注：① 0.044 为 $0.9 \times 0.045 + 3 \times 0.00125$ 计算结果。

② 0.026 为 $0.9 \times 0.025 + 3 \times 0.00125$ 计算结果。

B.0.6 所有电缆的链路和信道测试结果应有记录，记录在管理系统中并纳入文档管理。

附录 C 光纤链路测试方法

C.0.1 测试前应对所有的光连接器件进行清洗，并将测试接收器校准至零位。

C.0.2 测试应包括以下内容：

1 在施工前进行器材检验时，一般检查光纤的连通性，必要时宜采用光纤损耗测试仪（稳定光源和光功率计组合）对光纤链路的插入损耗和光纤长度进行测试。

2 对光纤链路（包括光纤、连接器件和熔接点）的衰减进行测试，同时测试光跳线的衰减值可作为设备连接光缆的衰减参考值，整个光纤信道的衰减值应符合设计要求。

C.0.3 测试应按图 C.0.3 进行连接。

1 在两端对光纤逐根进行双向（收与发）测试，连接方式见图 C.0.3。

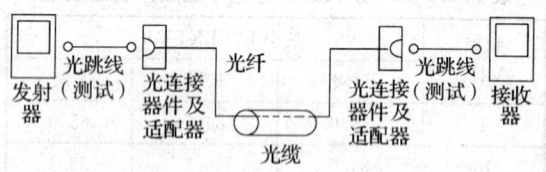

图 C.0.3 光纤链路测试连接（单芯）

注：光连接器件可以为工作区 TO、电信间 FD、设备间 BD、CD 的 SC、ST、SFF 连接器件。

2 光缆可以为水平光缆、建筑物主干光缆和建筑群主干光缆。

3 光纤链路中不包括光跳线在内。

C.0.4 布线系统所采用光纤的性能指标及光纤信道指标应符合设计要求。不同类型的光缆在标称的波长，每公里的最大衰减值应符合表 C.0.4 的规定。

表 C.0.4 光缆衰减

项目	最大光缆衰减（dB/km）			
	OM1、OM2 及 OM3 多模		OS1 单模	
波长	850 nm	1300 nm	1310 nm	1550 nm
衰减	3.5	1.5	1.0	1.0

C.0.5 光缆布线信道在规定的传输窗口测量出的最大光衰减（介入损耗）应不超过表 C.0.5 的规定，该指标已包括接头与连接插座的衰减在内。

表 C.0.5 光缆信道衰减范围

级别	最大信道衰减（dB）			
	单模		多模	
	1310nm	1550nm	850nm	1300nm
OF-300	1.80	1.80	2.55	1.95

续表 C.0.5

级别	最大信道衰减 (dB)			
	单模		多模	
	1310nm	1550nm	850nm	1300nm
OF-500	2.00	2.00	3.25	2.25
OF-2000	3.50	3.50	8.50	4.50

注：每个连接处的衰减值最大为 1.5 dB。

C.0.6 光纤链路的插入损耗极限值可用以下公式计算：

光纤链路损耗 = 光纤损耗 + 连接器件损耗
　　　　　　＋光纤连接点损耗　　(C.0.6-1)

光纤损耗 = 光纤损耗系数(dB/km)
　　　　　×光纤长度(km)　　(C.0.6-2)

连接器件损耗 = 连接器件损耗/个
　　　　　　×连接器件个数　　(C.0.6-3)

光纤连接点损耗 = 光纤连接点损耗/个
　　　　　　　×光纤连接点个数　(C.0.6-4)

表 C.0.6 光纤链路损耗参考值

种类	工作波长（nm）	衰减系数（dB/km）
多模光纤	850	3.5
多模光纤	1300	1.5
单模室外光纤	1310	0.5
单模室外光纤	1550	0.5
单模室内光纤	1310	1.0
单模室内光纤	1550	1.0
连接器件衰减	0.75dB	
光纤连接点衰减	0.3 dB	

C.0.7 所有光纤链路测试结果应有记录，记录在管理系统中并纳入文档管理。

附录 D 综合布线工程管理系统验收内容

D.0.1 综合布线系统工程的技术管理涉及综合布线系统的工作区、电信间、设备间、进线间、入口设施、缆线管道与传输介质、配线连接器件及接地等各方面，根据布线系统的复杂程度分为以下4级：

  1 一级管理：针对单一电信间或设备间的系统。

  2 二级管理：针对同一建筑物内多个电信间或设备间的系统。

  3 三级管理：针对同一建筑群内多栋建筑物的系统，包括建筑物内部及外部系统。

  4 四级管理：针对多个建筑群的系统。

  5 管理系统的设计应使系统可在无需改变已有标识符和标签的情况下升级和扩充。

D.0.2 综合布线系统应在需要管理的各个部位设置标签，分配由不同长度的编码和数字组成的标识符，以表示相关的管理信息。

  1 标识符可由数字、英文字母、汉语拼音或其他字符组成，布线系统内各同类型的器件与缆线的标识符应具有同样特征（相同数量的字母和数字等）。

  2 标签的选用应符合以下要求：

   1）选用粘贴型标签时，缆线应采用环套型标签，标签在缆线上至少应缠绕一圈或一圈半，配线设备和其他设施应采用扁平型标签；

   2）标签衬底应耐用，可适应各种恶劣环境；不可将民用标签应用于综合布线工程；插入型标签应设置在明显位置、固定牢固；

  3 不同颜色的配线设备之间应采用相应的跳线进行连接，色标的规定及应用场合宜符合下列要求（图 D.0.2）：

   1）橙色——用于分界点，连接入口设施与外部网络的配线设备。

   2）绿色——用于建筑物分界点，连接入口设施与建筑群的配线设备。

   3）紫色——用于与信息通信设施（PBX、计算机网络、传输等设备）连接的配线设备。

   4）白色——用于连接建筑物内主干缆线的配线设备（一级主干）。

   5）灰色——用于连接建筑物内主干缆线的配线设备（二级主干）。

   6）棕色——用于连接建筑群主干缆线的配线设备。

   7）蓝色——用于连接水平缆线的配线设备。

   8）黄色——用于报警、安全等其他线路。

   9）红色——预留备用。

  4 系统中所使用的区分不同服务的色标应保持一致，对于不同性能缆线级别所连接的配线设备，可用加强颜色或适当的标记加以区分。

D.0.3 记录信息包括所需信息和任选信息，各部位相互间接口信息应统一。

  1 管线记录包括管道的标识符、类型、填充率、接地等内容。

  2 缆线记录包括缆线标识符、缆线类型、连接状态、线对连接位置、缆线占用管道类型、缆线长度、接地等内容。

  3 连接器件及连接位置记录包括相应标识符、安装场地、连接器件类型、连接器件位置、连接方式、接地等内容。

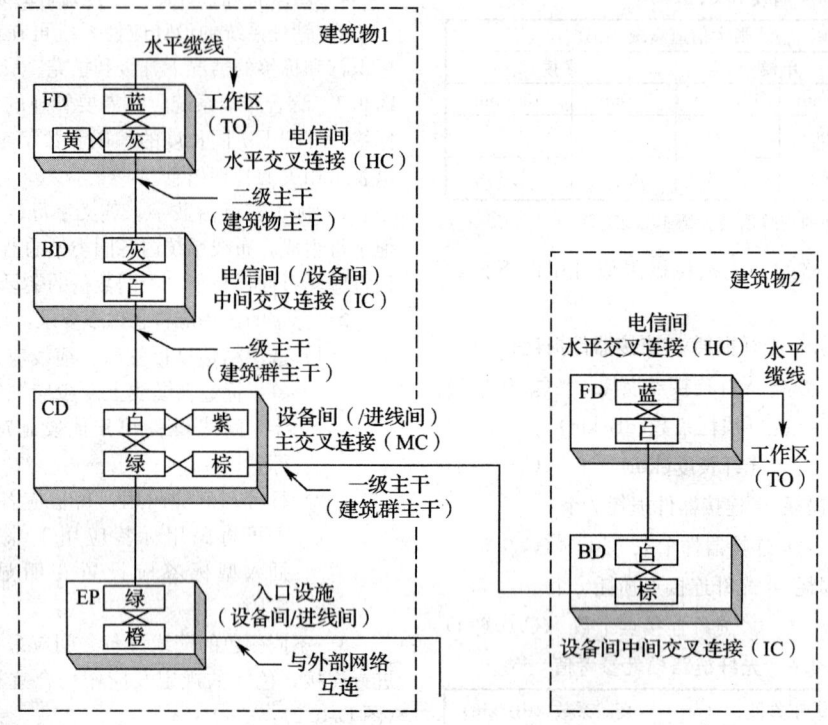

图 D.0.2 色标应用位置示意

4 接地记录包括接地体与接地导线标识符、接地电阻值、接地导线类型、接地体安装位置、接地体与接地导线连接状态、导线长度、接地体测量日期等内容。

D.0.4 报告可由一组记录或多组连续信息组成,以不同格式介绍记录中的信息。报告应包括相应记录、补充信息和其他信息等内容。

D.0.5 综合布线系统工程竣工图纸应包括说明及设计系统图、反映各部分设备安装情况的施工图。竣工图纸应表示以下内容:

  1 安装场地和布线管道的位置、尺寸、标识符等。

  2 设备间、电信间、进线间等安装场地的平面图或剖面图及信息插座模块安装位置。

  3 缆线布放路径、弯曲半径、孔洞、连接方法及尺寸等。

附录 E 测试项目和技术指标含义

E.0.1 综合布线系统对绞线永久链路或信道测试项目及技术指标的含义如下:

  1 接线图:测试布线链路有无终接错误的一项基本检查,测试的接线图显示出所测每条 8 芯电缆与配线模块接线端子的连接实际状态。

  2 衰减:由于绝缘损耗、阻抗不匹配、连接电阻等因素,信号沿链路传输损失的能量为衰减。

  传输衰减主要测试传输信号在每个线对两端间传输损耗值及同一条电缆内所有线对中最差线对的衰减量,相对于所允许的最大衰减值的差值。

  3 近端串音(NEXT):近端串扰值(dB)和导致该串扰的发送信号(参考值定为 0)之差值为近端串扰损耗。

  在一条链路中处于线缆一侧的某发送线对,对于同侧的其他相邻(接收)线对通过电磁感应所造成的信号耦合(由发射机在近端传送信号,在相邻线对近端测出的不良信号耦合)为近端串扰。

  4 近端串音功率和(PS NEXT):在 4 对对绞电缆一侧测量 3 个相邻线对对某线对近端串扰总和(所有近端干扰信号同时工作时,在接收线对上形成的组合串扰)。

  5 衰减串音比值(ACR):在受相邻发送信号线对串扰的线对上,其串扰损耗(NEXT)与本线对传输信号衰减值(A)的差值。

  6 等电平远端串音(ELFEXT):某线对上远端串扰损耗与该线路传输信号衰减的差值。

  从链路或信道近端线缆的一个线对发送信号,经过线路衰减从链路远端干扰相邻接收线对(由发射机在远端传送信号,在相邻线对近端测出的不良信号耦合)为远端串音(FEXT)。

  7 等电平远端串音功率和(PS ELFEXT):在 4 对对绞电缆一侧测量 3 个相邻线对对某线对远端串扰总和(所有远端干扰信号同时工作,在接收线对上形成的组合串扰)。

  8 回波损耗(RL):由于链路或信道特性阻抗偏

离标准值导致功率反射而引起（布线系统中阻抗不匹配产生的反射能量）。由输出线对的信号幅度和该线对所构成的链路上反射回来的信号幅度的差值导出。

9 传播时延：信号从链路或信道一端传播到另一端所需的时间。

10 传播时延偏差：以同一缆线中信号传播时延最小的线对作为参考，其余线对与参考线对时延差值（最快线对与最慢线对信号传输时延的差值）。

11 插入损耗：发射机与接受机之间插入电缆或元器件产生的信号损耗。通常指衰减。

本规范用词说明

1 为便于在执行本规范条文时区别对待，对要求严格程度不同的用词说明如下：

1）表示很严格，非这样做不可的用词：
正面词采用"必须"，反面词采用"严禁"。

2）表示严格，在正常情况下均应这样做的用词：
正面词采用"应"，反面词采用"不应"或"不得"。

3）表示允许稍有选择，在条件许可时首先应这样做的用词：
正面词采用"宜"，反面词采用"不宜"；
表示有选择，在一定条件下可以这样做的用词，采用"可"。

2 本规范中指明应按其他有关标准、规范执行的写法为"应符合……的规定"或"应按……执行"。

中华人民共和国国家标准

综合布线系统工程验收规范

GB 50312—2007

条 文 说 明

目 次

1 总则 ……………………………… 9—26—24
2 环境检查 ………………………… 9—26—24
3 器材及测试仪表工具检查 …… 9—26—24
5 缆线的敷设和保护方式检验 …… 9—26—24
5.1 缆线的敷设 …………………… 9—26—24
5.2 保护措施 ……………………… 9—26—25
7 工程电气测试 …………………… 9—26—25

1 总 则

1.0.1 综合布线系统在建筑与建筑群的建设中,得到了广泛应用。但是如果工程存在施工质量问题,将给通信网络和计算机网络造成潜在的隐患,影响信息的传送。因此制定本规范,为综合布线系统工程的质量检测和验收提供判断是否合格的标准,提出切实可行的验收要求,从而起到确保综合布线系统工程质量的作用。

1.0.5 本规范规定了综合布线系统工程的验收测试形式,其中自检测试由施工单位进行,主要验证布线系统的连通性和终接的正确性;竣工验收测试则由测试部门根据工程的类别,按布线系统标准规定的连接方式完成性能指标参数的测试。

1.0.6 本规范应与现行国家标准《综合布线系统工程设计规范》GB 50311配套使用,此外,综合布线系统工程验收还涉及其他标准规范,如:《智能建筑工程质量验收规范》GB 50339、《建筑电气工程施工质量验收规范》GB 50303、《通信管道工程施工及验收技术规范》GB 50374等。

工程技术文件、承包合同文件要求采用国际标准时,应按要求采用适用的国际标准,但不应低于本规范规定。以下国际标准可供参考:

《用户建筑综合布线》ISO/IEC 11801;
《商业建筑电信布线标准》EIA/TIA 568;
《商业建筑电信布线安装标准》EIA/TIA 569;
《商业建筑通信基础结构管理规范》EIA/TIA 606;
《商业建筑通信接地要求》EIA/TIA 607;
《信息系统通用布线标准》EN 50173;
《信息系统布线安装标准》EN 50174。

2 环境检查

2.0.1 本规范只对综合布线系统的安装环境检查提出规定。如果电信间安装有源设备(集线器、局域网交换机等)、设备间安装计算机主机、电话交换机、传输等设备时,建筑物的环境条件应按上述系统设备的安装工艺设计要求进行检查。

电信间、设备间安装设备所需要的交流供电系统和接地装置及预埋的暗管、线槽应由工艺设计提出要求,在土建工程中实施;设备的直流供电系统及UPS供电系统应另立项目实施,并按各系统要求进行工艺设计。设备供电系统均按工艺设计要求进行验收。

2.0.2 本规范只对建筑物涉及综合布线系统的进线间及入口设施检查提出规定。进线间的设置、引入管道和孔洞的封堵、引入缆线的排列布放等应按照现行国家标准《通信管道工程施工及验收技术规范》GB 50374等相关国家标准和行业规范进行检查。

3 器材及测试仪表工具检查

3.0.1 本条对器材检验的一般要求做出了规定。

1 器材应具备的质量文件或证书包括产品合格证(质量合格证或出厂合格证)、国家指定的检测单位出具的检验报告或认证标志、认证证书、质量保证书等。工程具体要求可由建设单位、工程监理部门、施工单位、生产厂家等共同商讨确定。

3.0.3 本条对缆线的检验要求做出了规定。

2 缆线识别标记包括缆线标志和标签。

缆线标志:在缆线的护套上以不大于1m的间隔印有生产厂厂名或代号,缆线型号及生产年份。以1m的间距印有以m为单位的长度标志。

标签:应在每根成品缆线所附的标签或在产品的包装外给出下列信息:制造厂名及商标;电缆型号;电缆长度(m);毛重(kg);出厂编号;制造日期。

4 电气性能抽验可使用现场电缆测试仪对电缆长度、衰减、近端串音等技术指标进行测试。

应从本批量对绞电缆中的任意三盘中各截出90m长度,加上工程中所选用的连接器件按永久链路测试模型进行抽样测试。如按照信道连接模型进行抽样测试,则电缆和跳线总长度为100m。另外从本批量电缆配盘中任意抽取三盘进行电缆长度的核准。

5 作为抽测,光纤链路通常可以使用可视故障定位仪进行连通性的测试,一般可达3~5km。故障定位仪也可与光时域反射仪(OTDR)配合检查故障点。光缆外包装受损时也可用相应的光缆测试仪对每根光缆按光纤链路进行衰减和长度测试。

3.0.6 本条对测试仪表和工具的检验做出了规定。

1 相应检测机构的证明文件可包括:国际和国内检测机构的认证书、产品合格证及计量证书等。

2 测试仪表应能测试3类、5类(包含5e类)、6类、7类及光纤布线工程的各种电气性能与光纤传输性能。

3.0.7 由于屏蔽布线系统的屏蔽效果与系统投入运行后的各系统设备配置、建筑物内外电磁干扰环境变化等因素密切相关,并且现场测试仪仅能对屏蔽电缆屏蔽层两端做导通测试,目前尚无有效的现场检测手段对屏蔽效果的其他技术参数(如耦合衰减值等)进行测试,因此,应根据相关标准或生产厂家提供的技术参数进行对比验收。

5 缆线的敷设和保护方式检验

5.1 缆线的敷设

5.1.1 本条规定了缆线敷设的一般要求。

综合布线子系统与建筑物内缆线敷设通道对应关系如下:

配线子系统对应于水平缆线通道；

干线子系统对应于主干缆线通道，电信间之间的缆线通道，电信间与设备间、电信间及设备间与进线间之间的缆线通道；

建筑群子系统对应于建筑物间缆线通道。

对建筑物内缆线通道较为拥挤的部位，综合布线系统与大楼弱电系统各子系统合用一个金属线槽布放缆线时，各子系统的线束间应用金属板隔开。一般情况下，各子系统的缆线应布放在各自的金属线槽中，金属线槽应可靠就近接地。各系统缆线间距应符合设计要求。

5 缆线预留长度按照电信间、设备间内安装的机架数量以及在同一架内、不同架间进行终接和变更的需要进行预留。

5.1.2 本条规定了在暗管中布放不同缆线时，对于管径和截面利用率的要求，并可用以下的公式进行计算。

穿放线缆的暗管管径利用率的计算公式：

$$管径利用率 = d/D \quad (1)$$

式中 d——缆线的外径；
D——管道的内径。

穿放缆线的暗管截面利用率的计算公式：

$$截面利用率 = A_1/A \quad (2)$$

式中 A——管子的内截面积；
A_1——穿在管子内缆线的总截面积（包括导线的绝缘层的截面）。

在暗管中布放的电缆为屏蔽电缆（具有总屏蔽和线对屏蔽层）或扁平型缆线（可为2根非屏蔽4对对绞电缆或2根屏蔽4对对绞电缆组合及其他类型的组合）；主干电缆为25对及以上，主干光缆为12芯及以上时，宜采用管径利用率进行计算，选用合适规格的暗管。

在暗管中布放的对绞电缆采用非屏蔽或总屏蔽4对对绞电缆及4芯以下光缆时，为了保证线对扭绞状态，避免缆线受到挤压，宜采用管截面利用率公式进行计算，选用合适规格的暗管。

5.1.3 本条规定了在电缆桥架和线槽中敷设缆线时的要求。

3 为减少缆间串扰，6类4对对绞电缆可采用电缆桥架和线槽中顺直绑扎或随意布放。针对"十"字、"一"字等不同骨架结构的6类4对对绞电缆，其布放要求不同，具体布放方式宜根据生产厂家的要求确定。

5.1.5 建筑群区域内综合布线系统电、光缆与各种设施之间的间距要求按国家现行标准《本地网通信线路工程验收规范》YD 5051中的相关规定执行。

5.2 保护措施

5.2.1 本条规定了水平子系统缆线敷设的保护要求。

3 根据现行国家标准《建筑电气工程施工质量验收规范》GB 50303相关规定，直线段钢制桥架长度超过30m、铝合金或玻璃钢制桥架长度超过15m设有伸缩节；电缆桥架跨越建筑物变形缝处设置补偿装置。

7 工程电气测试

7.0.1 本规范参照《用户建筑综合布线》ISO/IEC 11801标准要求，提出综合布线系统工程电气性能测试项目（参见附录A～附录C），可以根据工程的具体情况、用户的要求、现场测试仪表的功能及施工现场所具备的条件进行各项指标参数的测试，并做好记录。

本规范主要体现5e类和6类布线内容，现有的工程中3类、5类布线除了支持语音主干电缆的应用外，在水平子系统已基本不采用。但原有的3类、5类布线工程在扩容或整改时，仍需加以检测，应按照本规范相关要求 及《商业建筑电信布线标准》TIA/EIA 568A、TSB67要求进行。

大对数主干电缆（一般为3类或5类）及所连接的配线模块可按链路的连接方式进行4对线对长度、接线图、衰减的测试，其近端串音指标测试结果不得低于3类、5类4对对绞电缆布线系统所规定的数值。

综合布线系统只有在投入实际运行环境时，方能检验其电磁特性是否符合电磁兼容性标准。网络的电磁特性要受到布线系统的平衡和/或屏蔽参数的影响，对于其特性要求和测试方法，国际上正在制定相关的标准和规定，目前不具备现场测试条件。

7.0.2 参照光缆系统相关测试标准规定，光纤链路测试分为等级1和等级2。等级1要求光纤链路都应测试衰减（插入损耗）、长度及极性。等级1测试使用光缆损失测试器OLTS（为光源与光功率计的组合）测量每条光纤链路的插入损耗及计算光纤长度，使用OLTS或可视故障定位仪验证光纤的极性。等级2除了包括等级1的测试内容，还包括对每条光纤做出OTDR曲线。等级2测试是可选的。

光纤现场测试仪应根据网络的应用情况，选用相应的光源（LED、VCSEL、LASER）和光功率计或光时域反射仪（OTDR）。测试所选光源应与网络应用相一致，光源可以从表1内容中加以选用。

表1 常见光源比较

光源类型	工作波长（nm）	光纤类型	带宽	元器件	价格
LED	850	多模	>200MHz	简单	便宜
VCSEL	850	多模	>5GHz	适中	适中
LASER	850、1310、1550	单模	>1GHz	复杂	昂贵

中华人民共和国行业标准

玻璃幕墙工程质量检验标准

Standard for testing of
engineering quality of glass curtain walls

JGJ/T 139—2001

批准部门：中华人民共和国建设部
施行日期：2002年3月1日

关于发布行业标准《玻璃幕墙工程质量检验标准》的通知

建标〔2001〕261号

根据建设部《关于印发〈1998年工程建设城建、建工行业标准制订、修订项目计划〉的通知》（建标〔1998〕59号）的要求，由国家建筑工程质量监督检验中心主编的《玻璃幕墙工程质量检验标准》，经审查，批准为行业标准。该标准编号为 JGJ/T 139—2001，自2002年3月1日起施行。

本标准由建设部负责管理和解释，国家建筑工程质量监督检验中心负责具体技术内容的解释，建设部标准定额研究所组织中国建筑工业出版社出版。

中华人民共和国建设部
2001年12月26日

前　言

根据建设部建标（1998）第59号文的要求，标准编制组在大量、深入的调查研究，认真总结我国开展玻璃幕墙工程检测技术的实践经验，参考有关的国内外标准，并在广泛征求意见的基础上，制定了本标准。

本标准的主要技术内容是：规定了玻璃幕墙工程主要进场材料的检验指标；规定了玻璃幕墙工程防火检验、防雷检验、节点与连接检验、工程安装质量检验的检验指标以及上述各项检验的检验方法和检验设备；提供了幕墙玻璃表面应力、幕墙玻璃色差和幕墙工程淋水项目的现场检验方法。

本标准由建设部建筑工程标准技术归口单位中国建筑科学研究院归口管理，授权由主编单位负责具体解释。

本标准主编单位：国家建筑工程质量监督检验中心（地址：北京市北三环东路30号，邮政编码100013）

本标准参加单位：广东省建设工程质量安全监督检验总站、上海市建设工程质量监督总站、河南省建筑工程质量检验中心站、上海东江集团、北京市建设工程质量监督总站、中山盛兴幕墙有限公司、汕头金刚玻璃集团

本标准主要起草人员：姜红、王俊、何星华、杨仕超、孙玉明、刘宏奎、陈建东、葛恒岳、姜清海、夏卫文

目 次

1 总则 …………………………………… 9—27—4
2 材料现场检验 ………………………… 9—27—4
  2.1 一般规定 ………………………… 9—27—4
  2.2 铝合金型材 ……………………… 9—27—4
  2.3 钢材 ……………………………… 9—27—4
  2.4 玻璃 ……………………………… 9—27—4
  2.5 硅酮结构胶及密封材料 ………… 9—27—6
  2.6 五金件及其他配件 ……………… 9—27—6
  2.7 质量保证资料 …………………… 9—27—7
3 防火检验 ……………………………… 9—27—7
  3.1 一般规定 ………………………… 9—27—7
  3.2 检验项目 ………………………… 9—27—7
  3.3 质量保证资料 …………………… 9—27—8
4 防雷检验 ……………………………… 9—27—8
  4.1 一般规定 ………………………… 9—27—8
  4.2 检验项目 ………………………… 9—27—8
  4.3 质量保证资料 …………………… 9—27—8
5 节点与连接检验 ……………………… 9—27—8

5.1 一般规定 ………………………… 9—27—8
5.2 检验项目 ………………………… 9—27—8
5.3 质量保证资料 …………………… 9—27—9
6 安装质量检验 ………………………… 9—27—9
  6.1 一般规定 ………………………… 9—27—9
  6.2 检验项目 ………………………… 9—27—10
  6.3 质量保证资料 …………………… 9—27—12
附录 A 玻璃幕墙工程质量
       检验记录表 …………………… 9—27—12
附录 B 幕墙玻璃表面应力现场检验
       方法 …………………………… 9—27—13
附录 C 幕墙现场淋水检验方法 …… 9—27—13
附录 D 幕墙玻璃色差现场
       检验方法 ……………………… 9—27—14
本标准用词说明 ………………………… 9—27—14
附：条文说明 …………………………… 9—27—15

1 总　则

1.0.1 为统一玻璃幕墙工程质量检验的方法，保证玻璃幕墙工程质量，制定本标准。

1.0.2 本标准适用于玻璃幕墙工程材料的现场检验和安装质量的检验。

1.0.3 检验玻璃幕墙工程质量，应同时检查有关项目的质量保证资料。

1.0.4 玻璃幕墙工程质量的检验人员，应经专门培训，使用的仪器、设备应符合检验指标。

1.0.5 玻璃幕墙工程质量的检验除应符合本标准外，尚应符合国家现行有关强制性标准的规定。

2 材料现场检验

2.1 一般规定

2.1.1 材料现场的检验，应将同一厂家生产的同一型号、规格、批号的材料作为一个检验批，每批应随机抽取3‰且不得少于5件。检验记录应按本标准附录A的记录表进行。

2.1.2 玻璃幕墙工程中所用的材料除应符合本标准的规定外，尚应符合国家现行的有关产品标准的规定。

2.2 铝合金型材

2.2.1 玻璃幕墙工程使用的铝合金型材，应进行壁厚、膜厚、硬度和表面质量的检验。

2.2.2 用于横梁、立柱等主要受力杆件的截面受力部位的铝合金型材壁厚实测值不得小于3mm。

2.2.3 壁厚的检验，应采用分辨率为0.05mm的游标卡尺或分辨率为0.1mm的金属测厚仪在杆件同一截面的不同部位测量，测点不应少于5个，并取最小值。

2.2.4 铝合金型材膜厚的检验指标，应符合下列规定：

1 阳极氧化膜最小平均膜厚不应小于15μm，最小局部膜厚不应小于12μm。

2 粉末静电喷涂涂层厚度的平均值不应小于60μm，其局部厚度不应大于120μm且不应小于40μm。

3 电泳涂漆复合膜局部膜厚不应小于21μm。

4 氟碳喷涂涂层平均厚度不应小于30μm，最小局部厚度不应小于25μm。

2.2.5 检验膜厚，应采用分辨率为0.5μm的膜厚检测仪检测。每个杆件在装饰面不同部位的测点不应少于5个，同一测点应测量5次，取平均值，修约至整数。

2.2.6 玻璃幕墙工程使用6063T5型材的韦氏硬度值，不得小于8，6063AT5型材的韦氏硬度值，不得小于10。

2.2.7 硬度的检验，应采用韦氏硬度计测量型材表面硬度。型材表面的涂层应清除干净，测点不应少于3个，并应以至少3点的测量值，取平均值，修约至0.5个单位值。

2.2.8 铝合金型材表面质量，应符合下列规定：

1 型材表面应清洁，色泽应均匀。

2 型材表面不应有皱纹、裂纹、起皮、腐蚀斑点、气泡、电灼伤、流痕、发粘以及膜（涂）层脱落等缺陷存在。

2.2.9 表面质量的检验，应在自然散射光条件下，不使用放大镜，观察检查。

2.3 钢　材

2.3.1 玻璃幕墙工程使用的钢材，应进行膜厚和表面质量的检验。

2.3.2 钢材表面应进行防腐处理。当采用热浸镀锌处理时，其膜厚应大于45μm；当采用静电喷涂时，其膜厚应大于40μm。

2.3.3 膜厚的检验，应采用分辨率为0.5μm的膜厚检测仪检测。每个杆件在不同部位的测点不应少于5个。同一测点应测量5次，取平均值，修约至整数。

2.3.4 钢材的表面不得有裂纹、气泡、结疤、泛锈、夹杂和折叠。

2.3.5 钢材表面质量的检验，应在自然散射光条件下，不使用放大镜，观察检查。

2.4 玻　璃

2.4.1 玻璃幕墙工程使用的玻璃，应进行厚度、边长、外观质量、应力和边缘处理情况的检验。

2.4.2 玻璃厚度的允许偏差，应符合表2.4.2的规定。

表2.4.2　玻璃厚度允许偏差（mm）

玻璃厚度	允许偏差		
	单片玻璃	中空玻璃	夹层玻璃
5	±0.2	$\delta<17$时±1.0 $\delta=17\sim22$时±1.5 $\delta>22$时±2.0	厚度偏差不大于玻璃原片允许偏差和中间层允许偏差之和。中间层总厚度小于2mm时，允许偏差±0；中间层总厚度大于或等于2mm时，允许偏差±0.2mm
6	±0.2		
8	±0.3		
10	±0.3		
12	±0.4		
15	±0.6		
19	±1.0		

注：δ是中空玻璃的公称厚度，表示两片玻璃厚度与间隔框厚度之和。

2.4.3 检验玻璃厚度，应采用下列方法：
1 玻璃安装或组装前，可用分辨率为0.02mm的游标卡尺测量被检玻璃每边的中点，测量结果取平均值，修约到小数点后二位。
2 对已安装的幕墙玻璃，可用分辨率为0.1mm的玻璃测厚仪在被检玻璃上随机取4点进行检测，取平均值，修约至小数点后一位。
2.4.4 玻璃边长的检验指标，应符合下列规定：
1 单片玻璃边长允许偏差应符合表2.4.4-1的规定。

表2.4.4-1 单片玻璃边长允许偏差（mm）

玻璃厚度	允许偏差		
	L≤1000	1000<L≤2000	2000<L≤3000
5，6	±1	+1，-2	+1，-3
8，10，12，	+1，-2	+1，-3	+2，-4

2 中空玻璃的边长允许偏差应符合表2.4.4-2的规定。

表2.4.4-2 中空玻璃的边长允许偏差（mm）

长　度	允许偏差
<1000	+1.0，-2.0
1000～2000	+1.0，-2.5
>2000～2500	+1.5，-3.0

3 夹层玻璃的边长允许偏差应符合表2.4.4-3的规定。

表2.4.4-3 夹层玻璃的边长允许偏差（mm）

总厚度 D	允许偏差	
	L≤1200	1200<L≤2400
4≤D<6	±1	—
6≤D<11	±1	±1
11≤D<17	±2	±2
17≤D<24	±3	±3

2.4.5 玻璃边长的检验，应在玻璃安装或组装以前，用分度值为1mm的钢卷尺沿玻璃周边测量，取最大偏差值。
2.4.6 玻璃外观质量的检验指标，应符合下列规定：
1 钢化、半钢化玻璃外观质量应符合表2.4.6-1的规定。

表2.4.6-1 钢化、半钢化玻璃外观质量

缺陷名称	检验要求
爆边	不允许存在
划伤	每平方米允许6条 a≤100mm，b≤0.1mm
	每平方米允许3条 a≤100mm，0.1mm<b≤0.5mm
裂纹、缺角	不允许存在

注：a—玻璃划伤长度；
　　b—玻璃划伤宽度。

2 热反射玻璃外观质量，应符合表2.4.6-2的规定。

表2.4.6-2 热反射玻璃外观质量

缺陷名称	检验指标
针眼	距边部75mm内，每平方米允许8处或中部每平方米允许3处 1.6mm<d≤2.5mm
	不允许存在 d>2.5mm
斑纹	不允许存在
斑点	每平方米允许8处 1.6mm<d≤5.0mm
划伤	每平方米允许2条 a≤100mm，0.3mm<b≤0.8mm

注：d—玻璃缺陷直径。

3 夹层玻璃的外观质量，应符合表2.4.6-3的规定。

表2.4.6-3 夹层玻璃外观质量

缺陷名称	检验指标
胶合层气泡	直径300mm圆内允许长度为1～2mm的胶合层气泡2个
胶合层杂质	直径500mm圆内允许长度小于3mm的胶合层杂质2个
裂纹	不允许存在
爆边	长度或宽度不得超过玻璃的厚度
划伤、磨伤	不得影响使用
脱胶	不允许存在

2.4.7 玻璃外观质量的检验，应在良好的自然光或散射光照条件下，距玻璃正面约600mm处，观察被检玻璃表面。缺陷尺寸应采用精度为0.1mm的读数显微镜测量。
2.4.8 玻璃应力的检验指标，应符合下列规定：
1 幕墙玻璃的品种应符合设计要求。
2 用于幕墙的钢化玻璃和半钢化玻璃的表面应力应符合表2.4.8的规定。

表2.4.8 幕墙用钢化及半钢化玻璃的表面应力（MPa）

钢化玻璃	半钢化玻璃
σ≥95	24<σ≤69

2.4.9 玻璃应力的检验，应采用下列方法：
1 用偏振片确定玻璃是否经钢化处理。
2 用表面应力检测仪测量玻璃表面应力。可按本标准附录B的方法测量和计算判定玻璃表面应力值。
2.4.10 幕墙玻璃边缘的处理，应进行机械磨边、倒棱、倒角，处理精度应符合设计要求。
2.4.11 幕墙玻璃边缘处理的检验，应采用观察检查

和手试的方法。

2.4.12 中空玻璃质量的检验指标,应符合下列规定:

    1 玻璃厚度及空气隔层的厚度应符合设计及标准要求。

    2 中空玻璃对角线之差不应大于对角线平均长度的 0.2%。

    3 胶层应双道密封,外层密封胶胶层宽度不应小于 5mm。半隐框和隐框幕墙的中空玻璃的外层应采用硅酮结构胶密封,胶层宽度应符合结构计算要求。内层密封采用丁基密封腻子,打胶应均匀、饱满、无空隙。

    4 中空玻璃的内表面不得有妨碍透视的污迹及胶粘剂飞溅现象。

2.4.13 中空玻璃质量的检验,应采用下列方法:

    1 在玻璃安装或组装前,以分度值为 1mm 的直尺或分辨率为 0.05mm 的游标卡尺在被检玻璃的周边各取两点,测量玻璃及空气隔层的厚度和胶层厚度。

    2 以分度值为 1mm 的钢卷尺测量中空玻璃两对角线长度差。

    3 观察玻璃的外观及打胶质量情况。

2.5 硅酮结构胶及密封材料

2.5.1 硅酮结构胶的检验指标,应符合下列规定:

    1 硅酮结构胶必须是内聚性破坏。

    2 硅酮结构胶切开的截面应颜色均匀,注胶应饱满、密实。

    3 硅酮结构胶的注胶宽度、厚度应符合设计要求,且宽度不得小于 7mm,厚度不得小于 6mm。

2.5.2 硅酮结构胶的检验,应采用下列方法:

    1 垂直于胶条做一个切割面,由该切割面沿基材面切出两个长度约 50mm 的垂直切割面,并以大于 90°方向手拉硅酮结构胶块,观察剥离面破坏情况(图 2.5.2)。

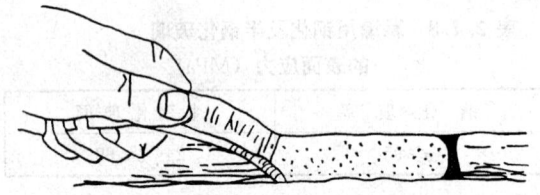

图 2.5.2 硅酮结构胶现场手拉试验示意

    2 观察检查打胶质量,用分度值为 1mm 的钢直尺测量胶的厚度和宽度。

2.5.3 密封胶的检验指标,应符合下列规定:

    1 密封胶表面应光滑,不得有裂缝现象,接口处厚度和颜色应一致。

    2 注胶应饱满、平整、密实、无缝隙。

    3 密封胶粘结形式、宽度应符合设计要求,厚度不应小于 3.5mm。

2.5.4 密封胶的检验,应采用观察检查、切割检查的方法,并应采用分辨率为 0.05mm 的游标卡尺测量密封胶的宽度和厚度。

2.5.5 其他密封材料及衬垫材料的检验指标,应符合下列规定:

    1 应采用有弹性、耐老化的密封材料;橡胶密封条不应有硬化龟裂现象。

    2 衬垫材料与硅酮结构胶、密封胶应相容。

    3 双面胶带的粘结性能应符合设计要求。

2.5.6 其他密封材料及衬垫材料的检验,应采用观察检查的方法;密封材料的延伸性应以手工拉伸的方法进行。

2.6 五金件及其他配件

2.6.1 五金件外观的检验指标,应符合下列规定:

    1 玻璃幕墙中与铝合金型材接触的五金件应采用不锈钢材或铝制品,否则应加设绝缘垫片。

    2 除不锈钢外,其他钢材应进行表面热浸镀锌或其他防腐处理。

2.6.2 五金件外观的检验,应采用观察检查的方法。

2.6.3 转接件、连接件的检验指标,应符合下列规定:

    1 转接件、连接件外观应平整,不得有裂纹、毛刺、凹坑、变形等缺陷。

    2 当采用碳素钢时,表面应作热浸镀锌处理。

    3 转接件、连接件的开孔长度不应小于开孔宽度加 40mm,孔边距离不应小于开孔宽度的 1.5 倍(图 2.6.3)。转接件、连接件的壁厚不得有负偏差。

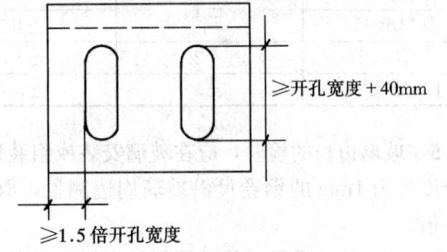

图 2.6.3 转接件、连接件的开孔示意

2.6.4 转接件、连接件的检验,应采用下列方法:

    1 观察检查转接件、连接件的外观质量。

    2 用分度值为 1mm 的钢直尺测量构造尺寸,用分辨率为 0.05mm 的游标卡尺测量壁厚。

2.6.5 紧固件的检验指标,应符合下列规定:

    1 紧固件宜采用不锈钢六角螺栓,不锈钢六角螺栓应带有弹簧垫圈。当未采用弹簧垫圈时,应有防松脱措施。主要受力杆件不应采用自攻螺钉。

    2 铆钉可采用不锈钢铆钉或抽芯铝铆钉,作为结构受力的铆钉应进行受力验算,构件之间的受力连接不得采用抽芯铝铆钉。
2.6.6 采用观察检查的方法，检验紧固件的使用。
2.6.7 滑撑、限位器的检验指标，应符合下列规定：
   1 滑撑、限位器应采用奥氏体不锈钢，表面光洁，不应有斑点、砂眼及明显划痕。金属层应色泽均匀，不应有气泡、露底、泛黄、龟裂等缺陷，强度、刚度应符合设计要求。
   2 滑撑、限位器的紧固铆接处不得松动，转动和滑动的连接处应灵活，无卡阻现象。
2.6.8 检验滑撑、限位器，应采用下列方法：
   1 用磁铁检查滑撑、限位器的材质。
   2 采用观察检查和手动试验的方法，检验滑撑、限位器的外观质量和活动性能。
2.6.9 门窗其他配件的检验指标，应符合下列规定：
   1 门（窗）锁及其他配件应开关灵活，组装牢固，多点连动锁的配件其连动性应一致。
   2 防腐处理应符合设计要求，镀层不得有气泡、露底、脱落等明显缺陷。
2.6.10 门窗其他配件的外观质量和活动性能的检验，应采用观察检查和手动试验的方法。

2.7 质量保证资料

2.7.1 铝合金型材的检验，应提供下列资料：
   1 型材的产品合格证。
   2 型材的力学性能检验报告，进口型材应有国家商检部门的商检证。
2.7.2 钢材的检验，应提供下列资料：
   1 钢材的产品合格证。
   2 钢材的力学性能检验报告，进口钢材应有国家商检部门的商检证。
2.7.3 玻璃的检验，应提供下列资料：
   1 玻璃的产品合格证。
   2 中空玻璃的检验报告。
   3 热反射玻璃的光学性能检验报告。
   4 进口玻璃应有国家商检部门的商检证。
2.7.4 硅酮结构胶及密封材料的检验，应提供下列资料：
   1 结构硅酮胶剥离试验记录。
   2 每批硅酮结构胶的质量保证书和产品合格证。
   3 硅酮结构胶、密封胶与实际工程用基材的相容性检验报告。
   4 进口硅酮结构胶应有国家商检部门的商检证。
   5 密封材料及衬垫材料的产品合格证。
2.7.5 五金件及其他配件的检验，应提供下列资料：
   1 钢材产品合格证。
   2 连接件产品合格证。
   3 镀锌工艺处理质量证书。
   4 螺栓、螺母、滑撑、限位器等产品合格证。
   5 门窗配件的产品合格证。
   6 铆钉力学性能检验报告。

3 防火检验

3.1 一般规定

3.1.1 玻璃幕墙工程防火构造应按防火分区总数抽查 5%，并不得少于 3 处。
3.1.2 玻璃幕墙工程的防火构造除应符合本标准规定外，尚应符合现行国家标准《建筑设计防火规范》GBJ 16、《高层民用建筑设计防火规范》GB 50045 和《建筑内部装修设计防火规范》GB 50222 的规定。

3.2 检验项目

3.2.1 幕墙防火构造的检验指标，应符合下列规定：
   1 幕墙与楼板、墙、柱之间应按设计要求设置横向、竖向连续的防火隔断。
   2 对高层建筑无窗间墙和窗槛墙的玻璃幕墙，应在每层楼板外沿设置耐火极限不低于 1.00h、高度不低于 0.80m 的不燃烧实体裙墙。
   3 同一块玻璃不宜跨两个分火区域。
3.2.2 检验幕墙防火构造，应在幕墙与楼板、墙、柱、楼梯间隔断处，采用观察的方法进行检查。
3.2.3 幕墙防火节点的检验指标，应符合下列规定：
   1 防火节点构造必须符合设计要求。
   2 防火材料的品种、耐火等级应符合设计和标准的规定。
   3 防火材料应安装牢固，无遗漏，并应严密无缝隙。
   4 镀锌钢衬板不得与铝合金型材直接接触，衬板就位后，应进行密封处理。
   5 防火层与幕墙和主体结构间的缝隙必须用防火密封胶严密封闭。
3.2.4 检验幕墙防火节点，应在幕墙与楼板、墙、柱、楼梯间隔断处，采用观察、触摸的方法进行检查。
3.2.5 防火材料铺设的检验指标，应符合下列规定：
   1 防火材料的品种、材质、耐火等级和铺设厚度，必须符合设计的规定。
   2 搁置防火材料的镀锌钢板厚度不宜小于 1.2mm。
   3 防火材料铺设应饱满、均匀、无遗漏，厚度不宜小于 70mm。
   4 防火材料不得与幕墙玻璃直接接触，防火材料朝玻璃面处宜采用装饰材料覆盖。
3.2.6 检验防火材料的铺设，应在幕墙与楼板和主体结构之间用观察和触摸方法进行，并采用分度值为

1mm的钢直尺和分辨率为0.05mm的游标卡尺测量。

3.3 质量保证资料

3.3.1 检验防火构造,应提供下列资料:
  1 设计文件、图纸资料。
  2 防火材料产品合格证或材料耐火检验报告。
  3 防火构造节点隐蔽工程检查记录。

4 防雷检验

4.1 一般规定

4.1.1 玻璃幕墙工程防雷措施的检验抽样,应符合下列规定:
  1 有均压环的楼层数少于3层时,应全数检查;多于3层时,抽查不得少于3层,对有女儿墙盖顶的必须检查,每层至少应查3处。
  2 无均压环的楼层抽查不得少于2层,每层至少应查3处。

4.1.2 幕墙防雷除应执行本标准的规定外,尚应遵守国家现行标准《建筑物防雷设计规范》GB 50057、《民用建筑电气设计规范》JGJ/T 16的规定。

4.2 检验项目

4.2.1 玻璃幕墙金属框架连接的检验指标,应符合下列规定:
  1 幕墙所有金属框架应互相连接,形成导电通路。
  2 连接材料的材质、截面尺寸、连接长度必须符合设计要求。
  3 连接接触面应紧密可靠,不松动。

4.2.2 检验玻璃幕墙金属框架的连接,应采用下列方法:
  1 用接地电阻仪或兆欧表测量检查。
  2 观察、手动试验,并用分度值为1mm的钢卷尺、分辨率为0.05mm的游标卡尺测量。

4.2.3 玻璃幕墙与主体结构防雷装置连接的检验指标,应符合下列规定:
  1 连接材质、截面尺寸和连接方式必须符合设计要求。
  2 幕墙金属框架与防雷装置的连接应紧密可靠,应采用焊接或机械连接,形成导电通路。连接点水平间距不应大于防雷引下线的间距,垂直间距不应大于均压环的间距。
  3 女儿墙压顶罩板宜与女儿墙部位幕墙构架连接,女儿墙部位幕墙构架与防雷装置的连接节点宜明露,其连接应符合设计的规定。

4.2.4 检验玻璃幕墙与主体结构防雷装置的连接,应在幕墙框架与防雷装置连接部位,采用接地电阻仪或兆欧表测量和观察检查。

4.3 质量保证资料

4.3.1 防雷检验,应提供下列资料:
  1 设计图纸资料。
  2 防雷装置连接测试记录。
  3 隐蔽工程检查记录。

5 节点与连接检验

5.1 一般规定

5.1.1 节点的检验抽样,应符合下列规定:
  1 每幅幕墙应按各类节点总数的5%抽样检验,且每类节点不应少于3个;锚栓应按5‰抽样检验,且每种锚栓不得少于5根。
  2 对已完成的幕墙金属框架,应提供隐蔽工程检验验收记录。当隐蔽工程检查记录不完整时,应对该幕墙工程的节点拆开进行检验。

5.2 检验项目

5.2.1 预埋件与幕墙连接的检验指标,应符合下列规定:
  1 连接件、绝缘片、紧固件的规格、数量应合设计要求。
  2 连接件应安装牢固。螺栓应有防松脱措施。
  3 连接件的可调节构造应用螺栓牢固连接,并有防滑措施。角码调节范围应符合使用要求。
  4 连接件与预埋件之间的位置偏差使用钢板或型钢焊接调整时,构造形式与焊缝应符合设计要求。
  5 预埋件、连接件表面防腐层应完整、不破损。

5.2.2 检验预埋件与幕墙连接,应在预埋件与幕墙连接节点处观察,手动检查,并应采用分度值为1mm的钢直尺和焊缝量规测量。

5.2.3 锚栓连接的检验指标,应符合下列规定:
  1 使用锚栓进行锚固连接时,锚栓的类型、规格、数量、布置位置和锚固深度必须符合设计和有关标准的规定。
  2 锚栓的埋设应牢固、可靠,不得露套管。

5.2.4 锚栓连接的检验,应采用下列方法:
  1 用精度不大于全量程的2%的锚栓拉拔仪、分辨率为0.01mm的位移计和记录仪检验锚栓的锚固性能。
  2 观察检查锚栓埋设的外观质量,用分辨率为0.05mm的深度尺测量锚固深度。

5.2.5 幕墙顶部连接的检验指标,应符合下列规定:
  1 女儿墙压顶坡度正确,罩板安装牢固,不松动、不渗漏、无空隙。女儿墙内侧罩板深度不应小于

150mm，罩板与女儿墙之间的缝隙应使用密封胶密封。

　　2 密封胶注胶应严密平顺，粘结牢固，不渗漏，不污染相邻表面。

5.2.6 检验幕墙顶部的连接时，应在幕墙顶部和女儿墙压顶部位手动和观察检查，必要时也可进行淋水试验。

5.2.7 幕墙底部连接的检验指标，应符合下列规定：

　　1 镀锌钢材的连接件不得同铝合金立柱直接接触。

　　2 立柱、底部横梁及幕墙板块与主体结构之间应有伸缩空隙。空隙宽度不应小于15mm，并用弹性密封材料嵌填，不得用水泥砂浆或其他硬质材料嵌填。

　　3 密封胶应平顺严密、粘结牢固。

5.2.8 幕墙底部连接的检验，应在幕墙底部采用分度值为1mm的钢直尺测量和观察检查。

5.2.9 立柱连接的检验指标，应符合下列规定：

　　1 芯管材质、规格应符合设计要求。

　　2 芯管插入上下立柱的长度均不得小于200mm。

　　3 上下两立柱间的空隙不应小于10mm。

　　4 立柱的上端应与主体结构固定连接，下端应为可上下活动的连接。

5.2.10 立柱连接的检验，应在立柱连接处观察检查，并应采用分辨率为0.05mm的游标卡尺和分度值为1mm的钢直尺测量。

5.2.11 梁、柱连接节点的检验指标，应符合下列规定：

　　1 连接件、螺栓的规格、品种、数量应符合设计要求。螺栓应有防松脱的措施。同一连接处的连接螺栓不应少于两个，且不应采用自攻螺钉。

　　2 梁、柱连接应牢固不松动，两端连接处应设弹性橡胶垫片，或以密封胶密封。

　　3 与铝合金接触的螺钉及金属配件应采用不锈钢或铝制品。

5.2.12 梁、柱连接节点的检验，应在梁、柱节点处观察和手动检查，并应采用分度值为1mm的钢直尺和分辨率为0.02mm的塞尺测量。

5.2.13 变形缝节点连接的检验指标，应符合下列规定：

　　1 变形缝构造、施工处理应符合设计要求。

　　2 罩面平整、宽窄一致，无凹瘪和变形。

　　3 变形缝罩面与两侧幕墙结合处不得渗漏。

5.2.14 变形缝节点连接的检验，应在变形缝处观察检查，并应采用淋水试验检查其渗漏情况。

5.2.15 幕墙内排水构造的检验指标，应符合下列规定：

　　1 排水孔、槽应畅通不堵塞，接缝严密，设置应符合设计要求。

　　2 排水管及附件应与水平构件预留孔连接严密，与内衬板出水孔连接处应设橡胶密封圈。

5.2.16 幕墙内排水构造的检验，应在设置内排水的部位观察检查。

5.2.17 全玻幕墙玻璃与吊夹具连接的检验指标，应符合下列规定：

　　1 吊夹具和衬垫材料的规格、色泽和外观应符合设计和标准要求。

　　2 吊夹具应安装牢固，位置准确。

　　3 夹具不得与玻璃直接接触。

　　4 夹具衬垫材料与玻璃应平整结合、紧密牢固。

5.2.18 全玻幕墙玻璃与吊夹具连接的检验，应在玻璃的吊夹具处观察检查，并应对夹具进行力学性能检验。

5.2.19 拉杆（索）结构接点的检验指标，应符合下列规定：

　　1 所有杆（索）受力状态应符合设计要求。

　　2 焊接节点焊缝应饱满、平整光滑。

　　3 节点应牢固，不得松动。紧固件应有防松脱措施。

5.2.20 拉杆（索）结构的检验，应在幕墙索杆部位观察检查，也可采用应力测定仪对索杆的应力进行测试。

5.2.21 点支承装置的检验指标，应符合下列规定：

　　1 点支承装置和衬垫材料的规格、色泽和外观应符合设计和标准要求。

　　2 点支承装置不得与玻璃直接接触，衬垫材料的面积不应小于点支承装置与玻璃的结合面。

　　3 点支承装置应安装牢固，配合严密。

5.2.22 点支承装置的检验，应在点支承装置处观察检查。

5.3 质量保证资料

5.3.1 节点连接的检验，应提供下列资料：

　　1 设计图纸资料。

　　2 隐蔽工程检查验收记录。

　　3 淋水试验记录。

　　4 锚栓拉拔检验报告。

　　5 玻璃幕墙支承装置力学性能检验报告。

6 安装质量检验

6.1 一般规定

6.1.1 幕墙所用的构件，必须经检验合格方可安装。

6.1.2 玻璃幕墙安装，必须提交工程所采用的玻璃幕墙产品的空气渗透性能、雨水渗漏性能和风压变形性能的检验报告，还应根据设计的要求，提交包括平面内变形性能、保温隔热性能等的检验报告。

6.1.3 安装质量检验的抽样，应符合下列规定：

1 每幅幕墙均应按不同分格各抽查5%，且总数不得少于10个。

2 竖向构件或拼缝、横向构件或拼缝各抽查5%，且不应少于3条；开启部位应按种类各抽查5%，且每一种类不应少于3樘。

6.2 检验项目

6.2.1 预埋件和连接件安装质量的检验指标，应符合下列规定：

1 幕墙预埋件和连接件的数量、埋设方法及防腐处理应符合设计要求。

2 预埋件的标高偏差不应大于±10mm，预埋件位置与设计位置的偏差不应大于±20mm。

6.2.2 检验预埋件和连接件的安装质量，应采用下列方法：

1 与设计图纸核对，也可打开连接部位进行检验。

2 在抽检部位用水平仪测量标高及水平位置。

3 用分度值为1mm的钢直尺或钢卷尺测量预埋件的尺寸。

6.2.3 竖向主要构件安装质量的检验，应符合表6.2.3的规定。

表6.2.3 竖向主要构件安装质量的检验

项目		允许偏差(mm)	检验方法
1	构件整体垂直度	$h \leq 30m$ ≤10 $30m < h \leq 60m$ ≤15 $60m < h \leq 90m$ ≤20 $h > 90m$ ≤25	用经纬仪测量垂直于地面的幕墙，垂直度应包括平面内和平面外两个方向
2	竖向构件直线度	≤2.5	用2m靠尺、塞尺测量
3	相邻两竖向构件标高偏差	≤3	用水平仪和钢直尺测量
4	同层构件标高偏差	≤5	用水平仪和钢直尺以构件顶端为测量面进行测量
5	相邻两竖向构件间距偏差	≤2	用钢卷尺在构件顶部测量
6	构件外表面平面度	相邻三构件 ≤2 $b \leq 20m$ ≤5 $b \leq 40m$ ≤7 $b \leq 60m$ ≤9 $b > 60m$ ≤10	用钢直尺和尼龙线或激光全站仪测量

注：h—幕墙高度；b—幕墙宽度。

6.2.4 横向主要构件安装质量的检验，应符合表6.2.4的规定。

表6.2.4 横向主要构件安装质量的检验

项目		允许偏差(mm)	检验方法
1	单个横向构件水平度	$l \leq 2m$ ≤2 $l > 2m$ ≤3	用水平尺测量
2	相邻两横向构件间距差	$s \leq 2m$ ≤1.5 $s > 2m$ ≤2	用钢卷尺测量
3	相邻两横向构件端部标高差	≤1	用水平仪、钢直尺测量
4	幕墙横向构件高度差	$b \leq 35m$ ≤5 $b > 35m$ ≤7	用水平仪测量

注：l—长度；s—间距；b—幕墙宽度。

6.2.5 幕墙分格框对角线偏差的检验，应符合表6.2.5的规定。

表6.2.5 幕墙分格框对角线偏差的检验

项目		允许偏差（mm）	检验方法
分格框对角线差	$l_d \leq 2m$ $l_d > 2m$	≤3 ≤3.5	用对角尺或钢卷尺测量

注：l_d—对角线长度。

6.2.6 明框玻璃幕墙安装质量的检验指标，应符合下列规定：

1 玻璃与构件槽口的配合尺寸应符合设计及规范的要求，玻璃嵌入量不得小于15mm。

2 每块玻璃下部应设不少于两块弹性定位垫块，垫块的宽度与槽口宽度应相同，长度不应小于100mm，厚度不应小于5mm。

3 橡胶条镶嵌应平整、密实，橡胶条长度宜比边框内槽口长1.5%~2.0%，其断口应留在四角；拼角处应粘结牢固。

4 不得采用自攻螺钉固定承受水平荷载的玻璃压条。压条的固定方式、固定点数量应符合设计要求。

6.2.7 检验明框玻璃幕墙的安装质量，应采用观察检查、查施工记录和质量保证资料的方法，也可打开采用分度值为1mm的钢直尺或分辨率为0.5mm的游标卡尺测量垫块长度和玻璃嵌入量。

6.2.8 隐框玻璃幕墙组件的安装质量的检验指标，应符合下列规定：

1 玻璃板块组件必须安装牢固，固定点距离应符合设计要求且不宜大于300mm，不得采用自攻螺钉固定玻璃板块。

2 结构胶的剥离试验应符合本标准第2.5.1条的要求。

3 隐框玻璃板块在安装后，幕墙平面度允许偏差不应大于2.5mm，相邻两玻璃之间的接缝高低差不应大于1mm。

4 隐框玻璃板块下部应设置支承玻璃的托板，厚度不应小于2mm。

6.2.9 检验隐框玻璃幕墙组件的安装质量，应在隐框玻璃与框架连接处采用2m靠尺测量平面度，采用分度值为0.05mm的深度尺测量接缝高低差，采用分度值为1mm的钢直尺测量托板的厚度。

6.2.10 明框玻璃幕墙拼缝质量的检验指标，应符合下列规定：

1 金属装饰压板应符合设计要求，表面应平整，色彩应一致，不得有变形、波纹和凹凸不平，接缝应均匀严密。

2 明框拼缝外露框料或压板应横平竖直，线条通顺，并应满足设计要求。

3 当压板有防水要求时，必须满足设计要求；排水孔的形状、位置、数量应符合设计要求，且排水通畅。

6.2.11 检验明框玻璃幕墙拼缝质量时，应与设计图纸核对，观察检查，也可打开检查。

6.2.12 隐框玻璃的拼缝质量的检验，应符合表6.2.12的规定。

表6.2.12 隐框玻璃的拼缝质量检验

	项目	检验指标	检验方法
1	拼缝外观	横平竖直，缝宽均匀	观察检查
2	密封胶施工质量	符合规范要求，填嵌密实、均匀、光滑、无气泡	查质保资料，观察检查
3	拼缝整体垂直度	$h \leqslant 30m$时，$\leqslant 10mm$	用经纬仪或激光全站仪测量
		$30m < h \leqslant 60m$时，$\leqslant 15mm$	
		$60m < h \leqslant 90m$时，$\leqslant 20mm$	
		$h > 90m$时，$\leqslant 25mm$	
4	拼缝直线度	$\leqslant 2.5mm$	用2m靠尺测量
5	缝宽差（与设计值比）	$\leqslant 2mm$	用卡尺测量
6	相邻面板接缝高低差	$\leqslant 1mm$	用深度尺测量

注：h—幕墙高度。

6.2.13 玻璃幕墙与周边密封质量的检验指标，应符合下列规定：

1 玻璃幕墙四周与主体结构之间的缝隙，应采用防火保温材料严密填塞，水泥砂浆不得与铝型材直接接触，不得采用干硬性材料填塞。内外表面应采用密封胶连续封闭，接缝应严密不渗漏，密封胶不应污染周围相邻表面。

2 幕墙转角、上下、侧边、封口及与周边墙体的连接构造应牢固并满足密封防水要求，外表应整齐美观。

3 幕墙玻璃与室内装饰物之间的间隙不宜少于10mm。

6.2.14 检验玻璃幕墙与周边密封质量时，应核对设计图纸，观察检查，并用分度值为1mm的钢直尺测量，也可按本标准附录C的方法进行淋水试验。

6.2.15 全玻幕墙、点支承玻璃幕墙安装质量的检验指标，应符合下列规定：

1 幕墙玻璃与主体结构连接处应嵌入安装槽口内，玻璃与槽口的配合尺寸应符合设计和规范要求，其嵌入深度不应小于18mm。

2 玻璃与槽口间的空隙应有支承垫块和定位垫块。其材质、规格、数量和位置应符合设计和规范要求。不得用硬性材料填充固定。

3 玻璃肋的宽度、厚度应符合设计要求。玻璃结构密封胶的宽度、厚度应符合设计要求，并应嵌填平顺、密实、无气泡、不渗漏。

4 单片玻璃高度大于4m时，应使用吊夹或采用点支承方式使玻璃悬挂。

5 点支承玻璃幕墙应使用钢化玻璃，不得使用普通浮法玻璃。玻璃开孔的中心位置距边缘距离应符合设计要求，并不得小于100mm。

6 点支承玻璃幕墙支承装置安装的标高偏差不应大于3mm，其中心线的水平偏差不应大于3mm。相邻两支承装置中心线间距偏差不应大于2mm。支承装置与玻璃连接件的结合面水平偏差应在调节范围内，并不应大于10mm。

6.2.16 检验全玻幕墙、点支承玻璃幕墙安装质量，应采用下列方法：

1 用表面应力检测仪检查玻璃应力。

2 与设计图纸核对，查质量保证资料。

3 用水平仪、经纬仪检查高度偏差。

4 用分度值为1mm的钢直尺或钢卷尺检查尺寸偏差。

6.2.17 开启部位安装质量的检验指标，应符合下列规定：

1 开启窗、外开门应固定牢固，附件齐全，安装位置正确；窗、门框固定螺丝的间距应符合设计要求并不应大于300mm，与端部距离不应大于180mm；开启窗开启角度不宜大于30°，开启距离不宜大于300mm；外开门应安装限位器或闭门器。

2 窗、门扇应开启灵活，端正美观，开启方向、角度应符合设计的要求；窗、门扇关闭应严密，间隙均匀，关闭后四周密封条均处于压缩状态。密封条接头应完好、整齐。

3 窗、门框的所有型材拼缝和螺钉孔宜注耐候胶密封，外表整齐美观。除不锈钢材料外，所有附件和固定件应作防腐处理。

4 窗扇与框搭接宽度差不应大于1mm。

6.2.18 检验开启部位安装质量时，应与设计图纸核对，观察检查，并用分度值为1mm的钢直尺测量。

6.2.19 玻璃幕墙外观质量的检验指标，应符合下列规定：

1 玻璃的品种、规格与色彩应符合设计要求，整幅幕墙玻璃颜色应基本均匀，无明显色差，色差不应大于3CIELAB色差单位；玻璃不应有析碱、发霉和镀膜脱落等现象。

2 钢化玻璃表面不得有伤痕。

3 热反射玻璃膜面应无明显变色、脱落现象，其表面质量应符合表6.2.19-1的规定。

表 6.2.19-1　每平方米玻璃表面质量要求

项　目	质 量 要 求
0.1～0.3mm宽划伤痕	$a<100$mm时，不超过8条
擦伤	≤ 500mm^2

4 热反射玻璃的镀膜面不得暴露于室外。

5 型材表面应清洁，无明显擦伤、划伤；铝合金型材及玻璃表面不应有铝屑、毛刺、油斑、脱膜及其他污垢。型材的色彩应符合设计要求并应均匀，并应符合表6.2.19-2的要求。

表 6.2.19-2　一个分格铝合金料表面质量指标

项　目	质 量 要 求
擦伤，划痕深度	≤氧化膜厚的2倍
擦伤总面积（mm^2）	≤500
划伤总长度（mm）	≤150
擦伤和划伤处数	不超过4处

6 幕墙隐蔽节点的遮封装修应整齐美观。

6.2.20 检验玻璃幕墙外观质量，应采用下列方法：

1 在较好自然光下，距幕墙600mm处观察表面质量，必要时用精度0.1mm的读数显微镜观测玻璃、型材的擦伤、划痕。

2 对热反射玻璃膜面，在光线明亮处，以手指按住玻璃面，通过实影、虚影判断膜面朝向。

3 观察检查玻璃颜色，也可用分光测色仪按本标准附录D的方法检验玻璃色差。

6.2.21 玻璃幕墙保温、隔热构造安装质量的检验指标，应符合下列规定：

1 幕墙安装内衬板时，内衬板四周宜套装弹性橡胶密封条，内衬板应与构件接缝严密。

2 保温材料应安装牢固，并应与玻璃保持30mm以上的距离。保温材料的填塞应饱满、平整、不留间隙，填塞密度、厚度应符合设计要求。在冬季取暖的地区，保温棉板的隔汽铝箔面应朝向室内，无隔汽铝箔面时应在室内侧有内衬隔汽板。

6.2.22 检验玻璃幕墙保温、隔热构造安装质量，应采取观察检查的方法，并应与设计图纸核对，查施工记录，必要时可打开检查。

6.3 质量保证资料

6.3.1 玻璃幕墙工程的安装，应提供下列资料：

1 玻璃幕墙的设计文件。

2 玻璃幕墙的空气渗透性能、雨水渗漏性能和风压变形性能的检验报告及设计要求的其他性能的检验报告。

3 幕墙组件出厂质量合格证书。

4 施工安装的自查记录。

5 隐蔽工程验收记录。

附录A 玻璃幕墙工程质量检验记录表

编号：　　　　　　　　　共　页 第　页

委托单位		工程名称		工程地点	
设计单位		施工单位		工程编号	
检验依据		检验类别		检验时间	

序号	检验项目	检验设备名称、编号	抽样部位、数量	检验结果					备注
				1	2	3	4	5	

校核：　　　　　　记录：　　　　　　检验：

附录 B 幕墙玻璃表面应力现场检验方法

B.0.1 玻璃表面应力测定点，应按下列方法确定：

1 在距长边 100mm 的距离处，引平行于长边的两条平行线，并与对角线相交的四点处，即为测量点（图 B.0.1-1）。

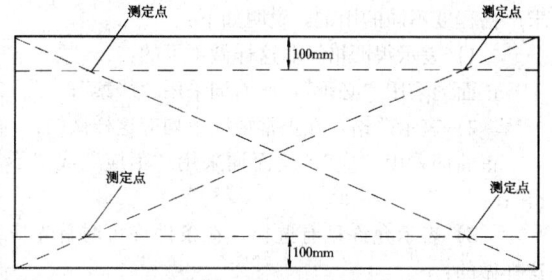

图 B.0.1-1 表面应力测量点示意

2 当玻璃短边长度不足 300mm 时（图 B.0.1-2），则在距短边 100mm 的距离上引平行于短边的两条平行线与中心线相交的两点以及几何中心点，作为测量点。

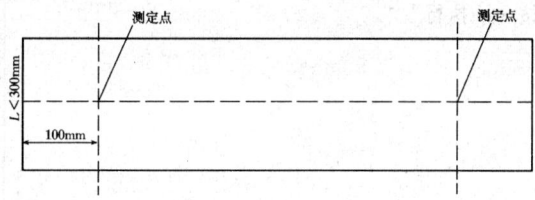

图 B.0.1-2 表面应力测量点示意

3 对于已安装到工程上的玻璃，其应力测点可由检验方与被检方共同商定。

B.0.2 测量玻璃表面应力，应按下列方法进行：

1 双折射率法：

1) 在被测玻璃的锡扩散层的测点处滴上几滴折射率油；

2) 将棱镜放置在被测点处，调整光源灯泡的位置、反射镜角度，使视场内出现明暗台阶图形；

3) 用测微目镜读出台阶的高度 d，精确到 0.01mm；

4) 压应力或拉应力应由图 B.0.2 确定；

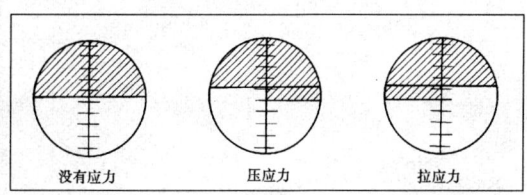

图 B.0.2 在视场中反映应力状况图像的示意

5) 此时玻璃表面应力应按下式计算：

$$\sigma = Kd \qquad (B.0.2-1)$$

式中 σ——表面应力，MPa；

K——仪器常数，取 352MPa/mm；

d——台阶高度，mm。

2 GASP 角度法：

1) 在被测玻璃的锡扩散层的测点处滴上几滴折射率油；

2) 将棱镜放置在被测点处，调整光源、反射镜角度，使视场内出现清晰的应力干涉条纹；

3) 旋转分度器，使十字丝平行于干涉条纹，读出角度 θ，精确到 $0.1°$；

4) 此时玻璃表面应力应按下式计算：

$$\sigma = K \cdot tg\theta \qquad (B.0.2-2)$$

式中 σ——表面应力（MPa），取至 0.01MPa；

K——仪器常数，取 41.925MPa；

θ——角度值（rad），$tg\theta$ 取至 0.0001。

附录 C 幕墙现场淋水检验方法

C.0.1 将幕墙淋水试验装置安装在被检幕墙的外表面，喷水水嘴离幕墙的距离不应小于 530mm，并应在被检幕墙表面形成连续水幕。每一检验区域喷淋面积应为 1800mm×1800mm，喷水量不应小于 4L/(m²·min)，喷淋时间应持续 5min，在室内应观察有无渗漏现象发生。

C.0.2 幕墙淋水试验装置（图 C.0.2），在 1800mm×1800mm 范围内，单个喷嘴喷淋直径应为 1060mm，四个喷嘴喷淋面积应为 3.53m²，淋水总量不应小于 14L/min。

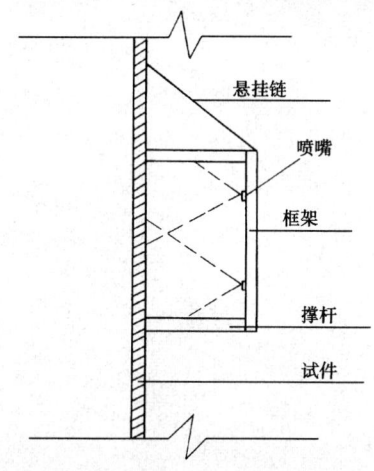

图 C.0.2 幕墙淋水试验装置安装示意

C.0.3 喷嘴应安装在框架上，框架应用撑杆与被测幕墙连接，水管应与喷嘴连接，并引至水源。当水压不够时，应采用增压泵增压。水流量的监测可采用转子流量计或压力表两种形式。

附录 D 幕墙玻璃色差现场检验方法

D.0.1 选取测量点时，同一块幕墙玻璃的色差应在玻璃的中心和四角选取测量点，测量点的位置离玻璃边缘的距离应大于 50mm；应以中心点的测量值作为标准，其余 4 点与该点进行色差比较，分别得出 4 个 ΔE^*_{ab} 色差值，其最大色差为该块玻璃的色差。

非同块幕墙玻璃之间的色差，应在目视色差有问题的玻璃上随机选取 5 个测量点，以其中最大或最小的一点作为标准，计算与其他 4 点的色差 ΔE^*_{ab}。（上述色差均为反射色差）。

D.0.2 检验仪器应符合国家标准《彩色建筑材料色度测试方法》GB 11942—89 第 4 条的规定。

D.0.3 ΔE^*_{ab} 色差值大于 3CIELAB 色差单位的幕墙玻璃应判定为不合格。

D.0.4 检验报告应包括下列内容：

1 样品名称、状况、测量点的选取。

2 仪器型号，标准照明体类型，照明观测条件及测孔面积（幕墙玻璃色差测量采用 D_{65} 标准照明体）。

3 偏离本附录的其他测量条件。

4 按要求报告幕墙玻璃色差测量结果（幕墙玻璃的色差采用 CIELAB 色空间的色差单位）。

本标准用词说明

1 为便于在执行本标准条文时区别对待，对要求严格程度不同的用词，说明如下：

　　1）表示很严格，非这样做不可的：
正面词采用"必须"，反面词采用"严禁"；

　　2）表示严格，在正常情况下均应这样做的：
正面词采用"应"，反面词采用"不应"或"不得"；

　　3）表示允许稍有选择，在条件许可时首先应这样做的：
正面词采用"宜"，反面词采用"不宜"。

　　表示有选择，在一定条件下可以这样做的，采用"可"。

2 条文中指定应按其他有关标准、规范的规定执行的写法为"应符合……的规定（要求）"或"应按……执行"。

中华人民共和国行业标准

玻璃幕墙工程质量检验标准

JGJ/T 139—2001

条 文 说 明

前 言

《玻璃幕墙工程质量检验标准》(JGJ/T 139—2001)经建设部 2001 年 12 月 26 日以建标 [2001] 261 号文批准，业已发布。

为便于广大设计、施工、科研、学校等单位的有关人员在使用本标准时能正确理解和执行条文规定，《玻璃幕墙工程质量检验标准》编制组按章、节、条顺序编制了本标准的条文说明，供使用者参考。在使用中如发现本条文说明有不妥之处，请将意见函寄国家建筑工程质量监督检验中心。

目 次

1 总则 ………………………………… 9—27—18
2 材料现场检验 ……………………… 9—27—18
3 防火检验 …………………………… 9—27—19
4 防雷检验 …………………………… 9—27—19
5 节点与连接检验 …………………… 9—27—19
6 安装质量检验 ……………………… 9—27—20

1 总 则

1.0.1 本条阐明了制定本标准的目的。近年来，随着玻璃幕墙工程的日益增多，玻璃幕墙工程质量的问题越来越引起重视。为更好地配合行业标准《玻璃幕墙工程技术规范》（JGJ 102—96）的贯彻执行，保证玻璃幕墙工程在材料进场、安装施工、验收、监督和检验等各环节都有统一的、切实可行的检验方法，制定了本标准。

1.0.2 本条规定了本标准的适用范围。即对在工程现场的玻璃幕墙材料和幕墙工程的安装质量进行检验。

1.0.4 本条规定了进行玻璃幕墙工程安装质量检验工作的人员要经专门培训，检验工作使用的仪器设备应通过计量检定或校准。

2 材料现场检验

2.1.1 在玻璃幕墙工程现场检验幕墙工程中使用的各种材料，应按要求划分检验批，并根据规定的比例进行抽样检验。

2.1.2 玻璃幕墙工程对材料的选用要求较高，因此有关材料的质量指标除应符合本标准的规定，还应符合国家现行的有关产品标准《铝合金建筑型材》（GB/T 5237—2000）、《幕墙用钢化玻璃与半钢化玻璃》（GB 17841—1999）、《建筑用硅酮结构胶》（GB 16776—1997）及行业标准《玻璃幕墙工程技术规范》（JGJ 102—96）的规定。

2.2.2～2.2.3 玻璃幕墙受力杆件采用的铝合金型材壁厚应按国家标准《铝合金建筑型材》（GB/T 5237—2000）和《玻璃幕墙工程技术规范》（JGJ 102—96）的规定不小于3mm。检验时，对未安装上墙的铝型材可用游标卡尺选取不同部位进行测量，对已安装上墙的铝型材可用金属测厚仪进行测量。

2.2.4 建筑幕墙使用的铝型材因其工作条件具有永久曝置性和静止性的特点，因此其氧化膜应符合 AA15 级的要求，其最小局部膜厚度可在大约 $1cm^2$ 的面内分别测量5个不同点的厚度求得。粉末静电喷涂的涂层厚度根据《粉末静电喷涂铝合金建筑型材》（YS/T 407—1997）的规定，电泳涂漆复合膜厚度按《电泳涂漆铝合金建筑型材》（YS/T 100—1997）的规定，最小局部膜厚 $21\mu m$。氟碳喷涂膜厚指标见《氟碳漆喷涂型材》（GB/T 5237.5）的涂层厚度。

2.2.6～2.2.7 GB/T 5237 中规定铝型材力学性能可在硬度试验和拉伸试验中只做一项（仲裁试验为拉伸试验），铝型材的硬度试验一般用维氏硬度计进行，由于它不便于现场试验，故目前主要是采用《铝合金韦氏硬度试验方法》（YS/T 420—2000）的钳式硬度计进行现场检测。韦氏硬度（HW）与维氏硬度之间的换算值见 YS/T 420—2000。使用钳式硬度计进行现场检测时，要求型材表面的涂层应彻底清除，如有轻微的擦划伤或模具痕等，需轻轻磨光。

2.2.8 GB/T 5237 中规定铝型材的表面质量，允许由于模具造成的纵向挤压痕深度及轻微的压坑、碰伤、擦伤和划伤存在，其中在装饰面不大于0.06mm，在非装饰面应不大于0.10mm。

2.4.2 表2.4.2中单片玻璃的厚度允许偏差均按《浮法玻璃》（GB 11614—1999）的规定执行。中空玻璃和夹层玻璃的厚度允许偏差分别按新修订的《中空玻璃》、《夹层玻璃》标准的规定执行。

2.4.4 表2.4.4-1中单片玻璃的边长允许偏差按《幕墙用钢化玻璃与半钢化玻璃》(GB 17841—1999)的规定，由于用于幕墙，所以中空玻璃和夹层玻璃边长的正偏差值一般不超过负偏差值。

2.4.8 根据玻璃表面的应力可以确定玻璃钢化的程度。半钢化玻璃是针对钢化玻璃自爆而发展起来的一种新型增强玻璃，其强度比普通玻璃高1～2倍，耐热冲击性能显著提高，一旦破碎，其碎片状态与普通玻璃类似。

目前，西方国家在建筑上大量采用的是不会自爆的半钢化玻璃或称增强玻璃，半钢化玻璃的一个突出优点是不会自爆。它与钢化玻璃的主要区别在于玻璃的应力数值范围不同。我国国家标准《幕墙用钢化玻璃与半钢化玻璃》（GB 17841—1999）规定了用于玻璃幕墙的钢化玻璃其表面应力应大于 95MPa，主要是为了保证当玻璃破碎时，碎片状态满足钢化玻璃标准规定的要求。

2.4.10 玻璃边缘的机械磨边不能用手持式或砂带式磨边机。

2.4.12 用于玻璃幕墙的中空玻璃必须采取双道密封以减小水蒸气渗透的表面积。根据《中空玻璃》（GB 11944）规定，双道密封外层密封胶宽度应为5～7mm。同时由于隐框幕墙是靠硅酮结构密封胶承受荷载，所以其外层的硅酮结构密封胶胶层深度还应满足结构计算要求。

2.5.1 硅酮结构胶现场检验包括三项指标。其中：胶的宽度应按设计要求检查，其偏差只允许是正值。对胶的粘结剥离检验应抽取不同分格的单元进行。在检验的单元当内聚破坏小于95%，应视该项为不合格。硅酮结构胶的外观质量应包括胶缝的几何形状、尺寸、施工偏差、胶的表面平整度等有关指标。

2.5.3 密封胶的厚度与宽度之比一般应为1:2，根据密封胶宽度计算其厚度不能小于3.5mm。胶缝的宽度应同建筑物的层间位移和胶完全固化后的变位承受能力有关。

2.5.5 双面胶带压缩后的厚度在一般情况下应达到设计要求的90%。因此用手工拉伸检查其弹性变形，可以较方便的检查其材性。

与硅酮结构密封胶接触的材料必须要做相容性试验。

2.6.1 除不锈钢外，其他钢材的防腐处理还可采用涂防火漆和氟碳喷涂等工艺。

2.6.5 紧固件是受力配件，应优先选用不锈钢螺栓。不锈钢螺栓应配有弹簧垫圈或其他防松脱措施（如拧紧后用露螺栓敲毛处理等），以保证螺栓的紧固作用。由于常用的自攻螺钉是粗牙、非等截面的紧固件，紧固效果不够，所以强调受力构件的连接不应采用自攻螺钉。

2.6.7 用于幕墙的滑撑和限位器可按《铝合金不锈钢滑撑》（GB 9300—88）的技术要求进行检验，其装配和表面质量应满足一级品以上指标。

2.6.9 用于幕墙开启窗的窗锁可按《铝合金窗锁》（GB 9302—88）的技术要求进行检验，其各项指标应满足一级品的要求。对多点连动锁还应检查其连动的一致性。

2.7 进行幕墙工程检查时，对所有现场的材料要分别检查有关质量保证资料，这是为了保证使用的材料符合幕墙工程的要求。对于铝型材、钢材的力学性能报告、玻璃的检验报告、结构胶剥离试验记录和相容性试验报告及铆钉的力学性能报告等，因其涉及工程结构的安全性，都要重点检查。

2.7.3 中空玻璃的型式检验及热反射玻璃的光学性能应有具有资质的检验机构提供的检验报告。

2.7.4 对玻璃幕墙单元组件根据《建筑幕墙》（JG 3035—1996）的规定，按每百个组件随机抽取一件进行粘结剥离检验。因此，要检查结构硅酮胶剥离试验记录。

幕墙工程使用的硅酮结构胶必须在其有效期内使用，因此必须提供胶的生产日期及产品合格证。同时根据国家六部委发布的《关于加强硅酮结构密封胶管理的通知》要求，凡进口胶必须经国家商检局按照国家标准在指定的检验机构检验合格，出具报告，方可销售和使用。

用于幕墙工程的硅酮结构胶必须与该工程所有其他接触材料

(如：玻璃、铝材、胶条、衬垫材料等)进行相容性试验，相容性试验是通过试验的方法确定幕墙工程中结构胶与各种材料的粘结性，适用于幕墙工程中玻璃结构系统的选材。实践证明试验中那些粘结性丧失和褪色的基材和附件，在实际使用中也会发生同样的情况。

3 防火检验

3.1.1 根据行业标准《玻璃幕墙工程技术规范》(JGJ 102—96)的规定，玻璃幕墙的每层板和隔墙处，均应设置防火隔断。幕墙的防火节点较多，但节点构造形式并不多。只要按不同防火构造抽取一定数量的节点检验，就能较客观地反映出幕墙防火体系的质量状况。

3.1.2 玻璃幕墙工程的防火构造，除了涉及总则1.0.5条中相关规范外，在防火功能上也有其特殊的要求，如防火等级、材料燃烧性能和耐火极限等。所以除了应遵守本标准的规定外，尚应遵守国家和行业现行有关标准和规范的规定。

3.2.1～3.2.2 在火灾中，人员的死亡大部分是由于火灾产生的有害烟雾使人窒息而死。因此在国家标准《高层民用建筑设计防火规范》(GB 50045—95)中规定玻璃幕墙与每个楼层、每个隔墙处的缝隙，应采用不燃烧材料严密填实，其目的是不让烟雾从缝隙中窜到其他楼层或房间，而使危害扩大。这就要求在施工过程中，各自形成防火间隔，不出现任何会窜烟的缝隙。在施工过程中主要加强观察，进行检查，施工结束后，可用手试检查防火隔断的密闭性。一般可用手放在防火层边，感觉是否有空气流通，判断该处防火层是否有间隙。如未达到防火隔断的要求，必须整改。

对高层建筑不设窗间墙和窗槛墙的玻璃幕墙，在每层楼层外沿玻璃幕墙内侧设置高度不低于0.80m的实体裙墙，其耐火极限不低于1.00h，应由不燃烧材料制成，这样有利于阻止和限制火灾垂直方向蔓延。

同一块玻璃不宜跨两个防火区域，是为了避免玻璃破碎影响防火隔断效果。

3.2.3 在幕墙的楼层、楼梯间、墙、柱、梁等不同部位，其防火层的构造均不同。在检查中，经常发现搁置防火棉的防火板不是连续安装固定的，而是间隔很大，不仅造成防火材料搁置不稳，易脱落，而且防火棉与幕墙和主体结构之间的空隙无法封闭，造成窜烟、窜火，达不到防火的要求。所以防火节点构造必须符合设计要求，满足防火层功能的要求。

防火材料除了达到防火要求外，还应避免不同金属之间产生电腐蚀。因此本条还规定采用镀锌钢板作防火板时，应注意不得同铝合金材料直接接触。

根据防火规范的要求，幕墙与每层楼层、隔墙处和缝隙应采用不燃烧材料严密填实。在施工中，往往容易忽略幕墙的平面内变形性能的要求，特别是分隔墙直接顶到幕墙玻璃或幕墙的梁柱，这样就容易损坏幕墙的玻璃或构架。所以防火层与幕墙间必须留出缝隙，对缝隙本条规定采用防火密封胶封闭来达到不漏气的要求。

3.2.5 一般幕墙四周与主体结构之间的空隙和楼层之间的空隙用防火棉作防火层的较普遍。根据防火功能的要求，防火棉应严密填实，这在幕墙与墙体之间较容易做到，而对楼层之间，就必须设置防火板以供搁置、固定防火棉用，防火板应与幕墙固定横梁和主体楼板(梁)连接。目前基本上都采用金属板作防火板，但如金属板太薄，其刚度不足，难以承受施工荷载而变形，不易达到封闭的防火功能要求，太厚又造成浪费，所以本条对金属板的厚度作此规定。如果用其他非金属防火板，则除了耐火极限方面满足要求外，在刚度上也应满足设计要求。

防火棉的铺设应饱满均匀，厚度符合设计要求，不得出现漏放防火棉的部位。这是防火层设置防火棉最基本的要求。但是由于防火棉吸热后，传递热量性能低，使之接触的部位温度升高，而玻璃当局部温差超过其抗温差应力强度时，就会碎裂，所以防火棉不得与玻璃直接接触。

3.3.1 幕墙的防火构造直接影响建筑物的防火功能，关系到国家和人民的生命财产的安全，非常重要。为了保证幕墙防火构造的安全可靠，在检验质量时，除了检查工程实物外，还要查阅设计资料和质量保证资料，如设计对防火构造的要求从设计资料中了解，通过查防火材料的合格证或耐火性能的检验报告和隐蔽工程验收记录等，可了解检验时无法看到的情况，这样就能较真实地掌握幕墙防火构造的质量状况。

4 防雷检验

4.1.1 根据行业标准《玻璃幕墙工程技术规范》(JGJ 102—96)中玻璃幕墙工程对构件、拼缝分格的抽样检验数量定为5%，且不得少于3根和10个。在《建筑幕墙》中对竖向和横向构件的抽样规定为10%，且不少于5件，考虑到幕墙在现场检查中往往以楼层作为抽查单位，一般超高层建筑的楼层均不超过100层(国内目前最高的玻璃幕墙工程是上海的金茂大厦为88层)，而幕墙避雷接地一般是每三层与均压环连接，这样，如按5%比例抽查，显然数量太少，为此我们将抽查数量定为有均压环楼层不少于3层，不足三层时全数检查，无均压环楼层不少于2层，这样能保证抽样的分布和一定的数量，较客观地反映出该工程防雷连接的质量状况。

4.1.2 幕墙防雷措施在设计，施工过程中涉及一些相关的现行标准规范，如防雷做法，所用材料的材质、规格、连接方式、焊接要求等等，因此在执行本标准时，还应遵守国家和行业现行的有关标准、规范。

4.2.1～4.2.2 根据国家标准《建筑物防雷设计规范》(GB 50057—94)的防雷分类和要求，因大部分幕墙工程都是高层建筑，除了防直击雷外，还应防侧击雷。用幕墙框架作为导电体互相连接，形成导电通路，其连接电阻值一般不大于1Ω。连接不同材料应避免产生电腐蚀。连接的接触面应紧密可靠并符合等电位的要求。

4.2.3 幕墙的金属框架必须同建筑物主体结构的防雷系统作等电位连接。防雷建筑物设有均压环、引下线和接地线等防雷装置，幕墙的金属框架仅作为外露导体处理，不另设引下线和接地体。建筑物的防雷系统有专门的设计、施工与验收要求，不属本标准规定范围，但幕墙金属框架同防雷系统的连接应按本标准的规定执行。基于高层建筑幕墙面积往往较大，为避免框架上产生过高危险电压，本条中对水平和垂直连接点间距作出规定。

4.3.1 为了保证防雷措施的安全可靠，在检验防雷连接质量时，除了检查工程实际的施工质量外，还应检查有关质量保证资料，才能真实反映幕墙防雷体系的质量。如通过设计资料检查是否按图施工，通过测试记录和隐蔽部分的验收记录等检查被隐蔽部位的质量及技术要求。

5 节点与连接检验

5.1.1 根据行业标准《玻璃幕墙工程技术规范》(JGJ 102—96)中规定的抽样检验要求，决定其抽样检验数量。当幕墙工程中采用锚栓时，锚栓的抽样数量是根据《混凝土用建筑锚栓技术规程》(送审稿)的规定执行。

另外在检验中发现有隐蔽部分验收记录不全或其他疑问之处，检验人员应对节点进行深入检查，必要时也可加大节点检查数量。

5.2.1 幕墙受到的荷载及其本身的自重，主要是通过该节点传递到主体结构上。因此，该节点是幕墙受力最大的节点，在检查中发现往往也是质量薄弱环节之一。由于施工中的偏差，连接件的孔位留边宽度太窄，甚至出现破口孔，直接影响该连接节点强度，造成结构隐患，因此连接件的调节范围应符合设计要求。同时为满足钢材预埋件、连接件的性能，对其表面防腐也提出了要求。

5.2.5 幕墙顶部的处理，直接影响到幕墙的雨水渗漏，由于幕墙受到外力环境的影响，其缝隙会产生变化，有朝上、侧向空隙或缝隙，如用硬性材料填充，受力后产生细缝造成雨水渗漏，因此幕墙顶部的处理，必须保证不渗漏。罩面板的安装牢固不松动且方向正确，也是保证条件之一。

5.2.7 幕墙作为悬挂维护结构，其底部节点的处理很重要，实践中有些细部处理往往疏忽，如立柱底部节点与不同材料之间的处理、底部的伸缩缝隙的设置及密封等，这都直接影响幕墙的安全和使用功能，为此本条作了必要的规定。

5.2.9 幕墙立柱的连接普遍采用芯管套接，行业标准《玻璃幕墙工程技术规范》（JGJ 102—96）中没有对芯管提出具体要求，而在实际中立柱的连接不一定是玻璃的分格处，这就要求幕墙的立柱应能连续传递弯矩。对于芯管的材质，在实践中发现不少表面未作阳极氧化处理，甚至用镀锌钢材的，为此本条强调应符合规范和设计的要求。

5.2.11 根据行业标准《玻璃幕墙工程技术规范》（JGJ 102—96）的规定，与铝合金接触的螺栓及金属配件应采用不锈钢或轻金属制品，而轻金属制品中与铝合金不产生电化反应的应选铝制品，因此本条作了具体规定。在梁柱节点处所用的螺钉和金属配件应符合规范和设计要求，不得使用镀锌钢材制品。目前幕墙中自攻螺钉采用较普遍，由于其牙纹较稀，与铝合金接触摩擦面较少，而幕墙受到外界风雨等环境影响产生震动，使自攻螺钉容易松脱，所以要求不采用自攻螺钉，对其他螺钉也应有防松脱措施。

在梁柱接触处，按规范要求应设置弹性垫片，不能采用硬质的垫片。

5.2.13 在变形缝处，由于主体结构在该部位的构造是断开的，因此幕墙构架在此也必须按设计的要求进行断开，其节点构造必须符合设计要求。由于此处构造复杂，在安装施工中，必须留出构造变形方向的位移空间，在外观上应平整，结合应紧密不渗漏。

5.2.15 当幕墙内排水孔尺寸太小，由于水的表面张力大于水的压力就不起作用，所以本条规定排水孔要按设计要求设置，且幕墙的内排水系统必须保持畅通不堵塞，这在加工制作中必须注意。特别是单元幕墙，在加工时接缝处的胶不宜凸出，加工中的一些铝屑，甚至螺钉等垃圾必须清除干净，否则幕墙安装后这些垃圾极有可能堵塞内排水通道，造成排水不畅，引起渗漏。

5.2.17 玻璃吊夹具的安装位置直接影响幕墙的安全，本条所指的安装牢固，位置准确，不局限在单个吊夹具上，而是指整体吊夹具的安装。在实践中发现有的吊夹具仅在正面玻璃上安装，肋上没有；有的吊夹具不是安装在同一基层上，造成两吊夹具受力后产生不平衡，所以吊夹具的安装必须整体共同受力，才能保证安装牢固。

对吊夹具进行力学性能试验时，应由有资质的检验单位进行检验。

5.2.19～5.2.21 杆（索）和点支承装置是点支式玻璃幕墙配合使用的一种构造形式，其受力形式是由点支承装置通过杆（索）将玻璃幕墙的荷载传递到主体结构上，因此杆（索）、点支承装置的结构必须牢固，受力均匀，不致使玻璃局部受力后破裂。点支承装置组件与玻璃之间应有弹性衬垫材料做垫片，使玻璃有一定活动余地，而且不与支承装置金属直接接触。

5.3.1 幕墙连接节点比较多，各类节点都比较复杂，有些节点在检验时已被覆盖，有些节点虽能看到，但其功能如何还需测试，因此幕墙连接节点检验时，需查隐蔽工程的验收资料，包括锚栓拉拔的检验报告，才能客观地反映出各连接节点的质量情况。

6 安装质量检验

6.1.2 本条规定的检验报告指针对该幕墙工程进行设计的幕墙产品，且检验所用的幕墙材料应与工程完全一致。当工程设计有抗震设防要求时，应同时进行平面内变形检验；当工程设计考虑有保温隔热和节能要求时，一般应同时进行保温性能检验。

6.1.3 根据行业标准《玻璃幕墙工程技术规范》（JGJ 102—96）的要求，玻璃幕墙工程应进行安装外观检验和抽样检验，因此按照有关标准，制定了抽样规定。

6.2.3～6.2.5 检查测量一般应在风力小于4级时进行。

6.2.6 对于明框幕墙中，玻璃与槽口配合尺寸很重要，在实践中往往对定位垫块不够重视，这容易造成玻璃破损，所以在本条中强调了胶条、玻璃定位垫块和支承垫块的设置必须符合规范和设计要求，在实践中，对明框幕墙胶条转角或其他需粘结部位，采用透明的密封胶比较多，而这种密封胶属微酸性，与胶条接触部位容易逐渐变黄，影响外观，因此本条要求用于明框幕墙的密封胶不变色。

6.2.8 作为隐框幕墙，其玻璃全靠结构胶粘结固定，所以标准中对结构胶有严格的要求，其剥离试验必须符合国家标准《建筑用硅酮结构密封胶》（GB 16776—1997）标准的规定。作为隐框幕墙的另一个必须重视的部位，就是在车间组装好的隐框组件，当其安装到幕墙构架时，采用压块和螺钉固定，压块、螺钉所受的力比结构胶还要大，所以对于压块和螺钉的规格、数量必须符合设计要求。目前工程实践中，许多厂家采用自攻螺钉固定玻璃板块，由于自攻螺钉牙纹稀，非等截面，和构架固定接触面少，容易松脱，所以本条中规定不得用自攻螺钉。

6.2.12 隐框幕墙各玻璃拼缝整齐与否对幕墙的外观有很大影响，因此该条规定的6款主要检查其拼缝质量，以保证整幅隐框幕墙各玻璃拼缝的整齐美观。

6.2.13 幕墙是悬挂受力状态下的外围护结构，其构件在荷载和温差影响下，会产生位移，因此幕墙边的立柱，不应埋设在主体结构中，其间隙应用弹性材料填嵌，根据消防和防水的要求，空隙应用防火材料填充，缝隙应用密封胶填嵌密实。

6.2.15 由于点支承式幕墙玻璃在角部都钻孔，局部应力集中，浮法玻璃强度低，容易破裂，所以应采用钢化玻璃。用于点支承式幕墙玻璃的切角、钻孔等必须在钢化前进行。

中华人民共和国行业标准

住宅室内装饰装修工程质量验收规范

Code for construction quality acceptance
of housing interior decoration

JGJ/T 304—2013

批准部门：中华人民共和国住房和城乡建设部
施行日期：２０１３年１２月１日

中华人民共和国住房和城乡建设部
公 告

第49号

住房城乡建设部关于发布行业标准《住宅室内装饰装修工程质量验收规范》的公告

现批准《住宅室内装饰装修工程质量验收规范》为行业标准，编号为 JGJ/T 304-2013，自2013年12月1日起实施。

本规范由我部标准定额研究所组织中国建筑工业出版社出版发行。

中华人民共和国住房和城乡建设部
2013年6月9日

前　言

根据住房和城乡建设部《关于印发〈2010年工程建设标准规范制订、修订计划〉的通知》（建标〔2010〕43号）的要求，规范编制组经过广泛调查研究，认真总结实践经验，参考有关国际标准和国外先进标准，并在广泛征求意见的基础上，编制本规范。

本规范的主要技术内容是：1. 总则；2. 术语；3. 基本规定；4. 基层工程检验；5. 防水工程；6. 门窗工程；7. 吊顶工程；8. 轻质隔墙工程；9. 墙饰面工程；10. 楼地面饰面工程；11. 涂饰工程；12. 细部工程；13. 厨房工程；14. 卫浴工程；15. 电气工程；16. 智能化工程；17. 给水排水与采暖工程；18. 通风与空调工程；19. 室内环境污染控制；20. 工程质量验收程序。

本规范由住房和城乡建设部负责管理，由住房和城乡建设部住宅产业化促进中心负责具体技术内容的解释。执行过程中如有意见或建议，请寄送住房和城乡建设部住宅产业化促进中心（地址：北京市海淀区三里河路9号；邮编：100835）。

本规范主编单位：住房和城乡建设部住宅产业化促进中心
　　　　　　　　龙信建设集团有限公司

本规范参编单位：深圳市人居环境委员会
　　　　　　　　合肥经济开发区住宅产业化促进中心
　　　　　　　　仁恒置地集团有限公司
　　　　　　　　天津住宅建设发展集团有限公司
　　　　　　　　北新集团建材股份有限公司
　　　　　　　　上海市装饰装修行业协会
　　　　　　　　远洋装饰工程股份有限公司
　　　　　　　　北京业之峰诺华装饰股份有限公司
　　　　　　　　北京轻舟世纪建筑工程有限公司
　　　　　　　　青岛海尔家居集成股份有限公司
　　　　　　　　浙江亚厦装饰股份有限公司
　　　　　　　　深圳广田装饰集团股份有限公司
　　　　　　　　深圳市洪涛装饰股份有限公司
　　　　　　　　武汉嘉禾装饰集团有限公司
　　　　　　　　苏州金螳螂建筑股份有限公司
　　　　　　　　上海全筑建筑装饰工程有限公司
　　　　　　　　朗诗集团股份有限公司
　　　　　　　　二十二冶集团第一建设有限公司
　　　　　　　　南京建邺城镇建设开发集团有限公司

本规范主要起草人员：叶　明　黄　华　文林峰
　　　　　　　　　　陈祖新　武洁青　王本明
　　　　　　　　　　尹德潜　周红锤　李正茂
　　　　　　　　　　陈雪涌　张文龄　董占波
　　　　　　　　　　赵　飞　李少强　李少军
　　　　　　　　　　王志军　王巧生　黄大鹏
　　　　　　　　　　孙培都　刘　磊　郁尚章
　　　　　　　　　　任春斗　陆庭海　陈　扬
　　　　　　　　　　顾新洪　施　贤　杨泽华
　　　　　　　　　　黄　新　王　亮　郭跃骅
　　　　　　　　　　杨卫涵　吴凯波　王国志

本规范主要审查人员：徐正忠　孙玉明　饶良修
　　　　　　　　　　张中一　张　静　张　仁
　　　　　　　　　　陆　兴　刘德良　高祥生
　　　　　　　　　　付建华

目 次

1 总则 ·· 9—28—8
2 术语 ·· 9—28—8
3 基本规定 ······································ 9—28—8
4 基层工程检验 ·································· 9—28—8
   4.1 一般规定 ································ 9—28—8
   4.2 墙面基层工程检验 ······················ 9—28—8
   4.3 地面基层工程检验 ······················ 9—28—9
   4.4 顶棚基层工程检验 ······················ 9—28—9
   4.5 基层净距、基层净高检验 ················ 9—28—9
5 防水工程 ······································ 9—28—9
   5.1 一般规定 ································ 9—28—9
   5.2 楼（地）面孔洞封堵工程 ················ 9—28—9
   5.3 水泥砂浆找平层与保护层工程 ········· 9—28—10
   5.4 涂膜和卷材防水工程 ··················· 9—28—10
6 门窗工程 ······································ 9—28—10
   6.1 一般规定 ································ 9—28—10
   6.2 金属门窗、塑料门窗工程 ·············· 9—28—10
   6.3 木门窗工程 ···························· 9—28—10
7 吊顶工程 ···································· 9—28—10
   7.1 一般规定 ································ 9—28—10
   7.2 暗龙骨吊顶工程 ························ 9—28—11
   7.3 明龙骨吊顶工程 ························ 9—28—11
8 轻质隔墙工程 ·································· 9—28—11
   8.1 一般规定 ································ 9—28—11
   8.2 板材隔墙、骨架隔墙、玻璃
       隔墙工程 ································ 9—28—11
9 墙饰面工程 ···································· 9—28—12
   9.1 一般规定 ································ 9—28—12
   9.2 饰面砖工程 ···························· 9—28—12
   9.3 饰面板工程 ···························· 9—28—12
   9.4 裱糊饰面工程 ·························· 9—28—13
   9.5 软包工程 ······························ 9—28—13
   9.6 玻璃板饰面工程 ························ 9—28—13
10 楼地面饰面工程 ······························ 9—28—14
   10.1 一般规定 ······························ 9—28—14
   10.2 木地板工程 ···························· 9—28—14
   10.3 块材地板工程 ·························· 9—28—14
   10.4 地毯工程 ······························ 9—28—15
   10.5 水泥地面工程 ·························· 9—28—15

11 涂饰工程 ···································· 9—28—16
   11.1 一般规定 ······························ 9—28—16
   11.2 水性涂料涂饰工程 ···················· 9—28—16
   11.3 溶剂型涂料涂饰工程 ·················· 9—28—16
12 细部工程 ···································· 9—28—16
   12.1 一般规定 ······························ 9—28—16
   12.2 储柜制作与安装工程 ·················· 9—28—16
   12.3 窗帘盒、窗台板和散热器罩制作
       与安装工程 ·························· 9—28—17
   12.4 门窗套制作与安装工程 ················ 9—28—17
   12.5 护栏和扶手制作与安装工程 ············ 9—28—17
   12.6 装饰线条及花饰制作与安装
       工程 ·································· 9—28—18
   12.7 可拆装式隔断制作与安装
       工程 ·································· 9—28—18
   12.8 内遮阳安装工程 ······················ 9—28—19
   12.9 阳台晾晒架安装工程 ·················· 9—28—19
13 厨房工程 ···································· 9—28—19
   13.1 一般规定 ······························ 9—28—19
   13.2 橱柜安装工程 ·························· 9—28—20
   13.3 厨房设备安装工程 ···················· 9—28—20
   13.4 厨房配件安装工程 ···················· 9—28—20
14 卫浴工程 ···································· 9—28—20
   14.1 一般规定 ······························ 9—28—20
   14.2 卫生洁具安装工程 ···················· 9—28—20
   14.3 淋浴间制作与安装工程 ················ 9—28—21
   14.4 整体卫生间安装工程 ·················· 9—28—21
   14.5 卫浴配件安装工程 ···················· 9—28—21
15 电气工程 ···································· 9—28—21
   15.1 一般规定 ······························ 9—28—21
   15.2 家居配电箱安装工程 ·················· 9—28—21
   15.3 室内布线工程 ·························· 9—28—22
   15.4 照明开关、电源插座安装
       工程 ·································· 9—28—22
   15.5 照明灯具安装工程 ···················· 9—28—22
   15.6 等电位联结工程 ······················ 9—28—23
16 智能化工程 ·································· 9—28—23
   16.1 一般规定 ······························ 9—28—23
   16.2 有线电视安装工程 ···················· 9—28—23

16.3	电话、信息网络安装工程 …………	9—28—23
16.4	访客对讲安装工程 ……………………	9—28—23
16.5	紧急求助、入侵报警系统安装工程 …………………………………	9—28—24
16.6	智能家居系统 …………………………	9—28—24
17	给水排水与采暖工程 …………………	9—28—24
17.1	一般规定 ………………………………	9—28—24
17.2	给水排水工程 …………………………	9—28—24
17.3	采暖工程 ………………………………	9—28—24
17.4	太阳能热水系统安装工程 ……………	9—28—25
18	通风与空调工程 ………………………	9—28—25
18.1	一般规定 ………………………………	9—28—25
18.2	空调、新风（换气）系统工程 ………………………………………	9—28—25
19	室内环境污染控制 ……………………	9—28—25
19.1	一般规定 ………………………………	9—28—25
19.2	室内环境污染控制 ……………………	9—28—26
20	工程质量验收程序 ……………………	9—28—26

附录 A	室内净距、净高尺寸检验记录 ……………………………	9—28—26
附录 B	住宅室内装饰装修前分户交接检验记录 …………………	9—28—28
附录 C	住宅室内装饰装修工程分项工程划分 ……………………	9—28—29
附录 D	住宅室内装饰装修分户工程质量验收记录 ………………	9—28—29
附录 E	住宅室内装饰装修分户工程质量验收汇总表 ……………	9—28—30
附录 F	住宅室内装饰装修工程质量验收汇总表 …………………	9—28—30
本规范用词说明 ……………………………		9—28—31
引用标准名录 ………………………………		9—28—31
附：条文说明 ………………………………		9—28—32

Contents

1 General Provisions ⋯⋯⋯⋯⋯⋯ 9—28—8
2 Terms ⋯⋯⋯⋯⋯⋯⋯⋯⋯⋯⋯ 9—28—8
3 Basic Requirements ⋯⋯⋯⋯⋯ 9—28—8
4 Base Course ⋯⋯⋯⋯⋯⋯⋯⋯ 9—28—8
   4.1 General Requirements ⋯⋯⋯⋯ 9—28—8
   4.2 Base Course for Wall ⋯⋯⋯⋯ 9—28—8
   4.3 Base Course for Ground ⋯⋯⋯ 9—28—9
   4.4 Base Course for Ceiling ⋯⋯⋯ 9—28—9
   4.5 Clear Spacing and Height of
       Base Course ⋯⋯⋯⋯⋯⋯⋯ 9—28—9
5 Waterproofing Works ⋯⋯⋯⋯ 9—28—9
   5.1 General Requirements ⋯⋯⋯⋯ 9—28—9
   5.2 Hole Sealing for Floor ⋯⋯⋯⋯ 9—28—9
   5.3 Leveling Course of Cement Mortar
       and Protective Coat ⋯⋯⋯⋯⋯ 9—28—10
   5.4 Film Coating and Rolling Felt
       Waterproofing ⋯⋯⋯⋯⋯⋯⋯ 9—28—10
6 Doors and Windows Works ⋯⋯ 9—28—10
   6.1 General Requirements ⋯⋯⋯⋯ 9—28—10
   6.2 Metal and Plastic Doors and
       Windows Installation ⋯⋯⋯⋯ 9—28—10
   6.3 Wood Doors and Windows
       Installation ⋯⋯⋯⋯⋯⋯⋯⋯ 9—28—10
7 Suspended Ceiling Works ⋯⋯⋯ 9—28—10
   7.1 General Requirements ⋯⋯⋯⋯ 9—28—10
   7.2 Concealed Ceiling Grille ⋯⋯⋯ 9—28—11
   7.3 Exposed Ceiling Grille ⋯⋯⋯⋯ 9—28—11
8 Light Partition Works ⋯⋯⋯⋯ 9—28—11
   8.1 General Requirements ⋯⋯⋯⋯ 9—28—11
   8.2 Plate, Skeleton and Glass
       Partition ⋯⋯⋯⋯⋯⋯⋯⋯⋯ 9—28—11
9 Wall Finish Works ⋯⋯⋯⋯⋯ 9—28—12
   9.1 General Requirements ⋯⋯⋯⋯ 9—28—12
   9.2 Finish Tile ⋯⋯⋯⋯⋯⋯⋯⋯ 9—28—12
   9.3 Finish Plate ⋯⋯⋯⋯⋯⋯⋯⋯ 9—28—12
   9.4 Papering Finish ⋯⋯⋯⋯⋯⋯ 9—28—13
   9.5 Soft Package ⋯⋯⋯⋯⋯⋯⋯ 9—28—13
   9.6 Glass Finish ⋯⋯⋯⋯⋯⋯⋯ 9—28—13
10 Flooring Finish Works ⋯⋯⋯⋯ 9—28—14
   10.1 General Requirements ⋯⋯⋯⋯ 9—28—14
   10.2 Wood Finish ⋯⋯⋯⋯⋯⋯⋯ 9—28—14
   10.3 Block Finish ⋯⋯⋯⋯⋯⋯⋯ 9—28—14
   10.4 Carpet Finish ⋯⋯⋯⋯⋯⋯⋯ 9—28—15
   10.5 Cement Finish ⋯⋯⋯⋯⋯⋯ 9—28—15
11 Painting Works ⋯⋯⋯⋯⋯⋯ 9—28—16
   11.1 General Requirements ⋯⋯⋯⋯ 9—28—16
   11.2 Water Paint Coating ⋯⋯⋯⋯ 9—28—16
   11.3 Solvent Paint Coating ⋯⋯⋯⋯ 9—28—16
12 Detail Works ⋯⋯⋯⋯⋯⋯⋯ 9—28—16
   12.1 General Requirements ⋯⋯⋯⋯ 9—28—16
   12.2 Cupboard Production and
       Installation ⋯⋯⋯⋯⋯⋯⋯⋯ 9—28—16
   12.3 Pelmet, Elbow Board and Radiator
       Box Production and
       Installation ⋯⋯⋯⋯⋯⋯⋯⋯ 9—28—17
   12.4 Doors and Windows Set Production
       and Installation ⋯⋯⋯⋯⋯⋯ 9—28—17
   12.5 Guardrail and Handrail Production
       and Installation ⋯⋯⋯⋯⋯⋯ 9—28—17
   12.6 Decorative Mouldings and Floriation
       Production and Installation ⋯⋯ 9—28—18
   12.7 Fabricated Partition Production
       and Installation ⋯⋯⋯⋯⋯⋯ 9—28—18
   12.8 Internal Sunshade
       Installation ⋯⋯⋯⋯⋯⋯⋯⋯ 9—28—19
   12.9 Balcony Clothes Horse
       Installation ⋯⋯⋯⋯⋯⋯⋯⋯ 9—28—19
13 Kitchen Works ⋯⋯⋯⋯⋯⋯ 9—28—19
   13.1 General Requirements ⋯⋯⋯⋯ 9—28—19
   13.2 Cabinet Installation ⋯⋯⋯⋯⋯ 9—28—20
   13.3 Kitchen Equipment
       Installation ⋯⋯⋯⋯⋯⋯⋯⋯ 9—28—20
   13.4 Kitchen Accessories
       Installation ⋯⋯⋯⋯⋯⋯⋯⋯ 9—28—20
14 Sanitary Works ⋯⋯⋯⋯⋯⋯ 9—28—20
   14.1 General Requirements ⋯⋯⋯⋯ 9—28—20
   14.2 Sanitary Fixture Installation ⋯⋯ 9—28—20
   14.3 Shower Chamber Production and

		Installation ············ 9—28—21

- 14.4 Integrated Toilet Installation ··· 9—28—21
- 14.5 Bathroom Accessory Installation ··················· 9—28—21

15 Electrical Works ············ 9—28—21
- 15.1 General Requirements ············ 9—28—21
- 15.2 Individual Distribution Box Installation ················ 9—28—21
- 15.3 Indoor Wiring Work ············· 9—28—22
- 15.4 Electric Switch and Socket Installation ························ 9—28—22
- 15.5 Lighting Installation ············· 9—28—22
- 15.6 Equipotential Connection Work ······························ 9—28—23

16 Intelligent Building Works ······ 9—28—23
- 16.1 General Requirements ············ 9—28—23
- 16.2 Wired Television Installation ··· 9—28—23
- 16.3 Telephone Network Installation ······················· 9—28—23
- 16.4 Talkback Entrance Guard Installation ······················· 9—28—23
- 16.5 Emergency Rescue and Automatic Alarm System Installation ······················· 9—28—24
- 16.6 Intelligent Home System ········· 9—28—24

17 Water Supply-sewerage and Heating Works ················ 9—28—24
- 17.1 General Requirements ············ 9—28—24
- 17.2 Water Supply and Drainage Work ······························ 9—28—24
- 17.3 Heating Work ···················· 9—28—24
- 17.4 Solar Water Heater Installation ······················· 9—28—25

18 Ventilation and Air Conditioning Works ······························ 9—28—25
- 18.1 General Requirements ············ 9—28—25
- 18.2 Air-conditioning and Air-renewal System ·························· 9—28—25

19 Indoor Environment Pollution Control ·························· 9—28—25
- 19.1 General Requirements ············ 9—28—25
- 19.2 Indoor Environment Pollution Control ·························· 9—28—26

20 Procedures of Quality Acceptance ······················ 9—28—26

Appendix A Acceptance Record for Clear Distance and Clear Height ··· 9—28—26

Appendix B Transfer Acceptance Record for Residential Interior Decoration of Individual Family ······ 9—28—28

Appendix C Classify of Subdivisional Work for Residential Interior Decoration ······ 9—28—29

Appendix D Quality Acceptance Record for Residential Interior Decoration of Individual Family ··· 9—28—29

Appendix E Quality Acceptance Summary Form for Residential Interior Decoration of Individual Family ······ 9—28—30

Appendix F Quality Acceptance Summary Form for Residential Interior Decoration ················· 9—28—30

Explanation of Wording in This Code ······························ 9—28—31

List of Quoted Standards ············· 9—28—31

Addition: Explanation of Provisions ······················ 9—28—32

1 总 则

1.0.1 为加强住宅室内装饰装修工程的质量管理，规范室内装饰装修工程质量验收，保证住宅室内装饰装修工程质量，制定本规范。

1.0.2 本规范适用于新建住宅室内装饰装修工程的质量验收。

1.0.3 住宅室内装饰装修工程的质量验收，除应符合本规范外，尚应符合国家现行有关标准的规定。

2 术 语

2.0.1 住宅室内装饰装修 housing interior decoration
根据住宅室内各功能区的使用性质、所处环境，运用物质技术手段并结合视觉艺术，达到安全卫生、功能合理、舒适美观、满足人们物质和精神生活需要的空间效果的过程。

2.0.2 基体 primary structure
建筑物的主体结构或围护结构。

2.0.3 基层 base course
直接承受装饰装修施工的面层。

2.0.4 基层净距 clear distance of base course
住宅室内墙体基层完成面之间的距离。

2.0.5 基层净高 clear height of base course
从楼、地面基层完成面至楼盖、顶棚基层完成面之间的垂直距离。

2.0.6 分户交接检验 handing over acceptance
室内装饰装修施工前，对已完成土建施工的工程分户（套）进行质量检验和交接工作。

2.0.7 分户工程验收 household acceptance
在单位装饰装修工程验收前，对住宅各功能空间的使用功能、观感质量等内容所进行的分户（套）验收。

3 基 本 规 定

3.0.1 住宅室内装饰装修工程施工应符合现行国家标准《住宅装饰装修工程施工规范》GB 50327 的规定，质量验收应符合现行国家标准《建筑装饰装修工程质量验收规范》GB 50210 的规定。

3.0.2 住宅室内装饰装修工程所用材料进场时应进行验收，并应符合下列规定：
　1 材料的品种、规格、包装、外观和尺寸等应验收合格，并应具备相应验收记录；
　2 材料应具备质量证明文件，并应纳入工程技术档案；
　3 同一厂家生产的同一类型的材料，应至少抽取一组样品进行复验；
　4 检测的样品应进行见证取样；承担材料检测的机构应具备相应的资质。

3.0.3 住宅室内装饰装修工程质量验收应以施工前采用相同材料和工艺制作的样板房作为依据。

3.0.4 住宅室内装饰装修工程不得存在擅自拆除和破坏承重墙体、损坏受力钢筋、擅自拆改水、暖、电、燃气、通信等配套设施的现象。

3.0.5 住宅室内装饰装修工程质量验收时，应提供施工前的交接检验记录，并应符合本规范附录A、附录B的规定。

3.0.6 住宅室内装饰装修工程质量验收应以户（套）为单位进行分户工程验收。

3.0.7 分户工程验收应在装饰装修工程完工后进行。

3.0.8 住宅室内装饰装修工程质量分户验收应符合下列规定：
　1 每户住宅室内装饰装修工程的各分项工程应全数检查，分项工程划分应符合本规范附录C的规定；
　2 分项检查的主控项目应全部符合本规范的规定；
　3 分项检查点的80%以上应符合本规范一般项目的规定，不符合规定的检查点不得有影响使用功能或明显影响装饰效果的缺陷，且允许偏差项目中最大偏差不得超过本规范规定允许偏差的1.5倍；
　4 住宅室内分户工程质量验收的各分项工程质量均应合格，并应有完整的质量验收记录。

3.0.9 分户工程验收应检查下列文件和记录：
　1 施工图、设计说明；
　2 材料的产品合格证书、性能检测报告、进场验收记录和复验报告；
　3 隐蔽工程验收记录；
　4 施工记录。

4 基层工程检验

4.1 一 般 规 定

4.1.1 本章适用于住宅室内装饰装修墙面基层、地面基层、顶棚基层等工程的质量检验。

4.1.2 基层工程施工完成后，在装饰装修施工前应按本规范附录B进行基层工程交接检验，并应在检验合格后再进行下道工序施工。

4.2 墙面基层工程检验

主控项目

4.2.1 墙面基层工程质量应符合下列规定：
　1 墙面基层工程应符合设计要求和国家现行有关标准的规定；

2 不同材料交接处不应有裂缝；
3 基层与基体之间应粘结牢固，无脱层；
4 每处空鼓面积不应大于0.04m²，且每自然间不应多于2处。

检验方法：观察、用小锤轻击检查。

一 般 项 目

4.2.2 墙面基层表面应平整，阴阳角应顺直，表面无爆灰。

检验方法：观察、尺量检查。

4.2.3 护角、空洞、槽、盒周围的抹灰表面应整齐、光滑；管道后面的抹灰应表面平整。

检验方法：观察、尺量检查。

4.2.4 墙面基层工程的允许偏差和检验方法应符合表4.2.4的规定。

表4.2.4 墙面基层工程的允许偏差和检验方法

序号	项目	允许偏差(mm)	检验方法
1	立面垂直度	4	用2m垂直检测尺检查
2	表面平整度	4	用2m靠尺和塞尺检查
3	阴阳角方正	4	用直角检测尺检查

4.3 地面基层工程检验

主 控 项 目

4.3.1 混凝土、水泥砂浆基层的强度等级应符合设计要求，且混凝土的强度等级不应低于C20。

检验方法：回弹法检测或检查配合比通知单及检测报告。

4.3.2 地面基层与结构层之间、分层施工的基层各层之间，应结合牢固，无裂纹，每处空鼓面积不应大于0.04m²，且每自然间不应多于2处。

检验方法：观察、用小锤轻击检查。

4.3.3 地面基层表面的坡度应符合设计要求，不得有倒泛水和积水现象。

检验方法：观察、泼水或坡度尺检查。

一 般 项 目

4.3.4 地面基层表面不应有裂纹、脱皮、麻面、起砂等缺陷。

检验方法：观察检查。

4.3.5 地面基层表面平整度的允许偏差不宜大于4mm。

检验方法：用2m靠尺和塞尺检查。

4.4 顶棚基层工程检验

主 控 项 目

4.4.1 抹灰顶棚基层材料的品种、规格和性能应符合设计要求。

检验方法：观察，检查产品合格证书、进场验收记录。

4.4.2 抹灰顶棚基层与基体之间以及分层施工的基层，各层之间应粘结牢固，无裂纹。

检验方法：观察、用小锤轻击检查。

一 般 项 目

4.4.3 基层表面应顺平、接槎平整，无爆灰和裂缝。

检验方法：观察检查。

4.5 基层净距、基层净高检验

一 般 项 目

4.5.1 住宅室内自然间墙面之间的净距允许偏差不宜大于15mm，房间对角线基层净距差允许偏差不宜大于20mm。

检验方法：用钢直尺或激光测距仪检查。测量时距墙端0.2m处对自然间的长、宽两个方向各测两点；对角线测量时，测4个角部测点对角之间的水平距离。

4.5.2 住宅室内自然间的基层净高允许偏差不宜大于15mm，同一平面的相邻基层净高允许偏差不宜大于15mm。

检验方法：用水准仪、激光测距仪或拉线、钢直尺检查。以室内地面水平面为依据，对卧室、厅测5点，即4角点加中心点；厨房、卫生间、楼梯间、阳台测2点，即长边分中线的两端；角部测点距墙边0.2m；平面布置不规则的房间增加1个测点；相邻测点的距离不宜大于4m。

5 防水工程

5.1 一般规定

5.1.1 本章适用于有防、排水要求的楼（地）面防水工程的质量验收。

5.1.2 楼（地）面防水工程验收时应检查蓄水试验记录。

5.2 楼（地）面孔洞封堵工程

主 控 项 目

5.2.1 微膨胀细石混凝土原材料应符合设计要求和国家现行有关标准的规定。

检验方法：检查产品合格证书、进场验收记录和复验报告。

5.2.2 微膨胀细石混凝土的配合比、强度应符合设计要求和国家现行有关标准的规定。

检验方法：检查检测报告。

一般项目

5.2.3 微膨胀细混凝土与穿楼（地）板的立管及洞口结合应密实牢固，无裂缝。

5.3 水泥砂浆找平层与保护层工程

主控项目

5.3.1 找平层与基层结合应牢固密实，表面平整光洁，无空鼓、裂缝、麻面和起砂；立管根部和阴阳角处理应符合设计要求。

检验方法：观察、用小锤敲击检查。

5.3.2 找平层坡度应符合设计要求；排水应畅通，不得积水。

检验方法：泼水或坡度尺检查。

5.3.3 保护层强度、厚度以及坡度应符合设计要求；表面应平整、密实。

检验方法：用小锤敲击检查，观察、尺量检查。

一般项目

5.3.4 水泥砂浆找平、保护层表面平整度的允许偏差不应大于5mm。

检验方法：用2m靠尺和楔形塞尺检查。

5.4 涂膜和卷材防水工程

主控项目

5.4.1 防水工程材料的品种、规格和性能应符合设计要求和国家现行有关标准的规定。

检验方法：观察，检查产品合格证书、进场验收记录和复验报告。

5.4.2 地面排水坡度应符合设计要求，不得有倒坡和积水现象。

检验方法：观察，泼水或坡度尺检查。

一般项目

5.4.3 防水层应从地面延伸到墙面，构造要求应符合现行国家标准《住宅装饰装修工程施工规范》GB 50327的规定。

检验方法：观察、尺量检查。

5.4.4 涂膜防水涂刷应均匀，不得漏刷。防水层平均厚度应符合设计要求，且最小厚度不应小于设计厚度的80%，或防水层每平方米涂料用量应符合设计要求。涂膜防水层采用玻纤布增强时，应顺排水方向搭接，搭接宽度应符合设计要求和国家现行有关标准的规定。

检验方法：观察、尺量检查。

5.4.5 卷材防水所选用的基层处理剂、胶粘剂、密封材料等均应与铺贴的卷材材性相容。防水层总厚度应符合设计要求。两幅卷材搭接时，短边和长边的搭接宽度应符合设计要求和国家现行有关标准的规定，且应顺排水方向搭接。

检验方法：观察、尺量检查。

6 门窗工程

6.1 一般规定

6.1.1 本章适用于住宅室内金属门窗、塑料门窗、木门窗等工程的质量验收。

6.1.2 门窗外观与尺寸、连接固定、埋件、排水构造、启闭、密封等应符合设计要求。

6.1.3 门窗工程使用的玻璃应符合现行行业标准《建筑玻璃应用技术规程》JGJ 113的有关规定。

6.2 金属门窗、塑料门窗工程

主控项目

6.2.1 金属门窗、塑料门窗工程主控项的质量和检验方法应符合现行国家标准《建筑装饰装修工程质量验收规范》GB 50210的相关规定。

一般项目

6.2.2 金属门窗、塑料门窗工程一般项的质量和检验方法应符合现行国家标准《建筑装饰装修工程质量验收规范》GB 50210的相关规定。

6.3 木门窗工程

主控项目

6.3.1 木门窗工程主控项的质量和检验方法应符合现行国家标准《建筑装饰装修工程质量验收规范》GB 50210的相关规定。

一般项目

6.3.2 木门窗工程一般项的质量和检验方法应符合现行国家标准《建筑装饰装修工程质量验收规范》GB 50210的相关规定。

7 吊顶工程

7.1 一般规定

7.1.1 本章适用于住宅室内金属板吊顶、纸面石膏板吊顶、木质胶合板吊顶、纤维类块材饰面板吊顶、塑料板吊顶、玻璃板吊顶及花栅类吊顶等工程的质量验收。

7.1.2 吊顶工程的木吊杆、木龙骨和木饰面的防火处理应符合现行国家标准《木结构工程施工质量验收规范》GB 50206 的规定。

7.1.3 吊顶应按设计要求及使用功能留设检修口、上人孔。

7.1.4 灯具、设备口与饰面板交接应吻合、严密。

7.1.5 吊顶灯光片的材质、规格应符合设计要求，应有隔热、散热措施，并应安装牢固、便于维修。

7.1.6 超过 3kg 的灯具、电扇及其他设备应设置独立吊挂结构。

7.2 暗龙骨吊顶工程

主控项目

7.2.1 吊杆、龙骨的质量、规格、间距和连接方式应符合设计要求；安装应牢固可靠。

检验方法：观察、手试、尺量检查。

7.2.2 面板安装接缝不得在同一根龙骨上。

检验方法：观察检查。

一般项目

7.2.3 饰面板上的设备安装位置应符合设计要求，与饰面板的交接应吻合、严密。

检验方法：观察、尺量检查。

7.2.4 暗龙骨吊顶工程安装的允许偏差和检验方法应符合表 7.2.4 的规定。

表 7.2.4 暗龙骨吊顶工程安装的允许偏差和检验方法

项次	项目	允许偏差（mm）				检验方法
		纸面石膏板	金属板	矿棉板	木板、塑料板、格栅	
1	表面平整度	3.0	2.0	3.0	2.0	用 2m 靠尺和塞尺检查
2	接缝直线度	3.0	1.5	3.0	3.0	拉 5m 线，不足 5m 拉通线
3	接缝高低差	1.0	1.0	1.5	1.0	用钢直尺和塞尺检查
4	水平度	5.0	4.0	5.0	3.0	在室内 4 角用尺量检查

7.3 明龙骨吊顶工程

主控项目

7.3.1 龙骨、饰面材料安装应牢固、严密。

检验方法：观察、手试检查。

一般项目

7.3.2 饰面材料表面应无污染、色泽一致；应无锈迹、麻点、锤印；不得有翘曲、裂缝和缺损；自攻钉排列应均匀，无外露钉帽，钉帽应做防锈处理，无开裂现象；饰面板与明龙骨的搭接应平整、吻合，压条应平直、宽窄一致。

检验方法：观察检查。

7.3.3 饰面板上的各种设备的安装位置应符合设计要求，与饰面板的接口部位应严密、边缘整齐。

检验方法：观察检查。

7.3.4 明龙骨吊顶工程安装的允许偏差和检验方法应符合表 7.3.4 的规定。

表 7.3.4 明龙骨吊顶工程安装的允许偏差和检验方法

项次	项目	允许偏差（mm）				检验方法
		纸面石膏板	金属板	矿棉板	塑料板、玻璃板	
1	表面平整度	3.0	2.0	3.0	2.0	用 2m 靠尺和塞尺检查
2	接缝直线度	3.0	2.0	3.0	3.0	拉 5m 线，不足 5m 拉通线，用钢直尺检查
3	接缝高低差	1.0	1.0	2.0	1.0	用钢直尺和塞尺检查
4	水平度	5.0	4.0	5.0	3.0	在室内 4 角用尺量检查

8 轻质隔墙工程

8.1 一般规定

8.1.1 本章适用于住宅室内装饰装修板材隔墙、骨架隔墙、玻璃隔墙等非承重隔墙工程的质量验收。

8.1.2 轻质隔墙工程的隔声性能应符合现行国家标准《民用建筑隔声设计规范》GB 50118 的规定。

8.1.3 轻质隔墙的构造、固定方法应符合设计要求。

8.2 板材隔墙、骨架隔墙、玻璃隔墙工程

主控项目

8.2.1 隔墙工程主控项的质量和检验方法应符合现行国家标准《建筑装饰装修工程质量验收规范》GB 50210 的相关规定。

一般项目

8.2.2 隔墙工程一般项的质量和检验方法应符合现

行国家标准《建筑装饰装修工程质量验收规范》GB 50210的相关规定。

9 墙饰面工程

9.1 一般规定

9.1.1 本章适用于住宅室内装饰装修饰面砖、饰面板、裱糊饰面、软包饰面、玻璃板饰面等工程的质量验收。

9.1.2 胶粘剂的粘结适用性应符合设计要求。

9.1.3 木质材料应进行防火、防腐处理，并应符合设计要求。

9.1.4 墙面上不同材料交接处缝隙宜做封闭处理。

9.1.5 墙面线盒、插座、检修口等的位置应符合设计要求。墙饰面与电气、检修口周围应交接严密、吻合、无缝隙。

9.1.6 墙面饰面工程的防震缝、伸缩缝、沉降缝等部位的处理应保证缝的使用功能和饰面完整性。

9.1.7 天然石材的放射性应符合设计要求和国家现行有关标准的有关规定。

9.2 饰面砖工程

主控项目

9.2.1 饰面砖工程的找平层、防水层、粘结和勾缝材料及施工方法应符合设计要求和国家现行有关标准的规定。

检验方法：观察；检查设计文件、性能检测报告和进场验收记录。

9.2.2 饰面砖粘贴应牢固，表面应平整、洁净、色泽协调一致。满粘法施工的饰面砖工程应无空鼓。

检验方法：检查样板件粘贴强度检测报告和施工记录，观察检查，用小锤轻击检查。

一般项目

9.2.3 单面墙不宜多于两排非整砖，非整砖的宽度不宜小于原砖的1/3。

检验方法：观察、尺量检查。

9.2.4 饰面砖粘贴的允许偏差和检验方法应符合现行国家标准《建筑装饰装修工程质量验收规范》GB 50210的相关规定。

9.3 饰面板工程

主控项目

9.3.1 饰面板及其嵌缝材料的品种、规格、颜色和性能应符合设计要求，木龙骨、木饰面板和塑料饰面板的燃烧性能等级应符合设计要求和国家现行有关标准的规定。

检验方法：观察；检查产品合格证书、性能检测报告和进场验收记录。

9.3.2 干挂饰面工程的骨架与预埋件的安装、连接、防锈、防腐、防火处理应符合设计要求。

检验方法：观察；检查产品合格证书、性能检测报告和进场验收记录。

9.3.3 饰面造型、图案布局、安装位置、外形尺寸应符合设计要求。

检验方法：观察、尺量检查。

9.3.4 饰面板开孔、槽的数量、位置、尺寸及孔槽的壁厚应符合设计要求。

检验方法：观察、尺量检查。

9.3.5 干挂饰面工程的挂件应牢固可靠、位置准确、调节适宜。

检验方法：观察、手试、尺量检查。

9.3.6 饰面板安装应牢固，排列应合理、平整、美观。

检验方法：观察、手试、尺量检查。

9.3.7 饰面板工程骨架制作安装质量应符合下列规定：

1 饰面板骨架安装的预埋件或后置埋件、连接件的数量、规格、位置、连接方法和防腐、防锈处理应符合设计要求；

2 有防潮要求的应进行防潮处理；

3 龙骨间距应符合设计要求；

4 骨架应安装牢固，横平竖直，安装位置、外形和尺寸应符合设计要求。

检验方法：观察、尺量、手试检查和查阅隐蔽工程验收记录。

一般项目

9.3.8 饰面板表面应平整、洁净、色泽均匀，带木纹饰面板朝向应一致，不应有裂痕、磨痕、翘曲、裂缝和缺损。石材表面应无泛碱等污染。

检验方法：观察检查。

9.3.9 饰面板上的孔洞套割应尺寸正确、边缘整齐、方正，并应与电器口盖交接严密、吻合。

检验方法：观察、尺量检查。

9.3.10 饰面板接缝应平直、光滑、宽窄一致，纵横交错处应无明显错台错位；填嵌应连续、密实；宽度、深度、颜色应符合设计要求。密缝饰面板应无明显缝隙，线缝平直。

检验方法：观察、尺量检查。

9.3.11 木饰面板表面应平整、光滑、无污染、锤印，不露钉帽，木纹纹理通畅一致。木板拼接应位置正确，接缝严密、光滑、顺直，拐角方正，木纹拼花正确、吻合。

检验方法：观察、尺量检查。

9.3.12 组装式或有特殊要求饰面板的安装应符合设计及产品说明书要求,钉眼应设于不明显处。

　　检验方法:观察检查。

9.3.13 饰面板安装的允许偏差和检验方法应符合现行国家标准《建筑装饰装修工程质量验收规范》GB 50210 的相关规定。

9.4 裱糊饰面工程

主 控 项 目

9.4.1 裱糊工程基层处理质量和检验方法应符合现行国家标准《建筑装饰装修工程质量验收规范》GB 50210 的相关规定。

一 般 项 目

9.4.2 壁纸、墙布表面应平整、色泽应均匀、不透底,不得有漏贴、补贴、脱层、气泡、裂缝、皱折、翘边和斑污,斜视时应无胶痕。

　　检验方法:观察检查。

9.4.3 壁纸、墙布与装饰线、饰面板、踢脚板等交接处应严密、吻合,不应压盖电气盒面板。

　　检验方法:观察检查。

9.4.4 壁纸、墙布与不同材质间搭接应棱角分明,接缝平直。

　　检验方法:观察检查。

9.5 软包工程

主 控 项 目

9.5.1 软包面料、衬板、内衬填充材料及边框的材质、品种、颜色、图案、燃烧性能等级、有害物质含量和木材的含水率应符合设计要求和国家现行有关标准的规定。

　　检验方法:观察;检查产品合格证书、性能检测报告和进场验收记录。

9.5.2 内衬填充材料均应进行防腐、防火处理。

　　检验方法:观察;检查进场验收记录。

9.5.3 木基层板、龙骨与墙体连接应稳定、牢固、平整,并应满足整体刚度要求。

　　检验方法:观察、手试检查。

9.5.4 软包安装位置、尺寸应符合设计要求。

　　检验方法:观察、尺量检查。

9.5.5 软包工程应棱角方正、平整饱满,并应与基层板连接紧密。

　　检验方法:观察、尺量、手试检查。

9.5.6 软包饰面与装饰线、踢脚板、电气盒盖等交接处应吻合、严密、顺直、无缝隙。

　　检验方法:观察、尺量、手试检查。

一 般 项 目

9.5.7 软包面料四周应绷压紧密,单块软包面料不应有接缝。

　　检验方法:观察、手试检查。

9.5.8 软包面料的电气盒盖开口应尺寸正确,套割边缘整齐方正、无毛边。

　　检验方法:观察、手试检查。

9.5.9 软包工程安装的允许偏差和检验方法应符合现行国家标准《建筑装饰装修工程质量验收规范》GB 50210 的相关规定。

9.6 玻璃板饰面工程

主 控 项 目

9.6.1 与主体结构连接的预埋件、连接件以及金属框架应安装牢固,其数量、规格、位置、连接方法和防腐处理应符合设计要求。

　　检验方法:观察检查。

9.6.2 玻璃板饰面工程所用材料的品种、规格、等级、颜色、图案、花纹应符合设计要求和国家现行有关标准的规定。

　　检验方法:观察检查。

9.6.3 玻璃安装应安全、牢固,不松动。玻璃安装位置及安装方法应符合设计要求和现行行业标准《建筑玻璃应用技术规程》JGJ 113 的相关规定。

　　检验方法:观察检查。

9.6.4 玻璃板外边框或压条的安装位置应正确,安装应牢固。

　　检验方法:观察、尺量检查。

9.6.5 玻璃板结构胶和密封胶的打注应饱满、密实、平顺、连续、均匀、无气泡。

　　检验方法:观察、尺量检查。

一 般 项 目

9.6.6 玻璃板表面应平整、洁净,整幅玻璃应色泽一致,不得有污染和镀膜损坏。玻璃应进行磨边处理,拼缝应横平竖直、均匀一致。

　　检验方法:观察、手试检查。

9.6.7 镜面玻璃表面应平整、光洁无瑕,镜面玻璃背面不应咬色,成像应清晰、保真、无变形。

　　检验方法:观察、手试检查。

9.6.8 玻璃安装密封胶缝应横平竖直、深浅一致、宽窄均匀、光滑顺直、美观。

　　检验方法:观察、手试检查。

9.6.9 玻璃外框或压条应平整、顺直、无翘曲,线型挺秀、美观。

　　检验方法:观察、手试检查。

9.6.10 玻璃板安装的允许偏差和检验方法应符合表

9.6.10的规定。

表9.6.10 玻璃板安装的允许偏差和检验方法

项次	项目		允许偏差(mm)		检验方法
			明框玻璃	隐框玻璃	
1	立面垂直度		1.0	1.0	用2m垂直检测尺检查
2	构件直线度		1.0	1.0	拉5m线,不足5m拉通线,用钢直尺检查
3	表面平整度		1.0	1.0	用2m靠尺和塞尺检查
4	阳角方正		1.0	1.0	用直角检测尺检查
5	接缝直线度		2.0	2.0	拉5m线,不足5m拉通线,用钢直尺检查
6	接缝高低差		1.0	1.0	用钢直尺和塞尺检查
7	接缝宽度		—	1.0	用钢直尺检查
8	相邻板角错位		—	1.0	用钢直尺检查
9	分格框对角线长度差	对角线长度≤2m	2.0	—	用钢直尺检查
		对角线长度>2m	3.0	—	

10 楼地面饰面工程

10.1 一般规定

10.1.1 本章适用于住宅室内装饰装修地面工程的木地板、块材地板、地毯、水泥地面等工程的质量验收。

10.1.2 楼地面饰面工程的质量和检验方法除符合本规范外,尚应符合现行国家标准《建筑地面工程施工质量验收规范》GB 50209的相关规定。

10.2 木地板工程

主控项目

10.2.1 木地板材料的品种、规格、图案颜色和性能应符合设计要求。

检验方法:观察检查。

10.2.2 木地板工程的基层板铺设应牢固,不松动。

检验方法:行走检查。

10.2.3 木搁栅的截面尺寸、间距和固定方法等应符合设计要求。木搁栅固定时,不得损坏基层和预埋管线。

检验方法:观察、钢直尺测量。

10.2.4 木地板铺贴位置、图案排布应符合设计要求。

检验方法:观察检查。

10.2.5 实铺木地板面层应牢固;粘结应牢固无空鼓现象。

检验方法:观察、行走检查。

10.2.6 竹木地板铺设应无松动,行走时不得有明显响声。

检验方法:行走检查。

一般项目

10.2.7 木地板表面应洁净、平整光滑,无刨痕、无沾污、毛刺、戗槎等现象;划痕每处长度不应大于10mm,同一房间累计长度不应大于300mm。

检验方法:观察、尺量检查。

10.2.8 木地板面层打蜡均匀,光滑明亮,纹理清晰、色泽一致,且表面不应有裂纹、损伤等现象。

检验方法:观察、尺量检查。

10.2.9 木地板的板面铺设的方向应正确,条形木地板宜顺光方向铺设。

检验方法:观察、尺量检查。

10.2.10 地板面层接缝应严密、平直、光滑、均匀,接头位置应错开,表面洁净。拼花地板面层板面排列及镶边宽度应符合设计要求,周边应一致。

检验方法:观察、尺量检查。

10.2.11 踢脚线表面应光滑,高度及凸墙厚度应一致;地板与踢脚板交接应紧密,缝隙顺直。

检验方法:观察、尺量检查。

10.2.12 地板与墙面或地面突出物周围套割吻合,边缘应整齐。

检验方法:观察、尺量检查。

10.2.13 木地板铺设的允许偏差和检验方法应符合现行国家标准《建筑地面工程施工质量验收规范》GB 50209的相关规定。

10.3 块材地板工程

主控项目

10.3.1 块材的排列应符合设计要求,门口处宜采用整块。非整块的宽度不宜小于整块的1/3。

检验方法:观察、尺量检查。

10.3.2 块材地板铺设允许偏差应符合现行国家标准《建筑地面工程施工质量验收规范》GB 50209的规定。

10.3.3 块材地板材料的品种、规格、图案颜色和性能应符合设计要求。

检验方法:观察检查。

10.3.4 块材地板工程的找平、防水、粘结和勾缝材料应符合设计要求和国家现行有关产品标准的规定。

检验方法：观察；检查产品合格证书、性能检测报告和进场验收记录。

10.3.5 块材地板铺贴位置、整体布局、排布形式、拼花图案应符合设计要求。

检验方法：观察检查。

10.3.6 块材地板面层与基层应结合牢固、无空鼓。

检验方法：观察、用小锤轻击检查。

一 般 项 目

10.3.7 块材地板表面应平整、洁净、色泽基本一致，无裂纹、划痕、磨痕、掉角、缺棱等现象。

检验方法：观察、尺量、用小锤轻击检查。

10.3.8 块材地板边角应整齐、接缝应平直、光滑、均匀，纵横交接处应无明显错台、错位，填嵌应连续、密实。

检验方法：观察、尺量、用小锤轻击检查。

10.3.9 块材地板与墙面或地面突出物周围套割应吻合，边缘应整齐。块材地板与踢脚板交接应紧密，缝隙应顺直。

检验方法：观察、尺量、用小锤轻击检查。

10.3.10 踢脚板固定应牢固，高度、凸墙厚度应保持一致，上口应平直；地板与踢脚板交接应紧密，缝隙顺直。

检验方法：观察、尺量、用小锤轻击检查。

10.3.11 石材块材地板表面应无泛碱等污染现象。

检验方法：观察、用小锤轻击检查。

10.3.12 塑料块材地板粘贴铺设时，应无波纹起伏、脱层、空鼓、翘边、翘角等现象。

检验方法：观察、用小锤轻击检查。

10.3.13 块材地板面层的排水坡度应符合设计要求，并不应倒坡、积水；与地漏（管道）结合处应严密牢固、无渗漏。

检验方法：观察、尺量、用小锤轻击检查。

10.3.14 块材地板的允许偏差和检验方法应符合表10.3.14的规定。

表10.3.14 块材地板的允许偏差和检验方法

项次	项目	允许偏差（mm）			检验方法
		石材块材	陶瓷块材	塑料块材	
1	表面平整度	2.0	2.0	2.0	2m靠尺、塞尺检查
2	接缝直线度	2.0	3.0	1.0	钢直尺或者拉5m线，不足5m拉通线，钢直尺检查
3	接缝宽度	2.0	2.0	1.0	钢直尺检查
4	板块之间接缝高低差	2.0	2.0	1.0	钢直尺和塞尺检查
5	与踢脚缝隙	1.0	1.0	1.0	观察，塞尺检查
6	排水坡度	4.0	4.0	4.0	水平尺、塞尺检查

10.4 地毯工程

主 控 项 目

10.4.1 地毯材料的品种、规格、图案、颜色和性能应符合设计要求。

检验方法：观察检查。

10.4.2 地毯工程的粘结、底衬和紧固材料应符合设计要求和国家现行有关标准的规定。

检验方法：观察；检查产品合格证书、性能检测报告和进场验收记录。

10.4.3 地毯铺贴位置、拼花图案应符合设计要求。

检验方法：观察检查。

10.4.4 地毯铺贴应符合现行国家标准《建筑地面工程施工质量验收规范》GB 50209 的规定。

检验方法：观察检查。

一 般 项 目

10.4.5 地毯表面应干净，不应起鼓、起皱、翘边、卷边、露线，无毛边和损伤。拼缝处对花对线拼接应密实平整、不显拼缝；绒面毛顺光一致，异型房间花纹应顺直端正、裁割合理。

检验方法：观察、手试检查。

10.4.6 固定式地毯和底衬周边与倒刺板连接牢固，倒刺板不得外露。

检验方法：观察、手试检查。

10.4.7 粘贴式地毯胶粘剂与基层应粘贴牢固，块与块之间应挤紧服贴。地毯表面不得有胶迹。

检验方法：观察、手试检查。

10.4.8 楼梯地毯铺设每梯段顶级地毯固定牢固，每踏级阴角处应用卡条固定。

检验方法：观察、手试检查。

10.5 水泥地面工程

主 控 项 目

10.5.1 防水水泥砂浆中掺入的外加剂应符合国家现行有关标准的规定，外加剂的品种和掺量应经试验确定。

检验方法：观察检查和检查质量合格证明文件、配合比试验报告。

10.5.2 有排水要求的水泥砂浆地面，坡向应正确，排水应通畅；防水砂浆面层不应渗漏。

检验方法：观察检查和蓄水、泼水检验或坡度尺检查及检查验收记录。

10.5.3 面层与下一层应结合牢固，无空鼓、裂纹。当出现空鼓时，空鼓面积不应大于 $400cm^2$，且每自然间或标准间不应多于 2 处。

检验方法：用小锤轻击检查。

一般项目

10.5.4 面层表面的坡度应符合现行国家标准《建筑地面工程施工质量验收规范》GB 50209 的规定。

检验方法：观察和采用泼水或坡度尺检查。

10.5.5 踢脚线与柱、墙面应紧密结合，踢脚线高度及出柱、墙厚度应符合设计要求且均匀一致。当出现空鼓时，局部空鼓长度不应大于 300mm，且每自然间或标准间不应多于 2 处。

检验方法：用小锤轻击、钢直尺和观察检查。

10.5.6 楼梯踏步的宽度、高度应符合现行国家标准《建筑地面工程施工质量验收规范》GB 50209 的规定。

检验方法：观察和钢直尺检查。

10.5.7 水泥砂浆面层的允许偏差和检验方法应符合表 10.5.7 的规定。

表 10.5.7 水泥砂浆面层的允许偏差和检验方法

项次	项目	允许偏差（mm）	检验方法
1	表面平整度	4	用 2m 靠尺和楔形塞尺检查
2	踢脚线上口平直	4	拉 5m 线和用钢直尺检查
3	缝格平直	3	

11 涂饰工程

11.1 一般规定

11.1.1 本章适用于住宅室内装饰装修工程中水性涂料涂饰和溶剂型涂料涂饰等工程的质量验收。

11.1.2 涂饰工程的基层处理应符合现行国家标准《建筑装饰装修工程质量验收规范》GB 50210 的相关规定。

11.1.3 涂饰工程所用涂料的有害物质含量应符合现行国家标准《室内装饰装修材料内墙涂料中有害物质限量》GB 18582 和《民用建筑工程室内环境污染控制规范》GB 50325 的规定。

11.2 水性涂料涂饰工程

主控项目

11.2.1 水性涂料涂饰工程主控项目质量和检验方法应符合现行国家标准《建筑装饰装修工程质量验收规范》GB 50210 的相关规定。

一般项目

11.2.2 水性涂料涂饰工程一般项目质量和检验方法应符合现行国家标准《建筑装饰装修工程质量验收规范》GB 50210 的相关规定。

11.3 溶剂型涂料涂饰工程

主控项目

11.3.1 溶剂型涂料涂饰工程主控项目质量和检验方法应符合现行国家标准《建筑装饰装修工程质量验收规范》GB 50210 的相关规定。

一般项目

11.3.2 溶剂型涂料涂饰工程一般项目质量和检验方法应符合现行国家标准《建筑装饰装修工程质量验收规范》GB 50210 的相关规定。

12 细部工程

12.1 一般规定

12.1.1 本章适用于室内装饰装修下列分项工程的质量验收：

1 储柜制作与安装工程；
2 窗帘盒、窗台板和散热器罩制作与安装工程；
3 门窗套制作与安装工程；
4 护栏和扶手制作与安装工程；
5 装饰线及花饰制作与安装工程；
6 可拆装式隔断制作与安装工程；
7 地暖分水器阀检修口、强弱电箱检修门的制作与安装工程；
8 内遮阳安装工程；
9 阳台晾晒架安装工程。

12.1.2 细部工程所用的木制材料的树种、等级、规格、含水率、防腐处理、燃烧性能、有害物质限量等应符合设计要求和国家现行有关标准的规定。

12.1.3 细部工程所采用的大理石、花岗石等天然石材应符合现行行业标准《建筑材料放射性核素限量》GB 6566 中有关材料有害物质的限量规定。

12.2 储柜制作与安装工程

主控项目

12.2.1 工厂化生产的整体储柜的固定应用专用连接件连接。

检验方法：观察检查。

12.2.2 储柜的外形、尺寸、安装位置应符合设计要求；储柜柜体与顶棚、墙、地的固定方法应符合设计要求，储柜安装应牢固。

检验方法：观察检查。

12.2.3 储柜安装预埋件或后置埋件的品种、规格、数量、位置、防锈处理及埋设方式应符合设计要求。
　　检验方法：观察检查。
12.2.4　储柜配件的品种、规格应符合设计要求，配件应齐全、安装应牢固。
　　检验方法：观察检查。
12.2.5　储柜内易形成结露的部位应有防结露措施。
　　检验方法：观察检查。
12.2.6　储柜的柜门和抽屉应开关灵活，回位正确，无倒翘、回弹现象。
　　检验方法：观察检查。

　　　　　　　　一　般　项　目

12.2.7　储柜表面应平整、光滑、洁净、色泽一致，不露钉帽、无锤印，且不应存在弯曲变形、裂缝及损坏现象；分格线应均匀一致，线脚直顺；装饰线刻纹应清晰、直顺，棱线凹凸层次分明，出墙尺寸应一致；柜门与边框缝隙应均匀一致。
　　检验方法：观察检查。
12.2.8　板面拼缝应严密，纹理通顺，表面平整。
　　检验方法：观察检查。
12.2.9　储柜与顶棚、墙体等处的交接、嵌合应严密，交接线应顺直、清晰、美观。
　　检验方法：观察检查。
12.2.10　储柜安装的允许偏差和检验方法应符合表12.2.10的规定。

表12.2.10　储柜安装的允许偏差和检验方法

项次	项目	允许偏差(mm)	检验方法
1	外形尺寸	3.0	用钢直尺检查
2	两端高低差	2.0	用水准仪或尺量检查
3	立面垂直度	2.0	用1m垂直检测尺检查
4	上、下口平直度	2.0	拉线、尺量检查
5	柜门与口框错台	2.0	用尺量检查
6	柜门与上框间隙	留缝限为0.7	
7	柜门并缝与两边框间隙	1.0	用塞尺检查
8	柜门与下框间隙	1.5	

12.3　窗帘盒、窗台板和散热器罩制作与安装工程

　　　　　　　　主　控　项　目

12.3.1　窗帘盒、窗台板和散热器罩的造型、规格、尺寸、安装位置和固定方法应符合设计要求。安装应牢固。
　　检验方法：观察检查。

　　　　　　　　一　般　项　目

12.3.2　对于双包夹板工艺制作的窗帘盒，遮挡板外立面不得有明榫、露钉帽，底边应做封边处理。
　　检验方法：观察检查。
12.3.3　窗帘盒、窗台板和散热器罩表面应平整、光滑、洁净、色泽一致，不露钉帽，无锤印、弯曲变形、裂缝和损坏现象；装饰线刻纹应清晰、直顺、棱线凹凸层次分明。
　　检验方法：观察检查。
12.3.4　窗帘盒、窗台板和散热器罩安装的允许偏差和检验方法应符合表12.3.4的规定。

表12.3.4　窗帘盒、窗台板和散热器罩安装的允许偏差和检验方法

项次	项目	允许偏差(mm)				检验方法
		散热器罩	窗台板	窗帘盒	木线	
1	两端高低差	1.0	1.0	2.0	2.0	用1m水平尺和塞尺检查
2	表面平整度	1.0	1.0	—	1.0	用1m水平尺和塞尺检查
3	两端出墙厚度差	2.0	2.0	2.0	—	用尺量检查
4	上口平直度	—	2.0	2.0	—	拉线、尺量检查
5	下口平直度	—	2.0	2.0	—	拉线、尺量检查
6	垂直度	2.0	1.0	2.0	—	全高吊线、尺量检查
7	两窗帘轨间距差	—	—	2.0	—	用尺量检查
8	两端距洞口长度	2.0	2.0	2.0	—	用尺量检查
9	木线交接错台错峰	—	—	—	0.3	用直尺和塞尺检查

12.4　门窗套制作与安装工程

　　　　　　　　主　控　项　目

12.4.1　门窗套的造型、尺寸和固定方法应符合设计要求。安装应牢固。
　　检验方法：观察、尺量，检查产品合格证书、检测报告。

　　　　　　　　一　般　项　目

12.4.2　门窗套安装的允许偏差和检验方法应符合现行国家标准《建筑装饰装修工程质量验收规范》GB 50210的相关规定。

12.5　护栏和扶手制作与安装工程

　　　　　　　　主　控　项　目

12.5.1　护栏和扶手的材质、规格、造型、尺寸及安装位置应符合设计要求。
　　检验方法：观察检查。

12.5.2 护栏高度、栏杆间距、安装位置应符合设计要求和现行国家标准《住宅设计规范》GB 50096 的规定，安装应牢固。

检验方法：观察、尺量和检查合格证书。

12.5.3 木扶手与弯头的接头应紧密牢固。

检验方法：观察、尺量和检查合格证书。

12.5.4 护栏玻璃安装不应松动；玻璃厚度、安装位置、安装方法应符合设计要求和现行行业标准《建筑玻璃应用技术规程》JGJ 113 的规定。

检验方法：观察、尺量和检查合格证书。

一般项目

12.5.5 扶手与垂直杆件连接应牢固，紧固件不得外露。

检验方法：观察、手试检查。

12.5.6 木质扶手表面应光滑平直、色泽一致，无刨痕、锤印、裂缝和损坏现象。木扶手弯头弯曲应自然，表面应光滑。

检验方法：观察、手试检查。

12.5.7 护栏安装应牢固、垂直，排列应均匀、整齐，纹饰线条应清晰美观；楼梯护栏应与楼梯坡度一致。

检验方法：观察、手试检查。

12.5.8 不锈钢护栏立杆与扶手接口应吻合，表面应光洁，割角接缝应严密，外形应美观；扶手转角应圆顺、光滑、不变形。

检验方法：观察、手试检查。

12.5.9 金属护栏、扶手的焊缝应饱满、光滑，无结疤、焊瘤和毛刺。

检验方法：观察、手试检查。

12.5.10 玻璃栏板应与边框吻合、平行；接缝应严密，表面应平顺、洁净、美观。玻璃边缘应磨边、倒棱、倒角，不得有锋利边角。

检验方法：观察、手试检查。

12.5.11 护栏和扶手安装的允许偏差和检验方法应符合现行国家标准《建筑装饰装修工程质量验收规范》GB 50210 的相关规定。

12.6 装饰线条及花饰制作与安装工程

主控项目

12.6.1 装饰线、花饰制作与安装所用材料的材质、品种、规格、颜色应符合设计要求。

检验方法：观察检查。

12.6.2 装饰线安装的基层应平整、坚实，并应符合设计要求。

检验方法：观察检查。

12.6.3 石膏装饰线、花饰安装应牢固，不应有缝隙，螺钉不应外露。

检验方法：观察、手试检查。

一般项目

12.6.4 花饰线条安装应流畅，图案应清晰，安装应端正，不应有歪斜、错位、翘曲和缺损现象。

检验方法：观察、手试、尺量检查。

12.6.5 木（竹）质装饰线、件的接口应齐整无缝；同一种房间的颜色应一致。

检验方法：观察、手试、尺量检查。

12.6.6 金属类装饰线、花饰安装前应做防腐处理。紧固件位置应整齐，焊接点应在隐蔽处，焊接表面应无毛刺。

检验方法：查阅文件、观察、手试、尺量检查。

12.6.7 石膏装饰线、件安装的基层应干燥；石膏线与基层连接的水平线和定位线的位置、距离应一致，转角接缝应割角处理。

检验方法：观察、手试、尺量检查。

12.6.8 装饰线、花饰安装的允许偏差和检验方法应符合表 12.6.8 的规定。

表 12.6.8 装饰线、花饰安装的允许偏差和检验方法

项次	项目		允许偏差(mm)		检验方法
			室内	室外	
1	装饰线、条型花饰的水平度或垂直度	每米	1.0	3.0	拉线、尺量或用 1m 垂直检测尺检查
		全长	3.0	6.0	
2	单独花饰中心位置偏移		10.0	15.0	拉线和用钢直尺检查
3	装饰线、花饰拼接错台错峰		0.5	1.5	用直尺和塞尺检查

12.7 可拆装式隔断制作与安装工程

主控项目

12.7.1 隔断制作与安装所用材料的材质、品种、等级，各种辅料、配件的品种、等级、规格、型号、颜色、花色均应符合设计要求和国家现行有关标准的规定。

检验方法：观察；检查产品合格证书、性能检测报告和进场验收记录。

12.7.2 隔断安装埋件的品种、数量、规格、位置和埋设方式应符合设计要求。

检验方法：观察检查。

12.7.3 隔断的造型、构造、尺寸、安装位置、固定方法应符合设计要求。隔断安装应牢固。

检验方法：观察、手试检查。

一般项目

12.7.4 隔断表面应平整、光滑、洁净、色泽一致，不露钉帽、无锤印，不应有弯曲、变形、裂缝和损坏

现象；分格线应均匀一致、线角应直顺、方正；装饰线刻纹应清晰、直顺、棱线凹凸层次分明；接缝应严密、无污染。

检验方法：观察检查。

12.7.5 隔断与顶棚、墙体等处的交接、嵌合应严密，交接线应顺直、清晰、美观。

检验方法：观察检查。

12.7.6 隔断的五金配件安装应位置正确、牢固、端正、尺寸一致；表面应洁净美观，无划痕、污染。

检验方法：观察检查。

12.7.7 隔断制作与安装的允许偏差和检验方法应符合表12.7.7的规定。

表 12.7.7 隔断制作与安装的允许偏差和检验方法

项次	项目	允许偏差（mm）	检验方法
1	边框垂直度	2.0	全高吊线尺量检查
2	单元扇对角线差	2.0	用尺量检查
3	表面平整度	1.0	用靠尺、塞尺检查
4	压条或缝隙平直	1.0	用1m直尺检查
5	组合扇水平	2.0	拉5m线，不足5m拉通线，用尺量检查
6	相同部位部件尺寸差	0.5	用尺量检查
7	活扇与上框之间的间隙	留缝限值1.2	用塞尺检查
8	活扇并缝或与两边框间隙	1.5	
9	活扇与下框间隙	2.0	

12.8 内遮阳安装工程

主控项目

12.8.1 内遮阳及其配件的材质、规格和遮阳性能应符合设计要求和国家现行标准的有关规定。

检验方法：观察；检查产品合格证书、性能检测报告和进场验收记录。

12.8.2 内遮阳及其配件的造型、尺寸、安装位置和固定方法应符合设计要求，安装应牢固。

检验方法：观察、手试、尺量检查。

一般项目

12.8.3 内遮阳百叶帘应外观整洁、平整、色泽基本一致，无明显擦伤、划痕、毛刺和叶片变形。

检验方法：观察、手试检查。

12.8.4 内遮阳软卷帘布表面应无破损、皱折、污垢、毛边和明显色差等缺陷；帘布接缝应连续，无脱线。

检验方法：观察、手试检查。

12.8.5 遮阳帘伸展、收回应灵活连续，无停顿、滞阻、松动；帘布边缘应整齐。

检验方法：观察、手试检查。

12.8.6 遮阳机械传动机构操作应平稳，无明显噪声，定位应正确。

检验方法：观察、手试检查。

12.9 阳台晾晒架安装工程

主控项目

12.9.1 晾晒架及其配件的材质和规格应符合设计要求和国家现行有关标准的规定。

检验方法：观察；检查产品合格证书、性能检测报告和进场验收记录。

12.9.2 晾晒架及其配件的造型、尺寸、安装位置和固定方法应符合设计要求，安装应牢固。

检验方法：观察、手试、尺量检查。

一般项目

12.9.3 晾晒架应外观整洁、色泽基本一致，无明显擦伤、划痕和毛刺。

检验方法：观察、手试检查。

12.9.4 晾晒架伸展、收回应灵活连续，无停顿、滞阻。

检验方法：观察、手试检查。

12.9.5 晾晒架的机械传动机构操作应平稳，无明显噪声，定位应正确。

检验方法：观察、手试检查。

13 厨房工程

13.1 一般规定

13.1.1 本章适用于厨房工程中橱柜、厨房设备及配件安装工程的质量验收。

13.1.2 厨房工程使用的材料、设备及配件，应符合设计要求，且应具有符合国家现行标准要求的质量鉴定文件或产品合格证。

13.1.3 厨房配件规格应满足使用功能的要求。

13.1.4 厨房的给水排水设备安装应平整牢固，无堵塞现象。

13.1.5 家用电器应有强制性产品认证标识，出厂随机资料应齐全。

13.1.6 整体橱柜除应有出厂检验合格证外，还应有使用说明书及安装说明书。

13.1.7 室内燃气管道应明敷；燃气表位置应便于抄表、开关和检修。

13.2 橱柜安装工程

主 控 项 目

13.2.1 橱柜的材料、加工制作、使用功能应符合设计要求和国家现行有关标准的规定。

13.2.2 橱柜应安装牢固。

检验方法：观察、手试和查阅相关资料。

一 般 项 目

13.2.3 柜体间、柜体与台面板、柜体与底座间的配合应紧密、平整，结合处应牢固，不松动。

检验方法：观察、手试、尺量检查。

13.2.4 柜体贴面应严密、平整，无脱胶、胶迹和鼓泡等现象，裁割部位应进行封边处理。

检验方法：观察、手试、尺量检查。

13.2.5 柜体顶板、壁板内表面和柜体可视表面应光洁平整，颜色均匀，无裂纹、毛刺、划痕和碰伤等缺陷。

检验方法：观察、手试、尺量检查。

13.2.6 门与柜体安装连接应牢固，不应松动，开关应灵活，且不应有阻滞现象。

检验方法：观察、手试、尺量检查。

13.2.7 柜体外形尺寸的允许偏差不应大于1mm，对角线长度之差不应大于3mm。门与柜体缝隙应均匀，宽度不应大于2mm。

检验方法：观察、手试、尺量检查。

13.3 厨房设备安装工程

主 控 项 目

13.3.1 厨房设备的功能、配置和设置位置应符合设计要求。

检验方法：检查设计文件。

13.3.2 厨房设备出厂随机资料应齐全，使用操作应正常。

检验方法：逐项检查，模拟操作。

13.3.3 电源插座规格应满足设备最大用电功率要求，插座安装位置应和厨房设备设计位置一致。

检验方法：查阅使用说明书，观察检查。

13.3.4 户内燃气管道与燃具应采用软管连接，长度不应大于2m，中间不得有接口，不得有弯折、龟裂、老化等现象。燃具的连接应严密，安装应牢固，不渗漏。燃气热水器排气管应直接通至户外。

检验方法：观察、手试、肥皂水试验。

13.3.5 厨房设置的竖井排烟道及止回阀应符合防火要求，且应有防止烟气回流、窜烟的措施。

检验方法：观察、模拟操作检查。

13.3.6 厨房设置的共用排烟道应与相应的抽油烟机相关接口及功能匹配。

检验方法：目测检查。

一 般 项 目

13.3.7 灶具的离墙间距不应小于200mm。

检验方法：目测、尺量检查。

13.3.8 抽屉和拉篮应有防拉出的设施。

检验方法：目测检查。

13.3.9 厨房设备的外观应清洁、无污损。

检验方法：目测检查。

13.4 厨房配件安装工程

一 般 项 目

13.4.1 配件应安装正确，功能正常，完好无损。

检验方法：观察、手试检查。

13.4.2 管线与厨房设备接口应匹配，并应满足厨房使用功能的要求。

检验方法：观察、手试检查。

14 卫 浴 工 程

14.1 一 般 规 定

14.1.1 本章适用于住宅室内装饰装修工程中卫生洁具、淋浴间、整体卫生间等设施、设备及五金配件的安装质量验收。

14.1.2 卫浴间的卫生器具及配件的规格、型号、颜色等应符合设计要求。

14.1.3 卫浴设备的阀门安装、固定位置应正确平整，管道连接件应易于拆卸、维修。

14.1.4 卫浴间地面应防滑和便于清洗，且地面不应积水。

14.1.5 淋浴间、整体卫生间的性能指标应符合设计要求和国家现行有关标准的规定。

14.1.6 整体卫生间应有出厂检验合格证书，并应具有使用说明书和安装说明书。

14.2 卫生洁具安装工程

主 控 项 目

14.2.1 卫生洁具及配件的材质、规格、尺寸、固定方法、安装位置应符合设计要求。

检验方法：查阅设计文件、观察检查。

14.2.2 卫生洁具应做满水或灌水（蓄水）试验，且应严密，畅通，无渗漏。

检验方法：蓄水、排水观察检查。

14.2.3 卫生洁具的排水管应嵌入排水支管管口内，并应与排水支管管口吻合，密封严实。

检验方法：观察检查。

14.2.4 坐便器、净身盆应固定安装，并应采用非干硬性材料密封，不得用水泥砂浆固定。

检验方法：观察检查。

14.2.5 除浴缸的原配管外，浴缸排水应采用硬管连接。有饰面的浴缸，浴缸排水部位应有检修口。

检验方法：观察检查。

一 般 项 目

14.2.6 卫生洁具表面应光洁、颜色均匀、无污损。

检验方法：观察；手试检查。

14.2.7 卫生洁具的安装应牢固，不松动。支、托架应防腐良好，安装应平整、牢固，并应与器具接触紧密、平稳。

检验方法：观察；手试检查。

14.2.8 卫生洁具给水排水配件应安装牢固，无损伤、渗水；给水连接管不得有凹凸弯扁等缺陷。卫生洁具与墙体、台面结合部应进行防水密封处理。

检验方法：观察；手试检查。

14.2.9 卫生洁具安装的允许偏差应符合现行国家标准《建筑给水排水及采暖工程施工质量验收规范》GB 50242 的规定。

14.3 淋浴间制作与安装工程

主 控 项 目

14.3.1 淋浴间所用的各种材料、规格、型号应符合设计要求。

检验方法：查阅质量保证资料。

14.3.2 淋浴间与相应墙体结合部位应无渗漏。

检验方法：试水观察、手摸检查。

14.3.3 淋浴间门应安装牢固，开关灵活。玻璃应为安全玻璃。

检验方法：观察、手试检查。

14.3.4 淋浴间低于相连室内地面不宜小于 20mm 或设置挡水条，且挡水条应安装牢固、密实。

检验方法：观察、尺量、通水观察检查。

14.3.5 淋浴间内给水、排水系统应进水顺畅、排水通畅、不堵塞。

检验方法：观察、尺量、通水观察检查。

一 般 项 目

14.3.6 淋浴间表面应洁净、无污损，不得有翘曲、裂缝及缺损。

检验方法：观察检查。

14.3.7 淋浴间打胶部位应打胶完整、胶面光滑、均匀、无污染。

检验方法：观察检查。

14.4 整体卫生间安装工程

一 般 项 目

14.4.1 整体卫生间的材质、规格、型号及安装位置应符合设计要求。

14.4.2 整体安装应垂直稳固，各部件安装应牢固，不应有松动、倾斜现象。

检验方法：观察、手试、通水观察检查。

14.4.3 整体卫生间内给水排水系统应进水顺畅、排水通畅、不堵塞。

检验方法：观察、手试、通水观察检查。

14.5 卫浴配件安装工程

主 控 项 目

14.5.1 卫浴配件与装饰完成面应连接牢固，不松动。

检验方法：观察、手试检查。

14.5.2 毛巾架、手纸盒、肥皂盒、镜子及门锁等卫浴配件应采用防水、不易生锈的材料，并应符合国家现行有关标准的规定。

检验方法：检查产品质量保证文件及相关技术文件。

一 般 项 目

14.5.3 卫浴配件安装应位置正确，使用方便，无损伤，装饰护盖遮盖严密，与墙面靠实无缝隙，外露螺丝平整。

检验方法：观察检查。

15 电 气 工 程

15.1 一 般 规 定

15.1.1 本章适用于室内电气工程质量验收。

15.1.2 动力及照明系统的剩余电流动作保护器应进行模拟动作试验；照明宜作 8h 全负荷试验。

15.1.3 导线截面应符合设计要求。

15.2 家居配电箱安装工程

主 控 项 目

15.2.1 家居配电箱规格型号应符合设计要求，位置应正确，部件应齐全，总开关及各分回路开关规格应满足符合设计要求。

检验方法：查验设计文件、观察检查。

15.2.2 家居配电箱回路编号应齐全，标识应正确，箱内开关动作应灵活可靠，带有剩余电流动作保护器的回路，剩余电流动作保护器动作电流不应大于30mA，动作时间不应大于0.1s。

检验方法：观察、模拟动作、仪器检查。

15.2.3 家居配电箱应配线整齐，导线色标应正确、一致，导线应连接紧密，不伤内芯，不断股。

检验方法：查验设计文件、观察检查。

一般项目

15.2.4 家居配电箱底边距地安装高度应符合设计要求，安装牢固，箱盖应紧贴墙面、开启灵活，箱体涂层应完整，无污损。

检验方法：查验设计文件、尺量、观察检查。

15.3 室内布线工程

主控项目

15.3.1 室内布线应穿管敷设，不得在住宅顶棚内、墙体及顶棚的抹灰层、保温层及饰面板内直敷布线。

检验方法：观察检查。

15.3.2 吊顶内电线导管不应直接固定在吊顶龙骨上；柔性导管与刚性导管、电器设备、器具连接时，柔性导管两端应使用专用接头，固定应牢固。

检验方法：观察、实测检查。

15.3.3 电线、电缆绝缘应良好，导线间和导线对地间绝缘电阻应大于0.5MΩ。

检验方法：观察、实测检查。

15.3.4 除同类照明外，不同回路、不同电压等级的导线不得穿入同一个管内。

检验方法：观察、实测检查。

一般项目

15.3.5 导线色标应正确，并应符合下列规定：
 1 单相供电时，保护线应为黄绿双色线，中性线为淡蓝色或蓝色，相线颜色根据相位确定；
 2 三相供电时，保护线应为黄绿双色线，中性线可选用淡蓝色或蓝色，相线为L1—黄色、L2—绿色、L3—红色。

检验方法：观察、实测检查。

15.3.6 导线连接应符合下列规定：
 1 导线应在箱（盒）内连接，导管内不得有接头；
 2 截面积2.5mm²及以下多股导线连接应拧紧搪锡或采用压接帽连接，导线与设备、器具的端子连接应牢固紧密、不松动。

检验方法：观察检查。

15.4 照明开关、电源插座安装工程

主控项目

15.4.1 开关通断应在相线上，并应接触可靠。

检验方法：电笔测试检查。

15.4.2 单相电源插座接线应符合下列规定：
 1 单相两孔插座，面对插座的右孔或上孔应与相线连接，左孔或下孔应与中性线连接；
 2 单相三孔插座，面对插座右孔应与相线连接，左孔应与中性线连接，上孔应与保护线连接；
 3 连接线连接应紧密、牢固，不松动。

检验方法：电笔或验电灯、相位检测器检查。

15.4.3 三相四孔插座的保护线应接在上孔，同一户室内三相插座的接线相序应一致。

检验方法：观察、相位检测器检查。

15.4.4 保护接地线在插座间不得串联连接。

检验方法：观察、电笔测试检查。

15.4.5 卫生间、非封闭阳台应采用防护等级为IP54电源插座；分体空调、洗衣机、电热水器采用的插座应带开关。

检验方法：观察、电笔测试检查。

15.4.6 安装高度在1.8m及以下电源插座均应为安全型插座。

检验方法：观察、电笔测试检查。

一般项目

15.4.7 暗装的开关插座面板安装应紧贴墙面，四周无缝隙，安装应牢固、表面光滑整洁、无碎裂、划伤、污损；相邻的开关布置应匀称，开关控制有序。

检验方法：观察、开灯检查。

15.4.8 同一高度的开关插座安装高度允许偏差应符合表15.4.8的规定。

检验方法：观察检查。

表15.4.8 开关插座安装高度允许偏差

序号	项　目	允许偏差（mm）
1	同一室内同一标高偏差	5.0
2	同一墙面安装偏差	2.0
3	并列安装偏差	0.5

15.5 照明灯具安装工程

主控项目

15.5.1 灯具的规格型号应符合设计要求，并应具有合格证及强制性产品认证标志。

检验方法：检查产品合格证书和进场验收记录。

15.5.2 灯具安装应牢固可靠，每个灯具固定螺钉不应少于2个；重量大于3kg的灯具应采用螺栓固定或采用吊挂固定。

检验方法：观察检查。

15.5.3 花灯吊钩的直径不应小于灯具挂销的直径，

大型花灯固定及悬吊装置,应符合设计要求。

检验方法:查阅设计文件,观察检查。

一 般 项 目

15.5.4 灯具应配件齐全,光源完好,无机械变形、涂层脱落、灯罩破裂。

检验方法:观察检查。

15.5.5 灯具表面及附件等高温部位,应有隔热、散热等措施。

检验方法:观察检查。

15.6 等电位联结工程

主 控 项 目

15.6.1 有洗浴设备的卫生间应设有局部等电位箱(盒),卫生间内安装的金属管道、浴缸、淋浴器、暖气片等外露的可接近导体应与等电位盒内端子板连接。

检验方法:观察检查。

15.6.2 局部等电位联结排与各连接点间应采用多股铜芯有黄绿色标的导线连接,不得进行串联,导线截面积不应小于4mm^2。

检验方法:观察检查、尺量检查。

一 般 项 目

15.6.3 联结线连接应采用专用接线端子或包箍连接;连接应紧密牢固,防松零件应齐全,包箍宜与接点材质相同。

检验方法:观察检查。

16 智能化工程

16.1 一 般 规 定

16.1.1 本章适用于住宅室内装饰装修工程中智能化工程的质量验收。

16.1.2 住宅室内智能化工程验收项目应包括有线电视、电话、信息网络、智能家居、访客对讲、紧急求助、入侵报警。

16.1.3 住宅室内装饰装修工程中智能化工程质量验收时,应检查系统试运行记录。

16.1.4 住宅室内智能化工程的质量和检验方法除符合本规范外,尚应符合现行国家标准《智能建筑工程质量验收规范》GB 50339 的相关规定。

16.2 有线电视安装工程

主 控 项 目

16.2.1 有线电视的信号插座面板规格、型号、安装位置应符合设计要求。

检验方法:观察;检查产品合格证书和进场验收记录。

16.2.2 有线电视信号插座面板安装应平整牢固、紧贴墙面,表面应无碎裂、污损。

检验方法:查阅设计文件,观察检查。

一 般 项 目

16.2.3 电视插座与电源插座距离应满足设计要求。

检验方法:查阅设计文件,尺量检查。

16.3 电话、信息网络安装工程

主 控 项 目

16.3.1 电话、信息网络的终端插座面板规格型号、安装位置符合设计要求。

检验方法:查阅设计文件,观察检查。

16.3.2 电话、信息网络传输导线信号应畅通,接线应正确。

检验方法:网线测试仪检查。

一 般 项 目

16.3.3 电话、信息网络的终端插座面板安装应平整牢固、紧贴墙面,表面应无碎裂、划伤、污损。

检验方法:观察检查。

16.3.4 电话、信息网络终端插座面板与电源插座的距离应满足设计要求。

检验方法:查阅设计文件,尺量检查。

16.4 访客对讲安装工程

主 控 项 目

16.4.1 室内外对讲机安装应牢固、不松动,位置应符合设计和使用的要求。

检验方法:观察检查。

16.4.2 语音对话或可视对讲系统应语音、图像清晰。

检验方法:查阅设计文件,测试检查。

16.4.3 访客对讲室内机各功能键应操作正常,并应实现电控开锁。

检验方法:查阅设计文件,测试检查。

一 般 项 目

16.4.4 访客对讲户内话机安装应平正、牢固,外观应清洁、无污损。

检验方法:观察检查。

16.5 紧急求助、入侵报警系统安装工程

主 控 项 目

16.5.1 紧急求助、入侵报警系统终端的安装位置应符合设计要求。
　　检验方法：查阅设计文件，观察检查。

16.5.2 防盗报警控制器应能显示报警时间和报警部位。
　　检验方法：测试检查。

一 般 项 目

16.5.3 入侵探测器、可燃气体泄露报警探测器的安装位置和功能应符合设计文件要求，安装应牢固，表面应清洁，无污损。
　　检验方法：查阅设计文件，观察检查。

16.6 智能家居系统

主 控 项 目

16.6.1 家居控制器的布线、安装位置应符合设计及产品说明书要求。
　　检验方法：查阅设计文件、产品说明书。

16.6.2 家居控制器对户内照明、家电等控制动作应正常。
　　检验方法：测试检查。

一 般 项 目

16.6.3 家居控制器安装应牢固，表面应清洁、无污损。
　　检验方法：查阅设计文件，观察检查。

17 给水排水与采暖工程

17.1 一般规定

17.1.1 户内不同用途给水管道的外露接口应有明确标识。

17.1.2 同层排水所使用的管材、坡度、检修口的设置等应符合设计要求。

17.2 给水排水工程

主 控 项 目

17.2.1 室内给水管道的水压测试应符合设计要求。用水器具安装前，各用水点应进行通水试验。
　　检验方法：核查测试记录，观察和放水检查。

17.2.2 暗敷排水立管的检查口应设置检修门。
　　检验方法：核对设计文件设置位置，观察检查。

17.2.3 高层明敷排水塑料管应按设计要求设置阻火圈或防火套管，排水洞口封堵应使用耐火材料。
　　检验方法：观察检查。

17.2.4 明敷室内塑料给水排水立管距离灶台边缘应有可靠的隔热间距或保护措施，防止管道受热软化。
　　检验方法：观察检查。

17.2.5 地漏的安装应平正、牢固，并应低于排水表面，无渗漏。
　　检验方法：试水、观察检查。

17.2.6 给水排水配件应完好无损伤，接口应严密，角阀、龙头应启闭灵活，无渗漏，且应便于检修。
　　检验方法：观察；手扳检查，通水检查。

17.2.7 卫浴设备的冷、热水管安装应左热右冷，平行间距应与设备接口相匹配，连接方式应安全可靠，无渗漏。
　　检验方法：目测、观察检查。

一 般 项 目

17.2.8 户内明露热水管应采取保温措施。
　　检验方法：手试、观察检查。

17.2.9 卫生器具排水配件应设存水弯，不得重叠存水。
　　检验方法：手试、观察检查。

17.3 采暖工程

主 控 项 目

17.3.1 发热电缆的接地线应与电源的接地线连接。
　　检验方法：观察检查。

17.3.2 散热器应位置准确、固定牢固、配件齐全、无渗漏，表面应色泽均匀，无脱落、损伤等外观缺陷。
　　检验方法：手试、观察检查。

17.3.3 室内供暖管、控制阀门、散热器片安装位置应符合设计要求；连接应紧密、无渗漏。
　　检验方法：手试、观察检查。

17.3.4 地面的固定设备和卫生设备下面，不应布置发热电缆、低温加热水管。
　　检验方法：观察检查。

17.3.5 散热器支架、托架应安装牢固，背面与装饰后墙表面垂直距离应符合设计要求。暗敷散热器管路的阀门部位应留设检修孔。
　　检验方法：观察检查。

一 般 项 目

17.3.6 低温热水采暖系统分水器、集水器分支环路应符合设计的要求；分支环路供回水管上应设置阀门。
　　检验方法：观察检查。

17.3.7 温控器设置附近应无散热体、遮挡物。安装应平整，无损伤，液晶面板应无损坏。

检验方法：手试、观察检查。

17.3.8 辐射采暖系统分水器、集水器上均应设置手动或自动排气阀。

检验方法：手试、观察检查。

17.3.9 采暖分户热计量系统入户装置应符合设计要求。安装位置应便于检修、维护和观察。

检验方法：观察检查。

17.4 太阳能热水系统安装工程

主 控 项 目

17.4.1 太阳能热水系统的部件应安装到位、无缺陷；系统的控制器和控制传感器应正常、可靠；系统应具有过热保护装置和防冻保护措施。

检验方法：核查设计文件，观察检查。

一 般 项 目

17.4.2 太阳能热水系统的安装应符合现行国家标准《民用建筑太阳能热水系统应用技术规范》GB 50364的规定。

17.4.3 太阳能集热器基座应与建筑主体结构连接牢固，并不得损坏原屋面防水层、保温层。锚栓防腐和承载力应满足设计要求。

检验方法：核查设计文件，观察、手试检查。

17.4.4 设置在阳台板上的太阳能集热器支架应与阳台栏板预埋件牢固连接。由太阳能集热器构成的阳台栏板，应满足其刚度、强度及防护功能要求。

检验方法：观察、手扳检查。

17.4.5 太阳能热水系统的储水箱和管道应保温完好，无损坏。

检验方法：观察检查。

17.4.6 太阳能热水系统的电气设备和与电气设备相连的金属部件均应有可靠的接地保护措施。

检验方法：观察检查。

18 通风与空调工程

18.1 一 般 规 定

18.1.1 本章适用住宅家用空调系统、新风（换气）系统工程安装质量的验收。

18.1.2 空调设备、新风（换气）及管道材料的选择与布置，应符合设计要求和国家现行有关标准的规定。

18.1.3 当采用地源热泵、全热交换器等具有空调或通风功能的设备时，其安装应符合国家现行有关标准的规定。

18.2 空调、新风（换气）系统工程

主 控 项 目

18.2.1 空调系统、新风（换气）系统运行应正常，功能转换应顺畅。

检验方法：运行检查，温度测定以室内中央离地1.5m实测温度。

18.2.2 送、排风管道应采用不燃材料或难燃材料。

检验方法：查阅材料检验报告。

18.2.3 空调内、外机管道连接口和新风排气口设置应坡向室外，不得出现倒坡现象。管道穿墙处应密封，不渗水。

检验方法：观察检查。

18.2.4 新风机和换气扇安装应牢固，与管道连接应严密；止逆阀安装应平整牢固、启闭灵活。

检验方法：观察检查，开机检测。

一 般 项 目

18.2.5 户内空调冷凝水和室外机组的融霜水应有组织排放。

检验方法：观察检查。

18.2.6 空调、新风（换气）风口与风管连接应严密、牢固，与装饰面应紧贴、无结露现象；风管表面应平整、无划痕、变形；条形风口与装饰面交界处应衔接自然、无明显缝隙；风口位置应便于检修和清洗。

检验方法：观察检查。

18.2.7 空调室内机冷凝水排水管应连接紧密，无渗漏、倒坡和堵塞现象。

检验方法：观察检查。

18.2.8 空调机、新风（换气）导流风罩应外观良好，无破损和缺损；固定应牢固。

检验方法：观察检查。

18.2.9 空调外机应安装在通风良好的位置，外机位置应满足安全和最低维修空间要求。

检验方法：观察检查。

18.2.10 同一起居室、房间的风口安装高度应一致，排列应整齐，风口位置的设置应便于检修和清洗。

检验方法：观察、尺量检查。

19 室内环境污染控制

19.1 一 般 规 定

19.1.1 本章适用于住宅室内装饰装修工程完成后对室内环境的质量验收。

19.1.2 住宅室内环境质量验收，应在工程完工至少

7d以后、工程交付使用前进行。

19.1.3 住宅室内装饰装修工程验收时,应进行室内环境污染物浓度检测。

19.1.4 室内环境质量检测应委托相应资质的检测机构进行。

19.2 室内环境污染控制

19.2.1 住宅装饰装修室内环境污染控制应符合现行国家标准《民用建筑工程室内环境污染控制规范》GB 50325 的规定。

19.2.2 住宅装饰装修后室内环境污染物浓度限值应符合表 19.2.2 的规定。

表 19.2.2 住宅装饰装修后室内环境污染物浓度限值

污染物	卧室、客厅、厨房
氡（Bq/m^3）	≤200
甲醛（mg/m^3）	≤0.08
苯（mg/m^3）	≤0.09
氨（mg/m^3）	≤0.2
TVOC（mg/m^3）	≤0.5

注：1 表中污染物浓度限量，除氡外均以同步测定的室外上风向空气相应值为空白值；
2 表中污染物浓度测量值的极限值判定，采用全数值比较法。

20 工程质量验收程序

20.0.1 住宅室内装饰装修工程质量验收，应在新建住宅工程竣工验收之前进行。

20.0.2 住宅室内装饰装修工程质量验收应符合现行国家标准《建筑工程施工质量验收统一标准》GB 50300 的相关规定。

20.0.3 住宅室内装饰装修工程质量验收应按下列程序进行：

1 确定分户验收的划分范围，制定验收方案，确定参加人员；

2 按户检查各分项工程质量，并按本规范附录 D 填写住宅室内装饰装修分户工程质量验收记录表；

3 根据每户分项工程质量验收记录，按本规范附录 E 和附录 F 填写住宅室内装饰装修分户工程质量验收汇总表和住宅室内装饰装修工程质量验收汇总表。

20.0.4 住宅室内装饰装修工程质量验收合格后，施工单位应将所有的室内装饰装修工程质量验收文件交建设单位存档。

20.0.5 住宅室内装饰装修分户工程验收应在建筑装饰装修分部分项工程检验批验收合格的基础上进行。

20.0.6 住宅室内装饰装修分户工程验收前，应制定工程质量验收方案。

20.0.7 分户工程质量验收应包含本规范分项工程内容，并应做好相应记录。

20.0.8 住宅室内装饰装修分户工程验收应提供下列工程资料：

1 装修原材料及产品的质量证明文件及相关复验报告；

2 装修工序的隐蔽工程验收记录；

3 分项工程的质量验收记录；

4 分户工程验收的相关文件及表格。

20.0.9 住宅室内装饰装修分户工程验收应提供下列检测资料：

1 室内环境检测报告；

2 绝缘电阻检测报告；

3 水压试验报告；

4 通水、通气试验报告；

5 防雷测试报告；

6 外窗气密性、水密性检测报告。

附录 A 室内净距、净高尺寸检验记录

表 A 室内净距、净高尺寸检验记录

工程名称											验收房号（户号）			
功能区域	净高推算值（mm）	净距推算值（mm）	实测值（mm）								计算值（mm）			
			净高					开间		进深	净高		开间（进深）	
	H	L	H1	H2	H3	H4	H5	L1	L2	L3	L4	最大偏差	极差	最大偏差	极差
主卧室															
卧室															

续表 A

工程名称												验收房号（户号）				
功能区域	净高推算值（mm）	净距推算值（mm）	实测值（mm）									计算值（mm）				
			净高					开间		进深		净高		开间（进深）		
	H	L	H1	H2	H3	H4	H5	L1	L2	L3	L4	最大偏差	极差	最大偏差	极差	
客厅																
餐厅																
厨房																
主卫																
客卫																
阳台																

室内空间尺寸测量示意图

套型示意图贴图区（标注房间编号）

验收意见	建设单位： 年 月 日	监理单位： 年 月 日	总包施工单位： 年 月 日

注： 1 每个房间净高共抽测五点，开间、进深尺寸各抽测两处，测点位置详见附图。偏差不应大于 20mm。房间方正度测对角两点，偏差不应大于 4mm。
  2 偏差为实测值与标准值之间的绝对差；极差为实测中最大值与最小值之差，极差不应大于垂直长度的 0.5%，不合格点数在表内用红笔圈出。
  3 室内每户为一个检验单元，每个检验单元填写本表一张。

附录B 住宅室内装饰装修前分户交接检验记录

表B 住宅室内装饰装修前分户交接检验记录

工程名称				房（户）号		幢 单元 室
建设单位				监理单位		
总包施工单位				装修施工单位		

序号	验收项目	验收内容	分户交接工作界面		验收记录及结论
			工作要求	完成情况	
1	楼地面、墙面和顶棚	裂缝、空鼓、脱层、地面起砂、墙面爆灰、地面基层平整度	1. 内墙面抹灰完成 2. 顶棚抹灰完成 3. 地面基层完成		
2	门窗	窗台高度、渗漏、门窗开启、安全玻璃标识、外门窗划痕、损伤	1. 外门窗安装完成 2. 性能检测合格		
3	栏杆	栏杆高度、竖杆间距、防攀爬措施、护栏玻璃	栏杆安装完成		
4	防水工程	屋面渗漏、卫生间等防水地面渗漏、外墙渗漏	1. 屋面、外墙面（含阳台等）已完成，防水地面防水层施工完成 2. 蓄水、泼水试验合格		
5	室内空间尺寸	室内层高、净开间尺寸	1. 墙面弹出标高控制线 2. 地面弹出方正控制线 3. 地面测点标识完成		
6	电气工程	管线、位置及数量	配电箱、管线敷设等安装完成		
7	给水排水工程	管道渗漏、坡度、排水管道通水灌水、给水管道试压、高层阻火圈（防火套管）设置、地漏水封	1. 排水管道、给水管道敷设完毕 2. 各项功能性检测合格		
8					
9					
10					

验收结论：

建设单位	监理单位	总包施工单位	装修施工单位	相关施工单位
验收人员：	验收人员：	验收人员：	验收人员：	验收人员：
年 月 日	年 月 日	年 月 日	年 月 日	年 月 日

注：交接检验中增加或不包含的验收项目应在验收记录中增加或删除。

附录 C 住宅室内装饰装修工程分项工程划分

表 C 住宅室内装饰装修工程分项工程划分

序号	分 项 工 程
1	楼（地）面孔洞封堵工程、水泥砂浆找平层与保护层工程、涂膜和卷材防水工程
2	金属、塑料门窗安装工程、木门窗安装工程
3	暗龙骨吊顶工程、明龙骨吊顶工程
4	板材隔墙、骨架隔墙、玻璃隔墙工程
5	饰面砖工程、饰面板工程、裱糊饰面工程、软包工程、玻璃板饰面工程
6	木地板工程、块材地板工程、地毯工程
7	水性涂料涂饰工程、溶剂型涂料涂饰工程
8	储柜制作与安装工程，窗帘盒、窗台板和散热器罩制作与安装工程，门窗套制作与安装工程，护栏和扶手制作与安装工程，装饰线条及花饰制作与安装工程，可拆装式隔断制作与安装工程，地暖分水器阀检修口、强弱电箱检修门制作与安装工程，内遮阳安装工程，阳台晾晒架安装工程
9	橱柜安装工程、厨房设备安装工程、厨房配件安装工程
10	卫生洁具安装工程、淋浴间制作与安装工程、整体卫生间安装工程、卫浴配件安装工程
11	分户配电箱安装工程、室内布线工程、电气开关、插座安装工程、照明灯具安装工程、等电位联结工程
12	有线电视安装工程、电话网络安装工程、对讲门禁安装工程、紧急救助、自动报警系统工程、智能家居系统安装工程
13	给水排水工程、采暖工程、太阳能热水器
14	空调、新风（换气）系统工程
15	室内环境污染控制
16	验收程序、验收组织

附录 D 住宅室内装饰装修分户工程质量验收记录

表 D 住宅室内装饰装修分户工程质量验收记录

工程名称		房（户）号		幢　单元　室	
建设单位			开竣工日期		
总包施工单位			监理单位		
分项工程名称					
主控项目		质量要求	检查结果	备注	
	1				
	2				
	3				
	4				
	5				
一般项目		质量要求	检查结果	备注	
	1				
	2				
	3				
	4				
	5				
	6				
	7				
	8				
	9				
	10				
质量验收结论					年 月 日
建设单位验收人员	监理单位验收人员	总包单位验收人员		装饰单位验收人员	相关单位验收人员

注：备注中说明存在问题的部位。

附录E 住宅室内装饰装修分户工程质量验收汇总表

表E 住宅室内装饰装修分户工程质量验收汇总表

工程名称		结构类型		户号	
建设单位		监理单位		面积	
设计单位		总包施工单位		装修施工单位	
验收日期					
验收概况					
验收时间	根据《住宅室内装饰装修工程质量验收规范》,于____年____月____日至____年____月____日对本验收单元进行验收				
验收结论					
验收单位	建设单位 项目负责人: (公章) 年 月 日		总包施工单位 项目负责人: (公章) 年 月 日		监理单位 总监理工程师: (公章) 年 月 日
	设计单位 设计负责人: (公章) 年 月 日		装修施工单位 项目负责人: (公章) 年 月 日		

附录F 住宅室内装饰装修工程质量验收汇总表

表F 住宅室内装饰装修工程质量验收汇总表

工程名称		结构类型		总户数	
建设单位		层数		面积	
监理单位		总包施工单位			
设计单位		装修施工单位			
装修开竣工日期		验收日期			
验收概况					
验收时间	根据《住宅室内装饰装修工程质量验收规范》,于____年____月____日至____年____月____日对本工程分户验收				
验收户数	本工程共____户,共验收____户,合格____户,不合格____户				
验收结论					
验收单位	建设单位 项目负责人: (公章) 年 月 日		总包施工单位 项目负责人: (公章) 年 月 日		监理单位 总监理工程师: (公章) 年 月 日
	设计单位 设计负责人: (公章) 年 月 日		装修施工单位 项目负责人: (公章) 年 月 日		

本规范用词说明

1 为了便于在执行本规范条文时区别对待，对要求严格程度不同的用词说明如下：
　　1）表示很严格，非这样做不可的：
　　　　正面词采用"必须"，反面词采用"严禁"；
　　2）表示严格，在正常情况下均应这样做的：
　　　　正面词采用"应"，反面词采用"不应"或"不得"；
　　3）表示允许稍有选择，在条件许可时首先应这样做的：
　　　　正面词采用"宜"，反面词采用"不宜"；
　　4）表示有选择，在一定条件下可以这样做的，采用"可"。

2 条文中指定应按其他有关标准执行的写法为："应符合……的规定"或"应按……执行"。

引用标准名录

1 《住宅设计规范》GB 50096
2 《民用建筑隔声设计规范》GB 50118
3 《木结构工程施工质量验收规范》GB 50206
4 《建筑地面工程施工质量验收规范》GB 50209
5 《建筑装饰装修工程质量验收规范》GB 50210
6 《建筑给水排水及采暖工程施工质量验收规范》GB 50242
7 《建筑工程施工质量验收统一标准》GB 50300
8 《民用建筑工程室内环境污染控制规范》GB 50325
9 《住宅装饰装修工程施工规范》GB 50327
10 《智能建筑工程质量验收规范》GB 50339
11 《民用建筑太阳能热水系统应用技术规范》GB 50364
12 《建筑材料放射性核素限量》GB 6566
13 《室内装饰装修材料内墙涂料中有害物质限量》GB 18582
14 《建筑玻璃应用技术规程》JGJ 113

中华人民共和国行业标准

住宅室内装饰装修工程质量验收规范

JGJ/T 304-2013

条文说明

制订说明

《住宅室内装饰装修工程质量验收规范》JGJ/T 304-2013，经住房和城乡建设部 2013 年 6 月 9 日以第 49 号公告批准、发布。

本规范制订过程中，编制组进行了认真的调查研究，总结了我国工程建设中住宅室内装饰装修工程的实践经验，同时参考了江苏省《成品住房装修技术标准》DGJ32/J 99-2010、安徽省《住宅装饰装修验收标准》DB 34/T 1264-2010 等地方标准。

为便于广大设计、施工、监理、质量管理等单位的有关人员在使用本规范时能正确理解和执行条文规定，《住宅室内装饰装修工程质量验收规范》编制组特编制本规范条文说明。但是，本条文说明不具备与规范正文同等的法律效力，仅供使用者作为理解和把握本规范规定的参考。

目　次

1 总则 ······ 9—28—35	13.1 一般规定 ······ 9—28—36
3 基本规定 ······ 9—28—35	13.3 厨房设备安装工程 ······ 9—28—37
4 基层工程检验 ······ 9—28—35	14 卫浴工程 ······ 9—28—37
4.1 一般规定 ······ 9—28—35	14.2 卫生洁具安装工程 ······ 9—28—37
4.3 地面基层工程检验 ······ 9—28—35	14.5 卫浴配件安装工程 ······ 9—28—37
4.4 顶棚基层工程检验 ······ 9—28—35	15 电气工程 ······ 9—28—37
4.5 基层净距、基层净高检验 ······ 9—28—35	15.1 一般规定 ······ 9—28—37
6 门窗工程 ······ 9—28—35	15.2 家居配电箱安装工程 ······ 9—28—37
6.1 一般规定 ······ 9—28—35	15.3 室内布线工程 ······ 9—28—37
6.2 金属门窗、塑料门窗工程 ······ 9—28—35	15.4 照明开关、电源插座安装工程 ······ 9—28—37
6.3 木门窗工程 ······ 9—28—35	15.5 照明灯具安装工程 ······ 9—28—38
7 吊顶工程 ······ 9—28—35	16 智能化工程 ······ 9—28—38
7.1 一般规定 ······ 9—28—35	16.1 一般规定 ······ 9—28—38
8 轻质隔墙工程 ······ 9—28—36	16.2 有线电视安装工程 ······ 9—28—38
8.2 板材隔墙、骨架隔墙、玻璃隔墙工程 ······ 9—28—36	16.3 电话、信息网络安装工程 ······ 9—28—38
9 墙饰面工程 ······ 9—28—36	16.4 访客对讲安装工程 ······ 9—28—38
9.1 一般规定 ······ 9—28—36	16.5 紧急求助、入侵报警系统安装工程 ······ 9—28—38
9.3 饰面板工程 ······ 9—28—36	17 给水排水与采暖工程 ······ 9—28—38
9.4 裱糊饰面工程 ······ 9—28—36	17.2 给水排水工程 ······ 9—28—38
10 楼地面饰面工程 ······ 9—28—36	17.3 采暖工程 ······ 9—28—38
10.3 块材地板工程 ······ 9—28—36	17.4 太阳能热水系统安装工程 ······ 9—28—38
11 涂饰工程 ······ 9—28—36	18 通风与空调工程 ······ 9—28—38
11.1 一般规定 ······ 9—28—36	18.2 空调、新风（换气）系统工程 ······ 9—28—38
11.2 水性涂料涂饰工程 ······ 9—28—36	19 室内环境污染控制 ······ 9—28—38
11.3 溶剂型涂料涂饰工程 ······ 9—28—36	19.1 一般规定 ······ 9—28—38
12 细部工程 ······ 9—28—36	19.2 室内环境污染控制 ······ 9—28—39
12.1 一般规定 ······ 9—28—36	20 工程质量验收程序 ······ 9—28—39
12.5 护栏和扶手制作与安装工程 ······ 9—28—36	
13 厨房工程 ······ 9—28—36	

1 总 则

1.0.1 随着住宅产业化工作的推进以及人民生活水平的不断提高，住宅室内装饰装修受到社会各界的高度重视。为加强住宅室内装饰装修工程的质量验收，加快住宅产业化的进程，制定本规范以保证住宅室内装饰装修工程的质量。

1.0.2 新建住宅指新建全装修住宅。

由于既有住宅在改造过程中，原有结构需要处理，基层的质量要求难以控制，导致分户交接验收难以实施，同时，由于既有住宅的主体不一致，实行的标准要求也不一样，分户验收难以实施。另外，既有住宅的家装工程个性化程度高、施工队伍不规范，导致验收的组织难以健全，政府对家装监管没有纳入正常管理范畴。因此，本规范适用于新建住宅室内装饰装修工程的质量验收。

3 基本规定

3.0.4 住宅室内装饰装修需严格按设计要求进行施工。不能擅自变更设计，特别是涉及主体结构和承重结构，也不能擅自拆改原安装的配套设施。如在施工中需改动时，需经原设计确认。涉及电、燃气、通信及水、暖等配套设施的，还需经相关部门批准后方可实施。否则会造成结构安全隐患或影响配套设施的使用功能。

3.0.5 住宅建筑工程和室内装饰装修工程施工往往是由两个及以上的不同施工单位承担，同时基层工程和设备系统的质量直接影响到住宅室内装饰装修的质量，为了明确各方质量责任，所以要进行交接检验。

3.0.6 住宅室内装饰装修工程是新建住宅单位工程的一部分，包含了若干个分部分项工程，按照现行分部分项工程的划分规定，难以满足室内装饰装修工程质量验收的要求，同时室内装饰装修工程是以户（套）为单位进行组织施工、验收。

4 基层工程检验

4.1 一般规定

4.1.2 基层工程是交接检验的主要环节，住宅室内装饰装修工程质量验收时需检查基层工程交接检验记录。

4.3 地面基层工程检验

4.3.2 地面基层与结构层和分层施工的各层之间应结合牢固，无空鼓。但由于施工各环节的影响，加上手工操作，难免在局部部位出现小面积空鼓现象。实践证明，当空鼓面积小于 $0.04m^2$，对面层施工和装修质量不会造成很大影响。因此，本条对允许空鼓面积作了如此规定，并规定每一自然间不超过 2 处。

4.4 顶棚基层工程检验

4.4.2 对于顶棚抹灰基层的各抹灰层如存在空鼓现象，粘结欠缺的话，随着时间的推移，由于地心引力的作用，使空鼓面积逐渐扩大，最终造成顶棚抹灰基层脱落。因此，本条规定各抹灰层之间需粘结牢固，不允许有空鼓现象。

4.5 基层净距、基层净高检验

4.5.1 住宅室内的空间距离和高度对住户来说是比较注重的，如基层施工空间小了，装饰装修就无法扩大空间，因此本规范特设一节对室内空间作了规定，并在检验时对不同的部位也规定了不同的检验方法。

6 门窗工程

6.1 一般规定

6.1.1 本章适用于室内门窗工程的质量验收，不包含外门窗和外封闭阳台门窗。

6.2 金属门窗、塑料门窗工程

6.2.1 金属门窗、塑料门窗安装工程质量和检验方法在现行国家标准《建筑装饰装修工程质量验收规范》GB 50210 中已作出了明确规定，为避免重复，因此本规范应与现行国家标准《建筑装饰装修工程质量验收规范》GB 50210 配套使用。

6.3 木门窗工程

6.3.1 木门窗安装工程质量和检验方法在现行国家标准《建筑装饰装修工程质量验收规范》GB 50210 中已作出了明确规定，为避免重复，因此本规范应与现行国家标准《建筑装饰装修工程质量验收规范》GB 50210 配套使用。

7 吊顶工程

7.1 一般规定

7.1.6 对于超过 3kg 的灯具、电扇及其他设备安装在有吊顶部位时，由于吊杆、龙骨是按照吊顶重量配置的，即使稍重的灯具龙骨能承受，但这是一个永久性的载荷，吊杆和龙骨疲劳极限的问题，会造成吊顶下垂。电扇和有的设备在使用时，会产生振动影响吊顶，因此本条规定重型灯具、电扇和其他较重设备不能安装在吊顶的龙骨上，以免坠落。

8 轻质隔墙工程

8.2 板材隔墙、骨架隔墙、玻璃隔墙工程

8.2.1 轻质隔墙工程质量和检验方法在现行国家标准《建筑装饰装修工程质量验收规范》GB 50210 中已作出了明确规定，为避免重复，因此本规范应与现行国家标准《建筑装饰装修工程质量验收规范》GB 50210 配套使用。

9 墙饰面工程

9.1 一般规定

9.1.3 木质材料属可燃材料，其燃烧性不能满足防火要求。因此对于木质材料应进行防火处理，当采用防火涂料时应符合设计要求，当设计未注明时，应满刷不少于两遍，并不露底。

9.1.6 伸缩缝、防震缝和沉降缝也统称变形缝。在室内装饰施工时，一般对变形缝都用装饰材料进行覆盖处理，以达到美观效果。但经常会出现装饰材料将缝的两侧固定连在一起，有的将伸缩缝改小，影响了变形缝的功能。因此，在装饰施工中应注意对变形缝部位的装饰处理，不得影响变形缝的功能，也不能因变形而损坏装饰面。

9.3 饰面板工程

9.3.7 龙骨的间距设计应标明，当没有标明时，应按照面板的规格进行确定，但不宜太大，一般横向龙骨的间距宜为 0.3m，竖向龙骨的间距为 0.4m。

9.3.12 为了使用功能的需要，在墙面装饰饰面板背面增设其他材料时，如隔热保温材料、吸声材料等，在安装固定这些材料时，应根据设计和产品说明书的要求施工，以避免影响装饰立面外观效果。

9.4 裱糊饰面工程

9.4.2 壁纸、墙布的种类很多，性能也不同，不同的壁纸、墙布施工工艺也不同。因此，应根据不同的壁纸、墙布按设计要求和产品特性进行施工，并达到现行标准的规定。

9.4.3 在开灯或自然光线下，距离检查面 1.5m 处正视检查。

10 楼地面饰面工程

10.3 块材地板工程

10.3.11 对于天然石材板块由于其空隙不均匀，当吸水后会形成不均匀色差。因此，在铺设前需要对板材六面进行憎水处理，使石材表面形成一层保护膜阻止石材吸水。该憎水处理也称防泛碱处理。

11 涂饰工程

11.1 一般规定

11.1.3 涂饰工程所用材料如不符合有关环保要求，将严重影响住宅装饰装修后室内环境质量，故在可能的情况下优先使用绿色环保产品。

11.2 水性涂料涂饰工程

11.2.1 水性涂料涂饰工程质量和检验方法在现行国家标准《建筑装饰装修工程质量验收规范》GB 50210 中已作出了明确规定，为避免重复，因此本规范应与现行国家标准《建筑装饰装修工程质量验收规范》GB 50210 配套使用。

11.3 溶剂型涂料涂饰工程

11.3.1 溶剂型涂料涂饰工程质量和检验方法在现行国家标准《建筑装饰装修工程质量验收规范》GB 50210 中已作出了明确规定，为避免重复，因此本规范应与现行国家标准《建筑装饰装修工程质量验收规范》GB 50210 配套使用。

12 细部工程

12.1 一般规定

12.1.1 储柜、窗帘盒、窗台板、散热器罩、门窗套、护栏、扶手、装饰线、花饰、隔断等的制作与安装在装饰装修工程中的比重越来越大。现行国家标准的内容已经不能满足新材料、新工艺及工厂化的发展要求，故本章不限定材料的种类，以利于创新和提高装饰装修水平。

12.5 护栏和扶手制作与安装工程

12.5.2 护栏和扶手的设置是为了防止人员坠落起防护作用，应符合设计要求和现行国家标准《住宅设计规范》GB 50096 的规定，安装应牢固。

13 厨房工程

13.1 一般规定

13.1.5 家用电器购置时都附有相关印刷资料，这些资料包括产品合格证、使用说明书、保修卡等。这些资料不仅在验收时查阅，并在住宅交付使用时一并

移交给住户。

13.1.7 为了确保燃气使用安全，及时发现燃气泄漏隐患，便于检修，故燃气管道应采用明敷。

13.3 厨房设备安装工程

13.3.4 燃气管道与燃具如采用硬管直接连接时，由于燃具，特别是灶具因使用产生的振动，使硬管连接部位容易产生渗漏。所以本条规定需采用软管连接，这样既防接口渗漏，又便于安装施工，但软管易老化，且太长影响使用也没必要，所以规定软管长度不宜超过 2m。连接口需严密、牢固、不渗漏。

14 卫浴工程

14.2 卫生洁具安装工程

14.2.2 对于卫生洁具如面盆、浴缸、洗菜盆等如不做满水实验，其溢流口、溢流管是否畅通无从检查，所以需要做满水或灌水实验，以检验其效果。

14.2.4 坐便器、净身盆使用过程中遇有堵塞或排水不畅需要拆卸时，如用水泥砂浆等干硬性材料填充或密封会将坐便器、净身盆拆坏。所以规定不得使用水泥砂浆等干硬性材料填充固定密封。

14.2.6 随着人们生活水平不断提高，卫生器具表面光洁度、色差、划痕、污损点等表观质量受到用户较高的关注度，规定此条主要是保证其表观质量。

14.5 卫浴配件安装工程

14.5.2 卫生间属于相对潮湿环境，因此应采用不易生锈的产品。

15 电气工程

15.1 一般规定

15.1.2 本条规定剩余电流动作保护器做模拟动作试验，是为了验证剩余电流动作保护器是否能够满足设计功能要求，确保住宅交付后的用电安全。照明全负荷通电试运行以检查线路和灯具的可靠性和安全性。通过通电试运行，检查整个电气线路的发热稳定性和安全性，以防后期使用中由于电气线路连接不可靠，造成发热或用电设备烧坏，严重时可能引起电气火灾。

15.2 家居配电箱安装工程

15.2.2 回路编号齐全，标识正确是为了方便使用和维修，防止误操作而发生人身伤害事故。剩余电流动作保护器的动作电流和动作时间的规定与行业标准《民用建筑电气设计规范》JGJ 16－2008 和《住宅建筑电气设计规范》JGJ 242－2011 一致，同时也根据电流通过人体的效应，电流 30mA，时间 0.1s，通常无病理生理危险效应，距离发生危险有较大的安全空间。

15.2.3 同一建筑物导线色标应正确、一致，是为了便于后期维护检修识别。导线连接紧密，不伤芯、不断股是为了防止电气设备运行过程中，电气线路发热造成设备损坏或电气火灾。

15.2.4 配电箱安装高度是考虑了使用和维护的便利，同时也防止儿童误操作而造成安全事故。

15.3 室内布线工程

15.3.1 导线应穿管敷设，是考虑安全需要和线路发生故障时维修更换方便。建筑顶棚内明敷的电线如果绝缘层破损，在使用和维修时可能造成电击伤人事故，而且长期使用后，由于电线老化，可能造成电气火灾事故。

将电线直接敷设在建筑墙体及顶棚的抹灰层、保温层及装饰面板内，可能因为电线质量不佳、电线受水泥、石灰等碱性介质的腐蚀而老化或墙面钉入铁件损坏电线绝缘层等原因造成严重漏电而发生电击伤人事故。

15.3.3 电线、电缆线表面虽有绝缘层保护，但产品质量有好坏，如绝缘保护层电阻小于 0.5MΩ 时，会造成相互感应影响使用功能，并涉及安全。

15.3.4 本条是为了防止相互干扰，避免发生故障时扩大影响面。

15.4 照明开关、电源插座安装工程

15.4.1 照明开关是住宅交付后每天使用最频繁的电气终端，为方便使用，要求通断位置一致，也可给维修人员提供安全保障，如果位置紊乱，不能切断相线，易给维修人员造成认知错觉，产生触电现象。

15.4.2 本条是对单相电源插座接线作统一规定，统一接线位置，确保用电安全。目前住宅建筑电气普遍使用三相五线制，中性线和保护接地线不能混用，除在变压器的中性点可互连外，其余各处均不能相互连通，在插座的接线位置要严格区分，否则可能导致线路无法正常工作或危及人身安全。

15.4.4 插座保护接地线一般一条干线上有多个插座，每个插座为一条支线，干线的连接通常具有不可拆卸性，只有整个系统进行改造时，干线才可能更改敷设位置和相互连接的位置，所以说干线本身始终处于良好的电气导通状态。而支线是指由干线引向某个电气设备、器具（单相三孔插座），通常用可拆卸的螺栓连接，这些设备、器具在使用中往往由于维修、更换等种种原因需临时拆除，若它们的接地支线彼此间是相互串联连接，只要拆除中间一个，则干线相连相反方向的另一侧所有电气设备、器具全部失去电击保护，这种现象需严禁发生。

15.5 照明灯具安装工程

15.5.2 由于灯具安装在人们日常生活的正上方，安装固定需牢固可靠，即使在受到意外力量冲击下也不致坠落而危害人身安全。

15.5.3 灯具固定吊钩不小于灯具挂销是等强度的概念。若直径小于 6mm，吊钩易受意外拉力而变直，发生灯具坠落事故。大型灯具的固定及悬吊装置经受力计算后出图预埋安装，为检验其牢固程度是否满足要求，必要时应做过载试验。

16 智能化工程

16.1 一般规定

16.1.1 本条规定本章适用于新建装修住宅智能化工程室内部分施工质量验收。

16.2 有线电视安装工程

16.2.3 本条是为了防止视频信号受到干扰。随着现代数字传输技术的发展，有线电视信号抗干扰能力不断增强，具体工程也可以根据实际情况执行。

16.3 电话、信息网络安装工程

16.3.2 电话、信息网络系统信号传输线路敷设完成后，容易在装饰装修施工过程中遭到破坏，并且住宅交付使用前，电话、信息网络信号没有开通，问题往往难以发现而容易受到忽略。为了不影响住宅交付后，电话、信息网络系统的正常使用，本条规定，住宅交付使用前，对电话、信息网络系统的信号传输线路做全面检查。

16.4 访客对讲安装工程

16.4.3 随着现代信息技术的飞速发展，住宅智能化访客对讲系统也在不断开发出新产品、新技术，为了不限制现代信息技术的发展，本规范不对产品具体功能作规定，只是要求按照设计文件和产品说明书规定的功能检查验收。

16.5 紧急求助、入侵报警系统安装工程

16.5.2 要求防盗报警控制器能显示报警的时间、部位是为了便于对非法侵入事件后续追踪，也可以给公安机关查案提供线索。要求防盗报警控制器能将信号及时传到控制中心是为了保证非法侵入事件能够被物业安保人员及时发现，及时采取措施，使居民人身、财产免受重大损失。

16.5.3 入侵探测器、可燃气体泄漏报警探测器安装位置和功能如果不符合设计要求，可能无法实现应有的防护功能，从而给居民生命财产安全造成重大损失。

17 给水排水与采暖工程

17.2 给水排水工程

17.2.1 给水管道施工完成后需进行通水加压试验，试验压力通常为工作压力的 1.5 倍，并不小于 0.6MPa。经调研，多数地区给水管连接方式为热熔或卡压连接，施工过程中极易熔过头，压过头，试压时很难发现，所以各用水点做通水实验，检查各配水点出水是否稳定、出水流量是否达到额定流量。

17.2.3 高层建筑如发生火灾时，首先是浓烟往上窜。而排水塑料管穿越楼板时，一般都采用套管，这之间存在的空隙往往是浓烟上窜的通道。为了减缓火灾蔓延的速度为逃生争取时间，因此规定设置阻火圈或防火套管。

17.2.9 存水弯的作用是隔绝排水管道空腔时管内的臭气外溢，因此采用存水弯以隔绝臭气。但不能设置 2 个及以上的存水弯以避免排水管道不畅造成堵塞。

17.3 采暖工程

17.3.4 在地面遮挡覆盖情况下，一旦发生故障时不便于检修，影响供暖系统的运行效果。对于发热电缆系统，发热电缆持续加热，会产生安全隐患。因此要尽量避免在固定设备、家具下面布置发热电缆、低温加热水管。

17.4 太阳能热水系统安装工程

17.4.1 应确保太阳能热水系统投入实际运行后的安全性，防止冻坏管路、部件。

18 通风与空调工程

18.2 空调、新风（换气）系统工程

18.2.3 排气口如出现倒坡会增加空气流动阻力，并且可能影响相邻住户。

18.2.5 空调冷凝水排放、室外机组融霜水无组织排放，随意流淌，既影响建筑外立面美观，又易引发邻里矛盾和纠纷。因此要求做有组织排放。

18.2.9 空调室外机的位置要有利于空调器夏天散发热量、冬天吸收热量，同时从安全角度考虑，要便于安装和维修。

19 室内环境污染控制

19.1 一般规定

19.1.2 在室内装饰装修施工时，尽管材料的含氡、

甲醛、苯、氨和 TVOC 符合国家标准的规定,但经装饰装修几种材料组合在一起后,所含浓度可能会增高,但经一段时间散发后,就会降低。因此,规定室内环境质量验收应在完工 7d 以后进行比较恰当。

19.2 室内环境污染控制

19.2.2 本表规定的有害物质限值是国家现行标准规定的上限值,在检测时,如有一项超限值,则不符合规定,应找出原因,及时整改,直至符合规定,否则会危害住户的身体健康。

20 工程质量验收程序

20.0.1 住宅室内装饰装修工程质量验收是分户工程质量验收,是新建住宅单位工程的组成部分,因此,住宅室内装饰装修工程质量验收应在住宅单位工程整体竣工验收前进行。

20.0.4 住宅室内装饰装修工程质量资料,是该工程中各户有关装饰装修各分项工程的质量资料,也是整个建筑工程质保资料的重要组成部分之一。可从这些资料中了解当时每户室内装饰装修的质量状况,更具有保存价值,应移交给建设单位。

20.0.5 住宅室内装饰装修工程涉及若干个分部分项工程,应按国家标准《建筑工程施工质量验收统一标准》GB 50300 及国家现行有关标准进行检验批的验收,因此,住宅室内装饰装修分户工程验收要在检验批合格的基础上进行。

10

安 全 卫 生

中华人民共和国国家标准

施工企业安全生产管理规范

Code for construction company safety manage criterion

GB 50656—2011

主编部门：中华人民共和国住房和城乡建设部
批准部门：中华人民共和国住房和城乡建设部
施行日期：２０１２年４月１日

中华人民共和国住房和城乡建设部
公 告

第 1126 号

关于发布国家标准《施工企业安全生产管理规范》的公告

现批准《施工企业安全生产管理规范》为国家标准，编号为 GB 50656—2011，自 2012 年 4 月 1 日起实施。其中，第 3.0.9、5.0.3、10.0.6、12.0.3 (6)、15.0.4 条（款）为强制性条文，必须严格执行。

本规范由我部标准定额研究所组织中国计划出版社出版发行。

中华人民共和国住房和城乡建设部
二〇一一年七月二十六日

前 言

本规范是根据原建设部《关于印发〈二〇〇二至二〇〇三年工程建设国家标准制订计划〉的通知》（建标〔2003〕102 号）的要求，由上海市建设工程安全质量监督总站会同有关单位共同编制而成。

本规范共分 16 章，主要内容包括：总则，术语，基本规定，安全管理目标，安全生产组织与责任体系，安全生产管理制度，安全生产教育培训，安全生产费用管理，施工设施、设备和劳动防护用品安全管理，安全技术管理，分包方安全生产管理，施工现场安全管理，应急救援管理，生产安全事故管理，安全检查和改进，安全考核和奖惩等。

本规范中以黑体字标志的条文为强制性条文，必须严格执行。

本规范由住房和城乡建设部负责管理和对强制性条文的解释，由上海市建设工程安全质量监督总站负责具体技术内容的解释。各单位在执行本规范的过程中，如有意见和建议，请反馈给上海市建设工程安全质量监督总站（地址：上海市小木桥路 683 号，邮政编码：200032，电子信箱：an54614788 @ yahoo.com.cn），以供今后修订时参考。

本规范主编单位、参编单位、主要起草人和主要审查人：

主 编 单 位：上海市建设工程安全质量监督总站
上海城建建设实业（集团）有限公司

参 编 单 位：中国建筑一局（集团）有限公司
上海市施工行业协会工程建设质量安全专业委员会
上海市建设安全协会
山东省建筑工程管理局
江苏省建筑工程管理局
河北省建筑工程施工安全监督总站
杭州市建筑工程质量安全监督总站
北京建工集团
中国机械工业建设总公司
江苏省苏中建设集团股份有限公司
中天建设工程集团有限公司
同济大学土木工程学院
清华大学（清华-金门）建筑安全研究中心
北京中建协认证中心

主要起草人：姜 敏　姜 华　陶为农
唐 伟　戴宝荣　叶伯铭
李 印　戚耀奇　徐福康
白俊英　高 原　黄剑箐
顾建生　陈晓峰　方东平
赵傲齐　张向洪　吴晓宇
周家辰　杜正义　吴 辉
王静宇　常 义　张双群

主要审查人：秦春芳　魏吉祥　叶军献
任兆祥　乔 登　彭 锋
李庆伟　杨 杰

目 次

1 总则 …………………… 10—1—5
2 术语 …………………… 10—1—5
3 基本规定 ……………… 10—1—5
4 安全管理目标 ………… 10—1—5
5 安全生产组织与责任体系…… 10—1—5
6 安全生产管理制度 …… 10—1—6
7 安全生产教育培训 …… 10—1—6
8 安全生产费用管理 …… 10—1—7
9 施工设施、设备和劳动防护用品安全管理 …… 10—1—7
10 安全技术管理 ………… 10—1—7
11 分包方安全生产管理 … 10—1—7
12 施工现场安全管理 …… 10—1—8
13 应急救援管理 ………… 10—1—8
14 生产安全事故管理 …… 10—1—9
15 安全检查和改进 ……… 10—1—9
16 安全考核和奖惩 ……… 10—1—9
本规范用词说明 …………… 10—1—10
附：条文说明 ……………… 10—1—11

Contents

1 Generals .... 10—1—5
2 Terms .... 10—1—5
3 Basic stipulations .... 10—1—5
4 Safety management target .... 10—1—5
5 Production safety organization & responsibility system .... 10—1—5
6 Production safety management system .... 10—1—6
7 Production safety education & training .... 10—1—6
8 Management of production safety cost .... 10—1—7
9 Safety management for construction facilities, equipment and labor protective products ... 10—1—7
10 Safety technology management .... 10—1—7
11 Subcontractor's production safety management .... 10—1—7
12 Safety management for construction site .... 10—1—8
13 Emergency rescue management .... 10—1—8
14 Management for production safety accidents .... 10—1—9
15 Safety inspection and improvement .... 10—1—9
16 Safety assessment and rewards & punishments .... 10—1—9
Explanation of wording in this code .... 10—1—10
Addition: Explanation of provisions .... 10—1—11

1 总 则

1.0.1 为规范施工企业安全生产管理，提高施工企业安全生产管理的水平，预防和减少建筑施工生产安全事故的发生，制定本规范。

1.0.2 本规范适用于施工企业安全生产管理的监督检查工作。

1.0.3 施工企业的安全生产管理体系应根据企业安全管理目标、施工生产特点和规模建立完善，并应有效运行。

1.0.4 施工企业安全生产管理，除应符合本规范外，尚应符合国家现行有关法规和标准的规定。

2 术 语

2.0.1 施工企业　construction company

指从事土木工程、建筑工程、线路管道和设备安装工程及装修工程的新建、扩建、改建和拆除等有关活动的企业。

2.0.2 施工企业主要负责人　principal of construction company

指对施工企业日常生产经营活动和安全生产工作全面负责、具有生产经营决策权的人员，包括施工企业法定代表人、正副职领导。

2.0.3 各管理层　all tiers of management

指施工企业组织管理体系中，包括总部、分支机构、工程项目部等在内的具有不同管理职责与权限的管理层面。

2.0.4 工作环境　working condition

施工作业场所内的场地、道路、工况、水文、地质、气候等客观条件。

2.0.5 危险源　hazard

可能导致职业伤害或疾病、财产损失、工作环境破坏或这些情况组合的根源或状态。

2.0.6 隐患　hidden peril

未被事先识别或未采取必要的风险控制措施，可能直接或间接导致事故的危险源。

2.0.7 风险　risk

某一特定危险情况发生的可能性和后果的组合。

2.0.8 危险性较大的分部分项工程　divisional work & subdivisional work with higher risks

在施工过程中存在的、可能导致作业人员群死群伤、重大财产损失或造成重大不良社会影响的分部分项工程。

2.0.9 相关方　related parties

与施工企业安全生产管理有关或受其影响的个人或团体，包括政府管理部门、建设单位、勘察设计单位、中介机构、分（包）方、供应商，以及其从业人员等。

3 基 本 规 定

3.0.1 施工企业必须依法取得安全生产许可证，并应在资质等级许可的范围内承揽工程。

3.0.2 施工企业应根据施工生产特点和规模，并以安全生产责任制为核心，建立健全安全生产管理制度。

3.0.3 施工企业主要负责人应依法对本单位的安全生产工作全面负责，其中法定代表人应为企业安全生产第一责任人，其他负责人应对分管范围内的安全生产负责。

施工企业其他人员应对岗位职责范围内的安全生产负责。

3.0.4 施工企业应设立独立的安全生产管理机构，并应按规定配备专职安全生产管理人员。

3.0.5 施工企业各管理层应对从业人员开展针对性的安全生产教育培训。

3.0.6 施工企业应依法确保安全生产所需资金的投入并有效使用。

3.0.7 施工企业必须配备满足安全生产需要的法律法规、各类安全技术标准和操作规程。

3.0.8 施工企业应依法为从业人员提供合格的劳动保护用品，办理相关保险，进行健康检查。

3.0.9 施工企业严禁使用国家明令淘汰的技术、工艺、设备、设施和材料。

3.0.10 施工企业宜通过信息化技术，辅助安全生产管理。

3.0.11 施工企业应按本规范要求，定期对安全生产管理状况进行分析评估，并实施改进。

4 安全管理目标

4.0.1 施工企业应依据企业的总体发展规划，制订企业年度及中长期安全管理目标。

4.0.2 安全管理目标应包括生产安全事故控制指标、安全生产及文明施工管理目标。

4.0.3 安全管理目标应分解到各管理层及相关职能部门和岗位，并应定期进行考核。

4.0.4 施工企业各管理层及相关职能部门和岗位应根据分解的安全管理目标，配置相应的资源，并应有效管理。

5 安全生产组织与责任体系

5.0.1 施工企业必须建立安全生产组织体系，明确企业安全生产的决策、管理、实施的机构或岗位。

5.0.2 施工企业安全生产组织体系应包括各管理层

的主要负责人，各相关职能部门及专职安全生产管理机构，相关岗位及专兼职安全管理人员。

5.0.3 施工企业应建立和健全与企业安全生产组织相对应的安全生产责任体系，并应明确各管理层、职能部门、岗位的安全生产责任。

5.0.4 施工企业安全生产责任体系应符合下列要求：

  1 企业主要负责人应领导企业安全管理工作，组织制订企业中长期安全管理目标和制度，审议、决策重大安全事项。

  2 各管理层主要负责人应明确并组织落实本管理层各职能部门和岗位的安全生产职责，实现本管理层的安全管理目标。

  3 各管理层的职能部门及岗位应承担职能范围内与安全生产相关的职责，互相配合，实现相关安全管理目标，应包括下列主要职责：

    1）技术管理部门（或岗位）负责安全生产的技术保障和改进；

    2）施工管理部门（或岗位）负责生产计划、布置、实施的安全管理；

    3）材料管理部门（或岗位）负责安全生产物资及劳动防护用品的安全管理；

    4）动力设备管理部门（或岗位）负责施工临时用电及机具设备的安全管理；

    5）专职安全生产管理机构（或岗位）负责安全管理的检查、处理；

    6）其他管理部门（或岗位）分别负责人员配备、资金、教育培训、卫生防疫、消防等安全管理。

5.0.5 施工企业应依据职责落实各管理层、职能部门、岗位的安全生产责任。

5.0.6 施工企业各管理层、职能部门、岗位的安全生产责任应形成责任书，并应经责任部门或责任人确认。责任书的内容应包括安全生产职责、目标、考核奖惩标准等。

6 安全生产管理制度

6.0.1 施工企业应依据法律法规，结合企业的安全管理目标、生产经营规模、管理体制建立安全生产管理制度。

6.0.2 施工企业安全生产管理制度应包括安全生产教育培训，安全费用管理，施工设施、设备及劳动防护用品的安全管理，安全生产技术管理，分包（供）方安全生产管理，施工现场安全管理，应急救援管理，生产安全事故管理，安全检查和改进，安全考核和奖惩等制度。

6.0.3 施工企业的各项安全生产管理制度应规定工作内容、职责与权限、工作程序及标准。

6.0.4 施工企业安全生产管理制度，应随有关法律法规以及企业生产经营、管理体制的变化，适时更新、修订完善。

6.0.5 施工企业各项安全生产管理活动必须依据企业安全生产管理制度开展。

7 安全生产教育培训

7.0.1 施工企业安全生产教育培训应贯穿于生产经营的全过程，教育培训应包括计划编制、组织实施和人员持证审核等工作内容。

7.0.2 施工企业安全生产教育培训计划应依据类型、对象、内容、时间安排、形式等需求进行编制。

7.0.3 安全教育和培训的类型应包括各类上岗证书的初审、复审培训，三级教育（企业、项目、班组）、岗前教育、日常教育、年度继续教育。

7.0.4 安全生产教育培训的对象应包括企业各管理层的负责人、管理人员、特殊工种以及新上岗、待岗复工、转岗、换岗的作业人员。

7.0.5 施工企业的从业人员上岗应符合下列要求：

  1 企业主要负责人、项目负责人和专职安全生产管理人员必须经安全生产知识和管理能力考核合格，依法取得安全生产考核合格证书；

  2 企业的各类管理人员必须具备与岗位相适应的安全生产知识和管理能力，依法取得必要的岗位资格证书；

  3 特殊工种作业人员必须经安全技术理论和操作技能考核合格，依法取得建筑施工特种作业人员操作资格证书。

7.0.6 施工企业新上岗操作工人必须进行岗前教育培训，教育培训应包括下列内容：

  1 安全生产法律法规和规章制度；

  2 安全操作规程；

  3 针对性的安全防范措施；

  4 违章指挥、违章作业、违反劳动纪律产生的后果；

  5 预防、减少安全风险以及紧急情况下应急救援的基本知识、方法和措施。

7.0.7 施工企业应结合季节施工要求及安全生产形势对从业人员进行日常安全生产教育培训。

7.0.8 施工企业每年应按规定对所有从业人员进行安全生产继续教育，教育培训应包括下列内容：

  1 新颁布的安全生产法律法规、安全技术标准规范和规范性文件；

  2 先进的安全生产技术和管理经验；

  3 典型事故案例分析。

7.0.9 施工企业应定期对从业人员持证上岗情况进行审核、检查，并应及时统计、汇总从业人员的安全教育培训和资格认定等相关记录。

8 安全生产费用管理

8.0.1 安全生产费用管理应包括资金的提取、申请、审核审批、支付、使用、统计、分析、审计检查等工作内容。

8.0.2 施工企业应按规定提取安全生产所需的费用。安全生产费用应包括安全技术措施、安全教育培训、劳动保护、应急准备等，以及必要的安全评价、监测、检测、论证所需费用。

8.0.3 施工企业各管理层应根据安全生产管理需要，编制安全生产费用使用计划，明确费用使用的项目、类别、额度、实施单位及责任者、完成期限等内容，并应经审核批准后执行。

8.0.4 施工企业各管理层相关负责人必须在其管辖范围内，按专款专用、及时足额的要求，组织落实安全生产费用使用计划。

8.0.5 施工企业各管理层应建立安全生产费用分类使用台账，应定期统计，并报上一级管理层。

8.0.6 施工企业各管理层应定期对下一级管理层的安全生产费用使用计划的实施情况进行监督审查和考核。

8.0.7 施工企业各管理层应对安全生产费用管理情况进行年度汇总分析，并应及时调整安全生产费用的比例。

9 施工设施、设备和劳动防护用品安全管理

9.0.1 施工企业施工设施、设备和劳动防护用品的安全管理应包括购置、租赁、装拆、验收、检测、使用、保养、维修、改造和报废等内容。

9.0.2 施工企业应根据安全管理目标，生产经营特点、规模、环境等，配备符合安全生产要求的施工设施、设备、劳动防护用品及相关的安全检测器具。

9.0.3 生产经营活动内容可能包含机械设备的施工企业，应按规定设置相应的设备管理机构或者配备专职的人员进行设备管理。

9.0.4 施工企业应建立并保存施工设施、设备、劳动防护用品及相关的安全检测器具管理档案，并应记录下列内容：

1 来源、类型、数量、技术性能、使用年限等静态管理信息，以及目前使用地点、使用状态、使用责任人、检测、日常维修保养等动态管理信息；

2 采购、租赁、改造、报废计划及实施情况。

9.0.5 施工企业应定期分析施工设施、设备、劳动防护用品及相关的安全检测器具的安全状态采取必要的改进措施。

9.0.6 施工企业应自行设计或优先选用标准化、定型化、工具化的安全防护设施。

10 安全技术管理

10.0.1 施工企业安全技术管理应包括对安全生产技术措施的制订、实施、改进等管理。

10.0.2 施工企业各管理层的技术负责人应对管理范围内的安全技术管理负责。

10.0.3 施工企业应定期进行技术分析，改造、淘汰落后的施工工艺、技术和设备，应推行先进、适用的工艺、技术和装备，并应完善安全生产作业条件。

10.0.4 施工企业应依据工程规模、类别、难易程度等明确施工组织设计、专项施工方案（措施）的编制、审核和审批的内容、权限、程序及时限。

10.0.5 施工企业应根据施工组织设计、专项施工方案（措施）的审核、审批权限，组织相关职能部门审核，技术负责人审批。审核、审批应有明确意见并签名盖章。编制、审批应在施工前完成。

10.0.6 施工企业应根据施工组织设计、专项安全施工方案（措施）编制和审批权限的设置，分级进行安全技术交底，编制人员应参与安全技术交底、验收和检查。

10.0.7 施工企业可结合生产实际制订企业内部安全技术标准和图集。

11 分包方安全生产管理

11.0.1 分包方安全生产管理应包括分包单位以及供应商的选择、施工过程管理、评价等工作内容。

11.0.2 施工企业应依据安全生产管理责任和目标，明确对分包（供）单位和人员的选择和清退标准、合同约定和履约控制等的管理要求。

11.0.3 施工企业对分包单位的安全生产管理应符合下列要求：

1 选择合法的分包（供）单位；

2 与分包（供）单位签订安全协议，明确安全责任和义务；

3 对分包单位施工过程的安全生产实施检查和考核；

4 及时清退不符合安全生产要求的分包（供）单位；

5 分包工程竣工后对分包（供）单位安全生产能力进行评价。

11.0.4 施工企业对分包（供）单位检查和考核，应包括下列内容：

1 分包单位安全生产管理机构的设置、人员配备及资格情况；

2 分包（供）单位违约、违章情况；

3 分包单位安全生产绩效。

11.0.5 施工企业可建立合格分包（供）方名录，并应定期审核、更新。

12 施工现场安全管理

12.0.1 施工企业应加强工程项目施工过程的日常安全管理，工程项目部应接受企业各管理层职能部门和岗位的安全生产管理。

12.0.2 施工企业的工程项目部应接受建设行政主管部门及其他相关部门的监督检查，对发现的问题应按要求落实整改。

12.0.3 施工企业的工程项目部应根据企业安全生产管理制度，实施施工现场安全生产管理，应包括下列内容：

1 制订项目安全管理目标，建立安全生产组织与责任体系，明确安全生产管理职责，实施责任考核；

2 配置满足安全生产、文明施工要求的费用、从业人员、设施、设备、劳动防护用品及相关的检测器具；

3 编制安全技术措施、方案、应急预案；

4 落实施工过程的安全生产措施，组织安全检查，整改安全隐患；

5 组织施工现场容场貌、作业环境和生活设施安全文明达标；

6 确定消防安全责任人，制订用火、用电、使用易燃易爆材料等各项消防安全管理制度和操作规程，设置消防通道、消防水源，配备消防设施和灭火器材，并在施工现场入口处设置明显标志；

7 组织事故应急救援抢险；

8 对施工安全生产管理活动进行必要的记录，保存应有的资料。

12.0.4 工程项目部应建立健全安全生产责任体系，安全生产责任体系应符合下列要求：

1 项目经理应为工程项目安全生产第一责任人，应负责分解落实安全生产责任，实施考核奖惩，实现项目安全管理目标；

2 工程项目总承包单位、专业承包和劳务分包单位的项目经理、技术负责人和专职安全生产管理人员，应组成安全管理组织，并应协调、管理现场安全生产；项目经理应按规定到岗带班指挥生产；

3 总承包单位、专业承包和劳务分包单位应按规定配备项目专职安全生产管理人员，负责施工现场各自管理范围内的安全生产日常管理；

4 工程项目部其他管理人员应承担本岗位管理范围内的安全生产职责；

5 分包单位应服从总承包单位管理，并应落实总承包项目部的安全生产要求；

6 施工作业班组应在作业过程中执行安全生产要求；

7 作业人员应严格遵守安全操作规程，并应做到不伤害自己、不伤害他人和不被他人伤害。

12.0.5 项目专职安全生产管理人员应按规定到岗，并应履行下列主要安全生产职责：

1 对项目安全生产管理情况应实施巡查，阻止和处理违章指挥、违章作业和违反劳动纪律等现象，并应作好记录；

2 对危险性较大的分部分项工程应依据方案实施监督并作好记录；

3 应建立项目安全生产管理档案，并应定期向企业报告项目安全生产情况。

12.0.6 工程项目施工前，应组织编制施工组织设计、专项施工方案（措施），内容应包括工程概况、编制依据、施工计划、施工工艺、施工安全技术措施、检查验收内容及标准、计算书及附图等，并应按规定进行审批、论证、交底、验收、检查。

12.0.7 工程项目部应定期及时上报现场安全生产信息；施工企业应全面掌握企业所属工程项目的安全生产状况，并应作为隐患治理、考核奖惩的依据。

13 应急救援管理

13.0.1 施工企业的应急救援管理应包括建立组织机构、应急预案编制、审批、演练、评价、完善和应急救援响应工作程序及记录等内容。

13.0.2 施工企业应建立应急救援组织机构，并应组织救援队伍，同时应定期进行演练调整等日常管理。

13.0.3 施工企业应建立应急物资保障体系，应明确应急设备和器材配备、储存的场所和数量，并应定期对应急设备和器材进行检查、维护、保养。

13.0.4 施工企业应根施工管理和环境特征，组织各管理层制订应急救援预案，应包括下列内容：

1 紧急情况、事故类型及特征分析；

2 应急救援组织机构与人员及职责分工、联系方式；

3 应急救援设备和器材的调用程序；

4 与企业内部相关职能部门和外部政府、消防、抢险、医疗等相关单位与部门的信息报告、联系方法；

5 抢险急救的组织、现场保护、人员撤离及疏散等活动的具体安排。

13.0.5 施工企业各管理层应对全体从业人员进行应急救援预案的培训和交底；接到相关报告后，应及时启动预案。

13.0.6 施工企业应根据应急救援预案，定期组织专项应急演练；应针对演练、实战的结果，对应急预案的适宜性和可操作性组织评价，必要时应进行修改和完善。

14 生产安全事故管理

14.0.1 施工企业生产安全事故管理应包括报告、调查、处理、记录、统计、分析改进等工作内容。

14.0.2 生产安全事故发生后，施工企业应按规定及时上报。实行施工总承包时，应由总承包企业负责上报。情况紧急时，可越级上报。

14.0.3 生产安全事故报告应包括下列内容：
 1 事故的时间、地点和相关单位名称；
 2 事故的简要经过；
 3 事故已经造成或者可能造成的伤亡人数（包括失踪、下落不明的人数）和初步估计的直接经济损失；
 4 事故的初步原因；
 5 事故发生后采取的措施及事故控制情况；
 6 事故报告单位或报告人员。

14.0.4 生产安全事故报告后出现新情况时，应及时补报。

14.0.5 生产安全事故调查和处理应做到事故原因不查清楚不放过、事故责任者和从业人员未受到教育不放过、事故责任者未受到处理不放过、没有采取防范事故再发生的措施不放过。

14.0.6 施工企业应建立生产安全事故档案，事故档案应包括下列资料：
 1 依据生产安全事故报告要素形成的企业职工伤亡事故统计汇总表；
 2 生产安全事故报告；
 3 事故调查情况报告、对事故责任者的处理决定、伤残鉴定、政府的事故处理批复资料及相关影像资料；
 4 其他有关的资料。

15 安全检查和改进

15.0.1 施工企业安全检查和改进管理应包括安全检查的内容、形式、类型、标准、方法、频次、整改、复查，以及安全生产管理评价与持续改进等工作内容。

15.0.2 施工企业安全检查应包括下列内容：
 1 安全管理目标的实现程度；
 2 安全生产职责的履行情况；
 3 各项安全生产管理制度的执行情况；
 4 施工现场管理行为和实物状况；
 5 生产安全事故、未遂事故和其他违规违法事件的报告调查、处理情况；
 6 安全生产法律法规、标准规范和其他要求的执行情况。

15.0.3 施工企业安全检查的形式应包括各管理层的自查、互查以及对下级管理层的抽查等；安全检查的类型应包括日常巡查、专项检查、季节性检查、定期检查、不定期抽查等，并应符合下列要求：
 1 工程项目部每天应结合施工动态，实行安全巡查；
 2 总承包工程项目部应组织各分包单位每周进行安全检查；
 3 施工企业每月应对工程项目施工现场安全生产情况至少进行一次检查，并应针对检查中发现的倾向性问题、安全生产状况较差的工程项目，组织专项检查；
 4 施工企业应针对承建工程所在地区的气候与环境特点，组织季节性的安全检查。

15.0.4 **施工企业安全检查应配备必要的检查、测试器具，对存在的问题和隐患，应定人、定时间、定措施组织整改，并应跟踪复查直至整改完毕。**

15.0.5 施工企业对安全检查中发现的问题，宜按隐患类别分类记录，定期统计，并应分析确定多发和重大隐患类别，制订实施治理措施。

15.0.6 施工企业应定期对安全生产管理的适宜性、符合性和有效性进行评估，应确定改进措施，并对其有效性进行跟踪验证和评价。发生下列情况时，企业应及时进行安全生产管理评估：
 1 适用法律法规发生变化；
 2 企业组织机构和体制发生重大变化；
 3 发生生产安全事故；
 4 其他影响安全生产管理的重大变化。

15.0.7 施工企业应建立并保存安全检查和改进活动的资料与记录。

16 安全考核和奖惩

16.0.1 施工企业安全考核和奖惩管理应包括确定对象、制订内容及标准、实施奖惩等内容。

16.0.2 安全考核的对象应包括施工企业各管理层的主要负责人、相关职能部门及岗位和工程项目的参建人员。

16.0.3 企业各管理层的主要负责人应组织对本管理层各职能部门、下级管理层的安全生产责任进行考核和奖惩。

16.0.4 安全考核应包括下列内容：
 1 安全目标实现程度；
 2 安全职责履行情况；
 3 安全行为；
 4 安全业绩。

16.0.5 施工企业应针对生产经营规模和管理状况，明确安全考核的周期，并应及时兑现奖惩。

本规范用词说明

1 为便于在执行本规范条文时区别对待，对要求严格程度不同的用词说明如下：

1) 表示很严格，非这样做不可的：
正面词采用"必须"，反面词采用"严禁"；
2) 表示严格，在正常情况下均应这样做的：
正面词采用"应"，反面词采用"不应"或"不得"；
3) 表示允许稍有选择，在条件许可时首先应这样做的：
正面词采用"宜"，反面词采用"不宜"；
4) 表示有选择，在一定条件下可以这样做的，采用"可"。

2 条文中指明应按其他有关标准执行的写法为："应符合……的规定"或"应按……执行"。

中华人民共和国国家标准

施工企业安全生产管理规范

GB 50656—2011

条文说明

制 定 说 明

《施工企业安全生产管理规范》GB 50656—2011,经住房和城乡建设部 2011 年 7 月 26 日以第 1126 号公告批准发布。

为便于广大建设、施工、监理以及相关政府监管部门等单位有关人员在使用本规范时能正确理解和执行条文规定,《施工企业安全生产管理规范》编制组按章、节、条顺序编制了本规范的条文说明,对条文规定的目的、依据以及执行中需注意的有关事项进行了说明,还着重对强制性条文的强制性理由做了解释。但是,本条文说明不具备与规范正文同等的法律效力,仅供使用者作为理解和把握规范规定的参考。

目 次

1 总则 …………………… 10—1—14
3 基本规定 ………………… 10—1—14
4 安全管理目标 …………… 10—1—14
5 安全生产组织与责任体系 … 10—1—14
6 安全生产管理制度 ……… 10—1—16
7 安全生产教育培训 ……… 10—1—16
8 安全生产费用管理 ……… 10—1—16
9 施工设施、设备和劳动防护用品安全管理 …………… 10—1—16
10 安全技术管理 …………… 10—1—16
11 分包方安全生产管理 …… 10—1—17
12 施工现场安全管理 ……… 10—1—18
13 应急救援管理 …………… 10—1—18
14 生产安全事故管理 ……… 10—1—18
15 安全检查和改进 ………… 10—1—18
16 安全考核和奖惩 ………… 10—1—19

1 总　则

1.0.1 本规范制定的目的是促进施工企业安全生产管理的标准化、规范化和科学化。本规范是对施工企业安全生产管理行为提出的基本要求；是施工企业安全生产管理的行为规范；是使施工企业安全生产和文明施工符合法律、法规要求的基本保证。

本规范以强制和引导相结合的原则，在提出安全生产管理基本要求的基础上，鼓励企业实施安全生产管理创新。

1.0.2 建筑施工企业应贯彻本规范，建立、运行和不断完善安全管理体系。包括企业在内的各方可依据本规范对施工企业的安全生产管理进行监督检查、动态管理。

境外施工企业在我国境内承包工程时也应按本规范执行。

3 基本规定

3.0.3 对于其他负责人，除负责各自管理范围内的生产经营管理职责外，还应负责其范围内的安全生产管理，确保管理范围内的安全生产管理体系正常运行和安全业绩的持续改进，坚持做到职责分明，有岗有责，上岗守责。安全生产责任体系由纵向与横向展开。

3.0.4 住房和城乡建设部《关于印发〈建筑施工企业安全生产管理机构设置及专职安全生产管理人员配备办法〉的通知》（建质〔2008〕91号）规定：建筑施工企业安全生产管理机构专职安全生产管理人员的配备要求如下：

1 总承包资质序列企业：特级资质不少于6人；一级资质不少于4人；二级和二级以下资质企业不少于3人；

2 专业承包资质序列企业：一级资质不少于3人；二级和二级以下资质企业不少于2人；

3 劳务分包资质序列企业：不少于2人；

4 企业的分公司、区域公司等较大的分支机构（以下简称分支机构）应依据实际生产情况配备不少于2人的专职安全生产管理人员。

3.0.5 不具备安全生产教育培训条件的企业，可委托具有相应资质的安全培训机构对从业人员进行安全培训。

3.0.6 财政部、国家安全生产监督管理总局《关于印发〈高危行业企业安全生产费用财务管理暂行办法〉的通知》（财企〔2006〕478号）规定，施工企业以建筑安装工程造价为计提依据，各工程类别安全费用提取标准如下：

1 房屋建筑工程、矿山工程为2.0%；

2 电力工程、水利水电工程、铁路工程为1.5%；

3 市政公用工程、冶炼工程、机电安装工程、化工石油工程、港口与航道工程、公路工程、通信工程为1.0%。

施工企业提取的安全费用列入工程造价，在竞标时，不得删减。国家对基本建设投资概算另有规定的，从其规定。

总包单位应当将安全费用按比例直接支付分包单位，分包单位不再重复提取。

3.0.8 《中华人民共和国建筑法》和《工伤保险条例》（国务院令第375号）规定，施工企业要及时为农民工办理参加工伤保险手续，为施工现场从事危险作业的农民工办理意外伤害保险，并按时足额缴纳保险费。

3.0.9 本条为强制性条文，必须严格执行。住房和城乡建设部和各级建设行政主管部门会根据实际情况，定期公布淘汰的技术、工艺、设备、设施和材料名录，国家明令淘汰的技术、工艺、设备、设施和材料，必定存在缺陷和隐患，容易引发生产安全事故，必须严禁使用。企业更应建立完善技术、工艺、设备、设施、材料的淘汰与改造、更新制度。

4 安全管理目标

4.0.1 安全管理目标应易于考核，制订时应综合考虑以下因素：

1 政府部门的相关要求。

2 企业的安全生产管理现状。

3 企业的生产经营规模及特点。

4 企业的技术、工艺、设施和设备。

4.0.2 生产安全事故控制目标应为事故负伤频率及各类生产安全事故发生率控制指标。

安全生产以及文明施工管理目标应为企业安全生产标准化管理及文明施工基础工作要求的组合。

5 安全生产组织与责任体系

5.0.1 由于安全生产在施工企业处于特殊的重要地位，安全与生产矛盾处理难度大，各管理层安全生产的第一责任人应为本管理层具有决策控制权的负责人，只有这样才能把安全与生产从组织领导上统一起来，使安全生产管理体系得以有效运行。

5.0.3 本条为强制性条文，必须严格执行。施工企业各管理层与职能部门、岗位的安全生产管理责任明确了，施工企业安全生产管理才能符合"纵向到底、横向到边、合理分工、互相衔接"的原则，方可实现安全生产体系化管理。

5.0.4 本条第3款除专职安全机构独立设置外，根据企业管理组织体系，一个职能部门（或岗位）可能承担单项或多项的职责，也可能一项职责由多个职能部门（或岗位）承担。职能部门（或岗位）的具体职责应与责任对应，例如：

1 企业安全生产工作的第一责任人（对本企业安全生产负全面领导责任）的安全生产职责：

1）贯彻执行国家和地方有关安全生产的方针政策和法规、规范；

2）掌握本企业安全生产动态，定期研究安全工作；

3）组织制订安全工作目标、规划实施计划；

4）组织制订和完善各项安全生产规章制度及奖惩办法；

5）建立、健全安全生产责任制，并领导、组织考核工作；

6）建立、健全安全生产管理体系，保证安全生产投入；

7）督促、检查安全生产工作，及时消除生产安全事故隐患；

8）组织制订并实施生产安全事故应急救援预案；

9）及时、如实报告生产安全事故；在事故调查组的指导下，领导、组织有关部门或人员，配合事故调查处理工作，监督防范措施的制订和落实，防止事故重复发生。

2 企业主管安全生产负责人的安全生产职责：

1）组织落实安全生产责任制和安全生产管理制度，对安全生产工作负直接领导责任；

2）组织实施安全工作规划及实施计划，实现安全目标；

3）领导、组织安全生产宣传教育工作；

4）确定安全生产考核指标；

5）领导、组织安全生产检查；

6）领导、组织对分包（供）方的安全生产主体资格考核与审查；

7）认真听取、采纳安全生产的合理化建议，保证安全生产管理体系的正常运转；

8）发生生产安全事故时，组织实施生产安全事故应急救援。

3 企业技术负责人的安全生产职责：

1）贯彻执行国家和上级的安全生产方针、政策，在本企业施工安全生产中负技术领导责任；

2）审批施工组织设计和专项施工方案（措施）时，审查其安全技术措施，并作出决定性意见；

3）领导开展安全技术攻关活动，并组织技术鉴定和验收；

4）新材料、新技术、新工艺、新设备使用前，组织审查其使用和实施过程中的安全性，组织编制或审定相应的操作规程；

5）参加生产安全事故的调查和分析，从技术上分析事故原因，制订整改防范措施。

4 企业总会计师的安全生产职责：

1）组织落实本企业财务工作的安全生产责任制，认真执行安全生产奖惩规定；

2）组织编制年度财务计划的同时，编制安全生产费用投入计划，保证经费到位和合理开支；

3）监督、检查安全生产费用的使用情况。

5 企业其他负责人应当按照分工抓好主管范围内的安全生产工作，对主管范围内的安全生产工作负领导责任。

6 工程管理部门的安全生产职责：

1）协调配置安全生产所需的各项资源；

2）科学组织均衡生产，保证生产任务与安全管理协调一致。

7 技术管理部门的安全生产职责：

1）贯彻执行国家和上级有关安全技术及安全操作规程规定；

2）组织编制、审查专项安全施工方案并抽查实施情况；

3）新技术、新材料、新工艺使用前，制订相应的安全技术措施和安全操作规程；

4）分析伤亡事故和重大事故、未遂事故中技术原因，从技术上提出防范措施。

8 机械动力管理部门的安全生产职责：

1）负责本企业机械动力设备的安全管理，监督检查；

2）对相关特种作业人员定期培训、考核；

3）参与组织编制机械设备施工组织设计，参与机械设备施工方案的会审；

4）分析生产安全事故涉及设备原因，提出防范措施。

9 劳务管理部门的安全生产职责：

1）审查劳务分包人员资格；

2）从用工方面分析生产安全事故原因，提出防范措施。

10 物资管理部门的安全生产职责：

确保购置（租赁）的各类安全物资、劳动保护用品符合国家或有关行业的技术标准、规范的要求。

11 人力资源部门的安全生产职责：

审查安全管理人员资格，足额配备安全管理人员，开发、培养安全管理力量。

12 财务管理部门的安全生产职责：

1）及时提取安全技术措施经费、劳动保护经费及其他安全生产所需经费，保证专款专用；

2）协助专职安全管理部门办理安全奖罚款手续。

13 保卫消防部门的安全生产职责：

1）贯彻执行有关消防保卫的法规、规定；

2）参与火灾事故的调查，提出处理意见。

14 行政卫生部门的安全生产职责：

监测有毒有害作业场所的尘毒浓度，做好职业病预防工作。

15 工会组织的安全生产职责：

1）依法组织职工参加本企业安全生产工作的民主管理和民主监督；

2）对侵害职工在安全生产方面的合法权益的问题进行调查，代表职工与企业进行交涉；

3）参加对生产安全事故的调查处理，向有关部门提出处理意见。

6 安全生产管理制度

6.0.1 《建设工程安全生产管理条例》（国务院令第393号）规定，施工企业应建立必要的安全生产管理制度。另外，依据企业的安全管理目标、生产经营规模和特征，企业可另行制订相关的安全生产管理制度来辅助管理，如：定期安全分析会制度，定期安全预警制度，安全信息公布制度等。

6.0.3 本条明确安全生产管理制度的内容：

1 本管理制度的具体工作内容。

2 本管理制度的主要责任人或部门以及配合的岗位或部门的职责与权限。

3 策划、实施、记录、改进的具体工作过程及工作质量要求。

7 安全生产教育培训

7.0.5 本条第3款从特殊工种作业人员的技术和责任方面体现其特殊性。预防高处坠落、机械伤害、脚手架和模板坍塌、触电、火灾、物体打击等类型多发性事故因素很重要。提倡培养和吸收职业学校或中专技校的相应专业、责任心强的毕业生加入特殊工种作业人员行列，特殊工种作业人员技术等级应同工程难易程度和技术复杂性相适应。

7.0.8 根据住房和城乡建设部相关文件规定，施工企业从业人员每年应接受一次安全培训，其中企业法定代表人、生产经营负责人、项目经理不少于30学时，专职安全管理人员不少于40学时，其他管理人员和技术人员不少于20学时，特殊工种作业人员不少于20学时；其他从业人员不少于15学时，待岗复工、转岗、换岗人员重新上岗前不少于20学时，新进场工人三级安全教育培训（公司、项目、班组）分别不少于15学时、15学时、20学时。

8 安全生产费用管理

8.0.2 依据财政部、国家安全生产监督管理总局《关于印发〈高危行业企业安全生产费用财务管理暂行办法〉的通知》（财企〔2006〕478号），安全生产费用主要可用于：

1 完善、改造和维护安全防护设备、设施支出。

2 配备必要的应急救援器材、设备和现场作业人员安全防护物品支出。

3 安全生产检查与评价支出。

4 重大危险源、重大事故隐患的评估、整改、监控支出。

5 安全教育培训及进行应急救援演练支出。

6 其他与安全生产直接相关的支出。

原建设部《建筑工程安全防护、文明施工措施费用及使用管理规定》（建办〔2005〕89号）也有相关规定。

8.0.3 安全生产资金使用计划，应经财务、安全部门等相关职能部门审核批准后执行。

8.0.5~8.0.7 施工企业可指定各管理层的财务、审计、安全部门和工会组织等机构，定期对安全生产资金使用计划的实施情况进行监督审查、汇总分析。

9 施工设施、设备和劳动防护用品安全管理

9.0.1 施工设施、设备是指用于施工现场生产所需的各类安全防护设施、临时构（建）筑物、临时用电、消防器材等物料及施工机械、检测设备等，包括用于力矩、厚度、尺度、接地电阻、绝缘电阻、噪声、性能等检测的工具和仪器；劳动防护用品包括安全帽、安全带、安全网、绝缘手套、绝缘鞋、防护面罩、救生衣、反光背心等。

9.0.5 对企业使用面广、频次高、问题多发或曾发生事故的设施、设备等制订相应的安全管理对策措施。

10 安全技术管理

10.0.4

1 根据住房和城乡建设部《危险性较大的分部分项工程安全管理办法》（建质〔2009〕87号）的规定应编制专项施工方案的危险性较大工程包括：

1）基坑支护、降水工程：

开挖深度超过3m（含3m）或虽未超过3m但地质条件和周边环境复杂的基坑（槽）支护、降水工程。

2）土方开挖工程：

开挖深度超过3m（含3m）的基坑（槽）的土方开挖工程。

3）模板工程及支撑体系：

各类工具式模板工程：包括大模板、滑模、爬模、飞模等工程；

混凝土模板支撑工程：搭设高度5m及以上；搭设跨度10m及以上；施工总荷载10kN/m²及以上；

集中线荷载15kN/m及以上；高度大于支撑水平投影宽度且相对独立无联系构件的混凝土模板支撑工程；

承重支撑体系：用于钢结构安装等满堂支撑体系。

4）起重吊装及安装拆卸工程：

采用非常规起重设备、方法，且单件起吊重量在10kN及以上的起重吊装工程；

采用起重机械进行安装的工程；

起重机械设备自身的安装、拆卸工程。

5）脚手架工程：

搭设高度24m及以上的落地式钢管脚手架工程；

附着式整体和分片提升脚手架工程；

悬挑式脚手架工程；

吊篮脚手架工程；

自制卸料平台、移动操作平台工程；

新型及异型脚手架工程。

6）拆除、爆破工程：

建筑物、构筑物拆除工程；

采用爆破拆除的工程。

7）其他：

建筑幕墙安装工程；

钢结构、网架和索膜结构安装工程；

人工挖扩孔桩工程；

地下暗挖、顶管及水下作业工程；

预应力工程；

采用新技术、新工艺、新材料、新设备及尚无相关技术标准的特殊工程。

2 根据建质〔2009〕87号的规定，专项施工方案应组织专家论证的超过一定规模的危险性较大的分部分项工程包括：

1）深基坑工程：

开挖深度超过5m（含）的基坑（槽）土方的开挖支护、降水工程；

开挖深度虽未超过5m，但地质条件、周围环境和地下管线复杂，或影响毗邻建（构）筑物安全的基坑（槽）土方的开挖支护、降水工程。

2）模板工程及支撑体系：

工具式模板工程：包括滑模、爬模、飞模工程；

混凝土模板支撑工程：支撑高度8m及以上；搭设跨度18m及以上，施工总荷载15kN/m² 及以上；集中线荷载20kN/m² 及以上；

承重支撑体系：用于钢结构安装等满堂支撑体系，承受单点集中荷载700kg以上。

3）起重吊装及安装拆卸工程：

采用非常规起重设备、方法，且单件起吊重量在100kN及以上的起重吊装工程；

起重量300kN及以上的起重设备安装工程；高度200m及以上内爬起重设备的拆除工程。

4）脚手架工程：

搭设高度50m及以上落地式钢管脚手架工程；

提升高度150m及以上附着式整体和分片提升脚手架工程；

架体高度20m及以上悬挑脚手架工程。

5）拆除、爆破工程：

采用爆破拆除的工程。

码头、桥梁、高架、烟囱、水塔或拆除中容易引起有毒有害气（液）体或粉尘扩散、易燃易爆事故发生的特殊建（构）筑物的拆除工程；

可能影响行人、交通、电力设施、通信设施或其他建（构）筑物安全的拆除工程；

文物保护建筑、优秀历史建筑或历史文化风貌区控制范围的拆除工程。

6）其他：

施工高度50m及以上的建筑幕墙安装工程；

跨度大于36m及以上的钢结构安装工程；跨度大于60m及以上的网架和索膜结构安装工程；

开挖深度超过16m的人工挖孔桩工程；

地下暗挖工程、顶管工程、水下作业工程；

采用新技术、新工艺、新材料、新设备尚无相关技术标准的危险性工程。

3 专项施工方案编制内容应包括工程概况、编制依据、施工计划、施工工艺、安全技术措施、检查验收标准、计算书及附图等，并符合以下规定：

1）施工企业应根据工程规模、施工难度等要素，明确各管理层方案编制、审核、审批的权限。

2）专业分包工程，应先由专业承包单位编制，专业承包单位技术负责人审批后报总包单位审核备案。

3）经过审批或论证的方案，不准随意变更修改。确因客观原因需修改时，应按原审核、审批的分工与程序办理。

10.0.6 本条为强制性条文，必须严格执行。分级安全技术交底的形式有：

1 危险性较大的工程开工前，新工艺、新技术、新设备应用前，企业的技术负责人，向施工管理人员进行安全技术方案交底，安全管理机构参与。

2 分部分项工程、关键工序实施前，项目技术负责人、方案编制人应会同安全员、项目施工员向参加施工的施工管理人员进行方案实施安全交底。

3 各个管理岗位人员应对新进场的工人应实施作业人员工种交底，安全员参与督促。

4 作业班组应对作业人员进行班前安全操作规程交底。

11 分包方安全生产管理

11.0.1 通过分包来完成施工任务是施工企业经营管理的重要方式，分包过程是整个施工过程的重要组成部分，无论是劳务分包、专业工程分包，还是机械设备的租赁或安装拆除分包，为了防止资质低劣的分包单位和从业人员进入施工现场，对分包过程必须从源头抓起，进行全过程控制，即施工企业需要从分包单位的资格评价和选择、分包合同的条款约定和履约过程控制、结果再评价三个环节进行控制。

12 施工现场安全管理

12.0.3 本条第 6 款为强制性条款，必须严格执行。事故应急救援抢险是减少事故损失，阻止事故势态进一步扩大的必要措施，是安全生产的底线。因此其组织形式的针对性和可行性、有效性必须作为项目管理的一项重要内容。

12.0.4 本条第 3 款是参考住房和城乡建设部《关于印发〈建筑施工企业安全生产管理机构设置及专职安全生产管理人员配备办法〉的通知》（建质〔2008〕91号）规定，施工项目部配备专职安全管理人员的数量为：

1 总承包单位配备项目专职安全生产管理人员要求：

1）建筑工程、装修工程按照建筑面积配备：

1万 m^2 及以下的工程不少于 1 人；1万 m^2～5万 m^2 的工程不少于 2 人；5万 m^2 以上的工程不少于 3 人，应当按专业配备专职安全生产管理人员。

2）土木工程、线路管道、设备安装工程按照工程合同价配备：

5000万元以下的工程不少于 1 人；5000万元～1亿元的工程不少于 2 人；1亿元以上的工程不少于 3 人，应当按专业配备专职安全生产管理人员。

2 分包单位配备项目专职安全生产管理人员要求：

1）专业承包单位应当配置至少 1 人，并根据所承担的分部分项工程的工程量和施工危险程度增配。

2）劳务分包单位施工人员在 50 人以下的，应当配备 1 名专职安全生产管理人员；50 人～200 人的，应当配备 2 名专职安全生产管理人员；200 人以上的，应当配备 3 名以上专职安全生产管理人员，并根据所承担的分部分项工程施工危险实际情况增加，不得少于工程施工人员总人数的 5‰。

3 采用新技术、新工艺、新材料或致害因素多、施工作业难度大的工程项目，项目专职安全生产管理人员的数量应当根据施工实际情况，再适当增加。

13 应急救援管理

13.0.4 应急救援预案是实施应急措施和行动的方案，应具体说明：

1 潜在的事故和紧急情况；

2 应急期间的负责人和起特定作用人员（如消防员、急救人员等）的职责、权限和义务；

3 必要应急设备、物资、器材的配置和使用方法，如装置布置图、危险原材料、工作指示和联络电话等；

4 应急期间应急设备、物资、器材的维护和定期检测的要求，以保持其持续的适用性；

5 有关人员（包括处在应急场所外部人员）在应急期间所采取的保护现场、组织抢救等措施的详细要求；

6 人员疏散方案；

7 企业与外部应急服务机构、社区和公众等沟通；

8 至关重要的记录和相应设备的保护。

13.0.5 管理能力、环境特征和风险程度（如气象的预警等级）不同，防范、应急的程度也不同，施工企业应根据不同的程度分级制订应急救援预案。接到报告后，启动相应等级的应急预案，这样更具操作性。

13.0.6 施工企业内部各管理层，项目部总承包单位和分包单位应按应急救援预案，各自建立应急救援组织，配备人员和应急设备、物资、器材。

14 生产安全事故管理

14.0.2 根据相关规定，事故发生后，事故现场有关人员应立即如实向本企业负责人报告；企业负责人按规定应在 1h 内如实向事故发生地县级以上人民政府建设主管部门和有关部门报告。

情况紧急时，事故现场有关人员可以直接向事故发生地县级以上人民政府建设主管部门和有关部门报告。

15 安全检查和改进

15.0.1 安全检查是指对安全生产管理活动和结果的符合性和有效性进行的常规监测活动，施工企业通过安全检查掌握安全生产管理活动运行的动态，发现并纠正安全生产管理活动或结果的偏差，并为确定和采取纠正措施或预防措施提供信息。

15.0.4 本条为强制性条文，必须严格执行。隐患的识别除了主观判断外，运用仪器能更客观、定量的识别隐患，为整改提供更直观的依据。整改有时涉及多个人，多个班组，所以应有组织地开展，及时整改，方可杜绝生产安全事故。

15.0.5 治理措施指技术和管理手段，即对事故、未遂事故和安全检查结果的综合、分类、统计和分析，确定今后需防止或减少潜在事故或不合格的发生，并针对可能导致其发生的原因所采取的措施，目的是防止同类问题的再发生。

16 安全考核和奖惩

16.0.1～16.0.5 落实安全生产责任制需要配套建立激励和约束相结合的保证机制，安全考核和奖惩就是一种行之有效的措施。安全考核和奖惩工作，特别是安全生产问责制，应贯穿到施工企业生产经营的全过程。安全奖励包括物质与精神两个方面，安全惩罚包括经济、行政等多种形式。

中华人民共和国国家标准

建设工程施工现场消防安全技术规范

Technical code for fire safety of construction site

GB 50720—2011

主编部门：中华人民共和国住房和城乡建设部
　　　　　中华人民共和国公安部
批准部门：中华人民共和国住房和城乡建设部
施行日期：２０１１年８月１日

中华人民共和国住房和城乡建设部
公 告

第 1042 号

关于发布国家标准《建设工程施工现场消防安全技术规范》的公告

现批准《建设工程施工现场消防安全技术规范》为国家标准，编号为 GB 50720—2011，自 2011 年 8 月 1 日起实施。其中，第 3.2.1、4.2.1（1）、4.2.2（1）、4.3.3、5.1.4、5.3.5、5.3.6、5.3.9、6.2.1、6.2.3、6.3.1（3、5、9）、6.3.3（1）条（款）为强制性条文，必须严格执行。

本规范由我部标准定额研究所组织中国计划出版社出版发行。

中华人民共和国住房和城乡建设部
二〇一一年六月六日

前 言

本规范是根据住房和城乡建设部《关于印发〈2009 年工程建设标准规范制订、修订计划〉的通知》（建标〔2009〕88 号）的要求，由中国建筑第五工程局有限公司和中国建筑股份有限公司会同有关单位共同编制完成的。

本规范在编制过程中，编制组依据国家有关法律、法规和技术标准，认真总结我国建设工程施工现场消防工作经验和火灾事故教训，充分考虑建设工程施工现场消防工作的实际需要，广泛听取有关部门和专家意见，最后经审查定稿。

本规范共分 6 章，主要内容有：总则、术语、总平面布局、建筑防火、临时消防设施、防火管理。

本规范中以黑体字标志的条文为强制性条文，必须严格执行。

本规范由住房和城乡建设部负责管理和对强制性条文的解释，由中国建筑第五工程局有限公司负责具体技术内容的解释。本规范在执行过程中，希望各单位注意经验的总结和积累，如发现需要修改或补充之处，请将意见和建议寄至中国建筑第五工程局有限公司（地址：湖南省长沙市中意一路 158 号，邮政编码：410004，邮箱：xfbz@cscec5b.com.cn），以供今后修订时参考。

本规范主编单位、参编单位、主要起草人和主要审查人：

主编单位：中国建筑第五工程局有限公司
中国建筑股份有限公司

参编单位：公安部天津消防研究所
上海建工（集团）总公司
北京住总集团有限公司
中国建筑一局（集团）有限公司
中国建筑科学研究院建筑防火研究所
中铁建工集团有限公司
广东工程建设监理有限公司
重庆大学
陕西省公安消防总队
北京市公安消防总队
上海市公安消防总队
湖南省公安消防总队
甘肃省公安消防总队

主要起草人：谭立新 肖绪文 倪照鹏 陈富仲
张 磊 杨建康 金光耀 刘激扬
卞建峰 申立新 马建民 朱 蕾
肖曙光 张 强 李宏文 孟庆彬
倪建国 谭 青 华建民 郭 伟

主要审查人：许溶烈 郭树林 范庆国 王士川
陈火炎 曾 杰 丁余平 杨西伟
焦安亮 高俊岳

目　次

1 总则 …………………………………… 10—2—5
2 术语 …………………………………… 10—2—5
3 总平面布局 …………………………… 10—2—5
　3.1 一般规定 ………………………… 10—2—5
　3.2 防火间距 ………………………… 10—2—5
　3.3 消防车道 ………………………… 10—2—6
4 建筑防火 ……………………………… 10—2—6
　4.1 一般规定 ………………………… 10—2—6
　4.2 临时用房防火 …………………… 10—2—6
　4.3 在建工程防火 …………………… 10—2—6
5 临时消防设施 ………………………… 10—2—7
　5.1 一般规定 ………………………… 10—2—7
　5.2 灭火器 …………………………… 10—2—7
　5.3 临时消防给水系统 ……………… 10—2—8
　5.4 应急照明 ………………………… 10—2—9
6 防火管理 ……………………………… 10—2—9
　6.1 一般规定 ………………………… 10—2—9
　6.2 可燃物及易燃易爆危险品
　　　管理 ……………………………… 10—2—10
　6.3 用火、用电、用气管理 ………… 10—2—10
　6.4 其他防火管理 …………………… 10—2—10
本规范用词说明 ………………………… 10—2—11
引用标准名录 …………………………… 10—2—11
附：条文说明 …………………………… 10—2—12

Contents

1 General provisions ·············· 10—2—5
2 Terms ···························· 10—2—5
3 General plan layout ············ 10—2—5
   3.1 General requirement ·············· 10—2—5
   3.2 Fire separation ··············· 10—2—5
   3.3 Fire lane ···················· 10—2—6
4 Fire protection of construction site ······························ 10—2—6
   4.1 General requirement ············· 10—2—6
   4.2 Fire protection for temporary facilities ························· 10—2—6
   4.3 Fire protection for buildings during construction ··········· 10—2—6
5 Temporary fire control facilities ·························· 10—2—7
   5.1 General requirement ············· 10—2—7
   5.2 Fire extinguisher ··············· 10—2—7

5.3 Temporary fire water supply system ·························· 10—2—8
5.4 Emergency lighting ············ 10—2—9
6 Fire safety management ·········· 10—2—9
   6.1 General requirement ·············· 10—2—9
   6.2 Management of combustibles, explosives and dangerous articles ························ 10—2—10
   6.3 Management of fire, electricity and gas ························· 10—2—10
   6.4 Others ························· 10—2—10
Explanation of wording in this code ······························ 10—2—11
List of quoted standards ············ 10—2—11
Addition: Explanation of provisions ······················ 10—2—12

1 总 则

1.0.1 为预防建设工程施工现场火灾，减少火灾危害，保护人身和财产安全，制定本规范。

1.0.2 本规范适用于新建、改建和扩建等各类建设工程施工现场的防火。

1.0.3 建设工程施工现场的防火必须遵循国家有关方针、政策，针对不同施工现场的火灾特点，立足自防自救，采取可靠防火措施，做到安全可靠、经济合理、方便适用。

1.0.4 建设工程施工现场的防火除应符合本规范外，尚应符合国家现行有关标准的规定。

2 术 语

2.0.1 临时用房　temporary construction

在施工现场建造的，为建设工程施工服务的各种非永久性建筑物，包括办公用房、宿舍、厨房操作间、食堂、锅炉房、发电机房、变配电房、库房等。

2.0.2 临时设施　temporary facility

在施工现场建造的，为建设工程施工服务的各种非永久性设施，包括围墙、大门、临时道路、材料堆场及其加工场、固定动火作业场、作业棚、机具棚、贮水池及临时给排水、供电、供热管线等。

2.0.3 临时消防设施　temporary fire control facility

设置在建设工程施工现场，用于扑救施工现场火灾、引导施工人员安全疏散等的各类消防设施，包括灭火器、临时消防给水系统、消防应急照明、疏散指示标识、临时疏散通道等。

2.0.4 临时疏散通道　temporary evacuation route

施工现场发生火灾或意外事件时，供人员安全撤离危险区域并到达安全地点或安全地带所经的路径。

2.0.5 临时消防救援场地　temporary fire fighting and rescue site

施工现场中供人员和设备实施灭火救援作业的场地。

3 总平面布局

3.1 一般规定

3.1.1 临时用房、临时设施的布置应满足现场防火、灭火及人员安全疏散的要求。

3.1.2 下列临时用房和临时设施应纳入施工现场总平面布局：

1 施工现场的出入口、围墙、围挡。

2 场内临时道路。

3 给水管网或管路和配电线路敷设或架设的走向、高度。

4 施工现场办公用房、宿舍、发电机房、变配电房、可燃材料库房、易燃易爆危险品库房、可燃材料堆场及其加工场、固定动火作业场等。

5 临时消防车道、消防救援场地和消防水源。

3.1.3 施工现场出入口的设置应满足消防车通行的要求，并宜布置在不同方向，其数量不宜少于2个。当确有困难只能设置1个出入口时，应在施工现场内设置满足消防车通行的环形道路。

3.1.4 施工现场临时办公、生活、生产、物料存贮等功能区宜相对独立布置，防火间距应符合本规范第3.2.1条和第3.2.2条的规定。

3.1.5 固定动火作业场应布置在可燃材料堆场及其加工场、易燃易爆危险品库房等全年最小频率风向的上风侧，并宜布置在临时办公用房、宿舍、可燃材料库房、在建工程等全年最小频率风向的上风侧。

3.1.6 易燃易爆危险品库房应远离明火作业区、人员密集区和建筑物相对集中区。

3.1.7 可燃材料堆场及其加工场、易燃易爆危险品库房不应布置在架空电力线下。

3.2 防火间距

3.2.1 易燃易爆危险品库房与在建工程的防火间距不应小于15m，可燃材料堆场及其加工场、固定动火作业场与在建工程的防火间距不应小于10m，其他临时用房、临时设施与在建工程的防火间距不应小于6m。

3.2.2 施工现场主要临时用房、临时设施的防火间距不应小于表3.2.2的规定，当办公用房、宿舍成组布置时，其防火间距可适当减小，但应符合下列规定：

1 每组临时用房的栋数不应超过10栋，组与组之间的防火间距不应小于8m。

2 组内临时用房之间的防火间距不应小于3.5m，当建筑构件燃烧性能等级为A级时，其防火间距可减少到3m。

表3.2.2 施工现场主要临时用房、临时设施的防火间距（m）

间距 名称	办公用房、宿舍	发电机房、变配电房	可燃材料库房	厨房操作间、锅炉房	可燃材料堆场及其加工场	固定动火作业场	易燃易爆危险品库房
办公用房、宿舍	4	4	5	5	7	7	10
发电机房、变配电房	4	4	5	5	7	7	10
可燃材料库房	5	5	5	5	7	7	10
厨房操作间、锅炉房	5	5	5	5	7	7	10
可燃材料堆场及其加工场	7	7	7	7	7	10	10
固定动火作业场	7	7	7	7	10	10	12
易燃易爆危险品库房	10	10	10	10	10	12	12

注：1 临时用房、临时设施的防火间距应按临时用房外墙外边线或堆场、作业场、作业棚边线间的最小距离计算，当临时用房外墙有突出可燃构件时，应从其突出可燃构件的外缘算起；

2 两栋临时用房相邻较高一面的外墙为防火墙时，防火间距不限；

3 本表未规定的，可按同等火灾危险性的临时用房、临时设施的防火间距确定。

3.3 消防车道

3.3.1 施工现场内应设置临时消防车道,临时消防车道与在建工程、临时用房、可燃材料堆场及其加工场的距离不宜小于5m,且不宜大于40m;施工现场周边道路满足消防车通行及灭火救援要求时,施工现场内可不设置临时消防车道。

3.3.2 临时消防车道的设置应符合下列规定:

1 临时消防车道宜为环形,设置环形车道确有困难时,应在消防车道尽端设置尺寸不小于12m×12m的回车场。

2 临时消防车道的净宽度和净空高度均不应小于4m。

3 临时消防车道的右侧应设置消防车行进路线指示标识。

4 临时消防车道路基、路面及其下部设施应能承受消防车通行压力及工作荷载。

3.3.3 下列建筑应设置环形临时消防车道,设置环形临时消防车道确有困难时,除应按本规范第3.3.2条的规定设置回车场外,尚应按本规范第3.3.4条的规定设置临时消防救援场地:

1 建筑高度大于24m的在建工程。

2 建筑工程单体占地面积大于3000m² 的在建工程。

3 超过10栋,且成组布置的临时用房。

3.3.4 临时消防救援场地的设置应符合下列规定:

1 临时消防救援场地应在在建工程装饰装修阶段设置。

2 临时消防救援场地应设置在成组布置的临时用房场地的长边一侧及在建工程的长边一侧。

3 临时救援场地宽度应满足消防车正常操作要求,且不应小于6m,与在建工程外脚手架的净距不宜小于2m,且不宜超过6m。

4 建筑防火

4.1 一般规定

4.1.1 临时用房和在建工程应采取可靠的防火分隔和安全疏散等防火技术措施。

4.1.2 临时用房的防火设计应根据其使用性质及火灾危险性等情况进行确定。

4.1.3 在建工程防火设计应根据施工性质、建筑高度、建筑规模及结构特点等情况进行确定。

4.2 临时用房防火

4.2.1 宿舍、办公用房的防火设计应符合下列规定:

1 建筑构件的燃烧性能等级应为A级。当采用金属夹芯板材时,其芯材的燃烧性能等级应为A级。

2 建筑层数不应超过3层,每层建筑面积不应大于300m²。

3 层数为3层或每层建筑面积大于200m²时,应设置至少2部疏散楼梯,房间疏散门至疏散楼梯的最大距离不应大于25m。

4 单面布置用房时,疏散走道的净宽度不应小于1.0m;双面布置用房时,疏散走道的净宽度不应小于1.5m。

5 疏散楼梯的净宽度不应小于疏散走道的净宽度。

6 宿舍房间的建筑面积不应大于30m²,其他房间的建筑面积不宜大于100m²。

7 房间内任一点至最近疏散门的距离不应大于15m,房门的净宽度不应小于0.8m;房间建筑面积超过50m²时,房门的净宽度不应小于1.2m。

8 隔墙应从楼地面基层隔断至顶板基层底面。

4.2.2 发电机房、变配电房、厨房操作间、锅炉房、可燃材料库房及易燃易爆危险品库房的防火设计应符合下列规定:

1 建筑构件的燃烧性能等级应为A级。

2 层数应为1层,建筑面积不应大于200m²。

3 可燃材料库房单个房间的建筑面积不应超过30m²,易燃易爆危险品库房单个房间的建筑面积不应超过20m²。

4 房间内任一点至最近疏散门的距离不应大于10m,房门的净宽度不应小于0.8m。

4.2.3 其他防火设计应符合下列规定:

1 宿舍、办公用房不应与厨房操作间、锅炉房、变配电房等组合建造。

2 会议室、文化娱乐室等人员密集的房间应设置在临时用房的第一层,其疏散门应向疏散方向开启。

4.3 在建工程防火

4.3.1 在建工程作业场所的临时疏散通道应采用不燃、难燃材料建造,并应与在建工程结构施工同步设置,也可利用在建工程施工完毕的水平结构、楼梯。

4.3.2 在建工程作业场所临时疏散通道的设置应符合下列规定:

1 耐火极限不应低于0.5h。

2 设置在地面上的临时疏散通道,其净宽度不应小于1.5m;利用在建工程施工完毕的水平结构、楼梯作临时疏散通道时,其净宽度不宜小于1.0m;用于疏散的爬梯及设置在脚手架上的临时疏散通道,其净宽度不应小于0.6m。

3 临时疏散通道为坡道,且坡度大于25°时,应修建楼梯或台阶踏步或设置防滑条。

4 临时疏散通道不宜采用爬梯,确需采用时,应采取可靠固定措施。

5 临时疏散通道的侧面为临空面时，应沿临空面设置高度不小于1.2m的防护栏杆。

6 临时疏散通道设置在脚手架上时，脚手架应采用不燃材料搭设。

7 临时疏散通道应设置明显的疏散指示标识。

8 临时疏散通道应设置照明设施。

4.3.3 既有建筑进行扩建、改建施工时，必须明确划分施工区和非施工区。施工区不得营业、使用和居住；非施工区继续营业、使用和居住时，应符合下列规定：

1 施工区和非施工区之间应采用不开设门、窗、洞口的耐火极限不低于3.0h的不燃烧体隔墙进行防火分隔。

2 非施工区内的消防设施应完好和有效，疏散通道应保持畅通，并应落实日常值班及消防安全管理制度。

3 施工区的消防安全应配有专人值守，发生火情应能立即处置。

4 施工单位应向居住和使用者进行消防宣传教育，告知建筑消防设施、疏散通道的位置及使用方法，同时应组织疏散演练。

5 外脚手架搭设不应影响安全疏散、消防车正常通行及灭火救援操作，外脚手架搭设长度不应超过该建筑物外立面周长的1/2。

4.3.4 外脚手架、支模架的架体宜采用不燃或难燃材料搭设，下列工程的外脚手架、支模架的架体应采用不燃材料搭设：

1 高层建筑。

2 既有建筑改造工程。

4.3.5 下列安全防护网应采用阻燃型安全防护网：

1 高层建筑外脚手架的安全防护网。

2 既有建筑外墙改造时，其外脚手架的安全防护网。

3 临时疏散通道的安全防护网。

4.3.6 作业场所应设置明显的疏散指示标志，其指示方向应指向最近的临时疏散通道入口。

4.3.7 作业层的醒目位置应设置安全疏散示意图。

5 临时消防设施

5.1 一般规定

5.1.1 施工现场应设置灭火器、临时消防给水系统和应急照明等临时消防设施。

5.1.2 临时消防设施应与在建工程的施工同步设置。房屋建筑工程中，临时消防设施的设置与在建工程主体结构施工进度的差距不应超过3层。

5.1.3 在建工程可利用已具备使用条件的永久性消防设施作为临时消防设施。当永久性消防设施无法满足使用要求时，应增设临时消防设施，并应符合本规范第5.2~5.4节的有关规定。

5.1.4 施工现场的消火栓泵应采用专用消防配电线路。专用消防配电线路应自施工现场总配电箱的总断路器上端接入，且应保持不间断供电。

5.1.5 地下工程的施工作业场所宜配备防毒面具。

5.1.6 临时消防给水系统的贮水池、消火栓泵、室内消防竖管及水泵接合器等应设置醒目标识。

5.2 灭火器

5.2.1 在建工程及临时用房的下列场所应配置灭火器：

1 易燃易爆危险品存放及使用场所。

2 动火作业场所。

3 可燃材料存放、加工及使用场所。

4 厨房操作间、锅炉房、发电机房、变配电房、设备用房、办公用房、宿舍等临时用房。

5 其他具有火灾危险的场所。

5.2.2 施工现场灭火器配置应符合下列规定：

1 灭火器的类型应与配备场所可能发生的火灾类型相匹配。

2 灭火器的最低配置标准应符合表5.2.2-1的规定。

表 5.2.2-1 灭火器的最低配置标准

项目	固体物质火灾		液体或可熔化固体物质火灾、气体火灾	
	单具灭火器最小灭火级别	单位灭火级别最大保护面积（m²/A）	单具灭火器最小灭火级别	单位灭火级别最大保护面积（m²/B）
易燃易爆危险品存放及使用场所	3A	50	89B	0.5
固定动火作业场	3A	50	89B	0.5
临时动火作业点	2A	50	55B	0.5
可燃材料存放、加工及使用场所	2A	75	55B	1.0
厨房操作间、锅炉房	2A	75	55B	1.0
自备发电机房	2A	75	55B	1.0
变配电房	2A	75	55B	1.0
办公用房、宿舍	1A	100	—	—

3 灭火器的配置数量应按现行国家标准《建筑灭火器配置设计规范》GB 50140的有关规定经计算确定，且每个场所的灭火器数量不应少于2具。

4 灭火器的最大保护距离应符合表5.2.2-2的规定。

表 5.2.2-2　灭火器的最大保护距离（m）

灭火器配置场所	固体物质火灾	液体或可熔化固体物质火灾、气体火灾
易燃易爆危险品存放及使用场所	15	9
固定动火作业场	15	9
临时动火作业点	10	6
可燃材料存放、加工及使用场所	20	12
厨房操作间、锅炉房	20	12
发电机房、变配电房	20	12
办公用房、宿舍等	25	—

5.3 临时消防给水系统

5.3.1 施工现场或其附近应设置稳定、可靠的水源，并应能满足施工现场临时消防用水的需要。

消防水源可采用市政给水管网或天然水源。当采用天然水源时，应采取确保冰冻季节、枯水期最低水位时顺利取水的措施，并应满足临时消防用水量的要求。

5.3.2 临时消防用水量应为临时室外消防用水量与临时室内消防用水量之和。

5.3.3 临时室外消防用水量应按临时用房和在建工程的临时室外消防用水量的较大者确定，施工现场火灾次数可按同时发生1次确定。

5.3.4 临时用房建筑面积之和大于1000m² 或在建工程单体体积大于10000m³ 时，应设置临时室外消防给水系统。当施工现场处于市政消火栓150m保护范围内，且市政消火栓的数量满足室外消防用水量要求时，可不设置临时室外消防给水系统。

5.3.5 临时用房的临时室外消防用水量不应小于表 5.3.5 的规定。

表 5.3.5　临时用房的临时室外消防用水量

临时用房的建筑面积之和	火灾延续时间（h）	消火栓用水量（L/s）	每支水枪最小流量（L/s）
1000m²<面积≤5000m²	1	10	5
面积>5000m²	1	15	5

5.3.6 在建工程的临时室外消防用水量不应小于表 5.3.6 的规定。

表 5.3.6　在建工程的临时室外消防用水量

在建工程（单体）体积	火灾延续时间（h）	消火栓用水量（L/s）	每支水枪最小流量（L/s）
10000m³<体积≤30000m³	1	15	5
体积>30000m³	2	20	5

5.3.7 施工现场临时室外消防给水系统的设置应符合下列规定：

1 给水管网宜布置成环状。

2 临时室外消防给水干管的管径，应根据施工现场临时消防用水量和干管内水流计算速度计算确定，且不应小于 $DN100$。

3 室外消火栓应沿在建工程、临时用房和可燃材料堆场及其加工场均匀布置，与在建工程、临时用房和可燃材料堆场及其加工场的外边线的距离不应小于5m。

4 消火栓的间距不应大于120m。

5 消火栓的最大保护半径不应大于150m。

5.3.8 建筑高度大于24m或单体体积超过30000m³ 的在建工程，应设置临时室内消防给水系统。

5.3.9 在建工程的临时室内消防用水量不应小于表 5.3.9 的规定。

表 5.3.9　在建工程的临时室内消防用水量

建筑高度、在建工程体积（单体）	火灾延续时间（h）	消火栓用水量（L/s）	每支水枪最小流量（L/s）
24m<建筑高度≤50m 或 30000m³<体积≤50000m³	1	10	5
建筑高度>50m 或体积>50000m³	1	15	5

5.3.10 在建工程临时室内消防竖管的设置应符合下列规定：

1 消防竖管的设置位置应便于消防人员操作，其数量不应少于2根，当结构封顶时，应将消防竖管设置成环状。

2 消防竖管的管径应根据在建工程临时消防用水量、竖管内水流计算速度计算确定，且不应小于 $DN100$。

5.3.11 设置室内消防给水系统的在建工程，应设置消防水泵接合器。消防水泵接合器应设置在室外便于消防车取水的部位，与室外消火栓或消防水池取水口的距离宜为15m～40m。

5.3.12 设置临时室内消防给水系统的在建工程，各结构层均应设置室内消火栓接口及消防软管接口，并应符合下列规定：

1 消火栓接口及软管接口应设置在位置明显且易于操作的部位。

2 消火栓接口的前端应设置截止阀。

3 消火栓接口或软管接口的间距，多层建筑不应大于50m，高层建筑不应大于30m。

5.3.13 在建工程结构施工完毕的每层楼梯处应设置消防水枪、水带及软管，且每个设置点不应少于2套。

5.3.14 高度超过100m的在建工程，应在适当楼层增设临时中转水池及加压水泵。中转水池的有效容积不应少于10m³，上、下两个中转水池的高差不宜超过100m。

5.3.15 临时消防给水系统的给水压力应满足消防水枪充实水柱长度不小于10m的要求；给水压力不

能满足要求时，应设置消火栓泵，消火栓泵不应少于2台，且应互为备用；消火栓泵宜设置自动启动装置。

5.3.16 当外部消防水源不能满足施工现场的临时消防用水量要求时，应在施工现场设置临时贮水池。临时贮水池宜设置在便于消防车取水的部位，其有效容积不应小于施工现场火灾延续时间内一次灭火的全部消防用水量。

5.3.17 施工现场临时消防给水系统应与施工现场生产、生活给水系统合并设置，但应设置将生产、生活用水转为消防用水的应急阀门。应急阀门不应超过2个，且应设置在易于操作的场所，并应设置明显标识。

5.3.18 严寒和寒冷地区的现场临时消防给水系统应采取防冻措施。

5.4 应急照明

5.4.1 施工现场的下列场所应配备临时应急照明：
 1 自备发电机房及变配电房。
 2 水泵房。
 3 无天然采光的作业场所及疏散通道。
 4 高度超过100m的在建工程的室内疏散通道。
 5 发生火灾时仍需坚持工作的其他场所。

5.4.2 作业场所应急照明的照度不应低于正常工作所需照度的90%，疏散通道的照度值不应小于0.5 lx。

5.4.3 临时消防应急照明灯具宜选用自备电源的应急照明灯具，自备电源的连续供电时间不应小于60min。

6 防火管理

6.1 一般规定

6.1.1 施工现场的消防安全管理应由施工单位负责。
 实行施工总承包时，应由总承包单位负责。分包单位应向总承包单位负责，并应服从总承包单位的管理，同时应承担国家法律、法规规定的消防责任和义务。

6.1.2 监理单位应对施工现场的消防安全管理实施监理。

6.1.3 施工单位应根据建设项目规模、现场消防安全管理的重点，在施工现场建立消防安全管理组织机构及义务消防组织，并应确定消防安全负责人和消防安全管理人员，同时应落实相关人员的消防安全管理责任。

6.1.4 施工单位应针对施工现场可能导致火灾发生的施工作业及其他活动，制订消防安全管理制度。消防安全管理制度应包括下列主要内容：

 1 消防安全教育与培训制度。
 2 可燃及易燃易爆危险品管理制度。
 3 用火、用电、用气管理制度。
 4 消防安全检查制度。
 5 应急预案演练制度。

6.1.5 施工单位应编制施工现场防火技术方案，并应根据现场情况变化及时对其修改、完善。防火技术方案应包括下列主要内容：
 1 施工现场重大火灾危险源辨识。
 2 施工现场防火技术措施。
 3 临时消防设施、临时疏散设施配备。
 4 临时消防设施和消防警示标识布置图。

6.1.6 施工单位应编制施工现场灭火及应急疏散预案。灭火及应急疏散预案应包括下列主要内容：
 1 应急灭火处置机构及各级人员应急处置职责。
 2 报警、接警处置的程序和通讯联络的方式。
 3 扑救初起火灾的程序和措施。
 4 应急疏散及救援的程序和措施。

6.1.7 施工人员进场时，施工现场的消防安全管理人员应向施工人员进行消防安全教育和培训。消防安全教育和培训应包括下列内容：
 1 施工现场消防安全管理制度、防火技术方案、灭火及应急疏散预案的主要内容。
 2 施工现场临时消防设施的性能及使用、维护方法。
 3 扑灭初起火灾及自救逃生的知识和技能。
 4 报警、接警的程序和方法。

6.1.8 施工作业前，施工现场的施工管理人员应向作业人员进行消防安全技术交底。消防安全技术交底应包括下列主要内容：
 1 施工过程中可能发生火灾的部位或环节。
 2 施工过程应采取的防火措施及应配备的临时消防设施。
 3 初起火灾的扑救方法及注意事项。
 4 逃生方法及路线。

6.1.9 施工过程中，施工现场的消防安全负责人应定期组织消防安全管理人员对施工现场的消防安全进行检查。消防安全检查应包括下列主要内容：
 1 可燃物及易燃易爆危险品的管理是否落实。
 2 动火作业的防火措施是否落实。
 3 用火、用电、用气是否存在违章操作，电、气焊及保温防水施工是否执行操作规程。
 4 临时消防设施是否完好有效。
 5 临时消防车道及临时疏散设施是否畅通。

6.1.10 施工单位应依据灭火及应急疏散预案，定期开展灭火及应急疏散的演练。

6.1.11 施工单位应做好并保存施工现场消防安全管理的相关文件和记录，并应建立现场消防安全管理档案。

6.2 可燃物及易燃易爆危险品管理

6.2.1 用于在建工程的保温、防水、装饰及防腐等材料的燃烧性能等级应符合设计要求。

6.2.2 可燃材料及易燃易爆危险品应按计划限量进场。进场后,可燃材料宜存放于库房内,露天存放时,应分类成垛堆放,垛高不应超过2m,单垛体积不应超过50m³,垛与垛之间的最小间距不应小于2m,且应采用不燃或难燃材料覆盖;易燃易爆危险品应分类专库储存,库房内应通风良好,并应设置严禁明火标志。

6.2.3 室内使用油漆及其有机溶剂、乙二胺、冷底子油等易挥发产生易燃气体的物资作业时,应保持良好通风,作业场所严禁明火,并应避免产生静电。

6.2.4 施工产生的可燃、易燃建筑垃圾或余料,应及时清理。

6.3 用火、用电、用气管理

6.3.1 施工现场用火应符合下列规定:

  1 动火作业应办理动火许可证;动火许可证的签发人收到动火申请后,应前往现场查验并确认动火作业的防火措施落实后,再签发动火许可证。

  2 动火操作人员应具有相应资格。

  3 焊接、切割、烘烤或加热等动火作业前,应对作业现场的可燃物进行清理;作业现场及其附近无法移走的可燃物应采用不燃材料对其覆盖或隔离。

  4 施工作业安排时,宜将动火作业安排在使用可燃建筑材料的施工作业前进行。确需在使用可燃建筑材料的施工作业之后进行动火作业时,应采取可靠的防火措施。

  5 裸露的可燃材料上严禁直接进行动火作业。

  6 焊接、切割、烘烤或加热等动火作业应配备灭火器材,并应设置动火监护人进行现场监护,每个动火作业点均应设置1个监护人。

  7 五级(含五级)以上风力时,应停止焊接、切割等室外动火作业;确需动火作业时,应采取可靠的挡风措施。

  8 动火作业后,应对现场进行检查,并应在确认无火灾危险后,动火操作人员再离开。

  9 具有火灾、爆炸危险的场所严禁明火。

  10 施工现场不应采用明火取暖。

  11 厨房操作间炉灶使用完毕后,应将炉火熄灭,排油烟机及油烟管道应定期清理油垢。

6.3.2 施工现场用电应符合下列规定:

  1 施工现场供用电设施的设计、施工、运行和维护应符合现行国家标准《建设工程施工现场供用电安全规范》GB 50194 的有关规定。

  2 电气线路应具有相应的绝缘强度和机械强度,严禁使用绝缘老化或失去绝缘性能的电气线路,严禁在电气线路上悬挂物品。破损、烧焦的插座、插头应及时更换。

  3 电气设备与可燃、易燃易爆危险品和腐蚀性物品应保持一定的安全距离。

  4 有爆炸和火灾危险的场所,应按危险场所等级选用相应的电气设备。

  5 配电屏上每个电气回路应设置漏电保护器、过载保护器,距配电屏2m范围内不应堆放可燃物,5m范围内不应设置可能产生较多易燃、易爆气体、粉尘的作业区。

  6 可燃材料库房不应使用高热灯具,易燃易爆危险品库房内应使用防爆灯具。

  7 普通灯具与易燃物的距离不宜小于300mm,聚光灯、碘钨灯等高热灯具与易燃物的距离不宜小于500mm。

  8 电气设备不应超负荷运行或带故障使用。

  9 严禁私自改装现场供用电设施。

  10 应定期对电气设备和线路的运行及维护情况进行检查。

6.3.3 施工现场用气应符合下列规定:

  1 储装气体的罐瓶及其附件应合格、完好和有效;严禁使用减压器及其他附件缺损的氧气瓶,严禁使用乙炔专用减压器、回火防止器及其他附件缺损的乙炔瓶。

  2 气瓶运输、存放、使用时,应符合下列规定:

   1)气瓶应保持直立状态,并采取防倾倒措施,乙炔瓶严禁横躺卧放。

   2)严禁碰撞、敲打、抛掷、滚动气瓶。

   3)气瓶应远离火源,与火源的距离不应小于10m,并应采取避免高温和防止曝晒的措施。

   4)燃气储装瓶罐应设置防静电装置。

  3 气瓶应分类储存,库房内应通风良好;空瓶和实瓶同库存放时,应分开放置,空瓶和实瓶的间距不应小于1.5m。

  4 气瓶使用时,应符合下列规定:

   1)使用前,应检查气瓶及气瓶附件的完好性,检查连接气路的气密性,并采取避免气体泄漏的措施,严禁使用已老化的橡皮气管。

   2)氧气瓶与乙炔瓶的工作间距不应小于5m,气瓶与明火作业点的距离不应小于10m。

   3)冬季使用气瓶,气瓶的瓶阀、减压器等发生冻结时,严禁用火烘烤或用铁器敲击瓶阀,严禁猛拧减压器的调节螺丝。

   4)氧气瓶内剩余气体的压力不应小于0.1MPa。

   5)气瓶用后应及时归库。

6.4 其他防火管理

6.4.1 施工现场的重点防火部位或区域应设置防火

警示标识。

6.4.2 施工单位应做好施工现场临时消防设施的日常维护工作，对已失效、损坏或丢失的消防设施应及时更换、修复或补充。

6.4.3 临时消防车道、临时疏散通道、安全出口应保持畅通，不得遮挡、挪动疏散指示标识，不得挪用消防设施。

6.4.4 施工期间，不应拆除临时消防设施及临时疏散设施。

6.4.5 施工现场严禁吸烟。

本规范用词说明

1 为便于在执行本规范条文时区别对待，对要求严格程度不同的用词说明如下：

　　1）表示很严格，非这样做不可的：
　　　正面词采用"必须"，反面词采用"严禁"；

　　2）表示严格，在正常情况下均应这样做的：
　　　正面词采用"应"，反面词采用"不应"或"不得"；

　　3）表示允许稍有选择，在条件许可时首先应这样做的：
　　　正面词采用"宜"，反面词采用"不宜"；

　　4）表示有选择，在一定条件下可以这样做的，采用"可"。

2 条文中指明应按其他有关标准执行的写法为："应符合……的规定"或"应按……执行"。

引用标准名录

《建筑灭火器配置设计规范》GB 50140
《建设工程施工现场供用电安全规范》GB 50194

中华人民共和国国家标准

建设工程施工现场消防安全技术规范

GB 50720—2011

条 文 说 明

制 定 说 明

《建设工程施工现场消防安全技术规范》GB 50720—2011，经住房和城乡建设部 2011 年 6 月 6 日以第 1042 号公告批准发布。

为便于广大设计、施工、科研、学校等单位有关人员在使用本规范时能正确理解和执行条文规定，《建设工程施工现场消防安全技术规范》编制组按章、节、条顺序编制了本规范的条文说明，对条文规定的目的、依据以及执行中需要注意的有关事项进行了说明，还着重对强制性条文的强制性理由作了解释。但是，本条文说明不具备与本规范正文同等的法律效力，仅供使用者作为理解和把握标准规定的参考。

目 次

1 总则 …………………… 10—2—15
2 术语 …………………… 10—2—15
3 总平面布局 …………… 10—2—15
　3.1 一般规定 …………… 10—2—15
　3.2 防火间距 …………… 10—2—16
　3.3 消防车道 …………… 10—2—16
4 建筑防火 ……………… 10—2—16
　4.1 一般规定 …………… 10—2—16
　4.2 临时用房防火 ……… 10—2—17
　4.3 在建工程防火 ……… 10—2—17
5 临时消防设施 ………… 10—2—18
　5.1 一般规定 …………… 10—2—18
　5.2 灭火器 ……………… 10—2—18
　5.3 临时消防给水系统 … 10—2—18
　5.4 应急照明 …………… 10—2—19
6 防火管理 ……………… 10—2—19
　6.1 一般规定 …………… 10—2—19
　6.2 可燃物及易燃易爆危险品
　　　管理 ………………… 10—2—20
　6.3 用火、用电、用气管理 … 10—2—20
　6.4 其他防火管理 ……… 10—2—21

1 总　　则

1.0.1 随着我国城镇建设规模的扩大和城镇化进程的加速，建设工程施工现场的火灾数量呈增多趋势，火灾危害呈增大的趋势。因此，为预防建设工程施工现场火灾，减少火灾危害，保护人身和财产安全，制定本规范。

1.0.2 本规范适用于新建、改建和扩建等各类建设工程的施工现场防火，包括土木工程、建筑工程、设备安装工程、装饰装修工程和既有建筑改造等施工现场，但不适用于线路管道工程、拆除工程、布展工程、临时工程等施工现场。

1.0.3 《中华人民共和国消防法》规定了消防工作的方针是："预防为主、防消结合"。"防"和"消"是不可分割的整体，两者相辅相成，互为补充。

建设工程施工现场一般具有以下特点，因而火灾风险多，危害大：

1　施工临时员工多，流动性强，素质参差不齐。
2　施工现场临建设施多，防火标准低。
3　施工现场易燃、可燃材料多。
4　动火作业多、露天作业多、立体交叉作业多、违章作业多。
5　现场管理及施工过程受外部环境影响大。

调查发现，施工现场火灾主要因用火、用电、用气不慎和初起火灾扑灭不及时所导致。

针对建设工程施工现场的特点及发生火灾的主要原因，施工现场的防火应针对"用火、用电、用气和扑灭初起火灾"等关键环节，遵循"以人为本、因地制宜、立足自救"的原则，制订并采取"安全可靠、经济适用、方便有效"的防火措施。

施工现场发生火灾时，应以"扑灭初期火灾和保护人身安全"为主要任务。当人身和财产安全均受到威胁时，应以保护人身安全为首要任务。

2 术　　语

2.0.1、2.0.2 施工现场的临时用房及临时设施常被合并简称为临建设施。有时，也将"在施工现场建造的，为建设工程施工服务的各类办公、生活、生产用非永久性建筑物、构筑物、设施"统称为临时设施，即临时设施包含临时用房。但为了本规范相关内容表述方便、所表达的意思明确，特将"临时用房、临时设施"分别定义。

2.0.3 施工现场的临时消防设施仅指设置在建设工程施工现场，用于扑救施工现场初起火灾的设施和设备。常见的有手提式及推车式灭火器、临时消防给水系统、消防应急照明、疏散指示标识等。

2.0.4 由于施工现场环境复杂、不安全因素多、疏散条件差，凡是能用于或满足人员安全撤离危险区域，到达安全地点或安全地带的路径、设施均可视为临时疏散通道。

3 总平面布局

3.1 一般规定

3.1.1 防火、灭火及人员安全疏散是施工现场防火工作的主要内容，施工现场临时用房、临时设施的布置满足现场防火、灭火及人员安全疏散的要求是施工现场防火工作的基本条件。

施工现场临时用房、临时设施的布置常受现场客观条件〔如气象，地形地貌及水文地质，地上、地下管线及周边建（构）筑物，场地大小及其"三通一平"，现场周边道路及消防设施等具体情况〕的制约，而不同施工现场的客观条件又千差万别。因此，现场的总平面布局应综合考虑在建工程及现场情况，因地制宜，按照"临时用房及临时设施占地面积少、场内材料及构件二次运输少、施工生产及生活相互干扰少、临时用房及设施建造费用少，并满足施工、防火、节能、环保、安全、保卫、文明施工等需求"的基本原则进行。

燃烧应具备三个基本条件：可燃物、助燃物、火源。

施工现场存有大量的易燃、可燃材料，如竹（木）模板及架料，B2、B3级装饰、保温、防水材料，树脂类防腐材料，油漆及其稀释剂，焊接或气割用的氢气、乙炔等。这些物质的存在，使施工现场具备了燃烧产生的一个必备条件——可燃物。

施工现场动火作业多，如焊接、气割、金属切割、生活用火等，使施工现场具备了燃烧产生的另一个必备条件——火源。

控制可燃物、隔绝助燃物以及消除着火源是防火工作的基本措施。

明确施工现场平面布局的主要内容，确定施工现场出入口的设置及现场办公、生活、生产、物料存贮区域的布置原则，规范可燃物、易燃易爆危险品存放场所及动火作业场所的布置要求，针对施工现场的火源和可燃物、易燃物实施重点管控，是落实现场防火工作基本措施的具体表现。

3.1.2 在建工程及现场办公用房、宿舍、发电机房、变配电房、可燃材料库房、易燃易爆危险品库房、可燃材料堆场及其加工场、固定动火作业场是施工现场防火的重点，给水及供配电线路和消防车道、临时消防救援场地、消防水源是现场灭火的基本条件，现场出入口和场内临时道路是人员安全疏散的基本设施。因此，施工现场总平面布局应明确与现场防火、灭火及人员疏散密切相关的临时用房及临时设施的具体位置，以满足现场防火、灭火及人员疏散的要求。

3.1.3 本条规定明确了施工现场设置出入口的基本原则和要求，当施工现场划分为不同的区域时，不同区域的出入口设置也要符合本条规定。

3.1.4 "施工现场临时办公、生活、生产、物料存贮等功能区宜相对独立布置"是对施工现场总平面布局的原则性要求。

宿舍、厨房操作间、锅炉房、变配电房、可燃材料堆场及其加工场、可燃材料及易燃易爆危险品库房等临时用房、临时设施不应设置于在建工程内。

3.1.5 本条对固定动火作业场的布置进行了规定。固定动火作业场属于散发火花的场所，布置时需要考虑风向以及火花对于可燃及易燃易爆危险品集中区域的影响。

3.1.7 本条对可燃材料堆场及其加工场、易燃易爆危险品存放库房的布置位置进行了规定。既要考虑架空电力线对可燃材料堆场及其加工场、易燃易爆危险品库房的影响，也要考虑可燃材料堆场及其加工场、易燃易爆危险品库房失火对架空电力线的影响。

3.2 防火间距

3.2.1 本条规定明确了不同临时用房、临时设施与在建工程的最小防火间距。临时用房、临时设施与在建工程的防火间距采用6m，主要是考虑临时用房层数不高、面积不大，故采用了现行国家标准《建筑设计防火规范》GB 50016—2006中多层民用建筑之间的防火间距的数值。同时，由于可燃材料堆场及其加工场、固定动火作业场、易燃易爆危险品库房的火灾危险性较高，故提高了要求。本条为强制性条文。

3.2.2 本条规定明确了不同临时用房、临时设施之间的最小防火间距。

各省、市发布实施了建设工程施工现场消防安全管理的相关规定或地方标准，但对施工现场主要临时用房、临时设施间最小防火间距的规定存在较大差异。

2010年上半年，编制组对我国东北、华北、西北、华东、华中、华南、西南七个区域共112个施工现场主要临时用房、临时设施布置及其最小防火间距进行了调研，调研结果表明：

1 不同施工现场的主要临时用房、临时设施间的最小防火间距离散性较大。

2 受施工现场条件制约，施工现场主要临时用房、临时设施间的防火间距符合当地地方标准的仅为52.9%。

为此，编制组参照公安部《公安部关于建筑工地防火基本措施》，并综合考虑不同地区经济发展的不平衡及不同建设项目现场客观条件的差异，确定以不少于75%的调研对象能够达到或满足的防火间距作为本规范主要临时用房、临时设施间的最小防火间距。

相邻两栋临时用房成行布置时，其最小防火间距是指相邻两山墙外边线间的最小距离。相邻两栋临时用房成列布置时，其最小防火间距是指相邻两纵墙外边线间的最小距离。

按照本条规定，施工现场如需搭设多栋临时办公用房、宿舍时，办公用房之间、宿舍之间、办公用房与宿舍之间应保持不小于4m的防火间距。当办公用房或宿舍的栋数较多，可成组布置，此时，相邻两组临时用房彼此间应保持不小于8m的防火间距，组内临时用房相互间的防火间距可适当减小。

按照本条规定，如施工现场的发电机房和变配电房分开设置，发电机房与变配电房之间应保持不小于4m的防火间距。如发电机房与变配电房合建在同一临时用房内，两者之间应采用不燃材料进行防火分隔。如施工现场需设置两个或多个配电房（如同一建设项目，由多家施工总承包单位承包，各总承包单位均需设置一个配电房）时，相邻两个配电房之间应保持不小于4m的防火间距。

3.3 消防车道

3.3.1 本条规定了施工现场设置临时消防车道的基本要求。临时消防车道与在建工程、临时用房、可燃材料堆场及其加工场的距离不宜小于5m，且不宜大于40m，主要是考虑灭火救援的安全以及供水的可靠。

3.3.2 本条依据消防车顺利通行和正常工作的要求而制定。当无法设置环形临时消防车道的时候，应设置回车场。

3.3.3 本条基于建筑高度大于24m或单体工程占地面积大于3000m² 的在建工程及栋数超过10栋，且为成组布置的临时用房的火灾扑救需求而制定。

3.3.4 本条规定明确了临时消防救援场地的设置要求。

许多位于城区，特别是城区繁华地段的建设工程，体量大、施工场地十分狭小，尤其是在基础工程、地下工程及建筑裙楼的结构施工阶段，因受场地限制而无法设置临时消防车道，也难以设置临时消防救援场地。基于此类实际情况，施工现场的临时消防车道或临时消防救援场地最迟应在基础工程、地下结构工程的土方回填完毕后，在建工程装修装饰工程施工前形成。因为在建工程装修装饰阶段，现场存放的可燃建筑材料多、立体交叉作业多、动火作业多，火灾事故主要发生在此阶段，且危害较大。

4 建筑防火

4.1 一般规定

4.1.1 在临时用房内部，即相邻两房间之间设置防火分隔，有利于延迟火灾蔓延，为临时用房使用人员赢得宝贵的疏散时间。在施工现场的动火作业区（点）与可燃物、易燃易爆危险品存放及使用场所之间设置临时防火分隔，以减少火灾发生。

施工现场的临时用房、作业场所是施工现场人员密集的场所，应设置安全疏散通道。

4.1.2 本条规定确定了临时用房防火设计的基本原则和要求。

4.1.3 本条规定确定了在建工程防火设计的基本原则及要求。

4.2 临时用房防火

4.2.1 由于施工现场临时用房火灾频发，为保护人员生命安全，故要求施工现场宿舍和办公室的建筑构件燃烧性能等级应为 A 级。材料的燃烧性能等级应由具有相应资质的检测机构按照现行国家标准《建筑材料及制品燃烧性能分级》GB 8624 检测确定。

近年来，施工工地临时用房采用金属夹芯板（俗称彩钢板）的情况比较普遍，此类材料在很多工地已发生火灾，造成了严重的人员伤亡。因此，要确保此类板材的芯材的燃烧性能等级达到 A 级。

依据相关文件规定，本规范提出的 A 级材料对应现行国家标准《建筑材料及制品燃烧性能分级》GB 8624 中的 A1、A2 级。本条第 1 款为强制性条款。

4.2.2 发电机房、变配电房、厨房操作间、锅炉房、可燃材料和易燃易爆危险品库房是施工现场火灾危险性较大的临时用房，因而对其进行较为严格的规定。本条第 1 款为强制性条款。

可燃材料、易燃易爆物品存放库房应分别布置在不同的临时用房内，每栋临时用房的面积均不应超过 200m²，且应采用不燃材料将其分隔成若干间库房。

采用不燃材料将存放可燃材料或易燃易爆危险品的临时用房分隔成相对独立的房间，有利于火灾风险的控制。施工现场某种易燃易爆危险品（如油漆），如需用量大，可分别存放于多间库房内。

4.2.3 施工现场的临时用房较多，且其布置受现场条件制约多，不同使用功能的临时用房可按以下规定组合建造。组合建造时，两种不同使用功能的临时用房之间应采用不燃材料进行防火分隔，其防火设计等级应以防火设计等级要求较高的临时用房为准。

1 现场办公用房、宿舍不应组合建造。如现场办公用房与宿舍的规模不大，两者的建筑面积之和不超过 300m²，可组合建造。

2 发电机房、变配电房可组合建造。

3 厨房操作间、锅炉房可组合建造。

4 会议室与办公用房可组合建造。

5 文化娱乐室、培训室与办公用房或宿舍可组合建造。

6 餐厅与办公用房或宿舍可组合建造。

7 餐厅与厨房操作间可组合建造。

施工现场人员较为密集的房间包括会议室、文化娱乐室、培训室、餐厅等，其房间门应朝疏散方向开启，以便于人员紧急疏散。

4.3 在建工程防火

4.3.1 在建工程火灾常发生在作业场所，因此，在建工程疏散通道应与在建工程结构施工保持同步，并与作业场所相连通，以满足人员疏散需要。同时基于经济、安全的考虑，疏散通道应尽可能利用在建工程结构已完的水平结构、楼梯。

4.3.2 本条规定是为了满足人员迅速、有序、安全撤离火场及避免疏散过程中发生人员拥挤、踩踏、疏散通道垮塌等次生灾害的要求而制定的。

疏散通道应具备与疏散要求相匹配的通行能力、承载能力和耐火性能。疏散通道如搭设在脚手架上，脚手架作为疏散通道的支撑结构，其承载力和耐火性能应满足相关要求。进行脚手架刚度、强度、稳定性验算时，应考虑人员疏散荷载。脚手架的耐火性能不应低于疏散通道。

4.3.3 本条明确了建筑确需在居住、营业、使用期间进行改建、扩建及改造施工时，应采取的防火措施。条文的具体要求都是从火灾教训中总结得出的。

作出这些规定是考虑到施工现场引发火灾的危险因素较多，在居住、营业、使用期间进行改建、扩建及改造施工时则具有更大的火灾风险，一旦发生火灾，容易造成群死群伤。因此，必须采取多种防火技术和管理措施，严防火灾发生。施工中还应结合具体工程及施工情况，采取切实有效的防范措施。本条为强制性条文。

4.3.4 外脚手架既是在建工程的外防护架，也是施工人员的外操作架。支模架既是混凝土模板的支撑架体，也是施工人员操作平台的支撑架体，为保护施工人员免受火灾伤害，制定本条规定。

4.3.5 阻燃安全网是指续燃、阴燃时间均不大于 4s 的安全网，安全网质量应符合现行国家标准《安全网》GB 5725 的要求，阻燃安全网的检测见现行国家标准《纺织品 燃烧性能试验 垂直法》GB/T 5455。

本条规定是基于以下原因而制定：

1 动火作业产生的火焰、火花、火星引燃可燃安全网，并导致火灾事故的情形时有发生。

2 外脚手架的安全防护立网将整个在建工程包裹或封闭其中，可燃安全网一旦燃烧，火势蔓延迅速，难以控制，并可能蔓延至室内，且高层建筑作业人员逃生路径长，逃生难度相对较大。

3 既有建筑外立面改造时，既有建筑一般难以停止使用，室内可燃物品多、人员多，并有一定比例逃生能力相对较弱的人群，外脚手架安全网的燃烧极可能蔓延至室内，危害特别大。

   4 临时疏散通道是施工人员应急疏散的安全设施，临时疏散通道的安全防护网一旦燃烧，施工人员将会走投无路，安全设施成为不安全的设施。

4.3.6 本条规定是为了让作业人员在紧急、慌乱时刻迅速找到疏散通道，便于人员有序疏散而制定。

4.3.7 在建工程施工期间，一般通视条件较差，因此要求在作业层的醒目位置设置安全疏散示意图。

5 临时消防设施

5.1 一般规定

5.1.1 灭火器、临时消防给水系统和应急照明是施工现场常用且最为有效的临时消防设施。

5.1.2 施工现场临时消防设施的设置应与在建工程施工保持同步。

对于房屋建筑工程，新近施工的楼层，因混凝土强度等原因，模板及支模架不能及时拆除，临时消防设施的设置难以及时跟进，与主体结构工程施工进度应存在3层左右的差距。

5.1.3 基于经济和务实考虑，可合理利用已具备使用条件的在建工程永久性消防设施兼作施工现场的临时消防设施。

5.1.4 火灾发生时，为避免施工现场消火栓泵因电力中断而无法运行，导致消防用水难以保证，故作本条规定。本条为强制性条文。

5.2 灭火器

5.2.1 本条规定了施工现场应配置灭火器的区域或场所。

5.2.2 现行国家标准《建筑灭火器配置设计规范》GB 50140难以明确规范施工现场灭火器的配置，因此编制组根据施工现场不同场所发生火灾的几率及其危害大小，并参照现行国家标准《建筑灭火器配置设计规范》GB 50140制定本条规定。

施工现场的某些场所既可能发生固体火灾，也可能发生液体或气体或电气火灾，在选配灭火器时，应选用能扑灭多类火灾的灭火器。

5.3 临时消防给水系统

5.3.1 消防水源是设置临时消防给水系统的基本条件，本条对消防水源作出了基本要求。

5.3.2 本条对施工现场的临时消防用水量进行了规定。临时消防用水量应为临时室外消防用水量和临时室内消防用水量的总和，消防水源应满足临时消防用水量的要求。

5.3.3 本条对施工现场临时室外消防用水量进行了规定。

5.3.4 本条规定明确了施工现场设置室外临时消防给水系统的条件。由于临时用房单体一般不大，室外消防给水系统可满足消防要求，一般不考虑设置室内消防给水系统。

5.3.5、5.3.6 这两条为强制性条文，分别确定了临时用房、在建工程临时室外消防用水量的计取标准。

临时用房及在建工程临时消防用水量的计取标准是在借鉴了建筑行业施工现场临时消防用水经验取值，并参考了现行国家标准《建筑设计防火规范》GB 50016相关规定的基础上确定的。

调查发现，临时用房火灾常发生在生活区。因此，施工现场未布置临时生活用房时，也可不考虑临时用房的消防用水量。

施工现场发生火灾，最根本的原因是初期火灾未及时扑灭。而初期火灾未及时扑灭主要是由于现场人员不作为或初期火灾发生地点的附近既无灭火器，又无水。事实上，初期火灾扑灭的需水量并不大，施工现场防火首先应保证有水，其次是保证水量。因此，在确定临时消防用水量的计取标准时，以借鉴建筑行业施工现场临时消防用水经验取值为主。

5.3.7 本条明确了室外消防给水系统设置的基本要求。

在建工程、临时用房、可燃材料堆场及其加工场是施工现场的重点防火区域，室外消火栓的布置应以现场重点防火区域位于其保护范围为基本原则。

5.3.8 本条明确了在建工程设置临时室内消防给水系统的条件。

5.3.9 本条确定了在建工程临时室内消防用水量计取标准。

5.3.10 本条明确了室内临时消防竖管设置的基本要求。

消防竖管是在建工程室内消防给水的干管，消防竖管在检修或接长时，应按先后顺序依次进行，确保有一根消防竖管正常工作。当建筑封顶时，应将两条消防竖管连接成环状。

当单层建筑面积较大时，水平管网也应设置成环状。

5.3.11 本条明确了消防水泵结合器设置的基本要求。

5.3.12 本条明确了室内消火栓快速接口及消防软管设置的基本要求。

结合施工现场特点，每个室内消火栓处只设接口，不设水带、水枪，是综合考虑初起火灾的扑救管理性和经济性要求而给出的规定。

5.3.13 本条明确了消防水带、水枪及软管的配置要求。消防水带、水枪及软管设置在结构施工完毕的楼梯处，一方面可以满足初起火灾的扑救要求，另一方面可以减少消防水带和水枪的配置，便于维护和管理。

5.3.14 消防水源的给水压力一般不能满足在建高层建筑的灭火要求,需要二次或多次加压。为实现在建高层建筑的临时消防给水,可在其底层或首层设置贮水池并配备加压水泵。对于建筑高度超过100m的在建工程,还需在楼层上增设楼层中转水池和加压水泵,进行分段加压,分段给水。

楼层中转水池的有效容积不应少于10m³,在该水池无补水的最不利情况下,其水量可满足两支(进水口径50mm,喷嘴口径19mm)水枪同时工作不少于15min。

"上、下两个中转水池的高差不宜超过100m"的规定是综合以下两方面的考虑而确定的:

1 上、下两个中转水池的高差越大,对水泵扬程、给水管的材质及接头质量等方面的要求越高。

2 上、下两个中转水池的高差过小,则需增多楼层中转水池及加压水泵的数量,经济上不合理,且设施越多,系统风险也越多。

5.3.15 临时室外消防给水系统的给水压力满足消防水枪充实水柱长度不小于10m,可满足施工现场临时用房及在建工程外围10m以下部位或区域的火灾扑救。

临时室内消防给水系统的给水压力满足消防水枪充实水柱长度不小于10m,可基本满足在建工程上部3层(室内消防给水系统的设置一般较在建工程主体结构施工滞后3层,尚未安装临时室内消防给水系统)所发生火灾的扑救。

对于建筑高度超过10m,不足24m,且体积不足30000m³的在建工程,按本规范要求,可不设置临时室内消防给水系统。在此情况下,应通过加压水泵,增大临时室外给水系统的给水压力,以满足在建工程火灾扑救的要求。

5.3.16 本条明确了施工现场设置临时贮水池的前提和贮水池的最小容积。

5.3.17 本条明确了现场临时消防给水系统与现场生产、生活给水系统合并设置的具体做法及相关要求,在满足现场临时消防用水的基础上兼顾了施工成本控制的需求。

5.4 应急照明

5.4.1、5.4.2 这两条规定了施工现场配备临时应急照明的场所及应急照明设置的基本要求。

6 防火管理

6.1 一般规定

6.1.1、6.1.2 这两条依据《中华人民共和国建筑法》、《中华人民共和国消防法》、《建设工程安全生产管理条例》及公安部《机关、团体、企业、事业单位消防安全管理规定》(第61号令)制定,主要明确建设工程施工单位、监理单位的消防责任。

施工现场一般有多个参与施工的单位,总承包单位对施工现场防火实施统一管理,对施工现场总平面布局、现场防火、临时消防设施、防火管理等进行总体规划、统筹安排,避免各自为政、管理缺失、责任不明等情形发生,确保施工现场防火管理落到实处。

6.1.3 施工单位在施工现场建立消防安全管理组织机构及义务消防组织,确定消防安全负责人和消防安全管理人员,落实相关人员的消防安全管理责任,是施工单位做好施工现场消防安全工作的基础。

义务消防组织是施工单位在施工现场临时建立的业余性、群众性,以自防、自救为目的的消防组织,其人员应由现场施工管理人员和作业人员组成。

6.1.4、6.1.5 我国的消防工作方针是"预防为主、防消结合"。这两条规定是按照"预防为主"的要求而制定的。

消防安全管理制度重点从管理方面实现施工现场的"火灾预防"。本规范第6.1.4条明确了施工现场五项主要消防安全管理制度。此外,施工单位尚应根据现场实际情况和需要制订其他消防安全管理制度,如临时消防设施管理制度、消防安全工作考评及奖惩制度等。

防火技术方案重点从技术方面实现施工现场的"火灾预防",即通过技术措施实现防火目的。施工现场防火技术方案是施工单位依据本规范的规定,结合施工现场和各分部分项工程施工的实际情况编制的,用以具体安排并指导施工人员消除或控制火灾危险源、扑灭初起火灾,避免或减少火灾发生和危害的技术文件。施工现场防火技术方案应作为施工组织设计的一部分,也可单独编制。

消防安全管理制度、防火技术方案应针对施工现场的重大火灾危险源、可能导致火灾发生的施工作业及其他活动进行编制,以便做到"有的放矢"。

施工现场防火技术措施是指施工人员在具有火灾危险的场所进行施工作业或实施具有火灾危险的工序时,在"人、机、料、环、法"等方面应采取的防火技术措施。

施工现场临时消防设施及疏散设施是施工现场"火灾预防"的弥补,是现场火灾扑救和人员安全疏散的主要依靠。因此,防火技术方案中"临时消防设施、临时疏散设施配备"应具体明确以下相关内容:

1 明确配置灭火器的场所、选配灭火器的类型和数量及最小灭火级别。

2 确定消防水源,临时消防给水管网的管径、敷设线路、给水工作压力及消防水池、水泵、消火栓等设施的位置、规格、数量等。

3 明确设置应急照明的场所,应急照明灯具的

4 在建工程永久性消防设施临时投入使用的安排及说明。

5 明确安全疏散的线路（位置）、疏散设施搭设的方法及要求等。

6.1.6 本条明确了施工现场灭火及应急疏散预案编制的主要内容。

6.1.7 消防安全教育与培训应侧重于普遍提高施工人员的消防安全意识和扑灭初起火灾、自我防护的能力。消防安全教育、培训的对象为全体施工人员。

6.1.8 消防安全技术交底的对象为在具有火灾危险场所作业的人员或实施具有火灾危险工序的人员。交底应针对具有火灾危险的具体作业场所或工序，向作业人员传授如何预防火灾、扑灭初起火灾、自救逃生等方面的知识、技能。

消防安全技术交底是安全技术交底的一部分，可与安全技术交底一并进行，也可单独进行。

6.1.9 本条明确了现场消防安全检查的责任人及主要内容。

在不同施工阶段或时段，现场消防安全检查应有所侧重，检查内容可依据当时当地的气候条件、社会环境和生产任务适当调整。如工程开工前，施工单位应对现场消防管理制度的制订、防火技术方案、现场灭火及应急疏散预案的编制、消防安全教育与培训、消防设施的设置与配备情况进行检查；施工过程中，施工单位按本条规定每月组织一次检查。此外，施工单位应在每年"五一"、"十一"、"春节"、冬季等节日或季节或风干物燥的特殊时段到来之际，根据实际情况组织相应的专项检查或季节性检查。

6.1.10 施工现场灭火及应急疏散预案演练，每半年应进行1次，每年不得少于1次。

6.1.11 施工现场消防安全管理档案包括以下文件和记录：

1 施工单位组建施工现场消防安全管理机构及聘任现场消防安全管理人员的文件。

2 施工现场消防安全管理制度及其审批记录。

3 施工现场防火技术方案及其审批记录。

4 施工现场灭火及应急疏散预案及其审批记录。

5 施工现场消防安全教育和培训记录。

6 施工现场消防安全技术交底记录。

7 施工现场消防设备、设施、器材验收记录。

8 施工现场消防设备、设施、器材台账及更换、增减记录。

9 施工现场灭火和应急疏散演练记录。

10 施工现场消防安全检查记录（含消防安全巡查记录、定期检查记录、专项检查记录、季节性检查记录、消防安全问题或隐患整改通知单、问题或隐患整改回复单、问题或隐患整改复查记录）。

11 施工现场火灾事故记录及火灾事故调查、处理报告。

12 施工现场消防工作考评和奖惩记录。

6.2 可燃物及易燃易爆危险品管理

6.2.1 在建工程所用保温、防水、装饰、防火、防腐材料的燃烧性能等级、耐火极限应符合设计要求，既是建设工程施工质量验收标准的要求，也是减少施工现场火灾风险的基本条件。本条为强制性条文。

6.2.2 控制并减少施工现场可燃材料、易燃易爆危险品的存量，规范可燃材料及易燃易爆危险品的存放管理，是预防火灾发生的主要措施。

6.2.3 油漆由油脂、树脂、颜料、催干剂、增塑剂和各种溶剂组成，除无机颜料外，绝大部分是可燃物。油漆的有机溶剂（又称稀料、稀释剂）由易燃液体如溶剂油、苯类、酮类、酯类、醇类等组成。油漆调配和喷刷过程中，会大量挥发出易燃气体，当易燃气体与空气混合达到5%的浓度时，会因动火作业火星、静电火花引起爆炸和火灾事故。乙二胺是一种挥发性很强的化学物质，常用作树脂类防腐蚀材料的固化剂，乙二胺挥发产生的易燃气体在空气中达到一定浓度时，遇明火有爆炸危险。冷底子油是由沥青和汽油或柴油配制而成的，挥发性强，闪点低，在配制、运输或施工时，遇明火即有起火或爆炸的危险。因此，室内使用油漆及其有机溶剂、乙二胺、冷底子油或其他可能产生可燃气体的物资，应保持室内良好通风，严禁动火作业、吸烟，并应避免其他可能产生静电的施工操作。本条为强制性条文。

6.3 用火、用电、用气管理

6.3.1 施工现场动火作业多，用（动）火管理缺失和动火作业不慎引燃可燃、易燃建筑材料是导致火灾事故发生的主要原因。为此，本条对施工现场动火审批、常见的动火作业、生活用火及用火各环节的防火管理作出相应规定。

动火作业是指在施工现场进行明火、爆破、焊接、气割或采用酒精炉、煤油炉、喷灯、砂轮、电钻等工具进行可能产生火焰、火花和赤热表面的临时性作业。

施工现场动火作业前，应由动火作业人提出动火作业申请。动火作业申请至少应包含动火作业的人员、内容、部位或场所、时间、作业环境及灭火救援措施等内容。

施工现场具有火灾、爆炸危险的场所是指存放和使用易燃易爆危险品的场所。

冬季风大物燥，施工现场采用明火取暖极易引起火灾，因此，予以禁止。

本条第3款、第5款、第9款为强制性条款。

6.3.2 本条针对施工现场发生供用电火灾的主要原因而制定。施工现场发生供用电火灾的主要原因有以下几类：

1 因电气线路短路、过载、接触电阻过大、漏电等原因，致使电气线路在极短时间内产生很大的热量或电火花、电弧，引燃导线绝缘层和周围的可燃物，造成火灾。

2 现场长时间使用高热灯具，且高热灯具距可燃、易燃物距离过小或室内散热条件太差，烤燃附近可燃、易燃物，造成火灾。

施工现场的供用电设施是指现场发电、变电、输电、配电、用电的设备、电器、线路及相应的保护装置。"施工现场供用电设施的设计、施工、运行、维护应符合现行国家标准《建设工程施工现场供用电安全规范》GB 50194 的有关规定"是防止和减少施工现场供用电火灾的根本手段。

电气线路的绝缘强度和机械强度不符合要求、使用绝缘老化或失去绝缘性能的电气线路、电气线路长期处于腐蚀或高温环境、电气设备超负荷运行或带故障使用、私自改装现场供用电设施等是导致线路短路、过载、接触电阻过大、漏电的主要根源，应予以禁止。

选用节能型灯具，减少电能转化成热能的损耗，既可节约用电，又可减少火灾发生。施工现场常用照明灯具主要有白炽灯、荧光灯、碘钨灯、镝灯（聚光灯）。100W 白炽灯，其灯泡表面温度可达 170℃～216℃，1000W 碘钨灯的石英玻璃管外表面温度可达 500℃～800℃。碘钨灯不仅能在短时间内烤燃接触灯管外壁的可燃物，而且其高温热辐射还能将距灯管一定距离的可燃物烤燃。因此，本条对可燃、易燃易爆危险品存放库房所使用的照明灯具及照明灯具与可燃、易燃易爆物品的距离作出相应规定。

现场供用电设施的改装应经具有相应资质的电气工程师批准，并由具有相应资质的电工实施。

对现场电气设备运行及维护情况的检查，每月应进行一次。

6.3.3 本条规定主要针对施工现场用气常见的违规行为而制定。本条第 1 款为强制性条款。

施工现场常用气体有瓶装氧气、乙炔、液化气等，贮装气体的气瓶及其附件不合格和违规贮装、运输、存储、使用气体是导致火灾、爆炸的主要原因。

乙炔瓶严禁横躺卧放是为了防止丙酮流出而引起燃烧爆炸。

氧气瓶内剩余压力不应小于 0.1MPa 是为了防止乙炔倒灌引起爆炸。

6.4 其他防火管理

6.4.1 施工现场的重点防火部位主要指施工现场的临时发电机房、变配电房、易燃易爆危险品存放库房和使用场所、可燃材料堆场及其加工场、宿舍等场所。

6.4.2 施工现场的临时消防设施受外部环境、交叉作业影响，易失效或损坏或丢失，故作本条规定。

6.4.3 施工现场尤其是在建工程作业场所，人员相对较多、安全疏散条件差，逃生难度大，保持安全疏散通道、安全出口的畅通及疏散指示的正确至关重要。

中华人民共和国国家标准

建筑施工安全技术统一规范

Unified code for technique for constructional safety

GB 50870-2013

主编部门：中华人民共和国住房和城乡建设部
批准部门：中华人民共和国住房和城乡建设部
施行日期：２０１４年３月１日

中华人民共和国住房和城乡建设部
公　告

第 36 号

住房城乡建设部关于发布国家标准
《建筑施工安全技术统一规范》的公告

现批准《建筑施工安全技术统一规范》为国家标准，编号为 GB 50870—2013，自 2014 年 3 月 1 日起实施。其中，第 5.2.1、7.2.2 条为强制性条文，必须严格执行。

本规范由我部标准定额研究所组织中国计划出版社出版发行。

中华人民共和国住房和城乡建设部
2013 年 5 月 13 日

前　言

本规范是根据住房和城乡建设部《关于印发〈2009 年工程建设标准规范制订、修订计划〉的通知》（建标〔2009〕88 号）的要求，由江苏省建筑工程管理局会同有关单位共同编制完成的。

本规范在编制过程中，编制组经广泛调查研究，认真总结实践经验，参考国内外有关先进标准，并在广泛征求意见的基础上，最后经审查定稿。

本规范共分 8 章和 1 个附录，主要技术内容包括：总则，术语，基本规定，建筑施工安全技术规划，建筑施工安全技术分析，建筑施工安全技术控制，建筑施工安全技术监测与预警及应急救援，建筑施工安全技术管理等。

本规范中以黑体字标志的条文为强制性条文，必须严格执行。

本规范由住房和城乡建设部负责管理和对强制性条文的解释，由江苏省建筑工程管理局负责具体技术内容的解释。在本规范执行过程中如有意见或建议，请寄送江苏省建筑工程管理局（地址：江苏省南京市草场门大街 88 号，邮政编码：210036）。

本规范主编单位、参编单位、主要起草人和主要审查人：

主 编 单 位：江苏省建筑工程管理局
参 编 单 位：北京市住房和城乡建设委员会
上海建设工程安全质量监督总站
山东建筑施工安全监督站
合肥市建筑质量安全监督站
南京工业大学
东南大学
江苏省建筑安全与设备管理协会
南京市建筑安全生产监督站
扬州市建筑安全监察站
常州市建筑业安全监督站
江苏省苏中建设集团股份有限公司
江苏省建工集团有限公司
江苏环盛建设工程有限公司
江苏扬建集团有限公司
江苏省聚峰建设集团有限公司

主要起草人：徐学军　李爱国　王群依　王鸣军
　　　　　　王晓峰　王先华　王建波　成国华
　　　　　　刘朝晖　陈月贵　陈耀才　李钢强
　　　　　　邹厚存　张英明　金少军　陶为农
　　　　　　郭正兴　谈　睿　董　军　蒋　剑
　　　　　　蔡纪云　漆贯学　魏吉祥　魏邦仁

主要审查人：应惠清　任兆祥　王　平　王俊川
　　　　　　孙宗辅　吕恒林　李守林　李善志
　　　　　　吴胜兴　陈　浩　贾　洪　夏长春
　　　　　　瓢喜萍

目 次

1 总则 ················ 10—3—5
2 术语 ················ 10—3—5
3 基本规定 ············ 10—3—5
4 建筑施工安全技术规划 ·· 10—3—5
5 建筑施工安全技术分析 ·· 10—3—6
　5.1 一般规定 ········· 10—3—6
　5.2 建筑施工临时结构安全技术
　　　分析 ············· 10—3—6
6 建筑施工安全技术控制 ·· 10—3—7
　6.1 一般规定 ········· 10—3—7
　6.2 材料及设备的安全技术控制 ···· 10—3—7
7 建筑施工安全技术监测与预警及
　应急救援 ············ 10—3—7
　7.1 建筑施工安全技术监测与预警 ··· 10—3—7
　7.2 建筑施工生产安全事故应急
　　　救援 ············· 10—3—8
8 建筑施工安全技术管理 ·· 10—3—8
　8.1 一般规定 ········· 10—3—8
　8.2 建筑施工安全技术交底 ······ 10—3—8
　8.3 建筑施工安全技术措施实施
　　　验收 ············· 10—3—8
　8.4 建筑施工安全技术文件管理 ···· 10—3—8
附录 A 安全技术归档文件范围及
　　　内容 ············· 10—3—9
本规范用词说明 ·········· 10—3—10
引用标准名录 ············ 10—3—10
附：条文说明 ············ 10—3—11

Contents

1 General provisions ················ 10—3—5
2 Terms ································ 10—3—5
3 Basic requirement ················ 10—3—5
4 Technique planning for construction safety ····························· 10—3—5
5 Technique analyzing for construction safety ····························· 10—3—6
   5.1 General requirement ················ 10—3—6
   5.2 Technique analyzing for the safety of temporary strucures in construction ····················· 10—3—6
6 Technique control for construction safety ····························· 10—3—7
   6.1 General requirement ················ 10—3—7
   6.2 Technique control for safety of the material and equipment used in construction ··················· 10—3—7
7 Technique monitoring and early warning for construction safety and emergency rescue ············ 10—3—7
   7.1 Technique monitoring and early warning for construction safety ··· 10—3—7
   7.2 emergency rescue for the accident in aspects of safety construction ······ 10—3—8
8 Technique management of safety construction ························ 10—3—8
   8.1 General requirement ················ 10—3—8
   8.2 Explaining in aspects of safety technique for construction ·········· 10—3—8
   8.3 Acceptance of implement of safety technique in construction ············ 10—3—8
   8.4 Management of safety technique file in construction ················ 10—3—8
Appendix A Aspects and contents of placing on file for safety technique ······················ 10—3—9
Explanation of wording in this code ································ 10—3—10
List of quoted standards ············· 10—3—10
Addition: Explanation of provisions ························ 10—3—11

1 总 则

1.0.1 为加强建筑施工安全技术管理,统一建筑施工安全技术的基本原则、程序和内容,保障建筑施工安全,做到建筑施工安全技术措施先进可靠、经济适用,制定本规范。

1.0.2 本规范适用于建筑施工安全技术方案、措施的制订以及实施管理。

1.0.3 本规范是制订建筑施工各专业安全技术标准应遵循的统一准则,建筑施工各项专业安全技术标准尚应制订相应的具体规定。

1.0.4 建筑施工安全技术除应符合本规范外,尚应符合国家现行有关标准的规定。

2 术 语

2.0.1 建筑施工安全技术　technique for construction safety

消除或控制建筑施工过程中已知或潜在危险因素及其危害的工艺和方法。

2.0.2 建筑施工安全技术保证体系　assurance system of technology for construction safety

为了保证施工安全,消除或控制建筑施工过程中已知或潜在危险因素及其危害,由企业建立的安全技术管理组织机构及相应的管理制度。

2.0.3 建筑施工安全技术规划　technique planning for construction safety

为实现建筑施工安全总体目标制订的消除、控制或降低建筑施工过程中潜在危险因素和生产安全风险的专项技术计划。

2.0.4 建筑施工安全技术分析　technique analyzing for construction safety

分析建筑施工中可能导致生产安全事故的因素、危害程度及其消除或控制技术措施可靠性的技术活动。

2.0.5 危险源辨识　hazard source identification

识别危险源的存在、根源、状态,并确定其特性的过程。

2.0.6 建筑施工临时结构　temporary structures for construction

建筑施工现场使用的暂设性的、能承受作用并具有适当刚度,由连接部件有机组合而成的系统。

2.0.7 极限状态　limit state

建筑施工临时结构整体或局部超过某一特定状态,导致其不能满足规定功能的安全技术要求,此特定状态为该功能的极限状态。

2.0.8 作用　action

施加在建筑施工临时结构上的集中力或分布力,或引起结构外加变形或约束变形的原因。

2.0.9 作用效应　action effect

施加在建筑施工临时结构上的作用在结构或结构构件中产生的影响。

2.0.10 抗力　resistance

建筑施工临时结构或构件承受作用效应的能力。

2.0.11 建筑施工安全技术控制　technique control for construction safety

为确保安全技术措施及安全专项方案的实施,克服建筑施工过程中安全状态的不确定性所采取的安全技术和安全管理活动。

2.0.12 建筑施工安全技术监测　technique monitoring for construction safety

对建筑施工过程中现场安全信息、数据进行收集、汇总、分析和反馈的技术活动。

2.0.13 建筑施工安全技术预警　technique early warning for construction safety

在建筑施工中,通过仪器监测分析、数据计算等手段,针对可能引发生产安全事故的征兆所采取的预先报警和事前控制的技术措施。

2.0.14 建筑施工应急救援预案　pre-arranged planning of emergency rescue for construction

在建筑施工过程中,根据预测危险源、危险目标可能发生事故的类别、危害程度,结合现有物质、人员及危险源的具体条件,事先制订对生产安全事故发生时进行紧急救援的组织、程序、措施、责任以及协调等方面的方案和计划。

2.0.15 建筑施工安全技术管理　technique management for safety construction

为保证安全技术措施和专项安全技术施工方案有效实施所采取的组织、协调等活动。

2.0.16 安全技术文件　safety technique file

存档备查的建筑施工安全技术实施依据,以及记录建筑施工安全技术活动的资料。

2.0.17 安全技术交底　explaining in aspects of safety technique

交底方向被交底方对预防和控制生产安全事故发生及减少其危害的技术措施、施工方法进行说明的技术活动,用于指导建筑施工行为。

2.0.18 安全技术实施验收　acceptance of implement of safety technique

根据相关标准对涉及建筑施工安全技术的实施过程及结果进行确认的活动。

2.0.19 保证项目　dominant item

建筑施工安全技术措施实施中的对安全、卫生、环境保护和公众利益起决定性作用的检验项目。

2.0.20 一般项目　general item

除保证项目以外的检验项目。

3 基 本 规 定

3.0.1 建筑施工安全技术应包括安全技术规划、分析、控制、监测与预警、应急救援及其他安全技术等。

3.0.2 根据发生生产安全事故可能产生的后果,应将建筑施工危险等级划分为Ⅰ、Ⅱ、Ⅲ级;建筑施工安全技术量化分析中,建筑施工危险等级系数的取值应符合表3.0.2的规定。

表 3.0.2　建筑施工危险等级系数

危 险 等 级	事 故 后 果	危险等级系数
Ⅰ	很严重	1.10
Ⅱ	严重	1.05
Ⅲ	不严重	1.00

3.0.3 在建筑施工过程中,应结合工程施工特点和所处环境,根据建筑施工危险等级实施分级管理,并应综合采用相应的安全技术。

4 建筑施工安全技术规划

4.0.1 建筑施工企业应建立健全建筑施工安全技术保证体系。

4.0.2 工程项目开工前应结合工程特点编制建筑施工安全技术规划，确定施工安全目标；规划内容应覆盖施工生产的全过程。

4.0.3 建筑施工安全技术规划编制应依据与工程建设有关的法律法规、国家现行有关标准、工程设计文件、工程施工合同或招标投标文件、工程场地条件和周边环境、与工程有关的资源供应情况、施工技术、施工工艺、材料、设备等。

4.0.4 建筑施工安全技术规划编制应包含工程概况、编制依据、安全目标、组织结构和人力资源、安全技术分析、安全技术控制、安全技术监测与预警、应急救援、安全技术管理、措施与实施方案等。

5 建筑施工安全技术分析

5.1 一般规定

5.1.1 建筑施工安全技术分析应包括建筑施工危险源辨识、建筑施工安全风险评估和建筑施工安全技术方案分析，并应符合下列规定：

1 危险源辨识应覆盖与建筑施工相关的所有场所、环境、材料、设备、设施、方法、施工过程中的危险源；

2 建筑施工安全风险评估应确定危险源可能产生的生产安全事故的严重性及其影响，确定危险等级；

3 建筑施工安全技术方案应根据危险等级分析安全技术的可靠性，给出安全技术方案实施过程中的控制指标和控制要求。

5.1.2 危险源辨识应根据工程特点明确给出危险源存在的部位、根源、状态和特性。

5.1.3 建筑施工的安全技术分析应在危险源识别和风险评估的基础上，对风险发生的概率及损失程度进行全面分析，评估发生风险的可能性及危害程度，与相关专业的安全指标相比较，以衡量风险的程度，并应采取相应的安全技术措施。

5.1.4 建筑施工安全技术分析应结合工程特点和生产安全事故教训进行。

5.1.5 建筑施工安全技术分析可以分部分项工程为基本单元进行。

5.1.6 建筑施工安全技术方案的制订应符合下列规定：

1 符合建筑施工危险等级的分级规定，并应有针对危险源及其特征的具体安全技术措施；

2 按照消除、隔离、减弱、控制危险源的顺序选择安全技术措施；

3 采用有可靠依据的方法分析确定安全技术方案的可靠性和有效性；

4 根据施工特点制订安全技术方案实施过程中的控制原则，并明确重点控制与监测部位及要求。

5.1.7 建筑施工安全技术分析应根据工程特点和施工活动情况，采用相应的定性分析和定量分析方法。

5.1.8 对于采用新结构、新材料、新工艺的建筑施工和特殊结构的建筑施工，相关单位的设计文件中应提出保障施工作业人员安全和预防生产安全事故的安全技术措施；制订和实施施工方案时，应有专项施工安全技术分析报告。

5.1.9 建筑施工起重机械、升降机械、高处作业设备、整体升降脚手架以及复杂的模板支撑架等设施的安全技术分析，应结合各自的特点、施工环境、工艺流程，进行安装前、安装过程中和使用后拆除的全过程安全技术分析，提出安全注意事项和安全措施。

5.1.10 建筑施工现场临时用电安全技术分析应对临时用电所采用的系统、设备、防护措施的可靠性和安全度进行全面分析，并宜包括现场勘测结果，拟进入施工现场的用电设备分析及平面布置，确定电源进线、配电室、配电装置的位置及线路走向，进行负荷计算，选择变压器，设计配电系统，设计防雷装置，确定防护措施，制订安全用电措施和电器防火措施，以及其他措施。

5.2 建筑施工临时结构安全技术分析

5.2.1 对建筑施工临时结构应做安全技术分析，并应保证在设计规定的使用工况下保持整体稳定性。

5.2.2 建筑施工临时结构安全技术分析应符合现行国家标准《建筑结构可靠度设计统一标准》GB 50068 的有关规定，结合临时结构的种类和危险等级，合理确定相关技术参数。

5.2.3 建筑施工临时结构在设计使用期限内应可靠，并应符合下列规定：

1 在正常施工使用工况下应能承受可能出现的各种作用；

2 在正常施工使用工况下应具备良好的工作性能。

5.2.4 对于建筑施工临时结构的各种极限状态，均应规定明确的限值及标识。

5.2.5 按极限状态分析，建筑施工临时结构应按下式计算：

$$g(X_1, X_2, \cdots, X_i) \geqslant 0 \quad (5.2.5\text{-}1)$$

式中：$g(\cdot)$——施工临时结构的功能函数；

$X_i (i=1,2,\cdots,n)$——基本变量，指施工临时结构上的各种作用和材料性能、几何参数等。

当仅有作用效应和结构抗力两个基本变量时，按极限状态分析，建筑施工临时结构应按下式计算：

$$R - S \geqslant 0 \quad (5.2.5\text{-}2)$$

式中：R——施工临时结构的抗力；

S——施工临时结构的作用效应。

5.2.6 建筑施工临时结构安全技术分析时，荷载计算应符合现行国家标准《建筑结构荷载规范》GB 50009 的有关规定，并应符合下列规定：

1 建筑施工临时结构的自重标准值可按设计尺寸和材料重力密度计算，并应根据临时结构的变异性，结合统计分析和工程经验采用一定的增大系数；

2 可变荷载的标准值，应根据建筑施工临时结构使用全过程内最大荷载统计值确定；

3 风荷载应结合临时结构使用工况，采用不低于现行国家标准《建筑结构荷载规范》GB 50009 规定的 10 年一遇的风荷载标准值；对风敏感的临时结构，宜采用不低于 30 年一遇风荷载标准值；当采用不同重现期风荷载标准值时，基本风压相对于 50 年一遇风荷载标准值的调整系数 μ 按表 5.2.6 采用，且调整后基本风压不应小于 0.20kN/m^2。

表 5.2.6 基本风压相对于 50 年一遇风荷载标准值的调整系数（μ）

重现期（年）	100	50	40	30	20	10
μ	1.10	1.00	0.97	0.93	0.87	0.77

5.2.7 建筑施工临时结构安全技术分析时，对同时出现的不同的作用，其最不利组合影响，应符合下列要求：

1 进行承载能力极限状态分析时，应采用作用效应的基本组合和偶然组合；

2 进行正常使用极限状态分析时，应采用标准组合和频遇组合。

5.2.8 建筑施工临时结构材料的物理力学性能指标，应根据有关的试验方法和标准经试验确定；对多次周转使用的材料，应分析再次使用时材料性能衰变对结构安全的影响。

5.2.9 建筑施工临时结构安全技术分析包括下列内容：

1 结构作用效应分析，以确定临时结构或构件的作用效应；

2 结构抗力及其他性能分析，以确定结构或构件的抗力及其他性能。

5.2.10 建筑施工临时结构分析可采用计算、模型试验或原型试验等方法。

5.2.11 在建筑施工临时结构分析中，应综合分析环境对材料、构件和结构性能的影响。

5.2.12 建筑施工临时结构承载能力极限状态的基本组合应按下列公式计算:

$$\gamma_d \left(\gamma_G S_{Gk} + \gamma_{Q1} S_{Q1k} + \sum_{i=2}^{n} \gamma_{Qi} \psi_{ci} S_{Qik} \right) \leq R(\gamma_R, f_k, a_k, \cdots)$$
(5.2.12-1)

$$\gamma_d \left(\gamma_G S_{Gk} + \sum_{i=2}^{n} \gamma_{Qi} \psi_{ci} S_{Qik} \right) \leq R(\gamma_R, f_k, a_k, \cdots)$$
(5.2.12-2)

式中: γ_d——建筑施工危险等级系数,按本规范第 3.0.2 条规定确定;
γ_G——自重荷载分项系数;
γ_{Q1}, γ_{Qi}——第 1 个和第 i 个可变荷载分项系数;
S_{Gk}——自重荷载标准值的效应;
S_{Q1k}——在基本组合中起控制作用的一个可变荷载的标准值效应;
S_{Qik}——第 i 个可变荷载的标准值效应;
ψ_{ci}——第 i 个可变荷载的组合值系数,其值不大于 1;
$R(\cdot)$——结构构件抗力函数;
γ_R——结构构件抗力分项系数;
f_k——材料性能标准值;
a_k——几何参数标准值。

5.2.13 建筑施工临时结构承载能力极限状态的偶然组合,应按下列原则确定最不利值:
  1 偶然荷载作用代表值不乘分项系数;
  2 与偶然荷载同时出现的可变荷载,其代表值应根据观测资料和工程经验采用。

6 建筑施工安全技术控制

6.1 一般规定

6.1.1 安全技术措施实施前应审核作业过程的指导文件,实施过程中应进行检查、分析和评价,并应使人员、机械、材料、方法、环境等因素均处于受控状态。

6.1.2 建筑施工安全技术控制措施的实施应符合下列规定:
  1 根据危险等级、安全规划制订安全技术控制措施;
  2 安全技术控制措施符合安全技术分析的要求;
  3 安全技术控制措施按施工工艺、工序实施,提高其有效性;
  4 安全技术控制措施实施程序的更改应处于控制之中;
  5 安全技术措施实施的过程控制以数据分析、信息分析以及过程监测反馈为基础。

6.1.3 建筑施工安全技术措施应按危险等级分级控制,并应符合下列规定:
  1 Ⅰ级:编制专项施工方案和应急救援预案,组织技术论证,履行审核、审批手续,对安全技术方案内容进行技术交底、组织验收,采取监测预警技术进行全过程监控;
  2 Ⅱ级:编制专项施工方案和应急救援措施,履行审核、审批手续,进行技术交底、组织验收,采取监测预警技术进行局部或分段过程监控;
  3 Ⅲ级:制订安全技术措施并履行审核、审批手续,进行技术交底。

6.1.4 建筑施工过程中,各分部分项工程、各工序应按相应专业技术标准进行安全技术控制;对关键环节、特殊环节、采用新技术或新工艺的环节,应提高一个危险等级进行安全技术控制。

6.1.5 建筑施工安全技术措施应在实施前进行预控,实施中进行过程控制,并应符合下列规定:
  1 安全技术措施预控范围应包括材料质量及检验复验、设备和设施检验、作业人员应具备的资格及技术能力、作业人员的安全教育、安全技术交底;
  2 安全技术措施过程控制范围应包括施工工艺和工序、安全操作规程、设备和设施、施工荷载、阶段验收、监测预警。

6.1.6 建筑施工现场的布置应保障疏散通道、安全出口、消防通道畅通,防火防烟分区、防火间距应符合有关消防技术标准。

6.1.7 施工现场存放易燃易爆危险品的场所不得与居住场所设置在同一建筑物内,并应与居住场所保持安全距离。

6.2 材料及设备的安全技术控制

6.2.1 主要材料、设备、构配件及防护用品应有质量证明文件、技术性能文件、使用说明文件,其物理、化学技术性能应符合进行技术分析的要求。

6.2.2 建筑构件、建筑材料和室内装修、装饰材料的防火性能应符合国家现行有关标准的规定。

6.2.3 对涉及建筑施工安全生产的主要材料、设备、构配件及防护用品,应进行进场验收,并应按各专业安全技术标准规定进行复验。

6.2.4 建筑施工机械和施工机具安全技术控制应符合下列规定:
  1 建筑施工机械设备和施工机具及配件应具有产品合格证,属特种设备的还应具有生产(制造)许可证;
  2 建筑机械和施工机具及配件的安全性能应通过检测,使用时应具有检测或检验合格证明;
  3 施工机械和机具的防护要求、绝缘保护或接地接零要求应符合相关技术规定;
  4 建筑施工机械设备的操作者应经过技术培训合格后方可上岗操作。

6.2.5 建筑施工机械设备和施工机具及配件安全技术控制中的性能检测应包括金属结构、工作机构、电器装置、液压系统、安全保护装置、吊索具等。

6.2.6 施工机械设备和施工机具使用前应进行安装调试和交接验收。

7 建筑施工安全技术监测与预警及应急救援

7.1 建筑施工安全技术监测与预警

7.1.1 建筑施工安全技术监测与预警应根据危险等级分级进行,并满足下列要求:
  1 Ⅰ级:采用监测预警技术进行全过程监测控制;
  2 Ⅱ级:采用监测预警技术进行局部或分段过程监测控制。

7.1.2 建筑施工安全技术监测方案应依据工程设计要求、地质条件、周边环境、施工方案等因素编制,并应满足下列要求:
  1 为建筑施工过程控制及时提供监测信息;
  2 能检查安全技术措施的正确性和有效性,监测与控制安全技术措施的实施;
  3 为保护周围环境提供依据;
  4 为改进安全技术措施提供依据。

7.1.3 监测方案应包括工程概况、监测依据和项目、监测人员配备、监测方法、主要仪器设备及精度、测点布置与保护、监测频率及监测报警值、数据处理和信息反馈、异常情况下的处理措施。

7.1.4 建筑施工安全技术监测可采用仪器监测与巡视检查相结合的方法。

7.1.5 建筑施工安全技术监测所使用的各类仪器设备应满足观测精度和量程的要求,并应符合国家现行有关标准的规定。

7.1.6 建筑施工安全技术监测现场测点布置应符合下列要求:
  1 能反映监测对象的实际状态及其变化趋势,并应满足监测控制要求;

2 避开障碍物,便于观测,且标识稳固、明显、结构合理;

3 在监测对象内力和变形变化大的代表性部位及周边重点监护部位,监测点的数量和观测频度应适当加密;

4 对监测点应采取保护措施。

7.1.7 建筑施工安全技术监测预警应依据事前设置的限值确定;监测报警值宜以监测项目的累计变化量和变化速率值进行控制。

7.1.8 建筑施工中涉及安全生产的材料应进行适应性和状态变化监测;对现场抽检有疑问的材料和设备,应由法定专业检测机构进行检测。

7.2 建筑施工生产安全事故应急救援

7.2.1 建筑施工生产安全事故应急预案应根据施工现场安全管理、工程特点、环境特征和危险等级制订。

7.2.2 建筑施工安全应急救援预案应对安全事故的风险特征进行安全技术分析,对可能引发次生灾害的风险,应有预防技术措施。

7.2.3 建筑施工生产安全事故应急预案应包括下列内容:

1 建筑施工中潜在的风险及其类别、危险程度;

2 发生紧急情况时应急救援组织机构与人员职责分工、权限;

3 应急救援设备、器材、物资的配置、选择、使用方法和调用程序;为保持其持续的适用性,对应急救援设备、器材、物资进行维护和定期检测的要求;

4 应急救援技术措施的选择和采用;

5 与企业内部相关职能部门以及外部(政府、消防、救险、医疗等)相关单位或部门的信息报告、联系方法;

6 组织抢险急救、现场保护、人员撤离或疏散等活动的具体安排等。

7.2.4 根据建筑施工生产安全事故应急救援预案,应对全体从业人员进行针对性的培训和交底,并组织专项应急救援演练;根据演练的结果对建筑施工生产安全事故应急救援预案的适宜性和可操作性进行评价、修改和完善。

8 建筑施工安全技术管理

8.1 一般规定

8.1.1 建筑施工安全技术管理制度的制订应依据有关法律、法规和国家现行标准要求,明确安全技术管理的权限、程序和时限。

8.1.2 建筑施工各有关单位应组织开展分级、分层次的安全技术交底和安全技术实施验收活动,并明确参与交底和验收的技术人员和管理人员。

8.2 建筑施工安全技术交底

8.2.1 安全技术交底应依据国家有关法律法规和有关标准、工程设计文件、施工组织设计和安全技术规划、专项施工方案和安全技术措施、安全技术管理文件等的要求进行。

8.2.2 安全技术交底应符合下列规定:

1 安全技术交底的内容应针对施工过程中潜在危险因素,明确安全技术措施内容和作业程序要求;

2 危险等级为Ⅰ级、Ⅱ级的分部分项工程、机械设备及设施安装拆卸的施工作业,应单独进行安全技术交底。

8.2.3 安全技术交底的内容应包括:工程项目和分部分项工程的概况、施工过程的危险部位和环节及可能导致生产安全事故的因素、针对危险因素采取的具体预防措施、作业中遵守的安全操作规程以及应注意的安全事项、作业人员发现事故隐患应采取的措施、发生事故后应及时采取的避险和救援措施。

8.2.4 施工单位应建立分级、分层次的安全技术交底制度。安全技术交底应有书面记录,交底双方应履行签字手续,书面记录应在交底者、被交底者和安全管理者三方留存备查。

8.3 建筑施工安全技术措施实施验收

8.3.1 建筑施工安全技术措施实施应按规定组织验收。

8.3.2 安全技术措施实施的组织验收应符合下列规定:

1 应由施工单位组织安全技术措施的实施验收;

2 安全技术措施实施验收应根据危险等级由相应人员参加,并应符合下列规定:

1)对危险等级为Ⅰ级的安全技术措施实施验收,参加的人员应包括:施工单位技术和安全负责人、项目经理和项目技术负责人及项目安全负责人、项目总监理工程师和专业监理工程师、建设单位项目负责人和技术负责人、勘察设计单位项目技术负责人、涉及的相关参建单位技术负责人;

2)对危险等级为Ⅱ级的安全技术措施实施验收,参加的人员应包括:施工单位技术和安全负责人、项目经理和项目技术负责人及项目安全负责人、项目总监理工程师和专业监理工程师、建设单位项目负责人、勘察设计单位项目设计代表、涉及的相关参建单位技术负责人;

3)危险等级为Ⅲ级的安全技术措施实施验收,参加的人员应包括:施工单位项目经理和项目技术负责人、项目安全负责人、项目总监理工程师和专业监理工程师、涉及的相关参建单位的专业技术人员。

3 实行施工总承包的单位工程,应由总承包单位组织安全技术措施实施验收,相关专业工程的承包单位技术负责人和安全负责人应参加相关专业工程的安全技术措施实施验收。

8.3.3 施工现场安全技术措施实施验收应在实施责任主体单位自行检查评定合格的基础上进行,安全技术措施实施验收应有明确的验收结果意见;当安全技术措施实施验收不合格时,实施责任主体单位应进行整改,并应重新组织验收。

8.3.4 建筑施工安全技术措施实施验收应明确保证项目和一般项目,并应符合相关专业技术标准的规定。

8.3.5 建筑施工安全技术措施实施验收应符合工程勘察设计文件、专项施工方案、安全技术措施实施的要求。

8.3.6 对施工现场涉及建筑施工安全的材料、构配件、设备、设施、机具、吊索具、安全防护用品,应按国家现行有关标准的规定进行安全技术措施实施验收。

8.3.7 机械设备和施工机具使用前应进行交接验收。

8.3.8 施工起重、升降机械和整体提升脚手架、爬模等自升式架设设施安装完毕后,安装单位应自检,出具自检合格证明,并向施工单位进行安全使用说明,办理交接验收手续。

8.4 建筑施工安全技术文件管理

8.4.1 安全技术文件应按建设单位、施工单位、监理单位以及其他单位进行分类,并应满足本规范附录A的规定。

8.4.2 安全技术文件的建档管理应符合下列规定:

1 安全技术文件建档起止时限,应从工程施工准备阶段到工程竣工验收合格止;

2 工程建设各参建单位应对安全技术文件进行建档、归档,并应及时向有关单位传递;

3 建档文件的内容应真实、准确、完整,并应与建设工程安全技术管理活动实际相符合,手续齐全。

8.4.3 安全技术归档文件应符合下列规定:

1 归档文件应按本规范附录A的范围及内容收集齐全、分类整理、规范装订后归档;

2 归档文件的立卷、卷内文件排列、案卷的编目、案卷装订应符合现行国家标准《建设工程文件归档整理规范》GB/T 50328的有关规定。

3 归档文件采用电子文件载体形式的,宜符合现行国家标准

《电子文件归档与管理规范》GB/T 18894 的有关规定。

4 归档文件应为原件。因各种原因不能使用原件的,应在复印件上加盖原件存放单位的印章,并应有经办人签字及时间。

5 建设单位、施工单位、监理单位和其他各单位在工程竣工或有关安全技术活动结束后 30 天内,应将安全技术文件交本单位档案室归档,档案保存期不应少于 1 年。

附录 A 安全技术归档文件范围及内容

表 A 安全技术归档文件范围及内容

分类	归档文件名称及内容	文件提供单位	保存单位			
			建设单位	施工单位	监理单位	其他单位
建设单位安全技术文件	施工现场及毗邻区域内供水、排水、供电、供气、供热、通信、广播电视、地下管线、气象和水文观测资料、相邻建筑物和构筑物、地下工程有关施工的安全技术文件	建设单位	√	√	√	√
	施工前报送建设行政主管部门的危险等级Ⅰ级、Ⅱ级的分部分项工程和其他施工作业危险源清单,以及有关工程施工安全技术(措施)文件		√	√	√	√
	施工中编制的有关施工的安全技术(措施)文件		√	√	√	√
施工单位安全技术文件	施工临时用电	用电组织设计或方案	施工单位	√	√	√	—
		修改用电组织设计的意见或文件		√	√	√	—
		用电技术交底单		—	√	—	—
		用电工程检查验收表		—	√	—	—
		电气设备试验单、检验单和调试记录		—	√	—	—
		接地电阻、绝缘电阻和漏电保护器漏电参数测定记录表		—	√	—	—
		定期检(复)查表		—	√	—	—
		电工安装、巡检、维修、拆除记录		—	√	—	—
		应急救援预案		—	√	√	—
	建筑起重机械	建筑起重机械备案证明、使用登记证明	施工单位	√	√	√	—
		起重设备、自升式架设设施安装、拆卸工程专项施工方案		—	√	√	—
		安装、拆卸、使用安全技术交底单		—	√	—	—
		设备、设施安装工程自查与验收记录		—	√	√	—
		定期自行检查记录、定期维护保养记录、维修和技术改造记录		—	√	—	—
		运行故障记录		—	√	—	—
		累计运转记录		—	√	—	—
		应急救援预案		—	√	√	—
	安全防护	安全防护专项施工方案	施工单位	—	√	√	—
		修改、变更防护方案意见或文件		—	√	√	—
		防护技术交底单		—	√	—	—
		防护设施验收记录		—	√	√	—
		防护设施检查、巡查记录		—	√	—	—
		防护用品验收记录		—	√	—	—
		应急救援预案		—	√	√	—

续表 A

分类	归档文件名称及内容	文件提供单位	保存单位			
			建设单位	施工单位	监理单位	其他单位
施工单位安全技术文件	消防安全	防火安全技术方案	施工单位	√	√	√	—
		消防设备、设施平面布置图		—	√	√	—
		消防设备、设施、器材、材料验收记录		—	√	—	—
		临时用房防火技术措施		—	√	—	—
		在建工程防火技术措施		—	√	—	—
		消防安全技术交底单		—	√	—	—
		消防设施、器材检查维修记录		—	√	—	—
		消防安全自行检查、巡查记录		—	√	—	—
		动火审批证		—	√	—	—
		应急救援预案		—	√	√	—
	危险等级Ⅰ级、Ⅱ级的分部分项工程和其他施工作业	专项施工方案及审批意见	施工单位	√	√	√	—
		专项施工方案修改、变更意见或文件、专家论证审查意见书		√	√	√	—
		安全技术交底单		—	√	—	—
		自行检查、巡查记录		—	√	—	—
		安全技术措施实施验收记录		—	√	√	—
		应急救援预案		—	√	√	—
	一般施工作业项目	安全技术措施	施工单位	—	√	√	—
		安全技术措施交底单		—	√	—	—
		自行检查、巡查记录		—	√	—	—
		安全技术措施实施验收记录		—	√	√	—
监理单位安全技术文件	安全技术监理方案	监理单位	√	—	√	—
	安全监理有关安全技术专题会议纪要		√	—	√	—
	事故隐患整改通知单		—	√	√	—
	事故隐患整改验收复工意见		—	√	√	—
	有关安全生产技术问题处理意见或文件		√	√	√	—
	自行检查记录		—	—	√	—
	施工中编制的有关施工安全技术(措施)文件		—	√	√	—
	施工组织设计中的安全技术措施或专项施工方案审查、验收意见		—	√	√	—
	采用新结构、新工艺、新设备、新材料的工程中安全技术措施的审查、验收意见		—	√	√	—
其他单位安全技术文件	勘察作业时保证各类管线、设施和周边建筑物、构筑物安全的技术(措施)文件	勘察单位	√	√	√	√
	涉及施工安全的重点部位和环节设计注明文件、预防生产安全事故的指导意见	设计单位	√	√	√	√

续表 A

分类	归档文件名称及内容	文件提供单位	保存单位			
			建设单位	施工单位	监理单位	其他单位
其他单位安全技术文件	采用新结构、新工艺、新材料和特殊结构的工程施工中设计单位提出的施工安全技术措施建议	设计单位	√	√	√	√
	与施工安全有关的设计变更文件		√	√	√	√
	安全技术监测方案	监测单位	√	√	√	
	阶段性安全技术监测记录与报告		√	√	√	
	监测结果报告书		√	√	√	
	器材、材料、构配件、防护用品、安全装置等产品生产许可证、产品合格证和技术性能说明书	产品供应单位	—	√	√	√
	起重机械设备制造许可证、产品合格证、制造监督检验证明		—	√	√	√
	起重设备基础混凝土强度试验报告	检测单位	—	√	√	
	起重设备、设施检验检测报告		—	√	√	
	起重机械设备定期检验检测报告		—	√	√	
	有关安全的材料、防护用品、安全装置等检验检测报告		—	√	√	
	消防设备、设施、器材、材料检验检测报告		—	√	√	

注：1 表中"√"表示需要做的。
2 表中"—"表示无内容。

本规范用词说明

1 为便于在执行本规范条文时区别对待，对要求严格程度不同的用词说明如下：
  1）表示很严格，非这样做不可的：
    正面词采用"必须"，反面词采用"严禁"；
  2）表示严格，在正常情况下均应这样做的：
    正面词采用"应"，反面词采用"不应"或"不得"；
  3）表示允许稍有选择，在条件许可时首先应这样做的：
    正面词采用"宜"，反面词采用"不宜"；
  4）表示有选择，在一定条件下可以这样做的，采用"可"。
2 条文中指明应按其他有关标准执行的写法为："应符合……的规定"或"应按……执行"。

引用标准名录

《建筑结构荷载规范》GB 50009
《建筑结构可靠度设计统一标准》GB 50068
《建设工程文件归档整理规范》GB/T 50328
《电子文件归档与管理规范》GB/T 18894

中华人民共和国国家标准

建筑施工安全技术统一规范

GB 50870—2013

条 文 说 明

制 订 说 明

《建筑施工安全技术统一规范》GB 50870—2013，经住房和城乡建设部 2013 年 5 月 13 日以第 36 号公告批准发布。

本规范制订过程中，编制组进行了建筑施工安全技术的调查研究，总结了我国建筑施工安全技术的实践经验，同时参考了国内外先进技术法规、技术标准。

为便于广大设计、施工、科研、学校等单位有关人员在使用本标准时能正确理解和执行条文规定，《建筑施工安全技术统一规范》编制组按章、节、条顺序编制了本标准的条文说明，对条文规定的目的、依据以及执行过程中需注意的有关事项进行了说明。但是，本条文说明不具备与标准正文同等的法律效力，仅供使用者作为理解和把握标准规定的参考。

目 次

1 总则 …………………………… 10—3—14
2 术语 …………………………… 10—3—14
3 基本规定 ……………………… 10—3—14
4 建筑施工安全技术规划 ……… 10—3—15
5 建筑施工安全技术分析 ……… 10—3—15
  5.1 一般规定 …………………… 10—3—15
  5.2 建筑施工临时结构安全技术
     分析 ………………………… 10—3—15
6 建筑施工安全技术控制 ……… 10—3—16
  6.1 一般规定 …………………… 10—3—16
  6.2 材料及设备的安全技术控制 …… 10—3—16

7 建筑施工安全技术监测与预警及
  应急救援 ……………………… 10—3—16
  7.1 建筑施工安全技术监测与预警 … 10—3—16
  7.2 建筑施工生产安全事故应急
     救援 ………………………… 10—3—16
8 建筑施工安全技术管理 ……… 10—3—16
  8.1 一般规定 …………………… 10—3—16
  8.2 建筑施工安全技术交底 ……… 10—3—16
  8.3 建筑施工安全技术措施实施
     验收 ………………………… 10—3—17
  8.4 建筑施工安全技术文件管理 …… 10—3—17

1 总 则

1.0.1~1.0.3 本规范明确了建筑施工安全技术方面的统一要求及建立一个建筑施工安全技术标准体系的总体要求，建筑施工安全技术规划、分析、控制、监测、预警的具体技术内容由相应的专业技术标准制订。

2 术 语

2.0.1 建筑施工安全技术是研究建筑工程施工中可能存在的各种事故因素及其产生、发展和作用方式，采取相应的技术和管理措施，及时消除其存在，或者有效抑制、阻止其孕育和发动，并同时采取保险和保护措施，以避免伤害事故发生的技术。

2.0.4 本条界定了建筑施工安全技术分析的基本概念和内涵，有助于准确区分安全技术分析与结构分析、施工分析、质量分析等相关领域概念的差别，明确建筑施工安全技术分析的目的和任务。

3 基 本 规 定

3.0.1 本条是从事故致因理论研究入手，以事故预防控制程序为出发点，对建筑施工安全技术的内容作了定性的规定。为了主动、有效地预防事故，必须充分分析和了解、认识事故发生的致因因素（即导致事故发生的直接原因），运用工程技术手段消除事故发生的致因因素，实现生产工艺和设备、设施的本质安全。其中安全分析技术包括危险源辨识、风险评价、失效分析、事故统计分析、安全作业空间分析以及安全评价技术等；安全控制技术包括专项施工技术、监控、保险、防护技术等；监测预警技术包括安全检查、安全检测、安全信息、安全监控、预警提示技术等；应急救援技术包括应急响应技术、专项救援技术、医疗救护技术等；其他安全技术包括安全卫生、安全心理、个体防护技术等。

3.0.2 建筑施工危险等级的划分与危险等级系数，是对建筑施工安全技术措施的重要性认识及计算参数的定量选择。危险等级的划分是一个难度很大的问题，很难定量说明，因此，采用了类似结构安全等级划分的基本方法。危险等级系数的选用与现行国家标准《建筑结构可靠度设计统一标准》GB 50068 重要性系数相协调。

目前，可按照住房和城乡建设部颁发的《危险性较大的分部分项工程安全管理办法》（建质〔2009〕87号）的要求，根据发生生产安全事故可能产生的后果（危及人的生命、造成经济损失、产生不良社会影响），采用分部分项工程的概念。超过一定规模的、危险性较大的分部分项工程可对应于Ⅰ级危险等级的要求，危险性较大的分部分项工程可对应于Ⅱ级危险等级的要求，这样做可以较好地与现行管理制度衔接。具体划分内容见表1。

表1 危险等级划分表

危险等级	分部分项工程	工程内容
Ⅰ级	一、人挖桩、深基坑及其他地下工程	1.开挖深度超过5m(含5m)的基坑(槽)的土方开挖、支护、降水工程。 2.开挖深度虽未超过5m，但地质条件、周边环境和地下管线复杂，或影响毗邻建筑物、构筑物安全的基坑(槽)的土方开挖、支护、降水工程。 3.开挖深度超过16m的人工挖孔桩工程。 4.地下暗挖工程、顶管工程、水下作业工程。
	二、模板工程及支撑体系	1.工具式模板工程：包括滑模、爬模、飞模工程。 2.混凝土模板支撑工程：搭设高度8m及以上；搭设跨度18m及以上；施工总荷载15kN/m²及以上；集中线荷载20kN/m及以上。 3.承重支撑体系：用于钢结构安装等满堂支撑体系，承受单点集中荷载700kg以上
	三、起重吊装及安装拆卸工程	1.采用非常规起重设备、方法，且单件起吊重量在100kN及以上的起重吊装工程。 2.起重量300kN及以上的起重设备安装工程；高度200m及以上内爬起重设备的拆除工程。 3.施工高度50m及以上的建筑幕墙安装工程。 4.跨度大于36m及以上的钢结构安装工程；跨度大于60m及以上的网架和索膜结构安装工程
	四、脚手架工程	1.搭设高度50m及以上落地式钢管脚手架工程。 2.提升高度150m及以上附着式整体和分片提升脚手架工程。 3.架体高度20m及以上悬挑式脚手架工程。
	五、拆除、爆破工程	1.采用爆破拆除的工程。 2.码头、桥梁、高架、烟囱、水塔或拆除中容易引起有毒有害气(液)体或粉尘扩散、易燃易爆事故发生的特殊建筑物、构筑物的拆除工程。 3.可能影响行人、交通、电力设施、通讯设施或其他建筑物、构筑物安全的拆除工程。 4.文物保护建筑、优秀历史建筑或历史文化风貌区控制范围内的拆除工程。
	六、其他	1.应划入危险等级Ⅰ级的采用新技术、新工艺、新材料、新设备及尚无相关技术标准的危险性较大的分部分项工程。 2.其他在建筑工程施工过程中存在的、应划入危险等级Ⅰ级的可能导致作业人员群死群伤或造成重大不良社会影响的分部分项工程
Ⅱ级	一、基坑支护、降水工程	开挖深度超过3m(含3m)或虽未超过3m，但地质条件和周边环境复杂的基坑(槽)支护、降水工程
	二、土方开挖、人挖桩、地下及水下作业工程	1.开挖深度超过3m(含3m)的基坑(槽)的土方开挖工程。 2.人工挖扩孔桩工程。 3.地下暗挖、顶管及水下作业工程
	三、模板工程及支撑体系	1.各类工具式模板工程：包括大模板、滑模、爬模、飞模等工程。 2.混凝土模板支撑工程：搭设高度5m及以上；搭设跨度10m及以上；施工总荷载10kN/m²及以上；集中线荷载15kN/m及以上；高大于支撑水平投影宽度且相对独立无联系构件的混凝土模板支撑工程。 3.承重支撑体系：用于钢结构安装等满堂支撑体系
	四、起重吊装及安装拆卸工程	1.采用非常规起重设备、方法，且单件起吊重量在10kN及以上的起重吊装工程。 2.采用起重机械进行安装的工程。 3.起重机械设备自身的安装、拆卸。 4.建筑幕墙安装工程。 5.钢结构、网架和索膜结构安装工程。 6.预应力工程。

续表1

危险等级	分部分项工程	工程内容
Ⅱ级	五、脚手架工程	1.搭设高度24m及以上的落地式钢管脚手架工程。 2.附着式整体和分片提升脚手架工程。 3.悬挑式脚手架工程。 4.吊篮脚手架工程。 5.自制卸料平台、移动操作平台工程。 6.新型及异型脚手架工程。
	六、拆除、爆破工程	1.建筑物、构筑物拆除工程。 2.采用爆破拆除的工程。
	七、其他	1.应划入危险等级Ⅱ级的采用新技术、新工艺、新材料、新设备及尚无相关标准的分部分项工程。 2.其他建筑工程在施工过程中存在的应划入危险等级Ⅱ级的,可能导致作业人员群死群伤或造成重大不良社会影响的分部分项工程。
Ⅲ级		除Ⅰ级、Ⅱ级以外的其他工程施工内容

本条统一规定了不同危险等级的施工活动进行安全技术分析时的宏观差别,体现高危险、高安全度要求的基本原则,同时对量化差别提出了指导性意见。考虑到问题的复杂性,量化指标可由各类具体建筑施工安全技术规范确定。

3.0.3 本条规定安全技术的选择所考虑的因素应包括:工程的施工特点,结构形式,周边环境,施工工艺,毗邻建筑物和构筑物,地上、地下各类管线以及工程所处地的天气、水文等。应采取诸多方面的综合安全技术,从防止事故发生和减少事故损失两方面考虑,其中防止事故发生的安全技术有:辨识和消除危险源、限制能量或危险物质、隔离、故障-安全设计、减少故障和失误等;减少事故损失的安全技术有:隔离、个体防护、避难与救援等。

4 建筑施工安全技术规划

4.0.4 工程概况内容包括:工程特点,工程地点及环境特征,施工平面布置、施工要求、施工条件和技术保证条件,工程难点分析等。实施方案应包括:施工工艺、施工机械选择、环境保护等。

5 建筑施工安全技术分析

5.1 一般规定

5.1.1 本条明确界定了建筑施工安全技术分析的基本内容,避免与一般施工技术分析要求混淆。这里提到的安全风险评估仅仅是安全技术层面的内容,非管理层面的行政许可内容。

1 本款强调危险源辨识应确保不遗漏危险源。建筑施工生产安全事故统计表明,未能事先发现,因此无法采取针对性措施的危险源是导致生产安全事故的直接原因。

2 确定建筑施工活动的危险等级是建筑施工安全工作的基础,不仅与危险源有关,还与危险源所处环境等众多因素有关。

3 为解决当前普遍存在建筑施工安全技术方案和措施缺乏针对性、可靠性不高、实施过程监控要求不明的问题,制订本款。

5.1.4 建筑施工安全技术分析应结合项目特点和以往安全事故统计分析资料进行,主要是为了保证安全技术分析的针对性,并与公司或项目部具体情况有效结合,使监控要点和安全技术措施落实到施工生产活动中。

5.1.5 安全技术分析以分部分项工程为基本单元进行便于组织。一般情况下,项目技术负责人和安全负责人为安全技术分析的基

本执行人,公司技术和安全管理负责人为项目部提交的安全技术分析报告的审查人。

5.1.6 本条提出建筑施工安全技术方案应满足四个原则性要求,第1款强调应侧重安全技术的具体可操作性,第2款强调安全技术措施的选择应优先考虑从源头减少危险,第3款强调对安全技术方案的可靠性和有效性应给出明确可信的论证,第4款强调安全技术方案应考虑实施过程的可控性要求。

5.1.7 建筑施工安全技术分析涉及各种各样施工过程,应尽可能采用具体的定量分析方法,同时根据建筑施工安全标准和工作经验进行定性分析。

5.1.9 建筑施工涉及的施工机械或机具种类很多,安全技术分析的具体内容和要求应在各专项施工安全标准中规定。根据建筑施工生产安全事故统计分析,施工机械或机具导致的生产安全事故,经常发生于施工过程中或施工机械(机具)本身的装拆过程中,应充分重视。

5.2 建筑施工临时结构安全技术分析

5.2.1 本条是强制性条文,必须严格执行。对于建筑施工临时结构,许多施工单位经常不做安全技术分析,凭经验进行施工和使用,或者在施工和使用中随意违反设计规定,导致生产安全事故的发生。安全技术分析是设计建筑施工临时结构的技术基础,设计人员应当在设计文件中明确保持临时结构整体稳定性的使用工况和使用条件。在建筑施工临时结构施工前,应检查是否具有设计文件,是否对建筑施工临时结构进行了安全技术分析。施工中应严格按设计要求进行施工,临时结构的使用过程中应检查是否符合设计规定的使用工况。

5.2.2 考虑到现行国家标准《建筑结构可靠度设计统一标准》GB 50068已形成较为完整成熟的体系,建筑施工临时结构安全技术分析遵循其原则有利于提高分析的科学性、统一性。但现行国家标准《建筑结构可靠度设计统一标准》GB 50068规定的对象主要是建成后的建筑结构,并未具体包括建筑施工过程中为施工活动服务的临时结构,而施工用临时结构的作用、材料、抗力的离散性一般均比正式建筑结构大,必须根据具体情况研究确定相关参数。同时由于建筑施工临时结构的复杂性,现阶段某些情况下不具备条件采用可靠度方法,应允许采用安全系数法等有依据的方法。

5.2.3 本条参照现行国家标准《建筑结构可靠度设计统一标准》GB 50068提出施工临时结构的功能要求,其中第1款为安全性要求,第2款为适用性要求。

5.2.4 明确施工临时结构极限状态的标志和限值,不仅是分析设计阶段的要求,而且有利于施工安全技术控制抓住重点。

5.2.6 建筑施工临时结构与一般建筑结构相比存在较大的变异性,在计算临时结构的自重时应考虑一定的增大系数,此增大系数应由各专项建筑施工安全标准规定。当观测和试验数据不足时,荷载标准值可结合工程经验,经分析判断确定。施工临时结构风荷载目前普遍采用10年一遇的标准,对风敏感的临时结构标准偏低,宜采用不低于30年一遇风荷载标准,与我国上一轮规范对一般建筑结构的要求相同,但低于现行荷载规范对一般建筑结构50年一遇的标准。考虑到近年来极端气候多发,各有关专业标准宜适当提高建筑施工临时结构的风荷载标准。

5.2.8 多次周转使用的材料可能存在损伤累计和缺陷增大,除加强检验外,宜根据重复使用的材料的特性、重复使用特征、临时结构的重要性等因素,采用材料参数重复使用调整系数。

5.2.11 环境的影响在安全技术分析中经常会被忽视,如湿度对木材强度的影响,高温对钢结构性能的影响等。

5.2.12 建筑施工临时结构承载能力极限状态基本组合表达式参照现行国家标准《建筑结构可靠度设计统一标准》GB 50068的规定,但用危险等级调整系数替代结构重要性系数,原永久荷载分项系数改称自重荷载分项系数,用于考虑临时结构本身的自重作用

的影响,原永久荷载标准值的效应改称自重荷载标准值的效应。

5.2.13 本条参照现行国家标准《建筑结构可靠度设计统一标准》GB 50068 的规定制订。

6 建筑施工安全技术控制

6.1 一般规定

6.1.2 本条对建筑施工安全技术控制措施的实施提出五个方面的基本要求。第1款强调安全技术控制措施的编制依据;第2款强调安全技术控制措施应建立在安全分析基础之上,需充分辨识所控制对象可能存在的危险因素,结合相关法律、法规和典型事故案例,采取定性或者定量的评价方法,判断其危险等级,制订安全技术控制措施;第4款中安全技术控制措施实施过程中出现变更或者修改时,也应处于控制程序之中;第5款中在安全技术控制措施的实施过程中,应根据各种监测手段所采集到的具体数据和相关信息,验证安全技术控制措施的执行情况,如发现偏差应分析原因及时纠正或者调整。

6.1.4 对于施工过程中的关键环节和特殊环节应重点控制,避免生产安全事故的发生;对于新技术、新工艺在使用前应对其进行充分研究,要有充分的认识,掌握其存在的不安全因素,对其进行危险源辨识,制订安全防护措施,重点加以控制。

6.1.5 本条是对安全技术控制过程提出的要求。

预控阶段应对采取的安全技术措施所涉及的人员资格和操作技能熟练程度、设备设施的运转使用情况、施工方法和工艺、所需材料的质量、施工环境等五个方面进行分析和研究。

过程控制应涵盖安全技术措施实施的整个过程,应重点关注采取的施工工艺是否合理、施工流程是否正确、操作人员的操作规程执行情况、施工荷载的控制以及设备设施的运转使用情况是否良好、相关的监测预警手段是否到位、各道工序之间的衔接是否合理、是否上道工序检查验收合格后方才进行下道工序施工等。

6.2 材料及设备的安全技术控制

6.2.1 人的不安全行为和物的不安全状态是导致事故的直接原因,合格的材料、设备是保证建筑施工安全生产的前提。本条对所采购材料、设备、构配件及防护用品需提供相关证明文件作了规定。

6.2.3 对主要材料、设备及防护用品的进场验收,目的是为了防止假冒伪劣产品流入施工现场。

6.2.4 建筑施工机械和施工机具的质量应满足相应的安全技术要求,并应坚持"先验收后使用"的原则。现场使用的安全防护用具、机械设备、施工机具及配件的安全性能直接影响作业人员的人身安全,同时产品的质量和其使用寿命直接相关。施工企业对属于实行生产(制造)许可证或国家强制性认证的产品,应当查验其生产(制造)许可证或强制性认证证明、产品合格证、检验合格报告、产品说明书等技术资料。对不实行国家生产(制造)许可证或强制性认证的产品,应查验其产品合格证、产品使用说明书和安装维修等技术资料。

施工机械设备和施工机具等的安装质量、使用操作情况等直接影响施工机械设备和施工机具的正常运转和安全使用,施工企业应当组织产权单位、安装单位的安全、设备管理人员和其他技术人员按照国家、行业的安全技术标准、检验规则等规定的检验项目进行验收。

6.2.5 本条是建筑施工机械设备检测验收的必备内容,如有不合格项则该机械不得使用。

6.2.6 交接验收有利于明确出租单位和使用单位双方的安全责任,保障施工安全生产。

7 建筑施工安全技术监测与预警及应急救援

7.1 建筑施工安全技术监测与预警

7.1.4 仪器监测可取得定量的数据进行分析;以目测为主的巡视检查是预防事故发生的简便、经济和有效的方法,可以起到定性和补充的作用。多种观测方法相互验证,避免片面地分析和处理问题。

7.1.7 累计变化量可反映监测对象即时状态与限制状态的关系;变化速率值反映监测对象变化的快慢,过大的变化速率常常是突发事故的先兆。

7.1.8 涉及安全生产的材料可分为一次性材料(如钢筋、水泥)和周转材料(如钢管、扣件),其适应性和各种状态的变化对施工安全有着本质的影响。

7.2 建筑施工生产安全事故应急救援

7.2.2 本条是强制性条文,必须严格执行。建筑施工生产安全事故的类型很多,特征各异,事故发生的应对是一个动态发展过程,一般包括预防与应急准备、监测与预警、应急处置与救援、事后恢复与重建等环节,对其进行安全技术分析是预防生产安全事故的有效手段,避免盲目性。风险类型和特征的技术分析使得应急预案的应急处置与救援更具有针对性,与各项安全技术措施配套的人员、材料、设备等才能落到实处,在发生生产安全事故时的应急救援才能真正发挥作用。在以往生产安全事故的案例中,经常出现救援或预防不当导致次生灾害发生的情况,其对人民生命财产的损害甚至大于生产安全事故本身,因此应当提高对次生灾害的认识。建筑施工安全生产各有关单位应当在审核本单位应急救援预案时,检查是否有结合本工程特点的有关事故风险类型和特征的安全技术分析,有可能发生次生灾害的,是否有预防次生灾害的安全技术措施。

7.2.4 定期组织专项应急救援演练是优化专项应急预案的依据,也是提高全体从业人员应对生产安全事故反应能力的有效措施。应急救援预案的培训、演练、调整、再检验是一个不断完善的过程,应急救援预案的最终确定可能是多次修改的结果。

8 建筑施工安全技术管理

8.1 一般规定

8.1.1 工程建设各责任主体单位对各自所从事的施工活动制订相应的安全技术管理制度,制度中应明确各岗位的安全技术管理职责和权限,各安全技术环节运行的程序和完成相关管理任务所规定的时间要求。

8.1.2 安全技术交底是保证安全技术措施和专项施工方案能够有效实施的重要事前控制措施。通过安全技术验收的方式对安全技术的实施结果进行确认,保证作业环境安全和下一道工序的施工安全是重要的事后控制措施。

8.2 建筑施工安全技术交底

8.2.4 本条规定安全技术交底应分级进行,交底人可分为总包、分包、作业班组三个层级。总承包施工项目应由总承包单位相关技术人员对分包进行安全技术交底;桩基础施工单位应向土建施工单位进行安全技术交底;土建施工单位应向设备安装、装饰装修、幕墙施工等单位进行安全技术交底。安全技术交底的最终对象是具体施工作业人员。同时明确了交底应有书面记录和签字留存。

8.3 建筑施工安全技术措施实施验收

8.3.1 验收是检验建筑施工安全技术措施实施过程与结果的重要手段，是建筑施工安全技术封闭管理的最后一个环节，必不可少。许多经验和案例表明，建筑施工安全技术措施实施与否及实施的好坏无人监管，安全技术措施变成一句空话，是导致生产安全事故发生的重要原因。

8.3.3 先自行检查评定后验收的程序着重强调自行检查和验收两个阶段的责任，促使施工、监理和其他参建各方落实安全生产技术管理责任。

8.3.5 本条明确了建筑施工安全技术措施进行验收的依据。

8.3.7 机械设备和施工机具使用前的交接验收应包括下列内容：①设备基础；②电气装置；③安全装置；④金属结构、连接件；⑤防护装置；⑥传动机构、动力设备、液压系统；⑦吊、索具。目前建筑施工现场大量存在机械设备和施工机具采用租赁的方式取得，使用单位在施工过程中也会发生变化。因此，对进入施工现场的机械设备、施工机具和使用单位发生变化的，应进行交接验收，以明确设备使用过程中的安全责任。

8.4 建筑施工安全技术文件管理

8.4.1 在工程建设中，由于参与工程建设的单位有多家，且各自有不同的管理模式，针对工程建设组织结构形式的多样性，将安全技术文件统一按参与工程建设的责任主体分为建设单位、施工单位、监理单位和其他单位四大类。这样分类的目的，主要考虑的是将安全技术文件管理责任落到实处，以改变安全技术文件管理不规范的现状。

本条中施工单位是指总承包企业、专业承包企业和劳务分包企业。其他单位是指在工程建设中与安全技术活动有关的单位，如勘察设计单位、监测单位，涉及电气、消防设备、器材、安全设施、材料、防护用品、中小型机具等有涉及安全物资、设备、设施的供应商以及检测单位，提供起重机械设备、自升式架设设施的出租单位，对起重机械设备、自升式架设设施、器材、材料的检验检测等单位。

本条所指附录 A 中"保存单位"一栏，即标明了各单位应保存的文件名称和内容，同时也标明了有些文件需由两个及以上单位保存，其目的是明确要求参建单位之间应按施工安全的需要，及时传递安全技术文件，确保安全技术信息畅通。

本条所指附录 A 中的归档文件范围，是指与工程建设有关重要安全技术活动所涉及的归档文件范围，记载工程建设中主要的安全技术过程和现状的内容，具有保存价值的各种载体技术文件。

8.4.2 在建设工程施工中，安全技术文件的建档管理应使参与工程建设各单位的安全技术文件管理形成系统性，通过实施文件建档和统一管理要求，达到以下管理目的：

(1)明确文件建档起止时间和参与工程建设各责任主体单位文件建档管理的要求；

(2)有利于更好的总结安全技术管理经验，为准确地预测、预防生产安全事故提供技术依据；

(3)在处理事故中，能为分析事故原因提供依据；

(4)工程实行总承包施工的，能有效规范总包、分包单位安全技术文件管理的行为，确保安全技术文件不遗失。

中华人民共和国行业标准

建筑施工安全检查标准

Standard for construction safety inspection

JGJ 59—2011

批准部门：中华人民共和国住房和城乡建设部
施行日期：２０１２年７月１日

中华人民共和国住房和城乡建设部
公　告

第 1204 号

关于发布行业标准
《建筑施工安全检查标准》的公告

现批准《建筑施工安全检查标准》为行业标准，编号为 JGJ 59-2011，自 2012 年 7 月 1 日起实施。其中，第 4.0.1、5.0.3 条为强制性条文，必须严格执行。原行业标准《建筑施工安全检查标准》JGJ 59-99 同时废止。

本标准由我部标准定额研究所组织中国建筑工业出版社出版发行。

中华人民共和国住房和城乡建设部
2011 年 12 月 7 日

前 言

根据住房和城乡建设部《关于印发〈2009年工程建设标准规范制订、修订计划〉的通知》（建标[2009]88号）的要求，标准编制组经广泛调查研究，认真总结实践经验，参考有关国际标准和国外先进标准，并在广泛征求意见的基础上，修订本标准。

本标准的主要技术内容是：1. 总则；2. 术语；3. 检查评定项目；4. 检查评分方法；5. 检查评定等级。

本标准修订的主要技术内容是：1. 增设"术语"章节；2. 增设"检查评定项目"章节；3. 将原"检查分类及评分方法"一章调整为"检查评分方法"和"检查评定等级"两个章节，并对评定等级的划分标准进行了调整；4. 将原"检查评分表"一章调整为附录；5. 将"建筑施工安全检查评分汇总表"中的项目名称及分值进行了调整；6. 删除"挂脚手架检查评分表"、"吊篮脚手架检查评分表"；7. 将"'三宝'、'四口'防护检查评分表"改为"高处作业检查评分表"，并新增移动式操作平台和悬挑式钢平台的检查内容；8. 新增"碗扣式钢管脚手架检查评分表"、"承插型盘扣式钢管脚手架检查评分表"、"满堂脚手架检查评分表"、"高处作业吊篮检查评分表"；9. 依据现行法规和标准对检查评分表的内容进行了调整。

本标准中以黑体字标志的条文为强制性条文，必须严格执行。

本标准由住房和城乡建设部负责管理和对强制性条文的解释，由天津市建工工程总承包有限公司负责具体技术内容的解释。在执行过程中如有意见或建议，请寄送天津市建工工程总承包有限公司（地址：天津市新技术产业园区华苑产业区开华道1号，邮政编码：300384）。

本标准主编单位：天津市建工工程总承包有限公司
　　　　　　　　中启胶建集团有限公司

本标准参编单位：中国建筑业协会建筑安全分会
　　　　　　　　中国工程建设标准化协会
　　　　　　　　施工安全专业委员会
　　　　　　　　天津市建设工程质量安全监督管理总队
　　　　　　　　天津一建建筑工程有限公司
　　　　　　　　天津二建建筑工程有限公司
　　　　　　　　天津三建建筑工程有限公司
　　　　　　　　上海市建设工程安全质量监督总站
　　　　　　　　陕西省建设工程质量安全监督总站
　　　　　　　　河南省建设安全监督总站
　　　　　　　　杭州市建设工程质量安全监督总站
　　　　　　　　北京建工集团有限责任公司
　　　　　　　　重庆建工集团有限责任公司
　　　　　　　　北京建科研软件技术有限公司

本标准主要起草人员：耿洁明　张宝利　郭道盛
　　　　　　　　　　陈　锟　秦春芳　戴贞洁
　　　　　　　　　　翟家常　王兰英　王明明
　　　　　　　　　　薛　涛　丁天强　孙汝西
　　　　　　　　　　左洪胜　张德光　倪树华
　　　　　　　　　　戴宝荣　刘　震　牛福增
　　　　　　　　　　熊　琰　丁守宽　任占厚
　　　　　　　　　　唐　伟　孙宗辅　李海涛
　　　　　　　　　　王玉恒　康电祥　李忠雨
　　　　　　　　　　张承亮

本标准主要审查人员：郭正兴　任兆祥　张有闻
　　　　　　　　　　祁忠华　陈高立　杨福波
　　　　　　　　　　汤坤林　刘新玉　施卫东
　　　　　　　　　　葛兴杰　张继承

目　次

1 总则 …………………………………… 10—4—6
2 术语 …………………………………… 10—4—6
3 检查评定项目 ………………………… 10—4—6
　3.1 安全管理 ………………………… 10—4—6
　3.2 文明施工 ………………………… 10—4—7
　3.3 扣件式钢管脚手架 ……………… 10—4—8
　3.4 门式钢管脚手架 ………………… 10—4—9
　3.5 碗扣式钢管脚手架 ……………… 10—4—10
　3.6 承插型盘扣式钢管脚手架 ……… 10—4—11
　3.7 满堂脚手架 ……………………… 10—4—11
　3.8 悬挑式脚手架 …………………… 10—4—12
　3.9 附着式升降脚手架 ……………… 10—4—13
　3.10 高处作业吊篮 …………………… 10—4—14
　3.11 基坑工程 ………………………… 10—4—15
　3.12 模板支架 ………………………… 10—4—16
　3.13 高处作业 ………………………… 10—4—16
　3.14 施工用电 ………………………… 10—4—17
　3.15 物料提升机 ……………………… 10—4—18
　3.16 施工升降机 ……………………… 10—4—19
　3.17 塔式起重机 ……………………… 10—4—20
　3.18 起重吊装 ………………………… 10—4—21
　3.19 施工机具 ………………………… 10—4—22
4 检查评分方法 ………………………… 10—4—23
5 检查评定等级 ………………………… 10—4—24
附录 A　建筑施工安全检查评分汇
　　　　总表 …………………………… 10—4—24
附录 B　建筑施工安全分项检查评
　　　　分表 …………………………… 10—4—24
本标准用词说明 ………………………… 10—4—46
引用标准名录 …………………………… 10—4—46
附：条文说明 …………………………… 10—4—47

Contents

1 General Provisions ·················· 10—4—6
2 Terms ·················· 10—4—6
3 Items of Inspection and
 Assessment ·················· 10—4—6
 3.1 Safety Management ·················· 10—4—6
 3.2 Civilized Construction ·················· 10—4—7
 3.3 Steel Tube Scaffold with
  Couplers ·················· 10—4—8
 3.4 Door-type Steel Tube Scaffold ······ 10—4—9
 3.5 Cuplock Steel Tube Scaffold ······ 10—4—10
 3.6 Disk Lock Steel Tube Scaffold ··· 10—4—11
 3.7 Full Scaffold ·················· 10—4—11
 3.8 Cantilevered Scaffold ·················· 10—4—12
 3.9 Attached Raise Scaffold ·················· 10—4—13
 3.10 Nacelles for Aloft Work ·········· 10—4—14
 3.11 Foundation Pit Engineering ······ 10—4—15
 3.12 Formwork Supports ·················· 10—4—16
 3.13 Aloft Work ·················· 10—4—16
 3.14 Power for Construction ·················· 10—4—17
 3.15 Building Materials Hoister ······ 10—4—18
 3.16 Construction Hoister ·················· 10—4—19
 3.17 Tower Crane ·················· 10—4—20
 3.18 Lifting and Hoisting ·················· 10—4—21
 3.19 Construction Machines and
  Tools ·················· 10—4—22
4 Methods of Inspection and
 Scoring ·················· 10—4—23
5 Grade of Assessment ·················· 10—4—24
Appendix A Summary Sheet of
  Score for Safety
  Inspection of
  Construction ·············· 10—4—24
Appendix B Scoring Sheet for
  Safety Inspection
  of Construction ······ 10—4—24
Explanation of Wording in This
 Standard ·················· 10—4—46
List of Quoted Standards ·············· 10—4—46
Addition: Explanation of
 Provisions ·················· 10—4—47

1 总 则

1.0.1 为科学评价建筑施工现场安全生产，预防生产安全事故的发生，保障施工人员的安全和健康，提高施工管理水平，实现安全检查工作的标准化，制定本标准。

1.0.2 本标准适用于房屋建筑工程施工现场安全生产的检查评定。

1.0.3 建筑施工安全检查除应符合本标准外，尚应符合国家现行有关标准的规定。

2 术 语

2.0.1 保证项目 assuring items

检查评定项目中，对施工人员生命、设备设施及环境安全起关键性作用的项目。

2.0.2 一般项目 general items

检查评定项目中，除保证项目以外的其他项目。

2.0.3 公示标牌 public signs

在施工现场的进出口处设置的工程概况牌、管理人员名单及监督电话牌、消防保卫牌、安全生产牌、文明施工牌及施工现场总平面图等。

2.0.4 临边 temporary edges

施工现场内无围护设施或围护设施高度低于0.8m的楼层周边、楼梯侧边、平台或阳台边、屋面周边和沟、坑、槽、深基础周边等危及人身安全的边沿的简称。

3 检查评定项目

3.1 安 全 管 理

3.1.1 安全管理检查评定应符合国家现行有关安全生产的法律、法规、标准的规定。

3.1.2 安全管理检查评定保证项目应包括：安全生产责任制、施工组织设计及专项施工方案、安全技术交底、安全检查、安全教育、应急救援。一般项目应包括：分包单位安全管理、持证上岗、生产安全事故处理、安全标志。

3.1.3 安全管理保证项目的检查评定应符合下列规定：

1 安全生产责任制

  1）工程项目部应建立以项目经理为第一责任人的各级管理人员安全生产责任制；
  2）安全生产责任制应经责任人签字确认；
  3）工程项目部应有各工种安全技术操作规程；
  4）工程项目部应按规定配备专职安全员；
  5）对实行经济承包的工程项目，承包合同中应有安全生产考核指标；
  6）工程项目部应制定安全生产资金保障制度；
  7）按安全生产资金保障制度，应编制安全资金使用计划，并应按计划实施；
  8）工程项目部应制定以伤亡事故控制、现场安全达标、文明施工为主要内容的安全生产管理目标；
  9）按安全生产管理目标和项目管理人员的安全生产责任制，应进行安全生产责任目标分解；
  10）应建立对安全生产责任制和责任目标的考核制度；
  11）按考核制度，应对项目管理人员定期进行考核。

2 施工组织设计及专项施工方案

  1）工程项目部在施工前应编制施工组织设计，施工组织设计应针对工程特点、施工工艺制定安全技术措施；
  2）危险性较大的分部分项工程应按规定编制安全专项施工方案，专项施工方案应有针对性，并按有关规定进行设计计算；
  3）超过一定规模危险性较大的分部分项工程，施工单位应组织专家对专项施工方案进行论证；
  4）施工组织设计、专项施工方案，应由有关部门审核，施工单位技术负责人、监理单位项目总监批准；
  5）工程项目部应按施工组织设计、专项施工方案组织实施。

3 安全技术交底

  1）施工负责人在分派生产任务时，应对相关管理人员、施工作业人员进行书面安全技术交底；
  2）安全技术交底应按施工工序、施工部位、施工栋号分部分项进行；
  3）安全技术交底应结合施工作业场所状况、特点、工序，对危险因素、施工方案、规范标准、操作规程和应急措施进行交底；
  4）安全技术交底应由交底人、被交底人、专职安全员进行签字确认。

4 安全检查

  1）工程项目部应建立安全检查制度；
  2）安全检查应由项目负责人组织，专职安全员及相关专业人员参加，定期进行并填写检查记录；
  3）对检查中发现的事故隐患应下达隐患整改通知单，定人、定时间、定措施进行整改。重大事故隐患整改后，应由相关部门组织复查。

5 安全教育
1）工程项目部应建立安全教育培训制度；
2）当施工人员入场时，工程项目部应组织进行以国家安全法律法规、企业安全制度、施工现场安全管理规定及各工种安全技术操作规程为主要内容的三级安全教育培训和考核；
3）当施工人员变换工种或采用新技术、新工艺、新设备、新材料施工时，应进行安全教育培训；
4）施工管理人员、专职安全员每年度应进行安全教育培训和考核。

6 应急救援
1）工程项目部应针对工程特点，进行重大危险源的辨识；应制定防触电、防坍塌、防高处坠落、防起重及机械伤害、防火灾、防物体打击等主要内容的专项应急救援预案，并对施工现场易发生重大安全事故的部位、环节进行监控；
2）施工现场应建立应急救援组织，培训、配备应急救援人员，定期组织员工进行应急救援演练；
3）按应急救援预案要求，应配备应急救援器材和设备。

3.1.4 安全管理一般项目的检查评定应符合下列规定：

1 分包单位安全管理
1）总包单位应对承揽分包工程的分包单位进行资质、安全生产许可证和相关人员安全生产资格的审查；
2）当总包单位与分包单位签订分包合同时，应签订安全生产协议书，明确双方的安全责任；
3）分包单位应按规定建立安全机构，配备专职安全员。

2 持证上岗
1）从事建筑施工的项目经理、专职安全员和特种作业人员，必须经行业主管部门培训考核合格，取得相应资格证书，方可上岗作业；
2）项目经理、专职安全员和特种作业人员应持证上岗。

3 生产安全事故处理
1）当施工现场发生生产安全事故时，施工单位应按规定及时报告；
2）施工单位应按规定对生产安全事故进行调查分析，制定防范措施；
3）应依法为施工作业人员办理保险。

4 安全标志

1）施工现场入口处及主要施工区域、危险部位应设置相应的安全警示标志牌；
2）施工现场应绘制安全标志布置图；
3）应根据工程部位和现场设施的变化，调整安全标志牌设置；
4）施工现场应设置重大危险源公示牌。

3.2 文明施工

3.2.1 文明施工检查评定应符合现行国家标准《建设工程施工现场消防安全技术规范》GB 50720 和《建筑施工现场环境与卫生标准》JGJ 146、《施工现场临时建筑物技术规范》JGJ/T 188 的规定。

3.2.2 文明施工检查评定保证项目应包括：现场围挡、封闭管理、施工场地、材料管理、现场办公与住宿、现场防火。一般项目应包括：综合治理、公示标牌、生活设施、社区服务。

3.2.3 文明施工保证项目的检查评定应符合下列规定：

1 现场围挡
1）市区主要路段的工地应设置高度不小于2.5m 的封闭围挡；
2）一般路段的工地应设置高度不小于 1.8m 的封闭围挡；
3）围挡应坚固、稳定、整洁、美观。

2 封闭管理
1）施工现场进出口应设置大门，并应设置门卫值班室；
2）应建立门卫值守管理制度，并应配备门卫值守人员；
3）施工人员进入施工现场应佩戴工作卡；
4）施工现场出入口应标有企业名称或标识，并应设置车辆冲洗设施。

3 施工场地
1）施工现场的主要道路及材料加工区地面应进行硬化处理；
2）施工现场道路应畅通，路面应平整坚实；
3）施工现场应有防止扬尘措施；
4）施工现场应设置排水设施，且排水通畅无积水；
5）施工现场应有防止泥浆、污水、废水污染环境的措施；
6）施工现场应设置专门的吸烟处，严禁随意吸烟；
7）温暖季节应有绿化布置。

4 材料管理
1）建筑材料、构件、料具应按总平面布局进行码放；
2）材料应码放整齐，并应标明名称、规格等；
3）施工现场材料码放应采取防火、防锈蚀、防雨等措施；
4) 建筑物内施工垃圾的清运，应采用器具或管道运输，严禁随意抛掷；
5) 易燃易爆物品应分类储藏在专用库房内，并应制定防火措施。

5 现场办公与住宿
1) 施工作业、材料存放区与办公、生活区应划分清晰，并应采取相应的隔离措施；
2) 在建工程内、伙房、库房不得兼作宿舍；
3) 宿舍、办公用房的防火等级应符合规范要求；
4) 宿舍应设置可开启式窗户，床铺不得超过2层，通道宽度不应小于0.9m；
5) 宿舍内住宿人员人均面积不应小于2.5m²，且不得超过16人；
6) 冬季宿舍内应有采暖和防一氧化碳中毒措施；
7) 夏季宿舍内应有防暑降温和防蚊蝇措施；
8) 生活用品应摆放整齐，环境卫生良好。

6 现场防火
1) 施工现场应建立消防安全管理制度，制定消防措施；
2) 施工现场临时用房和作业场所的防火设计应符合规范要求；
3) 施工现场应设置消防通道、消防水源，并应符合规范要求；
4) 施工现场灭火器材应保证可靠有效，布局配置应符合规范要求；
5) 明火作业应履行动火审批手续，配备动火监护人员。

3.2.4 文明施工一般项目的检查评定应符合下列规定：

1 综合治理
1) 生活区内应设置供作业人员学习和娱乐的场所；
2) 施工现场应建立治安保卫制度，责任分解落实到人；
3) 施工现场应制定治安防范措施。

2 公示标牌
1) 大门口处应设置公示标牌，主要内容应包括：工程概况牌、消防保卫牌、安全生产牌、文明施工牌、管理人员名单及监督电话牌、施工现场总平面图；
2) 标牌应规范、整齐、统一；
3) 施工现场应有安全标语；
4) 应有宣传栏、读报栏、黑板报。

3 生活设施
1) 应建立卫生责任制度并落实到人；
2) 食堂与厕所、垃圾站、有毒有害场所等污染源的距离应符合规范要求；
3) 食堂必须有卫生许可证，炊事人员必须持身体健康证上岗；
4) 食堂使用的燃气罐应单独设置存放间，存放间应通风良好，并严禁存放其他物品；
5) 食堂的卫生环境应良好，且应配备必要的排风、冷藏、消毒、防鼠、防蚊蝇等设施；
6) 厕所内的设施数量和布局应符合规范要求；
7) 厕所必须符合卫生要求；
8) 必须保证现场人员卫生饮水；
9) 应设置淋浴室，且能满足现场人员需求；
10) 生活垃圾应装入密闭式容器内，并应及时清理。

4 社区服务
1) 夜间施工前，必须经批准后方可进行施工；
2) 施工现场严禁焚烧各类弃物；
3) 施工现场应制定防粉尘、防噪声、防光污染等措施；
4) 应制定施工不扰民措施。

3.3 扣件式钢管脚手架

3.3.1 扣件式钢管脚手架检查评定应符合现行行业标准《建筑施工扣件式钢管脚手架安全技术规范》JGJ 130 的规定。

3.3.2 扣件式钢管脚手架检查评定保证项目应包括：施工方案、立杆基础、架体与建筑结构拉结、杆件间距与剪刀撑、脚手板与防护栏杆、交底与验收。一般项目应包括：横向水平杆设置、杆件连接、层间防护、构配件材质、通道。

3.3.3 扣件式钢管脚手架保证项目的检查评定应符合下列规定：

1 施工方案
1) 架体搭设应编制专项施工方案，结构设计应进行计算，并按规定进行审核、审批；
2) 当架体搭设超过规范允许高度时，应组织专家对专项施工方案进行论证。

2 立杆基础
1) 立杆基础应按方案要求平整、夯实，并应采取排水措施，立杆底部设置的垫板、底座应符合规范要求；
2) 架体应在距立杆底端高度不大于200mm处设置纵、横向扫地杆，并应用直角扣件固定在立杆上，横向扫地杆应设置在纵向扫地杆的下方。

3 架体与建筑结构拉结
1) 架体与建筑结构拉结应符合规范要求；
2) 连墙件应从架体底层第一步纵向水平杆处开始设置，当该处设置有困难时应采取其他可靠措施固定；

3) 对搭设高度超过24m的双排脚手架，应采用刚性连墙件与建筑结构可靠拉结。
4 杆件间距与剪刀撑
1) 架体立杆、纵向水平杆、横向水平杆间距应符合设计和规范要求；
2) 纵向剪刀撑及横向斜撑的设置应符合规范要求；
3) 剪刀撑杆件的接长、剪刀撑斜杆与架体杆件的固定应符合规范要求。
5 脚手板与防护栏杆
1) 脚手板材质、规格应符合规范要求，铺板应严密、牢靠；
2) 架体外侧应采用密目式安全网封闭，网间连接应严密；
3) 作业层应按规范要求设置防护栏杆；
4) 作业层外侧应设置高度不小于180mm的挡脚板。
6 交底与验收
1) 架体搭设前应进行安全技术交底，并应有文字记录；
2) 当架体分段搭设、分段使用时，应进行分段验收；
3) 搭设完毕应办理验收手续，验收应有量化内容并经责任人签字确认。

3.3.4 扣件式钢管脚手架一般项目的检查评定应符合下列规定：
1 横向水平杆设置
1) 横向水平杆应设置在纵向水平杆与立杆相交的主节点处，两端应与纵向水平杆固定；
2) 作业层应按铺设脚手板的需要增加设置横向水平杆；
3) 单排脚手架横向水平杆插入墙内不应小于180mm。
2 杆件连接
1) 纵向水平杆杆件宜采用对接，若采用搭接，其搭接长度不应小于1m，且固定应符合规范要求；
2) 立杆除顶层顶步外，不得采用搭接；
3) 杆件对接扣件应交错布置，并符合规范要求；
4) 扣件紧固力矩不应小于40N·m，且不应大于65N·m。
3 层间防护
1) 作业层脚手板下应采用安全平网兜底，以下每隔10m应采用安全平网封闭；
2) 作业层里排架体与建筑物之间应采用脚手板或安全平网封闭。
4 构配件材质
1) 钢管直径、壁厚、材质应符合规范要求；
2) 钢管弯曲、变形、锈蚀应在规范允许范围内；
3) 扣件应进行复试且技术性能符合规范要求。
5 通道
1) 架体应设置供人员上下的专用通道；
2) 专用通道的设置应符合规范要求。

3.4 门式钢管脚手架

3.4.1 门式钢管脚手架检查评定应符合现行行业标准《建筑施工门式钢管脚手架安全技术规范》JGJ 128 的规定。

3.4.2 门式钢管脚手架检查评定保证项目应包括：施工方案、架体基础、架体稳定、杆件锁臂、脚手板、交底与验收。一般项目应包括：架体防护、构配件材质、荷载、通道。

3.4.3 门式钢管脚手架保证项目的检查评定应符合下列规定：
1 施工方案
1) 架体搭设应编制专项施工方案，结构设计应进行计算，并按规定进行审核、审批；
2) 当架体搭设超过规范允许高度时，应组织专家对专项施工方案进行论证。
2 架体基础
1) 立杆基础应按方案要求平整、夯实，并应采取排水措施；
2) 架体底部应设置垫板和立杆底座，并应符合规范要求；
3) 架体扫地杆设置应符合规范要求。
3 架体稳定
1) 架体与建筑物结构拉结应符合规范要求；
2) 架体剪刀撑斜杆与地面夹角应在45°～60°之间，应采用旋转扣件与立杆固定，剪刀撑设置应符合规范要求；
3) 门架立杆的垂直偏差应符合规范要求；
4) 交叉支撑的设置应符合规范要求。
4 杆件锁臂
1) 架体杆件、锁臂应按规范要求进行组装；
2) 应按规范要求设置纵向水平加固杆；
3) 架体使用的扣件规格应与连接杆件相匹配。
5 脚手板
1) 脚手板材质、规格应符合规范要求；
2) 脚手板应铺设严密、平整、牢固；
3) 挂扣式钢脚手板的挂扣必须完全挂扣在水平杆上，挂钩应处于锁住状态。
6 交底与验收
1) 架体搭设前应进行安全技术交底，并应有文字记录；
2) 当架体分段搭设、分段使用时，应进行分段验收；

3）搭设完毕应办理验收手续，验收应有量化内容并经责任人签字确认。

3.4.4 门式钢管脚手架一般项目的检查评定应符合下列规定：

1 架体防护
   1）作业层应按规范要求设置防护栏杆；
   2）作业层外侧应设置高度不小于180mm的挡脚板；
   3）架体外侧应采用密目式安全网进行封闭，网间连接应严密；
   4）架体作业层脚手板下应采用安全平网兜底，以下每隔10m应采用安全平网封闭。

2 构配件材质
   1）门架不应有严重的弯曲、锈蚀和开焊；
   2）门架及构配件的规格、型号、材质应符合规范要求。

3 荷载
   1）架体上的施工荷载应符合设计和规范要求；
   2）施工均布荷载、集中荷载应在设计允许范围内。

4 通道
   1）架体应设置供人员上下的专用通道；
   2）专用通道的设置应符合规范要求。

3.5 碗扣式钢管脚手架

3.5.1 碗扣式钢管脚手架检查评定应符合现行行业标准《建筑施工碗扣式钢管脚手架安全技术规范》JGJ 166 的规定。

3.5.2 碗扣式钢管脚手架检查评定保证项目应包括：施工方案、架体基础、架体稳定、杆件锁件、脚手板、交底与验收。一般项目应包括：架体防护、构配件材质、荷载、通道。

3.5.3 碗扣式钢管脚手架保证项目的检查评定应符合下列规定：

1 施工方案
   1）架体搭设应编制专项施工方案，结构设计应进行计算，并按规定进行审核、审批；
   2）当架体搭设超过规范允许高度时，应组织专家对专项施工方案进行论证。

2 架体基础
   1）立杆基础应按方案要求平整、夯实，并应采取排水措施，立杆底部设置的垫板和底座应符合规范要求；
   2）架体纵横向扫地杆距立杆底端高度不应大于350mm。

3 架体稳定
   1）架体与建筑结构拉结应符合规范要求，并应从架体底层第一步纵向水平杆处开始设置连墙件，当该处设置有困难时应采取其他可靠措施固定；
   2）架体拉结点应牢固可靠；
   3）连墙件应采用刚性杆件；
   4）架体竖向应沿高度方向连续设置专用斜杆或八字撑；
   5）专用斜杆两端应固定在纵横向水平杆的碗扣节点处；
   6）专用斜杆或八字形斜撑的设置角度应符合规范要求。

4 杆件锁件
   1）架体立杆间距、水平杆步距应符合设计和规范要求；
   2）应按专项施工方案设计的步距在立杆连接碗扣节点处设置纵、横向水平杆；
   3）当架体搭设高度超过24m时，顶部24m以下的连墙件应设置水平斜杆，并应符合规范要求；
   4）架体组装及碗扣紧固应符合规范要求。

5 脚手板
   1）脚手板材质、规格应符合规范要求；
   2）脚手板应铺设严密、平整、牢固；
   3）挂扣式钢脚手板的挂扣必须完全挂扣在水平杆上，挂钩应处于锁住状态。

6 交底与验收
   1）架体搭设前应进行安全技术交底，并应有文字记录；
   2）架体分段搭设、分段使用时，应进行分段验收；
   3）搭设完毕应办理验收手续，验收应有量化内容并经责任人签字确认。

3.5.4 碗扣式钢管脚手架一般项目的检查评定应符合下列规定：

1 架体防护
   1）架体外侧应采用密目式安全网进行封闭，网间连接应严密；
   2）作业层应按规范要求设置防护栏杆；
   3）作业层外侧应设置高度不小于180mm的挡脚板；
   4）作业层脚手板下应采用安全平网兜底，以下每隔10m应采用安全平网封闭。

2 构配件材质
   1）架体构配件的规格、型号、材质应符合规范要求；
   2）钢管不应有严重的弯曲、变形、锈蚀。

3 荷载
   1）架体上的施工荷载应符合设计和规范要求；
   2）施工均布荷载、集中荷载应在设计允许范围内。

4 通道

1) 架体应设置供人员上下的专用通道；
2) 专用通道的设置应符合规范要求。

3.6 承插型盘扣式钢管脚手架

3.6.1 承插型盘扣式钢管脚手架检查评定应符合现行行业标准《建筑施工承插型盘扣式钢管支架安全技术规程》JGJ 231的规定。

3.6.2 承插型盘扣式钢管脚手架检查评定保证项目包括：施工方案、架体基础、架体稳定、杆件设置、脚手板、交底与验收。一般项目包括：架体防护、杆件连接、构配件材质、通道。

3.6.3 承插型盘扣式钢管脚手架保证项目的检查评定应符合下列规定：

1 施工方案
 1) 架体搭设应编制专项施工方案，结构设计应进行计算；
 2) 专项施工方案应按规定进行审核、审批。

2 架体基础
 1) 立杆基础应按方案要求平整、夯实，并应采取排水措施；
 2) 立杆底部应设置垫板和可调底座，并应符合规范要求；
 3) 架体纵、横向扫地杆设置应符合规范要求。

3 架体稳定
 1) 架体与建筑结构拉结应符合规范要求，并应从架体底层第一步水平杆处开始设置连墙件，当该处设置有困难时应采取其他可靠措施固定；
 2) 架体拉结点应牢固可靠；
 3) 连墙件应采用刚性杆件；
 4) 架体竖向斜杆、剪刀撑的设置应符合规范要求；
 5) 竖向斜杆的两端应固定在纵、横向水平杆与立杆汇交的盘扣节点处；
 6) 斜杆及剪刀撑应沿脚手架高度连续设置，角度应符合规范要求。

4 杆件设置
 1) 架体立杆间距、水平杆步距应符合设计和规范要求；
 2) 应按专项施工方案设计的步距在立杆连接插盘处设置纵、横向水平杆；
 3) 当双排脚手架的水平杆未设挂扣式钢脚手板时，应按规范要求设置水平斜杆。

5 脚手板
 1) 脚手板材质、规格应符合规范要求；
 2) 脚手板应铺设严密、平整、牢固；
 3) 挂扣式钢脚手板的挂扣必须完全挂扣在水平杆上，挂钩应处于锁住状态。

6 交底与验收
 1) 架体搭设前应进行安全技术交底，并应有文字记录；
 2) 架体分段搭设、分段使用时，应进行分段验收；
 3) 搭设完毕应办理验收手续，验收应有量化内容并经责任人签字确认。

3.6.4 承插型盘扣式钢管脚手架一般项目的检查评定应符合下列规定：

1 架体防护
 1) 架体外侧应采用密目式安全网进行封闭，网间连接应严密；
 2) 作业层应按规范要求设置防护栏杆；
 3) 作业层外侧应设置高度不小于180mm的挡脚板；
 4) 作业层脚手板下应采用安全平网兜底，以下每隔10m应采用安全平网封闭。

2 杆件连接
 1) 立杆的接长位置应符合规范要求；
 2) 剪刀撑的接长应符合规范要求。

3 构配件材质
 1) 架体构配件的规格、型号、材质应符合规范要求；
 2) 钢管不应有严重的弯曲、变形、锈蚀。

4 通道
 1) 架体应设置供人员上下的专用通道；
 2) 专用通道的设置应符合规范要求。

3.7 满堂脚手架

3.7.1 满堂脚手架检查评定应符合现行行业标准《建筑施工扣件式钢管脚手架安全技术规范》JGJ 130、《建筑施工门式钢管脚手架安全技术规范》JGJ 128、《建筑施工碗扣式钢管脚手架安全技术规程》JGJ 166和《建筑施工承插型盘扣式钢管支架安全技术规程》JGJ 231的规定。

3.7.2 满堂脚手架检查评定保证项目应包括：施工方案、架体基础、架体稳定、杆件锁件、脚手板、交底与验收。一般项目应包括：架体防护、构配件材质、荷载、通道。

3.7.3 满堂脚手架保证项目的检查评定应符合下列规定：

1 施工方案
 1) 架体搭设应编制专项施工方案，结构设计应进行计算；
 2) 专项施工方案应按规定进行审核、审批。

2 架体基础
 1) 架体基础应按方案要求平整、夯实，并应采取排水措施；
 2) 架体底部应按规范要求设置垫板和底座，垫板规格应符合规范要求；

3）架体扫地杆设置应符合规范要求。
3　架体稳定
　　1）架体四周与中部应按规范要求设置竖向剪刀撑或专用斜杆；
　　2）架体应按规范要求设置水平剪刀撑或水平斜杆；
　　3）当架体高宽比大于规范规定时，应按规范要求与建筑结构拉结或采取增加架体宽度、设置钢丝绳张拉固定等稳定措施。
4　杆件锁件
　　1）架体立杆件间距、水平杆步距应符合设计和规范要求；
　　2）杆件的接长应符合规范要求；
　　3）架体搭设应牢固，杆件节点应按规范要求进行紧固。
5　脚手板
　　1）作业层脚手板应满铺、铺稳、铺牢；
　　2）脚手板的材质、规格应符合规范要求；
　　3）挂扣式钢脚手板的挂扣应完全挂扣在水平杆上，挂钩处应处于锁住状态。
6　交底与验收
　　1）架体搭设前应进行安全技术交底，并应有文字记录；
　　2）架体分段搭设、分段使用时，应进行分段验收；
　　3）搭设完毕应办理验收手续，验收应有量化内容并经责任人签字确认。

3.7.4 满堂脚手架一般项目的检查评定应符合下列规定：
1　架体防护
　　1）作业层应按规范要求设置防护栏杆；
　　2）作业层外侧应设置高度不小于180mm的挡脚板；
　　3）作业层脚手板下应采用安全平网兜底，以下每隔10m应采用安全平网封闭。
2　构配件材质
　　1）架体构配件的规格、型号、材质应符合规范要求；
　　2）杆件的弯曲、变形和锈蚀应在规范允许范围内。
3　荷载
　　1）架体上的施工荷载应符合设计和规范要求；
　　2）施工均布荷载、集中荷载应在设计允许范围内。
4　通道
　　1）架体应设置供人员上下的专用通道；
　　2）专用通道的设置应符合规范要求。

3.8　悬挑式脚手架

3.8.1 悬挑式脚手架检查评定应符合现行行业标准《建筑施工扣件式钢管脚手架安全技术规范》JGJ 130、《建筑施工门式钢管脚手架安全技术规范》JGJ 128、《建筑施工碗扣式钢管脚手架安全技术规范》JGJ 166和《建筑施工承插型盘扣式钢管支架安全技术规程》JGJ 231的规定。

3.8.2 悬挑式脚手架检查评定保证项目应包括：施工方案、悬挑钢梁、架体稳定、脚手板、荷载、交底与验收。一般项目应包括：杆件间距、架体防护、层间防护、构配件材质。

3.8.3 悬挑式脚手架保证项目的检查评定应符合下列规定：
1　施工方案
　　1）架体搭设应编制专项施工方案，结构设计应进行计算；
　　2）架体搭设超过规范允许高度，专项施工方案应按规定组织专家论证；
　　3）专项施工方案应按规定进行审核、审批。
2　悬挑钢梁
　　1）钢梁截面尺寸应经设计计算确定，且截面形式应符合设计和规范要求；
　　2）钢梁锚固端长度不应小于悬挑长度的1.25倍；
　　3）钢梁锚固处结构强度、锚固措施应符合设计和规范要求；
　　4）钢梁外端应设置钢丝绳或钢拉杆与上层建筑结构拉结；
　　5）钢梁间距应按悬挑架体立杆纵距设置。
3　架体稳定
　　1）立杆底部应与钢梁连接柱固定；
　　2）承插式立杆接长应采用螺栓或销钉固定；
　　3）纵横向扫地杆的设置应符合规范要求；
　　4）剪刀撑应沿悬挑架体高度连续设置，角度应为45°～60°；
　　5）架体应按规定设置横向斜撑；
　　6）架体应采用刚性连墙件与建筑结构拉结，设置的位置、数量应符合设计和规范要求。
4　脚手板
　　1）脚手板材质、规格应符合规范要求；
　　2）脚手板铺设应严密、牢固，探出横向水平杆长度不应大于150mm。
5　荷载
　　架体上施工荷载应均匀，并不应超过设计和规范要求。
6　交底与验收
　　1）架体搭设前应进行安全技术交底，并应有文字记录；
　　2）架体分段搭设、分段使用时，应进行分段验收；
　　3）搭设完毕应办理验收手续，验收应有量化内容并经责任人签字确认。

3.8.4 悬挑式脚手架一般项目的检查评定应符合下列规定：

1 杆件间距
   1）立杆纵、横向间距、纵向水平杆步距应符合设计和规范要求；
   2）作业层应按脚手板铺设的需要增加横向水平杆。

2 架体防护
   1）作业层应按规范要求设置防护栏杆；
   2）作业层外侧应设置高度不小于180mm的挡脚板；
   3）架体外侧应采用密目式安全网封闭，网间连接应严密。

3 层间防护
   1）架体作业层脚手板下应采用安全平网兜底，以下每隔10m应采用安全平网封闭；
   2）作业层里排架体与建筑物之间应采用脚手板或安全平网封闭；
   3）架体底层沿建筑结构边缘在悬挑钢梁与悬挑钢梁之间应采取措施封闭；
   4）架体底层应进行封闭。

4 构配件材质
   1）型钢、钢管、构配件规格材质应符合规范要求；
   2）型钢、钢管弯曲、变形、锈蚀应在规范允许范围内。

3.9 附着式升降脚手架

3.9.1 附着式升降脚手架检查评定应符合现行行业标准《建筑施工工具式脚手架安全技术规范》JGJ 202的规定。

3.9.2 附着式升降脚手架检查评定保证项目包括：施工方案、安全装置、架体构造、附着支座、架体安装、架体升降。一般项目包括：检查验收、脚手板、架体防护、安全作业。

3.9.3 附着式升降脚手架保证项目的检查评定应符合下列规定：

1 施工方案
   1）附着式升降脚手架搭设作业应编制专项施工方案，结构设计应进行计算；
   2）专项施工方案应按规定进行审核、审批；
   3）脚手架提升超过规定允许高度，应组织专家对专项施工方案进行论证。

2 安全装置
   1）附着式升降脚手架应安装防坠落装置，技术性能应符合规范要求；
   2）防坠落装置与升降设备应分别独立固定在建筑结构上；
   3）防坠落装置应设置在竖向主框架处，与建筑结构附着；
   4）附着式升降脚手架应安装防倾覆装置，技术性能应符合规范要求；
   5）升降和使用工况时，最上和最下两个防倾装置之间最小间距应符合规范要求；
   6）附着式升降脚手架应安装同步控制装置，并应符合规范要求。

3 架体构造
   1）架体高度不应大于5倍楼层高度，宽度不应大于1.2m；
   2）直线布置的架体支承跨度不应大于7m，折线、曲线布置的架体支撑点处的架体外侧距离不应大于5.4m；
   3）架体水平悬挑长度不应大于2m，且不应大于跨度的1/2；
   4）架体悬臂高度不应大于架体高度的2/5，且不应大于6m；
   5）架体高度与支承跨度的乘积不应大于110m^2。

4 附着支座
   1）附着支座数量、间距应符合规范要求；
   2）使用工况应将竖向主框架与附着支座固定；
   3）升降工况应将防倾、导向装置设置在附着支座上；
   4）附着支座与建筑结构连接固定方式应符合规范要求。

5 架体安装
   1）主框架和水平支承桁架的节点应采用焊接或螺栓连接，各杆件的轴线应汇交于节点；
   2）内外两片水平支承桁架的上弦和下弦之间应设置水平支撑杆件，各节点应采用焊接或螺栓连接；
   3）架体立杆底端应设在水平桁架上弦杆的节点处；
   4）竖向主框架组装高度应与架体高度相等；
   5）剪刀撑应沿架体高度连续设置，并应将竖向主框架、水平支承桁架和架体构架连成一体，剪刀撑斜杆水平夹角应为45°~60°。

6 架体升降
   1）两跨以上架体同时升降应采用电动或液压动力装置，不得采用手动装置；
   2）升降工况附着支座处建筑结构混凝土强度应符合设计和规范要求；
   3）升降工况架体上不得有施工荷载，严禁人员在架体上停留。

3.9.4 附着式升降脚手架一般项目的检查评定应符合下列规定：

1 检查验收

1) 动力装置、主要结构配件进场应按规定进行验收;
2) 架体分区段安装、分区段使用时,应进行分区段验收;
3) 架体安装完毕应按规定进行整体验收,验收应有量化内容并经责任人签字确认;
4) 架体每次升、降前应按规定进行检查,并应填写检查记录。

2 脚手板
1) 脚手板应铺设严密、平整、牢固;
2) 作业层里排架体与建筑物之间应采用脚手板或安全平网封闭;
3) 脚手板材质、规格应符合规范要求。

3 架体防护
1) 架体外侧应采用密目式安全网封闭,网间连接应严密;
2) 作业层应按规范要求设置防护栏杆;
3) 作业层外侧应设置高度不小于180mm的挡脚板。

4 安全作业
1) 操作前应对有关技术人员和作业人员进行安全技术交底,并应有文字记录;
2) 作业人员应经培训并定岗作业;
3) 安装拆除单位资质应符合要求,特种作业人员应持证上岗;
4) 架体安装、升降、拆除时应设置安全警戒区,并应设置专人监护;
5) 荷载分布应均匀,荷载最大值应在规范允许范围内。

3.10 高处作业吊篮

3.10.1 高处作业吊篮检查评定应符合现行行业标准《建筑施工工具式脚手架安全技术规范》JGJ 202 的规定。

3.10.2 高处作业吊篮检查评定保证项目应包括:施工方案、安全装置、悬挂机构、钢丝绳、安装作业、升降作业。一般项目应包括:交底与验收、安全防护、吊篮稳定、荷载。

3.10.3 高处作业吊篮保证项目的检查评定应符合下列规定:

1 施工方案
1) 吊篮安装作业应编制专项施工方案,吊篮支架支撑处的结构承载力应经过验算;
2) 专项施工方案应按规定进行审核、审批。

2 安全装置
1) 吊篮应安装防坠安全锁,并应灵敏有效;
2) 防坠安全锁不应超过标定期限;
3) 吊篮应设置为作业人员挂安全带专用的安全绳和安全锁扣,安全绳应固定在建筑物可靠位置上,不得与吊篮上的任何部位连接;
4) 吊篮应安装上限位装置,并应保证限位装置灵敏可靠。

3 悬挂机构
1) 悬挂机构前支架不得支撑在女儿墙及建筑物外挑檐边缘等非承重结构上;
2) 悬挂机构前梁外伸长度应符合产品说明书规定;
3) 前支架应与支撑面垂直,且脚轮不应受力;
4) 上支架应固定在前支架调节杆与悬挑梁连接的节点处;
5) 严禁使用破损的配重块或其他替代物;
6) 配重块应固定可靠,重量应符合设计规定。

4 钢丝绳
1) 钢丝绳不应有断丝、断股、松股、锈蚀、硬弯及油污和附着物;
2) 安全钢丝绳应单独设置,型号规格应与工作钢丝绳一致;
3) 吊篮运行时安全钢丝绳应张紧悬垂;
4) 电焊作业时应对钢丝绳采取保护措施。

5 安装作业
1) 吊篮平台的组装长度应符合产品说明书和规范要求;
2) 吊篮的构配件应为同一厂家的产品。

6 升降作业
1) 必须由经过培训合格的人员操作吊篮升降;
2) 吊篮内的作业人员不应超过2人;
3) 吊篮内作业人员应将安全带用安全锁扣正确挂置在独立设置的专用安全绳上;
4) 作业人员应从地面进出吊篮。

3.10.4 高处作业吊篮一般项目的检查评定应符合下列规定:

1 交底与验收
1) 吊篮安装完毕,应按规范要求进行验收,验收表应由责任人签字确认;
2) 班前、班后应按规定对吊篮进行检查;
3) 吊篮安装、使用前对作业人员进行安全技术交底,并应有文字记录。

2 安全防护
1) 吊篮平台周边的防护栏杆、挡脚板的设置应符合规范要求;
2) 上下立体交叉作业时吊篮应设置顶部防护板。

3 吊篮稳定
1) 吊篮作业时应采取防止摆动的措施;
2) 吊篮与作业面距离应在规定要求范围内。

4 荷载
1) 吊篮施工荷载应符合设计要求;

2) 吊篮施工荷载应均匀分布。

3.11 基坑工程

3.11.1 基坑工程安全检查评定应符合现行国家标准《建筑基坑工程监测技术规范》GB 50497 和现行行业标准《建筑基坑支护技术规程》JGJ 120、《建筑施工土石方工程安全技术规范》JGJ 180 的规定。

3.11.2 基坑工程检查评定保证项目应包括：施工方案、基坑支护、降排水、基坑开挖、坑边荷载、安全防护。一般项目应包括：基坑监测、支撑拆除、作业环境、应急预案。

3.11.3 基坑工程保证项目的检查评定应符合下列规定：

1 施工方案
  1) 基坑工程施工应编制专项施工方案，开挖深度超过3m或虽未超过3m但地质条件和周边环境复杂的基坑土方开挖、支护、降水工程，应单独编制专项施工方案；
  2) 专项施工方案应按规定进行审核、审批；
  3) 开挖深度超过5m的基坑土方开挖、支护、降水工程或开挖深度虽未超过5m但地质条件、周围环境复杂的基坑土方开挖、支护、降水工程专项施工方案，应组织专家进行论证；
  4) 当基坑周边环境或施工条件发生变化时，专项施工方案应重新进行审核、审批。

2 基坑支护
  1) 人工开挖的狭窄基槽，开挖深度较大并存在边坡塌方危险时，应采取支护措施；
  2) 地质条件良好、土质均匀且无地下水的自然放坡的坡率应符合规范要求；
  3) 基坑支护结构应符合设计要求；
  4) 基坑支护结构水平位移应在设计允许范围内。

3 降排水
  1) 当基坑开挖深度范围内有地下水时，应采取有效的降排水措施；
  2) 基坑边沿周围地面应设排水沟；放坡开挖时，应对坡顶、坡面、坡脚采取降排水措施；
  3) 基坑底四周应按专项施工方案设排水沟和集水井，并应及时排除积水。

4 基坑开挖
  1) 基坑支护结构必须在达到设计要求的强度后，方可开挖下层土方，严禁提前开挖和超挖；
  2) 基坑开挖应按设计和施工方案的要求，分层、分段、均衡开挖；
  3) 基坑开挖采取措施防止碰撞支护结构、工程桩或扰动基底原状土土层；
  4) 当采用机械在软土场地作业时，应采取铺设渣土或砂石等硬化措施。

5 坑边荷载
  1) 基坑边堆置土、料具等荷载应在基坑支护设计允许范围内；
  2) 施工机械与基坑边沿的安全距离应符合设计要求。

6 安全防护
  1) 开挖深度超过2m及以上的基坑周边必须安装防护栏杆，防护栏杆的安装应符合规范要求；
  2) 基坑内应设置供施工人员上下的专用梯道；梯道应设置扶手栏杆，梯道的宽度不应小于1m，梯道搭设应符合规范要求；
  3) 降水井口应设置防护盖板或围栏，并应设置明显的警示标志。

3.11.4 基坑工程一般项目的检查评定应符合下列规定：

1 基坑监测
  1) 基坑开挖前应编制监测方案，并应明确监测项目、监测报警值、监测方法和监测点的布置、监测周期等内容；
  2) 监测的时间间隔应根据施工进度确定，当监测结果变化速率较大时，应加密观测次数；
  3) 基坑开挖监测工程中，应根据设计要求提交阶段性监测报告。

2 支撑拆除
  1) 基坑支撑结构的拆除方式、拆除顺序应符合专项施工方案的要求；
  2) 当采用机械拆除时，施工荷载应小于支撑结构承载能力；
  3) 人工拆除时，应按规定设置防护设施；
  4) 当采用爆破拆除、静力破碎等拆除方式时，必须符合国家现行相关规范的要求。

3 作业环境
  1) 基坑内土方机械、施工人员的安全距离应符合规范要求；
  2) 上下垂直作业应按规定采取有效的防护措施；
  3) 在电力、通信、燃气、上下水等管线2m范围内挖土时，应采取安全保护措施，并应设专人监护；
  4) 施工作业区域应采光良好，当光线较弱时应设置有足够照度的光源。

4 应急预案
  1) 基坑工程应按规范要求结合工程施工过程中可能出现的支护变形、漏水等影响基坑工程安全的不利因素制定应急预案；
2) 应急组织机构应健全，应急的物资、材料、工具、机具等品种、规格、数量应满足应急的需要，并应符合应急预案的要求。

3.12 模 板 支 架

3.12.1 模板支架安全检查评定应符合现行行业标准《建筑施工模板安全技术规范》JGJ 162、《建筑施工扣件式钢管脚手架安全技术规范》JGJ 130、《建筑施工门式钢管脚手架安全技术规范》JGJ 128、《建筑施工碗扣式钢管脚手架安全技术规范》JGJ 166 和《建筑施工承插型盘扣式钢管支架安全技术规程》JGJ 231 的规定。

3.12.2 模板支架检查评定保证项目应包括：施工方案、支架基础、支架构造、支架稳定、施工荷载、交底与验收。一般项目应包括：杆件连接、底座与托撑、构配件材质、支架拆除。

3.12.3 模板支架保证项目的检查评定应符合下列规定：
1 施工方案
  1) 模板支架搭设应编制专项施工方案，结构设计应进行计算，并应按规定进行审核、审批；
  2) 模板支架搭设高度 8m 及以上；跨度 18m 及以上，施工总荷载 15kN/m² 及以上；集中线荷载 20kN/m 及以上的专项施工方案，应按规定组织专家论证。
2 支架基础
  1) 基础应坚实、平整，承载力应符合设计要求，并应能承受支架上部全部荷载；
  2) 支架底部应按规范要求设置底座、垫板，垫板规格应符合规范要求；
  3) 支架底部纵、横向扫地杆的设置应符合规范要求；
  4) 基础应采取排水设施，并应排水畅通；
  5) 当支架设在楼面结构上时，应对楼面结构强度进行验算，必要时应对楼面结构采取加固措施。
3 支架构造
  1) 立杆间距应符合设计和规范要求；
  2) 水平杆步距应符合设计和规范要求，水平杆应按规范要求连续设置；
  3) 竖向、水平剪刀撑或专用斜杆、水平斜杆的设置应符合规范要求。
4 支架稳定
  1) 当支架高宽比大于规定值时，应按规定设置连墙杆或采用增加架体宽度的加强措施；
  2) 立杆伸出顶层水平杆中心线至支撑点的长度应符合规范要求；

  3) 浇筑混凝土时应对架体基础沉降、架体变形进行监控，基础沉降、架体变形应在规定允许范围内。
5 施工荷载
  1) 施工均布荷载、集中荷载应在设计允许范围内；
  2) 当浇筑混凝土时，应对混凝土堆积高度进行控制。
6 交底与验收
  1) 支架搭设、拆除前应进行交底，并应有交底记录；
  2) 支架搭设完毕，应按规定组织验收，验收应有量化内容并经责任人签字确认。

3.12.4 模板支架一般项目的检查评定应符合下列规定：
1 杆件连接
  1) 立杆应采用对接、套接或承插式连接方式，并应符合规范要求；
  2) 水平杆的连接应符合规范要求；
  3) 当剪刀撑斜杆采用搭接时，搭接长度不应小于 1m；
  4) 杆件各连接点的紧固应符合规范要求。
2 底座与托撑
  1) 可调底座、托撑螺杆直径应与立杆内径匹配，配合间隙应符合规范要求；
  2) 螺杆旋入螺母内长度不应少于 5 倍的螺距。
3 构配件材质
  1) 钢管壁厚应符合规范要求；
  2) 构配件规格、型号、材质应符合规范要求；
  3) 杆件弯曲、变形、锈蚀量应在规范允许范围内。
4 支架拆除
  1) 支架拆除前结构的混凝土强度应达到设计要求；
  2) 支架拆除前应设置警戒区，并应设专人监护。

3.13 高 处 作 业

3.13.1 高处作业检查评定应符合现行国家标准《安全网》GB 5725、《安全帽》GB 2118、《安全带》GB 6095 和现行行业标准《建筑施工高处作业安全技术规范》JGJ 80 的规定。

3.13.2 高处作业检查评定项目应包括：安全帽、安全网、安全带、临边防护、洞口防护、通道口防护、攀登作业、悬空作业、移动式操作平台、悬挑式物料钢平台。

3.13.3 高处作业的检查评定应符合下列规定：
1 安全帽
  1) 进入施工现场的人员必须正确佩戴安全帽；

2) 安全帽的质量应符合规范要求。
2 安全网
  1) 在建工程外脚手架的外侧应采用密目式安全网进行封闭;
  2) 安全网的质量应符合规范要求。
3 安全带
  1) 高处作业人员应按规定系挂安全带;
  2) 安全带的系挂应符合规范要求;
  3) 安全带的质量应符合规范要求。
4 临边防护
  1) 作业面边沿应设置连续的临边防护设施;
  2) 临边防护设施的构造、强度应符合规范要求;
  3) 临边防护设施宜定型化、工具式,杆件的规格及连接固定方式应符合规范要求。
5 洞口防护
  1) 在建工程的预留洞口、楼梯口、电梯井口等孔洞应采取防护措施;
  2) 防护措施、设施应符合规范要求;
  3) 防护设施宜定型化、工具式;
  4) 电梯井内每隔2层且不大于10m应设置安全平网防护。
6 通道口防护
  1) 通道口防护应严密、牢固;
  2) 防护棚两侧应采取封闭措施;
  3) 防护棚宽度应大于通道口宽度,长度应符合规范要求;
  4) 当建筑物高度超过24m时,通道口防护顶棚应采用双层防护;
  5) 防护棚的材质应符合规范要求。
7 攀登作业
  1) 梯脚底部应坚实,不得垫高使用;
  2) 折梯使用时上部夹角宜为35°~45°,并应设有可靠的拉撑装置;
  3) 梯子的材质和制作质量应符合规范要求。
8 悬空作业
  1) 悬空作业处应设置防护栏杆或采取其他可靠的安全措施;
  2) 悬空作业所使用的索具、吊具等应经验收,合格后方可使用;
  3) 悬空作业人员应系挂安全带、佩带工具袋。
9 移动式操作平台
  1) 操作平台应按规定进行设计计算;
  2) 移动式操作平台轮子与平台连接应牢固、可靠,立柱底端距地面高度不得大于80mm;
  3) 操作平台应按设计和规范要求进行组装,铺板应严密;
  4) 操作平台四周应按规范要求设置防护栏杆,并应设置登高扶梯;
  5) 操作平台的材质应符合规范要求。
10 悬挑式物料钢平台
  1) 悬挑式物料钢平台的制作、安装应编制专项施工方案,并应进行设计计算;
  2) 悬挑式物料钢平台的下部支撑系统或上部拉结点,应设置在建筑结构上;
  3) 斜拉杆或钢丝绳应按规范要求在平台两侧各设置前后两道;
  4) 钢平台两侧必须安装固定的防护栏杆,并应在平台明显处设置荷载限定标牌;
  5) 钢平台台面、钢平台与建筑结构间铺板应严密、牢固。

3.14 施工用电

3.14.1 施工用电检查评定应符合现行国家标准《建设工程施工现场供用电安全规范》GB 50194和现行行业标准《施工现场临时用电安全技术规范》JGJ 46的规定。

3.14.2 施工用电检查评定的保证项目应包括:外电防护、接地与接零保护系统、配电线路、配电箱与开关箱。一般项目应包括:配电室与配电装置、现场照明、用电档案。

3.14.3 施工用电保证项目的检查评定应符合下列规定:
1 外电防护
  1) 外电线路与在建工程及脚手架、起重机械、场内机动车道的安全距离应符合规范要求;
  2) 当安全距离不符合规范要求时,必须采取隔离防护措施,并应悬挂明显的警示标志;
  3) 防护设施与外电线路的安全距离应符合规范要求,并应坚固、稳定;
  4) 外电架空线路正下方不得进行施工、建造临时设施或堆放材料物品。
2 接地与接零保护系统
  1) 施工现场专用的电源中性点直接接地的低压配电系统应采用TN-S接零保护系统;
  2) 施工现场配电系统不得同时采用两种保护系统;
  3) 保护零线应由工作接地线、总配电箱电源侧零线或总漏电保护器电源零线处引出,电气设备的金属外壳必须与保护零线连接;
  4) 保护零线应单独敷设,线路上严禁装设开关或熔断器,严禁通过工作电流;
  5) 保护零线应采用绝缘导线,规格和颜色标记应符合规范要求;
  6) 保护零线应在总配电箱处、配电系统的中间处和末端处作重复接地;
  7) 接地装置的接地线应采用2根及以上导体,

在不同点与接地体做电气连接。接地体应采用角钢、钢管或光面圆钢；
8）工作接地电阻不得大于 4Ω，重复接地电阻不得大于 10Ω；
9）施工现场起重机、物料提升机、施工升降机、脚手架应按规范要求采取防雷措施，防雷装置的冲击接地电阻值不得大于 30Ω；
10）做防雷接地机械上的电气设备，保护零线必须同时作重复接地。

3 配电线路
1）线路及接头应保证机械强度和绝缘强度；
2）线路应设短路、过载保护，导线截面应满足线路负荷电流；
3）线路的设施、材料及相序排列、档距、与邻近线路或固定物的距离应符合规范要求；
4）电缆应采用架空或埋地敷设并应符合规范要求，严禁沿地面明设或沿脚手架、树木等敷设；
5）电缆中必须包含全部工作芯线和用作保护零线的芯线，并应按规定接用；
6）室内明敷主干线距地面高度不得小于 2.5m。

4 配电箱与开关箱
1）施工现场配电系统应采用三级配电、二级漏电保护系统，用电设备必须有各自专用的开关箱；
2）箱体结构、箱内电器设置及使用应符合规范要求；
3）配电箱必须分设工作零线端子板和保护零线端子板，保护零线、工作零线必须通过各自的端子板连接；
4）总配电箱与开关箱应安装漏电保护器，漏电保护器参数应匹配并灵敏可靠；
5）箱体应设置系统接线图和分路标记，并应有门、锁及防雨措施；
6）箱体安装位置、高度及周边通道应符合规范要求；
7）分配箱与开关箱间的距离不应超过 30m，开关箱与用电设备间的距离不应超过 3m。

3.14.4 施工用电一般项目的检查评定应符合下列规定：

1 配电室与配电装置
1）配电室的建筑耐火等级不应低于三级，配电室应配置适用于电气火灾的灭火器材；
2）配电室、配电装置的布设应符合规范要求；
3）配电装置中的仪表、电器元件设置应符合规范要求；
4）备用发电机组应与外电线路进行连锁；
5）配电室应采取防止风雨和小动物侵入的措施；
6）配电室应设置警示标志、工地供电平面图和系统图。

2 现场照明
1）照明用电应与动力用电分设；
2）特殊场所和手持照明灯应采用安全电压供电；
3）照明变压器应采用双绕组安全隔离变压器；
4）灯具金属外壳应接保护零线；
5）灯具与地面、易燃物间的距离应符合规范要求；
6）照明线路和安全电压线路的架设应符合规范要求；
7）施工现场应按规范要求配备应急照明。

3 用电档案
1）总包单位与分包单位应签订临时用电管理协议，明确各方相关责任；
2）施工现场应制定专项用电施工组织设计、外电防护专项方案；
3）专项用电施工组织设计、外电防护专项方案应履行审批程序，实施后应由相关部门组织验收；
4）用电各项记录应按规定填写，记录应真实有效；
5）用电档案资料应齐全，并应设专人管理。

3.15 物料提升机

3.15.1 物料提升机检查评定应符合现行行业标准《龙门架及井架物料提升机安全技术规范》JGJ 88 的规定。

3.15.2 物料提升机检查评定保证项目应包括：安全装置、防护设施、附墙架与缆风绳、钢丝绳、安拆、验收与使用。一般项目应包括：基础与导轨架、动力与传动、通信装置、卷扬机操作棚、避雷装置。

3.15.3 物料提升机保证项目的检查评定应符合下列规定：

1 安全装置
1）应安装起重量限制器、防坠安全器，并应灵敏可靠；
2）安全停层装置应符合规范要求，并应定型化；
3）应安装上行程限位并灵敏可靠，安全越程不应小于 3m；
4）安装高度超过 30m 的物料提升机应安装渐进式防坠安全器及自动停层、语音影像信号监控装置。

2 防护设施
1）应在地面进料口安装防护围栏和防护棚，防护围栏、防护棚的安装高度和强度应符合规范要求；
2）停层平台两侧应设置防护栏杆、挡脚板，平台脚手板应铺满、铺平；
3）平台门、吊笼门安装高度、强度应符合规范要求，并应定型化。

3 附墙架与缆风绳
1）附墙架结构、材质、间距应符合产品说明书要求；
2）附墙架应与建筑结构可靠连接；
3）缆风绳设置的数量、位置、角度应符合规范要求，并应与地锚可靠连接；
4）安装高度超过30m的物料提升机必须使用附墙架；
5）地锚设置应符合规范要求。

4 钢丝绳
1）钢丝绳磨损、断丝、变形、锈蚀量应在规范允许范围内；
2）钢丝绳夹设置应符合规范要求；
3）当吊笼处于最低位置时，卷筒上钢丝绳严禁少于3圈；
4）钢丝绳应设置过路保护措施。

5 安拆、验收与使用
1）安装、拆卸单位应具有起重设备安装工程专业承包资质和安全生产许可证；
2）安装、拆卸作业应制定专项施工方案，并应按规定进行审核、审批；
3）安装完毕应履行验收程序，验收表格应由责任人签字确认；
4）安装、拆卸作业人员及司机应持证上岗；
5）物料提升机作业前应按规定进行例行检查，并应填写检查记录；
6）实行多班作业，应按规定填写交接班记录。

3.15.4 物料提升机一般项目的检查评定应符合下列规定：
1 基础与导轨架
1）基础的承载力和平整度应符合规范要求；
2）基础周边应设置排水设施；
3）导轨架垂直度偏差不应大于导轨架高度0.15%；
4）井架停层平台通道处的结构应采取加强措施。

2 动力与传动
1）卷扬机、曳引机应安装牢固，当卷扬机卷筒与导轨架底部导向轮的距离小于20倍卷筒宽度时，应设置排绳器；
2）钢丝绳应在卷筒上排列整齐；
3）滑轮与导轨架、吊笼应采用刚性连接，滑轮应与钢丝绳相匹配；
4）卷筒、滑轮应设置防止钢丝绳脱出装置；

5）当曳引钢丝绳为2根及以上时，应设置曳引力平衡装置。

3 通信装置
1）应按规范要求设置通信装置；
2）通信装置应具有语音和影像显示功能。

4 卷扬机操作棚
1）应按规范要求设置卷扬机操作棚；
2）卷扬机操作棚强度、操作空间应符合规范要求。

5 避雷装置
1）当物料提升机未在其他防雷保护范围内时，应设置避雷装置；
2）避雷装置设置应符合现行行业标准《施工现场临时用电安全技术规范》JGJ 46 的规定。

3.16 施工升降机

3.16.1 施工升降机检查评定应符合现行国家标准《施工升降机安全规程》GB 10055 和现行行业标准《建筑施工升降机安装、使用、拆卸安全技术规程》JGJ 215 的规定。

3.16.2 施工升降机检查评定保证项目应包括：安全装置、限位装置、防护设施、附墙架、钢丝绳、滑轮与对重、安拆、验收与使用。一般项目应包括：导轨架、基础、电气安全、通信装置。

3.16.3 施工升降机保证项目的检查评定应符合下列规定：
1 安全装置
1）应安装起重量限制器，并应灵敏可靠；
2）应安装渐进式防坠安全器并应灵敏可靠，防坠安全器应在有效的标定期内使用；
3）对重钢丝绳应安装防松绳装置，并应灵敏可靠；
4）吊笼的控制装置应安装非自动复位型的急停开关，任何时候均可切断控制电路停止吊笼运行；
5）底架应安装吊笼和对重缓冲器，缓冲器应符合规范要求；
6）SC 型施工升降机应安装一对以上安全钩。

2 限位装置
1）应安装非自动复位型极限开关并应灵敏可靠；
2）应安装自动复位型上、下限位开关并应灵敏可靠，上、下限位开关安装位置应符合规范要求；
3）上极限开关与上限位开关之间的安全越程不应小于0.15m；
4）极限开关、限位开关应设置独立的触发元件；

  5) 吊笼门应安装机电连锁装置，并应灵敏可靠；
  6) 吊笼顶窗应安装电气安全开关，并应灵敏可靠。
 3 防护设施
  1) 吊笼和对重升降通道周围应安装地面防护围栏，防护围栏的安装高度、强度应符合规范要求，围栏门应安装机电连锁装置并应灵敏可靠；
  2) 地面出入通道防护棚的搭设应符合规范要求；
  3) 停层平台两侧应设置防护栏杆、挡脚板，平台脚手板应铺满、铺平；
  4) 层门安装高度、强度应符合规范要求，并应定型化。
 4 附墙架
  1) 附墙架应采用配套标准产品，当附墙架不能满足施工现场要求时，应对附墙架另行设计，附墙架的设计应满足构件刚度、强度、稳定性等要求，制作应满足设计要求；
  2) 附墙架与建筑结构连接方式、角度应符合产品说明书要求；
  3) 附墙架间距、最高附着点以上导轨架的自由高度应符合产品说明书要求。
 5 钢丝绳、滑轮与对重
  1) 对重钢丝绳绳数不得少于2根且应相互独立；
  2) 钢丝绳磨损、变形、锈蚀应在规范允许范围内；
  3) 钢丝绳的规格、固定应符合产品说明书及规范要求；
  4) 滑轮应安装钢丝绳防脱装置，并应符合规范要求；
  5) 对重重量、固定应符合产品说明书要求；
  6) 对重除导向轮或滑靴外应设有防脱轨保护装置。
 6 安拆、验收与使用
  1) 安装、拆卸单位应具有起重设备安装工程专业承包资质和安全生产许可证；
  2) 安装、拆卸应制定专项施工方案，并经过审核、审批；
  3) 安装完毕应履行验收程序，验收表格应由责任人签字确认；
  4) 安装、拆卸作业人员及司机应持证上岗；
  5) 施工升降机作业前应按规定进行例行检查，并应填写检查记录；
  6) 实行多班作业，应按规定填写交接班记录。

3.16.4 施工升降机一般项目的检查评定应符合下列规定：

 1 导轨架
  1) 导轨架垂直度应符合规范要求；
  2) 标准节的质量应符合产品说明书及规范要求；
  3) 对重导轨应符合规范要求；
  4) 标准节连接螺栓使用应符合产品说明书及规范要求。
 2 基础
  1) 基础制作、验收应符合说明书及规范要求；
  2) 基础设置在地下室顶板或楼面结构上时，应对其支承结构进行承载力验算；
  3) 基础应设有排水设施。
 3 电气安全
  1) 施工升降机与架空线路的安全距离或防护措施应符合规范要求；
  2) 电缆导向架设置应符合说明书及规范要求；
  3) 施工升降机在其他避雷装置保护范围外应设置避雷装置，并应符合规范要求。
 4 通信装置
  施工升降机应安装楼层信号联络装置，并应清晰有效。

3.17 塔式起重机

3.17.1 塔式起重机检查评定应符合现行国家标准《塔式起重机安全规程》GB 5144 和现行行业标准《建筑施工塔式起重机安装、使用、拆卸安全技术规程》JGJ 196 的规定。

3.17.2 塔式起重机检查评定保证项目应包括：载荷限制装置、行程限位装置、保护装置、吊钩、滑轮、卷筒与钢丝绳、多塔作业、安拆、验收与使用。一般项目应包括：附着、基础与轨道、结构设施、电气安全。

3.17.3 塔式起重机保证项目的检查评定应符合下列规定：

 1 载荷限制装置
  1) 应安装起重量限制器并应灵敏可靠。当起重量大于相应档位的额定值并小于该额定值的110%时，应切断上升方向的电源，但机构可作下降方向的运动；
  2) 应安装起重力矩限制器并应灵敏可靠。当起重力矩大于相应工况下的额定值并小于该额定值的110%，应切断上升和幅度增大方向的电源，但机构可作下降和减小幅度方向的运动。
 2 行程限位装置
  1) 应安装起升高度限位器，起升高度限位器的安全越程应符合规范要求，并应灵敏可靠；
  2) 小车变幅的塔式起重机应安装小车行程开

关，动臂变幅的塔式起重机应安装臂架幅度限制开关，并应灵敏可靠；
3) 回转部分不设集电器的塔式起重机应安装回转限位器，并应灵敏可靠；
4) 行走式塔式起重机应安装行走限位器，并应灵敏可靠。

3 保护装置
1) 小车变幅的塔式起重机应安装断绳保护及断轴保护装置，并应符合规范要求；
2) 行走及小车变幅的轨道行程末端应安装缓冲器及止挡装置，并应符合规范要求；
3) 起重臂根部绞点高度大于50m的塔式起重机应安装风速仪，并应灵敏可靠；
4) 当塔式起重机顶部高度大于30m且高于周围建筑物时，应安装障碍指示灯。

4 吊钩、滑轮、卷筒与钢丝绳
1) 吊钩应安装钢丝绳防脱钩装置并应完好可靠，吊钩的磨损、变形应在规定允许范围内；
2) 滑轮、卷筒应安装钢丝绳防脱装置并应完好可靠，滑轮、卷筒的磨损应在规定允许范围内；
3) 钢丝绳的磨损、变形、锈蚀应在规定允许范围内，钢丝绳的规格、固定、缠绕应符合说明书及规范要求。

5 多塔作业
1) 多塔作业应制定专项施工方案并经过审批；
2) 任意两台塔式起重机之间的最小架设距离应符合规范要求。

6 安拆、验收与使用
1) 安装、拆卸单位应具有起重设备安装工程专业承包资质和安全生产许可证；
2) 安装、拆卸应制定专项施工方案，并经过审核、审批；
3) 安装完毕应履行验收程序，验收表格应由责任人签字确认；
4) 安装、拆卸作业人员及司机、指挥应持证上岗；
5) 塔式起重机作业前应按规定进行例行检查，并应填写检查记录；
6) 实行多班作业，应按规定填写交接班记录。

3.17.4 塔式起重机一般项目的检查评定应符合下列规定：

1 附着
1) 当塔式起重机高度超过产品说明书规定时，应安装附着装置，附着装置安装应符合产品说明书及规范要求；
2) 当附着装置的水平距离不能满足产品说明书要求时，应进行设计计算和审批；
3) 安装内爬式塔式起重机的建筑承载结构应进行承载力验算；
4) 附着前和附着后塔身垂直度应符合规范要求。

2 基础与轨道
1) 塔式起重机基础应按产品说明书及有关规定进行设计、检测和验收；
2) 基础应设置排水措施；
3) 路基箱或枕木铺设应符合产品说明书及规范要求；
4) 轨道铺设应符合产品说明书及规范要求。

3 结构设施
1) 主要结构构件的变形、锈蚀应在规范允许范围内；
2) 平台、走道、梯子、护栏的设置应符合规范要求；
3) 高强螺栓、销轴、紧固件的紧固、连接应符合规范要求，高强螺栓应使用力矩扳手或专用工具紧固。

4 电气安全
1) 塔式起重机应采用TN-S接零保护系统供电；
2) 塔式起重机与架空线路的安全距离或防护措施应符合规范要求；
3) 塔式起重机应安装避雷接地装置，并应符合规范要求；
4) 电缆的使用及固定应符合规范要求。

3.18 起重吊装

3.18.1 起重吊装检查评定应符合现行国家标准《起重机械安全规程》GB 6067的规定。

3.18.2 起重吊装检查评定保证项目应包括：施工方案、起重机械、钢丝绳与地锚、索具、作业环境、作业人员。一般项目应包括：起重吊装、高处作业、构件码放、警戒监护。

3.18.3 起重吊装保证项目的检查评定应符合下列规定：

1 施工方案
1) 起重吊装作业应编制专项施工方案，并按规定进行审核、审批；
2) 超规模的起重吊装作业，应组织专家对专项施工方案进行论证。

2 起重机械
1) 起重机械应按规定安装荷载限制器及行程限位装置；
2) 荷载限制器、行程限位装置应灵敏可靠；
3) 起重拔杆组装应符合设计要求；
4) 起重拔杆组装后应进行验收，并应由责任人签字确认。

3 钢丝绳与地锚
　1) 钢丝绳磨损、断丝、变形、锈蚀应在规范允许范围内；
　2) 钢丝绳规格应符合起重机产品说明书要求；
　3) 吊钩、卷筒、滑轮磨损应在规范允许范围内；
　4) 吊钩、卷筒、滑轮应安装钢丝绳防脱装置；
　5) 起重拔杆的缆风绳、地锚设置应符合设计要求。

4 索具
　1) 当采用编结连接时，编结长度不应小于15倍的绳径，且不应小于300mm；
　2) 当采用绳夹连接时，绳夹规格应与钢丝绳相匹配，绳夹数量、间距应符合规范要求；
　3) 索具安全系数应符合规范要求；
　4) 吊索规格应互相匹配，机械性能应符合设计要求。

5 作业环境
　1) 起重机行走作业处地面承载能力应符合产品说明书要求；
　2) 起重机与架空线路安全距离应符合规范要求。

6 作业人员
　1) 起重机司机应持证上岗，操作证应与操作机型相符；
　2) 起重机作业应设专职信号指挥和司索人员，一人不得同时兼顾信号指挥和司索作业；
　3) 作业前应按规定进行安全技术交底，并应有交底记录。

3.18.4 起重吊装一般项目的检查评定应符合下列规定：

1 起重吊装
　1) 当多台起重机同时起吊一个构件时，单台起重机所承受的荷载应符合专项施工方案要求；
　2) 吊索系挂点应符合专项施工方案要求；
　3) 起重机作业时，任何人不应停留在起重臂下方，被吊物不应从人的正上方通过；
　4) 起重机不应采用吊具载运人员；
　5) 当吊运易散落物件时，应使用专用吊笼。

2 高处作业
　1) 应按规定设置高处作业平台；
　2) 平台强度、护栏高度应符合规范要求；
　3) 爬梯的强度、构造应符合规范要求；
　4) 应设置可靠的安全带悬挂点，并应高挂低用。

3 构件码放
　1) 构件码放荷载应在作业面承载能力允许范围内；
　2) 构件码放高度应在规定允许范围内；
　3) 大型构件码放应有保证稳定的措施。

4 警戒监护
　1) 应按规定设置作业警戒区；
　2) 警戒区应设专人监护。

3.19 施工机具

3.19.1 施工机具检查评定应符合现行行业标准《建筑机械使用安全技术规程》JGJ 33 和《施工现场机械设备检查技术规程》JGJ 160 的规定。

3.19.2 施工机具检查评定项目应包括：平刨、圆盘锯、手持电动工具、钢筋机械、电焊机、搅拌机、气瓶、翻斗车、潜水泵、振捣器、桩工机械。

3.19.3 施工机具的检查评定应符合下列规定：

1 平刨
　1) 平刨安装完毕应按规定履行验收程序，并应经责任人签字确认；
　2) 平刨应设置护手及防护罩等安全装置；
　3) 保护零线应单独设置，并应安装漏电保护装置；
　4) 平刨应按规定设置作业棚，并应具有防雨、防晒等功能；
　5) 不得使用同台电机驱动多种刃具、钻具的多功能木工机具。

2 圆盘锯
　1) 圆盘锯安装完毕应按规定履行验收程序，并应经责任人签字确认；
　2) 圆盘锯应设置防护罩、分料器、防护挡板等安全装置；
　3) 保护零线应单独设置，并应安装漏电保护装置；
　4) 圆盘锯应按规定设置作业棚，并应具有防雨、防晒等功能；
　5) 不得使用同台电机驱动多种刃具、钻具的多功能木工机具。

3 手持电动工具
　1) Ⅰ类手持电动工具应单独设置保护零线，并应安装漏电保护装置；
　2) 使用Ⅰ类手持电动工具应按规定戴绝缘手套、穿绝缘鞋；
　3) 手持电动工具的电源线应保持出厂时的状态，不得接长使用。

4 钢筋机械
　1) 钢筋机械安装完毕应按规定履行验收程序，并应经责任人签字确认；
　2) 保护零线应单独设置，并应安装漏电保护装置；
　3) 钢筋加工区应搭设作业棚，并应具有防雨、防晒等功能；

4) 对焊机作业应设置防火花飞溅的隔离设施;
5) 钢筋冷拉作业应按规定设置防护栏;
6) 机械传动部位应设置防护罩。

5 电焊机
1) 电焊机安装完毕应按规定履行验收程序,并应经责任人签字确认;
2) 保护零线应单独设置,并应安装漏电保护装置;
3) 电焊机应设置二次空载降压保护装置;
4) 电焊机一次线长度不得超过5m,并应穿管保护;
5) 二次线应采用防水橡皮护套铜芯软电缆;
6) 电焊机应设置防雨罩,接线柱应设置防护罩。

6 搅拌机
1) 搅拌机安装完毕应按规定履行验收程序,并应经责任人签字确认;
2) 保护零线应单独设置,并应安装漏电保护装置;
3) 离合器、制动器应灵敏有效,料斗钢丝绳的磨损、锈蚀、变形量应在规定允许范围内;
4) 料斗应设置安全挂钩或止挡装置,传动部位应设置防护罩;
5) 搅拌机应按规定设置作业棚,并应具有防雨、防晒等功能。

7 气瓶
1) 气瓶使用时必须安装减压器,乙炔瓶应安装回火防止器,并应灵敏可靠;
2) 气瓶间安全距离不应小于5m,与明火安全距离不应小于10m;
3) 气瓶应设置防振圈、防护帽,并应按规定存放。

8 翻斗车
1) 翻斗车制动、转向装置应灵敏可靠;
2) 司机应经专门培训,持证上岗,行车时车斗内不得载人。

9 潜水泵
1) 保护零线应单独设置,并应安装漏电保护装置;
2) 负荷线应采用专用防水橡皮电缆,不得有接头。

10 振捣器
1) 振捣器作业时应使用移动配电箱,电缆线长度不应超过30m;
2) 保护零线应单独设置,并应安装漏电保护装置;
3) 操作人员应按规定戴绝缘手套、穿绝缘鞋。

11 桩工机械

1) 桩工机械安装完毕应按规定履行验收程序,并应经责任人签字确认;
2) 作业前应编制专项方案,并应对作业人员进行安全技术交底;
3) 桩工机械应按规定安装安全装置,并应灵敏可靠;
4) 机械作业区域地面承载力应符合机械说明书要求;
5) 机械与输电线路安全距离应符合现行行业标准《施工现场临时用电安全技术规范》JGJ 46的规定。

4 检查评分方法

4.0.1 建筑施工安全检查评定中,保证项目应全数检查。

4.0.2 建筑施工安全检查评定应符合本标准第3章中各检查评定项目的有关规定,并应按本标准附录A、B的评分表进行评分。检查评分表应分为安全管理、文明施工、脚手架、基坑工程、模板支架、高处作业、施工用电、物料提升机与施工升降机、塔式起重机与起重吊装、施工机具分项检查评分表和检查评分汇总表。

4.0.3 各评分表的评分应符合下列规定:

1 分项检查评分表和检查评分汇总表的满分分值均应为100分,评分表的实得分值应为各检查项目所得分值之和;

2 评分应采用扣减分值的方法,扣减分值总和不得超过该检查项目的应得分值;

3 当按分项检查评分表评分时,保证项目中有一项未得分或保证项目小计得分不足40分,此分项检查评分表不应得分;

4 检查评分汇总表中各分项项目实得分值应按下式计算:

$$A_1 = \frac{B \times C}{100} \quad (4.0.3\text{-}1)$$

式中:A_1——汇总表各分项项目实得分值;
B——汇总表中该项应得满分值;
C——该项检查评分表实得分值。

5 当评分遇有缺项时,分项检查评分表或检查评分汇总表的总得分值应按下式计算:

$$A_2 = \frac{D}{E} \times 100 \quad (4.0.3\text{-}2)$$

式中:A_2——遇有缺项时总得分值;
D——实查项目在该表的实得分值之和;
E——实查项目在该表的应得满分值之和。

6 脚手架、物料提升机与施工升降机、塔式起重机与起重吊装项目的实得分值,应为所对应专业的分项检查评分表实得分值的算术平均值。

5 检查评定等级

5.0.1 应按汇总表的总得分和分项检查评分表的得分，对建筑施工安全检查评定划分为优良、合格、不合格三个等级。

5.0.2 建筑施工安全检查评定的等级划分应符合下列规定：

　　1 优良：

　　　　分项检查评分表无零分，汇总表得分值应在80分及以上。

　　2 合格：

　　　　分项检查评分表无零分，汇总表得分值应在80分以下，70分及以上。

　　3 不合格：

　　　　1) 当汇总表得分值不足70分时；

　　　　2) 当有一分项检查评分表为零时。

5.0.3 当建筑施工安全检查评定的等级为不合格时，必须限期整改达到合格。

附录 A 建筑施工安全检查评分汇总表

表 A 建筑施工安全检查评分汇总表

企业名称：　　　　　　　资质等级：　　　　　　　年　月　日

单位工程（施工现场）名称	建筑面积(m²)	结构类型	总计得分(满分100分)	项目名称及分值								
				安全管理（满分10分）	文明施工（满分15分）	脚手架（满分10分）	基坑工程（满分10分）	模板支架（满分10分）	高处作业（满分10分）	施工用电（满分10分）	物料提升机与施工升降机（满分10分）	塔式起重机与起重吊装（满分10分）	施工机具（满分5分）
评语：												

| 检查单位 | | 负责人 | | 受检项目 | | 项目经理 | |

附录 B 建筑施工安全分项检查评分表

表 B.1 安全管理检查评分表

序号	检查项目	扣分标准	应得分数	扣减分数	实得分数
1	保证项目	安全生产责任制	未建立安全生产责任制，扣10分 安全生产责任制未经责任人签字确认，扣3分 未备有各工种安全技术操作规程，扣2~10分 未按规定配备专职安全员，扣2~10分 工程项目部承包合同中未明确安全生产考核指标，扣5分 未制定安全生产资金保障制度，扣5分 未编制安全资金使用计划或未按计划实施，扣2~5分 未制定伤亡控制、安全达标、文明施工等管理目标，扣5分 未进行安全责任目标分解，扣5分 未建立对安全生产责任制和责任目标的考核制度，扣5分 未按考核制度对管理人员定期考核，扣2~5分	10		
2		施工组织设计及专项施工方案	施工组织设计中未制定安全技术措施，扣10分 危险性较大的分部分项工程未编制安全专项施工方案，扣10分 未按规定对超过一定规模危险性较大的分部分项工程专项施工方案进行专家论证，扣10分 施工组织设计、专项施工方案未审批，扣10分 安全技术措施、专项施工方案无针对性或缺少设计计算，扣2~8分 未按施工组织设计、专项施工方案组织实施，扣2~10分	10		

续表 B.1

序号	检查项目		扣分标准	应得分数	扣减分数	实得分数
3	保证项目	安全技术交底	未进行书面安全技术交底，扣10分 未按分部分项进行交底，扣5分 交底内容不全面或针对性不强，扣2~5分 交底未履行签字手续，扣4分	10		
4		安全检查	未建立安全检查制度，扣10分 未有安全检查记录，扣5分 事故隐患的整改未做到定人、定时间、定措施，扣2~6分 对重大事故隐患整改通知书所列项目未按期整改和复查，扣5~10分	10		
5		安全教育	未建立安全教育培训制度，扣10分 施工人员入场未进行三级安全教育培训和考核，扣5分 未明确具体安全教育培训内容，扣2~8分 变换工种或采用新技术、新工艺、新设备、新材料施工时未进行安全教育，扣5分 施工管理人员、专职安全员未按规定进行年度教育培训和考核，每人扣2分	10		
6		应急救援	未制定安全生产应急救援预案，扣10分 未建立应急救援组织或未按规定配备救援人员，扣2~6分 未定期进行应急救援演练，扣5分 未配置应急救援器材和设备，扣5分	10		
		小计		60		
7	一般项目	分包单位安全管理	分包单位资质、资格、分包手续不全或失效，扣10分 未签订安全生产协议书，扣5分 分包合同、安全生产协议书，签字盖章手续不全，扣2~6分 分包单位未按规定建立安全机构或未配备专职安全员，扣2~6分	10		
8		持证上岗	未经培训从事施工、安全管理和特种作业，每人扣5分 项目经理、专职安全员和特种作业人员未持证上岗，每人扣2分	10		
9		生产安全事故处理	生产安全事故未按规定报告，扣10分 生产安全事故未按规定进行调查分析、制定防范措施，扣10分 未依法为施工作业人员办理保险，扣5分	10		
10		安全标志	主要施工区域、危险部位未按规定悬挂安全标志，扣2~6分 未绘制现场安全标志布置图，扣3分 未按部位和现场设施的变化调整安全标志设置，扣2~6分 未设置重大危险源公示牌，扣5分	10		
		小计		40		
检查项目合计				100		

10—4—25

表 B.2 文明施工检查评分表

序号	检查项目		扣分标准	应得分数	扣减分数	实得分数
1	保证项目	现场围挡	市区主要路段的工地未设置封闭围挡或围挡高度小于2.5m，扣5～10分 一般路段的工地未设置封闭围挡或围挡高度小于1.8m，扣5～10分 围挡未达到坚固、稳定、整洁、美观，扣5～10分	10		
2		封闭管理	施工现场进出口未设置大门，扣10分 未设置门卫室，扣5分 未建立门卫值守管理制度或未配备门卫值守人员，扣2～6分 施工人员进入施工现场未佩戴工作卡，扣2分 施工现场出入口未标有企业名称或标识，扣2分 未设置车辆冲洗设施，扣3分	10		
3		施工场地	施工现场主要道路及材料加工区地面未进行硬化处理，扣5分 施工现场道路不畅通、路面不平整坚实，扣5分 施工现场未采取防尘措施，扣5分 施工现场未设置排水设施或排水不通畅、有积水，扣5分 未采取防止泥浆、污水、废水污染环境措施，扣2～10分 未设置吸烟处、随意吸烟，扣5分 温暖季节未进行绿化布置，扣3分	10		
4		材料管理	建筑材料、构件、料具未按总平面布局码放，扣4分 材料码放不整齐，未标明名称、规格，扣2分 施工现场材料存放未采取防火、防锈蚀、防雨措施，扣3～10分 建筑物内施工垃圾的清运未使用器具或管道运输，扣5分 易燃易爆物品未分类储藏在专用库房、未采取防火措施，扣5～10分	10		
5		现场办公与住宿	施工作业区、材料存放区与办公、生活区未采取隔离措施，扣6分 宿舍、办公用房防火等级不符合有关消防安全技术规范要求，扣10分 在施工程、伙房、库房兼作宿舍，扣10分 宿舍未设置可开启式窗户，扣4分 宿舍未设置床铺、床铺超过2层或通道宽度小于0.9m，扣2～6分 宿舍人均面积或人员数量不符合规范要求，扣5分 冬季宿舍内未采取采暖和防一氧化碳中毒措施，扣5分 夏季宿舍内未采取防暑降温和防蚊蝇措施，扣5分 生活用品摆放混乱、环境卫生不符合要求，扣3分	10		
6		现场防火	施工现场未制定消防安全管理制度、消防措施，扣10分 施工现场的临时用房和作业场所的防火设计不符合规范要求，扣10分 施工现场消防通道、消防水源的设置不符合规范要求，扣5～10分 施工现场灭火器材布局、配置不合理或灭火器材失效，扣5分 未办理动火审批手续或未指定动火监护人员，扣5～10分	10		
	小计			60		

10—4—26

续表 B.2

序号	检查项目		扣分标准	应得分数	扣减分数	实得分数
7		综合治理	生活区未设置供作业人员学习和娱乐场所，扣2分 施工现场未建立治安保卫制度或责任未分解到人，扣3~5分 施工现场未制定治安防范措施，扣5分	10		
8		公示标牌	大门口处设置的公示标牌内容不齐全，扣2~8分 标牌不规范、不整齐，扣3分 未设置安全标语，扣3分 未设置宣传栏、读报栏、黑板报，扣2~4分	10		
9	一般项目	生活设施	未建立卫生责任制度，扣5分 食堂与厕所、垃圾站、有毒有害场所的距离不符合规范要求，扣2~6分 食堂未办理卫生许可证或未办理炊事人员健康证，扣5分 食堂使用的燃气罐未单独设置存放间或存放间通风条件不良，扣2~4分 食堂未配备排风、冷藏、消毒、防鼠、防蚊蝇等设施，扣4分 厕所内的设施数量和布局不符合规范要求，扣2~6分 厕所卫生未达到规定要求，扣4分 不能保证现场人员卫生饮水，扣5分 未设置淋浴室或淋浴室不能满足现场人员需求，扣4分 生活垃圾未装容器或未及时清理，扣3~5分	10		
10		社区服务	夜间未经许可施工，扣8分 施工现场焚烧各类废弃物，扣8分 施工现场未制定防粉尘、防噪声、防光污染等措施，扣5分 未制定施工不扰民措施，扣5分	10		
		小计		40		
检查项目合计				100		

表 B.3 扣件式钢管脚手架检查评分表

序号	检查项目		扣分标准	应得分数	扣减分数	实得分数
1	保证项目	施工方案	架体搭设未编制专项施工方案或未按规定审核、审批，扣10分 架体结构设计未进行设计计算，扣10分 架体搭设超过规范允许高度，专项施工方案未按规定组织专家论证，扣10分	10		
2		立杆基础	立杆基础不平、不实，不符合专项施工方案要求，扣5~10分 立杆底部缺少底座、垫板或垫板的规格不符合规范要求，每处扣2~5分 未按规范要求设置纵、横向扫地杆，扣5~10分 扫地杆的设置和固定不符合规范要求，扣5分 未采取排水措施，扣8分	10		
3		架体与建筑结构拉结	架体与建筑结构拉结方式或间距不符合规范要求，每处扣2分 架体底层第一步纵向水平杆处未按规定设置连墙件或未采用其他可靠措施固定，每处扣2分 搭设高度超过24m的双排脚手架，未采用刚性连墙件与建筑结构可靠连接，扣10分	10		

续表 B.3

序号	检查项目		扣分标准	应得分数	扣减分数	实得分数
4	保证项目	杆件间距与剪刀撑	立杆、纵向水平杆、横向水平杆间距超过设计或规范要求，每处扣2分 未按规定设置纵向剪刀撑或横向斜撑，每处扣5分 剪刀撑未沿脚手架高度连续设置或角度不符合规范要求，扣5分 剪刀撑斜杆的接长或剪刀撑斜杆与架体杆件固定不符合规范要求，每处扣2分	10		
5		脚手板与防护栏杆	脚手板未满铺或铺设不牢、不稳，扣5~10分 脚手板规格或材质不符合规范要求，扣5~10分 架体外侧未设置密目式安全网封闭或网间连接不严，扣5~10分 作业层防护栏杆不符合规范要求，扣5分 作业层未设置高度不小于180mm的挡脚板，扣3分	10		
6		交底与验收	架体搭设前未进行交底或交底未有文字记录，扣5~10分 架体分段搭设、分段使用未进行分段验收，扣5分 架体搭设完毕未办理验收手续，扣10分 验收内容未进行量化，或未经责任人签字确认，扣5分	10		
		小计		60		
7	一般项目	横向水平杆设置	未在立杆与纵向水平杆交点处设置横向水平杆，每处扣2分 未按脚手板铺设的需要增加设置横向水平杆，每处扣2分 双排脚手架横向水平杆只固定一端，每处扣2分 单排脚手架横向水平杆插入墙内小于180mm，每处扣2分	10		
8		杆件连接	纵向水平杆搭接长度小于1m或固定不符合要求，每处扣2分 立杆除顶层顶步外采用搭接，每处扣4分 杆件对接扣件的布置不符合规范要求，扣2分 扣件紧固力矩小于40N·m或大于65N·m，每处扣2分	10		
9		层间防护	作业层脚手板下未采用安全平网兜底或作业层以下每隔10m未采用安全平网封闭，扣5分 作业层与建筑物之间未按规定进行封闭，扣5分	10		
10		构配件材质	钢管直径、壁厚、材质不符合要求，扣5分 钢管弯曲、变形、锈蚀严重，扣5分 扣件未进行复试或技术性能不符合标准，扣5分	5		
11		通道	未设置人员上下专用通道，扣5分 通道设置不符合要求，扣2分	5		
		小计		40		
检查项目合计				100		

表 B.4 门式钢管脚手架检查评分表

序号	检查项目		扣分标准	应得分数	扣减分数	实得分数
1	保证项目	施工方案	未编制专项施工方案或未进行设计计算，扣10分 专项施工方案未按规定审核、审批，扣10分 架体搭设超过规范允许高度，专项施工方案未组织专家论证，扣10分	10		
2		架体基础	架体基础不平、不实，不符合专项施工方案要求，扣5～10分 架体底部未设置垫板或垫板的规格不符合要求，扣2～5分 架体底部未按规范要求设置底座，每处扣2分 架体底部未按规范要求设置扫地杆，扣5分 未采取排水措施，扣8分	10		
3		架体稳定	架体与建筑物结构拉结方式或间距不符合规范要求，每处扣2分 未按规范要求设置剪刀撑，扣10分 门架立杆垂直偏差超过规范要求，扣5分 交叉支撑的设置不符合规范要求，每处扣2分	10		
4		杆件锁臂	未按规定组装或漏装杆件、锁臂，扣2～6分 未按规范要求设置纵向水平加固杆，扣10分 扣件与连接的杆件参数不匹配，每处扣2分	10		
5		脚手板	脚手板未满铺或铺设不牢、不稳，扣5～10分 脚手板规格或材质不符合要求，扣5～10分 采用挂扣式钢脚手板时挂钩未挂扣在横向水平杆上或挂钩未处于锁住状态，每处扣2分	10		
6		交底与验收	架体搭设前未进行交底或交底未有文字记录，扣5～10分 架体分段搭设、分段使用未办理分段验收，扣6分 架体搭设完毕未办理验收手续，扣10分 验收内容未进行量化，或未经责任人签字确认，扣5分	10		
		小计		60		
7	一般项目	架体防护	作业层防护栏杆不符合规范要求，扣5分 作业层未设置高度不小于180mm的挡脚板，扣3分 架体外侧未设置密目式安全网封闭或网间连接不严，扣5～10分 作业层脚手板下未采用安全平网兜底或作业层以下每隔10m未采用安全平网封闭，扣5分	10		
8		构配件材质	杆件变形、锈蚀严重，扣10分 门架局部开焊，扣10分 构配件的规格、型号、材质或产品质量不符合规范要求，扣5～10分	10		
9		荷载	施工荷载超过设计规定，扣10分 荷载堆放不均匀，每处扣5分	10		
10		通道	未设置人员上下专用通道，扣10分 通道设置不符合要求，扣5分	10		
		小计		40		
检查项目合计				100		

表 B.5 碗扣式钢管脚手架检查评分表

序号	检查项目		扣分标准	应得分数	扣减分数	实得分数
1	保证项目	施工方案	未编制专项施工方案或未进行设计计算，扣10分 专项施工方案未按规定审核、审批，扣10分 架体搭设超过规范允许高度，专项施工方案未组织专家论证，扣10分	10		
2		架体基础	基础不平、不实，不符合专项施工方案要求，扣5~10分 架体底部未设置垫板或垫板的规格不符合要求，扣2~5分 架体底部未按规范要求设置底座，每处扣2分 架体底部未按规范要求设置扫地杆，扣5分 未采取排水措施，扣8分	10		
3		架体稳定	架体与建筑结构未按规范要求拉结，每处扣2分 架体底层第一步水平杆处未按规范要求设置连墙件或未采用其他可靠措施固定，每处扣2分 连墙件未采用刚性杆件，扣10分 未按规范要求设置专用斜杆或八字形斜撑，扣5分 专用斜杆两端未固定在纵、横向水平杆与立杆汇交的碗扣节点处，每处扣2分 专用斜杆或八字形斜撑未沿脚手架高度连续设置或角度不符合要求，扣5分	10		
4		杆件锁件	立杆间距、水平杆步距超过设计或规范要求，每处扣2分 未按专项施工方案设计的步距在立杆连接碗扣节点处设置纵、横向水平杆，每处扣2分 架体搭设高度超过24m时，顶部24m以下的连墙件层未按规定设置水平斜杆，扣10分 架体组装不牢或上碗扣紧固不符合要求，每处扣2分	10		
5		脚手板	脚手板未满铺或铺设不牢、不稳，扣5~10分 脚手板规格或材质不符合要求，扣5~10分 采用挂扣式钢脚手板时挂钩未挂扣在横向水平杆上或挂钩未处于锁住状态，每处扣2分	10		
6		交底与验收	架体搭设前未进行交底或交底未有文字记录，扣5~10分 架体分段搭设、分段使用未进行分段验收，扣5分 架体搭设完毕未办理验收手续，扣10分 验收内容未进行量化，或未经责任人签字确认，扣5分	10		
		小计		60		
7	一般项目	架体防护	架体外侧未采用密目式安全网封闭或网间连接不严，扣5~10分 作业层防护栏杆不符合规范要求，扣5分 作业层外侧未设置高度不小于180mm的挡脚板，扣3分 作业层脚手板下未采用安全平网兜底或作业层以下每隔10m未采用安全平网封闭，扣5分	10		
8		构配件材质	杆件弯曲、变形、锈蚀严重，扣10分 钢管、构配件的规格、型号、材质或产品质量不符合规范要求，扣5~10分	10		
9		荷载	施工荷载超过设计规定，扣10分 荷载堆放不均匀，每处扣5分	10		
10		通道	未设置人员上下专用通道，扣10分 通道设置不符合要求，扣5分	10		
		小计		40		
检查项目合计				100		

表B.6 承插型盘扣式钢管脚手架检查评分表

序号	检查项目		扣分标准	应得分数	扣减分数	实得分数
1	保证项目	施工方案	未编制专项施工方案或未进行设计计算，扣10分 专项施工方案未按规定审核、审批，扣10分	10		
2		架体基础	架体基础不平、不实，不符合专项施工方案要求，扣5～10分 架体立杆底部缺少垫板或垫板的规格不符合规范要求，每处扣2分 架体立杆底部未按要求设置可调底座，每处扣2分 未按规范要求设置纵、横向扫地杆，扣5～10分 未采取排水措施，扣8分	10		
3		架体稳定	架体与建筑结构未按规范要求拉结，每处扣2分 架体底层第一步水平杆处未按规范要求设置连墙件或未采用其他可靠措施固定，每处扣2分 连墙件未采用刚性杆件，扣10分 未按规范要求设置竖向斜杆或剪刀撑，扣5分 竖向斜杆两端未固定在纵、横水平杆与立杆汇交的盘扣节点处，每处扣2分 斜杆或剪刀撑未沿脚手架高度连续设置或角度不符合规范要求，扣5分	10		
4		杆件设置	架体立杆间距、水平杆步距超过设计或规范要求，每处扣2分 未按专项施工方案设计的步距在立杆连接插盘处设置纵、横向水平杆，每处扣2分 双排脚手架的每步水平杆，当无挂扣钢脚手板时未按规范要求设置水平斜杆，扣5～10分	10		
5		脚手板	脚手板不满铺或铺设不牢、不稳，扣5～10分 脚手板规格或材质不符合要求，扣5～10分 采用挂扣式钢脚手板时挂钩未挂扣在水平杆上或挂钩未处于锁住状态，每处扣2分	10		
6		交底与验收	架体搭设前未进行交底或交底未有文字记录，扣5～10分 架体分段搭设、分段使用未进行分段验收，扣5分 架体搭设完毕未办理验收手续，扣10分 验收内容未进行量化，或未经责任人签字确认，扣5分	10		
		小计		60		
7	一般项目	架体防护	架体外侧未采用密目式安全网封闭或网间连接不严，扣5～10分 作业层防护栏杆不符合规范要求，扣5分 作业层外侧未设置高度不小于180mm的挡脚板，扣3分 作业层脚手板下未采用安全平网兜底或作业层以下每隔10m未采用安全平网封闭，扣5分	10		
8		杆件连接	立杆竖向接长位置不符合要求，每处扣2分 剪刀撑的斜杆接长不符合要求，扣8分	10		
9		构配件材质	钢管、构配件的规格、型号、材质或产品质量不符合规范要求，扣5分 钢管弯曲、变形、锈蚀严重，扣10分	10		
10		通道	未设置人员上下专用通道，扣10分 通道设置不符合要求，扣5分	10		
		小计		40		
检查项目合计				100		

表 B.7 满堂脚手架检查评分表

序号	检查项目		扣分标准	应得分数	扣减分数	实得分数
1	保证项目	施工方案	未编制专项施工方案或未进行设计计算,扣10分 专项施工方案未按规定审核、审批,扣10分	10		
2		架体基础	架体基础不平、不实,不符合专项施工方案要求,扣5~10分 架体底部未设置垫板或垫板的规格不符合规范要求,每处扣2~5分 架体底部未按规范要求设置底座,每处扣2分 架体底部未按规范要求设置扫地杆,扣5分 未采取排水措施,扣8分	10		
3		架体稳定	架体四周与中间未按规范要求设置竖向剪刀撑或专用斜杆,扣10分 未按规范要求设置水平剪刀撑或专用水平斜杆,扣10分 架体高宽比超过规范要求时未采取与结构拉结或其他可靠的稳定措施,扣10分	10		
4		杆件锁件	架体立杆间距、水平杆步距超过设计和规范要求,每处扣2分 杆件接长不符合要求,每处扣2分 架体搭设不牢或杆件节点紧固不符合要求,每处扣2分	10		
5		脚手板	脚手板不满铺或铺设不牢、不稳,扣5~10分 脚手板规格或材质不符合要求,扣5~10分 采用挂扣式钢脚手板时挂钩未挂扣在水平杆上或挂钩未处于锁住状态,每处扣2分	10		
6		交底与验收	架体搭设前未进行交底或交底未有文字记录,扣5~10分 架体分段搭设、分段使用未进行分段验收,扣5分 架体搭设完毕未办理验收手续,扣10分 验收内容未进行量化,或未经责任人签字确认,扣5分	10		
		小计		60		
7	一般项目	架体防护	作业层防护栏杆不符合规范要求,扣5分 作业层外侧未设置高度不小于180mm挡脚板,扣3分 作业层脚手板下未采用安全平网兜底或作业层以下每隔10m未采用安全平网封闭,扣5分	10		
8		构配件材质	钢管、构配件的规格、型号、材质或产品质量不符合规范要求,扣5~10分 杆件弯曲、变形、锈蚀严重,扣10分	10		
9		荷载	架体的施工荷载超过设计和规范要求,扣10分 荷载堆放不均匀,每处扣5分	10		
10		通道	未设置人员上下专用通道,扣10分 通道设置不符合要求,扣5分	10		
		小计		40		
检查项目合计				100		

表B.8 悬挑式脚手架检查评分表

序号	检查项目		扣分标准	应得分数	扣减分数	实得分数
1	保证项目	施工方案	未编制专项施工方案或未进行设计计算,扣10分 专项施工方案未按规定审核、审批,扣10分 架体搭设超过规范允许高度,专项施工方案未按规定组织专家论证,扣10分	10		
2		悬挑钢梁	钢梁截面高度未按设计确定或截面形式不符合设计和规范要求,扣10分 钢梁固定段长度小于悬挑段长度的1.25倍,扣5分 钢梁外端未设置钢丝绳或钢拉杆与上一层建筑结构拉结,每处扣2分 钢梁与建筑结构锚固处结构强度、锚固措施不符合设计和规范要求,扣5～10分 钢梁间距未按悬挑架体立杆纵距设置,扣5分	10		
3		架体稳定	立杆底部与悬挑钢梁连接处未采取可靠固定措施,每处扣2分 承插式立杆接长未采取螺栓或销钉固定,每处扣2分 纵横向扫地杆的设置不符合规范要求,扣5～10分 未在架体外侧设置连续式剪刀撑,扣10分 未按规定设置横向斜撑,扣5分 架体未按规定与建筑结构拉结,每处扣5分	10		
4		脚手板	脚手板规格、材质不符合要求,扣5～10分 脚手板未满铺或铺设不严、不牢、不稳,扣5～10分	10		
5		荷载	脚手架施工荷载超过设计规定,扣10分 施工荷载堆放不均匀,每处扣5分	10		
6		交底与验收	架体搭设前未进行交底或交底未有文字记录,扣5～10分 架体分段搭设、分段使用未有分段验收,扣6分 架体搭设完毕未办理验收手续,扣10分 验收内容未进行量化,或未经责任人签字确认,扣5分	10		
		小计		60		
7	一般项目	杆件间距	立杆间距、纵向水平杆步距超过设计或规范要求,每处扣2分 未在立杆与纵向水平杆交点处设置横向水平杆,每处扣2分 未按脚手板铺设的需要增加设置横向水平杆,每处扣2分	10		
8		架体防护	作业层防护栏杆不符合规范要求,扣5分 作业层架体外侧未设置高度不小于180mm的挡脚板,扣3分 架体外侧未采用密目式安全网封闭或网间不严,扣5～10分	10		
9		层间防护	作业层脚手板下未采用安全平网兜底或作业层以下每隔10m未采用安全平网封闭,扣5分 作业层与建筑物之间未进行封闭,扣5分 架体底层沿建筑结构边缘,悬挑钢梁与悬挑钢梁之间未采取封闭措施或封闭不严,扣2～8分 架体底层未进行封闭或封闭不严,扣2～10分	10		
10		构配件材质	型钢、钢管、构配件规格及材质不符合规范要求,扣5～10分 型钢、钢管、构配件弯曲、变形、锈蚀严重,扣10分	10		
		小计		40		
检查项目合计				100		

表 B.9 附着式升降脚手架检查评分表

序号	检查项目		扣 分 标 准	应得分数	扣减分数	实得分数
1	保证项目	施工方案	未编制专项施工方案或未进行设计计算，扣10分 专项施工方案未按规定审核、审批，扣10分 脚手架提升超过规定允许高度，专项施工方案未按规定组织专家论证，扣10分	10		
2		安全装置	未采用防坠落装置或技术性能不符合规范要求，扣10分 防坠落装置与升降设备未分别独立固定在建筑结构上，扣10分 防坠落装置未设置在竖向主框架处并与建筑结构附着，扣10分 未安装防倾覆装置或防倾覆装置不符合规范要求，扣5～10分 升降或使用工况，最上和最下两个防倾装置之间的最小间距不符合规范要求，扣8分 未安装同步控制装置或技术性能不符合规范要求，扣5～8分	10		
3		架体构造	架体高度大于5倍楼层高，扣10分 架体宽度大于1.2m，扣5分 直线布置的架体支承跨度大于7m或折线、曲线布置的架体支承跨度大于5.4m，扣8分 架体的水平悬挑长度大于2m或大于跨度1/2，扣10分 架体悬臂高度大于架体高度2/5或大于6m，扣10分 架体全高与支撑跨度的乘积大于110m^2，扣10分	10		
4		附着支座	未按竖向主框架所覆盖的每个楼层设置一道附着支座，扣10分 使用工况未将竖向主框架与附着支座固定，扣10分 升降工况未将防倾、导向装置设置在附着支座上，扣10分 附着支座与建筑结构连接固定方式不符合规范要求，扣5～10分	10		
5		架体安装	主框架及水平支承桁架的节点未采用焊接或螺栓连接，扣10分 各杆件轴线未汇交于节点，扣3分 水平支承桁架的上弦及下弦之间设置的水平支撑杆件未采用焊接或螺栓连接，扣5分 架体立杆底端未设置在水平支承桁架上弦杆件节点处，扣10分 竖向主框架组装高度低于架体高度，扣5分 架体外立面设置的连续剪刀撑未将竖向主框架、水平支承桁架和架体构架连成一体，扣8分	10		
6		架体升降	两跨以上架体升降采用手动升降设备，扣10分 升降工况附着支座与建筑结构连接处混凝土强度未达到设计和规范要求，扣10分 升降工况架体上有施工荷载或有人员停留，扣10分	10		
		小计		60		
7	一般项目	检查验收	主要构配件进场未进行验收，扣6分 分区段安装、分区段使用未进行分区段验收，扣8分 架体搭设完毕未办理验收手续，扣10分 验收内容未进行量化，或未经责任人签字确认，扣5分 架体提升前未有检查记录，扣6分 架体提升后、使用前未履行验收手续或资料不全，扣2～8分	10		
8		脚手板	脚手板未满铺或铺设不严、不牢，扣3～5分 作业层与建筑结构之间空隙封闭不严，扣3～5分 脚手板规格、材质不符合要求，扣5～10分	10		
9		架体防护	脚手架外侧未采用密目式安全网封闭或网间连接不严，扣5～10分 作业层防护栏杆不符合规范要求，扣5分 作业层未设置高度不小于180mm的挡脚板，扣3分	10		
10		安全作业	操作前未向有关技术人员和作业人员进行安全技术交底或交底未有文字记录，扣5～10分 作业人员未经培训或未定岗定责，扣5～10分 安装拆除单位资质不符合要求或特种作业人员未持证上岗，扣5～10分 安装、升降、拆除时未设置安全警戒区及专人监护，扣10分 荷载不均匀或超载，扣5～10分	10		
		小计		40		
检查项目合计				100		

表 B.10 高处作业吊篮检查评分表

序号	检查项目		扣 分 标 准	应得分数	扣减分数	实得分数
1	保证项目	施工方案	未编制专项施工方案或未对吊篮支架支撑处结构的承载力进行验算，扣10分 专项施工方案未按规定审核、审批，扣10分	10		
2		安全装置	未安装防坠安全锁或安全锁失灵，扣10分 防坠安全锁超过标定期限仍在使用，扣10分 未设置挂设安全带专用安全绳及安全锁扣或安全绳未固定在建筑物可靠位置，扣10分 吊篮未安装上限位装置或限位装置失灵，扣10分	10		
3		悬挂机构	悬挂机构前支架支撑在建筑物女儿墙上或挑檐边缘，扣10分 前梁外伸长度不符合产品说明书规定，扣10分 前支架与支撑面不垂直或脚轮受力，扣10分 上支架未固定在前支架调节杆与悬挑梁连接的节点处，扣5分 使用破损的配重块或采用其他替代物，扣10分 配重块未固定或重量不符合设计规定，扣10分	10		
4		钢丝绳	钢丝绳有断丝、松股、硬弯、锈蚀或有油污附着物，扣10分 安全钢丝绳规格、型号与工作钢丝绳不相同或未独立悬挂，扣10分 安全钢丝绳不悬垂，扣5分 电焊作业时未对钢丝绳采取保护措施，扣5~10分	10		
5		安装作业	吊篮平台组装长度不符合产品说明书和规范要求，扣10分 吊篮组装的构配件不是同一生产厂家的产品，扣5~10分	10		
6		升降作业	操作升降人员未经培训合格，扣10分 吊篮内作业人员数量超过2人，扣10分 吊篮内作业人员未将安全带用安全锁扣挂置在独立设置的专用安全绳上，扣10分 作业人员未从地面进出吊篮，扣5分	10		
		小计		60		
7	一般项目	交底与验收	未履行验收程序，验收表未经责任人签字确认，扣5~10分 验收内容未进行量化，扣5分 每天班前班后未进行检查，扣5分 吊篮安装使用前未进行交底或交底未留有文字记录，扣5~10分	10		
8		安全防护	吊篮平台周边的防护栏杆或挡脚板的设置不符合规范要求，扣5~10分 多层或立体交叉作业未设置防护顶板，扣8分	10		
9		吊篮稳定	吊篮作业未采取防摆动措施，扣5分 吊篮钢丝绳不垂直或吊篮距建筑物空隙过大，扣5分	10		
10		荷载	施工荷载超过设计规定，扣10分 荷载堆放不均匀，扣5分	10		
		小计		40		
检查项目合计				100		

表 B.11 基坑工程检查评分表

序号	检查项目		扣分标准	应得分数	扣减分数	实得分数
1	保证项目	施工方案	基坑工程未编制专项施工方案,扣10分 专项施工方案未按规定审核、审批,扣10分 超过一定规模条件的基坑工程专项施工方案未按规定组织专家论证,扣10分 基坑周边环境或施工条件发生变化,专项施工方案未重新进行审核、审批,扣10分	10		
2		基坑支护	人工开挖的狭窄基槽,开挖深度较大或存在边坡塌方危险未采取支护措施,扣10分 自然放坡的坡率不符合专项施工方案和规范要求,扣10分 基坑支护结构不符合设计要求,扣10分 支护结构水平位移达到设计报警值未采取有效控制措施,扣10分	10		
3		降排水	基坑开挖深度范围内有地下水未采取有效的降排水措施,扣10分 基坑边沿周围地面未设排水沟或排水沟设置不符合规范要求,扣5分 放坡开挖对坡顶、坡面、坡脚未采取降排水措施,扣5～10分 基坑底四周未设排水沟和集水井或排除积水不及时,扣5～8分	10		
4		基坑开挖	支护结构未达到设计要求的强度提前开挖下层土方,扣10分 未按设计和施工方案的要求分层、分段开挖或开挖不均衡,扣10分 基坑开挖过程中未采取防止碰撞支护结构或工程桩的有效措施,扣10分 机械在软土场地作业,未采取铺设渣土、砂石等硬化措施,扣10分	10		
5		坑边荷载	基坑边堆置土、料具等荷载超过基坑支护设计允许要求,扣10分 施工机械与基坑边沿的安全距离不符合设计要求,扣10分	10		
6		安全防护	开挖深度2m及以上的基坑周边未按规范要求设置防护栏杆或栏杆设置不符合规范要求,扣5～10分 基坑内未设置供施工人员上下的专用梯道或梯道设置不符合规范要求,扣5～10分 降水井口未设置防护盖板或围栏,扣10分	10		
小计				60		
7	一般项目	基坑监测	未按要求进行基坑工程监测,扣10分 基坑监测项目不符合设计和规范要求,扣5～10分 监测的时间间隔不符合监测方案要求或监测结果变化速率较大未加密观测次数,扣5～8分 未按设计要求提交监测报告或监测报告内容不完整,扣5～8分	10		
8		支撑拆除	基坑支撑结构的拆除方式、拆除顺序不符合专项施工方案要求,扣5～10分 机械拆除作业时,施工荷载大于支撑结构承载能力,扣10分 人工拆除作业时,未按规定设置防护设施,扣8分 采用非常规拆除方式不符合国家现行相关规范要求,扣10分	10		
9		作业环境	基坑内土方机械、施工人员的安全距离不符合规范要求,扣10分 上下垂直作业未采取防护措施,扣5分 在各种管线范围内挖土作业未设专人监护,扣5分 作业区光线不良,扣5分	10		
10		应急预案	未按要求编制基坑工程应急预案或应急预案内容不完整,扣5～10分 应急组织机构不健全或应急物资、材料、工具机具储备不符合应急预案要求,扣2～6分	10		
		小计		40		
检查项目合计				100		

表 B.12 模板支架检查评分表

序号	检查项目		扣分标准	应得分数	扣减分数	实得分数
1	保证项目	施工方案	未编制专项施工方案或结构设计未经计算,扣10分 专项施工方案未经审核、审批,扣10分 超规模模板支架专项施工方案未按规定组织专家论证,扣10分	10		
2		支架基础	基础不坚实平整,承载力不符合专项施工方案要求,扣5~10分 支架底部未设置垫板或垫板的规格不符合规范要求,扣5~10分 支架底部未按规范要求设置底座,每处扣2分 未按规范要求设置扫地杆,扣5分 未采取排水设施,扣5分 支架设在楼面结构上时,未对楼面结构的承载力进行验算或楼面结构下方未采取加固措施,扣10分	10		
3		支架构造	立杆纵、横间距大于设计和规范要求,每处扣2分 水平杆步距大于设计和规范要求,每处扣2分 水平杆未连续设置,扣5分 未按规范要求设置竖向剪刀撑或专用斜杆,扣10分 未按规范要求设置水平剪刀撑或专用水平斜杆,扣10分 剪刀撑或斜杆设置不符合规范要求,扣5分	10		
4		支架稳定	支架高宽比超过规范要求未采取与建筑结构刚性连接或增加架体宽度等措施,扣10分 立杆伸出顶层水平杆的长度超过规范要求,每处扣2分 浇筑混凝土未对支架的基础沉降、架体变形采取监测措施,扣8分	10		
5		施工荷载	荷载堆放不均匀,每处扣5分 施工荷载超过设计规定,扣10分 浇筑混凝土未对混凝土堆积高度进行控制,扣8分	10		
6		交底与验收	支架搭设、拆除前未进行交底或无文字记录,扣5~10分 架体搭设完毕未办理验收手续,扣10分 验收内容未进行量化,或未经责任人签字确认,扣5分	10		
		小计		60		
7	一般项目	杆件连接	立杆连接不符合规范要求,扣3分 水平杆连接不符合规范要求,扣3分 剪刀撑斜杆接长不符合规范要求,每处扣3分 杆件各连接点的紧固不符合规范要求,每处扣2分	10		
8		底座与托撑	螺杆直径与立杆内径不匹配,每处扣3分 螺杆旋入螺母内的长度或外伸长度不符合规范要求,每处扣3分	10		
9		构配件材质	钢管、构配件的规格、型号、材质不符合规范要求,扣5~10分 杆件弯曲、变形、锈蚀严重,扣10分	10		
10		支架拆除	支架拆除前未确认混凝土强度达到设计要求,扣10分 未按规定设置警戒区或未设置专人监护,扣5~10分	10		
		小计		40		
检查项目合计				100		

表 B.13 高处作业检查评分表

序号	检查项目	扣 分 标 准	应得分数	扣减分数	实得分数
1	安全帽	施工现场人员未佩戴安全帽，每人扣5分 未按标准佩戴安全帽，每人扣2分 安全帽质量不符合现行国家相关标准的要求，扣5分	10		
2	安全网	在建工程外脚手架架体外侧未采用密目式安全网封闭或网间连接不严，扣2～10分 安全网质量不符合现行国家相关标准的要求，扣10分	10		
3	安全带	高处作业人员未按规定系挂安全带，每人扣5分 安全带系挂不符合要求，每人扣5分 安全带质量不符合现行国家相关标准的要求，扣10分	10		
4	临边防护	工作面边沿无临边防护，扣10分 临边防护设施的构造、强度不符合规范要求，扣5分 防护设施未形成定型化、工具式，扣3分	10		
5	洞口防护	在建工程的孔、洞未采取防护措施，每处扣5分 防护措施、设施不符合要求或不严密，每处扣3分 防护设施未形成定型化、工具式，扣3分 电梯井内未按每隔两层且不大于10m设置安全平网，扣5分	10		
6	通道口防护	未搭设防护棚或防护不严、不牢固，扣5～10分 防护棚两侧未进行封闭，扣4分 防护棚宽度小于通道口宽度，扣4分 防护棚长度不符合要求，扣4分 建筑物高度超过24m，防护棚顶未采用双层防护，扣4分 防护棚的材质不符合规范要求，扣5分	10		
7	攀登作业	移动式梯子的梯脚底部垫高使用，扣3分 折梯未使用可靠拉撑装置，扣5分 梯子的材质或制作质量不符合规范要求，扣10分	10		
8	悬空作业	悬空作业处未设置防护栏杆或其他可靠的安全设施，扣5～10分 悬空作业所用的索具、吊具等未经验收，扣5分 悬空作业人员未系挂安全带或佩带工具袋，扣2～10分	10		
9	移动式操作平台	操作平台未按规定进行设计计算，扣8分 移动式操作平台，轮子与平台的连接不牢固可靠或立柱底端距离地面超过80mm，扣5分 操作平台的组装不符合设计和规范要求，扣10分 平台台面铺板不严，扣5分 操作平台四周未按规定设置防护栏杆或未设置登高扶梯，扣10分 操作平台的材质不符合规范要求，扣10分	10		
10	悬挑式物料钢平台	未编制专项施工方案或未经设计计算，扣10分 悬挑式钢平台的下部支撑系统或上部拉结点，未设置在建筑结构上，扣10分 斜拉杆或钢丝绳未按要求在平台两侧各设置两道，扣10分 钢平台未按要求设置固定的防护栏杆或挡脚板，扣3～10分 钢平台台面铺板不严或钢平台与建筑结构之间铺板不严，扣5分 未在平台明显处设置荷载限定标牌，扣5分	10		
检查项目合计			100		

表 B.14 施工用电检查评分表

序号	检查项目		扣 分 标 准	应得分数	扣减分数	实得分数
1	保证项目	外电防护	外电线路与在建工程及脚手架、起重机械、场内机动车道之间的安全距离不符合规范要求且未采取防护措施，扣10分 防护设施未设置明显的警示标志，扣5分 防护设施与外电线路的安全距离及搭设方式不符合规范要求，扣5～10分 在外电架空线路正下方施工、建造临时设施或堆放材料物品，扣10分	10		
2		接地与接零保护系统	施工现场专用的电源中性点直接接地的低压配电系统未采用 TN-S 接零保护系统，扣20分 配电系统未采用同一保护系统，扣20分 保护零线引出位置不符合规范要求，扣5～10分 电气设备未接保护零线，每处扣2分 保护零线装设开关、熔断器或通过工作电流，扣20分 保护零线材质、规格及颜色标记不符合规范要求，每处扣2分 工作接地与重复接地的设置、安装及接地装置的材料不符合规范要求，扣10～20分 工作接地电阻大于4Ω，重复接地电阻大于10Ω，扣20分 施工现场起重机、物料提升机、施工升降机、脚手架防雷措施不符合规范要求，扣5～10分 做防雷接地机械上的电气设备，保护零线未做重复接地，扣10分	20		
3		配电线路	线路及接头不能保证机械强度和绝缘强度，扣5～10分 线路未设短路、过载保护，扣5～10分 线路截面不能满足负荷电流，每处扣2分 线路的设施、材料及相序排列、档距、与邻近线路或固定物的距离不符合规范要求，扣5～10分 电缆沿地面明设，沿脚手架、树木等敷设或敷设不符合规范要求，扣5～10分 线路敷设的电缆不符合规范要求，扣5～10分 室内明敷主干线距地面高度小于2.5m，每处扣2分	10		
4		配电箱与开关箱	配电系统未采用三级配电、二级漏电保护系统，扣10～20分 用电设备未有各自专用的开关箱，每处扣2分 箱体结构、箱内电器设置不符合规范要求，扣10～20分 配电箱零线端子板的设置、连接不符合规范要求，扣5～10分 漏电保护器参数不匹配或检测不灵敏，每处扣2分 配电箱与开关箱电器损坏或进出线混乱，每处扣2分 箱体未设置系统接线图和分路标记，每处扣2分 箱体未设门、锁，未采取防雨措施，每处扣2分 箱体安装位置、高度及周边通道不符合规范要求，每处扣2分 分配电箱与开关箱、开关箱与用电设备的距离不符合规范要求，每处扣2分	20		
		小计		60		

续表 B.14

序号	检查项目	扣 分 标 准	应得分数	扣减分数	实得分数
5	配电室与配电装置	配电室建筑耐火等级未达到三级,扣15分 未配置适用于电气火灾的灭火器材,扣3分 配电室、配电装置布设不符合规范要求,扣5~10分 配电装置中的仪表、电气元件设置不符合规范要求或仪表、电气元件损坏,扣5~10分 备用发电机组未与外电线路进行连锁,扣15分 配电室未采取防雨雪和小动物侵入的措施,扣10分 配电室未设警示标志、工地供电平面图和系统图,扣3~5分	15		
6	一般项目 现场照明	照明用电与动力用电混用,每处扣2分 特殊场所未使用36V及以下安全电压,扣15分 手持照明灯未使用36V以下电源供电,扣10分 照明变压器未使用双绕组安全隔离变压器,扣15分 灯具金属外壳未接保护零线,每处扣2分 灯具与地面、易燃物之间小于安全距离,每处扣2分 照明线路和安全电压线路的架设不符合规范要求,扣10分 施工现场未按规范要求配备应急照明,每处扣2分	15		
7	用电档案	总包单位与分包单位未订立临时用电管理协议,扣10分 未制定专项用电施工组织设计、外电防护专项方案或设计、方案缺乏针对性,扣5~10分 专项用电施工组织设计、外电防护专项方案未履行审批程序,实施后相关部门未组织验收,扣5~10分 接地电阻、绝缘电阻和漏电保护器检测记录未填写或填写不真实,扣3分 安全技术交底、设备设施验收记录未填写或填写不真实,扣3分 定期巡视检查、隐患整改记录未填写或填写不真实,扣3分 档案资料不齐全,未设专人管理,扣3分	10		
	小计		40		
检查项目合计			100		

表 B.15 物料提升机检查评分表

序号	检查项目	扣 分 标 准	应得分数	扣减分数	实得分数
1	保证项目 安全装置	未安装起重量限制器、防坠安全器,扣15分 起重量限制器、防坠安全器不灵敏,扣15分 安全停层装置不符合规范要求或未达到定型化,扣5~10分 未安装上行程限位,扣15分 上行程限位不灵敏,安全越程不符合规范要求,扣10分 物料提升机安装高度超过30m,未安装渐进式防坠安全器、自动停层、语音及影像信号监控装置,每项扣5分	15		
2	保证项目 防护设施	未设置防护围栏或设置不符合规范要求,扣5~15分 未设置进料口防护棚或设置不符合规范要求,扣5~15分 停层平台两侧未设置防护栏杆、挡脚板,每处扣2分 停层平台脚手板铺设不严、不牢,每处扣2分 未安装平台门或平台门不起作用,扣5~15分 平台门未达到定型化,每处扣2分 吊笼门不符合规范要求,扣10分	15		
3	附墙架与缆风绳	附墙架结构、材质、间距不符合产品说明书要求,扣10分 附墙架未与建筑结构可靠连接,扣10分 缆风绳设置数量、位置不符合规范要求,扣5分 缆风绳未使用钢丝绳或未与地锚连接,扣10分 钢丝绳直径小于8mm或角度不符合45°~60°要求,扣5~10分 安装高度超过30m的物料提升机使用缆风绳,扣10分 地锚设置不符合规范要求,每处扣5分	10		

续表 B.15

序号	检查项目		扣 分 标 准	应得分数	扣减分数	实得分数
4	保证项目	钢丝绳	钢丝绳磨损、变形、锈蚀达到报废标准，扣10分 钢丝绳绳夹设置不符合规范要求，每处扣2分 吊笼处于最低位置，卷筒上钢丝绳少于3圈，扣10分 未设置钢丝绳过路保护措施或钢丝绳拖地，扣5分	10		
5		安拆、验收与使用	安装、拆卸单位未取得专业承包资质和安全生产许可证，扣10分 未制定专项施工方案或未经审核、审批，扣10分 未履行验收程序或验收表未经责任人签字，扣5~10分 安装、拆除人员及司机未持证上岗，扣10分 物料提升机作业前未按规定进行例行检查或未填写检查记录，扣4分 实行多班作业未按规定填写交接班记录，扣3分	10		
		小计		60		
6	一般项目	基础与导轨架	基础的承载力、平整度不符合规范要求，扣5~10分 基础周边未设排水设施，扣5分 导轨架垂直度偏差大于导轨架高度0.15%，扣5分 井架停层平台通道处的结构未采取加强措施，扣8分	10		
7		动力与传动	卷扬机、曳引机安装不牢固，扣10分 卷筒与导轨架底部导向轮的距离小于20倍卷筒宽度未设置排绳器，扣5分 钢丝绳在卷筒上排列不整齐，扣5分 滑轮与导轨架、吊笼未采用刚性连接，扣10分 滑轮与钢丝绳不匹配，扣10分 卷筒、滑轮未设置防止钢丝绳脱出装置，扣5分 曳引钢丝绳为2根及以上时，未设置曳引力平衡装置，扣5分	10		
8		通信装置	未按规范要求设置通信装置，扣5分 通信装置信号显示不清晰，扣3分	5		
9		卷扬机操作棚	未设置卷扬机操作棚，扣10分 操作棚搭设不符合规范要求，扣5~10分	10		
10		避雷装置	物料提升机在其他防雷保护范围以外未设置避雷装置，扣5分 避雷装置不符合规范要求，扣3分	5		
		小计		40		
检查项目合计				100		

表 B.16 施工升降机检查评分表

序号	检查项目		扣 分 标 准	应得分数	扣减分数	实得分数
1	保证项目	安全装置	未安装起重量限制器或起重量限制器不灵敏，扣10分 未安装渐进式防坠安全器或防坠安全器不灵敏，扣10分 防坠安全器超过有效标定期限，扣10分 对重钢丝绳未安装防松绳装置或防松绳装置不灵敏，扣5分 未安装急停开关或急停开关不符合规范要求，扣5分 未安装吊笼和对重缓冲器或缓冲器不符合规范要求，扣5分 SC型施工升降机未安装安全钩，扣10分	10		
2		限位装置	未安装极限开关或极限开关不灵敏，扣10分 未安装上限位开关或上限位开关不灵敏，扣10分 未安装下限位开关或下限位开关不灵敏，扣5分 极限开关与上限位开关安全越程不符合规范要求，扣5分 极限开关与上、下限位开关共用一个触发元件，扣5分 未安装吊笼门机电连锁装置或不灵敏，扣10分 未安装吊笼顶窗电气安全开关或不灵敏，扣5分	10		

续表 B.16

序号	检查项目		扣 分 标 准	应得分数	扣减分数	实得分数
3	保证项目	防护设施	未设置地面防护围栏或设置不符合规范要求，扣5～10分 未安装地面防护围栏门连锁保护装置或连锁保护装置不灵敏，扣5～8分 未设置出入口防护棚或设置不符合规范要求，扣5～10分 停层平台搭设不符合规范要求，扣5～8分 未安装层门或层门不起作用，扣5～10分 层门不符合规范要求、未达到定型化，每处扣2分	10		
4		附墙架	附墙架采用非配套标准产品未进行设计计算，扣10分 附墙架与建筑结构连接方式、角度不符合产品说明书要求，扣5～10分 附墙架间距、最高附着点以上导轨架的自由高度超过产品说明书要求，扣10分	10		
5		钢丝绳、滑轮与对重	对重钢丝绳绳数少于2根或未相对独立，扣5分 钢丝绳磨损、变形、锈蚀达到报废标准，扣10分 钢丝绳的规格、固定不符合产品说明书及规范要求，扣10分 滑轮未安装钢丝绳防脱装置或不符合规范要求，扣4分 对重重量、固定不符合产品说明书及规范要求，扣10分 对重未安装防脱轨保护装置，扣5分	10		
6		安拆、验收与使用	安装、拆卸单位未取得专业承包资质和安全生产许可证，扣10分 未编制安装、拆卸专项方案或专项方案未经审核、审批，扣10分 未履行验收程序或验收表未经责任人签字，扣5～10分 安装、拆除人员及司机未持证上岗，扣10分 施工升降机作业前未按规定进行例行检查，未填写检查记录，扣4分 实行多班作业未按规定填写交接班记录，扣3分	10		
		小计		60		
7	一般项目	导轨架	导轨架垂直度不符合规范要求，扣10分 标准节质量不符合产品说明书及规范要求，扣10分 对重导轨不符合规范要求，扣5分 标准节连接螺栓使用不符合产品说明书及规范要求，扣5～8分	10		
8		基础	基础制作、验收不符合产品说明书及规范要求，扣5～10分 基础设置在地下室顶板或楼面结构上，未对其支承结构进行承载力验算，扣10分 基础未设置排水设施，扣4分	10		
9		电气安全	施工升降机与架空线路距离不符合规范要求，未采取防护措施，扣10分 防护措施不符合规范要求，扣5分 未设置电缆导向架或设置不符合规范要求，扣5分 施工升降机在防雷保护范围以外未设置避雷装置，扣10分 避雷装置不符合规范要求，扣5分	10		
10		通信装置	未安装楼层信号联络装置，扣10分 楼层联络信号不清晰，扣5分	10		
		小计		40		
检查项目合计				100		

表 B.17 塔式起重机检查评分表

序号	检查项目		扣 分 标 准	应得分数	扣减分数	实得分数
1	保证项目	载荷限制装置	未安装起重量限制器或不灵敏，扣10分 未安装力矩限制器或不灵敏，扣10分	10		
2		行程限位装置	未安装起升高度限位器或不灵敏，扣10分 起升高度限位器的安全越程不符合规范要求，扣6分 未安装幅度限位器或不灵敏，扣10分 回转不设集电器的塔式起重机未安装回转限位器或不灵敏，扣6分 行走式塔式起重机未安装行走限位器或不灵敏，扣10分	10		
3		保护装置	小车变幅的塔式起重机未安装断绳保护及断轴保护装置，扣8分 行走及小车变幅的轨道行程末端未安装缓冲器及止挡装置或不符合规范要求，扣4～8分 起重臂根部绞点高度大于50m的塔式起重机未安装风速仪或不灵敏，扣4分 塔式起重机顶部高度大于30m且高于周围建筑物未安装障碍指示灯，扣4分	10		
4		吊钩、滑轮、卷筒与钢丝绳	吊钩未安装钢丝绳防脱钩装置或不符合规范要求，扣10分 吊钩磨损、变形达到报废标准，扣10分 滑轮、卷筒未安装钢丝绳防脱装置或不符合规范要求，扣4分 滑轮及卷筒磨损达到报废标准，扣10分 钢丝绳磨损、变形、锈蚀达到报废标准，扣10分 钢丝绳的规格、固定、缠绕不符合产品说明书及规范要求，扣5～10分	10		
5		多塔作业	多塔作业未制定专项施工方案或施工方案未经审批，扣10分 任意两台塔式起重机之间的最小架设距离不符合规范要求，扣10分	10		
6		安拆、验收与使用	安装、拆卸单位未取得专业承包资质和安全生产许可证，扣10分 未制定安装、拆卸专项方案，扣10分 方案未经审核、审批，扣10分 未履行验收程序或验收表未经责任人签字，扣5～10分 安装、拆除人员及司机、指挥未持证上岗，扣10分 塔式起重机作业前未按规定进行例行检查，未填写检查记录，扣4分 实行多班作业未按规定填写交接班记录，扣3分	10		
		小计		60		
7	一般项目	附着	塔式起重机高度超过规定未安装附着装置，扣10分 附着装置水平距离不满足产品说明书要求，未进行设计计算和审批，扣8分 安装内爬式塔式起重机的建筑承载结构未进行承载力验算，扣8分 附着装置安装不符合产品说明书及规范要求，扣5～10分 附着前和附着后塔身垂直度不符合规范要求，扣10分	10		
8		基础与轨道	塔式起重机基础未按产品说明书及有关规定设计、检测、验收，扣5～10分 基础未设置排水措施，扣4分 路基箱或枕木铺设不符合产品说明书及规范要求，扣6分 轨道铺设不符合产品说明书及规范要求，扣6分	10		
9		结构设施	主要结构件的变形、锈蚀不符合规范要求，扣10分 平台、走道、梯子、护栏的设置不符合规范要求，扣4～8分 高强螺栓、销轴、紧固件的紧固、连接不符合规范要求，扣5～10分	10		
10		电气安全	未采用TN-S接零保护系统供电，扣10分 塔式起重机与架空线路安全距离不符合规范要求，未采取防护措施，扣10分 防护措施不符合规范要求，扣5分 未安装避雷接地装置，扣10分 避雷接地装置不符合规范要求，扣5分 电缆使用及固定不符合规范要求，扣5分	10		
		小计		40		
检查项目合计				100		

表 B.18 起重吊装检查评分表

序号	检查项目		扣分标准	应得分数	扣减分数	实得分数
1	保证项目	施工方案	未编制专项施工方案或专项施工方案未经审核、审批，扣10分 超规模的起重吊装专项施工方案未按规定组织专家论证，扣10分	10		
2		起重机械	未安装荷载限制装置或不灵敏，扣10分 未安装行程限位装置或不灵敏，扣10分 起重拔杆组装不符合设计要求，扣10分 起重拔杆组装后未履行验收程序或验收表无责任人签字，扣5~10分	10		
3		钢丝绳与地锚	钢丝绳磨损、断丝、变形、锈蚀达到报废标准，扣10分 钢丝绳规格不符合起重机产品说明书要求，扣10分 吊钩、卷筒、滑轮磨损达到报废标准，扣10分 吊钩、卷筒、滑轮未安装钢丝绳防脱装置，扣5~10分 起重拔杆的缆风绳、地锚设置不符合设计要求，扣8分	10		
4		索具	索具采用编结连接时，编结部分的长度不符合规范要求，扣10分 索具采用绳夹连接时，绳夹的规格、数量及绳夹间距不符合规范要求，扣5~10分 索具安全系数不符合规范要求，扣10分 吊索规格不匹配或机械性能不符合设计要求，扣5~10分	10		
5		作业环境	起重机行走作业处地面承载能力不符合产品说明书要求或未采用有效加固措施，扣10分 起重机与架空线路安全距离不符合规范要求，扣10分	10		
6		作业人员	起重机司机无证操作或操作证与操作机型不符，扣5~10分 未设置专职信号指挥和司索人员，扣10分 作业前未按规定进行安全技术交底或交底未形成文字记录，扣5~10分	10		
		小计		60		
7	一般项目	起重吊装	多台起重机同时起吊一个构件时，单台起重机所承受的荷载不符合专项施工方案要求，扣10分 吊索系挂点不符合专项施工方案要求，扣5分 起重机作业时起重臂下有人停留或吊运重物从人的正上方通过，扣10分 起重机吊具载运人员，扣10分 吊运易散落物件不使用吊笼，扣6分	10		
8		高处作业	未按规定设置高处作业平台，扣10分 高处作业平台设置不符合规范要求，扣5~10分 未按规定设置爬梯或爬梯的强度、构造不符合规范要求，扣5~8分 未按规定设置安全带悬挂点，扣8分	10		
9		构件码放	构件码放荷载超过作业面承载能力，扣10分 构件码放高度超过规定要求，扣4分 大型构件码放无稳定措施，扣8分	10		
10		警戒监护	未按规定设置作业警戒区，扣10分 警戒区未设专人监护，扣5分	10		
		小计		40		
检查项目合计				100		

表 B.19 施工机具检查评分表

序号	检查项目	扣分标准	应得分数	扣减分数	实得分数
1	平刨	平刨安装后未履行验收程序,扣5分 未设置护手安全装置,扣5分 传动部位未设置防护罩,扣5分 未作保护接零或未设置漏电保护器,扣10分 未设置安全作业棚,扣6分 使用多功能木工机具,扣10分	10		
2	圆盘锯	圆盘锯安装后未履行验收程序,扣5分 未设置锯盘护罩、分料器、防护挡板安全装置和传动部位未设置防护罩,每处扣3分 未作保护接零或未设置漏电保护器,扣10分 未设置安全作业棚,扣6分 使用多功能木工机具,扣10分	10		
3	手持电动工具	Ⅰ类手持电动工具未采取保护接零或未设置漏电保护器,扣8分 使用Ⅰ类手持电动工具不按规定穿戴绝缘用品,扣6分 手持电动工具随意接长电源线,扣4分	8		
4	钢筋机械	机械安装后未履行验收程序,扣5分 未作保护接零或未设置漏电保护器,扣10分 钢筋加工区未设置作业棚,钢筋对焊作业区未采取防止火花飞溅措施或冷拉作业区未设置防护栏板,每处扣5分 传动部位未设置防护罩,扣5分	10		
5	电焊机	电焊机安装后未履行验收程序,扣5分 未作保护接零或未设置漏电保护器,扣10分 未设置二次空载降压保护器,扣10分 一次线长度超过规定或未进行穿管保护,扣3分 二次线未采用防水橡皮护套铜芯软电缆,扣10分 二次线长度超过规定或绝缘层老化,扣3分 电焊机未设置防雨罩或接线柱未设置防护罩,扣5分	10		
6	搅拌机	搅拌机安装后未履行验收程序,扣5分 未作保护接零或未设置漏电保护器,扣10分 离合器、制动器、钢丝绳达不到规定要求,每项扣5分 上料斗未设置安全挂钩或止挡装置,扣5分 传动部位未设置防护罩,扣4分 未设置安全作业棚,扣6分	10		
7	气瓶	气瓶未安装减压器,扣8分 乙炔瓶未安装回火防止器,扣8分 气瓶间距小于5m或与明火距离小于10m未采取隔离措施,扣8分 气瓶未设置防振圈和防护帽,扣2分 气瓶存放不符合要求,扣4分	8		
8	翻斗车	翻斗车制动、转向装置不灵敏,扣5分 驾驶员无证操作,扣8分 行车载人或违章行车,扣8分	8		

续表 B.19

序号	检查项目	扣 分 标 准	应得分数	扣减分数	实得分数
9	潜水泵	未作保护接零或未设置漏电保护器，扣6分 负荷线未使用专用防水橡皮电缆，扣6分 负荷线有接头，扣3分	6		
10	振捣器	未作保护接零或未设置漏电保护器，扣8分 未使用移动式配电箱，扣4分 电缆线长度超过30m，扣4分 操作人员未穿戴绝缘防护用品，扣8分	8		
11	桩工机械	机械安装后未履行验收程序，扣10分 作业前未编制专项施工方案或未按规定进行安全技术交底，扣10分 安全装置不齐全或不灵敏，扣10分 机械作业区域地面承载力不符合规定要求或未采取有效硬化措施，扣12分 机械与输电线路安全距离不符合规范要求，扣12分	12		
检查项目合计			100		

本标准用词说明

1 为便于在执行本标准条文时区别对待，对要求严格程度不同的用词说明如下：
　1)表示很严格，非这样做不可的：
　　正面词采用"必须"，反面词采用"严禁"；
　2)表示严格，在正常情况下均应这样做的：
　　正面词采用"应"，反面词采用"不应"或"不得"；
　3)表示允许稍有选择，在条件许可时首先应这样做的：
　　正面词采用"宜"，反面词采用"不宜"；
　4)表示有选择，在一定条件下可以这样做的，采用"可"。

2 条文中指明应按其他有关标准执行的，写法为"应符合……的规定"或"应按……执行"。

引用标准名录

1 《建设工程施工现场供用电安全规范》GB 50194
2 《建筑基坑工程监测技术规范》GB 50497
3 《建设工程施工现场消防安全技术规范》GB 50720
4 《安全帽》GB 2118
5 《塔式起重机安全规程》GB 5144
6 《安全网》GB 5725
7 《起重机械安全规程》GB 6067
8 《安全带》GB 6095
9 《施工升降机》GB/T 10054
10 《施工升降机安全规程》GB 10055
11 《建筑机械使用安全技术规程》JGJ 33
12 《施工现场临时用电安全技术规范》JGJ 46
13 《建筑施工高处作业安全技术规范》JGJ 80
14 《龙门架及井架物料提升机安全技术规范》JGJ 88
15 《建筑基坑支护技术规程》JGJ 120
16 《建筑施工门式钢管脚手架安全技术规范》JGJ 128
17 《建筑施工扣件式钢管脚手架安全技术规范》JGJ 130
18 《建筑施工现场环境和卫生标准》JGJ 146
19 《施工现场机械设备检查技术规程》JGJ 160
20 《建筑施工模板安全技术规范》JGJ 162
21 《建筑施工碗扣式钢管脚手架安全技术规范》JGJ 166
22 《建筑施工土石方工程安全技术规范》JGJ 180
23 《施工现场临时建筑物技术规范》JGJ/T 188
24 《建筑施工塔式起重机安装、使用、拆卸安全技术规程》JGJ 196
25 《建筑施工工具式脚手架安全技术规范》JGJ 202
26 《建筑施工升降机安装、使用、拆卸安全技术规程》JGJ 215
27 《建筑施工承插型盘扣式钢管支架安全技术规程》JGJ 231

中华人民共和国行业标准

建筑施工安全检查标准

JGJ 59—2011

条 文 说 明

修 订 说 明

《建筑施工安全检查标准》JGJ 59-2011，经住房和城乡建设部 2011 年 12 月 7 日以第 1204 号公告批准、发布。

本标准是在《建筑施工安全检查标准》JGJ 59-99 的基础上修订而成，上一版的主编单位是天津建工集团总公司，参编单位是中国工程标准化协会施工安全专业委员会、上海市建设工程安全监督站、哈尔滨市建设工程安全监察站、嘉兴市建筑安全监督站、杭州市建筑工程安全监督站、深圳市施工安全监督站、北京建工集团、山西省建筑安全监督站，主要起草人是秦春芳、刘嘉福、戴贞洁。本次修订的主要技术内容是：1.增设"术语"章节；2.增设"检查评定项目"章节；3.将原"检查分类及评分方法"一章调整为"检查评分方法"和"检查评定等级"两个章节，并对评定等级的划分标准进行了调整；4.将原"检查评分表"一章调整为附录；5.将"建筑施工安全检查评分汇总表"中的项目名称及分值进行了调整；6.删除"挂脚手架检查评分表"、"吊篮脚手架检查评分表"；7.将"'三宝'、'四口'防护检查评分表"改为"高处作业检查评分表"，并新增移动式操作平台和悬挑式钢平台的检查内容；8.新增"碗扣式钢管脚手架检查评分表"、"承插型盘扣式钢管脚手架检查评分表"、"满堂脚手架检查评分表"、"高处作业吊篮检查评分表"；9.依据现行法规和标准对检查评分表的内容进行了调整。

本标准修订过程中，编制组进行了大量的调查研究，总结了我国房屋建筑工程施工现场安全检查的实践经验。

为便于广大设计、施工、科研、学校等单位有关人员在使用本标准时能正确理解和执行条文规定，《建筑施工安全检查标准》编制组按章、节、条顺序编制了本标准的条文说明，对条文规定的目的、依据以及执行中需注意的有关事项进行了说明，还着重对强制性条文的强制性理由作了解释。但是，本条文说明不具备与标准正文同等的法律效力，仅供使用者作为理解和把握标准的参考。

目　次

1　总则 …………………………… 10—4—50
3　检查评定项目 ………………… 10—4—50
　3.1　安全管理 ………………… 10—4—50
　3.2　文明施工 ………………… 10—4—51
　3.3　扣件式钢管脚手架 ……… 10—4—51
　3.4　门式钢管脚手架 ………… 10—4—52
　3.5　碗扣式钢管脚手架 ……… 10—4—52
　3.6　承插型盘扣式钢管脚手架 … 10—4—53
　3.7　满堂脚手架 ……………… 10—4—53
　3.8　悬挑式脚手架 …………… 10—4—54
　3.9　附着式升降脚手架 ……… 10—4—54
　3.10　高处作业吊篮 …………… 10—4—54
　3.11　基坑工程 ………………… 10—4—55
　3.12　模板支架 ………………… 10—4—55
　3.13　高处作业 ………………… 10—4—56
　3.14　施工用电 ………………… 10—4—56
　3.15　物料提升机 ……………… 10—4—57
　3.16　施工升降机 ……………… 10—4—58
　3.17　塔式起重机 ……………… 10—4—58
　3.18　起重吊装 ………………… 10—4—59
　3.19　施工机具 ………………… 10—4—60
4　检查评分方法 ………………… 10—4—60
5　检查评定等级 ………………… 10—4—61

1 总 则

1.0.1 本标准编制的目的。
1.0.2 本标准适用于建筑施工企业或其他方对房屋建筑施工现场的安全检查评定。
1.0.3 建筑施工安全检查除应符合本标准规定外，针对施工现场的实际情况尚应符合国家现行有关标准中的要求。

3 检查评定项目

3.1 安全管理

3.1.3 对安全管理保证项目说明如下：
1 安全生产责任制
安全生产责任制主要是指工程项目部各级管理人员，包括：项目经理、工长、安全员、生产、技术、机械、器材、后勤、分包单位负责人等管理人员，均应建立安全责任制。根据《建筑施工安全检查标准》和项目制定的安全管理目标，进行责任目标分解。建立考核制度，定期（每月）考核。
工程的主要施工工种，包括：砌筑、抹灰、混凝土、木工、电工、钢筋、机械、起重司索、信号指挥、脚手架、水暖、油漆、塔吊、电梯、电气焊等工种均应制定安全技术操作规程，并在相对固定的作业区域悬挂。
工程项目部专职安全人员的配备应按住建部的规定，1万 m^2 以下工程1人；1万 m^2～5万 m^2 的工程不少于2人；5万 m^2 以上的工程不少于3人。
制定安全生产资金保障制度，就是要确保购置、制作各种安全防护设施、设备、工具、材料及文明施工设施和工程抢险等需要的资金，做到专款专用。同时还应提前编制计划并严格按计划实施，保证安全生产资金的投入。
2 施工组织设计与专项施工方案
施工组织设计中的安全技术措施应包括安全生产管理措施。
危险性较大的分部分项工程专项方案，经专家论证后提出修改完善意见的，施工单位应按论证报告进行修改，并经施工单位技术负责人、项目总监理工程师、建设单位项目负责人签字后，方可组织实施。专项方案经论证后需做重大修改的，应重新组织专家进行论证。
3 安全技术交底
安全技术交底主要包括三个方面：一是按工程部位分部分项进行交底；二是对施工作业相对固定，与工程施工部位没有直接关系的工种，如起重机械、钢筋加工等，应单独进行交底；三是对工程项目的各级管理人员，应进行以安全施工方案为主要内容的交底。
4 安全检查
安全检查应包括定期安全检查和季节性安全检查。
定期安全检查以每周一次为宜。
季节性安全检查，应在雨期、冬期之前和雨期、冬期施工中分别进行。
对重大事故隐患的整改复查，应按照谁检查谁复查的原则进行。
5 安全教育
施工人员入场安全教育应按照先培训后上岗的原则进行，培训教育应进行试卷考核。施工人员变换工种或采用新技术、新工艺、新设备、新材料施工时，必须进行安全教育培训，保证施工人员熟悉作业环境，掌握相应的安全知识技能。
现场应填写三级安全教育台账记录和安全教育人员考核登记表。
施工管理人员、专职安全员每年应进行一次安全培训考核。
6 应急救援
重大危险源的辨识应根据工程特点和施工工艺，将施工中可能造成重大人身伤害的危险因素、危险部位、危险作业列为重大危险源并进行公示，并以此为基础编制应急救援预案和控制措施。
项目应定期组织综合或专项的应急救援演练。对难以进行现场演练的预案，可按演练程序和内容采取室内桌牌式模拟演练。
按照工程的不同情况和应急救援预案要求，应配备相应的应急救援器材，包括：急救箱、氧气袋、担架、应急照明灯具、消防器材、通信器材、机械、设备、材料、工具、车辆、备用电源等。

3.1.4 对安全管理一般项目说明如下：
1 分包单位安全管理
分包单位安全员的配备应按住建部的规定，专业分包至少1人；劳务分包的工程50人以下的至少1人；50～200人的至少2人；200人以上的至少3人。
分包单位应根据每天工作任务的不同特点，对施工作业人员进行班前安全交底。
2 持证上岗
项目经理、安全员、特种作业人员应进行登记造册，资格证书复印留查，并按规定年限进行延期审核。
3 生产安全事故处理
工程项目部发生的各种安全事故应进行登记报告，并按规定进行调查、处理、制定预防措施，建立事故档案。重伤以上事故，按国家有关调查处理规定进行登记建档。
4 安全标志

施工现场安全标志的设置应根据工程部位进行调整。主要包括：基础施工、主体施工、装修施工三个阶段。

对夜间施工或人员经常通行的危险区域、设施，应安装灯光警示标志。

按照危险源辨识的情况，施工现场应设置重大危险源公示牌。

3.2 文明施工

3.2.3 对文明施工保证项目说明如下：

1 现场围挡

工地必须沿四周连续设置封闭围挡，围挡材料应选用砌体、金属板材等硬性材料，并做到坚固、稳定、整洁和美观。

2 封闭管理

现场进出口应设置大门、门卫室、企业名称或标识、车辆冲洗设施等，并严格执行门卫制度，持工作卡进出现场。

3 施工场地

现场主要道路必须采用混凝土、碎石或其他硬质材料进行硬化处理，做到畅通、平整，其宽度应能满足施工及消防等要求。

对现场易产生扬尘污染的路面、裸露地面及存放的土方等，应采取合理、严密的防尘措施。

4 材料管理

应根据施工现场实际面积及安全消防要求，合理布置材料的存放位置，并码放整齐。

现场存放的材料（如：钢筋、水泥等），为了达到质量和环境保护的要求，应有防雨水浸泡、防锈蚀和防止扬尘等措施。

建筑物内施工垃圾的清运，为防止造成人员伤亡和环境污染，必须采用合理容器或管道运输，严禁凌空抛掷。

现场易燃易爆物品必须严格管理，在使用和储藏过程中，必须有防暴晒、防火等保护措施，并间距合理、分类存放。

5 现场办公与住宿

为了保证住宿人员的人身安全，在建工程内、伙房、库房严禁兼做员工宿舍。

施工现场应做到作业区、材料区与办公区、生活区进行明显的划分，并应有隔离措施；如因现场狭小，不能达到安全距离的要求，必须对办公、生活区采取可靠的防护措施。

宿舍内严禁使用通铺，床铺不应超过2层，为了达到安全和消防的要求，宿舍内应有必要的生活空间，居住人员不得超过16人，通道宽度不应小于0.9m，人均使用面积不应小于$2.5m^2$。

6 现场防火

现场临时用房和设施，包括：办公用房、宿舍、厨房操作间、食堂、锅炉房、库房、变配电房、围挡、大门、材料堆场及其加工场、固定动火作业场、作业棚、机具棚等设施，在防火设计上，必须达到有关消防安全技术规范的要求。

现场木料、保温材料、安全网等易燃材料必须实行入库、合理存放，并配备相应、有效、足够的消防器材。

为了保证现场防火安全，动火作业前必须履行动火审批程序，经监护和主管人员确认、同意，消防设施到位后，方可施工。

3.2.4 对文明施工一般项目说明如下：

2 公示标牌

施工现场的进口处应有明显的公示标牌，如果认为内容还应增加，可结合本地区、本企业及本工程特点进行要求。

3 生活设施

食堂与厕所、垃圾站等污染及有毒有害场所的间距必须大于15m，并应设置在上述场所的上风侧（地区主导风向）。

食堂必须经相关部门审批，颁发卫生许可证和炊事人员的身体健康证。

食堂使用的煤气罐应进行单独存放，不能与其他物品混放，且存放间有良好的通风条件。

食堂应设专人进行管理和消毒，门扇下方设防鼠挡板，操作间设清洗池、消毒池、隔油池、排风、防蚊蝇等设施，储藏间应配有冰柜等冷藏设施，防止食物变质。

厕所的蹲位和小便槽应满足现场人员数量的需求，高层建筑或作业面积大的场地应设置临时性厕所，并由专人及时进行清理。

现场的淋浴室应能满足作业人员的需求，淋浴室与人员的比例宜大于1:20。

现场应针对生活垃圾建立卫生责任制，使用合理、密封的容器，指定专人负责生活垃圾的清运工作。

4 社区服务

为了保护环境，施工现场严禁焚烧各类废弃物（包括：生活垃圾、废旧的建筑材料等），应进行及时的清运。

施工活动泛指施工、拆除、清理、运输及装卸等动态作业活动，在动态作业活动中，应有防粉尘、防噪声和防光污染等措施。

3.3 扣件式钢管脚手架

3.3.3 对扣件式钢管脚手架保证项目说明如下：

1 施工方案

搭设高度超过规范要求的脚手架应编制专项施工方案，基础、连墙件应经设计计算，专项施工方案经审批后实施；搭设高度超过50m的架体，必须采取加强措施，专项施工方案必须经专家论证。
    2 立杆基础
    基础土层、排水设施、扫地杆设置对脚手架基础稳定性有着重要影响；脚手架基础应采取防止积水浸泡的措施，减少或消除在搭设和使用过程中由于地基不均匀沉降导致的架体变形。
    3 架体与建筑结构拉结
    脚手架拉结形式、拉结部位对架体整体刚度有重要影响；脚手架与建筑物进行拉结可以防止因风荷载而发生的架体倾翻事故，减小立杆的计算长度，提高承载能力，保证脚手架的整体稳定性；连墙杆应靠近节点位置从架体底部第一步横向水平杆开始设置。
    4 杆件间距与剪刀撑
    纵向水平杆设在立杆内侧，可以减少横向水平杆跨度，接长立杆和安装剪刀撑时比较方便，对高处作业更为安全。
    5 脚手板与防护栏杆
    架体使用的脚手板宽度、厚度以及材质类型应符合规范要求，通过限定脚手板的对接和搭接尺寸，控制探头板长度，以防止脚手板倾翻或滑脱。
    6 交底与验收
    脚手架在搭设前，施工负责人应按照方案结合现场作业条件进行细致的安全技术交底；脚手架搭设完毕或分段搭设完毕，应由施工负责人组织有关人员进行检查验收，验收内容应包括用数据衡量合格与否的项目，确认符合要求后，才可投入使用或进入下一阶段作业。
  3.3.4 对扣件式钢管脚手架一般项目说明如下：
    1 横向水平杆设置
    横向水平杆应紧靠立杆用十字扣件与纵向水平杆扣牢；主要作用是承受脚手板传来的荷载，增强脚手架横向刚度，约束双排脚手架里外两侧立杆的侧向变形，缩小立杆长细比，提高立杆的承载能力。

3.4 门式钢管脚手架

  3.4.3 对门式钢管脚手架保证项目说明如下：
    1 施工方案
    搭设高度超过规范要求的脚手架应编制专项施工方案，基础、连墙件应经设计计算，专项施工方案经审批后实施；搭设超过规范允许高度的架体，必须采取加强措施，所以专项方案必须经专家论证。
    2 架体基础
    基础土层、排水设施、扫地杆设置对脚手架基础稳定性有着重要影响；脚手架基础应采取防止积水浸泡的措施，减少或消除在搭设和使用过程中由于地基不均匀沉降导致的架体变形。
    3 架体稳定
    连墙件、剪刀撑、加固杆件、立杆偏差对架体整体刚度有着重要影响；连墙件的设置应按规范要求间距从底层第一步架开始，随脚手架搭设同步进行不得漏设；剪刀撑、加固杆件位置应准确，角度应合理，连接应可靠，并连续设置形成闭合圈，以提高架体的纵向刚度。
    4 杆件锁臂
    门架杆件与配件的规格应配套统一，并应符合标准，杆件、构配件尺寸误差在允许的范围之内；搭设时各种组合情况下，门架与配件均能处于良好的连接、锁紧状态。
    5 脚手板
    当使用与门架配套的挂扣式脚手板时，应有防止脚手板松动或脱落的措施。
    6 交底与验收
    脚手架在搭设前，施工负责人应按照方案结合现场作业条件进行细致的安全技术交底；脚手架搭设完毕或分段搭设完毕，应由施工负责人组织有关人员进行检查验收，验收内容应包括用数据衡量合格与否的项目，确认符合要求后，才可投入使用或进入下一阶段作业。
  3.4.4 对门式钢管脚手架一般项目说明如下：
    1 架体防护
    作业层的防护栏杆、挡脚板、安全网应按规范要求正确设置，以防止作业人员坠落和作业面上的物料滚落。

3.5 碗扣式钢管脚手架

  3.5.3 对碗扣式钢管脚手架保证项目说明如下：
    1 施工方案
    搭设高度超过规范要求的脚手架应编制专项施工方案，基础、连墙件应经设计计算，专项施工方案经审批后实施；搭设超过规范允许高度的架体，必须采取加强措施，所以专项方案必须经专家论证。
    2 架体基础
    基础土层、排水设施、扫地杆设置对脚手架基础稳定性有着重要影响；脚手架基础应采取防止积水浸泡的措施，减少或消除在搭设和使用过程中由于地基不均匀沉降导致的架体变形。
    3 架体稳定
    连墙件、斜杆、八字撑对架体整体刚度有着重要影响；当采用旋转扣件作斜杆连接时应尽量靠近有横杆、立杆的碗扣节点，斜杆采用八字形布置的目的是为了避免钢管重叠，斜杆角度应与横杆、立杆对角线角度一致。
    4 杆件锁件
    杆件间距、碗扣紧固、水平斜杆对架体稳定性有着重要影响；当架体高度超过24m时，在各连墙件层应增加水平斜杆，使纵横杆与斜杆形成水平桁架，使无连墙立杆构成支撑点，以保证立杆承载力及稳定性。

5 脚手板

使用的工具式钢脚手板必须有挂钩,并带有自锁装置与廊道横杆锁紧,防止松动脱落。

6 交底与验收

脚手架在搭设前,施工负责人应按照方案结合现场作业条件进行细致的安全技术交底;脚手架搭设完毕或分段搭设完毕,应由施工负责人组织有关人员进行检查验收,验收内容应包括用数据衡量合格与否的项目,确认符合要求后,才可投入使用或进入下一阶段作业。

3.5.4 对碗扣式钢管脚手架一般项目说明如下:

1 架体防护

作业层的防护栏杆、挡脚板、安全网应按规范要求正确设置,以防止作业人员坠落和作业面上的物料滚落。

3.6 承插型盘扣式钢管脚手架

3.6.3 对承插型盘扣式钢管脚手架保证项目说明如下:

1 施工方案

搭设高度超过规范要求的脚手架应编制专项施工方案,基础、连墙件应经设计计算,专项施工方案经审批后实施;搭设超过规范允许高度的架体,必须采取加强措施,所以专项方案必须经专家论证。

2 架体基础

基础土层、排水设施、扫地杆设置对脚手架基础稳定性有着重要影响;脚手架基础应采取防止积水浸泡的措施,减少或消除在搭设和使用过程中由于地基不均匀沉降导致的架体变形。

3 架体稳定

拉结点、剪刀撑、竖向斜杆的设置对脚手架整体稳定有着重要影响;当脚手架下部暂时不能设置连墙件时,宜外扩搭设多排脚手架并设置斜杆形成外侧斜面状附加梯形架,以保证架体稳定。

4 杆件设置

承插型盘扣式钢管脚手架各杆件、构配件应按规范要求设置;盘扣插销外表面应与水平杆和斜杆端扣接内表面吻合,使用不小于0.5kg锤子击紧插销,保证插销尾部外露不小于15mm;作业面无挂扣钢脚手板时,应设置水平斜杆以保证平面刚度。

5 脚手板

使用的挂扣式钢脚手板必须有挂钩,并带有自锁装置,防止松动脱落。

6 交底与验收

脚手架在搭设前,施工负责人应按照方案结合现场作业条件进行细致的安全技术交底;脚手架搭设完毕或分段搭设完毕,应由施工负责人组织有关人员进行检查验收,验收内容应包括用数据衡量合格与否的项目,确认符合要求后,才可投入使用或进入下一阶段作业。

3.6.4 对承插型盘扣式钢管脚手架一般项目说明如下:

1 架体防护

作业层的防护栏杆、挡脚板、安全网应按规范要求正确设置,以防止作业人员坠落和作业面上的物料滚落。

2 杆件连接

当搭设悬挑式脚手架时,由于同一步架体立杆的接头部位全部位于同一水平面内,为增强架体刚度,立杆的接长部位必须采用专用的螺栓配件进行固定。

3.7 满堂脚手架

3.7.3 对满堂脚手架保证项目说明如下:

1 施工方案

搭设、拆除满堂式脚手架应编制专项施工方案,方案经审批后实施;搭设超过规范允许高度的满堂脚手架,必须采取加强措施,所以专项方案必须经专家论证。

2 架体基础

基础土层、排水设施、扫地杆设置对脚手架基础稳定性有着重要影响;脚手架基础应采取防止积水浸泡的措施,减少或消除在搭设和使用过程中由于地基不均匀沉降导致的架体变形。

3 架体稳定

架体中剪刀撑、斜杆、连墙件等加强杆件的设置对整体刚度有着重要影响;增加竖向、水平剪刀撑,可增加架体刚度,提高脚手架承载力,在竖向剪刀撑顶部交点平面设置一道水平连续剪刀撑,可使架体结构稳固;增加连墙件也可以提高架体承载力;在有空间部位,也可超出顶部加载区域投影范围向外延伸布置2~3跨,以提高架体高宽比,达到提升架体强度的目的。

4 杆件锁件

满堂式脚手架的搭设应符合施工方案及相关规范的要求,各杆件的连接节点应紧固应可靠,保证架体的有效传力。

5 脚手板

使用的挂扣式钢脚手板必须有挂钩,并带有自锁装置,防止松动脱落。

6 交底与验收

脚手架在搭设前,施工负责人应按照方案结合现场作业条件进行细致的安全技术交底;脚手架搭设完毕或分段搭设完毕,应由施工负责人组织有关人员进行检查验收,验收内容应包括用数据衡量合格与否的项目,确认符合要求后,才可投入使用或进入下一阶段作业。

3.7.4 对满堂脚手架一般项目说明如下:

1 架体防护

作业层的防护栏杆、挡脚板、安全网应按规范要求正确设置，以防止作业人员坠落和作业面上的物料滚落。

3.8 悬挑式脚手架

3.8.3 对悬挑式脚手架保证项目说明如下：

1 施工方案

搭设、拆除悬挑式脚手架应编制专项施工方案，悬挑钢梁、连墙件应经设计计算，专项施工方案经审批后实施；搭设高度超过规范要求的悬挑架体，必须采取加强措施，所以专项方案必须经专家论证。

2 悬挑钢梁

悬挑钢梁的选型计算、锚固长度、设置间距、斜拉措施等对悬挑架体稳定有着重要影响；型钢悬挑梁宜采用双轴对称截面的型钢，现场多使用工字钢；悬挑钢梁前端应采用吊拉卸荷，结构预埋吊环应使用HPB235级钢筋制作，但钢丝绳、钢拉杆卸荷不参与悬挑钢梁受力计算。

3 架体稳定

立杆在悬挑钢梁上的定位点可采取竖直焊接长0.2m、直径25mm～30mm的钢筋或短管等方式；在架体内侧及两端设置横向斜杆并与主体结构加强连接；连墙件偏离主节点的距离不能超过300mm，目的在于增强对架体横向变形的约束能力。

4 脚手板

架体使用的脚手板宽度、厚度以及材质类型应符合规范要求，通过限定脚手板的对接和搭接尺寸，控制探头板长度，以防止脚手板倾翻或滑脱。

5 荷载

架体上的荷载应均匀布置，均布荷载、集中荷载应在设计允许范围内。

6 交底与验收

脚手架在搭设前，施工负责人应按照方案结合现场作业条件进行细致的安全技术交底；脚手架搭设完毕或分段搭设完毕，应由施工负责人组织有关人员进行检查验收，验收内容应包括用数据衡量合格与否的项目，确认符合要求后，才可投入使用或进入下一阶段作业。

3.8.4 对悬挑式脚手架一般项目说明如下：

2 架体防护

作业层的防护栏杆、挡脚板、安全网应按规范要求正确设置，以防止作业人员坠落和作业面上的物料滚落。

3.9 附着式升降脚手架

3.9.3 对附着式升降脚手架保证项目说明如下：

1 施工方案

搭设、拆除附着式升降脚手架应编制专项施工方案，竖向主框架、水平支撑桁架、附着支撑结构应经设计计算，专项施工方案经审批后实施；提升高度超过规定要求的附着架体，必须采取相应强化措施，所以专项方案必须经专家论证。

2 安全装置

在使用、升降工况下必须配置可靠的防倾覆、防坠落和同步升降控制等安全防护装置；防倾覆装置必须有可靠的刚度和足够的强度，其导向件应通过螺栓连接固定在附墙支座上，不能前后左右移动；为了保证防坠落装置的高度可靠性，因此必须使用机械式的全自动装置，严禁使用手动装置；同步控制装置是用来控制多个升降设备在同时升降时，出现不同步状态的设施，防止升降设备因荷载不均衡而造成超载事故。

3 架体构造

附着式升降脚手架架体的整体性能要求较高，既要符合不倾斜、不坠落的安全要求，又要满足施工作业的需要；架体高度主要考虑了3层未拆模的层高和顶部1.8m防护栏杆的高度，以满足底层模板拆除作业时的外防护要求；限制支撑跨度是为了有效控制升降动力设备提升力的超载现象；安装附着式升降脚手架时，应同时控制高度和跨度，确保控制荷载和安全使用。

4 附着支座

附着支座是承受架体所有荷载并将其传递给建筑结构的构件，应于竖向主框架所覆盖的每一楼层处设置一道支座；使用工况时主要是保证主框架的荷载能直接有效的传递各附墙支座；附墙支座还应具有防倾覆和升降导向功能；附墙支座与建筑物连接，要考虑受拉端的螺母止退要求。

5 架体安装

强调附着式升降脚手架的安装质量对后期的使用安全特别重要。

6 架体升降

升降操作是附着式脚手架使用安全的关键环节；仅当采用单跨式架体提升时，允许采用手动升降设备。

3.9.4 对附着式升降脚手架一般项目说明如下：

1 检查验收

附着式提升脚手架在组装前，施工负责人应按规范要求对各种构配件及动力装置、安全装置进行验收；组装搭设完毕或分段搭设完毕，应由施工负责人组织有关人员进行检查验收，验收内容应包括用数据衡量合格与否的项目，确认符合要求后，才可投入使用或进入下一阶段作业。

3.10 高处作业吊篮

3.10.3 对高处作业吊篮保证项目说明如下：

1 施工方案

安装、拆除高处作业吊篮应编制专项施工方案，吊篮的支撑悬挂机构应经设计计算，专项施工方案经审批后实施。

2 安全装置

安全装置包括防坠安全锁、安全绳、上限位装置；安全锁扣的配件应完整、齐全，规格和标识应清晰可辨；安全绳不得有松散、断股、打结现象，与建筑物固定位置应牢靠；安装上限位装置是为了防止吊篮在上升过程出现冒顶现象。

3 悬挂机构

悬挂机构应按规范要求正确安装；女儿墙或建筑物挑檐边承受不了吊篮的荷载，因此不能作为悬挂机构的支撑点；悬挂机构的安装是吊篮的重点环节，应在专业人员的带领、指导下进行，以保证安装正确；悬挂机构上的脚轮是方便吊篮作平行位移而设置的，其本身承载能力有限，如吊篮荷载传递到脚轮就会产生集中荷载，易对建筑物产生局部破坏。

4 钢丝绳

钢丝绳的型号、规格应符合规范要求；在吊篮内施焊前，应提前采用石棉布将电焊火花迸溅范围进行遮挡，防止烧毁钢丝绳，同时防止发生触电事故。

5 安装作业

安装前对提升机的检验以及吊篮构配件规格的统一对吊篮组装后安全使用有着重要影响。

6 升降作业

考虑吊篮作业面小，出现坠落事故时尽量减少人员伤亡，将上人数量控制在2人以内。

3.10.4 对高处作业吊篮一般项目说明如下：

2 安全防护

安装防护棚的目的是为了防止高处坠物对吊篮内作业人员的伤害。

4 荷载

禁止吊篮作为垂直运输设备，是因为吊篮运送物料易超载，造成吊篮翻转或坠落事故。

3.11 基 坑 工 程

3.11.3 对基坑工程保证项目说明如下：

1 施工方案

在基坑支护土方作业施工前，应编制专项施工方案，并按有关程序进行审批后实施。危险性较大的基坑工程应编制安全专项方案，施工单位技术、质量、安全等专业部门进行审核，施工单位技术负责人签字，超过一定规模的必须经专家论证。

2 基坑支护

人工开挖的狭窄基槽，深度较大或土质条件较差，可能存在边坡塌方危险，必须采取支护措施，支护结构应有足够的稳定性。

基坑支护结构必须经设计计算确定，支护结构产生的变形应在设计允许范围内。变形达到预警值时，应立即采取有效的控制措施。

3 降排水

在基坑施工过程中，必须设置有效的降排水措施以确保正常施工，深基坑边界上部必须设有排水沟，以防止雨水进入基坑，深基坑降水施工应分层降水，随时观测支护外观测井水位，防止邻近建筑物等变形。

4 基坑开挖

基坑开挖必须按专项施工方案进行，并应遵循分层、分段、均衡挖土，保证土体受力均衡和稳定。

机械在软土场地作业应采用铺设砂石、铺垫钢板等硬化措施，防止机械发生倾覆事故。

5 坑边荷载

基坑边沿堆置土、料具等荷载应在基坑支护设计允许范围内，施工机械与基坑边沿应保持安全距离，防止基坑支护结构超载。

6 安全防护

基坑开挖深度达到2m及以上时，按高处作业安全技术规范要求，应在其边沿设置防护栏杆并设置专用梯道，防护栏杆及专用梯道的强度应符合规范要求，确保作业人员安全。

3.12 模 板 支 架

3.12.3 对模板支架保证项目说明如下：

1 施工方案

模板支架搭设、拆除前应编制专项施工方案，对支架结构进行设计计算，并按程序进行审核、审批。

按照住房和城乡建设部建质[2009]38号文件要求，模板支架搭设高度8m及以上，跨度18m及以上，施工荷载15kN/m² 及以上；集中线荷载20kN/m及以上的专项施工方案，必须经专家论证。

2 支架基础

支架基础承载力必须符合设计要求，应能承受支架上部全部荷载，必要时应进行夯实处理，并应设置排水沟、槽等设施。

支架底部应设置底座和垫板，垫板长度不小于2倍立杆纵距，宽度不小于200mm，厚度不小于50mm。

支架在楼面结构上应对楼面结构强度进行验算，必要时应对楼面结构采取加固措施。

3 支架构造

采用对接连接，立杆伸出顶层水平杆中心线至支撑点的长度：碗扣式支架不应大于700mm；承插型盘扣式支架不应大于680mm；扣件式支架不应大于500mm。

支架高宽比大于2时，为保证支架的稳定，必须按规定设置连墙件或采用其他加强构造的措施。

连墙件应采用刚性构件，同时应能承受拉、压荷载。连墙件的强度、间距应符合设计要求。

4 支架稳定

立杆间距、水平杆步距应符合设计要求，竖向、水平剪刀撑或专用斜杆、水平斜杆的设置应符合规范要求。

5 施工荷载

支架上部荷载应均匀布置，均布荷载、集中荷载应在设计允许范围内。

6 交底与验收

支架搭设前，应按专项施工方案及有关规定，对施工人员进行安全技术交底，交底应有文字记录。

支架搭设完毕，应组织相关人员对支架搭设质量进行全面验收，验收应有量化内容及文字记录，并应有责任人签字确认。

3.13 高处作业

3.13.3 对高处作业检查项目说明如下：

1 安全帽

安全帽是防冲击的主要防护用品，每顶安全帽上都应有制造厂名称、商标、型号、许可证号、检验部门批量验证及工厂检验合格证；佩戴安全帽时必须系紧下颚帽带，防止安全帽掉落。

2 安全网

应重点检查安全网的材质及使用情况；每张安全网出厂前，必须有国家制定的监督检验部门批量验证和工厂检验合格证。

3 安全带

安全带用于防止人体坠落发生，从事高处作业人员必须按规定正确佩戴使用；安全带的带体上缝有永久字样的商标、合格证和检验证，合格证上注有产品名称、生产年月、拉力试验、冲击试验、制造厂名、检验员姓名等信息。

4 临边防护

临边防护栏杆应定型化、工具化、连续性；护栏的任何部位应能承受任何方向的1000N的外力。

5 洞口防护

洞口的防护设施应定型化、工具化、严密性；不能出现作业人员随意找材料盖在预留洞口上的临时做法，防止发生坠落事故；楼梯口、电梯井口应设防护栏杆，井内每隔两层（不大于10m）设置一道安全平网或其他形式的水平防护，并不得留有杂物。

6 通道口防护

通道口防护应具有严密性、牢固性的特点；为防止在进出施工区域的通道处发生物体打击事故，在出入口的物体坠落半径内搭设防护棚，顶部采用50mm木脚手板铺设，两侧封闭密目式安全网；建筑物高度大于24m或使用竹笆脚手板等低强度材料时，应采用双层防护棚，以提高防砸能力。

7 攀登作业

使用梯子进行高处作业前，必须保证地面坚实平整，不得使用其他材料对梯脚进行加高处理。

8 悬空作业

悬空作业应保证使用索具、吊具、料具等设备的合格可靠；悬空作业部位应有牢靠的立足点，并视具体环境配备相应的防护栏杆、防护网等安全措施。

9 移动式操作平台

移动式操作平台应按方案设计要求进行组装使用，作业面的四周必须按临边作业要求设置防护栏杆，并应布置登高扶梯。

10 悬挑式物料钢平台

悬挑式钢平台应按照方案设计要求进行组装使用，其结构应稳固，严禁将悬挑钢平台放置在外防护架体上；平台边缘必须按临边作业设置防护栏杆及挡脚板，防止出现物料滚落伤人事故。

3.14 施工用电

3.14.3 对施工用电保证项目说明如下：

1 外电防护

施工现场所遇到的外电线路一般为10kV以上或220/380V的架空线路。因为防护措施不当，造成重大人身伤亡和巨额财产损失的事故屡有发生，所以做好外电线路的防护是确保用电安全的重要保证。外电线路与在建工程（含脚手架）、高大施工设备、场内机动车道必须满足规定的安全距离。对达不到安全距离的架空线路，要采取符合规范要求的绝缘隔离防护措施或者与有关部门协商对线路采取停电、迁移等方式，确保用电安全。外电防护架体材料应选用木、竹等绝缘材料，不宜采用钢管等金属材料搭设。

目前场地狭窄的施工现场越来越多，许多工地经常在外电架空线路下方搭建宿舍、作业棚、材料区等违章设施，对电力运行安全和人身安全构成严重威胁，因此对施工现场架空线路下方区域的安全检查也是极为关键的环节。

2 接地与接零保护系统

施工现场配电系统的保护方式正确与否是保证用电安全的基础。按照现行行业标准《施工现场临时用电安全技术规范》JGJ 46（以下简称《临电规范》）的规定，施工现场专用的电源中性点直接接地的220/380V三相四线制低压电力系统必须采用TN-S接零保护系统，同时规定同一配电系统不允许采用两种保护系统。保护零线、工作接地、重复接地以及防雷接地在《临电规范》中都明确了具体的做法和要求，这些都是安全检查的重点。

3 配电线路

施工现场内所有线路必须严格按照规范的要求进行架设和埋设。由于施工的特殊性，供电线路、设施经常由于各种原因而改动，但工地往往忽视线路的安装质量，其安全性大大降低，极易诱发触电事故。因此，对施工现场配电线路的种类、规格和安装必须严格检查。

4 配电箱与开关箱

施工现场的配电箱是电源与用电设备之间的中枢环节，而开关箱是配电系统的末端，是用电设备的直接控制装置，它们的设置和使用直接影响施工现场的用电安全，因此必须严格执行《临电规范》中"三级配电，二级漏电保护"和"一机、一闸、一漏、一箱"的规定，并且在设计、施工、验收和使用阶段，都要作为检查监督的重点。

近些年，很多省市在执行规范过程中，研发使用了符合规范要求的标准化电闸箱，对降低施工现场触电事故几率起到了积极的作用。施工现场应该坚决杜绝各类私自制造、改造的违规电闸箱，大力推广使用国家认证的标准化电闸箱，逐步实现施工用电的本质安全。

3.14.4 对施工用电一般项目说明如下：

1 配电室与配电装置

随着大型施工设备的增加，施工现场用电负荷不断增长，对电气设备的管理提出了更高的要求。在工地，以往简单设置一个总配电箱逐步为配电室、配电柜替代。在施工用电上有必要制定相应的规定措施，进一步加强对配电室及配电装置的监督管理，保证供电源头的安全。

2 现场照明

目前很多工程都要进行夜间施工和地下施工，对施工照明的要求更加严格。因此施工现场必须提供科学合理的照明，根据不同场所设置一般照明、局部照明、混合照明和应急照明，保证施工的照明符合规范要求。在设计和施工阶段，要严格执行规范的规定，做到动力和照明用电分设，对特殊场所和手持照明采用符合要求的安全电压供电。尤其是安全电压的线路和电器装置，必须按照规范进行架设安装，不得随意降低作业标准。

3 用电档案

用电档案是施工现场用电管理的基础资料，每项资料都非常重要。工地要设专人负责资料的整理归档。总包分包安全协议、施工用电组织设计、外电防护专项方案、安全技术交底、安全检测记录等资料的内容都要符合有关规定，保证真实有效。

3.15 物料提升机

3.15.3 对物料提升机保证项目说明如下：

1 安全装置

安全装置主要有起重量限制器、防坠安全器、上限位开关等。

起重量限制器：当荷载达到额定起重量的90%时，限制器应发出警示信号；当荷载达到额定起重量的110%时，限制器应切断上升主电路电源，使吊笼制停。

防坠安全器：吊笼可采用瞬时动作式防坠安全器，当吊笼提升钢丝绳意外断绳时，防坠安全器应制停带有额定起重量的吊笼，且不应造成结构破坏。

上限位开关：当吊笼上升至限定位置时，触发限位开关，吊笼被制停，此时，上部越程不应小于3m。

2 防护设施

安全防护设施主要有防护围栏、防护棚、停层平台、平台门等。

防护围栏高度不应小于1.8m，围栏立面可采用网板结构，强度应符合规范要求。

防护棚长度不应小于3m，宽度应大于吊笼宽度，顶部可采用厚度不小于50mm的木板搭设。

停层平台应能承受3kN/m²的荷载，其搭设应符合规范要求。

平台门的高度不宜低于1.8m，宽度与吊笼门宽度差不应大于200mm，并应安装在平台外边缘处。

3 附墙架与缆风绳

附墙架宜使用制造商提供的标准产品，当标准附墙架结构尺寸不能满足要求时，可经设计计算采用非标附墙架。

附墙架是保证提升机整体刚度、稳定性的重要设施，其间距和连接方式必须符合产品说明书要求。

缆风绳的设置应符合设计要求，每一组缆风绳与导轨架的连接点应在同一水平高度，并应对称设置，缆风绳与导轨架连接处应采取防止钢丝绳受剪的措施，缆风绳必须与地锚可靠连接。

4 钢丝绳

钢丝绳的维修、检验和报废应符合现行国家标准《起重机钢丝绳保养、维护、安装、检验和报废》GB/T 5972的规定。

钢丝绳固定采用绳夹时，绳夹规格应与钢丝绳匹配，数量不少于3个，绳夹座应安放在长绳一侧。

吊笼处于最低位置时，卷筒上钢丝绳必须保证不少于3圈，本条款依照行业标准《龙门架及井架物料提升机安全技术规程》JGJ 88规定。

5 安拆、验收与使用

物料提升机属建筑起重机械，依据《建设工程安全生产管理条例》、《特种设备安全监察条例》规定，其安装、拆除单位应具有相应的资质。安装、拆除等作业人员必须经专门培训，取得特种作业资格，持证上岗。

安装、拆除作业前应依据相关规定及施工实际编制安全施工专项方案，并应经单位技术负责人审批后实施。

物料提升机安装完毕，应由工程负责人组织安装、使用、租赁、监理单位对安装质量进行验收，验收必须有文字记录，并有责任人签字确认。

3.15.4 对物料提升机一般项目说明如下：

1 基础与导轨架

基础应能承受最不利工作条件下的全部荷载，一一般要求基础土层的承载力不应小于80kPa。

基础混凝土强度等级不应低于C20，厚度不应小于300mm。

井架停层平台通道处的结构应在设计制作过程中采取加强措施。

3.16 施工升降机

3.16.3 对施工升降机保证项目说明如下：

1 安全装置

为了限制施工升降机超载使用，施工升降机应安装超载保护装置，该装置应对吊笼内载荷、吊笼顶部载荷均有效。超载保护装置应在荷载达到额定载重量的90%时，发出明确报警信号，载荷达到额定载重量的110%前终止吊笼启动。

施工升降机每个吊笼上应安装渐进式防坠安全器，不允许采用瞬时安全器。根据现行行业标准规定：防坠安全器只能在有效的标定期限内使用，有效标定期限不应超过1年。防坠安全器无论使用与否，在有效检验期满后都必须重新进行检验标定。施工升降机防坠安全器的寿命为5年。

施工升降机对重钢丝绳组的一端应设张力均衡装置，并装有由相对伸长量控制的非自动复位型的防松绳开关。当其中一条钢丝绳出现相对伸长量超过允许值或断绳时，该开关将切断控制电路，制动器动作。

齿轮齿条式施工升降机吊笼应安装一对以上安全钩，防止吊笼脱离导轨架或防坠安全器输出端齿轮脱离齿条。

2 限位装置

施工升降机每个吊笼均应安装上、下限位开关和极限开关。上、下限位开关可用自动复位型，切断的是控制回路。极限开关不允许使用自动复位型，切断的是主电路电源。

极限开关与上、下限位开关不应使用同一触发元件，防止触发元件失效致使极限开关与上、下限位开关同时失效。

3 防护设施

吊笼和对重升降通道周围应安装地面防护围栏。地面防护围栏高度不应低于1.8m，强度应符合规范要求。围栏登机门应装有机械锁止装置和电气安全开关，使吊笼只有位于底部规定位置时围栏登机门才能开启，且在开门后吊笼不能启动。

各停层平台应设置层门，层门安装和开启不得突出到吊笼的升降通道上。层门高度和强度应符合规范要求。

4 附墙架

当附墙架不能满足施工现场要求时，应对附墙架另行设计，严禁随意代替。

5 钢丝绳、滑轮与对重

钢丝绳的维修、检验和报废应符合现行国家有关标准的规定。

钢丝绳式人货两用施工升降机的对重钢丝绳不得少于2根，且相互独立。每根钢丝绳的安全系数不应小于12，直径不应小于9mm。

对重两端应有滑靴或滚轮导向，并设有防脱轨保护装置。若对重使用填充物，应采取措施防止其窜动，并标明重量。对重应按有关规定涂成警告色。

6 安拆、验收与使用

施工升降机安装（拆卸）作业前，安装单位应编制施工升降机安装、拆除工程专项施工方案，由安装单位技术负责人批准后方可实施。

验收应符合规范要求，严禁使用未经验收或验收不合格的施工升降机。

3.16.4 对施工升降机一般项目说明如下：

1 导轨架

垂直安装的施工升降机的导轨架垂直度偏差应符合表1规定。

表1 施工升降机安装垂直度偏差

导轨架架设高度 h(m)	$h \leqslant 70$	$70 < h \leqslant 100$	$100 < h \leqslant 150$	$150 < h \leqslant 200$	$h > 200$
垂直度偏差(mm)	不大于导轨架架设高度的0.1%	$\leqslant 70$	$\leqslant 90$	$\leqslant 110$	$\leqslant 130$

对重导轨接头应平直，阶差不大于0.5mm，严禁使用柔性物体作为对重导轨。

标准节连接螺栓使用应符合说明书及规范要求，安装时应螺杆在下、螺母在上，一旦螺母脱落后，容易及时发现安全隐患。

2 基础

施工升降机基础应能承受最不利工作条件下的全部载荷，基础周围应有排水设施。

3 电气安全

施工升降机与架空线路的安全距离是指施工升降机最外侧边缘与架空线路边线的最小距离，见表2。当安全距离小于表2规定时必须按规定采取有效的防护措施。

表2 施工升降机与架空线路边线的安全距离

外电线路电压(kV)	<1	1~10	35~110	220	330~500
安全距离(m)	4	6	8	10	15

3.17 塔式起重机

3.17.3 对塔式起重机保证项目说明如下：

1 载荷限制装置

塔式起重机应安装起重力矩限制器。力矩限制器控制定码变幅的触点或控制定幅变码的触点应分别设置，且能分别调整；对小车变幅的塔式起重机，其最大变幅速度超过40m/min，在小车向外运行，且起重力矩达到额定值的80%时，变幅速度应自动转换为不大于40m/min。

2 行程限位装置

回转部分不设集电器的塔式起重机应安装回转限位器，防止电缆绞损。回转限位器正反两个方向动作时，臂架旋转角度应不大于±540°。

3 保护装置

对小车变幅的塔式起重机应设置双向小车变幅断绳保护装置，保证在小车前后牵引钢丝绳断绳时小车在起重臂上不移动；断轴保护装置必须保证即使车轮失效，小车也不能脱离起重臂。

对轨道运行的塔式起重机，每个运行方向应设置限位装置，其中包括限位开关、缓冲器和终端止挡装置。限位开关应保证开关动作后塔式起重机停车时其端部距缓冲器最小距离大于1m。

4 吊钩、滑轮、卷筒与钢丝绳

滑轮、起升和动臂变幅塔式起重机的卷筒均应设有钢丝绳防脱装置，该装置表面与滑轮或卷筒侧板外缘的间隙不应超过钢丝绳直径的20%，装置与钢丝绳接触的表面不应有棱角。

钢丝绳的维修、检验和报废应符合现行国家有关标准的规定。

5 多塔作业

任意两台塔式起重机之间的最小架设距离应符合以下规定：

1) 低位塔式起重机的起重臂端部与另一台塔式起重机的塔身之间的距离不得小于2m；
2) 高位塔式起重机的最低位置的部件（或吊钩升至最高点或平衡重的最低部位）与低位塔式起重机中处于最高位置部件之间的垂直距离不得小于2m。

两台相邻塔式起重机的安全距离如果控制不当，很可能会造成重大安全事故。当相邻工地发生多台塔式起重机交错作业时，应在协调相互作业关系的基础上，编制各自的专项使用方案，确保任意两台塔式起重机不发生触碰。

6 安拆、验收与使用

塔式起重机安装（拆卸）作业前，安装单位应编制塔式起重机安装、拆除工程专项施工方案，由安装单位技术负责人批准后实施。

验收程序应符合规范要求，严禁使用未经验收或验收不合格的塔式起重机。

3.17.4 对塔式起重机一般项目说明如下：

1 附着

塔式起重机附着的布置不符合说明书规定时，应对附着进行设计计算，并经过审批程序，以确保安全。设计计算要适应现场实际条件，还要确保安全。

附着前、后塔身垂直度应符合规范要求，在空载、风速不大于3m/s状态下：

1) 独立状态塔身（或附着状态下最高附着点以上塔身）对支承面的垂直度≤0.4%；
2) 附着状态下最高附着点以下塔身对支承面的垂直度≤0.2%。

2 基础与轨道

塔式起重机说明书提供的设计基础如不能满足现场地基承载力要求时，应进行塔式起重机基础变更设计，并履行审批、检测、验收手续后方可实施。

3 结构设施

连接件被代用后，会失去固有的连接作用，可能会造成结构松脱、散架，发生安全事故，所以实际使用中严禁连接件代用。高强螺栓只有在扭力达到规定值时才能确保不松脱。

4 电气安全

塔式起重机与架空线路的安全距离是指塔式起重机的任何部位与架空线路边线的最小距离，见表3。当安全距离小于表3规定时必须按规定采取有效的防护措施。

表3 塔式起重机与架空线路边线的安全距离

安全距离 (m)	电压(kV)				
	<1	1~15	20~40	60~110	220
沿垂直方向	1.5	3.0	4.0	5.0	6.0
沿水平方向	1.0	1.5	2.0	4.0	6.0

为避免雷击，塔式起重机的主体结构应做防雷接地，其接地电阻应不大于4Ω。采取多处重复接地时，其接地电阻应不大于10Ω。接地装置的选择和安装应符合有关规范要求。

3.18 起重吊装

3.18.3 对起重吊装保证项目说明如下：

1 施工方案

起重吊装作业前应结合施工实际，编制专项施工方案，并应由单位技术负责人进行审核。采用起重拔杆等非常规起重设备且单件起重量超过10t时，专项施工方案应经专家论证。

2 起重机械

荷载限制器：当荷载达到额定起重量的95%时，限制器宜发出警报；当荷载达到额定起重量的100%~110%时，限制器应切断起升动力主电路。

行程限位装置：当吊钩、起重小车、起重臂等运行至限定位置时，触发限位开关制停。安全越程应符合现行国家标准《起重机械安全规程》GB 6067的规定。

起重拔杆按设计要求组装后，应按程序及设计要求进行验收，验收合格应有文字记录，并有责任人签字确认。

3 钢丝绳与地锚

钢丝绳的维护、检验和报废应符合现行国家有关标准的规定。

4 索具

索具采用编结或绳夹连接时,连接紧固方式应符合现行国家标准《起重机械安全规程》GB 6067 的规定。

5 作业环境

起重机作业现场地面承载能力应符合起重机说明书规定,当现场地面承载能力不满足规定时,可采用铺设路基箱等方式提高承载力。

起重机与架空线路的安全距离应符合国家现行标准《起重机安全规程》GB 6067 的规定。

6 作业人员

起重吊装作业单位应具有相应资质,作业人员必须经专门培训,取得特种作业资格,持证上岗。

作业前,应按规定对所有作业人员进行安全技术交底,并应有交底记录。

3.18.4 对起重吊装一般项目说明如下:

2 高处作业

高处作业必须按规定设置作业平台,作业平台防护栏杆不应少于两道,其高度和强度应符合规范要求。攀登用爬梯的构造、强度应符合规范要求。

安全带应悬挂在牢固的结构或专用固定构件上,并应高挂低用。

3.19 施工机具

3.19.3 对施工机具检查项目说明如下:

1 平刨

平刨的安全装置主要有护手和防护罩,安全护手装置应能在操作人员刨料发生意外时,不会造成手部伤害事故。

明露的转动轴、轮及皮带等部位应安装防护罩,防止人身伤害事故。

不得使用同台电机驱动多种刃具、钻具的多功能木工机具,由于该机具运转时,多种刃具、钻具同时旋转,极易造成人身伤害事故。

2 圆盘锯

圆盘锯的安全装置主要有分料器、防护挡板、防护罩等,分料器应能具有避免木料夹锯的功能。防护挡板应能具有防止木料向外倒退的功能。

3 手持电动工具

Ⅰ类手持电动工具为金属外壳,按规定必须作保护接零,同时安装漏电保护器,使用人员应戴绝缘手套和穿绝缘鞋。

手持电动工具的软电缆不允许接长使用,必要时应使用移动配电箱。

4 钢筋机械

钢筋加工区应按规定搭设作业棚,作业棚应具有防雨、防晒功能,并应达到标准化。

对焊机作业区应设置防止火花飞溅的挡板等隔离设施,冷拉作业应设置防护栏,将冷拉区与操作区隔离。

5 电焊机

电焊机除应做保护接零、安装漏电保护器外,还应设置二次空载降压保护装置,防止触电事故发生。

电焊机一次线长度不应超过 5m,并应穿管保护,二次线必须使用防水橡皮护套铜芯电缆,严禁使用其他导线代替。

6 搅拌机

搅拌机离合器、制动器运转时不能有异响,离合制动灵敏可靠。料斗钢丝绳的磨损、锈蚀、变形量应在规定允许范围内。

料斗应设置安全挂钩或止挡,在维修或运输过程中必须用安全挂钩或止挡将料斗固定牢固。

7 气瓶

气瓶的减压器是气瓶重要安全装置之一,安装前应严格进行检查,确保灵敏可靠。

作业时,气瓶间安全距离不应小于 5m,与明火安全距离不应小于 10m,不能满足安全距离要求时,应采取可靠的隔离防护措施。

8 翻斗车

翻斗车行驶前应检查制动器及转向装置确保灵敏可靠,驾驶人员应经专门培训,持证上岗。为保证行驶安全,车斗内严禁载人。

9 潜水泵

水泵的外壳必须作保护接零,开关箱中应安装动作电流不大于 15mA、动作时间小于 0.1s 的漏电保护器,负荷线应采用专用防水橡皮软线,不得有接头。

10 振捣器

振捣器作业时应使用移动式配电箱,电缆线长度不应超过 30m,其外壳应做保护接零,并应安装动作电流不大于 15mA、动作时间小于 0.1s 的漏电保护器,作业人员必须戴绝缘手套、穿绝缘鞋。

11 桩工机械

桩工机械安装完毕应按规定进行验收,并应经责任人签字确认,作业前应依据现场实际,编制专项施工方案,并对作业人员进行安全技术交底。

桩工机械应按规定安装行程限位等安全装置,确保齐全有效。作业区地面承载力应符合说明书要求,必要时应采取措施提高承载力。机械与输电线路的安全距离必须符合规范要求。

4 检查评分方法

4.0.1 保证项目是各级各部门在安全检查监督中必须严格检查的项目,对查出的隐患必须按照"三定"原则立即落实整改。

4.0.2 在建筑施工安全检查评定时，应依照本标准第3章中各检查评定项目的有关规定进行检查，并按本标准附录A、B的评分表进行评分。分项检查评分表共分为10项19张表格，其中的脚手架项目对应扣件式钢管脚手架、门式钢管脚手架、碗扣式钢管脚手架、承插型盘扣式钢管脚手架、满堂脚手架、悬挑式脚手架、附着式升降脚手架、高处作业吊篮8张分项检查评分表；物料提升机与施工升降机项目对应物料提升机、施工升降机2张分项检查评分表；塔式起重机与起重吊装项目对应塔式起重机、起重吊装2张分项检查评分表。

4.0.3 本条规定了各评分表的评分原则和方法。重点强调了在分项检查评分表评分时，保证项目出现零分或保证项目实得分值不足40分时，此分项检查评分表不得分，突出了对重大安全隐患"一票否决"的原则。

5 检查评定等级

5.0.1、5.0.2 规定了检查评定等级分为优良、合格、不合格三个等级，并明确了等级之间的划分标准。基于目前施工现场的安全生产状况，为切实提高施工现场对安全工作的认识，有效防止重大生产安全事故的发生，在等级划分上实行了更加严格的标准。

5.0.3 建筑施工现场经过检查评定确定为不合格，说明在工地的安全管理上存在着重大安全隐患，这些隐患如果不及时整改，可能诱发重大事故，直接威胁员工和企业的生命、财产等安全。因此，本条列为强制性条文就是要求评定为不合格的工地必须立即限期整改，达到合格标准后方可继续施工。

中华人民共和国行业标准

施工企业安全生产评价标准

Standard for the work safety assessment of construction company

JGJ/T 77—2010

批准部门：中华人民共和国住房和城乡建设部
施行日期：2010年11月1日

中华人民共和国住房和城乡建设部
公 告

第 575 号

关于发布行业标准《施工企业安全生产评价标准》的公告

现批准《施工企业安全生产评价标准》为行业标准，编号为 JGJ/T 77-2010，自 2010 年 11 月 1 日起实施。原行业标准《施工企业安全生产评价标准》JGJ/T 77-2003 同时废止。

本标准由我部标准定额研究所组织中国建筑工业出版社出版发行。

中华人民共和国住房和城乡建设部
2010 年 5 月 18 日

前 言

根据原建设部《关于印发〈2006 年工程建设标准规范制订、修订计划（第一批）〉的通知》（建标[2006] 77 号）的要求，标准编制组经广泛调查研究，认真总结实践经验，参考有关国际标准和国外先进标准，并在广泛征求意见的基础上，修订本标准。

本标准的主要技术内容是：1. 总则；2. 术语；3. 评价内容；4. 评价方法；5. 评价等级；以及相关附录。

本标准由住房和城乡建设部负责管理，由上海市建设工程安全质量监督总站负责具体技术内容的解释。执行过程中如有意见或建议，请寄送上海市建设工程安全质量监督总站（地址：上海市小木桥路 683 号；邮政编码：200032）。

本标准主编单位：上海市建设工程安全质量监督总站

本标准参编单位：上海市第七建筑有限公司
上海市建设安全协会
上海市施工现场安全生产保证体系第一审核认证中心
同济大学
山东省建管局
黑龙江省建设工程安全监督站
重庆市建设工程安监站
天津建工集团（控股）有限公司
北京建工集团
深圳市施工安监站

本标准主要起草人员：姜　敏　陶为农　陈晓峰
白俊英　赵敖齐　戚耀奇
徐福康　吴晓宇　徐　伟
李　印　阎　琪　夏太凤
戴贞洁　鲍煜晋　唐　伟
马遥之

本标准主要审查人员：边尔伦　魏吉祥　吴　辉
刘巽全　胡　军　胡海林
孙正坤　陈杰刚　郭　超
岳光兵　穆树德

目 次

1 总则 ………………………………… 10—5—5
2 术语 ………………………………… 10—5—5
3 评价内容 …………………………… 10—5—5
　3.1 安全生产管理评价 ……………… 10—5—5
　3.2 安全技术管理评价 ……………… 10—5—5
　3.3 设备和设施管理评价 …………… 10—5—6
　3.4 企业市场行为评价 ……………… 10—5—6
　3.5 施工现场安全管理评价 ………… 10—5—7
4 评价方法 …………………………… 10—5—7
5 评价等级 …………………………… 10—5—8
附录 A 施工企业安全生产
　　　 评价表 ……………………… 10—5—8
附录 B 施工企业安全生产评价汇
　　　 总表 ………………………… 10—5—10
本标准用词说明 ……………………… 10—5—10
引用标准名录 ………………………… 10—5—10
附：条文说明 ………………………… 10—5—11

Contents

1 General Provisions .... 10—5—5
2 Terms .... 10—5—5
3 Assessing Details .... 10—5—5
   3.1 Safe Production Management ...... 10—5—5
   3.2 Safe Technique Management ...... 10—5—5
   3.3 Equipments and Facilities
       Management .... 10—5—6
   3.4 Company Operation .... 10—5—6
   3.5 Construction Site Safety
       Management .... 10—5—7
4 Assessing Method .... 10—5—7
5 Assessing Grade .... 10—5—8
Appendix A The Assessing Form of Aafe Production for Construction Company .... 10—5—8
Appendix B The Gathering Form of Safe Production Assessment for Construction Company .... 10—5—10
Explanation of Wording in This Standard .... 10—5—10
List of Quoted Standards .... 10—5—10
Addition: Explanation of Provisions .... 10—5—11

1 总 则

1.0.1 为促进施工企业安全生产，确保其具备必要的安全生产条件和能力，制定本标准。

1.0.2 本标准适用于对施工企业进行安全生产条件和能力的评价。

1.0.3 施工企业安全生产评价，除应执行本标准的规定外，尚应符合国家现行有关标准的规定。

2 术 语

2.0.1 施工企业 construction company

从事土木工程、建筑工程、线路管道和设备安装工程、装修工程的企业。

2.0.2 安全生产 work safety

为预防生产过程中发生事故而采取的各种措施和活动。

2.0.3 安全生产条件 condition of work safety

满足安全生产所需要的各种因素及其组合。

2.0.4 核验 verify

根据建设行政主管部门、安全监督机构或其他相关机构日常的监督、检查记录等资料，对施工现场安全生产管理常态进行复核、追溯。

2.0.5 危险源 hazard

可能导致死亡、伤害、职业病、财产损失、工作环境破坏或这些情况组合的根源或状态。

3 评价内容

3.1 安全生产管理评价

3.1.1 施工企业安全生产条件应按安全生产管理、安全技术管理、设备和设施管理、企业市场行为和施工现场安全管理等5项内容进行考核，并应按本标准附录A中的内容具体实施考核评价。

3.1.2 每项考核内容应以评分表的形式和量化的方式，根据其评定项目的量化评分标准及其重要程度进行评定。

3.1.3 安全生产管理评价应为对企业安全管理制度建立和落实情况的考核，其内容应包括安全生产责任制度、安全文明资金保障制度、安全教育培训制度、安全检查及隐患排查制度、生产安全事故报告处理制度、安全生产应急救援制度等6个评定项目。

3.1.4 施工企业安全生产责任制度的考核评价应符合下列要求：

1 未建立以企业法人为核心分级负责的各部门及各类人员的安全生产责任制，则该评定项目不应得分；

2 未建立各部门、各级人员安全生产责任落实情况考核的制度及未对落实情况进行检查的，则该评定项目不应得分；

3 未实行安全生产的目标管理、制定年度安全生产目标计划、落实责任和责任人及未落实考核的，则该评定项目不应得分；

4 对责任制和目标管理等的内容和实施，应根据具体情况评定折减分数。

3.1.5 施工企业安全文明资金保障制度的考核评价应符合下列要求：

1 制度未建立且每年未对与本企业施工规模相适应的资金进行预算和决算，未专款专用，则该评定项目不应得分；

2 未明确安全生产、文明施工资金使用、监督及考核的责任部门或责任人，应根据具体情况评定折减分数。

3.1.6 施工企业安全教育培训制度的考核评价应符合下列要求：

1 未建立制度且每年未组织对企业主要负责人、项目经理、安全专职人员及其他管理人员的继续教育的，则该评定项目不应得分；

2 企业年度安全教育计划的编制，职工培训教育的档案管理，各类人员的安全教育，应根据具体情况评定折减分数。

3.1.7 施工企业安全检查及隐患排查制度的考核评价应符合下列要求：

1 未建立制度且未对所属的施工现场、后方场站、基地等组织定期和不定期安全检查的，则该评定项目不应得分；

2 隐患的整改、排查及治理，应根据具体情况评定折减分数。

3.1.8 施工企业生产安全事故报告处理制度的考核评价应符合下列要求：

1 未建立制度且未及时、如实上报施工生产中发生伤亡事故的，则该评定项目不应得分；

2 对已发生的和未遂事故，未按照"四不放过"原则进行处理的，则该评定项目不应得分；

3 未建立生产安全事故发生及处理情况事故档案的，则该评定项目不应得分。

3.1.9 施工企业安全生产应急救援制度的考核评价应符合下列要求：

1 未建立制度且未按照本企业经营范围，并结合本企业的施工特点，制定易发、多发事故部位、工序、分部、分项工程的应急救援预案，未对各项应急预案组织实施演练的，则该评定项目不应得分；

2 应急救援预案的组织、机构、人员和物资的落实，应根据具体情况评定折减分数。

3.2 安全技术管理评价

3.2.1 安全技术管理评价应为对企业安全技术管理

工作的考核,其内容应包括法规、标准和操作规程配置,施工组织设计,专项施工方案(措施),安全技术交底,危险源控制等5个评定项目。

3.2.2 施工企业法规、标准和操作规程配置及实施情况的考核评价应符合下列要求:

  1 未配置与企业生产经营内容相适应的、现行的有关安全生产方面的法规、标准,以及各工种安全技术操作规程,并未及时组织学习和贯彻的,则该评定项目不应得分;

  2 配置不齐全,应根据具体情况评定折减分数。

3.2.3 施工企业施工组织设计编制和实施情况的考核评价应符合下列要求:

  1 未建立施工组织设计编制、审核、批准制度的,则该评定项目不应得分;

  2 安全技术措施的针对性及审核、审批程序的实施情况等,应根据具体情况评定折减分数。

3.2.4 施工企业专项施工方案(措施)编制和实施情况的考核评价应符合下列要求:

  1 未建立对危险性较大的分部、分项工程专项施工方案编制、审核、批准制度的,则该评定项目不应得分;

  2 制度的执行,应根据具体情况评定折减分数。

3.2.5 施工企业安全技术交底制定和实施情况的考核评价应符合下列要求:

  1 未制定安全技术交底规定的,则该评定项目不应得分;

  2 安全技术交底资料的内容、编制方法及交底程序的执行,应根据具体情况评定折减分数。

3.2.6 施工企业危险源控制制度的建立和实施情况的考核评价应符合下列要求:

  1 未根据本企业的施工特点,建立危险源监管制度的,则该评定项目不应得分;

  2 危险源公示、告知及相应的应急预案编制和实施,应根据具体情况评定折减分数。

3.3 设备和设施管理评价

3.3.1 设备和设施管理评价应为对企业设备和设施安全管理工作的考核,其内容应包括设备安全管理、设施和防护用品、安全标志、安全检查测试工具等4个评定项目。

3.3.2 施工企业设备安全管理制度的建立和实施情况的考核评价应符合下列要求:

  1 未建立机械、设备(包括应急救援器材)采购、租赁、安装、拆除、验收、检测、使用、检查、保养、维修、改造和报废制度的,则该评定项目不应得分;

  2 设备的管理台账、技术档案、人员配备及制度落实,应根据具体情况评定折减分数。

3.3.3 施工企业设施和防护用品制度的建立及实施情况的考核评价应符合下列要求:

  1 未建立安全设施及个人劳保用品的发放、使用管理制度的,则该评定项目不应得分;

  2 安全设施及个人劳保用品管理的实施及监管,应根据具体情况评定折减分数。

3.3.4 施工企业安全标志管理规定的制定和实施情况的考核评价应符合下列要求:

  1 未制定施工现场安全警示、警告标识、标志使用管理规定的,则该评定项目不应得分;

  2 管理规定的实施、监督和指导,应根据具体情况评定折减分数。

3.3.5 施工企业安全检查测试工具配备制度的建立和实施情况的考核评价应符合下列要求:

  1 未建立安全检查检验仪器、仪表及工具配备制度的,则该评定项目不应得分;

  2 配备及使用,应根据具体情况评定折减分数。

3.4 企业市场行为评价

3.4.1 企业市场行为评价应为对企业安全管理市场行为的考核,其内容包括安全生产许可证、安全生产文明施工、安全质量标准化达标、资质机构与人员管理制度等4个评定项目。

3.4.2 施工企业安全生产许可证许可状况的考核评价应符合下列要求:

  1 未取得安全生产许可证而承接施工任务的、在安全生产许可证暂扣期间承接工程的、企业承发包工程项目的规模和施工范围与本企业资质不相符的,则该评定项目不应得分;

  2 企业主要负责人、项目负责人和专职安全管理人员的配备和考核,应根据具体情况评定折减分数。

3.4.3 施工企业安全生产文明施工动态管理行为的考核评价应符合下列要求:

  1 企业资质因安全生产、文明施工受到降级处罚的,则该评定项目不应得分;

  2 其他不良行为,视其影响程度、处理结果等,应根据具体情况评定折减分数。

3.4.4 施工企业安全质量标准化达标情况的考核评价应符合下列要求:

  1 本企业所属的施工现场安全质量标准化年度达标合格率低于国家或地方规定的,则该评定项目不应得分;

  2 安全质量标准化年度达标优良率低于国家或地方规定的,应根据具体情况评定折减分数。

3.4.5 施工企业资质、机构与人员管理制度的建立和人员配备情况的考核评价应符合下列要求:

  1 未建立安全生产管理组织体系、未制定人员资格管理制度、未按规定设置专职安全管理机构、未配备足够的安全生产专管人员的,则该评定项目不应得分；

2 实行分包的，总承包单位未制定对分包单位资质和人员资格管理制度并监督落实的，则该评定项目不应得分。

3.5 施工现场安全管理评价

3.5.1 施工现场安全管理评价应为对企业所属施工现场安全状况的考核，其内容应包括施工现场安全达标、安全文明资金保障、资质和资格管理、生产安全事故控制、设备设施工艺选用、保险等6个评定项目。

3.5.2 施工现场安全达标考核，企业应对所属的施工现场按现行规范标准进行检查，有一个工地未达到合格标准的，则该评定项目不应得分。

3.5.3 施工现场安全文明资金保障，应对企业按规定落实其所属施工现场安全生产、文明施工资金的情况进行考核，有一个施工现场未将施工现场安全生产、文明施工所需资金编制计划并实施、未做到专款专用的，则该评定项目不应得分。

3.5.4 施工现场分包资质和资格管理规定的制定以及施工现场控制情况的考核评价应符合下列要求：

1 未制定对分包单位安全生产许可证、资质、资格管理及施工现场控制的要求和规定，且在总包与分包合同中未明确参建各方的安全生产责任，分包单位承接的施工任务不符合其所具有的安全资质，作业人员不符合相应的安全资格，未按规定配备项目经理、专职或兼职安全生产管理人员的，则该评定项目不应得分；

2 对分包单位的监督管理，应根据具体情况评定折减分数。

3.5.5 施工现场生产安全事故控制的隐患防治、应急预案的编制和实施情况的考核评价应符合下列要求：

1 未针对施工现场实际情况制定事故应急救援预案的，则该评定项目不应得分；

2 对现场常见、多发或重大隐患的排查及防治措施的实施，应急救援组织和救援物资的落实，应根据具体情况评定折减分数。

3.5.6 施工现场设备、设施、工艺管理的考核评价应符合下列要求：

1 使用国家明令淘汰的设备或工艺，则该评定项目不应得分；

2 使用不符合国家现行标准的且存在严重安全隐患的设施的，则该评定项目不应得分；

3 使用超过使用年限或存在严重隐患的机械、设备、设施、工艺的，则该评定项目不应得分；

4 对其余机械、设备、设施以及安全标识的使用情况，应根据具体情况评定折减分数；

5 对职业病的防治，应根据具体情况评定折减分数。

3.5.7 施工现场保险办理情况的考核评价应符合下列要求：

1 未按规定办理意外伤害保险的，则该评定项目不应得分；

2 意外伤害保险的办理实施，应根据具体情况评定折减分数。

4 评价方法

4.0.1 施工企业每年度应至少进行一次自我考核评价。发生下列情况之一时，企业应再进行复核评价：

1 适用法律、法规发生变化时；

2 企业组织机构和体制发生重大变化后；

3 发生生产安全事故后；

4 其他影响安全生产管理的重大变化。

4.0.2 施工企业考核自评应由企业负责人组织，各相关管理部门均应参与。

4.0.3 评价人员应具备企业安全管理及相关专业能力，每次评价不应少于3人。

4.0.4 对施工企业安全生产条件的量化评价应符合下列要求：

1 当施工企业无施工现场时，应采用本标准附录A中表A-1～表A-4进行评价；

2 当施工企业有施工现场时，应采用本标准附录A中表A-1～表A-5进行评价；

3 施工企业的安全生产情况应依据自评价之月起前12个月以来的情况，施工现场应依据自开工日起至评价时的安全管理情况；

4 施工现场评价结论，应取抽查及核验的施工现场评价结果的平均值，且其中不得有一个施工现场评价结果为不合格。

4.0.5 抽查及核验企业在建施工现场，应符合下列要求：

1 抽查在建工程实体数量，对特级资质企业不应少于8个施工现场；对一级资质企业不应少于5个施工现场；对一级资质以下企业不应小于3个施工现场；企业在建工程实体少于上述规定数量的，则应全数检查；

2 核验企业所属其他在建施工现场安全管理状况，核验总数不应少于企业在建工程项目总数的50%。

4.0.6 抽查发生因工死亡事故的企业在建施工现场，应按事故等级或情节轻重程度，在本标准第4.0.5条规定的基础上分别增加2~4个在建工程项目；应增加核验企业在建工程项目总数的10%～30%。

4.0.7 对评价时无在建工程项目的企业，应在企业有在建工程项目时，再次进行跟踪评价。

4.0.8 安全生产条件和能力评分应符合下列要求：

1 施工企业安全生产评价应按评定项目、评分标准和评分方法进行，并应符合本标准附录A的规定，满分分值均应为100分；

2 在评价施工企业安全生产条件能力时，应采用加权法计算，权重系数应符合表4.0.8的规定，并应按本标准附录B进行评价。

表4.0.8 权重系数

评价内容			权重系数
无施工项目	①	安全生产管理	0.3
	②	安全技术管理	0.2
	③	设备和设施管理	0.2
	④	企业市场行为	0.3
有施工项目	①②③④加权值		0.6
	⑤	施工现场安全管理	0.4

4.0.9 各评分表的评分应符合下列要求：

1 评分表的实得分数应为各评定项目实得分数之和；

2 评分表中的各个评定项目应采用扣减分数的方法，扣减分数总和不得超过该项目的应得分数；

3 项目遇有缺项的，其评分的实得分应为可评分项目的实得分之和与可评分项目的应得分之和比值的百分数。

5 评价等级

5.0.1 施工企业安全生产考核评定应分为合格、基本合格、不合格三个等级，并宜符合下列要求：

1 对有在建工程的企业，安全生产考核评定宜分为合格、不合格2个等级；

2 对无在建工程的企业，安全生产考核评定宜分为基本合格、不合格2个等级。

5.0.2 考核评价等级划分应按表5.0.2核定。

表5.0.2 施工企业安全生产考核评价等级划分

考核评价等级	考核内容		
	各项评分表中的实得分数为零的项目数（个）	各评分表实得分数（分）	汇总分数（分）
合格	0	≥70 且其中不得有一个施工现场评定结果为不合格	≥75
基本合格	0	≥70	≥75
不合格	出现不满足基本合格条件的任意一项时		

附录A 施工企业安全生产评价表

表A-1 安全生产管理评分表

序号	评定项目	评分标准	评分方法	应得分	扣减分	实得分
1	安全生产责任制度	• 企业未建立安全生产责任制度，扣20分，各部门、各级（岗位）安全生产责任制度不健全，扣10～15分； • 企业未建立安全生产责任制考核制度，扣10分，各部门、各级对各自安全生产责任制未执行，每起扣2分； • 企业未按考核制度组织检查并考核的，扣10分，考核不全面扣5～10分； • 企业未建立、完善安全生产管理目标，扣10分，未对管理目标实施考核的，扣5～10分； • 企业未建立安全生产考核、奖惩制度扣10分，未实施考核和奖惩的，扣5～10分	查企业有关制度文本；抽查企业各部门、所属单位有关责任人对安全生产责任制的知晓情况，查确认记录，查企业考核记录。查企业文件，查企业对下属单位各级管理目标设置及考核情况记录；查企业安全生产奖惩制度文本和考核、奖惩记录	20		
2	安全文明资金保障制度	• 企业未建立安全生产、文明施工资金保障制度扣20分； • 制度无针对性和具体措施扣10分； • 未按规定对安全生产、文明施工措施费的落实情况进行考核，扣10～15分	查企业制度文本、财务资金预算及使用记录	20		
3	安全教育培训制度	• 企业未按规定建立安全培训教育制度，扣15分； • 制度未明确企业主要负责人，项目经理，安全专职作业人员，特种作业人员，待岗、转岗、换岗职工、新进单位从业人员安全培训教育要求的，扣5～10分； • 企业未编制年度安全培训教育计划，扣5～10分，企业未按年度计划实施的，扣5～10分	查企业制度文本、企业培训计划文本和教育的实施记录、企业年度培训教育记录和管理人员的相关证书	15		
4	安全检查及隐患排查制度	• 企业未建立安全检查及隐患排查制度，扣15分，制度不全面、不完善，扣5～10分； • 未按规定组织检查的，扣15分，检查不全面、不及时的，扣5～10分； • 对检查出的隐患未采取人、定时、定措施进行整改的，每起扣3分，无整改复查记录的，每起扣3分； • 对多发或重大隐患未排查或未采取有效治理措施的，扣3～15分	查企业制度文本、企业检查记录、企业对隐患整改情况记录、处置情况记录、隐患排查统计表	15		
5	生产安全事故报告处理制度	• 企业未建立生产安全事故报告处理制度，扣15分； • 未按规定及时上报事故的，每起扣15分； • 未建立事故档案扣5分； • 未按规定实施对事故的处理及落实"四不放过"原则的，扣10～15分	查企业制度文本，查企业事故上报及结案情况记录	15		

续表 A-1

序号	评定项目	评分标准	评分方法	应得分	扣减分	实得分
6	安全生产应急救援制度	• 未制定事故应急救援预案制度的，扣15分，事故应急救援预案无针对性的，扣5～10分； • 未按规定制定演练制度并实施的，扣5分； • 未按预案建立应急救援组织或落实救援人员和救援物资的，扣5分	查企业应急预案的编制、应急队伍建立情况以及相关演练记录、物资配备情况	15		
		分项评分		100		

评分员：　　　　　　　　　　　　　　　年　月　日

表 A-2　安全技术管理评分表

序号	评定项目	评分标准	评分方法	应得分	扣减分	实得分
1	法规、标准和操作规程配置	• 企业未配备与生产经营内容相适应的现行有关安全生产方面的法律、法规、标准、规范和规程的，扣10分，配备不齐全，扣3～10分； • 企业未配备各工种安全技术操作规程，扣10分，配备不齐全的，缺一个工种扣1分； • 企业未组织学习和贯彻实施安全生产方面的法律、法规、标准、规范和规程，每起扣3～5分	查企业现有的法律、法规、标准、操作规程的文本及贯彻实施记录	10		
2	施工组织设计	• 企业无施工组织设计编制、审核、批准制度的，扣15分； • 施工组织设计中未明确安全技术措施的扣10分； • 未按程序进行审核、批准的，每起扣3分	查企业技术管理制度，抽查企业备份的施工组织设计	15		
3	专项施工方案（措施）	• 未建立对危险性较大的分部、分项工程编写、审核、批准专项施工方案制度的，扣25分； • 未实施或按程序审核、批准的，每起扣3分； • 未按规定明确本单位需进行专家论证的危险性较大的分部、分项工程名录（清单）的，每起扣3分	查企业相关规定、实施记录和专项施工方案备份资料	25		
4	安全技术交底	• 企业未制定安全技术交底规定的，扣25分； • 未有效落实各级安全技术交底，扣5～10分； • 交底无书面记录，未履行签字手续，每起扣1～3分	查企业相关规定、企业实施记录	25		
5	危险源控制	• 企业未建立危险源监管制度，扣25分； • 制度不齐全、不完善的，扣5～10分； • 未根据生产经营特点明确危险源的，扣5～10分； • 未针对识别评价出的重大危险源制定管理方案或相应措施的，扣5～10分； • 企业未建立危险源公示、告知制度的，扣8～10分	查企业规定及相关记录	25		
		分项评分		100		

评分员：　　　　　　　　　　　　　　　年　月　日

表 A-3　设备和设施管理评分表

序号	评定项目	评分标准	评分方法	应得分	扣减分	实得分
1	设备安全管理	• 未制定设备（包括应急救援器材）采购、租赁、安装（拆除）、验收、使用、检查、保养、维修、改造和报废制度，扣30分； • 制度不齐全、不完善的，扣10～15分； • 设备的相关证书不齐全或未建立台账的，扣3～5分； • 未按规定建立技术档案或档案资料不齐全的，每项扣2分； • 未配备设备管理的专（兼）职人员的，扣10分	查企业设备安全管理制度，查企业设备清单和管理档案	30		
2	设施和防护用品	• 未制定安全物资供应单位及施工人员个人安全防护用品管理制度的，扣30分； • 未按制度执行的，每项扣2分； • 未建立施工现场临时设施（包括临时建、构筑物、活动板房）的采购、租赁、搭设与拆除、验收、检查、使用的相关管理规定的，扣30分； • 未按管理规定实施或实施有缺陷的，每项扣2分	查企业相关规定及实施记录	30		
3	安全标志	• 未制定施工现场安全警示、警告标识、标志使用管理规定的，扣20分； • 未定期检查实施情况的，每项扣5分	查企业相关规定及实施记录	20		
4	安全检查测试工具	• 企业未制定施工场所安全检查、检验仪器、工具配备制度的，扣20分； • 企业未建立安全检查、检验仪器、工具配备清单的，扣5～15分	查企业相关记录	20		
		分项评分		100		

评分员：　　　　　　　　　　　　　　　年　月　日

表 A-4　企业市场行为评分表

序号	评定项目	评分标准	评分方法	应得分	扣减分	实得分
1	安全生产许可证	• 企业未取得安全生产许可证而承接施工任务的，扣20分； • 企业在安全生产许可证暂扣期间继续承接施工任务的，扣20分； • 企业资质与承发包生产经营行为不相符的，扣20分； • 企业主要负责人、项目负责人、专职安全管理人员持有的安全生产合格证书不符合规定要求的，每起扣10分	查安全生产许可证及各类人员相关证书	20		
2	安全生产文明施工	• 企业资质受到降级处罚，扣30分； • 企业受到暂扣安全生产许可证的处罚，每起扣5～30分； • 企业受当地建设行政主管部门通报处分，每起扣5分； • 企业受当地建设行政主管部门经济处罚，每起扣5～10分； • 企业受省级及以上通报批评每次扣10分，受到地市级通报批评每次扣5分	查各级行政主管部门管理信息资料，各类有效证明材料	30		
3	安全质量标准化达标	• 安全质量标准化达标优良率低于规定的，每5%扣10分； • 安全质量标准化年度达标合格率低于规定要求的，扣20分	查企业相应管理资料	20		

续表 A-4

序号	评定项目	评分标准	评分方法	应得分	扣减分	实得分
4	资质、机构与人员管理	·企业未建立安全生产管理组织体系（包括机构和人员等）、人员资格管理制度的，扣30分； ·企业未按规定设置专职安全管理机构的，扣30分，未按规定配足安全生产专管人员的，扣30分； ·实行总、分包的企业未制定对分包单位资质和人员资格管理制度的，扣30分，未按制度执行的，扣30分	查企业制度文本和机构、人员配备证明文件，查人员资格管理记录及相关证件，查总、分包单位的管理资料	30		
		分项评分		100		

评分员： 　　　　　　　　　　　　　　　　　年　月　日

表 A-5　施工现场安全管理评分表

序号	评定项目	评分标准	评分方法	应得分	扣减分	实得分
1	施工现场安全达标	·按《建筑施工安全检查标准》JGJ 59 及相关现行标准规范进行检查，不合格的，每1个工地扣30分	查现场及相关记录	30		
2	安全文明资金保障	·未按规定落实安全防护、文明施工措施费，发现一个工地扣15分	查现场及相关记录	15		
3	资质和资格管理	·未制定对分包单位安全生产许可证、资质、资格管理及施工现场控制的要求和规定，管理记录不全扣5~15分； ·合同未明确参建各方安全责任，扣15分； ·分包单位承接的项目不符合相应的安全资质管理要求，或作业人员不符合相应的安全资格管理要求的，扣15分； ·未按规定配备项目经理、专职或兼职安全生产管理人员（包括分包单位），扣15分	查对管理记录、证书，抽查合同及相应管理资料	15		
4	生产安全事故控制	·对多发或重大隐患未排查或未采取有效措施的，扣3~15分； ·未制定事故应急救援预案的，扣15分，事故应急救援预案无针对性的，扣5~10分； ·未按规定实施演练的，扣5分； ·未按预案建立应急救援组织或落实救援人员和救援物资的，扣5~15分	查检查记录及隐患排查统计表，应急预案的编制及应急队伍建立情况以及相关演练记录、物资配备情况	15		
5	设备、设施、工艺选用	·现场使用国家明令淘汰的设备或工艺，扣15分； ·现场使用不符合标准的、且存在严重安全隐患的设施，扣15分； ·现场使用的机械、设备、设施、工艺超过使用年限或存在严重隐患的，扣15分； ·现场使用不合格的钢管、扣件，每起扣1~2分； ·现场安全警示、警告标志使用不符合标准的扣5~10分； ·现场职业危害防治措施没有针对性的扣1~5分	查现场及相关记录	15		
6	保险	·未按规定办理意外伤害保险的，扣10分； ·意外伤害保险办理率不足100%，每低2%扣1分	查现场及相关记录	10		
		分项评分		100		

评分员： 　　　　　　　　　　　　　　　　　年　月　日

附录 B　施工企业安全生产评价汇总表

评价类型：□市场准入□发生事故□不良业绩□资质评价□日常管理□年终评价□其他

企业名称：_____经济类型：_____

资质等级：_____上年度施工产值：_____在册人数：_____

	评价内容		评价结果			
			零分项（个）	应得分数（分）	实得分数（分）	权重系数	加权分数
无施工项目	表 A-1	安全生产管理				0.3	
	表 A-2	安全技术管理				0.2	
	表 A-3	设备和设施管理				0.2	
	表 A-4	企业市场行为				0.3	
	汇总分数①＝ 表 A-1～表 A-4 加权值					0.6	
有施工项目	表 A-5	施工现场安全管理				0.4	
	汇总分数②＝汇总分数① ×0.6＋表 A-5×0.4						

评价意见：

评价负责人（签名）		评价人员（签名）	
企业负责人（签名）		企业签章	

　　　　　　　　　　　　　　　　　　　年　月　日

本标准用词说明

1　为便于在执行本标准条文时区别对待，对要求严格程度不同的用词说明如下：

　　1）表示很严格，非这样做不可的：
　　　　正面词采用"必须"，反面词采用"严禁"；
　　2）表示严格，在正常情况下均应这样做的：
　　　　正面词采用"应"，反面词采用"不应"或"不得"；
　　3）表示允许稍有选择，在条件许可时首先应这样做的：
　　　　正面词采用"宜"，反面词采用"不宜"；
　　4）表示有选择，在一定条件下可以这样做的，采用"可"。

2　条文中指明应按其他有关标准执行的写法为"应符合……的规定"或"应按……执行"。

引用标准名录

《建筑施工安全检查标准》JGJ 59

中华人民共和国行业标准

施工企业安全生产评价标准

JGJ/T 77—2010

条 文 说 明

制 订 说 明

《施工企业安全生产评价标准》JGJ/T 77-2010 经住房和城乡建设部 2010 年 5 月 18 日以第 575 号公告批准、发布。

本标准是在《施工企业安全生产评价标准》JGJ/T 77-2003 的基础上修订而成，上一版的主编单位是上海市建设工程安全质量监督总站，参编单位是上海市第七建筑有限公司、同济大学、上海市建筑业联合会工程建设监督委员会、山东省建管局、黑龙江省建设工程安全监督站、重庆市建设工程安监站、天津建工集团、北京建工集团、深圳市施工安监站。

本标准修订过程中，编制组进行了大量的调查研究，总结了我国工程建设施工企业安全生产评价的实践经验。

为便于广大设计、施工、科研、学校等单位有关人员在使用本标准时能正确理解和执行条文规定，《施工企业安全生产评价标准》编制组按章、节、条顺序编制了本标准的条文说明，对条文规定的目的、依据以及执行中需注意的有关事项进行了说明。但是，本条文说明不具备与标准正文同等的法律效力，仅供使用者作为理解和把握标准规定的参考。

目 次

1 总则 ………………………………… 10—5—14
3 评价内容 ……………………………… 10—5—14
  3.1 安全生产管理评价 ………………… 10—5—14
  3.2 安全技术管理评价 ………………… 10—5—14
  3.3 设备和设施管理评价 ……………… 10—5—14
  3.4 企业市场行为评价 ………………… 10—5—14
  3.5 施工现场安全管理评价 …………… 10—5—15

4 评价方法 ……………………………… 10—5—15
5 评价等级 ……………………………… 10—5—15
附录 A 施工企业安全生产评价表 …… 10—5—16
附录 B 施工企业安全生产评价汇总表 …… 10—5—16

1 总　则

1.0.1 本标准依据《中华人民共和国安全生产法》、《中华人民共和国建筑法》、《建设工程安全生产管理条例》、《安全生产许可证条例》等有关法律、法规的要求制定。

1.0.2 本标准适用于企业对其自身管理条件和能力的自我评价，或者其他方对企业的安全生产条件和能力的评价。

3 评价内容

3.1 安全生产管理评价

3.1.1 说明了本标准的评价内容。

3.1.2 明确考核评价工作以评分表形式进行。

3.1.3 明确了施工企业安全生产管理的6个评定项目内容。

3.1.4 安全生产责任是搞好安全工作的最基本保证，没有责任就无法实施保障安全生产的法律、法规，就会造成违章冒险作业，伤亡事故自然无法控制。在《中华人民共和国安全生产法》、《中华人民共和国建筑法》、《安全生产许可证条例》、《建设工程安全生产管理条例》等法律、法规中，都有关于建立安全管理责任制度的严格要求。

3.1.5 为落实施工企业安全工作的物质保证，本条明确了企业安全生产、文明施工资金的安排、使用和管理要求。

3.1.6 加强企业安全教育培训，是增强全员安全意识，提高安全防范技能的有效途径。本条明确了施工企业安全培训教育工作的对象、内容和日常管理要求。

3.1.7 施工企业的安全检查和隐患排查，是企业发现、消除安全隐患，总结经验，控制事故的有效手段。本条明确了企业安全检查和隐患排查的相关要求。

3.1.8 施工企业对发生的事故及时做好"四不放过"，有助于企业吸取事故教训，总结经验，改善企业安全施工条件，提升安全管理水平。本条明确了企业生产安全事故的报告、处理要求。

3.1.9 施工企业建立事故应急救援预案，在发生事故时，有利于企业减少事故损失、降低不良影响，同时也是提高企业员工安全防范技能、提升企业安全管理水平的有效途径之一。本条明确了企业生产安全事故应急救援预案编制和实施的各项要求。

3.2 安全技术管理评价

3.2.1 明确了施工企业安全技术管理的5个评定项目内容。

3.2.2 安全法规、标准和操作规程的配备是施工企业实施安全生产管理工作的前提。本条明确了企业对安全法规、标准和操作规程等配备的要求。

3.2.3 施工组织设计是施工企业项目施工的指导性文件，本条明确了施工企业施工组织设计编制以及管理的要求。

3.2.4 专项施工方案是针对危险性较大的分部、分项工程编制的指导性文件，本条明确了施工企业专项施工方案编制以及管理的要求。

3.2.5 安全技术交底是针对性较强的分部、分项工程施工安全的作业指导书。本条明确了对施工企业安全技术交底的制定和实施情况的考核要求。

3.2.6 加强对施工危险源的监管和公示、告知，是切实消除安全隐患，杜绝工伤事故发生的有效手段。本条明确了对施工企业危险源控制制度的建立和实施情况的考核要求。

3.3 设备和设施管理评价

3.3.1 明确了施工企业设备和设施管理的4个评定项目内容。

3.3.2 规范施工企业设备管理，能有效控制施工现场设备方面的安全隐患，本条明确了施工企业对设备管理制度编制和实施的要求。

3.3.3 施工企业安全设施和个人防护用品的合理配置，可以最大限度保护施工现场作业人员，防止工伤事故的发生，减轻事故造成的损失。本条明确了施工企业设施和防护用品管理制度的编制和实施的要求。

3.3.4 安全标志的正确使用，可以引导施工现场作业人员采取正确、安全的生产行为。本条明确了施工企业安全标志管理规定的制定和实施的要求。

3.3.5 安全检查测试工具是施工企业安全检查所必需的工具。本条明确了施工企业安全检查测试工具配备制度的建立和实施的要求。

3.4 企业市场行为评价

3.4.1 明确了施工企业市场行为的4个评定项目内容。

3.4.2 企业应规范其市场经营行为，只有在其具备安全生产许可、符合企业资质和管理能力的前提下，承接生产经营任务。本条明确了对施工企业许可状况考核的要求。

3.4.3 抓好企业安全生产、文明施工工作，是消除企业安全隐患，控制工伤事故发生的有效措施，为保证企业安全管理工作持续受控，要加强对安全生产、文明施工的考核，促进该项工作的长效管理。本条明确了对企业安全生产、文明施工动态管理行为考核的要求。

3.4.4 安全质量标准化是促进施工企业安全生产责

任落实、规范企业安全管理的重要手段。本条明确了对施工企业安全质量标准化达标情况考核的要求。

3.4.5 施工企业应根据企业规模建立自身安全管理组织体系，本条明确了对施工企业安全管理机构及人员配备情况进行考核的要求。

3.5 施工现场安全管理评价

3.5.1 明确了施工现场安全管理的6个评定项目内容。

3.5.2 施工现场是容易发生事故的场所，现场如不能按照标准来做，就必然存在安全隐患，随时有发生事故的危险，所以企业的每个施工现场必须按照规范标准要求，达到合格，这是保障企业不发生事故的一项根本措施。

3.5.3 保障施工现场安全生产、文明施工所需资金，是抓好现场安全管理工作的物质保证。本条明确了对施工现场安全生产、文明施工资金的落实和使用情况的考核要求。

3.5.4 抓好施工现场分包单位的资质、资格审核，督促其配备符合其承接施工任务所需的安全管理人员，是落实总包项目安全管理工作的前提。本条明确了对施工现场分包资质资格管理规定的制定和现场实施情况的考核要求。

3.5.5 施工现场加强安全检查和隐患排查，发现、消除安全隐患，制定应急救援预案，是控制事故的有效手段。本条明确了对施工现场隐患防治和应急预案编制、实施情况的考核要求。

3.5.6 企业发生伤亡事故的重要原因之一是施工现场使用了存在严重隐患的机械、设备、设施、工艺等，这些产品不禁止、不消除，安全隐患便始终存在，随时有发生安全事故的危险。因此，在《中华人民共和国安全生产法》、《安全生产许可证条例》等法律、法规中也强调杜绝、淘汰存在严重隐患的机械、设备、设施、工艺等。

3.5.7 按规定办理保险，是重视施工作业人员生命安全的一项重要举措，也是构建和谐社会的切实组成部分。本条明确了对施工现场保险办理情况的考核要求。

4 评价方法

4.0.1 明确了施工企业每年至少一次的自我考核评价的频次以及进行复核评价的前提条件。

4.0.4 对本条第1款、第4款说明如下：

1 可能存在新成立的企业暂时无施工项目的情况，《施工现场安全管理评分表》表A-5作为缺项处理，使本标准的适用性更强。

4 用《施工现场安全管理评分表》评分时，会涉及多个施工现场，评分方法为评分人员各按工地打分，然后取平均值，且其中不得有评分不合格的施工现场。

4.0.5 对本条各款说明如下：

1 规定了评价时应抽查施工现场的数量。

2 对企业的评价应客观、全面。企业所属施工现场的日常情况是企业安全管理情况的最真实反映，应通过对企业所属一定数量工地的常态管理情况来辅助评价。可依据当地建设行政主管部门的日常监管记录、企业自查记录、相关证书等资料进行检验式抽查。

4.0.6 事故也有一定的偶然性，故抽查项目数考虑有一定的自由度。

4.0.7 对暂时无在建工程项目的企业，评价结论还是不能全面反映真实状况，针对这种缺陷，评价应分两次进行，即第一次评价作为初评，当企业有在建工程后，再次评价，可作为最终结论。

对仅有初评结论的企业，各地建设行政主管部门可制定相应的管理措施。

4.0.8 对各评分表引入了权数概念，是参照了国际先进的安全管理理念，同时结合了对企业、政府监督管理机构的调研，表A-1、表A-4分别占0.3的权数，是为强调企业制度建设、规范企业的市场行为的重要性。

结合表A-5《施工现场安全管理评分表》评分时，表A-1～表A-4加权汇总值所占权数为0.6，而表A-5权数为0.4，提高了施工现场评分的权重，突出施工现场管理的重要性，施工现场安全评价结果很大程度上决定了施工企业安全生产整体评价结果，这样更符合施工企业的生产特点。

4.0.9 本条第3款是针对评定项目中出现缺项的情况而定的，如对无工程项目的新建企业进行评分时，表A-4中的"3"项目即为缺项。

5 评价等级

5.0.1 规定了本标准的评价等级分为合格、基本合格和不合格三个等级。被评价企业暂时无施工现场，则评价结论最高等级为基本合格，即对无在建工程的企业设定标识，以便于跟踪管理。

5.0.2 依据施工企业安全生产评价各评分表的评分量化结果，在经过汇总后，评价等级划分的原则是：合格和基本合格的一项共同标准为各评分表中无实得分数为零的评定项目，因为评分表中的条款均是企业满足安全生产条件的基本条件，必须做到，所以本标准不设置优良等级。

同时规定加权汇总后实得分数保证数值及各评分表的实得分数保证数值，这样既保证了单项评分实得分数数值，又限制了各评定项目之间的得分差距，以确保各评定项目均能保持一定水准。

附录 A 施工企业安全生产评价表

表 A-1《安全生产管理评分表》主要是对施工企业的安全基础管理工作进行评价。根据《中华人民共和国安全生产法》提出的安全生产保障、安全生产监督管理、事故的应急救援和调查处理要求，在本评分表中分为安全生产责任制度、安全文明资金保障制度、安全教育培训制度、安全检查及隐患排查制度、生产安全事故报告处理制度、安全生产应急救援制度6个评定项目。

企业应建立以上各项基本管理制度，并针对各企业的实际情况进一步充实。安全检查制度中新增隐患排查制度，是要求在检查、落实整改的前提下，再对各类检查发现的隐患首先进行分类：是一般隐患还是重大隐患，"一般隐患"是指危害或整改难度小，检查发现后能够立即整改排除的隐患；"重大隐患"是指危害或整改难度大，应当全部或局部停止施工作业，并经过一定时间整改和治理方能排除的隐患。其次定期进行汇总统计，以查明哪些是多发或重大隐患需要进行治理（从人、机、料、法、环等环节采取综合措施）。

表 A-2《安全技术管理评分表》主要为法规、标准和操作规程配置，施工组织设计，专项施工方案（措施），安全技术交底，危险源控制4个评定项目。

企业可通过购置、自行编制等方式配备齐全现行的、与企业经营活动相关的法规、标准和操作规程，并组织好对应的学习、贯彻工作。制定施工组织设计，针对危险性较大的分部、分项工程的专项方案（措施）的编制、审核、审批制度以及安全技术交底制度。

各施工企业应结合原建设部《危险性较大工程安全专项施工方案编制及专家论证审查办法》要求，根据承包工程的类型、特征、规模及自身管理水平等情况，明确本企业所属工程危险性较大的分部、分项工程范围，预先掌握施工信息，建立、完善监管制度，包括信息收集、专项方案编制审批权限、专家论证程序、现场监控管理要求等。按照《中华人民共和国安全生产法》中关于从业人员的权利和义务的规定，施工企业应对本企业施工现场的危险源进行公示。

表 A-3《设备和设施管理评分表》主要为设备安全管理、设施和防护用品、安全标志、安全检查测试工具4个评定项目。

企业应对本单位各类设备（包括各类特种设备、大型设备，如龙门架或井字架、各类塔式起重机、履带起重机、汽车（轮胎式）起重机、施工升降机、土方工程机械、桩机工程机械等）的采购、租赁、安装（拆除）、验收、检测、使用、检查、维修、改造和报废等管理工作进行控制。

对企业的安全设施所需材料（如：搭设脚手架所需钢管、扣件、脚手板等）、及个人防护用品（如：安全帽、安全网等）的供应单位，企业应对其资质以及生产经历、信誉、生产能力等方面有具体的控制要求。对现场临时设施（包括临时建、构筑物，活动板房）的采购、租赁、搭拆、验收、检查、使用加强管理控制，为施工人员提供一个安全、良好的工作、生活环境。施工企业应建立、健全个人安全防护用品的采购、验收、保管发放、使用、更换、报废等管理制度，为施工人员配备必需的安全防护用品。

企业对施工现场危险源和防护设施的警示标识按照国家标准安全色、安全标志规定设置。

企业应建立日常安全检查工作等所需的检查测试工具的配备、管理制度，建立对应的设备维护、检测清单。

表 A-4《企业市场行为评分表》分为安全生产许可证，安全生产文明施工，安全质量标准化达标，资质、机构与人员管理4个评定项目。

本表主要是规范施工企业的市场行为，评价企业对安全生产许可证的管理和保持。通过对企业、企业当地主管部门日常对企业安全文明施工工作的管理业绩以及安全质量标准化工作的开展进行评价，鼓励企业对安全生产、文明施工、安全质量标准化工作的长效管理。为切实加强企业安全管理工作，按照《中华人民共和国安全生产法》等法规要求，企业应建立安全生产管理组织体系，即各项安全管理内容都应有相应的职能机构和岗位落实，而不是仅限于安全管理机构和人员，应建立横向到边、纵向到底的管理网络，负责企业的日常安全生产工作的开展。对实行总、分包的企业，企业应对分包单位的资质以及生产经历、信誉、人员等方面有具体的控制要求。

表 A-5《施工现场安全管理评分表》分为施工现场安全达标，安全文明资金保障，资质和资格管理，生产安全事故控制，设备、设施、工艺选用，保险6个评定项目。

施工企业因其生产特点，安全管理工作应立足于对施工现场的管理，从以上6个方面加强管理，既符合《中华人民共和国安全生产法》、《中华人民共和国建筑法》、《安全生产许可证条例》、《建设工程安全生产管理条例》等法律、法规的要求，又能为施工现场的从业人员创造一个健康、安全的生产和生活环境。

附录 B 施工企业安全生产评价汇总表

《施工企业安全生产评价汇总表》采用本标准表A-1~表A-5五张评分表，通过对施工企业安全生产的评价，汇总分值判定企业安全生产评价等级。

中华人民共和国国家标准

石油化工建设工程施工安全技术规范

Code for technical of construction safety in petrochemical engineering

GB 50484—2008

主编部门：中国石油化工集团公司
批准部门：中华人民共和国住房和城乡建设部
施行日期：2009年6月1日

中华人民共和国住房和城乡建设部公告

第 215 号

关于发布国家标准《石油化工建设工程施工安全技术规范》的公告

现批准《石油化工建设工程施工安全技术规范》为国家标准，编号为 GB 50484—2008，自 2009 年 6 月 1 日起实施。其中，第 3.1.2、3.1.7、3.2.8、3.2.12、3.2.25、3.2.26、3.4.4、3.5.7、3.6.11、3.8.5、4.1.12、4.2.5、4.2.13、4.3.3、4.3.6、4.4.4、4.4.15、4.4.16、4.5.2、4.5.3、4.5.5、4.5.7、4.5.12、4.6.3、4.6.5、4.6.7、5.1.16、5.2.5、5.2.12、5.3.6、5.5.4、5.5.6、5.6.4、6.2.3、6.3.4、6.3.6、6.3.12、6.3.21、6.3.22、6.3.26、7.2.7、7.3.4（2、4、5）、7.5.5、7.8.7、7.8.9、7.9.16、8.1.4、8.1.8、8.4.3、8.5.3、8.5.5、8.5.7、8.5.10、8.5.11、8.5.13、8.5.29、8.6.4、8.6.9、8.7.9、8.8.15、8.9.7、9.3.3、9.5.3、9.5.4、9.5.7、10.3.9、10.3.28、10.3.33、10.3.39、10.4.18、10.8.17、10.8.26、10.10.3、10.13.4 条（款）为强制性条文，必须严格执行。

本规范由我部标准定额研究所组织中国计划出版社出版发行。

中华人民共和国住房和城乡建设部
二〇〇八年十二月三十日

前　言

本规范是根据建设部"关于印发《2005 年工程建设标准规范制订、修订计划（第二批）》的通知"（建标函〔2005〕124 号）要求，由中国石油化工集团公司组织中国石化集团第五建设公司、中国石化集团第四建设公司、中国石化集团宁波工程有限公司、中国石化集团第二建设公司、中国石化集团第十建设公司、北京燕华建筑安装工程有限责任公司等单位共同编制。

在编制过程中，编制组开展了专题研讨，并进行了比较广泛的调研，总结了近年来石油化工工程建设的实践经验，征求了建设、设计、施工、环保等方面的意见，对其中主要问题进行了多次讨论，最后经审查定稿。

本规范共分 10 章，主要内容有：总则、术语、通用规定、临时用电、起重作业、脚手架作业、土建作业、安装作业、施工检测、施工机械使用。

本规范以黑体字标志的条文为强制性条文，必须严格执行。

本规范由住房和城乡建设部负责管理和对强制性条文的解释，由中国石油化工集团公司负责日常管理工作，由中国石化集团第五建设公司负责具体解释。

为了提高规范质量，请各单位在执行过程中，注意总结经验，积累资料，随时将有关意见和建议反馈给中国石化集团第五建设公司（地址：甘肃省兰州市西固区康乐路 27 号，邮政编码：730060），以供今后修订时参考。

本规范主编单位、参编单位和主要起草人：

主编单位：中国石化集团第五建设公司
参编单位：中国石化集团宁波工程有限公司
　　　　　　中国石化集团第四建设公司
　　　　　　中国石化集团第十建设公司
　　　　　　中国石化集团第二建设公司
　　　　　　北京燕华建筑安装工程有限责任公司
主要起草人：南亚林　吴文彬　葛春玉　田保忠
　　　　　　　赵秀芬　刘小平　刘景山　张　明
　　　　　　　刘　勇　罗　斌　多宏伟　李　江
　　　　　　　陈　放　孙吉产　张　毅　廖志勇
　　　　　　　李金明　李　勇

目　次

1 总则 …………………………………… 10—6—4
2 术语 …………………………………… 10—6—4
3 通用规定 ……………………………… 10—6—5
　3.1 现场管理 ………………………… 10—6—5
　3.2 施工环境保护 …………………… 10—6—5
　3.3 施工用火作业 …………………… 10—6—6
　3.4 受限空间作业 …………………… 10—6—6
　3.5 高处作业 ………………………… 10—6—6
　3.6 焊割作业 ………………………… 10—6—7
　3.7 季节施工 ………………………… 10—6—7
　3.8 酸碱作业 ………………………… 10—6—8
　3.9 脱脂作业 ………………………… 10—6—8
　3.10 运输作业 ……………………… 10—6—8
　3.11 现场临建 ……………………… 10—6—9
4 临时用电 ……………………………… 10—6—9
　4.1 用电管理 ………………………… 10—6—9
　4.2 变配电及自备电源 ……………… 10—6—10
　4.3 配电线路 ………………………… 10—6—10
　4.4 配电箱和开关箱 ………………… 10—6—11
　4.5 接地与接零 ……………………… 10—6—12
　4.6 照明用电 ………………………… 10—6—13
5 起重作业 ……………………………… 10—6—13
　5.1 一般规定 ………………………… 10—6—13
　5.2 吊车作业 ………………………… 10—6—14
　5.3 卷扬机作业 ……………………… 10—6—14
　5.4 起重机索具 ……………………… 10—6—14
　5.5 塔式起重机吊装作业 …………… 10—6—16
　5.6 使用吊篮作业 …………………… 10—6—16
6 脚手架作业 …………………………… 10—6—16
　6.1 一般规定 ………………………… 10—6—16
　6.2 脚手架用料 ……………………… 10—6—17
　6.3 搭设、使用、拆除 ……………… 10—6—17
　6.4 特殊形式脚手架 ………………… 10—6—18
7 土建作业 ……………………………… 10—6—18
　7.1 土石方作业 ……………………… 10—6—18
　7.2 桩基作业 ………………………… 10—6—18
　7.3 强夯作业 ………………………… 10—6—19
　7.4 沉井作业 ………………………… 10—6—19
　7.5 砌筑作业 ………………………… 10—6—19
　7.6 钢筋作业 ………………………… 10—6—20
　7.7 混凝土作业 ……………………… 10—6—20
　7.8 模板作业 ………………………… 10—6—20
　7.9 滑模作业 ………………………… 10—6—20
　7.10 防水、防腐作业 ……………… 10—6—21
8 安装作业 ……………………………… 10—6—21
　8.1 金属结构的制作安装 …………… 10—6—21
　8.2 设备安装 ………………………… 10—6—21
　8.3 容器现场组焊 …………………… 10—6—22
　8.4 管道安装 ………………………… 10—6—22
　8.5 电气作业 ………………………… 10—6—22
　8.6 仪表作业 ………………………… 10—6—23
　8.7 涂装作业 ………………………… 10—6—24
　8.8 隔热作业 ………………………… 10—6—25
　8.9 耐压试验 ………………………… 10—6—25
　8.10 热处理作业 …………………… 10—6—25
9 施工检测 ……………………………… 10—6—26
　9.1 一般规定 ………………………… 10—6—26
　9.2 施工测量 ………………………… 10—6—26
　9.3 成分分析 ………………………… 10—6—26
　9.4 物理试验 ………………………… 10—6—26
　9.5 无损检测 ………………………… 10—6—27
10 施工机械使用 ……………………… 10—6—27
　10.1 一般规定 ……………………… 10—6—27
　10.2 手持电动工具 ………………… 10—6—28
　10.3 起重吊装机械 ………………… 10—6—28
　10.4 铆、管机械 …………………… 10—6—30
　10.5 焊接机械 ……………………… 10—6—30
　10.6 动力机械 ……………………… 10—6—31
　10.7 土石方机械 …………………… 10—6—31
　10.8 运输机械 ……………………… 10—6—31
　10.9 桩工及水工机械 ……………… 10—6—32
　10.10 混凝土机械 ………………… 10—6—33
　10.11 钢筋加工机械 ……………… 10—6—34
　10.12 木工机械 …………………… 10—6—34
　10.13 装饰机械 …………………… 10—6—34
本规范用词说明 ………………………… 10—6—35
附：条文说明 …………………………… 10—6—36

1 总 则

1.0.1 为适应石油化工建设工程的需要，保障人身安全和健康，保护公众财产不受损失，保护环境不受危害，制定本规范。

1.0.2 本规范适用于石油炼制、石油化工、化纤、化肥等建设工程施工的安全技术管理。

1.0.3 石油化工工程建设施工必须坚持"安全第一，预防为主"的方针。

1.0.4 石油化工建设工程施工安全技术除应执行本规范外，尚应符合国家现行有关标准的规定。

2 术 语

2.0.1 施工用火 hot work
石油化工工程建设中各类金属焊接、切割作业及其他产生火花和明火作业统称为施工用火。

2.0.2 固定动火区 specified hot work area
在石油化工建设工程项目施工现场限定的范围内，不需要办理动火作业证即可进行动火作业的区域。

2.0.3 生命绳 life yarn
高处作业中专门用来悬挂安全带的绳索。

2.0.4 临时用电 electricity on construction site
为建设工程项目施工提供的、工程施工完毕即行拆除的电力线路与电气设施。

2.0.5 配电柜 distributing tank
布置在施工配电室（包括独立配电房和箱式变电站）内的配电装置，包括进线柜和出线柜。

2.0.6 总配电箱 total distribution box
布置在用电负荷中心的落地式配电装置，其进线端与配电室的出线柜相连，出线端与分配电箱或大功率用电设备相连。

2.0.7 分配电箱 sub-distribution box
分布在各施工点，使用电设备就近获得电源的配电装置，其进线端与总配电箱相连，出线端与开关箱或用电设备相连。

2.0.8 配电箱 distribution box
总配电箱和分配电箱的总称。

2.0.9 开关箱 switch box
末级配电装置，其进线端与分配电箱相连，出线端与用电设备相连。

2.0.10 低压 low voltage
交流对地额定电压在 1kV 及以下的电压。

2.0.11 高压 high voltage
交流对地额定电压在 1kV 以上的电压。

2.0.12 安全特低电压 safety extra-low voltage (SELV)
用安全隔离变压器与电力电源隔离开的电路中，导体之间或任一导体与地之间交流有效值不超过 50V 的电压。

2.0.13 安全隔离变压器 safety isolating transformer
为安全特低电压电路提供电源的隔离变压器。

2.0.14 TN-S 系统 TN-S system
工作零线与保护零线分开设置的接零保护系统。

2.0.15 高处作业 work at heights
凡在坠落高度基准面 2m 及以上有可能坠落的高处进行的作业。

2.0.16 冬季施工 winter construction
在室外日平均气温连续 5d 稳定低于 +5℃ 的环境下进行作业。

2.0.17 受限空间 confined spaces
进出口受到限制的密闭、狭窄、通风不良的分隔间或深度大于 1.2m 的封闭或敞口的只能单人进出作业的通风不良空间。

2.0.18 涂装作业 painting operations
在涂装全过程中作业人员进行的生产活动的总称。

2.0.19 热处理 heat treatment
采用适当的方式对金属材料或工件进行加热、保温和冷却，以获得预期金相组织与物理性能的工艺。

2.0.20 抛丸 shot blasting
以高速旋转的叶轮将钢丸（用钢丝切断成颗粒状）喷射到金属工件上，强化金属表面和进行表面除锈的过程。

2.0.21 喷丸 shot peening
用压缩空气或离心力将大量铸铁丸或钢丸喷向金属加工件表面，清除铸件表面的烧结砂层或进行金属工件表面除锈的过程等。

2.0.22 机械化检测 remote controlled testing
检测的实施、缺陷的信号观察及评价全部或部分由机械装置完成的检测方法。

2.0.23 扫查机构 scanning
超声波检测时，使探测面上探头与被检工件进行相对移动的机械装置。

2.0.24 触头 prods
磁粉检测中与软电缆相连，并将磁化电流导入和导出试件的手持式棒状电极。

2.0.25 辐射事故 radiation accident
是指放射源丢失、被盗、失控或放射性同位素和射线装置失控导致人员受到意外的异常照射。

2.0.26 辐射剂量 radiation dose
某一对象所接受或"吸收"的辐射的一种度量。

2.0.27 辐射控制区 radiation controlled area
在辐射工作场所划分的一种区域，在这种区域内要求采取专门的防护手段和安全措施。

2.0.28 辐射监督区 radiation supervised area
位于辐射控制区范围外，通常不需要采取专门防护手段或安全措施，但要不断检测其辐射剂量的区域。

3 通 用 规 定

3.1 现 场 管 理

3.1.1 从事石油化工工程建设的单位应具有相应级别的资质，并在其资质等级许可的范围内承揽工程。

3.1.2 施工企业必须取得安全生产许可证。特种作业人员必须取得相应的上岗作业资格证。

3.1.3 参加石油化工建设工程项目施工的各单位主要负责人，应对本单位的安全生产工作全面负责。

3.1.4 参加石油化工建设工程项目施工的各单位应建立本单位的安全生产保证体系，有效地实施并持续改进。

3.1.5 参加石油化工建设工程项目施工的各单位应对进入现场的人员进行施工用火、职业卫生、劳动安全卫生和环境保护等方面的教育培训。

3.1.6 参加石油化工建设工程项目施工的各单位应制定安全生产事故应急救援预案，建立应急救援组织或配备应急救援人员，配备必要的应急救援器材、设备，并组织演练。

3.1.7 所有进入施工现场的人员必须按劳动保护要求着装。

3.1.8 施工现场道路应设置安全警示标志，路面应平整坚实，且不得堆放器材和物资，需阻断时应办理核准手续并设置明显标识。

3.1.9 禁止烟火的场所不得携带火种、不得吸烟。

3.1.10 所有进入施工现场的机具、设备和车辆，应办理准入手续。

3.1.11 施工前，建设单位应与施工单位签订安全协议。

3.1.12 发生事故后应按规定逐级上报，不得瞒报、谎报或迟报。

3.2 施工环境保护

Ⅰ 一 般 规 定

3.2.1 工程项目施工应建立环境保护、环境卫生管理制度，制订环境保护计划。

3.2.2 施工现场应制订施工现场环境污染和公共卫生突发事件应急预案。

Ⅱ 防大气污染

3.2.3 运输易产生扬尘的物料时，应密闭运输或采取遮盖措施。施工现场出入口处应设置冲洗车辆的设施，不得将泥沙带出现场。

3.2.4 施工现场应采取覆盖、固化、绿化、洒水等措施，减小扬尘。

3.2.5 当进行涂装前处理及涂装作业排出的污染物可能影响周边地区大气质量时，应在采取净化处理措施后，再向大气排放。

3.2.6 施工现场使用的锅炉、机械设备、车辆等的烟气或废气排放，应符合国家相应环保排放标准的要求。

3.2.7 施工现场的施工垃圾、生活垃圾应分类存放，并应清运到指定地点。

3.2.8 施工现场严禁焚烧各类废弃物。

Ⅲ 防水土污染

3.2.9 施工现场泥浆和污水未经处理不得直接排入城市排水设施和河流、湖泊、池塘。

3.2.10 施工现场存放的油料和化学溶剂等物品储存不得泄漏，并应设有专门的库，废弃油料和化学溶剂应集中处理，不得随意倾倒。

3.2.11 化学清洗作业应符合下列规定：
    1 清洗回路不得渗漏。
    2 部件清洗的作业场所，地坪应采用耐腐蚀材料敷设，且应平整、不得渗水。
    3 清洗废液应用专用容器储存。

3.2.12 严禁将未经处理的有毒、有害废弃物直接回填或掩埋。

Ⅳ 防施工噪声污染

3.2.13 施工现场的强噪声源应采取降噪、防噪措施。

3.2.14 夜间施工对公众造成噪声污染的作业，应在施工前向有关部门提出申请，经批准后方可进行夜间施工。

3.2.15 施工现场噪声监测应符合现行国家标准《建筑施工场界噪声测量方法》GB 12524 的有关规定。噪声值不应超过现行国家标准《建筑施工场界噪声限值》GB 12523 中的有关规定。

Ⅴ 卫生与防疫

3.2.16 施工企业严格执行卫生、防疫管理的有关规定，建立卫生防疫管理制度，并制订急性传染病、食物中毒、急性职业中毒等突发疾病的应急预案。

3.2.17 施工现场应配备经培训的急救人员及常用药品、止血带等急救器材。

3.2.18 施工现场办公区、生活区卫生工作应设有专人负责。

3.2.19 食堂应具有卫生许可证，炊事人员应有身体健康证明。

3.2.20 食堂应建立食品卫生管理制度，具备清洗消毒的条件和防止疾病传染的措施。

3.2.21 食堂操作间和库房不得兼作宿舍使用。

3.2.22 食堂应严格食品、原料的进货管理，不得提供出售变质食品。

3.2.23 施工现场发生法定传染病、食物中毒或急性职业中毒时应立即启动应急预案，并向施工现场所在地行政主管部门和有关部门报告，同时要配合行政主管部门进行调查处理。

3.2.24 施工现场作业人员发现有疑似法定传染病或是病源携带者时，应及时隔离、检查或治疗，直至卫生防疫部门证明不具传染性时方可恢复工作。

3.2.25 从事辐射工作的人员必须通过辐射安全和防护专业知识及相关法律法规的培训考核和身体检查，并进行剂量监测。

3.2.26 放射性同位素与射线装置应妥善保管，使用场所应有防止人员受到意外照射的安全措施。

3.2.27 施工单位应采取职业病防护措施，为作业人员提供必备的防护用品，对从事有职业病危害作业的人员应定期进行身体检查和培训。

3.2.28 施工单位应结合季节特点，做好作业人员的饮食卫生、防疫、防暑降温、防寒保暖、防煤气中毒等工作。

3.3 施工用火作业

Ⅰ 一般规定

3.3.1 参加石油化工建设工程项目施工的各单位应建立健全安全用火制度，定期组织防火检查，及时消除火灾隐患。

3.3.2 参加石油化工建设工程项目施工的各单位应对用火作业进行危害辨识和风险评价，对存在危害的用火作业应制订风险控制和削减措施，并向施工作业人员进行交底。

3.3.3 在禁火区用火作业前，应办理用火作业许可证。用火时，应配备灭火器材，设专人监护，并执行用火和防火的相关规定。

3.3.4 临近可燃、易燃物作业，未采取措施之前，不得用火。

3.3.5 施工区域与生产装置的距离不符合相关规范的要求时，应设置防火墙或采取局部防火措施。

3.3.6 施工完毕，应检查清理现场，熄灭火种，切断电源。

3.3.7 施工现场发生火险、火情时，应组织抢救并报告公安消防部门。

Ⅱ 固定用火区作业

3.3.8 设置固定用火区由施工单位办理手续，并负责日常管理，且应遵守固定用火区所属单位的相关规定。

3.3.9 固定用火区内当遇下列情况时，应办理用火手续，并由施工企业相关部门审批：

1 在堆放和使用可燃物品场所的上方或水平距离10m范围内进行明火或有火花的作业时。

2 在已安装好的电气、仪表控制室内或已敷设电缆的槽架上方及水平距离1m范围内，从事明火或有火花的作业时。

Ⅲ 高处用火

3.3.10 高处作业用火时，对周围存在的易燃物进行处理，应采取防止火花飞溅坠落的安全措施，并对其下方的可燃物、机械设备、电缆、气瓶等采取可靠的防护措施。

3.3.11 高处作业用火时不得与防腐喷涂作业进行垂直交叉作业。

3.4 受限空间作业

3.4.1 进入受限空间作业，应办理受限空间作业许可证。

3.4.2 进入设备作业应消除压力，开启人孔。必要时在设备与连接管道之间进行隔离，并分析合格后方可进入。

3.4.3 在容易积聚可燃、有毒、窒息气体的设备、地沟、井、槽等受限空间作业前，应先进行通风，分析合格后方可进入，在作业过程中应保持通风，必要时采取强制通风措施。

3.4.4 进入带有转动部件的设备作业，必须切断电源并有专人监护。

3.4.5 进入受限空间作业时，电焊机、变压器、气瓶应放置在受限空间外，电缆、气带应保持完好。

3.4.6 在容器内焊割作业时，应有良好的通风和排除烟尘的措施，采用安全照明设备，容器外应设安全监护人；工作间歇时，电焊钳和电弧气刨把应放在或悬挂在干燥绝缘处。

3.5 高处作业

Ⅰ 一般规定

3.5.1 15m及以上高处作业应办理高处作业许可证。

3.5.2 从事高处作业的人员，应经过体检。患有高血压、心脏病、癫痫病及其他不适合高处作业的人员不得从事高处作业。

3.5.3 高处作业时，下部应有安全空间和净距，当净距不足时，安全带可短系使用，但不得打结使用。对垂直移动的高处作业，宜使用防坠器；水平移动的高处作业，应设置生命绳。施工现场应使用悬挂作业安全带，安全带的质量标准和检验周期，应符合现行国家标准《安全带》GB 6095的要求。

3.5.4 安装施工无外架防护时，应搭设安全平网，有火花溅落的地方应使用阻燃安全网，安全平网的架设应符合下列要求：

  1 网的外伸宽度不得小于2m。
  2 每隔3m应设一根支撑，支撑的水平仰角为40°～70°。
  3 安全网的内外边应锁紧边绳。
  4 网与网之间应连接牢固，且不得有间隙。

3.5.5 施工中应及时清理落入网中的杂物，安全网的检验应符合现行国家标准《安全网》GB 5725。

3.5.6 高处存放物料时，应采取防滑落措施。

3.5.7 **高处铺设钢格板时，必须边铺设边固定。**

3.5.8 高处作业下方的通道应搭设防护棚，多工种垂直交叉作业，相互之间存在危害的，应在上下层之间设置安全防护层。

Ⅱ 攀登与悬空作业

3.5.9 作业人员攀登时不得手持物品。使用移动式梯子时，下方应有人监护。

3.5.10 使用移动式直梯时，上下支承点应牢固可靠，不得产生滑移。直梯工作角度与地平夹角宜为70°～80°，工作时只许1人在梯上作业，且上部留有不少于4步空挡。

3.5.11 使用人字梯时，上部夹角宜为35°～45°，工作时只许1人在梯上作业，且上部留有不少于2步空挡，支撑应稳固。

3.5.12 绳梯的安全系数不得小于10，使用时应固定在牢固的物体上。

3.5.13 靠近平台栏杆处作业，坠落半径在栏杆外时，应设置防护设施。

3.5.14 安装钢梁时，应视钢梁高度，在节点处设置挂梯或搭设作业平台，在钢梁上移动时，应设置生命绳。

3.5.15 悬空作业应视其具体情况设置防护网或采取措施。

Ⅲ 作业平台与洞口、临边防护

3.5.16 作业平台应根据现场实际进行设计，其力学计算与构造形式可参照国家现行标准《建筑施工高处作业安全技术规范》JGJ 80进行。作业平台验收合格，悬挂合格牌后方可使用。

3.5.17 悬挑式平台的搁支点与上部拉结点，应固定在牢固的建（构）筑物上。

3.5.18 作业平台应标识平台允许荷载值，不得超载作业。

3.5.19 临边及洞口四周应设置防护栏杆、设置警示标志或采取覆盖措施。

3.5.20 作业平台四周应设置防护栏杆、挡脚板。

3.5.21 通道口、脚手架边缘等处，不得堆放物件。

3.6 焊割作业

Ⅰ 一般规定

3.6.1 焊割设备及工、器具应保持完好状况，作业场所应符合本规范3.3节的有关要求。

3.6.2 焊割作业人员所用的防护用品，应符合国家有关标准的规定。

3.6.3 电焊机二次线应采用铜芯软电缆，电缆应绝缘良好。

3.6.4 严禁在带压、可燃、有毒介质管道或设备进行焊割作业。

3.6.5 多人同时作业时，应设隔光板。

3.6.6 不得对悬挂在起重机吊钩上的工件和设备进行焊割作业。

3.6.7 电焊机应放置在干燥、防雨且通风良好的机棚内，电焊机的外壳应接地良好。

3.6.8 开启或关闭电焊机电源时，应将电焊钳与工件隔离。

3.6.9 高处作业时，电焊机二次线电缆应与脚手架绝缘并绑牢。

3.6.10 电焊机和空气压缩机应有专人管理。不应带负荷送、停电。

3.6.11 **在容器内进行气刨作业时，必须对作业人员采取听力保护措施。**

3.6.12 输送氧、乙炔气的胶管应用不同颜色区分，胶管接头应严密，胶管不得鼓泡、破裂和漏气。

Ⅱ 气 瓶

3.6.13 气瓶应存放在指定地点并悬挂警示标识，氧气瓶、乙炔气瓶或易燃气瓶不得混放。装卸气瓶时严禁摔、抛和碰撞。无保护帽、防振圈的气瓶不得搬运或装车。

3.6.14 气瓶的放置地点距明火不应小于10m。作业场所的氧气瓶与易燃气瓶间距不应小于5m。

3.6.15 乙炔气瓶与氧气瓶应放在通风良好的专用棚内，不得靠近火源或在烈日下曝晒。

3.6.16 气瓶使用前应对盛装气体的标识进行确认。不得擅自更改气瓶的钢印和颜色标记。

3.6.17 瓶内气体不得用尽，剩余压力不宜小于0.05MPa。

3.6.18 氧气瓶阀口处不得沾染油脂。

3.6.19 立放气瓶应有防倒措施。乙炔气瓶不得卧放使用，使用时应安装阻火器，乙炔气瓶上的易熔塞应朝向无人处。

3.6.20 在寒冷环境中，氧气瓶、乙炔气瓶的安全装置冻结时，宜用40℃以下的温水解冻。冻结的乙炔气管，不得用氧气吹扫或火烤。

3.7 季节施工

3.7.1 季节施工前应制订季节施工的安全技术方案，编制应急预案，落实紧急事项的预防和处理措施。

3.7.2 雨季施工应做好下列工作：
  1 备齐防汛器材，防洪排水机械处于完好状态，并疏通排水管道和沟渠。

　　2　对道路和防洪堤坝进行整修，对施工现场和生活区的临时建（构）筑物进行检查与维护。

　　3　对有防雨、防潮要求的器材进行覆盖保护。

　　4　检查与维护坡道、脚手板等处的防滑措施。

　　5　进行电器设备及线路的检查与维护，对防雷装置进行接地电阻测定，其冲击接地电阻值不得大于30Ω。

　　6　土石方施工时，应采取防止沟、槽、山崖等边坡的塌方和滑坡措施。

3.7.3　雨天施工，应采取防雨措施。雷雨时，应停止露天作业。

3.7.4　进行热搅、热压等高温作业和在受限空间内作业时，应采取通风、降温等措施。

3.7.5　暑季施工，宜适当避开高温时段，并做好防暑降温工作。长时间露天作业场所应采取防晒措施。

3.7.6　冬季施工用水、蒸汽、消防等管道及其设施，均应采取隔热防冻措施。

3.7.7　冬季进行设备、管道水压试验时，应采取防冻措施。试压后应将水排尽并用压缩空气吹干。

3.7.8　冬季施工使用煤炉取暖时应保持烟道畅通，应防止一氧化碳、二氧化硫中毒。

3.7.9　构件与地面或其他物体冻结在一起时，应在化冻松动后吊运。支在冻土上的模板和支架，应防止冻土融化而引起下沉或倒塌。

3.7.10　施工现场的道路、斜道和脚手板上积存的冰、雪、霜应及时清除。

3.7.11　冬季混凝土、衬里等养护作业应符合下列规定：

　　1　采用暖棚法时，防止地槽或暖棚冻土融化坍塌。

　　2　采用电加热法时，防止触电、漏电。

　　3　采用蒸汽加热法时，防止蒸汽灼烫伤人。

　　4　采用亚硝酸盐外加剂时，防止误食中毒。

3.8　酸碱作业

3.8.1　从事酸碱作业的人员应按规定穿戴专用防护用品。作业场所应有冲洗水源和救治用品。

3.8.2　酸、碱溶液滴漏到作业场地上时，应用水冲洗清除或中和处理后清除。

3.8.3　稀释浓酸应符合下列规定：

　　1　取酸应采用专用器具。

　　2　开启盛酸容器的孔盖、瓶塞时，作业人员应站在上风侧，不得正对瓶口。

　　3　应将酸液缓慢地加入水中，边加边搅拌，不得将水加入浓酸中。

3.8.4　取用固体碱时应轻凿轻取。配制碱液时，每次加碱不宜过多，碱块应缓慢放入溶碱器内，边加边搅拌，防止飞溅。

3.8.5　酸碱及其溶液应专库存放，严禁与有机物、氧化剂和脱脂剂等接触。

3.8.6　酸碱作业宜在露天或在室外作业棚内进行。在受限空间内作业时，应戴防毒面具（面罩），且通风良好。

3.8.7　作业场所应设有废液收集容器，盛装过酸碱的容器应存放在指定区域，废液应收集处理达标后排放。

3.9　脱脂作业

3.9.1　脱脂作业场所，应划定安全警戒区，并挂设"严禁烟火"、"有毒危险"等警示牌。脱脂人员应按脱脂要求穿戴专用防护用品。

3.9.2　当采用二氯乙烷、三氯乙烯脱脂时，脱脂件不得带有水分。

3.9.3　脱脂作业，应符合下列要求：

　　1　脱脂作业应在室外或通风良好的场所进行。

　　2　脱脂现场不得存放食品和饮料。

　　3　脱脂现场空气中的有害物质含量，应定期检查分析，最大允许含量不得超过表3.9.3的规定。

表3.9.3　脱脂现场空气中有害物质最大允许含量

溶剂名称	最大允许含量（mg/m³）	对人体危害
二氯乙烷	25	有毒，能通过皮肤、呼吸道进入人体
三氯乙烯	30	有毒、破坏生理机能

3.9.4　作业人员在设备、大口径管道等受限空间内工作时，应戴长管式防毒面具（罩）和系挂安全绳，外面应有专人监护。

3.9.5　大型设备喷淋脱脂后，应待溶剂排尽，检测设备内气体中有害含量符合表3.9.3要求后，方可进入内部检查。

3.9.6　乙醇不得与二氯乙烷、三氯乙烯共同储存和同时使用。

3.9.7　用二氯乙烷或乙醇等易燃液体进行脱脂后，不得用氧气吹扫。

3.9.8　脱脂剂应贮存于通风、干燥的仓库中，不受阳光直接照射，且不得与强酸、强碱或氧化剂接触。

3.9.9　应防止脱脂剂溅出和溢到地面上。溢出的溶剂应立即用砂子吸干，并收集到指定的容器内。

3.9.10　脱脂废液的处理应按本规范第3.8.7条的规定执行。

3.10　运输作业

3.10.1　运输作业前应检查装卸地点及道路状况，并清除障碍。

3.10.2 用机械装卸货物时,所用的机械和工具应符合本规范第10章的有关规定。

3.10.3 人工搬运物件时,作业人员应采取正确的姿势和方法,多人同时搬运时,应有专人指挥,并有防止倾倒的措施。

3.10.4 装卸可燃、易爆等危险化学品时,严禁身带火种;装卸有毒物品及粉尘材料时,应穿戴专用防护用品。

3.10.5 采用滚运法装卸时,应有限速和制动措施;用滚杠搬运物件时,不得直接用手调整滚杠;采用斜面搬运时,坡道的坡度不得大于1:3,坡道应稳固。

3.10.6 大件运输(超长、超宽、超高)应符合下列规定:

    1 编制运输方案,并报交通运输管理部门批准。

    2 运输前应检查沿途管廊、管架、涵洞、架空电线等障碍物的高度以及道路的转弯半径。重型物件应调查运输的道路、桥涵承载能力。

    3 运输时物件在车上应放正、垫稳、封牢,并有警示标志。

    4 运输途中应有专人监视,及时处理架空电线等空中障碍物。

3.11 现场临建

Ⅰ 一般规定

3.11.1 施工现场实行封闭管理,工地周边应设置围挡。

3.11.2 施工作业区、办公区和生活区应有明确划分。生活区应统筹安排,合理布局,满足安全、消防、卫生防疫、环境保护、防汛等要求。

3.11.3 作业区、办公区、生活区应有安全适度的照明并配置适量的消防器材。投入使用的同时应设置完成提示、警示、警告标志,包括平面布置图、应急撤离线路、紧急集合点标志等。

3.11.4 生活饮用水应符合现行国家标准《生活饮用水卫生标准》GB 5749的有关规定。

Ⅱ 临时设施

3.11.5 施工作业区、办公区各种临时设施应合理布局,符合安全施工要求。

3.11.6 材料存放区的场地应平整,并有排水措施。

3.11.7 油漆、油料等可燃物品仓库应配置消防器材和警示标志,留有宽度不小于6m的消防通道,并保持畅通。

3.11.8 可燃物品仓库与其他建筑物、铁路、道路、工艺装置、燃料罐区之间的防火间距,应符合现行国家标准《石油化工企业设计防火规范》GB 50160的规定。

3.11.9 办公用房搭设应符合房屋防火要求。屋顶应封闭严密,并应在前后墙壁上各设置至少一扇可开启式窗户。

3.11.10 仓库或堆放场的电气设备应保持完好状态,与用电设备相关的金属结构设施等应接地。

4 临时用电

4.1 用电管理

Ⅰ 一般规定

4.1.1 用电单位应建立临时用电管理制度与安全用电操作规程,进行安全用电培训。

4.1.2 施工临时用电宜采用四级配电系统。

4.1.3 电工必须经安全技术培训,考核合格,取得"特种作业操作证",方可从事电工作业。在外电线路上作业的电工还应持有与作业类别相适应的"电工进网作业许可证"。

4.1.4 施工现场临时用电应编制临时用电方案,并应按批准的方案实施。

4.1.5 临时用电工程应经使用单位、监理单位、批准单位共同验收,合格后方可使用,验收资料与现场实物应相符。

4.1.6 安装、巡检、维修和拆除临时用电设备和线路,应由电工完成。电工使用的绝缘用品应定期进行试验检查。

4.1.7 施工现场临时用电应建立安全用电档案。

4.1.8 发生电气火灾时,应首先切断电源。

Ⅱ 临时用电设备

4.1.9 临时用电设备应进行检查和试验,确认合格并标识后方可使用。

4.1.10 在有爆炸和火灾危险的场所,应采用与危险场所等级相适应的防爆型电气设备。

4.1.11 临时用电设备绝缘电阻的测试检查每年不少于一次,并应做好记录。

4.1.12 施工现场所有配电箱和开关箱中应装设漏电保护器,用电设备必须做到二级漏电保护。严禁将保护线路或设备的漏电开关退出运行。

4.1.13 在大风、暴雨、沙尘暴等恶劣天气后,应对临时用电设备和线路进行检查。

4.1.14 任何临时用电设备在未证实无电以前,应视作有电,不得触摸其导电部分。

4.1.15 临时用电设备检修时,应先切断其前一级电源,拉开相应的隔离电器,并挂上"有人作业,严禁合闸"的警示牌。

4.1.16 移动或拆除临时用电设备和线路,应切断电源并对电源端导线做保护处理。

4.1.17 增加用电负荷时,应提出申请,经用电管理部门批准，由电工负责完成引接。

Ⅲ 用电环境

4.1.18 施工设施的周边与带电体之间的最小安全操作距离应符合表4.1.18的规定。上下脚手架的斜道不应设在朝向带电体的一侧。

表4.1.18 施工设施的周边与带电体的最小安全距离

带电体电压等级（kV）	<1	1~10	35~110	220	330~500
最小安全操作距离（m）	4	6	8	10	15

4.1.19 施工现场不符合本规范第4.1.18条中规定的最小距离时，应搭设防护设施并设置警告标志。防护设施与带电体的最小安全距离应符合表4.1.19的规定。

表4.1.19 防护设施与带电体的最小安全距离

带电体电压等级（kV）	≤10	35	110	220	330	500
最小安全距离（m）	1.7	2.0	2.5	4.0	5.0	6.0

4.1.20 施工现场的塔式起重机、金属井字架、施工升降机、钢脚手架、大型模板、烟囱等设施以及正在施工的金属结构，当在相邻建（构）筑物的防雷保护装置的保护范围以外时，应按表4.1.20规定安装防雷装置。当最高设施上避雷针（接闪器）的保护范围按滚球法计算，能保护其他设施时，其他设施可不设防雷装置。

表4.1.20 安装防雷装置的施工设施高度

地区年平均雷暴日（d）	≤15	>15,<40	≥40,<90	≥90
施工设施高度（m）	≥50	≥32	≥20	≥12

注：地区年平均雷暴日数按气象主管部门公布的当地年平均雷暴日为准。

4.1.21 空旷场地中孤立的施工设施和建（构）筑物，符合下列规定时，应安装防雷设施：
　　1 年平均雷暴日数大于15d的地区，高度在15m及以上。
　　2 年平均雷暴日数小于或等于15d的地区，高度在20m及以上。

4.1.22 施工设施及正在施工的金属结构的防雷引下线可利用该设施或结构的金属体，但应保证电气连接。

4.1.23 防雷接地的冲击接地电阻不得大于30Ω。除独立避雷针外，在接地电阻符合要求的前提下，防雷接地装置可以和其他接地装置共用。

4.2 变配电及自备电源

Ⅰ 临时用电变压器

4.2.1 临时用电变压器有效供电半径不宜大于500m。

4.2.2 变压器应装设在离地不低于0.5m的台基上，并设置高度不低于1.7m的围墙或栅栏，围墙或栅栏的入口门应加锁，并在醒目位置悬挂"止步、高压危险"的警告牌。变压器外廓到围墙或栅栏的安全净距应符合下列规定：
　　1 10kV及以下不应小于1m。
　　2 35kV不应小于1.2m。

4.2.3 变压器的高压侧应装设高压跌落式熔断器，熔断器距地面不应小于4.5m。

4.2.4 变压器中性点及外壳接地连接点的导电接触面应接触良好，连接牢固可靠。

4.2.5 两台及以上变压器，当电源来自电网的不同电源回路时，严禁变压器以下的配电线路并列运行。

Ⅱ 配电室

4.2.6 配电室应就近变压器设置，并应有自然通风、防水、防雨、防雪侵入和防小动物进入的措施。

4.2.7 变压器到配电柜的低压引线在进入配电室处应有防水弯。

4.2.8 配电室内配电柜应装设电源隔离开关及短路、过载、漏电保护电器。柜面操作部位不得有带电体外露。每个开关回路应有用途标记。

4.2.9 配电室应配置消防器材，门应向外开并配锁。

Ⅲ 箱式变电站

4.2.10 箱式变电站投入使用前，应对内部的电气设备进行检查和电气性能试验，合格后方可投入运行。

4.2.11 箱式变电站应采用压板固定在离地不低于0.5m的台基上。

4.2.12 箱式变电站的高、低压开关应设置失压脱扣保护装置。

Ⅳ 发电机组

4.2.13 临时用电自备发电机组电源应与外电线路联锁，严禁并列运行。

4.2.14 发电机组应设置电源隔离电器及短路、过载、漏电保护电器。

4.2.15 发电机组应将电源中性点直接接地，并独立设置TN-S接零保护系统。

4.2.16 发电机组的排烟管道应伸出室外，储油桶不得存放在发电机房内。

4.3 配电线路

4.3.1 架空线应采用绝缘导线经横担和绝缘子架设

在专用电杆上,不得架设在树木或脚手架上,绝缘导线的绝缘外皮不得老化、破裂。

4.3.2 架空线距施工现场主要道路路面不应小于6m。

4.3.3 施工电缆应包含全部工作芯线和保护芯线。单相用电设备应采用三芯电缆,三相动力设备应采用四芯电缆,三相四线制配电的电缆线路和动力、照明合一的配电箱应采用五芯电缆。

4.3.4 电缆线路不得沿地面直接敷设,不得浸泡在水中。

4.3.5 电缆架空敷设时,应沿道路路边、建筑物边缘或主结构架设,并使用坚固支架支撑。电缆与支架之间应采用绝缘物可靠隔离,绑扎线应采用绝缘线。

4.3.6 电缆直埋时,低压电缆埋深不应小于0.3m;高压电缆和人员车辆通行区域的低压电缆,埋深不应小于0.7m。电缆上下应铺以软土或砂土,厚度不得小于100mm,并应盖砖等硬质保护层。

4.3.7 电缆直埋时,转弯处和直线段宜每隔20m处在地面上设明显的走向标志。

4.3.8 电缆穿越道路时应采用坚固的保护管,管径不得小于电缆外径的1.5倍,管口应密封。

4.3.9 电缆接头应进行绝缘包扎,并应采取防雨和保护措施。电缆接头不得设置于地下。

4.4 配电箱和开关箱

4.4.1 总配电箱应装设总隔离电器、总断路器和分路隔离电器、分路漏电断路器以及电源电压、电流指示装置等。当总断路器采用漏电断路器时,分路断路器可不带漏电保护功能。总配电箱出线回路不宜直接为用电设备供电。

4.4.2 分配电箱应装设总隔离电器、总断路器和分路隔离电器、分路漏电断路器。分配电箱除向开关箱供电之外,也可向三相用电设备和单相用电设备供电。

4.4.3 开关箱内应配置隔离电器和漏电断路器。手持式电动工具和移动式设备应由开关箱供电,开关箱与其控制的用电设备的水平距离不宜超过5m。

4.4.4 用电设备应执行"一机一闸一保护"控制保护的规定。严禁一个开关控制两台(条)及以上用电设备(线路)。

4.4.5 所有分配电箱和开关箱都应使用插头或接线端子排引出电源。

4.4.6 配电箱和开关箱内隔离电器应设置在电源进线端。

4.4.7 配电箱内均应设置独立的N线和PE线端子板,每个连接螺栓的保护零线或工作零线接线均不得超过2根。进出线中的PE线应通过PE端子板连接。

4.4.8 动力配电与照明配电宜分箱设置,当合置在同一箱内时,动力与照明配电应分路设置。

4.4.9 配电箱和开关箱应采用钢板或阻燃绝缘材料制作,其外形结构应能防雨。

4.4.10 落地式配电箱应垂直放置,且固定牢固,配电箱底部应高出地面300mm以上。

4.4.11 配电箱和开关箱的进线和出线不得承受外力,进线口和出线口应在箱下方,不得在箱体的上方和门缝处接入电缆。

4.4.12 控制两个供电回路或两台设备及以上的配电箱,箱内的开关电器,应清晰注明开关所控制的线路或设备名称。

4.4.13 漏电保护器的选用,应符合现行国家标准《剩余电流动作保护器的一般要求》GB 6829的规定。漏电保护器的安装与使用应符合《漏电保护器安装和运行》GB 13955和产品技术文件的规定。

4.4.14 漏电保护器安装的接线方法见图4.4.14。

4.4.15 开关箱中漏电保护器的额定漏电动作电流$I_{\Delta n1}$不得大于30mA,额定漏电动作时间不得大于0.1s。在潮湿、有腐蚀介质场所和受限空间采用的漏电保护器,其额定漏电动作电流不得大于15mA,额定漏电动作时间不得大于0.1s。

4.4.16 手持式电动工具和移动式设备相关开关箱中漏电保护电器,其额定漏电动作电流不得大于15mA,额定漏电动作时间不得大于0.1s。

4.4.17 分配电箱中漏电保护器当直接为用电设备供电时,分配电箱中漏电保护器的额定漏电动作电流$I_{\Delta n2}$和额定漏电动作时间的选择应符合本规范第4.4.15条的规定;当为开关箱供电时,分配电箱中漏电保护器的额定漏电动作电流$I_{\Delta n2}$宜大于或等于$1.5 I_{\Delta n1}$,分配电箱中漏电保护器的额定漏电动作时间不应大于0.1s。

4.4.18 总配电箱内的额定漏电动作电流$I_{\Delta n3}$应不小于$1.5 I_{\Delta n2}$,额定漏电动作时间应大于0.1s。但总配电箱内的漏电保护器的额定漏电动作电流与额定漏电动作时间的乘积不应大于30mA·s。

4.4.19 配电室内配电柜中的漏电保护器的额定漏电动作电流不应大于150mA,额定漏电动作时间应大于0.1s。但配电室内配电柜中的漏电保护器的额定漏电动作电流与额定漏电动作时间的乘积不应大于30mA·s。

4.4.20 配电箱和开关箱内电气元件应完好且排列整齐,标明电气回路及负载能力,配线应绝缘良好,绑扎成束并固定在盘内。盘面操作部位不得有带电体明露。

4.4.21 配电箱和开关箱内的熔断器应根据用电负荷容量确定,熔体应选用合格的铅合金熔丝,不得随意加大,不得用铜丝、铝丝、铁丝或其他金属丝代替,不得用多股熔丝代替一根较大的熔丝。

4.4.22 总配电箱正常工作时应加锁,开关箱正常工作时不得加锁。

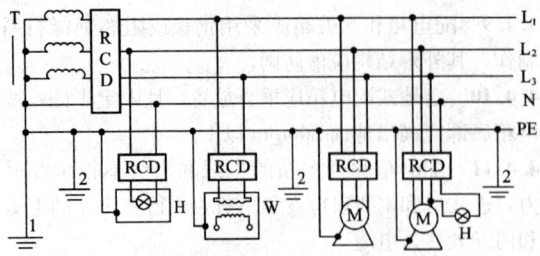

(a)专用变压器供电的TN-S系统

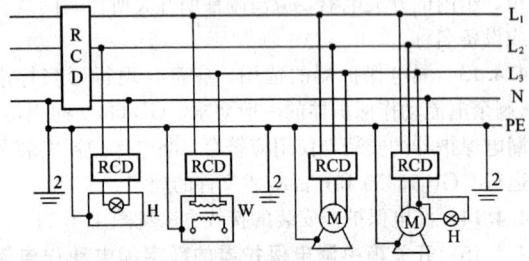

(b)外电线路(采用保护接零)供电的局部TN-S系统

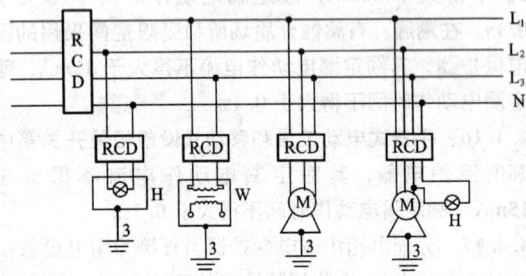

(c)外电线路(采用保护接地)供电的TT系统

图 4.4.14 三相四线制低压电力系统漏电保护器接线示意

L_1、L_2、L_3—相线；N—工作零线；PE—保护零线、保护线；1—工作接地；2—重复接地；3—保护接地；T—变压器；RCD—漏电保护器；H—照明器；W—电焊机；M—电动机

4.4.23 电气设备使用前，应先检查漏电保护器动作的可靠性。使用中的漏电保护器每月至少应检查一次。

4.4.24 电气设备应有明显的通、断电标识。停用的电气设备应切断电源。

4.4.25 配电箱、开关箱内不得放置杂物。

4.5 接地与接零

4.5.1 施工现场由专用变压器供电时，临时用电应采用电源中性点（变压器低压侧中性点）直接接地、低压侧工作零线与保护零线分开的TN-S接零保护系统（见图4.5.1）。

4.5.2 在TN-S接零保护系统中，电气设备的金属外壳必须与保护零线连接。保护零线应由工作接地线或配电室配电柜电源侧零线处引出。

4.5.3 当施工现场与外电线路共用同一供电系统时，接地、接零方式必须与外电线路供电系统保持一致。

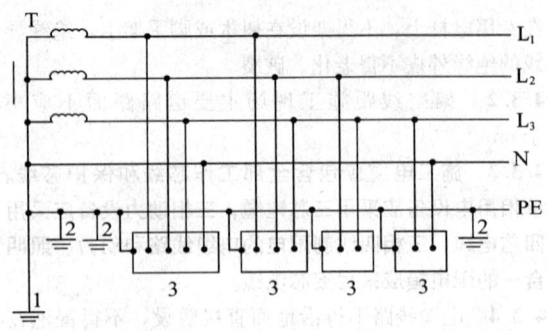

图 4.5.1 专用变压器供电时 TN-S 接零保护系统示意

1—工作接地；2—PE线重复接地；3—电气设备金属外壳（正常不带电的外露可导电部分）；L_1、L_2、L_3—相线；N—工作零线；PE—保护零线；T—变压器

4.5.4 当施工现场由专用发电机供电时，接零方式应符合本规范第4.2.15条的规定。

4.5.5 保护零线和工作零线自工作接地线或配电室配电柜电源侧零线处分开后，不得再做电气连接。

4.5.6 施工现场保护接零的低压系统，变压器或电机的工作接地电阻不应大于 4Ω。总容量不大于 100kV·A 的变压器或发电机的工作接地电阻不得大于 10Ω。

4.5.7 保护零线必须在配电系统的始端、中间和末端处做重复接地，每处重复接地电阻不得大于10Ω。在工作接地电阻允许达到10Ω的电力系统中，所有重复接地的等效电阻值不应大于10Ω。工作零线不得做重复接地。

4.5.8 现场塔吊、龙门吊、电梯等设备保护零线应做重复接地。

4.5.9 下列电气设备及设施的外露可导电部分，应做接零保护：

1 发电机、电动机、电焊机、变压器、照明器具、手持式电动工具的金属外壳。

2 电气设备传动装置的金属底座或外壳。

3 配电装置的金属箱体、框架及靠近带电部分的金属围栏和金属门。

4 互感器二次绕组的一端。

5 电缆的金属外皮和铠装、穿线金属保护管、敷线的钢索、吊车的底座和轨道、提升机的金属构架、滑升模板金属操作平台等。

6 架空线路的金属杆塔。

7 金属结构的办公室及工具间。

4.5.10 施工现场金属结构的框架、塔（容）器、加热炉、储罐以及铆工、焊工等的金属工作平台，应分区域用金属导体连成一体，并分别与就近配电箱保护零线端子板连接。

4.5.11 用电设备的保护零线或保护地线应并联接地，不得串联接零或接地。

4.5.12 保护零线不得接入保护电器及隔离电器。设备电源线中的保护零线必须连接，不得截断。

4.5.13 保护零线所用材质与相线、工作零线相同时，其最小截面应符合表 4.5.13 的规定。与电气设备相连接的保护零线应采用截面不小于 $2.5mm^2$ 的绝缘多股铜线。保护零线应采用统一标志的绿/黄双色线，在任何情况下不得使用绿/黄双色线做电源线和工作零线。

表 4.5.13 PE 线截面与相线截面的关系（mm^2）

相线芯线截面 S	PE 线最小截面
S≤16	S
16＜S≤35	16
S＞35	S/2

4.5.14 垂直接地体应采用角钢、钢管或圆钢。接地线与垂直接地体连接方法可采用焊接、压接或螺栓连接，螺栓连接应用镀锌螺栓并有镀锌平垫及弹簧垫，螺栓不得埋入地面下。

4.5.15 接地体可利用建、构筑物的自然接地体或电气安装工程中业已施工的接地网。

4.6 照明用电

4.6.1 工作场所和通道的照明应根据不同的照度需要设置，必要时应备有应急照明。

4.6.2 在有粉尘的场所，应采用防尘型照明器；在潮湿的场所，应采用密闭型防水照明器。

4.6.3 行灯照明应使用安全特低电压，行灯电压不应大于 36V。其中，在高温、潮湿场所，行灯电压不应大于 24V；在特别潮湿场所、受限空间内，行灯电压不应大于 12V。

4.6.4 行灯手柄绝缘应良好，电源线应使用橡胶软电缆，灯泡外部应有金属保护罩。

4.6.5 行灯变压器必须采用安全隔离变压器，严禁使用普通变压器和自耦变压器。安全隔离变压器的外露可导电部分应与 PE 线相连做接零保护，二次绕组的一端严禁接地或接零。行灯的外露可导电部分严禁直接接地或接零。行灯变压器必须有防水措施，并不得带入受限空间内使用。

4.6.6 大型工业炉辐射室、大型储罐内的工作照明可采用 1∶1 隔离变压器供电。

4.6.7 1∶1 隔离变压器的接线和使用应符合本规范第 4.6.5 条的规定。隔离变压器开关箱中必须装设漏电保护器。灯具电源线必须用橡胶软电缆，穿过孔洞、管口处应设绝缘保护套管。灯具应固定装设，其位置应为施工人员不易接触到的地方，严禁将 220V 的固定灯具作为行灯使用。灯具必须有保护罩，严禁使用接线裸露的照明灯具。

4.6.8 作业场所临时照明线路应固定。照明灯具的安装高度不宜低于 3m。照明灯具的金属支架应稳固，并采取接零保护措施。

4.6.9 夜间影响行人、车辆、飞机等安全通行的施工部位或设施、设备，应设置红色警戒标志灯。

5 起重作业

5.1 一般规定

5.1.1 起重吊装作业按工件重量、长度或高度、工件结构及吊装工艺划分作业等级，并符合国家现行标准《石油化工工程起重施工规范》SH/T 3536 的规定。

5.1.2 起重吊装作业应编制吊装方案和安全技术措施，经批准后实施。吊装作业前应进行技术交底，已经批准的吊装方案确需变更时，应将变更后的方案按原程序上报审批并重新交底。吊装方案编制和审批人员的资格应符合国家现行标准《石油化工工程起重施工规范》SH/T 3536 的规定。

5.1.3 起重作业人员应取得政府部门颁发的"特种作业操作证"，并持证上岗。

5.1.4 吊装前，应与供电部门取得联系，保证正常供电或断电。

5.1.5 吊装前，应与气象部门联系，掌握气象情况。当遇有大雪、大雨、大雾及六级以上风力（风速大于 10.8m/s）时不得进行吊装作业。

5.1.6 大型工件吊装前，检查吊装工艺参数和吊装机索具，确认符合吊装方案要求，由责任人员签署"吊装命令书"后，方可进行试吊和吊装作业。

5.1.7 工件的吊装，吊点的设置应根据工件重心位置确定，保证吊装过程中工件平衡。

5.1.8 吊装过程中工件应设溜绳，工件在吊装过程不得摆动、旋转。

5.1.9 吊装作业应划定警戒区域，并设置警示标志，必要时应设专人监护。

5.1.10 缆风绳跨越道路时，离路面高度不得低于 6m，并应悬挂明显标志。

5.1.11 吊装过程中，作业人员应坚守岗位，听从指挥，无指挥者的命令不得擅自操作。

5.1.12 工件不宜在空中长时间停留，工件吊装就位后，应采取固定措施并确认符合要求后方可松绳摘钩。

5.1.13 起重指挥信号应按现行国家标准《起重吊运指挥信号》GB 5082 的规定执行。

5.1.14 所有起重机索具应具有合格证，且不得超负荷使用，并应定期进行检查，挂牌标识。

5.1.15 工件吊耳的设计应符合下列规定：

  1 吊耳材质应与工件材质相同或相近。

  2 不锈钢和有色金属设备吊耳加强板应与设备

材质相同。

　　3　吊耳形式、方位及数量应符合自身强度、工件局部强度和吊装工艺要求。

5.1.16　制作吊耳与吊耳加强板的材料必须有质量证明文件，且不得有裂纹、重皮、夹层等缺陷。

5.1.17　吊耳焊接应有焊接工艺，且宜在设备制造时焊接，需整体热处理的设备，应一同热处理。

5.1.18　吊耳与设备连接焊缝应按吊耳设计文件规定进行检验并有检测报告。

5.2　吊车作业

5.2.1　吊车站位及行走地基的地耐力值应满足吊车吊装作业的要求。

5.2.2　起重吊装作业按本规范第5.1.1条确认吊装作业等级，并根据吊装位置及工作环境，选用合适的吊车。

5.2.3　吊车工作、行驶或停放时应与沟渠、基坑保持一定的安全距离，且不得停放在斜坡上。

5.2.4　汽车式吊车，作业前支腿应全部伸出，并在支撑板下垫好方木或路基箱，支腿有定位销的应插上定位销。底盘为悬挂式的吊车，伸出支腿前应先收紧稳定器。

5.2.5　作业中严禁扳动支腿操纵阀。调整支腿必须在无载荷时进行，并将臂杆转至正前方或正后方。作业中发现支腿下沉、吊车倾斜等不正常现象时，必须放下重物，停止吊装作业。

5.2.6　吊车不得跨越无防护设施的架空输电线路作业。在线路近旁作业时，应编制安全技术措施，吊车臂杆及工件边缘与架空输电导线的最小安全距离应符合表5.2.6的规定。

表5.2.6　起重机及工件与架空线路带电体的最小安全距离

项　目	输电导线电压（kV）						
	<1	10	35	110	220	330	500
安全距离（m）	2.0	3.0	4.0	5.0	6	7.0	8.5

5.2.7　吊车作业时，臂杆的最大仰角不得超过该机臂杆长度时仰角的规定。

5.2.8　双机抬吊工作，应选用性能相似的吊车。抬吊时应统一指挥，动作协调，载荷分配合理，单机载荷不得超过吊车在作业工况下额定载荷的75%。两台吊车的吊钩钢丝绳应保持垂直状态。

5.2.9　吊车空载行走时，吊钩应挂牢。吊车吊工件行走时，应缓慢行驶，且工件不应摆动。工件宜处于吊车的正前（后）方，离地不得超过500mm。吊车的负荷率应符合产品使用说明书的要求。

5.2.10　吊车作业时，工件不得在驾驶室上方越过。

5.2.11　吊车作业时，应将工件吊离地面200～500mm，停止提升，检查吊车的稳定性、承载地基的可靠性、重物的平稳性、绑扎的牢固性，确认无误后，方可继续提升。对于易摆动的工件，应拴溜绳控制。

5.2.12　吊车严禁超载、斜拉或起吊不明重量的工件。

5.2.13　吊车进行回转、变幅、行走和吊钩升降等动作时应鸣声示意。

5.3　卷扬机作业

5.3.1　卷扬机应固定牢固，受力时不得有横向偏移。转动部件应润滑良好、制动可靠。电器设备和导线应绝缘良好、接地（接零）保护可靠。

5.3.2　卷扬机的电动机旋转方向应与操作盘标志一致。

5.3.3　钢丝绳在卷筒中间位置时，应与卷筒轴线成直角。卷筒与第一个导向滑轮的距离应大于卷筒长度的20倍，且不得小于15m。卷筒内的钢丝绳最外一层应低于卷筒两端凸缘高度一个绳径。

5.3.4　卷扬机外露传动部分，应加防护罩，运转中不得拆除。

5.3.5　卷扬机操作人员、吊装指挥人员和拖、吊的工件三者之间，视线不得受阻，遇有不可清除的障碍物，应增设指挥点。

5.3.6　卷扬机作业中，严禁用手拉、脚踩运转的钢丝绳，且不得跨越钢丝绳。

5.3.7　工件提升后，操作人员不得离开卷扬机。休息时，工件应降至地面。

5.4　起重机索具

Ⅰ　手拉葫芦

5.4.1　手拉葫芦使用前应进行检查，转动部分应灵活，链条应完好无损，不得有卡链现象，制动器应有效，销子应牢固。

5.4.2　手拉葫芦的吊钩出现下列情况之一时应报废：
　　1　表面有裂纹；
　　2　危险断面磨损达10%；
　　3　扭转变形超过10°；
　　4　危险断面或吊钩颈部产生塑性变形；
　　5　开口度比原尺寸增加15%。

5.4.3　手拉葫芦链条磨损量超过链条直径的15%时，不得使用。

5.4.4　手拉葫芦吊挂点应牢固可靠，承载能力不得低于手拉葫芦额定载荷，并应符合下列规定：
　　1　两钩受力应在一条直线上。
　　2　不得超负荷使用。斜拉时悬挂位置应牢固，不得产生滑动。

5.4.5　吊钩挂绳扣时，应将绳扣挂至钩底。严禁将吊钩直接挂在工件上。

5.4.6 手拉葫芦起重作业暂停或将工件悬吊空中时，应将拉链封好。

5.4.7 手拉葫芦放松时，起重链条应保留3个以上扣环。

5.4.8 采用多个手拉葫芦同时作业时，手拉葫芦受力不应超过额定载荷的70%，操作应同步。

5.4.9 设置手拉葫芦时，应防止泥沙、水及杂物进入转动部位。

Ⅱ 千斤顶

5.4.10 千斤顶应定期维护保养，并在使用前进行性能检查。

5.4.11 螺旋千斤顶及齿条千斤顶的螺杆、螺母的螺纹及齿条磨损超过20%时，不得继续使用。

5.4.12 千斤顶应有足够的支承面积，并使作用力通过承压中心。

5.4.13 使用千斤顶时，应随着工件的升降，随时调整保险垫块的高度。

5.4.14 用多台千斤顶同时工作时，应采用规格型号相同的千斤顶，且应采取措施使载荷合理分布，每台千斤顶的荷载应不超过其额定起重量的80%；千斤顶的动作应相互协调，升降应平稳，不得倾斜及局部过载。

5.4.15 特殊作业的千斤顶应按照产品使用说明书的规定使用。

Ⅲ 吊索具

5.4.16 麻（棕）绳不得在机械驱动的作业中作为起吊索具使用。

5.4.17 麻（棕）绳不得向一方向连续扭转。

5.4.18 麻（棕）绳使用中不得与锐利的物体接触，捆绑时应加垫保护。

5.4.19 麻（棕）绳应放在通风干燥的地方，不得受热受潮，且不得与酸、碱等腐蚀介质接触。

5.4.20 合成纤维吊装带应按产品使用说明书规定的技术参数使用，吊装带使用前应对外观进行检查，有破损的吊装带不得使用。

5.4.21 合成纤维吊装带使用时应避免电火花和火焰灼伤，且不得与锐利的物体接触，捆绑时应加垫保护。

5.4.22 钢丝绳使用时的安全系数不得小于表5.4.22的规定。

表 5.4.22 钢丝绳的最小安全系数

用途	缆风绳	机动起重设备跑绳	无弯矩吊索	捆绑绳索	用于载人的升降机
安全系数	3.5	5	5	8	14

5.4.23 钢丝绳不得与电焊导线或其他电线接触。

5.4.24 钢丝绳使用中不得与棱角及锋利物体接触，捆绑时应垫以圆滑物件保护。

5.4.25 钢丝绳不得成锐角折曲、扭结。

5.4.26 钢丝绳在使用过程中应定期检查、保养，钢丝绳的检查应按现行国家标准《起重机械用钢丝绳检验和报废实用规范》GB/T 5972执行。钢丝绳磨损、锈蚀、断丝、电弧伤害时，应按表5.4.26的规定降低其使用等级。

表 5.4.26 钢丝绳的折减系数

钢丝绳规格（较互捻）			折减系数
6×19+1	6×37+1	6×61+1	
一个捻距内断丝数			
1～3	1～6	1～9	0.90
4～6	7～12	17～18	0.70
7～9	13～19	19～29	0.50

5.4.27 钢丝绳搭接使用时，所用绳卡的数量应按表5.4.32的数量增加一倍。

5.4.28 滑车使用前应进行清洗、检查、润滑。必要时重要部件（轴、吊环、吊钩）应进行无损检测，有下列情况之一时，不得使用：

1 滑车部件有裂纹或永久变形。
2 滑轮槽面磨损深度达到3mm。
3 滑轮槽壁磨损达到壁厚的20%。
4 吊钩的危险断面磨损达到10%。
5 吊钩扭曲变形达到10%。
6 轮轴磨损达到轴径的2%。
7 轴套磨损达到壁厚的10%。

5.4.29 滑车组两滑车之间的净距不宜小于滑轮直径的5倍。滑车贴地面设置时应防止杂物进入滑轮槽内。

5.4.30 吊钩上的防止脱钩装置应齐全完好，无防止脱钩装置时应将钩头加封。

5.4.31 吊钩不得补焊。

5.4.32 绳卡应无裂纹及表面创伤，绳卡的使用标准见表5.4.32。

表 5.4.32 绳卡的使用标准

绳卡型号	适用绳径（mm）	卡杆直径（mm）	绳卡数量（个）	绳卡间距（mm）
Y1-6	7.4～8	M6	3	70
Y2-8	8.7～9.3	M8	3	80
Y3-10	11	M10	3	100
Y4-12	12.5～14	M12	3	100
Y5-15	15～17.5	M14	3	120
Y6-20	18.8～20	M16	4	120
Y7-22	21.5～23.5	M18	4	140
Y8-25	24～26.5	M20	5	160
Y9-28	28～31	M22	5	180
Y10-32	32.5～37	M24	6	200
Y11-40	39～44.5	M24	8	250
Y12-45	46.5～50.5	M27	8	300
Y13-50	52～56	M30	9	300

5.4.33 安装绳卡时应规则排列，宜使U形螺栓弯曲部分在钢丝绳的末端绳股一侧，使马鞍座与主绳接触。

5.4.34 卸扣表面应光滑，不得有毛刺、裂纹、变形等缺陷。卸扣不得补焊。

5.4.35 卸扣螺杆拧入时，应顺利自如，螺纹应全部拧入螺口内。

5.4.36 吊装配套使用的平衡梁、抬架等专用吊具应满足其特定的使用要求，设计文件应随吊装技术文件同时审批。

5.4.37 制作吊具的材料、连接件等应有质量证明文件，吊具的焊接应采用评定合格的焊接工艺，且应外观检验合格，有焊后热处理要求时，应及时进行热处理。

5.4.38 吊具应按设计文件的要求进行试验，合格后方可使用。

5.5 塔式起重机吊装作业

5.5.1 起重机作业前，应进行下列检查：
1 机械结构的外观情况，各传动机构应正常。
2 各齿轮箱、液压油箱的油位应符合标准。
3 主要部位连接螺栓应无松动。
4 钢丝绳磨损情况及穿绕滑轮应符合规定。
5 供电电缆应无破损。

5.5.2 起重机吊钩提升接近臂杆顶部、小车行至端点或起重机行走接近轨道端部时，应减速缓行至停止位置。吊钩距臂杆顶部不得小于1m，起重机距轨道端部不得小于2m。

5.5.3 提升工件后，不得自由下降；不得使用限位作业运行开关。工件就位时，应使之缓慢下降，操纵各控制器时应依次逐级操作，不得越挡操作。

5.5.4 提升工件平移时，应高出其跨越的障碍物0.5m以上。

5.5.5 两台起重机同在一条轨道上或在相近轨道上进行作业时，应保持两机之间任何接近部位（包括吊起的工件）距离不得小于5m。

5.5.6 塔式起重机起重臂每次变幅必须空载进行，每次变幅后，根据工作半径和重物重量，及时对超载限位装置的吨位进行调整。起重机升降重物时，起重臂不得进行变幅操作。

5.5.7 动臂式起重机的起重、回转、行走三种动作可以同时进行，但变幅只能单独进行。

5.6 使用吊篮作业

5.6.1 使用吊篮作业应编制施工方案，经技术、安全部门审核，总技术负责人批准后实施。

5.6.2 作业前，应向吊篮作业人员进行安全交底。

5.6.3 吊篮的结构应稳固合理，额定承载力应满足工作负荷的要求，并应符合下列要求：
1 栏杆高度不低于1.2m。
2 底板牢固、无间隙、四周设置踢脚板。
3 设置4个吊耳。

5.6.4 吊篮必须处于完好状态，严禁超载使用。

5.6.5 吊篮使用前，应进行起重机械的制动器、控制器、限位器、离合器、钢丝绳、滑轮组以及配电等项检查，并应用吊篮负荷1.5倍的重物进行上下吊运和定位试验，确认安全可靠后方可使用。

5.6.6 经确认合格的吊篮，应在吊篮铭牌上标注主要使用参考数，铭牌应固定在吊篮显著位置。

5.6.7 吊篮作业应办理使用申请手续，批准后方可进行吊篮作业。

5.6.8 作业时，作业人员配戴的安全带不得系挂在吊篮及其钢丝绳上。

5.6.9 使用吊篮作业的区域下方应设置警戒标志和围栏并设专人监护；吊篮升降应有专人指挥，吊篮处于15m及以上高处作业时，应配有专门的通讯工具。

5.6.10 提升用的钢丝绳应单独设置，吊篮底部应设置不少于2根溜绳，并有专人控制。

5.6.11 使用吊篮载送人员时，作业人员携带的小型工具和物品应放在工具袋内，且不得同时装载其他物品。

5.6.12 吊篮内不得进行焊割作业。

6 脚手架作业

6.1 一般规定

6.1.1 施工单位应编制脚手架施工方案，对符合下列条件之一的应编制专项施工方案，并有安全验算结果，经施工单位技术负责人、总监理工程师签字后实施：
1 架体高度50m以上。
2 承载量大于3.0kN/m²。
3 特殊形式脚手架工程。

6.1.2 脚手架作业人员应经过培训考核合格，取得"特种作业操作证"，并在体检合格后方可上岗。

6.1.3 脚手架作业人员作业时应佩戴安全帽、系挂安全带、穿防滑鞋等个人防护用品。

6.1.4 六级及以上大风和雨、雪、雾天应停止脚手架作业，雪后上架作业应及时扫除积雪。

6.1.5 搭设脚手架的场地应平整坚实，符合承载要求，并有排水设施。对于土质疏松、潮湿、地下有空洞、管沟或埋设物的地面，应经过地基处理。

6.1.6 脚手架基础邻近处进行挖掘作业时，不得危及脚手架的安全使用。

6.1.7 脚手架与架空输电线路的安全距离、工地临时用电线路架设及脚手架接地、避雷设施等应按本规范第4章有关规定执行。

6.1.8 搭、拆脚手架前，应向作业人员进行安全技术交底，作业现场应设置警戒区、警示牌并有专人监护，警戒区内不得有其他作业或人员通行。

6.2 脚手架用料

6.2.1 脚手架架杆宜选用符合国家标准的直缝焊接钢管，外径宜为48～51mm、壁厚宜为3～3.5mm。规格不同不得混用。

6.2.2 脚手架架杆应涂有防锈漆，不得有严重腐蚀、结疤、弯曲、压扁和裂缝等缺陷。

6.2.3 脚手架扣件应有质量证明文件，并应符合现行国家标准《钢管脚手架扣件》GB 15831 的规定。扣件使用前应进行质量检查。必须更换出现滑丝的螺栓，严禁使用有裂缝、变形的扣件。

6.2.4 木脚手板应为坚韧木板，其厚度应不小于50mm、宽度宜为200～300mm、长度宜不大于6m。在距板两端80mm处，应各用8#镀锌铁丝缠绕2～3圈或用宽30mm、厚1mm的铁皮箍绕一圈后再用钉子钉牢。

6.2.5 木脚手板使用前应进行质量检查，腐朽、破裂、大横透节的木板不得使用。

6.2.6 冲压钢脚手板应涂有防锈漆，其材质应符合现行国家标准《碳素结构钢》GB/T 700 中 Q235 级钢的规定，并有防滑措施，不得有严重锈蚀、油污和裂纹。

6.2.7 脚手板应使用镀锌铁丝双股绑扎，铁丝型号不应低于10#。

6.3 搭设、使用、拆除

6.3.1 脚手架的每根立杆底部应设置底座和垫板，垫板宜采用长度不少于2跨、厚度不小于50mm的木板，也可采用槽钢。

6.3.2 脚手架应设置纵、横向扫地杆。纵向扫地杆应采用直角扣件固定在距底座上皮不大于200mm处的立杆上，横向扫地杆应采用直角扣件固定紧靠纵向扫地杆下方的立杆上。当立杆基础不在同一高度上时，应将高处的纵向扫地杆向低处延伸两跨并与立杆固定，高低两处的扫地杆高度差不应大于1m，且上方立杆离边坡的距离应不小于500mm。

6.3.3 脚手架的底步距不应大于2m。

6.3.4 **除顶层顶步外，立杆接长的接头必须采用对接扣件连接，相邻立杆的对接扣件不得在同一高度内。**

6.3.5 纵向水平杆应设置在立杆内侧，长度不小于三跨，宜采用对接扣件连接，相邻两根纵向水平杆的接头不宜设置在同步或同跨内，且接头在水平方向错开的距离不应小于500mm，各接头中心到最近主节点的距离不宜大于500mm；若采用搭接方式，搭接长度不应小于1m，应间距用三个旋转扣件固定，端部扣件距纵向水平杆杆端不应小于100mm。

6.3.6 **在每个主节点处必须设置一根横向水平杆，用直角扣件与立杆相连且严禁拆除。**

6.3.7 非主节点的横向水平杆根据支承的脚手板的需要等间距设置，最大间距应不大于1m。

6.3.8 双排脚手架立杆横距宜为1.5m，立杆纵距不应大于2m，纵向水平杆步距宜为1.4～1.8m，操作层横杆间距不应大于1m。

6.3.9 高度超过50m的脚手架，可采用双管立杆、分段悬挑或分段卸荷的措施，并应符合本规范第6.1.1条的规定。

6.3.10 使用脚手板时，纵向水平杆应用直角扣件固定在立杆上作为横向水平杆支座，横向水平杆两端应采用直角扣件固定在纵向水平杆上，纵、横水平杆端头伸出扣件盖板边缘应在100～200mm之间。

6.3.11 作业层应满铺脚手板，脚手板应设置在3根横向水平杆上，当脚手板长度小于2m时，可用2根横向水平杆支承，脚手板两端应用铁丝绑扎固定。脚手板可以对接或搭接铺设，当对接平铺时，接头处应设置2根横向水平杆，2块脚手板外伸长度的和不应大于300mm；当搭接铺设时，接头应在横向水平杆上，搭接长度不应小于200mm，其伸出横向水平杆的长度不应小于100mm。

6.3.12 **作业层端部脚手板探出长度应为100～150mm，两端必须用铁丝固定，绑扎产生的铁丝扣应砸平。**

6.3.13 各杆件端头伸出扣件盖板边缘的长度不应小于100mm。

6.3.14 脚手架作业面应设立双护栏杆，第一道护栏应设置在距作业层纵向水平杆的上表面500～600mm处，第二道护栏设置在距作业层纵向水平杆的上表面1～1.2m处，作业层的端头应设双护栏杆封闭。

6.3.15 脚手架两端、转角处以及每隔6～7根立杆应设置剪刀支撑或抛杆，剪刀支撑或抛杆与地面的夹角应在45°～60°之间，抛杆应与脚手架牢固连接，连接点应靠近主节点。

6.3.16 脚手架竖向每隔4m、水平向每隔6m设置连接杆与建（构）筑物牢固相连。连接杆应从底层第一步纵向水平杆开始设置，连接点应靠近主节点，并应符合下列规定：

1 如不能设置连接杆，应搭设抛撑。

2 连接杆不能水平设置时，与脚手架连接的一端应下斜连接。

6.3.17 脚手架应设立上下通道。直爬梯通道横挡之间的间距宜为300～400mm。直爬梯超过8m高时，应从第一步起每隔6m搭设转角休息平台，且梯身应搭设有护笼。脚手架高于12m时，宜搭设之字形斜道，且应采用脚手板满铺。斜道宽度不得小于1m，坡度不得大于1:3，斜道防滑条的间距不得大于

300mm,转角平台宽度不得小于斜道宽度。斜道和平台外侧应设置1.2m高的防护栏杆和120mm的挡脚板。井字形独立脚手架,应将通道设立在脚手架横向水平杆侧,即短杆侧。

6.3.18 作业层或通道外侧应设置不低于120mm高的挡脚板。

6.3.19 搭设脚手架过程中脚手板、杆未绑扎或拆除脚手架过程中已拆开绑扣时,不得中途停止作业。

6.3.20 脚手架搭设完毕,应经检查验收合格后挂牌使用。

6.3.21 使用过程中,严禁对脚手架进行切割或施焊;未经批准,不得拆改脚手架。

6.3.22 拆除脚手架前应对脚手架的状况进行检查确认,拆除脚手架必须由上而下逐层进行,严禁上下同时进行,连接杆必须随脚手架逐层拆除,一步一清,严禁先将连接杆整层拆除或数层拆除后再拆除脚手架。

6.3.23 拆除斜拉杆及纵向水平杆时,应先拆除中间的连接扣件,再拆除两端的扣件。

6.3.24 当脚手架采取分段、分立面拆除时,应对不拆除的脚手架两端设置连接杆和横向斜撑加固。

6.3.25 当脚手架拆至下部最后一根长立杆的高度时,应在适当位置搭设抛撑加固后,再拆除连接杆。

6.3.26 拆下的脚手杆、脚手板、扣件等材料应向下传递或用绳索送下,严禁向下抛掷。

6.4 特殊形式脚手架

6.4.1 挑式脚手架的斜撑杆与竖面的夹角不宜大于30°,并应支撑在建(构)筑物的牢固部分,斜撑杆上端应与挑梁固定,挑梁的所有受力点均应绑双扣。

6.4.2 移动式脚手架应按设计方案组装,作业时应与建(构)筑物连接牢固,并将滚动部分锁住。移动时架上不得留有人员及材料,并有防止倾倒的措施。

6.4.3 悬吊式脚手架应符合下列规定:

1 悬吊架应根据承载荷载进行设计,使用荷载不得超过设计规定,荷载应均匀分布,不得偏载。

2 吊架挑梁应固定在建(构)筑物的牢固部位,悬挂点的间距不得超过2m。

3 悬吊架立杆两端伸出横杆的长度不得小于200mm,立杆上下两端还应加设一道扣件,横杆与剪刀撑应同时安装。

4 所有悬吊架应设置供人员进出的通道。

5 悬吊架应满铺脚手板,设置双防护栏杆和挡脚板,人员在上面作业时,安全带应系挂在高处的固定构件上。

6.4.4 模板支架的搭设应符合国家现行标准《建筑施工扣件式钢管脚手架安全技术规范》JGJ 130的有关规定。

7 土建作业

7.1 土石方作业

7.1.1 土石方施工应办理施工许可手续,对于基础托换、大型预制构件吊装、沉井、烟囱、水塔工程等存在危险因素的土建工程,应编制专项安全技术方案和事故应急预案。

7.1.2 施工前应按设计文件要求对邻近建(构)筑物、道路、管线等原有设施采取加固和支护措施。

7.1.3 施工中发现不明物体或工程构件时,应立即停止作业并及时上报,待查明情况、采取必要措施后方可继续施工。

7.1.4 在受限空间内施工时,应检查有害气体及氧气浓度,合格后方可进入施工,并应设置专人看护。

7.1.5 在基坑、基槽边沿1m范围以内不得堆土、堆料。

7.1.6 土石方施工区域应设置明显的警示标志和围栏,夜间应有警示灯。

7.1.7 雨后或解冻期在基槽或基坑内作业前,应检查土方边坡,确认无裂缝、塌方、支撑变形、折断等危险因素后,方可进行施工。

7.1.8 挖掘土石方不得采用挖空底角和掏洞的方法,放坡时坡度应满足其稳定性要求。

7.1.9 基坑支护应符合国家现行标准《建筑基坑支护技术规程》JGJ 120的规定。

7.1.10 基坑支撑结构的安装和拆除过程中应检查坑壁及支撑结构稳定情况,不得在支撑结构上堆放重物,不得在支撑结构下行走或站立,施工机械不得碰撞支撑结构。

7.1.11 当基坑施工深度超过1m时,坑边应设置临边防护,作业区上方应设专人监护,作业人员上下应有专用梯道。

7.1.12 电缆、管线等地下设施两侧1m范围内应采用人工开挖。

7.1.13 配合挖土机械的作业人员,应在其作业半径以外工作,当挖土机械停止回转并制动后,方可进入作业半径内作业。

7.1.14 回填土作业,应符合下列规定:

1 机械卸土时应有专人指挥,卸土的坑(沟)边沿应设车轮挡块。

2 在坑(沟)内回填、夯实时,应检查坑(沟)壁及支护结构。

7.1.15 雨期开挖基坑,坑边应挖截水沟或筑挡水堤,边坡应做防水处理。

7.2 桩基作业

7.2.1 桩基作业前,对受影响范围内的建(构)筑物应采取防振、减振措施。

7.2.2 桩机行走的道路和作业场地应平整坚实。

7.2.3 在软土地基上打、压较密集的群桩时，应采取防止桩机倾倒的措施。

7.2.4 敞开的桩孔应加盖封闭、灌填或设护栏。

7.2.5 截断桩头时，应防止桩头倾倒伤人。

7.2.6 桩机作业时应设专人指挥。吊桩、吊锤、回转、行走不得同时进行，沉桩过程中监测人员应在距桩锤5m以外作业。

7.2.7 插桩时，作业人员手脚严禁伸入桩与桩架之间。

7.2.8 人工挖孔灌注桩施工应符合下列规定：

 1 井口作业人员应系安全带，井下作业人员应穿戴专用劳动保护用品，井上设安全区，并设护栏。

 2 孔口应设移动式活动盖板，孔外应筑堤防水。

 3 施工现场应配备送风、气体分析等设备，并符合受限空间的施工要求。

 4 孔内作业时，作业区内不得有机动车行驶或停放。

 5 垂直运输机具和装置应配有自动卡紧保险装置。

 6 挖出的土方应随出随运，暂不能运走的应堆放在孔口3m以外，且堆土高度不得超过1m。

 7 孔内作业应有通讯工具，孔上、孔下操作人员应随时保持联系。

 8 成孔时出现渗水、落土等异常情况时，应根据地质条件采取防护措施。

7.3 强夯作业

7.3.1 施夯前，应对地下洞穴和埋没物等进行处理，对松软地基或高填土地基进行表面铺垫或碾压。

7.3.2 当强夯施工所产生的振动对邻近设施可能产生有害影响时，应采取隔振或减振措施。

7.3.3 夯机驾驶室挡风玻璃外面应装设钢丝网防护罩。

7.3.4 强夯作业时应符合下列规定：

 1 夯锤上的透气孔应无阻塞。

 2 **在夯机臂杆及门架支腿未支稳垫实前严禁起锤。**

 3 吊钩未降至挂钩作业高度时，作业人员不得下坑挂钩。

 4 严禁挂钩人员随夯锤升至地面。

 5 清理夯坑时，应将夯锤落放在坑外指定地点，严禁夯锤吊在空中。

 6 作业结束，应将夯锤降至地面，垫实放稳。

7.3.5 夯锤起吊接近预定高度时，应减速起升。

7.3.6 夯点与邻近建（构）筑物及作业人员的安全距离，应符合表7.3.6的规定。

表7.3.6 夯点与邻近建（构）筑物及作业人员的安全距离

夯击能级 (kN·m)	1000~ 2000	2001~ 4000	4001~ 6000	>6000
安全距离 (m)	>15	>20	>30	>35

7.3.7 当夯坑内有积水或因黏土产生的锤底吸附力增大时，应采取措施排除，不得强行提锤。

7.3.8 转移夯点时，夯锤应由辅机协助转移，门架随夯机移动时，支腿离地面高度不得超过500mm。

7.3.9 作业后，应将夯锤下降，放实在地面上。

7.4 沉井作业

7.4.1 对沉井作业影响区内的原有设施应采取保护加固措施。

7.4.2 沉井过高时应分段制作。沉井的重心不宜高于沉井短边的长度或直径，且不应大于12m。

7.4.3 沉井顶部周围应设防护栏杆。沉井作业前，应先清除井内障碍，作业时应有应急撤离措施。

7.4.4 沉井下降和抽垫木时，作业人员不得从刃脚、底梁和隔墙下方通过。

7.4.5 当采用人工挖土、机械吊运时，应待井下作业人员避开后，方可发出起吊信号。

7.4.6 当采用抓斗机械与人工相配合进行清土作业时，抓斗抓土前井内作业人员应先撤出。

7.4.7 沉井在淤泥中下沉时应设活动平台，且平台应能随井内涌土顶升。

7.4.8 当沉井采取井内抽水强制下沉时，井上作业人员应撤出沉井顶部防护栏杆外。

7.4.9 沉井下沉完成后，其顶端高于地面1m以下时，应在井口四周边缘设置防护栏杆和安全标识。

7.5 砌筑作业

7.5.1 砌体高度超过地坪1.2m以上时，应搭设脚手架。在一层以上或高度超过4m时，采用里脚手架时应支搭安全网；采用外脚手架时应设护身栏杆和挡脚板，并用密目网封闭。

7.5.2 在脚手架上侧放的砌块不得超过三层。当班作业结束时，应将脚手板上的杂物清理干净。

7.5.3 在高处砍砖时，应朝向墙面一侧，不得对着他人或朝向外侧。

7.5.4 山墙砌好后应采取临时加固措施。

7.5.5 砌筑烟囱时应划定施工危险区并设警戒标志。烟囱施工用的吊笼必须装设安全装置，经符合性试验安全鉴定合格并挂牌后方可使用，使用期间应定期检查、保养和检验。吊笼升降时，应设专人指挥和操作，严禁人料混装，且应符合下列规定：

 1 烟囱内部距地面2.5~5m处应搭设防护棚，

每升高 20m 应增设防护棚。

  2 在竖井架上下人孔与吊笼之间应安装防护网。

  3 通讯联络应畅通。

7.6 钢筋作业

7.6.1 混凝土预制构件的吊环，应采用未经冷拉的Ⅰ级热轧钢筋制作。

7.6.2 钢筋整捆码垛高度不宜超过 2m，散捆和半成品码垛的高度不宜超过 1.2m。

7.6.3 钢筋加工作业宜在钢筋加工棚内进行，加工棚内的照明灯应有护罩。

7.6.4 钢筋加工时，应防止钢筋回弹伤人。

7.6.5 搬运钢筋时，不得碰撞附近障碍物、架空电线等电器设备。

7.6.6 绑扎悬挑结构的钢筋时，应检查模板与支撑，确认牢固后作业。作业人员应站在脚手架的脚手板上，不得站在模板或支撑上，不得在钢筋骨架上站立、行走。

7.6.7 绑扎高柱或易失稳构件的钢筋时，应设临时支撑。

7.6.8 放置电渣压力焊接设备的平台应稳固。

7.6.9 预应力钢筋冷拉时，冷拉机前应设防护挡板。拧紧螺母或测量钢筋伸长值时，应在钢筋停止拉伸后进行。

7.6.10 吊运短钢筋时，宜使用吊笼，吊运超长钢筋时应加横担，捆绑钢筋应使用钢丝绳并两点吊装。

7.7 混凝土作业

7.7.1 现场混凝土搅拌区地面应硬化，砂石挡墙应稳固，作业人员不得在挡墙附近停留。

7.7.2 搅拌机转动时，不得将手或其他物体伸入转筒内。

7.7.3 进料斗升起时，不得在料斗下通过或停留。

7.7.4 用吊车、料斗浇筑混凝土时，卸料人员不得进入料斗内清理残物，并应防止料斗坠落。

7.7.5 用布料机施工时应符合下列规定：

  1 布料设备不得碰撞或直接搁置在模板上。

  2 布料杆不得当做起重机吊臂使用，并应与其他设施保持一定的安全距离。

  3 用吹出法清洗臂架上附装的输送管时，杆端附近不得站人。

7.7.6 混凝土浇筑前应检查模板及支撑的强度、刚度和稳定性，浇筑时不得踩踏模板支撑。

7.7.7 浇筑临边或悬挑结构时，应搭设防护栏并悬挂安全网。

7.7.8 浇筑混凝土时应设专人监护，发现异常情况时应停止浇筑，并查明原因，必要时撤离施工人员。

7.7.9 混凝土覆盖养护时孔洞部位应有封堵措施，并设明显标志。

7.8 模板作业

7.8.1 模板作业场所锯末刨花应及时清理，并应有防火措施。

7.8.2 采用机械加工的木料上不得有钉子等铁件。

7.8.3 模板存放时应有防倾倒措施。

7.8.4 大模板施工应有操作平台、上下梯道和防护栏杆等附属设施。

7.8.5 模板及其支撑应有承载混凝土重量、侧压力以及施工载荷的强度和刚度。

7.8.6 平面模板上有预留孔洞时，应在模板安装后将洞口封盖好。

7.8.7 拆除模板时，混凝土强度应符合拆除强度要求，并严禁向下抛掷。

7.8.8 拆除预制薄腹梁、吊车梁等构件的模板时，应将预制构件支撑牢固。

7.8.9 拆除多层或高层混凝土模板时，下方严禁人员及车辆通行，并设围栏及警示牌，重要通道应设专人监护。

7.9 滑模作业

7.9.1 滑模作业除了执行本规范的规定外，尚应执行国家现行标准《液压滑动模板施工安全技术规程》JGJ 65 的规定。

7.9.2 滑模工程施工前应编制滑模施工安全技术方案，并进行交底。

7.9.3 滑升机具和操作平台的设计应经审核批准，制造、安装应进行检查调试，验收合格后方可使用。

7.9.4 滑升中遇到六级及以上风力或雷雨天气时，应停止作业，并将设备、工具、材料等固定，人员撤至地面后切断通向操作平台的电源。

7.9.5 滑模作业应设置危险警戒区，其警戒线至建（构）筑物边缘的距离不应小于施工对象高度的1/10，且不应小于 10m。当不能满足要求时，应采取安全防护措施。危险警戒区应设置围栏和明显的标志，出入口应设专人警卫。

7.9.6 危险警戒区内的建（构）筑物出入口、地面通道及机械操作场所，应搭设安全防护棚。滑模工程进行立体交叉作业时，上下层工作面间应搭设隔离防护棚。

7.9.7 操作平台上的孔洞应设盖板封严。操作平台的边缘应设钢制防护栏杆和挡脚板，防护栏杆、挡脚板和内外吊挂架外侧应满挂安全网。

7.9.8 滑模施工的动力及照明用电应有备用电源。

7.9.9 滑模施工停工时，应切断操作平台上的电源。

7.9.10 当滑模操作平台最高部位的高度超过 50m 时，应设置航空指示信号。

7.9.11 滑模在提升中出现扭转、歪斜和水平位移等不正常情况时，应停止滑升，并采取纠正措施后方可

7.9.12 滑模作业时应严格控制滑升速度和混凝土出模强度，并应采取混凝土养护措施。

7.9.13 采用降模法施工混凝土现浇作业时，各吊点应加设保险钢丝绳。

7.9.14 滑模装置拆除前应检查各支撑点埋设件及其连接的牢固情况和作业人员上下通道的安全可靠性。

7.9.15 当滑模拆除工作利用施工结构作为支撑点时，混凝土强度不得低于15MPa。

7.9.16 滑模施工中运送物料、人员的罐笼、随升井架等垂直运输设备应采用双笼双筒同步卷扬机，采用单绳卷扬机时罐笼两侧必须设有安全卡钳。

7.9.17 滑模施工使用非标准电梯或罐笼时，应采用拉伸门，其他侧面用钢板或钢板网密封，接触地面处应设置弹簧或弹性实体等缓冲器。

7.10 防水、防腐作业

7.10.1 配制防水、防腐材料时应使用专用机具，并应按操作工艺执行。

7.10.2 施工中作业人员应根据物料性质，采取相应防飞溅措施。

7.10.3 作业人员操作应站在上风侧，搬运加热后材料时，应正确使用工具，轻取轻倒，并放置平稳。

7.10.4 使用毒性或刺激性较大的材料时，作业人员应佩戴防毒面具和防护手套，并采取轮换作业、淋浴冲洗等安全防护措施。

7.10.5 涂刷冷底子油区域周围30m半径范围内，作业时及作业后24h以内不得动火。

7.10.6 用滑轮组吊运热沥青时，应挂牢后平稳起吊，拉绳人员应避开沥青桶的垂直下方，接料人员应佩戴长筒手套。

7.10.7 喷涂作业时，喷浆管道安装应紧固密封，输料软管不得随地拖拉和折弯，喷嘴前方不得站人。

7.10.8 喷浆发生堵塞时应停止作业，管道卸压后方可拆卸清洗。

8 安装作业

8.1 金属结构的制作安装

8.1.1 构件摆放应稳固，钢结构翻转、吊运时，应设置溜绳，作业人员应站在安全位置。构件立放时应采取防止倾倒措施。多人搬运或翻转部件时，应有专人指挥，步调一致。

8.1.2 使用大锤及手锤时，严禁戴手套，锤柄、锤头上不得有油污。两人及两人以上同时打锤，不得面对面站立。打锤时，甩转方向不得有人，并应采取听力保护措施。

8.1.3 构件吊装前，应预先设置爬梯或搭设高处作业平台。

8.1.4 钢结构安装节点连接螺栓必须紧固，焊接连接部位必须牢固。

8.1.5 钢框架结构施工时，随结构的安装及时安装平台、钢梯、栏杆和护脚板。当不能及时安装平台和栏杆时，应封闭钢梯的入口和在入口处设置明显的警示标志。

8.1.6 使用活动扳手时，扳口尺寸应与螺帽相符，不得在手柄上加套管使用。

8.1.7 清除毛刺时，碎屑飞出方向不得有人。

8.1.8 钻孔作业时，严禁戴手套，并应系好衣扣、扎紧袖口。钻孔时应用卡具固定工件，不得用手握工件施钻。

8.2 设备安装

Ⅰ 一般规定

8.2.1 设备安装人员应熟悉设备安装的安全技术要求。

8.2.2 铲基础麻面时，面部应偏向侧面，不得对面作业。

8.2.3 不得用汽油或酒精等易燃物清洗零部件。作业区地面的油污应及时清除干净。废油及油棉纱、破布应分别集中存放在有盖的铁桶内，并定期处理。

Ⅱ 转动设备的安装

8.2.4 在装配皮带、链条、联轴器及盘转曲轴、盘车等作业时，应防止挤手。

8.2.5 吊运压缩机、汽轮机的转子，应使用专用吊装工具，且应绑牢、吊平，吊离机身后应放在专用支架上。吊运时工件下方不得有人。

8.2.6 翻转压缩机、汽轮机的上盖时，应采取防止摆动和冲击措施。

8.2.7 压缩机机身、曲轴箱、变速箱作煤油渗漏试验或清洗零部件时，应划定禁火区。

8.2.8 拆装的设备零部件应放置稳固。装配时，严禁用手插入接合面或探摸螺孔。取放垫铁时，手指应放在垫铁的两侧。

8.2.9 检查机械零部件的接合面时，应将吊起的部分支垫牢固。

8.2.10 在用倒链吊起的设备部件下作业时，应将部件支垫牢固。

8.2.11 在用油加热零部件时，应严格控制油温，并应采取防止作业人员烫伤的措施。

Ⅲ 静设备安装

8.2.12 塔类设备卧式组对时，支座应牢固，两侧应垫牢。

8.2.13 塔类设备吊装前，应将随塔一起吊装的附件固定牢固，杂物清理干净。

8.2.14 塔盘安装时，应从下向上进行。采用分段安装时，应在每段最下一层封闭后进行。

8.2.15 炉管进行通球试验时，钢球出口处应设立警戒区域和接球设施，作业人员应站在安全位置。

8.2.16 设备内作业结束后应清点人数。设备封闭前，应进行内部检查清理，确认后方可封闭。

Ⅳ 设备试运转

8.2.17 设备试运转应有试车方案，试车人员应分工明确，严禁越岗操作。

8.2.18 试车区域应设置警戒线，无关人员不得入内。

8.2.19 运转中设备的旋转或往复运动部分不得进行清扫、擦抹或注射润滑油。不得用手指触摸检查轴封、填料函的温度。

8.2.20 用甲醇、乙醚等液体作为试车介质时，应有防火和防止其进入眼睛及呼吸道的措施。

8.3 容器现场组焊

Ⅰ 一般规定

8.3.1 容器现场组焊采用散装或分段、分片安装时，组焊位置应搭设作业平台。

8.3.2 设备组合支架、组合平台、组件的临时加固方法和临时就位的固定方法等均应有方案。临时加固件使用后应及时拆除。

Ⅱ 圆筒形储罐安装

8.3.3 储罐壁板不得强力组对，定位焊时，组对人员应防止眼睛弧光伤害，组对卡具应与罐壁焊接牢固。

8.3.4 用气顶法组装储罐时，应有统一指挥，顶升过程应连续进行。限位装置和卡具应牢固可靠，风机应有专人负责，并应按下列规定进行：

1 所用仪表应校验合格，并在有效检定期内。
2 顶升前应校验限位装置。
3 顶升过程中罐内外应有联络信号。
4 遇有风机故障停车时，应关闭进风门并调节挡板，使罐体安全下降。
5 罐体顶升应设置平衡装置。

8.3.5 用水浮法组装储罐时，浮顶上的预留口和壁板与浮顶的间隙应进行洞口和临边防护。

8.3.6 用液压千斤顶提升法组装储罐壁板时，液压系统应专人操作，软管接头及液压千斤顶不得有泄漏，提升支架应稳固。

Ⅲ 球形储罐安装

8.3.7 采用散装法施工时，球壳板吊装、翻转、组对用的吊耳及卡具应焊接牢固，吊运组对时，人员应站在安全位置。带支柱的球壳板安装后，应用缆风绳固定，并紧固地脚螺栓。不带支柱的赤道板插入两块带有支柱的赤道板之间时，应在卡具组装牢固后摘钩。

8.3.8 采用环带法组焊施工时，翻转环带应有防止环带旋转的措施。下温带在座圈上后，四周的临时支撑应牢固。

8.4 管道安装

8.4.1 在料场堆放、取用管材时，应防止管材滚落。

8.4.2 加工管端螺纹或切断管子时，应夹紧并保持水平，切断速度不应过快。

8.4.3 人工套丝时应握稳，机械套丝时不得戴手套。

8.4.4 吊装管段应捆紧绑牢，不能单点吊装，并应设置溜绳。起吊前应将管内杂物清理干净，重物下方不得有人作业或行走，停放平稳后方能摘钩。

8.4.5 管子吊装就位后，应及时安装支架、吊架，不得将工具、焊条、管件及紧固件等放在管道内。

8.4.6 在深度1m以上的管沟中施工时，应设有人员上下通道，并不得少于两处。

8.4.7 架空安装管道未正式固定前，不得进行隔热工程施工。

8.4.8 松软土质的沟壁应加设固壁支撑，不得用固壁支撑代替人员上、下通道或吊装支架。

8.4.9 吊装阀门时，不得将绳扣捆绑在阀门的手轮和手轮架上，且施工人员不得踩在阀门手轮上作业或攀登。

8.4.10 窜管作业时，防止将手挤伤。

8.4.11 管道内有人作业时，不得敲击管道。

8.4.12 顶管作业应符合下列规定：

1 顶管前要查明顶管位置的地面及地下情况。
2 顶管后座要坚实牢固，作业坑应符合土石方施工的要求，必要时应进行支护。
3 顶管过程中，操作人员不得站在顶铁两侧。
4 电动高压油泵的操作人员应穿戴绝缘防护用品。

8.4.13 管道吹扫时，吹扫出口处应设隔离区。高、中压蒸汽管道用蒸汽吹扫时，应加设消音器，吹出口应朝向隔离区或天空，抽取靶板应在关闭蒸汽后进行，并防止烫伤。

8.5 电气作业

Ⅰ 一般规定

8.5.1 电气作业用的安全防护用品不得移作他用。绝缘手套、绝缘靴、验电器每半年应耐压试验一次，操作棒每年应耐压试验一次。

8.5.2 绝缘手套使用前，应进行充气试验。漏气、裂纹、潮湿的绝缘手套严禁使用。绝缘靴不得赤脚穿用。

8.5.3 无关人员严禁挪动电气设备上的警示牌。

8.5.4 电气设备及导线的绝缘部分破损或带电部分外露时不得使用。电气设备及线路在运行中出现异常时，应切断电源进行检修，不得带故障运行。

8.5.5 电气作业时作业人员不得少于2人。

8.5.6 操作人员必须穿绝缘鞋和戴绝缘手套。

Ⅱ 停送电作业

8.5.7 在运行中的变、配电系统的高低压设备和线路上作业时，必须办理作业票；必须切断电源、验电、接地，并装设围栏、悬挂警示牌。

8.5.8 电气设备停电，应先停负荷，先低压后高压依次断开电源开关和隔离器，取下控制回路的熔断器，锁上操作手柄。

8.5.9 在切断电源时，与停电设备有关的变压器和电压互感器等，应从高、低压两侧断开，并有可见断开点，悬挂"有人工作，严禁合闸"的警示牌。

8.5.10 在室内配电装置某一间隔中工作时或在变电所室外带电区域工作时，带电区周围应设置临时围栏，悬挂警示牌。严禁操作人员在工作中拆除或移动围栏、携带型接地线和警示牌。

8.5.11 高压电气设备停电后，必须用验电器检验，不得有电。验电时应符合下列规定：

1 验电器必须经试验合格。
2 操作人员必须戴橡胶绝缘手套，穿绝缘鞋。
3 验电时，必须在专人监护下进行。
4 室外设备验电必须在干燥环境中进行。

8.5.12 装设接地线时，应先装设接地的一端，再装接设备的一端。在装接设备一端时，应先将设备放电，并应符合下列规定：

1 对可能送电到停电设备的各线路，均应装设接地线，并将三相短路。接地线应采用裸铜软线，装设在设备的明显处，并与带电体保持规定的安全距离。
2 在已断开电源的设备上进行作业时，应将设备两侧的馈电线路断开并接地。长度大于10m的母线，其接地不少于2处。
3 装、拆接地线时，应使用绝缘棒，并戴橡胶绝缘手套。

8.5.13 线路送电必须先通知用电单位，恢复供电应符合下列规定：

1 作业人员应全部退出施工现场，并清点工具、材料，设备上不得遗留物件。
2 拆除携带型接地线。
3 拆除临时围栏和警示牌后，应恢复常设围栏，并同时办理工作票封票手续。
4 合闸送电，应按先高压、后低压，先隔离开关、后主开关的顺序进行。

8.5.14 对已拆除接地线或短路线的高压电气设备，均视为有电，不得接触。

Ⅲ 电气设备安装

8.5.15 在搬运和安装变压器、电动机及开关柜、盘、箱等电气设备时，应由专人指挥，不得倾倒、振动、撞击。

8.5.16 滤油时，滤油机、储油槽及金属管道应接地良好。

8.5.17 安装高压油开关、自动空气开关等有返回弹簧的开关设备时，应将开关置于断开位置。

Ⅳ 电缆敷设

8.5.18 敷设电缆，应由专人指挥。线盘应架在平稳牢固的放线架上，盘上不得有裸露的钉子等锐利物，转动时不得过快。电缆应从电缆盘上方拉出，且不得损伤电缆绝缘层。

8.5.19 敷设电缆时，转弯处作业人员应站在外侧操作，穿过保护管时，应缓慢进行。在高处敷设电缆时，应有防止作业人员和电缆滑落的措施。

Ⅴ 电气试验

8.5.20 电气试验场所应设置保护零线或接地线。试验台上和试验台前应铺设绝缘垫板。试验电源应按类别、相别、电压等级合理布设，并做出明显标志。

8.5.21 系统调试中，调试的设备、线路应与运行的设备、线路采取隔离措施。

8.5.22 试验区应设临时围栏、悬挂警告牌，并设专人监护。

8.5.23 高压设备在试验合格后，应接地放电。用直流电进行试验的大容量电机、电容器、电缆等，应用带电阻的接地棒放电，再接地或短路放电。

8.5.24 雷雨时，应停止高压试验。

8.5.25 用兆欧表测定绝缘电阻值时，被试件应与电源断开。试验后试件应充分放电。

8.5.26 电压互感器的二次回路做通电试验时，二次回路应与电压互感器断开。

8.5.27 电流互感器的二次回路不得开路，并经检查确认后，方可在一次侧进行通电试验。

8.5.28 在与运行系统有关的继电保护或自动装置调试时，应办理试验工作票。

8.5.29 严禁采用预约停送电的方式，在线路和设备上进行任何作业。

8.5.30 多线路电源的配电系统，应在并列运行前核对相序（位）。

8.6 仪表作业

Ⅰ 仪表安装

8.6.1 搬运仪表盘、箱时，应有防止仪表盘、箱倾倒的措施。就位后，应及时用地脚螺栓固定。

8.6.2 在带压或内部有物料的设备、管道上不得拆装仪表的一次元件。

8.6.3 在高温、蒸汽系统上作业时，应有防止烫伤的措施。

8.6.4 装运放射源的作业人员应经体检合格，装运时应穿戴好防护用品，严禁人体与放射源直接接触。放射性料位计安装时，应符合下列规定：

　　1 支架的制作与安装应准确，焊接应牢固。

　　2 放射源应用专车运至现场。

　　3 安装放射源，每人每次工作时间不得超过30min。

　　4 安装后应及时制作警示标识。

　　5 严禁提前打开核子开关。

　　6 调整放射源的位置时，每人每次工作时间不得超过20min，并应减少作业人员数量。

Ⅱ 仪表校验

8.6.5 电动仪表的供电电压应与仪表额定电压相符。电动仪表接线时，不得带电作业，离开工作岗位应切断电源。

8.6.6 检验可燃、有毒介质的分析仪表，试验前应对介质管路进行严密性试验。

8.6.7 分析仪表（器）用的样气气瓶，应妥善存放，并设专人保管。

8.6.8 仪表检验室内，应通风良好。

8.6.9 进行有毒气体分析器校验时，应采取防毒措施。氧气分析器的校验现场，严禁有油脂、明火。

8.6.10 油浴设备的温度自动控制器应准确，加热温度不得超过所用油的燃点，加热时不准打开上盖。

8.7 涂装作业

Ⅰ 涂装前处理

8.7.1 作业场所应有良好的通风，作业人员应穿戴劳动保护用品，且不得吸烟和携带火种。

8.7.2 机械方法除锈应优先选用抛丸和喷丸，除锈过程密闭化。作业人员呼吸区域空气中含尘量应小于$10mg/m^3$。

　　抛丸室在工作状态时。对于通过式抛丸室进出口端10m处，按现行国家标准《安全标志》GB 2894的有关规定设置安全标志。

8.7.3 机械方法除锈，应设置独立的排风系统和除尘净化系统，排放至大气中的粉尘含量，不应大于$150mg/m^3$。

8.7.4 喷砂作业应在喷砂室或设置围栏的专用区域内进行，应有良好的通风条件，且应符合下列规定：

　　1 操作时，不得把喷嘴对准作业人员。

　　2 多人作业时，对面不得站人。非作业人员不得进入作业区域。

Ⅱ 涂 装

8.7.5 作业场所应保持清洁，严禁烟火。作业完毕后，应将残存的可燃、有毒物料及杂物清理干净。

8.7.6 油漆类涂料应专库贮存，挥发性油漆应密封保管，可燃、易爆、有毒材料应分别存放，库房严禁烟火，并设置警示标志和配置消防器材。

8.7.7 严禁在涂装作业的同时进行电火花检测。

8.7.8 涂装作业时，应进行可燃气体浓度监测，空气中氧含量应在18%以上，可燃性气体浓度应低于爆炸下限的10%。上部敞口的围护结构内涂装作业时和涂层干燥期间，应采用机械通风；受限空间进行涂装作业和涂层干燥期间，入口处应设置"禁入"的标志，严禁未经准许的人员进入。涂装作业完成后，受限空间内应继续通风，空气中氧含量和可燃性气体浓度不符合安全规定的不得进行作业。

8.7.9 受限空间内涂装作业应符合下列要求：

　　1 受限空间内不得作为外来制件的涂漆作业场所。

　　2 进入受限空间进行涂装作业前必须办理作业票。涂装作业人员进入前，应进行空气含氧量和有毒气体检测。

　　3 作业人员进入深度超过1.2m的受限空间作业时，应在腰部系上保险绳，绳的另一头交给监护人员，作为预防性防护。

　　4 严禁向密闭空间内通氧气和采用明火照明。

8.7.10 进行硫化作业应符合下列规定：

　　1 硫化锅的蒸汽压力不得大于0.3MPa。

　　2 硫化锅上的放空阀、压力表、回水阀、蒸汽阀和安全阀应灵活可靠。

　　3 硫化处理后，应待锅内压力降到大气压力时，方可开启硫化锅。

　　4 利用衬胶设备本身进行硫化处理时，应经计算核定，并经单位技术负责人批准。

8.7.11 熬制硫磺胶泥及硫磺砂浆时，应有防毒、防火措施。熬制地点应在工作场所的下风向，室内熬制时锅上应设排烟罩。

8.7.12 进行金属喷涂时，作业人员应穿戴专用防护用品，防止作业人员吸入金属烟尘和熔融金属微粒烧伤裸露的皮肤，并应符合下列规定：

　　1 作业时，不应将喷头对准人。

　　2 作业中发现喷头堵塞，应先停物料，后停风，再检修喷头。

　　3 在容器内给喷枪点火时，不得频繁放空。

8.7.13 沥青防腐作业中，熬制沥青时应缓慢升温，当温度升到180～200℃时，应不断搅拌，防止局部过热与起火。沥青温度最高不应超过230℃。装运热沥青不应使用锡焊的金属容器，装入量不应超过容器深度的3/4。

8.7.14 涂装作业应防止涂料中毒，并应符合下列规定：

1 作业人员应间歇操作。

2 作业中不得用手擦摸眼睛和皮肤。

3 接触生漆等易引起皮肤过敏的涂料作业人员，作业前应作过敏试验。

4 作业完毕，应及时清理现场和工具，妥善保管、存放余料，并及时更衣。

5 作业人员接触有毒、有害物质，发生恶心、呕吐、头昏等症状时，应送至新鲜空气场所休息或送医院诊治。

8.8 隔热作业

8.8.1 隔热作业人员应穿戴好防护用品，其衣袖、裤脚、领口应扎紧。粉尘作业场所应有通风设施。

8.8.2 在运行中的设备、容器、管道上进行隔热层施工时，应办理作业票，方可进行作业。

8.8.3 地下管道、设备进行隔热作业时，应先进行有害气体检测，检测合格后，方可操作。

8.8.4 白铁作业应防止伤手，剪掉的铁皮应及时清除。

8.8.5 使用压口机时，手与压辊的安全距离应大于50mm。

8.8.6 使用咬口机时，作业人员不得将手放在轨道上。

8.8.7 使用剪切机时，手不得伸入刃口空隙中。调整铁皮时，脚不得放在踏板开关上。

8.8.8 使用折边机时，手离刃口和压脚均应大于20mm。

8.8.9 铺设铁皮时应防止大风吹落伤人，停止作业前应将铁皮钉牢或拴扎牢固。

8.8.10 吊运风管、配件或材料时，工件应绑扎牢固。

8.8.11 进入顶棚上安装作业，应先检查通道、栏杆、吊筋、楼板等的牢固程度，并将孔洞封盖好，风管上不得站人。

8.8.12 吊笼上下应有明显、准确的联系信号，装卸的材料不得超过吊笼的上缘，操作人员应能直接看到吊笼的升降情况。吊笼吊至卸料层后，应挂上保险钩或插好保险杠，并应划出危险区并设警戒线。

8.8.13 灰桶、耐火砖和隔热材料应放在牢固稳妥的地方。砌砖时，碎砖块、渣沫应及时清除。

8.8.14 喷涂施工应符合下列规定：

1 容器（锅炉）入口应悬挂"内部施工，严禁入内"的警示牌。

2 施工时，入口处应派人监护。

3 喷涂枪口不得对人，并始终保持容器内外联系正常。

4 喷涂时应保持容器良好通风，必要时，设置风机强制通风。

8.8.15 隔热耐磨混凝土浇筑施工时必须符合下列规定：

1 振动棒所用电线必须从容器外接入，严禁将220V电门箱放入容器。

2 操作间隙必须将电源切断。

8.9 耐压试验

8.9.1 设备及管道耐压试验前，应编制试压方案及安全措施，气压试验方案应经施工单位技术总负责人批准。

8.9.2 设备及管道试压前，应进行试验条件确认。试压时不得超压。

8.9.3 压力表的精度等级不得低于1.5级，经校验合格且在有效检定期内，其量程应为试验压力的1.5~2.5倍。同一试压系统内，压力表不得少于2个，且应垂直安装在便于观察的位置。

8.9.4 试压用的临时法兰盖、盲板的厚度应经计算确定，加设位置应登记。

8.9.5 气压试验时，气压应稳定，试验设备和管道上应装安全阀，并应注意环境温度变化对压力的影响。试压过程中设备和管道不得受到撞击。升压和降压应按试压方案进行，操作应缓慢。试压现场应加设围栏和警示牌，设专人现场监督。

8.9.6 耐压试验时，带压介质泄漏方向或被试物件的脱离方向不得站人。

8.9.7 在试压过程中发现泄漏时，严禁带压紧固螺栓、补焊或修理。

8.9.8 在压力试验过程中，受压设备、管道如有异常声响、压力突降、表面油漆脱落等现象，应停止试验，查明原因。

8.10 热处理作业

8.10.1 热处理作业前，应检查并确认热处理条件，编制热处理方案。

8.10.2 热处理作业应设警戒区，并应配置灭火器材。无关人员不得进入。

8.10.3 热处理工作结束后应进行检查，确认无隐患后方可离开。

8.10.4 采用燃油雾化燃烧法热处理时，应符合下列要求：

1 被处理设备与燃料储罐之间距离应符合要求。

2 燃油可燃气体输送管线不得泄漏。

3 热处理现场的可燃气体含量应定时分析，且不得超过允许浓度。

4 点火前应进行罐内气体置换，点火时应先将点火器点燃，再进行喷油点火。

5 风筒附近不得站人。

9 施工检测

9.1 一般规定

9.1.1 从事检验检测工作的人员应进行安全知识培训并取得资格。检验检测人员应定期进行体检，并建立健康档案。

9.1.2 检验检测作业人员应按规定正确使用专用安全防护用品。

9.1.3 检验检测设备仪器应定期进行维护、保养和检定并保存记录，在投入使用前应检查其性能状态。

9.2 施工测量

9.2.1 测量仪器移动时，应装箱上锁，提环、背带、背架应牢固可靠。

9.2.2 测量时，钢尺不得与带电体相碰。

9.2.3 线坠用线应结实可靠，使用时应缓慢放线。

9.2.4 使用激光经纬仪和红外线测距仪、全站仪时，不得对着人进行照射。

9.2.5 单桩竖向抗压承载力及单桩竖向抗拔承载力检测应符合以下规定：

1 锚桩横梁反力装置中钢筋连接锚桩和横梁承力架的支撑和拉结钢筋应牢固，各钢筋及各锚桩应受力均匀。

2 向压重平台上加载时，发现问题应立即停止加荷并及时处理。荷载全部加完后应稳定4h以上，检查确认承力架、承重墙、地基土、上部堆载均稳定后方可进行检测。

3 千斤顶安装应稳固，有防止倾倒的安全措施。压盘、标准杆的安装位置不应阻碍人员迅速疏散。油泵应安装在承力架范围2.5m以外。

4 堆载反力梁装置的平台中心应与桩头的中心、重物的中心一致。锚桩反力梁装置，应保证锚桩或地锚的对称性。

5 施加于地基的压应力不宜大于地基承载力特征值的1.5倍。

9.2.6 单桩水平静载检测中用反力板装置提供反力时，反力板施加于地基的压应力不宜大于地基承载力特征值的0.8倍。

9.2.7 钻芯法检测时，钻进过程中，钻孔内循环水流不得中断。

9.2.8 高应变法检测锤击设备宜具有稳固的导向装置。

9.3 成分分析

9.3.1 作业人员不得在装有易燃、易爆物品的容器和管道上进行取样或光谱分析。

9.3.2 作业人员不得用手直接拿取放化学药品和有危险性的物质。

9.3.3 剧毒药品管理应严格执行有关规定。剧毒药品必须存放在保险柜内由专人保管并建立台账。领取或使用时，必须有两人同时在场。

9.3.4 易挥发、易燃的化学药品应分别存放于避光、干燥、通风处，远离高温和火源。使用易挥发性药品时，应在通风柜内操作。

9.3.5 酸的稀释应将浓酸在搅拌下缓慢加入水中，不得将水加入酸中稀释。

9.3.6 盛装强酸、强碱的容器，不得放在高架上。

9.3.7 装有可燃压力气体的钢瓶，应放在室外的指定地点，并用支架固定。

9.3.8 氯酸钾等氧化剂与有机物等还原剂应隔离存放。

9.3.9 进行过高氯酸冒烟操作的通风柜未经处理不得进行有机试剂操作。

9.3.10 溶液加热前，应将容器内的溶液搅拌均匀。加热试管内的溶液时，其管口不得对人。

9.3.11 用电钻进行取样操作时应戴防护面罩或防护眼镜，不得戴手套。

9.3.12 光谱分析应符合下列规定：

1 雨、雪天气不得在露天进行光谱分析作业。

2 在易燃物品附近进行光谱分析时，应办理"用火作业许可证"。

3 作业时，人体不得与金属工件直接接触。

9.3.13 含有辐射源的便携式合金元素分析仪应由专人保管。使用时，不得在空载情况下开启快门。使用后仪器应及时装箱保存。

9.4 物理试验

9.4.1 熬制可燃试样时，应严格控制加热温度，防止试样溢出。作业场所应通风。

9.4.2 冲击试验作业区应设置防护设施。试验前应检查摆锤、锁扣及保护装置的安全性能，并应符合下列规定：

1 试验摆锤摆动方向不得站人。

2 安放试样时，应将摆锤移到不影响安放试样的最低位置并支撑稳固。不得在摆锤升至试验高度时安放试样。

3 低温冲击试验时，不得用手直接触摸低温试样。

9.4.3 低温冲击试验使用的盛装液氮或二氧化碳的钢瓶应有清晰的标识，提取和搬运钢瓶时，不得撞击。液氮或二氧化碳输送管应进行隔热。存放液氮或二氧化碳的场所应保持阴凉、通风，远离热源与火源，空气中的氧气浓度应保持在18%以上。发生泄漏时，应及时疏散无关人员，处理人员应穿戴氧气呼吸器后关闭泄漏的钢瓶阀门。

9.4.4 拉伸、弯曲、抗压试验时，应有防止试样进出的措施。

9.4.5 金相试验应符合下列规定：

　　1 金相腐蚀、电解的操作室应通风，并设有冲洗用水和用于急救的中和溶液。

　　2 磨制试件时，两人不得同时在一个旋转盘上操作。

　　3 现场进行金相试验时，试剂、溶液不得泼洒滴落。

9.5 无损检测

Ⅰ 射线检测

9.5.1 从事射线检测的单位必须具有辐射安全许可证，建立辐射安全防护管理体系，制订辐射事故应急预案。射线检测单位应对射线作业人员进行个人剂量监测，建立个人剂量和职业健康监护档案，并长期保存。

9.5.2 射线作业人员应持有放射工作人员证。

9.5.3 采购或租赁γ射线源时，必须持有登记许可证并向省级环境保护主管部门备案。

9.5.4 γ射线源的储存、领用应符合下列规定：

　　1 γ射线源应存放在专用储源库内，其出入口处必须设置电离辐射警示标志和防护安全联锁、警示装置。

　　2 储源库的钥匙必须由2人管理，同时开锁方可开启库门。

　　3 新旧γ射线源的更换应采用专用换源器（倒源罐）进行，操作人员在一次更换过程中所接受的当量剂量不应超过0.5mSv。废源应送回制造厂或当地指定γ源处理单位处理。

　　4 储存、领取、使用、归还γ射线探伤仪或倒源罐时必须进行登记、检查，做到账物相符。

9.5.5 γ射线源的运输应按省级以上管理部门规定办理审批手续。在包装容器辐射测量合格后方可运输，应由专人押运专车运输。

9.5.6 透照室应确保门—机联锁、示警安全装置完好。

9.5.7 现场射线检测场所应划分为辐射控制区和辐射监督区。在监督区内严禁进行其他作业。

9.5.8 在施工现场进行射线透照应符合下列规定：

　　1 作业前，应办理射线检测作业票。

　　2 γ射线源的能量和活度应根据受检工件的规格合理选用。

　　3 在辐射控制区边界应悬挂"禁止进入放射性工作场所"警示牌，射线作业人员应在控制区边界外操作。在辐射监督区边界上应设置信号灯、铃、警戒绳等警戒标志，并悬挂"当心电离辐射！无关人员禁止入内"警示牌，并设专人警戒。

　　4 检测作业中应进行操作现场辐射巡测，围绕辐射控制区边界测量辐射水平。

　　5 作业时，作业人员应携带经检定合格、计量准确的个人剂量仪（TLD）、报警器、巡测仪。

　　6 γ线射源透照时，应一人操作，一人监护。

　　7 在高处进行透照时，应搭设工作平台，并采取防止射线仪坠落的措施。对大型容器进行长时间透照时，应安排监测人员值班，加强巡测检查。

　　8 夜间作业应有照明。

　　9 作业结束后，操作人员应检查确认设备完好、放射源回到源容器的屏蔽位置。

9.5.9 射线作业人员的个人年剂量限值应符合职业性外照射个人监测的有关规定。

9.5.10 暗室应通风，通道应畅通。连续工作时间不宜超过2h。

Ⅱ 其他检测

9.5.11 使用机械化检测或自动检测时，应将设备及附属机构安装稳固。

9.5.12 在有可燃介质的场所使用通电法或触头法进行磁粉检测时，应保持触头接触良好，不得在通电状态下移动电极触头。不得在盛装过易燃易爆介质的容器中使用触头法检测。

9.5.13 使用冲击电流磁化时，应防止高电压伤人。

9.5.14 当进行荧光磁粉或荧光渗透检测时，不得使用无滤波片或屏蔽罩失效的紫外线灯。

9.5.15 使用油磁悬液或溶剂型渗透检测剂检测时，检测作业点及其周边不得有明火，并应通风。在受限空间内进行检测时，应防止有机溶剂中毒，并设专人监护。

9.5.16 易燃易爆检测剂应储存在远离热源、阴凉通风处。散装渗透检测剂应密封储存。

9.5.17 使用喷罐式检测剂时，作业人员应在上风侧操作。

9.5.18 磁粉或渗透检测结束后，应将废弃的检测剂喷罐清理至指定地点集中处理。

9.5.19 检测混凝土抗压强度的回弹仪进行常规保养时，应先使弹击锤脱钩后再取出机芯，避免弹击杆突然伸出造成伤害。

10 施工机械使用

10.1 一般规定

10.1.1 施工机械应具有产品技术文件、使用说明书、安全操作规程。安全防护装置应齐全、可靠。严禁超载作业或扩大使用范围。

10.1.2 施工机械应保持完好状态，现场环境应符合安全作业要求。

10.1.3 起重机械应经所在地特种设备安全监督管理部门验收合格后方可投入使用，并应定期检测、审核。

10.1.4 特种设备操作人员应持有"特种设备作业人员证"。

10.1.5 施工机械应按规定的时间期限进行维修、保养，使用前应进行安全检查。

10.1.6 用电施工机械应执行"一机一闸一保护"的控制保护规定。

10.1.7 与用电施工机械相关的钢平台、金属构架等应做好接地。

10.1.8 施工机械或其附件达到报废标准时，应停用或更换。

10.1.9 施工机械操作手应按规定穿戴劳动保护用品，操作旋转切屑类施工机械严禁戴手套。

10.1.10 作业中，发现异常，应停机检修。

10.1.11 机械作业区应设置安全标识或警戒区，无关人员不得进入作业区或操作室内。

10.1.12 集中停放施工机械的场所应设置消防器材；大型施工机械应配备灭火器材。

10.2 手持电动工具

10.2.1 使用前应对手持电动工具进行检查并空载试验运转，正常后方可使用。

10.2.2 手持电动工具的电源线不得有接头。

10.2.3 手持电动工具应按规定正确使用且不得超载荷使用。

10.2.4 潮湿场所或在金属构架上作业时，不得使用Ⅰ类手持电动工具。手持电动工具的选用应符合现行国家标准《手持电动工具管理、使用、检查和维修安全技术规程》GB 3787 的规定。

10.2.5 受限空间内作业必须使用Ⅲ类手持电动工具。安全隔离变压器或漏电保护器必须装设在受限空间之外，并应设专人监护。

10.2.6 使用手持电动工具时，应穿戴绝缘防护用品，应对眼睛、面部及听力进行适当的保护。

10.3 起重吊装机械

Ⅰ 一般规定

10.3.1 起重机械的制动机构、变幅指示器、力矩限制器以及各种行程限位开关等安全保护装置应完整齐全、灵敏可靠，不得随意调整和拆除，使用前应进行检查确认。

10.3.2 钢丝绳在卷筒上必须排列整齐、尾部卡牢，工作中至少保留3圈以上。

10.3.3 重物提升和降落速度应均匀。左右回转时动作应平稳，回转未停稳前，不得做反向动作。非重力下降式起重机，不得带载自由下降。严禁用限位装置代替操纵机构。

10.3.4 发动机启动前，应分开离合器，并将各操纵杆放在空挡位置上。

10.3.5 发动机启动后应检查各仪表指示值，待运转正常再结合主离合器，进行空载运转，确认正常后，方可作业。

10.3.6 操纵控制器应从零位开始逐级操作，不得越挡、急开急停、打反车操作。

10.3.7 起重机作业时，起重臂和重物下方严禁有人停留、作业和通过。重物吊运时，严禁从人员上方越过。严禁使用起重机运载人员。

10.3.8 吊物时，应垂直起吊重物，严禁斜挂斜吊，严禁长时间悬吊重物。

10.3.9 起重机操作手、吊装指挥人员必须持证上岗。

Ⅱ 流动式起重机

10.3.10 起重机吊物行走时，载荷不得超过额定起重量的70%，且吊物离地面高度不得超过500mm，并拴好溜绳，还应有专人引导、监护。起重机不得作远距离运输使用。

10.3.11 现场组装起重机时，应按产品技术文件要求进行，安装完成后应进行调试，使用前应进行检查验收。

10.3.12 起吊重物达到额定起重量的90%以上时，严禁同时进行两种及以上的操作动作。

10.3.13 履带式起重机变幅应缓慢平稳，严禁在起重臂未停稳前变换挡位；起吊重物达到额定起重量的90%及以上时，严禁下降起重臂。

10.3.14 履带式起重机上下坡道时应无载行走，应保持起重机重心在其坡上方。起重臂仰角符合厂家说明书的要求。严禁下坡空挡滑行。

10.3.15 汽车式起重机作业前，支腿应全部伸出后，调整机体使回转支承面的倾斜度在无载荷时不大于1/1000。调整支腿应在无载荷时进行，并将起重臂转至正前方或正后方。

10.3.16 汽车式起重机作业中，严禁扳动支腿操纵阀。

10.3.17 汽车式起重机作业时，驾驶室内不得有人。

10.3.18 起重机行驶时，底盘走台上不得有人以及堆放物品。

10.3.19 作业结束后，伸缩式臂杆起重机应将臂杆全部收回归位，挂好吊钩。桁架式臂杆起重机应将臂杆转至起重机的正前方，并降至40°~60°之间，各部制动器都应加保险固定，操作室和机棚都要关门加锁。

Ⅲ 起重桅杆

10.3.20 起重桅杆倾斜使用时，底部应加封绳，且倾斜角度不宜大于10°。

10.3.21 现场组对桅杆时，其中心线偏差不得大于长度的1/1000，且总偏差不得大于20mm。

10.3.22 单桅杆缆风绳的数量不得少于6根，且均匀分布。缆风绳不得与电线接触。在靠近电线的附近，应配置绝缘材料制作的护绳架。

10.3.23 桅杆采用连续法移动时，使桅杆在缆风绳的控制下，保持前倾幅度应为桅杆高度的1/20～1/25；采用间歇法移动时，桅杆的前、后倾斜角度应控制在5°～10°。移动时，桅杆侧向倾斜幅度不得大于桅杆高度的1/30。在调整缆风绳及底部牵引控制索具时应先松后紧，协调配合，使桅杆平稳移动。

10.3.24 作业时起重机的回转钢丝绳应处于拉紧状态。回转装置应有安全制动控制器。

Ⅳ 塔式起重机

10.3.25 路基和轨道的铺设应符合下列要求：

1 路基承载能力按轮压值确定。

2 轨距偏差不得超过其名义值的1/1000。

3 在纵横方向上钢轨顶面的倾斜度不大于1/1000。

4 两条轨道的接头应错开。钢轨接头间隙不应大于4mm，接头处应架在轨枕上，两端高度差不大于4mm。轨道应平直、无沉陷，轨道螺栓无松动，轨道上无障碍物。

5 距轨道终端1m处应设置极限位置阻挡器，其高度不应小于行走轮半径。

6 路基旁应开挖排水沟，并采取防坍塌措施。

10.3.26 施工期内，每周或雨后应对轨道和基础检查一次，发现问题及时调整。

10.3.27 顶升作业应有专人指挥，电源、液压系统等均应有专人操作。四级风以上天气不得进行顶升作业。

10.3.28 塔式起重机安装完毕后，塔身与地面的垂直度偏差值不得超过3/1000。必须有行走、变幅、吊钩高度等限位器和力矩限制器等安全装置，并应灵敏可靠。有升降式操作室的塔式起重机，必须有断绳保护装置。

10.3.29 专用临时配电箱，宜设置在轨道中部，电缆卷筒应运转灵活、安全可靠，不得拖缆。

10.3.30 动臂式起重机的起升、回转、行走可同时进行，变幅应单独进行。每次变幅后应对变幅部位进行检查。允许带载变幅的起重机，当载荷达到额定起重量的90％及以上时，严禁变幅。

10.3.31 装有上、下两套操作系统的起重机，不得上、下同时使用。

10.3.32 作业结束后，起重机应符合下列要求：

1 停放在轨道中间位置，臂杆应转到顺风方向，并松开回转制动器。

2 小车及平衡配重应移到非工作状态位置，同时，吊钩应提升到离臂杆2～3m的位置。

3 将每个控制开关拨至零位，依次断开各路开关，关闭操作室门窗，下机后切断电源总开关，打开高空指示灯。

4 锁紧夹轨器与轨道固定，如遇8级大风（风速17.2m/s以上）时，应另拉缆风绳与地锚或建筑物固定。

10.3.33 任何人员上塔帽、吊臂、平衡臂等高处部位检查或修理作业时，必须佩戴安全带。

10.3.34 起重机的塔身上不得悬挂标语牌。

Ⅴ 桥、门式起重机

10.3.35 起重机轨道的铺设应执行产品技术文件规定，轨道接地电阻不应大于4Ω。桥式起重机路基承载能力按轮压值确定。轨道两端应设车挡。

10.3.36 用滑线供电的起重机，在滑线两端应有色标，滑线应设置防护栏杆。

10.3.37 操作室内应铺垫木板或绝缘板；上、下操作室通道应有专用扶梯。

10.3.38 吊车工作时，任何人不得停留在起重机小车和横梁上。

10.3.39 起重机运行时，严禁进行加油、擦拭、修理等工作；起重机维修时，必须切断电源，并挂上警示标志。

10.3.40 空载运行时，吊钩应升起，升起高度应大于2m。

10.3.41 带负荷运行时，应将吊物置于安全通道内运行。没有障碍物时，吊物底面距地面应保持在0.5～1.5m的高度；有障碍物时，吊物底面应提高到距障碍物0.5m以上。

10.3.42 两台起重机同时抬吊同一物体时，应保持3～5m的距离，吊钩钢丝绳应保持垂直、升降同步，每台起重机所承受的载荷不能超过其额定重的80％。严禁用一台起重机顶推另一台起重机。

10.3.43 起重机运行靠近轨道端头时，应用慢挡的速度行进。

10.3.44 露天门式起重机工作结束后，应将小车停到操作室一端，将吊钩升到上限位置，各手柄均回零位，切断主电源，并进行封车。

10.3.45 电动葫芦第一次起吊重物时，在吊离地面100mm应停止起吊，检查制动器，确认灵敏、可靠后方可正式作业。

10.3.46 电动葫芦起吊，吊重物行走时，重物离地面不宜超过1.5m。工作间歇时不得将重物悬挂在空中。

10.3.47 电动葫芦在额定载荷制动时，下滑制动量不应大于80mm。

Ⅵ 卷扬机

10.3.48 卷扬机安装后，应搭设工作棚，操作人员的位置可看清指挥人员和被拖动、起吊的物件。

10.3.49 钢丝绳应连接牢固，且不得与机架或地面摩擦。通过道路时，应设过路保护装置。

10.3.50 在卷扬机制动操作杆的行程范围内，不得有障碍物阻卡操作行程。

10.3.51 卷筒上的钢丝绳应排列整齐，严禁用手拉脚踩或跨越转动中的钢丝绳。

10.3.52 物件提升后，操作人员不得离开卷扬机，物件和吊笼下面严禁人员停留或通过。休息时，应将物件或吊笼降至地面。

10.4 铆、管机械

10.4.1 铆、管机械上的传动部分应设有防护罩，作业时，不得拆卸。机械均宜安装在机棚内。

10.4.2 启动前，应检查各部润滑、紧固情况，不得超负荷使用。

10.4.3 运行中，发现异常声音或电动机温度超过规定时，应停车检查，故障排除后，方可重新开车作业。

10.4.4 平板、卷板作业时，平、卷钢板厚度应符合产品技术文件规定，按钢板厚度调整好轧辊。

10.4.5 平、卷钢板时，操作人员应站在机械两侧，不得站在机械前后或钢板上面。

10.4.6 用样板检查圆弧度时，应在停车后进行。滚卷工件到末端时，应留一定的余量。

10.4.7 工作过程中，应防止手和衣服被卷入轧辊内。

10.4.8 平、卷较长或较大直径钢板时，应采取防止钢板下坠等措施。

10.4.9 剪板机制动装置应灵敏可靠，与压料机构动作应协调。

10.4.10 剪板作业送料时，应用专用工装，将钢板放正、放平、放稳，手指不得扶送钢板或接近切刀和压板。

10.4.11 剪板作业时，不得进入剪板机内侧清理余料。

10.4.12 在更换冲剪机切刀、冲头漏盘或校对模具时，应在停机后进行，模具应卡紧。

10.4.13 剪冲窄板时，应有特制的工具夹紧板材边缘，并压住板材进行剪冲。

10.4.14 刨边机作业时，在主传动箱行程范围内不得站人。

10.4.15 刨削短、窄板料时，应利用专用工装做辅助压紧。

10.4.16 使用摇臂钻时，横臂应锁紧。

10.4.17 手动进钻、退钻时，应逐渐增压或减压，不得在手柄上加长力臂加压进钻。

10.4.18 钻孔作业时，必须戴防护眼镜，严禁戴手套，严禁手持工件。

10.4.19 钻孔作业排屑困难时，进钻、退钻应反复交错进行。钻头上缠绕铁屑时，应停钻用工具清除。

10.4.20 管子切断作业时，不得在旋转手柄上加长力臂；切平管端时，不得进刀过快。

10.4.21 套丝、切管作业中，应用工具清除切屑，不得用手或敲打振落。

10.4.22 坡口机作业中，冷却液不得中断。严禁用手触摸坡口及清理铁屑。

10.4.23 换热器抽芯机抽拉作业时，抽芯机应平衡，固定应牢固，抽芯机轴线与换热器轴线应平行，并在同一垂直面内。施工人员不得站在抽芯机上。人员不得在抽芯机下停留或穿越。抽芯机作业受到卡阻时，不得强力抽拉。

10.4.24 咬口机作业时，工件长度、宽度不得超过机具允许范围。

10.4.25 咬口机作业时，严禁用手触摸辊轮；送料时，手指不得靠近辊轮。

10.5 焊接机械

10.5.1 电焊机应有完整的防护外壳，并应接地，一次、二次导线接线柱处应有保护罩。

10.5.2 电焊机一次导线长度不宜大于30m，需要加长导线时应相应增加导线的截面。导线通过道路时，应架高或穿入保护管并埋在地下；通过轨道时，应从轨道下方通过，导线的绝缘不得受损且不得断股。

10.5.3 移动电焊机时，应先切断电源；焊接中突然停电时，应切断电源。

10.5.4 焊机应有专人操作，自动焊机轨道应固定牢固，非操作人员不得动用操作机构。

10.5.5 焊割现场10m范围内，不得存放氧气瓶、乙炔气瓶、油品等可燃、助燃物品。

10.5.6 在潮湿地点作业时，应对操作人员作业位置采取绝缘措施，并应穿绝缘鞋。

10.5.7 氩弧焊机气管、水管不得泄漏。

10.5.8 对焊机的压力机构应灵活，夹具牢固，气、液压系统无泄漏。焊接前应根据所焊钢筋截面，调整二次电压，不得焊接超过对焊机规定直径的钢筋。焊接较长钢筋时，应设置托架。

10.5.9 等离子切割作业时，应设置挡弧板，操作人员应按要求劳保着装。

10.5.10 数控切割机使用前，应对电气线路及气带等进行检查。

10.5.11 数控切割机轨道及行程范围内不得有杂物，作业中不得清理余料。

10.5.12 油罐自动焊机应平稳固定在机架上，并设置上下通道，操作平台应安装防护栏杆。

10.5.13 油罐自动焊机的电气线路应有序排列，并采取绝缘和固定措施；高处作业时，应在施焊点周围和下方采取防火措施。

10.6 动力机械

10.6.1 固定式动力机械应安装在基础上，机房应通风，周围应有1m以上的通道，排气管应引出室外，并不得与可燃物接触。

10.6.2 移动式动力机械应放置稳固，并应搭设机棚。

10.6.3 停机前，应先切断各供电分路开关，逐步减少载荷，再切断发电机供电主开关。

10.6.4 空气压缩机的进排气管较长时，应固定，管路不得有急弯。输气胶管应保持畅通。

10.6.5 储气罐和输气管路每三年应做水压试验一次，试验压力应为额定压力的150%。压力表和安全阀应定期检定。

10.6.6 空气压缩机应在空负荷状态下启动，启动后低速空运转，并检查各仪表指示值，运转正常后，进入负荷运转。

10.6.7 空气压缩机运转有下列情况之一时，应停机检查，找出原因并排除故障：

　1 漏水、漏气、漏电或冷却水突然中断。

　2 压力表、温度表、电流表指示超过规定值。

　3 排气压力突然升高，排气阀、安全阀失效。

　4 机械有异响或电动机电刷产生强烈火花。

10.6.8 运转中，汽缸过热停机时，应待汽缸自然降温至60℃以下方可加水。

10.6.9 当电动空气压缩机运转中突然停电时，应切断电源，供电后重新在空负荷状态下启动。

10.7 土石方机械

Ⅰ 单斗挖掘机

10.7.1 挖掘机正铲作业时，除松散土壤外，开挖高度和深度不应超过机械本身性能规定。反铲作业时，履带距工作面边缘距离应大于1m，轮胎距工作面边缘距离应大于1.5m。

10.7.2 作业时，应待机身停稳后再挖土，当铲斗未离开工作面时，不得做回转、行走。斗臂在抬高及回转时，不得碰到洞壁、沟槽侧面或其他物体。

Ⅱ 推土机

10.7.3 牵引其他机构设备时，应有专人负责指挥。钢丝绳的连接应牢固。在坡道或长距离牵引时，应采用牵引杆连接。

10.7.4 在上下坡途中，当内燃机突然熄灭时，应放下铲刀，并锁住制动踏板。在分离主离合器后，方可重新启动内燃机。

10.7.5 填沟作业驶近边坡时，铲刀不得越过边缘。

10.7.6 在有沟槽、基坑或陡坡区域作业时，应有专人指挥。

10.7.7 两台以上推土机在同一地区作业时，前后距离应大于8m，左右距离应大于1.5m。

Ⅲ 装载机

10.7.8 运载物料时，宜保持铲臂下铰点离地面0.5m，并平稳行驶。不得将铲斗提升到最高位置运输物料。

10.7.9 在基坑、沟槽、边坡卸料时，轮胎离边缘距离应大于1.5m。

10.7.10 装载机铲臂升起后，在进行润滑或调整等作业之前，应装好安全销。

Ⅳ 电动夯实机

10.7.11 夯实机作业时，应有2人操作，1人扶夯操作，1人传递电缆线，操作人员应戴绝缘手套和穿绝缘鞋。递线人员应跟随夯机后或两侧调顺电缆线，且不得张拉过紧，应保持有3～4m的余量。

10.7.12 作业时，应保持机身平衡，不得用力向后压，并应随时调整行进方向，不得进行急转弯。

10.7.13 多机作业时，其平列间距不得小于5m，前后间距不得小于10m。

10.7.14 夯机前进方向和夯机四周1m范围内，不得有非作业人员站立。

Ⅴ 手持凿岩机

10.7.15 使用前，应加注润滑油，并检查风、水管，不得有漏水、漏气现象，且应采用压缩空气吹出风管内的水分和杂物。

10.7.16 使用手持凿岩机作业应符合下列规定：

　1 进钎时，应慢速运转。退钎时，应慢速拔出，并应防止钎杆断裂。

　2 凿岩机垂直向下作业时，作业人员体重不得全部压在凿岩机上。

　3 凿岩机向上方作业时，不得长时间全速空转。

10.8 运输机械

Ⅰ 一般规定

10.8.1 装载物品应放正、垫稳、绑扎牢靠，圆筒形物件卧倒装车运时应采取防止滚动的措施。不得超载运输。

10.8.2 不得人货混载，除驾驶室规定乘员外，车辆其他任何部位不得搭乘人员。

10.8.3 行驶下坡时，不得熄火滑行。在坡道上停车时，除拉紧手制动器外，尚应将车辆轮胎楔牢。

Ⅱ 车辆运输

10.8.4 载重汽车拖挂车时，挂车的车轮制动器和制动灯、转向灯应与牵引车的制动器和灯光信号协调一致，同时动作。

10.8.5 载重汽车运送超宽、超高和超长物件前，应制定运输的安全措施，并报主管部门批准。

10.8.6 载重汽车装载物料时，不得偏重或重心过高，装车后应封车或遮盖。

10.8.7 自卸汽车配合挖装机械装料时，自卸汽车就位后应拉紧手制动器。铲斗需越过驾驶室时，驾驶室内不得有人。

10.8.8 自卸汽车非顶升作业时，应将顶升操纵杆放在空挡位置。顶升前，应拔出车厢固定销。作业后，应插入车厢固定销。

10.8.9 自卸汽车行驶前，应检查锁紧装置并将料斗锁牢。

10.8.10 自卸汽车在基坑、沟槽边缘卸料时，应设置安全挡块，车辆接近坑边时，应减速行驶，不得冲撞挡块。

10.8.11 叉车叉装时，物件应靠近起落架，其重心应在起落架中间，物件提升离地后，应将起落架后仰，方可行驶。

10.8.12 多辆叉车同时装卸作业时，应有专人指挥。

10.8.13 驾驶室除规定的操作人员外，严禁其他人员进入或在室外搭乘，严禁叉车货叉上载人。

Ⅲ 物料提升机

10.8.14 井架架设场地应平整坚实，平台设置便于装卸。井架四周设缆风绳拉紧，不得用钢筋、铁线等作缆风绳用。

10.8.15 物料提升机的制动器应灵活可靠。吊笼的四角与井架不得互相擦碰，吊笼固定销和吊钩应可靠，并有防坠落、防冒顶等保险装置。

10.8.16 龙门架或井架不得与脚手架联为一体。

10.8.17 **物料提升机严禁载人。禁止攀登架体和从架体下穿越。**

10.8.18 提升作业应有指挥，指挥信号不明，操作手不得开机。作业中遇有紧急停车信号，操作手应立即停车。

10.8.19 物料在吊笼里应均匀分布，不得超出吊笼，不得超载使用。散料应装箱。

10.8.20 吊笼悬空停挂时，操作人员不得离开操作岗位。

10.8.21 当风力达到6级以上时应停止作业，并将吊笼降至地面。

10.8.22 闭合电源前或作业中突然停电时，应将所有开关扳回零位。在恢复作业前，应确认提升机动作正常。

Ⅳ 施工升降机

10.8.23 施工升降机的安装和拆卸工作必须由取得建设行政主管部门颁发的拆装资质证书的施工队负责，并必须由经过专业培训，取得操作证的专业人员进行操作和维修。

10.8.24 底笼周围2.5m范围内应设置防护栏杆，各层站过桥和运输通道应平整牢固，出入口的栏杆应安全可靠。全行程四周不得有危害安全运行的障碍物，并应搭设防护屏障。

10.8.25 升降机的防坠器在使用中不得进行拆检调整，需要拆检调整或每用满一年后，均应由生产厂或指定的认可单位进行调整、检修或鉴定。

10.8.26 **新安装或转移工地重新安装以及经过大修后的升降机，在投入使用前，必须经过坠落试验。升降机在使用中每隔3个月应进行一次坠落试验，并保证不超过1.2m的制动距离。**

10.8.27 使用前，应检查各部结构、部件、钢丝绳、电气系统的完好性。

10.8.28 每班首次载重运行时，应从最低层起上升。当梯笼升到离地面1～2m时，应停车试验制动器的可靠性。

10.8.29 梯笼内乘人或载物时，应使载荷均匀分布，不得超载运行，并应有明显的最大载荷标识。

10.8.30 升降机安装在建筑物内部井道中间时，应在全行程井壁四周搭设封闭屏蔽。装设在避光处或夜班作业的升降机，应在全行程上装设照明和明显的楼层编号标志灯。

10.8.31 操作人员应与指挥人员密切配合，根据指挥信号操作，作业前应鸣声示意。在总电源未切断之前，操作人员不得离开操作岗位。

10.8.32 在大雨、大雾和风力6级以上时，应停止运行。暴风雨过后，应对各安全装置进行一次检查。

10.8.33 梯笼运行到顶层或底层时，不得用行程限位器代替正常操纵按钮的使用。

10.8.34 作业后，将梯笼降到底层，各控制开关扳回零位，切断电源，锁好电源箱，封闭梯笼门和围护门。

10.9 桩工及水工机械

Ⅰ 打桩机械

10.9.1 打桩机的安装、拆卸应按产品技术文件规定进行。安装完毕后，应进行检查和试运转，确认合格后方可作业。

10.9.2 打桩机作业区内应无架空线路。作业区应设警戒区并有明显标志，非作业人员不得进入。桩锤在施打过程中，操作人员应在距离桩锤中心5m以外监视。

10.9.3 安装时，应将桩锤运到立柱正前方2m以内，并不得斜吊。吊桩时，应拴挂溜绳，不得与桩锤或机架碰撞。

10.9.4 吊桩、吊锤、回转或行走等动作不得同时进行。打桩机在吊有桩和锤的状态下，操作人员不得离开岗位。

10.9.5 插桩后，应及时校正桩的垂直度。桩入土3m以上时，不得用打桩机行走或回转动作来纠正桩的倾斜度。

10.9.6 遇有雷雨、大雾和6级以上大风等天气时，应停止作业。

10.9.7 悬挂振动桩锤的起重机，其吊钩上应有防松脱的保护装置。振动桩锤悬挂在钢架的耳环上后，还应加装保险钢丝绳。

10.9.8 履带式打桩机带锤行走时，应将桩锤放至最低位，驱动轮应在尾部位置，并应有专人指挥；在斜坡上行走时，应将打桩机重心置于斜坡的上方，斜坡的坡度不得大于5°。不得在斜坡中做回转动作。

10.9.9 作业后，应将桩锤落下垫实，并切断电源。

10.9.10 静力压桩机在行走时，地面应平整，地面和空中无障碍物。作业区应设警戒区和专人监护。

Ⅱ 钻孔机械

10.9.11 安装钻孔机前，应了解并掌握地上、地下障碍物情况。

10.9.12 轮盘钻孔机安装时，钻机钻架基础应夯实、整平；轮胎式钻机的钻架下应铺设枕木，垫起轮胎，钻机垫起后应保持整机处于水平位置。

10.9.13 轮盘钻孔机提钻、下钻时，钻机下和井孔周围2m以内及高压胶管下，不得站人。

10.9.14 钻孔作业，当发生卡钻、摇晃、移动、偏斜或异响等不正常情况时，应停机检查，排除故障。钻机运转时，电缆线应有专人看护。防止电缆线被缠入钻杆。

10.9.15 全套管钻机在作业过程中，当发现主机在地面及液压支撑处下沉时，应停机处理。

Ⅲ 水工机械

10.9.16 离心水泵运转时，人员不得从设备上跨越。离心水泵升降吸水管时，应在有护栏的平台上操作。

10.9.17 潜水泵放入水中或提出水面时，应先切断电源，严禁拉拽电缆或出水管。

10.9.18 潜水泵工作时，30m以内水域，不得有人、畜进入。

10.9.19 定期测定潜水泵电动机定子绕组的绝缘电阻，其值应无下降。

10.10 混凝土机械

Ⅰ 混凝土搅拌机

10.10.1 固定式搅拌机应安装在牢固的台座上，当长期固定时，应埋置地脚螺栓。在短期使用时，应在机座上铺设木枕并找平放稳。

10.10.2 移动式搅拌机的停放位置应选择平整坚实的场地，周围应有排水沟渠。就位后，应放下支腿将机架顶起达到水平位置，使轮胎离地，并用枕木将机架垫平垫稳。

10.10.3 当人员需进入筒内作业时，必须切断电源或卸下熔断器，锁好开关箱，挂上"禁止合闸"标牌，并应有专人在外监护。

10.10.4 搅拌机作业中，当料斗升起时，任何人不得在料斗下停留或通过。当需在料斗下检修或清理料坑时，应将料斗提升后，插上安全插销或挂上保险链。

10.10.5 搅拌机在场内移动或远距离运输时，应将进料斗提升到上止点，用保险链或插销锁住。

10.10.6 搅拌机停用时，升起的料斗应插上安全插销或挂上保险链。

Ⅱ 混凝土泵

10.10.7 混凝土泵的使用应符合下列规定：

1 疏通管道不得用泵强行打通，应将泵反转卸压、切断电源后清理。

2 用吹出法清除残渣时，吹出口对面不得有人。

10.10.8 开泵前，无关人员应离开管道周围。泵机运转时，不得将手或工具伸入料斗中。

10.10.9 作业中，不得调整、修理正在运转的部件。需在料斗或分配阀上工作时，应先关闭电动机和消除蓄能器压力。

Ⅲ 混凝土喷射机

10.10.10 作业前应对下列项目检查确认：

1 管道连接处应紧固密封。

2 电源线无破裂现象，接线牢靠。

3 各部密封件密封良好，对橡胶结合板和旋转板无明显沟槽。

4 根据输送距离，调整上限压力的限值。

5 喷枪水环（包括双水环）的孔眼畅通。

10.10.11 机械操作和喷射操作人员应有联系信号，送风、加料、停料、停风以及发生堵塞时，应密切配合，协调作业。

10.10.12 在喷嘴前方严禁站人，操作人员应始终站在已喷射过的混凝土支护面以内。

10.10.13 发生堵管时，应先停止喂料，对堵塞部位进行敲击，迫使物料松散，然后用压缩空气吹通。此时，操作人员应紧握喷嘴，严禁甩动管道伤人。当管道中有压力时，不得拆卸管接头。

Ⅳ 混凝土振动机械

10.10.14 振动机械的电缆线应满足操作所需的长

度，且不得拉紧。严禁用电缆线拖拉或吊挂振动器。

10.10.15 插入式振动器作业时，振动棒软管不得多于2个弯，不得用外力硬插或斜推，振动棒插入深度不宜超过棒长的3/4。插入式振动器作业停止时，应先关闭电动机，再切断电源，不得用软管拖拉电动机。

10.10.16 使用附着式、平板式振动器作业时，不得在初凝的混凝土或干硬地面上进行试振。在同一模板上使用多台附着式振动器同时作业时，各振动器的频率应相同。

10.11 钢筋加工机械

10.11.1 钢筋加工机械作业前，应对下列项目进行检查确认：

  1 调直机料架、料槽应平直，导向筒、调直筒和下切刀孔应同心。
  2 切断机接送料的工作台面应和切刀下部保持水平，工作台的长度应根据加工材料长度确定。
  3 弯曲机芯轴、挡铁轴、转盘等无裂纹和损伤，防护罩完好。
  4 冷拉机冷拉夹具，夹齿应完好；滑轮、拖拉小车应润滑灵活；拉钩、地锚及防护装置均应齐全牢固。
  5 当机械运转出现异常时，应停机检修。

10.11.2 在调直块未固定、防护罩未盖好前不得送料。作业中不得打开各部防护罩。当钢筋送入后，手与曳轮应保持一定的距离。不得剪切直径及强度超过机械铭牌规定的钢筋。一次切断多根钢筋时，其总截面积应在规定范围内。

10.11.3 切断机运转中，不得用手直接清除切刀附近的断头和杂物。钢筋摆动周围和切刀周围，不得停留非操作人员。

切断短料时，手和切刀之间的距离不应小于150mm以上，手握端小于400mm时，应采用套管或夹具将钢筋压住或夹牢。

10.11.4 弯曲机挡铁轴的直径和强度不得小于被弯钢筋的直径和强度。不规则的钢筋，不得在弯曲机上弯曲。作业中，不得更换轴芯、销子和变换角度以及调速。

10.11.5 弯曲钢筋时确认机身固定销安放在挡住钢筋的一侧。在弯曲钢筋的作业半径内和机身不设固定销的一侧不得站人。转盘换向时，应待停稳后进行。

10.11.6 冷拉机的卷扬钢丝绳的走向应与被拉钢筋延伸方向成直角。卷扬机的位置应使操作人员能见到全部冷拉场地，卷扬机与冷拉中线距离不得少于5m。

10.11.7 卷扬机操作人员应听从指挥人员信号。冷拉应缓慢、匀速。控制延伸率的装置应设置明显的限位标志。冷拉场地应在地锚外侧设置警戒区，并应安装防护栏及警告标志。操作人员在作业时应离开钢筋

2m以外。

10.12 木工机械

10.12.1 木工机械均应设置制动装置、安全防护装置、吸尘装置和排屑通道，并配置消防器材。

10.12.2 带锯机作业时，应观察运转中的锯条，锯条前后窜动，发出异常现象时，应立即停车。

10.12.3 带锯机操作时，手和锯条的距离不得小于500mm，且不许将手伸过锯条；纵锯、圆锯等操作时，手和锯片的距离不得小于300mm。

10.12.4 操作锯片类机械时，人应站在锯片的侧面。

10.12.5 带锯机作业时，不得调整导轨；锯条运转中，不得调整锯卡。

10.12.6 锯、刨、铣等机械作业清理工作台时，应停机。

10.13 装饰机械

Ⅰ 高压无气喷涂机

10.13.1 喷涂燃点在21℃以下的易燃涂料时，应做好接好地线保护，应有防火措施。

10.13.2 作业时，不得用手指试高压射流，喷嘴不得指向人员。喷涂间歇时，应关闭喷枪安全装置。

10.13.3 高压软管的弯曲半径不得小于250mm。作业中，当停歇时间较长时，应停机卸压。

10.13.4 作业后，应清洗喷枪。不得将溶剂喷回小口径的溶剂桶内，并应防止产生静电火花。

Ⅱ 水磨石机

10.13.5 作业前，应检查各连接紧固件，用木槌轻击磨石发出无裂纹的清脆声音时，方可作业。

10.13.6 电缆线应离地架设，不得放在地面上拖动。电缆线应无破损，保护接地良好。

10.13.7 作业中，当磨盘跳动或有异常响声，应停机检修。停机时，应先提升磨盘后关机。

Ⅲ 混凝土切割机

10.13.8 操作人员应双手按紧工件，均匀送料，在推进切割机时，不得用力过猛。操作时不得戴手套。

10.13.9 切割厚度应按机械出厂铭牌规定进行，不得超厚切割。

10.13.10 加工件送到锯片相距300mm处或切割小块料时，应使用专用工具送料，不得直接用手推料。

10.13.11 作业中，当工件发生冲击、跳动及异常声响时，应停机检查。

10.13.12 不得在运转中检查、维修各部件。锯台上和构件锯缝中的碎屑应采用专用工具及时清除，不得用手捡拾或抹试。

Ⅳ 灰浆搅拌机

10.13.13 固定式搅拌机应有牢固的基础，移动式搅拌机应采用方木或支撑架固定，并保持水平。

10.13.14 运转中，严禁用手或木棒等伸入搅拌筒内或在筒口清理灰浆。

10.13.15 作业中发生故障不能继续搅拌时，应立即关闭电源并将筒内灰浆倒出，排除故障后方可重新使用。

10.13.16 固定式搅拌机料斗提升时，料斗下不得有人。

本规范用词说明

1 为便于在执行本规范条文时区别对待，对要求严格程度不同的用词说明如下：

    1）表示很严格，非这样做不可的用词：
        正面词采用"必须"，反面词采用"严禁"。

    2）表示严格，在正常情况下均应这样做的用词：
        正面词采用"应"，反面词采用"不应"或"不得"。

    3）表示允许稍有选择，在条件许可时首先应这样做的用词：
        正面词采用"宜"，反面词采用"不宜"；
        表示有选择，在一定条件下可以这样做的用词，采用"可"。

2 本规范中指明应按其他有关标准、规范执行的写法为"应符合……的规定"或"应按……执行"。

中华人民共和国国家标准

石油化工建设工程施工安全技术规范

GB 50484—2008

条文说明

目 次

- 2 术语 ………………………… 10—6—38
- 3 通用规定 ………………………… 10—6—38
  - 3.1 现场管理 ………………………… 10—6—38
  - 3.2 施工环境保护 ………………………… 10—6—38
  - 3.3 施工用火作业 ………………………… 10—6—38
  - 3.4 受限空间作业 ………………………… 10—6—39
  - 3.5 高处作业 ………………………… 10—6—39
  - 3.6 焊割作业 ………………………… 10—6—39
  - 3.8 酸碱作业 ………………………… 10—6—39
- 4 临时用电 ………………………… 10—6—39
  - 4.1 用电管理 ………………………… 10—6—39
  - 4.2 变配电及自备电源 ………………………… 10—6—41
  - 4.3 配电线路 ………………………… 10—6—42
  - 4.4 配电箱和开关箱 ………………………… 10—6—42
  - 4.5 接地与接零 ………………………… 10—6—44
  - 4.6 照明用电 ………………………… 10—6—45
- 5 起重作业 ………………………… 10—6—46
  - 5.1 一般规定 ………………………… 10—6—46
  - 5.2 吊车作业 ………………………… 10—6—46
  - 5.3 卷扬机作业 ………………………… 10—6—46
  - 5.4 起重机索具 ………………………… 10—6—47
  - 5.5 塔式起重机吊装作业 ………………………… 10—6—47
  - 5.6 使用吊篮作业 ………………………… 10—6—47
- 6 脚手架作业 ………………………… 10—6—47
  - 6.1 一般规定 ………………………… 10—6—47
  - 6.2 脚手架用料 ………………………… 10—6—47
  - 6.3 搭设、使用、拆除 ………………………… 10—6—47
- 7 土建作业 ………………………… 10—6—48
  - 7.1 土石方作业 ………………………… 10—6—48
  - 7.2 桩基作业 ………………………… 10—6—48
  - 7.3 强夯作业 ………………………… 10—6—48
  - 7.4 沉井作业 ………………………… 10—6—48
  - 7.5 砌筑作业 ………………………… 10—6—48
  - 7.6 钢筋作业 ………………………… 10—6—48
  - 7.7 混凝土作业 ………………………… 10—6—48
  - 7.8 模板作业 ………………………… 10—6—48
  - 7.9 滑模作业 ………………………… 10—6—48
  - 7.10 防水、防腐作业 ………………………… 10—6—49
- 8 安装作业 ………………………… 10—6—49
  - 8.1 金属结构的制作安装 ………………………… 10—6—49
  - 8.4 管道安装 ………………………… 10—6—49
  - 8.5 电气作业 ………………………… 10—6—49
  - 8.6 仪表作业 ………………………… 10—6—49
  - 8.7 涂装作业 ………………………… 10—6—49
  - 8.8 隔热作业 ………………………… 10—6—49
  - 8.9 耐压试验 ………………………… 10—6—49
- 9 施工检测 ………………………… 10—6—49
  - 9.1 一般规定 ………………………… 10—6—49
  - 9.2 施工测量 ………………………… 10—6—50
  - 9.3 成分分析 ………………………… 10—6—50
  - 9.4 物理试验 ………………………… 10—6—50
  - 9.5 无损检测 ………………………… 10—6—50
- 10 施工机械使用 ………………………… 10—6—53
  - 10.1 一般规定 ………………………… 10—6—53
  - 10.3 起重吊装机械 ………………………… 10—6—53
  - 10.4 铆、管机械 ………………………… 10—6—53
  - 10.8 运输机械 ………………………… 10—6—53
  - 10.10 混凝土机械 ………………………… 10—6—53
  - 10.11 钢筋加工机械 ………………………… 10—6—53
  - 10.13 装饰机械 ………………………… 10—6—53

2 术 语

2.0.4～2.0.9 6个术语都是从石油化工建设工程临时用电的角度赋予其特定含义的。

2.0.10、2.0.11 根据《最高人民法院关于审理触电人员损害赔偿案件若干问题的解释》(2000年11月13日由最高人民法院审判委员会第1137次会议通过)规定对高压电的定义,电压等级在1kV及以上者为高压,电压等级在1kV以下者为低压。

3 通用规定

3.1 现场管理

3.1.2 《安全生产许可证条例》第二条中规定,企业未取得安全生产许可证的,不得从事生产活动;《中华人民共和国安全生产法》第二十三条明确规定:生产经营单位的特种作业人员必须按照国家有关规定经专门的安全作业培训,取得特种作业操作资格证书,方可上岗作业。

3.1.3 石油化工建设工程项目各单位主要负责人,主要是指建设单位、设计单位、监理单位、施工单位主管施工项目的项目经理、副经理、总工程师或负责该项工程的负责人。

3.1.4 安全生产保证体系主要是指安全生产管理机构及人员、相关人员的安全生产责任制、职工的教育培训、安全投入、工程项目的危害辨识、风险评价与控制、安全检查与隐患治理、事故的应急救援、事故处理等。

3.1.6 工程项目制订的安全生产事故应急救援预案,必须组织演练,并针对演练过程中出现的问题对应急救援预案进行修订。

3.1.7 根据《中华人民共和国安全生产法》第四十九条的规定,为加强施工人员劳动保护制定本条。

3.1.8 施工现场通道必须按照交通管理部门相关要求设置安全警示标志,对车辆的行驶速度等相关要求作出明显的标志和规定。

3.1.10 所有进入施工现场的机具、设备和车辆,施工单位应建立健全相应的管理制度,加强对机具、设备和车辆的管理,确保机具、设备和车辆符合项目施工安全管理的要求。

3.2 施工环境保护

Ⅱ 防大气污染

3.2.5 涂装前处理除锈严格限制使用干喷砂,应优先选用抛丸和喷丸等工艺,实现除锈过程密闭化。

3.2.6 根据现行国家标准《大气污染物综合排放标准》GB 16297第1.2.1条规定,在我国现有的国家大气污染物排放标准体系中,应按照综合性排放标准与行业性排放标准不交叉执行的原则,锅炉执行现行国家标准《锅炉大气污染物排放标准》GB 13271。

3.2.8 现场焚烧各类废弃物后产生的烟尘、有毒有害气体等会造成对环境的污染。

Ⅳ 防施工噪声污染

3.2.12 根据《中华人民共和国环境保护法》、《中华人民共和国固体废物污染环境防治法》等的相关规定,有害、有毒废弃物必须采取有效措施,妥善处置,防止直接回填或掩埋造成水土污染以及对人的危害。

3.2.15 现行国家标准《建筑施工场界噪声限值》GB 12523中规定,不同施工阶段作业噪声限值应符合表1的规定。

表1 等效声级 L_{eq} [dB(A)]

施工阶段	主要噪声源	噪声限值	
		昼间	夜间
土石方	推土机、挖掘机、装载机等	75	55
打桩	各种打桩机等	85	禁止施工
结构	混凝土搅拌机、振捣棒、电锯等	70	55
装修	吊车、升降机等	65	55

注:1 表中所列限制是指与敏感区域相应的建筑施工场地边界线处的限制。
   2 如有几个施工阶段同时进行,以高噪声阶段的限制为准。

3.2.25 《放射性同位素与射线装置安全和防护条例》第二十八条规定"生产、销售、使用放射性同位素和射线装置的单位,应当对直接从事生产、销售、使用活动的工作人员进行安全和防护知识教育培训,并进行考核;考核不合格的,不得上岗。"第二十九条规定"生产、销售、使用放射性同位素和射线装置的单位,应当严格按照国家关于个人剂量监测和健康管理的规定,对直接从事生产、销售、使用活动的工作人员进行个人剂量监测和职业健康检查,建立个人剂量档案和职业健康监护档案。"

3.2.26 《放射性同位素与射线装置安全和防护条例》第三十四条规定"生产、销售、使用、贮存放射性同位素和射线装置的场所,应当按照国家有关规定设置明显的放射性标志,其入口处应当按照国家有关安全和防护标准的要求,设置安全和防护设施以及必要的防护安全联锁、报警装置或者工作信号。射线装置的生产调试和使用场所,应当具有防止误操作、防止工作人员和公众受到意外照射的安全措施。"

3.3 施工用火作业

Ⅰ 一般规定

3.3.5 主要是指改、扩建工程,在装置检修时,距离不能满足相关规范的要求时，应设置防火墙或局部防火等措施，并经相关部门确认后方可用火。

Ⅱ 固定用火区作业

3.3.8 固定用火区虽然由施工单位负责日常管理，但必须接受固定用火区域所属单位的监督、检查。

Ⅲ 高处用火

3.3.10 施工期间施工单位必须加强高处作业用火的管理，并对其下方的可燃物、机械设备、电缆、气瓶等采取可靠的防火花安全防护措施。

3.3.11 下方进行防腐作业时，应禁止高处用火作业。

3.4 受限空间作业

3.4.4 进入带有转动部件的设备作业时，防止意外起动，造成人员伤亡事故。

3.5 高处作业

Ⅰ 一般规定

3.5.7 高处铺设钢格板时，必须边铺设边固定，在未固定的钢格板上作业时，极易造成人员和钢格板滑落，造成事故。

3.6 焊割作业

Ⅱ 气瓶

3.6.11 针对气刨作业时噪音很大，在容器内作业噪音不易发散，还会形成很大回声，加强作业人员劳动保护。

3.6.15 乙炔气瓶与氧气瓶内的气体容易挥发，如果靠近火源或在烈日下曝晒，加快气体的挥发，导致压力过高，容易发生事故。

3.6.17 瓶内气体应留有剩余压力，其目的是防止其他气体进入氧气瓶与氧气发生爆炸。

3.6.19 乙炔气瓶内部充有丙酮，如果卧放会导致丙酮流出气瓶，减少了瓶内的丙酮，容易导致乙炔气瓶发生爆炸。

3.8 酸碱作业

3.8.5 由于酸碱及其溶液一旦与有机物、氧化剂和脱脂剂等接触，极易发生化学反应，造成意外事故。

4 临时用电

4.1 用电管理

Ⅰ 一般规定

4.1.1 本条符合现行国家标准《用电安全导则》GB/T 13869的要求。施工现场临时用电系统运行前，用电单位应建立用电管理体系，明确管理部门和各类用电人员的职责及管理范围，并根据用电情况，制定用电设施使用和维修的管理制度及安全操作规程，定期对电工和用电人员进行安全用电教育培训和书面技术交底，使有关管理人员和用电人员掌握安全用电基本知识和所用电气设备的性能。

4.1.2 本条符合国家现行标准《民用建筑电气设计规范》JGJ/T 16的原则。由于石油化工建设工程施工用电规模大的特点，施工现场宜实行电源侧配电柜、室外总配电箱、分配电箱、开关箱四级配电装置，用电设备可由第三级的分配电箱或第四级的开关箱供电。

4.1.3 本条符合现行国家标准《用电安全导则》GB/T 13869、现行行业规定《关于特种作业人员安全技术培训考核工作的意见》（国家安全生产监督管理局安监管人字〔2002〕124号文）和《电工进网作业许可证管理办法》（国家电力监管委员会15号令）的要求。电工属于特种作业人员，"特种作业操作证"是指符合《关于特种作业人员安全技术培训考核工作的意见》的规定，经安全技术考核合格得到的允许从事特种作业的上岗证，其考核、发证工作由省级安全生产综合管理部门或其授权的单位负责。电工还必须按照《电工进网作业许可证管理办法》的规定，取得电工进网作业许可证并注册，方可从事进网电气安装、试验、检修、运行等作业，电工进网作业许可证分为低压、高压、特种三个类别，是一种职业资格证书。持证上岗有利于加强对电工作业的安全管理，提高电工作业人员的整体素质。

4.1.4 临时用电方案包括临时用电施工组织设计和临时用电施工技术措施，石油化工建设工程临时用电范围及用电量的规模一般都较大，工程承包单位均应编制临时用电组织设计，临时用电组织设计应包括下列内容：

1. 现场查看；
2. 现场用电负荷统计和用电设备平面位置规划；
3. 用电负荷计算；
4. 选择变压器、电缆、配电箱；
5. 配线和接线方式选择；
6. 技术要求；
7. 安全措施；
8. 临时用电系统图和平面布置图。

对于用电规模较小的工程分包单位，可编制临时用电施工技术措施，但至少应包括安全用电措施和电气防火措施。临时用电方案应经工程承包单位的技术负责人批准，并经工程监理单位审批，工程所在地安全质量监督部门另有要求时，应予执行。临时变配电装置的位置和电源变压器低压侧中心点的运行方式应符合当地供电部门的有关规定。

4.1.5 本条符合现行国家标准《用电安全导则》GB/T 13869 和国家现行标准《电业建设安全工作规程（变电所部分）》DL 5009.3 的要求。临时用电工程验收的重点，一方面是安装工程的施工质量；另一方面是验收要依据临时用电施工组织设计，防止随意变更施工方案的现象发生。

4.1.6 本条符合现行国家标准《用电安全导则》GB/T 13869 和国家现行标准《电业建设安全工作规程（变电所部分）》DL 5009.3 的要求。目的是为了保证临时用电工程的质量，同时避免非电工人员从事电工作业可能造成的伤害，同时，绝缘用品在电气作业中起着保护人身安全、防止意外触电的重要作用，对电气绝缘用品的定期检查与试验，是防止触电发生的重要手段和措施，可按国家电力公司《电力安全工器具预防性试验规程》（试行）执行。

4.1.7 建立临时安全用电档案，有利于加强临时用电的科学管理，也有利于分析事故发生的原因。安全用电档案包括下列内容：

1. 临时用电设备进场前检查资料；
2. 临时用电组织设计及修改的技术资料；
3. 临时用电组织设计交底资料；
4. 临时用电工程检查验收资料；
5. 电气设备维修试验记录；
6. 接地电阻、绝缘电阻和漏电保护器动作测定记录；
7. 电工日常巡检工作记录；
8. 管理部门定期检查工作记录。

4.1.8 本条符合现行国家标准《用电安全导则》GB/T 13869 的规定。带电扑救电气火灾，容易引起二次触电事故。

Ⅱ 临时用电设备

4.1.9 本条符合现行国家标准《用电安全导则》GB/T 13869 的要求。用电设备的完好状态是施工现场临时用电工程可靠运行的重要基础之一。检查合格的设备加以标识便于有关人员监督管理。

4.1.10 本条符合现行国家标准《爆炸和火灾危险环境电力装置设计规范》GB 50058 规定。在坑、井、沟、渠及金属容器内等场所作业时，有时会有可燃气体，如沼气（甲烷）、油漆中挥发的有机物、泄漏的氧气、乙炔气等存在，遇火易发生爆炸，为防止设备启动及运行时产生火花造成危险品爆炸，因此在有爆炸危险的场所必须使用防爆型的电气设备。

4.1.11 本条符合现行国家标准《用电安全导则》GB/T 13869 的要求。用电设备绝缘电阻为施工人员提供了基本的直接接触防护，考虑在施工现场易受风沙、雨雪、日晒、腐蚀及意外机械损伤，从而发生绝缘损伤，引起触电事故，作出了定期测试绝缘电阻的规定。

4.1.12 本条符合现行国家标准《用电安全导则》GB/T 13869 的规定。电源侧配电柜、室外总配电箱、分配电箱、开关箱各级电箱中均必须装设漏电保护器，以确保每台用电设备，不管是由第三级分配电箱还是由第四级开关箱供电，甚至必须由室外总配电箱供电的热处理机等大功率设备，都能得到二级或二级以上漏电保护，这提高了施工现场漏电保护系统的可靠性，保障了施工现场用电安全。同时，也有利于在配电系统发生故障时减少停电范围。

漏电开关跳闸，证明有漏电现象存在或漏电开关本身有故障，这种情况下将漏电开关退出运行，曾经因此发生过许多触电事故。运行中发现漏电开关跳闸，应检查该漏电开关所保护的线路或设备的绝缘情况，在确认排除故障后才允许再合闸送电。

4.1.13 施工用电设备虽有一定的防雨、防尘能力，但在恶劣天气条件下，其绝缘性能有可能下降，因此应加强检查。

4.1.14 由于电能在一瞬间危害人的生命，具有"看不见"的特性，在未通过验电来验证是否确实无电前，应作为有电对待。

4.1.15 施工现场不推荐带电作业。悬挂警示牌可以提醒有关人员及时纠正将要进行的错误操作，以防错误地向有人作业的电气设备合闸送电。

4.1.16 本条符合现行国家标准《用电安全导则》GB/T 13869 的规定。电气设备搬迁时若不断电，可能因设备倾倒或导线拉脱造成触电；拆除时若不将电源线可靠绝缘包扎，外露可导电部分可能带电伤人。

4.1.17 本条符合现行国家标准《用电安全导则》GB/T 13869 的规定。施工现场临时用电是经过规划的，非规划接入设备，容易引起局部线路超负荷或因不规范接线留下触电事故隐患。

Ⅲ 用电环境

4.1.18 施工设施周边的带电体包括外电架空线路和室外变压器等，考虑到作业特点（施工现场搭拆脚手架、搬运钢筋、移动高大设备等作业时，因材料较长且重，不易掌握平衡，容易顾此失彼，误触带电体）和非电力专业作业人员素质的区别，本条规定比国家现行标准《电业建设安全工作规程（架空电力线路部分）》DL 5009.2 要求偏严是合理的。

4.1.19 防护设施与带电体的最小安全距离采用国家现行标准《电业建设安全工作规程（架空电力线路部分）》DL 5009.2 关于高空作业中作业人员与带电体的最小安全距离，要求偏严是考虑到非电力专业作业人员的素质区别。

4.1.20 由于微电子设备、钢筋水泥高层建筑大量增多和全球气候变暖等因素，我国部分地区雷击概率明显加大，当地气象主管部门公布的年平均雷暴日数比若干年前的有关规范数据上升幅度较大。例如：2004

年上海市气象部门提供的资料显示，上海地区年平均雷暴日已达49.9d，而1992年有关规范收集的资料仅为30.1d。因此，地区年平均雷暴日数应按气象主管部门公布的当地年平均雷暴日数为准。施工现场施工设施（包括各种施工机械设备和建筑物）是按照现行国家标准《建筑物防雷设计规范》GB 50057中第三类工业建筑物的防雷规定来设置防直击雷装置的。按照现行国家标准《建筑物防雷设计规范》GB 50057，对避雷针或避雷线的保护范围采用"滚球法"确定，不用过去的"折线法"。

4.1.21 建筑物遭受雷击次数的多少，不仅与当地的雷电活动频繁程度有关，而且还与建筑物所在环境、建筑物本身的结构、特征有关，首先是建筑物的高度和孤立程度，其中，旷野中孤立的建筑物虽然高度不一定很高，但很容易遭受雷击，故本条规定了孤立的施工设施需做防雷保护的要求，这也是现行国家标准《建筑物防雷设计规范》GB 50057 的要求。

4.1.22 本条符合现行国家标准《建筑物防雷设计规范》GB 50057 的规定，施工设施或结构的金属体截面积完全足以导引最大的雷电流，其本身的连接通常采用螺栓，只要保证紧固连接，作为第三类工业建筑物的防雷已足够。单个脚手架扣件螺栓的电气通路不一定得到保证，作为防雷引下线与接地装置的连接点，应接在专门接地螺栓上。

4.1.23 由于强大的雷电流泄放入地时，土壤实际上已被击穿并产生火花，相当于使接地电阻截面增大，使散流电阻显著降低，因此，冲击接地电阻一般是小于工频接地电阻，只要重复接地电阻符合要求，也可满足防雷接地的需要。作为第三类工业建筑物的防直击雷保护，接地装置宜和电气装置等其他接地装置共用，本条符合现行国家标准《建筑物防雷设计规范》GB 50057 的规定。

4.2 变配电及自备电源

Ⅰ 临时用电变压器

4.2.1 本条针对现场临时用电设备的性质，参考国家现行标准《农村低压电力技术规程》DL/T 499，结合目前石油化工建设工程规模大、一般实行放射形供电特点，提出施工变压器供电半径不宜大于500m。

4.2.2 部分施工场仍在采用露天或半露天变电所实现变配电，本条规定了有关防护设施的要求，目的是为了人身和设备的安全，符合国家现行标准《电业建设安全工作规程（火力发电厂部分）》DL 5009.1 规定。

4.2.3 本条符合现行国家标准《建设工程施工现场供用电安全规范》GB 50194 和《10kV及以下变电所设计规范》GB 50053 规定的原则。变压器作为可靠的供电元件，作为临时用电使用时，采用高压跌落式熔断器保护变压器本身过负荷或短路故障可满足需要。由于施工变压器与配电室或配电柜距离一般很近，且配电柜上已装设短路和过载保护电器，因此变压器低压侧可不再装设低压熔断器。

4.2.5 不同电源的变压器引出的配电线路并列运行，将造成不同电源的并列运行，会改变电网的运行方式，因此是不允许的。

Ⅱ 配电室

4.2.6 配电室应靠近电源，即变压器，这样从变压器到低压柜的一段线路很短，可以把它们看成一个电源点，TN-S系统的N线和PE线分开可以从低压柜电源侧零线处引出。采用自然通风可以带走配电装置运行时产生的热量和潮气，但同时应防止水、雨、雪侵入和小动物进入造成电气设备短路事故。

4.2.7 与正式变电所的设备高低布置正好相反，施工变压器低压桩头位置一般比施工用配电室低压引入口要高，雨水易沿低压引下线进入配电室，因此应在室外做防水弯。

4.2.8 本条符合现行国家标准《低压配电设计规范》GB 50054 的规定，满足设备和配电线路检修需要，同时满足防人身间接触电保护需要。

4.2.9 本条符合现行国家标准《10kV及以下变电所设计规范》GB 50053 的规定，可以及时扑灭配电室火灾，减少火灾损失。门向外开启是为了当配电室发生事故时，室内人员能迅速脱离危险场所。

Ⅲ 箱式变电站

4.2.10 箱式变电站也称组合式变电站或预装式变电站，施工现场应用日渐广泛，使用前应有设备生产者或专业试验者提供的检验、试验记录。

4.2.11 箱式变电站采用电缆从底部进、出线，因此要求布置高度不低于0.5m。

4.2.12 当高压侧任何一相失压时必须由保护机构断开高压电源，从而避免缺相运行，防止低压侧所接电气设备损坏。

Ⅳ 发电机组

4.2.13 本条符合国家现行标准《民用建筑电气设计规范》JGJ/T 16 的规定，与外电线路不得并列运行，第一，防止发电机组发生故障时，波及到外电线路，扩大了故障范围；第二，防止外电线路变压器高压侧拉闸断电、发电机组投入运行时，向变压器高压侧反馈送电造成危险；第三，因为自备发电机组电源与外电线路电源内阻抗一般是不匹配的，而且难于保持同期，为防止产生强烈的冲击电流和震荡现象，使发电机绕组和铁芯遭到破坏，也禁止自备发电机组与外电线路同时并联供电。

4.2.15 本条按照现行国家标准《系统接地的型式及

安全技术要求》GB 14050，结合施工现场实际，规定了用自备发电机组供电时，现场临时用电系统接地的基本形式，同时强调了接地系统应独立设置，以防止零线不平衡电流对外电系统带来不利。

4.2.16 本条符合国家现行标准《民用建筑电气设计规范》JGJ/T 16 的规定，排烟管道若没有伸出室外，热风在机房内循环，将造成机房内温度严重升高，造成机组无法正常运行。为了防止发生火灾和爆炸事故，必须禁止在机房内存放储油桶。

4.3 配电线路

4.3.1 本条符合现行国家标准《66kV 及以下架空电力线路设计规范》GB 50061 的规定。施工现场人员多、高处作业频繁，如用裸露导线，容易造成触电或相间短路事故，故规定要使用绝缘线。为了防止架空线路发生绝缘损坏而使树木、脚手架带电，造成触电伤人事故，故规定架空导线应设在专用电杆上。

4.3.2 本条符合现行国家标准《66kV 及以下架空电力线路设计规范》GB 50061 和国家现行标准《10kV 及以下架空配电线路设计技术规程》DL/T 5220 的规定。施工现场有较多的车辆来往和人员活动，为防止出现外力破坏，按照区域划分的定义，参考交通管理部门对超高车辆的管理要求，规定跨越主要道路时架空线路离地面高度不应低于 6m。

4.3.3 本条符合现行国家标准《电力工程电缆设计规范》GB 50217 的原则。施工电缆包含全部工作芯线和保护芯线是确保施工现场 TN-S 接零保护系统可靠性的要求，这里工作芯线包括工作相线和工作零线，保护芯线就是保护零线。

对单相用电设备，需要一根工作相线、一根工作零线、一根保护零线，或者两根工作相线、一根保护零线，所以可用三芯电缆；对三相动力设备，需要三根工作相线和一根保护零线，所以可用四芯电缆；因此，三芯和四芯的电缆也可用在相适应的线路和设备上，不强求配电箱之间必须使用五芯电缆。对于三相四线制配电的电缆线路和动力、照明合一的配电箱，需要三根工作相线，一根工作零线，一根保护零线，其电缆线路或电源电缆应采用五芯电缆。

不允许使用四芯电缆外加一根导线代替五芯电缆，因为两者的绝缘程度、机械强度、抗腐蚀以及载流量都不匹配，不符合敷设要求。

按照 IEC 标准，配电系统有两种分类法：一种是按接地系统分类，分为 IT、TT、TN 等系统，另一种是按带电导体分类，分为单相两线系统、单相三线系统、两相三线系统、两相五线系统、三相三线系统、三相四线系统。由于习惯的影响，我国有些电气人员将 TN-S 系统中的三相系统称为三相五线制，严格地讲这种称呼是不规范的，按照 IEC 规定，交流的带电导体系统分类中没有三相五线系统。现行标准《低压配电设计规范》GB 50054 也规定 TN-C、TN-C-S、TN-S、TT 等接地型式的配电系统均属三相四线制，三相是指 L_1、L_2、L_3 三相，四线指通过正常工作电流的三根相线和一根 N 线，不包括不通过正常工作电流的 PE 线。

4.3.4 本条符合现行国家标准《电力工程电缆设计规范》GB 50217 的规定，由于施工现场车辆来往频繁，直接沿地面敷设的电缆线路很易被碾压导致机械损伤。

4.3.5 本条符合现行国家标准《建设工程施工现场供用电安全规范》GB 50194 的规定。电缆架空敷设的重点是要防范施工车辆的碾压和刮擦，避免遭受机械损伤，因此应沿道路路边、建筑物边缘或主结构架设。石油化工施工的主体构筑物（如各类塔器、加热炉、大型储罐、框架等）属于全金属结构的很多，这是石油化工工程有别于一般建筑工程的显著特点之一，部分结构高度已近百米，施工电缆不可避免要沿这类结构敷设，为防止电缆因机械损伤而导致金属结构带电，必须采取将电缆与金属结构绝缘隔离的额外措施。

4.3.6 本条符合现行国家标准《建设工程施工现场供用电安全规范》GB 50194 的规定。考虑到施工现场电缆埋地时间较短的因素，加上施工现场土方开挖采用挖掘机居多，电缆普通程度的埋深对电缆的防护不能起到明显的作用，低压电缆一般情况下埋在 300mm 以下即可，但供电可靠性要求高的高压电缆和易受机械损伤的电缆（如过路电缆），应埋在 700mm 以下。

4.3.8 本条符合现行国家标准《电力工程电缆设计规范》GB 50217 的规定。穿越道路加钢管保护是为了防止车辆通过时，压坏绝缘层发生短路事故。本条规定了保护管管径，有利于电缆穿设方便。

4.3.9 本条符合按照现行国家标准《用电安全导则》GB/T 13869。施工电缆全线必须有足够的绝缘强度，电缆接头设在地面上有利于防水和维修。

4.4 配电箱和开关箱

4.4.1 本条符合现行国家标准《低压配电设计规范》GB 50054 和《电力装置的电测量仪表装置设计规范》GBJ 63 的一般规定，结合施工现场临时用电工程对电源隔离以及短路、过载、漏电保护、计量功能的要求，对总配电箱的电器配置作出综合性规范化规定。施工现场除非单台用电设备功率超过了分配电箱的供电能力，否则不允许采用总配电箱直接为用电设备供电。

4.4.2 本条符合现行国家标准《低压配电设计规范》GB 50054 和《供配电系统设计规范》GB 50052 的规定。石油化工施工工程用电规模大，用电设备台数多，这是石油化工工程有别于一般建筑工程的显著特点之一，适当减少配电层次，可以降低串联元件过多带来的故障，提高供电的可靠性，可由分配电箱直接向有关用电设备供电，但必须严格执行"一机一闸"制，并选用与用电设备相匹配的漏电开关工作保护。

4.4.3 本条符合现行国家标准《低压配电设计规范》GB 50054 和《通用用电设备配电设计规范》GB 50055 的规定。手持式电动工具是指正常工作时要用手握住的电动工具；移动式设备是指工作时移动的设备，或在接有电源时能容易从一处移至另一处的设备；固定式设备是指牢固安装在支座（支架）上的设备，或用其他方式固定在一定位置上的设备；没有搬运把手且重量在 18kg 以上的设备，应归入固定式设备。手持式电动工具和移动式设备由于存在遭受电击时手掌紧握故障设备不能摆脱的问题，采用专用开关箱有利于紧急情况下切断电源。

4.4.4 施工现场一个开关带多个插座或电缆出线的接线极易造成误送电或误停电，引发安全事故。

4.4.5 本条是为了保证接线接触可靠，避免连接不良引起电气火灾作出的规定。

4.4.6 本条符合现行国家标准《低压配电设计规范》GB 50054 的规定，这样可以在检修时使所在回路与带电部分隔离。

4.4.7 本条符合现行国家标准《系统接地的型式及安全技术要求》GB 14050 的规定，N 线和 PE 线在系统中性点分开后，不能有任何电气连接，这是 TN-S 系统成立的条件。在配电箱的 N 线和 PE 线端子板上，每个连接螺栓的保护零线或工作零线接线超过两根，可能会引起电气接触不良，严重时也会导致 N 线和 PE 线断线的情况。由于 PE 线是不接入任何保护器和隔离电器的，采用专用端子板可以保证可靠的电气连接，也便于测试和检查。

4.4.8 本条主要是为了有利于保证安全照明，不至于因动力线路故障而影响照明的安全与可靠。

4.4.9 本条符合按照现行国家标准《用电安全导则》GB/T 13869 的规定。本条规定了制作配电箱和开关箱的材质，要求其具备防火功能。配电箱和开关箱常在露天场所使用，应具备防雨功能，以免雨水进入箱体造成开关电器误动作或漏电伤人。

4.4.10 本条符合现行国家标准《电气设备安全设计导则》GB 4064 及《低压配电设计规范》GB 50054 的规定。配电箱必须有可靠的稳定性，不允许由于振动、大风或其他外界作用力而翻倒，安装不端正可能引起箱门等处进水、箱内开关电器达不到正常工作条件等情况。落地式配电箱底部的适当抬高是为了防止水进入配电箱内。

4.4.11 配电箱和开关箱的进、出线口设在箱体下方是为了防止雨、雪等随进、出线口进入箱内。进线和出线不得承受外力是为了防止导线受拉造成接头松动或脱落，造成设备停电或人员触电事故。

4.4.12 多回路的配电箱注明开关所控制的线路或设备名称，是确保准确拉合开关，防止误操作，确保用电安全的有效手段之一。

4.4.13 本条符合现行国家标准《低压配电设计规范》GB 50054 的规定，漏电保护器的选用应根据配电系统的接地形式、线路供电方式、装设位置、工作环境以及电气设备使用特点等确定。漏电保护器的安装、接线、试验、使用，除必须符合现行国家标准《漏电保护器安装和运行》GB 13955 外，还应符合产品技术文件的规定，才能有效防止电击事故和漏电引起的电气火灾。

4.4.14 本条符合现行国家标准《漏电保护器安装和运行》GB 13955 的规定。本条给出了 2 极、3 极和 4 极的漏电保护器分别用于单相设备、三相设备和线路保护时，在专用变压器供电的 TN-S 系统和外电线路供电的局部 TN-S 系统以及 TT 系统中的接线方法。漏电保护器接线同时应参考产品技术文件的要求。

4.4.15 本条符合现行国家标准《漏电保护器安装和运行》GB 13955、现行行业标准《民用建筑电气设计规范》JGJ/T 16 以及《电流通过人体的效应 第一部分：常用部分》GB/T 13870.1 的规定。作为具有直接接触电击补充防护功能的漏电保护器，动作电流不应超过 30mA，此数据主要来源于现行国家标准《电流通过人体的效应 第一部分：常用部分》GB/T 13870.1 中图 1 "15～100Hz 正弦交流电的时间/电流效应区域的划分"规定的人体不致因发生心室纤维性颤动而电击致死的接触电流值；在潮湿、狭窄、有腐蚀介质场所，因人体阻抗下降，预期接触电压值按现行国家标准《电流通过人体的效应 第一部分：常用部分》GB/T 13870.1 的规定要降低一半，因此漏电保护器额定漏电动作电流为 15mA；作为末级的漏电保护器，应选择瞬动型的，即 0.1s，有利于快速切除电源，也有利于上、下级漏电保护的配合。

4.4.16 本条符合现行国家标准《手持式电动工具的管理、使用、检查和维修安全技术规程》GB 3787 和国家现行标准《民用建筑电气设计规范》JGJ/T 16 的规定。手持式电动工具和移动式设备由于存在一段需经常移动位置可能引起绝缘破损的电缆，同时在遭受电击时手掌紧握故障设备不能摆脱，触电危险性比固定式设备要大，因此提出了较为严格的漏电保护要求。

4.4.17 本条符合现行国家标准《用电安全导则》GB/T 13869、现行国家标准《供配电系统设计规范》GB 50052 和现行国家标准《低压配电设计规范》GB 50054 的规定。分配电箱直接为用电设备供电时，配出回路的功能与开关箱是一样的，因此，其漏电保护器技术要求与开关箱一样，一般为 30mA 和 0.1s；在潮湿、狭窄、有腐蚀介质场所，应为 15mA 和 0.1s。为开关箱供电的分配电箱出线回路漏电保器，额定漏电动作电流可选 30～50mA，额定漏电动作时间可与开关箱一样选择快速型，即 0.1s，由于分配电箱的出线回路与它的下一级的开关箱以及再下级的电气设备之间都没有其他分回路，不存在发生无选择性切断的问题。

4.4.18 本条符合现行国家标准《漏电保护器安装和运行》GB 13955、《剩余电流动作保护器的一般要求》GB 6829，以及《电流通过人体的效应 第一部分：常用部分》GB/T 13870.1 的规定。总配电箱和分配电箱内的漏电保护器应具备分级保护功能，总配电箱漏电保护器应采用延时型的，主要作为分配电箱漏电保护器防间接电击和防接地电弧火灾的后备保护。本条安全界限值 30mA·s 的确定主要来源于现行国家标准《电流通过人体的效应 第一部分：常用部分》GB/T 13870.1 中图 1"15～100Hz 正弦交流电的时间/电流效应区域的划分"。

4.4.19 本条符合现行国家标准《漏电保护器安装和运行》GB 13955 和《供配电系统设计规范》GB 50052 的规定。作为安装在电源端的漏电保护器，其主要作用是减少接地故障引起的电气火灾危险，同时也用于兼作后备电击防护，可选用中等灵敏度的、额定漏电动作电流不大于 150mA 的延时型漏电保护器。

4.4.20 本条符合现行国家标准《用电安全导则》GB/T 13869 的规定。箱内配线系统绝缘良好，导线接头尤其是铝导线接头不松动，是配电箱和开关箱本身安全使用的关键。

4.4.21 本条符合现行国家标准《用电安全导则》GB/T 13869 的规定。随意加大熔断器或用熔点很高的铜丝、铁丝等金属丝代替熔断器，当线路发生短路或触电事故时，熔断器不能及时熔化，不能有效地切断故障电流或电压，使熔断器起不到应有的保护作用。

4.4.22 配电箱和开关箱都应有专人管理：总配电箱由专职电工负责归口管理，因操作任务少，平时应上锁；对分配电箱和开关箱，专职电工有维护管理责任，同时作为使用者的操作人员也具有管理责任；为了在出现电气故障的紧急情况下可以迅速切断电源，规定开关箱正常工作时不得上锁。

4.4.23 本条符合现行国家标准《用电安全导则》GB/T 13869。检查内容包括外观检查、试验装置检查、接线检查、信号指示及按钮位置检查。对于运行中的漏电保护器应在电源通电的状态下，不接负荷，按动漏电试验按钮试跳一次，检查漏电保护器的动作是否可靠。应注意操作试验按钮的时间不能太长，次数不能太多，以免烧坏内部元件。

4.4.24 本条符合现行国家标准《用电安全导则》GB/T 13869 的规定。配电箱等电气设备正常工作时不一定有明显的机械响声，应在显著位置设置通、断电标识。在较长时间停止作业时，应将有关配电箱、

开关箱断电上锁，以防止设备被误启动。

4.4.25 本条是为了保障箱内的开关电器能够安全、可靠地运行，也防止带电的箱内可导电部分对误接触者造成电击伤害。

4.5 接地与接零

4.5.1 本条按照现行国家标准《系统接地的型式及安全技术要求》GB 14050 的规定，结合施工现场实际，规定了适用于施工现场临时用电工程系统接地的基本型式，强调采用 TN-S 接零保护系统，突出了 TN-S 系统的最大特点：整个系统中的工作零线和保护零线是分开的。中性点是指三相电源作 Y 连接时的公共连接端，零线是指由中性点引出的导线。工作零线是指中性点接地时，由中性点引出，并作为电源线的导线，工作时提供电流通路。保护零线是指中性点接地时，由中性点或零线引出，不作为电源线，仅用作连接电气设备外露可导电部分的导线，工作时提供漏电电流或短路电流通路。

4.5.2 本条符合现行国家标准《系统接地的型式及安全技术要求》GB 14050 的规定。电气设备金属外壳与保护零线连接是 TN-S 接零保护系统的构成要件之一，由于保护零线平时不带电位，因此电气设备的外壳也不带对地电压；此外，故障时易切断电源，比较安全。TN-S 接零保护系统中的工作零线与保护零线在工作接地点分开后，不能再有任何电气连接，这一条件一旦破坏，TN-S 接零保护系统便不复成立。因为从变压器工作接地点到配电柜电源侧零线的一段线路很短，可以把它们看成一个电源点，由此引出保护零线。

4.5.3 本条符合国家现行标准《民用建筑电气设计规范》JGJ/T 16 的规定。当施工现场没有独立的变压器，直接采用电业部门低压侧供电时，其保护方式要按当地电业部门规定。不允许在同一个电网内一部分用电设备采用保护接地，而另一部分采用保护接零。这是因为采用保护接地的设备发生漏电碰壳时，将会导致采用保护接零的设备外壳同时带有危险电压。

4.5.4 本条符合国家现行标准《民用建筑电气设计规范》JGJ/T 16 的规定。在缺乏外电线路的地区或作为自备应急电源使用时，专用发电机强调采用 TN-S 接零保护系统。

4.5.5 本条符合现行国家标准《系统接地的形式及安全技术要求》GB 14050 的规定。工作零线和保护零线若做电气连接，将改变保护系统性质，使 TN-S 系统变成 TN-C 系统，增大了用电的危险性，同时漏电保护器将引起误动作。

4.5.6 本条符合国家现行标准《民用建筑电气设计规范》JGJ/T 16 的规定。电源中性点的直接接地，能在运行中维持三相系统中相线对地电位不变，保证

电力系统和电气设备可靠地运行，也可降低人体的接触电压，迅速切断故障设备。

4.5.7 本条是根据现行国家标准《系统接地的型式及安全技术要求》GB 14050、《建设工程施工现场供用电安全规范》GB 50194 和国家现行标准《民用建筑电气设计规范》JGJ/T 16 规定的原则，对 TN 系统保护零线接地要求作出的规定。配电系统的始端、中间和末端处做重复接地指的是在配电柜、总配电箱、分配电箱和架空线路的终端等处应做重复接地。对 TN 系统保护零线重复接地和接地电阻值的规定是考虑到一旦保护零线在某处断线，而其后的电气设备相导体与保护导体（或设备外露可导电部分）又发生短路或漏电时，降低保护导体对地电压并保证系统所设的保护电器可在规定时间内切断电源，符合下列公式关系：

$$Z_s \cdot I_a \leqslant U_0 \quad (1)$$
$$Z_s \cdot I_{\Delta n} \leqslant U_0 \quad (2)$$

式中 Z_s——故障回路的阻抗（Ω）；
I_a——短路保护电器的短路整定电流（A）；
$I_{\Delta n}$——漏电保护器的额定漏电动作电流（A）；
U_0——故障回路电源电压（V）。

由于短路电流和漏电电流差距很大，在采用了漏电保护以后，TN 系统保护动作的灵敏性得到了很大的提高。

工作零线做了重复接地，原 TN-S 系统就被改变为 TN-C 系统，漏电保护装置将发生误动作或拒绝动作。

4.5.8 本条是根据现行国家标准《建设工程施工现场供用电安全规范》GB 50194 的要求，对塔吊、龙门吊、电梯等高大施工设备，以及安全规程提出要求的施工设备，作出保护零线应做重复接地的规定。

4.5.9 本条符合现行国家标准《系统接地的型式及安全技术要求》GB 14050 和《电气装置安装工程接地装置施工及验收规范》GB 50169 关于电气设备接零保护的规定。现场应做接零保护的电气设备及设施的外露可导电部分，应全部做到保护接零；保护接零的截面、敷设做法、连接方法、标志颜色、保护措施等应符合本规范要求，确保其电气连接可靠。

4.5.10 本条符合现行国家标准《系统接地的型式及安全技术要求》GB 14050 和现行行业标准《民用建筑电气设计规范》JGJ/T 16 关于等电位联结规定的原则。由于导电性良好，大面积金属结构上使用电气设备的作业触电危险性比较大，将相关金属结构互相联接后接到保护零线上，这样，在因故发生设备外壳带电事故时，设备外壳（已做接零保护）和金属结构是处于同一电位，可大幅度地降低作业人员所遭受的接触电压，尤其是在接地故障保护失灵的情况下，能达到在较大限度范围内消除触电伤亡事故。等电位联结线若采用铜导线，其颜色为绿/黄双色，截面不小

于保护零线的一半，最大不超过 25mm²。

4.5.11 本条符合现行国家标准《系统接地的型式及安全技术要求》GB 14050 和国家现行标准《民用建筑电气设计规范》JGJ/T 16 的规定。为了不因某一设备的保护零线或保护地线接触不良而使以下所有设备失去保护，故规定只能并联接零或接地，不能串联接零或接地。

4.5.12 本条符合现行国家标准《系统接地的型式及安全技术要求》GB 14050 和现行行业标准《民用建筑电气设计规范》JGJ/T 16 的规定。保护零线接入保护电器会引起误动作，接入隔离电器会造成保护零线断开。在保护零线断线并有设备发生一相接地故障时，接在断线后面的所有设备的外露可导电部分都将呈现接近于相电压的对地电压，这是很危险的，也是不允许的。

4.5.13 本条符合现行国家标准《系统接地的型式及安全技术要求》GB 14050、《电力工程电缆设计规范》GB 50217 和《导体的颜色或数字标识》GB 7947 的规定。只要采购符合国家产品标准的电缆，同时所用电缆中包含全部工作芯线和用作保护零线的芯线，保护零线的截面就会满足短路和漏电保护的要求。绿/黄双色线是 TN 系统中保护零线（在 TT 系统中是保护线）的专用颜色。

4.5.14 本条依据现行国家标准《建筑物电气装置第 5 部分：电气设备的选择和安装 第 54 章：接地配置和保护导体》GB 16895.3 的规定，按照现行行业标准《民用建筑电气设计规范》JGJ/T 16，规定了接地体材料要求和接地的正确连接方法。其中，用作人工接地体材料的最小规格尺寸为：角钢板厚不小于 4mm，钢管壁厚不小于 3.5mm，圆钢直径不小于 10mm。

4.5.15 本条符合现行国家标准《建筑物防雷设计规范》GB 50057 和国家现行标准《民用建筑电气设计规范》JGJ/T 16 的规定。利用建筑工程中已施工的混凝土桩基（台）、柱、沉箱等中的钢筋，电气安装工程中业已施工的接地网，在多数情况下可以得到满意的接地电阻值，是一种值得提倡的经济性较好的做法，但必须实地测量出所利用的自然接地体电阻是否满足要求，否则应装设人工接地体作为补充。

4.6 照明用电

4.6.1 本条符合现行国家标准《建筑照明设计标准》GB 50034 的规定。金属容器内及夜间作业等场所在发生停电后操作人员需要及时撤离，应配备应急照明。

4.6.2 本条符合现行国家标准《建筑照明设计标准》GB 50034 的规定。蒸汽及某些气体会损坏腐蚀电气设备的绝缘层，粉尘吸附于电气设备的壳体、绕组及绝缘零件表面，影响散热和降低绝缘电阻，增大电路故

障，蒸汽还容易造成电气短路，因此在上述场所，必须根据国家标准《灯具外壳防护等级分类》GB 7001的要求，选择粉尘、潮湿场所的灯具外壳防护等级，保证灯具在对应的环境中安全工作，同时又不对外界产生不安全影响。

4.6.3 本条按照现行国家标准《建筑照明设计标准》GB 50034，考虑到行灯作为局部照明，经常在人手掌握之中，移动时也易遭外力破损，为防止由于灯具缺陷而造成意外触电、电气火灾等事故，而对其供电电压作出限制性规定。潮湿场所的环境相对湿度经常大于75%，特别潮湿场所的环境相对湿度接近100%，由于潮湿环境下人体皮肤阻抗下降，触电后的危害性增大，故规定使用的行灯电压要相应降低。

4.6.4 对行灯灯具结构作出的限制性规定。

4.6.5 本条符合国家现行标准《民用建筑电气设计规范》JGJ/T 16的规定。采用安全特低电压，其电源变压器就必须符合安全电源的要求，只有采用双重绝缘或一次和二次绕组之间有接地金属屏蔽层的安全隔离变压器，才符合安全电源要求。强调禁止使用普通变压器，是为了防止危险电压由一次绕组因绝缘损坏窜入二次绕组；同时强调禁止使用自耦变压器，因其一次绕组与二次绕组之间有电气联系，加之二次侧电压可调，容易使二次侧电压不稳，并且会因绕组故障将一次侧较高电压导入二次侧，而烧毁灯具和引起触电。电气隔离保护的实质是将接地电网转换成一个局部的不接地电网，假如安全隔离变压器的二次绕组的一端直接接地或接零，只要作业者与二次绕组的另一端接触，就会造成触电，尽管二次侧是安全电压，仍有可能造成二次性伤害事故；此外，为了避免高电位的导入，导致安全隔离变压器的二次回路和使用安全特低电压的设备外露可导电部分出现超过安全特低电压的情况，安全隔离变压器的二次回路和使用安全特低电压的设备外露可导电部分应保持与大地悬浮状态。

4.6.6 本条符合国家现行标准《电业建设安全工作规程》（火力发电厂部分）DL 5009.1的规定。在采取补充安全措施后，在作业周期长、内部空间较大的部分金属结构内，使用额定电压为220V的照明器，有利于提高工作质量和工作效率。

4.6.7 本条符合国家现行标准《民用建筑电气设计规范》JGJ/T 16的规定。大空间金属结构内使用1:1隔离变压器提供照明电源是有严格限制条件的，若达不到，则不能使用。

4.6.8 本条关于施工现场灯具安装高度的规定符合现行国家标准《建筑电气工程施工质量验收规范》GB 50303的规定。照明灯具的金属支架是触电的多发场所，必须采取接零或接地，以确保人身安全。

4.6.9 本条符合国家现行标准《民用建筑电气设计规范》JGJ/T 16和现行国家标准《安全色》GB 2893规定的原则。条文中将《民用建筑电气设计规范》

JGJ/T 16中的障碍标志灯改称为警戒标志灯，兼顾了航行安全和地面通行安全。红色的安全色含有"禁止通行"的意思。

5 起重作业

5.1 一般规定

5.1.1 本条按照工件的重量和结构尺寸以及吊装工艺等要求规定了起重吊装作业的等级，施工单位应按照吊装等级组织实施吊装作业管理。

5.1.2 起重吊装作业所编制的吊装方案，应按照起重吊装作业等级的划分，分级批准实施。吊装作业前，应进行施工技术交底，由施工负责人组织，技术人员负责向全体作业人员交底，其主要内容包括技术、安全要求和工作危险性分析，并履行签名手续。

5.1.4 本条提到的是需要提供电力保障或无法避免与供电设施接触的起重吊装作业。

5.1.5 本条所列举的气候条件包括雷电天气条件下也不得进行吊装作业。

5.1.6 大型工件正式吊装执行国家现行标准《大型设备吊装工程施工工艺标准》SH/T 3515规定的"吊装命令书"。

5.1.16 工件的吊耳是吊装作业直接受力的部件，它的安全可靠性直接关系吊装作业的成败，因此要求严格控制吊耳制作的质量，而吊耳的材料控制是吊耳质量控制的第一关，也是实际工作中容易产生问题的环节，所以本条款予以强调。

5.2 吊车作业

5.2.5 吊车的支腿操纵阀，在正常的工作状态下应锁闭，随意调整会造成意外事故的发生。调整支腿必须在无负荷情况下进行，且吊车臂杆朝向正前方或正后方，实际作业中经常因为吊车臂杆朝向不正确造成偏载酿成翻车事故；地基处理一直是吊装作业的技术难点，吊装作业时应随时观察地基下沉情况，发现问题应及时采取措施，安全确认后方可继续作业。

5.2.6 吊车在靠近输电线路作业时，必须小心谨慎，防止触电，吊车臂杆及工件与架空输电导线路间应保持大于本规范表5.2.6规定的距离。

5.2.9 吊车吊工件行走由于现场道路平整度较低，工件易发生摆动，控制难度较大，一般情况不推荐使用。

5.2.12 吊车作业若超载会造成严重的吊装事故，因此本条款给以强调；斜拉或吊起不明重量的工件，易造成吊车超载和吊车不合理受力，因此予以禁止。

5.3 卷扬机作业

5.3.1 卷扬机使用前应对其进行全面检查、清洗、润滑、固定方可使用。

5.3.3 为防止卷筒上的钢丝绳卷满后其高度超过卷筒轮缘，跑出卷筒造成钢丝绳被切断，因此最外一层应低于卷筒两端凸缘高度一个绳径。

5.3.6 卷扬机在工作状态下，其跑绳受力一般是几吨到几十吨，而且运行速度较快，作业人员用手拉或脚踩以及跨越钢丝绳，极易造成人身伤害事故的发生，因此予以禁止。

5.4 起重机索具

Ⅰ 手拉葫芦

5.4.1 手拉葫芦要定期检查，并做好标识。对外壳破损或无外壳的手拉葫芦不得使用。

5.4.5 绳扣栓挂时应保证挂至吊钩底部，否则吊装过程易产生振动；吊钩直接挂在工件上，吊钩和工件都不合理受力，存在严重的安全隐患，因此予以禁止。

Ⅲ 吊索具

5.4.20 合成纤维吊带已被广泛使用，在使用过程中要重点保护吊带外套，在超载或经长期使用承载芯（吊带丝）可能有局部损伤时，外套会首先断裂示警。

5.4.23 钢丝绳在现场使用中与电焊把线接触，易造成电弧损伤，有断绳的危险，因此严禁电焊把线与钢丝绳接触，必要时对钢丝绳采取保护措施。钢丝绳使用前要进行全面检查，及时处理，防止断丝超标引发事故。

5.5 塔式起重机吊装作业

5.5.6 塔式起重机起重臂工作幅度不同，其吊装参数发生变化；变幅后应及时对应该工况的吊装参数进行限位装置的调整；变幅动作必须空载进行，带载变幅存在塔吊超载的危险。

5.6 使用吊篮作业

5.6.1 使用吊篮作业由于其风险性大，所以使用时应编制施工方案，经相关部门审核，技术总负责人批准后方可使用。

5.6.3 使用的吊篮一般应是专门制造厂的产品，有出厂合格证。不得使用临时拼制和损坏待修的吊篮。

5.6.4 吊篮在工程施工中经常使用，因为是载人，所以应确保安全使用，每次使用前应确认名牌上的使用参数，并对吊篮质量进行安全确认。

6 脚手架作业

6.1 一般规定

6.1.1 本条对需要编制专项脚手架施工方案的条件作了说明，要求50m以上是基于历史经验和工程实践考虑，脚手架越高安全度越低，超过50m高的脚手架一般都采取了加强措施。

当前石油化工工程建设现场仍以使用扣件式钢管脚手架居多，门式钢管脚手架无论从构件材料，还是搭设方式都与扣件式钢管脚手架差别较大，且已制定颁发了行业标准《建筑施工门式钢管脚手架安全技术规范》JGJ 128—2000，碗扣式钢管脚手架行业标准也正在制定和审批之中。

6.2 脚手架用料

6.2.3 我国目前各生产厂的扣件螺栓所采用的材质差异较大，试验表明当螺栓扭力矩达 70N·m 时，大部分螺栓已滑丝不能使用。扣件为脚手架的关键构件，本条旨在确保扣件质量及安全使用。

6.3 搭设、使用、拆除

6.3.4 试验表明，一个对接扣件的承载能力比搭接的承载能力大 2.14 倍。脚手架立杆采用对接接长，传力明确，没有偏心，可提高承载能力。规定相邻立杆的对接扣件不得在同一高度内，旨在增加脚手架空间框架的稳定性。

6.3.6 主节点处的横向水平杆是构成脚手架空间框架必不可少的杆件，但经现场调查表明，该杆挪作他用的现象较为普遍，致使立杆的计算长度成倍增大，承载能力下降，是造成脚手架安全事故的重要原因之一。故本条规定在主节点处严禁拆除横向水平杆。

6.3.12 本条规定旨在限制探头板长度，并明确用铁丝固定，以防脚手板倾翻或滑脱。

6.3.17 本条规定直爬梯超过 8m 应搭设转角休息平台和护笼，是因为：

1 国家现行标准《建筑施工高处作业安全技术规范》JGJ 80 第 4.1.8 条规定直爬梯超过 8m 高时，必须设置梯间平台，所以本条也规定了 8m 限值。

2 石油化工施工现场以零散和小型脚手架较多，但钢结构框架安装及其他整体式脚手架大都搭设直爬梯，直爬梯超过 8m 高时人员频繁上下危险性较大，每隔 6m 搭设带护笼的转角休息平台可以保证人员安全，如此规定同时也促使施工方尽量搭设之字形斜梯。

3 在其他有关高处作业规范中，规定作业人员从直爬梯上下必须配备攀登自锁器使用，考虑到攀登自锁器成本较高，且安全性也不如规范搭设脚手架有保障，所以本条文未予采用。

6.3.18 挡脚板规定为120mm高，与正式平台、通道的挡脚板高度规定一致，且也能满足安全要求。

6.3.21 作业人员随意拆改、切割脚手架将影响脚手架的整体稳定性，给脚手架的使用带来极大的隐患。本条规定旨在保证脚手架的安全使用。

6.3.22 本条规定了脚手架拆除前应进行检查确认，明确了拆除顺序及其技术要求，有利于保证脚手架拆除过程中的整体稳定性。

6.3.26 本条旨在防止脚手架拆除过程中因构件随意抛掷造成人员伤害及材料损伤,以保证脚手架拆除作业安全。

7 土建作业

7.1 土石方作业

7.1.1 为了防止因地下水位太高,地下有洞穴、埋设物等,造成土石方施工时塌方、地下埋设物受到破坏和造成停电、停水及其他安全事故,影响附近居民生活及生产装置的正常运行,施工前应与有关部门联系对土石方作业地段的水文、地质、地下埋设物进行勘察和处理,办理施工许可证后方可进行土石方作业。

7.1.3 埋藏于地下的古墓、古建筑、动物化石、旧币等,均属国家保护文物,任何人不得碰坏或据为己有;地下正在使用的管线、电缆、光缆等直接关系到生产装置和人身安全,因此,发现后应加以保护,并立即上报有关单位及政府部门,经专家挖掘、鉴定、处理后方可继续施工。

7.2 桩基作业

7.2.7 插桩作业时,桩与桩架的间距可能因桩体受力不均或地质阻力而变化,造成作业人员的人身伤害,故制定本条规定。

7.3 强夯作业

7.3.1 用起重机械将夯锤起吊到一定高度自由落下,由此而产生的冲击波和大应力,迫使土壤孔隙压缩,使土体迅速固结的方法叫强夯法。强夯时由于振动较大,为了防止破坏附近建(构)筑物及地下设施,因此强夯前应对强夯作业点的地质、水文、地下埋设物进行勘察,进行必要的处理后方可进行作业。

7.3.4 强夯作业中在夯机臂杆及门架支腿未支稳垫实前起锤,易造成夯机重心失稳倾覆。挂钩人员随夯锤一起上升,可能因夯锤倾斜抖动而坠落。夯锤长期悬吊致使夯机长时间处于重载状态,易造成夯机结构和控制系统过载而发生事故,故在施工中应禁止。

7.4 沉井作业

7.4.1 沉井作业往往会引起沉井周围的地层下陷,因而会使附近建(构)筑物、地下埋设物产生倒塌、下沉位移、倾斜等情况,因此对沉井作业区内的原有设施应采取保护加固措施。

7.5 砌筑作业

7.5.3 在高处砍砖时为防止被砍掉的砖块落下伤人,因此应面向墙的里侧,不得向着他人或面向外侧砍砖。

7.5.5 制定本条规定旨在对烟囱施工中垂直运输系统的安全设置和措施予以严格控制,有利于加强对施工作业人员的人身防护,并防止高空坠物伤人。

7.6 钢筋作业

7.6.5 重量较大、较长的钢筋搬运时一般都要多人共同搬运,搬运时易造成与别的物件相碰、相挂,因此搬运时应防止造成人员伤害或触电事故的发生。

7.6.6 绑扎的钢筋骨架易发生变形、倾斜,模板及其支撑是浇注混凝土用的,没有脚手架的功能,因此为了保证作业人员的安全,不得站在模板、支撑和钢筋骨架上,应站在脚手架板上作业。

7.6.7 绑扎柱或易失稳的细长构件的钢筋时,为防止其弯曲、变形,应设置临时支撑进行加固。

7.6.9 预应力钢筋冷拉时,为防止钢筋断裂回弹伤人,拉伸机前应设挡板,两端人员应站在安全位置。

7.7 混凝土作业

7.7.1 堆放砂石将挡墙推倒造成人员伤亡是时有发生的,为了防止此类事故的发生,应加固挡墙并禁止人员在挡墙附近停留。

7.7.3 料斗下方禁止行人通过或停留,防止砂石从上部落下造成伤害。

7.7.4 吊车料斗空中运行刹车制动时,由于惯性作用会有较大幅度摆动,因此应采取措施防止料斗碰人、坠落。

7.7.5 为防止输送管及接头破裂、断开,残渣吹出伤人,输送管附近不得站人。

7.8 模板作业

7.8.7 混凝土未达到拆除强度时拆除模板,易造成混凝土结构破坏并引发次生事故,而模板拆除作业过程中随意抛掷易造成坠物伤人,故予以禁止。

7.8.9 多层、高层结构模板拆除作业过程中易发生高空坠物伤人事故,故在作业过程中需设置安全作业区域和通道。

7.9 滑模作业

7.9.3 滑升机具及操作平台的设计、制造、安装是保证滑模施工安全的关键,因此施工前应组织有关技术员进行精心设计、制作,经有关技术、安全负责人审批、检查,验收合格后方可使用。

7.9.12 滑升速度过快、养护不当,混凝土尚未达到滑升要求的强度,会造成混凝土坍塌等重大事故的发生,因此滑模时应严格控制滑升速度和混凝土出模强度,确保施工安全。

7.9.16 使用双笼双筒同步卷扬机目的在于增加垂直运输设备的安全可靠性,单绳卷扬机设置安全卡钳目的在于罐笼坠落时紧急制动，制定本条规定旨在确保垂直运输装置发生意外状态时作业人员的人身安全。

7.10 防水、防腐作业

7.10.5 冷底子涂刷后24h内仍有汽油挥发，因此作业时30m范围内及24h内作业点不得动用明火，以防冷底子油着火。

7.10.7 喷涂作业均为带压施工，为防止吸管及储料室受损或破裂，输料软管不得随地拖拉和折弯；为防止喷浆伤人，工作时喷嘴前也不得有人。

8 安装作业

8.1 金属结构的制作安装

8.1.4 钢结构安装完成前，结构的所有重量均是靠节点的连接螺栓和连接部位的焊点承受，如果螺栓未按要求进行紧固或焊点没有焊牢，极易发生事故。

8.1.8 使用钻床时，为防止手套、衣袖等卷在钻头和钻杆上，造成伤害。因此钻孔时必须扎紧袖口，扣好衣扣，严禁戴手套。工件钻孔时，为防止工件随钻头转动，造成伤人，必须用卡具卡牢，不得用手握着施钻。

8.4 管道安装

8.4.3 人工套丝时，如果板牙偏斜，在受力过程中可能滑脱，容易造成作业人员受伤。而用机械套丝时，戴上手套很容易把手套绞入板牙中，造成作业人员手部的伤害。

8.5 电气作业

8.5.3、8.5.7、8.5.10 因为电有"看不到、摸不得"的特性，操作人员只能依靠办理作业票、装设围栏和悬挂警示牌的方式来判断要进行作业电气设备和线路上是否带电。任意挪动后，作业人员无法识别，容易发生触电事故。

8.5.6 绝缘鞋和戴绝缘手套是电气作业人员防止触电事故发生的最基本的防护用品，是电气作业人员生命的基本保证。根据《中华人民共和国安全生产法》第四十九条的规定，施工人员进行有危险的作业时必须穿戴劳动保护用品。

8.5.11 高压电对人体的伤害极大，所以在高压电气设备停电后还要进一步验证设备是否有电，所以必须使用经检验合格的验电器进行检查。另外由于高压电气设备的电压很高，在不用的环境下特别是潮湿的环境下会发生空气的击穿造成人身伤害。所以在验电时必须要有专人进行监护。如果是室外的设备，必须要保持环境的干燥。

8.5.13 本条为基本的送电程序，目的是保证送电安全，防止送电时发生触电事故。

8.5.29 预约停送电不能确认电气设备和线路上是否有电，容易出现预约停电时电并未停，作业人员就开始施工；预约送电时，作业人员还在工作，从而发生触电伤亡事故。

8.6 仪表作业

8.6.4 本条为放射性料位计安装的基本操作方法，其主要目的是：①防止由于意外事故的发生产生放射源的意外照射而污染环境，造成人员伤害。②有效控制作业人员的射线照射量，保证作业人员的安全。

8.6.9 有毒气体分析器进行校验时可能会有有毒气体溢出，对操作人员造成伤害。氧气分析器校验时可能会有氧气溢出，如遇易燃物品，将会发生火灾。

8.7 涂装作业

8.7.9 受限空间的通风不畅，而涂漆作业会有大量的有毒有害和易燃易爆气体挥发出来，并出现大量的集聚，极易发生闪爆或人体中毒事故。应尽量避免在受限空间内进行涂装作业。如无法避免时，应对受限空间的空气含量、易燃易爆气体和毒气成分进行监控，并有一旦发生事故时的预防措施，避免对施工人员造成伤害。

8.8 隔热作业

8.8.15 在潮湿环境下使用电动设备，容易发生由于漏电而造成触电事故，而隔热耐磨混凝土的浇筑作业，多是在金属容器内进行。发生漏电后更容易危害作业人员。

8.9 耐压试验

8.9.7 带压操作容易发生事故，对操作人员伤害。

9 施工检测

9.1 一般规定

9.1.1 本条规定了检测人员所具备的条件和持证上岗的要求。因检验检测工作的特殊性，如涉及剧毒或危险化学品、辐射等危害因素，故从事检验检测的人员必须经过相关的法律法规、技术培训和考核，增强防护意识和责任感，获得与其专业工作有关的安全防护知识和应急措施。这是保证检测操作人员及公众安全的基本条件。

患有禁忌病症的人员不得从事相应检验检测工作。检测单位应对检验检测人员定期进行体检，以判定是否继续适应检测专业工作。建立健康档案是为了加强对检测人员健康状态的跟踪管理。

9.1.2 采用γ射线源检测的单位还应配备适当的应急响应设备和处理工具，如：防护工装、套鞋和手套、急救箱、手提无线通讯设备、铅粒屏蔽包、长夹钳等。

9.1.3 保持检验检测设备的完好状态，是防止检验检测中事故发生的措施之一。检验检测设备仪器应定期进行维护、保养和检定，在投入使用前应检查其性能状态，确保正常运行。采用γ射线源进行曝光操作前应检查确认放射源容器及锁紧装置、输源管、曝光头、驱动缆处于正常状态并连接牢固，确认放射源处于屏蔽状态，距源容器表面5cm处的空气比释动能率不大于$0.02 mGy \cdot h^{-1}$。

9.2 施工测量

9.2.1 测量仪器一般比较精密，有一定重量，为防止仪表从箱中坠落或背带、提环断裂造成事故，搬运前仪器箱必须上锁，检查提环、背带、背架是否安全可靠。

9.2.4 激光经纬仪及红外线测距仪是利用激光及红外线的反射原理，其光线对眼睛及皮肤有灼伤作用，作业人员必须穿戴好工作服、手套、头盔等防护用具，严禁对着人的眼睛和皮肤进行照射。

9.2.5 避免加载过程中沉降不均匀造成试桩偏心受拉或桩身在较高载荷下发生脆性破坏进而破坏地基土而造成压重平台坍塌。拔桩试验时千斤顶一般安放在反力架上面，故应防止发生倾倒或其他事故。

9.2.6 本条规定是为防止施加于地基土的压应力超过地基土承载力而造成地基土破坏或下沉而导致堆载平台倾倒或坍塌。

9.2.7 钻进过程中，保持钻孔内循环水流以润滑、冷却钻头，防止发生卡钻事故。

9.2.8 本条规定是为避免锤架承重后倾斜或锤体反弹时导向横向撞击锤架倾斜发生倾覆。

9.3 成分分析

9.3.2 许多化学药品都是有毒、有腐蚀性的，用手直接拿取会造成手部灼伤、中毒等伤害。

9.3.3 剧毒药品（如氰化钾、砷等）都是国家安全、卫生部门严格管理的物品，微量吸入或食用就会造成生命危险，因此必须遵守《危险化学品安全管理条例》（2002年1月26日国务院令第344号）的规定，必须在专用仓库内单独存放，实行双人收发、双人保管制度，严格管理，防止误拿、误食或丢失，以免造成严重后果。

9.3.4 易挥发的物品如酒精、汽油、乙醚等，汽化后极易发生中毒或爆炸，因此使用时必须在通风柜内进行，防止蒸汽对人员造成伤害。

9.3.6 强酸、强碱是腐蚀性极强的物质，与人体接触会造成严重灼伤，因此盛装强酸、强碱的容器必须放在安全位置，不得放在高架上，防止取用时翻倒掉下伤人。

9.3.8 氯酸钾为强氧化剂，有机物一般为还原剂，当强氧化剂与还原剂混合时易产生剧烈放热反应或发生爆炸等危险，两者应隔离存放、避免混合。

9.3.9 进行过高氯酸冒烟操作的通风柜应经处理，防止有机试剂发生剧烈反应。

9.3.10 溶液加热前，应将容器内的溶液搅拌均匀，防止上下层不同浓度的溶液在加热时产生迸沸。许多液体由于比重或沸点不同，如硫酸、硝酸、盐酸等与水混合加热时，若不及时搅拌，会发生迸沸，对人体造成伤害。加热试管内溶液时，为防止管内气体及蒸汽喷出伤人，其管口严禁对着人。

9.3.12 在雨、雪天气中进行露天作业难以达到可靠绝缘的要求，易发生触电事故。在易燃物品附近进行光谱分析时，应采取相应措施并经有关部门批准后方可进行。金属光谱仪的电极（工件）在通电后即带电，不得用手触摸。

9.4 物理试验

9.4.1 为防止熬制石蜡、松香或烘干木柴、纸张时因温度过高而着火，作业时必须严格控制加热温度。并应防止试样溢出和着火伤人或烫伤操作人员，防止试样蒸气中毒。

9.4.2、9.4.3 应在冲击试验机两侧加装防护网。在冲击试验时，为防止冲击锤落下或试件断裂时迸出伤人，作业时作业人员应站在机器侧面，并保持一定距离。为防止冲击锤落下伤人，放置冲击试样时，应将冲击锤支撑稳固，不得将冲击锤升到最高位置后放置试样。采用液氮或干冰（二氧化碳）作为低温冲击试验的冷却剂时，在搬运、使用及存储中均应防止冷却剂溢出冻伤操作人员或造成人员窒息伤害。

9.4.4 在拉伸、弯曲试验时，为防止试件断裂后迸出伤人。作业时作业人员应站在机器侧面，并保持一定距离。

9.4.5 金相腐蚀、电解过程中会产生有毒气体，故操作室应通风良好，并设有自来水和急救酸、碱伤害时中和用的溶液。为防止金相试件在磨制时突然飞出伤人，不得多人同时在一个旋转盘上操作。金相试验用过的废液应经必要的处理后可排放。

9.5 无损检测

Ⅰ 射线检测

9.5.1 按照《放射性同位素与射线装置安全和防护条例》和《放射性同位素与射线装置安全许可管理办法》的规定，承担射线检测的单位应取得辐射安全许可证，并严格按照许可证中限定的放射性同位素的类别、总活度和射线装置的类别、数量范围进行使用。

射线检测单位应有专门的安全和防护管理机构或

者专职、兼职安全和防护管理人员，有健全的安全和防护管理规章制度、辐射事故应急措施。

辐射事故应急预案的内容应包括：应急机构和职责分工；应急人员的组织、培训以及应急和救助的装备、资金、物资准备；辐射事故分级与应急响应措施；辐射事故调查、报告和处理程序。

承担射线检测的单位应当严格按照国家关于个人剂量监测和健康管理的规定，对射线检测人员进行个人剂量监测和职业健康检查，建立个人剂量档案和职业健康监护档案。

按照现行国家标准《电离辐射防护与辐射源安全基本标准》GB 18871 规定，职业照射记录应包括：涉及职业照射的工作的一般资料；达到或超过有关记录水平的剂量和摄入量等资料，以及剂量评价所依据的数据资料；对于调换过工作单位的工作人员，其在各单位工作的时间和所接受的剂量和摄入量等资料；因应急干预或事故所受到的剂量和摄入量等记录。人员个人剂量档案和职业健康监护档案应保存至职业人员年满75岁或停止射线检测工作后30年。

9.5.2 按照《放射工作人员职业健康管理办法》（中华人民共和国卫生部令第 55 号）的规定，从事射线透照的人员应年满18周岁，经职业健康检查符合放射工作人员健康标准，具有高中以上文化水平和相应专业技术知识和能力，遵守放射防护法规和规章制度，接受个人剂量监督。掌握放射防护知识和有关法规，经省级卫生行政部门授权机构进行的辐射安全和防护专业知识及相关法律法规的培训并考试合格。考核不合格的，不得上岗。

9.5.3 依据《中华人民共和国放射性污染防治法》第 28 条、《放射性同位素与射线装置安全和防护条例》第 20 条和《放射性同位素与射线装置安全许可管理办法》第 6 条的规定，放射性同位素只能在持有许可证的单位之间转让（放射性同位素所有权或使用权在不同持有者之间的转移）。禁止向无许可证或者超出许可证规定的种类和范围的单位转让放射性同位素。未经批准不得转让放射性同位素。

9.5.4 γ射线源的储存应充分考虑周围的辐射安全。放射性同位素应当单独存放，不得与易燃、易爆、腐蚀性物品等一起存放，并指定专人负责保管。对放射性同位素贮存场所应当采取防火、防水、防盗、防丢失、防破坏、防射线泄漏的安全措施。使用、贮存放射性同位素和射线装置的场所，应设置明显的放射性警告标志，其入口处应当设置安全和防护设施以及必要的防护安全连锁、报警装置或者工作信号，防止无关人员接近或误入辐射区域。

射线检测单位的放射源贮存库和施工现场的贮源库必须落实双人双锁监管，钥匙分别由经授权的人掌管，领用、归还放射源时两人须同时在场并在出入放射源登记台账中签名确认。放射源和射线装置暂不使用时必须存放于专用贮存库内。

新旧γ射线源的更换应在控制区内由授权人员采用具有足够屏蔽性能的专用换源器（倒源罐）进行。更换时应有专业防护人员负责现场操作剂量监测。现行国家职业卫生标准《工业γ射线探伤放射防护标准》GBZ 132 规定：操作人员在一次更换过程中所接受的当量剂量不应超过 0.5mSv。废源应送回生产单位、返回原出口方，或送交有相应资质的放射性废物集中贮存单位，并妥善保管对方出具的接收证明备查。严禁任意丢弃，防止造成辐射事故。

射线检测单位应当建立放射性同位素与射线装置台账，记载放射性同位素的核素名称、出厂时间和活度、标号、编码、来源和去向，及射线装置的名称、型号、射线种类、类别、用途、来源和去向等事项。必须建立和保持严格的源的定期清点检查制度，核实探伤装置中的放射源，明确每枚放射源与探伤装置的对应关系，做到账物相符、一一对应，随时掌握源的数量、存放、分布和转移情况，严防源被遗忘、失控、丢失、失踪或被盗。对于长期闲置的源和已经不能应用或不再应用的源，应定期清点检查。清点检查至少应记录和保存下列资料：每个源的位置、形态、活度及其他说明；每种放射性物质的数量、活度、形态、分布、包装和存放位置。

9.5.5 γ射线源运输应符合地方法规的要求，探伤装置需转移到外省、自治区、直辖市使用的，使用单位应分别向使用地和移出地省级环境保护主管部门备案。异地使用活动结束后应办理注销备案。

γ射线源应锁在射线仪（源容器）中并取出钥匙，置于安全屏蔽箱内并栓系固定后运输。运输工具外表面上任一点的辐射水平不得超过 2mSv/h，距运输工具外表面 2m 处的辐射水平不得超过 0.1mSv/h。

除司机、押运人员外，任何人均不允许搭乘运载放射源的车辆。装有放射源的货包、集装箱在运输期间和中途贮存期间都应与其他危险货物或有人员逗留的场所隔离。

在工作地点移动时宜使用小型车辆或手推车，并使其处于监控下。

9.5.6 按照国家职业卫生标准《工业X射线探伤放射卫生防护标准》GBZ 117 和《工业γ射线探伤放射防护标准》GBZ 132 的规定，专用探伤室设置必须充分考虑周围的放射安全。透照室必须用防射线材料进行有效的屏蔽防护，透照室门的防护性能应与同侧墙的防护性能相同，并安装门-机联锁-示警安全装置，必须在确认透照室内无人、屏蔽门关闭、所有安全装置起作用并发出照射信号指示后才能进行射线透照。探伤室入口处及被探物件出入口处必须设置声光报警装置，并安装门-机联锁装置和工作指示灯；机房内适当位置安装固定式剂量仪。该装置在γ射线探伤机工作时应自动接通，并能在有人通过时自动将放射源收回源容器；确保室外人员年有效剂量小于其相应的限值。

9.5.7 按照现行国家标准《电离辐射防护与辐射源安全基本标准》GB 18871 规定，应把辐射工作场所分为控制区和监督区，以便于辐射防护管理和职业照射控制。

控制区是指需要和可能需要专门防护手段或安全措施的区域。以便控制正常工作条件下的正常照射，并预防潜在照射或限制潜在照射的范围。应定期审查控制区的实际状况，以确定是否有必要改变防护手段、安全措施或控制区的边界。

监督区是指控制区外、通常不需要专门的防护手段或安全措施，但需要经常对职业照射条件进行监督和评价的区域。应采用适当的手段划出监督区的边界；应定期审查该区的条件，以确定是否需要采取防护措施和做出安全规定，或是否需要更改监督区的边界。

射线作业人员应在控制区边界外操作。允许探伤人员在监督区内活动，禁止在监督区内进行其他作业，其他人员也不应在监督区边界附近长期停留。进行射线检测作业时，必须考虑γ射线探伤机和被检物体的距离、照射方向、时间和屏蔽条件，γ源驱动装置应尽可能设置于控制区外，以保证作业人员的受照剂量低于年剂量限值，并应达到可以合理做到的尽可能低的水平。同时应保证操作人员之间的有效交流。

应通过巡测划出控制区和监督区。可按照控制区和监督区边界距离估算值，在探伤机处于照状态时，用便携式辐射测量仪从探伤位置四周由远及近地测量空气比释动能率（K），确定边界位置。根据国家职业卫生标准《工业 X 射线探伤放射卫生防护标准》GBZ 117 和《工业 γ 射线探伤放射防护标准》GBZ 132 的规定，按放射工作人员年有效剂量限值的四分之一（5mSv）和每周实际透照时间为 7h 推算，控制区与监督区边界的空气比释动能率（K）应满足以下要求：

控制区边界：$K=15\mu Gy/h$；

监督区边界：X 射线检测时，$K=1.5\mu Gy/h$；

γ 射线检测时，$K=2.5\mu Gy/h$。

若每周实际透照时间 $t>7h$，控制区边界空气比释动能率应按以下公式进行换算：$K'=100/t$（式中：K'—控制区边界空气比释动能率，$\mu Gy/h$；t—每周实际开机时间，h）同时，监督区边界空气比释动能率也相应改变。

9.5.8

1）在施工现场进行射线透照时应确保射线检测作业时控制区内无任何人员，监督区内无公众人员，且有相应的安全措施和监护人员。

2）γ射线源的能量和活度应根据受检工件的规格合理选用。在满足穿透力的条件下，应选用较低能量的射线。对于小型、薄壁工件，可选用较低能量的X线源，降低射线作业场所的射线照射剂量率。

3）在监督区边界上必须设警戒标志。在监督区边界附近不应有经常停留的公众成员。射线曝光前应仔细检查安全装置的性能、警告标志的状态、控制区内人员等情况，确保γ探伤源和 X 射线装置的安全使用，防止因误操作造成而伤害。

按照《电离辐射防护与辐射源安全基本标准》GB 18871 的规定，电离辐射的标志如图 1 所示，电离辐射警告标志如图 2 所示。其背景为黄色，正三角形边框及电离辐射标志图形均为黑色，"当心电离辐射"用黑色粗等线体字。正三角形外边长 $a_1=500mm$，内边长 $a_2=350mm$。

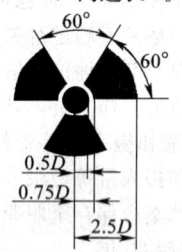

图 1　电离辐射的标志　　图 2　电离辐射警告标志

4）当探伤装置、场所、被检工件（材料、规格、形状）、照射方向、屏蔽等条件发生变化时，均应重新进行巡测，确定新的控制区和监督区边界线。

5）用于放射防护监测的仪器，每年至少由法定计量部门检定一次，并取得合格使用证明书。有效期内的监测仪器若涉及计量刻度的维修，必须重新检定。

6）为确保γ探伤机在每次透照完毕收回后，放射源处在源容器内的安全屏蔽位置，需要对源容器表面进行γ辐射剂量率水平检测。

9.5.9 按照《职业性外照射个人监测规范》GBZ 128 规定，任何放射工作人员，在正常情况下的职业照射水平应不超过以下限值：

1）连续 5 年内年均有效剂量，20mSv；

2）任何一年中的有效剂量，50mSv；

3）眼晶体的年当量剂量，150mSv；

4）四肢（手和脚）或皮肤的年当量剂量，500mSv。

用人单位聘用新工作人员时，应从受聘人员的原聘用单位获取他们的原有职业受照记录及其有关资料。

9.5.10 暗室应有足够空间并有通风换气设备。暗室内应保持整洁有序。药品、试剂和用具应放在指定位置。通道应平坦通畅，不得堆放杂物。限制连续工作时间是考虑了暗室密闭空间中空气对作业人员健康的不良影响。

Ⅱ　其他检测

9.5.12 使用通电法或触头法进行磁粉检测，合闸时有时会产生火花，因此在有可燃介质环境探伤时，应采取有效的防火措施。应保持电极触头与工件接触良好，不得在通电状态下移动电极触头。探伤用的夹具和触头，应用导电良好、熔点低、硬度不高的金属制成。

9.5.14 当进行荧光磁粉检测时，不得使用不带滤波片或屏蔽罩失效的紫外线灯，应避免人眼直接受紫外线照射。

9.5.15 渗透检测用的渗透剂、清洗剂、显像剂大多是挥发性较强的可燃液体（有机溶剂），故作业时附近不得有明火，并通风良好。在容器等受限空间内进行渗透检测时，应防止有机溶液中毒，必要时可设置排气通风装置，容器外应设专人监护。

9.5.17 使用喷罐式检测剂时，作业人员应在上风侧操作，避免吸入过多的有机溶剂挥发气体。

9.5.18 磁粉或渗透检测结束后，应及时清理剩余渗透检测剂的喷罐，释放空喷罐内的残余压力，应将废弃的检测剂喷罐清理至指定地点集中处理。不得随意丢弃，以防止着火。

10 施工机械使用

10.1 一般规定

10.1.3 本条符合现行国家法规《特种设备安全监察条例》中的有关规定，首先说明起重机械属于特种设备，其次是由县以上地方负责特种设备安全监督管理的部门对本行政区域内特种设备实施安全检查，第三强调未经定期检验或检验不合格的特种设备不得继续使用。

10.1.4 本条符合现行国家法规《特种设备安全监察条例》第三十九条的规定要求，作业人员在取得国家统一格式的特种作业人员证书后方可从事相应的作业。

10.3 起重吊装机械

10.3.9 本条符合现行国家法规《建设工程安全管理条例》第二十五条的规定要求，强调垂直运输机械作业人员、起重信号工等特种作业人员，必须按照国家有关规定经过专门的安全作业培训，并取得特种作业操作资格证书后，方可上岗作业。

10.3.28 本条符合现行国家标准《塔式起重机安全规程》GB 5144 中的有关规定，塔身与地面的垂直偏差、安全装置等是确保起重机安全工作的必要前提。

10.3.33 高处作业系挂安全带是保护高空作业人员生命安全的最直接、最有效的措施。

10.3.39 起重机运行条件下，如果进行加油、擦拭、修理等工作，极易造成机械伤害事故；正常维修时，切断电源并挂警示标志，可有效避免触电事故的发生，及起重机非正常启动所造成的意外伤害事故。

10.4 铆、管机械

10.4.18 钻孔作业过程中，高速运转的钻头极易发生挂带织物、迸溅废屑的现象，为保障作业人员安全，必须戴防护眼镜，严禁戴手套作业；若手持工件进行钻孔作业，不能有效稳固工件，容易造成工件飞脱或在钻头高速旋转下发生伤人损物的事故。

10.8 运输机械

10.8.17 物料提升机作为货物提升的专用机械，其安全标准比载人电梯的安全标准低，为预防人员伤亡事故发生，严禁人员搭载；吊笼是沿着架体轨迹上下运行，人员若攀登架体或从架体下穿越，容易发生意外伤害事故。

10.8.23 本条符合现行国家法规《特种设备安全监察条例》的原则，将施工升降机纳入特种设备的管理，安装和拆卸必须持有相应资质，作业人员必须持证上岗。

10.8.26 本条符合现行国家标准《施工升降机》GB/T 10054 的要求。重新安装与大修后，都视为新安装，在投入使用前必须经过坠落试验。

10.10 混凝土机械

10.10.3 防止搅拌机意外启动，造成人员伤亡事故。

10.11 钢筋加工机械

10.11.4 弯曲机作业属于冷作业范畴，当挡铁轴的直径和强度小于被弯钢筋的直径和强度时，易造成挡铁轴断裂；弯曲不规则的钢筋，作业中更换轴芯、销子和变换角度以及调速都易发生被弯曲钢筋弹跳伤人的事故。

10.13 装饰机械

10.13.4 溶剂多为有毒有害、易燃易爆物质。溶剂在高压射流作用下喷回桶内，会造成压力骤然升高，引发中毒、火灾等事故。

中华人民共和国行业标准

建筑施工土石方工程安全技术规范

Technical code for safety in earthwork of building construction

JGJ 180—2009

批准部门：中华人民共和国住房和城乡建设部
施行日期：２００９年１２月１日

中华人民共和国住房和城乡建设部
公　告

第332号

关于发布行业标准《建筑施工土石方工程安全技术规范》的公告

现批准《建筑施工土石方工程安全技术规范》为行业标准，编号为JGJ 180-2009，自2009年12月1日起实施。其中，第2.0.2、2.0.3、2.0.4、5.1.4、6.3.2条为强制性条文，必须严格执行。

本规范由我部标准定额研究所组织中国建筑工业出版社出版发行。

中华人民共和国住房和城乡建设部
2009年6月18日

前　言

根据原建设部《关于印发〈二〇〇一～二〇〇二年度工程建设城建、建工行业标准制订、修订计划〉的通知》（建标［2002］84号）的要求，中国建筑技术集团有限公司和江苏省华建建设股份有限公司会同有关单位在深入调查研究，认真总结实践经验，并广泛征求意见的基础上，制定本规范。

本规范主要技术内容是：总则、基本规定、机械设备、场地平整、土石方爆破、基坑工程、边坡工程等。

本规范以黑体字标志的条文为强制性条文，必须严格执行。

本规范由住房和城乡建设部负责管理和对强制性条文的解释，由中国建筑技术集团有限公司负责具体技术内容的解释。在执行过程中如有意见或建议，请寄送中国建筑技术集团有限公司（地址：北京市北三环东路30号，邮政编码：100013）。

本规范主编单位：中国建筑技术集团有限公司
江苏省华建建设股份有限公司

本规范参编单位：建研地基基础工程有限责任公司
中国铁道科学研究院
中冶集团建筑研究总院
北京市机械施工有限公司
合肥工业大学
广东省建筑科学研究院
机械工业勘察设计研究院

本规范主要起草人：黄　强　吴春林　程　杰
杨年华　杨志银　张治华
毛由田　韩金田　杨　斌
郑生庆　田树玉

本规范主要审查人：唐　伟　王群依　张晓飞
岳光兵　蒲宇锋　舒世平
叶　锋　刘焕存　周载阳

目 次

1 总则 ················· 10—7—5
2 基本规定 ············· 10—7—5
3 机械设备 ············· 10—7—5
   3.1 一般规定 ········· 10—7—5
   3.2 土石方开挖设备 ··· 10—7—5
   3.3 土方平整和运输设备 ··· 10—7—6
4 场地平整 ············· 10—7—6
   4.1 一般规定 ········· 10—7—6
   4.2 场地平整 ········· 10—7—6
   4.3 场内道路 ········· 10—7—7
5 土石方爆破 ··········· 10—7—7
   5.1 一般规定 ········· 10—7—7
   5.2 作业要求 ········· 10—7—7
   5.3 爆破安全防护及爆破器材管理 ······ 10—7—8
6 基坑工程 ············· 10—7—8
   6.1 一般规定 ········· 10—7—8
   6.2 基坑开挖的防护 ··· 10—7—8
   6.3 作业要求 ········· 10—7—8
   6.4 险情预防 ········· 10—7—9
7 边坡工程 ············· 10—7—9
   7.1 一般规定 ········· 10—7—9
   7.2 作业要求 ········· 10—7—9
   7.3 险情预防 ········· 10—7—10
本规范用词说明 ········· 10—7—10
引用标准名录 ··········· 10—7—10
附：条文说明 ··········· 10—7—11

CONTENTS

1 General Provisions ·············· 10—7—5
2 Basic Requirements ············· 10—7—5
3 Machinery and Equipment ········ 10—7—5
   3.1 General Requirements ·············· 10—7—5
   3.2 Equipment for Earthwork
       Excavation ······················· 10—7—5
   3.3 Site Leveling and Transport
       Equipment ······················· 10—7—6
4 Site Leveling ······················ 10—7—6
   4.1 General Requirements ·············· 10—7—6
   4.2 Site Leveling ······················· 10—7—6
   4.3 Field Road ························ 10—7—7
5 Earthwork Blasting ················ 10—7—7
   5.1 General Requirements ·············· 10—7—7
   5.2 Construction Requirements ········ 10—7—7
   5.3 Blasting Safety and Explosive
       Material Management ············· 10—7—8
6 Excavation Engineering ············ 10—7—8
   6.1 General Requirements ·············· 10—7—8
   6.2 Protection for Excavation ··········· 10—7—8
   6.3 Construction Requirements ········· 10—7—8
   6.4 Emergency Prevention ·············· 10—7—9
7 Slope Engineering ·················· 10—7—9
   7.1 General Requirements ·············· 10—7—9
   7.2 Construction Requirements ········· 10—7—9
   7.3 Emergency Prevention ·············· 10—7—10
Explanation of Wording in This
   Code ······························· 10—7—10
Normative Standards ················· 10—7—10
Addition: Explanation of
   Provisions ························ 10—7—11

1 总 则

1.0.1 为了在建筑施工土石方工程作业中，贯彻执行国家有关安全生产法规，做到安全施工、技术可靠、经济合理，制定本规范。

1.0.2 本规范适用于工业与民用建筑及构筑物工程的土石方施工与安全。

1.0.3 建筑施工土石方工程的安全技术要求，除应执行本规范外，尚应符合国家现行有关标准的规定。

2 基本规定

2.0.1 土石方工程施工应由具有相应资质及安全生产许可证的企业承担。

2.0.2 土石方工程应编制专项施工安全方案，并应严格按照方案实施。

2.0.3 施工前应针对安全风险进行安全教育及安全技术交底。特种作业人员必须持证上岗，机械操作人员应经过专业技术培训。

2.0.4 施工现场发现危及人身安全和公共安全的隐患时，必须立即停止作业，排除隐患后方可恢复施工。

2.0.5 在土石方施工过程中，当发现古墓、古物等地下文物或其他不能辨认的液体、气体及异物时，应立即停止作业，作好现场保护，并报有关部门处理后方可继续施工。

3 机械设备

3.1 一般规定

3.1.1 土石方施工的机械设备应有出厂合格证书。必须按照出厂使用说明书规定的技术性能、承载能力和使用条件等要求，正确操作，合理使用，严禁超载作业或任意扩大使用范围。

3.1.2 新购、经过大修或技术改造的机械设备，应按有关规定要求进行测试和试运转。

3.1.3 机械设备应定期进行维修保养，严禁带故障作业。

3.1.4 机械设备进场前，应对现场和行进道路进行踏勘。不满足通行要求的地段应采取必要的措施。

3.1.5 作业前应检查施工现场，查明危险源。机械作业不宜在有地下电缆或燃气管道等 2m 半径范围内进行。

3.1.6 作业时操作人员不得擅自离开岗位或将机械设备交给其他无证人员操作，严禁疲劳和酒后作业。严禁无关人员进入作业区和操作室。机械设备连续作业时，应遵守交接班制度。

3.1.7 配合机械设备作业的人员，应在机械设备的回转半径以外工作；当在回转半径内作业时，必须有专人协调指挥。

3.1.8 遇到下列情况之一时应立即停止作业：
1. 填挖区土体不稳定、有坍塌可能；
2. 地面涌水冒浆，出现陷车或因下雨发生坡道打滑；
3. 发生大雨、雷电、浓雾、水位暴涨及山洪暴发等情况；
4. 施工标志及防护设施被损坏；
5. 工作面净空不足以保证安全作业；
6. 出现其他不能保证作业和运行安全的情况。

3.1.9 机械设备运行时，严禁接触转动部位和进行检修。

3.1.10 夜间工作时，现场必须有足够照明；机械设备照明装置应完好无损。

3.1.11 机械设备在冬期使用时，应遵守有关规定。

3.1.12 冬、雨期施工时，应及时清除场地和道路上的冰雪、积水，并应采取有效的防滑措施。

3.1.13 爆破工程每次爆破后，现场安全员应向设备操作人员讲明有无盲炮等危险情况。

3.1.14 作业结束后，应将机械设备停到安全地带。操作人员非作业时间不得停留在机械设备内。

3.2 土石方开挖设备

Ⅰ 挖掘机

3.2.1 挖掘前，驾驶员应发出信号，确认安全后方可启动设备。设备操作过程中应平稳，不宜紧急制动。当铲斗未离开工作面时，不得作回转、行走等动作。铲斗升降不得过猛，下降时不得碰撞车架或履带。

3.2.2 装车作业应在运输车停稳后进行，铲斗不得撞击运输车任何部位；回转时严禁铲斗从运输车驾驶室顶上越过。

3.2.3 拉铲或反铲作业时，挖掘机履带到工作面边缘的安全距离不应小于 1.0m。

3.2.4 在崖边进行挖掘作业时，应采取安全防护措施。作业面不得留有伞沿状及松动的大块石。

3.2.5 挖掘机行进或作业中，不得用铲斗吊运物料，驾驶室外严禁站人。

3.2.6 挖掘机作业结束后应停放在坚实、平坦、安全的地带，并将铲斗收回平放在地面上。

Ⅱ 推土机

3.2.7 推土机工作时严禁有人站在履带或刀片的支架上。

3.2.8 推土机上下坡应用低速挡行驶，上坡过程中不得换挡，下坡过程中不得脱挡滑行。下陡坡时，应将推铲放下接触地面。

3.2.9 推土机在积水地带行驶或作业前,必须查明水深。

3.2.10 推土机向沟槽回填土时应设专人指挥,严禁推铲越出边缘。

3.2.11 两台以上推土机在同一区域作业时,两机前后距离不得小于8m,平行时左右距离不得小于1.5m。

Ⅲ 铲运机

3.2.12 铲运机作业前应将行车道整修好,路面宽度宜大于机身宽度2m。

3.2.13 自行式铲运机沿沟边或填方边坡作业时,轮胎离路肩不得小于0.7m,并应放低铲斗,低速缓行。

3.2.14 两台以上铲运机在同一区域作业时,自行式铲运机前后距离不得小于20m(铲土时不得小于10m),拖式铲运机前后距离不得小于10m(铲土时不得小于5m);平行时左右距离均不得小于2m。

Ⅳ 装载机

3.2.15 装载机作业时应使用低速挡。严禁铲斗载人。

3.2.16 装载机不得在倾斜度超过规定的场地上工作。

3.2.17 向汽车装料时,铲斗不得在汽车驾驶室上方越过。不得偏载、超载。

3.2.18 在边坡、壕沟、凹坑卸料时,应有专人指挥,轮胎距沟、坑边缘的距离应大于1.5m,并应放置挡木阻滑。

3.3 土方平整和运输设备

Ⅰ 压路机

3.3.1 压路机碾压的工作面,应经过适当平整。压路机工作地段的纵坡坡度不应超过其最大爬坡能力,横坡坡度不应大于20°。

3.3.2 修筑坑边道路时,必须由里侧向外侧碾压。距路基边缘不得小于1m。

3.3.3 严禁用压路机拖带任何机械、物件。

3.3.4 两台以上压路机在同一区域作业时,前后距离不得小于3m。

Ⅱ 载重汽车

3.3.5 载重汽车向坑洼区域卸料时,应和边坡保持安全距离,防止塌方翻车。严禁在斜坡侧向倾卸。

3.3.6 载重汽车卸料后,应使车厢落下复位后方可起步,不得在未落车厢的情况下行驶。车厢内严禁载人。

Ⅲ 蛙式夯实机

3.3.7 夯实机的扶手和操作手柄必须加装绝缘材料,操作开关必须使用定向开关,进线口必须加胶圈。

3.3.8 夯实机的电缆线不宜长于50m,不得扭结、缠绕或张拉过紧,应保持有至少3m~4m的余量。

3.3.9 操作人员必须戴绝缘手套、穿绝缘鞋。必须采取一人操作、一人拉线作业。

3.3.10 多台夯机同时作业时,其并列间距不宜小于5m,纵列间距不宜小于10m。

Ⅳ 小翻斗车

3.3.11 运输构件宽度不得超过车宽,高度不得超过1.5m(从地面算起)。

3.3.12 下坡时严禁空挡滑行;严禁在大于25°的陡坡上向下行驶。

3.3.13 在坑槽边缘倒料时,必须在距离坑槽0.8m~1.0m处设置安全挡块。严禁骑沟倒料。

3.3.14 翻斗车行驶的坡道应平整且宽度不得小于2.3m。

3.3.15 翻斗车行驶中,车架上和料斗内严禁站人。

4 场地平整

4.1 一般规定

4.1.1 作业前应查明地下管线、障碍物等情况,制定处理方案后方可开始场地平整工作。

4.1.2 土石方施工区域应在行车行人可能经过的路线点处设置明显的警示标志。有爆破、塌方、滑坡、深坑、高空滚石、沉陷等危险的区域应设置防护栏栅或隔离带。

4.1.3 施工现场临时用电应符合现行行业标准《施工现场临时用电安全技术规范》JGJ 46的规定。

4.1.4 施工现场临时供水管线应埋设在安全区域,冬期应有可靠的防冻措施。供水管线穿越道路时应有可靠的防振防压措施。

4.2 场地平整

4.2.1 场地内有洼坑或暗沟时,应在平整时填埋压实。未及时填实的,必须设置明显的警示标志。

4.2.2 雨期施工时,现场应根据场地泄排量设置防洪排涝设施。

4.2.3 施工区域不宜积水。当积水坑深度超过500mm时,应设安全防护措施。

4.2.4 有爆破施工的场地应设置保证人员安全撤离的通道和庇护场所。

4.2.5 在房屋旧基础或设备旧基础的开挖清理过程中,应符合下列规定:

1 当旧基础埋置深度大于2.0m时,不宜采用人工开挖和清除;

2 对旧基础进行爆破作业时,应按相关标准的规定执行；

3 土质均匀且地下水位低于旧基础底部，开挖深度不超过下列限值时，其挖方边坡可作成直立壁不加支撑。开挖深度超过下列限值时，应按本规范第6.3.5条的规定放坡或采取支护措施：

  1）稍密的杂填土、素填土、碎石类土、砂土 1m
  2）密实的碎石类土（充填物为黏土） 1.25m
  3）可塑状的黏性土 1.5m
  4）硬塑状的黏性土 2m

4.2.6 当现场堆积物高度超过1.8m时，应在四周设置警示标志或防护栏；清理时严禁掏挖。

4.2.7 在河、沟、塘、沼泽地（滩涂）等场地施工时，应了解淤泥、沼泽的深度和成分，并应符合下列规定：

1 施工中应做好排水工作；对有机质含量较高、有刺激臭味及淤泥厚度大于1.0m的场地，不得采用人工清淤；

2 根据淤泥、软土的性质和施工机械的重量，可采用抛石挤淤或木（竹）排（筏）铺垫等措施，确保施工机械移动作业安全；

3 施工机械不得在淤泥、软土上停放、检修；

4 第一次回填土的厚度不得小于0.5m。

4.2.8 围海造地填土时，应遵守下列安全技术规定：

1 填土的方法、回填顺序应根据冲（吹）填方案和降排水要求进行；

2 配合填土作业人员，应在冲（吹）填作业范围外工作；

3 第一次回填土的厚度不得小于0.8m。

4.3 场内道路

4.3.1 施工场地修筑的道路应坚固、平整。

4.3.2 道路宽度应根据车流量进行设计且不宜少于双车道，道路坡度不宜大于10°。

4.3.3 路面高于施工场地时，应设置明显可见的路险警示标志；其高差超过600mm时应设置安全防护栏。

4.3.4 道路交叉路口车流量超过300车次/d时，宜在交叉路口设置交通指示灯或指挥岗。

5 土石方爆破

5.1 一般规定

5.1.1 土石方爆破工程应由具有相应爆破资质和安全生产许可证的企业承担。爆破作业人员应取得有关部门颁发的资格证书，做到持证上岗。爆破工程作业现场应由具有相应资格的技术人员负责指导施工。

5.1.2 A级、B级、C级和对安全影响较大的D级爆破工程均应编制爆破设计书，并对爆破方案进行专家论证。

5.1.3 爆破前应对爆区周围的自然条件和环境状况进行调查，了解危及安全的不利环境因素，采取必要的安全防范措施。

5.1.4 爆破作业环境有下列情况时，严禁进行爆破作业：

1 爆破可能产生不稳定边坡、滑坡、崩塌的危险；

2 爆破可能危及建（构）筑物、公共设施或人员的安全；

3 恶劣天气条件下。

5.1.5 爆破作业环境有下列情况时，不应进行爆破作业：

1 药室或炮孔温度异常，而无有效针对措施；

2 作业人员和设备撤离通道不安全或堵塞。

5.1.6 装药工作应遵守下列规定：

1 装药前应对药室或炮孔进行清理和验收；

2 爆破装药量应根据实际地质条件和测量资料计算确定；当炮孔装药量与爆破设计量差别较大时，应经爆破工程技术人员核算同意后方可调整；

3 应使用木质或竹质炮棍装药；

4 装起爆药包、起爆药柱和敏感度高的炸药时，严禁投掷或冲击；

5 装药深度和装药长度应符合设计要求；

6 装药现场严禁烟火和使用手机。

5.1.7 填塞工作应遵守下列规定：

1 装药后必须保证填塞质量，深孔或浅孔爆破不得采用无填塞爆破；

2 不得使用石块和易燃材料填塞炮孔；

3 填塞时不得破坏起爆线路；发现有填塞物卡孔应及时进行处理；

4 不得用力捣固直接接触药包的填塞材料或用填塞材料冲击起爆药包；

5 分段装药的炮孔，其间隔填塞长度应按设计要求执行。

5.1.8 严禁硬拉或拔出起爆药包中的导爆索、导爆管或电雷管脚线。

5.1.9 爆破警戒范围由设计确定。在危险区边界，应设有明显标志，并派出警戒人员。

5.1.10 爆破警戒时，应确保指挥部、起爆站和各警戒点之间有良好的通信联络。

5.1.11 爆破后应检查有无盲炮及其他险情。当有盲炮及其他险情时，应及时上报并处理，同时在现场设立危险标志。

5.2 作业要求

Ⅰ 浅孔爆破

5.2.1 浅孔爆破宜采用台阶法爆破。在台阶形成之前进行爆破时应加大警戒范围。

5.2.2 装药前应进行验孔，对于炮孔间距和深度偏差大于设计允许范围的炮孔,应由爆破技术负责人提出处理意见。

5.2.3 装填的炮孔数量,应以当天一次爆破为限。

5.2.4 起爆前,现场负责人应对防护体和起爆网路进行检查,并对不合格处提出整改措施。

5.2.5 起爆后,应至少5min后方可进入爆破区检查。当发现问题时,应立即上报并提出处理措施。

Ⅱ 深孔爆破

5.2.6 深孔爆破装药前必须进行验孔,同时应将炮孔周围(半径0.5m范围内)的碎石、杂物清除干净;对孔口岩石不稳固者,应进行维护。

5.2.7 有水炮孔应使用抗水爆破器材。

5.2.8 装药前应对第一排各炮孔的最小抵抗线进行测定,当有比设计最小抵抗线差距较大的部位时,应采取调整药量或间隔填塞等相应的处理措施,使其符合设计要求。

5.2.9 深孔爆破宜采用电爆网路或导爆管网路起爆;大规模深孔爆破应预先进行网路模拟试验。

5.2.10 在现场分发雷管时,应认真检查雷管的段别编号,并应由有经验的爆破员和爆破工程技术人员连接起爆网路,并经现场爆破和设计负责人检查验收。

5.2.11 装药和填塞过程中,应保护好起爆网路;当发生装药卡堵时,不得用钻杆捣捅药包。

5.2.12 起爆后,应至少经过15min并等待炮烟消散后方可进入爆破区检查。当发现问题时,应立即上报并提出处理措施。

Ⅲ 光面爆破或预裂爆破

5.2.13 高陡岩石边坡应采用光面爆破或预裂爆破开挖。钻孔、装药等作业应在现场爆破工程技术人员指导监督下,由熟练爆破员操作。

5.2.14 施工前应做好测量放线和钻孔定位工作,钻孔作业应做到"对位准、方向正、角度精",炮孔的偏斜误差不得超过1°。

5.2.15 光面爆破或预裂爆破宜采用不耦合装药,应按设计装药量、装药结构制作药串。药串加工完毕后应标明编号,并按药串编号送入相应炮孔内。

5.2.16 填塞时保护好爆破引线,填塞质量应符合设计要求。

5.2.17 光面(预裂)爆破网路采用导爆索连接引爆时,应对裸露地表的导爆索进行覆盖,降低爆破冲击波和爆破噪声。

5.3 爆破安全防护及爆破器材管理

5.3.1 爆破安全防护措施、盲炮处理及爆破安全允许距离应按现行国家标准《爆破安全规程》GB 6722的相关规定执行。

5.3.2 爆破器材的采购、运输、贮存、检验、使用和销毁应符合现行国家标准《爆破安全规程》GB 6722的有关规定。

6 基坑工程

6.1 一般规定

6.1.1 基坑工程应按现行行业标准《建筑基坑支护技术规程》JGJ 120进行设计;必须遵循先设计后施工的原则;应按设计和施工方案要求,分层、分段、均衡开挖。

6.1.2 土方开挖前,应查明基坑周边影响范围内建(构)筑物、上下水、电缆、燃气、排水及热力等地下管线情况,并采取措施保护其使用安全。

6.1.3 基坑开挖深度范围内有地下水时,应采取有效的地下水控制措施。

6.1.4 基坑工程应编制应急预案。

6.2 基坑开挖的防护

6.2.1 开挖深度超过2m的基坑周边必须安装防护栏杆。防护栏杆应符合下列规定:

  1 防护栏杆高度不应低于1.2m;

  2 防护栏杆应由横杆及立杆组成;横杆应设2道~3道,下杆离地高度宜为0.3m~0.6m,上杆离地高度宜为1.2m~1.5m;立杆间距不宜大于2.0m,立杆离坡边距宜大于0.5m;

  3 防护栏杆宜加挂密目安全网和挡脚板;安全网应自上而下封闭设置;挡脚板高度不应小于180mm,挡脚板下沿离地高度不应大于10mm;

  4 防护栏杆应安装牢固,材料应有足够的强度。

6.2.2 基坑内宜设置供施工人员上下的专用梯道。梯道应设扶手栏杆,梯道的宽度不应小于1m。梯道的搭设应符合相关安全规范的要求。

6.2.3 基坑支护结构及边坡顶面等有坠落可能的物件时,应先行拆除或加以固定。

6.2.4 同一垂直作业面的上下层不宜同时作业。需同时作业时,上下层之间应采取隔离防护措施。

6.3 作业要求

6.3.1 在电力管线、通信管线、燃气管线2m范围内及上下水管线1m范围内挖土时,应有专人监护。

6.3.2 基坑支护结构必须在达到设计要求的强度后,方可开挖下层土方,严禁提前开挖和超挖。施工过程中,严禁设备或重物碰撞支撑、腰梁、锚杆等基坑支护结构,亦不得在支护结构上放置或悬挂重物。

6.3.3 基坑边坡的顶部应设排水措施。基坑底四周宜设排水沟和集水井,并及时排除积水。基坑挖至坑底时应及时清理基底并浇筑垫层。

6.3.4 对人工开挖的狭窄基槽或坑井,开挖深度较大并存在边坡塌方危险时，应采取支护措施。

6.3.5 地质条件良好、土质均匀且无地下水的自然放坡的坡率允许值应根据地方经验确定。当无经验时，可符合表6.3.5的规定。

表6.3.5　自然放坡的坡率允许值

边坡土体类别	状态	坡率允许值（高宽比）	
		坡高小于5m	坡高5m～10m
碎石土	密实	1∶0.35～1∶0.50	1∶0.50～1∶0.75
	中密	1∶0.50～1∶0.75	1∶0.75～1∶1.00
	稍密	1∶0.75～1∶1.00	1∶1.00～1∶1.25
黏性土	坚硬	1∶0.75～1∶1.00	1∶1.00～1∶1.25
	硬塑	1∶1.00～1∶1.25	1∶1.25～1∶1.50

注：1　表中碎石土的充填物为坚硬或硬塑状态的黏性土；
　　2　对于砂土填充或充填物为砂石的碎石土，其边坡坡率允许值应按自然休止角确定。

6.3.6 在软土场地上挖土，当机械不能正常行走和作业时，应对挖土机械行走路线用铺设渣土或砂石等方法进行硬化。

6.3.7 场地内有孔洞时，土方开挖前应将其填实。

6.3.8 遇异常软弱土层、流砂（土）、管涌，应立即停止施工，并及时采取措施。

6.3.9 除基坑支护设计允许外，基坑边不得堆土、堆料、放置机具。

6.3.10 采用井点降水时，井口应设置防护盖板或围栏，设置明显的警示标志。降水完成后，应及时将井填实。

6.3.11 施工现场应采用防水型灯具，夜间施工的作业面及进出道路应有足够的照明措施和安全警示标志。

6.4　险情预防

6.4.1 深基坑开挖过程中必须进行基坑变形监测，发现异常情况应及时采取措施。

6.4.2 土方开挖过程中，应定期对基坑及周边环境进行巡视，随时检查基坑位移（土体裂缝）、倾斜、土体及周边道路沉陷或隆起、地下水涌出、管线开裂、不明气体冒出和基坑防护栏杆的安全性等。

6.4.3 在冰雹、大雨、大雪、风力6级及以上强风等恶劣天气之后，应及时对基坑和安全设施进行检查。

6.4.4 当基坑开挖过程中出现位移超过预警值、地表裂缝或沉陷等情况时，应及时报告有关方面。出现塌方险情等征兆时，应立即停止作业，组织撤离危险区域，并立即通知有关方面进行研究处理。

7　边坡工程

7.1　一般规定

7.1.1 边坡工程应按现行国家标准《建筑边坡工程技术规范》GB 50330进行设计；应遵循先设计后施工，边施工边治理，边施工边监测的原则。

7.1.2 边坡开挖施工区域应有临时排水及防雨措施。

7.1.3 边坡开挖前，应清除边坡上方已松动的石块及可能崩塌的土体。

7.2　作业要求

7.2.1 临时性挖方边坡坡率可按本规范第6.3.5条的要求执行。

7.2.2 对土石方开挖后不稳定或欠稳定的边坡应根据边坡的地质特征和可能发生的破坏形态，采取有效处置措施。

7.2.3 土石方开挖应按设计要求自上而下分层实施，严禁随意开挖坡脚。

7.2.4 开挖至设计坡面及坡脚后，应及时进行支护施工，尽量减少暴露时间。

7.2.5 在山区挖填方时，应遵守下列规定：
1　土石方开挖宜自上而下分层分段依次进行，并应确保施工作业面不积水；
2　在挖方的上侧和回填土尚未压实或临时边坡不稳定的地段不得停放、检修施工机械和搭建临时建筑；
3　在挖方的边坡上如发现岩（土）内有倾向挖方的软弱夹层或裂隙面时，应立即停止施工，并应采取防止岩（土）下滑措施。

7.2.6 山区挖填方工程不宜在雨期施工。当需在雨期施工时，应编制雨期施工方案，并应遵守下列规定：
1　随时掌握天气变化情况，暴雨前应采取防止边坡坍塌的措施；
2　雨期施工前，应对施工现场原有排水系统进行检查、疏通或加固，并采取必要的防洪措施；
3　雨期施工中，应随时检查施工场地和道路的边坡被雨水冲刷情况，做好防止滑坡、坍塌工作，保证施工安全；道路路面应根据需要加铺炉渣、砂砾或其他防滑材料，确保施工机械作业安全。

7.2.7 在有滑坡地段进行挖方时，应遵守下列规定：
1　遵循先整治后开挖的施工程序；
2　不得破坏开挖上方坡体的自然植被和排水系统；
3　应先做好地面和地下排水设施；
4　严禁在滑坡体上部堆土、堆放材料、停放施工机械或搭建临时设施；
5　应遵循由上至下的开挖顺序，严禁在滑坡的抗滑段通长大断面开挖；
6　爆破施工时，应采取减振和监测措施防止爆破振动对边坡和滑坡体的影响。

7.2.8 冬期施工应及时清除冰雪，采取有效的防冻、防滑措施。

7.2.9 人工开挖时应遵守下列规定：
  1 作业人员相互之间应保持安全作业距离；
  2 打锤与扶钎者不得对面工作，打锤者应戴防滑手套；
  3 作业人员严禁站在石块滑落的方向撬挖或上下层同时开挖；
  4 作业人员在陡坡上作业应系安全绳。

7.3 险情预防

7.3.1 边坡开挖前应设置变形监测点，定期监测边坡的变形。

7.3.2 边坡开挖过程中出现沉降、裂缝等险情时，应立即向有关方面报告，并根据险情采取如下措施：
  1 暂停施工，转移危险区内人员和设备；
  2 对危险区域采取临时隔离措施，并设置警示标志；
  3 坡脚被动区压重或坡顶主动区卸载；
  4 作好临时排水、封面处理；
  5 采取应急支护措施。

本规范用词说明

1 为便于在执行本规范条文时区别对待，对于要求严格程度不同的用词说明如下：
  1）表示很严格，非这样做不可的用词：
    正面词采用"必须"，反面词采用"严禁"；
  2）表示严格，在正常情况下均应这样做的用词：
    正面词采用"应"，反面词采用"不应"或"不得"；
  3）表示允许稍有选择，在条件许可时首先应这样做的用词：
    正面词采用"宜"，反面词采用"不宜"；
    表示有选择，在一定条件下可以这样做的，采用"可"。

2 条文中指明应按其他有关标准执行的写法为："应按……执行"或"应符合……的规定"。

引用标准名录

1《建筑边坡工程技术规范》GB 50330
2《爆破安全规程》GB 6722
3《施工现场临时用电安全技术规范》JGJ 46
4《建筑基坑支护技术规程》JGJ 120

中华人民共和国行业标准

建筑施工土石方工程安全技术规范

JGJ 180—2009

条 文 说 明

制 订 说 明

《建筑施工土石方工程安全技术规范》JGJ 180—2009，经住房和城乡建设部 2009 年 6 月 18 日以第 332 号公告批准、发布。

本规范制订过程中，编制组进行了广泛和深入的调查研究，总结了我国建筑施工土石方工程安全技术与管理的实践经验，同时参考了国外先进技术法规、技术标准，通过对不同场地条件、不同周边环境土石方工程施工安全差异的验证，作出了具体的规定。

为便于广大设计、施工、科研、学校等单位有关人员在使用本标准时能正确理解和执行条文的规定，《建筑施工土石方工程安全技术规范》编制组按章、节、条顺序编制了本规范的条文说明，对条文规定的目的、依据以及执行中需注意的有关事项进行了说明，还着重对强制性条文的强制性理由作了解释。本条文说明不具备与标准正文同等的法律效力，仅供使用者作为理解和把握标准规定的参考。在使用中如果发现本条文说明有不妥之处，请将意见函寄中国建筑技术集团有限公司。

目 次

1 总则 …………………………………… 10—7—14
2 基本规定 ……………………………… 10—7—14
3 机械设备 ……………………………… 10—7—14
  3.1 一般规定 ………………………… 10—7—14
  3.2 土石方开挖设备 ………………… 10—7—14
  3.3 土方平整和运输设备 …………… 10—7—14
4 场地平整 ……………………………… 10—7—15
  4.1 一般规定 ………………………… 10—7—15
  4.2 场地平整 ………………………… 10—7—15
5 土石方爆破 …………………………… 10—7—15
  5.1 一般规定 ………………………… 10—7—15

5.2 作业要求 ………………………… 10—7—15
5.3 爆破安全防护及爆破器材管理 … 10—7—15
6 基坑工程 ……………………………… 10—7—16
  6.1 一般规定 ………………………… 10—7—16
  6.2 基坑开挖的防护 ………………… 10—7—16
  6.3 作业要求 ………………………… 10—7—16
  6.4 险情预防 ………………………… 10—7—16
7 边坡工程 ……………………………… 10—7—16
  7.1 一般规定 ………………………… 10—7—16
  7.2 作业要求 ………………………… 10—7—16
  7.3 险情预防 ………………………… 10—7—16

1 总 则

1.0.1 本条说明制定本规范的目的,在于深入贯彻国家有关安全生产的法律法规和"安全第一,预防为主"的方针,防止建筑施工土石方工程作业中发生危及人身安全的各种事故。

1.0.2 本条指出本规范的适用范围仅限于工业与民用建筑及构筑物,至于其他类型的(如水利等)土石方工程需要参照其相应的安全技术规范。

1.0.3 建筑工程土石方施工属于建筑施工的一部分,建筑施工已有不少安全技术规范、标准及规定,其中也有涉及土石方安全施工作业的要求,土石方施工时要同时贯彻执行。

2 基本规定

2.0.1 土石方工程施工企业的施工管理能力和安全管理能力是保障工程安全的首要前提,故要求企业具备相应的施工资质和安全生产许可证。

2.0.2 土石方工程在施工中易发生安全事故,为对安全风险进行预控,故规定需要事先编制专项施工安全方案,必要时由专家进行论证。施工中要切实遵守。

2.0.3 本条规定施工前要根据工程实际情况对施工人员进行有针对性的安全教育和安全技术交底。特种作业及机械操作人员要经过专业培训上岗,其中特种作业人员还要持证上岗。

2.0.4 施工中发现安全隐患时,要及时整改。当发现有危及人身安全和公共安全的隐患时,要立即停止作业,以避免事故的发生;在采取措施排除隐患后,才能恢复施工。应防止出现冒险蛮干的现象。

2.0.5 根据国家有关法律、法规的规定,如发现古墓、古物等文物要立即停止施工并报告相关部门进行文物鉴定和保护。发现异常气体、液体、异物时也要立即停止作业,待专业人员检测无害后方可继续开挖,防止发生意外伤害事故。

3 机械设备

3.1 一般规定

3.1.1 建筑工程土石方施工的机械设备较多,其性能完好是安全生产的保证,因此需要对机械设备的出厂合格证书加以检查,并要按机械使用说明、操作指南(操作手册)检查和使用机械设备。特种设备还需要有制造许可证和监督检验证明。机械设备的使用还要符合现行行业标准《建筑机械使用安全技术规程》JGJ 33 的规定。

3.1.2 对机械设备进行测试和试运转可提前发现问题并及时处理。

3.1.3 保持机械设备完好,才能减少故障和防止事故发生,操作人员要按照保养规定,对机械设备进行保养。

3.1.4 本条规定机械设备,尤其是大型机械设备进场前,需要查明现场情况和行驶路线的情况,包括桥梁、涵洞的承载能力及允许通行的宽度和高度等,当不满足通行要求时,要采取措施或绕行。这样可以避免机械设备在运输过程中出现安全和道路拥堵问题。

3.1.6 本条强调了对操作人员的纪律要求。交接班制度使操作人员在相互交班时不致发生差错,防止由于职责不清引发的事故。

3.1.7 本条规定是促使施工和机械设备操作人员相互了解情况,密切配合,达到安全生产的目的。

3.1.8 本条所列各项基本归纳了土方施工中常见的危害安全生产的情况。机械设备操作时,操作人员要随时观察周围情况。当遇到类似情况时要立即停止作业。

3.2 土石方开挖设备

3.2.4 挖土时如出现伞沿状及松动的大块石就有塌方危险,要采取措施处理。

3.2.9 推土机可涉一定深度的水,但涉水前要查明水深和水底土质,并根据机械使用说明进行操作。

3.2.11 本条规定多台机械在同一场地作业时,要保持足够的安全距离。

3.2.12 本条对铲运机作业的道路条件作出规定。

3.2.15 装载机载物时要采用低速挡行驶,防止高速行驶发生意外。由于铲斗载人发生的安全事故很多,故要求禁止铲斗载人。

3.2.18 本条规定装载机在边坡、沟、坑边卸料要采取的安全措施。

3.3 土方平整和运输设备

3.3.1 对压路机的工作面进行适当平整、夯实,首先是保证机械设备的安全,其次也可提高工作效率。

3.3.2 由里侧向外侧碾压,保持距路基边缘的安全距离,是保证机械安全作业的条件。

3.3.6 车厢不复位就起步,可能会造成车辆倾覆;同时未复位的车厢很高,会给周边其他设施造成损害。

3.3.7 夯机作业时,一般作业条件较差,振动大,电器元件和绝缘材料很容易损坏,易发生漏电事故,因此对夯机的绝缘要严格要求。

3.3.11 使用翻斗车运输时,要限制货物的宽度和高度。

4 场地平整

4.1 一般规定

4.1.1 随着城市建设加快，各种地下管网、电缆交叉密布，地下管网被挖坏，造成停水、停气、停电、通信中断的事故频繁发生。场地平整工作开始前要做好场地地下管线、障碍物等情况的调查工作，并制定出处理措施。

4.1.2 行人及车辆易掉进开挖沟槽、窨井里造成人员伤亡及车辆损坏，因此设立警示标志和护栏是进行土石方施工的必要措施。警示标牌和防护栏栅要清晰坚固，可抗日晒雨淋。

4.1.4 施工现场临时供水管线埋设时除要合理避开交通繁忙线路和穿越主要通道外，还要考虑避开软弱地层，并采取必要的防冻、防压、防渗措施。

4.2 场地平整

4.2.2 计算泄排量需要根据工程重要性合理选取最大日雨水量，其资料数据以气象部门提供的为基准。

4.2.3 积水坑深度超过500mm时，易产生人员尤其是少年、儿童落水伤亡事故，所以需要采取有效防护措施。

4.2.4 庇护场所需要坚固可靠，可容纳人员不少于10人，同时要便于紧急庇护和疏散。

4.2.6 当松散堆积物（如块石、炉渣、建筑垃圾等）的堆积高度大于1.8m时，会因堆积物坍塌危及人身及设备安全，需要设置警示标志、护栏。清理时分层挖除。

4.2.7 清淤前，需要对清淤的河床、池塘进行必要的勘测，主要查明淤泥的厚度、成分，有无刺激臭味等。淤泥有机质、腐殖质含量较高，会危及人体健康。淤泥厚度大于1.0m，人陷入其中，不能自救。

在淤泥上填土，重点是保护作业机械的安全。第一次回填土厚度小于0.5m时，会造成机械下陷。当机械在淤泥、软土上停置时间过长，也会造成机械下陷。

4.2.8 在制定冲（吹）填土施工方案时，需要考虑冲（吹）填土（砂）船的作业顺序，冲（吹）作业半径及作业船的工作安全。因为冲（吹）填土（砂）更为松软，所以第一次回填土厚度要大于0.8m。

5 土石方爆破

5.1 一般规定

5.1.1 爆破作业是一项技术要求高、危险性极大的工作，因此，除要求承担爆破工程的企业和作业人员具有规定的资质、资格外，还要求现场作业必须在专业技术人员的指导下进行。技术人员在现场便于及时发现问题，及时加以解决。

5.1.2 爆破工程分级，要参照现行国家标准《爆破安全规程》GB 6722的规定。

5.1.4 本条规定，当爆破作业对人民生命财产安全构成威胁或者可能引发严重的次生灾害时，以及当天气恶劣对作业本身的安全构成严重威胁时，为确保人民生命财产安全、确保作业安全，需要从严限制爆破作业的进行。恶劣天气条件是指风力6级及以上、雷电、大雨雪、能见度不超过100m的浓雾等。

5.1.8 装药或填塞过程中偶尔会出现炮孔卡堵，现场发现有人会硬拉拔孔外的导爆索、导爆管或电雷管脚线，这是很危险的。这里予以强调"严禁硬拉或拔出起爆药包中的导爆索、导爆管或电雷管脚线"。

5.1.9 爆破警戒范围由设计确定，但不能小于现行国家标准《爆破安全规程》GB 6722的规定值。警戒区的明显标志要包括视觉信号和听觉信号，岗哨要有人值守。

5.1.10 爆破警戒时，通信联络的工具和方式可以根据现场条件而定，但要确保指挥部、起爆站和各警戒点之间有良好的通信联络，避免出现混乱。常用的联络方法有口哨、警报器、对讲机、彩旗等。

5.1.11 盲炮处理要符合现行国家标准《爆破安全规程》GB 6722的规定。

5.2 作业要求

5.2.1 爆破开挖形成台阶需要一个过程，有些小型的场地平整或小沟槽开挖可能不需要形成台阶，但非台阶爆破夹制作用大，飞石较远，所以要求"在台阶形成之前进行爆破时应加大警戒范围"。

5.2.6 孔口岩石比较破碎，一般用泥浆护壁。因孔口岩壁不稳容易塌孔、卡孔，是钻孔工作必须认真对待的问题。

5.2.8 通常第一排炮孔的最小抵抗线变化较大，若前排出现反坡或大裂隙会产生大量飞石；前排底盘抵抗线过长，容易留根底。

5.2.12 深孔爆破起爆后，要求等待炮烟消散、并确认坍落体和边坡稳定后才准进入爆破区检查。

5.2.13 光面爆破或预裂爆破开挖岩石边坡可以提高边坡质量和长期稳定性，近年来国内外广泛采用，效益显著。光面爆破或预裂爆破的钻孔、装药要求较高，要由熟练爆破员操作，并应有技术人员指导监督。

5.2.14 钻孔质量控制是保证光面爆破或预裂爆破效果的关键。

5.3 爆破安全防护及爆破器材管理

5.3.1、5.3.2 中华人民共和国《民用爆炸物品安全管理条例》和现行国家标准《爆破安全规程》GB 6722对爆破安全防护措施、盲炮处理、爆破安全允许距离以及爆破器材的采购、运输、贮存、检验、使用和销毁都有详细的规定。土石方爆破按此执行即可。

6 基坑工程

6.1 一般规定

6.1.1 本条规定基坑工程要按照设计和施工方案的要求进行施工。基坑土方要求分层、分段、对称、均衡开挖，使支护结构受力连续均匀，防止坍塌。

6.1.2 土方开挖前，要查清基坑周边影响范围内建（构）筑物、管线等情况并采取相应的措施，防止盲目开挖造成对建（构）筑物和管线的破坏。

6.2 基坑开挖的防护

6.2.1 根据现行国家标准《高处作业分级》GB/T 3608—2008 中的规定："在距坠落高度基准面 2m 或 2m 以上有可能坠落的高处进行的作业为高处作业"，高处作业应执行现行行业标准《建筑施工高处作业安全技术规范》JGJ 80 等的相关规定。鉴于基坑、管沟、边坡等土方开挖作业中，时常有坠落伤亡事故发生的情况，故规定开挖深度超过 2m 的基坑周边要安装防护栏杆。

6.2.3 基坑顶部坠物对坑内作业人员的安全威胁极大，施工中要引起足够的重视，对可能坠落物料要在基坑开挖前予以清除。

6.3 作业要求

6.3.1 在管线范围内开挖土方时，要有专人在旁边监视，以免碰到及损坏管线。

6.3.2 基坑开挖时支护结构需要达到一定的强度，否则将造成支护结构因强度不足而破坏。但基坑支护结构的设计一般按开挖到坑底后的极限状态设计，而开挖时一般均分数层开挖，此时支护结构达不到极限状态。支护结构设计者要针对这种情况，设计每一层土方开挖时支护结构应达到的强度，当结构强度达到该强度时，方可开挖下层土方。"严禁超挖"一是指基坑开挖总深度不得超过设计深度，二是指每层开挖深度不得超过设计允许的深度。对支护结构的碰撞常会引起支护体系局部或整体失稳；在支护结构上放置或悬挂重物，除会引起支护结构破坏外，还易发生坠落伤人事故，故需要严格禁止。

6.3.3 基坑坑底被水浸泡后会造成基坑安全性的降低，故需要及时浇筑混凝土垫层防止浸泡。

6.3.5 本条规定基坑边坡自然放坡的坡率允许值。

6.3.7 场地内的孔洞除指原地下存在的窨井等之外，还包括人工挖孔桩、钻孔灌注桩等施工后在场地内形成的孔洞。

6.3.9 基坑边堆土、堆料或停放施工机械等加大了基坑的附加载荷，故需要限制在设计允许的范围内。

6.3.11 夜间施工容易发生安全事故，要做好照明及安全警示标志。

6.4 险情预防

6.4.2 基坑变形监测为定期进行的观测，而基坑塌方经常是突发的，所以每日对基坑及周边进行巡视很有必要，可及时发现异常情况并采取相应的措施。

7 边坡工程

7.1 一般规定

7.1.1 边坡土石方作业贯彻"先设计后施工、边施工边治理、边施工边监测"的原则是确保土石方作业安全施工、科学有序的基本保证。

7.2 作业要求

7.2.3 一般边坡工程的最不利滑移线大部分都经过坡脚。如果土方开挖不按设计自上而下分层实施，擅自先挖坡脚，很容易造成边坡整体失稳破坏。

7.2.4 坡面暴露过久，易产生雨水冲刷、粉细砂失水坍塌等对边坡安全的不利影响。

7.2.6 雨期，山区易暴发洪水，给施工人员、机械、设施安全造成巨大威胁，故尽量避免土石方工程在雨期进行施工。如需要在雨期施工时，要采取可靠的防护措施。

7.2.7 在滑坡区挖方造成工程事故的概率较高，本条规定了开挖方案中要求遵守的原则。

从某种意义上讲"无水无滑坡"。防水、排水是滑坡治本思想的体现，采取保护坡面植被、控制水（雨水、地下水和施工用水）对滑面的软化，是提高滑坡稳定性的重要措施。

在对牵引式滑坡的前缘开挖滑体，特别是大面积开挖滑体，将使滑体抗滑段的抗力减小，易造成滑坡失稳，因此土方开挖一般要由上（滑坡的推力段）至下进行，并避免在滑坡的抗滑段通长大断面开挖。

7.3 险情预防

7.3.1 在进行土石方开挖时，要进行变形观测，作好记录，并对可能出现的险情作出判断和分析，做到信息化施工。

7.3.2 发生沉降、裂缝、滑坡等险情时要立刻采取应急措施。应急措施要考虑滑坡类型、成因、工程地质及水文地质条件、滑坡的稳定性、发展趋势、危险性等因素。

中华人民共和国行业标准

建筑机械使用安全技术规程

Technical specification for safety operation
of constructional machinery

JGJ 33—2012

批准部门：中华人民共和国住房和城乡建设部
施行日期：２０１２年１１月１日

中华人民共和国住房和城乡建设部
公　告

第 1364 号

关于发布行业标准《建筑机械使用
安全技术规程》的公告

现批准《建筑机械使用安全技术规程》为行业标准，编号为 JGJ 33-2012，自 2012 年 11 月 1 日起实施。其中，第 2.0.1、2.0.2、2.0.3、2.0.21、4.1.11、4.1.14、4.5.2、5.1.4、5.1.10、5.5.6、5.10.20、5.13.7、7.1.23、8.2.7、10.3.1、12.1.4、12.1.9 条为强制性条文，必须严格执行。原行业标准《建筑机械使用安全技术规程》JGJ 33-2001 同时废止。

本规程由我部标准定额研究所组织中国建筑工业出版社出版发行。

中华人民共和国住房和城乡建设部

2012 年 5 月 3 日

前　言

根据住房和城乡建设部《关于印发〈二〇〇八年工程建设标准规范制订、修订计划（第一批）〉的通知》（建标〔2008〕102 号）的要求，规范编制组经深入调查研究，认真总结实践经验，并在广泛征求意见的基础上，修订本规程。

本规程的主要技术内容是：1. 总则；2. 基本规定；3. 动力与电气装置；4. 建筑起重机械；5. 土石方机械；6. 运输机械；7. 桩工机械；8. 混凝土机械；9. 钢筋加工机械；10. 木工机械；11. 地下施工机械；12. 焊接机械；13. 其他中小型机械。

本规程修订的主要技术内容是：1. 删除了装修机械、水工机械、钣金和管工机械，相关机械并入其他中小型机械；对建筑起重机械、运输机械进行了调整；增加了木工机械、地下施工机械；2. 删除了凿岩机械、油罐车、自立式起重架、混凝土搅拌站、液压滑升设备、预应力钢丝拉伸设备、冷镦机；新增了旋挖钻机、深层搅拌机、成槽机、冲孔桩机、混凝土布料机、钢筋螺纹成型机、钢筋除锈机、顶管机、盾构机。

本规程中以黑体字标志的条文为强制性条文，必须严格执行。

本规程由住房和城乡建设部负责管理和对强制性条文的解释，由江苏省华建建设股份有限公司负责具体技术内容的解释。执行过程中如有意见和建议，请寄送江苏省华建建设股份有限公司（地址：江苏省扬州市文昌中路 468 号，邮编：225002）。

本规程主编单位：江苏省华建建设股份有限公司

本规程参编单位：南京工业大学
　　　　　　　　武汉理工大学
　　　　　　　　上海市建设机械检测中心
　　　　　　　　上海建工（集团）总公司
　　　　　　　　上海市基础公司
　　　　　　　　天津市建工集团（控股）有限公司
　　　　　　　　扬州市建筑安全监察站
　　　　　　　　扬州市建设局
　　　　　　　　江苏扬建集团有限公司
　　　　　　　　江苏扬安机电设备工程有限公司

本规程主要起草人员：严　训　施卫东　曹德雄
　　　　　　　　　　李耀良　吴启鹤　耿洁明
　　　　　　　　　　程　杰　徐永海　徐　国
　　　　　　　　　　汤坤林　王军武　成国华
　　　　　　　　　　吉劲松　唐朝文　蒋　剑
　　　　　　　　　　管盈铭　胡华兵　沈永安
　　　　　　　　　　汪万飞　陈　峰　冯志宏
　　　　　　　　　　朱炳忠　王宏军　施广月

本规程主要审查人员：郭正兴　潘延平　卓　新
　　　　　　　　　　阎　琪　王群依　郭寒竹
　　　　　　　　　　黄治郁　孙宗辅　刘新玉
　　　　　　　　　　姚晓东　葛兴杰

目　次

1	总则	10—8—7
2	基本规定	10—8—7
3	动力与电气装置	10—8—7
3.1	一般规定	10—8—7
3.2	内燃机	10—8—8
3.3	发电机	10—8—8
3.4	电动机	10—8—9
3.5	空气压缩机	10—8—9
3.6	10kV 以下配电装置	10—8—10
4	建筑起重机械	10—8—10
4.1	一般规定	10—8—10
4.2	履带式起重机	10—8—11
4.3	汽车、轮胎式起重机	10—8—12
4.4	塔式起重机	10—8—13
4.5	桅杆式起重机	10—8—15
4.6	门式、桥式起重机与电动葫芦	10—8—15
4.7	卷扬机	10—8—16
4.8	井架、龙门架物料提升机	10—8—17
4.9	施工升降机	10—8—17
5	土石方机械	10—8—18
5.1	一般规定	10—8—18
5.2	单斗挖掘机	10—8—18
5.3	挖掘装载机	10—8—19
5.4	推土机	10—8—19
5.5	拖式铲运机	10—8—20
5.6	自行式铲运机	10—8—21
5.7	静作用压路机	10—8—21
5.8	振动压路机	10—8—21
5.9	平地机	10—8—22
5.10	轮胎式装载机	10—8—22
5.11	蛙式夯实机	10—8—23
5.12	振动冲击夯	10—8—23
5.13	强夯机械	10—8—23
6	运输机械	10—8—24
6.1	一般规定	10—8—24
6.2	自卸汽车	10—8—24
6.3	平板拖车	10—8—25
6.4	机动翻斗车	10—8—25
6.5	散装水泥车	10—8—25
6.6	皮带运输机	10—8—25
7	桩工机械	10—8—26
7.1	一般规定	10—8—26
7.2	柴油打桩锤	10—8—27
7.3	振动桩锤	10—8—27
7.4	静力压桩机	10—8—28
7.5	转盘钻孔机	10—8—28
7.6	螺旋钻孔机	10—8—29
7.7	全套管钻机	10—8—29
7.8	旋挖钻机	10—8—29
7.9	深层搅拌机	10—8—30
7.10	成槽机	10—8—30
7.11	冲孔桩机	10—8—30
8	混凝土机械	10—8—30
8.1	一般规定	10—8—30
8.2	混凝土搅拌机	10—8—31
8.3	混凝土搅拌运输车	10—8—31
8.4	混凝土输送泵	10—8—31
8.5	混凝土泵车	10—8—32
8.6	插入式振捣器	10—8—32
8.7	附着式、平板式振捣器	10—8—32
8.8	混凝土振动台	10—8—32
8.9	混凝土喷射机	10—8—33
8.10	混凝土布料机	10—8—33
9	钢筋加工机械	10—8—33
9.1	一般规定	10—8—33
9.2	钢筋调直切断机	10—8—33
9.3	钢筋切断机	10—8—33
9.4	钢筋弯曲机	10—8—34
9.5	钢筋冷拉机	10—8—34
9.6	钢筋冷拔机	10—8—34
9.7	钢筋螺纹成型机	10—8—35
9.8	钢筋除锈机	10—8—35
10	木工机械	10—8—35
10.1	一般规定	10—8—35
10.2	带锯机	10—8—35
10.3	圆盘锯	10—8—35
10.4	平面刨（手压刨）	10—8—36
10.5	压刨床（单面和多面）	10—8—36

10.6	木工车床	10—8—36
10.7	木工铣床（裁口机）	10—8—36
10.8	开榫机	10—8—36
10.9	打眼机	10—8—36
10.10	锉锯机	10—8—36
10.11	磨光机	10—8—37

11 地下施工机械 ································ 10—8—37
  11.1 一般规定 ································ 10—8—37
  11.2 顶管机 ································ 10—8—37
  11.3 盾构机 ································ 10—8—38

12 焊接机械 ································ 10—8—39
  12.1 一般规定 ································ 10—8—39
  12.2 交（直）流焊机 ································ 10—8—39
  12.3 氩弧焊机 ································ 10—8—39
  12.4 点焊机 ································ 10—8—40
  12.5 二氧化碳气体保护焊机 ······ 10—8—40
  12.6 埋弧焊机 ································ 10—8—40
  12.7 对焊机 ································ 10—8—40
  12.8 竖向钢筋电渣压力焊机 ······ 10—8—40
  12.9 气焊（割）设备 ······················ 10—8—41
  12.10 等离子切割机 ······················ 10—8—41
  12.11 仿形切割机 ························· 10—8—41

13 其他中小型机械 ······························ 10—8—41
  13.1 一般规定 ································ 10—8—41
  13.2 咬口机 ································ 10—8—41
  13.3 剪板机 ································ 10—8—41
  13.4 折板机 ································ 10—8—42
  13.5 卷板机 ································ 10—8—42
  13.6 坡口机 ································ 10—8—42
  13.7 法兰卷圆机 ···························· 10—8—42
  13.8 套丝切管机 ···························· 10—8—42
  13.9 弯管机 ································ 10—8—42
  13.10 小型台钻 ····························· 10—8—42
  13.11 喷浆机 ································ 10—8—42
  13.12 柱塞式、隔膜式灰浆泵 ······ 10—8—43
  13.13 挤压式灰浆泵 ······················ 10—8—43
  13.14 水磨石机 ····························· 10—8—43
  13.15 混凝土切割机 ······················ 10—8—43
  13.16 通风机 ································ 10—8—43
  13.17 离心水泵 ····························· 10—8—43
  13.18 潜水泵 ································ 10—8—44
  13.19 深井泵 ································ 10—8—44
  13.20 泥浆泵 ································ 10—8—44
  13.21 真空泵 ································ 10—8—45
  13.22 手持电动工具 ······················ 10—8—45

附录A 建筑机械磨合期
      的使用 ································ 10—8—46
附录B 建筑机械寒冷季节
      的使用 ································ 10—8—46
附录C 液压装置的使用 ··················· 10—8—47
本规程用词说明 ································ 10—8—47
引用标准名录 ······································ 10—8—48
附：条文说明 ······································ 10—8—49

Contents

1 General Provisions ········ 10—8—7
2 Basic Requirements ······· 10—8—7
3 Power and Electrical
   Installation ············· 10—8—7
   3.1 General Requirements ······· 10—8—7
   3.2 Combustion Engine ········· 10—8—8
   3.3 Electric Generator ········· 10—8—8
   3.4 Electric Motor ············ 10—8—9
   3.5 Air Compressor ············ 10—8—9
   3.6 Power Distribution Equipment
       under 10kV ················ 10—8—10
4 Construction Machinery
   Crane ····················· 10—8—10
   4.1 General Requirements ······· 10—8—10
   4.2 Crawler Crane ············· 10—8—11
   4.3 Truck Crane and Mobile
       Crane ···················· 10—8—12
   4.4 Tower Crane ··············· 10—8—13
   4.5 Gin Pole Derrick ·········· 10—8—15
   4.6 Portal Bridge Cranes overhead
       Travelling Cranes and
       Electric Hoists ··········· 10—8—15
   4.7 Winding Engine ············ 10—8—16
   4.8 Derrick and Gantry Hoists ·· 10—8—17
   4.9 Builder's Hoists ·········· 10—8—17
5 Earthmoving Machinery ····· 10—8—18
   5.1 General Requirements ······· 10—8—18
   5.2 Dredger Shovel ············ 10—8—18
   5.3 Backhoe Loader ············ 10—8—19
   5.4 Loading Shovel ············ 10—8—19
   5.5 Traction Scraper ·········· 10—8—20
   5.6 Self-propelled Scraper ···· 10—8—21
   5.7 Static Roller ············· 10—8—21
   5.8 Vibratory Roller ·········· 10—8—21
   5.9 Land Levelling Machine ···· 10—8—22
   5.10 Tyred Loader ············· 10—8—22
   5.11 Frog Compactor ··········· 10—8—23
   5.12 Vibratory Rammer ········· 10—8—23
   5.13 Forced Rammer ············ 10—8—23

6 Transport Machinery ······· 10—8—24
   6.1 General Requirements ······· 10—8—24
   6.2 Dump Truck ················ 10—8—24
   6.3 Platform Truck ············ 10—8—25
   6.4 Powered Tipper ············ 10—8—25
   6.5 Cement-hopper Van ········· 10—8—25
   6.6 Belt Roller ··············· 10—8—25
7 Piling Machinery ·········· 10—8—26
   7.1 General Requirements ······· 10—8—26
   7.2 Diesel Pile Hammer ········ 10—8—27
   7.3 Vibrohammer ··············· 10—8—27
   7.4 Static Pile Press ········· 10—8—28
   7.5 Rotary Drill ·············· 10—8—28
   7.6 Auger Machine ············· 10—8—29
   7.7 All Casing Drill ·········· 10—8—29
   7.8 Rotary Drilling Rig ······· 10—8—29
   7.9 Clay Mixing Machine ······· 10—8—30
   7.10 The Construction Slotting
        Machine ·················· 10—8—30
   7.11 Pile-percussing Drill ···· 10—8—30
8 Concrete Machinery ········ 10—8—30
   8.1 General Requirements ······· 10—8—30
   8.2 Concrete Mixing Machine ··· 10—8—31
   8.3 Concrete Mixing and
       Transporting Car ········· 10—8—31
   8.4 Concrete Pump ············· 10—8—31
   8.5 Concrete-pump Car ········· 10—8—32
   8.6 Immersion Vibrator ········ 10—8—32
   8.7 External Vibrator and Plate
       Vibrator ················· 10—8—32
   8.8 Concrete Vibrating Stand ·· 10—8—32
   8.9 Concrete Sprayer ·········· 10—8—33
   8.10 Concrete Placing
        Equipment ················ 10—8—33
9 Reinforcing Steel Machinery
   and Equipment ············· 10—8—33
   9.1 General Requirements ······· 10—8—33
   9.2 Reinforcing Steel Adjusting
       Cutter ··················· 10—8—33

9.3	Steel Bar Shearing Machine	10—8—33
9.4	Reinforcing Steel Crooking Machine	10—8—34
9.5	Bar Cold-drawing Machine	10—8—34
9.6	Steel Bar Cold-extruding Machine	10—8—34
9.7	Steel Bar Thread-forming Machine	10—8—35
9.8	Deruster for Reinforcement	10—8—35

10 Wood-working Machine ········ 10—8—35

10.1	General Requirements	10—8—35
10.2	Band Saw Machine	10—8—35
10.3	Circular Saw	10—8—35
10.4	Surface Planer (Hand Jointer)	10—8—36
10.5	Planer and Thicknesser (Panel and Multiface)	10—8—36
10.6	Woodworking Lathe	10—8—36
10.7	Wood Milling Machine (Wood Cutting Machine)	10—8—36
10.8	Mortising Machine	10—8—36
10.9	Trepanning Machine	10—8—36
10.10	Saw Doctor	10—8—36
10.11	Polishing Machine	10—8—37

11 Underground Construction Machinery ········ 10—8—37

11.1	General Requirements	10—8—37
11.2	Jacking	10—8—37
11.3	Tunnel Shield	10—8—38

12 Welding Machinery ········ 10—8—39

12.1	General Requirements	10—8—39
12.2	Alternated (Direct) Current Welding Machine	10—8—39
12.3	Argon Arc Welding Machine	10—8—39
12.4	Spot Welding Machine	10—8—40
12.5	Carbon Dioxide Gas Welding Machine	10—8—40
12.6	Submerged Arc Welding Machine	10—8—40
12.7	Butt Welding Machine	10—8—40
12.8	Electro-slag Welding Machine for Vertical Reinforcement	10—8—40
12.9	Oxyacetylene Welding (Cutting) Equipment	10—8—41
12.10	Plasma Cutting Machine	10—8—41
12.11	Profiling Cutting Machine	10—8—41

13 Other Middle and Small Sized Machinery ········ 10—8—41

13.1	General Requirements	10—8—41
13.2	Nip Machine	10—8—41
13.3	Plate Shears	10—8—41
13.4	Press Brake	10—8—42
13.5	Plate Bending Rolls	10—8—42
13.6	Beveler	10—8—42
13.7	Flange Rolling Machine	10—8—42
13.8	Pipe Cutting Machine	10—8—42
13.9	Tube Bending Machines	10—8—42
13.10	Compact Bench Drill	10—8—42
13.11	Shotcrete Machine	10—8—42
13.12	Piston Mortar Pump and Diaphragm Mortar Pump	10—8—43
13.13	Squeeze Mortar Pump	10—8—43
13.14	Terrazzo Machine	10—8—43
13.15	Concrete Cutting Machine	10—8—43
13.16	Ventilation Fan	10—8—43
13.17	Centrifugal Pump	10—8—43
13.18	Submerged Pump	10—8—44
13.19	Vertical Turbine Pump	10—8—44
13.20	Filter Mud Pump	10—8—44
13.21	Vacuum Air Pump	10—8—45
13.22	Hand Held Electric Tool	10—8—45

Appendix A The Operation of Constructional Machinery in the Running-in Period ········ 10—8—46

Appendix B The Operation of Constructional Machinery in Cold Climates ········ 10—8—46

Appendix C The Operation of Hydraulic Device ········ 10—8—47

Explanation of Wording in This Specification ········ 10—8—47

List of Quoted Standards ········ 10—8—48

Addition: Explanation of Provisions ········ 10—8—49

1 总 则

1.0.1 为贯彻国家安全生产法律法规，保障建筑机械的正确使用，发挥机械效能，确保安全生产，制定本规程。

1.0.2 本规程适用于建筑施工中各类建筑机械的使用与管理。

1.0.3 建筑机械的使用与管理，除应符合本规程外，尚应符合国家现行有关标准的规定。

2 基 本 规 定

2.0.1 特种设备操作人员应经过专业培训、考核合格取得建设行政主管部门颁发的操作证，并应经过安全技术交底后持证上岗。

2.0.2 机械必须按出厂使用说明书规定的技术性能、承载能力和使用条件，正确操作，合理使用，严禁超载、超速作业或任意扩大使用范围。

2.0.3 机械上的各种安全防护和保险装置及各种安全信息装置必须齐全有效。

2.0.4 机械作业前，施工技术人员应向操作人员进行安全技术交底。操作人员应熟悉作业环境和施工条件，并应听从指挥，遵守现场安全管理规定。

2.0.5 在工作中，应按规定使用劳动保护用品。高处作业时应系安全带。

2.0.6 机械使用前，应对机械进行检查、试运转。

2.0.7 操作人员在作业过程中，应集中精力，正确操作，并应检查机械工况，不得擅自离开工作岗位或将机械交给其他无证人员操作。无关人员不得进入作业区或操作室内。

2.0.8 操作人员应根据机械有关保养维修规定，认真及时做好机械保养维修工作，保持机械的完好状态，并应做好维修保养记录。

2.0.9 实行多班作业的机械，应执行交接班制度，填写交接班记录，接班人员上岗前应认真检查。

2.0.10 应为机械提供道路、水电、作业棚及停放场地等作业条件，并应消除各种安全隐患。夜间作业应提供充足的照明。

2.0.11 机械设备的地基基础承载力应满足安全使用要求。机械安装、试机、拆卸应按使用说明书的要求进行。使用前应经专业技术人员验收合格。

2.0.12 新机械、经过大修或技术改造的机械，应按出厂使用说明书的要求和现行行业标准《建筑机械技术试验规程》JGJ 34的规定进行测试和试运转，并应符合本规程附录A的规定。

2.0.13 机械在寒冷季节使用，应符合本规程附录B的规定。

2.0.14 机械集中停放的场所、大型内燃机械，应有专人看管，并应按规定配备消防器材；机房及机械周边不得堆放易燃、易爆物品。

2.0.15 变配电所、乙炔站、氧气站、空气压缩机房、发电机房、锅炉房等易燃易爆场所，挖掘机、起重机、打桩机等易发生安全事故的施工现场，应设置警戒区域，悬挂警示标志，非工作人员不得入内。

2.0.16 在机械产生对人体有害的气体、液体、尘埃、渣滓、放射性射线、振动、噪声等场所，应配置相应的安全保护设施、监测设备（仪器）、废品处理装置；在隧道、沉井、管道等狭小空间施工时，应采取措施，使有害物控制在规定的限度内。

2.0.17 停用一个月以上或封存的机械，应做好停用或封存前的保养工作，并应采取预防风沙、雨淋、水泡、锈蚀等措施。

2.0.18 机械使用的润滑油（脂）的性能应符合出厂使用说明书的规定，并应按时更换。

2.0.19 当发生机械事故时，应立即组织抢救，并应保护事故现场，应按国家有关事故报告和调查处理规定执行。

2.0.20 违反本规程的作业指令，操作人员应拒绝执行。

2.0.21 清洁、保养、维修机械或电气装置前，必须先切断电源，等机械停稳后再进行操作。严禁带电或采用预约停送电时间的方式进行检修。

2.0.22 机械不得带病运转。检修前，应悬挂"禁止合闸，有人工作"的警示牌。

3 动力与电气装置

3.1 一 般 规 定

3.1.1 内燃机机房应有良好的通风、防雨措施，周围应有1m宽以上的通道，排气管应引出室外，并不得与可燃物接触。室外使用的动力机械应搭设防护棚。

3.1.2 冷却系统的水质应保持洁净，硬水应经软化处理后使用，并应按要求定期检查更换。

3.1.3 电气设备的金属外壳应进行保护接地或保护接零，并应符合现行行业标准《施工现场临时用电安全技术规范》JGJ 46的规定。

3.1.4 在同一供电系统中，不得将一部分电气设备作保护接地，而将另一部分电气设备作保护接零。不得将暖气管、煤气管、自来水管作为工作零线或接地线使用。

3.1.5 在保护接零的零线上不得装设开关或熔断器，保护零线应采用黄/绿双色线。

3.1.6 不得利用大地作工作零线，不得借用机械本身金属结构作工作零线。

3.1.7 电气设备的每个保护接地或保护接零点应采

用单独的接地（零）线与接地干线（或保护零线）相连接。不得在一个接地（零）线中串接几个接地（零）点。大型设备应设置独立的保护接零，对高度超过30m的垂直运输设备应设置防雷接地保护装置。

3.1.8 电气设备的额定工作电压应与电源电压等级相符。

3.1.9 电气装置遇跳闸时，不得强行合闸。应查明原因，排除故障后再行合闸。

3.1.10 各种配电箱、开关箱应配锁，电箱门上应有编号和责任人标牌，电箱门内侧应有线路图，箱内不得存放任何其他物件并应保持清洁。非本岗位作业人员不得擅自开箱合闸。每班工作完毕后，应切断电源，锁好箱门。

3.1.11 发生人身触电时，应立即切断电源后对触电者作紧急救护。不得在未切断电源之前与触电者直接接触。

3.1.12 电气设备或线路发生火警时，应首先切断电源，在未切断电源之前，人员不得接触导线或电气设备，不得用水或泡沫灭火机进行灭火。

3.2 内燃机

3.2.1 内燃机作业前应重点检查下列项目，并符合相应要求：
　1　曲轴箱内润滑油油面应在标尺规定范围内；
　2　冷却水或防冻液量应充足、清洁、无渗漏，风扇三角胶带应松紧合适；
　3　燃油箱油量应充足，各油管及接头处不应有漏油现象；
　4　各总成连接件应安装牢固，附件应完整。

3.2.2 内燃机启动前，离合器应处于分离位置；有减压装置的柴油机，应先打开减压阀。

3.2.3 不得用牵引法强制启动内燃机；当用摇柄启动汽油机时，应由下向上提动，不得向下硬压或连续摇转，启动后应迅速拿出摇把。当用手拉绳启动时，不得将绳的一端缠在手上。

3.2.4 启动机每次启动时间应符合使用说明书的要求，当连续启动3次仍未能启动时，应检查原因，排除故障后再启动。

3.2.5 启动后，应急速运转3min～5min，并应检查机油压力和排烟，各系统管路应无泄漏现象；应在温度和机油压力均正常后，开始作业。

3.2.6 作业中内燃机水温不得超过90℃，超过时，不应立即停机，应继续急速运转降温。当冷却水沸腾需开启水箱盖时，操作人员应戴手套，面部应避开水箱盖口，并应先卸压，后拧开。不得用冷水注入水箱或泼浇内燃机体强制降温。

3.2.7 内燃机运行中出现异响、异味、水温急剧上升及机油压力急剧下降等情况时，应立即停机检查并排除故障。

3.2.8 停机前应卸去载荷，进行低速运转，待温度降低后再停止运转。装有涡轮增压器的内燃机，应急速运转5min～10min后停机。

3.2.9 有减压装置的内燃机，不得使用减压杆进行熄火停机。

3.2.10 排气管向上的内燃机，停机后应在排气管口上加盖。

3.3 发电机

3.3.1 以内燃机为动力的发电机，其内燃机部分的操作应按本规程第3.2节的有关规定执行。

3.3.2 新装、大修或停用10d及以上的发电机，使用前应测量定子和励磁回路的绝缘电阻及吸收比，转子绕组的绝缘电阻不得小于0.5MΩ，吸收比不得小于1.3，并应做好测量记录。

3.3.3 作业前应检查内燃机与发电机传动部分，并应确保连接可靠，输出线路的导线绝缘应良好，各仪表应齐全、有效。

3.3.4 启动前应将励磁变阻器的阻值放在最大位置上，应断开供电输出总开关，并应接合中性点接地开关，有离合器的发电机组应脱开离合器。内燃机启动后应空载运转，并应待运转正常后再接合发电机。

3.3.5 启动后应检查并确认发电机无异响，滑环及整流子上电刷应接触良好，不得有跳动及产生火花现象。应在运转稳定，频率、电压达到额定值后，再向外供电。用电负荷应逐步加大，三相应保持平衡。

3.3.6 不得对旋转着的发电机进行维修、清理。运转中的发电机不得使用帆布等物体遮盖。

3.3.7 发电机组电源应与外电线路电源连锁，不得与外电并联运行。

3.3.8 发电机组并联运行应满足频率、电压、相位、相序相同的条件。

3.3.9 并联线路两组以上时，应在全部进入空载状态后逐一供电。准备并联运行的发电机应在全部已进入正常稳定运转，接到"准备并联"的信号后，调整柴油机转速，并应在同步瞬间合闸。

3.3.10 并联运行的发电机组如因负荷下降而需停车一台时，应先将需停车的一台发电机的负荷全部转移到继续运转的发电机上，然后按单台发电机停车的方法进行停机。如需全部停机则应先将负荷逐步切断，然后停机。

3.3.11 移动式发电机使用前应将底架停放在平稳的基础上，不得在运转时移动发电机。

3.3.12 发电机连续运行的允许电压值不得超过额定值的±10%。正常运行的电压变动范围应在额定值的±5%以内，功率因数为额定值时，发电机额定容量应恒定不变。

3.3.13 发电机在额定频率值运行时，发电机频率变动范围不得超过±0.5Hz。

3.3.14 发电机功率因数不宜超过迟相0.95。有自动励磁调节装置的，可允许短时间内在迟相0.95～1的范围内运行。

3.3.15 发电机运行中应经常检查仪表及运转部件，发现问题应及时调整。定子、转子电流不得超过允许值。

3.3.16 停机前应先切断各供电分路开关，然后切断发电机供电主开关，逐步减少载荷，将励磁变阻器复回到电阻最大值位置，使电压降至最低值，再切断励磁开关和中性点接地开关，最后停止内燃机运转。

3.3.17 发电机经检修后应进行检查，转子及定子槽间不得留有工具、材料及其他杂物。

3.4 电动机

3.4.1 长期停用或可能受潮的电动机，使用前应测量绕组间和绕组对地的绝缘电阻，绝缘电阻值应大于0.5MΩ，绕线转子电动机还应检查转子绕组及滑环对地绝缘电阻。

3.4.2 电动机应装设过载和短路保护装置，并应根据设备需要装设断、错相和失压保护装置。

3.4.3 电动机的熔丝额定电流应按下列条件选择：
  1 单台电动机的熔丝额定电流为电动机额定电流的150%～250%；
  2 多台电动机合用的总熔丝额定电流为其中最大一台电动机额定电流的150%～250%再加上其余电动机额定电流的总和。

3.4.4 采用热继电器作电动机过载保护时，其容量应选择电动机额定电流的100%～125%。

3.4.5 绕线式转子电动机的集电环与电刷的接触面不得小于满接触面的75%。电刷高度磨损超过原标准2/3时应更换。在使用过程中不应有跳动和产生火花现象，并应定期检查电刷簧的压力确保可靠。

3.4.6 直流电动机的换向器表面应光洁，当有机械损伤或火花灼伤时应修整。

3.4.7 电动机额定电压变动范围应控制在−5%～+10%之内。

3.4.8 电动机运行中不应异响、漏电，轴承温度应正常，电刷与滑环应接触良好。旋转中电动机滑动轴承的允许最高温度应为80℃，滚动轴承的允许最高温度应为95℃。

3.4.9 电动机在正常运行中，不得突然进行反向运转。

3.4.10 电动机械在工作中遇停电时，应立即切断电源，并将启动开关置于停止位置。

3.4.11 电动机停止运行前，应首先将载荷卸去，或将转速降到最低，然后切断电源，启动开关应置于停止位置。

3.5 空气压缩机

3.5.1 空气压缩机的内燃机和电动机的使用应符合本规程第3.2节和第3.4节的规定。

3.5.2 空气压缩机作业区应保持清洁和干燥。贮气罐应放在通风良好处，距贮气罐15m以内不得进行焊接或热加工作业。

3.5.3 空气压缩机的进排气管较长时，应加以固定，管路不得有急弯，并应设伸缩变形装置。

3.5.4 贮气罐和输气管路每3年应作水压试验一次，试验压力应为额定压力的150%。压力表和安全阀应每年至少校验一次。

3.5.5 空气压缩机作业前应重点检查下列项目，并应符合相应要求：
  1 内燃机燃油、润滑油应添加充足；电动机电源应正常；
  2 各连接部位应紧固，各运动机构及各部阀门开闭应灵活，管路不得有漏气现象；
  3 各防护装置应齐全良好，贮气罐内不得有存水；
  4 电动空气压缩机的电动机及启动器外壳应接地良好，接地电阻不得大于4Ω。

3.5.6 空气压缩机应在无载状态下启动，启动后应低速空运转，检视各仪表指示值并应确保符合要求；空气压缩机应在运转正常后，逐步加载。

3.5.7 输气胶管应保持畅通，不得扭曲，开启送气阀前，应将输气管道连接好，并应通知现场有关人员后再送气。在出气口前方不得有人。

3.5.8 作业中贮气罐内压力不得超过铭牌额定压力，安全阀应灵敏有效。进气阀、排气阀、轴承及各部件不得有异响或过热现象。

3.5.9 每工作2h，应将液气分离器、中间冷却器、后冷却器内的油水排放一次。贮气罐内的油水每班应排放1次～2次。

3.5.10 正常运转后，应经常观察各种仪表读数，并应随时按使用说明书进行调整。

3.5.11 发现下列情况之一时应立即停机检查，并应在找出原因并排除故障后继续作业：
  1 漏水、漏气、漏电或冷却水突然中断；
  2 压力表、温度表、电流表、转速表指示值超过规定；
  3 排气压力突然升高，排气阀、安全阀失效；
  4 机械有异响或电动机电刷发生强烈火花；
  5 安全防护、压力控制装置及电气绝缘装置失效。

3.5.12 运转中，因缺水而使气缸过热停机时，应待气缸自然温降至60℃以下时，再进行加水作业。

3.5.13 当电动空气压缩机运转中停电时，应立即切断电源，并应在无载荷状态下重新启动。

3.5.14 空气压缩机停机时，应先卸去载荷，再分离主离合器，最后停止内燃机或电动机的运转。

3.5.15 空气压缩机停机后，在离岗前应关闭冷却水阀门，打开放气阀，放出各级冷却器和贮气罐内的油水和存气。

3.5.16 在潮湿地区及隧道中施工时，对空气压缩机外露摩擦面应定期加注润滑油，对电动机和电气设备应做好防潮保护工作。

3.6 10kV以下配电装置

3.6.1 施工电源及高低压配电装置应设专职值班人员负责运行与维护，高压巡视检查工作不得少于2人，每半年应进行一次停电检修和清扫。

3.6.2 高压油开关的瓷套管应保证完好，油箱不得有渗漏，油位、油质应正常，合闸指示器位置应正确，传动机构应灵活可靠。应定期对触头的接触情况、油质、三相合闸的同步性进行检查。

3.6.3 停用或经修理后的高压油开关，在投入运行前应全面检查，应在额定电压下作合闸、跳闸操作各3次，其动作应正确可靠。

3.6.4 隔离开关应每季度检查一次，瓷件应无裂纹和放电现象；接线柱和螺栓不应松动；刀型开关不应变形、损伤，应接触严密。三相隔离开关各相动触头与静触头应同时接触，前后相差不得大于3mm，打开角不得小于60°。

3.6.5 避雷装置在雷雨季节之前应进行一次预防性试验，并应测量接地电阻。雷电后应检查阀型避雷器的瓷瓶、连接线和地线，应确保完好无损。

3.6.6 低压电气设备和器材的绝缘电阻不得小于0.5MΩ。

3.6.7 在易燃、易爆、有腐蚀性气体的场所应采用防爆型低压电器；在多尘和潮湿或易触及人体的场所应采用封闭型低压电器。

3.6.8 电箱及配电线路的布置应执行现行行业标准《施工现场临时用电安全技术规范》JGJ 46的规定。

4 建筑起重机械

4.1 一般规定

4.1.1 建筑起重机械进入施工现场应具备特种设备制造许可证、产品合格证、特种设备制造监督检验证明、备案证明、安装使用说明书和自检合格证明。

4.1.2 建筑起重机械有下列情形之一时，不得出租和使用：
1 属国家明令淘汰或禁止使用的品种、型号；
2 超过安全技术标准或制造厂规定的使用年限；
3 经检验达不到安全技术标准规定；
4 没有完整安全技术档案；
5 没有齐全有效的安全保护装置。

4.1.3 建筑起重机械的安全技术档案应包括下列内容：

1 购销合同、特种设备制造许可证、产品合格证、特种设备制造监督检验证明、安装使用说明书、备案证明等原始资料；

2 定期检验报告、定期自行检查记录、定期维护保养记录、维修和技术改造记录、运行故障和生产安全事故记录、累积运转记录等运行资料；

3 历次安装验收资料。

4.1.4 建筑起重机械装拆方案的编制、审批和建筑起重机械首次使用、升节、附墙等验收按现行有关规定执行。

4.1.5 建筑起重机械的装拆应由具有起重设备安装工程承包资质的单位施工，操作和维修人员应持证上岗。

4.1.6 建筑起重机械的内燃机、电动机和电气、液压装置部分，应按本规程第3.2节、3.4节、3.6节和附录C的规定执行。

4.1.7 选用建筑起重机械时，其主要性能参数、利用等级、载荷状态、工作级别等应与建筑工程相匹配。

4.1.8 施工现场应提供符合起重机械作业要求的通道和电源等工作场地和作业环境。基础与地基承载能力应满足起重机械的安全使用要求。

4.1.9 操作人员在作业前应对行驶道路、架空电线、建（构）筑物等现场环境以及起吊重物进行全面了解。

4.1.10 建筑起重机械应装有音响清晰的信号装置。在起重臂、吊钩、平衡重等转动物体上应有鲜明的色彩标志。

4.1.11 建筑起重机械的变幅限位器、力矩限制器、起重量限制器、防坠安全器、钢丝绳防脱装置、防脱钩装置以及各种行程限位开关等安全保护装置，必须齐全有效，严禁随意调整或拆除。严禁利用限制器和限位装置代替操纵机构。

4.1.12 建筑起重机械安装工、司机、信号司索工作业时应密切配合，按规定的指挥信号执行。当信号不清或错误时，操作人员应拒绝执行。

4.1.13 施工现场应采用旗语、口哨、对讲机等有效的联络措施确保通信畅通。

4.1.14 在风速达到9.0m/s及以上或大雨、大雪、大雾等恶劣天气时，严禁进行建筑起重机械的安装拆卸作业。

4.1.15 在风速达到12.0m/s及以上或大雨、大雪、大雾等恶劣天气时，应停止露天的起重吊装作业。重新作业前，应先试吊，并应确认各种安全装置灵敏可靠后进行作业。

4.1.16 操作人员进行起重机械回转、变幅、行走和吊钩升降等动作前，应发出音响信号示意。

4.1.17 建筑起重机械作业时，应在臂长的水平投影覆盖范围外设置警戒区域，并应有监护措施；起重臂和重物下方不得有人停留、工作或通过。不得用吊车、物料提升机载运人员。

4.1.18 不得使用建筑起重机械进行斜拉、斜吊和起吊埋设在地下或凝固在地面上的重物以及其他不明重量的物体。

4.1.19 起吊重物应绑扎平稳、牢固，不得在重物上再堆放或悬挂零星物件。易散落物件应使用吊笼吊运。标有绑扎位置的物件，应按标记绑扎后吊运。吊索的水平夹角宜为45°～60°，不得小于30°，吊索与物件棱角之间应加保护垫料。

4.1.20 起吊载荷达到起重机械额定起重量的90%及以上时，应先将重物吊离地面不大于200mm，检查起重机械的稳定性和制动可靠性，并应在确认重物绑扎牢固平稳后再继续起吊。对大体积或易晃动的重物应拴拉绳。

4.1.21 重物的吊运速度应平稳、均匀，不得突然制动。回转未停稳前，不得反向操作。

4.1.22 建筑起重机械作业时，在遇突发故障或突然停电时，应立即把所有控制器拨到零位，并及时关闭发动机或断开电源总开关，然后进行检修。起吊物不得长时间悬挂在空中，应采取措施将重物降落到安全位置。

4.1.23 起重机械的任何部位与架空输电导线的安全距离应符合现行行业标准《施工现场临时用电安全技术规范》JGJ 46的规定。

4.1.24 建筑起重机械使用的钢丝绳，应有钢丝绳制造厂提供的质量合格证明文件。

4.1.25 建筑起重机械使用的钢丝绳，其结构形式、强度、规格等应符合起重使用说明书的要求。钢丝绳与卷筒应连接牢固，放出钢丝绳时，卷筒上应至少保留三圈，收放钢丝绳时应防止钢丝绳损坏、扭结、弯折和乱绳。

4.1.26 钢丝绳采用编结固接时，编结部分的长度不得小于钢丝绳直径的20倍，并不应小于300mm，其编结部分应用细钢丝捆扎。当采用绳卡固接时，与钢丝绳直径匹配的绳卡数量应符合表4.1.26的规定，绳卡间距应是6倍～7倍钢丝绳直径，最后一个绳卡距绳头的长度不得小于140mm。绳卡滑鞍（夹板）应在钢丝绳承载时受力的一侧，U形螺栓应在钢丝绳的尾端，不得正反交错。绳卡初次固定后，应待钢丝绳受力后再次紧固，并宜拧紧到使尾端钢丝绳受压处直径高度压扁1/3。作业中应经常检查紧固情况。

表 4.1.26 与绳径匹配的绳卡数

钢丝绳公称直径（mm）	≤18	>18～26	>26～36	>36～44	>44～60
最少绳卡数（个）	3	4	5	6	7

4.1.27 每班作业前，应检查钢丝绳及钢丝绳的连接部位。钢丝绳报废标准按现行国家标准《起重机 钢丝绳 保养、维护、安装、检验和报废》GB/T 5972的规定执行。

4.1.28 在转动的卷筒上缠绕钢丝绳时，不得用手拉或脚踩引导钢丝绳，不得给正在运转的钢丝绳涂抹润滑脂。

4.1.29 建筑起重机械报废及超龄使用应符合国家现行有关规定。

4.1.30 建筑起重机械的吊钩和吊环严禁补焊。当出现下列情况之一时应更换：

1 表面有裂纹、破口；

2 危险断面及钩颈永久变形；

3 挂绳处断面磨损超过高度10%；

4 吊钩衬套磨损超过原厚度50%；

5 销轴磨损超过其直径的5%。

4.1.31 建筑起重机械使用时，每班都应对制动器进行检查。当制动器的零件出现下列情况之一时，应作报废处理：

1 裂纹；

2 制动器摩擦片厚度磨损达原厚度50%；

3 弹簧出现塑性变形；

4 小轴或轴孔直径磨损达原直径的5%。

4.1.32 建筑起重机械制动轮的制动摩擦面不应有妨碍制动性能的缺陷或沾染油污。制动轮出现下列情况之一时，应作报废处理：

1 裂纹；

2 起升、变幅机构的制动轮，轮缘厚度磨损大于原厚度的40%；

3 其他机构的制动轮，轮缘厚度磨损大于原厚度的50%；

4 轮面凹凸不平度达1.5mm～2.0mm（小直径取小值，大直径取大值）。

4.2 履带式起重机

4.2.1 起重机械应在平坦坚实的地面上作业、行走和停放。作业时，坡度不得大于3°，起重机械应与沟渠、基坑保持安全距离。

4.2.2 起重机械启动前应重点检查下列项目，并应符合相应要求：

1 各安全防护装置及各指示仪表应齐全完好；

2 钢丝绳及连接部位应符合规定；

3 燃油、润滑油、液压油、冷却水等应添充足；

4 各连接件不得松动；

5 在回转空间范围内不得有障碍物。

4.2.3 起重机械启动前应将主离合器分离，各操纵杆放在空挡位置。应按本规程第3.2节规定启动内燃机。

4.2.4 内燃机启动后，应检查各仪表指示值，应在运转正常后接合主离合器，空载运转时，应按顺序检查各工作机构及制动器，应在确认正常后作业。

4.2.5 作业时，起重臂的最大仰角不得超过使用说明书的规定。当无资料可查时，不得超过78°。

4.2.6 起重机械变幅应缓慢平稳，在起重臂未停稳前不得变换挡位。

4.2.7 起重机械工作时，在行走、起升、回转及变幅四种动作中，应只允许不超过两种动作的复合操作。当负荷超过该工况额定负荷的90%及以上时，应慢速升降重物，严禁超过两种动作的复合操作和下降起重臂。

4.2.8 在重物起升过程中，操作人员应把脚放在制动踏板上，控制起升高度，防止吊钩冒顶。当重物悬停空中时，即使制动踏板被固定，仍应脚踩在制动踏板上。

4.2.9 采用双机抬吊作业时，应选用起重性能相似的起重机进行。抬吊时应统一指挥，动作应配合协调，载荷应分配合理，起吊重量不得超过两台起重机在该工况下允许起重量总和的75%，单机的起吊载荷不得超过允许载荷的80%。在吊装过程中，两台起重机的吊钩滑轮组应保持垂直状态。

4.2.10 起重机械行走时，转弯不应过急；当转弯半径过小时，应分次转弯。

4.2.11 起重机械不宜长距离负载行驶。起重机械负载时应缓慢行驶，起重量不得超过相应工况额定起重量的70%，起重臂应位于行驶方向正前方，载荷离地面高度不得大于500mm，并应拴好拉绳。

4.2.12 起重机械上、下坡道时应无载走行，上坡时应将起重臂仰角适当放小，下坡时应将起重臂仰角适当放大。下坡严禁空挡滑行。在坡道上严禁带载回转。

4.2.13 作业结束后，起重臂应转至顺风方向，并应降至40°～60°之间，吊钩应提升到接近顶端的位置，关停内燃机，并应将各操纵杆放在空挡位置，各制动器应加保险固定，操作室和机棚应关门加锁。

4.2.14 起重机械转移工地，应采用火车或平板拖车运输，所用跳板的坡度不得大于15°；起重机械装上车后，应将回转、行走、变幅等机构制动，应采用木楔楔紧履带两端，并应绑扎牢固；吊钩不得悬空摆动。

4.2.15 起重机械自行转移时，应卸去配重，拆短起重臂，主动轮应在后面，机身、起重臂、吊钩等必须处于制动位置，并应加保险固定。

4.2.16 起重机械通过桥梁、水坝、排水沟等构筑物时，应先查明允许载荷后再通过，必要时应采取加固措施。通过铁路、地下水管、电缆等设施时，应铺设垫板保护，机械在上面行走时不得转弯。

4.3 汽车、轮胎式起重机

4.3.1 起重机械工作的场地应保持平坦坚实，符合起重时的受力要求；起重机械应与沟渠、基坑保持安全距离。

4.3.2 起重机械启动前应重点检查下列项目，并应符合相应要求：
 1 各安全保护装置和指示仪表应齐全完好；
 2 钢丝绳及连接部位应符合规定；
 3 燃油、润滑油、液压油及冷却水应添加充足；
 4 各连接件不得松动；
 5 轮胎气压应符合规定；
 6 起重臂应可靠搁置在支架上。

4.3.3 起重机械启动前，应将各操纵杆放在空挡位置，手制动器应锁死，应按本规程第3.2节有关规定启动内燃机。应在急速运转3min～5min后进行中高速运转，并应在检查各仪表指示值，确认运转正常后接合液压泵，液压达到规定值，油温超过30℃时，方可作业。

4.3.4 作业前，应全部伸出支腿，调整机体使回转支撑面的倾斜度在无载荷时不大于1/1000（水准居中）。支腿的定位销必须插上。底盘为弹性悬挂的起重机，插支腿前应先收紧稳定器。

4.3.5 作业中不得扳动支腿操纵阀。调整支腿时应在无载荷时进行，应先将起重臂转至正前方或正后方之后，再调整支腿。

4.3.6 起重作业前，应根据所吊重物的重量和起升高度，并应按起重性能曲线，调整起重臂长度和仰角；应估计吊索长度和重物本身的高度，留出适当起吊空间。

4.3.7 起重臂顺序伸缩时，应按使用说明书进行，在伸臂的同时应下降吊钩。当制动器发出警报时，应立即停止伸臂。

4.3.8 汽车式起重机变幅角度不得小于各长度所规定的仰角。

4.3.9 汽车式起重机起吊作业时，汽车驾驶室内不得有人，重物不得超越汽车驾驶室上方，且不得在车的前方起吊。

4.3.10 起吊重物达到额定起重量的50%及以上时，应使用低速挡。

4.3.11 作业中发现起重机倾斜、支腿不稳等异常现象时，应在保证作业人员安全的情况下，将重物降至安全的位置。

4.3.12 当重物在空中需停留较长时间时，应将起升卷筒制动锁住，操作人员不得离开操作室。

4.3.13 起吊重物达到额定起重量的90%以上时，严禁向下变幅，同时严禁进行两种及以上的操作动作。

4.3.14 起重机械带载回转时，操作应平稳，应避免急剧回转或急停，换向应在停稳后进行。

4.3.15 起重机械带载行走时，道路应平坦坚实，载荷应符合使用说明书的规定，重物离地面不得超过

500mm，并应拴好拉绳，缓慢行驶。

4.3.16 作业后，应先将起重臂全部缩回放在支架上，再收回支腿；吊钩应使用钢丝绳挂牢；车架尾部两撑杆应分别撑在尾部下方的支座内，并应采用螺母固定；阻止机身旋转的销式制动器应插入销孔，并应将取力器操纵手柄放在脱开位置，最后应锁住起重操作室门。

4.3.17 起重机械行驶前，应检查确认各支腿收存牢固，轮胎气压应符合规定。行驶时，发动机水温应在80℃～90℃范围内，当水温未达到80℃时，不得高速行驶。

4.3.18 起重机械应保持中速行驶，不得紧急制动，过铁道口或起伏路面时应减速，下坡时严禁空挡滑行，倒车时应有人监护指挥。

4.3.19 行驶时，底盘走台上不得有人员站立或蹲坐，不得堆放物件。

4.4 塔式起重机

4.4.1 行走式塔式起重机的轨道基础应符合下列要求：

1 路基承载能力应满足塔式起重机使用说明书要求；

2 每间隔6m应设轨距拉杆一个，轨距允许偏差应为公称值的1/1000，且不得超过±3mm；

3 在纵横方向上，钢轨顶面的倾斜度不得大于1/1000；塔机安装后，轨道顶面纵、横方向上的倾斜度，对上回转塔机不应大于3/1000；对下回转塔机不应大于5/1000。在轨道全程中，轨道顶面任意两点的高差应小于100mm；

4 钢轨接头间隙不得大于4mm，与另一侧轨道接头的错开距离不得小于1.5m，接头处应架在轨枕上，接头两端高度差不得大于2mm；

5 距轨道终端1m处应设置缓冲止挡器，其高度不应小于行走轮的半径。在轨道上应安装限位开关碰块，安装位置应保证塔机在与缓冲止挡器或与同一轨道上其他塔机相距大于1m处能完全停住，此时电缆线应有足够的富余长度；

6 鱼尾板连接螺栓应紧固，垫板应固定牢靠。

4.4.2 塔式起重机的混凝土基础应符合使用说明书和现行行业标准《塔式起重机混凝土基础工程技术规程》JGJ/T 187的规定。

4.4.3 塔式起重机的基础应排水通畅，并应按专项方案与基坑保持安全距离。

4.4.4 塔式起重机应在其基础验收合格后进行安装。

4.4.5 塔式起重机的金属结构、轨道应有可靠的接地装置，接地电阻不得大于4Ω。高位塔式起重机应设置防雷装置。

4.4.6 装拆作业前应进行检查，并应符合下列规定：

1 混凝土基础、路基和轨道铺设应符合技术要求；

2 应对所装拆塔式起重机的各机构、结构焊缝、重要部位螺栓、销轴、卷扬机构和钢丝绳、吊钩、吊具、电气设备、线路等进行检查，消除隐患；

3 应对自升塔式起重机顶升液压系统的液压缸和油管、顶升套架结构、导向轮、顶升支撑（爬爪）等进行检查，使其处于完好工况；

4 装拆人员应使用合格的工具、安全带、安全帽；

5 装拆作业中配备的起重机械等辅助机械应状况良好，技术性能应满足装拆作业的安全要求；

6 装拆现场的电源电压、运输道路、作业场地等应具备装拆作业条件；

7 安全监督岗的设置及安全技术措施的贯彻落实应符合要求。

4.4.7 指挥人员应熟悉装拆作业方案，遵守装拆工艺和操作规程，使用明确的指挥信号。参与装拆作业的人员，应听从指挥，如发现指挥信号不清或有错误时，应停止作业。

4.4.8 装拆人员应熟悉装拆工艺，遵守操作规程，当发现异常情况或疑难问题时，应及时向技术负责人汇报，不得自行处理。

4.4.9 装拆顺序、技术要求、安全注意事项应按批准的专项施工方案执行。

4.4.10 塔式起重机高强度螺栓应由专业厂家制造，并应有合格证明。高强度螺栓严禁焊接。安装高强螺栓时，应采用扭矩扳手或专用扳手，并应按装配技术要求预紧。

4.4.11 在装拆作业过程中，当遇天气剧变、突然停电、机械故障等意外情况时，应将已装拆的部件固定牢靠，并经检查确认无隐患后停止作业。

4.4.12 塔式起重机各部位的栏杆、平台、扶杆、护圈等安全防护装置应配置齐全。行走式塔式起重机的大车行走缓冲止挡器和限位开关碰块应安装牢固。

4.4.13 因损坏或其他原因而不能用正常方法拆卸塔式起重机时，应按照技术部门重新批准的拆卸方案执行。

4.4.14 塔式起重机安装过程中，应分阶段检查验收。各机构动作应正确、平稳，制动可靠，各安全装置应灵敏有效。在无载荷情况下，塔身的垂直度允许偏差为4/1000。

4.4.15 塔式起重机升降作业时，应符合下列规定：

1 升降作业应有专人指挥，专人操作液压系统，专人拆装螺栓。非作业人员不得登上顶升套架的操作平台。操作室内应只准一人操作；

2 升降作业应在白天进行；

3 顶升前应预先放松电缆，电缆长度应大于顶升总高度。下降时应适时收紧电缆；

4 升降作业前,应对液压系统进行检查和试机,应在空载状态下将液压缸活塞杆伸缩3次~4次,检查无误后,再将液压缸活塞杆通过顶升梁借助顶升套架的支撑,顶起载荷100mm~150mm,停10min,观察液压缸载荷是否有下滑现象;

5 升降作业时,应调整好顶升套架滚轮与塔身标准节的间隙,并应按规定要求使起重臂和平衡臂处于平衡状态,将回转机构制动。当回转台与塔身标准节之间的最后一处连接螺栓(销轴)拆卸困难时,应将最后一处连接螺栓(销轴)对角方向的螺栓重新插入,再采取其他方法进行拆卸。不得用旋转起重臂的方法松动螺栓(销轴);

6 顶升撑脚(爬爪)就位后,应及时插上安全销,才能继续升降作业;

7 升降作业完毕后,应按规定扭力紧固各连接螺栓,应将液压操纵杆扳到中间位置,并应切断液压升降机构电源。

4.4.16 塔式起重机的附着装置应符合下列规定:

1 附着建筑物的锚固点的承载能力应满足塔式起重机技术要求。附着装置的布置方式应按使用说明书的规定执行。当有变动时,应另行设计;

2 附着杆件与附着支座(锚固点)应采取销轴铰接;

3 安装附着框架和附着杆件时,应用经纬仪测量塔身垂直度,并应利用附着杆件进行调整,在最高锚固点以下垂直度允许偏差为2/1000;

4 安装附着框架和附着支座时,各道附着装置所在平面与水平面的夹角不得超过10°;

5 附着框架宜设置在塔身标准节连接处,并应箍紧塔身;

6 塔身顶升到规定附着间距时,应及时增设附着装置。塔身高出附着装置的自由端高度,应符合使用说明书的规定;

7 塔式起重机作业过程中,应经常检查附着装置,发现松动或异常情况时,应立即停止作业,故障未排除,不得继续作业;

8 拆卸塔式起重机时,应随着降落塔身的进程拆卸相应的附着装置。严禁在落塔之前先拆附着装置;

9 附着装置的安装、拆卸、检查和调整应有专人负责;

10 行走式塔式起重机作固定式塔式起重机使用时,应提高轨道基础的承载能力,切断行走机构的电源,并应设置阻挡走轮移动的支座。

4.4.17 塔式起重机内爬升时应符合下列规定:

1 内爬升作业时,信号联络应通畅;

2 内爬升过程中,严禁进行塔式起重机的起升、回转、变幅等各项动作;

3 塔式起重机爬升到指定楼层后,应立即拔出塔身底座的支承梁或支腿,通过内爬升框架及时固定在结构上,并应顶紧导向装置或用楔块塞紧;

4 内爬升塔式起重机的塔身固定间距应符合使用说明书要求;

5 应对设置内爬升框架的建筑结构进行承载力复核,并应根据计算结果采取相应的加固措施。

4.4.18 雨天后,对行走式塔式起重机,应检查轨距偏差、钢轨顶面的倾斜度、钢轨的平直度、轨道基础的沉降及轨道的通过性能等;对固定式塔式起重机,应检查混凝土基础不均匀沉降。

4.4.19 根据使用说明书的要求,应定期对塔式起重机各工作机构、所有安全装置、制动器的性能及磨损情况、钢丝绳的磨损及绳端固定、液压系统、润滑系统、螺栓销轴连接处等进行检查。

4.4.20 配电箱应设置在距塔式起重机3m范围内或轨道中部,且明显可见;电箱中应设置带熔断式断路器及塔式起重机电源总开关;电缆卷筒应灵活有效,不得拖缆。

4.4.21 塔式起重机在无线电台、电视台或其他电磁波发射天线附近施工时,与吊钩接触的作业人员,应戴绝缘手套和穿绝缘鞋,并应在吊钩上挂接临时放电装置。

4.4.22 当同一施工地点有两台以上塔式起重机并可能互相干涉时,应制定群塔作业方案;两台塔式起重机之间的最小架设距离应保证处于低位塔式起重机的起重臂端部与另一台塔式起重机的塔身之间至少有2m的距离;处于高位塔式起重机的最低位置的部件(吊钩升至最高点或平衡重的最低部位)与低位塔式起重机中处于最高位置部件之间的垂直距离不应小于2m。

4.4.23 轨道式塔式起重机作业前,应检查轨道基础平直无沉陷,鱼尾板、连接螺栓及道钉不得松动,并应清除轨道上的障碍物,将夹轨器固定。

4.4.24 塔式起重机启动应符合下列要求:

1 金属结构和工作机构的外观情况应正常;

2 安全保护装置和指示仪表应齐全完好;

3 齿轮箱、液压油箱的油位应符合规定;

4 各部位连接螺栓不得松动;

5 钢丝绳磨损应在规定范围内,滑轮穿绕应正确;

6 供电电缆不得破损。

4.4.25 送电前,各控制器手柄应在零位。接通电源后,应检查并确认不得有漏电现象。

4.4.26 作业前,应进行空载运转,试验各工作机构并确认运转正常,不得有噪声及异响,各机构的制动器及安全保护装置应灵敏有效,确认正常后方可作业。

4.4.27 起吊重物时,重物和吊具的总重量不得超过塔式起重机相应幅度下规定的起重量。

4.4.28 应根据起吊重物和现场情况,选择适当的工作速度,操纵各控制器时应从停止点(零点)开始,依次逐级增加速度,不得越挡操作。在变换运转方向时,应将控制器手柄扳到零位,待电动机停止运转后再转向另一方向,不得直接变换运转方向突然变速或制动。

4.4.29 在提升吊钩、起重小车或行走大车运行到限位装置前,应减速缓行到停止位置,并应与限位装置保持一定距离。不得采用限位装置作为停止运行的控制开关。

4.4.30 动臂式塔式起重机的变幅动作应单独进行;允许带载变幅的动臂式塔式起重机,当载荷达到额定起重量的 90%及以上时,不得增加幅度。

4.4.31 重物就位时,应采用慢就位工作机构。

4.4.32 重物水平移动时,重物底部应高出障碍物 0.5m 以上。

4.4.33 回转部分不设集电器的塔式起重机,应安装回转限位器,在作业时,不得顺一个方向连续回转 1.5 圈。

4.4.34 当停电或电压下降时,应立即将控制器扳到零位,并切断电源。如吊钩上挂有重物,应重复放松制动器,使重物缓慢地下降到安全位置。

4.4.35 采用涡流制动调速系统的塔式起重机,不得长时间使用低速挡或慢就位速度作业。

4.4.36 遇大风停止作业时,应锁紧夹轨器,将回转机构的制动器完全松开,起重臂应能随风转动。对轻型俯仰变幅塔式起重机,应将起重臂落下并与塔身结构锁紧在一起。

4.4.37 作业中,操作人员临时离开操作室时,应切断电源。

4.4.38 塔式起重机载人专用电梯不得超员,专用电梯断绳保护装置应灵敏有效。塔式起重机作业时,不得开动电梯。电梯停用时,应降至塔身底部位置,不得长时间悬在空中。

4.4.39 在非工作状态时,应松开回转制动器,回转部分应能自由旋转;行走塔式起重机应停放在轨道中间位置,小车及平衡重应置于非工作状态,吊钩组顶部宜上升到距起重臂底面 2m~3m 处。

4.4.40 停机时,应将每个控制器拨回零位,依次断开各开关,关闭操作室门窗;下机后,应锁紧夹轨器,断开电源总开关,打开高空障碍灯。

4.4.41 检修人员对高空部位的塔身、起重臂、平衡臂等检修时,应系好安全带。

4.4.42 停用的塔式起重机的电动机、电气柜、变阻器箱及制动器等应遮盖严密。

4.4.43 动臂式和未附着塔式起重机及附着以上塔式起重机桁架上不得悬挂标语牌。

4.5 桅杆式起重机

4.5.1 桅杆式起重机应按现行国家标准《起重机设计规范》GB/T3811 的规定进行设计,确定其使用范围及工作环境。

4.5.2 桅杆式起重机专项方案必须按规定程序审批,并应经专家论证后实施。施工单位必须指定安全技术人员对桅杆式起重机的安装、使用和拆卸进行现场监督和监测。

4.5.3 专项方案应包含下列主要内容:
1 工程概况、施工平面布置;
2 编制依据;
3 施工计划;
4 施工技术参数、工艺流程;
5 施工安全技术措施;
6 劳动力计划;
7 计算书及相关图纸。

4.5.4 桅杆式起重机的卷扬机应符合本规程第 4.7 节的有关规定。

4.5.5 桅杆式起重机的安装和拆卸应划出警戒区,清除周围的障碍物,在专人统一指挥下,应按使用说明书和装拆方案进行。

4.5.6 桅杆式起重机的基础应符合专项方案的要求。

4.5.7 缆风绳的规格、数量及地锚的拉力、埋设深度等应按照起重机性能经过计算确定,缆风绳与地面的夹角不得大于 60°,缆风绳与桅杆和地锚的连接应牢固。地锚不得使用膨胀螺栓、定滑轮。

4.5.8 缆风绳的架设应避开架空电线。在靠近电线的附近,应设置绝缘材料搭设的护线架。

4.5.9 桅杆式起重机安装后应进行试运转,使用前应组织验收。

4.5.10 提升重物时,吊钢丝绳应垂直,操作应平稳;当重物吊离开支承面时,应检查并确认各机构工作正常后,继续起吊。

4.5.11 在起吊额定起重量的 90%及以上重物前,应安排专人检查地锚的牢固程度。起吊时,缆风绳应受力均匀,主杆应保持直立状态。

4.5.12 作业时,桅杆式起重机的回转钢丝绳应处于拉紧状态。回转装置应有安全制动控制器。

4.5.13 桅杆式起重机移动时,应用满足承重要求的枕木排和滚杠垫在底座,并将起重臂收紧处于移动方向的前方。移动时,桅杆不得倾斜,缆风绳的松紧应配合一致。

4.5.14 缆风钢丝绳安全系数不应小于 3.5,起升、锚固、吊索钢丝绳安全系数不应小于 8。

4.6 门式、桥式起重机与电动葫芦

4.6.1 起重机路基和轨道的铺设应符合使用说明书的规定,轨道接地电阻不得大于 4Ω。

4.6.2 门式起重机的电缆应设有电缆卷筒,配电箱应设置在轨道中部。

4.6.3 用滑线供电的起重机应在滑线的两端标有鲜

明的颜色,滑线应设置防护装置,防止人员及吊具钢丝绳与滑线意外接触。

4.6.4 轨道应平直,鱼尾板连接螺栓不得松动,轨道和起重机运行范围内不得有障碍物。

4.6.5 门式、桥式起重机作业前应重点检查下列项目,并应符合相应要求:
  1 机械结构外观应正常,各连接件不得松动;
  2 钢丝绳外表情况应良好,绳卡应牢固;
  3 各安全限位装置应齐全完好。

4.6.6 操作室内应垫木板或绝缘板,接通电源后应采用试电笔测试金属结构部分,并应确认无漏电现象;上、下操作室应使用专用扶梯。

4.6.7 作业前,应进行空载试运转,检查并确认各机构运转正常,制动可靠,各限位开关灵敏有效。

4.6.8 在提升大件时不得用快速,并应拴拉绳防止摆动。

4.6.9 吊运易燃、易爆、有害等危险品时,应经安全主管部门批准,并应有相应的安全措施。

4.6.10 吊运路线不得从人员、设备上面通过;空车行走时,吊钩应离地面2m以上。

4.6.11 吊运重物应平稳、慢速,行驶中不得突然变速或倒退。两台起重机同时作业时,应保持5m以上距离。不得用一台起重机顶推另一台起重机。

4.6.12 起重机行走时,两侧驱动轮应保持同步,发现偏移应及时停止作业,调整修理后继续使用。

4.6.13 作业中,人员不得从一台桥式起重机跨越到另一台桥式起重机。

4.6.14 操作人员进入桥架前应切断电源。

4.6.15 门式、桥式起重机的主梁挠度超过规定值时,应修复后使用。

4.6.16 作业后,门式起重机应停放在停机线上,用夹轨器锁紧;桥式起重机应将小车停放在两条轨道中间,吊钩提升到上部位置。吊钩上不得悬挂重物。

4.6.17 作业后,应将控制器拨到零位,切断电源,应关闭并锁好操作室门窗。

4.6.18 电动葫芦使用前应检查机械部分和电气部分,钢丝绳、链条、吊钩、限位器等应完好,电气部分应无漏电,接地装置应良好。

4.6.19 电动葫芦应设缓冲器,轨道两端应设挡板。

4.6.20 第一次吊重物时,应在吊离地面100mm时停止上升,检查电动葫芦制动情况,确认完好后再正式作业。露天作业时,电动葫芦应设防雨棚。

4.6.21 电动葫芦起吊时,手不得握在绳索与物体之间,吊物上升时应防止冲顶。

4.6.22 电动葫芦吊重物行走时,重物离地不宜超过1.5m高。工作间歇不得将重物悬挂在空中。

4.6.23 电动葫芦作业中发生异味、高温等异常情况时,应立即停机检查,排除故障后继续使用。

4.6.24 使用悬挂电缆电气控制开关时,绝缘应良好,滑动应自如,人站立位置的后方应有2m的空地,并应能正确操作电钮。

4.6.25 在起吊中,由于故障造成重物失控下滑时,应采取紧急措施,向无人处下放重物。

4.6.26 在起吊中不得急速升降。

4.6.27 电动葫芦在额定载荷制动时,下滑位移量不应大于80mm。

4.6.28 作业完毕后,电动葫芦应停放在指定位置,吊钩升起,并切断电源,锁好开关箱。

4.7 卷 扬 机

4.7.1 卷扬机地基与基础应平整、坚实,场地应排水畅通,地锚应设置可靠。卷扬机应搭设防护棚。

4.7.2 操作人员的位置应在安全区域,视线应良好。

4.7.3 卷扬机卷筒中心线与导向滑轮的轴线应垂直,且导向滑轮的轴线应在卷筒中心位置,钢丝绳的出绳偏角应符合表4.7.3的规定。

表4.7.3 卷扬机钢丝绳出绳偏角限值

排绳方式	槽面卷筒	光面卷筒	
		自然排绳	排绳器排绳
出绳偏角	≤4°	≤2°	≤4°

4.7.4 作业前,应检查卷扬机与地面的固定、弹性联轴器的连接应牢固,并应检查安全装置、防护设施、电气线路、接零或接地装置、制动装置和钢丝绳等并确认全部合格后再使用。

4.7.5 卷扬机至少应装有一个常闭式制动器。

4.7.6 卷扬机的传动部分及外露的运动件应设防护罩。

4.7.7 卷扬机应在司机操作方便的地方安装能迅速切断总控制电源的紧急断电开关,并不得使用倒顺开关。

4.7.8 钢丝绳卷绕在卷筒上的安全圈数不得少于3圈。钢丝绳末端应固定可靠。不得用手拉钢丝绳的方法卷绕钢丝绳。

4.7.9 钢丝绳不得与机架、地面摩擦,通过道路时,应设过路保护装置。

4.7.10 建筑施工现场不得使用摩擦式卷扬机。

4.7.11 卷筒上的钢丝绳应排列整齐,当重叠或斜绕时,应停机重新排列,不得在转动中用手拉脚踩钢丝绳。

4.7.12 作业中,操作人员不得离开卷扬机,物件或吊笼下面不得有人员停留或通过。休息时,应将物件或吊笼降至地面。

4.7.13 作业中如发现异响、制动失灵、制动带或轴承等温度剧烈上升等异常情况时,应立即停机检查,排除故障后再使用。

4.7.14 作业中停电时,应将控制手柄或按钮置于零位，并应切断电源，将物件或吊笼降至地面。

4.7.15 作业完毕，应将物件或吊笼降至地面，并应切断电源，锁好开关箱。

4.8 井架、龙门架物料提升机

4.8.1 进入施工现场的井架、龙门架必须具有下列安全装置：

 1 上料口防护棚；
 2 层楼安全门、吊篮安全门、首层防护门；
 3 断绳保护装置或防坠装置；
 4 安全停靠装置；
 5 起重量限制器；
 6 上、下限位器；
 7 紧急断电开关、短路保护、过电流保护、漏电保护；
 8 信号装置；
 9 缓冲器。

4.8.2 卷扬机应符合本规程第4.7节的有关规定。

4.8.3 基础应符合使用说明书要求。缆风绳不得使用钢筋、钢管。

4.8.4 提升机的制动器应灵敏可靠。

4.8.5 运行中吊篮的四角与井架不得互相擦碰，吊篮各构件连接应牢固、可靠。

4.8.6 井架、龙门架物料提升机不得和脚手架连接。

4.8.7 不得使用吊篮载人，吊篮下方不得有人员停留或通过。

4.8.8 作业后，应检查钢丝绳、滑轮、滑轮轴和导轨等，发现异常磨损，应及时修理或更换。

4.8.9 下班前，应将吊篮降到最低位置，各控制开关置于零位，切断电源，锁好开关箱。

4.9 施工升降机

4.9.1 施工升降机基础应符合使用说明书要求，当使用说明书无要求时，应经专项设计计算，地基上表面平整度允许偏差为10mm，场地应排水通畅。

4.9.2 施工升降机导轨架的纵向中心线至建筑物外墙面的距离宜选用使用说明书中提供的较小的安装尺寸。

4.9.3 安装导轨架时，应采用经纬仪在两个方向进行测量校准。其垂直度允许偏差应符合表4.9.3的规定。

表4.9.3 施工升降机导轨架垂直度

架设高度 H (m)	$H \leq 70$	$70 < H \leq 100$	$100 < H \leq 150$	$150 < H \leq 200$	$H > 200$
垂直度偏差 (mm)	$\leq 1/1000 H$	≤ 70	≤ 90	≤ 110	≤ 130

4.9.4 导轨架自由高度、导轨架的附墙距离、导轨架的两附墙连接点间距离和最低附墙点高度不得超过使用说明书的规定。

4.9.5 施工升降机应设置专用开关箱，馈电容量应满足升降机直接启动的要求，生产厂家配置的电气箱内应装设短路、过载、错相、断相及零位保护装置。

4.9.6 施工升降机周围应设置稳固的防护围栏。楼层平台通道应平整牢固，出入口应设防护门。全行程不得有危害安全运行的障碍物。

4.9.7 施工升降机安装在建筑物内部井道中时，各楼层门应封闭并应有电气连锁装置。装设在阴暗处或夜班作业的施工升降机，在全行程上应有足够的照明，并应装设明亮的楼层编号标志灯。

4.9.8 施工升降机的防坠安全器应在标定期限内使用，标定期限不应超过一年。使用中不得任意拆检调整防坠安全器。

4.9.9 施工升降机使用前，应进行坠落试验。施工升降机在使用中每隔3个月，应进行一次额定载重量的坠落试验，试验程序应按使用说明书规定进行，吊笼坠落试验制动距离应符合现行行业标准《施工升降机齿轮锥鼓形渐进式防坠安全器》JG 121的规定。防坠安全器试验后及正常操作中，每发生一次防坠动作，应由专业人员进行复位。

4.9.10 作业前应重点检查下列项目，并应符合相应要求：

 1 结构不得有变形，连接螺栓不得松动；
 2 齿条与齿轮、导向轮与导轨应接合正常；
 3 钢丝绳应固定良好，不得有异常磨损；
 4 运行范围内不得有障碍；
 5 安全保护装置应灵敏可靠。

4.9.11 启动前，应检查并确认供电系统、接地装置安全有效，控制开关应在零位。电源接通后，应检查并确认电压正常。应试验并确认各限位装置、吊笼、围护门等处的电气连锁装置良好可靠，电气仪表应灵敏有效。作业前应进行试运行，测定各机构制动器的效能。

4.9.12 施工升降机应按使用说明书要求，进行维护保养，并应定期检验制动器的可靠性，制动力矩应达到使用说明书要求。

4.9.13 吊笼内乘人或载物时，应使载荷均匀分布，不得偏重，不得超载运行。

4.9.14 操作人员应按指挥信号操作。作业前应鸣笛示警。在施工升降机未切断总电源开关前，操作人员不得离开操作岗位。

4.9.15 施工升降机运行中发现有异常情况时，应立即停机并采取有效措施将吊笼就近停靠楼层，排除故障后再继续运行。在运行中发现电气失控时，应立即按下急停按钮，在未排除故障前，不得打开急停按钮。

4.9.16 在风速达到20m/s及以上大风、大雨、大雾天气以及导轨架、电缆等结冰时，施工升降机应停止运行，并应将吊笼降到底层，切断电源。暴风雨等恶劣天气后，应对施工升降机各有关安全装置等进行一次检查，确认正常后运行。

4.9.17 施工升降机运行到最上层或最下层时，不得用行程限位开关作为停止运行的控制开关。

4.9.18 当施工升降机在运行中由于断电或其他原因而中途停止时，可进行手动下降，将电动机尾端制动电磁铁手动释放拉手缓缓向外拉出，使吊笼缓慢地向下滑行。吊笼下滑时，不得超过额定运行速度，手动下降应由专业维修人员进行操纵。

4.9.19 当需在吊笼的外面进行检修时，另外一个吊笼应停机配合，检修时应切断电源，并应有专人监护。

4.9.20 作业后，应将吊笼降到底层，各控制开关拨到零位，切断电源，锁好开关箱，闭锁吊笼门和围护门。

5 土石方机械

5.1 一般规定

5.1.1 土石方机械的内燃机、电动机和液压装置的使用，应符合本规程第3.2节、第3.4节和附录C的规定。

5.1.2 机械进入现场前，应查明行驶路线上的桥梁、涵洞的上部净空和下部承载能力，确保机械安全通过。

5.1.3 机械通过桥梁时，应采用低速挡慢行，在桥面上不得转向或制动。

5.1.4 作业前，必须查明施工场地内明、暗铺设的各类管线等设施，并应采用明显记号标识。严禁在离地下管线、承压管道1m距离以内进行大型机械作业。

5.1.5 作业中，应随时监视机械各部位的运转及仪表指示值，如发现异常，应立即停机检修。

5.1.6 机械运行中，不得接触转动部位。在修理工作装置时，应将工作装置降到最低位置，并应将悬空工作装置垫上垫木。

5.1.7 在电杆附近取土时，对不能取消的拉线、地垄和杆身，应留出土台，土台大小应根据电杆结构、掩埋深度和土质情况由技术人员确定。

5.1.8 机械与架空输电线路的安全距离应符合现行行业标准《施工现场临时用电安全技术规范》JGJ 46的规定。

5.1.9 在施工中遇下列情况之一时应立即停工：
 1 填挖区土体不稳定，土体有可能坍塌；
 2 地面涌水冒浆，机械陷车，或因雨水机械在坡道打滑；
 3 遇大雨、雷电、浓雾等恶劣天气；
 4 施工标志及防护设施被损坏；
 5 工作面安全净空不足。

5.1.10 机械回转作业时，配合人员必须在机械回转半径以外工作。当需在回转半径以内工作时，必须将机械停止回转并制动。

5.1.11 雨期施工时，机械应停放在地势较高的坚实位置。

5.1.12 机械作业不得破坏基坑支护系统。

5.1.13 行驶或作业中的机械，除驾驶室外的任何地方不得有乘员。

5.2 单斗挖掘机

5.2.1 单斗挖掘机的作业和行走场地应平整坚实，松软地面应用枕木或垫板垫实，沼泽或淤泥场地应进行路基处理，或更换专用湿地履带。

5.2.2 轮胎式挖掘机使用前应支好支腿，并应保持水平位置，支腿应置于作业面的方向，转向驱动桥置于作业面的后方。履带式挖掘机的驱动轮应置于作业面的后方。采用液压悬挂装置的挖掘机，应锁住两个悬挂液压缸。

5.2.3 作业前应重点检查下列项目，并应符合相应要求：
 1 照明、信号及报警装置等应齐全有效；
 2 燃油、润滑油、液压油应符合规定；
 3 各铰接部分应连接可靠；
 4 液压系统不得有泄漏现象；
 5 轮胎气压应符合规定。

5.2.4 启动前，应将主离合器分离，各操纵杆放在空挡位置，并应发出信号，确认安全后启动设备。

5.2.5 启动后，应先使液压系统从低速到高速空载循环10min～20min，不得有吸空等不正常噪声，并应检查各仪表指示值，运转正常后再接合主离合器，再进行空载运转，顺序操纵各工作机构并测试各制动器，确认正常后开始作业。

5.2.6 作业时，挖掘机应保持水平位置，行走机构应制动，履带或轮胎应揳紧。

5.2.7 平整场地时，不得用铲斗进行横扫或用铲斗对地面进行夯实。

5.2.8 挖掘岩石时，应先进行爆破。挖掘冻土时，应采用破冰锤或爆破法使冻土层破碎。不得用铲斗破碎石块、冻土，或用单边斗齿硬啃。

5.2.9 挖掘机最大开挖高度和深度，不应超过机械本身性能规定。在拉铲或反铲作业时，履带式挖掘机的履带与工作面边缘距离应大于1.0m，轮胎式挖掘机的轮胎与工作面边缘距离应大于1.5m。

5.2.10 在坑边进行挖掘作业，当发现有塌方危险时，应立即处理险情，或将挖掘机撤至安全地带。坑边不得留有伞状边沿及松动的大块石。

5.2.11 挖掘机应停稳后再进行挖土作业。当铲斗未离开工作面时，不得作回转、行走等动作。应使用回转制动器进行回转制动，不得用转向离合器反转制动。

5.2.12 作业时，各操纵过程应平稳，不宜紧急制动。铲斗升降不得过猛，下降时，不得撞碰车架或履带。

5.2.13 斗臂在抬高及回转时，不得碰到坑、沟侧壁或其他物体。

5.2.14 挖掘机向运土车辆装车时，应降低卸落高度，不得偏装或砸坏车厢。回转时，铲斗不得从运输车辆驾驶室顶上越过。

5.2.15 作业中，当液压缸将伸缩到极限位置时，应动作平稳，不得冲撞极限块。

5.2.16 作业中，当需制动时，应将变速阀置于低速挡位置。

5.2.17 作业中，当发现挖掘力突然变化，应停机检查，不得在未查明原因前调整分配阀的压力。

5.2.18 作业中，不得打开压力表开关，且不得将工况选择阀的操纵手柄放在高速挡位置。

5.2.19 挖掘机应停稳后再反铲作业，斗柄伸出长度应符合规定要求，提斗应平稳。

5.2.20 作业中，履带式挖掘机短距离行走时，主动轮应在后面，斗臂应在正前方与履带平行，并应制动回转机构。坡道坡度不得超过机械允许的最大坡度。下坡时应慢速行驶。不得在坡道上变速和空挡滑行。

5.2.21 轮胎式挖掘机行驶前，应收回支腿并固定可靠，监控仪表和报警信号灯应处于正常显示状态。轮胎气压应符合规定，工作装置应处于行驶方向，铲斗宜离地面1m。长距离行驶时，应回转制动板踩下，并应采用固定销锁定回转平台。

5.2.22 挖掘机在坡道上行走时熄火，应立即制动，并应楔住履带或轮胎，重新发动后，再继续行走。

5.2.23 作业后，挖掘机不得停放在高边坡附近或填方区，应停放在坚实、平坦、安全的位置，并应将铲斗收回平放在地面，所有操纵杆置于中位，关闭操作室和机棚。

5.2.24 履带式挖掘机转移工地应采用平板拖车装运。短距离自行转移时，应低速行走。

5.2.25 保养或检修挖掘机时，应将内燃机熄火，并将液压系统卸荷，铲斗落地。

5.2.26 利用铲斗将底盘顶起进行检修时，应使用垫木将抬起的履带或轮胎垫稳，用木楔将落地履带或轮胎楔牢，然后再将液压系统卸荷，否则不得进入底盘下工作。

5.3 挖掘装载机

5.3.1 挖掘装载机的挖掘及装载作业应符合本规程第5.2节及第5.10节的规定。

5.3.2 挖掘作业前应先将装载斗翻转，使斗口朝地，并使前轮稍离开地面，踏下并锁住制动踏板，然后伸出支腿，使后轮离地和保持水平位置。

5.3.3 挖掘装载机在边坡卸料时，应有专人指挥，挖掘装载机轮胎距边坡缘的距离应大于1.5m。

5.3.4 动臂后端的缓冲块应保持完好；损坏时，应修复后使用。

5.3.5 作业时，应平稳操纵手柄；支臂下降时不宜中途制动。挖掘时不得使用高速挡。

5.3.6 应平稳回转挖掘装载机，并不得用装载斗砸实沟槽的侧面。

5.3.7 挖掘装载机移位时，应将挖掘装置处于中间运输状态，收起支腿，提起提升臂。

5.3.8 装载作业前，应将挖掘装置的回转机构置于中间位置，并应采用拉板固定。

5.3.9 在装载过程中，应使用低速挡。

5.3.10 铲斗提升臂在举升时，不应使用阀的浮动位置。

5.3.11 前四阀用于支腿伸缩和装载的作业与后四阀用于回转和挖掘的作业不得同时进行。

5.3.12 行驶时，不应高速和急转弯。下坡时不得空挡滑行。

5.3.13 行驶时，支腿应完全收回，挖掘装置应固定牢靠，装载装置宜放低，铲斗和斗柄液压活塞杆应保持完全伸张位置。

5.3.14 挖掘装载机停放时间超过1h，应支起支腿，使后轮离地；停放时间超过1d时，应使后轮离地，并应在后悬架下面用垫块支撑。

5.4 推土机

5.4.1 推土机在坚硬土壤或多石土壤地带作业时，应先进行爆破或用松土器翻松。在沼泽地带作业时，应更换专用湿地履带板。

5.4.2 不得用推土机推石灰、烟灰等粉尘物料，不得进行碾碎石块的作业。

5.4.3 牵引其他机构设备时，应有专人负责指挥。钢丝绳的连接应牢固可靠。在坡道或长距离牵引时，应采用牵引杆连接。

5.4.4 作业前应重点检查下列项目，并应符合相应要求：

1 各部件不得松动，应连接良好；

2 燃油、润滑油、液压油等应符合规定；

3 各系统管路不得有裂纹或泄漏；

4 各操纵杆和制动踏板的行程、履带的松紧度或轮胎气压应符合要求。

5.4.5 启动前，应将主离合器分离，各操纵杆放在空挡位置，并应按照本规程第3.2节的规定启动内燃机，不得用拖、顶方式启动。

5.4.6 启动后应检查各仪表指示值、液压系统，并确认运转正常，当水温达到55℃、机油温度达到45℃时，全载荷作业。

5.4.7 推土机机械四周不得有障碍物，并确认安全后开动，工作时不得有人站在履带或刀片的支架上。

5.4.8 采用主离合器传动的推土机接合应平稳，起步不得过猛，不得使离合器处于半接合状态下运转；液力传动的推土机，应先解除变速杆的锁紧状态，踏下减速器踏板，变速杆应在低挡位，然后缓慢释放减速踏板。

5.4.9 在块石路面行驶时，应将履带张紧。当需要原地旋转或急转弯时，应采用低速挡。当行走机构夹入块石时，应采用正、反向往复行驶使块石排除。

5.4.10 在浅水地带行驶或作业时，应查明水深，冷却风扇叶不得接触水面。下水前和出水后，应对行走装置加注润滑脂。

5.4.11 推土机上、下坡或超过障碍物时应采用低速挡。推土机上坡坡度不得超过25°，下坡坡度不得大于35°，横向坡度不得大于10°。在25°以上的陡坡上不得横向行驶，并不得急转弯。上坡时不得换挡，下坡不得空挡滑行。当需要在陡坡上推土时，应先进行填挖，使机身保持平衡。

5.4.12 在上坡途中，当内燃机突然熄灭，应立即放下铲刀，并锁住制动踏板。在推土机停稳后，将主离合器脱开，把变速杆放到空挡位置，并应用木块将履带或轮胎揳死后，重新启动内燃机。

5.4.13 下坡时，当推土机下行速度大于内燃机传动速度时，转向操纵的方向应与平地行走时操纵的方向相反，并不得使用制动器。

5.4.14 填沟作业驶近边坡时，铲刀不得越出边缘。后退时，应先换挡，后提升铲刀进行倒车。

5.4.15 在深沟、基坑或陡坡地区作业时，应有专人指挥，垂直边坡高度应小于2m。当大于2m时，应放出安全边坡，同时禁止用推土刀侧面推土。

5.4.16 推土或松土作业时，不得超载，各项操作应缓慢平稳，不得损坏铲刀、推土架、松土器等装置；无液力变矩器装置的推土机，在作业中有超载趋势时，应稍微提升铲片或变换低速挡。

5.4.17 不得顶推与地基基础连接的钢筋混凝土桩等建筑物。顶推树木等物体不得倒向推土机及高空架设物。

5.4.18 两台以上推土机在同一地区作业时，前后距离应大于8.0m；左右距离应大于1.5m。在狭窄道路上行驶时，未得前机同意，后机不得超越。

5.4.19 作业完毕后，宜将推土机开到平坦安全的地方，并应将铲刀、松土器落到地面。在坡道上停机时，应将变速杆挂低速挡，接合主离合器，锁住制动踏板，并将履带或轮胎揳住。

5.4.20 停机时，应先降低内燃机转速，变速杆放在空挡，锁紧液力传动的变速杆，分开主离合器，踏下制动踏板并锁紧，在水温降到75℃以下、油温降到90℃以下后熄火。

5.4.21 推土机长途转移工地时，应采用平板拖车装运。短途行走转移距离不宜超过10km，铲刀距地面宜为400mm，不得用高速挡行驶和进行急转弯，不得长距离倒退行驶。

5.4.22 在推土机下面检修时，内燃机应熄火，铲刀应落到地面或垫稳。

5.5 拖式铲运机

5.5.1 拖式铲运机牵引使用时应符合本规程第5.4节的有关规定。

5.5.2 铲运机作业时，应先采用松土器翻松。铲运作业区内不得有树根、大石块和大量杂草等。

5.5.3 铲运机行驶道路应平整坚实，路面宽度应比铲运机宽度大2m。

5.5.4 启动前，应检查钢丝绳、轮胎气压、铲土斗及卸土板回缩弹簧、拖把万向接头、撑架以及各部滑轮等，并确认处于正常工作状态；液压式铲运机铲斗和拖拉机连接叉座与牵引连接块应锁定，各液压管路应连接可靠。

5.5.5 开动前，应使铲斗离开地面，机械周围不得有障碍物。

5.5.6 作业中，严禁人员上下机械，传递物件，以及在铲斗内、拖把或机架上坐立。

5.5.7 多台铲运机联合作业时，各机之间前后距离应大于10m（铲土时应大于5m），左右距离应大于2m，并应遵守下坡让上坡、空载让重载、支线让干线的原则。

5.5.8 在狭窄地段运行时，未经前机同意，后机不得超越。两机交会或超车时应减速，两机左右间距应大于0.5m。

5.5.9 铲运机上、下坡道时，应低速行驶，不得中途换挡，下坡时不得空挡滑行，行驶的横向坡度不得超过6°，坡宽应大于铲运机宽度2m。

5.5.10 在新填筑的土堤上作业时，离堤坡边缘应大于1m。当需在斜坡横向作业时，应先将斜坡挖填平整，使机身保持平衡。

5.5.11 在坡道上不得进行检修作业。在陡坡上不得转弯、倒车或停车。在坡上熄火时，应将铲斗落地、制动牢靠后再启动。下陡坡时，应将铲斗触地行驶，辅助制动。

5.5.12 铲土时，铲土与机身应保持直线行驶。助铲时应有助铲装置，并应正确开启斗门，不得切土过深。两机动作应协调配合，平稳接触，等速助铲。

5.5.13 在下陡坡铲土时，铲斗装满后，在铲斗后未达到缓坡地段前，不得将铲斗提离地面，应防铲斗快速下滑冲击主机。

5.5.14 在不平地段行驶时，应放低铲斗，不得将铲斗提升到高位。

5.5.15 拖拉陷车时，应有专人指挥，前后操作人员应配合协调，确认安全后起步。

5.5.16 作业后，应将铲运机停放在平坦地面，并应将铲斗落在地面上。液压操纵的铲运机应将液压缸缩回，将操纵杆放在中间位置，进行清洁、润滑后，锁好门窗。

5.5.17 非作业行驶时，铲斗应用锁紧链条挂牢在运输行驶位置上；拖式铲运机不得载人或装载易燃、易爆物品。

5.5.18 修理斗门或在铲斗下检修作业时，应将铲斗提起后用销子或锁紧链条固定，再采用垫木将斗身顶住，并应采用木楔搜住轮胎。

5.6 自行式铲运机

5.6.1 自行式铲运机的行驶道路应平整坚实，单行道宽度不宜小于5.5m。

5.6.2 多台铲运机联合作业时，前后距离不得小于20m，左右距离不得小于2m。

5.6.3 作业前，应检查铲运机的转向和制动系统，并确认灵敏可靠。

5.6.4 铲土或在利用推土机助铲时，应随时微调转向盘，铲运机应始终保持直线前进。不得在转弯情况下铲土。

5.6.5 下坡时，不得空挡滑行，应踩下制动踏板辅助以内燃机制动，必要时可放下铲斗，以降低下滑速度。

5.6.6 转弯时，应采用较大回转半径低速转向，操纵转向盘不得过猛；当重载行驶或在弯道上、下坡时，应缓慢转向。

5.6.7 不得在大于15°的横坡上行驶，也不得在横坡上铲土。

5.6.8 沿沟边或填方边坡作业时，轮胎离路肩不得小于0.7m，并应放低铲斗，降速缓行。

5.6.9 在坡道上不得进行检修作业。遇在坡道上熄火时，应立即制动，下降铲斗，把变速杆放在空挡位置，然后启动内燃机。

5.6.10 穿越泥泞或松软地面时，铲运机应直线行驶，当一侧轮胎打滑时，可踏下差速器锁止踏板。当离开不良地面时，应停止使用差速器锁止踏板。不得在差速器锁止时转弯。

5.6.11 夜间作业时，前后照明应齐全完好，前大灯应能照至30m；非作业行驶时，应符合本规程第5.5.17条的规定。

5.7 静作用压路机

5.7.1 压路机碾压的工作面，应经过适当平整，对新填的松软土，应先用羊足碾或打夯机逐层碾压或夯实后，再用压路机碾压。

5.7.2 工作地段的纵坡不应超过压路机最大爬坡能力，横坡不应大于20°。

5.7.3 应根据碾压要求选择机种。当光轮压路机需要增加机重时，可在滚轮内加砂或水。当气温降至0℃及以下时，不得用水增重。

5.7.4 轮胎压路机不宜在大块石基层上作业。

5.7.5 作业前，应检查并确认滚轮的刮泥板应平整良好，各紧固件不得松动；轮胎压路机应检查轮胎气压，确认正常后启动。

5.7.6 启动后，应检查制动性能及转向功能并确认灵敏可靠。开动前，压路机周围不得有障碍物或人员。

5.7.7 不得用压路机拖拉任何机械或物件。

5.7.8 碾压时应低速行驶。速度宜控制在3km/h～4km/h范围内，在一个碾压行程中不得变速。碾压过程中应保持正确的行驶方向，碾压第二行时应与第一行重叠半个滚轮压痕。

5.7.9 变换压路机前进、后退方向应在滚轮停止运动后进行。不得将换向离合器当作制动器使用。

5.7.10 在新建场地上进行碾压时，应从中间向两侧碾压。碾压时，距场地边缘不应少于0.5m。

5.7.11 在坑边碾压施工时，应由里侧向外侧碾压，距坑边不应少于1m。

5.7.12 上下坡时，应事先选好挡位，不得在坡上换挡，下坡时不得空挡滑行。

5.7.13 两台以上压路机同时作业时，前后间距不得小于3m，在坡道上不得纵队行驶。

5.7.14 在行驶中，不得进行修理或加油。需要在机械底部进行修理时，应将内燃机熄火，刹车制动，并搜住滚轮。

5.7.15 对有差速器锁定装置的三轮压路机，当只有一只轮子打滑时，可使用差速器锁定装置，但不得转弯。

5.7.16 作业后，应将压路机停放在平坦坚实的场地，不得停放在软土路边缘及斜坡上，并不得妨碍交通，并应锁定制动。

5.7.17 严寒季节停机时，宜采用木板将滚轮垫离地面，应防止滚轮与地面冻结。

5.7.18 压路机转移距离较远时，应采用汽车或平板拖车装运。

5.8 振动压路机

5.8.1 作业时，压路机应先起步后起振，内燃机应先置于中速，然后再调至高速。

5.8.2 压路机换向时应先停机；压路机变速时应降低内燃机转速。

5.8.3 压路机不得在坚实的地面上进行振动。

5.8.4 压路机碾压松软路基时，应先碾压1遍～2遍后再振动碾压。

5.8.5 压路机碾压时,压路机振动频率应保持一致。

5.8.6 换向离合器、起振离合器和制动器的调整,应在主离合器脱开后进行。

5.8.7 上下坡时或急转弯时不得使用快速挡。铰接式振动压路机在转弯半径较小绕圈碾压时不得使用快速挡。

5.8.8 压路机在高速行驶时不得接合振动。

5.8.9 停机时应先停振,然后将换向机构置于中间位置,变速器置于空挡,最后拉起手制动操纵杆。

5.8.10 振动压路机的使用除应符合本节要求外,还应符合本规程第5.7节的有关规定。

5.9 平 地 机

5.9.1 起伏较大的地面宜先用推土机推平,再用平地机平整。

5.9.2 平地机作业区内不得有树根、大石块等障碍物。

5.9.3 作业前应按本规程第5.2.3条的规定进行检查。

5.9.4 平地机不得用于拖拉其他机械。

5.9.5 启动内燃机后,应检查各仪表指示值并应符合要求。

5.9.6 开动平地机时,应鸣笛示意,并确认机械周围不得有障碍物及行人,用低速挡起步后,应测试并确认制动器灵敏有效。

5.9.7 作业时,应先将刮刀下降到接近地面,起步后再下降刮刀铲土。铲土时,应根据铲土阻力大小,随时调整刮刀的切土深度。

5.9.8 刮刀的回转、铲土角的调整及向机外侧斜,应在停机时进行;刮刀左右端的升降动作,可在机械行驶中调整。

5.9.9 刮刀角铲土和齿耙松地时应采用一挡速度行驶;刮土和平整作业时应用二、三挡速度行驶。

5.9.10 土质坚实的地面应先用齿耙翻松,翻松时应缓慢下齿。

5.9.11 使用平地机清除积雪时,应在轮胎上安装防滑链,并应探明工作面的深坑、沟槽位置。

5.9.12 平地机在转弯或调头时,应使用低速挡;在正常行驶时,应使用前轮转向;当场地特别狭小时,可使用前轮同时转向。

5.9.13 平地机行驶时,应将刮刀和齿耙升到最高位置,并将刮刀斜放,刮刀两端不得超出后轮外侧。行驶速度不得超过使用说明书规定。下坡时,不得空挡滑行。

5.9.14 平地机作业中变矩器的油温不得超过120℃。

5.9.15 作业后,平地机应停放在平坦、安全的场地,刮刀应落在地面上,手制动器应拉紧。

5.10 轮胎式装载机

5.10.1 装载机与汽车配合装运作业时,自卸汽车的车厢容积应与装载机铲斗容量相匹配。

5.10.2 装载机作业场地坡度应符合使用说明书的规定。作业区内不得有障碍物及无关人员。

5.10.3 轮胎式装载机作业场地和行驶道路应平坦坚实。在石块场地作业时,应在轮胎上加装保护链条。

5.10.4 作业前应按本规程第5.2.3条的规定进行检查。

5.10.5 装载机行驶前,应先鸣笛示意,铲斗宜提升离地0.5m。装载机行驶过程中应测试制动器的可靠性。装载机搭乘人员应符合规定。装载机铲斗不得载人。

5.10.6 装载机高速行驶时应采用前轮驱动;低速铲装时,应采用四轮驱动。铲斗装载后升起行驶时,不得急转弯或紧急制动。

5.10.7 装载机下坡时不得空挡滑行。

5.10.8 装载机的装载量应符合使用说明书的规定。装载机铲斗应从正面铲料,铲斗不得单边受力。装载机应低速缓慢举臂翻转铲斗卸料。

5.10.9 装载机操纵手柄换向应平稳。装载机满载时,铲臂应缓慢下降。

5.10.10 在松散不平的场地作业时,应把铲臂放在浮动位置,使铲斗平稳地推进;当推进阻力增大时,可稍微提升铲臂。

5.10.11 当铲臂运行到上下最大限度时,应立即将操纵杆回到空挡位置。

5.10.12 装载机运载物料时,铲臂下铰点宜保持离地面0.5m,并保持平稳行驶。铲斗提升到最高位置时,不得运输物料。

5.10.13 铲装或挖掘时,铲斗不应偏载。铲斗装满后,应先举臂,再行走、转向、卸料。铲斗行走过程中不得收斗或举臂。

5.10.14 当铲装阻力较大,出现轮胎打滑时,应立即停止铲装,排除过载后再铲装。

5.10.15 在向汽车装料时,铲斗不得在汽车驾驶室上方越过。如汽车驾驶室顶无防护,驾驶室内不得有人。

5.10.16 向汽车装料,宜降低铲斗高度,减小卸落冲击。汽车装料不得偏载、超载。

5.10.17 装载机在坡、沟边卸料时,轮胎离边缘应保留安全距离,安全距离宜大于1.5m;铲斗不宜伸出坡、沟边缘。在大于3°的坡面上,装载机不得朝下坡方向俯身卸料。

5.10.18 作业时,装载机变矩器油温不得超过110℃,超过时,应停机降温。

5.10.19 作业后,装载机应停放在安全场地,铲斗应平放在地面上,操纵杆应置于中位,制动应锁定。

5.10.20 装载机转向架未锁闭时，严禁站在前后车架之间进行检修保养。

5.10.21 装载机铲臂升起后，在进行润滑或检修等作业时，应先装好安全销，或先采取其他措施支住铲臂。

5.10.22 停车时，应使内燃机转速逐步降低，不得突然熄火，应防止液压油因惯性冲击而溢出油箱。

5.11 蛙式夯实机

5.11.1 蛙式夯实机宜适用于夯实灰土和素土。蛙式夯实机不得冒雨作业。

5.11.2 作业前应重点检查下列项目，并应符合相应要求：
    1 漏电保护器应灵敏有效，接零或接地及电缆线接头应绝缘良好；
    2 传动皮带应松紧适合，皮带轮与偏心块应安装牢固；
    3 转动部分应安装防护装置，并应进行试运转，确认正常；
    4 负荷线应采用耐气候型的四芯橡皮护套软电缆。电缆线长不应大于50m。

5.11.3 夯实机启动后，应检查电动机旋转方向，错误时应倒换相线。

5.11.4 作业时，夯实机扶手上的按钮开关和电动机的接线应绝缘良好。当发现有漏电现象时，应立即切断电源，进行检修。

5.11.5 夯实机作业时，应一人扶夯，一人传递电缆线，并应戴绝缘手套和穿绝缘鞋。递线人员应跟随夯机后或两侧调顺电缆线。电缆线不得扭结或缠绕，并应保持3m～4m的余量。

5.11.6 作业时，不得夯击电缆线。

5.11.7 作业时，应保持夯实机平衡，不得用力压扶手。转弯时应用力平稳，不得急转弯。

5.11.8 夯实填高松软土方时，应先在边缘以内100mm～150mm夯实2遍～3遍后，再夯实边缘。

5.11.9 不得在斜坡上夯行，以防夯头后折。

5.11.10 夯实房心土时，夯板应避开钢筋混凝土基础及地下管道等地下物。

5.11.11 在建筑物内部作业时，夯板或偏心块不得撞击墙壁。

5.11.12 多机作业时，其平行间距不得小于5m，前后间距不得小于10m。

5.11.13 夯实机作业时，夯实机四周2m范围内，不得有非夯实机操作人员。

5.11.14 夯实机电动机温升超过规定时，应停机降温。

5.11.15 夯实机作业时，当夯实机有异常响声时，应立即停机检查。

5.11.16 作业后，应切断电源，卷好电缆线，清理夯实机。夯实机保管应防水防潮。

5.12 振动冲击夯

5.12.1 振动冲击夯适用于压实黏性土、砂及砾石等散状物料，不得在水泥路面和其他坚硬地面作业。

5.12.2 内燃机冲击夯作业前，应检查并确认有足够的润滑油，油门控制器应转动灵活。

5.12.3 内燃机冲击夯启动后，应逐渐加大油门，夯机跳动稳定后开始作业。

5.12.4 振动冲击夯作业时，应正确掌握夯机，不得倾斜，手把不宜握得过紧，能控制夯机前进速度即可。

5.12.5 正常作业时，不得使劲往下压手把，以免影响夯机跳起高度。夯实松软土或上坡时，可将手把稍向下压，并应能增加夯机前进速度。

5.12.6 根据作业要求，内燃机冲击夯应通过调整油门的大小，在一定范围内改变夯机振动频率。

5.12.7 内燃机冲击夯不宜在高速下连续作业。

5.12.8 当短距离转移时，应先将冲击夯手把稍向上抬起，将运转轮装入冲击夯的挂钩内，再压下手把，使重心后倾，再推动手把转移冲击夯。

5.12.9 振动冲击夯除应符合本节的规定外，还应符合本规程第5.11节的规定。

5.13 强夯机械

5.13.1 担任强夯作业的主机，应按照强夯等级的要求经过计算选用。当选用履带式起重机作主机时，应符合本规程第4.2节的规定。

5.13.2 强夯机械的门架、横梁、脱钩器等主要结构和部件的材料及制作质量，应经过严格检查，对不符合设计要求的，不得使用。

5.13.3 夯机驾驶室挡风玻璃前应增设防护网。

5.13.4 夯机的作业场地应平整，门架底座与夯机着地部位的场地不平度不得超过100mm。

5.13.5 夯机在工作状态时，起重臂仰角应符合使用说明书的要求。

5.13.6 梯形门架支腿不得前后错位，门架支腿在未支稳垫实前，不得提锤。变换夯位后，应重新检查门架支腿，确认稳固可靠，然后再将锤提升100mm～300mm，检查整机的稳定性，确认可靠后作业。

5.13.7 夯锤下落后，在吊钩尚未降至夯锤吊环附近前，操作人员严禁提前下坑挂钩。从坑中提锤时，严禁挂钩人员站在锤上随锤提升。

5.13.8 夯锤起吊后，地面操作人员应迅速撤至安全距离以外，非强夯施工人员不得进入夯点30m范围内。

5.13.9 夯锤升起如超过脱钩高度仍不能自动脱钩时，起重指挥应立即发出停车信号，将夯锤落下，应查明原因并正确处理后继续施工。

5.13.10 当夯锤留有的通气孔在作业中出现堵塞现象时，应及时清理，并不得在锤下作业。

5.13.11 当夯坑内有积水或因黏土产生的锤底吸附力增大时，应采取措施排除，不得强行提锤。

5.13.12 转移夯点时，夯锤应由辅机协助转移，门架随夯机移动前，支腿离地面高度不得超过500mm。

5.13.13 作业后，应将夯锤下降，放在坚实稳固的地面上。在非作业时，不得将锤悬挂在空中。

6 运输机械

6.1 一般规定

6.1.1 各类运输机械应有完整的机械产品合格证以及相关的技术资料。

6.1.2 启动前应重点检查下列项目，并应符合相应要求：

1 车辆的各总成、零件、附件应按规定装配齐全，不得有脱焊、裂缝等缺陷。螺栓、铆钉连接紧固不得松动、缺损；

2 各润滑装置应齐全并应清洁有效；

3 离合器应结合平稳、工作可靠、操作灵活，踏板行程应符合规定；

4 制动系统各部件应连接可靠，管路畅通；

5 灯光、喇叭、指示仪表等应齐全完整；

6 轮胎气压应符合要求；

7 燃油、润滑油、冷却水等应添加充足；

8 燃油箱应加锁；

9 运输机械不得有漏水、漏油、漏气、漏电现象。

6.1.3 运输机械启动后，应观察各仪表指示值，检查内燃机运转情况，检查转向机构及制动器等性能，并确认正常，当水温达到40℃以上、制动气压达到安全压力以上时，应低挡起步。起步时应检查周边环境，并确认安全。

6.1.4 装载的物品应捆绑稳固牢靠，整车重心高度应控制在规定范围内，轮式机具和圆形物件装运时应采取防止滚动的措施。

6.1.5 运输机械不得人货混装，运输过程中，料斗内不得载人。

6.1.6 运输超限物件时，应事先勘察路线，了解空中、地面上、地下障碍以及道路、桥梁等通过能力，并应制定运输方案，应按规定办理通行手续。在规定时间内按规定路线行驶。超限部分白天应插警示旗，夜间应挂警示灯。装卸人员及电工携带工具随行，保证运行安全。

6.1.7 运输机械水温未达到70℃时，不得高速行驶。行驶中变速应逐级增减挡位，不得强推硬拉。前进和后退交替时，应在运输机械停稳后换挡。

6.1.8 运输机械行驶中，应随时观察仪表的指示情况，当发现机油压力低于规定值，水温过高，有异响、异味等情况时，应立即停车检查，并应排除故障后继续运行。

6.1.9 运输机械运行时不得超速行驶，并应保持安全距离。进入施工现场应沿规定的路线行进。

6.1.10 车辆上、下坡应提前换入低速挡，不得中途换挡。下坡时，应以内燃机变速箱阻力控制车速，必要时，可间歇轻踏制动器。严禁空挡滑行。

6.1.11 在泥泞、冰雪道路上行驶时，应降低车速，并应采取防滑措施。

6.1.12 车辆涉水过河时，应先探明水深、流速和水底情况，水深不得超过排气管或曲轴皮带盘，并应低速直线行驶，不得在中途停车或换挡。涉水后，应缓行一段路程，轻踏制动器使浸水的制动片上的水分蒸发掉。

6.1.13 通过危险地区时，应先停车检查，确认可以通过后，应由有经验人员指挥前进。

6.1.14 运载易燃易爆、剧毒、腐蚀性等危险品时，应使用专用车辆按相应的安全规定运输，并应有专业随车人员。

6.1.15 爆破器材的运输，应符合现行国家法规《爆破安全规程》GB 6722的要求。起爆器材与炸药、不同种类的炸药严禁同车运输。车箱底部应铺软垫层，并应有专业押运人员，按指定路线行驶。不得在人口稠密处、交叉路口和桥上（下）停留。车厢应用帆布覆盖并设置明显标志。

6.1.16 装运氧气瓶的车厢不得有油污，氧气瓶严禁与油料或乙炔气瓶混装。氧气瓶上防振胶圈应齐全，运行过程中，氧气瓶不得滚动及相互撞击。

6.1.17 车辆停放时，应将内燃机熄火，拉紧手制动器，关锁车门。在下坡道停放时应挂倒挡，在上坡道停放时应挂一挡，并应使用三角木楔等揳紧轮胎。

6.1.18 平头型驾驶室需前倾时，应清理驾驶室内物件，关紧车门后前倾并锁定。平头型驾驶室复位后，应检查并确认驾驶室已锁定。

6.1.19 在车底进行保养、检修时，应将内燃机熄火，拉紧手制动器并将车轮揳牢。

6.1.20 车辆经修理后需要试车时，应由专业人员驾驶，当需在道路上试车时，应事先报经公安、公路等有关部门的批准。

6.2 自卸汽车

6.2.1 自卸汽车应保持顶升液压系统完好，工作平稳。操纵应灵活，不得有卡阻现象。各节液压缸表面应保持清洁。

6.2.2 非顶升作业时，应将顶升操纵杆放在空挡位置。顶升前，应拔出车厢固定锁。作业后，应及时插入车厢固定锁。固定锁应无裂纹，插入或拔出应灵活、可靠。在行驶过程中车厢挡板不得自行打开。

6.2.3 自卸汽车配合挖掘机、装载机装料时,应符合本规程第 5.10.15 条规定,就位后应拉紧手制动器。

6.2.4 卸料时应听从现场专业人员指挥,车厢上方不得有障碍物,四周不得有人员来往,并应将车停稳。举升车厢时,应控制内燃机中速运转,当车厢升到顶点时,应降低内燃机转速,减少车厢振动。不得边卸边行驶。

6.2.5 向坑洼地区卸料时,应和坑边保持安全距离。在斜坡上不得侧向倾卸。

6.2.6 卸完料,车厢应及时复位,自卸汽车应在复位后行驶。

6.2.7 自卸汽车不得装运爆破器材。

6.2.8 车厢举升状态下,应将车厢支撑牢靠后,进入车厢下面进行检修、润滑等作业。

6.2.9 装运混凝土或黏性物料后,应将车厢清洗干净。

6.2.10 自卸汽车装运散料时,应有防止散落的措施。

6.3 平板拖车

6.3.1 拖车的制动器、制动灯、转向灯等应配备齐全,并应与牵引车的灯光信号同时起作用。

6.3.2 行车前,应检查并确认拖挂装置、制动装置、电缆接头等连接良好。

6.3.3 拖车装卸机械时,应停在平坦坚实处,拖车应制动并用三角木掩紧车胎。装车时应调整好机械在车厢上的位置,各轴负荷分配应合理。

6.3.4 平板拖车的跳板应坚实,在装卸履带式起重机、挖掘机、压路机时,跳板与地面夹角不宜大于15°;在装卸履带式推土机、拖拉机时,跳板与地面夹角不宜大于 25°。装车时应由熟练的驾驶人员操作,并应统一指挥。上、下车动作应平稳,不得在跳板上调整方向。

6.3.5 装运履带式起重机时,履带式起重机起重臂应拆短,起重臂向后,吊钩不自由晃动。

6.3.6 推土机的铲刀宽度超过平板拖车宽度时,应先拆除铲刀后再装运。

6.3.7 机械装车后,机械的制动器应锁定,保险装置应锁牢,履带或车轮应掩紧,机械应绑扎牢固。

6.3.8 使用随车卷扬机装卸物件时,应有专人指挥,拖车应制动锁定,并应将车轮掩紧,防止在装卸时车辆移动。

6.3.9 拖车长期停放或重车停放时间较长时,应将平板支起,轮胎不应承压。

6.4 机动翻斗车

6.4.1 机动翻斗车驾驶员应经考试合格,持有机动翻斗车专用驾驶证上岗。

6.4.2 机动翻斗车行驶前,应检查锁紧装置,并应将料斗锁牢。

6.4.3 机动翻斗车行驶时,不得用离合器处于半结合状态来控制车速。

6.4.4 在路面不良状况下行驶时,应低速缓行。机动翻斗车不得靠近路边或沟旁行驶,并应防侧滑。

6.4.5 在坑沟边缘卸料时,应设置安全挡块。车辆接近坑边时,应减速行驶,不得冲撞挡块。

6.4.6 上坡时,应提前换入低挡行驶;下坡时,不得空挡滑行;转弯时,应先减速,急转弯时,应先换入低挡。机动翻斗车不宜紧急刹车,应防止向前倾覆。

6.4.7 机动翻斗车不得在卸料工况下行驶。

6.4.8 内燃机运转或料斗内有载荷时,不得在车底下进行作业。

6.4.9 多台机动翻斗车纵队行驶时,前后车之间应保持安全距离。

6.5 散装水泥车

6.5.1 在装料前应检查并清除散装水泥车的罐体及料管内积灰和结渣等杂物,管道不得有堵塞和漏气现象;阀门开闭应灵活,部件连接应牢固可靠,压力表工作应正常。

6.5.2 在打开装料口前,应先打开排气阀,排除罐内残余气压。

6.5.3 装料完毕,应将装料口边缘上堆积的水泥清扫干净,盖好进料口,并锁紧。

6.5.4 散装水泥车卸料时,应装好卸料管,关闭卸料管蝶阀和卸压管球阀,并应打开二次风管,接通压缩空气。空气压缩机应在无载情况下启动。

6.5.5 在确认卸料阀处于关闭状态后,向罐内加压,当达到卸料压力时,应先稍开二次风嘴阀后再打开卸料阀,并用二次风嘴阀调整空气与水泥比例。

6.5.6 卸料过程中,应注意观察压力表的变化情况,当发现压力突然上升,输气软管堵塞时,应停止送气,并应放出管内有压气体,及时排除故障。

6.5.7 卸料作业时,空气压缩机应有专人管理,其他人员不得擅自操作。在进行加压卸料时,不得增加内燃机转速。

6.5.8 卸料结束后,应打开放气阀,放尽罐内余气,并应关闭各部阀门。

6.5.9 雨雪天气,散装水泥车进料口应关闭严密,并不得在露天装卸作业。

6.6 皮带运输机

6.6.1 固定式皮带运输机应安装在坚固的基础上,移动式皮带运输机在开动前应将轮子掩紧。

6.6.2 皮带运输机在启动前,应调整好输送带的松紧度，带扣应牢固，各传动部件应灵活可靠，防护罩应齐全有效。电气系统应布置合理，绝缘及接零或接地应保护良好。

6.6.3 输送带启动时，应先空载运转，在运转正常后，再均匀装料。不得先装料后启动。

6.6.4 输送带上加料时，应对准中心，并宜降低加料高度，减少落料对输送带的冲击。

6.6.5 作业中，应随时观察输送带运输情况，当发现带有松动、走偏或跳动现象时，应停机进行调整。

6.6.6 作业时，人员不得从带上面跨越，或从带下面穿过。输送带打滑时，不得用手拉动。

6.6.7 输送带输送大块物料时，输送带两侧应加装挡板或栅栏。

6.6.8 多台皮带运输机串联作业时，应从卸料端按顺序启动；停机时，应从装料端开始按顺序停机。

6.6.9 作业时需要停机时，应先停止装料，将带上物料卸完后，再停机。

6.6.10 皮带运输机作业中突然停机时，应立即切断电源，清除运输带上的物料，检查并排除故障。

6.6.11 作业完毕后，应将电源断开，锁好电源开关箱，清除输送机上的砂土，应采用防雨护罩将电动机盖好。

7 桩工机械

7.1 一般规定

7.1.1 桩工机械类型应根据桩的类型、桩长、桩径、地质条件、施工工艺等综合考虑选择。

7.1.2 桩机上的起重部件应执行本规程第4章的有关规定。

7.1.3 施工现场应按桩机使用说明书的要求进行整平压实，地基承载力应满足桩机的使用要求。在基坑和围堰内打桩，应配置足够的排水设备。

7.1.4 桩机作业区内不得有妨碍作业的高压线路、地下管道和埋设电缆。作业区应有明显标志或围栏，非工作人员不得进入。

7.1.5 桩机电源供电距离宜在200m以内，工作电源电压的允许偏差为其公称值的±5%。电源容量与导线截面应符合设备施工技术要求。

7.1.6 作业前，应由项目负责人向作业人员作详细的安全技术交底。桩机的安装、试机、拆除应严格按设备使用说明书的要求进行。

7.1.7 安装桩锤时，应将桩锤运到立柱正前方2m以内，并不得斜吊。桩机的立柱导轨应按规定润滑。桩机的垂直度应符合使用说明书的规定。

7.1.8 作业前，应检查并确认桩机各部件连接牢靠，各传动机构、齿轮箱、防护罩、吊具、钢丝绳、制动器等应完好，起重机起升、变幅机构工作正常，润滑

油、液压油的油位符合规定，液压系统无泄漏，液压缸动作灵敏，作业范围内不得有非工作人员或障碍物。电动机应按本规程第3.4节的要求执行。

7.1.9 水上打桩时，应选择排水量比桩机重量大4倍以上的作业船或安装牢固的排架，桩机与船或排架应可靠固定，并应采取有效的锚固措施。当打桩船或排架的偏斜度超过3°时，应停止作业。

7.1.10 桩机吊桩、吊锤、回转、行走等动作不应同时进行。吊桩时，应在桩上拴好拉绳，避免桩与桩锤或机架碰撞。桩机吊锤（桩）时，锤（桩）的最高点离立柱顶部的最小距离应确保安全。轨道式桩机吊桩时应夹紧夹轨器。桩机在吊有桩和锤的情况下，操作人员不得离开岗位。

7.1.11 桩机不得侧面吊桩或远距离拖桩。桩机在正前方吊桩时，混凝土预制桩与桩机立柱的水平距离不应大于4m，钢桩不应大于7m，并应防止桩与立柱碰撞。

7.1.12 使用双向立柱时，应在立柱转向到位，并应采用锁销将立柱与基杆锁住后起吊。

7.1.13 施打斜桩时，应先将桩锤提升到预定位置，并将桩吊起，套入桩帽，桩尖插入桩位后再后仰立柱。履带三支点式桩架在后倾打斜桩时，后支撑杆应顶紧；轨道式桩架应在平台后增加支撑，并夹紧夹轨器。立柱后仰时，桩机不得回转及行走。

7.1.14 桩机回转时，制动应缓慢，轨道式和步履式桩架同向连续回转不应大于一周。

7.1.15 桩锤在施打过程中，监视人员应在距离桩锤中心5m以外。

7.1.16 插桩后，应及时校正桩的垂直度。桩入土3m以上时，不得用桩机行走或回转动作来纠正桩的倾斜度。

7.1.17 拔送桩时，不得超过桩机起重能力；拔送载荷应符合下列规定：

 1 电动桩机拔送载荷不得超过电动机满载电流时的载荷。

 2 内燃机桩机拔送桩时，发现内燃机明显降速，应立即停止作业。

7.1.18 作业过程中，应经常检查设备的运转情况，当发生异响、吊索具破损、紧固螺栓松动、漏气、漏油、停电以及其他不正常情况时，应立即停机检查，排除故障。

7.1.19 桩机作业或行走时，除本机操作人员外，不应搭载其他人员。

7.1.20 桩机行走时，地面的平整度与坚实度应符合要求，并应有专人指挥。走管式桩机横移时，桩机距滚管终端的距离不应小于1m。桩机带锤行走时，应将桩锤放至最低位。履带式桩机行走时，驱动轮应置于尾部位置。

7.1.21 在有坡度的场地上，坡度应符合桩机使用说

明书的规定，并应将桩机重心置于斜坡上方，沿纵坡方向作业和行走。桩机在斜坡上不得回转。在场地的软硬边际，桩机不应横跨软硬边际。

7.1.22 遇风速12.0m/s及以上的大风和雷雨、大雾、大雪等恶劣气候时，应停止作业。当风速达到13.9m/s及以上时，应将桩机顺风向停置，并应按使用说明书的要求，增设缆风绳，或将桩架放倒。桩机应有防雷措施，遇雷电时，人员应远离桩机。冬期作业应清除桩机上积雪，工作平台应有防滑措施。

7.1.23 桩孔成型后，当暂不浇注混凝土时，孔口必须及时封盖。

7.1.24 作业中，当停机时间较长时，应将桩锤落下垫稳。检修时，不得悬吊桩锤。

7.1.25 桩机在安装、转移和拆运时，不得强行弯曲液压管路。

7.1.26 作业后，应将桩机停放在坚实平整的地面上，将桩锤落下垫实，并切断动力电源。轨道式桩架应夹紧夹轨器。

7.2 柴油打桩锤

7.2.1 作业前应检查导向板的固定与磨损情况，导向板不得有松动或缺件，导向面磨损不得大于7mm。

7.2.2 作业前应检查并确认起落架各工作机构安全可靠，启动钩与上活塞接触线距离应在5mm~10mm之间。

7.2.3 作业前应检查柴油锤与桩帽的连接，提起柴油锤，柴油锤脱出砧座后，柴油锤下滑长度不应超过使用说明书的规定值，超过时，应调整桩帽连接钢丝绳的长度。

7.2.4 作业前应检查缓冲胶垫，当砧座与橡胶垫的接触面小于原面积2/3时，或下汽缸法兰与砧座间隙小于使用说明书的规定值时，均应更换橡胶垫。

7.2.5 水冷式柴油锤应加满水箱，并应保证柴油锤连续工作时有足够的冷却水。冷却水应使用清洁的软水。冬期作业时应加温水。

7.2.6 桩帽上缓冲垫木的厚度应符合要求，垫木不得偏斜。金属桩的垫木厚度应为100mm~150mm；混凝土桩的垫木厚度应为200mm~250mm。

7.2.7 柴油锤启动前，柴油锤、桩帽和桩应在同一轴线上，不得偏心打桩。

7.2.8 在软土打桩时，应先关闭油门冷打，当每击贯入度小于100mm时，再启动柴油锤。

7.2.9 柴油锤运转时，冲击部分的跳起高度应符合使用说明书的要求，达到规定高度时，应减小油门，控制落距。

7.2.10 当上活塞下落而柴油锤未燃爆，上活塞发生短时间的起伏时，起落架不得落下，以防撞击碰块。

7.2.11 打桩过程中，应有专人负责拉好曲臂上的控制绳，在意外情况下，可使用控制绳紧急停锤。

7.2.12 柴油锤启动后，应提升起落架，在锤击过程中起落架与上汽缸顶部之间的距离不应小于2m。

7.2.13 筒式柴油锤上活塞跳起时，应观察是否有润滑油从泄油孔中流出。下活塞的润滑油应按使用说明书的要求加注。

7.2.14 柴油锤出现早燃时，应停止工作，并应按使用说明书的要求进行处理。

7.2.15 作业后，应将柴油锤放至最低位置，封盖上汽缸和吸排气孔，关闭燃料阀，将操作杆置于停机位置，起落架升至高于桩锤1m处，并应锁住安全限位装置。

7.2.16 长期停用的柴油锤，应从桩机上卸下，放掉冷却水、燃油及润滑油，将燃烧室及上、下活塞打击面清洗干净，并应做好防腐处理，盖上保护套，入库保存。

7.3 振动桩锤

7.3.1 作业前，应检查并确认振动桩锤各部位螺栓、销轴的连接牢靠，减振装置的弹簧、轴和导向套完好。

7.3.2 作业前，应检查各传动胶带的松紧度，松紧度不符合规定时应及时调整。

7.3.3 作业前，应检查夹持片的齿形。当齿形磨损超过4mm时，应更换或用堆焊修复。使用前，应在夹持片中间放一块10mm~15mm厚的钢板进行试夹。试夹中液压缸应无渗漏，系统压力应正常，夹持片之间无钢板时不得试夹。

7.3.4 作业前，应检查并确认振动桩锤的导向装置牢固可靠。导向装置与立柱导轨的配合间隙应符合使用说明书的规定。

7.3.5 悬挂振动桩锤的起重机吊钩应有防松脱的保护装置。振动桩锤悬挂钢架的耳环应加装保险钢丝绳。

7.3.6 振动桩锤启动时间不应超过使用说明书的规定。当启动困难时，应查明原因，排除故障后继续启动。启动时应监视电流和电压，当启动后的电流降到正常值时，开始作业。

7.3.7 夹桩时，夹紧装置和桩的头部之间不应有空隙。当液压系统工作压力稳定后，才能启动振动桩锤。

7.3.8 沉桩前，应以桩的前端定位，并按使用说明书的要求调整导轨与桩的垂直度。

7.3.9 沉桩时，应根据沉桩速度放松吊桩钢丝绳。沉桩速度、电机电流不得超过使用说明书的规定。沉桩速度过慢时，可在振动桩锤上按规定增加配重。当电流急剧上升时，应停机检查。

7.3.10 拔桩时，当桩身埋入部分被拔起1.0m~1.5m时，应停止拔桩，在拴好吊桩用钢丝绳后，再起振拔桩。当桩尖离地面只有1.0m~2.0m时，应停止振动拔桩，由起重机直接拔桩。桩拔出后，吊桩钢丝绳未吊紧前，不得松开夹紧装置。

7.3.11 拔桩应按沉桩的相反顺序起拔。夹紧装置在夹持板桩时，应靠近相邻一根。对工字桩应夹紧腹板的中央。当钢板桩和工字桩的头部有钻孔时，应将钻孔焊平或将钻孔以上割掉，或应在钻孔处焊接加强板，防止桩断裂。

7.3.12 振动桩锤在正常振幅下仍不能拔桩时，应停止作业，改用功率较大的振动桩锤。拔桩时，拔桩力不应大于桩架的负荷能力。

7.3.13 振动桩锤作业时，减振装置各摩擦部位应具有良好的润滑。减振器横梁的振幅超过规定时，应停机查明原因。

7.3.14 作业中，当遇液压软管破损、液压操纵失灵或停电时，应立即停机，并应采取安全措施，不得让桩从夹紧装置中脱落。

7.3.15 停止作业时，在振动桩锤完全停止运转前不得松开夹紧装置。

7.3.16 作业后，应将振动桩锤沿导杆放至低处，并采用木块垫实，带桩管的振动桩锤可将桩管沉入土中3m以上。

7.3.17 振动桩锤长期停用时，应卸下振动桩锤。

7.4 静力压桩机

7.4.1 桩机纵向行走时，不得单向操作一个手柄，应两个手柄一起动作。短船回转或横向行走时，不应碰触长船边缘。

7.4.2 桩机升降过程中，四个顶升缸中的两个一组，交替动作，每次行程不得超过100mm。当单个顶升缸动作时，行程不得超过50mm。压桩机在顶升过程中，船形轨道不宜压在已入土的单一桩顶上。

7.4.3 压桩作业时，应有统一指挥，压桩人员和吊桩人员应密切联系，相互配合。

7.4.4 起重机吊桩进入夹持机构，进行接桩或插桩作业后，操作人员在压桩前应确认吊钩已安全脱离桩体。

7.4.5 操作人员应按桩机技术性能作业，不得超载运行。操作时动作不应过猛，应避免冲击。

7.4.6 桩机发生浮机时，严禁起重机作业。如起重机已起吊物体，应立即将起吊物卸下，暂停压桩，在查明原因采取相应措施后，方可继续施工。

7.4.7 压桩时，非工作人员应离机10m。起重机的起重臂及桩机配重下方严禁站人。

7.4.8 压桩时，操作人员的身体不得进入压桩台与机身的间隙之中。

7.4.9 压桩过程中，桩产生倾斜时，不得采用桩机行走的方法强行纠正，应先将桩拔起，清除地下障碍物后，重新插桩。

7.4.10 在压桩过程中，当夹持的桩出现打滑现象时，应通过提高液压缸压力增加夹持力，不得损坏桩，并应及时找出打滑原因，排除故障。

7.4.11 桩机接桩时，上一节桩应提升350mm～400mm，并不得松开夹持板。

7.4.12 当桩的贯入阻力超过设计值时，增加配重应符合使用说明书的规定。

7.4.13 当桩压到设计要求时，不得用桩机行走的方式，将超过规定高度的桩顶部分强行推断。

7.4.14 作业完毕，桩机应停放在平整地面上，短船应运行至中间位置，其余液压缸应缩进回程，起重机吊钩应升至最高位置，各部制动器应制动，外露活塞杆应清理干净。

7.4.15 作业后，应将控制器放在"零位"，并依次切断各部电源，锁闭门窗，冬期应放尽各部积水。

7.4.16 转移工地时，应按规定程序拆卸桩机，所有油管接头处应加保护盖帽。

7.5 转盘钻孔机

7.5.1 钻架的吊重中心、钻机的卡孔和护进管中心应在同一垂直线上，钻杆中心偏差不应大于20mm。

7.5.2 钻头和钻杆连接螺纹应良好，滑扣的不得使用。钻头焊接应牢固可靠，不得有裂纹。钻杆连接处应安装便于拆卸的垫圈。

7.5.3 作业前，应先将各部操纵手柄置于空挡位置，人力盘动时不得有卡阻现象，然后空载运转，确认一切正常后方可作业。

7.5.4 开钻时，应先送浆后开钻；停机时，应先停钻后停浆。泥浆泵应有专人看管，对泥浆质量和浆面高度应随时测量和调整，随时清除沉淀池中杂物，出现漏浆现象时应及时补充。

7.5.5 开钻时，钻压应轻，转速应慢。在钻进过程中，应根据地质情况和钻进深度，选择合适的钻压和钻速，均匀给进。

7.5.6 换挡时，应先停钻，挂上挡后再开钻。

7.5.7 加接钻杆时，应使用特制的连接螺栓紧固，并应做好连接处的清洁工作。

7.5.8 钻机下和井孔周围2m以内及高压胶管下，不得站人。钻杆不应在旋转时提升。

7.5.9 发生提钻受阻时，应先设法使钻具活动后再慢慢提升，不得强行提升。当钻进受阻时，应采用缓冲击法解除，并查明原因，采取措施继续钻进。

7.5.10 钻架、钻台平车、封口平车等的承载部位不得超载。

7.5.11 使用空气反循环时，喷浆口应遮拦，管端应固定。

7.5.12 钻进结束时，应把钻头略为提起，降低转速，空转5min～20min后再停钻。停钻时，应先停钻后停风。

7.5.13 作业后，应对钻机进行清洗和润滑，并应主要部位进行遮盖。

7.6 螺旋钻孔机

7.6.1 安装前,应检查并确认钻杆及各部件不得有变形;安装后,钻杆与动力头中心线的偏斜度不应超过全长的1‰。

7.6.2 安装钻杆时,应从动力头开始,逐节往下安装。不得将所需长度的钻杆在地面上接好后一次起吊安装。

7.6.3 钻机安装后,电源的频率与钻机控制箱的内频率应相同,不同时,应采用频率转换开关予以转换。

7.6.4 钻机应放置在平稳、坚实的场地上。汽车式钻机应将轮胎支起,架好支腿,并应采用自动微调或线锤调整挺杆,使之保持垂直。

7.6.5 启动前应检查并确认钻机各部件连接应牢固,传动带的松紧度应适当,减速箱内油位应符合规定,钻深限位报警装置应有效。

7.6.6 启动前,应将操纵杆放在空挡位置。启动后,应进行空载运转试验,检查仪表、制动等各项,温度、声响应正常。

7.6.7 钻孔时,应将钻杆缓慢放下,使钻头对准孔位,当电流表指针偏向无负荷状态时即可下钻。在钻孔过程中,当电流表超过额定电流时,应放慢下钻速度。

7.6.8 钻机发出下钻限位报警信号时,应停钻,并将钻杆稍稍提升,在解除报警信号后,方可继续下钻。

7.6.9 卡钻时,应立即停止下钻。查明原因前,不得强行启动。

7.6.10 作业中,当需改变钻杆回转方向时,应在钻杆完全停转后再进行。

7.6.11 作业中,当发现阻力过大、钻进困难、钻头发出异响或机架出现摇晃、移动、偏斜时,应立即停钻,在排除故障后,继续施钻。

7.6.12 钻机运转时,应有专人看护,防止电缆线被缠入钻杆。

7.6.13 钻孔时,不得用手清除螺旋片中的泥土。

7.6.14 钻孔过程中,应经常检查钻头的磨损情况,当钻头磨损量超过使用说明书的允许值时,应予更换。

7.6.15 作业中停电时,应将各控制器放置零位,切断电源,并应及时采取措施,将钻杆从孔内拔出。

7.6.16 作业后,应将钻杆及钻头全部提升至孔外,先清除钻杆和螺旋叶片上的泥土,再将钻头放下接触地面,锁定各部制动,将操纵杆放到空挡位置,切断电源。

7.7 全套管钻机

7.7.1 作业前应检查并确认套管和浇注管内侧不得有损坏和明显变形,不得有混凝土粘结。

7.7.2 钻机内燃机启动后,应先急速运转,再逐步加速至额定转速。钻机对位后,应进行试调,达到水平后,再进行作业。

7.7.3 第一节套管入土后,应随时调整套管的垂直度。当套管入土深度大于5m时,不得强行纠偏。

7.7.4 在套管内挖土碰到硬土层时,不得用锤式抓斗冲击硬土层,应采用十字凿锤将硬土层有效的破碎后,再继续挖掘。

7.7.5 用锤式抓斗挖掘管内土层时,应在套管上加装保护套管接头的喇叭口。

7.7.6 套管在对接时,接头螺栓应按出厂说明书规定的扭矩对称拧紧。接头螺栓拆下时,应立即洗净后浸入油中。

7.7.7 起吊套管时,不得用卡环直接吊在螺纹孔内,损坏套管螺纹,应使用专用工具吊装。

7.7.8 挖掘过程中,应保持套管的摆动。当发现套管不能摆动时,应拔出液压缸,将套管上提,再用起重机助拔,直至拔起部分套管能摆动为止。

7.7.9 浇注混凝土时,钻机操作应和灌注作业密切配合,应根据孔深、桩长适当配管,套管与浇注管保持同心,在浇注管埋入混凝土2m～4m之间时,应同步拔管和拆管。

7.7.10 上拔套管时,应左右摆动。套管分离时,下节套管头应用卡环保险,防止套管下滑。

7.7.11 作业后,应及时清除机体、锤式抓斗及套管等外表的混凝土和泥砂,将机架放回行走位置,将机组转移至安全场所。

7.8 旋挖钻机

7.8.1 作业地面应坚实平整,作业过程中地面不得下陷,工作坡度不得大于2°。

7.8.2 钻机驾驶员进出驾驶室时,应利用阶梯和扶手上下。在作业过程中,不得将操纵杆当扶手使用。

7.8.3 钻机行驶时,应将上车转台和底盘车架销住,履带式钻机还应锁定履带伸缩油缸的保护装置。

7.8.4 钻孔作业前,应检查并确认固定上车转台和底盘车架的销轴已拔出。履带式钻机应将履带的轨距伸至最大。

7.8.5 在钻机转移工作点、装卸钻具钻杆、收臂放塔和检修调试时,应有专人指挥,并确认附近不得有非作业人员和障碍。

7.8.6 卷扬机提升钻杆、钻头和其他钻具时,重物应位于桅杆正前方。卷扬机钢丝绳与桅杆夹角应符合使用说明书的规定。

7.8.7 开始钻孔时,钻杆应保持垂直,位置应正确,并应慢速钻进,在钻头进入土层后,再加快钻进。当钻斗穿过软硬土层交界处时,应慢速钻进。提钻时,钻头不得转动。

7.8.8 作业中，发生浮机现象时，应立即停止作业，查明原因并正确处理后，继续作业。

7.8.9 钻机移位时，应将钻桅及钻具提升到规定高度，并应检查钻杆，防止钻杆脱落。

7.8.10 作业中，钻机作业范围内不得有非工作人员进入。

7.8.11 钻机短时停机，钻桅可不放下，动力头及钻具应下放，并宜尽量接近地面。长时间停机，钻桅应按使用说明书的要求放置。

7.8.12 钻机保养时，应按使用说明书的要求进行，并应将钻机支撑牢靠。

7.9 深层搅拌机

7.9.1 搅拌机就位后，应检查搅拌机的水平度和导向架的垂直度，并应符合使用说明书的要求。

7.9.2 作业前，应先空载试机，设备不得有异响，并应检查仪表、油泵等，确认正常后，正式开机运转。

7.9.3 吸浆、输浆管路或粉喷高压软管的各接头应连接紧固。泵送水泥浆前，管路应保持湿润。

7.9.4 作业中，应控制深层搅拌机的入土切削速度和提升搅拌的速度，并应检查电流表，电流不得超过规定。

7.9.5 发生卡钻、停钻或管路堵塞现象时，应立即停机，并应将搅拌头提离地面，查明原因，妥善处理后，重新开机施工。

7.9.6 作业中，搅拌机动力头的润滑应符合规定，动力头不得断油。

7.9.7 当喷浆式搅拌机停机超过 3h，应及时拆卸输浆管路，排除灰浆，清洗管道。

7.9.8 作业后，应按使用说明书的要求，做好清洁保养工作。

7.10 成 槽 机

7.10.1 作业前，应检查各传动机构、安全装置、钢丝绳等，并应确认安全可靠后，空载试车，试车运行中，应检查油缸、油管、油马达等液压元件，不得有渗漏油现象，油压应正常，油管盘、电缆盘应运转灵活，不得有卡滞现象，并应与起升速度保持同步。

7.10.2 成槽机回转应平稳，不得突然制动。

7.10.3 成槽机作业中，不得同时进行两种及以上动作。

7.10.4 钢丝绳应排列整齐，不得松乱。

7.10.5 成槽机起重性能参数应符合主机起重性能参数，不得超载。

7.10.6 安装时，成槽抓斗应放置在把杆铅锤线下方的地面上，把杆角度为 75°～78°。起升把杆时，成槽抓斗应随着逐渐慢速提升，电缆与油管应同步卷起，以防油管与电缆损坏。接油管时应保持油管清洁。

7.10.7 工作场地应平坦坚实，在松软地面作业时，应在履带下铺设厚度在 30mm 以上的钢板，钢板纵向间距不应大于 30mm。起重臂最大仰角不得超过 78°，并应经常检查钢丝绳、滑轮，不得有严重磨损及脱槽现象，传动部件、限位保险装置、油温等应正常。

7.10.8 成槽机行走履带应平行槽边，并应尽可能使主机远离槽边，以防槽段塌方。

7.10.9 成槽机工作时，把杆下不得有人员，人员不得用手触摸钢丝绳及滑轮。

7.10.10 成槽机工作时，应检查成槽的垂直度，并应及时纠偏。

7.10.11 成槽机工作完毕，应远离槽边，抓斗应着地，设备应及时清洁。

7.10.12 拆卸成槽机时，应将把杆置于 75°～78°位置，放落成槽抓斗，逐渐变幅把杆，同步下放起升钢丝绳、电缆与油管，并应防止电缆、油管拉断。

7.10.13 运输时，电缆及油管应卷绕整齐，并应垫高油管盘和电缆盘。

7.11 冲孔桩机

7.11.1 冲孔桩机施工场地应平整坚实。

7.11.2 作业前应重点检查下列项目，并应符合相应要求：

  1 连接应牢固，离合器、制动器、棘轮停止器、导向轮等传动应灵活可靠；

  2 卷筒不得有裂纹，钢丝绳缠绕应正确，绳头应压紧，钢丝绳断丝、磨损不得超过规定；

  3 安全信号和安全装置应齐全良好；

  4 桩机应有可靠的接零或接地，电气部分应绝缘良好；

  5 开关应灵敏可靠。

7.11.3 卷扬机启动、停止或到达终点时，速度应平缓。卷扬机使用应按本规范第 4.7 节的规定执行。

7.11.4 冲孔作业时，不得碰撞护筒、孔壁和钩挂护筒底缘；重锤提升时，应缓慢平稳。

7.11.5 卷扬机钢丝绳应按规定进行保养及更换。

7.11.6 卷扬机换向应在重锤停稳后进行，减少对钢丝绳的破坏。

7.11.7 钢丝绳上应设有标记，提升落锤高度应符合规定，防止提锤过高，击断锤齿。

7.11.8 停止作业时，冲锤应提出孔外，不得埋锤，并应及时切断电源；重锤落地前，司机不得离岗。

8 混凝土机械

8.1 一般规定

8.1.1 混凝土机械的内燃机、电动机、空气压缩机等应符合本规程第3章的有关规定。行驶部分应符合本规程第6章的有关规定。

8.1.2 液压系统的溢流阀、安全阀应齐全有效，调定压力应符合说明书要求。系统应无泄漏，工作应平稳，不得有异响。

8.1.3 混凝土机械的工作机构、制动器、离合器、各种仪表及安全装置应齐全完好。

8.1.4 电气设备作业应符合现行行业标准《施工现场临时用电安全技术规范》JGJ46的有关规定。插入式、平板式振捣器的漏电保护器应采用防溅型产品，其额定漏电动作电流不应大于15mA；额定漏电动作时间不应大于0.1s。

8.1.5 冬期施工，机械设备的管道、水泵及水冷却装置应采取防冻保温措施。

8.2 混凝土搅拌机

8.2.1 作业区应排水通畅，并应设置沉淀池及防尘设施。

8.2.2 操作人员视线应良好。操作台应铺设绝缘垫板。

8.2.3 作业前应重点检查下列项目，并应符合相应要求：

　　1 料斗上、下限位装置应灵敏有效，保险销、保险链应齐全完好。钢丝绳报废应按现行国家标准《起重机　钢丝绳　保养、维护、安装、检验和报废》GB/T 5972的规定执行；

　　2 制动器、离合器应灵敏可靠；

　　3 各传动机构、工作装置应正常。开式齿轮、皮带轮等传动装置的安全防护罩应齐全可靠。齿轮箱、液压油箱内的油质和油量应符合要求；

　　4 搅拌筒与托轮接触应良好，不得窜动、跑偏；

　　5 搅拌筒内叶片应紧固，不得松动，叶片与衬板间隙应符合说明书规定；

　　6 搅拌机开关箱应设置在距搅拌机5m的范围内。

8.2.4 作业前应进行空载运转，确认搅拌筒或叶片运转方向正确。反转出料的搅拌机应进行正、反转运转。空载运转时，不得有冲击现象和异常声响。

8.2.5 供水系统的仪表计量应准确，水泵、管道等部件应连接可靠，不得有泄漏。

8.2.6 搅拌机不宜带载启动，在达到正常转速后上料，上料量及上料程序应符合使用说明书的规定。

8.2.7 料斗提升时，人员严禁在料斗下停留或通过；当需在料斗下方进行清理或检修时，应将料斗提升至上止点，并必须用保险销锁牢或用保险链挂牢。

8.2.8 搅拌机运转时，不得进行维修、清理工作。当作业人员需进入搅拌筒内作业时，应先切断电源，锁好开关箱，悬挂"禁止合闸"的警示牌，并应派专人监护。

8.2.9 作业完毕，宜将料斗降到最低位置，并应切断电源。

8.3 混凝土搅拌运输车

8.3.1 混凝土搅拌运输车的内燃机和行驶部分应分别符合本规程第3章和第6章的有关规定。

8.3.2 液压系统和气动装置的安全阀、溢流阀的调整压力应符合使用说明书的要求。卸料槽锁扣及搅拌筒的安全锁定装置应齐全完好。

8.3.3 燃油、润滑油、液压油、制动液及冷却液应添加充足，质量应符合要求，不得有渗漏。

8.3.4 搅拌筒及机架缓冲件应无裂纹或损伤，筒体与托轮应接触良好。搅拌叶片、进料斗、主辅卸料槽不得有严重磨损和变形。

8.3.5 装料前应先启动内燃机空载运转，并低速旋转搅拌筒3min～5min，当各仪表指示正常、制动气压达到规定值时，并检查确认后装料。装载量不得超过规定值。

8.3.6 行驶前，应确认操作手柄处于"搅动"位置并锁定，卸料槽锁扣应扣牢。搅拌行驶时最高速度不得大于50km/h。

8.3.7 出料作业时，应将搅拌运输车停靠在地势平坦处，应与基坑及输电线路保持安全距离，并应锁定制动系统。

8.3.8 进入搅拌筒维修、清理混凝土前，应将发动机熄火，操作杆置于空挡，将发动机钥匙取出，并应设专人监护，悬挂安全警示牌。

8.4 混凝土输送泵

8.4.1 混凝土泵应安放在平整、坚实的地面上，周围不得有障碍物，支腿应支设牢靠，机身应保持水平和稳定，轮胎应搜紧。

8.4.2 混凝土输送管道的敷设应符合下列规定：

　　1 管道敷设前应检查并确认管壁的磨损量应符合使用说明书的要求，管道不得有裂纹、砂眼等缺陷。新管或磨损量较小的管道应敷设在泵出口处；

　　2 管道应使用支架或与建筑结构固定牢固。泵出口处的管道底部应依据泵送高度、混凝土排量等设置独立的基础，并能承受相应荷载；

　　3 敷设垂直向上的管道时，垂直管不得直接与泵的输出口连接，应在泵与垂直管之间敷设长度不小于15m的水平管，并加装逆止阀；

　　4 敷设向下倾斜的管道时，应在泵与斜管之间敷设长度不小于5倍落差的水平管。当倾斜度大于7°时，应加装排气阀。

8.4.3 作业前应检查并确认管道连接处管卡牢，不得泄漏。混凝土泵的安全防护装置应齐全可靠，各部位操纵开关、手柄等位置应正确，搅拌斗防护网应完好牢固。

8.4.4 砂石粒径、水泥强度等级及配合比应符合出厂规定，并应满足混凝土泵的泵送要求。

8.4.5 混凝土泵启动后，应空载运转，观察各仪表的指示值，检查泵和搅拌装置的运转情况，并确认一切正常后作业。泵送前应向料斗加入清水和水泥砂浆润滑泵及管道。

8.4.6 混凝土泵在开始或停止泵送混凝土前，作业人员应与出料软管保持安全距离，作业人员不得在出料口下方停留。出料软管不得埋在混凝土中。

8.4.7 泵送混凝土的排量、浇注顺序应符合混凝土浇筑施工方案的要求。施工荷载应控制在允许范围内。

8.4.8 混凝土泵工作时，料斗中混凝土应保持在搅拌轴线以上，不应吸空或无料泵送。

8.4.9 混凝土泵工作时，不得进行维修作业。

8.4.10 混凝土泵作业中，应对泵送设备和管路进行观察，发现隐患应及时处理。对磨损超过规定的管子、卡箍、密封圈等应及时更换。

8.4.11 混凝土泵作业后应将料斗和管道内的混凝土全部排出，并对泵、料斗、管道进行清洗。清洗作业应按说明书要求进行。不宜采用压缩空气进行清洗。

8.5 混凝土泵车

8.5.1 混凝土泵车应停放在平整坚实的地方，与沟槽和基坑的安全距离应符合使用说明书的要求。臂架回转范围内不得有障碍物，与输电线路的安全距离应符合现行行业标准《施工现场临时用电安全技术规范》JGJ46的有关规定。

8.5.2 混凝土泵车作业前，应将支腿打开，并应采用垫木垫平，车身的倾斜度不应大于3°。

8.5.3 作业前应重点检查下列项目，并应符合相应要求：

1 安全装置应齐全有效，仪表应指示正常；
2 液压系统、工作机构应运转正常；
3 料斗网格应完好牢固；
4 软管安全链与臂架连接应牢固。

8.5.4 伸展布料杆应按出厂说明书的顺序进行。布料杆在升离支架前不得回转。不得用布料杆起吊或拖拉物件。

8.5.5 当布料杆处于全伸状态时，不得移动车身。当需要移动车身时，应将上段布料杆折叠固定，移动速度不得超过10km/h。

8.5.6 不得接长布料配管和布料软管。

8.6 插入式振捣器

8.6.1 作业前应检查电动机、软管、电缆线、控制开关等，并应处于完好状态。电缆线连接应正确。

8.6.2 操作人员作业时应穿戴符合要求的绝缘鞋和绝缘手套。

8.6.3 电缆线应采用耐候型橡皮护套铜芯软电缆，并不得有接头。

8.6.4 电缆线长度不应大于30m。不得缠绕、扭结和挤压，并不得承受任何外力。

8.6.5 振捣器软管的弯曲半径不得小于500mm，操作时应将振捣器垂直插入混凝土，深度不宜超过600mm。

8.6.6 振捣器不得在初凝的混凝土、脚手板和干硬的地面上进行试振。在检修或作业间断时，应切断电源。

8.6.7 作业完毕，应切断电源，并应将电动机、软管及振动棒清理干净。

8.7 附着式、平板式振捣器

8.7.1 作业前应检查电动机、电源线、控制开关等，并确认完好无破损。附着式振捣器的安装位置应正确，连接应牢固，并应安装减振装置。

8.7.2 操作人员穿戴应符合本规程第8.6.2条的要求。

8.7.3 平板式振捣器应采用耐气候型橡皮护套铜芯软电缆，并不得有接头和承受任何外力，其长度不应超过30m。

8.7.4 附着式、平板式振捣器的轴承不应承受轴向力，振捣器使用时，应保持振捣器电动机轴线在水平状态。

8.7.5 附着式、平板式振捣器的使用应符合本规程第8.6.6条的规定。

8.7.6 平板式振捣器作业时应使用牵引绳控制移动速度，不得牵拉电缆。

8.7.7 在同一块混凝土模板上同时使用多台附着式振捣器时，各振动器的振频应一致，安装位置宜交错设置。

8.7.8 安装在混凝土模板上的附着式振捣器，每次作业时间应根据施工方案确定。

8.7.9 作业完毕，应切断电源，并应将振捣器清理干净。

8.8 混凝土振动台

8.8.1 作业前应检查电动机、传动及防护装置，并确认完好有效。轴承座、偏心块及机座螺栓应紧固牢靠。

8.8.2 振动台应设有可靠的锁紧夹，振动时应将混凝土槽锁紧，混凝土模板在振动台上不得无约束振动。

8.8.3 振动台电缆应穿在电管内，并预埋牢固。

8.8.4 作业前应检查并确认润滑油不得有泄漏，油温、传动装置应符合要求。

8.8.5 在作业过程中，不得调节预置拨码开关。

8.8.6 振动台应保持清洁。

8.9 混凝土喷射机

8.9.1 喷射机风源、电源、水源、加料设备等应配套齐全。

8.9.2 管道应安装正确，连接处应紧固密封。当管道通过道路时，管道应有保护措施。

8.9.3 喷射机内部应保持干燥和清洁。应按出厂说明书规定的配合比配料，不得使用结块的水泥和未经筛选的砂石。

8.9.4 作业前应重点检查下列项目，并应符合相应要求：

1 安全阀应灵敏可靠；
2 电源线应无破损现象，接线应牢靠；
3 各部密封件应密封良好，橡胶结合板和旋转板上出现的明显沟槽应及时修复；
4 压力表指针显示应正常。应根据输送距离，及时调整风压的上限值；
5 喷枪水环管应保持畅通。

8.9.5 启动时，应按顺序分别接通风、水、电。开启进气阀时，应逐步达到额定压力。启动电动机后，应空载试运转，确认一切正常后方可投料作业。

8.9.6 机械操作人员和喷射作业人员应有信号联系，送风、加料、停料、停风及发生堵塞时，应联系畅通，密切配合。

8.9.7 喷嘴前方不得有人员。

8.9.8 发生堵管时，应先停止喂料，敲击堵塞部位，使物料松散，然后用压缩空气吹通。操作人员作业时，应紧握喷嘴，不得甩动管道。

8.9.9 作业时，输送软管不得随地拖拉和折弯。

8.9.10 停机时，应先停止加料，再关闭电动机，然后停止供水，最后停送压缩空气，并应将仓内及输料管内的混合料全部喷出。

8.9.11 停机后，应将输料管、喷嘴拆下清洗干净，清除机身内外粘附的混凝土料及杂物，并应使密封件处于放松状态。

8.10 混凝土布料机

8.10.1 设置混凝土布料机前，应确认现场有足够的作业空间，混凝土布料机任一部位与其他设备及构筑物的安全距离不应小于0.6m。

8.10.2 混凝土布料机的支撑面应平整坚实。固定式混凝土布料机的支撑应符合使用说明书的要求，支撑结构应经设计计算，并应采取相应加固措施。

8.10.3 手动式混凝土布料机应有可靠的防倾覆措施。

8.10.4 混凝土布料机作业前应重点检查下列项目，并应符合相应要求：

1 支腿应打开垫实，并应锁紧；
2 塔架的垂直度应符合使用说明书要求；
3 配重块应与臂架安装长度匹配；
4 臂架回转机构润滑应充足，转动应灵活；
5 机动混凝土布料机的动力装置、传动装置、安全及制动装置应符合要求；
6 混凝土输送管道应连接牢固。

8.10.5 手动混凝土布料机回转速度应缓慢均匀，牵引绳长度应满足安全距离的要求。

8.10.6 输送管出料口与混凝土浇筑面宜保持1m的距离，不得被混凝土掩埋。

8.10.7 人员不得在臂架下方停留。

8.10.8 当风速达到10.8m/s及以上或大雨、大雾等恶劣天气应停止作业。

9 钢筋加工机械

9.1 一般规定

9.1.1 机械的安装应坚实稳固。固定式机械应有可靠的基础；移动式机械作业时应揿紧行走轮。

9.1.2 手持式钢筋加工机械作业时，应佩戴绝缘手套等防护用品。

9.1.3 加工较长的钢筋时，应有专人帮扶。帮扶人员应听从机械操作人员指挥，不得任意推拉。

9.2 钢筋调直切断机

9.2.1 料架、料槽应安装平直，并应与导向筒、调直筒和下切刀孔的中心线一致。

9.2.2 切断机安装后，应用手转动飞轮，检查传动机构和工作装置，并及时调整间隙，紧固螺栓。在检查并确认电气系统正常后，进行空运转。切断机空运转时，齿轮应啮合良好，不得有异响，确认正常后开始作业。

9.2.3 作业时，应按钢筋的直径，选用适当的调直块、曳引轮槽及传动速度。调直块的孔径应比钢筋直径大2mm～5mm。曳引轮槽宽应和所需调直钢筋的直径相符合。大直径钢筋宜选用较慢的传动速度。

9.2.4 在调直块未固定或防护罩未盖好前，不得送料。作业中，不得打开防护罩。

9.2.5 送料前，应将弯曲的钢筋端头切除。导向筒前应安装一根长度宜为1m的钢管。

9.2.6 钢筋送入后，手应与曳轮保持安全距离。

9.2.7 当调直后的钢筋仍有慢弯时，可逐渐加大调直块的偏移量，直到调直为止。

9.2.8 切断3根～4根钢筋后，应停机检查钢筋长度，当超过允许偏差时，应及时调整限位开关或定尺板。

9.3 钢筋切断机

9.3.1 接送料的工作台面应和切刀下部保持水平，

工作台的长度应根据加工材料长度确定。

9.3.2 启动前,应检查并确认切刀不得有裂纹,刀架螺栓应紧固,防护罩应牢靠。应用手转动皮带轮,检查齿轮啮合间隙,并及时调整。

9.3.3 启动后,应先空运转,检查并确认各传动部分及轴承运转正常后,开始作业。

9.3.4 机械未达到正常转速前,不得切料。操作人员应使用切刀的中、下部位切料,应紧握钢筋对准刃口迅速投入,并应站在固定刀片一侧用力压住钢筋,防止钢筋末端弹出伤人。不得用双手分在刀片两边握住钢筋切料。

9.3.5 操作人员不得剪切超过机械性能规定强度及直径的钢筋或烧红的钢筋。一次切断多根钢筋时,其总截面积应在规定范围内。

9.3.6 剪切低合金钢筋时,应更换高硬度切刀,剪切直径应符合机械性能的规定。

9.3.7 切断短料时,手和切刀之间的距离应大于150mm,并应采用套管或夹具将切断的短料压住或夹牢。

9.3.8 机械运转中,不得用手直接清除切刀附近的断头和杂物。在钢筋摆动范围和机械周围,非操作人员不得停留。

9.3.9 当发现机械有异常响声或切刀歪斜等不正常现象时,应立即停机检修。

9.3.10 液压式切断机启动前,应检查并确认液压油位符合规定。切断机启动后,应空载运转,检查并确认电动机旋转方向应符合规定,并应打开放油阀,在排净液压缸体内的空气后开始作业。

9.3.11 手动液压式切断机使用前,应将放油阀按顺时针方向旋紧,作业完毕后,应立即按逆时针方向旋松。

9.4 钢筋弯曲机

9.4.1 工作台和弯曲机台面应保持水平。

9.4.2 作业前应准备好各种芯轴及工具,并应按加工钢筋的直径和弯曲半径的要求,装好相应规格的芯轴和成型轴、挡铁轴。

9.4.3 芯轴直径应为钢筋直径的2.5倍。挡铁轴应有轴套。挡铁轴的直径和强度不得小于被弯钢筋的直径和强度。

9.4.4 启动前,应检查并确认芯轴、挡铁轴、转盘等不得有裂纹和损伤,防护罩应有效。在空载运转并确认正常后,开始作业。

9.4.5 作业时,应将需弯曲的一端钢筋插入在转盘固定销的间隙内,将另一端靠紧机身固定销,并用手压紧,在检查并确认机身固定销安放在挡住钢筋的一侧后,启动机械。

9.4.6 弯曲作业时,不得更换轴芯、销子和变换角度以及调速,不得进行清扫和加油。

9.4.7 对超过机械铭牌规定直径的钢筋不得进行弯曲。在弯曲未经冷拉或带有锈皮的钢筋时,应戴防护镜。

9.4.8 在弯曲高强度钢筋时,应进行钢筋直径换算,钢筋直径不得超过机械允许的最大弯曲能力,并应及时调换相应的芯轴。

9.4.9 操作人员应站在机身设有固定销的一侧。成品钢筋应堆放整齐,弯钩不得朝上。

9.4.10 转盘换向应在弯曲机停稳后进行。

9.5 钢筋冷拉机

9.5.1 应根据冷拉钢筋的直径,合理选用冷拉卷扬机。卷扬钢丝绳应经封闭式导向滑轮,并应和被拉钢筋成直角。操作人员应能见到全部冷拉场地。卷扬机与冷拉中心线距离不得小于5m。

9.5.2 冷拉场地应设置警戒区,并应安装防护栏及警告标志。非操作人员不得进入警戒区。作业时,操作人员与受拉钢筋的距离应大于2m。

9.5.3 采用配重控制的冷拉机应有指示起落的记号或专人指挥。冷拉机的滑轮、钢丝绳应相匹配。配重提起时,配重离地高度应小于300mm。配重架四周应设置防护栏杆及警告标志。

9.5.4 作业前,应检查冷拉机,夹齿应完好;滑轮、拖拉小车应润滑灵活;拉钩、地锚及防护装置应齐全牢固。

9.5.5 采用延伸率控制的冷拉机,应设置明显的限位标志,并应有专人负责指挥。

9.5.6 照明设施宜设置在张拉警戒区外。当需设置在警戒区内时,照明设施安装高度应大于5m,并应有防护罩。

9.5.7 作业后,应放松卷扬钢丝绳,落下配重,切断电源,并锁好开关箱。

9.6 钢筋冷拔机

9.6.1 启动机械前,应检查并确认机械各部连接应牢固,模具不得有裂纹,轧头与模具的规格应配套。

9.6.2 钢筋冷拔量应符合机械出厂说明书的规定。机械出厂说明书未作规定时,可按每次冷拔缩减模具孔径0.5mm~1.0mm进行。

9.6.3 轧头时,应先将钢筋的一端穿过模具,钢筋穿过的长度宜为100mm~150mm,再用夹具牢牢。

9.6.4 作业时,操作人员的手与轧辊应保持300mm~500mm的距离。不得用手直接接触钢筋和滚筒。

9.6.5 冷拔模架中应随时加足润滑剂,润滑剂可采用石灰和肥皂水调和晒干后的粉末。

9.6.6 当钢筋的末端通过冷拔模后,应立即脱开离合器,同时用手闸挡住钢筋末端。

9.6.7 冷拔过程中,当出现断丝或钢筋打结乱盘时,应立即停机处理。

9.7 钢筋螺纹成型机

9.7.1 在机械使用前，应检查并确认刀具安装应正确，连接应牢固，运转部位润滑应良好，不得有漏电现象，空车试运转并确认正常后作业。

9.7.2 钢筋应先调直再下料。钢筋切口端面应与轴线垂直，不得用气割下料。

9.7.3 加工锥螺纹时，应采用水溶性切削润滑液。当气温低于0℃时，可掺入15%～20%亚硝酸钠。套丝作业时，不得用机油作润滑液或不加润滑液。

9.7.4 加工时，钢筋应夹持牢固。

9.7.5 机械在运转过程中，不得清扫刀片上面的积屑杂物和进行检修。

9.7.6 不得加工超过机械铭牌规定直径的钢筋。

9.8 钢筋除锈机

9.8.1 作业前应检查并确认钢丝刷应固定牢靠，传动部分应润滑充分，封闭式防护罩及排尘装置等应完好。

9.8.2 操作人员应束紧袖口，并应佩戴防尘口罩、手套和防护眼镜。

9.8.3 带弯钩的钢筋不得上机除锈。弯度较大的钢筋宜在调直后除锈。

9.8.4 操作时，应将钢筋放平，并侧身送料。不得在除锈机正面站人。较长钢筋除锈时，应有2人配合操作。

10 木工机械

10.1 一般规定

10.1.1 机械操作人员应穿紧口衣裤，并束紧长发，不得系领带和戴手套。

10.1.2 机械的电源安装和拆除及机械电气故障的排除，应由专业电工进行。机械应使用单向开关，不得使用倒顺双向开关。

10.1.3 机械安全装置应齐全有效，传动部位应安装防护罩，各部件应连接紧固。

10.1.4 机械作业场所应配备齐全可靠的消防器材。在工作场所，不得吸烟和动火，并不得混放其他易燃易爆物品。

10.1.5 工作场所的木料应堆放整齐，道路应畅通。

10.1.6 机械应保持清洁，工作台上不得放置杂物。

10.1.7 机械的皮带轮、锯轮、刀轴、锯片、砂轮等高速转动部件的安装应平衡。

10.1.8 各种刀具破损程度不得超过使用说明书的规定要求。

10.1.9 加工前，应清除木料中的铁钉、铁丝等金属物。

10.1.10 装设除尘装置的木工机械作业前，应先启动排尘装置，排尘管道不得变形、漏气。

10.1.11 机械运行中，不得测量工件尺寸和清理木屑、刨花和杂物。

10.1.12 机械运行中，不得跨越机械传动部分。排除故障、拆装刀具应在机械停止运转，并切断电源后进行。

10.1.13 操作时，应根据木材的材质、粗细、湿度等选择合适的切削和进给速度。操作人员与辅助人员应密切配合，并应同步匀速接送料。

10.1.14 使用多功能机械时，应只使用其中一种功能，其他功能的装置不得妨碍操作。

10.1.15 作业后，应切断电源，锁好闸箱，并应进行清理、润滑。

10.1.16 机械噪声不应超过建筑施工场界噪声限值；当机械噪声超过限值时，应采取降噪措施。机械操作人员应按规定佩戴个人防护用品。

10.2 带锯机

10.2.1 作业前，应对锯条及锯条安装质量进行检查。锯条齿侧或锯条接头处的裂纹长度超过10mm、连续缺齿两个和接头超过两处的锯条不得使用。当锯条裂纹长度在10mm以下时，应在裂纹终端冲一止裂孔。锯条松紧度应调整适当。带锯机启动后，应空载试运转，并应确认运转正常，无串条现象后，开始作业。

10.2.2 作业中，操作人员应站在带锯机的两侧，跑车开动后，行程范围内的轨道周围不应站人，不应在运行中跑车。

10.2.3 原木进锯前，应调好尺寸，进锯后不得调整。进锯速度应均匀。

10.2.4 倒车应在木材的尾端越过锯条500mm后进行，倒车速度不宜过快。

10.2.5 平台式带锯作业时，送料应配合一致。送料、接料时不得将手送进台面。锯短料时，应采用推棍送料。回送木料时，应离开锯条50mm及以上。

10.2.6 带锯机运转中，当木屑堵塞吸尘管口时，不得清理管口。

10.2.7 作业中，应根据锯条的宽度与厚度及时调节档位或增减带锯机的压砣（重锤）。当发生锯条口松或串条等现象时，不得用增加压砣（重锤）重量的办法进行调整。

10.3 圆盘锯

10.3.1 木工圆锯机上的旋转锯片必须设置防护罩。

10.3.2 安装锯片时，锯片应与轴同心，夹持锯片的法兰盘直径应为锯片直径的1/4。

10.3.3 锯片不得有裂纹。锯片不得有连续2个及以上的缺齿。

10.3.4 被锯木料的长度不应小于 500mm。作业时，锯片应露出木料 10mm～20mm。

10.3.5 送料时，不得将木料左右晃动或抬高；遇木节时，应缓慢送料；接近端头时，应采用推棍送料。

10.3.6 当锯线走偏时，应逐渐纠正，不得猛扳，以防止损坏锯片。

10.3.7 作业时，操作人员应戴防护眼镜，手臂不得跨越锯片，人员不得站在锯片的旋转方向。

10.4 平面刨（手压刨）

10.4.1 刨料时，应保持身体平稳，用双手操作。刨大面时，手应按在木料上面；刨小料时，手指不得低于料高一半。不得手在料后推料。

10.4.2 当被刨木料的厚度小于 30mm，或长度小于 400mm 时，应采用压板或推棍推进。厚度小于 15mm，或长度小于 250mm 的木料，不得在平刨上加工。

10.4.3 刨旧料前，应将料上的钉子、泥砂清除干净。被刨木料如有破裂或硬节等缺陷时，应处理后再施刨。遇木楂、节疤应缓慢送料。不得将手按在节疤上强行送料。

10.4.4 刀片、刀片螺钉的厚度和重量应一致，刀架与夹板应吻合贴紧，刀片焊缝超出刀头或有裂缝的刀具不应使用。刀片紧固螺钉应嵌入刀片槽内，并离刀背不得小于 10mm。刀片紧固力应符合使用说明书的规定。

10.4.5 机械运转时，不得将手伸进安全挡板里侧去移动挡板或拆除安全挡板。

10.5 压刨床（单面和多面）

10.5.1 作业时，不得一次刨削两块不同材质或规格的木料，被刨木料的厚度不得超过使用说明书的规定。

10.5.2 操作者应站在进料的一侧。送料时应先进大头。接料人员应在被刨料离开料辊后接料。

10.5.3 刨刀与刨床台面的水平间隙应在 10mm～30mm 之间。不得使用带开口槽的刨刀。

10.5.4 每次进刀量宜为 2mm～5mm。遇硬木或节疤，应减小进刀量，降低送料速度。

10.5.5 刨料的长度不得小于前后压辊之间距离。厚度小于 10mm 的薄板应垫托板作业。

10.5.6 压刨床的逆止爪装置应灵敏有效。进料齿辊及托料光辊应调整水平，上下距离应保持一致，齿辊应低于工件表面1mm～2mm，光辊应高出台面 0.3mm～0.8mm。工作台面不得歪斜和高低不平。

10.5.7 刨削过程中，遇木料走横或卡住时，应先停机，再放低台面，取出木料，排除故障。

10.5.8 安装刀片时，应按本规程第 10.4.4 条的规定执行。

10.6 木工车床

10.6.1 车削前，应对车床各部装置及工具、卡具进行检查，并确认安全可靠。工件应卡紧，并应采用顶针顶紧。应进行试运转，确认正常后，方可作业。应根据工件木质的硬度，选择适当的进刀量和转速。

10.6.2 车削过程中，不得用手摸的方法检查工件的光滑程度。当采用砂纸打磨时，应先将刀架移开。车床转动时，不得用手来制动。

10.6.3 方形木料应先加工成圆柱体，再上车床加工。不得切削有节疤或裂缝的木料。

10.7 木工铣床（裁口机）

10.7.1 作业前，应对铣床各部件及铣刀安装进行检查，铣刀不得有裂纹或缺损，防护装置及定位止动装置应齐全可靠。

10.7.2 当木料有硬节时，应低速送料。应在木料送过铣刀口 150mm 后，再进行接料。

10.7.3 当木料铣切到端头时，应在已铣切的一端接料。送短料时，应用推料棍。

10.7.4 铣切量应按使用说明书的规定执行。不得在木料中间插刀。

10.7.5 卧式铣床的操作人员作业时，应站在刀刃侧面，不得面对刀刃。

10.8 开榫机

10.8.1 作业前，应紧固好刨刀、锯片，并试运转 3min～5min，确认正常后作业。

10.8.2 作业时，应侧身操作，不得面对刀具。

10.8.3 切削时，应用压料杆将木料压紧，在切削完毕前，不得松开压料杆。短料开榫时，应用垫板将木料夹牢，不得用手直接握料作业。

10.8.4 不得上机加工有节疤的木料。

10.9 打眼机

10.9.1 作业前，应调整好机架和卡具，台面应平稳，钻头应垂直，凿心应在凿套中心卡牢，并应与加工的钻孔垂直。

10.9.2 打眼时，应使用夹料器，不得用手直接扶料。遇节疤时，应缓慢压下，不得用力过猛。

10.9.3 作业中，当凿心受阻或冒烟时，应立即抬起手柄。不得用手直接清理钻出的木屑。

10.9.4 更换凿心时，应先停车，切断电源，并应在平台上垫上木板后进行。

10.10 锉锯机

10.10.1 作业前，应检查并确认砂轮不得有裂缝和破损，并应安装牢固。

10.10.2 启动时，应先空运转，当有剧烈振动时，应找出偏重位置，调整平衡。

10.10.3 作业时，操作人员不得站在砂轮旋转时离心力方向一侧。

10.10.4 当撑齿钩遇到缺齿或撑钩妨碍锯条运动时，应及时处理。

10.10.5 锉磨锯齿的速度宜按下列规定执行：带锯应控制在40齿/min～70齿/min；圆锯应控制在26齿/min～30齿/min。

10.10.6 锯条焊接时应接合严密，平滑均匀，厚薄一致。

10.11 磨光机

10.11.1 作业前，应对下列项目进行检查，并符合相应要求：
1 盘式磨光机防护装置应齐全有效；
2 砂轮应无裂纹破损；
3 带式磨光机砂筒上砂带的张紧度应适当；
4 各部轴承应润滑良好，紧固连接件应连接可靠。

10.11.2 磨削小面积工件时，宜尽量在台面整个宽度内排满工件，磨削时，应渐次连续进给。

10.11.3 带式磨光机作业时，压垫的压力应均匀。砂带纵向移动时，砂带应和工作台横向移动互相配合。

10.11.4 盘式磨光机作业时，工件应放在向下旋转的半面进行磨光。手不得靠近磨盘。

11 地下施工机械

11.1 一般规定

11.1.1 地下施工机械选型和功能应满足施工地质条件和环境安全要求。

11.1.2 地下施工机械及配套设施应在专业厂家制造，应符合设计要求，并应在总装调试合格后才能出厂。出厂时，应具有质量合格证书和产品使用说明书。

11.1.3 作业前，应充分了解施工作业周边环境，对邻近建（构）筑物、地下管网等应进行监测，并应制定对建（构）筑物、地下管线保护的专项安全技术方案。

11.1.4 作业中，应对有害气体及地下作业面通风量进行监测，并应符合职业健康安全标准的要求。

11.1.5 作业中，应随时监视机械各运转部位的状态及参数，发现异常时，应立即停机检修。

11.1.6 气动设备作业时，应按照相关设备使用说明书和气动设备的操作技术要求进行施工。

11.1.7 应根据现场作业条件，合理选择水平及垂直运输设备，并应按相关规范执行。

11.1.8 地下施工机械作业时，必须确保开挖土体稳定。

11.1.9 地下施工机械施工过程中，当停机时间较长时，应采取措施，维持开挖面稳定。

11.1.10 地下施工机械使用前，应确认其状态良好，满足作业要求。使用过程中，应按使用说明书的要求进行保养、维修，并应及时更换受损的零件。

11.1.11 掘进过程中，遇到施工偏差过大、设备故障、意外的地质变化等情况时，必须暂停施工，经处理后再继续。

11.1.12 地下大型施工机械设备的安装、拆卸应按使用说明书的规定进行，并应制定专项施工方案，由专业队伍进行施工，安装、拆卸过程中应有专业技术和安全人员监护。大型设备吊装应符合本规程第4章的有关规定。

11.2 顶管机

11.2.1 选择顶管机，应根据管道所处土层性质、管径、地下水位、附近地上与地下建（构）筑物和各种设施等因素，经技术经济比较后确定。

11.2.2 导轨应选用钢质材料制作，安装后应牢固，不得在使用中产生位移，并应经常检查校核。

11.2.3 千斤顶的安装应符合下列规定：
1 千斤顶宜固定在支撑架上，并应与管道中心线对称，其合力应作用在管道中心的垂面上；
2 当千斤顶多于一台时，宜取偶数，且其规格宜相同；当规格不同时，其行程应同步，并应将同规格的千斤顶对称布置；
3 千斤顶的油路应并联，每台千斤顶应有进油、回油的控制系统。

11.2.4 油泵和千斤顶的选型应相匹配，并应有备用油泵；油泵安装完毕，应进行试运转，并应在合格后使用。

11.2.5 顶进前，全部设备应经过检查并经过试运转确认合格。

11.2.6 顶进时，工作人员不得在顶铁上方及侧面停留，并应随时观察顶铁有无异常迹象。

11.2.7 顶进开始时，应先缓慢进行，在各接触部位密合后，再按正常顶进速度顶进。

11.2.8 千斤顶活塞退回时，油压不得过大，速度不得过快。

11.2.9 安装后的顶铁轴线应与管道轴线平行、对称。顶铁、导轨和顶铁之间的接触面不得有杂物。

11.2.10 顶铁与管口之间应采用缓冲材料衬垫。

11.2.11 管道顶进应连续作业。管道顶进过程中，遇下列情况之一时，应立即停止顶进，检查原因并经处理后继续顶进：
1 工具管前方遇有障碍；
2 后背墙变形严重；

3 顶铁发生扭曲现象；
   4 管位偏差过大且校正无效；
   5 顶力超过管端的允许顶力；
   6 油泵、油路发生异常现象；
   7 管节接缝、中继间渗漏泥水、泥浆；
   8 地层、邻近建（构）筑物、管线等周围环境的变形量超出控制允许值。

11.2.12 使用中继间应符合下列规定：
   1 中继间安装时应将凸头安装在工具管方向，凹头安装在工作井一端；
   2 中继间应有专职人员进行操作，同时应随时观察有可能发生的问题；
   3 中继间使用时，油压、顶力不宜超过设计油压顶力，应避免引起中继间变形；
   4 中继间应安装行程限位装置，单次推进距离应控制在设计允许距离内；
   5 穿越中继间的高压进水管、排泥管等软管应与中继间保持一定距离，应避免中继间往返时损坏管线。

11.3 盾 构 机

11.3.1 盾构机组装前，应对推进千斤顶、拼装机、调节千斤顶进行试验验收。

11.3.2 盾构机组装前，应将防止盾构机后退的推进系统平衡阀、调节拼装机的回转平衡阀的二次溢流压力调到设计压力值。

11.3.3 盾构机组装前，应将液压系统各非标制品的阀组按设计要求进行密闭性试验。

11.3.4 盾构机组装完成后，应先对各部件、各系统进行空载、负载调试及验收，最后应进行整机空载和负载调试及验收。

11.3.5 盾构机始发、接收前，应落实盾构基座稳定措施，确保牢固。

11.3.6 盾构机应在空载调试运转正常后，开始盾构始发施工。在盾构始发阶段，应检查各部位润滑并记录油脂消耗情况；初始推进过程中，应对推进情况进行监测，并对监测反馈资料进行分析，不断调整盾构掘进施工参数。

11.3.7 盾构掘进中，每环掘进结束及中途停止掘进时，应按规定程序操作各种机电设备。

11.3.8 盾构掘进中，当遇有下列情况之一时，应暂停施工，并应在排除险情后继续施工：
   1 盾构位置偏离设计轴线过大；
   2 管片严重碎裂和渗漏水；
   3 开挖面发生坍塌或严重的地表隆起、沉降现象；
   4 遭遇地下不明障碍物或意外的地质变化；
   5 盾构旋转角度过大，影响正常施工；
   6 盾构扭矩或顶力异常。

11.3.9 盾构暂停掘进时，应按程序采取稳定开挖面的措施，确保暂停施工后盾构姿态稳定不变。暂停掘进前，应检查并确认推进液压系统不得有渗漏现象。

11.3.10 双圆盾构掘进时，双圆盾构两刀盘应相向旋转，并保持转速一致，不得接触和碰撞。

11.3.11 盾构带压开仓更换刀具时，应确保工作面稳定，并应进行持续充分的通风及毒气测试合格后，进行作业。地下情况较复杂时，作业人员应戴防毒面具。更换刀具时，应按专项方案和安全规定执行。

11.3.12 盾构切口与到达接收井距离小于10m时，应控制盾构推进速度、开挖面压力、排土量。

11.3.13 盾构推进到冻结区域停止推进时，应每隔10min转动刀盘一次，每次转动时间不得少于5min。

11.3.14 当盾构全部进入接收井内基座上后，应及时做好管片与洞圈间的密封。

11.3.15 盾构调头时应专人指挥，应设专人观察设备转向状态，避免方向偏离或设备碰撞。

11.3.16 管片拼装时，应按下列规定执行：
   1 管片拼装应落实专人负责指挥，拼装机操作人员应按照指挥人员的指令操作，不得擅自转动拼装机；
   2 举重臂旋转时，应鸣号警示，严禁施工人员进入举重臂回转范围内。拼装工应在全部就位后开始作业。在施工人员未撤离施工区域时，严禁启动拼装机；
   3 拼装管片时，拼装工必须站在安全可靠的位置，不得将手脚放在环缝和千斤顶的顶部；
   4 举重臂应在管片固定就位后复位。封顶拼装就位未完毕时，施工人员不得进入封顶块的下方；
   5 举重臂拼装头应拧紧到位，不得松动，发现有磨损情况时，应及时更换，不得冒险吊运；
   6 管片在旋转上升之前，应用举重臂小脚将管片固定，管片在旋转过程中不得晃动；
   7 当拼装头与管片预埋孔不能紧固连接时，应制作专用的拼装架。拼装架设计应经技术部门审批，并经过试验合格后开始使用；
   8 拼装管片应使用专用的拼装销，拼装销应有限位装置；
   9 装机回转时，在回转范围内，不得有人；
   10 管片吊起或升降架旋回到上方时，放置时间不应超过3min。

11.3.17 盾构的保养与维修应坚持"预防为主、经常检测、强制保养、养修并重"的原则，并应由专业人员进行保养与维修。

11.3.18 盾构机拆除退场时，应按下列规定执行：
   1 机械结构部分应先按液压、泥水、注浆、电气系统顺序拆卸，最后拆卸机械结构件；
   2 吊装作业时，应仔细检查并确认盾构机各连接部件与盾构机已彻底拆开分离，千斤顶全部缩回到位，所有注浆、泥水系统的手动阀门已关闭；

3 大刀盘应按要求位置停放，在井下分解后，应及时吊上地面；

4 拼装机按规定位置停放，举重钳应缩到底；提升横梁应烧焊马脚固定，同时在拼装机横梁底部应加焊接支撑，防止下坠。

11.3.19 盾构机转场运输时，应按下列规定执行：

1 应根据设备的最大尺寸，对运输线路进行实地勘察；

2 设备应与运输车辆有可靠固定措施；

3 设备超宽、超高时，应按交通法规办理各类通行证。

12 焊接机械

12.1 一般规定

12.1.1 焊接（切割）前，应先进行动火审查，确认焊接（切割）现场防火措施符合要求，并应配备相应的消防器材和安全防护用品，落实监护人员后，开具动火证。

12.1.2 焊接设备应有完整的防护外壳，一、二次接线柱处应有保护罩。

12.1.3 现场使用的电焊机应设有防雨、防潮、防晒、防砸的措施。

12.1.4 焊割现场及高空焊割作业下方，严禁堆放油类、木材、氧气瓶、乙炔瓶、保温材料等易燃、易爆物品。

12.1.5 电焊机绝缘电阻不得小于 $0.5M\Omega$，电焊机导线绝缘电阻不得小于 $1M\Omega$，电焊机接地电阻不得大于 4Ω。

12.1.6 电焊机导线和接地线不得搭在易燃、易爆、带有热源或有油的物品上；不得利用建（构）筑物的金属结构、管道、轨道或其他金属物体，搭接起来，形成焊接回路，并不得将电焊机和工件双重接地；严禁使用氧气、天然气等易燃易爆气体管道作为接地装置。

12.1.7 电焊机的一次侧电源线长度不应大于5m，二次线应采用防水橡皮护套铜芯软电缆，电缆长度不应大于30m，接头不得超过3个，并应双线到位。当需要加长导线时，应相应增加导线的截面积。当导线通过道路时，应架高，或穿入防护管内埋设在地下；当通过轨道时，应从轨道下面通过。当导线绝缘受损或断股时，应立即更换。

12.1.8 电焊钳应有良好的绝缘和隔热能力。电焊钳握柄应绝缘良好，握柄与导线连接应牢靠，连接处应采用绝缘布包好。操作人员不得用胳膊夹持电焊钳，并不得在水中冷却电焊钳。

12.1.9 对承压状态的压力容器和装有剧毒、易燃、易爆物品的容器，严禁进行焊接或切割作业。

12.1.10 当需焊割受压容器、密闭容器、粘有可燃气体和溶液的工件时，应先消除容器及管道内压力，清除可燃气体和溶液，并冲洗有毒、有害、易燃物质；对存有残余油脂的容器，宜用蒸汽、碱水冲洗，打开盖口，并确认容器清洗干净后，应灌满清水后进行焊割。

12.1.11 在容器内和管道内焊割时，应采取防止触电、中毒和窒息的措施。焊、割密闭容器时，应留出气孔，必要时应在进、出气口处装设通风设备；容器内照明电压不得超过12V；容器外应有专人监护。

12.1.12 焊割铜、铝、锌、锡等有色金属时，应通风良好，焊割人员应戴防毒面罩或采取其他防毒措施。

12.1.13 当预热焊件温度达150℃～700℃时，应设挡板隔离焊件发出的辐射热，焊接人员应穿戴隔热的石棉服装和鞋、帽等。

12.1.14 雨雪天不得在露天电焊。在潮湿地带作业时，应铺设绝缘物品，操作人员应穿绝缘鞋。

12.1.15 电焊机应按额定焊接电流和暂载率操作，并应控制电焊机的温升。

12.1.16 当清除焊渣时，应戴防护眼镜，头部应避开焊渣飞溅方向。

12.1.17 交流电焊机应安装防二次侧触电保护装置。

12.2 交（直）流焊机

12.2.1 使用前，应检查并确认初、次级线接线正确，输入电压符合电焊机的铭牌规定，接线螺母、螺栓及其他部件完好齐全，不得松动或损坏。直流焊机换向器与电刷接触应良好。

12.2.2 当多台焊机在同一场地作业时，相互间距不应小于600mm，应逐台启动，并应使三相负载保持平衡。多台焊机的接地装置不得串联。

12.2.3 移动电焊机或停电时，应切断电源，不得用拖拉电缆的方法移动焊机。

12.2.4 调节焊接电流和极性开关应在卸除负荷后进行。

12.2.5 硅整流直流电焊机主变压器的次级线圈和控制变压器的次级线圈不得用摇表测试。

12.2.6 长期停用的焊机启用时，应空载通电一定时间，进行干燥处理。

12.3 氩弧焊机

12.3.1 作业前，应检查并确认接地装置安全可靠，气管、水管应通畅，不得有外漏。工作场所应有良好的通风措施。

12.3.2 应先根据焊件的材质、尺寸、形状，确定极性，再选择焊机的电压、电流和氩气的流量。

12.3.3 安装氩气表、氩气减压阀、管接头等配件时，不得粘有油脂，并应拧紧丝扣（至少5扣）。开气时，严禁身体对准氩气表和气瓶节门，应防止氩气表和气瓶节门打开伤人。

12.3.4 水冷型焊机应保持冷却水清洁。在焊接过程中，冷却水的流量应正常，不得断水施焊。

12.3.5 焊机的高频防护装置应良好；振荡器电源线路中的连锁开关不得分接。

12.3.6 使用氩弧焊时，操作人员应戴防毒面罩。应根据焊接厚度确定钨极粗细，更换钨极时，必须切断电源。磨削钨极端头时，应设有通风装置，操作人员应佩戴手套和口罩，磨削下来的粉尘，应及时清除。钍、铈、钨极不得随身携带，应贮存在铅盒内。

12.3.7 焊机附近不宜有振动。焊机上及周围不得放置易燃、易爆或导电物品。

12.3.8 氩气瓶和氩气瓶与焊接地点应相距3m以上，并应直立固定放置。

12.3.9 作业后，应切断电源，关闭水源和气源。焊接人员应及时脱去工作服，清洗外露的皮肤。

12.4 点焊机

12.4.1 作业前，应清除上下两电极的油污。

12.4.2 作业前，应先接通控制线路的转向开关和焊接电流的开关，调整好极数，再接通水源、气源，最后接通电源。

12.4.3 焊机通电后，应检查并确认电气设备、操作机构、冷却系统、气路系统工作正常，不得有漏电现象。

12.4.4 作业时，气路、水冷系统应畅通。气体应保持干燥。排水温度不得超过40℃，排水量可根据水温调节。

12.4.5 严禁在引燃电路中加大熔断器。当负载过小，引燃管内电弧不能发生时，不得闭合控制箱的引燃电路。

12.4.6 正常工作的控制箱的预热时间不得少于5min。当控制箱长期停用时，每月应通电加热30min。更换闸流管前，应预热30min。

12.5 二氧化碳气体保护焊机

12.5.1 作业前，二氧化碳气体应按规定进行预热。开气时，操作人员必须站在瓶嘴的侧面。

12.5.2 作业前，应检查并确认焊丝的进给机构、电线的连接部分、二氧化碳气体的供应系统及冷却水循环系统符合要求，焊枪冷却水系统不得漏水。

12.5.3 二氧化碳气瓶宜放在阴凉处，不得靠近热源，并应放置牢靠。

12.5.4 二氧化碳气体预热器端的电压，不得大于36V。

12.6 埋弧焊机

12.6.1 作业前，应检查并确认各导线连接应良好；控制箱的外壳和接线板上的罩壳应完好；送丝滚轮的沟槽及齿纹应完好；滚轮、导电嘴（块）不得有过度磨损，接触应良好；减速箱润滑油应正常。

12.6.2 软管式送丝机构的软管槽孔应保持清洁，并定期吹洗。

12.6.3 在焊接中，应保持焊剂连续覆盖，以免焊剂中断露出电弧。

12.6.4 在焊机工作时，手不得触及送丝机构的滚轮。

12.6.5 作业时，应及时排走焊接中产生的有害气体，在通风不良的室内或容器内作业时，应安装通风设备。

12.7 对焊机

12.7.1 对焊机应安置在室内或防雨的工棚内，并应有可靠的接地或接零。当多台对焊机并列安装时，相互间距不得小于3m，并应分别接在不同相位的电网上，分别设置各自的断路器。

12.7.2 焊接前，应检查并确认对焊机的压力机构应灵活，夹具应牢固，气压、液压系统不得有泄漏。

12.7.3 焊接前，应根据所焊接钢筋的截面，调整二次电压，不得焊接超过对焊机规定直径的钢筋。

12.7.4 断路器的接触点、电极应定期光磨，二次电路连接螺栓应定期紧固。冷却水温度不得超过40℃；排水量应根据温度调节。

12.7.5 焊接较长钢筋时，应设置托架。

12.7.6 闪光区应设挡板，与焊接无关的人员不得入内。

12.7.7 冬期施焊时，温度不应低于8℃。作业后，应放尽机内冷却水。

12.8 竖向钢筋电渣压力焊机

12.8.1 应根据施焊钢筋直径选择具有足够输出电流的电焊机。电源电缆和控制电缆连接应正确、牢固。焊机及控制箱的外壳应接地或接零。

12.8.2 作业前，应检查供电电压并确认正常，当一次电压降大于8%时，不宜焊接。焊接导线长度不得大于30m。

12.8.3 作业前，应检查并确认控制电路正常，定时应准确，误差不得大于5%，机具的传动系统、夹装系统及焊钳的转动部分应灵活自如，焊剂应已干燥，所需附件应齐全。

12.8.4 作业前，应按所焊钢筋的直径，根据参数表，标定好所需的电流和时间。

12.8.5 起弧前，上下钢筋应对齐，钢筋端头应接触良好。对锈蚀或粘有水泥等杂物的钢筋，应在焊接前用钢丝刷清除，并保证导电良好。

12.8.6 每个接头焊完后，应停留5min～6min保温，寒冷季节应适当延长保温时间。焊渣应在完全冷却后

12.9 气焊（割）设备

12.9.1 气瓶每三年应检验一次，使用期不应超过20年。气瓶压力表应灵敏正常。

12.9.2 操作者不得正对气瓶阀门出气口，不得用明火检验是否漏气。

12.9.3 现场使用的不同种类气瓶应装有不同的减压器，未安装减压器的氧气瓶不得使用。

12.9.4 氧气瓶、压力表及其焊割机具上不得粘染油脂。氧气瓶安装减压器时，应先检查阀门接头，并略开氧气瓶阀门吹除污垢，然后安装减压器。

12.9.5 开启氧气瓶阀门时，应采用专用工具，动作应缓慢。氧气瓶中的氧气不得全部用尽，应留49kPa以上的剩余压力。关闭氧气瓶阀门时，应先松开减压器的活门螺栓。

12.9.6 乙炔钢瓶使用时，应设有防止回火的安全装置；同时使用两种气体作业时，不同气瓶都应安装单向阀，防止气体相互倒灌。

12.9.7 作业时，乙炔瓶与氧气瓶之间的距离不得少于5m，气瓶与明火之间的距离不得少于10m。

12.9.8 乙炔软管、氧气软管不得错装。乙炔气胶管、防止回火装置及气瓶冻结时，应用40℃以下热水加热解冻，不得用火烤。

12.9.9 点火时，焊枪口不得对人。正在燃烧的焊枪不得放在工件或地面上。焊枪带有乙炔和氧气时，不得放在金属容器内，以防止气体逸出，发生爆燃事故。

12.9.10 点燃焊（割）炬时，应先开乙炔阀点火，再开氧气阀调整火。关闭时，应先关乙炔阀，再关闭氧气阀。

氢氧并用时，应先开乙炔气，再开氢气，最后开氧气，再点燃。灭火时，应先关氧气，再关氢气，最后关乙炔气。

12.9.11 操作时，氢气瓶、乙炔瓶应直立放置，且应安放稳固。

12.9.12 作业中，发现氧气瓶阀门失灵或损坏不能关闭时，应让瓶内的氧气自动放尽后，再进行拆卸修理。

12.9.13 作业中，当氧气软管着火时，不得折弯软管断气，应迅速关闭氧气阀门，停止供氧。当乙炔软管着火时，应先关熄炬火，可弯折前面一段软管将火熄灭。

12.9.14 工作完毕，应将氧气瓶、乙炔气瓶气阀关好，拧上安全罩，检查操作场地，确认无着火危险，方准离开。

12.9.15 氧气瓶应与其他气瓶、油脂等易燃、易爆物品分开存放，且不得同车运输。氧气瓶不得散装吊运。运输时，氧气瓶应装有防振圈和安全帽。

12.10 等离子切割机

12.10.1 作业前，应检查并确认不得有漏电、漏气、漏水现象，接地或接零应安全可靠。应将工作台与地面绝缘，或在电气控制系统安装空载断路继电器。

12.10.2 小车、工件位置应适当，工件应接通切割电路正极，切割工作面下应设有熔渣坑。

12.10.3 应根据工件材质、种类和厚度选定喷嘴孔径，调整切割电源、气体流量和电极的内缩量。

12.10.4 自动切割小车应经空车运转，并应选定合适的切割速度。

12.10.5 操作人员应戴好防护面罩、电焊手套、帽子、滤膜防尘口罩和隔声耳罩。

12.10.6 切割时，操作人员应站在上风处操作。可从工作台下部抽风，并宜缩小操作台上的敞开面积。

12.10.7 切割时，当空载电压过高时，应检查电器接地或接零、割炬把手绝缘情况。

12.10.8 高频发生器应设有屏蔽护罩，用高频引弧后，应立即切断高频电路。

12.10.9 作业后，应切断电源，关闭气源和水源。

12.11 仿形切割机

12.11.1 应按出厂使用说明书要求接通切割机的电源，并应做好保护接地或接零。

12.11.2 作业前，应先空运转，检查并确认氧、乙炔和加装的仿形样板配合无误后，开始切割作业。

12.11.3 作业后，应清理保养设备，整理并保管好氧气带、乙炔气带及电缆线。

13 其他中小型机械

13.1 一般规定

13.1.1 中小型机械应安装稳固，用电应符合现行行业标准《施工现场临时用电安全技术规范》JGJ 46 的有关规定。

13.1.2 中小型机械上的外露传动部分和旋转部分应设有防护罩。室外使用的机械应搭设机械防护棚或采取其他防护措施。

13.2 咬口机

13.2.1 不得用手触碰转动中的辊轮，工件送到末端时，手指应离开工件。

13.2.2 工件长度、宽度不得超过机械允许加工的范围。

13.2.3 作业中如有异物进入辊中，应及时停车处理。

13.3 剪板机

13.3.1 启动前，应检查并确认各部润滑、紧固应完好，切刀不得有缺口。

13.3.2 剪切钢板的厚度不得超过剪板机规定的能力。切窄板材时，应在被剪板材上压一块较宽钢板，使垂直压紧装置下落时，能压牢被剪板材。

13.3.3 应根据剪切板材厚度，调整上下切刀间隙。正常切刀间隙不得大于板材厚度的5%，斜口剪时，不得大于7%。间隙调整后，应进行手转动及空车运转试验。

13.3.4 剪板机限位装置应齐全有效。制动装置应根据磨损情况，及时调整。

13.3.5 多人作业时，应有专人指挥。

13.3.6 应在上切刀停止运动后送料。送料时，应放正、放平、放稳，手指不得接近切刀和压板，并不得将手伸进垂直压紧装置的内侧。

13.4 折板机

13.4.1 作业前，应先校对模具，按被折板厚的1.5倍~2倍预留间隙，并进行试折，在检查并确认机械和模具装备正常后，再调整到折板规定的间隙，开始正式作业。

13.4.2 作业中，应经常检查上模具的紧固件和液压或气压系统，当发现有松动或泄漏等情况，应立即停机，并妥善处理后，继续作业。

13.4.3 批量生产时，应使用后标尺挡板进行对准和调整尺寸，并应空载运转，检查并确认其摆动应灵活可靠。

13.5 卷板机

13.5.1 作业中，操作人员应站在工件的两侧，并应防止人手和衣服被卷入轧辊内。工件上不得站人。

13.5.2 用样板检查圆度时，应在停机后进行。滚卷工件到末端时，应留一定的余量。

13.5.3 滚卷较厚、直径较大的筒体或材料强度较大的工件时，应少量下降动轧辊，并应经多次滚卷成型。

13.5.4 滚卷较窄的筒体时，应放在轧辊中间滚卷。

13.6 坡口机

13.6.1 刀排、刀具应稳定牢固。

13.6.2 当工件过长时，应加装辅助托架。

13.6.3 作业中，不得俯身近视工件。不得用手摸坡口及擦拭铁屑。

13.7 法兰卷圆机

13.7.1 加工型钢规格不应超过机具的允许范围。

13.7.2 当轧制的法兰不能进入第二道型辊时，不得用手直接推送，应使用专用工具送入。

13.7.3 当加工法兰直径超过1000mm时，应采取加装托架等安全措施。

13.7.4 作业时，人员不得靠近法兰尾端。

13.8 套丝切管机

13.8.1 应按加工管径选用板牙头和板牙，板牙应按顺序放入，板牙应充分润滑。

13.8.2 当工件伸出卡盘端面的长度较长时，后部应加装辅助托架，并调整好高度。

13.8.3 切断作业时，不得在旋转手柄上加长力臂。切平管端时，不得进刀过快。

13.8.4 当加工件的管径或椭圆度较大时，应两次进刀。

13.9 弯管机

13.9.1 弯管机作业场所应设置围栏。

13.9.2 应按加工管径选用管模，并应按顺序将管模放好。

13.9.3 不得在管子和管模之间加油。

13.9.4 作业时，应夹紧机件，导板支承机构应按弯管的方向及时进行换向。

13.10 小型台钻

13.10.1 多台钻床布置时，应保持适合安全距离。

13.10.2 操作人员应按规定穿戴防护用品，并应扎紧袖口。不得围围巾及戴手套。

13.10.3 启动前应检查下列各项，并应符合相应要求：

1 各部螺栓应紧固；
2 行程限位、信号等安全装置应齐全有效；
3 润滑系统应保持清洁，油量应充足；
4 电气开关、接地或接零应良好；
5 传动及电气部分的防护装置应完好牢固；
6 夹具、刀具不得有裂纹、破损。

13.10.4 钻小件时，应用工具夹持；钻薄板时，应用虎钳夹紧，并应在工件下垫好木板。

13.10.5 手动进钻退钻时，应逐渐增压或减压，不得用管子套在手柄上加压进钻。

13.10.6 排屑困难时，进钻、退钻应反复交替进行。

13.10.7 不得用手触摸旋转的刀具或将头部靠近机床旋转部分，不得在旋转着的刀具下翻转、卡压或测量工件。

13.11 喷浆机

13.11.1 开机时，应先打开料桶开关，让石灰浆流入泵体内部后，再开动电动机带泵旋转。

13.11.2 作业后，应往料斗注入清水，开泵清洗直到水清为止，再倒出泵内积水，清洗疏通喷头座及滤网，并将喷枪擦洗干净。

13.11.3 长期存放前，应清除前、后轴承座内的灰浆积料，堵塞进浆口，从出浆口注入机油约50mL，再堵塞出浆口，开机运转约30s，使泵体内润滑防锈。

13.12 柱塞式、隔膜式灰浆泵

13.12.1 输送管路应连接紧密，不得渗漏；垂直管道应固定牢固；管道上不得加压或悬挂重物。

13.12.2 作业前应检查并确认球阀完好，泵内无干硬灰浆等物，安全阀已调整到预定的安全压力。

13.12.3 泵送前，应先用水进行泵送试验，检查并确认各部位无渗漏。

13.12.4 被输送的灰浆应搅拌均匀，不得混入石子或其他杂物，灰浆稠度应为80mm～120mm。

13.12.5 泵送时，应先开机后加料，并应先用泵压送适量白灰膏润滑输送管道，然后再加入稀灰浆，最后调整到所需稠度。

13.12.6 泵送过程中，当泵送压力超过预定的1.5MPa时，应反向泵送；当反向泵送无效时，应停机卸压检查，不得强行泵送。

13.12.7 当短时间内不需泵送时，可打开回浆阀使灰浆在泵体内循环运行。当停泵时间较长时，应每隔3min～5min泵送一次，泵送时间宜为0.5min。

13.12.8 当因故障停机时，应先打开泄浆阀使压力下降，然后排除故障。灰浆泵压力未达到零时，不得拆卸空气室、安全阀和管道。

13.12.9 作业后，应先采用石灰膏或浓石灰水把输送管道里的灰浆全部泵出，再用清水将泵和输送管道清洗干净。

13.13 挤压式灰浆泵

13.13.1 使用前，应先接好输送管道，往料斗加注清水，启动灰浆泵，当输送胶管出水时，应折起胶管，在升到额定压力时，停泵、观察各部位，不得有渗漏现象。

13.13.2 作业前，应先用清水，再用白灰膏润滑输送管道后，再泵送灰浆。

13.13.3 泵送过程中，当压力迅速上升，有堵管现象时，应反转泵送2转～3转，使灰浆返回料斗，经搅拌后再泵送，当多次正反泵仍不能畅通时，应停机检查，排除堵塞。

13.13.4 工作间歇时，应先停止送灰，后停止送气，并应防止气嘴被灰浆堵塞。

13.13.5 作业后，应将泵机和管路系统全部清洗干净。

13.14 水磨石机

13.14.1 水磨石机宜在混凝土达到设计强度70%～80%时进行磨削作业。

13.14.2 作业前，应检查并确认各连接件应紧固，磨石不得有裂纹、破损，冷却水管不得有渗漏现象。

13.14.3 电缆线不得破损，保护接零或接地应良好。

13.14.4 在接通电源、水源后，应先压扶把使磨盘离开地面，再启动电动机，然后应检查并确认磨盘旋转方向与箭头所示方向一致，在运转正常后，再缓慢放下磨盘，进行作业。

13.14.5 作业中，使用的冷却水不得间断，用水量宜调至工作面不发干。

13.14.6 作业中，当发现磨盘跳动或异响，应立即停机检修。停机时，应先提升磨盘后关机。

13.14.7 作业后，应切断电源，清洗各部位的泥浆，并应将水磨石机放置在干燥处。

13.15 混凝土切割机

13.15.1 使用前，应检查并确认电动机接线正确，接零或接地良好，安全防护装置应有效，锯片选用应符合要求，并安装正确。

13.15.2 启动后，应先空载运转，检查并确认锯片运转方向应正确，升降机构应灵活，一切正常后，开始作业。

13.15.3 切割厚度应符合机械出厂铭牌的规定。切割时应匀速切割。

13.15.4 切割小块料时，应使用专用工具送料，不得直接用手推料。

13.15.5 作业中，当发生跳动及异响时，应立即停机检查，排除故障后，继续作业。

13.15.6 锯台上和构件锯缝中的碎屑应采用专用工具及时清除。

13.15.7 作业后，应清洗机身，擦干锯片，排放水箱余水，并存放在干燥处。

13.16 通 风 机

13.16.1 通风机应有防雨防潮措施。

13.16.2 通风机和管道安装应牢固。风管接头应严密，口径不同的风管不得混合连接。风管转角处应做成大圆角。风管安装不应妨碍人员行走及车辆通行，风管出风口距工作面宜为6m～10m。爆破工作面附近的管道应采取保护措施。

13.16.3 通风机及通风管应装有风压水柱表，并应随时检查通风情况。

13.16.4 启动前应检查并确认主机和管件的连接应符合要求、风扇转动应平稳、电流过载保护装置应齐全有效。

13.16.5 通风机应运行平稳，不得有异响。对无逆止装置的通风机，应在风道回风消失后进行检修。

13.16.6 当电动机温升超过铭牌规定等异常情况时，应停机降温。

13.16.7 不得在通风机和通风管上放置或悬挂任何物件。

13.17 离 心 水 泵

13.17.1 水泵安装应牢固、平稳，电气设备应有防雨防潮设施。高压软管接头连接应牢固可靠，并宜平直放置。数台水泵并列安装时，每台之间应有0.8m～1.0m的距离；串联安装时，应有相同的流量。

13.17.2 冬期运转时，应做好管路、泵房的防冻、保温工作。

13.17.3 启动前应进行检查，并应符合下列规定：
　　1　电动机与水泵的连接应同心，联轴节的螺栓应紧固，联轴节的转动部分应有防护装置；
　　2　管路支架应稳固。管路应密封可靠，不得有堵塞或漏水现象；
　　3　排气阀应畅通。

13.17.4 启动时，应加足引水，并应将出水阀关闭；当水泵达到额定转速时，旋开真空表和压力表的阀门，在指针位置正常后，逐步打开出水阀。

13.17.5 运转中发现下列现象之一时，应立即停机检修：
　　1　漏水、漏气及填料部分发热；
　　2　底阀滤网堵塞，运转声音异常；
　　3　电动机温升过高，电流突然增大；
　　4　机械零件松动。

13.17.6 水泵运转时，人员不得从机上跨越。

13.17.7 水泵停止作业时，应先关闭压力表，再关闭出水阀，然后切断电源。冬期停用时，应放净水泵和水管中积水。

13.18　潜水泵

13.18.1 潜水泵应直立于水中，水深不得小于0.5m，不宜在含大量泥砂的水中使用。

13.18.2 潜水泵放入水中或提出水面时，不得拉拽电缆或出水管，并应切断电源。

13.18.3 潜水泵应装设保护零和漏电保护装置，工作时，泵周围30m以内水面不得有人、畜进入。

13.18.4 启动前应进行检查，并应符合下列规定：
　　1　水管绑扎应牢固；
　　2　放气、放水、注油等螺塞应旋紧；
　　3　叶轮和进水节不得有杂物；
　　4　电气绝缘应良好。

13.18.5 接通电源后，应先试运转，检查并确认旋转方向应正确，无水运转时间不得超过使用说明书规定。

13.18.6 应经常观察水位变化，叶轮中心至水平面距离应在0.5m～3.0m之间，泵体不得陷入污泥或露出水面。电缆不得与井壁、池壁摩擦。

13.18.7 潜水泵的启动电压应符合使用说明书的规定，电动机电流超过铭牌规定的限值时，应停机检查，并不得频繁开关机。

13.18.8 潜水泵不用时，不得长期浸没于水中，应放置在干燥通风处。

13.18.9 电动机定子绕组的绝缘电阻不得低于0.5MΩ。

13.19　深井泵

13.19.1 深井泵应使用在含砂量低于0.01%的水中，泵房内设预润水箱。

13.19.2 深井泵的叶轮在运转中，不得与壳体摩擦。

13.19.3 深井泵在运转前，应将清水注入壳体内进行预润。

13.19.4 深井泵启动前，应检查并确认：
　　1　底座基础螺栓应紧固；
　　2　轴向间隙应符合要求，调节螺栓的保险螺母应装好；
　　3　填料压盖应旋紧，并应经过润滑；
　　4　电动机轴承应进行润滑；
　　5　用手旋转电动机转子和止退机构，应灵活有效。

13.19.5 深井泵不得在无水情况下空转。水泵的一、二级叶轮应浸入水位1m以下。运转中应经常观察井中水位的变化情况。

13.19.6 当水泵振动较大时，应检查水泵的轴承或电动机填料处磨损情况，并应及时更换零件。

13.19.7 停泵时，应先关闭出水阀，再切断电源，锁好开关箱。

13.20　泥浆泵

13.20.1 泥浆泵应安装在稳固的基础架或地基上，不得松动。

13.20.2 启动前应进行检查，并应符合下列规定：
　　1　各部位连接应牢固；
　　2　电动机旋转方向应正确；
　　3　离合器应灵活可靠；
　　4　管路连接应牢固，并应密封可靠，底阀应灵活有效。

13.20.3 启动前，吸水管、底阀及泵体内应注满引水，压力表缓冲器上端应注满油。

13.20.4 启动时，应先将活塞往复运动两次，并不得有阻梗，然后空载启动。

13.20.5 运转中，应经常测试泥浆含砂量。泥浆含砂量不得超过10%。

13.20.6 有多档速度的泥浆泵，在每班运转中，应将几档速度分别运转，运转时间不得少于30min。

13.20.7 泥浆泵换档变速应在停泵后进行。

13.20.8 运转中，当出现异响、电机明显温升或水量、压力不正常时，应停泵检查。

13.20.9 泥浆泵应在空载时停泵。停泵时间较长时，应全部打开放水孔，并松开缸盖，提起底阀放水杆，放尽泵体及管道中的全部泥浆。

13.20.10 当长期停用时，应清洗各部泥砂、油垢，放尽曲轴箱内的润滑油，并应采取防锈、防腐措施。

13.21 真 空 泵

13.21.1 真空室内过滤网应完整，集水室通向真空泵的回水管上的旋塞开启应灵活，指示仪表应正常，进出水管应按出厂说明书要求连接。

13.21.2 真空泵启动后，应检查并确认电机旋转方向与罩壳上箭头指向一致，然后应堵住进水口，检查泵机空载真空度，表值显示不应小于96kPa。当不符合上述要求时，应检查泵组、管道及工作装置的密封情况，有损坏时，应及时修理或更换。

13.21.3 作业时，应经常观察机组真空表，并应随时做好记录。

13.21.4 作业后，应冲洗水箱及滤网的泥砂，并应放尽水箱内存水。

13.21.5 冬期施工或存放不用时，应把真空泵内的冷却水放尽。

13.22 手持电动工具

13.22.1 使用手持电动工具时，应穿戴劳动防护用品。施工区域光线应充足。

13.22.2 刀具应保持锋利，并应完好无损；砂轮不得受潮、变形、破裂或接触过油、碱类，受潮的砂轮片不得自行烘干，应使用专用机具烘干。手持电动工具的砂轮和刀具的安装应稳固、配套，安装砂轮的螺母不得过紧。

13.22.3 在一般作业场所应使用Ⅰ类电动工具；在潮湿或金属构架等导电性能良好的作业场所应使用Ⅱ类电动工具；在锅炉、金属容器、管道内等作业场所应使用Ⅲ电动工具；Ⅱ、Ⅲ类电动工具开关箱、电源转换器应在作业场所外面；在狭窄作业场所操作时，应有专人监护。

13.22.4 使用Ⅰ类电动工具时，应安装额定漏电动作电流不大于15mA、额定漏电动作时间不大于0.1s的防溅型漏电保护器。

13.22.5 在雨期施工前或电动工具受潮后，必须采用500V兆欧表检测电动工具绝缘电阻，且每年不少于2次。绝缘电阻不应小于表13.22.5的规定。

表 13.22.5 绝缘电阻

测量部位	绝缘电阻（MΩ）		
	Ⅰ类电动工具	Ⅱ类电动工具	Ⅲ类电动工具
带电零件与外壳之间	2	7	1

13.22.6 非金属壳体的电动机、电器，在存放和使用时不应受压、受潮，并不得接触汽油等溶剂。

13.22.7 手持电动工具的负荷线应采用耐气候型橡胶护套铜芯软电缆，并不得有接头，水平距离不宜大于3m，负荷线插头插座应具备专用的保护触头。

13.22.8 作业前应重点检查下列项目，并应符合相应要求：

　1　外壳、手柄不得裂缝、破损；

　2　电缆软线及插头等应完好无损，保护接零连接应牢固可靠，开关动作应正常；

　3　各部防护罩装置应齐全牢固。

13.22.9 机具启动后，应空载运转，检查并确认机具转动应灵活无阻。

13.22.10 作业时，加力应平稳，不得超载使用。作业中应注意声响及温升，发现异常应立即停机检查。在作业时间过长，机具温升超过60℃时，应停机冷却。

13.22.11 作业中，不得用手触摸刃具、模具和砂轮，发现其有磨钝、破损情况时，应立即停机修整或更换。

13.22.12 停止作业时，应关闭电动工具，切断电源，并收好工具。

13.22.13 使用电钻、冲击钻或电锤时，应符合下列规定：

　1　机具启动后，应空载运转，应检查并确认机具联动灵活无阻；

　2　钻孔时，应先将钻头抵在工作表面，然后开动，用力应适度，不得晃动；转速急剧下降时，应减小用力，防止电机过载；不得用木杠加压钻孔；

　3　电钻和冲击钻或电锤实行40%断续工作制，不得长时间连续使用。

13.22.14 使用角向磨光机时，应符合下列要求：

　1　砂轮应选用增强纤维树脂型，其安全线速度不得小于80m/s。配用的电缆与插头应具有加强绝缘性能，并不得任意更换；

　2　磨削作业时，应使砂轮与工件面保持15°～30°的倾斜位置；切削作业时，砂轮不得倾斜，并不得横向摆动。

13.22.15 使用电剪时，应符合下列规定：

　1　作业前，应先根据钢板厚度调节刀头间隙量，最大剪切厚度不得大于铭牌标定值；

　2　作业时，不得用力过猛，当遇阻力，轴往复次数急剧下降时，应立即减少推力；

　3　使用电剪时，不得用手摸刀片和工件边缘。

13.22.16 使用射钉枪时，应符合下列规定：

　1　不得用手掌推压钉管和将枪口对准人；

　2　击发时，应将射钉枪垂直压紧在工作面上。当两次扣动扳机，子弹不击发时，应保持原射击位置数秒钟后，再退出射钉弹；

　3　在更换零件或断开射钉枪之前，射枪内不得装有射钉弹。

13.22.17 使用拉铆枪时，应符合下列规定：

　1　被铆接物体上的铆钉孔应与铆钉相配合，过盈量不得太大；

2 铆接时，可重复扳动扳机，直到铆钉被拉断为止，不得强行扭断或撬断；

3 作业中，当接铆头子或并帽有松动时，应立即拧紧。

13.22.18 使用云（切）石机时，应符合下列规定：

1 作业时应防止杂物、泥尘混入电动机内，并应随时观察机壳温度，当机壳温度过高及电刷产生火花时，应立即停机检查处理；

2 切割过程中用力应均匀适当，推进刀片时不得用力过猛。当发生刀片卡死时，应立即停机，慢慢退出刀片，重新对正后再切割。

附录 A 建筑机械磨合期的使用

A.0.1 建筑机械操作人员应在生产厂家的培训指导下，了解机器的结构、性能，根据产品使用说明书的要求进行操作、保养。新机和大修后机械在初期使用时，应遵守磨合期规定。

A.0.2 机械设备的磨合期，除原制造厂有规定外，内燃机械宜为100h，电动机械宜为50h，汽车宜为1000km。

A.0.3 磨合期间，应采用符合其内燃机性能的燃料和润滑油料。

A.0.4 启动内燃机时，不得猛加油门，应在500r/min～600r/min下稳定运转数分钟，使内燃机内部运动机件得到良好的润滑，随着温度上升而逐渐增加转速。在严寒季节，应先对内燃机进行预热后再启动。

A.0.5 磨合期内，操作应平稳，不得骤然增加转速，并宜按下列规定减载使用：

1 起重机从额定起重量50%开始，逐步增加载荷，且不得超过额定起重量的80%；

2 挖掘机在工作30h内，应先挖掘松的土壤，每次装料应为斗容量的1/2；在以后70h内，装料可逐步增加，且不得超过斗容量的3/4；

3 推土机、铲运机和装载机，应控制刀片铲土和铲斗装料深度，减少推土、铲土量和铲斗装载量，从50%开始逐渐增加，不得超过额定载荷的80%；

4 汽车载重量应按规定标准减载20%～25%，并应避免在不良的道路上行驶和拖带挂车，最高车速不宜超过40km/h；

5 其他内燃机械和电动机械在磨合期内，在无具体规定时，应减速30%和减载20%～30%。

A.0.6 在磨合期内，应观察各仪表指示，检查润滑油、液压油、冷却液、制动液以及燃油品质和油（水）位，并注意检查整机的密封性，保持机器清洁，应及时调整、紧固松动的零部件；应观察各机构的运转情况，并应检查各轴承、齿轮箱、传动机构、液压装置以及各连接部分的温度，发现运转不正常、过热、异响等现象时，应及时查明原因并排除。

A.0.7 在磨合期，应在机械明显处悬挂"磨合期"的标志，在磨合期满后再取下。

A.0.8 磨合期间，应按规定更换内燃机曲轴箱机油和机油滤清器芯；同时应检查各齿轮箱润滑油清洁情况，并按规定及时更换润滑油，清洗润滑系统。

A.0.9 磨合期满，应由机械管理人员和驾驶员、修理工配合进行一次检查、调整以及紧固工作。内燃机的限速装置应在磨合期满后拆除。

A.0.10 磨合期应分工明确，责任到人。在磨合期前，应把磨合期各项要求和注意事项向操作人员交底；磨合期中，应随时检查机械使用运转情况，详细填写机械磨合期记录；磨合期满后，应由机械技术负责人审查签章，将磨合期记录归入技术档案。

附录 B 建筑机械寒冷季节的使用

B.1 准备工作

B.1.1 在进入寒冷季节前，机械使用单位应制定寒冷季节施工安全技术措施，并对机械操作人员进行寒冷季节使用机械设备的安全教育，同时应做好防寒物资的供应工作。

B.1.2 在进入寒冷季节前，对在用机械设备应进行一次换季保养，换用适合寒冷季节的燃油、润滑油、液压油、防冻液、蓄电池液等。对停用机械设备，应放尽存水。

B.2 机械冷却系统防冻措施

B.2.1 当室外温度低于5℃时，水冷却的机械设备停止使用后，操作人员应及时放尽机体存水。放水时，应在水温降低到50℃～60℃时进行，机械应处于平坦位置，拧开水箱盖，并应打开缸体、水泵、水箱等所有放水阀。在存水没有放尽前，操作人员不得离开。存水放净后，各放水阀应保持开启状态，并将"无水"标志牌挂在机械的明显处。为了防止失误，应由专职人员按时进行检查。

B.2.2 使用防冻液的机械设备，在加入防冻液前，应对冷却系统进行清洗，并应根据气温要求，按比例配制防冻冷却液。在使用中应经常检查防冻液，不足时应及时增添。

B.2.3 在气温较低的地区，内燃机、水箱等都应有保温套。工作中如停车时间较长，冷却水有冻结可能时，应放水防冻。

B.3 燃料、润滑油、液压油、蓄电池液的选用

B.3.1 应根据气温按出厂要求选用燃料。汽油机在低温下应选用辛烷值较高标号的汽油。柴油机在最低

气温 4℃ 以上地区使用时，应采用 0 号柴油；在最低气温 −5℃ 以上地区使用时，应采用 −10 号柴油；在最低气温 −14℃ 以上地区使用时，应采用 −20 号柴油；在最低气温 −29℃ 以上地区使用时，应采用 −35 号柴油；在最低气温 −30℃ 以下地区使用时，应采用 −50 号柴油。在低温条件下缺乏低凝度柴油时，应采用预热措施。

B.3.2 寒冷季节，应按规定换用较低凝固温度的润滑油、机油及齿轮油。

B.3.3 液压油应随气温变化而换用。液压油应使用同一品种、标号。

B.3.4 使用蓄电池的机械，在寒冷季节，蓄电池液密度不得低于 1.25，发电机电流应调整到 15A 以上。严寒地区，蓄电池应加装保温装置。

B.4 存放及启动

B.4.1 寒冷季节，机械设备宜在室内存放。露天存放的大型机械，应停放在避风处，并加盖篷布。

B.4.2 在没有保温设施情况下启动内燃机，应将水加热到 60℃～80℃ 时，再加入内燃机冷却系统，并可用喷灯加热进气岐管。不得用机械拖顶的方法启动内燃机。

B.4.3 无预热装置的内燃机，在工作完毕后，可将曲轴箱内润滑油趁热放出，存放在清洁容器内；启动时，先将容器内的润滑油加温到 70℃～80℃，再将油加入曲轴箱。不得用明火直接燃烤曲轴箱。

B.4.4 内燃机启动后，应先怠速空转 10min～20min，再逐步增加转速。

附录 C 液压装置的使用

C.1 液压元件的安装

C.1.1 液压元件在安装前应清洗干净，安装应在清洁的环境中进行。

C.1.2 液压泵、液压马达和液压阀的进、出油口不得反接。

C.1.3 连接螺钉应按规定扭力拧紧。

C.1.4 油管应用管夹与机器固定，不得与其他物体摩擦。软管不得有急弯或扭曲。

C.2 液压油的选择和清洁

C.2.1 应使用出厂说明书中所规定的牌号液压油。

C.2.2 应通过规定的滤油器向油箱注入液压油。应经常检查和清洗滤油器，发现损坏，应及时更换。

C.2.3 应定期检查液压油的清洁度，按规定应及时更换，并应认真填写检测及加油记录。

C.2.4 盛装液压油的容器应保持清洁，容器内壁不得涂刷油漆。

C.3 启动前的检查和启动、运转作业

C.3.1 液压油箱内的油面应在标尺规定的上、下限范围内。新机开机后，部分油进入各系统，应及时补充。

C.3.2 冷却器应有充足的冷却液，散热风扇应完好有效。

C.3.3 液压泵的出入口与旋转方向应与标牌标志一致。换新联轴器时，不得敲打泵轴。

C.3.4 各液压元件应安装牢固，油管及密封圈不得有渗漏。

C.3.5 液压泵启动时，所有操纵杆应处于中间位置。

C.3.6 在严寒地区启动液压泵时，可使用加热器提高油温。启动后，应按规定空载运转液压系统。

C.3.7 初次使用及停机时间较长时，液压系统启动后，应空载运行，并应打开空气阀，将系统内空气排除干净，检查并确认各部件工作正常后，再进行作业。

C.3.8 溢流阀的调定压力不得超过规定的最高压力。

C.3.9 运转中，应随时观察仪表读数，检查油温、油压、响声、振动等情况，发现问题，应立即停机检修。

C.3.10 液压油的工作温度宜保持在 30℃～60℃ 范围内，最高油温不应超过 80℃；当油温超规定时，应检查油量、油黏度、冷却器、过滤器等是否正常，在故障排除后，继续使用。

C.3.11 液压系统应密封良好，不得吸入空气。

C.3.12 高压系统发生泄漏时，不得用手去检查，应立即停机检修。

C.3.13 拆检蓄能器、液压油路等高压系统时，应在确保系统内无高压后拆除。泄压时，人员不得面对放气阀或高压系统喷射口。

C.3.14 液压系统在作业中，当出现下列情况之一时，应停机检查：

1 油温超过允许范围；
2 系统压力不足或完全无压力；
3 流量过大、过小或完全不流油；
4 压力或流量脉动；
5 不正常响声或振动；
6 换向阀动作失灵；
7 工作装置功能不良或卡死；
8 液压系统泄漏、内渗、串压、反馈严重。

C.3.15 作业完毕后，工作装置及控制阀等应回复原位，并应按规定进行保养。

本规程用词说明

1 为便于在执行本规程条文时区别对待，对要

求严格程度不同的用词说明如下：
    1）表示很严格，非这样做不可的：
        正面词采用"必须"，反面词采用"严禁"；
    2）表示严格，在正常情况均应这样做的：
        正面词采用"应"，反面词采用"不应"或"不得"；
    3）表示允许稍有选择，在条件许可时首先应这样做的：
        正面词采用"宜"，反面词采用"不宜"；
    4）表示有选择，在一定条件下可以这样做的，采用"可"。
  2 本规程条文中指明应按其他有关标准执行的写法为："应执行……规定"，或"应符合……的规定"。

引用标准名录

1 《起重机设计规范》GB/T 3811
2 《爆破安全规程》GB 6722
3 《起重机 钢丝绳 保养、维护、安装、检验和报废》GB/T 5972
4 《建筑机械技术试验规程》JGJ 34
5 《施工现场临时用电安全技术规范》JGJ 46
6 《塔式起重机混凝土基础工程技术规程》JGJ/T 187
7 《施工升降机齿轮锥鼓形渐进式防坠安全器》JG 121

中华人民共和国行业标准

建筑机械使用安全技术规程

JGJ 33—2012

条 文 说 明

修 订 说 明

《建筑机械使用安全技术规程》JGJ 33-2012 经住房和城乡建设部 2012 年 5 月 3 日以第 1364 号公告批准、发布。

本规程是在《建筑机械使用安全技术规程》JGJ 33-2001 的基础上修订而成，上一版的主编单位是甘肃省建筑工程总公司，参编单位是湖北省工业建筑工程总公司、四川省建筑工程总公司、江苏省建筑工程总公司、陕西省建筑工程总公司、山西省建筑工程总公司，主要起草人是：钱凤、朱学敏、成诗言、陆裕基、金开愚、安世基。本次修订的主要技术内容是：1. 删除了装修机械、水工机械、钣金和管工机械，相关机械并入其他中小型机械；对建筑起重机械、运输机械进行了调整；增加了木工机械、地下施工机械；2. 删除了凿岩机械、油罐车、自立式起重架、混凝土搅拌站、液压滑升设备、预应力钢丝拉伸设备、冷镦机；新增了旋挖钻机、深层搅拌机、成槽机、冲孔桩机、混凝土布料机、钢筋螺纹成型机、钢筋除锈机、顶管机、盾构机。

本规程修订过程中，编制组进行了大量的调查研究，总结了我国建筑机械在使用安全方面的实践经验，同时参考借鉴了有关现行国家标准和行业标准。

为了便于广大建设施工单位、安全生产监督机构等单位的有关人员在使用本规程时能正确理解和执行条文规定，《建筑机械使用安全技术规程》编制组按章、节、条顺序编制了本规程的条文说明，对条文规定的目的、依据以及执行中需要注意的有关事项进行了说明，还着重对强制性条文强制性理由进行了解释。但是，本条文说明不具备与规程正文同等的法律效力，仅供使用者作为理解和把握规程规定的参考。

目 次

- 1 总则 ················ 10—8—53
- 2 基本规定 ············ 10—8—53
- 3 动力与电气装置 ······ 10—8—53
  - 3.1 一般规定 ········ 10—8—53
  - 3.2 内燃机 ·········· 10—8—53
  - 3.3 发电机 ·········· 10—8—54
  - 3.4 电动机 ·········· 10—8—54
  - 3.5 空气压缩机 ······ 10—8—54
- 4 建筑起重机械 ········ 10—8—54
  - 4.1 一般规定 ········ 10—8—54
  - 4.2 履带式起重机 ····· 10—8—55
  - 4.3 汽车、轮胎式起重机 ···· 10—8—56
  - 4.4 塔式起重机 ······ 10—8—56
  - 4.5 桅杆式起重机 ····· 10—8—56
  - 4.6 门式、桥式起重机与电动葫芦 ········ 10—8—57
  - 4.7 卷扬机 ·········· 10—8—57
  - 4.8 井架、龙门架物料提升机 ········ 10—8—57
  - 4.9 施工升降机 ······ 10—8—57
- 5 土石方机械 ·········· 10—8—57
  - 5.1 一般规定 ········ 10—8—57
  - 5.2 单斗挖掘机 ······ 10—8—57
  - 5.3 挖掘装载机 ······ 10—8—58
  - 5.4 推土机 ·········· 10—8—58
  - 5.5 拖式铲运机 ······ 10—8—58
  - 5.6 自行式铲运机 ····· 10—8—59
  - 5.7 静作用压路机 ····· 10—8—59
  - 5.8 振动压路机 ······ 10—8—59
  - 5.9 平地机 ·········· 10—8—59
  - 5.10 轮胎式装载机 ···· 10—8—59
  - 5.11 蛙式夯实机 ····· 10—8—60
  - 5.12 振动冲击夯 ····· 10—8—60
  - 5.13 强夯机械 ······· 10—8—60
- 6 运输机械 ············ 10—8—60
  - 6.1 一般规定 ········ 10—8—60
  - 6.2 自卸汽车 ········ 10—8—60
  - 6.3 平板拖车 ········ 10—8—60
  - 6.4 机动翻斗车 ······ 10—8—60
  - 6.5 散装水泥车 ······ 10—8—61
- 6.6 皮带运输机 ········ 10—8—61
- 7 桩工机械 ············ 10—8—61
  - 7.1 一般规定 ········ 10—8—61
  - 7.2 柴油打桩锤 ······ 10—8—61
  - 7.3 振动桩锤 ········ 10—8—61
  - 7.4 静力压桩机 ······ 10—8—61
  - 7.5 转盘钻孔机 ······ 10—8—62
  - 7.6 螺旋钻孔机 ······ 10—8—62
  - 7.7 全套管钻孔机 ····· 10—8—62
  - 7.8 旋挖钻机 ········ 10—8—62
  - 7.9 深层搅拌机 ······ 10—8—62
  - 7.10 成槽机 ········· 10—8—62
  - 7.11 冲孔桩机 ······· 10—8—62
- 8 混凝土机械 ·········· 10—8—62
  - 8.1 一般规定 ········ 10—8—62
  - 8.2 混凝土搅拌机 ····· 10—8—62
  - 8.3 混凝土搅拌运输车 ···· 10—8—62
  - 8.4 混凝土输送泵 ····· 10—8—63
  - 8.5 混凝土泵车 ······ 10—8—63
  - 8.6 插入式振捣器 ····· 10—8—63
  - 8.7 附着式、平板式振捣器 ···· 10—8—63
  - 8.8 混凝土振动台 ····· 10—8—63
  - 8.9 混凝土喷射机 ····· 10—8—63
  - 8.10 混凝土布料机 ···· 10—8—63
- 9 钢筋加工机械 ········ 10—8—63
  - 9.2 钢筋调直切断机 ··· 10—8—63
  - 9.3 钢筋切断机 ······ 10—8—64
  - 9.4 钢筋弯曲机 ······ 10—8—64
  - 9.5 钢筋冷拉机 ······ 10—8—64
  - 9.6 钢筋冷拔机 ······ 10—8—64
- 10 木工机械 ··········· 10—8—64
  - 10.1 一般规定 ······· 10—8—64
  - 10.2 带锯机 ········· 10—8—64
  - 10.3 圆盘锯 ········· 10—8—64
  - 10.5 压刨床（单面和多面） ···· 10—8—64
  - 10.8 开榫机 ········· 10—8—64
- 11 地下施工机械 ······· 10—8—64
  - 11.1 一般规定 ······· 10—8—64
  - 11.2 顶管机 ········· 10—8—65

11.3	盾构机……………………… 10—8—65	12.9	气焊（割）设备…………… 10—8—67
		12.10	等离子切割机……………… 10—8—67
12	焊接机械………………………… 10—8—66	13	其他中小型机械………………… 10—8—67
12.1	一般规定…………………… 10—8—66	13.11	喷浆机……………………… 10—8—67
12.2	交（直）流焊机…………… 10—8—66	13.14	水磨石机…………………… 10—8—67
12.3	氩弧焊机…………………… 10—8—66	13.15	混凝土切割机……………… 10—8—67
12.4	点焊机……………………… 10—8—67	13.17	离心水泵…………………… 10—8—68
12.5	二氧化碳气体保护焊机…… 10—8—67	13.18	潜水泵……………………… 10—8—68
12.6	埋弧焊机…………………… 10—8—67	13.22	手持电动工具……………… 10—8—68
12.7	对焊机……………………… 10—8—67		
12.8	竖向钢筋电渣压力焊机…… 10—8—67		

1 总　　则

1.0.1 本条规定说明制定本规程的目的。
1.0.2 本条规定说明本规程的适用范围。

2 基 本 规 定

2.0.1 本条规定了操作人员所具备的条件和持证上岗的要求，这是保证安全操作的基本条件。
2.0.2 机械的作业能力和使用范围是有一定限度的，超过限度就会造成事故，本条说明需要遵照说明书的规定使用机械。
2.0.3 机械上的安全防护装置，能及时预报机械的安全状态，防止发生事故，保证机械设备的安全生产，因此，需要保持完好有效。
2.0.4 本条规定是促使施工和操作人员相互了解情况，密切配合，以达到安全生产的目的。
2.0.5 机械操作人员穿戴劳动保护用品、高处作业必须系安全带是安全生产保障。
2.0.6 本条规定了机械操作人员在使用设备前的安全检查和试运行工作，防止设备交接不清和设备带病运转带来的机械伤害。
2.0.7 根据事故分析资料，很多事故是由于操作人员思想不集中、麻痹、疏忽等因素及其他违规行为所造成的。本条突出了对操作人员工作纪律的要求。
2.0.8 保持机械完好状态，才能减少故障和防止事故发生，因此，操作人员要按照保养规定，做好保养作业。
2.0.9 交接班制度，是使操作人员在互相交接时不致发生差错，防止由于职责不清引发事故而制定的。
2.0.10 要为机械作业提供必要的安全条件和消除一切障碍，才能保证机械在安全的环境下作业。
2.0.11 本条规定了机械设备的基础承载能力要求，防止设备基础不符合要求，从源头上埋下安全隐患，造成设备倾覆等重大事故。
2.0.12 新机、经过大修或技术改造的机械，需要经过测试，验证性能和适用性；由于新装配的零部件表面配合程度较差，需要经过磨合，以达到装配表面的良好接触。防止在未经磨合前即满负荷使用，引起粘附磨损而造成事故。
2.0.13 寒冷季节的低温给机械的启动、运转、停置保管等带来不少困难，需要采取相应措施，以防止机械因低温运转而产生不正常损耗和冻裂汽缸体等重大事故。
2.0.14～2.0.16 这三条是对机械放置场所，特别是易发生危险的场所需要具备条件的要求，如消防器材、警示牌以及对危害人体和保护环境的具体保护措施所提出的要求。根据《安全标志》规定修改了警告牌的安全术语。
2.0.17 机械停置或封存期间，也会产生有形磨损，这是由于机件生锈、金属腐蚀、橡胶和塑料老化等原因造成的，要减少这类磨损，需要做好保养等预防措施。
2.0.19 本条规定发生机械事故后，处理机械伤害事故的工作程序。
2.0.20 本条规定明确了操作人员在工作中的安全生产权利和义务。
2.0.21 机械或电气装置切断电源，停稳后进行清洁、保养、维修是安全生产工作的保证。

3 动力与电气装置

3.1 一 般 规 定

3.1.2 硬水中含有大量矿物质，在高温作用下会产生水垢，附着于冷却系统的金属表面，堵塞水道，降低散热功能，所以需要作软化处理。
3.1.3 保护接地是在电器外壳与大地之间设置电阻小的金属接地极，当绝缘损坏时，电流经接地极入地，不会对人体造成危害。
　　保护接零是将接地的中性线（零线）与非带电的结构、外壳和设备相连接，当绝缘损坏时，由于中性线电阻很小，短路电流很大，会使电气线路中的保护开关、保险器和熔断器动作，切断电源，从而避免人身触电事故。
3.1.4 在保护接零系统中，如果个别设备接地未接零，且该设备相线碰壳，则该设备及所有接零设备的外壳都会出现危险电压。尤其是当接地线或接零保护的两个设备距离较近，一个人同时接触这两个设备时，其接触电压可达 220V 的数值，触电危险就更大。因此，在同一供电系统中，不能同时采用接零和接地两种保护方法。
3.1.5 如在保护接零的零线上串接熔断器或断路设备，将使零线失去保护功能。
3.1.9 当电器发生严重超载、短路及失压等故障时，通过自动开关的跳闸，切断故障电器，有效地保护串接在它后面的电气设备，如果在故障未排除前强行合闸，将失去保护作用而烧坏电气设备。
3.1.12 水是导电体，如果电气设备上有积水，将破坏绝缘性能。

3.2 内 燃 机

3.2.1 本条所列内燃机作业前重点检查项目，是保证内燃机正确启动和运转的必要条件。
3.2.3 用手摇柄和拉绳启动汽油机时，容易发生倒爆，造成曲轴反转，如果用手硬压或连续转动摇柄或将拉绳缠在手上时，曲轴反转时将使手、臂和面部和其他人身部位受到伤害。有的司机就是因摇把反弹撞掉了下巴、打断了胳膊。

3.2.4 用小发动机启动柴油机时，如时间过长，说明柴油机存在故障，要排除后再启动，以减少小发动机磨损。汽油机启动时间过长，容易损坏启动机和蓄电池。

3.2.5 内燃机启动后，机械和冷却水的温度都要通过内燃机运转而升温，冷凝的润滑油也要随温度上升逐步到达所有零件的摩擦面。因此内燃机启动后需要急速运转达到水温和机油压力正常后，才能使用，否则将加剧零件的磨损。

3.2.6 当内燃机温度过高使冷却水沸腾时，开盖时要避免烫伤，如果用冷水注入水箱或泼浇机体，能使高温的水箱和机体因骤冷而产生裂缝。

3.2.7 异响、异味、水温骤升、油压骤降等都是反映内燃机发生故障的现象，需要检查排除后才能继续使用，否则将使故障加剧而造成事故。

3.2.8 停机前要中速空运转，目的是降低机温，以防高温机件因骤冷而受损。

3.2.9 对有减压装置的内燃机，如果采用减压杆熄火，则将使活塞顶部积存未经燃烧的柴油。

3.2.10 这是防止雨水和杂物通过排气管进入机体内的保护措施。

3.3 发电机

3.3.6 发电机在运转时，即使未加励磁，亦应认为带有电压。

3.3.12 发电机电压太低，将对负荷（如电动设备）的运行产生不良影响，对发电机本身运行也不利，还会影响并网运行的稳定性；如电压太高，除影响用设备的安全运行外，还会影响发电机的使用寿命。因此，电压变动范围要在额定值±5%以内，超出规定值时，需要进行调整。

3.3.13 当发电机组在高频率运行时，容易损坏部件，甚至发生事故；当发电机在过低频率运转时，不但对用电设备的安全和效率产生不良影响，而且能使发电机转速降低，定子和转子线圈温度升高。所以规定频率变动范围不超过额定值的±0.5Hz。

3.4 电动机

3.4.4 热继电器作电动机过载保护时，其容量是电动机额定电流的100%～125%为好。如小于额定电流时，则电动机未过载时即发生作用；如容量过大时，就失去了保护作用。

3.4.5 电动机的集电环与电刷接触不良时，会发生火花，集电环和电刷磨损加剧，会增加电能损耗，甚至影响正常运转。因此，需要及时修整或更换电刷。

3.4.6 直流电动机的换向器表面如有损伤，运转时会产生火花，加剧电刷和换向器的损伤，影响正常运转，需要及时修整，保持换向器表面的整洁。

3.4.8 本条规定引自《电气装置安装工程旋转电机施工及验收规范》GB 50170-2006。

3.5 空气压缩机

3.5.2 放置贮气罐处，要尽可能降低温度，以提高贮存压缩空气的质量。作为压力容器，要远离热源，以保证安全。

3.5.3 输气管路不要有急弯，以减少输气阻力。为防止金属管路因热胀冷缩而变形，对较长管路要每隔一定距离设置伸缩变形装置。

3.5.4 贮气罐作为压力容器要执行国家有关压力容器定期试验的规定。

3.5.7 输气管输送的压缩空气如直接吹向人体，会造成人身伤害事故，需要注意输气管路的连接，防止压缩空气外泄伤人。

3.5.8 贮气罐上的安全阀是限制贮气罐内的压力不超过规定值的安全保护装置，要求灵敏有效。

3.5.12 当缺水造成气缸过热时，如立即注入冷水，高温的气缸体因骤冷收缩，容易产生裂缝而导致损坏。

4 建筑起重机械

4.1 一般规定

4.1.2 本条是按照《建筑起重机械安全监督管理规定》（第166号建设部令）中第七条制定的。

4.1.3 本条是按照《建筑起重机械安全监督管理规定》（第166号建设部令）中第八条制定的。

4.1.4 《建筑起重机械安全监督管理规定》（第166号建设部令）规定：

安装单位应当按照安全技术标准及建筑起重机械性能要求，编制建筑起重机械安装、拆卸工程专项施工方案，并由本单位技术负责人签字；专项施工方案，安装、拆卸人员名单，安装、拆卸时间等材料报施工总承包单位和监理单位审核后，告知工程所在地县级以上地方人民政府建设主管部门。

建筑起重机械安装完毕后，安装单位应当按照安全技术标准及安装使用说明书的有关要求对建筑起重机械进行自检、调试和试运转。自检合格的，应当出具自检合格证明，并向使用单位进行安全使用说明。使用单位应当组织出租、安装、监理等有关单位进行验收，或者委托具有相应资质的检验检测机构进行验收。建筑起重机械经验收合格后方可投入使用，未经验收或者验收不合格的不得使用。

4.1.8 基础承载能力不满足要求，容易引起起重机的倾翻。

4.1.11 本条规定的安全装置是起重机必备的，否则不能使用。利用限位装置或限制器代替抽动停车等动作，将造成失误而发生事故。建筑起重机械安全装置见表4-1。

表4-1 建筑起重机械安全装置一览表

安全装置 起重机械	变幅限位器	力矩限制器	起重量限制器	上限位器	下限位器	防坠安全器	钢丝绳防脱装置	防脱钩装置
塔式起重机	●	●	●	●	○	○	●	●
施工升降机	○	○	●	●	●	●	○	○
桅杆式起重机	○	●	●	○	○	○	●	●
桥（门）式起重机	○	○	●	●	●	○	●	●
电动葫芦	○	○	●	●	○	○	○	●
物料提升机	○	○	●	●	○	●	○	○

注：● 表示该起重机械有此安全装置；
○ 表示该起重机械无此安全装置。

4.1.12 本条规定了信号司索工的职责，要求操作人员要听从指挥，但对错误指挥要拒绝执行，这对防止失误十分必要。

4.1.14 风力等级和风速对照见表4-2。

表4-2 风力等级和风速对照表

风级	1	2	3	4	5	6	7	8	9	10	11	12
相当风速 (m/s)	0.3~1.5	1.6~3.3	3.4~5.4	5.5~7.9	8.0~10.7	10.8~13.8	13.9~17.1	17.2~20.7	20.8~24.4	24.5~28.4	28.5~32.6	32.6以上

本规程风速指施工现场风速，包括地面和高耸设备高处风速。

恶劣天气能使露天作业的起重机部件受损、受潮，所以需要经过试吊无误后再使用。

4.1.18 起重机的额定起重量是以吊钩与重物在垂直情况下核定的。斜吊、斜拉其作用力在起重机的一侧，破坏了起重机的稳定性，会造成超载及钢丝绳出槽，还会使起重臂因侧向力而扭弯，甚至造成倾翻事故。对于地下埋设或凝固在地面上的重物，除本身重量外，还有不可估计的附着力（埋设深度和凝固强度决定附着力的大小），将造成严重超载而酿成事故。

4.1.19 吊索水平夹角越小，吊索受拉力就越大，同时，吊索对物体的水平压力也越大。因此，吊索水平夹角不得小于30°，因为30°时吊索所受拉力已增加一倍。

4.1.20 重物下降时突然制动，其冲击载荷将使起升机构损伤，严重时会破坏起重机稳定性而倾翻。如回转未停稳即反转，所吊重物因惯性而大幅度摆动，也会使起重臂扭弯或起重机倾翻。

4.1.22 使用起升制动器，可使起吊重物停留在空中，如遇操作人员疏忽或制动器失灵时，将使重物失控而快速下降，造成事故。因此，当吊装因故中断时，悬空重物需要设法降下。

4.1.28 转动的卷筒缠绕钢丝绳时，如用手拉或脚踩钢丝绳，容易将手或脚带入卷筒内造成伤亡事故。

4.1.29 建设部2007年第659号公告《建设部关于发布建设事业"十一五"推广应用和限用禁止使用技术（第一批）的公告》的规定，超过一定使用年限的塔式起重机：630kN·m（不含630kN·m）、出厂年限超过10年（不含10年）的塔式起重机；630kN·m～1250kN·m（不含1250kN·m）、出厂年限超过15年（不含15年）的塔式起重机；1250kN·m以上、出厂年限超过20年（不含20年）的塔式起重机。由于使用年限过久，存在设备结构疲劳、锈蚀、变形等安全隐患。超过年限的由有资质评估机构评估合格后，可继续使用。超过一定使用年限的施工升降机：出厂年限超过8年（不含8年）的SC型施工升降机，传动系统磨损严重，钢结构疲劳、变形、腐蚀等较严重，存在安全隐患；出厂年限超过5年（不含5年）的SS型施工升降机，使用时间过长造成结构件疲劳、变形、腐蚀等较严重，运动件磨损严重，存在安全隐患。超过年限的由有资质评估机构评估合格后，可继续使用。

4.2 履带式起重机

4.2.1 履带式起重机自重大，对地面承载相对高，作业时重心变化大，对停放地面要有较高要求，以保证安全。

4.2.5 俯仰变幅的起重臂，其最大仰角要有一定限度，以防止起重臂后倾造成重大事故。

4.2.6 起重机的变幅机构一般采用蜗杆减速器和自动常闭带式制动器，这种制动器仅能起辅助作用，如果操作中在起重臂未停稳即换挡，由于起重臂下降的惯性超过了辅助制动器的摩擦力，将造成起重臂失控摔坏的事故。

4.2.7 起吊载荷接近满负荷时，其安全系数相应降低，操作中稍有疏忽，就会发生超载，需要慢速操作，以保证安全。

4.2.8 起重吊装作业不能有丝毫差错，要求在起吊重物时先稍离地面试吊无误后再起吊，以便及时发现和消除不安全因素，保证吊装作业的安全可靠。起吊过程中，操作人员要脚踩在制动踏板上是为了在发生险情时，可及时控制。

4.2.9 双机抬吊是特殊的起重吊装作业，要慎重对待，关键是要做到载荷的合理分配和双机动作的同步。因此，需要统一指挥。降低起重量和保持吊钩滑轮组的垂直状态，这些要求都是防止超载。

4.2.10 起重机如在不平的地面上急转弯，容易造成倾翻事故。

4.2.11 起重机带载行走时，由于机身晃动，起重臂随之俯仰，幅度也不断变化，所吊重物因惯性而摆动，形成"斜吊"，因此，需要降低额定起重量，以防止超载。行走时重物要在起重机正前方，便于操作人员观察和控制。履带式行走机构不要作长距离行走，带载行走更不安全。

4.2.12 起重机上下坡时，起重机的重心和起重臂的幅度随坡度而变化，因此，不能再带载行驶。下坡空挡滑行，将会失去控制而造成事故。

4.2.13 作业后，起重臂要转到顺风方向，这是为了减少迎风面，降低起重机受到的风压。

4.2.14 当起重机转移时，需要按照本规定采取的各项保证安全的措施执行。

4.3 汽车、轮胎式起重机

4.3.4 轮胎式起重机完全依靠支腿来保持它的稳定性和机身的水平状态。因此，作业前需要按本条要求将支腿垫实和调整好。

4.3.5 如果在载荷情况下扳动支腿操纵阀，将使支腿失去作用而造成起重机倾翻事故。

4.3.6 起重臂的工作幅度是由起重臂长度和仰角决定的，不同幅度有不同的额定起重量，作业时要根据重物的重量和提升高度选择适当的幅度。

4.3.7 起重臂分顺序伸缩、同步伸缩两种。

起重机由双作用液压缸通过控制阀、选择阀和分配阀等液压控制装置使起重臂按规定程序伸出或缩回，以保证起重臂的结构强度符合额定起重量的需求。如果伸臂中出现前、后节长度不等或其他原因制动器发生停顿时，说明液压系统存在故障，需要排除后才能使用。

4.3.8 各种长度的起重臂都有规定的仰角，如果仰角小于规定，对于桁架式起重臂将造成水平压力增大和变幅钢丝绳拉力增大；对于箱形伸缩式起重臂，由于其自重大，基本上属于悬臂结构，将增加起重臂的挠度，影响起重臂的安全性能。

4.3.9 汽车式起重机作业时，其液压系统通过取力器以获得内燃机的动力。其操纵杆一般是在汽车驾驶室内，因此，作业时汽车驾驶室要锁闭，以防误动操纵杆。

4.3.11 发现起重机不稳或倾斜等现象时，迅速放下重物能使起重机恢复稳定，否则将造成倾翻事故。采用紧急制动，会造成起重机倾翻事故。

4.3.13 起重机在满载或接近满载时，稳定性的安全系数相应降低，如果同时进行两种动作，容易造成超载而发生事故。

4.3.14 起重机带载回转时，重物因惯性会偏离而大幅度晃动，使起重机处于不稳定状态，容易发生事故。

4.3.16 本条叙述了起重机作业后要做的各项工作，如挂牢吊钩、螺母固定撑杆、销式制动器插入销孔、脱开取力器等要求，都是为在再一次行驶时起重机的装置不移动、不旋转等稳定的安全措施。

4.3.17 内燃机水温在80℃～90℃时，润滑性能较好，温度过低使润滑油黏度增大，流动性能变差，如高速运转，将增加机件磨损。

4.4 塔式起重机

4.4.14 塔式起重机顶升属高处作业，安装过程使重机回转台及以上结构与塔身处于分离状态，需要严格的作业要求。本条所列各项均属于保证安全顶升的必要措施。

4.4.15 本条规定塔式起重机升降作业时安全技术要求。如果因连接螺栓拆卸困难而采用旋转起重臂来松动螺栓的错误做法，将破坏起重臂平衡而造成倾翻事故。

4.4.16 塔式起重机接高到一定高度需要与建筑物附着锚固，以保持其稳定性。本条所列各项均属于说明书规定的一般性要求，目的是保证锚固装置的牢固可靠，以保持接高后起重机的稳定性。

4.4.17 内爬升起重机是在建筑物内部爬升，作业范围小，要求高。本条所列各项均属于保证安全爬升的必要措施。其中第5款规定了起重机的最小固定间隔，尽可能减少爬升次数，第6款是为了保证支承起重机的楼层有足够的承载能力。

4.4.21 塔式起重机与大地之间是一个"C"形导体，当大量电磁波通过时，吊钩与大地之间存在着很高的电位差。如果作业人员站在道轨或地面上，接触吊钩时正好使"C"形导体形成一个"O"形导体，人体就会被电击或烧伤。这里所采取的绝缘措施是为了保护人身安全。

4.4.29 行程限位开关是防止超越有效行程的安全保护装置，如当作控制开关使用，将失去安全保护作用而易发生事故。

4.4.30 动臂式起重机的变幅机构要求动作平衡，变幅时起重量随幅度变化而增减。因此，当载荷接近额定起重量时，不能再向下变幅，以防超载造成起重机倾倒。

4.4.36 遇有风暴时，使起重臂能随风转动，以减少起重机迎风面积的风压，锁紧夹轨器是为了增加稳定性，防止造成倾翻。

4.4.43 主要为防止大风骤起时，塔身受风压面加大而发生事故。

4.5 桅杆式起重机

4.5.2 桅杆式起重机现场大量使用，本条针对专项方案提出具体要求，并强调专人对专项方案实施情况进行现场监督和按规定进行监测。

4.5.3 本条参考住房和城乡建设部《危险性较大的分部分项工程安全管理办法》中第七条的规定。

编制依据包括：相关法律、法规、规范性文件、标准、规范及图纸（国标图集）、施工组织设计等。

施工工艺流程包括：钢丝绳走向及固定方法、卷扬机的固定位置和方法、桅杆式起重机底座的安装及固定等。

施工安全技术措施包括：组织保障、技术措施、应急预案、监控检查验收等。

劳动力计划包括：专职安全管理人员、特种作业人员等。

4.5.7 桅杆式起重机缆风绳与地面的夹角关系到起重机的稳定性能。夹角小，缆风绳受力小，起重机稳定性好，但要增加缆风绳长度和占地面积。因此，缆风绳的水平夹角一般保持在30°~45°之间。因膨胀螺栓在使用中会松动，故严禁使用。所有的定滑轮用闭口滑轮，为确保安全。

4.5.11 桅杆式起重机结构简单，起重能力大，完全是依靠各根缆风绳均匀地拉牢主杆使之保持垂直，只要当一个地锚稍有松动，就能造成主杆倾斜而发生重大事故，因此，需要经常检查地锚的牢固程度。

4.5.13 起重作业在小范围移动时，可以采用调整缆风绳长度的方法使主杆在直立状况下稳步移动。如距离较远时，由于缆风绳的限制，只能采用拆卸转运后重新安装。

4.6 门式、桥式起重机与电动葫芦

4.6.2 门式起重机在轨道上行走需要较长的电缆，为了防止电缆拖在地面上受损，需要设置电缆卷筒。配电箱设置在轨道中部，能减少电缆长度。

4.7 卷扬机

4.7.3 钢丝绳的出绳偏角指钢丝绳与卷筒中心点垂直线的夹角。

4.7.11 卷筒上的钢丝绳如重叠或斜绕时，将挤压变形，需要停机重新排列。如果在卷筒转动中用手、脚去拉、踩，很容易被钢丝绳挤入卷筒，造成人身伤亡事故。

4.7.12 物体或吊笼提到上空停留时，要防止制动失灵或其他原因而失控下坠。因此，物体及吊笼下面不许有人，操作人员也不能离岗。

4.8 井架、龙门架物料提升机

4.8.1 这些安全装置对避免安全事故起到关键作用。

4.8.3 缆风绳和附墙装置与脚手架连接会产生安全隐患。

4.9 施工升降机

4.9.1 施工升降机基础的承载力和平整度有严格要求，基础的承载力应大于150kPa。

4.9.2 施工升降机附着于建筑物的距离越小，稳定性越好。

4.9.3 表4.9.3中的H代表施工升降机的安装高度。

4.9.16 本条采用《施工升降机》GB/T 10054-2005的有关规定；施工升降机在恶劣的天气情况下要停止使用，暴风雨后，雨水侵入各机构，尤其是安全装置，需要检查无误后才能使用。

4.9.17 如果以限位开关代替控制开关，将失去安全防护，容易出事故。

5 土石方机械

5.1 一般规定

5.1.3 桥梁的承载能力有一定限度，履带式机械行走时振动大，通过桥梁要减速慢行，在桥上不要转向或制动，是为了防止由于冲击载荷超过桥梁的承载能力而造成事故。

5.1.4 土方机械作业对象是土壤，因此需要充分了解施工现场的地面及地下情况，查明施工场地明、暗设置物（电线、地下电缆、管道、坑道等）的地点及走向，以便采取安全和有效的作业方法，避免操作人员和机械以及地下重要设施遭受损害。

5.1.7 对于施工现场中不能取消的电杆等设施，要按本条要求采取防护措施。

5.1.9 本条所列各项归纳了土方施工中常见的危害安全生产的情况。当遇到这类情况，要求立即停工，必要时可将机械撤离至安全地带。

5.1.10 挖掘机械作业时，都要求有一定的配合人员，随机作业，本条规定了挖掘机械回转时的安全要求，以防止机械作业中发生伤人事故。

5.2 单斗挖掘机

5.2.2 本条规定了挖掘机在作业前状态的正确位置。

5.2.5 本条规定了机械启动后到作业前要进行空载运转的要求，目的是测试液压系统及各工作机构是否正常。同时也提高水温和油温，为安全作业创造条件。

5.2.6 作业中，满载的铲斗要举高、伸出并回转，机械将产生振动，重心也随之变化。因此，挖掘机要保持水平位置，履带或轮胎要与地面搂紧，以保持各种工况下的稳定性。

5.2.7 铲斗的结构只适用于挖土，如果用它来横扫或夯实地面，将使铲斗和动臂因受力不当而损伤

变形。

5.2.8 铲斗不能挖掘五类以上岩石及冻土,所以需要采取爆破或破碎岩石、冻土的措施,否则将严重损伤机械和铲斗。

5.2.10 挖掘机的铲斗是按一定的圆弧运动的,在悬崖下挖土,如出现伞沿及松动的大石块时有塌方的危险,所以要求立即处理。

5.2.11 在机身未停稳时挖土,或铲斗未离开工作面就回转,都会造成斗臂侧向受力而扭坏;机械回转时采用反转来制动,就会因惯性造成的冲击力而使转向机构受损。

5.2.16 在低速情况下进行制动,能减少由于惯性引起的冲击力。

5.2.17 造成挖掘力突然变化有多种原因,如果不检查原因而依靠调整分配阀的压力来恢复挖掘力,不仅不能消除造成挖掘力突变的故障,反而会因增大液压泵的负荷而造成过热。

5.2.26 挖掘机检修时,可以利用斗杆升缩油缸使铲斗以地面为支点将挖掘机一端顶起,顶起后如不加以垫实,将存在因液压变化而下降的危险性。

5.3 挖掘装载机

5.3.2 挖掘装载机挖掘前要将装载斗的斗口和支腿与地面固定,使前后轮稍离地面,并保持机身的水平,以提高机械的稳定性。

5.3.3 在边坡、壕沟、凹坑卸料时,应留出安全距离,以防挖掘装载机出现倾翻事故。

5.3.5 动臂下降中途如突然制动,其惯性造成的冲击力将损坏挖掘装置,并能破坏机械的稳定性而造成倾翻事故。

5.3.11 液压操纵系统的分配阀有前四阀和后四阀之分,前四阀操纵支腿、提升臂和装载斗等,用于支腿伸缩和装载作业;后四阀操纵铲斗、回转、动臂及斗柄等,用于回转和挖掘作业。机械的动力性能和液压系统的能力都不允许也不可能同时进行装载和挖掘作业。

5.3.12 一般挖掘装载机系利用轮式拖拉机为主机,前后分别加装装载和挖掘装置,使机械长度和重量增加60%以上,因此,行驶中要避免高速或急转弯,以防止发生事故。

5.3.14 轮式拖拉机改装成挖掘装载机后,机重增大不少,为减少轮胎在重载情况下的损伤,停放时采取后轮离地的措施。

5.4 推 土 机

5.4.2 履带式推土机如推粉尘材料或碾碎石块时,这些物料很容易挤满行走机构,堵塞在驱动轮、引导轮和履带板之间,造成转动困难而损坏机件。

5.4.3 用推土机牵引其他机械时,前后两机的速度难以同步,易使钢丝绳拉断,尤其在坡道上更难控制。采用牵引杆后,使两机刚性连接达到同步运行,从而避免事故的发生。

5.4.4~5.4.7 这四条分别规定了作业前、启动前、启动后、行驶前的具体要求。遵守这些要求将会延长机械使用寿命,并消除许多不安全因素。

5.4.10 在浅水地带行驶时,如冷却风扇叶接触到水面,风扇叶的高速旋转能使水飞溅到高温的内燃机各个表面,容易损坏机件,并有可能进入进气管和润滑油中,使内燃机不能正常运转而熄火。

5.4.11 推土机上下坡时要根据坡度情况预先挂上相应的低速挡,以防止在上坡中出现力量不足再行换挡而挂不进挡造成空挡下滑。下坡时以空挡滑行,将使推土机失控而加速下滑,造成事故。推土机在坡上横向行驶或作业时,都要保持机身的横向平衡,以防倾翻。

5.4.12 推土机在斜坡上熄火时,因失去动力而下滑,依靠浮式制动带已难以保证推土机原地停住,此时放下铲刀,利用铲刀与地面的阻力可以弥补制动力的不足,达到停机目的。

5.4.13 推土机在下坡时快速下滑,其速度已超过内燃机传动速度时,动力的传递已由内燃机驱动行走机构改变为行走机构带动内燃机。在动力传递路线相反的情况下,转向离合器的操纵方向也要相反。

5.4.14 在填沟作业中,沟的边缘属于疏松的回填土,如果铲刀再越出边缘,会造成推土机滑落沟内的事故。后退时先换挡再提升铲刀。是为了推土机在提升铲刀时出现险情能迅速后退。

5.4.15 深沟、基坑和陡坡地区都存在土质不稳定的边坡,推土机作业时由于对土的压力和振动,容易使边坡塌方。对于超过2m坑,要求放出安全距离,也是为了防止坑边下塌。采用专人指挥是为了预防事故。

5.4.16 推土机超载作业,容易造成工作装置和机械零部件的损坏。采用提升铲刀或更换低速挡,都是防止超载的操作方法。

5.4.21 推土机的履带行走装置不适合作长距离行走,短距离行走中也要加强对行走机构的润滑,以减少磨损。

5.4.22 在内燃机运转情况下,进入推土机下面检修时,有可能因机械振动或有人上机误操作,造成机械移动而发生重大人身伤害事故。

5.5 拖式铲运机

5.5.6 作业中人员上下机械,传递物件,以及在铲斗内、拖把或机架上坐立,极易造成事故,所以要禁止。

5.5.9 拖式铲运机本身无制动装置,依靠牵引拖拉机的制动是有限的,因而规定了上下坡时的操作要求。

5.5.10 新填筑的土堤比较疏松，铲运机在上作业时要与堤坡边缘保持一定距离，以保安全。

5.5.11 本条所列各项操作要求，也是针对拖式铲运机本身无制动装置而需要遵守的事项。

5.5.12 铲运机采用助铲时，后端将承受推土机的推力，因此，两机需要密切配合，平稳接触，等速助铲。防止因受力不均而使机械受损。

5.5.14 这是为防止铲运机由于铲斗过高摇摆使重心偏移而失去稳定性造成事故。

5.5.18 这是防止由于偶发因素可能使铲斗失控下降，造成严重事故而提出的要求。

5.6 自行式铲运机

5.6.1 自行式铲运机机身较长，接地面积小，行驶时对道路有较高要求。

5.6.4 在直线行驶下铲土，铲刀受力均匀。如转弯铲土，铲刀因侧向受力而易损坏。

5.6.5 铲运机重载下坡时，冲力很大，需要挂挡行驶，利用内燃机阻力来控制车速，起辅助制动的作用。

5.6.6、5.6.7 自行式铲运机机身长，重载时如快速转弯，或在横坡上行驶或铲土，都易造成因重心偏离而翻车。

5.6.8 沟边及填方边坡土质疏松，铲运机接近时要留出安全距离，以免压塌边坡而倾翻。

5.6.10 自行式铲运机差速器有防止轮胎打滑的锁止装置。但在使用锁止装置时只能直线行驶，如强行转弯，将损坏差速器。

5.7 静作用压路机

5.7.1 静作用压路的压实效能较差，对于松软路基，要先经过羊足碾或夯实机逐层碾压或夯实后，再用光面压路机碾压，以提高工效。

5.7.4 大块石基础层表面强度大，需要用线压力高的压轮，不要使用轮胎压路机。

5.7.8 压路机碾压速度越慢，压实效果越好，但速度太慢会影响生产率，最好控制在 3km/h～4km/h 以内。在一个碾压行程中不要变速，是为了避免影响路面平整度。作业时尽可能采取直线碾压，不但能提高生产率，还能降低动力消耗。

5.7.9 压路机变换前进后退方向时，传动机构将反向转动，如果滚轮不停就换向，将造成极大冲击而损坏机件。如用换向离合器作制动用，也将造成同样的后果。

5.7.10 新建道路路基松软，初次碾压时路面沉陷量较大，采用中间向两侧碾压的程序，可以防止边坡坍陷的危险。

5.7.11 碾压傍山道路采用由里侧向外侧的程序，可以保持道路的外侧略高于内侧的安全要求。

5.7.12 压路机行驶速度慢，惯性小，上坡换挡脱开动力时，就会下滑，难以挂挡。下坡时如空挡滑行，压路机将随坡度加速滑行，制动器难以控制，易发生事故。

5.7.13 多台压路机在坡道上不要纵队行驶，这是防止压路机制动失灵或溜坡而造成事故。

5.7.15 差速器锁止装置的作用是将两轮间差速装置锁止，可以防止单轮打滑，但不能防止双轮打滑。

5.7.17 严寒季节停机时，将滚轮用木板垫离地面，是防滚轮与地面冻结。

5.8 振动压路机

5.8.1 振动压路机如果在停放情况下起振，或在坚实的地面上振动，其反作用力能使机械受损。

5.8.4 振动轮在松软地基上施振时，由于缺乏作用力而振不起来。因此，要对松软地基先碾压 1 遍～2 遍，在地基稍压实情况下再起振。

5.8.5 碾压时，振动频率要保持一致，以免由于频率变化而使压实效果不一致。

5.8.9 停机前要先停振。

5.9 平 地 机

5.9.7 刮刀要在起步后再下降刮土，如先下降后起步，将使起步阻力增大，容易损坏刮刀。

5.9.10 齿耙缓慢下齿，是防阻力太大而受损。对于石渣和混凝土路面的翻松，已超出齿耙的结构强度，不能使用。

5.9.12 平地机前后轮转向的结构是为了缩小回转半径，适用于狭小的场地。在正常行驶时，只需使用前轮转向，没有必要全轮转向而增加损耗。

5.9.13 平地机结构不同于汽车，机身长的特点决定了不便于快速行驶。下坡时如空挡滑行，失去控制的滑行速度使制动器难以将机械停住，而酿成事故。

5.10 轮胎式装载机

5.10.1 装载机主要功能是配合自卸汽车装卸物料，如果装载后远距离运送，不仅机械损耗大，且生产率降低，在经济上不合算。

5.10.2 装载作业时，满载的铲斗要起升并外送卸料，如在倾斜度超过规定的场地上作业，容易发生因重心偏离而倾翻的事故。

5.10.3 在石方施工场地作业时，轮胎容易被石块的棱角刮伤，需要采取保护措施。

5.10.6 铲斗装载后行驶时，机械的重心靠近前轮倾覆点，如急转弯或紧急制动，就容易造成失稳而倾翻。

5.10.9 操纵手柄换向时，如过急、过猛，容易造成机件损伤。满载的铲斗如快速下降，制动时会产生巨大的冲击载荷而损坏机件。

5.10.10 在不平场地作业时，铲臂放在浮动位置，可以缓解因机身晃动而造成铲斗在铲土时的摆动，保持相对的稳定。

5.10.13 铲斗偏载会造成铲臂因受力不均而扭弯；铲装后未举臂就前进，会使铲臂挠度大而变形。

5.10.17 卸料时，如铲斗伸出过多，或在大于3°的坡面上前倾卸料，都将使机械重心超过前轮倾覆点，因失稳而酿成事故。

5.10.18 水温过高，会使内燃机因过热而降低动力性能；变矩器油温过高，会降低使用的可靠性；加速工作液变质和橡胶密封件老化。

5.10.20 装载机转向架未锁闭时，站在前后车架之间进行检修保养极易造成人身伤害。

5.11 蛙式夯实机

5.11.1 蛙式夯实机能量较小，只能夯实一般土质地面，如在坚硬地面上夯击，其反作用力随坚硬程度而增加，能使夯实机遭受损伤。

5.11.2～5.11.6 蛙式夯实机需要工人手扶操作，并随机移动，因此，对电路的绝缘要求很高，对电缆的长度等也有要求。资料表明，蛙式夯实机由于漏电造成人身触电事故是多发的。这四条都是针对性的预防措施。

5.11.7 作业时，如将机身后压，将影响夯机的跳动。要求保持机身平衡，才能获得最大的夯击力。如过急转弯，会造成夯机倾翻。

5.11.8 填高的土方比较疏松，要先在边缘以内夯实后再夯实边缘，以防夯机从边缘下滑。

5.12 振动冲击夯

5.12.4 作业时，操作人员不得将手把握得过紧，这是为了减少对人体的振动。

5.12.7 冲击夯的内燃机系风冷二冲程高速（4000r/min）汽油机，如在高速下作业时间过长，将因温度过高而损坏。

5.13 强夯机械

5.13.3 本条规定是为了防止夯击过程中有砂石飞出，撞破驾驶室挡风玻璃，伤及操作人员。

5.13.5 起重臂仰角过小，将增加重幅度而降低起重量和夯击高度；仰角过大，夯锤与起重臂距离过近，将影响起升高度。

5.13.6 夯机依靠门架支撑，以保持夯击时的稳定性。本条规定了对门架支腿的要求。

5.13.7 本条强调操作安全技术规程，确保操作人员安全。

5.13.10 夯锤上的通气孔，是防止快速下落的夯与地面接触时压缩空气使泥土飞溅，因此需要保持通气孔的畅通。清理时，不应在锤下进行清理，是为了保证清理人员的人身安全。

6 运输机械

6.1 一般规定

6.1.5 运输机械人货混装、料斗内载人对人身安全危害极大，故应禁止。

6.1.7 水温未达到70℃，各部润滑尚未到良好状态，如高速行驶，将增加机件磨损。变速时逐级增减，避免冲击。前进和后退须待车停稳后换挡，否则将造成变速齿轮因转向不同而打坏。

6.1.10 下长陡坡时，车速随坡度而增加，依靠制动器减速，将使制动带和制动鼓长时间摩擦产生高温，甚至烧坏。因此，需要挂上与上坡相同的低速挡，利用内燃机的阻力来控制车速，以减少制动器使用时间。

6.1.12 车辆过河，如水深超过排气管或曲轴皮盘，排气管进水将使废气阻塞，曲轴皮带盘转动使水甩向内燃机各部，容易进入润滑和燃料系统，并使电气系统失效。过河时中途停车或换挡，容易造成熄火后无法启动。

6.1.17 为防止车辆移动，造成车底下作业的人员被压伤亡的重大事故。

6.2 自卸汽车

6.2.3 本条为了防止铲斗或土石块等失控下坠砸坏驾驶室时，不致发生人身伤亡事故。

6.2.4 自卸汽车卸料时如边卸边行驶，顶高的车厢因汽车在高低不平的地面上摆动而剧烈晃动，将使升举机构如车架受额外的扭力而受损变形。

6.2.5 自卸汽车在斜坡侧向倾卸或倾斜情况行驶，都易造成车辆重心外移，而发生翻车事故。

6.3 平板拖车

6.3.5 平板拖车装运的履带式起重机，如起重臂不拆短，将过多超越拖车后方，使拖车转弯困难。

6.3.7 平板拖车上的机械要承受拖车行驶中的摆动，尤其是紧急制动时所受惯性的作用。因此必须绑扎牢固，并将履带或车轮揳紧，防止机械移动而发生事故。

6.4 机动翻斗车

6.4.3 机动翻斗车在行驶中如长时间操纵离合器处于半结合状态，将使面片与压板摩擦而产生高温，严重时会烧坏。

6.4.6 机动翻斗车的料斗重心偏向前方，有自动向前倾翻的特点，因而降低了全车的稳定性。在行驶中下坡滑行、急转弯、紧急制动等操作，都容易发生翻车事故。

6.4.7 料斗依靠自重即能倾翻，因此料斗载人就存在很大的危险。料斗在倾翻情况下行驶或进行平地作业，都将造成料斗损坏或倾翻事故。

6.5 散装水泥车

6.5.4 散装水泥车卸料时，如车辆停放不平，将使罐内水泥卸不完而沉积在罐内。

6.5.7 卸料时罐内水泥随压缩空气输出罐外，需要保持压缩空气压力稳定。因此，空气压缩机要有专人负责管理，防止内燃机转速变化而影响卸料压力。

6.6 皮带运输机

6.6.3 皮带运输机先装料后启动，重载启动会增加电动机启动电流，影响电动机使用寿命和增加电耗。

6.6.8 多台皮带机串联送料时，从卸料端开始顺序启动，能使输送带上的存料有序地清理干净。

7 桩工机械

7.1 一般规定

7.1.1 选择合适的机型，是优质、高效完成桩工任务的先决条件。

7.1.5 电力驱动的桩机功率较大，对电源距离、容量以及导线截面等有较高要求。如达不到要求，会造成电动机启动困难。

7.1.8 作业前对桩机作全面检查是设备安全运转的基础，本条规定了桩机作业前的基本检查要求。

7.1.9 在水上打桩，固定桩机的作业船，当其排水量和偏斜度符合本条要求时，才能保证作业安全。

7.1.10 如吊桩、吊锤、回转、行走等四种动作同时进行，一方面起吊载荷增加，另一方面回转和行走使机械晃动，稳定性降低，容易发生事故。同时机械的动力性能也难以承担四种动作的负荷，而操作人员也难以正确无误地操作四种动作。

7.1.15 鉴于打桩作业中断桩、倒桩等事故时有发生，本条规定了操作人员和桩锤中心的安全距离。

7.1.16 如桩已入土3m时再用桩机回转或立柱移动来校正桩的垂直度，不仅难以纠正，还易使立柱变形或损坏，并可能使桩折断。

7.1.17 由于拔送桩时，桩机的起吊载荷难以计算，本条所列几种方法，都是施工中的实践经验，具有实用价值。

7.1.20 将桩锤放至最低位置，可以降低整机重心，从而提高桩机行走时的稳定性。

7.1.21 在斜坡上行走时，桩机重心置于斜坡上方，沿纵向作业或行走，可以抵消由于斜坡造成机械重心偏向下方的不稳定状态。如在斜坡上回转或作业及行走时横跨软硬边际，将使桩机重心偏离而容易造成倾翻事故。

7.1.23 桩孔成型后，如不及时封盖，人员会坠入桩孔。

7.1.24 停机时将桩锤落下和不得在悬吊的桩锤下面检修等，都是防止由于偶发因素，使桩锤失控下坠而造成事故。

7.2 柴油打桩锤

7.2.1 导向板用圆头螺栓、锥形螺母和垫圈固定在下汽缸上下连接板上，以使桩锤能在立柱导轨上滑动起导向作用，如导向板螺栓松动或磨损间隙过大，将使桩锤偏离导轨滑动而造成事故。

7.2.3 提起桩锤脱出砧座后，其下滑长度不应超过使用说明书的规定值，如绳扣太短，在打桩过程中容易拉断，如绳扣过长，则下活塞将会撞坏压环。

7.2.4 缓冲胶垫为缓和砧座（下活塞）在冲击作用下与下气缸发生冲撞而设置，如接触面或间隙过小时，将达不到缓冲要求。

7.2.5 加满冷却水，能防止汽缸和活塞过热；使用软水可以减少水垢；冬期使用温水，可以使缸体预热而易启动。

7.2.8 对软土层打桩时，由于贯入度过大，燃油不能爆发或爆发无力，使上活塞跳不起来，所以要先停止供油冷打，使贯入度缩小后再供油启动。

7.2.9 地质硬，桩锤爆发力大，上活塞跳得高，起跳高度不允许超过原厂规定，主要为了防止活塞环脱出气缸，造成事故。

7.2.11 桩锤供油是利用活塞上下推动曲臂向燃烧室供油，在桩机外设专人拉好曲臂控制绳，可以随时停止供油而停锤。

7.2.14 所谓早燃是指在火花塞跳火前混合气发生燃烧。发生早燃时，过早的炽热点火会破坏柴油锤的工作过程，使燃烧加快，气缸压力、温度增高和发动机工作粗暴。如不及时停机处理，可能会损坏气缸，引发事故。

7.3 振动桩锤

7.3.1~7.3.4 振动桩锤是依靠电能产生高频振动，以减少桩和土体间摩擦阻力而进行沉拔桩的机械，为了保证安全作业，需要执行这四条规定的检查项目。

7.3.5 本条规定是为了防止钢丝绳受振后松脱的双重保险措施。

7.4 静力压桩机

7.4.1 桩机纵向行走时，应两个手柄一起动作，使行走台车能同步前进。

7.4.2 如船形轨道压在已入土的单一桩顶上，由于受力不均,将使船行轨道变形。

7.4.3 进行压桩时,需有多人联合作业,包括压桩、吊桩等操作人员,需要统一指挥,以保证配合协调。

7.4.4 起重机吊桩就位后,如吊钩在压桩前仍未脱离桩体,将造成起重臂压弯折断或钢丝绳断绳的事故。

7.4.6 桩机发生浮机时,设备处于不稳定状态,如起重机继续吊物,或桩机继续进行压桩作业,将会加剧设备的失稳,造成设备倾翻事故。

7.4.12 本条规定是为了保护桩机液压元件和构件不受损坏。

7.5 转盘钻孔机

7.5.4 钻机通过泥浆泵使泥浆在钻孔中循环,携带出孔中的钻渣。作业时,要按本条要求,保持泥浆循环不中断,以防塌孔和埋钻。

7.5.11 使用空气反循环的钻机,其循环方式与正循环相反,钻渣由钻杆中吸出,在钻进过程中向孔中补充循环水或泥浆,由于它具有十分强大的排渣能力,需要按本条规定遮拦喷浆口和固定管端。

7.5.12 先停钻后停风的要求,是利用风压清除孔底的钻渣。

7.6 螺旋钻孔机

7.6.1 钻杆与动力头的中心线偏斜过大时,作业中将使钻杆产生弯曲,造成连接部分损坏。

7.6.2 钻杆如一次性接好后再装上动力头,不仅安装困难,还因为钻杆长度超过动力头高度而无法安装,且钻杆过长容易弯曲变形。

7.6.10 如在钻杆运转时变换方向,能使钻杆折断。

7.6.15 停钻时,如不及时将钻杆全部从孔内拔出,将因土体回缩的压力而造成钻机不能运转或钻杆拔不出来等事故。

7.7 全套管钻机

7.7.3 套管入土的垂直度将决定成孔后的垂直度,因此,在入土开始时就要调整好,待入土较深时就难以调整,强行调整会使纠偏机构及套管损坏。

7.7.4 锤式抓斗利用抓斗片插入上层抓土,它不具备破碎岩层的能力,如用以冲击岩层,将造成抓斗损坏。

7.7.8 进入土层的套管,需要保持能摆动的状态,防止被土层挤紧,以至在浇注混凝土过程中不能及时拔出。

7.8 旋挖钻机

7.8.3 本条规定是为了保证钻机行驶时的稳定性。

7.9 深层搅拌机

7.9.1 深层搅拌机的平整度和导向架的垂直度,是保证设备工作性能和成桩质量的重要条件。

7.9.6 保持动力头的润滑非常重要,如果断油,将会烧坏动力头。

7.10 成 槽 机

7.10.2 回转不平稳,突然制动会造成成槽机抓斗左右摇晃,容易失稳。

7.10.3～7.10.9 成槽机主机属于起重机械,所以应符合起重机械安全技术规范的要求。

7.10.10 成槽机成槽的垂直度不仅关系着质量,也关系安全,垂直度控制不好会发生成槽机在槽段的卡滞、无法提升现象。

7.10.11 工作完毕,远离槽边,防止槽段由于成槽机自身重量发生坍方,抓斗落地是为防止抓斗在空中对成槽机和周边环境产生安全隐患。

7.10.13 该措施是为防止电缆及油管在运输过程中,由于道路交通状况发生颠簸、急停等,产生碰撞造成损坏。

7.11 冲孔桩机

7.11.1 场地不平整坚实,会造成冲孔桩机械在冲孔过程中的位移、摇晃、不稳定,严重的甚至会发生侧翻。

7.11.2 本条属于作业前需要检查的项目,目的是保证冲孔桩机械的安全使用。

7.11.3～7.11.6 冲孔桩机械的主动力设备为卷扬机,该部分内容应满足卷扬机安全操作规范的要求。

8 混凝土机械

8.1 一 般 规 定

8.1.4 本条依照《施工现场临时用电安全技术规范》JGJ 46-2005 第8.2.10条规定。

8.2 混凝土搅拌机

8.2.3 依照《施工现场机械设备检查技术规程》JGJ 160-2008 第7.3节的规定,搅拌机在作业前,应检查并确认传动、搅拌系统工作正常及安全装置齐全有效,目的是确保搅拌机正常安全作业。

8.2.7 料斗提升时,其下方为危险区域。为防止料斗突然坠落伤人,规定严禁作业人员在料斗下停留或通过。当作业人员需要在料斗下方进行清理或检修时,应将料斗升至上止点并用保险锁锁牢。

8.3 混凝土搅拌运输车

8.3.2 卸料槽锁扣是防止卸料槽在行车时摆动的安全装置。搅拌筒安全锁定装置是防止搅拌筒误操作的安全装置,为保证混凝土搅拌运输车的作业安全,上述安全装置应齐全完好。

8.3.3～8.3.5 此条与《施工现场机械设备检查技术规程》JGJ 160-2008 第7.7节规定协调。混凝土搅拌运输车作业前应对上述内容进行检查并确认无误，保证作业安全。

8.3.6 本规定明确了混凝土搅拌运输车行驶前，应确认搅拌筒安全锁定装置处于锁定位置及卸料槽锁扣的扣定状态，保证行驶安全。

8.4 混凝土输送泵

8.4.1 输送泵在作业时由于输送混凝土压力的作用，可产生较大的振动，安装泵时应达到本规定要求。

8.4.2 向上垂直输送混凝土时，应依据输送高度、排量等设置基础，并能承受该工况的最大荷载。为缓解泵的工作压力，应在泵的输出口端连接水平管。向下倾斜输送混凝土时，应依据落差敷设水平管，以缓解管内气体对输送作业的影响。

8.4.4 砂石粒径、水泥强度等级及配合比是保证混凝土质量和泵送作业正常的基本要求。

8.4.6 混凝土泵车开始或停止泵送混凝土时，出料软管在泵送混凝土的作用下会产生摆动，此时的安全距离一般为软管的长度。同时出料软管埋在混凝土中可使压力增大，易发生伤人事故。

8.4.7 泵送混凝土的排量、浇注顺序及集中荷载的允许值，均是影响模板支撑系统稳定性的重要因素，作业时必须按混凝土浇筑专项方案进行。

8.4.11 本条规定是为了保证混凝土泵的清洗作业安全。

8.5 混凝土泵车

8.5.1 本条规定明确了泵车停靠场地的要求，泵车的任何部位与输电线路的安全距离应符合《施工现场临时用电安全技术规范》JGJ 46 的有关规定。

8.5.2 本条规定是为了保证泵车稳定性而制定的。

8.5.3 依据《施工现场机械设备检查技术规程》JGJ 160-2008 第2.6节规定，泵车作业前应对本规定内容进行检查，并确认无误。

8.5.5、8.5.6 布料杆处于全伸状态时，泵车稳定性相对较小，此时移动车身或延长布料配管和布料软管均可增大泵车倾翻的危险性。

8.6 插入式振捣器

8.6.2、8.6.3 插入式振捣器属Ⅰ类手持电动工具。依据《施工现场临时用电安全技术规范》JGJ 46-2005 的有关规定，操作人员作业时必须穿戴符合要求的绝缘鞋和绝缘手套。电缆线应采用耐气候型橡胶护套铜芯电缆，并不得有接头。

8.6.5 振捣器软管弯曲半径过小，会增大传动件的摩擦发热，影响使用寿命。

8.7 附着式、平板式振捣器

8.7.2、8.7.3 附着式、平板式振捣器属Ⅰ类手持电动工具。依据《施工现场临时用电安全技术规范》JGJ 46-2005 的有关规定，操作人员作业时必须穿戴符合要求的绝缘鞋和绝缘手套。电缆线应采用耐气候型橡胶护套铜芯电缆，并不得有接头。

8.7.7 多台振捣器同时作业时，各振捣器的振动频率一致，主要是为了提高振捣效果。

8.8 混凝土振动台

8.8.1 作业前对本条内容进行检查，目的是确保振动台作业安全。

8.8.2 振动台作业时振动频率较高，要求设置可靠的锁紧夹，确保振动台安全作业。

8.9 混凝土喷射机

8.9.1 喷射机采用压缩空气将配合料通过喷射枪和水合成混凝土喷射到工作面。对空气压力、水的流量及配合料的配比要求较高，作业时参照说明书要求进行。

8.9.4 依照《施工现场机械设备检查技术规程》JGJ 160-2008 第2.4节规定，作业前对本规定内容进行全面检查、确认。

8.9.7 混凝土从喷射机喷出时，压力大、喷射速度高，为预防作业人员受伤害制定本规定。

8.10 混凝土布料机

8.10.1 参照《塔式起重机安全规程》GB 5144-2006 第10.3节规定，布料机任一部位与其他设施及构筑物的安全距离不应小于0.6m。

8.10.3 手动式混凝土布料机底盘防倾覆的措施可采用搭设长宽6m×6m、高0.5m的脚手架，并与混凝土布料机底盘固定牢固。

8.10.4 为保证布料机的作业安全，作业前应对本条规定的内容进行全面检查，确认无误方可作业。

8.10.6 输送管被埋在混凝土内，会使管内压力增大，易引发生产安全事故。

8.10.8 此条结合《混凝土布料机》JB/T 10704-2004 标准及实际情况执行6级风不能作业的风速下限。

9 钢筋加工机械

9.2 钢筋调直切断机

9.2.5 导向筒前加装钢管，是为了使钢筋通过钢管后能保持水平状态进入调直机构。

9.2.7 调直筒内一般设有5个调直块，第1、5两个放在中心线上，中间3个偏离中心线，先有3mm左右的偏移量，经过试调直，如钢筋仍有慢弯，可逐渐加大偏移量直到调直为止。

9.3 钢筋切断机

9.3.4 钢筋切断时，其切断的一端会向切断一侧弹出，因此，手握钢筋要在固定刀片的一侧，以防钢筋弹出伤人。

9.4 钢筋弯曲机

9.4.7 弯曲超过规定直径的钢筋，将使机械超载而受损。弯曲未经冷拉或带有锈皮的钢筋，会有小片破裂锈皮弹出，要防止伤害眼睛。

9.5 钢筋冷拉机

9.5.1 冷拉机的主机是卷扬机，卷扬机的规格要符合能冷拉钢筋的拉力。卷扬钢丝绳通过导向滑轮与被拉钢筋成直角，当钢筋拉断或夹具失灵时不致危及卷扬机。卷扬机要与拉伸中线保持一定的安全距离。

9.5.5 本条规定装设限位标志和有专人指挥，都是为了防止钢筋拉伸失控而造成事故。

9.6 钢筋冷拔机

9.6.1 钢筋冷拔机主要适用于大型屋面板钢筋施工。

10 木工机械

10.1 一般规定

10.1.1 本条对操作人员的穿着和佩戴进行了规定，防止操作人员因穿着不当，在操作中被机械的传动部位缠绕或误碰触机械开关而引发生产安全事故。

10.1.2 本条规定木工机械不准使用倒顺双向开关，是为了防止作业过程中，工人身体或搬运物体时误碰触倒顺开关引发起生产安全事故。

10.1.3 本条规定是引用国家标准《机械加工设备一般安全要求》GB 12266-90中的规定。

10.1.14 多功能机械在施工现场使用时，在一项工作中只允许使用一种功能，是为了避免多动作引起的生产安全事故。

10.1.16 本条规定是从职业健康安全方面考虑，保护操作人员和周围人员的身心健康。国家标准《木工机床安全 平压两用刨床》GB 18956-2003中规定木工机械排放的最大噪声限值为90dB。

10.2 带锯机

10.2.1 锯条的裂纹长度超过10mm时，在锯木的过程中锯条容易断裂导致生产安全事故的发生。

10.3 圆盘锯

10.3.1 该条规定是针对施工现场因移动设备或加工大模板，操作工人为了方便，经常不使用防护罩的现象，而制定的强制性标准。

10.3.3 该条规定是依据国家标准《木工刀具安全 铣刀、圆锯片》GB 18955-2003中对圆锯片锯身有裂纹的圆锯片应剔除，不允许修理。

10.3.7 该条规定是考虑到加工旧方木和旧模板，如果旧方木和模板上有未清除的钉子时，锯木容易引起钉子、木屑等硬物飞溅造成人员伤害。

10.5 压刨床（单面和多面）

10.5.6 压刨必须要装有止逆器，这是为了避免刨床的工作台与刀轴或进给辊接触。

10.8 开榫机

10.8.1 该条规定中试运转的时间是指在施工现场经过验收后日常投入使用前所作的试运转，时间是参考《建筑机械技术试验规程》JGJ 34-86规定中对"电动机进行技术试验时空载试运转的时间为30min"而规定的。

11 地下施工机械

11.1 一般规定

11.1.1 地下施工机械的类型很多，每一种类型都有自己的特性，针对不同的地质情况和环境，选择合适的机械和功能对施工安全极为重要。每一类型的施工机械中应根据施工所处土层性质、管径、地下水位、附近地上与地下建筑物、构筑物和各种设施等因素，经技术经济比较后确定。

11.1.2 为了安全而有效地组织现场施工，要求地下施工机械在厂内制造完工后，必须进行整机调试，检查核实设备的供油系统、液压系统和电气系统的状况，调试机械运转状态和控制系统的性能，确保地下施工机械设备出厂就具备良好的性能，防止设备上的先天不足给工程带来不安全因素。

11.1.3 地下施工机械施工期间，应对邻近建（构）筑物、地下管网进行监测，对重要的有特殊要求的建筑物，应及时采取注浆、加固、支护等技术措施，保证邻近建筑物、地下管网的安全。

11.1.4 地下工程作业中必须进行通风，通风目的是保证施工生产正常安全和施工人员的身体健康；必须采用机械通风，一般选用压入式通风。对于预计将通过存在可燃性、爆炸性气体、有害气体地下施工地段，必须事先对这些地段及周围的地层、水文等采用钻探或其他方法进行预先的详细调查，查明这些气体存在的范围与状态。对存在燃烧和缺氧危险时,应禁止明火火源,防止火灾;当发生可燃气体和有害气体浓度超过容许值时,应立即撤出作业人员,加强通风、排气,只有当可燃气体、有害气体得到控制时,才能继续施工。

11.1.7 在确定垂直运输和水平运输方案及选择设备时必须根据作业循环所需的运输量详细考虑,同时还应符合各种材料运输要求,所有的运输车辆、起重机械、吊具要按有关安全规程的规定定期进行检查、维修、保养与更换。

11.1.8、11.1.9 开挖面如果不稳定,会造成施工机械的安全隐患和地面沉降塌陷等。

11.1.11 如不暂停施工并进行处理,可能发生施工偏差超限、纠偏困难和危及施工机械与工程施工安全。

11.1.12 大型地下施工机械吊装属于大型构件吊装,必须编制专项方案,经审批同意后实施。

11.2 顶管机

11.2.1 顶管机的选择,应根据管道所处土层性质、管径、地下水位、附近地上与地下建筑物、构筑物和各种设施等因素,经技术经济比较后确定,要符合下列规定:

1 在黏性土或砂性土层,且无地下水影响时,宜采用手掘式或机械挖掘式顶管法;当土质为砂砾土时,可采用具有支撑的工具管或注浆加固土层的措施;

2 在软土层且无障碍物的条件下,管顶以上土层较厚时,宜采用挤压式或网格式顶管法;

3 在黏性土层中必须控制地面隆陷时,宜采用土压平衡顶管法;

4 在粉砂土层中且需要控制地面隆陷时,宜采用加泥式土压平衡或泥水平衡顶管法;

5 在顶进长度较短、管径小的金属管时,宜采用一次顶进的挤密土层顶管法。

11.2.2 导轨产生位移,对机械和工程安全产生影响。

11.2.3 千斤顶是顶管施工主要的动力系统,后座千斤顶应联动并同时受力,合力作用点应在管道中心的垂直线上。

11.2.4~11.2.8 油泵安装和运转的注意事项,以确保油泵和千斤顶的安全运转。

11.2.11 发生该条情况如不暂停施工,查明原因并进行处理,可能危及施工机械与工程施工安全。

11.2.12 中继间安装将凹头安装在工具管方向,凸头安装在工作井一端,是为了避免在顶进过程中会导致泥砂进入中继间,损坏密封橡胶,止水失效,严重的会引起中继间变形损坏。不控制单次推进距离,则会中继间密封橡胶挤出中继间,止水系统损坏,止水失效。

11.3 盾构机

11.3.1~11.3.4 这几条是对盾构机在下井组装之前进行的各项试验,以确保组装后的盾构机机械性能正常,安全有效地工作。

11.3.5 始发基座主要作用是用于稳妥、准确地放置盾构,并在基座上进行盾构安装与试掘进,所以基座必须有足够的承载力、刚度和安装精度,并且考虑盾构安装调试作业方便。接收井内的盾构基座应保证安全接收盾构机,并能进行检修盾构机、解体盾构机的作业或整体移位。

11.3.6 推进过程中,调整施工参数如下:

1 土压平衡盾构掘进速度应与进出土量、开挖面土压值及同步注浆等相协调;

2 泥水平衡盾构掘进速度应与进排浆流量、开挖面泥水压力、进排泥浆、泥土量及同步注浆等相协调。

11.3.8 发生该条出现的情况,如不分析原因并及时解决,会对盾构机械本身及工程安全产生影响。

11.3.9 盾构暂停推进施工应按停顿时间长短、环境要求、地质条件作好盾构正面、盾尾密封以及盾构防后退措施,一般盾构停止3d以上,开挖面应加设密闭封板,盾尾与管片间的空隙作嵌缝密封处理,并在支承环的环板与已建成的隧道管片环面之间加适当支撑,以防止盾构在停顿期间的后退。当地层很软弱、流动性较大时,则盾构中途停顿时须及时采取防止泥土流失的措施。

11.3.11 刀具更换是一项较复杂的工序。首先除去压力舱中的泥水、残土,清除刀头上粘附的泥沙,确认要更换的刀头,运入工具,设置脚手架,然后拆去旧刀具,换上新刀具。更换刀具停机时间比较长,容易造成盾构整体沉降,引起地层及地表沉降,损坏地表及地下建(构)筑物。要求:

1 更换前做好准备工作,尽量减少停机时间;

2 更换作业尽量选择在中间竖井或地层条件较好、较稳定地段进行;

3 在地层条件较差的地段进行更换作业时,须带压更换或对地层进行预加固,确保开挖面及基底的稳定。

更换刀具的人员要系安全带,刀具的吊装和定位要使用吊装工具。在更换滚刀时要使用抓紧钳和吊装工具。所有用于吊装刀具的吊具和工具都要经过严格检查,以确保人员和设备的安全。带压作业人员要身体健康,并经过带压作业专业培训,制定并执行带压工作程序。

11.3.14 盾构停止推进后按计划方法与工艺拆除封门,盾构要尽快地连续推进和拼装管片,使盾构能在最短时间内全部进入接收井内的基座上。洞口与管片的间隙要及时处理,并确保不渗漏。

11.3.16 管片拼装是盾构法施工的一个重要工序,整个工序由盾构司机、管片拼装机操作工和拼装工等三个特殊工种配合完成。在整个施工过程中要由专人负责指挥,拼装前要全面检查拼装机械、工具、索具。施工前要根据所用管片形式、特点详细向施工人员作技术和安全交底。

12 焊接机械

12.1 一般规定

12.1.2、12.1.3 焊割作业有许多不安全因素,如爆炸、火灾、触电、灼烫、急性中毒、高处坠落、物体打击等,对危险性失去控制或防范不周,就会发展为事故,造成人员伤亡和财产损失,这几条规定是为了抑制和清除危险性而制定的。

12.1.4 施工现场很多火灾事故都是由焊接(切割)作业引起的,严格控制易燃易爆品的堆放能有效防范火灾的发生。施工现场切割金属时冒出的火花温度很高,时间长聚集的温度会更高,如果没有隔离措施,就算切割工作面周围堆放保温板、塑料包装袋等阻燃材料也会发生火灾,因此焊接(切割)工作面四周要清理干净,方可进行动火作业。

12.1.5 长期停用的电焊机如绕组受潮、绝缘损坏,电焊机外壳将会漏电。在外壳缺乏良好的保护接地或接零时,人体碰及时会发生触电事故。

12.1.6 焊机导线要具有良好的绝缘,绝缘电阻不小于1MΩ,不要将焊机导线放在高温物体附近,以免烧坏绝缘;不许利用建筑物的金属结构、管道、轨道或其他金属物体搭接起来形成焊接回路,防止发生触电事故。

12.1.7 焊钳要有良好的绝缘和隔热能力,握柄与导线的连接要牢靠,接触良好,导线连接处不要外露,不要用胳膊夹持,这些规定是为了防止静电。

12.1.8 焊接导线要有适当的长度,一般以20m~30m为宜,过短不便于操作,过长会增大供电动力线路的压降;其他措施主要为了保护导线。

12.1.9 如在承压状态的压力容器及管道、装有易燃易爆物品的容器、带电设备和承载结构的受力部位上进行焊接和切割,将会发生爆炸、火灾、有毒气体和烟尘中毒、触电以及承载结构倒塌等重大事故。因此,要严格禁止。

12.1.10、12.1.11 主要是为了防止由于爆炸、火灾、触电、中毒而引起重大事故而规定的。一般情况下,对于存有残余油脂或可燃液体、可燃气体的容器,焊前要先用蒸汽和热碱水冲洗,并打开盖口,确定容器清洗干净后,再灌满水方可以进行焊接;在容器内焊接时要防止触电和窒息,因此通风要有

保证,还要有专人监护;已喷涂过油漆和塑料的容器,在焊接时会产生氯化氢等有毒气体,在通风不畅的情况下将导致中毒或损害工人健康。

12.1.12 焊接青铜、铅等有色金属时会产生一些氧化物、烟尘等有毒物质,影响工人健康。因此,要有排烟、通风装置和防毒面罩。

12.1.13 预热焊件的温度达到700℃,形成一个比较强的热辐射源,可以引起作业人员大量出汗,导致体内水盐比例失调,出现不适症状,同时会增加触电危险,所以要设挡板、穿隔热服等,隔离预热焊件散发的辐射热。

12.1.14 在焊接过程中,焊工总要经常触及焊接回路中的焊钳、焊件、工作台及焊条等,而焊接设备的一次电压为220V或380V,空载电压也都在60V以上,因此,除焊接设备要有良好的保护接地或接零外,焊接时焊工要穿戴干燥的工作服和绝缘的胶鞋、手套,并采用干燥木板垫脚,下雨时不在露天焊接等防止触电的措施。

12.1.15 手工电弧焊要求按焊机的额定电流和暂载率来使用,既能合理地发挥焊机的负载能力,又不至于造成焊机过热而烧毁。在运行中当喷漆电焊机金属外壳温升超过35℃时,要停止运转并采取降温措施。

12.1.17 电焊机在焊接电弧引燃后二次侧电压正常为16V~35V,但是在空载带电的情况下二次侧的电压一般在50V~90V,远大于安全电压的最高等级42V,人体接触后容易发生触电事故,因此电焊机需要加装防二次侧触电装置。

12.2 交(直)流焊机

12.2.1 初、次级线不能接错,否则焊机将冒烟甚至被烧坏;或因将次级线错接到电网上而次级线路又无保护接地或接零,焊工触及次级线路的裸导体,将导致触电事故。

接线柱的螺母、螺栓、垫圈要完好齐全,不要松动或损坏,否则会使接触处过热,以致损坏接线板;或使松动的导线误碰机壳,使焊机外壳带电。

12.2.2 多台电焊机的接地装置均要分别将各个接地线并联到接地极上,绝不能用串联方法连接,以确保在任何情况下接地回路不致中断。

12.3 氩弧焊机

12.3.3 氩气是液态空气分馏制氧时获得的副产品,由于氩气的沸点介于氧气和氮气沸点之间,沸点温度差距较小,所以在制氩过程中不可避免地要含一定量的氧、氮和水分等杂质,而且有的氩气瓶是用经过清洗的氧气瓶代替。因此,安装的氩气减压阀,管头不要粘有油脂。

12.3.5 氩弧焊是用高频振荡器来引弧和稳弧的,但对焊工健康有不利影响,因此,要将焊机和焊接电缆

用金属编织线屏蔽防护。也可以通过降低频率来进一步防护。

12.3.6 氩弧焊大都采用钨极、钍钨极、铈钨极，如在通风不畅的场所焊接，烟尘中的放射性微料可能过浓，因此要戴防毒面罩。钍钨棒的打磨要有抽风装置，贮存时最好放在铅盒内，更不许随身携带，防止放射线伤害。

12.3.9 氩弧焊工人作业时受到放射线和强紫外线的危害（约为普通电弧焊的5倍~10倍）。所以工作完了要及时脱去工作服，清洗手脸和外露皮肤，消除毒害。

12.4 点 焊 机

12.4.1 工作前要清除上下电极的油渍及污物，否则将降低电极使用期限，影响焊接质量。

12.4.2 这是规定的焊机启动程序，如违反操作程序，就会发生质量及生产安全事故。

12.4.3 焊机通电后，要检查电气设备、操作机构、冷却系统、气路系统及机体外壳有无漏电现象。

12.5 二氧化碳气体保护焊机

12.5.2 大电流粗丝的二氧化碳焊接时，要防止焊枪水冷却系统漏水，破坏绝缘，发生触电事故。

12.5.3 装有液态二氧化碳的气瓶，不能在阳光下曝晒或用火烤，以免造成瓶内压力增大而发生爆炸。

12.5.4 二氧化碳气体预热器要采用36V以下的安全电压供电。

12.6 埋 弧 焊 机

12.6.1 埋弧焊机在操作盘上一般都是安全电压，但在控制箱上有380V或220V电源，所以焊接要有安全接地（零）线。盖好控制箱的外壳和接线板上的罩壳是为防止导线扭转及被熔渣烧坏。

12.7 对 焊 机

12.7.1 对焊机铜芯导线参考表12-1选择。

表12-1 对焊机导线截面

对焊机的额定功率 （kV·A）	25	50	75	100	150	200	500
一次电压为220V时 导线截面（mm²）	10	25	35	45	—	—	—
一次电压为380V时 导线截面（mm²）	6	16	25	35	50	70	150

12.7.4 由于超载过热及冷却水堵塞、停供，使冷却作用失效等有可能造成一次线圈的绝缘破坏。

12.7.6 在进行闪光对焊时，大的电流密度使接触点及其周围的金属瞬间熔化，甚至形成汽化状态，会引起接触点的爆裂和液体金属的飞溅，造成焊工的灼伤和引起火灾，所以闪光区要设挡板。

12.8 竖向钢筋电渣压力焊机

12.8.4 参照现行行业标准《钢筋焊接及验收规程》JGJ 18的电渣压力焊焊接参数表选取。一般情况下，时间（s）可为钢筋的直径数（mm），电流（A）可为钢筋直径的20倍（mm）。

12.9 气焊（割）设备

12.9.4 氧气是一种活泼的助燃气体，是强氧化剂，空气中氧气含量为20.9%，增加氧的纯度和压力会使氧化反应显著加剧。当压缩氧气与矿物油、油脂或细微分散的可燃粉尘等接触时，由于剧烈的氧化升温、积热而发生自燃，构成火灾或爆炸。因此，氧气瓶及其附件、胶管、工具等不能粘染油污。

12.10 等离子切割机

12.10.1 等离子切割机的空载电压较高（用氩气作为离子气时为65V~80V，用氩氢混合气体作为离子气时为110V~120V），所以设备要有良好的保护接地。

12.10.5 等离子弧温度高达16000K~33000K，由于高温和强烈的弧光辐射作用而产生的臭氧、氮氧化物等有害气体及金属粉尘的浓度均比氩弧焊高得多。波长2600埃~2900埃的紫外线辐射强度，弧焊为1.0，等离子弧焊为2.2。等离子弧焊速度很高，当它以1000m/min的速度从喷嘴喷射出来时，则产生噪声。此外，还有高频电磁场、热辐射、放射线等有害因素，操作人员要按本规程第12.3节氩弧焊机一样，搞好安全防护和卫生要求。

13 其他中小型机械

13.11 喷 浆 机

13.11.1 密度过小，喷浆效果差；密度过大，会使机械振动，喷不成雾状。

13.11.2 本条主要是防止喷嘴孔堵塞和叶片磨损的加快。

13.14 水 磨 石 机

13.14.1 强度增大将使磨盘寿命降低。

13.14.2 磨石如有裂纹，在使用中受高转速离心力影响，将造成磨石飞出磨盘伤人事故。

13.14.5 冷却水既起到冷却作用，也是磨石作业中的润滑剂，起到磨石面要求光滑的质量保证作用。

13.15 混凝土切割机

13.15.3~13.15.6 这几条都是要求在操作中遵守的

防止伤害人手的安全措施。

13.17 离心水泵

13.17.1 数台水泵并列安装时，如扬程不同，就不能向同一高度送水，达不到增加流量的目的；串联安装时，如串联的水泵流量不同，只能保持小泵的流量，如果小泵在下，大泵会产生气蚀。

13.18 潜水泵

13.18.5 潜水泵的电动机和泵都安装在密封的泵体内，高速运转的热量需要水冷却。因此，不能在无水状态下运转时间过长。

13.18.9 潜水泵长时间在水中作业，对电动机的绝缘要求较高，除安装漏电保护装置外，还要定期测定绝缘电阻。

13.22 手持电动工具

13.22.2 砂轮机转速一般在 10000r/min 以上，因此，对砂轮等刀具质量和安装有严格要求，以保证安全。

13.22.5 手持电动工具转速高、振动大，作业时直接与人体接触，并处在导电良好的环境中作业。因此，要求采用双重绝缘或加强绝缘结构的电动机和导线。

13.22.6 采用工程塑料为机壳的手持电动工具，要防止受压和汽油等溶剂的腐蚀。

13.22.10 手持电动机具温升超过 60℃时，要停机降温后再使用，这是防止机具故障、延长使用寿命的必要措施。

13.22.11 手持电动机具依靠操作人员的手来控制，如要在转动时撒手，机具失去控制，会破坏工件，损坏机具，甚至伤害人身。

13.22.13 40%的断续工作制是电动机负载持续率为40%的定额为基准确定的。负载持续率就是电动机工作时间与一个工作周期的比值，其中工作时间包括启动、工作和制动时间；一个工作周期包括工作时间和停机及断电时间。

13.22.14 角向磨光机空载转速达 10000r/min，要求选用安全线速不小于 80m/s 的增强树脂型砂轮。其最佳的磨削角度为15°~30°的位置。角度太小，增加砂轮与工件的接触面，加大磨削阻力；角度大，磨光效果不好。

13.22.16 本条第1款所列事项，都是为了防止射钉误发射而造成人身伤害事故。

13.22.17 本条第1款所列事项，如铆钉和铆钉孔的配合过盈量大，将影响铆接质量；如因铆钉轴未断而强行扭撬，会造成机件损伤；铆钉头子或并帽松动，会失去调节精度，影响操作。

中华人民共和国行业标准

施工现场机械设备检查技术规程

Technical specification for inspection of
machinery and equipment on construction site

JGJ 160—2008
J 817—2008

批准部门：中华人民共和国住房和城乡建设部
施行日期：２００８年１２月１日

中华人民共和国住房和城乡建设部
公 告

第 84 号

关于发布行业标准
《施工现场机械设备检查技术规程》的公告

现批准《施工现场机械设备检查技术规程》为行业标准，编号为 JGJ 160-2008，自 2008 年 12 月 1 日起实施。其中，第 3.1.5、3.3.2、3.3.4、3.3.5、3.3.12、6.1.17、6.5.3、6.5.7、6.5.16、6.5.20、6.5.21、6.5.22、6.6.14、6.6.15、6.7.1、6.9.2、6.9.5、6.11.4、6.12.3、8.9.7 条为强制性条文，必须严格执行。

本规程由我部标准定额研究所组织中国建筑工业出版社出版发行。

中华人民共和国住房和城乡建设部
2008 年 8 月 11 日

前 言

根据建设部《关于印发〈二〇〇一～二〇〇二年度工程建设城建、建工行业标准制订、修订计划〉》（建标〔2002〕84 号）的要求，规程编制组经广泛调查研究，认真总结实践经验，参考有关国际标准和国外先进标准，并在广泛征求意见的基础上，制定了本规程。

本规程的主要技术内容是：1. 总则；2. 术语；3. 动力设备及低压配电系统；4. 土方及筑路机械；5. 桩工机械；6. 起重机械与垂直运输机械；7. 混凝土机械；8. 焊接机械；9. 钢筋加工机械；10. 木工机械及其他机械；11. 装修机械；12. 掘进机械。

本规程以黑体字标志的条文为强制性条文，必须严格执行。

本规程由住房和城乡建设部负责管理和对强制性条文的解释，由中国建筑业协会机械管理与租赁分会负责具体内容的解释。

本规程主编单位：中国建筑业协会机械管理与租赁分会（地址：北京市西城区阜外大街 41 号富城大厦；邮政编码：100037）

本规程参编单位：江苏省建筑工程管理局
江苏省建筑安全与设备管理协会
中国铁路工程总公司
北京建工集团有限责任公司

本规程主要起草人员：贾立才 顾建生 罗德潭
强南山 陈永池 成国华
王锁炳 丁阳华 黄宝良
佘强夫 陈 冲 马恒晞
成 军 钱爱成 杨路帆
李文波 陈 璋

目　次

1 总则 ················· 10—9—5
2 术语 ················· 10—9—5
3 动力设备及低压配电系统······ 10—9—6
　3.1 柴油发电机组 ··········· 10—9—6
　3.2 空气压缩机及附属设备 ······ 10—9—6
　3.3 低压配电系统 ··········· 10—9—7
4 土方及筑路机械 ············ 10—9—8
　4.1 一般规定 ·············· 10—9—8
　4.2 推土机 ················ 10—9—10
　4.3 履带式单斗液压挖掘机 ····· 10—9—10
　4.4 光轮压路机 ············ 10—9—10
　4.5 轮胎驱动振动压路机 ····· 10—9—10
　4.6 轮胎压路机 ············ 10—9—11
　4.7 平地机 ················ 10—9—11
　4.8 轮胎式装载机 ·········· 10—9—11
　4.9 稳定土拌和机 ·········· 10—9—11
　4.10 履带式沥青混凝土摊铺机 ·· 10—9—12
　4.11 沥青混凝土搅拌设备 ····· 10—9—12
5 桩工机械 ················ 10—9—13
　5.1 一般规定 ·············· 10—9—13
　5.2 履带式打桩架（三支点式） · 10—9—14
　5.3 步履式打桩架 ·········· 10—9—15
　5.4 静力压桩机 ············ 10—9—15
　5.5 转盘钻孔机 ············ 10—9—15
　5.6 螺旋钻孔机 ············ 10—9—15
　5.7 筒式柴油打桩锤 ········ 10—9—15
　5.8 振动桩锤 ·············· 10—9—16
6 起重机械与垂直运输机械 ····· 10—9—16
　6.1 一般规定 ·············· 10—9—16
　6.2 履带式起重机 ·········· 10—9—19
　6.3 轮胎式起重机 ·········· 10—9—20
　6.4 汽车式起重机 ·········· 10—9—20
　6.5 塔式起重机 ············ 10—9—20
　6.6 施工升降机 ············ 10—9—22
　6.7 电动卷扬机 ············ 10—9—22
　6.8 桅杆式起重机 ·········· 10—9—23
　6.9 物料提升机 ············ 10—9—23
　6.10 桥（门）式起重机 ······ 10—9—24
　6.11 高处作业吊篮 ·········· 10—9—25
　6.12 附着整体升降脚手架 ····· 10—9—25
7 混凝土机械 ··············· 10—9—26
　7.1 一般规定 ·············· 10—9—26
　7.2 混凝土搅拌站（楼） ····· 10—9—27
　7.3 混凝土搅拌机 ·········· 10—9—28
　7.4 混凝土喷射机组 ········ 10—9—28
　7.5 混凝土输送泵（拖泵、
　　　车载泵） ·············· 10—9—29
　7.6 混凝土输送泵车（汽车泵） · 10—9—29
　7.7 混凝土搅拌运输车 ······· 10—9—29
8 焊接机械 ················ 10—9—30
　8.1 一般规定 ·············· 10—9—30
　8.2 交流电焊机 ············ 10—9—30
　8.3 直流电焊机 ············ 10—9—30
　8.4 钢筋点焊机 ············ 10—9—30
　8.5 钢筋对焊机 ············ 10—9—30
　8.6 竖向钢筋电渣压力焊机 ··· 10—9—31
　8.7 埋弧焊机 ·············· 10—9—31
　8.8 二氧化碳气体保护焊机 ··· 10—9—31
　8.9 气焊（割）设备 ········ 10—9—31
9 钢筋加工机械 ············· 10—9—31
　9.1 一般规定 ·············· 10—9—31
　9.2 钢筋调直机 ············ 10—9—32
　9.3 钢筋切断机 ············ 10—9—32
　9.4 钢筋弯曲机 ············ 10—9—32
　9.5 钢筋冷拉机 ············ 10—9—32
　9.6 冷镦机 ················ 10—9—32
　9.7 钢筋冷拔机 ············ 10—9—32
　9.8 钢筋套筒冷挤压连接机 ··· 10—9—32
　9.9 钢筋直（锥）螺纹成型机 · 10—9—32
10 木工机械及其他机械 ······· 10—9—33
　10.1 一般规定 ············· 10—9—33
　10.2 木工平刨机 ··········· 10—9—33
　10.3 木工压刨机 ··········· 10—9—33
　10.4 木工带锯机（木工跑车带
　　　　锯机） ··············· 10—9—33
　10.5 立式榫槽机 ··········· 10—9—33
11 装修机械 ················ 10—9—33
　11.1 一般规定 ············· 10—9—33

11.2 灰浆搅拌机 …………………… 10—9—34
11.3 灰浆泵 ………………………… 10—9—34
11.4 喷浆泵 ………………………… 10—9—34
11.5 水磨石机 ……………………… 10—9—34
11.6 地板整修机械 ………………… 10—9—34
12 掘进机械 …………………………… 10—9—35
　12.1 一般规定 ……………………… 10—9—35
　12.2 土压平衡盾构机、泥水加压盾构机 ……………………………… 10—9—35
　12.3 凿岩台车 ……………………… 10—9—36
本规程用词说明 ……………………… 10—9—37
附：条文说明 ………………………… 10—9—38

1 总　则

1.0.1 为加强施工现场机械设备管理，保证进入施工现场机械设备完好，确保施工现场机械设备的使用安全，防止和减少机械事故的发生，制定本规程。

1.0.2 本规程适用于新建、改建和扩建的工业与民用建筑及市政基础设施施工现场使用的机械设备检查。

1.0.3 施工现场机械设备使用单位应建立健全施工现场机械设备安全使用管理制度和岗位责任制度，并应对现场机械设备进行检查。

1.0.4 施工现场机械设备的检查除应符合本规程外，尚应符合国家现行有关标准的规定。

2 术　语

2.0.1 桩工机械　pile driving machinery
实现各种桩基础的施工机械。

2.0.2 桩架　pile frame
和打桩锤配套使用的设备。

2.0.3 起落架　up-down frame
安装在桩机立柱的桩锤导杆上，用以提升柴油锤上活塞的部件。

2.0.4 筒式柴油打桩锤　tubular diesel pile hammer
以柴油为燃料，以冲击作用方式进行打桩施工的桩工机械。

2.0.5 振动桩锤　vibratory pile hammer
依靠电动机或液压动力带动振动箱产生高频振动，以克服桩和土体间摩擦阻力而进行沉拔桩的机械。

2.0.6 静力压桩机　hydraulic pile driver
以压桩机的自重克服沉桩过程中桩土之间的阻力使桩沿着压梁的轴线方向下沉的设备。

2.0.7 钻具组　boring tools
装在一起的钻头、潜水动力装置、潜水砂石泵、配重、钻杆、水龙头等的统称。

2.0.8 钻架　boring frame
提升钻具并为之导向使钻头（具）灵活地对准桩位作业的装置。

2.0.9 塔顶　cat head
位于塔身的顶部，主要用以支承臂架及平衡臂拉索等的结构件。

2.0.10 顶升机构　climbing mechanism
自升式塔式起重机中，增减标准节的机构。

2.0.11 附着装置　anchorage device
将附着式塔式起重机的塔身按一定距离的要求，锚固于建筑物或基础上的支承件系统。

2.0.12 施工升降机　builder's hoist
用吊笼、平台、料斗等装置载人、载物沿导轨架作上下垂直运输的施工机械。

2.0.13 导轨架　mast
用以支承和引导吊笼、平台、料斗等装置运行的金属构架。

2.0.14 吊笼　cage
用来运载人员或物料的笼形部件。

2.0.15 极限开关　ultimate limit switch
吊笼、平台、料斗等装置超越行程终点时自动切断电源电路的安全开关。

2.0.16 防坠安全器　safety device
非电气、气动和手动控制的防止吊笼、平台或料斗坠落的机械式安全保护装置。

2.0.17 安全钩　safety hook
防止施工升降机吊笼脱离导轨架或安全器输出端齿轮脱离齿条的钩状挡块。

2.0.18 挖掘机工作装置　work device
安装在机体上直接完成作业的装置。

2.0.19 挖掘机操纵装置　control device
用来控制挖掘机各部分运动的装置。

2.0.20 挖掘机先导操纵装置　pre-control device
以全功率变量系统，先导液压操纵，以液压油由空气预压油箱，经过整体式多路阀、控制阀，进行全机动作控制的装置。

2.0.21 罐体连接装置　tank connective fitting
实现罐体和运载工具紧固连接的专用装置。

2.0.22 罐体输送装置　tank transportation device
实现罐体内粉粒物料气力输送的气体输送管道、物料输送管道及与管道相连接的各类接头、阀门、仪表等。

2.0.23 罐体安全装置　tank safety equipment
罐体在实施装料及卸料过程中，为保证人身安全而配置的安全设施。

2.0.24 浮动密封　floating seal
随搅拌机轴浮动，防止轴端漏浆的组合式密封件。

2.0.25 蓄能器　accumulator
贮存能量的压力容器。

2.0.26 盾构机　shields
是在软土、软岩和破碎含水的地层中修建隧道时，进行开挖和衬砌的一种专用机械设备。

2.0.27 泥水加压平衡式盾构机　pressurized slurry shields
通过施加略高于开挖面水土压力的泥浆压力来维持开挖面的稳定性，并通过循环泥浆来切削土沙以流体方式输出的盾构形式。

2.0.28 土压平衡式盾构机　earth pressure balanced shields or soil pressure balancing shields
利用搅拌方式，将开挖的泥沙泥土化，并通过控制泥土的压力以保证开挖面的稳定性的盾构形式。

2.0.29 液压凿岩机 hydraulic rock drilling machine
以循环液压油为动力，驱动钎杆、钎头，以冲击回转方式在岩体中凿孔的机械。

2.0.30 凿岩台车 drill jumbo or rock drilling jumbo
将数台中、重型高频或冲击式凿岩机，连同推进装置一起安装在钻臂导轨上，配以行走机构的一种机械化凿岩设备。

3 动力设备及低压配电系统

3.1 柴油发电机组

3.1.1 施工现场柴油发电机的额定电压必须与外电线路电源电压等级相符。

3.1.2 固定式柴油发电机组应安装在室内符合规定的基础上，并应高出室内地面 0.25～0.30m。移动式柴油发电机组应处于水平状态，放置稳固，其拖车应可靠接地，前后轮应卡住。室外使用的柴油发电机组应搭设防护棚。

3.1.3 柴油发电机组及其控制、配电、修理室等的设置应保证电气安全距离和满足防火要求；排烟管道应伸出室外，且严禁在室内和排烟管道附近存放贮油桶。

3.1.4 施工现场的柴油发电机组的安装环境应选择靠近负荷中心，进出线方便，周边道路畅通及避开污染源的下风侧和易积水的地方。

3.1.5 发电机组电源必须与外电线路电源连锁，严禁与外电线路并列运行；当2台及2台以上发电机组并列运行时，必须装设同步装置，并应在机组同步后再向负载供电。

3.1.6 柴油发电机组整机应符合下列规定：
1 柴油机及发电机的主要参数应达到说明书规定指标，输出功率不得低于额定功率的85%；
2 机组外表应整洁，不应有明显锈蚀；
3 机组运行不应有异响、剧烈振动、超温；
4 机组辅助设施配备应合理，运行应达到规定要求；
5 各种仪表应齐全、灵敏可靠，数据指示应准确。

3.1.7 柴油机应符合下列规定：
1 柴油机启动、加速性能应良好，急速平稳；
2 运转不应有异响，油压宜为 0.15～0.30MPa，水温、仪表指示数据应准确，符合说明书的规定；
3 柴油机曲轴箱内机油量不应过低或过高，宜在机油尺上、下刻度中间稍上位置；
4 空气、机油、柴油滤清器应保持清洁，更换滤芯的时间应按使用说明书要求执行；

5 水箱应定期清洗，保持水箱内外清洁；
6 当水温超过规定值时，节温装置应能自动打开；
7 风扇皮带松紧应适度；
8 电气线路、油管管路应排列整齐、卡固牢靠；
9 柴油机地脚螺栓不应松动、缺损；
10 柴油机负荷调节器配备应合理。

3.1.8 润滑系统应符合下列规定：
1 机组润滑装置应齐全，运转时不得漏油；
2 柴油机滤清装置应齐全，清洁完好，油路畅通；各润滑部位润滑良好；机组润滑系统油压正常；润滑油厂牌、型号、黏度等级（SAE）、油质量等级（API）、油量应符合说明书的要求。

3.1.9 电气系统应符合下列规定：
1 柴油发电机组应采用电源中性点直接接地的三相四线制供电系统和独立设置的与原供电系统一致的接零（接地）保护系统，接地装置敷设应符合国家现行标准《施工现场临时用电安全技术规范》JGJ 46 的规定，接地体（线）连接应正确、牢固，其接地电阻应符合国家现行标准《施工现场临时用电安全技术规范》JGJ 46 的规定；
2 柴油发电机组馈电线路连接后，两端的相序应与原供电系统的相序一致；
3 柴油发电机组至低压配电装置馈电线路的相间、相地间的绝缘应良好，且绝缘电阻值应大于 0.5MΩ；
4 励磁调压、灭弧装置、继电保护装置应齐全、可靠；
5 供电系统应设置电源隔离开关及短路、过载、漏电保护电器；电源隔离开关分断时应有明显可见的分断点。

3.1.10 冷却系统应符合下列规定：
1 冷却装置齐全可靠，运转时不得泄漏；
2 冷却系统的水质应经软化处理，并应保持洁净；
3 排水温度应达到说明书的要求。

3.1.11 柴油发电机组紧急保险装置应配置齐全，工作可靠；各种防护装置应齐全有效。

3.2 空气压缩机及附属设备

3.2.1 施工现场的电动空气压缩机电动机的额定电压应与电源电压等级相符。

3.2.2 固定式空气压缩机应安装在室内符合规定的基础上，并应高出室内地面 0.25～0.30m。移动式空气压缩机应处于水平状态，放置稳固，其拖车应可靠接地，工作前应将前后轮卡住，不应有窜动。

3.2.3 室外使用的空气压缩机应搭设防护棚。

3.2.4 空气压缩机整机应符合下列规定：
1 排气量、工作压力参数均应达到额定指标；

2 整机不得有油污、明显锈蚀，管路敷设应合理、固定可靠；

3 零部件及附属机具应齐全；

4 进排气阀不应漏气，不得有严重积炭、积灰；

5 电器和电控装置应齐全、可靠，电气系统绝缘应良好，接地装置敷设、接地体（线）连接正确、牢固，接地电阻应符合国家现行标准《施工现场临时用电安全技术规范》JGJ46 的有关规定；

6 贮气罐焊缝不得有开焊、裂纹及变形，并应有出厂合格证；罐体内不得有油污和冷凝水；承受压力的贮气罐罐体应在检定期内。

3.2.5 空气压缩机的内燃机启动性能应良好、急速平稳，运转不应有异响，油压表、水温表指示数据应正确，油压表应按计量管理规定定期检定。

3.2.6 空气压缩机的电机应匹配合理；运转不得有异响；温升应符合说明书的规定。

3.2.7 空气压缩机的润滑系应符合下列规定：

1 内燃机滤清装置应齐全、有效、清洁完好，油路畅通；各润滑部位应润滑良好；润滑油厂牌、型号、黏度等级（SAE）、油质量等级（API）、油量应符合说明书的规定；

2 内燃机的滤油器效果应良好，油压不得低于 0.1MPa，机油泵供油应正常。当油压低于 0.08 MPa 时，油压开关应能切换至停车电磁铁的电路。

3.2.8 空气压缩机的安全装置应符合下列规定：

1 各安全阀动作应灵敏可靠；

2 自动调节器调节功能应良好；

3 压力表应灵敏可靠，计测正确，且在检定期内。

3.3 低压配电系统

3.3.1 在 TN 接零保护系统中，通过总漏电保护器的工作零线与保护零线之间不应再作电气连接。保护零线应单独敷设，重复接地线应与保护零线相连接，不应与工作零线相连接。

3.3.2 施工现场临时用电的电力系统严禁利用大地和动力设备金属结构体作相线或工作零线。

3.3.3 保护零线上不应装设开关或熔断器，不应通过工作电流，且不应断线。

3.3.4 用电设备的保护地线或保护零线应并联接地，严禁串联接地或接零。

3.3.5 每台用电设备应有各自专用的开关箱，严禁用同一个开关箱直接控制 2 台及 2 台以上用电设备（含插座）。

3.3.6 动力设备及低压配电装置的负荷线应按计算负荷选用无接头的橡皮护套铜芯软电缆。电缆的芯线数应根据负荷及其控制电器的相数和线数确定：三相四线时，应选用五芯电缆；三相三线时，应选用四芯电缆；当三相用电设备中配置有单相用电器具时，应选用五芯电缆；单相二线时，应选用三芯电缆。电缆芯线应符合国家现行标准《施工现场临时用电安全技术规范》JGJ 46 的有关规定，其中 PE 线应采用绿/黄双色绝缘导线。

3.3.7 电气系统的绝缘应良好，接地装置敷设和接地电阻应符合国家现行标准《施工现场临时用电安全技术规范》JGJ 46 的有关规定，接地体（线）连接应正确、牢固。

3.3.8 配电室（房）应符合下列规定：

1 成列的配电柜和控制柜两端应与重复接地线及保护零线作电气连接；

2 配电柜应装设电源隔离开关，以及短路、过载、漏电保护电器；电源隔离开关分断时应有明显可见分断点；电器设置应符合下列要求：

1）当总路设置总漏电保护器时，还应装设总路、分路隔离开关和总路、分路断路器或总路、分路熔断器；

2）当所设总漏电保护器同时具备短路、过载、漏电保护功能时，总路上不应再设断路器或熔断器；

3）隔离开关应设置于电源进线端，采用分断时应具有可见分断点，并应能同时断开电源所有极的隔离电器；

4）熔断器应选用具有可靠灭弧分断功能的产品；

5）总开关电器的额定值、动作整定值应与分路开关电器的额定值、动作整定值相适应。

3 配电室（房）内的母线应按相序涂刷有色油漆，其涂色应符合表 3.3.8 的规定；

4 配电室（房）内地面排水坡度不应小于 0.5%；

5 配电室（房）的建筑物和构筑物应能防雨、防风沙；防火等级不应低于 3 级；室内应配置沙箱和可用于扑灭电气火灾的灭火器；当采用百叶窗或窗口安装金属网时，金属网孔不应大于 10mm×10mm；

表 3.3.8　母 线 涂 色

相　别	颜色	垂直排列	水平排列	引下排列
L1（A）	黄	上	后	左
L2（B）	绿	中	中	中
L3（C）	红	下	前	右
N	淡蓝	—	—	—

6 配电室（房）的照明应分别设置正常照明和事故照明；

7 配电柜正面的操作通道宽度：单列布置或双列背对背布置不应小于1.5m；双列面对面布置不应小于2m；后面的维护通道宽度：单列布置或双列面对面布置不应小于0.8m；双列背对背布置不应小于1.5m；侧面的维护通道宽度不应小于1m；配电室（房）的顶棚与地面的距离不应低于3m。

3.3.9 低压配电系统的配电线路应符合下列规定：

1 当动力、照明线在同一横担上架设时，导线相序排列应面向负荷从左侧起依次为L1、N、L2、L3、PE；

2 当动力、照明线在两层横担上分别架设时，导线相序排列：上层横担面向负荷从左侧起依次为L1、L2、L3，下层横担面向负荷从左侧起依次为L1（L2、L3）、N、PE；

3 电杆埋设深度宜为杆长的1/10加0.6m，回填土应分层夯实，在松软土质处宜加大埋入深度或采用卡盘等加固；

4 导线中的计算负荷电流不应大于其长期连续负荷允许载流量，线路末端电压偏移不应大于其额定电压的5%；

5 供电线路路径的选择应避开易撞、易碰、易受雨水冲刷和气体腐蚀的地带，并应避开热力管道、河道和施工中交通频繁的场所；

6 电缆线路应采用埋地或架空敷设，架空线必须设在专用电杆上，不得架设在树木、脚手架及其他设施上；

7 当埋地敷设时，埋地电缆路径应设方位标志，深度不应小于0.7m，电缆上、下、左、右侧均应敷设不小于50mm厚的细砂，并铺盖板保护，引出地面从2m高到地下0.2m处应加设保护套管；

8 当架空敷设时，应沿电杆、支架或墙壁敷设，采用绝缘子固定，绑扎线应采用绝缘线，固定点间距应保证电缆能承受自重所带来的荷载，当沿墙壁敷设时最大弧垂距地不应小于2m。

3.3.10 低压配电系统的接地系统应符合下列规定：

1 在施工现场专用变压器供电的TN-S接零保护系统中，电气设备的金属外壳必与保护零线连接；保护零线应由工作接地线、配电室（总配电箱）电源侧零线或总漏电保护器电源侧零线处引出；

2 当施工现场与外电线路共用同一供电系统时，电气设备的接地、接零保护应与原系统保持一致；

3 TN系统中的保护零线除应在配电室或总配电箱处作重复接地外，还应在配电系统的中间处和末端处作重复接地；重复接地电阻值不应大于10Ω；在工作接地电阻允许达到10Ω的电力系统中，重复接地等效电阻值不应大于10Ω；不应将单独敷设的工作零线作重复接地；

4 每一接地装置的接地线应采用2根及以上导体，在不同点与接地体作电气连接。不应采用铝导体作接地体或地下接地线；垂直接地体宜采用角钢、钢管或光面圆钢，不应采用螺纹钢，工作接地电阻不应大于4Ω；接地也可利用自然接地体，但应保证其电气连接和热稳定；

5 保护地线或保护零线应采用焊接、压接、螺栓连接或其他可靠方法连接，不应缠绕或钩挂；

6 保护地线或保护零线应采用绝缘导线；配电装置和电动机械相连接的PE线应采用截面不小于2.5mm²的绝缘多股铜线；手持式电动工具的PE线应采用截面不小于1.5mm²的绝缘多股铜线；

7 作防雷接地机械上的电气设备，所连接的PE线应同时作重复接地，同一台机械电气设备的重复接地和机械的防雷接地可共用同一接地体，接地电阻应符合重复接地电阻值的要求。

3.3.11 低压配电系统的开关箱应符合下列规定：

1 开关箱与分配电箱的距离不应超过30m，与其控制的固定式用电设备的水平距离不宜超过3m，且安装在干燥、通风及常温场所；周围应有足够2人同时工作的空间和通道，不应堆放任何妨碍操作、维修的物品；不应有灌木、杂草；

2 开关箱应装设端正、牢固；固定式开关箱的中心点与地面的垂直距离应为1.4~1.6m；移动式配电箱、开关箱应装设在坚固、稳定的支架上，其中心点与地面的垂直距离宜为0.8~1.6m。

3.3.12 开关箱中必须安装漏电保护器，且应装设在靠近负荷的一侧，额定漏电动作电流不应大于30mA，额定漏电动作时间不应大于0.1s；潮湿或腐蚀场所应采用防溅型产品，其额定漏电动作电流不应大于15mA，额定漏电动作时间不应大于0.1s。

4 土方及筑路机械

4.1 一般规定

4.1.1 土方及筑路机械主要工作性能应达到使用说明书中各项技术参数指标。

4.1.2 技术资料应齐全；机械的使用、维修、保养、事故记录应及时、准确、完整、字迹清晰。

4.1.3 机械在靠近架空高压输电线路附近作业或停放时，与架空高压输电线路之间的距离应符合国家现行标准《施工现场临时用电安全技术规范》JGJ46的规定。

4.1.4 液压油应符合下列规定：

1 应按机械使用说明书的规定，选用适当品种的液压油；

2 说明书中未作规定的可按表4.1.4选用液压油；

表 4.1.4 选用液压油参考表

温度 液压系统压力	黏度(40℃),mm²/s		适用的液压油	
	5～40℃	40～80℃	5～40℃	40～80℃
7MPa 以下	19～29	25～44	32#,46# HL 油	46#,68# HL 油
7MPa 及以上	31～42	35～55	46#,68# HM 油	68#,100# HM 油

注：1 温度系指液压系统工作温度；
　　2 高压时选用 HM 油。

3 应定期化验检查液压油的清洁度，当清洁度低于规定的要求时，应及时更换。正常情况下应每两个月取样化验一次；当不具备化验条件时，应按机械使用说明书规定的时间换油。

4.1.5 润滑油（脂）应符合下列规定：

1 应按机械使用说明书的规定，选用适当品种和级别的内燃机机油、齿轮油、润滑油（脂）；

2 在启动内燃机前应检查机油油量、油质，并应按机械使用说明书规定的时间换油；

3 不同品种和级别的齿轮油不应相互混用，也不应与其他厚质内燃机油混用；

4 不同品种和级别的润滑油不应相互混用；

5 不同种类的润滑脂不应混合使用。

4.1.6 燃油应符合下列规定：

1 应根据当地气温情况，按内燃机使用说明书要求选用适当牌号的柴油；

2 柴油加入油箱前，沉淀不应少于 4h，加油时应过滤除去杂质；

3 使用柴油时不得加入汽油。

4.1.7 冷却液应符合下列规定：

1 内燃机冷却水不应使用硬水或不洁水；

2 可使用长效性防冻液；在不需使用时，应将防冻液全部放掉，将冷却系统冲洗干净再加冷却水；

3 冬季未使用防冻液的，每日工作完毕后应将缸体、油冷却器及水箱里的水全部放净。

4.1.8 土方机械整机应符合下列规定：

1 各总成件、零部件、附件及附属装置应齐全完整，安装应牢固；

2 整机内外应整洁，不得有油污、漏水、漏油、漏气、漏电；

3 驾驶室门窗开关应自如，雨刮器、门锁应完好，玻璃不应有破损，视野清楚；

4 各部操纵杆、制动踏板的行程应符合使用说明书规定，动作应灵活、准确；

5 金属构件不得有弯曲、变形、开焊、裂纹；轴销安装应可靠，各螺栓连接应紧固；

6 黄油嘴应齐全无缺，润滑油路应畅通，润滑部位应润滑良好；

7 上下车扶手及踏板应完好，不应有开焊、腐蚀；

8 各种仪表指示数据应准确。

4.1.9 柴油机应符合本规程第 3.1.7 条的规定。

4.1.10 传动系统应符合下列规定：

1 液力变矩器工作时不应有过热，传递动力应平稳有效；滤清器清洁；各连接部分应密封良好，不应漏油；

2 变速器档位应准确、定位可靠，工作时不应有异响；

3 变速箱不应有渗漏；润滑油油面应达到油位检查孔标线；

4 转向盘的自由行程应符合使用说明书规定，转动及回位应灵活、准确；

5 各部传动齿轮啮合应良好、运转平稳，不应有异响。

4.1.11 液压系统应符合下列规定：

1 液压系统应设有防止过载和液压冲击的安全装置；安全溢流阀的调整压力不得大于系统的额定工作压力的 110%；系统的额定工作压力不得大于液压泵的额定压力；

2 液压油泵不应有过热和泄漏；

3 液压缸内壁、活塞杆表面应光洁，不得有损伤；应运行平稳、密封良好；

4 溢流阀、安全阀、单向阀、换向阀、液压控制元件应齐全完好；油管及接头不得有渗漏；

5 散热器应清洁，工作时油温不应大于 80℃；滤清器应清洁完好，液压油量应在油箱上下刻线标记之间。

4.1.12 电气系统应符合下列规定：

1 电气线路应排列整齐、卡固牢靠，不得有破损、老化、短路、断路；

2 电机启动性能应良好，发电机应工作正常；

3 各种电控元件、指示灯、警示灯及报警装置工作应有效；

4 各类照明灯、仪表灯、喇叭等应齐全完好；

5 电瓶应清洁、固定牢靠，电解液液面应高出极板 10～15mm，免维护电瓶标志应符合规定。

4.1.13 行走机构应符合下列规定：

1 行走架不应有开裂、变形；

2 驱动轮、引导轮、支重轮、托链轮应齐全完好，不应有漏油、啃轨、偏磨；

3 履带松紧度应符合使用说明书规定，履带张紧装置应有效；

4 履带板螺栓应齐全，不应有松动；链轨磨损不应超限，销套不得有断裂；

5 履带行驶跑偏不应大于测量距离的 5%。

4.1.14 制动及安全装置应符合下列规定：

1 制动踏板行程应符合使用说明书的规定；

2 制动液型号、规格应符合使用说明书的规定；

制动液液面应在标记位置；

3 制动总泵、分泵及连接管路不应有漏气、漏油；

4 空气压缩机应运转正常，气压调节阀工作正常；当系统压力超过规定值时，安全阀应能自动打开；

5 制动蹄片与制动毂间隙应调整适宜，制动毂不应过热，制动应可靠有效；

6 驻车制动摩擦片不应有油污、烧伤，驻车制动应可靠有效；

7 制动块、制动盘应清洁，不应有油污，制动应可靠有效。

4.2 推土机

4.2.1 万向节不应松旷，固定螺栓应紧固。

4.2.2 后桥箱不应有裂纹、渗漏。

4.2.3 转向离合器操纵应轻便，动力传递、切断应可靠。

4.2.4 铲刀操纵控制阀应准确有效地控制铲刀处于保持、提升、下降、浮动等状态。

4.2.5 铲刀架、撑杆应完好，不应有变形、开裂。

4.2.6 刀角、刀片磨损不应超限；螺栓应紧固。

4.2.7 制动及安全装置应符合下列规定：

1 脚制动刹车工作应可靠有效，两踏板的行程应相同；

2 制动闭锁装置、变速操纵闭锁装置、铲刀操纵闭锁装置工作应可靠。

4.3 履带式单斗液压挖掘机

4.3.1 回转机构应符合下列规定：

1 回转驱动装置工作应平稳，不应过热；

2 回转平台旋转应平稳，不应有阻滞、冲击，回转齿轮啮合、润滑应良好；

3 回转减速装置齿轮油油面应达到油位标记高度。

4.3.2 行走驱动马达、回转驱动马达工作时不应有异响、过热、泄漏。

4.3.3 工作装置动作速度应正常，工作装置液压缸活塞杆的下沉量不应大于100mm/h。

4.3.4 操纵控制阀应能有效地控制回转平台左右旋转、斗杆伸出及回缩、动臂上升及下降等各种动作。

4.3.5 工作装置应符合下列规定：

1 动臂、斗杆、铲斗不应有变形、裂纹、开焊；

2 斗齿应齐全、完整，不应松动；

3 动臂、斗杆、铲斗的连接轴销等应润滑良好，轴销固定应牢靠。

4.3.6 制动及安全装置应符合下列规定：

1 当行走踏板处于自由状态、行走操纵杆处于中立位置时，行走制动器应自动处于制动状态；

2 放开多路换向阀操纵杆后，操纵杆应自动更换位置，挖掘机的工作功能应能停止；

3 先导控制开关杆工作应可靠有效。

4.4 光轮压路机

4.4.1 转向盘的自由行程应符合使用说明书规定，转动及回位应灵活、准确。

4.4.2 传动系统应符合下列规定：

1 主离合器接合应平稳、分离彻底，传递动力有效；

2 变速器档位应准确、定位可靠，不应有跳档现象；变速器工作时不应有异响；

3 差速连锁装置应能克服单一后轮打滑；

4 变速箱不应有渗漏；变速箱齿轮油油面应达到油位标记位置；

5 侧传动运转应平稳，不应有冲击，齿轮润滑应良好。

4.4.3 工作装置应符合下列规定：

1 压路机行驶时，前后轮不应有摆动；

2 碾压工作时，刮泥板应紧贴轮面；

3 刮泥板支架应牢固、完好；弹簧及支架应完好；固定螺栓应紧固。

4.4.4 制动装置应符合下列规定：

1 行车制动、驻车制动应可靠有效；

2 行车制动踏板行程应符合使用说明书规定。

4.5 轮胎驱动振动压路机

4.5.1 传动系统应符合下列规定：

1 分动箱齿轮啮合应良好、运转平稳，不应有异响；分动箱不应有渗漏；齿轮油油面应达到油位标记线；

2 差速器运转不应有异响，齿轮油油面应达到油位检查孔标线；

3 轮边减速器运转应平稳，不应有异响、过热；齿轮油油面应达到油位检查孔标线。

4.5.2 行走驱动马达和振动马达工作不应有异响、泄漏。

4.5.3 行走机构应符合下列规定：

1 轮辋不应有裂纹、变形；轮毂转动应灵活，不应有异响；

2 轮胎气压应符合使用说明书规定；轮胎螺栓和螺母应齐全、紧固；

3 轮胎有下列现象之一时，应予更换：

1）胎侧有连续裂纹；

2）胎面花纹已磨平，并有大破洞，失去翻新条件，已不能继续使用；

3）胎体帘线层有环形破裂及整圈分离；

4）胎圈钢丝断裂或扯口大爆破；

5）其他损坏不堪使用和修复。

4 行驶时车轮不应有偏摆。

4.5.4 工作装置应符合下列规定：

1 钢轮高、低振幅工作装置应完好；

2 减振块应齐全，不应有裂纹、缺损；紧固螺栓不应松动；

3 刮泥板不应有变形，与钢轮的间隙应符合使用说明书规定。

4.6 轮胎压路机

4.6.1 传动系统应符合下列规定：

1 驱动桥齿轮啮合应良好，运转平稳不应有异响及过热；

2 驱动桥桥壳不应有裂纹和渗漏；连接螺栓应紧固；

3 驱动桥齿轮油油面应达到油位检查孔标线；

4 左右半轴锁紧螺母应紧固牢靠；

5 链轮紧固不应松旷，轮齿磨损量应符合使用说明书规定；

6 链节不应松旷，链条工作时不应有爬齿；

7 链条调整装置应完好，链条松紧度应符合使用说明书规定。

4.6.2 工作装置应符合下列规定：

1 轮毂不应有裂纹和变形；

2 轮胎气压应符合使用说明书规定，轮胎螺栓和螺母应完整齐全、紧固；

3 胎面不应有气鼓、裂伤、老化、变形；

4 前轮机械摇摆悬挂装置应能保持机架水平，保证每个轮胎负荷均匀；

5 刮泥板应符合使用要求，支架不应有变形和裂纹；刮泥板固定螺栓应紧固；

6 配重块应齐全、完整。

4.6.3 洒水系统应符合下列规定：

1 水泵及水泵离合器应完好；

2 水路应畅通，水管及喷头不应有堵塞；水管及附件等应齐全；

3 抽水、洒水功能应完好；

4 冬季停止使用时应放净系统内积水。

4.7 平 地 机

4.7.1 驱动桥齿轮运转应平稳，不应有异响及过热。

4.7.2 链节不应松旷，链条工作时不应有异响。

4.7.3 平衡箱齿轮油油面应达到油位标记高度。

4.7.4 液压系统应符合下列规定：

1 回转圈液压驱动马达工作时不应有过热、泄漏；

2 操纵控制阀应能准确有效地控制铲刀左右移动、回转、前轮左右倾斜等各种动作。

4.7.5 工作装置应符合下列规定：

1 牵引架、回转圈、摆架等不应有变形、裂纹；

2 铲刀应能升降、倾斜、侧移、引出和做360°全回转，回转应平稳、不应有阻滞；

3 回转驱动装置应工作平稳，不应有异响；齿轮油油面应达到油位检查孔标线；

4 铲刀架、滑轨应完好，不应有变形；

5 刀片磨损不应超限，固定螺栓应紧固。

4.8 轮胎式装载机

4.8.1 驱动桥齿轮应运转平稳，不应有异响，桥壳不应有裂纹，连接螺栓应紧固；齿轮油油面应达到油位标记高度。

4.8.2 轮边减速器运转应平稳，不应有异响及过热。

4.8.3 操纵控制阀应能准确有效地控制动臂升降及浮动、铲斗上转及下翻等各种动作。

4.8.4 工作装置应符合下列规定：

1 动臂、摇臂和拉杆不应有变形和裂纹，轴销应固定牢靠，润滑应良好；

2 铲斗应完好，不应有裂纹，斗齿应齐全、完整，不应松动。

4.8.5 制动及安全装置应符合下列规定：

1 制动应可靠有效；制动块、制动盘应清洁，不应有油污；制动踏板行程应符合使用说明书规定；

2 制动液型号、规格应符合使用说明书规定；制动液液位应在标记位置；

3 驻车制动摩擦片不应有油污和烧伤，驻车制动应可靠有效；

4 空气压缩机运转应正常，气压调节阀工作应正常；当系统压力超过规定值时，安全阀应能自动打开；

5 制动总泵、分泵及连接管路不应有漏气和漏油。

4.9 稳定土拌和机

4.9.1 传动系统应符合下列规定：

1 万向节不应松旷，固定螺栓应紧固，润滑应良好；

2 分动箱齿轮啮合应良好、运转平稳，不应有异响、渗漏；齿轮油油面应达到油位标记线；

3 驱动桥齿轮啮合应良好，运转应平稳，不得有异响及过热；

4 驱动桥桥壳不得有裂纹、渗漏，连接螺栓紧固；

5 驱动桥齿轮油油面应达到油位标记高度。

4.9.2 行走驱动马达和转子马达工作时不应有过热和泄漏。

4.9.3 操纵控制阀应能准确有效地控制工作装置升降、斗门开启及关闭等各种动作。

4.9.4 工作装置应符合下列规定：

1 转子旋转应平稳，不应有抖动；

2 转子轴不应变形，转子轴轴承应完好，转动应平稳，不应有异响；

3 刀盘不应变形，刀库应齐全完好，刀库焊缝不应有开裂、开焊；

4 刀片应齐全完好，不应有折断、缺失；

5 转子罩壳应完好，不应有破损、变形、开裂、开焊。

4.10 履带式沥青混凝土摊铺机

4.10.1 动力装置应符合下列规定：

1 水冷柴油发动机应符合本规程第 3.1.7 条的规定；

2 风冷发动机机体、缸盖散热片、缸套及机油散热器翼片应清洁。

4.10.2 行走驱动、输料分料驱动、振捣、振动马达等工作时应无过热和泄漏。

4.10.3 操纵控制阀应能控制机械左右转向、料门收放、振动及振捣、熨平板伸缩及升降等各种动作。

4.10.4 电加热系统中的加热管应齐全完好，当打开加热开关时，电加热系统应能自动加热，且加热温度应能达到使用要求。

4.10.5 操纵系统各控制开关应能定位准确、操作灵敏。

4.10.6 履带板螺栓应紧固，链轨轴销应固定良好，橡胶块应完整无缺。

4.10.7 驱动链条不应松旷，工作时链轮与链条啮合应正常。

4.10.8 工作装置应符合下列规定：

1 刮板输送器应完好，刮板应齐全，不应变形，链条不应松旷；

2 输料减速装置工作不应有异响，润滑油油面应达到油位标记高度；

3 螺旋分料器螺旋轴不应变形，螺旋叶片应齐全，不应有缺损；

4 振捣梁、熨平板应工作正常，工作面平整，不应变形；端面挡板应完好；

5 厚度调整机构和拱度调整机构应操纵轻便、准确有效；

6 接收斗不应有变形、开裂、破损；

7 自动调平装置应完好。

4.10.9 当关闭液压行驶驱动泵电磁阀时，摊铺机应能停止行驶，并应同时关闭自动调平装置，停止熨平板升降油缸浮动、振捣、振动、输料、分料工作功能。

4.11 沥青混凝土搅拌设备

4.11.1 整机应符合下列规定：

1 整体应稳定，各结构件连接应牢固；高强度螺栓连接应有足够的预紧力；

2 各总成件、零部件、附属装置应齐全完整；

3 搅拌设备内外应清洁，不应有漏电、漏油、漏水、漏气；

4 受力构件不应有变形、开裂、开焊；

5 受力构件断面腐蚀深度不应超过原厚度的10%；

6 行走通道、上下楼梯及扶手、设备安装平台等应完好，不应有开焊、腐蚀。

4.11.2 输送系统应符合下列规定：

1 皮带给料机、集料机工作时皮带应处于中位，不应跑偏、打滑；皮带应清洁，不应粘附泥土、碎石等杂物；

2 皮带不应有破损、撕裂；皮带松紧度应符合使用说明书规定，张紧调整装置应有效；

3 机架固定应牢靠，不应有变形、裂纹、开焊；

4 热料提升减速机运转不应有异响；润滑油油面应达到油位标记高度；

5 链条不应松旷，链轮磨损不应超限，应符合使用说明书规定；

6 链条、链销及其保险插销应完好；料斗与链条的连接螺栓应紧固，料斗应完好。

4.11.3 烘干系统应符合下列规定：

1 干燥滚筒不应有变形，旋转应平稳，倾角应符合使用说明书规定；

2 主摩擦轮与干燥滚筒圈表面应清洁，不应有油污；

3 干燥滚筒内翻料槽应齐全完整；

4 减速机运转不应有异响；润滑油油面应达到油位标记高度；

5 燃烧器应清洁，燃油消耗率应在使用说明书规定的范围内；

6 燃烧器喷嘴应清洁，燃油雾化应良好，燃烧应充分；

7 点火喷嘴安装角度应符合说明书规定，电磁阀应完好，点火系统工作应正常，系统不应有漏油；

8 燃油泵、流量计、减压阀、过滤器、压力表、流量控制阀、油管等完好；燃油供给系统工作应正常，系统不应有泄漏；

9 空气压缩机、空气滤清器、电磁阀、减压阀、压力继电器、气管等应完好；空气供给系统工作应正常；

10 供油量、供气量调整装置应完好有效。

4.11.4 振动筛及热料仓应符合下列规定：

1 振动筛筛网不应有破损、断裂，网眼不应堵塞；筛网应夹紧，固定螺栓应紧固；

2 振动器工作应正常，主轴不应有变形，轴承润滑应良好；

3 减振弹簧应完好，不得有断裂；

4 传动皮带的张紧度应符合使用说明书规定，

皮带应成组更换，不应单根更换；

5 筛箱不得有裂纹、开焊，固定螺栓应紧固，密封应良好，不得有粉尘外漏；

6 热料仓隔板应完好，骨料不应有串仓；

7 放料门应完好，不应有变形、漏料；

8 溢料仓不应有堵塞。

4.11.5 供给系统应符合下列规定：

1 粉料仓密封应完好，不应有粉尘漏出；

2 粉料仓安全阀应完好有效，仓内压力过大时，安全阀应能顶开；

3 粉料疏松器、转阀应完好有效；

4 螺旋输送机运转应正常，不应有堵塞；

5 沥青管路连接应牢固，不应有泄漏；三通阀、二通阀等阀门应完好，转动灵活；

6 沥青泵应完好；运转不应有异响、泄漏。

4.11.6 搅拌器应符合下列规定：

1 搅拌器应完好，工作不应有异响；

2 联轴器及搅拌轴应工作平稳，不应有抖动；搅拌轴端密封应良好，不应有泄漏；

3 搅拌器叶浆臂、叶浆头、衬板应完好，叶浆头与衬板间隙应符合使用说明书规定；叶浆头、臂紧固不应松动。

4.11.7 除尘系统应符合下列规定：

1 系统密封应完好，排放的烟气含灰浓度应低于 $50mg/m^3$；

2 粉灰回收螺旋输送机应完好，运转不应有异响；

3 大气反吹装置应完好有效；

4 除尘布袋应清洁，不应有破损、缺失；

5 引风机叶片应清洁，工作时不应有抖动；传动皮带松紧应适度，更换皮带应成组，不应单根更换；

4.11.8 导热油系统应符合下列规定：

1 导热油加热燃烧器燃油雾化应良好；

2 燃油泵工作应正常；燃油管路连接应牢固，不应渗漏；滤清器清洁有效；

3 导热油泵工作应正常；导热油管路连接应牢固，不应渗漏；滤清器应清洁。

4.11.9 电气系统应符合下列规定：

1 热料计量、沥青计量、粉料计量、冷料给料、点火及温度、计算机管理等各控制单元工作应正常有效；

2 管线排列应整齐有序，电线电缆卡固应牢靠，不应有破损、老化；根据电网要求做好保护接零或保护接地，接地电阻应符合规范要求；控制柜、配电柜等电器设备应清洁；

3 振动、变频调整、干燥滚筒驱动、热料提升、振动筛、搅拌器、转阀驱动、除尘螺旋、粉料及布袋叶轮给料、引风机等电机工作应正常；

4 火焰监控器、称量系统传感器、沥青称量电加热装置、热料仓及成品料仓料位器、热料仓温度传感器、成品料仓电加热装置应有效。

4.11.10 气压系统应符合下列规定：

1 空气压缩机工作应正常；润滑油油面应达到油位标记高度；

2 气压系统管路连接应牢固，不应有漏气；系统压力应符合使用说明书规定；

3 油水分离器内不应有油污、积水；

4 气缸活塞杆表面应光洁，密封应良好，不应有漏气；各仓放料门、称量斗门及搅拌器放料门开闭应正常，速度应符合使用说明书规定；

5 各气动元件、控制阀应齐全有效。

4.11.11 运料车应符合下列规定：

1 钢丝绳使用报废断丝根数的控制标准应符合本规程表 6.1.8-1 的规定；

2 运料车应完好，不应有漏料；轨道平整不应变形；

3 滑轮、斗门轴销、轨道等部件润滑应良好。

4.11.12 制动及安全装置应符合下列规定：

1 冷料输送紧急停车装置应完好有效；

2 热料提升逆止装置应完好有效；

3 运料车刹车装置制动应可靠有效；制动盘不应有油污及烧伤；

4 布袋温度超过设定温度时，布袋温度控制器应能切断燃烧器工作；

5 电气系统中设置的短路、失压、过载和跳闸反馈保护装置应完好有效；

6 漏电保护器参数应匹配，安装应正确，动作应灵敏可靠；

7 避雷器应定期检测。

5 桩 工 机 械

5.1 一 般 规 定

5.1.1 桩工机械主要工作性能应达到说明书中所规定的各项技术参数。

5.1.2 打桩机操作、指挥人员应持有效证件上岗。

5.1.3 桩工机械使用的钢丝绳、电缆、夹头、卸甲、螺栓等材料及标准件应有制造厂签发的出厂产品合格证、质量保证书、技术性能参数等文件。

5.1.4 桩工机械所使用的燃油、润滑油、液压油、二硫化钼等油脂应符合设备使用说明书规定要求；冷却水不应使用硬水或不洁水。

5.1.5 施工现场配置的供电系统功率、电压、电流应符合桩工机械设备的规定要求。

5.1.6 桩工机械所使用的电缆、电线应有制造单位签发的出厂产品合格证，且技术参数应匹配合理，符合规定要求。

5.1.7 桩工机械配置的各类安全保护装置，应齐全完好、灵敏可靠，不应随意调整或拆除。

5.1.8 漏电保护器参数应匹配；安装应正确，动作应灵敏可靠。

5.1.9 桩工机械在靠近架空高压输电线路附近作业时，与架空高压输电线路之间的距离应符合本规程表6.1.3的规定。

5.1.10 施工现场的地基承载力应满足桩工机械安全作业的要求；打桩机作业时与河流、基坑坡沟的安全距离不宜小于4m。

5.1.11 桩工机械零部件应齐全，各分支系统性能应完好，并能满足使用要求，不应带病作业。

5.1.12 桩工机械外观应整洁，不应有油污、锈蚀、漏油、漏气、漏电、漏水。

5.1.13 整机应符合下列规定：
　　1　打桩机结构件、附属部件应齐全，主要受力构件不应有失稳及明显变形；
　　2　金属结构件焊缝不应有开焊和焊接缺陷；
　　3　金属结构件锈蚀（或腐蚀）的深度不应超过原厚度的10%；
　　4　金属结构杆件螺栓连接或铆接不应松动；不应有缺损，关键部件连接螺栓应配有防松、防脱落装置，使用高强度螺栓时应有足够的预紧力矩；
　　5　钢丝绳的使用应符合本规程第6.1.8条的规定。

5.1.14 传动系统应符合下列规定：
　　1　离合器接合应平稳，传递和切断动力应有效，不应有异响及打滑；
　　2　传动机构的齿轮、链轮、链条等部件应能有效传递动力，齿轮啮合应平稳，不应有异响、干磨、过热；
　　3　联轴器不应缺损，连接应牢靠，橡胶圈不应老化，运转时不应有剧烈撞击声；
　　4　传动机构的防护罩、盖板、防护栏杆应齐全，不应有变形、破损。

5.1.15 液压系统应符合下列规定：
　　1　液压系统运转应平稳，系统内应设防止过载和冲击的安全装置，其调定压力应符合机械产品使用说明书的规定；
　　2　液压泵、液压马达工作时不应有异响，其他液压元器件应满足使用要求；
　　3　液压管路不得有泄漏，管子接头、各类控制阀等液压元件不应漏油，液压软管不得有破损、老化，易受到损坏的外露软管应加防护套；
　　4　使用的液压油应符合说明书要求，进口桩机选用国产液压油应选择技术参数相近的标号；工作时，液压油油温不应大于80℃，油量应符合规定要求；

　　5　过滤装置应齐全，滤芯、滤网应保持清洁，不应有破损。

5.1.16 吊钩和吊环应符合本规程第6.1.4条的规定。

5.1.17 卷筒和滑轮应符合本规程第6.1.5条的规定。

5.1.18 电气系统应符合下列规定：
　　1　电气管线排列应整齐，连接卡固应牢靠，电线电缆应按规定配置，绝缘性能应良好，不应有损伤、老化、裸露；
　　2　电气开关、按钮、接触器等电气元器件动作应灵敏，操作应可靠；
　　3　各类电气指示仪表不应有破损，性能应良好，指示数据应准确；
　　4　电气箱安装应牢固，门锁应完好，并有防雨防潮措施。

5.1.19 制动系统应符合下列规定：
　　1　在额定载荷下，桩基常闭式制动器应能有效地制动；
　　2　制动器的零部件不应有裂纹、过度磨损、塑性变形、开焊、缺件等缺陷；
　　3　制动轮与制动摩擦片之间应接触均匀，不应有污垢，制动片磨损不应超过原厚度的50%且不应露出铆钉，制动轮的凹凸不平度不应大于1.5mm；
　　4　制动踏板行程调整应适宜，制动应平稳可靠。

5.2 履带式打桩架（三支点式）

5.2.1 桩架立柱的后支撑杆、中间节应具有互换性，立柱竖立时应保持垂直。

5.2.2 桩架立柱导向管磨损量不宜超过2mm，导向抱板与桩架立柱导向管的配合间隙应小于7mm。

5.2.3 柴油机应符合本规程第3.1.7条的规定。

5.2.4 蓄能器的工作压力应达到使用说明书的规定。

5.2.5 电气系统应符合下列规定：
　　1　电气管线、元件不应有损伤、老化，连接卡固应可靠，绝缘性能应良好；
　　2　电气开关、按钮、电磁阀等电气元件动作应灵敏，定位应准确，操作应可靠；
　　3　各类电气指示仪表不应有破损，性能应完好，指示数据应准确；
　　4　电瓶固定应牢固，电解液液面应高出极板10～15mm；免维护电瓶的标志应符合规定；
　　5　配置的照明灯、喇叭应齐全，功能应有效。

5.2.6 操纵室门窗开关应自如，门锁应完好，玻璃不应有破损，视野清楚。

5.2.7 各类操纵手柄、按钮动作应灵活，行程定位应准确可靠，不应因振动而产生离位。

5.2.8 回转机构工作应平稳，转向时不应有明显晃动或抖动。

5.2.9 履带板不应有缺损和严重磨损,行走链条与轮齿啮合位置应准确,不应有偏磨。

5.2.10 上部履带挠度应控制在 40～60mm 范围内,行走不应跑偏。

5.2.11 驱动轮、引导轮、链轮、支重轮、托链轮、轴套的磨损不应超过耐磨层的 50%。

5.2.12 电磁阀制动开关应灵敏可靠,制动性能应良好。

5.3 步履式打桩架

5.3.1 动力装置应符合下列规定:
 1 配置的卷扬机应符合本规程第 6.7 节的规定;
 2 机架安装牢靠,各部件连接螺栓不应有松动,机座底部的地脚螺栓不应缺损;
 3 电机运行应平稳,不得有异响及过热。

5.3.2 操作手柄、电气按钮动作应灵敏,行程定位应准确可靠,不应因振动而产生移位。

5.3.3 回转机构工作应平稳,回转时不应有明显抖动、卡滞。

5.3.4 蝶形弹簧不得有塑性变形,小滑船提起时应能自动回位。

5.3.5 大小滑船不应缺损、明显变形;焊缝不应开裂;支重轮、托轮转动应自如;轴套磨损不应超过耐磨层的 50%。

5.3.6 液压顶升缸配置的液压锁应性能良好,顶升、滑轮缸不应有内泄外漏。

5.3.7 安全装置应符合下列规定:
 1 电气系统应有短路、过载和失压保护装置,且灵敏可靠;
 2 卷扬机配置的棘轮、棘爪不应有裂纹,动作应灵敏可靠。

5.4 静力压桩机

5.4.1 压桩机配置的起重机附属部件应齐全,外观应整洁,不应有明显变形、缺损,起重性能应能达到额定要求。

5.4.2 起重装置配置的柴油机应符合本规程第 3.1.7 条的规定。

5.4.3 配重块安装应稳固,排列应整齐有序。

5.4.4 电机运行应平稳,不得有异响及过热。

5.4.5 顶升、滑移、夹持机构的液压缸、液压管路、各类控制阀等液压元件不应有泄漏。

5.4.6 压力表应能准确指示数据。

5.4.7 夹持机构符合下列规定:
 1 夹持机构运行应灵活,夹持力应达到额定指标;
 2 夹持板不应有变形和裂纹。

5.4.8 电气系统中设置的短路、过载和漏电保护装置应齐全,且灵敏可靠。

5.5 转盘钻孔机

5.5.1 整机应符合下列规定:
 1 钻杆应无弯曲变形;不应有严重锈蚀、破损;磨损量不应超过使用要求;
 2 钻架的吊重中心和转盘的卡孔及与护筒管中心应在同一轴线上,其偏差应小于 20mm;
 3 水龙头密封性能应良好,不应有泄漏,转动应自如;导向轮应转动灵活,钻进时,在导向槽中不应有卡阻。

5.5.2 电机运行应平稳,不应有异响及过热。

5.5.3 行走机构应符合下列规定:
 1 用于行走、滑移的滚筒应平直,几何尺寸应符合要求,不应有严重塑性变形和裂纹;道木铺垫应平整;
 2 卡瓦与走管结合面应良好,安装应牢固,行走、滑移不应有卡阻。

5.5.4 转动部位和传动带配置的防护罩应齐全,安装应牢靠。

5.6 螺旋钻孔机

5.6.1 整机应符合下列规定:
 1 钻杆不应有弯曲,钻头、螺旋叶片磨损不应超过 20mm;
 2 动力箱钻杆中心、中间稳定器和下部导向圈应在同一条轴线上,中心偏差不应超过 20mm。

5.6.2 动力箱配置的电机运行应平稳,不应有异响及过热。

5.6.3 动力箱传送动力的三角带松紧应适度,不应打滑、缺损、老化。

5.7 筒式柴油打桩锤

5.7.1 整机应符合下列规定:
 1 筒式柴油打桩锤附属部件应齐全,上下缸体不应有裂痕和严重锈蚀;
 2 燃油泵、机油泵等附属部件连接应牢固;
 3 燃油系统、润滑系统管路固接应良好,油路应畅通,管接头不应有渗漏,橡胶管不应老化;
 4 水冷式柴油打桩锤不应有内泄、外漏,冷却水量应符合要求;
 5 风冷式柴油打桩锤下汽缸散热片应保持清洁,不应有油污;
 6 活塞环、阻挡环、导向环、半圆挡环磨损量不应超过说明书规定,缸体内应清洁,不应有异物;
 7 起落架、导向抱板磨损量不应大于 4mm,抱板与桩架立柱导向杆间隙不应大于 7mm。

5.7.2 缸体应符合下列规定:
 1 上下缸体应保持同轴,内壁应平滑,上下缸体连接螺栓紧固并应安装防松装置,锤工作时汽缸连接螺栓不应松动；

2 橡胶缓冲垫圈卡固应牢靠，锤钻与橡胶缓冲垫圈的接触面不应小于缓冲垫圈原底面积的2/3；

3 下缸体法兰与钻座间隙不应小于7mm；

4 缸体密封性能应良好，下缸体下方不应漏气。

5.7.3 燃油系统应符合下列规定：

1 燃油泵供油柱塞不应严重内泄，供油量应达到规定要求，油量控制档位操作应灵活准确；

2 供油曲臂磨损不应超过说明书的规定，紧急停锤装置操作应灵活可靠，控制拉绳粗细应适当，承受拉力应达到说明书的要求。

5.7.4 润滑系统应符合下列规定：

1 机油泵不应有内、外泄漏；

2 各部油嘴应齐全、完好、油路畅通；

3 润滑油厂牌、型号、黏度等级（SAE）、质量等级（API）及油量应符合说明书的要求。

5.7.5 起落架应符合下列规定：

1 附件应齐全，起吊锤芯的吊钩运行应灵活有效，吊钩与锤芯接触线距离应在5～10mm之间；

2 滑轮与支架连接应牢固，滑轮润滑应良好，转动应灵活，不应松旷及转动受阻；

3 滑轮不应出现缺损、裂纹等损伤；

4 滑动抱板与支架的连接应牢靠，连接螺栓有防松装置。

5.8 振动桩锤

5.8.1 整机应符合下列规定：

1 主要工作性能应达到额定指标；

2 附属部件应齐全，金属结构件不应有开焊、裂纹等和明显变形；

3 附件安装应牢固，工作时不应松动；

4 外观应清洁，不应有油污、严重锈蚀；振动箱润滑油不应有明显渗漏。

5.8.2 工作机构应符合下列规定：

1 振动器振动偏心块安装应牢靠，振动箱内不得有异响声，偏心轴高速运转时，轴承不应过热；

2 润滑油面应在规定范围内；

3 皮带盘不应有裂纹、缺损；传动三角胶带松紧应适度，不应打滑，磨损不应超过说明书的要求；防护罩不应变形、破损；

4 隔振装置的弹簧、轴销应齐全，不应有塑性变形和裂纹；

5 导向滚轮安装应紧固，转动应灵活，不应有缺损，与桩机立柱导管之间的间隙不应大于7mm；

6 提升滑轮组外观应整齐，滑轮转动应灵活、轻便，不应有裂纹、缺损等损伤；钢丝绳使用应符合本规程第6.1.8条规定；

7 不应有横振。

5.8.3 过热、过载、失压等安全保护装置配置应齐全、可靠。

6 起重机械与垂直运输机械

6.1 一般规定

6.1.1 各类起重机应装有音响清晰的喇叭、电铃或汽笛等信号装置；在起重臂、吊钩、平衡臂等转动体上应标以明显的色彩标志。

6.1.2 起重机的变幅指示器、力矩限制器、起重量限制器以及各种行程限位开关等安全保护装置，应完好齐全、灵敏可靠，不应随意调整或拆除；严禁利用限制器和限位装置代替操纵机构。

6.1.3 起重机的任何部位、吊具、辅具、钢丝绳、缆风绳和重物与架空输电线路之间的距离不得小于表6.1.3的规定，否则应与有关部门协商，并采取安全防护措施后方可架设。

表6.1.3 起重机械与架空输电线路的安全距离

安全距离(m) \ 电压(kV)	<1	1～15	20～40	60～110	220
沿垂直方向	1.5	3	4	5	6
沿水平面	1	1.5	2	4	6

6.1.4 吊钩应符合下列规定：

1 起重机不得使用铸造的吊钩；

2 吊钩严禁补焊；

3 吊钩表面应光洁，不应有剥裂、锐角、毛刺、裂纹；

4 吊钩应设有防脱装置；防脱棘爪在吊钩负载时不得张开，安装棘爪后钩口尺寸减小值不得超过钩口尺寸的10%；防脱棘爪的形态应与钩口端部相吻合；

5 吊钩出现下列情况之一时应予报废：

1）表面有裂纹或破口；

2）钩尾和螺纹部分等危险截面及钩筋有永久性变形；

3）挂绳处截面磨损量超过原高度的10%；

4）开口度比原尺寸增加15%；开口扭转变形超过10°；

5）板钩衬套磨损达原尺寸的50%时，应报废衬套；

6）板钩芯轴磨损达原尺寸的5%时，应报废芯轴。

6.1.5 卷筒和滑轮应符合下列规定：

1 卷筒两侧边缘的高度应超过最外层钢丝绳，其值不应小于钢丝绳直径的2倍；

2 卷筒上钢丝绳尾端的固定装置，应有防松或自紧性能；

3 滑轮槽应光洁平滑，不应有损伤钢丝绳的缺陷；

4 滑轮应有防止钢丝绳跳出轮槽的装置；

5 当卷筒和滑轮出现下列情况之一时应予报废：

　1）裂纹或轮缘破损；

　2）卷筒壁磨损量达到原壁厚的10%；

　3）滑轮槽不均匀磨损达3mm；

　4）滑轮绳槽壁厚磨损量达到原壁厚的20%；

　5）滑轮槽底的磨损量超过相应钢丝绳直径的25%；

　6）其他能损害钢丝绳的缺陷。

6.1.6 制动器和制动轮应符合下列规定：

1 起重机上的每一套机构都必须设制动器或具有同等功能的装置；对于电力驱动的起重机，在产生大的电压降或在电气保护元件动作时，不得发生导致各机构的动作失控；如变速机构有中间位置，必须在换档时使用制动器或其他能自动停住载荷的装置；

2 制动器应有符合操作频度的热容量；操纵部位应有防滑性能；对制动带摩擦垫片的磨损量应有调整能力；

3 制动带摩擦垫片与制动轮的实际接触面积，不应小于理论接触面积的70%；

4 带式制动器背衬钢带的端部与固定部分应采用铰接；

5 制动轮的摩擦面，不应有妨碍制动性能的缺陷或油污；

6 当制动器和制动轮出现下列情况之一时应予报废：

　1）制动轮出现可见裂纹；

　2）制动块（带）摩擦衬垫磨损量达原厚度的50%，或露出铆钉应报废更换摩擦衬垫；

　3）弹簧出现塑性变形；

　4）电磁铁杠杆系统空行程超过额定行程的10%；

　5）小轴或轴孔直径磨损达原直径的5%；

　6）起升、变幅机构的制动轮轮缘厚度磨损量达原厚度的40%；其他机构制动轮轮缘厚度磨损量达原厚度的50%；

　7）制动轮轮面凹凸不平度达1.5mm，且不能修复；轮面磨损量达1.5～2mm（直径300mm以上的取大值，否则取小值）。

7 制动片与制动轮之间的接触面应均匀，间隙调整应适宜，制动应平稳可靠。

6.1.7 用于轨道式安装的车轮出现下列情况之一的应予以报废：

1 可见裂纹；

2 车轮踏面厚度磨损量达原厚度的15%；

3 轮缘厚度磨损量达原厚度的50%；轮缘厚度弯曲变形达原厚度的20%。

6.1.8 钢丝绳使用应符合下列规定：

1 起重机使用的钢丝绳，应有钢丝绳制造厂签发的产品技术性能和质量证明文件；

2 起重机使用的钢丝绳的规格、型号应符合该机说明书要求，并应与滑轮和卷筒相匹配，穿绕正确；

3 钢丝绳不得有扭结、压扁、弯折、断股、断丝、断芯、笼状畸变等变形；

4 圆股钢丝绳断丝根数的控制标准应按表6.1.8-1的规定执行；

表6.1.8-1 圆股钢丝绳中断丝根数的控制标准

外层绳股承载钢丝数 n	钢丝绳典型结构示例 (GB 8918—2006 GB/T 20118—2006)	起重机用钢丝绳必须报废时与疲劳有关的可见断丝数							
		机构工作级别 M1、M2、M3、M4				机构工作级别 M5、M6、M7、M8			
		交互捻		同向捻		交互捻		同向捻	
		长度范围				长度范围			
		≤6d	≤30d	≤6d	≤30d	≤6d	≤30d	≤6d	≤30d
≤50	6×7	2	4	1	2	4	8	2	4
51～75	6×19S*	3	6	2	3	6	12	3	6
76～100		4	8	2	4	8	15	4	8
101～120	8×19S* 6×25Fi	5	10	2	5	10	19	5	10
121～140		6	11	3	6	11	22	6	11
141～160	8×25Fi	6	13	3	6	13	26	6	13
161～180	6×36WS*	7	14	4	7	14	29	7	14
181～200		8	16	4	8	16	32	8	16

续表 6.1.8-1

外层绳股承载钢丝数 n	钢丝绳典型结构示例 (GB 8918—2006 GB/T 20118—2006)	起重机用钢丝绳必须报废时与疲劳有关的可见断丝数							
		机构工作级别 M1、M2、M3、M4				机构工作级别 M5、M6、M7、M8			
		交互捻		同向捻		交互捻		同向捻	
		长度范围				长度范围			
		≤6d	≤30d	≤6d	≤30d	≤6d	≤30d	≤6d	≤30d
201~220	6×41WS*	8	18	4	9	18	38	9	18
221~240	6×37	10	19	5	10	19	38	10	19
241~260		10	21	5	10	21	42	10	21
261~280		11	22	6	11	22	45	11	22
281~300		12	24	6	12	24	48	12	24
>300		0.04n	0.08n	0.02n	0.04n	0.08n	0.16n	0.04n	0.08n

a 填充钢丝不是承载钢丝,因此检验中要予以扣除。多层绳股钢丝绳仅考虑可见的外层,带钢芯的钢丝绳,其绳芯看作内绳股而不予考虑。
b 统计绳中的可见断丝数时,圆整至整数时,对外层绳股的钢丝直径大于标准直径的特定结构的钢丝绳,在表中作降低等级处理,并以 * 号表示。
c 一根断丝可能有两处可见端。
d d 为钢丝绳公称直径。
e 钢丝绳典型结构与国际标准的钢丝绳典型结构是一致的。

注:本表引用《起重机械用钢丝绳检验和报废实用规范》GB 5972—2006。

5 钢丝绳润滑应良好,并保持清洁;

6 钢丝绳与卷筒连接应牢固,钢丝绳放出时,卷筒上应保留三圈以上;

7 钢丝绳端部固接应达到说明书规定的强度:

1) 用楔与楔套固接时,固接强度不应小于钢丝绳破断拉力的75%;楔套不应有裂纹,楔块不应有松动;

2) 用锥形套浇铸固接时,固接强度应达到钢丝绳的破断拉力;

3) 用铝合金压制固接时,固接强度应达到钢丝绳的破断拉力;接头不应有裂纹;

4) 编插固接时,固接强度应符合以下规定:

①d15mm 以下,固接强度不应小于钢丝绳破断拉力的 90%;

②d16~26mm,固接强度不应小于钢丝绳破断拉力的 85%;

③d28~36mm,固接强度不应小于钢丝绳破断拉力的 80%;

④d39mm 以上,固接强度不应小于钢丝绳破断拉力的 75%。

其编插长度不应小于钢丝绳直径的 20~25 倍,且最短编插长度不应小于 300mm;编插部分应捆扎细钢丝,细钢丝的捆扎长度应大于钢丝绳直径的 20 倍。

5) 用压板固接时,固接强度应达到钢丝绳的破断拉力;

6) 用绳卡固接时,固接强度不应小于钢丝绳破断拉力的 85%;绳卡与钢丝绳的直径应匹配,规格、数量应符合表 6.1.8-2 的规定。

表 6.1.8-2 与绳径匹配的绳卡数

钢丝绳直径(mm)	10 以下	10~20	21~26	28~36	36~40
最少绳卡数(个)	3	4	5	6	7
绳卡间距(mm)	80	140	160	220	240

最后一个绳卡距绳头的长度不应小于 140mm,卡滑鞍(夹板)应在钢丝绳承载时受力的一侧;"U"型栓应在钢丝绳的尾端,并不应正反交错。

6.1.9 油料及水应符合下列规定:

1 起重机使用的各类油料及水应符合该机说明书要求;

2 冬期施工时,应根据当地气温情况,按内燃机使用说明书要求,选用适当牌号柴油;

3 使用柴油时不应掺入汽油;

4 润滑油和油脂的厂牌、型号、黏度等级(SAE)、质量等级(API)及油量应符合该机说明书的要求,不应混合使用;

5 不得使用硬水或不洁水;

6 水的加入量宜加到离水箱上室顶 30mm;

7 冬期施工时，为防冻可使用长效防冻液；如不需使用防冻液时，应将防冻液全部放掉，将冷却系统冲洗干净再加清水；

8 冬期未使用防冻液的，每日工作完毕后应将缸体、油冷却器和水箱里的水全部放净；

9 施工现场使用的各类油料应集中存放，并应配备相应的灭火器材。

6.1.10 柴油机应符合本规程第3.1.7条的规定。

6.1.11 传动系统应符合下列规定：

1 离合器接合应平稳、传递动力应有效，分离应彻底；

2 各传动部件运转不应有冲击、振动、异响及过热；

3 齿轮箱内齿轮啮合应完好，油量适当；

4 工作时，齿轮箱不应有异常声响、振动、发热和漏油；

5 变速器档位应正确，换档应轻便；

6 联轴器零件不应有缺损；连接不应松动；运转时不得有剧烈撞击声；

7 卷筒上的钢丝绳排列应整齐；

8 齿轮箱地脚螺栓、壳体连接螺栓不应有松动、缺损；

9 减速齿轮箱运转不得有异响，温升应符合说明书规定。

6.1.12 液压（气压）系统应符合下列规定：

1 液压（气压）系统中应设置过滤和防止污染装置，保证液压（气压）系统工作平稳，液（气）压泵内外不应有泄漏，元件应完好，不得有振动及异响；

2 液压（气压）仪表应齐全，工作应可靠，指示数据应准确；

3 液压油箱应保持清洁，应定期更换滤芯，更换时间应按使用说明书要求执行。

6.1.13 电气系统应符合下列规定：

1 电气管线排列应整齐，卡固应牢靠，不应有损伤、老化；

2 电控装置应灵敏，熔断器配置应合理、正确，各电器仪表指示数据应准确，绝缘应良好；

3 启动装置反应应灵敏，与发动机飞轮啮合应良好；

4 电瓶应清洁，固定应牢靠；液面应高于电极板10～15mm；免维护电瓶标志应符合规定；

5 照明装置应齐全，亮度应符合使用要求；

6 线路应整齐，不应有损伤、老化，包扎、卡固应可靠；绝缘应良好，电缆电线不应有老化、裸露；

7 电器元件性能应良好，动作应灵敏可靠，集电环集电性能应良好；

8 仪表指示数据应正确；

9 电机运行不应有异响；温升应正常。

6.1.14 漏电保护器参数应匹配，安装应正确，动作应灵敏可靠。

6.1.15 起升高度大于50m的起重机在臂架头部应安装风速仪；当风速大于工作极限风速时，应能发出停止作业的警报。

6.1.16 起重机内、外应整洁，不应有锈蚀、漏水、漏油、漏气、漏电等。

6.1.17 塔式起重机的主要承载结构件出现下列情况之一时应报废：

1 塔式起重机的主要承载结构件失去整体稳定性，且不能修复时；

2 塔式起重机的主要承载结构件，由于腐蚀而使结构的计算应力提高，当超过原计算应力的15%时；对无计算条件的，当腐蚀深度达原厚度的10%时；

3 塔式起重机的主要承载结构件产生无法消除裂纹影响时。

6.1.18 各总成件、零部件、附件及附属装置应齐全完整。

6.1.19 金属结构件螺栓或铆钉连接不应松动，不应有缺件、损坏等缺陷；高强度螺栓连接的预紧力应符合说明书规定。

6.1.20 整机主要工作性能应能达到额定指标。

6.1.21 各部位润滑装置应齐全，润滑应良好。

6.1.22 《特种设备安全监察条例》规定的起重机械必须经有相应资质的检验检测机构检测合格后方可使用。

6.1.23 起重机械的操作、司索、指挥人员应经过专业培训，考核合格后，持有效证件上岗。

6.1.24 司机室内应配备灭火器。

6.2 履带式起重机

6.2.1 起重机的主要工作性能应达到额定指标。

6.2.2 各操纵杆动作应灵活，回位应正确。

6.2.3 回转机构各部间隙调整应适当，回转时不应有明显晃动或抖动，并具有滑转性能，行走时转台应能锁定。

6.2.4 行走链条不应有偏磨、损伤；上部履带挠度应在40～60mm之间。

6.2.5 起重机的行驶跑偏量（前进或后退20m的轨迹偏差）不应大于25cm。

6.2.6 司机室在门窗关闭的状态下司机耳旁噪声不应大于85dB（A）。

6.2.7 行走转向应灵活，操作应轻便。

6.2.8 起重机设置的重量限制器、力矩限制器、高度限位器等安全装置工作应可靠有效。

6.2.9 安全装置应符合下列规定：

1 液压系统中应设有防止过载和液压冲击的安全装置，安全溢流阀的调整压力不得大于系统额定工作压力的110%；系统的额定工作压力不得大于液压泵的额定压力；

　　2　液压系统中，限制负载下降速度、保持工作机构平稳下降和微动下降的平衡阀应可靠有效；

　　3　各液压阀不应有内外泄漏，工作应可靠有效；

　　4　所有外露的传动部件均应装设防护罩且固定牢靠；制动器应装有防雨罩；

　　5　起重机应设幅度限位装置和防止起重臂后倾装置，且工作可靠有效；

　　6　起重机应装有读数清晰的幅度指示器（角度指示器）。

6.3　轮胎式起重机

6.3.1　采用取力器、油泵传递动力的起重机，动力传递与分离应平稳、有效；油泵工作不应有异响。

6.3.2　作业前，应全部伸出支腿，确认地基承载力后在撑脚板下垫方木，保证车架上安装的回转支承平面处于水平状态，其倾斜度不应大于0.5%。

6.3.3　主要工作性能应达到该机额定指标。

6.3.4　行驶机构应符合下列规定：

　　1　行驶转向应轻便灵活，不应有阻滞；转向盘自由转动量不应大于30°；

　　2　转向节及臂、转向横竖拉杆不应有裂纹、损伤；球销不应松旷；

　　3　轮胎应符合本规程第4.5.3条的规定；

　　4　制动应可靠有效，不应跑偏；压印、拖印应符合验车规定；制动踏板自由行程应符合该车使用说明书规定。

6.4　汽车式起重机

6.4.1　起重机的主要工作性能应达到说明书中的额定指标。

6.4.2　作业前，应全部伸出支腿，确认地基承载力后在撑脚板下垫方木，使回转支承平面处于水平状态，水准泡居中，其倾斜度不应大于0.5%。

6.4.3　各种灯光、信号、标志应齐全清晰，大灯光度光束应符合照明要求；后视镜安装应正确，喇叭音响应符合说明书规定。

6.4.4　传递动力的分动箱取力器结合与分离应平稳，传递动力应有效；油泵工作不应有异响。

6.4.5　工作时起重臂和起升钢丝绳不应有冲击、抖动。

6.4.6　行驶机构应符合下列规定：

　　1　转向盘转动应灵活、操作应轻便，不应有阻滞；转向盘自由转动量不应大于30°；

　　2　转向节及臂、转向横、竖拉杆不应有裂纹、损伤；球销不应松旷；

　　3　轮胎应符合本规程第4.5.3条的规定。

6.4.7　制动机构应符合下列规定：

　　1　制动系统各管路、部件连接应可靠；管路应畅通；不应漏气、漏油；

　　2　制动应可靠有效，不应跑偏；压印、拖印应符合验车规定；制动踏板自由行程应符合该车使用说明书规定。

6.4.8　底盘应符合下列规定：

　　1　前、后桥不应有变形和裂纹；

　　2　独立悬挂装置应完好，功能应有效；

　　3　钢板弹簧不应有裂纹和断片。

6.4.9　安全装置应符合下列规定：

　　1　液压系统中应设有防止过载和液压冲击的安全装置；安全溢流阀的调整压力不得大于系统额定工作压力的110%；系统额定工作压力不得大于液压泵的额定压力；

　　2　液压系统中，限制负载下降速度、保持工作机构平衡下降和微动下降的平衡阀工作应可靠有效；

　　3　各液压阀装置不应有内外泄漏，工作应可靠有效；

　　4　起重机的重量限制器、力矩限制器、高度限制器等安全装置部件应齐全、完整，动作应灵敏、可靠。

6.5　塔式起重机

6.5.1　塔式起重机尾部与周围建筑物及其他外围施工设施之间的安全操作距离不应小于0.60m。

6.5.2　两台塔机之间的最小架设距离应保证处于低位的塔机的起重臂端部与另一台塔机的塔身之间至少有2m的距离；处于高位塔机的最低位置的部件（吊钩升至最高点或平衡臂的最低部位）与低位塔机中处于最高位置部件之间的垂直距离不应小于2m。

6.5.3　动臂式和尚未附着的自升式塔式起重机，塔身上不得悬挂标语牌。

6.5.4　轨道基础应符合下列规定：

　　1　当塔机轨道敷设在地下建筑物（如暗沟、防空洞等）的上面时，应采取加固措施；

　　2　铺设碎石前的路面应按设计要求压实，碎石基础应整平捣实，轨枕之间应填满碎石；

　　3　路基两侧或中间应设排水沟，路基不应有积水。

6.5.5　轨道敷设应符合下列规定：

　　1　轨道通过垫块与轨枕应可靠地连接，每间隔6m应设一个轨距拉杆；钢轨接头处应有轨枕支承，不应悬空；在使用过程中轨道不应移动；

　　2　轨距允许误差不应大于公称值的1/1000，其绝对值不应大于6mm；

　　3　钢轨接头间隙不应大于4mm；与另一侧钢轨接头的错开距离不应小于1.5m；接头处两轨顶高度差不应大于2mm；

　　4　塔机安装后，轨道顶面纵、横方向上的倾斜度，对于上回转的塔机不应大于 3/1000；对下回转的塔机不应大于 5/1000；在轨道全程中，轨道顶面任意两点的高度差应小于 100mm；

  5 轨道行程两端的轨顶高度宜不低于其余部位中最高点的轨顶高度。

6.5.6 混凝土基础应符合下列规定：

  1 混凝土基础应能承受工作状态和非工作状态下的最大载荷，并应满足塔机抗倾翻稳定性的要求；

  2 对混凝土基础的抗倾翻稳定性计算及地面压应力的计算应符合塔机在各种工况下的技术条件规定；

  3 使用单位应根据塔机制造商提供的载荷参数制作混凝土基础；

  4 若采用塔机原制造商推荐的混凝土基础，固定支腿、预埋节和地脚螺栓应按原制造商规定，应由有生产资质的单位加工，并取得产品合格证书后，按原制造商规定的方法使用。

6.5.7 塔式起重机安装到设计规定的基本高度时，在空载无风状态下，塔身轴心线对支承面的侧向垂直度偏差不应大于 0.4%；附着后，最高附着点以下的垂直度偏差不应大于 0.2%。

6.5.8 塔机在工作时，司机室在门窗关闭的状态下噪声不应大于 80dB（A）；塔机正常工作时，在距各传动机构边缘 1m、底面上方 1.5m 处测得的噪声值不应大于 90dB（A）。

6.5.9 塔机高度超过规定时应安装附墙装置，附墙装置应符合说明书要求。

6.5.10 高强度螺栓连接应按说明书要求，采用专用工具拧紧到规定的力矩。

6.5.11 驾驶室与悬挂或支承部分的连接应牢固。

6.5.12 栏杆和走台应符合说明书要求。

6.5.13 爬梯和护圈应符合说明书要求。

6.5.14 司机室应设有表明塔式起重机性能的图表或文字说明。

6.5.15 司机室应装设绝缘底板；内壁应采用防火材料；应通风、保暖、防雨。

6.5.16 塔式起重机金属结构、轨道及所有电气设备的金属外壳、金属管线，安全照明的变压器低压侧等应可靠接地，接地电阻不应大于 4Ω；重复接地电阻不应大于 10Ω。

6.5.17 塔顶高度大于 30m 且高于周围建筑物的塔机，应在塔顶和臂架端部安装红色障碍指示灯，该指示灯的供电不应受停机的影响。

6.5.18 塔式起重使用的开关箱应符合本规程第 3.3.5 条的规定。

6.5.19 在电气线路中，应设置短路、过流、欠压、过压及失压保护、零位保护、电源错相及断相保护。

6.5.20 当塔式起重机的起重力矩大于相应工况下的额定值并小于额定值的 110% 时，应切断上升和幅度增大方向的电源，但机构可作下降和减小幅度方向的运动。

6.5.21 塔式起重机的吊钩装置起升到下列规定的极限位置时，应自动切断起升的动作电源：

  1 对于动臂变幅的塔式起重机，吊钩装置顶部至臂架下端的极限距离应为 800mm；

  2 对于上回转的小车变幅的塔式起重机，吊钩装置顶部至小车架下端的极限位置应符合下列规定：

    1）起升钢丝绳的倍率为 2 倍率时，其极限位置应为 1000mm；

    2）起升钢丝绳的倍率为 4 倍率时，其极限位置应为 700mm。

  3 对于下回转的小车变幅的塔式起重机，吊钩装置顶部至小车架下端的极限位置应符合下列规定：

    1）起升钢丝绳的倍率为 2 倍率时，其极限位置应为 800mm；

    2）起升钢丝绳的倍率为 4 倍率时，其极限位置应为 400mm。

6.5.22 塔式起重机应安装起重量限制器。当起重量大于相应挡位的额定值并小于额定值的 110% 时，应切断上升方向的电源，但机构可作下降方向的运动。

6.5.23 幅度限制器，对动臂变幅的塔机，应设置臂架低位置和臂架高位置的幅度限位开关和防止臂架反弹后翻的装置；小车变幅的塔机，应设置小车变幅限位行程开关和缓冲装置，变幅限位行程开关动作后与缓冲器的距离应符合该塔机说明书要求。

6.5.24 小车变幅的塔机变幅的双向均应设置断绳保护装置和断轴保护装置，且动作灵敏、有效。

6.5.25 对轨道式塔机行走机构应在每个运行方向设置行程限位开关；在轨道上应安装限位开关碰铁，保证塔机在与止挡装置或同一轨道上其他塔机相距不小于 1m 处时能完全停住，同时还应安装夹轨器。

6.5.26 安全装置应符合下列规定：

  1 动臂变幅的塔式起重机，应装设幅度指示器，应能正确指示吊具所在的幅度；

  2 动臂的支承停止器与动臂变幅机构之间，应设连锁保护装置；

  3 轨道上露天作业的起重机，应安装锚定装置或铁靴；

  4 起重臂根部铰点高度大于 50m 时，应安装风速仪，当风速大于工作极限风速时，应能发出停止作业警报；

  5 对回转部分不设集电环（器）的，应设置回转限制器，左右回转应控制在 1.5 圈。

6.5.27 液压顶升装置应符合下列规定：

  1 液压顶升系统中应设有防过载的安全装置；系统的额定工作压力不得大于液压泵的额定压力；

  2 顶升油缸应有可靠的平衡阀或液压锁；平衡阀或液压锁与油缸之间不应用软管连接；油缸固定销

轴应安装到位，不应有磨损；油缸不应有内泄、外漏、溜缸。

3 顶升横梁不应有变形；挂靴不应有磨损；安全销（楔）应齐全、有效；

4 操作杆动作应灵敏、有效。

6.6 施工升降机

6.6.1 升降机应设置高度不低于1.8m的地面防护围栏，围栏门应装有机电连锁装置。

6.6.2 各导轨架标准节组合时，每根立管接缝处相互错位形成的阶差不应大于0.8mm。

6.6.3 导轨架轴心线对底座水平基准面的安装垂直度应符合表6.6.3的规定。

表6.6.3 安装垂直度公差值

导轨架架设高度 h（m）	$h \leq 70$	$70 < h \leq 100$	$100 < h \leq 150$	$150 < h \leq 200$	$h > 200$
垂直度公差值（mm）	不大于导轨架架设高度的1/1000	≤70	≤90	≤110	≤130

6.6.4 附墙架与建筑物的连接应牢固可靠，角度应符合说明书的要求。

6.6.5 吊笼运行应平稳，停层应准确，不应有异常振动及过热。

6.6.6 电缆和滑触架在吊笼运行中应能自由拖行，不应受阻。

6.6.7 SS型人货两用升降机，吊笼提升钢丝绳不应少于2根，且应是彼此独立的；钢丝绳的安全系数不应小于12，直径不应小于9mm。

6.6.8 SS型货用升降机当吊笼用1根钢丝绳时，其安全系数不应小于8。

6.6.9 层门和安装吊杆的提升钢丝绳安全系数不应小于8，直径不应小于5mm。

6.6.10 传动系统齿轮与齿条、滚轮运转应平稳，不应有冲击、振动及异常响声。

6.6.11 SC型升降机传动系统和限速安全器的输出端齿轮与齿条啮合时的接触长度，沿齿高不应小于40%，沿齿长不应小于50%，齿面侧隙应为0.2～0.5mm。

6.6.12 SC型升降机标准节上的齿条连接应牢固，相邻两齿条的对接处，沿齿高方向的阶差不应大于0.3mm，沿长度方向的齿周节误差不应大于0.6mm；齿轮与齿条、滚轮与立管运行应平稳，不应有冲击、振动、异响。

6.6.13 卷扬机传动应仅用于无对重升降机。

6.6.14 施工升降机安全防护装置必须齐全，工作可靠有效。

6.6.15 施工升降机防坠安全器必须灵敏有效，动作可靠，且在检定有效期内。

6.6.16 安全装置应符合下列规定：

1 吊笼停留时不应有下滑，在空中再启动上升时，不应有瞬时下滑；

2 SC型升降机的每个吊笼上应装有渐进式安全器，其制动距离应为0.25～1.2m，不应采用瞬时式安全器；

3 吊笼门升降应自如，连锁性能应良好，只有当吊笼门完全关闭后，吊笼才能启动；

4 人货两用升降机和额定载重400kg以上的货用升降机，其底座上应安装吊笼和对重的缓冲装置；

5 断绳保护装置应完好、反应应灵敏，动作可靠；

6 SC型升降机均应设置一对以上防坠安全钩；

7 限位开关的设置应符合下列规定：

1）升降机应设置自动复位型的上、下限位开关；

2）上限位开关的安装位置，当提升速度小于0.8m/s时，上限位开关的安装位置应保证吊笼触发限位开关后，留有的上部安全距离不应小于1.8m；当提升速度大于0.8m/s时，上限位开关的安装位置应保证吊笼触发限位开关后，上部安全距离应能满足下式的计算值：

$$L = 1.8 + 0.1v^2 \quad (6.6.16)$$

式中 L——上部安全距离（m）；
v——提升速度（m/s）。

3）下限位开关安装位置应能保证吊笼额定载荷下降时触板触发该开关，使吊笼制停，此时触板离触发下极限开关还应有一定行程。

8 极限开关的设置应符合下列规定：

1）极限开关应能切断总电源；

2）非自动复位型的极限开关，其动作后必须手动复位后才能使吊笼重新启动；

3）在正常工作状态下，上极限开关的安装位置应保证上极限开关与上限位开关之间的行程距离：SS型升降机为0.5m；SC型升降机为0.15m；

4）在正常工作状态下，吊笼碰到缓冲器之前，下极限开关应首先动作。

6.6.17 施工升降机运动部件与建筑物和固定施工设备之间的距离不应小于0.25m。

6.6.18 安全防护网应完整，不应破损。

6.7 电动卷扬机

6.7.1 卷扬机不得用于运送人员。

6.7.2 露天作业的卷扬机应有防雨措施。

6.7.3 卷扬机安装地点应平整，与基础或底架的连接应牢固，并应符合使用说明书的规定。

6.7.4 卷扬机安装时应与定滑轮对中，钢丝绳出绳偏角α应符合下列规定：

1 自然排绳：α≤1°30′；

2 排绳器排绳：α≤2°；

3 对于光卷筒，从卷筒中心到导向轮的距离不应小于卷筒长的20倍；对有槽卷筒，从卷筒中心到导向轮的距离不应小于卷筒长的15倍。

6.7.5 卷扬机用于起吊重物时，应安装上升行程限位开关且灵敏可靠，根据施工情况，如使用超载保护、超速保护、下降行程限位开关时，应保证其灵敏可靠。

6.7.6 外露传动部位防护罩应齐全完好。

6.7.7 短路和过载保护、失压保护、零位保护装置工作应灵敏可靠。

6.7.8 滑轮与钢丝绳应匹配。

6.8 桅杆式起重机

6.8.1 组装桅杆的连接螺栓应紧固可靠，应满足使用要求。

6.8.2 桅杆的基础应平整坚实，不应有下沉、积水。

6.8.3 桅杆连接板、桅杆头部和回转部分不应有永久变形、锈蚀。

6.8.4 新桅杆组装时，中心线偏差应不大于总支承长度的1/1000；多次使用过的桅杆，在重新组装时，每5m长度内中心线与局部塑性变形允许偏差值不应大于40mm；在桅杆全长内，中心线与总支承长度的允许偏差应为1/200。

6.8.5 配置的卷扬机应符合本规程第6.7节的规定。

6.8.6 缆风绳应符合下列规定：

1 缆风绳宜采用4~8根；布置应合理，松紧应均匀；

2 缆风绳的规格、数量及地锚的拉力、埋设深度等，应按照起重机性能经计算确定；缆风绳与地面夹角应在30°~45°之间，缆风绳与桅杆和地锚的连接应牢固，如越过公路或街道时，架空高度不应小于7m；

3 地锚的埋设，应与现场的土质情况和地锚的受力情况相适应，缆风绳地锚的埋设应经设计，当无设计规定时，地锚应采用不少于2根钢管（D48~53mm）并排设置（与钢丝绳受力垂直），其间距应小于0.5m，打入深度不应小于1.7m，桩顶应有钢丝绳防滑措施；

4 缆风绳的架设应避开架空线路，在靠近电线附近，应装有绝缘材料制作的护线架。

6.9 物料提升机

6.9.1 卷扬机应符合本规程第6.7节规定。

6.9.2 严禁使用倒顺开关作为物料提升机卷扬机的控制开关。

6.9.3 手持控制按钮应使用安全电压，其接线长度不应大于5m。

6.9.4 基础应符合下列规定：

1 应能承载设计载荷；

2 承台应符合说明书要求，预埋件埋设应正确；

3 无设计要求的低架提升机，土层压实后的承载力不应小于80kPa，浇筑混凝土强度等级不应小于C20，厚度应为300mm；

4 基础表面应平整，水平度偏差值不应大于10mm；

5 应有排水措施。

6.9.5 附墙架与物料提升机架体之间及建筑物之间应采用刚性连接；附墙架及架体不得与脚手架连接。

6.9.6 附墙架应符合下列规定：

1 附墙架的设置应符合设计要求，其间隔不宜大于9m，且在建筑物顶部应设置一组附墙架，悬高高度应符合说明书要求；

2 附墙架的材质应与架体相同，不应采用木质和竹竿等做附墙架。

6.9.7 缆风绳应符合下列规定：

1 当提升机无法用附墙架时，应采用缆风绳稳固架体；

2 缆风绳安全系数应选用3.5，并应经计算确定，直径不应小于9.30mm；提升机高度在20m及以下时，缆风绳不应少于1组，提升机高度在21~30m时，缆风绳不应少于2组；

3 缆风绳与地面夹角不应大于60°；

4 高架提升机不应使用缆风绳。

6.9.8 吊篮应装安全门，安全门应定型化、工具化。

6.9.9 安全装置应符合下列规定：

1 安全停靠装置：吊篮运行到位后，停靠装置应将吊篮定位，该装置应能承受所有载荷；

2 断绳保护装置应能使满载断绳时，吊篮的滑落行程不大于1m；

3 吊篮安全门应采用机电连锁装置，当门打开时，吊笼不应工作；

4 上料口防护宽度应大于提升机最外部尺寸长度，低架提升机应大于3m，高架应大于5m；应能承受100N/m²均布荷载；

5 上极限限位器安装位置为：到天梁最低处的距离不应小于3m；

6 非自动复位型紧急停电开关安装位置应能使司机及时切断提升机的总控制电源，但工作照明不应断电；

7 信号装置：由司机控制的音响信号，各楼层装卸人员应都能听到；

8 高架提升机（30m以上）除具有低架提升机

所有安全装置外，还应有下列安全装置：
1) 下极限限位器：应满足在吊篮碰到缓冲器之前限位器能够动作，吊笼停止下降；
2) 缓冲器：应采用弹簧或弹性实体；
3) 超载限制器：当超过额定载荷时，应能切断起升控制电源；
4) 通讯装置：司机应能与每一站对讲联系。

9 提升机架体地面进料口处应搭设防护棚，防护棚两侧应挂立网。

6.9.10 当提升高度超过相邻建筑物的避雷装置的保护范围时，应设置避雷装置，所连接的 PE 线应作重复接地，其接地电阻不应大于 10Ω。

6.10 桥（门）式起重机

6.10.1 桥（门）式起重机主梁、端梁、平衡梁（支腿）、小车架不应有裂纹和明显变形；腐蚀超过原厚度的 10% 应予报废。

6.10.2 主梁跨中上拱度应为：$(0.09\% \sim 0.14\%)S$，且最大上拱度应控制在 $S/10$ 范围内；主梁跨中的下挠值应控制在跨度的 $1/700$ 范围内；端梁有效悬臂处的上翘度应为：$(0.9/350 \sim 1.4/350) L_1$ 或 L_2（S：表示跨度；L_1、L_2：表示有效悬臂长度）。

6.10.3 刚性支腿与主梁在跨度方向的垂直度应为 $h_1 \leqslant H_1/2000$（h_1：表示下沉深度；H_1：表示起升高度）。

6.10.4 通用门式起重机跨度极限偏差应为：
1 当 $S \leqslant 26m$ 时，$\Delta_S = \pm 8mm$，相对差不应大于 8mm；
2 当 $S > 26m$ 时，$\Delta_S = \pm 10mm$，相对差不应大于 10mm。

6.10.5 行走机构应符合下列规定：
1 在轨道接头未焊为一体的情况下，应满足以下要求：
1) 接头处的高低差不应大于 1mm；
2) 接头处的头部间隙不应大于 2mm；
3) 接头处的侧向错位不应大于 1mm；
4) 对正轨箱形梁及半偏轨箱形梁，轨道接缝应放在筋板上，允许误差不应大于 15mm；
5) 两端最短一段轨道长度应在不小于 1.5m 处加挡铁；
6) 轨道纵向坡度不应超过 0.5%；
7) 固定轨道的螺栓和压板不应缺少，垫片不应窜动，压板应固定牢固；
8) 轨道不应有裂纹或严重磨损等影响安全运行的缺陷；
9) 当大车运行出现啃轨或大车轨距：$S \leqslant 10m$ 时，$\Delta_S = \pm 3mm$；$S > 10m$ 时，$\Delta_S = \pm [3 + 0.25(S-10)]mm$，且最大不应超过 $\pm 15mm$；

2 大车运行出现啃轨时，跨度极限偏差应符合下列要求：
1) 采用可分离式端梁并镗孔直接装车轮结构的跨度极限偏差应为：
① $S \leqslant 10m$ 时，$\Delta_S = \pm 2mm$；
② $S > 10m$，$\Delta_S = \pm [2 + 0.1(S-10)]mm$。
2) 采用焊接连接的端梁及角型轴承箱装车轮的跨度极限偏差：（通用桥式起重机）$\Delta_S = \pm 5mm$，每对车轮测出的跨度相对差不应大于 5mm。

6.10.6 传动系统的驱动轮应同向同步转动。

6.10.7 制动及安全装置应符合下列规定：
1 运行终点应设置四套终点止挡架和灵敏、有效的行程限位装置；
2 各限位器应齐全、灵敏、有效；
3 导绳器移动应灵活，自动限位应灵敏可靠；
4 外露传动部分防护罩（盖）应完好齐全；应装有防雨罩；
5 进入起重机的门和司机室到桥架上的门，应设有电器连锁保护装置，当任何一个门打开时，起重机所有机构均应停止工作；
6 大车轨道铺设在工作面或地面时，起重机应设置扫轨板；扫轨板距轨面不应大于 10mm；
7 应设置非自动复位型的紧急断电开关，并保证司机操作方便；
8 在主梁一侧落钩的单主梁起重机应设置防倾翻安全钩；小车正常运行时，应保证安全钩与主梁的间隙适宜，运行不应有卡阻；
9 吊运炽热金属的起升机构应装两套高度限位器，两套开关动作应有先后，并应控制不同的断路装置或采用不同的结构形式，功能应可靠、有效；
10 桥式起重机司机室位于大车滑线端时，通向起重机的梯子和走台与滑线间应设置防护板；滑线端的端梁下，应设置防护板。

6.10.8 电气系统应符合下列规定：
1 供电电源总开关应设在靠近起重机地面易操作的地方，并加锁；
2 电气设备及电器元件应齐全、完好，绝缘性能应良好，应固定牢固；动作应灵敏、有效，符合说明书的要求；额定电压不大于 500V 时，电气线路对地的绝缘电阻，一般环境下不应低于 0.8MΩ；潮湿环境下不应低于 0.14MΩ；
3 总电源回路至少应设置一级短路保护，应由自动断路器或熔断器来实现；自动断路器每相均应有瞬时动作的过流脱扣器，其整定值应随自动开关的类型来定；熔断器熔体的额定电流应按起重机尖峰电流的 1/2～1/1.6 选取；
4 总电源应设置非自动复位型失压保护装置；

5 每个机构应单独设置过流保护装置：

 1）交流绕线式异步电机应采用电流继电器；在两相中设置的过电流继电器的整定值不应大于电机额定电流的2.5倍，在第三相中的总过电流继电器的整定值不应大于电机额定电流的2.25倍加上其余各机构电机额定电流之和；

 2）鼠笼型交流电机应采用热继电器或带热脱扣器的自动断路器作过载保护，其整定值不应大于电机额定电流的1.1倍。

6 主起升机构应设有超速保护装置；

7 大、小车的馈电装置应符合说明书要求。

6.11 高处作业吊篮

6.11.1 悬挂机构应符合下列规定：

 1 定位应正确，建筑结构应能承受悬挂机构负载后施加于支承处的作用力；

 2 悬挂机构的梁连接应牢靠，其结构应具有足够的强度和刚度；

 3 配重块数量应符合说明书的规定，码放应整齐并防盗。

6.11.2 悬吊平台应符合下列规定：

 1 悬吊平台应有足够的强度和刚度，不应出现焊缝、裂纹、严重锈蚀，螺栓、铆钉不应松动，结构不应破损；使用长度应符合说明书规定；

 2 安全护栏应齐全完好并设有腹杆；其高度在建筑物一侧不应小于0.8m，其余三个面不应小于1.1m，护栏应能承受1000N水平移动的集中荷载；

 3 底板应完好并有防滑措施；应有排水孔，且不应堵塞；悬吊平台四周应装有高度不低于150mm的挡板，且挡板与底板的间隙不应大于5mm；

 4 在靠建筑物的一面应设有靠墙轮、导向轮和缓冲装置；

 5 在工作中平台的纵向倾斜角度不应大于8°，但不同机型还应符合本机说明书规定。

6.11.3 提升机应符合下列规定：

 1 爬升式提升机：

 1）传动系统在绳轮之前不应采用离合器、摩擦装置和皮带传动；

 2）手动提升机应设有闭锁装置；当提升机变换方向时，动作应准确和安全可靠；

 3）提升机应具有良好的穿绳性能，不应卡绳和堵绳；

 4）提升机与悬吊平台应连接牢固并垂直。

 2 卷扬式提升机：

 1）卷绕在卷筒上的钢丝绳应排列整齐；

 2）卷筒应设有挡线盘，当提升高度达到最大行程时，挡线盘高出卷筒上的最后一层钢丝绳的高度应为钢丝绳直径的2倍；

 3）工作时，不应明显振动；

 4）工作钢丝绳应安装上限位装置；

 5）工作钢丝绳、安全钢丝绳在距地面15～20mm处应安装坠铁；

 6）在建筑物的适当处安装保险绳。

6.11.4 吊篮的安全锁应灵敏可靠，当吊篮平台下滑速度大于**25m/min**时，安全锁应在不超过100mm距离内自动锁住悬吊平台的钢丝绳；安全锁应在有效检定期内。

6.11.5 安全装置应符合下列规定：

 1 安全锁或具有相同作用的独立安全装置，在锁绳状态下不应自动复位；

 2 安全钢丝绳应独立于工作钢丝绳另行悬挂；

 3 行程限位装置和同时发出的报警信号装置应灵敏可靠；

 4 钢丝绳安全系数不应小于9，并应符合说明书规定；

 5 应设置紧急状态下能切断主电源控制回路的急停按钮。

6.11.6 电气控制系统应符合下列规定：

 1 电气控制系统供电应采用三相五线制；接零、接地线应始终分开，接地线应采用黄绿相间线；

 2 电气控制部分应有防水、防振、防尘措施；元件排列应整齐，连接应牢固，绝缘应可靠，电控柜门应装锁；

 3 主电源控制回路应独立于各控制电路；

 4 漏电保护器参数应匹配，安装应正确，动作应灵敏可靠。

6.12 附着整体升降脚手架

6.12.1 升降脚手架无论在工作状态和非工作状态下，应具有承受规定荷载而不倾翻的稳定性能。

6.12.2 竖向主框架和水平梁架应采用焊接或螺栓连接的定型加强的片式框架或结构，应具有足够的承载力、刚度和稳定性，不应使用钢管扣件或扣架等脚手架杆件组装。

6.12.3 附着整体升降脚手架应具有安全可靠的防倾斜装置、防坠落装置以及保证架体同步升降和监控升降载荷的控制系统。

6.12.4 升降脚手架架体高度不应大于5倍标准楼层高；架体宽度不应大于1.2m；直线布置的架体支承跨度不应大于8m；折线或曲线布置的架体支承跨度不应大于5.4m。

6.12.5 升降和使用工况下，架体的悬臂高度不应大于2/5架体高度，且不应大于6m。

6.12.6 整体式升降脚手架架体的悬挑长度不应大于1/2水平支承跨度，且不应大于3m；单片式升降脚手架架体的悬挑长度不应大于1/4水平支承跨度。悬挑端以定型主框架为中心成对设置对称斜拉杆，其水平夹角不应小于45°。

6.12.7 架体全高与支承跨度的乘积不应大于110m²。

6.12.8 架体的垂直度偏差不应大于5/1000，且不应大于60mm。

6.12.9 相邻机位的高差不应大于20mm。

6.12.10 架体外立面沿全高设置剪刀撑，剪刀撑跨度不应大于6m；其水平夹角宜为45°～60°，应将定型主框架、水平梁架和架体连成一体。

6.12.11 架体外侧应用密目安全网围挡，应可靠地固定在架体上。

6.12.12 架体底层应用脚手板铺设，并用平网及密目安全网兜底；架体底层应设置可折起的翻板，防止物料坠落。

6.12.13 在每一作业层架体外侧应设置上、下两道防护栏杆，上杆高度宜为1.2m，下杆高度宜为0.6m，挡脚板高度宜为180mm。

6.12.14 升降动力设备应符合下列规定：
　　1 升降动力设备应满足升降脚手架工作性能的要求；
　　2 各机构运转、制动应可靠，不应有下滑；
　　3 电动环链葫芦的链条不应有卡阻和扭曲；
　　4 同时使用的升降动力设备应采用同一厂家、同一规格型号的产品；
　　5 升降动力设备应具有防雨、防尘等防护措施；
　　6 主要升降承力构件不应有扭曲、变形、裂纹、严重锈蚀等缺陷，焊口不应有裂纹；
　　7 拉杆不应有弯曲，螺纹应完好，不应锈蚀；
　　8 穿墙螺栓应采用双螺母固定，螺纹应露出螺母0～3牙；垫板规格不应小于8mm×80mm×80mm。

6.12.15 电气系统应符合下列规定：
　　1 电气系统应有缺相、短路、失压、漏电等电气保护装置，且工作应可靠；
　　2 控制电路中的绝缘电阻不应小于0.5MΩ；
　　3 电气元件设置在单独的操作柜中，操作柜应有门锁，门处应标有危险警示标志；
　　4 操纵手柄及操纵按钮应标明动作方向，并设有零位保护；
　　5 操作柜面板的灯光、仪表显示应正常，应设置有紧急开关；
　　6 电气控制系统应设置必要的音响、灯光信号与通信联络装置；
　　7 电动机电源线的截面积不应小于0.75mm²，总电源线截面积不应小于16mm²；
　　8 电动机电源线应成束捆扎分布，并悬挂在架体踏步外侧上方，不应散乱于踏步上；每根电源线的两端头应有统一编号标志；
　　9 垂直悬挂的总电源电缆，其自重产生的抗拉力不应超过所选电缆的机械强度；
　　10 电气系统的安装除应符合本规程外，还应符合国家现行标准《施工现场临时用电安全技术规范》JGJ 46的有关规定。

6.12.16 架体应符合下列规定：
　　1 定型竖向主框架、水平梁架和钢管等结构部件不应有扭曲、变形、严重锈蚀等缺陷；焊缝应完整，不应有裂纹；
　　2 扣件不应有严重锈蚀；螺杆不应变形、裂纹，螺纹不应损坏；
　　3 扣件螺栓的紧固力矩应为40～50N·m；
　　4 定型竖向主框架和水平梁架各连接点的连接螺栓、销轴、垫圈、螺母、开口销应按规定安装，不应漏装和以小代大；
　　5 架体框架的搭设应横平竖直，立杆的垂直度误差不应大于1/500；相邻立杆的接头不应在同一个平面内。

6.12.17 防坠落装置应符合下列规定：
　　1 每一个定型竖向主框架升降动力设备处都应设置一个防坠落装置，且不与升降设备设置在同一支承结构上；
　　2 防坠落装置应采用同一厂家、同一规格型号的产品，并在有效标定使用期内；
　　3 防坠落装置应有防雨、防尘等防护措施。

6.12.18 防倾斜装置应符合下列规定：
　　1 防倾斜装置应用螺栓与定型竖向主框架或附着支承结构连接，不应采用钢管扣件或碗扣方式连接；
　　2 在升降和使用两种工况下，位于同一竖向平面的防倾斜装置不应少于2处，并且其最上和最下一个防倾斜装置支承点之间的最小距离不应小于架体全高的1/3；
　　3 防倾斜装置的导向间隙不应大于5mm。

6.12.19 同步及荷载控制系统应符合下列规定：
　　1 应通过控制各升降动力设备间的升降差和荷载来控制升降动力设备的同步性，且应具有超载报警停机、欠载报警功能；
　　2 每个升降动力设备都应在同步及荷载控制系统范围内；
　　3 相邻机位的同步差超出30mm时，应能报警显示；
　　4 同步及荷载控制系统应有可靠的防雨、防尘等防护措施。

7 混凝土机械

7.1 一般规定

7.1.1 固定式混凝土机械应有良好的设备基础，移动式混凝土机械应安放在平坦坚实的地坪上，地基承载力应能承受工作荷载和振动荷载，其场地周边应有良好的排水条件。

7.1.2 混凝土机械的临时用电应符合国家现行标准《施工现场临时用电安全技术规范》JGJ 46 的有关规定。

7.1.3 混凝土机械在生产过程中产生的噪声应控制在《建筑施工场界噪声限值》GB 12523 范围内，其粉尘、尾气、污水、固体废弃物排放应符合国家环保部门所规定的排放标准。

7.1.4 整机应符合下列规定：

1 主要工作性能应达到说明书规定的额定指标；

2 金属结构不应有开焊、裂纹、变形、严重锈蚀，各连接螺栓应紧固；

3 工作装置性能应可靠，附件应齐全完整；

4 整机应清洁，不应漏油、漏气、漏水。

7.1.5 电动机的碳刷与滑环接触应良好，转动中不应有异响、漏电，绝缘性能应符合说明书规定，其绝缘电阻值不应小于 0.5MΩ，在运转中电动机轴承允许最高温度应按下列情况取值：滑动轴承 80℃，滚动轴承 95℃；正常温度取值应为：滑动轴承 40℃，滚动轴承 55℃。

7.1.6 柴油机应符合本规程第 3.1.7 条的规定。

7.1.7 电气系统应符合下列规定：

1 电气箱应完好；箱内元器件应完好，电气线路排列应整齐；卡固应牢靠符合规定；电缆电线不应有老化、裸露、损伤；

2 各种电器、仪表、信号装置应齐全完好，指示数据应准确。

7.1.8 电动润滑装置及手动润滑装置的各润滑管路应畅通，各润滑部位润滑应良好，润滑油（脂）厂牌型号、黏度等级（SAE）、质量等级（API）及油量应符合说明书的规定。

7.2 混凝土搅拌站（楼）

7.2.1 传动系统应符合下列规定：

1 主电机与行星减速机构（或采用摆线针轮减速器、联轴器、过桥齿轮传递动力的）连接应可靠，运转应平稳，不应有异响；

2 爬升式轨道上料机构安全挂钩和锁销应齐全；上料斗滚轮、传动齿轮磨损不应超过该机说明书规定的要求；

3 斗式提升机、螺旋输送机传输应平稳，不得有异响、泄漏、水泥积块；

4 拉铲式配料系统回转机构齿轮磨损应在该机说明书规定的范围内，且钢丝绳应符合本规程第 6.1.8 条的相关规定；

5 料仓式配料系统皮带输送机运转应平稳，不应跑偏、打滑，不应有异响，胶带不应断层、开裂。

7.2.2 搅拌系统应符合下列规定：

1 搅拌机内铲片及衬板不应有严重磨损，刮片与衬板间隙应符合说明书的规定；

2 搅拌机轴端浮动密封应良好，联轴器传动不应有异响、抖动；传动皮带不应断裂，松紧应适宜。

7.2.3 搅拌楼（站）所需的供配电线路的架设和安装应符合国家现行标准《施工现场临时用电安全技术规范》JGJ 46 的有关规定。

7.2.4 供气与供水应符合下列规定：

1 空压机作业时贮气罐压力不应超过铭牌额定压力，安全阀应灵敏、可靠；进、排气阀、轴承及各部件不应有异响、过热；

2 电动空压机的压力调节器、减荷阀和机动空压机的额定载荷调节器，工作应正常可靠，在各气动部件分别或同时工作时，工作压力应符合说明书的规定；

3 电磁阀及气压元件的规格、型号应符合说明书的规定，动作应灵敏可靠，电磁阀切换时间应符合说明书要求；气动传输管路应完好，不应有泄漏；

4 气路中注油器、油水分离器和油路中的滤清器应齐全完好；

5 供水系统水泵及管道部件应齐全完整，应采用防锈管件，管路不应有泄漏；计量应准确。

6 添加剂系统部件应齐全完整，应采用防锈、耐腐管件，工作时不应有泄漏；计量应准确。

7.2.5 环保应符合下列规定：

1 散装水泥罐、搅拌站（楼）应设有粉尘回收装置，在工作正常时正对搅拌站（楼）下风口 20m 远、1.10m 高处的粉尘浓度不应大于 10mg/m³；

2 生产废料宜采用专用设备进行分离回收，砂、石分离后再利用；浆水应经过多级沉淀符合环保标准后排放。

7.2.6 控制仪表与计量应符合下列规定：

1 微机显示器画面应清晰，程序控制系统工作应正常，元器件、仪表应齐全有效，摄像头监控应有效；

2 各计量、称量装置应齐全完好、计量准确，计量精度应符合标准，应定期实施计量检测；

3 混凝土养护室、混凝土检测仪器、量器具应符合标准并定期检测。

7.2.7 安全装置应符合下列规定：

1 料斗上、下限位及各部限位开关动作应灵敏可靠；

2 上料斗钢丝绳应符合本规程第 6.1.8 条的相关规定；

3 各防护罩及安全防护设施应齐全、完好、可靠；

4 搅拌站（楼）应设有防雷装置；作防雷接地的设备所连接的 PE 线应同时作重复接地，其接地电阻不应大于10Ω；

5 搅拌站（楼）应配置适用的灭火器材；

6 漏电保护器参数应匹配，安装应正确，动作应灵敏可靠。

7.3 混凝土搅拌机

7.3.1 传动系统应符合下列规定：

1 传动装置运转应平稳，各部连接应可靠；采用齿轮传动方式的其齿轮啮合应良好，侧向间隙不应大于1.5～3mm，径向间隙不应大于4～6mm，大齿轮的径向跳动不应大于3mm；小齿轮的径向跳动不应大于0.05mm；JZM型的橡胶托轮与滚道应接触良好，运转时不应有跳动和跑偏，托轮和滚道磨损量不应超过原厚度的30%；

2 皮带松紧应适宜，受力应均匀、不应有断裂，链条、链轮不应有咬齿；

3 上料斗滚轮、托轮应完好，磨损不应超过规定；

4 减速箱运转不应有异响，密封应良好，不应有漏油；

5 装有轮胎的混凝土搅拌机，其轮胎气压应符合说明书规定，固定螺栓应完好、齐全，不应松动；

6 离合器动力传递应有效，分离应彻底；制动器应灵敏可靠。

7.3.2 搅拌系统应符合下列规定：

1 JZ型搅拌机的拌筒与托轮接触应良好，不应有跑偏、窜动，磨损不应超过说明书规定；

2 JS型搅拌机的拌筒内铲臂紧固不应松动，刮板与衬板间隙应符合说明书要求，磨损不应超过说明书规定；

3 拌筒内不应有积灰，叶片不应松动和变形，上料斗和卸料斗不应有明显变形。

7.3.3 搅拌机供配电电源的架设应符合国家现行标准《施工现场临时用电安全技术规范》JGJ 46的有关规定。

7.3.4 操作控制柜面板上的仪表、指示灯、按钮应齐全完好。

7.3.5 上料斗钢丝绳润滑应充分，应符合本规程第6.1.8条的规定。

7.3.6 供水系统应符合下列规定：

1 供水系统水泵、管道部件应齐全完整，供水管路不应有泄漏，并采用防锈管件；

2 在水温达到50℃时，供水系统应仍能保证正常工作；

3 供水仪表计量数据应准确，且在有效标定期内。

7.3.7 搅拌机作业中产生的污水应通过设置沉淀池，经沉淀后达标排放。

7.3.8 制动及安全装置应符合下列规定：

1 上料斗应能保证在任意位置可靠制动，料斗不应下滑；上、下限位装置动作应灵敏可靠；

2 开式齿轮及皮带的安全防护罩应齐全、完好，上料斗安全挂钩及轨道上的安全插销应完好、齐全；

3 漏电保护器参数应匹配，安装应正确，动作应灵敏可靠。

7.4 混凝土喷射机组

7.4.1 传动系统应符合下列规定：

1 主电机与机架连接应紧固，工作时不应有异响，温升应正常；

2 减速箱工作时不应有异响和明显漏油；

3 料斗密封条及清扫板应齐全完好，橡胶板与衬板厚度和配合间隙应符合说明书的规定；

4 速凝剂调节螺杆应完好，混合料调节应有效。

7.4.2 液压及输送装置应符合下列规定：

1 机械手动主油泵工作应有效，系统工作压力应符合说明书要求；

2 液压油型号、油质及油量应符合说明书规定，油温不应超过80℃，管路连接应可靠，不应有锈蚀、变形、老化、破损、渗油；

3 各液压操纵部分运动应灵活、连接应可靠；

4 皮带运输机运转应平稳、不跑偏，托辊应完好。

7.4.3 气压系统应符合下列规定：

1 送风空压机作业时贮气罐压力不应超过铭牌额定压力，进、排气阀、轴承及各部件不应有异响过热；

2 电动空压机的压力调节器、减荷阀和机动空压机的额定载荷调节器工作应有效可靠，在各气动件分别或同时工作时，工作压力应符合说明书规定；

3 电磁阀及气压元件应符合产品规定且动作应灵敏可靠，气动传输管路应完好，不应漏气，电磁阀切换时间不应超过0.1s。

7.4.4 供水系统水泵工作不应有异响，管路应完好，不应有破损、泄漏。

7.4.5 工作装置应符合下列规定：

1 振动器工作应有效，卡固应牢靠，振动筛应完好；

2 喷嘴水环眼应畅通，混凝土输送胶管应完好，不应有破损、泄漏；

3 轮胎应符合本规程第4.5.3条的规定。

7.4.6 安全装置应符合下列规定：

1 液压系统中应设有防止过载和液压冲击的安全装置；安全溢流阀的调整压力不得大于系统额定工作压力的110%；系统的额定工作压力不得大于液压泵的额定压力；

2 送风空压机的安全阀应灵敏可靠，压力应符合说明书规定要求；

3 各安全限位装置应齐全、完好、有效;

4 报警提示装置应完好有效。

7.5 混凝土输送泵(拖泵、车载泵)

7.5.1 蓄能器压力应符合使用说明书要求。

7.5.2 搅拌系统应符合下列规定:

1 料斗上部应设置隔板;

2 搅拌装置的叶片与搅拌筒间的间隙应符合说明书规定,搅拌轴轴端不应漏浆。

7.5.3 电瓶应清洁,卡固应可靠,电解液液面应高出极板10~15mm,免维护电瓶标志应符合规定。

7.5.4 手动、遥控控制装置动作应灵敏、可靠。

7.5.5 液压系统应符合下列规定:

1 主油泵工作能力应达到额定值,运转应平稳,不应有泄漏;

2 液压系统阀组工作应灵敏,不应有中位;系统工作压力应符合说明书要求;

3 液压油型号、油质、油量及使用应符合有关规定;散热泵工作应有效,油温不应超过80℃,管路连接应可靠,不应有锈蚀、变形、老化、破损、渗油;

4 各液压操纵部分运动应灵活、连接应可靠;

5 液压缸活塞工作应有力,调节阀、溢流阀工作应有效。

7.5.6 混凝土泵送系统应符合下列规定:

1 混凝土泵的活塞的行程应符合说明书规定;

2 混凝土泵的活塞与缸筒的间隙应符合说明书规定;不应漏浆,漂洗箱中的冷却水不应浑浊;

3 分配阀与眼睛板的调整间隙应符合说明书规定,保证泵送、回抽有力,不应滞后;

4 切割环(条)磨损量应在说明书规定范围内,磨损超标应更换。

7.5.7 冷却系统工作有效,应符合说明书规定;部件应齐全完整,管路不应泄漏。

7.5.8 水泵(油泵)工作不应有异响,水质(油质)不应浑浊。

7.5.9 安全装置应符合下列规定:

1 液压系统中应设有防止过载和液压冲击的安全装置;安全溢流阀的调整压力不得大于系统额定工作压力的110%;系统的额定工作压力不得大于液压泵的额定压力;

2 安全阀及过载保护装置应齐全、灵敏、有效;压力表应有效且在检定期内;

3 漏电保护器参数应匹配,安装应正确,动作应灵敏可靠;

4 料斗上应安装连锁安全装置。

7.5.10 柴油机应符合本规程第3.1.7条中的相关规定。

7.5.11 电动输送泵的电气系统和电器元件应符合说明书要求,应灵敏、有效。

7.6 混凝土输送泵车(汽车泵)

7.6.1 柴油机应符合本规程第3.1.7条的相关规定。

7.6.2 搅拌系统应符合本规程第7.5.2条的相关规定。

7.6.3 回转布料系统应符合下列规定:

1 回转支承转动应灵敏可靠,内、外圈间隙应符合说明书的规定;油马达、减速箱运转不应有异响、脱档、泄漏,制动器应灵敏可靠,各连接螺栓的连接应牢固;

2 布料杆伸、缩动作应灵敏可靠,结构应完好,不应变形,输送管道不应有漏浆、开焊,卡固应牢靠;臂架液压油缸不应渗油、内泄下滑。

7.6.4 液压系统应符合下列规定:

1 应符合本规程第7.5.5条的相关规定。

2 臂架电磁阀组、支腿操作阀、回转制动阀动作应灵敏、可靠;

3 各支腿结构应完好不应变形,伸、缩动作应灵敏可靠,支腿液压油缸不应渗油、内泄、下沉。

7.6.5 供水水泵运转应正常,部件应齐全完整,管路不应有渗漏。

7.6.6 安全装置应符合下列规定:

1 液压系统中应设有防止过载和液压冲击的安全装置;安全溢流阀的调整压力不得大于系统额定工作压力的110%;系统的额定工作压力不得大于液压泵的额定压力;

2 制动应灵敏可靠、有效、不跑偏,压印、拖印应符合验车要求,制动踏板自由行程应符合使用说明书规定要求;

3 报警装置及紧急制动开关工作应可靠;

4 走台板、防护栏杆应齐全、完好,安全警示牌和相关操作指示牌应齐全、醒目,操作室应配备灭火器材。

7.7 混凝土搅拌运输车

7.7.1 搅拌系统应符合下列规定:

1 筒体与托轮接触应良好,不应跑偏、窜动和严重变形;

2 搅拌筒机架缓冲件不应有裂纹或损伤;搅拌筒内叶片、进料斗、主辅卸料槽不应严重磨损和变形;

3 搅拌筒、进料斗和主辅卸槽内不应有明显的混凝土积块。

7.7.2 液压系统应符合下列规定:

1 取力器工作时,应结合平稳,压力应达到设计的额定要求,不应渗漏;

2 液压系统零部件应齐全完好,系统工作压力应符合说明书要求;

3 液压油型号、油质、油量及使用应符合有关规定；散热泵工作时油温不应超过80℃；管路连接应可靠；不应锈蚀、变形、老化、破损、渗油；

4 各液压操纵部分运动应灵活、连接可靠。

7.7.3 供水系统水泵及部件应齐全完整，不应泄漏。

7.7.4 安全装置应符合下列规定：

1 液压系统中应设有防止过载和液压冲击的安全装置；安全溢流阀的调整压力不得大于液压泵的额定压力；

2 混凝土搅拌运输车侧面、后部的防护装置应齐全、完好；

3 混凝土搅拌运输车应配备灭火器材。

8 焊接机械

8.1 一般规定

8.1.1 焊接机械的用电应符合国家现行标准《施工现场临时用电安全技术规范》JGJ 46 的有关规定；焊接机械的零部件应完整，不应有缺损。

8.1.2 电焊机导线应具有良好的绝缘，绝缘电阻不得小于1MΩ，接地线接地电阻不得大于4Ω；当长期停用的电焊机恢复使用时，其绝缘电阻不得小于0.5MΩ，接线部分不得有腐蚀和受潮。

8.1.3 电焊钳应有良好的绝缘和隔热能力；电焊钳握柄应绝缘良好，握柄和导线连接应牢靠，接触应良好。

8.1.4 电焊机的二次线应采用防水橡皮护套铜芯软电缆，电缆长度不宜大于30m。当需要加长电缆时，应相应增加截面。

8.1.5 焊接铜、铝、锌、锡等有色金属时，应配备有效的通风设备及防毒面罩、呼吸滤清器或采取其他防毒措施。

8.1.6 当焊接预热焊件温度达150～700℃时，应设挡板隔离焊件发出的辐射热，焊接人员应穿戴隔热的石棉服装和鞋、帽等。

8.1.7 在载荷运行中，电焊机的温升值应在60～80℃范围内。

8.1.8 润滑装置应齐全完整，油路应畅通，润滑应良好，润滑油（脂）型号、油质及油量应符合说明书的要求。

8.1.9 安全防护装置应齐全、有效；漏电保护器参数应匹配，安装应正确，动作应灵敏可靠；接地（接零）应良好，应配装二次侧漏电保护器。

8.1.10 各类电焊机的整机应符合下列规定：

1 焊机内、外应整洁，不应有明显锈蚀；

2 各部连接螺栓应紧固牢靠，不应有缺损；

3 机架、机壳、盖罩不应有变形、开焊、开裂；

4 行走轮及牵引件应完整，行走轮润滑应良好。

8.2 交流电焊机

8.2.1 接线装置应符合下列规定：

1 一、二次接线保护板应完好，接线柱表面应平整，不应有烧蚀、破裂；

2 接线柱的螺帽、铜垫圈、母线应紧固，螺母不应有缺损、烧蚀、松动；

3 接线保护应完好。

8.2.2 调节器及防振装置应符合下列规定：

1 调节丝杆及螺母应转动灵活，不应有弯曲、卡阻，紧固件不应松动；

2 防振弹簧弹力应良好有效；

3 手摇把不应松旷、丢失。

8.2.3 电焊机罩壳应能防雨、防尘、防潮。

8.3 直流电焊机

8.3.1 分级变阻器应符合下列规定：

1 变阻器各触点不应烧损，接触应良好，滑动触点转动应灵活有效；

2 输入、输出线的接线板应完好、接线柱不应烧损和松动，接头垫圈应齐全。

8.3.2 换向器应符合下列规定：（无刷电机除外）

1 刷盒位置调整应适当；不应锈蚀；刷盒应离开换向器表面2～3mm；

2 碳刷与换向器接触应良好，位置调整应适度；

3 碳刷滑移应灵活无阻，磨损不应超过原厚度的2/3。

8.3.3 安全防护应符合下列规定：

1 各线路均应绝缘良好，输入线应符合接电要求，输出线断面应大于输入线断面的40%以上；

2 接地电阻值不应大于4Ω；

3 接线板护罩、开关的消弧罩应完整。

8.4 钢筋点焊机

8.4.1 气压系统应符合下列规定：

1 空压机应符合本规程第3.2节的相关规定；

2 气动装置及各种阀门均应灵活可靠，润滑应良好，管路应畅通，不应漏气。

8.4.2 冷却装置水路应畅通，不应漏水。

8.4.3 电气系统应符合下列规定：

1 线路接头应牢靠，各种开关、控制箱应完好；

2 接线板、接线柱不应有烧损、裂纹；

3 变压器防护应可靠、清洁；其绝缘电阻值不应小于1MΩ；

4 操作、控制等装置应齐全、灵敏、可靠。

8.5 钢筋对焊机

8.5.1 钢筋对焊机的工作装置应符合下列规定：

1 活动横梁移动应平稳，焊机钳口不应有油污

2 正负电极接触面烧损面积不应超过 2/3；

3 夹具螺杆与螺母之间的游移间隙不应大于 0.4mm，内螺母磨损量不应超过螺纹高度的 30%。

8.5.2 冷却装置水路应畅通，不应有漏水。

8.5.3 变压器一次线圈绝缘应良好，并应有安全保护接地。

8.5.4 闪光区应设置挡板。

8.6 竖向钢筋电渣压力焊机

8.6.1 焊接电源应符合下列规定：

1 焊接电压、电流、焊接时间应调节方便、灵敏；

2 电源电压应稳定，波动值应在 380±5V 范围内。

8.6.2 焊接机头应符合下列规定：

1 上夹头升降不应有卡滞；

2 夹头定位应准确，对中应迅速；

3 电极钳口、夹具不应有磨损、变形。

8.6.3 电气系统应符合下列规定：

1 焊接导线长度不应大于 30m，截面积不应小于 50mm²；

2 电源及控制电路正常，定时应准确，误差不应大于 5%；

3 电源电缆和控制电缆连接应正确、牢固；控制箱的外壳应可靠接地。

8.6.4 焊剂填装盒不应有破损、变形；规格尺寸应与钢筋直径匹配。

8.7 埋弧焊机

8.7.1 传动机构应符合下列规定：

1 减速箱油槽中的润滑油油量、油质应符合说明书要求；

2 送丝滚轮沟槽、齿轮应完好，滚轮、导电嘴（块）应接触良好，不应有磨损；

3 软管式送丝机的软管槽孔应清洁，应定期吹洗。

8.7.2 电气系统应符合下列规定：

1 焊接导线长度不应大于 30m，截面积不应小于 50mm²；

2 电源及控制电路定时应准确，允许误差不应大于 5%；

3 电源电缆和控制电缆连接应正确、牢固；控制箱的外壳应可靠接地；控制箱的外壳和接线板上的罩壳应盖好。

8.8 二氧化碳气体保护焊机

8.8.1 整机应具备防尘、防水、防烟雾等功能。

8.8.2 减速机传动应平稳，送丝应匀速。

8.8.3 电弧燃烧应稳定。

8.8.4 电压、电流调节装置应完好，调节应灵敏、高精度。

8.8.5 熔滴与熔池短路过渡应良好。

8.9 气焊（割）设备

8.9.1 外观应清洁，润滑应良好，不应漏水、漏电、漏油、漏气。

8.9.2 各附属装置和设备（空压机、气瓶、送丝机、焊接架）应符合相应的检验技术要求。

8.9.3 冷却、散热、通风系统应齐全、完整，效果良好。

8.9.4 电气控制系统应符合下列规定：

1 电源装置、控制装置应完好，调整应方便，操作应灵活；

2 各元器件应齐全完好，运行可靠；

3 机组元件工作温度应符合说明书规定；

4 各仪表应齐全完好，指示数据应准确。

8.9.5 氧气瓶及其附件、胶管工具均不应沾染油污，软管接头不应采用含铜量大于 70% 的铜质材料制造。

8.9.6 气瓶（乙炔瓶、氧气瓶）与焊炬相互间的距离不应小于 10m。

8.9.7 严禁使用未安装减压器的氧气瓶。

9 钢筋加工机械

9.1 一般规定

9.1.1 整机应符合下列规定：

1 机械的安装应坚实稳固，保持水平位置；

2 金属结构不应有开焊、裂纹；

3 零部件应完整，随机附件应齐全；

4 外观应清洁，不应有油垢和锈蚀；

5 操作系统应灵敏可靠，各仪表指示数据应准确；

6 传动系统运转应平稳，不应有异常冲击、振动、爬行、窜动、噪声、超温、超压；

7 机身不应有破损、断裂及变形；

8 各部位连接应牢靠，不应松动。

9.1.2 电气系统及润滑系统应符合下列规定：

1 钢筋加工机械的用电应符合国家现行标准《施工现场临时用电安全技术规范》JGJ 46 的有关规定；

2 电气系统装置应齐全，线路排列应整齐，卡固应牢靠；

3 电气设备安装应牢固，电气接触应良好；

4 电机运行时不应有异常响声、抖动及过热；

5 电气控制设备和元件应置于柜（箱）内，电气柜（箱）门锁应齐全有效；

6 油泵工作应有效；油路应畅通；油杯、

油线、油毡应齐全，不应有破损；油标应醒目，刻线应正确，油质、油量应符合说明书的要求；

   7 润滑系统工作应有效，油路应畅通，润滑应良好；各滑润部位及零件不应严重拉毛、磨损、碰伤；

   8 润滑油型号、油质及油量应符合说明书的要求。

9.1.3 安全防护应符合下列规定：

   1 安全防护装置及限位应齐全、灵敏可靠，防护罩、板安装应牢固，不应破损；

   2 接地（接零）应符合用电规定，接地电阻不应大于 4Ω；

   3 漏电保护器参数应匹配，安装应正确，动作应灵敏可靠；电气保护（短路、过载、失压）应齐全有效。

9.1.4 液压系统应符合下列规定：

   1 各液压元件固定应牢固，不应有渗漏；

   2 液压系统应清洁，不应有油垢；

   3 各液压元件的调定压力应符合说明书的要求；

   4 各液压元件应定期校准和检验。

9.2 钢筋调直机

9.2.1 传动系统应符合下列规定：

   1 传动机构运转应平稳，不应有异响，传动齿轮及花键轴不应有断齿、啃齿、裂纹及表面脱落；

   2 传动皮带数量应齐全，不应有破损、断裂，松紧度应适宜。

9.2.2 调直系统及牵引和落料机构应符合下列规定：

   1 调直筒、轴不应有弯曲、裂纹和轴销磨损等；

   2 离合器应灵敏可靠，结合时应吻合，不应咬边；调速滑动齿轮滑动应灵活，不应窜动；

   3 自动落料机构开闭应灵活，落料应准确，落料架各部件连接应牢固；

   4 牵引轮工作应有效，调节机构应灵敏，滑块移动不应有卡阻；

   5 调节螺母、回位弹簧及链轮机构应灵敏、可靠。

9.2.3 机座、电机、轴承座和调直筒等连接应牢固，各轴、销应齐全完好。

9.3 钢筋切断机

9.3.1 传动及切断系统应符合下列规定：

   1 传动机构应运转平稳，不应有异响，曲轴、连杆不应有裂纹、扭曲；

   2 开式传动齿轮齿面不应有裂纹、点蚀和变形，啮合应良好，磨损量不应超过齿厚的 25%；滑动轴承不应有刮伤、烧蚀，径向磨损不应大于 0.5mm；

   3 滑块与导轨纵向游动间隙应小于 0.5mm，横向间隙应小于 0.2mm；

   4 刀具安装牢固不应松动；刀口不应有缺损、裂纹，衬刀和冲切间隙应正常。

9.4 钢筋弯曲机

9.4.1 传动系统及工作机构应符合下列规定：

   1 传动齿轮啮合应良好，位置不应偏移、松旷；

   2 芯轴和成型轴、挡铁轴、轴套应完整，安装应牢固，工作台转动应灵活，不应有卡阻；

   3 芯轴和成型轴、挡铁轴的规格与加工钢筋的直径和弯曲半径应相适应；芯轴直径应为钢筋直径的 2.5 倍；挡铁轴应有轴套。

9.4.2 芯轴、挡铁轴、转盘等不应有裂纹和损伤，防护罩应坚固可靠。

9.5 钢筋冷拉机

9.5.1 传动齿轮啮合应良好，弹性联轴节不应松旷。

9.5.2 制动块磨损量不应大于原厚度的 50%，制动应灵敏。

9.5.3 冷拉夹具、夹齿应完好，夹持功能应有效。

9.6 冷镦机

9.6.1 传动齿轮啮合应良好，位置不应偏移、松旷。

9.6.2 模具、中心冲头不应有裂纹。

9.6.3 上下模与中心冲头的同心度、冲头与夹具的间隙应符合说明书的要求。

9.7 钢筋冷拔机

9.7.1 传动及工作装置应符合下列规定：

   1 传动齿轮啮合应良好，弹性联轴节不应松旷；

   2 模具不应有裂纹，轧头和模具的规格应配套。

9.7.2 冷却与通风装置应符合下列规定：

   1 冷却水应畅通，流量应适宜；

   2 风道应畅通，风量应合适。

9.8 钢筋套筒冷挤压连接机

9.8.1 超高压油管的弯曲半径不应小于 250mm，扣压接头处不应有扭转和死弯。

9.8.2 压力表应定期检查、测定，误差不应大于 5%。

9.9 钢筋直（锥）螺纹成型机

9.9.1 机体内外应清洁，不应有锈垢、油垢、锈蚀。

9.9.2 机架应有足够的强度和刚度，不应有明显的翘曲和变形。

9.9.3 各传动面、导轨面、接触面不应有严重锈蚀、油垢、积灰，外壳各表面应清洁，不应有锈垢。

9.9.4 整机不应漏油，对因制造缺陷引起的漏油应采取回流措施。

9.9.5 传动系统应符合下列规定：

1 摆线针轮减速机运转应平稳，设备运行时不应有异常冲击、振动、爬行、窜动、噪声和超温、超压；

2 箱体内外应清洁，油质应清洁，油量应充足；密封装置应有效，不应漏油；

3 进给机构各档变速应正常、灵活、可靠、齐全；

4 自动开合机构应开合自如、自锁良好。

9.9.6 冷却系统应符合下列规定：

1 冷却水泵工作应有效；

2 冷却液体箱应清洁，并应定期清理。

10 木工机械及其他机械

10.1 一般规定

10.1.1 整机应符合下列规定：

1 机械安装应坚实稳固，保持水平位置；

2 金属结构不应有开焊、裂纹；

3 机构应完整，零部件应齐全，连接应可靠；

4 外观应清洁，不应有油垢和明显锈蚀；

5 传动系统运转应平稳，不应有异常冲击、振动、爬行、窜动、噪声、超温、超压；传动皮带应完好，不应破损，松紧度适度；

6 变速系统换档应自如，不应有跳档；各档速度应正常；

7 操作系统应灵敏可靠，配置操作按钮、手轮、手柄应齐全，反应应灵敏；各仪表指示数据应准确；

8 各导轨及工作面不应严重磨损、碰伤、变形；

9 刀具安装应牢固，定位应准确有效；

10 积尘装置应完好，工作应可靠。

10.1.2 电气系统及润滑应符合下列规定：

1 木工机械及其他机械的用电应符合国家现行标准《施工现场临时用电安全技术规范》JGJ 46 的有关规定；

2 电气系统装置应齐全，线路排列应整齐，包扎、卡固应牢靠，绝缘应良好，电缆、电线不应有损伤、老化、裸露；

3 电机运转应平稳，不应有异常响声、振动及过热；

4 润滑装置应齐全完整，油路应通畅，润滑应良好，润滑油（脂）型号、油质及油量应符合说明书规定。

10.1.3 安全防护装置应符合下列规定：

1 接地（接零）应正确，接地电阻应符合用电规定；

2 短路保护、过载保护、失压保护装置动作应灵敏、有效；

3 漏电保护器参数应匹配，安装应正确，动作应灵敏可靠；

4 外露传动部分防护罩壳应齐全完整，安装应牢靠；

5 防护压板、护罩等安全防护装置应齐全、可靠，指示标志应醒目有效。

10.2 木工平刨机

10.2.1 工作台升降应灵活。

10.3 木工压刨机

10.3.1 工作台升降应灵活，变速应齐全，定位应准确。

10.3.2 送料装置应灵敏可靠，压紧回弹装置应完整齐全。

10.4 木工带锯机（木工跑车带锯机）

10.4.1 工作台升降应灵活，变速应齐全，定位应准确。

10.4.2 上下锯轮的平行度、垂直度及径向跳动应符合设计要求。

10.4.3 锯条焊接应牢固，安装定位应准确，松紧度应适宜。

10.4.4 跑车运行应平稳，摇头应准确，且与锯轮的平行度应符合设计要求。

10.4.5 卡料装置应灵活可靠。

10.5 立式榫槽机

10.5.1 工作机构应符合下列规定：

1 工作台往复运行应平稳，不应有明显爬行，行程调节应灵活，定位应准确；

2 刀具安装应牢固、安全可靠；调节应方便。

10.5.2 液压系统应符合下列规定：

1 各液压元件固定应牢固，油管及密封圈不应有渗漏；

2 压力表配置应齐全，指示应灵敏；

3 溢流阀的设定压力不应超过液压系统的最高压力；

4 液压油油质、油量应符合说明书的要求，油温应正常。

11 装修机械

11.1 一般规定

11.1.1 装修机械整机应符合下列规定：

1 金属结构不应有开焊、裂纹；

2 零部件应完整，随机附件应齐全；

3 外观应清洁，不应有油垢和明显锈蚀；

4 传动系统运转应平稳，不应有异常冲击、振动、爬行、窜动、噪声、超温、超压；
    5 传动皮带应齐全完好，松紧应适度；
    6 操作系统应灵敏可靠，各仪表指示数据应准确。
11.1.2 电气系统及润滑系统应符合下列规定：
    1 装修机械的用电应符合国家现行标准《施工现场临时用电安全技术规范》JGJ 46 的有关规定；
    2 电气系统装置应齐全，线路排列应整齐，卡固应牢靠；
    3 电气设备安装应牢固，电气接触应良好，不应松动；
    4 电机运转应平稳，不应有异常响声、抖动及过热；
    5 电气控制设备和元件置于柜（箱）内，电气柜（箱）门锁应齐全有效；
    6 润滑系统油路应畅通，润滑应良好；各滑导部位及零件不应有严重拉毛、磨损、碰伤；
    7 润滑油型号、油质及油量应符合说明书要求。
11.1.3 安全防护装置应符合下列规定：
    1 漏电保护器参数应匹配，安装应正确，动作应灵敏可靠；电气保护装置（短路、过载、失压）应齐全有效；
    2 接地（接零）应符合规范，接地电阻不应大于 4Ω；
    3 安全防护装置及限位应齐全、灵敏可靠；防护罩、板安装应牢靠，不应破损。
11.1.4 液压系统应符合下列规定：
    1 液压系统各液压元件固定应牢靠，不应渗漏；液压系统应清洁，不应有污垢；各液压元件的调定压力应符合说明书要求；
    2 油泵工作时，油路、油嘴应畅通，油杯、油线、油毡应齐全，不应破损，作用应良好；油标应醒目，刻线应正确，油质、油量应符合说明书的要求。

11.2 灰浆搅拌机

11.2.1 搅拌轴两端密封应良好，不应漏浆。
11.2.2 传动装置应符合下列规定：
    1 工作应平稳，不应有冲击、振动及噪声；
    2 传动皮带配置应齐全，张紧应适度，不应有破裂、毛边；
    3 离合器结合应平稳，分离应彻底，传递动力应有效；
    4 制动器零件应齐全，制动应可靠。
11.2.3 搅拌及出料系统应符合下列规定：
    1 搅拌筒及搅拌叶片不应有明显磨损及变形，叶片与搅拌筒壁间的间隙不应超过 3～5mm；
    2 出料机构应操作灵活，零件不应有缺损；
    3 量水器计量应准确，误差不应超过规定。

11.3 灰浆泵

11.3.1 外观应清洁，零部件不应缺失、损坏。
11.3.2 灰浆料流应稳定，工作压力不应超过 1.5MPa。
11.3.3 输送管道接头连接应紧密，不应破损、渗漏。
11.3.4 压力表应完好，且在检定有效期内。
11.3.5 各传动装置工作应平稳，不应超温、超压。
11.3.6 传动皮带应齐全、完好，张紧应适度，不应有缺失、破裂、毛边等缺陷。
11.3.7 过载安全装置（安全阀）应完好，工作应可靠。

11.4 喷浆泵

11.4.1 外观应清洁，料斗、料罐内不应有结浆。
11.4.2 零部件不应有缺失、损坏。
11.4.3 压力表应完好，且在检定有效期内。
11.4.4 传动装置应符合下列规定：
    1 传动机构运行应平稳，噪声不应超标，温升不应超限；
    2 柱塞泵工作应可靠，料流应稳定，不应超温、超压；
    3 减速器润滑油型号、油质及油量应符合规定，不应渗漏。
11.4.5 工作装置应符合下列规定：
    1 喷杆气阀、喷雾头等零部件应有效、通畅，且不应漏浆；
    2 输浆管不应有老化、破损，接头处不应渗漏。

11.5 水磨石机

11.5.1 动力及传动装置应符合下列规定：
    1 减速器运转应平稳，不应渗漏，噪声不应超标；
    2 各销轴不应缺失，润滑应良好，油路应畅通。
11.5.2 工作装置应符合下列规定：
    1 磨石不应有裂纹、破损；
    2 冷却水管不应有破损、老化、渗漏；
    3 磨石夹具不应有缺陷，夹持应牢固；
    4 磨石机的质量应与本机型工作能力匹配。

11.6 地板整修机械

11.6.1 动力及传动装置应符合下列规定：
    1 传动装置工作应平稳，不应有异常噪声，温升不应超限；
    2 传动带配置应齐全，不应有破边磨损，张紧应适度；
    3 吸尘器排屑应通畅；
    4 润滑装置应齐全、完好，油路应畅通，润滑应良好。

11.6.2 工作装置应符合下列规定：

1 刃具、磨具应锋利，修正量应符合说明书规定；夹持应可靠，不应松动，润滑应适当；

2 刨刀滚筒（磨削滚筒）的动平衡阀调试应准确，工作中不应松动，满足地板光洁度要求。

12 掘进机械

12.1 一般规定

12.1.1 掘进机械应按照使用说明书规定的技术性能和使用条件合理使用，严禁任意扩大使用范围。

12.1.2 隧道施工应加强电器的绝缘，选用特殊绝缘构造的加强型电器，或选用额定电压高一级的电器；在有瓦斯的隧道中应设有防护措施；高海拔地区应选用高原电器设备。

12.1.3 盾构机的选用应与周围岩土条件相适应。

12.1.4 整机应符合下列规定：

1 外观应清洁，警示标记应明显；

2 主要工作性能应能达到额定指标；

3 各总成件、零部件及附属装置应齐全、完整；试运转时，不得有漏油、异响、发热；

4 钢结构不应有变形，主要受力构件的焊缝不应有开焊、裂纹，螺栓连接及销连接应牢靠。

12.1.5 液压系统应符合下列规定：

1 各部液压元件应齐全完好；

2 系统应设有防止过载和液压冲击的安全装置，溢流阀工作应可靠；系统工作压力不应大于液压泵的额定压力；

3 液压缸应设有可靠的平衡阀或液压锁；

4 管路连接应可靠，不应渗漏；

5 液压系统运行应平稳，工作应可靠；

6 液压油型号、油质及油量应符合要求，油压、油温应正常；

7 应具备油水检测体系及相应规章。

12.1.6 电器装置应符合下列规定：

1 配电柜内电缆连接应牢靠，温度应正常；

2 电器设备应保证传动性能和控制性能准确可靠，在紧急情况下能切断总控制电源，安全停车，各工作部分应立即停止工作并停止在安全位置上；

3 电器连接应牢靠，不应松脱；导线、线束卡固应牢靠；

4 保护零线和接地线应分开，并不应做载流回路；

5 各种仪表、照明、信号、喇叭、音响应齐全有效；

6 电瓶应清洁，固定应牢靠，电解液液面应高出极板 10～15mm；免维护电瓶的标志应符合规定；

7 传感器接线应可靠，表面不应有污水和污渍，应有防护措施；

8 控制面板应始终正确显示出各设备的运行状态，发生异常时，应能清楚显示出其信息；面板上按钮与旋钮动作应灵敏可靠；

9 各项检测设备工作应正常。

12.2 土压平衡盾构机、泥水加压盾构机

12.2.1 变压器应符合下列规定：

1 高压电缆外表不应有破损、老化，电缆卷筒侧盖密封应良好，电缆敷设卡固应牢靠；

2 变压器密封应良好，不应泄漏。

12.2.2 电器系统应符合下列规定：

1 每个回路在导电部分与大地之间的绝缘电阻值应符合说明书规定；

2 数据采集系统工作应正常；各部位传感器应灵敏可靠。

12.2.3 盾构壳体应符合下列规定：

1 盾体内径、外径尺寸应在允许范围内，各部位钢结构厚度、强度应符合说明书要求；

2 盾尾密封油脂注入系统工作应正常，盾尾止水带密封应良好；各种管道应完好，不应阻塞；

3 壁后注浆设备功能应正常，注浆管路内不应固结。

12.2.4 开挖系统应符合下列规定：

1 刀盘开口度应符合说明书规定的允许范围；刀盘密封油脂密封应良好；

2 刀具不应偏磨、崩刃，磨损应在允许范围内；各刀体应能自由转动，刀具与刀座连接应牢固，刀座与刀盘焊缝不应有缺陷；

3 驱动系统正转、反转、速度调节等功能应正常；

4 压力舱上的开口、盾壳上的阀门等不应有堵塞、缺损；

5 超挖装置调整应方便、可靠，应能准确控制超挖量、超挖范围；

6 螺旋输送机运转应正常，伸缩机构工作应完好，观测窗口不应有堵塞，卸土门在动力失去时应能紧急关闭，土压力传感器显示应准确；

7 发泡装置工作应正常。

12.2.5 推进系统应符合下列规定：

1 各推进油缸安装应牢固，推进速度、行程、压力应达到说明书要求；

2 铰接系统伸出、缩回动作应符合说明书规定，行程显示应正确；

3 主轴承润滑油脂系统工作应正常；轴承止水带安装应牢固，密封应良好。

12.2.6 管片安装机构应符合下列规定：

1 管片安装机构前后运动、回旋、伸缩等动作

应灵敏；推压力、旋转速度、前后滑动距离应符合说明书规定；

  2 真圆保持器工作应正常；

  3 管片贮运装置运转应完好。

12.2.7 渣土、泥浆排出设备应符合下列规定：

  1 土压平衡盾构机：传送带驱动马达性能应良好，张紧装置工作应能适合规定的曲线工作；

  2 泥水平衡盾构机：泥水循环及泥水处理系统工作应正常；送泥水管、排泥浆管管道密封应良好，不应有严重磨损；泥浆泵、分离机、振动筛性能应良好，工作压力应正常；砾石破碎设备性能应符合说明书要求；流量监控装置性能应良好；泥浆设备与泥水分离系统运转应正常。

12.2.8 后续台车应符合下列要求：

  1 台车专用轨道铺设应牢固，轨距应符合说明书的要求；

  2 各台车运转应平稳，制动应良好。

12.2.9 导向装置应符合下列要求：

  1 定期用人工测量方法对导向系统的数据进行复核，包括系统的测量结果、测点坐标等，复核结果应符合施工要求；

  2 系统的测站点和后视点安装在隧道管片的固定支架上，支架应稳固，不应晃动。

12.2.10 人仓应符合下列规定：

  1 密封面应干净，不应有损坏；

  2 人仓所有部件（显示仪、条形记录器、热系统、时钟、温度计、密封阀）的功能应正常；电话和紧急电话设备应能按照规定要求工作；条形记录器供纸应充足。

12.2.11 后配套管线应符合下列规定：

  1 水管卷筒应能正常转动，并应有足够的存贮量；

  2 电缆位置应可靠牢固，防止其被突出物损坏，应有足够的存贮量；

  3 盾构本体与台车之间的软管、电线连接应正常。

12.2.12 通风设备应符合下列规定：

  1 通风管道安装应牢固，不应有破损，连接处密封应良好；

  2 送风量应符合说明书规定的要求，消声器工作应正常。

12.2.13 给排水设备应符合下列规定：

  1 水泵、阀门等性能应良好，管道不应破损；

  2 备用设备性能应良好。

12.2.14 气路系统应符合下列规定：

  1 应设有安全阀及油水分离装置，系统最低压力不应低于说明书要求，安全阀压力应按要求调整；

  2 电磁阀动作应灵敏、可靠，不应漏气；

  3 贮气筒及气压元件应符合说明书要求。

12.2.15 润滑应符合下列规定：

  1 润滑装置应齐全完整，油路应畅通；

  2 各润滑部位润滑应良好，润滑油型号、油质及油量应符合说明书的要求。

12.2.16 安全保护装置应符合下列要求：

  1 供紧急情况使用的通信联络设备、避难用设备器具、急救设备、器材、应急医疗设备应齐全，并在有效期内；

  2 消防、防火设备应齐全，并在有效期内；

  3 有害气体测量、记录、报警装置工作应正常；

  4 安全通道扶手应牢固，升降装置应安全可靠。

12.3 凿岩台车

12.3.1 工作时支腿应稳定可靠。

12.3.2 配置的柴油发动机应符合本规程第3.1.7条的相关规定；配置的电动机运行应正常，不应有异响及过热。

12.3.3 凿岩机应符合下列规定：

  1 各螺栓连接（凿岩机的拉紧螺栓和安装螺栓、蓄能器螺栓、阀盖螺栓等）应牢靠紧固，不应有松动；

  2 各软管接头连接应牢靠，不应泄漏；

  3 冲洗水压和润滑空气压力应正常；

  4 润滑器应有足够的润滑油，供油量应适量；

  5 钎尾接头应完好，不应断裂；

  6 蓄能器充气压力应符合说明书的要求，隔膜不应破损。

12.3.4 推进器应符合下列规定：

  1 凿岩机在滑架上应能沿推进器的全长滑动，润滑应良好；

  2 推进器延伸油缸动作应准确，快慢应适度，不应有泄漏；

  3 钻杆衬套磨损应符合规定，支架连接应紧固，钻杆不应有弯曲变形；螺纹不应严重磨损；工作时导向应良好，不应摆动；

  4 推进机构使用的钢丝绳应符合本规程第6.1.8条的相关规定；

  5 软管不应有老化、破损。

12.3.5 钻臂应符合下列规定：

  1 液压缸不应跳动；

  2 液压泵不应有噪声、跳动；

  3 钻臂应保持垂直面内的平行度；

  4 钻臂工作应平稳，各项动作应灵敏准确。

12.3.6 行走机构应符合下列规定：

  1 轮胎应符合本规程第4.5.3条的规定；

  2 轨道铺设应平稳，线路应平顺，铺设的钢轨型号应与凿岩台车匹配，且止轮设施齐全（轮轨式）。

12.3.7 电气系统应符合下列规定：

  1 所有指示灯工作应正常，漏电保护器参数应匹配，安装应正确，动作应灵敏可靠；
  2 电缆不应有老化、破损；
  3 配电箱和控制盘应有防水装置。

本规程用词说明

  1 为便于在执行本规程条文时区别对待，对要求严格程度不同的用词说明如下：
    1）表示很严格，非这样做不可的：
      正面词采用"必须"；
      反面词采用"严禁"。
    2）表示严格，在正常情况下均应这样做的：
      正面词采用"应"；
      反面词采用"不应"或"不得"。
    3）表示允许稍有选择，在条件许可时首先应这样做的：
      正面词采用"宜"；
      反面词采用"不宜"；
    表示有选择，在一定条件下可以这样做的，采用"可"。
  2 条文中指定应按其他有关标准执行的，写法为"应按……执行"或"应符合……规定（要求）"。

中华人民共和国行业标准

施工现场机械设备检查技术规程

JGJ 160—2008

条 文 说 明

前　言

《施工现场机械设备检查技术规程》JGJ 160—2008 经住房和城乡建设部 2008 年 8 月 11 日以第 84 公告批准发布。

本规程主编单位是中国建筑业协会机械管理与租赁分会，参编单位江苏省建筑工程管理局、江苏省建筑安全与设备管理协会、中国铁路工程总公司、北京建工集团有限责任公司。

为便于广大建设施工单位、安全生产监督机构等单位的有关人员在使用本规程时能正确理解和执行条文规定，《施工现场机械设备检查技术规程》编制组按章、节、条、款顺序编制了本规程的条文说明，供国内使用者参考。在使用中如发现本条文说明有不妥之处，请将意见函寄中国建筑业协会机械管理与租赁分会。

目 次

3 动力设备及低压配电系统 ……… 10—9—41
  3.1 柴油发电机组 …………………… 10—9—41
  3.2 空气压缩机及附属设备 ………… 10—9—41
  3.3 低压配电系统 …………………… 10—9—41
4 土方及筑路机械 ……………………… 10—9—42
  4.1 一般规定 ………………………… 10—9—42
  4.2 推土机 …………………………… 10—9—43
  4.3 履带式单斗液压挖掘机 ………… 10—9—43
  4.4 光轮压路机 ……………………… 10—9—43
  4.8 轮胎式装载机 …………………… 10—9—43
  4.9 稳定土拌和机 …………………… 10—9—43
  4.10 履带式沥青混凝土摊铺机 ……… 10—9—43
  4.11 沥青混凝土搅拌设备 …………… 10—9—43
5 桩工机械 ……………………………… 10—9—44
  5.1 一般规定 ………………………… 10—9—44
  5.2 履带式打桩架（三支点式） …… 10—9—44
  5.3 步履式打桩架 …………………… 10—9—44
  5.4 静力压桩机 ……………………… 10—9—44
  5.5 转盘钻孔机 ……………………… 10—9—44
  5.7 筒式柴油打桩锤 ………………… 10—9—44
  5.8 振动桩锤 ………………………… 10—9—44
6 起重机械与垂直运输机械 …………… 10—9—45
  6.1 一般规定 ………………………… 10—9—45
  6.2 履带式起重机 …………………… 10—9—45
  6.4 汽车式起重机 …………………… 10—9—45
  6.5 塔式起重机 ……………………… 10—9—45
  6.6 施工升降机 ……………………… 10—9—46
  6.7 电动卷扬机 ……………………… 10—9—46
  6.8 桅杆式起重机 …………………… 10—9—46
  6.9 物料提升机 ……………………… 10—9—46
  6.11 高处作业吊篮 …………………… 10—9—46
  6.12 附着整体升降脚手架 …………… 10—9—46
7 混凝土机械 …………………………… 10—9—46
  7.1 一般规定 ………………………… 10—9—46
  7.2 混凝土搅拌站（楼） …………… 10—9—46
  7.3 混凝土搅拌机 …………………… 10—9—47
  7.4 混凝土喷射机组 ………………… 10—9—47
  7.6 混凝土输送泵车（汽车泵） …… 10—9—47
8 焊接机械 ……………………………… 10—9—47
  8.1 一般规定 ………………………… 10—9—47
  8.2 交流电焊机 ……………………… 10—9—47
  8.3 直流电焊机 ……………………… 10—9—47
  8.5 钢筋对焊机 ……………………… 10—9—47
  8.6 竖向钢筋电渣压力焊机 ………… 10—9—47
  8.7 埋弧焊机 ………………………… 10—9—47
  8.8 二氧化碳气体保护焊机 ………… 10—9—47
  8.9 气焊（割）设备 ………………… 10—9—47
9 钢筋加工机械 ………………………… 10—9—48
  9.4 钢筋弯曲机 ……………………… 10—9—48
  9.7 钢筋冷拔机 ……………………… 10—9—48
  9.8 钢筋套筒冷挤压连接机 ………… 10—9—48
  9.9 钢筋直（锥）螺纹成型机 ……… 10—9—48
10 木工机械及其他机械 ………………… 10—9—48
  10.4 木工带锯机（木工跑车带
       锯机） …………………………… 10—9—48
11 装修机械 ……………………………… 10—9—48
  11.2 灰浆搅拌机 ……………………… 10—9—48
  11.5 水磨石机 ………………………… 10—9—48
12 掘进机械 ……………………………… 10—9—48
  12.1 一般规定 ………………………… 10—9—48
  12.2 土压平衡盾构机、泥水加压
       盾构机 …………………………… 10—9—48

3 动力设备及低压配电系统

3.1 柴油发电机组

3.1.2 固定式柴油发电机，工作中产生振动和冲击，安装时需要放置平稳、固定良好；为防止发电机绝缘损坏导致人员触电，应采取拖车接地措施；接地可单独设临时接地极，也可接到埋设在地下无可燃性气体或无爆炸物质的金属管道上，以及与大地有可靠连接的建筑物的金属构架上。

3.1.3 本条的电气安全距离应符合本规程第 3.3.8 条第 7 款的规定；防火等级要求不低于 3 级，并配置沙箱和可用于电气灭火的灭火器。

排烟管应伸出室外，应将汽缸内的废气排出，减少排烟系统的背压，降低废气阻力和温度，提高柴油机的工作效率和工作性能；同时，确保发电机组具有良好的工作环境，应保证操作人员的安全和减少对建筑物外观的影响及对周围环境的污染。

严禁在室内和排烟管道附近存放贮油桶主要原因是：由于室内温度很高，尤其在排烟管道（一般为 350～550℃）附近，使存放的贮油桶内燃油达到燃点而引起火灾和爆炸。

3.1.4 发电机组应靠近负荷中心，以节省有色金属，减少投资和电能损耗，应确保电压质量，提高供电的可靠性；应设在下风侧主要考虑污染源对逆风方向的设施污染小，以减少污染危害。

3.1.5 本条对发电机组电源与外电源线路的电气隔离措施及保证发电机组不致因与外电线路并列运行而发生倒送电烧毁事故所作出的规定。

3.1.7 柴油机应符合下列规定：

发动机在运行过程中，司机应经常目视机油压力表，发现不正常时，应立即停机检查，待故障排除后，方可再行启动；否则会造成严重的机械事故。

每日例保时，司机应检查机油尺所示机油量；油量过少会导致机油压力低，发动机因得不到良好润滑而发生机械事故；油量过多会导致串油，发动机冒蓝烟，造成输出功率下降；曲轴箱内机油超出油尺上刻度会导致发排气管喷出机油。

发动机的节温器是保持发动机水温的一种装置，当水温达不到 80℃时，节温器关闭；当水温超过 80℃时，节温器打开，发动机水套内的水流向散热器，散热器开始散热，以保持发动机正常运转。

3.1.9 电气系统应符合下列规定：

对柴油发电机组的接地形式所作出了规定，应符合《施工现场临时用电安全技术规范》JGJ 46—2005 的规定，其中，当单台容量超过 100kVA 或使用同一接地装置并联运行且总容量超过 100kVA 的发电机的工作接地电阻值不应大于 4Ω；当单台容量不超过 100kVA 或使用同一接地装置并联运行且总容量不超过 100kVA 的电力变压器或发电机的工作接地电阻值不应大于 10Ω；在土壤电阻率大于 1000Ω·m 的地区，当达到上述接地电阻值有困难时，工作接地电阻值可提高到 30Ω。

核准相序是两个电源向同一供电系统供电的必经手续，相序一致才能确保用电设备的性能和安全，应符合《建筑电气工程施工质量验收规范》GB 50303—2002 的规定。

在供电系统设置电源隔离开关及短路、过载、漏电保护器是为了强调适应施工用电工程的需要，应符合《施工现场临时用电安全技术规范》JGJ 46—2005 的规定。

3.1.10 硬水中含有大量矿物质，在高温作用下会产生水垢，附着于冷却系统的金属表面，堵塞水道，降低散热功能，所以需要作软化处理。

3.2 空气压缩机及附属设备

3.2.2 固定式空气压缩机，在工作中会产生振动和冲击，因此，安装时必须放置平稳、固定良好；移动式空气压缩机为防止电动机绝缘损坏导致人员触电，故采取拖车接地措施。

3.3 低压配电系统

3.3.1 符合《施工现场临时用电安全技术规范》JGJ 46—2005 第 5.1.3 和 5.1.4 条的要求，是保证 TN-S 系统不被改变的补充规定，还应符合现行国家标准《系统接地的型式及安全技术要求》GB 14050—93。

3.3.2 利用大地或动力设备的金属结构体作相线或工作零线时，会使漏电设备的相零回路阻抗增大，短路电流不够大，不能确保漏电设备的保护装置迅速灵敏的动作，增加了触电的危险；使施工现场的漏电保护器无法正常运行，无法实行三级配电两级漏电保护。

3.3.3 如在保护接零的零线上串接熔断器或开关，将使零线失去保护功能，故为提高保护接零的可靠性，防止保护零线断线，确保用电安全而作出的规定。

3.3.4 为了不因某一设备保护地线或保护零线接触不良或断线而使以下所有设备失去保护，故规定只能并联接地，不能串联接地。

3.3.5 根据《施工现场临时用电安全技术规范》JGJ 46—2005 的规定，开关箱应采用"一机、一闸、一漏、一箱"制原则，主要是防止发生误操作事故。

3.3.6 根据《施工现场临时用电安全技术规范》JGJ 46—2005 的要求，对施工现场动力设备及低压配电装置的负荷电缆芯线的选择作出规定；三相用电设备中配置有单相用电器具，如指示灯即为单相用电器具。

3.3.8 配电室（房）应符合下列规定：

应符合"每一接地装置的接地线应采用两根及以上导体，在不同点与接地装置作电气连接"，防止一端断线，另一端仍然可起作用。

本条按照现行国家标准《低压配电设计规范》GB 50054—95 的一般规定，结合施工现场临时用电工程对电源隔离以及短路、过载、漏电保护功能的要求，对总配电箱的电器配置作出综合性规范化规定。其中，用作隔离开关的隔离电器可采用刀型开关、隔离插头，也可采用分断时具有明显可见分断点的断路器如 DZ20 系列透明的塑料外壳式断路器，这种断路器可以兼作隔离开关，不需要另设隔离开关。不可采用分断时无明显可见分断点的断路器兼作隔离开关。

为避免配电室内积水和雨水进入室内，影响设备的正常运行，规定室内地面排水坡度不应小于 0.5%，应符合《建设工程施工现场供用电安全规范》GB 50194—93 的规定。

施工用电受临时性和投资的限制，应根据国家标准《10kV 及以下变电所设计规范》GB 50053—94 的规定，在保证安全的前提下，确定控制室、配电室的耐火等级，并要求配置一定的消防器材。

3.3.9 低压配电系统的配电线路应符合下列规定：

应符合《民用建筑电气设计规范》JGJ 16—2008 关于低压架空线相序排列的规定，以防止相线、工作零线、保护零线混用、错接而造成短路或触电事故；其中，保护零线（PE 线）架设位置应统一规定靠近在最右侧。

保证电杆的埋设深度与采取卡盘等加固措施都是确保电杆性能稳定，防止其倾斜、倒塌，以致影响供电可靠性或发生触电事故；装设变压器的电杆，其埋设深度不宜小于 2m。

由于线路存在着阻抗，所以在负荷电流通过线路时要产生电压损耗，线路末端电压偏移不应大于额定电压的 5%；如超过允许值，则会影响设备的正常启动和运转，应适当加大导线的截面，并校验电压损失，使之满足允许的电压损耗要求。

不应沿地面明设或沿脚手架等敷设，主要是防止电缆受机械损伤而使脚手架等设施带电发生触电事故，并能避免介质腐蚀。

结合施工现场实际情况和特点，考虑到施工现场电缆埋地时间短，负荷容量较小，适当降低了埋设深度（0.70m）而作出的规定。

3.3.10 低压配电系统的接地系统应符合下列规定：

根据《施工现场临时用电安全技术规范》JGJ 46—2005 的要求，结合施工现场实际，规定了施工现场临时用电工程系统接地的基本形式，强调专用的电力系统（专用变压器）应采用 TN-S 接零保护系统，不应采用 TN-C 系统，明确规定 TN-S 系统的形成方式和方法，专用保护零线的引出方式，应符合现行国家标准《系统接地的型式及安全技术要求》GB 14050—93 的规定。

在保护接零系统中，如果个别设备接地未接零，且该设备相线碰壳，则该设备及所有接零设备的外壳都会出现危险电压；尤其是当接地线或接零保护的两个设备距离较近，一个人同时触摸这两个设备时，其接触电压可达 220V 的数值，触电危险就更大；因此，在同一供电系统中，不应同时采用接零和接地两种保护方法。

本条是根据现行国家标准《系统接地的型式及安全技术要求》GB 14050—93 规定的原则，对 TN 系统保护零线接地要求作出的规定；其中对 TN 系统保护零线重复接地、接地电阻值的规定是考虑到一旦 PE 线在某处断线，而其后的电气设备相导体与保护导体（或设备外露可导电部分）又发生短路或漏电时，降低保护导体对地电压并保证系统所设的保护电器应在规定时间内切断电源。

应符合《民用建筑电气设计规范》JGJ 16—2008 的规定，其中，用作人工接地体材料的最小规格尺寸为：角钢不应小于 4mm×25mm，钢管壁厚不应小于 3.50mm，圆钢直径不应小于 10mm；不应采用螺纹钢的规定主要是因其难于与土壤紧密接触、接地电阻不稳定之故。

应符合《施工现场临时用电安全技术规范》JGJ 46—2005 的规定，其中综合接地电阻值应满足现行国家标准《塔式起重机安全规程》GB 5144—2006 关于起重机接地电阻不应大于 4Ω 的要求。

3.3.11、3.3.12 低压配电系统的开关箱应符合下列规定：

由于临时用电工程中的漏电保护器主要用于防止人体间接触电危害，应按照《剩余电流动作保护器的一般要求》GB 6829—1995 的要求，所选择的漏电保护器应是高速、高灵敏、电流动作型产品；即设置于开关箱中的漏电保护器，一般场所其额定漏电动作电流不应大于 30mA，潮湿和有腐蚀介质场所其额定漏电动作电流不应大于 15mA，其结构是符合《外壳防护等级（IP 代码）》GB 4208—93 的防溅型电器，而额定漏电动作时间不应大于 0.1s。

根据《施工现场临时用电安全技术规范》JGJ 46—2005 的规定，考虑到便于操作维修，防止地面杂物、溅水危害，应适应施工现场作业环境，对开关箱的装设高度作出规定。

4 土方及筑路机械

4.1 一般规定

4.1.1 主要工作性能是指：

——推土机：最大牵引力；

——挖掘机：挖掘能力；
——光轮压路机：工作质量；
——轮胎驱动振动压路机：激振力；
——轮胎压路机：工作质量；
——平地机：最大牵引力；
——轮胎式装载机：额定载重量；
——稳定土拌和机：拌和宽度、最大拌深；
——沥青混凝土摊铺机：摊铺宽度、摊铺厚度；
——沥青混凝土搅拌设备：额定生产能力。

机械在使用中其主要工作性能应达到使用说明书中规定的技术参数。

4.1.4 使用黏度不适宜、不洁、乳化的液压油，会导致液压元件磨损加速，提前老化，密封不良；故制定本条规定以保证液压系统应能实现准确、灵敏、平稳的传递液压效果。

4.1.10 风扇皮带松、油冷却器堵塞、内泄过大及齿轮泵的过度磨损造成循环流量不足等都是液力变矩器产生过热的原因，当发现有上述故障之一时应予以排除才能保证传递动力平稳有效。

齿轮磨损过度、变速杆及前进倒退杆定位装置弹簧弹力不足，调整不当，是造成变速器跳档的主要原因；轴承、齿轮、花键轴磨损过度，伞齿间隙不当，润滑油不足或过稀，会造成变速器异响；当发生上述现象时，应停机检查，排除故障后再开机。

4.1.11 系统内设防止过载和冲击的的装置，为了使液压系统运转平稳，在变量泵油路系统中，安全阀的调定压力不应大于系统额定工作压力的110%；在定量泵油路系统中，安全阀调定压力不应大于系统额定工作压力。

各类阀的压力设定应符合原生产厂规定，使用中因磨损过度或异物卡住等原因将会造成系统压力过低或过高、工作滞缓及无动作、爆管及损坏密封件等故障，阀的压力如需调整，应由专业技术人员使用专用工具进行。

4.1.14 本条文的规定包含：轮胎驱动振动压路机、轮胎压路机、轮胎式装载机、稳定土拌和机、履带式沥青混凝土摊铺机等机械。

4.2 推 土 机

4.2.6 刀角、刀片磨损过度，机械工作效率下降，严重时将使基板磨损，无法安装新刀角、刀片，造成基板报废；使用中应注意检查，防止刀角、刀片磨损超限。

4.2.7 制动衬片磨损后，导致制动踏板行程加大，此时，应按使用说明书规定对制动带与制动毂之间的标准间隙进行调整；以保证两侧制动灵活性一致，两踏板的行程应相同。

各类闭锁装置的作用是防止误操作时起保险作用。

4.3 履带式单斗液压挖掘机

4.3.3 本条应符合《液压挖掘机技术条件》GB/T 9139.2的规定；液压泵及油缸内泄严重、安全阀压力过低、液压油油量不足、油箱滤油器堵塞等是造成液压缸活塞杆下降量过大的主要原因，其后果将造成挖掘机工作装置动作速度缓慢，液压缸提升负载困难，生产效率下降；当发现上述故障时，操作者一般不宜自行排除，应由专业人员或厂家维修。

4.4 光轮压路机

4.4.2 当发现主离合器分离不彻底、传递动力失效时，应查明是否有下列情况：主离合器压板与摩擦片表面有油污；压板与摩擦片接触不均匀；摩擦片过度磨损；压板弹簧弹力不足及离合器摩擦面未全面接触等。

4.8 轮胎式装载机

4.8.5 装载机在使用过程中，经常会出现制动力不足现象，其主要原因有制动器衬块磨损过度或有油污、气压过低、助力器皮碗磨损、制动阀的排气阀漏气、进气阀进气迟缓、制动液压管漏油、制动液压管路中有空气、刹车油油量不足、制动总泵进油孔堵塞等；操作人员应能辨别具体原因，及时排除故障，消除安全隐患。

4.9 稳定土拌和机

4.9.4 工作装置主要由转子和罩壳组成；转子旋转不平稳，有抖动现象或转子轴变形等，将加剧机件磨损，造成机械损坏，同时降低刀具切屑土壤的工作效率。罩壳和转子形成拌和间，被切屑抛掷的土壤与罩壳碰撞落地后由后续刀具二次破碎，为保证机械工作效率，防止拌和间的土壤被甩出，要求罩壳完好，不应破损、开裂等。

4.10 履带式沥青混凝土摊铺机

4.10.1 由于沥青混凝土的出料温度高达约170℃，摊铺机始终处在较高的环境温度下作业，故摊铺机一般较多地选用风冷发动机，以保证其工作可靠性。

4.10.8 摊铺机的主要工作装置是熨平装置；熨平装置由刮料板、振捣梁、熨平板、拱度调整机构、厚度调整机构、牵引臂、加热系统等组成；振捣梁、熨平板工作面不平整，影响沥青混凝土铺层的密实度及表面平整度，且会在表面产生拖痕；摊铺厚度值及拱度值调整不准确，则达不到施工要求；因此机操人员应使熨平装置处于完好状态。

4.11 沥青混凝土搅拌设备

4.11.3 干燥滚筒的倾角达到所要求的角度时，可保证设备产生最大热效率和最大生产率；设备经过一段时间的运转，其倾角会发生一定的变化，应定期检查，及时调整。

燃烧器工作过程中燃烧油与空气的比率应匹配合理；如供气量过大或供油不足，则出料温度不够；如供油量过大或供气不足，则燃烧火焰发红、除尘烟囱冒黑烟；故操作者应视情况经常调整供油量和供气量，使其配比合理。

5 桩工机械

5.1 一般规定

5.1.1 施工前，技术人员应根据设计要求按桩工机械的额定技术性能合理选择桩工机械。超负荷或任意扩大使用范围，对桩工机械易造成损坏，同时易发生设备安全事故。

5.1.2 操作人员和指挥人员经专业培训持证上岗，是延长机械使用寿命，保证使用安全的基本要求。

5.1.3 桩工机械选用的材料及标准件应是合格产品，技术参数应符合要求，才能保证桩工机械的安全运行。

5.1.7 桩工机械配置的各类安全保护装置齐全完好、灵敏可靠是保证机械安全运行的首要条件，随意调整或拆除安全保护装置的行为，本身就是安全事故隐患。

5.1.8 漏电保护器应安装在电源隔离开关的负载侧，总配电箱内漏电保护器的额定漏电动作应大于30mA，额定漏电动作时间应大于0.1s，但其额定漏电动作电流与额定漏电动作时间的乘积不应大于30mA·s；开关箱内安装的漏电保护器一般场所其额定漏电动作电流应不大于30mA，潮湿和有腐蚀介质场所其额定漏电动作电流不应大于15mA，额定漏电动作时间不应大于0.1s。

5.1.10 本条规定是为了保证桩机的自身安全。

5.2 履带式打桩架（三支点式）

5.2.2 对立柱导向管磨损量和导向管与抱板配合间隙作出规定，一是保证落锤的垂直度，在跳动中不严重晃动；二是确保工作装置不从桩架上分离坠落而造成事故。因此，当配合间隙超过规定时应及时更换抱板（或导向管）。

5.2.4 当发动机工作性能下降时，蓄能器应能及时发挥作用，保证机械的安全运行。

5.2.12 关闭电磁阀制动开关，桩锤应停止在任何高度；操作者应经常检查其可靠性，以防止操作失误引起桩锤坠落事故。

5.3 步履式打桩架

5.3.1 电动卷扬机是步履式打桩机的动力源，电机运转应正常，各部件应齐全完整，机架安装应牢固，才能保证施工安全。

5.4 静力压桩机

5.4.3 压桩机的配重排列整齐有序是为了保证压桩机稳定，如安装不稳固，会使承载配重的构件因受力不均匀而变形。

5.5 转盘钻孔机

5.5.1 钻杆弯曲、钻架的吊重中心、转盘的卡孔、护筒管中心不在同一直线上，钻进时，将导致孔径偏心，造成质量事故；钻杆弯曲时应予以调直或更换，吊重中心、卡孔、护筒管不在同一中心线时应予以调整，以保证成孔质量。

5.5.3 本条规定是为了防止桩机移动时失稳，造成桩机倾翻事故而制定。

5.7 筒式柴油打桩锤

5.7.1 整机应符合下列规定：

为预防在强烈振冲过程中部件脱落，造成意外事故，故要求附属部件连接牢固；

良好的润滑才能保证柴油打桩锤在高温下正常工作，且可防止其非正常磨损，延长锤的使用寿命；

为防止水冷式柴油打桩锤缺水干烧，应经常检查其水量；

为使柴油打桩锤在施打过程中不至于产生过热、提前燃烧现象，风冷式柴油打桩锤应保持良好的散热性能；

活塞环半圆挡环产生过度磨损，会造成上下漏气使能量过度损失，影响锤的爆发能量；导向环磨损严重，会使锤芯在跳动中晃动，使上缸体非正常磨损；阻挡环磨损严重，有可能使锤芯跳出缸体外造成事故；故要求各种环磨损量超过规定时应及时更换。

5.7.2 缸体应符合下列规定：

柴油打桩锤在施打过程中产生剧烈的振动，为使缸体不致损坏，使用者应按本规定执行。

5.7.3 燃油系统应符合下列规定：

当桩尖底部出现不明物体或其他特殊情况时，拉动控制绳，柴油锤应能紧急停止跳动，保证不发生意外事故。

5.7.5 起落架应符合下列规定：

本条是为了防止连接螺栓等从高空坠落，造成人身伤害事故。

5.8 振动桩锤

5.8.1 主要工作性能是指振动桩锤的激振力。

5.8.2 工作机构应符合下列规定：

振动器是振动桩锤的核心部件而且高速转动，振动箱内有响声或轴承过热意味着机件出现了故障，应停机检查。待查明原因，排除故障后方可再行启动；

润滑油对振动器在高速运转中产生的高热具有润滑和散热作用，因此，应经常检查振动箱内的油量，不足时应及时添加，以保证振动打桩锤工作正常；

皮带盘出现裂纹、缺损时，会因搅断三角胶带或造成飞盘事故，伤及人身安全。因此，应经常检查其完好性；如有裂纹或缺损时应予以更换；设置防护罩是防止出现上述意外情况时起安全防护作用，如检查中发现有变形或破损时应及时修复或更换；

隔振弹簧具有保护振动锤及其振动力有效传递的功能，如有塑性变形或裂纹时将丧失上述功效，应及时更换。

6 起重机械与垂直运输机械

6.1 一般规定

6.1.2 本条规定是起重机必备的，否则不能使用；利用限位装置或限位器代替停车等动作，将造成失误而发生事故。

6.1.3 本条是《施工现场临时用电安全技术规范》JGJ 46—2005 所要求的，如达不到这条规定要求，应采取绝缘隔离防护措施，并应悬挂醒目的警告标志。

6.1.4 本条是依据《起重设备吊钩防脱棘爪的设计要求》JG/T 89—1999 的规定，所以塔式起重机在更换吊钩时应符合表 1 的要求。

表 1 吊钩防脱棘爪应能承受的力

钩 号	最大起重量 (t)	力 (N)	凸座尺寸（mm）		
			A	F	r'_3
006	0.32	200	37.5	11.2	4.0
010	0.50	250	42.5	12.5	4.5
012	0.63	280	45	13.2	5
020	1.00	360	50	15	5.3
025	1.25	400	53	16	5.6
04	2.00	500	60	18	6.3
05	2.50	630	63	19	6.7
08	4.00	1000	71	21.2	7.5
1	5.00	1250	75	22.4	8
1.6	8.00	2000	90	26.5	9.5
2.5	12.50	3150	112	33.5	11.5
4	20.00	5000	140	42.5	15
5	25.00	5600	160	47.5	17

6.1.5 本条是依据《塔式起重机安全规程》GB 5144—2006 和《起重机械安全规程》GB 6067—85 的规定对起重机主要零部件所提出的要求。

6.1.8 钢丝绳使用应符合下列规定：

规定起重机使用的钢丝绳必须有制造厂签发的产品技术性能和质量证明文件，是为了确保安全使用；

本条规定是依据《起重机械钢丝绳检验和报废实用规范》GB 5972—2006 而定。

6.1.9 油料及水应符合下列规定：

发动机使用硬水（井水）或不洁水会造成散热器、发动机水套、水管内大量结垢，影响发动机散热效果，导致发动机过热；

未使用防冻液的发动机，每日工作完毕后务必放净缸体、油冷却器和水箱里的水，以免发生冻缸事故。

6.1.15 高度越高，风载越大，这条是针对高塔而言的。

6.1.17 本条是根据《起重机械安全规程》GB 6067—85 对起重机械主要结构件做出的规定，如超过规定，就应该报废。

6.1.20 主要工作性能是指起重量（最大起重量、臂端起重量）、工作幅度、起重力矩、起升高度、工作速度等。

6.1.22《特种设备安全监察条例》国务院令第 373 号中规定的施工起重机"是指用于垂直升降或者垂直升降并水平移动重物的机电设备，其范围规定为额定起重量大于或等于 0.5t 的升降机；额定起重量大于或等于 1t，且提升高度大于或者等于 2m 的起重机和承重形式固定的电动葫芦"；

关于对起重机械检测规定是依据《建设工程安全生产管理条例》国务院令第 393 号中第 35 条的规定而定的。

6.1.23 起重机械的作业人员必须掌握所操作的起重机械的基本知识和安全作业要点才能保证安全生产。

6.2 履带式起重机

6.2.1 主要工作性能是指起重机的起重能力，即：在起重机处于基本臂最小工作幅度工况时，起重机的起吊能力应达到该机的最大额定起重量；在起重机处于最长主臂最大工作幅度工况时，起重机的起吊能力应达到该工况下额定起重量。

6.2.9 规定设置后倾装置是为了防止起重臂最大仰角超过规定限度发生后倾而造成重大事故。

6.4 汽车式起重机

6.4.2 这条规定是为了保证汽车式起重机在各种工况下的整机稳定性。

6.5 塔式起重机

6.5.1 本条规定了保证塔式起重机回转时不应碰到其他建筑物。

6.5.2 建筑工地群塔作业较多，这条规定主要是防止在群塔作业时塔机互相碰撞。

6.5.3 为了防止大风时，塔身迎风阻力加大而发生事故。

6.5.5 本条规定是为了增加稳定性，防止大风时起重机倾翻。

6.5.7 测量垂直度时，经纬仪应放置在与起重臂平行和垂直的两个位置，测量两个方向垂直度；《塔式起重机操作使用规程》ZBJ 80012 中第 6.3.3 条规定："附着后最高附着点以下塔身轴线垂直度偏差不应大于相应高度的 2/10000……"，我们已向长沙所有关专家询问，称原稿 2/10000 是笔误，实际要求是 2/1000。

6.5.20、6.5.21 这两项装置是塔式起重机最关键的两项安全防护装置；力矩限制器失灵时，会导致超载而酿成重大事故；起升高度限位器失灵时，会导致折臂或重物坠落事故；因此，使用者应经常检查，使其符合本条的规定。

6.6 施工升降机

6.6.15 防坠安全器是安全运行的关键机构，应能保证吊笼出现不正常超速运行时及时动作，将吊笼制停；安全器的有效标定期不应超过两年。

6.6.16 安全钩的作用是防止吊笼脱离导轨架或安全器输出端齿轮脱离齿条；

限位开关是起保护作用而不是制停开关，限位开关不应当停层开关使用，否则会造成误动作。

6.7 电动卷扬机

6.7.4 钢丝绳应垂直于卷筒轴心，其出绳偏角 α：自然排绳，α≤1°30′；排绳器排绳，α≤2°；同时，第一个导向滑轮与卷筒距离：光卷筒不应小于卷筒长度的 20 倍；有槽卷筒不应小于卷筒长度的 15 倍。

6.8 桅杆式起重机

6.8.6 桅杆式起重机缆风绳与地面的夹角关系到起重机的稳定性，夹角小，缆风绳受力小，起重机稳定性好。

6.9 物料提升机

6.9.2 倒顺开关触点易被烧坏，有时还会误动作而发生事故；因此，作出本条强制性规定。

6.9.4 本条是对物料提升机基础制作提出的要求；只有基础符合规定，才能保证架体稳定。

6.9.9 本条规定是为了保证进（出）料人员的安全。

6.11 高处作业吊篮

6.11.1 吊篮靠配重起平衡作用。配重一般装在楼顶，如其数量缺少，则会带来不平衡，容易发生事故，所以配重数量应符合规定；因配重为块状形，容易散失，为了防盗，配重块应锁死，且每次作业前应对配重进行检查。

6.11.4 当吊篮工作绳断裂或工作平台发生倾斜时，安全锁应自动锁住钢丝绳，它是吊篮最主要的安全保护装置。

6.12 附着整体升降脚手架

6.12.3 升降脚手架防倾装置是防止整片架体发生倾翻的安全装置；防坠落装置是避免连墙或提升装置失效而造成架体坠落的安全装置，因此必须安全可靠。

提升设备不同步会造成提升设备载荷值出现差异进而导致架体变形解体，故本条不但要求架体升降同步，同时要求控荷系统必须安全可靠；当提升设备载荷值出现差异时，应能超载报警。

7 混凝土机械

7.1 一般规定

7.1.1 本条规定应严格按照说明书规定的要求制作设备基础。

7.1.2 本条要求混凝土机械的临时用电应符合《施工现场临时用电安全技术规范》JGJ 46—2005 的要求。认真执行规范中体现的三项基本安全技术原则：①采用三级配电系统；②采用 TN—S 接零保护系统；③采用漏电保护系统；是保障用电安全，防止触电和电气火灾事故的重要技术措施。

7.1.3 本条规定对混凝土机械在生产过程中产生的噪声、粉尘、尾气、污水、固体废弃物应采取措施予以控制，以减少环境污染和干扰居民的正常生活，做到保护环境，保障人民身体健康。

7.1.4 额定指标是指混凝土机械说明书规定的性能指标，如：混凝土搅拌机生产能力、搅拌站生产能力、固定泵泵送能力、汽车泵泵送能力、喷射机组喷射能力、混凝土搅拌运输车运送能力。

7.1.7 对混凝土机械电源引线的敷设和电缆线的选择都提出了要求，目的是为了合理配置供电电缆，以避免因电缆配置过小造成线路超载过热，导致绝缘损坏引发电线火灾事故，或因电压过低造成电机无法启动和烧毁的故障；因此，要求供电电缆线的敷设和选配应满足所用设备的需求，才能保证设备安全运行。

同时，本条规定混凝土机械设备的所有供、配电箱和箱内的电器连接线应符合现行国家标准《用电安全导则》GB/T 13869—2008 规定，便于识别和维修，以防止因连接错误而导致触电事故的发生。

7.2 混凝土搅拌站（楼）

7.2.1 对采用爬升式上料方式的搅拌机，其轨道上安全锁销和料斗上的安全挂钩是搅拌机中途停机、检修、清理机坑时必须采用的安全保护设施，应确保齐全、完好，以避免发生料斗坠落，造成对人员的伤害；上料斗滚轮磨损超过规定，若不及时更换，将会使卸料门碰擦轨道横梁，自动开启，引发机械事故，因此，应及时更换；传动齿轮磨损将导致机械噪声增大，严重时会导致机械故障，造成碎齿，因此，应适时调整，及时更换。

7.2.2 本条规定是保证搅拌机正常运行和混凝土的和易性而制定。

7.2.5 本条要求搅拌站（楼）应具有粉尘回收装置和对生产废料采用专用设备进行分离回收，目的是防范和避免对周边环境造成污染，对人民健康造成危害。

7.2.7 搅拌站的防护设施是指：皮带运输机侧面的检修楼梯、砂、石落料槽、平台防护栏杆、传送皮带的防护罩等，它是保证操作人员工作和检修时所必须具备的防护设施，应确保其齐全、完好，以避免发生人员坠落和落石伤人事故。

设备接地和防雷装置应设置有效，当绝缘损坏或遭雷击时，电流经接地网传入大地，不会对人体造成危害。

7.3 混凝土搅拌机

7.3.8 搅拌机设置的安全挂钩和插销，是设备停机检修、清理机坑时的有效安全防护装置，应确保其齐全、完好；上、下限位是控制上料斗有效卸料和接料的保护装置，若失灵，将会引起料斗提升机无限制提升，导致钢丝绳被绞断，发生料斗坠落伤人事故。

7.4 混凝土喷射机组

7.4.5 本条要求混凝土输送胶管应完好，因为输送管如存在破损或管壁磨损超限的隐患，将会造成输送管破裂，导致高压的混凝土从输送管喷出，对人体造成伤害事故。

7.6 混凝土输送泵车（汽车泵）

7.6.4 本条是为了保证泵车工作时的稳定性。

8 焊接机械

8.1 一般规定

8.1.2 长期停用的电焊机如绕组受潮、绝缘损坏，电焊机外壳将会漏电；在外壳缺乏良好的保护接地或接零时，人体碰及将会发生触电事故；因此，长期停用后重新启用的焊机应检查其绝缘性能。

8.1.3 本条规定是为了防止触电。

8.1.5 焊接青铜、铅等有色金属时，会产生一些氧化物、烟尘等有毒物质，影响工人健康；因此，应有

排烟、通风装置和防毒面罩。

8.1.9 交流电焊机除在开关箱内装设一次侧漏电保护器以外，还应在二次侧装设漏电保护器，是为了防止电焊机二次空载电压可能对人体构成的触电伤害；当前施工现场普遍使用JZ型弧焊机漏电保护器，它可以兼作一次和二次侧的漏电保护。

8.2 交流电焊机

8.2.2 本条规定是为了防止在焊接过程中产生强烈的噪声以及因铁芯随焊机的振动而移动，使焊接时电流忽大忽小。

8.3 直流电焊机

8.3.2 刷盒位置调整不当，将导致电刷与换向器接触不良，使换向器发热或烧灼。

8.5 钢筋对焊机

8.5.2 由于超载过热及冷却水路堵塞，造成停供，使冷却作用失效等，有可能造成一次线圈的绝缘破坏。

8.5.3 对焊机的主要危险是触电，这种事故主要是变压器的一次线圈绝缘损坏时发生的；因此，应有良好的保护接地。

8.6 竖向钢筋电渣压力焊机

8.6.1、8.6.2、8.6.4 三条规定是为了保证焊接质量。

8.7 埋弧焊机

8.7.2 埋弧焊机在操作盘上一般都是安全电压，但在控制箱上有380V或220V电源，所以焊接要有安全接地线；盖好控制箱的外壳和接线板上的罩壳是为了防止导线扭转及被熔渣烧坏。

8.8 二氧化碳气体保护焊机

8.8.1 焊枪水冷却系统漏水将破坏绝缘，发生触电事故。

8.9 气焊（割）设备

8.9.5 当压缩氧气与矿物油、油脂或细微分散的可燃粉尘等接触时，由于剧烈的氧化升温、炽热而发生自燃，构成火灾或爆炸；乙炔与铜等金属长期接触时能生成乙炔铜等爆炸物质，所以，凡是供乙炔用的器具、管接头不能用含铜量70%以上的铜合金制造。

8.9.7 减压器是保证氧气瓶安全作用的安全装置；当氧气瓶因高温等原因导致瓶内气体膨胀、压力增高，此时，减压阀将自动开启，释放出瓶内膨胀气体，降低瓶内压力，以防止氧气瓶爆炸。

9 钢筋加工机械

9.4 钢筋弯曲机

9.4.2 芯轴、挡铁轴、转盘等不应有裂纹和损伤,是防止在工作时受力后破裂飞出击伤作业人员;如发现上述部件有裂纹及损伤时应予以更换。

9.7 钢筋冷拔机

9.7.2 冷却、通风应良好,否则,冷拔时产生的高温会使钢筋与模具粘结。

9.8 钢筋套筒冷挤压连接机

9.8.1 超高压油管的弯曲半径如果小于250mm,其耐压力将迅速下降;同时,液体流向发生突然变化时,液压系统液体能量损失也明显加大。

9.9 钢筋直(锥)螺纹成型机

9.9.5 液压系统出现异常冲击、振动、爬行、窜动、噪声和超温超压,是由多方面原因造成的,检查的方法一是平稳操纵换向阀使变速缓慢;二是检查液压系统中是否混入空气;三是检查液压油黏度是否适宜;四是检查液压系统原件配置是否合理,安装是否正确,参数调整是否适当。确认故障后应及时排除。

10 木工机械及其他机械

10.4 木工带锯机(木工跑车带锯机)

10.4.4 上下锯轮的平行度、垂直度及径向跳动超过设计要求,会导致锯条随锯轮转动前后移动或运行中突然掉条,使锯出的木料弯曲、偏楞等;操作者应经常注意调整锯轮的平行度和垂直度,并消除径向跳动。

11 装修机械

11.2 灰浆搅拌机

11.2.3 搅拌叶片与搅拌筒壁间的间隙宜调整至3~5mm,过大会出料不净;过小会造成搅拌卡阻,使搅拌轴、搅拌叶片弯曲、变形。

11.5 水磨石机

11.5.2 磨石如有裂纹,在使用中受高转速离心力影响,会导致磨石飞出磨盘,造成伤人事故;如发现磨石有裂纹时,应立即更换。

12 掘进机械

12.1 一般规定

12.1.2 在瓦斯隧道,设有防护措施是指洞内车辆、机械、工作和电力、照明、通信以及电压超过1.2V、电流超过0.1A、能量超过$20\mu J$、功率超过25mW的电器设备、仪器、仪表均应采取防爆型和有关作业的防爆措施;这些措施包括:机械设备和工具应使用防爆型,禁止电火花与冲击、摩擦火花的出现;应按有关矿井保护接地装置的安装、检查与测定工作细则执行;36V以上的和由于绝缘损坏可能带有危险电压的电气设备的金属外壳、构架等,应有保护接地。

在缺乏高原型电器设备的情况下,非高原电器在高海拔地区使用时,对于电压在35kV及以下的电力变压器、开关、互感器等电气设备,可按下列原则选用:

1 在海拔2000m以下,按一般情况选用(即可不考虑高海拔的影响);

2 当海拔高度在2000~4000m内时,可按提高一级绝缘水平选用。

12.1.3 根据周围岩土条件选择适宜的刀盘形式、推进系统、土压或泥水平衡系统等设备。

12.1.4 整机应满足下列规定:

凿岩台车工作性能主要包括以下内容:

——盾构:盾构内外径、推进速度;

——冲击功率:推进行程、驱动功率。

12.1.6 对开挖面、组装机、各种机械的操作部位、注浆处、皮带输送机等直接作业的照明需确保安全作业的充足照明度,最低照明度宜为70lx以上。作为通道使用的区段,为确保作业人员行走安全和轨道车辆的行驶安全,也应进行必要的照明,最暗处需保证在20lx左右;有的照明根据隧道断面大小而定,一般多采用40W的荧光灯,配置间距宜为5~8m。

12.2 土压平衡盾构机、泥水加压盾构机

12.2.2 对于每个回路,在导电部分与大地之间所进行的绝缘电阻试验值,可参考日本《隧道标准规范(盾构篇)及解说》中的数值,若试验值在表2所示值以上,则为合格。

表2 绝缘电阻值

电路工作电压分类	绝缘电阻值	
300V以下	对地电压150V以下	$0.1M\Omega$
	其他场合	$0.2M\Omega$
300V以上	$0.4M\Omega$	

12.2.3 盾构钢结构的变形可参考日本《隧道标准规

范（盾构篇）及解说》中关于制造时的真圆度（表3）及盾构本体轴的弯曲允许误差（表4）。

表3 真圆度允许误差

盾构直径	内径误差（mm）	
	最 小	最 大
<2m	0	+8
2～4m	0	+10
4～6m	0	+22
6～8m	0	+16
8～10m	0	+20
10～12m	0	+24

表4 盾构本体轴间的弯曲允许误差

盾构全长	弯曲误差（mm）
<3m	±5.0
3～4m	±6.0
4～5m	±7.5
5～6m	±9.0
6～7m	±12.0
>7m	±15.0

中华人民共和国行业标准

龙门架及井架物料提升机安全技术规范

Technical code for safety of gantry frame
and headframe hoisters

JGJ 88—2010

批准部门：中华人民共和国住房和城乡建设部
施行日期：２０１１年２月１日

中华人民共和国住房和城乡建设部
公 告

第 724 号

关于发布行业标准《龙门架及井架物料提升机安全技术规范》的公告

现批准《龙门架及井架物料提升机安全技术规范》为行业标准，编号为 JGJ 88-2010，自 2011 年 2 月 1 日起实施。其中第 5.1.5、5.1.7、6.1.1、6.1.2、8.3.2、9.1.1、11.0.2、11.0.3 条为强制性条文，必须严格执行。原行业标准《龙门架及井架物料提升机安全技术规范》JGJ 88-92 同时废止。

本规范由我部标准定额研究所组织中国建筑工业出版社出版发行。

中华人民共和国住房和城乡建设部
2010 年 8 月 3 日

前 言

根据住房和城乡建设部《关于印发〈2008 年工程建设标准规范制定、修订计划（第一批）〉的通知》（建标［2008］102 号）的要求，规范编制组经深入调查研究，认真总结实践经验，并在广泛征求意见的基础上，修订本规范。

本规范的主要技术内容：1. 总则；2. 术语；3. 基本规定；4. 结构设计与制作；5. 动力与传动装置；6. 安全装置与防护设施；7. 电气；8. 基础、附墙架、缆风绳与地锚；9. 安装、拆除与验收；10. 检验规则与试验方法；11. 使用管理。

本规范修订的主要技术内容：1. 规定物料提升机额定起重量不宜超过 160kN，安装高度不宜超过 30m，安装高度超过 30m 的物料提升机增加限制条件；2. 增加对曳引轮直径与钢丝绳直径的比值、钢丝绳在曳引轮上的包角及曳引力自动平衡装置的规定；3. 增加对起重量限制器和防坠安全器的规定；4. 对防护围栏、停层平台及平台门的强度、安装高度和安装位置提出具体的规定；5. 附录中增加物料提升机安装验收表。

本规范以黑体字标志的条文为强制性条文，必须严格执行。

本规范由住房和城乡建设部负责管理和对强制性条文的解释，由天津市建工集团（控股）有限公司负责具体技术内容的解释。在执行过程中如有意见或建议，请寄送天津市建工集团（控股）有限公司（地址：天津市新技术产业园区华苑产业区开华道 1 号，邮政编码：300384）。

本规范主编单位：天津市建工集团（控股）有限公司
天津市建工工程总承包有限公司

本规范参编单位：天津一建建筑工程有限公司
天津二建筑工程有限公司
天津三建筑工程有限公司
北京建工集团有限责任公司
杭州市建设工程质量安全监督总站
长业建设集团有限公司

本规范主要起草人：耿洁明　王玉强　张宝利
戴贞洁　陈锟　丁天强
邓德明　孙汝西　唐伟
孙宗辅　戴宝荣　王济中
陈立明

本规范主要审查人员：郭正兴　李印　李明
黄治郁　郭寒竹　汤坤林
潘国钿　姜华　高秋利
张有闻　卓新　施卫东

目　　次

1 总则 …………………………………… 10—10—5
2 术语 …………………………………… 10—10—5
3 基本规定 ……………………………… 10—10—5
4 结构设计与制作 ……………………… 10—10—5
　4.1 结构设计 ………………………… 10—10—5
　4.2 制作 ……………………………… 10—10—6
5 动力与传动装置 ……………………… 10—10—6
　5.1 卷扬机 …………………………… 10—10—6
　5.2 曳引机 …………………………… 10—10—6
　5.3 滑轮 ……………………………… 10—10—6
　5.4 钢丝绳 …………………………… 10—10—6
6 安全装置与防护设施 ………………… 10—10—7
　6.1 安全装置 ………………………… 10—10—7
　6.2 防护设施 ………………………… 10—10—7
7 电气 …………………………………… 10—10—7
8 基础、附墙架、缆风绳与
　地锚 …………………………………… 10—10—8
　8.1 基础 ……………………………… 10—10—8
　8.2 附墙架 …………………………… 10—10—8
　8.3 缆风绳 …………………………… 10—10—8
　8.4 地锚 ……………………………… 10—10—8
9 安装、拆除与验收 …………………… 10—10—8
　9.1 安装、拆除 ……………………… 10—10—8
　9.2 验收 ……………………………… 10—10—9
10 检验规则与试验方法 ………………… 10—10—9
　10.1 检验规则 ………………………… 10—10—9
　10.2 试验方法 ………………………… 10—10—9
11 使用管理 ……………………………… 10—10—10
附录A 附墙架构造图 ………………… 10—10—10
附录B 龙门架及井架物料提升机安装
　　　 验收表 ………………………… 10—10—11
本规范用词说明 ………………………… 10—10—12
引用标准名录 …………………………… 10—10—12
附：条文说明 …………………………… 10—10—13

Contents

1 General Provisions ·················· 10—10—5
2 Terms ······························ 10—10—5
3 Basic Requirement ················ 10—10—5
4 Structure Design and
  Manufacturing ···················· 10—10—5
  4.1 Structure Design ············· 10—10—5
  4.2 Manufacturing ··················· 10—10—6
5 Power and Transmission
  Devices ·································· 10—10—6
  5.1 Hoister ··························· 10—10—6
  5.2 Hoisting Motor ··············· 10—10—6
  5.3 Pulley ···························· 10—10—6
  5.4 Wire Cable ····················· 10—10—6
6 Safety Devices and Protection
  Facilities ······························ 10—10—7
  6.1 Safety Devices ················· 10—10—7
  6.2 Protection Gacilities ········· 10—10—7
7 Electric ······························ 10—10—7
8 Bases, Auxiliary Support Frame,
  Cable Wind Rope and Anchor
  Block ·································· 10—10—8
  8.1 Bases ····························· 10—10—8
  8.2 Auxiliary Support Frame ····· 10—10—8
  8.3 Cable Wind Rope ·············· 10—10—8

8.4 Anchor Block ······················ 10—10—8
9 Installation, Demolition and
  Acceptance ······························ 10—10—8
  9.1 Installation, Demolition ········ 10—10—8
  9.2 Acceptance ························ 10—10—9
10 Inspection Rules and Test
   Method ································ 10—10—9
   10.1 Inspection Rules ················ 10—10—9
   10.2 Test Method ····················· 10—10—9
11 Use Management ····················· 10—10—10
Appendix A Structure Drawing of
            Auxiliary Support
            Frame ······················ 10—10—10
Appendix B Installation Acceptance Form
            of Gantry Frame and
            Headframe
            Hoisters ···················· 10—10—11
Explanation of Wording in This
  Code ····································· 10—10—12
List of Quoted Standards ············· 10—10—12
Addition: Explanation of
          Provisions ····················· 10—10—13

1 总 则

1.0.1 为使龙门架及井架物料提升机（以下简称物料提升机）的设计、制作、安装、拆除及使用符合安全技术要求，保证物料提升机安装、拆除、施工作业及人身安全，制定本规范。

1.0.2 本规范适用于建筑工程和市政工程所使用的以卷扬机或曳引机为动力、吊笼沿导轨垂直运行的物料提升机的设计、制作、安装、拆除及使用。不适用于电梯、矿井提升机及升降平台。

1.0.3 物料提升机的设计、制作、安装、拆除及使用，除应符合本规范外，尚应符合国家现行有关标准的规定。

2 术 语

2.0.1 自升平台 self-lifting platform

用于导轨架标准节的安装、拆除，通过辅助设施可沿导轨架垂直升降的作业平台。

2.0.2 安全停层装置 safety anchoring device

吊笼停层时能可靠地承担吊笼自重及全部工作荷载的刚性机构。

2.0.3 附墙架 auxiliary support frame

按一定间距连接导轨架与建筑结构的刚性构件。

2.0.4 附墙架间距 auxiliary support space

相邻两道附墙架间的垂直距离。

2.0.5 自由端高度 free height

最末一道附墙架与导轨架顶端间的垂直距离。

2.0.6 缆风绳 cable wind rope

用于连接地锚固定导轨架的钢丝绳。

2.0.7 地锚 anchor block

用于固定缆风绳的地面锚固装置。

3 基本规定

3.0.1 物料提升机在下列条件下应能正常作业：

1 环境温度为-20℃～+40℃；

2 导轨架顶部风速不大于 20m/s；

3 电源电压值与额定电压值偏差为±5%，供电总功率不小于产品使用说明书的规定值。

3.0.2 物料提升机的可靠性指标应符合现行国家标准《施工升降机》GB/T 10054 的规定。

3.0.3 用于物料提升机的材料、钢丝绳及配套零部件产品应有出厂合格证。起重量限制器、防坠安全器应经型式检验合格。

3.0.4 传动系统应设常闭式制动器，其额定制动力矩不应低于作业时额定力矩的 1.5 倍。不得采用带式制动器。

3.0.5 具有自升（降）功能的物料提升机应安装自升平台，并应符合下列规定：

1 兼做天梁的自升平台在物料提升机正常工作状态时，应与导轨架刚性连接；

2 自升平台的导向滚轮应有足够的刚度，并应有防止脱轨的防护装置；

3 自升平台的传动系统应具有自锁功能，并应有刚性的停靠装置；

4 平台四周应设置防护栏杆，上栏杆高度宜为 1.0m～1.2m，下栏杆高度宜为 0.5m～0.6m，在栏杆任一点作用 1kN 的水平力时，不应产生永久变形；挡脚板高度不应小于 180mm，且宜采用厚度不小于 1.5 mm 的冷轧钢板；

5 自升平台应安装渐进式防坠安全器。

3.0.6 当物料提升机采用对重时，对重应设置滑动导靴或滚轮导向装置，并应设有防脱轨保护装置。对重应标明质量并涂成警告色。吊笼不应作对重使用。

3.0.7 在各停层平台处，应设置显示楼层的标志。

3.0.8 物料提升机的制造商应具有特种设备制造许可资格。

3.0.9 制造商应在说明书中对物料提升机附墙架间距、自由端高度及缆风绳的设置作出明确规定。

3.0.10 物料提升机额定起重量不宜超过 160kN；安装高度不宜超过 30m。当安装高度超过 30m 时，物料提升机除应具有起重量限制、防坠保护、停层及限位功能外，尚应符合下列规定：

1 吊笼应有自动停层功能，停层后吊笼底板与停层平台的垂直高度偏差不应超过 30mm；

2 防坠安全器应为渐进式；

3 应具有自升降安拆功能；

4 应具有语音及影像信号。

3.0.11 物料提升机的标志应齐全，其附属设备、备件及专用工具、技术文件均应与制造商的装箱单相符。

3.0.12 物料提升机应设置标牌，且应标明产品名称和型号、主要性能参数、出厂编号、制造商名称和产品制造日期。

4 结构设计与制作

4.1 结构设计

4.1.1 物料提升机的结构设计，应满足制作、运输、安装、使用等各种条件下的强度、刚度和稳定性要求，并应符合现行国家标准《起重机设计规范》GB/T 3811 的规定。

4.1.2 结构设计时应考虑下列荷载：

1 常规荷载：包括由重力产生的荷载，由驱动机构、制动器的作用使物料提升机加（减）速运动产

生的荷载及结构位移或变形引起的荷载;

　　2 偶然荷载:包括由工作状态的风、雪、冰、温度变化及运行偏斜引起的荷载;

　　3 特殊荷载:包括由物料提升机防坠安全器试验引起的冲击荷载。

4.1.3 荷载的计算应符合现行国家标准《起重机设计规范》GB/T 3811 的规定。

4.1.4 物料提升机的整机工作级别应为现行国家标准《起重机设计规范》GB/T 3811 规定的 A4～A5。

4.1.5 物料提升机承重构件的截面尺寸应经计算确定,并应符合下列规定:

　　1 钢管壁厚不应小于 3.5mm;

　　2 角钢截面不应小于 50mm×5mm;

　　3 钢板厚度不应小于 6mm。

4.1.6 物料提升机承重构件除应满足强度要求,尚应符合下列规定:

　　1 物料提升机导轨架的长细比不应大于 150,井架结构的长细比不应大于 180;

　　2 附墙架的长细比不应大于 180。

4.1.7 井架式物料提升机的架体,在各停层通道相连接的开口处应采取加强措施。

4.1.8 吊笼结构除应满足强度设计要求,尚应符合下列规定:

　　1 吊笼内净高度不应小于 2m,吊笼门及两侧立面应全高度封闭;底部挡脚板应符合本规范第 3.0.5 条的规定;

　　2 吊笼门及两侧立面宜采用网板结构,孔径应小于 25mm。吊笼门的开启高度不应低于 1.8m;其任意 500mm² 的面积上作用 300N 的力,在边框任意一点作用 1kN 的力时,不应产生永久变形;

　　3 吊笼顶部宜采用厚度不小于 1.5mm 的冷轧钢板,并应设置钢骨架;在任意 0.01m² 面积上作用 1.5kN 的力时,不应产生永久变形;

　　4 吊笼底板应有防滑、排水功能;其强度在承受 125%额定荷载时,不应产生永久变形;底板宜采用厚度不小于 50mm 的木板或不小于 1.5mm 的钢板;

　　5 吊笼应采用滚动导靴;

　　6 吊笼的结构强度应满足坠落试验要求。

4.1.9 当标准节采用螺栓连接时,螺栓直径不应小于 M12,强度等级不宜低于 8.8 级。

4.1.10 物料提升机自由端高度不宜大于 6m;附墙架间距不宜大于 6m。

4.1.11 物料提升机的导轨架不宜兼作导轨。

4.2 制 作

4.2.1 制作前应按设计文件和图纸要求编制加工工艺,并应按工艺进行制作和检验。

4.2.2 承重构件应选用 Q235A,主要承重构件应选用 Q235B,并应符合现行国家标准《碳素结构钢》GB/T 700 的规定。

4.2.3 焊条、焊丝及焊剂的选用应与主体材料相适应。

4.2.4 焊缝应饱满、平整,不应有气孔、夹渣、咬边及未焊透等缺陷。

4.2.5 当物料提升机导轨架的底节采用钢管制作时,宜采用无缝钢管。

4.2.6 物料提升机的制作精度应满足设计要求,并应保证导轨架标准节的互换性。

5 动力与传动装置

5.1 卷 扬 机

5.1.1 卷扬机的设计及制作应符合现行国家标准《建筑卷扬机》GB/T 1955 的规定。

5.1.2 卷扬机的牵引力应满足物料提升机设计要求。

5.1.3 卷筒节径与钢丝绳直径的比值不应小于 30。

5.1.4 卷筒两端的凸缘至最外层钢丝绳的距离不应小于钢丝绳直径的两倍。

5.1.5 钢丝绳在卷筒上应整齐排列,端部应与卷筒压紧装置连接牢固。当吊笼处于最低位置时,卷筒上的钢丝绳不应少于 3 圈。

5.1.6 卷扬机应设置防止钢丝绳脱出卷筒的保护装置。该装置与卷筒外缘的间隙不应大于 3mm,并应有足够的强度。

5.1.7 物料提升机严禁使用摩擦式卷扬机。

5.2 曳 引 机

5.2.1 曳引轮直径与钢丝绳直径的比值不应小于 40,包角不宜小于 150°。

5.2.2 当曳引钢丝绳为 2 根及以上时,应设置曳引力自动平衡装置。

5.3 滑 轮

5.3.1 滑轮直径与钢丝绳直径的比值不应小于 30。

5.3.2 滑轮应设置防钢丝绳脱出装置,并应符合本规范第 5.1.6 条的规定。

5.3.3 滑轮与吊笼或导轨架,应采用刚性连接。严禁采用钢丝绳等柔性连接或使用开口拉板式滑轮。

5.4 钢 丝 绳

5.4.1 钢丝绳的选用应符合现行国家标准《钢丝绳》GB/T 8918 的规定。钢丝绳的维护、检验和报废应符合现行国家标准《起重机用钢丝绳检验和报废实用规范》GB/T 5972 的规定。

5.4.2 自升平台钢丝绳直径不应小于 8mm,安全系数不应小于 12。

5.4.3 提升吊笼钢丝绳直径不应小于12mm,安全系数不应小于8。

5.4.4 安装吊杆钢丝绳直径不应小于6mm,安全系数不应小于8。

5.4.5 缆风绳直径不应小于8mm,安全系数不应小于3.5。

5.4.6 当钢丝绳端部固定采用绳夹时,绳夹规格应与绳径匹配,数量不应少于3个,间距不应小于绳径的6倍,绳夹夹座应安放在长绳一侧,不得正反交错设置。

6 安全装置与防护设施

6.1 安全装置

6.1.1 当荷载达到额定起重量的90%时,起重量限制器应发出警示信号;当荷载达到额定起重量的110%时,起重量限制器应切断上升主电路电源。

6.1.2 当吊笼提升钢丝绳断绳时,防坠安全器应制停带有额定起重量的吊笼,且不应造成结构损坏。自升平台应采用渐进式防坠安全器。

6.1.3 安全停层装置应为刚性机构,吊笼停层时,安全停层装置应能可靠承担吊笼自重、额定荷载及运料人员等全部工作荷载。吊笼停层后底板与停层平台的垂直偏差不应大于50mm。

6.1.4 限位装置应符合下列规定:
 1 上限位开关:当吊笼上升至限定位置时,触发限位开关,吊笼被制停,上部越程距离不应小于3m;
 2 下限位开关:当吊笼下降至限定位置时,触发限位开关,吊笼被制停。

6.1.5 紧急断电开关应为非自动复位型,任何情况下均可切断主电路停止吊笼运行。紧急断电开关应设在便于司机操作的位置。

6.1.6 缓冲器应承受吊笼及对重下降时相应冲击荷载。

6.1.7 当司机对吊笼升降运行、停层平台观察视线不清时,必须设置通信装置,通信装置应同时具备语音和影像显示功能。

6.2 防护设施

6.2.1 防护围栏应符合下列规定:
 1 物料提升机地面进料口应设置防护围栏;围栏高度不应小于1.8m,围栏立面可采用网板结构,强度应符合本规范第4.1.8条的规定;
 2 进料口门的开启高度不应小于1.8m,强度应符合本规范第4.1.8条的规定;进料口门应装有电气安全开关,吊笼应在进料口门关闭后才能启动。

6.2.2 停层平台及平台门应符合下列规定:
 1 停层平台的搭设应符合现行行业标准《建筑施工扣件式钢管脚手架安全技术规范》JGJ 130及其他相关标准的规定,并应能承受3kN/m²的荷载;
 2 停层平台外边缘与吊笼门外缘的水平距离不宜大于100mm,与外脚手架外侧立杆(当无外脚手架时与建筑结构外墙)的水平距离不宜小于1m;
 3 停层平台两侧的防护栏杆、挡脚板应符合本规范第3.0.5条的规定;
 4 平台门应采用工具式、定型化,强度应符合本规范第4.1.8条的规定;
 5 平台门的高度不宜小于1.8m,宽度与吊笼门宽度差不应大于200mm,并应安装在台口外边缘处,与台口外边缘的水平距离不应大于200mm;
 6 平台门下边缘以上180mm内应采用厚度不小于1.5mm钢板封闭,与台口上表面的垂直距离不宜大于20mm;
 7 平台门应向停层平台内侧开启,并应处于常闭状态。

6.2.3 进料口防护棚应设在提升机地面进料口上方,其长度不应小于3m,宽度应大于吊笼宽度。顶部强度应符合本规范第4.1.8条的规定,可采用厚度不小于50mm的木板搭设。

6.2.4 卷扬机操作棚应采用定型化、装配式,且具有防雨功能。操作棚应有足够的操作空间。顶部强度应符合本规范第4.1.8条的规定。

7 电 气

7.0.1 选用的电气设备及元件,应符合物料提升机工作性能、工作环境等条件的要求。

7.0.2 物料提升机的总电源应设置短路保护及漏电保护装置,电动机的主回路应设置失压及过电流保护装置。

7.0.3 物料提升机电气设备的绝缘电阻值不应小于0.5MΩ,电气线路的绝缘电阻值不应小于1 MΩ。

7.0.4 物料提升机防雷及接地应符合现行行业标准《施工现场临时用电安全技术规范》JGJ 46的规定。

7.0.5 携带式控制开关应密封、绝缘,控制线路电压不应大于36V,其引线长度不宜大于5m。

7.0.6 工作照明开关应与主电源开关相互独立。当主电源被切断时,工作照明不应断电,并应有明显标志。

7.0.7 动力设备的控制开关严禁采用倒顺开关。

7.0.8 物料提升机电气设备的制作和组装,应符合国家现行标准《低压成套开关设备和控制设备》GB 7251和《施工现场临时用电安全技术规范》JGJ 46的规定。

8 基础、附墙架、缆风绳与地锚

8.1 基 础

8.1.1 物料提升机的基础应能承受最不利工作条件下的全部荷载。30m及以上物料提升机的基础应进行设计计算。

8.1.2 对30m以下物料提升机的基础，当设计无要求时，应符合下列规定：

  1 基础土层的承载力，不应小于80kPa；

  2 基础混凝土强度等级不应低于C20，厚度不应小于300mm；

  3 基础表面应平整，水平度不应大于10mm；

  4 基础周边应有排水设施。

8.2 附 墙 架

8.2.1 当导轨架的安装高度超过设计的最大独立高度时，必须安装附墙架。

8.2.2 宜采用制造商提供的标准附墙架，当标准附墙架结构尺寸不能满足要求时，可经设计计算采用非标附墙架，并应符合下列规定：

  1 附墙架的材质应与导轨架相一致；

  2 附墙架与导轨架及建筑结构采用刚性连接，不得与脚手架连接；

  3 附墙架间距、自由端高度不应大于使用说明书的规定值；

  4 附墙架的结构形式，可按本规范附录A选用。

8.3 缆 风 绳

8.3.1 当物料提升机安装条件受到限制不能使用附墙架时，可采用缆风绳，缆风绳的设置应符合说明书的要求，并应符合下列规定：

  1 每一组四根缆风绳与导轨架的连接点应在同一水平高度，且应对称设置；缆风绳与导轨架的连接处应采取防止钢丝绳受剪破坏的措施；

  2 缆风绳宜设在导轨架的顶部；当中间设置缆风绳时，应采取增加导轨架刚度的措施；

  3 缆风绳与水平面夹角宜在45°~60°之间，并应采用与缆风绳等强度的花篮螺栓与地锚连接。

8.3.2 当物料提升机安装高度大于或等于30m时，不得使用缆风绳。

8.4 地 锚

8.4.1 地锚应根据导轨架的安装高度及土质情况，经设计计算确定。

8.4.2 30m以下物料提升机可采用桩式地锚。当采用钢管（48mm×3.5mm）或角钢（75mm×6mm）时，不应少于2根；应并排设置，间距不应小于0.5m，打入深度不应小于1.7m；顶部应设有防止缆风绳滑脱的装置。

9 安装、拆除与验收

9.1 安装、拆除

9.1.1 安装、拆除物料提升机的单位应具备下列条件：

  1 安装、拆除单位应具有起重机械安拆资质及安全生产许可证；

  2 安装、拆除作业人员必须经专门培训，取得特种作业资格证。

9.1.2 物料提升机安装、拆除前，应根据工程实际情况编制专项安装、拆除方案，且应经安装、拆除单位技术负责人审批后实施。

9.1.3 专项安装、拆除方案应具有针对性、可操作性，并应包括下列内容：

  1 工程概况；

  2 编制依据；

  3 安装位置及示意图；

  4 专业安装、拆除技术人员的分工及职责；

  5 辅助安装、拆除起重设备的型号、性能、参数及位置；

  6 安装、拆除的工艺程序和安全技术措施；

  7 主要安全装置的调试及试验程序。

9.1.4 安装作业前的准备，应符合下列规定：

  1 物料提升机安装前，安装负责人应依据专项安装方案对安装作业人员进行安全技术交底；

  2 应确认物料提升机的结构、零部件和安全装置经出厂检验，并符合要求；

  3 应确认物料提升机的基础已验收，并符合要求；

  4 应确认辅助安装起重设备及工具经检验检测，并符合要求；

  5 应明确作业警戒区，并设专人监护。

9.1.5 基础的位置应保证视线良好，物料提升机任意部位与建筑物或其他施工设备间的安全距离不应小于0.6m；与外电线路的安全距离应符合现行行业标准《施工现场临时用电安全技术规范》JGJ 46的规定。

9.1.6 卷扬机（曳引机）的安装，应符合下列规定：

  1 卷扬机安装位置宜远离危险作业区，且视线良好；操作棚应符合本规范第6.2.4条的规定；

  2 卷扬机卷筒的轴线应与导轨架底部导向轮的中线垂直，垂直度偏差不宜大于2°，其垂直距离不宜小于20倍卷筒宽度；当不能满足条件时，应设排绳器；

3 卷扬机（曳引机）宜采用地脚螺栓与基础固定牢固；当采用地锚固定时，卷扬机前端应设置固定止挡。

9.1.7 导轨架的安装程序应按专项方案要求执行。紧固件的紧固力矩应符合使用说明书要求。安装精度应符合下列规定：

　　1 导轨架的轴心线对水平基准面的垂直度偏差不应大于导轨架高度的 0.15%。

　　2 标准节安装时导轨结合面对接应平直，错位形成的阶差应符合下列规定：

　　　　1) 吊笼导轨不应大于 1.5mm；

　　　　2) 对重导轨、防坠器导轨不应大于 0.5mm。

　　3 标准节截面内，两对角线长度偏差不应大于最大边长的 0.3%。

9.1.8 钢丝绳宜设防护槽，槽内应设滚动托架，且应采用钢板网将槽口封盖。钢丝绳不得拖地或浸泡在水中。

9.1.9 拆除作业前，应对物料提升机的导轨架、附墙架等部位进行检查，确认无误后方能进行拆除作业。

9.1.10 拆除作业应先挂吊具、后拆除附墙架或缆风绳及地脚螺栓。拆除作业中，不得抛掷构件。

9.1.11 拆除作业宜在白天进行，夜间作业应有良好的照明。

9.2 验 收

9.2.1 物料提升机安装完毕后，应由工程负责人组织安装单位、使用单位、租赁单位和监理单位等对物料提升机安装质量进行验收，并应按本规范附录 B 填写验收记录。

9.2.2 物料提升机验收合格后，应在导轨架明显处悬挂验收合格标志牌。

10 检验规则与试验方法

10.1 检验规则

10.1.1 检验应包括出厂检验、型式检验和使用过程检验，其检验项目及规则应符合现行国家标准《施工升降机》GB/T 10054 的规定。

10.1.2 物料提升机应逐台进行出厂检验，并应在检验合格后签发合格证。

10.1.3 物料提升机有下列情况之一时应进行型式检验：

　　1 新产品或老产品转厂生产；

　　2 产品在结构、材料、安全装置等方面有改变，产品性能有重大变化；

　　3 产品停产 3 年及以上，恢复生产；

　　4 国家质量技术监督机构按法规监管提出要求时；

10.1.4 型式检验内容应包括结构应力、安全装置可靠性、荷载试验及坠落试验。

10.1.5 物料提升机有下列情况之一时，应进行使用过程检验：

　　1 正常工作状态下的物料提升机作业周期超过 1 年；

　　2 物料提升机闲置时间超过 6 个月；

　　3 经过大修、技术改进及新安装的物料提升机交付使用前；

　　4 经过暴风、地震及机械事故，物料提升机结构的刚度、稳定性及安全装置的功能受到损害的。

10.1.6 使用过程检验内容应包括结构检验、额定荷载试验和安全装置可靠性试验等。

10.2 试 验 方 法

10.2.1 试验前的准备应符合下列规定：

　　1 试验前应编制试验方案，采取可靠措施，以保证试验及试验人员的安全；

　　2 应对试验的物料提升机和场地环境进行全面检查，确认符合要求和具备试验条件。

10.2.2 试验条件应符合下列要求：

　　1 架体的基础、附墙架、缆风绳和地锚等应符合本规范规定；

　　2 环境温度宜为 -20℃～+40℃；

　　3 地面风速不得大于 13m/s；

　　4 电压波动宜为 ±5%；

　　5 荷载与标准值差宜为 ±3%。

10.2.3 空载试验应符合下列要求：

　　1 在空载情况下物料提升机以工作速度进行上升、下降、变速、制动等动作，在全行程范围内，反复试验，不得少于 3 次；

　　2 在进行试验的同时，应对各安全装置进行灵敏度试验；

　　3 双吊笼提升机，应对各吊笼分别进行试验；

　　4 空载试验过程中，应检查各机构，动作平稳、准确，不得有振颤、冲击等现象。

10.2.4 额定荷载试验应符合下列要求：

　　1 吊笼内施加额定荷载，使其重心位于从吊笼的几何中心沿长度和宽度两个方向，各偏移全长的 1/6 的交点处；

　　2 除按空载试验动作运行外，并应作吊笼的坠落试验；

　　3 试验时，将吊笼上升 6m～8m 制停，进行模拟断绳试验。

10.2.5 超载试验应符合下列规定：

　　1 取额定荷载的 125%（按 5% 逐级加载），荷载在吊笼内均匀布置，做上升、下降、变速、制动（不做坠落试验）等动作；

2 动作应准确可靠，无异常现象，金属结构不得出现永久变形、可见裂纹、油漆脱落以及连接损坏、松动等现象。

11 使用管理

11.0.1 使用单位应建立设备档案，档案内容应包括下列项目：
    1 安装检测及验收记录；
    2 大修及更换主要零部件记录；
    3 设备安全事故记录；
    4 累计运转记录。

11.0.2 物料提升机必须由取得特种作业操作证的人员操作。

11.0.3 物料提升机严禁载人。

11.0.4 物料应在吊笼内均匀分布，不应过度偏载。

11.0.5 不得装载超出吊笼空间的超长物料，不得超载运行。

11.0.6 在任何情况下，不得使用限位开关代替控制开关运行。

11.0.7 物料提升机每班作业前司机应进行作业前检查，确认无误后方可作业。应检查确认下列内容：
    1 制动器可靠有效；
    2 限位器灵敏完好；
    3 停层装置动作可靠；
    4 钢丝绳磨损在允许范围内；
    5 吊笼及对重导向装置无异常；
    6 滑轮、卷筒防钢丝绳脱槽装置可靠有效；
    7 吊笼运行通道内无障碍物。

11.0.8 当发生防坠安全器制停吊笼的情况时，应查明制停原因，排除故障，并应检查吊笼、导轨架及钢丝绳，应确认无误并重新调整防坠安全器后运行。

11.0.9 物料提升机夜间施工应有足够照明，照明用电应符合现行行业标准《施工现场临时用电安全技术规范》JGJ 46 的规定。

11.0.10 物料提升机在大雨、大雾、风速13m/s及以上大风等恶劣天气时，必须停止运行。

11.0.11 作业结束后，应将吊笼返回最底层停放，控制开关应扳至零位，并应切断电源，锁好开关箱。

附录 A 附墙架构造图

A.0.1 型钢制作的附墙架与建筑结构的连接可预埋专用铁件，用螺栓连接（图 A.0.1）。

A.0.2 用钢管制作的附墙架与建筑结构连接，可预埋与附墙架规格相同的短管（图 A.0.2），用扣件连接。预埋短管悬臂长度 a 不得大于200mm，埋深长度 h 不得小于300mm。

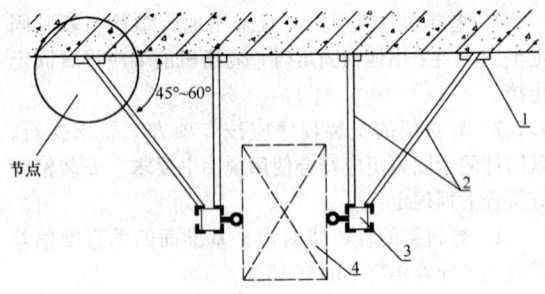

图 A.0.1-1 型钢附墙架与埋件连接
1—预埋铁件；2—附墙架；3—龙门架立柱；
4—吊笼

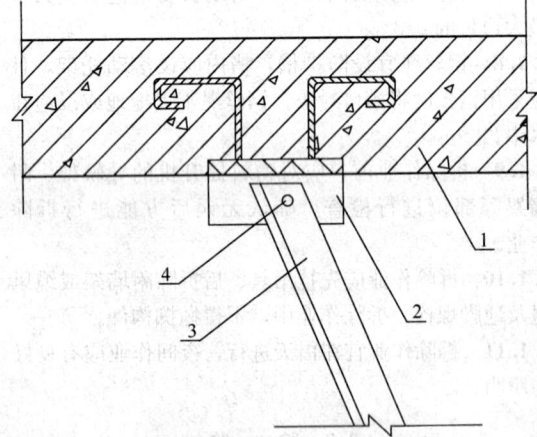

图 A.0.1-2 节点详图
1—混凝土构件；2—预埋铁件；
3—附墙架杆件；4—连接螺栓

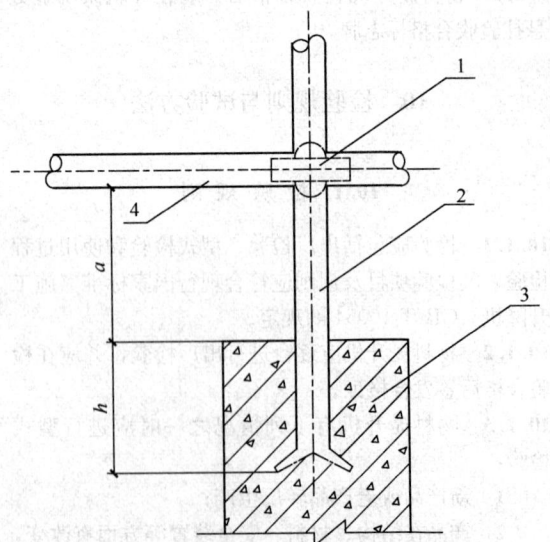

图 A.0.2 钢管附墙架与预埋钢管连接
1—连接扣件；2—预埋短管；
3—钢筋混凝土；4—附墙架杆件

附录B 龙门架及井架物料提升机安装验收表

表B 龙门架及井架物料提升机安装验收表

工程名称		安装单位	
施工单位		项目负责人	
设备型号		设备编号	
安装高度		附着形式	
安装时间			

验收项目	验收内容及要求	实测结果	结论（合格√，不合格×）
1. 基础	1）基础承载力符合要求		
	2）基础表面平整度符合说明书要求		
	3）基础混凝土强度等级符合要求		
	4）基础周边有排水设施		
	5）与输电线路的水平距离符合要求		
2. 导轨架	1）各标准节无变形，无开焊及严重锈蚀		
	2）各节点螺栓紧固力矩符合要求		
	3）导轨架垂直度≤0.15%，导轨对接阶差≤1.5mm		
3. 动力系统	1）卷扬机卷筒节径与钢丝绳直径的比值≥30		
	2）吊笼处于最低位置时，卷筒上的钢丝绳不应少于3圈		
	3）曳引轮直径与钢丝绳的包角≥150°		
	4）卷扬机（曳引机）固定牢固		
	5）制动器、离合器工作可靠		

续表B

验收项目	验收内容及要求	实测结果	结论（合格√，不合格×）
4. 钢丝绳与滑轮	1）钢丝绳安全系数符合设计要求		
	2）钢丝绳断丝、磨损未达到报废标准		
	3）钢丝绳及绳夹规格匹配，紧固有效		
	4）滑轮直径与钢丝绳直径的比值≥30		
	5）滑轮磨损未达到报废标准		
5. 吊笼	1）吊笼结构完好，无变形		
	2）吊笼安全门开启灵活有效		
6. 电气系统	1）供电系统正常，电源电压380V±5%		
	2）电气设备绝缘电阻值≥0.5MΩ，重复接地电阻值≤10Ω		
	3）短路保护、过电流保护和漏电保护齐全可靠		
7. 附墙架	1）附墙架结构符合说明书的要求		
	2）自由端高度、附墙架间距≤6m，且符合设计要求		
8. 缆风绳与地锚	1）缆风绳的设置组数及位置符合说明书要求		
	2）缆风绳与导轨架连接处有防剪切措施		
	3）缆风绳与地锚夹角在45°~60°之间		
	4）缆风绳与地锚用花篮螺栓连接		

续表 B

验收项目	验收内容及要求	实测结果	结论（合格√，不合格×）
9. 安全与防护装置	1）防坠安全器在标定期限内，且灵敏可靠		
	2）起重量限制器灵敏可靠，误差值不大于额定值的5%		
	3）安全停层装置灵敏有效		
	4）限位开关灵敏可靠，安全越程≥3m		
	5）进料门口、停层平台门高度及强度符合要求，且达到工具化、标准化要求		
	6）停层平台及两侧防护栏杆搭设高度符合要求		
	7）进料口防护棚长度≥3m，且强度符合要求		

验收结论：

验收负责人：	验收日期： 年 月 日	
施工总承包单位	验收人	
安装单位	验收人	
使用单位	验收人	
租赁单位	验收人	
监理单位	验收人	

本规范用词说明

1 为便于在执行本规范条文时区别对待，对要求严格程度不同的用词说明如下：
　1）表示很严格，非这样做不可的：
　　正面词采用"必须"，反面词采用"严禁"；
　2）表示严格，在正常情况下均应这样做的：
　　正面词采用"应"，反面词采用"不应"或"不得"；
　3）表示允许稍有选择，在条件许可时首先应这样做的：
　　正面词采用"宜"，反面词采用"不宜"；
　4）表示有选择，在一定条件下可以这样做的，采用"可"。

2 条文中指明应按其他有关标准执行的，写法为"应符合……的规定"或"应按……执行"。

引用标准名录

1 《碳素结构钢》GB/T 700
2 《建筑卷扬机》GB/T 1955
3 《起重机设计规范》GB/T 3811
4 《起重机用钢丝绳检验和报废实用规范》GB/T 5972
5 《低压成套开关设备和控制设备》GB 7251
6 《钢丝绳》GB/T 8918
7 《施工升降机》GB/T 10054
8 《施工现场临时用电安全技术规范》JGJ 46
9 《建筑施工扣件式钢管脚手架安全技术规范》JGJ 130

中华人民共和国行业标准

龙门架及井架物料提升机安全技术规范

JGJ 88—2010

条 文 说 明

修 订 说 明

《龙门架及井架物料提升机安全技术规范》JGJ 88-2010，经住房和城乡建设部2010年8月3日以第724号公告批准发布。

本规范是在《龙门架及井架物料提升机安全技术规范》JGJ 88-92的基础上修订而成，上一版的主编单位是天津市建筑工程局，参编单位是天津市第一建筑工程公司、天津市第三建筑公司、天津市第七建筑工程公司、天津市建筑科学研究所，主要起草人是刘嘉福、齐淑美、陈东明、夏及人、张德松。本次修订的主要技术内容是：1.规定物料提升机额定起重量不宜超过160kN，安装高度不宜超过30m，安装高度超过30m的物料提升机增加限制条件；2.增加对曳引轮直径与钢丝绳直径的比值、钢丝绳在曳引轮上的包角及曳引力自动平衡装置的规定；3.增加对起重量限制器和防坠安全器的规定；4.对防护围栏、停层平台及平台门的强度、安装高度和安装位置提出具体的规定；5.附录中新增物料提升机安装验收表。

本规范修订过程中，编制组进行大量的调查研究，总结了我国龙门架及井架物料提升机设计、制作及使用的实践经验，同时参考借鉴了《起重机设计规范》GB/T 3811、《施工升降机》GB/T 10054、《建筑施工扣件式钢管脚手架安全技术规范》JGJ 130等现行国家标准和行业标准。

为便于广大设计、施工、科研、学校等单位有关人员在使用本规范时能正确理解和执行条文规定，《龙门架及井架物料提升机安全技术规范》编制组按章、节、条顺序编制了本规范的条文说明，对条文规定的目的、依据以及执行中需注意的有关事项进行了说明，还着重对强制性条文的强制性理由作了解释。但是，本条文说明不具备与规范正文同等的法律效力，仅供使用者作为理解和把握规范的参考。

目　次

1　总则 …………………………………… 10—10—16
3　基本规定 ……………………………… 10—10—16
4　结构设计与制作 ……………………… 10—10—16
　4.1　结构设计 ………………………… 10—10—16
　4.2　制作 ……………………………… 10—10—16
5　动力与传动装置 ……………………… 10—10—16
　5.1　卷扬机 …………………………… 10—10—16
　5.2　曳引机 …………………………… 10—10—16
　5.3　滑轮 ……………………………… 10—10—17
　5.4　钢丝绳 …………………………… 10—10—17
6　安全装置与防护设施 ………………… 10—10—17
　6.1　安全装置 ………………………… 10—10—17
　6.2　防护设施 ………………………… 10—10—17
7　电气 …………………………………… 10—10—17
8　基础、附墙架、缆风绳与
　　地锚 ………………………………… 10—10—17
　8.1　基础 ……………………………… 10—10—17
　8.2　附墙架 …………………………… 10—10—17
　8.3　缆风绳 …………………………… 10—10—18
　8.4　地锚 ……………………………… 10—10—18
9　安装、拆除与验收 …………………… 10—10—18
　9.1　安装、拆除 ……………………… 10—10—18
　9.2　验收 ……………………………… 10—10—18
10　检验规则与试验方法 ……………… 10—10—18
　10.1　检验规则 ………………………… 10—10—18
　10.2　试验方法 ………………………… 10—10—18
11　使用管理 …………………………… 10—10—18

1 总 则

1.0.3 龙门架及井架物料提升机（简称物料提升机）属建筑施工起重机械，其设计、制作、安装、拆除及使用除应符合本规范外，尚应符合现行国家标准《施工升降机安全规程》GB 10055、《起重机设计规范》GB/T 3811、《施工升降机》GB/T 10054 等相关标准的规定。

3 基本规定

3.0.3 起重量限制器、防坠安全器是保证物料提升机安全运行的重要安全装置。目前，有些物料提升机安装使用自制的非标安全装置，不能确保灵敏可靠。所以本条款规定起重量限制器、防坠安全器应为正式产品，并必须经型式检验合格。

3.0.5 自升平台兼作天梁时，在工作状态应采用螺栓与导轨架刚性连接，目的是增加导轨架的刚度和稳定性。

自升平台也是物料提升机安装、拆除作业人员的工作平台，按现行行业标准《建筑施工高处作业安全技术规范》JGJ 80 的规定，平台四周应设置防护栏杆及挡脚板。同时为确保作业人员安全，规定自升平台应安装渐进式防坠安全器。

3.0.8 本条款是依据国务院令第 373 号《特种设备安全监察条例》第二章第十四条规定："锅炉、压力容器、起重机械等设施及其安全附件、安全保护装置的制造、安装、改造单位，应当经国务院特种设备安全监管部门许可，方可从事相应的活动。"

3.0.9 导轨架的设计强度决定了附墙架间距、自由端高度及缆风绳的设置。导轨架截面形状、几何尺寸不同则刚度不同，制造商应依据现行国家标准《起重机设计规范》GB/T 3811，经设计计算确定。本规范不宜对附墙架间距、自由端高度及缆风绳设置作具体规定，制造商应在说明书中作出明确规定。

3.0.10 目前，国内各省市使用的物料提升机，在设计制作精度、传动方式及安装工艺程序方面相对比较简易，特别是停层装置多为手动连杆机构，停层的准确度较差，不适于高架物料提升机。另外，安装工艺程序受物料提升机构造所限，仍存在人工安装作业的现象，作业安全度很低。同时额定起重量过大，会加大电动机功率及导轨架、吊笼等结构尺寸，不经济。本规范在考虑安全、经济的同时，规定物料提升机安全高度不宜超过 30m；额定起重量不宜超过 160kN，并对安装高度超过 30m 的物料提升机提出了附加的技术条件。

4 结构设计与制作

4.1 结构设计

4.1.2 物料提升机结构设计时，按现行国家标准《起重机设计规范》GB/T 3811 规定，考虑常规荷载、偶然荷载及特殊荷载，对于导轨架、吊笼特别应考虑当采用瞬时式防坠器动作时所产生的冲击荷载。

4.1.4～4.1.6 本内容是依据现行国家标准《起重机设计规范》GB/T 3811 并结合调研制定的。

4.1.8 本条款是依据现行国家标准《施工升降机》GB/T 10054 相关规定制定的。

4.1.10 物料提升机的自由端高度、附墙架间距，取决于导轨架的设计强度。考虑既经济又安全的同时，结合施工现场实际，提出不宜超过 6m。

4.1.11 导轨架与导轨的作用不同，制作精度也不同。导轨架是承重构件，如兼作导轨，安装精度不易达到要求，同时会被磨损减薄，造成整体强度减弱，既不合理又不安全。

4.2 制 作

4.2.5 龙门架底节采用无缝钢管既可防止冬季管内进水冻胀变形开裂，又可对架体起到增强作用。

5 动力与传动装置

5.1 卷扬机

5.1.4 本条款依照国家标准《施工升降机安全规程》GB 10055-2007 中第 9.3.5 条规定，目的是控制卷扬机合理的钢丝绳容量，防止钢丝绳脱出卷筒。

5.1.5 钢丝绳与卷筒的连接，一般采用压板紧固，该压紧装置的压紧力不能克服卷扬机的牵引力，所以必须借助钢丝绳在卷筒上的摩擦力。通过计算卷筒上留有 2 圈钢丝绳即可满足要求，规定不少于 3 圈更安全。

5.1.6 本条款依照国家标准《施工升降机安全规程》GB 10055-2007 中第 9.3.11 条规定，该保护装置应有足够的强度，确保安全可靠。

5.1.7 摩擦式卷扬机无反转功能，吊笼下降时无动力控制，下降速度易失控。同时对导轨架产生的冲击力较大，存在安全隐患，所以物料提升机严禁使用摩擦式卷扬机。

5.2 曳引机

5.2.1 钢丝绳在曳引轮上的包角小于 150° 时由于摩擦力不足，容易产生打滑现象，造成曳引传动失效。

5.2.2 曳引钢丝绳为 2 根及以上时，由于安装等误差，造成钢丝绳受力不均，所以应设置曳引力自动平衡装置。

5.3 滑 轮

5.3.3 物料提升机的滑轮等构造设计不应采用非标做法，滑轮与吊笼使用钢丝绳等柔性连接，由于相对位置不固定，容易加速钢丝绳及滑轮的磨损，采用开口拉板式滑轮，容易造成钢丝绳脱出，引发安全事故。

5.4 钢丝绳

5.4.6 国家标准《起重机设计规范》GB/T 3811-2008中第9.4.1.1.6条规定，当钢绳直径≤19mm时，绳夹数量不应少于3个，绳夹夹座应安放在长绳一侧，并应保证连接强度不小于钢丝绳破断拉力的85%。

6 安全装置与防护设施

6.1 安全装置

6.1.1 起重量限制器的功能：一是限制最大起重量，保证物料提升机结构、机构不会因起重量过大而被破坏；二是吊笼若在上升过程中受阻，当阻力达到起重量限制器动作值时，可使吊笼断电停，防止事故的发生。目前起重量限制器大多采用机械式。

6.1.2 防坠安全器的功能：当吊笼发生断绳时，防坠安全器将带有额定起重量的吊笼制停，并不应造成结构损坏，依照现行国家标准《施工升降机安全规程》GB 10055的规定，物料提升机可采用瞬时式防坠安全器，但有些物料提升机采用一种非标弹射式防坠安全器，此种防坠安全器在设计上存在缺陷，动作不可靠，故应禁止使用。

6.1.3 安全停层装置与防坠安全器功能不同，所以两项装置必须单独设置。安全停层装置应采用刚性结构，保证动作安全可靠。禁止使用钢丝绳、挂链等非刚性结构替代停层装置。

6.1.4 上限位开关是防止因司机误操作或电气故障，使吊笼超越安全越程，发生冲顶事故的安全装置。安全越程大，相对安全，但过大又不实际，故将安全越程规定为3m。

6.1.7 因施工现场条件所限（或安装高度超过30m的物料提升机），造成司机作业视线不良，不能清楚看到每层装卸料作业时，必须装设具有语音和影像功能的通信装置，并保证信号准确、清晰无误，防止误操作。

6.2 防护设施

6.2.1 本条款依据国家标准《施工升降机安全规程》GB 10055-2007中第4.2条规定。

6.2.2 有些现场为图方便，在原有脚手架的基础上增加几道小横杆再铺脚手板，便完成了停层平台的搭设，由于平台长度与外脚手架宽度相同，卷扬机司机不能清晰看到台口内的情况，容易引发误操作事故。若将平台长度加大，其外边缘至脚手架外侧立杆的水平距离不小于1m，这样视线不良的问题解决了，可防止误操作事故的发生。

平台门不仅应做到工具式、定型化，其安装位置也很重要。有的现场将平台门安装在靠近建筑物一侧，这样就失去了平台门的防护作用，所以规定平台门的安装位置与台口外边缘的距离不应大于200mm，以便起到临边防护的作用。

6.2.3、6.2.4 进料口防护棚、卷扬机操作棚是防止物体打击的防护设施，其长度是参照现行国家标准《高处作业分级》GB 3608中对物体坠落半径说明规定的。卷扬机操作棚主要强调定型化，同时应有足够的操作空间，并具有防雨、防风等功能。

7 电 气

7.0.2 根据现行国家标准《通用用电设备配电设计规范》GB 50055和现行行业标准《施工现场临时用电安全技术规范》JGJ 46的规定，对电气设备应进行漏电、短路、过载及失压保护，确保电气设备及人身安全。

7.0.3 施工现场用电环境恶劣，因此电气设备及线路的绝缘电阻值必须达到规定标准方可使用。

7.0.5 为保证司机安全操作，对便携式控制开关的线路电压要求不大于36V。引线过长容易导致碾压、挂扯情况，因此将其长度限定在5m以内。

7.0.7 根据行业标准《施工现场临时用电安全技术规范》JGJ 46-2005中第9.1.5条的规定，正、反向运转控制装置中的控制电器应采用接触器、继电器等自动控制电器，不得采用手动双向转换开关作为控制电器。

8 基础、附墙架、缆风绳与地锚

8.1 基 础

8.1.1、8.1.2 物料提升机的基础与安装高度、施工荷载及现场地质情况有关，对安装高度超过30m的物料提升机应进行设计计算，对安装高度小于30m的物料提升机可按本规定直接选用，必要时可进行验算确定。

8.2 附墙架

8.2.2 附墙架是增加物料提升机刚度、保证稳定性的重要设施,应尽量选用制造商提供的标准件;当标准件不能满足其要求时,可经计算确定,并应符合本条款的规定。

8.3 缆风绳

8.3.1 本规定中"安装条件受到限制不能使用附墙架时",是指工程结构部位尚未达到设置附墙架的高度。

缆风绳设置的位置应按说明书的规定,对双立柱门架式物料提升机,当中间设置缆风绳时,可能由于水平分力的作用造成立柱受弯变形。此时应采取横向连接加固的措施保证整体刚度。

8.3.2 物料提升机安装高度超过30m时,使用缆风绳不但给现场施工带来不便,而且对保证提升机的稳定也是不利的,所以必须采用附墙架,以确保安全。

8.4 地锚

8.4.2 经试验,当在地面打入两根ϕ48钢管,深度1.7m时,若两根钢管沿受力方向前后间隔1m,并分别按45°、60°承拉时,拉力未达到10kN就会产生位移,原因是两根钢管不能同时受力。但将两根钢管并排(两根钢管中心线与受力方向垂直)间隔1m设置时,其拉力可达12kN。

9 安装、拆除与验收

9.1 安装、拆除

9.1.1 物料提升机为建筑起重机械,依照《特种设备安全监察条例》、《建设工程安全生产管理条例》规定,其安装、拆除单位应具有相应的资质。安装、拆除等作业人员必须经专门培训,取得特种作业资格证。

9.1.2、9.1.3 依照建设部《危险性较大的分部分项工程安全管理办法》规定,物料提升机安装、拆除作业,应编制专项施工方案,并应经本单位技术负责人审批后实施。专项施工方案应明确防坠安全器、起重量限制器等主要安全装置的调试程序。

9.1.5 本条款是依据现行国家标准《塔式起重机安全规程》GB 5144和现行行业标准《施工现场临时用电安全技术规范》JGJ 46的规定。

9.1.6 本条款依据国家标准《施工升降机安全规程》GB 10055-2007中第9.3.7条规定。

9.1.8 调研中发现许多施工现场采用简易托架来解决钢丝绳拖地的问题,效果不好。设置钢丝绳防护槽是解决钢丝绳拖地的有效措施,既简单又实用。

9.2 验 收

9.2.1 物料提升机的验收是对其安装质量评价的重要程序,依照《建设工程安全生产管理条例》的规定,验收必须有文字记录,并有相关责任人签字确认。

10 检验规则与试验方法

10.1 检验规则

10.1.3 本条款判定规则依据国家标准《施工升降机》GB/T 10054-2005中第7.4.2条规定。

10.1.4 使用过程检验参照现行国家标准《施工升降机》GB/T 10054、《塔式起重机技术条件》GB/T 9462的规定。

10.2 试验方法

10.2.1~10.2.5 试验条件、试验内容参照现行国家标准《施工升降机》GB/T 10054及其他相关规定制定。

11 使用管理

11.0.2 物料提升机属建筑起重机械,依据建设部建质(2008)75号文件要求,其司机应取得特种作业操作资格证,持证上岗。

11.0.3 本规范的物料提升机不具备载人的安全装置,故只允许运送物料,严禁载人。

中华人民共和国行业标准

建筑起重机械安全评估技术规程

Technical specification for safety assessment
of building crane on construction site

JGJ/T 189—2009

批准部门：中华人民共和国住房和城乡建设部
实施日期：２０１０年８月１日

中华人民共和国住房和城乡建设部
公告

第 446 号

关于发布行业标准《建筑起重机械安全评估技术规程》的公告

现批准《建筑起重机械安全评估技术规程》为行业标准，编号为 JGJ/T 189-2009，自 2010 年 8 月 1 日起实施。

本规程由我部标准定额研究所组织中国建筑工业出版社出版发行。

中华人民共和国住房和城乡建设部
2009 年 11 月 24 日

前 言

根据住房和城乡建设部《关于印发〈2008年工程建设标准规范制订、修订计划（第一批）〉的通知》（建标〔2008〕102 号）的要求，编制组经广泛调查研究，认真总结实践经验，参考国内外有关资料，并在广泛征求意见的基础上，制订了本规程。

本规程的主要技术内容是：1. 总则；2. 术语；3. 基本规定；4. 评估内容和方法；5. 评估判别；6. 评估结论与报告；7. 评估标识等。

本规程由住房和城乡建设部负责管理，由上海市建工设计研究院有限公司负责具体技术内容的解释。执行过程中如有意见和建议，请寄送上海市建工设计研究院有限公司（地址：上海市武夷路 150 号，邮编：200050）。

本规程主编单位：上海市建工设计研究院有限公司
龙元建设集团股份有限公司

本规程参编单位：上海市建设工程安全质量监督总站
上海市建设安全协会
上海市建设机械检测中心
北京市建设工程安全质量监督总站
山东省建筑施工安全监督站
成都市建设工程安全监督站
福建省工程建设质量安全协会
杭州市建设工程安全质量监督总站
北京市建设机械与材料质量监督检验站
抚顺永茂建筑机械有限公司
浙江省建设机械集团有限公司

本规程主要起草人：施仁华　向海静　姜　敏
罗玲丽　汤坤林　孙锦强
严　训　李　印　黄治郁
戴宝荣　贾国瑜　魏吉祥
张　佳　杜　科　程史扬
钱水江　吴恩宁　王凯辉
田若南　施雯钰　唐华珺
张嘉洁　庄幼敏

本规程主要审查人员：李　明　耿洁明　孙宗辅
高秋利　葛雨泰　郭寒竹
任颂赞　艾山尼扎木丁
关赞东　宗有志

目次

1 总则 ·················· 10—11—5
2 术语 ·················· 10—11—5
3 基本规定 ·················· 10—11—5
4 评估内容和方法 ·················· 10—11—5
　4.1 基本要求和方法 ·················· 10—11—5
　4.2 塔式起重机安全评估 ·················· 10—11—6
　4.3 施工升降机安全评估 ·················· 10—11—7
5 评估判别 ·················· 10—11—8
　5.1 壁厚判别 ·················· 10—11—8
　5.2 裂纹判别 ·················· 10—11—9
　5.3 变形判别 ·················· 10—11—9
　5.4 塔式起重机整机判别 ·················· 10—11—9
　5.5 施工升降机整机判别 ·················· 10—11—9
6 评估结论与报告 ·················· 10—11—9
7 评估标识 ·················· 10—11—9
附录 A 评估用检测仪器及其精度要求 ·················· 10—11—10
附录 B 评估设备的基本信息表 ·················· 10—11—10
附录 C 评估的塔式起重机主要技术参数表 ·················· 10—11—10
附录 D 评估的施工升降机主要技术参数表 ·················· 10—11—11
附录 E 塔式起重机安全评估报告 ·················· 10—11—11
附录 F 施工升降机安全评估报告 ·················· 10—11—13
本规程用词说明 ·················· 10—11—15
引用标准名录 ·················· 10—11—15
附：条文说明 ·················· 10—11—16

Contents

1 General Provisions ·················· 10—11—5
2 Terms ································· 10—11—5
3 Basic Requirements ················ 10—11—5
4 Contents and Methods of
   Assessment ·························· 10—11—5
   4.1 Basic Requirements and
        Methods ························ 10—11—5
   4.2 Assessment Inspection of
        Tower Crane ·················· 10—11—6
   4.3 Assessment Inspection of
        Passengers-and-
        materials Hoist ··············· 10—11—7
5 Judgments ··························· 10—11—8
   5.1 Judgment of Wall Thickness ······ 10—11—8
   5.2 Judgment of Flaw ············ 10—11—9
   5.3 Judgment of Distortion ······ 10—11—9
   5.4 Whole Set Judgment of
        Tower Crane ·················· 10—11—9
   5.5 Whole Set Judgment of Passengers-
        and-materials Hoist ·········· 10—11—9
6 Assessment Conclusion
   and Report ·························· 10—11—9
7 Assessment Marking ·············· 10—11—9
Appendix A Assessment Inspection
            Instruments and Accuracy
            Requirements ·········· 10—11—10
Appendix B Basic Information Form
            of the Machine
            Assessed ················ 10—11—10
Appendix C Technical Specifications
            of the Tower Crane
            Assessed ················ 10—11—10
Appendix D Technical Specifications of
            the Passengers-and-materials
            Hoist Assessed ······ 10—11—11
Appendix E Safety Assessment Report of
            Tower Crane ·········· 10—11—11
Appendix F Safety Assessment Report
            of Passengers-and-
            materials Hoist ······ 10—11—13
Explanation of Wording in this
   Specification ······················· 10—11—15
Normative Standards ··················· 10—11—15
Addition: Explanation of
   Provisions ··························· 10—11—16

1 总 则

1.0.1 为保障建筑起重机械安全使用，提高建筑起重机械安全评估技术与质量，统一评估方法，制定本规程。

1.0.2 本规程适用于建设工程使用的塔式起重机、施工升降机等建筑起重机械的安全评估。

1.0.3 本规程规定了建筑起重机械安全评估的基本要求。当本规程与国家法律、行政法规的规定相抵触时，应按国家法律、行政法规的规定执行。

1.0.4 建筑起重机械安全评估除应执行本规程外，尚应符合国家现行有关标准的规定。

2 术 语

2.0.1 安全评估 safety assessment

对建筑起重机械的设计、制造情况进行了解，对使用保养情况记录进行检查，对钢结构的磨损、锈蚀、裂纹、变形等损伤情况进行检查与测量，并按规定对整机安全性能进行载荷试验，由此分析判别其安全度，作出合格或不合格结论的活动。

2.0.2 使用年限 service life

建筑起重机械自合格出厂日起到规定使用周期止的年份数。

2.0.3 重要结构件 principal structural member

建筑起重机械钢结构的主要受力构件，因其失效可导致整机不安全的结构件。

3 基 本 规 定

3.0.1 超过规定使用年限的塔式起重机和施工升降机应进行安全评估。

3.0.2 塔式起重机和施工升降机有下列情况之一的应进行安全评估：

　　1 塔式起重机：630kNm以下（不含630kNm）、出厂年限超过10年（不含10年）；630kNm～1250kNm（不含1250kNm）、出厂年限超过15年（不含15年）；1250kNm以上（含1250kNm）、出厂年限超过20年（不含20年）；

　　2 施工升降机：出厂年限超过8年（不含8年）的SC型施工升降机；出厂年限超过5年（不含5年）的SS型施工升降机。

3.0.3 对超过设计规定相应载荷状态允许工作循环次数的建筑起重机械，应作报废处理。

3.0.4 安全评估机构应具有机械、电气和无损检测技术等专业人员，并应有无损检测、厚度测量等满足评估要求的检测仪器设备。评估用检测仪器及其精度要求应符合本规程附录A的要求。

3.0.5 塔式起重机和施工升降机的评估应以重要结构件及主要零部件、电气系统、安全装置和防护设施等为主要内容。

3.0.6 塔式起重机和施工升降机的重要结构件宜包括下列主要内容：

　　1 塔式起重机：塔身、起重臂、平衡臂（转台）、塔帽或塔顶构造、拉杆、回转支承座、附着装置、顶升套架或内爬升架、行走底盘及底座等；

　　2 施工升降机：导轨架（标准节）、吊笼、天轮架、底架及附着装置等。

3.0.7 建筑起重机械安全评估前，应将各重要结构件之间的连接处进行分解，检测部位应去除污垢、浮锈和油漆层等，显露出钢材和焊缝的本体。

3.0.8 安全评估程序应符合下列要求：

　　1 设备产权单位应提供设备安全技术档案资料。设备安全技术档案资料应包括特种设备制造许可证、制造监督检验证明、出厂合格证、使用说明书、备案证明、使用履历记录等，并应符合本规程附录B、附录C、附录D的要求；

　　2 在设备解体状态下，应对设备外观进行全面目测检查，对重要结构件及可疑部位应进行厚度测量、直线度测量及无损检测等；

　　3 设备组装调试完成后，应对设备进行载荷试验；

　　4 根据设备安全技术档案资料情况、检查检测结果等，应依据本规程及有关标准要求，对设备进行安全评估判别，得出安全评估结论及有效期并出具安全评估报告。安全评估报告应符合本规程附录E和附录F的规定；

　　5 应对安全评估后的建筑起重机械进行唯一性标识。

3.0.9 评估结论应分为"合格"和"不合格"。

3.0.10 塔式起重机和施工升降机安全评估的最长有效期限应符合下列规定：

　　1 塔式起重机：630kNm以下（不含630kNm）评估合格最长有效期限为1年；630kNm～1250kNm（不含1250kNm）评估合格最长有效期限为2年；1250kNm以上（含1250kNm）评估合格最长有效期限为3年；

　　2 施工升降机：SC型评估合格最长有效期限为2年；SS型评估合格最长有效期限为1年。

3.0.11 设备产权单位应持评估报告到原备案机关办理相应手续。

4 评估内容和方法

4.1 基本要求和方法

4.1.1 钢结构安全评估检测点的选择应包括下列

部位：
    1 重要结构件关键受力部位；
    2 高应力和低疲劳寿命区；
    3 存在明显应力集中的部位；
    4 外观有可见裂纹、严重锈蚀、磨损、变形等部位；
    5 钢结构承受交变荷载、高应力区的焊接部位及其热影响区域等。

4.1.2 安全评估应采取下列方法：
    1 目测：全面检查钢结构的表面锈蚀、磨损、裂纹和变形等，对发现的缺陷或可疑部位做出标记，并应进一步检测评估；
    2 影像记录：用照相机或摄像机拍摄设备的整机外貌，拍摄重要结构件的承受交变荷载或高应力区的焊接部位及其热影响区域，拍摄外观有可见裂纹、严重锈蚀、磨损、变形等部位；
    3 厚度测量：采用超声波测厚仪、游标卡尺等器具测量结构件的实际厚度；
    4 直线度等形位偏差测量：用直线规、经纬仪、卷尺等器具进行测量；
    5 载荷试验：整机安装调试完成后，通过载荷试验检验结构的静刚度及主要零部件的承载能力，通过载荷试验检验机构的运转性能、控制系统的操作性能及各安全装置的工作有效性。

4.1.3 当按本规程第 4.1.2 条所列的评估方法不能满足安全评估要求时，安全评估也可采用下列方法：
    1 当重要结构件外观有明显缺陷或疑问，需要作进一步评估检测情况时，可采用下列无损检测方法：
      1）磁粉检测（MT）：检测铁磁性材料近表面存在的裂纹缺陷；
      2）超声检测（UT）：采用直射、斜射、液浸等技术，检测结构件内部缺陷；
      3）射线照相检测（RT）：利用 X 或 γ 射线的穿透性，检测结构件内部缺陷。
    2 对重要结构件有改制或主要技术参数有变更等情况，可采用应变仪读取结构应力，分析判别结构的安全度的应力测试方法。

4.2 塔式起重机安全评估

4.2.1 结构件锈蚀与磨损检测应符合下列要求：
    1 检测应包括下列部位：
      1）起重臂主弦杆；
      2）塔身节主弦杆；
      3）塔帽根部及顶部连接拉杆座；
      4）平衡臂（转台）连接处；
      5）回转支承座连接处；
      6）目测可疑的其他重要部位。
    2 检测数量应符合下列要求：
      1）臂架节抽检数量不得少于总数的 70%，且必须包括中间的 2 节臂架节，每节臂架节主弦杆检测不得少于 2 处；
      2）塔身基础节主弦杆检测不得少于 2 处，其他塔身节抽检数量不得少于总数的 20%，每节检测不得少于 1 处；
      3）塔帽（A 字架）主弦杆根部抽检不得少于 2 处，顶部连接拉杆座不得少于 1 处；
      4）平衡臂（转台）连接处抽检不得少于 2 处；
      5）上下回转支承座连接处抽检各不得少于 1 处；
      6）对其他重要结构件目测可疑部位进行全数检测；
      7）当检测发现不合格时，应加倍对同类部位进行抽查，如再次发现不合格，应全数检测。
    3 检测方法应符合下列要求：
      1）在设备解体状态，应将待检测部位去除污垢、浮锈和油漆等；
      2）应采用测厚仪、游标卡尺等器具检测实际尺寸。

4.2.2 结构件裂纹检测应符合下列要求：
    1 检测应包括下列部位：
      1）行走底盘及底座的最大受力或变截面应力集中部位；
      2）回转平台支承座主要受力焊缝及变截面应力集中部位；
      3）起重臂根部焊缝、主弦杆连接焊缝部位；
      4）平衡臂（转台）主结构连接焊缝部位；
      5）塔身节主弦杆连接焊缝部位；
      6）塔帽或塔顶构造主弦杆连接焊缝部位；
      7）附着装置主结构连接焊缝部位；
      8）顶升套架爬爪座、主弦杆支承横梁等连接焊缝部位等；
      9）目测可疑的其他重要部位。
    2 检测数量应符合下列要求：
      1）检测部位抽检数量各不得少于 1 处；
      2）塔身基础节主弦杆连接焊缝、塔身加强节或特殊节主弦杆部位抽检数量各不得少于 2 处；
      3）其他塔身节抽检数量不少于总数的 20%，每节主弦杆连接处检测不得少于 1 处；
      4）当检测发现不合格的，应加倍对同类焊缝进行抽查；如再次发现不合格，应全数检测。
    3 检测方法应符合下列要求：
      1）在设备解体状态，应将待检测部位去除污垢、浮锈和油漆等；

2) 可采用渗透或磁粉检测方法，进行探伤检测；
3) 发现疑问时可采用超声检测或射线照相检测等方法进行无损检测。

4.2.3 结构件变形检测应符合下列要求：
1 检测应包括下列内容：
　1) 塔身节主弦杆直线度偏差、对角线偏差、塔身垂直度；
　2) 起重臂、平衡臂、塔帽、顶升套架主弦杆直线度偏差；
　3) 目测有明显变形的其他构件。
2 检测数量应符合下列要求：
　1) 塔身节应全数目测检查，对发现的可疑部位应进行全数检测；对目测未见异常的塔身节，随机抽查不得少于3节，每节测量不得少于2根主弦杆的直线度，并应测量每节的对角线偏差；
　2) 起重臂应全数目测检查，对发现的可疑部位应进行全数检测；对目测未见异常的起重臂，随机抽查不得少于3节，每节测量上下各不得少于1根主弦杆的直线度；
　3) 对目测可疑的其他重要部位，应进行全数检测；
　4) 当检测发现不合格时，应加倍对同类部位进行抽查，如再次发现不合格，应全数检测。
3 检测方法应符合下列要求：
　1) 在设备解体状态，应采用直线规、卷尺等器具测量直线度偏差，采用卷尺测量塔身节的对角线偏差；
　2) 设备组装后，应采用经纬仪测量塔身的垂直度偏差。

4.2.4 销轴与轴孔磨损及变形检测应符合下列要求：
1 检测应包括下列部位：
　1) 目测有明显磨损及变形的重要结构件销轴与轴孔；
　2) 起重臂、平衡臂臂架节间及其根部连接、拉杆连接、塔帽根部连接等经常承受动载荷的销轴与轴孔。
2 检测方法：在设备解体状态，采用游标卡尺、内外卡钳等器具测量销轴与轴孔的实际尺寸。

4.2.5 主要零部件、安全装置、电气系统及防护设施的检查检测应符合下列要求：
1 检查检测应包括下列内容：
　1) 主要零部件包括制动器、联轴节、卷筒与滑轮、钢丝绳、吊钩组等；
　2) 安全装置包括各类安全限位开关与挡板、小车断绳保护装置、动臂变幅防臂架后翻装置、小车防坠落装置、缓冲器、扫轨板、抗风防滑装置、钢丝绳防脱装置等；
　3) 电气系统包括电气控制箱、电缆线、电气元件等；
　4) 防护设施包括走道、工作平台、栏杆、扶梯等。
2 检测方法应符合下列要求：
　1) 在设备解体状态，应对主要零部件、安全装置、电气系统及防护设施的外观状态进行目测检查；当目测有疑问时，应采用测量器具进行检验。检查检测各部件的磨损变形情况、钢丝绳断丝情况等。检查电箱外观，应完整并能防漏水，应设置电气保护并应符合按现行国家标准《塔式起重机安全规程》GB 5144的规定，电缆应无老化破损；
　2) 设备部件组装后，应通过载荷试验对整机及其主要零部件、安全装置、电气系统进行功能试验，应采用绝缘测量仪器检测电气系统的绝缘性能，同时应检查防护设施的安全状态。

4.3 施工升降机安全评估

4.3.1 结构件锈蚀与磨损检测应符合下列要求：
1 检测应包括下列部位：
　1) 导轨架标准节主弦杆；
　2) 吊笼立柱、顶梁与底梁；
　3) 齿轮、齿条；
　4) 目测可疑的其他重要部位。
2 检测数量应符合下列要求：
　1) 抽检标准节数量不得少于总数的10%，每节检测不得少于1处；
　2) 每只吊笼立柱、顶梁抽检各不得少于1处，底梁抽检各不得少于2处；
　3) 对齿轮、齿条及其他结构件目测可疑部位进行全数检测；
　4) 当检测发现不合格时，应加倍对同类部位进行抽查，如再次发现不合格的，应全数检测。
3 检测方法：在设备解体状态，将待检测部位去除污垢、浮锈和油漆等，用测厚仪、游标卡尺等器具测量实际尺寸。

4.3.2 结构件裂纹检测应符合下列要求：
1 检测部位应包括下列内容：
　1) 标准节主弦杆与水平长腹杆连接焊缝；
　2) 吊笼主立柱与顶梁、底梁连接焊缝；
　3) 目测可疑的其他重要部位。
2 检测数量应符合下列要求：

1) 标准节抽检数量不得少于总数的10%，每节检测不得少于1处；
2) 每只吊笼主立柱、顶梁连接焊缝抽检各不得少于1处，底梁连接焊缝抽检各不得少于2处；
3) 目测可疑的其他重要部位进行全数检测；
4) 当检测发现不合格时，应加倍对同类部位进行抽查，如再次发现不合格的，应全数检测。

3 检测方法应符合下列要求：
1) 在设备解体状态，应将待检测部位去除污垢、浮锈和油漆等；
2) 可采用渗透或磁粉方法进行探伤检测；
3) 当发现疑问时，可采用超声检测或射线照相检测等方法进行无损检测。

4.3.3 结构件变形检测应符合下列要求：
1 检测应包括下列部位：
1) 标准节主弦杆直线度偏差及截面对角线偏差；
2) 吊笼结构在笼门方向投影的对角线偏差，吊笼门框平行度偏差；
3) 目测可疑的其他重要部位。
2 检测数量应符合下列要求：
1) 标准节应全数目测检查，对发现的可疑部位应进行全数检测；对目测未见异常的标准节，随机抽查不得少于2节，应测量截面对角线偏差及主弦杆直线度偏差；
2) 吊笼结构应全面目测检查，对发现的可疑部位应进行检测；对目测未见异常时，选择一台吊笼测量其笼门方向投影的对角线偏差和吊笼门框平行度偏差；
3) 目测可疑的其他重要部位应进行全数检测；
4) 当检测发现不合格时，应加倍对同类部位进行抽查；如再次发现不合格，应全数检测。
3 检测方法应符合下列要求：
1) 在设备解体状态，应采用直线规、卷尺等器具测量直线度偏差，采用卷尺测量对角线和平行度偏差；
2) 在设备组装后，应采用经纬仪测量导轨架的垂直度偏差。

4.3.4 主要零部件、安全装置、电气系统及防护设施检查检测应符合下列要求：
1 检查检测应包括下列部位：
1) 主要零部件包括制动器、对重导向轮、天轮架滑轮、吊笼门与导向机构等；
2) 安全装置包括防坠安全器、各类限位开关及其挡板、围栏门机械连锁、安全钩等；
3) 电气系统包括电气控制箱、电缆线、电气元件等；
4) 防护设施包括走道、工作平台、栏杆、检修扶梯等。
2 检查方法应符合下列要求：
1) 在设备解体状态，应对主要零部件、安全装置、电气系统及防护设施的外观状态进行目测检查；当目测有疑问时，应采用测量器具检验，检查检测有疑问部件的磨损变形情况等。应检查电箱外观，应完整并能防漏水，应设置电气保护并应符合现行国家标准《施工升降机安全规程》GB 10055的规定，电缆应无老化破损；
2) 在设备部件组装后，应通过载荷试验对整机及其主要零部件、安全装置、电气系统进行功能试验，应采用绝缘测量仪器检测电气系统的绝缘性能，同时应检查防护设施的安全状态；
3) 防坠安全器的寿命年限应符合现行行业标准《施工升降机齿轮锥鼓形渐进式防坠安全器》JG 121的规定，并应按现行国家标准《施工升降机》GB/T 10054和《施工升降机安全规程》GB 10055的规定对防坠安全器进行现场坠落试验。

5 评估判别

5.1 壁厚判别

5.1.1 对重要结构件因锈蚀磨损引起壁厚减薄，当减薄量达到原壁厚10%时，应判为不合格；经计算或应力测试，对重要结构件的应力值超过原设计计算应力的15%时，应判为不合格。

5.1.2 结构件特殊部位的锈蚀与磨损检查应按表5.1.2进行判别。

表5.1.2 结构件特殊部位锈蚀与磨损检查判别标准

特殊部位位置		判别指标	判别结论
水平臂变幅塔机小车导轨面		$\Delta \leqslant 30\%$	合格
		$\Delta > 30\%$	不合格
施工升降机导轨架标准节导轨面		$\Delta \leqslant 25\%$	合格
		$\Delta > 25\%$	不合格
施工升降机传动件	齿轮	$\Delta \leqslant 4.5\%$	合格
		$\Delta > 4.5\%$	不合格
	齿条	$\Delta \leqslant 4\%$	合格
		$\Delta > 4\%$	不合格

续表 5.1.2

特殊部位位置	判别指标	判别结论
轴孔与销轴直径磨损变形量	$\Delta \leqslant 3\%$	合格
	$\Delta > 3\%$	不合格

注：Δ 为磨损变形率，指磨损变形量占原尺寸的百分比。其中的齿轮齿条按常规的模数 $m=8$ 考虑，齿轮按跨齿数为 2 齿的公法线长度测量磨损变形率，齿条用标准圆棒和游标卡尺测量磨损变形率，有特例的可参照作相应修正。设计另有规定的按设计要求进行判定。

5.2 裂纹判别

5.2.1 当采用磁粉检测方法进行焊缝表面或近表面裂纹的探伤时，焊缝应达到现行行业标准《无损检测 焊缝磁粉检测》JB/T 6061 和《无损检测 焊缝渗透检测》JB/T 6062 中规定的 1 级要求；当采用超声检测方法进行焊缝内部探伤时，焊缝应达到现行行业标准《起重机械无损检测 钢焊缝超声检测》JB/T 10559 中规定的 2 级要求。根据焊缝的特征当采用其他合适的无损检测方法进行内部探伤时，应根据相应的检测标准进行合格判别。

设计另有规定的应按设计要求进行判定。

5.2.2 重要结构件表面发现裂纹的，该结构件应判为不合格。

5.2.3 施工升降机的齿轮齿根处出现裂纹的，该齿轮应判为不合格；施工升降机的齿条齿根处出现裂纹的，该齿条应判为不合格。

5.3 变形判别

5.3.1 重要结构件失去整体稳定时，该结构件应判为不合格。

5.3.2 重要结构件主弦杆、斜杆直线度应按表 5.3.2 进行判别。

表 5.3.2 重要结构件主弦杆、斜杆直线度判别标准

检测项目	判别指标	判别标准
主弦杆直线度	$\leqslant 1\text{‰}$	合格
	$> 1\text{‰}$	不合格
斜杆直线度	$\leqslant 1/750$	合格
	$> 1/750$	不合格

注：设计另有规定的应按设计要求进行判定。

5.3.3 结构件形位偏差应按表 5.3.3 进行判别。

表 5.3.3 结构件形位偏差判别标准

检测项目	判别指标	判别标准
标准节截面对角线偏差	$\leqslant 1.5\text{‰}$	合格
	$> 1.5\text{‰}$	不合格

续表 5.3.3

检测项目	判别指标	判别标准
施工升降机吊笼结构在笼门方向投影的对角线偏差	$\leqslant 1.5\text{‰}$	合格
	$> 1.5\text{‰}$	不合格
施工升降机吊笼门框平行度偏差	$\leqslant 1.5\text{‰}$	合格
	$> 1.5\text{‰}$	不合格

注：对角线偏差是指构件两对角线测量值之间的最大差值与对角线测量平均值的比。平行度偏差是指以一构件轴线为基准，另一构件轴线和此基准平行方向之间的最大测量差值与两构件平均间距的比。设计另有规定的按设计要求进行判定。

5.4 塔式起重机整机判别

5.4.1 当出现下列情况之一时，塔式起重机应判为不合格：

1 重要结构件检测有指标不合格的；
2 按本规程附录 E 中有保证项目不合格的。

5.4.2 重要结构件检测指标均合格，并按本规程附录 E 中保证项目全部合格的，可判定为整机合格。

5.5 施工升降机整机判别

5.5.1 当出现下列情况之一时，施工升降机应判为不合格：

1 重要钢结构检测有指标不合格的；
2 按本规程附录 F 中有保证项目不合格的。

5.5.2 重要结构件检测指标均合格，并按本规程附录 F 中保证项目全部合格的，可判定为整机合格。

6 评估结论与报告

6.0.1 安全评估机构应根据设备安全技术档案资料情况、检查检测结果等，依据本规程及有关标准要求，对设备进行安全评估判别，得出安全评估结论及有效期，并应出具安全评估报告。

6.0.2 安全评估报告应包括设备评估概述、主要技术参数、检查项目及结果、评估结论及情况说明等内容。主要检测部位照片、相关检测数据等资料应作为评估报告的附件。

6.0.3 安全评估报告中情况说明应包括下列内容：

1 对评估结论为合格，但存在缺陷的建筑起重机械，应注明整改要求及注意事项；
2 对评估结论为不合格的建筑起重机械，应注明不合格的原因。

7 评估标识

7.0.1 安全评估机构应对评估后的建筑起重机进行

"合格"、"不合格"的标识。

7.0.2 标识必须具有唯一性,并置于重要结构件的明显部位。设备产权单位应注意对评估标识的保护。

7.0.3 经评估为合格或不合格的建筑起重机械,设备产权单位应在建筑起重机械的标牌和司机室等部位挂牌明示。

附录A 评估用检测仪器及其精度要求

表A 评估用检测仪器及其精度要求

序号	设备名称	参数或精度
1	超声波测厚仪	±0.5%
2	磁粉裂纹检测仪	可清晰完整地显示A、C、D型标准试片上的刻槽
3	游标卡尺	±0.02mm
4	直尺	1级
5	卷尺	1级
6	塞规	1级
7	经纬仪	≤6″
8	万用表	±2%
9	绝缘电阻表	±2%
10	称量吊秤	±1%
11	超声波无损检测仪	不低于《起重机械无损检测 钢焊缝超声检测》JB/T 10559中规定的相应要求
12	直线规	±0.1mm
13	应变仪	±1%
14	手持式放大镜	5倍
15	公法线千分尺	±0.02mm
16	齿厚卡尺	±0.02mm

附录B 评估设备的基本信息表

表B 评估设备的基本信息表

产权单位(章):　　　　　填表日期:　年　月　日

设备名称			型号规格	
制造单位			备案编号	
制造许可证编号			出厂编号和日期	
设备工作年限参数(由设备设计制造单位提供)	正常工作年限			
	工作年限参数	载荷状态		
		利用等级		
		工作级别		

续表B

设备名称		型号规格	
使用概况(利用等级和载荷状态)	经统计,该设备出厂至今已____年,平均每年使用____天,平均每天使用____小时,平均每小时有____次工作循环,总计使用台班小时数____万小时,折算至工作循环次数为____万次。 □ 很少起升额定载荷,一般起升轻微载荷 □ 有时起升额定载荷,一般起升中等载荷 □ 经常起升额定载荷,一般起升较重载荷 □ 频繁起升额定载荷		
维保记录(提供近期的大修合格报告)	□ 未进行过大修保养 □ 进行过大修保养(提供近期的大修保养验收结论单,大修主要内容,重要零部件更换清单等)		
事故记录	□ 无 □ 有(请附上事故处理情况证明资料)		
目前状态	□ 正常使用 □ 降级使用(明确降级量值) □ 待用		
评估原因	□ 超过规定使用年限 □ 其他(请附上详细说明)		
备注			

注:1. 以上信息资料由产权单位提供,并承诺其真实性;
　　2. 表内"□"选择打"√",空格不够可附页,附页应补签章。

企业负责人(签字):

附录C 评估的塔式起重机主要技术参数表

表C 评估的塔式起重机主要技术参数表

产权单位(章):　　　　　填表日期:　年　月　日

项目名称		单位	设计值	备注
最大起重力矩		kNm		
最大额定起重量		t		
最大工作幅度		m		
最大工作幅度时额定起重量		t		
最大起重量时允许最大幅度		m	m臂	
			m臂	
			m臂	
起升高度	附着	m		
	内爬			
	行走			
	独立固定			
平衡重	起重臂长	m		
	相应平衡重	t		
各档起升速度及相应最大起重量		m/min		
回转速度		r/min		
变幅速度		m/min		
行走速度		m/min		

注:以上技术参数由产权单位提供并承诺其准确可靠。

企业负责人(签字):

附录 D 评估的施工升降机主要技术参数表

表 D 评估的施工升降机主要技术参数表

产权单位（章）：　　填表日期：　年　月　日

项目名称		单位	设计值	备注
吊笼额定载重量		kg		
吊笼净空尺寸		m		长×宽×高
最大提升高度		m		
额定提升速度		m/min		
驱动电机	数量	只		
	额定功率	kW		
	制动力矩	Nm		
普通型标准节	高度	m		
	立柱管中心距	mm		
	立柱管规格	mm		外径×壁厚
加强型标准节	高度	m		
	立柱管中心距	mm		
	立柱管规格	mm		外径×壁厚
上下相邻附墙最大间距		m		
最大自由端高度		m		

注：以上技术参数由产权单位提供并承诺其准确可靠。

企业负责人（签字）：

附录 E 塔式起重机安全评估报告

一、设备评估概述；
二、评估设备主要技术参数；
三、检查项目及结果：

1 资料审核项目

序号	检查项目	规定要求	检查情况	结果
1*	制造许可证	应在许可范围内		
2*	出厂合格证	应与委托设备符合		
3	使用说明书	应与委托设备符合		
4*	基本信息与资料表	信息应齐全，签章确认手续应完整		

续表

序号	检查项目	规定要求	检查情况	结果
5*	主要技术参数表	参数应明确，签章确认手续应完整		
6	使用记录	应与委托设备符合，记录完整		
7	维修保养记录	应与委托设备符合，记录完整		
8	事故记录	应与委托设备符合，记录完整		

注：序号后有 * 的为保证项目，下同。

2 整机外观检查项目

序号	检查项目	规定要求	检查情况	结果
1	标牌、标志	应在明显位置固定产品标牌，设置操纵指示标志、主要性能参数图表		
2*	主要焊缝外观	无明显缺陷		
3*	主要连接螺栓	不低于螺母，符合规定要求		
4*	主要连接销轴	完整，轴向固定可靠		
5*	主要钢结构	无可见裂纹、明显变形和严重腐蚀		
6	主要机构外观	完整，无可见裂纹、明显变形和严重腐蚀		
7	电箱电缆	外观完整，电箱防漏水，电缆无破损		
8	防护罩壳	完整，固定可靠		

3 安全装置等检查项目

序号	检验项目	规定要求	检验情况	结论
1	吊钩	应设有防止吊索或吊具非人为脱出的装置		
2	滑轮	应设有钢丝绳防脱装置，该装置与滑轮最外缘的间隙不应超过钢丝绳直径的20%		

续表

序号	检验项目	规定要求	检验情况	结论
3	制动器	起重机上每一套机构都应配备制动器		
4*	力矩限制器	当起重力矩大于相应幅度额定值并小于额定值110%时,应停止上升和向外变幅动作		
5*	起重量限制器	当起重量大于最大额定起重量并小于110%额定起重量时,应停止上升方向动作,但应有下降方向动作		
6	起升高度限位器	应安装吊钩上极限位置的起升高度限位器且有效		
7	运行限位器	轨道式起重机的行走机构应在每个运行方向装设行程限位开关且有效		
8	夹轨器	应设置;工作时不妨碍塔机运行,非工作状态时保证塔机可靠固定在轨道上		
9	回转限位器	对回转部分不设集电器的应安装回转限位器且有效		
10	幅度限位器	动臂变幅的塔机应设置臂架高位置的幅度限位开关及防止臂架后翻的保护装置且有效 对小车变幅的塔机应设置小车行程限位开关和终端缓冲装置。限位开关动作后应保证小车停车时其端部距缓冲装置最小距离为200mm		
11	电气保护	应设置短路、过流、失压、欠压、过压、零位、电源错相及断相保护		
12*	绝缘电阻	≥0.5MΩ		
13	塔身垂直度	≤4‰		

4 载荷试验项目

序号	检验项目		规定要求	检验情况	结论
1	空载试验	运转情况	正常,无异常声响		
		操纵情况	灵活、可靠		
2*	额定载荷试验	运转情况	正常,无异常声响		
		操纵情况	灵活、可靠		
3*	试验过程中主要零部件有无损坏		无		

5 重要结构件壁厚测量项目

测点位置		设计值(mm)	锈蚀磨损处(mm)	锈蚀磨损量(mm)	锈蚀磨损率(%)
塔身主弦杆	基础节				
	加强节				
	标准节				
起重臂主弦杆	根部节段				
	中间节段				
	头部节段				
平衡臂	主弦杆				
塔帽	主弦杆				
回转支承座	上支承座				
	下支承座				
其他部件					

6 重要结构件变形测量项目

检测项目		判别标准		实测情况	结果
		判别指标	结论判别		
标准节直线度	主弦杆	≤1‰	合格		
		>1‰	不合格		
	斜杆	≤1/750	合格		
		>1/750	不合格		
标准节截面对角线偏差		≤1.5‰	合格		
		>1.5‰	不合格		
其他部位					

7 重要结构件无损检测项目

主体材质		仪器		比例	
表面状况		热处理状态	探伤	长度	
公称尺寸		磁粉类型		喷洒方式	
执行标准		标准试块		磁化方法	
检测部位: 1. 基础节连接座××条焊缝(附图); 2. 加强节连接座××条焊缝(附图); 3. 标准节连接座××条焊缝(附图); 4. 塔身节踏步××条焊缝(附图); 5. 起重臂根部连接部位××条焊缝(附图); 6. 起重臂主弦杆连接部位××条焊缝(附图); 7. 起重臂拉杆××条焊缝(附图); 8. 平衡臂根部连接部位××条焊缝(附图); 9. 平衡臂拉杆连接座××条焊缝(附图); 10. 拉杆××条焊缝(附图); 11. 上支承座连接部位××条焊缝(附图); 12. 下支座连接部位××条焊缝(附图); 13. 塔帽根部连接部位××条焊缝(附图); 14. 塔帽头部连接部位××条焊缝(附图)。 其他需要检测部位					
无损检测情况:					
备注	附件: 检测仪器、重要结构件磁粉检测结果、检测部位照片及其标识号等资料				

四、评估结论

型号规格		备案编号	
制造单位		产品编号	
产权单位		出厂年月	
评估日期			
安全评估依据	《塔式起重机设计规范》GB/T 13752 《起重机设计规范》GB/T 3811 《塔式起重机安全规程》GB 5144 《起重机安全规程》GB 6067 《塔式起重机》GB/T 5031 《无损检测 焊缝磁粉检测》JB/T 6061 其他相关文件		
结论与建议	安全评估情况: 结论与建议: 签发日期: 年 月 日 评估有效期到 年 月 日止		
备注			
批准人: 日期:	审核人: 日期:	检验人: 日期:	

附录F 施工升降机安全评估报告

一、设备评估概述;

二、评估设备主要技术参数;

三、检查项目及结果:

1. 资料审核项目(同附录E)
2. 整机外观检查项目(同附录E)
3. 安全装置等检查项目

名称	序号	检验项目	规定要求	检验情况	结论
基础	1	围栏门联锁保护	吊笼位于底部规定位置围栏门才能打开,围栏门开启后吊笼不能启动		
	2	防护围栏	基础上吊笼和对重升降通道周围应设置防护围栏,地面防护围栏高≥1.8m		
导轨架	3	垂直度	架设高度 H(m) 垂直度偏差(mm) ≤70 ≤1/1000H >70~100 ≤70 >100~150 ≤90 >150~200 ≤110 >200 ≤130		
吊笼	4	紧急出口活动门	应有,活动板门应设有安全开关,当门打开时,吊笼不能启动		
	5	笼顶护栏	笼顶周围应设置,高度≥1.05m		
传动导向	6*	制动器	制动性能良好,有手动松闸功能		
	7	齿轮齿条	接触斑点分布位置应趋近齿面中部;接触斑点沿高度方向不少于40%,沿长度方向不少于50%		
	8	导向轮、背轮	导向灵活、无明显倾斜现象,背轮上下各设置一处挡块		
	9	电缆导向	电缆导向架按规定设置		
	10	对重导轨	接缝应平整,导向良好		
附着装置	11	附着间距	应符合使用说明书要求		
	12	悬臂高度	应符合使用说明书要求		
安全装置	13*	防坠安全器	应在有效标定期限内使用		
	14	防松绳开关	对重应设置防松绳开关		
	15*	安全钩	安装位置及结构应能防止吊笼脱离导轨架或安全器输出齿轮脱离齿条		
	16	上限位	应设,有效		
	17	上极限开关	应设,非自动复位型,动作时切断总电源		
	18	越程距离	上限位和上极限开关之间的越程距离应≥0.15m		
	19	超载保护装置	应设置		
	20	下限位	应在吊笼制停时,距下极限开关一定距离		
	21	下极限开关	吊笼碰缓冲器之前,下极限开关应先动作		

续表

名称	序号	检验项目	规定要求	检验情况	结论
电气系统	22	急停开关	便于操纵处应设装置，非自行复位		
	23*	绝缘电阻	电动机及电气元件（电子元器件部分除外）的对地绝缘电阻应≥0.5MΩ；电气线路的对地绝缘电阻应≥1MΩ		
	24	电气保护	应设置失压、零位、相序保护		

4 载荷试验项目（同附录E）

5 重要结构件壁厚测量项目

测点位置		设计值（mm）	锈蚀磨损处（mm）	锈蚀磨损量（mm）	锈蚀磨损率（%）
底架主梁					
导轨架	加强节主弦杆				
	标准节主弦杆				
附墙架	连接架主杆				
	附墙杆				
天轮架	主弦杆				
吊笼	底部主梁				
	动力板竖梁				
其他部件					

6 重要结构件变形测量项目

检测项目	判别标准		实测情况	结果
	判别指标	结论判别		
标准节主弦杆直线度	≤1‰	合格		
	>1‰	不合格		
标准节截面对角偏差	δ≤1.5‰	合格		
	δ>1.5‰	不合格		
吊笼结构在笼门方向投影的对角线偏差	δ≤1.5‰	合格		
	δ>1.5‰	不合格		
吊笼门框平行度偏差	δ≤1.5‰	合格		
	δ>1.5‰	不合格		
其他部位				

7 重要结构件无损检测项目

主体材质		仪器		探伤	比例	
表面状况		热处理状态			长度	
公称尺寸		磁粉类型			喷洒方式	
执行标准		标准试块			磁化方法	

检测部位：

1. 底架连接部位××条焊缝（附图）；
2. 标准节主弦杆连接部位××条焊缝（附图）；
3. 吊笼底部主梁连接部位××条焊缝（附图）；
4. 吊笼侧面动力板连接部位××条焊缝（附图）；
5. 附墙架连接杆连接部位××条焊缝（附图）；
6. 天轮架连接部位××条焊缝（附图）。

其他需要检测部位

无损检测情况：

备注	附件：检测仪器、重要结构件磁粉检测结果、检测部位照片及其标识号等资料

四、评估结论

型号规格		备案编号	
制造单位		产品编号	
产权单位		出厂年月	
评估日期			
安全评估依据	《起重机设计规范》GB/T 3811 《起重机安全规程》GB 6067 《施工升降机》GB/T 10054 《施工升降机安全规程》GB 10055 《施工升降机齿轮锥鼓形渐进式防坠安全器》JG 121 《无损检测 焊缝磁粉检测》JB/T 6061 其他相关文件		
结论与建议	安全评估情况： 结论与建议： 　　　　签发日期：　年　月　日 评估有效期到　　年　月　日止		
备注			

批准人：	审核人：	检验人：
日期：	日期：	日期：

本规程用词说明

1 为便于在执行本规程条文时区别对待，对要求程度不同的用词说明如下：
　　1）表示很严格，非这样做不可的：
　　　　正面词采用"必须"，反面词采用"严禁"。
　　2）表示严格，在正常情况下均应这样做的：
　　　　正面词采用"应"，反面词采用"不应"或"不得"。
　　3）表示允许稍有选择，在条件许可时首先应这样做的：
　　　　正面词采用"宜"，反面词采用"不宜"。
　　4）表示有选择，在一定条件下可以这样做的，采用"可"。
2 规程中指定应按其他有关规定执行时，写法为"应符合……的规定"或"应按……执行"。

引用标准名录

1 《起重机设计规范》GB/T 3811
2 《起重机安全规程》GB 6067
3 《塔式起重机设计规范》GB/T 13752
4 《塔式起重机安全规程》GB 5144
5 《塔式起重机》GB/T 5031
6 《施工升降机》GB/T 10054
7 《施工升降机安全规程》GB 10055
8 《施工升降机齿轮锥鼓形渐进式防坠安全器》JG121
9 《无损检测　焊缝磁粉检测》JB/T 6061
10 《无损检测　焊缝渗透检测》JB/T 6062
11 《起重机械无损检测　钢焊缝超声检测》JB/T 10559

中华人民共和国行业标准

建筑起重机械安全评估技术规程

JGJ/T 189—2009

条 文 说 明

制 订 说 明

《建筑起重机械安全评估技术规程》JGJ/T 189-2009，经住房和城乡建设部 2009 年 11 月 24 日以第 446 号公告批准发布。

本规程制订过程中，编制组进行了广泛深入的调查研究，总结了我国工程建设建筑起重机械安全评估的实践经验，同时参考了国外先进技术法规、技术标准，通过试验取得了安全评估内容和评估标准等重要技术参数。

为便于广大设计、施工、科研、学校等单位有关人员在使用本标准时能正确理解和执行条文规定，《建筑起重机械安全评估技术规程》编制组按章、节、条顺序编制了本标准的条文说明，对条文规定的目的、依据以及执行中需注意的有关事项进行了说明。但是，本条文说明不具备与标准正文同等的法律效力，仅供使用者作为理解和把握标准规定的参考。

目　次

1 总则 …………………………… 10—11—19
3 基本规定 ……………………… 10—11—19
4 评估内容和方法 ……………… 10—11—19
　4.1 基本要求和方法 …………… 10—11—19
　4.2 塔式起重机安全评估 ……… 10—11—19

5 评估判别 ……………………… 10—11—20
　5.1 壁厚判别 …………………… 10—11—20
　5.2 裂纹判别 …………………… 10—11—21
　5.4 塔式起重机整机判别 ……… 10—11—21
6 评估结论与报告 ……………… 10—11—21

1 总 则

1.0.1 近几年来，老旧建筑起重机械存在的安全隐患越来越明显，甚至有造成机毁人亡的严重事故。各建筑起重机械企业对设备的折旧报废各有规定，有追求眼前利益而忽视科学管理的现象，国家和行业对此也没有统一的具体规定。为了让建筑起重机械企业对设备科学合理地进行折旧报废，既满足安全生产需求，又能充分利用好现有的建筑起重机械，需要制订《建筑起重机械安全评估技术规程》。

1.0.2 建筑起重机械的检验检测有型式试验、出厂检验、日常检验、定期检查、安装前后的检查、拆卸前的检查等，各种检验检测的侧重点各有特点。本规程依据《建设部关于发布建设事业"十一五"推广应用和限制禁止使用技术》中华人民共和国建设部公告第 659 号（以下简称为建设部第 659 号文件）和有关标准要求制订，主要适用于超过规定使用年限的塔式起重机和施工升降机的安全评估检测。

3 基本规定

3.0.1 根据建设部第 659 号文件，超过规定使用年限的塔式起重机和施工升降机应由有资质评估机构评估合格后，方可继续使用。

3.0.2 建设部第 659 号文件规定了各类塔式起重机和施工升降机的使用年限。超过规定使用年限的塔式起重机和施工升降机普遍存在设备结构疲劳、锈蚀、磨损、变形等安全隐患。文件规定超过使用年限的应由有资质评估机构评估合格后，方可继续使用。

此外，如建筑起重机械存在结构缺陷、工作环境繁重恶劣、发生结构损伤、主要结构件进行了更换或修复等情况时，产权单位及其他相关单位认为有必要的，也可进行安全评估。

3.0.3 依据《起重机设计规范》GB/T 3811 和《塔式起重机设计规范》GB/T 13752 规定，起重机的设计工作级别、利用等级和载荷状态决定了该设备的设计允许使用寿命，超过设计允许使用寿命的设备继续使用会带来疲劳损坏等严重后果。

3.0.4 一个完整的可以正常开展对老旧设备安全评估的机构首先必须有必要的人力资源条件，建立健全其组织机构。针对老旧设备安全评估内容，其中钢结构的疲劳裂纹检测是重点之一，需要借助专业检测仪器实施，其操作人员需要有特殊的技能知识和具备上岗资质条件。此外，钢结构的锈蚀程度检测也需要配备特别的检测仪器和具备熟练的操作技能的人员。所以，人员条件和仪器设备条件是安全评估开展的必需条件。安全评估机构首先应具备法定的资质条件和行业管理部门的许可。

3.0.8 根据中华人民共和国建设部令第 166 号"建筑起重机械安全监督管理规定"，出租单位、自购建筑起重机械的使用单位，应当建立建筑起重机械安全技术档案。

建筑起重机械安全技术档案应当包括以下资料：

1 购销合同、制造许可证、产品合格证、制造监督检验证明、安装使用说明书、备案证明等原始资料；

2 定期检验报告、定期自行检查记录、定期维护保养记录、维修和技术改造记录、运行故障和生产安全事故记录、累计运转记录等运行资料；

3 历次安装验收资料。

4 评估内容和方法

4.1 基本要求和方法

4.1.2、4.1.3 目测时应对全部结构、机构、安全装置和电气系统等进行检查，检查的内容主要是外观状态和重要结构件的关键受力部位；摄像的目的主要是对一些无法用文字和数据直观描述的现象和过程进行客观记录；厚度测量的对象主要是重要钢结构件的关键受力部位和锈蚀明显部位；直线度测量主要是针对结构存在明显变形、塔式起重机塔身和施工升降机导轨架等重要部件的测量考核，钢结构正常使用情况下不应该发生塑性变形，除非遇到意外的撞击或者违规超载使用等情况才会造成直线度偏差超标。载荷试验主要是考察设备的基本功能，包括结构的力学性能、机构的运转性能、控制系统的操作性能以及各安全装置的工作有效性。磁粉探伤无损检测主要适用于检测铁磁性材料近表面存在的裂纹等缺陷，正常的钢结构件和合格焊缝在承载后的损坏都是从边角外表开始，所以采用磁粉探伤基本能满足常规评估检测的需要；当重要结构件外观有明显缺陷或疑问时，必要情况下还可以采用超声和射线检测方法对结构件的内在质量进行检测。当重要结构件有改制或主要技术参数有变更等情况时可采用应力测试方法对相应部件进行结构应力检测。

4.2 塔式起重机安全评估

4.2.1 对于老旧设备的安全评估检测点的抽样，应区别于常规的检测抽样方法。每一台老旧设备的使用情况不尽相同，往往个体差异很大。从经济性、可操作性、合理性角度出发，有针对性地、有重点地对老旧设备的主要受力关键部位、历史经验总结容易发生疲劳损伤部位、外观明显锈蚀部位、外观明显变形部位等展开测量检验更符合目前的老旧设备现状。

全数检验是对一批产品中的每一件或者对每一件产品的每一个要素进行检验；抽样检验是根据样本的特征来推断总体质量水平。常规的全数检验和抽样检验方法不完全适用于安全评估检测点的抽样。

对于老旧设备的安全评估检测点的抽样，首先是全数目测，根据目测情况对发现的可疑部位进行全数检测，对未发现可疑情况的参照常规的抽样检验方法进行。

5 评估判别

5.1 壁厚判别

5.1.2 水平变幅臂架轨道通常情况下仅局部磨损较大，且在设计时预留有较大余量。根据长期的检验实践和理论计算，表明该位置可以承受较大的磨蚀量。施工升降机导轨架也是同样道理。

施工升降机齿轮齿条传动评估判别：

1 磨损检查判别标准

升降机齿轮齿条传动属于开式齿轮传动，主要失效形式为磨损和断齿。而磨损造成的齿廓曲线改变和齿侧间隙增大将引起齿轮齿条传动的冲击、振动和噪声。磨损造成齿厚减薄，也是引起断齿的重要原因。所以磨损量的检验是升降机齿轮齿条传动安全技术评判的重点。

升降机齿轮齿条允许的磨损量与模数及安全系数要求有关。国产升降机齿轮齿条传动规定模数 m 不得小于7，计算时的安全系数 S 不得小于5。一般国产升降机模数 $m=8$，齿轮齿条的分度圆齿厚 $s=\pi m/2=4\pi$，若取安全系数 $S=5$，则安全系数被耗尽的齿面极限磨损量 δ_{max} 为：

$$\delta_{max} = s\left(1-\frac{1}{\sqrt{S}}\right) = 4\pi\left(1-\frac{1}{\sqrt{5}}\right) = 6.947\text{mm}$$

齿轮齿条长时间运转后，安全系数将下降，如果允许因磨损而最大消耗的安全系数为2，则齿面允许极限磨损量 $[\delta]$ 为：

$$[\delta] = s\left(1-\frac{1}{\sqrt{S}}\right) = 4\pi\left(1-\frac{1}{\sqrt{2}}\right) = 3.681\text{mm}$$

约为原齿厚的30%。齿轮齿条为双向啮合传动，两侧齿面均发生磨损，每侧允许的极限磨损量为 $[\delta]$ 的一半。因此以模数 $m=8$、安全系数为5、耗用安全系数为2（即磨损后的安全系数为3）的升降机齿轮齿条传动为例，其磨损判别标准为：

1) 齿条（非变位齿条）：
用齿厚卡尺测量分度线齿厚
分度线齿厚磨损量 $\delta \leqslant 3.7$mm　合格
分度线齿厚磨损量 $\delta > 3.7$mm　报废

2) 齿轮（非变位齿轮）：

齿轮的分度圆弧齿厚不便于测量，一般用齿厚卡尺测量分度圆弦齿厚或固定弦齿厚，后者与齿数多少无关，便于应用。固定弦齿厚＝分度弧齿厚×$\cos^2\alpha$，故固定弦齿厚的 $[\delta] = 3.681\times\cos^2 20° = 3.459$mm，故齿轮磨损判别标准为：

固定弦齿厚磨损量 $\delta \leqslant 3.5$mm　合格
固定弦齿厚磨损量 $\delta > 3.5$mm　报废

固定弦齿厚的测量要以齿顶圆为基准，测量精度受齿顶圆偏差和径向跳动偏差影响，故也可采用方便、精确的齿厚的间接测量法，即用公法线千分尺测量公法线长度来间接控制齿厚的磨损量，此时齿轮磨损判别标准为：

公法线长度磨损量 $\delta \leqslant 3.5$mm　合格
公法线磨损量 $\delta > 3.5$mm　报废

升降机开式齿轮齿条传动也可以直接用塞尺测量齿的侧隙游移量的增大情况确定齿面磨损程度。

2 齿面承载均匀性判别标准

升降机齿轮齿条传动属于低速重载齿轮传动，要求传动中齿轮齿条工作齿面接触良好、承载均匀，以免载荷集中于局部区域而引起应力集中，造成局部磨损和断齿。齿轮齿条传动经过长时间运转后，由于零件的变形会引起承载均匀性逐步下降，因此齿面承载均匀性检验也是升降机齿轮齿条传动安全技术评判的重点。

升降机齿轮齿条传动一般为8级精度，齿面承载均匀性判别标准为：

1) 接触斑点的分布位置趋近齿面中部　合格
接触斑点分布于齿顶和两端部棱边　报废

2) 接触斑点沿高度方向 $\geqslant 40\%$，按长度方向 $\geqslant 50\%$　合格
接触斑点沿高度方向 $<40\%$，按长度方向 $<50\%$　维修或报废

3 裂纹判别标准

齿轮齿条在齿根处受到最大的弯曲循环变应力的作用，齿根部产生疲劳裂纹并逐渐扩展，是导致断齿的重要原因，因此裂纹检测也是升降机齿轮齿条传动安全技术评判的重点。裂纹判别标准为：将齿轮擦洗干净，用放大镜进行检查，齿根处有裂纹出现则立刻报废。

前面已经提到，磨损造成的齿廓曲线改变和齿侧间隙增大将引起齿轮齿条传动的冲击、振动和噪声。经过对现场实际情况调查，齿轮的磨损相对齿条更为严重，当磨损量达到一定程度时会引起较大的振动和噪声，严重影响到驾驶和乘坐人员的舒适度，所以本规程从严控制齿轮和齿条的磨损量判别标准。下图为常用的测量齿轮齿条磨损量的方法之一。

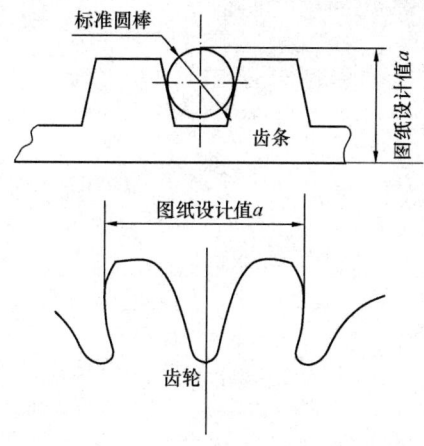

5.2 裂纹判别

5.2.2 评估检测中重要结构件发现裂纹，应查明原因，根据受力与裂纹情况采取阻止裂纹扩展的措施，通过加强或修复使之达到原承载能力，否则该构件应及时报废。塔机重要结构件的修复、加强必须由原制造商或具有相应资质的单位进行，修复前应制订技术方案，修复后应进行检验。修理、检验单位应将该项工作的技术资料转交塔机使用单位，存入该设备的技术档案备查。

5.4 塔式起重机整机判别

5.4.1、5.4.2 对评估设备进行评定时，本规程遵循以安全为主的原则，以重要结构件检测作为评定整机安全性的主要依据，同时结合整机试验情况、主要零部件和安全装置的维护保养情况等进行综合考评。评估结论分为合格、不合格两种。

6 评估结论与报告

6.0.1 塔式起重机和施工升降机评估合格，仅是对设备质量的一个评估结论。设备在投入使用前，还应对设备的周围环境、供电条件、安装质量等经过验收合格方可投入使用。

6.0.2 评估报告应清晰完整，能准确客观反映设备的评估工作。评估结论、有效期、整改要求及注意事项等内容应清晰明了，便于客户理解执行。

中华人民共和国行业标准

建筑施工塔式起重机安装、使用、拆卸安全技术规程

Technical specification for safety installation operation and dismantlement of tower crane in construction

JGJ 196—2010

批准部门：中华人民共和国住房和城乡建设部
施行日期：２０１０年７月１日

中华人民共和国住房和城乡建设部
公 告

第 479 号

关于发布行业标准《建筑施工塔式起重机安装、使用、拆卸安全技术规程》的公告

现批准《建筑施工塔式起重机安装、使用、拆卸安全技术规程》为行业标准，编号为 JGJ 196-2010，自 2010 年 7 月 1 日起实施。其中，第 2.0.3、2.0.9、2.0.14、2.0.16、3.4.12、3.4.13、4.0.2、4.0.3、5.0.7 条为强制性条文，必须严格执行。

本规程由我部标准定额研究所组织中国建筑工业出版社出版发行。

中华人民共和国住房和城乡建设部
2010 年 1 月 8 日

前 言

根据原建设部《关于印发〈2007 年工程建设标准规范制订、修订计划（第一批）〉的通知》（建标[2007] 125 号）的要求，规程编制组经广泛调查研究，认真总结实践经验，参考有关国际标准和国外先进标准，并在广泛征求意见的基础上，制定本规程。

本规程的主要技术内容是：1. 总则；2. 基本规定；3. 塔式起重机的安装；4. 塔式起重机的使用；5. 塔式起重机的拆卸；6. 吊索具的使用以及相关附录。

本规程中以黑体字标志的条文为强制性条文，必须严格执行。

本规程由住房和城乡建设部负责管理和对强制性条文的解释，由上海市建工设计研究院有限公司负责具体技术内容的解释。执行过程中如有意见或建议，请寄送上海市建工设计研究院有限公司（地址：上海市武夷路 150 号；邮政编码：200050）

本规程主编单位：上海市建工设计研究院有限公司
　　　　　　　　上海市第四建筑有限公司

本规程参编单位：中国建筑业协会建筑安全分会
　　　　　　　　上海市建设工程安全质量监督总站
　　　　　　　　上海市建设机械检测中心
　　　　　　　　上海市建设安全协会
　　　　　　　　南京建工建筑机械安全检测所
　　　　　　　　上海市第五建筑有限公司
　　　　　　　　上海市第七建筑有限公司
　　　　　　　　抚顺永茂建筑机械有限公司

本规程主要起草人员：汤坤林　邱锡宏　秦春芳
　　　　　　　　　　姜　敏　孙锦强　金振士
　　　　　　　　　　包世洪　崔一舟　张　铭
　　　　　　　　　　施雯钰　贾国瑜　潘仁昌
　　　　　　　　　　张　健　曹文根　黄　轶
　　　　　　　　　　顾　靖　陆德海　田若南
　　　　　　　　　　姚培庆　张嘉洁　施仁华
　　　　　　　　　　程史扬　王　宪　张云超
　　　　　　　　　　严　训　滕　鑫

本规程主要审查人员：李　明　魏吉祥　耿洁明
　　　　　　　　　　葛雨泰　徐玉顺　黄治郁
　　　　　　　　　　卓　新　郭寒竹　施卫东
　　　　　　　　　　王　乔

目 次

1 总则 …………………………… 10—12—5
2 基本规定 ……………………… 10—12—5
3 塔式起重机的安装 …………… 10—12—6
　3.1 塔式起重机安装条件 ……… 10—12—6
　3.2 塔式起重机基础的设计 …… 10—12—6
　3.3 塔式起重机附着装置的设计 … 10—12—7
　3.4 塔式起重机的安装 ………… 10—12—7
4 塔式起重机的使用 …………… 10—12—8
5 塔式起重机的拆卸 …………… 10—12—9
6 吊索具的使用 ………………… 10—12—9
　6.1 一般规定 …………………… 10—12—9
　6.2 钢丝绳 ……………………… 10—12—9
　6.3 吊钩与滑轮 ………………… 10—12—10
附录 A 塔式起重机安装自
　　　　检表 ………………… 10—12—10
附录 B 塔式起重机安装验收记
　　　　录表 ………………… 10—12—14
附录 C 塔式起重机周期检
　　　　查表 ………………… 10—12—17
本规程用词说明 ………………… 10—12—19
引用标准名录 …………………… 10—12—19
附：条文说明 …………………… 10—12—20

Contents

1 General Provisions ·············· 10—12—5
2 Basic Requirements ·············· 10—12—5
3 Installation of Tower Crane ······ 10—12—6
   3.1 Installation Requirements ········ 10—12—6
   3.2 Design of the Foundation for Tower Crane ······························ 10—12—6
   3.3 Design of the Attached Member for Tower Crane ···················· 10—12—7
   3.4 Installation Rules ················ 10—12—7
4 Operation of Tower Crane ······ 10—12—8
5 Dismantlement of Tower Crane ································ 10—12—9
6 Operation of Load Handing Devices and Slings of Tower Crane ······ 10—12—9
   6.1 General Requirements ············ 10—12—9
   6.2 Wire ssings for Tower Crane ······ 10—12—9
   6.3 Hocks and Pulleys of Lifting Appliances ························ 10—12—10
Appendix A The Self-test Form of Installation of Tower Crane ···················· 10—12—10
Appendix B The Acceptance Record Form of Tower Crane ···················· 10—12—14
Appendix C The Cycle-check Form of Tower Crane ······ 10—12—17
Explanation of Wording in This Specification ······················ 10—12—19
Normative Standards ···················· 10—12—19
Addition: Explanation of provisions ···················· 10—12—20

1 总　则

1.0.1 为贯彻安全第一、预防为主、综合治理的方针，确保塔式起重机在安装、使用、拆卸时的安全，制定本规程。

1.0.2 本规程适用于房屋建筑工程、市政工程所用塔式起重机的安装、使用和拆卸。

1.0.3 本规程规定了塔式起重机的安装、使用和拆卸的基本技术要求。当本规程与国家法律、行政法规的规定相抵触时，应按国家法律、行政法规的规定执行。

1.0.4 塔式起重机的安装、使用和拆卸，除应符合本规程规定外，尚应符合国家现行有关标准的规定。

2 基本规定

2.0.1 塔式起重机安装、拆卸单位必须具有从事塔式起重机安装、拆卸业务的资质。

2.0.2 塔式起重机安装、拆卸单位应具备安全管理保证体系，有健全的安全管理制度。

2.0.3 塔式起重机安装、拆卸作业应配备下列人员：
1 持有安全生产考核合格证书的项目负责人和安全负责人、机械管理人员；
2 具有建筑施工特种作业操作资格证书的建筑起重机械安装拆卸工、起重司机、起重信号工、司索工等特种作业操作人员。

2.0.4 塔式起重机应具有特种设备制造许可证、产品合格证、制造监督检验证明，并已在县级以上地方建设主管部门备案登记。

2.0.5 塔式起重机应符合现行国家标准《塔式起重机安全规程》GB 5144 及《塔式起重机》GB/T 5031 的相关规定。

2.0.6 塔机启用前应检查下列项目：
1 塔式起重机的备案登记证明等文件；
2 建筑施工特种作业人员的操作资格证书；
3 专项施工方案；
4 辅助起重机械的合格证及操作人员资格证书。

2.0.7 对塔式起重机应建立技术档案，其技术档案应包括下列内容：
1 购销合同、制造许可证、产品合格证、制造监督检验证明、使用说明书、备案证明等原始资料；
2 定期检验报告、定期自行检查记录、定期维护保养记录、维修和技术改造记录、运行故障和生产安全事故记录、累计运转记录等运行资料；
3 历次安装验收资料。

2.0.8 塔式起重机的选型和布置应满足工程施工要求，便于安装和拆卸，并不得损害周边其他建筑物或构筑物。

2.0.9 有下列情况之一的塔式起重机严禁使用：
1 国家明令淘汰的产品；
2 超过规定使用年限经评估不合格的产品；
3 不符合国家现行相关标准的产品；
4 没有完整安全技术档案的产品。

2.0.10 塔式起重机安装、拆卸前，应编制专项施工方案，指导作业人员实施安装、拆卸作业。专项施工方案应根据塔式起重机使用说明书和作业场地的实际情况编制，并应符合国家现行相关标准的规定。专项施工方案应由本单位技术、安全、设备等部门审核、技术负责人审批后，经监理单位批准实施。

2.0.11 塔式起重机安装前应编制专项施工方案，并应包括下列内容：
1 工程概况；
2 安装位置平面和立面图；
3 所选用的塔式起重机型号及性能技术参数；
4 基础和附着装置的设置；
5 爬升工况及附着节点详图；
6 安装顺序和安全质量要求；
7 主要安装部件的重量和吊点位置；
8 安装辅助设备的型号、性能及布置位置；
9 电源的设置；
10 施工人员配置；
11 吊索具和专用工具的配备；
12 安装工艺程序；
13 安全装置的调试；
14 重大危险源和安全技术措施；
15 应急预案等。

2.0.12 塔式起重机拆卸专项方案应包括下列内容：
1 工程概况；
2 塔式起重机位置的平面和立面图；
3 拆卸顺序；
4 部件的重量和吊点位置；
5 拆卸辅助设备的型号、性能及布置位置；
6 电源的设置；
7 施工人员配置；
8 吊索具和专用工具的配备；
9 重大危险源和安全技术措施；
10 应急预案等。

2.0.13 塔式起重机与架空输电线的安全距离应符合现行国家标准《塔式起重机安全规程》GB 5144 的规定。

2.0.14 当多台塔式起重机在同一施工现场交叉作业时，应编制专项方案，并应采取防碰撞的安全措施。任意两台塔式起重机之间的最小架设距离应符合下列规定：
1 低位塔式起重机的起重臂端部与另一台塔式起重机的塔身之间的距离不得小于 2m；
2 高位塔式起重机的最低位置的部件（或吊钩

升至最高点或平衡重的最低部位）与低位塔式起重机中处于最高位置部件之间的垂直距离不得小于 2m。

2.0.15 在塔式起重机的安装、使用及拆卸阶段，进入现场的作业人员必须佩戴安全帽、防滑鞋、安全带等防护用品，无关人员严禁进入作业区域内。在安装、拆卸作业期间，应设警戒区。

2.0.16 塔式起重机在安装前和使用过程中，发现有下列情况之一的，不得安装和使用：
1 结构件上有可见裂纹和严重锈蚀的；
2 主要受力构件存在塑性变形的；
3 连接件存在严重磨损和塑性变形的；
4 钢丝绳达到报废标准的；
5 安全装置不齐全或失效的。

2.0.17 塔式起重机使用时，起重臂和吊物下方严禁有人员停留；物件吊运时，严禁从人员上方通过。

2.0.18 严禁用塔式起重机载运人员。

3 塔式起重机的安装

3.1 塔式起重机安装条件

3.1.1 塔式起重机安装前，必须经维修保养，并应进行全面的检查，确认合格后方可安装。

3.1.2 塔式起重机的基础及其地基承载力应符合使用说明书和设计图纸的要求。安装前应对基础进行验收，合格后方可安装。基础周围应有排水设施。

3.1.3 行走式塔式起重机的轨道及基础应按使用说明书的要求进行设置，且应符合现行国家标准《塔式起重机安全规程》GB 5144 及《塔式起重机》GB/T 5031 的规定。

3.1.4 内爬式塔式起重机的基础、锚固、爬升支承结构等应根据使用说明书提供的荷载进行设计计算，并应对内爬式塔式起重机的建筑承载结构进行验算。

3.2 塔式起重机基础的设计

3.2.1 塔式起重机的基础应按国家现行标准和使用说明书所规定的要求进行设计和施工。施工单位应根据地质勘察报告确认施工现场的地基承载能力。

3.2.2 当施工现场无法满足塔式起重机使用说明书对基础的要求时，可自行设计基础，可采用下列常用的基础形式：
1 板式基础；
2 桩基承台式混凝土基础；
3 组合式基础。

3.2.3 板式基础设计计算（图 3.2.3）应符合下列规定：
1 应进行抗倾覆稳定性和地基承载力验算。
2 整体抗倾覆稳定性应满足下式规定：

$$e = \frac{M_k + F_{vk} \cdot h}{F_k + G_k} \leq \frac{b}{4} \quad (3.2.3-1)$$

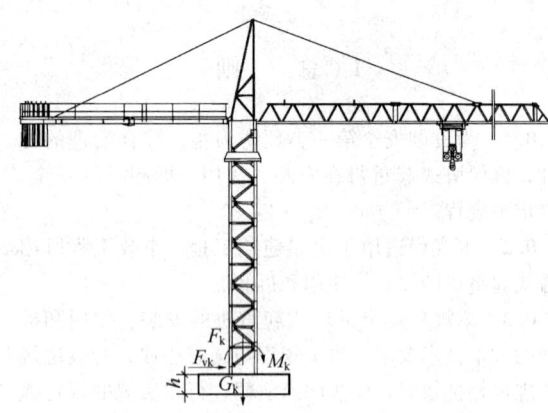

图 3.2.3 塔式起重机板式基础计算简图

式中：M_k ——相应于荷载效应标准组合时，作用于矩形基础顶面短边方向的力矩值（kN·m）；
F_{vk} ——相应于荷载效应标准组合时，作用于矩形基础顶面短边方向的水平荷载值（kN）；
h ——基础的高度（m）；
F_k ——塔机作用于基础顶面的竖向荷载标准值（kN）；
G_k ——基础及其上土的自重标准值（kN）；
b ——矩形基础底面的短边长度（m）。

3 地基承载力应满足下式规定：

$$p_k = \frac{F_k + G_k}{bl} \leq f_a \quad (3.2.3-2)$$

式中：p_k ——相应于荷载效应标准组合时，基础底面处的平均压力值（kPa）；
l ——矩形基础底面的长边长度（m）；
f_a ——修正后的地基承载力特征值（kPa）。

地基承载力计算尚应满足式（3.2.3-3）或式（3.2.3-4）的规定：

当偏心距 $e \leq \frac{b}{6}$ 时

$$p_{kmax} = \frac{F_k + G_k}{bl} + \frac{M_k + F_{vk} \cdot h}{W}$$
$$\leq 1.2 f_a \quad (3.2.3-3)$$

当偏心距 $e > \frac{b}{6}$ 时

$$p_{kmax} = \frac{2(F_k + G_k)}{3la} \leq 1.2 f_a \quad (3.2.3-4)$$

式中：p_{kmax} ——相应于荷载效应标准组合时，基础底面边缘的最大压力值（kPa）；
W ——基础底面的抵抗矩（m³）；
a ——合力作用点至基础底面最大压力边缘的距离（m）。

4 基础底板的配筋，应按抗弯计算确定；计算公式与配筋构造应符合现行国家标准《混凝土结构设计规范》GB 50010 的相关规定。

3.2.4 桩基承台式混凝土基础的设计计算应符合下列规定：

1 应对桩基单桩竖向抗压和抗拔承载力、桩身混凝土强度进行验算，承台（图3.2.4）的抗弯、抗剪、抗冲切应按现行行业标准《建筑桩基技术规范》JGJ 94的规定进行验算。

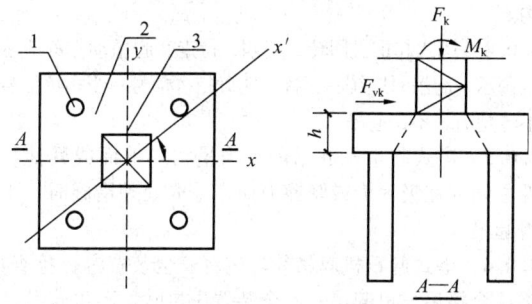

图3.2.4 塔式起重机方形承台桩基础
1—桩基础；2—桩基承台；3—塔式起重机塔身

2 桩基单桩竖向承载力计算应符合下式公式规定：

$$Q_k \leqslant R_a \quad (3.2.4-1)$$
$$Q_{kmax} \leqslant 1.2R_a \quad (3.2.4-2)$$

式中：Q_k——荷载效应标准组合下，基桩的平均竖向力（kN）；

Q_{kmax}——荷载效应标准组合下，桩顶最大竖向力（kN）；

R_a——单桩竖向承载力特征值（kN）。

3 桩基单桩的抗拔极限承载力与桩身混凝土强度应按现行行业标准《建筑桩基技术规范》JGJ 94的相关规定进行计算。

4 承台的抗弯、抗剪、抗冲切计算应按现行行业标准《建筑桩基技术规范》JGJ 94的相关规定进行。

5 当桩端持力层下有软弱下卧层时，还应对下卧层地基强度进行验算。

6 桩中心距不宜小于桩身直径的3倍。

3.2.5 组合式基础的设计计算应符合下列规定：

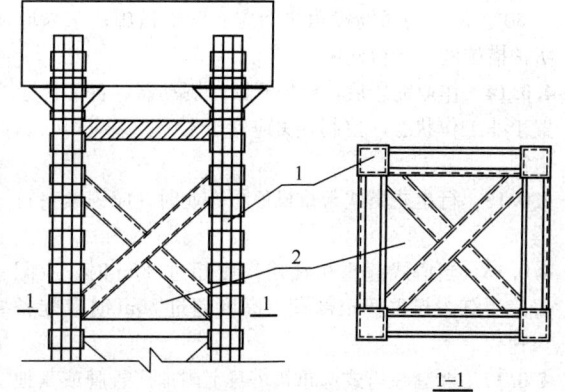

图3.2.5 塔式起重机组合式基础的钢格构柱示意
1—小格构柱；2—大格构柱

1 其承台与桩基设计计算应符合本规程第3.2.4条的规定；

2 钢格构柱（图3.2.5）及单肢与缀件均应按现行国家标准《钢结构设计规范》GB 50017的规定进行强度与稳定性验算；

3 大格构柱应按压弯构件、小格构柱应按轴心受压构件进行计算。

3.2.6 基础中的地脚螺栓等预埋件应符合使用说明书的要求。

3.2.7 桩基或钢格构柱顶部应锚入混凝土承台一定长度；钢格构柱下端应锚入混凝土桩基，且锚固长度能满足钢格构柱抗拔要求。

3.3 塔式起重机附着装置的设计

3.3.1 当塔式起重机作附着使用时，附着装置的设置和自由端高度等应符合使用说明书的规定。

3.3.2 当附着水平距离、附着间距等不满足使用说明书要求时，应进行设计计算、绘制制作图和编写相关说明。

3.3.3 附着装置的构件和预埋件应由原制造厂家或由具有相应能力的企业制作。

3.3.4 附着装置设计时，应对支承处的建筑主体结构进行验算。

3.4 塔式起重机的安装

3.4.1 安装前应根据专项施工方案，对塔式起重机基础的下列项目进行检查，确认合格后方可实施：

1 基础的位置、标高、尺寸；

2 基础的隐蔽工程验收记录和混凝土强度报告等相关资料；

3 安装辅助设备的基础、地基承载力、预埋件等；

4 基础的排水措施。

3.4.2 安装作业，应根据专项施工方案要求实施。安装作业人员应分工明确、职责清楚。安装前应对安装作业人员进行安全技术交底。

3.4.3 安装辅助设备就位后，应对其机械和安全性能进行检验，合格后方可作业。

3.4.4 安装所使用的钢丝绳、卡环、吊钩和辅助支架等起重机具均应符合本规程第6章的规定，并应经检查合格后方可使用。

3.4.5 安装作业中应统一指挥，明确指挥信号。当视线受阻、距离过远时，应采用对讲机或多级指挥。

3.4.6 自升式塔式起重机的顶升加节应符合下列规定：

1 顶升系统必须完好；

2 结构件必须完好；

3 顶升前，塔式起重机下支座与顶升套架应可靠连接；

4 顶升前，应确保顶升横梁搁置正确；

5 顶升前，应将塔式起重机配平；顶升过程中，应确保塔式起重机的平衡；

6 顶升加节的顺序，应符合使用说明书的规定；

7 顶升过程中，不应进行起升、回转、变幅等操作；

8 顶升结束后，应将标准节与回转下支座可靠连接；

9 塔式起重机加节后需进行附着的，应按照先装附着装置、后顶升加节的顺序进行，附着装置的位置和支撑点的强度应符合要求。

3.4.7 塔式起重机的独立高度、悬臂高度应符合使用说明书的要求。

3.4.8 雨雪、浓雾天气严禁进行安装作业。安装时塔式起重机最大高度处的风速应符合使用说明书的要求，且风速不得超过 12m/s。

3.4.9 塔式起重机不宜在夜间进行安装作业；当需在夜间进行塔式起重机安装和拆卸作业时，应保证提供足够的照明。

3.4.10 当遇特殊情况安装作业不能连续进行时，必须将已安装的部位固定牢靠并达到安全状态，经检查确认无隐患后，方可停止作业。

3.4.11 电气设备应使用说明书的要求进行安装，安装所用的电源线路应符合现行行业标准《施工现场临时用电安全技术规范》JGJ 46 的要求。

3.4.12 塔式起重机的安全装置必须齐全，并应按程序进行调试合格。

3.4.13 连接件及其防松防脱件严禁用其他代用品代用。连接件及其防松防脱件应使用力矩扳手或专用工具紧固连接螺栓。

3.4.14 安装完毕后，应及时清理施工现场的辅助用具和杂物。

3.4.15 安装单位应对安装质量进行自检，并应按本规程附录 A 填写自检报告书。

3.4.16 安装单位自检合格后，应委托有相应资质的检验检测机构进行检测。检验检测机构应出具检测报告书。

3.4.17 安装质量的自检报告书和检测报告书应存入设备档案。

3.4.18 经自检、检测合格后，应由总承包单位组织出租、安装、使用、监理等单位进行验收，并应按本规程附录 B 填写验收表，合格后方可使用。

3.4.19 塔式起重机停用 6 个月以上的，在复工前，应按本规程附录 B 重新进行验收，合格后方可使用。

4 塔式起重机的使用

4.0.1 塔式起重机起重司机、起重信号工、司索工等操作人员应取得特种作业人员资格证书，严禁无证上岗。

4.0.2 塔式起重机使用前，应对起重司机、起重信号工、司索工等作业人员进行安全技术交底。

4.0.3 塔式起重机的力矩限制器、重量限制器、变幅限位器、行走限位器、高度限位器等安全保护装置不得随意调整和拆除，严禁用限位装置代替操纵机构。

4.0.4 塔式起重机回转、变幅、行走、起吊动作前应示意警示。起吊时应统一指挥，明确指挥信号；当指挥信号不清楚时，不得起吊。

4.0.5 塔式起重机起吊前，当吊物与地面或其他物件之间存在吸附力或摩擦力而未采取处理措施时，不得起吊。

4.0.6 塔式起重机起吊前，应对安全装置进行检查，确认合格后方可起吊；安全装置失灵时，不得起吊。

4.0.7 塔式起重机起吊前，应按本规程第 6 章的要求对吊具与索具进行检查，确认合格后方可起吊；当吊具与索具不符合相关规定的，不得用于起吊作业。

4.0.8 作业中遇突发故障，应采取措施将吊物降落到安全地点，严禁吊物长时间悬挂在空中。

4.0.9 遇有风速在 12m/s 及以上的大风或大雨、大雪、大雾等恶劣天气时，应停止作业。雨雪过后，应先经过试吊，确认制动器灵敏可靠后方可进行作业。夜间施工应有足够照明，照明的安装应符合现行行业标准《施工现场临时用电安全技术规范》JGJ 46 的要求。

4.0.10 塔式起重机不得起吊重量超过额定载荷的吊物，且不得起吊重量不明的吊物。

4.0.11 在吊物载荷达到额定载荷的 90% 时，应先将吊物吊离地面 200mm～500mm 后，检查机械状况、制动性能、物件绑扎情况等，确认无误后方可起吊。对有晃动的物件，必须拴拉溜绳使之稳固。

4.0.12 物件起吊时应绑扎牢固，不得在吊物上堆放或悬挂其他物件；零星材料起吊，必须用吊笼或钢丝绳绑扎牢固。当吊物上站人时不得起吊。

4.0.13 标有绑扎位置或记号的物件，应按标明位置绑扎。钢丝绳与物件的夹角宜为 45°～60°，且不得小于 30°。吊索与吊物棱角之间应有防护措施；未采取防护措施的，不得起吊。

4.0.14 作业完毕后，应松开回转制动器，各部件置于非工作状态，控制开关应置于零位，并应切断总电源。

4.0.15 行走式塔式起重机停止作业时，应锁紧夹轨器。

4.0.16 当塔式起重机使用高度超过 30m 时，应配置障碍灯，起重臂根部铰点高度超过 50m 时应配备风速仪。

4.0.17 严禁在塔式起重机塔身上附加广告牌或其他标语牌。

4.0.18 每班作业应作好例行保养，并应作好记录。

记录的主要内容应包括结构件外观、安全装置、传动机构、连接件、制动器、索具、夹具、吊钩、滑轮、钢丝绳、液位、油位、油压、电源、电压等。

4.0.19 实行多班作业的设备，应执行交接班制度，认真填写交接班记录，接班司机经检查确认无误后，方可开机作业。

4.0.20 塔式起重机应实施各级保养。转场时，应作转场保养，并应有记录。

4.0.21 塔式起重机的主要部件和安全装置等应进行经常性检查，每月不得少于一次，并应有记录；当发现有安全隐患时，应及时进行整改。

4.0.22 当塔式起重机使用周期超过一年时，应按本规程附录C进行一次全面检查，合格后方可继续使用。

4.0.23 当使用过程中塔式起重机发生故障时，应及时维修，维修期间应停止作业。

5 塔式起重机的拆卸

5.0.1 塔式起重机拆卸作业宜连续进行；当遇特殊情况拆卸作业不能继续时，应采取措施保证塔式起重机处于安全状态。

5.0.2 当用于拆卸作业的辅助起重设备设置在建筑物上时，应明确设置位置、锚固方法，并应对辅助起重设备的安全性及建筑物的承载能力等进行验算。

5.0.3 拆卸前应检查主要结构件、连接件、电气系统、起升机构、回转机构、变幅机构、顶升机构等项目。发现隐患应采取措施，解决后方可进行拆卸作业。

5.0.4 拆卸作业应符合本规程第3.4.2～3.4.12条的规定。

5.0.5 附着式塔式起重机应明确附着装置的拆卸顺序和方法。

5.0.6 自升式塔式起重机每次降节前，应检查顶升系统和附着装置的连接等，确认完好后方可进行作业。

5.0.7 拆卸时应先降节、后拆除附着装置。

5.0.8 拆卸完毕后，为塔式起重机拆卸作业而设置的所有设施应拆除，清理场地上作业时所用的吊索具、工具等各种零配件和杂物。

6 吊索具的使用

6.1 一般规定

6.1.1 塔式起重机安装、使用、拆卸时，起重吊具、索具应符合下列要求：

　　1 吊具与索具产品应符合现行行业标准《起重机械吊具与索具安全规程》LD 48 的规定；

　　2 吊具与索具应与吊重种类、吊运具体要求以及环境条件相适应；

　　3 作业前应对吊具与索具进行检查，当确认完好时方可投入使用；

　　4 吊具承载时不得超过额定起重量，吊索（含各分肢）不得超过安全工作载荷；

　　5 塔式起重机吊钩的吊点，应与吊重重心在同一条铅垂线上，使吊重处于稳定平衡状态。

6.1.2 新购置或修复的吊具、索具，应进行检查，确认合格后，方可使用。

6.1.3 吊具、索具在每次使用前应进行检查，经检查确认符合要求后，方可继续使用。当发现有缺陷时，应停止使用。

6.1.4 吊具与索具每6个月应进行一次检查，并应作好记录。检验记录应作为继续使用、维修或报废的依据。

6.2 钢 丝 绳

6.2.1 钢丝绳作吊索时，其安全系数不得小于6倍。

6.2.2 钢丝绳的报废应符合现行国家标准《起重机用钢丝绳检验和报废实用规范》GB/T 5972 的规定。

6.2.3 当钢丝绳的端部采用编结固接时，编结部分的长度不得小于钢丝绳直径的20倍，并不应小于300mm，插接绳股应拉紧，凸出部分应光滑平整，且应在插接末尾留出适当长度，用金属丝扎牢，钢丝绳插接方法宜符合现行行业标准《起重机械吊具与索具安全规程》LD 48 的要求。用其他方法插接的，应保证其插接连接强度不小于该绳最小破断拉力的75%。

　　当采用绳夹固接时，钢丝绳吊索绳夹最少数量应满足表6.2.3的要求。

表6.2.3 钢丝绳吊索绳夹最少数量

绳夹规格（钢丝绳公称直径）d_r（mm）	钢丝绳夹的最少数量（组）
≤18	3
18～26	4
26～36	5
36～44	6
44～60	7

6.2.4 钢丝绳夹压板应在钢丝绳受力绳一边，绳夹间距 A（图6.2.4）不应小于钢丝绳直径的6倍。

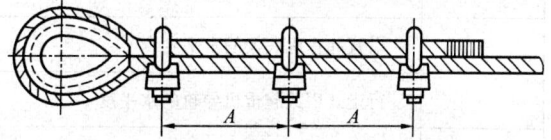

图6.2.4 钢丝绳夹压板布置图

6.2.5 吊索必须由整根钢丝绳制成，中间不得有接头。环形吊索应只允许有一处接头。

6.2.6 当采用两点或多点起吊时,吊索数宜与吊点数相符,且各根吊索的材质、结构尺寸、索眼端部固定连接、端部配件等性能应相同。

6.2.7 钢丝绳严禁采用打结方式系结吊物。

6.2.8 当吊索弯折曲率半径小于钢丝绳公称直径的2倍时,应采用卸扣将吊索与吊点拴接。

6.2.9 卸扣应无明显变形、可见裂纹和弧焊痕迹。销轴螺纹应无损伤现象。

6.3 吊钩与滑轮

6.3.1 吊钩应符合现行行业标准《起重机械吊具与索具安全规程》LD 48 中的相关规定。

6.3.2 吊钩严禁补焊,有下列情况之一的应予以报废:

　1　表面有裂纹;

　2　挂绳处截面磨损量超过原高度的10%;

　3　钩尾和螺纹部分等危险截面及钩筋有永久性变形;

　4　开口度比原尺寸增加15%;

　5　钩身的扭转角超过10°。

6.3.3 滑轮的最小绕卷直径应符合现行国家标准《塔式起重机设计规范》GB/T 13752 的相关规定。

6.3.4 滑轮有下列情况之一的应予以报废:

　1　裂纹或轮缘破损;

　2　轮槽不均匀磨损达3mm;

　3　滑轮绳槽壁厚磨损量达原壁厚的20%;

　4　铸造滑轮槽底磨损达钢丝绳原直径的30%;焊接滑轮槽底磨损达钢丝绳原直径的15%。

6.3.5 滑轮、卷筒均应设有钢丝绳防脱装置;吊钩应设有钢丝绳防脱钩装置。

附录 A 塔式起重机安装自检表

表 A 塔式起重机安装自检表

设备型号		设备编号	
设备生产厂		出厂日期	
工程名称		安装单位	
工程地址		安装日期	
资料检查项			
序号	检查项目	要求	结果	备注
1	隐蔽工程验收单和混凝土强度报告	齐全		
2	安装方案、安全交底记录	齐全		
3	塔式起重机转场保养作业单或新购设备的进场验收单	齐全		
基础检查项				
序号	检验项目	实测数据	结果	备注
1	地基允许承载能力(kN/m²)	—	—	
2	基坑围护形式			
3	塔式起重机距基坑边距离(m)			
4	基础下是否有管线、障碍物或不良地质			
5	排水措施(有、无)			
6	基础位置、标高及平整度			
7	塔式起重机底架的水平度			
8	行走式塔式起重机导轨的水平度			
9	塔式起重机接地装置的设置	—		
10	其他			

续表 A

名称	序号	检查项目		要 求	结果	备注
机械检查项						
标识与环境	1	登记编号牌和产品标牌		齐全		
	2*	塔式起重机与周围环境关系		尾部与建（构）筑物及施工设施之间的距离不小于0.6m		
				两台塔式起重机之间的最小架设距离应保证处于低位塔式起重机的起重臂端部与另一塔式起重机的塔身之间至少有2m的距离；处于高位塔式起重机的最低位置的部件与低位塔式起重机中处于最高位置部件之间的垂直距离不应小于2m		
				与输电线的距离应不小于《塔式起重机安全规程》GB 5144的规定		
金属结构件	3*	主要结构件		无可见裂纹和明显变形		
	4	主要连接螺栓		齐全，规格和预紧力达到使用说明书要求		
	5	主要连接销轴		销轴符合出厂要求，连接可靠		
	6	过道、平台、栏杆、踏板		符合《塔式起重机安全规程》GB 5144的规定		
	7	梯子、护圈、休息平台		符合《塔式起重机安全规程》GB 5144的规定		
	8	附着装置		设置位置和附着距离符合方案规定，结构形式正确，附墙与建筑物连接牢固		
	9	附着杆		无明显变形，焊缝无裂纹		
	10	在空载，风速不大于3m/s状态下	独立状态塔身（或附着状态下最高附着点以上塔身）	塔身轴心线对支承面的垂直度≤4/1000		
	11		附着状态下最高附着点以下塔身	塔身轴心线对支承面的垂直度≤2/1000		
	12	内爬式塔式起重机的爬升框与支承钢梁、支承钢梁与建筑结构之间的连接		连接可靠		
爬升与回转	13*	平衡阀或液压锁与油缸间连接		应设平衡阀或液压锁，且与油缸用硬管连接		
	14	爬升装置防脱功能		自升式塔式起重机在正常加节、降节作业时，应具有可靠的防止爬升装置在塔身支承中或油缸端头从其连接结构中自行(非人为操作)脱出的功能		
	15	回转限位器		对回转处不设集电器供电的塔式起重机，应设置正反两个方向回转限位开关，开关动作时臂架旋转角度应不大于±540°		
起升系统	16*	起重力矩限制器		灵敏可靠，限制值≤额定载荷110%，显示误差≤±5%		
	17*	起升高度限位		对动臂变幅和小车变幅的塔式起重机，当吊钩装置顶部升至起重臂下端的最小距离为800mm处时，应能立即停止起升运动		
	18	起重量限制器		灵敏可靠，限制值≤额定载荷110%，显示误差≤±5%		

续表 A

名称	序号	检查项目	要 求	结果	备注
			机械检查项		
变幅系统	19	小车断绳保护装置	双向均应设置		
	20	小车断轴保护装置	应设置		
	21	小车变幅检修挂篮	连接可靠		
	22*	小车变幅限位和终端止挡装置	对小车变幅的塔机,应设置小车行程限位开关和终端缓冲装置。限位开关动作后应保证小车停车时其端部距缓冲装置最小距离为200mm		
	23*	动臂式变幅限位和防臂架后翻装置	动臂变幅有最大和最小幅度限位器,限制范围符合使用说明书要求;防止臂架反弹后翻的装置牢固可靠		
机构及零部件	24	吊钩	钩体无裂纹、磨损、补焊,危险截面,钩筋无塑性变形		
	25	吊钩防钢丝绳脱钩装置	应完整可靠		
	26	滑轮	滑轮应转动良好,出现下列情况应报废:1.裂纹或轮缘破损;2.滑轮绳槽壁厚磨损量达原壁厚的20%;3.滑轮槽底的磨损量超过相应钢丝绳直径的25%		
	27	滑轮上的钢丝绳防脱装置	应完整、可靠,该装置与滑轮最外缘的间隙不应超过钢丝绳直径的20%		
	28	卷筒	卷筒壁不应有裂纹,筒壁磨损量不应大于原壁厚的10%;多层缠绕的卷筒,端部应有比最外层钢丝绳高出2倍钢丝绳直径的凸缘		
	29	卷筒上的钢丝绳防脱装置	卷筒上钢丝绳应排列有序,设有防钢丝绳脱槽装置。该装置与卷筒最外缘的间隙不应超过钢丝绳直径的20%		
	30	钢丝绳完好度	见表A钢丝绳检查项		
	31	钢丝绳端部固定	符合使用说明书规定		
	32	钢丝绳穿绕方式、润滑与干涉	穿绕正确,润滑良好,无干涉		
	33	制动器	起升、回转、变幅、行走机构都应配备制动器,制动器不应有裂纹、过度磨损、塑性变形、缺件等缺陷。调整适宜,制动平稳可靠		
	34	传动装置	固定牢固,运行平稳		
	35	有可能伤人的活动零部件外露部分	防护罩齐全		
电气及保护	36*	紧急断电开关	非自动复位,有效,且便于司机操作		
	37*	绝缘电阻	主电路和控制电路的对地绝缘电阻不应小于0.5MΩ		
	38	接地电阻	接地系统应便于复核检查,接地电阻不大于4Ω		

续表 A

		机械检查项			
名称	序号	检查项目	要求	结果	备注
电气及保护	39	塔式起重机专用开关箱	单独设置并有警示标志		
	40	声响信号器	完好		
	41	保护零线	不得作为载流回路		
	42	电源电缆与电缆保护	无破损，老化。与金属接触处有绝缘材料隔离，移动电缆有电缆卷筒或其他防止磨损措施		
	43	障碍指示灯	塔顶高度大于30m且高于周围建筑物时应安装，该指示灯的供电不应受停机的影响		
轨道	44	行走轨道端部止挡装置与缓冲	应设置		
	45*	行走限位装置	制停后距止挡装置≥1m		
	46	防风夹轨器	应设置，有效		
	47	排障清轨板	清轨板与轨道之间的间隙不应大于5mm		
	48	钢轨接头位置及误差	支承在道木或路基箱上时，两侧错开≥1.5m；间隙≤4mm；高差≤2mm		
	49	轨距误差及轨距拉杆设置	<1/1000且最大应<6mm；相邻两根距离≤6m		
司机室	50	性能标牌（显示屏）	齐全，清晰		
	51	门窗和灭火器、雨刷等附属设施	齐全，有效		
	52*	可升降司机室或乘人升降机	按《施工升降机》GB/T 10054和《施工升降机安全规程》GB 10055检查		
其他	53	平衡重、压重	安装准确，牢固可靠		
	54	风速仪	臂架根部铰点高于50m时应设置		

		钢丝绳检查项			
序号	检验项目	报废标准	实测	结果	备注
1	钢丝绳磨损量	钢丝绳实测直径相对于公称直径减小7%或更多时			
2	常用规格钢丝绳规定长度内达到报废标准的断丝数	钢制滑轮上工作的圆股钢丝绳、抗扭钢丝绳中断丝根数的控制标准参照《起重机用钢丝绳检验和报废实用规范》GB/T 5972			
3	钢丝绳的变形	出现波浪形时，在钢丝绳长度不超过25d范围内，若波形幅度值达到4d/3或以上，则钢丝绳应报废			
		笼状畸变、绳股挤出或钢丝挤出变形严重的钢丝绳应报废			

续表 A

钢丝绳检查项					
序号	检验项目	报废标准	实测	结果	备注
3	钢丝绳的变形	钢丝绳出现严重的扭结、压扁和弯折现象应报废			
		绳径局部严重增大或减小均应报废			
4	其他情况描述				
检查结果	保证项目不合格项数		一般项目不合格项数		
	资料		结论		
检查人			检查日期		年 月 日

注：
1. 表中序号打 * 的为保证项目，其他为一般项目；
2. 表中打"—"的表示该处不必填写，而只需在相应"备注"中说明即可；
3. 对于不符合要求的项目应在备注栏具体说明，对于要求量化的参数应按规定量化在备注栏内；
4. 表中 d 表示钢丝绳公称直径；
5. 钢丝绳磨损量＝[(公称直径－实测直径)/公称直径]×100%。

附录 B 塔式起重机安装验收记录表

表 B 塔式起重机安装验收记录表

	工程名称					
塔式起重机	型号		设备编号		起升高度	m
	幅度	m	起重力矩	kN·m	最大起重量 t	塔高 m
	与建筑物水平附着距离		m	各道附着间距	m	附着道数
验收部位	验 收 要 求					结 果
塔式起重机结构	部件、附件、连接件安装齐全，位置正确					
	螺栓拧紧力矩达到技术要求，开口销完全撬开					
	结构无变形、开焊、疲劳裂纹					
	压重、配重的重量与位置符合使用说明书要求					
基础与轨道	地基坚实、平整，地基或基础隐蔽工程资料齐全、准确					
	基础周围有排水措施					
	路基箱或枕木铺设符合要求，夹板、道钉使用正确					
	钢轨顶面纵、横方向上的倾斜度不大于 1/1000					
	塔式起重机底架平整度符合使用说明书要求					
	止挡装置距钢轨两端距离≥1m					
	行走限位装置距止挡装置距离≥1m					
	轨接头间距不大于 4mm，接头高低差不大于 2mm					

续表 B

验收部位	验 收 要 求	结 果
机构及零部件	钢丝绳在卷筒上面缠绕整齐、润滑良好	
	钢丝绳规格正确,断丝和磨损未达到报废标准	
	钢丝绳固定和编插符合国家及行业标准	
	各部位滑轮转动灵活、可靠,无卡塞现象	
	吊钩磨损未达到报废标准、保险装置可靠	
	各机构转动平稳、无异常响声	
	各润滑点润滑良好、润滑油牌号正确	
	制动器动作灵活可靠,联轴节连接良好,无异常	
附着锚固	锚固框架安装位置符合规定要求	
	塔身与锚固框架固定牢靠	
	附着框、锚杆、附着装置等各处螺栓、销轴齐全、正确、可靠	
	垫铁、锲块等零部件齐全可靠	
	最高附着点下塔身轴线对支承面垂直度不得大于相应高度的 2/1000	
	独立状态或附着状态下最高附着点以上塔身轴线对支承面垂直度不得大于 4/1000	
	附着点以上塔式起重机悬臂高度不得大于规定要求	
电气系统	供电系统电压稳定、正常工作、电压(380±10%)V	
	仪表、照明、报警系统完好、可靠	
	控制、操纵装置动作灵活、可靠	
	电气按要求设置短路和过电流、失压及零位保护,切断总电源的紧急开关符合要求	
	电气系统对地的绝缘电阻不大于 0.5MΩ	
安全限位与保险装置	起重量限制器灵敏可靠,其综合误差不大于额定值的±5%	
	力矩限制器灵敏可靠,其综合误差不大于额定值的±5%	
	回转限位器灵敏可靠	
	行走限位器灵敏可靠	
	变幅限位器灵敏可靠	
	超高限位器灵敏可靠	
	顶升横梁防脱装置完好可靠	
	吊钩上的钢丝绳防脱钩装置完好可靠	
	滑轮、卷筒上的钢丝绳防脱装置完好可靠	
	小车断绳保护装置灵敏可靠	
	小车断轴保护装置灵敏可靠	

续表 B

验收部位	验 收 要 求	结 果
环境	布设位置合理，符合施工组织设计要求	
	与架空线最小距离符合规定	
	塔式起重机的尾部与周围建(构)筑物及其外围施工设施之间的安全距离不小于0.6m	
其他	对检测单位意见复查	

出租单位验收意见： 签章：　　　　日期：	安装单位验收意见： 签章：　　　　日期：
使用单位验收意见： 签章：　　　　日期：	监理单位验收意见： 签章：　　　　日期：

总承包单位验收意见：

签章：　　　　日期：

附录 C 塔式起重机周期检查表

表 C 塔式起重机周期检查表

工程名称							
塔式起重机	型号		设备编号		起升高度		m
	幅度	m	起重力矩	kN·m	最大起重量	t	塔高	m
	与建筑物水平附着距离		m	各道附着间距	m	附着道数	

验收部位	验收要求	结果
塔式起重机结构	部件、附件、连接件安装齐全,位置正确	
	螺栓拧紧力矩达到技术要求,开口销完全撬开	
	结构无变形、开焊、疲劳裂纹	
	压重、配重的重量与位置符合使用说明书要求	
基础与轨道	地基坚实、平整,地基或基础隐蔽工程资料齐全、准确	
	基础周围有排水措施	
	路基箱或枕木铺设符合要求,夹板、道钉使用正确	
	钢轨顶面纵、横方向上的倾斜度不大于 1/1000	
	塔式起重机底架平整度符合使用说明书要求	
	止挡装置距钢轨两端距离≥1m	
	行走限位装置距止挡装置距离≥1m	
	轨接头间距不大于 4mm,接头高低差不大于 2mm	
机构及零部件	钢丝绳在卷筒上面缠绕整齐、润滑良好	
	钢丝绳规格正确,断丝和磨损未达到报废标准	
	钢丝绳固定和编插符合国家及行业标准	
	各部位滑轮转动灵活、可靠,无卡塞现象	
	吊钩磨损未达到报废标准、保险装置可靠	
	各机构转动平稳、无异常响声	
	各润滑点润滑良好、润滑油牌号正确	
	制动器动作灵活可靠,联轴节连接良好,无异常	
附着锚固	锚固框架安装位置符合规定要求	
	塔身与锚固框架固定牢靠	
	附着框、锚杆、附着装置等各处螺栓、销轴齐全、正确、可靠	
	垫铁、锲块等零部件齐全可靠	
	最高附着点下塔身轴线对支承面垂直度不得大于相应高度的 2/1000	
	独立状态或附着状态下最高附着点以上塔身轴线对支承面垂直度不得大于 4/1000	
	附着点以上塔式起重机悬臂高度不得大于规定要求	
电气系统	供电系统电压稳定、正常工作、电压(380±10%)V	
	仪表、照明、报警系统完好、可靠	
	控制、操纵装置动作灵活、可靠	
	电气按要求设置短路和过电流、失压及零位保护,切断总电源的紧急开关符合要求	
	电气系统对地的绝缘电阻不大于 0.5MΩ	

续表 C

验收部位	验 收 要 求	结 果
安全限位与保险装置	起重量限制器灵敏可靠,其综合误差不大于额定值的±5%	
	力矩限制器灵敏可靠,其综合误差不大于额定值的±5%	
	回转限位器灵敏可靠	
	行走限位器灵敏可靠	
	变幅限位器灵敏可靠	
	超高限位器灵敏可靠	
	顶升横梁防脱装置完好可靠	
	吊钩上的钢丝绳防脱钩装置完好可靠	
	滑轮、卷筒上的钢丝绳防脱装置完好可靠	
	小车断绳保护装置灵敏可靠	
	小车断轴保护装置灵敏可靠	
	升降驾驶室乘人梯笼限位器灵敏可靠	
	驾驶室防坠保险装置和避震器齐全可靠	
环境	与架空线最小距离符合规定	
	塔式起重机的尾部与周围建(构)筑物及其外围施工设施之间的安全距离不小于 0.6m	
其他	已落实持证专职司机	
	有专人指挥并持有上岗证书	
	机操、指挥人员上岗挂牌已落实	
	机械性能挂牌已落实	
	塔式起重机夹轨钳齐全有效	
	驾驶室能密闭、门窗玻璃完好,门能上锁	
	塔式起重机油漆无起壳、脱皮,保养良好	

出租单位验收意见:		日期:	出租单位人员签名	
			设备部门	
			安全部门	
			机长	

结论	同意继续使用	限制使用	不准使用,整改后二次验收

使用单位验收意见:		日期:	工地验收人员签名	
			机管部门	
			安全部门	

结论	同意继续使用	限制使用	不准使用,整改后二次验收

注:验收栏目内有数据的,必须在验收栏内填写实测的数据,无数据用文字说明。

本规程用词说明

1 为便于在执行本规程条文时区别对待,对要求严格程度不同的用词说明如下:
 1)表示很严格,非这样做不可的:
  正面词采用"必须",反面词采用"严禁";
 2)表示严格,在正常情况下均应这样做的:
  正面词采用"应",反面词采用"不应"或"不得";
 3)表示允许稍有选择,在条件许可时,首先应该这样做的:
  正面词采用"宜",反面词采用"不宜";
 4)表示有选择,在一定条件下可以这样做的,采用"可"。

2 在本规程条文中,指明应按其他有关标准、规范执行时,写法为"应符合……的规定"或"应按……执行"。

引用标准名录

1 《施工升降机》GB/T 10054
2 《施工升降机安全规程》GB 10055
3 《塔式起重机设计规范》GB/T 13752
4 《混凝土结构设计规范》GB 50010
5 《钢结构设计规范》GB 50017
6 《塔式起重机》GB/T 5031
7 《塔式起重机安全规程》GB 5144
8 《起重机用钢丝绳检验和报废实用规范》GB/T 5972
9 《施工现场临时用电安全技术规范》JGJ 46
10 《起重机械吊具与索具安全规程》LD 48
11 《建筑桩基技术规范》JGJ 94

中华人民共和国行业标准

建筑施工塔式起重机安装、使用、拆卸安全技术规程

JGJ 196—2010

条 文 说 明

制 订 说 明

《建筑施工塔式起重机安装、使用、拆卸安全技术规程》JGJ 196-2010，经住房和城乡建设部2010年1月8日以第479号公告批准、发布。

本规程制订过程中，编制组进行了大量工程案例与数据资料的调查研究，总结了我国建筑施工领域内塔式起重机施工的实践经验。

为便于广大建设施工单位、安全生产监督机构等单位的有关人员在使用本规程时能正确理解和执行条文规定，《建筑施工塔式起重机安装、使用、拆卸安全技术规程》编制组按章、节、条顺序编制了本规程的条文说明，对条文规定的目的、依据以及执行中需注意的有关事项进行了说明，还着重对强制性条文的强制性理由作了解释。但是，本条文说明不具备与标准正文同等的法律效力，仅供使用者作为理解和把握标准规定的参考。

目 次

1 总则 …………………………… 10—12—23
2 基本规定 ……………………… 10—12—23
3 塔式起重机的安装 …………… 10—12—23
  3.1 塔式起重机安装条件……… 10—12—23
  3.2 塔式起重机基础的设计…… 10—12—24
  3.3 塔式起重机附着装置的设计…… 10—12—25
  3.4 塔式起重机的安装………… 10—12—25
4 塔式起重机的使用 …………… 10—12—25
5 塔式起重机的拆卸 …………… 10—12—25
6 吊索具的使用 ………………… 10—12—25
  6.1 一般规定…………………… 10—12—25
  6.2 钢丝绳……………………… 10—12—25

1 总 则

1.0.1 本规程中,塔式起重机指的是臂架安置在垂直的塔身顶部的可回转臂架型起重机。塔式起重机的机型构造形式较多,按其主体结构与外形特征,基本上可按架设形式、变幅形式、回转形式及塔身加节形式区分,见表1。

表1 塔式起重机分类表

分类形式	类 别
架设形式	固定式、附着式、行走式和内爬式
变幅形式	小车变幅、动臂变幅、伸缩式小车变幅及折臂变幅
回转形式	上回转和下回转
塔身加节形式	下加节、中加节和上加节

2 基本规定

2.0.1 起重设备安装工程专业承包企业资质分为一级、二级、三级。

一级企业:可承担各类起重设备的安装与拆卸。

二级企业:可承担单项合同额不超过企业注册资本金5倍的1000kN·m及以下塔式起重机等起重设备、120t及以下起重机和龙门吊的安装与拆卸。

三级企业:可承担单项合同额不超过企业注册资本金5倍的800kN·m及以下塔式起重机等起重设备、60t及以下起重机和龙门吊的安装与拆卸。

顶升、加节、降节等工作均属于安装、拆卸范畴。

2.0.2 专业单位的基本管理制度包括:转场保养、安装拆卸前维修、保修制度,员工的培训制度,周期检查制度,安装、拆卸中的检验监督制度等。

2.0.3 本条是强制性条文。根据《建筑施工企业安全生产管理机构设置及专职安全生产管理人员配备方法》(建质〔2004〕213号),塔式起重机安装、拆卸单位必须配备相应的技术和管理人员;建筑施工特种作业人员操作资格证书根据《建筑起重机械安全监督管理规定》(建设部令166号),由建设主管部门统一颁发。

2.0.4 根据国家质量监督检验检疫总局《起重机械制造监督检验规则》TSGQ 7001-2006的规定,自2006年10月1日起出厂的塔式起重机必须有技术监督部门的制造监督检验证明。国外制造的塔式起重机应具有产品合格证、商检证明等。

2.0.9 本条是强制性条文。按《建筑起重机械安全监督管理规定》(建设部令166号)第七条的规定,当塔式起重机出现本条所列情况之一时,应严禁投入使用,以避免发生安全事故。

2.0.11、2.0.12 在编制塔式起重机安装、拆卸专项施工方案时,应注意以下几个方面:

1 绘制塔式起重机平面布置图和立面图,需标明塔式起重机与工作对象、周围建(构)筑物、架空输电线、相邻塔式起重机和其他障碍物的相对位置,应确保塔式起重机起重臂在非工作状态下能自由旋转。

2 选择和布置安装、拆卸辅助设备时,应列入所选用的辅助设备型号、起重性能,每次吊装构件时辅助设备的停机位置、结构件起吊点和就位点的位置,以及装拆辅助设备的相应作业半径、吊装高度等。装拆辅助设备停机位置的结构承载能力应事先得到设计或施工(总承包)单位的认可。

3 本条中施工人员配置指的是安装、拆卸作业人员配置及分工。

2.0.13 塔式起重机与架空输电线的安全距离系指塔式起重机的任何部位与输电线的距离,见表2。

表2 塔式起重机任何部位与输电线间的安全距离

安全距离	电压(kV)				
	<1	1~15	20~40	60~110	>220
沿垂直方向(m)	1.5	3.0	4.0	5.0	6.0
沿水平方向(m)	1.0	1.5	2.0	4.0	6.0

2.0.14 本条是强制性条文。两台相邻塔式起重机的安全距离如果控制不当,很可能会造成重大安全事故,所以要严格控制。当相邻工地发生多台塔式起重机交错作业情况时,应在协调相互作业关系的基础上,编制各自的专项使用方案。

2.0.16 本条是强制性条文。根据对施工现场发生的塔式起重机事故的调查统计,这五类原因造成的塔式起重机安全事故占有较大比例,所以要严格控制。

3 塔式起重机的安装

3.1 塔式起重机安装条件

3.1.1 新购置的塔式起重机由厂家直接运输到现场安装时,可不需维修保养,但应进行新购设备的检验验收工作。

3.1.2 塔式起重机基础验收单位应包括施工(总)承包单位、基础施工单位、塔式起重机安装单位、监理单位等。

塔式起重机按使用说明书要求设计的基础如不能满足地基承载力要求,应进行塔式起重机基础变更设计,并应经技术负责人审核后方可实施。

3.2 塔式起重机基础的设计

3.2.2 板式基础是指矩形、截面高度不变的混凝土基础；组合式基础是指由若干格构式钢柱或钢管柱与其下端连接的基桩以及上端连接的混凝土承台或型钢平台组成的基础。

3.2.3~3.2.5 对计算说明如下：

1 计算公式中，在计算地基承载力时采用的是荷载标准组合；而在板式基础设计与桩基承台的抗弯、抗剪、抗冲切计算时，采用的是荷载基本组合。荷载组合系数取值应符合现行国家标准《建筑结构荷载规范》GB 50009 的相关规定。

如某型号的塔式起重机作用在基础顶面的最不利荷载标准值为：

弯矩 $M_k=2388$kN·m，竖向力 $F_k=605$kN，水平力 $F_{vk}=112$kN。

1）情况一：板式基础荷载偏心距 $e \leqslant b/6$。

设一正方形混凝土基础的边长 $b=7$m，厚 $h=1.4$m，基础埋深 $d=1.4$m；

则混凝土基础的自重标准值为：$G_k = \gamma \cdot b \cdot l \cdot h = 1715.0$kN，其中，$\gamma$ 取 25kN/m³。

按本规程公式（3.2.3-2）计算作用在地基上的平均压应力：

$$p_k = \frac{F_k + G_k}{bl} = \frac{605 + 25 \times 1.4 \times 7^2}{7^2} = 47.3\text{kPa}$$

将计算结果与修正后的地基承载力特征值 f_a 相比较，如不满足地基承载力要求，则需重新调整基础尺寸直至满足为止。

偏心距 e 按本规程公式（3.2.3-1）计算，即：

$$e = \frac{M_k + F_{vk} \cdot h}{F_k + G_k} = 1.10\text{m} < \frac{b}{6}$$

所以，应按本规程公式（3.2.3-3）计算作用在地基上的最大压应力：

$$p_{kmax} = \frac{F_k + G_k}{bl} + \frac{M_k + F_{vk} \cdot h}{W}$$
$$= \frac{605 + 25 \times 1.4 \times 7^2}{7^2} + \frac{2388 + 112 \times 1.4}{7^2 \times 7/6}$$
$$= 91.8\text{kPa}$$

将计算结果与修正后的地基承载力特征值 $1.2f_a$ 相比较，如不满足地基承载力要求，则需重新调整基础尺寸直至满足为止。

2）情况二：板式基础荷载偏心距 $b/6 < e < b/4$。

若正方形混凝土基础边长改为 $b=6$m，则混凝土基础的自重标准值为：$G_k = \gamma \cdot b \cdot l \cdot h = 1260.0$kN。

按本规程公式（3.2.3-2）计算作用在地基上的平均压应力：

$$p_k = \frac{F_k + G_k}{bl} = \frac{605 + 25 \times 1.4 \times 6^2}{6^2} = 51.8\text{kPa}$$

将计算结果与修正后的地基承载力特征值 f_a 相比较，如不满足地基承载力要求，则需重新调整基础尺寸直至满足为止。

偏心距 e 按本规程公式（3.2.3-1）计算，即：

$$e = \frac{M_k + F_{vk} \cdot h}{F_k + G_k} = 1.36\text{m} < \frac{b}{4}, 且 > \frac{b}{6}$$

所以，应按本规程公式（3.2.3-4）计算作用在地基上的最大压应力：

$$p_{kmax} = \frac{2(F_k + G_k)}{3la} = 126\text{kPa}$$

将计算结果与修正后的地基承载力特征值 $1.2f_a$ 相比较，如不满足地基承载力要求，则需重新调整基础尺寸直至满足为止。

2 由于塔式起重机是 360°旋转的，所以在计算时应根据不同的计算对象确定起重臂的最不利位置。如在计算桩基单桩桩顶最大竖向力时，塔式起重机起重臂平面投影在承台的斜对角处是最不利的；在验算承台的抗弯、抗剪、抗冲切时，塔式起重机起重臂平面投影在垂直承台平面的宽度方向或长度方向时是最不利的。同时，荷载均应按现行国家标准《建筑结构荷载规范》GB 50009 的规定取基本组合。

如某型号塔式起重机作用在承台顶面的最不利荷载标准值为：

弯矩 $M_k=2388$kN·m，竖向力 $F_k=605$kN，水平力 $F_{vk}=112$kN；

承台边长 $b=4.9$m，承台厚 $h=1.4$m，则混凝土承台的自重标准值为：$G_k = \gamma \cdot b \cdot l \cdot h = 840.35$kN，其中 γ 取 25kN/m³。

4 根圆形桩基对称布置，桩径 $d=700$mm，桩中心距 $c=3.5$m。则：

1）在验算单桩承载力时，单桩的平均竖向力为：

$$Q_k = \frac{F + G}{4} = 463.9\text{kN}；$$

单桩桩顶所受的最大压力与最大拔力分别为：

$$Q_{c,kmax} = \frac{F + G}{4} + \frac{M + F_v \cdot h}{\sqrt{2} \cdot c} = 1183.8\text{kN}；$$

$$Q_{t,kmax} = \frac{F + G}{4} - \frac{M + F_v \cdot h}{\sqrt{2} \cdot c} = -256.0\text{kN}；$$

其中，F、F_v、M、G 均取基本组合值，即：

$$F = 1.4F_k = 847\text{kN}$$
$$F_v = 1.4F_{vk} = 156.8\text{kN}$$
$$M = 1.4M_k = 3343.2\text{kN·m}$$
$$G = 1.2G_k = 1008.4\text{kN}。$$

将计算结果分别按本规程第 3.2.4 条第 2、3 款的规定，与单桩抗压、抗拔承载力特征值进行对比，如不满足要求，则需重新进行设计计算直至满足为止。

2）当计算承台抗弯、抗剪和抗冲切时，则需首先计算单桩桩顶所受的压力：

单桩桩顶所受的压力：$Q=\dfrac{F+G}{4}+\dfrac{M+F_v\cdot h}{2\cdot c}=$ 972.9kN，

然后再按本规程第 3.2.4 条第 4 款的规定进行承台的抗弯、抗剪和抗冲切计算。

3 在第 3.2.5 条中规定的小格构柱为由 4 根单肢及斜缀件组成的格构柱，大格构柱为由 4 个小格构柱及水平横杆、水平剪刀撑及斜向支撑组成的整体，如条文中图 3.2.5 所示。

3.3 塔式起重机附着装置的设计

3.3.1、3.3.2 到目前为止，塔式起重机使用说明书中关于附着装置的规定内容实际适用性较差、不便操作；在施工现场对塔式起重机进行附着装置设计时，一方面要适应现场实际条件，另一方面又要确保安全，所以当实际布置与使用说明书规定不同时，应进行设计计算，并要经过审批手续，以确保安全。

3.4 塔式起重机的安装

3.4.3 实际应用中，经常出现因安装辅助设备自身安全性能故障而发生塔式起重机安全事故，所以要对安装辅助设备的机械性能进行检查，合格后方可使用。

3.4.4 钢丝绳、卡环、吊钩和辅助支架等起重机具的安全性能，均是设备与吊装中的安全环节之一，使用前必须对其进行检查，合格后方可投入使用。

3.4.7 塔式起重机的独立高度指的是塔式起重机未附墙之前处于独立工作状态时的塔身高度；塔式起重机的悬臂高度指的是塔式起重机附墙后最上面一道附着点之上塔身部分的高度。

3.4.8 安装、拆卸塔式起重机时，如塔式起重机使用说明书中有特殊规定允许风力等级的，按使用说明书规定执行。风力等级与风速的对照关系见表 3。

表 3 风力等级与风速对照表

风力（级）	1	2	3	4	5	6
风速范围 (m/s)	0.3～1.5	1.6～3.3	3.4～5.4	5.5～7.9	8.0～10.7	10.8～13.8
风力（级）	7	8	9	10	11	12
风速范围 (m/s)	13.9～17.1	17.2～20.7	20.8～24.4	24.5～28.4	28.5～32.6	32.7 以上

3.4.10 塔式起重机在安装、拆卸作业过程中，绝对不允许只安装或保留一个臂就中断作业。

3.4.12 本条是强制性条文。塔式起重机的安全装置齐全有效才能确保使用安全。

3.4.13 本条是强制性条文。连接件被代用后，会失去固有的连接作用，往往容易造成机构散架，出现安全事故，所以实际使用中严禁连接件代用。连接螺栓只有在扭矩达到规定值时才能确保不易松动。

3.4.19 塔式起重机验收记录表是针对塔式起重机在某一现场安装后、首次使用前，由施工单位组织的验收记录。

4 塔式起重机的使用

4.0.2 本条是强制性条文。为确保交底的真实性、可靠性，机械管理人员对塔式起重机起重司机、起重信号工、司索工等特种操作人员进行的技术交底应形成书面交底材料，并经签字确认。

4.0.3 本条是强制性条文。用限位装置代替操纵机构是不可靠的，且限位装置易损，所以必须禁止。

5 塔式起重机的拆卸

5.0.3 本条所列各项目的检查检测方法按现行国家标准《塔式起重机》GB/T 5031 的相关规定进行。

5.0.7 本条是强制性条文。塔式起重机降节时，必须遵循先降节、后拆除附着装置的规定，以确保塔式起重机在降节过程中的稳定性。

6 吊索具的使用

6.1 一般规定

6.1.2 起重吊具与索具的安全性能，均是设备与吊装中的安全环节之一，使用时要严格按照规定选用与操作，以避免安全事故的发生。

6.2 钢丝绳

6.2.5 当吊索出现接头时，其接头部分的强度较低，往往只能达到吊索本身设计强度的 75%～80%，所以为了安全起见，不允许吊索出现接头。

中华人民共和国行业标准

建筑施工升降机安装、使用、拆卸安全技术规程

Technical specification for safety of installation, use and disassembly of building hoist in construction

JGJ 215—2010

批准部门：中华人民共和国住房和城乡建设部
施行日期：２０１０年１２月１日

中华人民共和国住房和城乡建设部
公 告

第 651 号

关于发布行业标准《建筑施工升降机安装、使用、拆卸安全技术规程》的公告

现批准《建筑施工升降机安装、使用、拆卸安全技术规程》为行业标准，编号为 JGJ 215-2010，自 2010 年 12 月 1 日起实施。其中，第 4.1.6、4.2.10、5.2.2、5.2.10、5.3.9 条为强制性条文，必须严格执行。

本规程由我部标准定额研究所组织中国建筑工业出版社出版发行。

中华人民共和国住房和城乡建设部
2010 年 6 月 12 日

前 言

根据住房和城乡建设部《关于印发〈2008 年工程建设标准规范制订、修订计划（第一批）〉的通知》（建标〔2008〕102 号文）的要求，规程编制组经广泛调查研究，认真总结实践经验，参考有关国际标准和国外先进标准，并在广泛征求意见的基础上，制定本规程。

本规程主要技术内容是：1 总则；2 术语；3 基本规定；4 施工升降机的安装；5 施工升降机的使用；6 施工升降机的拆卸；以及相关附录。

本规程中以黑体字标志的条文为强制性条文，必须严格执行。

本规程由住房和城乡建设部负责管理和对强制性条文的解释，由浙江展诚建设集团股份有限公司负责具体技术内容的解释。执行过程中如有意见或建议，请寄送浙江展诚建设集团股份有限公司（地址：杭州市莫干山路 100 号耀江大厦，邮编：310005）。

本规程主编单位：浙江展诚建设集团股份有限公司
浙江大学

本规程参编单位：上海建工（集团）总公司
北京建工集团有限责任公司
天津市建工集团（控股）有限公司
浙江省建工集团有限责任公司
浙江省二建建设集团有限公司

本规程主要起草人员：楼道安 卓 新 楼国水
杨 帆 季 亮 严 训
曹德雄 汤坤林 李文波
耿洁明 吴建挺 金 睿
沈漪红

本规程主要审查人员：郭正兴 张 健 葛雨泰
黄治郁 应惠清 戴宝荣
潘国钿 高秋利 蒋金生
王桂玲

目 次

1 总则 ……………………………… 10—13—5
2 术语 ……………………………… 10—13—5
3 基本规定 ………………………… 10—13—5
4 施工升降机的安装 ……………… 10—13—6
   4.1 安装条件 ……………………… 10—13—6
   4.2 安装作业 ……………………… 10—13—6
   4.3 安装自检和验收 ……………… 10—13—7
5 施工升降机的使用 ……………… 10—13—8
   5.1 使用前准备工作 ……………… 10—13—8
   5.2 操作使用 ……………………… 10—13—8
   5.3 检查、保养和维修 …………… 10—13—9
6 施工升降机的拆卸 ……………… 10—13—9
附录 A 施工升降机基础验收表 …………………………… 10—13—10
附录 B 施工升降机安装自检表 …………………………… 10—13—11
附录 C 施工升降机安装验收表 …………………………… 10—13—13
附录 D 施工升降机交接班记录表 ………………………… 10—13—15
附录 E 施工升降机每日使用前检查表 …………………… 10—13—16
附录 F 施工升降机每月检查表 …………………………… 10—13—17
本规程用词说明 …………………… 10—13—19
引用标准名录 ……………………… 10—13—19
附：条文说明 ……………………… 10—13—20

Contents

1 General Provisions ················ 10—13—5
2 Terms ································ 10—13—5
3 Basic Requirements ··············· 10—13—5
4 Installation of Building
   Hoist ······························· 10—13—6
  4.1 Requirements of Installation ······ 10—13—6
  4.2 Erection ····························· 10—13—6
  4.3 Self-checking and Acceptance of
      Installation ························ 10—13—7
5 Use of Building Hoist ············ 10—13—8
  5.1 Preparation Work for Use ········ 10—13—8
  5.2 Operation and Use ················ 10—13—8
  5.3 Inspection and Maintenance ······ 10—13—9
6 Disassembly of Building
   Hoist ······························· 10—13—9
Appendix A Checklist for Foundation
            Acceptance of Building
            Hoist ·················· 10—13—10
Appendix B Checklist for Self-
            checking of Building Hoist
            Installation ············ 10—13—11
Appendix C Checklist for Acceptance
            of Building Hoist
            Installation ············ 10—13—13
Appendix D Checklist for Shift
            Record of Building Hoist
            Driver ················· 10—13—15
Appendix E Checklist for Daily Pre-use
            Inspections of Building
            Hoist ·················· 10—13—16
Appendix F Checklist for Monthly
            Inspections of Building
            Hoist ·················· 10—13—17
Explanation of Wording in This
   Specification ····················· 10—13—19
List of Quoted Standards ············ 10—13—19
Addition: Explanation of
          Provisions ················ 10—13—20

1 总则

1.0.1 在建筑施工升降机安装、使用、拆卸中，为贯彻"安全第一、预防为主、综合治理"的方针，确保施工中人员与财产的安全，制定本规程。

1.0.2 本规程适用于房屋建筑工程、市政工程所用的齿轮齿条式、钢丝绳式人货两用施工升降机，不适用于电梯、矿井提升机、升降平台。

1.0.3 施工升降机的安装、使用和拆卸，除应符合本规程规定外，尚应符合国家现行有关标准的规定。

2 术语

2.0.1 安装吊杆 jib attachment
施工升降机上用来装拆导轨架标准节等部件的提升装置。

2.0.2 额定安装载重量 rated erection load
安装工况下吊笼允许的最大载荷。

2.0.3 额定载重量 rated load
使用工况下吊笼允许的最大载荷。

2.0.4 防坠安全器 safety device
非电气、气动和手动控制的防止吊笼或对重坠落的机械式安全保护装置。

2.0.5 限位开关 terminal stopping switch
吊笼到达行程终点时自动切断控制电路的安全装置。

2.0.6 极限开关 ultimate limit switch
吊笼超越行程终点时自动切断总电源的非自动复位安全装置。

2.0.7 对重 counterweight
对吊笼起平衡作用的重物。

2.0.8 层站 landing
建筑物或其他固定结构上供吊笼停靠和人货出入的地点。

2.0.9 地面防护围栏 base level enclosure
地面上包围吊笼的防护围栏。

2.0.10 缓冲器 buffer
安装在底架上，用以吸收下降吊笼或对重的动能，起缓冲作用的装置。

2.0.11 施工升降机运行通道 hoistway
施工升降机吊笼运行轨迹占用的全部空间。

2.0.12 坠落试验 drop test
通过施工升降机吊笼沿导轨架自由落体运动，以检验防坠安全器作用的试验。

3 基本规定

3.0.1 施工升降机安装单位应具备建设行政主管部门颁发的起重设备安装工程专业承包资质和建筑施工企业安全生产许可证。

3.0.2 施工升降机安装、拆卸项目应配备与承担项目相适应的专业安装作业人员以及专业安装技术人员。施工升降机的安装拆卸工、电工、司机等应具有建筑施工特种作业操作资格证书。

3.0.3 施工升降机使用单位应与安装单位签订施工升降机安装、拆卸合同，明确双方的安全生产责任。实行施工总承包的，施工总承包单位应与安装单位签订施工升降机安装、拆卸工程安全协议书。

3.0.4 施工升降机应具有特种设备制造许可证、产品合格证、使用说明书、起重机械制造监督检验证书，并已在产权单位工商注册所在地县级以上建设行政主管部门备案登记。

3.0.5 施工升降机安装作业前，安装单位应编制施工升降机安装、拆卸工程专项施工方案，由安装单位技术负责人批准后，报送施工总承包单位或使用单位、监理单位审核，并告知工程所在地县级以上建设行政主管部门。

3.0.6 施工升降机的类型、型号和数量应能满足施工现场货物尺寸、运载重量、运载频率和使用高度等方面的要求。

3.0.7 当利用辅助起重设备安装、拆卸施工升降机时，应对辅助设备设置位置、锚固方法和基础承载能力等进行设计和验算。

3.0.8 施工升降机安装、拆卸工程专项施工方案应根据使用说明书的要求、作业场地及周边环境的实际情况、施工升降机使用要求等编制。当安装、拆卸过程中专项施工方案发生变更时，应按程序重新对方案进行审批，未经审批不得继续进行安装、拆卸作业。

3.0.9 施工升降机安装、拆卸工程专项施工方案应包括下列主要内容：

 1 工程概况；
 2 编制依据；
 3 作业人员组织和职责；
 4 施工升降机安装位置平面、立面图和安装作业范围平面图；
 5 施工升降机技术参数、主要零部件外形尺寸和重量；
 6 辅助起重设备的种类、型号、性能及位置安排；
 7 吊索具的配置、安装与拆卸工具及仪器；
 8 安装、拆卸步骤与方法；
 9 安全技术措施；
 10 安全应急预案。

3.0.10 施工总承包单位进行的工作应包括下列内容：

 1 向安装单位提供拟安装设备位置的基础施工资料，确保施工升降机进场安装所需的施工条件；

2 审核施工升降机的特种设备制造许可证、产品合格证、起重机械制造监督检验证书、备案证明等文件；

　　3 审核施工升降机安装单位、使用单位的资质证书、安全生产许可证和特种作业人员的特种作业操作资格证书；

　　4 审核安装单位制定的施工升降机安装、拆卸工程专项施工方案；

　　5 审核使用单位制定的施工升降机安全应急预案；

　　6 指定专职安全生产管理人员监督检查施工升降机安装、使用、拆卸情况。

3.0.11 监理单位进行的工作应包括下列内容：

　　1 审核施工升降机特种设备制造许可证、产品合格证、起重机械制造监督检验证书、备案证明等文件；

　　2 审核施工升降机安装单位、使用单位的资质证书、安全生产许可证和特种作业人员的特种作业操作资格证书；

　　3 审核施工升降机安装、拆卸工程专项施工方案；

　　4 监督安装单位对施工升降机安装、拆卸工程专项施工方案的执行情况；

　　5 监督检查施工升降机的使用情况；

　　6 发现存在生产安全事故隐患的，应要求安装单位、使用单位限期整改；对安装单位、使用单位拒不整改的，应及时向建设单位报告。

4 施工升降机的安装

4.1 安装条件

4.1.1 施工升降机地基、基础应满足使用说明书的要求。对基础设置在地下室顶板、楼面或其他下部悬空结构上的施工升降机，应对基础支撑结构进行承载力验算。施工升降机安装前应按本规程附录 A 对基础进行验收，合格后方能安装。

4.1.2 安装作业前，安装单位应根据施工升降机基础验收表、隐蔽工程验收单和混凝土强度报告等相关资料，确认所安装的施工升降机和辅助起重设备的基础、地基承载力、预埋件、基础排水措施等符合施工升降机安装、拆卸工程专项施工方案的要求。

4.1.3 施工升降机安装前应对各部件进行检查。对有可见裂纹的构件应进行修复或更换，对有严重锈蚀、严重磨损、整体或局部变形的构件必须进行更换，符合产品标准的有关规定后方能进行安装。

4.1.4 安装作业前，应对辅助起重设备和其他安装辅助用具的机械性能和安全性能进行检查，合格后方能投入作业。

4.1.5 安装作业前，安装技术人员应根据施工升降机安装、拆卸工程专项施工方案和使用说明书的要求，对安装作业人员进行安全技术交底，并由安装作业人员在交底书上签字。在施工期间内，交底书应留存备查。

4.1.6 有下列情况之一的施工升降机不得安装使用：

　　1 属国家明令淘汰或禁止使用的；

　　2 超过由安全技术标准或制造厂家规定使用年限的；

　　3 经检验达不到安全技术标准规定的；

　　4 无完整安全技术档案的；

　　5 无齐全有效的安全保护装置的。

4.1.7 施工升降机必须安装防坠安全器。防坠安全器应在一年有效标定期内使用。

4.1.8 施工升降机应安装超载保护装置。超载保护装置在载荷达到额定载重量的 110% 前应能中止吊笼启动，在齿轮齿条式载人施工升降机载荷达到额定载重量的 90% 时应能给出报警信号。

4.1.9 附墙架附着点处的建筑结构承载力应满足施工升降机使用说明书的要求。

4.1.10 施工升降机的附墙架形式、附着高度、垂直间距、附着点水平距离、附墙架与水平面之间的夹角、导轨架自由端高度和导轨架与主体结构间水平距离等均应符合使用说明书的要求。

4.1.11 当附墙架不能满足施工现场要求时，应对附墙架另行设计。附墙架的设计应满足构件刚度、强度、稳定性等要求，制作应满足设计要求。

4.1.12 在施工升降机使用期限内，非标准构件的设计计算书、图纸、施工升降机安装工程专项施工方案及相关资料应在工地存档。

4.1.13 基础预埋件、连接构件的设计、制作应符合使用说明书的要求。

4.1.14 安装前应做好施工升降机的保养工作。

4.2 安装作业

4.2.1 安装作业人员应按施工安全技术交底内容进行作业。

4.2.2 安装单位的专业技术人员、专职安全生产管理人员应进行现场监督。

4.2.3 施工升降机的安装作业范围应设置警戒线及明显的警示标志。非作业人员不得进入警戒范围。任何人不得在悬吊物下方行走或停留。

4.2.4 进入现场的安装作业人员应佩戴安全防护用品，高处作业人员应系安全带，穿防滑鞋。作业人员严禁酒后作业。

4.2.5 安装作业中应统一指挥，明确分工。危险部位安装时应采取可靠的防护措施。当指挥信号传递困难时，应使用对讲机等通信工具进行指挥。

4.2.6 当遇大雨、大雪、大雾或风速大于13m/s等恶劣天气时，应停止安装作业。

4.2.7 电气设备安装应按施工升降机使用说明书的规定进行，安装用电应符合现行行业标准《施工现场临时用电安全技术规范》JGJ 46 的规定。

4.2.8 施工升降机金属结构和电气设备金属外壳均应接地，接地电阻不应大于4Ω。

4.2.9 安装时应确保施工升降机运行通道内无障碍物。

4.2.10 安装作业时必须将按钮盒或操作盒移至吊笼顶部操作。当导轨架或附墙架上有人员作业时，严禁开动施工升降机。

4.2.11 传递工具或器材不得采用投掷的方式。

4.2.12 在吊笼顶部作业前应确保吊笼顶部护栏齐全完好。

4.2.13 吊笼顶上所有的零件和工具应放置平稳，不得超出安全护栏。

4.2.14 安装作业过程中安装作业人员和工具等总载荷不得超过施工升降机的额定安装载重量。

4.2.15 当安装吊杆上有悬挂物时，严禁开动施工升降机。严禁超载使用安装吊杆。

4.2.16 层站应为独立受力体系，不得搭设在施工升降机附墙架的立杆上。

4.2.17 当需安装导轨架加厚标准节时，应确保普通标准节和加厚标准节的安装部位正确，不得用普通标准节替代加厚标准节。

4.2.18 导轨架安装时，应对施工升降机导轨架的垂直度进行测量校准。施工升降机导轨架安装垂直度偏差应符合使用说明书和表4.2.18的规定。

表4.2.18 安装垂直度偏差

导轨架架设高度 h (m)	$h \leqslant 70$	$70 < h \leqslant 100$	$100 < h \leqslant 150$	$150 < h \leqslant 200$	$h > 200$
垂直度偏差 (mm)	不大于 $(1/1000)h$	$\leqslant 70$	$\leqslant 90$	$\leqslant 110$	$\leqslant 130$
	对钢丝绳式施工升降机，垂直度偏差不大于$(1.5/1000)h$				

4.2.19 接高导轨架标准节时，应按使用说明书的规定进行附墙连接。

4.2.20 每次加节完毕后，应对施工升降机导轨架的垂直度进行校正，且应按规定及时重新设置行程限位和极限限位，经验收合格后方能运行。

4.2.21 连接件和连接件之间的防松防脱应符合使用说明书的规定，不得用其他物件代替。对有预紧力要求的连接螺栓，应使用扭力扳手或专用工具，按规定的拧紧次序将螺栓准确地紧固到规定的扭矩值。安装标准节连接螺栓时，宜螺杆在下，螺母在上。

4.2.22 施工升降机最外侧边缘与外面架空输电线路的边线之间，应保持安全操作距离。最小安全操作距离应符合表4.2.22的规定。

表4.2.22 最小安全操作距离

外电线电路电压 (kV)	<1	1～10	35～110	220	330～500
最小安全操作距离 (m)	4	6	8	10	15

4.2.23 当发现故障或危及安全的情况时，应立刻停止安装作业，采取必要的安全防护措施，应设置警示标志并报告技术负责人。在故障或危险情况未排除之前，不得继续安装作业。

4.2.24 当遇意外情况不能继续安装作业时，应使已安装的部件达到稳定状态并固定牢靠，经确认合格后方能停止作业。作业人员下班离岗时，应采取必要的防护措施，并应设置明显的警示标志。

4.2.25 安装完毕后应拆除为施工升降机安装作业而设置的所有临时设施，清理施工场地上作业时所用的索具、工具、辅助用具、各种零配件和杂物等。

4.2.26 钢丝绳式施工升降机的安装还应符合下列规定：

 1 卷扬机应安装在平整、坚实的地点，且应符合使用说明书的要求；

 2 卷扬机、曳引机应按使用说明书的要求固定牢靠；

 3 应按规定配备防坠安全装置；

 4 卷扬机卷筒、滑轮、曳引轮等应有防脱绳装置；

 5 每天使用前应检查卷扬机制动器，动作应正常；

 6 卷扬机卷筒与导向滑轮中心线应垂直对正，钢丝绳出绳偏角大于2°时应设置排绳器；

 7 卷扬机的传动部位应安装牢固的防护罩；卷扬机卷筒旋转方向应与操纵开关上指示方向一致。卷扬机钢丝绳在地面上运行区域内应有相应的安全保护措施。

4.3 安装自检和验收

4.3.1 施工升降机安装完毕且经调试后，安装单位应按本规程附录B及使用说明书的有关要求对安装质量进行自检，并应向使用单位进行安全使用说明。

4.3.2 安装单位自检合格后，<u>应经有相应资质的检验检测机构监督检验</u>。

4.3.3 检验合格后，使用单位应组织租赁单位、安装单位和监理单位等进行验收。实行施工总承包的，应由施工总承包单位组织验收。施工升降机安装验收应按本规程附录C进行。

4.3.4 严禁使用未经验收或验收不合格的施工升降机。

4.3.5 使用单位应自施工升降机安装验收合格之日起30日内，将施工升降机安装验收资料、施工升降机安全管理制度、特种作业人员名单等，向工程所在地县级以上建设行政主管部门办理使用登记备案。

4.3.6 安装自检表、检测报告和验收记录等应纳入设备档案。

5 施工升降机的使用

5.1 使用前准备工作

5.1.1 施工升降机司机应持有建筑施工特种作业操作资格证书，不得无证操作。

5.1.2 使用单位应对施工升降机司机进行书面安全技术交底，交底资料应留存备查。

5.1.3 使用单位应按使用说明书的要求对需润滑部件进行全面润滑。

5.2 操作使用

5.2.1 不得使用有故障的施工升降机。

5.2.2 严禁施工升降机使用超过有效标定期的防坠安全器。

5.2.3 施工升降机额定载重量、额定乘员数标牌应置于吊笼醒目位置。严禁在超过额定载重量或额定乘员数的情况下使用施工升降机。

5.2.4 当电源电压值与施工升降机额定电压值的偏差超过±5%，或供电总功率小于施工升降机的规定值时，不得使用施工升降机。

5.2.5 应在施工升降机作业范围内设置明显的安全警示标志，应在集中作业区做好安全防护。

5.2.6 当建筑物超过2层时，施工升降机地面通道上方应搭设防护棚。当建筑物高度超过24m时，应设置双层防护棚。

5.2.7 使用单位应根据不同的施工阶段、周围环境、季节和气候，对施工升降机采取相应的安全防护措施。

5.2.8 使用单位应在现场设置相应的设备管理机构或配备专职的设备管理人员，并指定专职设备管理人员、专职安全生产管理人员进行监督检查。

5.2.9 当遇大雨、大雪、大雾、施工升降机顶部风速大于20m/s或导轨架、电缆表面结有冰层时，不得使用施工升降机。

5.2.10 严禁用行程限位开关作为停止运行的控制开关。

5.2.11 使用期间，使用单位应按使用说明书的要求对施工升降机定期进行保养。

5.2.12 在施工升降机基础周边水平距离5m以内，不得开挖井沟，不得堆放易燃易爆物品及其他杂物。

5.2.13 施工升降机运行通道内不得有障碍物。不得利用施工升降机的导轨架、横竖支撑、层站等牵拉或悬挂脚手架、施工管道、绳缆标语、旗帜等。

5.2.14 施工升降机安装在建筑物内部井道中时，应在运行通道四周搭设封闭屏障。

5.2.15 安装在阴暗处或夜班作业的施工升降机，应在全行程装有明亮的楼层编号标志灯。夜间施工时作业区应有足够的照明，照明应满足现行行业标准《施工现场临时用电安全技术规范》JGJ 46的要求。

5.2.16 施工升降机不得使用脱皮、裸露的电线、电缆。

5.2.17 施工升降机吊笼底板应保持干燥整洁。各层站通道区域不得有物品长期堆放。

5.2.18 施工升降机司机严禁酒后作业。工作时间内司机不应与其他人员闲谈，不应有妨碍施工升降机运行的行为。

5.2.19 施工升降机司机应遵守安全操作规程和安全管理制度。

5.2.20 实行多班作业的施工升降机，应执行交接班制度，交班司机应按本规程附录D填写交接班记录表。接班司机应进行班前检查，确认无误后，方能开机作业。

5.2.21 施工升降机每天第一次使用前，司机应将吊笼升离地面1m~2m，停车试验制动器的可靠性。当发现问题，应经修复合格后方能运行。

5.2.22 施工升降机每3个月应进行1次1.25倍额定载重量的超载试验，确保制动器性能安全可靠。

5.2.23 工作时间内司机不得擅自离开施工升降机。当有特殊情况需离开时，应将施工升降机停到最底层，关闭电源并锁好吊笼门。

5.2.24 操作手动开关的施工升降机时，不得利用机电联锁开动或停止施工升降机。

5.2.25 层门门栓宜设置在靠施工升降机一侧，且层门应处于常闭状态。未经施工升降机司机许可，不得启闭层门。

5.2.26 施工升降机专用开关箱应设置在导轨架附近便于操作的位置，配电容量应满足施工升降机直接启动的要求。

5.2.27 施工升降机使用过程中，运载物料的尺寸不应超过吊笼的界限。

5.2.28 散状物料运载时应装入容器、进行捆绑或使用织物袋包装。堆放时应载荷分布均匀。

5.2.29 运载熔化沥青、强酸、强碱、溶液、易燃物品或其他特殊物料时,应由相关技术部门做好风险评估和采取安全措施,且应向施工升降机司机、相关作业人员书面交底后方能载运。

5.2.30 当使用搬运机械向施工升降机吊笼内搬运物料时,搬运机械不得碰撞施工升降机。卸料时,物料放置速度应缓慢。

5.2.31 当运料小车进入吊笼时,车轮处的集中载荷不应大于吊笼底板和层站底板的允许承载力。

5.2.32 吊笼上的各类安全装置应保持完好有效。经过大雨、大雪、台风等恶劣天气后应对各安全装置进行全面检查,确认安全有效后方能使用。

5.2.33 当在施工升降机运行中发现异常情况时,应立即停机,直到排除故障后方能继续运行。

5.2.34 当在施工升降机运行中由于断电或其他原因中途停止时,可进行手动下降。吊笼手动下降速度不得超过额定运行速度。

5.2.35 作业结束后应将施工升降机返回最底层停放,将各控制开关拨到零位,切断电源,锁好开关箱、吊笼门和地面防护围栏门。

5.2.36 钢丝绳式施工升降机的使用还应符合下列规定:

 1 钢丝绳应符合现行国家标准《起重机钢丝绳保养、维护、安装、检验和报废》GB/T 5972 的规定;

 2 施工升降机吊笼运行时钢丝绳不得与遮掩物或其他物件发生碰触或摩擦;

 3 当吊笼位于地面时,最后缠绕在卷扬机卷筒上的钢丝绳不应少于3圈,且卷扬机卷筒上钢丝绳应无乱绳现象;

 4 卷扬机工作时,卷扬机上部不得放置任何物件;

 5 不得在卷扬机、曳引机运转时进行清理或加油。

5.3 检查、保养和维修

5.3.1 在每天开工前和每次换班前,施工升降机司机应按使用说明书及本规程附录E的要求对施工升降机进行检查。对检查结果应进行记录,发现问题应向使用单位报告。

5.3.2 在使用期间,使用单位应每月组织专业技术人员按本规程附录F对施工升降机进行检查,并对检查结果进行记录。

5.3.3 当遇到可能影响施工升降机安全技术性能的自然灾害、发生设备事故或停工6个月以上时,应对施工升降机重新组织检查验收。

5.3.4 应按使用说明书的规定对施工升降机进行保养、维修。保养、维修的时间间隔应根据使用频率、操作环境和施工升降机状况等因素确定。使用单位应在施工升降机使用期间安排足够的设备保养、维修时间。

5.3.5 对保养和维修后的施工升降机,经检测确认各部件状态良好后,宜对施工升降机进行额定载重量试验。双吊笼施工升降机应对左右吊笼分别进行额定载重量试验。试验范围应包括施工升降机正常运行的所有方面。

5.3.6 施工升降机使用期间,每3个月应进行不少于一次的额定载重量坠落试验。坠落试验的方法、时间间隔及评定标准应符合使用说明书和现行国家标准《施工升降机》GB/T 10054 的有关要求。

5.3.7 对施工升降机进行检修时应切断电源,并应设置醒目的警示标志。当需通电检修时,应做好防护措施。

5.3.8 不得使用未排除安全隐患的施工升降机。

5.3.9 **严禁在施工升降机运行中进行保养、维修作业。**

5.3.10 施工升降机保养过程中,对磨损、破坏程度超过规定的部件,应及时进行维修或更换,并由专业技术人员检查验收。

5.3.11 应将各种与施工升降机检查、保养和维修相关的记录纳入安全技术档案,并在施工升降机使用期间内在工地存档。

6 施工升降机的拆卸

6.0.1 拆卸前应对施工升降机的关键部件进行检查,当发现问题时,应在问题解决后方能进行拆卸作业。

6.0.2 施工升降机拆卸作业应符合拆卸工程专项施工方案的要求。

6.0.3 应有足够的工作面作为拆卸场地,应在拆卸场地周围设置警戒线和醒目的安全警示标志,并应派专人监护。拆卸施工升降机时,不得在拆卸作业区域内进行与拆卸无关的其他作业。

6.0.4 夜间不得进行施工升降机的拆卸作业。

6.0.5 拆卸附墙架时施工升降机导轨架的自由端高度应始终满足使用说明书的要求。

6.0.6 应确保与基础相连的导轨架在最后一个附墙架拆除后,仍能保持各方向的稳定性。

6.0.7 施工升降机拆卸应连续作业。当拆卸作业不能连续完成时,应根据拆卸状态采取相应的安全措施。

6.0.8 吊笼未拆除之前,非拆卸作业人员不得在地面防护围栏内、施工升降机运行通道内、导轨架内以及附墙架上等区域活动。

6.0.9 拆卸作业还应符合本规程第4.2节的有关规定。

附录 A 施工升降机基础验收表

表 A 施工升降机基础验收表

工程名称			工程地址	
使用单位			安装单位	
设备型号			备案登记号	

序号	检查项目	检查结论 (合格√、不合格×)	备注
1	地基承载力		
2	基础尺寸偏差(长×宽×厚)(mm)		
3	基础混凝土强度报告		
4	基础表面平整度		
5	基础顶部标高偏差(mm)		
6	预埋螺栓、预埋件位置偏差(mm)		
7	基础周边排水措施		
8	基础周边与架空输电线安全距离		

其他需说明的内容：

总承包单位		参加人员签字	
使用单位		参加人员签字	
安装单位		参加人员签字	
监理单位		参加人员签字	

验收结论：

施工总承包单位(盖章)：

年 月 日

注：对不符合要求的项目应在备注栏具体说明，对要求量化的参数应填实测值。

附录B 施工升降机安装自检表

表B 施工升降机安装自检表

工程名称				工程地址		
安装单位				安装资质等级		
制造单位				使用单位		
设备型号				备案登记号		
安装日期			初始安装高度		最高安装高度	
检查结果代号说明		√＝合格　　○＝整改后合格　　×＝不合格　　无＝无此项				

名称	序号	检查项目	要　求	检查结果	备注
资料检查	1	基础验收表和隐蔽工程验收单	应齐全		
	2	安装方案、安全交底记录	应齐全		
	3	转场保养作业单	应齐全		
标志	4	统一编号牌	应设置在规定位置		
	5	警示标志	吊笼内应有安全操作规程，操纵按钮及其他危险处应有醒目的警示标志，施工升降机应设限载和楼层标志		
基础和围护设施	6	地面防护围栏门联锁保护装置	应装机电联锁装置。吊笼位于底部规定位置时，地面防护围栏门才能打开。地面防护围栏门开启后吊笼不能启动		
	7	地面防护围栏	基础上吊笼和对重升降通道周围应设置地面防护围栏，高度≥1.8m		
	8	安全防护区	当施工升降机基础下方有施工作业区时，应加设对重坠落伤人的安全防护区及其安全防护措施		
金属结构件	9	金属结构件外观	无明显变形、脱焊、开裂和锈蚀		
	10	螺栓连接	紧固件安装准确、紧固可靠		
	11	销轴连接	销轴连接定位可靠		
	12	导轨架垂直度	架设高度h(m)／垂直度偏差(mm)：h≤70／≤(1/1000)h；70＜h≤100／≤70；100＜h≤150／≤90；150＜h≤200／≤110；h＞200／≤130。对钢丝绳式施工升降机，垂直度偏差应≤(1.5/1000)h		
吊笼	13	紧急逃离门	吊笼顶应有紧急出口，装有向外开启活动板门，并配有专用扶梯。活动板门应设安全开关，当门打开时，吊笼不能启动		
	14	吊笼顶部护栏	吊笼顶周围应设置护栏，高度≥1.05m		

续表 B

名称	序号	检查项目	要 求	检查结果	备 注
层门	15	层站层门	应设置层站层门。层门只能由司机启闭，吊笼门与层站边缘水平距离≤50mm		
传动及导向	16	防护装置	转动零部件的外露部分应有防护罩等防护装置		
	17	制动器	制动性能良好，有手动松闸功能		
	18	齿条对接	相邻两齿条的对接处沿齿高方向的阶差应≤0.3mm，沿长度的齿差应≤0.6mm		
	19	齿轮齿条啮合	齿条应有90%以上的计算宽度参与啮合，且与齿轮的啮合侧隙应为 0.2~0.5mm		
	20	导向轮及背轮	连接及润滑应良好、导向灵活、无明显倾侧现象		
附着装置	21	附着装置	应采用配套标准产品		
	22	附着间距	应符合使用说明书要求或设计要求		
	23	自由端高度	应符合使用说明书要求		
	24	与构筑物连接	应牢固可靠		
安全装置	25	防坠安全器	只能在有效标定期限内使用(应提供检测合格证)		
	26	防松绳开关	对重应设置防松绳开关		
	27	安全钩	安装位置及结构应能防止吊笼脱离导轨架或安全器的输出齿轮脱离齿条		
	28	上限位	安装位置：提升速度 $v<0.8(m/s)$ 时，留有上部安全距离应≥1.8(m)；$v≥0.8(m/s)$ 时，留有上部安全距离应≥$1.8+0.1v^2$(m)		
	29	上极限开关	极限开关应为非自动复位型，动作时能切断总电源，动作后须手动复位才能使吊笼启动		
	30	越程距离	上限位和上极限开关之间的越程距离应≥0.15m		
	31	下限位	安装位置：应在吊笼制停时，距下极限开关一定距离		
	32	下极限开关	在正常工作状态下，吊笼碰到缓冲器之前，下极限开关应首先动作		
电气系统	33	急停开关	应在便于操作处装设非自行复位的急停开关		
	34	绝缘电阻	电动机及电气元件(电子元器件部分除外)的对地绝缘电阻应≥0.5MΩ；电气线路的对地绝缘电阻应≥1MΩ		
	35	接地保护	电动机和电气设备金属外壳均应接地，接地电阻应≤4Ω		
	36	失压、零位保护	灵敏、正确		
	37	电气线路	排列整齐，接地，零线分开		
	38	相序保护装置	应设置		
	39	通信联络装置	应设置		
	40	电缆与电缆导向	电缆应完好无破损，电缆导向架按规定设置		

续表 B

名称	序号	检查项目	要 求	检查结果	备注
对重和钢丝绳	41	钢丝绳	应规格正确,且未达到报废标准		
	42	对重安装	应按使用说明书要求设置		
	43	对重导轨	接缝平整,导向良好		
	44	钢丝绳端部固结	应固结可靠。绳卡规格应与绳径匹配,其数量不得少于3个,间距不小于绳径的6倍,滑鞍应放在受力一侧		

自检结论:

检查人签字: 检查日期: 年 月 日

注:对不符合要求的项目应在备注栏具体说明,对要求量化的参数应填实测值。

附录 C 施工升降机安装验收表

表 C 施工升降机安装验收表

工程名称		工程地址	
设备型号		备案登记号	
设备生产厂		出厂编号	
出厂日期		安装高度	
安装负责人		安装日期	
检查结果代号说明	√=合格　○=整改后合格　×=不合格　无=无此项		

检查项目	序号	内容和要求	检查结果	备注
主要部件	1	导轨架、附墙架连接安装齐全、牢固,位置正确		
	2	螺栓拧紧力矩达到技术要求,开口销完全撬开		
	3	导轨架安装垂直度满足要求		
	4	结构件无变形、开焊、裂纹		
	5	对重导轨符合使用说明书要求		
传动系统	6	钢丝绳规格正确,未达到报废标准		
	7	钢丝绳固定和编结符合标准要求		
	8	各部位滑轮转动灵活、可靠,无卡阻现象		
	9	齿条、齿轮、曳引轮符合标准要求、保险装置可靠		
	10	各机构转动平稳、无异常响声		
	11	各润滑点润滑良好、润滑油牌号正确		
	12	制动器、离合器动作灵活可靠		
电气系统	13	供电系统正常,额定电压值偏差≤±5%		
	14	接触器、继电器接触良好		
	15	仪表、照明、报警系统完好可靠		
	16	控制、操纵装置动作灵活、可靠		
	17	各种电气安全保护装置齐全、可靠		
	18	电气系统对导轨架的绝缘电阻应≥0.5MΩ		
	19	接地电阻应≤4Ω		

续表 C

检查项目	序号	内容和要求		检查结果	备 注
安全系统	20	防坠安全器在有效标定期限内			
	21	防坠安全器灵敏可靠			
	22	超载保护装置灵敏可靠			
	23	上、下限位开关灵敏可靠			
	24	上、下极限开关灵敏可靠			
	25	急停开关灵敏可靠			
	26	安全钩完好			
	27	额定载重量标牌牢固清晰			
	28	地面防护围栏门、吊笼门机电联锁灵敏可靠			
试运行	29	空载	双吊笼施工升降机应分别对两个吊笼进行试运行。试运行中吊笼应启动、制动正常，运行平稳，无异常现象		
	30	额定载重量			
	31	125%额定载重量			
坠落试验	32	吊笼制动后，结构及连接件应无任何损坏或永久变形，且制动距离应符合要求			

验收结论：

总承包单位(盖章)：　　　　　　　　　　　　　　　　　　　　　验收日期：　年　月　日

总承包单位		参加人员签字	
使用单位		参加人员签字	
安装单位		参加人员签字	
监理单位		参加人员签字	
租赁单位		参加人员签字	

注：1　新安装的施工升降机及在用的施工升降机应至少每3个月进行一次额定载重量的坠落试验；新安装及大修后的施工升降机应作125%额定载重量试运行；
　　2　对不符合要求的项目应在备注栏具体说明，对要求量化的参数应填实测值。

附录 D 施工升降机交接班记录表

表 D 施工升降机交接班记录表

工程名称		使用单位	
设备型号		备案登记号	
时 间			年 月 日 时 分
检查结果代号说明	√＝合格	○＝整改后合格	×＝不合格

序号	检 查 项 目	检查结果	备 注
1	施工升降机通道无障碍物		
2	地面防护围栏门、吊笼门机电联锁完好		
3	各限位挡板位置无移动		
4	各限位器灵敏可靠		
5	各制动器灵敏可靠		
6	清洁良好		
7	润滑充足		
8	各部件紧固无松动		
9	其他		

故障及维修记录：

交班司机签名：	接班司机签名：

附录 E 施工升降机每日使用前检查表

表 E 施工升降机每日使用前检查表

工程名称		工程地址	
使用单位		设备型号	
租赁单位		备案登记号	
检查日期		年　　月　　日	
检查结果代号说明	✓=合格　　○=整改后合格　　×=不合格　　无=无此项		

序号	检查项目	检查结果	备注
1	外电源箱总开关、总接触器正常		
2	地面防护围栏门及机电联锁正常		
3	吊笼、吊笼门和机电联锁操作正常		
4	吊笼顶紧急逃离门正常		
5	吊笼及对重通道无障碍物		
6	钢丝绳连接、固定情况正常，各曳引钢丝绳松紧一致		
7	导轨架连接螺栓无松动、缺失		
8	导轨架及附墙架无异常移动		
9	齿轮、齿条啮合正常		
10	上、下限位开关正常		
11	极限限位开关正常		
12	电缆导向架正常		
13	制动器正常		
14	电机和变速箱无异常发热及噪声		
15	急停开关正常		
16	润滑油无泄漏		
17	警报系统正常		
18	地面防护围栏内及吊笼顶无杂物		

发现问题：	维修情况：

司机签名：

附录 F 施工升降机每月检查表

表 F 施工升降机每月检查表

设备型号				备案登记号	
工程名称				工程地址	
设备生产厂				出厂编号	
出厂日期				安装高度	
安装负责人				安装日期	
检查结果代号说明		√＝合格 ○＝整改后合格 ×＝不合格 无＝无此项			

名称	序号	检查项目	要　　求	检查结果	备　注
标志	1	统一编号牌	应设置在规定位置		
标志	2	警示标志	吊笼内应有安全操作规程，操纵按钮及其他危险处应有醒目的警示标志，施工升降机应设限载和楼层标志		
基础和围护设施	3	地面防护围栏门机电联锁保护装置	应装机电联锁装置，吊笼位于底部规定位置地面防护围栏门才能打开，地面防护围栏门开启后吊笼不能启动		
基础和围护设施	4	地面防护围栏	基础上吊笼和对重升降通道周围应设置防护围栏，地面防护围栏高≥1.8m		
基础和围护设施	5	安全防护区	当施工升降机基础下方有施工作业区时，应加设防对重坠落伤人的安全防护区及其安全防护措施		
基础和围护设施	6	电缆收集筒	固定可靠、电缆能正确导入		
基础和围护设施	7	缓冲弹簧	应完好		
金属结构件	8	金属结构件外观	无明显变形、脱焊、开裂和锈蚀		
金属结构件	9	螺栓连接	紧固件安装准确、紧固可靠		
金属结构件	10	销轴连接	销轴连接定位可靠		
金属结构件	11	导轨架垂直度	架设高度 h(m)　　垂直度偏差(mm) $h≤70$　　　　　　　≤$(1/1000)h$ $70<h≤100$　　　　≤70 $100<h≤150$　　　≤90 $150<h≤200$　　　≤110 $h>200$　　　　　　≤130 对钢丝绳式施工升降机，垂直度偏差应≤$(1.5/1000)h$		
吊笼及层门	12	紧急逃离门	应完好		
吊笼及层门	13	吊笼顶部护栏	应完好		
吊笼及层门	14	吊笼门	开启正常，机电联锁有效		
吊笼及层门	15	层门	应完好		
传动及导向	16	防护装置	转动零部件的外露部分应有防护罩等防护装置		
传动及导向	17	制动器	制动性能良好，手动松闸功能正常		
传动及导向	18	齿轮齿条啮合	齿条应有90%以上的计算宽度参与啮合，且与齿轮的啮合侧隙应为0.2mm～0.5mm		

续表F

名称	序号	检查项目	要 求	检查结果	备 注
传动及导向	19	导向轮及背轮	连接及润滑应良好、导向灵活、无明显倾侧现象		
	20	润滑	无漏油现象		
附着装置	21	附墙架	应采用配套标准产品		
	22	附着间距	应符合使用说明书要求		
	23	自由端高度	应符合使用说明书要求		
	24	与构筑物连接	应牢固可靠		
安全装置	25	防坠安全器	应在有效标定期限内使用		
	26	防松绳开关	应有效		
	27	安全钩	应完好有效		
	28	上限位	安装位置：提升速度 $v<0.8(m/s)$ 时，留有上部安全距离应 $\geqslant 1.8(m)$；$v \geqslant 0.8(m/s)$ 时，留有上部安全距离应 $\geqslant 1.8+0.1v^2(m)$		
	29	上极限开关	极限开关应为非自动复位型，动作时能切断总电源，动作后须手动复位才能使吊笼启动		
	30	下限位	应完好有效		
	31	越程距离	上限位和上极限开关之间的越程距离应 $\geqslant 0.15m$		
	32	下极限开关	应完好有效		
	33	紧急逃离门安全开关	应有效		
	34	急停开关	应有效		
电气系统	35	绝缘电阻	电动机及电气元件（电子元器件部分除外）的对地绝缘电阻应 $\geqslant 0.5M\Omega$；电气线路的对地绝缘电阻应 $\geqslant 1M\Omega$		
	36	接地保护	电动机和电气设备金属外壳均应接地，接地电阻应 $\leqslant 4\Omega$		
	37	失压、零位保护	应有效		
	38	电气线路	排列整齐，接地，零线分开		
	39	相序保护装置	应有效		
	40	通信联络装置	应有效		
	41	电缆与电缆导向	电缆完好无破损，电缆导向架按规定设置		
对重和钢丝绳	42	钢丝绳	应规格正确，且未达到报废标准		
	43	对重导轨	接缝平整，导向良好		
	44	钢丝绳端部固结	应固结可靠。绳卡规格应与绳径匹配，其数量不得少于3个，间距不小于绳径的6倍，滑鞍应放在受力一侧		

检查结论：

租赁单位检查人签字：

使用单位检查人签字：

日期： 年 月 日

注：对不符合要求的项目应在备注栏具体说明，对要求量化的参数应填实测值。

本规程用词说明

1 为了便于在执行本规程条文时区别对待，对于要求严格程度不同的用词说明如下：
 1）表示很严格，非这样做不可的：
 正面词采用"必须"，反面词采用"严禁"；
 2）表示严格，在正常情况下均应这样做的：
 正面词采用"应"，反面词采用"不应"或"不得"；
 3）表示允许稍有选择，在条件允许时首先应这样做的：
 正面词采用"宜"，反面词采用"不宜"；
 4）表示有选择，在一定条件下可以这样做的，采用"可"。

2 条文中指明应按其他有关标准、规范执行的写法为："应按……执行"或"应符合……的规定（或要求）"。

引用标准名录

《施工升降机》GB/T 10054
《起重机钢丝绳保养、维护、安装、检验和报废》GB/T 5972
《施工现场临时用电安全技术规范》JGJ 46

中华人民共和国行业标准

建筑施工升降机安装、使用、拆卸安全技术规程

JGJ 215—2010

条 文 说 明

制 订 说 明

《建筑施工升降机安装、使用、拆卸安全技术规程》JGJ 215-2010 经住房和城乡建设部 2010 年 6 月 12 日以第 651 号公告批准、发布。

本规程制订过程中，编制组进行了广泛的调查研究，分析了施工升降机在安装、使用和拆卸过程中发生事故的原因和教训，找出了其中的薄弱环节和危险源，总结了我国施工升降机安全管理优秀企业的经验，并对主要问题进行了反复讨论。同时参考了国外先进技术法规、技术标准。

为便于广大设计、施工、科研、学校等单位有关人员在使用本规程时能正确理解和执行条文规定，《建筑施工升降机安装、使用、拆卸安全技术规程》编制组按章、节、条顺序编制了本规程的条文说明，对条文规定的目的、依据以及执行中需注意的有关事项进行了说明，还着重对强制性条文的强制性理由作了解释。但是，本条文说明不具备与规程正文同等的法律效力，仅供使用者作为理解和把握规程规定的参考。

目 次

1 总则 …………………………… 10—13—23
2 术语 …………………………… 10—13—23
3 基本规定 ……………………… 10—13—23
4 施工升降机的安装 …………… 10—13—24
　4.1 安装条件 ………………… 10—13—24
　4.2 安装作业 ………………… 10—13—25
　4.3 安装自检和验收 ………… 10—13—25
5 施工升降机的使用 …………… 10—13—26
　5.1 使用前准备工作 ………… 10—13—26
　5.2 操作使用 ………………… 10—13—26
　5.3 检查、保养和维修 ……… 10—13—27
6 施工升降机的拆卸 …………… 10—13—28

1 总 则

1.0.1 本条说明制定本规程的目的。

施工升降机作为建筑施工垂直运输中不可或缺的施工机械，其使用频率非常高。近年来在施工升降机安装、使用和拆卸过程中，施工事故频繁发生，带来的损失十分惨重。制定本规程的目的在于保障人员在施工升降机安装、使用和拆卸过程中的人身安全，保证设备的安全使用，降低事故发生率。

1.0.2 本条说明本规程的适用范围。

本规程适用范围为齿轮齿条式和钢丝绳式两种施工升降机。传动系统由齿轮齿条式和钢丝绳式组合而成的混合式施工升降机，亦可参照本规程的相关安全技术要求。

2 术 语

2.0.2 额定安装载重量区别于额定载重量，是指施工升降机在安装工况下允许的最大载荷。施工升降机在安装工况下结构不完整，其受力性能较弱，因此要严格控制此期间吊笼所承受的载荷。

2.0.5 限位开关的作用是：当吊笼向上或向下运行到行程终点时，受到上限位或下限位触发后，自动切断控制电路，使吊笼运行中止。此时吊笼无法继续沿原方向运行，但可以反方向运行。限位开关是防止吊笼冲顶的重要安全保护装置之一。

2.0.6 极限开关的作用是：当吊笼超越行程终点时，会自动切断总电源使得吊笼运行终止。此时吊笼因断电无法继续运行，需手动接通电源后才能恢复运行。极限开关是防止吊笼冲顶的重要安全保护装置之一。

2.0.12 坠落试验是模拟施工升降机吊笼由于故障或意外而发生坠落的过程，通过使施工升降机吊笼在一定载荷下沿导轨架作自由落体运动，检验防坠安全器能否有效制停吊笼。根据现行国家标准《施工升降机》GB/T 10054-2005 中 5.2.8.3 的规定：防坠安全器装机使用时，应按吊笼额定载重量进行坠落试验。以后至少每 3 个月应进行一次额定载重量的坠落试验。

3 基 本 规 定

3.0.3 根据中华人民共和国建设部令第 166 号《建筑起重机械安全监督管理规定》第十一条的规定：建筑起重机械使用单位和安装单位应在签订的建筑起重机械安装、拆卸合同中明确双方的安全生产责任。实行施工总承包的，施工总承包单位应与安装单位签订建筑起重机械安装、拆卸工程安全协议书。在安装、拆卸施工升降机的过程中，当发生事故并引起纠纷时，可以根据安装、拆卸合同与工程安全协议书中的条款规定，分析事故原因后追究相关人员的责任。

3.0.5 本条对施工升降机安装、拆卸工程专项施工方案的编制程序、参编人员以及编制的依据作出相应的规定，旨在把专项施工方案的编制规范化。在施工升降机开始安装、拆卸之前，明确工作中可能存在的危险源以及对危险源应采取的安全措施，以把事故发生率降到最低。根据中华人民共和国建设部令第 166 号《建筑起重机械安全监督管理规定》第十二条的规定：安装单位应履行的安全职责中包括将建筑起重机械安装、拆卸工程专项施工方案，安装、拆卸人员名单，安装、拆卸时间等材料报施工总承包单位和监理单位审核后，告知工程所在地县级以上地方人民政府建设主管部门。

3.0.6 如果施工升降机的类型、型号和数量选择不合理，则使用过程中极易发生超载、人流堵塞等现象，导致工作效率低下，甚至引发安全事故。

3.0.8 本条与英国《施工升降机安全使用条例》(*Code of practice for the safe use of construction hoists*) BS 7212：2006 中第 9.1 节的规定一致：为了安全使用施工升降机，应编制合理的安装、拆卸专项施工方案。除专业技术人员外，其他人不得负责编制或修改施工升降机的安装、拆卸专项施工方案。考虑

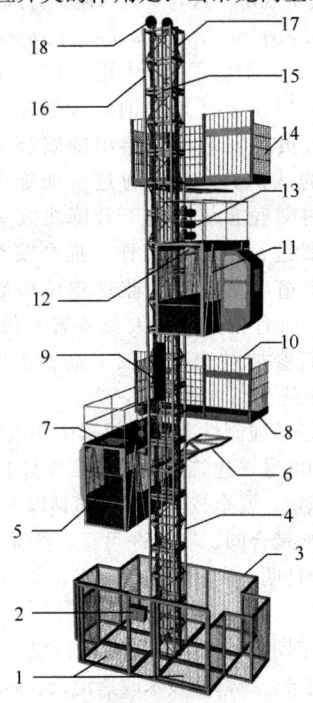

图 1 施工升降机构造示意
1—地面防护围栏门；2—开关箱；3—地面防护围栏；4—导轨架标准节；5—吊笼门；6—附墙架；7—紧急逃离门；8—层站；9—对重；10—层门；11—吊笼；12—防坠安全器；13—传动系统；14—层站栏杆；15—对重导轨；16—导轨；17—齿条；18—天轮

到场地条件的变化，应对专项施工方案定期进行重审和更新。

3.0.9 施工升降机安装、拆卸工程专项施工方案的编制依据主要有：国务院第393号文件《建筑工程安全生产管理条例》；建设部对施工现场机械、临时用电、高处作业管理的一些相关规程，主要有：《施工升降机安全规程》GB 10055、《建筑机械使用安全技术规程》JGJ 33、《施工现场临时用电安全技术规范》JGJ 46、《建筑施工安全检查标准》JGJ 59、《建筑施工高处作业安全技术规范》JGJ 80、《施工现场机械设备检查技术规程》JGJ 160等。

在确定安装、拆卸工程专项施工方案中施工升降机安装、拆卸位置的平面、立面图和安装、拆卸作业范围的平面图时，应考虑施工升降机基础定位时周围环境的安全性，如施工升降机与高压线必须保持安全距离等。

施工升降机安装、使用和拆卸过程中涉及的危险因素包括：未经培训上岗的作业人员；未穿戴与作业相关的安全装备；高处违章作业；未经试验的吊笼安全装置；施工现场裸露的电线、电源；施工升降机通道内的障碍物等。

安全应急预案包括危险源识别、保障措施、应急组织及职责、处理措施等方面。如对高处违章作业引发的坠落打击事故，采取的应急预案有：1 抢救伤员；2 保护现场；3 立即上报有关部门等。

3.0.10 根据中华人民共和国建设部令第166号《建筑起重机械安全监督管理规定》第二十一条的规定，施工总承包单位应履行下列安全职责：

1 向安装单位提供拟安装设备位置的基础施工资料，确保建筑起重机械进场安装、拆卸所需的施工条件；

2 审核建筑起重机械的特种设备制造许可证、产品合格证、制造监督检验证明、备案证明等文件；

3 审核安装单位、使用单位的资质证书、安全生产许可证和特种作业人员的特种作业操作资格证书；

4 审核安装单位制定的建筑起重机械安装、拆卸工程专项施工方案和生产安全事故应急救援预案；

5 审核使用单位制定的建筑起重机械生产安全事故应急救援预案；

6 指定专职安全生产管理人员监督检查建筑起重机械安装、拆卸、使用情况。

3.0.11 根据中华人民共和国建设部令第166号《建筑起重机械安全监督管理规定》第二十二条的规定，监理单位应履行下列安全职责：

1 审核建筑起重机械特种设备制造许可证、产品合格证、制造监督检验证明、备案证明等文件；

2 审核建筑起重机械安装单位、使用单位的资质证书、安全生产许可证和特种作业人员的特种作业操作资格证书；

3 审核建筑起重机械安装、拆卸工程专项施工方案；

4 监督安装单位执行建筑起重机械安装、拆卸工程专项施工方案情况；

5 监督检查建筑起重机械的使用情况；

6 发现存在生产安全事故隐患的，应当要求安装单位、使用单位限期整改，对安装单位、使用单位拒不整改的，及时向建设单位报告。

4 施工升降机的安装

4.1 安装条件

4.1.4 安装作业中所使用的安装吊杆、钢丝绳、卡环、吊钩和辅助支架等起重用具，应按安装工程专项施工方案和有关规定进行检查。钢丝绳应符合现行国家标准《一般用途钢丝绳》GB/T 20118的有关规定。

4.1.5 安全技术交底的目的是使每个安装作业人员清楚自己所从事的作业内容、部位及要求，清楚相关工具和设备的使用以及任何在安装工程专项施工方案中强调的安全规定。这与英国《施工升降机安全使用条例》(*Code of practice for the safe use of construction hoists*) BS 7212：2006中第10.2节规定的内容一致：在安装作业开始之前，应确保施工升降机安装作业人员对安装单位给出的安装工程施工方案有清楚的认识。此外，通过参加施工升降机安装作业前的交底会议，施工升降机安装作业人员应熟悉所要进行的安装工作，提高安全意识，降低由于疏忽造成的危险。监理单位应确保在交底会议之后，所有相关作业人员签署一份交底报告，以证明他们参加过交底会议。在施工期限内，这些报告应始终保留在工地。

4.1.6 本条是强制性条文。根据中华人民共和国建设部令第166号《建筑起重机械安全监督管理规定》第九条的规定，安全技术档案应包括以下内容：

（一）购销合同、制造许可证、产品合格证、制造监督检验证明、安装使用说明书、备案证明等原始资料；

（二）定期检验报告、定期自行检查记录、定期维护保养记录、维修和技术改造记录、运行故障和生产安全事故记录、累计运转记录等运行资料；

（三）历次安装验收资料。

4.1.7 根据现行国家标准《施工升降机安全规程》GB 10055-2007第11.1.9条的规定：防坠安全器只能在有效的标定期限内使用，有效标定期限不应超过一年。根据现行行业标准《施工升降机齿轮锥鼓形渐进式防坠安全器》JG 121-2000的规定：防坠安全器无论使用与否，在有效检验期满后都必须重新进行检验标定。施工升降机防坠安全器的寿命为5年。

4.1.11 附墙架设计时应考虑基础状况、上部自由端高度、工作载荷、风载荷等因素的影响，并绘制相关图纸和编写有关说明。

4.1.12 本条与英国《施工升降机安全使用条例》（Code of practice for the safe use of construction hoists）BS 7212：2006 中第9.8节的规定一致：包括计算书和图纸在内的所有设计文件，在施工升降机使用的整个期限内都应保存在现场。

4.2 安装作业

4.2.4 安装作业人员良好的工作状态是保障人身安全和安装质量的必要条件，酒后作业及安装作业时打电话等行为极易引发安全事故。

4.2.6 根据现行国家标准《施工升降机》GB/T 10054－2005中第5.1.2条的规定：施工升降机应能在顶部风速不大于20m/s下正常作业，应能在风速不大于13m/s条件下进行架设、接高和拆卸导轨架作业。当有特殊要求时，由用户与制造商协商解决。风力等级与风速对照表见表1。

表1 风力等级与风速对照表

风力(级)	1	2	3	4	5	6
风速范围 (m/s)	0.3~1.5	1.6~3.3	3.4~5.4	5.5~7.9	8.0~10.7	10.8~13.8
风力(级)	7	8	9	10	11	12
风速范围 (m/s)	13.9~17.1	17.2~20.7	20.8~24.4	24.5~28.4	28.5~32.6	32.7 以上

4.2.8 根据现行国家标准《施工升降机》GB/T 10054－2005中第5.1.9条的规定：施工升降机金属结构和电气设备金属外壳均应接地，接地电阻不大于4Ω。

4.2.9 施工升降机运行通道内的障碍物，如脚手架钢管、电缆线或桅杆等，安装过程中这些障碍物的存在易引发触电、断电、物体坠落、物体打击等事故。

4.2.10 本条是强制性条文。当进行施工升降机安装作业时，如果由吊笼内部的人员操作施工升降机，由于视野受限，吊笼顶部人员极易与周围的固定构件发生碰撞，人身安全无法保障。此外，如果吊笼顶部人员遇到紧急情况需要施工升降机立即制停，吊笼内的操作人员也很难给予及时的操作。

当有人在导轨架上或附墙架上作业时，运行的施工升降机吊笼极易与作业人员发生碰撞。另外，施工升降机吊笼运行时会使导轨架或附墙架产生振动，使得工作人员站立不稳，容易造成伤害。

4.2.11 施工升降机的安装作业属于高空作业，以投掷的方式传递工具或器材易引起高空坠落和物体打击等伤害事故的发生。

4.2.15 安装吊杆是用来装拆施工升降机标准节等部件的提升装置，一般安装在施工升降机吊笼上使用。当安装吊杆上的载荷超过其承载力时，容易引发安全事故。当安装吊杆上有悬挂物时，开动施工升降机容易引起悬挂物摇摆或撞击施工升降机导轨架等部件，也容易引发安全事故。

4.2.17 加厚标准节是指当施工升降机安装到一定高度后，导轨架底部使用的立管壁更厚、承载力更大的标准节。根据现行国家标准《施工升降机安全规程》GB 10055－2007第3.5条的规定：当一台施工升降机的标准节有不同的立管壁厚时，标准节应有标识，以防标准节安装不正确。

4.2.18 表4.2.18所规定的内容与现行国家标准《施工升降机安全规程》GB 10055－2007中第3.4条内容一致。

4.2.21 若螺杆在上，螺母在下安装，则当螺母脱落后螺杆仍然在原位，不易被检查人员发现，进而导致施工升降机安全事故的发生。因此在安装螺栓时，宜螺杆在下，螺母在上，易于及时发现安全隐患。

4.2.22 表4.2.22所规定的内容与现行行业标准《施工现场临时用电安全技术规范》JGJ 46－2005中第4.1.2条的内容一致。

4.3 安装自检和验收

4.3.1 施工升降机安装完成后，对施工升降机的检验要求应符合现行国家标准《施工升降机》GB/T 10054－2005第6章中对施工升降机的有关规定。

4.3.2、4.3.3 根据中华人民共和国建设部令第166号《建筑起重机械安全监督管理规定》第十六条的规定：建筑起重机械安装完毕后，使用单位应当组织租赁、安装、监理等有关单位进行验收，或委托具有相应资质的检验检测机构进行验收。实行施工总承包的，由施工总承包单位组织验收。建筑起重机械在验收前应当经有相应资质的检验检测机构监督检验合格。检验检测机构和检验检测人员对检验检测结果、鉴定结论依法承担法律责任。

4.3.4 建筑起重机械经有相应资质的检验检测机构验收合格后方能投入使用，未经验收或验收不合格的施工升降机安全性无法保障，严禁使用。

4.3.5 根据中华人民共和国建设部令第166号《建筑起重机械安全监督管理规定》第十七条的规定：使用单位应当自建筑起重机械安装验收合格之日起30日内，将建筑起重机械安装验收资料、建筑起重机械安全管理制度、特种作业人员名单等，向工程所在地县级以上地方人民政府建设主管部门办理建筑起重机械使用登记。登记标志置于或附着于该设备的显著位置。

5 施工升降机的使用

5.1 使用前准备工作

5.1.1 建筑工地起重机械作业人员必须取得国家建设主管部门颁发的建筑施工特种作业操作资格证书，方能上岗作业。另外，使用单位应对作业人员进行设备使用和安全作业基本知识的培训，作业人员应具备必要的设备使用技能和安全作业知识。

5.2 操作使用

5.2.1 带故障的施工升降机存在安全隐患，特别是当施工升降机防坠安全装置、超载保护装置、安全限位开关等安全保护装置失效时，易导致吊笼坠落事故发生。

5.2.2 本条是强制性条文。防坠安全器具有防坠、限速双重功能，当吊笼超速下行或吊笼悬挂装置断裂时，防坠安全器应能将吊笼制停并保持静止状态。根据现行国家标准《施工升降机安全规程》GB 10055-2007第11.1.9条的规定：防坠安全器只能在有效的标定期限内使用，有效标定期限不应超过一年。根据现行行业标准《施工升降机齿轮锥鼓形渐进式防坠安全器》JG 121-2000的规定：防坠安全器无论使用与否，在有效检验期满后都必须重新进行检验标定。施工升降机防坠安全器的寿命为5年。为确保施工升降机的安全使用，施工升降机应每3个月做一次坠落试验，并形成记录。如果使用超过有效期的安全器，则不能保证其作用的正常发挥。

5.2.3 施工升降机都有规定的额定载重量。为了限制施工升降机超载使用，施工升降机应装有超载保护装置，根据现行国家标准《施工升降机》GB/T 10054-2005中第5.3.8条的规定：超载保护装置应在载荷达到额定载重量的110%前终止吊笼启动。同时，施工升降机超载使用对导轨架、防坠安全器等部件的使用寿命都有不利影响。

5.2.4 当电源电压或供电功率达不到要求时，施工升降机传动、制动系统极易发生异常现象，轻则吊笼无法启动，重则吊笼下坠、无法制动等，安全隐患大。

5.2.6 根据现行国家标准《建筑施工高处作业安全技术规范》JGJ 80-91中第5.2.4条的规定：结构施工自二层起，凡人员进出的地面通道口（包括井架、施工用电梯的进出通道口），均应搭设安全防护棚。高度超过24m时，应设双层防护棚。

5.2.9 根据现行国家标准《施工升降机》GB/T 10054-2005中第5.1.2条的规定：施工升降机应能在顶部风速不大于20m/s下正常作业，应能在风速不大于13m/s条件下进行架设、接高和拆卸导轨架作业。风力等级与风速对照表见本规程条文说明第4.2.6条。

在大雨、大雪中，层站、施工升降机吊笼底板等湿滑易引起人员滑倒致伤；在大雾天气中，施工升降机司机视野受限易导致操作失误引发安全事故；当遇20m/s以上大风时，易引起高空物件坠落而发生安全事故；当表面结有冰层时，随行电缆在运动的施工升降机吊笼带动下容易发生脆断，一旦施工升降机丧失了电力供应，后果将十分严重。

5.2.10 本条是强制性条文。行程限位开关的主要作用，是在非正常操作过程中或施工升降机本身发生故障造成意外时能有效制动施工升降机。而频繁使用限位开关进行停层，会影响限位开关的使用寿命及功能，对施工升降机安全性造成严重影响。

5.2.14 当施工升降机安装在建筑物内部井道中时，由于建筑物与施工升降机的侧面距离较近，吊笼的运行很容易与周边建筑物或人员发生摩擦、碰撞。另外，建筑物楼层上的物件如果坠落，易发生物体打击事故。因此，要在施工升降机运行通道四周搭设封闭屏障。

5.2.15 根据现行行业标准《施工现场临时用电安全技术规范》JGJ 46-2005，夜间施工的照明情况应符合下列规定：现场照明应采用高光效、长寿命的照明光源；对需大面积照明的场所，应采用高压汞灯、高压钠灯或混光用的卤钨灯等；照明器具和器材的质量应符合国家现行有关强制性标准的规定，不得使用绝缘老化或破损的器具和器材；照明变压器必须使用双绕组型安全隔离变压器，严禁使用自耦变压器；对夜间影响飞机或车辆通行的在建工程及机械设备，必须设置醒目的红色信号灯，其电源应设在施工现场总电源开关的前侧，并应设置外电线路停止供电时的应急自备电源等。

5.2.19 根据中华人民共和国建设部166号令《建筑起重机械安全监督管理规定》第二十四条的规定：建筑起重机械特种作业人员应当遵守建筑起重机械安全操作规程和安全管理制度，在作业中有权拒绝违章指挥和强令冒险作业，有权在发生危及人身安全的紧急情况时立即停止作业或采取必要的应急措施后撤离危险区域。

5.2.21 由于施工升降机在使用中经常载人上下，其运行的可靠性直接关系着施工人员的生命安全。制动器是保证施工升降机安全运行的主要装置之一，由于施工升降机启动、制动频繁及作业条件多变，制动器容易失灵，导致吊笼下滑等事故。因此，应加强对制动装置的保养，发现问题及时修理。

5.2.22 根据现行国家标准《施工升降机》GB/T 10054-2005中第6.2.4.8.2项内容，超载试验的要求为：取125%额定载重量。载荷在吊笼内均匀布置，工作行程为全行程，工作循环不应少于3个，每一工作循环的升、降过程中应进行不少于一次制动。

5.2.27、5.2.28 这两条与英国《施工升降机安全使用条例》（Code of practice for the safe use of construction hoists）BS 7212：2006 中第 11.3.3.2 款的规定一致：任何物料在运载之前都应进行整理以确保在运载过程中不超过吊笼的边界。如有必要，物料应在吊笼上被固定好，如装入容器内、捆绑或用织物袋包装，以防止物料在吊笼运行中发生移动。

5.2.30 搬运机械碰撞施工升降机导轨、附墙架等构件，有可能损坏施工升降机的主体结构。物料放置速度过快会形成较大冲击载荷，可能对吊笼造成破坏。这与英国《施工升降机安全使用条例》（Code of practice for the safe use of construction hoists）BS 7212：2006 中第 11.3.3.2 款规定的内容一致，当使用搬运机械时应做好以下防范措施：

　　1 装载到施工升降机上时应防止搬运器械碰撞吊笼，以免损坏主体结构；

　　2 不应使货物在吊笼底滑动，以免产生过大的载荷而造成施工升降机的损坏；

　　3 将货物放置到吊笼底板上时，应防止由于放置速度过快产生的冲击作用损坏吊笼。

5.2.31 料车的支座处集中载荷较大，有可能造成吊笼底板或层站底板的损坏。根据现行国家标准《施工升降机》GB/T 10054-2005 中第 5.2.3.2.1 项的规定：吊笼底板应能防滑、排水。其承载能力为：在 0.1m×0.1m 区域内能承受静载 1.5kN 或额定载重量的 25%（取两者中较大值，但最大取 3kN）而无永久变形。这也与英国《施工升降机安全使用条例》（Code of practice for the safe use of construction hoists）BS 7212：2006 中第 11.3.3.2 款中对运输集中载荷的规定一致：当将物料装入料车等器械中并放置在吊笼上运送时，料车的支座处会产生较大的集中载荷，这有可能造成施工升降机吊笼底板或入口坡道的损坏。如果要运送这类器械，应向使用单位咨询。

5.2.34 施工升降机因断电或其他原因中途停止后，可采用手动下降，吊笼下降时，不允许超过额定运行速度。根据施工升降机使用说明书的规定，每下降一定高度后，需要停歇一段时间使制动器冷却下来，具体下降距离和停歇时间应符合施工升降机使用说明书的要求。

5.3 检查、保养和维修

5.3.1 本条与英国《施工升降机安全使用条例》（Code of practice for the safe use of construction hoists）BS 7212：2006 中第 11.3.4 节的规定一致：每次交接班和每天开始工作之前，应按使用说明书的要求对施工升降机进行使用前检查。检查结果应进行记录，且检查出的任何问题都应向使用单位报告。在施工升降机使用之前，应解决所有查出的问题。

5.3.2 施工升降机属于特种设备的范畴，根据国务院第 549 号令《国务院关于修改〈特种设备安全监察条例〉的决定》第二十七条的规定：特种设备使用单位应当对在用特种设备进行经常性日常维护保养，并定期自行检查。特种设备使用单位对在用特种设备应至少每月进行一次自行检查，并作出记录。特种设备使用单位在对在用特种设备进行自行检查和日常维护保养时发现异常情况的，应当及时处理。

　　施工升降机每月检查的内容和要求应包括：

　　1 对施工升降机的承载部件，应检查导轨架、附墙架、锚固件、对重导轨、各种螺栓、吊笼和基础支撑构件是否有开裂、开焊、永久变形、连接松弛、缺失或破坏等。

　　2 对机械牵引部件，应检查制动器、急停开关、卷扬机卷筒、滑轮、齿轮箱、电机等是否有异常磨损和故障，充油部件是否渗漏，运动部件与建筑物和固定设备之间的距离是否满足要求。

　　3 对安全装置，应检查防坠安全器、警报系统、通信系统、安全钩、缓冲器、各防护围栏、总开关、紧急逃离门、救生梯等装置是否工作正常及是否有明显破坏。

　　4 对钢丝绳式施工升降机的钢丝绳和连接件，应检查其是否有断裂、表面磨损、过度拉伸、受拉不均、压扁、扭结、弯折、笼状畸变、表面生锈或腐蚀等现象。还应检查滑轮、钢丝绳端头、对重及其导向轮等相关的组件。严禁使用已达报废标准的钢丝绳。由于钢丝绳失效导致的施工事故发生频率很高，因此应对钢丝绳进行严格检查，存在缺陷的钢丝绳必须及时更换。

　　5 对吊笼门、入口坡道及底板，应检查其是否结构完整且功能正常。

　　6 对层门、地面防护围栏门及机电联锁，应检查地面防护围栏的内、外位置是否符合要求；地面防护围栏各构件是否具有足够的强度和刚度以保证其与吊笼的正确运行间隙；地面防护围栏门的机电联锁装置是否工作正常；基础底架固定螺栓紧固是否符合要求；吊笼和对重的缓冲弹簧、电缆收集筒位置是否正确。

　　7 对符号和标识牌，应检查施工升降机的额定载重量和额定乘员数标牌、操作说明、安全标识及警示牌是否在位，是否清晰可见。检查操作控制板上的标牌是否易于辨认。根据中华人民共和国建设部令第 166 号《建筑起重机械安全监督管理规定》第十七条的规定：使用单位应当自建筑起重机械安装验收合格之日起 30 日内，将建筑起重机械安装验收资料、建筑起重机械安全管理制度、特种作业人员名单等，向工程所在地县级以上地方人民政府建设主管部门办理建筑起重机械使用登记。登记标志置于或附着于该设备的显著位置。施工升降机符号及标识牌为使用者提供准确信息，以规范人员对施工升降机的操作使用。

8 对电气系统，除在发货之前对其设备进行检查之外，在电气系统连接到安装完毕的施工升降机上之后，也应对其进行检查。检查内容应包括：绝缘电阻、保护电路、安全控制系统和保险丝等部件的功能是否正常。对电气系统的测试范围应包括下列方面：肉眼检查机械控制面板外部是否有灰尘或水汽进入；检查线路、管道、接线盒及密封体的绝缘性或密封性是否良好；检查电机是否有异常噪声、振动或发热现象；检查指示灯、指针和显示器是否工作正常并能否反映出准确信息；检查机电联锁、停靠呼叫器、限位开关等新安装的电路部件的接线情况。电气系统检查完成后，专业人员应确保在测试期间用过的简易连接件都已被拆除。

9 对施工升降机通道及施工升降机通道保护装置，应在所有的施工升降机部件组装完成后，在施工升降机投入使用前由专业技术人员对其进行检查，检查范围应包括导轨架、附墙架、施工升降机通道、地面防护围栏、层门、吊笼门、层站保护装置等。

10 对施工升降机吊笼的电气控制电路（包括紧急制动开关、警报器、操作控制器）、通信装置、电缆导向架、限位开关、极限开关、机电联锁装置、制动器等应进行性能测试。

5.3.5 额定载重量试验是为了检验导轨架、附墙架、紧固件及吊笼的结构整体性，也可用来检验制动系统的有效性。额定载重量试验之后，应检查施工升降机装置有否因试验而发生破坏或变形。

根据现行国家标准《施工升降机》GB/T 10054-2005 中第 6.2.4.8.1 项内容，额定载重量试验的要求为：吊笼内装额定载重量，载荷重心位置按吊笼宽度方向均向远离导轨架方向偏 1/6 宽度，长度方向均向附墙架方向偏 1/6 长度的内偏（以下简称内偏）以及反向偏移 1/6 长度的外偏（以下简称外偏），按所选电动机的工作制，内偏和外偏各做全行程连续运行 30min 的试验，每一工作循环的升、降过程应进行不少于一次制动；额定载重量试验后，应测量减速器和液压系统油的温升。

5.3.6 坠落试验的目的是检验施工升降机防坠安全器能否有效工作。根据现行国家标准《施工升降机》GB/T 10054-2005 中第 5.2.8.3 款的规定：防坠安全器装机使用时，应按吊笼额定载重量进行坠落试验。以后至少每 3 个月应进行一次额定载重量的坠落试验。坠落试验应符合现行国家标准《施工升降机》GB/T 10054-2005 中第 6.2.4.12 款的规定：

1 坠落试验时，应在额定载重量和额定安装载重量中选择最不利的工况作为试验条件。

2 坠落试验前，不应解体或更换防坠安全器。

3 对 SC 型施工升降机进行坠落试验时，通过操作按钮盒驱动吊笼以额定提升速度上升约 3m～10m。按坠落试验按钮，电磁制动器松闸，吊笼将呈自由状态下落，至达到试验速度时，防坠安全器动作，并测量制动距离。试验结束后应将防坠安全器复位，对于防坠安全器不能制停吊笼的施工升降机，应立即停机检修。

4 在 SC 型施工升降机坠落试验中，当防坠安全器动作时，其电气联锁安全开关也应动作。

5 对 SS 型施工升降机进行坠落试验时，将吊笼上升约 3m 后停住，作模拟断绳试验（应是突然断绳，不能以松绳代替断绳），试验防坠安全装置的可靠性。

6 坠落试验后应检查：
   1) 结构及连接有无损坏及永久变形；
   2) 吊笼底板在各个方向的水平度偏差改变值。

5.3.8 安全隐患包括：吊笼或层门的机电联锁失效、安全装置失效、层站栏杆或吊笼门不完整、导电体暴露、构件显著磨损或连接错位、结构部件严重腐蚀或破坏、安全保护设施缺失等。

5.3.9 本条是强制性条文。保养、维修工作需要作业人员在导轨架或附墙架上进行，若此时施工升降机在运行，则吊笼或对重的上下移动可能引发安全事故。

6 施工升降机的拆卸

6.0.4 由于施工升降机拆卸作业复杂，夜间工作场地光线不佳，不利于拆卸作业人员的相互配合，易发生操作失误，从而引发安全事故。

6.0.6 本条与英国《施工升降机安全使用条例》(*Code of practice for the safe use of construction hoists*) BS 7212：2006 中第 10.5 节的规定一致：在拆卸施工升降机之前，拆卸作业人员应确保最后一个附墙架拆除后，基础框架还可以提供各个方向的稳定性。

6.0.8 施工升降机拆卸过程中，各安全装置较难全面有效地发挥作用。吊笼未拆除之前，如果人员在地面防护围栏内、施工升降机通道内、导轨架标准节内和附墙架上等区域活动，易发生安全事故。另外，在施工升降机拆卸过程中，很多零部件处于松动状态，或已经被拆下，吊笼的动作容易引起这些零部件坠落，从而引发物体打击等安全事故。

中华人民共和国行业标准

建筑施工起重吊装工程安全技术规范

Technical code for safety of lifting in construction

JGJ 276—2012

批准部门：中华人民共和国住房和城乡建设部
施行日期：２０１２年６月１日

中华人民共和国住房和城乡建设部
公　告

第 1242 号

关于发布行业标准《建筑施工起重吊装工程安全技术规范》的公告

现批准《建筑施工起重吊装工程安全技术规范》为行业标准，编号为 JGJ 276-2012，自 2012 年 6 月 1 日起实施。其中，第 3.0.1、3.0.19、3.0.23 条为强制性条文，必须严格执行。

本规范由我部标准定额研究所组织中国建筑工业出版社出版发行。

中华人民共和国住房和城乡建设部

2012 年 1 月 11 日

前　言

根据原建设部《一九八九年工程建设专业标准规范制订修订计划》（建标工字【89】第 058 号）的要求，编制组经广泛调查研究，认真总结实践经验，参考有关国际标准和国外先进标准，并在广泛征求意见的基础上，编制本规范。

本规范的主要技术内容是：1.总则；2.术语和符号；3.基本规定；4.起重机械和索具设备；5.混凝土结构吊装；6.钢结构吊装；7.网架吊装。

本规范中以黑体字标志的条文为强制性条文，必须严格执行。

本规范由住房和城乡建设部负责管理和对强制性条文的解释，由沈阳建筑大学负责具体技术内容的解释。执行过程中如有意见或建议，请寄送沈阳建筑大学土木工程学院（地址：沈阳市浑南东路 9 号，邮编：110168）

本规范主编单位：沈阳建筑大学
　　　　　　　　东北金城建设股份有限公司
本规范参编单位：中建三局第二建设工程有限责任公司
　　　　　　　　中铁四局集团建筑工程有限公司
　　　　　　　　上海建工设计研究院
　　　　　　　　北京首钢建设集团有限公司
　　　　　　　　甘肃伊真建设工程有限公司
　　　　　　　　陕西省建设工程质量安全监督总站

本规范主要起草人员：魏忠泽　张　健　秦桂娟
　　　　　　　　　　卢伟然　罗　宏　陈新安
　　　　　　　　　　许　伟　焦　莉　吴长城
　　　　　　　　　　焦宁艳　张庆远　严　训
　　　　　　　　　　杨德洪　刘　兵　龙传尧
　　　　　　　　　　刘　波　张　坤　董燕囡
　　　　　　　　　　汤坤林　刘建国　胡　冲
　　　　　　　　　　葛文志　彭　杰
本规范主要审查人员：应惠清　耿洁明　孙宗辅
　　　　　　　　　　胡长明　施卫东　杨纯仪
　　　　　　　　　　郭洪君　肖华锋　张宝琚

目 次

1 总则 ………………………………… 10—14—5
2 术语和符号 ………………………… 10—14—5
　2.1 术语 …………………………… 10—14—5
　2.2 符号 …………………………… 10—14—5
3 基本规定 …………………………… 10—14—5
4 起重机械和索具设备 ……………… 10—14—6
　4.1 起重机械 ……………………… 10—14—6
　4.2 绳索 …………………………… 10—14—7
　4.3 吊索 …………………………… 10—14—7
　4.4 起重吊装设备 ………………… 10—14—8
　4.5 地锚 …………………………… 10—14—10
5 混凝土结构吊装 …………………… 10—14—10
　5.1 一般规定 ……………………… 10—14—10
　5.2 单层工业厂房结构吊装 ……… 10—14—11
　5.3 多层框架结构吊装 …………… 10—14—12
　5.4 墙板结构吊装 ………………… 10—14—12
6 钢结构吊装 ………………………… 10—14—12
　6.1 一般规定 ……………………… 10—14—12
　6.2 钢结构厂房吊装 ……………… 10—14—12
　6.3 高层钢结构吊装 ……………… 10—14—13
　6.4 轻型钢结构和门式刚架吊装 … 10—14—13
7 网架吊装 …………………………… 10—14—13
　7.1 一般规定 ……………………… 10—14—13
　7.2 高空散装法安装 ……………… 10—14—13
　7.3 分条、分块安装 ……………… 10—14—14
　7.4 高空滑移法安装 ……………… 10—14—14
　7.5 整体吊装法 …………………… 10—14—14
　7.6 整体提升、顶升法安装 ……… 10—14—14
附录A 吊索拉力选用规定 …………… 10—14—15
附录B 横吊梁的计算 ………………… 10—14—16
附录C 滑轮的容许荷载和滑轮组
　　　 省力系数 ……………………… 10—14—17
附录D 地锚的构造参数及
　　　 受力计算 ……………………… 10—14—17
本规范用词说明 ……………………… 10—14—21
引用标准名录 ………………………… 10—14—21
附：条文说明 ………………………… 10—14—22

Contents

1 General Provisions ·················· 10—14—5
2 Terms and Symbols ················ 10—14—5
  2.1 Terms ······························· 10—14—5
  2.2 Symbols ···························· 10—14—5
3 Basic Requirements ················ 10—14—5
4 Hoisting Machinery and
   Rigging Equipment ··············· 10—14—6
  4.1 Hoisting Machinery ············· 10—14—6
  4.2 Rope ································ 10—14—7
  4.3 Sling ································ 10—14—7
  4.4 Hoisting and Lifting
     Equipment ························ 10—14—8
  4.5 Anchor ······························ 10—14—10
5 Lifting of Concrete
   Structure ····························· 10—14—10
  5.1 General Requirements ·········· 10—14—10
  5.2 Lifting of Single-factory
     Building ···························· 10—14—11
  5.3 Lifting of Multilayer Frame
     Structure ··························· 10—14—12
  5.4 Lifting of Wallboard
     Structure ··························· 10—14—12
6 Lifting of Steel Structure ······ 10—14—12
  6.1 General Requirements ·········· 10—14—12
  6.2 Lifting of Steel Structure
     Plant ································ 10—14—12
  6.3 Lifting of High-rise Steel
     Structure ··························· 10—14—13
  6.4 Lifting of Light Steel Structure and
     Portal-rigid Frame ··············· 10—14—13
7 Installing of Net Rack ············ 10—14—13
  7.1 General Requirements ·········· 10—14—13
  7.2 Installing with High Bulk
     Method ····························· 10—14—13
  7.3 Installing with Subsection
     and Block ·························· 10—14—14
  7.4 Installing with Aerial Sliding
     Method ····························· 10—14—14
  7.5 Whole Hanging Method ········ 10—14—14
  7.6 Installing with Whole Hanging
     and Lift-up Method ············· 10—14—14
Appendix A Selection Rules of Sling
           Tension ···················· 10—14—15
Appendix B Calculation of Horizontal
           Hanging Beam ······ 10—14—16
Appendix C Allowable Load of Pulley and
           Force-saving Coefficient
           of Pulley Block ············ 10—14—17
Appendix D Structure Parameters of
           Anchor and Stress
           Calculation ············ 10—14—17
Explanation of Wording in
  This Code ···························· 10—14—21
List of Quoted Standards ············ 10—14—21
Addition: Explanation of
         Provisions ···················· 10—14—22

1 总 则

1.0.1 为贯彻执行安全生产方针，确保建筑工程施工起重吊装作业的安全，制定本规范。
1.0.2 本规范适用于建筑工程施工中的起重吊装作业。
1.0.3 建筑工程施工中的起重吊装作业，除应符合本规范外，尚应符合国家现行有关标准的规定。

2 术语和符号

2.1 术 语

2.1.1 起重吊装作业 crane lifting operation
使用起重设备将被吊物提升或移动至指定位置，并按要求安装固定的施工过程。
2.1.2 吊具 hoist auxiliaries
拴挂和固定被吊物的工、机具和配件，如吊索、吊钩、吊梁和卡环等。
2.1.3 绑扎 tightening
吊装前，用吊索和卡环按起吊规定对被吊物吊点处的捆绑。
2.1.4 起吊 hoisting
被吊物的吊装和空中运输过程。
2.1.5 溜绳 anti-sway rope
在吊升的结构物上拴绳，由下面的人拉住，防止结构物在吊升过程中任意摆动。
2.1.6 超载 overload
超过或大于起重设备的额定起重量。
2.1.7 临时固定 temporary holding or fixation
对搁置就位的被吊物进行临时性拉结和支撑的措施。
2.1.8 永久固定 permanent holding or fixation
校正完成后，按设计要求进行的永久性的连接固定。
2.1.9 空载 no-load
起重机械没有负载的工作状态。
2.1.10 缆风绳 balance rope
用来保证安装的构件或设备在操作过程中保持稳定的钢丝绳，上端与安装对象拉结，下端与地锚固定。
2.1.11 破断拉力 tensile strength of rope
按规定的试验方法把绳索拉断所需要的力。
2.1.12 钢丝绳牵引力 tensile force of steel rope
重物起升后，卷筒上的钢丝绳所产生的拉力。
2.1.13 安全绳 safety rope
用于防止起重人员在高空作业时发生坠落事故的绳索的总称。

2.2 符 号

A——面积；
a——距离；
b——厚度、宽度；
D、d——直径；
f——承载力设计值；
F——拉力、阻力；
$[F]$——容许拉力；
H——高度；
i——传动比；
K——系数；
L——长度；
M——弯矩；
N——轴向力；
P——功率、水平反力；
Q——计算荷载、重量；
T——摩擦阻力；
v——速度；
W——截面抵抗矩；
γ——重力密度；
η——效率、降低系数；
μ——摩擦系数；
σ——正应力；
τ——剪应力；
φ——内摩擦角；
ω——转速。

3 基本规定

3.0.1 起重吊装作业前，必须编制吊装作业的专项施工方案，并应进行安全技术措施交底；作业中，未经技术负责人批准，不得随意更改。
3.0.2 起重机操作人员、起重信号工、司索工等特种作业人员必须持特种作业资格证书上岗。严禁非起重机驾驶人员驾驶、操作起重机。
3.0.3 起重吊装作业前，应检查所使用的机械、滑轮、吊具和地锚等，必须符合安全要求。
3.0.4 起重作业人员必须穿防滑鞋、戴安全帽，高处作业应佩挂安全带，并应系挂可靠，高挂低用。
3.0.5 起重设备的通行道路应平整，承载力应满足设备通行要求。吊装作业区域四周应设置明显标志，严禁非操作人员入内。夜间不宜作业，当确需夜间作业时，应有足够的照明。
3.0.6 登高梯子的上端应固定，高空用的吊篮和临时工作台应固定牢靠，并应设不低于1.2m的防护栏杆。吊篮和工作台的脚手板应铺平绑牢，严禁出现探头板。吊移操作平台时，平台上面严禁站人。当构件吊起时，所有人员不得站在吊物下方，并应保持一定的安全距离。

3.0.7 绑扎所用的吊索、卡环、绳扣等的规格应根据计算确定。起吊前，应对起重机钢丝绳及连接部位和吊具进行检查。

3.0.8 高空吊装屋架、梁和采用斜吊绑扎吊装柱时，应在构件两端绑扎溜绳，由操作人员控制构件的平衡和稳定。

3.0.9 构件的吊点应符合设计规定。对异形构件或当无设计规定时，应经计算确定，保证构件起吊平稳。

3.0.10 安装所使用的螺栓、钢楔、木楔、钢垫板和垫木等的材质应符合设计要求及国家现行标准的有关规定。

3.0.11 吊装大、重构件和采用新的吊装工艺时，应先进行试吊，确认无问题后，方可正式起吊。

3.0.12 大雨、雾、大雪及六级以上大风等恶劣天气应停止吊装作业。雨雪后进行吊装作业时，应及时清理冰雪并应采取防滑和防漏电措施，先试吊，确认制动器灵敏可靠后方可进行作业。

3.0.13 吊起的构件应确保在起重机吊杆顶的正下方，严禁采用斜拉、斜吊，严禁起吊埋于地下或粘结在地上的构件。

3.0.14 起重机靠近架空输电线路作业或在架空输电线路下行走时，与架空输电线的安全距离应符合现行行业标准《施工现场临时用电安全技术规范》JGJ 46和其他相关标准的规定。

3.0.15 当采用双机抬吊时，宜选用同类型或性能相近的起重机，负载分配应合理，单机载荷不得超过额定起重量的80%。两机应协调工作，起吊的速度应平稳缓慢。

3.0.16 起吊过程中，在起重机行走、回转、俯仰吊臂、起落吊钩等动作前，起重司机应鸣声示意。一次只宜进行一个动作，待前一动作结束后，再进行下一动作。

3.0.17 开始起吊时，应先将构件吊离地面200mm～300mm后暂停，检查起重机的稳定性、制动装置的可靠性、构件的平衡性和绑扎的牢固性等，确认无误后，方可继续起吊。已吊起的构件不得长久停滞在空中。严禁超载和吊装重量不明的重型构件和设备。

3.0.18 严禁在吊起的构件上行走或站立，不得用起重机载运人员，不得在构件上堆放或悬挂零星物件。严禁在已吊起的构件下面或起重臂下旋转范围内作业或行走。起吊时应匀速，不得突然制动。回转时动作应平稳，当回转未停稳前不得做反向动作。

3.0.19 暂停作业时，对吊装作业中未形成稳定体系的部分，必须采取临时固定措施。

3.0.20 高处作业所使用的工具和零配件等，应放在工具袋（盒）内，并严禁抛掷。

3.0.21 吊装中的焊接作业，应有严格的防火措施，并应设专人看护。在作业部位下面周围 10m 范围内不得有人。

3.0.22 已安装好的结构构件，未经有关设计和技术部门批准不得随意凿洞开孔。严禁在其上堆放超过设计荷载的施工荷载。

3.0.23 对临时固定的构件，必须在完成了永久固定，并经检查确认无误后，方可解除临时固定措施。

3.0.24 对起吊物进行移动、吊升、停止、安装时的全过程应采用旗语或通用手势信号进行指挥，信号不明不得启动，上下联系应相互协调，也可采用通信工具。

4 起重机械和索具设备

4.1 起重机械

4.1.1 凡新购、大修、改造、新安装及使用、停用时间超过规定的起重机械，均应按有关规定进行技术检验，合格后方可使用。

4.1.2 起重机在每班开始作业时，应先试吊，确认制动器灵敏可靠后，方可进行作业。作业时不得擅自离岗和保养机车。

4.1.3 起重机的选择应满足起重量、起重高度、工作半径的要求，同时起重臂的最小杆长应满足跨越障碍物进行起吊时的操作要求。

4.1.4 自行式起重机的使用应符合下列规定：

1 起重机工作时的停放位置应按施工方案与沟渠、基坑保持安全距离，且作业时不得停放在斜坡上。

2 作业前应将支腿全部伸出，并应支垫牢固。调整支腿应在无载荷时进行，并将起重臂全部缩回转至正前或正后，方可调整。作业过程中发现支腿沉陷或其他不正常情况时，应立即放下吊物，进行调整后，方可继续作业。

3 启动时应先将主离合器分离，待运转正常后再合上主离合器进行空载运转，确认正常后，方可开始作业。

4 工作时起重臂的仰角不得超过其额定值；当无相应资料时，最大仰角不得超过78°，最小仰角不得小于45°。

5 起重机变幅应缓慢平稳，严禁快速起落。起重臂未停稳前，严禁变换挡位和同时进行两种动作。

6 当起吊荷载达到或接近最大额定荷载时，严禁下落起重臂。

7 汽车式起重机进行吊装作业时，行走用的驾驶室内不得有人，吊物不得超越驾驶室上方，并严禁带载行驶。

8 伸缩式起重臂的伸缩，应符合下列规定：

1）起重臂的伸缩，应在起吊前进行。当起吊过程中需伸缩时,起吊荷载不得大于其额定值的50%。

　　2）起重臂伸出后的上节起重臂长度不得大于下节起重臂长度,且起重臂伸出后的仰角不得小于使用说明中相应的规定值。

　　3）在伸起重臂同时下降吊钩时,应满足使用说明中动、定滑轮组间的最小安全距离规定。

　9 起重机制动器的制动鼓表面磨损达到2.0mm或制动带磨损超过原厚度50%时,应予更换。

　10 起重机的变幅指示器、力矩限制器和限位开关等安全保护装置,应齐全完整、灵活可靠,严禁随意调整、拆除,不得以限位装置代替操作机构。

　11 作业完毕或下班前,应按规定将操作杆置于空挡位置,起重臂应全部缩回原位,转至顺风方向,并应降至40°~60°之间,收紧钢丝绳,挂好吊钩或将吊钩落地,然后将各制动器和保险装置固定,关闭发动机,驾驶室加锁后,方可离开。

4.1.5 塔式起重机的使用应符合国家现行标准《塔式起重机安全规程》GB 5144、《建筑施工塔式起重机安装、使用、拆卸安全技术规程》JGJ 196及《建筑机械使用安全技术规程》JGJ 33中的相关规定。

4.1.6 拔杆式起重机的制作安装应符合下列规定:

　1 拔杆式起重机应进行专门设计和制作,经严格的测试、试运转和技术鉴定合格后,方可投入使用。

　2 安装时的地基、基础、缆风绳和地锚等设施,应经计算确定。缆风绳与地面的夹角应在30°~45°之间。缆风绳不得与供电线路接触,在靠近电线处,应装设由绝缘材料制作的护线架。

4.1.7 拔杆式起重机的使用应符合下列规定:

　1 在整个吊装过程中,应派专人看守地锚。每进行一段工作或大雨后,应对拔杆、缆风绳、索具、地锚和卷扬机等进行详细检查,发现有摆动、损坏等情况时,应立即处理解决。

　2 拔杆式起重机移动时,其底座应垫以足够的承重枕木排和滚杠,并将起重臂收紧,处于移动方向的前方,倾斜不得超过10°,移动时拔杆不得向后倾斜,收放缆风绳应配合一致。

4.2 绳　索

4.2.1 吊装作业中使用的白棕绳应符合下列规定:

　1 应由剑麻的茎纤维搓成,并不得涂油。其规格和破断拉力应符合产品说明书的规定。

　2 只可用作受力不大的缆风绳和溜绳等。白棕绳的驱动力只能是人力,不得用机械动力驱动。

　3 穿绕白棕绳的滑轮直径,应大于白棕绳直径的10倍。麻绳有结时,不得穿过滑车狭小之处。长期在滑车使用的白棕绳,应定期改变穿绳方向。

　4 整卷白棕绳应根据需要长度切断绳头,切断前应用铁丝或麻绳将切断口扎紧。

　5 使用中发生的扭结应立即抖直。当有局部损伤时,应切去损伤部分。

　6 当绳长度不够时,应采用编接接长。

　7 捆绑有棱角的物件时,应垫木板或麻袋等物。

　8 使用中不得在粗糙的构件上或地下拖拉,并应防止砂、石屑嵌入。

　9 编接绳头绳套时,编接前每股头上应用绳扎紧,编接后相互搭接长度:绳套不得小于白棕绳直径的15倍;绳头不得小于30倍。

　10 白棕绳在使用时不得超过其容许拉力,容许拉力应按下式计算:

$$[F_z] = \frac{F_z}{K} \quad (4.2.1)$$

式中:$[F_z]$——白棕绳的容许拉力(kN);

F_z——白棕绳的破断拉力(kN);

K——白棕绳的安全系数,应按表4.2.1采用。

表4.2.1　白棕绳的安全系数

用　途	安全系数
一般小型构件 (过梁、空心板及5kN重以下等构件)	≥6
5kN~10kN重吊装作业	10
作捆绑吊索	≥12
作缆风绳	≥6

4.2.2 采用纤维绳索、聚酯复丝绳索应符合现行国家标准《纤维绳索　通用要求》GB/T 21328、《聚酯复丝绳索》GB/T 11787和《绳索　有关物理和机械性能的测定》GB/T 8834的相关规定。

4.2.3 吊装作业中钢丝绳的使用、检验、破断拉力值和报废等应符合现行国家标准《重要用途钢丝绳》GB 8918、《一般用途钢丝绳》GB/T 20118和《起重机　钢丝绳保养、维护、安装、检验和报废》GB/T 5972中的相关规定。

4.3 吊　索

4.3.1 钢丝绳吊索应符合下列规定:

　1 钢丝绳吊索应符合现行国家标准《一般用途钢丝绳吊索特性和技术条件》GB/T 16762,插编索扣应符合现行国家标准《钢丝绳吊索　插编索扣》GB/T 16271中所规定的一般用途钢丝绳吊索特性和技术条件等的规定。

　2 吊索宜采用6×37型钢丝绳制作成环式或8股头式(图4.3.1),其长度和直径应根据吊物的几何尺寸、重量和所用的吊装工具、吊装方法确定。使用时可采用单根、双根、四根或多根悬吊形式。

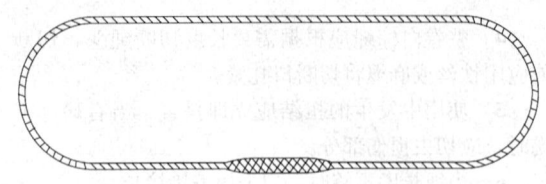

(a) 环状吊索

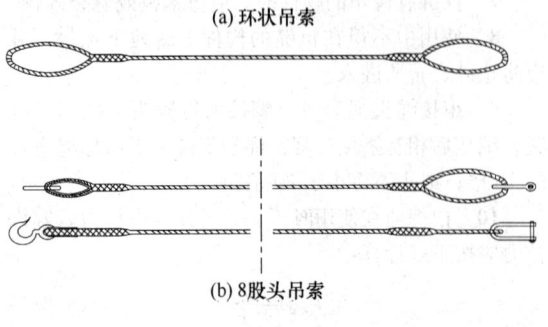

(b) 8股头吊索

图 4.3.1 吊索

3 吊索的绳环或两端的绳套可采用压接接头，压接接头的长度不应小于钢丝绳直径的 20 倍，且不应小于 300mm。8 股头吊索两端的绳套可根据工作需要装上桃形环、卡环或吊钩等吊索附件。

4 当利用吊索上的吊钩、卡环钩挂重物上的起重吊环时，吊索的安全系数不应小于 6；当用吊索直接捆绑重物，且吊索与重物棱角间已采取妥善的保护措施时，吊索的安全系数应取 6～8；当起吊重、大或精密的重物时，除应采取妥善保护措施外，吊索的安全系数应取 10。

5 吊索与所吊构件间的水平夹角宜大于 45°。计算拉力时可按本规范附录 A 表 A.1、表 A.2 选用。

4.3.2 吊索附件应符合下列规定：

1 套环应符合现行国家标准《钢丝绳用普通套环》GB/T 5974.1 和《钢丝绳用重型套环》GB/T 5974.2 的规定。

2 使用套环时，其起吊的承载能力，应将套环的承载能力与表 4.3.2 中降低后的钢丝绳承载能力相比较，采用小值。

3 吊钩应有制造厂的合格证明书，表面应光滑，不得有裂纹、刻痕、剥裂、锐角等现象。吊钩每次使用前应检查一次，不合格者应停止使用。

4 活动卡环在绑扎时，起吊后销子的尾部应朝下，吊索在受力后应压紧销子，其容许荷载应按出厂说明书采用。

表 4.3.2 使用套环时的钢丝绳强度降低率

钢丝绳直径（mm）	绕过套环后强度降低率（%）
10～16	5
19～28	15
32～38	20
42～50	25

4.3.3 横吊梁应采用 Q235 或 Q345 钢材，应经过设计计算，计算方法应按本规范附录 B 进行，并应按设计进行制作。

4.4 起重吊装设备

4.4.1 滑轮和滑轮组的使用应符合下列规定：

1 使用前，应检查滑轮的轮槽、轮轴、夹板、吊钩等各部件，不得有裂缝和损伤，滑轮转动应灵活，润滑良好。

2 滑轮应按本规范附录 C 表 C.0.1 中的容许荷载值使用。对起重量不明的滑轮，应先进行估算，并经负载试验合格后，方可使用。

3 滑轮组绳索宜采用顺穿法，由三对以上动、定滑轮组成的滑轮组应采用花穿法。滑轮组穿绕后，应开动卷扬机慢慢将钢丝绳收紧和试吊，检查有无卡绳、磨绳的地方，绳间摩擦及其他部分应运转良好，如有问题，应立即修正。

4 滑轮的吊钩或吊环应与起吊构件的重心在同一垂直线上。

5 滑轮使用前后应刷洗干净，擦油保养，轮轴应经常加油润滑，严禁锈蚀和磨损。

6 对重要的吊装作业、较高处作业或在起重作业量较大时，不宜用钩型滑轮，应使用吊环、链环或吊梁型滑轮。

7 滑轮组的上下定、动滑轮之间安全距离不应小于 1.5m。

8 对暂不使用的滑轮，应存放在干燥少尘的库房内，下面垫以木板，并应每 3 个月检查保养一次。

9 滑轮和滑轮组的跑头拉力、牵引行程和速度应符合下列规定：

1）滑轮组的跑头拉力应按下式计算：

$$F = \alpha Q \quad (4.4.1\text{-}1)$$

式中：F——跑头拉力（kN）；

α——滑轮组的省力系数，其值可按本规范附录 C 表 C.0.2 选用；

Q——计算荷载（kN），等于吊重乘以动力系数 1.5。

2）滑轮跑头牵引行程和速度应按下列公式计算：

$$u = mh \quad (4.4.1\text{-}2)$$
$$v = mv_1 \quad (4.4.1\text{-}3)$$

式中：u——跑头牵引行程（m）；

m——滑轮组工作绳数；

h——吊件的上升行程（m）；

v——跑头的牵引速度（m/s）；

v_1——吊件的上升速度（m/s）。

4.4.2 卷扬机的使用应符合下列规定：

1 手动卷扬机不得用于大型构件吊装，大型构件的吊装应采用电动卷扬机。

2 卷扬机的基础应平稳牢固，用于锚固的地锚应可靠，防止发生倾覆和滑动。

3 卷扬机使用前，应对各部分详细检查，确保棘轮装置和制动器完好，变速齿轮沿轴转动，啮合正确，无杂音和润滑良好，发现问题，严禁使用。

4 卷扬机应安装在吊装区外，水平距离应大于构件的安装高度，并搭设防护棚，保证操作人员能清楚地看见指挥人员的信号。当构件被吊至安装位置时，操作人员的视线仰角应小于30°。

5 导向滑轮严禁使用开口拉板式滑轮。滑轮到卷筒中心的距离，对带槽卷筒应大于卷筒宽度的15倍；对无槽卷筒应大于20倍，当钢丝绳处在卷筒中间位置时，应与卷筒的轴心线垂直。

6 钢丝绳在卷筒上应逐圈靠紧，排列整齐，严禁互相错叠、离缝和挤压。钢丝绳缠满后，卷筒凸缘应高出2倍及以上钢丝绳直径，钢丝绳全部放出时，钢丝绳在卷筒上保留的安全圈不应少于5圈。

7 在制动操纵杆的行程范围内不得有障碍物。作业过程中，操作人员不得离开卷扬机，严禁在运转中用手或脚去拉、踩钢丝绳，严禁跨越卷扬机钢丝绳。

8 卷扬机的电气线路应经常检查，电机应运转良好，电磁抱闸和接地应安全有效，不得有漏电现象。

4.4.3 电动卷扬机的牵引力和钢丝绳速度应符合下列规定：

1）卷筒上的钢丝绳牵引力应按下列公式计算：

$$F = 1.02 \times \frac{P_H \eta}{v} \quad (4.4.3\text{-}1)$$

$$\eta = \eta_0 \times \eta_1 \times \eta_2 \times \cdots \times \eta_n \quad (4.4.3\text{-}2)$$

式中：F——牵引力（kN）；
P_H——电动机的功率（kW）；
v——钢丝绳速度（m/s）；
η——总效率；
η_0——卷筒效率，当卷筒装在滑动轴承上时，取$\eta_0 = 0.94$；当装在滚动轴承上时，取$\eta_0 = 0.96$；
$\eta_1, \eta_2 \cdots \eta_n$——传动机构效率，按表4.4.3选用。

表4.4.3 传动机构的效率

传动机构		效率
卷筒	滑动轴承	0.94～0.96
	滚动轴承	0.96～0.98
一对圆柱齿轮传动	开式传动 滑动轴承	0.93～0.95
	开式传动 滚动轴承	0.95～0.96
	闭式传动 稀油润滑 滑动轴承	0.95～0.96
	闭式传动 稀油润滑 滚动轴承	0.96～0.98

2）钢丝绳速度应按下列公式计算：

$$v = \pi D \omega \quad (4.4.3\text{-}3)$$

$$\omega = \frac{\omega_H i}{60} \quad (4.4.3\text{-}4)$$

$$i = \frac{n_Z}{n_B} \quad (4.4.3\text{-}5)$$

式中：v——钢丝绳速度（m/s）；
D——卷筒直径（m）；
ω——卷筒转速（r/s）；
ω_H——电动机转速（r/s）；
i——传动比；
n_Z——所有主动轮齿数的乘积；
n_B——所有被动轮齿数的乘积。

4.4.4 捯链的使用应符合下列规定：

1 使用前应进行检查，捯链的吊钩、链条、轮轴、链盘等应无锈蚀、裂纹、损伤，传动部分应灵活正常。

2 起吊构件至起重链条受力后，应仔细检查，确保齿轮啮合良好，自锁装置有效后，方可继续作业。

3 应均匀和缓地拉动链条，并应与轮盘方向一致，不得斜向拽动。

4 捯链起重量或起吊构件的重量不明时，只可一人拉动链条，一人拉不动应查明原因，此时严禁两人或多人齐拉。

5 齿轮部分应经常加油润滑，棘爪、棘爪弹簧和棘轮应经常检查，防止制动失灵。

6 捯链使用完毕后应拆卸清洗干净，上好润滑油，装好后套上塑料罩挂好。

4.4.5 手扳葫芦应符合下列规定：

1 只可用于吊装中收紧缆风绳和升降吊篮使用。

2 使用前，应仔细检查确认自锁夹钳装置夹紧钢丝绳后能往复直线运动，不满足要求，严禁使用。使用时，待其受力后应检查确认运转自如，无问题后，方可继续作业。

3 用于吊篮时，应在每根钢丝绳处拴一根保险绳，并将保险绳的另一端固定在可靠的结构上。

4 使用完毕后，应拆卸、清洗、上油、安装复原，妥善保管。

4.4.6 千斤顶的使用应符合下列规定：

1 使用前后应拆洗干净，损坏和不符合要求的零件应更换，安装好后应检查各部位配件运转的灵活性，对油压千斤顶应检查阀门、活塞、皮碗的完好程度，油液干净程度和稠度应符合要求，若在负温情况下使用，油液应不变稠、不结冻。

2 千斤顶的选择，应符合下列规定：

1）千斤顶的额定起重量应大于起重构件的重量，起升高度应满足要求，其最小高度应与安装净空相适应。

2）采用多台千斤顶联合顶升时，应选用同一型号的千斤顶，并应保持同步，每台的额定起重量不得小于所分担重量的1.2倍。

　3 千斤顶应放在平整坚实的地面上，底座下应垫以枕木或钢板。与被顶升构件的光滑面接触时，应加垫硬木板防滑。

　4 设顶处应传力可靠，载荷的传力中心应与千斤顶轴线一致，严禁载荷偏斜。

　5 顶升时，应先轻微顶起后停住，检查千斤顶承力、地基、垫木、枕木垛有无异常或千斤顶歪斜，出现异常，应及时处理后方可继续工作。

　6 顶升过程中，不得随意加长千斤顶手柄或强力硬压，每次顶升高度不得超过活塞上的标志，且顶升高度不得超过螺丝杆或活塞高度的3/4。

　7 构件顶起后，应随起随搭枕木垛和加设临时短木块，其短木块与构件间的距离应随时保持在50mm以内。

4.5 地　　锚

4.5.1 立式地锚的构造应符合下列规定：

　1 应在枕木、圆木、方木地龙柱的下部后侧和中部前侧设置挡木，并贴紧土壁，坑内应回填土石并夯实，表面略高于自然地坪。

　2 地坑深度应大于1.5m，地龙柱应露出地面0.4m～1.0m，并略向后倾斜。

　3 使用枕木或方木做地龙柱时，应使截面的长边与受力方向一致，作用的荷载宜与地龙柱垂直。

　4 单柱立式地锚承载力不够时，可在受力方向后侧增设一个或两个单柱立式地锚，并用绳索连接，使其共同受力。

　5 各种立式地锚的构造参数及计算方法应符合本规范附录D的规定。

4.5.2 桩式地锚的构造应符合下列规定：

　1 应采用直径180mm～330mm的松木或杉木做地锚桩，略向后倾斜打入地层中，并应在其前方距地面0.4m～0.9m深处，紧贴桩身埋置1m长的挡木一根。

　2 桩入土深度不应小于1.5m，地锚的钢丝绳拴在距地面不大于300mm处。

　3 荷载较大时，可将两根或两根以上的桩用绳索与木板将其连在一起使用。

　4 各种桩式地锚的构造参数及计算方法应符合本规范附录D的规定。

4.5.3 卧式地锚的构造应符合下列规定：

　1 钢丝绳应根据作用荷载大小，系结在横置木中部或两侧，并应采用土石回填夯实。

　2 木料尺寸和数量应根据作用荷载的大小和土壤的承载力经过计算确定。

　3 木料横置埋入深度宜为1.5m～3.5m。当作用荷载超过75kN时，应在横置木料顶部加压板；当作用荷载超过150kN时，应在横置木料前增设挡板立柱和挡板。

　4 当卧式地锚作用荷载较大时，地锚的钢丝绳应采用钢拉杆代替。

　5 卧式地锚的构造参数及计算方法应符合本规范附录D的规定。

4.5.4 各式地锚的使用应符合下列规定：

　1 地锚采用的木料应使用剥皮落叶松、杉木。严禁使用油松、杨木、柳木、桦木、椴木和腐朽、多节的木料。

　2 绑扎地锚钢丝绳的绳环应牢固可靠，横卧木四角应用长500mm的角钢加固，并应在角钢外再用长300mm的半圆钢管保护。

　3 钢丝绳的方向应与地锚受力方向一致。

　4 地锚使用前应进行试拉，合格后方可使用。埋设不明的地锚未经试拉不得使用。

　5 地锚使用时应指定专人检查、看守，如发现变形应立即处理或加固。

5 混凝土结构吊装

5.1 一　般　规　定

5.1.1 构件的运输应符合下列规定：

　1 构件运输应严格执行所制定的运输技术措施。

　2 运输道路应平整，有足够的承载力、宽度和转弯半径。

　3 高宽比较大的构件的运输，应采用支承框架、固定架、支撑或用捯链等予以固定，不得悬吊或堆放运输。支承架应进行设计计算，应稳定、可靠和装卸方便。

　4 当大型构件采用半拖或平板车运输时，构件支承处应设转向装置。

　5 运输时，各构件应拴牢于车厢上。

5.1.2 构件的堆放应符合下列规定：

　1 构件堆放场地应压实平整，周围应设排水沟。

　2 构件应按设计支承位置堆放平稳，底部应设置垫木。对不规则的柱、梁、板，应专门分析确定支承和加垫方法。

　3 屋架、薄腹梁等重心较高的构件，应直立放置，除设支承垫木外，应在其两侧设置支撑使其稳定，支撑不得少于2道。

　4 重叠堆放的构件应采用垫木隔开，上下垫木应在同一垂线上。堆放高度梁、柱不宜超过2层；大型屋面板不宜超过6层。堆垛间应留2m宽的通道。

　5 装配式大板应采用插放法或背靠法堆放，堆放架应经设计计算确定。

5.1.3 构件翻身应符合下列规定：

1 柱翻身时，应确保本身能承受自重产生的正负弯矩值。其两端距端面1/5～1/6柱长处应垫方木或枕木垛。

2 屋架或薄腹梁翻身时应验算抗裂度，不够时应予加固。当屋架或薄腹梁高度超过1.7m时，应在表面加绑木、竹或钢管横杆增加屋架平面刚度，并在屋架两端设置方木或枕木垛，其上表面应与屋架底面齐平，且屋架间不得有粘结现象。翻身时，应做到一次扶直或将屋架转到与地面夹角达到70°后，方可刹车。

5.1.4 构件拼装应符合下列规定：

1 当采用平拼时，应防止在翻身过程中发生损坏和变形；当采用立拼时，应采取可靠的稳定措施。当大跨度构件进行高空立拼时，应搭设带操作台的拼装支架。

2 当组合屋架采用立拼时，应在拼架上设置安全挡木。

5.1.5 吊点设置和构件绑扎应符合下列规定：

1 当构件无设计吊环（点）时，应通过计算确定绑扎点的位置。绑扎方法应可靠，且摘钩应简便安全。

2 当绑扎竖直吊升的构件时，应符合下列规定：
　1）绑扎点位置应略高于构件重心。
　2）在柱不翻身或吊升中不会产生裂缝时，可采用斜吊绑扎法。
　3）天窗架宜采用四点绑扎。

3 当绑扎水平吊升的构件时，应符合下列规定：
　1）绑扎点应按设计规定设置。无规定时，最外吊点应在距构件两端1/5～1/6构件全长处进行对称绑扎。
　2）各支吊索内力的合力作用点应处在构件重心线上。
　3）屋架绑扎点宜在节点上或靠近节点。

4 绑扎应平稳、牢固，绑扎钢丝绳与物体间的水平夹角应为：构件起吊时不得小于45°；构件扶直时不得小于60°。

5.1.6 构件起吊前，其强度应符合设计规定，并应将其上的模板、灰浆残渣、垃圾碎块等全部清除干净。

5.1.7 楼板、屋面板吊装后，对相互间或其上留有的空隙和洞口，应设置盖板或围护，并应符合现行行业标准《建筑施工高处作业安全技术规范》JGJ 80的规定。

5.1.8 多跨单层厂房宜先吊主跨，后吊辅助跨；先吊高跨，后吊低跨。多层厂房宜先吊中间，后吊两侧，再吊角部，且应对称进行。

5.1.9 作业前应清除吊装范围内的障碍物。

5.2 单层工业厂房结构吊装

5.2.1 柱的吊装应符合下列规定：

1 柱的起吊方法应符合施工组织设计规定。

2 柱就位后，应将柱底落实，每个柱面应采用不少于两个钢楔楔紧，但严禁将楔子重叠放置。初步校正垂直后，打紧楔子进行临时固定。对重型柱或细长柱以及多风或风大地区，在柱上部应采取稳妥的临时固定措施，确认牢固可靠后，方可指挥脱钩。

3 校正柱时，严禁将楔子拔出，在校正好一个方向后，应稍打紧两面相对的四个楔子，方可校正另一个方向。待完全校正好后，除将所有楔子按规定打紧外，还应采用石块将柱底脚与杯底四周全部楔紧。采用缆风或斜撑校正柱时，应在杯口第二次浇筑的混凝土强度达到设计强度的75%时，方可拆除缆风或斜撑。

4 杯口内应采用强度高一级的细石混凝土浇筑固定。采用木楔或钢楔作临时固定时，应分二次浇筑，第一次灌至楔子下端，待达到设计强度30%以上，方可拔出楔子，再二次浇筑至基础顶；当使用混凝土楔子时，可一次浇筑至基础顶面。混凝土强度应作试块检验，冬期施工时，应采取冬期施工措施。

5.2.2 梁的吊装应符合下列规定：

1 梁的吊装应在柱永久固定和柱间支撑安装后进行。吊车梁的吊装，应在基础杯口二次浇筑的混凝土达到设计强度50%以上，方可进行。

2 重型吊车梁应边吊边校，然后再进行统一校正。

3 梁高和底宽之比大于4时，应采用支撑撑牢或用8号钢丝将梁捆于稳定的构件上后，方可摘钩。

4 吊车梁的校正应在梁吊装完，也可在屋面构件校正并最后固定后进行。校正完毕后，应立即焊接固定。

5.2.3 屋架吊装应符合下列规定：

1 进行屋架或屋面梁垂直度校正时，在跨中，校正人员应沿屋架上弦绑设的栏杆行走，栏杆高度不得低于1.2m；在两端，应站在悬挂于柱顶上的吊篮上进行，严禁站在柱顶操作。垂直度校正完毕并进行可靠固定后，方可摘钩。

2 吊装第一榀屋架和天窗架时，应在其上弦杆拴缆风绳作临时固定。缆风绳应采用两侧布置，每边不得少于2根。当跨度大于18m时，宜增加缆风绳数，间距不得大于6m。

5.2.4 天窗架与屋面板分别吊装时，天窗架应在该榀屋架上的屋面板吊装完毕后进行，并经临时固定和校正后，方可脱钩焊接固定。

5.2.5 校正完毕后应按设计要求进行永久性的接头固定。

5.2.6 屋架和天窗架上的屋面板吊装，应从两边向屋脊对称进行，且不得用撬杠沿板的纵向撬动。就位后应采用铁片垫实脱钩，并应立即电焊固定，应至少保证3点焊牢。

5.2.7 托架吊装就位校正后，应立即支模浇灌接头混凝土进行固定。

5.2.8 支撑系统应先安装垂直支撑，后安装水平支撑；先安装中部支撑，后安装两端支撑，并与屋架、天窗架和屋面板的吊装交替进行。

5.3 多层框架结构吊装

5.3.1 框架柱吊装应符合下列规定：

1 上节柱的安装应在下节柱的梁和柱间支撑安装焊接完毕、下节柱接头混凝土达到设计强度的75%及以上后，方可进行。

2 多机抬吊多层H型框架柱时，递送作业的起重机应使用横吊梁起吊。

3 柱就位后应随即进行临时固定和校正。榫式接头的，应对称施焊四角钢筋接头后方可松钩；钢板接头的，应各边分层对称施焊2/3的长度后方可脱钩；H型柱则应对称焊好四角钢筋后方可脱钩。

4 重型或较长柱的临时固定，应在柱间加设水平管式支撑或设缆风绳。

5 吊装中用于保护接头钢筋的钢管或垫木应捆扎牢固。

5.3.2 楼层梁的吊装应符合下列规定：

1 吊装明牛腿式接头的楼层梁时，应在梁端和柱牛腿上预埋的钢板焊接后方可脱钩。

2 吊装齿槽式接头的楼层梁时，应将梁端的上部接头焊好两根后方可脱钩。

5.3.3 楼层板的吊装应符合下列规定：

1 吊装两块以上的双T形板时，应将每块的吊索直接挂在起重机吊钩上。

2 板重在5kN以下的小型空心板或槽形板，可采用平吊或兜吊，但板的两端应保证水平。

3 吊装楼层板时，严禁采用叠压式，并严禁在板上站人、放置小车等重物或工具。

5.4 墙板结构吊装

5.4.1 装配式大板结构吊装应符合下列规定：

1 吊装大板时，宜从中间开始向两端进行，并应按先横墙后纵墙，先内墙后外墙，最后隔断墙的顺序逐间封闭吊装。

2 吊装时应保证坐浆密实均匀。

3 当采用横吊梁或吊索时，起吊应垂直平稳，吊索与水平线的夹角不宜小于60°。

4 大板宜随吊随校正。就位后偏差过大时，应将大板重新吊起就位。

5 外墙板应在焊接固定后方可脱钩，内墙和隔墙板可在临时固定可靠后脱钩。

6 校正完后，应立即焊接预埋筋，待同一层墙板吊装和校正完毕后，应随即浇筑墙板之间立缝作最后固定。

7 圈梁混凝土强度应达到75%及以上，方可吊装楼层板。

5.4.2 框架挂板吊装应符合下列规定：

1 挂板的运输和吊装不得用钢丝绳兜吊，并严禁用钢丝捆扎。

2 挂板吊装就位后，应与主体结构临时或永久固定后方可脱钩。

5.4.3 工业建筑墙板吊装应符合下列规定：

1 各种规格墙板均应具有出厂合格证。

2 吊装时应预埋吊环，立吊时应有预留孔。无吊环和预留孔时，吊索捆绑点距板端不应大于1/5板长。吊索与水平面夹角不应小于60°。

3 就位和校正后应做可靠的临时固定或永久固定后方可脱钩。

6 钢结构吊装

6.1 一般规定

6.1.1 钢构件应按规定的吊装顺序配套供应，装卸时，装卸机械不得靠近基坑行走。

6.1.2 钢构件的堆放场地应平整，构件应放平、放稳，避免变形。

6.1.3 柱底灌浆应在柱校正完或底层第一节钢框架校正完，并紧固地脚螺栓后进行。

6.1.4 作业前应检查操作平台、脚手架和防风设施。

6.1.5 柱、梁安装完毕后，在未设置浇筑楼板用的压型钢板时，应在钢梁上铺设适量吊装和接头连接作业时用的带扶手的走道板。压型钢板应随铺随焊。

6.1.6 吊装程序应符合施工组织设计的规定。缆风绳或溜绳的设置应明确，对不规则构件的吊装，其吊点位置，捆绑、安装、校正和固定方法应明确。

6.2 钢结构厂房吊装

6.2.1 钢柱吊装应符合下列规定：

1 钢柱起吊至柱脚离地脚螺栓或杯口300mm～400mm后，对准螺栓或杯口缓慢就位，经初校后，立即进行临时固定，然后方可脱钩。

2 柱校正后，应立即紧固地脚螺栓，将承重垫板点焊固定，并随即对柱脚进行永久固定。

6.2.2 吊车梁吊装应符合下列规定：

1 吊车梁吊装应在钢柱固定后、混凝土强度达到75%以上和柱间支撑安装完后进行。吊车梁的校正应在屋盖吊装完成并固定后可进行。

2 吊车梁支承面下的空隙应采用楔形铁片塞紧，应确保支承紧贴面不小于70%。

6.2.3 钢屋架吊装应符合下列规定：

1 应根据确定的绑扎点对钢屋架的吊装进行验算，不满足时应进行临时加固。

2 屋架吊装就位后，应在校正和可靠的临时固定后方可摘钩，并按设计要求进行永久固定。

6.2.4 天窗架宜采用预先与屋架拼装的方法进行一次吊装。

6.3 高层钢结构吊装

6.3.1 钢柱吊装应符合下列规定：

1 安装前，应在钢柱上将登高扶梯和操作挂篮或平台等固定好。

2 起吊时，柱根部不得着地拖拉。

3 吊装时，柱应垂直，严禁碰撞已安装好的构件。

4 就位时，应待临时固定可靠后方可脱钩。

6.3.2 钢梁吊装应符合下列规定：

1 吊装前应按规定装好扶手杆和扶手安全绳。

2 吊装应采用两吊点。水平桁架的吊点位置，应保证起吊后桁架水平，并应加设安全绳。

3 梁校正完毕，应及时进行临时固定。

6.3.3 剪力墙板吊装应符合下列规定：

1 当先吊装框架后吊装墙板时，临时搁置应采取可靠的支撑措施。

2 墙板与上部框架梁组合后吊装时，就位后应立即进行侧面和底部的连接。

6.3.4 框架的整体校正，应在主要流水区段吊装完成后进行。

6.4 轻型钢结构和门式刚架吊装

6.4.1 轻型钢结构的吊装应符合下列规定：

1 轻型钢结构的组装应在坚实平整的拼装台上进行。组装接头的连接板应平整。

2 屋盖系统拼装应按屋架→屋架垂直支撑→檩条、檩条拉杆→屋架间水平支撑→轻型屋面板的顺序进行。

3 吊装时，檩条的拉杆应预先张紧，屋架上弦水平支撑应在屋架与檩条安装完毕后拉紧。

4 屋盖系统构件安装完后，应对全部焊缝接头进行检查，对点焊和漏焊的进行补焊或修正后，方可安装轻型屋面板。

6.4.2 门式刚架吊装应符合下列规定：

1 轻型门式刚架可采用一点绑扎，但吊点应通过构件重心，中型和重型门式刚架应采用两点或三点绑扎。

2 门式刚架就位后的临时固定，除在基础杯口打入8个楔子楔紧外，悬臂端应采用工具式支撑架在两面支撑牢固。在支撑架顶与悬臂端底部之间，应采用千斤顶或对角楔垫实，并在门式刚架间作可靠的临时固定后方可脱钩。

3 支撑架应经过设计计算，且应便于移动并有足够的操作平台。

4 第一榀门式刚架应采用缆风或支撑作临时固定，以后各榀可用缆风、支撑或屋架校正器作临时固定。

5 已校正好的门式刚架应及时安装柱间永久支撑。当柱间支撑设计少于两道时，应另增设两道以上的临时柱间支撑，并应沿纵向均匀分布。

6 基础杯口二次灌浆的混凝土强度应达到75%及以上方可吊装屋面板。

7 网架吊装

7.1 一般规定

7.1.1 吊装作业应按施工组织设计的规定执行。

7.1.2 施工现场的钢管焊接工，应经过焊接球节点与钢管连接的全位置焊接工艺评定和焊工考试合格后，方可上岗。

7.1.3 吊装方法应根据网架受力和构造特点，在保证质量、安全、进度的要求下，结合当地施工技术条件综合确定。

7.1.4 吊装的吊点位置和数量的选择，应符合下列规定：

1 应与网架结构使用时的受力状况一致或经过验算杆件满足受力要求；

2 吊点处的最大反力应小于起重设备的负荷能力；

3 各起重设备的负荷宜接近。

7.1.5 吊装方法选定后，应分别对网架施工阶段吊点的反力、杆件内力和挠度、支承柱的稳定性和风荷载作用下网架的水平推力等项进行验算，必要时应采取加固措施。

7.1.6 验算荷载应包括吊装阶段结构自重和各种施工荷载。吊装阶段的动力系数应为：提升或顶升时，取1.1；拔杆吊装时，取1.2；履带式或汽车式起重机吊装时，取1.3。

7.1.7 在施工前应进行试拼及试吊，确认无问题后方可正式吊装。

7.1.8 当网架采用在施工现场拼装时，小拼应先在专门的拼装架上进行。高空总拼应采用预拼装或其他保证精度措施，总拼的各个支承点应防止出现不均匀下沉。

7.2 高空散装法安装

7.2.1 当采用悬挑法施工时，应在拼成可承受自重的结构体系后，方可逐步扩展。

7.2.2 当搭设拼装支架时，支架上支撑点的位置应设在网架下弦的节点处。支架应验算其承载力和稳定性，必要时应试压，并应采取措施防止支柱下沉。

7.2.3 拼装应从建筑物一端以两个三角形同时进行，

两个三角形相交后,按人字形逐榀向前推进,最后在另一端正中闭合(图7.2.3)。

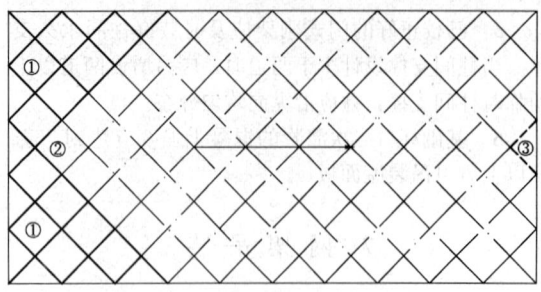

①~③——安装顺序
图7.2.3 网架的安装顺序

7.2.4 第一榀网架块体就位后,应在下弦中竖杆下方用方木上放千斤顶支顶,同时在上弦和相邻柱间应绑两根杉杆作临时固定。其他各块就位后应采用螺栓与已固定的网架块体固定,同时下弦应采用方木上放千斤顶顶住。

7.2.5 每榀网架块体应用经纬仪校正其轴线偏差;标高偏差应采用下弦节点处的千斤顶校正。

7.2.6 网架块体安装过程中,连接块体的高强度螺栓应随安装随紧固。

7.2.7 网架块体全部安装完毕并经全面质量检查合格后,方可拆除千斤顶和支杆。千斤顶应有组织地逐次下落,每次下落时,网架中央、中部和四周千斤顶的下降比例宜为2∶1.5∶1。

7.3 分条、分块安装

7.3.1 当网架分条或分块在高空连成整体时,其组成单元应具有足够刚度,并应能保证自身的几何不变性,否则应采取临时加固措施。

7.3.2 在条与条或块与块的合拢处,可采用临时螺栓等固定措施。

7.3.3 当设置独立的支撑点或拼装支架时,应符合本规范第7.2.2条的要求。

7.3.4 合拢时,应先采用千斤顶将网架单元顶到设计标高,方可连接。

7.3.5 网架单元应减少中间运输,运输时应采取措施防止变形。

7.4 高空滑移法安装

7.4.1 应利用已建结构作为高空拼装平台。当无建筑物可供利用时,应在滑移端设置宽度大于两个节间的拼装平台。滑移时应在两端滑轨外侧搭设走道。

7.4.2 当网架的平移跨度大于50m时,宜在跨中增设一条平移轨道。

7.4.3 网架平移用的轨道接头处应焊牢,轨道标高允许偏差应为10mm。网架上的导轮与导轨之间应预留10mm间隙。

7.4.4 网架两侧应采用相同的滑轮及滑轮组;两侧的卷扬机应选用同型号、同规格产品,并应采用同类型、同规格的钢丝绳,并在卷筒上预留同样的钢丝绳圈数。

7.4.5 网架滑移时,两侧应同步前进。当同步差达30mm时,应停机调整。

7.4.6 网架全部就位后,应采用千斤顶将网架支座抬起,抽去轨道后落下,并将网架支座与梁面预埋钢板焊接牢靠。

7.4.7 网架的滑移和拼装应进行下列验算:
   1 当跨度中间无支点时的杆件内力和跨中挠度值;
   2 当跨度中间有支点时的杆件内力、支点反力及挠度值。

7.5 整体吊装法

7.5.1 网架整体吊装可根据施工条件和要求,采用单根或多根拔杆起吊,也可采用一台或多台起重机起吊就位。

7.5.2 网架整体吊装时,应保证各吊点起升及下降的同步性。相邻两拔杆间或相邻两吊点组的合力点间的相对高差,不得大于其距离的1/400和100mm,亦可通过验算确定。

7.5.3 当采用多根拔杆或多台起重机吊装网架时,应将每根拔杆每台起重机额定负荷乘以0.75的折减系数。当采用四台起重机将吊点连通成两组或用三根拔杆吊装时,折减系数应取0.85。

7.5.4 网架拼装和就位时的任何部位离支承柱及柱上的牛腿等突出部位或拔杆的净距不得小于100mm。

7.5.5 由于网架错位需要,对个别杆件可暂不组装,但应取得设计单位的同意。

7.5.6 拔杆、缆风绳、索具、地锚、基础的选择及起重滑轮组的穿法等应进行验算,必要时应进行试验检验。

7.5.7 当采用多根拔杆吊装时,拔杆安装应垂直,缆风绳的初始拉力应为吊装时的60%,在拔杆起重平面内可采用单向铰接头。当采用单根拔杆吊装时,底座应采用球形万向接头。

7.5.8 拔杆在最不利荷载组合下,其支承基础对地基土的压力不得超过其允许承载力。

7.5.9 起吊时应根据现场实际情况设总指挥1人,分指挥数人,作业人员应听从指挥,操作步调应一致。应在网架上搭设脚手架通道锁扣摘扣。

7.5.10 网架吊装完毕,应经检查无误后方可摘钩,同时应立即进行焊接固定。

7.6 整体提升、顶升法安装

7.6.1 网架的整体提升法应符合下列规定:

1 应根据网架支座中心校正提升机安装位置。
2 网架支座设计标高相同时，各台提升装置吊挂横梁的顶面标高应一致；设计标高不同时，各台提升装置吊挂横梁的顶面标高差和各相应网架支座设计标高差应一致；其各点允许偏差应为5mm。
3 各台提升装置同顺序号吊杆的长度应一致，其允许偏差应为5mm。
4 提升设备应按其额定负荷能力乘以折减系数使用。穿心式液压千斤顶的折减系数取0.5；电动螺杆升板机的折减系数取0.7；其他设备应通过试验确定。
5 网架提升应同步。
6 整体提升法的下部支承柱应进行稳定性验算。

7.6.2 网架的整体顶升法应符合下列规定：
1 顶升用的支承柱或临时支架上的缀板间距应为千斤顶行程的整数倍，其标高允许偏差应为5mm，不满足时应采用钢板垫平。
2 千斤顶应按其额定负荷能力乘以折减系数使用。丝杆千斤顶的折减系数取0.6，液压千斤顶的折减系数取0.7。
3 顶升时各顶升点的允许升差为相邻两个顶升用的支承结构间距的1/1000，且不得大于30mm；若一个顶升用的支承结构上有两个或两个以上的千斤顶时，则取千斤顶间距的1/200，且不得大于10mm。
4 千斤顶或千斤顶的合力中心应与柱轴线对准。千斤顶本身应垂直。
5 顶升前和过程中，网架支座中心对柱基轴线的水平允许偏移为柱截面短边尺寸的1/50及柱高的1/500。
6 顶升用的支承柱或支承结构应进行稳定性验算。

附录 A 吊索拉力选用规定

表 A.1 吊索拉力简易计算值表

简图	夹角 α	吊索拉力 F	水平压力 H
	30°	1.00G	0.87G
	35°	0.87G	0.71G
	40°	0.78G	0.60G
	45°	0.71G	0.50G
	50°	0.65G	0.42G
	55°	0.61G	0.35G
	60°	0.58G	0.29G
	65°	0.56G	0.24G
	70°	0.53G	0.18G
	75°	0.52G	0.13G
	80°	0.51G	0.09G

注：G——构件重力。

表 A.2 吊索选择对应值表

钢丝绳根数	1	2	4	2			4			8		
吊物重量 (kN)	吊索钢丝绳与重物的水平夹角											
	90°			60°	45°	30°	60°	45°	30°	60°	45°	30°
	吊索的钢丝绳直径 (mm)											
10	15.5	11	11	13	13	15.5	11	11	11	11	11	11
20	22	15.5	11	17.5	19.5	22	13	13	15.5	11	11	11
30	26	19.5	13	19.5	22	26	15.5	15.5	19.5	11	11	13
40	30.5	22	15.5	24	26	30.5	17.5	19.5	22	13	13	15.5
50	35	24	17.5	26	28.5	35	19.5	19.5	24	13	15.5	17.5

续表 A.2

吊物重量(kN)	吊索钢丝绳与重物的水平夹角									
	90°	60°	45°	30°	60°	45°	30°	60°	45°	30°
	吊索的钢丝绳直径(mm)									
60	37	26	19.5	28.5	30.5	37	19.5	22	26	15.5	15.5	19.5
70	43.5	28.5	19.5	30.5	35	43.5	22	24	28.5	15.5	17.5	19.5
80	43.5	30.5	22	32.5	37	43.5	24	26	30.5	17.5	17.5	22
90	47.5	32.5	24	35	39	47.5	24	28.5	32.5	17.5	19.5	24
100	47.5	35	24	37	43.5	47.5	26	28.5	35	19.5	22	24
150	60.5	43.5	30.5	39	52	60.5	32.5	35	43.5	24	26	30.5
200	—	47.5	35	47.5	56.5	—	37	43.5	47.5	26	28.5	35

附录 B 横吊梁的计算

B.0.1 滑轮横吊梁（图 B.0.1）的轮轴直径、吊环直径和截面的大小应依起重量大小，按卡环的计算原则进行计算。

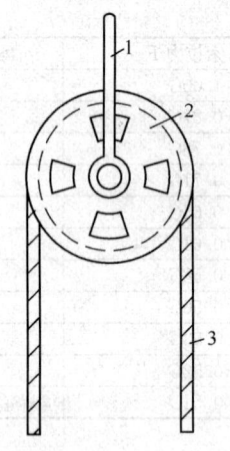

图 B.0.1 滑轮横吊梁
1—吊环；2—滑轮；3—吊索

B.0.2 钢板横吊梁（图 B.0.2）的计算应符合下列规定：

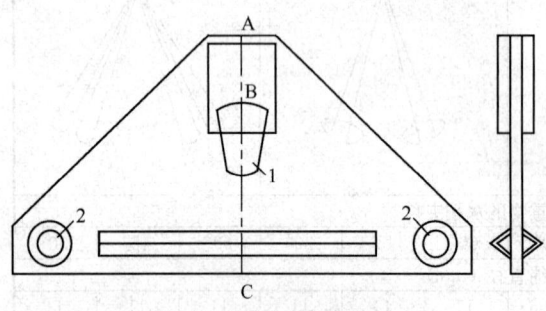

图 B.0.2 钢板横吊梁
1—挂钩孔；2—挂卡环孔

1 根据经验初步确定截面尺寸。

2 挂钩孔上边缘强度验算，计算荷载取构件自重设计值乘以1.5的动力系数，应按下式计算：

$$\sqrt{\sigma^2 + 3\tau^2} \leqslant [f] \quad (B.0.2-1)$$

式中：σ——AC 截面受拉边缘的正应力（N/mm²）；
τ——AC 截面的剪应力（N/mm²）；
$[f]$——钢材抗拉强度设计值，Q235 钢取 140N/mm²。

3 对挂钩孔壁、卡环孔壁局部承压验算应按下式计算：

$$\sigma_{ce} = \frac{KG}{b \Sigma \delta} \leqslant [f] \quad (B.0.2-2)$$

式中：σ_{ce}——孔壁计算承压应力（N/mm²）；
K——动力系数，取 1.5；
G——构件的自重设计值（kN）；
b——吊钩的计算厚度（mm）；
$\Sigma \delta$——孔壁钢板宽度的总和（mm）；
$[f]$——钢材抗拉强度设计值，Q235 钢取 194N/mm²。

B.0.3 钢管横吊梁的计算（图 B.0.3）应符合下列规定：

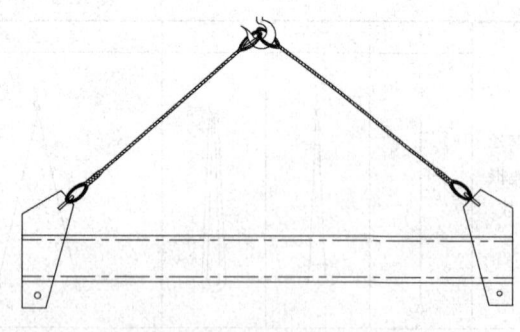

图 B.0.3 钢管横吊梁

1 计算钢管自重产生的轴力和弯矩，荷载应取构件自重设计值乘以1.5的动力系数。

2 应按 $[\lambda] = 120$ 初选钢管截面。

3 应按压弯构件进行稳定验算，Q235 钢取抗拉强度设计值 $[f] = 140$N/mm²。

附录C 滑轮的容许荷载和滑轮组省力系数

C.0.1 滑轮的容许荷载应符合表C.0.1的规定。

表C.0.1 滑轮容许荷载

滑轮直径(mm)	容许荷载(kN)							钢丝绳直径(mm)	
	单门	双门	三门	四门	五门	六门	七门	八门	适用	最大
70	5	10	—	—	—	—	—	—	5.7	7.7
85	10	20	30	—	—	—	—	—	7.7	11
115	20	30	50	80	—	—	—	—	11	14
135	30	50	80	100	—	—	—	—	12.5	15.5
165	50	80	100	160	200	—	—	—	15.5	18.5
185	—	100	160	200	—	320	—	—	17	20
210	80	—	200	—	320	—	—	—	20	23.5
245	100	160	—	320	—	500	—	—	23.5	25
280	—	200	—	—	500	—	800	—	26.5	28
320	160	—	500	—	800	—	1000	—	30.5	32.5
360	200	—	—	—	800	1000	—	1400	32.5	35

C.0.2 省力系数应符合表C.0.2的规定。

表C.0.2 省力系数（α）

工作绳索数	滑轮个数（定动滑轮之和）	导向滑轮数						
		0	1	2	3	4	5	6
1	0	1.000	1.040	1.082	1.125	1.170	1.217	1.265
2	1	0.507	0.527	0.549	0.571	0.594	0.617	0.642
3	2	0.346	0.360	0.375	0.390	0.405	0.421	0.438
4	3	0.265	0.276	0.287	0.298	0.310	0.323	0.335
5	4	0.215	0.225	0.234	0.243	0.253	0.263	0.274
6	5	0.187	0.191	0.199	0.207	0.215	0.224	0.330
7	6	0.160	0.165	0.173	0.180	0.187	0.195	0.203
8	7	0.143	0.149	0.155	0.161	0.167	0.174	0.181
9	8	0.129	0.134	0.140	0.145	0.151	0.157	0.163
10	9	0.119	0.124	0.129	0.134	0.139	0.145	0.151
11	10	0.110	0.114	0.119	0.124	0.129	0.134	0.139
12	11	0.102	0.106	0.111	0.115	0.119	0.124	0.129
13	12	0.096	0.099	0.104	0.108	0.112	0.117	0.121
14	13	0.091	0.094	0.098	0.102	0.106	0.111	0.115
15	14	0.087	0.090	0.083	0.091	0.100	0.102	0.108
16	15	0.084	0.086	0.090	0.093	0.095	0.100	0.104

附录D 地锚的构造参数及受力计算

D.1 立式地锚的构造参数

D.1.1 枕木单柱立式地锚的构造应符合下列规定：

1 枕木单柱立式地锚（图D.1.1）的构造参数应符合表D.1.1的规定；
2 枕木应采用标准枕木，其尺寸为160mm×220mm×2500mm；
3 上下挡木应以截面长边贴靠地龙柱；
4 地龙柱截面长边应与作用荷载方向一致；
5 作用荷载宜与地龙柱垂直。

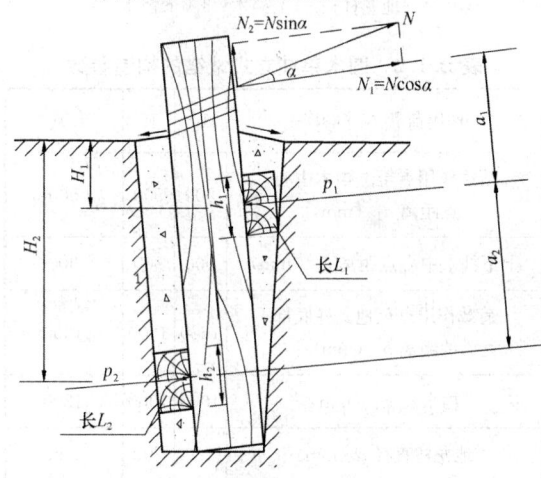

图D.1.1 枕木单柱立式地锚构造图

表D.1.1 枕木单柱立式地锚的构造参数

作用荷载N（kN）	30	50	100
地龙柱根数	2	2	6
上挡木根数	2	3	5
下挡木根数	1	1	2
挡木长L（mm）	1200	1400	1600
荷载作用点至上挡木中心点距离 a_1（mm）	500	500	600
上下挡木中心点距离 a_2（mm）	1200	1200	1200
土的承压力（N/mm²）	0.2	0.2	0.23

D.1.2 圆木单柱立式地锚的构造应符合下列规定：

1 圆木单柱立式地锚（图D.1.2）的构造参数应符合表D.1.2的规定；
2 上下挡木应等长；

3 挡木直径应与地龙柱直径相同。

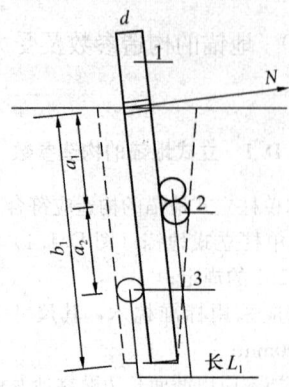

图 D.1.2 圆木单柱立式地锚构造图
1—地龙柱；2—上挡木；3—下挡木

表 D.1.2 圆木单柱立式地锚的构造参数

作用荷载 N（kN）	10	15	20
荷载作用点至上挡木中心点距离 a_1（mm）	500	500	500
上下挡木中心点距离 a_2（mm）	900	900	900
荷载作用点至地龙柱底部的距离 b_1（mm）	1600	1600	1600
挡木长 L_1（mm）	1000	1000	1200
地龙柱直径 d（mm）	180	200	220
土的承压力（N/mm²）	0.25	0.25	0.25

D.1.3 圆木双柱立式地锚的构造应符合下列规定：
1 圆木双柱立式地锚（图 D.1.3）的构造参数应符合表 D.1.3 的规定；
2 挡木直径应与地龙柱直径相同。

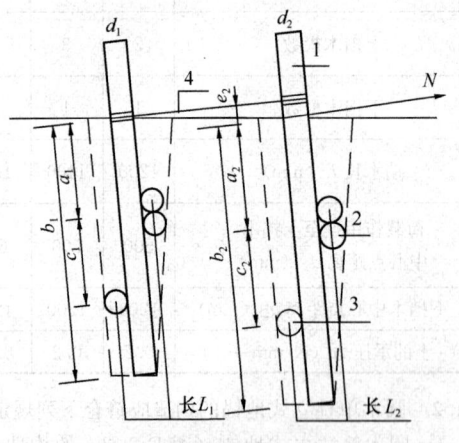

图 D.1.3 圆木双柱立式地锚构造图
1—地龙柱；2—上挡木；3—下挡木；4—绳索

表 D.1.3 圆木双柱立式地锚的构造参数

作用荷载 N (kN)	土层承压力 (N/mm²)	a_1	b_1	c_1	挡木长 L_1	地龙柱直径 d_1	a_2	b_2	c_2	e_2	挡木长 L_2	地龙柱直径 d_2
						(mm)						
30	0.25	500	1600	900	1000	180	500	1500	900	900	1000	220
40	0.25	500	1600	900	1000	200	500	1500	900	900	1000	250
50	0.25	500	1600	900	1200	220	500	1500	900	900	1000	260

D.1.4 圆木三柱立式地锚的构造应符合下列规定：
1 圆木三柱立式地锚（图 D.1.4）的构造参数应符合表 D.1.4 的规定；

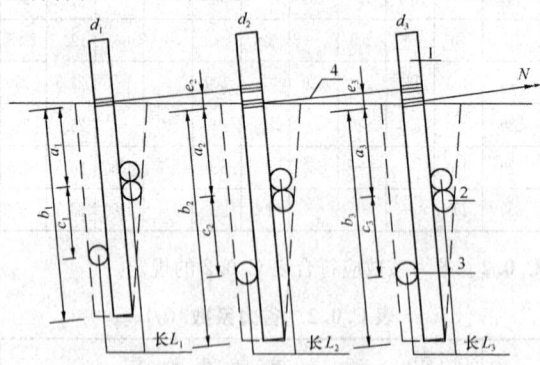

图 D.1.4 圆木三柱立式地锚构造图
1—地龙柱；2—上挡木；3—下挡木；4—绳索

2 挡木直径应与地龙柱直径相同。

表 D.1.4 圆木三柱立式地锚的构造参数

作用荷载 N (kN)	土层承压力 (N/mm²)	a_1	b_1	c_1	挡木长 L_1	地龙柱直径 d_1	a_2	b_2	c_2	e_2	挡木长 L_2	地龙柱直径 d_2	a_3	b_3	c_3	e_3	挡木长 L_3	地龙柱直径 d_3
								(mm)										
60	0.25	500	1600	900	1000	180	500	1500	900	900	1000	220	500	1500	900	900	1200	280
80	0.25	500	1600	900	1000	180	500	1500	900	900	1000	250	500	1500	900	900	1400	300
100	0.25	500	1600	900	1200	200	500	1500	900	900	1250		500	1500	900	900	1600	330

D.2 立式地锚的计算

D.2.1 地锚的抗拔应按下列公式计算：

$$KN_2 \leqslant \mu(P_1 + P_2) \quad (D.2.1-1)$$

$$P_1 = \frac{N_1(a_1 + a_2)}{a_2} \quad (D.2.1-2)$$

$$P_2 = \frac{N_1 a_1}{a_2} \quad (D.2.1-3)$$

式中：P_1 ——上挡木处的水平反力（kN）；
P_2 ——下挡木处的水平反力（kN）；
μ ——地龙柱与挡木间的摩擦系数，取 0.4；
K ——地锚抗拔安全系数，取 $K \geq 2$；
N_2 ——地锚荷载 N 沿地锚轴向的分力（kN）；
N_1 ——地锚荷载 N 垂直地锚轴向的分力（kN）；
a_1 —— N_1 至 P_1 的轴向距离（mm）；
a_2 —— P_1 至 P_2 的轴向距离（mm）。

D.2.2 N_1 对土体产生的压力应按下式计算：

$$\frac{P_1}{h_1 L_1} \leq \eta f_{H1} \quad (D.2.2-1)$$

$$\frac{P_2}{h_2 L_2} \leq \eta f_{H2} \quad (D.2.2-2)$$

$$f_H = \left[\tan^2\left(45° + \frac{\psi}{2}\right) + \tan^2\left(45° - \frac{\psi}{2}\right)\right]\gamma H \quad (D.2.2-3)$$

式中：f_{H1}、f_{H2} ——深度 H_1、H_2 处土的承载力设计值；
γ ——土的重力密度（kN/m³）；
ψ ——土的内摩擦角，可采用 45°计算；
η ——土的承载力降低系数，取 0.25～0.7；
h_1、h_2 ——为上、下挡木宽度（mm）；
L_1、L_2 ——为上、下挡木长度（mm）。

D.2.3 地锚强度应按下式计算：

$$\frac{N_2}{A_1} \pm \frac{N_1 a_1}{W_1} \leq f_t \quad (D.2.3)$$

式中：A_1 ——地龙柱在 P_1 作用点处的横截面面积（mm²）；
W_1 ——地龙柱在 P_1 作用点处的截面抵抗矩（mm³）；
f_t ——木材抗拉、抗弯强度设计值（N/mm²）。

D.3 桩式地锚的构造参数

D.3.1 单柱桩式地锚的构造参数应符合下列规定：
1 单柱桩式地锚（图 D.3.1）的构造参数应符合表 D.3.1 的规定；

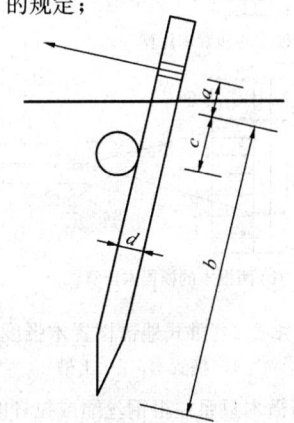

图 D.3.1 单柱桩式地锚构造图

2 挡木直径应与桩直径相同，挡木长不应小于 1m。

表 D.3.1 单柱桩式地锚的构造参数

作用荷载（kN）	10	15	20	30
荷载作用点至地面受力点的轴向距离 a（mm）	300	300	300	300
地面受力点至桩尖的距离 b（mm）	1500	1200	1200	1200
地面受力点至挡木中心点的距离 c（mm）	400	400	400	400
桩直径 d（mm）	180	200	220	260
土层承压力（N/mm²）	0.15	0.2	0.23	0.31

D.3.2 双柱桩式地锚的构造应符合下列规定：
1 双柱桩式地锚（图 D.3.2）的构造参数应符合表 D.3.2 的规定；

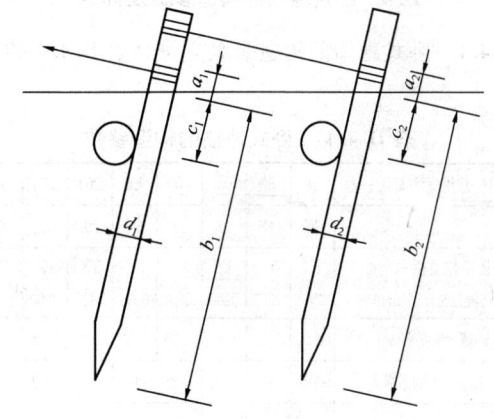

图 D.3.2 双柱桩式地锚构造图

2 挡木直径与桩直径相同，挡木长不应小于 1m。

表 D.3.2 双柱桩式地锚的构造参数

作用荷载（kN）	土层承压力（N/mm²）	a_1	b_1	c_1	桩径 d_1	a_2	b_2	c_2	桩径 d_2
		(mm)							
30	0.15	300	1200	900	220	300	1200	400	200
40	0.2	300	1200	900	250	300	1200	400	220
50	0.28	300	1200	900	260	300	1200	400	240

D.3.3 三柱桩式地锚的构造应符合下列规定：
1 三柱桩式地锚（图 D.3.3）的构造参数应符合表 D.3.3 的规定；

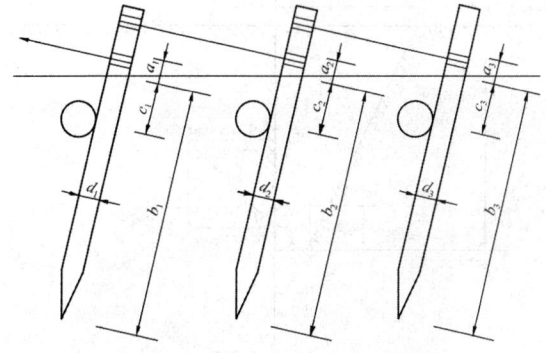

图 D.3.3 三柱桩式地锚构造图

2 挡木直径与桩直径相同，挡木长不应小于1m。

表 D.3.3 三柱桩式地锚的构造参数

作用荷载(kN)	土层承压力(N/mm²)	a_1	b_1	c_1	桩径d_1	a_2	b_2	c_2	桩径d_2	a_3	b_3	c_3	桩径d_3
		(mm)											
60	0.15	300	1200	900	280	300	1200	900	220	300	1200	400	200
80	0.2	300	1200	900	300	300	1200	900	250	300	1200	400	220
100	0.28	300	1200	900	330	300	1200	900	260	300	1200	400	240

D.3.4 桩式地锚的计算可参照立式地锚的计算。

D.4 卧式地锚的构造参数及计算

D.4.1 卧式地锚的构造参数应符合表 D.4.1 的规定。

表 D.4.1 卧式地锚的构造参数

作用荷载(kN)	28	50	76	100	150	200	300	400
α 角	30°	30°	30°	30°	30°	30°	30°	30°
横置木(直径240mm)根数×长度(mm)	1×2500	3×2500	3×3200	3×3200	3×3500	3×3500	4×4000	4×4000
埋设深度 H(m)	1.70	1.70	1.80	2.20	2.50	2.75	2.75	3.50
横置木上的系绳点	一点	一点	一点	一点	两点	两点	两点	两点
挡板(直径200mm)根数×长度(mm)	—	—	—	—	4×2700	4×2700	5×4000	5×4000
挡板立柱根数×长度(mm)×直径(mm)	—	—	—	—	2×1200 ϕ200	2×1200 ϕ200	3×1500 ϕ220	3×1500 ϕ220
压板(密排直径100mm圆木)长(mm)×宽(mm)	—	—	800×3200	800×3200	1400×2700	1400×3500	1500×4000	1500×4000

注：本表计算依据：夯填土重力密度为16kN/m³，土的内摩擦角为45°，木材的强度设计值为11N/mm²。

D.4.2 卧式地锚的计算应符合下列规定：

1 竖向分力作用下抗拔（图 D.4.2-1）应按下列公式计算：

$$KN_2 \leqslant G + T \quad \text{(D.4.2-1)}$$

$$G = \frac{b+b_1}{2} hL\gamma \times 0.9 \quad \text{(D.4.2-2)}$$

$$T = \mu N_1 \quad \text{(D.4.2-3)}$$

式中：K——安全系数，一般取 $K \geqslant 3$；
N_2——地锚荷载 N 的垂直分力（kN）；
G——土体重力标准值（kN）；
L——横置木料长度（mm）；
γ——回填土石的重力密度（kN/m³）；
b——地坑上底尺寸（mm）；
b_1——地坑下底尺寸（mm）；
h——横木埋置深度（mm）；
T——摩擦阻力（kN）；
μ——摩擦系数，无木壁取 0.5，有木壁取 0.4；
N_1——地锚荷载 N 的水平分力（kN）。

2 水平分力作用下的土体承载力（图 D.4.2-1）应符合下列规定：

1）在无木壁时的土体承载力按下式计算：

$$\frac{N_1}{h_1 L} \leqslant \eta f_h \quad \text{(D.4.2-4)}$$

式中：f_h——深度 h 处土的承载力设计值（N/mm²）；
η——土的容许承载力降低系数，取 0.5～0.7；
h_1——横置木高度（mm）。

2）在有木壁时的土体承载力应按下式计算：

$$\frac{N_1}{(h_1 + h')L} \leqslant \eta f_h \quad \text{(D.4.2-5)}$$

式中：h'——横置木顶至木壁顶的距离（mm）。

3 横置木的强度计算应符合下列规定（图 D.4.2-2）：

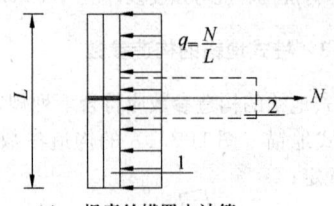

(a) 一根索的横置木计算

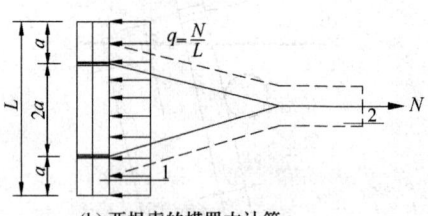

(b) 两根索的横置木计算

图 D.4.2-2 卧式地锚横置木强度计算
1—横置木；2—土槽

1）当横木只系一根钢丝绳或拉杆时：
若为圆形截面，应按单向受弯构件计算；

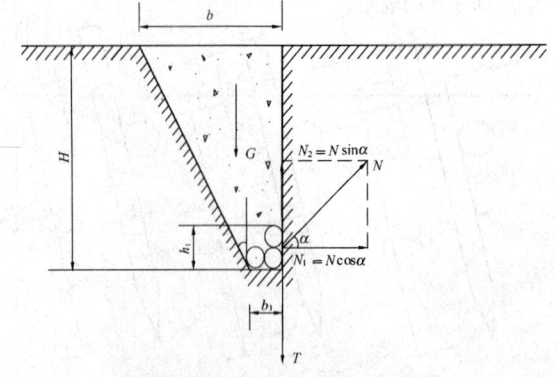

图 D.4.2-1 卧式地锚计算简图

$$\frac{M}{W} \leqslant f_m \quad (D.4.2\text{-}6)$$

$$M = NL/8 \quad (D.4.2\text{-}7)$$

式中：f_m——木材抗弯强度设计值（N/mm²）；
　　　M——横木地锚荷载 N 引起的最大弯矩（N·m）；
　　　W——中部圆形截面的抵抗矩（mm³）。

若为矩形截面，应按双向受弯构件计算：

$$\frac{M_X}{W_X} \pm \frac{M_Y}{W_Y} \leqslant f_m \quad (D.4.2\text{-}8)$$

$$M_X = \frac{N_1 L}{8} \quad (D.4.2\text{-}9)$$

$$M_Y = \frac{N_2 L}{8} \quad (D.4.2\text{-}10)$$

式中：M_X、M_Y——横木水平和垂直分力 N_1 与 N_2 的弯矩（N·m）；
　　　W_X、W_Y——横木水平和垂直方向横截面抵抗矩（mm³）。

2) 当横木系两根钢丝绳或拉杆时：

若为圆形截面，应按偏心单向受压构件计算：

$$\frac{N_0}{A} \pm \frac{Mf_c}{Wf_m} \leqslant f_c \quad (D.4.2\text{-}11)$$

$$M = \frac{Na^2}{2L} \quad (D.4.2\text{-}12)$$

$$N_0 = \frac{N}{2}\tan\beta \quad (D.4.2\text{-}13)$$

式中：N_0——横木的轴向压力（kN）；
　　　f_c——木材抗压强度设计值（N/mm²）；
　　　β——二绳索夹角的一半；
　　　A——小头绑扎点处的圆截面的截面面积（mm²）；
　　　M——横木地锚荷载 N 在绑扎点处引起的弯矩（N·m）；
　　　W——小头绑扎点处的圆截面的截面抵抗矩（mm³）；
　　　a——横木端部到绳索或拉杆绑扎处的距离（mm）。

若为矩形截面，应按偏心双向受压构件计算：

$$\frac{N_0}{A} \pm \frac{M_X f_c}{W_X f_m} \pm \frac{M_Y f_c}{W_Y f_m} \leqslant f_c \quad (D.4.2\text{-}14)$$

$$M_X = \frac{N_1 a^2}{2L} \quad (D.4.2\text{-}15)$$

$$M_Y = \frac{N_2 a^2}{2L} \quad (D.4.2\text{-}16)$$

式中：A——矩形截面横截面面积（mm²）；
　　　M_X、M_Y——横木地锚荷载 N 的水平和垂直分力 N_1 与 N_2 在绑扎点处所引起的弯矩（N·m）。

本规范用词说明

1 为便于在执行本规范条文时区别对待，对于要求严格程度不同的用词说明如下：
　1) 表示很严格，非这样做不可的：
　　　正面词采用"必须"；反面词采用"严禁"。
　2) 表示严格，在正常情况下均应这样做的：
　　　正面词采用"应"；反面词采用"不应"或"不得"。
　3) 表示允许稍有选择，在条件许可时首先应这样做的：
　　　正面词采用"宜"；反面词采用"不宜"。
　4) 表示有选择，在一定条件下可以这样做的，采用"可"。

2 条文中指明应按其他有关标准执行的写法为："应按……执行"或"应符合……的规定"。

引用标准名录

1 《塔式起重机安全规程》GB 5144
2 《起重机 钢丝绳保养、维护、安装、检验和报废》GB/T 5972
3 《钢丝绳用普通套环》GB/T 5974.1
4 《钢丝绳用重型套环》GB/T 5974.2
5 《绳索 有关物理和机械性能的测定》GB/T 8834
6 《重要用途钢丝绳》GB 8918
7 《聚酯复丝绳索》GB/T 11787
8 《钢丝绳吊索 插编索扣》GB/T 16271
9 《一般用途钢丝绳吊索特性和技术条件》GB/T 16762
10 《一般用途钢丝绳》GB/T 20118
11 《纤维绳索 通用要求》GB/T 21328
12 《建筑机械使用安全技术规程》JGJ 33
13 《施工现场临时用电安全技术规范》JGJ 46
14 《建筑施工高处作业安全技术规范》JGJ 80
15 《建筑施工塔式起重机安装、使用、拆卸安全技术规程》JGJ 196

中华人民共和国行业标准

建筑施工起重吊装工程安全技术规范

JGJ 276—2012

条 文 说 明

制 订 说 明

《建筑施工起重吊装工程安全技术规范》JGJ 276-2012，经住房和城乡建设部 2012 年 1 月 11 日以第 1242 号公告批准、发布。

本规范制订过程中，编制组进行了广泛的调查研究，总结了我国房屋建筑领域的起重吊装工程实践经验，同时参考了国外先进技术法规、技术标准。为便于广大设计、施工、科研、学校等单位有关人员在使用本规范时能正确理解和执行条文规定，《建筑施工起重吊装工程安全技术规范》编制组按章、节、条顺序编制了本规范的条文说明。但是，本条文说明不具备与规范正文同等的法律效力，仅供使用者作为理解和把握规范规定的参考。

目 次

1 总则 ················· 10—14—25
2 术语和符号 ············ 10—14—25
3 基本规定 ·············· 10—14—25
4 起重机械和索具设备 ····· 10—14—26
   4.1 起重机械 ·········· 10—14—26
   4.2 绳索 ·············· 10—14—28
   4.3 吊索 ·············· 10—14—28
   4.4 起重吊装设备 ······ 10—14—29
   4.5 地锚 ·············· 10—14—30
5 混凝土结构吊装 ········ 10—14—31
   5.1 一般规定 ·········· 10—14—31
   5.2 单层工业厂房结构吊装 ·· 10—14—32
   5.3 多层框架结构吊装 ·· 10—14—33
   5.4 墙板结构吊装 ······ 10—14—34
6 钢结构吊装 ············ 10—14—34
   6.1 一般规定 ·········· 10—14—34
   6.2 钢结构厂房吊装 ···· 10—14—35
   6.3 高层钢结构吊装 ···· 10—14—35
   6.4 轻型钢结构和门式刚架吊装 ·· 10—14—36
7 网架吊装 ·············· 10—14—36
   7.1 一般规定 ·········· 10—14—36
   7.2 高空散装法安装 ···· 10—14—37
   7.3 分条、分块安装 ···· 10—14—37
   7.4 高空滑移法安装 ···· 10—14—37
   7.5 整体吊装法 ········ 10—14—38
   7.6 整体提升、顶升法安装 ·· 10—14—38

1 总 则

1.0.1 我国党和政府历来重视安全生产和劳动保护工作，明确指出要认真搞好安全生产并保障职工身体健康，以安全生产、劳动保护为指导方针。多年来的实践中，我国在安全生产、劳动保护方面的方针概括起来有以下三个方面：

1 安全与生产统一的方针。1949～1983年是"生产必须安全，安全为了生产"，不能把生产与安全割裂开来，要把安全生产理解为辩证统一的关系。

2 "预防为主"的方针。1984～2004年提出了"安全第一，预防为主"的方针，"预防为主"就是要在生产施工过程中，积极采取各种预防措施，把伤亡事故、职业病消灭在萌芽状态之中，做到防患于未然，并杜绝各种伤亡事故的发生。这就是开展安全生产工作的立足点。

3 2004年以后，根据国家经济的发展状况，在原方针的基础上又提出了"安全第一，预防为主，综合治理"，也就是在发展生产的基础上，有计划地改善职工劳动条件，逐步实现变有害为无害，为职工创造一个安全、卫生的劳动条件。

1.0.3 本规范所列的各类结构吊装，除应遵守本规范中的规定外，还应遵守相关规范的专门规定。

未列入本规范专门章节的结构构件吊装，亦可参照已列的各类构件的吊装规定执行。

2 术语和符号

本章内容在条文中已经明确，此处不再重述。

3 基本规定

3.0.1 通过调查，有一些工程在吊装作业进行前，并没有专项作业方案，仅凭经验进行施工，造成监督检查无据可依，也无法发现存在的安全隐患，甚至导致了安全事故的发生，给了我们血的教训。因此，在吊装作业前编制好吊装作业方案，使吊装作业从准备至吊装完毕的全过程都能做到有据可依、有章可循，不能仅凭经验施工；通过对方案的审查把关，能发现存在的安全隐患，及时予以纠正；在作业前要向全体作业人员进行全面交底，使每个人都知道自己的岗位、职责和应遵守的各项安全措施规定，未经技术负责人许可，不能自行更改，这样才能保证吊装作业的安全，所以，将本条列为强制性条文。

3.0.2 安全教育是提高职工安全生产知识的重要方法。当前建筑队伍中很多为新人，安全知识比较缺乏。因此，根据实际情况，除有针对性地组织职工学习一般的安全知识外，还应按特殊工种（起重工）统一进行专业的安全教育和技术训练（特殊工种专门教育），并统一组织考试。合格者发证，并准许上岗操作，杜绝无证上岗的违章操作现象发生。

3.0.3 要安全顺利地进行吊装，就需要有符合要求和规定的索具设备，不符合要求和规定的严禁使用。

3.0.4 安全带一般应高挂低用，即将安全带的绳端钩环挂在高的地方，而人在较低处工作。这样，万一发生坠落时，操作人员不仅不会摔到地面，而且还可避免由于重力加速度产生的冲击力对人体的伤害。

3.0.5 设置吊装禁区，禁止与吊装作业无关人员入内，是防止高处物体落下伤人。起重设备通行的道路上遇有坑穴和松软土时，应清理填实和作换土处理。对松软土也可加石重夯。总之，必须保证处理后的路基平整坚实，道路坡度平缓，以避免翻车发生重大事故，并且道路还应经常维修。

3.0.6 登高用的梯子、吊篮必须牢固。使用时，上端必须用绳索与已固定的构件绑牢，而且攀登或工作时，应注意检查绳子是否脱开，或被电焊、气割等飞溅的火焰烧断。如发现有这些现象，应及时更换绳子绑牢。在吊篮和工作台上工作思想要集中，防止踏上探头板而从高空坠落。吊移操作平台时，在平台上站人、放物后随时有可能滑下，从高处坠落伤人。

3.0.7 吊索、卡环、绳扣强调计算的目的，一是防止事故，二是建立起科学的态度。同时在选用卡环时，一般宜选用自动或半自动的卡环作为脱钩装置。在起吊作业中，钢丝绳是对安全起决定性作用的一环。因此，必须坚持在每班作业前，按本条要求一丝不苟地进行严格检查，不符合要求者应及时更换。

3.0.8 溜绳可控制屋架、梁、柱等起升时的摆动，构件摆动的角度越大，起重机相应增加的负荷也越大，所以应尽量控制构件的摆动，以避免超负荷起吊。拉好溜绳，是控制构件摆动的有效措施，同时也便于构件的就位和找正。

3.0.10 钢筋混凝土结构构件安装工程所使用的电焊条、钢楔（或木楔、垫铁、垫木等材料），要求必须按设计规定的规格和材质采用，同时还应符合国家相应的有关技术标准的规定，其目的是为了禁止采用不符合要求的材料，以避免发生重大事故。

3.0.11 起吊是结构吊装作业中的关键工艺，起吊的方法又决定于起重机械的性能、结构物的特点，所以在吊装大、重构件和采用新的吊装工艺时，更应特别重视，必须先进行试吊、否则，后果会很严重。

3.0.12 遇本条规定的恶劣天气时，为保证安全，应停止吊装作业。另外，在雨期或冬期里，构件上常因潮湿或积有冰雪而容易使操作人员滑倒。因此，必须采取措施防滑。

3.0.13 严禁斜拉或斜吊是因为将捆绑重物的吊索挂上吊钩后，吊钩滑车组不与地面垂直，就会造成超负荷及钢丝绳出槽，甚至造成拉断绳索和翻车事故；同时斜吊会使构件离开地面后发生快速摆动，可能会砸伤人或碰坏其他物体，被吊构件也可能会损坏。禁止起吊地下埋设件或粘结在地面上的构件，也是因为会产生超载或造成翻车事故。

3.0.14 施工用电大部分是 380V 以上的工业用电。有些高压电，其电压高达几千伏，甚至几万伏以上。如果在这种高压电附近工作，必须离开它一定的距离。即在线路下工作时要保持一定的垂直距离，在线路近旁工作时要保持一定的水平距离，以确保安全。

3.0.15 当柱子、屋架的重量较大，一台起重机吊不动时，则采用两台起重机抬吊，即双机抬吊法。选择同类型起重机是为了保证吊升速度快慢一致，同时起吊的速度应尽量平稳缓慢，为做到上述要求，必须对两机统一指挥，使两机互相配合，动作协调。若两吊点间高差过大，则此时两机的实际荷载与理想的载荷分配不同，尤其是采用递送法吊装时，如副机只起递送作用，此时应考虑主机满载。根据两台起重机的类型和吊装构件的特点，应选择好绑扎位置和方法，并对两台起重机进行合理的载荷分配。

3.0.16 起重机在行走、回转、俯仰吊臂、起落吊钩等动作前，司机鸣声示意是为了提醒大家注意，共同协同工作，防止发生其他意外事故，同时一次只进行一个动作。这一方面是为了防止发生事故，另一方面是为了在动作前使操作人员有思想准备。

3.0.17 绑扎完毕，对构件应缓慢起吊，当提升离地一段距离后，应暂停提升，经检查构件、绑扎点、吊钩、吊索、起重机稳定、制动装置的可靠性等，确认无误后再继续提升。对已吊升的构件，应一次吊装就位，不得长久在半空中停留，若因某种原因不能就位，则应重新落地固定。超载吊装不仅会加速机械零件的磨损，缩短机械使用年限，而且也容易造成起重机发生恶性事故。因此，严禁超载吊装。对重量不明的重大构件和设备不能冒险吊装，防止出现意外事故。

3.0.18 在吊起的构件上站立和行走，由于不能拴安全带是很危险的。起重机不能吊运人员，一方面是因没有装人的设备，另一方面是因晃动和摆动太大，同时也无限位装置，容易发生意外。不准悬挂零星物件，是为了防止高处坠落伤人。限制人员的活动范围，是防止起重机失灵和旋转时人受到撞击等。忽快、忽慢和突然制动都会让起重机产生严重摆动和冲击荷载，很易使起重机失稳，所以动作要平稳。当回转未停稳前马上就作反向动作，容易损伤臂杆和机器部件。

3.0.19 随着工程项目的大型化、复杂化，很多吊装作业的工期都相对比较长，不是当天或当班就能完成，这样就会出现吊装作业的暂停。当因天气、停电、下班等原因，作业出现暂停时，吊装作业未全部完成，安装的建筑结构尚未形成空间稳定体系，如不采取临时固定措施保证空间体系的稳定，很容易发生坍塌等严重的安全事故，所以，将本条列为强制性条文。

3.0.20 高处操作人员使用的工具、垫铁、焊条、螺栓等应放入随身佩带的工具袋内，不可随便向下或向上抛掷。

3.0.21 当吊装过程中有焊接作业时，火花下落，特别是切割时铁水下落很容易伤人，周围有易燃物时也容易引起火灾。因此，在作业部位下面周围 10m 范围内不得有人，并要有严格的防火措施。

3.0.22 因用已安装好的结构构件作受力点来进行搬运和吊装，以及堆放建筑材料、施工设备时，均应经过严格地科学计算才能决定，不得超过设计允许荷载，确保结构构件不会被压坏。凿洞开孔会对结构的受力性能造成损害。

3.0.23 在很多建筑结构中，有些构件在安装就位后，自身并不能保证在空间的稳定，需要依靠临时固定措施来保证其稳定。即便是永久固定后，也只有在安装的构件或屋面系统能够保证自身稳定或整体稳定时，才能解除临时固定措施，否则容易造成构件失稳倾覆或空间体系的坍塌，导致发生严重的安全事故，所以，将本条列为强制性条文。

3.0.24 指挥信号必须准确，以免发生事故。所以，信号不明不得启动，需要语言沟通时，可用对讲机等通信工具进行，确保互相之间的语言能听清楚。

4 起重机械和索具设备

4.1 起重机械

4.1.1 内燃机的检查和启动应按要求进行，还应符合国家现行规范的有关规定。

4.1.2 在雨雪天作业，制动器受雨水或冰雪影响，容易失灵。因此，为防万一，作业前应先进行试吊，确认无问题后才能进行作业。

4.1.3 起重机的选择是起重吊装的重要问题，因为它关系到构件的吊装方法、起重机械的开行路线与停机位置、构件的平面布置等许多问题，应认真对待，满足要求。

4.1.4 自行式起重机的优点是灵活性大，移动方便，起重机本身是安装好的一个整体，一到现场，就可投入使用。但这类起重机的缺点是稳定性较差。

1 起重机工作、行驶或停放时，应与沟渠、基坑保持最低的安全距离，不得停放于斜坡上，是为防止发生翻车事故。

2 起重机的四个支腿是保证起重机稳定性的关

键。

3 启动前将主离合器分离,并将各操纵杆放在空挡位置。启动后应检查各仪表指示值,待运转正常后合上主离合器进行空运转,并以低速运转 3min~5min,然后再逐渐增高转速。在低速运转时,机油压力、排气管排烟应正常,各系统管路应无泄漏现象,当温度和机油压力正常后,方可载荷作业。

4 起重机作业时的臂杆仰角,一般不超过 78°,臂杆的仰角过大,易造成起重机后倾或发生将构件拉斜的现象。

5 起重机吊重物时,不能猛起猛落吊杆或起重臂。因猛起吊杆或起重臂,容易造成所吊重物严重摆动,撞击吊杆,甚至使吊杆折断。若猛落吊杆,则在重力加速度的作用下,使冲击力加大,对起重机的底座有很大的冲击,也很易发生事故。如果中途突然刹车,起重机在重力加速度的作用下失去稳定,会造成臂杆折断。因此吊重物下降时,应用动力下降才能保证起重机的安全作业。这时,若变换挡位或同时进行两种动作,很易使各个部位和零配件损坏,使操纵失灵而发生事故。

6 起重机的稳定性,随起吊方向的不同而不同,起重能力也随之不同。在稳定性较好的方向起吊的额定荷载,当转到稳定性较差的方向上就会出现超载,有倾翻的可能。有的起重机对各个不同起吊方向的起重量,作了特殊的规定。因此,要认真按照起重机说明书的规定执行。另外,在满负荷时,下落吊杆就会造成严重超载,易使吊杆折断。这里还要强调一点,旋转不要过快,因吊重物回转时将会产生离心力,荷载将有飞出的趋势,并使幅度增加,起重能力下降,稳定性降低,倾覆的危险增大。

7 吊重超越驾驶室上的,万一起重机失灵,容易砸坏机身的前半部,造成车毁人亡的恶性事故。

8 当臂杆由几节采用液压伸缩时,应按规定伸缩,按顺序进行。当限制器发出警报时,应立即停止伸臂。伸缩式臂杆伸出后,当前节臂杆大于后节伸出的长度时,臂杆受力就不合理。因此,应在消除这种不正常的情况后,方可作业。作业中臂杆不应小于规定的仰角,亦是为保证臂杆和车身的安全。同时在伸臂伸出时,应相应下降吊钩并保持动、定滑轮间的安全距离,避免将起重钢丝绳崩断或损坏其他机件。

9 此款要求是避免产生刹车不灵,或制动带断裂刹车失灵而发生严重事故。

10 根据调查分析,起重机的事故绝大多数都是由于超载、违章作业及安装不当引起的。因设计及制作质量低劣引起的事故仅占很小的比例。为此,国家规定起重机械必须设有安全保护装置,否则,不得出厂和使用。同时安全保护装置要完整、齐备和灵活,不准随意调整和拆除,也不准用限位器代替各操纵机构。

11 本款规定之所以要求这样做,是为了保证起重机自身停止作业时的稳定和安全,同时也是防止下班后伤及他人。

4.1.6 拔杆式起重机一般是在独脚拔杆的基础上改装的,可用圆木、钢管或用格构式桅杆制造。它是在独脚拔杆的下端装上一根可以起伏和旋转的吊杆,拔杆的顶部与吊杆的头部之间由滑轮组钢丝绳的绕出绳穿过拔杆脚的导向轮引向卷扬机,开动卷扬机可以使吊杆上下变幅,也可以使拔杆回转。

拔杆式起重机是由拔杆、吊杆、起重滑轮组、卷扬机、缆风绳和地锚等几部分组成。木拔杆式起重机的起重量和起重高度较小;钢拔杆式起重机的起重量较大。一般的格构式起重机都制作成许多节,以便运输和按高度组装,它的起重量可达 200 多吨。木拔杆可由两根或三根圆木组合起来,捆在一起来加大截面面积。也可在拔杆的中部绑上钢管或型钢加固,以提高拔杆的强度和稳定性,增加承载力。捆绑拔杆时,可用钢丝绳或 8 号钢丝绑扎,空隙处用木楔塞紧。以上各种材质的拔杆式起重机均应经过设计计算,并在工地制作安装好后,通过了试验鉴定才可使用。

拔杆底座的作用,是把拔杆所承受的全部荷载传给地基。大型拔杆的支座为便于移动,在底座下设置滚筒,并用方木铺垫滑道道。底座下的地基必须平整坚实,以防在吊装中沉陷。

4.1.7 拔杆式起重机在吊装时将滚筒取掉,或用木楔垫实,并用 8 字吊索将拔杆锁住。

拔杆式起重机的缆风绳,是根据起重量、起重高度等因素来决定的,一般不少于 6 根,应按工作状态算出每根缆风绳的拉力,对于全回转的吊杆,每根缆风绳都有可能成为主要受力绳。因此,在选用钢丝绳和设置地锚时,要按最大拉力来选择和计算。

拔杆式起重机竖好后,使用前要试吊,将重物吊离地面 200mm,检查各部位和吊物的情况,经检查确认无问题后再起吊。

吊物要垂直,避免增加拔杆和缆风绳的受力。提升和下降要平稳,避免产生较大的冲击力,使拔杆和缆风绳超过其容许负荷而出事故。

吊装过程中拔杆式起重机的地锚十分重要,地锚要经过计算,埋设后还须经过试拉。使用前要经过详细检查才能正式使用。使用时要指定专人负责看守,如发现变形,要立即采取措施。在收紧、松动缆风绳时,必须小心谨慎,并用卷扬机或装有制动器的绞磨来控制,以保证吊装过程中的安全。

如突遇停电,要立即切断电源,并将吊物立即用制动刹车降至地面,以便保证构件和作业人员的安全。

移动时,在后缆风绳慢慢放松的同时,要收紧前缆风绳,使拔杆向移动方向前倾不超过 10°,移动时一定要保证拔杆不能后倾。

4.2 绳　索

4.2.1 白棕绳是由植物纤维搓成线，线绕成股，再将股拧成绳，全由机器加工，一般有三股、四股、九股三种。另外有浸油和不浸油之分。

1 浸油白棕绳不易腐烂，但质料变硬，不易弯曲，强度也比不浸油的绳低10%～20%，所以在吊装中一般都用不浸油的白棕绳。但未浸油的白棕绳受潮后容易腐烂，因而使用年限较短。白棕绳的破断拉力只有同直径钢丝绳的10%左右，且易磨损或受潮腐烂，新绳和旧绳强度相差甚大，就是新绳强度也互有出入。因此，必须严格按出厂说明规定的破断拉力使用。

2 如必须用来作重要吊装作业时，可预先作超载25%的静载试验，以及超载10%的动载试验，试验合格后方能使用。

3 和白棕绳配用的滑轮直径，要大于其直径的10倍，以免因受到较大的弯曲而降低强度。有结的白棕绳不应通过滑轮等狭窄的地方，以免绳子受到额外压力而降低强度。同时要定期改换穿绕方向，使绳的磨损均匀。

4 成卷白棕绳在拉开使用时，应先把绳卷平放在地上，将有绳头一面放在底下，从卷内拉出绳头。如从卷外拉出绳头，绳子就容易扭结。若需切断使用时，切断前应将切断口两侧扎紧，以防止切断后绳子松散。

5 使用中发生扭结应及时抖直的原因，是防止绳子受拉时折断。局部损伤应切去损伤部分，是为防止作业中受力容易拉断而发生事故。

6 绳子打结后，使用中强度要降低50%以上，故应尽量用编接法接长。

7 为的是避免物件的尖锐边缘割伤绳索。

8 在地面上或有棱角的物件上拖拉绳子，易使绳子被磨坏或因砂、石屑嵌入绳子内部，使其磨伤。

9 编接绳套时，应将绳端按绳股拆开约15倍绳直径的长度，按需要编接的绳套大小，将拆开的各股分别编入绳内即可。绳头编接，则是将两绳头各股松开30倍于原绳直径长度，然后将两个绳头各股交叉在一起，并互相顶紧将各绳股依次穿入不同的缝隙中拉紧。

10 白棕绳使用时，应按正文中容许拉力的规定使用。在工地上需要临时估算绳的破断拉力时，可采用下述经验公式：

$$F_z = d^2 K_1$$

式中：F_z——白棕绳的破断拉力（kN）；
　　　d——白棕绳的直径；
　　　K_1——白棕绳的破断强度系数，见表1。

表 1　白棕绳的破断强度系数

白棕绳直径（mm）	K_1（kN/mm²）
10 以下	0.046
10～20	0.038
21～30	0.031
31～50	0.023
51～60	0.019

注：使用浸油白棕绳 K_1 值降低15%；使用旧白棕绳降低30%；使用受潮白棕绳降低40%。

11 白棕绳应堆放在干燥、不热、通风的库房内，或很松（指已用过）地卷好挂在木架上。在水中洗干净的，一定要晾干，以防霉烂。另外堆放时，应避免与有腐蚀性的化学药品接触，以免损坏白棕绳。

4.2.2 我国部分地区在小型吊装作业中采用了纤维绳索或聚酯复丝绳索，本条针对此类绳索引入了相关标准。

4.2.3 因国家已经颁布了钢丝绳的相关标准，本条明确了吊装作业中钢丝绳的使用、检验、破断拉力值和报废的标准，应符合相关标准的规定。

4.3 吊　索

4.3.1 吊索主要用于悬挂重物到起重机的吊钩上，也常用于固定绞磨、卷扬机、起重滑车，或拴绑其他物体。而吊索端部，经常连接着各种吊索附件。吊索根据不同的使用要求，可以用白棕绳、起重链条或钢丝绳等做成。起重工作中使用的吊索，一般用钢丝绳做成。

钢丝绳吊索，一般要能弯曲、耐磨，故用 6×19 或 6×37 型钢丝绳较合适。计算钢丝绳吊索的直径，除决定于所吊重物的重量、吊索的根数和安全系数、吊索钢丝绳的类型等因素外，还与吊索和所吊重物间的水平夹角有关，一般以 45°～60°为宜。因此，应按构件的要求来选择角度，否则有可能导致构件的损坏。

4.3.2 常用的吊索附件有套环、吊钩和卡环等几种。吊索附件主要是指在吊索端部常与之连接的附件。吊索附件应该是结构简单，坚固耐用，使用安全，挂钩和脱钩方便，以保护吊索不被重物的棱角割伤。

1 套环一般用于固定在机械上的钢丝绳的 8 股头，为了防止钢丝绳受挤压而折断钢丝，编插时在 8 股头内嵌进一个套环。套环又分为白棕绳用（MT 型）和钢丝绳用（GT 型）两种。它的规格以号码表示，号码数即套环容许荷载的吨数。钢丝绳绕过套环后，虽避免了钢丝绳强度的过分降低，但由于套环直径较小，故钢丝绳的强度仍要降低一些，降低率应按本条规定采用。

2 吊钩有单钩和双钩两种，吊装工程一般用单钩，双钩多用在桥式和塔式起重机上。

　　吊钩一般都是用整块钢材锻造的（禁止采用铸造），锻成后要退火处理，以消除其残存的内应力，增加其韧性，要求硬度达到 95～135（HB）。对磨损或有裂缝的吊钩不得进行补焊修理。因为补焊后吊钩会变脆，致使受力后断裂而发生事故。

　　吊钩在钩挂吊索时，要将吊索挂至钩底；直接钩在构件吊环中时，不能使吊钩硬别歪扭，以免吊钩产生变形或被拉直而使吊环脱钩。

　　3　卡环（材料为 Q235 钢）用于吊索和吊索或吊索和构件吊环之间的连接。它由弯环与销子（又叫芯子）两部分组成。按弯环形式有直形卡环和马蹄形卡环之分；按销子和弯环的连接形式有螺栓式卡环和活络式卡环之分。螺栓式卡环的销子和弯环采用螺纹连接。活络式卡环的销子端头和弯环孔眼均无螺纹，可以直接抽出，它的销子截面有圆形和椭圆形两种。活络式卡环目前常用于吊装柱子，它的优点是在柱子就位并临时固定后，可在地面用事先系在销子尾部的白棕绳将销子拉出，解开吊索，避免了高处作业。但应特别注意，若吊索没有压紧活络销子，滑到边上去，形成弯环受力，销子很可能会自动掉下来，将是很危险的。

　　在现场施工中，如需迅速知道直形卡环和活络式卡环的允许荷载，可根据销子直径用下列近似公式估算：

允许荷载≈(35～40)d^2　（d 为卡环销子直径）　单位：N

4.3.3　横吊梁常用于柱子和屋架等构件的吊装。用横吊梁吊柱子，容易使柱子保持垂直，便于安装；用横吊梁吊屋架，可以降低起吊高度，降低吊索拉力和吊索对构件的压力。横吊梁的种类很多，在吊装中可根据构件的特点和吊装方法，自行设计和制造。

4.4　起重吊装设备

4.4.1　滑轮是一种结构简单、携带方便的起重工具。由滑轮联合成的滑轮组，配合卷扬机、起重桅杆和其他起重机械，广泛应用于起重吊装作业中。

　　2　使用前应查明滑轮允许荷载后方准使用，并严格按照滑轮的额定起重量使用，不得超载。

　　3　滑轮组的穿绳方法是十分重要的，可分为顺穿法（普通穿法）和花穿法两种。顺穿法是将绳索从一侧滑轮开始，依顺序穿过定滑轮和动滑轮，跑头最后从另一侧滑轮中穿出。由于在工作时有滑轮阻力的影响，所以，绳索受力是不相同的。死头受力最小，绕过滑轮越多，受力就越大，跑头受力是最大的，这样滑轮架就可能有歪斜，工作也不平稳，故"三三"以上的滑轮组，最好采取花穿法。花穿法则是先按滑轮的顺序穿绕滑轮的半数后，就穿绕最后一个滑轮，然后返回中间，最后跑头从中间一个滑轮穿出。注意绳索穿绕后，应使穿绕的半数滑轮的转动方向与先穿绕的半数滑轮相反。穿绕好进行试用后，如有问题，应立即处理，不要勉强工作，以保证安全。

　　4　起吊重物与滑轮中心不在一条垂直线时，构件起吊后就不平稳；斜吊会造成超负荷及钢丝绳出槽，应避免。

　　5　本款要求的目的是为了工作时省力，减少磨损和防止锈蚀。

　　6　本款要求是为防止脱钩事故发生。

　　7　定滑轮和动滑轮保持一定的最小距离，是防止钢丝绳索互相摩擦或与滑轮缘摩擦。

　　8　本款要求是为防止受潮、污染、生锈，并可随拿随用。

　　9　在实际吊装作业中，由于钢丝绳有一定刚性，滑轮轴承也存在摩擦阻力。因此，滑轮组的跑头拉力与上述各因素有关，主要还是与轴承的类型有关。

4.4.2　卷扬机又名绞车，是一种主要的起重设备，可以独立使用，也可以和其他机构组合成较复杂的起重机械。一般在选择卷扬机时应考虑：牵引力的大小；钢丝绳牵引速度的快慢；卷扬筒的索容量，即所绕钢丝绳的总长度。

　　1　手动卷扬机多用在轻便的起重吊装工作中，或用在吊装作业中的辅助性工作。手动卷扬机的卷扬能力，一般为 5kN～30kN，机上如有两对变速传动齿轮时，可以根据起重量大小而变动提升速度。使用手动卷扬机时，摇把要对称安装。松下重物时要用摇把松，不能用钢丝绳松，并要防止摇把滑掉，发生安全事故。摇动手柄需要加的力一般在 160N 以下。手摇卷扬机构造简单，一般可以自制。

　　电动卷扬机比手动卷扬机牵引力大，速度快，操作安全方便，广泛用于吊装作业。它的卷扬速度有快速和慢速之分，吊装中常用慢速，并使传动机构啮合正确，无杂音，要勤加油润滑。

　　2　安装时，卷扬机基座须固定平稳，因此，应设置相应的地锚来固定，并应搭设工作棚。

　　3　卷扬机在使用前，应按本款要求对各部分详细检查，注意棘轮装置和制动器是否完好，对于发现的问题，应采取措施予以处理后，才可使用。

　　4　卷扬机安装在吊装区域以外，主要是为了保证卷扬机操作人员和机器本身的安全。至于要求要能看清指挥人员的信号和大于安装高度，则是为了防止误操作和看清所安装的构件。操作人员的视线仰角一般控制在 30°内，使操作人员不至于仰头角度过大而产生疲劳。

　　5　导向滑轮若用开口拉板式滑轮，受力后易拉开而发生物毁人亡的重大事故，故严禁使用。导向轮至卷筒中心的距离不得小于本款的规定，否则，钢丝绳很难在卷筒上逐圈靠紧，且造成卷扬机较大斜拉力而失稳，也使钢丝绳产生错叠、离缝和挤压。同时距离还应满足操作人员能看清指挥人员和拖动或起吊的物件。

6 卷筒上的钢丝绳应排列整齐，如发现重叠或斜绕时应停机重新排列。钢丝绳应成水平状，从卷筒下面卷入，并与卷筒的轴线方向垂直，必要时可在卷扬机正前方设置导向滑轮，一般导向滑轮与卷筒保持不小于18m的距离，或使钢丝绳的最大偏离角不超过6°，这样才能够使钢丝绳排列整齐，不致互相错叠、挤压。

吊装构件时卷筒上的钢丝绳最少保留5圈，塔式起重机等规定是3圈，本款规定5圈是考虑此处所指的卷扬机并没固定在起重机上，使用的环境不同，5圈可以切实防止钢丝绳受力后从卷筒上滑出，并可以使钢丝绳在收紧过程中能排列整齐，保证钢丝绳不致受弯折、磨损而折断钢丝。

7 作业中不允许操作人员离开卷扬机，是为了防止刹车失灵和非操作人员操纵而发生事故。作业中不准跨越钢丝绳是防止被钢丝绳绊倒而发生事故。这条要求是为保证吊装作业和卷扬机操作人员安全的必要措施，应严格执行。

4.4.3 本条中所计算出的钢丝绳牵引力应大于滑轮跑头拉力，再通过导向滑轮，才能保证钢丝绳的安全。

4.4.4 捯链又叫链式滑车、手拉葫芦、神仙葫芦等，是一种简易、携带方便的手动起重设备。使用时只要1～2人就可操作，因而，常在建筑工地使用。

1 检查时，先检查吊钩、轮轴、轮盘，再把吊钩挂好，反拉牵引链条，将起重链条捯松逐一检查。

2 为慎重计，此条要求负重后，仍须再检查一次，证明自锁装置等无误后，才能继续作业。

3 本款要求是为防止跳链、掉槽、卡链等现象发生。

4 若一人能拉动，说明所吊物件不重，也不会超过额定起重量。两人或多人一齐猛拉牵引链条，这就说明所吊物件已超过额定起重量，若坚持继续作业就易发生事故。

5 捯链的转动部分应经常上油加强润滑，棘爪的刹车部分应经常检查，防止其失灵而发生重大事故。

6 本款要求目的是为了防止各部件不受损伤、生锈。同时做到随拿就能用。

4.4.5 手扳葫芦又叫钢丝绳手扳滑车。它由挂钩、自锁夹钳装置、手柄、钢丝绳和吊钩等部件组成。当扳动手柄时，它的两对自锁夹钳便像两只钢爪一样交替夹紧钢丝绳，并沿钢丝绳爬行，从而达到牵引的目的。它的体积小，重量轻（自重一般为90N～160N），使用方便，可在水平、垂直、倾斜状态下工作。

1 一般在结构吊装中做辅助工作用。

2 在使用前和使用时，或使用过程中，都应按本款要求进行严格检查，消灭不安全因素。

3 作吊篮用，在每根钢丝绳处另绑一根保险绳，是在手扳葫芦失灵时保证工作人员不致发生危险。

4.4.6 在建筑工程中，千斤顶的应用范围很广，它既可以校正构件的安装偏差和矫正构件的变形，又可以顶升和提升大跨度屋盖等。

1 此款是千斤顶正常运行所必备的条件，事前应严格按此款要求进行。

2 选择千斤顶时，应严格按照构件的起重量、起重高度和临时支垫的材料种类，按本款要求进行具体的选择。

3 铺设垫板是为扩大地基土的承压面积，增大承压能力，防止千斤顶下陷或歪斜；顶部设硬垫板是防止千斤顶在顶升过程中产生滑动而发生危险。

4 重物设顶处应是坚实部位，是为了防止顶坏重物；荷载与千斤顶轴线一致，是为了防止地基偏沉或荷载偏移而发生千斤顶偏斜的危险。

5 操作时，应将重物稍微顶起停住，按本款要求进行检查，如发现不良情况，必须进行处理，未处理前不得继续顶升。

6 本款要求是防止螺杆和活塞全部升起，损坏千斤顶而造成事故，并且随意加长手柄或强力硬压也会损坏千斤顶。

7 本款要求是为了防止千斤顶突然回油或倾倒而造成重大事故。

4.5 地　锚

4.5.1～4.5.3 地锚又叫地龙或锚锭，它是固定缆风、导向滑轮、绞磨、卷扬机或溜绳等用的，并将力传给地基。在土法吊装中，地锚十分重要，地锚不牢将会发生重大的安全事故，故应予以足够的重视。重要的地锚正式使用前，应进行试拉，以确保安全。

1 立式地锚也叫立龙或站龙，是一种较简单的临时性地锚，是将枕木（方木）或圆木斜放在地坑中，在其下部后侧和中部前侧横放下挡木和上挡木，上下挡木紧贴土壁，将地龙柱卡住，上下挡木可使用枕木（方木）或圆木。

由枕木做成的立式地锚，若地龙柱和上下挡木均用两根枕木时，承受拉力可达30kN；若均用四根枕木时，承受拉力可达80kN。

2 桩式地锚通常采用长度1.5m～2.0m的松木或杉木略向后倾斜打入土中，还可在其前方距地面0.4m～0.9m深处紧贴桩木埋置长1m左右的挡木一根来提高锚固力，适合在有地面水或地下水位较高的地方采用。一般木桩埋入土中的深度，是根据作用力的大小而定的，但不小于1.5m；打桩时应使木桩与所固定的缆风绳相互垂直。

3 卧式地锚是将一根或几根圆木（废型钢也可），用钢丝绳捆绑在一起，横放在挖好的地锚坑内的底部，钢丝绳的一端从坑底前端的地坑中引出，绳与地面的坡度，应与缆风绳和地面的夹角一致，然后用土石回填夯实。卧式地锚可承受较大的拉力，一般应根据受力大小由计算确定，适合永久性地锚或在大型吊装作业中的地锚采用。

4.5.4 对本条各款说明如下：

1 地锚在吊装作业中十分重要，地锚损坏或有过大变形，都可能引起重大安全事故，故在埋设和使用时应特别重视，对材料的使用作出规定。

2 生根钢丝绳和锚栓的受力状态很复杂，往往被拉成极度弯曲的形状，因此，生根钢丝绳的绳环，无论是编接的还是卡接的，都应牢固可靠，不得有滑出或拉断的危险。

3 应做到生根钢丝绳与地锚的受力方向一致，这样，生根钢丝绳的受力才不致复杂化。

4 重要的地锚和埋设情况不明的地锚，一定要试拉，否则严禁使用，以防止出现不必要的重大事故。

5 使用前指定专人检查、看守，以防止万一发生变形而引起事故。

5 混凝土结构吊装

5.1 一般规定

5.1.1 构件运输既要合理组织，提高运输效率，又要保证构件不损坏、不变形、不倾倒，确保质量和安全。构件运输时的混凝土强度，一定要符合设计规定，如设计无要求应遵守《混凝土结构工程施工质量验收规范》GB 50204 的规定。否则，运输中振动较大，构件容易损坏。构件的垫点和装卸车时的吊点，不论上车运输或卸车堆放都应按设计要求进行。"Γ"形等形状的构件都属异型构件。叠放在车上或堆放在现场上的构件，构件之间的垫木应在同一条垂直线，且厚度相等。经核算需加固的必须加固。对于重心较高、支承面较窄的构件，应采用支架固定，严防在运输途中倾倒。大型构件因其不易调头，必须根据其安装方向确定装车方向，支承处需设转向装置的目的，是防止构件侧向扭转折断，并避免构件在运输时滑动、变形或互碰损坏。

5.1.2 为了给吊装作业创造有利条件，必须做到合理堆放，为此，应做到：

1 堆放构件的场地除需平整和压实外，还应排水良好，严防因地面下沉而使构件倾倒。

2 构件应严格按平面布置图堆放，并满足吊装方法和吊装方向的要求，同时还应按类型和吊装顺序做到配套堆放，目的是避免二次倒运。

3 垫点应接近设计支承位置，异形平面垫点应由计算确定，等截面构件垫点位置亦可设在离端部 0.207L（L为构件长）处。柱子则应避免柱裂缝，一般易将垫点设在距牛腿 300mm～400mm 处。同时构件应堆放平稳，底部垫点处应设垫木，应避免搁空而引起翘棱。

4 对侧向刚度差、重心较高、支承面较窄的构件，如屋架、薄腹梁等，在直立堆放时，应设防倒撑木，或将几个构件用方木以铁丝连在一起，但相邻屋架的净距，要考虑捆绑吊索、安装支承连接件及张拉预应力筋等操作方便，一般可为 600mm。

5 成垛堆放的构件，各层垫木的位置应靠紧吊环的外侧，构件堆放应有一定的挂钩绑扎操作净距。相邻构件的净距一般不小于 2m。

6 插放的墙板，应用木楔子使墙板和架子固定牢靠，不得晃动。靠放的墙板应有一定的倾斜度（一般为 1：8），两侧的倾斜度应相等，堆放块数亦要相近，相差不应超过三块（包括结构吊装过程中形成的差数）。每侧靠放的块数视靠放架的结构而定。楼、屋面板重叠平放的构件，垫木应垫在吊点位置且与主筋方向垂直。

5.1.3 目前在现场预制的钢筋混凝土构件，一般都使用砖模或土模平卧（大面朝上）生产，为了便于清理和构件在起吊中不断裂，应先用起重机将构件翻转 90°，使小面朝上，并移到吊装的位置堆放。

1 柱本身翻身必须选择好吊点，应使其在翻身过程中能承受自身重量产生的正负弯矩，保证翻身时不裂缝。对已翻身或移至吊装位置搁置的柱子，应按设计要求布置支承点，无要求时，则按本款要求布置。

2 屋架都是平卧生产，运输或吊装均必须先翻身，由于屋架的平面刚度较差，翻身过程中往往容易损坏，故操作应注意：

 1）如验算抗裂度不够时，可在屋架下弦中节点处设置垫点，使屋架在翻转过程中，下弦中部始终着实，以防悬空挠度过大而产生裂纹。屋架立直后，下弦的两端宜着实，而中部则应悬空，这样才符合设计要求而不会发生裂缝。但当屋架高度超过 1.7m 时，应按本款加固。

 2）屋架一般是重叠生产，翻身时应在屋架两端用方木搭井字架（井字架的高度与下一榀屋架平面一样高），以便屋架由平卧翻转直后搁置其上，以防止屋架在翻转中由高处滑落地面而损坏。

 3）先将起重机吊钩基本上对准屋架平面中心，然后起升吊杆使屋架脱模，并松开转向滑车，让车身自由转动，接着起钩，同时配合起落吊杆，争取一次将屋架扶直，做不到一次扶直时，应将屋架转到与地面成 70°后再刹车。因为起重机的每一次刹车和启动，都对屋架产生一个比较大的冲击力，可能会使屋架产生裂纹。在屋架接近立直时，应调整吊钩，使其对准屋架下弦中点，以防屋架吊起后摆动太大。

5.1.4 构件跨度大于30m时，如采用整体预制，不但运输不方便，而且翻身时（扶直）也容易损坏，故常分成几个块体预制，然后将块体运到现场组合成一个整体。这种组合工作叫做构件拼装。

1 平拼，即将块体平卧于操作台上或地面上进行拼装，拼装完毕后再吊装。立拼，即将块体立着拼装，并直接在施工平面布置图中指定的位置上拼装。平拼不需要稳定措施，焊接大部分是平焊，拼装简便。立拼则需要稳定措施，尤其是高处立拼，必须搭设高质量的拼装架和工作台。所以在一般情况下，小型构件用平拼，大型构件用立拼。立拼的程序一般为：做好各块体的支垫→竖立三脚架→块体就位→检查→焊接上、下弦拼接钢板。其中三脚架是稳定块体用的，必须牢固可靠。三脚架中的立柱可在屋架块体就位前埋入土中1m以上，梢径不宜小于100mm，其位置应与构件上拼装节点、安装支撑连接件的预留孔眼或预埋件等错开。

2 "安全挡木"是为了防止组合屋架块体在校正中倾倒。

5.1.5 绑扎就是使用吊装索具、吊具绑扎构件，并做好吊升准备的操作。

1 绑扎构件一般采用钢丝绳吊索及配合使用的其他专用吊具。随着新型结构的不断推广，为了保证安全、迅速地吊起构件，并使摘钩工作简易，绑扎方法也不断进步。

2 绑扎吊升过程中，应使构件成垂直状态（如预制柱），并应做到以下几点：

1）绑扎点应稍高于构件重心，使起吊时构件不致翻转；有牛腿的柱应绑在牛腿以下；工字形断面应绑在矩形断面处，否则应用方木加固翼缘；双肢柱应绑在平腹杆上。

2）当柱平放起吊的抗弯强度满足要求时，可以采用斜吊绑扎法，由于吊起后成倾斜状态，吊索歪在柱的一边，起重钩可低于柱顶，因此，起重杆可以短些。当柱子平放起吊的抗弯强度不足，需将柱由平放转为侧立然后起吊时，可采用正吊（又称直吊）绑扎法，采用这种方法绑扎后，横吊梁必须超过柱顶，起吊后柱呈直立状态，所以需要较长的起重杆。

3）为保证天窗架不改变原设计受力情况，宜采用四点绑扎。

3 绑扎吊升过程中成水平状态的构件，如各种梁、板等应做到：

1）尽量利用构件上预埋的吊环和预留的吊孔，没有吊环和吊孔时，若设计图纸指定了绑扎点，应按照设计图纸规定绑扎起吊；若未指定绑扎点，应按本点要求绑扎。

2）为便于安装，应使梁、板在起吊后能基本保持水平，因此，其绑扎点应对称地设在构件两端，两根吊索要等长，吊钩应对准构件的中心。

3）屋架绑扎宜在节点上或靠近节点，其原因是避免上弦杆遭到破坏，具体绑扎方法应根据屋架的跨度、安装高度及起重机的臂杆长度确定。

4 吊点绑扎，必须做到安全可靠，便于脱钩。

5.1.6 此条要求是避免吊装时，构件上的杂物落下伤人。

5.1.7 此条要求是为了避免施工人员掉入孔洞或其他物体掉入伤人。

5.1.8 单层厂房吊装前应编制施工组织设计或作业设计（包括选择吊装机械、确定吊装程序、方法、进度、构件制作、堆放平面布置、构件的运输方法、劳动组织、构件和物资供应计划、质量标准、安全措施等），在吊装中应遵守这些施工组织设计。但对单层多跨厂房宜先主跨后辅跨；先高跨后低跨；先吊地下设施量大、施工期长的跨间，后吊地下设施量小或无地下设施、施工期短的跨间。多层厂房则应先吊中间，后吊两侧，再吊角部。对称进行的目的是为了防止柱梁产生偏心受压或受扭现象。

5.1.9 吊装前应对周围环境进行详细检查，尤其是起重机吊杆及尾部回转范围内的障碍物应拆除或采取妥善安全措施保护。

5.2 单层工业厂房结构吊装

5.2.1 钢筋混凝土柱子种类很多，轻重悬殊，因而绑扎方式和起重机的选择均差别较大。同时起吊前技术准备条件多，如杯口、柱身弹线、标高找平等，这些都需要认真做好准备。不仅如此，吊装中还应注意以下一些问题：

1 柱子的绑扎、吊装顺序、吊装方法、临时固定、校正方法等一定要符合施工组织设计规定。

2 柱子的临时固定，当柱高为10m以下时，可用木楔、钢楔或混凝土楔固定柱子根部；当柱高大于10m时，可用钢楔、千斤顶固定，也可用缆风绳或斜撑配合固定。用于临时固定的楔子，宜露出杯口100mm～150mm，以便柱子校正时调整。

3 柱子经临时固定后，必须经过平面位置（就位时校正）和垂直度的校正方可作最后固定。垂直度校正在柱子的两个相互垂直的平面内同时进行，设两台经纬仪同时观测。就位位置如仍与设计位置有较大的偏差，应边吊边校，即应将柱再次吊起，重新对线就位。不得在牛腿上拖拉梁，也不得使用撬杠沿纵向撬动梁。

4 对校正完毕的柱子经有关部门检查合格后，应及时进行最后固定。即在柱子杯口内浇筑强度高一级的细石混凝土。浇筑混凝土前应清除杯口内的杂物和积水。

采用缆绳或斜撑校正的柱子，必须在第二次浇筑的混凝土达到设计强度的75%后，方可拆除缆绳或斜撑。

5.2.2 钢筋混凝土吊车梁一般有"T"形截面、鱼腹式和组合式形式，为安全吊装，应注意以下事项：

1 吊车梁的安装为了稳定的需要，应在柱永久固定并达到强度要求、柱间永久支撑安装完毕后进行。吊索收紧后与梁的水平夹角不得小于45°，是为保证梁的侧向稳定的需要。

2 重型吊车梁可待屋盖系统安装完毕后统一校正，检查梁纵轴线是否一致，两列吊车梁之间的跨距是否符合设计要求，梁的尺寸窄而高时，应采用支撑或用8号钢丝将梁捆到柱子上。

3 一般钢筋混凝土梁就位后校正完用垫铁垫平即可，不用采取特殊的临时固定措施。但当梁的高度与宽度之比大于4时，可用8号钢丝将梁捆到柱上，以防脱钩后倾倒。

4 吊车梁的校正工作，可在屋盖吊装前进行，也可在屋盖吊装后进行。但梁的垂直度和平面位置的校正，应同时进行，在校正完毕后，应立即将梁与柱上的预埋件进行焊接，并在接头处支模，浇灌细石混凝土。

5.2.3 屋架吊装前应将纵横轴线用经纬仪投于柱顶，并于柱顶弹屋架安装线。另外应在屋架上弦自中央向两边分别弹出天窗架、屋面板的安装位置线并在屋架下弦两端弹出安装用的纵横轴线，且在吊装时应注意下列事项：

1 将屋架提升至柱顶以上300mm处时，再缓慢降落，同时进行对线校正和垂直度校正。屋架平面位置的校正主要是对线。一次没有对好，需要进行第二次对线时，应将屋架提升起来，再慢慢落下，边落边对线。屋架的临时固定完成后，应及时用电焊与柱头焊接。当焊完全部焊缝2/3以上长度时，方可脱钩。

2 第一榀屋架的临时固定必须十分可靠。一般是在屋架或天窗架的上弦两侧各设两根钢丝缆风绳（当跨度超过18m时，应相应增加缆风绳的数量），有山墙抗风柱的厂房，亦可将屋架固定在抗风柱上。

第二榀屋架的校正和临时固定是以第一榀屋架为支承点，用屋架校正器（或其他自制的专用工具）进行，其余各榀屋架的校正调整和临时固定与第二榀屋架方法相同。

5.2.4 当该榀屋架的屋面板安装完后，这时屋架和屋面板已形成了空间体系，且刚度大，再安装天窗架时，屋架不会受什么影响，同时固定和操作过程也很安全。

5.2.5 用电焊作最后固定时，应避免同时在屋架两端的同一侧施焊，以免焊缝收缩使屋架倾斜。另应待施焊完2/3焊缝长，即最后固定已得到基本的可靠保证时，才能摘钩。

5.2.6 两榀屋架吊装完毕后，即应从两端对称地向跨中吊装屋面板，否则易造成屋架受力的改变而发生严重的事故。另外在屋架或天窗架上吊装每一块屋面板时，宜对准安装线一次就位好，位置需要调整时，应将屋面板微微吊起，再次对线就位，不宜在板的纵向撬动，同时屋面板端在屋架或天窗架上的支承长度应符合设计要求，板的四角应用垫铁垫实，就位后应及时校正施焊，每块板的焊接角点不应少于3个。

5.2.7 吊装时，先将托架吊离地面500mm，使其对中，吊至柱顶以上，拉溜绳旋转托架，用人力扶正就位，随即进行校正，使其支承平稳、两端长度相当、垂直度正确，如有偏差，在支承处垫铁片和砂浆调整。校正时避免用撬杠撬动，以防柱头偏移，校正好后卸钩。最后按柱列支接头模板，浇灌接头混凝土固定。

5.2.8 因垂直支撑是保证屋架稳定的，水平支撑是抗纵向水平力的，所以应先安装垂直支撑，后安水平支撑。先安中部后安两端的原因，是因中部的刚度和稳定性差。这样做才能保证屋盖体系的整体稳定。

5.3 多层框架结构吊装

5.3.1 多层装配式结构中的柱子有普通单根柱（截面矩形或正方形）和"T"形、"+"形、"r"形、"H"形等异形柱子，同时根据柱子接头的形式不同，柱的吊装应注意下列事项：

1 为使下节柱的垂直度不会在吊装上节柱时发生较大变化，一般都应在吊装上节柱前将下节柱上的连系梁和柱间支撑安装好，并焊接完毕。且底层柱应在杯口二次灌浆和非底层柱接头的细石混凝土强度达到设计强度的75%以上后，方准吊装上节柱。

2 多机抬吊多层"H"形框架柱时，为使绑扎吊索不产生水平分力，递送作业的起重机应使用横吊梁，以防止吊索的水平分力使框架柱产生裂缝。采用多机抬吊时，在操作上还应注意下列几点：

1) 各起重机都应将回转刹车打开，以便在吊钩滑轮组发生倾斜时，可自动调整一部分。
2) 指挥人员应随时观察两机的起钩速度是否一致，当柱截面发生倾斜时，即说明两机起升速度有快慢，此时两机的实际负荷与理想的分配数值不同，应指挥升钩快者暂停，进行调整。
3) 副机司机应注意使副机的起钩速度与主机的起钩速度保持一致。

3 重量较轻的上节柱，可采用方木和钢管支撑进行临时固定和校正。

4 对上节为重型或较高的柱，应在纵横向加带正反扣螺母能调整长短的管式水平支撑或用缆风绳进行临时固定和校正。缆风绳用钢丝绳制作，用捯链或手扳葫芦拉紧，每根柱子拉四根缆风绳，柱子校正后，每根都应拉紧。如果一面松一面紧，在焊接中柱子垂直度容易发生变化。

5 保护柱接头钢筋的钢管或木条一定要绑扎牢靠，防止空中散落伤及地面人员。

5.3.2 目前常见的多层装配式结构的梁柱接头形式，有明牛腿和齿槽式两种，其吊装时应注意以下事项：

1 明牛腿由于支座接触面积较大，故校正后，只要将柱和梁端底部的预埋件相互焊接即可保证安全。

2 齿槽式由于梁在临时牛腿上搁置面积较小，为确保安全，所以应等梁上部接头钢筋焊好两根后，才可以脱钩。

5.3.3 楼层板一般分双T板、空心板和槽形板等，根据其不同类型吊装时，应注意以下事项：

1 双T板一般都预埋吊环，每次吊装一块板时，钩住吊环即可。每次吊两块以上板时，每块板吊索直接挂在吊钩上，并将各板间距适当加大些，其目的是减小吊索对板翼的压力，防止翼缘损坏。

2 用横吊梁和兜索一次叠层吊数块空心或槽形板可大大提高吊装效率。用铁扁担的方法是将数块板平排，下用兜索平挂于铁扁担两端，并将板吊到梁上卸去兜索后，用撬杠将板撬至设计位置。用兜索的方法是将数块板加垫木重叠放置，靠近两端用兜索直接钩挂于吊钩上，并将板吊至梁端集中放置卸去兜索后，再将各板吊至设计位置。用上述两种方法，起吊后板两端必须保持水平或接近水平，严禁板两端高差过大，以防滑落掉下伤人。

3 楼层板吊装不得采用上层各板直接叠压于下层板上，这样最下层板容易断裂从高处坠落；另一方面吊于梁上后，不易分块穿拉兜索甚至产生危险。楼层板吊装时，禁止在板上站人、堆物、放工具和推车，其目的是防止这些人或物从高处坠落伤人。

5.4 墙板结构吊装

5.4.1 吊装一般有两种方式：一种是逐间闭合吊装，另一种是同类构件依次吊装。前者易于临时固定和组织流水作业，稳定性好，安全较有保证，应尽量采用此种方法吊装。

1 吊装顺序应从中间开始向两端进行，以便校正时易于调整误差。

2 坐浆的目的主要是保证墙板底部与基础部分能结合紧密，确保连接的整体性和传力的均匀性。

3 因大板的横向刚度较差，因此采用横吊梁和吊索与水平夹角不小于60°的规定，主要是防止产生过大的水平力而使侧向失去稳定，至于要求吊装要垂直平稳主要是从安全上考虑，便于就位和临时固定。

4 墙板就位时，要对准外边线，稍有偏差用撬杠拨正。偏差较大时，则应将墙板吊起重新就位。较重、较大的墙板应随吊随校正。

5 第一个安装节间的墙板，应用操作台或8号钢丝和花篮螺栓，或者钢管斜撑与底部楼板进行临时固定和校正，以后的横向墙板和纵向墙板，分别用工具式水平拉杆或转角固定器和钢管斜撑进行临时固定和校正。但外墙板一定要在焊接固定后才能脱钩。

6 校正完的墙板，应立即梳整预埋钢筋，并焊接。待同层墙板全部吊完，经总体校正完毕后，即应浇筑墙板主缝。随后在墙板上支模、绑扎钢筋、浇灌圈梁混凝土。

7 拆模后待圈梁混凝土强度达到规定强度后，随即吊装大板楼板，并灌缝。接着可用同法吊装第二层墙板。

5.4.2 框架挂板随着墙板装配化的发展，今后将愈来愈多，使外维护结构完全装配化，可大量缩短工期，很有发展前途。

1 挂板的运输和吊装不得用钢丝绳兜吊，主要是怕破坏板的棱角和装饰效果，故应用专用卡具或工具进行运输和吊装。禁止用钢丝捆绑亦是如此。

2 安装前应用水准仪检查墙板基底的标高，墙板的安装高度应用墨线弹在柱子上，作为安装挂板的控制线。因此挂板就位后应随即和柱、梁、墙等作临时固定或永久固定，防止其坠落发生事故。

5.4.3 工业建筑墙板一般包括肋形板、实腹板和空心板等的安装。

1 除应有出厂合格证外，还应按要求数量运至现场堆放就位。埋设件表面浮浆应清理干净。

2 有吊环时可用吊环起吊，立吊时可预留孔。吊点的位置应按设计规定或经过验算后确定。但吊索绑扎点距板端应不大于1/5板长。为减小吊索的水平分力，故其水平夹角不应小于60°。为防止撞击其他构件，应设溜绳控制。

3 按柱上已弹好的墙板位置线，调整好墙板横、竖位置，就位后随即用压条螺栓固定，待螺栓拧紧摘钩后，螺栓与螺母的焊接可在墙板吊装完毕后进行，但每安装完一根压条，即应向压条里的竖缝灌灰浆，并应捣实，不能安装完几根压条后再一并灌浆。

采用焊接固定时，可在焊缝焊完2/3后脱钩，但应在上一层板安装前焊完下层板的焊缝。

6 钢结构吊装

6.1 一般规定

6.1.1 构件的配套按吊装流水顺序进行。

以一个结构安装流水段（如单厂的综合法吊装、高层一节钢柱框架）为单元，集中配套齐全后，进行构件的复检和处理修复，然后按吊装顺序进行安装。配套中应特别注意附件（如连接板等）的配套，否则小小的零件将会影响到整个吊装进度，一般对零星附件是采用螺栓或钢丝直接临时绑扎固定在吊装节点上。但构件在装卸时，由于对基坑外侧地面荷载有所限制，故装卸机械不应靠近基坑行走。

6.1.3 灌浆前必须对柱基进行清理，立模板，用水冲洗并除去水渍，螺孔必须用回丝擦干，然后用自流砂浆连续浇灌，一次完成。流出的砂浆应清洗干净，加盖草袋养护。砂浆必须做试块，到时试压，作为验收资料。

6.1.4 为便于接柱施工和焊工进行接头焊接操作，需在接头处搭设操作平台或脚手架等，以及为焊工在风速超过 5m/s 进行操作所设的防风设施等，均应在操作前进行详细检查，确属可靠后方可进行工作，确保使用安全。

6.1.5 为柱子、梁接头螺栓或焊接等施工和吊装时行走方便，应适量铺设带扶手的走道板，以确保安全。压型钢板必须随铺随焊，以防止滑落。

6.2 钢结构厂房吊装

6.2.1 钢柱的吊装方法与装配式钢筋混凝土柱相似，亦为旋转或滑行吊装法，对重型柱可采用双机或三机抬吊，但应注意下列事项：

1 初校时，垂直度偏差应控制在 20mm 以内。

2 钢柱校正时，垂直度用经纬仪检验，如有偏差，用螺旋千斤顶或油压千斤顶进行校正。在校正过程中，随时观察柱底部和标高控制块之间是否脱空，严防校正过程中造成水平标高的误差。校正好后，应立即在承重垫板上、下点焊牢固，防止滑动。并随即按规定灌浆进行永久固定。

6.2.2 单层厂房的钢构件吊车梁，根据起重设备的起重能力分为轻、中、重型三类。轻型者重量只有几吨，重型者有跨度大于 30m，重量 100t 以上者，可用双机抬吊，个别情况下还可设置临时支架分段吊装。同时钢吊车梁均为简支梁形式，梁端之间留 10mm 左右的空隙。梁搁置处与牛腿之间留空隙，设钢垫板。梁与牛腿用螺栓连接。但吊装时应注意以下事项：

1 钢柱吊装完成，并经调整校正固定于基础上之后，达到一定强度并安装完永久性柱间支撑后，才能进行钢吊车梁吊装。吊车梁的校正主要包括标高、垂直度、轴线和跨距等。标高的校正可在屋盖吊装前进行。其他项目的校正应在屋盖吊装完成后进行，因为屋盖的吊装可能引起钢柱在跨向有微小的变动。吊车梁的跨距检验，应用钢卷尺量测，跨度大的用弹簧秤测（拉力一般为 100N～200N），为防止下垂，必要时对下垂度 Δ 应进行校正计算：

$$\Delta = \frac{e^2 L^3}{24P^2}$$

式中：Δ——中央下垂度（m）；
e——钢卷尺每米垂度（N/m）；
L——钢卷尺长度（m）；
P——量距时的拉力（N）。

2 支承紧贴面不小于 70% 主要是为了承力和传力的需要。

6.2.3 由于屋架的跨度、重量和安装高度不同，适合的吊装机械和吊装方法亦随之而异。但屋架一般都采用悬空吊装，为吊起后不致发生摇摆和碰坏其他构件。起吊前应在支座附近的节间用麻绳系牢，随吊随放松，以保持其正确位置。同时应注意以下事项：

1 钢屋架吊装前应根据吊点位置验算起吊时的稳定性，若不足时应采取可靠的临时加固措施方准吊装。

2 屋架临时固定如需临时螺栓和冲钉，则每个节点处穿入的数量必须由计算确定，并应符合下列规定：

1）不得少于安装孔总数的 1/3，且不得少于两个；

2）冲钉穿入数量不宜多于临时螺栓的 30%；

3）扩钻后的螺栓（A 级、B 级）的孔不得使用冲钉。

3 最后固定的电焊或高强度螺栓应符合有关标准、规定或设计的要求。

6.2.4 为减少高处作业，应优先采用天窗架预先拼装在屋架上的方法，若采用此法天窗架与屋架之间应绑两道竖向木杆加固，并将吊索两面绑扎，把天窗架夹在中间，以保证天窗架的稳定。

6.3 高层钢结构吊装

6.3.1 钢柱吊装前应确定整个吊装程序，若选用节间综合吊装法时，必须先选择一个节间作为标准间，由上而下逐间构成空间标准间，然后以此为依靠，逐步扩大框架，直至该层完成。若选用构件分类大流水吊装法时，应在标准节框架先吊钢柱，再吊装框架梁，然后安装其他构件，按层进行，从上到下，最终形成框架。但具体吊装柱时，第一节是安装在柱基临时标高支承块上，其他各节柱都安装在下节钢柱的柱顶（采用对接焊），钢柱两侧装有临时固定用的连接板，上节钢柱对准下节钢柱柱顶中心线后，即用螺栓固定连接板作临时固定。所以在具体吊装时，应按本条规定执行。

1 为保证柱与柱、柱与梁接头施工操作的安全，一般在吊装前在地面上把操作挂篮或平台和爬梯固定于拟吊装的柱子上。

2 单机吊装时需在柱子根部垫以垫木，以回转法起吊，要禁止柱根拖地。多机抬吊时，应用两台或两台以上起重机悬空吊装，柱根部不着地，待吊离地面后在空中回直。

3 由于钢柱柱脚与基础多用地脚螺栓连接，柱与柱多用对接连接，因此，为使钢柱在就位时能顺利地套入地脚螺栓或对准插入下柱，应采用垂直法吊装。吊点一般利用柱顶临时固定的连接板的上螺孔，也可在柱制作时，在吊点部位焊吊耳，吊装完毕后再割去。另外，钢柱在起吊回转过程中应注意避免同其他已吊好的构件相碰撞，以免发生重大事故。

4 钢柱就位后，先对钢柱的垂直度、轴线、牛腿面标高进行初校，然后安设临时固定螺栓再拆除吊索，钢柱上下接触面的间隙，一般不得大于 1.5mm，如间隙在 1.5mm～6.0mm 之间，可用低碳钢的垫片垫实空隙。如超过 6mm，应查清原因后进行处理。

6.3.2 安装前应对钢梁的型号、长度、截面尺寸和牛腿位置进行检查，并在距梁上翼缘处适当位置开孔作为吊点。当一节钢框架吊装完毕，即需对已吊装的柱梁进行误差检验和校正。对于控制柱网的基准柱，用激光仪观测，其他柱根据基准柱用钢卷尺量测。但在具体吊装时应注意下述问题：

1 主梁吊装前，应在梁上装好扶手杆和扶手用的安全绳，待主梁吊到位时，将扶手用安全绳与钢柱系住，以保证施工安全。

2 为保证梁起吊后两端水平，故应采用两点吊。吊点的位置取决于钢梁的跨度。水平桁架的吊点位置应根据桁架的形状而定，但须保证起吊后平直，目的是便于安装连接。

3 安装连接螺栓时，要禁止在情况不明的情况下任意扩孔，且连接板必须平整。当梁标高超过允许规定时必须校正。

6.3.3 装配式剪力墙板安装在钢柱和楼层框架梁之间，剪力墙板有钢制墙板和钢筋混凝土墙板两种，但吊装时应注意下列事项：

1 进行墙板安装时，先用索具吊到就位部位附近临时搁置，然后调换索具，在分离器两侧同时下放对称索具绑扎墙板，再起吊安装到位。

2 剪力墙板是四周与钢柱和框架梁用螺栓连接再用焊接固定的，安装前在地面先将墙板与上部框架梁组合，然后一并安装，定位后再连接其他部位。剪力支撑安装部位与剪力墙板吻合，安装时采用剪力墙板的安装方法，尽量组合后再进行安装。

6.3.4 校正应包括轴线、标高、垂直度，但目前在我国高层钢结构工程安装中尚无明确的规范可循，现有的建筑施工规范只适用于一般结构工程。为此，目前只能针对具体工程由设计单位参照有关规定提出校正的质量标准和允许偏差，供高层钢结构安装实施。但校正时标准柱的选择，对正方形框架是取 4 根转角柱，对长方形框架当长边与短边之比大于 2 时取 6 根柱，对多边形框架取转角柱，标准柱应用激光经纬仪以基准点为依据进行竖直观测，并对钢柱顶部进行校正，其余柱校正采用量测的方法。但框架校正完后，要整理数据列表，并进行中间验收鉴定，然后才能开始高强螺栓紧固工作。

6.4 轻型钢结构和门式刚架吊装

6.4.1 组装时宜放样组装，并焊适当定位钢板（型钢）或用胎模，以保证构件的精度，组装中在构件表面的中心线偏差不得超过 3mm，连接表面及沿焊缝位置每边 30mm～50mm 范围内的铁毛刺和污垢，油污必须清除干净。

当有多条焊缝焊接时，相同电流强度焊接的焊缝宜同时焊完，然后调整电流强度焊另一条焊缝。焊接次序宜由中央向两侧对称施焊，对焊缝不多的节点，应一次施焊完毕，并不得在焊缝以外的构件表面及焊缝的表面和焊缝的端部起弧、灭弧。对于檩条等小杆件，可使用一些辅助固定卡具或夹具，或辅助定位板，以保证结构的几何尺寸正确。同时也可采用反弯措施或刚性固定措施来预防焊接变形。

将檩条的拉杆先预张紧，主要是增加屋面刚度，并传递屋面荷载。但应避免过分张紧，而使檩条侧向变形。屋架水平支撑在屋架与檩条安装完后拉紧，目的是增强屋盖刚度。

吊装轻型屋面板时，一般由上而下铺设。

6.4.2 刚架起吊后，起重机吊钩通过重心，才能使刚架柱子保持垂直。如果找重心没有把握，可增加一根平衡吊索来保持刚架柱子垂直。平衡吊索的长度应经过估算，并在起吊第一个刚架柱子时，根据实际情况确定后，用夹头固定，也可用捯链进行调整。

门式刚架与基础的连接是铰接，杯口很浅，所以刚架的临时固定，除了在杯口打入八个楔子外，悬臂端应用架子支承。

支承井架为安全计必须经过设计计算，按设计制作或搭设。吊装量大应设计成移动式，吊装量小可用钢管脚手架搭设。

在纵向，第一个刚架必须用缆风或支撑作临时固定，以后各个刚架的临时固定，可缆风或支撑，亦可用屋架校正器固定。

刚架在横轴线方向的倾斜，用架子上的千斤顶校正。刚架在纵轴线方向的倾斜，可用缆风、支撑或屋架校正器校正。校正时应使柱脚面、柱顶面和悬臂端面的三点在同一个铅垂面上。已校正好的刚架，中部节点应立即焊接固定，柱间支撑亦应及时安装，并随即对柱脚进行二次灌浆。

这是为了刚架的整体稳定能有可靠的保证。

7 网架吊装

7.1 一般规定

7.1.3 网架应在专门的拼装模架上进行拼装，当跨度较大时，应按气温情况考虑温度修正。同时吊装方法的选择要注意下列事项：

  1 施工组织设计中应着重考虑把焊接工作放在加工厂或预制拼装场内进行，尽量减少高空或现场的工作量。

  2 网架的安装方法及适用范围可按如下参考：

    1）高空散装法：适用于螺栓连接节点的各种类型网架；

    2）分条或分块安装法：适用于分割后刚度和受力状况改变较小的网架，如两向正交、正放四角锥、正放抽空四角锥等网架，分条或分块的大小应根据起重能力而定；

    3）高空滑移法：适用于两向正交正放、正放四角锥、正放抽空四角锥等网架；

    4）整体吊装法：适用于各种类型的网架，吊装时可在高空平移或旋转就位；

    5）整体提升法：适用于周边支承及多点支承网架，可用升板机、油压千斤顶等小型机具进行施工；

    6）整体顶升法：适用于支点较少的多点支承网架。

  7.1.4 吊点在选择时特别应防止与使用时的受力相反，同时其反力应控制在不大于起重设备负荷能力的80%，且各反力大小应接近，禁止反力差超过20%。

  7.1.5 安装方法选定后，应按本条要求进行分项认真验算，严禁发生重大事故。

  7.1.6 验算时施工荷载须按本条要求乘以规定的动力系数。

  7.1.7 试拼的目的主要是控制好网架框架轴线支座的尺寸和起拱要求。试吊的目的主要是检查吊装所有设备和吊装方法的可靠性和安全性。

  7.1.8 小拼的目的是保证小拼单元的形状及尺寸的准确性，其允许偏差应符合现行国家《钢结构工程施工质量验收规范》GB 50205 和《空间网格结构技术规程》JGJ 7 的有关规定。焊接球节点与钢管中心允许偏差应为±1.0mm。高空总拼前应采用预拼装来保证精度要求。

7.2 高空散装法安装

  7.2.1 高空散装法是先在地面上搭设满堂红拼装支架或部分拼装支架，将网架小拼装单元或杆件吊至支架上，直接在高空按设计位置进行拼装。悬挑法适用于非焊接节点（如螺栓球节点、高强度螺栓节点等）的各网架的拼装，并宜采用少支架的悬挑施工方法，不宜用于焊接球网架的拼装，因焊接易引燃脚手架板，同时高空焊接易影响焊接质量和降低工效。

  7.2.2 支架的作用是用起重机将单榀钢桁架吊至设计位置，利用支架直接进行拼装。

  7.2.3 这里应特别注意每榀块体的安装顺序，开始的两个三角形部分，是由屋脊部分开始分别向两边安装；两三角形相交后，则由交点开始同时向两边安装。

  7.2.4 当第一榀网架块体就位后，在中竖杆顶一方木和安放一个千斤顶主要是作调整标高用，在上弦绑杉杆是为稳定块体。其他各块体就位后，因已有螺栓与已固定的网架块体相连接。所以，只要用方木和千斤顶顶住下弦即可。不必再在上弦绑杉杆。

  7.2.5 用经纬仪观测轴线偏差，如超过设计规定，可在块体上下弦挂捯链牵引校正。单个块体的标高偏差，用设置在下弦节点处的千斤顶校正。如果支架刚度不够，则已安装并已校正好的大面积网架的标高可能会发生下降，此时，只用某一个千斤顶顶不动，而需同时操作网架下面的许多个千斤顶进行校正。

  7.2.6 这种一次成活的办法，不仅可提高工作效率，而且可防止网架产生过大的挠度。

  7.2.7 拆除时，为避免因个别支点受力过大使网架杆件变形，应有组织地分几次下落千斤顶，且每次要使位于网架中央的千斤顶多下降一些，位于网架中央和周边之间的千斤顶次之，位于网架周边的千斤顶少降一些。位于网架中央的千斤顶一次下降量应控制在20mm～40mm范围内。

7.3 分条、分块安装

  7.3.1 事先将网架分成若干段，先在地面上组装成条状或块状单元，再用起重机将单元体吊装就位拼成整体。

  7.3.2 为保证顺利拼装，在条与条、块与块合拢处可先采用临时螺栓固定，待发现有偏差或误差时便于调整。全部拼装完成后，调整网架挠度和标高，焊接半圆球节点和安设下弦杆件，拧紧支座螺栓即可拆除支架或立柱。

  7.3.5 网架运输中吊点及垫点应经计算确定，发现运输刚度不足应事前加固，防止发生变形。

7.4 高空滑移法安装

  7.4.1 高空滑移法分单条滑移法和逐条滑移法两种，前者是将分条的网架单元在事先设置的滑轨上单条滑移到设计位置后拼接。后者是将分条的网架单元在滑轨上逐条积累拼接后滑移到设计位置。有条件时，应尽量在地面拼成条或块状单元吊至拼装平台上进行拼装。

  7.4.2 采用滑移法安装网架时，平移单元在拼装和牵引过程中的挠度比较大，为减小挠度，故平移跨度大于50m的网架，宜在跨中增设一条平移轨道。

  7.4.3 网架平移用的轨道，可用槽钢或扁钢焊在梁面预埋钢板上，轨道底面用水泥砂浆塞满，并在接头处焊牢，否则平移时，轨道会产生局部压陷，使平移阻力增大。轨道安装后要除锈并刷机油保养。另外，为了使网架沿直线平移，一般还在网架上安装导轮，在天沟梁上设置导轨。

7.4.4 为做到网架两端同步前进，应按本条要求选择滑轮和卷扬机，并应选用慢速卷扬机，且根据卷扬机的牵引能力和卷扬机速度确定牵引滑轮组的工作线数。钩挂滑轮组的动滑轮，应根据实际工程的需要采用几个单门滑轮，以便对网架进行多点挂钩。

7.4.5 为保证网架能平稳地滑移，滑移速度以不超过 1m/min 为宜。同时平移中两侧同步差达到 30mm 时，应停机调整同步。

7.4.6 抽去轨道前抬起网架支座时，应注意支座的均匀上升。

7.4.7 验算结果，当网架滑移单元由于增设中间滑轨引起杆件内力变化时，要采取临时加固措施，以防杆件失稳。

7.5 整体吊装法

7.5.1 整体安装就是先将网架在地面上拼装成整体，然后用起重设备将其整体提升到设计位置加以固定。这种方法不需高大的拼装支架，高空作业少，易保证质量，但需要起重量大的起重设备，技术较复杂。当采用多根拔杆方案时，可利用每根拔杆两侧起重机滑轮组中产生水平分力不等原理推动网架移动或转动进行就位，见图 1。

网架吊装设备可根据起重滑轮组的拉力进行受力分析，提升阶段和就位阶段，可分别按下式计算起重滑轮组的拉力：

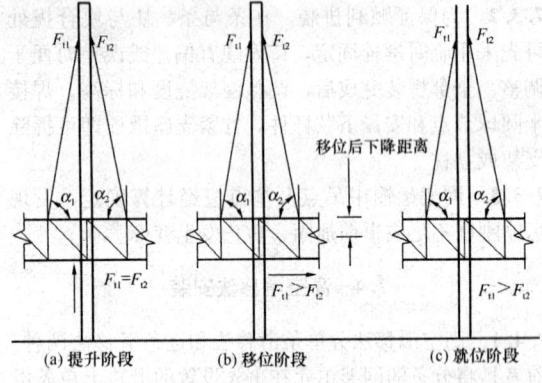

图 1　网架空中移位示意

提升阶段（图 1a）

$$F_{t1} = F_{t2} = \frac{G_1}{2\sin\alpha_1}$$

就位阶段（图 1c）

$$F_{t1}\sin\alpha_1 + F_{t2}\sin\alpha_2 = G_1$$

式中：G_1——每根拔杆所担负的网架、索具等荷载；

F_{t1}、F_{t2}——起重滑轮组的拉力；

α_1、α_2——起重滑轮组钢丝绳与水平面的夹角。

网架位移距离（或旋转角度）与网架下降高度之间的关系可用图解法或计算法确定。当采用单根拔杆方案时，对矩形网架可通过调整缆风绳使拔杆吊着网架进行平移就位；对正多边形或圆形网架可通过旋转拔杆使网架转动就位。

7.5.2 提升中，若高差超过允许值即应停止起吊立即进行调整。

7.5.3 考虑起升及下降的不同步，使起重设备负荷不均，为保证其不超负荷，应乘以折减系数。

7.5.4 为防止网架整体提升与柱子相碰，错开的距离取决于网架提升过程中网架与柱子或突出柱子的牛腿等部位之间的净距，一般不得小于 100mm，同时要考虑网架拼装方便和空中移位时起重机工作的方便。

7.5.5 由于整体提升和拼装的需要，可征求设计单位的同意，将网架的部分边缘杆件留待网架提升后再焊接。或变更部分影响网架提升的柱子牛腿。

7.5.6 拔杆的选择取决于其所承受的荷载和吊点布置，网架安装时的计算荷载为：

$$Q = (\gamma_{G1}Q_1 + Q_2 + Q_3)K$$

式中：γ_{G1}——荷载分项系数 1.1；

Q_1——网架重量（kN）；

Q_2——附加设备（包括桁条、通风管、脚手架）的重量（kN）；

Q_3——吊具重量（kN）；

K——由提升差异引起的受力不均匀系数，如网架重量基本均匀，各点提升差异控制在 100mm 以下时，此系数取值 1.3。

应经过网架吊装验算来确定吊点的数量和位置。不过，在起重能力、吊装应力和网架刚度满足要求的前提下，应当尽量减少拔杆和吊点的数量。缆风绳的布置，应使多根拔杆相互连接。

7.5.7 因拔杆保持垂直状态受力最好，为使拔杆在网架吊装的全过程中不致发生较大的偏斜，应对缆风绳施加较大的初拉力。底座采用球形万向接头和单向铰接头，主要是为网架就位需要。

7.5.8 本条要求是为防止吊装过程中基础下沉产生歪斜。

7.5.9 本条要求主要是为了顺利提升和保证网架均衡上升。

7.5.10 本条要求主要是为保证网架结构和操作人员的安全而要求做到的。

7.6 整体提升、顶升法安装

7.6.1 整体提升法是用安于柱顶横梁上的多台提升设备，将在地面上原位拼装好的网架提升到设计位置进行落位固定的安装方法，此法提升平稳，劳动强度低，提升差异小。但要注意以下一些事项：

1 由于网架提升离地后下弦要伸长，所以，可将提升机中心校正到比网架支座中心偏外 5mm 的地方。并在试提升时，用经纬仪测量吊杆垂直度，如垂直偏差超过 5mm，应放下网架，复校提升机位置。为此，应将承力桁架与钢柱连接的螺孔做成椭圆形，以便于校正。

2 本款要求是为减小网架在拆除吊杆时的搁置差。

3 所有提升装置的第一节吊杆为同顺序号吊杆，所有提升装置的第二节吊杆亦为同顺序号吊杆，余类推。

4 因液压千斤顶对超负荷受力特别敏感，很容易坏，所以使用时较额定负荷折减得多。

5 相邻两提升点和最高与最低两个点的提升允许升差值应通过验算确定。相邻两个提升点允许升差值：当用升板机时，应为相邻点距离的 1/400，且不应大于 15mm；当采用穿心式液压千斤顶时，应为相邻距离的 1/250，且不应大于 25mm。最高点与最低点允许升差值：当采用升板机时，不应超过 35mm，采用穿心式液压千斤顶时不应超过 50mm。

6 提升网架时的一切荷载均由这些柱子承担。

因此，保证结构在施工时的稳定性很重要。若经核算稳定性不够时，应设支撑加固。

7.6.2 网架采用整体顶升法，是利用千斤顶将在地面上拼装好的网架整体顶升至设计标高，此法的优点是不需要大型设备，施工简便。在施工中要注意以下事项：

1 支柱或支架上的缀板间距为使用行程的整倍数，主要便于倒换千斤顶。

2 本款说明同第 7.6.1 条第 4 款说明。但各千斤顶的行程和升起速度必须一致，千斤顶及其液压系统必须经过现场检验合格后方可使用。

3 控制各顶升点的允许值是为保证顶升过程达到同步。

4 千斤顶或千斤顶的合力中心与柱轴线对准，主要便于准确就位和使千斤顶均匀受力。千斤顶保持垂直是为防止千斤顶本身偏心受压而损坏。

5 避免网架结构对柱产生设计不允许出现的附加偏心荷载和对基础产生设计不允许出现的附加弯矩。

6 本款说明同第 7.6.1 条第 6 款说明。

中华人民共和国行业标准

建筑施工升降设备设施检验标准

Standard for testing of lifting equipments and
facilities in construction

JGJ 305—2013

批准部门：中华人民共和国住房和城乡建设部
施行日期：２０１４年１月１日

中华人民共和国住房和城乡建设部
公　告

第 60 号

住房城乡建设部关于发布行业标准《建筑施工升降设备设施检验标准》的公告

现批准《建筑施工升降设备设施检验标准》为行业标准，编号为 JGJ 305-2013，自 2014 年 1 月 1 日起实施。其中，第 3.0.7、4.2.9、4.2.15、5.2.8、6.2.9、7.2.15、8.2.8 条为强制性条文，必须严格执行。

本标准由我部标准定额研究所组织中国建筑工业出版社出版发行。

中华人民共和国住房和城乡建设部
2013 年 6 月 24 日

前　　言

根据住房和城乡建设部《关于印发〈2011 年工程建设标准规范制订、修订计划〉的通知》（建标[2011] 17 号）的要求，标准编制组经广泛调查研究，认真总结实践经验，参考有关国际标准和国外先进标准，并在广泛征求意见的基础上，编制本标准。

本标准的主要内容是：1. 总则；2. 术语和符号；3. 基本规定；4. 附着式升降脚手架；5. 高处作业吊篮；6. 龙门架及井架物料提升机；7. 施工升降机；8. 塔式起重机。

本标准中以黑体字标志的条文为强制性条文，必须严格执行。

本标准由住房和城乡建设部负责管理和对强制性条文的解释，由鹏达建设集团有限公司负责具体技术内容的解释。本标准执行过程中如有意见和建议，请寄送鹏达建设集团有限公司（地址：北京市丰台区张仪村路甲 22 号，邮政编码：100071）。

本 标 准 主 编 单 位：鹏达建设集团有限公司
　　　　　　　　　　舜元建设(集团)有限公司
本 标 准 参 编 单 位：南京建工建筑机械安全检测所
　　　　　　　　　　合肥市建筑质量安全监督站
　　　　　　　　　　天津市建设工程质量安全监督管理总队
　　　　　　　　　　上海市建工设计研究院有限公司
　　　　　　　　　　山西宏厦建筑工程有限公司
　　　　　　　　　　云南省建设厅安监站
　　　　　　　　　　山西宏厦建筑工程第三有限公司
　　　　　　　　　　山西省建设工程安全监督管理总站
　　　　　　　　　　衡阳市建设工程安全监督站
　　　　　　　　　　湖北赤东建筑有限公司
　　　　　　　　　　浙江省长城建设集团股份有限公司
　　　　　　　　　　浙江广扬建设集团有限公司
　　　　　　　　　　河北省土木建筑学会
　　　　　　　　　　哈尔滨东安建筑工程有限公司
　　　　　　　　　　沈阳市建设工程安全监督站
　　　　　　　　　　杭州二建建设有限公司
　　　　　　　　　　重庆市建设工程施工安全管理总站
　　　　　　　　　　成都市建设工程施工安全监督站
　　　　　　　　　　杭州品茗科技有限公司
　　　　　　　　　　南宁市建筑管理处
　　　　　　　　　　杭州萧宏建设集团有限公司
　　　　　　　　　　浙江省东阳市南方建筑工程有限公司

　　　　　　　　　陕西省建设工程质量安全
　　　　　　　　　监督总站
　　　　　　　　　中国工程建设标准化协会
　　　　　　　　　施工安全专业委员会
本标准主要起草人员：廖　永　徐光新　魏邦仁
　　　　　　　　　张　健　姜　宁　李忠伟
　　　　　　　　　汤坤林　王剑辉　冯　琪
　　　　　　　　　李丽峰　韩海瑞　袁革忠
　　　　　　　　　陈再捷　宫守河　赵仲明
　　　　　　　　　刘铁刚　翟旭斌　孙仁宗
　　　　　　　　　陈进雄　赵国杨　吴瑞军

刘海勇　李　迥　陈炎表
姜万宇　杨　昆　张国庆
曾安军　金光炎　宋连海
孙正坤　张群望　肖　剑
卫　维　俞向阳　杨　静
章铭荣　何品群　彭　杰
毛红卫　秦春芳
本标准主要审查人员：耿洁明　张有闻　戴宝荣
　　　　　　　　　熊　琰　杨存成　费毕刚
　　　　　　　　　汪道金　石　卫　王　峰
　　　　　　　　　解金箭　葛兴杰

目 次

1 总则 ·············· 10—15—6
2 术语和符号 ·············· 10—15—6
　2.1 术语 ·············· 10—15—6
　2.2 符号 ·············· 10—15—6
3 基本规定 ·············· 10—15—6
4 附着式升降脚手架 ·············· 10—15—6
　4.1 一般规定 ·············· 10—15—6
　4.2 检验内容及要求 ·············· 10—15—6
5 高处作业吊篮 ·············· 10—15—8
　5.1 一般规定 ·············· 10—15—8
　5.2 检验内容及要求 ·············· 10—15—8
6 龙门架及井架物料提升机 ·············· 10—15—9
　6.1 一般规定 ·············· 10—15—9
　6.2 检验内容及要求 ·············· 10—15—9
7 施工升降机 ·············· 10—15—10
　7.1 一般规定 ·············· 10—15—10
　7.2 检验内容及要求 ·············· 10—15—10
8 塔式起重机 ·············· 10—15—12
　8.1 一般规定 ·············· 10—15—12
　8.2 检验内容及要求 ·············· 10—15—12
附录 A 附着式升降脚手架检验报告 ·············· 10—15—15
附录 B 高处作业吊篮检验报告 ·············· 10—15—19
附录 C 龙门架及井架物料提升机检验报告 ·············· 10—15—21
附录 D 施工升降机检验报告 ·············· 10—15—25
附录 E 塔式起重机检验报告 ·············· 10—15—29
本标准用词说明 ·············· 10—15—35
引用标准名录 ·············· 10—15—35
附：条文说明 ·············· 10—15—36

Contents

1 General Provisions ······· 10—15—6
2 Terms and Symbols ······· 10—15—6
   2.1 Terms ······· 10—15—6
   2.2 Symbols ······· 10—15—6
3 Basic Requirements ······· 10—15—6
4 Adhering Adjustable
   Scaffolds ······· 10—15—6
   4.1 General Requirements ······· 10—15—6
   4.2 Inspection Contents and
      Requirements ······· 10—15—6
5 Suspended Forwork at
   Heights ······· 10—15—8
   5.1 General Requirements ······· 10—15—8
   5.2 Inspection Contents and
      Requirements ······· 10—15—8
6 Gantry Frame and Headframe
   Hoisters ······· 10—15—9
   6.1 General Requirements ······· 10—15—9
   6.2 Inspection Contents and
      Requirements ······· 10—15—9
7 Construction Elevator ······· 10—15—10
   7.1 General Requirements ······· 10—15—10
   7.2 Inspection Contents and
      Requirements ······· 10—15—10
8 Tower Crane ······· 10—15—12
   8.1 General Requirements ······· 10—15—12
   8.2 Inspection Contents and
      Requirements ······· 10—15—12
Appendix A Test Report for Adhering
            Adjustable
            Scaffolds ······· 10—15—15
Appendix B Test Report for Suspended
            Forwork at
            Heights ······· 10—15—19
Appendix C Test Report for Gantry
            Frame and Headframe
            Hoisters ······· 10—15—21
Appendix D Test Report for Construcion
            Elevator ······· 10—15—25
Appendix E Test Report for Tower
            Crane ······· 10—15—29
Explanation of Wording in This
   Standard ······· 10—15—35
List of Quoted Standards ······· 10—15—35
Addition: Explanation of
   Provisions ······· 10—15—36

1 总 则

1.0.1 为加强建筑施工升降设备设施（以下简称升降设备设施）的检验，根据国家现行有关法律、法规，确保升降设备设施的安全，制定本标准。

1.0.2 本标准适用于建筑施工使用的附着式升降脚手架、高处作业吊篮、龙门架及井架物料提升机、施工升降机、塔式起重机等升降设备设施安装、使用的检验。

1.0.3 升降设备设施的安装、使用检验除应符合本标准外，尚应符合国家现行有关标准的规定。

2 术语和符号

2.1 术 语

2.1.1 升降设备 lifting equipments

由专业生产厂家制造的能够自行升降，垂直、水平运送物料或人员的施工机械。

2.1.2 升降设施 lifting facilities

主要结构构件为工厂制造的金属结构产品，在现场按特定的程序组装后，附着在建筑物上能够沿着建筑物自行升降的施工作业平台和防护设施。

2.1.3 升降设备设施检验 testing of lifting equipments and facilities

对安装、使用的升降设备设施的安全使用条件、安全装置可靠性与标准规范及相关技术文件符合程度的验证。

2.1.4 受检单位 the units being inspected

升降设备、升降设施的安装单位或使用单位。

2.2 符 号

2.2.1 Q_m——最大额定起重量。
2.2.2 Q_0——额定起重量。
2.2.3 R_0——最大工作幅度。
2.2.4 v——额定提升速度。

3 基本规定

3.0.1 升降设备设施超过使用年限时，应按相关规定进行评估。

3.0.2 受检单位应提供与检验升降设备设施安装使用有关的过程记录。

3.0.3 升降设备设施检验应采用适宜的仪器、设备和工具。属于法定计量检定范畴的仪器、设备和工具，必须经过法定计量检定机构计量检定合格，并应在有效期内。

3.0.4 检验现场具备的条件应符合下列规定：

1 无雨雪、大雾，且风速不应大于 8.3m/s；
2 环境温度宜为 -15℃ $\sim +40$℃；
3 现场供电电压波动偏差应为 $\pm 5\%$；
4 应设置安全警戒区域和警示标识。

3.0.5 升降设备设施的检验分为保证项目和一般项目，检验结果可分为合格和不合格。

1 当保证项目和一般项目检验全部合格时，判定为合格。
2 当保证项目检验全部合格，一般项目检验中不合格项目数符合下列规定时，可判定为合格：
 1）附着式升降脚手架、高处作业吊篮、龙门架及井架物料提升机不得超过 3 项；
 2）施工升降机不得超过 4 项；
 3）塔式起重机不得超过 5 项。
3 当保证项目检验有不合格或一般项目检验中不合格项目数超过本条第 2 款规定时，判定为不合格。

3.0.6 经检验判定合格的，若一般项目存在不合格项，应整改至合格后方可使用，并应将整改资料报检验方。

3.0.7 严禁使用经检验不合格的建筑施工升降设备设施。

3.0.8 升降设备设施检验后应出具检验报告，并应存档。

4 附着式升降脚手架

4.1 一般规定

4.1.1 受检单位应具有下列资料：

1 专业分包合同及安全协议；
2 专项施工方案；
3 产品合格证、使用说明书；
4 提升设备的合格证书；
5 安装、调试自检记录；
6 提升（下降）前、后自检记录。

4.1.2 应按本标准附录 A 填写检验报告。当受检单位提供的资料不齐全时，不得进行检验。

4.2 检验内容及要求

4.2.1 架体结构应符合下列规定：

1 所有主要承力构件应无明显塑性变形、裂纹、严重锈蚀等缺陷；
2 架体总高度应与施工方案相符，且不应大于所附着建筑物的 5 倍楼层高；
3 架体宽度不应大于 1.2m；
4 架体支承跨度应符合设计要求，直线布置的架体支承跨度不应大于 7m，折线或曲线布置的架体支承跨度不应大于 5.4m；

5 架体的水平悬挑长度不应大于 1/2 水平支承跨度,并不应大于 2m,单跨式附着升降脚手架架体的水平悬挑长度不应大于 1/4 的支承跨度;

6 架体全高与支承跨度的乘积不应大于 110m²;

7 相邻提升机位间的高差不得大于 30mm,整体架最大升降差不得大于 80mm。

4.2.2 竖向主框架应符合下列规定:

1 附着式升降脚手架应在附着支承结构部位设置与架体高度相等的竖向主框架,竖向主框架应为桁架或刚架结构,其杆件连接的节点应采用焊接或螺栓连接,并应与水平支撑桁架和架体构架构成空间几何不可变体系的稳定结构;

2 主框架的强度和刚度应满足设计要求;

3 主框架内侧应设置导轨,主框架与导轨应采用刚性连接;

4 竖向主框架的垂直偏差不应大于 5/1000,且不应大于 60mm。

4.2.3 水平支承桁架杆件的轴线应相交于节点上,各节点应采用焊接或螺栓连接,且应为定型桁架结构。在相邻两榀竖向主框架中间应连续设置。

4.2.4 架体构架应符合下列规定:

1 架体构架相邻立杆连接接头不应在同一水平面上,且不得搭接;对底部采用套接或插接的可除外。

2 架体外立面应沿全高设置剪刀撑,剪刀撑的斜杆水平夹角应为 45°~60°,并应将竖向主框架、水平支承桁架和架体构架连成一体。

3 架体应在下列部位采取可靠的加强构造措施:

1) 架体与附墙支座的连接处;
2) 架体上提升机构的设置处;
3) 架体上防坠、防倾装置的设置处;
4) 架体吊拉点设置处;
5) 架体平面的转角处;
6) 当遇到塔吊、施工升降机、物料平台等设施,需断开处。

4 各扣件、连接螺栓应齐全、紧固,扣件螺栓拧紧力矩应为 40N·m~65N·m。采用扣件式脚手架搭设的架体,其步距应符合现行行业标准《建筑施工扣件式钢管脚手架安全技术规范》JGJ 130 的要求。

5 架体悬挑端应以竖向主框架为中心成对设置对称斜拉杆,其水平角不应小于 45°。

6 在升降和使用工况下,架体悬臂高度均不应大于架体高度的 2/5,并不应大于 6m。

7 物料平台不得与附着式升降脚手架各部位和各结构构件相连或干涉,其荷载应直接传递给建筑工程结构。

4.2.5 竖向主框架所覆盖的高度内每一个楼层均应设置一处附墙支座,且应符合下列规定:

1 附墙支座锚固处的混凝土强度应达到专项方案设计值,且应大于 C10;

2 附墙支座锚固螺栓孔应垂直于工程结构外表面;

3 附墙支座锚固螺栓应采取防松措施,螺栓露出螺母端部的长度不应少于 3 倍螺距,并不小于 10mm;

4 附墙支座锚固螺栓垫板规格不应小于 100mm×100mm×10mm;

5 附墙支座锚固处应采用两根或以上的附着锚固螺栓。

4.2.6 防倾装置应符合下列规定:

1 每一个附墙支座上应配置防倾装置;

2 防倾装置应采用螺栓或焊接与附着支承结构连接,不得采用扣件方式连接;

3 在升降工况下,最上和最下两个导向件之间的最小间距不应小于架体高度的 1/4 或 2.8m。

4.2.7 架体升降到位后,每一附墙支座与竖向主框架应采取固定装置或措施。

4.2.8 防坠装置应符合下列规定:

1 防坠装置在使用和升降工况下均应设置在竖向主框架部位,并应附着在建筑物上,每一个升降机位不应少于一处;

2 防坠装置应有安装时的检验记录。

4.2.9 防坠装置与提升设备严禁设置在同一个附墙支承结构上。

4.2.10 架体安全防护应符合现行行业标准《建筑施工扣件式钢管脚手架安全技术规范》JGJ 130 的规定,并应符合下列规定:

1 架体外侧应用密目式安全网等进行全封闭;

2 架体底层的脚手板应铺设严密,在脚手板的下部应采用安全网兜底,与建筑物外墙之间应采用硬质翻板封闭;

3 作业层外侧应设置 1.2m 高的防护栏杆和 180mm 高的挡脚板;

4 当整体式附着升降脚手架中间断开时,其断开处必须封闭,并应加设防护栏杆;

5 使用工况下架体与工程结构表面之间应采取可靠的防止人员和物料坠落的防护措施。

4.2.11 同步控制装置应符合下列规定:

1 当附着式升降脚手架升降时,应配备有限制荷载自控系统或水平高差的同步控制系统;

2 限制荷载自控系统应具有超载 15% 时的声光报警和显示报警机位,超载 30% 时,应具有自动停机的功能;

3 水平高差同步控制系统应具有当水平支承桁架两端高差达到 30mm 时能自动停机功能。

4.2.12 中央控制装置应符合下列规定:

1 应具备点控群控功能;

2 应具有显示各机位即时荷载值及状态的功能;

3 升降的控制装置，应放置在楼面上，不应设在架体上。

4.2.13 提升设备应符合下列规定：
1 提升设备应与建筑结构和架体有可靠连接；
2 吊钩不应有裂纹、剥裂，不得补焊；
3 液压提升装置管路应无渗漏；
4 钢丝绳应符合现行国家标准《起重机 钢丝绳 保养、维护、安装、检验和报废》GB/T 5972的规定。

4.2.14 电气系统应符合下列规定：
1 供电系统应符合现行行业标准《施工现场临时用电安全技术规范》JGJ 46的规定；
2 应设置专用开关箱；
3 绝缘电阻不应小于0.5MΩ。

4.2.15 附着式脚手架架体上应有防火措施。

5 高处作业吊篮

5.1 一般规定

5.1.1 受检单位应具有下列资料：
1 产品出厂合格证；
2 安全锁标定证书；
3 使用说明书；
4 安装合同和安全协议；
5 专项施工方案及作业平面布置图；
6 安装自检验收表。

5.1.2 应按本标准附录B填写检验报告。当受检单位提供的资料不齐全时，不得进行检验。

5.2 检验内容及要求

5.2.1 结构件应符合下列规定：
1 悬挂机构、悬吊平台的钢结构及焊缝应无明显变形、裂纹和严重锈蚀；
2 结构件各连接螺栓应齐全、紧固，并应有防松措施；所有连接销轴使用应正确，均应有可靠轴向止动装置。

5.2.2 悬吊平台应符合下列规定：
1 悬吊平台拼接总长度应符合使用说明书的要求；
2 底板应牢固，无破损，并应有防滑措施；
3 护栏靠工作面一侧高度不应小于800mm，其余部位高度不应小于1100mm；
4 四周底部挡板应完整、无间断，高度不应小于150mm，与底板间隙不应大于5mm；
5 与建筑物墙面间应设有导轮或缓冲装置；
6 悬吊平台运行通道应无障碍物。

5.2.3 钢丝绳应符合下列规定：
1 吊篮钢丝绳的型号和规格应符合使用说明书的要求；
2 工作钢丝绳直径不应小于6mm；
3 安全钢丝绳应选用与工作钢丝绳相同的型号、规格，在正常运行时，安全钢丝绳应处于悬垂张紧状态；
4 安全钢丝绳、工作钢丝绳应分别独立悬挂，并不得松散、打结，且应符合现行国家标准《起重机 钢丝绳 保养、维护、安装、检验和报废》GB/T 5972的规定；
5 安全钢丝绳的下端必须安装重砣，重砣底部至地面高度宜为100mm～200mm，且应处于自由状态；
6 钢丝绳的绳端固结应符合产品说明书的规定。

5.2.4 产品标牌及警示标志应符合下列规定：
1 产品标牌应固定可靠，易于观察；
2 应有重量限载的警示标志。

5.2.5 悬挂机构应符合下列规定：
1 悬挂机构前梁长度和中梁长度配比、额定载重量、配重重量及使用高度应符合产品说明书的规定；
2 悬挂机构施加于建筑物或构筑物的作用力，应符合建筑结构的承载要求；
3 悬挂机构横梁应水平，其水平度误差不应大于横梁长度的4‰，严禁前低后高；
4 前支架不应支撑在女儿墙外或建筑物挑檐边缘等部位；
5 悬挂机构吊点水平间距与悬吊平台的吊点间距应相等，其误差不应大于50mm；
6 悬挂机构的前梁不应支撑在非承重建筑结构上。不使用前支架的，前梁上的搁置支撑中心点应和前支架的支撑点相重合，工作时不得自由滑移，并应有专项施工方案。

5.2.6 配重应符合下列规定：
1 配重件重量及几何尺寸应符合产品说明书要求，并应有重量标记，其总重量应满足产品说明书的要求，不得使用破损的配重件或其他替代物；
2 配重件应固定在配重架上，并应有防止可随意移除的措施。

5.2.7 安全装置应符合下列规定：
1 上行程限位应动作正常、灵敏有效；
2 制动器应灵敏有效，手动释放装置应有效；
3 应独立设置作业人员专用的挂设安全带的安全绳，安全绳应可靠固定在建筑物结构上，不应有松散、断股、打结，在各尖角过渡处应有保护措施。

5.2.8 安全锁应完好有效，严禁使用超过有效标定期限的安全锁。

5.2.9 电气系统应符合下列规定：
1 主要电气元件应工作正常，固定可靠；电控箱应有防水、防尘措施；主供电电缆在各尖角过渡处应有保护措施；

 2 悬吊平台上必须设置紧急状态下切断主电源控制回路的急停按钮，急停按钮不得自动复位；

 3 带电零部件与机体间的绝缘电阻不宜小于 $2M\Omega$；

 4 专用开关箱应设置隔离、过载、短路、漏电等电气保护装置，并应符合现行行业标准《施工现场临时用电安全技术规范》JGJ 46 的规定。

6 龙门架及井架物料提升机

6.1 一般规定

6.1.1 受检单位应具有下列资料：

 1 产品出厂合格证、备案证明；

 2 安装告知手续；

 3 使用说明书；

 4 防坠安全器说明书；

 5 安装合同及安全协议；

 6 专项施工方案；

 7 基础验收及其隐蔽工程资料；

 8 安装前检查表；

 9 安装自检验收表。

6.1.2 应按本标准附录 C 填写检验报告。当受检单位提供的资料不齐全时，不得进行检验。

6.2 检验内容及要求

6.2.1 基础应符合下列规定：

 1 基础尺寸、外形、混凝土强度等级及地基承载力等，应符合使用说明书的要求；

 2 基础及周围应有排水设施，不得积水；

 3 30m 及以上物料提升机的基础应进行设计计算。

6.2.2 架体结构应符合下列规定：

 1 主要结构件应无明显变形、严重锈蚀，焊缝应无明显可见裂纹；

 2 结构件安装应符合说明书的要求，各连接螺栓应齐全、紧固，并应有防松措施；螺栓露出螺母端部的长度不应少于 3 倍螺距；

 3 架体垂直度偏差不应大于架体高度的 1.5/1000；

 4 井架式物料提升机的架体在各楼层通道的开口处，应有加强措施；

 5 架体底部应设高度不小于 1.8m 的防护围栏以及围栏门，并应完好无损，围栏门应装有电气连锁开关，吊笼应在围栏门关闭后方可启动。

6.2.3 吊笼应符合下列规定：

 1 吊笼内净高度不应小于 2m；

 2 吊笼应设置吊笼门，吊笼两侧立面及吊笼门应采用网板结构全高度封闭，吊笼门的开启高度不应低于 1.8m；

 3 吊笼应有可靠防护顶板；

 4 吊笼底板应有防滑、排水功能，无明显变形、锈蚀、破损，且应固定牢靠；

 5 吊笼滚动导靴应可靠有效；

 6 产品标牌应固定牢固，易于观察，并应在显著位置设置安全警示标识。

6.2.4 提升机构应符合下列规定：

 1 固定卷扬机应有专用的锚固设施，且应牢固可靠；

 2 卷扬钢丝绳不得拖地和被水浸泡，穿越道路时应采取防护措施；

 3 卷扬机应设置防止钢丝绳脱出卷筒的保护装置，该装置与卷筒侧板最外缘的间隙不应超过钢丝绳直径的 20%，并应有足够的强度；

 4 钢丝绳在卷筒上应整齐排列，端部应与卷筒压紧装置连接牢固。当吊笼处于最低位置时，卷筒上的钢丝绳不应少于 3 圈；

 5 卷筒两端的凸缘至最外层钢丝绳的距离不应小于钢丝绳直径的 2 倍；

 6 滑轮组与架体（或吊笼）应采用刚性连接，严禁使用开口板式滑轮；

 7 滑轮应设置防钢丝绳脱出装置，该装置与滑轮间隙不得超过钢丝绳直径的 20%；

 8 制动器应动作灵敏，工作应可靠；

 9 当曳引钢丝绳为 2 根及以上时，应设置张力自动平衡装置；

 10 导向滑轮和卷筒中间位置的连线应与卷筒轴线垂直，其距离不应小于卷筒长度的 20 倍。

6.2.5 钢丝绳应符合下列规定：

 1 钢丝绳绳端固结应牢固、可靠。当采用金属压制接头固定时，接头不应有裂纹；当采用楔块固结时，楔套不应有裂纹，楔块不应松动；当采用绳夹固结时，绳夹安装应正确，绳夹数应满足现行国家标准《起重机械安全规程 第一部分：总则》GB 6067.1 的要求。

 2 钢丝绳的规格、型号应符合设计要求，与滑轮和卷筒相匹配，并应正确穿绕。钢丝绳应润滑良好，不得与金属结构摩擦。

 3 钢丝绳达到现行国家标准《起重机 钢丝绳 保养、维护、安装、检验和报废》GB/T 5972 的规定报废条件时，应予报废。

6.2.6 导向和缓冲装置应符合下列规定：

 1 吊笼滚轮与导轨之间的最大间隙不应大于 10mm；

 2 吊笼导轨结合面错位阶差不应大于 1.5mm，对重导轨、防坠器导轨结合面错位阶差不应大于

0.5mm；

3 吊笼和对重底部应设置缓冲器。

6.2.7 停层平台应符合下列规定：

1 各停层平台搭设应牢固、安全可靠，两边应设置不小于1.5m高的防护栏杆，并应全封闭；

2 各停层平台应设置常闭平台门，其高度不应小于1.8m，且应向内侧开启。

6.2.8 安全装置应符合下列规定：

1 应设置起重量限制器；当荷载达到额定起重量的90%时，应发出警示信号。当荷载达到额定起重量并小于额定起重量的110%时，起重量限制器应能停止起升动作。

2 吊笼应设置防坠安全器；当提升钢丝绳断绳或传动装置失效时，防坠安全器应能制停带有额定起重量的吊笼，且不应造成结构损坏。自升平台应设置有渐进式防坠安全器。

3 应设置上限位开关；当吊笼上升至限定位置时，应触发限位开关，吊笼应停止运动，上部越程距离不应小于3m。

4 应设置下限位开关；当吊笼下降至限定位置时，应能触发限位开关，吊笼应停止运动。

5 进料口防护棚应设置在提升机地面上料口上方，其长度不应小于3m，宽度不应小于吊笼宽度。顶部强度应符合现行行业标准《龙门架及井架物料提升机安全技术规范》JGJ 88的规定。

6 当司机对吊笼升降运行、停层平台观察视线不清时，必须设置通信装置，通信装置应同时具有语音和影像显示功能。

6.2.9 吊笼安全停靠装置应为刚性机构，且必须能承担吊笼、物料及作业人员等全部荷载。

6.2.10 附着装置应符合下列规定：

1 物料提升机附着装置的设置应符合说明书的要求；

2 附着架与架体及建筑结构应采用刚性连接，不得与脚手架连接。

6.2.11 缆风绳应符合下列规定：

1 当设置缆风绳时，其地锚设置应符合现行行业标准《龙门架及井架物料提升机安全技术规范》JGJ 88的规定；

2 缆风绳与地面夹角宜为45°～60°，其下端应与地锚连接牢靠；

3 缆风绳应设有预紧装置，张紧度应适宜；

4 当架体高度30m及以上时，不应使用缆风绳。

6.2.12 电气系统应符合下列规定：

1 应设置专用开关箱，其供电系统应符合现行行业标准《施工现场临时用电安全技术规范》JGJ 46的规定；

2 电气设备的绝缘电阻值不应小于0.5MΩ，电气线路的绝缘电阻值不应小于1MΩ；

3 工作照明的开关应与主电源开关相互独立；当提升机主电源切断时，工作照明不应断电；

4 卷扬机的控制开关不得使用倒顺开关；

5 应设置非自动复位型紧急断电开关，且开关应设在便于司机操作的位置；

6 提升机的金属结构及所有电气设备系统的金属外壳接地应良好，其重复接地电阻不应大于10Ω。

6.2.13 司机操作棚应符合下列规定：

1 搭设应牢靠，应能防雨，且应视线良好；

2 应设置专用开关箱，照明应满足使用要求；

3 应设有安全操作规程及警示标牌；

4 操作柜的操作按钮应有指示功能和动作方向的标识。

7 施工升降机

7.1 一般规定

7.1.1 受检单位应具有下列资料：

1 产品出厂合格证、监督检验证明、特种设备制造许可证、备案证明；

2 安装告知手续；

3 安装合同及安全协议；

4 防坠安全器标定检测报告；

5 专项施工方案；

6 基础验收及其隐蔽工程资料；

7 基础混凝土强度报告；

8 安装前检查表；

9 安装自检记录。

7.1.2 应按本标准附录D填写检验报告。当受检单位提供的资料不齐全时，不得进行检验。

7.2 检验内容及要求

7.2.1 施工升降机任何部分与架空输电线路的最小安全操作距离应符合表7.2.1的规定。

表7.2.1 最小安全操作距离

外电线路电压（kV）	<1	1～10	35～110	220	330～500
最小安全操作距离（m）	4	6	8	10	15

7.2.2 施工升降机正常作业状态下的噪声限值应符合表7.2.2的规定。

表7.2.2 噪声限值

单位：dB（A）

测量部位	单传动	并联双传动	并联三传动	液压调速
吊笼内	≤85	≤86	≤87	≤98
离传动系统1m处	≤88	≤90	≤92	≤110

7.2.3 基础应符合下列规定：
 1 基础应满足使用说明书或专项施工方案的要求；
 2 基础及周围应有排水设施，不得积水。

7.2.4 防护围栏应符合下列规定：
 1 施工升降机应设置高度不低于1.8m的地面防护围栏，并不得缺损，并应符合使用说明书的要求；
 2 围栏门的开启高度不应小于1.8m，并应符合使用说明书的要求。围栏门应装有机械锁紧和电气安全开关；当吊笼位于底部规定位置时，围栏门方能开启，且应在该门开启后吊笼不能启动。

7.2.5 吊笼应符合下列规定：
 1 吊笼门框净高不应小于2m，净宽不应小于0.6m，吊笼箱体应完好，无破损；
 2 吊笼门应装机械锁钩，运行时不应自动打开，应设有电气安全开关；当门未完全关闭时，该开关应能有效切断控制回路电源，使吊笼停止或无法启动；
 3 当吊笼顶板作为安装、拆卸、维修的平台或设有天窗时，顶板应抗滑，且周围应设护栏；该护栏的上扶手高度不应小于1.1m，中间高度应设置横杆，挡脚板高度不应小于100mm，护栏与顶板边缘的距离不应大于100mm，并应符合使用说明书的要求；
 4 吊笼顶部应有紧急出口，并应配有专用扶梯，出口门应装向外开启的活板门，并应设有电气安全连锁开关，并应灵敏、有效；
 5 吊笼内应有产品铭牌、安全操作规程，操作开关及其他危险处应有醒目的安全警示标志。

7.2.6 架体结构应符合下列规定：
 1 对垂直安装的齿轮齿条式施工升降机，导轨架轴心线对底座水平基准面的安装垂直度偏差应符合表7.2.6的规定；对倾斜式或曲线式导轨架的对垂直安装的齿轮齿条式施工升降机，其导轨架正面的垂直度偏差应符合表7.2.6的规定；对钢丝绳式施工升降机，导轨架轴心线对底座水平基准面的安装垂直度偏差不应大于导轨架高度的1.5/1000；

表7.2.6 安装垂直度偏差

导轨架架设高度 h (m)	h≤70	70<h≤100	100<h≤150	150<h≤200	h>200
垂直度偏差 (mm)	不大于(1/1000)·h	≤70	≤90	≤110	≤130
	对钢丝绳式施工升降机，垂直度偏差不大于(1.5/1000)·h				

 2 主要结构件应无明显塑性变形、裂纹和严重锈蚀，焊缝应无明显可见的焊接缺陷；
 3 结构件各连接螺栓应齐全、紧固，应有防松措施；螺栓应高出螺母顶平面，销轴连接应有可靠轴向止动装置；
 4 当导轨架的高度超过使用说明书规定的最大独立高度时，应设有附着装置；
 5 附着装置以上的导轨架自由端高度不得超过使用说明书的要求。

7.2.7 层门及楼层平台应符合下列规定：
 1 各停层处应设置层门，层门不应突出到吊笼的升降通道上；
 2 层门开启后的净高度不应小于2.0m；特殊情况下，当进入建筑物的入口高度小于2.0m时，可降低层门框架高度，但净高度不应小于1.8m；
 3 人货两用施工升降机层门的开关过程可由吊笼内乘员操作，楼层内人员无法开启；
 4 楼层平台搭设应牢固可靠，不应与施工升降机钢结构相连接；
 5 楼层平台侧面防护装置与吊笼或层门之间任何开口的间距不应大于150mm；
 6 吊笼门框外缘与登机平台边缘之间的水平距离不应大于50mm；
 7 各楼层应设置楼层标识，夜间施工应有照明。

7.2.8 钢丝绳应符合下列规定：
 1 钢丝绳的规格、型号应符合使用说明书的要求，并应正确穿绕；钢丝绳应润滑良好，与金属结构无摩擦；
 2 钢丝绳绳端固定应牢固、可靠，并应符合使用说明书的要求；
 3 钢丝绳应符合现行国家标准《起重机 钢丝绳 保养、维护、安装、检验和报废》GB/T 5972的规定。

7.2.9 滑轮、曳引轮应符合下列规定：
 1 滑轮、曳引轮转动应良好，无裂纹、破损；滑轮轮槽壁厚磨损不应超过原壁厚的20%，轮槽底部直径减少量不应超过钢丝绳直径的25%，槽底应无沟槽；
 2 应有防钢丝绳脱出装置，该装置与滑轮外缘的间隙不应大于钢丝绳直径的20%，且应可靠有效。

7.2.10 传动系统应符合下列规定：
 1 传动系统旋转的零部件应有防护罩等安全防护设施；
 2 对齿轮齿条式施工升降机，其传动齿轮、防坠安全器的齿轮与齿条啮合时，接触长度沿齿高不得小于40%，沿齿长不得小于50%。

7.2.11 导轮、背轮、安全挡块应符合下列规定：
 1 导轮连接及润滑应良好，无明显侧倾偏摆；
 2 背轮安装应牢靠，并应贴紧齿条背面，润滑应良好，无明显侧倾偏摆；

3 安全挡块应可靠有效。

7.2.12 对重、缓冲装置应符合下列规定：

　　1 对重应根据有关规定的要求涂成警告色；

　　2 对重导向装置应正确可靠，对重轨道应平直，接缝应平整，错位阶差不应大于0.5mm；

　　3 应在吊笼和对重运行通道的最下方安装缓冲器。

7.2.13 制动器应符合下列规定：

　　1 制动器应符合使用说明书的要求；

　　2 传动系统应采用常闭式制动器，制动器动作应灵敏，工作应可靠；

　　3 每个制动器应可手动释放，且需由恒力作用来维持释放状态。

7.2.14 安全装置应符合下列规定：

　　1 有对重的施工升降机，当对重质量大于吊笼质量时，应有双向防坠安全器或对重防坠安全装置。

　　2 齿轮齿条式施工升降机吊笼上沿导轨设置的安全钩不应少于2对，安全钩应能防止吊笼脱离导轨架或防坠安全器输出端齿轮脱离齿条。

　　3 施工升降机应设置自动复位的上下限位开关。

　　4 施工升降机应设置极限开关。当限位开关失效时，极限开关应切断总电源，使吊笼停止。当极限开关为非自动复位型时，其动作后，手动复位方能使吊笼重新启动。

　　5 限位开关的安装位置应符合下列规定：

　　　　1）上限位开关的安装位置：当额定提升速度小于0.8m/s时，触板触发该开关后，上部安全距离不应小于1.8m，当额定提升速度大于或等于0.8m/s时，触板触发该开关后，上部安全距离应满足下式的要求：

$$L=1.8+0.1v^2 \quad (7.2.14)$$

式中：L——上部安全距离的数值（m）；

　　　　v——提升速度的数值（m/s）。

　　　　2）下限位开关的安装位置：吊笼在额定荷载下降时，触板触发下限位开关使吊笼制停，此时触板离触发下极限开关还应有一定的行程。

　　6 上限位与上极限开关之间的越程距离：齿轮齿条式施工升降机不应小于0.15m，钢丝绳式施工升降机不应小于0.5m。下极限开关在正常工作状态下，吊笼碰到缓冲器之前，触板应首先触下极限开关。

　　7 极限开关不应与限位开关共用一个触发元件。

　　8 用于对重的钢丝绳应装有非自动复位型的防松绳装置。

　　9 应设置超载保护装置，且应灵敏有效。

　　10 地面进料口防护棚应符合现行行业标准《建筑施工高处作业安全技术规范》JGJ 80 的规定。

7.2.15 严禁使用超过有效标定期限的防坠安全器。

7.2.16 电气系统应符合下列规定：

　　1 供电系统应符合现行行业标准《施工现场临时用电安全技术规范》JGJ 46 的规定；

　　2 施工升降机应设有专用开关箱；

　　3 当吊笼顶用作安装、拆卸、维修的平台时，应设有检修或拆装时的顶部控制装置，控制装置应安装非自行复位的急停开关，任何时候均可切断电路停止吊笼运行；

　　4 在操作位置上应标明控制元件的用途和动作方向；

　　5 当施工升降机安装高度大于120m，并超过建筑物高度时，应安装红色障碍灯，障碍灯电源不得因施工升降机停机而停电；

　　6 施工升降机的控制、照明、信号回路的对地绝缘电阻大于0.5MΩ，动力电路的对地绝缘电阻应大于1MΩ；

　　7 设备控制柜应设有相序和断相保护器及过载保护器；

　　8 操作控制台应安装非自行复位的急停开关；

　　9 电气设备应有防止外界干扰的防护措施；

　　10 施工升降机工作中应有防止电缆和电线机械损伤的防护措施。

8 塔式起重机

8.1 一般规定

8.1.1 受检单位应具有下列资料：

　　1 产品出厂合格证、监督检验证明、特种设备制造许可证、备案证明；

　　2 安装告知手续；

　　3 安装合同及安全协议；

　　4 专项施工方案；

　　5 地基承载力勘察报告；

　　6 基础验收及其隐蔽工程资料；

　　7 基础混凝土强度报告；

　　8 预埋件或地脚螺栓产品合格证；

　　9 塔式起重机安装前检查表；

　　10 安装自检记录。

8.1.2 应按本标准附录E填写检验报告。当受检单位提供的资料不齐全时，不得进行检验。

8.2 检验内容及要求

8.2.1 使用环境应符合下列规定：

　　1 塔式起重机尾部分与周围建筑物及其外围施工设施之间的安全距离不应小于0.6m；

　　2 两台塔式起重机之间的最小架设距离，处于低位的塔式起重机的臂架端部与任意一台塔式起重机塔身之间的距离不应小于2m，处于高位塔式起重机的最低位置的部件与低位塔式起重机处于最高位置的部件之间的垂直距离不应小于2m；

3 塔式起重机独立高度或自由端高度不应大于使用说明书的允许高度；

4 有架空输电线的场所，塔式起重机的任何部位与架空线路边线的最小安全距离，应符合表8.2.1的规定。

表8.2.1 塔式起重机与架空线路边线的最小安全距离

安全距离 (m)	电压（kV）						
	<1	10	35	110	220	330	500
沿垂直方向	1.5	3.0	4.0	5.0	6.0	7.0	8.5
沿水平方向	1.5	2.0	3.5	4.0	6.0	7.0	8.5

8.2.2 基础应符合下列规定：

1 基础应符合使用说明书的要求；

2 基础应有排水设施，不得积水。

8.2.3 结构件应符合下列规定：

1 主要结构件应无明显塑性变形、裂纹、严重锈蚀和可见焊接缺陷；

2 结构件、连接件的安装应符合使用说明书的要求；

3 销轴轴向定位应可靠；

4 高强螺栓连接应按说明书要求预紧，应有双螺母防松措施且螺栓高出螺母顶平面的3倍螺距；

5 平衡重、压重的安装数量、位置与臂长组合及安装应符合使用说明书的要求，平衡重、压重吊点应完好；

6 塔式起重机安装后，在空载、风速不大于3m/s状态下，独立状态塔身（或附着状态下最高附着点以上塔身）轴心线的侧向垂直度允许偏差不应大于4/1000，最高附着点以下塔身轴心线的垂直度允许偏差不应大于2/1000；

7 塔式起重机的斜梯、直立梯、护圈和各平台应位置正确，安装应齐全完整，无明显可见缺陷，并应符合使用说明书的要求；

8 平台钢板网不得有破损；

9 休息平台应设置在不超过12.5m的高度处，上部休息平台的间隔不应大于10m；

10 塔身高度超过使用说明书规定的最大独立高度时，应设有附着装置。

8.2.4 行走系统应符合下列规定：

1 轨道应通过垫块与轨枕可靠地连接，每间隔6m应设一个轨距拉杆；钢轨接头处应有轨枕支承，不应悬空，在使用过程中轨道不应移动；

2 轨距允许误差不应大于公称值的1/1000，其绝对值不应大于6mm；

3 钢轨接头间隙不应大于4mm，与另一侧钢轨接头的错开距离不应小于1.5m，接头处两轨顶高度差不应大于2mm；

4 塔机安装后，轨道顶面纵横方向上的倾斜度，对于上回转塔机不应大于3/1000；对于下回转塔机不应大于5/1000；在轨道全程中，轨道顶面任意两点的高度差应小于100mm；

5 轨道行程两端的轨顶高度不宜低于其余部位中最高点的轨顶高度。

8.2.5 起升机构应符合下列规定：

1 钢丝绳应符合下列规定：

　　1）钢丝绳的规格、型号应符合使用说明书的要求，并应正确穿绕；钢丝绳润滑应良好，与金属结构无摩擦；

　　2）钢丝绳绳端固结应符合使用说明书的要求；

　　3）钢丝绳应符合现行国家标准《起重机 钢丝绳 保养、维护、安装、检验和报废》GB/T 5972的规定。

2 卷扬机应符合下列规定：

　　1）卷扬机应无渗漏，润滑应良好，各连接紧固件应完整、齐全；当额定荷载试验工况时，应运行平稳、无异常声响；

　　2）卷筒两侧边缘超过最外层钢丝绳的高度不应小于钢丝绳直径的2倍，卷筒上的钢丝绳排列应整齐有序；

　　3）卷筒上钢丝绳绳端固结应符合使用说明书的要求；

　　4）当吊钩位于最低位置时，卷筒上应至少保留3圈安全圈。

3 滑轮及卷筒应符合下列规定：

　　1）滑轮转动应不卡滞，润滑应良好；

　　2）卷筒和滑轮有下列情况之一时应报废：

　　——裂纹或轮缘破损；

　　——卷筒壁磨损量达原壁厚的10%；

　　——滑轮绳槽壁厚磨损量达原壁厚的20%；

　　——滑轮槽底的磨损量超过相应钢丝绳直径的25%。

4 制动器应符合下列规定：

　　1）制动器零件不得有下列情况之一：

　　——可见裂纹；

　　——制动块摩擦衬垫磨损量达原厚度的50%；

　　——制动轮表面磨损量达1.5mm～2mm；

　　——弹簧出现塑性变形；

　　——电磁铁杠杆系统空行程超过其额定行程的10%。

　　2）制动器应制动可靠，动作应平稳；

　　3）防护罩应完好、稳固。

5 吊钩应符合下列规定：

　　1）心轴固定应完整可靠；

　　2）吊钩防止吊索或吊具非人为脱出的装置应

可靠有效；
  3）吊钩不得补焊，有下列情况之一的应予以报废：
   ——用20倍放大镜观察表面有裂纹；
   ——钩尾和螺纹部分等危险截面及钩筋有永久性变形；
   ——挂绳处截面磨损量超过原高度的10%；
   ——心轴磨损量超过其直径的5%；
   ——开口度比原尺寸增加10%。

8.2.6 回转机构应符合下列规定：
 1 回转减速机应固定可靠、外观应整洁、润滑应良好；在非工作状态下臂架应能自由旋转；
 2 齿轮啮合应均匀平稳，且无断齿、啃齿；
 3 回转机构防护罩应完整，无破损。

8.2.7 变幅机构应符合下列规定：
 1 钢丝绳、卷筒、滑轮、制动器的检验应符合本标准第8.2.5条的规定；
 2 变幅小车结构应无明显变形，车轮间距应无异常；
 3 小车维修挂篮应无明显变形，安装应符合使用说明书的要求；
 4 车轮有下列情况之一的应予以报废：
  ——可见裂纹；
  ——车轮踏面厚度磨损量达原厚度的15%；
  ——车轮轮缘厚度磨损量达原厚度的50%。

8.2.8 钢丝绳必须设有防脱装置，该装置与滑轮及卷筒轮缘的间距不得大于钢丝绳直径的20%。

8.2.9 顶升系统应符合下列规定：
 1 液压系统应有防止过载和液压冲击的安全溢流阀；
 2 顶升液压缸应有平衡阀或液压锁，平衡阀或液压锁与液压缸之间不得采用软管连接；
 3 泵站、阀锁、管路及其接头不得有明显渗漏油渍。

8.2.10 司机室应符合下列规定：
 1 结构应牢固，固定应符合使用说明书的要求；
 2 应有绝缘地板和符合消防要求的灭火器，门窗应完好，起重特性曲线图（表）、安全操作规程标牌应固定牢固，清晰可见。

8.2.11 安全装置应符合下列规定：
 1 起升高度限位器
  1）动臂变幅的塔机，当吊钩装置顶升至起重臂下端的最小距离为800mm处时，应能立即停止起升运动。对没有变幅重物平移功能的动臂变幅的塔机，还应同时切断向外变幅控制回路电源，但应有下降和向内变幅运动；
  2）小车变幅的塔机，当吊钩装置顶部至小车架下端的最小距离为800mm处时，应能立即停止起升运动，但应有下降运动。

 2 起重力矩限制器和起重量限制器
  1）当起重力矩大于相应幅度额定值并小于额定值110%时，应停止上升和向外变幅动作；
  2）力矩限制器控制定码变幅的触点和控制定幅变码的触点应分别设置，且应能分别调整；
  3）当小车变幅的塔机最大变幅速度超过40m/min，在小车向外运行，且起重力矩达到额定值的80%时，变幅速度应自动转换为不大于40m/min；
  4）当起重量大于最大额定起重量并小于110%最大额定起重量时，应停止上升方向动作，但应有下降方向动作；具有多挡变速的起升机构，限制器应对各挡位具有防止超载的作用。

 3 幅度限位器
  1）动臂变幅的塔机应设有幅度限位开关，在臂架到达相应的极限位置前开关应能动作，停止臂架再往极限方向变幅；
  2）小车变幅的塔机应设有小车行程限位开关和终端缓冲装置，限位开关动作后应保证小车停车时其端部距缓冲装置最小距离为200mm；
  3）动臂变幅的塔机应设有臂架极限位置的限制装置，该装置应能有效防止臂架向后倾翻。

 4 其他安全保护装置
  1）回转处不设集电器供电的塔机，应设有正反两个方向的回转限位器，限位器动作时臂架旋转角度不应超过±540°；
  2）轨道行走式塔机应设行程限位装置及抗风防滑装置，每个运行方向的行程限位装置包括限位开关、缓冲器和终端止挡；行程限位装置应保证限位开关动作后，塔机停车时其端部距缓冲器最小距离应为1000mm，缓冲器距终端止挡最小距离应为1000mm，终端止挡距轨道尾端最小距离应为1000mm；非工作状态抗风防滑装置应有效；
  3）小车变幅的塔机应设小车断绳保护装置，且在向前及向后两个方向上均应有效；
  4）小车变幅的塔机应设小车防坠落装置，且应有效、可靠；
  5）自升式塔机应具有爬升装置防脱功能，且应有效、可靠；
  6）臂根铰点高度超过50m的塔机，应配备风速仪；当风速大于工作允许风速时，应能发出停止作业的警报信号。

8.2.12 电气系统应符合下列规定：

1 供电系统应符合现行行业标准《施工现场临时用电安全技术规范》JGJ 46 的规定；

2 动力电路和控制电路的对地绝缘电阻不低于 0.5MΩ；

3 塔机应有良好的照明，照明供电不应受停机的影响；

4 塔顶和臂架端部应安装有红色障碍指示灯，电源供电不应受停机的影响；

5 电气柜或配电箱应有门锁，门内应有原理图或布线图、操作指示等，门外应有警示标志；

6 塔机应设有短路、过流、欠压、过压及失压保护、零位保护、电源错相及断相保护装置，并应齐全；

7 塔机的金属结构、轨道、所有电气设备的金属外壳、金属线管、安全照明的变压器低压侧等均应可靠接地，接地电阻不应大于 4Ω，重复接地电阻不应大于 10Ω；

8 塔机应设置有非自动复位、能切断塔机总控制电源的紧急断电开关，该开关应设在司机操作方便的地方；

9 在司机室内明显位置应装有总电源开合状况的指示信号灯和电压表；

10 零线和接地线必须分开，接地线严禁作载流回路；塔机结构不得作为工作零线使用；

11 轨道行走式塔机的电缆卷筒应具有张紧装置，电缆收放速度与塔机运行速度应同步；电缆在卷筒上的连接应牢固，电缆电气接点不宜被拉曳。

8.2.13 塔机的功能测试应符合下列规定：

1 应进行空载试验。塔机空载状态下，起升、回转、变幅、运行各动作的操作试验、检查应符合下列规定：

1) 操作系统、控制系统、连锁装置动作应准确、灵活；

2) 各行程限位器的动作准确、可靠；

3) 各机构中无相对运动部位应无漏油现象，有相对运动的各机构运动应平稳，应无爬行、振颤、冲击、过热、异常噪声等现象。

2 额定载荷试验应符合现行国家标准《塔式起重机》GB/T 5031 的规定。

附录 A 附着式升降脚手架检验报告

表 A 附着式升降脚手架检验报告

检验编号：_____

检验日期：_____ 天气：_____ 温度：_____ 风速：_____

	工程名称				使用单位			
	施工地点				监理单位			
	设施名称				安装单位			
	设施型号				检验高度			
	登记编号				出厂日期及编号			
	生产厂家							
	检验依据							
主要检验仪器设备	仪器（工具）名称	型号	编号	仪器状况	仪器（工具）名称	型号	编号	仪器状况
检验结果	保证项目不合格数				一般项目不合格数			
	检验单位（章） 签发日期：							

批准：　　　　　　　　　　　　　审核：　　　　　　　　　　　　　检验：

续表 A

序号	项目类别	检验内容及要求	检验方法	检验结果
*1	资料复验	专业分包合同及安全协议	查阅资料	
2		专项施工方案	查阅资料	
3		产品合格证、使用说明书	查阅资料	
4		提升设备的合格证书	查阅资料	
5		安装、调试自检记录	查阅资料	
6		提升（下降）前、后自检记录	查阅资料	
*7	架体结构	所有主要承力构件应无明显塑性变形、裂纹、严重锈蚀等缺陷	目测	
*8		架体总高度应与施工方案相符，且不应大于所附着建筑物的5倍楼层高	测量	
9		架体宽度不应大于1.2m	测量	
*10		架体支承跨度应符合设计要求，直线布置的架体支承跨度不应大于7m，折线或曲线布置的架体支承跨度不应大于5.4m	测量	
*11		架体的水平悬挑长度不应大于1/2水平支承跨度，并不应大于2m，单跨式附着升降脚手架架体的水平悬挑长度不应大于1/4的支承跨度	测量	
*12		架体全高与支承跨度的乘积不应大于110m^2	测量、计算	
*13		相邻提升机位间的高差不得大于30mm，整体架最大升降差不得大于80mm	测量	
14	竖向主框架	附着式升降脚手架应在附着支承结构部位设置与架体高度相等的竖向主框架，竖向主框架应为桁架或刚架结构，其杆件连接的节点应采用焊接或螺栓连接，并应与水平支撑桁架和架体构架构成空间几何不可变体系的稳定结构	目测与产品说明书和施工方案的符合性	
*15		主框架的强度和刚度应满足设计要求	目测与产品说明书和施工方案的符合性	
*16		主框架内侧应设置导轨，主框架与导轨应采用刚性连接	目测，外观检查	
17		竖向主框架的垂直偏差不应大于5/1000，且不应大于60mm	测量	
18	水平支承桁架	水平支承桁架杆件的轴线应相交于节点上，各节点应采用焊接或螺栓连接，且应为定型桁架结构。在相邻两榀竖向主框架中间应连续设置	目测，外观检查	

续表 A

序号	项目类别	检验内容及要求	检验方法	检验结果
19	架体	架体构架相邻立杆连接接头不应在同一水平面上,且不得搭接;对底部采用套接或插接的可除外	目测,外观检查	
20		架体外立面应沿全高设置剪刀撑,剪刀撑的斜杆水平夹角应为45°~60°,并应将竖向主框架、水平支承桁架和架体构架连成一体	目测、测量、外观检查	
21		架体应在下列部位采取可靠的加强构造措施: 1)架体与附墙支座的连接处; 2)架体上提升机构的设置处; 3)架体上防坠、防倾装置的设置处; 4)架体吊拉点设置处; 5)架体平面的转角处; 6)当遇到塔吊、施工升降机、物料平台等设施,需断开处	目测,外观检查	
22		各扣件、连接螺栓应齐全、紧固,扣件螺栓拧紧力矩应为40N·m~65N·m。采用扣件式脚手架搭设的架体,其步距应符合现行行业标准《建筑施工扣件式钢管脚手架安全技术规范》JGJ 130的要求	目测,外观检查,核对资料	
23		架体悬挑端应以竖向主框架为中心成对设置对称斜拉杆,其水平夹角不应小于45°	目测、测量	
*24		在升降和使用工况下,架体悬臂高度均不应大于架体高度的2/5,并不应大于6m	测量	
*25		物料平台不得与附着式升降脚手架各部位和各结构构件相连或干涉,其荷载应直接传递给建筑工程结构	目测	
*26	附墙支座	竖向主框架所覆盖的高度内每一个楼层均应设置一处附墙支座	目测	
27		附墙支座锚固处的混凝土强度应达到专项方案设计值,且应大于C10	查阅资料	
28		附墙支座锚固螺栓孔应垂直于工程结构外表面	目测	
29		附墙支座锚固螺栓应采取防松措施,螺栓露出螺母端部的长度不应少于3倍螺距,并不应小于10mm	目测、测量	
30		附墙支座锚固螺栓垫板规格不应小于100mm×100mm×10mm	目测,外观检查	
31		附墙支座锚固处应采用两根或以上的附着锚固螺栓	目测	
*32	防倾装置	每一个附墙支座上应配置防倾装置	目测	
33		防倾装置应采用螺栓或焊接与附着支承结构连接,不得采用扣件方式连接	目测	
34		在升降工况下,最上和最下两个导向件之间的最小间距不应小于架体高度的1/4或2.8m	目测、卷尺测量	
35	附着固定装置	架体升降到位后,每一附墙支座与竖向主框架应采取固定装置或措施	目测	

续表 A

序号	项目类别	检验内容及要求	检验方法	检验结果
*36	防坠装置	防坠装置在使用和升降工况下均应设置在竖向主框架部位,并应附着在建筑物上,每一个升降机位不应少于一处	目测	
37		防坠装置应有安装时的检验记录	目测	
*38		防坠装置与提升设备严禁设置在同一个附墙支承结构上	目测	
39	架体安全防护	架体外侧应用密目式安全网等进行全封闭	目测,外观检查	
40		架体底层的脚手板应铺设严密,在脚手板的下部应采用安全网兜底,与建筑物外墙之间应采用硬质翻板封闭	目测,外观检查	
41		作业层外侧应设置1.2m高的防护栏杆和180mm高的挡脚板	目测,卷尺测量	
42		当整体式附着升降脚手架中间断开时,其断开处必须封闭,并应加设防护栏杆	外观检查,查阅资料	
*43		使用工况下架体与工程结构表面之间应采取可靠的防止人员和物料坠落的防护措施	目测	
*44	同步控制装置	当附着式升降脚手架升降时,应配备有限制荷载自控系统或水平高差的同步控制系统	目测	
45		限制荷载自控系统应具有超载15%时的声光报警和显示报警机位,超载30%时,应具有自动停机的功能	目测	
46		水平高差同步控制系统应具有当水平支承桁架两端高差达到30mm时能自动停机功能	目测	
47	中央控制装置	应具备点控群控功能	目测	
48		应具有显示各机位即时荷载值及状态的功能	目测	
49		升降的控制装置,应放置在楼面上,不应设在架体上	目测	
*50	提升设备	提升设备应与建筑结构和架体有可靠连接	目测	
*51		吊钩不应有裂纹、剥裂,不得补焊	目测	
52		液压提升装置管路应无渗漏	目测	
53		钢丝绳应符合现行国家标准《起重机 钢丝绳 保养、维护、安装、检验和报废》GB/T 5972 的规定	目测	
54	电气系统	供电系统应符合现行行业标准《施工现场临时用电安全技术规范》JGJ 46 的规定	目测	
55		应设置专用开关箱	目测	
56		绝缘电阻不应小于 0.5MΩ	测量	
57	消防措施	附着式脚手架架体上应有防火措施	目测	

注:1 表中序号打*的为保证项目,其他为一般项目;
  2 要求量化的参数应按实测数据填在检验结果中,无实测数据的填写观测到的状况。

附录B 高处作业吊篮检验报告

表B 高处作业吊篮检验报告

检验编号：_____
检验日期：_____ 天气：_____ 温度：_____ 风速：_____

工程名称		使用单位		
施工地点		监理单位		
设备型号		安装单位		
备案编号		安全锁编号		
生产厂家		安全锁标定期		
设备编号		出厂日期		
检验依据				

主要检验仪器设备	仪器（工具）名称	型号	编号	仪器状况	仪器（工具）名称	型号	编号	仪器状况

检验结果	保证项目不合格数		一般项目不合格数	
	检验单位（章） 签发日期：			

批准：　　　　　　　　审核：　　　　　　　　检验：

序号	项目类别	检验内容及要求	检验方法	检验结果
*1	资料复验	产品出厂合格证	查阅资料	
2		安全锁标定证书	查阅资料	
3		使用说明书	查阅资料	
4		安装合同和安全协议	查阅资料	
*5		专项施工方案及作业平面布置图	查阅资料	
6		安装自检验收表	查阅资料	
*7	结构件	悬挂机构、悬吊平台的钢结构及焊缝应无明显变形、裂纹和严重锈蚀	外观检查	
*8		结构件各连接螺栓应齐全、紧固，并应有防松措施；所有连接销轴使用应正确，均应有可靠轴向止动装置	目测、外观检查	

续表 B

序号	项目类别	检验内容及要求	检验方法	检验结果
9	悬吊平台	悬吊平台拼接总长度应符合使用说明书的要求	测量	
*10		底板应牢固、无破损，并应有防滑措施	外观检查	
11		护栏靠工作面一侧高度不应小于800mm，其余部位高度不应小于1100mm	测量	
12		四周底部挡板应完整、无间断，高度不应小于150mm，与底板间隙不应大于5mm	测量	
13		与建筑物墙面间应设有导轮或缓冲装置	目测	
14		悬吊平台运行通道应无障碍物	目测	
*15	钢丝绳	吊篮钢丝绳的型号和规格应符合使用说明书的要求	目测、查阅资料	
*16		工作钢丝绳直径不应小于6mm	目测、卡尺测量	
17		安全钢丝绳应选用与工作钢丝绳相同的型号、规格，在正常运行时，安全钢丝绳应处于悬垂张紧状态	目测	
*18		安全钢丝绳、工作钢丝绳应分别独立悬挂，并不得松散、打结，且应符合现行国家标准《起重机 钢丝绳 保养、维护、安装、检验和报废》GB/T 5972的规定	目测	
19		安全钢丝绳的下端必须安装重砣，重砣底部至地面高度宜为100mm～200mm，且应处于自由状态	目测 测量	
20		钢丝绳的绳端固结应符合产品说明书的规定	目测	
21	标牌标志	产品标牌应固定可靠，易于观察	目测	
22		应有重量限载的警示标志	目测	
*23	悬挂机构	悬挂机构前梁长度和中梁长度配比、额定载重量、配重重量及使用高度应符合产品说明书的规定	查阅资料 测量比对	
*24		悬挂机构施加于建筑物或构筑物的作用力，应符合建筑结构的承载要求	查阅资料	
25		悬挂机构横梁应水平，其水平度误差不应大于横梁长度的4‰，严禁前低后高	目测	
26		前支架不应支撑在女儿墙外或建筑物挑檐边缘等部位	目测	
27		悬挂机构吊点水平间距与悬吊平台的吊点间距应相等，其误差不应大于50mm	测量	
*28		悬挂机构的前梁不应支撑在非承重建筑结构上。不使用前支架的，前梁上的搁置支撑中心点应与前支架的支撑点相重合，工作时不得自由滑移，并应有专项施工方案	目测、检查 查阅资料	
*29	配重	配重件重量及几何尺寸应符合产品说明书要求，并应有重量标记，其总重量应满足产品说明书的要求，不得使用破损的配重件或其他替代物	观察、测量 查阅资料	
*30		配重件应固定在配重架上，并应有防止可随意移除的措施	目测、检查	

续表 B

序号	项目类别	检验内容及要求	检验方法	检验结果
31	安全装置	上行程限位应动作正常、灵敏有效	目测、动作检查	
*32		制动器应灵敏有效，手动释放装置应有效	动作试验、手动试验	
*33		应独立设置作业人员专用的挂设安全带的安全绳，安全绳应可靠固定在建筑物结构上，不应有松散、断股、打结，在各尖角过渡处应有保护措施	目测观察	
*34	安全锁	安全锁应完好有效，严禁使用超过有效标定期限的安全锁	查阅资料、动作试验	
35	电气系统	主要电气元件应工作正常，固定可靠；电控箱应有防水、防尘措施；主供电电缆在各尖角过渡处应有保护措施	目测、外观检查	
*36		悬吊平台上必须设置紧急状态下切断主电源控制回路的急停按钮，急停按钮不得自动复位	目测、动作试验	
37		带电零部件与机体间的绝缘电阻不宜小于 2MΩ	目测、查阅资料	
38		专用开关箱应设置隔离、过载、短路、漏电等电气保护装置，并应符合现行行业标准《施工现场临时用电安全技术规范》JGJ 46 的规定	目测检查	

注：1 表中序号打 * 的为保证项目，其他为一般项目；
    2 要求量化的参数应按实测数据填在检验结果中，无实测数据的填写观测到的状况。

附录 C 龙门架及井架物料提升机检验报告

表 C 龙门架及井架物料提升机检验报告

检验编号：_____
检验日期：_____ 天气：_____ 温度：_____ 风速：_____

工程名称				使用单位		
施工地点				监理单位		
设备型号				安装单位		
生产厂家				出厂日期		
设备编号						
检验依据						

主要检验仪器设备	仪器(工具)名称	型号	编号	仪器状况	仪器(工具)名称	型号	编号	仪器状况

检验结果	保证项目不合格数		一般项目不合格数	

检验单位（章）
签发日期：

批准：　　　　　　　　　审核：　　　　　　　　　检验：

续表 C

序号	项目类别	检验内容及要求	检验方法	检验结果
1	资料复核	产品出厂合格证、备案证明	查阅资料	
2		安装告知手续	查阅资料	
3		使用说明书	查阅资料	
4		防坠安全器说明书	查阅资料	
5		安装合同及安全协议	查阅资料	
6		专项施工方案	查阅资料	
7		基础验收及其隐蔽工程资料	查阅资料	
8		安装前检查表	查阅资料	
9		安装自检验收表	查阅资料	
10	基础	基础尺寸、外形、混凝土强度等级及地基承载力等，应符合使用说明书要求	查阅资料测量	
11		基础及周围应有排水设施，不得积水	现场检查	
*12	架体结构	主要结构件应无明显变形、严重锈蚀，焊缝应无明显可见裂纹	目测	
13		结构件安装应符合说明书的要求，各连接螺栓应齐全、紧固，并应有防松措施，螺栓露出螺母端部的长度不应少于3倍螺距	目测，外观检查	
*14		架体垂直度偏差不应大于架体高度的1.5/1000	测量	
15		井架式物料提升机的架体在各楼层通道的开口处，应有加强措施	目测	
*16		架体底部应设高度不应小于1.8m的防护围栏以及围栏门，并应完好无损，围栏门应装有电气连锁开关，吊笼应在围栏门关闭后方可启动	目测检查动作试验	
17	吊笼	吊笼内净高度不应小于2m	测量	
*18		吊笼应设置吊笼门，吊笼两侧立面及吊笼门应采用网板结构全高度封闭，吊笼门的开启高度不应低于1.8m	测量、手动试验	
19		吊笼应有可靠防护顶板	目测	
20		吊笼底板应有防滑、排水功能，无明显变形、锈蚀、破损，且应固定牢靠	目测、检查	
*21		吊笼滚动导靴应可靠有效	目测、检查	
22		产品标牌应固定牢固，易于观察，并应在显著位置设置安全警示标识	目测	
*23	提升机构	固定卷扬机应有专用的锚固设施，且应牢固可靠	目测、测量	
24		卷扬钢丝绳不得拖地和被水浸泡，穿越道路时应采取防护措施	目测、查阅资料	
25		卷扬机应设置防止钢丝绳脱出卷筒的保护装置，该装置与卷筒侧板最外缘的间隙不应超过钢丝绳直径的20%，并应有足够的强度	目测、检查	

续表 C

序号	项目类别	检验内容及要求	检验方法	检验结果
26	提升机构	钢丝绳在卷筒上应整齐排列,端部应与卷筒压紧装置连接牢固。当吊笼处于最低位置时,卷筒上的钢丝绳不应少于3圈	测量、检查	
*27	提升机构	卷筒两端的凸缘至最外层钢丝绳的距离不应小于钢丝绳直径的2倍	目测、检查	
28		滑轮组与架体(或吊笼)应采用刚性连接,严禁使用开口板式滑轮	目测、检查	
*29		滑轮应设置防钢丝绳脱出装置,该装置与滑轮间隙不得超过钢丝绳直径的20%	目测、检查	
*30		制动器应动作灵敏,工作应可靠	目测、检查	
*31	提升机构	当曳引钢丝绳为2根及以上时,应设置张力自动平衡装置	目测、检查	
32		导向滑轮和卷筒中间位置的连线应与卷筒轴线垂直,其距离不应小于卷筒长度的20倍	目测、测量	
*33	钢丝绳	钢丝绳绳端固结应牢固、可靠。当采用金属压制接头固定时,接头不应有裂纹;当采用楔块固结时,楔套不应有裂纹,楔块不应松动;当采用绳夹固结时,绳夹安装应正确,绳夹数应满足现行国家标准《起重机械安全规程 第一部分:总则》GB 6067.1的要求	目测、检查	
*34		钢丝绳的规格、型号应符合设计要求,与滑轮和卷筒相匹配,并应正确穿绕。钢丝绳应润滑良好,不得与金属结构摩擦	目测、测量	
*35		钢丝绳达到现行国家标准《起重机 钢丝绳 保养、维护、安装、检验和报废》GB/T 5972的规定报废条件时,应予报废	目测、测量	
36	导向、缓冲装置	吊笼滚轮与导轨之间的最大间隙不应大于10mm	测量	
37		吊笼导轨结合面错位阶差不应大于1.5mm,对重导轨、防坠器导轨结合面错位阶差不应大于0.5mm	测量	
38		吊笼和对重底部应设置缓冲器	目测	
*39	停层平台	各停层平台搭设应牢固、安全可靠,两边设置不小于1.5m高的防护栏杆,并应全封闭	目测、测量	
*40		各停层平台应设置常闭平台门,其高度不应小于1.8m,且应向内侧开启	目测、测量	
*41	安全装置	应设置起重量限制器;当荷载达到额定起重量的90%时,应发出警示信号。当荷载达到额定起重量并小于额定起重量的110%时,起重量限制器应能停止起升动作	目测、试验	
*42		吊笼应设置防坠安全器;当提升钢丝绳断绳或传动装置失效时,防坠安全器应能制停带有额定起重量的吊笼,且不应造成结构损坏。自升平台应设置有渐进式防坠安全器	目测、试验	

续表 C

序号	项目类别	检验内容及要求	检验方法	检验结果
43	安全装置	应设置上限位开关；当吊笼上升至限定位置时，应触发限位开关，吊笼应停止运动，上部越程距离不应小于 3m	试验	
*44		应设置下限位开关；当吊笼下降至限定位置时，应能触发限位开关，吊笼应停止运动	试验	
45		进料口防护棚应设置在提升机地面上料口上方，其长度不应小于 3m，宽度不应小于吊笼宽度。顶部强度应符合现行行业标准《龙门架及井架物料提升机安全技术规范》JGJ 88 的规定	检查	
46		当司机对吊笼升降运行、停层平台观察视线不清时，必须设置通信装置，通信装置应同时具有语音和影像显示功能	检查、试验	
*47	吊笼安全停靠装置	吊笼安全停靠装置应为刚性机构，必须能够承担吊笼、物料及作业人员等全部荷载	检查、试验	
*48	附着装置	物料提升机附着装置的设置应符合说明书的要求	目测、查阅说明书	
*49		附着架与架体及建筑结构应采用刚性连接，不得与脚手架连接	检查、目测	
50	缆风绳	当设置缆风绳时，其地锚设置应符合现行行业标准《龙门架及井架物料提升机安全技术规范》JGJ 88 的规定	检查、目测	
51		缆风绳与地面夹角宜为 45°~60°，其下端应与地锚连接牢靠	检查、目测，必要时测量验算	
52		缆风绳应设有预紧装置，张紧度应适宜	检查	
53		当架体高度 30m 及以上时，不应使用缆风绳	检查	
*54	电气系统	应设置专用开关箱，其供电系统应符合现行行业标准《施工现场临时用电安全技术规范》JGJ 46 的规定	检查、功能试验	
55		电气设备的绝缘电阻值不应小于 0.5MΩ，电气线路的绝缘电阻值不应小于 1MΩ	检查、用绝缘电阻仪测量	
56		工作照明的开关应与主电源开关相互独立；当提升机主电源切断时，工作照明不应断电	目测、检查、试验	
*57		卷扬机的控制开关不得使用倒顺开关	检查、试验	
*58	电气系统	应设置非自动复位型紧急断电开关，且开关应设在便于司机操作的位置	检查、功能试验	
59		提升机的金属结构及所有电气设备系统的金属外壳接地应良好，其重复接地电阻不应大于 10Ω	检查、测量	
60	司机操作棚	搭设应牢靠，应能防雨，且应视线良好	目测检查	
61		应设置专用开关箱，照明应满足使用要求	目测检查	
62		应设有安全操作规程及警示标牌	目测检查	
63		操作柜的操作按钮应有指示功能和动作方向的标识	目测检查	

注：1 表中序号打 * 的为保证项目，其他为一般项目；
  2 要求量化的参数应按实测数据填在检验结果中，无实测数据的填写观测到的状况。

附录 D 施工升降机检验报告

表 D 施工升降机检验报告

检验编号：_____
检验日期：_____ 天气：_____ 温度：_____ 风速：_____

工程名称		使用单位	
施工地点		监理单位	
设备型号		安装单位	
备案编号		检验高度	
生产厂家		使用年限	
设备编号		特种设备制造许可证	
出厂日期			
检验依据			

主要检验仪器设备	仪器(工具)名称	型号	编号	仪器状况	仪器(工具)名称	型号	编号	仪器状况

检验结果	保证项目不合格数		一般项目不合格数	
	检验单位（章） 签发日期：			

批准：　　　　　　　　审核：　　　　　　　　检验：

序号	项目类别	检验内容及要求	检验方法	检验结果
1		产品出厂合格证、监督检验证明、特种设备制造许可证、备案证明	查阅资料	
2		安装告知手续	查阅资料	
3		安装合同及安全协议	查阅资料	
4	资料复核	防坠安全器标定检测报告	查阅资料	
5		专项施工方案	查阅资料	
6		基础验收及其隐蔽工程资料	查阅资料	
7		基础混凝土强度报告	查阅资料	
8		安装前检查表	查阅资料	
9		安装自检记录	查阅资料	

续表 D

序号	项目类别	检验内容及要求	检验方法	检验结果
10	安全距离	最小安全操作距离 电压（kV）　　最小安全操作距离（m） ＜1　　　　　　　4 1～10　　　　　　6 35～110　　　　　 8 220　　　　　　　10 330～500　　　　 15	目测	
11	噪声	噪声限值（dB） 　　　　　　吊笼内　　离传动系统1m处 单传动　　≤85　　　　≤88 并联双传动　≤86　　　≤90 并联三传动　≤87　　　≤92 液压调速　≤98　　　　≤110	测量	
12	基础	基础应满足使用说明书或专项施工方案的要求	查阅资料	
13		基础及周围应有排水设施，不得积水	目测	
14	防护围栏	施工升降机应设置高度不低于1.8m的地面防护围栏，并不得缺损，并应符合使用说明书的要求	测量	
15		围栏门的开启高度不应小于1.8m，并应符合使用说明书的要求。围栏门应装有机械锁紧和电气安全开关；当吊笼位于底部规定位置时，围栏门方能开启，且应在该门开启后吊笼不能启动	试验	
16		吊笼门框净高不应小于2m，净宽不应小于0.6m，吊笼箱体应完好，无破损	测量	
17		吊笼门应装机械锁钩，运行时不应自动打开，应设有电气安全开关；当门未完全关闭时，该开关应能有效切断控制回路电源，使吊笼停止或无法启动	现场试验	
18	吊笼	当吊笼顶板作为安装、拆卸、维修的平台或设有天窗时，顶板应抗滑，且周围应设护栏。该护栏的上扶手高度不应小于1.1m，中间高度应设置横杆，挡脚板高度不小于100mm，护栏与顶板边缘的距离不应大于100mm，并应符合使用说明书的要求	测量	
19		吊笼顶部应有紧急出口，并应配有专用扶梯，出口门应装向外开启的活板门，并应设有电气安全连锁开关，并应灵敏、有效	目测、现场试验	
20		吊笼内应有产品铭牌、安全操作规程，操作开关及其他危险处应有醒目的安全警示标志	目测	

续表 D

序号	项目类别	检验内容及要求	检验方法	检验结果
21	架体结构	安装垂直度 架设高度 h（m）　　垂直度偏差（mm） ≤70　　　　　　　　　≤h/1000 70＜h≤100　　　　　　≤70 100＜h≤150　　　　　 ≤90 150＜h≤200　　　　　 ≤110 ＞200　　　　　　　　≤130 钢丝绳式　　　　　　　≤1.5h/1000	测量	
*22	架体结构	主要结构件应无明显塑性变形、裂纹和严重锈蚀，焊缝应无明显可见的焊接缺陷	目测	
*23		结构件各连接螺栓应齐全、紧固，应有防松措施，螺栓应高出螺母顶平面，销轴连接应有可靠轴向止动装置	目测与使用说明书比对	
*24		当导轨架的高度超过使用说明书规定的最大独立高度时，应设有附着装置	与使用说明书比对	
25		附着装置以上的导轨架自由端高度不得超过使用说明书的要求	目测	
26	层门、楼层平台	各停层处应设置层门，层门不应突出到吊笼的升降通道上	目测、测量	
27	层门、楼层平台	层门开启后的净高度不应小于 2.0m；特殊情况下，当进入建筑物的入口高度小于 2.0m 时，可降低层门框架高度，但净高度不应小于 1.8m	现场试验	
28		人货两用施工升降机层门的开、关过程可由吊笼内乘员操作，楼层内人员无法开启	目测	
29		楼层平台搭设应牢固可靠，不应与施工升降机钢结构相连接	目测	
30	层门、楼层平台	楼层平台侧面防护装置与吊笼或层门之间任何开口的间距不应大于 150mm	测量	
31		吊笼门框外缘与登机平台边缘之间的水平距离不应大于 50mm	测量	
32		各楼层应设置楼层标识，夜间施工应有照明	目测	
*33	钢丝绳	钢丝绳的规格、型号应符合使用说明书的要求，并应正确穿绕。钢丝绳应润滑良好，与金属结构无摩擦	与说明书核对	
34	钢丝绳	钢丝绳绳端固定应牢固、可靠，并应符合使用说明书的要求	与说明书核对	
35		钢丝绳应符合现行国家标准《起重机 钢丝绳 保养、维护、安装、检验和报废》GB/T 5972 的规定	目测	

续表 D

序号	项目类别	检验内容及要求	检验方法	检验结果
36	滑轮 曳引轮	滑轮、曳引轮转动应良好，无裂纹、破损；滑轮轮槽壁厚磨损不应超过原壁厚的 20%，轮槽底部直径减少量不应超过钢丝绳直径的 25%，槽底应无沟槽	目测，测量	
37		应有防钢丝绳脱出装置，该装置与滑轮外缘的间隙不应大于钢丝绳直径的 20%，且应可靠有效	目测，测量	
38	传动系统	传动系统旋转的零部件应有防护罩等安全防护设施	目测	
39		对齿轮齿条式施工升降机，其传动齿轮、防坠安全器的齿轮与齿条啮合时，接触长度沿齿高不得小于 40%，沿齿长不得小于 50%	目测 测量	
40	导轮 背轮 安全挡块	导轮连接及润滑应良好，无明显侧倾偏摆	目测	
41		背轮安装应牢靠，并应贴紧齿条背面，润滑应良好，无明显侧倾偏摆	目测	
42		安全挡块应可靠有效	目测	
43	对重、缓冲装置	对重应根据有关规定的要求涂成警告色	目测	
44		对重导向装置应正确可靠，对重轨道应平直，接缝应平整，错位阶差不应大于 0.5mm	目测 测量	
45		应在吊笼和对重运行通道的最下方安装缓冲器	目测	
46	制动器	制动器应符合使用说明书的要求	查阅资料	
47		传动系统应采用常闭式制动器，制动器动作应灵敏，工作应可靠	目测	
48		每个制动器应可手动释放，且需由恒力作用来维持释放状态	目测、试验	
*49	安全装置	有对重的施工升降机，当对重质量大于吊笼质量时，应有双向防坠安全器或对重防坠安全装置	目测	
*50		齿轮齿条式施工升降机吊笼上沿导轨设置的安全钩不应少于 2 对，安全钩应能防止吊笼脱离导轨架或防坠安全器输出端齿轮脱离齿条	目测	
*51		施工升降机应设置自动复位的上下限位开关	现场试验	
*52		施工升降机应设置极限开关。当限位开关失效时，极限开关应切断总电源，使吊笼停止。当极限开关为非自动复位型时，其动作后，手动复位方能使吊笼重新启动	现场试验	
53		限位开关的安装位置应符合下列规定 1）上限位开关的安装位置：当额定提升速度小于 0.8m/s 时，触板触发该开关后，上部安全距离不应小于 1.8m，当额定提升速度大于或等于 0.8m/s 时，触板触发该开关后，上部安全距离应满足下式的要求：$L=1.8+0.1v^2$ 2）下限位开关的安装位置：吊笼在额定荷载下降时，触板触发下限位开关使吊笼制停，此时触板离触发下极限开关还应有一定的行程	测量	

续表D

序号	项目类别	检验内容及要求	检验方法	检验结果
54	安全装置	上限位与上极限开关之间的越程距离：齿轮齿条式施工升降机不应小于0.15m，钢丝绳式施工升降机不应小于0.5m。下极限开关在正常工作状态下，吊笼碰到缓冲器之前，触板应首先触发下极限开关	测量	
55	安全装置	极限开关不应与限位开关共用一个触发元件	目测	
*56	安全装置	用于对重的钢丝绳应装有非自动复位型的防松绳装置	目测	
57	安全装置	应设置超载保护装置，且应灵敏有效	目测	
58	安全装置	地面进料口防护棚应符合现行行业标准《建筑施工高处作业安全技术规范》JGJ 80的规定	目测	
*59	防坠安全器	严禁使用超过有效标定期限的防坠安全器	目测、比对	
60	电气系统	供电系统应符合现行行业标准《施工现场临时用电安全技术规范》JGJ 46的规定	现场检查查阅资料	
61	电气系统	施工升降机应设有专用开关箱	目测	
62	电气系统	当吊笼顶用作安装、拆卸、维修的平台时，应有检修或拆架时的顶部控制装置，控制装置应安装非自行复位的急停开关，任何时候均可切断电路停止吊笼运行	目测、试验	
63	电气系统	在操作位置上应标明控制元件的用途和动作方向	目测	
64	电气系统	当施工升降机安装高度大于120m，并超过建筑物高度时，应安装红色障碍灯，障碍灯电源不得因施工升降机停机而停电	测量	
*65	电气系统	施工升降机的控制、照明、信号回路的对地绝缘电阻应大于0.5MΩ，动力电路的对地绝缘电阻大于1MΩ	测量	
66	电气系统	设备控制柜应设有相序和断相保护器及过载保护器	目测、试验	
*67	电气系统	操作控制台应安装非自行复位的急停开关	目测、试验	
68	电气系统	电气设备应有防止外界干扰的防护措施	目测	
69	电气系统	施工升降机工作中应有防止电缆和电线机械损伤的防护措施	目测、查阅资料	

注：1 表中序号打*的为保证项目，其他为一般项目；
    2 要求量化的参数应按实测数据填在检验结果中，无实测数据的填写观测到的状况。

附录E 塔式起重机检验报告

表E 塔式起重机检验报告

检验编号：_____ 检验类别：_____
检验日期：_____ 天气：_____ 温度：_____ 风速：_____

工程名称		使用单位	
施工地点		监理单位	
检验单位		安装单位	
检验证号		塔机型号	
生产厂家		塔机产品标牌固定	

续表 E

出厂日期		受检塔机机位编号	
出厂编号		安装位置坐标	
备案编号		最大额定起重量	
安装告知日期		最大幅度/安装幅度	
使用年限		检验时安装高度	
最大安装高度		检验时安装附着数	
拟安装附着道数			
检验依据			

	仪器(工具)名称	型号	编号	仪器状况	仪器(工具)名称	型号	编号	仪器状况
主要检验仪器设备								

检验结果	保证项目不合格数		一般项目不合格数	
			检验单位（章）	
			签发日期：	

批准：　　　　　　　　　　审核：　　　　　　　　　　检验：

序号	项目类别	检验内容及要求	检验方法	检验结果
1	资料复核	产品出厂合格证、监督检验证明、特种设备制造许可证、备案证明	查阅资料	
2		安装告知手续	查阅资料	
3		安装合同及安全协议	现场查对	
4		专项施工方案	查阅资料	
5		地基承载力勘察报告	查阅资料	
6		基础验收及其隐蔽工程资料	查阅资料	
7		基础混凝土强度报告	查阅资料	
8		预埋件或地脚螺栓产品合格证	查阅资料	
9		塔式起重机安装前检查表	查阅资料	
10		安装自检记录	查阅资料	
*11	使用环境	塔式起重机尾部分与周围建筑物及其外围施工设施之间的安全距离不应小于0.6m	目测、必要时测量	
*12		两台塔式起重机之间的最小架设距离，处于低位的塔式起重机的臂架端部与任意一台塔式起重机塔身之间的距离不应小于2m，处于高位塔式起重机的最低位置的部件与低位塔式起重机处于最高位置的部件之间的垂直距离不应小于2m	目测、测量	
*13		塔式起重机独立高度或自由端高度不应大于使用说明书的允许高度	目测、查阅资料	

续表 E

序号	项目类别	检验内容及要求	检验方法	检验结果
*14	使用环境	有架空输电线的场所，塔式起重机的任何部位与架空线路边线的最小安全距离应符合下表规定 | 安全距离(m)	电压（kV）					| |---|---|---|---|---|---|---| | | <1 | 10 | 35 | 110 | 220 | 330 | 500 | | 沿垂直方向 | 1.5 | 3.0 | 4.0 | 5.0 | 6.0 | 7.0 | 8.5 | | 沿水平方向 | 1.5 | 2.0 | 3.5 | 4.0 | 6.0 | 7.0 | 8.5 |	目测、测量	
*15	基础	基础应符合使用说明书的要求	查阅资料	
16		基础应有排水设施，不得积水	目测	
*17		主要结构件应无明显塑性变形、裂纹、严重锈蚀和可见焊接缺陷	目测、测量	
*18		结构件、连接件的安装应符合使用说明书的要求	与使用说明书比对	
*19		销轴轴向定位应可靠	目测	
*20		高强螺栓连接应按说明书要求预紧，应有双螺母防松措施且螺栓高出螺母顶平面的3倍螺距	目测、测量	
*21		平衡重、压重的安装数量、位置与臂长组合及安装应符合使用说明书的要求，平衡重、压重吊点应完好	目测、与使用说明书比对	
*22	结构件	塔式起重机安装后，在空载、风速不大于3m/s状态下，独立状态塔身（或附着状态下最高附着点以上塔身）轴心线的侧向垂直度允许偏差不应大于4/1000，最高附着点以下塔身轴心线的垂直度允许偏差不应大于2/1000	测量	
23		塔式起重机的斜梯、直立梯、护圈和各平台应位置正确，安装应齐全完整，无明显可见缺陷，并应符合使用说明书的要求	目测与使用说明书比对	
24		平台钢板网不得有破损	目测	
25		休息平台应设置在不超过12.5m的高度处，上部休息平台的间隔不应大于10m	目测	
*26		塔身高度超过使用说明书规定的最大独立高度时，应设有附着装置	查阅资料 目测、测量	
*27	行走系统	轨道应通过垫块与轨枕可靠地连接，每间隔6m应设一个轨距拉杆。钢轨接头处应有轨枕支承，不应悬空，在使用过程中轨道不应移动	目测、测量	
28		轨距允许误差不应大于公称值的1/1000，其绝对值不应大于6mm	测量	
29		钢轨接头间隙不应大于4mm，与另一侧钢轨接头的错开距离不应小于1.5m，接头处两轨顶高度差不应大于2mm	测量	

续表 E

序号	项目类别	检验内容及要求	检验方法	检验结果
*30	行走系统	塔机安装后,轨道顶面纵横方向上的倾斜度,对于上回转塔机不应大于 3/1000;对于下回转塔机不应大于 5/1000。在轨道全程中,轨道顶面任意两点的高度差应小于 100mm	测量	
31		轨道行程两端的轨顶高度不宜低于其余部位中最高点的轨顶高度	测量	
*32	钢丝绳	钢丝绳的规格、型号应符合使用说明书的要求,并应正确穿绕。钢丝绳润滑应良好,与金属结构无摩擦	目测、查对资料	
*33		钢丝绳绳端固结应符合使用说明书的要求	目测、查对资料	
*34		钢丝绳应符合现行国家标准《起重机 钢丝绳 保养、维护、安装、检验和报废》GB/T 5972 的规定	目测、测量	
35	卷扬机	卷扬机应无渗漏,润滑应良好,各连接紧固件应完整、齐全;当额定荷载试验工况时,应运行平稳、无异常声响	观察、辨听	
*36		卷筒两侧边缘超过最外层钢丝绳的高度不应小于钢丝绳直径的 2 倍,卷筒上的钢丝绳排列应整齐有序	现场观测	
37		卷筒上钢丝绳绳端固结应符合使用说明书的要求	目测	
38		当吊钩位于最低位置时,卷筒上钢丝绳应至少保留 3 圈	目测	
39	起升机构 滑轮卷筒	滑轮转动应不卡滞,润滑应良好	目测	
40		卷筒和滑轮有下列情况之一时应报废: ——裂纹或轮缘破损; ——卷筒壁磨损量达原壁厚的 10%; ——滑轮绳槽壁厚磨损量达原壁厚的 20%; ——滑轮槽底的磨损量超过相应钢丝绳直径的 25%	目测、必要时测量	
*41	制动器	制动器零件不得有下列情况之一: ——可见裂纹; ——制动块摩擦衬垫磨损量达原厚度的 50%; ——制动轮表面磨损量达 1.5mm～2mm; ——弹簧出现塑性变形; ——电磁铁杠杆系统空行程超过其额定行程的 10%	目测、测量	
*42		制动器制动可靠,动作平稳	目测	
43		防护罩完好、稳固	目测	
*44		心轴固定应完整可靠	目测	
*45	吊钩	吊钩防止吊索或吊具非人为脱出的装置应可靠有效	目测	
*46		吊钩不得补焊,有下列情况之一的应予以报废: ——用 20 倍放大镜观察表面有裂纹; ——钩尾和螺纹部分等危险截面及钩筋有永久性变形; ——挂绳处截面磨损量超过原高度的 10%; ——心轴磨损量超过其直径的 5%; ——开口度比原尺寸增加 10%	目测、测量	

续表 E

序号	项目类别	检验内容及要求	检验方法	检验结果
47	回转机构	回转减速机应固定可靠、外观应整洁、润滑应良好;在非工作状态下臂架应能自由旋转	目测	
48		齿轮啮合应均匀平稳,且无断齿、啃齿	目测	
49		回转机构防护罩应完整,无破损	目测	
*50	变幅系统	钢丝绳、卷筒、滑轮、制动器的检验应符合本标准第8.2.5条的规定	目测	
*51		变幅小车结构应无明显变形,车轮间距应无异常	目测、测量	
*52		小车维修挂篮应无明显变形,安装应符合使用说明书的要求	目测	
53		车轮有下列情况之一的应予以报废: ——可见裂纹; ——车轮踏面厚度磨损量达原厚度的15%; ——车轮轮缘厚度磨损量达原厚度的50%	目测、测量	
*54	防脱装置	钢丝绳必须设有防脱装置,该装置与滑轮及卷筒轮缘的间距不得大于钢丝绳直径的20%	目测、测量	
*55	顶升系统	液压系统应有防止过载和液压冲击的安全溢流阀	查阅记录	
*56		顶升液压缸应有平衡阀或液压锁,平衡阀或液压锁与液压缸之间不得采用软管连接	目测	
57		泵站、阀锁、管路及其接头不得有明显渗漏油渍	目测	
*58	司机室	结构应牢固,固定应符合使用说明书的要求	目测	
59		应有绝缘地板和符合消防要求的灭火器,门窗应完好,起重特性曲线图(表)、安全操作规程标牌应固定牢固,清晰可见	目测	
*60	安全装置	起升高度限位器	动臂变幅的塔机,当吊钩装置顶升至起重臂下端的最小距离为800mm处时,应能立即停止起升运动。对没有变幅重物平移功能的动臂变幅的塔机,还应同时切断向外变幅控制回路电源,但应有下降和向内变幅运动	目测	
*61			小车变幅的塔机,当吊钩装置顶部至小车架下端的最小距离为800mm处时,应能立即停止起升运动,但应有下降运动	测量	
*62		起重力矩限制器和起重量限制器	当起重力矩大于相应幅度额定值并小于额定值110%时,应停止上升和向外变幅动作	审阅自检调试记录并验证	
63			力矩限制器控制定码变幅的触点和控制定幅变码的触点应分别设置,且应能分别调整	目测	
*64			当小车变幅的塔机最大变幅速度超过40m/min,在小车向外运行,且起重力矩达到额定值的80%时,变幅速度应自动转换为不大于40m/min	审阅自检调试记录并验证	
*65			当起重量大于最大额定起重量并小于110%最大额定起重量时,应停止上升方向动作,但应有下降方向动作。具有多挡变速的起升机构,限制器应对各挡位具有防止超载的作用	审阅自检调试记录并验证	

10—15—33

续表 E

序号	项目类别	检验内容及要求	检验方法	检验结果
*66	幅度限位器	动臂变幅的塔机应设有幅度限位开关,在臂架到达相应的极限位置前开关应能动作,停止臂架再往极限方向变幅	目测	
*67		小车变幅的塔机应设有小车行程限位开关和终端缓冲装置。限位开关动作后应保证小车停车时其端部距缓冲装置最小距离为 200mm	实测并与自检记录核对	
*68		动臂变幅的塔机应设有臂架极限位置的限制装置,该装置应能有效防止臂架向后倾翻	目测	
69	安全装置	回转处不设集电器供电的塔机,应设有正反两个方向的回转限位器,限位器动作时臂架旋转角度不应大于±540°	目测	
*70		轨道行走式塔机应设行程限位装置及抗风防滑装置。每个运行方向的行程限位装置包括限位开关、缓冲器和终端止挡,行程限位装置应保证限位开关动作后,塔机停车时其端部距缓冲器最小距离应为 1000mm,缓冲器距终端止挡最小距离应为 1000mm,终端止挡距轨道尾端最小距离应为 1000mm;非工作状态抗风防滑装置应有效	目测、测量	
*71	其他安全保护装置	小车变幅的塔机应设小车断绳保护装置,且在向前及向后两个方向上均应有效	目测	
*72		小车变幅的塔机应设小车防坠落装置,且应有效、可靠	目测、测量	
*73		自升式塔机应具有爬升装置防脱功能,且应有效、可靠	目测	
74		臂根铰点高度超过 50m 的塔机,应配备风速仪。当风速大于工作允许风速时,应能发出停止作业的警报信号	目测	
*75	电气系统	供电系统应符合现行行业标准《施工现场临时用电安全技术规范》JGJ 46 的规定	现场检查	
*76		动力电路和控制电路的对地绝缘电阻不应低于 0.5MΩ	测量	
77		塔机应有良好的照明,照明供电不应受停机的影响	现场检查	
78		塔顶和臂架端部应安装有红色障碍指示灯,电源供电不应受停机的影响	目测	
79		电气柜或配电箱应有门锁。门内应有原理图或布线图、操作指示等,门外应有警示标志	开柜查看、试验动作	
*80		塔机应设有短路、过流、欠压、过压及失压保护、零位保护、电源错相及断相保护装置,并应齐全	开柜查看、试验动作	
*81		塔机的金属结构、轨道、所有电气设备的金属外壳、金属线管、安全照明的变压器低压侧等均应可靠接地,接地电阻不应大于 4Ω,重复接地电阻不应大于 10Ω	测量	

续表 E

序号	项目类别	检验内容及要求	检验方法	检验结果
*82	电气系统	塔机应设置有非自动复位的、能切断塔机总控制电源的紧急断电开关，该开关应设在司机操作方便的地方	动作试验	
83		在司机室内明显位置应装有总电源开合状况的指示信号灯和电压表	目测	
*84		零线和接地线必须分开，接地线严禁作载流回路。塔机结构不得作为工作零线使用	目测	
85		轨道行走式塔机的电缆卷筒应具有张紧装置，电缆收放速度与塔机运行速度应同步。电缆在卷筒上的连接应牢固，电缆电气接点不宜被拉曳	目测	
86	功能测试	空载试验	塔机空载状态下，起升、回转、变幅、运行各动作的操作试验、检查应符合下列规定： ——操作系统、控制系统、连锁装置应动作准确、灵活； ——各行程限位器的动作准确、可靠； ——各机构中无相对运动部位应无漏油现象，有相对运动的各机构运动的平稳性，应无爬行、振颤、冲击、过热、异常噪声等现象	试验结果与自检表核对	
*87		额定载荷试验	应符合现行国家标准《塔式起重机》GB/T 5031 的规定	试验结果与自检表核对	

注：1 表中序号打 * 的为保证项目，其他为一般项目；
　　2 要求量化的参数应按实测数据填在检验结果中，无实测数据的填写观测到的状况。

本标准用词说明

1 为便于在执行本标准条文时区别对待，对要求严格程度不同的用词说明如下：
　　1）表示很严格，非这样做不可的：
　　　　正面词采用"必须"；反面词采用"严禁"。
　　2）表示严格，在正常情况下均应这样做的：
　　　　正面词采用"应"；反面词采用"不应"或"不得"。
　　3）表示允许稍有选择，在条件许可时首先这样做的：
　　　　正面词采用"宜"；反面词采用"不宜"。
　　4）表示有选择，在一定条件下可以这样做的：
　　　　采用"可"。
2 条文中指明应按其他有关标准执行的写法为："应符合……的规定"或"应按……执行"。

引用标准名录

1 《塔式起重机》GB/T 5031
2 《起重机 钢丝绳 保养、维护、安装、检验和报废》GB/T 5972
3 《起重机械安全规程 第一部分：总则》GB 6067.1
4 《施工现场临时用电安全技术规范》JGJ 46
5 《建筑施工高处作业安全技术规范》JGJ 80
6 《龙门架及井架物料提升机安全技术规范》JGJ 88
7 《建筑施工扣件式钢管脚手架安全技术规范》JGJ 130

中华人民共和国行业标准

建筑施工升降设备设施检验标准

JGJ 305—2013

条 文 说 明

制 订 说 明

《建筑施工升降设备设施检验标准》JGJ 305-2013，经住房和城乡建设部2013年6月24日以第60号公告批准、发布。

本标准编制过程中，编制组进行了有关施工升降设备设施安全检验在全国广泛的调查研究，总结了我国工程建设施工升降设备设施安全检验领域多年的实践经验，同时还参考了国外先进技术法规、技术标准。

为便于广大设计、施工、科研、学校等单位有关人员在使用本标准时能正确理解和执行条文规定，《建筑施工升降设备设施检验标准》编制组按章、节、条顺序编制了本标准的条文说明，对条文规定的目的、依据以及执行中需注意的有关事项进行了说明（还着重对强制性条文的强制性理由做了解释）。但是，本条文说明不具备与标准正文同等的法律效力，仅供使用者作为理解和把握标准规定的参考。

目　次

1 总则 …………………………… 10—15—39
3 基本规定 ……………………… 10—15—39
4 附着式升降脚手架 …………… 10—15—39
　4.1 一般规定 …………………… 10—15—39
　4.2 检验内容及要求 …………… 10—15—39
5 高处作业吊篮 ………………… 10—15—40
　5.1 一般规定 …………………… 10—15—40
　5.2 检验内容及要求 …………… 10—15—40
6 龙门架及井架物料提升机 …… 10—15—40
　6.1 一般规定 …………………… 10—15—40
　6.2 检验内容及要求 …………… 10—15—41
7 施工升降机 …………………… 10—15—41
　7.1 一般规定 …………………… 10—15—41
　7.2 检验内容及要求 …………… 10—15—42
8 塔式起重机 …………………… 10—15—43
　8.1 一般规定 …………………… 10—15—43
　8.2 检验内容及要求 …………… 10—15—43

1 总则

1.0.1 建筑施工升降设备设施的安装、使用目前尚无统一的检验标准，为了规范管理而制定本标准。

1.0.2 本标准适用于建筑施工升降设备设施安装后、使用前和使用过程中的检验。

1.0.3 建筑施工升降设备设施的检验除执行本检验标准外，尚应符合国家现行有关标准的规定。

3 基本规定

3.0.1 在《建设部关于发布建设事业"十一五"推广应用和限制使用技术（第一批）的公告》（建设部659号公告）中对施工升降机和塔式起重机的使用年限进行了规定，达到或超过使用年限的，要对设备进行安全评估，评估合格方能进行检验。使用年限应符合表1的规定。

表1 使用年限表

时间	项目
超过一定使用年限的塔式起重机	630kN·m 以下（不含 630kN·m）、出厂年限超过 10 年（不含 10 年）的塔式起重机；630kN·m～1250kN·m（不含 1250kN·m）、出厂年限超过 15 年（不含 15 年）的塔式起重机；1250kN·m 以上、出厂年限超过 20 年（不含 20 年）的塔式起重机。由于使用年限过久，存在设备结构疲劳、锈蚀、变形等安全隐患。超过年限的由有资质评估机构评估合格后，可继续使用
超过一定使用年限的施工升降机	出厂年限超过 8 年（不含 8 年）的 SC 型施工升降机，传动系统磨损严重，钢结构疲劳、变形、腐蚀等较严重，存在安全隐患；出厂年限超过 5 年（不含 5 年）的 SS 型施工升降机，使用时间过长造成结构件疲劳、变形、腐蚀等较严重，运动件磨损严重，存在安全隐患。超过年限的由有资质评估机构评估合格后，可继续使用

3.0.3 检验使用的仪器、仪表和工具应定期到法定计量机构进行检测、标定，以确保检测质量。

3.0.4 本条规定了检验现场应具备的条件，一是为了保证检验质量，二是为了保证检验安全。

3.0.5 本条对检验项目进行了分类，并对检验结果作出规定。

对合格的检验结果的规定，保证项目是确保升降设备设施安全运行的必不可少的条件，因此，必须全部合格。根据其保证升降设备安全使用的程度不同一般项目不合格项数不同。

对不合格的检验结果作出规定。

3.0.6 为确保升降设施安全运行，对检验结果是合格，但仍存在一般项目不合格的必须进行整改，达到合格。整改完成后报检验单位。不合格项的整改由安装单位或使用单位完成。

3.0.7 本条是强制性条文，检验不合格的设备设施，就是存在严重隐患的不安全产品，是施工现场的重大危险源，为了防范风险，有效防止事故的发生，应禁止使用。

3.0.8 检验记录是安全控制的重要手段，检验后必须形成报告，以记录施工过程中设备设施的安全状态。

4 附着式升降脚手架

4.1 一般规定

4.1.1 检验时，受检单位应当主动向检验单位提交本条所规定的各项有效资料和文件。

4.1.2 当受检单位不能提供4.1.1条要求的资料时，说明在安装或使用过程中可能存在不规范的行为，为了规范安装和使用的行为，要求检验单位对4.1.1条要求资料提供不全的不得进行检验。

4.2 检验内容及要求

4.2.1～4.2.4 本条规定是为了确保架体刚度和稳定性及整体结构防倾覆能力。如不符合本节规定的参数及要求，在升降工况时，极易发生架体变形或倾覆事故。

4.2.5 附着式升降脚手架的全部荷载是通过附墙支座，传递到建（构）筑物上，因此，为保证附着式升降脚手架的全部荷载能可靠地传递到建（构）筑物上，对附墙支座及其锚固件的设置、锚固点的强度等提出了具体要求。

4.2.6 防倾装置是附着式升降脚手架的重要安全装置，其作用是为了防止整片架体发生倾覆事故，因此，本条对防倾装置的设置作出了具体规定。

4.2.7 对提升到位的附着升降脚手架应进行附着固定或采取措施，以保证在使用中架体上荷载的正常传递和架体的稳定。

4.2.8 本条是对防坠装置提出的要求，进行了如下规定：

1 防坠装置是为了避免附墙或提升装置失效造成架体下坠而设置，其设置部位要符合本条规定。

2 本条要求防坠装置和电动葫芦分别设置在两套附着支承结构上，是为了确保架体在附墙装置失效情况下，防坠装置仍能起作用。

4.2.9 本条是强制性条文。防坠装置和提升设备设置在同一个附墙支承结构上,当提升设备故障或其他原因导致附墙支承结构断裂发生坠落情况时,防坠装置将与附墙支承结构一起坠落,无法起到防坠作用,而引发架体坠落的恶性事故,为防范此类事故的发生,有效发挥防坠装置的作用,应严禁防坠装置与提升设备设置在同一个附墙支承结构上。

4.2.10 本条规定是为了防止人员或物料从架体坠落。

4.2.11 本条规定是为了防止因提升设备不同步而造成提升设备荷载出现差异及架体变形解体而提出的。

4.2.12 本条规定是为了达到各机位提升荷载均等的作用,并能进行逐点调节。

4.2.13 升降设备在架体提升过程中起着重要的作用,为保证在提升过程中升降设备的安全稳定,本条对电动和液压升降设备,作出了要求。

4.2.14 本条是根据行业标准《施工现场临时用电安全技术规范》JGJ 46-2005 的规定制定的。

4.2.15 本条是强制性条条文。附着式脚手架架体是施工人员施工作业的平台,由于施工现场脚手板大部分是采用木脚手板或竹笆片脚手板等易燃材料,一旦附着式脚手架架体发生火灾,极易发生群死群伤的恶性事故,因此附着式脚手架架体上必须设置防火措施,以预防火灾发生。

5 高处作业吊篮

5.1 一般规定

5.1.1 受检单位在报验时应当主动向检验单位提交本条所规定的各项有效资料和文件。

5.1.2 提供所受检设备完整有效的必备相关资料,是证明该设备合法性及设备安装已完成到位的途径,是进入实体检验的前设条件,因此,本条规定了受检设备资料不齐全时,不得进行检验。

5.2 检验内容及要求

5.2.1 悬挂机构及悬吊平台是承受作业人员及施工载荷的主要构件,因此对其结构状况及连接要求本条作了规定。

5.2.2 本条所述高处作业悬吊平台是作业人员的操作平台,直接关系到登篮人员的人身安全,因此本条对悬吊平台构造等方面作出了具体规定。

5.2.3 高处作业吊篮的钢丝绳承受交变应力,且同时承担作业人员、篮体自重和施工荷载,加之高空作业风险巨大,因此对钢丝绳质量要求较高,规定了钢丝绳宜选用镀锌钢丝绳,且不得有缺陷。安全钢丝绳独立于工作钢丝绳悬挂,是为了确保工作钢丝绳失效时,悬吊平台及作业人员不致坠落。

5.2.4 为避免错误使用吊篮,造成超载,规定了标牌及警示标志要求,且标示清晰。

5.2.5 悬挂机构承载着悬吊平台和钢丝绳的自重荷载、作业人员和施工荷载及风载,其安全地位极其重要。本条主要对悬挂机构的设置及所依附的建筑物的承载能力,特别是悬挂机构的平衡稳定(取决于前梁长度和中梁长度的配比、额定载重量、配重量及使用高度)作出了具体规定。

本条中所规定悬挂机构前梁不应支撑在非承重建筑结构上,是指悬挂机构前梁不能支撑在未经承载能力复核确认的非承重建筑结构上。如前梁直接支撑在可承重结构上,前梁支撑中心点须和前支架位置相一致,且提供相应的建筑结构承载能力核准计算书,以确认该建筑物结构能承担前梁所施加的全部荷载,同时还要有可靠的防前梁前、后、左、右滑移的措施及吊篮专项施工方案。本条还对前支架的某些不易摆放位置作出规定,是为防止前支架滑移出所支撑平面而造成事故。

5.2.6 配重关系到悬吊平台的承载能力及悬挂机构稳定性,因此本条对配重的质量、数量及其安装的可靠性作了规定。

5.2.7 高处作业吊篮的安全装置对安全使用吊篮起着至关重要的作用,因此本条对上行程限位、制动器及安全绳这些安全装置的要求作了具体规定。

安全绳用于吊挂登篮作业人员所佩戴的安全带,是保护人员生命安全的最后一道关卡,因此要求完全独立设置,不和悬挂机构及悬吊平台发生任何关系,并可靠固定在具有足够承载能力的建筑结构上。

5.2.8 本条是强制性条文。安全锁是防止误操作、工作钢丝绳断裂或提升装置失效而造成悬吊平台急速下坠或倾斜角度过大而设置的,对保障人身安全极其重要,因此在使用过程中安全锁必须完好有效,且在有效标定期内。

5.2.9 本条是根据行业标准《施工现场临时用电安全技术规范》JGJ 46-2005 的规定制定的,同时加入了对主供电电缆的保护条款。

6 龙门架及井架物料提升机

6.1 一般规定

6.1.1 本条依据安全管理有关法律法规制定。物料提升机在施工现场使用比较广泛,且易引发事故,为加强管理,保证安全,物料提升机应是合格产品,安装后经过自检合格的,检验时受检单位应提供本条规定的证件资料。

物料提升机作为整机产品,应有产品合格证,并应取得建设主管部门的备案证明。行业标准《龙门架及井架物料提升机安全技术规范》JGJ 88-2010 中第 3.0.8 条要求,物料提升机制造应有特种设备制造资质。但在实践中，质监部门将其列入施工升降机范畴，认定是钢丝绳式施工升降机，一些省市要求生产厂家具有施工升降机制造许可证，且每台均应有监督检验报告。

按照《建筑起重机械安全监督管理规定》要求，物料提升机安装拆卸应履行安装拆卸告知手续。

6.1.2 本条是检验的前置条件，资料不齐全的，不予检验，是把检验纳入安全管理范畴。

6.2 检验内容及要求

6.2.1 物料提升机的基础承受着物料提升机的全部荷载，因此基础承台大小、配筋、预埋件的尺寸、埋深和位置均应符合使用说明书或设计要求。当基础坐落在自然地面上时，应核对地勘报告，满足物料提升机对地基承载力的要求；当架体达到30m的应对基础进行专门的设计计算。

6.2.2 本条为架体要求条款。

1 物料提升机架体结构是指物料提升机的主要承力构件，检验时应对主要受力杆件及部位进行重点检查；

2 物料提升机结构件的安装质量直接影响架体的稳定和安全使用，各连接件的规格、型号、数量及连接部位应符合产品使用说明书要求；销轴、开口销、高强度螺栓等连接件的性能及安装应符合有关规程和说明书要求；检验时应仔细检查，以防意外事故发生；

3 架体垂直度是指架体轴心线与底座水平基准面之间的垂直度公差值；

4 对井架式物料提升机由于架体与各楼层通道处设置开口，架体强度被削弱，因此此处应采取加强措施；

5 依据行业标准《龙门架及井架物料提升机安全技术规范》JGJ 88－2010中第6.2.1条，架体底部的防护围栏是阻止无关人员误入的有效措施。为防止吊笼升降时，工作人员进入吊笼运行区，围栏门要设置机电连锁装置，当围栏门打开时，吊笼不能运行。

6.2.3 本条是依据行业标准《龙门架及井架物料提升机安全技术规范》JGJ 88－2010第4.1.8条，对吊笼检验的要求。

6.2.4 本条从安全方面对卷扬机的安装作了相应的规定。

1 卷扬机卷筒与架体地滑轮间的距离影响卷筒排绳质量，该距离应符合规范要求；卷扬机安装要求稳定、牢固，通常设置锚桩，并牢固可靠。

2 卷扬机使用的钢丝绳不得拖地和被水浸泡，穿越道路应采取防护措施。卷扬机钢丝绳要求排列整齐，可防止钢丝绳的碾压损伤；卷筒上的余留圈数和钢丝绳尾部固定，是防止钢丝绳从卷筒中抽出的安全保证措施。

3 卷筒和滑轮设置钢丝绳防脱装置，钢丝绳跳槽后极易被拉断。据有关资料显示，国内曾多次发生此类事故，因此，本款要求检验时检验人员对钢丝绳跳槽装置要仔细检查。

4 卷扬机制动器是重要的安全装置，制动器间隙调整不当，制动难以做到灵敏有效，会导致刹车失灵而酿成事故。

5 采用曳引机驱动的物料提升机，要求曳引钢丝绳为2根及以上，还设置曳引力自动平衡装置。

6.2.5 钢丝绳是物料提升机最重要的部件之一。本条对钢丝绳的绳端固定、压板固定、楔块固定、使用选配要求及报废标准作出了明确规定，检验时应对照标准检验。

6.2.6 导向轮和缓冲装置是保证吊笼稳定运行和落地缓冲的重要零件，应严格检验。

6.2.7 本条规定是防止作业人员高处坠落的安全防护措施，停层平台及防护栏杆应搭设牢固，符合规范要求。

6.2.8 本条依据行业标准《龙门架及井架物料提升机安全技术规范》JGJ 88－2010中第4.1.8条，对物料提升机的安全装置作出了相应要求，检验时应要求各个安全装置均能有效动作，始终保持完好有效状态。

6.2.9 本条为强制性条文。吊笼停靠装置是保证进入吊笼施工人员安全的重要部件，吊笼停靠装卸物料是施工人员唯一进入吊笼的危险状态，为保证吊笼稳固，防止晃动，应采用刚性机构；同时由于装卸物料人员需要进入吊笼，该装置还应该保证能够承担吊笼、物料及作业人员等全部荷载。因停靠装置造成的人员伤亡事故有很多血的教训，有些施工现场的物料提升机吊笼，或没有刚性停靠，或损坏失效，或依赖提升钢丝绳的提拉承担物料及施工人员等全部荷载，存在极大的安全风险。为此，检验时应将此条作为检验重点。

6.2.10 本条规定物料提升机的附着装置应按说明书要求设置，做到连接牢固，符合规定；强调附着装置与建筑物刚性连接，以保证架体稳定和吊笼安全运行。

6.2.11 本条规定30m及以上高度的物料提升机不得使用缆风绳固定，以确保使用安全。

6.2.12 本条是根据行业标准《施工现场临时用电安全技术规范》JGJ 46－2005的规定制定，特别提出设置专用开关箱、严禁使用倒顺开关等。

6.2.13 本条对司机室内的搭设作了明确规定，应按此检验。

7 施工升降机

7.1 一般规定

7.1.1 根据《建筑起重机械安全监督管理规定》（建

设部第 166 号令）的规定，受检单位在报验时，应主动向检验单位提交本条所规定的各项资料。检验前，应当确认所提供的资料信息与所安装设备铭牌信息的一致性。

7.2 检验内容及要求

7.2.1 施工升降机的任何部位与外电架空线路的边线之间的最小安全操作距离是指施工升降机任何部位在该距离以外，才不致影响施工升降机的正常使用，方可避免触电事故的发生。表 7.2.1 引用了行业标准《施工现场临时用电安全技术规范》JGJ 46-2005 中第 4.1.2 条的规定。

7.2.2 吊笼内噪声大小可以反映升降机的整体运行状况。表 7.2.2 引用了国家标准《施工升降机安全规程》GB 10055-2007 中第 3.4 条的规定。

7.2.3 施工升降机在工作或非工作状态下，均应具有承受各种规定荷载而不倾翻的稳定性，而施工升降机设置在基础上，因此基础应能承受最不利工作或非工作条件下的全部荷载。故施工升降机基础的设置应符合产品使用说明书要求。不符合产品说明书要求的应有专项设计方案，并应通过相关评审和审批。

7.2.4 本条符合现行国家标准《施工升降机安全规程》GB 10055 对防护围栏的要求。本条规定是为了防止当吊笼尚未位于底部规定位置时，地面作业人员随意开启围栏门，闯入施工升降机作业区内而发生事故。国家标准《吊笼有垂直导向的人货两用施工升降机》GB 26557-2011 规定防护围栏设置高度不低于 2m，围栏门高度开启高度不小于 2m。实际检验时应根据产品使用说明书和产品出厂年限确定检验高度，以实际防护的有效高度为准，围栏门机械锁紧和电气安全开关必须具备机械连锁与电气连锁，缺一不可。

7.2.5 本条符合现行国家标准《施工升降机安全规程》GB 10055 对吊笼的要求。本条规定是为了防止人员及物料从吊笼内坠落以及高处坠物伤人。吊笼各部位的防护网、护板、防护栏杆应能起到有效的防护作用，不应破损。

吊笼门机械锁钩和电气安全开关是保证人身安全的重要安全装置，每个门的电气安全开关用以确保吊笼在运行时处于封闭的安全状态。检验时应当测试其灵敏度及可靠性。

备案标牌是设备合法性标识，应永久固定在吊笼内醒目位置。

7.2.6 导轨架轴心线全高对底座水平基准面的安装垂直度公差值，应测量两个方向，测量时吊笼应降至地面。表 7.2.6 引用了国家标准《施工升降机安全规程》GB 10055-2007 中第 3.4 条的规定。

主要结构件是指施工升降机的主要承力构件，检验时应重点对应力集中的部位进行检查。

结构连接件的规格、型号数量及安装必须符合使用说明书的要求。检验中注意同直径不同长度的销轴安装位置应按说明书规定使用，开口销符合要求并正确开口，止挡锁块紧固防松可靠，焊接止挡块无开焊损坏。

附着装置与建筑物的水平夹角不应大于说明书要求，否则连接处易形成绞点。施工升降机在使用前，导轨架进行附着时，选择若干附着点与建筑物连接。施工升降机采用附着装置的实质，是通过对导轨架的约束，控制导轨架的计算高度，从而增加其刚度，保持导轨架的稳定性。因此导轨架附着装置的间距密切关系到导轨架的稳定性，必须严格按《使用说明书》的要求架设。当不符合说明书要求时，应有相应的专项施工方案，并应经过专家论证方可架设。

7.2.7 本条是为了确保层门设置的独立性，其开闭不受施工升降机吊笼运动的干扰。强调了层门开关装置设置在吊笼侧，层门应向建筑物内单向开启，使楼层内人员无法开启，其目的是防止吊笼在运行时，楼层内工作人员随意打开层门，将头、手伸入吊笼运行区域或无意踩空而造成事故。

平台搭设松软或距笼门间隙超过本条规定，会给操作人员进出、运料带来不便，而产生恐惧感，并且平台应为独立体系，不应与升降机钢结构有联系，以免造成导轨架偏斜。

7.2.8 参阅本标准第 6.2.5 条条文说明。

7.2.9 本条对滑轮的选用和是否合格作出了规定。

滑轮安装在高空，钢丝绳跳槽后不易被发现，如再继续作业会酿成钢丝绳拉断事故。据有关资料显示，国内曾多次发生此类事故。因此，本条对防止钢丝绳脱出装置提出了可靠有效的规定。检验时，检验人员应仔细检查。

7.2.10 本条规定是为了防止工作人员手臂、衣物等误入旋转的零部件中而造成事故。

7.2.11 本条规定了各导轮、背轮和安全挡块与导轨架应有良好接触，以确保吊笼在运行中平稳，减少对导轨架的磨损。特别是对重轨道是最易发生事故的部位，应严格查看，不应有变形错位。

7.2.12 本条是防止对重滑出导轨而制定。

本条对底座设置缓冲装置和吊笼、对重设置缓冲装置作了规定，以避免吊笼处于最低位置时，对重冒顶，吊笼处于最高位置时，对重落地。另外，对重导轨接头错位易造成对重下降时卡住，无法正常下降而造成对重坠落事故，检验时应注意。

7.2.13 各传动系统均应具备各自独立的制动器，制动器的零部件不应有缺陷。制动距离应恰当，制动时吊笼不得有下滑或制动过急现象。应经常进行检查试验。

7.2.14 防坠安全器是施工升降机关键的安全装置，使用单位每季度应当做一次坠落试验，且必须在标定有效期内方可使用。安全钩可以防止吊笼与导轨架分离。

上、下限位开关和极限限位开关是为防止吊笼冒顶而设置的，应灵敏和可靠。上、下限位开关可选用自动复位型，当限位开关失效时，极限开关切断控制回路，吊笼停止运行。检验时不应以触发上、下限位开关作为吊笼在最高层站和地面层站停站的操作方法。

施工升降机应装超载保护装置，该装置应对吊笼内荷载、吊笼顶部荷载均有效。

7.2.15 本条是强制性条文。防坠安全器具有防坠、限速双重功能，当吊笼超速下行或吊笼悬挂装置断裂时，防坠安全器应能将吊笼制停并保持静止状态。根据国家标准《施工升降机安全规程》GB 10055-2007 中 11.1.9 条的规定：防坠安全器只能在有效的标定期限内使用，有效标定期限不应超过一年。根据行业标准《施工升降机齿轮锥鼓形渐进式防坠安全器》JG 121-2000 的规定："防坠安全器无论使用与否，在有效检验期满后都必须重新进行检验标定"。施工升降机防坠安全器的寿命为 5 年。如果使用超过有效期的安全器，则不能保证其作用的正常发挥。

7.2.16 本条是根据行业标准《施工现场临时用电安全技术规范》JGJ 46-2005 和国家标准《施工升降机安全规程》GB 10055-2007 的规定制定。

电气设备应有防止外界干扰的防护措施，主要指雨、雪、泥浆、灰尘等环境因素对电气设备的干扰。

8 塔式起重机

8.1 一般规定

8.1.1、8.1.2 受检单位在报验时，应主动向检验单位提交各项有效证件和资料，资料应明确受检设备的机位编号、安装位置坐标、空间状态且相关单位签章齐全。检验前，检验人员应当核对证件、资料是否齐全并与拟检设备上固定的金属标牌信息一致，以及机位编号、安装位置坐标、空间状态、程序日期的符合性，以确定受检设备的合法性、受检时设备位置坐标及状态的唯一性。

建筑起重机械在安装前向工程所在地县级以上地方人民政府建设主管部门履行告知手续，是《建筑起重机械安全监督管理规定》（建设部 166 号令）第十二条规定的法定义务，是对所安装的建筑起重机械及其安装活动合法性的承诺。

塔机上固定产品金属标牌是国家标准《塔式起重机安全规程》GB 5144-2006 中第 3.5 条（强制性条文）和《塔式起重机》GB/T 5031-2008 中第 8.1.1 条的规定，产品金属标牌是塔机身份的证明。

从 2006 年 10 月 1 日起国家技术质量监督总局对新出厂的塔式起重机实行制造监督检验，合格的发监督检验合格证，对 2006 年 10 月 1 日后生产的塔式起重机必须提供监督检验合格证。

要求预埋件或地脚螺栓有制造检验合格证是依据《建设工程安全生产管理条例》（国务院令 393 号）第三十四条的规定。

8.2 检验内容及要求

8.2.1 本条符合国家标准《塔式起重机安全规程》GB 5144-2008 中第 6.7、8.4.5、10.3、10.5 条和《塔式起重机 安装与拆卸规则》GB/T 26471-2011 中第 5.4 条的规定，目的是保证施工安全。塔机非工作状态时应能保证起重臂处于风标状态，如起重臂受制于周围障碍物或群塔作业环境，应制定有效的防碰撞措施。

塔式起重机的任何部位与输电线的安全距离是指塔式起重机任何部位在该距离以外，才不致影响塔式起重机的正常使用，方可避免触电事故的发生。该距离是以架空输电线为中心，沿垂直方向及水平方向的最小安全距离。表 8.2.1 引用了行业标准《施工现场临时用电安全技术规范》JGJ 46-2005 中第 4.1.4 条的规定。当安全距离不符合要求时，绝缘隔离防护措施应符合行业标准《施工现场临时用电安全技术规范》JGJ 46-2005 中第 4.1.6 条的规定。

8.2.2 塔式起重机塔身的根部是整个塔式起重机钢结构承受倾覆力矩大，应力最集中的部位。混凝土基础应能承受工作状态和非工作状态下的最大载荷，应满足塔机最恶劣工况下抗倾翻稳定性的要求。若采用塔机原制造商推荐的混凝土基础，固定支腿、预埋节和地脚螺栓应按原制造商规定的方法使用。

塔机的固定式混凝土基础形式有板式、十字形及组合式基础，基础承受着塔式起重机的全部荷载，基础应符合使用说明书的相关要求，以保证使用安全。这里包括三个方面的含义：

1 基础承载力应满足塔式起重机基础荷载要求；当基础坐落在自然地面上时，应提供地耐力报告；当基础由桩承载时，桩的承载力应满足要求，使用单位应根据塔机原制造商提供的载荷参数设计制作混凝土基础（应由有资质的单位设计验算，并提供图样）。

2 基础承台配筋、预埋件的尺寸、埋深和位置均应符合《使用说明书》的要求，并应有混凝土试块强度报告。

3 不符合使用说明书的应按标准进行设计。常见塔式起重机使用说明书中，一般并未列出深基坑边和逆作法施工塔式起重机基础的制作要求，深基坑边塔式起重机基础发生位移、倾斜的事故并不少见，因此检验中应当引起重视。

8.2.3 本条符合国家标准《塔式起重机安全规程》GB 5144-2006 中第 10.1.2 条的规定。

为了确保结构安全，厂家均规定了塔式起重机最大独立高度和附着后自由端的最大高度。为了提高塔式起重机的独立高度，有的厂家还采用不同壁厚规格的标准节。检测时应注意各型号标准节的安装位置、数量及其安装应符合《使用说明书》要求，不同壁厚规格的标准节严禁互换使用。

塔机主要结构件是指塔式起重机的主要承力构件，检验时应重点检查应力集中的部位是否有缺陷。

塔机主要结构连接件安装正确是指其规格、型号、数量、位置及安装连接必须符合使用说明书的要求。

高强度螺栓的性能等级应符合使用说明书要求。高强度螺栓的质量和拧紧力矩应符合说明书要求。检验时应仔细检查，以防止高强度螺栓错误安装，留下隐患。

检验中注意同直径不同长度的销轴安装位置，应按说明书规定使用，开口销直径、长度符合要求并正确掰开，安装定位板紧固、有防松措施，焊接定位板无开焊损坏。

平衡重是保证塔机稳定，实现塔机性能的平衡部件，其质量、数量、位置、安装应与使用说明书一致。检测时应注意不同长度的起重臂，配重的位置及数量应符合说明书规定。当采用压重式基础时，其压重的质量应符合使用说明书或设计要求。配重及压重的安装工艺吊点应无异常。

为确保操作、维修及安装人员的安全，对立梯、斜梯、踏板及休息平台做出具体的要求。梯子、扶手、护圈、走道、平台应符合国家标准《塔式起重机安全规程》GB 5144-2006 中第 4.3、4.4、4.5 条的规定。

自升式塔式起重机高度超过《使用说明书》允许的最大独立高度后，继续升高作业前，必须进行附着。塔机附着的实质是通过增加塔身钢结构的约束，以达到控制塔身的计算高度，从而达到增强其刚度，使塔身的稳定性保持不变的目的。附着间距、附着距离及附着安装必须严格按照《使用说明书》的要求执行。

当附着距离超过《使用说明书》规定时，应有专项施工方案，并附计算书。附着支承处的建筑主体结构应当进行验算。鉴于附着装置关系到塔身的稳定性和使用安全，为避免因塔机附着方案不完备造成公共安全隐患，本条提出塔机非常规附着前，其专项施工方案应按住房和城乡建设部《危险性较大的分部分项工程安全管理办法》（建质[2009]87号）第九条的规定进行专家论证并提交专家组论证报告，报告应指出：

（1）专项方案内容是否完整、可行；

（2）专项方案计算书和验算依据是否符合有关标准规范；

（3）安全施工的基本条件是否满足现场实际情况。

要求附着装置的构件和预埋件有制造检验合格证是依据《建设工程安全生产管理条例》（国务院令393号）第三十四条要求和《建筑起重机械安全监督管理规定》（建设部令第166号）第二十条的规定：禁止擅自在建筑起重机械上安装非原制造厂制造的标准节和附着装置。

8.2.4 本条依据国家标准《塔式起重机安全规程》GB 5144-2006 中第 10.8 条的规定要求制定，也符合行业标准《建筑起重机械使用安全技术规程》JGJ 33-2012 中第 4.4.1 条的要求。轨道碎石基础应符合现行国家标准《塔式起重机安全规程》GB 5144-2006 中第 10.7 条的要求。

8.2.5 本条依据国家标准《塔式起重机安全规程》GB 5144-2006 中第 5.2、5.3、5.4、5.5 条的规定制定。

钢丝绳是塔机的主要易损材料。安装时，按照绳端固定方式的不同，严格按《说明书》的要求执行。检验人员对绳端固定应按本条要求实施检验。检验时，钢丝绳应全长检查，当发现钢丝绳不符合现行国家标准《起重机 钢丝绳 保养、维护、安装、检验和报废》GB/T 5972 的要求时，应更换后再检验。

为了防止钢丝绳在卷筒上缠绕过多，导致钢丝绳从卷筒边溢出而发生事故。规定了卷筒两侧边沿的高度的要求，对钢丝绳尾部在卷筒上的固定提出了要求。

塔机的起升、回转、变幅、行走机构都配备有制动器，制动器零部件如有本条第 5 款现象时，会导致刹车失灵而酿成事故。制动器间隙调整失当或外露零部件不设防护罩，会被雨、雪淋湿，同样会导致刹车失灵而酿成事故。

起吊额定起重量在下降制动时的制动距离，应符合国家标准《起重机械安全规程》GB 6067.1-2010 中第 4.2.6.3 条的规定。

吊钩设有防止吊索或吊具非人为脱出的装置（吊钩防脱钩装置），其作用是防止塔式起重机在吊运重物的过程中，吊索从吊钩中滑脱导致重物坠落，检验时应确定无异常。

本条第 5 款中吊钩所列的吊钩缺陷会导致吊钩强度降低，无法满足使用要求，因此应予以更换。

吊钩的检验应符合国家标准《起重机 检查 第 3 部分：塔式起重机》GB/T 23724.3-2010 中附录 C 的规定。

8.2.6 塔机的回转机构在塔机作业过程中需要克服塔机上部结构件以及吊重引起的惯性阻力矩、风阻力矩、臂架不平因坡度引起的阻力矩以及回转支承滚道与滚动体之间的摩擦阻力矩等。由于塔机回转机构作业中启动制动频繁，易引起机构振动导致回转机构减速机与其支座之间的紧固件和定位销松动，进而造成回转支承齿轮副啮合不正常甚至导致减速机损坏，因此，检验中应对回转减速机总成包括与电动机的紧固情况予以确认可靠。

对于回转机构采用常闭式制动器的塔机，应检查解除制动的措施是否可靠，以确保塔机进入非工作状态时，臂架处于风标状态。回转支承与上下支座之间常见的是使用 12.9 级的高强度螺栓连接，检验时应核验安装自检是否有回转支承螺栓连接的检查记录，以及回转支承螺栓连接与标准要求相符合，现场检验时应确认回转支承的螺栓连接与自检记录相符合。

回转机构的防护罩常见的有回转电机的防雨罩、耦合器及制动器的防护挡板，有的塔机回转机构采用皮带传动的，也应有皮带传动副防护罩，以防止机构淋雨致传动、制动失效。回转支承传动齿轮副的防护罩以及回转机构其余各处防护罩连接螺栓应紧固、防松可靠，不得有缺失。以防止防护罩从塔机上坠落，或者卷入回转支承齿轮副造成塔机冲击、损伤，导致事故。

8.2.7 检测变幅小车结构无明显变形，车轮间距应无异常的目的，是防止使用中变幅小车两侧面间距过大致使任一侧滚轮有可能侧移脱出臂架下弦，或者检修人员乘坐变幅小车维修挂篮沿起重臂前后移动时所载人员重量造成的弯矩大于小车自重平衡弯矩时，侧移造成小车坠落事故。检验时应通过尺寸测量的方法进行校核。

变幅小车维修挂篮应设置有牢固栏杆且与变幅小车连接固定符合说明书要求。

变幅小车车轮要求符合国家标准《塔式起重机安全规程》GB 5144-2006 中第 5.6.3 条的规定。

8.2.8 本条是强制性条文。符合现行国家标准《塔式起重机》GB/T 5031-2008 中第 5.6.10 条的规定。塔机滑轮、起升卷筒及动臂变幅卷筒均应设有钢丝绳防脱装置，施工中，因钢丝绳跳动、斜拉或吊钩在楼层搁置等原因而造成钢丝绳跳出滑轮或卷筒后被拉断，造成臂架、重物坠落伤人的事故时有发生，因此本条规定了滑轮防钢丝绳跳绳装置不但要完好、有效，且对其间隙也作了规定。

8.2.9 本条符合国家标准《塔式起重机安全规程》GB 5144-2006 中"9 液压系统"的规定，液压系统应有防止过载和液压冲击的安全装置。安全溢流阀的调定压力不应大于系统额定工作压力的 110%，系统的额定工作压力不应大于液压泵的额定压力，液压表是顶升时显示系统实时工作压力，提醒操作注意的警示装置。根据实践经验，塔机顶升时，正常情况下，液压表显示系统工作压力不到系统额定工作压力的 90%。

连接油管采用硬管是为了保证油管有足够强度，避免自升式塔式起重机在顶升或降塔时，因平衡阀与油缸之间的连接油管爆裂，造成套架及以上部分超速下坠。

8.2.10 本条依据现行国家标准《塔式起重机安全规程》GB 5144-2006 中第 3.5、4.6 条的规定制定，塔机司机室分为固定式司机室和升降式司机室。本条对司机室的内部要求和固定作了规定，升降式司机室应符合现行国家标准《施工升降机安全规程》GB 10055 和《吊笼有垂直导向的人货两用施工升降机》GB 26557 的规定。

8.2.11 本条符合国家标准《塔式起重机》GB/T 5031-2008 中第 5.6 条安全装置的要求，说明如下：

1 起重量限制器有以下作用：

1) 限制最大起重量以保证塔式起重机的稳定性；

2) 限制各种起升速度下的最大起重量以保证主卷扬电机不超载；

3) 限制不同倍率下的最大起重量以保证钢丝绳不破坏。因此相应工况就是指不同倍率不同起升速度。在相应工况下起重量限制器均应检查核验，起重量限制器的允许误差不大于 5%。

2 起重力矩限制器是用来限制塔式起重机的起重力矩。其目的是保证塔式起重机在规定的起重力矩范围内使用，不会因为超力矩使用而破坏塔式起重机的整体稳定性。由于考虑到不同倍率，因此试验时应注意不同倍率下的额定起重量，并经检验确定起重力矩的允许误差不大于 5%。

起重量限制器和起重力矩限制器检验方法应符合国家标准《塔式起重机》GB/T 5031-2008 中附录 D 的规定。

3 回转限制器的作用是防止电缆过度扭转，因此对回转角度有一定的要求，即往一个方向连续回转时，最大回转角不应大于 540°。

4 对顶升系统的安全要求作出了规定：

1) 检验时，当发现顶升梁爬爪、爬升支承座等爬升系统的钢结构部分有变形、裂纹现象，应按重大隐患处理。

2) 自升式塔机应具有防止塔身在正常加节、降节作业时，顶升横梁从塔身支承中自行脱出的功能。以防止塔机未配平就进行升降塔作业，导致塔机上部结构倾坠事故。在国家标准《塔式起重机安全规程》GB 5144-2006 中，防止顶升横梁从塔身支承中自行脱出的功能是强制条文的要求。

目前，部分省市有相当数量的塔式起重机出厂时均未设置防止顶升横梁从塔身支承中脱出的装置，这应当高度注意。

5 轨道行走式塔机的运行限位器符合国家标准《塔式起重机》GB/T 5031-2006 中第 5.6.5 条和行业标准《建筑机械使用安全技术规程》JGJ 33-2010 中第 4.4.1 条第 5 款的规定。

8.2.12 本条依据国家标准《塔式起重机安全规程》GB 5144-2006 中第 8 章电气系统，对电气系统检验作了规定。

依据行业标准《施工现场临时用电安全技术规范》JGJ 46-2005 的规定，塔机必须单独设立专用开关箱，检验时，漏电保护器应作试跳动作试验。

当塔机供电采用 TN-S 接零保护系统时，保护零线应与塔机金属结构和电气设备正常情况下不带电的金属外壳保持良好的电气连接。

塔式起重机动力电路和控制电路的对地绝缘电阻值符合国家标准《塔式起重机》GB/T 5031-2008 中第 5.5.3.7 条的规定。绝缘电阻测试时，对于不能承受测试电压的原件，如半导体原件、电容器等，试验时应将其短接，试验后被试电器进行外观检查，应无影响继续使用的变化。

塔式起重机的金属结构、轨道应有可靠的接地装置，同一台塔式起重机的接地及防雷接地按行业标准《施工现场临时用电安全技术规范》JGJ 46-2005 中第 5.4.7 条强制性条文的规定，可共用同一接地体。

塔式起重机的接地电阻值不得大于 4Ω，依据行业标准《建筑机械使用安全技术规程》JGJ 33-2012 中第 4.4.5 条的规定。

轨道式塔式起重机的接地应符合行业标准《施工现场临时用电安全技术规范》JGJ 46-2005 中第 9.2.2 条的规定。

8.2.13 本条依据国家标准《塔式起重机》GB/T 5031-2008 中第 6.2.4、6.2.5、11.4.1、11.4.3 条的规定制定，目的是确认受检塔机的功能状态达标。

中华人民共和国国家标准

建设工程施工现场供用电
安 全 规 范

GB 50194—93

主编部门：中华人民共和国电力工业部
批准部门：中华人民共和国建设部
施行日期：１９９４年８月１日

关于发布国家标准《建设工程施工现场供用电安全规范》的通知

建标〔1994〕22 号

根据国家计委计综（1986）第 2630 号文和建设部标准定额司（90）建标技字第 5 号文的要求，由原能源部电力建设研究所负责主编，会同有关单位共同编制的国家标准《建设工程施工现场供用电安全规范》，已经有关部门会审。现批准《建设工程施工现场供用电安全规范》GB 50194—93 为强制性国家标准，自 1994 年 8 月 1 日起施行。

本规范由电力工业部负责管理，其具体解释等工作由电力工业部电力建设研究所负责，出版发行由建设部标准定额研究所负责组织。

中华人民共和国建设部

1993 年 12 月 30 日

制 订 说 明

根据国家计委计综合（1986）2630 号文和建设部标准定额司发文（90）建标技字第 5 号文的要求，由电力工业部负责主编，具体由电力工业部电力建设研究所负责，会同铁道部专业设计院、冶金部自动化研究院、北京电力建设公司、北京建工集团总公司和电力部建设协调司等单位共同编制的国家标准《建设工程施工现场供用电安全规范》现已编制完成，经建设部 1993 年 12 月 30 日以建标（1993）22 号文批准，并会同国家技术监督局联合发布。

该标准在制订过程中，编制组收集了美国标准、原苏联标准和 IEC 国际标准，收集了国内有关地方和行业的有关标准和资料。编制组重点调查了冶金、民用建筑、石油、煤炭、电力等工程的施工用电情况及要求，广泛征求了全国有关单位的意见，最后由电力部会同有关部门审查定稿。

鉴于本规范系初次编制，在执行过程中，希望各单位结合工程实践和科学研究，认真总结经验，注意积累资料。如发现需要修改和补充之处，请将意见和有关资料寄交电力建设研究所（地址：北京良乡；邮政编码：102401），以供今后修订时参考。

目次

1 总则 .... 10—16—4
2 发电设施、变电设施、配电设施 .... 10—16—4
  2.1 发电设施 .... 10—16—4
  2.2 变电设施、配电设施 .... 10—16—4
3 架空配电线路及电缆线路 .... 10—16—5
  3.1 电杆选择及埋设 .... 10—16—5
  3.2 线路架设 .... 10—16—5
  3.3 电缆敷设 .... 10—16—6
4 接地保护及防雷保护 .... 10—16—6
  4.1 接地保护 .... 10—16—6
  4.2 防雷保护 .... 10—16—7
5 常用电气设备 .... 10—16—7
  5.1 一般规定 .... 10—16—7
  5.2 配电箱和开关箱 .... 10—16—7
  5.3 熔断器和插座 .... 10—16—7
  5.4 移动式电动工具和手持式电动工具 .... 10—16—7
  5.5 电焊机 .... 10—16—8
  5.6 起重机 .... 10—16—8
6 特殊环境 .... 10—16—8
  6.1 易燃、易爆环境 .... 10—16—8
  6.2 腐蚀环境 .... 10—16—8
  6.3 特别潮湿环境 .... 10—16—9
7 照明 .... 10—16—9
8 安全技术管理 .... 10—16—9
附录 A 本规范用词说明 .... 10—16—10
附加说明 .... 10—16—10
附：条文说明 .... 10—16—11

1 总 则

1.0.1 为在建设工程施工现场供用电中贯彻执行"安全第一、预防为主"的方针,确保在施工现场供用电中的人身安全和设备安全,并使施工现场供用电设施的设计、施工、运行及维护做到安全可靠,确保质量,经济合理,制定本规范。

1.0.2 本规范适用于一般工业与民用建设工程,电压在 10kV 及以下的施工现场供用电设施的设计、施工、运行及维护。但不适用于水下、井下和矿井等特殊工程。

1.0.3 建设工程施工现场供用电的安全、可靠,除执行本规范外,尚应符合国家现行有关标准、规范的规定。

2 发电设施、变电设施、配电设施

2.1 发电设施

2.1.1 在远离电源或电源不能满足要求的施工现场,可装设柴油发电机、列车电站等发电设施。

2.1.2 发电站的站址选择应符合下列要求:
2.1.2.1 靠近负荷中心。
2.1.2.2 交通运输及线路引出方便。
2.1.2.3 设在污染源全年最小频率风向的下风测。
2.1.2.4 远离施工危险地段。

2.1.3 发电站站区内平面布置应符合下列要求:
2.1.3.1 建筑物力求紧凑,符合生产运行程序。
2.1.3.2 发电机房设在站区内全年最小频率风向的上风侧;控制室、配电室设在机房的下风侧。
2.1.3.3 冷却水池、喷水池设在机房和室外配电装置冬季最小频率风向的上风侧。
2.1.3.4 站内地面排水坡度不应小于 0.5%。

2.1.4 燃油罐宜采用钢制油罐,其数量不应少于 2 个。

2.1.5 事故油池应设在发电机房外,其与发电机房外墙的距离不应小于 5m。事故油池的贮油量不应少于全部日用燃油的燃油量。

2.1.6 柴油机应有单独的排烟管道和消音器;发电机房内架空敷设的排烟管应设隔热层。地沟内的排烟管穿越油管路时应采取防火措施。发电机房外垂直敷设的排烟管至发电机房的距离不得小于 1m;排烟管的管口应高出屋檐,且不小于 1m。

2.1.7 移动式柴油发电机停放的地点应平坦,并宜高出周围地面 0.25~0.3m。柴油发电机拖车的前后轮应卡住。

2.1.8 移动式柴油发电机的拖车应有可靠的接地。

2.1.9 移动式柴油发电机拖车上部应设防雨棚。防雨棚应牢固、可靠。

2.1.10 移动式柴油发电机周围 4m 内不得使用火炉和喷灯,不得存放易燃物。

2.1.11 柴油发电机的总容量应满足最大负荷的需要和大容量电动机起动时的要求。起动时母线电压不应低于额定电压的 80%。

2.1.12 并列运行的柴油发电机应装设同期装置。

2.1.13 柴油发电机的出口侧应装设短路保护、过负荷保护及低电压保护等装置。

2.1.14 发电站内应设可在带电场所使用的消防设施,并应设在便于取用的地方。

2.2 变电设施、配电设施

2.2.1 变电所、配电所的所址选择应符合下列要求:
2.2.1.1 靠近电源,交通运输方便。
2.2.1.2 接近负荷中心,便于线路的引入和引出。
2.2.1.3 所区不受洪水冲浸、不积水,地面排水坡度不小于 0.5%。
2.2.1.4 设在污染源的全年最小频率风向下风侧,并避开易燃易爆危险地段和有剧烈振动的场所。

2.2.2 变压器室、控制室及配电室的建筑应符合下列要求:
2.2.2.1 防雨,防风沙;防火等级不低于三级,其中变压器室不低于二级。
2.2.2.2 采用百叶窗或窗口装金属网,金属网孔不大于 10mm×10mm。
2.2.2.3 邻街采光高窗的下檐与室外地面高度不小于 1.8m。
2.2.2.4 门向外开,其高度与宽度便于设备出入。
2.2.2.5 面积与高度满足配电装置的维护与操作所需的安全距离,并符合国家现行有关标准的规定。

2.2.3 容量在 400kVA 及以下的变压器,可采用杆上安装。杆上变压器的底部距地面的高度不应小于 2.5m。

2.2.4 容量在 400kVA 以上的变压器应采用地面安装。装设变压器的平台应高出地面 0.5m,其四周应装设高度不小于 1.7m 的围栏。围栏与变压器外廓的距离不得小于 1m,并应在其明显部位悬挂警告牌。

2.2.5 室外变电台变压器的高压侧和低压侧应分别装设高、低压熔断器;熔断器距地面的垂直距离,高压不宜小于 4.5m,低压不宜小于 3.5m。各相熔断器间的水平距离,高压不应小于 0.5m,低压不应小于 0.3m。

2.2.6 位于人行道树木间的变压器台,在最大风偏时,其带电部位与树梢间的最小距离,高压不应小于 2m,低压不应小于 1m。

2.2.7 变压器的引线与电缆连接时,电缆及其终端头,均不应与变压器外壳直接接触。

2.2.8 采用箱式变电站供电时,其外壳应有可靠的保护接地。接地系统应符合产品技术要求;装有仪表和继电器的箱门,必须与壳体可靠连接。

2.2.9 箱式变电站安装完毕或检修后,投入运行前应对其内部的电气设备进行检查和电气性能试验,合格后方可投入运行。

3 架空配电线路及电缆线路

3.1 电杆选择及埋设

3.1.1 电杆宜采用钢筋混凝土杆。钢筋混凝土电杆不得露筋,并不得有环向裂纹和扭曲等缺陷。若采用木杆和木横担,其材质必须坚实,不得有腐朽、劈裂及其他损伤。木杆总长度不宜小于8m,梢径不宜小于140mm。

3.1.2 电杆埋设应符合下列要求:

3.1.2.1 不得有倾斜、下沉及杆基积水等现象,不能满足要求时应加底盘或卡盘。

3.1.2.2 回填土时应将土块打碎,每回填0.5m夯实一次。杆坑应设防沉土台,其高度应超出地面0.3m。

3.1.2.3 电杆埋设深度应符合设计要求,当设计无要求时宜符合表3.1.2的规定。

电杆埋设深度(m)　　表3.1.2

杆高	8.0	9.0	10	11	12	13
埋深	1.5	1.6	1.7	1.8	1.9	2.0

注:遇有土质松软、流砂、地下水位较高等情况时,应做特殊处理。

3.1.2.4 严寒地区应埋在冻土层以下。

3.1.2.5 装设变压器的电杆,其埋设深度不宜小于2m。

3.1.3 拉线埋设应符合下列要求:

3.1.3.1 拉线坑的深度宜为1.2~1.5m。

3.1.3.2 拉线与电杆的夹角不宜小于45°,当受到地形限制时不得小于30°。

3.1.3.3 终端杆的拉线及耐张杆承力拉线与线路方向应对正;分角拉线与线路分角方向应对正;防风拉线与线路方向应垂直。

3.1.3.4 拉线从导线之间穿过时,应装设拉线绝缘子。拉线绝缘子距地面的高度不应小于2.5m。

3.2 线路架设

3.2.1 供电线路路径的选择应合理,应避开易撞、易碰、易受雨水冲刷和气体腐蚀的地带,并应避开热力管道、河道和施工中交通频繁等场所。

3.2.2 施工现场内的低压架空线路在人员频繁活动区或大型机具集中作业区,应采用绝缘线。绝缘线不得成束架空敷设,并不得直接捆绑在电杆、树木、脚手架上,不得拖拉在地面上;埋地敷设时必须穿管,管内不得有接头,其管口应密封。

3.2.3 导线截面的选择应满足下列要求:

3.2.3.1 导线中的负荷电流不应大于导线允许载流量。

3.2.3.2 线路末端的允许电压降不应大于额定值的5%。

3.2.3.3 导线跨越铁路、公路或其他电力线路时,铜绞线截面不得小于$16mm^2$;钢芯铝绞线截面不得小于$25mm^2$;铝绞线不得小于$35mm^2$。

3.2.4 线路相互交叉时,不同线路导线之间最小垂直距离应符合表3.2.4的规定。

线路交叉时导线之间最小垂直距离(m)　表3.2.4

线路电压(kV)	<1	1~10
交叉电力线路(kV) <1	1	2
1~10	2	2

3.2.5 线路导线与地面的最小距离,在最大弧垂时应符合表3.2.5的规定。

在最大弧垂时导线与地面的最小距离(m)　表3.2.5

区域	线路电压(kV)	
	<1	1~10
人员频繁活动区	6	6.5
非人员频繁活动区	5	5.5
极偏僻区	4	4.5
公路	6	7
铁路轨顶	7.5	7.5

3.2.6 线路导线在最大弧垂和最大风偏时与建筑物凸出部分的最小距离应符合表3.2.6的规定。

导线与建筑物凸出部分之间的最小距离(m)　表3.2.6

项 目	线路电压(kV)	
	<1	1~10
垂直距离	2.5	3.0
边导线水平距离	1.0	1.5

3.2.7 当施工现场几种线路同杆架设时,高压线路必须位于低压线路上方;电力线路必须位于通讯线路上方;同杆架设的线路横担最小垂直距离应符合表3.2.7的规定值。

3.2.8 线路不同档距时的弧垂应符合国家现行标准中10kV及以下架空线路安装曲线的规定。

3.2.9 在同一档距内,一根导线的接头不得多于1个;同一条线路在同一档距内接头不应超过2个。

3.2.10 架空线路跨越公路、铁路或其他电力线路及厂内道路处不应有接头。

同杆架设的线路横担最小垂直距离(m)   表3.2.7

同杆线路	直线杆	分支杆或转角杆
高压与高压	0.8	0.45/0.6注
高压与低压	1.2	1.0
低压与低压	0.6	0.3
低压与通讯	1.2	

注：转角或分支线为单回路时，其分支线横担距主干线横担为0.6m；为双回路时，其分支线横担距上排主干线横担为0.45m，距下排主干线横担为0.6m。

3.3 电缆敷设

3.3.1 供电电缆应沿道路路边或建筑物边缘埋设，并宜沿直线敷设；转弯处和直线段每隔20m处应设电缆走向标志。

3.3.2 电缆直埋时，其表面距地面的距离不宜小于0.2~0.7m；电缆上下应铺以软土或砂土，其厚度不得小于100mm，并应盖砖保护。

3.3.3 电缆与铁路、厂区道路交叉处，应敷设在坚固的保护管内；管的两端应伸出路基2m。

3.3.4 低压电缆（不包括油浸电缆）需架空敷设时，应沿建筑物、构筑物架设，其架设高度不应低于2m；接头处应绝缘良好，并应采取防水措施。

3.3.5 电缆直埋时，电缆之间，电缆与其他管道、道路、建筑物等之间平行和交叉时的最小距离应符合表3.3.5的规定。严禁将电缆平行敷设于管道的上方或下方。特殊情况应按下列规定执行：

3.3.5.1 电力电缆间、控制电缆间以及它们相互之间在交叉点前后1m范围内，当电缆穿入管中或用隔板隔开时，其交叉距离可减为0.25m。

3.3.5.2 电缆与热力管道（管沟）及热力设备平行、交叉时，应采取隔热措施，使电缆周围土壤的温升不超过10℃。

3.3.5.3 电缆与热力管道（管沟）、油管道（管沟）、可燃气体及易燃液体管道（管沟）、热力设备或其他管道（管沟）之间，虽距离能满足要求，但检修管路可能伤及电缆时，在交叉点前后1m范围内，尚应采取保护措施；当交叉距离不能满足要求时，应将电缆穿入管中，其距离可减为0.25m。

电缆之间、电缆与管道、道路、建筑物之间平行和交叉时的最小距离   表3.3.5

项　目	最小距离(m)	
	平行	交叉
电力电缆之间及其与控制电缆之间	0.10	0.50
控制电缆间	—	0.50
热管道（管沟）及热力设备	2.00	0.50
油管道（管沟）	1.00	0.50

续表

项　目	最小距离(m)	
	平行	交叉
可燃气体及易燃液体管道（沟道）	1.00	0.50
其他管道（沟道）	0.50	0.50
铁路路轨	3.00	1.00
公路	1.50	1.00
城市街道路面	1.00	0.70
电杆基础（边线）	1.00	—
建筑物基础（边线）	0.60	—
排水沟	1.00	0.50

3.3.6 进入变电所、配电所的电缆沟或电缆管，在电缆敷设完成后应将管口堵实。

4 接地保护及防雷保护

4.1 接地保护

4.1.1 当施工现场设有专供施工用的低压侧为380/220V中性点直接接地的变压器时，其低压侧应采用保护导体和中性导体分离接地系统（TN—S系统）（图4.1.1-1）或电源系统接地，保护导体就地接地系统（TT系统）（4.1.1-2）。但由同一电源供电的低压系统，不宜同时采用上述两种系统。

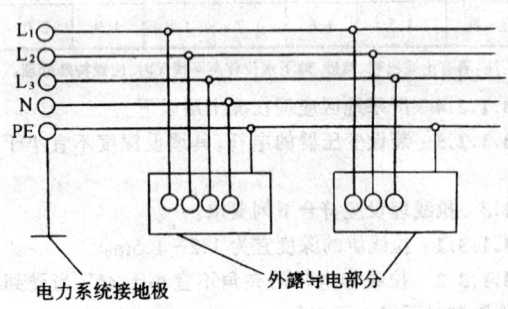

图4.1.1-1 TN-S系统

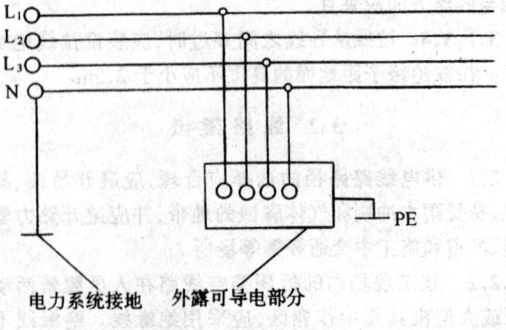

图4.1.1-2 TT系统

4.1.2 Ⅰ类电气设备的金属外壳及与该电气设备连接的金属构架，必须采取可靠的接地保护。

注：Ⅰ类电气设备的确定应符合现行国家标准的规定。

4.1.3 接零保护应符合下列规定：

4.1.3.1 架空线路终端、总配电盘及区域配电箱与电源变压器的距离超过50m以上时，其保护零线（PE线）应作重复接地，接地电阻值不应大于10Ω。

4.1.3.2 接引至电气设备的工作零线与保护零线必须分开。保护零线上严禁装设开关或熔断器。

4.1.3.3 保护零线和相线的材质应相同，保护零线的最小截面应符合表4.1.3的规定。

保护零线最小截面　　表4.1.3

相线截面(mm²)	保护零线最小截面(mm²)
S≤16	S
16＜S≤35	16
S＞35	S/2

4.1.3.4 接引至移动式电动工具或手持式电动工具的保护零线必须采用铜芯软线，其截面不宜小于相线的1/3，且不得小于1.5mm²。

4.1.4 用电设备的保护地线或保护零线应并联接地，并严禁串联接地或接零。

4.1.5 当施工现场不单独装设低压为380/220V中性点直接接地的变压器而利用原有供电系统时，电气设备应根据原系统要求作保护接零或保护接地。

4.1.6 保护地线或保护零线应采用焊接、压接、螺栓连接或其他可靠方法连接。严禁缠绕或钩挂。

4.1.7 低压用电设备的保护地线可利用金属构件、钢筋混凝土构件的钢筋等自然接地体，但严禁利用输送可燃液体、可燃气体或爆炸性气体的金属管道作为保护地线。

4.1.8 利用自然接地体作保护地线时应符合下列要求：

4.1.8.1 保证其全长为完好的电气通路。

4.1.8.2 利用串联的金属构件作保护地线时，应在金属构件之间的串接部位焊接金属连接线，其截面不得小于100mm²。

4.2 防雷保护

4.2.1 位于山区或多雷地区的变电所、配电所应装设独立避雷针；高压架空线路及变压器高压侧应装设避雷器或放电间隙。

4.2.2 施工现场和临时生活区的高度在20m及以上的井字架、脚手架、正在施工的建筑物以及塔式起重机、机具、烟囱、水塔等设施，均应装设防雷保护。

4.2.3 高度在20m以上的大钢模板，就位后应及时与建筑物的接地线连接。

5 常用电气设备

5.1 一般规定

5.1.1 采用的电气设备应符合现行国家标准的规定，并应有合格证件，设备应有铭牌。

5.1.2 使用中的电气设备应保持完好的工作状态，严禁带故障运行。

5.1.3 电气设备不得超铭牌运行。

5.1.4 固定式电气设备应标志齐全。

5.2 配电箱和开关箱

5.2.1 配电箱和开关箱应安装牢固，便于操作和维修。

5.2.2 落地安装的配电箱和开关箱，设置地点应平坦并高出地面，其附近不得堆放杂物。

5.2.3 配电箱、开关箱的进线口和出线口宜设在箱的下面或侧面，电源的引出线应穿管并设防水弯头。

5.2.4 配电箱、开关箱内的导线应绝缘良好、排列整齐、固定牢固，导线端头应采用螺栓连接或压接。

5.2.5 具有3个回路以上的配电箱应设总刀闸及分路刀闸。每一分路刀闸不应接2台或2台以上电气设备，不应供2个或2个以上作业组使用。

5.2.6 照明、动力合一的配电箱应分别装设刀闸或开关。

5.2.7 配电箱、开关箱内安装的接触器、刀闸、开关等电气设备，应动作灵活，接触良好可靠，触头没有严重烧蚀现象。

5.3 熔断器和插座

5.3.1 熔断器的规格应满足被保护线路和设备的要求；熔体不得削小或合股使用，严禁用金属线代替熔丝。

5.3.2 熔体应有保护罩。管型熔断器不得无管使用；有填充材料的熔断器不得改装使用。

5.3.3 熔体熔断后，必须查明原因并排除故障后方可更换；装好保护罩后方可送电。

5.3.4 更换熔体时严禁采用不合规格的熔体代替。

5.3.5 插销和插座必须配套使用。Ⅰ类电气设备应选用可接保护线的三孔插座，其保护端子应与保护地线或保护零线连结。

5.4 移动式电动工具和手持式电动工具

5.4.1 手持式电动工具的管理、使用、检查和维修，应符合现行国家标准《手持式电动工具管理、使用、检查和维修安全技术规程》的规定。

5.4.2 长期停用或新领用的移动式电动工具和手持式电动工具在使用前应进行检查，并应测绝缘。

5.4.3 移动式电动工具、手持式电动工具通电前应做好保护接地或保护接零。

5.4.4 移动式电动工具、手持式电动工具应加装单独的电源开关和保护，严禁1台开关接2台及2台以上电动设备。

5.4.5 移动式电动工具的电源开关应采用双刀开关控制，其开关应安装在便于操作的地方。

5.4.6 移动式电动工具、手持式电动工具当采用插座连接时，其插头、插座应无损伤、无裂纹，且绝缘良好。

5.4.7 使用移动式电动工具因故离开现场暂停工作或遇突然停电时，应拉开电源开关。

5.4.8 移动式电动工具和手持式电动工具，应加装高灵敏动作的漏电保护器。

5.4.9 移动式电动工具和手持式电动工具的电源线，必须采用铜芯多股橡套软电缆或聚氯乙烯绝缘聚氯乙烯护套软电缆。电缆应避开热源，且不得拖拉在地上。当不能满足上述要求时，应采取防止重物压坏电缆等措施。

5.4.10 移动式电动工具和手持式电动工具需要移动时，不得手提电源线或转动部分。

5.4.11 移动式电动工具和手持式电动工具使用完毕后，必须在电源侧将电源断开。

5.4.12 使用手持式电动工具应戴绝缘手套或站在绝缘台上。

5.5 电焊机

5.5.1 根据施工需要，电焊机宜按区域或标高层集中设置，并应编号。

5.5.2 布置在室外的电焊机应设置在干燥场所，并应设棚遮蔽。

5.5.3 电焊机的外壳应可靠接地，不得多台串联接地。

5.5.4 电焊机各线卷对电焊机外壳的热态绝缘电阻值不得小于 0.4MΩ。

5.5.5 电焊机的裸露导电部分和转动部分应装安全保护罩。直流电焊机的调节器被拆下后，机壳上露出的孔洞应加设保护罩。

5.5.6 电焊机一次侧的电源线必须绝缘良好，不得随地拖拉，其长度不宜大于 5m。

5.5.7 电焊机的电源开关应单独设置。直流电焊机的电源应采用启动器控制。

5.5.8 电焊把钳绝缘必须良好。

5.5.9 电焊机二次侧引出线宜采用橡皮绝缘铜芯软电缆，其长度不宜大于 30m。

5.6 起重机

5.6.1 起重机电气设备的安装，应符合现行国家标准《电气装置安装工程起重机电气装置施工及验收规范》的规定。

5.6.2 塔式起重机上的电气设备，应符合现行国家标准《塔式起重机安全规程》中的要求。

5.6.3 起重机电源电缆的长度，应符合产品技术要求。

5.6.4 轨道式起重机电源电缆收放通道附近应清洁，不得堆放其他设备、材料和杂物。

5.6.5 轨道式起重机自动卷线装置动作必须灵活可靠；电缆不得在地上拖拉。

5.6.6 中、小型起重机上或其附近，应设能断开电源的开关。

5.6.7 起重机械的电源电缆应经常检查，必要时应设专人维护。

5.6.8 未经有关人员批准，起重机上的电气设备和接线方式不得随意改动。

5.6.9 起重机上的电气设备应定期检查，发现缺陷应及时处理。在起吊过程中不得进行电气检修工作。

5.6.10 起重机电气设备的检修和试运行，必须取得其他专业人员的配合。

5.6.11 塔式起重机的防雷及接地，应符合现行国家标准《塔式起重机安全规程》的规定及产品技术要求，其接地应可靠。利用自然接地体时，应保证有良好的电气通路。

5.6.12 轨道式起重机轨道两端应各设一组接地装置，当轨道较长时，每隔20m应加装一组接地装置。

6 特殊环境

6.1 易燃、易爆环境

6.1.1 施工现场供用电气设备及电力线路的选型和安装，应符合现行国家标准《爆炸和火灾危险环境电力装置设计规范》及《电气装置安装工程爆炸和火灾危险环境电气装置施工及验收规范》的规定。

6.1.2 在易燃、易爆环境中，严禁产生火花。当不能满足要求时，应采取安全措施。

6.1.3 照明灯具应选用防爆型，导线应采用防爆橡胶绝缘线。

6.1.4 使用手持式或移动式电动工具应采取防爆措施。

6.1.5 严禁带电作业。更换灯泡应断开电源。

6.1.6 电气设备正常不带电的外露导电部分，必须接地或接零。保护零线不得随意断开；当需要断开时，应采取安全措施，工作完结后应立即恢复。

6.2 腐蚀环境

6.2.1 变电所、配电所宜设在全年最小频率风向的上风侧，不宜设在有腐蚀性物质装置的下风侧。

6.2.2 变电所、配电所与重腐蚀场所的最小距离应符合表 6.2.2 的规定。

变电所、配电所与重腐蚀场所的最小距离(m)

表 6.2.2

	Ⅰ类腐蚀环境	Ⅱ类腐蚀环境
露天变电所、配电所	50	80
室内变电所、配电所	30	50

注：Ⅰ类腐蚀环境和Ⅱ类腐蚀环境的确定应符合国家现行标准规范的规定。

6.2.3 6~10kV 配电装置设在户外时，应选用户外防腐型电气设备。

6.2.4 6~10kV 配电装置设在户内时，应选用户内防腐型电气设备。户内配电装置的户外部分，可选用高一级或两级电压的电气设备。

6.2.5 在腐蚀环境的 10kV 及以下线路采用架空线路时，应采用水泥杆、角钢横担和耐污绝缘子。绝缘子和穿墙套管的额定电压，应提高一级或两级。1kV 及以下架空线路，宜选用塑料绝缘电线或防腐铝绞线。1kV 以上架空线路，宜选用防腐钢芯铝绞线。

6.2.6 配电线路宜采用全塑电缆明敷设。在Ⅰ类和Ⅱ类腐蚀环境中，不宜采用绝缘电线穿管的敷设方式或电缆沟敷设方式。

6.2.7 腐蚀环境中的电缆芯线中间不宜有接头。电缆芯线的端部，宜用接线鼻子与设备连接。

6.2.8 密封式配电箱、控制箱等设备的电缆进、出口处，应采取密封防腐措施。

6.2.9 重腐蚀环境中的架空线路应采用铜导线。

6.2.10 重腐蚀环境中的照明，应采用防腐密闭式灯具。

6.3 特别潮湿环境

6.3.1 在特别潮湿的环境中，电气设备、电缆、导线等，应选用封闭型或防潮型。

6.3.2 电气设备金属外壳、金属构架和管道均应接地良好。

6.3.3 移动式电动工具和手提式电动工具，应加装漏电保护器或选用双重绝缘设备。长期停用的电动工具，使用前应测绝缘。

6.3.4 行灯电压不应超过 12V。

6.3.5 潮湿环境不宜带电作业，一般作业应穿绝缘靴或站在绝缘台上。

7 照明

7.0.1 照明灯具和器材必须绝缘良好，并应符合现行国家有关标准的规定。

7.0.2 照明线路应布线整齐，相对固定。室内安装的固定式照明灯具悬挂高度不得低于 2.5m，室外安装的照明灯具不得低于 3m。安装在露天工作场所的照明灯具应选用防水型灯头。

7.0.3 现场办公室、宿舍、工作棚内的照明线，除橡套软电缆和塑料护套线外，均应固定在绝缘子上，并应分开敷设；穿过墙壁时应套绝缘管。

7.0.4 照明电源线路不得接触潮湿地面，并不得接近热源和直接绑挂在金属构架上。在脚手架上安装临时照明时，在竹木脚手架上应加绝缘子，在金属脚手架上应设木横担和绝缘子。

7.0.5 照明开关应控制相线。当采用螺口灯头时，相线应接在中心触头上。

7.0.6 使用行灯应符合下列要求：

 7.0.6.1 电压不得超过 36V。

 7.0.6.2 在金属容器和金属管道内使用的行灯，其电压不得超过 12V。

 7.0.6.3 行灯应有保护罩。

 7.0.6.4 行灯的手柄应绝缘良好且耐热、防潮。

 7.0.6.5 行灯的电源线应采用橡套软电缆。

 7.0.6.6 行灯变压器必须采用双绕组型。行灯变压器一、二次侧均应装熔断器；金属外壳应做好保护接地或接零措施。

7.0.7 严禁将行灯变压器带进金属容器或金属管道内使用。

7.0.8 变电所及配电所内的配电盘、配电柜及母线的正上方，不得安装灯具(封闭母线及封闭式配电盘、配电柜除外)。

7.0.9 照明灯具与易燃物之间，应保持一定的安全距离，普通灯具不宜小于 300mm；聚光灯、碘钨灯等高热灯具不宜小于 500mm，且不得直接照射易燃物。当间距不够时，应采取隔热措施。

8 安全技术管理

8.0.1 供用电设施投入运行前，用电单位应建立、健全用电管理机构，组织好运行、维护专业班组，明确管理机构与专业班组的职责。

8.0.2 用电单位应建立、健全供用电设施的运行及维护操作规定；运行及维护人员必须学习这些操作规定，熟悉本单位的供用电系统。

8.0.3 用电单位必须建立用电安全岗位责任制，明确各级用电安全负责人。

8.0.4 用电设施的运行及维护人员必须具备下列条件：

 8.0.4.1 经医生检查无妨碍从事电气工作的病症。

 8.0.4.2 掌握必要的电气知识，考试合格并取得合格证书。

 8.0.4.3 掌握触电解救法和人工呼吸法。

8.0.5 用电单位的运行及维护人员，必须学习和熟悉本规范的有关规定，并应每年考试一次。因故间断工作连续 3 个月以上者，必须重新学习本规范，并经考试合格后方可恢复电气工作。

8.0.6 新参加工作的维护电工、临时工、实习人员,上岗前必须经过安全教育,考试合格后在正式电工带领下,方可参加指定的工作。

8.0.7 变电所(配电所)值班人员应具备的条件:

  8.0.7.1 熟悉本变电所(配电所)的系统、运行方式及电气设备性能。

  8.0.7.2 持证上岗,掌握运行操作技术。

  8.0.7.3 能认真执行本单位制定的各种规章制度。

8.0.8 变电所(配电所)值班负责人或单独值班人,应由有实践经验的人员担任。

8.0.9 变电所(配电所)值班人员单独值班时,不得从事检修工作。

8.0.10 变电所(配电所)内必须配备足够的绝缘手套、绝缘杆、绝缘垫、绝缘台等安全工具及防护设施。

8.0.11 供用电设施的运行及维护,必须配备足够的常用电气绝缘工具,并按有关规定,定期进行电气性能试验。电气绝缘工具严禁挪作它用。

8.0.12 各种电气设施应定期进行巡视检查,每次巡视检查的情况和发现的问题应记入运行日志内。

  8.0.12.1 低压配电装置、低压电器和变压器,有人值班时,每班应巡视检查1次。无人值班时,至少应每周巡视1次。

  8.0.12.2 配电盘应每班巡视检查1次。

  8.0.12.3 架空线路的巡视和检查,每季不应少于1次。

  8.0.12.4 车间或工地设置的1kV以下的分配电盘和配电箱,每季度应进行1次停电检查和清扫。

  8.0.12.5 500V以下的铁壳开关及其他不能直接看到刀闸的开关,应每月检查1次。

8.0.13 室外施工现场供用电设施除经常维护外,遇大风、暴雨、冰雹、雪、霜、雾等恶劣天气时,应加强对电气设备的巡视和检查;巡视和检查时,必须穿绝缘靴且不得靠近避雷器和避雷针。

8.0.14 新投入运行或大修后投入运行的电气设备,在72h内应加强巡视,无异常情况后,方可按正常周期进行巡视。

8.0.15 供用电设施的清扫和检修,每年不宜少于2次,其时间应安排在雨季和冬季到来之前。

8.0.16 电气设备或线路的停电检修,应遵守下列规定:

  8.0.16.1 一次设备完全停电,并切断变压器和电压互感器二次侧开关或熔断器。

  8.0.16.2 设备或线路切断电源并经验电确无电压后,方可装设接地线,进行工作。

  8.0.16.3 工作地点均应悬挂相应的标示牌。

8.0.17 在靠近带电部分工作时,应设监护人。工作人员在工作中正常活动范围与带电设备的最小安全距离,应符合表8.0.17的规定。

工作人员正常活动范围与带电设备最小安全距离

表8.0.17

设备电压(kV)	距离(m)
6及以下	0.35
10	0.6

8.0.18 用电管理应符合下列要求:

  8.0.18.1 现场需要用电时,必须提前提出申请,经用电管理部门批准,通知维护班组进行接引。

  8.0.18.2 接引电源工作,必须由维护电工进行,并应设专人进行监护。

  8.0.18.3 施工用电用完后,应由施工现场用电负责人通知维护班组,进行拆除。

  8.0.18.4 严禁非电工拆装电气设备,严禁乱拉乱接电源。

  8.0.18.5 配电室和现场的开关箱、开关柜应加锁。

  8.0.18.6 电气设备明显部位应设"严禁靠近,以防触电"的标志。

  8.0.18.7 接地装置应定期检查。

  8.0.18.8 施工现场大型用电设备、大型机具等,应有专人进行维护和管理。

附录A 本规范用词说明

A.0.1 为便于在执行本规范条文时区别对待,对要求严格程度不同的用词说明如下:

1. 表示很严格,非这样做不可的:
正面词采用"必须";
反面词采用"严禁"。

2. 表示严格,在正常情况下均应这样做的:
正面词采用"应";
反面词采用"不应"或"不得"。

3. 表示允许稍有选择,在条件许可时首先应这样做的:
正面词采用"宜"或"可";
反面词采用"不宜"。

A.0.2 条文中规定应按其他有关标准、规范执行时,写法为"应符合……的规定"或"应按……执行"。

附加说明

本规范主编单位、参加单位和主要起草人

主 编 单 位:电力部电力建设研究所

参 加 单 位:电力部建设协调司
　　　　　　北京电力建设公司
　　　　　　冶金部自动化研究院
　　　　　　铁道部专业设计院
　　　　　　北京建工集团总公司

主要起草人:李 岗　易开森　李志耕　刘寄平
　　　　　　周敏峰　马长瀛　张春生

中华人民共和国国家标准

建设工程施工现场供用电安全规范

GB 50194—93

条 文 说 明

制 订 说 明

根据国家计委计综合（1986）2630号文和建设部标准定额司发文（90）建标技字第5号文的要求，由电力工业部负责主编，具体由电力工业部电力建设研究所负责，会同铁道部专业设计院、冶金部自动化研究院、北京电力建设公司、北京建工集团总公司和电力部建设协调司等单位共同编制的国家标准《建设工程施工现场供用电安全规范》现已编制完成，经建设部1993年12月30日以建标（1993）22号文批准，并会同国家技术监督局联合发布。

该标准在制订过程中，编制组收集了美国标准、原苏联标准和IEC国际标准，收集了国内有关地方和行业的有关标准和资料。编制组重点调查了冶金、民用建筑、石油、煤炭、电力等工程的施工用电情况及要求，广泛征求了全国有关单位的意见，最后由电力部会同有关部门审查定稿。

鉴于本规范系初次编制，在执行过程中，希望各单位结合工程实践和科学研究，认真总结经验，注意积累资料。如发现需要修改和补充之处，请将意见和有关资料寄交电力建设研究所（地址：北京良乡；邮政编码：102401），以供今后修订时参考。

目　次

1 总则 …………………………… 10—16—14
2 发电设施、变电设施、
  配电设施 ……………………… 10—16—14
  2.1 发电设施 ……………………… 10—16—14
  2.2 变电设施、配电设施 ………… 10—16—14
3 架空配电线路及电缆线路 …… 10—16—14
  3.1 电杆选择及埋设 ……………… 10—16—14
  3.2 线路架设 ……………………… 10—16—15
  3.3 电缆敷设 ……………………… 10—16—15
4 接地保护及防雷保护 ………… 10—16—15
  4.1 接地保护 ……………………… 10—16—15
  4.2 防雷保护 ……………………… 10—16—15
5 常用电气设备 ………………… 10—16—15
  5.2 配电箱和开关箱 ……………… 10—16—15
  5.4 移动式电动工具和手持式
      电动工具 …………………… 10—16—15
  5.5 电焊机 ………………………… 10—16—15
  5.6 起重机 ………………………… 10—16—15
6 特殊环境 ……………………… 10—16—16
  6.1 易燃、易爆环境 ……………… 10—16—16
  6.2 腐蚀环境 ……………………… 10—16—16
  6.3 特别潮湿环境 ………………… 10—16—16
7 照明 …………………………… 10—16—16
8 安全技术管理 ………………… 10—16—16

1 总 则

1.0.1 施工现场的供用电设施一般比较简陋，使用期限短，且随施工的进展，供用电设施和用电负荷也在不断的变动。因此，为了确保施工供用电系统在施工中的人身安全和设备安全，根据国家有关规定，结合广大施工现场的实际情况和特点，制定本规范。

1.0.2 指出本规范的适用范围，电压在 10kV 及以下的施工用电设施。由于对水下、井下、坑道的施工用电，还需要进一步调研总结经验，故对水下、井下、坑道的施工，本规范暂不适用。

1.0.3 随着施工的进展，施工供用电设施需要经常拆装、移位等。因此，设计施工用电必须在国家经济政策允许下，做到安全可靠，确保质量，经济合理。

2 发电设施、变电设施、配电设施

2.1 发 电 设 施

2.1.1 采用柴油发电机或其他发电设施供电不经济、不稳定。因此，只在远离电源或电源不能满足要求的施工现场采用。

2.1.2 发电站的站址选择应符合以下要求：

2.1.2.1 靠近负荷中心，以减少配电设施的投资和电能损失，同时也减少供电事故。

2.1.2.3、2.1.2.4 提高供、用电的可靠性。

2.1.3 站区内平面布置应符合以下要求：

2.1.3.1 机房的布置首先应满足生产工艺、运行程序的需要，其各建筑物的布置要合理紧凑，节约用地，减少基建及运行费用，便于维护、管理。

2.1.3.2 主要考虑机组运行时产生的噪音和排放的烟气对顺风方向污染大，对逆风方向污染小，以减少污染危害。

2.1.3.3 水池散发的水汽，在寒冷地区的冬季会使室外配电装置的场地和导线结冰，影响安全运行。水汽落到机房墙上，影响墙的耐土性，故冷却水池和喷水池应布置在机房和室外配电装置的冬季最小频率风向的上风侧，这样可减少水汽落到配电装置上和机房墙上。

2.1.3.4 为避免站区内积水和雨水进入站房，影响设备的正常运行，在广泛调研的基础上，认为站区内有 0.5% 的排水坡度较为合适。

2.1.4 柴油发电站的燃油多使用轻柴油，在燃用前必须经过过滤处理，以防杂物堵塞油咀、喷油泵等，故应设置 2 个油罐，以便倒换使用。一个运行，另一个进行沉淀处理。

2.1.5 按环保要求，电站的废油、残油、事故排油，不得排入水沟或渗入地下，故要设油池回收，其储油量是按上述要求而定的。油池的设置要满足防火要求。

2.1.6 几台机共用排烟管道会增加排烟阻力，降低机组出力，检修不方便，故单独设置。

柴油机排烟温度高达 400～500℃，故机房内架空敷设的排烟管表面应有隔热层。在机房地沟内敷设的排烟管上方有燃油管交叉通过时，个别发电站曾发生过燃油管漏油滴到无隔热层的排烟管上引起火灾的事故，故要穿越油管的排烟管表面应敷设石棉水泥等防火隔层。排烟管在机房外垂直敷设的管段，距机房墙小于 1m 或高出机房屋檐的管段低于 1m 时，高温的烟气容易飘进机房与油汽混合产生易燃气体或污染机房的空气。

2.1.8 为防止发电机绝缘损坏导致工作人员触电，故采取拖车接地措施。接地可单独设临时接地极，也可接到埋设在地下无可燃性气体或无爆炸物质的金属管道上，以及与大地有可靠连接的建筑物的金属架构上。

2.1.11 确定机组总容量的前提是充分地供给负荷，此外尚应校核启动最大一台异步电动机的启动能力。后者应按国家标准《250 至 300kW 柴油机组基本技术条件》的规定，全压启动大容量鼠笼型电动机，发电机母线上的最大瞬时电压降不应超过额定值的 20%。

2.1.12 保证发电机运行安全和机组运行稳定的必要措施。

2.1.13 发电机主回路的自动空气开关具有短路和过负荷保护装置，自动空气开关的失压脱扣器动作可实现低电压保护。

2.2 变电设施、配电设施

2.2.1 变电所、配电所的所址选择应符合以下要求：

2.2.1.1、2.2.1.2 靠近电源，接近负荷中心，以减少投资和电能损耗，提高供电质量。

2.2.1.3 变电所配电所不能被洪水淹没，以保证正常运行。所区内不得积水，故地面应考虑一定的排水坡度。

2.2.1.4 设备被污染后会降低绝缘，威胁安全运行。据调查，在一些污染严重的地区，户外变电所发生过闪络事故。

2.2.2.1 施工用电受临时性和投资的限制，并根据国家标准《工业与民用 10kV 及以下变电所设计规范》的有关规定，在保证安全的前提下，确定了控制室、配电室及变压器室的耐火等级。

2.2.3 变压器台结构简单、施工方便、节约材料、运行安全，故适用于小容量变压器的安装。2.5m 已超过一般人伸手摸高的高度，可保证行人及设备安全。

2.2.4 变压器台的强度、稳定性及二次侧电气设备的选择，容量在 400kVA 以上的变压器不宜设在柱上，而应采用地面安装。根据国家标准《工业与民用 10kV 及以下变电所设计规范》的有关规定，为了变压器的安全运行和防止人身触电事故的发生，又规定了必要的安装条件。

2.2.5 高、低压侧采用熔断器，对高压侧来说是作为变压器内部故障保护；对低压侧来说是作为过负荷保护。

2.2.6 根据原水利电力部颁标准《架空配电线路设计技术规程》的有关规定。

2.2.7 主要是防止电缆头爆炸时影响变压器的安全运行和防止电缆与变压器之间产生电容电流。

2.2.8、2.2.9 箱式变电站安装、维护简便，近几年在施工现场采用的逐渐增多。为保证安全，在安装和使用时，除应按产品技术条件和有关规程，对电气设备进行检查和试验外，还应做好箱体接地工作。

3 架空配电线路及电缆线路

3.1 电杆选择及埋设

3.1.1 为节约木材，国家不提倡使用木杆和木横担。但在山区的施工现场，从外地运进混凝土杆困难较大，为便于施工，可就地取材，使用木杆和木横担。

3.1.2.2 本条要求是为了保证杆基的质量，一些地方由于回填土夯实不好，曾造成过歪杆、甚至倒杆事故。根据一些地区的经验，每回填 500mm 夯实一次是可以的，且能满足质量要求。

防沉土台是指电杆组立后坑基周围的堆积土。培土的目的是为了防止回填土下沉，造成电杆周围土壤下陷，影响电杆基础稳定，根据一些地区的经验，增设防沉土台是必要的。

3.1.2.3 电杆的埋设深度一般以电杆的1/6为依据。本条根据不同长度的电杆，提出不同的要求，当设计未作规定时，可采用本条数据。

3.1.2.5 杆上装有变压器台的电杆，根据经验埋深2m是可以保证安全的。

3.1.3.2 本条内容系配电线路一般规则，各地均按此规定执行未发现问题。

3.1.3.3 本条是在总结各地施工经验的基础上提出的，目的是保证拉线受力正常，起到拉线应起的作用。

3.1.3.4 当拉线在导线之间穿过时，考虑人摇晃拉线易碰触导线，造成事故，因此规定拉线穿过导线时装设绝缘子。高度应超过人手可能达到的高度，故规定为2.5m。

3.2 线路架设

3.2.1 路径和杆位的选择是线路建设的基本环节，若选择不当，会威胁线路的安全运行，影响施工的正常进展，因此，在总结以往经验的基础上，提出了本条几点基本要求。

3.2.2 在施工现场，人员活动频繁，大型机具集中，易产生触电事故。为确保人身和设备的安全，在此作业区施工，应采用绝缘线。

3.2.3 施工现场人员稠密，车辆来往频繁，故本条选用国家标准中对人员稠密地区架空线路导线截面的规定。

3.2.4~3.2.7和3.2.9、3.2.10 均参照国家标准《电气装置安装工程施工及验收规范 10kV及以下架空配电线路篇》的有关规定。

3.2.8 安装曲线表是根据我国不同地区、不同的气候条件，采用不同的导线及导线截面而编制的。

3.3 电缆敷设

3.3.1 施工现场的场地经常开挖和回填，为防止电缆挖断或碰伤，电缆宜沿路边、建筑物边缘埋设，为便于电缆的查找、维修和保护，应沿线路走向设电缆走向标志。

3.3.2 高压电缆及易受机械损伤和人员车辆经常通行地方的低压电缆，应埋在0.7m以下，一般情况下埋在0.2m以下即可。

3.3.3、3.3.5 均参照国家标准《电气装置安装工程施工及验收规范电缆线路篇》的有关规定。

3.3.4 为了不妨碍施工作业的正常进行和人员行走，规定了电缆的架设高度。低压电缆头一般施工质量较差，易进水放炮，故提出了较高的要求。

4 接地保护及防雷保护

4.1 接地保护

4.1.1 TN-S接地系统的PE线正常情况下不通过负荷电流，所以PE线和设备外壳正常不带电，只在发生接地故障时才有电位，因此，在施工现场采用较安全。但有些施工现场供电范围较大，较分散，电源引出5根线有一定困难，且线路长，阻抗大，采用TN-S系统问题较多，因而应采用TT系统，电气设备外壳直接与接地极连接。

4.1.2 根据国家标准《工业与民用电力装置的接地设计规范》的有关规定，结合我国施工现场用电水平而定。电气设备的金属外壳及与该设备相连接的金属构架，应与PE保护线可靠连接，以防电气设备绝缘损坏时外壳带电，威胁人身安全，故采取接地措施。

4.1.3.1 重复接地的目的，在于减少设备外壳带电时的对地电压。

4.1.3.2 结合施工现场的特点，为提高保护零线的可靠性，防止保护零线接错、断线所作的规定。

4.1.3.3 根据热稳定度的要求确定的PE导线截面。

4.1.3.4 根据国家标准《手持式电动工具的管理、使用、检查和维修安全技术规定》的有关规定确定的移动式或手持式电动工具保护零线的最小截面。

4.1.4 为了不因某一设备保护地线或保护零线接触不良或断线而使以下所有设备失去保护，故规定只能并联接地，不能串联接地。

4.1.8 利用自然接地体施工方便、接地可靠、节约材料，运行经验证明，在土壤电阻率较低的地区，利用自然接地体后，可不另作人工接地。

4.2 防雷保护

4.2.2 根据国家标准《塔式起重机安全规程》和《建筑防雷设计规范》的要求，结合施工现场施工机械、架构等的高度而定的。

5 常用电气设备

5.2 配电箱和开关箱

5.2.1~5.2.3 规定了配电箱、开关箱装设周围环境的要求，便于进线、出线和维修，达到运行安全可靠的目的。

5.2.5 便于使用、维护和检修。

5.2.6 照明和动力分别装设开关，为了确保照明用电的安全，也不因动力线路故障影响照明。

5.4 移动式电动工具和手持式电动工具

5.4.3 此项要求应采用三芯橡套软电缆实现。

5.4.4 为防止因1台电动工具发生故障而影响其他电动工具的使用，同时也是为了使用、检修与维护方便。

5.4.7 防止突然通电机具转动,发生意外事故。

5.4.8 符合国家标准《手持式电动工具的管理、使用、检查和维修安全技术规定》的有关规定。

5.4.12 防止误触电。

5.5 电焊机

5.5.1 集中供电便于管理、避免事故和文明施工的需要。

5.5.2~5.5.8 根据防潮、防火、防触电的要求，规定了电焊机设置位置的要求及对接地的规定。

5.5.9 电焊机二次引线随施工地点的变换经常沿地面拖拉，而施工现场的环境又较差，易损坏焊线，故要求使用较好的橡套软电缆。

5.6 起重机

5.6.4 通道附近堆放设备、杂物影响电缆的收放，且易损坏电缆，从而导至事故的发生，故提出本条要求。

5.6.6 中、小型起重机一般多在地面用按钮开关操作，在机上或附近设电源开关，以便在发生意外时可及时切断电源。

5.6.8 随意改动电气设备和接线方式，影响操作者对设备的掌握，易发生误操作事故。

5.6.9 避免因电气设备检修和运转影响其他有关专业运行及人身安全和设备安全。在起重过程中检修设备，影响起吊，并易造成起吊事故。

5.6.11 提高接地保护的可靠性和保证所需的接地电阻。

6 特殊环境

6.1 易燃、易爆环境

6.1.3~6.1.5 采用防爆型设备和采取防爆措施，目的就是避免产生火花，减少火灾和爆炸事故的发生。

6.1.6 根据国家标准《爆炸和火灾危险环境电力装置设计规范》及《电气装置安装工程爆炸和火灾危险场所电气装置施工及验收规范》的规定。

6.2 腐蚀环境

6.2.1 所谓主导风向，是指一年内最大风频的单一风向。避免腐蚀性物质对电气设备的侵蚀引起绝缘降低或破坏。

6.2.2 防腐距离的确定原则，既要考虑远离腐蚀性物质释放源，又要考虑减少线路损失和节约用地。

Ⅰ类腐蚀环境和Ⅱ类腐蚀环境定义见《化工企业腐蚀环境电力设计技术规定》。

6.2.5 木材耐化学腐蚀性能差，故采用水泥杆和角钢横担。用提高电压等级的办法来加强绝缘，各地已有多年的运行经验。

6.2.6 全塑电缆（塑料绝缘塑料护套电缆）电气性能好、防腐性能可靠，我国化工企业已有多年采用全塑电缆的运行经验。绝缘电线穿管的敷设方式，施工麻烦，容易腐蚀和受潮，电气绝缘性能差，运行费用高；电缆沟敷设方式，电缆在沟内宜腐蚀和水泡，宜受机械损伤，电缆使用寿命短，所以作了此规定。

6.2.7 腐蚀环境中安全供用电的可靠措施。提高接头连接的可靠性。

6.2.8 腐蚀环境的配电箱、控制箱等电缆的进出口处应附电缆密封套，厂家都能做到配套供货，在施工时，对电缆进出口处的密封防腐措施不应疏忽。

6.2.9 铜芯线防腐性能好，但造价较高，故只在重腐蚀环境中采用。

6.3 特别潮湿环境

当环境相对湿度经常大于75%时为潮湿环境，环境相对湿度接近100%时为特别潮湿环境。

在特别潮湿环境下进行电气作业，必须执行本节所规定的五条最基本原则，尤其在使用移动式或手提式电动工具时，更应注意安全，加装漏电保护器、使用时穿绝缘靴、站在绝缘台上工作，都是行之有效的保证安全措施。

7 照 明

7.0.2 参照国标《电气装置安装工程施工及验收规范》电气照明装置篇有关规定。其中灯具悬挂高度是结合施工现场实际情况制定的。

7.0.4 为防止绝缘降低或绝缘破坏而定的一些要求。

7.0.5 防触电的一般要求。

7.0.6 参照国标《电气装置安装工程施工及验收规范》电气照明装置篇有关规定。

7.0.7 防止行灯变压器一次侧绝缘损坏后，造成金属容器或管道带电。

7.0.8 配电盘、配电柜及母线检修时，为确保检修人员无触电危险，同时又考虑到不至影响送电、受电而定。

7.0.9 运行经验总结出来的防火要求。

8 安全技术管理

8.0.1~8.0.3 加强供用电的管理，保证安全供用电的必要的组织措施及技术措施。

8.0.4 施工用电的运行人员及维护人员必要的条件。

8.0.8、8.0.9 为保证值班人员在操作及维护、运行时的人身安全和设备安全，必须配备一些必要的安全用具及措施。

8.0.11 恶劣天气易发生倒杆、断线、电气设备损坏、绝缘降低等事故，故应加强巡视和检查。为了巡视人员的安全，在巡视时应做好防护。

8.0.12 新设备和检修后的设备，应进行72h的试运行，合格后方可投入正式运行。

8.0.13 规定了供用电设施的清扫和检修周期。

8.0.14、8.0.15 参考能源部《电业安全工作规程》（发电厂和变电所电气部分）的规定。

8.0.16.1 为了加强对用电负荷的管理。

8.0.16.2 保证检修人员安全，需设监护人。

8.0.16.3 用毕及时拆除可保证安全，并防止设备和器材的丢失。

8.0.16.4 电工作业为特殊作业，必须经过培训，考试合格方可正式参加电工工作，否则易发生事故。一般未经考试人员，禁止乱动电气设备。

8.0.16.5 为防触电和乱用供电设施而定。

中华人民共和国行业标准

施工现场临时用电安全技术规范

Technical code for safety of temporary electrification on construction site

JGJ 46—2005

批准部门：中华人民共和国建设部
施行日期：２００５年７月１日

中华人民共和国建设部
公 告

第 322 号

建设部关于发布行业标准《施工现场临时用电安全技术规范》的公告

现批准《施工现场临时用电安全技术规范》为行业标准，编号为 JGJ 46—2005，自 2005 年 7 月 1 日起实施。其中，第 1.0.3、3.1.4、3.1.5、3.3.4、5.1.1、5.1.2、5.1.10、5.3.2、5.4.7、6.1.6、6.1.8、6.2.3、6.2.7、7.2.1、7.2.3、8.1.3、8.1.11、8.2.10、8.2.11、8.2.15、8.3.4、9.7.3、10.2.2、10.2.5、10.3.11 条为强制性条文，必须严格执行。原行业标准《施工现场临时用电安全技术规范》JGJ 46—88 同时废止。

本标准由建设部标准定额研究所组织中国建筑工业出版社出版发行。

中华人民共和国建设部
2005 年 4 月 15 日

前 言

根据建设部建标［2001］16 号文的要求，标准编制组在广泛调查研究，认真总结实践经验，参考有关国际标准，并广泛征求意见基础上，修订了本规范。

本规范的主要技术内容是：1. 总则；2. 术语、代号；3. 临时用电管理；4. 外电线路及电气设备防护；5. 接地与防雷；6. 配电室及自备电源；7. 配电线路；8. 配电箱及开关箱；9. 电动建筑机械和手持式电动工具；10. 照明；三个附录。

本规范修订的主要技术内容是：1. 综合规定在施工现场专用的供电系统中应采用的三项技术原则；2. 增设术语、代号为正文单独一章，删去附录中的名词解释；3. 补充对施工现场临时用电工程验收的规定；4. 将原"施工现场与周围环境"一章更名为"外电线路及电气设备防护"，增补对外电线路搭设防护设施和对易燃易爆物、腐蚀介质、机械损伤防护措施的规定；5. 补充在接零保护系统中，保护零线的设置以及相线、工作零线、保护零线绝缘颜色的规定，补充按滚球法确定防雷保护范围的规定；6. 增加配电室照明设置的规定；7. 增补电缆线路电缆选择原则和敷设方式、方法的规定，以及五芯电缆应用原则的规定；8. 增补配电箱、开关箱箱体结构和电器配置与接线的规定；9. 增加电焊机设置二次触电保护装置，频繁操作设备设置控制器，以及对手持式电动工具进行绝缘检查的规定；10. 增补使用安全隔离变压器的规定，以及灯具与易燃易爆物之间的安全距离和防护措施的规定。

本规范由建设部负责管理和对强制性条文的解释，由主编单位负责具体技术内容的解释。

本规范主编单位：沈阳建筑大学（地址：沈阳市浑南新区邮政编码：110000）

本规范参编单位：中国建筑业协会建筑安全分会
上海市建设安全协会
山东省建筑施工安全监督站
江苏省建筑安全与设备管理协会
安徽省建设行业安全协会
云南省建设工程安全监督站
武汉市城乡安全生产管理站
陕西省建设工程质量安全监督总站
烟台市施工安全监督站
辽宁省建设厅
抚顺市工程质量安全监督站

本规范主要起草人：徐荣杰　秦春芳　孙锦强
　　　　　　　　　李 印　吴秀丽　顾建生
　　　　　　　　　刘世才　张 明　蒲宇锋
　　　　　　　　　操贤平　边尔伦　王晓波
　　　　　　　　　刘少飞　李长凯　白 波

目 次

1 总则 ·················· 10—17—4
2 术语、代号 ·················· 10—17—4
  2.1 术语 ·················· 10—17—4
  2.2 代号 ·················· 10—17—5
3 临时用电管理 ·················· 10—17—5
  3.1 临时用电组织设计 ·················· 10—17—5
  3.2 电工及用电人员 ·················· 10—17—5
  3.3 安全技术档案 ·················· 10—17—5
4 外电线路及电气设备防护 ·················· 10—17—6
  4.1 外电线路防护 ·················· 10—17—6
  4.2 电气设备防护 ·················· 10—17—6
5 接地与防雷 ·················· 10—17—6
  5.1 一般规定 ·················· 10—17—6
  5.2 保护接零 ·················· 10—17—7
  5.3 接地与接地电阻 ·················· 10—17—8
  5.4 防雷 ·················· 10—17—8
6 配电室及自备电源 ·················· 10—17—8
  6.1 配电室 ·················· 10—17—8
  6.2 230/400V 自备发电机组 ·················· 10—17—9
7 配电线路 ·················· 10—17—9
  7.1 架空线路 ·················· 10—17—9
  7.2 电缆线路 ·················· 10—17—11
  7.3 室内配线 ·················· 10—17—11
8 配电箱及开关箱 ·················· 10—17—11
  8.1 配电箱及开关箱的设置 ·················· 10—17—11
  8.2 电器装置的选择 ·················· 10—17—12
  8.3 使用与维护 ·················· 10—17—13
9 电动建筑机械和手持式电动工具 ·················· 10—17—14
  9.1 一般规定 ·················· 10—17—14
  9.2 起重机械 ·················· 10—17—14
  9.3 桩工机械 ·················· 10—17—14
  9.4 夯土机械 ·················· 10—17—14
  9.5 焊接机械 ·················· 10—17—15
  9.6 手持式电动工具 ·················· 10—17—15
  9.7 其他电动建筑机械 ·················· 10—17—15
10 照明 ·················· 10—17—15
  10.1 一般规定 ·················· 10—17—15
  10.2 照明供电 ·················· 10—17—16
  10.3 照明装置 ·················· 10—17—16
附录 A 全国年平均雷暴日数 ·················· 10—17—16
附录 B 滚球法 ·················· 10—17—18
附录 C 电动机负荷线和电器选配 ·················· 10—17—19
本规范用词说明 ·················· 10—17—20
附：条文说明 ·················· 10—17—21

1 总则

1.0.1 为贯彻国家安全生产的法律和法规，保障施工现场用电安全，防止触电和电气火灾事故发生，促进建设事业发展，制定本规范。

1.0.2 本规范适用于新建、改建和扩建的工业与民用建筑和市政基础设施施工现场临时用电工程中的电源中性点直接接地的 220/380V 三相四线制低压电力系统的设计、安装、使用、维修和拆除。

1.0.3 建筑施工现场临时用电工程专用的电源中性点直接接地的 220/380V 三相四线制低压电力系统，必须符合下列规定：
 1 采用三级配电系统；
 2 采用 TN-S 接零保护系统；
 3 采用二级漏电保护系统。

1.0.4 施工现场临时用电，除应执行本规范的规定外，尚应符合国家现行有关强制性标准的规定。

2 术语、代号

2.1 术 语

2.1.1 低压 low voltage
 交流额定电压在 1kV 及以下的电压。

2.1.2 高压 high voltage
 交流额定电压在 1kV 以上的电压。

2.1.3 外电线路 external circuit
 施工现场临时用电工程配电线路以外的电力线路。

2.1.4 有静电的施工现场 construction site with electrostatic field
 存在因摩擦、挤压、感应和接地不良等而产生对人体和环境有害静电的施工现场。

2.1.5 强电磁波源 source of powerful electromagnetic wave
 辐射波能够在施工现场机械设备上感应产生有害对地电压的电磁辐射体。

2.1.6 接地 ground connection
 设备的一部分为形成导电通路与大地的连接。

2.1.7 工作接地 working ground connection
 为了电路或设备达到运行要求的接地，如变压器低压中性点和发电机中性点的接地。

2.1.8 重复接地 iterative ground connection
 设备接地线上一处或多处通过接地装置与大地再次连接的接地。

2.1.9 接地体 earth lead
 埋入地中并直接与大地接触的金属导体。

2.1.10 人工接地体 manual grounding
 人工埋入地中的接地体。

2.1.11 自然接地体 natural grounding
 施工前已埋入地中，可兼作接地体用的各种构件，如钢筋混凝土基础的钢筋结构、金属井管、金属管道（非燃气）等。

2.1.12 接地线 ground line
 连接设备金属结构和接地体的金属导体（包括连接螺栓）。

2.1.13 接地装置 grounding device
 接地体和接地线的总和。

2.1.14 接地电阻 ground resistance
 接地装置的对地电阻。它是接地线电阻、接地体电阻、接地体与土壤之间的接触电阻和土壤中的散流电阻之和。
 接地电阻可以通过计算或测量得到它的近似值，其值等于接地装置对地电压与通过接地装置流入地中电流之比。

2.1.15 工频接地电阻 power frequency ground resistance
 按通过接地装置流入地中工频电流求得的接地电阻。

2.1.16 冲击接地电阻 shock ground resistance
 按通过接地装置流入地中冲击电流（模拟雷电流）求得的接地电阻。

2.1.17 电气连接 electric connect
 导体与导体之间直接提供电气通路的连接（接触电阻近于零）。

2.1.18 带电部分 live-part
 正常使用时要被通电的导体或可导电部分，它包括中性导体（中性线），不包括保护导体（保护零线或保护线），按惯例也不包括工作零线与保护零线合一的导线（导体）。

2.1.19 外露可导电部分 exposed conductive part
 电气设备的能触及的可导电部分。它在正常情况下不带电，但在故障情况下可能带电。

2.1.20 触电（电击） electric shock
 电流流经人体或动物体，使其产生病理生理效应。

2.1.21 直接接触 direct contact
 人体、牲畜与带电部分的接触。

2.1.22 间接接触 indirect contact
 人体、牲畜与故障情况下变为带电体的外露可导电部分的接触。

2.1.23 配电箱 distribution box
 一种专门用作分配电力的配电装置，包括总配电箱和分配电箱，如无特指，总配电箱、分配电箱合称配电箱。

2.1.24 开关箱 switch box
 末级配电装置的通称，亦可兼作用电设备的控制装置。

2.1.25 隔离变压器 isolating transformer

指输入绕组与输出绕组在电气上彼此隔离的变压器，用以避免偶然同时触及带电体（或因绝缘损坏而可能带电的金属部件）和大地所带来的危险。

2.1.26 安全隔离变压器 safety isolating transformer

为安全特低电压电路提供电源的隔离变压器。

它的输入绕组与输出绕组在电气上至少由相当于双重绝缘或加强绝缘的绝缘隔离开来。

它是专门为配电电路、工具或其他设备提供安全特低电压而设计的。

2.2 代 号

2.2.1 DK——电源隔离开关；
2.2.2 H——照明器；
2.2.3 L_1、L_2、L_3——三相电路的三相相线；
2.2.4 M——电动机；
2.2.5 N——中性点，中性线，工作零线；
2.2.6 NPE——具有中性和保护线两种功能的接地线，又称保护中性线；
2.2.7 PE——保护零线，保护线；
2.2.8 RCD——漏电保护器，漏电断路器；
2.2.9 T——变压器；
2.2.10 TN——电源中性点直接接地时电气设备外露可导电部分通过零线接地的接零保护系统；
2.2.11 TN-C——工作零线与保护零线合一设置的接零保护系统；
2.2.12 TN-C-S——工作零线与保护零线前一部分合一，后一部分分开设置的接零保护系统；
2.2.13 TN-S——工作零线与保护零线分开设置的接零保护系统；
2.2.14 TT——电源中性点直接接地，电气设备外露可导电部分直接接地的接地保护系统，其中电气设备的接地点独立于电源中性点接地点；
2.2.15 W——电焊机。

3 临时用电管理

3.1 临时用电组织设计

3.1.1 施工现场临时用电设备在 5 台及以上或设备总容量在 50kW 及以上者，应编制用电组织设计。
3.1.2 施工现场临时用电组织设计应包括下列内容：
　　1 现场勘测；
　　2 确定电源进线、变电所或配电室、配电装置、用电设备位置及线路走向；
　　3 进行负荷计算；
　　4 选择变压器；
　　5 设计配电系统：

　　　1) 设计配电线路，选择导线或电缆；
　　　2) 设计配电装置，选择电器；
　　　3) 设计接地装置；
　　　4) 绘制临时用电工程图纸，主要包括用电工程总平面图、配电装置布置图、配电系统接线图、接地装置设计图。
　　6 设计防雷装置；
　　7 确定防护措施；
　　8 制定安全用电措施和电气防火措施。
3.1.3 临时用电工程图纸应单独绘制，临时用电工程应按图施工。
3.1.4 临时用电组织设计及变更时，必须履行"编制、审核、批准"程序，由电气工程技术人员组织编制，经相关部门审核及具有法人资格企业的技术负责人批准后实施。变更用电组织设计时应补充有关图纸资料。
3.1.5 临时用电工程必须经编制、审核、批准部门和使用单位共同验收，合格后方可投入使用。
3.1.6 施工现场临时用电设备在 5 台以下和设备总容量在 50kW 以下者，应制定安全用电和电气防火措施，并应符合本规范第 3.1.4、3.1.5 条规定。

3.2 电工及用电人员

3.2.1 电工必须经过按国家现行标准考核合格后，持证上岗工作；其他用电人员必须通过相关安全教育培训和技术交底，考核合格后方可上岗工作。
3.2.2 安装、巡检、维修或拆除临时用电设备和线路，必须由电工完成，并应有人监护。电工等级应同工程的难易程度和技术复杂性相适应。
3.2.3 各类用电人员应掌握安全用电基本知识和所用设备的性能，并应符合下列规定：
　　1 使用电气设备前必须按规定穿戴和配备好相应的劳动防护用品，并应检查电气装置和保护设施，严禁设备带"缺陷"运转；
　　2 保管和维护所用设备，发现问题及时报告解决；
　　3 暂时停用设备的开关箱必须分断电源隔离开关，并应关门上锁；
　　4 移动电气设备时，必须经电工切断电源并做妥善处理后进行。

3.3 安全技术档案

3.3.1 施工现场临时用电必须建立安全技术档案，并应包括下列内容：
　　1 用电组织设计的全部资料；
　　2 修改用电组织设计的资料；
　　3 用电技术交底资料；
　　4 用电工程检查验收表；
　　5 电气设备的试、检验凭单和调试记录；

6 接地电阻、绝缘电阻和漏电保护器漏电动作参数测定记录表；

7 定期检（复）查表；

8 电工安装、巡检、维修、拆除工作记录。

3.3.2 安全技术档案应由主管该现场的电气技术人员负责建立与管理。其中"电工安装、巡检、维修、拆除工作记录"可指定电工代管，每周由项目经理审核认可，并应在临时用电工程拆除后统一归档。

3.3.3 临时用电工程应定期检查。定期检查时，应复查接地电阻值和绝缘电阻值。

3.3.4 临时用电工程定期检查应按分部、分项工程进行，对安全隐患必须及时处理，并应履行复查验收手续。

4 外电线路及电气设备防护

4.1 外电线路防护

4.1.1 在建工程不得在外电架空线路正下方施工、搭设作业棚、建造生活设施或堆放构件、架具、材料及其他杂物等。

4.1.2 在建工程（含脚手架）的周边与外电架空线路的边线之间的最小安全操作距离应符合表4.1.2规定。

表 4.1.2 在建工程（含脚手架）的周边与架空线路的边线之间的最小安全操作距离

外电线路电压等级（kV）	<1	1～10	35～110	220	330～500
最小安全操作距离（m）	4.0	6.0	8.0	10	15

注：上、下脚手架的斜道不宜设在有外电线路的一侧。

4.1.3 施工现场的机动车道与外电架空线路交叉时，架空线路的最低点与路面的最小垂直距离应符合表4.1.3规定。

表 4.1.3 施工现场的机动车道与架空线路交叉时的最小垂直距离

外电线路电压等级（kV）	<1	1～10	35
最小垂直距离（m）	6.0	7.0	7.0

4.1.4 起重机严禁越过无防护设施的外电架空线路作业。在外电架空线路附近吊装时，起重机的任何部位或被吊物边缘在最大偏斜时与架空线路边线的最小安全距离应符合表4.1.4规定。

表 4.1.4 起重机与架空线路边线的最小安全距离

电压（kV） 安全距离（m）	<1	10	35	110	220	330	500
沿垂直方向	1.5	3.0	4.0	5.0	6.0	7.0	8.5
沿水平方向	1.5	2.0	3.5	4.0	6.0	7.0	8.5

4.1.5 施工现场开挖沟槽边缘与外电埋地电缆沟槽边缘之间的距离不得小于0.5m。

4.1.6 当达不到本规范第4.1.2～4.1.4条中的规定时，必须采取绝缘隔离防护措施，并应悬挂醒目的警告标志。

架设防护设施时，必须经有关部门批准，采用线路暂时停电或其他可靠的安全技术措施，并应有电气工程技术人员和专职安全人员监护。

防护设施与外电线路之间的安全距离不应小于表4.1.6所列数值。

防护设施应坚固、稳定，且对外电线路的隔离防护应达到IP30级。

表 4.1.6 防护设施与外电线路之间的最小安全距离

外电线路电压等级（kV）	≤10	35	110	220	330	500
最小安全距离（m）	1.7	2.0	2.5	4.0	5.0	6.0

4.1.7 当本规范第4.1.6条规定的防护措施无法实现时，必须与有关部门协商，采取停电、迁移外电线路或改变工程位置等措施，未采取上述措施的严禁施工。

4.1.8 在外电架空线路附近开挖沟槽时，必须会同有关部门采取加固措施，防止外电架空线路电杆倾斜、悬倒。

4.2 电气设备防护

4.2.1 电气设备现场周围不得存放易燃易爆物、污源和腐蚀介质，否则应予清除或做防护处置，其防护等级必须与环境条件相适应。

4.2.2 电气设备设置场所应能避免物体打击和机械损伤，否则应做防护处置。

5 接地与防雷

5.1 一般规定

5.1.1 在施工现场专用变压器的供电的TN-S接零保护系统中，电气设备的金属外壳必须与保护零线连接。保护零线应由工作接地线、配电室（总配电箱）电源侧零线或总漏电保护器电源侧零线处引出（图5.1.1）。

5.1.2 当施工现场与外电线路共用同一供电系统时，电气设备的接地、接零保护应与原系统保持一致。不得一部分设备做保护接零，另一部分设备做保护接地。

采用TN系统做保护接零时，工作零线（N线）

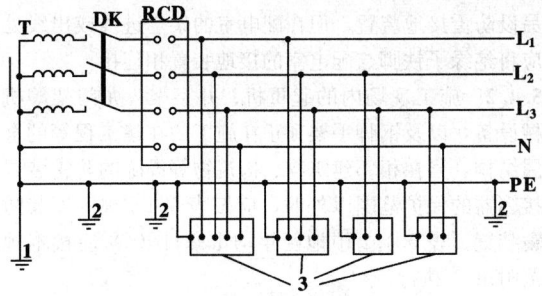

**图 5.1.1 专用变压器供电时
TN-S 接零保护系统示意**

1—工作接地；2—PE 线重复接地；3—电气设备金属外壳（正常不带电的外露可导电部分）；L_1、L_2、L_3—相线；N—工作零线；PE—保护零线；DK—总电源隔离开关；RCD—总漏电保护器(兼有短路、过载、漏电保护功能的漏电断路器)；T—变压器

必须通过总漏电保护器，保护零线（PE线）必须由电源进线零线重复接地处或总漏电保护器电源侧零线处，引出形成局部TN-S接零保护系统（图5.1.2）。

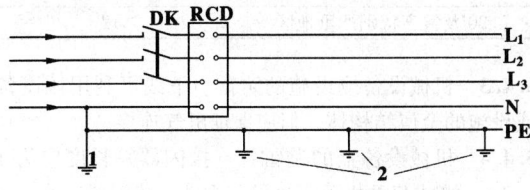

**图 5.1.2 三相四线供电时局部
TN-S 接零保护系统保护零线引出示意**

1—NPE 线重复接地；2—PE 线重复接地；L_1、L_2、L_3—相线；N—工作零线；PE—保护零线；DK—总电源隔离开关；RCD—总漏电保护器(兼有短路、过载、漏电保护功能的漏电断路器)

5.1.3 在 TN 接零保护系统中，通过总漏电保护器的工作零线与保护零线之间不得再做电气连接。

5.1.4 在 TN 接零保护系统中，PE 零线应单独敷设。重复接地线必须与 PE 线相连接，严禁与 N 线相连接。

5.1.5 使用一次侧由 50V 以上电压的接零保护系统供电，二次侧为 50V 及以下电压的安全隔离变压器时，二次侧不得接地，并应将二次线路用绝缘管保护或采用橡皮护套软线。

当采用普通隔离变压器时，其二次侧一端应接地，且变压器正常不带电的外露可导电部分应与一次回路保护零线相连接。

以上变压器尚应采取防直接接触带电体的保护措施。

5.1.6 施工现场的临时用电电力系统严禁利用大地做相线或零线。

5.1.7 接地装置的设置应考虑土壤干燥或冻结等季节变化的影响，并应符合表5.1.7的规定，接地电阻值在四季中均应符合本规范第5.3节的要求。但防雷装置的冲击接地电阻值只考虑在雷雨季节中土壤干燥状态的影响。

表 5.1.7 接地装置的季节系数 ψ 值

埋 深（m）	水平接地体	长 2～3m 的垂直接地体
0.5	1.4～1.8	1.2～1.4
0.8～1.0	1.25～1.45	1.15～1.3
2.5～3.0	1.0～1.1	1.0～1.1

注：大地比较干燥时，取表中较小值；比较潮湿时，取表中较大值。

5.1.8 PE 线所用材质与相线、工作零线（N 线）相同时，其最小截面应符合表5.1.8的规定。

表 5.1.8 PE 线截面与相线截面的关系

相线芯线截面 S（mm²）	PE 线最小截面（mm²）
S≤16	S
16＜S≤35	16
S＞35	S/2

5.1.9 保护零线必须采用绝缘导线。

配电装置和电动机械相连接的 PE 线应为截面不小于 2.5mm² 的绝缘多股铜线。手持式电动工具的 PE 线应为截面不小于 1.5mm² 的绝缘多股铜线。

5.1.10 PE 线上严禁装设开关或熔断器，严禁通过工作电流，且严禁断线。

5.1.11 相线、N 线、PE 线的颜色标记必须符合以下规定：相线 L_1(A)、L_2(B)、L_3(C) 相序的绝缘颜色依次为黄、绿、红色；N 线的绝缘颜色为淡蓝色；PE 线的绝缘颜色为绿/黄双色。任何情况下上述颜色标记严禁混用和互相代用。

5.2 保护接零

5.2.1 在 TN 系统中，下列电气设备不带电的外露可导电部分应做保护接零：

1 电机、变压器、电器、照明器具、手持式电动工具的金属外壳；

2 电气设备传动装置的金属部件；

3 配电柜与控制柜的金属框架；

4 配电装置的金属箱体、框架及靠近带电部分的金属围栏和金属门；

5 电力线路的金属保护管、敷线的钢索、起重机的底座和轨道、滑升模板金属操作平台等；

6 安装在电力线路杆（塔）上的开关、电容器等电气装置的金属外壳及支架。

5.2.2 城防、人防、隧道等潮湿或条件特别恶劣施工现场的电气设备必须采用保护接零。

5.2.3 在 TN 系统中，下列电气设备不带电的外露可导电部分，可不做保护接零：

1 在木质、沥青等不良导电地坪的干燥房间内，交流电压 380V 及以下的电气装置金属外壳（当维修人员可能同时触及电气设备金属外壳和接地金属物件时除外；

2 安装在配电柜、控制柜金属框架和配电箱的金属箱体上，且与其可靠电气连接的电气测量仪表、电流互感器、电器的金属外壳。

5.3 接地与接地电阻

5.3.1 单台容量超过100kVA或使用同一接地装置并联运行且总容量超过100kVA的电力变压器或发电机的工作接地电阻值不得大于4Ω。

单台容量不超过100kVA或使用同一接地装置并联运行且总容量不超过100kVA的电力变压器或发电机的工作接地电阻值不得大于10Ω。

在土壤电阻率大于1000Ω·m的地区，当达到上述接地电阻值有困难时，工作接地电阻值可提高到30Ω。

5.3.2 TN系统中的保护零线除必须在配电室或总配电箱处做重复接地外，还必须在配电系统的中间处和末端处做重复接地。

在TN系统中，保护零线每一处重复接地装置的接地电阻值不应大于10Ω。在工作接地电阻值允许达到10Ω的电力系统中，所有重复接地的等效电阻值不应大于10Ω。

5.3.3 在TN系统中，严禁将单独敷设的工作零线再做重复接地。

5.3.4 每一接地装置的接地线应采用2根及以上导体，在不同点与接地体做电气连接。

不得采用铝导体做接地体或地下接地线。垂直接地体宜采用角钢、钢管或光面圆钢，不得采用螺纹钢。

接地可利用自然接地体，但应保证其电气连接和热稳定。

5.3.5 移动式发电机供电的用电设备，其金属外壳或底座应与发电机电源的接地装置有可靠的电气连接。

5.3.6 移动式发电机系统接地应符合电力变压器系统接地的要求。下列情况可不另做保护接零：

1 移动式发电机和用电设备固定在同一金属支架上，且不供给其他设备用电时；

2 不超过2台的用电设备由专用的移动式发电机供电，供、用电设备间距不超过50m，且供、用电设备的金属外壳之间有可靠的电气连接时。

5.3.7 在有静电的施工现场内，对集聚在机械设备上的静电应采取接地泄漏措施。每组专设的静电接地体的接地电阻值不应大于100Ω，高土壤电阻率地区不应大于1000Ω。

5.4 防 雷

5.4.1 在土壤电阻率低于200Ω·m区域的电杆可不另设防雷接地装置，但在配电室的架空进线或出线处应将绝缘子铁脚与配电室的接地装置相连接。

5.4.2 施工现场内的起重机、井字架、龙门架等机械设备，以及钢脚手架和正在施工的在建工程等的金属结构，当在相邻建筑物、构筑物等设施的防雷装置接闪器的保护范围以外时，应按表5.4.2规定安装防雷装置。表5.4.2中地区年均雷暴日（d）应按本规范附录A执行。

当最高机械设备上避雷针（接闪器）的保护范围能覆盖其他设备，且又最后退出现场，则其他设备可不设防雷装置。

确定防雷装置接闪器的保护范围可采用本规范附录B的滚球法。

表5.4.2 施工现场内机械设备及高架设施需安装防雷装置的规定

地区年平均雷暴日（d）	机械设备高度（m）
≤15	≥50
>15，<40	≥32
≥40，<90	≥20
≥90及雷害特别严重地区	≥12

5.4.3 机械设备或设施的防雷引下线可利用该设备或设施的金属结构体，但应保证电气连接。

5.4.4 机械设备上的避雷针（接闪器）长度应为1～2m。塔式起重机可不另设避雷针（接闪器）。

5.4.5 安装避雷针（接闪器）的机械设备，所有固定的动力、控制、照明、信号及通信线路，宜采用钢管敷设。钢管与该机械设备的金属结构体应做电气连接。

5.4.6 施工现场内所有防雷装置的冲击接地电阻值不得大于30Ω。

5.4.7 做防雷接地机械上的电气设备，所连接的PE线必须同时做重复接地，同一台机械电气设备的重复接地和机械的防雷接地可共用同一接地体，但接地电阻应符合重复接地电阻值的要求。

6 配电室及自备电源

6.1 配 电 室

6.1.1 配电室应靠近电源，并应设在灰尘少、潮气少、振动小、无腐蚀介质、无易燃易爆物及道路畅通的地方。

6.1.2 成列的配电柜和控制柜两端应与重复接地线及保护零线做电气连接。

6.1.3 配电室和控制室应能自然通风，并应采取防止雨雪侵入和动物进入的措施。

6.1.4 配电室布置应符合下列要求：

1 配电柜正面的操作通道宽度，单列布置或双列背对背布置不小于1.5m，双列面对面布置不小于2m；

2 配电柜后面的维护通道宽度，单列布置或双列面对面布置不小于0.8m，双列背对背布置不小于1.5m，个别地点有建筑物结构凸出的地方，则此点通道宽度可减少0.2m；

3 配电柜侧面的维护通道宽度不小于1m；

4 配电室的顶棚与地面的距离不低于3m；

5 配电室内设置值班或检修室时，该室边缘距配电柜的水平距离大于1m，并采取屏障隔离；

6 配电室内的裸母线与地面垂直距离小于2.5m时，采用遮栏隔离，遮栏下面通道的高度不小于1.9m；

7 配电室围栏上端与其正上方带电部分的净距不小于0.075m；

8 配电装置的上端距顶棚不小于0.5m；

9 配电室内的母线涂刷有色油漆，以标志相序；以柜正面方向为基准，其涂色符合表6.1.4规定；

10 配电室的建筑物和构筑物的耐火等级不低于3级，室内配置砂箱和可用于扑灭电气火灾的灭火器；

表 6.1.4 母线涂色

相别	颜色	垂直排列	水平排列	引下排列
L₁（A）	黄	上	后	左
L₂（B）	绿	中	中	中
L₃（C）	红	下	前	右
N	淡蓝	—	—	—

11 配电室的门向外开，并配锁；

12 配电室的照明分别设置正常照明和事故照明。

6.1.5 配电柜应装设电度表，并应装设电流、电压表。电流表与计费电度表不得共用一组电流互感器。

6.1.6 配电柜应装设电源隔离开关及短路、过载、漏电保护电器。电源隔离开关分断时应有明显可见分断点。

6.1.7 配电柜应编号，并应有用途标记。

6.1.8 配电柜或配电线路停电维修时，应挂接地线，并应悬挂"禁止合闸、有人工作"停电标志牌。停送电必须由专人负责。

6.1.9 配电室应保持整洁，不得堆放任何妨碍操作、维修的杂物。

6.2 230/400V 自备发电机组

6.2.1 发电机组及其控制、配电、修理室等可分开设置；在保证电气安全距离和满足防火要求情况下可合并设置。

6.2.2 发电机组的排烟管道必须伸出室外。发电机组及其控制、配电室内必须配置可用于扑灭电气火灾的灭火器，严禁存放贮油桶。

6.2.3 发电机组电源必须与外电线路电源连锁，严禁并列运行。

6.2.4 发电机组应采用电源中性点直接接地的三相四线制供电系统和独立设置TN-S接零保护系统，其工作接地电阻值应符合本规范第5.3.1条要求。

6.2.5 发电机控制屏宜装设下列仪表：

1 交流电压表；

2 交流电流表；

3 有功功率表；

4 电度表；

5 功率因数表；

6 频率表；

7 直流电流表。

6.2.6 发电机供电系统应设置电源隔离开关及短路、过载、漏电保护电器。电源隔离开关分断时应有明显可见分断点。

6.2.7 发电机组并列运行时，必须装设同期装置，并在机组同步运行后再向负载供电。

7 配 电 线 路

7.1 架 空 线 路

7.1.1 架空线必须采用绝缘导线。

7.1.2 架空线必须架设在专用电杆上，严禁架设在树木、脚手架及其他设施上。

7.1.3 架空线导线截面的选择应符合下列要求：

1 导线中的计算负荷电流不大于其长期连续负荷允许载流量。

2 线路末端电压偏移不大于其额定电压的5%。

3 三相四线制线路的N线和PE线截面不小于相线截面的50%，单相线路的零线截面与相线截面相同。

4 按机械强度要求，绝缘铜线截面不小于10mm²，绝缘铝线截面不小于16mm²。

5 在跨越铁路、公路、河流、电力线路档距内，绝缘铜线截面不小于16mm²，绝缘铝线截面不小于25mm²。

7.1.4 架空线在一个档距内，每层导线的接头数不得超过该层导线条数的50%，且一条导线应只有一个接头。

在跨越铁路、公路、河流、电力线路档距内，架空线不得有接头。

7.1.5 架空线路相序排列应符合下列规定：

1 动力、照明线在同一横担上架设时，导线相序排列是：面向负荷从左侧起依次为L₁、N、L₂、L₃、PE；

2 动力、照明线在二层横担上分别架设时，导线相序排列是：上层横担面向负荷从左侧起依次为 L_1、L_2、L_3；下层横担面向负荷从左侧起依次为 L_1（L_2、L_3）、N、PE。

7.1.6 架空线路的档距不得大于35m。

7.1.7 架空线路的线间距不得小于0.3m，靠近电杆的两导线的间距不得小于0.5m。

7.1.8 架空线路横担间的最小垂直距离不得小于表7.1.8-1所列数值；横担宜采用角钢或方木，低压铁横担角钢应按表7.1.8-2选用，方木横担截面应按80mm×80mm选用；横担长度应按表7.1.8-3选用。

表7.1.8-1 横担间的最小垂直距离（m）

排列方式	直线杆	分支或转角杆
高压与低压	1.2	1.0
低压与低压	0.6	0.3

表7.1.8-2 低压铁横担角钢选用

导线截面（mm²）	直线杆	分支或转角杆	
		二线及三线	四线及以上
16 25 35 50	L50×5	2×L50×5	2×L63×5
70 95 120	L63×5	2×L63×5	2×L70×6

表7.1.8-3 横担长度选用

横担长度（m）		
二线	三线、四线	五线
0.7	1.5	1.8

7.1.9 架空线路与邻近线路或固定物的距离应符合表7.1.9的规定。

表7.1.9 架空线路与邻近线路或固定物的距离

项目	距离类别				
最小净空距离（m）	架空线路的过引线、接下线与邻线	架空线与架空线电杆外缘	架空线与摆动最大时树梢		
	0.13	0.05	0.50		
最小垂直距离（m）	架空线同杆架设下方的通信、广播线路	架空线最大弧垂与地面		架空线最大弧垂与暂设工程顶端	架空线与邻近电力线路交叉
		施工现场	机动车道	铁路轨道		1kV以下	1～10kV
	1.0	4.0	6.0	7.5	2.5	1.2	2.5
最小水平距离（m）	架空线电杆与路基边缘	架空线电杆与铁路轨道边缘	架空线边线与建筑物凸出部分		
	1.0	杆高(m)+3.0	1.0		

7.1.10 架空线路宜采用钢筋混凝土杆或木杆。钢筋混凝土杆不得有露筋，宽度大于0.4mm的裂纹和扭曲；木杆不得腐朽，其梢径不应小于140mm。

7.1.11 电杆埋设深度宜为杆长的1/10加0.6m，回填土应分层夯实。在松软土质处宜加大埋入深度或采用卡盘等加固。

7.1.12 直线杆和15°以下的转角杆，可采用单横担单绝缘子，但跨越机动车道时应采用单横担双绝缘子；15°到45°的转角杆应采用双横担双绝缘子；45°以上的转角杆，应采用十字横担。

7.1.13 架空线路绝缘子应按下列原则选择：
  1 直线杆采用针式绝缘子；
  2 耐张杆采用蝶式绝缘子。

7.1.14 电杆的拉线宜采用不少于3根$D4.0mm$的镀锌钢丝。拉线与电杆的夹角应在30°～45°之间。拉线埋设深度不得小于1m。电杆拉线如从导线之间穿过，应在高于地面2.5m处装设拉线绝缘子。

7.1.15 因受地形环境限制不能装设拉线时，可采用撑杆代替拉线，撑杆埋设深度不得小于0.8m，其底部应垫底盘或石块。撑杆与电杆的夹角宜为30°。

7.1.16 接户线在档距内不得有接头，进线处离地高度不得小于2.5m。接户线最小截面应符合表7.1.16-1规定。接户线线间及与邻近线间的距离应符合表7.1.16-2的要求。

表7.1.16-1 接户线的最小截面

接户线架设方式	接户线长度（m）	接户线截面（mm²）	
		铜线	铝线
架空或沿墙敷设	10～25	6.0	10.0
	≤10	4.0	6.0

表7.1.16-2 接户线线间及与邻近线路间的距离

接户线架设方式	接户线档距（m）	接户线线间距离（mm）
架空敷设	≤25	150
	>25	200
沿墙敷设	≤6	100
	>6	150
架空接户线与广播电话线交叉时的距离（mm）		接户线在上部，600 接户线在下部，300
架空或沿墙敷设的接户线零线和相线交叉时的距离（mm）		100

7.1.17 架空线路必须有短路保护。
  采用熔断器做短路保护时，其熔体额定电流不应大于明敷绝缘导线长期连续负荷允许载流量的1.5倍。

采用断路器做短路保护时,其瞬动过流脱扣器脱扣电流整定值应小于线路末端单相短路电流。

7.1.18 架空线路必须有过载保护。

采用熔断器或断路器做过载保护时,绝缘导线长期连续负荷允许载流量不应小于熔断器熔体额定电流或断路器长延时过流脱扣器脱扣电流整定值的1.25倍。

7.2 电缆线路

7.2.1 电缆中必须包含全部工作芯线和用作保护零线或保护线的芯线。需要三相四线制配电的电缆线路必须采用五芯电缆。

五芯电缆必须包含淡蓝、绿/黄二种颜色绝缘芯线。淡蓝色芯线必须用作N线;绿/黄双色芯线必须用作PE线,严禁混用。

7.2.2 电缆截面的选择应符合本规范第7.1.3条1、2、3款的规定,根据其长期连续负荷允许载流量和允许电压偏移确定。

7.2.3 电缆线路应采用埋地或架空敷设,严禁沿地面明设,并应避免机械损伤和介质腐蚀。埋地电缆路径应设方位标志。

7.2.4 电缆类型应根据敷设方式、环境条件选择。埋地敷设宜选用铠装电缆;当选用无铠装电缆时,应能防水、防腐。架空敷设宜选用无铠装电缆。

7.2.5 电缆直接埋地敷设的深度不应小于0.7m,并应在电缆紧邻上、下、左、右侧均匀敷设不小于50mm厚的细砂,然后覆盖砖或混凝土板等硬质保护层。

7.2.6 埋地电缆在穿越建筑物、构筑物、道路、易受机械损伤、介质腐蚀场所及引出地面从2.0m高到地下0.2m处,必须加设防护套管,防护套管内径不应小于电缆外径的1.5倍。

7.2.7 埋地电缆与其附近外电缆和管沟的平行间距不得小于2m,交叉间距不得小于1m。

7.2.8 埋地电缆的接头应设在地面上的接线盒内,接线盒应能防水、防尘、防机械损伤,并应远离易燃、易爆、易腐蚀场所。

7.2.9 架空电缆应沿电杆、支架或墙壁敷设,并采用绝缘子固定,绑扎线必须采用绝缘线,固定点间距应保证电缆能承受自重所带来的荷载,敷设高度应符合本规范第7.1节架空线路敷设高度的要求,但沿墙壁敷设时最大弧垂距地不得大于2.0m。

架空电缆严禁沿脚手架、树木或其他设施敷设。

7.2.10 在建工程内的电缆线路必须采用电缆埋地引入,严禁穿越脚手架引入。电缆垂直敷设应充分利用在建工程的竖井、垂直孔洞等,并宜靠近用电负荷中心,固定点每楼层不得少于一处。电缆水平敷设宜沿墙或门口刚性固定,最大弧垂距地不得大于2.0m。

装饰装修工程或其他特殊阶段,应补充编制单项施工用电方案。电源线可沿墙角、地面敷设,但应采取防机械损伤和电火措施。

7.2.11 电缆线路必须有短路保护和过载保护,短路保护和过载保护电器与电缆的选配应符合本规范第7.1.17条和7.1.18条要求。

7.3 室内配线

7.3.1 室内配线必须采用绝缘导线或电缆。

7.3.2 室内配线应根据配线类型采用瓷瓶、瓷(塑料)夹、嵌绝缘槽、穿管或钢索敷设。

潮湿场所或埋地非电缆配线必须穿管敷设,管口和管接头应密封;当采用金属管敷设时,金属管必须做等电位连接,且必须与PE线相连。

7.3.3 室内非埋地明敷主干线距地面高度不得小于2.5m。

7.3.4 架空进户线的室外端应采用绝缘子固定,过墙处应穿管保护,距地面高度不得小于2.5m,并应采取防雨措施。

7.3.5 室内配线所用导线或电缆的截面应根据用电设备或线路的计算负荷确定,但铜线截面不应小于$1.5mm^2$,铝线截面不应小于$2.5mm^2$。

7.3.6 钢索配线的吊架间距不宜大于12m。采用瓷夹固定导线时,导线间距不应小于35mm,瓷夹间距不应大于800mm;采用瓷瓶固定导线时,导线间距不应小于100mm,瓷瓶间距不应大于1.5m;采用护套绝缘导线或电缆时,可直接敷设于钢索上。

7.3.7 室内配线必须有短路保护和过载保护,短路保护和过载保护电器与绝缘导线、电缆的选配应符合本规范第7.1.17条和7.1.18条要求。对穿管敷设的绝缘导线线路,其短路保护熔断器的熔体额定电流不应大于穿管绝缘导线长期连续负荷允许载流量的2.5倍。

8 配电箱及开关箱

8.1 配电箱及开关箱的设置

8.1.1 配电系统应设置配电柜或总配电箱、分配电箱、开关箱,实行三级配电。

配电系统宜使三相负荷平衡。220V或380V单相用电设备宜接入220/380V三相四线系统;当单相照明线路电流大于30A时,宜采用220/380V三相四线制供电。

室内配电柜的设置应符合本规范第6.1节的规定。

8.1.2 总配电箱以下可设若干分配电箱;分配电箱以下可设若干开关箱。

总配电箱应设在靠近电源的区域,分配电箱应设在用电设备或负荷相对集中的区域,分配电箱与开关箱的距离不得超过 30m，开关箱与其控制的固定式用电设备的水平距离不宜超过 3m。

8.1.3 每台用电设备必须有各自专用的开关箱，严禁用同一个开关箱直接控制 2 台及 2 台以上用电设备（含插座）。

8.1.4 动力配电箱与照明配电箱宜分别设置。当合并设置为同一配电箱时，动力和照明应分路配电；动力开关箱与照明开关箱必须分设。

8.1.5 配电箱、开关箱应装设在干燥、通风及常温场所，不得装设在有严重损伤作用的瓦斯、烟气、潮气及其他有害介质中，亦不得装设在易受外来固体物撞击、强烈振动、液体浸溅及热源烘烤场所。否则，应予清除或做防护处理。

8.1.6 配电箱、开关箱周围应有足够 2 人同时工作的空间和通道，不得堆放任何妨碍操作、维修的物品，不得有灌木、杂草。

8.1.7 配电箱、开关箱应采用冷轧钢板或阻燃绝缘材料制作，钢板厚度应为 1.2～2.0mm，其中开关箱箱体钢板厚度不得小于 1.2mm，配电箱箱体钢板厚度不得小于 1.5mm，箱体表面应做防腐处理。

8.1.8 配电箱、开关箱应装设端正、牢固。固定式配电箱、开关箱的中心点与地面的垂直距离应为 1.4～1.6m。移动式配电箱、开关箱应装设在坚固、稳定的支架上。其中心点与地面的垂直距离宜为 0.8～1.6m。

8.1.9 配电箱、开关箱内的电器（含插座）应先安装在金属或非木质阻燃绝缘电器安装板上，然后方可整体紧固在配电箱、开关箱体内。

金属电器安装板与金属箱体应做电气连接。

8.1.10 配电箱、开关箱内的电器（含插座）应按其规定位置紧固在电器安装板上，不得歪斜和松动。

8.1.11 配电箱的电器安装板上必须分设 N 线端子板和 PE 线端子板。N 线端子板必须与金属电器安装板绝缘；PE 线端子板必须与金属电器安装板做电气连接。

进出线中的 N 线必须通过 N 线端子板连接；PE 线必须通过 PE 线端子板连接。

8.1.12 配电箱、开关箱内的连接线必须采用铜芯绝缘导线。导线绝缘的颜色标志应按本规范第 5.1.11 条要求配置并排列整齐；导线分支接头不得采用螺栓压接，应采用焊接并做绝缘包扎，不得有外露带电部分。

8.1.13 配电箱、开关箱的金属箱体、金属电器安装板以及电器正常不带电的金属底座、外壳等必须通过 PE 线端子板与 PE 线做电气连接，金属箱门与金属箱体必须通过采用编织软铜线做电气连接。

8.1.14 配电箱、开关箱的箱体尺寸与箱内电器的数量和尺寸相适应，箱内电器安装板板面电器安装尺寸可按照表 8.1.14 确定。

8.1.15 配电箱、开关箱中导线的进线口和出线口应设在箱体的下底面。

表 8.1.14 配电箱、开关箱内电器安装尺寸选择值

间距名称	最小净距（mm）
并列电器（含单极熔断器）间	30
电器进、出线瓷管（塑胶管）孔与电器边沿间	15A，30 20～30A，50 60A 及以上，80
上、下排电器进出线瓷管（塑胶管）孔间	25
电器进、出线瓷管（塑胶管）孔至板边	40
电器至板边	40

8.1.16 配电箱、开关箱的进、出线口应配置固定线卡，进出线应加绝缘护套并成束卡固在箱体上，不得与箱体直接接触。移动式配电箱、开关箱的进、出线应采用橡皮护套绝缘电缆，不得有接头。

8.1.17 配电箱、开关箱外形结构应能防雨、防尘。

8.2 电器装置的选择

8.2.1 配电箱、开关箱内的电器必须可靠、完好，严禁使用破损、不合格的电器。

8.2.2 总配电箱的电器应具备电源隔离，正常接通与分断电路，以及短路、过载、漏电保护功能。电器设置应符合下列原则：

1 当总路设置总漏电保护器时，还应装设总隔离开关、分路隔离开关以及总断路器、分路断路器或总熔断器、分路熔断器。当所设总漏电保护器是同时具备短路、过载、漏电保护功能的漏电断路器时，可不设总断路器或总熔断器。

2 当各分路设置分路漏电保护器时，还应装设总隔离开关、分路隔离开关以及总断路器、分路断路器或总熔断器、分路熔断器。当分路所设漏电保护器是同时具备短路、过载、漏电保护功能的漏电断路器时，可不设分路断路器或分路熔断器。

3 隔离开关应设置于电源进线端，应采用分断时具有可见分断点，并能同时断开电源所有极的隔离电器。如采用分断时具有可见分断点的断路器，可不另设隔离开关。

4 熔断器应选用具有可靠灭弧分断功能的产品。

5 总开关电器的额定值、动作整定值应与分路开关电器的额定值、动作整定值相适应。

8.2.3 总配电箱应装设电压表、总电流表、电度表及其他需要的仪表。专用电能计量仪表的装设应符合当地供用电管理部门的要求。

装设电流互感器时，其二次回路必须与保护零线有一个连接点，且严禁断开电路。

8.2.4 分配电箱应装设总隔离开关、分路隔离开关以及总断路器、分路断路器或总熔断器、分路熔断器。其设置和选择应符合本规范第8.2.2条要求。

8.2.5 开关箱必须装设隔离开关、断路器或熔断器，以及漏电保护器。当漏电保护器是同时具有短路、过载、漏电保护功能的漏电断路器时，可不装设断路器或熔断器。隔离开关应采用分断时具有可见分断点，能同时断开电源所有极的隔离电器，并应设置于电源进线端。当断路器是具有可见分断点时，可不另设隔离开关。

8.2.6 开关箱中的隔离开关只可直接控制照明电路和容量不大于3.0kW的动力电路，但不应频繁操作。容量大于3.0kW的动力电路应采用断路器控制，操作频繁时还应附设接触器或其他启动控制装置。

8.2.7 开关箱中各种开关电器的额定值和动作整定值应与其控制用电设备的额定值和特性相适应。通用电动机开关箱中电器的规格可按本规范附录C选配。

8.2.8 漏电保护器应装设在总配电箱、开关箱靠近负荷的一侧，且不得用于启动电气设备的操作。

8.2.9 漏电保护器的选择应符合现行国家标准《剩余电流动作保护器的一般要求》GB 6829和《漏电保护器安装和运行的要求》GB 13955的规定。

8.2.10 开关箱中漏电保护器的额定漏电动作电流不应大于30mA，额定漏电动作时间不应大于0.1s。

使用于潮湿或有腐蚀介质场所的漏电保护器应采用防溅型产品，其额定漏电动作电流不应大于15mA，额定漏电动作时间不应大于0.1s。

8.2.11 总配电箱中漏电保护器的额定漏电动作电流应大于30mA，额定漏电动作时间应大于0.1s，但其额定漏电动作电流与额定漏电动作时间的乘积不应大于30mA·s。

8.2.12 总配电箱和开关箱中漏电保护器的极数和线数必须与其负荷侧负荷的相数和线数一致。

8.2.13 配电箱、开关箱中的漏电保护器宜选用无辅助电源型（电磁式）产品，或选用辅助电源故障时能自动断开的辅助电源型（电子式）产品。当选用辅助电源故障时不能自动断开的辅助电源型（电子式）产品时，应同时设置缺相保护。

8.2.14 漏电保护器应按产品说明书安装、使用。对搁置已久重新使用或连续使用的漏电保护器应逐月检测其特性，发现问题应及时修理或更换。

漏电保护器的正确使用接线方法应按图8.2.14选用。

8.2.15 配电箱、开关箱的电源进线端严禁采用插头和插座做活动连接。

8.3 使用与维护

8.3.1 配电箱、开关箱应有名称、用途、分路标记及系统接线图。

8.3.2 配电箱、开关箱箱门应配锁，并应由专人负责。

8.3.3 配电箱、开关箱应定期检查、维修。检查、维修人员必须是专业电工。检查、维修时必须按规定穿、戴绝缘鞋、手套，必须使用电工绝缘工具，并应做检查、维修工作记录。

8.3.4 对配电箱、开关箱进行定期维修、检查时，必须将其前一级相应的电源隔离开关分闸断电，并悬挂"禁止合闸、有人工作"停电标志牌，严禁带电作业。

8.3.5 配电箱、开关箱必须按照下列顺序操作：

1 送电操作顺序为：总配电箱→分配电箱→开关箱；

2 停电操作顺序为：开关箱→分配电箱→总配电箱。

但出现电气故障的紧急情况可除外。

8.3.6 施工现场停止作业1小时以上时，应将动力开关箱断电上锁。

8.3.7 开关箱的操作人员必须符合本规范第3.2.3条规定。

8.3.8 配电箱、开关箱内不得放置任何杂物，并应保持整洁。

8.3.9 配电箱、开关箱内不得随意挂接其他用电设备。

8.3.10 配电箱、开关箱内的电器配置和接线严禁随意改动。

熔断器的熔体更换时，严禁采用不符合原规格的熔体代替。漏电保护器每天使用前应启动漏电试验按钮跳一次，试跳不正常时严禁继续使用。

8.3.11 配电箱、开关箱的进线和出线严禁承受外力，

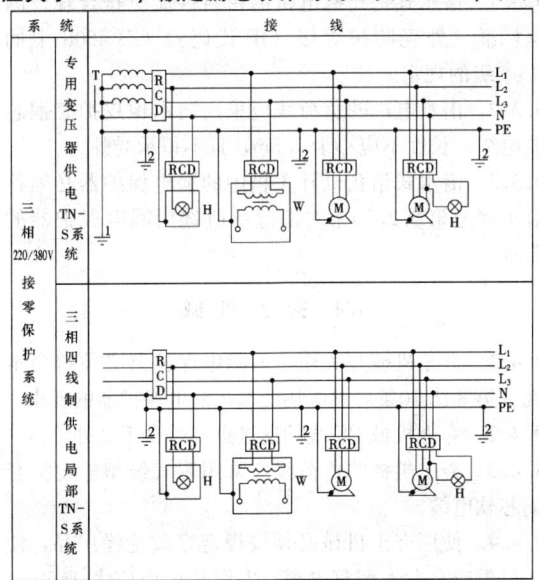

图8.2.14 漏电保护器使用接线方法示意

L_1、L_2、L_3—相线；N—工作零线；PE—保护零线、保护线；1—工作接地；2—重复接地；T—变压器；RCD—漏电保护器；H—照明器；W—电焊机；M—电动机

严禁与金属尖锐断口、强腐蚀介质和易燃易爆物接触。

9 电动建筑机械和手持式电动工具

9.1 一般规定

9.1.1 施工现场中电动建筑机械和手持式电动工具的选购、使用、检查和维修应遵守下列规定：

1 选购的电动建筑机械、手持式电动工具及其用电安全装置符合相应的国家现行有关强制性标准的规定，且具有产品合格证和使用说明书；

2 建立和执行专人专机负责制，并定期检查和维修保养；

3 接地符合本规范第 5.1.1 条和 5.1.2 条要求，运行时产生振动的设备的金属基座、外壳与 PE 线的连接点不少于 2 处；

4 漏电保护符合本规范第 8.2.5 条、第 8.2.8～8.2.10 条及 8.2.12 条和 8.2.13 条要求；

5 按使用说明书使用、检查、维修。

9.1.2 塔式起重机、外用电梯、滑升模板的金属操作平台及需要设置避雷装置的物料提升机，除应连接 PE 线外，还应做重复接地。设备的金属结构构件之间应保证电气连接。

9.1.3 手持式电动工具中的塑料外壳 II 类工具和一般场所手持式电动工具中的 III 类工具可不连接 PE 线。

9.1.4 电动建筑机械和手持式电动工具的负荷线应按其计算负荷选用无接头的橡皮护套铜芯电缆，其性能应符合现行国家标准《额定电压 450/750V 及以下橡皮绝缘电缆》GB 5013 中第 1 部分（一般要求）和第 4 部分（软线和软电缆）的要求；其截面可按本规范附录 C 选配。

电缆芯线数应根据负荷及其控制电器的相数和线数确定：三相四线时，应选用五芯电缆；三相三线时，应选用四芯电缆；当三相用电设备中配置有单相用电器具时，应选用五芯电缆；单相二线时，应选用三芯电缆。

电缆芯线应符合本规范第 7.2.1 条规定，其中 PE 线应采用绿/黄双色绝缘导线。

9.1.5 每一台电动建筑机械或手持式电动工具的开关箱内，除应装设过载、短路、漏电保护电器外，还应按本规范第 8.2.5 条要求装设隔离开关或具有可见分断点的断路器，以及按照本规范第 8.2.6 条要求装设控制装置。正、反向运转控制装置中的控制电器应采用接触器、继电器等自动控制电器，不得采用手动双向转换开关作为控制电器。电器规格可按本规范附录 C 选配。

9.2 起重机械

9.2.1 塔式起重机的电气设备应符合现行国家标准《塔式起重机安全规程》GB 5144 中的要求。

9.2.2 塔式起重机应按本规范第 5.4.7 条要求做重复接地和防雷接地。轨道式塔式起重机接地装置的设置应符合下列要求：

1 轨道两端各设一组接地装置；

2 轨道的接头处作电气连接，两条轨道端部做环形电气连接；

3 较长轨道每隔不大于 30m 加一组接地装置。

9.2.3 塔式起重机与外电线路的安全距离应符合本规范第 4.1.4 条要求。

9.2.4 轨道式塔式起重机的电缆不得拖地行走。

9.2.5 需要夜间工作的塔式起重机，应设置正对工作面的投光灯。

9.2.6 塔身高于 30m 的塔式起重机，应在塔顶和臂架端部设红色信号灯。

9.2.7 在强电磁波源附近工作的塔式起重机，操作人员应戴绝缘手套和穿绝缘鞋，并应在吊钩与机体间采取绝缘隔离措施，或在吊钩吊装地面物体时，在吊钩上挂接临时接地装置。

9.2.8 外用电梯梯笼内、外均应安装紧急停止开关。

9.2.9 外用电梯和物料提升机的上、下极限位置应设置限位开关。

9.2.10 外用电梯和物料提升机在每日工作前必须对行程开关、限位开关、紧急停止开关、驱动机构和制动器等进行空载检查，正常后方可使用。检查时必须有防坠落措施。

9.3 桩工机械

9.3.1 潜水式钻孔机电机的密封性能应符合现行国家标准《外壳防护等级（IP 代码）》GB 4208 中的 IP68 级的规定。

9.3.2 潜水电机的负荷线应采用防水橡皮护套铜芯软电缆，长度不应小于 1.5m，且不得承受外力。

9.3.3 潜水式钻孔机开关箱中的漏电保护器必须符合本规范第 8.2.10 条对潮湿场所选用漏电保护器的要求。

9.4 夯土机械

9.4.1 夯土机械开关箱中的漏电保护器必须符合本规范第 8.2.10 条对潮湿场所选用漏电保护器的要求。

9.4.2 夯土机械 PE 线的连接点不得少于 2 处。

9.4.3 夯土机械的负荷线应采用耐气候型橡皮护套铜芯软电缆。

9.4.4 使用夯土机械必须按规定穿戴绝缘用品，使用过程应有专人调整电缆，电缆长度不应大于 50m。电缆严禁缠绕、扭结和被夯土机械跨越。

9.4.5 多台夯土机械并列工作时，其间距不得小于 5m；前后工作时，其间距不得小于 10m。

9.4.6 夯土机械的操作扶手必须绝缘。

9.5 焊接机械

9.5.1 电焊机械应放置在防雨、干燥和通风良好的地方。焊接现场不得有易燃、易爆物品。

9.5.2 交流弧焊机变压器的一次侧电源线长度不应大于5m，其电源进线处必须设置防护罩。发电机式直流电焊机的换向器应经常检查和维护，应消除可能产生的异常电火花。

9.5.3 电焊机械开关箱中的漏电保护器必须符合本规范第8.2.10条的要求。交流电焊机械应配装防二次侧触电保护器。

9.5.4 电焊机械的二次线应采用防水橡皮护套铜芯软电缆，电缆长度不应大于30m，不得采用金属构件或结构钢筋代替二次线的地线。

9.5.5 使用电焊机械焊接时必须穿戴防护用品。严禁露天冒雨从事电焊作业。

9.6 手持式电动工具

9.6.1 空气湿度小于75%的一般场所可选用Ⅰ类或Ⅱ类手持式电动工具，其金属外壳与PE线的连接点不得少于2处；除塑料外壳Ⅱ类工具外，相关开关箱中漏电保护器的额定漏电动作电流不应大于15mA，额定漏电动作时间不应大于0.1s，其负荷线插头应具备专用的保护触头。所用插座和插头在结构上应保持一致，避免导电触头和保护触头混用。

9.6.2 在潮湿场所或金属构架上操作时，必须选用Ⅱ类或由安全隔离变压器供电的Ⅲ类手持式电动工具。金属外壳Ⅱ类手持式电动工具使用时，必须符合本规范第9.6.1条要求；其开关箱和控制箱应设置在作业场所外面。在潮湿场所或金属构架上严禁使用Ⅰ类手持式电动工具。

9.6.3 狭窄场所必须选用由安全隔离变压器供电的Ⅲ类手持式电动工具，其开关箱和安全隔离变压器均应设置在狭窄场所外面，并连接PE线。漏电保护器的选择应符合本规范第8.2.10条使用于潮湿或有腐蚀介质场所漏电保护器的要求。操作过程中，应有人在外面监护。

9.6.4 手持式电动工具的负荷线应采用耐气候型的橡皮护套铜芯软电缆，并不得有接头。

9.6.5 手持式电动工具的外壳、手柄、插头、开关、负荷线等必须完好无损，使用前必须做绝缘检查和空载检查，在绝缘合格、空载运转正常后方可使用。绝缘电阻不应小于表9.6.5规定的数值。

表9.6.5 手持式电动工具绝缘电阻限值

测量部位	绝缘电阻（MΩ）		
	Ⅰ类	Ⅱ类	Ⅲ类
带电零件与外壳之间	2	7	1

注：绝缘电阻用500V兆欧表测量。

9.6.6 使用手持式电动工具时，必须按规定穿、戴绝缘防护用品。

9.7 其他电动建筑机械

9.7.1 混凝土搅拌机、插入式振动器、平板振动器、地面抹光机、水磨石机、钢筋加工机械、木工机械、盾构机械、水泵等设备的漏电保护应符合本规范第8.2.10条要求。

9.7.2 混凝土搅拌机、插入式振动器、平板振动器、地面抹光机、水磨石机、钢筋加工机械、木工机械、盾构机械的负荷线必须采用耐气候型橡皮护套铜芯软电缆，并不得有任何破损和接头。

水泵的负荷线必须采用防水橡皮护套铜芯软电缆，严禁有任何破损和接头，并不得承受任何外力。

盾构机械的负荷线必须固定牢固，距地高度不得小于2.5m。

9.7.3 对混凝土搅拌机、钢筋加工机械、木工机械、盾构机械等设备进行清理、检查、维修时，必须首先将其开关箱分闸断电，呈现可见电源分断点，并关门上锁。

10 照 明

10.1 一般规定

10.1.1 在坑、洞、井内作业、夜间施工或厂房、道路、仓库、办公室、食堂、宿舍、料具堆放场及自然采光差等场所，应设一般照明、局部照明或混合照明。

在一个工作场所内，不得只设局部照明。

停电后，操作人员需及时撤离的施工现场，必须装设自备电源的应急照明。

10.1.2 现场照明应采用高光效、长寿命的照明光源。对需大面积照明的场所，应采用高压汞灯、高压钠灯或混光用的卤钨灯等。

10.1.3 照明器的选择必须按下列环境条件确定：

1 正常湿度一般场所，选用开启式照明器；

2 潮湿或特别潮湿场所，选用密闭型防水照明器或配有防水灯头的开启式照明器；

3 含有大量尘埃但无爆炸和火灾危险的场所，选用防尘型照明器；

4 有爆炸和火灾危险的场所，按危险场所等级选用防爆型照明器；

5 存在较强振动的场所，选用防振型照明器；

6 有酸碱等强腐蚀介质场所，选用耐酸碱型照明器。

10.1.4 照明器具和器材的质量应符合国家现行有关强制性标准的规定，不得使用绝缘老化或破损的器具和器材。

10.1.5 无自然采光的地下大空间施工场所，应编制单项照明用电方案。

10.2 照明供电

10.2.1 一般场所宜选用额定电压为220V的照明器。

10.2.2 下列特殊场所应使用安全特低电压照明器：
  1 隧道、人防工程、高温、有导电灰尘、比较潮湿或灯具离地面高度低于2.5m等场所的照明，电源电压不应大于36V；
  2 潮湿和易触及带电体场所的照明，电源电压不得大于24V；
  3 特别潮湿场所、导电良好的地面、锅炉或金属容器内的照明，电源电压不得大于12V。

10.2.3 使用行灯应符合下列要求：
  1 电源电压不大于36V；
  2 灯体与手柄应坚固、绝缘良好并耐热耐潮湿；
  3 灯头与灯体结合牢固，灯头无开关；
  4 灯泡外部有金属保护网；
  5 金属网、反光罩、悬吊挂钩固定在灯具的绝缘部位上。

10.2.4 远离电源的小面积工作场地、道路照明、警卫照明或额定电压为12～36V照明的场所，其电压允许偏移值为额定电压值的-10%～5%；其余场所电压允许偏移值为额定电压值的±5%。

10.2.5 照明变压器必须使用双绕组型安全隔离变压器，严禁使用自耦变压器。

10.2.6 照明系统宜使三相负荷平衡，其中每一单相回路上，灯具和插座数量不宜超过25个，负荷电流不宜超过15A。

10.2.7 携带式变压器的一次侧电源线应采用橡皮护套或塑料护套铜芯软电缆，中间不得有接头，长度不宜超过3m，其中绿/黄双色线只可作PE线使用，电源插销应有保护触头。

10.2.8 工作零线截面应按下列规定选择：
  1 单相二线及二相二线线路中，零线截面与相线截面相同；
  2 三相四线制线路中，当照明器为白炽灯时，零线截面不小于相线截面的50%；当照明器为气体放电灯时，零线截面按最大负载相的电流选择；
  3 在逐相切断的三相照明电路中，零线截面与最大负载相相线截面相同。

10.2.9 室内、室外照明线路的敷设应符合本规范第7章要求。

10.3 照明装置

10.3.1 照明灯具的金属外壳必须与PE线相连接，照明开关箱内必须装设隔离开关、短路与过载保护电器和漏电保护器，并应符合本规范第8.2.5条和第8.2.6条的规定。

10.3.2 室外220V灯具距地面不得低于3m，室内220V灯具距地面不得低于2.5m。
  普通灯具与易燃物距离不宜小于300mm；聚光灯、碘钨灯等高热灯具与易燃物距离不宜小于500mm，且不得直接照射易燃物。达不到规定安全距离时，应采取隔热措施。

10.3.3 路灯的每个灯具应单独装设熔断器保护。灯头线应做防水弯。

10.3.4 荧光灯管应采用管座固定或用吊链悬挂。荧光灯的镇流器不得安装在易燃的结构物上。

10.3.5 碘钨灯及钠、铊、铟等金属卤化物灯具的安装高度宜在3m以上，灯线应固定在接线柱上，不得靠近灯具表面。

10.3.6 投光灯的底座应安装牢固，应按需要的光轴方向将枢轴拧紧固定。

10.3.7 螺口灯头及其接线应符合下列要求：
  1 灯头的绝缘外壳无损伤、无漏电；
  2 相线接在与中心触头相连的一端，零线接在与螺纹口相连的一端。

10.3.8 灯具内的接线必须牢固，灯具外的接线必须做可靠的防水绝缘包扎。

10.3.9 暂设工程的照明灯具宜采用拉线开关控制，开关安装位置宜符合下列要求：
  1 拉线开关距地面高度为2～3m，与出入口的水平距离为0.15～0.2m，拉线的出口向下；
  2 其他开关距地面高度为1.3m，与出入口的水平距离为0.15～0.2m。

10.3.10 灯具的相线必须经开关控制，不得将相线直接引入灯具。

10.3.11 对夜间影响飞机或车辆通行的在建工程及机械设备，必须设置醒目的红色信号灯，其电源应设在施工现场总电源开关的前侧，并应设置外电线路停止供电时的应急自备电源。

附录A 全国年平均雷暴日数

表A 全国主要城镇年平均雷暴日数

序号	地名	雷暴日数(d/a)	序号	地名	雷暴日数(d/a)
1	北京市	35.6			
2	天津市	28.2		秦皇岛市	34.7
3	河北省			沧州市	31.0
	石家庄市	31.5	4	山西省	
	唐山市	32.7		太原市	36.4
	邢台市	30.2		大同市	42.3
	保定市	30.7		阳泉市	40.0
	张家口市	40.3		长治市	33.3
	承德市	43.7		临汾市	32.0

续表

序号	地名	雷暴日数(d/a)	序号	地名	雷暴日数(d/a)	序号	地名	雷暴日数(d/a)	序号	地名	雷暴日数(d/a)
5	内蒙古自治区			淮阴市	37.8		濮阳市	28.0		西昌市	73.2
	呼和浩特市	37.5		扬州市	34.7		信阳市	28.7		甘孜县	80.7
	包头市	34.7		盐城市	34.0		南阳市	29.0		酉阳土家族自治县	
	乌海市	16.6		苏州市	28.1		商丘市	26.9		苗族自治县	52.6
	赤峰市	32.4		泰州市	37.1		三门峡市	24.3	23	贵州省	
	二连浩特市	22.9	11	浙江省		17	湖北省			贵阳市	51.8
	海拉尔市	30.1		杭州市	40.0		武汉市	37.8		六盘水市	68.0
	东乌珠穆沁旗	32.4		宁波市	40.0		黄石市	50.4		遵义市	53.3
	锡林浩特市	32.1		温州市	51.0		十堰市	18.7	24	云南省	
	通辽市	27.9		衢州市	57.6		沙市市	38.9		昆明市	66.6
	东胜市	34.8	12	安徽省			宜昌市	44.6		东川市	52.4
	杭锦后旗	24.1		合肥市	30.1		襄樊市	28.1		个旧市	50.2
	集宁市	43.3		芜湖市	34.6		恩施市	49.7		大理市	49.8
6	辽宁省			蚌埠市	31.4	18	湖南省			景洪县	120.8
	沈阳市	27.1		安庆市	44.3		长沙市	49.5		昭通县	56.0
	大连市	19.2		铜陵市	41.1		株洲市	50.0		丽江纳西族自治县	75.6
	鞍山市	26.9		屯溪市	60.8		衡阳市	55.1	25	西藏自治区	
	本溪市	33.7		阜阳市	31.9		邵阳市	57.0		拉萨市	73.2
	丹东市	26.9	13	福建省			岳阳市	42.4		日喀则县	78.8
	锦州市	28.8		福州市	57.6		大庸市	48.3		昌都县	57.1
	营口市	28.2		厦门市	47.4		益阳市	47.3		林芝县	31.9
	阜新市	28.6		莆田市	43.2		永州市（零陵）	64.9		那曲县	85.2
7	吉林省			三明市	67.5		怀化市	49.9	26	陕西省	
	长春市	36.6		龙岩市	74.1		郴州市	61.5		西安市	17.3
	吉林市	40.5		宁德县	55.8		常德市	49.7		宝鸡市	19.7
	四平市	33.7		建阳县	65.3	19	广东省			铜川市	30.4
	通化市	36.7	14	江西省			广州市	81.3		渭南市	22.1
	图们市	23.8		南昌市	58.5		汕头市	52.6		汉中市	31.4
	白城市	30.0		景德镇市	59.2		湛江市	94.6		榆林县	29.9
	天池	29.0		九江市	45.7		茂名市	94.4		安康县	32.3
8	黑龙江省			新余市	59.4		深圳市	73.9	27	甘肃省	
	哈尔滨市	30.9		鹰潭市	70.0		珠海市	64.2		兰州市	23.6
	齐齐哈尔市	27.7		赣州市	67.2		韶关市	78.6		金昌市	19.6
	双鸭山市	29.8		广昌县	70.7		梅县市	80.4		白银市	24.2
	大庆市（安达）	31.9	15	山东省		20	广西壮族自治区			天水市	16.3
	牡丹江市	27.5		济南市	26.3		南宁市	91.8		酒泉市	12.9
	佳木斯市	32.2		青岛市	23.1		柳州市	67.3		敦煌市	5.1
	伊春市	35.4		淄博市	31.5		桂林市	78.2		靖远县	23.9
	绥芬河市	27.5		枣庄市	32.7		梧州市	93.5		窑街	30.2
	嫩江市	31.8		东营市	32.2		北海市	83.1	28	青海省	
	漠河乡	36.6		潍坊市	28.4		百色市	76.9		西宁市	32.9
	黑河市	31.2		烟台市	23.5		凭祥市	83.4		格尔木市	2.3
	嘉荫县	32.9		济宁市	29.1	21	重庆市	36.0		德令哈市	19.8
	铁力县	36.5		日照市	29.1	22	四川省			化隆回族自治县	50.1
9	上海市	30.1	16	河南省			成都市	35.1		茶卡	27.2
10	江苏省			郑州市	22.6		自贡市	37.6	29	宁夏回族自治区	
	南京市	35.1		开封市	22.0		渡口市	66.3		银川市	19.7
	连云港市	29.6		洛阳市	24.8		泸州市	39.1		石嘴山市	24.0
	徐州市	29.4		平顶山市	22.0		乐山市	42.9		固原县	31.0
	常州市	35.7		焦作市	26.4		绵阳市	34.9	30	新疆维吾尔自治区	
	南通市	35.6		安阳市	28.6		达州市	37.4		乌鲁木齐市	9.3

续表

序号	地名	雷暴日数 (d/a)	序号	地名	雷暴日数 (d/a)
	克拉玛依市	31.3		和田市	3.2
	石河子市	17.0		阿克苏市	33.1
	伊宁市	27.2		阿勒泰市	21.6
	哈密市	6.9	31	海南省	
	库尔勒市	21.6		海口市	114.4
	喀什市	20.0	32	台湾省	
	奎屯市	21.0		台北市	27.9
	吐鲁番市	9.9	33	香港	34.0
	且末县	6.0	34	澳门	

注：a 表示年，d 表示日。

附录 B 滚 球 法

B.0.1 按照滚球法，单支避雷针（接闪器）的保护范围应按下列方法确定：

1 当避雷针高度（h）小于或等于滚球半径（h_r）时（图 B.0.1-1），避雷针在被保护物高度的 XX' 平面上的保护半径和在地面上的保护半径可按下列公式确定：

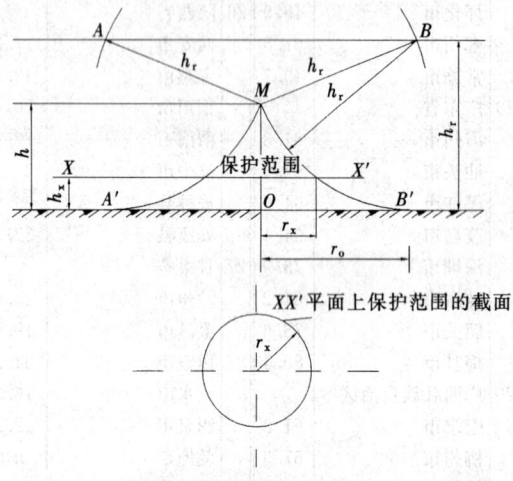

图 B.0.1-1 单支避雷针的保护范围（$h \leqslant h_r$）

$$r_x = \sqrt{h(2h_r - h)} - \sqrt{h_x(2h_r - h_x)} \quad (B.0.1-1)$$

$$r_o = \sqrt{h(2h_r - h)} \quad (B.0.1-2)$$

式中 h——避雷针高度（m）；
　　　h_x——被保护物高度（m）；
　　　r_x——在被保护物高度的 XX' 平面上的保护半径（m）；
　　　r_o——在地面上的保护半径（m）；
　　　h_r——滚球半径（m）。

在现行国家标准《建筑物防雷设计规范》GB 50057 中，对于第一、二、三类防雷建筑物的滚球半径分别确定为 30m、45m、60m。对一般施工现场，在年平均雷暴日大于 15d/a 的地区，高度在 15m 及以上的高耸建构筑物和高大建筑机械；或在年平均雷暴日小于或等于 15d/a 的地区，高度在 20m 及以上的高耸建构筑物和高大建筑机械，可参照第三类防雷建筑物。

2 当避雷针高度（h）大于滚球半径（h_r）时（图 B.0.1-2），避雷针在被保护物高度的 XX' 平面上的保护半径和在地面上的保护半径可按下列公式确定：

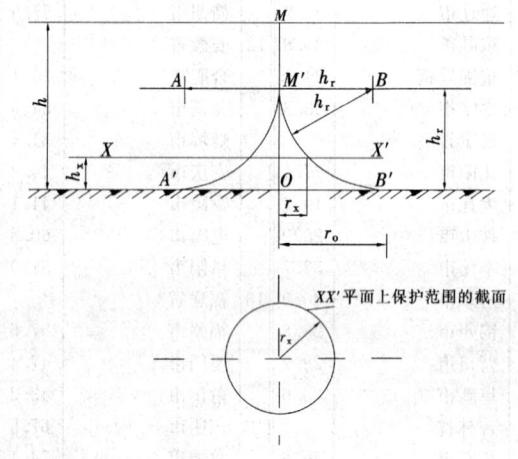

图 B.0.1-2 单支避雷针的保护范围（$h > h_r$）

$$r_x = h_r - \sqrt{h_x(2h_r - h_x)} \quad (B.0.1-3)$$

$$r_o = h_r \quad (B.0.1-4)$$

B.0.2 按照滚球法，单根避雷线（接闪器）的保护范围应按下列方法确定：

当避雷线的高度大于或等于 2 倍滚球半径时，无保护范围；当避雷线的高度小于 2 倍滚球半径时（图 B.0.2），滚球半径的 2 圆弧线（柱面）与地面之间的空间即是保护范围。

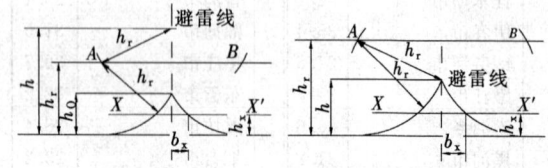

图 B.0.2 单根架空避雷线的保护范围
(a) $h_r < h < 2h_r$ 时；(b) $h \leqslant h_r$ 时

当 $h_r < h < 2h_r$ 时，保护范围最高点的高度 h_o 可按下式计算：

$$h_o = 2h_r - h \quad (B.0.2-1)$$

当 $h \leqslant h_r$ 时，保护范围最高点的高度即为 h；

$$h_o = h \quad (B.0.2-2)$$

避雷线在 h_x 高度的 XX' 平面上的保护宽度 b_x 可按下式计算：

$$b_x = \sqrt{h(2h_r - h)} - \sqrt{h_x(2h_r - h_x)} \quad (B.0.2-3)$$

避雷线两端的保护范围按单支避雷针的方法确定。

多支避雷针和多根避雷线的保护范围可按现行国家标准《建筑物防雷设计规范》GB 50057 规定执行。

附录 C 电动机负荷线和电器选配

表 C 电动机负荷线和电器选配

电动机				熔断器				启动器	接触器			漏电保护器		负荷线	
型号	功率 (kW)	额定电流 (A)	启动电流 (A)	RL1	RM10	RT10	RC1A	QC20 MSJB MSBB	B	CJX	LC1-D	DZ15L	DZ20L	通用橡套软电缆主芯线截面 (mm^2)	铜芯绝缘线芯线截面 (mm^2)
Y	(A)	(A)		熔断器规格（A）				额定电流（A）	额定电流（A）			脱扣器额定电流 (A)		环境 35℃	环境 30℃
1	2	3	4	5	6	7	8	9	10	11	12	13	14	15	16	17
801-4	0.55	1.6	10	15/4			10/4								
801-2 802-4 90S-6	0.75	1.8 2.0 2.3	13 14 14	15/5 15/6		20/6 10/6										
802-2 90S-4 90L-6	1.1	2.5 2.7 3.2	18 18 19	15/6		20/10						6				
90S-2 90L-4 100L-6	1.5	3.4 3.7 4.0	24 24 24	15/10	15/10	20/15										
90L-2 100L1-4 112M-6 132S-8	2.2	4.8 5.0 5.6 5.8	33 35 34 32	15/15 60/20 15/15	15/15	20/20	10/10	16	8.5	8.5	9	9		16	2.5	1.5
100L-2 100L2-4 132S-6 132M-8	3.0	6.4 6.8 7.2 7.7	45 48 47 43	60/20	60/20	20/20	15/15					10				
112M-2 112M-4 132M1-6 160M1-8	4.0	8.2 8.8 9.4 9.9	57 62 61 59	60/30	60/25	30/25 30/20						16				
132S1-2 132S-4 132M2-6 160M2-8	5.5	11 12 13 13	78 81 82 80	60/35	60/35	30/30	30/25	16	11.5 (B12)	12	12	16	16	2.5	
132S2-2 132M-4 160M-6 100L-8	7.5	15 15 17 18	105 108 111 97	60/50 60/40	60/45	60/40	60/40		15.5	15 (B16)	16	16	20	20		1.5
160M1-2 160M-4 160L-6 180L-8	11	22 23 25 25	153 158 160 151		60/45	60/50	60/50	32	22	22 (B25)	22 (CJ×1) 25 (CJ×2)	25	25	32	4.0	
160L2-2 160L-4 180L-6 200L-8	15	29 30 32 34	206 212 205 205	100/80	100/80	60/60	60/60		30	30 (B30)	32 (CJ×1)	32	32	40	40	2.5	
160L-2 180M-4 200L1-6 225S-8	18.5	36 36 38 41	249 251 245 248		100/80		100/80 100/80		37	37 (B37)		40		50	50	10.0	4.0
180M-2 180L-4 200L2-6 225M-8	22	42 43 45 48	295 298 290 286	100/100			100/100	63	45	45 (B45)		50		50		6.0
220L1-2 200L-4 225M-6 250M-8	30	57 57 60 63	398 398 387 378	200/125	200/125	100/100	200/120		65	65 (B65)		63		63	63	16.0	10.0

续表 C

电动机			熔断器				启动器		接触器		漏电保护器		负荷线	
型号	功率(kW)	额定电流	RL1	RM10	RT10	RC1A	QC20	MSJB MSBB	B	CJX	LC1-D	DZ15L	DZ20L	通用橡套软电缆主芯线截面(mm^2)	铁芯绝缘线铜线截面(mm^2)
Y	(A)	(A)	熔断器规格(A)				额定电流(A)		额定电流(A)		脱扣器额定电流(A)		环境35℃	环境30℃
1	2	3	4	5	6	7	8	9	10	11	12	13	14	15	16	17
220L2-2	37	70	489	200/150			200/150	80	85	85(B85)		80	80	80	16	10
225S-4		70	489													
250M-6		72	468													
280S-8		79	472		200/160											
225M-2	45	84	587	200/200			200/200	85	105(B105)		95	100	100	25	16
225M-4		84	589													
280S-6		85	555													
280M-8		93	559													
315M-10		98	637	200/200												
250M-2	55	103	719						105	115(CJ×4)			125	35	25	
250M-4		103	718													
280M-6		105	682													
315S-8		109	709													
315M2-10		120	780													
280S-2	75	140	981			350/225			170	170(B170)	185(CJ×2)		160	50	35	
280S-4		140	978													
315S-6		142	923													
315M1-8		148	962													
315M3-10		160	1040			350/260							180	70		

注：1. 熔体的额定电流是按电动机轻载启动计算的；
2. 接触器的约（额）定发热电流均大于其额定（工作）电流，因而表中所选接触器均有一定承受过载能力；
3. MSJB、MSBB系列磁力启动器采用B系列接触器和T系列热继电器，表中所列数据为启动器额定（工作）电流，均小于其配套接触器的约（额）定发热电流，因而表中所选接触器均有一定承受过载能力。类似地，QC20系列磁力启动器也有一定承受过载能力；
4. 漏电保护器的脱扣器额定电流系指其长延时动作电流整定值；
5. 负荷线选配按空气中明敷设条件考虑，其中电缆为三芯及以上电缆。

本规范用词说明

1 为便于在执行本规范条文时区别对待，对要求严格程度不同的用词说明如下：
　　1）表示很严格，非这样做不可的：
　　　正面词采用"必须"；
　　　反面词采用"严禁"；
　　2）表示严格，在正常情况下均应这样做的：
　　　正面词采用"应"；
　　　反面词采用"不应"或"不得"；
　　3）表示允许稍有选择，在条件许可时首先应这样做的：
　　　正面词采用"宜"；
　　　反面词采用"不宜"；
　　表示有选择，在一定条件下可以这样做的，采用"可"。

2 条文中指定应按其他有关标准执行的，写法为"应按……执行"或"应符合……规定（要求）"。

中华人民共和国行业标准

施工现场临时用电安全技术规范

JGJ 46—2005

条 文 说 明

前 言

《施工现场临时用电安全技术规范》JGJ 46—2005，经建设部 2005 年 4 月 15 日以建设部第 322 公告批准、发布。

本规范第一版的主编单位是沈阳建筑工程学院，参加单位是中国建筑科学研究院。

为便于广大设计、施工、科研、学校等单位的有关人员在使用本规范时能正确理解和执行条文规定，《施工现场临时用电安全技术规范》编制组按章、节、条顺序编制了本规范的条文说明，供国内使用者参考。在使用中如发现本条文说明有不妥之处，请将意见函寄沈阳建筑大学。

目 次

1 总则 …………………………… 10—17—24
3 临时用电管理 ………………… 10—17—24
　3.1 临时用电组织设计 ………… 10—17—24
　3.2 电工及用电人员 …………… 10—17—24
　3.3 安全技术档案 ……………… 10—17—24
4 外电线路及电气设备防护 …… 10—17—24
　4.1 外电线路防护 ……………… 10—17—24
　4.2 电气设备防护 ……………… 10—17—25
5 接地与防雷 …………………… 10—17—25
　5.1 一般规定 …………………… 10—17—25
　5.2 保护接零 …………………… 10—17—25
　5.3 接地与接地电阻 …………… 10—17—25
　5.4 防雷 ………………………… 10—17—26
6 配电室及自备电源 …………… 10—17—26
　6.1 配电室 ……………………… 10—17—26
　6.2 230/400V 自备发电机组 … 10—17—26
7 配电线路 ……………………… 10—17—27
　7.1 架空线路 …………………… 10—17—27
　7.2 电缆线路 …………………… 10—17—27
　7.3 室内配线 …………………… 10—17—27
8 配电箱及开关箱 ……………… 10—17—27
　8.1 配电箱及开关箱的设置 …… 10—17—27
　8.2 电器装置的选择 …………… 10—17—28
　8.3 使用与维护 ………………… 10—17—28
9 电动建筑机械和手持式
　电动工具 ……………………… 10—17—29
　9.1 一般规定 …………………… 10—17—29
　9.2 起重机械 …………………… 10—17—29
　9.3 桩工机械 …………………… 10—17—29
　9.4 夯土机械 …………………… 10—17—29
　9.5 焊接机械 …………………… 10—17—29
　9.6 手持式电动工具 …………… 10—17—29
　9.7 其他电动建筑机械 ………… 10—17—30
10 照明 …………………………… 10—17—30
　10.1 一般规定 …………………… 10—17—30
　10.2 照明供电 …………………… 10—17—30
　10.3 照明装置 …………………… 10—17—30

1 总　　则

1.0.3 本条综合规定了在本规范适用范围内的用电系统中所完整体现的三项基本安全技术原则。它们是建造施工现场用电工程的主要安全技术依据；也是保障用电安全，防止触电和电气火灾事故的主要技术措施。

3 临时用电管理

3.1 临时用电组织设计

3.1.1 触电及电气火灾事故的机率与用电设备数量、种类、分布和计算负荷大小有关，对于用电设备数量较多（5台及以上）、用电设备总容量较大（50kW及以上）的施工现场，为规范临时用电工程、加强用电管理、实现安全用电，本条依照施工现场临时用电实际，按照现行行业标准《电力建设安全工作规程（变电所部分）》DL 5009.3，规定做好用电组织设计，用以指导建造用电工程，保障用电安全可靠。

3.1.2 本条确定了临时用电组织设计的内容，包含应当完成的工作，具有普遍适用性。其中，负荷计算的依据是用电设备的容量、类别、分组、运行规律等，可采用需要系数法；绘制配电装置布置图只是针对配电室装设成列配电柜的规定；安全用电措施和电气防火措施均包含技术和管理两个方面的措施。

3.1.3 临时用电组织设计是一个单独的专业技术文件，为保障其对临时用电工程和施工现场用电安全的指导作用，其相关图纸需要单独绘制，不允许与其他专业施工组织设计混在一起。

3.1.4、3.1.5 为加强管理，明确职责，这2条按照现行国家标准《用电安全导则》GB/T 13869 和现行行业标准《电力建设安全工作规程（变电所部分）》DL 5009.3，结合施工现场用电实际，规定用电组织设计及其变更的编制、审核、批准程序。其中，临时用电组织设计的相关审核部门是指相关安全、技术、设备、施工、材料、监理等部门。

3.1.6 对符合规定的较小规模施工现场，可不编制用电组织设计，但仍要求编制安全用电措施和电气防火措施，并且与临时用电组织设计一样，严格履行相同的编制、审核、批准程序。

3.2 电工及用电人员

3.2.1 本条是根据现行国家标准《用电安全导则》GB/T 13869 的规定，禁止非电工人员从事电工工作。

3.2.2 本条根据现行国家标准《用电安全导则》GB/T 13869 的规定，结合施工现场作业特点，对各类用电人员的用电工作技能、防护技能，以及教育培训、技术交底等工作作出明确规定。本条中的用电人员是指直接操作用电设备进行施工作业的人员。

3.2.3 本条明确规定电工和用电人员在经过教育培训后持证上岗。电气设备是指发电、变电、输电、配电或用电的任何设施或产品，诸如电机、变压器、电器、电气测量仪表、保护电器、布线系统和电气用具等，也泛指上述设备及其机械连载体或机械结构体，如各种电动机械、电动工具、灯具、电焊机等。其中，电动机、电焊机、灯具、电动机械、电动工具等将电能转化为其他形式非电能量的电气设备又称为用电设备。

3.3 安全技术挡案

3.3.1 本条规定的8项安全技术档案中，电气设备的试、检验凭单和调试记录应由设备生产者提供，或由专业维修者提供。

3.3.3、3.3.4 这2条是关于施工现场临时用电工程检查制度及其执行程序的规定。其执行周期最长可为：施工现场每月一次；基层公司每季一次。

4 外电线路及电气设备防护

4.1 外电线路防护

4.1.1 本条是根据现行国家标准《电击防护　装置和设备的通用部分》GB/T 17054 以及国际电工委员会标准《电击防护　装置和设备的通用部分》IEC 1140：1992 关于电气隔离防护原则，对施工现场施工人员可能发生直接接触触电的特殊隔离防护规定。

4.1.2 本条规定是按照现行国家标准《建筑物的电气装置　电击防护》GB 14821.1 关于直接接触防护的原则及现行国家标准《66kV及以下架空电力线路设计规范》GB 50061 和现行行业标准《电业安全工作规程》DL 409 规定，结合施工现场在建工程搭设外脚手架及施工人员作业等因素，为防止人体直接或通过金属器材间接接触或接近外电架空线路，作出的最小安全操作距离规定。本条规定较现行行业标准《电业安全工作规程（电力线路部分）》要求偏高，一方面为了保障施工作业安全；另一方面，当不满足规定要求时，为搭设防护设施提供空间。

4.1.3 本条是按照现行国家标准《66kV及以下架空电力线路设计规范》GB 50061，考虑到施工现场车辆运输物料等因素而作出的防止人体直接或间接接近外电架空线路的最小安全距离规定。

4.1.4 本条是按照现行国家标准《塔式起重机安全规程》GB 5144 和现行行业标准《电力建设安全工作规程（架空电力线路部分）》DL 5009.2，考虑到起重机吊装作业被吊物摆幅等因素而作出的防止起重机（包括吊臂、吊绳）及其吊装物接近外电架空线路和吊装落物损伤外电架空线路的规定。

4.1.6 本条防护设施符合现行国家标准《建筑物的电气装置 电击防护》GB 14821.1 以及等效采用的国际电工委员会标准《建筑物的电气装置 安全防护 电击防护》IEC 364—4—41（1992）直接接触防护措施中用遮栏、外护物防护和用阻挡物防护的规定。防护设施宜采用木、竹或其他绝缘材料搭设，不宜采用钢管等金属材料搭设。防护设施的警告标志必须昼、夜均醒目可见。防护设施与外电线路之间的最小安全距离为按照现行行业标准《电力建设安全工作规程（架空电力线路部分）》DL 5009.2 关于高处作业与带电体的最小安全距离所作的规定。防护设施坚固、稳定是指所架设的防护设施能承受施工过程中人体、工具、器材落物的意外撞击，而保持其防护功能。IP31级的规定是指防护设施的缝隙，能防止ϕ2.5mm 固体异物穿越。

4.1.7 本条指明达不到第 4.1.6 条防护要求时的进一步措施，强调在无任何措施的情况下不允许强行施工。

4.2 电气设备防护

4.2.1 本条符合现行国家标准《用电安全导则》GB/T 13869、《爆炸和火灾危险环境电力装置设计规范》GB 50058 和《外壳防护等级（IP代码）》GB 4208 的规定，并适应施工现场作业环境条件。对易燃易爆物的防护，所规定的防护处置和防护等级是指电气设备的防护结构和措施与危险类别和区域范围相适应；对污源及腐蚀介质的防护，所规定的防护处置和防护等级是指在原已存在污源和腐蚀介质的环境中，电气设备应具备与环境条件相适应的防护结构或措施。

4.2.2 本条是针对施工现场电气设备露天设置及各工种交叉作业实际，为防止电气设备因机械损伤而引发电气事故所作的规定。

5 接地与防雷

5.1 一般规定

5.1.1、5.1.2 这2条按照现行国家标准《系统接地的型式及安全技术要求》GB 14050，结合施工现场实际，规定了适合于施工现场临时用电工程系统接地的基本型式，强调采用 TN-S 接零保护系统，禁止采用 TN-C 系统，明确规定 TN-S 系统的形成方式和方法，防止 TN 与 TT 系统混用的潜在危害。中性点是指三相电源作 Y 连接时的公共连接端。中性线是指由中性点引出的导线。工作零线是指中性点接地时，由中性点引出，并作为电源线的导线，工作时提供电流通路。保护零线是指中性点接地时，由中性点或中性线引出，不作为电源线，仅作连接电气设备外露可导

电部分的导线，工作时仅提供漏电电流通路。

5.1.3 本条是保证 TN-S 系统不被改变的补充规定，符合现行国家标准《系统接地的型式及安全技术要求》GB 14050。

5.1.4 本条符合现行国家标准《系统接地的型式及安全技术要求》GB 14050 规定。

5.1.5 本条符合现行国家标准《隔离变压器和安全隔离变压器技术要求》GB 13028，该标准系等效采用国际电工委员会标准《隔离变压器和安全隔离变压器要求》IEC 742（1983），以及符合现行国家标准《系统接地的型式及安全技术要求》GB 14050 的规定。

5.1.6 本条符合现行国家标准《用电安全导则》GB/T 13869 规定。相线是由三相电源（发电机或变压器）的三个独立电源端引出的三条电源线（用 L_1、L_2、L_3 或 A、B、C 表示），又称端线，俗称火线。

5.1.7 本条是按照现行行业标准《民用建筑电气设计规范》JGJ/T 16，并且保证接地电阻在一年四季中均能符合要求的规定。在表 5.1.7 中，凡埋深大于 2.5m 的接地体都称为"深埋接地体"。

5.1.8、5.1.9 这2条符合现行国家标准《系统接地的型式及安全技术要求》GB 14050、《建筑物电气装置第 5 部分：电气设备的选择和安装第 54 章：接地装置和保护导体》GB 16895.3（即国际电工委员会标准 IEC 364—5—54：1980）和现行行业标准《民用建筑电气设计规范》JGJ/T 16 的规定。

5.1.10 本条符合现行国家标准《系统接地的型式及安全技术要求》GB 14050、《10kV 及以下变电所设计规范》GB 50053 和现行国家标准《导体的颜色或数字标识》GB 7947（即国际电工委员会标准 IEC 446.1989），以及现行国家标准《建筑电气工程施工质量验收规范》GB 50303 规定。

5.2 保护接零

5.2.1 本条符合现行国家标准《系统接地的型式及安全技术要求》GB 14050 及《电气装置安装工程接地装置施工及验收规范》GB 50169 关于电气设备接零保护的规定。

5.2.2 本条符合现行国家标准《电击防护 装置和设备的通用部分》GB 17045（即国际电工委员会标准 IEC 446.1992）和现行国家标准《建筑物的电气装置 电击防护》GB 14821.1 及该标准等效采用的国际电工委员会标准《建筑物电气装置 安全防护 电击防护》IEC 364—4—41 1992 规定。

5.2.3 本条符合现行国家标准《电气装置安装工程接地装置施工及验收规范》GB 50169 规定。

5.3 接地与接地电阻

5.3.1 本条符合现行行业标准《民用建筑电气设计规范》JGJ/T 16 规定。

5.3.2 本条是根据现行国家标准《系统接地的型式及安全技术要求》GB 14050 规定的原则，对 TN 系统保护零线接地要求作出的规定。其中对 TN 系统保护零线重复接地、接地电阻值的规定是考虑到一旦 PE 线在某处断线，而其后的电气设备相导体与保护导体（或设备外露可导电部分）又发生短路或漏电时，降低保护导体对地电压并保证系统所设的保护电器可在规定时间内切断电源，符合下列二式关系：

$$Z_s \cdot I_a \leqslant U_0$$
$$Z_s \cdot I_{\Delta n} \leqslant U_0$$

式中 Z_s——故障回路的阻抗（Ω）；
I_a——短路保护电器的短路整定电流（A）；
$I_{\Delta n}$——漏电保护器的额定漏电动作电流（A）；
U_0——故障回路电源电压（V）。

5.3.3 本条是保证 TN-S 系统不被改变的又一补充规定。

5.3.4 本条依据现行国家标准《建筑物电气装置第 5 部分：电气设备的选择和安装 第 54 章：接地配置和保护导体》GB 16895.3（即国际电工委员会标准 IEC 364—5—54：1980）要求，按照现行行业标准《民用建筑电气设计规范》JGJ/T 16 而作的规定。其中，用作人工接地体材料的最小规格尺寸为：角钢板厚不小于 4mm，钢管壁厚不小于 3.5mm，圆钢直径不小于 4mm；不得采用螺纹钢的规定主要是因其难于与土壤紧密接触、接地电阻不稳定之故。

5.3.5、5.3.6 这 2 条是按照现行行业标准《民用建筑电气设计规范》JGJ/T 16，考虑到发电机主要是作为外电线路停止供电时的接续供电电源使用的规定。

5.3.7 本条符合现行国家标准《防止静电事故通用导则》GB 12158 关于静电防护措施的规定。

5.4 防 雷

5.4.1 本条符合现行行业标准《民用建筑电气设计规范》JGJ/T 16 关于不设避雷器防雷装置时，为防止雷电波沿架空线侵入配电装置的规定。

5.4.2~5.4.5 这 4 条按照现行国家标准《建筑物防雷设计规范》GB 50057 和《塔式起重机安全规程》GB 5144，结合全国各地年平均雷暴日数分布规律和施工现场机械设备高度，综合规定施工现场防直击雷装置的设置和要求。相邻建筑物、构筑物等设施的防雷装置接闪器的保护范围是指按滚球法确定的保护范围。

所谓滚球法是指选择一个其半径 h_r，由防雷类别确定的一个可以滚动的球体，沿需要防直击雷的部位滚动，当球体只触及接闪器（包括被利用作为接闪器的金属物），或只触及接闪器和地面（包括与大地接触并能承受雷击的金属物），而不触及需要保护的部位时，则该未被触及部分就得到接闪器的保护。单支避雷针（接闪器）的保护范围如图 B.0.1 和 B.0.2 所示，保护范围分别是圆弧曲线 MA'、MB' 与地面之间和圆弧曲线 $M'A'$、$M'B'$ 与地面之间的一个对称锥体。

机械设备的动力、控制、照明、信号及通信线路采用钢管敷设，并与设备金属结构体做电气连接是基于通过屏蔽和等电位连接防止雷电侧击的危害。

5.4.6 本条符合现行国家标准《建筑物防雷设计规范》GB 50057 确定防雷冲击接地电阻值的一般要求。

5.4.7 本条符合现行国家标准《建筑物防雷设计规范》GB 50057 规定的原则，其中综合接地电阻值满足现行国家标准《塔式起重机安全规程》GB 5144 关于起重机接地电阻不大于 4Ω 的要求。

6 配电室及自备电源

6.1 配 电 室

6.1.1 本条符合现行国家标准《低压配电设计规范》GB 50054 的规定。

6.1.2 本条符合现行国家标准《10kV 及以下变电所设计规范》GB 50053 的规定。

6.1.3 本条符合现行国家标准《10kV 及以下变电所设计规范》GB 50053 对配电室建筑的要求。

6.1.4 本条符合现行国家标准《10kV 及以下变电所设计规范》GB 50053 和《低压配电设计规范》GB 50054 的规定。

6.1.5 本条是按照现行国家标准《电力装置的电测量仪表装置设计规范》GBJ 63 的规定。

6.1.6 本条是按照现行国家标准《低压配电设计规范》GB 50054，结合施工现场对电源线路实施可靠控制和保护，以及设置漏电保护系统之规定。

6.1.7~6.1.9 这 3 条是为保障施工现场用电工程使用、停电维修，以及停、送电操作过程安全、可靠而作的技术性管理规定。

6.2 230/400V 自备发电机组

6.2.1~6.2.3 这 3 条符合现行行业标准《民用建筑电气设计规范》JGJ/T 16 的规定。

6.2.4 本条规定与第 5.1.1 条相适应。

6.2.5 本条符合现行国家标准《电力装置的电测量仪表装置设计规范》GBJ 63 的规定。

6.2.6 本条符合现行行业标准《民用建筑电气设计规范》JGJ/T 16 的一般要求，补充强调适应施工用电工程电源隔离和短路、过载、漏电保护的需要。

6.2.7 本条符合现行国家标准《建设工程施工现场供用电安全规范》GB 50194 关于并列发电机设置同期装置和发电机并列运行条件的要求。

7 配电线路

7.1 架空线路

7.1.1 本条符合现行国家标准《66kV及以下架空电力线路设计规范》GB 50061的规定。

7.1.2 本条符合现行国家标准《66kV及以下架空电力线路设计规范》GB 50061和《建设工程施工现场供用电安全规范》GB 50194的规定，结合施工现场实际，强调架空线路要设置专用电杆。

7.1.3 本条按现行国家标准《低压配电设计规范》GB 50054，结合施工现场用电工程的特点，对架空线路导线截面选择条件和截面最小限值作出了规定。

7.1.4 本条符合现行国家标准《66kV及以下架空电力线路设计规范》GB 50061和《建设工程施工现场供用电安全规范》GB 50194关于限制架空线路导线接头数的规定，目的是防止断线和断线引起的电杆倾倒、断线落地，以及电接触不良影响供电安全可靠性。

7.1.5 本条符合现行行业标准《民用建筑电气设计规范》JGJ/T 16关于低压架空线相序排列的规定，考虑到TN-S系统的应用，补充了PE线架设位置的统一规定。

7.1.6～7.1.8 这3条符合现行国家标准《66kV及以下架空电力线路设计规范》GB 50061的一般规定，结合施工现场临时用电工程特点，明确规定了架空线路横担材质和尺寸限值。

7.1.9 本条符合现行国家标准《66kV及以下架空电力线路设计规范》GB 50061的一般规定，考虑到施工现场环境条件较差，个别项略高于该规范要求。

7.1.10、7.1.11 这2条符合现行国家标准《建设工程施工现场供用电安全规范》GB 50194的规定。

7.1.12 本条符合现行行业标准《民用建筑电气设计规范》JGJ/T 16的规定。

7.1.13 本条符合现行国家标准《66kV及以下架空电力线路设计规范》GB 50061的规定。

7.1.14、7.1.15 这2条符合现行国家标准《建设工程施工现场供用电安全规范》GB 50194和现行行业标准《民用建筑电气设计规范》JGJ/T 16的规定。

7.1.16 本条符合现行行业标准《民用建筑电气设计规范》JGJ/T 16相关规定，考虑到施工现场强电、弱电线路同杆架设实际，补充规定了架空接户线与广播、电话线交叉敷设的间距。

7.1.17、7.1.18 这2条符合现行国家标准《低压配电设计规范》GB 50054和现行行业标准《民用建筑电气设计规范》JGJ/T 16原则规定，对被保护配电线路略增安全裕度。

7.2 电缆线路

7.2.1 本条符合现行国家标准《电力工程电缆设计规范》GB 50217及现行国家标准《额定电压450/750V及以下聚氯乙烯绝缘电缆 第1部分：一般要求》GB 5023.1（即国际电工委员会标准IEC 227—1：1993Amendment No.1 1995）和现行国家标准《额定电压450/750V及以下橡皮绝缘电缆 第1部分：一般要求》GB 5013.1（即国际电工委员会标准IEC 245—1：1994）关于电缆芯线的规定。

7.2.2～7.2.4 这3条符合现行国家标准《电力工程电缆设计规范》GB 50217的规定。

7.2.5～7.2.8 这4条符合现行国家标准《电力工程电缆设计规范》GB 50217和现行行业标准《民用建筑电气设计规范》JGJ/T 16的规定。其中，埋地电缆与附近外电电缆及管沟间距要求略高是考虑其敷设安全性。另外，适应施工现场实际需要，便于对电缆接头进行检查、维护，强调电缆接头设于地上专用接线盒内。

7.2.9、7.2.10 这2条是按照现行国家标准《电力工程电缆设计规范》GB50217、《低压配电设计规范》GB50054、《建设工程施工现场供用电安全规范》GB50194，以及现行行业标准《民用建筑电气设计规范》JGJ/T16，适应施工现场实际条件并保护电缆线路安全、可靠运行的规定。其中，架空电缆严禁沿脚手架敷设，严禁穿越脚手架的规定，是为了防止电缆因机械损伤而导致脚手架带电。装饰装修阶段电源线沿墙角地面敷设的防机械损伤和电火措施是指采用穿阻燃绝缘管或线槽等遮护的方法。

7.3 室内配线

7.3.1～7.3.3 这3条符合现行国家标准《低压配电设计规范》GB 50054和现行行业标准《民用建筑电气设计规范》JGJ/T 16的规定。这里所说的"室内"是指施工现场所有办公、生产、生活等暂设施内部。

7.3.4、7.3.5 这2条符合现行行业标准《民用建筑电气设计规范》JGJ/T 16规定，其中对绝缘导线最小截面的要求略高。

7.3.6 本条是按照现行行业标准《民用建筑电气设计规范》JGJ/T 16的规定，其中对采用瓷瓶固定导线时的要求略有提高，同时增加对采用瓷夹固定导线时的要求。

8 配电箱及开关箱

8.1 配电箱及开关箱的设置

8.1.1～8.1.4 为综合适应施工现场用电设备分区布置和用电特点，提高用电安全、可靠性，这4条依据现行国家标准《供配电系统设计规范》GB 50052明确规定了施工现场用电工程三级配电原则，开关箱"一机、一闸、一漏、一箱"制原则和动力、照明配电分设原则。规定三相负荷平衡的要求主要是为了降低三相低压配电系统的不对称度和电压偏差，保证用电的电能质量。

8.1.5、8.1.6 这2条按照现行国家标准《用电安全导则》GB/T 13869和《建设工程施工现场供用电安全规范》GB 50194，结合施工现场施工作业状况，为保障配电箱、开关箱运用的安全可靠性，对其装设位置的周围环境条件作出相关限制性规定。

8.1.7 本条规定配电箱、开关箱的统一箱体材料标准，包含禁止使用木板配电箱和木板开关箱。

8.1.8 本条按照现行国家标准《建设工程施工现场供用电安全规范》GB 50194和《低压配电设计规范》GB 50054有关规定。考虑到便于操作维修，防止地面杂物、溅水危害，适应施工现场作业环境，对配电箱、开关箱的装设高度作出规定。

8.1.9～8.1.17 按照现行国家标准《用电安全导则》GB/T 13869、《建设工程施工现场供用电安全规范》GB 50194、《低压配电设计规范》GB 50054相关规定，为适应施工现场露天作业环境条件和用电系统接零保护需要，这9条对配电箱、开关箱的箱体结构作出综合性规范化规定。其中，箱内电器安装尺寸是按照国家标准《低压系统内设备的绝缘配合 第一部分：原理、要求和试验》GB/T 16935.1（idt IEC664-1：1992）和《电气设备安全设计导则》GB 4064关于电气间隙和爬电距离的要求，考虑到电器安装、维修、操作方便需要而作的规定。

8.2 电器装置的选择

8.2.1 本条符合现行国家标准《用电安全导则》GB/T 13869的规定。

8.2.2 本条按照现行国家标准《低压配电设计规范》GB 50054的一般规定，结合施工现场临时用电工程对电源隔离以及短路、过载、漏电保护功能的要求，对总配电箱的电器配置作出综合性规范化规定。其中，用作隔离开关的隔离电器可采用刀形开关、隔离插头，也可采用分断时具有明显可见分断点的断路器如DZ20系列透明的塑料外壳式断路器，这种断路器具有透明的塑料外壳，可以看见分断点，这种断路器可以兼作隔离开关，不需要另设隔离开关。不可采用分断时无明显可见分断点的断路器兼作隔离开关。

8.2.3 本条符合现行国家标准《电力装置的电测量仪表装置设计规范》GBJ 63和现行行业标准《民用建筑电气设计规范》JGJ/T 16规定，其中电流互感器二次回路严禁开路是为了防止运行时二次回路开路高压引起的触电危害。

8.2.4 本条符合现行国家标准《低压配电设计规范》GB 50054规定，适应配电系统分支电源隔离、控制和短路、过载保护，以及操作、维修安全、方便的需要，包含在分配电箱中不要求设置漏电保护电器。

8.2.5～8.2.7 这3条符合现行国家标准《低压配电设计规范》GB 50054、《通用用电设备配电设计规范》GB 50055及《漏电保护器安装和运行》GB 13955要求，适应用电设备电源隔离和短路、过载、漏电保护需要。其中，用作隔离开关的隔离电器系指能同时断开电源所有极的、且分断时具有明显可见分断点的刀形开关、刀熔开关、断路器等电器，采用刀熔开关、分断时有可见分断点的断路器兼有过流保护功能的电器时，熔断器、断路器等过流保护电器可不再单独重复设置。

8.2.10～8.2.14 这5条符合现行国家标准《剩余电流动作保护器的一般要求》GB 6829、《漏电保护器安装和运行》GB 13955，以及《电流通过人体的效应 第一部分：常用部分》GB/T 13870.1的规定。其中，8.2.11条安全界限值30mA·s的确定主要来源于现行国家标准《电流通过人体的效应 第一部分：常用部分》GB/T 13870.1中图1＜15～100Hz正弦交流电的时间/电流效应区域的划分＞。

8.2.15 本条是按照现行国家标准《用电安全导则》GB/T 13869，适应施工现场露天作业条件的规定。严禁电源进线采用插头和插座做活动连接主要是防止插头被触碰带电脱落时造成意外短路和人体直接接触触电危害。

8.3 使用与维护

8.3.1 本条按照现行国家标准《建设工程施工现场供用电安全规范》GB 50194对配电箱、开关箱名称、用途、分路做出标记，主要是为了防止误操作。

8.3.2～8.3.4 这3条是按照现行国家标准《用电安全导则》GB/T 13869，考虑到施工现场实际环境条件，为保障配电箱、开关箱安全运行和维修安全所作的规定。其中，定期检查、维修周期不宜超过一个月。

8.3.5 本条符合电力系统通用停、送电安全操作规则，保障正常情况下总配电箱、分配箱始终处于空载操作状态。

8.3.6 本条是按照现行国家标准《用电安全导则》GB/T 13869和《建设工程施工现场供用电安全规范》GB 50194，结合施工现场实际情况的规定。其中包含午休、下班或局部停工1小时以上时要将动力开关箱断电上锁，以防止设备被误启动。

8.3.7 本条是按照现行国家标准《建设工程施工现场供用电安全规范》GB 50194对用电作业人员知识、技能的要求，结合施工现场实际情况的规定。

8.3.8、8.3.9 这2条是按照现行国家标准《用电安全导则》GB/T 13869，为保障配电箱、开关箱安全可靠的运行，以及保障系统三级配电制和开关箱"一机、一闸、一漏、一箱"制不被破坏而作的规定。

8.3.10、8.3.11 这2条是按照现行国家标准《低压配电设计规范》GB 50054、《用电安全导则》GB/T 13869和现行行业标准《电力建设安全工作规程》DL 5009.2，为保障配电箱、开关箱正常电器功能配置和保护配电箱、开关箱进、出线及其接头不被破坏的规定。

9 电动建筑机械和手持式电动工具

9.1 一般规定

9.1.1 本条是按照现行国家标准《用电安全导则》GB/T 13869，对施工现场露天作业条件下的电动建筑机械和手持式电动工具作出的共性安全技术规定。

9.1.2 本条按照现行国家标准《建设工程施工现场供用电安全规范》GB 50194，综合兼顾高大机械设备接零保护、防雷接地保护和PE线重复接地需要，作出设置综合接地的规定。

9.1.3 本条符合现行国家标准《手持式电动工具的安全 第一部分：一般要求》GB 3883.1（即国际电工委员会标准IEC 745—1）关于Ⅱ、Ⅲ类工具防触电保护主要依靠双重绝缘（加强绝缘）和安全特低电压（SELV）供电的规定。

9.1.4 本条符合现行国家标准《电力工程电缆设计规范》GB 50217规定，适应TN-S接零保护系统要求。三相用电设备中配置有单相用电器具，如指示灯即为单相用电器具。

9.1.5 本条符合现行国家标准《通用用电设备配电设计规范》GB 50055规定。

9.2 起重机械

9.2.2 本条符合现行国家标准《电气装置安装工程起重机电气装置施工及验收规范》GB 50256、《塔式起重机安全规程》GB 5144和现行行业标准《电力建设安全工作规程》DL 5009规定。

9.2.4 本条是按照现行国家标准《建设工程施工现场供用电安全规范》GB 50194作出的规定。

9.2.5～9.2.7 这3条符合现行国家标准《塔式起重机安全规程》GB 5144规定。其中在防电磁波感应方面的绝缘和接地措施主要是防人体触电。

9.2.8～9.2.12 外用电梯的安全运行，在电气方面主要依赖于完善的电气控制技术和机、电连锁装置，诸条文对此作出了相关规定。

9.3 桩工机械

9.3.1 本条符合现行国家标准《外壳防护等级（IP代码）》GB 4208规定，IP68级防护为最高级防止固体异物进入（尘密）和防止进水（连续浸水）造成有害影响的防护，可适应潜水式钻孔机电机工作条件。

9.3.2 本条规定是指按现行国家标准（即国际电工委员会标准IEC 245—1：1994）《额定电压450/750V及以下橡皮绝缘电缆 第一部分：一般要求》GB 5013.1附录C选电缆型号，以适应潜水电机工作环境条件。

9.3.3 本条规定适应潜水式钻孔机工作环境条件下对漏电保护的要求。

9.4 夯土机械

9.4.1 本条规定适应夯土机械可能工作于潮湿环境条件。

9.4.2 本条是适应夯土机械强烈振动工作状态，提高PE线与夯土机械金属外壳电气连接可靠性的规定。

9.4.3 同第9.3.2条条文说明。

9.4.4、9.4.5 夯土机械工作状态振动强烈，且电缆随之移动，易于发生漏电和砸伤、扭断电缆事故，本条规定目的是强化操作者的绝缘隔离和操作规则，防止意外触电。其中，电缆长度不应大于50m的规定是指对夯土机械在其开关箱周围作业时，场地大小的限制。

9.5 焊接机械

9.5.1 本条符合现行国家标准《建设工程施工现场供用电安全规范》GB 50194和现行行业标准《电力建设安全工作规程》DL 5009.2规定，考虑到电焊火花可能点燃易燃、易爆物引发火灾，本规定包含清除焊接现场周围易燃、易爆物的要求。

9.5.2～9.5.5 这4条符合现行国家标准《通用用电设备配电设计规范》GB 50055和《建设工程施工现场供用电安全规范》GB 50194的规定。其中，交流电焊机械除应在开关箱内装设一次侧漏电保护器以外，还应在二次侧装设触电保护器，是为了防止电焊机二次空载电压可能对人体构成的触电伤害。当前施工现场普遍使用JZ型弧焊机触电保护器，它可以兼做一次侧和二次侧的触电保护。

9.6 手持式电动工具

9.6.1～9.6.4 这4条符合现行国家标准（即国际电工委员会标准IEC 745—1）《手持式电动工具的安全 第一部分：一般要求》GB 3883.1及现行国家标准《手持式电动工具的管理、使用、检查和维修安全技术规程》GB 3787和《用电安全导则》GB/T 13869的相关规定。狭窄场所是指锅炉、金属容器、地沟、管道内等场所。

Ⅰ类工具的防触电保护不仅依靠基本绝缘，而且还包括一个保护接零或接地措施，使外露可导电部分在基本绝缘损坏时不能变成带电体。Ⅱ类工具的防触电保护不仅依靠基本绝缘,而且还包括附加的双重绝缘或加强绝缘,不提供保护接零或接地或不依赖设备条件,外壳具有"回"标志。Ⅱ类工具又分为绝缘材料外壳Ⅱ类工具和金属材料外壳Ⅱ类工具二种。Ⅲ类工具的防触电保护依靠安全特低电压供电,工具中不产生高于安全特低电压的电压。

9.7 其他电动建筑机械

9.7.1 本条符合现行行业标准《建筑机械使用安全技术规程》JGJ 33 的规定,并适应所列各电动机械在其相应工作环境下对漏电保护器设置的要求。

9.7.2 本条是按照现行国家标准《额定电压 450/750V 及以下橡皮绝缘电缆 第1部分:一般要求》GB 5013.1(即国际电工委员会标准 IEC 245—1:1994)规定,使所采用的电缆性能符合各电动机械工作环境条件的要求。

9.7.3 本条符合现行行业标准《建筑机械使用安全技术规程》JGJ 33 的要求。

10 照 明

10.1 一般规定

10.1.1 本条符合现行国家标准《建筑照明设计标准》GB 50034 规定,并适合于施工现场照明设置的需要。

10.1.2 本条按照现行国家标准《建筑照明设计标准》GB 50034 规定,所选灯具适应施工中可靠性高,不需经常开闭以及节能的要求。

10.1.3 本条符合现行国家标准《建筑照明设计标准》GB 50034 和现行行业标准《城市道路照明设计标准》CJJ 45 规定。

10.1.4 本条符合现行国家标准《用电安全导则》GB/T 13869 中对一般电气装置使用前确认其完好性的要求。

10.1.5 本条规定的单项照明用电方案可按本章要求并结合现场实际编写。

10.2 照明供电

10.2.1 本条按照现行国家标准《建筑照明设计标准》GB 50034 的相关规定,对照施工现场各种照明场所环境条件特点,对各分类场所照明供电电压分别作出限制性规定。

10.2.2、10.2.3 本条按照现行国家标准《建筑照明设计标准》GB 50034,考虑到现场行灯作为局部照明的移动性和裸露性,为防止由于灯具缺陷而造成意外触电、电火等事故,而对其供电电压和灯具结构作出限制性规定。安全特低电压是指安全隔离变压器与电力电源隔离的电路中,导体之间或任一导体与地之间交流有效值不超过 50V 或直流脉动值不超过 $50\sqrt{2}$V 的电压。直流脉动值 $50\sqrt{2}$V 是暂定的。有特殊要求时,尤其是当允许直接与带电部分接触时,可以规定低于交流有效值 50V 或直流脉动值 $50\sqrt{2}$V 的最高电压限值。无论是满载还是空载此电压限值均不应超过。

10.2.4 本条符合现行国家标准《建筑照明设计标准》GB 50034 规定。

10.2.5 本条符合现行国家标准《建设工程施工现场供用电安全规范》GB 50194 关于行灯变压器的规定,同时强调禁止使用自耦变压器,因其一次绕组与二次绕组之间有电气联系,加之二次侧电压可调,容易使二次侧电压不稳,并且会因绕组故障将一次侧较高电压导入二次侧而烧毁灯具和引起触电。

10.2.6 本条符合现行国家标准《建筑照明设计标准》GB 50034 的规定。

10.2.7 本条是按照现行国家标准《用电安全导则》GB/T 13869 和《建设工程施工现场供用电安全规范》GB 50194 而综合作出的规定。其中变压器一次侧电源线长度不宜超过 3m,主要是使其与开关箱靠近,便于操作和控制。

10.2.8 本条符合现行国家标准《建筑照明设计标准》GB 50034、《低压配电设计规范》GB 50054 和现行行业标准《民用建筑电气设计规范》JGJ/T 16 有关规定。

10.3 照明装置

10.3.1 本条符合现行国家标准《用电安全导则》GB/T 13869 中规定的原则,并与本规范第 8 章规定的用电设备接零保护和漏电保护要求相适应。

10.3.2 本条关于室内、外灯具的安装高度和灯具与易燃物之间的安全距离的规定符合现行国家标准《建设工程施工现场供用电安全规范》GB 50194 和《建筑照明设计标准》GB 50034。

10.3.3 本条符合现行国家标准《建筑照明设计标准》GB 50034 和《建筑电气工程施工质量验收规范》GB 50303 规定。

10.3.4 本条是依据现行国家标准《建筑照明设计标准》GB 50034 作出的规定。由于与荧光灯配套的电磁式镇流器工作时有热能散发,本条规定主要是防止镇流器发热或短路烧毁时可能点燃易燃结构物。

10.3.5、10.3.6 这 2 条符合现行国家标准《电气装置安装工程 电气照明装置施工及验收规范》GB 50259 规定。

10.3.7 本条符合现行国家标准《用电安全导则》GB/T 13869 和《电气装置安装工程 电气照明装置施工及验收规范》GB 50259 的规定。

10.3.8、10.3.9 这 2 条是按照现行国家标准《电气装置安装工程 电气照明装置施工及验收规范》

GB 50259,适应施工现场露天照明环境条件和暂设工程照明安全控制的规定。

10.3.10 本条符合现行国家标准《建设工程施工现场供用电安全规范》GB 50194 和现行行业标准《电力建设安全工作规程》DL 5009.2 的规定。

10.3.11 本条规定主要强调对于施工现场有碍外部安全的高大在建工程，建筑机械及开挖沟槽、基坑等，设置夜间警戒照明，而且要求从电源取用上保证警戒照明更加可靠。采用红色警戒信号灯则是依据现行国家标准《安全色》GB 2893 的规定。

中华人民共和国国家标准

租赁模板脚手架维修保养技术规范

Technical code for maintenance and repair of rentable formwork and scaffold

GB 50829—2013

主编部门：中 华 人 民 共 和 国 商 务 部
批准部门：中华人民共和国住房和城乡建设部
施行日期：２０１３年５月１日

中华人民共和国住房和城乡建设部
公 告

第 1579 号

住房城乡建设部关于发布国家标准《租赁模板脚手架维修保养技术规范》的公告

现批准《租赁模板脚手架维修保养技术规范》为国家标准，编号为 GB 50829—2013，自 2013 年 5 月 1 日起实施。其中，第 3.3.10、4.1.8、4.3.8、4.4.5、8.4.2 条为强制性条文，必须严格执行。

本规范由我部标准定额研究所组织中国计划出版社出版发行。

中华人民共和国住房和城乡建设部

2012 年 12 月 25 日

前 言

本规范是根据住房和城乡建设部《关于印发〈2008 年工程建设标准规范制订、修订计划（第一批）〉的通知》（建标〔2008〕102 号）的要求，由木材节约发展中心和中国基建物资租赁承包协会会同有关单位共同编制完成。

本规范在编制过程中，编制组经广泛调查研究，系统总结租赁模板脚手架维修保养的实路经验，参考有关国际标准，并在广泛征求意见的基础上，最后经审查定稿。

本规范共分 11 章，主要技术内容是：总则，术语，基本规定，全钢大模板及配套模板，组合钢模板，钢框胶合板模板，碗扣式钢管脚手架构件，扣件式钢管脚手架构件，承插型盘扣式钢管脚手架构件，门式钢管脚手架构配件，钢管脚手架配件。

本规范中以黑体字标志的条文为强制性条文，必须严格执行。

本规范由住房和城乡建设部负责管理和对强制性条文的解释，商务部负责日常管理，本材节约发展中心负责具本技术内容的解释。本规范在执行过程中，应注意积累资料和总结经验，如有意见和建议，请寄送木材节约发展中心（地址：北京市西城区月坛北街 25 号，邮政编码：100834），以供今后修订时参考。

本规范主编单位：木材节约发展中心
中国基建物资租赁承包协会

本规范参编单位：北京联东模板有限公司
湖南金峰金属构件有限公司
北京中租联模板科技有限公司
北京星河模板脚手架工程有限公司
天元建设集团有限公司租赁公司
天津恒工模板有限公司
石家庄市太行钢模板有限公司
北京盛明建达工程技术有限公司
浙江华铁建筑安全科技股份有限公司
嘉鱼恒鑫脚手架制造有限公司
云南建工第五建设有限公司
中铁建设集团有限公司模架中心
北京韬盛科技发展有限公司
宁波建工股份有限公司设备租赁分公司
长春市租赁有限公司
西安星华物资租赁有限责任公司
郑州市金桥建筑机械租赁有限公司
中铁八局集团现代物流有限公司

大连市旅顺钢模板修复机
设备厂有限公司
北京市源通兴业投资有限
公司建筑器材租赁中心
北京润得丰工程质量检测
有限责任公司
建研建硕（北京）科技发
展有限公司

本规范主要起草人员： 刘能文　马守华　胡　健
　　　　　　　　　　杨棣柔　沈　邕　张少芳
　　　　　　　　　　孙建风　霍振伟　殷　刚
　　　　　　　　　　刘　辉　胡丹锋　于　鑫
　　　　　　　　　　李有来　黄吉兰　田正章
　　　　　　　　　　吕泽群　王金龙　缪　鹏
　　　　　　　　　　唐新球　方菊明　焦伦杰
　　　　　　　　　　刘慧源　张金岩　仙雪锋
　　　　　　　　　　谢　敏　葛召深　聂　磊
　　　　　　　　　　何　武　马千里

本规范主要审查人员： 孙振声　张良杰　施炳华
　　　　　　　　　　姜传库　王　峰　胡长明
　　　　　　　　　　高淑娴　许宏雷　柏春有
　　　　　　　　　　张少明

目　次

1 总则 ·· 10—18—6
2 术语 ·· 10—18—6
3 基本规定 ·· 10—18—6
　3.1 租赁企业及其管理 ······························ 10—18—6
　3.2 租赁物的购进、出租和退场 ····················· 10—18—6
　3.3 租赁物维护、维修与保养 ······················· 10—18—7
　3.4 标识、包装、储存与运输 ······················· 10—18—7
4 全钢大模板及配套模板 ······························ 10—18—7
　4.1 使用维护 ···································· 10—18—7
　4.2 退场验收 ···································· 10—18—8
　4.3 维修与保养 ·································· 10—18—8
　4.4 质量检验评定与报废 ·························· 10—18—8
　4.5 标识、包装、储存与运输 ······················· 10—18—9
5 组合钢模板 ·· 10—18—9
　5.1 使用维护 ···································· 10—18—9
　5.2 退场验收 ···································· 10—18—9
　5.3 维修与保养 ·································· 10—18—9
　5.4 质量检验评定与报废 ·························· 10—18—9
　5.5 标识、包装、储存与运输 ······················· 10—18—10
6 钢框胶合板模板 ···································· 10—18—10
　6.1 使用维护 ···································· 10—18—10
　6.2 退场验收 ···································· 10—18—10
　6.3 维修与保养 ·································· 10—18—10
　6.4 质量检验评定与报废 ·························· 10—18—11
　6.5 标识、包装、储存与运输 ······················· 10—18—11
7 碗扣式钢管脚手架构件 ······························ 10—18—11
　7.1 使用维护 ···································· 10—18—11
　7.2 退场验收 ···································· 10—18—11
　7.3 维修与保养 ·································· 10—18—11
　7.4 质量检验评定与报废 ·························· 10—18—12
8 扣件式钢管脚手架构件 ······························ 10—18—12
　8.1 使用维护 ···································· 10—18—12
　8.2 退场验收 ···································· 10—18—12
　8.3 维修与保养 ·································· 10—18—13
　8.4 质量检验评定与报废 ·························· 10—18—13
9 承插型盘扣式钢管脚手架构件 ······················· 10—18—14
　9.1 使用维护 ···································· 10—18—14
　9.2 退场验收 ···································· 10—18—14
　9.3 维修与保养 ·································· 10—18—15
　9.4 质量检验评定与报废 ·························· 10—18—15
10 门式钢管脚手架构配件 ····························· 10—18—16
　10.1 使用维护 ··································· 10—18—16
　10.2 退场验收 ··································· 10—18—16
　10.3 维修与保养 ································· 10—18—16
　10.4 质量检验评定与报废 ························· 10—18—17
11 钢管脚手架配件 ··································· 10—18—17
　11.1 使用维护 ··································· 10—18—17
　11.2 退场验收 ··································· 10—18—17
　11.3 维修与保养 ································· 10—18—17
　11.4 质量检验评定与报废 ························· 10—18—18
本规范用词说明 ······································ 10—18—18
引用标准名录 ·· 10—18—18
附：条文说明 ·· 10—18—19

Contents

1 General provisions ·········· 10—18—6
2 Terms ·········· 10—18—6
3 Basic requirement ·········· 10—18—6
  3.1 Rental enterprise & its management ·········· 10—18—6
  3.2 Purchasing, leasing and reversion of rental goods ·········· 10—18—6
  3.3 Repairing and maintenance of rental goods ·········· 10—18—7
  3.4 Identification, packaging, storage and transportation ·········· 10—18—7
4 Full size integrated steel formwork and its accessories ·········· 10—18—7
  4.1 Utilization maintenance ·········· 10—18—7
  4.2 Return inspection ·········· 10—18—8
  4.3 Repairing and maintenance ·········· 10—18—8
  4.4 Quality inspection, evaluation and scrap ·········· 10—18—8
  4.5 Identification, packaging, storage and transportation ·········· 10—18—9
5 Assembly steel-form ·········· 10—18—9
  5.1 Utilization maintenance ·········· 10—18—9
  5.2 Return inspection ·········· 10—18—9
  5.3 Repairing and maintenance ·········· 10—18—9
  5.4 Quality inspection, evaluation and scrap ·········· 10—18—9
  5.5 Identification, packaging, storage and transportation ·········· 10—18—10
6 Plywood form with steel frame ·········· 10—18—10
  6.1 Utilization maintenance ·········· 10—18—10
  6.2 Return inspection ·········· 10—18—10
  6.3 Repairing and maintenance ·········· 10—18—10
  6.4 Quality inspection, evaluation and scrap ·········· 10—18—11
  6.5 Identification, packaging, storage and transportatin ·········· 10—18—11
7 Cuplock scaffolding components ·········· 10—18—11
  7.1 Utilization maintenance ·········· 10—18—11
  7.2 Return inspection ·········· 10—18—11
  7.3 Repairing and maintenance ·········· 10—18—11
  7.4 Quality inspection, evaluation and scrap ·········· 10—18—12
8 Components of steel tube scaffold with couplers ·········· 10—18—12
  8.1 Utilization maintenance ·········· 10—18—12
  8.2 Return inspection ·········· 10—18—12
  8.3 Repairing and maintenance ·········· 10—18—13
  8.4 Quality inspection, evaluation and scrap ·········· 10—18—13
9 Components of disk locked steel tube scaffold ·········· 10—18—14
  9.1 Utilization maintenance ·········· 10—18—14
  9.2 Return inspection ·········· 10—18—14
  9.3 Repairing and maintenance ·········· 10—18—15
  9.4 Quality inspection, evaluation and scrap ·········· 10—18—15
10 Frame scaffolding components and accessories ·········· 10—18—16
  10.1 Utilization maintenance ·········· 10—18—16
  10.2 Return inspection ·········· 10—18—16
  10.3 Repairing and maintenance ·········· 10—18—16
  10.4 Quality inspection, evaluation and scrap ·········· 10—18—17
11 Acessories for steel tube scaffolding ·········· 10—18—17
  11.1 Utilization maintenance ·········· 10—18—17
  11.2 Return inspection ·········· 10—18—17
  11.3 Repairing and maintenance ·········· 10—18—17
  11.4 Quality inspection, evaluation and scrap ·········· 10—18—18
Explanation of wording in this code ·········· 10—18—18
List of quoted standards ·········· 10—18—18
Appendix: Explanation of provisions ·········· 10—18—19

1 总 则

1.0.1 为规范和指导租赁模板脚手架维修、保养的技术管理，保证租赁物质量和使用安全，提高周转使用次数和利用率，做到技术先进、经济合理、安全适用，制定本规范。

1.0.2 本规范适用于建筑施工周转使用的全钢大模板及其配套模板、组合钢模板、钢框胶合板模板、碗扣式钢管脚手架构件、扣件式钢管脚手架构件、承插型盘扣式钢管脚手架构件、门式钢管脚手架构配件，以及钢管脚手架配件的维护、维修、保养和检验。

1.0.3 租赁模板脚手架进行维护、维修、保养和检验时，除应符合本规范外，尚应符合国家现行有关标准的规定。

2 术 语

2.0.1 租赁 rent
出租方将自己所拥有的建筑模板脚手架按合同约定交付承租方使用，承租方为其所取得的使用权向出租方支付一定费用的经济行为。

2.0.2 租赁企业 rental enterprises
从事建筑施工模板脚手架租赁业务的企业。

2.0.3 租赁物 rental goods
租赁合同的标的物。

2.0.4 使用维护 utilization maintenance
对租赁物在现场使用中进行的例行检查和日常护理。

2.0.5 维修与保养 repairing and maintenance
对租赁物保持或恢复到原有的功能和性能所采取的技术措施和进行的管理活动。

2.0.6 改制 modification
对租赁物进行几何尺寸的调整及结构损坏部分的更换。

2.0.7 报废 scrapping
租赁物丧失原有的性能或功能而终止使用。

2.0.8 全钢大模板 full size integrated steel formwork
模板尺寸和面积较大且有足够承载能力，整装整拆的大型钢模板。

2.0.9 吊点 hook point
模板吊装时的吊挂点。

2.0.10 组合钢模板 assembly steel-form
按建筑模数定型，用薄钢板加工成的小块拼装模板。

2.0.11 钢框胶合板模板 plywood form with steel frame
由胶合板或竹胶合板与钢框组合构成的模板。

2.0.12 碗扣式钢管脚手架构件 cuplock scaffolding components
由立杆、顶杆、横杆、斜杆、碗扣节点等组成的构件。

2.0.13 扣件式钢管脚手架构件 components of steel tube scaffold with couplers
由钢管、扣件、连墙件等组成的构件。

2.0.14 扣件 clamp and coupler
采用螺栓紧固的扣接连接件，包括直角扣件、旋转扣件、对接扣件。

2.0.15 承插型盘扣式钢管脚手架构件 components of disk locked steel tube scaffold
由立杆、水平杆、水平斜杆、竖向斜杆、可调底座及可调托座等构配件组成的构件。

2.0.16 门式钢管脚手架构配件 frame scaffolding components and accessories
由门架、交叉支撑、连接棒、挂扣式脚手板、锁壁等组成的构配件。

2.0.17 钢管脚手架配件 accessories for steel tube scaffolding
包括可调底座、可调托撑、钢脚手板等。

2.0.18 截面损失率 proportion of section loss
模板吊环、脚手架杆件截面损坏部位的设计截面积与实际截面积之差，与设计截面积的百分比。

3 基本规定

3.1 租赁企业及其管理

3.1.1 租赁企业应具有相应的资质。租赁企业的租赁物质量、经营场地、人员、管理、服务等，应符合现行行业标准《模板脚手架租赁企业等级划分规范》SB/T 10545 的有关规定。

3.1.2 租赁企业应建立完善的租赁物维修保养标准、管理制度、作业规程及租赁物台账，并应保留原始资料。

3.1.3 租赁企业应每年对租赁物进行至少一次质量检验，并应保存质量检验记录或质量检验报告。质量检验报告应由具有相应行业检测资质的质量监督检验机构出具。

3.1.4 租赁企业应对维修保养后的租赁物进行检验，并应对检验合格的租赁物出具租赁物维修质量合格证。租赁物维修质量合格证内容应包括租赁物品名、规格、维修时间、租赁企业名称或标识。

3.1.5 租赁企业应具有车间或场地，并应配备用于维修租赁物的专业机具设备及维修人员，以及配备检具、量具和检测人员。检具、量具应进行校准/计量。

3.1.6 租赁企业应确保租赁物安全使用的质量要求，并应符合下列规定：
  1 不应经营非正规厂家、偷工减料、以次充好和出处（厂家）不清的租赁物；
  2 不应提供虚假、过期或与其供应的租赁物、材料不相对应的复检合格的证明材料；
  3 在供应的标明厂家的合格的租赁物中，不应混入不合格或其他厂家的租赁物；
  4 不应向用户提供未经维修合格或应予报废的租赁物。

3.1.7 租赁企业应具有相应的技术人员和控制手段或具有合作单位的技术支持，并应具有下列技术支持条件：
  1 对购入租赁物技术性能和质量的验收；
  2 对需维修租赁物是否维修、报废的确定；
  3 对维修工艺的选择和维修质量的控制；
  4 荷载试验和性能检测结果的判定；
  5 对租赁物报废条件的掌握。

3.1.8 租赁企业宜根据施工需要，按设计方案确定租赁物出租数量及规格，并应提供租后服务。

3.1.9 租赁物安装、搭设、拆除人员应持证上岗，装卸人员应经过专业培训。

3.1.10 租赁物搭设和拆除应符合专项设计方案的要求。

3.2 租赁物的购进、出租和退场

3.2.1 新购入的租赁物应符合国家现行有关模板脚手架标准的

规定，并应有生产厂家的产品质量合格证明。租赁企业应对产品及产品合格证明资料进行复核验证，并应保管所有相应资料。

3.2.2 企业租赁的同一类型的模板和脚手架宜为同一厂家产品。不是同一厂家产品时，应分产品厂家进行出租、退场、维修和报废管理。

3.2.3 在入库时，主要构件应标注租赁企业、产品厂家和入库日期的代号标识，并应按厂家和租赁物规格分别存放，应详细造表登记、归档留存。不同规格种类的租赁物，应分类存放，不宜混放。

3.2.4 租赁物的出租和退场应符合出租方与承租方签订的模板脚手架租赁合同和出租方的使用和维护说明书的要求，并应由出租方和承租方共同进行质量和数量验收。模板脚手架租赁合同除应约定租赁物的品种、规格、数量、厂家和租赁期限外，还应明确约定双方的责任和义务。

3.2.5 租赁物使用完毕后，承租方应按租赁合同的约定事项，分品种、规格清点和码放，并应做好退场交接准备。

3.2.6 租赁物及资料交接时，出租方应按承租合同和本规范第3.2.7条等的规定进行检查验收。不合格者不应接收，合格者应签署验收单据。

3.2.7 全钢大模板及配套模板、组合钢模板和钢框胶合板模板退场验收，应符合下列规定：
1 面板水泥浆累计污染面积不应大于该模板面积的20%；局部污染厚度不应大于5mm。
2 背面残留混凝土重量不应大于构件自重的5%。
3 连接部位应保持清洁，并应无污物。
4 应无严重变形等结构性损坏。

3.2.8 每批租赁物从出库到入库的出租时间，应进行登记备案。

3.3 租赁物维护、维修与保养

3.3.1 承租方对使用中的租赁物做好及时的维护工作。

3.3.2 租赁物安装和拆除时，应采用机械吊运或人工传递的方式，不应抛掷。

3.3.3 出租方在租赁物维修前应先对租赁物的质量现状进行全面检查，应确定维修项目并作出标识；应由技术人员按租赁物缺陷程度确定维修或改制方法，或作出报废处理决定，并应对维修班组进行技术交底。

3.3.4 租赁物维修应按下列流程进行：
1 筛选出报废租赁物。
2 按维修方案进行租赁物维修。
3 对维修后租赁物进行质量验收。
4 按规格、类型的不同分别码放验收合格租赁物，并应做好维修记录。
5 对维修后合格的租赁物进行保养，并应做好保养记录。

3.3.5 租赁物结构性破坏的补强与维修方法应由设计确定。

3.3.6 租赁物维修更换材料应符合相应产品标准要求。

3.3.7 租赁物维修使用的各种机械设备、电动手动工具，应符合现行国家标准《手持式电动工具的管理、使用、检查和维修安全技术规程》GB/T 3787等的有关规定。

3.3.8 维修保养操作人员应根据所从事的工作遵守相关操作规程，并应有关劳动保护规定佩戴相关防护用具。

3.3.9 租赁物维修过程中产生的噪声、灰尘等，应符合现行国家标准《生产过程安全卫生要求总则》GB 12801的有关规定要求。

3.3.10 外表面锈蚀深度大于0.18mm或产生塑性变形的钢管，必须报废。

3.3.11 到达使用年限，其功能仍符合使用要求的租赁物，经国家相关质量检测机构检测合格后，可延长使用1年。延长使用期限的租赁物，应每半年检测1次，并应在合格后再使用。

3.4 标识、包装、储存与运输

3.4.1 租赁物应注有不易磨损的标识，新购进的租赁物应标明生产厂家代号或商标、生产年份、产品规格和型号。维修保养后的租赁物标识应增加维修时间、租赁企业代号或商标等内容。

3.4.2 维修保养后的租赁物应按规格分类包装，并应捆扎牢固。每捆包装上应标明维修时间、租赁企业名称、租赁物名称和型号、数量。

3.4.3 经检查验收合格的租赁物，应按规定入库存放，并应办理入库手续。

3.4.4 维修保养后的租赁物应储存在库房内成品区，应分区存放，并应设置明显标识。不同规格的租赁物应分门别类分垛叠层码放。每垛应有标牌，并应标明型号、数量、入库时间。堆放场地应夯实、平整，并应采取排水措施。

3.4.5 租赁物存放场地临空不得有带电裸线及高压线。

3.4.6 季节变换时应检查码放场地及支垫的沉降情况，垛间宜有600mm宽的纵横通道。

3.4.7 租赁物的运输应符合下列规定：
1 应合理摆放、捆扎牢固。
2 应根据租赁物的规格、尺寸、重量选用车辆，不得超载，不同规格租赁物混装时，重量应均衡放置。
3 其他配件应装袋运输，宜采用简易集装，并宜分类装箱，不得松散堆码。
4 装卸过程中应按序取存，应轻装轻卸，并应注意成品保护，不应抛掷。
5 装车时，超出货车挡板部分应封车后再行装货。

4 全钢大模板及配套模板

4.1 使用维护

4.1.1 全钢大模板产品质量及使用，应符合现行行业标准《建筑工程大模板技术规程》JGJ 74的有关规定。

4.1.2 不同系列的全钢大模板不应混用。

4.1.3 全钢大模板在使用前，应按现行行业标准《建筑工程大模板技术规程》JGJ 74的有关规定完成配板设计。租赁企业应根据施工需要，按设计方案确定出租数量及规格，并应提供租后服务。

4.1.4 模板安装前应对操作人员进行质量、安全技术交底。

4.1.5 模板的使用维护，应符合下列规定：
1 模板安装前应在面板上涂刷脱模剂。
2 模板背面每使用3次～5次应重新涂刷脱模剂。
3 模板使用中应避免各种碰撞。
4 模板使用时需另行开孔时，应对原孔位进行处理。
5 模板安装中出现尺寸、孔位错误时，应由设计处理。

4.1.6 模板拆除应符合下列规定：
1 模板拆除时，不得使用大锤、撬杠。
2 应及时对模板正反面的混凝土进行清理。

4.1.7 拆除后的大模板不得堆放在施工层上，需堆放在施工层上时应制定安全措施。

4.1.8 施工现场拆除后的大模板应按现行行业标准《建筑工程大模板技术规程》JGJ 74的要求堆放，高架堆放时，堆放架必须进行专项设计。

4.2 退场验收

4.2.1 承租方应对使用完毕的模板外观质量进行检查和分类,并应做好记录。检查内容应包括模板及配件结构是否完好、有无明显变形和破损、表面有无粘结物,以及模板厂家、规格和数量等与租赁合同是否相符等。检查后合格的租赁物,应按模板、配件及其规格不同进行分类码放。需修理和报废的租赁物,应另行分别码放。

4.2.2 全钢大模板及配套模板退场验收标准及检验工具与方法,应符合表4.2.2的规定。

表4.2.2 全钢大模板及配件模板退场验收标准及检验工具与方法

检验项目	验收标准	检验工具与方法
模板外形和几何尺寸	应符合合同要求;面板无明显翘曲、变形;边框、背楞结构完好	卷尺、游标卡尺、目测
模板外观	表面粘结物按本规范第3.2.7条第1、2款验收,无破损	
焊缝	无明显开焊	
模板及配件	无损坏或丢失	目测
吊环	无缺损、变形	
孔眼	对拉螺栓孔和模板连接孔无任意开孔和损坏现象	

4.2.3 租赁企业应对退场的模板及配件进行检查验收。不符合验收标准时应按合同约定执行。不合格和报废租赁物应按本规范第4.3节和第4.4节的规定进行维修或报废。

4.3 维修与保养

4.3.1 在模板维修前应对模板的质量现状进行全面检查,应确定维修、改制项目,并应做出标识。

4.3.2 模板装卸车、码放和维修时的翻身吊装应采用卡环,不应直接使用吊钩。

4.3.3 检查后的模板应按品种、规格尺寸、维修保养、报废处理的不同,分区存放,并应按现行行业标准《模板脚手架租赁企业等级划分规范》SB/T 10545的有关规定做出分区标识。

4.3.4 检查后确认不需维修的模板,应将表面的杂物清理干净,并应涂刷防锈漆。经过维修的钢模板及配件也应涂刷防锈漆。

4.3.5 全钢大模板维修前应根据表4.3.5规定的各项目的缺陷程度确定相应的维修方法。

表4.3.5 全钢大模板的缺陷程度及维修方法

项目	缺陷程度描述	维修方法
模板面板表面清洁度	水泥垢污染、锈蚀总面积小于35%	应采用除垢剂,也可采用简易扁铲、磨石机打磨方法清理,不应采取凿击方法清理
模板背面清洁度	有污染、锈蚀	背面混凝土清理可采用简易扁铲剔凿等方法,不应使用大锤清理
模板整体	翘曲	平台上采用千斤顶矫正,矫正后应对焊缝进行检查,对开焊缝应及时补焊
面板开孔、损坏	修补总面积小于35%	补孔、满焊、打磨,更换面板
模板外形和几何尺寸	边框变形	手锤矫正
	模板企口的变形	模板面板向下放置于平台,采用手锤、平锤矫正
	几何尺寸变形	宜采用机械方法;采用火焰方法调整时,应对调整后的部位进行打磨、抛光和找直
模板的平整度	局部小于8mm	宜采用千斤顶调整,采用大锤方法调整时,大锤下应用平锤过渡,不直接锤打模板面板

续表4.3.5

项目	缺陷程度描述	维修方法
模板翘曲	对角平整度误差小于10mm	宜采用千斤顶矫正
焊缝	焊缝开焊数量小于30%	应对所有开焊焊缝进行补焊,焊缝长度、高度和间距应符合设计要求
纵横肋损坏	变形、丢失、断裂	按原产品设计要求更换
孔眼	对拉螺栓孔、模板连接孔增加	冲一个相同直径的钢板补焊上,打磨

4.3.6 下列项目维修方法应由设计确定,维修人员不应自行决定或任意改动:
1 模板结构损坏的补强做法;
2 模板几何尺寸的改制;
3 对拉螺栓孔位的调整;
4 吊环位置的调整与补强。

4.3.7 吊环不应设置在补高模板边框上。需设置时应由设计提出具体方法。

4.3.8 吊环维修必须符合下列要求:
1 吊环必须全数检查和维修。
2 装配式吊环连接螺栓必须每次更换,并应用双螺母紧固。
3 模板维修时,不应对吊环截面、安装位置及连接螺栓进行任意代换。

4.3.9 对拉孔位的调整维修应符合下列要求:
1 对拉孔位的改孔应采用钻孔方法维修,不应采用气焊开孔。
2 当对拉孔位与模板边框干扰时,应由设计确定孔位的调整。
3 当对拉孔位与模板垂直或水平肋干扰需断开时,应由设计明确肋的补强做法。

4.3.10 模板维修后应按设计要求重新注明编号,并应将喷漆时油漆对面板的污染清理干净。

4.4 质量检验评定与报废

4.4.1 维修后的全钢大模板的质量检查与验收,应符合现行行业标准《建筑工程大模板技术规范》JGJ 74的有关规定。其主要检验项目和要求及允许偏差应符合表4.4.1的规定。

表4.4.1 全钢大模板检验项目和要求及允许偏差

序号	检验项目	要求及允许偏差	验收方法
1	模板正反面混凝土清理	干净、光洁	目测全数检查
2	模板结构损坏维修	按设计要求	全数检查
3	模板平整度调整	≤3mm/2m	2m靠尺塞尺全数检查
4	模板几何尺寸改制误差	±2.0mm	卷尺检查
5	相邻模板拼装高低差	≤1mm	钢板尺塞尺检查
6	相邻模板拼装间隙	≤1mm	塞尺检查
7	焊缝长度	≥3.0mm	卷尺全数检查
8	吊环螺栓紧固	不允许松动	扳手、目测全数检查
9	油漆	无流淌	目测
10	模板编号	按设计要求	全数检查

4.4.2 全钢大模板维修后的质量检验应根据技术交底及维修量进行随机抽样检验。检验规则和方法应符合现行国家标准《计数抽样检验程序》系列GB 2828.1~GB 2828.11的有关规定。

4.4.3 带企口的模板维修后,企口接触面应无粘结物。

4.4.4 全钢大模板存在下列情况之一时应报废:
1 质量缺陷程度超出本规范表4.3.5的要求,无法维修时。
2 使用年限超过10年时。

4.4.5 吊环存在下列情况之一时必须报废:
1 吊环出现裂纹。
2 截面损失大于或等于3%。
3 吊环使用年限超过3年。

4.5 标识、包装、储存与运输

4.5.1 模板维修后应按规格和型号的不同重新注明编号、分别码放,不应混放。

4.5.2 模板码放应符合下列要求:
1 模板码放最底层应设置通长垫梁。
2 模板平放时,上下层模板间应用垫木隔离,垫木位置应与吊环对应,并应使上下层垫木保持同一垂线。
3 模板码放高度不应大于3.5m。
4 模板的零部件经刷油保护后,应按规格分类入库保存。

4.5.3 模板装车时,应做到规格尺寸相近,垫木支点应保持上下层在同一垂线上,并应捆绑牢靠。

5 组合钢模板

5.1 使用维护

5.1.1 组合钢模板产品质量及使用,应符合国家现行标准《组合钢模板技术规范》GB 50214 和《组合钢模板》JG/T 3060 的有关规定。

5.1.2 组合钢模板安装质量应符合现行国家标准《组合钢模板技术规范》GB 50214 的有关规定。组合钢模板拼装成大块整体安装时,应符合现行行业标准《建筑工程大模板技术规程》JGJ 74 的有关规定,并应进行配板设计。

5.1.3 组合钢模板的进场应符合下列要求:
1 组合钢模板进场后应进行质量验收。
2 验收合格的组合钢模板应按规格分类码放。
3 组合钢模板码放场地应夯实、平整,并应采取排水措施。

5.1.4 组合钢模板安装前应涂刷脱模剂。

5.1.5 组合钢模板拆除应符合下列要求:
1 应依据拆模方案进行,模板拆除方案应明确模板和支撑系统的拆除方法、安全注意事项等内容。
2 模板拆除时应注意成品保护,不应用撬杠强拆。
3 拆除后的模板不应从高处抛掷。
4 拆除后的模板应及时清理、维修,并应涂刷脱模剂。

5.2 退场验收

5.2.1 承租方应将使用完毕的组合钢模板上的残留混凝土清理干净,并应对外观质量进行检查和分类,同时应做好记录。检查内容应包括模板结构是否完好,有无明显变形、破损,表面有无粘结物,以及模板厂家、规格和数量等与租赁合同是否相符。检查后合格的租赁物,应按组合钢模板、配件及其规格不同分类码放。需修理和报废的租赁物,应另行分别码放。

5.2.2 组合钢模板退场验收标准及检验工具与方法,应符合表5.2.2的规定。

表5.2.2 组合钢模板退场验收标准及检验工具与方法

检验项目	验收标准	检验工具与方法
模板外形和几何尺寸	应符合合同要求;面板无明显变形	卷尺、游标卡尺、目测
模板外观	表面粘结物按本规范第3.2.7条第1、2款验收,无破损	目测
焊缝	无明显开焊	

5.2.3 租赁企业应对退场的组合钢模板及配件进行检查验收,不符合验收标准时应按合同约定执行。不合格和报废的租赁物应按本规范第5.3节和第5.4节的规定进行维修或报废。

5.3 维修与保养

5.3.1 模板维修前应按下列项目检查,并应做好记录:
1 模板边框结构损坏情况。
2 模板整体翘曲情况。
3 模板外形和几何尺寸。
4 模板的平整度。
5 焊缝开焊及其他需要修补的情况。
6 模板板面或边肋任意开孔情况。
7 其他破损。

5.3.2 检查后的钢模板及配件应按品种、规格尺寸、维修保养、报废处理的不同,分区存放,并应按现行行业标准《模板脚手架租赁企业等级划分规范》SB/T 10545 的有关规定做出分区标识。

5.3.3 检查后确认不需维修的钢模板及配件,应将表面的杂物清理干净,并应涂刷防锈漆。经过维修的钢模板及配件应进行刷漆等防锈处理。

5.3.4 组合钢模板维修前应根据表5.3.4规定的缺陷程度确定相应的维修方法。

表5.3.4 组合钢模板的缺陷程度及维修方法

项目	缺陷程度描述	维修方法
钢模板外观清洁度	污染、锈蚀	用专用机械或人工清理面板表面,并涂刷防锈漆
钢模板焊缝开焊	≤10处	全部补焊
钢模板板面开孔	孔眼直径≤20mm,且数量≤4处	补孔打磨
钢模板板面平直度	≤10mm	应在专用设备上维修,或采用人工方法维修
钢模板凸棱直线度	≤10mm	
钢模板边肋不直度	≤8mm	在专用机械上矫正
U形卡	卡口变形	
肋板	缺失	按设计要求补齐

5.3.5 模板的维修应符合下列规定:
1 模板结构性破坏的维修方法应由设计确定。
2 模板的维修矫正宜采用专用维修机械进行。

5.4 质量检验评定与报废

5.4.1 维修后的组合钢模板的质量检查与验收,应符合现行国家标准《组合钢模板技术规范》GB 50214 的有关规定。单块模板质量主要检验项目和要求及允许偏差应符合表5.4.1的规定。

表5.4.1 组合钢模板单块质量检验项目和要求及允许偏差

检验项目	要求及允许偏差(mm)	检验方法
板面光洁度	无明显锈蚀、麻坑、水泥垢	目测
板面平整度	≤2.0	2m靠尺、塞尺
板面孔眼修补平整度	≤1.0	钢直尺、塞尺
模板长宽度尺寸	0 -0.8	钢卷尺、卡尺
边肋通长平直度边肋不直度	≤2.0不应超过凸棱高度	2m靠尺、塞尺
边肋与面板垂直度	≤0.5	直尺、塞尺
角模垂直度	≤1.0	
焊缝补焊	焊缝外形应光滑均匀,不应有漏焊、焊穿、裂纹等缺陷	目测
油漆	无遗漏、流淌、起皱	

5.4.2 维修后的模板完成单块质量验收后,还应按现行国家标准《组合钢模板技术规范》GB 50214 的有关规定进行组装验收,组装质量检验项目和要求及允许偏差应符合表5.4.2的要求。

表 5.4.2 组合钢模板组装质量检验项目和允许偏差

检验项目	允许偏差(mm)	检验方法
相邻模板拼缝间隙	≤2.0	塞尺
相邻模板组装高低差	≤2.0	2m靠尺、塞尺
组装模板整体平整度	≤3.0	2m靠尺、塞尺
组装模板长、宽尺寸累计误差	≤4.0	钢卷尺
组装模板对角线误差	≤7.0	钢卷尺

5.4.3 组合钢模板维修后的质量检验,应根据技术交底及维修量进行随机抽样检验。检验规则和方法应符合现行国家标准《组合钢模板技术规范》GB 50214 的有关规定。

5.4.4 组合钢模板符合下列条件之一时应报废:
1 质量缺陷程度超出本规范表 5.3.4 的要求、无法维修;
2 使用年限超过 10 年。

5.5 标识、包装、储存与运输

5.5.1 维修检验合格的模板包装可采用简易包装箱或同规格打捆包装。配件应分类装箱入袋。

5.5.2 维修检验合格的模板及配件应按规格分类码放。包装和码放时,两块钢模板工作面应相对。

5.5.3 模板宜放置在仓库内或敞棚内,模板底面应垫离地面100mm以上。露天码放时,场地应平整、坚实,并应采取排水措施,模板底面应垫离地面200mm以上。模板上下应码放整齐,并应采取防止产生变形、倒垛的措施。

5.5.4 运输时,模板应用简易集装,支撑件应捆扎,连接件应分类装箱,并应采取防止模板滑动的措施。

6 钢框胶合板模板

6.1 使用维护

6.1.1 钢框胶合板模板产品质量和使用,应符合现行行业标准《钢框胶合板模板技术规程》JGJ 96 的要求。

6.1.2 组装成大模板使用的钢框胶合板模板应进行配板设计。

6.1.3 钢框胶合板模板使用中应符合下列规定:
1 钢框胶合板模板适用于自然养护条件的混凝土工程。
2 不同材质、不同厚度的其他模板不宜与钢框胶合板模板混用;墙板结构在优先排列标准规格钢框胶合板模板后,剩余部分可采用木方胶合板补缺。
3 钢框胶合板模板使用中应避免碰撞。
4 钢框胶合板模板需另行开孔时,应对开孔进行防水处理,并应对原孔进行封堵。
5 钢框胶合板模板使用时面板应每次涂刷脱模剂,模板背面应每使用 3 次～5 次涂刷一次脱模剂。

6.1.4 钢框胶合板模板使用中,应符合下列要求,并应及时进行现场维护:
1 面板紧固螺钉松动后应及时紧固或更换。
2 采用卡具连接的钢框胶合板模板,卡具损坏、紧固失效时应及时更换。

6.1.5 模板使用中应及时清理面板及钢框污染的混凝土。

6.2 退场验收

6.2.1 承租方将使用完毕的模板上的残留混凝土清理干净,并应对外观质量进行检查和分类,同时应做好记录。检查内容应包括模板表面有无粘结物;钢框结构是否完好、有无明显变形;板面有无明显变形和破损;模板厂家、规格和数量等与租赁合同是否相符。检查合格后的租赁物,应按模板、配件及其规格不同分类码放。需修理和报废的租赁物,应另行分别码放。

6.2.2 钢框胶合板模板退场验收标准及检验工具与方法,应符合表 6.2.2 的规定。

表 6.2.2 钢框胶合板模板退场验收标准及检验工具与方法

检验项目	验收标准	检验工具与方法
模板外形和几何尺寸	应符合合同要求,面板无明显变形	卷尺、游标卡尺、目测
模板外观	表面粘结物按本规范第 3.2.7 条第 1、2 款验收,无破损	目测
钢框结构与焊接	结构完好,无明显开焊	目测
模板及配件	无损坏或丢失	目测
板面	无明显变形和破损	目测

6.2.3 租赁企业应对退场的钢框胶合板模板及配件进行检查验收,不符合验收标准时应按合同约定执行。不合格租赁物和报废的租赁物,应按本规范第 6.3 节和第 6.4 节的有关规定进行维修或报废。

6.3 维修与保养

6.3.1 模板维修前应对模板的质量现状进行全面检查,应确定维修项目,并应做出标识。对模板钢框和连接卡具进行报废判定。模板钢框结构损坏的维修方法应由设计确定。

6.3.2 检查后的模板应按品种、规格尺寸以及维修、报废的不同,分区存放,并应按现行行业标准《模板脚手架租赁企业等级划分规范》SB/T 10545 的有关规定做出分区标识。

6.3.3 检查后确认不需维修的钢框胶合板模板,应将表面的杂物清理干净,并应及时对钢框进行表面防锈处理。经过维修的钢框及配件应及时进行表面防锈处理。

6.3.4 钢框胶合板模板维修前应根据表 6.3.4 规定的缺陷程度确定相应的维修方法。

表 6.3.4 钢框胶合板模板的缺陷程度及维修方法

序号	项目	缺陷程度描述	维修方法
1	钢框外观	污染	应将表面的杂物清理干净
		锈蚀总面积<50%	可采用角磨机打磨方法,并应做好钢框的成品保护
2	钢框焊缝	焊缝开焊<30%	应按产品设计要求进行补焊
3	钢框主次肋	位移、变形、损坏 主肋断裂<30%	应按产品设计要求进行复位、整形或更换,其修复应在工装上进行
4	钢框边肋	通长变形,平直度不符合要求	边肋通长变形应用专用工装或锤击方法矫正;空腹钢框边肋通长平直度变形矫正后还应进行截面变形矫正
5	空腹钢框边肋	截面变形<50%	应更换边框
6	钢框整体翘曲	—	应在专用工装上采用千斤顶矫正,矫正后应开焊焊缝进行补焊
7	面板外观清洁度	有水泥浆等粘结物	可采用简易扁铲、角磨机打磨方法,不应采用剧凿方法
8	面板	面膜破坏	可采用将原面板翻用
		胶合分层	采取更换面板的修复方法
		孔洞	补孔或更换板
9	面板紧固螺钉	松动、失效	应紧固松动螺钉,更换失效螺钉
10	模板钢框外形几何尺寸	变形	人工调整

6.3.5 模板维修应符合下列规定：
 1 钢框胶合板模板维修应从钢框修复开始，并应在钢框变形、主次肋平面平整度调整合格后再进行面板更换。
 2 面板更换时，应保证面板规格、裁剪尺寸与钢框规格尺寸匹配；面板裁剪、钻孔等加工部位应进行防水处理。
 3 面板镶入钢框后，应保证面板与钢框螺钉紧固可靠，不损坏覆膜、钉帽与面板平齐，面板与钢框间铺装缝隙应做密封处理。
 4 空腹钢框胶合板模板连接卡具的维修方法，可根据其构造不同、损坏情况自行决定修复方法。
6.3.6 钢框结构损坏的补强做法应由设计确定，维修人员不应自行决定。

6.4 质量检验评定与报废

6.4.1 钢框胶合板模板检验规则和方法，应符合现行行业标准《钢框竹胶合板模板》JG/T 3059的要求。模板应在平台上进行检验，模板维修后质量检验项目和要求及允许偏差应符合表6.4.1的要求。

表 6.4.1 模板维修质量检验项目和要求及允许偏差及检验方法

检验项目	要求及允许偏差	检验方法
模板清理	干净、光洁	目测全数检查
钢框结构损坏补强、焊缝补焊	不允许有漏焊、夹渣、咬肉、气孔、裂纹、错位等缺陷	按设计要求全数检查
钢框主次肋位移	≤1.5mm	卷尺拉线检查
边肋平直度	≤2.0mm	2.0m靠尺、塞尺检查
连接孔中心距	≤±0.5mm	游标卡尺检查
面板与边肋间缝隙	≤1.5mm	塞尺检查
面板与边肋高低差	-1.5，-0.5	游标卡尺检查
面板与钢框连接	螺钉或铆钉应牢固可靠，沉头螺钉的平头应与面板平齐	螺丝刀抽检20%
模板长度	0，-1.5mm	钢尺检查
模板宽度	0，-1.0mm	
模板对角线差	≤2.0mm	
模板平整度	≤2.0mm	2.0m靠尺塞尺检查
油漆、防水处理	全面处理，无遗漏、流淌、起皱	目测

6.4.2 钢框胶合板模板维修后，应根据技术交底及维修量进行随机抽样检验。检验规则和方法应符合现行行业标准《钢框竹胶合板模板》JG/T 3059的规定。
6.4.3 钢框胶合板模板及配件存在下列情况之一时应报废：
 1 质量缺陷程度超出本规范表6.3.4的要求，无法维修。
 2 钢框使用年限超过10年。
 3 空腹钢框胶合板模板的连接卡具丧失锁紧功能。

6.5 标识、包装、储存与运输

6.5.1 同规格模板应成捆包装。平面模板包装时将两块模板的面板相对，并应将边肋牢固连接。每捆应有轻型钢托架和拉紧元件，托架应设置与车船装卸机具相应的吊孔。
6.5.2 模板宜存放在仓库内或敞棚内，模板底面应垫离地面100mm以上。露天码放时，场地应平整、坚实，并应采取排水措施，模板底面应垫离地面200mm以上。模板上下应码放整齐，并应采取防止产生变形、倒踩的措施。
6.5.3 模板运输时，应成捆装卸，并应采取防雨防水措施。必要时可采用集装箱。

7 碗扣式钢管脚手架构件

7.1 使用维护

7.1.1 碗扣式钢管脚手架用钢管、上碗扣、下碗扣、横杆接头、斜杆接头的规格、材质、质量，应符合国家现行标准《碗扣式钢管脚手架构件》GB 24911和《建筑施工碗扣式钢管脚手架安全技术规范》JGJ 166的规定。
7.1.2 碗扣式钢管脚手架的使用应符合现行行业标准《建筑施工碗扣式钢管脚手架安全技术规范》JGJ 166及专项设计方案的规定。碗扣式钢管脚手架用于支撑体系时，在一个单体脚手架工程中宜采用同一厂家产品进行搭设。
7.1.3 碗扣式钢管脚手架设置地基应坚实平整。在使用过程中，应定期检查架体上的杆件、上碗扣、下碗扣、横杆接头、斜杆接头等质量，发现问题时应及时处理解决。
7.1.4 每次使用后应及时清除构件表面的粘结物，应做好防锈等维护保养，宜按不同厂家、不同品种、不同规格分别码放。

7.2 退场验收

7.2.1 承租方应对使用完毕的租赁物质量进行检查和分类，并应做好记录。检查内容应包括杆配件是否完好、有无明显变形和破损、杆配件表面有无粘结物，以及租赁物的厂家标志、规格和数量有无变化等。经检查合格的租赁物，应按不同品种及其规格进行分类码放。需修理和报废的租赁物，应另行分区码放。
7.2.2 碗扣式钢管脚手架退场验收标准及检验工具与方法，应符合表7.2.2的规定。

表 7.2.2 碗扣式钢管脚手架退场验收标准及检验工具与方法

检验项目		验收标准	检验工具与方法
杆件尺寸		长度、外径、壁厚等应符合合同要求；杆件无明显弯曲，无死弯	卷尺、游标卡尺、目测
杆件及碗扣件完整性	横杆头	无丢失、开焊	目测
	外套管、内插管	无丢失、开裂、变形	
	横、竖挡销	无丢失	
	上碗扣	无变形和开裂	
	下碗扣	无变形、开裂和开焊	
杆件外观清洁		杆配件表面清洁，无粘结物	
标识		字迹、图案清晰完整、准确	

7.2.3 租赁企业应对退场的碗扣式钢管脚手架进行检查验收。不符合验收标准时应按合同约定执行。不合格和报废的钢管、扣件，应按本规范第7.3节和第7.4节的有关规定进行维修或报废。

7.3 维修与保养

7.3.1 碗扣式钢管脚手架构件在退场后，应首先由质检人员对退场的杆配件和材料进行检验，并应根据租赁物质量及变形、损坏程度，作出保养、维修或改制的判定，同时进行登记记录。
7.3.2 检查后的杆配件和材料应按品种、规格尺寸、保养、维修与改制的不同，分区存放，并应按现行行业标准《模板脚手架租赁企业等级划分规范》SB/T 10545的规定进行分区标识。
7.3.3 检查后确认不需维修、改制、更换的碗扣式钢管脚手架构件，应将表面的杂物清理干净，再进行刷漆等处理。经过维修、改制、更换零件的碗扣式钢管脚手架构件，应进行刷漆等防锈处理。
7.3.4 碗扣式钢管脚手架构件维修前应根据表7.3.4规定的缺陷程度确定相应的维修及改制方法。

表 7.3.4 碗扣式钢管脚手架构件缺陷程度和维修及改制方法

项目	缺陷程度描述	维修方法	改制
外观	杆件有裂纹，或有孔洞，或锈蚀严重	—	将有裂纹、孔洞、锈蚀严重部分切割掉，改制成小规格构件
杆件直线度	偏差≤5L/1000	利用调直机械矫正调直，应根据杆件长度和损坏程度，进行矫正调直	—
	偏差>5L/1000	—	将弯曲部分切割掉，改制成小规格构件
立杆杆件端面对轴线垂直度	偏差≤1mm	在专用工装上切割或打磨，矫正	—
	偏差>1mm	—	将弯曲部分切割掉，改制成小规格构件
立杆端头孔径变形	轻微变形	用专用扩孔工装矫正修复	—
	明显变形出现扁头	—	将扁头部分切割掉，改制成小规格构件
下碗扣内圆锥与立杆同轴度	偏差≤ϕ2mm	在专用工装上矫正	—
	偏差>ϕ2mm	—	将不能矫正的下碗扣和立杆部分切割掉，改制成小规格构件
横杆两接头弧面平行度	偏差>1.00mm	割开后，在专用工装上重新焊接	—
焊缝开裂	焊缝开裂	应全部补焊	—
横、竖挡销	缺失	补焊	—

注：L为钢管的长度。

7.4 质量检验评定与报废

7.4.1 维修后的碗扣式钢管脚手架构件的质量检查与验收，应符合国家现行标准《碗扣式钢管脚手架构件》GB 24911 和《建筑施工碗扣式钢管脚手架安全技术规范》JGJ 166 的相关规定。其主要检验项目和要求及允许偏差应符合表 7.4.1 的规定。

表 7.4.1 碗扣式钢管脚手架构件维修后检查项目和要求及允许偏差

检验项目		要求及允许偏差	检验方法
钢管壁厚		壁厚≥3.0mm	卡尺
立杆	杆件长度	900mm±0.7mm	钢卷尺
		1200mm±0.85mm	
		1800mm±1.15mm	
		2400mm±1.4mm	
		3000mm±1.65mm	
	钢管直线度	偏差≤1.5L/1000	专用量具
	杆件端面对轴线垂直度	偏差≤0.3	角尺（端面150mm范围内）
	下碗扣内圆锥与立杆同轴度	偏差≤ϕ0.5	专用量具
	碗扣节点间距	600mm±0.50mm	
横杆	杆件长度	300mm±0.40mm	钢卷尺
		600mm±0.50mm	
		900mm±0.70mm	
		1200mm±0.80mm	
		1500mm±0.95mm	
		1800mm±1.15mm	
		2400mm±1.40mm	
	横杆两接头弧面平行度	偏差≤1.00mm	专用量具
焊接	下碗扣与立杆焊缝高度	4mm±0.5mm，无表面缺陷	焊接检验尺
	下套管与立杆焊缝高度	4mm±0.5mm，无表面缺陷	
	横杆接头与杆件焊缝高度	≥3.5mm，无表面缺陷	

注：L为钢管的长度。

7.4.2 维修后的碗扣式钢管脚手架构件质量检验，应根据技术交底及维修量进行随机抽样检验，检验规则和方法应符合现行国家标准《碗扣式钢管脚手架构件》GB 24911 的规定。

7.4.3 维修后的碗扣式钢管脚手架构件检测，应符合下列规定：

   1 对杆件的直线度的检测，应用靠尺贴近钢管，并应选择最大缝隙处用钢板尺测量。

   2 对横杆两端头弧面平行度的检测，应用塞尺测量放在专用测量工装上的横杆头与工装之间的最大间隙。

   3 外观的检测，应采用目视法检查所有部位的锈蚀、麻坑和粘附灰浆的清除情况。

   4 焊缝和焊点开焊的检测，应采用目视法检查所有焊缝和焊点开焊的补焊情况。

   5 防锈油漆的外观检测，应采用目视法检查所有部位防锈漆的完好程度和防锈油的涂刷情况。

7.4.4 碗扣式钢管脚手架构件存在下列条件之一时应报废：

   1 质量缺陷程度超出本规范表 7.3.4 的要求，无法维修和改制。

   2 立杆中间的上碗扣有丢损。

   3 下碗扣压扁变形。

   4 油漆表面处理钢管构件使用年限，沿海地区和南方潮湿地区超过 8 年，其他地区超过 15 年。

   5 热镀锌表面处理钢管构件使用年限，沿海地区和南方潮湿地区超过 20 年，其他地区超过 25 年。

8 扣件式钢管脚手架构件

8.1 使用维护

8.1.1 扣件式钢管脚手架的钢管质量和使用，应符合国家现行标准《建筑施工扣件式钢管脚手架安全技术规范》JGJ 130 和《建筑脚手架用焊接钢管》YB/T 4202 的有关规定。扣件质量应符合现行国家标准《钢管脚手架扣件》GB 15831 或《钢板冲压扣件》GB 24910 的有关规定。

8.1.2 使用的扣件应有制造企业出具的生产许可证、产品质量合格证，以及具有有资质的检验机构出具的质量检验报告。

8.1.3 扣件式钢管脚手架的使用，应符合现行行业标准《建筑施工扣件式钢管脚手架安全技术规范》JGJ 130 的有关规定。

8.1.4 扣件式钢管脚手架宜采用同一标准的扣件进行搭设。

8.1.5 扣件式钢管脚手架应定期检查架体上的构配件，发现问题时应及时处理。

钢管表面应无深度锈蚀和明显弯曲变形，应适时进行防锈处理，钢管表面锈蚀深度应符合现行行业标准《建筑施工扣件式钢管脚手架安全技术规范》JGJ 130 的有关规定，当锈蚀深度超过规定值时不得使用。

扣件外观质量应无裂缝、变形，螺栓应无滑丝，垫片应配置齐全；应适时进行防锈处理，扣件有裂缝、变形时不应使用，出现滑丝的螺栓应更换，垫片缺失时应及时补充。

8.1.6 使用后应及时清除扣件式钢管脚手架构件表面的附着物，应做好防锈等维护保养，并应按不同品种、不同规格分别码放。

8.2 退场验收

8.2.1 承租方应对使用完毕的钢管、扣件外观质量进行检查和分类，并做好记录。检查内容应包括钢管表面有无粘结物、有无明显变形和破损、扣件表面有无粘结物、组件是否齐全、有无变形和裂缝等，以及钢管和扣件的规格和数量与租赁合同是否相符等。经检查合格的租赁物，应按钢管、扣件及其规格不同进行分类码放。需修理和报废的钢管、扣件,应另行分别码放。

8.2.2 钢管退场验收标准及检验工具与方法应符合表8.2.2-1的规定。扣件退场验收标准及检验方法应符合表8.2.2-2的规定。

表8.2.2-1 钢管退场验收标准及检验工具与方法

检验项目	验收标准	检验工具与方法
钢管规格尺寸	长度、外径、壁厚应符合合同要求	卷尺、游标卡尺
钢管弯曲	钢管没有明显弯曲	直尺、目测
钢管焊缝	无开焊、无裂缝	目测
外观清洁	表面清洁,无焊接其他异物	目测
下凹、孔洞、划道	表面凹度<3mm(非急弯或直后造成),无孔洞,无造成壁厚小于3.0mm的划道	直尺、专用工具
产品标识	字迹、图案清晰完整、准确	目测

表8.2.2-2 扣件退场验收标准及检验方法

检验项目	验收标准	检验方法
外观	表面清洁,且无其他异物附着,扣件各部位无明显变形和裂纹	目测
组件	盖板、T形螺栓、螺母、垫圈、铆钉没有缺损	目测
活动部位	转动灵活	手动
产品标识	字迹、图案清晰完整、准确	目测

8.2.3 租赁企业应对退场的钢管、扣件进行检查验收。不符合验收标准时应按合同约定执行。不合格和报废的钢管、扣件,应按本规范第8.3节和第8.4节的有关规定进行维修或报废。

8.3 维修与保养

8.3.1 钢管、扣件在退场后,应由质检人员对退回的钢管、扣件进行检验,并应根据租赁物质量及变形、损坏程度,做出保养、维修与改制的判定,同时应进行登记记录。

8.3.2 经过检查的钢管、扣件,应按品种、规格尺寸、保养、维修与改制的不同,分区存放,并应按现行行业标准《模板脚手架租赁企业等级划分规范》SB/T 10545 的规定做出分区标识。

8.3.3 检查后确认不需维修、改制、更换的钢管、扣件,应将表面的杂物清理干净,再进行刷漆、上油保养等处理。经过维修、改制的钢管和经过维修、更换零件的扣件,应进行刷漆、镀锌等防锈处理。

8.3.4 钢管维修前应根据表8.3.4-1规定的缺陷程度确定相应的维修及改制方法。扣件维修前应根据表8.3.4-2规定的缺陷程度确定相应的维修及更换方法。

表8.3.4-1 扣件式钢管缺陷程度和维修及改制方法

项目	缺陷程度描述	维修方法	改制
外观	杆件非焊缝部位有裂纹,或有孔洞	—	将裂纹、孔洞部分切割掉,改制成小规格的杆件
钢管外表面锈蚀深度	>0.18mm	—	将锈蚀部分切割掉,改制成小规格的杆件
焊缝	有轻微开焊,开焊长度在50mm以内,位置距管端200mm以外,且每根钢管开焊不多于3处	全长补焊并修磨与原始轮廓圆滑过渡	—
	开焊,开焊长度在50mm以内距钢管端200mm以内	—	将开焊部分切割掉,改制成小规格的杆件
钢管两端面切斜偏差	偏差>1.70mm	在专用工装上切割并打磨,矫正	—

续表8.3.4-1

项目	缺陷程度描述	维修方法	改制
钢管两端	轻微变形	用专用扩孔工装矫正修复	—
	存在扁头、墩头	—	将扁头、墩头部分切割掉,改制成小规格的杆件
钢管表面	砸扁、压扁、凹陷部分的最大外径与最小外径的差小于或等于3mm	在专用扩口工装上,矫正修复	—
	砸扁、压扁、凹陷部分的最大外径与最小外径的差大于3mm	—	将凹扁部分切割掉,改制成小规格的杆件
钢管的端头弯曲偏差 $l \leq 1.5m$	5mm<偏差≤10mm	应根据杆件长度及损坏程度,利用调直机械进行校正调直	—
	偏差>10mm	—	应将弯曲部分切割掉,改制成小规格的杆件
钢管弯曲(L为钢管长度) 3m<L≤4m	12mm<偏差≤20mm	应根据杆件长度及损坏程度,利用调直机械进行校正调直	—
	偏差>20mm	—	改制成小规格的杆件
4m<L≤6.5m	20mm<偏差≤40mm	应根据杆件长度及损坏程度,利用调直机械进行校正调直	—
	偏差>40mm	—	改制成小规格的杆件

注:L为钢管的长度,l为钢管的端面弯曲长度。

表8.3.4-2 扣件缺陷程度和维修及更换方法

序号	项目	缺陷程度描述	维修及更换方法
1	组件	盖板、T形螺栓、螺母、垫圈、铆钉部分丢失或损坏	应补充或更换符合标准的盖板、T形螺栓、螺母、垫圈、铆钉
2	扣件表面黏砂面积	>150mm²	应将表面的杂物清理干净
3	活动部件	转动不灵活,有阻碍	检查并清理异物堵塞,对活动部位加油保养
4	扣件与钢管接触部位	有氧化皮、黏砂	应使用专用工具如钢丝刷打磨,清除氧化皮、黏砂
5	扣件其他部位氧化皮	面积累计大于150mm²	应使用专用工具如钢丝刷打磨,清除氧化皮
6	扣件盖板	轻微变形	进行人工矫正修复,重点检查保证盖板应无裂纹、转动灵活,与钢管贴合面紧密接触

8.4 质量检验评定与报废

8.4.1 维修后的钢管质量检查与验收方法,应符合现行行业标准《建筑施工扣件式钢管脚手架安全技术规范》JGJ 130 的规定。维修后的扣件质量检查与验收方法,应符合现行国家标准《钢管脚手架扣件》GB 15831 或《钢板冲压扣件》GB 24910 的规定。钢管维修质量要求及允许偏差与检验方法,应符合表8.4.1-1的要求。扣件维修质量检验项目和要求及允许偏差,应符合表8.4.1-2的要求。

表 8.4.1-1 钢管维修质量检验项目和要求及允许偏差

检验项目	要求及允许偏差	检验方法与工具
外观	钢管表面清洁、平直光滑,不应有裂缝、结疤、分层、错位、深的划道和孔洞,端头无闷塞	目测、游标卡尺
钢管的尺寸	外径48.3mm,允许偏差±0.5mm 壁厚3.0mm,不允许负偏差 定尺长度±5mm	游标卡尺、钢卷尺
钢管两端面切斜偏差	≤1.70mm	塞尺、拐角尺
钢管外表面锈蚀程度	≤0.18mm	游标卡尺
各种杆件钢管的端头弯曲	l≤1.5m,允许偏差≤5mm	拉线、钢板尺
钢管弯曲	3m<L≤4m,允许偏差≤12mm 4m<L≤6.5m,允许偏差≤20mm L>6.5m,允许偏差≤30mm	拉线、钢板尺
压痕及磕伤程度	平面凹度<3mm(非急弯取直所致)	外径千分尺或专用工具
标识	清晰、准确	目测

注:L 为钢管的长度,l 为钢管的端面弯曲长度。

表 8.4.1-2 扣件维修质量要求及允许偏差与检验方法

检验项目	要求及允许误差	检验方法与工具
外观	表面清洁,且无其他异物附着,主要部位不应有疏松、夹渣、气孔等铸造缺陷,大于10mm²沙眼不允许超过3处,累计面积不应大于50mm²;各部位不得有裂纹	目测
组件及扭力矩试验	盖板、T形螺栓、螺母、垫圈、铆钉等配件齐全,与钢管接合面应紧密接触;经过65Nm扭力矩试压,各部位不应有裂痕	目测、扭力扳手
扣件表面黏砂面积	≤150mm²	目测、钢卷尺
表面凸(或凹)的高(或深)	≤1mm	专用验具
氧化皮	扣件与钢管接触部位不应有氧化皮,其他部位氧化皮面积≤150 mm²	目测、钢卷尺
铆接	铆接处牢固,不应有裂纹	目测
旋转扣件两旋转面间隙	<1mm	塞尺
标识	产品型号、商标、生产年号应醒目,字迹、图案清晰、完整	目测

8.4.2 维修后扣件质量应符合下列要求:
　　1 各部位严禁有裂纹。
　　2 T形螺栓长度应为72mm±0.5mm;螺母对边宽度应为22mm±0.5mm;螺母厚度应为14mm±0.5mm。
　　3 铆钉直径应为8mm±0.5mm;铆接头应大于铆孔直径1mm。
　　4 旋转扣件中心铆钉直径应为14mm±0.5mm。
　　5 盖板和座的张开距离应大于或等于50mm,当钢管公称外径为51mm时,盖板与座的张开距离应大于或等于55mm。

8.4.3 钢管、扣件维修后的质量检验应根据技术交底及维修量随机抽样检验。检验规则和方法应符合现行国家标准《钢管脚手架扣件》GB 15831 的规定。

8.4.4 钢管、扣件检验方法应符合下列要求:
　　1 对钢管的直线度的检测,应在钢管弯曲一侧,用施工线拉紧贴近钢管两端外表面,并应选择最大缝隙处用钢板尺测量。
　　2 外观的检测,应采用目测检查所有部位的锈蚀、锈坑和粘附灰浆的清除情况。
　　3 防锈油漆的外观检测,应采用目测检查所有部位防锈漆的完好程度和防锈油的涂刷情况。
　　4 扣件的表面变形误差,应用专用验具测量。
　　5 旋转扣件两旋转面间隙应用两把塞尺从相对两侧面进行测量。

8.4.5 钢管存在下列情况之一时应报废:
　　1 质量缺陷超出本规范表8.3.4-1的要求,无法维修和改制。
　　2 壁厚小于3.0mm。
　　3 表面锈蚀深度大于0.18mm。
　　4 严重弯曲,产生凹陷。
　　5 表面焊有异物影响设计承载性能。
　　6 油漆表面处理钢管使用年限,沿海地区和南方潮湿地区超过8年,其他地区超过15年。
　　7 热镀锌表面处理钢管使用年限,沿海地区和南方潮湿地区超过20年,其他地区超过25年。

8.4.6 扣件存在下列情况之一时应报废:
　　1 质量缺陷程度超出本规范表8.3.4-2的要求,无法维修和更换。
　　2 不符合本规范第8.4.2条要求。
　　3 扣件盖板严重变形。
　　4 "T"形丝穿孔磨损严重致"T"形丝横端头存在穿透现象。
　　5 旋转扣件两旋转面间隙大于1mm。
　　6 对接扣件连接杆有弯曲变形、裂纹、断裂。
　　7 铸造扣件中的直角扣件质量小于1.1kg,旋转扣件质量小于1.15kg,对接扣件小于1.25kg。
　　8 铸造扣件使用年限超过12年。
　　9 锻造扣件使用年限超过15年。
　　10 普通钢板冲压扣件使用年限,沿海地区和南方潮湿地区超过8年,其他地区超过10年。
　　11 热镀锌钢板冲压扣件使用年限,沿海地区和南方潮湿地区超过20年,其他地区超过25年。

9 承插型盘扣式钢管脚手架构件

9.1 使用维护

9.1.1 承插型盘扣式钢管脚手架构件的规格、材质和质量,应符合现行行业标准《建筑施工承插型盘扣式钢管支架安全技术规程》JGJ 231 的有关规定。

9.1.2 承插型盘扣式钢管脚手架的使用,应符合现行行业标准《建筑施工承插型盘扣式钢管支架安全技术规程》JGJ 231 的有关规定。

9.1.3 承插型盘扣式钢管脚手架在使用过程中,应定期检查架体上的立杆、水平杆、水平斜杆、竖向斜杆及附件等质量,发现问题时应及时处理解决。

9.1.4 承插型盘扣式钢管脚手架在使用中,应及时清除表面粘结物,并应做好维修保养,同时应按厂家、品种、规格分别码放。

9.1.5 承插型盘扣式钢管脚手架用于支撑体系时,在一个单体脚手架工程中宜采用同一厂家产品进行搭设,不应混用。与扣件式钢管脚手架混合使用时,应符合现行行业标准《建筑施工扣件式钢管脚手架安全技术规范》JGJ 130 和《建筑施工承插型盘扣式钢管支架安全技术规程》JGJ 231 的规定。

9.2 退场验收

9.2.1 承租方对使用完毕的承插型盘扣式钢管脚手架构件外观质量进行检查和分类,并应做好记录。检查内容应包括杆配件是否完好、有无明显变形和破损、立杆两端钢管有无变型、杆配件表面有无粘结物,以及租赁物的厂家标志、规格和数量与租赁合同是否相符等。经检查合格的构件,应按立杆、水平杆、斜杆及其规格不同进行分类码放。需修理和报废的构件,应另行分别码放。

9.2.2 承插型盘扣式钢管脚手架退场验收标准及检验工具与方法,应符合表9.2.2的规定。

表9.2.2 承插型盘扣式钢管脚手架退场验收标准及检验工具与方法

检验项目	验收标准	检验工具与方法
杆件尺寸	符合合同要求	卷尺、游标卡尺
杆件弯曲	杆件无明显弯曲,无死弯	目测
连接盘	无变形,无损坏	目测
水平杆和承插接头	完整,承插接头无缺损、变形	目测
斜杆和承插接头	完整,无变形	目测
杆件外观清洁	杆配件表面清洁,无粘结物	目测
标识	字迹、图案清晰完整、准确	目测

9.2.3 租赁企业应对归还的立杆、水平杆、斜杆等构件等进行检查验收。不符合验收标准时应按合同约定执行。不合格和报废的租赁物,应按本规范第9.3节和第9.4节的有关规定进行维修或报废。

9.3 维修与保养

9.3.1 承插型盘扣式钢管脚手架在退场后,应由质检人员对退回的杆配件和材料进行检验,并应根据租赁物质量及变形、损坏程度,作出保养、维修、报废判定,同时应进行登记记录。

9.3.2 经过检查的杆配件和材料应按品种、规格尺寸、维修、改制的不同,分区存放,并应按照现行行业标准《模板脚手架租赁企业等级划分规范》SB/T 10545的规定做出分区标识。

9.3.3 检查后确认不需维修、改制的承插型盘扣式钢管脚手架构件,应使用钢丝刷等工具将表面的杂物清理干净,再进行刷漆、镀锌等处理。经过维修、改制的承插型盘扣式钢管脚手架构件,应进行刷漆、镀锌等防锈处理。

9.3.4 承插型盘扣式钢管脚手架维修前,应根据表9.3.4规定的缺陷程度确定相应的维修和改制方法。

表9.3.4 承插型盘扣式钢管脚手架构件缺陷程度和维修及改制方法

项目	缺陷程度描述	维修方法	改制
外观	杆件有裂纹	—	将有裂纹部分切割掉,改制成小规格构件
钢管表面	砸扁、压扁、凹扁部分的最大外径与最小外径的差小于或等于3mm	在专用扩口工装上矫正修复	
	砸扁、压扁、凹扁部分的最大外径与最小外径的差大于3mm		将凹扁部分切割掉,改制成小规格构件
立杆杆件直线度	偏差≤5L/1000	应根据杆件长度及损坏程度,利用调直机械进行校正调直	
	偏差>5L/1000		将弯曲部分切割掉,改制成小规格构件
立杆端头孔径变形	轻微变形	用专用扩孔工装校正修复	
	明显变形,出现扁头		将扁头部分切割掉,改制成小规格构件
连接盘	小于3mm变形	矫正	
	与钢管外表面的垂直度偏差小于3mm	矫正	
杆件插销	变形或丢失	应更换	
杆件焊接	焊缝开裂	—	将开裂部分切割掉,改制成小规格构件
镀锌层	脱落或锈蚀	除锈、镀锌	

注:L为钢管的长度。

9.4 质量检验评定与报废

9.4.1 维修后的承插型盘扣式钢管脚手架构件的质量检查与验收,应符合现行行业标准《建筑施工承插型盘扣式钢管支架安全技术规程》JGJ 231的相关规定。主要检验项目和要求及允许偏差应符合表9.4.1的要求。

表9.4.1 承插型盘扣式钢管脚手架构件维修后质量检验项目和要求及允许偏差

检验项目		要求及允许偏差	检验方法
立杆	杆件长度	±0.7mm	钢卷尺
	杆件直线度	≤L/1000	专用量具
	杆端面对轴线垂直度	≤0.3mm	角尺
	外套管插入长度	铸管套管不应小于75mm,无缝钢管不应小于110mm	钢卷尺
水平杆和水平斜杆	杆件长度	±0.5mm	
	接头插口与水平杆平行度	≤1.0mm	专用量具
	杆件直线度	≤L/500	平尺、塞尺
连接盘	垂直度	≤1mm	角尺
标识		产品型号、商标、生产年号应醒目,字迹、图案应清晰完整	目测

注:L为钢管的长度。

9.4.2 维修后的承插型盘扣式钢管脚手构件质量检验,应根据技术交底及维修量随机抽样检验。检验规则和方法应符合现行国家标准《碗扣式钢管脚手架构件》GB 24911的规定。

9.4.3 维修后的承插型盘扣式钢管脚手架检测,应符合下列规定:

 1 对杆件的直线度的检测,应用靠尺贴近钢管,选择最大缝隙处用钢板尺测量。

 2 对立杆连接盘间距的检测,应用平尺测量相邻下插扣边缘的尺寸差,并应取最大值。

 3 对杆件端面垂直度的检测,应用塞尺测量放在专用测量工装上的横杆头与工装之间的最大间隙。

 4 连接盘与立杆垂直度的检测,应使用专用量具进行检测。

 5 外观的检测,应采用目视法检查所有部位的锈蚀、锈坑和粘附灰浆的清除情况。

 6 焊缝和焊点开焊的检测,应采用目视法检查所有焊缝和焊点开焊的补焊情况。

 7 防锈油漆的外观检测,应采用目视法检查所有部位防锈漆的完好程度和防锈油的涂刷情况。

9.4.4 承插型盘扣式钢管脚手架存在下列情况之一时应报废:

 1 质量缺陷程度超出本规范表9.3.4的要求,无法维修和改制。

 2 钢管出现孔洞、开裂变形。

 3 杆件弯曲变形产生凹陷。

 4 连接盘有丢损。

 5 连接盘有超过3mm变形的杆件。

 6 连接盘与钢管外表面的垂直度偏差大于3mm。

 7 立杆壁厚小于3.05mm,横杆壁厚小于2.35mm;斜杆小于2.15mm。

 8 热镀锌表面处理构件使用年限,沿海地区和南方潮湿地区超过20年,其他地区超过25年。

10 门式钢管脚手架构配件

10.1 使用维护

10.1.1 门式钢管脚手架质量和使用,应符合现行行业标准《门式钢管脚手架》JG 13 和《建筑施工门式钢管脚手架安全技术规范》JGJ 128 的规定。使用的构配件应由制造企业出具的产品质量合格证,以及具有资质的检验机构出具的质量检验报告。

10.1.2 对进场使用的门架和构配件应按规定的要求进行检查验收,不符合质量要求的门架和构配件不应使用。

10.1.3 门式钢管脚手架的使用,应符合现行行业标准《建筑施工门式钢管脚手架安全技术规范》JGJ 128 的有关规定。

10.1.4 型号、规格不配套的门架和构配件不得在同一架体混合使用。

10.1.5 门式钢管脚手架在使用过程中,应定期检查架体构配件。对损伤变形的门架和构配件应进行更换或维修,不便更换或维修时应采取临时加固措施。

10.1.6 门架和构配件使用后应及时清除表面粘结物,并应做好防锈等维护保养。

10.2 退场验收

10.2.1 承租方应对使用完毕的门架和构配件外观质量进行检查和分类,并应做好记录。检查内容包括构配件是否齐全完好、外观是否清洁、焊接是否完好、外观尺寸以及租赁物标识与品种、数量与租赁合同是否相符等。经检查合格的租赁物,应按门架、配件及其类别不同进行分类码放。需修理和报废的门架和构配件,应另行分别码放。

10.2.2 门式钢管脚手架退场验收标准及检验方法应符合表 10.2.2 的规定。

表 10.2.2 门式钢管脚手架退场验收标准及检验方法

项目	验收标准	检验方法
门架和构配件	门架和构配件齐全,无损坏缺失,基本尺寸无变化	目测
表面清洁	表面清洁,无粘结物	
外观	外表平整光滑,管件无硬弯及凹坑	
表面锈蚀	门架和构配件镀锌层、油漆膜面基本完好,无明显锈蚀	
焊缝	焊缝无裂纹	
锁扣、锁孔和锁柱	无损坏变形	
产品标识	字迹、图案清晰完整、准确	

10.2.3 租赁企业应对归还的门架和构配件进行检查验收。不符合验收标准时应按合同约定执行。不符合标准和报废租赁物应按照本规范第 10.3 节和第 10.4 节规定进行维修或报废。

10.3 维修与保养

10.3.1 门式钢管脚手架退场后,应对退回的门架和构配件进行检验,并应根据租赁物质量及变形、损坏程度,作出保养、维修的判定,同时应进行记录。

10.3.2 检查后的门架和构配件应按品种、规格尺寸、保养、维修的不同,分区存放,并应按照现行行业标准《模板脚手架租赁企业等级划分规范》SB/T 10545 的规定做出分区标识。

10.3.3 检查后确认不需要维修、更换零件的门架和构配件,应将表面的杂物清理干净,再进行刷漆等处理。经过维修、更换零件的门架和构配件,应进行刷漆等防锈处理。

10.3.4 门式钢管脚手架构件维修前应根据表 10.3.4 规定的各项目的缺陷程度确定相应的维修方法。

表 10.3.4 门式钢管脚手架构件缺陷程度和维修方法

部位及项目		缺陷程度描述	维修方法
门架	整体变形、翘曲	有变形、翘曲	应采用矫直机或机械模具矫正其垂直度和平面度,严禁用大锤敲打
立杆	弯曲(门架平面外)	≤8mm且无明显死弯	校正调直
	下凹	<4mm	平整矫圆
	端面不平整	≤0.3mm	脚手架管口变形或卷边宜采用特制扩管器修复,并用锉刀清除锐边和毛刺
	锁销损坏	损伤或脱落	更换部件并焊接
	锈蚀	深度≤0.3mm	应将锈蚀部位打磨掉浮锈,露出金属本色后浸涂一遍防锈漆和一遍面漆,宜采用浸漆方式
	下部堵塞	堵塞严重	清理并矫圆
横杆和加强杆	弯曲	有弯曲,但无明显死弯	校正调直
	下凹	≤3mm	平整矫圆
	锈蚀	深度≤0.3mm	应将锈蚀部位打磨掉浮锈,露出金属本色后浸涂一遍防锈漆和一遍面漆,宜采用浸漆方式
脚手板	整体变形、翘曲	有变形、翘曲	应采用矫直机或机械模具矫正其垂直度和平面度
	裂纹	轻微	焊接
	下凹	有轻微下凹	矫正
	锈蚀	深度≤0.2mm	应将锈蚀部位打磨掉浮锈,露出金属本色后浸涂一遍防锈漆和一遍面漆,宜采用浸漆方式
脚手板的搭钩零件	铆钉损坏	损伤、脱落	更换部件
	变形	有轻微弯曲或凹陷	矫正或更换部件
	锁扣损坏	脱落、损伤	更换部件
	锈蚀	深度≤0.2mm	应将锈蚀部位打磨掉浮锈,露出金属本色后浸涂一遍防锈漆和一遍面漆,宜采用浸漆方式
交叉支撑	弯曲	>3mm	校正调直
	端部孔周裂纹	轻微	锉刀清除锐边和毛刺
	下凹	有轻微下凹	矫正
	中部铆钉脱落	有脱落	补充铆钉
	锈蚀	有锈蚀	应将锈蚀部位打磨掉浮锈,露出金属本色后浸涂一遍防锈漆和一遍面漆,宜采用浸漆方式
连接棒	弯曲	有弯曲,但无明显死弯	校正调直
	锈蚀	深度≤0.2mm	应将锈蚀部位打磨掉浮锈,露出金属本色后浸涂一遍防锈漆和一遍面漆,宜采用浸漆方式
	套环脱落	有脱落或丢失	更换补充并焊接
	套环倾斜	≤1.0mm	矫正并焊接
其他	焊接脱落	轻微缺陷	对焊缝开裂部位补焊修复,所采用的焊条型号与构配件钢材型号对应
	杆件焊缝	焊缝开焊	对焊缝开裂部位补焊修复,所采用的焊条型号与构配件钢材型号应对应,宜采用气体保护焊进行焊接

10.3.5 门式钢管脚手架的杆件不得拼接。

10.4 质量检验评定与报废

10.4.1 维修后的门架与配件质量检查与验收,应符合现行行业标准《门式钢管脚手架》JG 13 和《建筑施工门式钢管脚手架安全技术规范》JGJ 128 的规定。维修质量检验项目和要求及允许偏差应符合表 10.4.1 的规定。

表 10.4.1 门式钢管脚手架维修质量检验项目和要求及允许偏差

序号	名称	项目	要求及允许偏差(mm)	检测工具与方法
1	门架	高度 h	±1.5	钢尺
		宽度 b(封闭端)	±1.5	
		对角线差	3.5	
		平面度	6.0	平台塞尺
		立杆相交轴线差	±2.0	钢尺
		锁销与立杆轴线垂直度	±1.5	直尺、靠尺
		锁销与立杆轴线偏移度	±1.5	
		立杆弯曲(门架平面外)	≤4	
		杆件裂纹	无	目测
		杆件下凹	无	
		立杆壁厚	2.5±0.3	游标卡尺
		杆件锈蚀	无或轻微	
2	脚手板	外观	无裂纹、无或轻微下凹、无或轻微锈蚀	目测
		面板厚	≥1.0	游标卡尺
		搭钩零件	无变形和锈蚀、铆钉和锁扣无损坏	目测
3	交叉支撑	两孔中间距离 l	±2.0	直尺
		孔中心至销钉距离	±2.0	
		孔与钢管轴线	±1.5	
4	底座、托座	螺杆弯曲	无	直尺、靠尺
		锈蚀	无或轻微	游标卡尺
		螺牙缺损	无	目测
		手柄断裂	无	
		螺杆转动困难	无	
5	连接棒	弯曲	无或轻微	平台、塞尺
		锈蚀	无或轻微	游标卡尺、目测
		套环松脱	无	目测

10.4.2 维修后的门架与配件应根据技术交底及维修量随机抽样检验。检验规则和方法应符合现行行业标准《门式钢管脚手架》JG 13 的规定。

10.4.3 维修后的门架与配件检测项目及方法应符合下列要求:
　1 门架和构配件的检验,应采取目测对比和钢卷尺检测的方法进行。
　2 门式钢管脚手架垂直度和平面度的检测,应将修复后的门式钢管脚手架置于水平板面上,检测其翘曲和弯曲度,应用钢卷尺检测其与水平板的间隙数值,并应用钢卷尺检测其对角线的误差。
　3 门架和构配件锈蚀深度的检验,应按 100:1 抽取样品,在每个样品锈蚀严重部位应采用横向截断取样检测。

10.4.4 门架和构配件存在下列情况之一时应报废:
　1 质量缺陷程度超出本规范表 10.3.4 的要求,无法维修。
　2 涂防锈漆和冷电镀的门架与配件使用年限,沿海地区和南方潮湿地区超过 8 年,其他地区超过 10 年。
　3 热镀锌的门架与配件使用年限,沿海地区和南方潮湿地区超过 20 年,其他地区超过 25 年。

11 钢管脚手架配件

11.1 使用维护

11.1.1 钢管脚手架配件的规格、材质及质量,应符合现行行业标准《建筑施工碗扣式钢管脚手架安全技术规范》JGJ 166、《建筑施工扣件式钢管脚手架安全技术规范》JGJ 130、《建筑施工承插型盘扣式钢管支架安全技术规程》JGJ 231 的有关规定。

11.1.2 钢管脚手架配件应有制造企业出具的产品质量合格证,以及具有有资质的检验机构出具的质量检验报告。

11.1.3 使用后应及时清除配件表面的粘结物,并应做好防锈等维护保养。丝杠应定期进行润滑保养。

11.2 退场验收

11.2.1 承租方对使用完毕的钢管脚手架配件外观质量进行检查和分类,并应做好记录。检查项目应包括租赁物表面无粘结物、有无明显变形和破损,以及租赁物的厂家标志、规格和数量是否与租赁合同相符等。经检查合格的配件,应按可调底座、可调托撑、钢脚手板及其规格不同进行分类码放。需修理和报废的配件,应另行分别码放。

11.2.2 钢管脚手架配件退场验收标准及检验工具与方法,应符合表 11.2.2 的规定。

表 11.2.2 钢管脚手架配件退场验收标准及检验工具与方法

序号	检验项目	验收标准	检验工具与方法
1	可调底座	底板无断裂、开焊、裂纹;螺母无损坏、无丢失;丝杠无损坏	目测、游标卡尺
2	可调托撑	可调托撑完整,无明显变形;丝杠无损坏	
3	钢脚手板	结构完整、无明显弯曲、变形,背肋无损坏、脱落	
4	外观清洁	杆配件表面清洁,无粘结物	
5	标识	字迹、图案清晰完整、准确	

11.2.3 租赁企业应对归还的配件进行检查验收。不符合验收标准时应按合同约定执行。不合格和报废配件应按照本规范第 11.3 节和第 11.4 节的规定进行维修或报废。

11.3 维修与保养

11.3.1 钢管脚手架配件在退场后,应由质检人员对退回的配件进行检验,并应根据配件质量及变形、损坏程度,作出保养、维修判定,同时应进行登记记录。

11.3.2 检查后的配件应按品种、规格尺寸、保养、维修及报废判定的不同,分区存放,并应按照现行行业标准《模板脚手架租赁企业等级划分规范》SB/T 10545 的规定做出分区标识。

11.3.3 检查后确认不需要维修、更换的配件,应使用钢丝刷等工具将表面的杂物清理干净,再进行刷漆、镀锌等处理。经过维修、更换零件的配件,应进行刷漆、镀锌等防锈处理。

11.3.4 钢管脚手架配件维修前应根据表 11.3.4 规定的各项目的缺陷程度确定相应的维修方法。

表 11.3.4 钢管脚手架配件缺陷程度及维修方法

项目	缺陷程度描述	维修方法
可调底座的底板平整度	偏差≥1mm	人工矫正修复或在专用工装上矫正
可调底座的底板与杆连接	开焊	补焊修复
可调底座的底板与支撑的垂直度	偏差≥5mm	应矫正并重新焊接

续表 11.3.4

项 目	缺陷程度描述	维修方法
可调托撑支托板变形	偏差≤10mm	应矫正
可调托撑的支托板与支撑的垂直度	偏差≥5mm	应矫正并重新焊接
可调托撑支托板与底面的偏差	偏差≤±5mm	应在专用工装上按操作规程修复
可调底座和可调托撑的丝杠外观	有粘结物	应使用专用清理机械进行丝杠清理
可调底座和可调托撑的丝扣损坏	同一丝扣损坏小于周长的1/3	在使用专用丝扣修复机械进行修复
冲压钢脚手板表面挠曲	L≤4m,偏差≤20mm L>4m,偏差≤24mm	应使用专用手锤调直,或在专用工装上矫正
冲压钢脚手板表面扭曲（任一角翘起）	偏差≤5mm	应使用专用手锤调直,或在专用工装上矫正

注：L为钢管长度。

11.4 质量检验评定与报废

11.4.1 维修后的钢管脚手架配件的质量检查与验收，应符合国家现行有关钢管脚手架安全技术规范的相关规定。钢管脚手架配件主要检验项目和要求及允许偏差应符合表11.4.1的要求。

表 11.4.1 钢管脚手架配件维修质量检验项目和要求及允许偏差

项 目	要求与允许偏差	检验工具与方法
可调底座底板	无锈蚀，钢板厚度5mm±0.2mm	目测、游标卡尺
可调托撑钢板厚度	无锈蚀，钢板厚度不小于5mm	目测、游标卡尺
可调底座、可调托撑螺母	厚度≥30mm	游标卡尺
可调底座和可调托撑	丝杠外径≥36mm且与立杆钢管内径间隙量<3mm	游标卡尺
可调托撑支托板挡板高度	30mm±5mm	直尺
可调托撑支托板变形	≤1.0mm	钢板尺、塞尺
支托板开口尺寸	偏差≤±5mm	直尺
钢脚手板表面挠曲	L≤4m,偏差≤12mm L>4m,偏差≤16mm	钢板尺
钢脚手板表面扭曲（任一角翘起）	偏差≤5mm	钢板尺
焊接	无开焊，无焊接缺陷	目测
防锈漆、防锈油	按规范涂刷，无遗漏、流淌、起皱	目测
标识	清晰、准确	目测

注：L为钢管长度。

11.4.2 钢管脚手架配件维修后的质量检验应按根据技术交底及维修量随机抽样检验。检验规则和方法应符合现行行业标准《建筑施工扣件式钢管脚手架安全技术规范》JGJ 130中的要求。

11.4.3 钢管脚手架配件符合下列条件之一时应报废：
1 质量缺陷程度超出本规范表11.3.4的要求，无法维修。
2 可调底座和可调托撑的丝杠损坏，同一丝扣损坏大于周长的1/3。
3 可调托撑支托板有裂纹。

4 可调底座底板上有裂纹。
5 底板厚度小于5mm。
6 油漆表面处理配件使用年限，沿海地区和南方潮湿地区超过8年，其他地区超过10年。
7 热镀锌表面处理配件使用年限，沿海地区和南方潮湿地区超过20年，其他地区超过25年。

本规范用词说明

1 为便于在执行本规范条文时区别对待，对要求严格程度不同的用词说明如下：
　　1）表示很严格，非这样做不可的：
　　　　正面词采用"必须"，反面词采用"严禁"；
　　2）表示严格，在正常情况下均应这样做的：
　　　　正面词采用"应"，反面词采用"不应"或"不得"；
　　3）表示允许稍有选择，在条件许可时首先应这样做的：
　　　　正面词采用"宜"，反面词采用"不宜"；
　　4）表示有选择，在一定条件下可以这样做的，采用"可"。

2 条文中指明应按其他有关标准执行的写法为："应符合……的规定"或"应按……执行"。

引用标准名录

《组合钢模板技术规范》GB 50214
《计数抽样检验程序》系列GB/T 2828.1～GB/T 2828.11
《手持式电动工具的管理、使用、检查和维修安全技术规程》GB/T 3787
《生产过程安全卫生要求总则》GB 12801
《钢管脚手架扣件》GB 15831
《钢板冲压扣件》GB 24910
《碗扣式钢管脚手架构件》GB 24911
《建筑工程大模板技术规程》JGJ 74
《钢框胶合板模板技术规程》JGJ 96
《建筑施工门式钢管脚手架安全技术规范》JGJ 128
《建筑施工扣件式钢管脚手架安全技术规范》JGJ 130
《建筑施工碗扣式钢管脚手架安全技术规范》JGJ 166
《建筑施工承插型盘扣式钢管支架安全技术规程》JGJ 231
《门式钢管脚手架》JG 13
《钢框竹胶合板模板》JG/T 3059
《组合钢模板》JG/T 3060
《建筑脚手架用焊接钢管》YB/T 4202
《模板脚手架租赁企业等级划分规范》SB/T 10545

中华人民共和国国家标准

租赁模板脚手架维修保养技术规范

GB 50829—2013

条 文 说 明

制 订 说 明

《租赁模板脚手架维修保养技术规范》GB 50829—2013，经住房和城乡建设部2012年12月25日以第1579号公告批准发布。

本规范制订过程中，编制组进行了广泛的调查研究，总结了我国租赁模板脚手架维修保养的实践经验，同时参考了国内先进技术法规和技术标准，通过调研，取得了多方面的技术参数。

为便于广大设计、施工、租赁、科研、学校等单位有关人员在使用本规范时能正确解释和执行条文规定，《租赁模板脚手架维修保养技术规范》编制组按章、节、条顺序编制了本规范的条文说明，对条文规定的目的、依据以及执行中需注意的有关事项进行了说明，还着重对强制性条文的强制理由作了解释。但是，本条文说明不具备与规范正文同等的法律效力，仅供使用者作为理解和把握规范规定的参考。

目　　次

1　总则 …………………………………… 10—18—22
2　术语 …………………………………… 10—18—22
3　基本规定 ……………………………… 10—18—22
　　3.1　租赁企业及其管理 ………………… 10—18—22
　　3.2　租赁物的购进、出租和退场 ……… 10—18—22
　　3.3　租赁物维护、维修与保养 ………… 10—18—22
　　3.4　标识、包装、储存与运输 ………… 10—18—23
4　全钢大模板及配套模板 ……………… 10—18—23
　　4.1　使用维护 …………………………… 10—18—23
　　4.2　退场验收 …………………………… 10—18—23
　　4.3　维修与保养 ………………………… 10—18—23
　　4.4　质量检验评定与报废 ……………… 10—18—23
　　4.5　标识、包装、储存与运输 ………… 10—18—24
5　组合钢模板 …………………………… 10—18—24
　　5.1　使用维护 …………………………… 10—18—24
　　5.2　退场验收 …………………………… 10—18—24
　　5.3　维修与保养 ………………………… 10—18—24
　　5.4　质量检验评定与报废 ……………… 10—18—24
　　5.5　标识、包装、储存与运输 ………… 10—18—24
6　钢框胶合板模板 ……………………… 10—18—24
　　6.1　使用维护 …………………………… 10—18—24
　　6.2　退场验收 …………………………… 10—18—25
　　6.3　维修与保养 ………………………… 10—18—25
　　6.4　质量检验评定与报废 ……………… 10—18—25
　　6.5　标识、包装、储存与运输 ………… 10—18—25
7　碗扣式钢管脚手架构件 ……………… 10—18—25
　　7.1　使用维护 …………………………… 10—18—25
　　7.2　退场验收 …………………………… 10—18—25
　　7.3　维修与保养 ………………………… 10—18—25
　　7.4　质量检验评定与报废 ……………… 10—18—25
8　扣件式钢管脚手架构件 ……………… 10—18—26
　　8.1　使用维护 …………………………… 10—18—26
　　8.2　退场验收 …………………………… 10—18—26
　　8.3　维修与保养 ………………………… 10—18—26
　　8.4　质量检验评定与报废 ……………… 10—18—26
9　承插型盘扣式钢管脚
　　手架构件 ……………………………… 10—18—26
　　9.1　使用维护 …………………………… 10—18—26
　　9.2　退场验收 …………………………… 10—18—26
　　9.3　维修与保养 ………………………… 10—18—26
　　9.4　质量检验评定与报废 ……………… 10—18—26
10　门式钢管脚手架构配件 …………… 10—18—27
　　10.1　使用维护 ………………………… 10—18—27
　　10.2　退场验收 ………………………… 10—18—27
　　10.3　维修与保养 ……………………… 10—18—27
　　10.4　质量检验评定与报废 …………… 10—18—27
11　钢管脚手架配件 …………………… 10—18—27
　　11.1　使用维护 ………………………… 10—18—27
　　11.2　退场验收 ………………………… 10—18—27
　　11.3　维修与保养 ……………………… 10—18—27
　　11.4　质量检验评定与报废 …………… 10—18—27

1 总 则

1.0.1 本条是全钢大模板及配套模板、组合钢模板、钢框胶合板模板、碗扣式钢管脚手架、扣件式钢管式脚手架、承插型盘扣式脚手架、门式钢管脚手架、钢管脚手架配件维修保养必须遵循的基本原则。

1.0.2 本条规定了本规范适用的范围。

2 术 语

为了在条文的叙述中使模板和脚手架等有关的俗称在本规范及今后的使用中形成统一的名称和概念，特编写了术语一章。本章所给出的英文译名是参考我国相关标准资料和专业词典拟定的。

3 基本规定

3.1 租赁企业及其管理

3.1.3 租赁企业对租赁物进行质量检验，检验依据是相关标准。其中已有国家现行标准的租赁物的检验应符合国家现行标准，没有国家现行标准的租赁物的检验应符合生产企业的产品标准。具体租赁物检验依据为：

1 全钢大模板及其配套模板的检验依据生产企业的产品标准。

2 组合钢模板的检验应依据现行行业标准《组合钢模板》JG/T 3060。

3 钢框胶合板模板的检验应依据现行行业标准《钢框竹胶合板模板》JG/T 3059。

4 碗扣式钢管脚手架构件的检验应依据现行国家标准《碗扣式钢管脚手架构件》GB 24911。

5 可锻铸铁和铸钢制造的扣件的检验应依据现行国家标准《钢管脚手架扣件》GB 15831。

6 钢板冲压扣件的检验应依据现行国家标准《钢板冲压扣件》GB 24910。

7 扣件式钢管的检验应依据现行行业标准《建筑脚手架用焊接钢管》YB/T 4202。

8 门架和配件的检验应依据现行行业标准《门式钢管脚手架》JG 13。

9 承插型盘扣式钢管支架的检验应依据生产企业的产品标准。

10 脚手架配件（可调底座、可调托撑、钢脚手板）的检验应依据国家现行标准《碗扣式钢管脚手架构件》GB 24911、《建筑施工扣件式钢管脚手架安全技术规范》JGJ 130、《建筑施工碗扣式钢管脚手架安全技术规范》JGJ 166。

质量检验可由企业自行检验，也可委托具有相应检验资质的质量检验机构检验。企业自行检验应保存质量检验记录。委托检验的应保存质量检验报告。

3.1.4 本条规定了租赁企业对维修保养过的租赁物进行检验后，应对检验合格的租赁物出具维修质量合格证。维修质量合格证内容除了应标明租赁物品名、规格外，还应标明维修时间、租赁企业名称或标识。

3.1.6 本条规定主要是针对目前租赁市场上存在的问题提出的。主要是为了杜绝以次充好等商业欺诈行为，保证租赁物质量。

3.1.7、3.1.8 租赁企业的维修保养需要相应的技术支持条件，这些技术条件可以是企业自身具备的，也可以是与相关有条件的企业或单位合作。无论哪种方式，都应以保证租赁物的维修保养质量为目的。

3.2 租赁物的购进、出租和退场

3.2.1 对新购入租赁物的要求。购买时，应按照相关标准购买，同时应索要生产厂家的产品质量合格证明，还应对产品进行复核验证，并妥善保管所有相应资料，以备查。

相关产品标准应参照本规范条文说明第 3.1.3 条所列举的检测依据标准目录。没有国家现行标准的，应依据生产企业的产品标准。

3.2.2 本条规定主要考虑到无论是模板还是脚手架，不同厂家的产品可能存在尺寸差别，模板尺寸差别可能造成混凝土表面质量下降，脚手架尺寸差别可能造成扣件扣不紧或锁不紧等问题。所以规定宜为同一厂家产品。

3.2.4 租赁企业和承租方应签订租赁合同并按照租赁合同执行。租赁合同应明确租赁物名称、规格、品种、质量要求、进货收方式及标准、退场验收方式及标准、结算方式及赔偿标准等。

3.2.6 出租方除按承租合同和本规范第 3.2.7 条的规定验收外，还应根据租赁物不同，按本规范第 4.2.2 条、第 5.2.2 条、第 6.2.2 条、第 7.2.2 条、第 8.2.2 条、第 9.2.2 条、第 10.2.2 条、第 11.2.2 条进行验收。

3.2.7 本条是对全钢大模板及配套模板、组合钢模板和钢框胶合板模板在退场验收上作出统一规定。模板退场时混凝土污染模板的情况十分普遍。制订本条的目的是界定模板退场时双方验收的内容和标准。模板退场验收的内容很多，不仅仅是本条所列四款，其他验收内容应由买卖双方在合同中约定。

1 本款是对模板面板的水泥浆污染后双方的验收方法与标准，包括整体污染面积的大小，局部污染厚度的多少。污染面积的评定是指模板面板各部位水泥浆污染面积的和不应大于该块模板面积的 20%；污染厚度是局部水泥浆污染厚度不应大于 5mm。

2 本款只是对模板背面的混凝土污染，验收方法采用重量计量，并应在清除了面板污染物之后进行测量。污染程度的验收统一采用按模板体系自重 5% 的验收标准；5% 的定量标准，是指模板背面混凝土的污染重量，不包括面板水泥浆的污染重量。

4 模板严重变形或结构性损坏一般是指模板高空坠落导致模板损坏；模板使用中随意改动模板背楞、几何尺寸、大面积开洞等情况。

3.3 租赁物维护、维修与保养

3.3.1 承租方在使用过程中应经常对脚手架与模板支架进行检查。遇有下列情况时，承租方应对重点部位和关键项目进行复检，合格后方能使用：

(1) 遇有 8 级以上大风或大雨过后。
(2) 冻结的地基土解冻后。
(3) 停用超过 1 个月。
(4) 架体遭受外力撞击等作用。
(5) 架体部分拆除。
(6) 其他特殊情况。

3.3.3~3.3.8 这六条主要是针对租赁企业在维修保养中作出的具体规定，包括维修流程、设计要求、更换材料的要求、使用的设备机械的要求以及人员的劳动保护等。

3.3.9 本条属于环保要求。租赁物维修过程中，会产生噪声、灰尘等污染。噪声、灰尘等应符合现行国家标准《生产过程安全卫生要求总则》GB 12801 的要求。

3.3.10 本条为强制性条文，必须严格执行。钢管弯曲至塑性变形时,钢管可能产生弯曲"死角",此时钢管弯曲部分已产生强度破坏丧失承载能力,直接影响施工安全,因此不能再继续使用。如果将钢管产生塑性变形的弯曲部位截去后,其他部位钢管可继续使用。

3.3.11 本规范对租赁物报废作出了规定,包括租赁物本身质量要求和使用年限的要求。对于达到使用年限的租赁物,如果租赁物质量仍可满足使用要求,可延长使用1年。这一年应每半年检测1次。

3.4 标识、包装、储存与运输

3.4.1 本条对租赁物标识作出规定。标识一般在产品标准中作出规定,表1列出了本规范涉及的租赁物产品标识规定依据的现行产品标准。

表1 涉及的租赁物产品标识规定依据的现行产品标准

序号	租赁物名称	依据标准	备注
1	全钢大模板及其配套模板	尚无相关国家或行业产品标准	应依据生产企业标准
2	组合钢模板	《组合钢模板》JG/T 3060	
3	钢框胶合板模板	《钢框竹胶合板模板》JG/T 3059	目前正在修订为《钢框胶合板模板》
4	碗扣式钢管脚手架构件	《碗扣式钢管脚手架构件》GB 24911	
5	可锻铸铁和铸钢制造的扣件	《钢管脚手架扣件》GB 15831	
6	钢板冲压扣件	《钢板冲压扣件》GB 24910	
7	钢管	《建筑脚手架用焊接钢管》YB/T 4202;《钢管的验收、包装、标志和质量证明书》GB/T 2102	
8	门架和配件	《门式钢管脚手架》JG 13	
9	承插型盘扣式钢管支架	尚无相关国家或行业产品标准	应依据生产企业标准
10	配件(可调底座、可调托撑、钢脚手板)	《碗扣式钢管脚手架构件》GB 24911	

维修保养后的租赁物标识还应增加维修时间、租赁企业代号或商标等。

3.4.2~3.4.4 租赁企业的库存租赁物资管理直接影响租赁物质量,也涉及生产安全。所以这三条主要规范了包括及时办理入库手续、分类码放、作出标识等规范。

3.4.5 本条涉及生产安全。租赁物多是金属材料,本身具有导电性。同时,在装卸搬运过程中,涉及大塔吊、龙门吊等机械,场地上空必须避免带电裸线及高压线。

4 全钢大模板及配套模板

4.1 使用维护

4.1.2 本条是针对国内全钢大模板模板体系混乱的现状制订的。模板体系混乱导致相互间不具有互换性。为避免因模板体系不同相互间不具有互换性所导致的模板使用问题,本条要求不同系列的大模板不应混用。

4.1.5 本条是针对模板施工中常见的问题提出了几款要求。

1、2 涂刷脱模剂的目的是使混凝土与模板能有效隔离。为保证模板退场后的清理不损坏模板,本款要求模板的使用者,在模板初次使用和使用期间,应在模板的背面也涂刷脱模剂,目的是方便模板退场后的混凝土清理。需要注意的是,模板背面的脱模剂应选择不影响模板油漆涂层处理的品种,间隔次数参照脱模剂的说明书使用要求。

3 本款是从模板成品保护考虑提请施工单位注意模板施工中的各种碰撞。模板碰撞往往发生在模板进场后的卸车、码放和模板使用中的安装、拆除过程。模板的碰撞会因模板的质量导致混凝土的观感质量,保护好模板的使用质量就是保证了混凝土施工质量。

4、5 模板设计时,承受模板侧压力的穿墙螺栓孔是设计事先预留的,工程施工时,预留孔与结构体内的各种预埋件产生干扰在所难免,重新开孔也不可避免。从实际情况出发,本款允许进行孔位调整,但应保证模板的结构质量以及原孔和新开孔的表面质量。

4.1.6 本条对模板的拆除提出两款要求。

1 制订本款的目的是出于对模板使用的成品保护。模板难拆原因很多,有拆模顺序不对导致的模板难拆;也有因模板设计原因导致的模板难拆。只有找到原因才能从根本上解决模板难拆的问题,强制拆除只能破坏模板。

2 本款规定了模板拆除后应及时清理。模板拆除后及时清理混凝土是现场应该做的工作。一般情况下,模板的面板清理都比较及时,模板反面污染的混凝土清理往往很差。此外,由于还有一部分带有"子母扣"的模板在工程中使用,带有"子母扣"的模板如模板的"子母扣"部位不进行及时清理对工程质量影响很大。是墙体"漏浆"、"错台"质量通病的源头。认真清理,就是消除墙体"漏浆"、"错台"质量通病的最有效措施。

4.1.8 本条是强制性条款,必须严格执行。

大模板拆除后的堆放有三种安全隐患。一是大模板堆放自稳角;二是大模板在施工间隙期的堆放地点;三是因场地紧张采取的高架堆放。

大模板堆放自稳角要求和施工间歇期大模板堆放施工层应注意的安全事项已在现行行业标准《建筑工程大模板技术规程》JGJ 74中明确。

大模板高架堆放是当前现场的实际情况,是《建筑工程大模板技术规程》JGJ 74中没有明确的。本条是针对现场实际情况为保证大模板的堆放安全制订的一条安全条款。

4.2 退场验收

4.2.2、4.2.3 这两条是对租赁企业的要求,退场时需要对退场的全钢大模板及配套模板进行相应的检查与验收,并办理退场手续。退场的质量验收大多是在租赁企业场地,验收多采用目测方式和尺量方式,一般仅对全钢大模板及配套模板的外观清洁度、外形尺寸、平整度、焊接情况以及是否有本企业标识等情况进行检查。

4.3 维修与保养

4.3.2 模板维修中会有许多吊装工序。为保证安全,本条要求模板维修中的所有吊装工序都应采用卡环吊装,不允许用吊钩吊装,防止吊装中吊钩脱钩。

4.3.5 表4.3.5中共10个检查项目,应根据每块模板的实际情况确定维修项目。在实际操作中,也可延用自己的维修做法,但必须保证维修质量。

表4.3.5中所说的企口,俗称子母扣,是指面板间的接触面。

4.3.6 本条中提出的4款维修内容是每块模板都应维修的基本内容,涉及模板维修后的使用、质量与安全,因此要求由设计人员确定做法。

1 模板结构损坏是指背楞、模板边框等模板承重构件的损坏。模板结构损坏的维修不能由操作人员自行决定,应由设计人员作出补强设计,维修应遵照设计要求进行。

2 模板的几何尺寸会根据不同工程项目需要而变化,尺寸的改制是模板维修中必不可少的内容。模板几何尺寸的改制只能由设计人员确定。

3 对拉孔位的调整也是模板维修中必不可少的改制工作,孔位位置的确定要考虑的问题很多,尤其是一个编号的模板在平面中要周转使用几个模位时孔位的位置情况很复杂,只能由设计人员确定。

4 吊环是大模板工程中安全隐患最大的构件之一。吊环的安装位置是按等强条件经计算确定的。模板维修改制中吊环位置难免保持不变,是否需要进行吊环安装位置的调整应由设计人员决定。吊环位置调整后,吊环如何安装?安装吊环的吊点是否安全可靠?这些都应由设计人员给出明确的工程做法落实安全责任。

4.3.7 本条是为保证吊点安全提出的具体要求。吊点的基本要求是与吊具具有同等安全度。根据这个原则,吊点必须进行设计,吊环的安装做法也应由设计人员确定。

4.3.8 本条是强制条文,必须严格执行。吊环的安全性直接涉及施工安全和人身安全。

4.4 质量检验评定与报废

4.4.1 表4.4.1中共列入10个检查项目,执行中需要注意的是,目前大模板的结构形式有整体式和拼装式两种,模板结构不同质量检验的内容也不同。表4.4.1为两种不同结构模板的统一验收标准。表中第5、6项检验指标适用于拼装式大模板;对于整体式大模板在执行中其第5项可以理解为模板面板厚度误差;第6项可以理解为模板面板拼缝误差。

4.4.4 本条对大模板报废作出了规定。

1 本款是对全钢大模板本身的技术指标作出的报废要求。

2 本款规定了大模板的报废年限,如果使用年限达到10年,全钢大模板本身的技术指标仍然可以满足使用要求,需要延长使用期限的租赁物,应按照本规范第3.3.11条要求,每半年检测1次,合格后方可使用。

4.4.5 本条为强制条文,必须严格执行。吊环的安全性涉及施工安全和人身安全,本条出于对模板使用安全的考虑。执行中只要有任意一款情况出现,就应将吊环报废,不需三款所列情况同时出现。

4.5 标识、包装、储存与运输

4.5.1~4.5.3 全钢大模板及其配套模板的标识、包装、储存与运输应符合本规范第3.4节要求外,根据自身租赁物特点,还应符合这三条要求。特别要注意的是第4.5.2条,是针对模板的码放提出的具体要求。全钢大模板码放应保持其受力均匀不变形,平放时应保持垫木上下对正,否则会导致模板变形,影响产品质量。

5 组合钢模板

5.1 使用维护

5.1.1、5.1.2 组合钢模板在国内各种模板体系中标准化较完善、产品应用面较广。国家现行标准《组合钢模板技术规范》GB 50214和《组合钢模板》JG/T 3060已经规范了产品制作和工程应用的要求。本规范是针对模板的维修制订。至此,组合钢模板的标准已成体系全面完善。使组合钢模板从制作、应用到租赁物维修都有法可依。

5.1.5 本条规定了模板拆除的要求。施工中同样还应参照现行国家标准《组合钢模板技术规范》GB 50214的要求。

1 本款是针对组合钢模板用于水平结构的使用情况。组合钢模板用于水平结构施工时模板的拆除应有拆模方案,模板的拆除应依据拆模方案进行。

5.2 退场验收

5.2.1 本条是对承租方提出的要求。组合钢模板使用完毕后应清理干净再退场。制订本条的目的是要求模板的承租方尽到退场前的清理义务,避免纠纷。

5.2.2、5.2.3 这两条是对租赁企业的要求,退场时需要对退场的组合钢模板进行相应的检查与验收,并办理退场手续。退场的质量验收大多是在租赁企业场地,验收多采用目测方式和尺量方式,一般仅对组合钢模板的外观清洁度、外形尺寸、焊接情况以及是否有本企业标识等情况进行检查。

5.3 维修与保养

5.3.1 首先应由质检人员对退回的组合钢模板进行检查,根据模板质量及变形、损坏程度,作出维修、改制或作废的判定,并进行记录。再由技术人员制订维修方案,交给维修人员操作。

5.3.4、5.3.5 组合钢模板维修中,应由模板维修企业根据模板的实际情况确定具体维修方法。组合钢模板有专用维修设备。在进行维修时,凡能利用专用维修设备进行维修的项目,应首先采用维修设备进行维修。不能采用维修设备进行维修的项目,可采用人工方法维修。

考虑到众多模板租赁企业发展的不平衡,模板维修的质量状态难以全面,因此,也允许在保证维修质量的前提下,模板维修企业自行确定维修方法。

5.4 质量检验评定与报废

5.4.1 组合钢模板几何尺寸的检查有单块模板几何尺寸的检查和模板组装后几何尺寸的检查。表5.4.1是组合钢模板单块模板几何尺寸的检查标准。确定表5.4.1允许偏差时,参照了现行国家标准《组合钢模板技术规范》GB 50214的规定。同时,也考虑了组合钢模板经多年几十次的使用在尚未达到报废前,经维修所能达到的质量要求。

5.4.2 表5.4.2是组合钢模板成组装单元后几何尺寸的检查标准。表5.4.2模板组装质量检查的模板组装单元应按现行国家标准《组合钢模板技术规范》GB 50214的要求。表5.4.2检查的目的是检查组合钢模板几何尺寸的累计误差,在进行允许误差的定量时,也同样考虑了组合钢模板经多年几十次的使用在尚未达到报废前,维修后所能达到的质量要求。

5.4.4 本条是组合钢模板的报废标准,包括模板本身的质量要求和模板的使用年限要求。执行时,只要有任意一款情况出现,就应将组合模板报废,不需两款所列情况同时出现。在进行模板维修前,也应依本条款,先对待维修模板进行是否报废的界定,然后进行模板的维修。

5.5 标识、包装、储存与运输

5.5.1~5.5.4 组合钢模板的标识、包装、储存与运输应符合本规范第3.4节要求外,根据自身租赁物特点,还应符合这四条要求。特别需要注意的是码放中的安全、运输中的捆绑;如果产品外销,还应注意包装。

6 钢框胶合板模板

6.1 使用维护

6.1.1 目前钢框胶合板模板种类较多,构造各不同,本条要求不论选用哪种类型的钢框胶合板模板,质量都应满足相关标准要求。

6.1.2 钢框胶合板模板如需拼成大模板使用时,应由设计人员根据工程需要确定模板的拼装规格,拼装应按设计人员要求进行。

6.1.3 钢框胶合板是由钢框、胶合板两种材料组成,使用时应注意以下两个问题:

(1)胶合板不能高温蒸养,因此,钢框胶合板模板不适用于采用蒸汽养护的预制构件生产使用。

(2)钢框胶合板模板的种类多、构造不同相间不具有互换性,因此不同类型的钢框胶合板模板不能混用,也不应混用。

钢框胶合板模板是按建筑模数设计定型的标准模板。工程应用时，模板的排板尺寸与模位尺寸不匹配的情况难以避免、经常发生。可采用填充板做法满足工程中的任何尺寸需要。"填充板"就是按模位排板需要，将模位排板的"破尺寸"按"缺多少，补多少"的原则现场截锯的胶合板。这种做法可以保证标准板能够满足任何工程需要，杜绝不符合模数非标模板的存在。

6.1.4 本条所列情况的维修是使用中的经常性维修。

2 采用卡具方法紧固是钢框胶合板模板的一种。卡具用于空腹钢框胶合板相邻模板的紧固。如卡具损坏紧固失效，除工程质量不能保证外，当钢框胶合板模板组拼成大模板使用时，还会因卡具的紧固失效存在安全隐患。因此，卡具检查应是经常的，紧固失效应及时更换。

6.2 退场验收

6.2.1 本条是对承租方提出的要求。钢框胶合板模板使用完毕后应清理干净再退场。制订本条的目的是要求模板的承租方尽到退场前的清理义务，避免纠纷。

6.2.2、6.2.3 这两条是对租赁企业的要求，退场时需要对退场的钢框胶合板模板进行相应的检查与验收，并办理退场手续。退场的质量验收大多是在租赁企业场地，验收多采用目测方式和尺量方式，一般仅对钢框胶合板模板的外观清洁度、外形尺寸、焊接情况以及是否有本企业标识等情况进行检查。

6.3 维修与保养

6.3.1 首先应由质检人员对退回的钢框胶合板模板进行检查，根据模板质量及变形、损坏程度，作出维修、改制或作废的判定，并进行记录。再由技术人员制订维修方案，交给维修人员操作。钢框的损坏属结构性损坏，其维修做法应由设计人员确定，维修人员不得自行决定。

6.3.4 本条规定了钢框胶合板模板维修前的检查项目。这些项目可以划分为三类，其中：第1～5项为钢框"体检"项目，第6、10项为钢框胶合板模板整体"体检"项目，第7～9是胶合板"体检"项目。

本表如果不能列全维修项目，企业应在保证维修质量的前提下，模板维修企业自行确定检查项目及维修方法。

6.3.5 本条是钢框胶合板模板维修方法，除了依据表6.3.4要求外，还应符合本条要求。

2 本款是面板更换要求及防水处理要求。钢框胶合板模板维修后应进行防水处理的部位有：面板裁剪口；面板预留对拉螺栓孔；面板与钢框紧固螺钉处；面板与钢框间的铺装缝隙等。

6.4 质量检验评定与报废

6.4.3 本条规定了模板报废标准。本条所列报废有三种情况，一种是租赁物破坏程度不符合表6.3.4所列质量缺陷的维修要求时应作报废处理；另一种是根据租赁物使用年限给出的报废标准；还有一种就是空腹钢框胶合板模板的连接卡具丧失锁紧功能，不能再使用。在实际操作中，模板报废与否的评定应在模板体检时进行界定，以便筛选出报废模板明确需维修的模板。

6.5 标识、包装、储存与运输

6.5.1～6.5.3 钢框胶合板模板的标识、包装、储存与运输除应符合本规范第3.4节要求外，根据自身租赁物特点，还应符合这三条要求。特别需要注意的是：储存与运输过程中的防水、防雨措施；无论是露天码放或室内码放，码放场都应垫ییی地面。如果产品外销，还应注意包装。

7 碗扣式钢管脚手架构件

7.1 使用维护

7.1.1 国家现行标准《碗扣式钢管脚手架构件》GB 24911 和《建筑施工碗扣式钢管脚手架安全技术规范》JGJ 166 对碗扣式钢管脚手架构件的材料、工艺、尺寸、外观质量、强度均有要求，企业可以根据需要或习惯选择相应的标准。

7.1.2 在一个单体脚手架工程中宜采用同一厂家产品进行搭设。此条根据租赁物现状制订。不同厂家其结构和技术性能不同，承载能力也不同，故不应在同一单体中混合使用。且不同厂家提供的产品质量也有差异，与方案设计及力学计算产生较大偏差。在使用中容易出现安全隐患，一旦出现问题责任不清。

7.2 退场验收

7.2.1 对承租方提出的要求，应对使用完毕的碗扣式钢管脚手架外观质量进行检查和分类并做好记录，便于退还时承租方与出租方之间的交接。

7.2.2、7.2.3 对租赁企业的要求，退场的质量验收大多是在租赁企业场地，验收多采用目测方式和尺量方式，一般仅对杆件的外观清洁度、尺寸、焊接情况以及是否有本企业标识等情况进行检查。

表 7.2.2 中的外套管、内插管，在现行国家标准《碗扣式钢管脚手架构件》GB 24911 中又称为外插套、内插套。

7.3 维修与保养

7.3.1 首先应由质检人员对退回的碗扣式钢管脚手架构件进行检验，根据租赁物质量及变形、损坏程度，作出维修、改制或作废的判定，并进行记录。再由技术人员制订维修、改制的方案，交给维修人员操作。

7.3.4 根据碗扣式钢管脚手架构件的损毁程度，确定不同的维修、改制方法。维修主要是包括清理、上油、零件补充、调直等，将杆件及碗扣维修到符合使用要求的标准。改制主要是根据钢管损毁的实际情况，通过锯切、焊接等方式，将不符合标准的杆件切除，保留符合标准部分，改制成小规格杆件。不能截锯改制的应作报废处理。

表中杆件直线度能否维修的偏差限定在 $5L/1000$。因为现行行业标准《建筑施工碗扣式钢管脚手架安全技术规范》JGJ 166 中对杆件直线度规定为 $1.5L/1000$。编制组认为，只要杆件弯曲程度不影响到钢材的应力损伤，就可以维修。所以本规范将杆件直线度能否维修的偏差限定在 $5L/1000$，小于或等于 $5L/1000$ 就可以通过机械或人工矫正调直；大于 $5L/1000$ 就应截锯成小规格杆件继续使用，不能截锯成小规格杆件的应做报废处理。

7.4 质量检验评定与报废

7.4.1 碗扣式钢管脚手架构件维修后的质量检验应根据下达的技术交底及维修量随机抽样检验。检验项目主要是针对在周转使用过程及改制中易发生变化的相关项目，至于材料材质等因不会在周转使用中发生变化所以不属于本规范检验项目。

7.4.4 对碗扣式钢管脚手架构件报废作出规定。一方面是对碗扣式钢管脚手架构件本身质量提出的，质量缺陷不符合本规范表7.3.4的维修和改制要求，所以不能进行维修、改制的，应做报废处理。同时，对使用年限也作出了限制。

8 扣件式钢管脚手架构件

8.1 使用维护

8.1.1 扣件式钢管脚手架主要由钢管和扣件组成。钢管质量和使用应符合国家现行标准《建筑施工扣件式钢管脚手架安全技术规范》JGJ 130 和《建筑脚手架用焊接钢管》YB/T 4202 的有关规定。扣件质量应符合国家现行标准《钢管脚手架扣件》GB 15831 或《钢板冲压扣件》GB 24910 或《建筑施工扣件式钢管脚手架安全技术规范》JGJ 130 的有关规定。

鉴于目前市场上普遍应用的是可锻铸铁制作的扣件,但钢板冲压扣件也逐年增多,所以本规范也将现行国家标准《钢板冲压扣件》GB 24910 作为规范性引用文件。

8.2 退场验收

8.2.1 对承租方提出的要求,应对使用完毕的租赁物外观质量进行检查和分类并做好记录,便于退还时承租方与出租方做好交接。

8.2.2、8.2.3 对租赁企业的要求,退场的质量验收大多是在租赁企业场地,验收多采用目测方式和尺量方式,一般仅对钢管、扣件的外观清洁度、尺寸、焊接情况以及是否有本企业标识等情况进行检查。

8.3 维修与保养

8.3.1 首先应由质检人员对退回的钢管、扣件进行检验,根据租赁物质量及变形、损坏程度,作出保养、维修、改制等判定,并进行记录。再由技术人员制订维修方法、改制的方案,交给维修人员操作。

8.3.4 根据钢管损毁程度,确定不同的维修、改制方法。钢管改制主要是根据钢管损毁的实际情况,通过锯切、焊接等方式,将不符合标准的杆件切除,保留符合标准部分,改制成小规格杆件。不能截锯改制的应作报废处理。

扣件根据其损坏程度应采取维修和更换零部件的方法,不存在改制。

8.4 质量检验评定与报废

8.4.1 钢管、扣件维修后检验项目主要是针对在周转使用过程及改制中易发生变化的相关项目。

8.4.2 本条为强制性条款,必须严格执行。强条的理由主要是依据国家标准《钢管脚手架扣件》GB 15831—2006 中,第 5.7 条、第 5.8.1 条、第 5.8.2 条的技术内容是强制性的:

"5.7 ……T形螺栓长度为 72mm±0.5mm;螺母对边宽度为 22mm±0.5mm;螺母厚度为 14mm±0.5mm;铆钉直径为 8mm±0.5mm;铆接头大于铆孔直径 1mm;旋转扣件中心铆钉直径为 14mm±0.5mm。"

"5.8.1 扣件各部位不应有裂纹。"

"5.8.2 盖板和座的张开距离不得小于 50mm;当钢管公称外径为 51mm 时,不得小于 55mm。"

这些条款涉及扣件质量,同时直接影响施工安全,如果不严格执行,会给施工造成安全隐患。

8.4.5 本条对钢管报废作出了规定。一方面是对钢管本身质量提出的不能进行维修、改制的,应做报废处理。同时,对使用年限也作出了限制。

8.4.6 本条对扣件报废作出了规定。一方面是对扣件本身质量提出的报废处理条件。同时,对使用年限也作出了限制。

9 承插型盘扣式钢管脚手架构件

9.1 使用维护

9.1.1、9.1.2 现行行业标准《建筑施工承插型盘扣式钢管支架安全技术规程》JGJ 231 对承插型盘扣式钢管支架作了术语定义,并在条文说明中对承插型盘扣式钢管支架的多种称谓作出了说明:"承插型盘扣式钢管支架有多种称谓,有称之为圆盘式钢管支架、菊花盘式钢管支架、插盘式钢管支架、轮盘式钢管支架以及扣盘式钢管支架等,本规程统一称为盘扣式钢管支架"。本规范也照此执行。

现行行业标准《建筑施工承插型盘扣式钢管支架安全技术规程》JGJ 231 对主要构配件、材料要求、制作质量要求作出了规定。该规程附录 A 中,表 A-2 也对主要构配件的制作质量及形位公差作出了要求。

9.1.5 承插型盘扣式钢管脚手架用于支撑体系时,在一个独立支撑单元内宜采用同一厂家产品进行搭设。在一个独立支撑单元内宜采用同一厂家产品进行搭设。此条根据租赁物现状制订。不同厂家其结构和技术性能不同,承载能力也不同,故不应在同一架体中混合使用。且不同厂家提供的产品质量差距较大,与方案设计及力学计算产生较大偏差在使用中容易出现安全隐患。一旦出现问题责任不清。

9.2 退场验收

9.2.1 对承租方提出的要求,应对使用完毕的脚手架构配件外观质量进行检查和分类并做好记录,便于退还时承租方与出租方做好交接。

9.2.2、9.2.3 对租赁企业的要求,退场的质量验收大多是在施工场地或租赁企业场地,验收多采用目测方式和尺量方式,一般仅对杆件的外观清洁度、尺寸、焊接情况以及是否有本企业标识等情况进行检查。

9.3 维修与保养

9.3.1 首先应由质检人员对退回的钢管脚手架构件进行检验,根据租赁物质量及变形、损坏程度,作出保养、维修、改制、报废等判定,并进行记录。再由技术人员制订维修、改制方案,交给维修人员操作。

9.3.4 根据承插型盘扣式钢管脚手架构件损毁程度,确定不同的维修、改制方法。钢管改制主要是根据钢管损毁的实际情况,通过锯切、焊接等方式,将不符合标准的杆件切除,保留符合标准部分,改制成标准长度。不能截锯改制的应作报废处理。

表 9.3.4 缺陷程度描述中,具体指标主要依据现行行业标准《建筑施工承插型盘扣式钢管支架安全技术规程》JGJ 231 的相应指标要求确定,只要损坏不涉及钢材的应力损伤,就可以维修。

9.4 质量检验评定与报废

9.4.1 承插型盘扣式钢管脚手架构件检验项目主要是针对在周转使用过程及改制中易发生变化的相关项目。

9.4.2 承插型盘扣式钢管脚手架维修后的质量检验应根据下达的技术交底及维修量随机抽样检验,抽样方法可以参照国家标准《碗扣式钢管脚手架构件》GB 24911—2010 第 9 章的方法进行。这是因为目前尚没有承插型盘扣式钢管脚手架产品标准,只能参照碗扣式钢管脚手架构件来确定抽样方法和检验规则。

9.4.4 对钢管脚手架构件报废作出了规定。质量缺陷不符合本规范表 9.3.4 维修和改制要求,所以无法维修、改制的应报废。存在严重影响租赁物的结构及受力的损毁,且无法修复的,应报废。同时对使用年限也作出了限制。

10 门式钢管脚手架构配件

10.1 使用维护

10.1.1 本规范要求门式钢管脚手架产品质量应符合现行行业标准《门式钢管脚手架》JG 13 和《建筑施工门式钢管脚手架安全技术规范》JGJ 128 的要求。《门式钢管脚手架》JG 13 规定了门式钢管脚手架的品种、规格、结构型式、技术要求、试验方法、检验规则和产品标志、包装、运输及储存的细则。《建筑施工门式钢管脚手架安全技术规范》JGJ 128 规定了门式钢管脚手架构配件质量要求和检查与验收要求。

10.1.4 型号、规格不同以及厂家不同的门式钢管脚手架,其结构和技术性能不同,承载能力也不同,故不允许在同一架体中混合使用。

10.2 退场验收

10.2.1 本条是对承租方提出的要求。承租方对使用完毕的门架和构配件外观质量进行检查和分类,并做好记录,便于退还时承租方与出租方做好交接。

10.2.2、10.2.3 门式钢管脚手架退场的质量验收大多是在租赁企业场地,验收多采用目测方式和尺量方式,一般仅对门架和构配件的外观清洁度、尺寸、焊接情况以及是否有本企业标识等情况进行检查。

10.3 维修与保养

10.3.1 首先应由质检人员对退回的门架和配件进行检验,根据租赁物质量及变形、损坏程度,作出保养、维修等判定,并进行记录。再由技术人员制订维修方案,交给维修人员操作。

10.3.4 根据门式钢管脚手架构配件损毁程度,确定不同的维修方法。与碗扣式、扣件式和承插型盘扣式不同的是,门式钢管脚手架不存在改制问题。

门式钢管脚手架的焊接修补,因门架钢管壁厚有限,宜采用气体保护焊进行焊接,以保证焊接牢固且不击穿管壁。

10.3.5 门式钢管脚手架所有杆件不得拼接,这关系杆件承载力的安全。

10.4 质量检验评定与报废

10.4.1 门式钢管脚手架维修后检验项目主要是针对在周转使用过程及改制中易发生变化的相关项目。

10.4.2 门式钢管脚手架维修后的质量检验应根据下达的技术交底及维修量随机抽样检验。质量检查与验收应符合现行行业标准《门式钢管脚手架》JG 13 的规定。

10.4.4 本条对门式钢管脚手架报废作出了规定。质量缺陷不符合本规范表 10.3.4 的维修要求,所以无法维修的应报废。存在严重影响租赁物的结构及受力的损毁,且无法修复的,应报废。同时对使用年限也作出了报废规定。

11 钢管脚手架配件

11.1 使用维护

11.1.1 钢管脚手架配件一般是与碗扣式钢管构件、扣件式钢管、门式架、承插型盘扣式构件等构件共同搭成脚手架或支架,所以其使用应符合相关脚手架安全技术规范。现行行业标准《建筑施工碗扣式钢管脚手架安全技术规范》JGJ 166、《建筑施工扣件式钢管脚手架安全技术规范》JGJ 130、《建筑施工承插型盘扣式钢管支架安全技术规程》JGJ 231 均分别对可调底座、可调托撑、钢脚手板的制作质量作出了要求。企业可以根据自身情况选择适用的标准。

11.2 退场验收

11.2.1 本条是对承租方提出的要求。承租方对使用完毕的配件外观质量进行检查和分类,并做好记录,便于退还时承租方与出租方做好交接。

11.2.2、11.2.3 对租赁企业的要求,退场的质量验收大多是在租赁企业场地,验收多采用目测方式和尺量方式,一般配件的外观清洁度、尺寸、焊接情况以及是否有本企业标识等情况进行检查。

11.3 维修与保养

11.3.1 首先应由质检人员对退回的配件进行检验,根据租赁物质量及变形、损坏程度,作出维修、保养、报废的判定,并进行记录。再由技术人员制订维修方案,交给维修人员操作。

11.3.4 根据脚手架配件的损毁程度,确定不同的维修、保养方法。

11.4 质量检验评定与报废

11.4.1 脚手架配件维修后的检验项目主要是针对在周转使用过程及改制中易发生变化的相关项目。

11.4.2 脚手架配件维修后的质量检验应根据下达的技术交底及维修量随机抽样检验。检验规则和方法应参照行业标准《建筑施工扣件式钢管脚手架安全技术规范》JGJ 130—2011 中附录 D 的要求。

11.4.3 本条对租赁物报废作出了规定。缺陷程度不符合本规范表 11.3.4 的维修要求,所以不可以维修的应做报废处理;存在严重影响租赁物的结构及受力的损毁,且无法修复的,应做报废处理。同时对使用年限也作出了限制。

中华人民共和国行业标准

液压滑动模板施工安全技术规程

Technical specification for safety of the hydraulic slipform in construction

JGJ 65—2013

批准部门：中华人民共和国住房和城乡建设部
施行日期：２０１４年１月１日

中华人民共和国住房和城乡建设部
公 告

第 61 号

住房城乡建设部关于发布行业标准《液压滑动模板施工安全技术规程》的公告

现批准《液压滑动模板施工安全技术规程》为行业标准，编号为 JGJ 65-2013，自 2014 年 1 月 1 日起实施。其中，第 5.0.5、12.0.7 条为强制性条文，必须严格执行。原行业标准《液压滑动模板施工安全技术规程》JGJ 65-89 同时废止。

本规程由我部标准定额研究所组织中国建筑工业出版社出版发行。

中华人民共和国住房和城乡建设部
2013 年 6 月 24 日

前 言

根据住房和城乡建设部《关于印发〈2008 年工程建设标准规范制订、修订计划（第一批）〉的通知》（建标［2008］102 号文）的要求，规程修订编制组在深入调查研究，认真总结实践经验，在广泛征求意见的基础上，制定本规程。

本规程的主要内容是：1. 总则；2. 术语；3. 基本规定；4. 施工现场；5. 滑模装置制作与安装；6. 垂直运输设备及装置；7. 动力及照明用电；8. 通信与信号；9. 防雷；10. 消防；11. 滑模施工；12. 滑模装置拆除。

本规程中以黑体字标志的条文为强制性条文，必须严格执行。

本规程由住房和城乡建设部负责管理和对强制性条文的解释，由中冶建筑研究总院有限公司负责具体技术内容的解释。执行过程中如有意见和建议，请寄送中冶建筑研究总院有限公司（地址：北京海淀区西土城路 33 号，邮政编码：100088）。

本 规 程 主 编 单 位：中冶建筑研究总院有限公司
　　　　　　　　　　江苏江都建设集团有限公司

本 规 程 参 编 单 位：中国模板脚手架协会
　　　　　　　　　　中国京冶工程技术有限公司

广州市建筑集团有限公司
江苏揽月机械有限公司
云南建工第四建设有限公司
中国五冶集团有限公司
北京建工一建工程建设有限公司
东北电业管理局烟塔工程公司
北京奥宇模板有限公司
青建集团股份公司
青岛新华友建工集团股份有限公司

本规程主要起草人员：彭宣常　王　健　朱雪峰
　　　　　　　　　　赵雅军　张良杰　牟宏远
　　　　　　　　　　谢庆华　吴祥威　张志明
　　　　　　　　　　吕小林　王天峰　唐世荣
　　　　　　　　　　刘小虞　杨崇俭　朱远江
　　　　　　　　　　郭红旗　刘国恩　褚　勤
　　　　　　　　　　张宗建　王　胜　张　骏

本规程主要审查人员：毛凤林　张良予　朱　嬿
　　　　　　　　　　孙宗辅　耿洁明　高俊峰
　　　　　　　　　　汤坤林　李俊友　施卫东
　　　　　　　　　　肖　剑　徐玉顺

目 次

1 总则 …………………………… 10—19—5
2 术语 …………………………… 10—19—5
3 基本规定 ……………………… 10—19—5
4 施工现场 ……………………… 10—19—6
5 滑模装置制作与安装 ………… 10—19—6
6 垂直运输设备及装置 ………… 10—19—7
7 动力及照明用电 ……………… 10—19—8
8 通信与信号 …………………… 10—19—8
9 防雷 …………………………… 10—19—8
10 消防 ………………………… 10—19—9
11 滑模施工 …………………… 10—19—9
12 滑模装置拆除 ……………… 10—19—10
本规程用词说明 ………………… 10—19—10
引用标准名录 …………………… 10—19—10
附：条文说明 …………………… 10—19—11

Contents

1 General Provisions .... 10—19—5
2 Terms .... 10—19—5
3 Basic Requirement .... 10—19—5
4 Construction Site .... 10—19—6
5 Slipform Device Production and Installation .... 10—19—6
6 Vertical Conveying Equipment and Device .... 10—19—7
7 Electricity Used for Power and Lighting .... 10—19—8
8 Communications and Signal ...... 10—19—8
9 Lightning Proof .... 10—19—8
10 Fire-fighting .... 10—19—9
11 Slipform Construction .... 10—19—9
12 Slipform Device Dismantling .... 10—19—10
Explanation of Wording in This Specification .... 10—19—10
List of Quoted Standards .... 10—19—10
Addition: Explanation of Provisions .... 10—19—11

1 总则

1.0.1 为贯彻执行国家有关法规，保证液压滑动模板施工安全，做到技术先进、经济合理、安全适用、保障质量，制定本规程。

1.0.2 本规程适用于混凝土结构工程中采用液压滑动模板施工的安全技术与管理。

1.0.3 液压滑动模板施工安全技术与管理除应符合本规程外，尚应符合国家现行有关标准的规定。

2 术语

2.0.1 液压滑动模板 hydraulic slipform

以液压千斤顶为提升动力，带动模板沿着混凝土表面滑动而成型的现浇混凝土工艺专用模板，简称滑模。

2.0.2 滑模装置 slipform device

为滑模配制的模板系统、操作平台系统、提升系统、施工精度控制系统、水电配套系统的总称。

2.0.3 提升架 lift yoke

滑模装置主要受力构件，用以固定千斤顶、围圈和保持模板的几何形状，并直接承受模板、围圈和操作平台的全部垂直荷载和混凝土对模板的侧压力。

2.0.4 操作平台 working-deck

滑模施工的主要工作面，用以完成钢筋绑扎、混凝土浇灌等项操作及堆放部分施工机具和材料。也是扒杆、随升井架等随升垂直运输机具及料台的支承结构。其构造形式应与所施工结构相适应，直接或通过围圈支承于提升架上。

2.0.5 支承杆 jack rode or climbing rode

滑模千斤顶运动的轨道，又是滑模系统的承重支杆，施工中滑模装置的自重、混凝土对模板的摩阻力及操作平台上的全部施工荷载，均由千斤顶传至支承杆承担。

2.0.6 液压控制台 hydraulic control unit

液压系统的动力源，由电动机、油泵、油箱、控制阀及电控系统（各种指示仪表、信号等）组成。用以完成液压千斤顶的给油、排油、提升或下降控制等项操作。

2.0.7 混凝土出模强度 concrete strength of the construction initial setting

结构混凝土从滑动模板下口露出时所具有的抗压强度。

2.0.8 滑模托带施工 lifting construction with slipforming

大面积或大重量横向结构（网架、整体桁架、井字梁等）的支承结构采用滑模施工时，可在地面组装好，利用滑模施工的提升能力将其随滑模托带施工达到设计标高就位的一种施工方法。

2.0.9 吊脚手架 hanging scaffolding

吊挂在提升架上的脚手架，分内吊脚手架和外吊脚手架，烟囱等筒体结构在结构内外设置，有楼板的高层建筑在结构外侧设置，用于进行操作平台下部的后续施工操作。

2.0.10 随升井架 shaft frame with slipform working-deck

由井架、钢梁、斜拉杆、导索钢丝绳、导索转向轮、导索天轮、吊笼等组成，安装在操作平台上，随操作平台上升的一种垂直运输装置。

3 基本规定

3.0.1 滑模施工应编制滑模专项施工方案。

3.0.2 滑模专项施工方案应包括下列主要内容：
1 工程概况和编制依据；
2 施工计划和劳动力计划；
3 滑模装置设计、计算及相关图纸；
4 滑模装置安装与拆除；
5 滑模施工技术设计；
6 施工精度控制与防偏、纠偏技术措施；
7 危险源辨识与不利环境因素评价；
8 施工安全技术措施、管理措施；
9 季节性施工措施；
10 消防设施与管理；
11 滑模施工临时用电安全措施；
12 通信与信号技术设计和管理制度；
13 应急预案。

3.0.3 滑模专项施工方案应经施工单位、监理单位和建设单位负责人签字。施工单位应按审批后的滑模专项方案组织施工。

3.0.4 滑模工程施工前，施工单位负责人应按滑模专项施工方案的要求向参加滑模工程施工的现场管理人员和操作人员进行安全技术交底。参加滑模工程施工的人员，应通过专业培训考核合格后方能上岗工作。

3.0.5 滑模装置的设计、制作及滑模施工应符合国家现行标准《滑动模板工程技术规范》GB 50113、《建筑施工高处作业安全技术规范》JGJ 80 和《建筑施工模板安全技术规范》JGJ 162 的规定。

3.0.6 滑模施工中遇到雷雨、大雾、风速 10.8m/s 以上大风时，必须停止施工。停工前应先采取停滑措施，对设备、工具、零散材料、可移动的铺板等进行整理、固定并作好防护，切断操作平台电源。恢复施工时应对安全设施进行检查，发现有松动、变形、损坏或脱落现象，应立即修理完善。

3.0.7 滑模操作平台上的施工人员应能适应高处作业环境。

3.0.8 当冬期采用滑模施工时,其安全技术措施应纳入滑模专项施工方案中,并应按现行行业标准《建筑工程冬期施工规程》JGJ/T 104 的有关规定执行。

3.0.9 塔式起重机安装、使用及拆卸应符合国家现行标准《塔式起重机安全规程》GB 5144、《建筑施工塔式起重机安装、使用、拆卸安全技术规程》JGJ 196 的规定。

3.0.10 施工升降机安装、使用及拆卸应符合国家现行标准《施工升降机安全规程》GB 10055 及《建筑施工升降机安装、使用、拆卸安全技术规程》JGJ 215 的规定。

3.0.11 滑模施工现场的防雷装置应符合国家现行标准《建筑物防雷设计规范》GB 50057 的规定。

3.0.12 滑模施工现场的动力、照明用电应符合现行行业标准《施工现场临时用电安全技术规范》JGJ 46 的规定。

3.0.13 对烟囱类构筑物宜在顶端设置安全行走平台。

4 施工现场

4.0.1 滑模施工现场应具备场地平整、道路通畅、排水顺畅等条件,现场布置应按批准的总平面图进行。

4.0.2 在施工建(构)筑物的周围应设立危险警戒区,拉警戒线,设警示标志。警戒线至建(构)筑物边缘的距离不应小于高度的 1/10,且不应小于 10m。对烟囱等变截面构筑物,警戒线距离应增大至其高度的 1/5,且不应小于 25m。

4.0.3 滑模施工现场应与其他施工区、办公和生活区划分清晰,并应采取相应的警戒隔离措施。

4.0.4 滑模操作平台上应设专人负责消防工作,不得存放易燃易爆物品,平台上不得超载存放建筑材料、构件等。

4.0.5 警戒区内的建筑物出入口、地面通道及机械操作场所,应搭设高度不低于 2.5m 的安全防护棚;当滑模工程进行立体交叉作业时,上下工作面之间应搭设隔离防护棚,防护棚应定期清理坠落物。

4.0.6 防护棚的构造应符合下列规定:
 1 防护棚结构应通过设计计算确定;
 2 棚顶可采用不少于 2 层纵横交错的木跳板、竹笆或竹木胶合板组成,重要场所应增加 1 层 2mm～3mm 厚的钢板;
 3 建(构)筑物内部的防护棚,坡向应从中间向四周,外防护棚的坡向应外高内低,其坡度均不应小于 1:5;
 4 当垂直运输设备穿过防护棚时,防护棚所留洞口周围应设置围栏和挡板,其高度不应小于 1200mm;

 5 对烟囱类构筑物,当利用平台、灰斗底板代替防护棚时,在其板面上应采取缓冲措施。

4.0.7 施工现场楼板洞口、内外墙门窗洞口、漏斗口等各类洞口,应按下列规定设置防护设施:
 1 楼板的洞口和墙体的洞口应设置牢固的盖板、防护栏杆、安全网或其他防坠落的防护设施;
 2 电梯井口应设防护栏杆或固定栅门;
 3 施工现场通道附近的各类洞口与坑槽等处,除设置防护设施与安全示警标志外,夜间应设红色示警灯;
 4 各类洞口的防护设施均应通过设计计算确定。

4.0.8 施工用楼梯、爬梯等处应设扶手或安全栏杆。采用脚手架搭设的人行斜道和连墙件应符合现行行业标准《建筑施工扣件式钢管脚手架安全技术规范》JGJ 130 的规定。独立施工电梯通道口及地面落罐处等人员上下处应设围栏。

4.0.9 各种牵拉钢丝绳、滑轮装置、管道、电缆及设备等均应采取防护措施。

4.0.10 现场垂直运输机械的布置应符合下列规定:
 1 垂直运输用的卷扬机,应布置在危险警戒区以外;
 2 当采用多台塔机同场作业存在交叉时,应有防止互相碰撞的措施。

4.0.11 当地面施工作业人员在警戒区内防护棚外进行短时间作业时,应与操作平台上作业人员取得联系,并应指定专人负责警戒。

5 滑模装置制作与安装

5.0.1 滑模装置的制作应具有完整的加工图、施工安装图、设计计算书及技术说明,并应报设计单位审核。

5.0.2 滑模装置的制作应按设计图纸加工;当有变动时,应有相应的设计变更文件。

5.0.3 制作滑模装置的材料应有质量合格文件,其品种、规格等应符合设计要求。材料的代用,应经设计人员同意。机具、器具应有产品合格证。

5.0.4 滑模装置各部件的制作、焊接及安装质量应经检验合格,并应进行荷载试验,其结果应符合设计要求。滑模装置如经过改装,改装后的质量应重新验收。

5.0.5 液压系统千斤顶和支承杆应符合下列规定:
 1 千斤顶的工作荷载不应大于额定荷载;
 2 支承杆应满足强度和稳定性要求;
 3 千斤顶应具有防滑移自锁装置。

5.0.6 操作平台及吊脚手架上走道宽度不宜小于 800mm,安装的铺板应严密、平整、防滑、固定可靠。操作平台上的洞口应有封闭措施。

5.0.7 操作平台的外侧应按设计安装钢管防护栏杆,

其高度不应小于1800mm；内外吊脚手架周边的防护栏杆，其高度不应小于1200mm；栏杆的水平杆间距应小于400mm，底部应设高度不小于180mm的挡脚板。在防护栏杆外侧应采用钢板网或密目安全网封闭，并应与防护栏杆绑扎牢固。在扒杆部位下方的栏杆应加固。内外吊脚手架操作面一侧的栏杆与操作面的距离不应大于100mm。

5.0.8 操作平台的底部及内外吊脚手架底部应设兜底安全平网，并应符合下列规定：

1 应采用阻燃安全网，并应符合现行国家标准《安全网》GB 5725的规定。安全网的网纲应与吊脚手架的立杆和横杆连接，连接点间距不应大于500mm；

2 在靠近行人较多的地段施工时，操作平台的吊脚手架外侧应采取加强防护措施；

3 安全网间应严密，连接点间距与网间距应相同；

4 当吊脚手架的吊杆与横杆采用钢管扣件连接时，应采取双扣件等防滑措施；

5 在电梯井内的吊脚手架应连成整体，其底部应满挂一道安全平网；

6 采用滑框倒模工艺施工的内外吊脚手架，对靠结构面一侧的底部活动挡板应设有防坠落措施。

5.0.9 当滑模装置设有随升井架时，在出入口应安装防护栅栏门；在其他侧面栏杆上应采用钢板网封闭。防护栅栏、防护栏杆和封闭用的钢板网高度不应低于1200mm。随升井架的顶部应设有防止吊笼冲顶的限位开关。

5.0.10 当滑模装置结构平面或截面变化时，与其相连的外挑操作平台应按专项施工方案要求及时改装，并应拆除多余部分。

5.0.11 当滑模托带钢结构施工时，滑模托带施工的千斤顶，安全系数不应小于2.5，支承杆的承载能力应与其相适应。滑模托带钢结构施工过程中应有确保同步上升措施，支承点之间的高差不应大于钢结构的设计要求。

6 垂直运输设备及装置

6.0.1 滑模施工中所使用的垂直运输设备应根据滑模施工特点、建筑物的形状、高度及周边地形与环境等条件确定，并宜选择标准的垂直运输设备通用产品。

6.0.2 滑模施工使用的垂直运输装置，应由专业工程设计人员设计，设计单位技术负责人审核；并应附有安全技术规范要求的设计文件、产品质量合格证明、安装及使用维修说明等文件。

6.0.3 垂直运输装置应由设计单位提出检测项目、检测指标与检测条件，使用前应由使用单位组织有关设计、制作、安装、使用、监理等单位共同检测验收。安全检测验收包括下列主要内容：

1 垂直运输装置的使用功能；

2 金属结构件安全技术性能；

3 各机构及主要零、部件安全技术性能；

4 电气及控制系统安全技术性能；

5 安全保护装置；

6 操作人员的安全防护设施；

7 空载和载荷的运行试验结果。

6.0.4 垂直运输装置应按设计的各技术性能参数设置标牌，应标明额定起重量、最大提升速度、最大架设高度、制作单位、制作日期及设备编号等。设备标牌应永久性地固定在设备的醒目处。

6.0.5 对垂直运输设备及装置应建立定期检修和保养的责任制。

6.0.6 操作垂直运输设备及装置的司机，应通过专业培训、考核合格后持证上岗，严禁无证人员操作。

6.0.7 操作垂直运输设备及装置的司机，在有下列情况之一时，不得操作设备：

1 司机与起重物之间视线不清、夜间照明不足、无可靠的信号和自动停车、限位等安全装置；

2 设备的传动机构、制动机构、安全保护装置有故障；

3 电气设备无接地或接地不良，电气线路有漏电；

4 超负荷或超定员；

5 无明确统一信号和操作规程。

6.0.8 当采用随升井架作滑模垂直运输时，应验算在最大起重量、最大起重高度、井架自重、风载、柔性滑道（稳绳）张紧力、吊笼制动力等最不利情况下结构的强度和稳定性。

6.0.9 在高耸构筑物滑模施工中，当采用随升井架平台及柔性滑道与吊笼作为垂直运输时，应做详细的安全及防坠落设计，并应符合下列规定：

1 安全卡钳中楔块工作面上的允许压强应小于150MPa；

2 吊笼运行时安全卡钳的楔块与柔性滑道工作面的间隙，不应小于2mm；

3 安全卡钳安装后应按最不利情况进行负荷试验，合格后方可使用。

6.0.10 吊笼的柔性滑道应按设计安装测力装置，并应有专人操作和检查。每副导轨中两根柔性滑道的张紧力差宜为15%～20%。当采用双吊笼时，张紧力相同的柔性滑道应按中心对称设置。

6.0.11 柔性滑道导向的吊笼应采用拉伸门，其他侧面应采用钢板或带加劲肋的钢板网密封，与地面接触处应设置缓冲器。

7 动力及照明用电

7.0.1 滑模施工的动力及照明用电电源应使用 220V/380V 的 TN-S 接零保护系统，并应设有备用电源。对没有备用电源的现场，必须设有停电时操作平台上施工人员撤离的安全通道。

7.0.2 滑模操作平台上应设总配电箱，当滑模分区管理时，每个分区应设一个分区配电箱，所有配电箱应由专人管理；总配电箱应安装在便于操作、调整和维修的地方，其分路开关数量应大于或等于各分区配电箱总数之和。开关及插座应安装在配电箱内，配电箱及开关箱设置应符合现行行业标准《施工现场临时用电安全技术规范》JGJ 46 的规定。

7.0.3 滑模施工现场的地面和操作平台上应分别设置配电装置，地面设置的配电装置内应设有保护线路和设备的漏电保护器，操作平台上设置的配电装置内应设有保护人身安全的漏电保护器。附着在操作平台上的垂直运输装置应分别有上下紧急断电装置。总开关和集中控制开关应有明显的标志。

7.0.4 当滑模操作平台上采用 380V 电压供电的设备时，应安装漏电保护器和失压保护装置。对移动的用电设备和机具的电源线，应采用五芯橡套电缆线，并不得在操作平台上随意牵拉，钢筋、支承杆和移动设备的摆放不得压迫电源线。

7.0.5 敷设于滑模操作平台上的各种固定的电气线路，应安装在人员不易接触到的隐蔽处，对无法隐蔽的电线，应有保护措施。操作平台上的各种电气线路宜按强电、弱电分别敷设，电源线不得随地拖拉敷设。

7.0.6 滑模操作平台上的用电设备的保护接零线应与操作平台的保护接零干线有良好的电气通路。

7.0.7 从地面向滑模操作平台供电的电缆应和卸荷拉索连接固定，其固定点应加绝缘护套保护，电缆与拉索不得直接接触，电缆与拉索固定点的间距不应大于 2000mm，电缆应有明显的卸荷弧度。电缆和拉索的长度应大于操作平台最大滑升高度 10m 以上，其上端应通过绝缘子固定在操作平台的钢结构上，其下端应盘圆理顺，并应采取防护措施。

7.0.8 滑模施工现场的夜间照明，应保证工作面照明充足，其照明设施应符合下列规定：

  1 滑模操作平台上的便携式照明灯具应采用安全电压电源，其电压不应高于 36V；潮湿场所电压不应高于 24V；

  2 当操作平台上有高于 36V 的固定照明灯具时，应在其线路上设置漏电保护器。

7.0.9 当施工中停止作业 1h 及以上时，应切断操作平台上的电源。

8 通信与信号

8.0.1 在滑模专项施工方案中，应根据施工的要求，对滑模操作平台、工地办公室、垂直及水平运输的控制室、供电、供水、供料等部位的通信联络制定相应的技术措施和管理制度，应包括下列主要内容：

  1 应对通信联络方式、通信联络装置的技术要求及联络信号等做明确规定；

  2 应制定相应的通信联络制度；

  3 应确定在滑模施工过程中通信联络设备的使用人；

  4 各类信号应设专人管理、使用和维护，并应制定岗位责任制；

  5 应制定各类通信联络信号装置的应急抢修和正常维修制度。

8.0.2 在施工中所采用的通信联络方式应简便直接、指挥方便。

8.0.3 通信联络装置安装好后，应在试滑前进行检验和试用，合格后方可正式使用。

8.0.4 当采用吊笼等作垂直运输装置时，应设置限载、限位报警自动控制系统；各平层停靠处及地面卷扬机室，应设置通信联络装置及声光指示信号。各处信号应统一规定，并应挂牌标明。

8.0.5 垂直运输设备和混凝土布料机的启动信号，应由重物、吊笼停靠处或混凝土出口处发出。司机接到指令信号后，在启动前应发出动作回铃，提示各处施工人员做好准备。当联络不清、信号不明时，司机不得擅自启动垂直运输设备及装置。

8.0.6 当滑模操作平台最高部位的高度超过 50m 时，应根据航空部门的要求设置航空指示信号。当在机场附近进行滑模施工时，航空指示信号及设置高度，应符合当地航空部门的规定。

9 防 雷

9.0.1 滑模施工过程中的防雷措施，应符合下列规定：

  1 滑模操作平台的最高点应安装临时接闪器，当邻近防雷装置接闪器的保护范围覆盖滑模操作平台时，可不安装临时接闪器；

  2 临时接闪器的设置高度，应使整个滑模操作平台在其保护范围内；

  3 防雷装置应具有良好的电气通路，并应与接地体相连；

  4 接闪器的引下线和接地体应设置在隐蔽处，接地电阻应与所施工的建（构）筑物防雷设计匹配。

9.0.2 滑模操作平台上的防雷装置应设专用的引下线。当采用结构钢筋做引下线时，钢筋连接处应焊接成电气通路，结构钢筋底部应与接地体连接。

9.0.3　防雷装置的引下线，在整个施工过程中应保证其电气通路。

9.0.4　安装避雷针的机械设备，所有固定的动力、控制、照明、信号及通信线路，宜采用钢管敷设。钢管与该机械设备的金属结构体应电气连接。

9.0.5　机械上的电气设备所连接的 PE 线应同时重复接地，同一台机械电气设备的重复接地和机械的防雷接地可共用同一接地体，但接地电阻应符合重复接地电阻值的要求。

9.0.6　当遇到雷雨时，所有高处作业人员应撤出作业区，人体不得接触防雷装置。

9.0.7　当因天气等原因停工后，在下次开工前和雷雨季节之前，应对防雷装置进行全面检查，检查合格后方可继续施工。在施工期间，应定期对防雷装置进行检查，发现问题应及时维修，并应向有关负责人报告。

10　消　防

10.0.1　滑模施工前，应做好消防设施安全管理交底工作。

10.0.2　滑模施工现场和操作平台上应根据消防工作的要求，配置适当种类和数量的消防器材设备，并应布置在明显和便于取用的地点；消防器材设备附近，不得堆放其他物品。

10.0.3　高层建筑和高耸构筑物的滑模工程，应设计、安装施工消防供水系统，并应逐层或分段设置施工消防接口和阀门。

10.0.4　在操作平台上进行电气焊时应采取可靠的防火措施，并应经专职安全人员确认安全后再进行作业，作业时现场应设专人实施监护。

10.0.5　施工消防设施及疏散通道的施工应与工程结构施工同步进行。

10.0.6　消防器材设施应有专人负责管理，并应定期检查维修。寒冷季节应对消防栓、灭火器等采取防冻措施。

10.0.7　在建工程结构的保湿养护材料和冬期施工的保温材料不得采用易燃品。操作平台上严禁存放易燃物品，使用过的油布、棉纱等应妥善处理。

11　滑模施工

11.0.1　滑模施工开始前，应对滑模装置进行技术安全检查，并应符合下列规定：

　　1　操作平台系统、模板系统及其连接应符合设计要求；

　　2　液压系统调试、检验及支承杆选用、检验应符合现行国家标准《滑动模板工程技术规范》GB 50113 中的规定；

　　3　垂直运输设备及其安全保护装置应试车合格；

　　4　动力及照明用电线路的检查与设备保护接零装置应合格；

　　5　通信联络与信号装置应试用合格；

　　6　安全防护设施应符合施工安全的技术要求；

　　7　消防、防雷等设施的配置应符合专项施工方案的要求；

　　8　应完成员工上岗前的安全教育及有关人员的考核工作、技术交底；

　　9　各项管理制度应健全。

11.0.2　操作平台上材料堆放的位置及数量应符合滑模专项施工方案的限载要求，应在规定位置标明允许荷载值。设备、材料及人员等荷载应均匀分布。操作平台中部空位应布满平网，其上不得存放材料和杂物。

11.0.3　滑模施工应统一指挥、人员定岗和协作配合。滑模装置的滑升应在施工指挥人员的统一指挥下进行，施工指挥人员应经常检查操作平台结构、支承杆的工作状态及混凝土的凝结状态，在确认无滑升障碍的情况下，方可发布滑升指令。

11.0.4　滑模施工过程中，应设专人检查滑模装置，当发现有变形、松动及滑升障碍等问题时，应及时暂停作业，向施工指挥人员反映，并采取纠正措施。应定期对安全网、栏杆和滑模装置中的挑架、吊脚手架、跳板、螺栓等关键部位检查，并应做好检查记录。

11.0.5　每个作业班组应设专人负责检查混凝土的出模强度，混凝土的出模强度应控制在 0.2MPa～0.4MPa。当出模混凝土发生流淌或局部坍落现象时，应立即停滑处理。当发现混凝土的出模强度偏高时，应增加中间滑升次数。

11.0.6　混凝土施工应均匀布料、分层浇筑、分层振捣，并应根据气温变化和日照情况，调整每层的浇筑起点、走向和施工速度，每个区段上下层的混凝土强度宜均衡，每次浇灌的厚度不宜大于 200mm。

11.0.7　每个作业班组的施工指挥人员应按滑模专项施工方案的要求控制滑升速度，液压控制台应由经培训合格的专职人员操作。

11.0.8　滑升过程中操作平台应保持水平，各千斤顶的相对高差不得大于 40mm。相邻两个提升架上千斤顶的相对标高差不得大于 20mm。液压操作人员应对千斤顶进行编号，建立使用和维修记录，并应定期对千斤顶进行检查、保养、更换和维修。

11.0.9　滑升过程中应控制结构的偏移和扭转。纠偏、纠扭操作应在当班施工指挥人员的统一指挥下，按滑模专项施工方案预定的方法并徐缓进行。当高耸构筑物等平面面积较小的工程采用倾斜操作平台纠偏方法时，操作平台的倾斜度不应大于 1%。当圆形筒壁结构发生扭转时,任意3m高度上的相对扭转值不应大于30mm。高层建筑及平面面积较大的构筑物工程不得采用倾斜操作平台的纠偏方法。

滑模平台垂直、水平、纠偏、纠扭的相关观测记录应按现行国家标准《滑动模板工程技术规范》GB 50113执行。

11.0.10 施工中支承杆的接头应符合下列规定:

1 结构层同一平面内,相邻支承杆接头的竖向间距应大于1m;支承杆接头的数量不应大于总数量的25%,其位置应均匀分布;

2 工具式支承杆的螺纹接头应拧紧到位;

3 榫接或作为结构钢筋使用的非工具式支承杆接头,在其通过千斤顶后,应进行等强度焊接。

11.0.11 当支承杆设在结构体外时应有相应的加固措施,支承杆穿过楼板时应采取专力措施。当支承杆空滑施工时,根据对支承杆的验算结果,应进行加固处理。滑升过程中,应随时检查支承杆工作状态。当个别出现弯曲、倾斜等现象时,应及时查明原因,并应采取加固措施。

11.0.12 滑模施工过程中,操作平台上应保持整洁,混凝土浇筑完成后应及时清理平台上的碎渣及积灰,铲除模板上口和板面的结垢,并应根据施工情况及时清除吊脚手架、防护棚等上的坠落物。

11.0.13 滑模施工中,应定期对滑模装置进行检查、保养、维护,还应经常组织对垂直运输设备、吊具、吊索等进行检查。

11.0.14 构筑物工程外爬梯应随筒壁结构的升高及时安装,爬梯安装后的洞口处应及时采用安全网封严。

12 滑模装置拆除

12.0.1 滑模装置拆除前,应确定拆除的内容、方法、程序和使用的机械设备、采取的安全措施等;当施工中因结构变化需局部拆除或改装滑模装置时,应采取相关措施,并应重新进行安全技术检查;当滑模装置采取分段整体拆除时应进行相应计算,并应满足所使用机械设备的起重能力。

12.0.2 滑模装置拆除应指定专人负责统一指挥。拆除作业前应对作业人员进行技术培训和技术交底,不宜中途更换作业人员。

12.0.3 拆除中使用的垂直运输设备和机具,应经检查,合格后方准使用。

12.0.4 拆除滑模装置时,在建(构)筑物周围和塔吊运行范围周围应划出警戒区,拉警戒线,应设置明显的警戒标志,并应设专人监护。

12.0.5 进入警戒线内参加拆除作业的人员应佩戴安全帽,系好安全带,服从现场安全管理规定。非拆除人员未经允许不得进入拆除危险警戒线内。

12.0.6 应保护好电线,确保操作平台上拆除用照明和动力线的安全。当拆除操作平台的电气系统时,应切断电源。

12.0.7 滑模装置分段安装或拆除时,各分段必须采取固定措施;滑模装置中的支承杆安装或拆除过程必须采取防坠措施。

12.0.8 拆除作业应在白天进行,分段滑模装置应在起重吊索绷紧后割除支承杆或解除与体外支承杆的连接,并应在地面解体。拆除的部件、支承杆和剩余材料等应捆扎牢固、集中吊运,严禁凌空抛掷。

12.0.9 当遇到雷、雨、雾、雪、风速8.0m/s以上大风天气时,不得进行滑模装置的拆除作业。

本规程用词说明

1 为便于在执行本规程条文时区别对待,对要求严格程度不同的用词说明如下:

1) 表示很严格,非这样做不可的:
   正面词采用"必须";反面词采用"严禁";

2) 表示严格,在正常情况下均应这样做的:
   正面词采用"应";反面词采用"不应"或"不得";

3) 表示允许稍有选择,在条件许可时首先这样做的:
   正面词采用"宜";反面词采用"不宜";

4) 表示有选择,在一定条件下可以这样做的,采用"可"。

2 条文中指明应按其他有关标准执行的写法为:"应符合……的规定"或"应按……执行"。

引用标准名录

1 《建筑物防雷设计规范》GB 50057
2 《滑动模板工程技术规范》GB 50113
3 《塔式起重机安全规程》GB 5144
4 《施工升降机安全规程》GB 10055
5 《施工现场临时用电安全技术规范》JGJ 46
6 《建筑施工高处作业安全技术规范》JGJ 80
7 《建筑工程冬期施工规程》JGJ/T 104
8 《建筑施工扣件式钢管脚手架安全技术规范》JGJ 130
9 《建筑施工模板安全技术规范》JGJ 162
10 《建筑施工塔式起重机安装、使用、拆卸安全技术规程》JGJ 196
11 《建筑施工升降机安装、使用、拆卸安全技术规程》JGJ 215
12 《安全网》GB 5725

中华人民共和国行业标准

液压滑动模板施工安全技术规程

JGJ 65—2013

条 文 说 明

修 订 说 明

《液压滑动模板施工安全技术规程》JGJ 65-2013，经住房和城乡建设部2013年6月24日以第61号公告批准、发布。

本规程是在《液压滑动模板施工安全技术规程》JGJ 65-89的基础上修订而成，上一版的主编单位是冶金部建筑研究总院，参编单位是冶金部安全环保研究院、冶金部第三冶金建设公司、冶金部第十七冶金建设公司、首钢第一建筑工程公司，主要起草人员是罗竞宁、牟宏远、李崇直、毛永宽、张义裕、李子明。本次修订的主要技术内容是：1. 总则；2. 术语；3. 基本规定；4. 施工现场；5. 滑模装置制作与安装；6. 垂直运输设备及装置；7. 动力及照明用电；8. 通信与信号；9. 防雷；10. 消防；11. 滑模施工；12. 滑模装置拆除。

本规程在修订过程中，编制组进行了滑模安全施工技术北京及广州专题研讨会、典型滑模施工现场安全管理现状调查研究，总结了我国滑模施工安全技术及管理的实践经验，同时参考了国外先进技术法规、技术标准，通过试验取得了一些重要技术参数。

为便于广大设计、施工、监理、科研、教学等单位有关人员在使用本规程时能正确理解和执行条文规定，《液压滑动模板施工安全技术规程》修订编制组按章、节、条顺序编制了本规程的条文说明，对条文规定的目的、依据以及执行中需要注意的有关事项进行了说明，还着重对强制性条文的强制理由做了解释。但是，本条文说明不具备与标准正文同等的法律效力，仅供使用者作为理解和把握标准规定的参考。

目 次

1 总则 …………………………… 10—19—14
2 术语 …………………………… 10—19—14
3 基本规定 ……………………… 10—19—14
4 施工现场 ……………………… 10—19—15
5 滑模装置制作与安装 ………… 10—19—15
6 垂直运输设备及装置 ………… 10—19—16
7 动力及照明用电 ……………… 10—19—16
8 通信与信号 …………………… 10—19—17
9 防雷 …………………………… 10—19—17
10 消防 …………………………… 10—19—17
11 滑模施工 ……………………… 10—19—18
12 滑模装置拆除 ………………… 10—19—19

1 总则

1.0.1 液压滑动模板施工技术是我国现浇混凝土结构工程中施工速度快、地面场地占用少、机械化程度高、绿色环保与经济综合效益显著的一种施工方法，尤其在特种构筑物、超高层建筑物和异形建筑等施工中优势明显。它与普通的模板工程施工有重大区别，除专用模板系统外，主要还包括滑模操作平台系统、提升系统、施工精度控制系统、水电配套系统等组成，集建筑材料、机械、电气、结构、监测等多学科于一体，所有施工工序都在靠自身动力移动的临时结构—滑模操作平台系统上完成，而混凝土是在动态下成型，整个施工操作平台支承于一组单根刚度相对较小的支承杆上，施工中的安全问题具有其特殊性，应引起高度重视。

在早期液压滑动模板施工技术大力推广应用的过程中曾发生过重大安全事故，有过深刻教训。为在施工中贯彻国家"安全第一、预防为主、综合治理"的安全生产方针，保障人民生命财产安全，防止事故发生，根据液压滑动模板施工技术的特点和安全技术管理工作的规律编制了本规程。

1.0.3 本规程是针对液压滑动模板施工安全方面提出的，在施工中不仅要遵守本规程，而且还应遵守现行国家标准《滑动模板工程技术规范》GB 50113 和现行行业标准《建筑施工高处作业安全技术规范》JGJ 80、《建筑施工模板安全技术规范》JGJ 162 等的有关规定。

2 术语

本规程给出了 10 个有关液压滑动模板和施工安全技术与管理方面的专用术语，并从液压滑动模板工程的角度赋予了其特定的涵义，所给出的推荐性英文术语，是参考国外某些标准拟定的。

3 基本规定

3.0.1 滑模是一项专项技术含量较高的先进施工工艺，滑模装置既是模板也是脚手架的施工作业平台，其自重、施工荷载和风荷载都比较大，属独立高处作业，施工安全问题较为突出。

根据《建设工程安全生产管理条例》（中华人民共和国国务院令第 393 号）第十七条、第二十六条及《危险性较大的分部分项工程安全管理办法》（建质〔2009〕87 号）的有关规定，滑模施工属于超过一定规模的危险性较大的分部分项工程范围，应编制滑模专项施工方案。

3.0.2 滑模专项施工方案应包括的主要内容是根据现行国家标准《滑动模板工程技术规范》GB 50113 和《危险性较大的分部分项工程安全管理办法》（建质〔2009〕87 号）第七条的规定综合编制。

3.0.3、3.0.4 是按《危险性较大的分部分项工程安全管理办法》第十二条、第十五条的规定编制。

3.0.5 滑模装置的形式可因地制宜，常见的烟囱和高层建筑滑模装置见图1、图2。

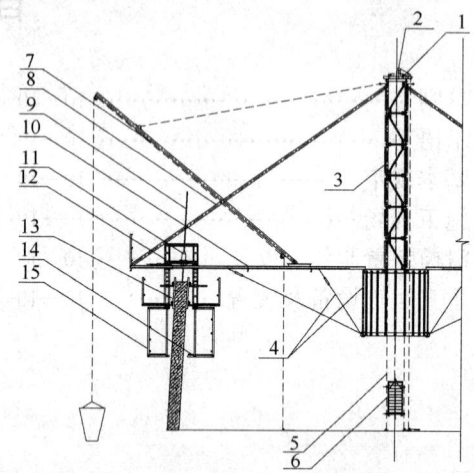

图 1 烟囱滑模装置剖面图
1—天轮梁；2—天轮；3—井架；4—操作平台钢结构；
5—导索；6—吊笼；7—扒杆；8—井架斜杆；9—支承杆；
10—操作平台；11—千斤顶；12—提升架；13—模板；
14—内吊脚手架；15—外吊脚手架

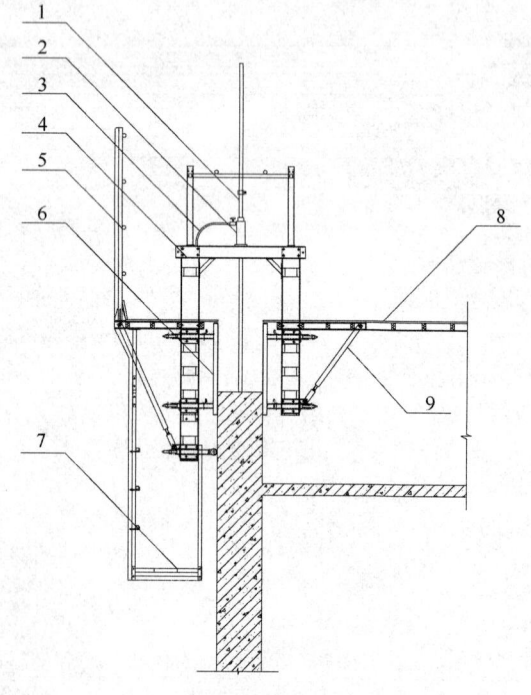

图 2 高层建筑滑模装置剖面图
1—支承杆；2—千斤顶；3—液压油路系统；4—提升架；
5—栏杆；6—模板；7—外吊脚手架；8—操作平台；9—挑架

3.0.6 滑模施工属于高处作业。因此，规定了因恶劣天气原因必须停止施工，并规定了停工措施和恢复施工的措施。风速10.8m/s相当于六级风。

3.0.7 滑模平台上的操作人员都属于高处作业，因此要求滑模操作平台上的施工人员应身体健康，能适应高处作业环境，否则，不得上操作平台工作。

3.0.8 冬期气温低大大延缓了混凝土的凝结速度，对模板的滑升速度有很大的影响，当滑升速度与混凝土凝结速度不匹配时，就会影响工程质量以致引起安全事故。若采用保温或加热措施提高混凝土的凝结速度以适应滑升速度的需要，就会大大增加施工费用，在施工上还带来其他许多困难，增加了很多不安全因素。因此，当由于各种原因需要进行冬期施工时，应认真对待，采取有效的安全技术措施以保证施工安全。

3.0.12 施工现场应有临时用电组织设计、审批及验收程序，滑模施工安全用电应严格执行临时用电组织设计。施工单位技术负责人应组织有关设计、使用和监理单位共同验收，合格后方可投入使用。

3.0.13 烟囱类高耸构筑物，由于顶部面积狭窄，滑模装置的拆除比较危险，故本条规定设计时，在烟囱类结构的顶端设置安全行走平台，以使拆除人员在进行滑模装置拆除时有较安全的活动场地。另外也便于投产使用后，避雷装置及航空标志的维修。

4 施工现场

4.0.1 本条结合现行行业标准《建筑施工现场环境与卫生标准》JGJ 146的有关规定编制，并按批准的滑模专项施工方案布置现场。

4.0.2 本条根据现行国家标准《滑动模板工程技术规范》GB 50113的有关规定编制。

4.0.3 本条根据滑模施工围绕高处操作平台组织连续生产的特点，结合现行行业标准《建筑施工安全检查标准》JGJ 59的有关规定编制。

4.0.4 滑模施工人员、设备、材料和滑升作业等全部在操作平台上完成，平台面积和结构不可能做得无限大，因此应限载，高空作业消防安全问题也突出，结合现行行业标准《建筑施工安全检查标准》JGJ 59的有关规定编制。

4.0.5 本条规定了对危险警戒区内的重要场所搭设安全或隔离防护棚的要求。

4.0.6 本条给出了防护棚的构造要求，其中第4款考虑到人体身高和安全防护的要求，将原来的防护高度800mm提高到1200mm。

4.0.7 本条给出了在各类洞口进行作业时，防护设施的设置要求。

4.0.8 本条结合现行行业标准《建筑施工扣件式钢管脚手架安全技术规范》JGJ 130的有关规定编制。编制组到几个典型滑模施工现场调研中发现，滑模施工速度快，施工用楼梯、爬梯安全栏杆设置不重视，其中独立的施工马道与原结构连接普遍存在滞后和不完整现象，需要加强。

4.0.9 本条规定了应采取防护措施的部位。

4.0.10 本条规定了现场垂直运输机械的布置要求。

5 滑模装置制作与安装

5.0.1 由于滑模装置是一种使用时间长、所承受的荷载可变性大的临时结构，应认真设计。所以本条对滑模装置的设计提出了要求，对其设计的审核作了规定，以防止盲目施工。

5.0.2 本条规定滑模装置应按已批准的设计施工图施工，设计变更应经设计人员同意，并出具设计变更文件，防止施工过程中不经设计验算，擅自变动随意施工的现象发生。

5.0.3 本条对制作滑模装置的材质及材料代用作出明确规定，以保证操作平台的结构安全可靠。同时对使用的机具、器具作出了规定。

5.0.4 滑模是先进的施工工艺，滑模装置的质量关系到工程项目的施工安全、工程实体质量等，因此本条规定滑模装置各部件的制作、焊接及安装质量应经检验合格。滑模施工操作平台的骨架一般为钢结构，其构件连接大部分是采用焊接，所以，焊接质量是保证操作平台结构安全使用的重要环节。同时，滑模装置安装完成后要进行载荷试验，其目的是进一步检验制作、焊接及安装质量，把施工中可能发生的问题解决在滑模施工之前。

5.0.5 本条为强制性条文。工作荷载包括：滑模装置自重、施工荷载、垂直运输系统附加荷载及制动力、混凝土与模板之间的摩阻力和风荷载。在实际施工中，由于千斤顶不同步、操作平台施工荷载不均匀、出模强度增长影响摩阻力变大等原因，会产生不确定的附加荷载，为保证滑模装置及施工人员的安全，千斤顶的工作荷载不应大于其额定荷载；同时千斤顶应具有可靠的自锁装置，在工作荷载作用下不下滑。

5.0.6 本条对操作平台及吊脚手架上的铺板作了规定，明确了操作平台各种洞口，如：上下层操作平台的通道口、爬梯口、梁模滑空部位等，应有封闭措施，以保证操作平台上施工人员的安全。同时对操作平台及吊脚手架的走道宽度作出了规定。

5.0.7 本条对操作平台外边缘的防护栏杆提出的要求，是以我国滑模施工的经验，从安全和施工方便的角度作出的规定。

5.0.8 本条是对操作平台及内外吊脚手架安全网的挂法及所使用安全网的质量及固定方法作出规定。在行人较多地段的吊脚手架外侧应采取全封闭或多层密网等加强防护措施；吊脚手架的吊杆与横杆采用钢管扣件连接时，为防止扣件松动，对吊杆作出了防滑落规定；同时对采用滑框倒模工艺施工的内外吊架作出了防坠落规定。

5.0.9 本条针对滑模装置上设有随升井架时，对出入口处的防护措施及其护栏处的防护作出了要求，规定随升井架的顶部设限位开关的主要目的在于防止吊笼冲顶，以确保施工安全。

5.0.10 本条特别对连续变截面结构滑模施工时，操作平台随着模板的提升，操作平台支承面积减少，应按施工技术设计的要求及时改造、拆除超长部分，在尚未拆除前应及时缩小外挑平台的使用宽度，以防止增加施工操作平台的倾覆力矩。

5.0.11 滑模托带钢结构施工时，应考虑到钢结构在托带滑升时产生的应力变化和对滑模装置产生的附加荷载，因此要求千斤顶和支承杆的承载能力应有较大的安全储备和确保同步上升的措施。

6 垂直运输设备及装置

6.0.1 建筑施工使用的垂直运输设备种类繁多，技术性能参数各异，而滑模施工技术又不同于其他常规施工方法，故本条规定滑模所用的垂直运输设备应根据滑模施工工艺的特点、建（构）筑物的形状及施工工况合理地选择，在保证滑模施工安全的前提下优先选择标准的垂直运输设备通用产品，如：塔式起重机、施工升降机和物料提升机等标准的通用产品。

6.0.2 滑模施工是一种特殊施工工艺，在构筑物滑模施工中往往会使用如随升井架等垂直运输装置，它是指利用部分标准产品设计制作的为滑模专用的垂直运输装置，因此，本条文规定应有符合安全技术规范的完整的设计文件（包括签字盖章的图纸、计算书、工艺文件）、产品质量合格证明和设备安装使用说明书等。

6.0.3 本条文提出滑模垂直运输装置的检测项目、检测指标与检测条件由设计单位提出，使用前由使用单位组织有关设计、制作、安装、使用、监理等单位共同检测验收，并规定了安全检测验收的主要内容。

6.0.4 本条文对垂直运输装置的标牌制作内容及固定作了相应的规定。

6.0.5 使垂直运输设备及装置经常处于完好状态是防止发生事故的重要技术管理环节，故本条规定了应建立定期检修和保养制度。

6.0.6 本条对操作垂直运输设备及装置的司机人员素质作了规定。该工作是一技术性较高、责任心较强的岗位，司机应熟知所使用设备的构造、原理、性能、操作方法和安全技术知识，否则不能胜任本岗位的工作。禁止非司机人员上岗操作。

6.0.7 本条赋予司机有拒绝使用不符合垂直运输设备及装置运转操作条件的职权。

6.0.8 本条规定了在滑模施工中使用随升井架等装置时应进行验算的内容，以确保其受力性能满足施工的需要。

6.0.9 本条规定了高耸构筑物施工中垂直运输装置应做详细的安全及防坠落设计，并规定安全卡钳设计和检验时采用的主要技术参数。

6.0.10 吊笼采用柔性导轨时，为防导轨在吊笼运行过程中发生共振而造成安全事故，本条对柔性滑道的张紧力作出了规定。为防止张紧力过大造成操作平台结构破坏，柔性滑道应设计与安装测力装置。

6.0.11 在本条中对吊笼规定了应配置的安全措施。

7 动力及照明用电

7.0.1 滑模施工连续性强，又属于高处作业，当发生停电时是无法连续施工的。为此本条规定了滑模施工现场应设备用电源。当没有备用电源时，应利用在建工程的楼梯或爬梯或随构造物高度上升搭设的脚手架马道等作安全通道。

7.0.2 本条规定了滑模操作平台上配电箱的设置、管理和滑模操作平台供电的一般做法，以避免"一闸多用"和"私拉乱接"等违章用电。

7.0.3 为保证滑模操作平台上施工用电安全或意外紧急状态下切断电源的需要，故在本条文中规定垂直操作平台用电应有独立的配电装置。而且对附着在操作平台上的垂直运输设备应有上、下两套紧急断电装置，以备紧急情况下的断电操作。

7.0.4 本条规定了380V用电设备和电缆线的安全保护措施。

7.0.5 滑模操作平台上各种动力、照明及控制用电气线路，一般都敷设在操作平台的铺板以下的隐蔽处，以防止操作平台的人员或设备意外损坏而发生触电事故或影响使用。对敷设在操作平台铺板面上的电气线路应采取保护措施。强调强弱电应分开布设，电源线应避免随地拖拉敷设。

7.0.6 为保证滑模操作平台上用电，本条对操作平台上用电设备接零提出了要求，防止因用电设备漏电和漏电开关失灵而发生人身伤亡事故。

7.0.7 本条规定了由地面至滑模操作平台间供电电缆架设的技术要求。

7.0.8 本条规定主要是从防止触电、漏电击人的情况出发，对固定照明灯具、低压便携灯的使用、触电保护器的设置等做了相应的规定。条文中所提的照明充足，是要保证照明均匀不留死角，其照度满足施工操作要求。

7.0.9 本条规定了停工应断电，防止意外事故发生的安全措施。

8 通信与信号

8.0.1 滑模施工中通信联络与联络信号对保证安全生产至关重要，在滑模专项施工方案中应根据施工的需要对通信与信号作出相应的技术设计，以保证施工中联络畅通，信号可靠。本条对通信联络设备的使用人、应急抢修和正常维修制度、各类信号的专人管理及其岗位责任制作了具体规定。

8.0.2 滑模施工中所采用的联络方式及通信联络装置应认真考虑和选择，从工程实践看联络的方式应简便直接，如对讲机、直通电话、小功率喇叭等。但选用的通信联络设备应灵敏可靠，这样才能保证施工中的正常通信联络。

8.0.3 本条提出对滑模施工中通信联络装置的安装及试验的要求。

8.0.4 本条对采用吊笼等垂直运输装置规定了通信联络、显示信号及限载、限位报警自动控制系统的要求，以保证施工安全。

8.0.5 本条对垂直运输机械和混凝土布料机的启动信号、信号传递及司机操作规定了要求。

8.0.6 当滑模操作平台最高点超过50m时应根据当地航空部门的要求来设置航空信号。在机场附近施工时，应根据机场航空管理的要求来设置航空信号，以保证飞行和安全。

9 防 雷

9.0.1 本条规定的防雷措施的技术要求是基于以下情况考虑的：

1 邻近的防雷装置的接闪器对周围地面有一定的保护范围，详见《建筑物防雷设计规范》GB 50057的有关规定。因此，在施工期间，滑模操作平台的最高点，当在邻近防雷装置接闪器保护范围内，可不安装临时接闪器，否则，应安装临时接闪器。

2 为了有效地保护滑模操作平台，临时接闪器的保护范围，应按《建筑物防雷设计规范》GB 50057计算确定，其设置高度应随施工进展而保持最高点，确保不断升高的操作平台始终处于接闪器的保护范围之内。

3 接闪器可将雷电流通过引下线和接地体传入大地，以防操作平台遭受雷击。所以防雷装置应构成良好的电气通路。

4 为防雷电反击和跨步电压，接闪器的引下线和接地体，应设置在隐蔽的地方。

9.0.2 为保证施工安全和便于施工，滑模施工中的防雷装置宜设专用的引下线。当所施工工程采用结构钢筋做引下线时，施工用的接闪器可以与此相连。但应按照所施工工程批准的设计图，随时将结构钢筋焊接成电气通路，并与接地体相连。

9.0.3 在施工过程中，防雷装置的引下线应始终保持电气通路。因为接闪器对高空的雷云有"吸引作用"，如果引下线不能保持电气通路，一旦雷击，雷电流得不到良好的入地通路，反而有害。因此，防雷装置的引下线应在施工中保证不被折断。由于施工中需要（如挖沟等）将引下线拆除时，应待另一条引下线安装好后，方准拆除原引下线。

9.0.4 机械设备的动力、控制、照明、信号及通信线路采用钢管敷设，并与设备金属结构体做电气连接是基于通过屏蔽和等电位连接，以防止雷电侧击的危害。

9.0.5 本条根据现行国家标准《建筑物防雷设计规范》GB 50057和《塔式起重机安全规程》GB 5144有关接地电阻的要求编制。

9.0.6 雷雨时，露天作业应停止。所以高处作业人员应下到地面，人体应避免接触防雷装置，以防雷电感应和反击。

9.0.7 当因天气等原因停工后，在下次开工前和雷雨季节到来之前，应对防雷装置进行全面检查，检查焊点是否牢固，引下线的断接卡子接触是否良好，接地电阻是否符合要求。检查若发现问题，应及时进行维修并达到原设计要求，并向有关负责人报告。

10 消 防

10.0.1 滑模施工贯彻"预防为主、防消结合"的方针，应做好消防安全管理交底工作，并加强日常看护和安全检查。

10.0.2 滑模施工场地应配备适当种类的消防器材，以便火灾时及时扑救，从而减少损失。由于滑模所施工的建（构）筑物不同，其滑模操作平台的大小也不同，故消防器材的数量由各施工单位根据实际情况设计确定。

10.0.3 高层建筑和高耸构筑物滑模施工安装临时消防供水系统，不仅是为了施工时混凝土养护用水，更重要的是发生火灾时可以立即进行消防扑救，由于滑模在不断地升高，因此高层建筑应逐层、高耸构筑物应分段设置施工消防接口和阀门，发生火灾时随时连接消防水管并打开阀门。施工消防供水系统应根据建筑物或构筑物的高度、面积、结构形式按有关标准进行设计。

10.0.4 控制火源是防止火灾最根本的途径，滑模施工属高处作业，一旦发生火灾危险性更大，也不易扑救。我国有过这种火灾的教训，所以应严格执行电（气）焊动火审批制度，在采取如设置接火斗、灭火器等防火措施基础上，经专职安全人员确认后再进行工作，作业时现场应设专人实施监护。

10.0.5 本条施工消防设施指消防用水管，疏散通道指在建工程的楼梯、爬梯和脚手架马道等,这些设施施工应保持同步,以供消防及施工人员紧急疏散使用。

10.0.6 消防器材设备专人管理是保证能进行定期检查维修、保持完好的先决条件。消防栓冬季要防冻,水溶型泡沫灭火器也应防冻,消防器材的及时补充等都需有专人负责,才能使以"预防为主"的措施有效。

10.0.7 施工现场,特别是高空的操作平台上不使用、不存放易燃材料有利于减少施工现场火灾发生的几率。

11 滑模施工

11.0.1 滑模施工前应对滑模装置进行全面的安全大检查。本条规定了安全检查的主要内容及应达到的要求。其中液压系统调试、检验及支承杆选用、检验应符合现行国家标准《滑动模板工程技术规范》GB 50113中的有关规定。

11.0.2 为防止滑模施工操作平台超载,要严格管理操作平台上施工材料的堆放。操作平台上所堆放的材料应在保证施工需要的情况下,随用随吊,严格控制在滑模专项施工方案所规定的允许荷载值内,暂时不用的材料、物件应及时清理运至地面,以减小操作平台的荷载,保证操作安全。

11.0.3 滑模施工时,模板的滑升应在施工指挥人员的统一指挥下进行,按滑升制度操作,不允许随意提升。要加强施工管理人员的责任心,经常检查操作平台结构、支承杆的工作状态及混凝土的凝结状态,在确认无滑升障碍、具备滑升条件的情况下方可发布滑升指令,否则易发生质量和安全事故。

11.0.4 滑模施工过程中,设专人对滑模装置进行检查,是确保施工安全和工程质量的重要措施。滑模施工是在动态中进行的,由于混凝土浇筑方向、混凝土振捣、操作平台荷载的不均匀性等原因,滑模装置会产生变形、松动,而变形大小是与检查、维护相关的。因此要对关键部位按照《滑动模板工程技术规范》GB 50113滑模装置组装的允许偏差表的规定定期检查,做好检查记录。每次滑升要认真检查和总结滑升障碍问题,及时向施工指挥人员反映,迅速采取纠正措施。

11.0.5 混凝土的出模强度检查,首先是工程开始进行初次提升(即初滑阶段)的混凝土外露部分;其次是每次正常滑升开始的混凝土外露部分,主要应注意两点:

1 既要考虑混凝土的自重能克服模板与混凝土之间的摩阻力,又要使下端混凝土达到必要的出模强度,而混凝土强度过高又将产生粘模现象,影响滑模装置的正常滑升,因此应对刚出模的混凝土凝结状态进行强度检验,使其控制在规范允许的范围内。

2 初滑一般是指模板结构在组装后初次经受提升荷载的考验,因此,在进行混凝土强度检验的同时,检查滑模装置是否工作正常,如发现问题应立即处理,这对以后施工中保证平台结构的安全十分重要。

11.0.6 本条规定的做法是为确保每个区段上下层的混凝土强度相对均衡,才能确保滑模装置的平稳和滑模施工的安全。

11.0.7 在滑模施工过程中,控制滑升速度是保证施工安全的重要条件之一,应严格控制模板的滑升速度,按预定的滑升速度施工。如果混凝土的凝结速度与滑升速度不相适应时,应根据实际情况和会商变更方案,适时调整滑升速度。超速滑升易造成滑模操作平台整体失稳的严重安全事故,应严格禁止。

液压控制台是滑模提升系统的"心脏",因而应由有经验的人员操作,这样在滑升过程中才能全面掌握操作平台的工作状态,控制滑升速度。避免有的操作人员因缺乏操作知识和经验,不掌握现场情况就任意提升的现象。

11.0.8 本条对千斤顶的规定是为了确保滑模同步施工,操作平台保持水平。

11.0.9 本条规定了滑升过程中控制结构偏移和扭转的操作要求,强调高层建筑及平面面积较大的构筑物工程不得采用倾斜操作平台的纠偏方法,是因为有些操作人员把平面面积较小的构筑物的纠偏方法照搬到这类工程上,而这类工程平面刚度很大,采用倾斜操作平台的纠偏方法无济于事,反而会造成滑模装置变形,很不安全,应另采取其他有效措施。

有关记录表见现行国家标准《滑动模板工程技术规范》GB 50113-2005 的附录。

11.0.10 本条是对支承杆接头的有关规定,由于支承杆是滑模装置的承载体,支承杆的接头处理一定要拧紧到位、稳固可靠。

11.0.11 滑模的支承杆一般设在混凝土体内,为了节省支承杆的用量,采用 $\phi48\times3.5$ 钢管支承杆可设在结构体外,此时应有相应的加固措施。钢管支承杆穿过楼板时应采取传力措施,将支承杆所承担的荷载分散到更多面积的楼板共同承担。当支承杆设在结构体外和支承杆空滑施工时,都应对支承杆进行验算,并采取可靠的加固措施。

11.0.12 实践证明,滑模施工管理不到位,滑模操作平台上会出现脏、乱、差现象,不但安全难以保证,工程质量也很难达标。因此要养成良好的习惯,始终保持平台整洁,及时清理平台上及其以下各部位散落的碎渣及积灰,铲除模板上口和板面的结垢。

11.0.13 滑模施工过程中,除对滑模装置进行常规安全检查外,还应定期对垂直运输机械、吊具、吊索进行检查,目的是防止出现机械事故、撞击事故、坠落事故等安全事故的发生。

11.0.14 本条规定的目的是当停电或发生机械故障时垂直运输设备停运，人员上下通行的应急措施。

12 滑模装置拆除

12.0.1 滑模装置拆除是滑模施工最后一道工序，也是安全风险较大的一个环节。为确保拆除工作安全完成，本条规定了滑模装置拆除方案中对拆除的具体内容、拆除方法、拆除程序、所使用的机械设备、安全措施等都要有详细计划和具体要求；施工中改变滑模装置结构，如平面变化、截面变化所涉及的拆除或改装也包括在其中。滑模装置分段整体拆除时，应进行相应的计算，所使用机械设备的起重能力应能满足分段整体拆除时的起重要求。

12.0.2 滑模装置的拆除作业应按照批准后的专项施工方案有序的进行，根据滑模施工的经验教训，在拆除工作中应加强组织管理，拆除全过程应指定专人负责统一指挥，有效组织拆除工作，防止事故发生；所有参加拆除作业的人员应经过技术交底、技术培训，了解拆除内容、拆除方法和拆除顺序，大家协同配合，共同遵守安全规定，对发现的不安全因素及时向总指挥反映。正因为拆除队伍是一个有机整体，因此，在拆除的全过程中，不宜随意更换作业人员，防止工作紊乱。

12.0.3 本条规定用于滑模装置拆除的垂直运输机械和机具，都要进行安全检查，以确保各种机械和机具在拆除作业中安全运行。

12.0.4 由于使用后的滑模装置有可能已发生潜在的磨损，有时甚至发生明显的废损，装置上的混凝土残渣时有存在，因此在拆除滑模装置时，应加倍注意安全，在建（构）筑物周围和塔吊运行范围周围应划出警戒区。警戒线应设置明显的警戒标志，应设专人监护和管理。

12.0.5 为防止装置上的混凝土残渣和零碎部件的掉落伤害人体，因此参加拆除作业的人员在进入警戒线内，应佩戴安全帽，高处作业时系好安全带，服从现场安全管理规定。非拆除人员未经允许不得进入警戒线内。

12.0.7 本条为强制性条文。滑模装置通常采用分段安装或拆除，在实施过程中，由于体系不完整，各分段甚至整个滑模装置存在倾倒或坠落的潜在安全风险，因此，应对滑模装置采取搭脚手架、设斜支撑、钢丝绳拉结等固定措施，保证其稳固性。而支承杆由于自重或拆除时割断，存在从千斤顶中滑脱的危险，因此，对支承杆也应采取在千斤顶以上用限位卡或脚手架的扣件卡紧或焊接短钢筋头或支承杆割断后从千斤顶下部及时抽出等主要防坠落措施。

12.0.8 拆除作业应在白天光线充足、能见度良好、天气正常情况下进行，以确保安全操作，夜间施工人员的视力及现场照明条件都不如白天，遇有技术上的问题白天也较易处理，所以，夜间不应进行拆除作业。

滑模装置在平台上采用分段整体拆除、然后到地面解体的目的是为了减少高处作业，防止人和物的坠落事故发生。拆除的一切物品应捆扎牢固、集中吊运，防止坠落伤人，严禁高空抛物。

12.0.9 滑模拆除工作系高处作业，施工人员的工作环境相对较差，所以本条规定在气候条件不好时，不允许进行拆除作业。风速 8.0m/s 相当于五级风。

中华人民共和国行业标准

建筑施工模板安全技术规范

Technical code for safety of forms in construction

JGJ 162—2008
J 814—2008

批准部门：中华人民共和国住房和城乡建设部
施行日期：２００８年１２月１日

中华人民共和国住房和城乡建设部
公 告

第 79 号

关于发布行业标准《建筑施工模板安全技术规范》的公告

现批准《建筑施工模板安全技术规范》为行业标准，编号为 JGJ 162-2008，自 2008 年 12 月 1 日起实施。其中，第 5.1.6、6.1.9、6.2.4 条为强制性条文，必须严格执行。

本规范由我部标准定额研究所组织中国建筑工业出版社出版发行。

中华人民共和国住房和城乡建设部
2008 年 8 月 6 日

前 言

根据国家计划委员会计综合〔1989〕30 号文和建设部司发（89）建标工字第 058 号文的要求，标准编制组在广泛调查研究，认真总结实践经验，参考有关国际标准和国外先进标准，并广泛征求意见的基础上，制订了本规范。

本规范的主要技术内容是：1. 总则；2. 术语、符号；3. 材料选用；4. 荷载及变形值的规定；5. 设计；6. 模板构造与安装；7. 模板拆除；8. 安全管理。

本规范以黑体字标志的条文为强制性条文，必须严格执行。

本规范由住房和城乡建设部负责管理和对强制性条文的解释，由沈阳建筑大学（地址：沈阳市浑南新区浑南东路 9 号沈阳建筑大学土木工程学院，邮编：110168）负责具体技术内容的解释。

本规范主编单位：沈阳建筑大学
本规范参编单位：安徽省芜湖市第一建筑工程公司
本规范主要起草人：魏忠泽　张　健　鲁德成
　　　　　　　　　秦桂娟　魏　炜　周静海
　　　　　　　　　刘　莉　贾元祥　李铁强
　　　　　　　　　刘海涛

目　次

1　总则 ……………………………………… 10—20—4
2　术语、符号 ……………………………… 10—20—4
　2.1　术语 ………………………………… 10—20—4
　2.2　主要符号 …………………………… 10—20—4
3　材料选用 ………………………………… 10—20—5
　3.1　钢材 ………………………………… 10—20—5
　3.2　冷弯薄壁型钢 ……………………… 10—20—6
　3.3　木材 ………………………………… 10—20—6
　3.4　铝合金型材 ………………………… 10—20—6
　3.5　竹、木胶合模板板材 ……………… 10—20—7
4　荷载及变形值的规定 …………………… 10—20—7
　4.1　荷载标准值 ………………………… 10—20—7
　4.2　荷载设计值 ………………………… 10—20—8
　4.3　荷载组合 …………………………… 10—20—9
　4.4　变形值规定 ………………………… 10—20—11
5　设计 ……………………………………… 10—20—11
　5.1　一般规定 …………………………… 10—20—11
　5.2　现浇混凝土模板计算 ……………… 10—20—12
　5.3　爬模计算 …………………………… 10—20—20
6　模板构造与安装 ………………………… 10—20—21
　6.1　一般规定 …………………………… 10—20—21
　6.2　支架立柱构造与安装 ……………… 10—20—22
　6.3　普通模板构造与安装 ……………… 10—20—24
　6.4　爬升模板构造与安装 ……………… 10—20—25
　6.5　飞模构造与安装 …………………… 10—20—25
　6.6　隧道模构造与安装 ………………… 10—20—25
7　模板拆除 ………………………………… 10—20—26
　7.1　模板拆除要求 ……………………… 10—20—26
　7.2　支架立柱拆除 ……………………… 10—20—26
　7.3　普通模板拆除 ……………………… 10—20—26
　7.4　特殊模板拆除 ……………………… 10—20—27
　7.5　爬升模板拆除 ……………………… 10—20—27
　7.6　飞模拆除 …………………………… 10—20—27
　7.7　隧道模拆除 ………………………… 10—20—27
8　安全管理 ………………………………… 10—20—28
附录A　各类模板用材设计指标 ………… 10—20—29
附录B　模板设计中常用建筑材料自重 … 10—20—34
附录C　等截面连续梁的内力及变形系数 … 10—20—35
附录D　b类截面轴心受压钢构件稳定系数 … 10—20—39
本规范用词说明 …………………………… 10—20—40
附：条文说明 ……………………………… 10—20—41

1 总 则

1.0.1 为在工程建设模板工程施工中贯彻国家安全生产的方针和政策，做到安全生产、技术先进、经济合理、方便适用，制定本规范。

1.0.2 本规范适用于建筑施工中现浇混凝土工程模板体系的设计、制作、安装和拆除。

1.0.3 进行模板工程的设计和施工时，应从工程实际情况出发，合理选用材料、方案和构造措施；应满足模板在运输、安装和使用过程中的强度、稳定性和刚度要求，并宜优先采用定型化、标准化的模板支架和模板构件。

1.0.4 建筑施工模板工程的设计、制作、安装和拆除应符合本规范的要求外，尚应符合国家现行有关标准的规定。

2 术语、符号

2.1 术 语

2.1.1 面板 surface slab

直接接触新浇混凝土的承力板，包括拼装的板和加肋楞带板。面板的种类有钢、木、胶合板、塑料板等。

2.1.2 支架 support

支撑面板用的楞梁、立柱、连接件、斜撑、剪刀撑和水平拉条等构件的总称。

2.1.3 连接件 pitman

面板与楞梁的连接、面板自身的拼接、支架结构自身的连接和其中二者相互间连接所用的零配件。包括卡销、螺栓、扣件、卡具、拉杆等。

2.1.4 模板体系 shuttering

由面板、支架和连接件三部分系统组成的体系，可简称为"模板"。

2.1.5 小梁 minor beam

直接支承面板的小型楞梁，又称次楞或次梁。

2.1.6 主梁 main beam

直接支承小楞的结构构件，又称主楞。一般采用钢、木梁或钢桁架。

2.1.7 支架立柱 support column

直接支承主楞的受压结构构件，又称支撑柱、立柱。

2.1.8 配模 matching shuttering

在施工设计中所包括的模板排列图、连接件和支承件布置图，以及细部结构、异形模板和特殊部位详图。

2.1.9 早拆模板体系 early unweaving shuttering

在模板支架立柱的顶端，采用柱头的特殊构造装置来保证国家现行标准所规定的拆模原则下，达到早期拆除部分模板的体系。

2.1.10 滑动模板 glide shuttering

模板一次组装完成，上面设置有施工作业人员的操作平台，并从下而上采用液压或其他提升装置沿现浇混凝土表面边浇筑混凝土边进行同步滑动提升和连续作业，直到现浇结构的作业部分或全部完成。其特点是施工速度快、结构整体性能好、操作条件方便和工业化程度较高。

2.1.11 爬模 crawl shuttering

以建筑物的钢筋混凝土墙体为支承主体，依靠自升式爬升支架使大模板完成提升、下降、就位、校正和固定等工作的模板系统。

2.1.12 飞模 flying shuttering

主要由平台板、支撑系统（包括梁、支架、支撑、支腿等）和其他配件（如升降和行走机构等）组成。它是一种大型工具式模板，由于可借助起重机械，从已浇好的楼板下吊运飞出，转移到上层重复使用，称为飞模。因其外形如桌，故又称桌模或台模。

2.1.13 隧道模 tunnel shuttering

一种组合式的、可同时浇筑墙体和楼板混凝土的、外形像隧道的定型模板。

2.2 主要符号

2.2.1 作用和作用效应

F——新浇混凝土对模板的侧压力计算值；

F_s——新浇混凝土对模板的侧压力设计值；

G_{1k}——模板及其支架自重标准值；

G_{2k}——新浇混凝土自重标准值；

G_{3k}——钢筋自重标准值；

G_{4k}——新浇混凝土作用于模板的侧压力标准值；

M——弯矩设计值；

N——轴心力设计值；

N_t^b——对拉螺栓轴力强度设计值；

P——集中荷载设计值；

Q_{1k}——施工人员及设备荷载标准值；

Q_{2k}——振捣混凝土时产生的荷载标准值；

Q_{3k}——倾倒混凝土时对垂直面模板产生的水平荷载标准值；

S——荷载效应组合的设计值；

V——剪力设计值；

g_k——自重线荷载标准值；

g——自重线荷载设计值；

q_k——活荷线荷载标准值；

q——活荷线荷载设计值。

2.2.2 计算指标：

E——钢、木弹性模量；

N_{EX}——欧拉临界力；
f——钢材的抗拉、抗压和抗弯强度设计值；
f_c——木材顺纹抗压及承压强度设计值；
f_{ce}——钢材的端面承压强度设计值；
f_j——胶合板抗弯强度设计值；
f_{Lm}——铝合金材抗弯强度设计值；
f_m——木材的抗弯强度设计值；
f_t^b——螺栓抗拉强度设计值；
f_v——钢、木材的抗剪强度设计值；
γ_c——混凝土的重力密度；
σ——正应力；
σ_c——木材压应力；
τ——剪应力。

2.2.3 几何参数：
A——毛截面面积；
A_0——木支柱毛截面面积；
A_n——净截面面积；
H——大模板高度；
I——毛截面惯性矩；
I_1——工具式钢管支柱插管毛截面惯性矩；
I_2——工具式钢管支柱套管毛截面惯性矩；
I_b——门架剪刀撑截面惯性矩；
L——楞梁计算跨度；
L_0——支柱计算跨度；
S_0——计算剪应力处以上毛截面对中和轴的面积矩；
W——截面抵抗矩；
a——对拉螺栓横向间距或大模板重心至模板根部的水平距离；
b——对拉螺栓纵向间距或木楞梁截面宽度，或是大模板重心至支架端部水平距离；
d——钢管外径；
h_0——门架高度；
h_1——门架加强杆高度；
h——倾斜后大模板的垂直高度；
i——回转半径；
l——面板计算跨度；
l_1——柱箍纵向间距；
l_2——柱箍计算跨度；
t_w——钢腹板的厚度；
t——钢管的厚度；
v——挠度计算值；
$[v]$——容许挠度值；
w_s——风荷载设计值；
λ——长细比；
$[\lambda]$——容许长细比。

2.2.4 计算系数及其他：
k——调整系数；

β_1——外加剂影响修正系数；
β_2——混凝土坍落度影响修正系数；
β_m——压弯构件稳定的等效弯矩系数；
γ——截面塑性发展系数；
γ_G——恒荷载分项系数；
γ_Q——活荷载分项系数；
φ——轴心受压构件的稳定系数；
μ——钢支柱的计算长度系数。

3 材料选用

3.1 钢 材

3.1.1 为保证模板结构的承载能力，防止在一定条件下出现脆性破坏，应根据模板体系的重要性、荷载特征、连接方法等不同情况，选用适合的钢材型号和材性，且宜采用 Q235 钢和 Q345 钢。对模板的支架材料宜优先选用钢材。

3.1.2 模板的钢材质量应符合下列规定：

1 钢材应符合现行国家标准《碳素结构钢》GB/T 700、《低合金高强度结构钢》GB/T 1591 的规定。

2 钢管应符合现行国家标准《直缝电焊钢管》GB/T 13793 或《低压流体输送用焊接钢管》GB/T 3092 中规定的 Q235 普通钢管的要求，并应符合现行国家标准《碳素结构钢》GB/T 700 中 Q235A 级钢的规定。不得使用有严重锈蚀、弯曲、压扁及裂纹的钢管。

3 钢铸件应符合现行国家标准《一般工程用铸造碳钢件》GB/T 11352 中规定的 ZG 200-420、ZG 230-450、ZG 270-500 和 ZG 310-570 号钢的要求。

4 钢管扣件应符合现行国家标准《钢管脚手架扣件》GB 15831 的规定。

5 连接用的焊条应符合现行国家标准《碳钢焊条》GB/T 5117 或《低合金钢焊条》GB/T 5118 中的规定。

6 连接用的普通螺栓应符合现行国家标准《六角头螺栓 C 级》GB/T 5780 和《六角头螺栓》GB/T 5782 的规定。

7 组合钢模板及配件制作质量应符合现行国家标准《组合钢模板技术规范》GB 50214 的规定。

3.1.3 下列情况的模板承重结构和构件，不应采用 Q235 沸腾钢：

1 工作温度低于-20℃承受静力荷载的受弯及受拉的承重结构或构件；

2 工作温度等于或低于-30℃的所有承重结构或构件。

3.1.4 承重结构采用的钢材应具有抗拉强度、伸长率、屈服强度和硫、磷含量的合格保证，对焊接结构尚应具有碳含量的合格保证。

焊接的承重结构以及重要的非焊接承重结构采用的钢材还应具有冷弯试验的合格保证。

3.1.5 当结构工作温度不高于－20℃时，对Q235钢和Q345钢应具有0℃冲击韧性的合格保证；对Q390钢和Q420钢应具有－20℃冲击韧性的合格保证。

3.2 冷弯薄壁型钢

3.2.1 用于承重模板结构的冷弯薄壁型钢的带钢或钢板，应采用符合现行国家标准《碳素结构钢》GB/T 700规定的Q235钢和《低合金高强度结构钢》GB/T 1591规定的Q345钢。

3.2.2 用于承重模板结构的冷弯薄壁型钢的带钢或钢板，应具有抗拉强度、伸长率、屈服强度、冷弯试验和硫、磷含量的合格保证；对焊接结构尚应具有碳含量的合格保证。

3.2.3 焊接采用的材料应符合下列规定：

　　1 手工焊接用的焊条，应符合现行国家标准《碳钢焊条》GB/T 5117或《低合金钢焊条》GB/T 5118的规定。

　　2 选择的焊条型号应与主体结构金属力学性能相适应。

　　3 当Q235钢和Q345钢相焊接时，宜采用与Q235钢相适应的焊条。

3.2.4 连接件及连接材料应符合下列规定：

　　1 普通螺栓除应符合本规范第3.1.2条第6款的规定外，其机械性能还应符合现行国家标准《紧固件机械性能 螺栓、螺钉和螺柱》GB/T 3098.1的规定。

　　2 连接薄钢板或其他金属板采用的自攻螺钉应符合现行国家标准《自钻自攻螺钉》GB/T 15856.1～4、GB/T 3098.11或《自攻螺栓》GB/T 5282～5285的规定。

3.2.5 在冷弯薄壁型钢模板结构设计图中和材料订货文件中，应注明所采用钢材的牌号和质量等级、供货条件及连接材料的型号（或钢材的牌号）。必要时尚应注明对钢材所要求的机械性能和化学成分的附加保证项目。

3.3 木　材

3.3.1 模板结构或构件的树种应根据各地区实际情况选择质量好的材料，不得使用有腐朽、霉变、虫蛀、折裂、枯节的木材。

3.3.2 模板结构设计应根据受力种类或用途按表3.3.2的要求选用相应的木材材质等级。木材材质标准应符合现行国家标准《木结构设计规范》GB 50005的规定。

表3.3.2 模板结构或构件的木材材质等级

主要用途	材质等级
受拉或拉弯构件	Ⅰa
受弯或压弯构件	Ⅱa
受压构件	Ⅲa

3.3.3 用于模板体系的原木、方木和板材可采用目测法分级。选材应符合现行国家标准《木结构设计规范》GB 50005的规定，不得利用商品材的等级标准替代。

3.3.4 用于模板结构或构件的木材，应从本规范附录A附表A.3.1-1和附表A.3.1-2所列树种中选用。主要承重构件应选用针叶材；重要的木制连接件应采用细密、直纹、无节和无其他缺陷的耐腐蚀的硬质阔叶材。

3.3.5 当采用不常用树种木材作模板体系中的主梁、次梁、支架立柱等的承重结构或构件时，可按现行国家标准《木结构设计规范》GB 50005的要求进行设计。对速生林材，应进行防腐、防虫处理。

3.3.6 在建筑施工模板工程中使用进口木材时，应符合下列规定：

　　1 应选择天然缺陷和干燥缺陷少、耐腐朽性较好的树种木材；

　　2 每根木材上应有经过认可的认证标识，认证等级应附有说明，并应符合国家商检规定；进口的热带木材，还应附有无活虫虫孔的证书；

　　3 进口木材应有中文标识，并应按国别、等级、规格分批堆放，不得混淆；储存期间应防止木材霉变、腐朽和虫蛀；

　　4 对首次采用的树种，必须先进行试验，达到要求后方可使用。

3.3.7 当需要对模板结构或构件木材的强度进行测试验证时，应按现行国家标准《木结构设计规范》GB 50005的检验标准进行。

3.3.8 施工现场制作的木构件，其木材含水率应符合下列规定：

　　1 制作的原木、方木结构，不应大于25％；

　　2 板材和规格材，不应大于20％；

　　3 受拉构件的连接板，不应大于18％；

　　4 连接件，不应大于15％。

3.4 铝合金型材

3.4.1 当建筑模板结构或构件采用铝合金型材时，应采用纯铝加入锰、镁等合金元素构成的铝合金型材，并应符合国家现行标准《铝及铝合金型材》YB 1703的规定。

3.4.2 铝合金型材的机械性能应符合表3.4.2的规定。

表 3.4.2　铝合金型材的机械性能

牌号	材料状态	壁厚 (mm)	抗拉极限强度 σ_b (N/mm²)	屈服强度 $\sigma_{0.2}$ (N/mm²)	伸长率 δ (%)	弹性模量 E_c (N/mm²)
LD_2	C_Z	所有尺寸	≥180	—	≥14	1.83×10^5
	C_S		≥280	≥210	≥12	
LY_{11}	C_Z	≤10.0	≥360	≥220	≥12	
	C_S	10.1～20.0	≥380	≥230	≥12	
LY_{12}	C_Z	<5.0	≥400	≥300	≥10	2.14×10^5
		5.1～10.0	≥420	≥300	≥10	
		10.1～20.0	≥430	≥310	≥10	
LC_4	C_S	≤10.0	≥510	≥440	≥6	2.14×10^5
		10.1～20.0	≥540	≥450	≥6	

注：材料状态代号名称：C_Z—淬火（自然时效）；C_S—淬火（人工时效）。

3.4.3 铝合金型材的横向、高向机械性能应符合表 3.4.3 的规定。

表 3.4.3　铝合金型材的横向、高向机械性能

牌号	材料状态	取样部位	抗拉极限强度 σ_b (N/mm²)	屈服强度 $\sigma_{0.2}$ (N/mm²)	伸长率 δ (%)
LY_{12}	C_Z	横向	≥400	≥290	≥6
		高向	≥350	≥290	≥4
LC_4	C_S	横向	≥500		≥4
		高向	≥480		≥3

注：材料状态代号名称：C_Z—淬火（自然时效）；C_S—淬火（人工时效）。

3.5　竹、木胶合模板板材

3.5.1 胶合模板板材表面应平整光滑，具有防水、耐磨、耐酸碱的保护膜，并应有保温性能好、易脱模和可两面使用等特点。板材厚度不应小于12mm，并应符合国家现行标准《混凝土模板用胶合板》ZBB 70006的规定。

3.5.2 各层板的原材含水率不应大于15%，且同一胶合模板各层原材间的含水率差别不应大于5%。

3.5.3 胶合模板应采用耐水胶，其胶合强度不应低于木材或竹材顺纹抗剪和横纹抗拉的强度，并应符合环境保护的要求。

3.5.4 进场的胶合模板除具有出厂质量合格证外，还应保证外观及尺寸合格。

3.5.5 竹胶合模板技术性能应符合表 3.5.5 的规定。

表 3.5.5　竹胶合模板技术性能

项　目		平均值	备　注
静曲强度 σ (N/mm²)	3层	113.30	$\sigma = (3PL)/(2bh^2)$ 式中　P——破坏荷载；　　　L——支座距离（240mm）；　　　b——试件宽度（20mm）；　　　h——试件厚度（胶合模板 $h=15$mm）
	5层	105.50	
弹性模量 E (N/mm²)	3层	10584	$E = 4(\Delta PL^5)/(\Delta fbh^3)$ 式中　$L、b、h$ 同上，其中3层 $\Delta P/\Delta f = 211.6$；5层 $\Delta P/\Delta f = 197.7$
	5层	9898	
冲击强度 A (J/cm²)	3层	8.30	$A = Q/(b \times h)$ 式中　Q——折损耗功；　　　b——试件宽度；　　　h——试件厚度
	5层	7.95	
胶合强度 τ (N/mm²)	3层	3.52	$\tau = P/(b \times l)$ 式中　P——剪切破坏荷载（N）；　　　b——剪面宽度（20mm）；　　　l——切面长度（28mm）
	5层	5.03	
握钉力 M (N/mm)		241.10	$M = P/h$ 式中　P——破坏荷载（N）；　　　h——试件厚度（mm）

3.5.6 常用木胶合模板的厚度宜为12mm、15mm、18mm，其技术性能应符合下列规定：

1 不浸泡，不蒸煮：剪切强度 1.4～1.8N/mm²；

2 室温水浸泡：剪切强度 1.2～1.8N/mm²；

3 沸水煮24h：剪切强度 1.2～1.8N/mm²；

4 含水率：5%～13%；

5 密度：450～880kg/m³；

6 弹性模量：4.5×10^3～11.5×10^3 N/mm²。

3.5.7 常用复合纤维模板的厚度宜为12mm、15mm、18mm，其技术性能应符合下列规定：

1 静曲强度：横向 28.22～32.3N/mm²；纵向 52.62～67.21N/mm²；

2 垂直表面抗拉强度：大于 1.8N/mm²；

3 72h 吸水率：小于 5%；

4 72h 吸水膨胀率：小于 4%；

5 耐酸碱腐蚀性：在1%苛性钠中浸泡24h，无软化或腐蚀现象；

6 耐水气性能：在水蒸气中喷蒸24h 表面无软化及明显膨胀；

7 弹性模量：大于 6.0×10^3 N/mm²。

4　荷载及变形值的规定

4.1　荷载标准值

4.1.1 永久荷载标准值应符合下列规定：

1 模板及其支架自重标准值（G_{1k}）应根据模板设计图纸计算确定。肋形或无梁楼板模板自重标准值应按表4.1.1采用。

表4.1.1 楼板模板自重标准值（kN/m²）

模板构件的名称	木模板	定型组合钢模板
平板的模板及小梁	0.30	0.50
楼板模板（其中包括梁的模板）	0.50	0.75
楼板模板及其支架（楼层高度为4m以下）	0.75	1.10

注：除钢、木外，其他材质模板重量见本规范附录B中的附表B。

2 新浇筑混凝土自重标准值（G_{2k}），对普通混凝土可采用24kN/m³，其他混凝土可根据实际重力密度或按本规范附录B表B确定。

3 钢筋自重标准值（G_{3k}）应根据工程设计图确定。对一般梁板结构每立方米钢筋混凝土的钢筋自重标准值：楼板可取1.1kN；梁可取1.5kN。

4 当采用内部振捣器时，新浇筑的混凝土作用于模板的侧压力标准值（G_{4k}），可按下列公式计算，并取其中的较小值：

$$F = 0.22\gamma_c t_0 \beta_1 \beta_2 V^{\frac{1}{2}} \quad (4.1.1-1)$$
$$F = \gamma_c H \quad (4.1.1-2)$$

式中 F——新浇混凝土对模板的侧压力计算值（kN/m²）；

γ_c——混凝土的重力密度（kN/m³）；

V——混凝土的浇筑速度（m/h）；

t_0——新浇混凝土的初凝时间（h），可按试验确定；当缺乏试验资料时，可采用$t_0 = 200/(T + 15)$（T为混凝土的温度℃）；

β_1——外加剂影响修正系数；不掺外加剂时取1.0，掺具有缓凝作用的外加剂时取1.2；

β_2——混凝土坍落度影响修正系数；当坍落度小于30mm时，取0.85；坍落度为50~90mm时，取1.00；坍落度为110~150mm时，取1.15；

H——混凝土侧压力计算位置处至新浇混凝土顶面的总高度（m）；混凝土侧压力的计算分布图形如图4.1.1所示，图中$h = F/\gamma_c$，h为有效压头高度。

4.1.2 可变荷载标准值应符合下列规定：

1 施工人员及设备荷载标准值（Q_{1k}），当计算模板和直接支承模板的小梁时，均布活荷载可取2.5kN/m²，再用集中荷载2.5kN进行验算，比较二者所得的弯矩值取其大值；当计算直接支承小梁的主

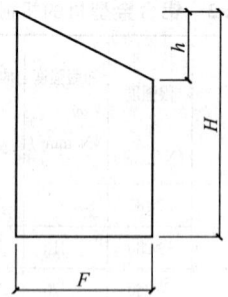

图4.1.1 混凝土侧压力计算分布图形

梁时，均布活荷载标准值可取1.5kN/m²；当计算支架立柱及其他支承结构构件时，均布活荷载标准值可取1.0kN/m²。

注：1 对大型浇筑设备，如上料平台、混凝土输送泵等按实际情况计算；采用布料机上料进行浇筑混凝土时，活荷载标准值取4kN/m²。

2 混凝土堆积高度超过100mm以上者按实际高度计算。

3 模板单块宽度小于150mm时，集中荷载可分布于相邻的2块板面上。

2 振捣混凝土时产生的荷载标准值（Q_{2k}），对水平面模板可采用2kN/m²，对垂直面模板可采用4kN/m²，且作用范围在新浇筑混凝土侧压力的有效压头高度之内。

3 倾倒混凝土时，对垂直面模板产生的水平荷载标准值（Q_{3k}）可按表4.1.2采用。

表4.1.2 倾倒混凝土时产生的水平荷载标准值（kN/m²）

向模板内供料方法	水平荷载
溜槽、串筒或导管	2
容量小于0.2m³的运输器具	2
容量为0.2~0.8m³的运输器具	4
容量大于0.8m³的运输器具	6

注：作用范围在有效压头高度以内。

4.1.3 风荷载标准值应按现行国家标准《建筑结构荷载规范》GB 50009—2001（2006年版）中的规定计算，其中基本风压值应按该规范附表D.4中$n = 10$年的规定采用，并取风振系数$\beta_z = 1$。

4.2 荷载设计值

4.2.1 计算模板及支架结构或构件的强度、稳定性和连接强度时，应采用荷载设计值（荷载标准值乘以荷载分项系数）。

4.2.2 计算正常使用极限状态的变形时，应采用荷载标准值。

4.2.3 荷载分项系数应按表4.2.3采用。

表 4.2.3　荷载分项系数

荷载类别	分项系数 γ_i
模板及支架自重标准值（G_{1k}）	永久荷载的分项系数： （1）当其效应对结构不利时：对由可变荷载效应控制的组合，应取 1.2；对由永久荷载效应控制的组合，应取 1.35。 （2）当其效应对结构有利时：一般情况应取 1；对结构的倾覆、滑移验算，应取 0.9。
新浇混凝土自重标准值（G_{2k}）	
钢筋自重标准值（G_{3k}）	
新浇混凝土对模板的侧压力标准值（G_{4k}）	
施工人员及施工设备荷载标准值（Q_{1k}）	可变荷载的分项系数： 一般情况下应取 1.4；对标准值大于 4kN/m² 的活荷载应取 1.3。
振捣混凝土时产生的荷载标准值（Q_{2k}）	
倾倒混凝土时产生的荷载标准值（Q_{3k}）	
风荷载（w_k）	1.4

4.2.4 钢面板及支架作用荷载设计值可乘以系数 0.95 进行折减。当采用冷弯薄壁型钢时，其荷载设计值不应折减。

4.3 荷 载 组 合

4.3.1 按极限状态设计时，其荷载组合应符合下列规定：

1 对于承载能力极限状态，应按荷载效应的基本组合采用，并应采用下列设计表达式进行模板设计：

$$r_0 S \leqslant R \quad (4.3.1-1)$$

式中　r_0——结构重要性系数，其值按 0.9 采用；
　　　S——荷载效应组合的设计值；
　　　R——结构构件抗力的设计值，应按各有关建筑结构设计规范的规定确定。

对于基本组合，荷载效应组合的设计值 S 应从下列组合值中取最不利值确定：

1）由可变荷载效应控制的组合：

$$S = \gamma_G \sum_{i=1}^{n} G_{ik} + \gamma_{Q1} Q_{1k} \quad (4.3.1-2)$$

$$S = \gamma_G \sum_{i=1}^{n} G_{ik} + 0.9 \sum_{i=1}^{n} \gamma_{Qi} Q_{ik} \quad (4.3.1-3)$$

式中　γ_G——永久荷载分项系数，应按本规范表 4.2.3 采用；
　　　γ_{Qi}——第 i 个可变荷载的分项系数，其中 γ_{Q1} 为可变荷载 Q_1 的分项系数，应按本规范表 4.2.3 采用；
　　　G_{ik}——按各永久荷载标准值 G_k 计算的荷载效应值；
　　　Q_{ik}——按可变荷载标准值计算的荷载效应值，其中 Q_{1k} 为诸可变荷载效应中起控制作用者；
　　　n——参与组合的可变荷载数。

2）由永久荷载效应控制的组合：

$$S = \gamma_G G_{ik} + \sum_{i=1}^{n} \gamma_{Qi} \psi_{ci} Q_{ik} \quad (4.3.1-4)$$

式中　ψ_{ci}——可变荷载 Q_i 的组合值系数，当按本规范中规定的各可变荷载采用时，其组合值系数可为 0.7。

注：1 基本组合中的设计值仅适用于荷载与荷载效应为线性的情况；
　　2 当对 Q_{1k} 无明显判断时，轮次以各可变荷载效应为 Q_{1k}，选其中最不利的荷载效应组合；
　　3 当考虑以竖向的永久荷载效应控制的组合时，参与组合的可变荷载仅限于竖向荷载。

2 对于正常使用极限状态应采用标准组合，并应按下列设计表达式进行设计：

$$S \leqslant C \quad (4.3.1-5)$$

式中　C——结构或结构构件达到正常使用要求的规定限值，应符合本规范第 4.4 节有关变形值的规定。

对于标准组合，荷载效应组合设计值 S 应按下式采用：

$$S = \sum_{i=1}^{n} G_{ik} \quad (4.3.1-6)$$

4.3.2 参与计算模板及其支架荷载效应组合的各项荷载的标准值组合应符合表 4.3.2 的规定。

表 4.3.2　模板及其支架荷载效应组合的各项荷载标准值组合

项目		参与组合的荷载类别	
		计算承载能力	验算挠度
1	平板和薄壳的模板及支架	$G_{1k}+G_{2k}+G_{3k}+Q_{1k}$	$G_{1k}+G_{2k}+G_{3k}$
2	梁和拱模板的底板及支架	$G_{1k}+G_{2k}+G_{3k}+Q_{2k}$	$G_{1k}+G_{2k}+G_{3k}$
3	梁、拱、柱（边长不大于 300mm）、墙（厚度不大于 100mm）的侧面模板	$G_{4k}+Q_{2k}$	G_{4k}

续表 4.3.2

项 目		参与组合的荷载类别	
		计算承载能力	验算挠度
4	大体积结构、柱（边长大于 300mm）、墙（厚度大于 100mm）的侧面模板	$G_{4k}+Q_{3k}$	G_{4k}

注：验算挠度应采用荷载标准值；计算承载能力应采用荷载设计值。

4.3.3 爬模结构的设计荷载值及其组合应符合下列规定：

1 模板结构设计荷载应包括：

侧向荷载：新浇混凝土侧向荷载和风荷载。当为工作状态时按 6 级风计算；非工作状态偶遇最大风力时，应采用临时固定措施。

竖向荷载：模板结构自重，机具、设备按实计算，施工人员按 1.0kN/m² 采用；

混凝土对模板的上托力：当模板的倾角小于 45°时，取 3～5kN/m²；当模板的倾角大于或等于 45°时，取 5～12kN/m²；

新浇混凝土与模板的粘结力：按 0.5kN/m² 采用，但确定混凝土与模板间摩擦力时，两者间的摩擦系数取 0.4～0.5；

模板结构与滑轨的摩擦力：滚轮与轨道间的摩擦系数取 0.05，滑块与轨道间的摩擦系数取 0.15～0.50。

2 模板结构荷载组合应符合下列规定：

计算支承架的荷载组合：处于工作状态时，应为竖向荷载加迎墙面风荷载；处于非工作状态时，仅考虑风荷载；

计算附墙架的荷载组合：处于工作状态时，应为竖向荷载加背墙面风荷载；处于非工作状态时，仅考虑风荷载。

4.3.4 液压滑动模板结构的荷载设计值及其组合应符合下列规定：

1 模板结构设计荷载类别应按表 4.3.4-1 采用。

2 计算滑模结构构件的荷载设计值组合应按表 4.3.4-2 采用。

表 4.3.4-1 液压滑动模板荷载类别

编号	设计荷载名称	荷载种类	分项系数	备 注
(1)	模板结构自重	恒荷载	1.2	按工程设计图计算确定其值
(2)	操作平台上施工荷载（人员、工具和堆料）： 设计平台铺板及檩条 2.5kN/m² 设计平台桁架 1.5kN/m² 设计围圈及提升架 1.0kN/m² 计算支承杆数量 1.0kN/m²	活荷载	1.4	若平台上放置手推车、吊罐、液压控制柜、电气焊设备、垂直运输、井架等特殊设备应按实计算荷载值
(3)	振捣混凝土侧压力： 沿周长方向每米取集中荷载5～6kN	恒荷载	1.2	按浇灌高度为 800mm 左右考虑的侧压力分布情况，集中荷载的合力作用点为混凝土浇灌高度的2/5 处
(4)	模板与混凝土的摩阻力 钢模板取 1.5～3.0kN/m²	活荷载	1.4	—
(5)	倾倒混凝土时模板承受的冲击力，按作用于模板侧面的水平集中荷载为：2.0kN	活荷载	1.4	按用溜槽、串筒或 0.2m³ 的运输工具向模板内倾倒时考虑
(6)	操作平台上垂直运输荷载及制动时的刹车力： 平台上垂直运输的额定附加荷载（包括起重量及柔性滑道的张紧力）均应按实计算；垂直运输设备刹车制动力按下式计算： $W = \left(\dfrac{A}{g}+1\right)Q = kQ$	活荷载	1.4	W—刹车时产生的荷载（N）； A—刹车时的制动减速度（m/s²），一般取 g 值的 1～2 倍； g—重力加速度（9.8m/s²）； Q—料罐总重（N）； k—动荷载系数，在 2～3 之间取用
(7)	风荷载	活荷载	1.4	按《建筑结构荷载规范》GB 50009 的规定采用，其中风压基本值按其附表 D.4 中 $n=10$ 年采用，其抗倾倒系数不应小于 1.15

表 4.3.4-2 计算滑模结构构件的荷载设计值组合

结构计算项目	荷载组合	
	计算承载能力	验算挠度
支承杆计算	(1)+(2)+(4) (1)+(2)+(6) 取二式中较大值	—
模板面计算	(3)+(5)	(3)
围圈计算	(1)+(3)+(5)	(1)+(3)+(4)
提升架计算	(1)+(2)+(3)+(4)+(5)+(6)	(1)+(2)+(3)+(4)+(6)
操作平台结构计算	(1)+(2)+(6)	(1)+(2)+(6)

注：1 风荷载设计值参与活荷载设计值组合时，其组合后的效应值应乘0.9的组合系数；
2 计算承载能力时应取荷载设计值；验算挠度时应取荷载标准值。

4.4 变形值规定

4.4.1 当验算模板及其支架的刚度时，其最大变形值不得超过下列容许值：

1 对结构表面外露的模板，为模板构件计算跨度的1/400；

2 对结构表面隐蔽的模板，为模板构件计算跨度的1/250；

3 支架的压缩变形或弹性挠度，为相应的结构计算跨度的1/1000。

4.4.2 组合钢模板结构或其构配件的最大变形值不得超过表4.4.2的规定。

表 4.4.2 组合钢模板及构配件的容许变形值(mm)

部件名称	容许变形值
钢模板的面板	≤1.5
单块钢模板	≤1.5
钢楞	L/500 或 ≤3.0
柱箍	B/500 或 ≤3.0
桁架、钢模板结构体系	L/1000
支撑系统累计	≤4.0

注：L为计算跨度，B为柱宽。

4.4.3 液压滑模装置的部件，其最大变形值不得超过下列容许值：

1 在使用荷载下，两个提升架之间围圈的垂直与水平方向的变形值均不得大于其计算跨度的1/500；

2 在使用荷载下，提升架立柱的侧向水平变形值不得大于2mm；

3 支承杆的弯曲度不得大于 $L/500$。

4.4.4 爬模及其部件的最大变形值不得超过下列容许值：

1 爬模应采用大模板；

2 爬架立柱的安装变形值不得大于爬架立柱高度的1/1000；

3 爬模结构的主梁，根据重要程度的不同，其最大变形值不得超过计算跨度的1/500～1/800；

4 支点间轨道变形值不得大于2mm。

5 设 计

5.1 一般规定

5.1.1 模板及其支架的设计应根据工程结构形式、荷载大小、地基土类别、施工设备和材料等条件进行。

5.1.2 模板及其支架的设计应符合下列规定：

1 应具有足够的承载能力、刚度和稳定性，应能可靠地承受新浇混凝土的自重、侧压力和施工过程中所产生的荷载及风荷载。

2 构造应简单，装拆方便，便于钢筋的绑扎、安装和混凝土的浇筑、养护。

3 混凝土梁的施工应采用从跨中向两端对称进行分层浇筑，每层厚度不得大于400mm。

4 当验算模板及其支架在自重和风荷载作用下的抗倾覆稳定性时，应符合相应材质结构设计规范的规定。

5.1.3 模板设计应包括下列内容：

1 根据混凝土的施工工艺和季节性施工措施，确定其构造和所承受的荷载；

2 绘制配板设计图、支撑设计布置图、细部构造和异形模板大样图；

3 按模板承受荷载的最不利组合对模板进行验算；

4 制定模板安装及拆除的程序和方法；

5 编制模板及配件的规格、数量汇总表和周转使用计划；

6 编制模板施工安全、防火技术措施及设计、施工说明书。

5.1.4 模板中的钢构件设计应符合现行国家标准《钢结构设计规范》GB 50017和《冷弯薄壁型钢结构技术规范》GB 50018的规定，其截面塑性发展系数应取1.0。组合钢模板、大模板、滑升模板等的设计尚应符合现行国家标准《组合钢模板技术规范》GB 50214和《滑动模板工程技术规范》GB 50113的相应规定。

5.1.5 模板中的木构件设计应符合现行国家标准《木结构设计规范》GB 50005的规定,其中受压立杆应满足计算要求,且其梢径不得小于80mm。

5.1.6 模板结构构件的长细比应符合下列规定:

1 受压构件长细比:支架立柱及桁架,不应大于150;拉条、缀条、斜撑等连系构件,不应大于200;

2 受拉构件长细比:钢杆件,不应大于350;木杆件,不应大于250。

5.1.7 用扣件式钢管脚手架作支架立柱时,应符合下列规定:

1 连接扣件和钢管立柱底座应符合现行国家标准《钢管脚手架扣件》GB 15831的规定;

2 承重的支架柱,其荷载应直接作用于立杆的轴线上,严禁承受偏心荷载,并应按单立杆轴心受压计算;钢管的初始弯曲率不得大于1/1000,其壁厚应按实际检查结果计算;

3 当露天支架立柱为群柱架时,高宽比不应大于5;当高宽比大于5时,必须加设抛撑或缆风绳,保证宽度方向的稳定。

5.1.8 用门式钢管脚手架作支架立柱时,应符合下列规定:

1 几种门架混合使用时,必须取支承力最小的门架作为设计依据;

2 荷载宜直接作用在门架两边立杆的轴线上,必要时可设横梁将荷载传于两立杆顶端,且应按单榀门架进行承力计算;

3 门架结构在相邻两榀之间应设工具式交叉支撑,使用的交叉支撑线刚度必须满足下式要求:

$$\frac{I_b}{L_b} \geq 0.03 \frac{I}{h_0} \quad (5.1.8)$$

式中 I_b——剪刀撑的截面惯性矩;
L_b——剪刀撑的压曲长度;
I——门架的截面惯性矩;
h_0——门架立杆高度。

4 当门架使用可调支座时,调节螺杆伸出长度不得大于150mm;

5 当露天门架支架立柱为群柱架时,高宽比不应大于5;当高宽比大于5时,必须使用缆风绳,保证宽度方向的稳定。

5.1.9 遇有下列情况时,水平支承梁的设计应采取防倾倒措施,不得取消或改动销紧装置的作用,且应符合下列规定:

1 水平支承如倾斜或由倾斜的托板支承以及偏心荷载情况存在时;

2 梁由多杆件组成;

3 当梁的高宽比大于2.5时,水平支承梁的底面严禁支承在50mm宽的单托板面上;

4 水平支承梁的高宽比大于2.5时,应避免承受集中荷载。

5.1.10 当采用卷扬机和钢丝绳牵拉进行爬模设计时,其支承架和锚固装置的设计能力,应为总牵引力的3~5倍。

5.1.11 烟囱、水塔和其他高大构筑物的模板工程,应根据其特点进行专项设计,制定专项施工安全措施。

5.2 现浇混凝土模板计算

5.2.1 面板可按简支跨计算,应验算跨中和悬臂端的最不利抗弯强度和挠度,并应符合下列规定:

1 抗弯强度计算

1) 钢面板抗弯强度应按下式计算:

$$\sigma = \frac{M_{max}}{W_n} \leq f \quad (5.2.1-1)$$

式中 M_{max}——最不利弯矩设计值,取均布荷载与集中荷载分别作用时计算结果的大值;

W_n——净截面抵抗矩,按本规范表5.2.1-1或表5.2.1-2查取;

f——钢材的抗弯强度设计值,应按本规范附录A的表A.1.1-1或表A.2.1-1的规定采用。

2) 木面板抗弯强度应按下式计算:

$$\sigma_m = \frac{M_{max}}{W_m} \leq f_m \quad (5.2.1-2)$$

式中 W_m——木板毛截面抵抗矩;
f_m——木材抗弯强度设计值,按本规范附录A表A.3.1-3~表A.3.1-5的规定采用。

表 5.2.1-1 组合钢模板 2.3mm 厚面板力学性能

模板宽度 (mm)	截面积 A (mm^2)	中性轴位置 y_0 (mm)	X轴截面惯性矩 I_x (cm^4)	截面最小抵抗矩 W_x (cm^3)	截面简图
300	1080 (978)	11.1 (10.0)	27.91 (26.39)	6.36 (5.86)	
250	965 (863)	12.3 (11.1)	26.62 (25.38)	6.23 (5.78)	

续表 5.2.1-1

模板宽度 (mm)	截面积 A (mm^2)	中性轴位置 y_0 (mm)	X轴截面惯性矩 I_x (cm^4)	截面最小抵抗矩 W_x (cm^3)	截 面 简 图
200	702 (639)	10.6 (9.5)	17.63 (16.62)	3.97 (3.65)	
150	587 (524)	12.5 (11.3)	16.40 (15.64)	3.86 (3.58)	
100	472 (409)	15.3 (14.2)	14.54 (14.11)	3.66 (3.46)	

注：1 括号内数据为净截面；
2 表中各种宽度的模板，其长度规格有：1.5m、1.2m、0.9m、0.75m、0.6m 和 0.45m；高度全为 55mm。

3）胶合板面板抗弯强度应按下式计算：

$$\sigma_j = \frac{M_{max}}{W_j} \leq f_{jm} \quad (5.2.1-3)$$

式中 W_j——胶合板毛截面抵抗矩；
f_{jm}——胶合板的抗弯强度设计值，应按本规范附录 A 的表 A.5.1～表 A.5.3 采用。

表 5.2.1-2 组合钢模板 2.5mm 厚面板力学性能

模板宽度 (mm)	截面积 A (mm^2)	中性轴位置 y_0 (mm)	X轴截面惯性矩 I_x (cm^4)	截面最小抵抗矩 W_x (cm^3)	截 面 简 图
300	114.4 (104.0)	10.7 (9.6)	28.59 (26.97)	6.45 (5.94)	
250	101.9 (91.5)	11.9 (10.7)	27.33 (25.98)	6.34 (5.86)	
200	76.3 (69.4)	10.7 (9.6)	19.06 (17.98)	4.3 (3.96)	
150	63.8 (56.9)	12.6 (11.4)	17.71 (16.91)	4.18 (3.88)	
100	51.3 (44.4)	15.3 (14.3)	15.72 (15.25)	3.96 (3.75)	

注：1 括号内数据为净截面；
2 表中各种宽度的模板，其长度规格有：1.5m、1.2m、0.9m、0.75m、0.6m 和 0.45m；高度全为 55mm。

2 挠度应按下列公式进行验算：

$$v = \frac{5q_g L^4}{384EI_x} \leq [v] \quad (5.2.1-4)$$

或

$$v = \frac{5q_g L^4}{384EI_x} + \frac{PL^3}{48EI_x} \leq [v] \quad (5.2.1-5)$$

式中 q_g——恒荷载均布线荷载标准值；
P——集中荷载标准值；
E——弹性模量；
I_x——截面惯性矩；
L——面板计算跨度；
$[v]$——容许挠度。钢模板应按本规范表 4.4.2 采用；木和胶合板面板应按本规范第 4.4.1 条采用。

5.2.2 支承楞梁计算时，次楞一般为 2 跨以上连续楞梁，可按本规范附录 C 计算，当跨度不等时，应按不等跨连续楞梁或悬臂楞梁设计；主楞可根据实际情况按连续梁、简支梁或悬臂梁设计；同时次、主楞梁均应进行最不利抗弯强度与挠度计算，并应符合下列规定：

1 次、主楞梁抗弯强度计算

1）次、主钢楞梁抗弯强度应按下式计算：

$$\sigma = \frac{M_{max}}{W} \leq f \quad (5.2.2-1)$$

式中 M_{max}——最不利弯矩设计值。应从均布荷载产生的弯矩设计值 M_1、均布荷载与集中荷载产生的弯矩设计值 M_2 和悬臂端产生的弯矩设计值 M_3 三者中，选取计算结果较大者；
W——截面抵抗矩，按本规范表 5.2.2 查用；
f——钢材抗弯强度设计值，按本规范附录 A 的表 A.1.1-1 或表 A.2.1-1

采用。

2) 次、主铝合金楞梁抗弯强度应按下式计算：

$$\sigma = \frac{M_{max}}{W} \leqslant f_{lm} \quad (5.2.2-2)$$

式中 f_{lm}——铝合金抗弯强度设计值，按本规范附录A的表A.4.1采用。

3) 次、主木楞梁抗弯强度应按下式计算：

$$\sigma = \frac{M_{max}}{W} \leqslant f_m \quad (5.2.2-3)$$

式中 f_m——木材抗弯强度设计值，按本规范附录A的表A.3.1-3、表A.3.1-4及表A.3.1-5的规定采用。

4) 次、主钢桁架梁计算应按下列步骤进行：
①钢桁架应优先选用角钢、扁钢和圆钢筋制成；
②正确确定计算简图（见图5.2.2-1～图5.2.2-3）；

表5.2.2 各种型钢钢楞和木楞力学性能

	规 格 (mm)	截面积 A (mm²)	重量 (N/m)	截面惯性矩 I_x (cm⁴)	截面最小抵抗矩 W_x (cm³)
扁钢	—70×5	350	27.5	14.29	4.08
角钢	L75×25×3.0	291	22.8	17.17	3.76
	L80×35×3.0	330	25.9	22.49	4.17
钢管	φ48×3.0	424	33.3	10.78	4.49
	φ48×3.5	489	38.4	12.19	5.08
	φ51×3.5	522	41.0	14.81	5.81
矩形钢管	□60×40×2.5	457	35.9	21.88	7.29
	□80×40×2.0	452	35.5	37.13	9.28
	□100×50×3.0	864	67.8	112.12	22.42
薄壁冷弯槽钢	[80×40×3.0	450	35.3	43.92	10.98
	[100×50×3.0	570	44.7	88.52	12.20
内卷边槽钢	[80×40×15×3.0	508	39.9	48.92	12.23
	[100×50×20×3.0	658	51.6	100.28	20.06
槽钢	[80×43×5.0	1024	80.4	101.30	25.30
矩形木楞	50×100	5000	30.0	416.67	83.33
	60×90	5400	32.4	364.50	81.00
	80×80	6400	38.4	341.33	85.33
	100×100	10000	60.0	833.33	166.67

③分析和准确求出节点集中荷载P值；
④求解桁架各杆件的内力；
⑤选择截面并应按下列公式核验杆件内力：

拉杆 $\sigma = \frac{N}{A} \leqslant f$ （5.2.2-4）

压杆 $\sigma = \frac{N}{\varphi A} \leqslant f$ （5.2.2-5）

式中 N——轴向拉力或轴心压力；
A——杆件截面面积；
φ——轴心受压杆件稳定系数。根据长细比（λ）值查本规范附录D，其中 l 为杆件计算跨度，i 为杆件回转半径；
f——钢材抗拉、抗压强度设计值。按本规范附录A表A.1.1-1或表A.2.1-1采用。

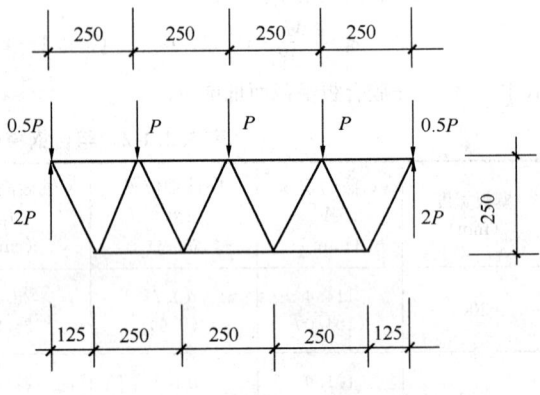

图5.2.2-1 轻型桁架计算简图示意

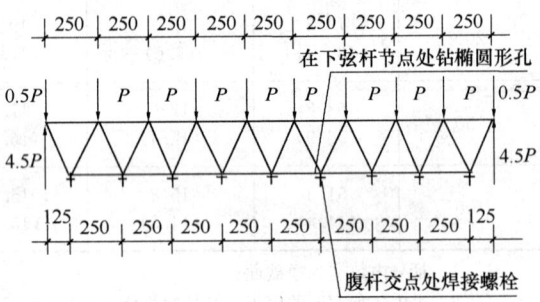

图5.2.2-2 曲面可变桁架计算简图示意

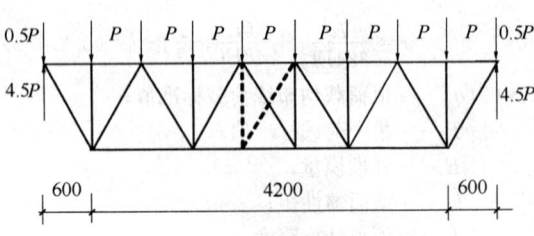

图5.2.2-3 可调桁架跨长计算简图示意

2 次、主楞梁抗剪强度计算

1) 在主平面内受弯的钢实腹构件，其抗剪强度应按下式计算：

$$\tau = \frac{VS_0}{It_w} \leqslant f_v \quad (5.2.2-6)$$

式中 V——计算截面沿腹板平面作用的剪力设计值;
S_0——计算剪力应力处以上毛截面对中和轴的面积矩;
I——毛截面惯性矩;
t_w——腹板厚度;
f_v——钢材的抗剪强度设计值,查本规范附录A表A.1.1-1和表A.2.1-1。

2) 在主平面内受弯的木实截面构件,其抗剪强度应按下式计算:

$$\tau = \frac{VS_0}{Ib} \leqslant f_v \quad (5.2.2\text{-}7)$$

式中 b——构件的截面宽度;
f_v——木材顺纹抗剪强度设计值。查本规范附录A表A.3.1-3~表A.3.1-5;

其余符号同式(5.2.2-6)。

3 挠度计算
1) 简支楞梁应按本规范式(5.2.1-4)或式(5.2.1-5)验算。
2) 连续楞梁应按本规范附录C中的表验算。
3) 桁架可近似地按有 n 个节间在集中荷载作用下的简支梁(根据集中荷载布置的不同,分为集中荷载将全跨等分成 n 个节间,见5.2.2-4和边集中荷载距支座各1/2节间,中间部分等分成 $n-1$ 个节间,见图5.2.2-5)考虑,采用下列简化公式验算:

当 n 为奇数节间,集中荷载 P 布置见图5.2.2-4,挠度验算公式为:

$$v = \frac{(5n^4 - 4n^2 - 1)PL^3}{384n^3 EI} \leqslant [v]$$
$$= \frac{L}{1000} \quad (5.2.2\text{-}8)$$

当 n 为奇数节间,集中荷载 P 布置见图5.2.2-5,挠度验算公式为:

$$v = \frac{(5n^4 + 2n^2 + 1)PL^3}{384n^3 EI} \leqslant [v]$$
$$= \frac{L}{1000} \quad (5.2.2\text{-}9)$$

当 n 为偶数节间,集中荷载 P 布置见图5.2.2-4,挠度验算公式为:

$$v = \frac{(5n^2 - 4)PL^3}{384nEI} \leqslant [v]$$
$$= \frac{L}{1000} \quad (5.2.2\text{-}10)$$

当 n 为偶数节间,集中荷载 P 布置见图5.2.2-5,挠度验算公式为:

$$v = \frac{(5n^2 + 2)PL^3}{384nEI} \leqslant [v]$$
$$= \frac{L}{1000} \quad (5.2.2\text{-}11)$$

式中 n——集中荷载 P 将全跨等分节间的个数;
P——集中荷载设计值;
L——桁架计算跨度值;
E——钢材的弹性模量;
I——跨中上、下弦及腹杆的毛截面惯性矩。

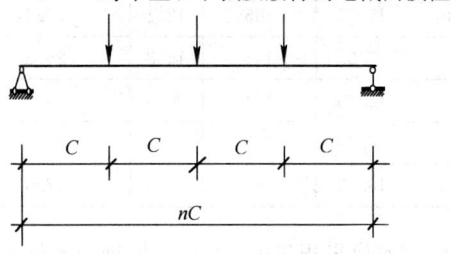

图5.2.2-4 桁架节点集中荷载布置图
(全跨等分)

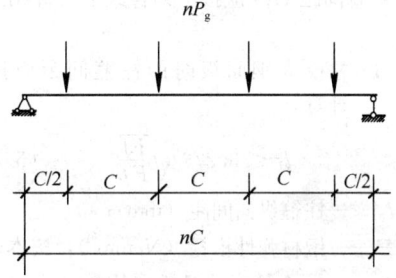

图5.2.2-5 桁架节点集中荷载布置图
(中间等分)

5.2.3 对拉螺栓应确保内、外侧模能满足设计要求的强度、刚度和整体性。

对拉螺栓强度应按下列公式计算:

$$N = abF_s \quad (5.2.3\text{-}1)$$
$$N_t^b = A_n f_t^b \quad (5.2.3\text{-}2)$$
$$N_t^b > N \quad (5.2.3\text{-}3)$$

式中 N——对拉螺栓最大轴力设计值;
N_t^b——对拉螺栓轴向拉力设计值,按本规范表5.2.3采用;
a——对拉螺栓横向间距;
b——对拉螺栓竖向间距;
F_s——新浇混凝土作用于模板上的侧压力、振捣混凝土对垂直模板产生的水平荷载或倾倒混凝土时作用于模板上的侧压力设计值:

$$F_s = 0.95(r_G F + r_Q Q_{3k})$$

或

$$F_s = 0.95(r_G G_{4k} + r_Q Q_{3k});$$

其中0.95为荷载值折减系数;
A_n——对拉螺栓净截面面积,按本规范表5.2.3采用;
f_t^b——螺栓的抗拉强度设计值,按本规范附录A表A.1.1-4采用。

表5.2.3 对拉螺栓轴向拉力设计值（N_t^b）

螺栓直径（mm）	螺栓内径（mm）	净截面面积（mm²）	重量（N/m）	轴向拉力设计值 N_t^b（kN）
M12	9.85	76	8.9	12.9
M14	11.55	105	12.1	17.8
M16	13.55	144	15.8	24.5
M18	14.93	174	20.0	29.6
M20	16.93	225	24.6	38.2
M22	18.93	282	29.6	47.9

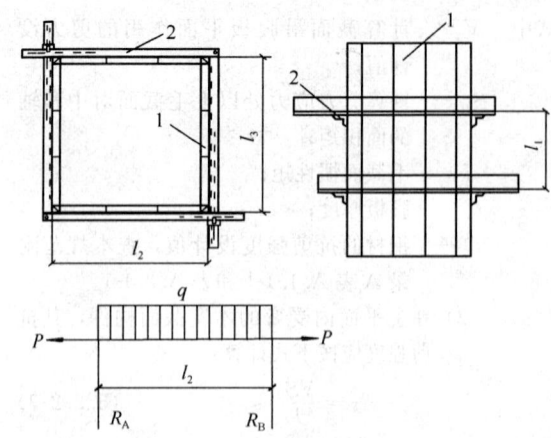

图5.2.4 柱箍计算简图
1—钢模板；2—柱箍

5.2.4 柱箍应采用扁钢、角钢、槽钢和木楞制成，其受力状态应为拉弯杆件，柱箍计算（图5.2.4）应符合下列规定：

1 柱箍间距（l_1）应按下列各式的计算结果取其小值：

1）柱模为钢面板时的柱箍间距应按下式计算：

$$l_1 \leq 3.276 \sqrt[4]{\frac{EI}{Fb}} \quad (5.2.4-1)$$

式中 l_1——柱箍纵向间距（mm）；
E——钢材弹性模量（N/mm²），按本规范附录A的表A.1.3采用；
I——柱模板一块板的惯性矩（mm⁴），按本规范表5.2.1-1或表5.2.1-2采用；
F——新浇混凝土作用于柱模板的侧压力设计值（N/mm²），按本规范式（4.1.1-1）或式（4.1.1-2）计算；
b——柱模板一块板的宽度（mm）。

2）柱模为木面板时的柱箍间距应按下式计算：

$$l_1 \leq 0.783 \sqrt[3]{\frac{EI}{Fb}} \quad (5.2.4-2)$$

式中 E——柱木面板的弹性模量（N/mm²），按本规范附录A的表A.3.1-3～表A.3.1-5采用；
I——柱木面板的惯性矩（mm⁴）；
b——柱木面板一块板的宽度（mm）。

3）柱箍间距还应按下式计算：

$$l_1 \leq \sqrt{\frac{8Wf（或f_m）}{F_s b}} \quad (5.2.4-3)$$

式中 W——钢或木面板的抵抗矩；
f——钢材抗弯强度设计值，按本规范附录A表A.1.1-1和表A.2.1-1采用；
f_m——木材抗弯强度设计值，按本规范附录A表A.3.1-3～表A.3.1-5采用。

2 柱箍强度应按拉弯杆件采用下列公式计算；当计算结果不满足本式要求时，应减小柱箍间距或加大柱箍截面尺寸：

$$\frac{N}{A_n} + \frac{M_x}{W_{nx}} \leq f \text{ 或 } f_m \quad (5.2.4-4)$$

其中

$$N = \frac{ql_3}{2} \quad (5.2.4-5)$$

$$q = F_s l_1 \quad (5.2.4-6)$$

$$M_x = \frac{ql_2^2}{8} = \frac{F_s l_1 l_2^2}{8} \quad (5.2.4-7)$$

式中 N——柱箍轴向拉力设计值；
q——沿柱箍跨向垂直线荷载设计值；
A_n——柱箍净截面面积；
M_x——柱箍承受的弯矩设计值；
W_{nx}——柱箍截面抵抗矩，可按本规范表5.2.2-1采用；
l_1——柱箍的间距；
l_2——长边柱箍的计算跨度；
l_3——短边柱箍的计算跨度。

3 挠度计算应按本规范式（5.2.1-4）进行验算。

5.2.5 木、钢立柱应承受模板结构的垂直荷载，其计算应符合下列规定：

1 木立柱计算

1）强度计算：

$$\sigma_c = \frac{N}{A_n} \leq f_c \quad (5.2.5-1)$$

2）稳定性计算：

$$\frac{N}{\varphi A_0} \leq f_c \quad (5.2.5-2)$$

式中 N——轴心压力设计值（N）；
A_n——木立柱受压杆件的净截面面积（mm²）；
f_c——木材顺纹抗压强度设计值（N/mm²），按本规范附录A表A.3.1-3～表A.3.1-5及A.3.3条采用；
A_0——木立柱跨中毛截面面积（mm²），当无缺口时，$A_0 = A$；

φ ——轴心受压杆件稳定系数，按下列各式计算：

当树种强度等级为 TC17、TC15 及 TB20 时：

$$\lambda \leqslant 75 \quad \varphi = \frac{1}{1+\left(\frac{\lambda}{80}\right)^2} \quad (5.2.5-3)$$

$$\lambda > 75 \quad \varphi = \frac{3000}{\lambda^2} \quad (5.2.5-4)$$

当树种强度等级为 TC13、TC11、TB17 及 TB15 时：

$$\lambda \leqslant 91 \quad \varphi = \frac{1}{1+\left(\frac{\lambda}{65}\right)^2} \quad (5.2.5-5)$$

$$\lambda > 91 \quad \varphi = \frac{2800}{\lambda^2} \quad (5.2.5-6)$$

$$\lambda = \frac{L_0}{i} \quad (5.2.5-7)$$

$$i = \sqrt{\frac{I}{A}} \quad (5.2.5-8)$$

式中 λ ——长细比；

L_0 ——木立柱受压杆件的计算长度，按两端铰接计算 $L_0 = L(\text{mm})$，L 为单根木立柱的实际长度；

i ——木立柱受压杆件的回转半径（mm）；

I ——受压杆件毛截面惯性矩（mm^4）；

A ——杆件毛截面面积（mm^2）。

2 工具式钢管立柱（图 5.2.5-1 和图 5.2.5-2）计算

1）CH 型和 YJ 型工具式钢管支柱的规格和力学性能应符合表 5.2.5-1 和表 5.2.5-2 的规定。

表 5.2.5-1 CH、YJ 型钢管支柱规格

项目 \ 型号	CH			YJ		
	CH-65	CH-75	CH-90	YJ-18	YJ-22	YJ-27
最小使用长度（mm）	1812	2212	2712	1820	2220	2720
最大使用长度（mm）	3062	3462	3962	3090	3490	3990
调节范围（mm）	1250	1250	1250	1270	1270	1270
螺旋调节范围（mm）	170	170	170	70	70	70
容许荷载 最小长度时（kN）	20	20	20	20	20	20
容许荷载 最大长度时（kN）	15	15	12	15	15	12
重量（kN）	0.124	0.132	0.148	0.1387	0.1499	0.1639

注：下套管长度应大于钢管总长的 1/2 以上。

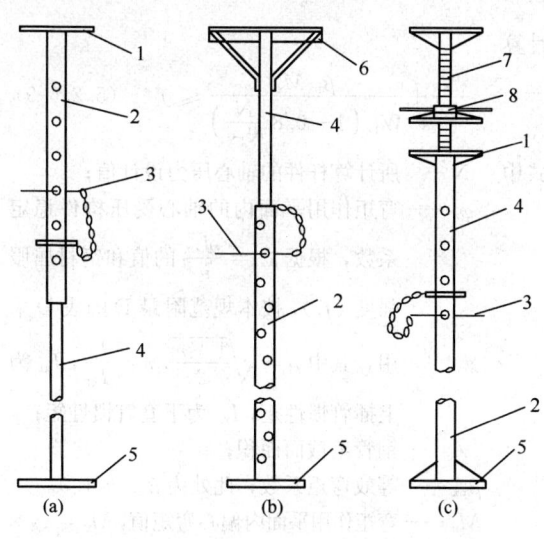

图 5.2.5-1 钢管立柱类型（一）
1—顶板；2—套管；3—插销；4—插管；5—底板；
6—琵琶撑；7—螺栓；8—转盘

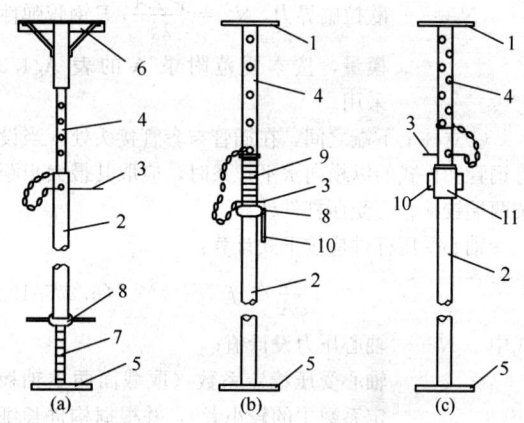

图 5.2.5-2 钢管立柱类型（二）
1—顶板；2—套管；3—插销；4—插管；5—底板；
6—琵琶撑；7—螺栓；8—转盘；9—螺管；
10—手柄；11—螺旋套
（b）—CH 型；（c）—YJ 型

表 5.2.5-2 CH、YJ 型钢管支柱力学性能

项 目		直径（mm）		壁厚（mm）	截面面积（mm^2）	惯性矩 I（mm^4）	回转半径 i（mm）
		外径	内径				
CH	插管	48.6	43.8	2.4	348	93200	16.4
	套管	60.5	55.7	2.4	438	185100	20.6
YJ	插管	48	43	2.5	357	92800	16.1
	套管	60	55.4	2.3	417	173800	20.4

2）工具式钢管立柱受压稳定性计算：

①立柱应考虑插管与套管之间因松动而产生的偏心（按偏半个钢管直径计算），应按下式的压弯杆件

计算：

$$\frac{N}{\varphi_x A} + \frac{\beta_{mx} M_x}{W_{1x}\left(1 - 0.8\dfrac{N}{N_{EX}}\right)} \leqslant f \quad (5.2.5\text{-}9)$$

式中 N ——所计算杆件的轴心压力设计值；

φ_x ——弯矩作用平面内的轴心受压构件稳定系数，根据 $\lambda_x = \dfrac{\mu l_0}{i_2}$ 的值和钢材屈服强度（f_y），按本规范附录 D 的表 D 采用，其中 $\mu = \sqrt{\dfrac{1+n}{2}}$，$n = \dfrac{I_{x2}}{I_{x1}}$，$I_{x1}$ 为上插管惯性矩，I_{x2} 为下套管惯性矩；

A ——钢管毛截面面积；

β_{mx} ——等效弯矩系数，此处为 $\beta_{mx} = 1.0$；

M_x ——弯矩作用平面内偏心弯矩值，$M_x = N \times \dfrac{d}{2}$，$d$ 为钢管支柱外径；

W_{1x} ——弯矩作用平面内较大受压的毛截面抵抗矩；

N_{EX} ——欧拉临界力，$N_{Ex} = \dfrac{\pi^2 EA}{\lambda_x^2}$，$E$ 钢管弹性模量，按本规范附录 A 的表 A.1.3 采用。

②立柱上下端之间，在插管与套管接头处，当设有钢管扣件式的纵横向水平拉条时，应取其最大步距按两端铰接轴心受压杆件计算。

轴心受压杆件应按下式计算：

$$\frac{N}{\varphi A} \leqslant f \quad (5.2.5\text{-}10)$$

式中 N ——轴心压力设计值；

φ ——轴心受压稳定系数（取截面两主轴稳定系数中的较小者），并根据构件长细比和钢材屈服强度（f_y）按本规范附录 D 表 D 采用；

A ——轴心受压杆件毛截面面积；

f ——钢材抗压强度设计值，按本规范附录 A 表 A.1.1-1 和表 A.2.1-1 采用。

3）插销抗剪计算：

$$N \leqslant 2A_n f_v^b \quad (5.2.5\text{-}11)$$

式中 f_v^b ——钢插销抗剪强度设计值，按本规范附录 A 表 A.1.1-4 和表 A.2.1-3 采用；

A_n ——钢插销的净截面面积。

4）插销处钢管壁端面承压计算：

$$N \leqslant f_c^b A_c^b \quad (5.2.5\text{-}12)$$

式中 f_c^b ——插销孔处管壁端承压强度设计值，按本规范附录 A 表 A.1.1-1 和表 A.2.1-3 采用；

A_c^b ——两个插销孔处管壁承压面积，$A_c^b = 2dt$，d 为插销直径，t 为管壁厚度。

3 扣件式钢管立柱计算

1）用对接扣件连接的钢管立柱应按单杆轴心受压构件计算，其计算应符合本规范公式（5.2.5-10），公式中计算长度采用纵横向水平拉杆的最大步距，最大步距不得大于 1.8m，步距相同时应采用底层步距；

2）室外露天支模组合风荷载时，立柱计算应符合下式要求：

$$\frac{N_w}{\varphi A} + \frac{M_w}{W} \leqslant f \quad (5.2.5\text{-}13)$$

$$N_w = 0.9 \times \left(1.2\sum_{i=1}^{n} N_{Gik} + 0.9 \times 1.4 \sum_{i=1}^{n} N_{Qik}\right) \quad (5.2.5\text{-}14)$$

$$M_w = \frac{0.9^2 \times 1.4 w_k l_a h^2}{10} \quad (5.2.5\text{-}15)$$

式中 $\sum_{i=1}^{n} N_{Gik}$ ——各恒载标准值对立杆产生的轴向力之和；

$\sum_{i=1}^{n} N_{Qik}$ ——各活荷载标准值对立杆产生的轴向力之和，另加 $\dfrac{M_w}{l_b}$ 的值；

w_k ——风荷载标准值，按本规范第 4.1.3 条规定计算；

h ——纵横水平拉杆的计算步距；

l_a ——立柱迎风面的间距；

l_b ——与迎风面垂直方向的立柱间距。

4 门形钢管立柱的轴力应作用于两端主立杆的顶端，不得承受偏心荷载。门形立柱的稳定性应按下列公式计算：

$$\frac{N}{\varphi A_0} \leqslant kf \quad (5.2.5\text{-}16)$$

其中不考虑风荷载作用时，轴向力设计值 N 应按下式计算：

$$N = 0.9 \times \left[1.2\left(N_{Gk} H_0 + \sum_{i=1}^{n} N_{Gik}\right) + 1.4 N_{Q1k}\right] \quad (5.2.5\text{-}17)$$

当露天支模考虑风荷载时，轴向力设计值 N 应按下列公式计算取其大值：

$$N = 0.9 \times \left[1.2\left(N_{Gk} H_0 + \sum_{i=1}^{n} N_{Gik}\right) + 0.9 \times 1.4\left(N_{Q1k} + \frac{2M_w}{b}\right)\right] \quad (5.2.5\text{-}18)$$

$$N = 0.9 \times \left[1.35\left(N_{Gk} H_0 + \sum_{i=1}^{n} N_{Gik}\right) + 1.4\left(0.7 N_{Q1k} + 0.6 \times \frac{2M_w}{b}\right)\right] \quad (5.2.5\text{-}19)$$

$$M_w = \frac{q_w h^2}{10} \quad (5.2.5-20)$$

$$i = \sqrt{\frac{I}{A_1}} \quad (5.2.5-21)$$

$$I = I_0 + I_1 \frac{h_1}{h_0} \quad (5.2.5-22)$$

式中 N——作用于一榀门型支柱的轴向力设计值；

N_{Gk}——每米高度门架及配件、水平加固杆及纵横扫地杆、剪刀撑自重产生的轴向力标准值；

$\sum_{i=1}^{n} N_{Gik}$——一榀门架范围内所作用的模板、钢筋及新浇混凝土的各种恒载轴向力标准值总和；

N_{Q1k}——一榀门架范围内所作用的振捣混凝土时的活荷载标准值；

H_0——以米为单位的门型支柱的总高度值；

M_w——风荷载产生的弯矩标准值；

q_w——风线荷载标准值；

h——垂直门架平面的水平加固杆的底层步距；

A_0——一榀门架两边立杆的毛截面面积，$A_0 = 2A$；

k——调整系数，可调底座调节螺栓伸出长度不超过200mm时，取1.0；伸出长度为300mm，取0.9；超过300mm，取0.8；

f——钢管强度设计值，按本规范表A.1.1-1和表A.2.1-1采用；

φ——门型支柱立杆的稳定系数，按 $\lambda = k_0 h_0 / i$ 查本规范附录D的表D采用；门架立柱换算截面回转半径 i，可按表5.2.5-3采用，也可按式(5.2.5-21)和式(5.2.5-22)计算；

k_0——长度修正系数。门型模板支柱高度 $H_0 \leqslant 30m$ 时，$k_0 = 1.13$；$H_0 = 31 \sim 45m$ 时，$k_0 = 1.17$；$H_0 = 46 \sim 60m$ 时，$k_0 = 1.22$；

h_0——门型架高度，按表5.2.5-3采用；

h_1——门型架加强杆的高度，按表5.2.5-3采用；

A_1——门架一边立杆的毛截面面积，按表5.2.5-3采用；

I_0——门架一边立杆的毛截面惯性矩，按表5.2.5-3采用；

I_1——门架一边加强杆的毛截面惯性矩，按表5.2.5-3采用。

表 5.2.5-3 门型脚手架支柱钢管规格、尺寸和截面几何特性

门型架图示	钢管规格 (mm)	截面积 (mm^2)	截面抵抗矩 (mm^3)	惯性矩 (mm^4)	回转半径 (mm)
(1—立杆；2—立杆加强杆；3—横杆；4—横杆加强杆)	$\phi 48 \times 3.5$	489	5080	121900	15.78
	$\phi 42.7 \times 2.4$	304	2900	61900	14.30
	$\phi 42 \times 2.5$	310	2830	60800	14.00
	$\phi 34 \times 2.2$	220	1640	27900	11.30
	$\phi 27.2 \times 1.9$	151	890	12200	9.00
	$\phi 26.8 \times 2.5$	191	1060	14200	8.60

门架代号		MF1219	
门型架几何尺寸 (mm)	h_2	80	100
	h_0	1930	1900
	b	1219	1200
	b_1	750	800
	h_1	1536	1550
杆件外径壁厚 (mm)	1	$\phi 42.0 \times 2.5$	$\phi 48.0 \times 3.5$
	2	$\phi 26.8 \times 2.5$	$\phi 26.8 \times 3.5$
	3	$\phi 42.0 \times 2.5$	$\phi 48.0 \times 3.5$
	4	$\phi 26.8 \times 2.5$	$\phi 26.8 \times 2.5$

注：1 表中门架代号应符合国家现行标准《门式钢管脚手架》JG 13的规定。

2 当采用的门架集尺寸及杆件规格与本表不符合时应按实际计算。

5.2.6 立柱底地基承载力应按下列公式计算：

$$p = \frac{N}{A} \leqslant m_f f_{ak} \quad (5.2.6)$$

式中 p——立柱底垫木的底面平均压力；

N——上部立柱传至垫木顶面的轴向力设计值；

A——垫木底面面积；

f_{ak}——地基土承载力设计值，应按现行国家标准《建筑地基基础设计规范》GB 50007的规定或工程地质报告提供的数据采用；

m_f——立柱垫木地基土承载力折减系数，应按表5.2.6采用。

表 5.2.6 地基土承载力折减系数（m_f）

地基土类别	折减系数	
	支承在原土上时	支承在回填土上时
碎石土、砂土、多年填积土	0.8	0.4
粉土、黏土	0.9	0.5
岩石、混凝土	1.0	—

注：1 立柱基础应有良好的排水措施，支安垫木前应适当洒水将原土表面夯实夯平；
  2 回填土应分层夯实，其各类回填土的干重度应达到所要求的密实度。

5.2.7 框架和剪力墙的模板、钢筋全部安装完毕后，应验算在本地区规定的风压作用下，整个模板系统的稳定性。其验算方法应将要求的风力与模板系统、钢筋的自重乘以相应荷载分项系数后，求其合力作用线不得超过背风面的柱脚或墙底脚的外边。

5.3 爬模计算

5.3.1 爬模应由模板、支承架、附墙架和爬升动力设备等组成（见图 5.3.1）。各部分计算时的荷载应按本规范第 4.3.4 条采用。

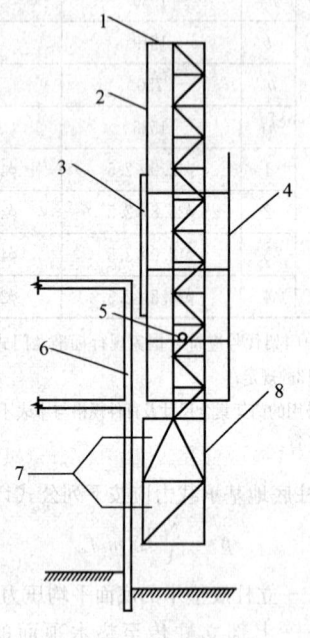

图 5.3.1 爬模组成
1—爬模的支承架；2—爬模用爬杆；3—大模板；4—脚手架；5—爬升爬架用的千斤顶；6—钢筋混凝土外墙；7—附墙连接螺栓；8—附墙架

5.3.2 爬模模板应分别按混凝土浇筑阶段和爬升阶段验算。

5.3.3 爬模的支承架应按偏心受压格构式构件计算，应进行整体强度验算、整体稳定性验算、单肢稳定性验算和缀条验算。计算方法应按现行国家标准《钢结构设计规范》GB 50017 的有关规定进行。

5.3.4 附墙架各杆件应按支承架和构造要求选用，强度和稳定性都能满足要求，可不必进行验算。

5.3.5 附墙架与钢筋混凝土外墙的穿墙螺栓连接验算应符合下列规定：

  1 4 个及以上穿墙螺栓应预先采用钢套管准确留出孔洞。固定附墙架时，应将螺栓预拧紧，将附墙架压紧在墙面上。

  2 计算简图见图 5.3.5-1。

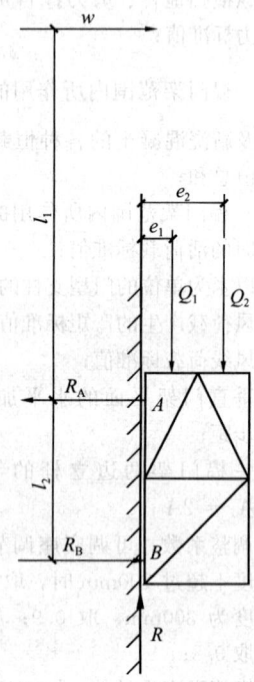

图 5.3.5-1 附墙架与墙连接螺栓计算简图

图中符号：

 w——作用在模板上的风荷载，风向背离墙面；
 l_1——风荷载与上排固定附墙架螺栓的距离；
 l_2——两排固定附墙架螺栓的间距；
 Q_1——模板传来的荷载，离开墙面 e_1；
 Q_2——支承架传来的荷载，离开墙面 e_2；
 R_A——固定附墙架的上排螺栓拉力；
 R_B——固定附墙架的下排螺栓拉力；
 R——垂直反力。

  3 应按一个螺栓的剪、拉强度及综合公式小于 1 的验算，还应验算附墙架靠墙肢轴力对螺栓产生的抗弯强度计算。

  4 螺栓孔壁局部承压应按下列公式计算（图 5.3.5-2）：

$$\begin{cases} 4R_2 b - Q_i(2b_1 + 3c) = 0 \\ R_1 - R_2 - Q_i = 0 \\ R_1(b - b_1) - R_2 b_1 = 0 \end{cases} \quad (5.3.5\text{-}1)$$

$$F_i = 1.5\beta f_c A_m \quad (5.3.5\text{-}2)$$

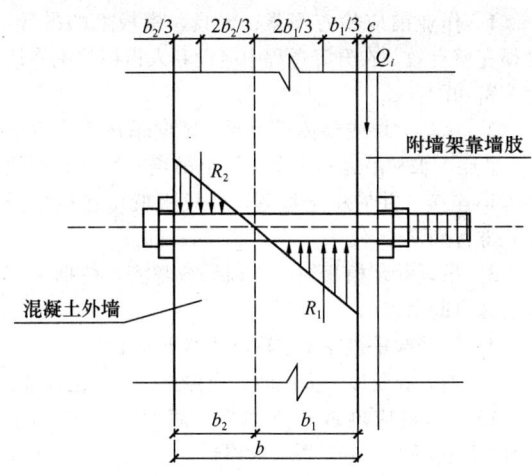

图 5.3.5-2 螺栓孔混凝土承压计算

$$F_i > R_1 \text{ 或 } R_2 \quad (5.3.5\text{-}3)$$

式中 R_1、R_2——一个螺栓预留孔混凝土孔壁所承受的压力；

b——混凝土外墙的厚度；

b_1、b_2——孔壁压力 R_1、R_2 沿外墙厚度方向承压面的长度；

F_i——一个螺栓预留孔混凝土孔壁局部承压允许设计值；

β——混凝土局部承压提高系数，采用 1.73；

f_c——按实测所得混凝土强度等级的轴心抗压强度设计值；

A_m——一个螺栓局部承压净面积，$A_m = db_1$（d 为螺栓直径，有套管时为套管外径）；

Q_i——一个螺栓所承受的竖向外力设计值；

c——附墙架靠墙肢的形心与墙面的距离再另加 3mm 离外墙边的空隙。

6 模板构造与安装

6.1 一般规定

6.1.1 模板安装前必须做好下列安全技术准备工作：

1 应审查模板结构设计与施工说明书中的荷载、计算方法、节点构造和安全措施，设计审批手续应齐全。

2 应进行全面的安全技术交底，操作班组应熟悉设计与施工说明书，并应做好模板安装作业的分工准备。采用爬模、飞模、隧道模等特殊模板施工时，所有参加作业人员必须经过专门技术培训，考核合格后方可上岗。

3 应对模板和配件进行挑选、检测，不合格者应剔除，并应运至工地指定地点堆放。

4 备齐操作所需的一切安全防护设施和器具。

6.1.2 模板构造与安装应符合下列规定：

1 模板安装应按设计与施工说明书顺序拼装。木杆、钢管、门架等支架立柱不得混用。

2 竖向模板和支架立柱支承部分安装在基土上时，应加设垫板，垫板应有足够强度和支承面积，且应中心承载。基土应坚实，并应有排水措施。对湿陷性黄土应有防水措施；对特别重要的结构工程可采用混凝土、打桩等措施防止支架柱下沉。对冻胀性土应有防冻融措施。

3 当满堂或共享空间模板支架立柱高度超过 8m 时，若地基土达不到承载要求，无法防止立柱下沉，则应先施工地面下的工程，再分层回填夯实基土，浇筑地面混凝土垫层，达到强度后方可支模。

4 模板及其支架在安装过程中，必须设置有效防倾覆的临时固定设施。

5 现浇钢筋混凝土梁、板，当跨度大于 4m 时，模板应起拱；当设计无具体要求时，起拱高度宜为全跨长度的 1/1000～3/1000。

6 现浇多层或高层房屋和构筑物，安装上层模板及其支架应符合下列规定：

1) 下层楼板应具有承受上层施工荷载的承载能力，否则应加设支撑支架；

2) 上层支架立柱应对准下层支架立柱，并应在立柱底铺设垫板；

3) 当采用悬臂吊模板、桁架支模方法时，其支撑结构的承载能力和刚度必须符合设计构造要求。

7 当层间高度大于 5m 时，应选用桁架支模或钢管立柱支模。当层间高度小于或等于 5m 时，可采用木立柱支模。

6.1.3 安装模板应保证工程结构和构件各部分形状、尺寸和相互位置的正确，防止漏浆，构造应符合模板设计要求。

模板应具有足够的承载能力、刚度和稳定性，应能可靠承受新浇混凝土自重和侧压力以及施工过程中所产生的荷载。

6.1.4 拼装高度为 2m 以上的竖向模板，不得站在下层模板上拼装上层模板。安装过程中应设置临时固定设施。

6.1.5 当承重焊接钢筋骨架和模板一起安装时，应符合下列规定：

1 梁的侧模、底模必须固定在承重焊接钢筋骨架的节点上。

2 安装钢筋模板组合体时，吊索应按模板设计的吊点位置绑扎。

6.1.6 当支架立柱成一定角度倾斜，或其支架立柱的顶表面倾斜时，应采取可靠措施确保支点稳定，支撑底脚必须有防滑移的可靠措施。

6.1.7 除设计图另有规定者外，所有垂直支架柱应保证其垂直。

6.1.8 对梁和板安装二次支撑前，其上不得有施工荷载，支撑的位置必须正确。安装后所传给支撑或连接件的荷载不应超过其允许值。

6.1.9 支撑梁、板的支架立柱构造与安装应符合下列规定：

1 梁和板的立柱，其纵横向间距应相等或成倍数。

2 木立柱底部应设垫木，顶部应设支撑头。钢管立柱底部应设垫木和底座，顶部应设可调支托，U形支托与楞梁两侧间如有间隙，必须楔紧，其螺杆伸出钢管顶部不得大于200mm，螺杆外径与立柱钢管内径的间隙不得大于3mm，安装时应保证上下同心。

3 在立柱底距地面200mm高处，沿纵横水平方向应按纵下横上的程序设扫地杆。可调支托底部的立柱顶端应沿纵横向设置一道水平拉杆。扫地杆与顶部水平拉杆之间的间距，在满足模板设计所确定的水平拉杆步距要求条件下，进行平均分配确定步距后，在每一步距处纵横向应各设一道水平拉杆。当层高在8～20m时，在最顶步距两水平拉杆中间应加设一道水平拉杆；当层高大于20m时，在最顶两步距水平拉杆中间应分别增加一道水平拉杆。所有水平拉杆的端部均应与四周建筑物顶紧顶牢。无处可顶时，应在水平拉杆端部和中部沿竖向设置连续式剪刀撑。

4 木立柱的扫地杆、水平拉杆、剪刀撑应采用40mm×50mm木条或25mm×80mm的木板条与木立柱钉牢。钢管立柱的扫地杆、水平拉杆、剪刀撑应采用ϕ48mm×3.5mm钢管，用扣件与钢管立柱扣牢。木扫地杆、水平拉杆、剪刀撑应采用搭接，并应用铁钉钉牢。钢管扫地杆、水平拉杆应采用对接，剪刀撑应采用搭接，搭接长度不得小于500mm，并应采用2个旋转扣件分别在离杆端不小于100mm处进行固定。

6.1.10 施工时，在已安装好的模板上的实际荷载不得超过设计值。已承受荷载的支架和附件，不得随意拆除或移动。

6.1.11 组合钢模板、滑升模板等的构造与安装，尚应符合现行国家标准《组合钢模板技术规范》GB 50214和《滑动模板工程技术规范》GB 50113的相应规定。

6.1.12 安装模板时，安装所需各种配件应置于工具箱或工具袋内，严禁散放在模板或脚手板上；安装所用工具应系挂在作业人员身上或置于所配带的工具袋中，不得掉落。

6.1.13 当模板安装高度超过3.0m时，必须搭设脚手架，除操作人员外，脚手架下不得站其他人。

6.1.14 吊运模板时，必须符合下列规定：

1 作业前应检查绳索、卡具、模板上的吊环，必须完整有效，在升降过程中应设专人指挥，统一信号，密切配合。

2 吊运大块或整体模板时，竖向吊运不应少于2个吊点，水平吊运不应少于4个吊点。吊运必须使用卡环连接，并应稳起稳落，待模板就位连接牢固后，方可摘除卡环。

3 吊运散装模板时，必须码放整齐，待捆绑牢固后方可起吊。

4 严禁起重机在架空输电线路下面工作。

5 遇5级及以上大风时，应停止一切吊运作业。

6.1.15 木料应堆放在下风向，离火源不得小于30m，且料场四周应设置灭火器材。

6.2 支架立柱构造与安装

6.2.1 梁式或桁架式支架的构造与安装应符合下列规定：

1 采用伸缩式桁架时，其搭接长度不得小于500mm，上下弦连接销钉规格、数量应按设计规定，并应采用不少于2个U形卡或钢销钉销紧，2个U形卡距或销距不得小于400mm。

2 安装的梁式或桁架式支架的间距设置应与模板设计图一致。

3 支承梁式或桁架式支架的建筑结构应具有足够强度，否则，应另设立柱支撑。

4 若桁架采用多榀成组排放，在下弦折角处必须加设水平撑。

6.2.2 工具式立柱支撑的构造与安装应符合下列规定：

1 工具式钢管单立柱支撑的间距应符合支撑设计的规定。

2 立柱不得接长使用。

3 所有夹具、螺栓、销子和其他配件应处在闭合或拧紧的位置。

4 立杆及水平拉杆构造应符合本规范第6.1.9条的规定。

6.2.3 木立柱支撑的构造与安装应符合下列规定：

1 木立柱宜选用整料，当不能满足要求时，立柱的接头不宜超过1个，并应采用对接夹板接头方式。立柱底部可采用垫块垫高，但不得采用单码砖垫高，垫高高度不得超过300mm。

2 木立柱底部与垫木之间应设置硬木对角楔调整标高，并应用铁钉将其固定在垫木上。

3 木立柱间距、扫地杆、水平拉杆、剪刀撑的设置应符合本规范6.1.9条的规定，严禁使用板皮替代规定的拉杆。

4 所有单立柱支撑应在底垫木和梁底模板的中心，并应与底部垫木和顶部梁底模板紧密接触，且不得承受偏心荷载。

5 当仅为单排立柱时,应在单排立柱的两边每隔3m加设斜支撑,且每边不得少于2根,斜支撑与地面的夹角应为60°。

6.2.4 当采用扣件式钢管作立柱支撑时,其构造与安装应符合下列规定:

1 钢管规格、间距、扣件应符合设计要求。每根立柱底部应设置底座及垫板,垫板厚度不得小于50mm。

2 钢管支架立柱间距、扫地杆、水平拉杆、剪刀撑的设置应符合本规范第6.1.9条的规定。当立柱底部不在同一高度时,高处的纵向扫地杆应向低处延长不少于2跨,高低差不得大于1m,立柱距边坡上方边缘不得小于0.5m。

3 立柱接长严禁搭接,必须采用对接扣件连接,相邻两立柱的对接接头不得在同步内,且对接接头沿竖向错开的距离不宜小于500mm,各接头中心距主节点不宜大于步距的1/3。

4 严禁将上段的钢管立柱与下段钢管立柱错开固定在水平拉杆上。

5 满堂模板和共享空间模板支架立柱,在外侧周圈应设由下至上的竖向连续式剪刀撑;中间在纵横向应每隔10m左右设由下至上的竖向连续式剪刀撑,其宽度宜为4~6m,并在剪刀撑部位的顶部、扫地杆处设置水平剪刀撑(图6.2.4-1)。剪刀撑杆件的底端应与地面顶紧,夹角宜为45°~60°。当建筑层高在8~20m时,除应满足上述规定外,还应在纵横向相邻的两竖向连续式剪刀撑之间增加之字斜撑,在有水平剪刀撑的部位,应在每个剪刀撑中间处增加一道水平剪刀撑(图6.2.4-2)。当建筑层高超过20m时,在满足以上规定的基础上,应将所有之字斜撑全部改为连续式剪刀撑(图6.2.4-3)。

6 当支架立柱高度超过5m时,应在立柱周圈

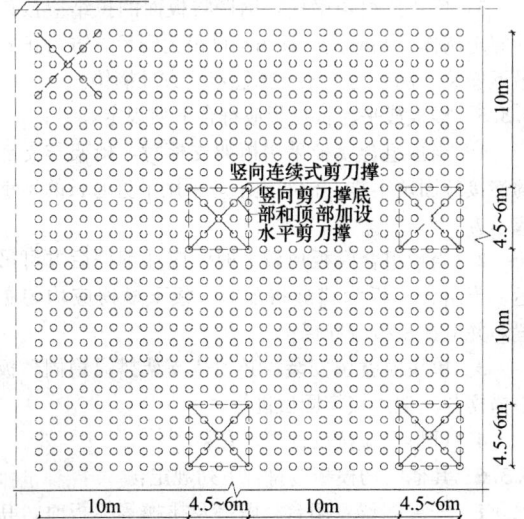

图6.2.4-1 剪刀撑布置图(一)

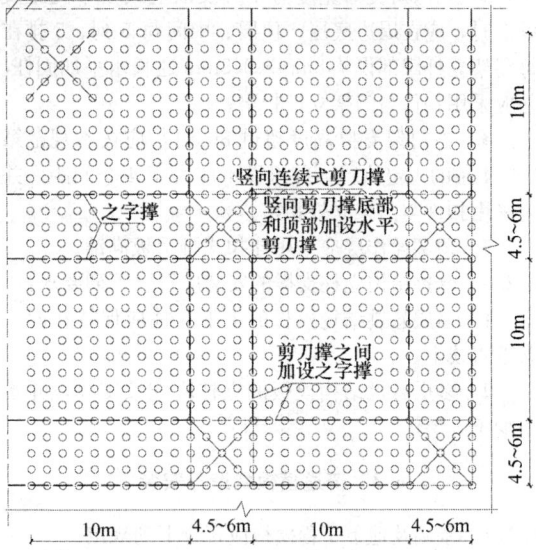

图6.2.4-2 剪刀撑布置图(二)

外侧和中间有结构柱的部位,按水平间距6~9m、竖向间距2~3m与建筑结构设置一个固结点。

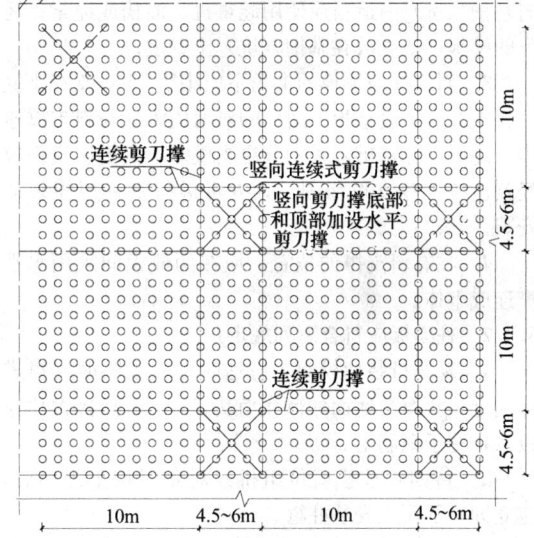

图6.2.4-3 剪刀撑布置图(三)

6.2.5 当采用标准门架作支撑时,其构造与安装应符合下列规定:

1 门架的跨距和间距应按设计规定布置,间距宜小于1.2m;支撑架底部垫木上应固定底座或可调底座。门架、调节架及可调底座,其高度应按其支撑的高度确定。

2 门架支撑可沿梁轴线垂直和平行布置。当垂直布置时,在两门架间的两侧应设置交叉支撑;当平行布置时,在两门架间的两侧亦应设置交叉支撑,交叉支撑应与立杆上的锁销锁牢,上下门架的组装连接必须设置连接棒及锁臂。

3 当门架支撑宽度为4跨及以上或5个间距及以上时,应在周边底层、顶层、中间每5列、5排在每门架立杆跟部设 φ48mm×3.5mm 通长水平加固杆,并应采用扣件与门架立杆扣牢。

4 当门架支撑高度超过8m时,应按本规范第6.2.4条的规定执行,剪刀撑不应大于4个间距,并应采用扣件与门架立杆扣牢。

5 顶部操作层应采用挂扣式脚手板满铺。

6.2.6 悬挑结构立柱支撑的安装应符合下列要求:

1 多层悬挑结构模板的上下立柱应保持在同一条垂直线上。

2 多层悬挑结构模板的立柱应连续支撑,并不得少于3层。

6.3 普通模板构造与安装

6.3.1 基础及地下工程模板应符合下列规定:

1 地面以下支模应先检查土壁的稳定情况,当有裂纹及塌方危险迹象时,应采取安全防范措施后,方可下人作业。当深度超过2m时,操作人员应设梯上下。

2 距基槽(坑)上口边缘1m内不得堆放模板。向基槽(坑)内运料应使用起重机、溜槽或绳索;运下的模板严禁立放在基槽(坑)土壁上。

3 斜支撑与侧模的夹角不应小于45°,支在土壁的斜支撑应加设垫板,底部的对角楔木应与斜支撑连牢。高大长脖基础若采用分层支模时,其下层模板应经就位校正并支撑稳固后,方可进行上一层模板的安装。

4 在有斜支撑的位置,应在两侧模间采用水平撑连成整体。

6.3.2 柱模板应符合下列规定:

1 现场拼装柱模时,应适时地安设临时支撑进行固定,斜撑与地面的倾角宜为60°,严禁将大片模板系在柱子钢筋上。

2 待四片柱模就位组拼经对角线校正无误后,应立即自下而上安装柱箍。

3 若为整体预组合柱模,吊装时应采用卡环和柱模连接,不得采用钢筋钩代替。

4 柱模校正(用四根斜支撑或用连接在柱模顶四角带花篮螺栓的揽风绳,底端与楼板钢筋拉环固定进行校正)后,应采用斜撑或水平撑进行四周支撑,以确保整体稳定。当高度超过4m时,应群体或成列同时支模,并应将支撑连成一体,形成整体框架体系。当需单根支模时,柱宽大于500mm应每边在同一标高上设置不得少于2根斜撑或水平撑。斜撑与地面的夹角宜为45°~60°,下端尚应有防滑移的措施。

5 角柱模板的支撑,除满足上款要求外,还应在里侧设置能承受拉力和压力的斜撑。

6.3.3 墙模板应符合下列规定:

1 当采用散拼定型模板支模时,应自下而上进行,必须在下一层模板全部紧固后,方可进行上一层安装。当下层不能独立安设支撑件时,应采取临时固定措施。

2 当采用预拼装的大块墙模板进行支模安装时,严禁同时起吊2块模板,并应边就位、边校正、边连接,固定后方可摘钩。

3 安装电梯井内墙模前,必须在板底下200mm处牢固地满铺一层脚手板。

4 模板未安装对拉螺栓前,板面应向后倾一定角度。

5 当钢楞长度需接长时,接头处应增加相同数量和不小于原规格的钢楞,其搭接长度不得小于墙模板宽或高的15%~20%。

6 拼接时的U形卡应正反交替安装,间距不得大于300mm;2块模板对接接缝处的U形卡应满装。

7 对拉螺栓与墙模板应垂直,松紧应一致,墙厚尺寸应正确。

8 墙模板内外支撑必须坚固、可靠,应确保模板的整体稳定。当墙模板外面无法设置支撑时,应在里面设置能承受拉力和压力的支撑。多排多列且间距不大的墙模板,当其与支撑互成一体时,应采取措施,防止灌筑混凝土时引起临近模板变形。

6.3.4 独立梁和整体楼盖梁结构模板应符合下列规定:

1 安装独立梁模板时应设安全操作平台,并严禁操作人员站在独立梁底模或柱模支架上操作及上下通行。

2 底模与横楞应拉结好,横楞与支架、立柱应连接牢固。

3 安装梁侧模时,应边安装边与底模连接,当侧模高度多于2块时,应采取临时固定措施。

4 起拱应在侧模内外楞连固前进行。

5 单片预组合梁模,钢楞与板面的拉结应按设计规定制作,并应按设计吊点试吊无误后,方可正式吊运安装,侧模与支架支撑稳定后方准摘钩。

6.3.5 楼板或平台板模板应符合下列规定:

1 当预组合模板采用桁架支模时,桁架与支点的连接应固定牢靠,桁架支承应采用平直通长的型钢或木方。

2 当预组合模板块较大时,应加钢楞后方可吊运。当组合模板为错缝拼配时,板下横楞应均匀布置,并应在模板端穿插销。

3 单块模就位安装,必须待支架搭设稳固、板下横楞与支架连接牢固后进行。

4 U形卡应按设计规定安装。

6.3.6 其他结构模板应符合下列规定:

1 安装圈梁、阳台、雨篷及挑檐等模板时,其支撑应独立设置,不得支撑在施工脚手架上。

2 安装悬挑结构模板时，应搭设脚手架或悬挑工作台，并应设置防护栏杆和安全网。作业处的下方不得有人通行或停留。

3 烟囱、水塔及其他高大构筑物的模板，应编制专项施工设计和安全技术措施，并应详细地向操作人员进行交底后方可安装。

4 在危险部位进行作业时，操作人员应系好安全带。

6.4 爬升模板构造与安装

6.4.1 进入施工现场的爬升模板系统中的大模板、爬升支架、爬升设备、脚手架及附件等，应按施工组织设计及有关图纸验收，合格后方可使用。

6.4.2 爬升模板安装时，应统一指挥，设置警戒区与通信设施，做好原始记录。并应符合下列规定：

1 检查工程结构上预埋螺栓孔的直径和位置，并应符合图纸要求。

2 爬升模板的安装顺序应为底座、立柱、爬升设备、大模板、模板外侧吊脚手。

6.4.3 施工过程中爬升大模板及支架时，应符合下列规定：

1 爬升前，应检查爬升设备的位置、牢固程度、吊钩及连接杆件等，确认无误后，拆除相邻大模板及脚手架间的连接杆件，使各个爬升模板单元彻底分开。

2 爬升时，应先收紧千斤钢丝绳，吊住大模板或支架，然后拆卸穿墙螺栓，并检查再无任何连接，卡环和安全钩无问题，调整好大模板或支架的重心，保持垂直，开始爬升。爬升时，作业人员应站在固定件上，不得站在爬升件上爬升，爬升过程中应防止晃动与扭转。

3 每个单元的爬升不宜中途交接班，不得隔夜再继续爬升。每单元爬升完毕应及时固定。

4 大模板爬升时，新浇混凝土的强度不应低于 $1.2N/mm^2$。支架爬升时的附墙架穿墙螺栓受力处的新浇混凝土强度应达到 $10N/mm^2$ 以上。

5 爬升设备每次使用前均应检查，液压设备应由专人操作。

6.4.4 作业人员应背工具袋，以便存放工具和拆下的零件，防止物件跌落。且严禁高空向下抛物。

6.4.5 每次爬升组合安装好的爬升模板、金属件应涂刷防锈漆，板面应涂刷脱模剂。

6.4.6 爬模的外附脚手架或悬挂脚手架应满铺脚手板，脚手架外侧应设防护栏杆和安全网。爬架底部亦应满铺脚手板和设置安全网。

6.4.7 每步脚手架应设置爬梯，作业人员应由爬梯上下，进入爬架应在爬架内上下，严禁攀爬模板、脚手架和爬架外侧。

6.4.8 脚手架上不应堆放材料，脚手架上的垃圾应及时清除。如需临时堆放少量材料或机具，必须及时取走，且不得超过设计荷载的规定。

6.4.9 所有螺栓孔均应安装螺栓，螺栓应采用 $50\sim60N\cdot m$ 的扭矩紧固。

6.5 飞模构造与安装

6.5.1 飞模的制作组装必须按设计图进行。运到施工现场后，应按设计要求检查合格后方可使用安装。安装前应进行一次试压和试吊，检验确认各部件无隐患。对利用组合钢模板、门式脚手架、钢管脚手架组装的飞模，所用的材料、部件应符合合现行国家标准《组合钢模板技术规范》GB 50214、《冷弯薄壁型钢结构技术规范》GB 50018 以及其他专业技术规范的要求。凡属采用铝合金型材、木或竹塑胶合板组装的飞模，所用材料及部件应符合有关专业标准的要求。

6.5.2 飞模起吊时，应在吊离地面 0.5m 后停下，待飞模完全平衡后再起吊。吊装应使用安全卡环，不得使用吊钩。

6.5.3 飞模就位后，应立即在外侧设置防护栏，其高度不得小于 1.2m，外侧应另加设安全网，同时应设置楼层护栏。并应准确、牢固地搭设出模操作平台。

6.5.4 当飞模在不同楼层转运时，上下层的信号人员应分工明确、统一指挥、统一信号，并应采用步话机联络。

6.5.5 当飞模转运采用地滚轮推出时，前滚轮应高出后滚轮 $10\sim20mm$，并应将飞模重心标画在旁侧，严禁外侧吊点在未挂钩前将飞模向外倾斜。

6.5.6 飞模外推时，必须用多根安全绳一端牢固栓在飞模两侧，另一端围绕在飞模两侧建筑物的可靠部位上，并应设专人掌握；缓慢推出飞模，并松放安全绳，飞模外端吊点的钢丝绳应逐渐收紧，待内外端吊钩挂牢后再转运起吊。

6.5.7 在飞模上操作的挂钩作业人员应穿防滑鞋，且应系好安全带，并应挂在上层的预埋铁环上。

6.5.8 吊运时，飞模上不得站人和存放自由物料，操作电动平衡吊具的作业人员应站在楼面上，并不得斜拉歪吊。

6.5.9 飞模出模时，下层应设安全网，且飞模每运转一次后应检查各部件的损坏情况，同时应对所有的连接螺栓重新进行紧固。

6.6 隧道模构造与安装

6.6.1 组装好的半隧道模应按模板编号顺序吊装就位。并应将 2 个半隧道模顶板边缘的角钢用连接板和螺栓进行连接。

6.6.2 合模后应采用千斤顶升降模板的底沿，按导墙上所确定的水准点调整到设计标高，并应采用斜支撑和垂直支撑调整模板的水平度和垂直度，再将连螺栓拧紧。

6.6.3 支卸平台构架的支设，必须符合下列规定：

　　1 支卸平台的设计应便于支卸平台吊装就位，平台的受力应合理。

　　2 平台桁架中立柱下面的垫板，必须落在楼板边缘以内400mm左右，并应在楼层下相应位置加设临时垂直支撑。

　　3 支卸平台台面的顶面，必须和混凝土楼面齐平，并应紧贴楼面边缘。相邻支卸平台间的空隙不得过大。支卸平台外周边应设安全护栏和安全网。

6.6.4 山墙作业平台应符合下列规定：

　　1 隧道模拆除吊离后，应将特制U形卡承托对准山墙的上排对拉螺栓孔，从外向内插入，并用螺帽紧固。U形卡承托的间距不得大于1.5m。

　　2 将作业平台吊至已埋设的U形卡位置就位，并将平台每根垂直杆件上的φ30水平杆件落入U形卡内，平台下部靠墙的垂直支撑用穿墙螺栓紧固。

　　3 每个山墙作业平台的长度不应超过7.5m，且不应小于2.5m，并应在端头分别增加外挑1.5m的三角平台。作业平台外周边应设安全护栏和安全网。

7 模板拆除

7.1 模板拆除要求

7.1.1 模板的拆除措施应经技术主管部门或负责人批准，拆除模板的时间可按现行国家标准《混凝土结构工程施工质量验收规范》GB 50204 的有关规定执行。冬期施工的拆模，应符合专门规定。

7.1.2 当混凝土未达到规定强度或已达到设计规定强度，需提前拆模或承受部分超设计荷载时，必须经过计算和技术主管确认其强度能足够承受此荷载后，方可拆除。

7.1.3 在承重焊接钢筋骨架作配筋的结构中，承受混凝土重量的模板，应在混凝土达到设计强度的25%后方可拆除承重模板。当在已拆除模板的结构上加置荷载时，应另行核算。

7.1.4 大体积混凝土的拆模时间除应满足混凝土强度要求外，还应使混凝土内外温差降低到25℃以下时方可拆模。否则应采取有效措施防止产生温度裂缝。

7.1.5 后张预应力混凝土结构的侧模宜在施加预应力前拆除，底模应在施加预应力后拆除。当设计有规定时，应按规定执行。

7.1.6 拆模前应检查所使用的工具有效和可靠，扳手等工具必须装入工具袋或挂在身上，并应检查拆模场所范围内的安全措施。

7.1.7 模板的拆除工作应设专人指挥。作业区应设围栏，其内不得有其他工种作业，并应设专人负责监护。拆下的模板、零配件严禁抛掷。

7.1.8 拆模的顺序和方法应按模板的设计规定进行。当设计无规定时，可采取先支的后拆、后支的先拆，先拆非承重模板、后拆承重模板，并应从上而下进行拆除。拆下的模板不得抛扔，应按指定地点堆放。

7.1.9 多人同时操作时，应明确分工、统一信号或行动，应具有足够的操作面，人员应站在安全处。

7.1.10 高处拆除模板时，应符合有关高处作业的规定。严禁使用大锤和撬棍，操作层上临时拆下的模板堆放不能超过3层。

7.1.11 在提前拆除互相搭连并涉及其他后拆模板的支撑时，应补设临时支撑。拆模时，应逐块拆卸，不得成片撬落或拉倒。

7.1.12 拆模如遇中途停歇，应将已拆松动、悬空、浮吊的模板或支架进行临时支撑牢固或相互连接稳固。对活动部件必须一次拆除。

7.1.13 已拆除了模板的结构，应在混凝土强度达到设计强度值后方可承受全部设计荷载。若在未达到设计强度以前，需在结构上加置施工荷载时，应另行核算，强度不足时，应加设临时支撑。

7.1.14 遇6级或6级以上大风时，应暂停室外的高处作业。雨、雪、霜后应先清扫施工现场，方可进行工作。

7.1.15 拆除有洞口模板时，应采取防止操作人员坠落的措施。洞口模板拆除后，应按国家现行标准《建筑施工高处作业安全技术规范》JGJ 80 的有关规定及时进行防护。

7.2 支架立柱拆除

7.2.1 当拆除钢楞、木楞、钢桁架时，应在其下面临时搭设防护支架，使所拆楞梁及桁架先落在临时防护支架上。

7.2.2 当立柱的水平拉杆超出2层时，应首先拆除2层以上的拉杆。当拆除最后一道水平拉杆时，应和拆除立柱同时进行。

7.2.3 当拆除4～8m跨度的梁下立柱时，应先从跨中开始，对称地分别向两端拆除。拆除时，严禁采用连梁底板向旁侧一片拉倒的拆除方法。

7.2.4 对于多层楼板模板的立柱，当上层及以上楼板正在浇筑混凝土时，下层楼板立柱的拆除，应根据下层楼板结构混凝土强度的实际情况，经过计算确定。

7.2.5 拆除平台、楼板下的立柱时，作业人员应站在安全处。

7.2.6 对已拆下的钢楞、木楞、桁架、立柱及其他零配件应及时运到指定地点。对有芯钢管立柱运出前应先将芯管抽出或用销卡固定。

7.3 普通模板拆除

7.3.1 拆除条形基础、杯形基础、独立基础或设备基础的模板时，应符合下列规定：

1 拆除前应先检查基槽（坑）土壁的安全状况，发现有松软、龟裂等不安全因素时，应在采取安全防范措施后，方可进行作业。

2 模板和支撑杆件等应随拆随运，不得在离槽（坑）上口边缘1m以内堆放。

3 拆除模板时，施工人员必须站在安全地方。应先拆内外木楞，再拆木面板；钢模板应先拆钩头螺栓和内外钢楞，后拆U形卡和L形插销，拆下的钢模板应妥善传递或用绳钩放置地面，不得抛掷。拆下的小型零配件应装入工具袋内或小型箱笼内，不得随处乱扔。

7.3.2 拆除柱模应符合下列规定：

1 柱模拆除应分别采用分散拆和分片拆2种方法。分散拆除的顺序应为：

拆除拉杆或斜撑、自上而下拆除柱箍或横楞、拆除竖楞，自上而下拆除配件及模板、运走分类堆放、清理、拔钉、钢模维修、刷防锈油或脱模剂、入库备用。

分片拆除的顺序应为：

拆除全部支撑系统、自上而下拆除柱箍及横楞、拆掉柱角U形卡、分2片或4片拆除模板、原地清理、刷防锈油或脱模剂、分片运至新支模地点备用。

2 柱子拆下的模板及配件不得向地面抛掷。

7.3.3 拆除墙模应符合下列规定：

1 墙模分散拆除顺序应为：

拆除斜撑或斜拉杆、自上而下拆除外楞及对拉螺栓、分层自上而下拆除木楞或钢楞及零配件和模板、运走分类堆放、拔钉清理或清理检修后刷防锈油或脱模剂、入库备用。

2 预组拼大块墙模拆除顺序应为：

拆除全部支撑系统、拆卸大块墙模接缝处的连接型钢及零配件、拧去固定埋设件的螺栓及大部分对拉螺栓，挂上吊装绳扣并略拉紧吊绳后，拧下剩余对拉螺栓，用方木均匀敲击大块墙模立楞及钢模板，使其脱离墙体，用撬棍轻轻外撬大块墙模板使全部脱离，指挥起吊、运走、清理、刷防锈油或脱模剂备用。

3 拆除每一大块墙模的最后2个对拉螺栓，作业人员应撤离大模板下侧，以后的操作均应在上部进行。个别大块模板拆除后产生局部变形者应及时整修好。

4 大块模板起吊时，速度要慢，应保持垂直，严禁模板碰撞墙体。

7.3.4 拆除梁、板模板应符合下列规定：

1 梁、板模板应先拆梁侧模，再拆板底模，最后拆除梁底模，并应分段分片进行，严禁成片撬落或成片拉拆。

2 拆除时，作业人员应站在安全的地方进行操作，严禁站在已拆或松动的模板上进行拆除作业。

3 拆除模板时，严禁用铁棍或铁锤乱砸，已拆下的模板应妥善传递或用绳钩放至地面。

4 严禁作业人员站在悬臂结构边缘敲拆下面的底模。

5 待分片、分段的模板全部拆除后，方允许将模板、支架、零配件等按指定地点运出堆放，并进行拔钉、清理、整修、刷防锈油或脱模剂，入库备用。

7.4 特殊模板拆除

7.4.1 对于拱、薄壳、圆穹屋顶和跨度大于8m的梁式结构，应按设计规定的程序和方式从中心沿环圈对称向外或从跨中对称向两边均匀放松模板支架立柱。

7.4.2 拆除圆形屋顶、筒仓下漏斗模板时，应从结构中心处的支架立柱开始，按同心圆层次对称地拆向结构的周边。

7.4.3 拆除带有拉杆拱的模板时，应在拆除前先将拉杆拉紧。

7.5 爬升模板拆除

7.5.1 拆除爬模应有拆除方案，且应由技术负责人签署意见，应向有关人员进行安全技术交底后，方可实施拆除。

7.5.2 拆除时应先清除脚手架上的垃圾杂物，并应设置警戒区由专人监护。

7.5.3 拆除时应设专人指挥，严禁交叉作业。拆除顺序应为：悬挂脚手架和模板、爬升设备、爬升支架。

7.5.4 已拆除的物件应及时清理、整修和保养，并运至指定地点备用。

7.5.5 遇5级以上大风应停止拆除作业。

7.6 飞模拆除

7.6.1 脱模时，梁、板混凝土强度等级不得小于设计强度的75%。

7.6.2 飞模的拆除顺序、行走路线和运到下一个支模地点的位置，均应按飞模设计的有关规定进行。

7.6.3 拆除时应先用千斤顶顶住下部水平连接管，再拆去木楔或砖墩（或拔出钢套管连接螺栓，提起钢套管）。推入可任意转向的四轮台车，松千斤顶使飞模落在台车上，随后推运至主楼板外侧搭设的平台上，用塔吊吊至上层重复使用。若不需重复使用时，应按普通模板的方法拆除。

7.6.4 飞模拆除必须有专人统一指挥，飞模尾部应绑安全绳，安全绳的另一端应套在坚固的建筑结构上，且在推运时应徐徐放松。

7.6.5 飞模推出后，楼层外边缘应立即绑好护身栏。

7.7 隧道模拆除

7.7.1 拆除前应对作业人员进行安全技术交底和技

术培训。

7.7.2 拆除导墙模板时，应在新浇混凝土强度达到 $1.0N/mm^2$ 后，方准拆模。

7.7.3 拆除隧道模应按下列顺序进行：

    1 新浇混凝土强度应在达到承重模板拆模要求后，方准拆模。

    2 应采用长柄手摇螺帽杆将连接顶板的连接板上的螺栓松开，并应将隧道模分成2个半隧道模。

    3 拔除穿墙螺栓，并旋转垂直支撑杆和墙体模板的螺旋千斤顶，让滚轮落地，使隧道模脱离顶板和墙面。

    4 放下支卸平台防护栏杆，先将一边的半隧道模推移至支卸平台上，然后再推另一边半隧道模。

    5 为使顶板不超过设计允许荷载，经设计核算后，应加设临时支撑柱。

7.7.4 半隧道模的吊运方法，可根据具体情况采用单点吊装法、两点吊装法、多点吊装法或鸭嘴形吊装法。

8 安全管理

8.0.1 从事模板作业的人员，应经安全技术培训。从事高处作业人员，应定期体检，不符合要求的不得从事高处作业。

8.0.2 安装和拆除模板时，操作人员应配戴安全帽、系安全带、穿防滑鞋。安全帽和安全带应定期检查，不合格者严禁使用。

8.0.3 模板及配件进场应有出厂合格证或当年的检验报告，安装前应对所用部件（立柱、楞梁、吊环、扣件等）进行认真检查，不符合要求者不得使用。

8.0.4 模板工程应编制施工设计和安全技术措施，并应严格按施工设计与安全技术措施的规定进行施工。满堂模板、建筑层高8m及以上和梁跨大于或等于15m的模板，在安装、拆除作业前，工程技术人员应以书面形式向作业班组进行施工操作的安全技术交底，作业班组应对照书面交底进行上、下班的自检和互检。

8.0.5 施工过程中的检查项目应符合下列要求：

    1 立柱底部基土应回填夯实。

    2 垫木应满足设计要求。

    3 底座位置应正确，顶托螺杆伸出长度应符合规定。

    4 立杆的规格尺寸和垂直度应符合要求，不得出现偏心荷载。

    5 扫地杆、水平拉杆、剪刀撑等的设置应符合规定，固定应可靠。

    6 安全网和各种安全设施应符合要求。

8.0.6 在高处安装和拆除模板时，周围应设安全网或搭脚手架，并应加设防护栏杆。在临街面及交通要道地区，尚应设警示牌，派专人看管。

8.0.7 作业时，模板和配件不得随意堆放，模板应放平放稳，严防滑落。脚手架或操作平台上临时堆放的模板不宜超过3层，连接件应放在箱盒或工具袋中，不得散放在脚手板上。脚手架或操作平台上的施工总荷载不得超过其设计值。

8.0.8 对负荷面积大和高4m以上的支架立柱采用扣件式钢管、门式钢管脚手架时，除应有合格证外，对所用扣件应采用扭矩扳手进行抽检，达到合格后方可承力使用。

8.0.9 多人共同操作或扛抬组合钢模板时，必须密切配合、协调一致、互相呼应。

8.0.10 施工用的临时照明和行灯的电压不得超过36V；当为满堂模板、钢支架及特别潮湿的环境时，不得超过12V。照明行灯及机电设备的移动线路应采用绝缘橡胶套电缆线。

8.0.11 有关避雷、防触电和架空输电线路的安全距离应符合国家现行标准《施工现场临时用电安全技术规范》JGJ 46的有关规定。施工用的临时照明和动力线应采用绝缘线和绝缘电缆线，且不得直接固定在钢模板上。夜间施工时，应有足够的照明，并应制定夜间施工的安全措施。施工用临时照明和机电设备线严禁非电工乱拉乱接。同时还应经常检查线路的完好情况，严防绝缘破损漏电伤人。

8.0.12 模板安装高度在2m及以上时，应符合国家现行标准《建筑施工高处作业安全技术规范》JGJ 80的有关规定。

8.0.13 模板安装时，上下应有人接应，随装随运，严禁抛掷。且不得将模板支撑在门窗框上，也不得将脚手板支撑在模板上，并严禁将模板与上料井架及有车辆运行的脚手架或操作平台支成一体。

8.0.14 支模过程中如遇中途停歇，应将已就位模板或支架连接稳固，不得浮搁或悬空。拆模中途停歇时，应将已松扣或已拆松的模板、支架等拆下运走，防止构件坠落或作业人员扶空坠落伤人。

8.0.15 作业人员严禁攀登模板、斜撑杆、拉条或绳索等，不得在高处的墙顶、独立梁或在其模板上行走。

8.0.16 模板施工中应设专人负责安全检查，发现问题应报告有关人员处理。当遇险情时，应立即停工和采取应急措施；待修复或排除险情后，方可继续施工。

8.0.17 寒冷地区冬期施工用钢模板时，不宜采用电热法加热混凝土，否则应采取防触电措施。

8.0.18 在大风地区或大风季节施工时，模板应有抗风的临时加固措施。

8.0.19 当钢模板高度超过15m时，应安设避雷设施，避雷设施的接地电阻不得大于 4Ω 。

8.0.20 当遇大雨、大雾、沙尘、大雪或6级以上大风等恶劣天气时，应停止露天高处作业。5级及以上风力时，应停止高空吊运作业。雨、雪停止后，应及时清除模板和地面上的积水及冰雪。

8.0.21 使用后的木模板应拔除铁钉，分类进库，堆放整齐。若为露天堆放，顶面应遮防雨篷布。

8.0.22 使用后的钢模、钢构件应符合下列规定：

1 使用后的钢模、桁架、钢楞和立柱应将粘结物清理洁净，清理时严禁采用铁锤敲击的方法。

2 清理后的钢模、桁架、钢楞、立柱，应逐块、逐榀、逐根进行检查，发现翘曲、变形、扭曲、开焊等必须修理完善。

3 清理整修好的钢模、桁架、钢楞、立柱应刷防锈漆。

4 钢模板及配件，使用后必须进行严格清理检查，已损坏断裂的应剔除，不能修复的应报废。螺栓的螺纹部分应整修上油，然后应分别按规格分类装在箱笼内备用。

5 钢模板及配件等修复后，应进行检查验收。凡检查不合格者应重新整修。待合格后方准应用，其修复后的质量标准应符合表8.0.22的规定。

6 钢模板由拆模现场运至仓库或维修场地时，装车不宜超出车栏杆，少量高出部分必须拴牢，零配件应分类装箱，不得散装运输。

7 经过维修、刷油、整理合格的钢模板及配件，如需运往其他施工现场或入库，必须分类装入集装箱内，杆应成捆、配件应成箱，清点数量，入库或接收单位验收。

8 装车时，应轻搬轻放，不得相互碰撞。卸车时，严禁成捆从车上推下和拆散抛掷。

9 钢模板及配件应放入室内或敞棚内，当需露天堆放时，应装入集装箱内，底部垫高100mm，顶面应遮盖防水篷布或塑料布，集装箱堆放高度不宜超过2层。

表8.0.22 钢模板及配件修复后的质量标准

项	目	允许偏差(mm)	项	目	允许偏差(mm)
钢结构	板面局部不平度	≤2.0	钢模板	板面锈皮麻面，背面粘混凝土	不允许
	板面翘曲矢高	≤2.0		孔洞破裂	不允许
	板侧凸棱面翘曲矢高	≤1.0	零配件	U形卡卡口残余变形	≤1.2
	板肋平直度	≤2.0		钢楞及支柱长度方向弯曲度	≤L/1000
	焊点脱焊	不允许	桁架	侧向平直度	≤2.0

附录 A 各类模板用材设计指标

A.1 钢材设计指标

A.1.1 钢材的强度设计值，应根据钢材厚度或直径按表 A.1.1-1 采用。钢铸件的强度设计值应按表 A.1.1-2 采用。连接的强度设计值应按表 A.1.1-3、表 A.1.1-4 采用。

表 A.1.1-1 钢材的强度设计值（N/mm²）

钢材牌号	厚度或直径(mm)	抗拉、抗压和抗弯 f	抗剪 f_v	端面承压（刨平顶紧）f_{ce}
Q235钢	≤16	215	125	325
	>16~40	205	120	
	>40~60	200	115	
	>60~100	190	110	
Q345钢	≤16	310	180	400
	>16~35	295	170	
	>35~50	265	155	
	>50~100	250	145	
Q390钢	≤16	350	205	415
	>16~35	335	190	
	>35~50	315	180	
	>50~100	295	170	
Q420钢	≤16	380	220	440
	>16~35	360	210	
	>35~50	340	195	
	>50~100	325	185	

注：表中厚度系指计算点的钢材厚度，对轴心受拉和轴心受压构件系指截面中较厚板件的厚度。

表 A.1.1-2 钢铸件的强度设计值（N/mm²）

钢号	抗拉、抗压和抗弯 f	抗剪 f_v	端面承压（刨平顶紧）f_{ce}
ZG 200-400	155	90	260
ZG 230-450	180	105	290
ZG 270-500	210	120	325
ZG 310-570	240	140	370

表 A.1.1-3 焊缝的强度设计值（N/mm²）

焊接方法和焊条型号	构件钢材		对接焊缝				角焊缝
	牌号	厚度或直径（mm）	抗压 f_c^w	焊缝质量为下列等级时，抗拉 f_t^w		抗剪 f_v^w	抗拉、抗压和抗剪 f_f^w
				一级、二级	三级		
自动焊、半自动焊和 E43 型焊条的手工焊	Q235 钢	≤16	215	215	185	125	160
		>16~40	205	205	175	120	
		>40~60	200	200	170	115	
		>60~100	190	190	160	110	
自动焊、半自动焊和 E50 型焊条的手工焊	Q345 钢	≤16	310	310	265	180	200
		>16~35	295	295	250	170	
		>35~50	265	265	225	155	
		>50~100	250	250	210	145	
自动焊、半自动焊和 E55 型焊条的手工焊	Q390 钢	≤16	350	350	300	205	220
		>16~35	335	335	285	190	
		>35~50	315	315	270	180	
		>50~100	295	295	250	170	
	Q420 钢	≤16	380	380	320	220	220
		>16~35	360	360	305	210	
		>35~50	340	340	290	195	
		>50~100	325	325	275	185	

注：1 自动焊和半自动焊所采用的焊丝和焊剂，应保证其熔敷金属的力学性能不低于现行国家标准《埋弧焊用碳钢焊丝和焊剂》GB/T 5293 和《低合金钢埋弧焊用焊剂》GB/T 12470 中相关的规定。
2 焊缝质量等级应符合现行国家标准《钢结构工程施工质量验收规范》GB 50205的规定。其中厚度小于 8mm 钢材的对焊焊缝，不应采用超声波探伤确定焊缝质量等级。
3 对接焊缝在受压区的抗弯强度设计值取 f_c^w，在受拉区的抗弯强度设计值取 f_t^w。
4 表中厚度系指计算点的钢材厚度，对轴心受拉和轴心受压构件系指截面中较厚板件的厚度。

表 A.1.1-4 螺栓连接的强度设计值（N/mm²）

螺栓的性能等级、锚栓和构件钢材的牌号		普通螺栓						锚栓	承压型连接高强度螺栓		
		C 级螺栓			A 级、B 级螺栓						
		抗拉 f_t^b	抗剪 f_v^b	承压 f_c^b	抗拉 f_t^b	抗剪 f_v^b	承压 f_c^b	抗拉 f_t^a	抗拉 f_t^b	抗剪 f_v^b	承压 f_c^b
普通螺栓	4.6 级、4.8 级	170	140	—	—	—	—	—	—	—	—
	5.6 级	—	—	—	210	190	—	—	—	—	—
	8.8 级	—	—	—	400	320	—	—	—	—	—
锚栓	Q235 钢	—	—	—	—	—	—	140	—	—	—
	Q345 钢	—	—	—	—	—	—	180	—	—	—
承压型连接高强度螺栓	8.8 级	—	—	—	—	—	—	—	400	250	—
	10.9 级	—	—	—	—	—	—	—	500	310	—

续表 A.1.1-4

螺栓的性能等级、锚栓和构件钢材的牌号		普通螺栓						锚栓	承压型连接高强度螺栓		
		C级螺栓			A级、B级螺栓						
		抗拉 f_t^b	抗剪 f_v^b	承压 f_c^b	抗拉 f_t^b	抗剪 f_v^b	承压 f_c^b	抗拉 f_t^a	抗拉 f_t^b	抗剪 f_v^b	承压 f_c^b
构件	Q235钢	—	—	305	—	—	405				470
	Q345钢	—	—	385	—	—	510				590
	Q390钢	—	—	400	—	—	530				615
	Q420钢	—	—	425	—	—	560				655

注：1 A级螺栓用于 $d \leqslant 24mm$ 和 $l \leqslant 10d$ 或 $l \leqslant 150mm$（按较小值）的螺栓；B级螺栓用于 $d > 24mm$ 或 $l > 10d$ 或 $l > 150mm$（按较小值）的螺栓。d 为公称直径，l 为螺杆公称长度。
2 A级、B级螺栓孔的精度和孔壁表面粗糙度，C级螺栓孔的允许偏差和孔壁表面粗糙度，均应符合现行国家标准《钢结构工程施工质量验收规范》GB 50205的要求。

A.1.2 计算下列情况的结构构件或连接件时，本规范第 A.1.1 条规定的强度设计值应乘以下列相应的折减系数：

1 单面连接的单角钢
  1）按轴心受力计算强度和连接 0.85；
  2）按轴心受压计算稳定性
等边角钢 $0.6 + 0.0015\lambda$，但不大于 1.0；
短边相连的不等边角钢 $0.5 + 0.0025\lambda$，但不大于 1.0；
长边相连的不等边角钢 0.7；
λ 为长细比，对中间无连系的单角钢压杆，应按最小回转半径计算。当 $\lambda < 20$ 时，取 $\lambda = 20$；

2 无垫板的单面施焊对接焊缝 0.85；
3 施工条件较差的高空安装焊缝连接 0.90；
4 当上述几种情况同时存在时，其折减系数应连乘。

A.1.3 钢材和钢铸件的物理性能指标应按表 A.1.3 采用。

表 A.1.3 钢材和钢铸件的物理性能指标

弹性模量 E (N/mm²)	剪切模量 G (N/mm²)	线膨胀系数 α (以每度计)	质量密度 ρ (kN/mm³)
2.06×10^5	0.79×10^5	12×10^{-6}	78.50

A.2 冷弯薄壁型钢设计指标

A.2.1 冷弯薄壁型钢钢材的强度设计值应按表 A.2.1-1 采用、焊接强度设计值应按表 A.2.1-2 采用、C级普通螺栓连接的强度设计值应按表 A.2.1-3 采用。电阻点焊每个焊点的抗剪承载力设计值应按表 A.2.1-4 采用。

表 A.2.1-1 冷弯薄壁型钢钢材的强度设计值（N/mm²）

钢材牌号	抗拉、抗压和抗弯 f	抗剪 f_v	端面承压（磨平顶紧）f_{ce}
Q235钢	205	120	310
Q345钢	300	175	400

表 A.2.1-2 冷弯薄壁型钢焊接强度设计值（N/mm²）

构件钢材牌号	对接焊缝			角焊缝
	抗压 f_c^w	抗拉 f_t^w	抗剪 f_v^w	抗压、抗拉、抗剪 f_f^w
Q235钢	205	175	120	140
Q345钢	300	255	175	195

注：1 Q235钢与Q345钢对接焊接时，焊接强度设计值应按本表中Q235钢一栏的数值采用。
2 经X射线检查符合一、二级焊缝质量标准对接焊缝的抗拉强度值采用抗压强度设计值。

表 A.2.1-3 薄壁型钢C级普通螺栓连接的强度设计值（N/mm²）

类别	性能等级	构件钢材的牌号	
	4.6级、4.8级	Q235钢	Q345钢
抗拉 f_t^b	165		
抗剪 f_v^b	125		
承压 f_c^b		290	370

表 A.2.1-4 电阻点焊的抗剪承载力设计值

相焊板件中外层较薄板件的厚度 t (mm)	每个焊点的抗剪承载力设计值 N_v^s (kN)
0.4	0.6

续表 A.2.1-4

相焊板件中外层较薄板件的厚度 t(mm)	每个焊点的抗剪承载力设计值 N_v^s(kN)
0.6	1.1
0.8	1.7
1.0	2.3
1.5	4.0
2.0	5.9
2.5	8.0
3.0	10.2
3.5	12.6
—	—

A.2.2 计算下列情况的结构构件和连接时，本附录表A.2.1-1～表A.2.1-4规定的强度设计值，应乘以下列相应的折减系数。

1 平面格构式楞系的端部主要受压腹杆0.85；

2 单面连接的单角钢杆件：

　　1）按轴心受力计算强度和连接0.85；

　　2）按轴心受压计算稳定性 $0.6+0.0014\lambda$；

注：对中间无联系的单角钢压杆，λ 为按最小回转半径计算的杆件长细比。

3 无垫板的单面对接焊缝0.85；

4 施工条件较差的高空安装焊缝0.9；

5 两构件的连接采用搭接或其间填有垫板的连接，以及单盖板的不对称连接0.9；

6 上述几种情况同时存在时，其折减系数应连乘。

A.2.3 钢材的物理性能应符合表A.1.3的规定。

A.3 木材设计指标

A.3.1 普通木模板结构用材的设计指标应按下列规定采用：

1 木材树种的强度等级应按表A.3.1-1和表A.3.1-2采用；

2 在正常情况下，木材的强度设计值及弹性模量，应按表A.3.1-3采用；在不同的使用条件下，木材的强度设计值和弹性模量尚应乘以表A.3.1-4规定的调整系数；对于不同的设计使用年限，木材的强度设计值和弹性模量尚应乘以表A.3.1-5规定的调整系数；木模板设计按使用年限为5年考虑。

表 A.3.1-1 针叶树种木材适用的强度等级

强度等级	组别	适用树种
TC17	A	柏木　长叶松　湿地松　粗皮落叶松
	B	东北落叶松　欧洲赤松　欧洲落叶松

续表 A.3.1-1

强度等级	组别	适用树种
TC15	A	铁杉　油杉　太平洋海岸黄柏　花旗松—落叶松　西部铁杉　南方松
	B	鱼鳞云杉　西南云杉　南亚松
TC13	A	油松　新疆落叶松　云南松　马尾松　扭叶松　北美落叶松　海岸松
	B	红皮云杉　丽江云杉　樟子松　红松　西加云杉　俄罗斯红松　欧洲云杉　北美山地云杉　北美短叶松
TC11	A	西北云杉　新疆云杉　北美黄松　云杉—松—冷杉　铁—冷杉　东部铁杉　杉木
	B	冷杉　速生杉木　速生马尾松　新西兰辐射松

表 A.3.1-2 阔叶树种木材适用的强度等级

强度等级	适用范围
TB20	青冈　椆木　门格里斯木　卡普木　沉水稍克隆　绿心木　紫心木　李叶豆　塔特布木
TB17	栎木　达荷玛木　萨佩莱木　苦油树　毛罗藤黄
TB15	锥栗（栲木）　桦木　黄梅兰蒂　梅萨瓦木　水曲柳　红劳罗木
TB13	深红梅兰蒂　浅红梅兰蒂　白梅兰蒂　巴西红厚壳木
TB11	大叶椴　小叶椴

表 A.3.1-3 木材的强度设计值和弹性模量（N/mm²）

强度等级	组别	抗弯 f_m	顺纹抗压及承压 f_c	顺纹抗拉 f_t	顺纹抗剪 f_v	横纹承压 $f_{c,90}$			弹性模量 E
						全表面	局部表面和齿面	拉力螺栓垫板下	
TC17	A	17	16	10	1.7	2.3	3.5	4.6	10000
	B		15	9.5	1.6				
TC15	A	15	13	9.0	1.6	2.1	3.1	4.2	10000
	B		12	9.0	1.5				
TC13	A	13	12	8.5	1.5	1.9	2.9	3.8	10000
	B		10	8.0	1.4				9000
TC11	A	11	10	7.5	1.4	1.8	2.7	3.6	9000
	B		10	7.0	1.2				

续表 A.3.1-3

强度等级	组别	抗弯 f_m	顺纹抗压及承压 f_c	顺纹抗拉 f_t	顺纹抗剪 f_v	横纹承压 $f_{c,90}$ 全表面	局部表面和齿面	拉力螺栓垫板下	弹性模量 E
TB20	—	20	18	12	2.8	4.2	6.3	8.4	12000
TB17	—	17	16	11	2.4	3.8	5.7	7.6	11000
TB15	—	15	14	10	2.0	3.1	4.7	6.2	10000
TB13	—	13	12	9.0	1.4	2.4	3.6	4.8	8000
TB11	—	11	10	8.0	1.3	2.1	3.2	4.1	7000

注：计算木构件端部（如接头处）的拉力螺栓垫板时，木材横纹承压强度设计值应按"局部表面和齿面"一栏的数值采用。

表 A.3.1-4 不同使用条件下木材强度设计值和弹性模量的调整系数

使用条件	调整系数	
	强度设计值	弹性模量
露天环境	0.9	0.85
长期生产性高温环境，木材表面温度达 40~50℃	0.8	0.8
按恒荷载验算时	0.8	0.8
用在木构筑物时	0.9	1.0
施工和维修时的短暂情况	1.2	1.0

注：1 当仅有恒荷载或恒荷载产生的内力超过全部荷载所产生的内力的80%时，应单独以恒荷载进行验算。
　　2 当若干条件同时出现时，表列各系数应连乘。

表 A.3.1-5 不同设计使用年限时木材强度设计值和弹性模量的调整系数

设计使用年限	调整系数	
	强度设计值	弹性模量
5 年	1.1	1.1
25 年	1.05	1.05
50 年	1.0	1.0
100 年及以上	0.9	0.9

A.3.2 对本规范表 A.3.1-1、表 A.3.1-2 以外的进口木材，应符合国家有关规定的要求。

A.3.3 下列情况，本规范表 A.3.1-3 中的设计指标，尚应按下列规定进行调整：

　　1 当采用原木时，若验算部位未经切削，其顺纹抗压、抗弯强度设计值和弹性模量可提高15%；

　　2 当构件矩形截面的短边尺寸不小于150mm时，其强度设计值可提高10%；

　　3 当采用湿材时，各种木材的横纹承压强度设计值和弹性模量以及落叶松木材的抗弯强度设计值宜降低10%；

　　4 使用有钉孔或各种损伤的旧木材时，强度设计值应根据实际情况予以降低。

A.3.4 进口规格材应由主管的管理机构按规定的专门程序确定强度设计值和弹性模量。

A.3.5 本规范采用的木材名称及常用树种木材主要特性、主要进口木材现场识别要点及主要材性、已经确定的目测分级规格材的树种和设计值应符合现行国家标准《木结构设计规范》GB 50005的有关规定。

A.4 铝合金型材

A.4.1 建筑模板结构或构件，当采用铝合金型材时，其强度设计值应按表 A.4.1 采用。

表 A.4.1 铝合金型材的强度设计值（N/mm²）

牌号	材料状态	壁厚 (mm)	抗拉、抗压、抗弯强度设计值 f_{Lm}	抗剪强度设计值 f_{LV}
LD₂	Cs	所有尺寸	140	80
LY₁₁	Cz	≤10.0	146	84
	Cs	10.1~20.0	153	88
LY₁₂	Cz	≤5.0	200	116
		5.1~10.0	200	116
		10.1~20.0	206	119
LC₄	Cs	≤10.0	293	170
		10.1~20.0	300	174

注：材料状态代号名称：Cz—淬火（自然时效）；Cs—淬火（人工时效）。

A.4.2 当采用与本规范第 A.4.1 条不同牌号的铝合金型材时，应有可靠的实验数据，并经数理统计确定设计指标后方可使用。

A.5 竹木胶合板材

A.5.1 覆面竹胶合板的抗弯强度设计值和弹性模量应按表 A.5.1 采用或根据试验所得的可靠数据采用。

A.5.2 覆面木胶合板的抗弯强度设计值和弹性模量应按表 A.5.2 采用或根据试验所得的可靠数据采用。

A.5.3 复合木纤维板的抗弯强度设计值和弹性模量应按表 A.5.3 采用或根据试验所得的可靠数据采用。

表A.5.1 覆面竹胶合板抗弯强度设计值（f_{jm}）和弹性模量

项 目	板厚度(mm)	板的层数	
		3层	5层
抗弯强度设计值（N/mm²）	15	37	35
弹性模量（N/mm²）	15	10584	9898
冲击强度（J/cm²）	15	8.3	7.9
胶合强度（N/mm²）	15	3.5	5.0
握钉力（N/mm）	15	120	120

表A.5.2 覆面木胶合板抗弯强度设计值（f_{jm}）和弹性模量

项目	板厚度(mm)	表面材料					
		克隆、山樟		桦木		板质材	
		平行方向	垂直方向	平行方向	垂直方向	平行方向	垂直方向
抗弯强度设计值（N/mm²）	12	31	16	24	16	12.5	29
	15	30	21	22	17	12.0	26
	18	29	21	20	15	11.5	25
弹性模量（N/mm²）	12	11.5×10³	7.3×10³	10×10³	4.7×10³	4.5×10³	9.0×10³
	15	11.5×10³	7.1×10³	10×10³	5.0×10³	4.2×10³	9.0×10³
	18	11.5×10³	7.0×10³	10×10³	5.4×10³	4.0×10³	8.0×10³

表A.5.3 复合木纤维板抗弯强度设计值（f_{jm}）和弹性模量

项 目	板厚度(mm)	受力方向	
		横向	纵向
抗弯强度设计值（N/mm²）	≥12	14～16	27～33
弹性模量（N/mm²）	≥12	6.0×10³	6.0×10³
垂直表面抗拉强度设计值（N/mm²）	≥12	＞1.8	＞1.8

附录B 模板设计中常用建筑材料自重

表B 常用建筑材料自重表

材料名称	单位	自重	备 注
胶合三夹板（杨木）	kN/m²	0.019	—
胶合三夹板（椴木）	kN/m²	0.022	—
胶合三夹板（水曲柳）	kN/m²	0.028	—
胶合五夹板（杨木）	kN/m²	0.030	—
胶合五夹板（椴木）	kN/m²	0.034	—
胶合五夹板（水曲柳）	kN/m²	0.040	—
铸铁	kN/m³	72.50	—
钢	kN/m³	78.50	—
铝	kN/m³	27.00	—
铝合金	kN/m³	28.00	—
普通砖	kN/m³	19.00	$\rho=2.5$ $\lambda=0.81$
黏土空心砖	kN/m³	11.00～4.50	$\rho=2.5$ $\lambda=0.47$
水泥空心砖	kN/m³	9.8	290×290×140—85块
石灰炉渣	kN/m³	10～12	—
水泥炉渣	kN/m³	12～14	—
石灰锯末	kN/m³	3.4	石灰：锯末＝1：3
水泥砂浆	kN/m³	20	—
素混凝土	kN/m³	22～24	振捣或不振捣
矿渣混凝土	kN/m³	20	—
焦渣混凝土	kN/m³	16～17	承重用
焦渣混凝土	kN/m³	10～14	填充用
铁屑混凝土	kN/m³	28～65	—
浮石混凝土	kN/m³	9～14	—
泡沫混凝土	kN/m³	4～6	—
钢筋混凝土	kN/m³	24～25	—
膨胀珍珠岩粉料	kN/m³	0.8～2.5	干，松散 $\lambda=0.045～0.065$
水泥珍珠岩制品	kN/m³	3.5～4	—
膨胀蛭石	kN/m³	0.8～2	—
聚苯乙烯泡沫塑料	kN/m³	0.5	$\lambda<0.03$
稻草	kN/m³	1.2	—
锯末	kN/m³	2～2.5	—

附录 C 等截面连续梁的内力及变形系数

C.1 等跨连续梁

表 C.1-1 二跨等跨连续梁

荷载简图		弯矩系数 K_M		剪力系数 K_V		挠度系数 K_W
		$M_{1中}$	$M_{B支}$	V_A	$V_{B左}$ / $V_{B右}$	$w_{1中}$
均布荷载图	静载	0.07	−0.125	0.375	−0.625 / 0.625	0.521
	活载最大	0.096	−0.125	0.437	−0.625 / 0.625	0.912
	活载最小	0.032	—	—	—	−0.391
两个集中荷载图	静载	0.156	−0.188	0.312	−0.688 / 0.688	0.911
	活载最大	0.203	−0.188	0.406	−0.688 / 0.688	1.497
	活载最小	0.047	—	—	—	−0.586
四个集中荷载图	静载	0.222	−0.333	0.667	−1.333 / 1.333	1.466
	活载最大	0.278	0.333	0.833	−1.333 / 1.333	2.508
	活载最小	0.084	—	—	—	−1.042

注：1 均布荷载作用下：$M = K_M q l^2$，$V = K_V q l$，$w = K_W \dfrac{q l^4}{100EI}$；

  集中荷载作用下：$M = K_M F l$，$V = K_V F$，$w = K_W \dfrac{F l^3}{100EI}$。

  2 支座反力等于该支座左右截面剪力的绝对值之和。

  3 求跨中负弯矩及反挠度时，可查上表"活载最小"一项的系数，但也要与静载引起的弯矩（或挠度）相组合。

  4 求跨中最大正弯矩及最大挠度时，该跨应满布活荷载，相邻跨为空载；求支座最大负弯矩及最大剪力时，该支座相邻两跨应满布活荷载，即查上表中"活载最大"一项的系数，并与静载引起的弯矩（剪力或挠度）相组合。

表 C.1-2 三跨等跨连续梁

荷载简图		弯矩系数 K_M			剪力系数 K_V		挠度系数 K_W	
		$M_{1中}$	$M_{2中}$	$M_{B支}$	V_A	$V_{B左}$ / $V_{B右}$	$w_{1中}$	$w_{2中}$
见图(1)	静载	0.080	0.025	−0.100	0.400	−0.600 / 0.500	0.677	0.052
	活载最大	0.101	0.075	0.117	0.450	−0.617 / 0.583	0.990	0.677
	活载最小	−0.025	−0.050	0.017	—	—	0.313	−0.625
见图(2)	静载	0.175	0.100	−0.150	0.350	−0.650 / 0.500	1.146	0.208
	活载最大	0.213	0.175	−0.175	0.425	−0.675 / 0.625	1.615	1.146
	活载最小	−0.038	−0.075	0.025	—	—	−0.469	−0.937

续表 C.1-2

荷载简图		弯矩系数 K_M			剪力系数 K_V		挠度系数 K_W	
		$M_{1中}$	$M_{2中}$	$M_{B支}$	V_A	$V_{B左}$ / $V_{B右}$	$w_{1中}$	$w_{2中}$
见图(3)	静载	0.244	0.067	−0.267	0.733	−1.267 / 1.000	1.883	0.216
	活载最大	0.289	0.200	−0.311	0.866	−1.311 / 1.222	2.716	1.883
	活载最小	−0.067	−0.133	0.044	—	—	−0.833	−1.667

图（1）　　　图（2）　　　图（3）

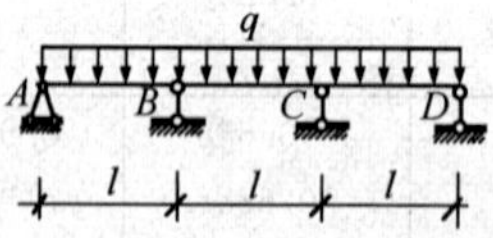

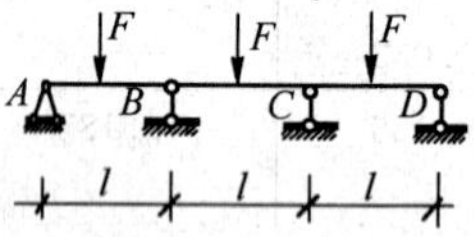

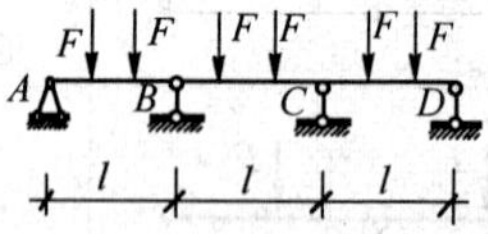

注：1　均布荷载作用下：$M = K_M q l^2$，$V = K_V q l$，$w = K_W \dfrac{q l^4}{100 EI}$；

　　　集中荷载作用下：$M = K_M F l$，$V = K_V F$，$w = K_W \dfrac{F l^3}{100 EI}$。

　　2　支座反力等于该支座左右截面剪力的绝对值之和。

　　3　求跨中负弯矩及反挠度时，可查用上表"活载最小"一项的系数，但也要与静载引起的弯矩（或挠度）相组合。

　　4　求某跨的跨中最大正弯矩及最大挠度时，该跨应满布活荷载，其余每隔一跨满布活荷载；求某支座的最大负弯矩及最大剪力时，该支座相邻两跨应满布活荷载，其余每隔一跨满布活荷载，即查用上表中"活载最大"一项的系数，并与静载引起的弯矩（剪力或挠度）相组合。

表 C.1-3　四跨等跨连续梁

荷载简图		弯矩系数 K_M				剪力系数 K_V			挠度系数 K_W	
		$M_{1中}$	$M_{2中}$	$M_{B支}$	$M_{C支}$	V_A	$V_{B左}$ / $V_{B右}$	$V_{C左}$ / $V_{C右}$	$w_{1中}$	$w_{2中}$
见图(1)	静载	0.077	0.036	−0.107	−0.071	0.393	−0.607 / 0.536	−0.464 / 0.464	0.632	0.186
	活载最大	0.100	0.098	0.121	−0.107	0.446	−0.620 / 0.603	−0.571 / 0.571	0.967	0.660
	活载最小	−0.023	−0.045	0.013	0.018	—	—	—	−0.307	−0.558
见图(2)	静载	0.169	0.116	−0.161	−0.107	0.339	−0.661 / 0.554	−0.446 / 0.446	1.079	0.409
	活载最大	0.210	0.183	−0.181	−0.161	0.420	−0.681 / 0.654	−0.607 / 0.607	1.581	1.121
	活载最小	−0.040	−0.067	0.020	0.020	—	—	—	−0.460	−0.711

续表 C.1-3

荷载简图		弯矩系数 K_M				剪力系数 K_V			挠度系数 K_W	
		$M_{1中}$	$M_{2中}$	$M_{B支}$	$M_{C支}$	V_A	$V_{B左}$ / $V_{B右}$	$V_{C左}$ / $V_{C右}$	$w_{1中}$	$w_{2中}$
见图(3)	静载	0.238	0.111	−0.286	−0.191	0.714	−1.286 / 1.095	−0.905 / 0.905	1.764	0.573
	活载最大	0.286	0.222	−0.321	−0.286	0.857	−1.321 / 1.274	−1.190 / 1.190	2.657	1.838
	活载最小	−0.071	−0.119	0.036	0.048	—	—	—	−0.819	−1.265

图（1） 图（2） 图（3）

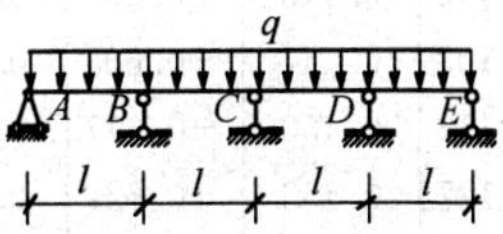

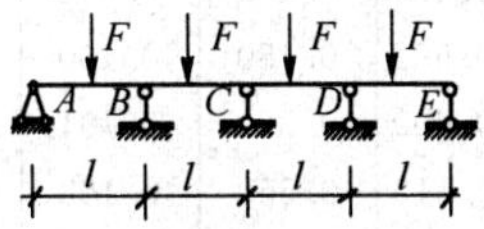

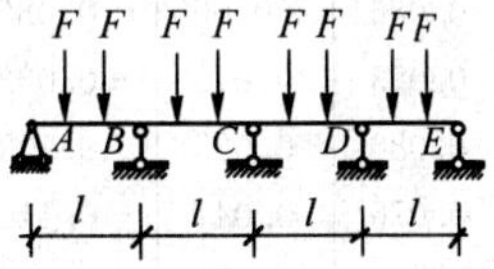

注：同三跨等跨连续梁。

C.2 不等跨连续梁在均布荷载作用下的弯矩、剪力系数

表 C.2-1 二跨不等跨连续梁

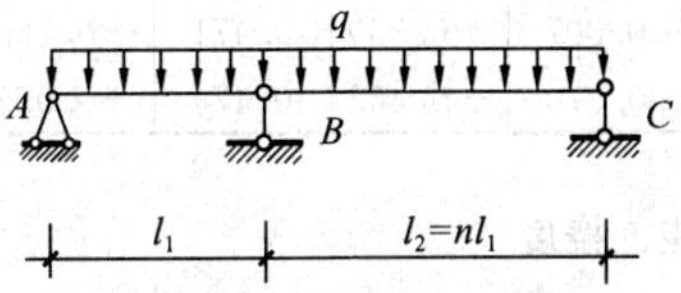

弯矩 M = 表中系数 $\times ql_1^2$ (kN·m)
剪力 V = 表中系数 $\times ql_1$ (kN)

	静载时						活载最不利布置时			
n	M_1	M_2	$M_{B最大}$	V_A	$V_{B左最大}$	$V_{B右最大}$	V_C	$M_{1最大}$	$M_{2最大}$	$V_{A最大}$	$V_{C最大}$
1.0	0.070	0.070	−0.125	0.375	−0.625	0.625	−0.375	0.096	0.096	0.433	−0.438
1.1	0.065	0.090	−0.139	0.361	−0.639	0.676	−0.424	0.097	0.114	0.440	−0.478
1.2	0.060	0.111	−0.155	0.345	−0.655	0.729	−0.471	0.098	0.134	0.443	−0.518
1.3	0.053	0.133	−0.175	0.326	−0.674	0.784	−0.516	0.099	0.156	0.446	−0.558
1.4	0.047	0.157	−0.195	0.305	−0.695	0.839	−0.561	0.100	0.179	0.443	−0.598
1.5	0.040	0.183	−0.219	0.281	−0.719	0.896	−0.604	0.101	0.203	0.450	−0.638
1.6	0.033	0.209	−0.245	0.255	−0.745	0.953	−0.647	0.102	0.229	0.452	−0.677
1.7	0.026	0.237	−0.274	0.226	−0.774	1.011	−0.689	0.103	0.256	0.454	−0.716
1.8	0.019	0.267	−0.305	0.195	−0.805	1.069	−0.731	0.104	0.285	0.455	−0.755
1.9	0.013	0.298	−0.339	0.161	−0.839	1.128	−0.772	0.104	0.316	0.457	−0.794
2.0	0.008	0.330	−0.375	0.125	−0.875	1.188	−0.813	0.105	0.347	0.458	−0.833
2.25	0.003	0.417	−0.477	0.023	−0.976	1.337	−0.913	0.107	0.433	0.462	−0.930
2.5	—	0.513	−0.594	−0.094	−1.094	1.488	−1.013	0.108	0.527	0.464	−1.027

表 C.2-2 三跨不等跨连续梁

荷载简图	计算公式
(梁示意图：A—1—B—2—C—1—D，跨度 l_1, $l_2=nl_1$, l_1，均布荷载 q)	弯矩＝表中系数$\times ql_1^2$(kN·m) 剪力＝表中系数$\times ql_1$(kN)

	静载时						活载最不利布置时				
n	M_1	M_2	$M_{B支}$	V_A	$V_{B左}$	$V_{B右}$	$M_{1最大}$	$M_{2最大}$	$M_{B最大}$	$V_{A最大}$	$V_{B左最大}$	$V_{B右最大}$
0.4	0.087	−0.063	−0.083	0.417	−0.583	0.200	0.089	0.015	−0.096	0.422	−0.596	0.461
0.5	0.088	−0.049	−0.080	0.420	−0.580	0.250	0.092	0.022	−0.095	0.429	−0.595	0.450
0.6	0.088	−0.035	−0.080	0.420	−0.580	0.300	0.094	0.031	−0.095	0.434	−0.595	0.460
0.7	0.087	−0.021	−0.082	0.413	−0.582	0.350	0.096	0.040	−0.098	0.439	−0.593	0.483
0.8	0.086	−0.006	−0.086	0.414	−0.586	0.400	0.098	0.051	−0.102	0.443	−0.602	0.512
0.9	0.083	0.010	−0.092	0.408	−0.592	0.450	0.100	0.063	−0.108	0.447	−0.608	0.546
1.0	0.080	0.025	−0.100	0.400	−0.600	0.500	0.101	0.075	−0.117	0.450	−0.617	0.583
1.1	0.076	0.041	−0.110	0.390	−0.610	0.550	0.103	0.089	−0.127	0.453	−0.627	0.623
1.2	0.072	0.058	−0.122	0.378	−0.622	0.600	0.104	0.103	−0.139	0.455	−0.639	0.665
1.3	0.066	0.076	−0.136	0.365	−0.636	0.650	0.105	0.118	−0.152	0.458	−0.652	0.708
1.4	0.061	0.094	−0.151	0.349	−0.651	0.700	0.106	0.134	−0.168	0.460	−0.668	0.753
1.5	0.055	0.113	−0.163	0.332	−0.663	0.750	0.107	0.151	−0.185	0.462	−0.635	0.798
1.6	0.049	0.133	−0.187	0.313	−0.687	0.800	0.107	0.169	−0.204	0.463	−0.704	0.843
1.7	0.043	0.153	−0.203	0.292	−0.708	0.850	0.108	0.188	−0.224	0.465	−0.724	0.890
1.8	0.036	0.174	−0.231	0.269	−0.731	0.900	0.109	0.203	−0.247	0.466	−0.747	0.937
1.9	0.030	0.196	−0.255	0.245	−0.755	0.950	0.109	0.229	−0.271	0.468	−0.771	0.985
2.0	0.024	0.219	−0.281	0.219	−0.781	1.000	0.110	0.250	−0.297	0.469	−0.797	1.031
2.25	0.011	0.279	−0.354	0.146	−0.854	1.125	0.111	0.307	−0.369	0.471	−0.869	1.151
2.5	0.002	0.344	−0.433	0.063	−0.938	1.250	0.112	0.370	−0.452	0.474	−0.952	1.272

C.3 悬臂梁的反力、剪力、弯矩、挠度

表 C.3 悬臂梁的反力、剪力、弯矩、挠度表

荷载形式	集中力F在B端	集中力F距A为a	满布均布荷载q	部分均布荷载q(长度a)
M 图				
V 图				
反力	$R_B = F$	$R_B = F$	$R_B = ql$	$R_B = qa$
剪力	$V_B = -R_B$	$V_B = -R_B$	$V_B = -R_B$	$V_B = -R_B$
弯矩	$M_B = -Fl$	$M_B = -Fb$	$M_B = -\dfrac{1}{2}ql^2$	$M_B = -\dfrac{qa}{2}(2l-a)$
挠度	$w_A = \dfrac{Fl^3}{3EI}$	$w_A = \dfrac{Fb^2}{6EI}(3l-b)$	$w_A = \dfrac{ql^4}{8EI}$	$w_A = \dfrac{q}{24EI}(3l^4 - 4b^3l + b^4)$

C.4 双向板在均布荷载作用下的内力及变形系数

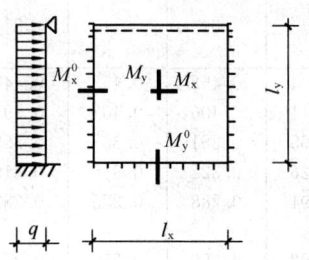

挠度 = 表中系数 $\times \dfrac{ql^4}{B_c}$；$\mu = 0.3$

端弯矩 = 表中系数 $\times ql^2$；

跨中弯矩 $M_x^0 = M_x + \mu M_y$
$\qquad\qquad M_y^0 = M_y + \mu M_x$

式中，l 取用 l_x 和 l_y 中之较小者

表 C.4 双向板在均布荷载作用下的内力及变形系数

l_x/l_y	l_y/l_x	f	f_{max}	M_x	$M_{x\,max}$	M_y	$M_{y\,max}$	M_x^0	M_y^0
0.50		0.00257	0.00258	0.0408	0.0409	0.0028	0.0089	−0.0836	−0.0569
0.55		0.00252	0.00255	0.0398	0.0399	0.0042	0.0093	−0.0827	−0.0570
0.60		0.00245	0.00249	0.0384	0.0386	0.0059	0.0105	−0.0814	−0.571
0.65		0.00237	0.00240	0.0368	0.0371	0.0076	0.0116	−0.0796	−0.0572
0.70		0.00227	0.00229	0.0350	0.0354	0.0093	0.0127	−0.0774	−0.0572
0.75		0.00216	0.00219	0.0331	0.0335	0.0109	0.0137	−0.0750	−0.0572
0.80		0.00205	0.00208	0.0310	0.0314	0.0124	0.0147	−0.0722	−0.0570
0.85		0.00193	0.00196	0.0289	0.0293	0.0138	0.0155	−0.0693	−0.0567
0.90		0.00181	0.00184	0.0268	0.0273	0.0159	0.0163	−0.0663	−0.0563
0.95		0.00169	0.00172	0.0247	0.0252	0.0160	0.0172	−0.0631	−0.0558
1.00	1.00	0.00157	0.00160	0.0227	0.0231	0.0168	0.0180	−0.0600	−0.0550
	0.95	0.00178	0.00182	0.0229	0.0234	0.0194	0.0207	−0.0629	−0.0599
	0.90	0.00201	0.00206	0.0228	0.0234	0.0223	0.0238	−0.0656	−0.0653
	0.85	0.00227	0.00233	0.0225	0.0231	0.0255	0.0273	−0.0683	−0.0711
	0.80	0.00256	0.00262	0.0219	0.0224	0.0290	0.0311	−0.0707	−0.0772
	0.75	0.00286	0.00294	0.0208	0.0214	0.0329	0.0354	−0.0729	−0.0837
	0.70	0.00319	0.00327	0.0194	0.0200	0.0370	0.0400	−0.0748	−0.0903
	0.65	0.00352	0.00365	0.0175	0.0182	0.0412	0.0446	−0.0762	−0.0970
	0.60	0.00386	0.00403	0.0153	0.0160	0.0454	0.0493	−0.0773	−0.1033
	0.55	0.00419	0.00437	0.0127	0.0133	0.0496	0.0541	−0.0780	−0.1093
	0.50	0.00449	0.00463	0.0099	0.0103	0.0534	0.0588	−0.0784	−0.1146

附录 D b 类截面轴心受压钢构件稳定系数

表 D b 类截面轴心受压钢构件的稳定系数 φ

$\lambda\sqrt{\dfrac{f_y}{235}}$	0	1	2	3	4	5	6	7	8	9
0	1.000	1.000	1.000	0.999	0.999	0.998	0.997	0.996	0.995	0.994
10	0.992	0.991	0.989	0.987	0.985	0.983	0.981	0.978	0.976	0.973
20	0.970	0.967	0.963	0.960	0.957	0.953	0.950	0.946	0.943	0.939
30	0.936	0.932	0.929	0.925	0.922	0.918	0.914	0.910	0.906	0.903
40	0.899	0.895	0.891	0.887	0.882	0.878	0.874	0.870	0.865	0.861
50	0.856	0.852	0.847	0.842	0.838	0.833	0.828	0.822	0.818	0.813
60	0.807	0.802	0.797	0.791	0.786	0.780	0.774	0.769	0.763	0.757
70	0.751	0.745	0.739	0.732	0.726	0.720	0.714	0.707	0.701	0.694
80	0.688	0.681	0.675	0.668	0.661	0.655	0.648	0.641	0.635	0.628
90	0.621	0.614	0.608	0.601	0.594	0.588	0.581	0.575	0.568	0.561
100	0.555	0.549	0.542	0.536	0.529	0.523	0.517	0.511	0.505	0.499

续表 D

$\lambda\sqrt{\dfrac{f_y}{235}}$	0	1	2	3	4	5	6	7	8	9
110	0.493	0.487	0.481	0.475	0.470	0.464	0.458	0.453	0.447	0.442
120	0.437	0.432	0.426	0.421	0.416	0.411	0.406	0.402	0.397	0.392
130	0.387	0.383	0.378	0.374	0.370	0.365	0.361	0.357	0.353	0.349
140	0.345	0.341	0.337	0.333	0.329	0.326	0.322	0.318	0.315	0.311
150	0.308	0.304	0.301	0.298	0.295	0.291	0.288	0.285	0.282	0.279
160	0.276	0.273	0.270	0.267	0.265	0.262	0.259	0.256	0.254	0.251
170	0.249	0.246	0.244	0.241	0.239	0.236	0.234	0.232	0.229	0.227
180	0.225	0.223	0.220	0.218	0.216	0.214	0.212	0.210	0.208	0.206
190	0.204	0.202	0.200	0.198	0.197	0.195	0.193	0.191	0.190	0.188
200	0.186	0.184	0.183	0.181	0.180	0.178	0.176	0.175	0.173	0.172
210	0.170	0.169	0.167	0.166	0.165	0.163	0.162	0.160	0.159	0.158
220	0.156	0.155	0.154	0.153	0.151	0.150	0.149	0.148	0.146	0.145
230	0.144	0.143	0.142	0.141	0.140	0.138	0.137	0.136	0.135	0.134
240	0.133	0.132	0.131	0.130	0.129	0.128	0.127	0.126	0.125	0.124
250	0.123									

本规范用词说明

1 为便于在执行本规范条文时区别对待，对要求严格程度不同的用词说明如下：

 1）表示很严格，非这样做不可的用词：
   正面词采用"必须"；
   反面词采用"严禁"。
 2）表示严格，在正常情况下均应这样做的用词：
   正面词采用"应"；
   反面词采用"不应"或"不得"。
 3）表示允许稍有选择，在条件许可时首先应这样做的用词：
   正面词采用"宜"；
   反面词采用"不宜"。
   表示有选择，在一定条件下可以这样做的，采用"可"。

2 条文中必须按指定的标准、规范或其他有关规定执行的写法为"应按……执行"或"应符合……要求或规定"。

中华人民共和国行业标准

建筑施工模板安全技术规范

JGJ 162—2008

条 文 说 明

前 言

《建筑施工模板安全技术规范》JGJ 162—2008 经住房和城乡建设部 2008 年 8 月 6 日以第 79 号公告批准、发布。

为便于广大设计、施工、科研、学校等单位有关人员在使用本标准时能正确理解和执行条文规定，《建筑施工模板安全技术规范》编制组按章、节、条顺序编制了本标准的条文说明，供使用者参考。在使用中如发现本条文说明有不妥之处，请将意见函寄沈阳建筑大学（地址：沈阳市浑南新区浑南东路 9 号沈阳建筑大学土木工程学院，邮编：110168）

目　次

1 总则 …………………………… 10—20—44
2 术语、符号 …………………… 10—20—44
　2.1 术语 ……………………… 10—20—44
　2.2 主要符号 ………………… 10—20—44
3 材料选用 ……………………… 10—20—44
　3.1 钢材 ……………………… 10—20—44
　3.2 冷弯薄壁型钢 …………… 10—20—45
　3.3 木材 ……………………… 10—20—45
　3.4 铝合金型材 ……………… 10—20—45
　3.5 竹、木胶合模板板材 …… 10—20—45
4 荷载及变形值的规定 ………… 10—20—46
　4.1 荷载标准值 ……………… 10—20—46
　4.2 荷载设计值 ……………… 10—20—46
　4.3 荷载组合 ………………… 10—20—46
　4.4 变形值规定 ……………… 10—20—47
5 设计 …………………………… 10—20—47
　5.1 一般规定 ………………… 10—20—47
　5.2 现浇混凝土模板计算 …… 10—20—48
　5.3 爬模计算 ………………… 10—20—52
6 模板构造与安装 ……………… 10—20—52
　6.1 一般规定 ………………… 10—20—52
　6.2 支架立柱构造与安装 …… 10—20—52
　6.3 普通模板构造与安装 …… 10—20—52
　6.4 爬升模板构造与安装 …… 10—20—52
　6.5 飞模构造与安装 ………… 10—20—53
　6.6 隧道模构造与安装 ……… 10—20—53
7 模板拆除 ……………………… 10—20—54
　7.1 模板拆除要求 …………… 10—20—54
　7.2 支架立柱拆除 …………… 10—20—54
　7.3 普通模板拆除 …………… 10—20—54
　7.4 特殊模板拆除 …………… 10—20—55
　7.5 爬升模板拆除 …………… 10—20—55
　7.6 飞模拆除 ………………… 10—20—55
　7.7 隧道模拆除 ……………… 10—20—55
8 安全管理 ……………………… 10—20—55
附录C　等截面连续梁的内力及
　　　　变形系数 ……………… 10—20—56

1 总 则

1.0.1 本规范是模板的设计、施工应遵守的原则，目的是做到先进合理、安全经济、确保质量、方便施工。

1.0.2 本规范规定的适用范围，现浇混凝土结构是指素混凝土结构、钢筋混凝土结构和预应力混凝土结构的模板。

1.0.3 目前我国现浇混凝土结构模板的材料除钢材、木材外，已有很大的发展，现还有胶合板模板、铝合金模板、塑料模板、玻璃钢模板等种类。由于当前木材很缺，故在模板工程中应尽量坚持少用或不用木材。除此之外还应尽量使用标准化、定型化和工具化的模板，提高周转、增加使用次数，从而降低施工成本。

1.0.4 组合钢模板、大模板、滑升模板等的设计、制作和施工尚应分别符合的标准主要有：《组合钢模板技术规范》GB 50214、《滑动模板工程技术规范》GB 50113 等。

2 术语、符号

2.1 术 语

本章术语的条文仅列出容易混淆、误解和概念模糊的术语。

本规范给出了 13 个有关模板工程方面的专用术语，并在我国惯用的模板工程术语的基础上赋予其特定的涵义。所给出的英文译名是参考国外某些标准拟定的。

2.2 主要符号

本章符号是按现行国家标准《工程结构设计基本术语和通用符号》GBJ 132 和《建筑结构设计术语和符号标准》GB/T 50083 的规定编写的，并根据需要增加了一些内容。

本规范给出了 71 个常用符号，并分别作出了定义，这些符号都是本规范各章节中所引用的。

3 材料选用

3.1 钢 材

3.1.1 本条着重提出了防止脆性破坏的问题，这对承重模板结构来说是十分重要的，过去在这方面不够明确。脆性破坏与结构形式、环境温度、应力特征、钢材厚度以及材料性能等因素有密切关系。并为模板结构今后往高强、新型、轻巧、耐用的方向发展打下基础，由过去大都采用 Q235 钢逐步过渡到采用更高强的 Q345 钢、Q390 钢和 Q420 钢。

3.1.2 本条主要强调钢材、钢管、钢铸件、扣件、焊条、螺栓和组合钢模板及配件等在质量上应遵循的标准。

3.1.3 本条关于钢材的温度界限是根据现行国家标准《钢结构设计规范》GB 50017 中的规定选用的。这主要是根据我国实践经验的总结，考虑了钢材的抗脆断性能来规定的。虽然连铸钢材没有沸腾钢，考虑到我国目前还有少量模铸，且现行国家标准《碳素结构钢》GB/T 700 中仍有沸腾钢，故本规范仍保留了 Q235·F 的应用范围。因沸腾钢脱氧不充分，含氧量较高，内部组织不够致密，硫、磷的偏析大，氮是以固溶氮的形式存在，故冲击韧性较低，冷脆性和时效倾向较大。因此，需对其使用范围加以限制。本条中所指的工作温度系采用《采暖通风与空气调节设计规范》GB 50019 中所列的"最低日平均温度"。

3.1.4 抗拉强度：是衡量钢材抵抗拉断的性能指标，而且是直接反映钢材内部组织的优劣，并与疲劳强度有着比较密切的关系。

伸长率：是衡量钢材塑性性能的指标。而塑性又是在外力作用下产生永久变形时抵抗断裂的能力。因此，除应具有较高的强度外，尚应要求具有足够的伸长率。

屈服强度（或屈服点）：是衡量结构的承载能力和确定强度设计值的重要指标。

冷弯试验：是钢材塑性指标之一，也是衡量钢材质量的一个综合性指标。通过冷弯试验，可以检验钢材组织、结晶情况和非金属夹杂物分布等缺陷，在一定程度上也是鉴定焊接性能的一个指标。

硫、磷含量：是建筑钢材中的主要杂质，对钢材的力学性能和焊接接头的裂纹敏感性有较大影响。硫能生成易于熔化的硫化铁，当热加工到 800～1200℃ 时，能出现裂纹，称为热脆。硫化铁又能形成夹杂物，不仅促使钢材起层，还会引起应力集中，降低钢材的塑性和冲击韧性。磷是以固溶体的形式溶解于铁素体中，这种固溶体很脆，加以磷的偏析比硫更严重，形成的富磷区促使钢变脆（冷脆），因而降低钢的塑性、韧性及可焊性。

碳含量：因建筑钢的焊接性能主要取决于碳含量，碳的合适含量，宜控制在 0.12%～0.2% 之间，超出该范围幅度越多，焊接性能变差的程度就越大。

3.1.5 钢结构的脆断破坏问题已引起普遍注意，而模板结构在冬期施工中也处于低温环境下工作，即也存在一个脆断问题，因此，此处根据国家标准《钢结构设计规范》GB 50017 的规定，对模板承重结构依据不同低温情况对钢材应具有的冲击韧性提出了合格保证的要求。

3.2 冷弯薄壁型钢

3.2.1 本条仅推荐现行国家标准《碳素结构钢》GB/T 700 中规定的 Q235 钢和《低合金高强度结构钢》GB/T 1591 中规定的 Q345 钢，原因是这两种牌号的钢材具有多年生产与使用的经验，材质稳定，性能可靠，经济指标较好。

3.2.2～3.2.4 见本规范第 3.1.2～3.1.4 条说明。

3.2.5 本条提出在设计和材料订货中应具体考虑的一些注意事项。

3.3 木 材

3.3.1 由于我国幅员广阔，木材树种较多，考虑到模板的用途，对材料的质量与耐久性的要求较高，而目前各地木材质量相差悬殊，一定要加强技术管理，保质使用；若不加强技术管理，容易使工程遭受不应有的经济损失，甚至发生质量、安全事故。

3.3.2 模板承重结构所用木材的分级系按现行国家标准《木结构设计规范》GB 50005 的规定采用。

3.3.3 《木结构设计规范》GB 50005 附录 A 对木材分级，主要是以木节、斜纹、髓心、裂缝等木材缺陷的限值规定来划分的，因随着这些缺陷所处的位置及本身的大小不同都会降低构件的承载力，所以，上述规范是以加严对木材斜纹的限制为前提，作出对裂缝的规定：一是不容许连接的受剪面上有裂缝；二是对连接受剪面附近的裂缝深度加以限制。至于受剪面附近的含义，一般可理解为：在受剪面上下各 30mm 的范围内。

3.3.4 近几年来，我国每年从国外进口相当数量的木材，其中有部分用于模板结构上，考虑到今后一段时期，木材进口量还可能增加，故在附表 A.3.1-1 与附表 A.3.1-2 中增加了进口木材树种，并作了相应选材及设计指标的确定，以确保模板的安全、质量与经济效益。

3.3.5 由于我国常用树种的木材资源已不能满足需要，过去一般不常用的树种木材，特别是阔叶材中的速生树种，在今后木材的供应中将占一定的比例，当采用新利用树种木材时，应注意以下一些问题：

1 对于扩大树种利用问题，应持积极、慎重的态度，坚持一切经过试验和试点工程的考验再推广使用。

2 应与规范中常用木材分开，将新利用树种单独对待，并作专门规定进行设计使用。

3 目前应仅限制在受压和受弯构件中应用，暂不要用于受拉构件。因此，为确保工程质量，现仅推荐在楞梁、帽木、夹木、支架立柱和较小的钢木桁架中使用。

4 考虑到设计经验不足和过去民间建筑用料较大等情况，在确定新利用树种木材的设计指标时，不宜单纯依据试验值，而最好按工程实践经验作适当降低调整。

5 对新利用树种的采用，应特别强调要进行防腐和防虫的处理，并可从通风防潮和药剂处理两方面来采取防腐和防虫的措施，以便保证周转和使用上的安全。

3.3.6 以前工程建设所需的进口木材，在其订货、商检、保存和使用等方面，均因缺乏专门的技术标准，而存在不少问题，无法正常管理。例如：有的进口木材，订货时随意选择木材的树种与等级，致使应用时增加了处理工作量与损耗；有的进口木材不附质量证书或商检报告，使接收工作增加了很多麻烦；有的进口木材，由于管理混乱，木材的名称与产地不详，给使用造成困难。此外，有些单位对不熟悉的树种木材，不经试验便盲目使用，以至造成了一些不应有的工程事故。鉴于以上情况，提出了本条中的一些基本规定，要求模板结构的设计、施工与管理人员执行。

3.3.8 规定木材含水率的理由和依据如下：

1 模板结构若采用较干的木材（面板除外）制作，在相当程度上减小了因木材干缩造成的松弛变形和裂缝的危害，对保证承力和工程质量作用很大。因此，原则上要求提前备料，使木材在合理堆放和不受暴晒的条件下逐渐风干。

2 原木和方木的含水率沿截面内外分布很不均匀，但只要木材表面的含水率能满足本条规定的含水率即可。木材深部的含水率可大一些，对承力影响不大。

3.4 铝合金型材

3.4.1～3.4.3 纯铝为银白色轻金属，具有相对密度小（仅为 2.7）、熔点较低（660℃）、耐腐蚀性能好和易于加工等特点。但缺点是纯铝塑性高、强度低，不宜用作模板结构的材料，在加入锰、镁等合金元素后，其强度和硬度就有了显著提高，这时方可用于建筑结构和模板结构。表 3.4.2 和表 3.4.3 均是按标准《铝及铝合金型材》YB 1703 中的规定采用。

3.5 竹、木胶合模板板材

3.5.1 胶合模板板材表面的特点是根据使用要求提出的，因此，在选材时一般应满足这些特定的要求，不具备这些特点的不应该选用，否则易损坏或使用成本过高。

3.5.2 胶合板的层板含水率过大时会影响其层间的胶合力，且易分层不耐用。另外，各层板的含水率大于 5% 时，会造成顺纹抗剪和横纹抗拉等强度的降低。

3.5.3 胶合模板的承载力，首先取决于胶的强度及耐久性，因此，对胶的质量要有严格的要求：

1 要保证胶缝的强度不低于木材顺纹抗剪和横纹抗拉的强度。因为不论在荷载作用下或由于木材胀缩引起的内力，胶缝主要是受剪应力和垂直于胶缝方向的正应力作用。一般来说，胶缝对压应力的作用总是能够胜任的。因此，关键在于保证胶缝的抗剪和抗拉强度。当胶缝的强度不低于木材顺纹抗剪和横纹的抗拉强度时，就意味着胶连接的破坏基本上沿着木（竹）材部分发生，这也就保证了胶连接的可靠性。

2 应保证胶缝工作的耐久性。胶缝的耐久性取决于它的抗老化能力和抗生物侵蚀能力。因此，主要要求胶的抗老化能力应与结构的用途和使用的年限相适应。但为了防止使用变质的胶，故应经过胶结能力的检验，合格后方可使用。

3 所有胶种必须符合有关环境保护的规定。对于新的胶种，必须提出有经过主管机关鉴定合格的试验研究报告为依据，方可使用或推广使用。

3.5.5～3.5.7 系按国家现行标准《混凝土模板用胶合板》ZBB 70006 的规定采用的。

4 荷载及变形值的规定

4.1 荷载标准值

4.1.1 新浇混凝土模板侧压力计算公式是以流体静压力原理为基础，并结合浇筑速度与侧压力的国内试验结果而建立的，考虑了不同密度混凝土凝结时间、坍落度和掺缓凝剂的影响等因素。它适用于浇筑速度在 6m/h 以下的普通混凝土及轻骨料混凝土。

4.1.2 活荷载标准值系根据以往模板工程的实践和经验，总结确定了共三项活荷载。一是施工人员及设备荷载，并仅为竖向作用于面板上，从上到下分别递减传于支架立柱，此外对面板及小楞还应以集中荷载 2.5kN 作用于跨中，取两者中最大的一个内力弯矩值作为设计依据才能保证安全。其次是振捣混凝土时产生对水平面和垂直面的均布活荷载，其值考虑作用于垂直面的要大于水平面的均布荷载，主要是从保证模板结构安全的角度来考虑。第三是往模板内倾倒混凝土时，对竖直模板侧面产生的水平活荷载，并以倾倒工具容积的大小来决定其值，其作用范围在有效压头高度以内来考虑。

4.1.3 基本风压值系按现行国家标准《建筑结构荷载规范》GB 50009—2001（2006 年版）的规定采用的。由于模板使用时间短暂，故采用重现期 $n=10$ 年的基本风压值已属安全。

4.2 荷载设计值

4.2.1～4.2.2 荷载的标准值是指在结构的使用期间可能出现的最大荷载值。模板设计所取的荷载标准值应按本规范第 4 章第 1 节的规定和附录 B 采用。若对永久荷载标准值规定有上、下限时，则当对结构有利时取小值，对结构不利时取大值。

4.2.3 本条将荷载分成永久荷载和可变荷载两类，相应给出两个规定的系数 γ_G 和 γ_Q，这两个分项系数是在荷载标准值已给定的前提下，使按极限状态设计表达式设计所得的各类结构构件的可靠指标与规定的目标可靠指标之间，以在总体上误差最小为原则，经优化后选定 $\gamma_G=1.2$，$\gamma_Q=1.4$ 的。但另考虑到前提条件的局限性，允许在特殊的情况下作合理的调整，例如，对于标准值大于 4kN/m² 的活荷载，其变异系数一般较小，此时从经济上考虑，可取 $\gamma_Q=1.3$。

分析表明，当永久荷载效应与可变荷载效应相比很大时，若仍采用 $\gamma_G=1.2$，则结构的可靠度远不能达到目标值的要求。因此，在式（4.3.1-4）中给出永久荷载效应控制的设计组合值中，相应取 $\gamma_G=1.35$。

分析还表明，当永久荷载效应与可变荷载效应异号时，若仍采用 $\gamma_G=1.2$，则结构的可靠度会随永久荷载效应所占比重的增大而严重降低，此时，γ_G 宜取小于 1 的系数。但考虑到经济效果和应用方便的因素，故取 $\gamma_G=1$。而在验算倾覆、滑移或漂浮时，一部分永久荷载实际上起着抵抗倾覆、滑移或漂浮的作用，对于这部分永久荷载，其荷载分项系数 γ_G 显然也应取小于 1 的系数，本条建议采用 $\gamma_G=0.9$。

4.2.4 对钢的面板及其支架的设计规定了应符合现行国家标准《钢结构设计规范》GB 50017 的规定，该规范中对临时性的结构强度设计值没有作出提高的规定，而我国《混凝土结构工程施工及验收规范》GB 50204—92 第 2.2.2 条明确作出了提高 17.6% 的规定，且在使用中也未发现有什么问题，因此，我们也将荷载设计值乘以 0.95 折减系数和 0.9 的结构重要性系数予以折减，这就等于把钢的强度设计值提高了 16%。但当采用冷弯薄壁型钢时，为确保模板结构的安全却不予提高。

4.3 荷载组合

4.3.1 当整个结构或结构的一部分超过某一特定状态，而不能满足设计规定的某一功能要求时，则称此特定状态为结构对该功能的极限状态。设计中的极限状态往往以结构的某种荷载效应，如内力、应力、变形、裂缝等超过相应规定的标志为依据。根据设计中要求考虑的结构功能，结构的极限状态在总体上分为两大类，即承载能力极限状态和正常使用极限状态。对承载能力极限状态，一般是以结构的内力超过其承载能力为依据；对正常使用极限状态，一般是以结构的变形、裂缝、振动参数超过设计允许的极限值为依据。

对所考虑的极限状态，在确定其荷载效应时，应对所有可能同时出现的诸荷载作用加以组合，求得组合后在结构中的总效应。这种组合可以多种多样，因此，还必须在所有可能组合中，取其中最不利的一组作为该极限状态的设计依据。

对于承载能力极限状态的荷载效应组合，可按《建筑结构可靠度设计统一标准》GB 50068 的规定，根据所考虑设计状况，选用不同的组合；对持久和短暂设计状况，应采用基本组合。

在承载能力极限状态的基本组合中，式（4.3.1-2）、式（4.3.1-3）和式（4.3.1-4）给出了荷载效应组合设计值的表达式，建立表达式的目的是在于保证在各种可能出现的荷载组合情况下，通过设计都能使结构维持在相同的可靠度水平上，在应用式（4.3.1-2）时，式中的 S_{Q1k} 为诸可变荷载效应中其设计值是控制其组合为最不利者，当设计者无法判断时，可轮次以各可变荷载效应 S_{Qik} 为 S_{Q1k}，选其中最不利的荷载效应组合为设计依据。式（4.3.1-3）是考虑为了模板设计时便于手算的目的，仍允许采用简化的组合原则，也即对所有参与组合的可变荷载的效应设计值，乘以一个统一的组合系数，考虑到以往的组合系数 0.85 在某些情况下偏于不安全，因此，将其提高到 0.9；并要求所有可变荷载作为伴随荷载时，都必须以其组合值为代表值，而不仅仅限于有风荷载参与组合的情况。至于组合系数，除风荷载仍取 $\psi_c = 0.6$ 外，对其他可变荷载，目前统一取 $\psi_c = 0.7$。式（4.3.1-4）是新给出的由永久荷载效应控制的组合设计值，当结构的自重占主要时，考虑这个条件就能避免可靠度偏低的后果。

必须指出，条文中给出的荷载效应组合值的表达式是采用各项可变荷载小于叠加的形式，这在理论上仅适用于各项可变荷载的效应与荷载为线性关系的情况。当涉及非线性问题时，应根据问题性质或按有关设计规定采用其他不同的方法。

对于正常使用极限状态的结构设计，在采用标准组合时，也可参照按承载能力极限状态的基本组合，采用简化规则，即按式（4.3.1-3）采用，但取分项系数为 1，并根据模板特点仅考虑永久荷载效应，而不考虑可变荷载效应的组合。

4.3.2 本条参与模板及其支架荷载效应组合的各项荷载规定是按《混凝土结构工程施工及验收规范》GB 50204—92 的规定采用的。

4.3.3 爬模的荷载标准值是根据"上海市施工技术科研设计院"的总结资料经过分析采用的。

爬架可认为是一悬臂柱，承受偏心的竖向荷载和侧向风荷载，风荷载由模板传来，计算时要考虑风荷载的组合。组合时要分工作状态和非工作状态两种情况，取其最不利情况作为计算依据。

模板的计算应分混凝土浇筑阶段和模板爬升安装阶段两种情况计算。浇筑混凝土阶段模板主要承受新浇混凝土对模板的侧压力和倾倒混凝土所产生的侧压力。爬升和安装阶段的模板计算主要是在竖向荷载作用下的强度验算，主要任务是确定爬架布置位置和爬架间距。

4.3.4 液压滑模的荷载标准值系根据现行国家标准《滑动模板工程技术规范》GB 50113 的规定采用的。

4.4 变形值规定

4.4.1～4.4.3 一般模板的变形值是按国家标准《混凝土结构工程施工及验收规范》GB 50204—92 的规定；组合钢模板的变形值是按现行国家标准《组合钢模板技术规范》GB 50214 的规定；液压滑动模板是按《滑动模板工程技术规范》GB 50113 的规定。

4.4.4 爬模的变形值主要是根据组合钢模板和大模板以及格构式柱的技术要求制定的。

5 设 计

5.1 一般规定

5.1.1 设计时应根据工程的实际结构形式、荷载大小、地基土类别、施工设备和材料可供应的条件，尽量采用先进的施工工艺，综合全面分析比较找出最佳的设计方案。

5.1.3 设计内容总的归纳起来应包括：选型、选材、结构计算、绘制施工图及编写设计说明。

5.1.5 在多年来的实际工程施工中，全国各地发生的模板倒塌事故较多，究其原因，其中用木立柱的事故约 2/3 以上都是由于所用的木立柱直径偏小（＜50mm），甚至弯扭不直；有的纵横向未设水平拉条，或用小条、板皮做拉条起不到拉条的作用。因此，除对水平拉条有专门的规定外，此处规定木立柱小头直径不得小于 80mm。

5.1.6 因要求避免自重引起的过分垂曲（例如桁架的上弦杆或斜杆），另一方面为消除振动影响，因此，这里特对受压、受拉杆件的最大长细比作了限制要求。

5.1.7 这里的群柱是特指由钢管与扣件组合而成，并用作模板支柱的格构式柱，若柱四周只设有水平横杆而无斜杆构成，则此格构式柱为非稳定的机动体系，是不能承力的，故此条有此规定。

5.1.8 用门架作为模板支柱时，必须保证两点：一为水平加固杆及整体剪刀撑一定要按本规范所规定的设置；二为门架与门架之间的剪刀撑应具有一定的刚度。所以当采用门架作为模板支柱时，对其剪刀撑的最小刚度作了规定。

5.1.10 爬模是一种适用于现浇钢筋混凝土竖向（或倾斜）的墙体模板工艺，其工艺原理是以建筑物的钢筋混凝土墙体作为支承主体，通过附着于已完成的钢筋混凝土墙体上的爬升支架或大模板，并利用连接爬升支架与大模板的爬升设备，使一方固定，另一方作相对运动，交替向上爬升，以完成模板的爬升、下降、就位和校正等工作。目前，不仅用于浇筑高层外墙、电梯井壁，而且也开始用于内墙以及一些高耸构筑物。但为保证安全使用，故对有关的设计问题，在此处作了必要的规定。

5.2 现浇混凝土模板计算

5.2.1 钢面板计算举例

【例1】 组合钢模板块 P3012，宽 300mm，长 1200mm，钢板厚 2.5mm，钢模板两端支承在钢楞上，用作浇筑 220mm 厚的钢筋混凝土楼板，试验算钢模板的强度与挠度。

【解】

1 强度验算

（1）计算时两端按简支板考虑，其计算跨度 l 取 1.2m

（2）荷载计算按 4.1 节第 4.1.2 条规定应取均布荷载或集中荷载两种作用效应考虑，计算结果取其大值。

钢模板自重标准值 340N/m²；

220mm 厚新浇混凝土板自重标准值 24000×0.22 =5280N/m²；

钢筋自重标准值 1100×0.22=242N/m²；

施工活荷载标准值 2500N/m² 及跨中集中荷载 2500N 考虑两种情况分别作用。

均布线荷载设计值为：

$$q_1 = 0.9 \times [1.2 \times (340+5280+242) \\ + 1.4 \times 2500] \times 0.3$$
$$= 2844\text{N/m}$$

$$q_1 = 0.9 \times [1.35 \times (340+5280+242) \\ + 1.4 \times 0.7 \times 2500] \times 0.3$$
$$= 2798\text{N/m}$$

根据以上两者比较应取 $q_1 = 2844$N/m 作为设计依据。

集中荷载设计值：

模板自重线荷载设计值 $q_2 = 0.9 \times 0.3 \times 1.2 \times 340 = 110$N/m

跨中集中荷载设计值 $P = 0.9 \times 1.4 \times 2500 = 3150$N

（3）强度验算

施工荷载为均布线荷载：

$$M_1 = \frac{q_1 l^2}{8} = \frac{2844 \times 1.2^2}{8} = 511.92\text{N·m}$$

施工荷载为集中荷载：

$$M_2 = \frac{q_2 l^2}{8} + \frac{Pl}{4}$$
$$= \frac{110 \times 1.2^2}{8} + \frac{3150 \times 1.2}{4} = 964.8\text{N·m}$$

由于 $M_2 > M_1$，故应采用 M_2 验算强度。并查表 5.2.1-2 板宽 300mm 得净截面抵抗矩 $W_n = 5940$mm³

则 $\sigma = \dfrac{M_2}{W_n} = \dfrac{964800}{5940} = 162.37\text{N/mm}^2 < f$
$= 205\text{N/mm}^2$

强度满足要求。

2 挠度验算

验算挠度时不考虑可变荷载值，仅考虑永久荷载标准值，故其作用效应的线荷载设计值如下：

$$q = 0.3 \times (340+5280+242) = 1758.6\text{N/m}$$
$$= 1.7586\text{N/mm}$$

故实际设计挠度值为：

$$v = \frac{5ql^4}{384EI_x} = \frac{5 \times 1.7586 \times 1200^4}{384 \times 2.06 \times 10^5 \times 269700}$$
$$= 0.85\text{mm}$$

上式中查表 3.1.5 得 $E = 2.06 \times 10^5$；查表 5.2.1-2 得板宽 300mm 的净截面惯性矩 $I_x = 269700$mm⁴；查表 4.4.2 得容许挠度为 1.5mm，故挠度满足要求。

木面板及胶合板面板其计算程序和方法与钢面板相同。

5.2.2 支承钢楞计算举例

【例2】 按例1的条件，于组合钢模板的两端各用一根矩形钢管支承，其规格为 □100×50×3，间距 600mm，$l = 2100$mm，试验算其强度与挠度。

【解】

1 强度验算

（1）按简支考虑，其计算跨度 $l = 2100$mm；

（2）荷载计算 按例1采用，即：

钢模板自重标准值 340N/m²；

新浇混凝土自重标准值 5280N/m²；

钢筋自重标准值 242N/m²；

钢楞梁自重标准值 113N/m²；

施工活荷载标准值 2500N/m² 及跨中集中荷载 2500N 考虑两种情况。

均布线荷载设计值为：

$$q_1 = 0.9 \times [1.2 \times (340+5280+242+113) \\ + 1.4 \times 2500] \times 0.6$$
$$= 5761.8\text{N/m}$$

$q_1 = 0.9 \times [1.35 \times (340+5280+242+113) + 1.4 \times 0.7 \times 2500] \times 0.6 = 5678.78$N/m，根据以上两者比较，应取 $q_1 = 5761.8$N/m 作为小楞的设计依据。

集中荷载设计值为：

小楞自重线荷载设计值 $q_2 = 0.9 \times 0.6 \times 1.2 \times 113 = 73.22$N/m

跨中集中荷载设计值 $P = 0.9 \times 1.4 \times 2500 = 3150$N

（3）强度验算

施工荷载为均布线荷载：
$$M_1 = \frac{q_1 l^2}{8} = \frac{5761.8 \times 2.1^2}{8}$$
$$= 3176.19 \text{N} \cdot \text{m}$$

施工荷载为集中荷载：
$$M_2 = \frac{q_2 l^2}{8} + \frac{Pl}{4} = \frac{73.22 \times 2.1^2}{8} + \frac{3150 \times 2.1}{4}$$
$$= 1694.11 \text{N} \cdot \text{m}$$

由于 $M_1 > M_2$，故应采用 M_1 验算强度，并查表 5.2.2-1，按小楞规格查得 $W_x = 22420 \text{mm}^3$，$I_x = 1121200 \text{mm}^4$。

则：$\sigma = \dfrac{M_1}{W_x} = \dfrac{3176190}{22420} = 141.67 \text{N/mm}^2 < f = 205 \text{N/mm}^2$

强度满足要求。

2 挠度验算

验算挠度时不考虑可变荷载值，仅考虑永久荷载标准值，故其作用效应的标准线荷载值如下：
$$q = 0.6 \times (340 + 5280 + 242 + 113)$$
$$= 3585 \text{N/mm} = 3.585 \text{N/m}$$

故实际设计挠度值为：
$$v = \frac{5ql^4}{384EI_x} = \frac{5 \times 3.585 \times 2100^4}{384 \times 2.06 \times 10^5 \times 1121200}$$
$$= 3.93 \text{mm}$$

根据表 4.4.2 查得钢楞容许值 $[v] = \dfrac{l}{500} = 4.2 \text{mm}$，符合要求。

铝合金楞梁、木楞梁计算程序及方法与钢楞同。桁架楞梁计算从略。

5.2.3 对拉螺栓用于连接内外侧模和保持两者之间的间距，承受混凝土的侧压力和其他荷载。

对拉螺栓计算举例

【例3】 已知混凝土对模板的侧压力设计值为 $F = 30 \text{kN/m}^2$，对拉螺栓间距、纵向、横向均为 0.9m，选用 M16 穿墙螺栓，试验算穿墙螺栓强度是否满足要求。

【解】
$$N = 0.9 \times 0.9 \times 0.9 \times 30 = 21.87 \text{kN}$$
$$= 21870 \text{N}$$

查表 5.2.3 得 M16 $A_n = 144 \text{mm}^2$，再查表 3.1.3-7 得 $f_t^b = 170 \text{N/mm}^2$，则
$$A_n f_t^b = 144 \times 170 = 24480 \text{N} > 21870 \text{N}$$

满足要求。

5.2.4 柱箍用于直接支承和夹紧柱模板。

柱箍计算举例

【例4】 框架柱截面为 $a \times b = 600 \times 800 (\text{mm}^2)$，柱高 $H = 3.0$m，混凝土坍落度为 150mm，混凝土浇筑速度为 3m/h，倾倒混凝土时产生的水平荷载标准值为 2.0kN/m^2，采用组合钢模板，并选用 $[80 \times 43 \times 5$ 槽钢作柱箍，试验算其强度与挠度。

【解】

1 求柱箍间距 l_1

柱箍计算简图见正文图 5.2.4，
$$l_1 \leqslant 3.276 \times \sqrt[4]{\frac{EI_x}{Fb}}$$

采用的组合钢模板宽 $b = 300$mm；$E = 2.06 \times 10^5 \text{N/mm}^2$；2.5mm 厚的钢面板，查表 5.2.1-2 得 $I_x = 269700 \text{mm}^4$；其 F_s 计算如下：

根据式（5.2.4-1）及式（5.2.4-3）计算取其小值：
$$F = 0.22 r_c t_0 \beta_1 \beta_2 v^{\frac{1}{2}}$$
$$= 0.22 \times 24 \times \frac{200}{15+15} \times 1 \times 1.15 \times 3^{\frac{1}{2}}$$
$$= 70.12 \text{kN/m}^2$$
$$F = r_c H = 24 \times 3 = 72.0 \text{kN/m}^2$$

根据上两式比较应取 $F = 70.12 \text{kN/m}^2$，则设计值为：
$$F_s = 0.9 \times (1.2 \times 70.12 + 1.4 \times 2)$$
$$= 78.24 \text{kN/m}^2 = 78240 \text{N/m}^2$$

将上述各值代入公式内得：
$$l_1 = 3.276 \sqrt[4]{\frac{2.06 \times 10^5 \times 269700}{70120 \times 300 / 1000000}} = 742.66 \text{mm}$$

又根据柱箍所选钢材规格求 l_1 值如下：
$$l_1 \leqslant \sqrt{\frac{8Wf}{F_s b}}$$

根据表 5.2.1-2 查得宽 300mm 的组合钢模板 $W = 5940 \text{mm}^3$；

$f = 205 \text{N/mm}^2$；$F_s = 78240 \text{N} \cdot \text{m}^2$；$b = 300$mm；代入上式得：
$$l_1 = \sqrt{\frac{8 \times 5940 \times 205}{0.07824 \times 300}} = 644.23 \text{mm}$$

比较两个计算结果，应为 $l_1 \leqslant 644.06$mm，故柱箍间距采用 $l_1 = 600$mm。

2 强度验算

按计算简图 5.2.4 采用式（5.2.4-4），
$$\frac{N}{A_n} + \frac{M_x}{W_{nx}} \leqslant f$$

$l_2 = b + 100 = 800 + 100 = 900$mm（式中 100mm 为模板厚度）；$l_1 = 600$mm；$l_3 = a = 600$mm；因采用型钢，其荷载设计值应乘以 0.95 的折减系数。所以，柱箍承受的均布线荷载设计值为：
$$q = F_s l_1 = 78240 \times 0.6 = 46944 \text{N/m}$$
$$= 46.944 \text{N/mm}$$

柱箍轴向拉力设计值为：
$$N = \frac{q l_3}{2} = \frac{46.944 \times 600}{2} = 14083 \text{N}$$

查表 5.2.2 槽钢 $[80 \times 43 \times 5$ 的各值分别为：$W = 25300 \text{mm}^3$；$A_n = 1024 \text{mm}^2$；$r_x = 1$；$M_x =$

$$\frac{46.944 \times 900^2}{8} = 4753080 \text{N} \cdot \text{mm}$$

则代入验算公式,得

$$\frac{0.95 \times 14083}{1024} + \frac{0.95 \times 4753080}{1 \times 25300} = 13.07 + 178.48$$
$$= 191.55 \text{N/mm}^2$$
$$< f = 215 \text{N/mm}^2$$

满足要求。

3 挠度验算

$$q_g = Fl_1 = 70120 \times 0.6 = 42072 \text{N/m}$$
$$= 42.072 \text{N/mm}$$

查表5.2.2-1柱箍的截面惯性矩 $I_x = 1013000 \text{mm}^4$;
另 $E = 2.06 \times 10^5 \text{N/mm}^2$;$l_2 = 900 \text{mm}$。

$$v = \frac{5 q_g l_2^4}{384 E I_x} = \frac{5 \times 42.072 \times 900^4}{384 \times 2.06 \times 10^5 \times 1013000}$$
$$= 1.7 \text{mm} < [v] = \frac{900}{500} = 1.8 \text{mm}$$

满足要求。

5.2.5 本条计算公式中的1.2、1.35、1.4为恒、活荷载分项系数;0.9、0.7、0.6为活荷载效应组合系数和风荷载组合系数。

木、钢立柱计算举例:

【例5】 木立柱采用红松(强度等级为TC13B组),小头梢径为80mm,高度4.0m,并在木立柱高度的中部设有40mm×50mm的纵横向水平拉条,其立柱所承受荷载的标准值为:支架及立柱自重1.1kN/m²;混凝土自重 6kN/m²;钢筋自重0.275kN/m²;施工人员及设备重1.0kN/m²;一根立柱的承力范围为1.4m×1.4m。试验算此立柱的强度和稳定性。

【解】

1 荷载计算

设计值组合一

$$N = 0.9 \times [1.2 \times (1.1 + 6.0 + 0.275) + 1.4 \times 1.0] \times 1.4 \times 1.4$$
$$= 18.08 \text{kN}$$

设计值组合二

$$N = 0.9 \times [1.35 \times (1.1 + 6.0 + 0.275) + 1.4 \times 0.7 \times 1.0] \times 1.4 \times 1.4$$
$$= 19.29 \text{kN}$$

根据上述比较,应采用组合二为设计验算依据。

2 强度验算

$$A_n = \frac{\pi d^2}{4} = \frac{3.14 \times 89^2}{4} = 6218.00 \text{mm}^2$$

根据表3.2.3及第3.2.4条将木材强度设计值修正如下:

露天折减0.9;考虑施工荷载提高1.15;考虑圆木未经切削提高1.15;木材含水率按30%考虑可不作调整,则木材强度设计值调整后为:

$$f_c = 0.9 \times 1.15 \times 1.15 \times 10 = 11.9 \text{N/mm}^2$$

则
$$\sigma_c = \frac{N}{A_n} = \frac{19290}{6218.00} = 3.10 \text{N/mm}^2 < f_c$$
$$= 11.9 \text{N/mm}^2$$

满足要求。

3 稳定验算

计算跨度 $l_0 = 2000 \text{mm}$;回转半径 $i = \frac{89}{4} = 22.25 \text{mm}$;

$$\lambda = \frac{l_0}{i} = \frac{2000}{22.25} = 89.89;$$ 按式(5.4.2-27)求稳定系数如下:

$$\varphi = \frac{1}{1 + \left(\frac{\lambda}{65}\right)^2} = \frac{1}{1 + \left(\frac{89.89}{65}\right)^2} = 0.3434$$

则
$$\frac{N}{\varphi A_n} = \frac{19290}{0.3434 \times 6218}$$
$$= 9.03 \text{N/mm}^2 < f_c$$
$$= 11.9 \text{N/mm}^2$$

满足要求。

【例6】 CH-65型钢支撑,其最大使用长度为3.06m,钢支撑中间无水平拉杆,插销直径 $d = 12 \text{mm}$,插销孔 $\phi 15 \text{mm}$,管径与壁厚及力学性能表见表5.2.5-1及表5.2.5-2。求钢支撑的容许设计荷载值。

【解】

按可能出现的四种破坏状态,计算其容许设计荷载,选其中最小值为钢支撑的容许荷载。

1 钢管支撑强度计算容许荷载

$$[N] = f A_n = 215 \times (348 - 2 \times 15 \times 2.4)$$
$$= 215 \times 276 = 59.34 \text{kN}$$

2 钢管支撑受压稳定计算容许荷载

插管与套管之间松动,是支撑成折线状,形成初偏心,按中点最大初偏心为25mm计算。

(1) 先求 φ_x

$$n = \frac{I_{x2}}{I_{x1}} = \frac{18.51 \times 10^4}{9.32 \times 10^4} = 1.99$$

$$\mu = \sqrt{\frac{1+n}{2}} = \sqrt{\frac{1+1.99}{2}} = 1.223$$

$$\lambda_x = \mu \frac{L}{i_2} = 1.223 \times \frac{3060}{20.6} = 181.67$$

查附录D表D得 $\varphi_x = 0.2209$。

注:式中 I_{x1}、I_{x2} 分别为套管与插管的惯性矩,可查表5.2.5-2;L 为最大使用长度,查表5.2.5-1;i_2 为套管的回转半径,查表5.2.5-2。

(2) 求 N_{EX}

$$N_{EX} = \pi^2 EA / \lambda_x^2 = \frac{3.14^2 \times 2.06 \times 10^5 \times 438}{181.67^2}$$
$$= 26954.7 \text{N} = 26.95 \text{kN}$$

(3) 求 N

$$\frac{N}{\varphi_x A} + \frac{\beta_{max} M_x}{W_{ix}\left(1 - 0.8 \dfrac{N}{N_{EX}}\right)} \leq f$$

$$\frac{N}{0.2209\times 438}+\frac{1\times 25\times N}{\frac{18.51\times 10^4}{30.25}\times \left(1-0.8\frac{N}{26954.7}\right)}\leqslant 215$$

$$\frac{N}{96.75}+\frac{25N}{6119\times (1-0.000029679N)}\leqslant 215$$

求得 $N=54995.32\text{N}=55.00\text{kN}$

3 插销抗剪强度计算容许荷载

$$N=f_v\cdot 2A_0=125\times 2\times 113=28250\text{N}$$
$$=28.25\text{kN}$$

4 插销处钢管壁承压强度计算容许荷载

$$N=f_{ce}\cdot A_{ce}=320\times 2\times 2.4\times 12$$
$$=18432\text{N}=18.43\text{kN}$$

根据上述四项计算，取最小值即 18432N 为 CH-65 钢支撑在最大使用长度时的容许荷载设计值。

【例7】 现有一扣件式钢管组合的格构式柱，柱截面 $1000\text{mm}\times 1000\text{mm}$，四角立杆（主肢）、水平横杆和四面斜杆均为 Q235 钢 $\phi 48\times 3.5\text{mm}$ 的焊接钢管，水平横杆步距 1.0m，格构式柱高 6.0m，承受荷载设计值为 350kN，试验算该格构式柱的稳定性。

【解】

整个柱的截面惯性矩为：

$$I_x=I+A_1h^2=4\times [121900+489\times 500^2]$$
$$=4\times 122371900\text{mm}^4$$

整个柱的回转半径为：

$$i_x=\sqrt{\frac{I_x}{A}}=\sqrt{\frac{4\times 122371900}{4\times 489}}=500\text{mm}$$

则 $\lambda_x=\dfrac{l_0}{i}=\dfrac{6000}{500}=12$

故格构式换算长细比为：

$$\lambda_{0x}=\sqrt{\lambda_x^2+40\frac{A}{A_{1x}}}=\sqrt{12^2+40\times \frac{4\times 489}{2\times 489}}$$
$$=14.97$$

根据 $\lambda_{0x}=14.97$ 查附录D表D得稳定系数

$$\varphi=0.9836$$

稳定验算：

$$\frac{N}{\varphi A}=\frac{350000}{0.9836\times 4\times 489}=181.92\text{N/mm}^2$$
$$<f_c=205\text{N/mm}^2$$

满足要求。

【例8】 现有一桥梁现浇板，采用门架型号为 MF1219 $h_2=100\text{mm}$ 支模，门架立柱总高 50m，门架间距 1.5m，承受各项荷载标准值为：支架自重 1.1kN/m^2；新浇平板混凝土自重 9.6kN/m^2；钢筋自重 0.5kN/m^2；施工人员及设备自重 2.5kN/m^2；风荷载 $w_k=0.30\text{kN/m}^2$；门架自重 0.55kN/m。试验算底部一榀门架的稳定性。

【解】

1 轴力计算： 按下面各式计算结果取大值

$$N=0.9\times \left[1.2\left(N_{Gk}H_0+\sum_{i=1}^{n}N_{Gik}\right)+1.4N_{Q1k}\right]$$

$$=0.9\times \{1.2\times [0.55\times 50+(1.1+9.6+0.5)\times$$
$$1.5\times 0.8]+1.4\times 2.5\times 1.5\times 0.8\}$$
$$=0.9\times \{1.2\times [27.5+13.44]+1.4\times 2.5\times$$
$$1.5\times 0.8\}$$
$$=0.9\times \{49.128+4.2\}$$
$$=48.0\text{kN}$$

$$N=0.9\left\{1.2\times \left[N_{Gk}H_0+\sum_{i=1}^{n}N_{Gik}\right]+0.9\times 1.4\times \right.$$
$$\left.\left(N_{Q1k}+\frac{2M_w}{b}\right)\right\}$$

$$=0.9\times \left\{1.2[0.55\times 50+(1.1+9.6+0.5)\times 1.5\times\right.$$
$$0.8]+0.9\times 1.4\times$$
$$\left.\left(2.5\times 1.5\times 0.8+\frac{2\times 0.1458}{0.8}\right)\right\}$$

$$=0.9\times \left\{1.2\times [27.5+13.44]+0.9\times 1.4\times\right.$$
$$\left.\left(3+\frac{2\times 0.1458}{0.8}\right)\right\}$$

$$=0.9\times \{49.128+4.24\}$$
$$=48.0\text{kN}$$

$$N=0.9\times \left\{1.35\times \left[N_{Gk}H_0+\left(\sum_{i=1}^{n}N_{Gik}\right)\right]+1.4\times\right.$$
$$\left.\left(0.7N_{Q1k}+0.6\times \frac{2M_w}{b}\right)\right\}$$

$$=0.9\times \left\{\begin{array}{l}1.35\times [0.55\times 50+(1.1+9.6+0.5)\\ \times 1.5\times 0.8]+1.4\times \\ \left(0.7\times 2.5\times 1.5\times 0.8+0.6\right.\\ \left.\times \frac{2\times 0.1458}{0.8}\right)\end{array}\right\}$$

$$=0.9\times \{1.35\times [27.5+13.44]$$
$$+1.4\times (2.1+0.14)\}$$
$$=0.9\times \{55.269+3.136\}$$
$$=52.56\text{kN}$$

根据上述计算结果应取 $N=52.56\text{kN}$ 作为设计依据。

$$q_w=1.5w_k=1.5\times 0.3=0.45\text{kN/m}$$
$$M_w=\frac{q_wh^2}{10}=\frac{0.4\times 1.8^2}{10}=0.1458\text{kN}\cdot\text{m}$$

根据 $I=I_0+I_1\dfrac{h_1}{h_0}$ 查表 5.4.2-8、表 5.4.2-9 得 $I_0=121900\text{mm}^3$；$I_1=14200\text{mm}^4$；$h_1=1550\text{mm}$；$h_0=1900\text{mm}$；则

$$I=121900+14200\times \frac{1550}{1900}=133484\text{mm}^4$$

$$i=\sqrt{\frac{I}{A_1}}=\sqrt{\frac{133484}{489}}=16.52\text{mm}$$

$K_0=1.22$ 则 $\lambda=\dfrac{K_0h_0}{i}=\dfrac{1.22\times 1900}{16.52}=140$

根据 $\lambda=140$ 查附录D附表D得 $\varphi=0.345$

2 一榀门架的稳定性验算

10—20—51

$$\frac{N}{\varphi A_0} = \frac{52560}{0.345 \times 2 \times 489} = 155.77 \text{N/mm}^2$$
$$< f = 205 \text{N/mm}^2$$

满足要求。

5.3 爬模计算

5.3.5 将附墙架压紧在墙面上，是靠附墙架与墙面之间的摩擦力来支承附墙架所受的垂直力。

6 模板构造与安装

6.1 一般规定

6.1.1 模板设计与施工说明书在介绍了该工程模板总的情况后，主要内容中要重点说明下列事项：

1 模板设计所取用的垂直荷载和混凝土侧压力的数值。并据此对混凝土的浇筑工艺提出应注意的事项。

2 对模板结构中的特殊部位，提出装拆时应注意的事项。对爬升模板的作业人员进行教育和培训时，应按爬升模板的特点来进行，其特点为：在高空爬升时，是分块进行，爬升完毕固定后又连成整体。因此，在爬升前，必须拆尽相互间的连接件，使爬升时各单元能独立爬升，爬升完毕应及时安装好连接件，保证爬升模板固定后的整体性。

3 规定预埋件、预留孔洞及特殊部件所有的材料、节点构造和固定方法。

4 对特殊部位提出特殊的质量、安全要求和保证质量、安全的技术措施。

6.1.2 模板安装顺序大体来说是：柱墙→梁→板，具体来说应按设计和施工说明书规定的顺序进行。由于有些模板支柱直接支承在基土上，因此，对基土情况也应予以慎重考虑，严防下沉现象发生。

关于模板的起拱高度，在使用时应注意该起拱高度未包括设计起拱值，本规范只考虑到模板本身在荷载作用下的下挠。因此，在使用时应根据模板情况取值，如钢模板可取偏小值（1/1000～2/1000），木模板可取偏大值（1.5/1000～3/1000）。

6.1.3 一般操作规程中规定应拼缝严密，不得漏浆。考虑到木模板拼缝过于严密，洒水湿润后会膨胀变形，所以，本规范规定无论采用钢模板、木模板还是其他材料制成的模板，拼缝以保证不漏浆为原则。

6.1.4 竖向模板是指墙、柱模板，在安装时应随时用临时支撑进行可靠固定，防止倒塌伤人。在安装过程中还应随时拆换支撑或增加支撑以保证随时处于稳定状态。

6.1.6 支架柱成一定角度倾斜或虽垂直但顶部倾斜时，对于这些支架柱或支撑来说，前者应注意底部传力的可靠度，既要求承力面积的可靠，不得产生位移的可靠；对后者则要求顶点一定要固定可靠，不得产生任何位移；否则，将发生倒塌事故。

6.1.8 二次支撑是指板或梁模板未拆前或拆除后，板上需堆放或安放设备材料，而这些所增加的荷载远大于现时混凝土所能承受的荷载或者超过设计所允许的荷载，于是需第二次加些支撑来满足堆载的要求，这就称为第二次支撑。

6.1.12～6.1.15 模板安装过程中最容易发生安全事故，经过分析这里特对易发事故的环节专门作了有针对性的规定与限制。

6.2 支架立柱构造与安装

6.2.1 对水平支承桁架一定要满足设计的跨度，尤其是伸缩式桁架，一定要满足搭接长度不能小于500mm，上下弦也不得少于两个插销销钉；当多榀成排放置时，在下弦折角处要按正文要求于桁架间加设水平撑。

6.2.2 工具式单立柱支撑是指单根钢管柱、组合型单根钢柱、装配式单根钢立柱，出于安全，应满足本条要求。

6.2.3 木立柱由于材质的原因，在模板高度较大时，比较容易发生安全事故，一般不能接长，本条对此进行了严格规定。

6.2.4 扣件式立柱采用对接接长，能达到传力明确，没有偏心，可大大提高承载能力。试验表明，一个对接扣件的承载能力比搭接的承载能力大 2.14 倍。而搭接会产生较大的偏心荷载，造成事故。

6.2.5 门架平行于梁轴线布置主要用于现浇梁、预制模板结构，为加快施工进度，门架用于梁底支撑，兼作楼板支架。但交叉支撑不易设置，有些厂家生产架距为 957、1375 的交叉支撑，而采用这种形式一般来说应采用垂直梁轴线布置为宜。

6.3 普通模板构造与安装

6.3.1 本条规定是为了防止在基坑中作业时由于疏忽，对可能发生安全事故的隐患作出了相应规定。

6.3.2 柱箍或紧固钢楞的规格、间距是通过力学计算确定的，而不是凭经验盲目采用，同时还要考虑每块钢模板宜有两个着力点，现场散拼支模时，逐块逐段上够 U 形卡、紧固螺栓、柱箍和钢楞，并随时安设支撑固定。

6.3.3 安装预拼大块钢模板，如果麻痹大意，很容易发生安全事故，特别是要防止倾覆。所以，本条作了针对性的规定。

6.4 爬升模板构造与安装

6.4.2 螺栓孔有偏差时，应经纠正后方可安装爬升模板。底座安装时，先临时固定部分穿墙螺栓，待校正标高后，方可固定全部穿墙螺栓。支架的立柱宜采取在地面组装成整体，在校正垂直度后再固定全部与底座相连接的螺栓。大模板安装时，先加以临时固定，待就位校正后，方可正式固定。安装模板的起重设备，可使用工程施工的起重设备。爬升模板全部安装完毕后，应对所有连接螺栓和穿墙螺栓进行紧固检查，并经试爬升验收合格后方可投入使用。另所有的穿墙螺栓应由外向内穿入，并在内侧紧固。

6.4.3 爬升时要稳起、稳落和平稳就位，严防大幅度摆动和碰撞。要注意不要使爬升模板被其他构件卡住，若发现此现象，应立即停止爬升，待故障排除后，方可继续爬升。

大模板爬升的条件一般应满足混凝土达到拆模时的强度，爬架已经爬升并安装固定在上层墙上，爬升爬架的爬升设备已拆除，固定附墙架处的混凝土已达到 $10N/mm^2$ 以上，如果附墙架是在窗洞处附墙，该处附墙的混凝土强度应能承受爬架传来的荷载。爬架爬升时，爬架的支承点是模板，此时模板需与浇筑的钢筋混凝土墙连成整体，所以，爬架爬升时的条件应具备：①墙体混凝土已浇筑并具有一定的强度；②内外模板均未拆除和松动，包括对拉螺栓、内模之间的连接支撑；③一片外墙的外模如果是由两个或多个爬架支承，则这些爬架不能同时爬升，应分两批进行；④固定附墙架的墙体混凝土强度不得小于 $10N/mm^2$。如果爬架固定在窗口处，则需对窗上的梁进行强度验算，以确定混凝土必须达到的强度。

倒链的链轮盘、倒卡和链条等，如有扭曲或变形，应停止使用。操作时不得站在倒链正下方，如重物需要在空间停留较长时间时，要将小链拴在大链上，以免滑移。液压提升设备应检查安装质量，接通油路，用旋拧千斤顶盖螺纹方法来检查和调节千斤顶冲程，务使各个千斤顶冲程相同。

6.4.6 大模板爬升或支架爬升时，拆除穿墙螺栓都是在脚手架上或爬架上进行的，因此，必须设置维护栏杆和安全网。

6.4.9 穿墙螺栓与建筑结构的紧固，脚手架构件之间的螺栓连接紧固，都是保证爬升模板安全的重要条件，一般每爬升一次应全数检查一次。

6.5 飞模构造与安装

6.5.1 飞模宜在施工现场组装，以减少飞模的运输。飞模的部件和零配件，应按设计图纸和设计说明书所规定的数量和质量进行验收。凡发现变形、断裂、漏焊、脱焊等质量问题，应经修整后方可使用。

6.5.3 飞模就位后，旋转上、下调节螺栓，使平台顶调到设计标高，然后在槽钢挑梁下安设单腿支柱和水平拉杆，这时即可进行梁模、柱模的支设、调整和固定工作，最后填补飞模平台四周的胶合板以及修补梁、柱、板交界处的模板。外挑出模操作平台一般分为两种情况，一为框架结构的，可直接在飞模两端或一端的建筑物外直接搭设出模操作平台。二，因剪力墙或其他构件的障碍，使飞模不能从飞模两端的建筑物外一边或两边搭设出模平台，此时飞模就必须在预定出口处搭设出模操作平台，而将所有飞模都陆续推至一个或两个平台，然后再用吊车吊走。

6.5.4 当梁、板混凝土强度达到设计强度的75%时方可拆模，先拆柱、梁模板（包括支架立柱）。然后松动飞模顶部和底部的调节螺栓，使台面下降至梁底以下100mm。此时转运的具体准备工作为：对双肢柱管架式飞模应用撬棍将飞模撬起，在飞模底部木垫板下垫入φ50钢管滚杠，每块垫板不少于4根。对钢管组合式飞模应将升降运输车推至飞模水平支撑下部合适位置，退出支垫木楔，拔出立柱伸缩腿插销，同时下降升降运输车，使飞模脱模并降低到离梁底50mm。对门式架飞模在留下的4个底托处，安装4个升降装置，并放好地滚轮，开动升降机构，使飞模降落在地滚轮上。对支腿桁架式飞模在每榀桁架下放置3个地滚轮，操纵升降机构，使飞模同步下降，面板脱离混凝土，飞模落在地滚轮上。

另外下面的信号工一般负责飞模推出、控制地滚轮、挂捆安全绳和挂钩、拆除安全网及起吊；上面的信号工一般负责平衡吊具的调整，指挥飞模就位和摘钩。

6.5.5～6.5.6 转运时，当用人工缓缓推出，飞模前两个吊点超出边梁后，锁牢地滚轮，这时一定要使飞模的重心不得超出中间的地滚轮，才可将吊车落钩，用钢丝绳和卡环将飞模前面的两个吊装盒内的吊点卡牢，松开地滚轮，将飞模继续缓缓向外推出，同时将安全绳按推出速度缓缓放松，并操纵平衡吊具，使飞模保持水平状态，直至完全推出建筑物外以后，正式起运至上一层安装。

6.5.8～6.5.9 电动平衡吊具主要是指吊车将飞模前面两个吊点挂牢后，再用电动环链挂牢于吊车钩上，电动环链另一挂钩端与飞模后面两点的吊绳挂牢，随着飞模缓缓推出，这时电动环链也跟着逐渐缩短环链长度，始终保持飞模处于水平位置。

飞模转运至上层就位后，应对所有螺栓进行上油，并应重新紧固，对已损坏的各部件应全部拆换或剔除，严格禁止混用其中。

6.6 隧道模构造与安装

6.6.1 在墙体钢筋绑扎后，检查预埋管线和留洞的位置、数量，并及时清除墙内杂物，此时将两个半边隧道模就位时，连接板孔的中心距为84mm，以保持顶板间有2～4mm的间隙，以便拆模。如房间开间大于4m，顶板应考虑起拱1/1000。

6.6.2 当模板用千斤顶就位固定后，模板底梁上的滚轮距地面的净空不应小于25mm，同时旋转垂直支撑杆，使其离地面20～30mm不再受力，这时应使整个模板的自重及顶板上的活荷载都集中到底梁上的千斤顶上。

6.6.3 1 两个桁架上弦工字钢的水平方向中心距，必须比开间的净尺寸小400mm，即工字钢各离两侧横墙面200mm；桁架间的水平撑和剪刀撑必须与墙面相距150mm，这样便于支卸平台吊装就位。

2 中立柱下的垫板与楼地面的接触要平稳紧实，必要时可局部找平。

3 相邻支卸平台之间的空隙过大，容易使人踏空或杂物坠落伤人。

6.6.4 山墙作业平台的长度，不宜过长（由6个U形卡承托）太长易变形，也不便U形卡与螺栓准确锚固；过短固定点少，不安全。

7 模板拆除

7.1 模板拆除要求

7.1.1 按《混凝土结构工程施工质量验收规范》GB 50204的有关规定执行主要是说，非承重侧模的拆除，应在混凝土强度能保证其表面及棱角不因拆模而受损坏时（大于$1N/mm^2$）方可拆模。承重模板的拆除，应根据构件的受力情况、气温、水泥品种及振捣方法等确定。

7.1.3 用承重焊接钢筋骨架作配筋的结构，是指直接用钢筋骨架来承受现浇混凝土的自重、自重产生的侧压力、振捣和倾倒混凝土所产生的侧压力，除此之外，再不用其他任何支架立柱支承。此种支模方式拆模后，在其结构需要另外增加荷载时，必须进行核算，允许后方可增加。

7.1.4 为了加快大体积混凝土模板的周转或争取提前完成其他工序而需要提早拆模时，必须采取有效措施，使拆模与养护措施密切配合，如边拆除、边用草袋覆盖，或边拆除边回填土方覆盖等，来防止外部混凝土降温过快使内外温差超过25℃而产生温度裂缝。

7.1.5 预应力结构应严格保证不在混凝土产生自重挠度和没有混凝土自重承力钢筋的情况下来进行预应力张拉，否则会造成很大的预应力张拉损失或未张拉混凝土就已产生裂缝，致使结构产生严重不安全的隐患。

7.1.8 模板拆除的顺序和方法，应首先按照模板设计规定进行，原则上应先拆非承重部位，后拆承重部位，并遵守自上而下的原则。

7.1.9~7.1.10 拆模时，操作人员应站在安全处，以免发生安全事故。待该片、段模板全部拆除后，再将模板、配件、支架等运出堆放。

7.1.11 一般承重模板均应先拆去支架立柱，而立柱所支承的支架模板结构均互有关联，很易引起其他部位模板的塌落，故对易塌落部分应先临时支撑支牢，以免发生安全事故。

7.1.13 对已拆除模板的结构，一般其混凝土强度均只达到设计的75%，若此时就需其承受全部设计使用荷载，或者虽达到混凝土设计强度的100%，但施工荷载所产生的效应比使用荷载的效应更为不利时，必须经过核算加设临时支撑，即所谓第二次支撑。

7.1.15 拆模后，对各种预留洞口、管沟、电梯洞口、楼梯口或高低差较大处均应及时盖好、拦好并处理好，防止发生一切不应发生的安全事故。

7.2 支架立柱拆除

7.2.1 拆除模板下面的钢或木楞梁或桁架时，梁楞下面的立柱已拆除，若不搭设临时防护支架，而直接撬脱楞梁或桁架就容易发生坠落砸人。

7.2.3~7.2.4 立柱拆除时，不能将梁底板与立柱连在一起整体一片拉倒，这样太危险，同时也极易把楼层结构或其他结构砸坏。现浇多层或高层建筑一般均规定连续三层不准拆除模板结构（包括立柱在内），若需提前拆除必须进行科学的计算方可决定拆除与否，决不允许盲目拆除造成严重后果。

7.2.6 拆除工具式有芯钢管立柱时，在人工运输过程中，如不将芯管抽除，很容易发生在吊运或搬运过程中滑出坠落伤人。

7.3 普通模板拆除

7.3.1 因基础模板一般处于自然地面以下，拆模时应将拆下的楞梁、模板及配件等随时派人运到离基础较远的地方，以免基坑附近地面受压造成坑壁塌方或模板及配件滑落伤人。

拆除楞及模板应由上而下，由表及里，避免上下交叉作业，以便确保安全。在基础模板拆完后，应派专人彻底清理一次，在基础四周失落的配件全部拾回后，再进行基础回填土施工。

7.3.2 单块组拼的柱模，在拆除柱箍钢楞后，如有对拉螺栓应先行拆除，然后才能自上而下逐步拆除配件及模板。对分片组装的柱模，则一般应先拆除两个对角的U形卡并作临时支撑后，再拆除另两个对角U形卡，或者将四边临时支撑好再拆除四角U形卡。待吊钩挂好后，拆除临时支撑，方能脱模起吊。

7.3.3 单块组拼的墙模，在拆除穿墙螺栓，大小楞和连接件后，从上到下逐步水平拆除；预组拼的大块墙模，应在挂好吊钩，检查所有连接件是否拆除后，拴好导向拉绳，方能拆除临时支撑脱模起吊，严防模板撞墙造成墙体裂缝或撞坏模板。

7.3.4 拆除钢模板时，应先拆钩头螺栓和内外钢楞，然后拆下U形卡、L形插销，再用钢钎轻轻撬动钢模板，或用木锤，或用带胶皮垫的铁锤轻击钢模板，把第一块钢模板拆下，然后再逐块拆除。对已拆下的钢模板不准随意抛掷，以确保钢模板完好。

7.4 特殊模板拆除

7.4.1～7.4.2 拱、薄壳、圆穹屋顶、筒仓漏斗、大于8m跨度的梁等工程结构模板的拆模顺序一般应按设计所规定的顺序和方法进行拆除。若设计无规定时，应该在拆模时不改变原曲率和受力情况的原则下来进行，以避免因混凝土与模板的脱开而对结构的任何部分产生有害的应力。

7.4.3 拆除带有拉杆拱的混凝土组合结构模板时，在模板和支架立柱未拆除前先将其拉杆拉紧，以避免脱模后无水平拉杆来平衡拱的水平推力，导致上弦拱的混凝土断裂垮塌。

7.5 爬升模板拆除

7.5.3 拆除悬挂脚手架和模板的顺序及方法如下：
1. 应自下而上拆除悬挂脚手架和安全措施；
2. 拆除分块模板间的拼接件；
3. 用起重机或其他起吊设备吊住分块模板，并收紧起重索；
4. 拆除模板爬升设备，使模板和爬架脱开；
5. 将模板吊离墙面和爬架，并吊放至地面；
6. 拆除过程中，操作人员必须站在爬架上，严禁站在被拆除的分块模板上。

支架柱和附墙架的拆除应采用起重机或其他垂直运输机械进行，并符合以下的顺序和方法：
1. 用绳索捆绑爬架，用吊钩吊住绳索，在建筑物内拆除附墙螺栓，如要进入爬架内拆除时，应用绳索拉住爬架，防止晃动。
2. 若螺栓已拆除，必须待人离开爬架后方准将爬架吊放至地面进行拆卸。

7.6 飞模拆除

7.6.1 当高层建筑的各层混凝土浇筑完毕后，待混凝土达到设计所规定的拆模强度或符合《混凝土结构工程施工质量验收规范》GB 50204的规定后方可拆模。

7.6.3 飞模脱模转移应根据双支柱管架式飞模、钢管组合式飞模、门式架飞模、铝桁架式飞模、跨越式钢管桁架式飞模和悬架式飞模等各类型的特点作出规定执行。飞模推移至楼层口外约1.2m时（重心仍处于楼层支点里面），将4根吊索与飞模耳扣牢，然后使安装在吊车主钩下的两只倒链收紧，先使靠外两根吊索受力，使外端处于略高于内的状态，随着主吊钩上升，外端倒链逐渐放松，里端倒链逐渐收紧，使飞模一直保持平衡状态外移。

7.6.5 飞模推出后，楼层边缘已处于临空状态，因此必须按临边作业及时防护。

7.7 隧道模拆除

7.7.2 拆导墙模板时，先拆固定限卡的8号钢丝的销子，然后拆收外卡、限卡，再拆除侧立模板，最后将内卡从混凝土中拔出，拔出限卡和内卡留下的缝隙，在浇筑墙体混凝土时可自动填补。

7.7.3 承重模板拆除时混凝土强度的要求应按《混凝土结构工程施工质量验收规范》GB 50204的规定执行。

推移半隧道模的方法可采用人力或卷扬机等辅助装置来进行。

7.7.4 半隧道模吊运方法通常有如下几种：
1. 单点吊装法：当房间进深不大或吊运单元角模时采用。采用单点吊装法，其吊点应设在模板重心的上方，即待模板重心吊点露出楼板外500mm时，塔吊吊具穿过模板顶板上的预留吊点孔与梁牢固连接，这时塔吊稍稍用力，待半隧道模全部推出楼板结构后，再吊至下一个流水段就位。
2. 两点吊装法：当房间开间比较大而进深不大时采用。吊运程序和单点吊装法基本相同，只是模板的吊点在重心的上方对称设置，塔吊吊运时必须同时挂钩。
3. 多点吊装法：当房间进深比较大时，需采用三点或四点吊装法，吊点的位置要通过计算来确定，吊运前先进行试吊，经验证无误后方可使用。

吊点分两侧挂钩，当半隧道模向楼外推移至前排吊点露出楼板时，塔吊先挂上两个吊点，待半隧道模后排吊点露出楼外时，再挂后排吊点，全部吊点同时吃上力后，再将模板全部吊出楼外送至下一个流水段。

4. 鸭嘴形吊装法：半隧道模采用鸭嘴形吊梁作吊具，当模板降至预定的标高后，装卸平台护身栏放平，将鸭嘴形吊具插入模板，重心靠横墙模板的一侧，即可吊起半隧道模至楼外，运至下一流水段。

8 安全管理

8.0.3 对个别设计的异型钢模及非标准配件应经过力学计算和实验鉴定。不符合要求者不得使用，主要指无出厂合格证或未经试验鉴定的钢模板及配件不得使用。

8.0.4 对大型或技术复杂的模板工程，应按照施工设计和安全技术措施，组织操作人员进行技术训练，一定要使作业人员充分熟悉和掌握施工设计及安全操作技术。

8.0.8 采用扣件式、门式钢管支架立柱来作承受面积大、荷载大、立柱高的支撑立柱，必须具有合格证；若无合格证，应进行试压来确定其承载力。而上述各种形式的立杆受力又是用水平拉杆来保证的，因此水平杆与立杆起连接作用的扣件必须采用扭矩扳手对其进行抽检，其扭矩值必须达到40～65N·m。

8.0.11 施工用的临时照明和机电设备线路应按规划

线路拉至固定地点,并装设有控制和接地保护的开关箱。临时工作照明和设备接线应从此开关箱接出。

8.0.15 高空作业人员应通过马道或专用爬梯以及电梯上下通行。

8.0.16 模板安装应检查如下一些内容:

  1 检查模板和支架的布置和施工顺序是否符合施工设计和安全措施的规定;

  2 各种连接件、支承件的规格、质量和紧固情况;关键部位的紧固螺栓、支承扣件尚应使用扭矩扳手或其他专用工具检查;

  3 支承着力点和组合钢模板的整体稳定性;

  4 标高、轴线位置、内廊尺寸、全高垂直度偏差、侧向弯曲度偏差、起拱拱度、表面平整度、板块拼缝、预埋件和预留孔洞等。

8.0.18〜8.0.19 在雷雨季节及沿海大风地区,对露天的组合钢模板应作好排水,安装的避雷措施必须可靠,根据预报对 9 级以上大风进行抗风临时加固。

8.0.22 清理时可用灰铲铲掉残余的灰浆,个别粘结牢固的混凝土,可用扁凿子轻轻剔除,再用砂纸打磨或用钢丝刷除锈,至光亮无锈为止。有条件时,宜采用各种形式的钢模板清刷机清理。若用铁锤来清理会造成板面或表面凹凸不平或损坏。

翘曲的边肋应放在工字钢上用铁锤轻轻砸平。翘曲的模板面可用手动丝杆压力机压平,或用调平机进行调平。开焊的肋条应补焊好。钢模板表面不用的孔洞,应用与钢模板面板同厚度已冲好的小圆钢板补焊平整,并用砂轮磨平。也可用与孔洞同直径的塑料瓶盖塞入孔内,平面朝向混凝土。

钢模边肋或背面、桁架、钢楞、立柱等防锈漆有脱落的应及时补刷防锈漆。

拆模现场运至维修场地的钢模板和零配件应拴牢、装箱,以免在运输途中散落、损坏或伤人。对零配件一定要做到不散装,以免丢失。

经过维修、刷油、整理合格的钢模板、零配件应清点验收,做到账物相符,防止混乱丢失。钢模板装车时一般不应高出车栏杆。

模板及配件必须设专人保管和维修,不论是在工地或库房均应按规格、种类分别堆放整齐,建立账册。存放期间,保管人员应经常检查是否有雨淋、浸水锈蚀、丢失等情况,以便及时妥善解决。

附录 C 等截面连续梁的内力及变形系数

C.1 等跨连续梁

下例是对表 C.1-1 的使用方法举例说明。

【例1】 已知二跨等跨梁 $l=6\text{m}$,静载 $q=15\text{kN/m}$,每跨各有一个集中活载 $F=35\text{kN}$,求中间支座的最大弯矩和剪力。

【解】 $M_{B支} = K_M q l^2 + K_M p l$
$= (-0.125 \times 15 \times 6^2)$
$+ (-0.188 \times 35 \times 6)$
$= (-67.5) + (-39.48)$
$= -106.98 \text{kN} \cdot \text{m}$

$V_{B左} = K_V q l + k_V F$
$= (-0.625 \times 15 \times 6) + (-0.688 \times 35)$
$= (-56.25) + (-24.08) = -80.33 \text{kN}$

下两例是对表 C.1-2 的使用方法举例说明。

【例2】 已知三跨等跨梁 $l=5\text{m}$,静载 $q=15\text{kN/m}$,每跨各有二个集中活载 $F=30\text{kN}$,求边跨的最大跨中弯矩。

【解】 $M_{1中} = K_M q l^2 + K_M F l$
$= 0.080 \times 15 \times 5^2 + 0.289 \times 30 \times 5$
$= 30 + 43.35 = 73.35 \text{kN} \cdot \text{m}$

【例3】 已知三跨等跨梁 $l=6\text{m}$,静载 $q_1=15\text{kN/m}$,活载 $q_2=20\text{kN/m}$,求中间跨的跨中最大弯矩。

【解】 $M_{2中} = K_M q l^2 = 0.025 \times 15 \times 6^2$
$+ 0.075 \times 20 \times 6^2 = 13.5 + 54$
$= 67.5 \text{kN} \cdot \text{m}$

下例是对表 C.1-3 的使用方法举例说明。

【例4】 已知四跨等跨梁 $l=5\text{m}$,静载 $q=15\text{kN/m}$,活载每跨有二个集中荷载 $F=25\text{kN}$,作用于跨内,求支座 B 的最大弯矩和剪力。

【解】 $M_{B支} = K_M q l^2 + K_M F l$
$= (-0.107 \times 15 \times 5^2)$
$+ (-0.321 \times 25 \times 5)$
$= (-40.125) + (-40.125)$
$= 80.25 \text{kN} \cdot \text{m}$

$V_{B左} = K_V q l + K_V F$
$= (-0.607 \times 15 \times 5) + (-1.321 \times 25)$
$= (-45.525) + (-33.025) = -78.55 \text{kN}$

C.2 不等跨连续梁在均布荷载作用下的弯矩、剪力系数

下例是对表 C.2-1 的使用方法举例说明。

【例5】 二跨不等跨连续梁如图 C.2-1 所示,静载 $q_1=4\text{kN/m}$,活载 $q_2=4\text{kN/m}$,求跨中最大弯矩及 A、C 支座剪力。

【解】 查二跨不等跨连续梁系数表 $\left(n=\dfrac{6}{4}=1.5\right)$ 得:

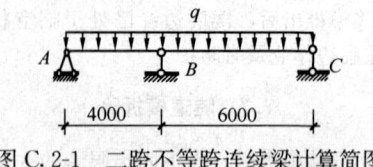

图 C.2-1 二跨不等跨连续梁计算简图

$M_{1max} = 0.04 \times 4 \times 4^2 + 0.101 \times 4 \times 4^2$
$\qquad = 9.024 \text{kN} \cdot \text{m}$
$M_{2max} = 0.183 \times 4 \times 4^2 + 0.203 \times 4 \times 4^2$
$\qquad = 24.704 \text{kN} \cdot \text{m}$
$V_{Amax} = 0.281 \times 4 \times 4 + 0.450 \times 4 \times 4$
$\qquad = 11.696 \text{kN}$
$V_{Cmax} = -0.604 \times 4 \times 4 - 0.638 \times 4 \times 4$
$\qquad = -19.872 \text{kN}$

下例是对表C.2-2的使用方法举例说明。

【例6】 三跨不等跨连续梁如图C.2-2所示，静载 $q_1 = 5\text{kN/m}$，活载 $q_2 = 5\text{kN/m}$，求跨中和支座最大弯矩及各支座剪力。

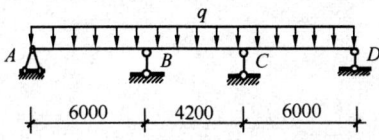

图C.2-2　三跨不等跨连续梁计算简图

【解】 查三跨不等跨连续梁系数表 $\left(n = \dfrac{4.2}{6} = 0.7\right)$ 得：

$M_{1max} = 0.087 \times 5 \times 6^2 + 0.096 \times 5 \times 6^2$
$\qquad = 32.94 \text{kN} \cdot \text{m}$
$M_{2max} = -0.021 \times 5 \times 6^2 + 0.040 \times 5 \times 6^2$
$\qquad = 3.42 \text{kN} \cdot \text{m}$
$M_{Bmax} = -0.082 \times 5 \times 6^2 - 0.098 \times 5 \times 6^2$
$\qquad = -32.5 \text{kN} \cdot \text{m}$
$V_A = 0.413 \times 5 \times 6 + 0.439 \times 5 \times 6$
$\qquad = 25.56 \text{kN}$
$V_{B左} = -0.582 \times 5 \times 6 - 0.593 \times 5 \times 6$
$\qquad = -35.25 \text{kN}$
$V_{B右} = 0.350 \times 5 \times 6 + 0.483 \times 5 \times 6$
$\qquad = 24.99 \text{kN}$

中华人民共和国行业标准

液压爬升模板工程技术规程

Technical specification for the hydraulic
climbing formwork engineering

JGJ 195—2010

批准部门：中华人民共和国住房和城乡建设部
施行日期：2010年10月1日

中华人民共和国住房和城乡建设部
公 告

第504号

关于发布行业标准《液压爬升模板工程技术规程》的公告

现批准《液压爬升模板工程技术规程》为行业标准，编号为JGJ 195-2010，自2010年10月1日起实施。其中，第3.0.1、3.0.6、5.2.4、9.0.2、9.0.15、9.0.16条为强制性条文，必须严格执行。

本规程由我部标准定额研究所组织中国建筑工业出版社出版发行。

中华人民共和国住房和城乡建设部
2010年2月10日

前 言

根据住房和城乡建设部《关于印发〈2008年工程建设标准规范制订、修订计划（第一批）〉的通知》（建标［2008］102号）的要求，江苏江都建设工程有限公司会同有关单位在深入调查研究，认真总结实践经验，参考有关国际标准和国外先进标准，并在广泛征求意见的基础上，制定本规程。

本规程主要技术内容是：总则、术语和符号、基本规定、爬模施工准备、爬模装置设计、爬模装置制作、爬模装置安装与拆除、爬模施工、安全规定、爬模装置维护与保养、环保措施等。

本规程中以黑体字标志的条文为强制性条文，必须严格执行。

本规程由住房和城乡建设部负责管理和对强制性条文的解释，由江苏江都建设工程有限公司负责具体技术内容的解释。执行过程中如有意见或建议，请寄送江苏江都建设工程有限公司（地址：江苏省江都市舜天路200号建工大厦，邮政编码：225200）。

本规程主编单位：江苏江都建设工程有限公司

本规程参编单位：中国建筑科学研究院
北京市建筑工程研究院
中建一局集团建设发展有限公司
上海建工（集团）总公司
江都揽月机械有限公司
中建柏利工程技术发展有限公司
多卡（上海）建筑工程咨询有限公司
广州市建筑集团有限公司
北京奥宇模板有限公司

本规程主要起草人员：王 健　张良杰　赵玉章
施炳华　谢庆华　陆 云
张玉松　丁成堂　张宗建
张志明　刘文赞　符史勇
杨晓东　黄 勇　刘国恩
任海波

本规程主要审查人员：徐义屏　孙振声　糜嘉平
毛凤林　高小旺　刘 平
胡长明　赵正嘉　汪道金
李景芳　胡 健

目 次

1 总则 ································· 10—21—5
2 术语和符号 ························· 10—21—5
　2.1 术语 ····························· 10—21—5
　2.2 符号 ····························· 10—21—5
3 基本规定 ···························· 10—21—6
4 爬模施工准备 ······················ 10—21—6
　4.1 技术准备 ························ 10—21—6
　4.2 材料准备 ························ 10—21—6
5 爬模装置设计 ······················ 10—21—7
　5.1 整体设计 ························ 10—21—7
　5.2 部件设计 ························ 10—21—8
　5.3 计算 ····························· 10—21—8
6 爬模装置制作 ······················ 10—21—9
　6.1 制作要求 ························ 10—21—9
　6.2 制作质量检验 ··················· 10—21—9
7 爬模装置安装与拆除 ··············· 10—21—10
　7.1 准备工作 ························ 10—21—10
　7.2 安装程序 ························ 10—21—11
　7.3 安装要求 ························ 10—21—11
　7.4 安装质量验收 ··················· 10—21—11
　7.5 拆除 ····························· 10—21—12
8 爬模施工 ···························· 10—21—12
　8.1 施工程序 ························ 10—21—12
　8.2 爬模装置爬升 ··················· 10—21—12
　8.3 钢筋工程 ························ 10—21—13
　8.4 混凝土工程 ······················ 10—21—13
　8.5 工程质量验收 ··················· 10—21—14
9 安全规定 ···························· 10—21—14
10 爬模装置维护与保养 ·············· 10—21—15
11 环保措施 ··························· 10—21—15
附录 A 爬模装置设计荷载标准值 ·· 10—21—15
附录 B 承载螺栓承载力计算 ······· 10—21—15
附录 C 爬模工程垂直偏差测量记录表 ····················· 10—21—16
附录 D 爬模工程安全检查表 ······· 10—21—16
本规程用词说明 ······················ 10—21—16
引用标准名录 ························· 10—21—17
附：条文说明 ························· 10—21—18

Contents

1 General Provisions .... 10—21—5
2 Terms and Symbols .... 10—21—5
  2.1 Terms .... 10—21—5
  2.2 Symbols .... 10—21—5
3 Basic Requirement .... 10—21—6
4 Climbing Formwork Construction
   Preparation .... 10—21—6
  4.1 Technique Preparation .... 10—21—6
  4.2 Materials Preparation .... 10—21—6
5 Climbing Formwork Equipment
   Design .... 10—21—7
  5.1 Layout Design .... 10—21—7
  5.2 Component Design .... 10—21—8
  5.3 Calculation .... 10—21—8
6 Climbing Formwork Equipment
   Production .... 10—21—9
  6.1 Fabrication Requirement ...... 10—21—9
  6.2 Production Quality Checking ... 10—21—9
7 Climbing Equipment Installation
   and Disassembly .... 10—21—10
  7.1 Preparation .... 10—21—10
  7.2 Assembly Procedure .... 10—21—11
  7.3 Assembly Requirement .... 10—21—11
  7.4 Assembly Quality Checking ... 10—21—11
  7.5 Disassembly .... 10—21—12
8 Climbing Formwork
   Construction .... 10—21—12
  8.1 Construction Procedure .... 10—21—12
  8.2 Climbing Formwork
      Equipment .... 10—21—12
  8.3 Steel Reinforcement Work ...... 10—21—13
  8.4 Concrete Work .... 10—21—13
  8.5 Construction Quality Check and
      Acceptance .... 10—21—14
9 Safety Regulation .... 10—21—14
10 Protecting Climbing Equipment
    Maintenance .... 10—21—15
11 Environment Profection
    Measures .... 10—21—15
Appendix A Climbing Device Standard
             Design Load .... 10—21—15
Appendix B Bearing Screw Carrying
             Capacity Calculation
             Method .... 10—21—15
Appendix C Survey Note of Climbing
             Formwork Vertical
             Windage .... 10—21—16
Appendix D Climbing Formwork
             Engineering Safety
             Checking List .... 10—21—16
Explanation of Wording in This
   Specification .... 10—21—16
List of Quoted Standards .... 10—21—17
Adittion: Explanation of
        Provisions .... 10—21—18

1 总 则

1.0.1 为使混凝土结构工程采用液压爬升模板施工做到技术先进、经济合理、确保安全和质量，制定本规程。

1.0.2 本规程适用于高层建筑剪力墙结构、框架结构核心筒、大型柱、桥墩、桥塔、高耸构筑物等现浇钢筋混凝土结构工程的液压爬升模板装置的设计、制作、安装与拆除、液压爬升模板施工及验收。

1.0.3 本规程规定了液压爬升模板装置的设计、制作、安装与拆除、液压爬升模板施工及验收的基本技术要求，当本规程与国家法律、行政法规的规定相抵触时，应按国家法律、行政法规的规定执行。

1.0.4 液压爬升模板装置的设计、制作、安装与拆除、液压爬升模板施工及验收，除应符合本规程外，尚应符合国家现行有关标准的规定。

2 术语和符号

2.1 术 语

2.1.1 液压爬升模板 hydraulic climbing formwork

爬模装置通过承载体附着或支承在混凝土结构上，当新浇筑的混凝土脱模后，以液压油缸或液压升降千斤顶为动力，以导轨或支承杆为爬升轨道，将爬模装置向上爬升一层，反复循环作业的施工工艺，简称爬模。

2.1.2 爬模装置 integrated device of climbing formwork

为爬模配制的模板系统、架体与操作平台系统、液压爬升系统及电气控制系统的总称。

2.1.3 承载体 load-bearing item

将爬模装置自重、施工荷载及风荷载传递到混凝土结构上的承力部件。

2.1.4 锥形承载接头 embedded item

由锥体螺母和预埋件组成，预埋件锚固在混凝土内，锥形接头外端通过承载螺栓与挂钩连接座连接。

2.1.5 承载螺栓 force bearing bolt

固定在墙体预留孔内或与锥形承载接头连接，承受爬模装置自重、施工荷载及风荷载的专用螺栓。

2.1.6 挂钩连接座 suspension shoe

将爬模装置自重、施工荷载及风荷载传递给承载螺栓的组合连接件。

2.1.7 支承杆 climbing rod

千斤顶的爬升轨道和爬模装置的承重支杆。

2.1.8 承载铸钢楔 force bearing cast steel wedge

内设倒齿、外呈锥形，分两个半圆加工的铸钢件，埋设于支承杆与楼板相交处，承受支承杆传递的荷载。

2.1.9 液压油缸 hydraulic cylinder

以液压推动缸体内活塞往复运动，通过上、下防坠爬升器带动爬模装置爬升的一种动力设备，简称油缸。

2.1.10 液压升降千斤顶 hydraulic jack

内带楔块自动锁紧的液压穿心式千斤顶，沿支承杆上升或下降运动，带动爬模装置爬升的另一种动力设备，简称千斤顶。

2.1.11 防坠爬升器 fall protection climber

分别与油缸上、下两端连接，通过具有升降和防坠功能的棘爪机构，实现架体与导轨相互转换爬升的部件。

2.1.12 液压控制台 hydraulic control unit

由电动机、油泵、油箱、控制阀及电气控制系统组成，用以控制油缸或千斤顶的进油、排油，完成爬升或下降操作的设备。

2.1.13 导轨 climbing rail

设有等距梯挡的型钢，固定在承载体上，作为架体的运动轨道。

2.1.14 架体 climbing bracket

分为上架体和下架体，架体平面垂直于建筑外立面，其下架体通过架体挂钩固定在挂钩连接座上，是承受竖向和水平荷载的承重构架。上架体坐落在下架体的上横梁上，可以水平移动，用于合模脱模。

2.1.15 架体防倾调节支腿 adjustable strut to prevent inclinded bracket

固定在下架体上，导轨穿入其中，将爬模装置产生的荷载传递给混凝土墙体或导轨，并防止架体倾斜的可调承力部件。

2.1.16 提升架 lifting frame

千斤顶爬模装置的主要受力构件，用以固定千斤顶，保持模板的几何形状，承受模板和操作平台的全部荷载。

2.1.17 纵向连系梁 longitudinal coupling beam

用于架体或提升架之间纵向连接的型材或桁架。

2.1.18 操作平台 operation platform

用以完成钢筋绑扎、合模脱模、混凝土浇筑等项操作及堆放部分施工工具和材料的工作平台，分为上操作平台、下操作平台和吊平台。

2.1.19 机位 position of hydraulic cylinder

油缸或千斤顶在爬模装置上的平面设计位置。

2.1.20 工作荷载 working load

单个油缸或千斤顶承受爬模装置自重荷载、施工荷载及风荷载的总和。

2.2 符 号

F_{k1}——上操作平台施工荷载标准值；

F_{k2}——下操作平台施工荷载标准值；

F_{k3}——吊平台施工荷载标准值；
G_k——爬模装置自重荷载标准值；
K——安全系数；
S——荷载效应标准值；
W_{k7}——7级风力时风荷载标准值；
W_{k9}——9级风力时风荷载标准值；
μ——支承杆计算长度系数。

3 基 本 规 定

3.0.1 采用液压爬升模板进行施工必须编制爬模专项施工方案，进行爬模装置设计与工作荷载计算；且必须对承载螺栓、支承杆和导轨主要受力部件分别按施工、爬升和停工三种工况进行强度、刚度及稳定性计算。

3.0.2 爬模应根据工程结构特点和施工因素，选择不同的爬模装置和承载体，满足爬模施工程序和施工要求。

3.0.3 爬模装置应由专业生产厂家设计、制作，应进行产品制作质量检验。出厂前应进行至少两个机位的爬模装置安装试验、爬升性能试验和承载试验，并提供试验报告。

3.0.4 爬模装置现场安装后，应进行安装质量检验。对液压系统应进行加压调试，检查密封性。

3.0.5 爬模装置脱模时，应保证混凝土表面及棱角不受损伤。

3.0.6 在爬模装置爬升时，承载体受力处的混凝土强度必须大于 10MPa，且必须满足设计要求。

3.0.7 水平结构滞后施工时，施工单位应与设计单位共同确定施工程序及施工过程中保持结构稳定的安全技术措施。

4 爬模施工准备

4.1 技术准备

4.1.1 爬模专项施工方案应包括下列内容：
1 工程概况和编制依据
2 爬模施工部署
 1）管理目标；
 2）施工组织；
 3）总、分包协调；
 4）劳动组织与培训计划；
 5）爬模施工程序；
 6）爬模施工进度计划；
 7）主要机械设备计划。
3 爬模装置设计
 1）爬模装置系统；
 2）爬模装置构造；
 3）计算书；
 4）主要节点图。
4 爬模主要施工方法
 1）爬模装置安装；
 2）水平结构紧跟或滞后施工；
 3）特殊部位及变截面施工；
 4）测量控制与纠偏；
 5）爬模装置拆除。
5 施工管理措施
 1）安全措施；
 2）水电安装配合措施；
 3）季节性施工措施；
 4）爬模装置维护与成品保护；
 5）现场文明施工；
 6）环保措施；
 7）应急预案。

4.2 材料准备

4.2.1 模板应符合下列规定：

1 模板体系的选型应根据工程设计要求和工程具体情况，满足混凝土质量要求。

2 模板应满足强度、刚度、平整度和周转使用要求，易于清理和涂刷脱模剂，面板更换不应影响工程施工进度。模板面板材料宜选用钢板、酚醛树脂面膜的木（竹）胶合板等。钢模板应符合现行行业标准《建筑工程大模板技术规程》JGJ 74 的有关规定，木胶合板应符合现行国家标准《混凝土模板用胶合板》GB/T 17656 的有关规定，竹胶合板应符合现行行业标准《竹胶合板模板》JG/T 156 的有关规定。

3 模板之间的连接可采用螺栓、模板卡具等连接件。

4 对拉螺栓宜选用高强度的螺栓。

4.2.2 模板主要材料规格可按表 4.2.2 选用。

表 4.2.2 模板主要材料规格

模板部位	模板品种		
	组拼式大钢模板	钢框胶合板模板	木梁胶合板模板
面板	5mm～6mm 厚钢板	18mm 厚木胶合板 15mm 厚竹胶合板	18mm～21mm 厚木胶合板
边框	8mm×80mm 扁钢或 80mm×40mm×3mm 矩形钢管	60mm×120mm 空腹边框	—

续表4.2.2

模板部位	模板品种		
	组拼式大钢模板	钢框胶合板模板	木梁胶合板模板
竖肋	[8槽钢或80mm×40mm×3mm矩形钢管	100mm×50mm×3mm矩形钢管	80mm×200mm木工字梁
加强肋	6mm厚钢板	4mm厚钢板	—
背楞	[10槽钢、[12槽钢	[10槽钢、[12槽钢	[10槽钢、[12槽钢

4.2.3 架体、提升架、支承杆、吊架、纵向连系梁等构件所用钢材应符合现行国家标准《碳素结构钢》GB/T 700中Q235-A钢的有关规定。架体、纵向连系梁等构件中所采用的冷弯薄壁型钢,应符合现行国家标准《冷弯薄壁型钢结构技术规范》GB 50018的有关规定;锥形承载接头、承载螺栓、挂钩连接座、导轨、防坠爬升器等主要受力部件,所采用钢材的规格和材质应由设计确定。

4.2.4 所使用的各类钢材均应有合格的材质证明,并应符合设计要求和现行国家标准《钢结构设计规范》GB 50017的有关规定。对于锥形承载接头、承载螺栓、挂钩连接座、导轨、防坠爬升器等重要受力部件,除应有钢材生产厂家产品合格证及材质证明外,还应进行材料复检,并存档备案。

4.2.5 操作平台板宜选用50mm厚杉木或松木脚手板,其材质应符合现行国家标准《木结构设计规范》GB 50005中Ⅱ级材质的有关规定;操作平台护栏可选用$\phi48\times3.5$钢管或其他材料。

5 爬模装置设计

5.1 整体设计

5.1.1 采用油缸和架体的爬模装置应包括下列系统:

1 模板系统:应包括组拼式大钢模板或钢框(或铝框、木梁)胶合板模板、阴角模、阳角模、钢背楞、对拉螺栓、铸钢螺母、铸钢垫片等。

2 架体与操作平台系统:应包括上架体、可调斜撑、上操作平台、下架体、架体挂钩、架体防倾调节支腿、下操作平台、吊平台、纵向连系梁、栏杆、安全网等。

3 液压爬升系统:应包括导轨、挂钩连接座、锥形承载接头、承载螺栓、油缸、液压控制台、防坠爬升器、各种油管、阀门及油管接头等。

4 电气控制系统:应包括动力、照明、信号、通信、电源控制箱、电气控制台、电视监控等。

5.1.2 采用千斤顶和提升架的爬模装置应包括下列系统:

1 模板系统:应包括组拼式大钢模板或钢框(或铝框)胶合板模板、阴角模、阳角模、钢背楞、对拉螺栓、铸钢螺母、铸钢垫片等。

2 操作平台系统:应包括上操作平台、下操作平台、吊平台、外挑梁、外架立柱、斜撑、纵向连系梁、栏杆、安全网等。

3 液压爬升系统:应包括提升架、活动支腿、围圈、导向杆、挂钩可调支座、挂钩连接座、定位预埋件、导向滑轮、防坠挂钩、千斤顶、限位卡、支承杆、液压控制台、各种油管、阀门及油管接头等。

4 电气控制系统:应包括动力、照明、信号、通信、电源控制箱、电气控制台、电视监控等。

5.1.3 柱子爬模装置设计时,应考虑到柱子长边和短边的脱模、模板清理和支承杆穿过楼板的承载、防滑、加固等措施。

5.1.4 在爬模装置设计时应综合考虑起重机械、布料机、施工升降机、爬模起始层结构、起始层脚手架、结构中的钢结构及预埋件、楼板跟进施工或滞后施工等影响爬模的因素。

5.1.5 爬模装置设计应满足施工工艺要求,操作平台应考虑到施工操作人员的工作条件,确保施工安全。钢筋绑扎应在模板上口的操作平台上进行。

5.1.6 模板系统设计应符合下列规定:

1 单块大模板的重量必须满足现场起重机械要求。

2 单块大模板可由若干标准板组拼,内外模板之间的对拉螺栓位置必须相对应。

3 单块大模板至少应配制两套架体或提升架,架体之间或提升架之间必须平行,弧形模板的架体或提升架应与该弧形的中点法线平行。

5.1.7 液压爬升系统的油缸、千斤顶和支承杆的规格应根据计算确定,并应符合下列规定:

1 油缸、千斤顶选用的额定荷载不应小于工作荷载的2倍。

2 支承杆的承载力应能满足千斤顶工作荷载要求。

3 支承杆的直径应与选用的千斤顶相配套,支承杆的长度宜为3m~6m。

4 支承杆在非标准层接长使用时,应用$\phi48\times3.5$钢管和异形扣件进行稳定加固。

5.1.8 油缸、千斤顶可按表5.1.8选用。

表5.1.8 油缸、千斤顶选用

规格 指标	油缸			千斤顶		
	50kN	100kN	150kN	100kN	100kN	200kN
额定荷载	50kN	100kN	150kN	100kN	100kN	200kN

续表 5.1.8

指标\规格	油缸			千斤顶		
	50kN	100kN	150kN	100kN	150kN	200kN
允许工作荷载	25kN	50kN	75kN	50kN	50kN	100kN
工作行程	150mm～600mm			50mm～100mm		
支承杆外径	—			83mm	102mm	102mm
支承杆壁厚	—			8.0mm	7.5mm	7.5mm

5.1.9 千斤顶机位间距不宜超过 2m；油缸机位间距不宜超过 5m，当机位间距内采用梁模板时，间距不宜超过 6m。

5.1.10 采用千斤顶的爬模装置，应均匀设置不少于 10% 的支承杆埋入混凝土，其余支承杆的底端埋入混凝土中的长度应大于 200mm。

5.2 部件设计

5.2.1 模板设计应符合下列规定：
1 高层建筑模板高度应按结构标准层配制，内模板高度应为楼层净空高度加混凝土剔凿高度，并应符合建筑模数制要求；外模板高度应为内模板高度加下接高度。
2 角模宽度尺寸应留足两边平模后退位置，角模与大模板企口连接处应留有退模空隙。
3 钢模板的平模、直角角模及钝角角模宜设置脱模器；锐角角模宜做成柔性角模，采用正反扣丝杠脱模。
4 背楞应具有通用性、互换性；背楞槽钢应相背组合而成，腹板间距宜为 50mm；背楞连接孔应满足模板与架体或提升架的连接。

5.2.2 架体设计应符合下列规定：
1 上架体高度宜为 2 倍层高，宽度不宜超过 1.0m，能满足支模、脱模、绑扎钢筋和浇筑混凝土操作需要。
2 下架体高度宜为 1～1.5 倍层高，应能满足油缸、导轨、挂钩连接座和吊平台的安装和施工要求。
3 下架体的宽度不宜超过 2.4m，应能满足上架体模板水平移动 400mm～600mm 的空间需要，并能满足导轨爬升、模板清理和涂刷脱模剂要求。
4 下架体上部设有挂钩，通过承力销与挂钩连接座连接。
5 上架体、下架体均采用纵向连系梁将架体之间连成整体结构。

5.2.3 提升架设计应符合下列规定：
1 提升架横梁总宽度应满足结构截面变化、模板后退和浇筑混凝土操作需要，横梁上面的孔眼位置应满足千斤顶安装和结构截面变化时千斤顶位移的

要求。
2 提升架立柱高度宜为 1.5～2 倍层高，满足 0.5～1 层钢筋绑扎需要，立柱应能带动模板后退 400mm～600mm，用于清理和涂刷脱模剂。
3 当提升架立柱固定时，活动支腿应能带动模板脱开混凝土 50mm～80mm，满足提升的空隙要求。
4 提升架之间应采用纵向连系梁连接成整体结构。

5.2.4 承载螺栓和锥形承载接头设计应符合下列规定：
1 固定在墙体预留孔内的承载螺栓在垫板、螺母以外长度不应少于 3 个螺距，垫板尺寸不应小于 100mm×100mm×10mm。
2 锥形承载接头应有可靠锚固措施，锥体螺母长度不应小于承载螺栓外径的 3 倍，预埋件和承载螺栓拧入锥体螺母的深度均不得小于承载螺栓外径的 1.5 倍。
3 当锥体螺母与挂钩连接座设计成一个整体部件时，其挂钩部分的最小截面应按照承载螺栓承载力计算方法计算。

5.2.5 防坠爬升器设计应符合下列规定：
1 防坠爬升器与油缸两端的连接采用销接。
2 防坠爬升器内承重棘爪的摆动位置必须与油缸活塞杆的伸出与收缩协调一致，换向可靠，确保棘爪支承在导轨的梯挡上，防止架体坠落。

5.2.6 挂钩连接座设计应具有水平位置的调节功能，以消除承载螺栓的施工误差。

5.2.7 导轨设计应符合下列规定：
1 导轨设计应具有足够的刚度，其变形值不应大于 5mm，导轨的设计长度不应小于 1.5 倍层高。
2 导轨应能满足与防坠爬升器相互运动的要求，导轨的梯挡间距应与油缸行程相匹配。
3 导轨顶部应与挂钩连接座进行挂接或销接，导轨中部应穿入架体防倾调节支腿中。

5.3 计 算

5.3.1 模板的计算应符合现行行业标准《建筑工程大模板技术规程》JGJ 74 和《钢框胶合板模板技术规程》JGJ 96 的有关规定。

5.3.2 爬模装置计算简图应满足如下要求：
1 计算简图中的尺寸应为各杆件轴线尺寸，各杆件轴线交汇于节点。
2 图中各杆件间的连接性能明确。
3 图中的荷载类型和作用位置正确。
4 计算简图中的支承条件明确。

5.3.3 爬模装置的荷载标准值及荷载分项系数应符合表 5.3.3 的规定。

表 5.3.3　荷载标准值及荷载分项系数

项次	荷载类别	荷载标准值	荷载分项系数
1	爬模装置自重	G_k	1.2
2	上操作平台施工荷载	F_{k1}	1.4
3	下操作平台施工荷载	F_{k2}	
4	吊平台施工荷载	F_{k3}	
5	风荷载	W_k	

5.3.4 荷载标准值 G_k、F_{k1}、F_{k2}、F_{k3}、W_{k7}、W_{k9} 应按本规程附录 A 取值。

5.3.5 爬模装置荷载效应组合应符合表 5.3.5 的规定。

表 5.3.5　爬模装置荷载效应组合

工况	荷载效应组合	
	强度计算、稳定性计算	刚度计算
施工	$1.2 S_{G_k} + 0.9[1.4(S_{F_{k1}} + S_{W_{k7}})]$	$S_{G_k} + S_{F_{k1}} + S_{W_{k7}}$
爬升	$1.2 S_{G_k} + 0.9[1.4(S_{F_{k1}} + S_{W_{k7}})]$	$S_{G_k} + S_{F_{k2}} + S_{W_{k7}}$
停工	$1.2 S_{G_k} + 1.4 S_{W_{k9}}$	$S_{G_k} + S_{W_{k9}}$

5.3.6 承载螺栓的承载力、与混凝土接触处的混凝土冲切承载力及混凝土局部受压承载力的计算，应符合本规程附录 B 的规定。

5.3.7 支承杆的承载力应按下式计算：

$$\frac{N}{\varphi A} + \frac{M}{W\left(1 - \dfrac{0.8N}{N_E}\right)} \leqslant f \quad (5.3.7\text{-}1)$$

其中

$$N_E = \pi^2 EA / (1.1 \lambda^2) \quad (5.3.7\text{-}2)$$

$$\lambda = (\mu \cdot L_1) / r \quad (5.3.7\text{-}3)$$

式中：N——钢管支承杆的实际承受的轴向压力（N）；
M——钢管支承杆的实际承受的弯矩值（N·mm）；
A、W——钢管支承杆的截面积（mm²）和截面模量（mm³）；
f——钢管支承杆的强度设计值，取 f = 205N/mm²；
N_E——计算参数；
φ——轴心受压杆件的稳定系数，由钢管支承杆的长细比 λ 值，按现行《钢结构设计规范》GB 50017-2003 表 C-1 或 C-2 确定；
μ——钢管支承杆的计算长度系数，当支承杆选用 Q235 $\phi 83 \times 8$ 钢管或 $\phi 102 \times 7.5$ 钢管时，取 μ=1.03；
r——钢管支承杆的回转半径（mm）；
L_1——钢管支承杆长度，当钢管支承杆满足本规程第 5.1.10 条要求时，L_1 取千斤顶下卡头到浇筑混凝土上表面以下 150mm 的距离。

5.3.8 导轨的刚度，其跨中的变形值应按下式计算：

$$\Delta L = \frac{FH^3}{48EI} \leqslant 5\text{mm} \quad (5.3.8)$$

式中：ΔL——导轨跨中的变形值（mm）；
F——爬升状态时防坠爬升器作用在导轨上的水平力（N）；
H——固定导轨的上下承载螺栓之间的距离（mm）；
E——导轨的弹性模量（N/mm²）；
I——导轨的截面惯性矩（mm⁴）。

6　爬模装置制作

6.1　制作要求

6.1.1 爬模装置制作应有完整的设计图纸、工艺文件和产品标准，产品出厂时应提供产品合格证。

6.1.2 爬模装置各种部件的制作应符合国家现行标准《钢结构工程施工质量验收规范》GB 50205 和《建筑工程大模板技术规程》JGJ 74 的有关规定。

6.1.3 爬模装置部件成批下料前应首先制作样件，经检查确认其达到规定要求后方可进行批量下料、组对；对架体、桁架、弧形模板等应放大样，在组对、施焊过程中应定期对胎具、模具、组合件进行检测，确保半成品和成品质量符合要求。

6.1.4 爬模装置钢部件的焊接应符合现行行业标准《建筑钢结构焊接技术规程》JGJ 81 的有关规定。焊接质量应进行全数检查。构件焊接后应及时进行调直、找平等工作。

6.1.5 爬模装置的零部件，应严格按照设计和工艺要求进行制作和全数检查验收。

6.1.6 除钢模板正面外，其余钢构件表面必须喷涂防锈漆；钢模板正面宜喷涂耐磨防腐涂料或长效脱模剂。

6.2　制作质量检验

6.2.1 模板检验应放在平台上，按模板平放状态进行。模板制作允许偏差与检验方法应符合表 6.2.1 的规定。

表 6.2.1　模板制作允许偏差与检验方法

项次	项目	允许偏差（mm）	检验方法
1	模板高度	±2	钢卷尺检查

续表 6.2.1

项次	项 目	允许偏差(mm)	检验方法
2	模板宽度	+1 −2	钢卷尺检查
3	模板板面对角线差	3	钢卷尺检查
4	板面平整度	2	2m靠尺、塞尺检查
5	边肋平直度	2	2m靠尺、塞尺检查
6	相邻板面拼缝高低差	0.5	平尺、塞尺检查
7	相邻板面拼缝间隙	0.8	塞尺检查
8	连接孔中心距	±0.5	游标卡尺检查

6.2.2 爬模装置制作检验应在校正后进行，主要部件制作允许偏差与检验方法应符合表6.2.2的规定。

表 6.2.2 爬模装置主要部件制作允许偏差与检验方法

项次	项 目	允许偏差(mm)	检验方法
1	连接孔中心位置	±0.5	游标卡尺检查
2	下架体挂点位置	±2	钢卷尺检查
3	梯挡间距	±2	钢卷尺检查
4	导轨平直度	2	2m靠尺、塞尺检查
5	提升架宽度	±5	钢卷尺检查
6	提升架高度	±3	钢卷尺检查
7	平移滑轮与轴配合	+0.2～+0.5	游标卡尺检查
8	支腿丝杠与螺母配合	+0.1～+0.3	游标卡尺检查

6.2.3 爬模装置采用油缸时，主要部件质量要求和检验方法应符合表6.2.3的规定。

表 6.2.3 采用油缸时主要部件质量要求和检验方法

项次	项 目	检验内容	检验方法
1	液压系统	工作可靠压力正常	开机检查
2	防坠爬升器	动作灵敏度可靠	插入导轨、观察动作

续表 6.2.3

项次	项 目	检验内容	检验方法
3	油缸	往复动作无渗漏	接入试验高压油，作往复动作不少于10次

6.2.4 爬模装置采用千斤顶时，主要部件质量要求和检验方法应符合表6.2.4的规定。

表 6.2.4 采用千斤顶时主要部件质量要求和检验方法

项次	项 目	检验内容	检验方法
1	液压系统	工作可靠压力正常	开机检查
2	千斤顶	往复动作无渗漏	接入试验高压油，作往复动作不少于10次
3	液压控制台	电器仪表配制齐全，液压配件密封可靠、压力正常	开机检查

6.2.5 爬模装置采用千斤顶时，支承杆制作允许偏差与检验方法应符合表6.2.5的规定。

表 6.2.5 支承杆制作允许偏差与检验方法

项次	项 目	允许偏差(mm)	检验方法
1	φ83×8钢管直径	±0.2	游标卡尺检查
2	φ102×7.5钢管直径	±0.2	游标卡尺检查
3	钢管壁厚	±0.2	游标卡尺检查
4	椭圆度公差	±0.25	游标卡尺检查
5	螺栓螺母中心差	±0.2	游标卡尺检查
6	平直度	1	2m靠尺、塞尺检查

7 爬模装置安装与拆除

7.1 准备工作

7.1.1 爬模安装前应完成下列准备工作：
  1 对锥形承载接头、承载螺栓中心标高和模板底标高应进行抄平,当模板在楼板或基础底板上安装时,对高低不平的部位应作找平处理。

　　2 放墙轴线、墙边线、门窗洞口线、模板边线、架体或提升架中心线、提升架外边线。

　　3 对爬模安装标高的下层结构外形尺寸、预留承载螺栓孔、锥形承载接头进行检查,对超出允许偏差的结构进行剔凿修正。

　　4 绑扎完成模板高度范围内钢筋。

　　5 安装门窗洞模板、预留洞模板、预埋件、预埋管线。

　　6 模板板面需刷脱模剂,机加工件需加润滑油。

　　7 在有楼板的部位安装模板时,应提前在下二层的楼板上预留洞口,为下架体安装留出位置。

　　8 在有门洞的位置安装架体时,应提前做好导轨上升时的门洞支承架。

7.2 安装程序

7.2.1 采用油缸和架体的爬模装置应按下列程序安装:

　　1 爬模安装前准备。

　　2 架体预拼装。

　　3 安装锥形承载接头(承载螺栓)和挂钩连接座。

　　4 安装导轨、下架体和外吊架。

　　5 安装纵向连系梁和平台铺板。

　　6 安装栏杆及安全网。

　　7 支设模板和上架体。

　　8 安装液压系统并进行调试。

　　9 安装测量观测装置。

7.2.2 采用千斤顶和提升架的爬模装置应按下列程序安装:

　　1 爬模安装前准备。

　　2 支设模板。

　　3 提升架预拼装。

　　4 安装提升架和外吊架。

　　5 安装纵向连系梁和平台铺板。

　　6 安装栏杆及安全网。

　　7 安装液压系统并进行调试。

　　8 插入支承杆。

　　9 安装测量观测装置。

7.3 安装要求

7.3.1 架体或提升架宜先在地面预拼装,后用起重机械吊入预定位置。架体或提升架平面必须垂直于结构平面,弧形墙体应符合本规程第5.1.6条的规定;架体、提升架必须安装牢固。

7.3.2 采用千斤顶和提升架的模板应先在地面将平模板和背楞分段进行预拼装,整体吊装后用对拉螺栓紧固,同提升架连接后进行垂直度的检查和调节。

7.3.3 安装锥形承载接头前应在模板相应位置上钻孔,用配套的承载螺栓连接;固定在墙体预留孔内的承载螺栓套管,安装时也应在模板相应孔位用与承载螺栓同直径的对拉螺栓紧固,其定位中心允许偏差应为±5mm,螺栓孔和套管孔位应有可靠堵浆措施。

7.3.4 挂钩连接座安装固定必须采用专用承载螺栓,挂钩连接座应与构筑物表面有效接触,其承载螺栓紧固要求应符合本规程第5.2.4条的规定,挂钩连接座安装中心允许偏差应为±5mm。

7.3.5 阴角模宜后插入安装,阴角模的两个直角边应同相邻平模板搭接紧密。

7.3.6 模板之间的拼缝应平整严密,板面应清理干净,脱模剂涂刷均匀。

7.3.7 模板安装后应逐间测量检查对角线并进行校正,确保直角准确。

7.3.8 上架体行走滑轮、提升架立柱滑轮、活动支腿丝杠、纠偏滑轮等部位安装后应转动灵活。

7.3.9 液压油管宜整齐排列固定。液压系统安装完成后应进行系统调试和加压试验,保压5min,所有接头和密封处应无渗漏。

7.3.10 液压系统试验压力应符合下列规定:

　　1 千斤顶液压系统的额定压力应为8MPa,试验压力应为额定压力的1.5倍。

　　2 油缸液压系统的额定压力大于或等于16MPa时,试验压力应为额定压力的1.25倍。额定压力小于16MPa时,试验压力应为额定压力的1.5倍。

7.3.11 采用千斤顶和提升架的爬模装置应在液压系统调试后插入支承杆。

7.4 安装质量验收

7.4.1 爬模装置安装允许偏差和检验方法应符合表7.4.1的规定。

表7.4.1 爬模装置安装允许偏差和检验方法

项次	项　　目	允许偏差(mm)	检验方法
1	模板轴线与相应结构轴线位置	3	吊线、钢卷尺检查
2	截面尺寸	±2	钢卷尺检查
3	组拼成大模板的边长偏差	±3	钢卷尺检查
4	组拼成大模板的对角线偏差	5	钢卷尺检查
5	相邻模板拼缝高低差	1	平尺、塞尺检查
6	模板平整度	3	2m靠尺、塞尺检查

续表 7.4.1

项次	项目		允许偏差(mm)	检验方法
7	模板上口标高		±5	水准仪、拉线、钢卷尺检查
8	模板垂直度	≤5m	3	吊线、钢卷尺检查
		>5m	5	吊线、钢卷尺检查
9	背楞位置偏差	水平方向	3	吊线、钢卷尺检查
		垂直方向	3	吊线、钢卷尺检查
10	架体或提升架垂直偏差	平面内	±3	吊线、钢卷尺检查
		平面外	±5	吊线、钢卷尺检查
11	架体或提升架横梁相对标高差		±5	水准仪检查
12	油缸或千斤顶安装偏差	架体平面内	±3	吊线、钢卷尺检查
		架体平面外	±5	吊线、钢卷尺检查
13	锥形承载接头(承载螺栓)中心偏差		5	吊线、钢卷尺检查
14	支承杆垂直偏差		3	2m靠尺检查

7.5 拆 除

7.5.1 爬模装置拆除前，必须编制拆除技术方案，明确拆除先后顺序，制定拆除安全措施，进行安全技术交底。拆除方案中应包括：
1 拆除基本原则。
2 拆除前的准备工作。
3 平面和竖向分段。
4 拆除部件起重量计算。
5 拆除程序。
6 承载体的拆除方法。
7 劳动组织和管理措施。
8 安全措施。
9 拆除后续工作。
10 应急预案等。

7.5.2 爬模装置拆除应明确平面和竖向拆除顺序，其基本原则应符合下列规定：
1 在起重机械起重力矩允许范围内，平面应按大模板分段，如果分段的大模板重量超过起重机械的最大起重量，可将其再分段。
2 采用油缸和架体的爬模装置，竖直方向分模板、上架体、下架体与导轨四部分拆除。采用千斤顶和提升架的爬模装置竖直方向不分段，进行整体拆除。
3 最后一段爬模装置拆除时，要留有操作人员撤退的通道或脚手架。

7.5.3 爬模装置拆除前，必须清除影响拆除的障碍物，清除平台上所有的剩余材料和零散物件，切断电源后，拆除电线、油管；不得在高空拆除跳板、栏杆和安全网，防止高空坠落和落物伤人。

8 爬模施工

8.1 施工程序

8.1.1 采用油缸和架体的爬模装置应按下列程序施工：
1 浇筑混凝土。
2 混凝土养护。
3 绑扎上层钢筋。
4 安装门窗洞口模板。
5 预埋承载螺栓套管或锥形承载接头。
6 检查验收。
7 脱模。
8 安装挂钩连接座。
9 导轨爬升、架体爬升。
10 合模、紧固对拉螺栓。
11 继续循环施工。

8.1.2 采用千斤顶和提升架的爬模装置应按下列程序施工：
1 浇筑混凝土。
2 混凝土养护。
3 脱模。
4 绑扎上层钢筋。
5 爬升、绑扎剩余上层钢筋。
6 安装门窗洞口模板。
7 预埋锥形承载接头。
8 检查验收。
9 合模、紧固对拉螺栓。
10 水平结构施工。
11 继续循环施工。

8.2 爬模装置爬升

8.2.1 爬升施工必须建立专门的指挥管理组织，制定管理制度，液压控制台操作人员应进行专业培训，合格后方可上岗操作，严禁其他人员操作。

8.2.2 非标准层层高大于标准层层高时，爬升模板可多爬升一次或在模板上口支模接高；非标准层层高小于标准层层高时，混凝土按实际高度要求浇筑。非标准层必须同标准层一样在模板上口以下规定位置预埋锥形承载接头或承载螺栓套管。

8.2.3 爬升施工应在合模完成和混凝土浇筑后两次进行垂直偏差测量，并按本规程附录C记录。如有偏差，应在上层模板紧固前进行校正。

（Ⅰ）油缸和架体的爬模装置

8.2.4 导轨爬升应符合下列要求：

1 导轨爬升前，其爬升接触面应清除粘结物和涂刷润滑剂，检查防坠爬升器棘爪是否处于提升状态，确认架体固定在承载体和结构上，确认导轨锁定销键和底端支撑已松开。

2 导轨爬升由油缸和上、下防坠爬升器自动完成，爬升过程中，应设专人看护，确保导轨准确插入上层挂钩连接座。

3 导轨进入挂钩连接座后，挂钩连接座上的翻转挡板必须及时挂住导轨上端挡块，同时调定导轨底部支撑，然后转换防坠爬升器棘爪爬升功能，使架体支承在导轨梯挡上。

8.2.5 架体爬升应符合下列要求：

1 架体爬升前，必须拆除模板上的全部对拉螺栓及妨碍爬升的障碍物；清除架体上剩余材料，翻起所有安全盖板，解除相邻分段架体之间、架体与构筑物之间的连接，确认防坠爬升器处于爬升工作状态；确认下层挂钩连接座、锥体螺母或承载螺栓已拆除；检查液压设备均处于正常工作状态，承载体受力处的混凝土强度满足架体爬升要求，确认架体防倾调节支腿已退出，挂钩锁定销已拔出；架体爬升前要组织安全检查，并按本规程附录D记录，检查合格后方可爬升。

2 架体可分段和整体同步爬升，同步爬升控制参数的设定：每段相邻机位间的升差值宜在1/200以内，整体升差值宜在50mm以内。

3 整体同步爬升应由总指挥统一指挥，各分段机位应配备足够的监控人员。

4 架体爬升过程中，应设专人检查防坠爬升器，确保棘爪处于正常工作状态。当架体爬升进入最后2~3个爬升行程时，应转入独立分段爬升状态。

5 架体爬升到达挂钩连接座时，应及时插入承力销，并旋出架体防倾调节支腿，顶撑在混凝土结构上，使架体从爬升状态转入施工固定状态。

（Ⅱ）千斤顶和提升架的爬模装置

8.2.6 提升架爬升前应完成下列准备工作：

1 墙体混凝土浇筑完毕未初凝之前，将支承杆按本规程第5.1.10条规定埋入混凝土，墙体混凝土强度达到爬升要求并确定支承杆受力之后，方可松开挂钩可调支座，并将其调至距离墙面约100mm位置处。

2 认真检查对拉螺栓、角模、钢筋、脚手板等是否有妨碍爬升的情况，清除所有障碍物。

3 将标高测设在支承杆上，并将限位卡固定在统一的标高上，确保爬模平台标高一致。

8.2.7 提升架爬升应符合下列要求：

1 提升架应整体同步爬升，千斤顶每次爬升的行程宜为50mm~100mm，爬升过程中吊平台上应有专人观察爬升的情况，如有障碍物应及时排除并通知总指挥。

2 千斤顶的支承杆应设限位卡，每爬升500mm~1000mm调平一次，整体升差值宜在50mm以内。爬升过程中应及时将支承杆上的标高向上传递，保证提升位置的准确。

3 爬升过程中应确保防坠挂钩处于工作状态；随时对油路进行检查，发现漏油现象，立刻停止爬升；对漏油原因分析并排除之后才能继续进行爬升。

4 爬升完成，定位预埋件露出模板下口后，安装新的挂钩连接座，并及时将导向杆上部的挂钩可调支座同挂钩连接座连接。操作人员站在吊平台中部安装防坠挂钩及导向滑轮，并及时拆除下层挂钩连接座、防坠挂钩及导向滑轮。

8.3 钢筋工程

8.3.1 钢筋工程的原材料、加工、连接、安装和验收，应符合国家现行标准《混凝土结构工程施工质量验收规范》GB 50204和《高层建筑混凝土结构技术规程》JGJ 3的有关规定。

8.3.2 安装模板前宜在下层结构表面弹出对拉螺栓、预埋承载螺栓套管或锥形承载接头位置线，避免竖向钢筋同对拉螺栓、预埋承载螺栓套管或锥形承载接头位置相碰；竖向钢筋密集的工程，上述位置与钢筋相碰时，应对钢筋位置进行调整。

8.3.3 采用千斤顶和提升架的爬模装置，绑扎钢筋时，千斤顶的支承杆应支承在混凝土结构上，当钢筋与支承杆相碰时，钢筋应及时调整水平筋位置。

8.3.4 每一层混凝土浇筑完成后，在混凝土表面以上应有2~4道绑扎好的水平钢筋。

8.3.5 上层钢筋绑扎完成后，其上端应有临时固定措施。

8.3.6 墙内的承载螺栓套管或锥形承载接头、预埋铁件、预埋管线等应同钢筋绑扎同步完成。

8.4 混凝土工程

8.4.1 混凝土工程的施工、验收，应符合国家现行标准《混凝土结构工程施工质量验收规范》GB 50204 和《高层建筑混凝土结构技术规程》JGJ 3 的有关规定。

8.4.2 混凝土浇筑宜采用布料机均匀布料，分层浇筑，分层振捣；并应变换浇筑方向，顺时针逆时针交错进行。

8.4.3 混凝土振捣时严禁振捣棒碰撞承载螺栓套管或锥形承载接头等。

8.4.4 混凝土浇筑位置的操作平台应采取铺铁皮、设置铁簸箕等措施，防止下层混凝土表面受污染。

8.4.5 爬模装置爬升时，架体下端应设有滑轮，防止架体硬物划伤混凝土。

8.5 工程质量验收

8.5.1 爬模工程的验收应符合现行国家标准《混凝土结构工程施工质量验收规范》GB 50204 的有关规定。

8.5.2 爬模施工工程混凝土结构允许偏差和检验方法应符合表 8.5.2 的规定。

表 8.5.2 爬模施工工程混凝土结构允许偏差和检验方法

项次	项目		允许偏差(mm)	检验方法
1	轴线位移	墙、柱、梁	5	钢卷尺检查
2	截面尺寸	抹灰	±5	钢卷尺检查
		不抹灰	+4 −2	钢卷尺检查
3	垂直度	层高 ≤5m	6	经纬仪、吊线、钢卷尺检查
		层高 >5m	8	经纬仪、吊线、钢卷尺检查
		全高	H/1000 且 ≤30	经纬仪、钢卷尺检查
4	标高	层高	±10	水准仪、拉线、钢卷尺检查
		全高	±30	水准仪、拉线、钢卷尺检查
5	表面平整	抹灰	8	2m靠尺、塞尺检查
		不抹灰	4	2m靠尺、塞尺检查
6	预留洞口中心线位置		15	钢卷尺检查
7	电梯井	井筒长、宽定位中心线	+25 0	钢卷尺检查
		井筒全高(H)垂直度	H/1000 且 ≤30	2m靠尺、塞尺检查

9 安全规定

9.0.1 爬模施工应符合现行行业标准《建筑施工高处作业安全技术规范》JGJ 80 的有关规定。

9.0.2 爬模工程必须编制安全专项施工方案，且必须经专家论证。

9.0.3 爬模装置的安装、操作、拆除应在专业厂家指导下进行，专业操作人员应进行爬模施工安全、技术培训，合格后方可上岗操作。

9.0.4 爬模工程应设专职安全员，负责爬模施工的安全监控，并填写安全检查表。

9.0.5 操作平台上应在显著位置标明允许荷载值，设备、材料及人员等荷载应均匀分布，人员、物料不得超过允许荷载；爬模装置爬升时不得堆放钢筋等施工材料，非操作人员应撤离操作平台。

9.0.6 爬模施工临时用电线路架设及架体接地、避雷措施等应符合现行行业标准《施工现场临时用电安全技术规范》JGJ 46 的有关规定。

9.0.7 机械操作人员应按现行行业标准《建筑机械使用安全技术规程》JGJ 33 的有关规定定期对机械、液压设备等进行检查、维修，确保使用安全。

9.0.8 操作平台上应按消防要求设置灭火器，施工消防供水系统应随爬模施工同步设置。在操作平台上进行电、气焊作业时应有防火措施和专人看护。

9.0.9 上、下操作平台均应满铺脚手板，脚手板铺设应符合现行行业标准《建筑施工扣件式钢管脚手架安全技术规范》JGJ 130 的有关规定；上架体、下架体全高范围及下端平台底部均应安装防护栏及安全网；下操作平台及下架体下端平台与结构表面之间应设置翻板和兜网。

9.0.10 对后退进行清理的外墙模板应及时恢复停放在原合模位置，并应临时拉结固定；架体爬升时，模板距结构表面不应大于 300mm。

9.0.11 遇有六级以上强风、浓雾、雷电等恶劣天气，停止爬模施工作业，并应采取可靠的加固措施。

9.0.12 操作平台与地面之间应有可靠的通信联络。爬升和拆除过程中应分工明确、各负其责，应实行统一指挥、规范指令。爬升和拆除指令只能由爬模总指挥一人下达，操作人员发现有不安全问题，应及时处理、排除并立即向总指挥反馈信息。

9.0.13 爬升前爬模总指挥应告知平台上所有操作人员，清除影响爬升的障碍物。

9.0.14 爬模操作平台上应有专人指挥起重机械和布料机，防止吊运的料斗、钢筋等碰撞爬模装置或操作人员。

9.0.15 爬模装置拆除时，参加拆除的人员必须系好安全带并扣好保险钩；每起吊一段模板或架体前，操作人员必须离开。

9.0.16 爬模施工现场必须有明显的安全标志，爬模安装、拆除时地面必须设置围栏和警戒标志，并派专人看守，严禁非操作人员入内。

10 爬模装置维护与保养

10.0.1 爬升模板应做到每层清理、涂刷脱模剂,并对模板及相关部件进行检查、校正、紧固和修理,对丝杠、滑轮、滑道等部件进行注油润滑。

10.0.2 钢筋绑扎及预埋件的埋设不得影响模板的就位及固定;起重机械吊运物件时严禁碰撞爬模装置。

10.0.3 采用千斤顶的爬模装置,应确保支承杆的垂直、稳定和清洁,保证千斤顶、支承杆的正常工作。当支承杆上咬痕比较严重时,应更换新的支承杆。支承杆穿过楼板时,承载铸钢楔应采取保护措施,防止混凝土浆液堵塞倒齿缝隙。

10.0.4 导轨和导向杆应保持清洁,去除粘结物,并涂抹润滑剂,保证导轨爬升顺畅、导向滑轮滚动灵活。

10.0.5 液压控制台、油缸、千斤顶、油管、阀门等液压系统应每月进行一次维护和保养,并做好记录。

10.0.6 爬模装置拆除和地面解体后,对模板、架体、提升架等部件应及时进行清理、涂刷防锈漆,对丝杠、滑轮、螺栓等清理后,应进行注油保护;所有拆除的大件应分类堆放、小件分类包装,集中待运。

10.0.7 因恶劣天气、故障等原因停工,复工前应进行全面检查,并应维护爬模装置和防护措施。

11 环保措施

11.0.1 模板宜选用钢模板或优质木(或竹)胶合板和木工字梁模板,提高周转使用次数,减少木材资源消耗和环境污染。

11.0.2 爬模装置应做到模数化、标准化,可在多项工程使用,减少能源消耗。

11.0.3 混凝土施工时,应采用低噪声环保型振捣器,以降低噪声污染。

11.0.4 操作平台上宜设置环保型厕所,并有专人负责清理,确保施工现场环境卫生。

11.0.5 清理施工垃圾时应使用容器吊运并及时清运,严禁凌空抛撒。

11.0.6 液压系统宜采用耐腐蚀、防老化、具备优良密封性能的油管,防止漏油造成环境污染。

11.0.7 模板表面宜选用无污染、环保型脱模剂。

附录 A 爬模装置设计荷载标准值

A.0.1 爬模装置自重标准值(G_k)应根据设计图纸确定。

A.0.2 上操作平台施工荷载标准值(F_{k1})应取 4.0kN/m²,下操作平台施工荷载标准值(F_{k2})应取 1.0kN/m²。

A.0.3 吊平台施工荷载标准值(F_{k3})应取 1.0kN/m²(不参与荷载效应组合,仅用于纵向连系梁设计)。

A.0.4 风荷载标准值应按下式计算:

$$W_k = \beta_{gz}\mu_s\mu_z w_0 \quad (A.0.4-1)$$

其中

$$w_0 = \frac{v_0^2}{1600}(kN/m^2) \quad (A.0.4-2)$$

式中:β_{gz}、μ_s、μ_z——应按《建筑结构荷载规范》GB 50009-2001 表 7.5.1、表 7.3.1 和表 7.2.1 取值;

v_0——应按表 A.0.4 的规定取值。

表 A.0.4 风力等级

风力等级	距地面10m高度处相当风速 v_0 (m/s)
5	8.0～10.7
6	10.8～13.8
7	13.9～17.1
8	17.2～20.7
9	20.8～24.4
10	24.5～28.4
11	28.5～32.6
12	32.7～36.9

附录 B 承载螺栓承载力计算

B.0.1 承载螺栓的承载力应按下列公式计算:

$$\sqrt{\left(\frac{N_v}{N_v^b}\right)^2 + \left(\frac{N_t}{N_t^b}\right)^2} \leqslant 1 \quad (B.0.1-1)$$

$$N_v \leqslant N_c^b \quad (B.0.1-2)$$

式中:N_v、N_t——承载螺栓所承受的剪力和拉力;

N_v^b、N_t^b、N_c^b——承载螺栓的受剪、受拉和受压承载力设计值。

B.0.2 承载螺栓与混凝土接触处的混凝土冲切承载力应按下列公式计算:

1) 当承载螺栓固定在墙体预留孔内时:

$$F \leqslant 2.8(a+h_0)h_0 f_t \quad (B.0.2-1)$$

2) 当承载螺栓与锥形承载接头连接时:

$$F \leqslant 2.8(d+s-30)(s-30)f_t \quad (B.0.2-2)$$

式中:F——承载螺栓所承受的轴力(N);

d——预埋件锚固板边长或直径(mm);

a——承载螺栓的垫板尺寸(mm);

s——锥形承载接头埋入长度(mm);

h_0——墙体的混凝土有效厚度(mm);

f_t——混凝土轴心抗拉强度设计值(N/mm²)。

B.0.3 承载螺栓与混凝土接触处的混凝土局部受压承载力应按下式计算：

$$F \leqslant 2.0a^2 f_c \quad (B.0.3)$$

式中：F——承载螺栓所承受的轴力（N）；
　　　a——承载螺栓的垫板尺寸（mm）；
　　　f_c——混凝土轴心抗压强度设计值（N/mm²）。

附录C 爬模工程垂直偏差测量记录表

表C 爬模工程垂直偏差测量记录表

工程名称			层数	第 层	合模完成时间	
本层结构设计标高		观测时模板上口平均标高			混凝土完成时间	
					爬升完成时间	
观测点	偏移方向	偏差值(mm)	观测点平面示意图：			
			备注			

项目负责人　　测量员　　观测时间　年 月 日 时

附录D 爬模工程安全检查表

表D ＿＿工程 层液压爬升模板安全检查表

爬模装置机位编号	锥形承载接头承载螺栓		挂钩连接座安装情况	架体爬升前安全检查				架体爬升情况	导轨爬升情况	其他部位检查	
	水平方向	垂直方向		承载体处混凝土强度	障碍解除	挂钩锁定销	防坠爬升器	架体调节支腿			平台堆料	安全防护

项目负责人　　专职安全员　　检查日期　年 月 日

本规程用词说明

1 为便于在执行本规程条文时区别对待，对要求严格程度不同的用词说明如下：

　1）表示很严格，非这样做不可的：
　　　正面词采用"必须"；反面词采用"严禁"。
　2）表示严格，在正常情况下均应这样做的：
　　　正面词采用"应"；反面词采用"不应"或"不得"。
　3）表示允许稍有选择，在条件许可时首先这样做的：
　　　正面词采用"宜"；反面词采用"不宜"。
　4）表示有选择，在一定条件下可以这样做的，采用"可"。

2 条文中指明应按其他有关标准执行的写法为："应符合……的规定"或"应按……执行"。

引用标准名录

1 《木结构设计规范》GB 50005
2 《建筑结构荷载规范》GB 50009
3 《混凝土结构设计规范》GB 50010
4 《钢结构设计规范》GB 50017
5 《冷弯薄壁型钢结构技术规范》GB 50018
6 《滑动模板工程技术规范》GB 50113
7 《混凝土结构工程施工质量验收规范》GB 50204
8 《钢结构工程施工质量验收规范》GB 50205
9 《碳素结构钢》GB/T 700
10 《液压系统通用技术条件》GB/T 3766
11 《混凝土模板用胶合板》GB/T 17656
12 《高层建筑混凝土结构技术规程》JGJ 3
13 《建筑机械使用安全技术规程》JGJ 33
14 《施工现场临时用电安全技术规范》JGJ 46
15 《建筑工程大模板技术规程》JGJ 74
16 《建筑施工高处作业安全技术规范》JGJ 80
17 《建筑钢结构焊接技术规程》JGJ 81
18 《钢框胶合板模板技术规程》JGJ 96
19 《建筑施工扣件式钢管脚手架安全技术规范》JGJ 130
20 《竹胶合板模板》JG/T 156

中华人民共和国行业标准

液压爬升模板工程技术规程

JGJ 195—2010

条 文 说 明

制订说明

《液压爬升模板工程技术规程》JGJ 195-2010，经住房和城乡建设部2010年2月10日以第504号公告批准发布。

本规程制订过程中，编制组进行了广泛和深入的调查研究，总结了我国液压爬升模板施工技术与管理的实践经验，同时参考了国外先进技术法规、技术标准，作出了具体的规定。

为便于广大设计、施工、科研、学校等单位有关人员在使用本规程时能正确理解和执行条文规定，《液压爬升模板工程技术规程》编制组按章、节、条顺序编制了本规程的条文说明，对条文规定的目的、依据以及执行中需注意的有关事项进行了说明，还着重对强制性条文的强制性理由作了解释。但是，本条文说明不具备与标准正文同等的法律效力，仅供使用者作为理解和把握标准规定的参考。

目 次

1 总则 …………………………… 10—21—21
2 术语和符号 …………………… 10—21—21
　2.1 术语 ……………………… 10—21—21
　2.2 符号 ……………………… 10—21—23
3 基本规定 ……………………… 10—21—23
4 爬模施工准备 ………………… 10—21—24
　4.1 技术准备 ………………… 10—21—24
　4.2 材料准备 ………………… 10—21—24
5 爬模装置设计 ………………… 10—21—24
　5.1 整体设计 ………………… 10—21—24
　5.2 部件设计 ………………… 10—21—26
　5.3 计算 ……………………… 10—21—27
6 爬模装置制作 ………………… 10—21—28
　6.1 制作要求 ………………… 10—21—28
　6.2 制作质量检验 …………… 10—21—28
7 爬模装置安装与拆除 ………… 10—21—29
　7.1 准备工作 ………………… 10—21—29
　7.2 安装程序 ………………… 10—21—29
　7.3 安装要求 ………………… 10—21—29
　7.4 安装质量验收 …………… 10—21—29
　7.5 拆除 ……………………… 10—21—30
8 爬模施工 ……………………… 10—21—30
　8.1 施工程序 ………………… 10—21—30
　8.2 爬模装置爬升 …………… 10—21—30
　8.3 钢筋工程 ………………… 10—21—31
　8.4 混凝土工程 ……………… 10—21—32
　8.5 工程质量验收 …………… 10—21—32
9 安全规定 ……………………… 10—21—32
10 爬模装置维护与保养 ……… 10—21—32
11 环保措施 …………………… 10—21—32

1 总 则

1.0.1 液压爬升模板是一种技术先进的施工工艺，综合了大模板和滑升模板的优点，其主要特点是：

1 吸收了支模工艺按常规方法浇筑混凝土，劳动组织和施工操作简便，混凝土表面质量易于保证等优点，当新浇筑的混凝土脱模后，以油缸或千斤顶为动力，以导轨或支承杆为爬升轨道，将模板自行向上爬升一层；

2 可以从基础底板或任意层开始组装和使用爬升模板；

3 内外墙体和柱子都可以采用爬模，无需塔吊反复装拆模板；

4 钢筋可以提前绑扎，也可随升随绑，操作方便安全；

5 根据工程特点，可以爬升一层墙，浇筑一层楼板，也可以墙体连续爬模施工，楼板滞后施工；

6 模板上可带有脱模器，确保模板顺利脱模而不粘模；

7 爬模可节省模板堆放场地，施工现场文明，对于在城市中心施工场地狭窄的工程项目有明显的优越性；

8 一项工程完成后，模板、架体及液压设备可继续在其他工程使用，周转次数多，模板摊销费用低，适合租赁和模板工程分包；

9 液压爬模在工程质量、安全生产、施工进度、降低成本、提高工效等方面均有良好的效果。

鉴于以上的特点，爬模技术得到迅速发展，国内已在很多高层建筑和高耸构筑物工程中应用。目前爬模装置多数由模板专业厂家生产，也有施工单位自行设计加工，其原理基本相同，具体构造和设计上形式多样，施工单位在爬模施工安全、技术和管理水平上差距较大，为规范液压爬升模板的设计、制作、安装、拆除、施工及验收，做到技术先进、经济合理、确保施工安全和工程质量，制定本标准。

1.0.2 本规程是以油缸或千斤顶为动力，液压自动爬模技术为基础的技术标准。对以手动葫芦、电动葫芦、大行程油缸等为动力的爬模装置，由于在爬升动力、架体构造、承载体及施工程序等方面有一定区别，但又有很多相同之处，可参照本规程使用。

1.0.4 本规程是针对液压爬模工程完成混凝土结构施工要求编写的，有关混凝土工程施工中的一般技术问题未予提及，采用液压爬模施工的工程，在爬模设计、制作、安装和施工中除应遵守本规程外，还应遵守国家现行有关标准中适用于爬模的有关规定，如《混凝土结构工程施工质量验收规范》GB 50204、《滑动模板工程技术规范》GB 50113、《建筑工程大模板技术规程》JGJ 74、《钢框胶合板模板技术规程》JGJ 96、《混凝土模板用胶合板》GB/T 17656、《竹胶合板模板》JG/T 156、《高层建筑混凝土结构技术规程》JGJ 3、《建筑施工高处作业安全技术规范》JGJ 80、《施工现场临时用电安全技术规范》JGJ46、《钢结构设计规范》GB 50017、《钢结构工程施工质量验收规范》GB 50205、《建筑钢结构焊接技术规程》JGJ 81、《碳素结构钢》GB/T 700、《冷弯薄壁型钢结构技术规范》GB 50018、《建筑机械 使用安全技术规程》JGJ 33 和《液压系统通用技术条件》GB/T 3766。

2 术语和符号

2.1 术 语

2.1.2 爬模装置分为油缸和架体的爬模装置与千斤顶和提升架的爬模装置，它们的爬升动力不同，各自的零部件设计也有所不同，但为液压爬模工艺配制的四个系统组成基本是一致的。

2.1.3 根据工程的具体情况，采用油缸和架体的爬模装置，承载体是与混凝土中预埋的锥形承载接头或固定在墙体上的承载螺栓以及与它们相连的挂钩连接座；采用千斤顶和提升架的爬模装置，采用支承杆为承载体；在混凝土柱工程中，由于支承杆穿过楼板，因此还要在楼板上埋设承载铸钢楔作为承载体；在电梯井工程中，还可以利用电梯井跟进平台钢梁作为承载体。

2.1.4 对于较大截面的结构，宜采用锥形承载接头（图1）。锥形承载接头由锥体螺母和预埋件组成，锥体螺母的一半长度同预埋螺栓连接，埋入混凝土中，锥体螺母的另一半长度同承载螺栓与挂钩连接座连接，用于承受爬模装置自重、施工荷载及风荷载。为满足强度需要，锥体螺母通常选用 45 号钢加工制作，外形呈圆锥形，有利于拆除后重复使用。也有生产厂家将锥体螺母与挂钩连接座设计成一个整体部件。

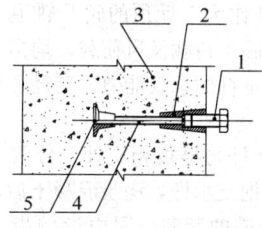

图 1 锥形承载接头构造
1—承载螺栓；2—锥体螺母；3—墙体混凝土；
4—预埋螺栓；5—锚固板

2.1.5 承载螺栓是爬模装置重要的受力部件。承载螺栓的应用有两种形式（图2）：

1 对于结构截面在 600mm 以内的结构，采用穿墙式承载螺栓，在每层合模前预埋套管，混凝土浇筑后在墙体内形成预留孔，脱模并将模板后退后，安装

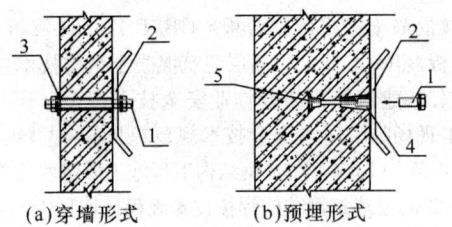

(a)穿墙形式　　(b)预埋形式

图2 承载螺栓的两种形式

1—承载螺栓；2—挂钩连接板；3—垫板；
4—锥体螺母；5—锚固板

承载螺栓，连接挂钩连接座；

2 对于较大截面的结构，采用锥形承载接头时，承载螺栓直接与锥形承载接头的锥体螺母连接，同时将挂钩连接座连接紧固到结构体上；

3 通常一个挂钩连接座设2根承载螺栓，以确保连接稳固。

2.1.6 挂钩连接座（图3）由连接板、座体、承力销、弹簧钢销等组合而成。连接板呈鱼尾形，同承载螺栓连接，固定在混凝土结构体上，座体的鱼尾槽套入连接板，当连接板因承载螺栓的偏差而产生位移时，座体可在连接板上平移调节；座体两侧钢板上设承力销槽，架体上的挂钩同挂钩连接座连接，并插入承力销。挂钩连接座上部有弹簧钢销，用于锁住导轨顶部挡块。

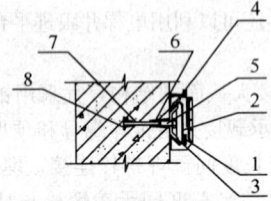

图3 挂钩连接座构造

1—承力销；2—挂钩连接座体；3—挂钩连接板；
4—弹簧钢销；5—承载螺栓；6—锥体螺母；
7—预埋螺栓；8—锚固板

2.1.7 支承杆作为千斤顶的爬升轨道，施工中爬模装置的自重、施工荷载及风荷载，均由千斤顶传至支承杆承担。支承杆的承载能力、直径和材质均与千斤顶相适应。

2.1.8 在支承杆与楼板相交处，分两个半圆加工的承载铸钢楔合抱支承杆，浇筑混凝土后，承载铸钢楔承受支承杆传递的荷载。因内设倒齿，支承杆不下滑，也不影响支承杆上拔；外呈锥形，拆除方便。

2.1.9 以液压推动缸体内活塞往复运动，使活塞杆伸出或收缩，油缸上、下两端同防坠爬升器连接，以此将液压能转换成机械能，带动爬模装置沿导轨自动爬升。

2.1.10 液压升降千斤顶是一种穿心式千斤顶，安装在提升架上，千斤顶的中心位置穿入支承杆，在液压的作用下，内带的楔块自动锁紧于支承杆上，带动爬模装置沿支承杆进行上升或下降运动。

2.1.11 防坠爬升器（又称上下轭、爬升箱）为组对配置，附着在导轨上同油缸上、下两端连接。防坠爬升器内承重棘爪的摆动位置与油缸活塞杆的伸出与收缩协调一致，设有换向装置，确保棘爪支承在导轨的梯挡上，防止架体坠落，实现架体与导轨交替爬升的功能。

2.1.12 液压控制台能将油缸或千斤顶的进油、排油、爬升或下降控制等项操作时的油压高低、运行状态等信息反映在电气仪表及按钮信号上。

2.1.13 导轨由型钢和梯挡钢板焊接而成，也可由型钢和通长钢板或型钢腹板上加工成梯挡空格，导轨的梯挡间距与油缸行程相匹配；导轨顶部设挡块或挂钩与挂钩连接座连接，导轨中部设有架体防倾调节支腿；导轨作为架体的运动轨道，并同架体交换运动。当架体固定，导轨上升；当导轨固定，架体以油缸为动力，沿导轨向上爬升一层。

2.1.14 架体作为爬模装置的承重钢结构，分为上架体和下架体两部分，其中：下操作平台以下部分称为下架体，下架体主要用于油缸、导轨、挂钩连接座和吊平台的安装和施工；下架体上部设置挂钩，当架体爬升到位时，与挂钩连接座用承力销连接；下操作平台以上部分称为上架体，上架体坐落在下架体的上横梁上，同模板连接的部分主要用于支模、脱模，上操作平台主要用于绑扎钢筋和浇筑混凝土。

2.1.15 架体防倾调节支腿设置在下架体中部，导轨从其中穿入，除架体爬升过程收缩可调支腿外，在施工过程中，架体防倾调节支腿均支撑在混凝土结构上，将爬模装置产生的荷载传递给混凝土墙体或导轨，并进行架体垂直度的调节，防止架体倾斜。

2.1.16 提升架主要由横梁和立柱两部分组成，横梁采用双槽钢同两根立柱进行销接或螺栓连接。当钢销或螺栓拆除后，可利用立柱顶部的滑轮平移，便于模板后退、清理；横梁上所设置的孔眼满足千斤顶安装和结构截面变化时千斤顶位移的要求；横梁两端同平台系统的外架立柱连接。两根立柱上各设两道活动支腿，同模板连接并进行脱模，以及垂直度和截面宽度调节。两根立柱还同上操作平台的外架梁连接，形成上操作平台，用于绑扎钢筋和浇筑混凝土。

2.1.17 纵向连系梁与结构轴线平行，可采用普通型钢、冷弯薄壁型钢、铝型材、钢木组合梁、木工字梁等型材，当架体或提升架的间距较大时也可做成桁架。

2.1.18 采用油缸和架体的爬模装置，上操作平台用于完成钢筋吊运、钢筋绑扎和混凝土浇筑，下操作平台用于承受上架体荷载和模板的合模脱模，吊平台用于锥形承载接头或承载螺栓的拆除；采用千斤顶和提升架的爬模装置，上操作平台用于完成支承杆的接高、钢筋吊运、钢筋绑扎和混凝土浇筑等操作，下操作平台用于模板的合模、脱模，吊平台用于锥形承载接头的拆除。

2.1.20 根据爬模装置平面布置图确定油缸或千斤顶总数量，将爬模装置自重荷载、施工荷载及风荷载的总和除以总数量，即为单个油缸或千斤顶的工作荷载。

2.2 符 号

本规程给出了9个符号，并对每一个符号给出了定义，这些符号都是本规程有关章节中所引用的。

3 基 本 规 定

3.0.1 爬模是技术性强、组织管理严密的先进施工工艺，已广泛应用于高层建筑核心筒、大型桥塔等现浇钢筋混凝土结构工程。

必须编制爬模专项施工方案的主要理由是：

1 爬模工程都是高大的钢筋混凝土结构工程，在高层建筑结构施工时，核心筒爬模通常独立先行，外围的钢结构、钢筋混凝土框架结构和水平结构紧跟施工。爬模独立高空作业，施工安全是最关键的问题。

2 爬模既是模板，也是脚手架和施工作业平台，爬模装置自重、施工荷载和风荷载都比较大。

3 核心筒平面和墙体厚度变化较大的工程，施工技术上比较复杂。

4 爬模是集施工技术、生产安全、工程质量、劳动组织、施工机械等各项施工管理工作及混凝土、钢筋、模板、电气焊、液压机械操作、测量等各工种共同协调配合的一项系统工程。

此外，爬模工程符合国务院《建设工程安全生产管理条例》第26条规定，属于"达到一定规模的危险性较大的分部分项工程编制专项施工方案"的范围。

爬模装置的设计包括：整体设计、部件设计和计算，以确保安全和爬模工艺要求。

在油缸和架体的爬模装置中，承载螺栓是荷载效应组合集中传递的最后部件，其强度关系到整个爬模装置的施工安全；而导轨的刚度直接影响到架体的爬升；在千斤顶和提升架的爬模装置中，支承杆是千斤顶的爬升轨道和爬模装置的承重支杆，其稳定性关系到整个爬模装置的施工安全。

为此，本条规定要求对主要受力部件：承载螺栓、导轨、支承杆按三种工况分别进行强度、刚度及稳定性计算，以确保施工安全：

1 施工工况（7级风荷载、自重荷载与施工荷载）：此工况包括浇筑混凝土和绑扎钢筋，爬模装置在正常施工状态和遇有7级风施工时均能满足设计要求；

2 爬升工况（7级风荷载、自重荷载与施工荷载）：此工况包括导轨爬升、模板爬升，爬模装置在7级风荷载下进行爬升能满足设计要求；

3 停工工况（9级风荷载与自重荷载）：在此工况下既不施工也不爬升，模板之间用对拉螺栓紧固连接等可靠的加固措施，爬模装置能在9级风荷载下满足设计要求。

3.0.2 两种爬模都有各自的特点和局限性，在满足合模→浇筑混凝土→脱模→爬升的基本施工程序的前提下，根据工程结构几何形状、结构空间、层高、结构体内外钢结构情况、楼板紧跟施工或滞后施工等因素进行爬模装置设计，选择不同的承载体、液压设备和架体构造，可以充分发挥它们各自的特长。

当建筑面积较大、结构空间狭窄、柱子和楼板需要同步施工时，以千斤顶为动力以支承杆为承载体的爬模装置可以充分发挥它的整体、双面爬模优势，但结构体内有钢结构时它就受到制约。当建筑平面简洁、结构空间较大、墙体截面较厚、结构体内有钢结构、设计允许楼板滞后施工时，采用油缸架体单面爬模形式及以锥形承载接头或承载螺栓作为承载体比较合适，但这种爬模的起始层只能在已有两层结构的前提下安装。当在电梯井内，以电梯井钢平台钢梁作为承载体，电梯井的模板和平台一起爬升也是油缸爬模的一种选择。

3.0.3 爬模是一项技术含量较高的先进施工工艺，关系到工程项目的施工安全、工程质量等，因此本规程规定爬模装置应由专业生产厂家设计、制作；爬模装置除进行产品质量检验外，出厂前还要进行试安装和爬升试验，其目的在于检验设计和制作质量，将安装和爬升可能发生的问题在现场施工之前解决。进行爬升和承载试验应符合下列要求：墙模不少于两个机位，机位间距按设计最大间距进行；柱模按完整的一套进行。试验完成后提供试验报告。

3.0.4 爬模装置在施工现场安装过程中，请专业生产厂家进行现场指导或将爬模装置安装分包给专业生产厂家；对于影响爬模装置安装质量的问题，如钢筋偏位、下层结构截面尺寸超差等，则由专业生产厂家会同施工及有关单位共同解决。

爬模装置安装完成以后，应会同有关单位进行安装质量的检查验收，并在检查记录表上共同签字认可。对液压系统应进行加压调试，检查千斤顶或油缸、油管、接头的密封性及爬升同步性，并进行排油排气工作。

3.0.5 本条参照现行国家标准《混凝土结构工程施工质量验收规范》GB 50204-2002第4.3.4条规定。

3.0.6 根据现行行业标准《高层建筑混凝土结构技术规程》JGJ 3-2002第13.3.7条规定：爬升模板"爬升时，穿墙螺栓受力处的混凝土强度不应小于

10MPa"。该标准是2002年颁布施行的，当时爬模装置的构造和动力设备均与现在有较大区别，现在一个机位所承受的荷载，重型的约有8t，轻型的约有5t，而早期一个机位所承受的荷载不超过3t。早期穿墙螺栓直径在φ28以内，目前承载螺栓直径在φ42以上。此外，爬模装置在爬升过程中可能会因爬升不同步产生偏移附加荷载，爬升时混凝土的强度应该有足够的安全储备，防止个别机位超出设计荷载从而导致承载螺栓部位混凝土局部破坏的情况发生。所以本条规定："在爬模装置爬升时，承载体受力处的混凝土强度应大于10MPa"。同时，由于承载体受力处混凝土的工况不同，还应按本规程附录B公式进行计算，两者取大值。

3.0.7 当核心筒内钢筋混凝土梁、板水平结构和筒外结构部分不能与核心筒同步施工时，核心筒可以单独爬模，对先行施工的核心筒与滞后施工的水平结构高度差、施工缝和其他节点的处理、钢筋预埋等应同设计单位进行协商，避免因核心筒独立施工高度过大影响结构整体稳定性，造成安全隐患，并给后续施工带来麻烦。

4 爬模施工准备

4.1 技术准备

4.1.1 爬模装置设计要考虑以下因素：

1 根据工程的结构平面形状、结构空间大小、层高变化、竖向结构尺寸变化等因素，并结合混凝土结构内部有无钢结构和设计、施工的具体要求，来确定采用何种爬模装置及单面爬模、双面爬模或外爬内吊等形式，同一工程中也可同时采用不同的爬模装置和爬升形式；

2 根据爬模装置的具体情况选择符合要求的承载体，确定锥形承载接头或承载螺栓的水平和竖向位置；

3 进行机位布置时不仅要满足承载力设计要求，还要满足使用功能要求，如一段小面积的墙体，尽管布置一个机位能满足承载力要求，但只有两个机位才能满足模板的稳定，在平面空间较小的位置布置机位要考虑爬模装置相碰的问题；

4 进行机位布置时，要选择有利于承载体附着的位置，避开门窗洞口、暗柱、暗梁及型钢等部位，如果难以避开时，应采取相应的构造措施，满足承载体的附着要求。

4.2 材料准备

4.2.1 本条所列的三种模板面板材料均能满足混凝土质量要求，选择时根据爬模工程的建筑高度、周转使用次数进行选择，从我国爬模使用情况看，钢面板易于清理、周转次数多、模板摊销费用低，采用较多。

4.2.2～4.2.4 本规定是根据施工实践经验、生产厂家的通用做法提出的，推荐了三种模板及主要材料规格，供选择使用；对爬模装置主要构件及重要部件的钢材材质和质量保证进行了规定。

4.2.5 操作平台板的选材参照现行行业标准《建筑施工扣件式钢管脚手架安全技术规范》JGJ 130-2001第3.3节的规定，并结合爬模工程特点和施工安全的要求作出的规定。

5 爬模装置设计

5.1 整体设计

5.1.1、5.1.2 目前液压爬模的动力设备主要有两种，一种是油缸，另外一种是千斤顶。两种动力设备所对应的爬升原理和爬升装置有所不同。

将整套爬模装置分为四个系统，一方面可以使爬模装置各个系统的作用和相互之间的联系比较清晰，另一方面也便于防止各种部件在具体设计时漏项。

模板系统在两种爬模装置中是相同的，只是在液压爬升系统和操作平台系统有所区别，所以分别进行了描述。

操作平台系统根据施工工艺的不同，设置不同的操作平台。操作平台满足钢筋绑扎、模板支设、混凝土浇筑和液压爬模构配件拆除等工序的要求，同时保证操作人员的施工操作安全。

在液压爬升系统中，与油缸两端连接上、下防坠爬升器在设计时利用了棘爪原理，实现了油缸突然受力失效的防坠构造，所以在液压爬升系统里面不再另行设置防坠装置。

电气控制系统是爬模装置系统中不可缺少的部分，对其设计、配制要高度重视。

油缸和架体的爬模装置示意图见图4，千斤顶和提升架的爬模装置示意图见图5。

5.1.4 高层建筑使用爬模施工时，塔式起重机（尤其是内爬塔）对爬模设计的影响非常大，主要是内爬塔的塔身要有足够的自由高度，防止爬模装置爬升到一定高度时与塔吊冲突。在整体设计时一定要解决好塔吊爬升与爬模装置爬升的相互位置关系。

对于高层建筑，现在爬模施工有两种形式，一种是竖向结构爬模施工和水平结构施工交替进行，不存在爬模超前施工的情况；另一种是竖向结构爬模先行施工，楼板滞后施工。第一种形式的施工适用于没有钢结构的钢筋混凝土结构施工。第二种形式适用于型钢钢筋混凝土结构施工，此种形式的爬模施工在设计时要对竖向交通、消防水管、临时用电、高层混凝土

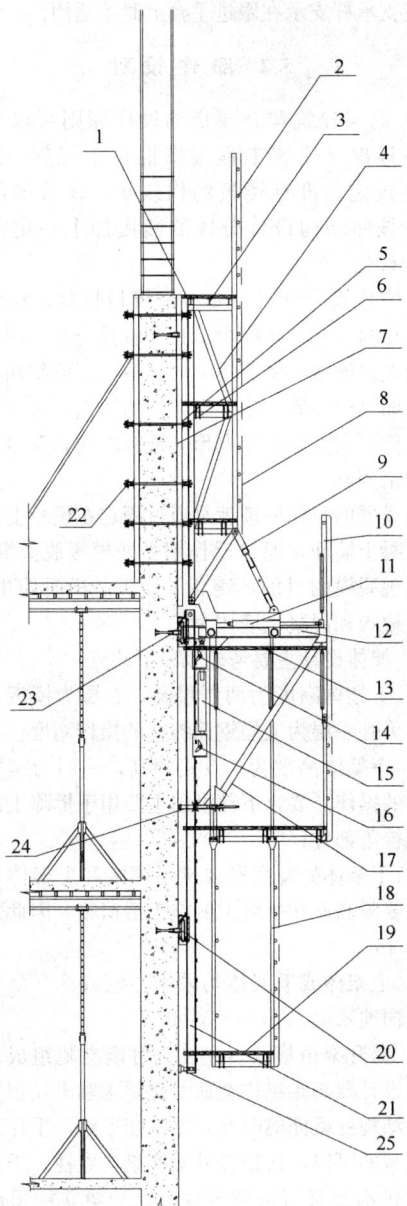
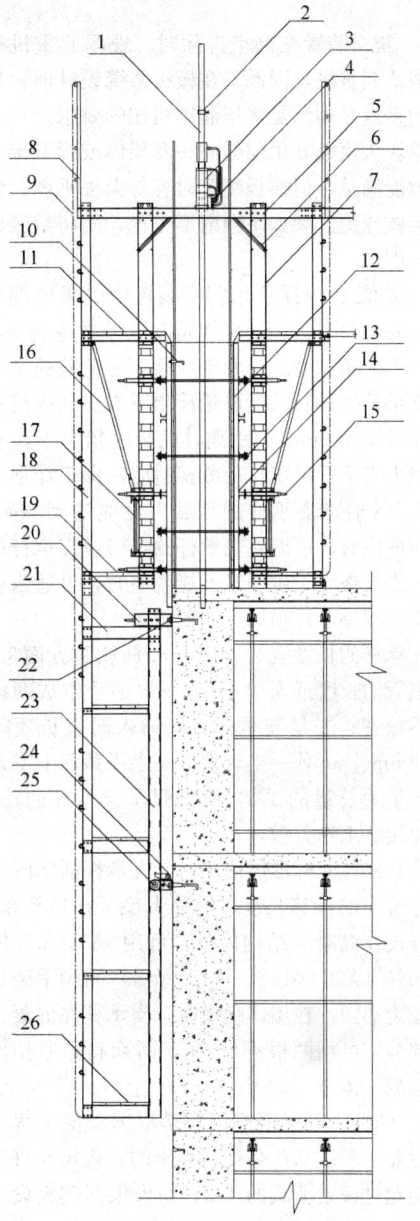

图 4 油缸和架体的爬模装置示意
1—上操作平台；2—护栏；3—纵向连系梁；4—上架体；5—模板背楞；6—横梁；7—模板面板；8—安全网；9—可调斜撑；10—护栏；11—水平油缸；12—平移滑道；13—下操作平台；14—上防坠爬升器；15—油缸；16—下防坠爬升器；17—下架体；18—吊架；19—吊平台；20—挂钩接座；21—导轨；22—对拉螺栓；23—锥形承载接头(或承载螺栓)；24—架体防倾调节支腿；25—导轨调节支腿

图 5 千斤顶和提升架的爬模装置示意
1—支承杆；2—限位卡；3—升降千斤顶；4—主油管；5—横梁；6—斜撑；7—提升架立柱；8—栏杆；9—安全网；10—定位预埋件；11—上操作平台；12—大模板；13—对拉螺栓；14—模板背楞；15—活动支腿；16—外架斜撑；17—围圈；18—外架立柱；19—下操作平台；20—挂钩可调支座；21—外架梁；22—挂钩连接座；23—导向杆；24—防坠挂钩；25—导向滑轮；26—吊平台

泵送等问题进行详细的设计,保证施工正常顺利进行。

爬模装置设计时应该充分考虑到起重机械、混凝土布料机的附墙和顶升装置是否与爬模施工相互影响。机位的布置要避让开起重机械、混凝土布料机的附墙和顶升装置,并留有足够的安全距离,防止将混凝土布料机作业过程中产生的荷载传递给爬模装置。当爬模装置需要带动混凝土布料机时,爬模装置需另行设计。

5.1.5 操作平台在设计时,要考虑到钢筋、模板、混凝土等主要工种的施工操作条件,做到安全可靠。

5.1.6 爬模装置在高空拆除时，现场起重机械一般采用塔式起重机，因此，在模板系统设计时，单块大模板的重量必须满足现场起重机械的要求。

单块大模板如果仅配制一套架体或提升架，尽管承载能力满足，但模板爬升时容易失去平衡；弧形模板的架体或提升架如果辐射形布置，则将给脱模、合模带来困难。

5.1.7 油缸和千斤顶是爬模装置中的重要部分，有足够的安全储备。在这里规定安全系数应为2，即工作荷载不能超过油缸或者千斤顶额定荷载的1/2。

支承杆的计算长度取千斤顶下卡头到浇筑混凝土上表面以下150mm的距离，此长度情况下，支承杆的承载力与千斤顶工作荷载相适应，即千斤顶工作荷载为50kN时，支承杆的承载力也能达到50kN，如果不相适应时，可调整支承杆的规格或支承杆的计算长度，当规格和长度固定不能调整时，可适当调整机位间距，减小千斤顶的工作荷载。

支承杆的长度宜为3m~6m是从两方面考虑的：一是钢管的长度通常为6m，一根钢管割成两段3m，材料不浪费；二是支承杆首次插入时宜长短间隔排列，即6m、3m各一半，使同一水平截面上支承杆的接头数量为总量的1/2，既增强了支承杆的稳定性，也可使接长工作分散。

支承杆在非标准层使用时，支承杆的实际长度超过了标准层的计算长度，容易失稳。在柱子爬模时，支承杆设在混凝土结构体外，可用$\phi 48\times 3.5$钢管和异形扣件（$\phi 83\times \phi 48$或$\phi 102\times \phi 48$）同脚手架相连进行稳定加固；在墙体爬模时，支承杆在混凝土墙顶以上部分，可用两根$\phi 48\times 3.5$钢管和异形扣件同支承杆连成一体进行加固。

5.1.8 油缸、千斤顶选用表是根据爬模工程实际应用和专业生产厂家产品规格列出的，规定允许工作荷载不能超过额定荷载的1/2。如果根据爬模设计选用的油缸、千斤顶额定荷载超出选用表范围，在满足工作荷载不超过额定荷载1/2的规定下，可另行选用其他规格的油缸、千斤顶。

5.1.9 根据以往工程的施工经验，同时考虑到爬模装置荷载、建筑模数、经济性、安全性，规定了千斤顶机位和油缸机位的最大间距。

机位间距的大小关系到爬模架体的刚度和重量，如果机位间距过大，刚度太小，架体容易变形；如果保证刚度，就会增加架体的重量。但如果机位间距过小，刚度过大，则会使油缸或者千斤顶产生附加荷载。

5.1.10 本条规定采用千斤顶的爬模装置在墙体施工时，为了提高爬升时支承杆的稳定性，对于支承杆下端的固结及不少于10%的支承杆埋入混凝土的形式进行了规定。对于柱子爬模支承杆支承在楼板上或井筒爬模支承杆支承在跟进平台上时不适用。

5.2 部件设计

5.2.1 高层建筑爬升模板的设计原则可以参照现行行业标准《建筑工程大模板技术规程》JGJ 74的有关规定。没有楼板的构筑物，模板的配置高度一般按照结构设计分段的高度加上一定的搭接尺寸来确定。

在阴角模设计时，要考虑模板拆除、操作的空间、阴角模与相邻大模板的相互位置关系。阴角模与大模板企口连接留有拆模的空隙，不但要在设计中预留，而且应在施工中加以严格的控制，防止模板在混凝土侧压力的作用下变形，模板之间相互挤死，给拆模带来困难。

脱模器的工作原理就是通过固定在模板上的丝杠顶住混凝土墙面，通过反作用力使模板脱离混凝土，从而实现脱模的目的，避免了模板脱模时使用撬杠，保护了模板和混凝土墙体。

5.2.2 架体设计主要考虑到以下几点：

1 上架体高度为两层层高，一层为模板本身的高度，另外一层为上层钢筋绑扎的操作高度；

2 下架体高度为1.5倍层高，一层为爬模装置爬升时的操作需要，下部半层主要用于拆除下层锥形承载螺栓等部件；

3 下架体的宽度既要满足模板和上架体后退需要，又要限制操作平台上的施工活荷载，因此规定不超过2.4m；

5 上架体或下架体均采用型钢或冷弯薄壁型钢作为纵向连系梁。

5.2.3 提升架由横梁、立柱、可调支腿组成。横梁的孔眼设计要满足结构截面变化要求和千斤顶安装要求，当结构变截面的时候，立柱能平移，千斤顶也有移动改装的可能，所以提升架横梁与立柱、千斤顶的连接方式都要具有可调节性。提升架立柱顶部设滑轮，平移立柱能带动模板后退400mm~600mm，用于清理和涂刷脱模剂；当提升架立柱固定时，调节活动支腿的丝杠，能带动模板脱开混凝土50mm~80mm，满足提升的空隙要求。

在布置提升架横梁的时候要尽量避让结构暗柱，否则提升架横梁会影响暗柱箍筋的绑扎，影响工程进度。

5.2.4 承载螺栓和锥形承载接头是爬模装置的主要承载体，是将爬模装置附着在混凝土结构上，并将爬模装置自重、施工荷载及风荷载传递到混凝土结构上的重要承力部件。采用千斤顶和提升架的爬模装置，其锥形承载接头是将锥体螺母与挂钩连接座设计成一个整体部件。千斤顶依靠支承杆向上爬升，当爬模装置到达预定标高后，挂钩可调支座与锥形承载接头连接，将爬模装置的全部荷载转移、传递到混凝土结构上。鉴于锥形承载接头和承载螺栓的重要性，所以将本条确定为强制性条文。

采用的承载螺栓，按本规程5.3.6规定执行。

在计算承载螺栓与混凝土接触处的混凝土冲切承载力及混凝土局部受压承载力时，本条规定的承载螺栓的垫板尺寸、预埋件锚固板尺寸、锥形承载接头埋入长度均为计算公式中的主要参数。

5.2.5 在油缸爬模爬升过程中，爬模装置的所有荷载都是通过防坠爬升器上面的棘爪传递给固定在墙体上的导轨。防坠爬升器是一个非常重要的构件，要有足够的强度和刚度。防坠爬升器在设计时，其几何尺寸与油缸的几何尺寸、导轨的几何尺寸相配合。防坠爬升器内棘爪（又称凸轮滑块）的摆动位置与油缸活塞杆的伸出与收缩协调一致，换向可靠。防坠爬升器与导轨的连接形式（图6）有多种。防坠爬升器与导轨的间距大小应该适当，宜控制在5mm~8mm。

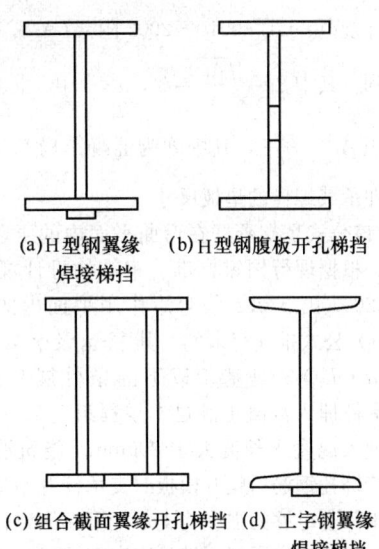

(a)H型钢翼缘 (b)H型钢腹板开孔梯挡
焊接梯挡

(c)组合截面翼缘开孔梯挡 (d)工字钢翼缘
焊接梯挡

图7 导轨的截面示意

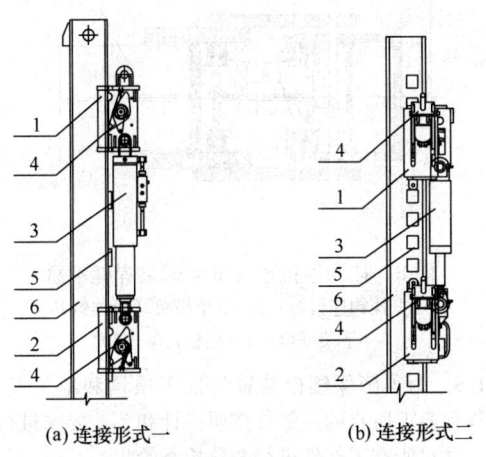

(a)连接形式一   (b)连接形式二

图6 防坠爬升器与导轨的连接形式

1—上防坠爬升器；2—下防坠爬升器；3—油缸；
4—承重棘爪；5—导轨梯挡；6—导轨

5.2.6 由于在施工中，承载螺栓或锥形承载接头的预埋位置与设计位置可能有偏差，为了保证爬模装置安装位置的准确性，挂钩连接座的设计要具备安装位置的调节功能，使挂钩连接座在同层内的水平标高保持一致。

5.2.7 导轨的截面形式（图7）有以下多种，导轨截面形式与上下防坠爬升器相配套。导轨的设计长度要满足层高较大非标层的爬升需要。导轨与挂钩连接座之间应该有一定的间隙，保证导轨可以从挂钩连接座中顺利通过。导轨顶部与挂钩连接座进行挂接或销接，导轨下部设导轨调节支腿。

5.3 计 算

5.3.2 在爬模施工前，一般根据工程的实际情况设计爬模装置，并对爬模装置进行计算。由于爬模装置的设计形式多样，所以本规程不能给出统一的爬模装置计算简图，只能对计算简图提出四点要求，这些要求是与一般的结构计算简图相同的。

5.3.4 本条规定的荷载标准值与已有的有关标准规定基本是一致的，并在本规程附录A分别给出。考虑到上操作平台在绑扎钢筋时需要堆放一定数量的钢筋。按4.0m长、4.0m层高、0.6m厚的墙，配钢筋150kg/m³计算，这些钢筋均匀分布放置在4.0m长、0.9m宽的上操作平台上，推算得到施工荷载标准值为4.0kN/m²。风荷载采用基本风速计算基本风压，而不采用多少年一遇的基本风压，这样与实际应用更接近。为此给出了风力等级与基本风速对应值表和用基本风速计算基本风压公式。

5.3.5 爬模施工有三种工况，每种工况的荷载组合项目及对应的荷载分项系数、荷载组合系数用计算公式一并列出，其中0.9就是荷载组合系数。爬模装置在停工工况，要求能抵抗9级风荷载。6级风时停止施工，计算时采用七级，保留一级。由于吊平台上的施工操作主要是拆除承载螺栓，施工荷载F_{k3}与三种工况中的其他施工荷载可以避免同时发生，所以组合时不考虑。

5.3.6 根据所采用的承载螺栓，分别按本规程附录B中B.0.1规定的计算公式进行强度计算或验算，以保证爬模施工安全。因为爬模施工是在混凝土早期强度下开展的，所以要求对混凝土进行冲切承载力和局部受压承载力计算。

混凝土冲切承载力按本规程附录B.0.2要求的公式计算。此式根据现行国家标准《混凝土结构设计规范》GB 50010-2002第7.7条公式（7.7.1-1）推演得到的。混凝土局部受压承载力按本规程附录B.0.3要求的公式计算。此公式根据现行国家标准《混凝土结构设计规范》GB 50010-2002 附录(A.5.1-1)公式推演得到。其中 $\beta_l = \sqrt{\frac{A_b}{A_l}} = 3$，$\omega = 1.0$，混凝土局部受压面积 $A_l = \frac{\pi a^2}{4}$，其中 a 为混凝土局部受压面的直径，即承载螺栓的垫板尺寸。

5.3.7 该公式是支承杆在弯曲平面内的压弯承载力计算式，根据现行国家标准《钢结构设计规范》GB 50017-2003 第 5.2.2 条弯矩作用平面内的稳定性 (5.2.2-1) 公式推演得来的。其中 β_{mx} 和 γ_x 取 1.0。公式 $\lambda = (\mu \cdot L_1)/r$ 是基于以下的条件展开计算的：(1) 支承杆埋入混凝土满足本规程第 5.1.10 条的要求，即埋入混凝土长度大于 200mm。浇筑混凝土时埋入，待绑扎钢筋后爬升模板时支承杆开始受力，此时混凝土已有足够的强度将支承杆下端固定住，在这种情况下，假定支承杆下端是固定端；(2) 支承杆的上端，在千斤顶底座处用 2 根 20 号槽钢将千斤顶和支承杆连成整体，形成框架；(3) 根据上述的 (1) 和 (2)，支承杆与 2 根 20 号槽钢构成下端固定上端刚接有侧移的单层多跨框架；(4) 用下端固定上端刚接有侧移的单层单跨框架求解框架柱的计算系数 μ 值。应用现行国家标准《钢结构设计规范》GB 50017-2003 附录 D 表 D-2 有侧移框架柱的计算长度系数 μ。此时，$K_2 \geqslant 10$，$K_1 = I_b L_c / I_c L_b$。根据本条文规定，支承杆采用 $\phi 83 \times 8$ 或 $\phi 102 \times 7.5$，横梁采用 2 根 20 号槽钢，$I_b = 35.608 \times 10^6 mm$，$I_{c,83} = 1.340439 \times 10^6$，$I_{c,102} = 2.501172 \times 10^6$，代入上式得：$K_{1,83} = 26.56 L_c / L_b$，$K_{1,102} = 14.24 L_c / L_b$。$K_{1,83} \geqslant 10$，$L_c / L_b \geqslant 0.3675$，$K_{1,102} \geqslant 10$，$L_c / L_b \geqslant 0.7022$，一般情况下均能满足 $L_c / L_b \geqslant 0.3675$，$L_c / L_b \geqslant 0.7022$，根据现行国家标准《钢结构设计规范》GB 50017-2003 附录 D 表 D-2，当 $K_2 \geqslant 10$，$K_1 \geqslant 10$ 时，$\mu = 1.03$。另外，支承杆的长度 L_1 的取值是参考了现行国家标准《滑动模板工程技术规范》GB 50113-2005 关于支承杆长度取法的结果。由于 $\phi 83 \times 8$ 或 $\phi 102 \times 7.5$ 是热轧无缝钢管，所以取强度设计值 $f = 215 N/mm^2$，稳定系数 φ 查用现行国家标准《钢结构设计规范》GB 50017-2003 表 C-1a 类截面或表 C-2b 类截面轴心受压构件的稳定系数。

5.3.8 为保证导轨在爬模施工中的变形值不大于 5mm，其刚度按本规程公式 (5.3.8) 计算。

在爬升工况时，采用油缸爬模装置的导轨，导轨顶部是与挂钩连接座进行连接并与墙体固定的，导轨下部设导轨调节支腿顶住墙体，导轨成为单跨梁。爬升装置自重、施工荷载及风荷载交替作用在防坠爬升器上。这意味着导轨只承受着一个集中力，这个集中力是由防坠爬升器产生的。当集中力作用在导轨跨中时，导轨的变形为最大。所以计算系数 γ 取 1/48。

6 爬模装置制作

6.1 制作要求

6.1.1 作为模板专业生产厂家，在制作爬模装置前，要有完整的设计图纸、各种胎具、模具的加工图纸和制作工艺流程等工艺文件，要有企业的产品标准，以确保产品质量；产品出厂时提供产品合格证，是对用户负责、让用户放心的做法。

6.1.4 所有焊缝按现行行业标准《建筑钢结构焊接技术规程》JGJ 81 进行检查；对以下主要受力部件和部位的焊缝（图 8）作重点检查，如防坠爬升器箱体、架体节点部位、导轨顶端挡板和梯挡、挂钩连接座、下架横梁前两侧耳板挂钩、与导轨作水平拉结的挡板。

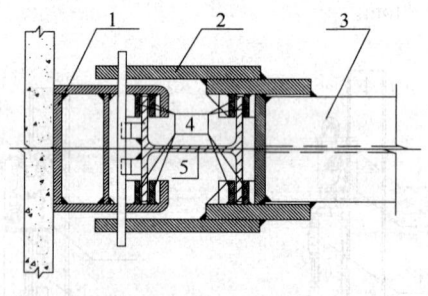

图 8 挂钩连接座与下架横梁焊缝示意
1—挂钩连接座；2—下架横梁耳板挂钩；
3—下架横梁；4—挡板；5—导轨

6.1.5 为了确保爬模装置的加工质量和施工安全，本规程要求所有的零部件按照设计和工艺要求进行制作，并对所有零部件进行全数检查验收。

6.1.6 爬模装置长期在室外露天作业，所以钢结构表面需作防锈处理，但钢模板同其他大模板一样，正面不涂油漆，每层涂刷脱模剂，由于爬模后退空间小，涂刷脱模剂不方便，为防止在潮湿环境施工的钢模板正面生锈，确保混凝土表面质量，宜涂刷长效脱模剂。

6.2 制作质量检验

6.2.1 模板在工厂进行制作和检验时，是放在平台上进行的，到施工现场复检时也按模板平放状态进行，同状态检查，避免误差。模板制作允许偏差与检验方法参照现行行业标准《建筑工程大模板技术规程》JGJ 74-2003 表 5.0.10，将原表中的"模板长度"允许偏差-2mm，现调整为"模板宽度"允许偏差-2mm～+1mm，比较符合大钢模板制作的实际情况。

6.2.2 爬模装置其他部件的制作允许偏差与检验方法根据爬模的需要可参照现行国家标准《滑动模板工程技

术规范》GB 50113的有关规定。

6.2.5 本条款中,对支承杆的允许偏差要求很高,若直径或平直度超出允许偏差,则影响爬升。

7 爬模装置安装与拆除

7.1 准备工作

7.1.1 起始位置的承载螺栓的预留孔和锥形承载接头水平位置的准确程度,直接影响整个爬模的架体安装是否处于同一高度,为避免产生架体之间的高度差,在爬模安装前要严格控制承载螺栓和锥形承载接头的安装位置。模板安装前进行抄平,当模板在楼板或基础底板上安装时,对高低不平的部位作找平处理,处理方法包括做抹灰带、垫钢楔等。

除了投放模板边线、架体或提升架中心线等位置线外,还要将对拉螺栓的水平位置线放出,当钢筋与对拉螺栓相碰时,调整钢筋位置;另外将承载螺栓的中心位置投放到模板上,以便钻孔连接。

在有门洞位置安装架体时,设置门洞支承架,作为导轨上升时附墙的支承体。

7.2 安装程序

7.2.1、7.2.2 图9和图10为两种爬模装置的安装程序。主要不同点在于:采用油缸和架体的爬模装置是先装架体后装模板;采用千斤顶和提升架的爬模装置是先装模板后装提升架。

7.3 安装要求

7.3.1 架体或提升架宜先在地面预拼装的主要目的是为了减少高空作业,便于操作,便于检查。架体或提升架安装后除吊线检查垂直度外,还要检查架体或提升架对结构平面的垂直度。

7.3.2 模板和背楞在地面分段进行拼装,选择平整地面,铺好木方搁栅,模板正面朝下,模板组拼后进行校正,再安装背楞、吊钩,然后用塔吊整体吊装就位。

7.3.7 模板安装后逐间检查对角线,并进行校正,确保直角准确;对安装的架体或提升架采用检查对角线的方法,检查架体或提升架对于结构轴线的垂直度。

7.3.9 液压系统安装完成后进行系统调试和加压试验,且保压5min的目的在于确保所有密封处无渗漏。对于采用千斤顶和提升架的爬模装置先进行排油排气和液压系统调试,然后插入支承杆。如果先插支承杆,一旦调试时爬模装置启动,将造成不良后果。

7.4 安装质量验收

7.4.1 爬模装置安装允许偏差表参照国家现行标准《滑动模板工程技术规范》GB 50113和《建筑工程大模板技术规程》JGJ 74的有关规定,并根据爬模的特点,增加了相关的检查项目,如油缸或

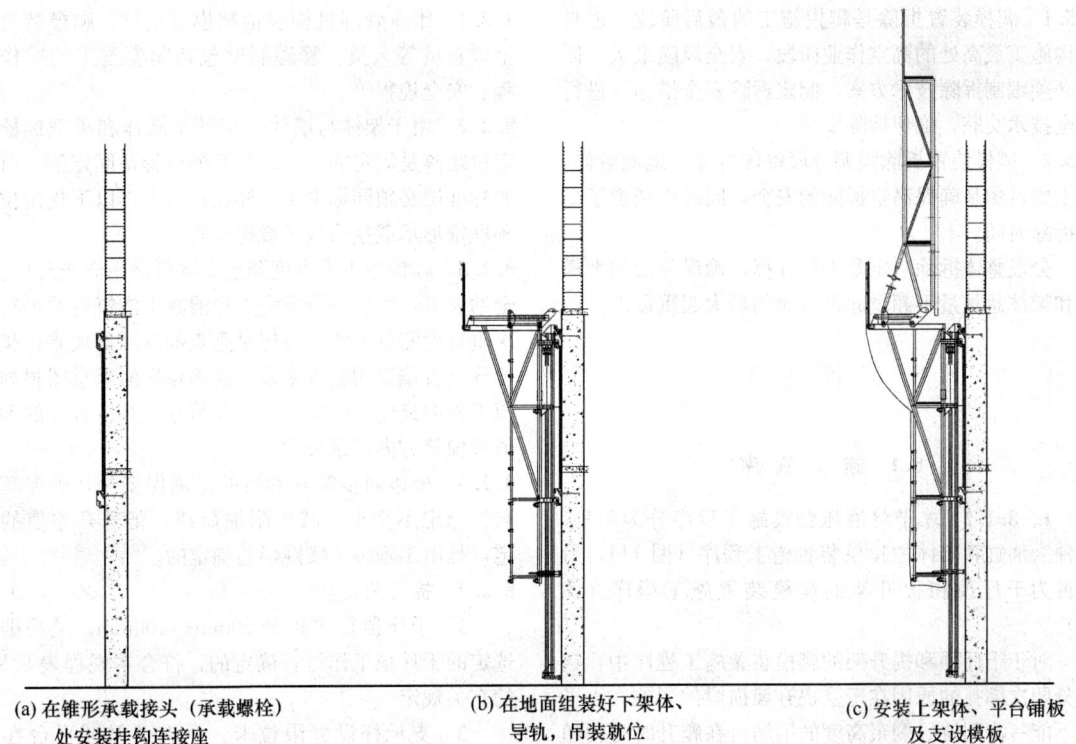

(a) 在锥形承载接头(承载螺栓)处安装挂钩连接座　　(b) 在地面组装好下架体、导轨,吊装就位　　(c) 安装上架体、平台铺板及支设模板

图9 油缸和架体爬模装置安装程序示意

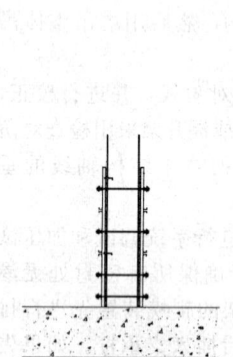 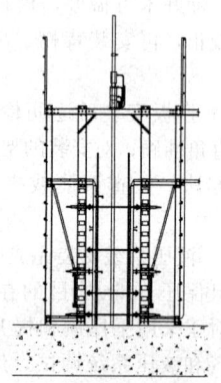 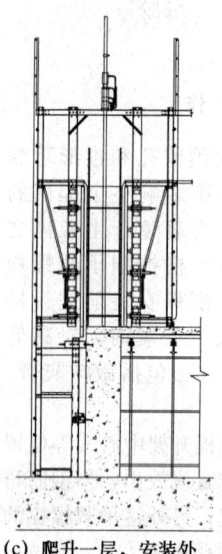 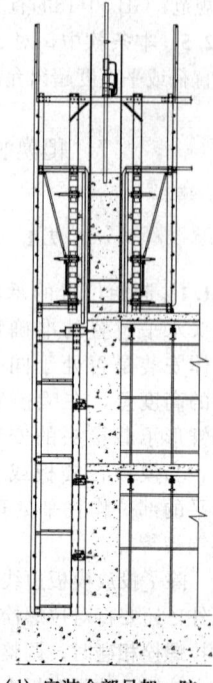

(a) 预埋承载螺栓，支设模板　　(b) 安装爬模装置、调试液压油路系统、插入支撑杆　　(c) 爬升一层，安装外吊架、平台铺板　　(d) 安装全部吊架、防坠装置和安全网

图10　千斤顶和提升架爬模装置安装程序示意

千斤顶安装偏差、锥形承载接头（承载螺栓）中心偏差等。

7.5　拆　　除

7.5.1　爬模装置拆除是爬模施工的最后阶段，也是结构施工最高处的高空作业阶段，安全风险最大，因此必须编制拆除技术方案，制定拆除安全措施，进行安全技术交底，确保拆除安全。

7.5.2　爬模装置拆除强调分段整体拆除、地面解体，其主要目的是确保高空拆除的安全，同时也减少了高空拆除时间。

分段整体拆除一定要进行计算，确保分段的大模板和架体总重量不超过起重机械的最大起重量。

8　爬模施工

8.1　施工程序

8.1.1、8.1.2　本节将液压爬模施工程序分为两种，一种为油缸和架体的爬模装置施工程序（图11），另一种为千斤顶和提升架的爬模装置施工程序（图12）。

对于千斤顶和提升架的爬模装置施工程序中，钢筋分两次绑扎的原因在于受提升架横梁的影响，水平筋不能一次到位，剩余高度的钢筋可在爬升时随爬随绑。如果在爬模装置设计时将横梁净空提高到一个层高，加大支承杆截面、提高支承杆的稳定性，钢筋也可以做到一次绑扎到位。

8.2　爬模装置爬升

8.2.1　组织管理机构包括爬模总指挥、爬模装置安全检查员等人员。管理制度包括爬模施工的操作规程、安全规程等。

8.2.2　由于架体与墙体连接的承载体和承载螺栓的定位距离是固定的，一次爬升的行程是固定的，所以非标准层必须同标准层一样在模板上口以下规定位置预埋锥形承载接头或承载螺栓套管。

8.2.3　爬模施工垂直度测量观测可采用激光经纬仪、全站仪等，每层在合模完成和混凝土浇筑后共进行两次垂直度测量观测，并记录垂直偏差测量成果；爬模工程垂直偏差测量成果表中观测点平面示意图根据爬模工程的具体情况进行布置和编号，并将各点的偏差值和偏移方向记录表中。

8.2.5　架体同步爬升的目的是确保安全，确保爬模装置稳定不变形，减少附加荷载。爬升升差值的规定，是由工程施工实践经验确定的。

8.2.7　提升架爬升

1　千斤顶每次爬升50mm～100mm，是根据所选定的千斤顶工作行程确定的，符合本规程表5.1.8的有关规定。

2　支承杆设置限位卡，是为了保证平台在爬升一定高度之后进行整体调平。由于千斤顶每次

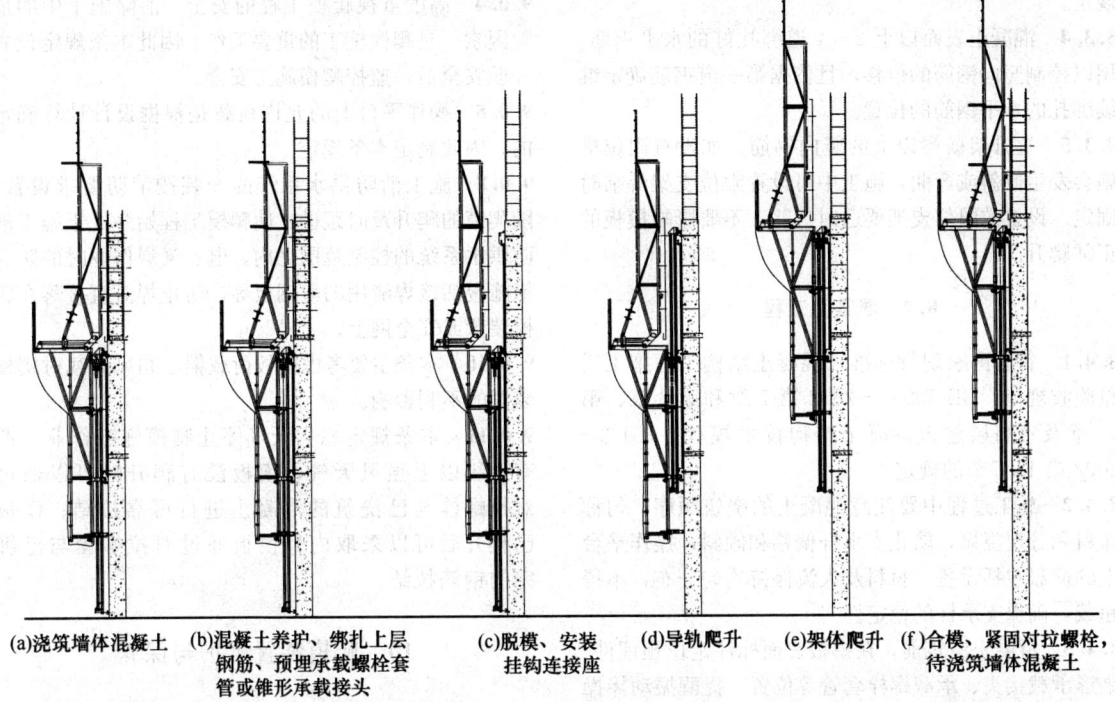

(a)浇筑墙体混凝土　(b)混凝土养护、绑扎上层钢筋、预埋承载螺栓套管或锥形承载接头　(c)脱模、安装挂钩连接座　(d)导轨爬升　(e)架体爬升　(f)合模、紧固对拉螺栓，待浇筑墙体混凝土

图11　油缸和架体爬模装置施工程序示意

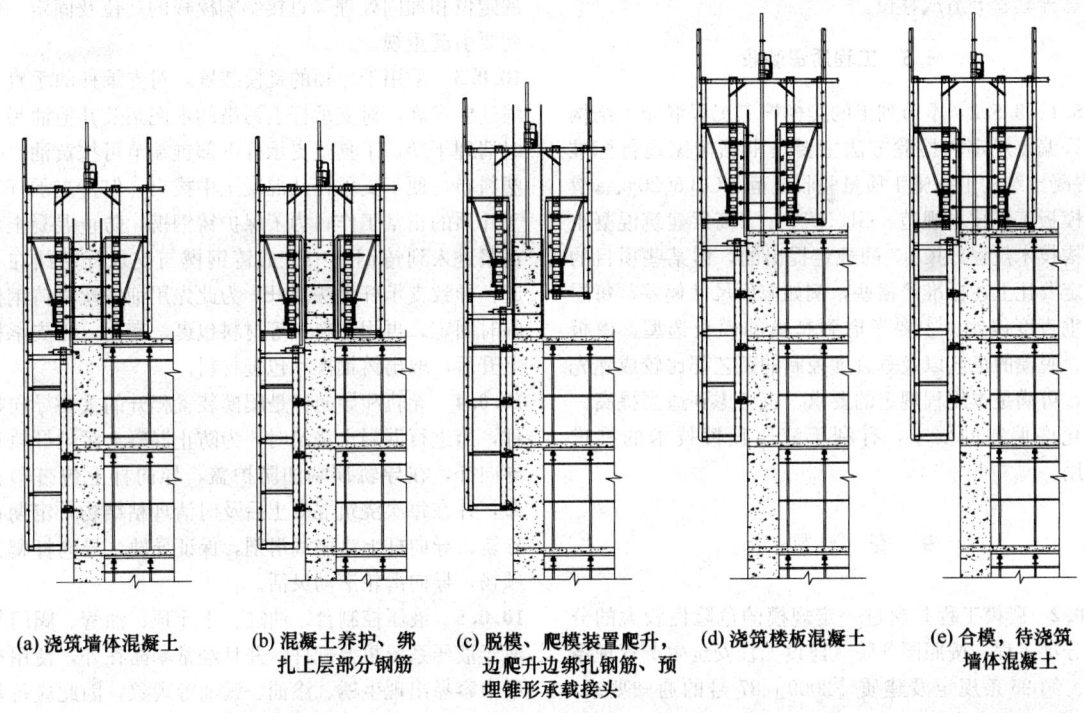

(a)浇筑墙体混凝土　(b)混凝土养护、绑扎上层部分钢筋　(c)脱模、爬模装置爬升，边爬升边绑扎钢筋、预埋锥形承载接头　(d)浇筑楼板混凝土　(e)合模，待浇筑墙体混凝土

图12　千斤顶和提升架爬模装置施工程序示意

爬升都有行程误差，所以每个千斤顶的行程不可能是完全一致的。每爬升500mm～1000mm后，将限位卡紧固在测量给定的统一标高处，当千斤顶上卡头碰到限位卡时将停止上升，平台得到一次整体的调平。

8.3 钢筋工程

8.3.1 符合国家现行标准《混凝土结构工程施工质量验收规范》GB 50204-2002 第5章和《高层建筑混凝土结构技术规程》JGJ 3-2002 第13.4节的

规定。

8.3.4 混凝土表面以上2~4道绑扎好的水平钢筋，用以控制竖向钢筋的位移，且依据第一道钢筋确定继续绑扎的水平钢筋的位置。

8.3.5 提升架横梁以上的竖向钢筋，如没有限位措施会发生倾斜或弯曲，施工中可设置限位支架等临时固定。设置的限位支架要适时拆除，不要影响模板的正常爬升。

8.4 混凝土工程

8.4.1 符合国家现行标准《混凝土结构工程施工质量验收规范》GB 50204-2002第7章和第8章、第10章及《高层建筑混凝土结构技术规程》JGJ 3-2002第13.5节的规定。

8.4.2 施工过程中要注意混凝土的浇筑顺序、匀称布料和分层浇捣，防止支承杆偏移和倾斜；操作平台上的荷载包括设备、材料及人流保持均匀分布，不得超载，确保支承杆的稳定性。

8.4.3 混凝土浇筑前，在模板表面标注定位预埋件、锥形承载接头、承载螺栓套管等位置，提醒振动棒操作人员在振动棒插点位置让开预埋件位置，以免混凝土振捣时振捣棒碰撞定位预埋件、锥形承载接头、承载螺栓套管等造成移位。

8.5 工程质量验收

8.5.1、8.5.2 本节列出的爬模施工工程混凝土结构允许偏差规定和检验方法主要是根据国家现行标准《混凝土结构工程施工质量验收规范》GB 50204、《滑动模板工程技术规范》GB 50113、《高层建筑混凝土结构技术规程》JGJ 3 的规定提出的，但某些项目的规定要比上述标准严格些，例如截面尺寸偏差、每层的垂直度偏差。主要考虑到爬模的模板选型、模板合、脱模的工艺以及垂直度控制的工艺都比较成熟先进，可满足本规程规定的要求。也考虑到适当提高一些允许偏差的要求，有利于液压爬模技术的推广应用。

9 安全规定

9.0.2 爬模工程是超过一定规模的危险性较大的分部分项工程，按照国务院《建设工程安全生产管理条例》第26条规定及建质[2009]87号的通知要求，必须编制安全专项施工方案，并由施工单位组织不少于5人的符合相关专业要求的专家组对已编制的安全专项施工方案进行论证审查。施工单位技术负责人、项目总监理工程师、建设单位项目负责人签字后，方可组织实施。

9.0.3 由于爬模施工的技术含量和安全性要求较高，因此制定本条规定。

9.0.4 高度重视爬模工程的安全，消除施工中的危险因素，是爬模施工的重要工作。因此本条规定设立专职安全员，监控爬模施工安全。

9.0.5 操作平台上的允许荷载是根据设计计算确定的，因此制定本条规定。

9.0.8 施工消防供水系统的安装按消防要求设置，随爬模的爬升及时跟进，使爬模工程始终处于施工消防供水系统的控制范围之内。电、气焊作业时的防火措施包括接焊渣用的薄钢板等，防止焊渣直接落在爬模装置或安全网上。

9.0.10 本条主要考虑模板荷载偏心和风荷载对爬模装置的不利影响。

9.0.11 本条规定恶劣天气停止爬模施工作业。遇有六级以上强风天气，模板没有爬升时可以通过对拉螺栓与已浇筑的混凝土进行可靠拉结；模板已爬升后可以采取内外模板通过对拉螺栓与已绑完的钢筋拉结。

10 爬模装置维护与保养

10.0.2 钢筋绑扎过程中的位置、钢筋的垂直度、竖向钢筋的临时固定、保护层厚度的控制措施及预埋件的定位和加固处理等直接影响模板的就位及固定，因此要引起重视。

10.0.3 采用千斤顶的爬模装置，对支承杆的垂直和清洁要求高，对支承杆上污染的水泥浆及其他油污及时清理干净，工具式支承杆下部锥端节可抹黄油、裹塑料布，便于支承杆从混凝土中拔出，保持支承杆和千斤顶的正常工作；为了保护铸钢楔，防止混凝土水泥浆进入到铸钢楔中造成铸钢楔与支承杆粘结在一起，导致支承杆无法提升。为此先用细铁丝将铸钢楔临时固定，再用塑料布等材料包裹、密封，当支承杆上升后，取出铸钢楔和包裹材料。

10.0.4 导轨和导向杆是爬模装置爬升的重要导向构件，当进行混凝土浇筑时，为防止混凝土污染导轨和导向杆，在导轨顶端加防护盖，导向杆上包裹塑料布，并在每次浇筑混凝土后及时清理粘结物，定期在导轨、导向杆上涂刷润滑剂，保证导轨、导向杆爬升顺畅，导向滑轮滚动灵活。

10.0.5 液压控制台、油缸、千斤顶、油管、阀门等属于液压系统重要配件，并且经常暴露在外，使用过程中容易出现生锈、渗油、漏油等现象，因此应每月对液压系统配件进行维护、保养、修理，并做好记录。

11 环保措施

11.0.1 "以钢代木"是我国环保方面的重要国策，钢模板可以周转使用200~300次以上，不仅可以降低工程成本，而且节省大量木材资源，施工中钢模板的清理用工少，维修费用小，因此宜选用钢模板；当选用竹木胶合板和木工字梁模板时，选用优质材料，应特别注重竹木胶合板的表面覆膜和粘结用胶，提高周转使用次数，减少木材资源消耗和环境污染。

11.0.2 模板及爬模装置提倡模数化、标准化，是指在设计过程中根据建筑结构的特点对模板进行合理分块，使其具有标准的模数，对爬模装置其他零部件设计成通用型，可在多项工程使用，减少能源消耗。尽量应用优质模板配件，延长配件的使用寿命，减少更换次数，降低了材料浪费和能源消耗。

中华人民共和国行业标准

建筑施工门式钢管脚手架
安全技术规范

Technical code for safety of frame
scaffoldings with steel tubules in construction

JGJ 128—2010

批准部门：中华人民共和国住房和城乡建设部
施行日期：２０１０年１２月１日

中华人民共和国住房和城乡建设部
公 告

第 577 号

关于发布行业标准《建筑施工门式钢管脚手架安全技术规范》的公告

现批准《建筑施工门式钢管脚手架安全技术规范》为行业标准，编号为 JGJ 128-2010，自 2010 年 12 月 1 日起实施。其中，第 6.1.2、6.3.1、6.5.3、6.8.2、7.3.4、7.4.2、7.4.5、9.0.3、9.0.4、9.0.7、9.0.8、9.0.14、9.0.16 条为强制性条文，必须严格执行。原行业标准《建筑施工门式钢管脚手架安全技术规范》JGJ 128-2000 同时废止。

本规范由我部标准定额研究所组织中国建筑工业出版社出版发行。

中华人民共和国住房和城乡建设部
2010 年 5 月 18 日

前 言

根据原建设部《关于印发〈二〇〇四年度工程建设城建、建工行业标准制订、修订计划〉的通知》(建标 [2004] 66 号) 的要求，规范编制组经广泛调查研究，认真总结我国门式钢管脚手架应用的经验，参考有关国际标准和国外先进经验，并在中南大学进行了架体结构试验和门架与配件试验，在广泛征求意见的基础上，修订了本规范。

本规范的主要技术内容是：1. 总则；2. 术语和符号；3. 构配件；4. 荷载；5. 设计计算；6. 构造要求；7. 搭设与拆除；8. 检查与验收；9. 安全管理。

本规范修订的主要技术内容是：荷载分类及计算；悬挑脚手架、满堂脚手架、模板支架、地基承载力的设计；构造要求；搭设与拆除；检查与验收；安全管理。

本规范以黑体字标志的条文为强制条文，必须严格执行。

本规范由住房和城乡建设部负责管理和对强制条文的解释，由哈尔滨工业大学负责具体技术内容的解释。在执行本规范过程中如有疑问，请将意见和建议寄送至哈尔滨工业大学土木工程学院（地址：黑龙江省哈尔滨市南岗区黄河路 73 号，邮政编码：150090）。

本 规 范 主 编 单 位：哈尔滨工业大学
浙江宝业建设集团有限公司

本 规 范 参 编 单 位：中国建筑业协会建筑安全分会
上海市建工设计研究院有限公司
北京城建集团有限责任公司
长沙市建筑工程安全监察站
湖南金峰金属构件有限公司
陕西省建设工程质量安全监督总站
陕西建工集团第三建筑工程有限公司
中南大学
浙江省绍兴县建设工程安全质量监督站

本规范主要起草人员：张有闻 葛兴杰 徐崇宝
秦春芳 施仁华 张文元
王荣富 姜庆远 解金箭
任占厚 时 炜 陈杰刚
远 芳 杨卫东 杨棣柔
杨建军 余永志 陶 冶
金吉祥 王海波 陈伟军

本规范主要审查人员：郭正兴 杨承怒 姚晓东
高秋利 耿洁明 张晓飞
陈春雷 邵永清 孙宗辅
李 明 卓 新

目 次

1 总则 ·· 10—22—5
2 术语和符号 ······························ 10—22—5
  2.1 术语 ···································· 10—22—5
  2.2 符号 ···································· 10—22—6
3 构配件 ····································· 10—22—7
4 荷载 ·· 10—22—7
  4.1 荷载分类 ···························· 10—22—7
  4.2 荷载标准值 ························ 10—22—8
  4.3 荷载设计值 ························ 10—22—9
  4.4 荷载效应组合 ··················· 10—22—10
5 设计计算 ································ 10—22—10
  5.1 基本规定 ··························· 10—22—10
  5.2 门式脚手架稳定性及搭设高度计算 ···································· 10—22—11
  5.3 连墙件计算 ······················· 10—22—11
  5.4 满堂脚手架计算 ················ 10—22—12
  5.5 模板支架计算 ··················· 10—22—12
  5.6 门架立杆地基承载力验算 ···· 10—22—13
  5.7 悬挑脚手架支承结构计算 ··· 10—22—14
6 构造要求 ································ 10—22—15
  6.1 门架 ·································· 10—22—15
  6.2 配件 ·································· 10—22—15
  6.3 加固杆 ······························· 10—22—15
  6.4 转角处门架连接 ················ 10—22—16
  6.5 连墙件 ······························· 10—22—16
  6.6 通道口 ······························· 10—22—16
  6.7 斜梯 ·································· 10—22—16
  6.8 地基 ·································· 10—22—16
  6.9 悬挑脚手架 ······················· 10—22—17
  6.10 满堂脚手架 ····················· 10—22—18
  6.11 模板支架 ························· 10—22—19
7 搭设与拆除 ···························· 10—22—20
  7.1 施工准备 ··························· 10—22—20
  7.2 地基与基础 ······················· 10—22—20
  7.3 搭设 ·································· 10—22—20
  7.4 拆除 ·································· 10—22—21
8 检查与验收 ···························· 10—22—21
  8.1 构配件检查与验收 ············· 10—22—21
  8.2 搭设检查与验收 ················ 10—22—22
  8.3 使用过程中检查 ················ 10—22—22
  8.4 拆除前检查 ······················· 10—22—23
9 安全管理 ································ 10—22—23
附录 A 门架、配件质量分类 ······ 10—22—23
  A.1 门架与配件质量类别及处理规定 ·································· 10—22—23
  A.2 质量类别判定 ··················· 10—22—24
  A.3 标志 ································· 10—22—25
  A.4 抽样检查 ··························· 10—22—25
附录 B 计算用表 ······················· 10—22—25
本规范用词说明 ······················· 10—22—28
引用标准名录 ··························· 10—22—28
附：条文说明 ··························· 10—22—29

Contents

1 General Provisions ·············· 10—22—5
2 Terms and Symbols ············· 10—22—5
  2.1 Terms ························· 10—22—5
  2.2 Symbols ······················ 10—22—6
3 Members and Accessories ········ 10—22—7
4 Loads ·························· 10—22—7
  4.1 Loads Classification ············ 10—22—7
  4.2 Normal Values of Loads ········· 10—22—8
  4.3 Design Values of Loads ········· 10—22—9
  4.4 Load Effect Combinations ······ 10—22—10
5 Design Calculation ··············· 10—22—10
  5.1 Basic Requirements ············ 10—22—10
  5.2 Calculation for Frame Scaffold Stability and Height ············ 10—22—11
  5.3 Calculation for Tie Member ······ 10—22—11
  5.4 Calculation for Full Scaffold ······ 10—22—12
  5.5 Calculation for Formwork Support ······················· 10—22—12
  5.6 Calculation of Ground Bearing Capacity under standard ········ 10—22—13
  5.7 Calculation of Supporting Structures for Cantilevered Scaffold ········ 10—22—14
6 Detailing Requirements ·········· 10—22—15
  6.1 Frames ······················· 10—22—15
  6.2 Accessories ··················· 10—22—15
  6.3 Reinforcing Tube ··············· 10—22—15
  6.4 Frame Connections at Corner ···· 10—22—16
  6.5 Tie Member ··················· 10—22—16
  6.6 Access Routes ················· 10—22—16
  6.7 Stairway Ladder ··············· 10—22—16
  6.8 Foundation ···················· 10—22—16
  6.9 Cantilevered Scaffold ············ 10—22—17
  6.10 Full Scaffold ·················· 10—22—18
  6.11 Formwork Support ············· 10—22—19
7 Installation and Dismantlement ························· 10—22—20
  7.1 Construction Preparation ········ 10—22—20
  7.2 Subgrade and Foundation ········ 10—22—20
  7.3 Installation ···················· 10—22—20
  7.4 Dismantlement ················· 10—22—21
8 Check and Accept ··············· 10—22—21
  8.1 Check and Accept for Members and Accessories ··············· 10—22—21
  8.2 Check and Accept for Installation ···················· 10—22—22
  8.3 Check in the Course of Use ······ 10—22—22
  8.4 Check Before Dismantlement ···· 10—22—23
9 Safety Management ·············· 10—22—23
Appendix A Quality Classification of Frame and Accessories ············ 10—22—23
  A.1 Quality Classifications and Treatment Specifications of Frames and Accessories ··················· 10—22—23
  A.2 Criteria for Quality Classifications ················· 10—22—24
  A.3 Markers ······················ 10—22—25
  A.4 Random Sampling Checks ······ 10—22—25
Appendix B Tables for Calculation ············ 10—22—25
Explanation of Wording in This Code ·························· 10—22—28
List of Quoted Standards ············ 10—22—28
Addition: Explanation of Provisions ··················· 10—22—29

1 总则

1.0.1 为在门式钢管脚手架的设计与施工中贯彻执行国家安全生产法规，做到技术先进、经济合理、安全适用，制定本规范。

1.0.2 本规范适用于房屋建筑与市政工程施工中采用门式钢管脚手架搭设的落地式脚手架、悬挑脚手架、满堂脚手架与模板支架的设计、施工和使用。

1.0.3 在施工前应按本规范的规定对门式钢管脚手架或模板支架结构件及地基承载力进行设计计算，并应编制专项施工方案。

1.0.4 门式钢管脚手架的设计、施工与使用，除应符合本规范外，尚应符合国家现行有关标准的规定。

2 术语和符号

2.1 术语

2.1.1 门式钢管脚手架 frame scaffoldings with steel tubules

以门架、交叉支撑、连接棒、挂扣式脚手板、锁臂、底座等组成基本结构，再以水平加固杆、剪刀撑、扫地杆加固，并采用连墙件与建筑物主体结构相连的一种定型化钢管脚手架（图2.1.1）。又称门式脚手架。

2.1.2 门架 frame

门式脚手架的主要构件，其受力杆件为焊接钢管，由立杆、横杆及加强杆等相互焊接组成（图2.1.2）。

2.1.3 配件 accessories

门式脚手架的其他构件，包括连接棒、锁臂、交叉支撑、挂扣式脚手板、底座、托座。

2.1.4 连接棒 spigot

用于门架立杆竖向组装的连接件，由中间带有凸环的短钢管制作。

2.1.5 交叉支撑 cross bracing

每两榀门架纵向连接的交叉拉杆。

2.1.6 锁臂 locking arm

门架立杆组装接头处的拉接件，其两端有圆孔挂于上下榀门架的锁销上。

2.1.7 锁销 locking pin

用于门架组装时挂扣交叉拉杆和锁臂的锁柱，以短圆钢围焊在门架立杆上，其外端有可旋转90°的卡销。

2.1.8 挂扣式脚手板 hanging platform

两端设有挂钩，可紧扣在两榀门架横梁上的定型钢制脚手板。

2.1.9 调节架 adjust frame

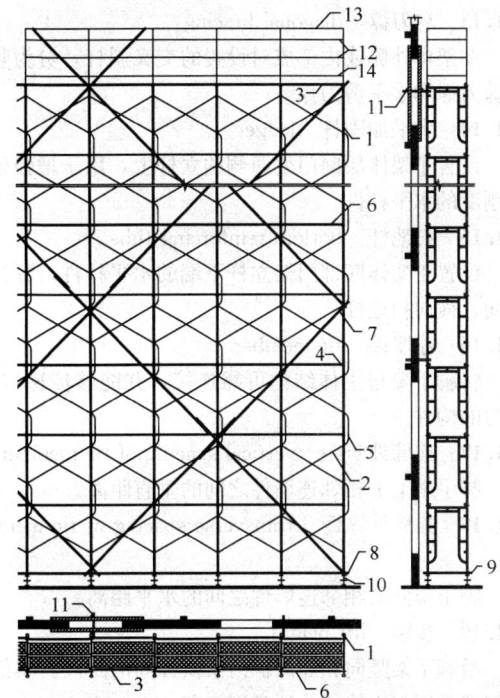

图 2.1.1 门式钢管脚手架的组成
1—门架；2—交叉支撑；3—挂扣式脚手板；4—连接棒；
5—锁臂；6—水平加固杆；7—剪刀撑；8—纵向扫地杆；
9—横向扫地杆；10—底座；11—连墙件；12—栏杆；
13—扶手；14—挡脚板

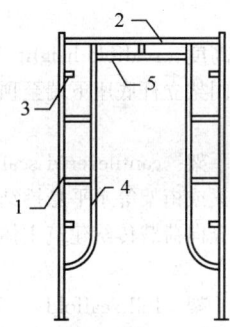

图 2.1.2 门架
1—立杆；2—横杆；3—锁销；
4—立杆加强杆；5—横杆加强杆

用于调整架体高度的梯形架，其高度为600mm～1200mm，宽度与门架相同。

2.1.10 底座 base plate

安插在门架立杆下端，将力传给基础的构件，分为可调底座和固定底座。

2.1.11 托座 brackets

插放在门架立杆上端，承接上部荷载的构件，分为可调托座和固定托座。

2.1.12 加固杆 reinforcing tube

用于增强脚手架刚度而设置的杆件，包括剪刀撑、水平加固杆、扫地杆。

2.1.13 剪刀撑 diagonal bracing

在架体外侧或内部成对设置的交叉斜杆,分为竖向剪刀撑和水平剪刀撑。

2.1.14 水平加固杆 ledger

设置于架体层间门架两侧的立杆上,用于增强架体刚度的水平杆件。

2.1.15 扫地杆 bottom reinforcing tube

设置于架体底部门架立杆下端的水平杆件,分为纵向、横向扫地杆。

2.1.16 连墙件 tie member

将脚手架与主体结构可靠连接,并能够传递拉、压力的构件。

2.1.17 连墙件竖距 vertical spacing of tie member

脚手架上下相邻连墙件之间的垂直距离。

2.1.18 连墙件纵距 transverse spacing of tie member

脚手架同层相邻连墙件之间的水平距离。

2.1.19 步距 lift height

沿脚手架竖向相邻两榀门架横杆间的距离。其值为门架高度与连接棒凸环高度之和。

2.1.20 门架纵距(跨距) bay length (span)

纵向排列的两榀门架之间的距离,其值为相邻两榀门架立杆中心距离。

2.1.21 门架间距 frame spacing

纵向排列的两列门架之间的距离,其值为两列门架中心距离。

2.1.22 脚手架高度 scaffold height

脚手架底层门架立杆底座下端至顶层门架立杆上端的距离。

2.1.23 悬挑脚手架 cantilevered scaffold

搭设在型钢梁或桁架等水平悬挑结构上,由悬挑结构将门架立杆竖向荷载传给建筑主体结构的门式脚手架。

2.1.24 满堂脚手架 full scaffold

在纵、横方向上,由多排、多列门架与配件、加固杆等所构成的门式脚手架。

2.1.25 模板支架 formwork support

由门架与配件、加固杆等构成的用于支撑混凝土模板的架体。

2.2 符 号

2.2.1 荷载、荷载效应

F_{wf} ——风荷载作用在架体上产生的水平力标准值;

F_{wm} ——风荷载作用在栏杆围挡或模板上产生的水平力标准值;

M_{wk} ——门式脚手架风荷载产生的弯矩标准值;

N_k ——作用于一榀门架的轴向力标准值;

N_{G1k} ——每米高度架体构配件自重产生的轴向力标准值;

N_{G2k} ——每米高度架体附件自重产生的轴向力标准值;

$\sum_{i=3}^{n} N_{Gik}$ ——满堂脚手架或模板支架作用于一榀门架的除构配件和附件外的永久荷载标准值总和;

$\sum N_{Qk}$ ——作用于一榀门架的各层施工荷载标准值总和;

$\sum_{i=1}^{n} N_{Qik}$ ——满堂脚手架或模板支架作用于一榀门架的可变荷载标准值总和;

N_{wn} ——一榀门架立杆风荷载作用的最大附加轴力标准值;

$\sum Q_k$ ——在一个门架跨距内各施工层施工均布荷载标准值总和;

P ——门架立杆基础底面的平均压力标准值;

q_{wk} ——风线荷载标准值;

w_k ——风荷载标准值;

w_0 ——基本风压;

M_{max} ——型钢悬挑梁计算截面最大弯矩设计值;

N ——门式脚手架作用于一榀门架的轴向力设计值;

N^d ——一榀门架的稳定承载力设计值;

N_j ——满堂脚手架或模板支架作用于一榀门架的轴向力设计值;

N_l ——风荷载及其他作用对连墙件产生的拉(压)轴向力设计值;

N_m ——型钢悬挑梁锚固段压点U形钢筋拉环或螺栓拉力设计值;

N_v ——连墙件与脚手架、连墙件与建筑结构连接的抗拉(压)承载力设计值;

σ ——应力值;

v_{max} ——型钢悬挑梁的最大挠度。

2.2.2 材料、构件计算指标

f_{ak} ——地基承载力特征值;

f_a ——修正后的地基承载力特征值;

f ——钢材的抗拉、抗压和抗弯强度设计值;

f_l ——U形钢筋拉环或螺栓的抗拉强度设计值;

$[v_T]$ ——型钢悬挑梁挠度允许值。

2.2.3 几何参数

A ——一榀门架立杆或连墙件的毛截面面积;

A_1 ——门架立杆毛截面面积;

A_c ——连墙件的净截面面积;

A_d ——一榀门架下底座底面面积;

A_l ——U形钢筋拉环的净截面面积或螺栓的有效截面面积;

b ——门架宽度;

H —— 门式脚手架或模板支架的搭设高度；
H_1 —— 连墙件竖向间距；
H^d —— 不组合风荷载时脚手架搭设高度；
H_w^d —— 组合风荷载时脚手架搭设高度；
h —— 步距；
h_0 —— 门架高度；
h_1 —— 门架立杆加强杆的高度；
I —— 门架立杆换算截面惯性距或型钢悬挑梁毛截面惯性矩；
I_0 —— 门架立杆的毛截面惯性矩；
i —— 门架立杆换算截面回转半径；
L_1 —— 连墙件水平间距；
l —— 门架跨距；
l_a —— 门架间距；
W —— 型钢悬挑梁毛截面模量；
W_n —— 型钢悬挑梁净截面模量；
λ —— 门架立杆长细比。

2.2.4 计算系数

k —— 调整系数；
k_c —— 地基承载力修正系数；
μ_z —— 风压高度变化系数；
μ_s —— 风荷载体型系数；
Φ —— 挡风系数；
φ —— 连墙件、门架立杆的稳定系数；
φ_b —— 型钢悬挑梁的整体稳定系数。

3 构配件

3.0.1 门架与配件的钢管应采用现行国家标准《直缝电焊钢管》GB/T 13793 或《低压流体输送用焊接钢管》GB/T 3091 中规定的普通钢管，其材质应符合现行国家标准《碳素结构钢》GB/T 700 中 Q235 级钢的规定。门架与配件的性能、质量及型号的表述方法应符合现行行业产品标准《门式钢管脚手架》JG 13 的规定。

3.0.2 周转使用的门架与配件应按本规范附录 A 的规定进行质量类别判定与处置。

3.0.3 门架立杆加强杆的长度不应小于门架高度的 70%；门架宽度不得小于 800mm，且不宜大于 1200mm。

3.0.4 加固杆钢管应符合现行国家标准《直缝电焊钢管》GB/T 13793 或《低压流体输送用焊接钢管》GB/T 3091 中规定的普通钢管，其材质应符合现行国家标准《碳素结构钢》GB/T 700 中 Q235 级钢的规定。宜采用直径 $\phi 42 \times 2.5$mm 的钢管，也可采用直径 $\phi 48 \times 3.5$mm 的钢管；相应的扣件规格也应分别为 $\phi 42$、$\phi 48$ 或 $\phi 42/\phi 48$。

3.0.5 门架钢管平直度允许偏差不应大于管长的 1/500，钢管不得接长使用，不应使用带有硬伤或严重锈蚀的钢管。门架立杆、横杆钢管壁厚的负偏差不应超过 0.2mm。钢管壁厚存在负偏差时，宜选用热镀锌钢管。

3.0.6 交叉支撑、锁臂、连接棒等配件与门架相连时，应有防止退出的止退机构，当连接棒与锁臂一起应用时，连接棒可不受此限。脚手板、钢梯与门架相连的挂扣，应有防止脱落的扣紧机构。

3.0.7 底座、托座及其可调螺母应采用可锻铸铁或铸钢制作，其材质应符合现行国家标准《可锻铸铁件》GB/T 9440 中 KTH-330-08 或《一般工程用铸造碳钢件》GB/T 11352 中 ZG230-450 的规定。

3.0.8 扣件应采用可锻铸铁或铸钢制作，其质量和性能应符合现行国家标准《钢管脚手架扣件》GB 15831 的要求。连接外径为 $\phi 42/\phi 48$ 钢管的扣件应有明显标记。

3.0.9 连墙件宜采用钢管或型钢制作，其材质应符合现行国家标准《碳素结构钢》GB/T 700 中 Q235 级钢或《低合金高强度结构钢》GB/T 1591 中 Q345 级钢的规定。

3.0.10 悬挑脚手架的悬挑梁或悬挑桁架宜采用型钢制作，其材质应符合现行国家标准《碳素结构钢》GB/T 700 中 Q235B 级钢或《低合金高强度结构钢》GB/T 1591 中 Q345 级钢的规定。用于固定型钢悬挑梁或悬挑桁架的 U 形钢筋拉环或锚固螺栓材质应符合现行国家标准《钢筋混凝土用钢 第 1 部分：热轧光圆钢筋》GB 1499.1 中 HPB 235 级钢筋或《钢筋混凝土用钢 第 2 部分：热轧带肋钢筋》GB 1499.2 中 HRB 335 级钢筋的规定。

3.0.11 门架、配件及扣件的计算用表可按本规范附录 B 的规定采用。

4 荷 载

4.1 荷载分类

4.1.1 作用于门式脚手架或模板支架的荷载应分为永久荷载和可变荷载。

4.1.2 门式脚手架和模板支架的永久荷载应包含下列内容：

1 门式脚手架永久荷载：
　　1）构配件自重：包括门架、连接棒、锁臂、交叉支撑、水平加固杆、脚手板等自重；
　　2）附件自重：包括栏杆、扶手、挡脚板、安全网、剪刀撑、扫地杆及防护设施等自重。

2 模板支架永久荷载：
　　1）支架构配件及模板的自重：包括架体、围护、模板及模板支承梁等自重；
　　2）新浇钢筋混凝土自重：钢筋自重、新浇

混凝土自重。

4.1.3 门式脚手架和模板支架的可变荷载应包含下列内容：

1 门式脚手架的施工荷载：包括脚手架作业层上的施工人员、材料及机具等自重；

2 模板支架的可变荷载：包括作业层上的施工人员、机具自重、混凝土超高堆积、混凝土振捣等荷载；

3 风荷载。

4.2 荷载标准值

4.2.1 永久荷载标准值的取值，应符合下列规定：

1 门架、配件自重的标准值可按本规范附录B第B.0.3条的规定采用；

2 加固杆所用钢管、扣件自重的标准值可按本规范附录B表B.0.2、表B.0.4取用；

3 架体设置的安全网、竹笆、护栏、挡脚板等附件自重的标准值，应根据实际情况采用；

4 满堂脚手架的架体、脚手板、脚手板支承梁等自重的标准值，应根据实际情况采用；

5 模板支架的架体、模板及模板支承梁等自重的标准值，应根据架体和模板结构的实际情况采用；

6 新浇钢筋混凝土自重的标准值，应按现行行业标准《建筑施工模板安全技术规范》JGJ 162的规定取值。

4.2.2 结构与装修用的门式脚手架作业层上的施工均布荷载标准值，应根据实际情况确定，且不应低于表4.2.2的规定。

表4.2.2 施工均布荷载标准值

序号	门式脚手架用途	施工均布荷载标准值（kN/m²）
1	结构	3.0
2	装修	2.0

注：1 表中施工均布荷载标准值为一个操作层上相邻两榀门架间的全部施工荷载除以门架纵距与门架宽度的乘积；

2 斜梯施工均布荷载标准值不应低于2kN/m²。

4.2.3 当在门式脚手架上同时有2个及以上操作层作业时，在同一个门架跨距内各操作层的施工均布荷载标准值总和不得超过5.0kN/m²。

4.2.4 满堂脚手架作业层上的施工均布荷载，存放的材料、机具等可变荷载的标准值应根据实际情况确定，并应符合下列规定：

1 用于装饰施工时，不应小于2.0kN/m²；

2 用于结构施工时，不应小于3.0kN/m²。

4.2.5 计算模板支架的架体时，可变荷载标准值应按现行行业标准《建筑施工模板安全技术规范》JGJ 162的规定取值。

4.2.6 作用于门式脚手架与模板支架的水平风荷载标准值，应按下式计算：

$$w_k = \mu_z \cdot \mu_s \cdot w_0 \quad (4.2.6)$$

式中：w_k——风荷载标准值；

w_0——基本风压值，应按现行国家标准《建筑结构荷载规范》GB 50009 的规定取重现期 $n=10$ 对应的风压值；

μ_z——风压高度变化系数，应按现行国家标准《建筑结构荷载规范》GB 50009 的规定采用；

μ_s——风荷载体型系数，应按表4.2.6的规定取用。

表4.2.6 门式脚手架风荷载体型系数 μ_s

背靠建筑物的状况	全封闭墙	敞开、框架和开洞墙
全封闭、半封闭脚手架	1.0Φ	1.3Φ
敞开式满堂脚手架或模板支架	μ_{stw}	

注：1 μ_{stw} 为按桁架确定的脚手架风荷载体型系数，应按现行国家标准《建筑结构荷载规范》GB 50009-2001（2006年版）中表7.3.1第32和第36项的规定计算。对于门架立杆钢管外径为42.0mm~42.7mm的敞开式脚手架，μ_{stw} 值可取0.27；

2 Φ 为挡风系数，$\Phi = 1.2 A_n/A_w$，其中：A_n 为挡风面积，A_w 为迎风面积；

3 当采用密目式安全网全封闭时，宜取$\Phi = 0.8$，μ_s 最大值宜取1.0。

4.2.7 风荷载作用在满堂脚手架或模板支架上的水平力，可采用简化方法进行整体侧向力计算（图4.2.7），并应符合下列规定：

1 若风荷载沿满堂脚手架或模板支架横向作用，可取架体的一排横向门架为计算单元，作用于计算单元架体和栏杆围挡（模板）上的水平力宜按下列公式计算：

$$F_{wf} = lHw_{kf} \quad (4.2.7-1)$$

$$F_{wm} = lH_m w_{km} \quad (4.2.7-2)$$

式中：F_{wf}、F_{wm}——风荷载作用在架体、栏杆围挡（模板）上产生的水平力标准值；

l——门架跨距；

H、H_m——架体、栏杆围挡（模板）搭设高度；

w_{kf}、w_{km}——架体、栏杆围挡（模板）的风荷载标准值，应分别按本规范式(4.2.6)计算。栏杆围挡（挂密目网）μ_s 宜取0.8；模板 μ_s 应取1.3。

2 若风荷载沿满堂脚手架或模板支架纵向作用，可取架体的一列纵向门架为计算单元，作用于计算单元架体和栏杆围挡（模板）上的水平力宜按下列公

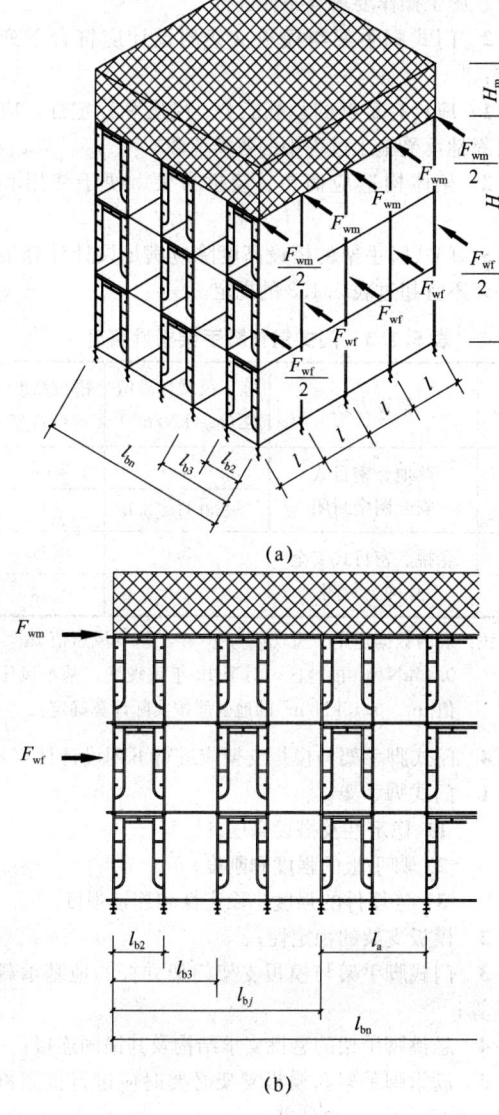

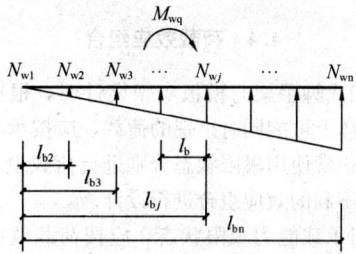

图4.2.9 风荷载横向作用计算单元
门架立杆附加轴力分布示意图

图4.2.7 风荷载沿架体横向作用示意图
（a）风荷载整体作用；（b）计算单元风荷载作用

式计算：

$$F_{wf} = l_a H w_{kf} \quad (4.2.7\text{-}3)$$

$$F_{wm} = l_a H_m w_{km} \quad (4.2.7\text{-}4)$$

式中：l_a——门架间距。

4.2.8 满堂脚手架和模板支架在水平风荷载的作用下，计算单元产生的倾覆力矩可按下式计算：

$$M_{wq} = H\left(\frac{1}{2}F_{wf} + F_{wm}\right) \quad (4.2.8)$$

式中：M_{wq}——满堂脚手架或模板支架计算单元风荷载作用下的倾覆力矩标准值。

4.2.9 在风荷载作用下，满堂脚手架或模板支架计算单元一榀门架立杆产生的附加轴力可按线性分布确定，并可按下列规定计算：

1 当风荷载沿满堂脚手架或模板支架横向作用

（图4.2.9）时，可按下列公式计算：

当门架立杆不等间距时：

$$N_{wn} = \frac{2M_{wq}l_{bn}}{\sum_{j=2}^{n} l_{bj}^2} \quad (4.2.9\text{-}1)$$

当门架立杆等间距时：

$$N_{wn} = \frac{12M_{wq}}{(2n-1)nl_b} \quad (4.2.9\text{-}2)$$

式中：N_{wn}——一榀门架立杆风荷载作用的最大附加轴力标准值；

l_{bn}、l_{bj}——门架立杆的距离；

n——门架立杆数；

l_b——门架立杆等间距时，相邻立杆间距离。

2 当风荷载沿满堂脚手架或模板支架纵向作用时，可按下式计算：

$$N_{wn} = \frac{6M_{wq}}{(2n-1)nl} \quad (4.2.9\text{-}3)$$

式中：n——纵向排列的门架榀数；

l——门架跨距。

4.3 荷载设计值

4.3.1 计算门式脚手架与模板支架的架体或构件的强度、稳定性和连接强度时，应采用荷载设计值（荷载标准值乘以荷载分项系数）。

4.3.2 计算门式脚手架与模板支架地基承载力和正常使用极限状态的变形时，应采用荷载标准值，永久荷载与可变荷载的分项系数均取1.0。

4.3.3 荷载的分项系数取值应符合表4.3.3的规定。

表4.3.3 荷载分项系数

架体类别	荷载类别		分项系数
门式脚手架	永久荷载		1.2
	可变荷载		1.4
	风荷载		1.4
满堂脚手架模板支架	永久荷载	由可变荷载效应控制的组合	1.2
		由永久荷载效应控制的组合	1.35
	可变荷载	一般情况下	1.4
		对标准值大于4kN/m²的可变荷载	1.3
	风荷载		1.4

4.4 荷载效应组合

4.4.1 门式脚手架与模板支架设计时,根据使用过程中在架体上可能同时出现的荷载,应按承载能力极限状态和正常使用极限状态分别进行荷载组合,并应取各自最不利的效应组合进行设计。

4.4.2 对承载能力极限状态,应按荷载效应的基本组合进行荷载组合,并应符合下列规定:

1 当设计门式脚手架时,荷载效应的基本组合宜按表4.4.2-1采用。

表4.4.2-1 门式脚手架荷载效应的基本组合

计算项目	荷载效应的基本组合
门式脚手架稳定	永久荷载+施工荷载
	永久荷载+0.9×(施工荷载+风荷载)
连墙件强度与稳定	风荷载+3.0kN

2 当设计满堂脚手架和模板支架时,荷载效应的基本组合宜按表4.4.2-2采用。

表4.4.2-2 满堂脚手架和模板支架荷载效应的基本组合

计算项目	荷载效应的基本组合	
满堂脚手架、模板支架稳定	由永久荷载效应控制的组合	永久荷载+0.7可变荷载+0.6风荷载
	由可变荷载效应控制的组合	①永久荷载+可变荷载
		②永久荷载+0.9×(可变荷载+风荷载)

注:基本组合中的荷载设计值仅适用于荷载与荷载效应为线性的情况。

4.4.3 对正常使用极限状态,应按荷载效应的标准组合进行荷载组合,门式脚手架与模板支架荷载效应的标准组合宜按表4.4.3采用。

表4.4.3 门式脚手架与模板支架荷载效应的标准组合

计算项目	荷载效应的标准组合	
门式脚手架门架立杆地基承载力、悬挑脚手架型钢悬挑梁的挠度	不组合风荷载	永久荷载+施工荷载
	组合风荷载	永久荷载+0.9×(施工荷载+风荷载)
满堂脚手架、模板支架的门架立杆地基承载力		永久荷载+可变荷载+0.6风荷载

5 设 计 计 算

5.1 基 本 规 定

5.1.1 门式脚手架与模板支架的设计应根据工程结构形式、荷载、地基土类别、施工设备、门架构配件尺寸、施工操作要求等条件进行。

5.1.2 门式脚手架与模板支架的设计应符合下列要求:

1 应具有足够的承载能力、刚度和稳定性,应能可靠地承受施工过程中的各类荷载;

2 架体构造应简单、装拆方便、便于使用和维护。

5.1.3 门式脚手架的搭设高度除应满足设计计算条件外,不宜超过表5.1.3的规定。

表5.1.3 门式钢管脚手架搭设高度

序号	搭设方式	施工荷载标准值 $\sum Q_k$(kN/m²)	搭设高度(m)
1	落地、密目式安全网全封闭	≤3.0	≤55
2		>3.0且≤5.0	≤40
3	悬挑、密目式安全立网全封闭	≤3.0	≤24
4		>3.0且≤5.0	≤18

注:表内数据适用于重现期为10年、基本风压值 $w_0 \leq 0.45$kN/m² 的地区,对于10年重现期、基本风压值 $w_0 > 0.45$kN/m² 的地区应按实际计算确定。

5.1.4 门式脚手架与模板支架应进行下列设计计算:

1 门式脚手架:

　1) 稳定性及搭设高度;

　2) 脚手板的强度和刚度;

　3) 连墙件的强度、稳定性和连接强度。

2 模板支架的稳定性;

3 门式脚手架与模板支架门架立杆的地基承载力验算;

4 悬挑脚手架的悬挑支承结构及其锚固连接;

5 满堂脚手架和模板支架必要时应进行抗倾覆验算。

5.1.5 当门式脚手架的搭设高度及荷载条件符合本规范表5.1.3的规定,且架体构造符合本规范第6章的要求时,可不进行稳定性和搭设高度的计算。但连墙件、地基承载力及悬挑脚手架的悬挑支撑结构及其锚固应根据实际荷载进行设计计算。

5.1.6 门式脚手架宜采用定型挂扣式脚手板。当采用非定型脚手板时,应进行脚手板的强度、刚度计算。

5.1.7 本章关于门式脚手架的设计计算方法,适用于MF1219、MF1017、MF0817系列门架;关于满堂脚手架和模板支架的设计计算方法,适用于MF1219、MF1017系列门架。其他种类门架的设计计算方法,应根据门架与配件试验和架体结构试验结果分析确定。

5.1.8 钢材的强度设计值与弹性模量应按表5.1.8的规定取值。

表 5.1.8　钢材的强度设计值与弹性模量

项　　目	Q235 级钢		Q345 级钢	
	钢管	型钢	钢管	型钢
抗拉、抗压和抗弯强度设计值（N/mm²）	205	215	300	310
弹性模量（N/mm²）	2.06×10⁵			

5.2　门式脚手架稳定性及搭设高度计算

5.2.1　门式脚手架的稳定性应按下式计算：

$$N \leqslant N^d \quad (5.2.1\text{-}1)$$

式中：N——门式脚手作用于一榀门架的轴向力设计值，应按本规范式（5.2.1-2）、式（5.2.1-3）计算，并应取较大值；

N^d——一榀门架的稳定承载力设计值，应按本规范式（5.2.1-6）计算，或按本规范附录 B 表 B.0.5 查取。

1　门式脚手架作用于一榀门架的轴向力设计值，应按下列公式计算：

1）不组合风荷载时：

$$N = 1.2(N_{G1k} + N_{G2k})H + 1.4\sum N_{Qk}$$
$$(5.2.1\text{-}2)$$

式中：N_{G1k}——每米高度架体构配件自重产生的轴向力标准值；

N_{G2k}——每米高度架体附件自重产生的轴向力标准值；

H——门式脚手架搭设高度；

$\sum N_{Qk}$——作用于一榀门架的各层施工荷载标准值总和；

1.2、1.4——永久荷载与可变荷载的荷载分项系数。

2）组合风荷载时：

$$N = 1.2(N_{G1k} + N_{G2k})H + 0.9$$
$$\times 1.4\left(\sum N_{Qk} + \frac{2M_{wk}}{b}\right) \quad (5.2.1\text{-}3)$$

$$M_{wk} = \frac{q_{wk}H_1^2}{10} \quad (5.2.1\text{-}4)$$

$$q_{wk} = w_k l \quad (5.2.1\text{-}5)$$

式中：M_{wk}——门式脚手架风荷载产生的弯矩标准值；

q_{wk}——风线荷载标准值；

H_1——连墙件竖向间距；

l——门架跨距；

b——门架宽度；

0.9——可变荷载的组合系数。

2　一榀门架的稳定承载力设计值应按下列公式计算：

$$N^d = \varphi \cdot A \cdot f \quad (5.2.1\text{-}6)$$

$$i = \sqrt{\frac{I}{A_1}} \quad (5.2.1\text{-}7)$$

对于 MF1219、MF1017 门架：

$$I = I_0 + I_1\frac{h_1}{h_0} \quad (5.2.1\text{-}8a)$$

对于 MF0817 门架：

$$I = \left[A_1\left(\frac{A_2 b_2}{A_1 + A_2}\right)^2 + A_2\left(\frac{A_1 b_2}{A_1 + A_2}\right)^2\right] \times \frac{0.5h_1}{h_0}$$
$$(5.2.1\text{-}8b)$$

式中：φ——门架立杆的稳定系数，根据立杆换算长细比 λ 值，应由本规范附录 B 表 B.0.6 取值。对于 MF1219、MF1017 门架：$\lambda = kh_0/i$；对于 MF0817 门架：$\lambda = 3kh_0/i$；

k——调整系数，应按表 5.2.1 取值；

i——门架立杆换算截面回转半径（mm）；

I——门架立杆换算截面惯性矩（mm⁴）；

h_0——门架高度（mm）；

h_1——门架立杆加强杆的高度（mm）；

I_0、A_1——分别为门架立杆的毛截面惯性矩和毛截面面积（mm⁴、mm²）；

I_1、A_2——分别为门架立杆加强杆的毛截面惯性矩和毛截面面积（mm⁴、mm²）；

b_2——门架立杆和立杆加强杆的中心距（mm）；

A——一榀门架立杆的毛截面面积（mm），$A = 2A_1$；

f——门架钢材的抗压强度设计值，应按本规范表 5.1.8 取值。

表 5.2.1　调整系数 k

脚手架搭设高度（m）	≤30	>30 且 ≤45	>45 且 ≤55
k	1.13	1.17	1.22

5.2.2　门式脚手架的搭设高度应按下列公式计算，并应取其计算结果的较小者：

不组合风荷载时：

$$H^d = \frac{\varphi A f - 1.4\sum N_{Qk}}{1.2(N_{G1k} + N_{G2k})} \quad (5.2.2\text{-}1)$$

组合风荷载时：

$$H_w^d = \frac{\varphi A f - 0.9 \times 1.4\left(\sum N_{Qk} + \frac{2M_{wk}}{b}\right)}{1.2(N_{G1k} + N_{G2k})}$$
$$(5.2.2\text{-}2)$$

式中：H^d——不组合风荷载时脚手架搭设高度；

H_w^d——组合风荷载时脚手架搭设高度。

5.3　连墙件计算

5.3.1　连墙件杆件的强度及稳定应满足下列公式的要求：

强度：
$$\sigma = \frac{N_l}{A_c} \leqslant 0.85f \quad (5.3.1-1)$$

稳定：
$$\frac{N_l}{\varphi A} \leqslant 0.85f \quad (5.3.1-2)$$

$$N_l = N_w + 3000(N) \quad (5.3.1-3)$$

式中：σ——连墙件应力值（N/mm²）；

A_c——连墙件的净截面面积（mm²），带螺纹的连墙件应取有效截面面积；

A——连墙件的毛截面面积（mm²）；

N_l——风荷载及其他作用对连墙件产生的拉（压）轴向力设计值（N）；

N_w——风荷载作用于连墙件的拉（压）轴向力设计值（N），应按本规范式（5.3.2）计算；

φ——连墙件的稳定系数，应按连墙件长细比查本规范附录B表B.0.6；

f——连墙件钢材的抗压强度设计值，应按本规范表5.1.8取值。

5.3.2 风荷载作用于连墙件的水平力设计值应按下式计算：

$$N_w = 1.4w_k \cdot L_1 \cdot H_1 \quad (5.3.2)$$

式中：L_1——连墙件水平间距；

H_1——连墙件竖向间距。

5.3.3 连墙件与脚手架、连墙件与建筑结构连接的连接强度应按下式计算：

$$N_l \leqslant N_V \quad (5.3.3)$$

式中：N_V——连墙件与脚手架、连墙件与建筑结构连接的抗拉（压）承载力设计值，应根据相应规范规定计算。

5.3.4 当采用钢管扣件做连墙件时，扣件抗滑承载力的验算，应满足下式要求：

$$N_l \leqslant R_c \quad (5.3.4)$$

式中：R_c——扣件抗滑承载力设计值，一个直角扣件应取8.0kN。

5.4 满堂脚手架计算

5.4.1 满堂脚手架的架体稳定性计算，应选取最不利处的门架为计算单元。门架计算单元选取应同时符合下列规定：

1 当门架的跨距和间距相同时，应计算底层门架；

2 当门架的跨距和间距不相同时，应计算跨距或间距增大部位的底层门架；

3 当架体上有集中荷载作用时，尚应计算集中荷载作用范围内受力最大的门架。

5.4.2 满堂脚手架作用于一榀门架的轴向力设计值，应按所选取门架计算单元的负荷面积计算，并应符合下列规定：

1 当不考虑风荷载作用时，应按下式计算：

$$N_j = 1.2\left[(N_{G1k} + N_{G2k})H + \sum_{i=3}^{n} N_{Gik}\right]$$
$$+ 1.4 \sum_{i=1}^{n} N_{Qik} \quad (5.4.2-1)$$

式中：N_j——满堂脚手架作用于一榀门架的轴向力设计值；

N_{G1k}、N_{G2k}——每米高度架体构配件、附件自重产生的轴向力标准值；

$\sum_{i=3}^{n} N_{Gik}$——满堂脚手架作用于一榀门架的除构配件和附件外的永久荷载标准值的总和；

$\sum_{i=1}^{n} N_{Qik}$——满堂脚手架作用于一榀门架的可变荷载标准值总和；

H——满堂脚手架的搭设高度。

2 当考虑风荷载作用时，应按下列公式计算，并应取其较大值：

$$N_j = 1.2\left[(N_{G1k} + N_{G2k})H + \sum_{i=3}^{n} N_{Gik}\right]$$
$$+ 0.9 \times 1.4\left(\sum_{i=1}^{n} N_{Qik} + N_{wn}\right) \quad (5.4.2-2)$$

$$N_j = 1.35\left[(N_{G1k} + N_{G2k})H + \sum_{i=3}^{n} N_{Gik}\right]$$
$$+ 1.4\left[0.7\sum_{i=1}^{n} N_{Qik} + 0.6N_{wn}\right] \quad (5.4.2-3)$$

式中：N_{wn}——满堂脚手架一榀门架立杆风荷载作用的最大附加轴力标准值；

1.35——永久荷载分项系数；

0.7、0.6——可变荷载、风荷载组合系数。

5.4.3 满堂脚手架的稳定性验算，应满足下式要求：

$$\frac{N_j}{\varphi A} \leqslant f \quad (5.4.3)$$

5.5 模板支架计算

5.5.1 模板支架设计计算时，应先确定计算单元，明确荷载传递路径，并应根据实际受力情况绘出计算简图。

5.5.2 模板支架设计可根据建筑结构和荷载变化确定门架的布置方式，并按门架的不同布置方式，应分别选取各自有代表性的最不利的门架为计算单元进行计算。

5.5.3 模板支架作用于一榀门架的轴向力设计值，应根据所选取门架计算单元的负荷面积计算，并应符合下列规定：

1 不考虑风荷载作用时，应按下式计算：

$$N_j = 1.2\left[(N_{G1k} + N_{G2k})H\right.$$

$$+ \sum_{i=3}^{n} N_{Gik} \Big] + 1.4 N_{Q1k} \quad (5.5.3\text{-}1)$$

式中：N_j——模板支架作用于一榀门架的轴向力设计值；

N_{G1k}、N_{G2k}——每米高度架体构配件、附件自重产生的轴向力标准值；

$\sum_{i=3}^{n} N_{Gik}$——模板支架作用于一榀门架的除构配件和附件外的永久荷载标准值的总和；

N_{Q1k}——作用于一榀门架的混凝土振捣可变荷载标准值；

注：当作用于一榀门架范围内其他可变荷载标准值大于混凝土振捣可变荷载标准值时，应另选取最大的可变荷载标准值为 N_{Q1k}。

H——模板支架的搭设高度；

1.4——风荷载分项系数。

2 考虑风荷载作用时，应按下列公式计算，并应取其较大值：

$$N_j = 1.2 \Big[(N_{G1k} + N_{G2k})H + \sum_{i=3}^{n} N_{Gik} \Big]$$
$$+ 0.9 \times 1.4 (N_{Q1k} + N_{wn}) \quad (5.5.3\text{-}2)$$

$$N_j = 1.35 \Big[(N_{G1k} + N_{G2k})H + \sum_{i=3}^{n} N_{Gik} \Big]$$
$$+ 1.4 (0.7 N_{Q1k} + 0.6 N_{wn}) \quad (5.5.3\text{-}3)$$

式中：N_{wn}——模板支架一榀门架立杆风荷载作用的最大附加轴力标准值。

5.5.4 模板支架的稳定性验算，应满足下式要求：

$$\frac{N_j}{\varphi A} \leq f \quad (5.5.4)$$

5.6 门架立杆地基承载力验算

5.6.1 门式脚手架与模板支架的门架立杆基础底面的平均压力，应满足下式要求：

$$P = \frac{N_k}{A_d} \leq f_a \quad (5.6.1)$$

式中：P——门架立杆基础底面的平均压力；

N_k——门式脚手架或模板支架作用于一榀门架的轴向力标准值，应按本规范第5.6.2条规定计算；

A_d——一榀门架下底座底面面积；

f_a——修正后的地基承载力特征值，应按本规范式（5.6.3）计算。

5.6.2 作用于一榀门架的轴向力标准值，应根据所取门架计算单元实际荷载按下列规定计算：

1 门式脚手架作用于一榀门架的轴向力标准值，应按下列公式计算，并应取较大者：

不组合风荷载时：

$$N_k = (N_{G1k} + N_{G2k})H + \sum N_{Qk} \quad (5.6.2\text{-}1)$$

组合风荷载时：

$$N_k = (N_{G1k} + N_{G2k})H + 0.9 \Big(\sum N_{Qk} + \frac{2M_{wk}}{b} \Big)$$
$$(5.6.2\text{-}2)$$

式中：N_k——门式脚手架作用于一榀门架的轴向力标准值。

2 满堂脚手架作用于一榀门架的轴向力标准值，应按下式计算：

$$N_k = (N_{G1k} + N_{G2k})H + \sum_{i=3}^{n} N_{Gik}$$
$$+ \sum_{i=1}^{n} N_{Qik} + 0.6 N_{wn} \quad (5.6.2\text{-}3)$$

式中：N_k——满堂脚手架作用于一榀门架的轴向力标准值。

3 模板支架作用于一榀门架的轴向力标准值，应按下式计算：

$$N_k = (N_{G1k} + N_{G2k})H + \sum_{i=3}^{n} N_{Gik}$$
$$+ \sum_{i=1}^{n} N_{Qik} + 0.6 N_{wn} \quad (5.6.2\text{-}4)$$

式中：N_k——模板支架作用于一榀门架的轴向力标准值；

$\sum_{i=1}^{n} N_{Qik}$——模板支架作用于一榀门架的可变荷载标准值总和。

5.6.3 修正后的地基承载力特征值应按下式计算：

$$f_a = k_c \cdot f_{ak} \quad (5.6.3)$$

式中：k_c——地基承载力修正系数，应按本规范表5.6.4取值；

f_{ak}——地基承载力特征值，按现行国家标准《建筑地基基础设计规范》GB 50007的规定，可由载荷试验或其他原位测试、公式计算并结合工程实践经验等方法综合确定。

5.6.4 地基承载力修正系数 k_c 应按表5.6.4的规定取值。

表5.6.4 地基承载力修正系数

地基土类别	修正系数（k_c）	
	原状土	分层回填夯实土
多年填积土	0.6	—
碎石土、砂土	0.8	0.4
粉土、黏土	0.7	0.5
岩石、混凝土	1.0	

5.6.5 对搭设在地下室顶板、楼面等建筑结构上的门式脚手架或模板支架，应对支承架体的建筑结构进行承载力验算，当不能满足承载力要求时，应采取可靠的加固措施。

5.7 悬挑脚手架支承结构计算

5.7.1 当采用型钢梁作为悬挑脚手架的支承结构时，应进行下列设计计算：
  1 型钢悬挑梁的抗弯强度、整体稳定性和挠度；
  2 型钢悬挑梁锚固件及其锚固连接的强度；
  3 型钢悬挑梁下建筑结构的承载能力验算。

5.7.2 悬挑脚手架作用于一榀门架的轴向力设计值N，应根据悬挑脚手架分段搭设高度按本规范式（5.2.1-2）、式（5.2.1-3）分别计算，并应取其较大者。

5.7.3 型钢悬挑梁的抗弯强度应按下列公式计算：

$$\sigma = \frac{M_{\max}}{W_n} \leq f \quad (5.7.3\text{-}1)$$

$$M_{\max} = \frac{N}{2}(l_{c1} + l_{c2}) + 0.6ql_{c1}^2 \quad (5.7.3\text{-}2)$$

式中：σ——型钢悬挑梁应力值（N/mm²）；
  $M_{\max}$——型钢悬挑梁计算截面最大弯矩设计值（N·mm）；
  W_n——型钢悬挑梁净截面模量（mm³）；
  f——钢材的抗弯强度设计值；
  N——悬挑脚手架作用于一榀门架的轴向力设计值（N）；
  l_{c1}——门架外立杆至建筑结构楼层板边支承点的距离（mm），可取外立杆中心至板边距离加100mm；
  l_{c2}——门架内立杆至建筑结构楼层板边支承点的距离（mm），可取内立杆中心至板边距离加100mm；
  q——型钢梁自重线荷载标准值（N/mm）。

5.7.4 型钢悬挑梁的整体稳定性应按下式验算：

$$\frac{M_{\max}}{\varphi_b W} \leq f \quad (5.7.4)$$

式中：φ_b——型钢悬挑梁的整体稳定性系数，应按现行国家标准《钢结构设计规范》GB 50017的规定采用；
  W——型钢悬挑梁毛截面模量。

5.7.5 型钢悬挑梁的挠度应按下列公式计算（图5.7.5）：

$$v_{\max} \leq [v_T] \quad (5.7.5\text{-}1)$$

$$v_{\max} = \frac{N_k}{12EI}\left(2l_{c1}^3 + 2l_c l_{c1}^2 + 2l_c l_{c2}^2 \right. $$
$$\left. + 3l_{c1}l_{c2}^2 - l_{c2}^3\right) \quad (5.7.5\text{-}2)$$

式中：$[v_T]$——型钢悬挑梁挠度允许值，取$l_{c1}/200$；
  $v_{\max}$——型钢悬挑梁最大挠度（mm）；
  N_k——悬挑脚手架作用于一榀门架的轴向力标准值（N），应按本规范式（5.6.2-1）、式（5.6.2-2）计算，取较大者；
  E——钢材弹性模量；
  I——型钢悬挑梁毛截面惯性矩（mm⁴）；

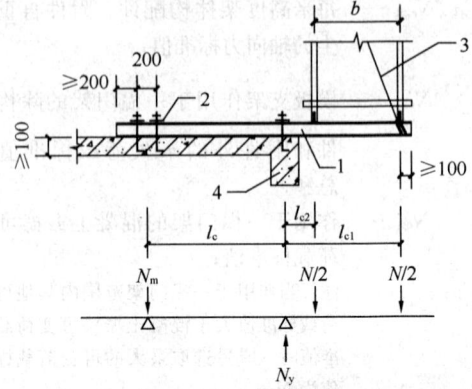

  l_c——型钢悬挑梁锚固点中心至建筑结构楼层板边支承点的距离（mm），可取型钢梁锚固点中心至板边距离减100mm。

图5.7.5 悬挑脚手架型钢悬挑梁构造与计算示意图
1—型钢悬挑梁；2—压点钢板；3—钢丝绳；
4—建筑主体结构

5.7.6 将型钢悬挑梁锚固在主体结构上的U形钢筋拉环或螺栓的强度应按下列公式计算：

$$\sigma = \frac{N_m}{A_l} \leq f_l \quad (5.7.6\text{-}1)$$

$$N_m = \frac{N(l_{c1} + l_{c2})}{2l_c} \quad (5.7.6\text{-}2)$$

式中：σ——U形钢筋拉环或螺栓应力值（N/mm²）；
  N_m——型钢悬挑梁锚固段压点U形钢筋拉环或螺栓拉力设计值（N）；
  A_l——U形钢筋拉环净截面面积或螺栓的有效截面面积（mm²），一个钢筋拉环或一对螺栓应按两个截面计算；
  f_l——U形钢筋拉环或螺栓抗拉强度设计值，应按现行国家标准《混凝土结构设计规范》GB 50010的规定取$f_l=50$N/mm²。

5.7.7 当型钢悬挑梁锚固段压点处采用2个（对）及以上U形钢筋拉环或螺栓锚固连接时，其钢筋拉环或螺栓的承载能力应乘以0.85的折减系数。

5.7.8 当型钢悬挑梁与建筑结构锚固的压点处楼板未设置上层受力钢筋时，应经计算在楼板内配置用于承受型钢梁锚固作用引起负弯矩的受力钢筋。

5.7.9 对型钢悬挑梁下建筑结构的混凝土梁（板）应按现行国家标准《混凝土结构设计规范》GB 50010的规定进行混凝土局部受压承载力、结构承载力验算，当不满足要求时，应采取可靠的加固措施。

5.7.10 当采用型钢桁架下撑式等其他结构形式作为悬挑脚手架的支承结构时，应按现行国家标准《钢结构设计规范》GB 50017、《混凝土结构设计规范》GB 50010的规定，对其结构、构件及与建筑结构的连接进行设计计算。

6 构造要求

6.1 门　架

6.1.1 门架应能配套使用，在不同组合情况下，均应保证连接方便、可靠，且应具有良好的互换性。

6.1.2 不同型号的门架与配件严禁混合使用。

6.1.3 上下榀门架立杆应在同一轴线位置上，门架立杆轴线的对接偏差不应大于2mm。

6.1.4 门式脚手架的内侧立杆离墙面净距不宜大于150mm；当大于150mm时，应采取内设挑架板或其他隔离防护的安全措施。

6.1.5 门式脚手架顶端栏杆宜高出女儿墙上端或檐口上端1.5m。

6.2 配　件

6.2.1 配件应与门架配套，并应与门架连接可靠。

6.2.2 门架的两侧应设置交叉支撑，并应与门架立杆上的锁销锁牢。

6.2.3 上下榀门架的组装必须设置连接棒，连接棒与门架立杆配合间隙不应大于2mm。

6.2.4 门式脚手架或模板支架上下榀门架间应设置锁臂，当采用插销式或弹销式连接棒时，可不设锁臂。

6.2.5 门式脚手架作业层应连续满铺与门架配套的挂扣式脚手板，并应有防止脚手板松动或脱落的措施。当脚手板上有孔洞时，孔洞的内切圆直径不应大于25mm。

6.2.6 底部门架的立杆下端宜设置固定底座或可调底座。

6.2.7 可调底座和可调托座的调节螺杆直径不应小于35mm，可调底座的调节螺杆伸出长度不应大于200mm。

6.3 加　固　杆

6.3.1 门式脚手架剪刀撑的设置必须符合下列规定：

　　1 当门式脚手架搭设高度在24m及以下时，在脚手架的转角处、两端及中间间隔不超过15m的外侧立面必须各设置一道剪刀撑，并应由底至顶连续设置；

　　2 当脚手架搭设高度超过24m时，在脚手架全外侧立面上必须设置连续剪刀撑；

　　3 对于悬挑脚手架，在脚手架全外侧立面上必须设置连续剪刀撑。

6.3.2 剪刀撑的构造应符合下列规定（图6.3.2）：

　　1 剪刀撑斜杆与地面的倾角宜为45°～60°；

　　2 剪刀撑应采用旋转扣件与门架立杆扣紧；

　　3 剪刀撑斜杆应采用搭接接长，搭接长度不宜

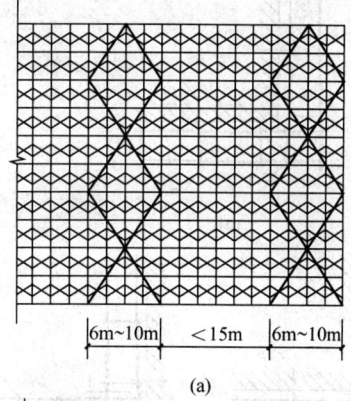

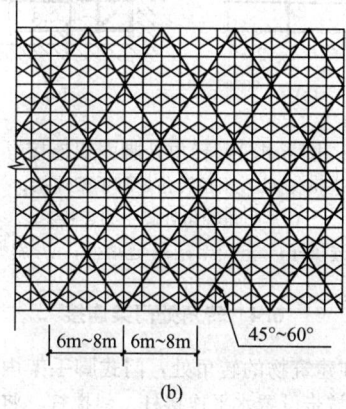

图6.3.2 剪刀撑设置示意图
（a）、(b) 脚手架搭设高度24m及以下、超过24m时剪刀撑设置

小于1000mm，搭接处应采用3个及以上旋转扣件扣紧；

　　4 每道剪刀撑的宽度不应大于6个跨距，且不应大于10m；也不应小于4个跨距，且不应小于6m。设置连续剪刀撑的斜杆水平间距宜为6m～8m。

6.3.3 门式脚手架应在门架两侧的立杆上设置纵向水平加固杆，并应采用扣件与门架立杆扣紧。水平加固杆设置应符合下列要求：

　　1 在顶层、连墙件设置层必须设置；

　　2 当脚手架每步铺设挂扣式脚手板时，至少每4步应设置一道，并宜在有连墙件的水平层设置；

　　3 脚手架搭设高度小于或等于40m时，至少每两步门架应设置一道；当脚手架搭设高度大于40m时，每步门架应设置一道；

　　4 在脚手架的转角处、开口型脚手架端部的两个跨距内，每步门架应设置一道；

　　5 悬挑脚手架每步门架应设置一道；

　　6 在纵向水平加固杆设置层面上应连续设置。

6.3.4 门式脚手架的底层门架下端应设置纵、横向通长的扫地杆。纵向扫地杆应固定在距门架立杆底端不大于200mm处的门架立杆上，横向扫地杆宜固定在紧靠纵向扫地杆下方的门架立杆上。

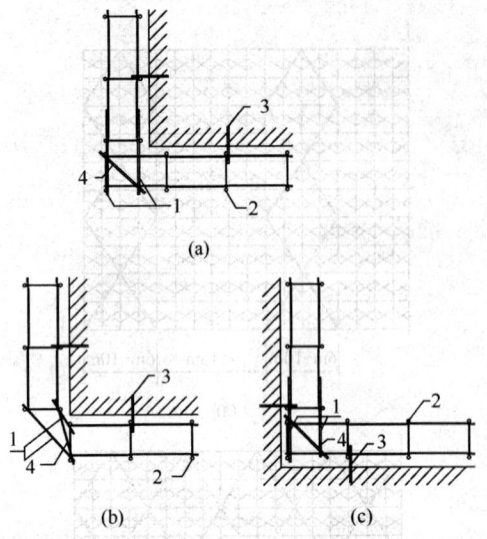

图 6.4.1 转角处脚手架连接
(a)、(b) 阳角转角处脚手架连接；
(c) 阴角转角处脚手架连接；
1—连接杆；2—门架；3—连墙件；4—斜撑杆

6.4 转角处门架连接

6.4.1 在建筑物的转角处，门式脚手架内、外两侧立杆上应按步设置水平连接杆、斜撑杆，将转角处的两榀门架连成一体（图6.4.1）。

6.4.2 连接杆、斜撑杆应采用钢管，其规格应与水平加固杆相同。

6.4.3 连接杆、斜撑杆应采用扣件与门架立杆及水平加固杆扣紧。

6.5 连 墙 件

6.5.1 连墙件设置的位置、数量应按专项施工方案确定，并应按确定的位置设置预埋件。

6.5.2 连墙件的设置除应满足本规范的计算要求外，尚应满足表6.5.2的要求。

表 6.5.2 连墙件最大间距或最大覆盖面积

序号	脚手架搭设方式	脚手架高度(m)	连墙件间距(m) 竖向	连墙件间距(m) 水平向	每根连墙件覆盖面积(m^2)
1	落地、密目式安全网全封闭	≤40	$3h$	$3l$	≤40
2			$2h$	$3l$	≤27
3		>40	$2h$	$3l$	≤27
4	悬挑、密目式安全网全封闭	≤40	$3h$	$3l$	≤40
5		40～60	$2h$	$3l$	≤27
6		>60	$2h$	$2l$	≤20

注：1 序号4～6为架体位于地面上高度；
2 按每根连墙件覆盖面积选择连墙件设置时，连墙件的竖向间距不应大于6m；
3 表中h为步距；l为跨距。

6.5.3 在门式脚手架的转角处或开口型脚手架端部，必须增设连墙件，连墙件的垂直间距不应大于建筑物的层高，且不应大于4.0m。

6.5.4 连墙件应靠近门架的横杆设置，距门架横杆不宜大于200mm。连墙件应固定在门架的立杆上。

6.5.5 连墙件宜水平设置，当不能水平设置时，与脚手架连接的一端，应低于与建筑结构连接的一端，连墙杆的坡度宜小于1∶3。

6.6 通 道 口

6.6.1 门式脚手架通道口高度不宜大于2个门架高度，宽度不宜大于1个门架跨距。

6.6.2 门式脚手架通道口应采取加固措施，并应符合下列规定：

1 当通道口宽度为一个门架跨距时，在通道口上方的内外侧应设置水平加固杆，水平加固杆应延伸至通道口两侧各一个门架跨距，并在两个上角内外侧应加设斜撑杆[图6.6.2（a）]；

2 当通道口宽为两个及以上跨距时，在通道口上方应设置经专门设计和制作的托架梁，并应加强两侧的门架立杆[图6.6.2（b）]。

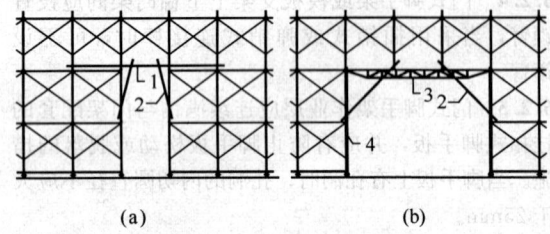

图 6.6.2 通道口加固示意
（a）、(b) 通道口宽度为一个门架跨距、两个及以上门架跨距加固示意
1—水平加固杆；2—斜撑杆；
3—托架梁；4—加强杆

6.7 斜 梯

6.7.1 作业人员上下脚手架的斜梯应采用挂扣式钢梯，并宜采用"之"字形设置，一个梯段宜跨越两步或三步门架再行转折。

6.7.2 钢梯规格与门架规格配套，并应与门架挂扣牢固。

6.7.3 钢梯应设栏杆扶手、挡脚板。

6.8 地 基

6.8.1 门式脚手架与模板支架的地基承载力应根据本规范第5.6节的规定经计算确定，在搭设时，根据不同地基土质和搭设高度条件，应符合表6.8.1的规定。

表 6.8.1 地基要求

搭设高度 (m)	地基土质		
	中低压缩性且压缩性均匀	回填土	高压缩性或压缩性不均匀
≤24	夯实原土,干重力密度要求 15.5kN/m³。立杆底座置于面积不小于 0.075m² 的垫木上	土夹石或素土回填夯实,立杆底座置于面积不小于 0.10m² 垫木上	夯实原土,铺设通长垫木
>24 且 ≤40	垫木面积不小于 0.10m²,其余同上	砂夹石回填夯实,其余同上	夯实原土,在搭设地面满铺 C15 混凝土,厚度不小于 150mm
>40 且 ≤55	垫木面积不小于 0.15m² 或铺通长垫木,其余同上	砂夹石回填夯实,垫木面积不小于 0.15m² 或铺通长垫木	夯实原土,在搭设地面满铺 C15 混凝土,厚度不小于 200mm

注:垫木厚度不小于 50mm,宽度不小于 200mm;通长垫木的长度不小于 1500mm。

6.8.2 门式脚手架与模板支架的搭设场地必须平整坚实,并应符合下列规定:
  1 回填土应分层回填,逐层夯实;
  2 场地排水应顺畅,不应有积水。

6.8.3 搭设门式脚手架的地面标高宜高于自然地坪标高 50mm～100mm。

6.8.4 当门式脚手架与模板支架搭设在楼面等建筑结构上时,门架立杆下宜铺设垫板。

6.9 悬挑脚手架

6.9.1 悬挑脚手架的悬挑支承结构应根据施工方案布设,其位置应与门架立杆位置对应,每一跨距宜设置一根型钢悬挑梁,并应按确定的位置设置预埋件。

6.9.2 型钢悬挑梁锚固段长度应不小于悬挑段长度的 1.25 倍,悬挑支承点应设置在建筑结构的梁板上,不得设置在外伸阳台或悬挑楼板上(有加固措施的除外)(图 6.9.2)。

6.9.3 型钢悬挑梁宜采用双轴对称截面的型钢。

6.9.4 型钢悬挑梁的锚固段压点应采用不少于 2 个(对)的预埋 U 形钢筋拉环或螺栓固定;锚固位置的楼板厚度不应小于 100mm,混凝土强度不应低于 20MPa。U 形钢筋拉环或螺栓应埋设在梁板下排钢筋的上边,并与结构钢筋焊接或绑扎牢固,锚固长度应符合现行国家标准《混凝土结构设计规范》GB 50010 中钢筋锚固的规定(图 6.9.4)。

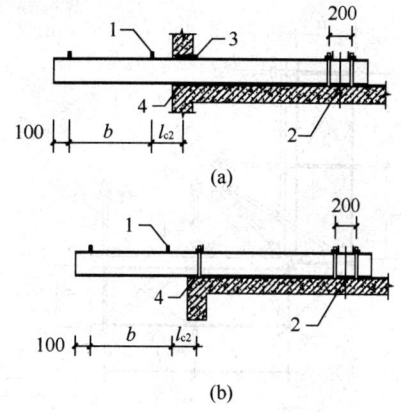

图 6.9.2 型钢悬挑梁在主体结构上的设置
(a) 型钢悬挑梁穿墙设置;(b) 型钢悬挑梁楼面设置
1—DN25 短钢管与钢梁焊接;2—锚固段压点;
3—木楔;4—钢板(150mm×100mm×10mm)

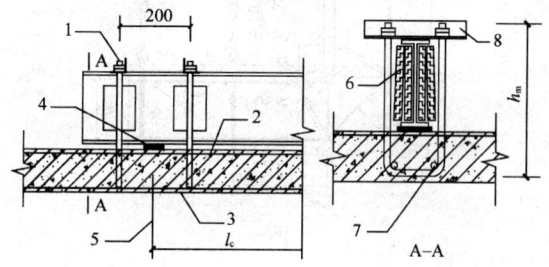

图 6.9.4 型钢悬挑梁与楼板固定
1—锚固螺栓;2—负弯矩钢筋;3—建筑结构楼板;
4—钢板;5—锚固螺栓中心;6—木楔;7—锚固
钢筋(2φ18 长 1500mm);8—角钢

6.9.5 用于锚固的 U 形钢筋拉环或螺栓应采用冷弯成型,钢筋直径不应小于 16mm。

6.9.6 当型钢悬挑梁与建筑结构采用螺栓钢压板连接固定时,钢压板尺寸不应小于 100mm×10mm(宽×厚);当采用螺栓角钢压板连接固定时,角钢的规格不应小于 63mm×63mm×6mm。

6.9.7 型钢悬挑梁与 U 形钢筋拉环或螺栓连接应紧固。当采用钢筋拉环连接时,应采用钢楔或硬木楔塞紧;当采用螺栓钢压板连接时,应采用双螺母拧紧。严禁型钢悬挑梁晃动。

6.9.8 悬挑脚手架底层门架立杆与型钢悬挑梁应可靠连接,不得滑动或窜动。型钢梁上应设置固定连接棒与门架立杆连接,连接棒的直径不应小于 25mm,长度不应小于 100mm,应与型钢梁焊接牢固。

6.9.9 悬挑脚手架的底层门架两侧立杆应设置纵向扫地杆,并应在脚手架的转角处、两端和中间间隔不超过 15m 的底层门架上各设置一道单跨距的水平剪刀撑,剪刀撑斜杆应与门架立杆底部扣紧。

6.9.10 在建筑平面转角处(图 6.9.10),型钢悬挑梁应经单独计算设置;架体应按步设置水平连接杆,并应与门架立杆或水平加固杆扣紧。

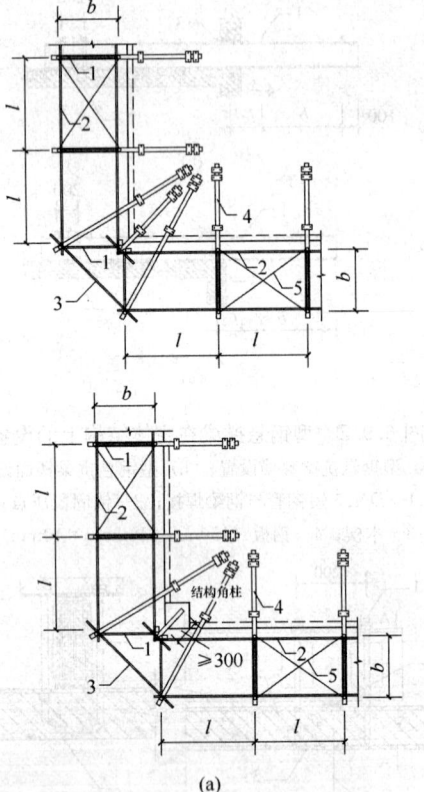

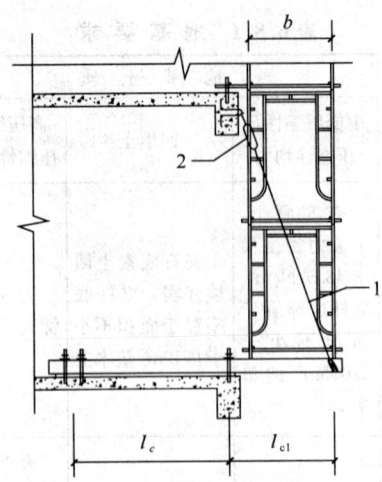

图6.9.11 型钢悬挑梁端钢丝绳与建筑结构拉结
1—钢丝绳；2—花篮螺栓

6.10 满堂脚手架

6.10.1 满堂脚手架的门架跨距和间距应根据实际荷载计算确定，门架净间距不宜超过1.2m。

6.10.2 满堂脚手架的高宽比不应大于4，搭设高度不宜超过30m。

6.10.3 满堂脚手架的构造设计，在门架立杆上宜设置托座和托梁，使门架立杆直接传递荷载。门架立杆上设置的托梁应具有足够的抗弯强度和刚度。

6.10.4 满堂脚手架在每步门架两侧立杆上应设置纵向、横向水平加固杆，并应采用扣件与门架立杆扣紧。

6.10.5 满堂脚手架的剪刀撑设置（图6.10.5）除应符合本规范第6.3.2条的规定外，尚应符合下列要求：

　　1 搭设高度12m及以下时，在脚手架的周边应设置连续竖向剪刀撑；在脚手架的内部纵向、横向间隔不超过8m应设置一道竖向剪刀撑；在顶层应设置连续的水平剪刀撑；

　　2 搭设高度超过12m时，在脚手架的周边和内部纵向、横向间隔不超过8m应设置连续竖向剪刀撑；在顶层和竖向每隔4步应设置连续的水平剪刀撑；

　　3 竖向剪刀撑应由底至顶连续设置。

6.10.6 在满堂脚手架的底层门架立杆上应分别设置纵向、横向扫地杆，并应采用扣件与门架立杆扣紧。

6.10.7 满堂脚手架顶部作业区应满铺脚手板，并应采用可靠的连接方式与门架横杆固定。操作平台上的孔洞应按现行行业标准《建筑施工高处作业安全技术规范》JGJ 80的规定防护。操作平台周边应设置栏杆

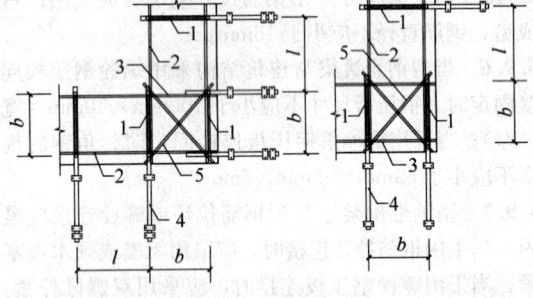

图6.9.10 建筑平面转角处型钢悬挑梁设置（二）
（b）型钢悬挑梁在阴角处设置
1—门架；2—水平加固杆；3—连接杆；4—型钢悬挑梁；5—水平剪刀撑

6.9.11 每个型钢悬挑梁外端宜设置钢丝绳或钢拉杆与上一层建筑结构斜拉结（图6.9.11），钢丝绳、钢拉杆不得作为悬挑支撑结构的受力构件。

6.9.12 悬挑脚手架在底层应满铺脚手板，并应将脚手板与型钢梁连接牢固。

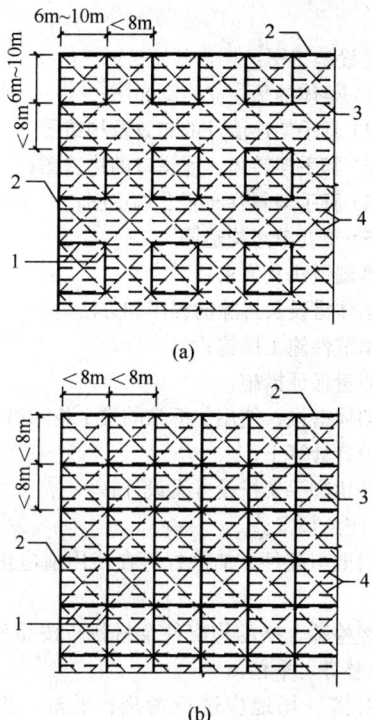

图 6.10.5 剪刀撑设置示意图
(a) 搭设高度12m及以下时剪刀撑设置；
(b) 搭设高度超过12m时剪刀撑设置
1—竖向剪刀撑；2—周边竖向剪刀撑；
3—门架；4—水平剪刀撑

和挡脚板。

6.10.8 对高宽比大于2的满堂脚手架，宜设置缆风绳或连墙件等有效措施防止架体倾覆，缆风绳或连墙件设置宜符合下列规定：

  1 在架体端部及外侧周边水平间距不宜超过10m设置；宜与竖向剪刀撑位置对应设置；

  2 竖向间距不宜超过4步设置。

6.10.9 满堂脚手架中间设置通道口时，通道口底层门架可不设垂直通道方向的水平加固杆和扫地杆，通道口上部两侧应设置斜撑杆，并应按现行行业标准《建筑施工高处作业安全技术规范》JGJ 80 的规定在通道口上部设置防护层。

6.11 模板支架

6.11.1 门架的跨距与间距应根据支架的高度、荷载由计算和构造要求确定，门架的跨距不宜超过1.5m，门架的净间距不宜超过1.2m。

6.11.2 模板支架的高宽比不应大于4，搭设高度不宜超过24m。

6.11.3 模板支架宜按本规范第 6.10.3 条的规定设置托座和托梁，宜采用调节架、可调托座调整高度，可调托座调节螺杆的高度不宜超过300mm。底座和托座与门架立杆轴线的偏差不应大于2.0mm。

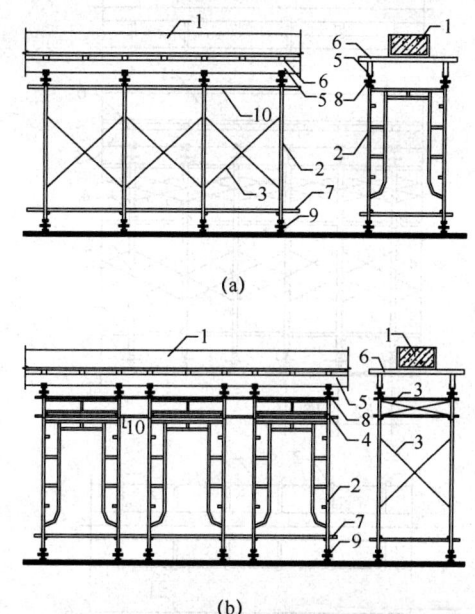

图 6.11.4 梁模板支架的布置方式（一）
(a) 门架垂直于梁轴线布置；
(b) 门架平行于梁轴线布置
1—混凝土梁；2—门架；3—交叉支撑；
4—调节架；5—托梁；6—小楞；7—扫
地杆；8—可调托座；9—可调底座；
10—水平加固杆

6.11.5 当梁的模板支架高度较高或荷载较大时，门架可采用复式（重叠）的布置方式（图 6.11.5）。

6.11.6 梁板类结构的模板支架，应分别设计。板支架跨距（或间距）宜是梁支架跨距（或间距）的倍数，梁下横向水平加固杆应伸入板支架内不少于2根门架立杆，并应与板下门架立杆扣紧。

6.11.7 当模板支架的高宽比大于2时，宜按本规范第6.10.8条的规定设置缆风绳或连墙件。

6.11.8 模板支架在支架的四周和内部纵横向应按现行行业标准《建筑施工模板安全技术规范》JGJ 162 的规定与建筑结构柱、墙进行刚性连接，连接点应设在水平剪刀撑或水平加固杆设置层，并应与水平杆连接。

6.11.9 模板支架应按本规范第6.10.6条的规定设置纵向、横向扫地杆。

6.11.10 模板支架在每步门架两侧立杆上应设置纵向、横向水平加固杆，并应采用扣件与门架立杆扣紧。

6.11.11 模板支架应设置剪刀撑对架体进行加固，剪刀撑的设置除应符合本规范第6.3.2条的规定外，尚应符合下列要求：

  1 在支架的外侧周边及内部纵横向每隔6m～

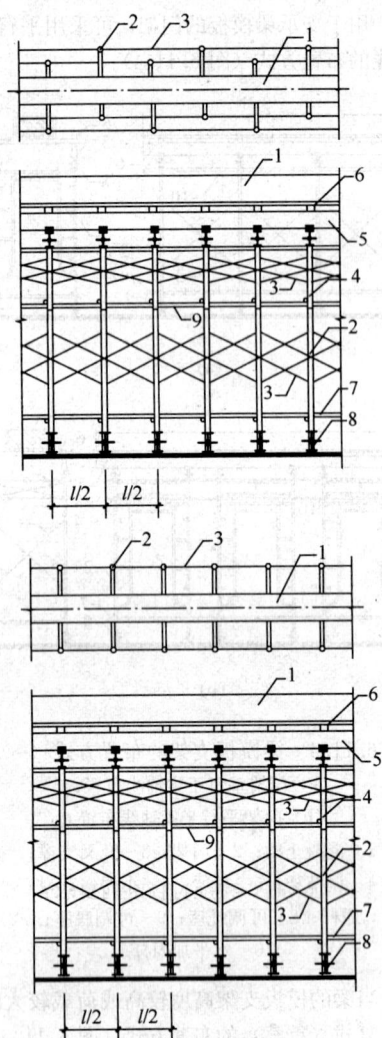

图 6.11.5 梁模板支架的布置方式（二）
1—混凝土梁；2—门架；3—交叉支撑；
4—调节架；5—托梁；6—小楞；7—扫地杆；
8—可调底座；9—水平加固杆

8m，应由底至顶设置连续竖向剪刀撑。

2 搭设高度 8m 及以下时，在顶层应设置连续的水平剪刀撑；搭设高度超过 8m 时，在顶层和竖向每隔 4 步及以下应设置连续的水平剪刀撑。

3 水平剪刀撑宜在竖向剪刀撑斜杆交叉层设置。

7 搭设与拆除

7.1 施工准备

7.1.1 门式脚手架与模板支架搭设与拆除前，应向搭拆和使用人员进行安全技术交底。

7.1.2 门式脚手架与模板支架搭拆施工的专项施工方案，应包括下列内容：

1 工程概况、设计依据、搭设条件、搭设方案设计；

2 搭设施工图：
 1）架体的平、立、剖面图；
 2）脚手架连墙件的布置及构造图；
 3）脚手架转角、通道口的构造图；
 4）脚手架斜梯布置及构造图；
 5）重要节点构造图。

3 基础做法及要求；
4 架体搭设及拆除的程序和方法；
5 季节性施工措施；
6 质量保证措施；
7 架体搭设、使用、拆除的安全技术措施；
8 设计计算书；
9 悬挑脚手架搭设方案设计；
10 应急预案。

7.1.3 门架与配件、加固杆等在使用前应进行检查和验收。

7.1.4 经检验合格的构配件及材料应按品种、规格分类堆放整齐、平稳。

7.1.5 对搭设场地应进行清理、平整，并应做好排水。

7.2 地基与基础

7.2.1 门式脚手架与模板支架的地基与基础施工，应符合本规范第 6.8 节的规定和专项施工方案的要求。

7.2.2 在搭设前，应先在基础上弹出门架立杆位置线，垫板、底座安放位置应准确，标高应一致。

7.3 搭 设

7.3.1 门式脚手架与模板支架的搭设程序应符合下列规定：

1 门式脚手架的搭设应与施工进度同步，一次搭设高度不宜超过最上层连墙件两步，且自由高度不应大于 4m；

2 满堂脚手架和模板支架应采用逐列、逐排和逐层的方法搭设；

3 门架的组装应自一端向另一端延伸，应自下而上按步架设，并应逐层改变搭设方向；不应自两端相向搭设或自中间向两端搭设；

4 每搭设完两步门架后，应校验门架的水平度及立杆的垂直度。

7.3.2 搭设门架及配件除应符合本规范第 6 章的规定外，尚应符合下列要求：

1 交叉支撑、脚手板应与门架同时安装；

2 连接门架的锁臂、挂钩必须处于锁住状态；

3 钢梯的设置应符合专项施工方案组装布置图的要求，底层钢梯底部应加设钢管并应用扣件扣紧在门架立杆上；

4 在施工作业层外侧周边应设置180mm高的挡脚板和两道栏杆,上道栏杆高度应为1.2m,下道栏杆应居中设置。挡脚板和栏杆均应设置在门架立杆的内侧。

7.3.3 加固杆的搭设除应符合本规范第6.3节和第6.9节~6.11节的规定外,尚应符合下列要求:

1 水平加固杆、剪刀撑等加固杆件必须与门架同步搭设;

2 水平加固杆应设于门架立杆内侧,剪刀撑应设于门架立杆外侧。

7.3.4 门式脚手架连墙件的安装必须符合下列规定:

1 连墙件的安装必须随脚手架搭设同步进行,严禁滞后安装;

2 当脚手架操作层高出相邻连墙件以上两步时,在连墙件安装完毕前必须采用确保脚手架稳定的临时拉结措施。

7.3.5 加固杆、连墙件等杆件与门架采用扣件连接时,应符合下列规定:

1 扣件规格应与所连接钢管的外径相匹配;

2 扣件螺栓拧紧扭力矩值为40N·m~65N·m;

3 杆件端头伸出扣件盖板边缘长度不应小于100mm。

7.3.6 悬挑脚手架的搭设应符合本规范第6.1节~6.5节和第6.9节的要求,搭设前应检查预埋件和支承型钢悬挑梁的混凝土强度。

7.3.7 门式脚手架通道口的搭设应符合本规范第6.6节的要求,斜撑杆、托架梁及通道口两侧的门架立杆加强杆件应与门架同步搭设,严禁滞后安装。

7.3.8 满堂脚手架与模板支架的可调底座、可调托座宜采取防止砂浆、水泥浆等污物填塞螺纹的措施。

7.4 拆 除

7.4.1 架体的拆除应按拆除方案施工,并应在拆除前做好下列准备工作:

1 应对将拆除的架体进行拆除前的检查;

2 根据拆除前的检查结果补充完善拆除方案;

3 清除架体上的材料、杂物及作业面的障碍物。

7.4.2 拆除作业必须符合下列规定:

1 架体的拆除应从上而下逐层进行,严禁上下同时作业;

2 同一层的构配件和加固杆件必须按先上后下、先外后内的顺序进行拆除;

3 连墙件必须随脚手架逐层拆除,严禁先将连墙件整层或数层拆除后再拆架体。拆除作业过程中,当架体的自由高度大于两步时,必须加设临时拉结;

4 连接门架的剪刀撑等加固杆件必须在拆卸该门架时拆除。

7.4.3 拆卸连接部件时,应先将止退装置旋转至开启位置,然后拆除,不得硬拉,严禁敲击。拆除作业中,严禁使用手锤等硬物击打、撬别。

7.4.4 当门式脚手架需分段拆除时,架体不拆除部分的两端应按本规范第6.5.3条的规定采取加固措施后再拆除。

7.4.5 门架与配件应采用机械或人工运至地面,严禁抛投。

7.4.6 拆卸的门架与配件、加固杆等不得集中堆放在未拆架体上,并应及时检查、整修与保养,并宜按品种、规格分别存放。

8 检查与验收

8.1 构配件检查与验收

8.1.1 门式脚手架与模板支架搭设前,对门架与配件的基本尺寸、质量和性能应按现行行业产品标准《门式钢管脚手架》JG 13的规定进行检查,确认合格后方可使用。

8.1.2 施工现场使用的门架与配件应具有产品质量合格证,应标志清晰,并应符合下列要求:

1 门架与配件表面应平直光滑,焊缝应饱满,不应有裂缝、开焊、焊缝错位、硬弯、凹痕、毛刺、锁柱弯曲等缺陷;

2 门架与配件表面应涂刷防锈漆或镀锌。

8.1.3 周转使用的门架与配件,应按本规范附录A的规定经分类检查确认为A类方可使用;B类、C类应经试验、维修达到A类后方可使用;不得使用D类门架和配件。

8.1.4 在施工现场每使用一个安装拆除周期,应对门架、配件采用目测、尺量的方法检查一次。锈蚀深度检查时,应按本规范附录A第A.4节的规定抽取样品,在每个样品锈蚀严重的部位宜采用测厚仪或横向截断取样检测,当锈蚀深度超过规定值时不得使用。

8.1.5 加固杆、连接杆等所用钢管和扣件的质量,除应符合本规范第3.0.4条、第3.0.5条、第3.0.8条的规定外,尚应满足下列要求:

1 应具有产品质量合格证;

2 严禁使用有裂缝、变形的扣件,出现滑丝的螺栓必须更换;

3 钢管和扣件应涂有防锈漆。

8.1.6 底座和托座应有产品质量合格证,在使用前应对调节螺杆与门架立杆配合间隙进行检查。

8.1.7 连墙件、型钢悬挑梁、U形钢筋拉环或锚固螺栓,应具有产品质量合格证或质量检验报告,在使用前应进行外观质量检查。

8.2 搭设检查与验收

8.2.1 搭设前,对门式脚手架或模板支架的地基与基础应进行检查,经验收合格后方可搭设。

8.2.2 门式脚手架搭设完毕或每搭设2个楼层高度,满堂脚手架、模板支架搭设完毕或每搭设4步高度,应对搭设质量及安全进行一次检查,经检验合格后方可交付使用或继续搭设。

8.2.3 在门式脚手架或模板支架搭设质量验收时,应具备下列文件:
1 按本规范第7.1.2条要求编制的专项施工方案;
2 构配件与材料质量的检验记录;
3 安全技术交底及搭设质量检验记录;
4 门式脚手架或模板支架分项工程的施工验收报告。

8.2.4 门式脚手架或模板支架分项工程的验收,除应检查验收文件外,还应对搭设质量进行现场核验,在对搭设质量进行全数检查的基础上,对下列项目应进行重点检验,并应记入施工验收报告:
1 构配件和加固杆规格、品种应符合设计要求,应质量合格、设置齐全、连接和挂扣紧固可靠;
2 基础应符合设计要求,应平整坚实,底座、支垫应符合规定;
3 门架跨距、间距应符合设计要求,搭设方法应符合本规范的规定;
4 连墙件设置应符合设计要求,与建筑结构、架体应连接可靠;
5 加固杆的设置应符合设计和本规范的要求;
6 门式脚手架的通道口、转角等部位搭设应符合构造要求;
7 架体垂直度及水平度应合格;
8 悬挑脚手架的悬挑支承结构及与建筑结构的连接固定应符合设计和本规范的规定;
9 安全网的张挂及防护栏杆的设置应齐全、牢固。

8.2.5 门式脚手架与模板支架搭设的技术要求、允许偏差及检验方法,应符合表8.2.5的规定。

表8.2.5 门式脚手架与模板支架搭设技术要求、允许偏差及检验方法

项次	项目		技术要求	允许偏差 (mm)	检验方法
1	隐蔽工程	地基承载力	符合本规范5.6.1条、5.6.3条的规定	—	观察、施工记录检查
		预埋件	符合设计要求	—	
2	地基与基础	表面	坚实平整		观察
		排水	不积水		
		垫板	稳固		
		底座	不晃动		钢直尺检查
			无沉降		
			调节螺杆高度符合本规范的规定	≤200	
		纵向轴线位置	—	±20	尺量检查
		横向轴线位置	—	±10	
3	架体构造		符合本规范及专项施工方案的要求		观察、尺量检查
4	门架安装	门架立杆与底座轴线偏差		≤2.0	尺量检查
		上下榀门架立杆轴线偏差			
5	垂直度	每步架		$h/500$、±3.0	经纬仪或线坠、钢直尺检查
		整体		$H/500$、±50.0	
6	水平度	一跨距内两榀门架高差		±5.0	水准仪、水平尺、钢直尺检查
		整体		±100	
7	连墙件	与架体、建筑结构连接	牢固		观察、扭矩测力扳手检查
		纵、横向间距		±300	尺量检查
		与门架横杆距离		±200	
8	剪刀撑	间距	按设计要求设置	±300	尺量检查
		与地面的倾角	45°~60°		角尺、尺量检查
9	水平加固杆		按设计要求设置		观察、尺量检查
10	脚手板		铺设严密、牢固	孔洞≤25	观察、尺量检查
11	悬挑支撑结构	型钢规格	符合设计要求	—	观察、尺量检查
		安装位置		±3.0	
12	施工层防护栏杆、挡脚板		按设计要求设置		观察、手扳检查
13	安全网		按规定设置		观察
14	扣件拧紧力矩		40N·m~65N·m		扭矩测力扳手检查

注:h—步距;H—脚手架高度。

8.2.6 门式脚手架与模板支架扣件拧紧力矩的检查与验收,应符合现行行业标准《建筑施工扣件式钢管脚手架安全技术规范》JGJ 130的规定。

8.3 使用过程中检查

8.3.1 门式脚手架与模板支架在使用过程中应进行

日常检查，发现问题应及时处理。检查时，下列项目应进行检查：

1 加固杆、连墙件应无松动，架体应无明显变形；

2 地基应无积水，垫板及底座应无松动，门架立杆应无悬空；

3 锁臂、挂扣件、扣件螺栓应无松动；

4 安全防护设施应符合本规范要求；

5 应无超载使用。

8.3.2 门式脚手架与模板支架在使用过程中遇有下列情况时，应进行检查，确认安全后方可继续使用：

1 遇有 8 级以上大风或大雨过后；

2 冻结的地基土解冻后；

3 停用超过 1 个月；

4 架体遭受外力撞击等作用；

5 架体部分拆除；

6 其他特殊情况。

8.3.3 满堂脚手架与模板支架在施加荷载或浇筑混凝土时，应设专人看护检查，发现异常情况应及时处理。

8.4 拆除前检查

8.4.1 门式脚手架在拆除前，应检查架体构造、连墙件设置、节点连接，当发现有连墙件、剪刀撑等加固杆件缺少、架体倾斜失稳或门架立杆悬空情况时，对架体应先行加固后再拆除。

8.4.2 模板支架在拆除前，应检查架体各部位的连接构造、加固件的设置，应明确拆除顺序和拆除方法。

8.4.3 在拆除作业前，对拆除作业场地及周围环境应进行检查，拆除作业区内应无障碍物，作业场地临近的输电线路等设施应采取防护措施。

9 安 全 管 理

9.0.1 搭拆门式脚手架或模板支架应由专业架子工担任，并应按住房和城乡建设部特种作业人员考核管理规定考核合格，持证上岗。上岗人员应定期进行体检，凡不适合登高作业者，不得上架操作。

9.0.2 搭拆架体时，施工作业层应铺设脚手板，操作人员应站在临时设置的脚手板上进行作业，并应按规定使用安全防护用品，穿防滑鞋。

9.0.3 门式脚手架与模板支架作业层上严禁超载。

9.0.4 严禁将模板支架、缆风绳、混凝土泵管、卸料平台等固定在门式脚手架上。

9.0.5 六级及以上大风天气应停止架上作业；雨、雪、雾天应停止脚手架的搭拆作业；雨、雪、霜后上架作业应采取有效的防滑措施，并应扫除积雪。

9.0.6 门式脚手架与模板支架在使用期间，当预见可能有强风天气所产生的风压值超出设计的基本风压值时，对架体应采取临时加固措施。

9.0.7 在门式脚手架使用期间，脚手架基础附近严禁进行挖掘作业。

9.0.8 满堂脚手架与模板支架的交叉支撑和加固杆，在施工期间禁止拆除。

9.0.9 门式脚手架在使用期间，不应拆除加固杆、连墙件、转角处连接杆、通道口斜撑杆等加固杆件。

9.0.10 当施工需要，脚手架的交叉支撑可在门架一侧局部临时拆除，但在该门架单元上下应设置水平加固杆或挂扣式脚手板，在施工完成后应立即恢复安装交叉支撑。

9.0.11 应避免装卸物料对门式脚手架或模板支架产生偏心、振动和冲击荷载。

9.0.12 门式脚手架外侧应设置密目式安全网，网间应严密，防止坠物伤人。

9.0.13 门式脚手架与架空输电线路的安全距离、工地临时用电线路架设及脚手架接地、防雷措施，应按现行行业标准《施工现场临时用电安全技术规范》JGJ 46 的有关规定执行。

9.0.14 在门式脚手架或模板支架上进行电、气焊作业时，必须有防火措施和专人看护。

9.0.15 不得攀爬门式脚手架。

9.0.16 搭拆门式脚手架或模板支架作业时，必须设置警戒线、警戒标志，并应派专人看守，严禁非作业人员入内。

9.0.17 对门式脚手架与模板支架应进行日常性的检查和维护，架体上的建筑垃圾或杂物应及时清理。

附录 A 门架、配件质量分类

A.1 门架与配件质量类别及处理规定

A.1.1 周转使用的门架与配件可分为 A、B、C、D 四类，并应符合下列规定：

1 A类：有轻微变形、损伤、锈蚀。经清除粘附砂浆泥土等污物，除锈、重新油漆等保养工作后可继续使用。

2 B类：有一定程度变形或损伤（如弯曲、下凹），锈蚀轻微。应经矫正、平整、更换部件、修复、补焊、除锈、油漆等修理保养后继续使用。

3 C类：锈蚀较严重。应抽样进行荷载试验后确定能否使用，试验应按现行行业产品标准《门式钢管脚手架》JG 13 中的有关规定进行。经试验确定可使用者，应按 B类要求经修理保养后使用；不能使用者，则按 D类处理。

4 D类：有严重变形、损伤或锈蚀。不得修复，应报废处理。

A.2 质量类别判定

A.2.1 周转使用的门架与配件质量类别判定应按表 A.2.1-1~表 A.2.1-5 的规定划分。

表 A.2.1-1 门架质量分类

部位及项目		A类	B类	C类	D类
立杆	弯曲(门架平面外)	≤4mm	>4mm	—	—
	裂纹	无	微小	—	有
	下凹	无	轻微	较严重	≥4mm
	壁厚	≥2.2mm	—	—	<2.2mm
	端面不平整	≤0.3mm	—	—	>0.3mm
	锁销损坏	无	损伤或脱落	—	—
	锁销间距	±1.5mm	>1.5mm <-1.5mm	—	—
	锈蚀	无或轻微	有	较严重(鱼鳞状)	深度≥0.3mm
	立杆(中-中)尺寸变形	±5mm	>5mm <-5mm	—	—
	下部堵塞	无或轻微	较严重	—	—
	立杆下部长度	≤400mm	>400mm	—	—
横杆	弯曲	无或轻微	严重	—	—
	裂纹	无	轻微	—	有
	下凹	无或轻微	≤3mm	—	>3mm
	锈蚀	无或轻微	有	较严重	深度≥0.3mm
	壁厚	≥2mm	—	—	<2mm
加强杆	弯曲	无或轻微	有	—	—
	裂纹	无	轻微	—	有
	下凹	无或轻微	有	—	—
	锈蚀	无或轻微	有	较严重	深度≥0.3mm
其他	焊接脱落	无	轻微缺陷	严重	—

表 A.2.1-2 脚手板质量分类

部位及项目		A类	B类	C类	D类
脚手板	裂纹	无	轻微	较严重	严重
	下凹	无或轻微	有	较严重	—
	锈蚀	无或轻微	有	较严重	深度≥0.2mm
	面板厚	≥1.0mm	—	—	<1.0mm
搭钩零件	裂纹	无	轻微	—	有
	锈蚀	无或轻微	有	较严重	深度≥0.2mm
	铆钉损坏	无	损伤、脱落	—	—
	弯曲	无	轻微	—	严重
	下凹	无	无	—	严重
	锁扣损坏	无	脱落、损伤	—	—

续表 A.2.1-2

部位及项目		A类	B类	C类	D类
其他	脱焊	无	轻微	—	严重
	整体变形、翘曲	无	轻微	—	严重

表 A.2.1-3 交叉支撑质量分类

部位及项目	A类	B类	C类	D类
弯曲	≤3mm	>3mm	—	—
端部孔周裂纹	无	轻微	—	严重
下凹	无或轻微	—	—	严重
中部铆钉脱落	无	—	—	—
锈蚀	无或轻微	有	—	严重

表 A.2.1-4 连接棒质量分类

部位及项目	A类	B类	C类	D类
弯曲	无或轻微	有	—	严重
锈蚀	无或轻微	有	较严重	深度≥0.2mm
凸环脱落	无	轻微	—	—
凸环倾斜	≤0.3mm	>0.3mm	—	—

表 A.2.1-5 可调底座、可调托座质量分类

部位及项目		A类	B类	C类	D类
螺杆	螺牙缺损	无或轻微	有	—	严重
	弯曲	无	轻微	—	严重
	锈蚀	无或轻微	有	较严重	严重
扳手、螺母	扳手断裂	无	轻微	—	—
	螺母转动困难	无	轻微	—	—
	锈蚀	无或轻微	有	较严重	严重
底板	翘曲	无或轻微	有	—	—
	与螺杆不垂直	无或轻微	有	—	—
	锈蚀	无或轻微	有	较严重	严重

A.2.2 根据本规范附录 A 第 A.2.1 条表 A.2.1-1~表 A.2.1-5 的规定，周转使用的门架与配件质量类别判定应符合下列规定：

　　1 A类：表中所列 A 类项目全部符合；

　　2 B类：表中所列 B 类项目有一项和一项以上符合，但不应有 C 类和 D 类中任一项；

　　3 C类：表中 C 类项目有一项和一项以上符合，但不应有 D 类中任一项；

　　4 D类：表中 D 类项目有任一项符合。

A.3 标　志

A.3.1 门架及配件挑选后，应按质量分类和判定方法分别做上标志。

A.3.2 门架及配件分类经维修、保养、修理后必须标明"检验合格"的明显标志和检验日期，不得与未经检验和处理的门架及配件混放或混用。

A.4 抽样检查

A.4.1 抽样方法：C类品中，应采用随机抽样方法，不得挑选。

A.4.2 样本数量：C类样品中，门架或配件总数小于或等于300件时，样本数不得少于3件；大于300件时，样本数不得少于5件。

A.4.3 样品试验：试验项目及试验方法应符合现行行业产品标准《门式钢管脚手架》JG 13 的有关规定。

附录 B 计算用表

B.0.1 门架几何尺寸及杆件规格应符合下列规定。

  1 MF1219系列门架几何尺寸及杆件规格应符合表 B.0.1-1 的规定。

表 B.0.1-1　MF1219 系列门架几何尺寸及杆件规格

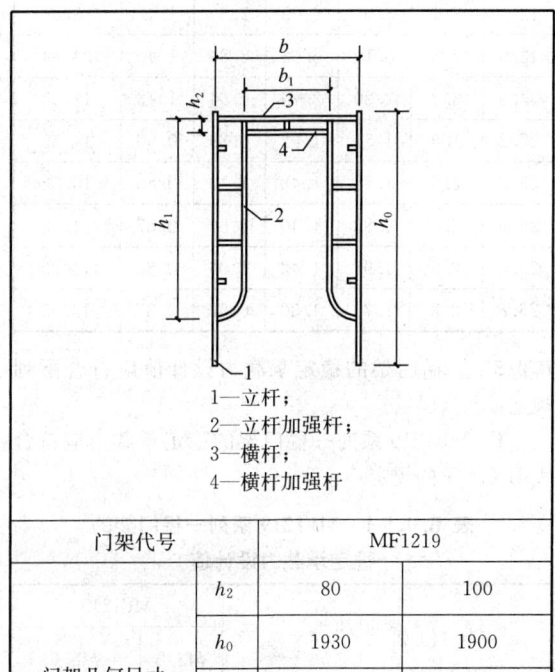

1—立杆；
2—立杆加强杆；
3—横杆；
4—横杆加强杆

门架代号		MF1219	
门架几何尺寸（mm）	h_2	80	100
	h_0	1930	1900
	b	1219	1200
	b_1	750	800
	h_1	1536	1550

续表 B.0.1-1

门架代号		MF1219	
杆件外径壁厚（mm）	1	$\phi 42.0 \times 2.5$	$\phi 48.0 \times 3.5$
	2	$\phi 26.8 \times 2.5$	$\phi 26.8 \times 2.5$
	3	$\phi 42.0 \times 2.5$	$\phi 48.0 \times 3.5$
	4	$\phi 26.8 \times 2.5$	$\phi 26.8 \times 2.5$

注：表中门架代号含义同现行行业产品标准《门式钢管脚手架》JG 13。

  2 MF0817、MF1017系列门架几何尺寸及杆件规格应符合表 B.0.1-2 的规定。

表 B.0.1-2　MF0817、MF1017 系列门架几何尺寸及杆件规格

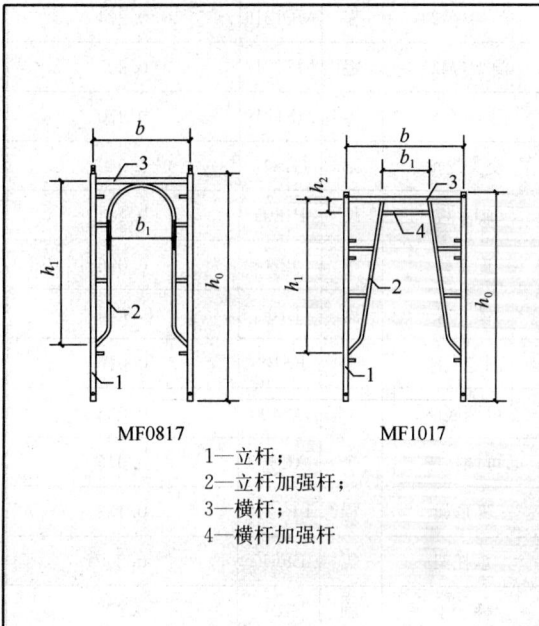

MF0817　　MF1017

1—立杆；
2—立杆加强杆；
3—横杆；
4—横杆加强杆

门架代号		MF0817	MF1017
门架几何尺寸（mm）	h_2	—	114
	h_0	1750	1750
	b	758	1018
	b_1	510	402
	h_1	1260	1291
杆件外径壁厚（mm）	1	$\phi 42.0 \times 2.5$	
	2	$\phi 26.8 \times 2.2$	
	3	$\phi 42.0 \times 2.5$	
	4	$\phi 26.8 \times 2.2$	

注：表中门架代号含义同现行行业产品标准《门式钢管脚手架》JG 13。

B.0.2 扣件规格及重量应符合表 B.0.2 的规定。

表 B.0.2 扣件规格及重量

规　格		重量（标准值）(kN/个)
直角扣件	GKZ48、GKZ48/42、GKZ42	0.0135
旋转扣件	GKU48、GKU48/42、GKU42	0.0145

B.0.3 门架、配件重量宜符合下列规定：

1 MF1219 系列门架、配件重量宜符合表 B.0.3-1 的规定。

表 B.0.3-1 MF1219 系列门架、配件重量

名　称	单位	代号	重量（标准值）(kN)
门架(ϕ42)	榀	MF1219	0.224
门架(ϕ42)	榀	MF1217	0.205
门架(ϕ48)	榀	MF1219	0.270
交叉支撑	副	G1812	0.040
脚手板	块	P1805	0.184
连接棒	个	J220	0.006
锁臂	副	L700	0.0085
固定底座	个	FS100	0.010
可调底座	个	AS400	0.035
可调托座	个	AU400	0.045
梯形架	榀	LF1212	0.133
承托架	榀	BF617	0.209
梯子	副	S1819	0.272

注：表中门架与配件的代号同现行行业产品标准《门式钢管脚手架》JG 13。

2 MF0817、MF1017 系列门架、配件重量宜符合表 B.0.3-2 的规定。

表 B.0.3-2 MF0817、MF1017 系列门架、配件重量

名　称	单位	代号	重量（标准值）(kN)
门架	榀	MF0817	0.153
门架	榀	MF1017	0.165
交叉支撑	副	G1812、G1512	0.040
脚手板	块	P1806、P1804、P1803	0.195、0.168、0.148
连接棒	个	J220	0.006
安全插销	个	C080	0.001
固定底座	个	FS100	0.010

续表 B.0.3-2

名　称	单位	代号	重量（标准值）(kN)
可调底座	个	AS400	0.035
可调托座	个	AU400	0.045
梯形架	榀	LF1012、LF1009、LF1006	11.1、9.60、8.20
三角托	个	T0404	0.209
梯子	副	S1817	0.250

注：表中门架与配件的代号同现行行业产品标准《门式钢管脚手架》JG 13。

B.0.4 门式脚手架用钢管截面几何特性应符合表 B.0.4 的规定。

表 B.0.4 门式脚手架用钢管截面几何特性

钢管外径 d (mm)	壁厚 t (mm)	截面积 A (cm^2)	截面惯性矩 I (cm^4)	截面模量 W (cm^3)	截面回转半径 i (cm)	每米长重量（标准值）(N/m)
51	3.0	4.52	13.08	5.13	1.67	35.48
48.0	3.5	4.89	12.19	5.08	1.58	38.40
42.7	2.4	3.04	6.19	2.90	1.43	23.86
42.4	2.6	3.25	6.40	3.05	1.41	25.52
42.4	2.4	3.02	6.05	2.86	1.42	23.68
42.0	2.5	3.10	6.08	2.83	1.40	24.34
34.0	2.2	2.20	2.79	1.64	1.13	17.25
27.2	1.9	1.51	1.22	0.89	0.90	11.85
26.9	2.6	1.98	1.48	1.10	0.86	15.58
26.9	2.4	1.83	1.40	1.04	0.87	14.50
26.8	2.5	1.91	1.42	1.06	0.86	14.99
26.8	2.2	1.70	1.30	0.97	0.87	13.35

B.0.5 一榀门架的稳定承载力设计值应符合下列规定：

1 MF1219 系列一榀门架的稳定承载力应符合表 B.0.5-1 的规定。

表 B.0.5-1 MF1219 系列一榀门架的稳定承载力设计值

门 架 代 号	MF1219	
	ϕ42.0	ϕ48.0
门架高度 h_0 (mm)	1930	1900
立杆加强杆高度 h_1 (mm)	1536	1550
立杆换算截面回转半径 i (cm)	1.525	1.652

续表 B.0.5-1

门架代号		MF1219	
		$\phi 42.0$	$\phi 48.0$
立杆长细比 λ	$H \leqslant 40m$	148	135
	$40 < H \leqslant 55m$	154	140
立杆稳定系数 φ	$H \leqslant 40m$	0.316	0.371
	$40 < H \leqslant 55m$	0.294	0.349
钢材强度设计值 $f(N/mm^2)$		205	205
门架稳定承载力设计值 N^d (kN)	$H \leqslant 40m$	40.16	74.38
	$40m < H \leqslant 55m$	37.37	69.97

注：1 本表门架稳定承载力系根据本规范表 B.0.1-1 的门架计算，当采用的门架几何尺寸及杆件规格与本规范表 B.0.1-1 不符合时应另行计算；
2 表中 H 代表脚手架搭设高度。

2 MF0817、MF1017 系列一榀门架的稳定承载力应符合表 B.0.5-2 的规定：

表 B.0.5-2 MF0817、MF1017 系列一榀门架的稳定承载力设计值

门架代号		MF0817	MF1017
		$\phi 42.0$	$\phi 42.0$
门架高度 h_0 (mm)		1750	1750
立杆加强杆高度 h_1 (mm)		1260	1291
立杆换算截面回转半径 i (cm)		4.428	1.507
立杆长细比 λ	$H \leqslant 40m$	138.71	136
	$40 < H \leqslant 55m$	144.64	142
立杆稳定系数 φ	$H \leqslant 40m$	0.354	0.367
	$40 < H \leqslant 55m$	0.329	0.340
钢材强度设计值 $f(N/mm^2)$		205	205
门架稳定承载力设计值 N^d (kN)	$H \leqslant 40m$	44.89	46.60
	$40m < H \leqslant 55m$	41.81	43.21

注：1 本表门架稳定承载力系根据本规范表 B.0.1-2 的门架计算，当采用的门架几何尺寸及杆件规格与本规范表 B.0.1-2 不符合时应另行计算；
2 表中 H 代表脚手架搭设高度。

B.0.6 轴心受压构件的稳定系数 φ（Q235 钢）应符合表 B.0.6 的规定。

表 B.0.6 轴心受压构件的稳定系数 φ（Q235 钢）

λ	0	1	2	3	4	5	6	7	8	9
0	1.000	0.997	0.995	0.992	0.989	0.987	0.984	0.981	0.979	0.976
10	0.974	0.971	0.968	0.966	0.963	0.960	0.958	0.955	0.952	0.949
20	0.947	0.944	0.941	0.938	0.936	0.933	0.930	0.927	0.924	0.921
30	0.918	0.915	0.912	0.909	0.906	0.903	0.899	0.896	0.893	0.889
40	0.886	0.882	0.879	0.875	0.872	0.868	0.864	0.861	0.858	0.855
50	0.852	0.849	0.846	0.843	0.839	0.836	0.832	0.829	0.825	0.822
60	0.818	0.814	0.810	0.806	0.802	0.797	0.793	0.789	0.784	0.779
70	0.775	0.770	0.765	0.760	0.755	0.750	0.744	0.739	0.733	0.728
80	0.722	0.716	0.710	0.704	0.698	0.692	0.686	0.680	0.673	0.667
90	0.661	0.654	0.648	0.641	0.634	0.626	0.618	0.611	0.603	0.595
100	0.588	0.580	0.573	0.566	0.558	0.551	0.544	0.537	0.530	0.523
110	0.516	0.509	0.502	0.496	0.489	0.483	0.476	0.470	0.464	0.458
120	0.452	0.446	0.440	0.434	0.428	0.423	0.417	0.412	0.406	0.401
130	0.396	0.391	0.386	0.381	0.376	0.371	0.367	0.362	0.357	0.353
140	0.349	0.344	0.340	0.336	0.332	0.328	0.324	0.320	0.316	0.312
150	0.308	0.305	0.301	0.298	0.294	0.291	0.287	0.284	0.281	0.277
160	0.274	0.271	0.268	0.265	0.262	0.259	0.256	0.253	0.251	0.248
170	0.245	0.243	0.240	0.237	0.235	0.232	0.230	0.227	0.225	0.222
180	0.220	0.218	0.216	0.214	0.211	0.209	0.207	0.205	0.203	0.201
190	0.199	0.197	0.195	0.193	0.191	0.189	0.188	0.186	0.184	0.182
200	0.180	0.179	0.177	0.175	0.174	0.172	0.171	0.169	0.167	0.166
210	0.164	0.163	0.161	0.160	0.159	0.157	0.156	0.154	0.153	0.152
220	0.150	0.149	0.148	0.146	0.145	0.144	0.143	0.141	0.140	0.139
230	0.138	0.137	0.136	0.135	0.133	0.132	0.131	0.130	0.129	0.128
240	0.127	0.126	0.125	0.124	0.123	0.122	0.121	0.120	0.119	0.118
250	0.117	—	—	—	—	—	—	—	—	—

本规范用词说明

1 为便于在执行本规范条文时区别对待,对于要求严格程度不同的用词说明如下:

1) 表示很严格,非这样做不可的:
正面词采用"必须",反面词采用"严禁";
2) 表示严格,在正常情况下均应这样做的:
正面词采用"应",反面词采用"不应"或"不得";
3) 表示允许稍有选择,在条件许可时首先应这样做的:
正面词采用"宜",反面词采用"不宜";
4) 表示有选择,在一定条件下可以这样做的,采用"可"。

2 条文中指明应按其他有关标准执行的写法为"应按……执行"或"应符合……的规定"。

引用标准名录

1 《建筑地基基础设计规范》GB 50007
2 《建筑结构荷载规范》GB 50009
3 《混凝土结构设计规范》GB 50010
4 《钢结构设计规范》GB 50017
5 《碳素结构钢》GB/T 700
6 《钢筋混凝土用钢 第1部分:热轧光圆钢筋》GB 1499.1
7 《钢筋混凝土用钢 第2部分:热轧带肋钢筋》GB 1499.2
8 《低合金高强度结构钢》GB/T 1591
9 《低压流体输送用焊接钢管》GB/T 3091
10 《可锻铸铁件》GB/T 9440
11 《一般工程用铸造碳钢件》GB/T 11352
12 《直缝电焊钢管》GB/T 13793
13 《钢管脚手架扣件》GB 15831
14 《施工现场临时用电安全技术规范》JGJ 46
15 《建筑施工高处作业安全技术规范》JGJ 80
16 《建筑施工扣件式钢管脚手架安全技术规范》JGJ 130
17 《建筑施工模板安全技术规范》JGJ 162
18 《门式钢管脚手架》JG 13

中华人民共和国行业标准

建筑施工门式钢管脚手架
安全技术规范

JGJ 128—2010

条 文 说 明

修 订 说 明

《建筑施工门式钢管脚手架安全技术规范》JGJ 128-2010 经住房和城乡建设部 2010 年 5 月 18 日以第 577 号公告批准、发布。

本规范是在《建筑施工门式钢管脚手架安全技术规范》JGJ 128-2000 的基础上修订而成，上一版的主编单位是哈尔滨工业大学，参编单位是上海市建筑施工技术研究院、汕头国际脚手架公司、北京利建模板公司、无锡市远东建筑器材公司，主要起草人员是徐崇宝、潘鼐等。本次修订的主要技术内容是：1. 总则；2. 术语和符号；3. 构配件；4. 荷载；5. 设计计算；6. 构造要求；7. 搭设与拆除；8. 检查与验收；9. 安全管理。

本规范修订过程中，编制组进行了广泛的调查研究，总结了我国门式钢管脚手架设计和施工实践经验，同时参考了日本等经济发达国家和地区的同类标准，通过对 MF0817、MF1017 门架搭设的脚手架和 MF1017 门架搭设的模板支架结构试验，取得了两种门架的承载能力等技术参数。

为便于广大设计、施工、科研、学校等单位有关人员在使用本规范时能够正确理解和执行条文规定，《建筑施工门式钢管脚手架安全技术规范》编制组按章、节、条顺序编制了本规范的条文说明，对条文规定的目的、依据以及执行中需注意的有关事项进行了说明，还着重对强制性条文的强制理由作了解释。但是，本条文说明不具备与规范正文同等的法律效力，仅供使用者作为理解和把握本规范规定的参考。在使用中如果发现本条文说明有不妥之处，请将意见函寄哈尔滨工业大学土木工程学院。

目　次

1 总则 ················ 10—22—32
2 术语和符号 ············ 10—22—32
　2.1 术语 ·············· 10—22—32
　2.2 符号 ·············· 10—22—32
3 构配件 ··············· 10—22—32
4 荷载 ················ 10—22—32
　4.1 荷载分类 ············ 10—22—32
　4.2 荷载标准值 ··········· 10—22—33
　4.3 荷载设计值 ··········· 10—22—34
　4.4 荷载效应组合 ·········· 10—22—34
5 设计计算 ·············· 10—22—35
　5.1 基本规定 ············ 10—22—35
　5.2 门式脚手架稳定性及搭设高度
　　　计算 ·············· 10—22—35
　5.3 连墙件计算 ··········· 10—22—39
　5.4 满堂脚手架计算 ········· 10—22—40
　5.5 模板支架计算 ·········· 10—22—42
　5.6 门架立杆地基承载力验算 ···· 10—22—42
　5.7 悬挑脚手架支承结构计算 ···· 10—22—42
6 构造要求 ·············· 10—22—43
　6.1 门架 ·············· 10—22—43
　6.2 配件 ·············· 10—22—43
　6.3 加固杆 ············· 10—22—43
　6.4 转角处门架连接 ········· 10—22—43
　6.5 连墙件 ············· 10—22—43
　6.6 通道口 ············· 10—22—44
　6.7 斜梯 ·············· 10—22—44
　6.8 地基 ·············· 10—22—44
　6.9 悬挑脚手架 ··········· 10—22—44
　6.10 满堂脚手架 ··········· 10—22—44
　6.11 模板支架 ············ 10—22—45
7 搭设与拆除 ············· 10—22—45
　7.1 施工准备 ············ 10—22—45
　7.2 地基与基础 ··········· 10—22—45
　7.3 搭设 ·············· 10—22—45
　7.4 拆除 ·············· 10—22—45
8 检查与验收 ············· 10—22—46
　8.1 构配件检查与验收 ········ 10—22—46
　8.2 搭设检查与验收 ········· 10—22—46
　8.3 使用过程中检查 ········· 10—22—46
　8.4 拆除前检查 ··········· 10—22—46
9 安全管理 ·············· 10—22—46
附录 A 门架、配件质量分类 ····· 10—22—47
　A.1 门架与配件质量类别及处理
　　　规定 ·············· 10—22—47
　A.2 质量类别判定 ·········· 10—22—47
附录 B 计算用表 ············ 10—22—47

1 总 则

1.0.1 本条是制定本规范的目的和依据，也是门式钢管脚手架设计与施工必须遵循的基本原则。

1.0.2 条文对本规范的适用范围进行了明确的规定。

1.0.3 本条为使用门式钢管脚手架必须遵循的原则，强调应对各类门式脚手架、模板支架进行设计计算，并编制出具体的专项施工方案用以指导施工。

1.0.4 本条所指的应符合国家现行有关标准，详见本规范的引用标准名录。

2 术语和符号

2.1 术 语

本节术语的条文仅列出容易混淆、误解的术语。

本规范给出了 25 个有关门式钢管脚手架的专用术语，并在我国惯用的脚手架工程术语的基础上赋予特定的涵义。所给出的英文译名是参考国外资料和专业词典拟定的。

2.1.21 门架间距

为满堂脚手架、模板支架纵向排列的（门架平面内方向）两列门架之间的距离。门架净间距是指纵向排列的两列门架之间的净距离。满堂脚手架、模板支架门架的排列纵向为列（跨距方向），横向为排（间距方向）。

2.2 符 号

本节符号是按现行国家标准《工程结构设计基本术语和通用符号》GBJ 132 和《建筑结构设计术语和符号标准》GB/T 50083 的规定编写的，并根据需要增加了一些内容。

本规范列出了 58 个常用符号，并分别给出了定义，这些符号均为本规范中所引用的。

3 构 配 件

3.0.1～3.0.5 门架及其配件的品种、规格、技术要求、试验方法、检验规则和产品标志等细则及型号表示方法，在现行行业产品标准《门式钢管脚手架》JG 13 中均有规定。门架立杆加强杆的长度对门架的稳定承载能力起着关键作用，因此本规范对其规定了最小长度值。门架宽度最大值和最小值是根据国内施工现场使用的情况确定的。

目前，施工现场应用的门架与配件的钢管外径、壁厚与现行国家标准《焊接钢管尺寸及单位长度重量》GB/T 21835 的规定有所不同，考虑到新旧标准的衔接，且《门式钢管脚手架》JG 13-1999 尚未修订，以及在市场中大量流通的门架产品的使用情况，本规范推荐使用的门架钢管直径和壁厚仍与原规范相同。待《门式钢管脚手架》JG 13-1999 标准修订后按修订后的标准执行。

对钢管壁厚偏差作严格规定，是为了保证门架承载力及刚度。平直度也称直线度。严重锈蚀是指锈蚀深度超过钢管壁厚负偏差的情况。

3.0.6 交叉支撑、锁臂、连接棒是门架组装时的主要连接件。交叉支撑、锁臂是挂在门架立杆锁柱上的，锁柱外端应有止退卡销。连接棒与门架立杆组装时一般带有止退的插销，无插销时应使用锁臂。脚手板、钢梯与门架连接是采用挂扣式连接的，端部有防止脱落的卡紧装置。

3.0.7 底座和托座是门式脚手架中的主要受力构件，其材质性能必须保证。本条所定可锻铸铁件、铸造碳钢件的牌号，是参照其他同类国家现行标准确定的。

3.0.8 连接 $\phi 42$ 钢管的扣件性能、质量应符合《钢管脚手架扣件》GB 15831 的要求。分别连接 $\phi 42$ 与 $\phi 48$ 钢管的扣件，为便于分辨，生产厂家应作出明显标记。

3.0.10 悬挑脚手架的悬挑支撑结构需采用型钢制作。U 形钢筋拉环或锚固螺栓材质应经检验符合标准要求，是为了防止发生锚固筋脆断。

4 荷 载

4.1 荷载分类

4.1.1 根据《建筑结构荷载规范》GB 50009 的规定，本规范将门式脚手架和模板支架的荷载划分为永久荷载和可变荷载两大类。

4.1.2 本条为门式脚手架和模板支架永久荷载划分的规定。

1 门式脚手架的永久荷载：将脚手架的安全网、栏杆、脚手板等划为永久荷载，是因为这些附件的设置位置虽然随施工进度变化，但对用途确定的脚手架来说，它们的重量和数量也是确定的。

2 模板支架的永久荷载：将模板支架的架体、脚手板、模板及模板支撑梁、钢筋、新浇混凝土等划为永久荷载，是因为这些荷载在架体上都是相对固定的。只有当泵管卸料口混凝土堆积过高或布料不均时，支承架体将产生不均匀荷载，此荷载为可变荷载。

4.1.3 本条为门式脚手架和模板支架可变荷载划分的规定。

1 本款所称材料和机具，是指架体上少量存放材料及手用小型机械、工具等，架体上存放材料超过 $1kN/m^2$ 或在架体上存放大型机具，应另行计算。

2 本款给出模板支架的可变荷载包括的内容。

其中机具自重是指振捣棒、振捣器、抹光机等小型机械和工具等，如架体上安装大型设备或大型设施应另行计算。

3 风荷载对门式脚手架、模板支架来说是不固定的，因此，将其划为可变荷载。

4.2 荷载标准值

4.2.2 用于结构和装修施工的施工均布荷载标准值，是根据对国内施工现场的调查及国外同类标准确定的。门式钢管脚手架主要用于外墙装修和结构施工，装修施工层荷载一般不超过 2.0kN/m²，结构施工层荷载一般不超过 3.0kN/m²，表 4.2.2 给出的施工荷载符合我国施工现场的实际，与国外同类标准相比，略大于日本规定（见表3）。

注2是指脚手架上的钢斜梯，按其投影面积的每平方米施工均布荷载标准值。

4.2.3 用于装修施工或结构施工的脚手架，在同一跨距范围内立体交叉作业层数一般都不超过 2 层；当有多层交叉作业时，同一跨距内各操作层施工均布荷载标准值总和不得超过 5.0kN/m²，与日本的标准相当。

4.2.4 本条只是对满堂脚手架可变荷载标准值的原则规定。应用时，应按实际情况计算满堂脚手架的可变荷载标准值。可变荷载最小值的规定是参照一般脚手架的施工均布荷载值确定的。

4.2.6 式（4.2.6）系根据《建筑结构荷载规范》GB 50009 的规定，并参考国外同类标准给出的。

《建筑结构荷载规范》GB 50009 规定建筑物表面的风荷载标准值按下式计算：

$$w_k = \beta_z \mu_z \mu_s w_0 \tag{1}$$

式中：β_z——z 高度处的风振系数，用于考虑风压脉动对结构的影响，脚手架系附着在建筑物上的，取 $\beta_z = 1.0$；

μ_z、μ_s——分别为风压高度变化系数和风荷载体型系数；

w_0——基本风压。

条文中基本风压 w_0 值是根据重现期 10 年确定，脚手架使用期一般为 1～3 年，相对来说，遇到强风的概率要小的多，重现期确定为 10 年是偏于安全的。

脚手架是附着于主体结构设置的框架结构，风荷载对其压或吸力的分布规律比较复杂，与脚手架的背靠建筑物的状况及脚手架采用的围护材料、围护状况有关，表 4.2.6 给出的全封闭、半封闭脚手架风荷载体型系数，是按脚手架采用密目式安全网封闭的状况给出的。根据有关试验资料表明，脚手架采用密目式安全网全封闭状况下，其挡风系数 $\Phi = 0.7$，考虑到密目式安全网在使用中挂灰等因素，本规范取 $\Phi = 0.8$。当脚手架背靠全封闭墙时，$\mu_s = 1.0$；当脚手架背靠敞开、框架和开洞墙时，$\mu_s = 1.3\Phi$。μ_s 最大值超过 1.0 时，取 $\mu_s = 1.0$。

表 4.2.6 中对于 MF1219 系列、MF0817 系列和 MF1017 系列门架跨距为 1.83m 时，门架立杆钢管外径为 42.0mm～42.7mm 的敞开式脚手架，直接给出了风荷载体型系数 $\mu_{stw} = 0.27$，以简化计算。

敞开式脚手架 $\mu_{stw} = 0.27$ 的来源，以 MF1219 门架为例：

参照《建筑结构荷载规范》GB 50009 规定，敞开式脚手架宜按空间桁架的体型系数计算，其计算表达式为：

$$\mu_{stw} = \mu_{st} \frac{1-\eta^n}{1-\eta} \tag{2}$$

式中：μ_{st}——单榀桁架的体型系数，$\mu_{st} = \Phi\mu_s$；

Φ——挡风系数，$\Phi = \dfrac{A_n}{A}$；

μ_s——桁架构件的体型系数，由《建筑结构荷载规范》GB 50009-2001（2006 年版）查得 $\mu_s = 1.2$；

A_n——挡风面积；

A——桁架的外轮廓面积；

η——据 Φ 及 $\dfrac{l}{b}$ 值由《建筑结构荷载规范》GB 50009-2001（2006 年版）表 7.3.1 第 32 项查得；

n——桁架榀数，对敞开式脚手架应取 2.0；

b、l——脚手架的宽度及跨距。

因门架、配件的规格尺寸为定型产品，故以上各参数均可计算得出。取 $b = 1.22$m，$h = 1.95$m，$l = 1.83$m。门架、交叉支撑、水平加固杆规格如图 1 所示。

$$A_n = [(1.95+1.83) \times 0.0426 + 0.0268 \\ \times (2.16 \times 2 + 1.536)] \times 1.2 \\ = 0.382 \text{m}^2$$

式中：1.2——考虑加固件的增大系数。

$$\Phi = \frac{A_n}{A} = \frac{0.382}{1.95 \times 1.83} = 0.107$$

据 $\Phi = 0.107$，$\dfrac{b}{l} = \dfrac{1.22}{1.83} < 1.0$ 知 $\eta = 0.998$

将以上各值代入式（2）得：

$$\mu_{stw} = \Phi\mu_s(1+\eta) = 0.107 \times 1.2 \times 1.998 = 0.257$$

取 $\mu_{stw} = 0.27$。

4.2.7～4.2.9 风荷载对满堂脚手架和模板支架同时发生两个作用，其作用形式和计算方法说明如下：

1 架体在水平风荷载作用下，使门架立杆产生弯矩，同时，门架立杆也产生相应轴力形成力偶矩，用以抵抗所承受的弯矩作用，则门架立杆由于弯矩作用产生的轴力，按下列公式计算：

$$M_{wk} = \frac{q_{wk}h^2}{10} \tag{3}$$

$$N_{wk} = \frac{2M_{wk}}{b} \tag{4}$$

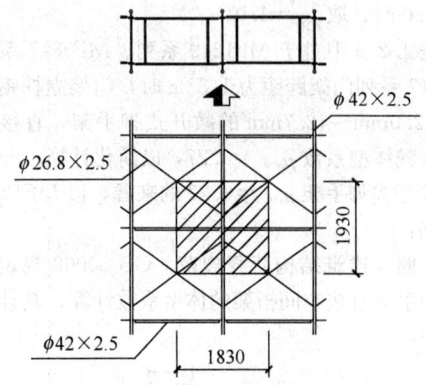

图1 脚手架风荷载计算简图

式中：M_{wk}——满堂脚手架或模板支架风荷载产生的弯矩标准值；
q_{wk}——风线荷载标准值，按本规范式（5.2.1-5）计算；
h——门架步距；
b——门架宽度；
N_{wk}——风荷载弯矩产生的门架立杆轴力标准值。

经理论计算分析表明，风荷载弯矩产生的门架立杆轴力很小，可忽略不计。

2 架体在水平风荷载作用下承受整体侧向力。条文所列的计算公式，是架体整体侧向力的简化（近似）计算公式。因架体上部是挂密目网的栏杆围挡或模板（模板支架），下部是敞开的架体，各自的风荷载体型系数不同，因此，需单独计算各自的风荷载水平力。计算时，为了简化和方便应用，是将风荷载看成是按其最大值均匀分布的情况来考虑的，这是偏于安全的。

根据理论计算分析，在横向风荷载作用下，满堂脚手架或模板支架计算单元—榀门架立杆产生的附加轴力按线性分布，可按下列公式计算（见图4.2.9）：

当门架立杆不等间距时：

$$N_{wj} = \frac{N_{wn} l_{bj}}{l_{bn}} \quad (5)$$

当门架立杆等间距时：

$$N_{wj} = \frac{N_{wn}(j-1)}{n-1} \quad (6)$$

式中：N_{wj}——验算点处一榀门架立杆风荷载作用的附加轴力标准值；
N_{wn}——一榀门架立杆风荷载作用的最大附加轴力标准值，按本规范式（4.2.9-1）、式（4.2.9-2）计算；
l_{bj}、l_{bn}——门架立杆距离；
n——门架立杆数。

一般情况下，所取验算点处（计算单元处）按式（5）、式（6）计算的结果与本规范式（4.2.9-1）、式（4.2.9-2）计算的结果比较接近，为简化计算，以一榀门架立杆风荷载作用的最大附加轴力标准值代替验算点处一榀门架立杆风荷载作用的附加轴力标准值。

4.3 荷载设计值

4.3.1~4.3.3 荷载设计值的取值和荷载分项系数的取值，均是依据现行国家标准《建筑结构荷载规范》GB 50009的规定给出的。门式脚手架与模板支架按承载能力极限状态计算架体或构件的强度、稳定性和连接强度时应取荷载的设计值，即永久荷载和可变荷载的标准值乘以各自的分项系数；计算门架立杆地基承载力和按正常使用极限状态计算变形值时，应取荷载的标准值。

4.4 荷载效应组合

4.4.2 根据现行国家标准《建筑结构荷载规范》GB 50009的规定，对门式脚手架、模板支架按承载能力极限状态设计时，应按荷载效应的基本组合进行荷载组合。

1 对门式脚手架荷载效应组合只列出脚手架稳定和连墙件两项，表4.4.2-1规定的依据有以下几点：

1）构配件、加固杆件等只要其规格、性能、质量符合本规范的规定，按本规范的构造要求设置，其强度、刚度均会满足要求，不必进行计算。

2）理论分析及试验结果表明，在连墙件正常设置条件下，脚手架破坏均属于稳定破坏，故只计算脚手架的稳定项目。对于敞开式脚手架，风荷载对脚手架产生的内力很小，一般可只进行永久荷载＋施工荷载的组合计算。

3）连墙件荷载组合中除风荷载外，还包括附加水平力3.0kN，这是考虑到连墙件除受风荷载作用外，还受到其他水平力的作用，主要是两个方面：

①脚手架的荷载作用实际上是偏离脚手架形心轴作用的，在偏心力作用下，脚手架承受倾覆力矩作用，此倾覆力矩由连墙件的水平反力抵抗；
②连墙件是被用作减小架体门架立杆轴心受压构件自由长度的侧向支撑，承受支撑力。

根据现行国家标准《钢结构设计规范》GB 50017的规定，用作减小轴心受压构件（柱）自由长度的支撑，当受压构件单根柱设置m道等间距（或间距不等但与平均间距相比相差不超过20%）支撑时，各支撑点的支撑力F_{bm}按下式计算：

$$F_{bm} = \frac{N}{30}(m+1) \quad (7)$$

式中：F_{bm}——连墙件所受支撑力；
N——门架立杆的轴向力；

m——在每一分段搭设高度内，沿脚手架竖向连墙件的道数。

综合以上两个因素，因精确计算以上两项水平力目前还难以做到，根据以往经验，条文中确定为3.0kN。

2 对满堂脚手架和模板支架荷载效应组合只列出稳定一项，表4.4.2-2规定的依据主要有以下几点：

1）满堂脚手架、模板支架的构配件、加固杆等只要其质量符合本规范要求，按本规范的构造要求设置，其强度、刚度均会满足要求，不必进行计算。

2）理论分析及试验结果表明，在满堂脚手架、模板支架的交叉支撑、加固杆等按本规范构造要求正常设置的条件下，架体破坏均属于稳定破坏，故只计算其稳定项目。

必须注意，本规范给出的荷载组合表达式都是以荷载与荷载效应有线性关系为前提，对于明显不符合该条件的涉及非线性问题时，应根据问题的性质另行确定。

5 设计计算

5.1 基本规定

5.1.1 设计门式脚手架与模板支架时，应根据建筑工程条件、构配件供应条件、施工条件等情况，尽可能采用先进合理的施工方法，全面综合分析、比较找出最佳的设计方案。

5.1.2 本条是门式脚手架与模板支架设计的原则要求，强调架体设计要有足够的安全储备，能够承受施工中可预见的各种荷载。

5.1.3 门式脚手架搭设太高，不但不利安全，而且也不经济。本条对门式脚手架的搭设高度规定是根据国内外门式脚手架的试验和理论分析成果，参考国外同类标准以及我国的使用经验确定的。考虑到脚手架必须采用密目式安全网全封闭，此次修订的搭设高度比原规范有所降低。型钢悬挑脚手架的搭设高度主要是受型钢悬挑梁的变形和建筑结构楼层板及边梁强度控制。搭设条件如与表5.1.3不同时，可根据计算确定架体搭设高度。

5.1.4 本条阐述了门式脚手架和模板支架设计计算的内容。说明如下：

1 设计方法

本规范采用了与现行结构规范统一的设计表达形式。因脚手架与模板支架系暂设结构，在荷载和结构方面均缺乏系统积累的统计资料，不具备永久性结构那样的概率分析条件。为此，针对脚手架与模板支架工作特点，我们在计算表达式中的抗力项采用了一个调整系数γ_R，其取值以单一系数法的安全系数2.0～3.0作为基本依据，经反复调整确定。所以，本规范对脚手架与模板支架采用的设计方法实质上是属于半概率半经验的。

2 门式脚手架的设计计算

门式脚手架只计算脚手架的稳定和在稳定承载能力下的最大搭设高度。连墙件受力比较复杂，均按受压杆件设计计算其强度和稳定。

3 模板支架的设计计算

本规范对模板支架只规定架体的设计计算。架体之上的模板及模板支承梁等设计计算，应按现行行业标准《建筑施工模板安全技术规范》JGJ 162的规定执行。

4 门架的地基与基础设计

门架地基与基础设计时应考虑技术要求、基础构造、承载能力计算等。

5 悬挑脚手架的设计计算

悬挑脚手架其架体的承载力、搭设高度可不计算。一榀门架承担的荷载值及连墙件应按一般脚手架计算。本规范主要阐述型钢悬挑梁的计算。

型钢悬挑梁只计算抗弯强度和整体稳定，是因为经理论计算分析表明，起控制作用的是在上部荷载作用下型钢梁的抗弯强度和整体稳定，抗剪强度不起控制作用，只要其抗弯强度和整体稳定满足，抗剪强度也能满足。

6 满堂脚手架与模板支架必要时进行抗倾覆验算，必要时是指架体高宽比较大或架体侧向风荷载较大而未采取拉缆风绳等其他抗侧翻措施时的情况。计算时应将架体、模板侧向风荷载分别计算，并分别计算侧倾力矩和立杆附加轴力，验算抗倾覆力矩和门架立杆轴力。

5.1.7 规定计算公式的适用范围，是因为门架的规格、形式不同，所用管材材质、直径和壁厚不同，搭设的架体构造不同，架体在荷载作用下失稳破坏变形特征也不同，门架立杆换算截面惯性矩的计算方法也不相同。因此，其他形式的门架不可简单的套用本章的计算公式，应按科学的试验方法，对脚手架和模板支架进行架体结构性能试验，分析失稳破坏特征，取安全系数为2.0～3.0，确定稳定承载力，并总结归纳出相应的科学的计算方法。

5.2 门式脚手架稳定性及搭设高度计算

5.2.1、5.2.2 条文直接给出了计算表达式，可直接对门式脚手架稳定进行计算。对稳定计算的几方面问题说明如下：

1 按轴心受压杆计算门式脚手架稳定承载能力

1）门式钢管脚手架的主要破坏形式

MF1219、MF1017门式钢管脚手架的主要破坏

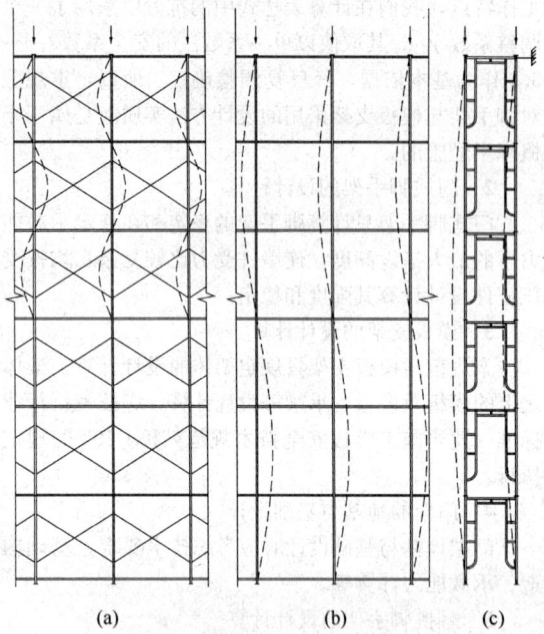

图 2　门式钢管脚手架的失稳破坏形式

形式是在抗弯刚度弱的门架平面外方向多波鼓曲失稳破坏〔图 2（a）〕，这种破坏形式的条件是脚手架的连墙件正常设置（竖向间距不大于 3 步），门架的两侧均设置交叉支撑，水平加固杆按规定设置。当交叉支撑只在脚手架的单侧设置，又不在未设交叉支撑一侧按步架设置连续纵向加固杆时，脚手架将在门架平面外大波鼓曲失稳破坏〔图 2（b）〕，据试验结果证明，承载能力将比前一种破坏形式降低 30%～40%。当连墙件作稀疏布置，其竖向间距大到 4～6 步时，脚手架可能在门架平面内方向大波鼓曲失稳〔图 2（c）〕，这种失稳破坏的承载力低于第一种破坏形式。第 5.2.1 条、5.2.2 条规定是针对门式脚手架主要破坏形式的计算，本规范在第 6 章通过构造规定对架体搭设提出要求，以避免发生后两种失稳破坏。

MF0817 门式脚手架的破坏形式是在门架平面内方向，以连墙件为支点的多波鼓曲失稳破坏，承载能力低于前两种门式脚手架，条文中将其立杆折算长细比计算公式单独列出。

2）门式脚手架的受力特点

组成门式脚手架的基本单元——门架是一框架结构，在施工荷载作用下，施工层的门架杆件在门架平面内受局部弯矩作用。尽管如此，由于在脚手架的全部荷载中，施工荷载所占比重并不大，如在 40m 高的脚手架中，施工荷载约占 20%～33%；在 55m 高的脚手架中，施工荷载仅占 18%～24%；施工荷载在非操作层也是靠门架立杆轴心受压传递的。因此，门式脚手架主要是靠门架立杆轴心受压将竖向荷载传给基础的，风荷作用时，将在门架平面方向产生弯矩，这也要靠门架的立杆轴心力组成力偶来抵抗。

总之，门式脚手架主要受轴压力，虽有弯矩作用，但所产生的附加应力不大。

根据上述分析将门式脚手架简化为轴心受压构件计算，国外的同类标准也均作相同处理。上述的弯矩予以忽略对脚手架安全是不利的，因此，本规范在调整系数中考虑这一因素，以保证安全。

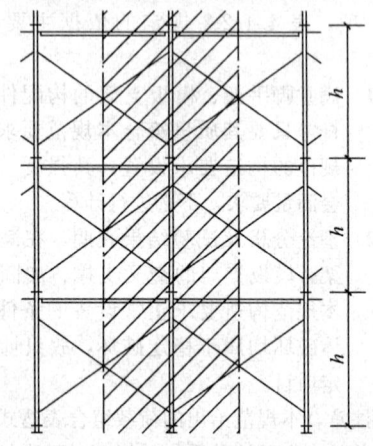

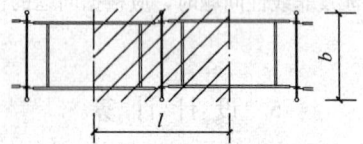

图 3　脚手架的计算单元

3）脚手架稳定计算

本规范对门式脚手架稳定性规定按式（5.2.1-1）计算：

$$N \leqslant N^d$$

这是根据现行国家标准《建筑结构可靠度设计统一标准》GB 50068 对轴心受压构件稳定计算规定要求给出的。左端 N 代表计算单元内荷载作用对门架立杆产生的轴心力设计值，右端 N^d 代表计算单元门架的稳定承载力设计值，计算单元如图 3 所示。N 按式（5.2.1-2）、式（5.2.1-3）计算并取大者。

N^d 应按式（5.2.1-6）计算，φ 由附录 B 表 B.0.6 根据门架折算的长细比 λ 查取。

由于门架的两侧是由立杆和加强杆组成的复合杆，因此计算门架折算的长细比时应按式（5.2.1-7）、式（5.2.1-8a）或式（5.2.1-8b）规定计算，此式考虑了加强杆对门架抗弯刚度的贡献。

2　调整系数 k

根据《建筑结构可靠度设计统一标准》GB 50068 的规定，轴心压杆稳定的承载能力极限状态表达式为：

$$\gamma_0(\gamma_G N_{Gk} + \psi \gamma_Q \Sigma N_{Qik}) \leqslant \varphi \frac{f_k}{\gamma_m} \cdot A \quad (8)$$

式中：　　γ_0——结构、构件的重要性系数，对脚手架结构应取 0.9；

γ_G、γ_Q ——永久荷载及可变荷载的分项系数，应分别取1.2及1.4；

N_{Gk}、ΣN_{Qik} ——永久荷载、各可变荷载对压杆产生的轴向力标准值；

ψ ——组合系数，为简化计，取1.0；

φ ——轴压杆稳定系数；

A ——轴压杆的截面积；

f_k ——材料强度的标准值；

γ_m ——抗力分项系数，按现行国家标准《冷弯薄壁型钢结构技术规范》GB 50018的规定取1.165。

为了使门式脚手架的安全系数不低于2.0，在右端除以调整系数 γ'_R，则结构的设计表达式可写成：

$$0.9 \times (\gamma_G N_{Gk} + 1.0 \times \gamma_Q \Sigma N_{Qik}) \leqslant \varphi \frac{f_k}{\gamma_m} \cdot A \cdot \frac{1}{\gamma'_R} \quad (9)$$

容许应力方法的轴压杆稳定承载能力极限状态表达式为：

$$N_{Gk} + \psi \Sigma N_{Qik} \leqslant \varphi \frac{f_k}{K} \cdot A \quad (10)$$

式中：K ——安全系数，采用经验系数2.0。

将式（9）右端整理，并将荷载分项系数 γ_G、γ_Q 用加权平均值 γ_s 表示：

$$\gamma_s = \frac{\gamma_G N_{Gk} + \gamma_Q \Sigma N_{Qik}}{N_{Gk} + \Sigma N_{Qik}}$$

则式（9）可写作：

$$0.9 \gamma_s (N_{Gk} + \Sigma N_{Qik}) \leqslant \varphi \frac{f_k}{\gamma_m} \cdot A \cdot \frac{1}{\gamma'_R} \quad (11)$$

对比式（10）与式（11），即得到调整系数：

$$\gamma'_R = \frac{K}{0.9 \gamma_m \cdot \gamma_s} \quad (12)$$

γ_s 与永久荷载和可变荷载所占比例有关，经反复试算、调整，将 γ'_R 的作用转化为门架计算高度调整系数 k 予以考虑，即最后按不同架高确定了表5.2.1的系数。

采用表5.2.1规定的调整系数反算各种施工荷载下的敞开式架体，所得安全系数接近或大于经验的安全系数2.0，详见表1及表2。

表1 $H=40$m门式脚手架安全系数 $k=1.17$

施工荷载 Q_k (kN/m²)	门式脚手架自重及附件重产生的轴力标准值（kN）		施工荷载产生的轴力标准值（kN） ΣN_{Qik}	荷载分项系数加权平均值 γ_s	安全系数 $K=0.9\gamma_m \cdot \gamma_s \gamma'_R$
	N_{G1k}	N_{G2k}			
2.0	(0.257×40)	(0.077×40)	4.46	1.250	1.942
3.0	10.28	3.08	6.59	1.272	1.976
4.0			8.78	1.279	1.987
5.0			10.98	1.290	2.004

表2 $H=55$m门式脚手架安全系数 $k=1.22$

施工荷载 Q_k (kN/m²)	门式脚手架自重及附件重产生的轴力标准值（kN）		施工荷载产生的轴力标准值（kN） ΣN_{Qik}	荷载分项系数加权平均值 γ_s	安全系数 $K=0.9\gamma_m \cdot \gamma_s \gamma'_R$
	N_{G1k}	N_{G2k}			
2.0	(0.257×55)	(0.077×55)	4.46	1.239	2.062
3.0	14.14	4.235	6.59	1.253	2.084

3 门式脚手架搭设高度比较

门式脚手架搭设高度的比较见表3。

表3 搭设高度比较

施工荷载 Q_k (kN/m²)	2.0 (1.85)	3.0	4.0 (3.7)	5.0
H_{max} (m) 本规范限制高度	—	55	—	40
H_{max} (m) 日本	60	—	48	45
H_{max} (m) 中国台湾	45（未规定荷载）			

注：施工荷载栏中括号内数据为日本规定。

4 N_{G1k}、N_{G2k}、N_{Qik} 计算举例

1) 门式脚手架自重产生的轴向力 N_{G1k} 计算

门架规格MF1219，按标准搭法（跨距按1.83m计，水平加固杆按ϕ42计），每步架高内的构配件及其自重为：

门架　　　　　　1榀　0.224　　　　　kN
交叉支撑　　　　2副　0.04×2=0.08　　kN
水平加固杆（每5步4设每步2根）
　　　　1.83×2×0.0243×4/5=0.071　　kN
旋转扣件每个跨距内8个
　　　　8×0.0145/5=0.023　　　　　　kN
脚手板2块（每5步1设）
　　　　0.184×2×1/5=0.074　　　　　kN
连接棒　　　　　2个　0.006×2=0.012　kN
锁臂　　　　　　2副　0.0085×2=0.017 kN
合计　　　　　　　　0.501　　　　　　kN

每米高脚手架自重：$N_{G1k} = \frac{0.501}{1.95} = 0.257$ kN/m

2) 剪刀撑、附件产生的轴向力 N_{G2k} 计算

剪刀撑采用$\phi 42 \times 2.5$mm钢管，钢管自重为0.0243kN/m，剪刀撑按4步4跨距设置，则每跨距宽度内：

因为 $\tan\alpha = \frac{4 \times 1.95}{4 \times 1.83} = 1.066$　$\cos\alpha = 0.684$

钢管自重：$2 \times \frac{1.83}{0.684} \times 0.0243 = 0.130$ kN

扣件每跨距内直角扣件1个，旋转扣件2个；

扣件重：$(1 \times 0.0135 + 2 \times 0.0145) = 0.043$ kN

每米高脚手架的剪刀撑重：

$$\frac{0.130+0.043}{4\times1.95}=0.022 \text{ kN/m}$$

附件重,按采用立网全封闭,每5步架加栏杆一道,挡脚板一道,栏杆挡脚板采用 $\phi 42\times 2.5\text{mm}$ 钢管及3个扣件,安全网每跨距内每米高重量: $0.02\times 1.83=0.037\text{kN/m}$ (本例采用的立网自重为 0.02kN/m^2)。

栏杆、挡脚板自重:

$$\frac{1.83\times 3\times 0.0243+0.0135\times 3}{5\times 1.95}=0.018 \text{ kN/m}$$

所以

$$N_{G2k}=0.022+0.037+0.018=0.077 \text{ kN/m}$$

3)施工荷载产生的轴向力 N_{Qk} 计算

$$N_{Qk}=Q_k bl=Q_k\times 1.22\times 1.83$$

式中: Q_k ——操作层上的施工荷载标准值。

5 门式脚手架稳定性和搭设高度算例

1)门式脚手架稳定性验算

例1 某高层建筑外装修施工用落地门式脚手架,搭设高度40m,施工荷载考虑两个作业层同时作业,取 $\Sigma Q_k=5.0\text{kN/m}^2$,建造地点风荷载的基本风压为 0.45kN/m^2,地面粗糙度B类。门架型号采用MF1219,钢材采用Q235,门架宽 $b=1.22\text{m}$,门架高 $h_0=1.93\text{m}$,步距 $h=1.95\text{m}$,跨距 $l=1.83\text{m}$。验算脚手架的稳定性。

脚手架构造做法:交叉支撑两侧设置,水平加固杆5步4设,脚手板5步1设,剪刀撑4步4跨设置,加固杆件钢管为 $\phi 42\times 2.5\text{mm}$,连墙件为3步3跨($H_1=3\times 1.95\text{ m}$, $L_1=3\times 1.83\text{ m}$)设置,采用立网全封闭围护,背靠建筑物为开洞墙,每5步设栏杆、挡脚板一道,杆件规格同加固杆。

根据上述条件验算脚手架的稳定性如下:

①求各种荷载对脚手架计算单元(图3)产生的内力标准值

由上面算例得:

$$N_{G1k}=0.257\text{kN/m}$$
$$N_{G2k}=0.077\text{kN/m}$$

施工荷载产生的轴向力标准值:

$$\Sigma N_{Qk}=5\times 1.22\times 1.83=11.163\text{kN}$$

风荷载对门式脚手架产生计算弯矩标准值:

根据 $H=40\text{m}$、地面粗糙度B类的条件,由《建筑结构荷载规范》GB 50009-2001(2006年版)表7.2.1查得所取计算单元处(底层门架)风压高度系数 $\mu_z=1.56$。在本规范第4.2.6条已给出风荷载体型系数 $\mu_s=1.0$。

风荷载标准值为:

$$w_k=\mu_z\mu_s w_0=1.56\times 1.0\times 0.45=0.702 \text{ kN/m}^2$$

作用于门式脚手架计算单元的风线荷载标准值,按本规范式(5.2.1-5)计算:

$$q_{wk}=w_k\cdot l=0.702\times 1.83=1.285\text{kN/m}$$

风荷载对门式脚手架计算单元产生的弯矩标准值,按本规范式(5.2.1-4)计算:

$$M_{wk}=\frac{q_{wk}H_1^2}{10}=\frac{1.285\times 5.85^2}{10}=4.398\text{kN}\cdot\text{m}$$

②求作用于一榀门架的最大轴向力设计值

最大轴向力设计值应进行不组合风荷载与组合风荷载两种情况的计算,取其大者。

不组合风荷载时,按本规范式(5.2.1-2)计算:

$$N=1.2(N_{G1k}+N_{G2k})H+1.4\Sigma N_{Qk}$$
$$=1.2(0.257+0.077)\times 40+1.4\times 11.163$$
$$=31.66\text{kN}$$

组合风荷载时,按本规范式(5.2.1-3)计算:

$$N=1.2(N_{G1k}+N_{G2k})H+0.9$$
$$\times 1.4\left(\Sigma N_{Qk}+\frac{2M_{wk}}{b}\right)$$
$$=1.2(0.257+0.077)\times 40+0.9\times 1.4$$
$$\times\left(11.163+\frac{2\times 4.398}{1.22}\right)=39.18\text{kN}$$

组合风荷载时得到一榀门架的最大轴向力设计值。

③求一榀门架的稳定承载力设计值 N^d

N^d 按本规范式(5.2.1-6)计算:

$$N^d=\varphi\cdot A\cdot f$$

查本规范附录B表B.0.4得知: $A_1=310\text{mm}^2$; $h_0=1930\text{mm}$; $I_0=6.08\times 10^4\text{ mm}^4$; $I_1=1.42\times 10^4\text{ mm}^4$; $h_1=1536\text{mm}$。代入本规范式(5.2.1-8a),得门架立杆换算截面惯性矩:

$$I=I_0+I_1\frac{h_1}{h_0}=6.08\times 10^4+1.42\times 10^4\times\frac{1536}{1930}$$
$$=7.21\times 10^4\text{ mm}^4$$

门架立杆换算截面回转半径由本规范式(5.2.1-7)计算:

$$i=\sqrt{\frac{I}{A_1}}=\sqrt{\frac{7.21\times 10^4}{310}}=15.25 \text{ mm}$$

门架立杆长细比:调整系数 k,根据 $H=40\text{m}$ 查本规范表5.2.1得 $k=1.17$。

$$\lambda=\frac{kh_0}{i}=\frac{1.17\times 1930}{15.25}\doteq 148$$

根据 $\lambda=148$ 查本规范附录B表B.0.6得立杆稳定系数 $\varphi=0.316$。

由本规范表5.1.8查得钢材强度设计值 $f=205\text{ N/mm}^2$,所以,一榀门架的稳定承载力设计值为:

$$N^d=\varphi\cdot A\cdot f=0.316\times 310\times 2\times 205\times 10^{-3}$$
$$=40.16\text{ kN}>39.18\text{kN}$$

以上计算结果说明,满足 $N\leqslant N^d$,故此门式脚手架的稳定性满足要求。

例2 门式脚手架搭设方法及背靠建筑物的情况同例1,采用密目式安全网全封闭,基本风压值为 $w_0=0.60\text{ kN/m}^2$,架高 $H=40\text{m}$。验算脚手架的根据条件可知，此脚手架 N_{G1k}、N_{G2k}、ΣN_{Qk}、N^d 均与例1相同，仅需计算组合风荷载时的脚手架计算单元最大轴向力设计值。

根据围护材料条件，风荷体型系数应取 $\mu_s = 1.0$，风荷载标准值为：

$$w_k = \mu_z \mu_s w_0 = 1.56 \times 1.0 \times 0.60 = 0.936 \text{ kN/m}^2$$

作用于脚手架计算单元的风线荷载标准值：

$$q_{wk} = w_k \cdot l = 0.936 \times 1.83 = 1.713 \text{ kN/m}$$

风荷对脚手架计算单元产生的弯矩标准值：

$$M_{wk} = \frac{q_{wk} H_1^2}{10} = \frac{1.713 \times 5.85^2}{10} = 5.862 \text{ kN} \cdot \text{m}$$

风荷参与组合时对一榀门架产生的轴向力设计值：

$$N = 1.2(N_{G1k} + N_{G2k})H + 0.9 \times 1.4 \left(\Sigma N_{Qk} + \frac{2M_{wk}}{b}\right)$$

$$= 1.2(0.257 + 0.077) \times 40 + 0.9 \times 1.4 \times \left(11.163 + \frac{2 \times 5.862}{1.22}\right)$$

$$= 42.21 \text{ kN} > N^d = 40.16 \text{ kN}$$

说明此脚手架稳定性不满足要求。

试改变连墙件竖向间距，取 $H_1 = 2 \times 1.95 \text{m}$，以减小风荷作用对脚手架计算单元产生的弯矩，下面再进行验算：

$$M_{wk} = \frac{q_{wk} H_1^2}{10} = \frac{1.713 \times 3.9^2}{10} = 2.605 \text{ kN} \cdot \text{m}$$

$$N = 1.2(0.257 + 0.077) \times 40 + 0.9 \times 1.4 \times \left(11.163 + \frac{2 \times 2.605}{1.22}\right)$$

$$= 35.48 \text{ kN} < N^d = 40.16 \text{ kN} \text{ 满足要求}$$

说明减小连墙件竖向间距，有效地减小了风荷作用对一榀门架产生的轴向力，从而满足了脚手架的稳定性要求。

2）门式脚手架的搭设高度计算

例3 设门式脚手架施工荷载 $Q_k = 3.0 \text{ kN/m}^2$，连墙件间距为2步3跨（$H_1 = 2 \times 1.95 \text{m}$，$L_1 = 3 \times 1.83 \text{m}$），搭设高度未知，其余条件同例1，求此脚手架的搭设高度。

脚手架的搭设高度应考虑不组合风荷载与组合风荷载两种工况，分别按式（5.2.2-1）、式（5.2.2-2）计算，并取其最小者为最后计算结果。

不组合风荷载时，按式（5.2.2-1）计算：

$$H^d = \frac{\varphi A f - 1.4 \Sigma N_{Qk}}{1.2(N_{G1k} + N_{G2k})}$$

上式中，调整系数 k 与脚手架高度有关，因高度待求，故只能试取 $k = 1.22$；由例1计算得：$N_{G1k} = 0.257 \text{ kN/m}$；$N_{G2k} = 0.077 \text{ kN/m}$；$A = 310 \times 2 \text{ mm}^2$；

据 $\lambda = 1.22 \times 1930/15.25 = 154.4$，查得 $\varphi = 0.294$。

$f = 205 \text{ N/mm}^2$，$Q_k = 3.0 \text{ kN/m}^2$ 时，$\Sigma N_{Qk} = 6.70 \text{ kN}$，代入上式：

$$H^d = \frac{0.294 \times 310 \times 2 \times 205 \times 10^{-3} - 1.4 \times 6.70}{1.2(0.257 + 0.077)}$$

$$= 69.83 \text{m}$$

组合风荷时，按式（5.2.2-2）计算：

$$H_w^d = \frac{\varphi A f - 0.9 \times 1.4 \left(\Sigma N_{Qk} + \frac{2M_{wk}}{b}\right)}{1.2(N_{G1k} + N_{G2k})}$$

上式中，风荷产生的弯矩需计算。先试按 $H = 55 \text{m}$，地面粗糙度B类查《建筑结构荷载规范》GB 50009-2001（2006年版）表7.2.1得风压高度系数 $\mu_z = 1.72$，由例1知风荷载体型系数 $\mu_s = 1.0$，基本风压 $w_0 = 0.45 \text{ kN/m}^2$，风荷载标准值：

$$w_k = \mu_z \mu_s w_0 = 1.72 \times 1.0 \times 0.45 = 0.774 \text{ kN/m}^2$$

风线荷载标准值：

$$q_{wk} = w_k l = 0.774 \times 1.83 = 1.416 \text{ kN/m}$$

风荷作用对计算单元产生的弯矩标准值：

$$M_{wk} = \frac{q_{wk} H_1^2}{10} = \frac{1.416 \times 3.9^2}{10} = 2.154 \text{ kN} \cdot \text{m}$$

代入门式脚手架搭设高度计算公式：

$$H_w^d = \frac{0.294 \times 310 \times 2 \times 205 \times 10^{-3} - 1.26 \times \left(6.70 + \frac{2 \times 2.154}{1.22}\right)}{1.2(0.257 + 0.077)}$$

$$= 61.07 \text{m}$$

由计算结果说明试取的调整系数 k 合适。如果所得搭设高度与试取高度相差较大，可参考第一次计算结果对调整系数加以修正，再代入搭设高度公式计算，一般最多反复2~3次，即可得到精确结果。

根据本规范第5.1.3条规定，本例门式脚手架的搭设高度应取 $H = 55 \text{m}$。

6 经计算表明，只要满足本规范表5.1.3及第6章的构造要求，稳定性可以得到保证，不必计算。

5.3 连墙件计算

5.3.1~5.3.4 连墙件的设置及其安全可靠的承载是保证门式脚手架整体稳定性的关键，所以，本规范把连墙件计算作为脚手架计算的重要部分。

式（5.3.1-1）、式（5.3.1-2）是将连墙件简化为轴心受力构件进行计算的表达式，由于实际上连墙件可能偏心受力，故在公式右端对强度设计值乘以0.85的折减系数，以考虑这一不利因素。

采用扣件连接时，一个直角扣件连接承载力设计值为8.0kN，此值系根据现行国家标准《钢管脚手架扣件》GB 15831规定的一个扣件的抗滑承载力标准值为10kN除以抗力分项系数得来的。当采用焊接或螺栓连接的连墙件时，应按现行国家标准《冷弯薄壁型钢结构技术规范》GB 50018规定计算；还应注意，连墙件与混凝土中的预埋件连接时，预埋件尚应按现行国家标准《混凝土结构设计规范》GB 50010 的规定计算。

5.4 满堂脚手架计算

5.4.1 满堂脚手架设计时，应选取最不利的门架单元进行计算。因满堂脚手架的用途较多，因此计算单元的选取应按架体高度、门架跨距和间距、架上有无集中荷载、架体构造及搭设方法有无变化等多种因素综合考虑选取最不利的计算单元，有时需选取多个计算单元进行验算。

5.4.2 满堂脚手架作用于一榀门架的轴向力设计值，按该榀门架的负荷面积计算。

5.4.3 本规范将满堂脚手架的门架作为轴心受压杆件，根据现行国家标准《冷弯薄壁型钢结构技术规范》GB 50018 的规定给出稳定性验算公式，经试验证明，所给出的验算公式符合满堂脚手架的受力特性。

下面举例说明满堂脚手架的设计和计算。

例4 因屋面结构施工的需要，需搭设 21.9m（宽）×30m（长）×24.9m（高）满堂脚手架，架上施工荷载 3.0kN/m²，架体上因结构施工需要布设固定荷载 8kN/m²，施工现场具备 MF1219 门架、$\phi 42 \times 2.5$mm 钢管和配套扣件，其他配件可以根据施工需要选择，架体上操作平台采用多层胶合板，已知胶合板及胶合板支承梁自重 0.5kN/m²，基本风压 $w_0 = 0.5$kN/m²，地面粗糙度 B 类，选择门架的布置方式，并进行稳定承载力计算。

1 一榀门架的稳定承载力计算

满堂脚手架搭设高度 24.9m 时：

$$I = I_0 + I_1 \frac{h_1}{h_0} = 6.08 \times 10^4 + 1.42 \times 10^4 \times \frac{1536}{1930}$$
$$= 7.21 \times 10^4 \text{mm}^4$$

$$i = \sqrt{\frac{I}{A_1}} = \sqrt{\frac{7.21 \times 10^4}{310}} = 15.25 \text{mm}$$

门架立杆长细比：根据 $H = 24.9$m，查本规范表 5.2.1，得 $k = 1.13$

$$\lambda = \frac{kh_0}{i} = \frac{1.13 \times 1930}{15.25} = 143$$

根据 $\lambda = 143$，查本规范附录 B 表 B.0.6，得门架立杆稳定系数 $\varphi = 0.336$

根据 $f = 205$ N/mm², $A = 310 \times 2$mm², $\varphi = 0.336$

则：$N^d = \varphi A f = 0.336 \times 310 \times 2 \times 205 \times 10^{-3} = 42.71$ kN

由此可知，本案满堂脚手架搭设高度为 24.9m 时，一榀门架稳定承载力是 42.70kN。42.70kN 应是本案满堂脚手架一榀门架稳定承载力的限值，所搭设架体一榀门架的轴向力设计值均不应超过此限

值，即：
$$N \leqslant N^d$$

2 架体的排布设计

设计及选择门架排布方式时，应根据一榀门架稳定承载力限值及架上荷载值综合考虑，试排门架纵距和间距后进行计算。

根据本案上部固定荷载较大的特点，门架平面排布选择复式（交错）布置的方式（图 4），门架的纵距为 1.83m，间距为 1.22+0.6=1.82m，在架体高度方向上选择 12 步整架 1 步调节架，调节架高度选择 1.2m，则高度方向共 13 步架，其高度为 12×1.95+1.2=24.6m，剩余 0.3m 的高度考虑胶合板和胶合板支承梁的高度，其余用可调托座调整。

底层门架设纵、横向扫地杆。水平加固杆按步在门架两侧的立杆上纵、横向设置。竖向剪刀撑在外部周边设置，内部纵向 4 跨距（4×1.83m）设置，横向 4 间距（4×1.82m）设置。水平剪刀撑每 4 步设置。剪刀撑均连续设置。竖向剪刀撑斜杆间距 4×1.83m 或 4×1.82m。

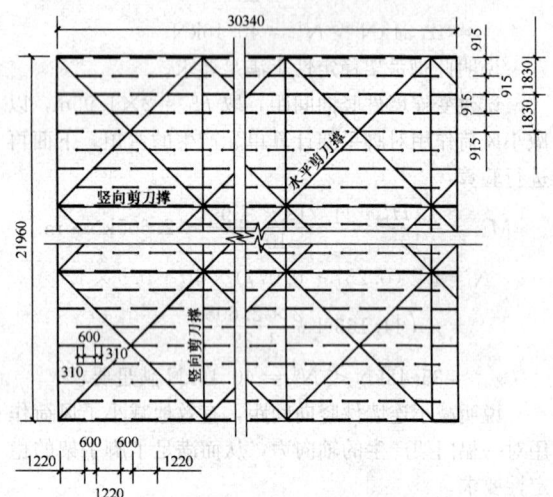

图 4 门架复式布置平面图

3 计算单元选择

根据本案架体上荷载均匀，架体排布纵、横等距的情况，选择架体中间带剪刀撑的门架为计算单元。

4 N_{G1k}、N_{G2k}、$\sum_{i=3}^{n} N_{Gik}$ 的计算

1) N_{G1k} 计算

每步门架高度的构配件及其自重为：

| 门架 | 1 榀 | 0.224 | kN |

交叉支撑　　2 副　　0.04×2=0.08　kN

水平加固杆每步纵横向设置

(1.83×2+1.82)×0.0243=0.133　kN

水平加固杆用扣件 4 个直角扣件

0.0135×4=0.054　kN

连接棒、锁臂各 2 个

$$0.006 \times 2 + 0.0085 \times 2 = 0.029 \quad \text{kN}$$

托座2个、梯形架1个

$$(0.045 \times 2 + 0.133) \div 13 = 0.017 \quad \text{kN}$$

合计 0.537 kN

每米高架体：$N_{G1k} = \dfrac{0.537}{1.95} = 0.275 \text{ kN/m}$

2) 剪刀撑、扫地杆均采用 $\phi 42 \times 2.5$mm 钢管，钢管自重 0.0243kN/m

横向剪刀撑：$\tan\alpha = \dfrac{4 \times 1.95}{4 \times 1.82} = 1.071$

$$\cos\alpha = 0.683$$

钢管自重：$2 \times \dfrac{1.82}{0.683} \times 0.0243 = 0.13 \text{ kN}$

同理纵向剪刀撑：$\tan\alpha = \dfrac{4 \times 1.95}{4 \times 1.83} = 1.066$

$$\cos\alpha = 0.684$$

钢管自重：$2 \times \dfrac{1.83}{0.684} \times 0.0243 = 0.13 \text{ kN}$

每跨距内2个直角扣件4个旋转扣件。

扣件自重：$2 \times 0.0135 + 4 \times 0.0145 = 0.085 \text{kN}$

每米架高竖向剪刀撑自重：

$$\dfrac{0.13 + 0.13 + 0.085}{1.95 \times 4} = 0.044 \text{ kN/m}$$

扫地杆自重：$(2 \times 1.83 + 1.82) \times 0.0243 = 0.133 \text{kN}$

扫地杆4个直角扣件自重：$4 \times 0.0135 = 0.054 \text{kN}$

每米架高扫地杆自重：$\dfrac{0.133 + 0.054}{24.9} = 0.008 \text{ kN/m}$

水平剪刀撑：水平剪刀撑斜杆按4跨距（4×1.83m）4间距（4×1.82m）设置，计算水平剪刀撑交点处钢管自重，水平剪刀撑在架体高度方向上设3道。

$$\tan\alpha = \dfrac{4 \times 1.82}{4 \times 1.83} = 0.996$$

$$\cos\alpha = 0.7083$$

钢管自重：$2 \times \dfrac{1.82}{0.7083} \times 0.0243 = 0.126 \text{ kN}$

扣件，每跨间内有2个旋转扣件，扣件自重：

$$2 \times 0.0145 = 0.029 \text{ kN}$$

每米架高水平剪刀撑自重：

$$\dfrac{(0.126 + 0.029) \times 3}{24.9} = 0.019 \text{ kN/m}$$

架顶操作平台周边设置栏杆、挡脚板、密目式安全网高1.5m，操作平台周边的围护重应计入周边门架计算单元。本案为简化计算，将操作平台周边的围护重计入中间部位门架以求得最大轴力。

每米架高栏杆、挡脚板、安全网自重：

$$\dfrac{3 \times 1.83 \times 0.0243 + 3 \times 0.0135 + 1.5 \times 1.83 \times 0.02}{24.9}$$

$$= 0.01 \text{ kN/m}$$

每米高架体：$N_{G2k} = 0.044 + 0.008 + 0.019 + 0.01$

$$= 0.081 \text{ kN/m}$$

3) 架体上固定荷载产生的轴向力标准值 $\sum\limits_{i=3}^{n} N_{Gik}$ 计算

按一榀门架的负荷面积计算，本案一榀门架的负荷面积为 $\dfrac{1.83}{2} \times 1.82$

则：$\sum\limits_{i=3}^{n} N_{Gik} = (8 + 0.5) \times \dfrac{1.83}{2} \times 1.82 = 14.155 \text{ kN}$

4) 架体上施工荷载产生的轴向力标准值 ΣN_{Qk} 计算

按一榀门架的负荷面积计算：

$$\Sigma N_{Qk} = \sum_{i=1}^{n} N_{Qik} = 3 \times \dfrac{1.83}{2} \times 1.82 = 5 \text{ kN}$$

5 风荷载计算

1) μ_z 的确定

根据本案所给条件，$H = 24.9$ m 时，查《建筑结构荷载规范》GB 50009—2001（2006年版），得 $\mu_z = 1.33$。

2) μ_s 的确定

本案例门架纵向复式（交错）排列共为25排，21.96m；横向复式（交错）排列共为33列，30.96m。周边门架排列可做适当调整，满足一榀门架的负荷面积不大于 $\dfrac{1.83}{2} \times 1.82 = 1.67 \text{ m}^2$。本案为敞开式满堂脚手架。计算风荷载时，可按门架立杆与水平加固杆组成的多榀桁架，根据现行国家标准《建筑结构荷载规范》GB 50009 的规定，按 $\mu_{st} = \dfrac{1-\eta}{1-\eta}$ 公式计算得到的 μ_{stw} 是架体的整体风荷载体型系数。本案为了简便，将架体近似看成为跨距 $\dfrac{1.83}{2}$ m，间距为1.82m的满堂脚手架，本案计算得 $\mu_{stw} = 2.306$。

3) w_{kf}、w_{km} 计算

$$w_{kf} = \mu_z \mu_{stw} w_0 = 1.33 \times 2.306 \times 0.5$$
$$= 1.533 \text{ kN/m}^2$$

$$w_{km} = \mu_z \mu_{stw} w_0 = 1.33 \times 0.8 \times 0.5$$
$$= 0.532 \text{ kN/m}^2$$

4) F_{wf}、F_{wm} 计算

按本规范式（4.2.7-1）、式（4.2.7-2）计算。

$$F_{wf} = l_a H w_{kf} = 1.82 \times 24.9 \times 1.533 = 69.472 \text{ kN}$$
$$F_{wm} = l_a H_m w_{km} = 1.82 \times 1.5 \times 0.532 = 1.452 \text{ kN}$$

5) 倾覆力矩计算

$$M_{wq} = H\left(\dfrac{1}{2} F_{wf} + F_{wm}\right)$$

$$= 24.9 \times \left(\dfrac{1}{2} \times 69.472 + 1.452\right)$$

$$= 901.08 \text{kN} \cdot \text{m}$$

6）门架立杆附加轴力计算

$$N_{wn} = \frac{6M_{wq}}{(2n-1)n\frac{l}{2}}$$

$$= \frac{6 \times 901.08}{(2 \times 25 - 1) \times 25 \times \frac{1.83}{2}} = 4.82 \text{kN}$$

6 作用于一榀门架的最大轴向力设计值计算

不组合风荷载时，按本规范式（5.4.2-1）计算：

$$N_j = 1.2\left[(N_{G1k} + N_{G2k})H + \sum_{i=3}^{n} N_{Gik}\right]$$

$$+ 1.4 \sum_{i=1}^{n} N_{Qik}$$

$$= 1.2[(0.275 + 0.081) \times 24.9 + 14.155]$$

$$+ 1.4 \times 5$$

$$= 34.62 \text{kN}$$

组合风荷载时，按本规范式（5.4.2-2）、式（5.4.2-3）计算：

$$N_j = 1.2\left[(N_{G1k} + N_{G2k})H + \sum_{i=3}^{n} N_{Gik}\right] + 0.9$$

$$\times 1.4 \left(\sum_{i=1}^{n} N_{Qik} + N_{wn}\right)$$

$$= 1.2 \times [(0.275 + 0.081) \times 24.9 + 14.155]$$

$$+ 0.9 \times 1.4 \times (5 + 4.82)$$

$$= 39.99 \text{kN}$$

$$N_j = 1.35\left[(N_{G1k} + N_{G2k})H + \sum_{i=3}^{n} N_{Gik}\right]$$

$$+ 1.4 \left[0.7\sum_{i=1}^{n} N_{Qik} + 0.6 N_{wn}\right]$$

$$= 1.35 \times [(0.275 + 0.081) \times 24.9 + 14.155]$$

$$+ 1.4 \times (0.7 \times 5 + 0.6 \times 4.82)$$

$$= 40.03 \text{kN}$$

取 $N = 40.03 \text{kN}$。满足稳定承载力要求。

根据本案例可知，满堂脚手架设计时，应先计算出门架稳定承载力值，之后，根据此限值试排门架的跨距、间距及高度上排列方式，确定架体的水平加固杆、剪刀撑等布设方式，这样架体结构已经初定，再对架体进行计算。一般一个架体试排2～3次即可设计计算完毕。模板支架的设计也按此方法进行。

5.5 模板支架计算

5.5.1、5.5.2 以门架做模板支架，相当于以门架、加固杆等组成了钢结构空间桁架，其剪刀撑和水平加固杆等以扣件与门架立杆相连接，节点是近似于铰接弹性约束，但又不是完全的铰接。模板支架设计计算应先确定计算单元，找准荷载的传递路径。门架计算单元的选取，是根据架体上的荷载及门架的布置情况确定的。

5.5.3 用于模板支架稳定性计算时，作用于一榀门架的轴向力设计值计算，是根据选定的计算单元，按本条各项荷载计算的规定分别计算累加荷载或自重标准值后，计算一榀门架的轴向力设计值。

5.5.4 根据轴心受压构件稳定性计算的规定，给出了模板支架计算单元门架稳定性验算的设计表达式。

5.6 门架立杆地基承载力验算

5.6.1 门式脚手架和模板支架均系临时结构，故本条规定只对立杆进行地基承载力验算，不必进行地基变形验算。考虑到地基的不均匀沉降将危及架体的安全，因此，在本规范的第6.8节对地基提出了技术要求，并在第8.3.1条中规定要对架体沉降进行经常性检查。

5.6.3、5.6.4 对门架立杆地基承载力特征值进行修正，是由于门架立杆基础（底座、垫板）通常置于地表面，地基承载力特征值容易受外界因素的影响，故门架立杆的地基承载力计算应与永久建筑的地基承载力计算有所区别，为此，本规范参考国外同类标准和国内同类规范的规定，对门架立杆地基承载力特征值进行了修正，即对设计采用的地基承载力特征值予以折减，以保证架体的安全。表5.6.4是在《建筑施工门式钢管脚手架安全技术规范》JGJ 128－2000的基础上，通过调研，参考国内同类规范制定的。

5.6.5 当脚手架、模板支架搭设在地下室顶板、楼面等建筑结构上时，均应对建筑结构进行承载力验算。验算时，应特别注意结构混凝土的实际强度。

5.7 悬挑脚手架支承结构计算

5.7.1 悬挑脚手架的悬挑支撑结构有多种形式，本规范只规定了施工现场常用的以型钢梁作为悬挑支撑结构的型钢悬挑梁及其锚固的设计计算。

5.7.2 型钢悬挑梁上的一榀门架的轴向力设计值计算方法与一般落地式脚手架计算方法相同。

5.7.3～5.7.5 考虑到型钢悬挑梁在楼层边梁（板）上搁置的实际情况，根据多年的实践经验总结，本规范确定出门架立杆至楼层板边梁（板）间距离的计算方法。

5.7.6、5.7.7 型钢悬挑梁固定段与楼层连接的压点处是指对楼板产生上拔力的锚固点处。采用U形钢筋拉环或螺栓连接固定时，考虑到多个钢筋拉环（或多对螺栓）受力不均的影响，对其承载力乘以0.85的系数进行折减。

5.7.8 U形钢筋拉环或螺栓对建筑结构混凝土楼板有一个上拔力，在上拔力作用下，楼板产生负弯矩，可能会使未配置负弯矩筋的楼板上部开裂。因此，本规范提出经计算在楼板上表面配置受力钢筋。

5.7.9 在施工时，应按现行国家标准《混凝土结构设计规范》GB 50010的规定对型钢梁下混凝土结构进行局部抗压承载力、抗弯承载力验算。在计算时，要注意取结构混凝土的实际强度值。

6 构造要求

6.1 门　架

6.1.1 门架及其配件均为定型产品，门式脚手架的跨距应根据门架配件规格尺寸确定，现行行业产品标准《门式钢管脚手架》JG 13 对交叉支撑、脚手板等配件规格均有规定。本条强调门架与配件的规格应配套统一，并符合标准，其尺寸误差在允许的范围之内。搭设时，要能保证门架的互换性，在各种组合的情况下，门架与门架、门架与配件均能处于良好的连接、锁紧状态。

6.1.2 在现行行业产品标准《门式钢管脚手架》JG 13 中，门架、配件的型号是根据各自尺寸规格确定的，不同型号的门架与配件，因其尺寸规格不同，所以不能相互搭配使用。如果使用不同型号的门架与配件搭设架体，则会出现无法组配安装，或组配安装后的架体因误差过大而降低承载力的情况。

6.1.3 经试验表明，如果上下榀门架立杆轴线偏差较大，就会使搭设的架体产生过大的初始移位偏差，而影响架体的承载力，因此本规范规定上下榀门架的立杆轴线偏差不应大于 2mm。

6.1.4 离墙距离是指门架内立杆离建筑结构边缘的距离，规定不大于 150mm 是为保证施工安全，但遇有阳台等突出墙面的结构，可在脚手架内侧设挑架板或采取其他防护措施。

6.1.5 脚手架顶端栏杆高出女儿墙或檐口上皮，是安全防护的需要，搭设时遇有屋面挑檐的情况时，可采用承托架搭设。设承托架的位置应连设连墙件。

6.2 配　件

6.2.1 门架是靠配件将其连接起来的，配件如果与门架不配套，则会出现架体无法搭设或因搭设的架体误差过大而使架体承载力严重下降。

6.2.2 交叉支撑是保证门式脚手架、模板支架纵向稳定、增强架体刚度的主要配件，门架两侧均设交叉支撑并与门架立杆上的锁销锁牢，是保证架体整体稳定和局部稳定的重要构造规定。

6.2.3 上下榀门架立杆连接是依靠内插定型的连接棒连接的，为保证搭设的架体上下榀门架立杆在同一轴线上，除搭设时认真操作外，还应控制连接棒与门架立杆之间的配合间隙，这样也有利于提高架体的稳定承载力。经国内中南大学试验结果证明，当门架立杆内径为 37.6mm 时，分别采用 34.0mm、35.5mm 的连接棒组装架体，后者提高承载力 19%。

6.2.5 脚手板上孔洞的内切圆直径，是指当脚手板的面板采用打孔钢板或钢板网等带有孔洞的面板时，在孔洞内可做一内切圆，这个内切圆直径应小于或等于 25mm。

6.2.6、6.2.7 可调底座调节螺杆直径不应过小，如果螺杆直径偏小时，必然增大螺杆与门架立杆的配合间隙，组装时可能出现底座偏心、歪斜，不利保证架体的承载力。规定可调底座调节螺杆伸出长度不应大于 200mm，是从安全的角度提出的。

6.3 加　固　杆

6.3.1 剪刀撑是保证和提高门式脚手架整架纵向刚度的重要构造措施，本条设置上的规定，是在总结我国门式脚手架施工经验的基础上提出的。

6.3.3、6.3.4 水平加固杆是增加脚手架纵向刚度的重要配件，连续设置形成水平闭合起到的作用更大。试验结果证明，水平加固杆对架体刚度的增强作用，要比水平架增大很多，鉴于目前国内 $\phi 42$、$\phi 42/\phi 48$ 扣件已有厂家批量生产，对以水平加固杆代替水平架条件已具备。另外，以水平加固杆代替水平架，不会给架体搭设带来麻烦，因此，本次规范修订以水平加固杆替代水平架。施工现场现存的水平架仍可使用，但设水平架的架体，要每隔 4 步在门架两侧设水平加固杆对架体进行加固。对模板支架和满堂脚手架建议按本规范要求施工。脚手架的底层门架一般是受力最大的部位，在底层门架下设置扫地杆，对于保证底层门架的刚度及稳定承载能力非常重要。

6.4 转角处门架连接

6.4.1～6.4.3 门式脚手架转角处的构造对保证脚手架整体性十分重要，图 6.4.1 的三种做法可供选用。水平连接杆必须按步设置，以使脚手架在建筑物周围形成连续闭合结构。

6.5 连　墙　件

6.5.1 连墙件设置的位置、数量，是根据架体高度、建筑结构形状、楼层高度、荷载等多种因素经过设计和计算确定的，在专项施工方案中应明确。

6.5.2 门式脚手架与建筑结构的可靠连接，是架体在竖向荷载作用下的整体稳定和在水平风荷载作用下的安全可靠承载的保证。表 6.5.2 中的数据是根据门式脚手架架体试验结果和调研资料以及对风荷载的计算确定的。设计或施工时，应首选按间距控制连墙件的设置，当因楼层高度、开间尺寸等原因，不能按间距控制时，方可按单根连墙件覆盖面积控制连墙件的设置。单根连墙件承受的水平力较大时，应考虑采用工具式连墙件。

6.5.3 将门式脚手架的转角处或开口型脚手架两端的连墙件竖向间距缩小到 4m，是为了加强这些部位与建筑结构的连接，确保架体的安全。当建筑物的层高大于4.0m时，应临时设置与建筑结构连接牢固的钢横梁等措施固定连墙件。

6.5.4 连墙件靠近门架横杆设置时，传力更直接，门架立杆所受水平力作用产生的弯矩更小。

6.5.5 从连墙件受力合理的角度考虑，连墙件宜水平设置。受施工条件所限，连墙件水平设置有困难时，禁止采用上斜连接，采用下斜连接时，连墙件下斜的角度不能过大，否则会增大连墙件的附加力，并且影响架体的使用安全。

6.6 通 道 口

6.6.1 本条规定洞口尺寸不宜过大，是为了避免架体受到较大的削弱并给洞口加固带来困难。

6.6.2 洞口处架体的构造，原则上应进行专门的设计计算，只有当洞口宽为一个跨距时，方可按本规范6.6.2条第1款的规定搭设。

6.7 斜 梯

6.7.1～6.7.3 挂扣式钢斜梯是门架的配件之一，其规格应与门架规格配套。在使用时应注意斜梯的宽度和布置形式。

6.8 地 基

6.8.1 门式脚手架与模板支架的地基，应按本规范第5.6节的规定设计计算后，确定其处理的方式。表6.8.1的规定是架体地基与基础的一般构造要求。

6.8.2 门式脚手架与模板支搭设场地平整坚实，是减小或消除在搭设和使用过程中由于地基下沉使架体产生变形的主要保证条件。在土方开挖后的场地搭设脚手架或模板支架，应注意分层回填夯实，禁止在松软的回填土上搭设架体。搭设场地如果存在积水，则脚手架下地基因积水的长期浸泡，会出现承载力降低，而危害架体的安全。

6.9 悬挑脚手架

6.9.1 悬挑脚手架的悬挑支承结构设置应经设计计算确定，不可随意布设。按确定位置埋设预埋件，是为了保证连接可靠。

6.9.2 型钢悬挑梁锚固段长度过小，型钢梁与楼板连接的压点处U形钢筋拉环的拉力变大，不利于锚固连接；型钢悬挑梁的锚固段长度过大，型钢梁的悬挑段外端位移值（挠度）增大，反而不利于架体稳定，也不经济。锚固段长度应不小于悬挑段长度1.25倍，是通过调查研究，总结以往施工经验的基础上确定的。

6.9.3 选用非双轴对称截面的型钢做悬挑脚手架的悬挑梁时，在荷载的作用下易产生弯扭现象，因此，本条规定宜选用工字钢等双轴对称截面的型钢做悬挑梁。

6.9.4～6.9.7 混凝土强度是指混凝土强度的实测值。型钢梁固定是安插在U形钢筋拉环内，以钢楔或硬木楔打紧固定；或将型钢梁安放后，以螺栓钢压板固定。为了保证型钢悬挑梁压点处钢筋拉环或锚固螺栓具有足够的安全度，并且不发生脆断，钢筋拉环或螺栓须采用经检测合格的HPB235级或HRB335级钢筋制作。规定钢筋最小直径不小于$\phi16$，是为了保证型钢悬挑梁固定具有足够的安全度。在安装型钢悬挑梁时，应注意混凝土楼板的厚度和实测强度，因板太薄或混凝土实测强度太低，会影响钢筋拉环（螺栓）的锚固强度。

当型钢悬挑梁以螺栓钢压板在楼板上固定时，钢压板的长度是根据型钢梁翼缘宽度选择的，应保证螺栓孔至钢压板的端部大于30mm，规定其最小宽度和厚度，是为了保证压点的强度和刚度。

6.9.8 本条所列构造做法，是总结多年的施工经验提出来的，施工时可按门架立杆的宽度尺寸焊接连接棒。焊缝厚度不小于钢管壁厚。搭设时，将门架立杆分别安插在两个连接棒上。

6.9.10 悬挑脚手架在建筑平面转角处的搭设方法有多种，本条所列为一般做法。转角处的型钢悬挑梁应经单独设计计算，并根据建筑结构形式考虑采取有效的固定连接措施。阳角处钢梁固定分为主体结构上有角柱和无角柱两种情况，无角柱时钢梁较易固定；有角柱时，可采用预埋件埋设在柱内，型钢梁与预埋件焊接或螺栓连接，或将短型钢悬挑梁固定段端部埋入结构柱混凝土中。角部短型钢悬挑梁的外端应焊接两个带加强肋的钢板托，使两个门架立杆准确固定在钢板托上。

6.9.11 型钢悬挑梁外端设置钢丝绳或钢拉杆与建筑结构拉结并张紧，是增加悬挑结构安全储备的措施。

6.10 满堂脚手架

6.10.1、6.10.2 本规范从保证架体稳定和安全使用的角度考虑，根据试验和经验总结确定出满堂脚手架高宽比不应大于4。当架体高宽比增大时，架体承载力降低明显，且晃动较大。门架净间距是指纵向排列的门架，列与列之间的净距。

6.10.3 根据架体结构试验表明，门架承载能力与荷载作用部位相关，门架立杆直接传递荷载时的承载力最高；荷载集中作用在横梁中央时最低；作用于立杆加强杆顶端时介于上述两者之间。故进行满堂脚手架设计时，应避免门架横梁受荷。本规范原2000版中有荷载作用于门架横杆时，可对门架承载力予以折减的规定，因经试验检验及理论分析其不够科学，本次修订予以取消。

6.10.4 满堂脚手架设置纵、横向水平加固杆，对保证架体的侧向稳定及增加架体的刚度起着重要作用。本条关于纵、横向水平加固杆设置的规定，是根据试验和施工经验确定的。

6.10.5 对剪刀撑的设置规定是根据施工经验确定的。在剪刀撑设置时应注意间距、宽度、倾角等技术要求。

6.10.6、6.10.7 满堂脚手架作业层满铺脚手板及操作平台设置栏杆和挡脚板是安全生产的需要。底层门架设置纵、横向扫地杆对架体的整体稳定可起到重要作用。

6.10.8 高宽比大于2.0的满堂脚手架，设置连墙件或缆风绳是增加架体抗侧倾能力的构造措施，如果经抗倾覆验算证明架体能够安全使用可不设置。

6.10.9 搭设时注意通道口两侧门架应设置顺通道方向的扫地杆、水平加强杆，通道口上部每步门架应设置垂直于通道方向的水平加固杆。

6.11 模板支架

6.11.1、6.11.2 经试验结果证明，模板支架的高宽比增大会影响架体的稳定，架体的承载力也会随着下降。在搭设梁类等条形模板支架时，应注意架体的高宽比限值，当不能满足时应适当增加架体的宽度，不应以拉缆风绳、设斜撑杆为理由而放宽架体高宽比的限值。本条搭设高度的限值是根据施工经验确定的。

6.11.3 模板支架的顶端设置托座有两个作用，一是可调节高度；二是托座上可设置托梁，托梁的设置可使上部荷载均匀传给架体。架体的高度调节应以顶部设置调节架、可调托座的调节为主，以底部设置固定底座或可调底座调节为辅，当顶部调节不能完全满足施工要求时，再考虑底部调节。

6.11.4~6.11.6 用于梁、板结构的模板支架的门架排列方式可有多种形式，应根据搭设高度、荷载、施工现场条件等因素选择。

在梁板类结构模板支架设计时，应分别计算和布设梁支架、板支架，这样布设支架能够使上部荷载不同的架体受力清晰。采用加固杆将梁支架与板支架水平方向连接牢固，是为了保证梁支架的侧向刚度，也使整个梁支架和板支架形成一体。板与梁支架立杆间距成倍数关系，是为了方便梁、板支架的水平连接。

6.11.7、6.11.8 当模板支架搭设的高度较高或高宽比较大时，模板支架上部会受到侧向集中风荷载的作用和水平施工荷载的冲击作用，使模板支架产生倾覆力矩。在混凝土浇筑前，倾覆力矩完全是由架体来承担的，因此，为保证架体的侧向稳定，应拉设足够的缆风绳或设置连墙件。应当说明的是，尽管设置了缆风绳，但水平风荷载也使门架立杆产生了一定的附加轴向力。

6.11.9~6.11.11 模板支架的交叉支撑、扫地杆设置与满堂脚手架相同。水平加固杆应在每步有榀门架两侧立杆上纵向、横向设置。应强调的是，模板支架

的剪刀撑必须连续设置，经试验证明，模板支架剪刀撑间断设置，对架体的侧向稳定有一定的影响。

7 搭设与拆除

7.1 施工准备

7.1.1~7.1.5 本条为施工准备工作的基本要求。门式脚手架和模板支架的搭设与拆除，是技术性安全性很强的工作，在搭设或拆除前，编制专项施工方案，对操作人员进行安全技术交底和对门架、配件等质量进行检查，是保证搭设质量的关键环节，故本规范对此作出明确规定。

7.2 地基与基础

7.2.1、7.2.2 门式脚手架与模板支架的地基与基础应按设计施工，应在施工专项方案中明确。搭设前放线是为了保证底层门架的位置准确。

7.3 搭 设

7.3.1 本条是关于门式脚手架和模板支架搭设顺序和施工操作程序的规定。选择合理的架体搭设顺序和施工操作程序，是保证搭设安全和减少架体搭设积累误差的重要措施。

7.3.2 搭设门架及配件时的注意事项共规定4款，主要强调要符合本规范的构造要求；交叉支撑、脚手板与门架同时安装；按规定设置防护栏杆等。

7.3.3 加固杆件与门架同步搭设，是避免在架体搭设时产生变形或危及施工安全，不允许先搭门架后安装加固杆。

7.3.4 连墙件是脚手架的重要支撑构件，必须与脚手架同步搭设并连接牢固，否则已搭设的脚手架处于悬臂状态，有倒塌危险。脚手架操作层高于连墙点以上两步时，由于操作层荷载较大，且上部又处于悬臂状态，会使架体产生晃动，并且有倒塌的危险，这是不允许的，所以必须采取与建筑结构临时拉结的措施。

7.3.5 加固杆和连墙件等杆件采用扣件与门架连接时，因不同型号的门架立杆外径可能存在差异，因此，扣件需与门架、加固杆钢管外径相匹配，不允许以不匹配的扣件替代。

7.3.6~7.3.8 悬挑脚手架的架体搭设与落地式脚手架搭设构造相同，搭设前要求检验预埋件的混凝土强度，主要是为了保证型钢悬挑梁的锚固可靠。脚手架通道口处用于加强的斜撑杆和托架梁等要求与门架同步搭设，是避免在搭设中架体产生变形。

7.4 拆 除

7.4.1 拆除作业前，补充完善专项施工方案，做好

拆除前检查，排除危及拆除安全的险情，对拆除作业人员进行安全技术交底，是为了对拆除作业规范管理。

7.4.2 脚手架、模板支架拆除作业是危险性很强的工作，应有序进行，禁止违反本规范规定的野蛮作业行为。本条所规定的4款，均为架体拆除时必须遵守的操作规则，如有违反，可能会产生安全事故。

7.4.4 脚手架分段拆除时，不拆除部分的两端变为开口型，是薄弱环节，需先对不拆除部分的两端进行加固。

7.4.5 门架和交叉支撑等配件均为杆件，如从高处抛至地面，极易产生变形而影响周转使用或造成报废。本条的规定，是对门架和配件的一种保护措施。

8 检查与验收

8.1 构配件检查与验收

8.1.1～8.1.4 在架体搭设前，对门架与配件需进行检查验收。门架与配件要求有产品质量合格标志，是便于操作者在搭设时根据标志去判断产品的质量。

周转使用的门架与配件具有"检验合格"的明显标志，是便于搭设时检验。在一个工程项目内，门架与配件可能周转使用数次，每周转使用一次（一个安装拆除周期）均应采用目测尺量的方法分类检验、维修一次，这是为了保持门架与配件具有良好的使用状态。

门架与配件检验时，合格证、检验报告、标识由生产厂家或租赁单位提供，使用单位主要是对门架、配件在进行外观检查的基础上，依据外观检查结果和合格证、检验报告、标识判断门架与配件的质量和性能。

8.1.5 钢管和扣件主要用在加固杆、连接杆等部位，是保证架体稳定的主要构件，应重点控制钢管的壁厚和扣件质量。

8.1.7 连墙件、型钢悬挑梁、U形钢筋拉环或锚固螺栓应检验产品质量合格证和表观质量，与相应产品标准对照核验，必要时取样测试。

8.2 搭设检查与验收

8.2.1 架体搭设前应对其地基与基础进行检查验收，是为了保证场地坚实平整、排水良好、地基承载力满足设计要求，必要时可通过荷载试验或原位测试等方法验证地基承载力是否满足要求。

8.2.2 因为架体是逐步搭设的，搭设完毕后再整体检查验收可能会使架体出现过大的积累误差或变形，另外考虑到脚手架一般每搭设完一个楼层高度就要有一个间歇使用过程，因此本规范规定搭设完毕和搭设过程中要进行检查验收。条文中的门式脚手架2个楼层高度、满堂脚手架与模板支架的4步高度验收段划分是根据施工经验确定的。

8.2.3～8.2.6 门式脚手架与模板支架使用前必须经检查验收合格后方可交付使用，验收时应具备的文件及现场抽查的规定，是为了加强管理，以保证搭设质量。

门式脚手架与模板支架搭设尺寸允许偏差是根据国内目前平均施工水平，以及保证架体安全承载的需要确定的。因本次规范修订以水平加固杆代替水平架，所以，架体搭设时扣件用量增多，扣件的扭紧力矩应加强检验。

8.3 使用过程中检查

8.3.1～8.3.3 使用过程中检查是门式脚手架与模板支架工程管理的重要内容，特别是遇有本规范8.3.2条所列情况时，对架体应进行必要的检查。

8.4 拆除前检查

8.4.1～8.4.3 拆除前对架体进行检查，是门式脚手架与模板支架工程管理工作必要程序。主要是检查架体的安全状态，有无影响拆除的障碍物等。检查后应根据检查的结果补充完善专项施工方案。

9 安 全 管 理

9.0.3 严禁超载是指门式脚手架与模板支架作业层上的施工荷载及材料存放荷载、机械设备荷载等可变荷载总和、永久荷载总和不应超过可变荷载、永久荷载的设计值。如果门式脚手架或模板支架作业层上的实际荷载值超过荷载设计值，将会危及架体的使用安全。

9.0.4 在门式脚手架架体上固定模板支架、拉缆风绳、固定架设混凝土泵管等设施或设备，会使架体超载、受力不清晰、产生振动等，而危及门式脚手架使用安全。

9.0.6 门式脚手架与模板支架的风荷载是按10年重现期的基本风压值计算的，在我国沿海台风多发地区、内陆山口地区等有时会出现强风天气，使瞬间风压值超出设计的基本风压值，因此，本规范要求在门式脚手架或模板支架使用过程中，当遇有上述情况时，对架体必须采取临时加固措施或临时拆除安全网等措施。任一风速下的风压值计算可按现行国家标准《建筑结构荷载规范》GB 50009 的规定计算。

9.0.7 此规定是为了防止在挖掘作业中或挖掘作业后，门式脚手架发生沉陷或倒塌。脚手架使用的周期相对较长，施工现场经常出现为赶进度而交叉施工的情况，当脚手架地基内及其附近有设备管道、窨井等设施需开挖施工时，应错开脚手架使用周期。脚手架在使用期间，应始终保持其地基平整坚实，如在其基础及附近开沟挖坑，极易引起架体下沉，甚至倒塌，这是应该禁止的行为。

9.0.8 经试验证明，满堂脚手架和模板支架不设（拆除）交叉支撑时，其承载力降低30%～40%。交叉支撑和剪刀撑、水平加固杆等加固杆件是保证和支持满堂脚手架和模板支架架体稳定的主要构件，在施工中，一旦局部或整体拆除，就可能会使架体产生局部或整体失稳而破坏，或严重降低架体的承载力。

9.0.9、9.0.10 规定不允许拆除门式脚手架的杆件，是因为这些杆件都是保证和支持架体稳定的主要构件，不可随意拆除。门式脚手架的交叉支撑可在局部一侧临时拆除，是考虑到施工作业时，脚手架靠建筑物一侧有交叉支撑操作不便的实际情况，但本规范规定局部一侧临时拆除交叉支撑时，拆除部位架体要临时加固，在施工完成后立即恢复安装交叉支撑。

9.0.12、9.0.13 门式脚手架外侧张挂密目式安全网，网间要严密，是安全施工的要求。脚手架与架空输电线路的安全距离、防雷接地等在现行行业标准《施工现场临时用电安全技术规范》JGJ 46中均有明确规定。

9.0.14 因为门式脚手架和模板支架上可燃物较多，在架体上进行电、气焊作业，极易引起火灾，所以在作业时，必须有防火措施，并有专人看守。

9.0.15 由于交叉支撑的刚度较差，沿架体攀爬易使交叉支撑杆件变形，另外，也极不安全。

9.0.16 搭拆门式脚手架与模板支架的操作过程中，由于部分构配件是处于待紧固（或已部分拆除）的不稳定状态，极易落物伤人，因此，在搭设或拆除作业时需要设置警戒线、警戒标志，并派专人看守，禁止非操作人员入内。

9.0.17 对脚手架与模板支架要加强日常维护和管理，是为了维护架体使用安全。对架体上的垃圾、杂物等及时清理是为了避免落物伤人。

附录 A 门架、配件质量分类

A.1 门架与配件质量类别及处理规定

A.1.1 本附录是根据四川省地方标准的做法将门架与配件外观质量分A、B、C、D四类，对每类按不同情况作出保养、修理保养、试验后确定类别和报废处理等四种不同处理方法。

A类属于外观检查有轻微变形、损伤和锈蚀，不影响正常使用和安全承载。所以，门架与配件在清除表面粘附砂浆、泥土等污物，除锈后可以使用。重新油漆属于经常性的保养工作。

B类属于外观检查有一定程度变形、损伤、锈蚀，用肉眼或器具量测可见，该类门架与配件将影响正常使用和安全承载，所以应经矫正、平整、更换部件、修复、补焊、除锈、油漆等处理工作后方能继续使用；该类别除锈、油漆指用砂纸、铁刷等将锈除去，重新涂刷油漆。

C类指有片状剥落，锈蚀面积大（达总表面面积的50%以上），有锈坑，但无贯穿锈洞等严重锈蚀现象，这类门架与配件不能由外观确定承载能力，而应由试验确定其承力力。承载力试验方法按现行行业产品标准《门式钢管脚手架》JG 13的规定执行。

D类为有严重变形、损伤及锈蚀不可修复，或承载力不符合《门式钢管脚手架》JG 13规定的门架及配件，应作报废处理。损伤、裂纹，指主要受力杆件（立杆、横杆等）有裂纹等，及非主要部位、零件裂纹损伤严重，修复后仍不能满足正常使用要求者。壁厚小于规定厚度，不满足承载力要求，属于不合格品。弯曲指局部弯曲变形严重的死弯、硬弯，平整后仍有明显伤痕，会造成承载力严重削弱者。锈蚀严重指有贯穿孔洞、大面积片状锈蚀深度超过钢管壁厚10%及以上或经试验承载力严重降低者。

A.2 质量类别判定

本附录规定门架与配件质量类别判定方法，按表A.2.1中的规定项目判定。

表A.2.1有关数值是按现行行业产品标准《门式钢管脚手架》JG 13的规定及参考日本标准给出的。

附录 B 计算用表

本附录列出的表 B.0.1-1、表 B.0.1-2、表 B.0.3-1、表 B.0.3-2、表 B.0.5-1、表 B.0.5-2 系根据国内产品牌号为CKC及LJ的门架与配件和"金湘峰"牌门架与配件编制的。在计算时应注意上述附表的适用条件。当所采用的门架、配件的尺寸、杆件规格、重量和材料性能与上述附表不同时，则应根据实际的门架、配件尺寸、重量、材料性能按本规范第4章、第5章的规定计算。

中华人民共和国行业标准

建筑施工扣件式钢管脚手架安全技术规范

Technical code for safety of steel tubular scaffold
with couplers in construction

JGJ 130—2011

批准部门：中华人民共和国住房和城乡建设部
施行日期：２０１１年１２月１日

中华人民共和国住房和城乡建设部
公 告

第 902 号

关于发布行业标准《建筑施工扣件式钢管脚手架安全技术规范》的公告

现批准《建筑施工扣件式钢管脚手架安全技术规范》为行业标准，编号为 JGJ 130-2011，自 2011 年 12 月 1 日起实施。其中，第 3.4.3、6.2.3、6.3.3、6.3.5、6.4.4、6.6.3、6.6.5、7.4.2、7.4.5、8.1.4、9.0.1、9.0.4、9.0.5、9.0.7、9.0.13、9.0.14 条为强制性条文，必须严格执行。原行业标准《建筑施工扣件式钢管脚手架安全技术规范》JGJ 130-2001 同时废止。

本规范由我部标准定额研究所组织中国建筑工业出版社出版发行。

中华人民共和国住房和城乡建设部
2011 年 1 月 28 日

前 言

根据原建设部《关于印发〈二〇〇四年度工程建设城建、建工行业标准制订、修订计划〉的通知》（建标 [2004] 66 号）的要求，规范编制组经广泛调查研究，认真总结了我国扣件式钢管脚手架应用的经验，参考有关国际标准和国外先进标准，并在广泛征求意见的基础上，修订了本规范。

本规范的主要技术内容是：1. 总则；2. 术语和符号；3. 构配件；4. 荷载；5. 设计计算；6. 构造要求；7. 施工；8. 检查与验收；9. 安全管理。

本规范修订的主要技术内容是：荷载分类及计算；满堂脚手架、满堂支撑架、型钢悬挑脚手架、地基承载力的设计；构造要求；施工；检查与验收；安全管理。

本规范中以黑体字标志的条文为强制性条文，必须严格执行。

本规范由住房和城乡建设部负责管理和对强制性条文的解释，由中国建筑科学研究院负责具体技术内容的解释，在执行过程中如有意见或建议，请寄送中国建筑科学研究院（地址：北京市北三环东路 30 号；邮政编码：100013）。

本 规 范 主 编 单 位：中国建筑科学研究院
江苏南通二建集团有限公司

本 规 范 参 编 单 位：天津大学
哈尔滨工业大学
浙江省建工集团有限责任公司
九江信华建设集团有限公司
中国建筑一局（集团）有限公司
山西六建集团有限公司
浙江大学
杭州二建建设有限公司
中太建设集团股份有限公司
河北省建筑科学研究院
河北建工集团有限责任公司
河北省第四建筑工程公司
北京城建五建设工程有限公司
北京建科研软件技术有限公司

本规范主要起草人员：刘 群　杨晓东　徐崇宝
陈志华　陈建国　张有闻
刘 杰　孙仲均　刘子金
金 睿　程 坚　陈 红
梁福中　罗尧治　张国庆
谢良波　张振拴　安占法
线登洲　毛 杰　沈 兵
石永周　马锦泰　薛 刚

张心忠　高任清　张明礼　　　　　　阎　琪　赵玉章　葛兴杰
李云霄　陈增顺　燕振义　　　　　　孙宗辅　耿洁明　房　标
王玉恒　　　　　　　　　　　　　　刘新玉　胡　军　陶为农

本规范主要审查人员：郭正兴　秦春芳　应惠清

目　次

1 总则 ………………………………… 10—23—6
2 术语和符号 ……………………… 10—23—6
　2.1 术语 …………………………… 10—23—6
　2.2 符号 …………………………… 10—23—7
3 构配件 …………………………… 10—23—7
　3.1 钢管 …………………………… 10—23—7
　3.2 扣件 …………………………… 10—23—7
　3.3 脚手板 ………………………… 10—23—7
　3.4 可调托撑 ……………………… 10—23—8
　3.5 悬挑脚手架用型钢 …………… 10—23—8
4 荷载 ……………………………… 10—23—8
　4.1 荷载分类 ……………………… 10—23—8
　4.2 荷载标准值 …………………… 10—23—8
　4.3 荷载效应组合 ………………… 10—23—9
5 设计计算 ………………………… 10—23—9
　5.1 基本设计规定 ………………… 10—23—9
　5.2 单、双排脚手架计算 ………… 10—23—10
　5.3 满堂脚手架计算 ……………… 10—23—12
　5.4 满堂支撑架计算 ……………… 10—23—12
　5.5 脚手架地基承载力计算 ……… 10—23—13
　5.6 型钢悬挑脚手架计算 ………… 10—23—13
6 构造要求 ………………………… 10—23—14
　6.1 常用单、双排脚手架
　　　 设计尺寸 ……………………… 10—23—14
　6.2 纵向水平杆、横向水平杆、
　　　 脚手板 ………………………… 10—23—14

　6.3 立杆 …………………………… 10—23—15
　6.4 连墙件 ………………………… 10—23—15
　6.5 门洞 …………………………… 10—23—16
　6.6 剪刀撑与横向斜撑 …………… 10—23—16
　6.7 斜道 …………………………… 10—23—17
　6.8 满堂脚手架 …………………… 10—23—17
　6.9 满堂支撑架 …………………… 10—23—18
　6.10 型钢悬挑脚手架 …………… 10—23—19
7 施工 ……………………………… 10—23—20
　7.1 施工准备 ……………………… 10—23—20
　7.2 地基与基础 …………………… 10—23—20
　7.3 搭设 …………………………… 10—23—20
　7.4 拆除 …………………………… 10—23—21
8 检查与验收 ……………………… 10—23—21
　8.1 构配件检查与验收 …………… 10—23—21
　8.2 脚手架检查与验收 …………… 10—23—23
9 安全管理 ………………………… 10—23—25
附录 A　计算用表 ………………… 10—23—26
附录 B　钢管截面几何特性 ……… 10—23—28
附录 C　满堂脚手架与满堂支撑架
　　　　 立杆计算长度系数 μ …… 10—23—28
附录 D　构配件质量检查表 ……… 10—23—30
本规范用词说明 …………………… 10—23—31
引用标准名录 ……………………… 10—23—31
附：条文说明 ……………………… 10—23—32

Contents

1 General Provisions ············ 10—23—6
2 Terms and Symbols ············ 10—23—6
  2.1 Terms ············ 10—23—6
  2.2 Symbols ············ 10—23—7
3 Members and Accessories ······· 10—23—7
  3.1 Steel Tube ············ 10—23—7
  3.2 Coupler ············ 10—23—7
  3.3 Ledger Board ············ 10—23—7
  3.4 Adjustable Forkhead ············ 10—23—8
  3.5 Steel Shapes in Cantilever Scaffold ············ 10—23—8
4 Loads ············ 10—23—8
  4.1 Loads Classification ············ 10—23—8
  4.2 Normal Values of Loads ············ 10—23—8
  4.3 Load Effect Combinations ············ 10—23—9
5 Design Calculation ············ 10—23—9
  5.1 Basic requirements ············ 10—23—9
  5.2 Calculation for Single Pole and Double Pole Scaffold ············ 10—23—10
  5.3 Calculation for Full Scaffold ············ 10—23—12
  5.4 Calculation for Full Formwork Support ············ 10—23—12
  5.5 Calculation for Upright Tube Foundation Bearing Capacity ············ 10—23—13
  5.6 Calculation for Steel Shapes Cantilever Scaffold ············ 10—23—13
6 Detailing Requirements ············ 10—23—14
  6.1 Common Design Dimensions of Single Pole and Double Pole Scaffold ············ 10—23—14
  6.2 Longitudinal Horizontal Tube、Transverse Horizontal Tube、Ledger Board ············ 10—23—14
  6.3 Upright Tube ············ 10—23—15
  6.4 Tie Member ············ 10—23—15
  6.5 Door Opening ············ 10—23—16
  6.6 Bridging and Diagonal Brace ············ 10—23—16
  6.7 Inclined Platform ············ 10—23—17
  6.8 Full Scaffold ············ 10—23—17
  6.9 Full Formwork Support ············ 10—23—18
  6.10 Profiled Bar Cantilever Scaffold ············ 10—23—19
7 Construction ············ 10—23—20
  7.1 Construction Preparation ············ 10—23—20
  7.2 Subgrade and Foundation ············ 10—23—20
  7.3 Installation ············ 10—23—20
  7.4 Dismantlement ············ 10—23—21
8 Check and accept ············ 10—23—21
  8.1 Check and accept for Members and Accessories ············ 10—23—21
  8.2 Check and Accept for Scaffold ············ 10—23—23
9 Safety Management ············ 10—23—25
Appendix A Tables for Calculation ············ 10—23—26
Appendix B Geometrical Sectional Characters of the Steel Tube ············ 10—23—28
Appendix C Efficient Length Coefficient μ of Upright Tube in Full Scaffold and Formwork Support ············ 10—23—28
Appendix D Check Table of Components Quality ············ 10—23—30
Explanation of Wording in This Code ············ 10—23—31
List of Quoted Standards ············ 10—23—31
Addition: Explanation of Provisions ············ 10—23—32

1 总 则

1.0.1 为在扣件式钢管脚手架设计与施工中贯彻执行国家安全生产的方针政策，确保施工人员安全，做到技术先进、经济合理、安全适用，制定本规范。

1.0.2 本规范适用于房屋建筑工程和市政工程等施工用落地式单、双排扣件式钢管脚手架、满堂扣件式钢管脚手架、型钢悬挑扣件式钢管脚手架、满堂扣件式钢管支撑架的设计、施工及验收。

1.0.3 扣件式钢管脚手架施工前，应按本规范的规定对其结构构件与立杆地基承载力进行设计计算，并应编制专项施工方案。

1.0.4 扣件式钢管脚手架的设计、施工及验收，除应符合本规范的规定外，尚应符合国家现行有关标准的规定。

2 术语和符号

2.1 术 语

2.1.1 扣件式钢管脚手架 steel tubular scaffold with couplers
为建筑施工而搭设的、承受荷载的由扣件和钢管等构成的脚手架与支撑架，包含本规范各类脚手架与支撑架，统称脚手架。

2.1.2 支撑架 formwork support
为钢结构安装或浇筑混凝土构件等搭设的承力支架。

2.1.3 单排扣件式钢管脚手架 single pole steel tubular scaffold with couplers
只有一排立杆，横向水平杆的一端搁置固定在墙体上的脚手架，简称单排架。

2.1.4 双排扣件式钢管脚手架 double pole steel tubular scaffold with couplers
由内外两排立杆和水平杆等构成的脚手架，简称双排架。

2.1.5 满堂扣件式钢管脚手架 fastener steel tube full hall scaffold
在纵、横方向，由不少于三排立杆并与水平杆、水平剪刀撑、竖向剪刀撑、扣件等构成的脚手架。该架体顶部作业层施工荷载通过水平杆传递给立杆，顶部立杆呈偏心受压状态，简称满堂脚手架。

2.1.6 满堂扣件式钢管支撑架 fastener steel tube full hall formwork support
在纵、横方向，由不少于三排立杆并与水平杆、水平剪刀撑、竖向剪刀撑、扣件等构成的承力支架。该架体顶部的钢结构安装等（同类工程）施工荷载通过可调托撑轴心传力给立杆，顶部立杆呈轴心受压状态，简称满堂支撑架。

2.1.7 开口型脚手架 open scaffold
沿建筑周边非交圈设置的脚手架为开口型脚手架；其中呈直线型的脚手架为一字形脚手架。

2.1.8 封圈型脚手架 loop scaffold
沿建筑周边交圈设置的脚手架。

2.1.9 扣件 coupler
采用螺栓紧固的扣接连接件为扣件；包括直角扣件、旋转扣件、对接扣件。

2.1.10 防滑扣件 skid resistant coupler
根据抗滑要求增设的非连接用途扣件。

2.1.11 底座 base plate
设于立杆底部的垫座；包括固定底座、可调底座。

2.1.12 可调托撑 adjustable forkhead
插入立杆钢管顶部，可调节高度的顶撑。

2.1.13 水平杆 horizontal tube
脚手架中的水平杆件。沿脚手架纵向设置的水平杆为纵向水平杆；沿脚手架横向设置的水平杆为横向水平杆。

2.1.14 扫地杆 bottom reinforcing tube
贴近楼（地）面设置，连接立杆根部的纵、横向水平杆件；包括纵向扫地杆、横向扫地杆。

2.1.15 连墙件 tie member
将脚手架架体与建筑主体结构连接，能够传递拉力和压力的构件。

2.1.16 连墙件间距 spacing of tie member
脚手架相邻连墙件之间的距离，包括连墙件竖距、连墙件横距。

2.1.17 横向斜撑 diagonal brace
与双排脚手架内、外立杆或水平杆斜交呈之字形的斜杆。

2.1.18 剪刀撑 diagonal bracing
在脚手架竖向或水平向成对设置的交叉斜杆。

2.1.19 抛撑 cross bracing
用于脚手架侧面支撑，与脚手架外侧面斜交的杆件。

2.1.20 脚手架高度 scaffold height
自立杆底座下皮至架顶栏杆上皮之间的垂直距离。

2.1.21 脚手架长度 scaffold length
脚手架纵向两端立杆外皮间的水平距离。

2.1.22 脚手架宽度 scaffold width
脚手架横向两端立杆外皮之间的水平距离，单排脚手架为外立杆外皮至墙面的距离。

2.1.23 步距 lift height
上下水平杆轴线间的距离。

2.1.24 立杆纵（跨）距 longitudinal spacing of upright tube

脚手架纵向相邻立杆之间的轴线距离。

2.1.25 立杆横距 transverse spacing of upright tube

脚手架横向相邻立杆之间的轴线距离，单排脚手架为外立杆轴线至墙面的距离。

2.1.26 主节点 main node

立杆、纵向水平杆、横向水平杆三杆紧靠的扣接点。

2.2 符 号

2.2.1 荷载和荷载效应

g_k——立杆承受的每米结构自重标准值；
M_{Gk}——脚手板自重产生的弯矩标准值；
M_{Qk}——施工荷载产生的弯矩标准值；
M_{wk}——风荷载产生的弯矩标准值；
N_{G1k}——脚手架立杆承受的结构自重产生的轴向力标准值；
N_{G2k}——脚手架构配件自重产生的轴向力标准值；
ΣN_{Gk}——永久荷载对立杆产生的轴向力标准值总和；
ΣN_{Qk}——可变荷载对立杆产生的轴向力标准值总和；
N_k——上部结构传至基础顶面的立杆轴向力标准值；
P_k——立杆基础底面处的平均压力标准值；
w_k——风荷载标准值；
w_0——基本风压值；
M——弯矩设计值；
M_w——风荷载产生的弯矩设计值；
N——轴向力设计值；
N_l——连墙件轴向力设计值；
N_{lw}——风荷载产生的连墙件轴向力设计值；
R——纵向或横向水平杆传给立杆的竖向作用力设计值；
v——挠度；
σ——弯曲正应力。

2.2.2 材料性能和抗力

E——钢材的弹性模量；
f——钢材的抗拉、抗压、抗弯强度设计值；
f_g——地基承载力特征值；
R_c——扣件抗滑承载力设计值；
$[v]$——容许挠度；
$[\lambda]$——容许长细比。

2.2.3 几何参数

A——钢管或构件的截面面积，基础底面面积；
A_n——挡风面积；
A_w——迎风面积；
$[H]$——脚手架允许搭设高度；
h——步距；
i——截面回转半径；
l——长度，跨度，搭接长度；
l_a——立杆纵距；
l_b——立杆横距；
l_0——立杆计算长度，纵、横向水平杆计算跨度；
s——杆件间距；
t——杆件壁厚；
W——截面模量；
λ——长细比；
ϕ——杆件直径。

2.2.4 计算系数

k——立杆计算长度附加系数；
μ——考虑脚手架整体稳定因素的单杆计算长度系数；
μ_s——脚手架风荷载体型系数；
μ_{stw}——按桁架确定的脚手架结构的风荷载体型系数；
μ_z——风压高度变化系数；
φ——轴心受压构件的稳定系数；挡风系数。

3 构 配 件

3.1 钢 管

3.1.1 脚手架钢管应采用现行国家标准《直缝电焊钢管》GB/T 13793 或《低压流体输送用焊接钢管》GB/T 3091 中规定的 Q235 普通钢管，钢管的钢材质量应符合现行国家标准《碳素结构钢》GB/T 700 中 Q235 级钢的规定。

3.1.2 脚手架钢管宜采用 $\phi48.3\times3.6$ 钢管。每根钢管的最大质量不应大于 25.8kg。

3.2 扣 件

3.2.1 扣件应采用可锻铸铁或铸钢制作，其质量和性能应符合现行国家标准《钢管脚手架扣件》GB 15831 的规定，采用其他材料制作的扣件，应经试验证明其质量符合该标准的规定后方可使用。

3.2.2 扣件在螺栓拧紧扭力矩达到 65N·m 时，不得发生破坏。

3.3 脚 手 板

3.3.1 脚手板可采用钢、木、竹材料制作，单块脚手板的质量不宜大于 30kg。

3.3.2 冲压钢脚手板的材质应符合现行国家标准《碳素结构钢》GB/T 700 中 Q235 级钢的规定。

3.3.3 木脚手板材质应符合现行国家标准《木结构设计规范》GB 50005 中 Ⅱ$_a$ 级材质的规定。脚手板厚度不应小于 50mm，两端宜各设置直径不小于 4mm

的镀锌钢丝箍两道。

3.3.4 竹脚手板宜采用由毛竹或楠竹制作的竹串片板、竹笆板；竹串片脚手板应符合现行行业标准《建筑施工木脚手架安全技术规范》JGJ 164 的相关规定。

3.4 可调托撑

3.4.1 可调托撑螺杆外径不得小于 36mm，直径与螺距应符合现行国家标准《梯形螺纹 第2部分：直径与螺距系列》GB/T 5796.2 和《梯形螺纹 第3部分：基本尺寸》GB/T 5796.3 的规定。

3.4.2 可调托撑的螺杆与支托板焊接应牢固，焊缝高度不得小于 6mm；可调托撑螺杆与螺母旋合长度不得少于 5 扣，螺母厚度不得小于 30mm。

3.4.3 可调托撑受压承载力设计值不应小于 40kN，支托板厚不应小于 5mm。

3.5 悬挑脚手架用型钢

3.5.1 悬挑脚手架用型钢的材质应符合现行国家标准《碳素结构钢》GB/T 700 或《低合金高强度结构钢》GB/T 1591 的规定。

3.5.2 用于固定型钢悬挑梁的 U 形钢筋拉环或锚固螺栓材质应符合现行国家标准《钢筋混凝土用钢 第1部分：热轧光圆钢筋》GB 1499.1 中 HPB235 级钢筋的规定。

4 荷 载

4.1 荷载分类

4.1.1 作用于脚手架的荷载可分为永久荷载（恒荷载）与可变荷载（活荷载）。

4.1.2 脚手架永久荷载应包含下列内容：
1 单排架、双排架与满堂脚手架：
  1）架体结构自重：包括立杆、纵向水平杆、横向水平杆、剪刀撑、扣件等的自重；
  2）构、配件自重：包括脚手板、栏杆、挡脚板、安全网等防护设施的自重。
2 满堂支撑架：
  1）架体结构自重：包括立杆、纵向水平杆、横向水平杆、剪刀撑、可调托撑、扣件等的自重；
  2）构、配件及可调托撑上主梁、次梁、支撑板等自重。

4.1.3 脚手架可变荷载应包含下列内容：
1 单排架、双排架与满堂脚手架：
  1）施工荷载：包括作业层上的人员、器具和材料等的自重；
  2）风荷载。
2 满堂支撑架：

  1）作业层上的人员、设备等的自重；
  2）结构构件、施工材料等的自重；
  3）风荷载。

4.1.4 用于混凝土结构施工的支撑架上的永久荷载与可变荷载，应符合现行行业标准《建筑施工模板安全技术规范》JGJ 162 的规定。

4.2 荷载标准值

4.2.1 永久荷载标准值的取值应符合下列规定：
1 单、双排脚手架立杆承受的每米结构自重标准值，可按本规范附录 A 表 A.0.1 采用；满堂脚手架立杆承受的每米结构自重标准值，宜按本规范附录 A 表 A.0.2 采用；满堂支撑架立杆承受的每米结构自重标准值，宜按本规范附录 A 表 A.0.3 采用。

2 冲压钢脚手板、木脚手板、竹串片脚手板与竹笆脚手板自重标准值，宜按表 4.2.1-1 取用。

表 4.2.1-1 脚手板自重标准值

类 别	标准值（kN/m²）
冲压钢脚手板	0.30
竹串片脚手板	0.35
木脚手板	0.35
竹笆脚手板	0.10

3 栏杆与挡脚板自重标准值，宜按表 4.2.1-2 采用。

表 4.2.1-2 栏杆、挡脚板自重标准值

类 别	标准值（kN/m）
栏杆、冲压钢脚手板挡板	0.16
栏杆、竹串片脚手板挡板	0.17
栏杆、木脚手板挡板	0.17

4 脚手架上吊挂的安全设施（安全网）的自重标准值应按实际情况采用，密目式安全立网自重标准值不应低于 0.01kN/m²。

5 支撑架上可调托撑上主梁、次梁、支撑板等自重应按实际计算。对于下列情况可按表 4.2.1-3 采用：
  1）普通木质主梁（含 φ48.3×3.6 双钢管）、次梁、木支撑板；
  2）型钢次梁自重不超过 10 号工字钢自重，型钢主梁自重不超过 H100mm×100mm×6mm×8mm 型钢自重，支撑板自重不超过木脚手板自重。

表4.2.1-3 主梁、次梁及支撑板自重标准值（kN/m²）

类 别	立杆间距 (m)	
	>0.75×0.75	≤0.75×0.75
木质主梁（含φ48.3×3.6双钢管）、次梁，木支撑板	0.6	0.85
型钢主梁、次梁，木支撑板	1.0	1.2

4.2.2 单、双排与满堂脚手架作业层上的施工荷载标准值应根据实际情况确定，且不应低于表4.2.2的规定。

表4.2.2 施工均布荷载标准值

类 别	标准值（kN/m²）
装修脚手架	2.0
混凝土、砌筑结构脚手架	3.0
轻型钢结构及空间网格结构脚手架	2.0
普通钢结构脚手架	3.0

注：斜道上的施工均布荷载标准值不应低于2.0kN/m²。

4.2.3 当在双排脚手架上同时有2个及以上操作层作业时，在同一个跨距内各操作层的施工均布荷载标准值总和不得超过5.0kN/m²。

4.2.4 满堂支撑架上荷载标准值取值应符合下列规定：

1 永久荷载与可变荷载（不含风荷载）标准值总和不大于4.2kN/m²时，施工均布荷载标准值应按本规范表4.2.2采用；

2 永久荷载与可变荷载（不含风荷载）标准值总和大于4.2kN/m²时，应符合下列要求：

1) 作业层上的人员及设备荷载标准值取1.0kN/m²；大型设备、结构构件等可变荷载按实际计算；

2) 用于混凝土结构施工时，作业层上荷载标准值的取值应符合现行行业标准《建筑施工模板安全技术规范》JGJ 162的规定。

4.2.5 作用于脚手架上的水平风荷载标准值，应按下式计算：

$$w_k = \mu_z \cdot \mu_s \cdot w_0 \quad (4.2.5)$$

式中：w_k——风荷载标准值（kN/m²）；

μ_z——风压高度变化系数，应按现行国家标准《建筑结构荷载规范》GB 50009规定采用；

μ_s——脚手架风荷载体型系数，应按本规范表4.2.6的规定采用；

w_0——基本风压值（kN/m²），应按现行国家标准《建筑结构荷载规范》GB 50009的规定采用，取重现期 $n=10$ 对应的风压值。

4.2.6 脚手架的风荷载体型系数，应按表4.2.6的规定采用。

表4.2.6 脚手架的风荷载体型系数 μ_s

背靠建筑物的状况	全封闭墙	敞开、框架和开洞墙
脚手架状况	全封闭、半封闭	1.0φ	1.3φ
	敞 开	μ_{stw}	

注：1 μ_{stw} 值可将脚手架视为桁架，按国家标准《建筑结构荷载规范》GB 50009-2001表7.3.1第32项和第36项的规定计算；

2 φ 为挡风系数，$\varphi=1.2A_n/A_w$，其中：A_n为挡风面积，A_w为迎风面积。敞开式脚手架的 φ 值可按本规范附录A表A.0.5采用。

4.2.7 密目式安全立网全封闭脚手架挡风系数 φ 不宜小于0.8。

4.3 荷载效应组合

4.3.1 设计脚手架的承重构件时，应根据使用过程中可能出现的荷载取其最不利组合进行计算，荷载效应组合宜按表4.3.1采用。

表4.3.1 荷载效应组合

计算项目	荷载效应组合
纵向、横向水平杆承载力与变形	永久荷载+施工荷载
脚手架立杆地基承载力型钢悬挑梁的承载力、稳定与变形	①永久荷载+施工荷载 ②永久荷载+0.9（施工荷载+风荷载）
立杆稳定	①永久荷载+可变荷载（不含风荷载） ②永久荷载+0.9（可变荷载+风荷载）
连墙件承载力与稳定	单排架，风荷载+2.0kN 双排架，风荷载+3.0kN

4.3.2 满堂支撑架用于混凝土结构施工时，荷载组合与荷载设计值应符合现行行业标准《建筑施工模板安全技术规范》JGJ 162的规定。

5 设 计 计 算

5.1 基本设计规定

5.1.1 脚手架的承载能力应按概率极限状态设计法的要求，采用分项系数设计表达式进行设计。可只进行下列设计计算：

1 纵向、横向水平杆等受弯构件的强度和连接扣件的抗滑承载力计算；

2 立杆的稳定性计算；

3 连墙件的强度、稳定性和连接强度的计算；

4 立杆地基承载力计算。

5.1.2 计算构件的强度、稳定性与连接强度时，应采用荷载效应基本组合的设计值。永久荷载分项系数应取1.2,可变荷载分项系数应取1.4。

5.1.3 脚手架中的受弯构件,尚应根据正常使用极限状态的要求验算变形。验算构件变形时,应采用荷载效应的标准组合的设计值,各类荷载分项系数均应取1.0。

5.1.4 当纵向或横向水平杆的轴线对立杆轴线的偏心距不大于55mm时,立杆稳定性计算中可不考虑此偏心距的影响。

5.1.5 当采用本规范第6.1.1条规定的构造尺寸,其相应杆件可不再进行设计计算。但连墙件、立杆地基承载力等仍应根据实际荷载进行设计计算。

5.1.6 钢材的强度设计值与弹性模量应按表5.1.6采用。

表5.1.6 钢材的强度设计值与弹性模量(N/mm²)

Q235钢抗拉、抗压和抗弯强度设计值 f	205
弹性模量 E	2.06×10^5

5.1.7 扣件、底座、可调托撑的承载力设计值应按表5.1.7采用。

表5.1.7 扣件、底座、可调托撑的承载力设计值(kN)

项 目	承载力设计值
对接扣件(抗滑)	3.20
直角扣件、旋转扣件(抗滑)	8.00
底座(受压)、可调托撑(受压)	40.00

5.1.8 受弯构件的挠度不应超过表5.1.8中规定的容许值。

表5.1.8 受弯构件的容许挠度

构件类别	容许挠度[v]
脚手板、脚手架纵向、横向水平杆	$l/150$ 与 10mm
脚手架悬挑受弯杆件	$l/400$
型钢悬挑脚手架悬挑钢梁	$l/250$

注:l 为受弯构件的跨度,对悬挑杆件为其悬伸长度的2倍。

5.1.9 受压、受拉构件的长细比不应超过表5.1.9中规定的容许值。

表5.1.9 受压、受拉构件的容许长细比

构件类别		容许长细比[λ]
立杆	双排架 满堂支撑架	210
	单排架	230
	满堂脚手架	250
横向斜撑、剪刀撑中的压杆		250
拉杆		350

5.2 单、双排脚手架计算

5.2.1 纵向、横向水平杆的抗弯强度应按下式计算:

$$\sigma = \frac{M}{W} \leqslant f \quad (5.2.1)$$

式中 σ——弯曲正应力;
M——弯矩设计值(N·mm),应按本规范第5.2.2条的规定计算;
W——截面模量(mm³),应按本规范附录B表B.0.1采用;
f——钢材的抗弯强度设计值(N/mm²),应按本规范表5.1.6采用。

5.2.2 纵向、横向水平杆弯矩设计值,应按下式计算:

$$M = 1.2M_{Gk} + 1.4\Sigma M_{Qk} \quad (5.2.2)$$

式中:M_{Gk}——脚手板自重产生的弯矩标准值(kN·m);
M_{Qk}——施工荷载产生的弯矩标准值(kN·m)。

5.2.3 纵向、横向水平杆的挠度应符合下式规定:

$$v \leqslant [v] \quad (5.2.3)$$

式中:v——挠度(mm);
$[v]$——容许挠度,应按本规范表5.1.8采用。

5.2.4 计算纵向、横向水平杆的内力与挠度时,纵向水平杆宜按三跨连续梁计算,计算跨度取立杆纵距 l_a;横向水平杆宜按简支梁计算,计算跨度 l_0 可按图5.2.4采用。

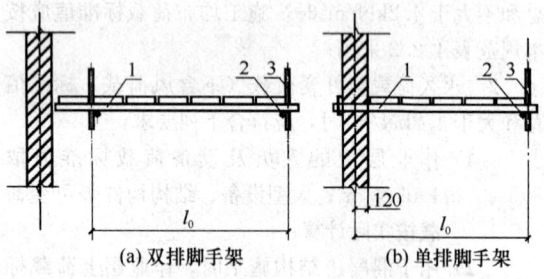

(a) 双排脚手架　　(b) 单排脚手架

图5.2.4 横向水平杆计算跨度
1—横向水平杆;2—纵向水平杆;3—立杆

5.2.5 纵向或横向水平杆与立杆连接时,其扣件的抗滑承载力应符合下式规定:

$$R \leqslant R_c \quad (5.2.5)$$

式中:R——纵向或横向水平杆传给立杆的竖向作用力设计值;
R_c——扣件抗滑承载力设计值,应按本规范表5.1.7采用。

5.2.6 立杆的稳定性应符合下列公式要求:

不组合风荷载时:$\dfrac{N}{\varphi A} \leqslant f \quad (5.2.6-1)$

组合风荷载时:$\dfrac{N}{\varphi A} + \dfrac{M_w}{W} \leqslant f \quad (5.2.6-2)$

式中：N——计算立杆段的轴向力设计值（N），应按本规范式（5.2.7-1）、式（5.2.7-2）计算；

φ——轴心受压构件的稳定系数，应根据长细比 λ 由本规范附录 A 表 A.0.6 取值；

λ——长细比，$\lambda = \dfrac{l_0}{i}$；

l_0——计算长度（mm），应按本规范第 5.2.8 条的规定计算；

i——截面回转半径（mm），可按本规范附录 B 表 B.0.1 采用；

A——立杆的截面面积（mm²），可按本规范附录 B 表 B.0.1 采用；

M_w——计算立杆段由风荷载设计值产生的弯矩（N·mm），可按本规范式（5.2.9）计算；

f——钢材的抗压强度设计值（N/mm²），应按本规范表 5.1.6 采用。

5.2.7 计算立杆段的轴向力设计值 N，应按下列公式计算：

不组合风荷载时：
$$N = 1.2(N_{G1k} + N_{G2k}) + 1.4\Sigma N_{Qk}$$
(5.2.7-1)

组合风荷载时：
$$N = 1.2(N_{G1k} + N_{G2k}) + 0.9 \times 1.4\Sigma N_{Qk}$$
(5.2.7-2)

式中：N_{G1k}——脚手架结构自重产生的轴向力标准值；

N_{G2k}——构配件自重产生的轴向力标准值；

ΣN_{Qk}——施工荷载产生的轴向力标准值总和，内、外立杆各按一纵距内施工荷载总和的 1/2 取值。

5.2.8 立杆计算长度 l_0 应按下式计算：
$$l_0 = k\mu h \quad (5.2.8)$$

式中：k——立杆计算长度附加系数，其值取 1.155，当验算立杆允许长细比时，取 $k=1$；

μ——考虑单、双排脚手架整体稳定因素的单杆计算长度系数，应按表 5.2.8 采用；

h——步距。

表 5.2.8 单、双排脚手架立杆的计算长度系数 μ

类别	立杆横距（m）	连墙件布置	
		二步三跨	三步三跨
双排架	1.05	1.50	1.70
	1.30	1.55	1.75
	1.55	1.60	1.80
单排架	≤1.50	1.80	2.00

5.2.9 由风荷载产生的立杆段弯矩设计值 M_w，可按下式计算：
$$M_w = 0.9 \times 1.4 M_{wk} = \dfrac{0.9 \times 1.4 w_k l_a h^2}{10}$$
(5.2.9)

式中：M_{wk}——风荷载产生的弯矩标准值（kN·m）；

w_k——风荷载标准值（kN/m²），应按本规范式（4.2.5）计算；

l_a——立杆纵距（m）。

5.2.10 单、双排脚手架立杆稳定性计算部位的确定应符合下列规定：

1 当脚手架采用相同的步距、立杆纵距、立杆横距和连墙件间距时，应计算底层立杆段；

2 当脚手架的步距、立杆纵距、立杆横距和连墙件间距有变化时，除计算底层立杆段外，还必须对出现最大步距或最大立杆纵距、立杆横距、连墙件间距等部位的立杆段进行验算。

5.2.11 单、双排脚手架允许搭设高度 $[H]$ 应按下列公式计算，并应取较小值：

1 不组合风荷载时：
$$[H] = \dfrac{\varphi A f - (1.2 N_{G2k} + 1.4 \Sigma N_{Qk})}{1.2 g_k}$$
(5.2.11-1)

2 组合风荷载时：
$$[H] = \dfrac{\varphi A f - \left[1.2 N_{G2k} + 0.9 \times 1.4 \left(\Sigma N_{Qk} + \dfrac{M_{wk}}{W}\varphi A\right)\right]}{1.2 g_k}$$
(5.2.11-2)

式中：$[H]$——脚手架允许搭设高度（m）；

g_k——立杆承受的每米结构自重标准值（kN/m），可按本规范附录 A 表 A.0.1 采用。

5.2.12 连墙件杆件的强度及稳定应满足下列公式的要求：

强度：
$$\sigma = \dfrac{N_l}{A_c} \leqslant 0.85 f \quad (5.2.12-1)$$

稳定：
$$\dfrac{N_l}{\varphi A} \leqslant 0.85 f \quad (5.2.12-2)$$

$$N_l = N_{lw} + N_0 \quad (5.2.12-3)$$

式中：σ——连墙件应力值（N/mm²）；

A_c——连墙件的净截面面积（mm²）；

A——连墙件的毛截面面积（mm²）；

N_l——连墙件轴向力设计值（N）；

N_{lw}——风荷载产生的连墙件轴向力设计值，应按本规范第 5.2.13 条的规定计算；

N_0——连墙件约束脚手架平面外变形所产生的轴向力。单排架取 2kN，双排架取 3kN；

φ——连墙件的稳定系数，应根据连墙件长细比按本规范附录 A 表 A.0.6 取值；

f——连墙件钢材的强度设计值（N/mm²），应按本规范表5.1.6采用。

5.2.13 由风荷载产生的连墙件的轴向力设计值，应按下式计算：

$$N_{lw} = 1.4 \cdot w_k \cdot A_w \quad (5.2.13)$$

式中：A_w——单个连墙件所覆盖的脚手架外侧面的迎风面积。

5.2.14 连墙件与脚手架、连墙件与建筑结构连接的承载力应按下式计算：

$$N_l \leqslant N_V \quad (5.2.14)$$

式中：N_V——连墙件与脚手架、连墙件与建筑结构连接的受拉（压）承载力设计值，应根据相应规范规定计算。

5.2.15 当采用钢管扣件做连墙件时，扣件抗滑承载力的验算，应满足下式要求：

$$N_l \leqslant R_c \quad (5.2.15)$$

式中：R_c——扣件抗滑承载力设计值，一个直角扣件应取8.0kN。

5.3 满堂脚手架计算

5.3.1 立杆的稳定性应按本规范式（5.2.6-1）、式（5.2.6-2）计算。由风荷载产生的立杆段弯矩设计值M_w，可按本规范式（5.2.9）计算。

5.3.2 计算立杆段的轴向力设计值N，应按本规范式（5.2.7-1）、式（5.2.7-2）计算。施工荷载产生的轴向力标准值总和ΣN_{Qk}，可按所选取计算部位立杆负荷面积计算。

5.3.3 立杆稳定性计算部位的确定应符合下列规定：

　　1 当满堂脚手架采用相同的步距、立杆纵距、立杆横距时，应计算底层立杆段；

　　2 当架体的步距、立杆纵距、立杆横距有变化时，除计算底层立杆段外，还必须对出现最大步距、最大立杆纵距、立杆横距等部位的立杆段进行验算；

　　3 当架体上有集中荷载作用时，尚应计算集中荷载作用范围内受力最大的立杆段。

5.3.4 满堂脚手架立杆的计算长度应按下式计算：

$$l_0 = k\mu h \quad (5.3.4)$$

式中：k——满堂脚手架立杆计算长度附加系数，应按表5.3.4采用；

　　　h——步距；

　　　μ——考虑满堂脚手整体稳定因素的单杆计算长度系数，应按本规范附录C表C-1采用。

表5.3.4 满堂脚手架立杆计算长度附加系数

高度H(m)	$H \leqslant 20$	$20 < H \leqslant 30$	$30 < H \leqslant 36$
k	1.155	1.191	1.204

注：当验算立杆允许长细比时，取$k=1$。

5.3.5 满堂脚手架纵、横水平杆计算应符合本规范第5.2.1条～第5.2.5条的规定。

5.3.6 当满堂脚手架立杆间距不大于1.5m×1.5m，架体四周及中间与建筑物结构进行刚性连接，并且刚性连接点的水平间距不大于4.5m，竖向间距不大于3.6m时，可按本规范第5.2.6条～第5.2.10条双排脚手架的规定进行计算。

5.4 满堂支撑架计算

5.4.1 满堂支撑架顶部施工层荷载应通过可调托撑传递给立杆。

5.4.2 满堂支撑架根据剪刀撑的设置不同分为普通型构造与加强型构造，其构造设置应符合本规范第6.9.3条的规定，两种类型满堂支撑架立杆的计算长度应符合本规范第5.4.6条的规定。

5.4.3 立杆的稳定性应按本规范式（5.2.6-1）、式（5.2.6-2）计算。由风荷载设计值产生的立杆段弯矩M_w，可按本规范式（5.2.9）计算。

5.4.4 计算立杆段的轴向力设计值N，应按下列公式计算：

不组合风荷载时：

$$N = 1.2\Sigma N_{Gk} + 1.4\Sigma N_{Qk} \quad (5.4.4-1)$$

组合风荷载时：

$$N = 1.2\Sigma N_{Gk} + 0.9 \times 1.4\Sigma N_{Qk} \quad (5.4.4-2)$$

式中：ΣN_{Gk}——永久荷载对立杆产生的轴向力标准值总和（kN）；

　　　ΣN_{Qk}——可变荷载对立杆产生的轴向力标准值总和（kN）。

5.4.5 立杆稳定性计算部位的确定应符合下列规定：

　　1 当满堂支撑架采用相同的步距、立杆纵距、立杆横距时，应计算底层与顶层立杆段；

　　2 应符合本规范第5.3.3条第2款、第3款的规定。

5.4.6 满堂支撑架立杆的计算长度应按下式计算，取整体稳定计算结果最不利值：

顶部立杆段：$l_0 = k\mu_1(h+2a) \quad (5.4.6-1)$

非顶部立杆段：$l_0 = k\mu_2 h \quad (5.4.6-2)$

式中：k——满堂支撑架立杆计算长度附加系数，应按表5.4.6采用；

　　　h——步距；

　　　a——立杆伸出顶层水平杆中心线至支撑点的长度；应不大于0.5m，当$0.2m < a < 0.5m$时，承载力可按线性插入值；

　　　μ_1、μ_2——考虑满堂支撑架整体稳定因素的单杆计算长度系数，普通型构造应按本规范附录C表C-2、表C-4采用；加强型构造应按本规范附录C表C-3、表C-5采用。

表 5.4.6 满堂支撑架立杆计算长度附加系数

高度 H(m)	$H \leqslant 8$	$8 < H \leqslant 10$	$10 < H \leqslant 20$	$20 < H \leqslant 30$
k	1.155	1.185	1.217	1.291

注：当验算立杆允许长细比时，取 $k=1$。

5.4.7 当满堂支撑架小于 4 跨时，宜设置连墙件将架体与建筑结构刚性连接。当架体未设置连墙件与建筑结构刚性连接，立杆计算长度系数 μ 按本规范附录 C 表 C-2～表 C-5 采用时，应符合下列规定：

1 支撑架高度不应超过一个建筑楼层高度，且不应超过 5.2m；

2 架体上永久荷载与可变荷载（不含风荷载）总和标准值不应大于 7.5kN/m²；

3 架体上永久荷载与可变荷载（不含风荷载）总和的均布线荷载标准值不应大于 7kN/m。

5.5 脚手架地基承载力计算

5.5.1 立杆基础底面的平均压力应满足下式的要求：

$$p_k = \frac{N_k}{A} \leqslant f_g \quad (5.5.1)$$

式中：p_k——立杆基础底面处的平均压力标准值（kPa）；

N_k——上部结构传至立杆基础顶面的轴向力标准值（kN）；

A——基础底面面积（m²）；

f_g——地基承载力特征值（kPa），应按本规范第 5.5.2 条的规定采用。

5.5.2 地基承载力特征值的取值应符合下列规定：

1 当为天然地基时，应按地质勘察报告选用；当为回填土地基时，应对地质勘察报告提供的回填土地基承载力特征值乘以折减系数 0.4；

2 由载荷试验或工程经验确定。

5.5.3 对搭设在楼面等建筑结构上的脚手架，应对支撑架体的建筑结构进行承载力验算，当不能满足承载力要求时应采取可靠的加固措施。

5.6 型钢悬挑脚手架计算

5.6.1 当采用型钢悬挑梁作为脚手架的支承结构时，应进行下列设计计算：

1 型钢悬挑梁的抗弯强度、整体稳定性和挠度；

2 型钢悬挑梁锚固件及其锚固连接的强度；

3 型钢悬挑梁下建筑结构的承载能力验算。

5.6.2 悬挑脚手架作用于型钢悬挑梁上立杆的轴向力设计值，应根据悬挑脚手架分段搭设高度按本规范式 (5.2.7-1)、式 (5.2.7-2) 分别计算，并应取其较大者。

5.6.3 型钢悬挑梁的抗弯强度应按下式计算：

$$\sigma = \frac{M_{max}}{W_n} \leqslant f \quad (5.6.3)$$

式中：σ——型钢悬挑梁应力值；

M_{max}——型钢悬挑梁计算截面最大弯矩设计值；

W_n——型钢悬挑梁净截面模量；

f——钢材的抗弯强度设计值。

5.6.4 型钢悬挑梁的整体稳定性应按下式验算：

$$\frac{M_{max}}{\varphi_b W} \leqslant f \quad (5.6.4)$$

式中：φ_b——型钢悬挑梁的整体稳定性系数，应按现行国家标准《钢结构设计规范》GB 50017 的规定采用；

W——型钢悬挑梁毛截面模量。

5.6.5 型钢悬挑梁的挠度（图 5.6.5）应符合下式规定：

$$v \leqslant [v] \quad (5.6.5)$$

式中：$[v]$——型钢悬挑梁挠度允许值，应按本规范表 5.1.8 取值；

v——型钢悬挑梁最大挠度。

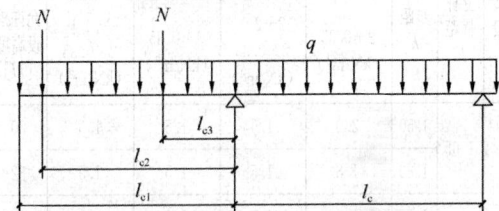

图 5.6.5 悬挑脚手架型钢悬挑梁计算示意图
N—悬挑脚手架立杆的轴向力设计值；l_c—型钢悬挑梁锚固点中心至建筑楼层板边支承点的距离；l_{c1}—型钢悬挑梁悬挑端面至建筑结构楼层板边支承点的距离；l_{c2}—脚手架外立杆至建筑结构楼层板边支承点的距离；l_{c3}—脚手架内杆至建筑结构楼层板边支承点的距离；q—型钢梁自重线荷载标准值

5.6.6 将型钢悬挑梁锚固在主体结构上的 U 形钢筋拉环或螺栓的强度应按下式计算：

$$\sigma = \frac{N_m}{A_l} \leqslant f_l \quad (5.6.6)$$

式中：σ——U 形钢筋拉环或螺栓应力值；

N_m——型钢悬挑梁锚固段压点 U 形钢筋拉环或螺栓拉力设计值（N）；

A_l——U 形钢筋拉环净截面面积或螺栓的有效截面面积（mm²），一个钢筋拉环或一对螺栓按两个截面计算；

f_l——U 形钢筋拉环或螺栓抗拉强度设计值，应按现行国家标准《混凝土结构设计规范》GB 50010 的规定取 $f_l = 50$N/mm²。

5.6.7 当型钢悬挑梁锚固段压点处采用 2 个（对）及以上 U 形钢筋拉环或螺栓锚固连接时，其钢筋拉环或螺栓的承载能力应乘以 0.85 的折减系数。

5.6.8 当型钢悬挑梁与建筑结构锚固的压点处楼板未设置上层受力钢筋时，应经计算在楼板内配置用于承受型钢梁锚固作用引起负弯矩的受力钢筋。

5.6.9 对型钢悬挑梁下建筑结构的混凝土梁（板）

应按现行国家标准《混凝土结构设计规范》GB 50010的规定进行混凝土局部受压承载力、结构承载力验算，当不满足要求时，应采取可靠的加固措施。

5.6.10 悬挑脚手架的纵向水平杆、横向水平杆、立杆、连墙件计算应符合本规范第5.2节的规定。

6 构造要求

6.1 常用单、双排脚手架设计尺寸

6.1.1 常用密目式安全立网全封闭单、双排脚手架结构的设计尺寸，可按表6.1.1-1、表6.1.1-2采用。

表6.1.1-1 常用密目式安全立网全封闭式双排脚手架的设计尺寸（m）

连墙件设置	立杆横距 l_b	步距 h	下列荷载时的立杆纵距 l_a			脚手架允许搭设高度 [H]
			2+0.35 (kN/m²)	2+2+2×0.35 (kN/m²)	3+0.35 (kN/m²)	3+2+2×0.35 (kN/m²)	
二步三跨	1.05	1.50	2.0	1.5	1.5	1.5	50
		1.80	1.8	1.5	1.5	1.5	32
	1.30	1.50	1.8	1.5	1.5	1.5	50
		1.80	1.8	1.2	1.5	1.2	30
	1.55	1.50	1.8	1.5	1.5	1.5	38
		1.80	1.8	1.2	1.5	1.2	22
三步三跨	1.05	1.50	2.0	1.5	1.5	1.5	43
		1.80	1.8	1.2	1.5	1.2	24
	1.30	1.50	1.8	1.5	1.5	1.5	30
		1.80	1.8	1.2	1.5	1.2	17

注：1 表中所示2+2+2×0.35(kN/m²)，包括下列荷载：2+2(kN/m²)为二层装修作业层施工荷载标准值；2×0.35(kN/m²)为二层作业层脚手板自重荷载标准值。
2 作业层横向水平杆间距，应按不大于$l_a/2$设置。
3 地面粗糙度为B类，基本风压w_0=0.4kN/m²。

表6.1.1-2 常用密目式安全立网全封闭式单排脚手架的设计尺寸（m）

连墙件设置	立杆横距 l_b	步距 h	下列荷载时的立杆纵距 l_a		脚手架允许搭设高度 [H]
			2+0.35 (kN/m²)	3+0.35 (kN/m²)	
二步三跨	1.20	1.50	2.0	1.8	24
		1.80	1.5	1.2	24
	1.40	1.50	1.8	1.5	24
		1.80	1.5	1.2	24
三步三跨	1.20	1.50	2.0	1.8	24
		1.80	1.5	1.2	24
	1.40	1.50	1.8	1.5	24
		1.80	1.5	1.2	24

注：同表6.1.1-1。

6.1.2 单排脚手架搭设高度不应超过24m；双排脚手架搭设高度不宜超过50m，高度超过50m的双排脚手架，应采用分段搭设等措施。

6.2 纵向水平杆、横向水平杆、脚手板

6.2.1 纵向水平杆的构造应符合下列规定：

1 纵向水平杆应设置在立杆内侧，单根杆长度不应小于3跨；

2 纵向水平杆接长应采用对接扣件连接或搭接，并应符合下列规定：

1）两根相邻纵向水平杆的接头不应设置在同步或同跨内；不同步或不同跨两个相邻接头在水平方向错开的距离不应小于500mm；各接头中心至最近主节点的距离不应大于纵距的1/3（图6.2.1-1）。

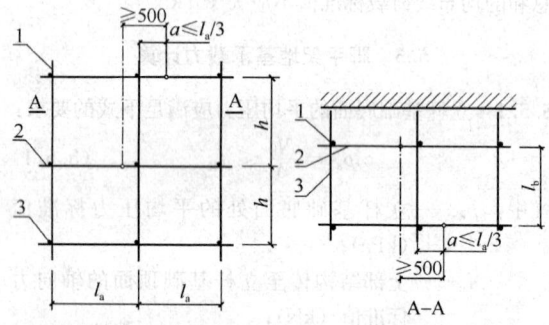

(a) 接头不在同步内（立面）　　(b) 接头不在同跨内（平面）

图6.2.1-1 纵向水平杆对接接头布置
1—立杆；2—纵向水平杆；3—横向水平杆

2）搭接长度不应小于1m，应等间距设置3个旋转扣件固定；端部扣件盖板边缘至搭接纵向水平杆杆端的距离不应小于100mm。

3 当使用冲压钢脚手板、木脚手板、竹串片脚手板时，纵向水平杆应作为横向水平杆的支座，用直角扣件固定在立杆上；当使用竹笆脚手板时，纵向水平杆应采用直角扣件固定在横向水平杆上，并应等间距设置，间距不应大于400mm（图6.2.1-2）。

6.2.2 横向水平杆的构造应符合下列规定：

1 作业层上非主节点处的横向水平杆，宜根据支承脚手板的需要等间距设置，最大间距不应大于纵距的1/2；

2 当使用冲压钢脚手板、木脚手板、竹串片脚手板时，双排脚手架的横向水平杆两端均应采用直角扣件固定在纵向水平杆上；单排脚手架的横向水平杆的一端应用直角扣件固定在纵向水平杆上，另一端应插入墙内，插入长度不应小于180mm；

3 当使用竹笆脚手板时，双排脚手架的横向水平杆的两端，应用直角扣件固定在立杆上；单排脚手架的横向水平杆的一端，应用直角扣件固定在立杆上，另一端插入墙内，插入长度不应小于180mm。

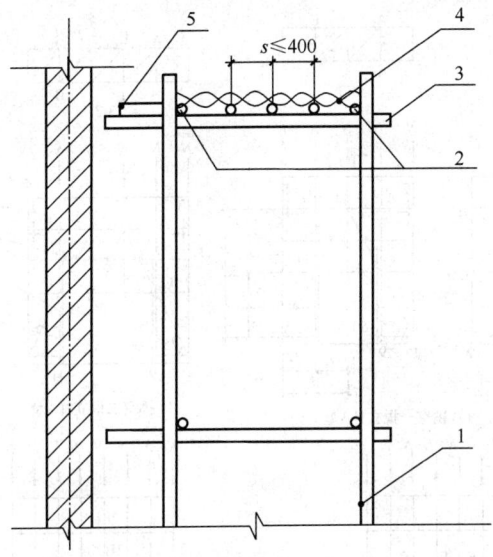

图 6.2.1-2 铺竹笆脚手板时
纵向水平杆的构造
1—立杆；2—纵向水平杆；3—横向水平杆；
4—竹笆脚手板；5—其他脚板

6.2.3 主节点处必须设置一根横向水平杆，用直角扣件扣接且严禁拆除。

6.2.4 脚手板的设置应符合下列规定：

1 作业层脚手板应铺满、铺稳、铺实。

2 冲压钢脚手板、木脚手板、竹串片脚手板等，应设置在三根横向水平杆上。当脚手板长度小于 2m 时，可采用两根横向水平杆支承，但应将脚手板两端与横向水平杆可靠固定，严防倾翻。脚手板的铺设应采用对接平铺或搭接铺设。脚手板对接平铺时，接头处应设两根横向水平杆，脚手板外伸长度应取 130mm～150mm，两块脚手板外伸长度的和不应大于 300mm[图 6.2.4（a）]；脚手板搭接铺设时，接头应支在横向水平杆上，搭接长度不应小于 200mm，其伸出横向水平杆的长度不应小于 100mm[图 6.2.4（b）]。

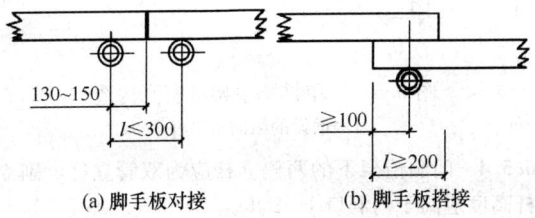

(a) 脚手板对接　　(b) 脚手板搭接

图 6.2.4 脚手板对接、搭接构造

3 竹笆脚手板应按其主竹筋垂直于纵向水平杆方向铺设，且应对接平铺，四个角应用直径不小于 1.2mm 的镀锌钢丝固定在纵向水平杆上。

4 作业层端部脚手板探头长度应取 150mm，其板的两端均应固定于支承杆件上。

6.3 立　杆

6.3.1 每根立杆底部宜设置底座或垫板。

6.3.2 脚手架必须设置纵、横向扫地杆。纵向扫地杆应采用直角扣件固定在距钢管底端不大于 200mm 处的立杆上。横向扫地杆应采用直角扣件固定在紧靠纵向扫地杆下方的立杆上。

6.3.3 脚手架立杆基础不在同一高度上时，必须将高处的纵向扫地杆向低处延长两跨与立杆固定，高低差不应大于 1m。靠边坡上方的立杆轴线到边坡的距离不应小于 500mm（图 6.3.3）。

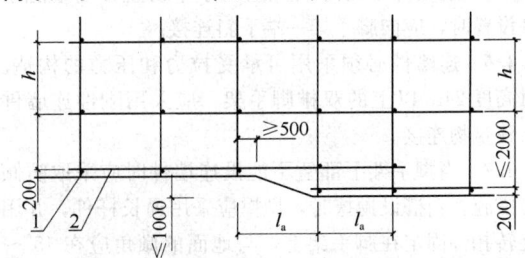

图 6.3.3 纵、横向扫地杆构造
1—横向扫地杆；2—纵向扫地杆

6.3.4 单、双排脚手架底层步距均不应大于 2m。

6.3.5 单排、双排与满堂脚手架立杆接长除顶层顶步外，其余各层各步接头必须采用对接扣件连接。

6.3.6 脚手架立杆的对接、搭接应符合下列规定：

1 当立杆采用对接接长时，立杆的对接扣件应交错布置，两根相邻立杆的接头不应设置在同步内，同步内隔一根立杆的两个相隔接头在高度方向错开的距离不宜小于 500mm；各接头中心至主节点的距离不宜大于步距的 1/3；

2 当立杆采用搭接接长时，搭接长度不应小于 1m，并应采用不少于 2 个旋转扣件固定。端部扣件盖板的边缘至杆端距离不应小于 100mm。

6.3.7 脚手架立杆顶端栏杆宜高出女儿墙上端 1m，宜高出檐口上端 1.5m。

6.4 连墙件

6.4.1 脚手架连墙件设置的位置、数量应按专项施工方案确定。

6.4.2 脚手架连墙件数量的设置除应满足本规范的计算要求外，还应符合表 6.4.2 的规定。

表 6.4.2 连墙件布置最大间距

搭设方法	高 度	竖向间距（h）	水平间距（l_a）	每根连墙件覆盖面积（m^2）
双排落地	≤50m	$3h$	$3l_a$	≤40
双排悬挑	>50m	$2h$	$3l_a$	≤27
单排	≤24m	$3h$	$3l_a$	≤40

注：h—步距；l_a—纵距。

6.4.3 连墙件的布置应符合下列规定：

1 应靠近主节点设置，偏离主节点的距离不应大于300mm；

2 应从底层第一步纵向水平杆处开始设置，当该处设置有困难时，应采用其他可靠措施固定；

3 应优先采用菱形布置，或采用方形、矩形布置。

6.4.4 开口型脚手架的两端必须设置连墙件，连墙件的垂直间距不应大于建筑物的层高，并且不应大于4m。

6.4.5 连墙件中的连墙杆应呈水平设置，当不能水平设置时，应向脚手架一端下斜连接。

6.4.6 连墙件必须采用可承受拉力和压力的构造。对高度24m以上的双排脚手架，应采用刚性连墙件与建筑物连接。

6.4.7 当脚手架下部暂不能设连墙件时应采取防倾覆措施。当搭设抛撑时，抛撑应采用通长杆件，并用旋转扣件固定在脚手架上，与地面的倾角应在45°～60°之间；连接点中心至主节点的距离不应大于300mm。抛撑应在连墙件搭设后方可拆除。

6.4.8 架高超过40m且有风涡流作用时，应采取抗上升翻流作用的连墙措施。

6.5 门　　洞

6.5.1 单、双排脚手架门洞宜采用上升斜杆、平行弦杆桁架结构形式（图6.5.1），斜杆与地面的倾角 a 应在45°～60°之间。门洞桁架的形式宜按下列要求确定：

1 当步距（h）小于纵距（l_a）时，应采用A型；

2 当步距（h）大于纵距（l_a）时，应采用B型，并应符合下列规定：

　　1）$h=1.8m$时，纵距不应大于1.5m；

　　2）$h=2.0m$时，纵距不应大于1.2m。

6.5.2 单、双排脚手架门洞桁架的构造应符合下列规定：

1 单排脚手架门洞处，应在平面桁架（图6.5.1中ABCD）的每一节间设置一根斜腹杆；双排脚手架门洞处的空间桁架，除下弦平面外，应在其余5个平面内的图示节间设置一根斜腹杆（图6.5.1中1-1、2-2、3-3剖面）。

2 斜腹杆宜采用旋转扣件固定在与之相交的横向水平杆的伸出端上，旋转扣件中心线至主节点的距离不宜大于150mm。当斜腹杆在1跨内跨越2个步距（图6.5.1A型）时，宜在相交的纵向水平杆处，增设一根横向水平杆，将斜腹杆固定在其伸出端上。

3 斜腹杆宜采用通长杆件，当必须接长使用时，宜采用对接扣件连接，也可采用搭接，搭接构造应符合本规范第6.3.6条第2款的规定。

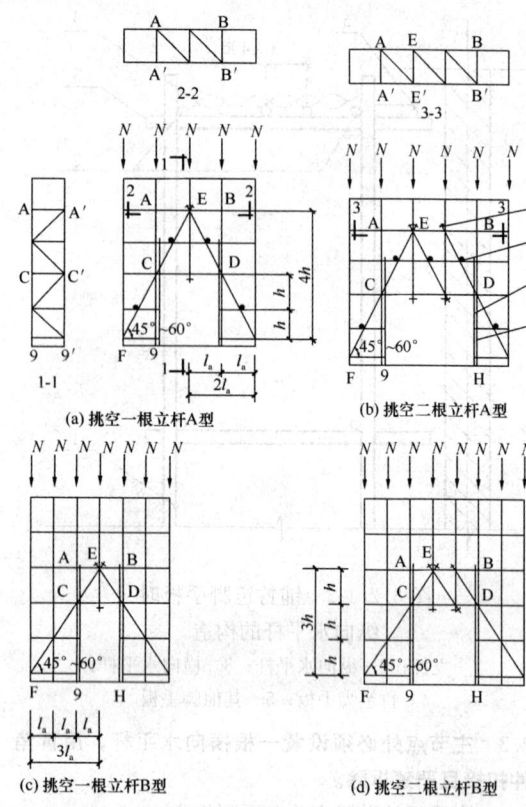

图6.5.1 门洞处上升斜杆、平行弦杆桁架
1—防滑扣件；2—增设的横向水平杆；
3—副立杆；4—主立杆

6.5.3 单排脚手架过窗洞时应增设立杆或增设一根纵向水平杆（图6.5.3）。

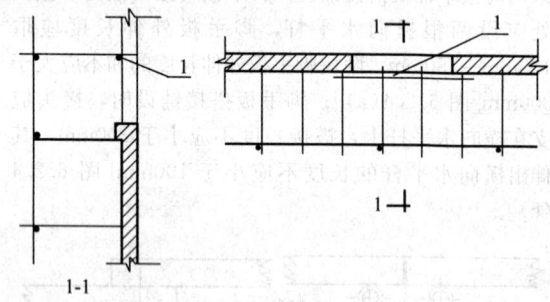

图6.5.3 单排脚手架过窗洞构造
1—增设的纵向水平杆

6.5.4 门洞桁架下的两侧立杆应为双管立杆，副立杆高度应高于门洞口1～2步。

6.5.5 门洞桁架中伸出上下弦杆的杆件端头，均应增设一个防滑扣件（图6.5.1），该扣件宜紧靠主节点处的扣件。

6.6 剪刀撑与横向斜撑

6.6.1 双排脚手架应设置剪刀撑与横向斜撑，单排脚手架应设置剪刀撑。

6.6.2 单、双排脚手架剪刀撑的设置应符合下列规定：

1 每道剪刀撑跨越立杆的根数应按表6.6.2的规定确定。每道剪刀撑宽度不应小于4跨，且不应小于6m，斜杆与地面的倾角应在45°～60°之间；

表6.6.2 剪刀撑跨越立杆的最多根数

剪刀撑斜杆与地面的倾角α	45°	50°	60°
剪刀撑跨越立杆的最多根数n	7	6	5

2 剪刀撑斜杆的接长应采用搭接或对接，搭接应符合本规范第6.3.6条第2款的规定；

3 剪刀撑斜杆应用旋转扣件固定在与之相交的横向水平杆的伸出端或立杆上，旋转扣件中心线至主节点的距离不应大于150mm。

6.6.3 高度在24m及以上的双排脚手架应在外侧全立面连续设置剪刀撑；高度在24m以下的单、双排脚手架，均必须在外侧两端、转角及中间间隔不超过15m的立面上，各设置一道剪刀撑，并应由底至顶连续设置（图6.6.3）。

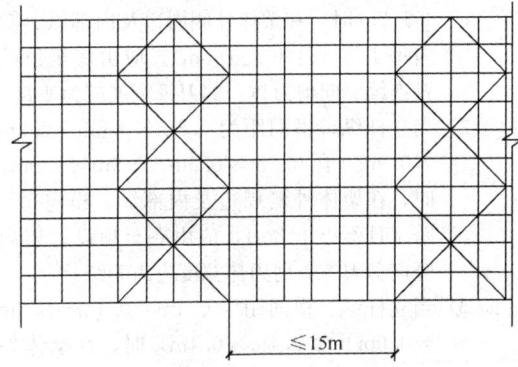

图6.6.3 高度24m以下剪刀撑布置

6.6.4 双排脚手架横向斜撑的设置应符合下列规定：

1 横向斜撑应在同一节间，由底至顶层呈之字形连续布置，斜撑的固定应符合本规范第6.5.2条第2款的规定；

2 高度在24m以下的封闭型双排脚手架可不设横向斜撑，高度在24m以上的封闭型脚手架，除拐角应设置横向斜撑外，中间应每隔6跨距设置一道。

6.6.5 开口型双排脚手架的两端均必须设置横向斜撑。

6.7 斜 道

6.7.1 人行并兼作材料运输的斜道的形式宜按下列要求确定：

1 高度不大于6m的脚手架，宜采用一字形斜道；

2 高度大于6m的脚手架，宜采用之字形斜道。

6.7.2 斜道的构造应符合下列规定：

1 斜道应附着外脚手架或建筑物设置；

2 运料斜道宽度不应小于1.5m，坡度不应大于1:6；人行斜道宽度不应小于1m，坡度不应大于1:3；

3 拐弯处应设置平台，其宽度不应小于斜道宽度；

4 斜道两侧及平台外围均应设置栏杆及挡脚板；栏杆高度应为1.2m，挡脚板高度不应小于180mm；

5 运料斜道两端、平台外围和端部均应按本规范第6.4.1条～第6.4.6条的规定设置连墙件；每两步应加设水平斜杆；应按本规范第6.6.2条～第6.6.5条的规定设置剪刀撑和横向斜撑。

6.7.3 斜道脚手板构造应符合下列规定：

1 脚手板横铺时，应在横向水平杆下增设纵向支托杆，纵向支托杆间距不应大于500mm；

2 脚手板顺铺时，接头应采用搭接，下面的板头应压住上面的板头，板头的凸棱处应采用三角木填顺；

3 人行斜道和运料斜道的脚手板上应每隔250mm～300mm设置一根防滑木条，木条厚度应为20mm～30mm。

6.8 满堂脚手架

6.8.1 常用敞开式满堂脚手架结构的设计尺寸，可按表6.8.1采用。

表6.8.1 常用敞开式满堂脚手架结构的设计尺寸

序号	步距(m)	立杆间距(m)	支架高宽比不大于	下列施工荷载时最大允许高度(m)	
				2(kN/m²)	3(kN/m²)
1	1.7～1.8	1.2×1.2	2	17	9
2		1.0×1.0	2	30	24
3		0.9×0.9	2	36	36
4	1.5	1.3×1.3	2	18	9
5		1.2×1.2	2	23	16
6		1.0×1.0	2	36	31
7		0.9×0.9	2	36	36
8	1.2	1.3×1.3	2	20	13
9		1.2×1.2	2	24	19
10		1.0×1.0	2	36	32
11		0.9×0.9	2	36	36
12	0.9	1.0×1.0	2	36	33
13		0.9×0.9	2	36	36

注：1 最少跨数应符合本规范附录C表C-1的规定；
2 脚手板自重标准值0.35kN/m²；
3 地面粗糙度为B类，基本风压w_0=0.35kN/m²；
4 立杆间距不小于1.2m×1.2m，施工荷载标准值不小于3kN/m²时，立杆应增设防滑扣件，防滑扣件应安装牢固，且顶紧立杆与水平杆连接的扣件。

6.8.2 满堂脚手架搭设高度不宜超过36m；满堂脚

手架施工层不得超过1层。

6.8.3 满堂脚手架立杆的构造应符合本规范第6.3.1条~第6.3.3条的规定；立杆接长接头必须采用对接扣件连接。立杆对接扣件布置应符合本规范第6.3.6条第1款的规定。水平杆的连接应符合本规范第6.2.1条第2款的有关规定，水平杆长度不宜小于3跨。

6.8.4 满堂脚手架应在架体外侧四周及内部纵、横向每6m至8m由底至顶设置连续竖向剪刀撑。当架体搭设高度在8m以下时，应在架顶部设置连续水平剪刀撑；当架体搭设高度在8m及以上时，应在架体底部、顶部及竖向间隔不超过8m分别设置连续水平剪刀撑。水平剪刀撑宜在竖向剪刀撑斜杆相交平面设置。剪刀撑宽度应为6m~8m。

6.8.5 剪刀撑应用旋转扣件固定在与之相交的水平杆或立杆上，旋转扣件中心线至主节点的距离不宜大于150mm。

6.8.6 满堂脚手架的高宽比不宜大于3，当高宽比大于2时，应在架体的外侧四周和内部水平间隔6m~9m、竖向间隔4m~6m设置连墙件与建筑结构拉结，当无法设置连墙件时，应采取设置钢丝绳张拉固定等措施。

6.8.7 最少跨数为2、3跨的满堂脚手架，宜按本规范第6.4节的规定设置连墙件。

6.8.8 当满堂脚手架局部承受集中荷载时，应按实际荷载计算并应局部加固。

6.8.9 满堂脚手架应设爬梯，爬梯踏步间距不得大于300mm。

6.8.10 满堂脚手架操作层支撑脚手板的水平杆间距不应大于1/2跨距；脚手板的铺设应符合本规范第6.2.4条的规定。

6.9 满堂支撑架

6.9.1 满堂支撑架步距与立杆间距不宜超过本规范附录C表C-2~表C-5规定的上限值，立杆伸出顶层水平杆中心线至支撑点的长度 a 不应超过0.5m。满堂支撑架搭设高度不宜超过30m。

6.9.2 满堂支撑架立杆、水平杆的构造要求应符合本规范第6.8.3条的规定。

6.9.3 满堂支撑架应根据架体的类型设置剪刀撑，并应符合下列规定：

1 普通型：

1) 在架体外侧周边及内部纵、横向每5m~8m，应由底至顶设置连续竖向剪刀撑，剪刀撑宽度应为5m~8m（图6.9.3-1）。

2) 在竖向剪刀撑顶部交点平面应设置连续水平剪刀撑。当支撑高度超过8m，或施工总荷载大于15kN/m²，或集中线荷载大于20kN/m的支撑架，扫地杆的设置层应设置水平剪刀撑。水平剪刀撑至架体底平面距离与水平剪刀撑间距不宜超过8m（图6.9.3-1）。

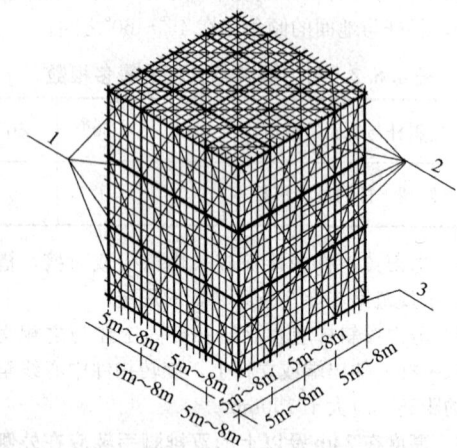

图6.9.3-1 普通型水平、竖向剪刀撑布置图
1—水平剪刀撑；2—竖向剪刀撑；
3—扫地杆设置层

2 加强型：

1) 当立杆纵、横间距为0.9m×0.9m~1.2m×1.2m时，在架体外侧周边及内部纵、横向每4跨（且不大于5m），应由底至顶设置连续竖向剪刀撑，剪刀撑宽度应为4跨。

2) 当立杆纵、横间距为0.6m×0.6m~0.9m×0.9m（含0.6m×0.6m、0.9m×0.9m）时，在架体外侧周边及内部纵、横向每5跨（且不小于3m），应由底至顶设置连续竖向剪刀撑，剪刀撑宽度应为5跨。

3) 当立杆纵、横间距为0.4m×0.4m~0.6m×0.6m（含0.4m×0.4m）时，在架体外侧周边及内部纵、横向每3m~3.2m应由底至顶设置连续竖向剪刀撑，剪刀撑宽度应为3m~3.2m。

4) 在竖向剪刀撑顶部交点平面应设置水平剪刀撑，扫地杆的设置层水平剪刀撑的设置应符合6.9.3条第1款第2项的规定，水平剪刀撑至架体底平面距离与水平剪刀撑间距不宜超过6m，剪刀撑宽度应为3m~5m（图6.9.3-2）。

6.9.4 竖向剪刀撑斜杆与地面的倾角应为45°~60°，水平剪刀撑与支架纵（或横）向夹角应为45°~60°，剪刀撑斜杆的接长应符合本规范第6.3.6条的规定。

6.9.5 剪刀撑的固定应符合本规范第6.8.5条的规定。

6.9.6 满堂支撑架的可调底座、可调托撑螺杆伸出长度不宜超过300mm，插入立杆内的长度不得小于150mm。

6.9.7 当满堂支撑架高宽比不满足本规范附录C表

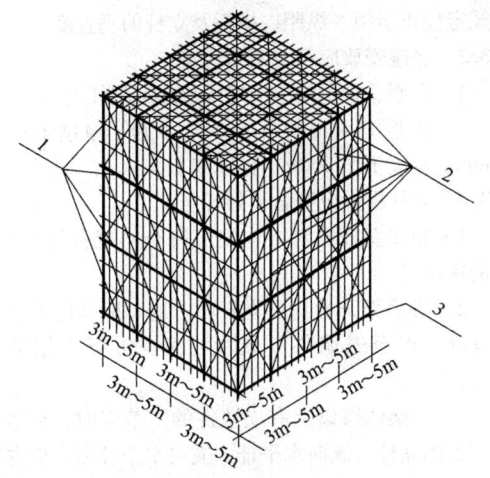

图 6.9.3-2 加强型水平、竖向剪刀撑构造布置图
1—水平剪刀撑；2—竖向剪刀撑；3—扫地杆设置层

C-2～表 C-5 的规定（高宽比大于 2 或 2.5）时，满堂支撑架应在支架的四周和中部与结构柱进行刚性连接，连墙件水平间距应为 6m～9m，竖向间距应为 2m～3m。在无结构柱部位应采取预埋钢管等措施与建筑结构进行刚性连接，在有空间部位，满堂支撑架宜超出顶部加载区投影范围向外延伸布置（2～3）跨。支撑架高宽比不应大于 3。

6.10 型钢悬挑脚手架

6.10.1 一次悬挑脚手架高度不宜超过 20m。

6.10.2 型钢悬挑梁宜采用双轴对称截面的型钢。悬挑钢梁型号及锚固件应按设计确定，钢梁截面高度不应小于 160mm。悬挑梁尾端应在两处及以上固定于钢筋混凝土梁板结构上。锚固型钢悬挑梁的 U 形钢筋拉环或锚固螺栓直径不宜小于 16mm（图 6.10.2）。

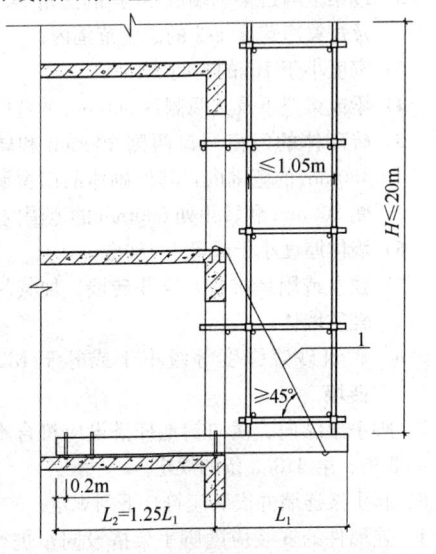

图 6.10.2 型钢悬挑脚手架构造
1—钢丝绳或钢拉杆

6.10.3 用于锚固的 U 形钢筋拉环或螺栓应采用冷弯成型。U 形钢筋拉环、锚固螺栓与型钢间隙应用钢楔或硬木楔楔紧。

6.10.4 每个型钢悬挑梁外端宜设置钢丝绳或钢拉杆与上一层建筑结构斜拉结。钢丝绳、钢拉杆不参与悬挑钢梁受力计算；钢丝绳与建筑结构拉结的吊环应使用 HPB235 级钢筋，其直径不宜小于 20mm，吊环预埋锚固长度应符合现行国家标准《混凝土结构设计规范》GB 50010 中钢筋锚固的规定（图 6.10.2）。

6.10.5 悬挑钢梁悬挑长度应按设计确定，固定段长度不应小于悬挑段长度的 1.25 倍。型钢悬挑梁固定端应采用 2 个（对）及以上 U 形钢筋拉环或锚固螺栓与建筑结构梁板固定，U 形钢筋拉环或锚固螺栓应预埋至混凝土梁、板底层钢筋位置，并应与混凝土梁、板底层钢筋焊接或绑扎牢固，其锚固长度应符合现行国家标准《混凝土结构设计规范》GB 50010 中钢筋锚固的规定（图 6.10.5-1、图 6.10.5-2、图 6.10.5-3）。

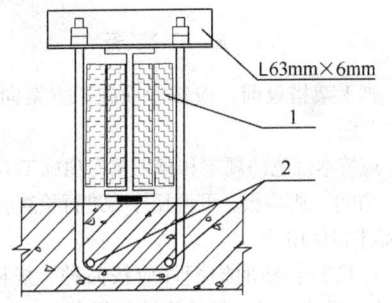

图 6.10.5-1 悬挑钢梁 U 形螺栓固定构造
1—木楔侧向楔紧；2—两根 1.5m 长直径 18mm 的 HRB335 钢筋

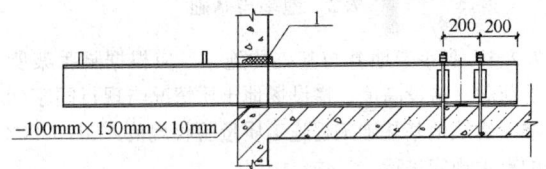

图 6.10.5-2 悬挑钢梁穿墙构造
1—木楔楔紧

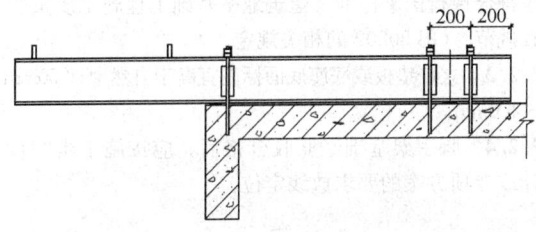

图 6.10.5-3 悬挑钢梁楼面构造

6.10.6 当型钢悬挑梁与建筑结构采用螺栓钢压板连接固定时，钢压板尺寸不应小于 100mm×10mm（宽×厚）；当采用螺栓角钢压板连接时，角钢的规格不应小于 63mm×63mm×6mm。

6.10.7 型钢悬挑梁悬挑端应设置能使脚手架立杆与钢梁可靠固定的定位点，定位点离悬挑梁端部不应小于 100mm。

6.10.8 锚固位置设置在楼板上时，楼板的厚度不宜小于 120mm。如果楼板的厚度小于 120mm 应采取加固措施。

6.10.9 悬挑梁间距应按悬挑架架体立杆纵距设置，每一纵距设置一根。

6.10.10 悬挑架的外立面剪刀撑应自下而上连续设置。剪刀撑设置应符合本规范第 6.6.2 条的规定，横向斜撑设置应符合规范第 6.6.5 条的规定。

6.10.11 连墙件设置应符合本规范第 6.4 节的规定。

6.10.12 锚固型钢的主体结构混凝土强度等级不得低于 C20。

7 施 工

7.1 施工准备

7.1.1 脚手架搭设前，应按专项施工方案向施工人员进行交底。

7.1.2 应按本规范的规定和脚手架专项施工方案要求对钢管、扣件、脚手板、可调托撑等进行检查验收，不合格产品不得使用。

7.1.3 经检验合格的构配件应按品种、规格分类，堆放整齐、平稳，堆放场地不得有积水。

7.1.4 应清除搭设场地杂物，平整搭设场地，并应使排水畅通。

7.2 地基与基础

7.2.1 脚手架地基与基础的施工，应根据脚手架所受荷载、搭设高度、搭设场地土质情况与现行国家标准《建筑地基基础工程施工质量验收规范》GB 50202 的有关规定进行。

7.2.2 压实填土地基应符合现行国家标准《建筑地基基础设计规范》GB 50007 的相关规定；灰土地基应符合现行国家标准《建筑地基基础工程施工质量验收规范》GB 50202 的相关规定。

7.2.3 立杆垫板或底座底面标高宜高于自然地坪 50mm～100mm。

7.2.4 脚手架基础经验收合格后，应按施工组织设计或专项方案的要求放线定位。

7.3 搭 设

7.3.1 单、双排脚手架必须配合施工进度搭设，一次搭设高度不应超过相邻连墙件以上两步；如果超过相邻连墙件以上两步，无法设置连墙件时，应采取撑拉固定等措施与建筑结构拉结。

7.3.2 每搭完一步脚手架后，应按本规范表 8.2.4 的规定校正步距、纵距、横距及立杆的垂直度。

7.3.3 底座安放应符合下列规定：
1 底座、垫板均应准确地放在定位线上；
2 垫板应采用长度不少于 2 跨、厚度不小于 50mm、宽度不小 200mm 的木垫板。

7.3.4 立杆搭设应符合下列规定：
1 相邻立杆的对接连接应符合本规范第 6.3.6 条的规定；
2 脚手架开始搭设立杆时，应每隔 6 跨设置一根抛撑，直至连墙件安装稳定后，方可根据情况拆除；
3 当架体搭设至有连墙件的主节点时，在搭设完该处的立杆、纵向水平杆、横向水平杆后，应立即设置连墙件。

7.3.5 脚手架纵向水平杆的搭设应符合下列规定：
1 脚手架纵向水平杆应随立杆按步搭设，并应采用直角扣件与立杆固定；
2 纵向水平杆的搭设应符合本规范第 6.2.1 条的规定；
3 在封闭型脚手架的同一步中，纵向水平杆应四周交圈设置，并应用直角扣件与内外角部立杆固定。

7.3.6 脚手架横向水平杆搭设应符合下列规定：
1 搭设横向水平杆应符合本规范第 6.2.2 条的规定；
2 双排脚手架横向水平杆的靠墙一端至墙装饰面的距离不应大于 100mm；
3 单排脚手架的横向水平杆不应设置在下列部位：
1）设计上不允许留脚手眼的部位；
2）过梁上与过梁两端成 60°角的三角形范围内及过梁净跨度 1/2 的高度范围内；
3）宽度小于 1m 的窗间墙；
4）梁或梁垫下及其两侧各 500mm 的范围内；
5）砖砌体的门窗洞口两侧 200mm 和转角处 450mm 的范围内，其他砌体的门窗洞口两侧 300mm 和转角处 600mm 的范围内；
6）墙体厚度小于或等于 180mm；
7）独立或附墙砖柱，空斗砖墙、加气块墙等轻质墙体；
8）砌筑砂浆强度等级小于或等于 M2.5 的砖墙。

7.3.7 脚手架纵向、横向扫地杆搭设应符合本规范第 6.3.2 条、第 6.3.3 条的规定。

7.3.8 脚手架连墙件安装应符合下列规定：
1 连墙件的安装应随脚手架搭设同步进行，不得滞后安装；
2 当单、双排脚手架施工操作层高出相邻连墙件以上两步时，应采取确保脚手架稳定的临时拉结措施，直到上一层连墙件安装完毕后再根据情况拆除。

7.3.9 脚手架剪刀撑与双排脚手架横向斜撑应随立杆、纵向和横向水平杆等同步搭设，不得滞后安装。

7.3.10 脚手架门洞搭设应符合本规范第6.5节的规定。

7.3.11 扣件安装应符合下列规定：
  1 扣件规格应与钢管外径相同；
  2 螺栓拧紧扭力矩不应小于40N·m，且不应大于65N·m；
  3 在主节点处固定横向水平杆、纵向水平杆、剪刀撑、横向斜撑等用的直角扣件、旋转扣件的中心点的相互距离不应大于150mm；
  4 对接扣件开口应朝上或朝内；
  5 各杆件端头伸出扣件盖板边缘的长度不应小于100mm。

7.3.12 作业层、斜道的栏杆和挡脚板的搭设应符合下列规定（图7.3.12）：
  1 栏杆和挡脚板均应搭设在外立杆的内侧；
  2 上栏杆上皮高度应为1.2m；
  3 挡脚板高度不应小于180mm；
  4 中栏杆应居中设置。

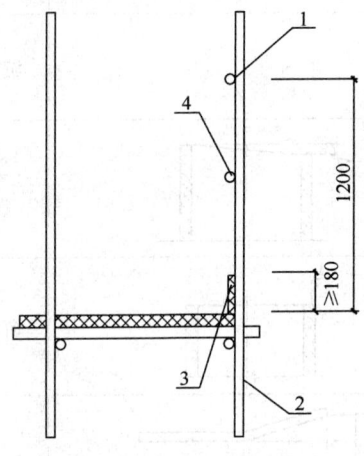

图7.3.12 栏杆与挡脚板构造
1—上栏杆；2—外立杆；3—挡脚板；4—中栏杆

7.3.13 脚手板的铺设应符合下列规定：
  1 脚手板应铺满、铺稳，离墙面的距离不应大于150mm；
  2 采用对接或搭接时均应符合本规范第6.2.4条的规定；脚手板探头应用直径3.2mm的镀锌钢丝固定在支承杆件上；
  3 在拐角、斜道平台口处的脚手板，应用镀锌钢丝固定在横向水平杆上，防止滑动。

7.4 拆 除

7.4.1 脚手架拆除应按专项方案施工，拆除前应做好下列准备工作：
  1 应全面检查脚手架的扣件连接、连墙件、支撑体系等是否符合构造要求；
  2 应根据检查结果补充完善脚手架专项方案中的拆除顺序和措施，经审批后方可实施；
  3 拆除前应对施工人员进行交底；
  4 应清除脚手架上杂物及地面障碍物。

7.4.2 单、双排脚手架拆除作业必须由上而下逐层进行，严禁上下同时作业；连墙件必须随脚手架逐层拆除，严禁先将连墙件整层或数层拆除后再拆脚手架；分段拆除高差大于两步时，应增设连墙件加固。

7.4.3 当脚手架拆至下部最后一根长立杆的高度（约6.5m）时，应先在适当位置搭设临时抛撑加固后，再拆除连墙件。当单、双排脚手架采取分段、分立面拆除时，对不拆除的脚手架两端，应先按本规范第6.4.4条、第6.6.4条、第6.6.5条的有关规定设置连墙件和横向斜撑加固。

7.4.4 架体拆除作业应设专人指挥，当有多人同时操作时，应明确分工、统一行动，且应具有足够的操作面。

7.4.5 卸料时各构配件严禁抛掷至地面。

7.4.6 运至地面的构配件应按本规范的规定及时检查、整修与保养，并应按品种、规格分别存放。

8 检查与验收

8.1 构配件检查与验收

8.1.1 新钢管的检查应符合下列规定：
  1 应有产品质量合格证；
  2 应有质量检验报告，钢管材质检验方法应符合现行国家标准《金属材料 室温拉伸试验方法》GB/T 228的有关规定，其质量应符合本规范第3.1.1条的规定；
  3 钢管表面应平直光滑，不应有裂缝、结疤、分层、错位、硬弯、毛刺、压痕和深的划道；
  4 钢管外径、壁厚、端面等的偏差，应分别符合本规范表8.1.8的规定；
  5 钢管应涂有防锈漆。

8.1.2 旧钢管的检查应符合下列规定：
  1 表面锈蚀深度应符合本规范表8.1.8序号3的规定。锈蚀检查每年一次。检查时，应在锈蚀严重的钢管中抽取三根，在每根锈蚀严重的部位横向截断取样检查，当锈蚀深度超过规定值时不得使用。
  2 钢管弯曲变形应符合本规范表8.1.8序号4的规定。

8.1.3 扣件验收应符合下列规定：
  1 扣件应有生产许可证、法定检测单位的测试报告和产品质量合格证。当对扣件质量有怀疑时，应按现行国家标准《钢管脚手架扣件》GB 15831的规定抽样检测。

2 新、旧扣件均应进行防锈处理。
3 扣件的技术要求应符合现行国家标准《钢管脚手架扣件》GB 15831 的相关规定。

8.1.4 扣件进入施工现场应检查产品合格证,并应进行抽样复试,技术性能应符合现行国家标准《钢管脚手架扣件》GB 15831 的规定。扣件在使用前应逐个挑选,有裂缝、变形、螺栓出现滑丝的严禁使用。

8.1.5 脚手板的检查应符合下列规定:
1 冲压钢脚手板的检查应符合下列规定:
  1) 新脚手板应有产品质量合格证;
  2) 尺寸偏差应符合本规范表 8.1.8 序号 5 的规定,且不得有裂纹、开焊与硬弯;
  3) 新、旧脚手板均应涂防锈漆;
  4) 应有防滑措施。
2 木脚手板、竹脚手板的检查应符合下列规定:
  1) 木脚手板质量应符合本规范第 3.3.3 条的规定,宽度、厚度允许偏差应符合现行国家标准《木结构工程施工质量验收规范》GB 50206 的规定;不得使用扭曲变形、劈裂、腐朽的脚手板;
  2) 竹笆脚手板、竹串片脚手板的材料应符合本规范第 3.3.4 条的规定。

8.1.6 悬挑脚手架用型钢的质量应符合本规范第 3.5.1 条的规定,并应符合现行国家标准《钢结构工程施工质量验收规范》GB 50205 的有关规定。

8.1.7 可调托撑的检查应符合下列规定:
1 应有产品质量合格证,其质量应符合本规范第 3.4 节的规定;
2 应有质量检验报告,可调托撑抗压承载力应符合本规范第 5.1.7 条的规定;
3 可调托撑支托板厚不应小于 5mm,变形不应大于 1mm;
4 严禁使用有裂缝的支托板、螺母。

8.1.8 构配件允许偏差应符合表 8.1.8 的规定。

表 8.1.8 构配件允许偏差

序号	项目	允许偏差 Δ (mm)	示意图	检查工具
1	焊接钢管尺寸（mm） 外径 48.3 壁厚 3.6	±0.5 ±0.36		游标卡尺
2	钢管两端面切斜偏差	1.70		塞尺、拐角尺
3	钢管外表面锈蚀深度	≤0.18		游标卡尺
4	钢管弯曲 ①各种杆件钢管的端部弯曲 $l≤1.5m$ ②立杆钢管弯曲 $3m<l≤4m$ $4m<l≤6.5m$ ③水平杆、斜杆的钢管弯曲 $l≤6.5m$	≤5 ≤12 ≤20 ≤30		钢板尺
5	冲压钢脚手板 ①板面挠曲 $l≤4m$ $l>4m$ ②板面扭曲 (任一角翘起)	 ≤12 ≤16 ≤5		钢板尺
6	可调托撑支托板变形	1.0		钢板尺、塞尺

8.2 脚手架检查与验收

8.2.1 脚手架及其地基基础应在下列阶段进行检查与验收：
1 基础完工后及脚手架搭设前；
2 作业层上施加荷载前；
3 每搭设完 6m～8m 高度后；
4 达到设计高度后；
5 遇有六级强风及以上风或大雨后，冻结地区解冻后；
6 停用超过一个月。

8.2.2 应根据下列技术文件进行脚手架检查、验收：
1 本规范第 8.2.3 条～第 8.2.5 条的规定；
2 专项施工方案及变更文件；
3 技术交底文件；
4 构配件质量检查表（本规范附录 D 表 D）。

8.2.3 脚手架使用中，应定期检查下列要求内容：
1 杆件的设置和连接，连墙件、支撑、门洞桁架等的构造应符合本规范和专项施工方案的要求；
2 地基应无积水，底座应无松动，立杆应无悬空；
3 扣件螺栓应无松动；
4 高度在 24m 以上的双排、满堂脚手架，其立杆的沉降与垂直度的偏差应符合本规范表 8.2.4 项次 1、2 的规定；高度在 20m 以上的满堂支撑架，其立杆的沉降与垂直度的偏差应符合本规范表 8.2.4 项次 1、3 的规定；
5 安全防护措施应符合本规范要求；
6 应无超载使用。

8.2.4 脚手架搭设的技术要求、允许偏差与检验方法，应符合表 8.2.4 的规定。

表 8.2.4 脚手架搭设的技术要求、允许偏差与检验方法

项次	项目		技术要求	允许偏差 Δ (mm)	示意图	检查方法与工具
1	地基基础	表面	坚实平整	—	—	观察
		排水	不积水			
		垫板	不晃动			
		底座	不滑动			
			不沉降	−10		
2	单、双排与满堂脚手架立杆垂直度	最后验收立杆垂直度 (20～50) m		±100		用经纬仪或吊线和卷尺

下列脚手架允许水平偏差（mm）

搭设中检查偏差的高度 (m)	总高度		
	50m	40m	20m
H=2	±7	±7	±7
H=10	±20	±25	±50
H=20	±40	±50	±100
H=30	±60	±75	
H=40	±80	±100	
H=50	±100		
中间档次用插入法			

续表 8.2.4

项次	项目	技术要求	允许偏差 Δ (mm)	示意图	检查方法与工具
3	满堂支撑架立杆垂直度	最后验收垂直度 30m	—	±90		用经纬仪或吊线和卷尺
		下列满堂支撑架允许水平偏差（mm）				
		搭设中检查偏差的高度 (m)	总高度 30m			
		$H=2$	±7			
		$H=10$	±30			
		$H=20$	±60			
		$H=30$	±90			
		中间档次用插入法				
4	单双排、满堂脚手架间距	步距	—	±20	—	钢板尺
		纵距	—	±50		
		横距	—	±20		
5	满堂支撑架间距	步距	—	±20	—	钢板尺
		立杆间距	—	±30		
6	纵向水平杆高差	一根杆的两端	—	±20		水平仪或水平尺
		同跨内两根纵向水平杆高差	—	±10		
7	剪刀撑斜杆与地面的倾角	45°～60°	—	—	角尺
8	脚手板外伸长度	对接	$a=(130\sim150)$mm $l\leqslant300$mm	—		卷尺
		搭接	$a\geqslant100$mm $l\geqslant200$mm	—		卷尺

续表 8.2.4

项次	项目	技术要求	允许偏差 Δ (mm)	示意图	检查方法与工具
9	扣件安装	主节点处各扣件中心点相互距离	$a \leq 150mm$	—		钢板尺
		同步立杆上两个相隔对接扣件的高差	$a \geq 500mm$	—		钢卷尺
		立杆上的对接扣件至主节点的距离	$a \leq h/3$	—		
		纵向水平杆上的对接扣件至主节点的距离	$a \leq l_a/3$	—		钢卷尺
		扣件螺栓拧紧扭力矩	(40～65) N·m	—		扭力扳手

注：图中 1—立杆；2—纵向水平杆；3—横向水平杆；4—剪刀撑。

8.2.5 安装后的扣件螺栓拧紧扭力矩应采用扭力扳手检查，抽样方法应按随机分布原则进行。抽样检查数目与质量判定标准，应按表 8.2.5 的规定确定。不合格的应重新拧紧至合格。

表 8.2.5 扣件拧紧抽样检查数目及质量判定标准

项次	检查项目	安装扣件数量（个）	抽检数量（个）	允许的不合格数量（个）
1	连接立杆与纵（横）向水平杆或剪刀撑的扣件；接长立杆、纵向水平杆或剪刀撑的扣件	51～90	5	0
		91～150	8	1
		151～280	13	1
		281～500	20	2
		501～1200	32	3
		1201～3200	50	5
2	连接横向水平杆与纵向水平杆的扣件（非主节点处）	51～90	5	1
		91～150	8	2
		151～280	13	3
		281～500	20	5
		501～1200	32	7
		1201～3200	50	10

9 安全管理

9.0.1 扣件式钢管脚手架安装与拆除人员必须是经考核合格的专业架子工。架子工应持证上岗。

9.0.2 搭拆脚手架人员必须戴安全帽、系安全带、穿防滑鞋。

9.0.3 脚手架的构配件质量与搭设质量，应按本规范第 8 章的规定进行检查验收，并应确认合格后使用。

9.0.4 钢管上严禁打孔。

9.0.5 作业层上的施工荷载应符合设计要求，不得超载。不得将模板支架、缆风绳、泵送混凝土和砂浆的输送管等固定在架体上；严禁悬挂起重设备，严禁拆除或移动架体上安全防护设施。

9.0.6 满堂支撑架在使用过程中，应设有专人监护施工，当出现异常情况时，应立即停止施工，并应迅速撤离作业面上人员。应在采取确保安全的措施后，查明原因、做出判断和处理。

9.0.7 满堂支撑架顶部的实际荷载不得超过设计规定。

9.0.8 当有六级强风及以上风、浓雾、雨或雪天气时应停止脚手架搭设与拆除作业。雨、雪后上架作业应有防滑措施,并应扫除积雪。

9.0.9 夜间不宜进行脚手架搭设与拆除作业。

9.0.10 脚手架的安全检查与维护,应按本规范第8.2节的规定进行。

9.0.11 脚手板应铺设牢靠、严实,并应用安全网双层兜底。施工层以下每隔10m应用安全网封闭。

9.0.12 单、双排脚手架、悬挑式脚手架沿架体外围应用密目式安全网全封闭,密目式安全网宜设置在脚手架外立杆的内侧,并应与架体绑扎牢固。

9.0.13 在脚手架使用期间,严禁拆除下列杆件:
 1 主节点处的纵、横向水平杆,纵、横向扫地杆;
 2 连墙件。

9.0.14 当在脚手架使用过程中开挖脚手架基础下的设备基础或管沟时,必须对脚手架采取加固措施。

9.0.15 满堂脚手架与满堂支撑架在安装过程中,应采取防倾覆的临时固定措施。

9.0.16 临街搭设脚手架时,外侧应有防止坠物伤人的防护措施。

9.0.17 在脚手架上进行电、气焊作业时,应有防火措施和专人看守。

9.0.18 工地临时用电线路的架设及脚手架接地、避雷措施等,应按现行行业标准《施工现场临时用电安全技术规范》JGJ 46 的有关规定执行。

9.0.19 搭拆脚手架时,地面应设围栏和警戒标志,并应派专人看守,严禁非操作人员入内。

附录 A 计算用表

A.0.1 单、双排脚手架立杆承受的每米结构自重标准值,可按表 A.0.1 的规定取用。

表 A.0.1 单、双排脚手架立杆承受的每米结构自重标准值 g_k(kN/m)

步距 h (m)	脚手架类型	纵距 (m)				
		1.2	1.5	1.8	2.0	2.1
1.20	单排	0.1642	0.1793	0.1945	0.2046	0.2097
	双排	0.1538	0.1667	0.1796	0.1882	0.1925
1.35	单排	0.1530	0.1670	0.1809	0.1903	0.1949
	双排	0.1426	0.1543	0.1660	0.1739	0.1778
1.50	单排	0.1440	0.1570	0.1701	0.1788	0.1831
	双排	0.1336	0.1444	0.1552	0.1624	0.1660
1.80	单排	0.1305	0.1422	0.1538	0.1615	0.1654
	双排	0.1202	0.1295	0.1389	0.1451	0.1482
2.00	单排	0.1238	0.1347	0.1456	0.1529	0.1565
	双排	0.1134	0.1221	0.1307	0.1365	0.1394

注:$\phi 48.3 \times 3.6$ 钢管,扣件自重按本规范附录 A 表 A.0.4 采用。表内中间值可按线性插入计算。

A.0.2 满堂脚手架立杆承受的每米结构自重标准值,宜按表 A.0.2 取用。

表 A.0.2 满堂脚手架立杆承受的每米结构自重标准值 g_k(kN/m)

步距 h (m)	横距 l_b (m)	纵距 l_a (m)						
		0.60	0.9	1.0	1.2	1.3	1.35	1.5
0.60	0.4	0.1820	0.2086	0.2176	0.2353	0.2443	0.2487	0.2620
	0.6	0.2002	0.2273	0.2362	0.2543	0.2633	0.2678	0.2813
0.90	0.6	0.1563	0.1759	0.1825	0.1955	0.2020	0.2053	0.2151
	0.9	0.1762	0.1961	0.2027	0.2160	0.2226	0.2260	0.2359
	1.0	0.1828	0.2028	0.2095	0.2226	0.2295	0.2328	0.2429
	1.2	0.1960	0.2162	0.2230	0.2365	0.2432	0.2466	0.2567
1.05	0.9	0.1615	0.1792	0.1851	0.1970	0.2029	0.2059	0.2148
1.20	0.6	0.1344	0.1503	0.1556	0.1662	0.1715	0.1742	0.1821
	0.9	0.1505	0.1666	0.1719	0.1827	0.1882	0.1908	0.1988
	1.0	0.1558	0.1720	0.1775	0.1883	0.1937	0.1964	0.2045
	1.2	0.1665	0.1829	0.1883	0.1993	0.2048	0.2075	0.2156
	1.3	0.1719	0.1883	0.1939	0.2049	0.2103	0.2130	0.2213
1.35	0.9	0.1419	0.1568	0.1617	0.1717	0.1766	0.1791	0.1865
1.50	0.9	0.1350	0.1489	0.1535	0.1628	0.1674	0.1697	0.1766
	1.0	0.1396	0.1536	0.1583	0.1675	0.1721	0.1745	0.1815
	1.2	0.1488	0.1629	0.1676	0.1770	0.1817	0.1840	0.1911
	1.3	0.1535	0.1676	0.1723	0.1817	0.1864	0.1887	0.1958
1.60	0.9	0.1312	0.1445	0.1489	0.1578	0.1622	0.1645	0.1711
	1.0	0.1356	0.1489	0.1534	0.1623	0.1668	0.1690	0.1757
	1.2	0.1445	0.1580	0.1624	0.1714	0.1759	0.1782	0.1849
1.80	0.9	0.1248	0.1371	0.1413	0.1495	0.1536	0.1556	0.1618
	1.0	0.1288	0.1408	0.1454	0.1537	0.1579	0.1599	0.1661
	1.2	0.1371	0.1496	0.1538	0.1621	0.1663	0.1683	0.1747

注:同表 A.0.1 注。

A.0.3 满堂支撑架立杆承受的每米结构自重标准值,宜按表 A.0.3 取用。

表 A.0.3 满堂支撑架立杆承受的每米结构自重标准值 g_k(kN/m)

步距 h (m)	横距 l_b (m)	纵距 l_a (m)						
		0.4	0.6	0.75	0.9	1.0	1.2	1.35	1.5
0.60	0.4	0.1691	0.1875	0.2012	0.2149	0.2241	0.2424	0.2562	0.2699
	0.6	0.1877	0.2062	0.2201	0.2341	0.2433	0.2619	0.2758	0.2897
	0.75	0.2016	0.2203	0.2344	0.2484	0.2577	0.2765	0.2905	0.3045
	0.9	0.2155	0.2344	0.2486	0.2627	0.2722	0.2910	0.3052	0.3194
	1.0	0.2248	0.2438	0.2580	0.2723	0.2818	0.3008	0.3150	0.3292
	1.2	0.2434	0.2626	0.2770	0.2914	0.3010	0.3202	0.3346	0.3490

续表 A.0.3

步距 h (m)	横距 l_b (m)	纵距 l_a (m)							
		0.4	0.6	0.75	0.9	1.0	1.2	1.35	1.5
0.75	0.6	0.1636	0.1791	0.1907	0.2024	0.2101	0.2256	0.2372	0.2488
0.90	0.4	0.1341	0.1474	0.1574	0.1674	0.1740	0.1874	0.1973	0.2073
	0.6	0.1476	0.1610	0.1711	0.1812	0.1880	0.2014	0.2115	0.2216
	0.75	0.1577	0.1712	0.1814	0.1916	0.1984	0.2120	0.2221	0.2323
	0.9	0.1678	0.1815	0.1917	0.2020	0.2088	0.2225	0.2328	0.2430
	1.0	0.1745	0.1883	0.1986	0.2089	0.2158	0.2295	0.2398	0.2502
	1.2	0.1880	0.2019	0.2123	0.2227	0.2297	0.2436	0.2540	0.2644
1.05	0.9	0.1541	0.1663	0.1755	0.1846	0.1907	0.2029	0.2121	0.2212
1.20	0.4	0.1166	0.1274	0.1355	0.1436	0.1490	0.1598	0.1679	0.1760
	0.6	0.1275	0.1384	0.1466	0.1548	0.1603	0.1712	0.1794	0.1876
	0.75	0.1357	0.1467	0.1550	0.1632	0.1687	0.1797	0.1880	0.1962
	0.9	0.1439	0.1550	0.1633	0.1716	0.1771	0.1882	0.1965	0.2048
	1.0	0.1494	0.1605	0.1689	0.1772	0.1828	0.1939	0.2023	0.2106
	1.2	0.1603	0.1715	0.1800	0.1884	0.1940	0.2053	0.2137	0.2221
1.35	0.9	0.1359	0.1462	0.1538	0.1615	0.1666	0.1768	0.1845	0.1921
1.50	0.4	0.1061	0.1154	0.1224	0.1293	0.1340	0.1433	0.1503	0.1572
	0.6	0.1155	0.1249	0.1319	0.1390	0.1436	0.1530	0.1601	0.1671
	0.75	0.1225	0.1320	0.1391	0.1462	0.1509	0.1604	0.1674	0.1745
	0.9	0.1296	0.1391	0.1462	0.1534	0.1581	0.1677	0.1748	0.1819
	1.0	0.1343	0.1438	0.1510	0.1582	0.1630	0.1725	0.1797	0.1869
	1.2	0.1437	0.1533	0.1606	0.1678	0.1726	0.1823	0.1895	0.1968
	1.35	0.1507	0.1604	0.1677	0.1750	0.1799	0.1896	0.1969	0.2042
1.80	0.4	0.0991	0.1074	0.1136	0.1198	0.1240	0.1323	0.1385	0.1447
	0.6	0.1075	0.1158	0.1221	0.1284	0.1326	0.1409	0.1472	0.1535
	0.75	0.1137	0.1222	0.1285	0.1348	0.1390	0.1475	0.1538	0.1601
	0.9	0.1200	0.1285	0.1349	0.1412	0.1455	0.1540	0.1603	0.1667
	1.0	0.1242	0.1327	0.1391	0.1455	0.1498	0.1583	0.1647	0.1711
	1.2	0.1326	0.1412	0.1476	0.1541	0.1584	0.1670	0.1734	0.1799
	1.35	0.1389	0.1475	0.1540	0.1605	0.1648	0.1735	0.1800	0.1864
	1.5	0.1452	0.1539	0.1604	0.1669	0.1713	0.1800	0.1865	0.1930

注：同表 A.0.1 注。

A.0.4 常用构配件与材料、人员的自重，可按表 A.0.4 取用。

表 A.0.4 常用构配件与材料、人员的自重

名称		单位	自重	备注
扣件：直角扣件			13.2	
	旋转扣件	N/个	14.6	—
	对接扣件		18.4	
人		N	800~850	
灰浆车、砖车		kN/辆	2.04~2.50	—

续 A.0.4

名称	单位	自重	备注
普通砖 240mm×115mm×53mm	kN/m³	18~19	684块/m³，湿
灰砂砖	kN/m³	18	砂：石灰=92：8
瓷面砖 150mm×150mm×8mm	kN/m³	17.8	5556块/m³
陶瓷马赛克 δ=5mm	kN/m³	0.12	—
石灰砂浆、混合砂浆	kN/m³	17	—
水泥砂浆	kN/m³	20	
素混凝土	kN/m³	22~24	
加气混凝土	kN/块	5.5~7.5	
泡沫混凝土	kN/m³	4~6	

A.0.5 敞开式单排、双排、满堂脚手架与满堂支撑架的挡风系数 φ 值，可按表 A.0.5 取用。

表 A.0.5 敞开式单排、双排、满堂脚手架与满堂支撑架的挡风系数 φ 值

步距 (m)	纵距 (m)									
	0.4	0.6	0.75	0.9	1.0	1.2	1.3	1.35	1.5	1.8	2.0
0.60	0.260	0.212	0.193	0.180	0.173	0.164	0.160	0.158	0.154	0.148	0.144
0.75	0.241	0.192	0.173	0.161	0.154	0.144	0.141	0.139	0.135	0.128	0.125
0.90	0.228	0.180	0.161	0.148	0.141	0.132	0.128	0.126	0.122	0.115	0.112
1.05	0.219	0.171	0.151	0.138	0.132	0.122	0.119	0.117	0.113	0.106	0.103
1.20	0.212	0.164	0.144	0.132	0.125	0.115	0.112	0.110	0.106	0.099	0.096
1.35	0.207	0.158	0.139	0.126	0.120	0.110	0.106	0.105	0.100	0.094	0.091
1.50	0.202	0.154	0.135	0.122	0.116	0.106	0.102	0.100	0.096	0.090	0.086
1.60	0.200	0.152	0.132	0.119	0.113	0.103	0.100	0.098	0.094	0.087	0.084
1.80	0.1959	0.148	0.128	0.115	0.109	0.099	0.096	0.094	0.090	0.083	0.080
2.00	0.1927	0.144	0.125	0.112	0.106	0.096	0.092	0.091	0.086	0.080	0.077

注：$\phi 48.3 \times 3.6$ 钢管。

A.0.6 轴心受压构件的稳定系数 φ（Q235 钢）应符合表 A.0.6 的规定。

表 A.0.6 轴心受压构件的稳定系数 φ（Q235 钢）

λ	0	1	2	3	4	5	6	7	8	9
0	1.000	0.997	0.995	0.992	0.989	0.987	0.984	0.981	0.979	0.976
10	0.974	0.971	0.968	0.966	0.963	0.960	0.958	0.955	0.952	0.949
20	0.947	0.944	0.941	0.938	0.936	0.933	0.930	0.927	0.924	0.921
30	0.918	0.915	0.912	0.909	0.906	0.903	0.899	0.896	0.893	0.889
40	0.886	0.882	0.879	0.875	0.872	0.868	0.864	0.861	0.858	0.855
50	0.852	0.849	0.846	0.843	0.839	0.836	0.832	0.829	0.825	0.822
60	0.818	0.814	0.810	0.806	0.802	0.797	0.793	0.789	0.784	0.779
70	0.775	0.770	0.765	0.760	0.755	0.750	0.744	0.739	0.733	0.728

续表 A.0.6

λ	0	1	2	3	4	5	6	7	8	9
80	0.722	0.716	0.710	0.704	0.698	0.692	0.686	0.680	0.673	0.667
90	0.661	0.654	0.648	0.641	0.634	0.626	0.618	0.611	0.603	0.595
100	0.588	0.580	0.573	0.566	0.558	0.551	0.544	0.537	0.530	0.523
110	0.516	0.509	0.502	0.496	0.489	0.483	0.476	0.470	0.464	0.458
120	0.452	0.446	0.440	0.434	0.428	0.423	0.417	0.412	0.406	0.401
130	0.396	0.391	0.386	0.381	0.376	0.371	0.367	0.362	0.357	0.353
140	0.349	0.344	0.340	0.336	0.332	0.328	0.324	0.320	0.316	0.312
150	0.308	0.305	0.301	0.298	0.294	0.291	0.287	0.284	0.281	0.277
160	0.274	0.271	0.268	0.265	0.262	0.259	0.256	0.253	0.251	0.248
170	0.245	0.243	0.240	0.237	0.235	0.232	0.230	0.227	0.225	0.223
180	0.220	0.218	0.216	0.214	0.211	0.209	0.207	0.205	0.203	0.201
190	0.199	0.197	0.195	0.193	0.191	0.189	0.188	0.186	0.184	0.182
200	0.180	0.179	0.177	0.175	0.174	0.172	0.171	0.169	0.167	0.166
210	0.164	0.163	0.161	0.160	0.159	0.157	0.156	0.154	0.153	0.152
220	0.150	0.149	0.148	0.146	0.145	0.144	0.143	0.141	0.140	0.139
230	0.138	0.137	0.136	0.135	0.134	0.133	0.131	0.130	0.129	0.128
240	0.127	0.126	0.125	0.124	0.123	0.122	0.121	0.120	0.119	0.118
250	0.117	—	—	—	—	—	—	—	—	—

注：当 $\lambda > 250$ 时，$\varphi = \dfrac{7320}{\lambda^2}$。

附录 B 钢管截面几何特性

B.0.1 脚手架钢管截面几何特性应符合表 B.0.1 的规定。

表 B.0.1 钢管截面几何特性

外径 ϕ, d (mm)	壁厚 t (mm)	截面积 A (cm²)	惯性矩 I (cm⁴)	截面模量 W (cm³)	回转半径 i (cm)	每米长质量 (kg/m)
48.3	3.6	5.06	12.71	5.26	1.59	3.97

附录 C 满堂脚手架与满堂支撑架立杆计算长度系数 μ

表 C-1 满堂脚手架立杆计算长度系数

步距 (m)	立杆间距 (m)			
	1.3×1.3	1.2×1.2	1.0×1.0	0.9×0.9
	高宽比不大于 2	高宽比不大于 2	高宽比不大于 2	高宽比不大于 2
	最少跨数 4	最少跨数 4	最少跨数 4	最少跨数 5
1.8	—	2.176	2.079	2.017
1.5	2.569	2.505	2.377	2.335
1.2	3.011	2.971	2.825	2.758
0.9	—	—	3.571	3.482

注：1 步距两级之间计算长度系数按线性插入值。
2 立杆间距两级之间，纵向间距与横向间距不同时，计算长度系数按较大间距对应的计算长度系数取值。立杆间距两级之间值，计算长度系数取两级对应的较大的 μ 值。要求高宽比相同。
3 高宽比超过表中规定时，应按本规范 6.8.6 条执行。

表 C-2 满堂支撑架（剪刀撑设置普通型）立杆计算长度系数 μ_1

步距 (m)	立杆间距 (m)											
	1.2×1.2		1.0×1.0		0.9×0.9		0.75×0.75		0.6×0.6		0.4×0.4	
	高宽比不大于 2		高宽比不大于 2		高宽比不大于 2		高宽比不大于 2		高宽比不大于 2.5		高宽比不大于 2.5	
	最少跨数 4		最少跨数 4		最少跨数 5		最少跨数 5		最少跨数 5		最少跨数 8	
	a=0.5 (m)	a=0.2 (m)	a=0.5 (m)	a=0.2 (m)	a=0.5 (m)	a=0.2 (m)	a=0.5 (m)	a=0.2 (m)	a=0.5 (m)	a=0.2 (m)	a=0.5 (m)	a=0.2 (m)
1.8	—	—	1.165	1.432	1.131	1.388	—	—	—	—	—	—
1.5	1.298	1.649	1.241	1.574	1.215	1.540	—	—	—	—	—	—
1.2	1.403	1.869	1.352	1.799	1.301	1.719	1.257	1.669	—	—	—	—
0.9	—	—	1.532	2.153	1.473	2.066	1.422	2.005	1.599	2.251	—	—
0.6	—	—	—	—	1.699	2.622	1.629	2.526	1.839	2.846	1.839	2.846

注：1 同表 C-1 注 1、注 2。
2 立杆间距 0.9m×0.6m 计算长度系数，同立杆间距 0.75m×0.75m 计算长度系数，高宽比不变，最小宽度 4.2m。
3 高宽比超过表中规定时，应按本规范 6.9.7 条执行。

表 C-3 满堂支撑架（剪刀撑设置加强型）立杆计算长度系数 μ_1

步距 (m)	立杆间距 (m)											
	1.2×1.2		1.0×1.0		0.9×0.9		0.75×0.75		0.6×0.6		0.4×0.4	
	高宽比不大于2		高宽比不大于2		高宽比不大于2		高宽比不大于2		高宽比不大于2.5		高宽比不大于2.5	
	最少跨数4		最少跨数4		最少跨数5		最少跨数5		最少跨数5		最少跨数8	
	$a=0.5$ (m)	$a=0.2$ (m)	$a=0.5$ (m)	$a=0.2$ (m)	$a=0.5$ (m)	$a=0.2$ (m)	$a=0.5$ (m)	$a=0.2$ (m)	$a=0.5$ (m)	$a=0.2$ (m)	$a=0.5$ (m)	$a=0.2$ (m)
1.8	1.099	1.355	1.059	1.305	1.031	1.269	—	—	—	—	—	—
1.5	1.174	1.494	1.123	1.427	1.091	1.386	—	—	—	—	—	—
1.2	1.269	1.685	1.233	1.636	1.204	1.596	1.168	1.546	—	—	—	—
0.9	—	—	1.377	1.940	1.352	1.903	1.285	1.806	1.294	1.818	—	—
0.6	—	—	—	—	1.556	2.395	1.477	2.284	1.497	2.300	1.497	2.300

注：同表 C-2 注。

表 C-4 满堂支撑架（剪刀撑设置普通型）立杆计算长度系数 μ_2

步距 (m)	立杆间距 (m)					
	1.2×1.2	1.0×1.0	0.9×0.9	0.75×0.75	0.6×0.6	0.4×0.4
	高宽比不大于2	高宽比不大于2	高宽比不大于2	高宽比不大于2	高宽比不大于2.5	高宽比不大于2.5
	最少跨数4	最少跨数4	最少跨数5	最少跨数5	最少跨数5	最少跨数8
1.8	—	1.750	1.697	—	—	—
1.5	2.089	1.993	1.951	—	—	—
1.2	2.492	2.399	2.292	2.225	—	—
0.9	—	3.109	2.985	2.896	3.251	—
0.6	—	—	4.371	4.211	4.744	4.744

注：同表 C-2 注。

表 C-5 满堂支撑架（剪刀撑设置加强型）立杆计算长度系数 μ_2

步距 (m)	立杆间距 (m)					
	1.2×1.2	1.0×1.0	0.9×0.9	0.75×0.75	0.6×0.6	0.4×0.4
	高宽比不大于2	高宽比不大于2	高宽比不大于2	高宽比不大于2	高宽比不大于2.5	高宽比不大于2.5
	最少跨数4	最少跨数4	最少跨数5	最少跨数5	最少跨数5	最少跨数8
1.8	1.656	1.595	1.551	—	—	—
1.5	1.893	1.808	1.755	—	—	—
1.2	2.247	2.181	2.128	2.062	—	—
0.9	—	2.802	2.749	2.608	2.626	—
0.6	—	—	3.991	3.806	3.833	3.833

注：同表 C-2 注。

附录 D 构配件质量检查表

表 D 构配件质量检查表

项 目	要 求	抽检数量	检查方法
钢管	应有产品质量合格证、质量检验报告	750 根为一批，每批抽取 1 根	检查资料
	钢管表面应平直光滑，不应有裂缝、结疤、分层、错位、硬弯、毛刺、压痕、深的划道及严重锈蚀等缺陷，严禁打孔；钢管使用前必须涂刷防锈漆	全数	目测
钢管外径及壁厚	外径 48.3mm，允许偏差 ±0.5mm；壁厚 3.6mm，允许偏差 ±0.36，最小壁厚 3.24mm	3%	游标卡尺测量
扣件	应有生产许可证、质量检测报告、产品质量合格证、复试报告	《钢管脚手架扣件》GB 15831 的规定	检查资料
	不允许有裂缝、变形、螺栓滑丝；扣件与钢管接触部位不应有氧化皮；活动部位应能灵活转动，旋转扣件两旋转面间隙应小于 1mm；扣件表面应进行防锈处理	全数	目测
扣件螺栓拧紧扭力矩	扣件螺栓拧紧扭力矩值不应小于 40N·m，且不应大于 65N·m	按 8.2.5 条	扭力扳手
可调托撑	可调托撑受压承载力设计值不应小于 40kN。应有产品质量合格证、质量检验报告	3‰	检查资料
	可调托撑螺杆外径不得小于 36mm，可调托撑螺杆与螺母旋合长度不得少于 5 扣，螺母厚度不小于 30mm。插入立杆内的长度不得小于 150mm。支托板厚不小于 5mm，变形不大于 1mm。螺杆与支托板焊接要牢固，焊缝高度不小于 6mm	3%	游标卡尺、钢板尺测量
	支托板、螺母有裂缝的严禁使用	全数	目测
脚手板	新冲压钢脚手板应有产品质量合格证	—	检查资料
	冲压钢脚手板板面挠曲 ≤12mm（l≤4m）或 ≤16mm（l>4m）；板面扭曲 ≤5mm（任一角翘起）	3%	钢板尺
	不得有裂纹、开焊与硬弯；新、旧脚手板均应涂防锈漆	全数	目测
	木脚手板材质应符合现行国家标准《木结构设计规范》GB 50005 中 II$_a$ 级材质的规定。扭曲变形、劈裂、腐朽的脚手板不得使用	全数	目测
	木脚手板的宽度不宜小于 200mm，厚度不应小于 50mm；板厚允许偏差 −2mm	3%	钢板尺
	竹脚手板宜采用由毛竹或楠竹制作的竹串片板、竹笆板	全数	目测
	竹串片脚手板宜采用螺栓将并列的竹串片连而成。螺栓直径宜为 3mm～10mm，螺栓间距宜为 500mm～600mm，螺栓离板端宜为 200mm～250mm，板宽 250mm，板长 2000mm、2500mm、3000mm	3%	钢板尺

本规范用词说明

1 为了便于在执行本规范条文时区别对待，对要求严格程度不同的用词说明如下：

　　1）表示很严格，非这样做不可的：
　　　　正面词采用"必须"，反面词采用"严禁"；
　　2）表示严格，在正常情况下均应这样做的：
　　　　正面词采用"应"，反面词采用"不应"或"不得"；
　　3）表示允许稍有选择，在条件许可时首先应这样做的：
　　　　正面词采用"宜"，反面词采用"不宜"；
　　4）表示有选择，在一定条件下可以这样做的，采用"可"。

2 条文中指明应按其他有关标准执行的写法为："应符合……的规定"或"应按……执行"。

引用标准名录

1 《木结构设计规范》GB 50005
2 《建筑地基基础设计规范》GB 50007
3 《建筑结构荷载规范》GB 50009
4 《混凝土结构设计规范》GB 50010
5 《钢结构设计规范》GB 50017
6 《建筑地基基础工程施工质量验收规范》GB 50202
7 《钢结构工程施工质量验收规范》GB 50205
8 《木结构工程施工质量验收规范》GB 50206
9 《金属材料　室温拉伸试验方法》GB/T 228
10 《碳素结构钢》GB/T 700
11 《钢筋混凝土用钢　第1部分：热轧光圆钢筋》GB 1499.1
12 《低合金高强度结构钢》GB/T 1591
13 《低压流体输送用焊接钢管》GB/T 3091
14 《梯形螺纹　第2部分：直径与螺距系列》GB/T 5796.2
15 《梯形螺纹　第3部分：基本尺寸》GB/T 5796.3
16 《直缝电焊钢管》GB/T 13793
17 《钢管脚手架扣件》GB 15831
18 《施工现场临时用电安全技术规范》JGJ 46
19 《建筑施工模板安全技术规范》JGJ 162
20 《建筑施工木脚手架安全技术规范》JGJ 164

中华人民共和国行业标准

建筑施工扣件式钢管脚手架安全技术规范

JGJ 130—2011

条 文 说 明

修 订 说 明

《建筑施工扣件式钢管脚手架安全技术规范》JGJ 130-2011，经住房和城乡建设部2011年1月28日第902号公告批准、发布。

本规范是在《建筑施工扣件式钢管脚手架安全技术规范》JGJ 130-2001的基础上修订而成，上一版的主编单位是中国建筑科学研究院、哈尔滨工业大学，参编单位是北京市建筑工程总公司第一建筑工程公司、天津大学、河北省建筑科学研究院、青岛建筑工程学院、黑龙江省第一建筑工程公司，主要起草人员是袁必勤、徐崇宝等。本次修订的主要技术内容是：1.总则；2.术语和符号；3.构配件；4.荷载；5.设计计算；6.构造要求；7.施工；8.检查与验收；9.安全管理。

本规范修订过程中，编制组进行了广泛的调查研究，总结了我国扣件式钢管脚手架设计和施工实践经验，同时参考了英国等经济发达国家的同类标准，通过多项真型满堂脚手架与满堂支撑架整体稳定试验与支撑架主要传力构件的破坏试验，多组扣件节点半刚性试验，取得了满堂脚手架及满堂支撑架在不同工况下的临界荷载等技术参数。

为便于广大设计、施工、科研、学校等单位有关人员在使用本规范时能够正确理解和执行条文规定，《建筑施工扣件式钢管脚手架安全技术规范》编制组按章、节、条顺序编制了本规范的条文说明，对条文规定的目的、依据以及执行中需注意的有关事项进行了说明，还着重对强制性条文的强制理由作了解释。但是，本条文说明不具备与标准正文同等的法律效力，仅供使用者作为理解和把握标准规定的参考。

目 次

1 总则 ……………………………… 10—23—35
2 术语和符号 ……………………… 10—23—35
　2.1 术语 ………………………… 10—23—35
　2.2 符号 ………………………… 10—23—35
3 构配件 …………………………… 10—23—35
　3.1 钢管 ………………………… 10—23—35
　3.2 扣件 ………………………… 10—23—35
　3.3 脚手板 ……………………… 10—23—36
　3.4 可调托撑 …………………… 10—23—36
4 荷载 ……………………………… 10—23—36
　4.1 荷载分类 …………………… 10—23—36
　4.2 荷载标准值 ………………… 10—23—36
　4.3 荷载效应组合 ……………… 10—23—38
5 设计计算 ………………………… 10—23—38
　5.1 基本设计规定 ……………… 10—23—38
　5.2 单、双排脚手架计算 ……… 10—23—39
　5.3 满堂脚手架计算 …………… 10—23—41
　5.4 满堂支撑架计算 …………… 10—23—42
　5.5 脚手架地基承载力计算 …… 10—23—44
　5.6 型钢悬挑脚手架计算 ……… 10—23—44
6 构造要求 ………………………… 10—23—44
　6.1 常用单、双排脚手架
　　　设计尺寸 …………………… 10—23—44
　6.2 纵向水平杆、横向水平杆、
　　　脚手板 ……………………… 10—23—45
　6.3 立杆 ………………………… 10—23—45
　6.4 连墙件 ……………………… 10—23—45
　6.5 门洞 ………………………… 10—23—45
　6.6 剪刀撑与横向斜撑 ………… 10—23—46
　6.7 斜道 ………………………… 10—23—46
　6.8 满堂脚手架 ………………… 10—23—46
　6.9 满堂支撑架 ………………… 10—23—46
　6.10 型钢悬挑脚手架 …………… 10—23—47
7 施工 ……………………………… 10—23—47
　7.1 施工准备 …………………… 10—23—47
　7.2 地基与基础 ………………… 10—23—47
　7.3 搭设 ………………………… 10—23—47
　7.4 拆除 ………………………… 10—23—48
8 检查与验收 ……………………… 10—23—48
　8.1 构配件检查与验收 ………… 10—23—48
　8.2 脚手架检查与验收 ………… 10—23—48
9 安全管理 ………………………… 10—23—49

1 总 则

1.0.1 本条是扣件式钢管脚手架设计、施工时必须遵循的原则。

1.0.2 本条明确指出本规范适用范围,与原规范相比,增加了满堂脚手架与满堂支撑架、型钢悬挑脚手架等内容。通过大量真型满堂脚手架与满堂支撑架支架整体稳定试验,对满堂脚手架与满堂支撑架部分增加较多内容。

1.0.3 这是针对目前施工现场脚手架设计与施工中存在的问题而作的规定,旨在确保脚手架工程做到经济合理、安全可靠,最大限度地防止伤亡事故的发生。应当注意,施工、监理审核方案时,对专项方案的设计计算内容必须认真审核。设计计算条件与脚手架实际工况条件应相符。

1.0.4 关于引用标准的说明:

我国扣件式钢管脚手架使用的钢管绝大部分是焊接钢管,属冷弯薄壁型钢材,其材料设计强度 f 值与轴心受压构件的稳定系数 φ 值,应引用现行国家标准《冷弯薄壁型钢结构技术规范》GB 50018;在其他情况采用热轧无缝钢管时,则应引用现行国家标准《钢结构设计规范》GB 50017。

2 术语和符号

2.1 术 语

本节术语所述脚手架各杆件的位置,示于图1。

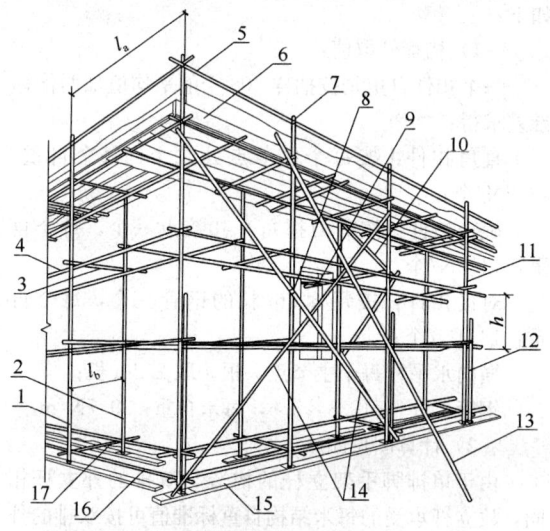

图 1 双排扣件式钢管脚手架各杆件位置
1—外立杆;2—内立杆;3—横向水平杆;4—纵向水平杆;5—栏杆;6—挡脚板;7—直角扣件;8—旋转扣件;9—连墙杆;10—横向斜撑;11—主立杆;12—副立杆;13—抛撑;14—剪刀撑;15—垫板;16—纵向扫地杆;17—横向扫地杆

2.2 符 号

本规范的符号采用现行国家标准《工程结构设计基本术语和通用符号》GBJ 132 的规定。

3 构配件

3.1 钢 管

3.1.1 本条规定的说明:

1 试验表明,脚手架的承载能力由稳定条件控制,失稳时的临界应力一般低于 100N/mm^2,采用高强度钢材不能充分发挥其强度,采用现行国家标准《碳素结构钢》GB/T 700 中 Q235A 级钢比较经济合理;

2 经几十年工程实践证明,采用电焊钢管能满足使用要求,成本比无缝钢管低。为此,在德国、英国的同类标准中也均采用。

3.1.2 本条规定的说明:

1 根据现行国家标准《低压流体输送用焊接钢管》GB/T 3091-2008 第 4.1.1 条、第 4.1.2 条,《直缝电焊钢管》GB/T 13793-2008 第 5.1.1 条、第 5.1.2 条和《焊接钢管尺寸及单位长度重量》GB/T 21835-2008 第 4 节的规定,钢管宜采用 $\phi 48.3 \times 3.6$ 的规格。欧洲标准 EN 12811-1:2003 也规定,脚手架用管,公称外径为 48.3mm。

2 限制钢管的长度与重量是为确保施工安全,运输方便,一般情况下,单、双排脚手架横向水平杆最大长度不超过 2.2m,其他杆最大长度不超过 6.5m。

3.2 扣 件

3.2.1 根据现行国家标准《钢管脚手架扣件》GB 15831 的规定,扣件铸件的材料采用可锻铸铁或铸钢。扣件按结构形式分直角扣件、旋转扣件、对接扣件,直角扣件是用于垂直交叉杆件间连接的扣件;旋转扣件是用于平行或斜交杆件间连接的扣件;对接扣件是用于杆件对接连接的扣件。

根据现行国家标准《钢管脚手架扣件》GB 15831 的规定,该标准适用于建筑工程中钢管公称外径为 48.3mm 的脚手架、井架、模板支撑等使用的由可锻铸铁或铸钢制造的扣件,也适用于市政、水利、化工、冶金、煤炭和船舶等工程使用的扣件。

3.2.2 本条的规定旨在确保质量,因为我国目前各生产厂的扣件螺栓所采用的材质差异较大。检查表明,当螺栓扭力矩达 70 N·m 时,大部分螺栓已滑丝不能使用。螺栓、垫圈为扣件的紧固件,在螺栓拧紧扭力矩达 65 N·m 时,扣件本体、螺栓、垫圈均不得发生破坏。

3.3 脚 手 板

3.3.1 本条规定旨在便于现场搬运和使用安全。

3.4 可 调 托 撑

3.4.1、3.4.2 对可调托撑的规定是由可调托撑破坏试验确定的。

可调托撑是满堂支撑架直接传递荷载的主要构件，大量可调托撑试验证明：可调托撑支托板截面尺寸、支托板弯曲变形程度、螺杆与支托板焊接质量、螺杆外径等影响可调托撑的临界荷载，最终影响满堂支撑架临界荷载。

可调托撑抗压性能试验（图2）：以匀速加荷，当 F 为 50kN 时，可调托撑不得破坏。可调托撑构造图见图3。

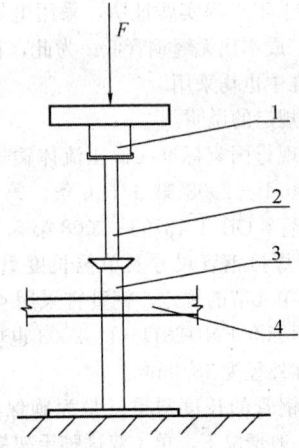

图 2 可调托撑试验简图
1—主梁；2—可调托撑；3—钢管制底座；4—钢管

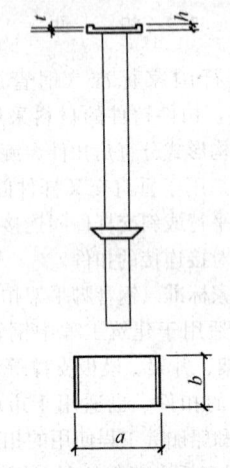

图 3 可调托撑构造图
t—支托板厚度；h—支托板侧翼高；
a—支托板侧翼外皮距离；b—支托板长

3.4.3 可调托撑抗压性能试验结论，支托板厚度 t 为 5.0mm，破坏荷载不小于 50kN，50kN 除以系数 1.25 为 40kN。定为可调托撑受压承载力设计值，保证可调托撑不发生破坏。

4 荷 载

4.1 荷载分类

4.1.1 本条采用的永久荷载（恒荷载）和可变荷载（活荷载）分类是根据现行国家标准《建筑结构荷载规范》GB 50009 确定的。

在进行脚手架设计时，应根据施工要求，在脚手架专项方案中明确规定构配件的设置数量，且在施工过程中不能随意增加。脚手板粘积的建筑砂浆等引起的增重是不利于安全的因素，已在脚手架的设计安全度中统一考虑。

4.1.2 满堂支撑架可调托撑上主梁、次梁有木质的，也有型钢的，支撑板有木质的或钢材的。在钢结构安装过程中，如果存在大型钢构件，就要通过承载力较大的分配梁将荷载传递到满堂支撑架上，所以这类构、配件自重应按实际计算。

4.1.3 用于钢结构安装的满堂支撑架顶部施工层可能有大型钢构件，产生的施工荷载较大，应根据实际情况确定；在施工中，由于施工行为产生的偶然增大的荷载效应，也应根据实际情况考虑确定。

4.2 荷载标准值

4.2.1 对脚手架恒荷载的取值，说明如下：

1 对本规范附录 A 表 A.0.1 的说明：

立杆承受的每米结构自重标准值的计算条件如下：

1）构配件取值：

每个扣件自重是按抽样 408 个的平均值加两倍标准差求得：

直角扣件：按每个主节点处二个，每个自重：13.2N/个；

旋转扣件：按剪刀撑每个扣接点一个，每个自重：14.6N/个；

对接扣件：按每 6.5m 长的钢管一个，每个自重：18.4N/个；

横向水平杆每个主节点一根，取 2.2m 长；
钢管尺寸：$\phi 48.3 \times 3.6$，每米自重：39.7N/m。

2）计算图见图4。

由于单排脚手架立杆的构造与双排的外立杆相同，故立杆承受的每米结构自重标准值可按双排的外立杆等值采用。

为简化计算，双排脚手架立杆承受的每米结构自重标准值是采用内、外立杆的平均值。

由钢管外径或壁厚偏差引起钢管截面尺寸小于 $\phi 48.3 \times 3.6$，脚手架立杆承受的每米结构自重标准

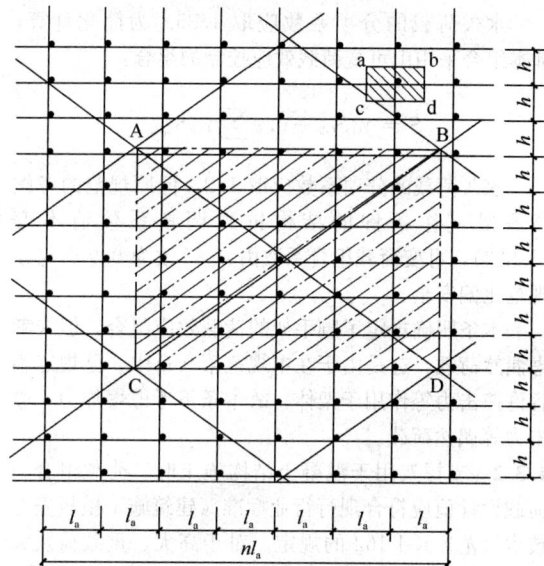

图 4 立杆承受的每米结构自重标准值计算图

值，也可按本规范附录 A 表 A.0.1 取值计算，计算结果偏安全，步距、纵距中间值可按线性插入计算。

2 对本规范附录 A 表 A.0.2、表 A.0.3 的说明（计算图见图 5）：

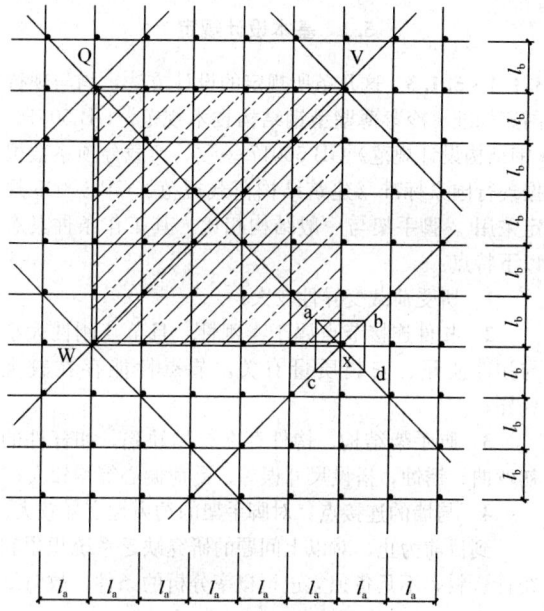

图 5 立杆承受的每米结构自重标准值计算图（平面图）

按本规范第六章满堂脚手架与满堂支撑架纵向剪刀撑、水平剪刀撑设置要求计算，一个计算单元（一个纵距、一个横距）计入纵向剪刀撑、水平剪刀撑。

由钢管外径或壁厚偏差引起钢管截面尺寸小于 $\phi48.3×3.6$，脚手架立杆承受的每米结构自重标准值，也可按本规范附录 A 表 A.0.2、表 A.0.3 取值计算，计算结果偏安全，步距、纵距、横距中间值可按线性插入计算。

3 对表 4.2.1-1 的说明：

脚手板的自重，按分别抽样 12～50 块的平均值加两倍标准差求得。增加竹笆脚手板自重标准值。

对表 4.2.1-2 的说明：

根据本规范 7.3.12 条栏杆与挡脚板构造图，每米栏杆含两根短管，直角扣件按 2 个计，挡脚板挡板高按 0.18m 计。

栏杆、挡脚板自重标准值：

栏杆、冲压钢脚手板挡板 $0.3×0.18+0.0397×1×2+0.0132×2=0.1598$kN/m $=0.16$kN/m

栏杆、竹串片脚手板挡板 $0.35×0.18+0.0397×1×2+0.0132×2=0.1688$kN/m $=0.17$kN/m

栏杆、木脚手板挡板 $0.35×0.18+0.0397×1×2+0.0132×2=0.1688$kN/m $=0.17$kN/m

如果每米栏杆与挡脚板与以上计算条件不同，按实际计算。

对表 4.2.1-3 的说明：

根据工程实际，考虑最不利荷载情况下的主梁、次梁及支撑板的实际布置进行计算；木质主梁根据立杆间距不同按截面 100mm×100mm～160mm×160mm 考虑，木质次梁按截面 50mm×100mm～100mm×100mm 考虑，间距按 200mm 计。支撑板按木脚手板荷载计。分别按不同立杆间距计算取较大值。型钢主梁按 H100mm×100mm×6mm×8mm 考虑、型钢次梁按 10 号工字钢考虑。木脚手板自重标准值取 0.35kN/m²。型钢主梁、次梁及支撑板自重，超过以上值时，按实际计算。如大型钢构件的分配梁。

4.2.2 本条规定的施工均布活荷载标准值，符合我国长期使用的实际情况，也与国外同类标准吻合。如欧洲标准 EN 12811-1：2003 规定的荷载系列为 0.75、1.5、2.0、3.0kN/m²。增加轻型钢结构及空间网格结构脚手架、普通钢结构脚手架施工均布活荷载标准值。

4.2.3 当有多层交叉作业时，同一跨距内各操作层施工均布荷载标准值总和不得超过 5.0kN/m²，与国外同类标准相当。

4.2.4 永久荷载与不含风荷载的可变荷载标准值总和 4.2kN/m²，为本规范表 4.2.1-3 中（主梁、次梁及支撑板自重标准值）最大值 1.2kN/m² 与表 4.2.2 中（施工均布活荷载标准值）最大值 3 kN/m² 之和。

钢结构施工一般情况下，施工均布活荷载标准值不超过 3kN/m²，支撑架上施工层恒载与施工活荷载标准值之和不大于 4.2kN/m²。对于有大型钢构件（或大型混凝土构件）、大型设备的荷载，或产生较大集中荷载的情况，施工均布活荷载标准值超过 3kN/m²，支撑架上施工层恒载与施工活荷载标准值之和大于 4.2kN/m² 的情况，满堂支撑架上荷载必须按实际计算。本条是对满堂支撑架给出的荷载，即：活荷载＝作业层上的人员及设备荷载＋结构构件（含大型钢构件、混凝土构件等）、大型设备的荷载及施工材料自重。

4.2.5 对风荷载的规定说明如下：

1 现行国家标准《建筑结构荷载规范》GB 50009规定的风荷载标准值中，还应乘以风振系数β_z，以考虑风压脉动对高层结构的影响。考虑到脚手架附着在主体结构上，故取$\beta_z=1.0$。

2 脚手架使用期较短，一般为（2～5）年，遇到强劲风的概率相对要小得多；所以基本风压w_0值，按《建筑结构荷载规范》GB 50009 的规定采用，取重现期$n=10$年对应的风压值。取消基本风压w_0值乘以0.7修正系数。

4.2.6 脚手架的风荷载体型系数μ_s主要按照现行国家标准《建筑结构荷载规范》GB 50009 的规定。

对本规范附录 A 表 A.0.5 的说明：

敞开式单排、双排、满堂扣件式钢管脚手架与支撑架的挡风系数是由下式计算确定：

$$\varphi = \frac{1.2A_n}{l_a \cdot h}$$

式中：1.2——节点面积增大系数；

A_n——一步一纵距（跨）内钢管的总挡风面积 $A_n = (l_a + h + 0.325l_a h) d$；

l_a——立杆纵距（m）；

h——步距（m）；

0.325——脚手架立面每平方米内剪刀撑的平均长度；

d——钢管外径（m）。

4.2.7 密目式安全立网全封闭脚手架挡风系数φ可取不小于0.8，是根据密目式安全立网网目密度不小于2000目/100cm²计算而得。现行行业标准《建筑施工碗扣式钢管脚手架安全技术规范》JGJ 166-2008第4.3.2条第1款规定，密目式安全立网挡风系数可取0.8。

4.3 荷载效应组合

4.3.1 表4.3.1中可变荷载组合系数原规范为0.85，现根据《建筑结构荷载规范》GB 50009-2001（2006年版）第3.2.4条第1款的规定改为0.9。主要原因如下：

脚手架立杆稳定性计算部位一般取底层，立杆自重产生的轴压应力虽脚手架增高而增大，较高的单、双脚手架立杆的稳定性由永久荷载（主要是脚手架自重）效应控制，根据《建筑结构荷载规范》GB 50009-2001（2006年版）第3.2.4条第2款的规定，由永久荷载效应控制的组合：

$$S = \gamma_G S_{Gk} + \sum_{i=1}^{n} \gamma_{Qi} \psi_{ci} S_{Qik}$$

永久荷载的分项系数应取1.35。为简化计算，基本组合采用由可变荷载效应控制的组合：

$$S = \gamma_G S_{Gk} + 0.9 \sum_{i=1}^{n} \gamma_{Qi} S_{Qik}$$

永久荷载的分项系数应取1.2，但原规范的考虑脚手架工作条件的结构抗力调整系数值不变（1.333），可变荷载组合系数由0.85改为0.9后与原规范比偏安全。

本条明确规定了脚手架的荷载效应组合，但未考虑偶然荷载，这是由于在本规范第9章中，已规定不容许撞击力等作用于架体，故本条不考虑爆炸力、撞击力等偶然荷载。

4.3.2 支撑架用于混凝土结构施工时，荷载组合与荷载设计值应符合现行行业标准《建筑施工模板安全技术规范》JGJ 162 的规定。对于高大、重载荷及大跨度支撑架稳定计算时，施工人员及施工设备荷载、混凝土施工时产生的荷载（水平支撑板为2kN/m²）按最不利考虑（考虑同时参与组合）。

5 设计计算

5.1 基本设计规定

5.1.1～5.1.3 这几条所规定的设计方法，均与现行国家标准《冷弯薄壁型钢结构技术规范》GB 50018、《钢结构设计规范》GB 50017 一致。荷载分项系数根据现行国家标准《建筑结构荷载规范》GB 50009 规定采用。脚手架与一般结构相比，其工作条件具有以下特点：

1 所受荷载变异性较大；

2 扣件连接节点属于半刚性，且节点刚性大小与扣件质量、安装质量有关，节点性能存在较大变异；

3 脚手架结构、构件存在初始缺陷，如杆件的初弯曲、锈蚀，搭设尺寸误差、受荷偏心等均较大；

4 与墙的连接点，对脚手架的约束性变异较大。

到目前为止，对以上问题的研究缺乏系统积累和统计资料，不具备独立进行概率分析的条件，故对结构抗力乘以小于1的调整系数$\frac{1}{r_R}$，其值系通过与以往采用的安全系数进行校准确定。因此，本规范采用的设计方法在实质上是属于半概率、半经验的。

脚手架满足本规范规定的构造要求是设计计算的基本条件。

5.1.4 用扣件连接的钢管脚手架，其纵向或横向水平杆的轴线与立杆轴线在主节点上并不汇交在一点。当纵向或横向水平杆传荷载至立杆时，存在偏心距53mm（图6）。在一般情况下，此偏心产生的附加弯曲应力不大，为了简化计算，予以忽略。国外同类标准（如英、日、法等国）对此项偏心的影响也作了相同处理。由于忽略偏心而带来的不安全因素，本规范已在有关的调整系数中加以考虑（见第5.2.6条至第5.2.9条的条文说明）。

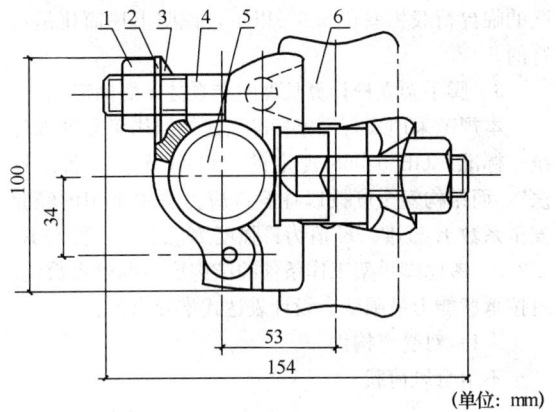

图6 直角扣件
1—螺母；2—垫圈；3—盖板；4—螺栓；
5—纵向水平杆；6—立杆

5.1.6 关于钢材设计强度取值的说明

本规范根据现行国家标准《冷弯薄壁型钢结构技术规范》GB 50018 的规定，对 Q235A 级钢的抗拉、抗压、抗弯强度设计值 f 值确定为：$205N/mm^2$。这是对一般结构进行可靠分析确定的。

5.1.7 表5.1.7给出的扣件抗滑承载力设计值，是根据现行国家标准《钢管脚手架扣件》GB 15831 规定的标准值除以抗力分项系数 1.25 得到的。

5.1.8 表5.1.8的容许挠度是根据现行国家标准《冷弯薄壁型钢结构技术规范》GB 50018 及《钢结构设计规范》GB 50017 的规定确定的。

5.1.9 立杆长细比参考国外标准，根据国内长期脚手架搭设经验与脚手架试验确定。

根据国内工程实践经验与满堂脚手架整体稳定试验结果，满堂脚手架压杆容许长细比 $[\lambda]=250$。满堂支撑架压杆容许长细比，按脚手架双排受压杆容许长细比取值（210），这也符合整体稳定试验结果。

5.2 单、双排脚手架计算

5.2.1～5.2.4 对受弯构件计算规定的说明：

1 关于计算跨度取值，纵向水平杆取立杆纵距，横向水平杆取立杆横距，便于计算也偏于安全；

2 内力计算不考虑扣件的弹性嵌固作用，将扣件在节点处抗转动约束的有利作用作为安全储备。这是因为，影响扣件抗转动约束的因素比较复杂，如扣件螺栓拧紧扭力矩大小、杆件的线刚度等。根据目前所做的一些实验结果，提出作为计算定量的数据尚有困难；

3 纵向、横向水平杆自重与脚手板自重相比甚小，可忽略不计；

4 为保证安全可靠，纵、横向水平杆的内力（弯矩、支座反力）应按不利荷载组合计算；

5 一般情况下，横向水平杆外伸长度不超过300mm，符合我国施工工地的实际情况；一些工程要求外伸长度延长，需另进行设计计算，并应采取加固措施后使用；在脚手架专项方案中也应考虑此内容。

图5.2.4的横向水平杆计算跨度，适用于施工荷载由纵向水平杆传至立杆的情况，当施工荷载由横向水平杆传至立杆时，作用在横向水平杆上的是纵向水平杆传下的集中荷载，应注意按实际情况计算。此图只说明横向水平杆计算跨度的确定方法。

在本规范第5.2.1条中未列抗剪强度计算，是因为钢管抗剪强度不起控制作用。如 $\phi 48.3 \times 3.6$ 的 Q235A 级钢管，其受剪承载力为：

$$[V] = \frac{Af_v}{K_1} = \frac{506mm^2 \times 120N/mm^2}{2.0} = 30.36kN$$

上式中 K_1 为截面形状系数。一般横向、纵向水平杆上的荷载由一只扣件传递，一只扣件的抗滑承载力设计值只有 8.0kN，远小于 $[V]$，故只要满足扣件的抗滑力计算条件，杆件抗剪力也肯定满足。

5.2.5 脚手板荷载和施工荷载是由横向水平杆（南方作法）或纵向水平杆（北方作法）通过扣件传给立杆。当所传递的荷载超过扣件的抗滑承载能力时，扣件将沿立杆下滑，为此必须计算扣件的抗滑承载力。立杆扣件所承受的最大荷载，应按其荷载传递方式经计算确定。

5.2.6～5.2.9 考虑到扣件式钢管脚手架是受人为操作因素影响很大的一种临时结构，设计计算一般由施工现场工程技术人员进行，故所给脚手架整体稳定性的计算方法力求简单、正确、可靠。应该指出，第5.2.6条规定的立杆稳定性计算公式，虽然在表达形式上是对单根立杆的稳定计算，但实质上是对脚手架结构的整体稳定计算。因为式（5.2.8）中的 μ 值是根据脚手架的整体稳定试验结果确定的。

现就有关问题说明如下：

1 脚手架的整体稳定

脚手架有两种可能的失稳形式：整体失稳和局部失稳。

整体失稳破坏时，脚手架呈现出内、外立杆与横向水平杆组成的横向框架，沿垂直主体结构方向大波鼓曲现象，波长均大于步距，并与连墙件的竖向间距有关。整体失稳破坏始于无连墙件的、横向刚度较差或初弯曲较大的横向框架（图7）。一般情况下，整体失稳是脚手架的主要破坏形式。

局部失稳破坏时，立杆在步距之间发生小波鼓曲，波长与步距相近，内、外立杆变形方向可能一致，也可能不一致。

当脚手架以相等步距、纵距搭设，连墙件设置均匀时，在均布施工荷载作用下，立杆局部稳定的临界

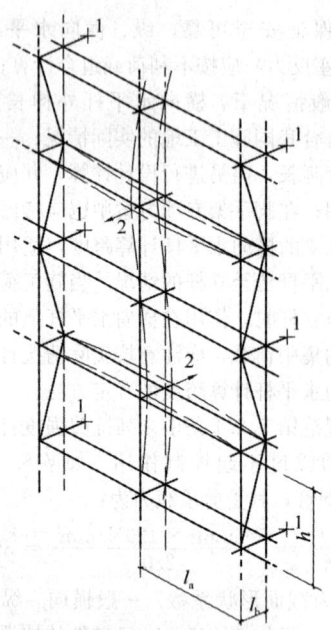

图 7 双排脚手架的整体失稳
1—连墙件；2—失稳方向

荷载高于整体稳定的临界荷载，脚手架破坏形式为整体失稳。当脚手架以不等步距、纵距搭设，或连墙件设置不均匀，或立杆负荷不均匀时，两种形式的失稳破坏均有可能。

由于整体失稳是脚手架的主要破坏形式，故本条只规定了对整体稳定按式（5.2.6-1）、式（5.2.6-2）计算。为了防止局部立杆段失稳，本规范除在第6.3.4条中将底层步距限制在2m以内外，尚在本规范第5.2.10条中规定对可能出现的薄弱的立杆段进行稳定性计算。

2 关于脚手架立杆稳定性按轴心受压计算［式（5.2.6-1）、式（5.2.6-2）］的说明

1） 稳定性计算公式中的计算长度系数 μ 值，是反映脚手架各杆件对立杆的约束作用。本规范规定的 μ 值，采用了中国建筑科学研究院建筑机械化研究分院1964～1965年和1986～1988年、哈尔滨工业大学土木工程学院于1988～1989年分别进行的原型脚手架整体稳定性试验所取得的科研成果，其 μ 值在1.5～2.0之间。它综合了影响脚手架整体失稳的各种因素，当然也包含了立杆偏心受荷（初偏心 $e=53mm$，图6）的实际工况。这表明按轴心受压计算是可靠的、简便的。

2） 关于施工荷载的偏心作用。施工荷载一般是偏心地作用于脚手架上，作业层下面邻近的内、外排立杆所分担的施工荷载并不相同，而远离作业层的内、外排立杆则因连墙件的支撑作用，使分担的施工荷载趋于均匀。由于在一般情况下，脚手架结构自重产生的最大轴向力与由不均匀分配施工荷载产生的最大轴向力不会同时相遇，因此式（5.2.6-1）、式

（5.2.6-2）的轴向力 N 值计算可以忽略施工荷载的偏心作用，内、外立杆可按施工荷载平均分配计算。

试验与理论计算表明，将 $3.0kN/m^2$ 的施工荷载分别按偏心与不偏心布置在脚手架上，得到的两种情况的临界荷载相差在 5.6% 以下，说明上述简化是可行的。

3 脚手架立杆计算长度附加系数 k 的确定

本规范采用现行国家标准《建筑结构可靠度设计统一标准》GB 50068 规定的"概率极限状态设计法"，而结构安全度按以往容许应力法中采用的经验安全系数 K 校准。K 值为：强度 $K_1 \geqslant 1.5$，稳定 $K_2 \geqslant 2.0$。考虑脚手架工作条件的结构抗力调整系数值，可按承载能力极限状态设计表达式推导求得：

1） 对受弯构件

不组合风荷载

$$1.2S_{Gk} + 1.4S_{Qk} \leqslant \frac{f_k W}{0.9\gamma_m \gamma_R} = \frac{fW}{0.9\gamma_R}$$

组合风荷载

$$1.2S_{Gk} + 1.4 \times 0.9(S_{Qk} + S_{wk})$$
$$\leqslant \frac{f_k W}{0.9\gamma_m \gamma'_{Rw}} = \frac{fW}{0.9\gamma'_{Rw}}$$

2） 对轴心受压构件

不组合风荷载

$$1.2S_{Gk} + 1.4S_{Qk} \leqslant \frac{\varphi f_k A}{0.9\gamma_m \gamma_R} = \frac{\varphi f A}{0.9\gamma_R}$$

组合风荷载

$$1.2S_{Gk} + 1.4 \times 0.9(S_{Qk} + S_{wk})$$
$$\leqslant \frac{\varphi f_k A}{0.9\gamma_m \gamma'_{Rw}} = \frac{\varphi f A}{0.9\gamma'_{Rw}}$$

式中：S_{Gk}、S_{Qk}——永久荷载与可变荷载的标准值分别产生的内力和；对受弯构件内力为弯矩、剪力，对轴心受压构件为轴力；

S_{wk}——风荷载标准值产生的内力；

f——钢材强度设计值；

f_k——钢材强度标准值；

W——杆件的截面模量；

φ——轴心受压杆的稳定系数；

A——杆件的截面面积；

0.9、1.2、1.4、0.9——分别为结构重要性系数、恒荷载分项系数、活荷载分项系数、荷载效应组合系数；

γ_m——材料强度分项系数，钢材为1.165；

γ_R、γ'_{Rw}——分别为不组合和组合风荷载时的结构抗力调整系数。

根据使新老规范安全度水平相同的原则，并假设新老规范（按单一安全系数法计算安全度进行校核的）采用的荷载和材料强度标准值相同，结构抗力调整系数可按下列公式计算：

1) 对受弯构件

不组合风荷载

$$\gamma'_R = \frac{1.5}{0.9 \times 1.2 \times 1.165} \times \frac{S_{Gk} + S_{Qk}}{S_{Gk} + \frac{1.4}{1.2}S_{Qk}}$$

$$= 1.19 \frac{1+\eta}{1+1.17\eta}$$

组合风荷载

$$\gamma'_{Rw} = \frac{1.5}{0.9 \times 1.2 \times 1.165}$$

$$\times \frac{S_{Gk} + 0.9(S_{Qk} + S_{wk})}{S_{Gk} + (S_{Qk} + S_{wk})\frac{0.9 \times 1.4}{1.2}}$$

$$= 1.19 \frac{1+0.9(\eta+\xi)}{1+1.05(\eta+\xi)}$$

2) 对轴心受压杆件

不组合风荷载

$$\gamma'_R = \frac{2.0}{0.9 \times 1.2 \times 1.165} \times \frac{S_{Gk} + S_{Qk}}{S_{Gk} + \frac{1.4}{1.2}S_{Qk}}$$

$$= 1.59 \frac{1+\eta}{1+1.17\eta}$$

组合风荷载

$$\gamma'_{Rw} = \frac{2.0}{0.9 \times 1.2 \times 1.165}$$

$$\times \frac{S_{Gk} + 0.9(S_{Qk} + S_{wk})}{S_{Gk} + (S_{Qk} + S_{wk})\frac{0.9 \times 1.4}{1.2}}$$

$$= 1.59 \frac{1+0.9(\eta+\xi)}{1+1.05(\eta+\xi)}$$

上列式中：

$$\eta = \frac{S_{Qk}}{S_{Gk}}$$

$$\xi = \frac{S_{wk}}{S_{Gk}}$$

对于受弯构件，$0.9\gamma'_R$ 及 $0.9\gamma'_{Rw}$ 可近似取 1.00；对受压杆件，$0.9\gamma'_R$ 及 $0.9\gamma'_{Rw}$ 可近似取 1.333，然后将此系数的作用转化为立杆计算长度附加系数 $k=1.155$ 予以考虑。

长细比计算时 k 取 1.0，k 是提高脚手架安全度的一个换算系数，与长细比验算无关。本规范式 (5.2.8)、式 (5.3.4)、式 (5.4.6-1)、式 (5.4.6-2) 中的 k 都是如此。

应当注意，使用式 (5.2.6-1)、式 (5.2.6-2) 时，钢管外径、壁厚变化时，钢管截面特性有关数据按实际调整。

施工现场出现 2 步 2 跨连墙布置，计算长度系数 μ 可参考 2 步 3 跨取值，计算结果偏安全。

5.2.11 对本条规定说明如下：

式 (5.2.11-1)、式 (5.2.11-2) 是根据式 (5.2.6-1)、式 (5.2.6-2) 推导求得。

5.2.12～5.2.15 国内外发生的单、双排脚手架倒塌事故，几乎都是由于连墙件设置不足或连墙件被拆掉而未及时补救引起的。为此，本规范把连墙件计算作为脚手架计算的重要部分。

式 (5.2.12-1)、式 (5.2.12-2) 是将连墙件简化为轴心受力构件进行计算的表达式，由于实际上连墙件可能偏心受力，故在公式右端对强度设计值乘以 0.85 的折减系数，以考虑这一不利因素。

关于式 (5.2.12-3) 中 N_0 的取值，说明如下：

为起到对脚手架发生横向整体失稳的约束作用，连墙件应能承受脚手架平面外变形所产生的连墙件轴向力。此外，连墙件还要承受施工荷载偏心作用产生的水平力。

根据现行国家标准《钢结构设计规范》GB 50017-2003 第 5.1.7 条，考虑我国长期工程上使用经验，连墙件约束脚手架平面外变形所产生的轴向力 N_0 (kN)，由原规范规定的单排架 3kN 改为 2kN，双排架取 5kN 改为 3kN。

采用扣件连接时，一个直角扣件连接承载力计算不满足要求，可采用双扣件连接的连墙件。当采用焊接或螺栓连接的连墙件时，应按现行国家标准《冷弯薄壁型钢结构技术规范》GB 50018 规定计算；还应注意，连墙件与混凝土中的预埋件连接时，预埋件尚应按现行国家标准《混凝土结构设计规范》GB 50010 的规定计算。

每个连墙件的覆盖面积内脚手架外侧面的迎风面积 (A_w) 为连墙件水平间距×连墙件竖向间距。

5.3 满堂脚手架计算

5.3.1～5.3.4 考虑工地现场实际工况条件，规范所给满堂脚手架整体稳定性的计算方法力求简单、正确、可靠。同单、双排脚手架立杆稳定计算一样，满堂脚手架的立杆稳定性计算公式，虽然在表达形式上是对单根立杆的稳定计算，但实质上是对脚手架结构的整体稳定计算。因为式 (5.3.4) 中的 μ 值（附录 C 表 C-1）是根据满堂脚手架的整体稳定试验结果确定的。脚手架有单排、双排、满堂脚手架（3 排以上），按立杆偏心受力与轴心受力划分为，满堂脚手架与满堂支撑架。本节所提的满堂脚手架是指荷载通过水平杆传入立杆，立杆偏心受力情况。满堂支撑架是指顶部荷载是通过轴心传力构件（可调托撑）传递给立杆的，立杆轴心受力情况。

现就有关问题说明如下：

1 满堂脚手架的整体稳定

满堂脚手架有两种可能的失稳形式：整体失稳和局部失稳。

整体失稳破坏时，满堂脚手架呈现出纵横立杆与纵横水平杆组成的空间框架，沿刚度较弱方向大波鼓曲现象。

一般情况下，整体失稳是满堂脚手架的主要破坏形式。

由于整体失稳是满堂脚手架主要破坏形式，故本条规定了对整体稳定按式（5.2.6-1）、式（5.2.6-2）计算。为了防止局部立杆段失稳，本规范除对步距限制外，尚在本规范第5.3.3条中规定对可能出现的薄弱的立杆段进行稳定性计算。

2 关于满堂脚手架整体稳定性计算公式中的计算长度系数μ的说明

影响满堂脚手架整体稳定因素主要有竖向剪刀撑、水平剪刀撑、水平约束（连墙件）、支架高度、高宽比、立杆间距、步距、扣件紧固扭矩等。

满堂脚手架整体稳定试验结论，以上各因素对临界荷载的影响都不同，所以，必须给出不同工况条件下的满堂脚手架临界荷载（或不同工况条件下的计算长度系数μ值），才能保证施工现场安全搭设满堂脚手架，才能满足施工现场的需要。

通过对满堂脚手架整体稳定实验与理论分析，同时与满堂支撑架整体稳定实验对比分析，采用实验确定的节点刚性（半刚性），建立了满堂脚手架及满堂支撑架有限元计算模型；进行大量有限元分析计算，找出了满堂脚手架与满堂支撑架的临界荷载差异，得出满堂脚手架各类不同工况情况下临界荷载，结合工程实际，给出工程常用搭设满堂脚手架结构的临界荷载，进而根据临界荷载确定：考虑满堂脚手架整体稳定因素的单杆计算长度系数μ（附录C）。试验支架搭设是按施工现场条件搭设，并考虑可能出现的最不利情况，规范给出的μ值，能综合反应了影响满堂脚手架整体失稳的各种因素。

3 满堂脚手架立杆计算长度附加系数k的确定

见条文说明第5.2.6条～第5.2.9条第3款关于"脚手架立杆计算长度附加系数k的确定"的解释。

根据满堂脚手架与满堂支撑架整体稳定试验分析，随着满堂脚手架与满堂支撑架高度增加，支架临界荷载下降。

满堂脚手架高度大于20m时，考虑高度影响满堂脚手架，给出立杆计算长度附加系数见表5.3.4。可保证安全系数不小于2.0。

4 满堂脚手架扣件节点半刚性论证见本规范条文说明第5.4节。

5 满堂脚手架高宽比＝计算架高÷计算架宽，计算架高：立杆垫板下皮至顶部脚手板下水平杆上皮垂直距离。计算架宽：脚手架横向两侧立杆轴线水平距离。

5.3.5 满堂脚手架纵、横水平杆与双排脚手架纵向水平杆受力基本相同。

5.3.6 满堂脚手架连墙件布置能基本满足双排脚手架连墙件的布置要求，可按双排脚手架要求设计计算。建筑物形状为"凹"形，在"凹"形内搭设外墙施工脚手架会出现2跨或3跨的满堂脚手架。这类脚手架可以按双排架布置连墙件。

5.4 满堂支撑架计算

5.4.1～5.4.6 考虑工地现场实际工况条件，规范所给满堂支撑架整体稳定性的计算方法力求简单、正确、可靠。同单、双排脚手架立杆稳定计算一样，满堂支撑架的立杆稳定性计算公式，虽然在表达形式上是对单根立杆的稳定计算，但实质上是对满堂支撑架结构的整体稳定计算。因为式（5.4.6-1）、式（5.4.6-2）中的μ_1、μ_2值（附录C表C-2～表C-5）是根据脚手架的整体稳定试验结果确定的。本节所提满堂支撑架是指顶部荷载是通过轴心传力构件（可调托撑）传递给立杆的，立杆轴心受力情况；可用于钢结构工程施工安装、混凝土结构施工及其他同类工程施工的承重支架。

现就有关问题说明如下：

1 满堂支撑架的整体稳定

满堂支撑架有两种可能的失稳形式：整体失稳和局部失稳。

整体失稳破坏时，满堂支撑架呈现出纵横立杆与纵横水平杆组成的空间框架，沿刚度较弱方向大波鼓曲现象，无剪刀撑的支架，支架达到临界荷载时，整架大波鼓曲。有剪刀撑的支架，支架达到临界荷载时，以上下竖向剪刀撑交点（或剪刀撑与水平杆有较多交点）水平面为分界面，上部大波鼓曲（图8），下部变形小于上部变形。所以波长均与剪刀撑设置、水平约束间距有关。

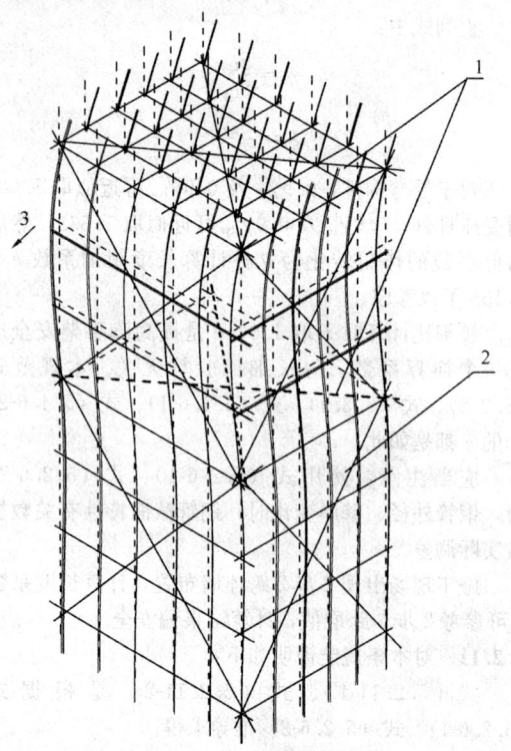

图8 满堂支撑架整体失稳

1—水平剪刀撑；2—竖向剪刀撑；3—失稳方向

一般情况下，整体失稳是满堂支撑架的主要破坏形式。

局部失稳破坏时，立杆在步距之间发生小波鼓曲，波长与步距相近，变形方向与支架整体变形可能一致，也可能不一致。

当满堂支撑架以相等步距、立杆间距搭设，在均布荷载作用下，立杆局部稳定的临界荷载高于整体稳定的临界荷载，满堂支撑架破坏形式为整体失稳。当满堂支撑架以不等步距、立杆横距搭设，或立杆负荷不均匀时，两种形式的失稳破坏均有可能。

由于整体失稳是满堂支撑架的主要破坏形式，故本条规定了对整体稳定按式（5.2.6-1）、式（5.2.6-2）计算。为了防止局部立杆段失稳，本规范除对步距限制外，尚在本规范第 5.4.5 条中规定对可能出现的薄弱的立杆段进行稳定性计算。

2 关于满堂支撑架整体稳定性计算公式中的计算长度系数 μ 的说明

影响满堂支撑架整体稳定因素主要有竖向剪刀撑、水平剪刀撑、水平约束（连墙件）、支架高度、高宽比、立杆间距、步距、扣件紧固扭矩、立杆上传力构件、立杆伸出顶层水平杆中心线长度（a）等。

满堂支撑架整体稳定试验结论，以上各因素对临界荷载的影响都不同，所以，必须给出不同工况条件下的支架临界荷载（或不同工况条件下的计算长度系数 μ 值），才能保证施工现场安全搭设满堂支撑架。才能满足施工现场的需要。

2008 年由中国建筑科学研究院主持负责，江苏南通二建集团有限公司参加及大力支援，天津大学参加，并在天津大学土木工程检测中心完成了 15 项真型满堂扣件式钢管脚手架与满堂支撑架（高支撑）试验。13 项满堂支撑架主要传力构件"可调托撑"破坏试验，多组扣件节点半刚性试验，得出了支撑架在不同工况下的临界荷载。

通过对满堂支撑架整体稳定实验与理论分析，采用实验确定的节点刚性（半刚性），建立了满堂扣件式钢管支撑架的有限元计算模型；进行大量有限元分析计算，得出各类不同工况情况下临界荷载，结合工程实际，给出工程常用搭设满堂支撑架结构的临界荷载，进而根据临界荷载确定：考虑满堂支撑架整体稳定因素的单杆计算长度系数 μ_1、μ_2。试验支架搭设是按施工现场条件搭设，并考虑可能出现的最不利情况，规范给出的 μ_1、μ_2 值，能综合反应了影响满堂支撑架整体失稳的各种因素。

实验证明剪刀撑设置不同，临界荷载不同，所以给出普通型与加强型构造的满堂支撑架。

3 满堂支撑架立杆计算长度附加系数 k 的确定

见条文说明第 5.2.6 条～第 5.2.9 条第 3 款关于"脚手架立杆计算长度附加系数 k 的确定"的解释。

根据满堂支撑架整体稳定试验分析，随着满堂支撑架高度增加，支撑体系临界荷载下降，参考国内外同类标准，引入高度调整系数调降强度设计值，给出满堂支撑架立杆计算长度附系数见表 5.4.6。可保证安全系数不小于 2.0。

4 满堂脚手架与满堂支撑架扣件节点半刚性论证

扣件节点属半刚性，但半刚性到什么程度，半刚性节点满堂脚手架和满堂支撑架承载力与纯刚性满堂脚手架和满堂支撑架承载力差多少？要准确回答这个问题，必须通过真型满堂脚手架与满堂支撑架实验与理论分析。

直角扣件转动刚度试验与有限元分析，得出如下结论：

1）通过无量纲化后的 $M^* - \theta^*$ 关系曲线分区判断梁柱连接节点刚度性质的方法。试验中得到的直角扣件的弯矩-转角曲线，处于半刚性节点的区域之中，说明直角扣件属于半刚性连接。

2）扣件的拧紧程度对扣件转动刚度有很大影响。拧紧程度高，承载能力加强，而且在相同力矩作用下，转角位移相对较小，即刚性越大。

3）扣件的拧紧力矩为 40N·m、50N·m 时，直角扣件节点与刚性节点刚度比值为 21.86%、33.21%。

真型试验中直角扣件刚度试验：

在 7 组整体满堂脚手架与满堂支撑架的真型试验中，对直角扣件的半刚性进行了测量，取多次测量结果的平均值，得到直角扣件的刚度为刚性节点刚度的 20.43%。

半刚性节点整体模型与刚性节点整体模型的比较分析：

按照所作的 15 个真形试验的搭设参数，在有限元软件中，分别建立了半刚性节点整体模型及刚性节点整体模型，得出两种模型的承载力。由于直角扣件的半刚性，其承载能力比刚性节点的整体模型承载力降低很多，在不同工况条件下，满堂脚手架与满堂支撑架刚性节点整体模型的承载力为相应半刚性节点整体模型承载力的 1.35 倍以上。15 个整架实验方案的理论计算结果与实验值相比最大误差为 8.05%。

所以，扣件式满堂脚手架与满堂支撑架不能盲目使用刚性节点整体模型（刚性节点支架）临界荷载推论所得参数。

5 满堂支撑架高宽比＝计算架高÷计算架宽，计算架高：立杆垫板下皮至顶部可调托撑支托板下皮垂直距离。计算架宽：满堂支撑架横向两侧立杆轴线水平距离。

6 式（5.4.4-1）、式（5.4.4-2）ΣN_{Gk} 包括满堂支撑架结构自重、构配件及可调托撑上主梁、次梁、支撑板自重等；ΣN_{Qk} 包括作业层上的人员及设备荷载、结构构件、施工材料自重等。可按每一个纵距、横距为计算单元。

7 式（5.4.6-1）用于顶部、支撑架自重较小时的计算，整体稳定计算结果可能最不利；式（5.4.6-2）用于底部或最大步距部位的计算，支撑架自重荷载较大时，计算结果可能最不利。

5.4.7 满堂支撑架整体稳定试验证明，在一定条件下，宽度方向跨数减小，影响支架临界荷载。所以要求对于小于4跨的满堂支撑架要求设置了连墙件（设置连墙件可提高承载力），如果不设置连墙件就应该对支撑架进行荷载、高度限制，保证支撑架整体稳定。

施工现场，少于4跨的支撑架多用于受荷较小部位。高度控制可有效减小支架高宽比，荷载限制可保证支架稳定。

永久荷载与可变荷载（不含风荷载）总和标准值7.5kN/m²，相当于150mm厚的混凝土楼板。计算如下：

楼板模板自重标准值为 0.3kN/m²；钢筋自重标准值，每立方混凝土 1.1kN；混凝土自重标准值 24 kN/m³；施工人员及施工设备荷载标准值为 1.5kN/m²。振捣混凝土时产生的荷载标准值 2.0 kN/m²，忽略支架自重。

永久荷载与可变荷载（不含风荷载）总和标准值：$0.3+1.5+2+25.1\times0.15=7.6$ kN/m²

均布线荷载大于 7kN/m 相当于 400mm×500mm（高）的混凝土梁。计算如下：

钢筋自重标准值，每立方混凝土 1.5kN，混凝土自重标准值 24kN/m³。

均布线荷载标准值为：$0.3(2\times0.5+0.4)+0.4(2+1.5)+25.5\times0.4\times0.5=6.92$ kN/m

5.5 脚手架地基承载力计算

5.5.1 式（5.5.1）是根据现行国家标准《建筑地基基础设计规范》GB 50007给出的。计算 p_k、N_k 时使用荷载标准值。

脚手架系临时结构，故本条只规定对立杆进行地基承载力计算，不必进行地基变形验算。考虑到地基不均匀沉降将危及脚手架安全，因此，在本规范第8.2.3条中规定了对脚手架沉降进行经常检测。

5.5.2 由于立杆基础（底座、垫板）通常置于地表面，地基承载力容易受外界因素的影响而下降，故立杆的地基计算应与永久建筑的地基计算有所不同。为此，对立杆地基计算作了一些特殊的规定，即采用调整系数对地基承载力予以折减，以保证脚手架安全。

有条件可由载荷试验确定地基承载力，也可根据勘察报告及工程实践经验确定。

5.6 型钢悬挑脚手架计算

5.6.1 悬挑脚手架的悬挑支撑结构有多种形式，本规范只规定了施工现场常用的以型钢梁作为悬挑支撑结构的型钢悬挑梁及其锚固的设计计算。

5.6.2 型钢悬挑梁上脚手架轴向力设计值计算方法与一般落地式脚手架计算方法相同。

5.6.3~5.6.5 考虑到型钢悬挑梁在楼层边梁（板）上搁置的实际情况，根据工程实践经验总结，本规范确定出悬挑钢梁的计算方法。

说明：悬挑钢梁挠度允许值可按 2l/250 确定，l 为悬挑长度。是根据现行国家标准《钢结构设计规范》GB 50017-2003 第3.5.1条及附录A结构变形规定，考虑以下条件确定的。

1 型钢悬挑架为临时结构；

2 每纵距悬挑梁前端采用钢丝绳吊拉卸荷；钢丝绳不参与计算；

3 受弯构件的跨度对悬臂梁为悬伸长度的两倍；

4 经过大量计算，计算结果符合实际。

5.6.6、5.6.7 型钢悬挑梁固定段与楼板连接的压点处是指对楼板产生上拔力的锚固点处。采用U形钢筋拉环或螺栓连接固定时，考虑到多个钢筋拉环（或多对螺栓）受力不均的影响，对其承载力乘以0.85的系数进行折减。

5.6.8 用于型钢悬挑梁锚固的U形钢筋或螺栓，对建筑结构混凝土楼板有一个上拔力，在上拔力作用下，楼板产生负弯矩，此负弯矩可能会使未配置负弯矩筋的楼板上部开裂。因此，本规范提出经计算并在楼板上表面配置受力钢筋。

5.6.9 在施工时，应按现行国家标准《混凝土结构设计规范》GB 50010的规定对型钢梁下混凝土结构进行局部受压承载力、受弯承载力验算。由于混凝土养护龄期不足等原因，在计算时，要注意取结构混凝土的实际强度值进行验算。

6 构造要求

6.1 常用单、双排脚手架设计尺寸

6.1.1 对表6.1.1-1、表6.1.1-2的说明：

1 横距、步距是参考我国长期使用的经验值；

2 横距（横向水平杆跨度）、纵距（纵向水平杆跨度）是根据一层作业层上的施工荷载按本规范第5.2.1条~第5.2.5条的公式计算，取计算结果中能满足强度、挠度、抗滑三项要求的最小跨度值，偏于安全；

3 脚手架设计高度是根据式（5.2.11-2）计算，密目式安全立网全封闭式双排脚手架挡风系数取 $\varphi=0.8\sim0.9$，采用计算结果中的最小高度值，偏于安全。

4 地面粗糙度为B类，指田野、乡村、丛林、丘陵以及房屋比较稀疏的乡镇和城市郊区；地面粗糙

度C类（指有密集建筑群的城市市区），D类（指有密集建筑群且房屋较高的城市市区）地区，可参考B类地区的计算值使用。取重现期为10年（$n=10$）对应的风压 $w_0=0.4kN/m^2$。全国大部分城市已包括。地面粗糙度为A类，基本风压大于 $0.4kN/m^2$ 的地区，脚手架允许搭设高度必须另计算。

6.1.2 规定脚手架高度不宜超过50m的依据：

1 根据国内几十年的实践经验及对国内脚手架的调查，立杆采用单管的落地脚手架一般在50m以下。当需要的搭设高度大于50m时，一般都比较慎重地采用了加强措施，如采用双管立杆、分段卸荷、分段搭设等方法。国内在脚手架的分段搭设、分段卸荷方面已经积累了许多可靠、行之有效的方法和经验。

2 从经济方面考虑。搭设高度超过50m时，钢管、扣件的周转使用率降低，脚手架的地基基础处理费用也会增加。

3 参考国外的经验。美国、德国、日本等也限制落地脚手架的搭设高度：如美国为50m，德国为60m，日本为45m等。

高度超过50m的脚手架，采用双管立杆（或双管高取架高的2/3）搭设或分段卸荷等有效措施，应根据现场实际工况条件，进行专门设计及论证。

双管立杆变截面处主立杆上部单根立杆的稳定性，可按本规范式（5.2.6-1）或式（5.2.6-2）进行计算。双管底部也应进行稳定性计算。

6.2 纵向水平杆、横向水平杆、脚手板

6.2.1 对搭接长度的规定与立杆相同，但中间比立杆多一个旋转扣件，以防止上面搭接杆在竖向荷载作用下产生过大的变形；对于铺设竹笆脚手板的纵向水平杆设置规定，是根据现场使用情况提出的。

纵向水平杆设在立杆内侧，可以减小横向水平杆跨度，接长立杆和安装剪刀撑时比较方便，对高处作业更为安全。

6.2.3 本条规定在主节点处严禁拆除横向水平杆，这是因为，它是构成脚手架空间框架必不可少的杆件。现场调查表明，该杆挪动他用的现象十分普遍，致使立杆的计算长度成倍增大，承载能力下降。这正是造成脚手架安全事故的重要原因之一。

6.2.4 本条规定脚手板的对接和搭接尺寸，旨在限制探头板长度，以防脚手板倾翻或滑脱。

6.3 立 杆

6.3.1 当脚手架搭设在永久性建筑结构混凝土基面时，立杆下底座或垫板可根据情况不设置。

6.3.2 本条规定设置扫地杆，是吸收了我国和英、日、德等国的经验。

6.3.3 脚手架地基存在高差时，纵向扫地杆、立杆应按要求搭设，保证脚手架基础稳固。

6.3.5 单排、双排与满堂脚手架立杆采用对接接长，传力明确，没有偏心，可提高承载能力。试验表明：一个对接扣件的承载能力比搭接的承载能力大2.14倍顶层顶步立杆指顶层栏杆立杆。

6.4 连墙件

6.4.1 设置连墙件，不仅是为防止脚手架在风荷和其他水平力作用下产生倾覆，更重要的是它对立杆起中间支座的作用。试验证明：增大其竖向间距（或跨度）使立杆的承载能力大幅度下降。这表明连墙件的设置对保证脚手架的稳定性至关重要。为此，在英、日、德等国的同类标准中也有严格的规定。

6.4.2 对表6.4.2的说明：

表中规定的尺寸与连墙件按2步3跨、3步3跨设置，均是适应于本规范表5.2.8立杆计算长度系数的应用条件，可在计算立杆稳定性时取用。

6.4.3 对连墙件设置位置规定的说明：

1 限制连墙件偏离主节点的最大距离300mm，是参考英国标准的规定。只有连墙件在主节点附近方能有效地阻止脚手架发生横向弯曲失稳或倾覆，若远离主节点设置连墙件，因立杆的抗弯刚度较差，将会由于立杆产生局部弯曲，减弱甚至起不到约束脚手架横向变形的作用。调研中发现，许多连墙件设置在立杆步距的1/2附近，这对脚手架稳定是极为不利的。必须予以纠正。

2 由于第一步立柱所承受的轴向力最大，是保证脚手架稳定性的控制杆件。在该处连设连墙件，也就是增设了一个支座，这是从构造上保证脚手架立杆局部稳定性的重要措施之一。

6.4.4 若开口型脚手架两端不与主体结构相连，就相当于自由边界已成为薄弱环节。将其两端与主体结构加强连接，再加上横向斜撑的作用，可对这类脚手架提供较强的整体刚度。

6.4.5~6.4.8 这几条规定是总结了国内一些成熟的经验，并吸收了国外标准中的规定。连墙件在使用过程中，既受拉力也受压力，所以，必须采用可承受拉力和压力的构造。并要求连墙杆节点之间距离不能任意长，容许长细比按150控制。

6.5 门 洞

6.5.1 对门洞形式与选形条件的说明：

我国脚手架过门洞处的结构形式，以采用落地式斜杆支撑（1~2）根架空立杆为主，英、法等国则用门式桥架（图9）。

考虑到我国搭设门洞的习惯，并能增大门洞空间的使用面积和有一个较为简便、统一的验算方法，特列出图6.5.1以供选择。门洞采用图6.5.1所示落地式支撑，能减少两侧边立杆的荷载，并可将图中的

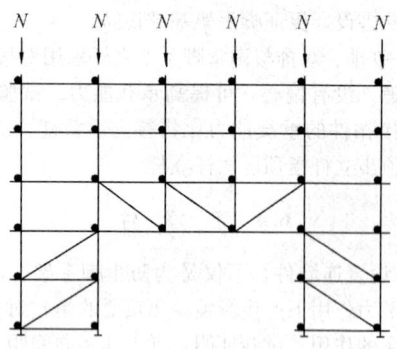

图9 英、法等国过门洞的结构形式

矩形平面 ABCD 作为上升式斜杆的平行弦杆桁架计算。

6.5.5 本条规定是为防止杆件从扣件中滑脱，以保证门洞桁架安全可靠。

6.6 剪刀撑与横向斜撑

6.6.1、6.6.2 这两条规定是在总结我国经验的基础上，参考了英、美、德等国脚手架标准的规定提出的。这些规定，对提高我国现有扣件式钢管脚手架支撑体系的构造标准，对加强脚手架整体稳定、防止安全事故的发生将起重要的作用。具体说明如下：

对纵向剪刀撑作用大小的分析表明：若连接立杆太少，则纵向支撑刚度较差，故对剪刀撑跨越立杆的根数作了规定。

由于纵向剪刀撑斜杆较长，如不固定在与之相交的立杆或横向水平杆伸出端上，将会由于刚度不足先失去稳定。为此在设计时，应注意计算纵向剪刀撑斜杆的长细比，使其不超过本规范表 5.1.9 的规定。

6.6.3 根据实验和理论分析，脚手架的纵向刚度远比横向刚度强得多，一般不会发生纵向整体失稳破坏。设置了纵向剪刀撑后，可以加强脚手架结构整体刚度和空间工作，以保证脚手架的稳定。这也是国内工程实践经验的总结。

6.6.4 设置横向斜撑可以提高脚手架的横向刚度，并能显著提高脚手架的稳定承载力。

6.6.5 开口型脚手架两端是薄弱环节。将其两端设置横向斜撑，并与主体结构加强连接，可对这类脚手架提供较强的整体刚度。静力模拟试验表明：对于一字形脚手架，两端有横向斜撑（之字形），外侧有剪刀撑时，脚手架的承载能力可比不设的提高约20%。

6.7 斜　道

6.7.1～6.7.3 这三条对斜道构造的规定，主要是总结国内工程的实践经验制定的。注意人行斜道严禁搭设在临近高压线一侧。

6.8 满堂脚手架

6.8.1 本条所提的满堂脚手架是指荷载通过水平杆传入立杆，立杆偏心受力情况。

对表 6.8.1 的说明：

1 横距、步距是参考我国长期使用的经验值。

2 横距（横向水平杆跨度）、纵距（纵向水平杆跨度）是根据一层作业层上的施工荷载按本规范第 5.2.1 条～第 5.2.5 条的公式计算，取计算结果中能满足强度、挠度、抗滑三项要求的最小跨度值，偏于安全；立杆间距 1.2m×1.2m～1.3m×1.3m，施工荷载标准值不小于 $3kN/m^2$ 时，水平杆通过扣件传至立杆的竖向力为 $8 kN～11 kN$ 之间，所以立杆上应增设防滑扣件。

3 满堂脚手架设计高度是根据本规范 5.3 节计算得出的，并根据工程实际适当调整，脚手架地基承载力另行计算。

4 计算条件不同另行计算。

5 满堂脚手架结构的设计尺寸按设计计算，但不应超过表 6.8.1 中的规定值。

6.8.2 根据我国工程使用经验及支架整体稳定试验确定。

6.8.4 根据脚手架试验，增加竖向、水平剪刀撑，可增加架体刚度，提高脚手架承载力。在竖向剪刀撑顶部交点平面设置一道水平连续剪刀撑，可使架体结构稳固。

当剪刀撑连续布置时，剪刀撑宽度，为剪刀撑相邻斜杆的水平距离。

6.8.6 试验证明，满堂脚手架增加连墙件可提高承载力，所以在有条件与结构连接时，应使脚手架与建筑结构进行刚性连接。本规范附录 C 表 C-1 的高宽比是试验所得高宽比，也是计算长度系数使用条件，不满足本规范附录 C 表 C-1 规定的高宽比时，应设置连墙件。在无结构柱部位采取预埋钢管等措施与建筑结构进行刚性连接；在有空间部位，也可超出顶部加载区投影范围向外延伸布置（2～3）跨。采取以上措施后，高宽比提高，但高宽比不宜大于3。

6.8.8 局部承受集中荷载，根据实际荷载可按本规范附录 C 表 C-1 计算，局部调整满堂脚手架构造尺寸，进行局部加固。

6.8.9、6.8.10 根据我国工程使用经验确定。

6.9 满堂支撑架

6.9.1 本条规定明确满堂支撑架步距不宜超过 1.8m，立杆间距不宜超过 1.2m×1.2m。

6.9.3～6.9.5 满堂支撑架整体稳定试验证明，增加竖向、水平剪刀撑，可增加架体刚度，提高脚手架承载力。在竖向剪刀撑顶部交点平面设置一道水平连续剪刀撑，可使架体结构稳固。设置剪刀撑比不设置临界荷载提高 26%～64%（不同工况），剪刀撑不同设置，临界荷载发生变化，所以根据剪刀撑的不同设置给出不同的承载力，给出满堂支撑架不同的立杆计算长度系数（附录C）。

施工现场满堂支撑架，经常不设剪刀撑或只是支架外围设置竖向剪刀撑，这种结构不合理，所以要求满堂支撑架在纵、横向间隔一定距离设置竖向剪刀撑，在竖向剪刀撑顶部交点平面、扫地杆的设置层设置水平剪刀撑，保证支架结构稳定。

普通型剪刀撑设置，剪刀撑的纵、横向间距较大，施工搭设相对简单，剪刀撑主要为支架的构造保证措施。

加强型剪刀撑设置，与满堂支撑架整体稳定试验剪刀撑设置设置基本相同，按本规范附录C表C-3、表C-5计算支架稳定。竖向剪刀撑间距（4~5）跨，为（3~5）m，立杆间距在0.4m×0.4m～0.6m×0.6m之间（含0.4m×0.4m），竖向剪刀撑间（3~3.2）m，0.4×8跨=3.2m，0.5×6跨=3m，均满足要求。

6.9.7 满堂支撑架，可用于大型场馆屋顶有集中荷载的钢结构安装支撑体系与其他同类工程支撑体系，大型场馆中部无法设置连墙件，为保证支架稳定或边部支架稳定，要求边部支架设置连墙件，在有空间部位，满堂支撑架宜超出顶部加载区投影范围向外延伸布置（2~3）跨。

试验表明，在支架5跨×5跨内，设置两处水平约束，支架临界荷载提高10%以上。所以，有条件设置连墙件时，一定要设置连墙件。在支架受力较大的情况下更要设置连墙件。

大梁高度超过1.2m（或相同荷载）或混凝土板厚度超过0.5m（或相同荷载）或满堂支撑架横向高宽比不符合本规范附录C表C-2～表C-5的规定，连墙件设置要严格控制。这样可提高支撑架承载力，保证支撑架稳定。如果无现成结构柱，设置连墙件可采取预埋钢管等措施。

本规范附录C的高宽比是试验所得高宽比，也是计算长度系数使用条件，不满足要求应设置连墙件。采取连墙等措施后，高宽比可适当增大，但高宽比不宜大于3。

现行行业标准《建筑施工模板安全技术规范》JGJ 162-2008第6.2.4条第6款规定的内容为，当支架立柱高度超过5m时，应在立柱周围外侧和中间有结构柱的部位，按水平间距（6~9）m、竖向间距（2~3）m与建筑结构设置一个固结点。

6.10 型钢悬挑脚手架

6.10.2～6.10.5 双轴对称截面型钢宜使用工字钢，工字钢结构性能可靠，双轴对称截面，受力稳定性好，较其他型钢选购、设计、施工方便。

悬挑钢梁前端应采用吊拉卸荷，吊拉卸荷的吊拉构件有刚性的，也有柔性的，如果使用钢丝绳，其直径不应小于14mm，使用预埋吊环其直径不宜小于20mm（或计算确定），预埋吊环应使用HPB235级钢筋制作。钢丝绳卡不得少于3个。

悬挑钢梁悬挑长度一般情况下不超过2m能满足施工需要，但在工程结构局部有可能满足不了使用要求，局部悬挑长度不宜超过3m。大悬挑另行专门设计及论证。

在建筑结构角部，钢梁宜扇形布置；如果结构角部钢筋较多不能留洞，可采用设置预埋件焊接型钢三脚架等措施。

悬挑钢梁支承点应设置在结构梁上，不得设置在外伸阳台上或悬挑板上，否则应采取加固措施。

6.10.7 定位点可采用竖直焊接长0.2m、直径25mm～30mm的钢筋或短管等方式。

6.10.10、6.10.11 悬挑架设置连墙件与外立面设置剪刀撑，是保证悬挑架整体稳定的条件。

7 施 工

7.1 施工准备

7.1.1 本条规定是为了明确岗位责任制，促进脚手架的设计及其专项方案在具体施工实施过程中得到认真严肃的贯彻。单位工程负责人交底时，应注意方案中设计计算使用条件与工程实际工况条件是否相符的问题。监理工程师检查交底记录时，对以上问题应作重点检查。

7.1.2 本条规定是为了加强现场管理，杜绝不合格产品进入现场，否则在脚手架工程中会造成隐患和事故。对钢管、扣件、可调托撑可通过检测手段来保证产品合格，即：在进入施工现场后第一次使用前，由施工总承包单位负责，对钢管、扣件、可调托撑进行复试。

7.2 地基与基础

7.2.1～7.2.4 本节明确规定了脚手架地基标高及其基础施工的依据和标准，是保证脚手架工程质量的重要环节。

压实填土地基、灰土地基是脚手架常用的地基，应按《建筑地基基础工程施工质量验收规范》GB 50202的要求施工，应符合工程的地质勘察报告中要求。

7.3 搭 设

7.3.1 为保证脚手架搭设中的稳定性，本条规定了一次搭设高度的限值。

7.3.2 本条规定明确脚手架搭设中允许偏差检查的时间，有利于防止累计误差超过允许偏差而导致难以纠正。

7.3.3 本条规定的技术要求有利于脚手架立杆受力和沉降均匀。对于其他材料用于脚手架基础，应是不低于木垫板承载力,不低于木垫板长度、宽度。

7.3.4~7.3.11 这 8 条规定是根据本规范第 6 章有关构造要求提出的具体操作规定,说明如下:

1 在第 7.3.6 条 3 款中规定搭设单排脚手架横向水平杆的位置,是根据现行国家标准《砌体工程施工质量验收规范》GB 50203 的规定确定的。

根据现行行业标准《砌筑砂浆配合比设计规程》JGJ 98 的规定,砌筑砂浆的最低强度等级为 M2.5。

2 在 7.3.11 条 2 款中规定扣件螺栓的拧紧扭力矩采用(40~65)N·m,是根据现行国家标准《钢管脚手架扣件》GB 15831 的规定确定的。

7.3.13 原规范 7.3.12 条规定,脚手板的铺设自顶层作业层的脚手板往下计,宜每隔 12m 满铺一层脚手板。考虑到原规定既增加防护设施投入,又增加脚手架荷载。故此次修订将此条取消,并在本规范第 9.0.11 条中规定,脚手板下应用安全网双层兜底。施工层以下每隔 10m 应用安全网封闭。

7.4 拆 除

7.4.1 本条规定了拆除脚手架前必须完成的准备工作和具备的技术文件。

7.4.2 本条明确规定了脚手架的拆除顺序及其技术要求,有利于拆除中保证脚手架的整体稳定性。

7.4.5 本条规定的目的是为了防止伤人,避免发生安全事故,同时还可以增加构配件使用寿命。

8 检查与验收

8.1 构配件检查与验收

8.1.1 对新钢管允许偏差值的说明:

对本规范表 8.1.8 序号 1 说明,现行国家标准《低压流体输送用焊接钢管》GB/T 3091、《直缝电焊钢管》GB/T 13793 规定:$\phi 48.3 \times 3.6$ 的钢管,管体外径允许偏差±0.5mm,壁厚允许偏差±10%(壁厚),即:±3.6×10%=±0.36mm;所以,外径允许范围为(47.8~48.8)mm;壁厚允许范围为(3.24~3.96)mm;目前市场上 $\phi 48 \times 3.5$(或 3.24~3.5)在允许偏差范围内。

8.1.2 对旧钢管的检查项目与允许偏差值的说明:

1 使用旧钢管(已使用过的或长期放置已锈蚀的钢管)时主要应检查有无严重鳞皮锈蚀。检查锈蚀深度时,应先除去锈皮再量深度。

2 本规范表 8.1.8 中序号 3 的规定,锈蚀深度不得大于壁厚负偏差的一半。

现行国家标准《钢结构工程施工质量验收规范》GB 50205-2001 第 4.2.5 条第 1 款规定:"当钢材的表面有锈蚀、麻点或划痕等缺陷时,其深度不得大于该钢材厚度负允许偏差值的1/2"。

3 本规范表 8.1.8 序号 4 中规定的根据:

1) 各种钢管的端部弯曲在 1.5m 长范围内限制允许偏差 Δ≤5mm,以限制初始弯曲对立杆受力影响及纵向水平杆的水平程度;

2) 立杆钢管弯曲(初始弯曲)的允许偏差值 Δ 是考虑我国建筑施工企业施工现场的管理水平,按 3/1000 确定的,以限制初始弯曲过大,影响立杆承载能力;

3) 水平杆、斜杆为非受压杆件,故放宽允许偏差值 Δ,按 4.5/1000 考虑,以 6.5m 计,Δ≤30mm。

8.1.4 由于目前建筑市场扣件合格率较低,要求每个工程在使用扣件前,进行复试,以保证使用合格产品。扣件有裂缝、变形的,螺栓滑丝的严重影响扣件承载力,最终导致影响脚手架的整体稳定。

8.1.7 可调托撑的规定是根据我国长期使用经验,满堂支撑架整体稳定试验、可调托撑破坏试验确定的。试验表明:支托板、螺母有裂缝临界荷载下降,支托板厚如果小于 5mm,可调托撑承载力不满足要求。

钢管采用 $\phi 48.3 \times 3.6$,壁厚 3.6mm,允许偏差±0.36,最小壁厚 3.24mm。钢管内径 48.3-2×3.24=41.82mm,可调托撑螺杆外径与立杆钢管内壁之间的间隙(平均值)为(41.82-36)÷2=2.91mm,满足要求。

目前,在施工现场,存在着支托板变形较大仍然使用的现象,造成主梁向支托板传力不均匀,影响可调托撑承载力。

8.2 脚手架检查与验收

8.2.1 本条明确脚手架与满堂支撑架及其地基基础应进行检查与验收的阶段。

8.2.2 为提高施工企业管理水平,防患于未然,明确责任,提出了脚手架工程检查验收时应具备的文件。

8.2.3 本条明确脚手架使用中应定期检查的项目;也可随时抽查其规定项目。

8.2.4 对表 8.2.4 的说明:

1 关于立杆垂直度的允许偏差

立杆安装垂直度允许偏差值的规定,关系到脚手架的安全与承载能力的发挥。从国内实测数据分析可知,所规定的允许偏差值是代表国内大多城市中许多建筑企业搭设质量的平均先进水平。满堂支撑架立杆垂直度的允许偏差为立杆高度的千分之三。

2 关于间距的允许偏差

根据现场实测调查,一般均可做到。

3 关于纵向水平杆高差的允许偏差

纵向水平杆水平度的允许偏差值关系到结构的承载力(立杆的计算长度)、施工安全等。

8.2.5 本条明确地规定了扣件螺栓扭力矩抽样检查

数目与质量判定标准，有利于保证脚手架安全。

9 安 全 管 理

9.0.1 本条的规定旨在保证专业架子工搭设脚手架，是避免脚手架安全事故发生的措施之一。

9.0.4 本条的规定旨在保证钢管截面不被削弱。

9.0.5 本条的规定旨在防止脚手架因超载而影响安全施工。条文中规定的内容是通过调研，对工地实际存在的问题提出的。

9.0.6 本条规范是保证施工安全的重要措施。

9.0.7 支撑架实际荷载超过设计规定，就存在安全隐患，甚至导致安全事故发生。

9.0.8 大于六级风停止高处作业的规定是按照现行行业标准《建筑施工高处作业安全技术规范》JGJ 80的规定确定的。

9.0.12 扣件式钢管脚手架应使用阻燃的密目式安全网，避免在脚手架上电焊施工引起火灾。

9.0.13 施工期间，拆除脚手架主节点处的纵向水平杆、横向水平杆、纵向扫地杆、横向扫地杆中任何一根杆件，都会造成脚手架承载力下降。严重时会导致事故。拆除连墙件也是如此。

9.0.14 如果在脚手架基础下开挖管沟，会影响脚手架整体稳定。室外管沟过脚手架基础必须在脚手架专项方案体现，必须有安全措施。

9.0.15 满堂脚手架与满堂支撑架在安装过程中，必须设置防倾覆的临时固定设施，如斜撑、揽风绳、连墙件等。抗倾覆稳定计算应保证，支架抗倾覆力矩≥支架倾覆力矩。

中华人民共和国行业标准

建筑施工木脚手架安全技术规范

Technical code for safety of wooden scaffold in construction

JGJ 164—2008
J 815—2008

批准部门：中华人民共和国住房和城乡建设部
施行日期：２００８年１２月１日

中华人民共和国住房和城乡建设部
公　告

第 80 号

关于发布行业标准《建筑施工木脚手架安全技术规范》的公告

现批准《建筑施工木脚手架安全技术规范》为行业标准，编号为 JGJ 164 - 2008，自 2008 年 12 月 1 日起实施。其中，第 1.0.3、3.1.1、3.1.3、6.1.2、6.1.3、6.1.4、6.2.2、6.2.3、6.2.4、6.2.6、6.2.7、6.2.8、6.3.1、8.0.5、8.0.8 条为强制性条文，必须严格执行。

本规范由我部标准定额研究所组织中国建筑工业出版社出版发行。

中华人民共和国住房和城乡建设部
2008 年 8 月 6 日

前　言

根据原国家劳动部劳人计（88）34 号文的要求，标准编制组在深入调查研究，认真总结国内外科研成果和大量实践经验，并在广泛征求意见的基础上，制定了本规范。

本规范的主要技术内容是：总则，术语，符号，杆件、连墙件与连接件，荷载，设计计算，构造与搭设，脚手架拆除，安全管理。

本规范以黑体字标志的条文为强制性条文，必须严格执行。

本规范由住房和城乡建设部负责管理和对强制性条文的解释，由沈阳建筑大学负责具体技术内容的解释。（地址：沈阳市浑南东路 9 号沈阳建筑大学土木工程学院，邮编：110168）

本规范主编单位：沈阳建筑大学
　　　　　　　　　浙江八达建设集团有限公司
本规范参加单位：芜湖第一建筑工程公司
本规范主要起草人：魏忠泽　张　健　王昌培
　　　　　　　　　金义勇　鲁德成　彭志文
　　　　　　　　　贾元祥　秦桂娟　魏　炜
　　　　　　　　　周静海　刘　莉　刘海涛
　　　　　　　　　徐　建　孙占利

目 次

1 总则 ·· 10—24—4
2 术语、符号 ······································ 10—24—4
　2.1 术语 ··· 10—24—4
　2.2 符号 ··· 10—24—5
3 杆件、连墙件与连接件 ······················ 10—24—5
　3.1 材质性能 ······································ 10—24—5
　3.2 规格 ··· 10—24—5
　3.3 设计指标 ······································ 10—24—6
4 荷载 ·· 10—24—7
　4.1 荷载分类与组合 ····························· 10—24—7
　4.2 作业层施工荷载 ····························· 10—24—7
　4.3 风荷载 ·· 10—24—8
5 设计计算 ··· 10—24—8
　5.1 基本规定 ······································ 10—24—8
　5.2 杆件设计计算 ································ 10—24—9
6 构造与搭设 ······································ 10—24—12
　6.1 构造与搭设的基本要求 ···················· 10—24—12
　6.2 外脚手架的构造与搭设 ···················· 10—24—12
　6.3 满堂脚手架的构造与搭设 ················· 10—24—14
　6.4 烟囱、水塔架的构造与搭设 ············· 10—24—14
　6.5 斜道的构造与搭设 ·························· 10—24—15
7 脚手架拆除 ······································ 10—24—15
8 安全管理 ··· 10—24—15
附录 A 常用脚手板的规格
　　　　种类 ·· 10—24—16
附录 B 木脚手架计算常用材料、
　　　　工具重量 ·································· 10—24—16
本规范用词说明 ····································· 10—24—17
附：条文说明 ·· 10—24—18

1 总则

1.0.1 为贯彻执行国家"安全第一，预防为主，综合治理"的安全生产方针，确保施工人员在木脚手架施工过程中的安全，制定本规范。

1.0.2 本规范适用于工业与民用建筑一般多层房屋和构筑物施工用落地式的单、双排木脚手架的设计、施工、拆除和管理。

1.0.3 当选材、材质和构造符合本规范的规定时，脚手架搭设高度应符合下列规定：

　　1 单排架不得超过20m；

　　2 双排架不得超过25m，当需超过25m时，应按本规范第5章进行设计计算确定，但增高后的总高度不得超过30m。

1.0.4 木脚手架的材料选用，应因地制宜，就地取材，合理使用。

1.0.5 木脚手架施工前，应按规定编制施工组织设计或专项施工方案。

1.0.6 木脚手架的设计、施工、拆除与管理，除应符合本规范的规定外，尚应符合国家现行有关标准的规定。

2 术语、符号

2.1 术语

2.1.1 单排脚手架　single rank scaffold
　　只有一排立杆，横向水平杆的一端搁置在墙体上的脚手架。

2.1.2 双排脚手架　double pole scaffold
　　由内外两排立杆和水平杆等构成的脚手架。

2.1.3 外脚手架　outer scaffold
　　设置在房屋或构筑物外围的施工脚手架。

2.1.4 满堂脚手架　multi rank scaffold
　　由多排立杆构成的脚手架。

2.1.5 烟囱架　chimney scaffold
　　沿烟囱周圈外围所搭设的特殊脚手架。

2.1.6 水塔架　cistern scaffold
　　沿水塔周圈外围所搭设的特殊脚手架。

2.1.7 结构脚手架　construction scaffold
　　用于砌筑和结构工程施工作业的脚手架。

2.1.8 装修脚手架　decoration scaffold
　　用于装修工程施工作业的脚手架。

2.1.9 斜道　inclined path
　　供施工作业人员上下脚手架或运料用的坡道，一般附置于脚手架旁，也称马道、通道。

2.1.10 立杆　vertical staff
　　脚手架中垂直于水平面的竖向杆件。

2.1.11 外立杆　outer vertical staff
　　双排脚手架中离开墙体一侧的立杆，或单排架立杆。

2.1.12 内立杆　inner vertical staff
　　双排脚手架中贴近墙体一侧的立杆。

2.1.13 水平杆　level staff
　　脚手架中的水平杆件。

2.1.14 纵向水平杆　lengthways level staff
　　沿脚手架纵向设置的水平杆。

2.1.15 横向水平杆　horizontal level staff
　　沿脚手架横向设置的水平杆。

2.1.16 斜杆　inclined staff
　　与脚手架立杆或水平杆斜交的杆件。

2.1.17 斜拉杆　inclined lugged staff
　　承受拉力作用的斜杆。

2.1.18 剪刀撑　scissors support
　　在脚手架外侧面成对设置的交叉斜杆。

2.1.19 抛撑　cast support
　　与脚手架外侧面斜交的杆件。

2.1.20 扫地杆　ground staff
　　贴近地面、连接立杆根部的水平杆。

2.1.21 纵向扫地杆　lengthways ground staff
　　沿脚手架纵向设置的扫地杆。

2.1.22 横向扫地杆　horizontal ground staff
　　沿脚手架横向设置的扫地杆。

2.1.23 连墙件　connected component
　　连接脚手架与建筑物的构件。

2.1.24 垫板　underlay board
　　设于杆底之下的支承板。

2.1.25 垫木　underlay square timber
　　设于杆底之下的支垫方木。

2.1.26 步距　step distance
　　上下纵向水平杆之间的轴线距离。

2.1.27 立杆纵距　lengthways distance of vertical staff
　　脚手架相邻立杆之间的纵向轴线距离，也称立杆跨度。

2.1.28 立杆横距　horizontal distance of vertical staff
　　脚手架相邻立杆之间的横向间距，单排脚手架为立杆轴线至墙面的距离；双排脚手架为内外两立杆轴线间的距离。

2.1.29 脚手架高度　height of scaffold
　　自立杆底座下皮至架顶栏杆上皮之间的垂直距离。

2.1.30 脚手架长度　length of scaffold
　　脚手架纵向两端立杆外皮之间的水平距离。

2.1.31 脚手架宽度　width of scaffold
　　双排脚手架横向两侧立杆外皮之间的水平距离，

单排脚手架为外立杆外皮至墙面的水平距离。

2.1.32 连墙件竖距 plumb distance of connected component

上下相邻连墙件之间的垂直距离。

2.1.33 连墙件横距 horizontal distance of connected component

左右相邻连墙件之间的水平距离。

2.1.34 作业层 working layer

上人作业的脚手架铺板层。

2.1.35 节点 node

脚手架杆件的交汇点。

2.1.36 永久荷载 perpetuity load

脚手架构架、脚手板、防护设施等的自重。

2.1.37 施工荷载 construction load

作业层架面上人员、器具和材料的重量。

2.1.38 脚手眼 scaffold cavity

单排脚手架在墙体上面留置搁放横向水平杆的洞眼。

2.1.39 开口形脚手架 openings type scaffold

沿建筑周边非交圈设置的脚手架。

2.2 符 号

2.2.1 荷载和荷载效应

g ——杆件自重均布线荷载设计值;
G_k ——永久荷载标准值;
N ——轴向压力设计值;
N_c ——连墙件轴向压力设计值;
N_w ——风荷载产生的连墙件轴向压力设计值;
N_0 ——连墙件约束脚手架平面外变形所产生的轴向压力设计值;
M ——弯矩设计值;
M_w ——风荷载设计值产生的弯矩;
q ——杆件自重和可变荷载的均布线荷载设计值;
Q_k ——施工荷载标准值;
R ——结构构件抗力的设计值;
S ——荷载效应组合的设计值;
v ——挠度;
w_k ——风荷载标准值;
w_0 ——基本风压值。

2.2.2 材料性能和抗力

E ——木材弹性模量;
f_m ——木材抗弯强度设计值;
f_c ——木材顺纹抗压及承压强度设计值;
f_t ——木材顺纹抗拉强度设计值;
$[v]$ ——容许挠度。

2.2.3 几何参数

A ——毛截面面积;
A_n ——挡风面积;
A_w ——迎风面积;
c ——带悬臂梁的悬出长度;
d ——杆件直径、外径;
h ——步距;
h_w ——连墙件竖距;
H ——脚手架搭设高度;
i ——截面回转半径;
I ——毛截面惯性矩;
l_1 ——横向水平杆间距;
l ——横向水平杆跨度;
L_a ——立杆纵距;
L_b ——立杆横距;
L_w ——连墙件横距;
W ——毛截面抵抗矩。

2.2.4 系数及其他

μ_s ——风载体型系数;
μ_z ——风压高度变化系数;
φ ——轴心受压杆件稳定系数;
λ ——长细比;
ϕ ——挡风系数。

3 杆件、连墙件与连接件

3.1 材 质 性 能

3.1.1 杆件、连墙件应符合下列规定:

1 立杆、斜撑、剪刀撑、抛撑应选用剥皮杉木或落叶松。其材质性能应符合现行国家标准《木结构设计规范》GB 50005 中规定的承重结构原木Ⅲ$_a$材质等级的质量标准。

2 纵向水平杆及连墙件应选用剥皮杉木或落叶松。横向水平杆应选用剥皮杉木或落叶松。其材质性能均应符合现行国家标准《木结构设计规范》GB 50005 中规定的承重结构原木Ⅱ$_a$材质等级的质量标准。

3.1.2 脚手板应选用杉木、落叶松板材、竹材、钢木混合材和冲压薄壁型钢等,其材质性能应分别符合国家现行相关标准的规定。

3.1.3 连接用的绑扎材料必须选用 8 号镀锌钢丝或回火钢丝,且不得有锈蚀斑痕;用过的钢丝严禁重复使用。

3.2 规 格

3.2.1 受力杆件的规格应符合下列规定:

1 立杆的梢径不应小于 70mm,大头直径不应大于 180mm,长度不宜小于 6m。

2 纵向水平杆所采用的杉杆梢径不应小于 80mm,红松、落叶松梢径不应小于 70mm;长度不宜小于 6m。

3 横向水平杆的梢径不得小于80mm，长度宜为2.1~2.3m。

3.2.2 常用脚手板的规格形式应符合本规范附录A的规定，其强度和变形可不计算。

3.3 设 计 指 标

3.3.1 木脚手架结构采用的木材设计指标应符合下列规定：

1 木材或树种的强度等级应按表3.3.1-1和表3.3.1-2采用，并应按其特点分别使用。各树种木材主要性能应符合现行国家标准《木结构设计规范》GB 50005中的有关规定。

表3.3.1-1 针叶树种木材适用的强度等级

强度等级	组别	适 用 树 种
TC17	A	柏木 长叶松 湿地松 粗皮落叶松
	B	东北落叶松 欧洲赤松 欧洲落叶松
TC15	A	铁杉 油杉 太平洋海岸黄柏 花旗松—落叶松 西部铁杉 南方松
	B	鱼鳞云杉 西南云杉 南亚松
TC13	A	新疆落叶松 云南松 马尾松 扭叶松 北美落叶松 海岸松
	B	红皮云杉 丽江云杉 樟子松 红松 西加云杉 俄罗斯红松 欧洲云杉 北美山地云杉 北美短叶松
TC11	A	西北云杉 新疆云杉 北美黄松 云杉—松—冷杉 铁—冷杉 东部铁杉 杉木
	B	冷杉 速生杉木 速生马尾松 新西兰辐射松

表3.3.1-2 阔叶树种木材适用的强度等级

强度等级	适 用 树 种
TB20	青冈 椆木 门格里斯木 卡普木 沉水梢 克隆 绿心木 紫心木 李叶豆 塔特布木
TB17	栎木 达荷玛木 萨佩莱木 苦油树 毛罗藤黄
TB15	锥栗（栲木） 黄梅兰蒂 梅萨瓦木 红劳罗木
TB13	深红梅兰蒂 浅红梅兰蒂 白梅兰蒂 巴西红厚壳木

表3.3.1-3 木材的强度设计值和弹性模量（N/mm²）

强度等级	组别	抗弯 f_m	顺纹抗压及承压 f_c	顺纹抗拉 f_t	顺纹抗剪 f_v	横纹承压 $f_{c,90}$ 全表面和齿面	局部表面下	拉力螺栓垫板下	弹性模量 E
TC17	A	17	16	10	1.7	2.3	3.5	4.6	10000
	B		15	9.5	1.6				
TC15	A	15	13	9.0	1.6	2.1	3.1	4.2	10000
	B		12	9.0	1.5				
TC13	A	13	12	8.5	1.5	1.9	2.9	3.8	10000
	B		10	8.0	1.4				9000
TC11	A	11	10	7.5	1.4	1.8	2.7	3.6	9000
	B		10	7.0	1.2				
TB20	—	20	18	12	2.8	4.2	6.3	8.4	12000
TB17	—	17	16	11	2.4	3.8	5.7	7.6	11000
TB15	—	15	14	10	2.0	3.1	4.7	6.2	10000
TB13	—	13	12	9.0	1.4	2.4	3.6	4.8	8000

注：计算木构件端部（如接头处）的拉力螺栓垫板时，木材横纹承压强度设计值应按"局部表面和齿面"一栏的数值采用。

2 在正常情况下，木材的强度设计值及弹性模量，应按表3.3.1-3采用。

3 木材的强度设计值和弹性模量应符合表3.3.1-3的规定，尚应按下列规定进行调整：

　　1）当采用原木时，若验算部位未经切削，其顺纹抗压、抗弯强度设计值和弹性模量可提高15%；

　　2）当构件矩形截面的短边尺寸不小于150mm时，其强度设计值可提高10%；

　　3）当采用湿材时，各种木材的横纹承压强度设计值和弹性模量以及落叶松木材的抗弯强度设计值宜降低10%；

4 不同使用条件下木材强度设计值和弹性模量的调整系数应符合表3.3.1-4的规定。

表3.3.1-4 不同使用条件下木材强度设计值和弹性模量的调整系数

使 用 条 件	调整系数	
	强度设计值	弹性模量
露天环境	0.9	0.85
木材表面温度达40~50℃	0.8	0.8
按永久荷载验算时	0.8	0.8
用于立杆和纵向水平杆时	0.9	1.0
施工使用的木脚手架	1.2	1.0

注：1 当仅有永久荷载或永久荷载产生的内力超过全部荷载所产生内力的80%时，应单独以永久荷载进行验算；

　　2 当若干条件同时出现时，表列各系数应连乘。

3.3.2 木材斜纹承压的强度设计值，可按下列公式确定：

当 $\alpha<10°$ 时
$$f_{c\alpha}=f_c \quad (3.3.2\text{-}1)$$
当 $10°<\alpha<90°$ 时
$$f_{c\alpha}=\left[\frac{f_c}{1+\left(\frac{f_c}{f_{c,90}}-1\right)\frac{\alpha-10°}{80°}\sin\alpha}\right] \quad (3.3.2\text{-}2)$$

式中 $f_{c\alpha}$——木材斜纹承压的强度设计值（N/mm²）；
f_c——木材顺纹抗压及承压强度设计值；
α——作用力方向与木纹方向的夹角（°）。

3.3.3 常用绑扎钢丝抗拉强度设计值应符合表3.3.3的规定。

表3.3.3 常用绑扎钢丝抗拉强度设计值

材料名称	单根抗拉强度标准值 (P_{yk})	单根抗拉强度设计值 (P)
8号镀锌钢丝	4500N	3800N
8号回火钢丝	3150N	2700N

4 荷 载

4.1 荷载分类与组合

4.1.1 施工常用工具、材料及杆件等的重量可按本规范附录B的规定选用。

4.1.2 永久荷载应包括下列内容：
1 脚手架各杆件自重；
2 绑扎钢丝自重；
3 脚手板、栏杆、踢脚板、安全网等自重。

4.1.3 可变荷载应包括下列内容：
1 施工荷载：
堆砖重；
作业人员重；
运输小车、工具及其他材料重。
2 风荷载。

4.1.4 荷载组合应符合下列规定：
1 对于承载能力极限状态，应按荷载效应的基本组合进行荷载（效应）组合，并应采用下列设计表达式进行设计：
$$\gamma_0 S \leqslant R \quad (4.1.4\text{-}1)$$

式中 γ_0——结构重要性系数，按0.9采用；
S——荷载效应组合的设计值；
R——结构构件抗力的设计值，应按本规范表3.3.1-3、表3.3.3及第3.3.2条中的规定确定。

  1）对于基本组合，荷载效应组合的设计值 S 应从下列组合值中取最不利值确定：

由可变荷载效应控制的组合：
$$S=\gamma_G G_K+\gamma_{Q1} Q_{1k} \quad (4.1.4\text{-}2)$$
$$S=\gamma_G G_K+0.9\sum_{i=1}^{n}\gamma_{Qi} Q_{iK} \quad (4.1.4\text{-}3)$$

式中 γ_G——永久荷载的分项系数，应按本规范第4.1.5条采用；
γ_{Qi}——第 i 个可变荷载的分项系数，其中 γ_{Q1} 为可变荷载 Q_1 的分项系数，应按本规范第4.1.5条采用；
G_K——按永久荷载计算的荷载效应标准值；
Q_{iK}——按可变荷载计算的荷载效应标准值，其中 Q_{1K} 为诸可变荷载效应中起控制作用者。

由永久荷载效应控制的组合：
$$S=\gamma_G G_K+\sum_{i=1}^{n}\gamma_{Qi}\psi_{Ci}Q_{iK} \quad (4.1.4\text{-}4)$$

式中 ψ_{Ci}——可变荷载 Q_i 的组合系数，其中施工荷载的组合系数应按0.7采用。

  2）基本组合中的设计值仅适用于荷载与荷载效应为线性的情况。
当对 Q_{1K} 无法明显判断时，分别计算各可变荷载效应，选其中最不利的荷载效应为计算依据；
当考虑以竖向的永久荷载效应控制的组合时，参与组合的可变荷载仅限于竖向荷载。

2 对正常使用极限状态，应采用荷载标准组合，并应按下式进行设计：
$$S \leqslant C \quad (4.1.4\text{-}5)$$

式中 C——结构或结构构件达到正常使用要求规定的变形限值，应符合本规范第5.1.14条的规定。

对标准组合的荷载效应组合设计值 S 应按下式采用：
$$S=G_K+Q_{1K}+\sum_{i=2}^{n}\psi_{Ci}Q_{iK} \quad (4.1.4\text{-}6)$$

4.1.5 基本组合的荷载分项系数，应按下列规定采用：

1 永久荷载的分项系数当其效应对结构不利时，对由可变荷载效应控制的组合应取1.2，对由永久荷载效应控制的组合应取1.35；当其效应对结构有利时，应取1.0，但对计算结构的倾覆、滑移或漂浮验算时，应取0.9。

2 可变荷载的分项系数，一般情况下应取1.4。

4.2 作业层施工荷载

4.2.1 作业层施工荷载的标准值：结构脚手架应为3.0kN/m²，装修脚手架应为2.0kN/m²。

4.2.2 当双排结构脚手架宽度不大于1.2m时，在作业层上，沿纵向长1.5m的范围内同时作用的荷载达到下列限值时，应视为施工荷载已达3.0kN/m²：

　　1 堆砖时，普通黏土砖单行侧摆不超过3层或放置装有不超过0.1m³砂浆的灰槽；

　　2 运料小车装普通黏土砖不超过72块或不超过0.1m³的砂浆；

　　3 作业人员不超过3人。

4.2.3 当双排装修脚手架宽度不大于1.2m时，在作业层上，沿纵向长1.5m范围内同时作用的荷载达到下列限值时，应视为施工荷载已达2.0kN/m²：

　　1 堆放装饰材料或放置灰槽的堆载重量不超过1.4kN；

　　2 运料小车运灰量不超过0.1m³；

　　3 作业人员不超过3人。

4.2.4 在两纵向立杆间的同一跨度内，结构架沿竖直方向同时作业不得超过1层；装修架沿竖直方向同时作业不得超过2层。

4.3 风荷载

4.3.1 作用在脚手架上的水平风荷载标准值应按下式计算：

$$w_k = \mu_s \mu_z w_0 \quad (4.3.1)$$

式中　w_k——水平风荷载标准值（kN/m²），进行荷载组合时，其组合系数（ψ_c）按0.6采用；

　　　μ_s——风荷载体型系数；

　　　μ_z——风压高度变化系数；

　　　w_0——基本风压（kN/m²）。

4.3.2 风荷载体型系数（μ_s）应按表4.3.2取值。

表4.3.2　脚手架风荷载体型系数 μ_s

背靠建筑物的状况		全封闭	敞开、开洞
脚手架状况	各种封闭情况	1.0ϕ	1.3ϕ
	敞开		μ_{stw}

注：1　μ_{stw}为脚手架按桁架结构形式确定的风荷载体型系数，应按国家标准《建筑结构荷载规范》GB 50009—2001中的表7.3.1中第32项和第36(b)项的规定计算；

　　2　按脚手架各类型封闭状况确定的挡风系数 $\phi = \dfrac{挡风面积（A_n）}{迎风面积（A_w）}$；

　　3　各种封闭情况包括全封闭、半封闭和局部封闭。脚手架外侧用密目式安全网封闭时，按全封闭计算。

4.3.3 风压高度变化系数（μ_z）应符合现行国家标准《建筑结构荷载规范》GB 50009中的规定。

4.3.4 基本风压（w_0）应按国家标准《建筑结构荷载规范》GB 50009—2001附录D的附表D.4中 $n = 10$年的规定采用，但不得小于0.2kN/m²。当预报风力超过计算基本风压（w_0）值时，应提前对脚手架进行加固。

5 设 计 计 算

5.1 基 本 规 定

5.1.1 当进行脚手架设计时，其架体必须符合空间几何不可变体系的稳定结构，且应传力明确、有足够的作业面，安全舒适，搭拆方便。

5.1.2 当脚手架不符合本规范第6章的搭设构造规定时，必须按本章规定进行设计计算。

5.1.3 本规范采用以概率理论为基础的极限状态设计方法，采用分项系数的设计表达式进行计算。

5.1.4 当按承载能力极限状态进行设计时，应考虑荷载效应的基本组合，荷载值应采用设计值；当按正常使用极限状态进行设计时，应只考虑荷载效应的标准组合，荷载值应采用标准值。

5.1.5 脚手架设计应包括下列内容：

　　1 设计计算书（包括脚手板、横向水平杆、纵向水平杆、绑扎钢丝、立杆、连墙件、立杆基础）；

　　2 施工图（平面、立面、剖面及节点大样）；

　　3 连墙件设置及其构造、作业层构造、基础构造、排水方法、材料规格、搭设和拆除程序等；

　　4 安装、拆除的技术措施。

5.1.6 各构件的强度设计值及弹性模量应按本规范第3.3节的规定采用。

5.1.7 当双排脚手架搭设高度大于20m时，应将各荷载和风荷载共同作用，进行荷载组合设计。

5.1.8 立杆底部的地基必须有保证脚手架稳定的足够的承载力，地表面应设有排水措施。

5.1.9 原木杆件沿其长度的直径变化率可按9mm/m计算。验算挠度和立杆稳定性时，可采用杆件的跨中截面；验算抗弯强度时，应采用最大弯矩处相应的截面与抵抗矩。

5.1.10 纵向水平杆所承受的荷载应为横向水平杆支座传来的集中荷载。

5.1.11 验算脚手架立杆稳定性必须符合下列规定：

　　1 必须验算底部立杆及在连墙件的水平、竖向间距最大处的立杆等部位。

　　2 双排架的计算长度（H_0）应取相邻两连墙件之间的竖向距离（h_w）的0.9倍；单排架的计算长度（H_0）应取相邻两连墙件之间的竖向距离（h_w）的1.0倍。

5.1.12 脚手板及纵、横向水平杆，应按最不利荷载布置求其最大内力，并验算强度。

5.1.13 受压立杆的计算长细比不得大于150。

5.1.14 受弯构件的挠度控制值不得超过表5.1.14的规定。

表 5.1.14 构件挠度控制值

脚手架构件类型	挠度控制值 $[v]$	受弯构件的计算跨度 l、l_a 的取值
横向水平杆	$l/150$	双排架取里外两纵向水平杆间的距离 单排架取纵向水平杆至墙面的距离再加 0.08m
纵向水平杆	$l_a/150$	取纵向两相邻立杆间的距离

5.2 杆件设计计算

5.2.1 脚手板、横向水平杆应按受弯构件计算，并应符合下列规定：

1 脚手板计算简图可按下列规定采用：

　1）当立杆纵距为 1500mm、横向水平杆间距为 750mm 时，计算简图可采用图 5.2.1-1。

　2）当立杆纵距为 2000mm、横向水平杆间距为 1000mm 时，计算简图可采用图 5.2.1-2。

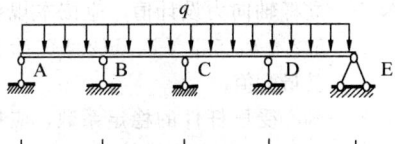

图 5.2.1-1 脚手板计算简图（一）
q—脚手板和堆料的均布线荷载设计值；
l_1—横向水平杆间距

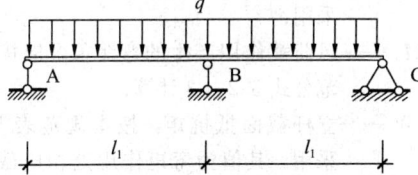

图 5.2.1-2 脚手板计算简图（二）
q—脚手板和堆料的均布线荷载设计值；
l_1—横向水平杆间距

2 横向水平杆计算简图可按下列规定采用：

　1）单排脚手架横向水平杆计算简图可采用图 5.2.1-3。

　2）双排脚手架横向水平杆计算简图可简化为图 5.2.1-4、图 5.2.1-5。其中图 5.2.1-4 为求跨中弯矩，图 5.2.1-5 为求 A 支座弯矩。

3 抗弯强度应按下式计算：

$$\sigma_m = \frac{M_{max}}{W_n} \leqslant f_m \quad (5.2.1-1)$$

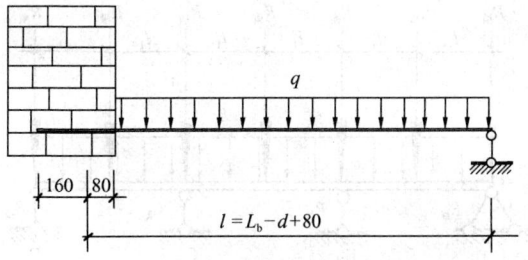

图 5.2.1-3 单排架横向水平杆计算简图
q—脚手板、横向水平杆的自重和施工荷载等的均布线荷载设计值；L_b—立杆横距；d—立杆半径与立杆里边纵向水平杆半径之和；l—横向水平杆的计算跨度

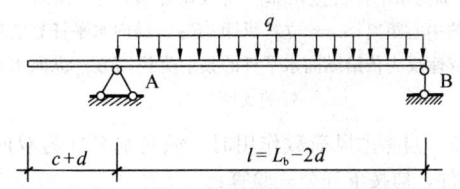

图 5.2.1-4 双排架横向水平杆计算简图（一）
q—脚手板、横向水平杆的自重和施工荷载等的均布线荷载设计值，并按最不利位置布置求取最大内力；L_b—立杆横距；c—横向水平杆里端距里排立杆的中心距离；d—立杆半径和纵向水平杆半径之和；l—横向水平杆的计算跨度

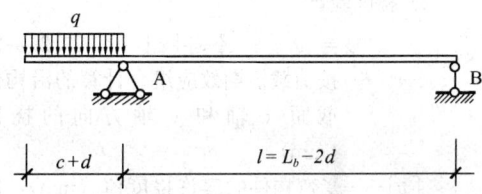

图 5.2.1-5 双排架横向水平杆计算简图（二）

式中　σ_m——木材受弯应力设计值（N/mm²）；
　　　M_{max}——受弯杆件最大弯矩设计值（N·mm）；
　　　W_n——受弯构件最大弯矩相应处的净截面抵抗矩（mm³），可按本规范表 5.2.4 查取；
　　　f_m——木材抗弯强度设计值（N/mm²），应按本规范表 3.3.1-3 采用。

4 挠度应按下式验算：

$$v = \frac{5ql^4}{384EI} \leqslant [v] \quad (5.2.1-2)$$

式中　E——木材弹性模量，按本规范表 3.3.1-3 查取；
　　　I——所计算木构件的惯性矩（mm⁴），按本规范表 5.2.4 查取；
　　　$[v]$——容许挠度值，按本规范表 5.1.14 采用。

5.2.2 纵向水平杆应按三跨连续梁计算，并应符合下列规定：

1 计算简图可采用图5.2.2。

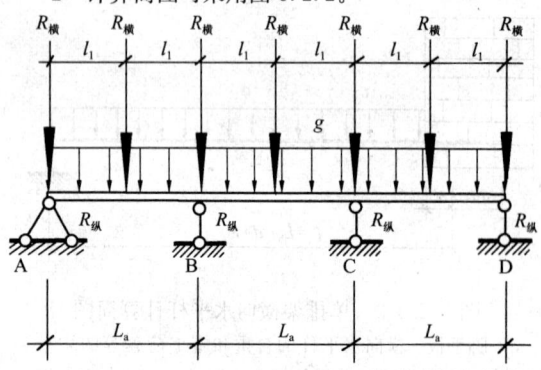

图5.2.2 纵向水平杆计算简图

g—纵向水平杆自重均布线荷载设计值；l_1—横向水平杆的中心距离；L_a—立杆纵距；$R_{横}$—横向水平杆靠墙端的支座反力传给纵向水平杆的集中荷载；$R_{纵}$—纵向水平杆的支座反力

2 当考虑风荷载作用时，纵向水平杆为双向受弯构件，应按下列公式验算：

1) 抗弯强度验算

$$\sigma_m = \frac{\sqrt{M_y^2 + M_w^2}}{W_n} \leqslant f_m \quad (5.2.2-1)$$

式中 M_y、M_w——对构件截面y轴及水平风荷载对x轴的弯矩设计值（N·mm）。

2) 挠度验算

$$v = \sqrt{v_x^2 + v_y^2} \leqslant [v] \quad (5.2.2-2)$$

式中 v_x、v_y——按荷载短期效应组合计算的沿构件截面x轴和y轴方向的挠度（mm）；

$[v]$——受弯构件的容许挠度值（mm），应按本规范表5.1.14采用。

5.2.3 节点绑扎钢丝抗拉强度应符合下式要求：

$$P_S \leqslant nP \quad (5.2.3)$$

式中 P_S——节点钢丝抗拉强度设计值（kN）；

n——绑扎钢丝的根数；

P——单根绑扎钢丝抗拉强度设计值（kN），按本规范表3.3.3采用。

5.2.4 立杆计算应符合下列规定：

1 全封闭脚手架立杆计算简图可采用图5.2.4。

2 立杆的稳定性应按下列公式验算：

1) 当不组合风荷载时：

$$\frac{N}{\varphi A} \leqslant f_c \quad (5.2.4-1)$$

式中 N——立杆轴向力设计值，应按本规范公式5.2.4-4计算；

φ——轴心受压杆件的稳定系数，应根据长细比（λ）按本规范第5.2.5条的规定计算；

λ——构件长细比，应按本规范5.2.6条确定；

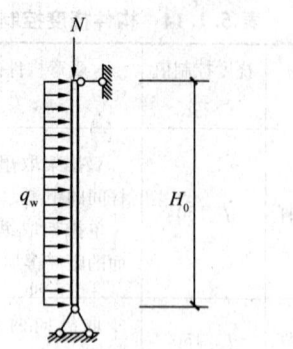

图5.2.4 全封闭作业层立杆计算简图

N—上部传来的轴向压力设计值；H_0—立杆计算长度，按本规范第5.1.11条规定计算；q_w—封闭面传给立杆的均布线风荷载设计值

A——立杆的截面面积，可按本规范表5.2.4采用；

f_c——木材顺纹抗压强度设计值，应按本规范表3.3.1-3采用。

2) 当组合风荷载时：

$$\frac{N}{\varphi A} + \frac{M_w}{W} \leqslant f_c \quad (5.2.4-2)$$

式中 N——立杆轴向力设计值，应按本规范公式5.2.4-4、5.2.4-5、5.2.4-6计算，取其最大值；

φ——轴心受压杆件的稳定系数，应根据长细比λ按本规范第5.2.5条的规定计算；

λ——构件长细比，应按本规范公式5.2.6条确定；

A——立杆截面面积，可按本规范表5.2.4采用；

M_w——风荷载作用产生的弯矩值，应按本规范公式5.2.4-3计算；

W——立杆截面抵抗矩，按本规范表5.2.4采用，其值为弯矩作用处相应截面的抵抗矩；

f_c——木材顺纹抗压强度设计值，应按本规范表3.3.1-3采用。

3 风荷载设计值对立杆产生的弯矩（M_w）应按下式计算：

$$M_w = \frac{0.9^2 \times 1.4 w_k L_a h^2}{10} \quad (5.2.4-3)$$

式中 w_k——风荷载标准值，应按本规范公式4.3.1计算；

L_a——立杆纵距；

h——纵向水平杆步距。

4 立杆轴向力设计值（N）应根据本规范第4章的规定，按下列公式组合计算，并取其中最大值：

1) 由可变荷载效应控制的组合：
$$N = 0.9 \times (1.2G_k + 1.4Q_{lk}) \quad (5.2.4\text{-}4)$$
$$N = 0.9 \times (1.2G_k + 0.9 \times 1.4\sum_{i=1}^{n}Q_{ik})$$
$$(5.2.4\text{-}5)$$

式中 G_k——恒荷载产生的轴力标准值；
Q_{lk}——施工荷载产生的轴力标准值；
$\sum_{i=1}^{n}Q_{ik}$——各可变荷载产生的轴力标准值之和。

2) 由永久荷载效应控制的组合：
$$N = 0.9 \times (1.35G_k + 1.4\sum_{i=1}^{n}\psi_{ci}Q_{ik})$$
$$(5.2.4\text{-}6)$$

式中 ψ_{ci}——按本规范第4章各节的规定值采用。

5 木构件截面特性计算应符合表5.2.4的规定。

表5.2.4 木杆件截面特性

木杆计算截面处直径 d (mm)	截面积 A (mm²)	截面惯性矩 I (mm⁴)	截面抵抗矩 W (mm³)	回转半径 i (mm)	每延米重量 (N/m)
80	5024	2010619	50266	20.0	35.20
90	6359	3220623	71570	22.5	44.51
100	7850	4908738	98175	25.0	54.95
110	9499	7186884	130671	27.5	66.49
120	11304	10178760	169646	30.0	79.13
130	13267	14019848	215690	32.5	92.87
140	15386	18857409	269392	35.0	107.70

5.2.5 轴心受压构件的稳定系数应分别按下列公式计算：

1 树种强度等级为TC17、TC15及TB20：
当 $\lambda \leq 75$ 时：
$$\varphi = \frac{1}{1 + \left(\dfrac{\lambda}{80}\right)^2} \quad (5.2.5\text{-}1)$$

当 $\lambda > 75$ 时：
$$\varphi = \frac{3000}{\lambda^2} \quad (5.2.5\text{-}2)$$

2 树种强度等级为TC13、TC11、TB17、TB15、TB13及TB11：
当 $\lambda \leq 91$ 时：
$$\varphi = \frac{1}{1 + \left(\dfrac{\lambda}{65}\right)^2} \quad (5.2.5\text{-}3)$$

当 $\lambda > 91$ 时：
$$\varphi = \frac{2800}{\lambda^2} \quad (5.2.5\text{-}4)$$

式中 λ——构件长细比，应按本规范第5.2.6条确定。

5.2.6 木构件的长细比（λ）应按下列公式计算：
$$\lambda = \frac{H_0}{i} \quad (5.2.6\text{-}1)$$
$$i = \sqrt{\frac{I}{A}} \quad (5.2.6\text{-}2)$$

式中 i——构件截面的回转半径（mm），按本规范表5.2.4查取；
H_0——受压构件的计算长度（mm）；
I——构件的毛截面惯性矩（mm⁴），按本规范表5.2.4查取；
A——构件的毛截面面积（mm²），按本规范表5.2.4查取。

5.2.7 连墙件计算应符合下列规定：
1 计算简图可采用图5.2.7。

图5.2.7 连墙件计算简图
N_c—连墙件轴向力设计值

2 连墙件的轴向力设计值应按下列公式计算：
$$N_c = N_w + N_0 \quad (5.2.7\text{-}1)$$
$$N_w = 0.9 \times 1.4\omega_k A_w \quad (5.2.7\text{-}2)$$

式中 N_c——连墙件轴向力设计值（kN）；
N_w——风荷载产生的连墙件轴向力设计值；
A_w——脚手架外侧覆盖一个连墙件的迎风面积；
N_0——连墙件约束脚手架平面外变形所产生的轴向压力设计值（kN），单排架取0.5kN，双排架取1.0kN。

5.2.8 立杆底部基础的平均压力应符合下式要求：
$$P = \frac{N}{A} \leq kf_{ak} \quad (5.2.8)$$

式中 P——立杆底端基础的平均压力（kN）；
N——立杆传至基础顶面的轴向力设计值（kN）；
A——立杆底端的面积；
k——地基土承载力折减系数，按本规范表5.2.8采用；
f_{ak}——地基土承载力标准值，应按现行国家标准《建筑地基基础设计规范》GB 50007的规定采用。

表5.2.8 不同种类地基土承载力折减系数（k）

土的种类	折减系数	
	原土	回填土
岩石、混凝土	1	—
碎石土、砂土、多年填积土	0.8	0.4
黏土、粉土	0.9	0.5

6 构造与搭设

6.1 构造与搭设的基本要求

6.1.1 当符合施工荷载规定标准值,且符合本章构造要求时,木脚手架的搭设高度不得超过本规范第1.0.2条的规定。

6.1.2 单排脚手架的搭设不得用于墙厚在180mm及以下的砌体土坯和轻质空心砖墙以及砌筑砂浆强度在M1.0以下的墙体。

6.1.3 空斗墙上留置脚手眼时,横向水平杆下必须实砌两皮砖。

6.1.4 砖砌体的下列部位不得留置脚手眼:
 1 砖过梁上与梁成60°角的三角形范围内;
 2 砖柱或宽度小于740mm的窗间墙;
 3 梁和梁垫下及其左右各370mm的范围内;
 4 门窗洞口两侧240mm和转角处420mm的范围内;
 5 设计图纸上规定不允许留洞眼的部位。

6.1.5 在大雾、大雨、大雪和六级以上的大风天,不得进行脚手架在高处的搭设作业。雨雪后搭设时必须采取防滑措施。

6.1.6 搭设脚手架时操作人员应戴好安全帽,在2m以上高处作业,应系安全带。

6.2 外脚手架的构造与搭设

6.2.1 结构和装修外脚手架,其构造参数应按表6.2.1的规定采用。

表6.2.1 外脚手架构造参数

用途	构造形式	内立杆轴线至墙面距离(m)	立杆间距(m)		作业层横向水平杆间距(m)	纵向水平杆竖向步距(m)
			横距	纵距		
结构架	单排	—	≤1.2	≤1.5	L≤0.75	≤1.5
	双排	≤0.5	≤1.2	≤1.5	L≤0.75	≤1.5
装修架	单排	—	≤1.2	≤2.0	L≤1.0	≤1.8
	双排	≤0.5	≤1.2	≤2.0	L≤1.0	≤1.8

注:单排脚手架上不得有运料小车行走。

6.2.2 剪刀撑的设置应符合下列规定:
 1 单、双排脚手架的外侧均应在架体端部、转折角和中间每隔15m的净距内,设置纵向剪刀撑,并应由底至顶连续设置;剪刀撑的斜杆至少覆盖5根立杆(图6.2.2-1a)。斜杆与地面倾角应在45°~60°之间。当架长在30m以内时,应在外侧立面整个长度和高度上连续设置多跨剪刀撑(图6.2.2-1b)。
 2 剪刀撑的斜杆的端部应置于立杆与纵、横向水平杆相交节点处,与横向水平杆绑扎应牢固。中部

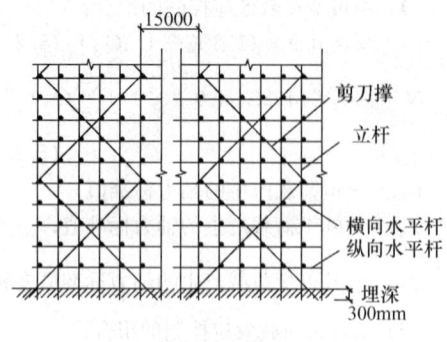

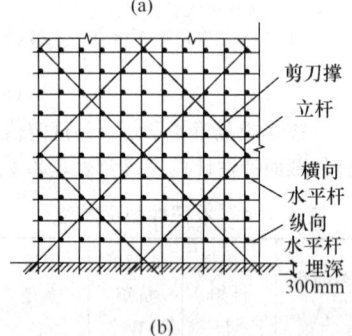

图6.2.2-1 剪刀撑构造图(一)
(a)间隔式剪刀撑;(b)连续式剪刀撑

与立杆及纵、横向水平杆各相交处均应绑扎牢固。
 3 对不能交圈搭设的单片脚手架,应在两端端部从底到上连续设置横向斜撑如图6.2.2-2a。
 4 斜撑或剪刀撑的斜杆底端埋入土内深度不得小于0.3m(图6.2.2-2b)。

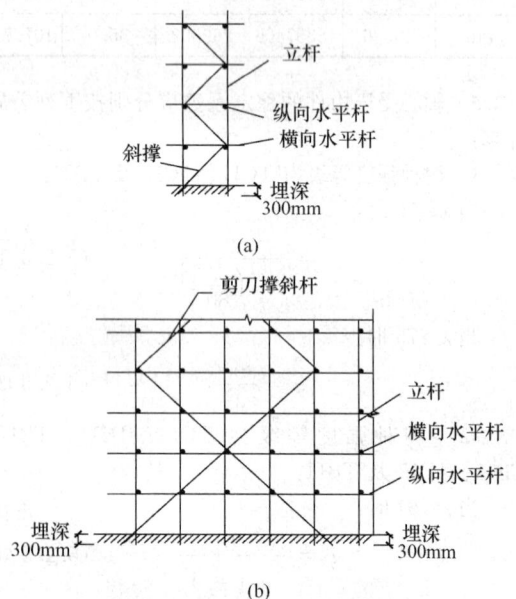

图6.2.2-2 剪刀撑构造图(二)
(a)斜撑的埋设;(b)剪刀撑斜杆的埋设

6.2.3 对三步以上的脚手架,应每隔7根立杆设置1根抛撑,抛撑应进行可靠固定,底端埋深应为0.2

～0.3m。

6.2.4 当脚手架架高超过 7m 时，必须在搭架的同时设置与建筑物牢固连接的连墙件。连墙件的设置应符合下列规定：

1 连墙件既能抗拉又能承压，除应在第一步架高处设置外，双排架应两步三跨设置一个；单排架应两步两跨设置一个；连墙件应沿整个墙面采用梅花形布置。

2 开口形脚手架，应在两端端部沿竖向每步架设置一个。

3 连墙件应采用预埋件和工具化、定型化的连接构造。

6.2.5 横向水平杆设置应符合下列规定：

1 横向水平杆应按等距离均匀设置，但立杆与纵向水平杆交结处必须设置，且应与纵向水平杆捆绑在一起，三杆交叉点称为主节点。

2 单排脚手架横向水平杆在砖墙上搁置的长度不应小于 240mm，其外端伸出纵向水平杆的长度不应小于 200mm；双排脚手架横向水平杆每端伸出纵向水平杆的长度不应小于 200mm，里端距墙面宜为 100～150mm，两端应与纵向水平杆绑扎牢固。

6.2.6 在土质地面挖掘立杆基坑时，坑深应为 0.3～0.5m，并应于埋杆前将坑底夯实，或按计算要求加设垫木。

6.2.7 当双排脚手架搭设立杆时，里外两排立杆距离应相等。杆身沿纵向垂直允许偏差应为架高的 3/1000，且不得大于 100mm，并不得向外倾斜。埋杆时，应采用石块卡紧，再分层回填夯实，并应有排水措施。

6.2.8 当立杆底端无法埋地时，立杆在地表面处必须加设扫地杆。横向扫地杆距地表面应为 100mm，其上绑扎纵向扫地杆。

6.2.9 立杆搭接至建筑物顶部时，里排立杆应低于檐口 0.1～0.5m；外排立杆应高出平屋顶 1.0～1.2m，高出坡屋顶 1.5m。

6.2.10 立杆的接头应符合下列规定：

1 相邻两立杆的搭接接头应错开一步架。

2 接头的搭接长度应跨相邻两根纵向水平杆，且不得小于 1.5m。

3 接头范围内必须绑扎三道钢丝，绑扎钢丝的间距应为 0.60～0.75m。

4 立杆接长应大头朝下、小头朝上，同一根立杆上的相邻接头，大头应左右错开，并应保持垂直。

5 最顶部的立杆，必须将大头朝上，多余部分应往下放，立杆的顶部高度应一致。

6.2.11 纵向水平杆应绑在立杆里侧。绑扎第一步纵向水平杆时，立杆必须垂直。

6.2.12 纵向水平杆的接头应符合下列规定：

1 接头应置于立杆处，并使小头压在大头上，大头伸出立杆的长度应为 0.2～0.3m。

2 同一步架的纵向水平杆大头朝向应一致，上下相邻两步架的纵向水平杆大头朝向应相反，但同一步架的纵向水平杆在架体端部时大头应朝外。

3 搭接的长度不得小于 1.5m，且在搭接范围内绑扎钢丝不应少于三道，其间距应为 0.60～0.75m。

4 同一步架的里外两纵向水平杆不得有接头；相邻两纵向水平杆接头应错开一跨。

6.2.13 横向水平杆的搭设应符合下列规定：

1 单排架横向水平杆的大头应朝里，双排架应朝外。

2 沿竖向靠立杆的上下两相邻横向水平杆应分别搁置在立杆的不同侧面。

6.2.14 立杆与纵向水平杆相交处，应绑十字扣（平插或斜插）；立杆与纵向水平杆各自的接头以及斜撑、剪刀撑、横向水平杆与其他杆件的交接点应绑顺扣；各绑扎扣在压紧后，应拧紧 1.5～2 圈。

6.2.15 架体向内倾斜度不应超过 1%，并不得大于 150mm，严禁向外倾斜。

6.2.16 脚手板铺设应符合下列规定：

1 作业层脚手板应满铺，并应牢固稳定，不得有空隙；严禁铺设探头板。

2 对头铺设的脚手板，其接头下面应设两根横向水平杆，板端悬空部分应为 100～150mm，并应绑扎牢固。

3 搭接铺设的脚手板，其接头必须在横向水平杆上，搭接长度应为 200～300mm，板端挑出横向水平杆的长度应为 100～150mm。

4 脚手板两端必须与横向水平杆绑牢。

5 往上步架翻脚手板时，应从里往外翻。

6 常用脚手板的规格形式应按本规范附录 A 选用，其中竹片并列脚手板不宜用于有水平运输的脚手架；薄钢脚手板不宜用于冬季或多雨潮湿地区。

6.2.17 脚手架搭设至两步及以上时，必须在作业层设置 1.2m 高的防护栏杆，防护栏杆应由两道纵向水平杆组成，下杆距离操作面应为 0.7m，底部应设置高度不低于 180mm 的挡脚板，脚手架外侧应采用密目式安全立网全封闭。

6.2.18 搭设临街或其下有人行通道的脚手架时，必须采取专门的封闭和可靠的防护措施。

6.2.19 当单、双排脚手架底层设置门洞时，宜采用上升斜杆、平行弦杆桁架结构形式（图 6.2.19），斜杆与地面倾角应在 45°～60°之间。单排脚手架门洞处应在平面桁架的每个节间设置一根斜腹杆；双排脚手架门洞处的空间桁架除下弦平面处，应在其余 5 个平面内的图示节间设置一根斜腹杆，斜杆的小头直径不得小于 90mm，上端应向上连接交搭 2～3 步纵向水平杆，并应绑扎牢固。斜杆下端埋入地下不得小于 0.3m，门洞桁架下的两侧立杆应为双杆，副立杆高度应高于门洞口1~2步。

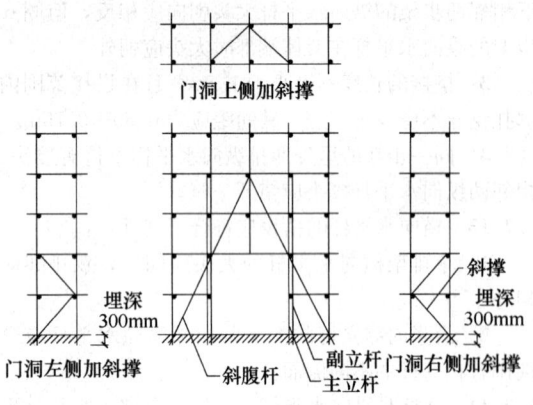

图 6.2.19 门洞口脚手架的搭设

6.2.20 遇窗洞时，单排脚手架靠墙面处应增设一根纵向水平杆，并吊绑于相邻两侧的横向水平杆上。当窗洞宽大于1.5m时，应于室内另加设立杆和纵向水平杆来搁置横向水平杆。

6.3 满堂脚手架的构造与搭设

6.3.1 满堂脚手架的构造参数应按表6.3.1的规定选用。

表 6.3.1 满堂脚手架的构造参数

用途	控制荷载	立杆纵横间距(m)	纵向水平杆竖向步距(m)	横向水平杆设置	作业层横向水平杆间距(m)	脚手板铺设
装修架	2kN/m²	≤1.2	1.8	每步一道	0.60	满铺、铺稳、铺牢，脚手板下设置大网眼安全网
结构架	3kN/m²	≤1.5	1.4	每步一道	0.75	

6.3.2 满堂脚手架的搭设应符合下列规定：
 1 四周外排立杆必须设剪刀撑，中间每隔三排立杆必须沿纵横方向设通长剪刀撑。
 2 剪刀撑必须从底到顶连续设置。
 3 封顶立杆大头应朝上，并用双股绑扎。
 4 脚手板铺好后立杆不应露杆头，且作业层四角的脚手板应采用8号镀锌或回火钢丝与纵、横水平杆绑扎牢固。
 5 上料口及周圈应设置安全护栏和立网。
 6 搭设时应从底到顶，不得分层。

6.3.3 当架体高于5m时，在四角及中间每隔15m处，于剪刀撑斜杆的每一端部位置，均应加设与竖向剪刀撑同宽的水平剪刀撑。

6.3.4 当立杆无法埋地时，搭设前，立杆底部的地基土应夯实，在立杆底应加设垫木。当架高5m及以下时，垫木的尺寸不得小于200mm×100mm×800mm（宽×厚×长）；当架高大于5m时，应垫通长垫木，其尺寸不得小于200mm×100mm（宽×厚）。

6.3.5 当土的允许承载力低于80kPa或搭设高度超过15m时，其垫木应另行设计。

6.4 烟囱、水塔架的构造与搭设

6.4.1 烟囱脚手架可采用正方形、六角形；水塔架应采用六角形或八角形（图6.4.1）。严禁采用单排架。

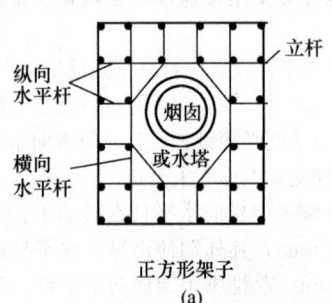

正方形架子
(a)

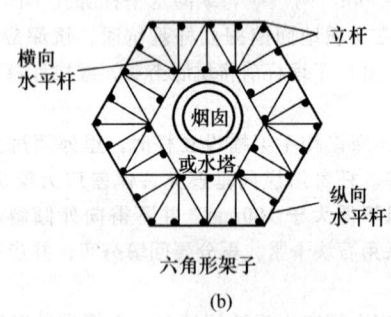

六角形架子
(b)

图 6.4.1 烟囱、水塔架的平面形式

6.4.2 立杆的横向间距不得大于1.2m，纵向间距不得大于1.4m。

6.4.3 纵向水平杆步距不得大于1.2m，并应布置成防扭转的形式，如图6.4.1（b）所示；横向水平杆距烟囱或水塔壁应为50~100mm。

6.4.4 作业层应设二道防护栏杆和挡脚板，作业层脚手板的下方应设一道大网眼安全网，架体外侧应采用密目式安全立网封闭。

6.4.5 架体外侧必须从底到顶连续设置剪刀撑，剪刀撑斜杆应落地，除混凝土等地面外，均应埋入地下0.3m。

6.4.6 脚手架应每隔二步三跨设置一道连墙件，连墙件应能承受拉力和压力，可在烟囱或水塔施工时预埋连墙件的连接件，然后安装连墙件。

6.4.7 烟囱架的搭设应符合下列规定：
 1 横向水平杆应设置在立杆与纵向水平杆交叉处，两端必须与纵向水平杆绑扎牢固。
 2 当搭设到四步架高时，必须在周圈设置剪刀

撑,并随搭随连续设置。
3 脚手架各转角处应设置抛撑。
4 其他要求应按外脚手架的规定执行。

6.4.8 水塔架的搭设应符合下列规定:
1 根据水箱直径大小,沿周圈平面宜布置成多排立杆(图6.4.8)。
2 在水箱外围应将多排架改为双排架,里排立杆距水箱壁不得大于0.4m。
3 水塔架外侧,每边均应设置剪刀撑,并应从底到顶连续设置。各转角处应另增设抛撑。
4 其他要求应按外脚手架及烟囱架的搭设规定执行。

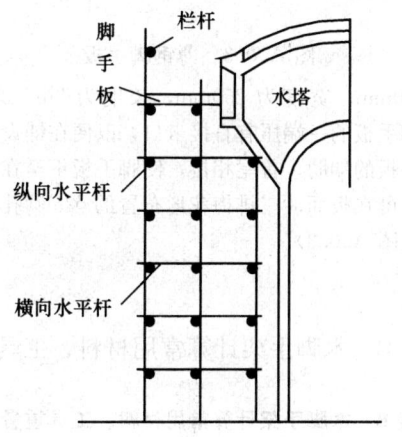

图 6.4.8 水塔架的搭设形式

6.5 斜道的构造与搭设

6.5.1 当架体高度在三步及以下时,斜道应采用一字形;当架体高度在三步以上时,应采用之字形。

6.5.2 之字形斜道应在拐弯处设置平台。当只作人行时,平台面积不应小于$3m^2$,宽度不应小于1.5m;当用作运料时,平台面积不应小于$6m^2$,宽度不应小于2m。

6.5.3 人行斜道坡度宜为1:3;运料斜道坡度宜为1:6。

6.5.4 立杆的间距应根据实际荷载情况计算确定,纵向水平杆的步距不得大于1.4m。

6.5.5 斜道两侧、平台外围和端部均应设剪刀撑,并应沿斜道纵向每隔6~7根立杆设一道抛撑,并不得少于两道。

6.5.6 当架体高度大于7m时,对于附着在脚手架外排立杆上的斜道(利用脚手架外排立杆作为斜道里排立杆),应加密连墙件的设置。对独立搭设的斜道,应在每一步两跨设置一道连墙件。

6.5.7 横向水平杆设置于斜杆上时,间距不得大于1m;在拐弯平台处,不应大于0.75m。杆的两端均应绑扎牢固。

6.5.8 斜道两侧及拐弯平台外围应设总高1.2m的两道防护栏杆及不低于180mm高的挡脚板,外侧应挂设密目式安全立网。

6.5.9 斜道脚手板应随架高从下到上连续铺设,采用搭接铺设时,搭接长度不得小于400mm,并应在接头下面设两根横向水平杆,板端接头处的凸棱,应采用三角木填顺;脚手板应满铺,并平整牢固。

6.5.10 人行斜道的脚手板上应设高20~30mm的防滑条,间距不得大于300mm。

7 脚手架拆除

7.0.1 进行脚手架拆除作业时,应统一指挥,信号明确,上下呼应,动作协调;当解开与另一人有关的结扣时,应先通知对方,严防坠落。

7.0.2 在高处进行拆除作业的人员必须配戴安全带,其挂钩必须挂于牢固的构件上,并应站立于稳固的杆件上。

7.0.3 拆除顺序应由上而下、先绑后拆、后绑先拆。应先拆除栏杆、脚手板、剪刀撑、斜撑,后拆除横向水平杆、纵向水平杆、立杆等,一步一清,依次进行。严禁上下同时进行拆除作业。

7.0.4 拆除立杆时,应先抱住立杆再拆除最后两个扣;当拆除纵向水平杆、剪刀撑、斜撑时,应先拆除中间扣,然后托住中间,再拆除两头扣。

7.0.5 大片架体拆除后所预留的斜道、上料平台和作业通道等,应在拆除前采取加固措施,确保拆除后的完整、安全和稳定。

7.0.6 脚手架拆除时,严禁碰撞附近的各类电线。

7.0.7 拆下的材料,应采用绳索拴住木杆大头利用滑轮缓慢下运,严禁抛掷。运至地面的材料应按指定地点,随拆随运,分类堆放。

7.0.8 在拆除过程中,不得中途换人;当需换人作业时,应将拆除情况交待清楚后方可离开。中途停拆时,应将已拆部分的易塌、易掉杆件进行临时加固处理。

7.0.9 连墙件的拆除应随拆除进度同步进行,严禁提前拆除,并在拆除最下一道连墙件前应先加设一道抛撑。

8 安全管理

8.0.1 木脚手架的搭设、维修和拆除,必须编制专项施工方案;作业前,应向操作人员进行安全技术交底;并应按方案实施。

8.0.2 在邻近脚手架的纵向和危及脚手架基础的地方,不得进行挖掘作业。

8.0.3 在脚手架上进行电气焊作业时,应有可靠的防火安全措施,并设专人监护。

8.0.4 脚手架支承于永久性结构上时,传递给永久性结构的荷载不得超过其设计允许值。

8.0.5 上料平台应独立搭设，严禁与脚手架共用杆件。

8.0.6 用吊笼运砖时，严禁直接放于外脚手架上。

8.0.7 不得在单排架上使用运料小车。

8.0.8 不得在各种杆件上进行钻孔、刀削和斧砍。每年均应对所使用的脚手板和各种杆件进行外观检查，严禁使用有腐朽、虫蛀、折裂、扭裂和纵向严重裂缝的杆件。

8.0.9 作业层的连墙件不得承受脚手板及由其所传递来的一切荷载。

8.0.10 脚手架离高压线的距离应符合国家现行标准《施工现场临时用电安全技术规范》JGJ 46 中的规定。

8.0.11 脚手架投入使用前，应先进行验收，合格后方可使用；搭设过程中每隔四步至搭设完毕均应分别进行验收。

8.0.12 停工后又重新使用的脚手架，必须按新搭脚手架的标准检查验收，合格后方可使用。

8.0.13 施工过程中，严禁随意抽拆架上的各类杆件和脚手板，并应及时清除架上的垃圾和冰雪。

8.0.14 当出现大风雨、冰雪解冻等情况时，应进行检查，对立杆下沉、悬空、接头松动、架子歪斜等现象，应立即进行维修和加固，确保安全后方可使用。

8.0.15 搭设脚手架时，应有保证安全上下的爬梯或斜道，严禁攀登架体上下。

8.0.16 脚手架在使用过程中，应经常检查维修，发现问题必须及时处理解决。

8.0.17 脚手架拆除时应划分作业区，周围应设置围栏或竖立警戒标志，并设专人看管，严禁非作业人员入内。

附录 A 常用脚手板的规格种类

A.0.1 木脚手板可采用杉木、白松，板厚不应小于 50mm，板宽宜为 200~300mm，板长宜为 6m，在距板两端 80mm 处，用 10 号钢丝紧箍两道或用薄铁皮包箍钉牢。

A.0.2 竹串片脚手板宜采用螺栓将并列的竹片串连而成。适用于不行车的脚手架。螺栓直径宜为 3~10mm，螺栓间距宜为 500~600mm，螺栓离板端宜为 200~250mm（图 A.0.2）。

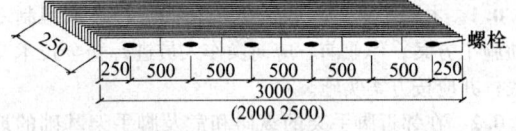

图 A.0.2 竹串片脚手板

A.0.3 薄钢脚手板宜采用 2mm 厚的钢板压制而成。不宜用于冬季和南方雾雨、潮湿地区。常用规格：厚

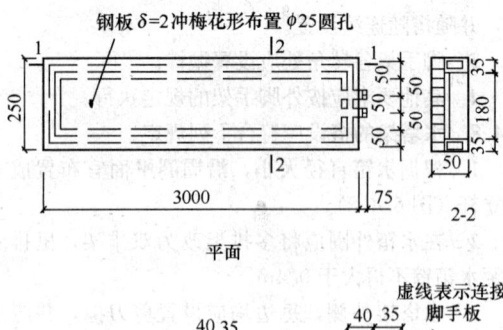

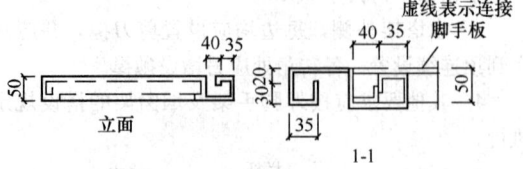

图 A.0.3 薄钢脚手板

度为 50mm，宽度为 250mm，长度为 2m、3m、4m 等。脚手板的一端压有直接卡口，以便在铺设时扣住另一块板的端肋，首尾相接，使脚手板不至在横杆上滑脱。可在板面冲三排梅花形布置的 $\phi25$ 圆孔作防滑处理（图 A.0.3）。

附录 B 木脚手架计算常用材料、工具重量

表 B 木脚手架计算常用材料、工具重量表

材料、工具名称	单位	重量
吸水后的普通黏土砖（规格：240mm×115mm×53mm）	块	21~22N
吸水后的非承重黏土空心砖（规格：240mm×175mm×115mm）	块	38~40N
吸水后的承重黏土空心砖（规格：240mm×115mm×90mm）	块	29~31N
焦渣空心砖（规格：290mm×290mm×140mm）	块	115~118N
水泥空心砖（规格：300mm×250mm×160mm）	块	115~117N
砌筑、抹灰用砂浆和容器重（0.1m³）	个	1400N
装 72 块砖的两轮运料小车（体积为 0.5m×0.9m×0.32m）总重	台	2040N
装 0.1m³ 砂浆两轮运料小车总重	台	2040N
2mm 厚薄钢脚手板，L=3m	块	200N
冲压钢脚手板	m²	300N
竹串片脚手板	m²	350N
木脚手板	m²	350N
栏杆、冲压钢脚手板踢脚板	m	110N
栏杆、竹串片脚手板踢脚板	m	140N
栏杆、木脚手板踢脚板	m	140N
密目式安全网	m²	5N
木材（红松、黄花松）	m³	7000N
木材（杉松）	m³	5000N

续表 B

材料、工具名称	单位	重量
木材（柞木、水曲柳）	m³	8000N
8号镀锌钢丝	km	961N
8号回火钢丝	km	988N
10号镀锌钢丝	km	786N
贴面砖（厚8mm）	m²	142N
陶瓷锦砖（马赛克）（厚5mm）	m²	120N

本规范用词说明

1 为便于在执行本规范条文时区别对待，对要求严格程度不同的用词说明如下：

　　1）表示很严格，非这样做不可的：
　　　　正面词采用"必须"；
　　　　反面词采用"严禁"。
　　2）表示严格，在正常情况下均应这样做的：
　　　　正面词采用"应"；
　　　　反面词采用"不应"或"不得"。
　　3）表示允许稍有选择，在条件许可时首先应这样做的：
　　　　正面词采用"宜"；
　　　　反面词采用"不宜"。
　　　表示有选择，在一定条件下可以这样做的，采用"可"。

2 条文中必须按指定的标准、规范或其他有关规定执行的写法为"应按……执行"或"应符合……要求（或规定）"。

中华人民共和国行业标准

建筑施工木脚手架安全技术规范

JGJ 164—2008

条 文 说 明

前　言

《建筑施工木脚手架安全技术规范》JGJ 164—2008经住房和城乡建设部2008年8月6日以第80号公告批准、发布。

为便于广大设计、施工、科研、学校等单位有关人员在使用本规范时能正确理解和执行条文规定，《建筑施工木脚手架安全技术规范》编制组按章、节、条顺序编制了本规范的条文说明，供使用者参考。在使用中如发现本条文说明有不妥之处，请将意见函寄沈阳建筑大学（地址：沈阳市浑南东路9号沈阳建筑大学土木工程学院，邮编：110168）。

目 次

1 总则 …………………………… 10—24—21
2 术语、符号 …………………… 10—24—21
　2.1 术语 ……………………… 10—24—21
　2.2 符号 ……………………… 10—24—21
3 杆件、连墙件与连接件 ……… 10—24—21
　3.1 材质性能 ………………… 10—24—21
　3.2 规格 ……………………… 10—24—21
　3.3 设计指标 ………………… 10—24—21
4 荷载 …………………………… 10—24—21
　4.1 荷载分类与组合 ………… 10—24—21
　4.2 作业层施工荷载 ………… 10—24—22
　4.3 风荷载 …………………… 10—24—24
5 设计计算 ……………………… 10—24—25
　5.1 基本规定 ………………… 10—24—25
　5.2 杆件设计计算 …………… 10—24—25
6 构造与搭设 …………………… 10—24—27
　6.1 构造与搭设的基本要求 … 10—24—27
　6.2 外脚手架的构造与搭设 … 10—24—27
　6.3 满堂脚手架的构造与搭设 … 10—24—28
　6.4 烟囱、水塔架的构造与搭设 … 10—24—28
　6.5 斜道的构造与搭设 ……… 10—24—28
7 脚手架拆除 …………………… 10—24—28
8 安全管理 ……………………… 10—24—28
附录 A 常用脚手板的规格种类 ……………………… 10—24—29
附录 B 木脚手架计算常用材料、工具重量 ………… 10—24—29

1 总 则

1.0.1 木脚手架是为操作人员建造操作平台的安全设施，必须确保使用安全。

1.0.2 考虑到我国部分地区盛产木材，每年产出的剥皮落叶松和杉木较多，其中适合于用来搭设脚手架用的约占三分之一左右，这些地区使用木脚手架较多。为保证木脚手架搭设、使用和拆除的安全、合理和经济，制定本规范是十分必要的。

1.0.3 本条明确规定了本规范只适用于工业与民用建筑的多层房屋和高度不超过本规范规定的构筑物。这是限定了木脚手架的使用范围。从木脚手架的构造来看，8号镀锌钢丝和回火钢丝作为绑扎节点远比扣件式、门式脚手架等的节点强度低，因此，在使用中对其搭设形式和高度作了严格的限制。

1.0.5 本条要求施工单位，在采用木脚手架施工时，应按本规范的规定，结合工地的具体情况，将木脚手架的选材、搭设、节点构造、安全使用和拆除等方面的具体要求编入施工组织设计或施工方案中，以便于在施工过程中贯彻执行，杜绝不科学、不合理的搭设、使用和拆除，消除安全隐患，防止安全事故的发生。

1.0.6 本规范在与国家已正式颁布的标准内容有相同时，本规范就不再作重复规定，而按已正式颁布的标准执行。

2 术语、符号

2.1 术 语

本章所列术语，为标准称谓。为便于应用，现仅将部分术语的通俗叫法注解如下：

立杆：又叫立柱、冲天、竖杆、站杆。
纵向水平杆：又名大横杆、顺水杆、牵杆。
横向水平杆：又名小横杆、横楞、横担、楞木、排木、六尺杠子。
剪刀撑：又名十字撑、十字盖。
抛撑：又名支撑、压栏子。
斜道：又名盘道、马道、通道。

2.2 符 号

本规范的符号是按现行国家标准《工程结构设计基本术语和通用符号》GBJ 132中的规定引用的。

3 杆件、连墙件与连接件

3.1 材质性能

3.1.1 因我国幅员辽阔，对脚手架的杆材一般来说不能强求一致，所以本规范仅在保证使用可靠的基础上对常用树种作了材质的规定，而各地可根据当地树种的实际情况采用；脚手架虽属临时结构，但其杆件要多次重复使用，且要经受风吹、日晒、雨淋等自然原因的侵蚀较大，易使纵、横水平杆和立杆扭曲、翘裂或折断而造成事故，为保证安全，确保选材标准是极其重要的。

3.1.2 由于脚手板重复使用次数多，长期受自然环境的侵蚀，很易翘裂，因此确保选材标准极为重要。

3.1.3 明确规定绑扎材料只能采用镀锌钢丝或回火钢丝，是因其他绑扎材料不能可靠保证其受力的要求。而钢丝在使用时因扭紧而产生了塑性变形，同时脆性增加，若重复使用，极易在使用过程中产生突然断裂而发生事故。另外，锈蚀后会减小钢丝受力截面，同样易于断裂。

3.2 规 格

3.2.1 对杆件规格尺寸的规定，是参考全国各地普遍使用的规格尺寸，并按本规范的荷载规定和设计方法进行验算后确定的。

3.2.2 凡符合本条尺寸规定的脚手板，只要按本规范的规定进行制作，均可满足施工中对其强度和变形的一般要求。

3.3 设计指标

3.3.1～3.3.2 是按《木结构设计规范》GB 50005—2003的规定采用的。

3.3.3 规范编制组在沈阳建筑大学（原沈阳建筑工程学院）的结构实验室进行了钢丝绑扎接头试验，又在安徽省芜湖市第一建筑工程公司工地进行了现场绑扎材料加载试验，根据测得的数据，经过数理统计整理得到的单根钢丝抗拉强度值。

4 荷 载

4.1 荷载分类与组合

4.1.1 本条采用附录B的规定，其中所列材料重量是从现行国家标准《建筑结构荷载规范》GB 50009—2001附录A中引录而来，其余砖车、灰车、脚手板等的重量为现场调查的数理统计结果。

4.1.2 规定了永久荷载（恒荷载）的计算项目。在进行脚手架设计时，可根据施工的要求进行各杆件的具体布置，并根据实际情况对恒载进行标准荷载的综合统计计算，求出总的恒载标准值，作为设计计算依据，任何一项都不可以漏算。

4.1.3 本条规定了可变荷载（活荷载）所包括的全部内容，并以此作为脚手架设计的依据。

4.1.4～4.1.5 本规范执行"概率极限状态设计法"

的规定。其荷载组合是根据现行国家标准《建筑结构荷载规范》GB 50009—2001确定的。

4.2 作业层施工荷载

4.2.1 本条中施工荷载是将国务院在20世纪50年代颁布的《建筑安装工程安全技术规程》中规定为2.7kN/m²的均布荷载,提高后而确定的。这主要是因为随着脚手架搭设技术和绑扎材料的不断进步,脚手架的实际承载能力逐渐提高,经过施工现场实际情况调查,并经过数理统计计算,经综合考虑,才作了本条荷载值的规定。

4.2.2~4.2.3 此条文是对4.2.1条的补充规定,给出具体的堆载方式来表示施工荷载3kN/m²或2kN/m²,以便于在使用中控制堆载不致超过施工荷载所规定的标准值。因此,在计算脚手架时,应根据脚手架上各种荷载的实际分布情况确定其荷载作用效应,这样才能确保横向水平杆和纵向水平杆承载时的内力不会超过其本身材料的强度设计值。为从理论上说明这一问题的重要性和严肃性,下面将举例加以详细说明。为方便计算,以下引入"等效荷载控制值(q_0)",把起控制作用的实际荷载换算成内力与其相等的均布荷载。即根据最不利荷载分布,计算出跨中最大弯矩和支座最大反力值,然后再求得其相应施工荷载的等效均布荷载值,与所规定的施工荷载标准值进行比较判定是否安全。其计算过程和结果如下:

一、操作人员和推车荷载作用在横向水平杆上的折算系数计算:

计算时,首先按(图1)确定横向水平杆作用荷载的最不利布置。

根据图1所示,堆砖和靠墙砌体边的作业人员的荷载可平均分配于相邻的两根横向水平杆上,而推砖小车(按均布荷载作用)及其两端作业人员的荷载对横杆的作用力,则可按两跨连续梁计算出作用于横向水平杆上的荷载折算系数,具体计算如下:

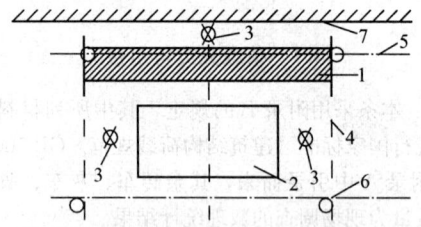

图1 横向水平杆最不利荷载的平面布置
1—堆砖重量;2—900mm长和宽的推砖小车;3—作业人员;4—横向水平杆;5—纵向水平杆;6—立杆;7—墙砌体

1 横向水平杆间距为750mm

立杆纵向间距为1.5m时,按推砖小车重2.04kN对称地停在中间一根横向水平杆上,且视为均布荷载作用;在砖车两端考虑卸砖和推车各站一人,每人重0.8kN。

中间横向水平杆计算简图取图2。B支座承受的车、人荷载分别计算如下:

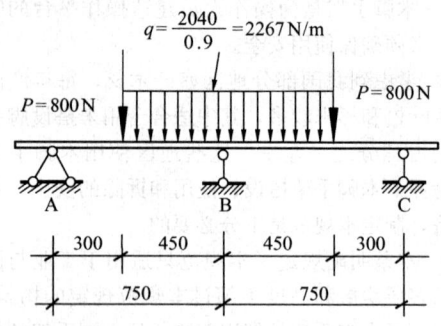

图2 横向水平杆(间距750mm)计算简图

(1)人传给B支座的荷载R_{BP}按图3和在《建筑结构静力计算手册》中查得的系数与公式求取:

$$B_{AP} = B_{CP} = \frac{Pab}{6}\left(1+\frac{b}{l}\right)$$

$$= \frac{800 \times 0.45 \times 0.3}{6}\left(1+\frac{0.3}{0.75}\right) = 25.2\text{N}$$

$$R'_{BP} = B_{AP} + B_{CP} = 2 \times 25.2 = 50.4\text{N}$$

$$M_{BP} = -\frac{3}{2l}R'_{BP} = -\frac{3}{2\times 0.75}\times 50.4 = -101\text{N}\cdot\text{m}$$

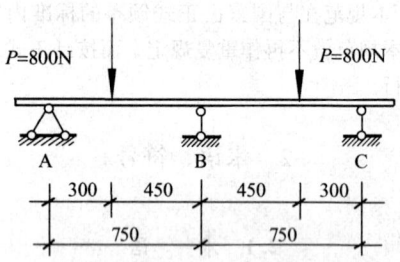

图3 作业人员传给B支座的荷载计算简图

将AB跨作为一个分离体(图4),则R_{BP}为

$$R_{BP} = \left(\frac{101+800\times 0.3}{0.75}\right)\times 2 = 909\text{N}$$

折算系数为:909/800=1.14(相当于一人重的114%作用于B支座处的横向水平杆上)。

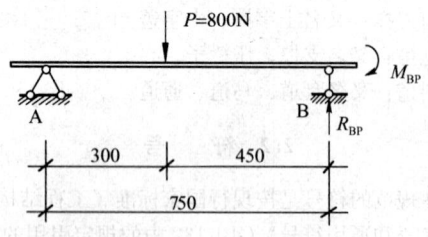

图4 AB跨分离体计算简图一

(2)车传给B支座的荷载R_{Bq},按图5计算:

$$B_{Aq} = B_{Cq} = \frac{qa^2l}{24}\left(2-\frac{a}{l}\right)^2$$

$$= \frac{2267\times 0.45^2 \times 0.75}{24}\left(2-\frac{0.45}{0.75}\right)^2 = 28.1\text{N}$$

$$R'_{Bq} = B_{Aq} + B_{Cq} = 2 \times 28.1 = 56.2\text{N}$$
$$M_{Bq} = -\frac{3}{2l}R'_{Bq} = -\frac{3}{2 \times 0.75} \times 56.2 = -112.4\text{N} \cdot \text{m}$$

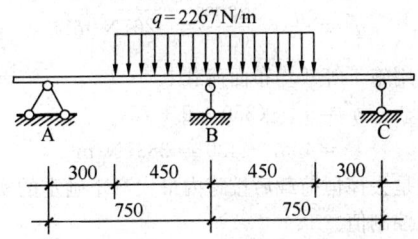

图5 推砖小车传给B支座的荷载计算简图

将AB跨作为一个分离体（图6），则R_{Bq}为：

$$R_{Bq} = \frac{112.4 + 2267 \times 0.45 \times 0.525}{0.75} \times 2 = 1728\text{N}$$

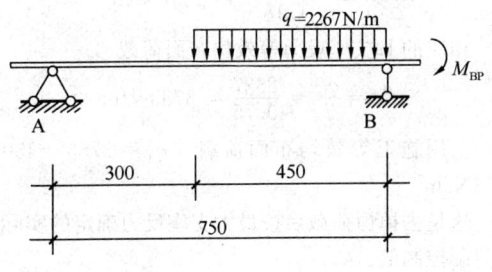

图6 AB跨分离体计算简图二

折算系数为：$\frac{1728}{2040} = 0.85$（相当于车重的85%作用于B支座处的横向水平杆上）

2 横向水平杆间距分别为1000mm和1500mm时，其相应的计算结果列入表1中：

表1 横向水平杆间距为1000mm、1500mm的荷载作用计算结果统计表

序号	计算项目	计算参数	单位	两种横杆间距的计算结果 1000mm	两种横杆间距的计算结果 1500mm
(1)	推、卸车工人传给B支座的荷载	B_{AP}	N	51.2	107.1
		B_{CP}	N	51.2	107.1
		R'_{BP}	N	102.4	214.2
		M_{BP}	N·m	-154	-214.2
		R_{BP}	N	1188	1406
		折算系数		1.485	1.76
(2)	手推车传给B支座的荷载	B_{Aq}	N	46	83
		B_{Cq}	N	46	83
		R'_{Bq}	N	92	166
		M_{Bq}	N·m	-138	-166
		R_{Bq}	N	1857	1956
		折算系数		0.91	0.96

注：这两种情况的计算简图与图3相同，只是其中的b不同，当间距为1000mm时，b为550mm；当间距为1500mm时，b为1050mm。a不变，均为450mm。

3 靠墙边操作人员按图7布置时，传给B支座的荷载：

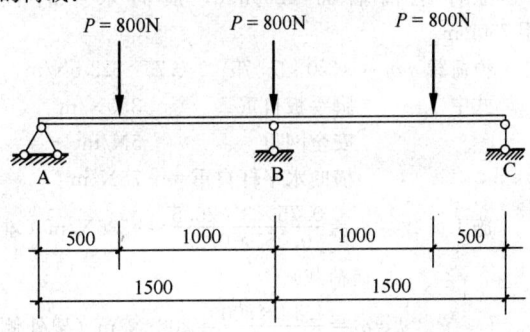

图7 靠墙操作人员沿纵向布置图

$$B_{AY} = B_{CY} = \frac{Pab}{6}\left(1 + \frac{b}{l}\right)$$
$$= \frac{800 \times 1 \times 0.5}{6}\left(1 + \frac{0.5}{1.5}\right) = 89\text{N}$$
$$R'_{BY} = B_{AY} + B_{CY} = 2 \times 89 = 178\text{N}$$
$$M_{BY} = \frac{3}{2L}R'_{BY} = -\frac{3}{2 \times 1.5} \times 178 = -178\text{N} \cdot \text{m}$$

将AB跨作为一个分离体（图8），则R_{BY}为：

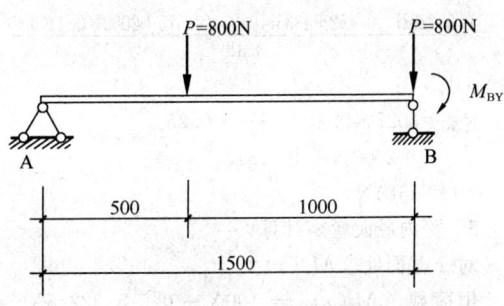

图8 AB跨分离体计算简图三

$$R_{BY} = \frac{178 + 800 \times 0.5}{1.5} \times 2 + 800 = 1571\text{N}$$

折算系数为：$\frac{1571}{800} = 1.96$（相当于操作人员一人重的196%作用于B支座的横向水平杆上）。

二、等效均布荷载控制值的计算例题

根据不走车单排结构架横向水平杆的计算简图（图9），按以下步骤进行计算：

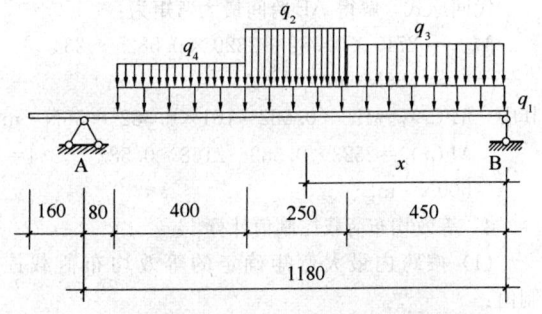

图9 单排结构架等效荷载控制值计算简图

1 荷载标准值计算

立杆距离墙面 1200mm，横向水平杆间距 750mm。

恒荷载　$q_1 = (350+5+75) \times 0.75 = 322.5 \text{N/m}$

式中　　脚手板自重　　　350N/m²
　　　　安全网重　　　　5N/m²
　　　　横向水平杆自重　75N/m

施工荷载　$q_2 = \dfrac{0.75 \times 3 \times 26.5}{0.055 \times 0.25} = 4336 \text{N/m}$（堆砖荷载）

$q_3 = \dfrac{1.14 \times 800}{0.45} = 2027 \text{N/m}$（架外侧作业人员重）

$q_4 = \dfrac{800}{0.4} = 2000 \text{N/m}$（架里侧作业人员重）

2 支座反力计算

$$\sum M_B = 0$$

恒荷载　$R_{AY} = \dfrac{0.5 \times 322.5 \times 1.1^2}{1.18} = 165 \text{N}$

$R_{BY} = 322.5 \times 1.1 - 165 = 190 \text{N}$

施工荷载

$R_{AK} = \dfrac{0.5 \times 2027 \times 0.45^2 + 4336 \times 0.25 \times 0.575 + 2000 \times 0.4 \times 0.9}{1.18}$

$= 1312 \text{N}$

$R_{BK} = 2027 \times 0.45 + 4336 \times 0.25 + 2000 \times 0.4 - 1312$

$= 1484 \text{N}$

3 跨内最大弯矩计算

对 x 截面处求 $M(x)$

恒荷载　$M(x)_Y = 190X - 0.5 \times 322.5 X^2 = 190X - 161X^2$

施工荷载

$M(x)_k = 1484X - 0.5 \times 4336(X-0.45)^2$
$\quad\quad - 2027 \times 0.45(X-0.225)$
$\quad\quad = 2523X - 2168X^2 - 234$

$M(x) = M(x)_Y + M(x)_k$
$\quad = 190X - 161X^2 + 2523X - 2168X^2 - 234$
$\quad = 2713X - 2329X^2 - 234$

$M(x)' = 2713 - 4658X = 0 \quad X = 0.582 \text{m}$

代回原式，解得 AB 跨间最大弯矩为：

$M_{\max} = 2713 \times 0.582 - 2329 \times 0.582^2 - 234$
$\quad\quad = 556 \text{N} \cdot \text{m}$

其中　$M(x)_Y = 190 \times 0.582 - 161 \times 0.582^2 = 56 \text{N} \cdot \text{m}$

$M(x)_k = 2523 \times 0.582 - 2168 \times 0.582^2 - 234$
$\quad\quad = 500 \text{N} \cdot \text{m}$

4 等效均布荷载控制值计算

（1）按跨内最大弯矩确定的等效均布荷载控制值：

按跨内最大弯矩确定的等效均布线荷载

$$q = \dfrac{8M_{\max}}{L^2} = \dfrac{8 \times 556}{1.180^2} = 3200 \text{N/m}$$

相应的跨内等效均布面荷载

$$q' = \dfrac{q}{l} = \dfrac{3200}{0.75} = 4267 \text{N/m}^2$$

实用施工等效均布面荷载

$$q'' = q' - (350+5+75)$$
$$= 4267 - 430 = 3837 \text{N/m}^2$$

这是去掉恒荷载后按跨内最大弯矩确定的实际施工荷载控制值。

（2）按最大支座反力确定的等效均布荷载控制值：

按 B 支座反力确定的等效均布线荷载

$$q_B = \dfrac{2R_B}{L} = \dfrac{2(R_{BY}+R_{BK})}{L}$$
$$= \dfrac{2 \times 1674}{1.18} = 2837 \text{N/m}$$

相应的 B 支座反力等效均布面荷载

$$q''_B = \dfrac{q_B}{l} = \dfrac{2837}{0.75} = 3783 \text{N/m}^2$$

实用施工等效均布面荷载　$q''_B = 3783 - 430 = 3353 \text{N/m}^2$

这是去掉恒荷载后按最大支座反力确定的实际施工荷载控制值。

其余各式双排脚手架的实用等效均布面荷载的计算可参照上述方法进行。

上面计算出实际可变等效面荷载的目的，主要是提醒在脚手架的使用和设计时，对所能承受的荷载有一个数值大小的概念。在脚手架设计时，不能直接引用 4.2.1 条的 3.0kN/m² 和 2.0kN/m² 作为荷载依据进行设计，必须按脚手架上实际堆放的荷载数量和最不利位置计算。

4.2.4 结构脚手架主要用于主体结构施工，用来堆放材料、工具等，荷载较大，同时只需一个作业层，所以，规定只允许一层作业；装修架的施工荷载相对较小，并考虑流水作业的需要，因此规定可两层同时作业。本条是从安全的角度考虑，并结合施工现场实际操作情况作出这样规定的。

4.3　风　荷　载

4.3.1 在现行国家标准《建筑结构荷载规范》GB 50009—2001 中第 7.1.1 条规定，垂直于建筑物表面上的风荷载标准值计算公式中应有 Z 高度处的风振系数，同时，在第 7.4.1 又规定，此系数需要在建筑物的高度大于 30m 以及高耸结构才考虑，而本规范规定木脚手架的高度在 30m 以下，又不属于高耸结构，所以，在本条中将风振系数 β_z 视为 1。另根据脚手架的使用年限一般不会超过 10 年，为求得经济上的合理性，故按《建筑结构荷载规范》GB 50009—2001 中规定的 10 年一遇的基本风压作为设计依据。

4.3.2 本条是按（97）建标工字第 20 号文，关于《编制建筑施工脚手架安全技术标准的统一规定》（修订稿）5.3 中的规定采用的。

4.3.3 本条为做到对风压高度变化系数与国家现行标准相吻合，故按现行国家标准《建筑结构荷载规范》GB 50009—2001 中的规定采用。

4.3.4 本条对一些特殊大风地区的基本风压所作的不得小于 $0.2kN/m^2$ 的规定，是考虑这些地区采用木脚手架的可能性比较大，而大风对其搭设和使用都产生很大影响，为不给使用单位带来太多的麻烦，只要不是在 8 级以上大风时，一般来说按此要求可不需加固而保证安全。

5 设计计算

5.1 基本规定

5.1.1 本条主要是明确进行脚手架设计时，必须坚持的原则是牢固可靠，能满足施工用的堆料、行车、走人等进行安全操作的要求，并且搭拆要简单方便。

5.1.2 因各地所用脚手架材料不尽相同，搭设方法可能与本规范的规定有差异，为解决这一问题，本条规定这样的脚手架在搭设前必须根据实际情况进行设计计算，以确保脚手架的安全。

5.1.3～5.1.4 说明木脚手架设计计算时，所应遵循的方法和原则。

5.1.5 进行脚手架设计的目的是要把住安全关，杜绝安全事故的发生，本条规定的设计内容就是把安全要求具体化，把工作落到实处。

5.1.7 架高在 20m 以上时，因受风力的影响较大，故规定应将各类荷载与风荷载共同作用进行荷载组合设计。

5.1.8 脚手架立杆底部的地基承载力受外界的影响较大，对其采用一定的折减系数进行降低，以便保证脚手架的安全。

5.1.9 原木沿其长度的直径变化率系数根据国际通用数值采用的，至于挠度、稳定和强度计算的截面系取其最不利位置。

5.1.10 因纵向水平杆主要承受由横向水平杆传来的集中荷载，而横向水平杆由于其间距布置不同，而有对纵向水平杆受力的不利位置，故纵向水平杆应按受力的最不利位置计算。

5.1.11 一般来讲，当脚手架步距为等距，所有连墙件的竖距与纵向间距完全相同时，底部立杆受力最大，此处应为最危险段，应进行核算，若此段核算已安全其余段就应更安全。至于杆件的计算长度，可把木脚手架视为以连墙件间距为长度固定的铰接框架结构体系，其计算长度本应按两端为固端考虑，但为了安全，改按最不利的情况一端固定、一端铰支考虑。这时，$H_0 = 0.707H$，考虑到由于受收缩和横纹压缩等的影响，在木结构中很难使端部得到真正的刚性固定，所以，采用 $H_0 = 0.8H$；另根据建设部《编制建筑施工脚手架安全技术标准的统一规定》修订稿（97）建标工字第 20 号文中的规定：脚手架的强度计算，除按极限状态设计外，还应满足容许应力法的安全系数 $k \geqslant 1.5$，但根据文中的统一计算方法，根本不适用于竹木结构，具体的说竹木结构不存在匀质系数（材料安全系数等于匀质系数的倒数）。所以，按此规定的要求，在木脚手架中推不出 γ'_m，这样，只能另辟蹊径，先用同一树种按极限状态设计，其强度设计值为 $13N/mm^2$，按《木结构设计规范》GB 50005—2003 中的规定乘以适合木脚手架的调整系数后，强度设计值应为 $15.74N/mm^2$；而这一树种按容许应力法设计，其容许应力 $[f_c] = 12N/mm^2$，乘规定的调整系数后为 $14.2N/mm^2$，将其二者的比值作为假定的材料安全系数，即 $\frac{15.74}{14.2} = 1.108$，为方便计算，将此值乘以长度计算系数，则 $H_0 = 1.108 \times 0.8 = 0.886H$，采用 $H_0 = 0.9H$。同理，单排架立杆的计算长度采用 $H_0 = H$。

5.1.12 本条规定按最不利荷载布置求最大内力，一般最不利情况为：

脚手板求最大支座弯矩应在相邻两跨布置施工荷载；求跨中最大弯矩应隔跨布置施工荷载。

横向水平杆求支座弯矩应在悬臂部分布置施工荷载，而跨中不布置；求跨中最大弯矩应在跨中布置施工荷载，悬臂不布置，然后取其大值作为计算依据。

纵向水平杆则应取横向水平杆靠墙端作用在纵向水平杆的支座反力作为计算依据。

5.1.13～5.1.14 执行《木结构设计规范》GB 50005—2003 中的相应规定。

5.2 杆件设计计算

5.2.1 本条中的第 2 款第 2 项双排脚手架横向水平杆计算简图为简化计算简图，为了说明计算简图的依据，现将简化计算做个对比。分别计算如下（按横向水平杆间距 0.75m 计算）：

1 正确计算

1）计算简图

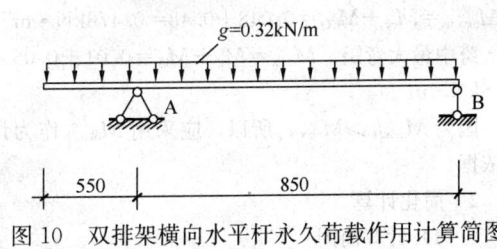

图 10 双排架横向水平杆永久荷载作用计算简图

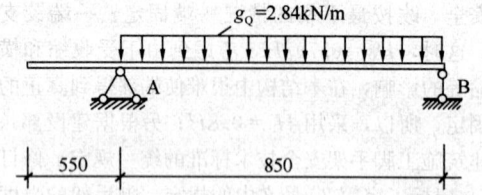

图 11 双排架横向水平杆可变荷载作用计算简图一

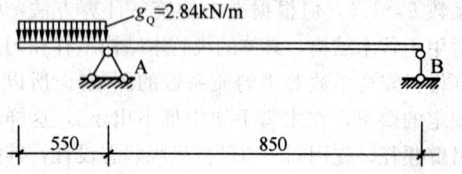

图 12 双排架横向水平杆可变荷载作用计算简图二

  2) 荷载计算
 永久荷载
  脚手板自重   0.35kN/m²
  横向水平杆自重 0.034kN/m
 可变荷载
  施工荷载   3.0kN/m²
  3) 内力计算
 线荷载：$g = 0.9 \times [1.2 \times (0.35 \times 0.75 + 0.034)]$
$= 0.32$kN/m

  $g_Q = 0.9 \times 1.4 \times 3.0 \times 0.75 = 2.84$kN/m
 弯矩：
 永久荷载作用悬臂端弯矩
$$M_{cg} = \frac{1}{2}gc^2 = \frac{1}{2} \times 0.32 \times 0.55^2 = 0.048 \text{kN} \cdot \text{m}$$
 永久荷载跨中弯矩
$$M_g = \frac{1}{8} \times 0.32 \times 0.85^2 \times \left[1 - \left(\frac{0.55}{0.85}\right)^2\right]^2$$
$$= 0.01 \text{kN} \cdot \text{m}$$
此弯矩在距 B 支座 0.044m 处。
 施工荷载作用悬臂端弯矩
$$M_{CQ} = \frac{1}{2} \times 2.84 \times 0.55^2$$
$$= 0.43 \text{kN} \cdot \text{m}$$
 施工荷载跨中弯矩
$$M_Q = \frac{1}{2} \times 2.84 \times 0.85 \times 0.044 - \frac{1}{2} \times 2.84 \times 0.044^2$$
$$= 0.05 \text{kN} \cdot \text{m}$$
 悬臂端最大弯矩
$$M_{\text{max.c}} = M_{cg} + M_{CQ} = 0.048 + 0.43 = 0.478 \text{kN} \cdot \text{m}$$
 跨中最大弯矩 $M_{\text{max}} = M_g + M_Q = 0.01 + 0.05 = 0.06$kN·m

  因为 $M_{\text{max.c}} > M_{\text{max}}$，所以，应采用 $M_{\text{max.c}}$ 作为计算依据。
 2 简化计算
  1) 计算简图

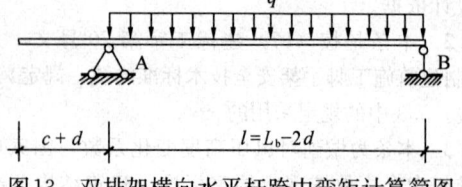

图 13 双排架横向水平杆跨中弯矩计算简图

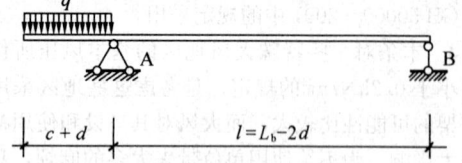

图 14 双排架横向水平杆悬臂端弯矩计算简图

  2) 弯矩计算
 悬臂端弯矩 $M_c = \frac{1}{2}ql^2 = \frac{1}{2} \times 3.16 \times 0.55^2 = 0.478$kN·m

 跨中弯矩 $M_{\text{max}} = \frac{1}{8}ql^2 = \frac{1}{8} \times 3.16 \times 0.85^2 = 0.285$kN·m

  因为 $M_c > M_{\text{max}}$，所以，仍应以 M_c 作为计算依据。

 3 根据以上两种计算结果比较，前一种计算比较复杂，后一种计算比较简单易于掌握，起控制作用的悬臂端弯矩两者又一致，从实际情况分析，脚手架上的堆料是不会放在悬臂端的。所以，用简化计算方法，既能保证安全，又方便实用。

 本条中的第 4 款挠度简化计算，其道理也一样，现采用西北云杉（强度等级为 TC11）为例，通过其计算数据对正确计算方法与简化计算方法进行比较，以便说明。按本规范要求，本例横向水平杆的梢径为 80mm，长度选为中间值 2.2m，其跨中计算截面处直径约为 100mm，悬臂端直径按偏于安全考虑，也用 100mm 计算。

 （1）正确计算
 悬臂端永久荷载产生的挠度
$$v_{gc} = \frac{gcl^3}{24EI}\left[-1 + 4 \times \left(\frac{0.55}{0.85}\right)^2 + 3 \times \left(\frac{0.55}{0.85}\right)^3\right]$$
$$= \frac{0.32 \times 550 \times 850^3}{24 \times 9000 \times 4908738}$$
$$[-1 + 4 \times 0.419 + 3 \times 0.271]$$
$$= \frac{1.609 \times 10^{11}}{1.06 \times 10^{12}} = 0.152\text{mm}$$
 悬臂端可变荷载产生的挠度
$$v_{Qc} = \frac{g_Q c^3 l}{24EI}\left(4 + 3 \times \frac{c}{l}\right)$$
$$= \frac{2.84 \times 550^3 \times 850}{24 \times 9000 \times 4908738}\left(4 + 3 \times \frac{0.55}{0.85}\right)$$
$$= \frac{2.39 \times 10^{12}}{1.06 \times 10^{12}} = 2.250\text{mm}$$
 迭合挠度 $v_c = v_{gc} + v_{Qc} = 0.152 + 2.250 = 2.402$mm

 （2）简化计算挠度

跨中挠度　　$v = \dfrac{5ql^4}{385EI} = \dfrac{5 \times 3.16 \times 850^4}{385 \times 9000 \times 4908738}$

$= \dfrac{8.248 \times 10^{12}}{1.70 \times 10^{13}} = 0.485\text{mm}$

悬臂端挠度

$v_c = \dfrac{qc^3 l}{24EI}\left(4 + 3 \times \dfrac{c}{l}\right)$

$= \dfrac{3.16 \times 550^3 \times 850}{24 \times 9000 \times 4908738}\left(4 + 3 \times \dfrac{0.55}{0.85}\right)$

$= \dfrac{2.655 \times 10^{12}}{1.06 \times 10^{12}}$

$= 2.505\text{mm}$

（3）通过以上两种计算方法进行比较，正确计算比简化计算复杂，同时从计算结果看，跨中挠度值比较小，悬臂端的挠度值比较大，简化计算值比正确计算值大一点，也偏于安全，并可看出是简化计算悬臂端的挠度起控制作用，且远小于挠度控制值。而且本例选用的木杆是强度等级最低一级的，所以，其他木杆也同样能满足要求。

从以上计算结果可以看出，简化计算既反映了实际情况，又保证了安全，便于现场人员掌握和计算，因此，本规范采用了这种简化计算。

5.2.2　条文规定的受弯构件的计算公式是按《木结构设计规范》GB 50005—2003 规定采用。

条文中规定当考虑风荷载作用时，M_w 为风荷载作用于纵向水平方向所产生的弯矩，这里就有一个荷载组合问题，活荷载应乘以 0.9 的组合系数。

5.2.3　根据本规范第 3.3.3 条规定的单根绑扎钢丝的抗拉强度设计值，来计算脚手架节点绑扎钢丝的抗拉强度设计值。

5.2.4　脚手架的立杆属于轴心受压的细长杆件，可能会因为失稳而破坏。因此，弹性受压杆件，可按欧拉公式求出极限临界应力，而临界应力与强度设计值的比值就是小于 1 的稳定系数 φ。另外，根据建设部《编制建筑施工脚手架安全技术标准的统一规定》，凡是按稳定计算的，其计算结果应达到容许应力法中的安全系数 $k \geqslant 2$。本规范第 5.1.11 条以调整其计算长度来满足此要求。

5.2.5　本条有关轴心受压的稳定系数公式，是依照实验室中在普通温度下进行实验的数据，是一条双曲线方程式（欧拉双曲线）。

5.2.6　求稳定系数时，应先求出杆件的长细比，本条给出了计算长细比的公式。

5.2.7　参见本规范第 5.2.5 条的说明。

5.2.8　参见本规范第 5.1.8 条的说明。

6　构造与搭设

6.1　构造与搭设的基本要求

6.1.2～6.1.4　由于单排脚手架的横向水平杆在搭设时要搁置在建筑物的墙体上，为了保证在使用过程中的安全，本条特对单排脚手架的搭设构造的适用范围和做法做了明确的规定，以便于操作。

6.2　外脚手架的构造与搭设

6.2.1　外脚手架的构造参数主要是总结了各地现用脚手架的情况，在保证脚手架安全稳定、方便使用的条件下制定的。

6.2.2　剪刀撑的作用是使脚手架在纵向形成稳定结构，本条的各项要求都是为了保证脚手架的纵向稳定，以防止脚手架纵向变形发生整体倒塌而规定的。

6.2.3　在脚手架搭设的高度较低时或暂时无法设置连墙件时，必须设置抛撑。

6.2.4　连墙件是防止脚手架横向倾覆的，所以，要求连墙件既能抗拉又能抗压。

6.2.5　横向水平杆主要是承受脚手板传来的荷载，然后传递给纵向水平杆和立杆，它的稳定与否，直接影响到脚手架的正常使用和操作人员的安全。所以，本条对其搁置长度、具体位置、周转拆除等要求作了明确的规定。

6.2.6～6.2.9　对立杆埋设坑深的规定是在保证立杆埋设稳定的前提下，按一般习惯性的做法而规定的。做好排水，是防止雨水渗入影响立杆的稳定。到建筑物顶部后，立杆外高里低是为了便于操作，又能搭设外围护，保证安全。

6.2.10　木脚手架与钢管脚手架不同，不能对接，只能搭接，本条的各项规定就是为了保证搭接接头的安全可靠，减小偏心及对正常传力带来的影响，确保施工的顺利进行。

6.2.11　纵向水平杆绑在立杆的里侧，一方面是为了减小横向水平杆的跨度，另一方面是为了增加立杆的稳定。

6.2.12　纵向水平杆同一步架的大头朝向相同是为了便于搭接绑扎，相邻两步架大头朝向相反是为了防止脚手架沿纵向产生偏心荷载而影响脚手架在纵向的稳定。

6.2.13　横向水平杆大头的朝向是根据受力情况来规定的，紧贴立杆的横向水平杆要与立杆绑牢是为了增加立杆的承载能力和整体稳定，至于沿立杆上下相邻错开放置横向水平杆主要是为了保证立杆轴心受力。

6.2.14　立杆与纵向水平杆相交处绑十字扣是使其受力后愈来愈紧，同时可增加两杆件紧密接触后的摩阻力，而其余的接头均属于连接需要，故绑顺扣即可，但此两种扣在拧紧时均不得过紧或过松。

6.2.16　各地使用的脚手板种类较多，本规范尽可能将现有各种在用脚手板汇集起来列为附录 B 以供参考，但必须按照适用、安全的要求进行选择。实际使用时，竹片并列脚手板因不好掌握推车方向，易发生翻车事故，不宜用于有水平运输的脚手架；薄钢脚手板因易滑和生锈，不宜用于冬季或多雨潮湿地区。

6.2.18 本条主要是保证架下行人的安全，但现用的封闭和防护措施形式较多，此条未作硬性规定必须采取哪些形式，各地区可结合当地实际情况采用防护措施。

6.2.19 本条对底层留有门洞时，从受力情况对脚手架的搭设方法作出了详细规定。

6.2.20 本条对遇窗洞时，脚手架的纵、横向水平杆应遵照的搭设方法作出了规定。

6.3 满堂脚手架的构造与搭设

6.3.1 满堂脚手架的构造参数，系总结全国各地的经验综合制定的。

6.3.2 满堂脚手架一般用于封闭的室内大空间工程，搭设面积较大，因此，必须通过构造设置剪刀撑、斜撑等以保证其整体稳定。另外，满堂脚手架只有顶面作业，因此，搭设时不得分层而应一直到顶，保证其具有良好的整体性。

6.3.3 本条是为了保证满堂架的整体稳定而提出来的。要求在脚手架外测沿高度方向搭设的剪刀撑斜杆的端部处，在架体内，沿着水平方向，搭设水平剪刀撑，其宽度与纵向剪刀撑相同。

6.3.4～6.3.5 本条是按照地基一般承载力和构造要求，而提出的对垫木的规定，这样执行使用较方便。

6.4 烟囱、水塔架的构造与搭设

6.4.1 因烟囱、水塔本身不允许脚手架附于其上，故本条明确规定严禁采用单排架。

6.4.2 从立杆构造需要和保证受力合理两个方面对其布置作了规定。

6.4.3 本条对纵向和横向水平杆的布置及其间距作出了硬性规定，以确保这些独立架的安全。

6.4.4 严格规定栏杆的具体做法和安全网必须设置的位置和方法。

6.4.5 指架子每面的外侧均需设置。

6.4.6 烟囱、水塔均为高耸构筑物，除满足脚手架的强度和稳定外，还应防止架子的扭转和遇风摇晃，提出了必须设置连墙件的要求，因烟囱、水塔结构上不能留有洞眼，因此提出在浇注混凝土或砌筑时，预先埋入连墙件的连接件，再与连墙件连接。

6.4.7～6.4.8 条文中规定的烟囱、水塔脚手架搭设程序应严格遵守。由于水塔上部挑出尺寸较大，不宜搭设挑架，所以，这里规定应搭设多排架逐渐改为两排架的搭设方法。

6.5 斜道的构造与搭设

6.5.1 一字形斜道水平长度宜控制在 20m 以内，若操作人员负重走得过长易于疲累。

6.5.2 之字形斜道应设置平台，这里从使用和安全的角度作了最小平台面积的规定。

6.5.3 根据人体行走和不易于劳累的条件，对坡度作了规定。当只作施工人员通行时，斜道的坡度可按高：长＝1∶3来确定；如还需要运输物料时，其坡度应按高：长＝1∶6来确定。

6.5.4 斜道一般来说承受的荷载都较大，所以立杆必须要保证其上荷载的安全传递，因而强调了立杆间距要由计算来确定。

6.5.5～6.5.6 为考虑斜道的稳定而提出来的要求。

6.5.7 系根据受力要求而限制的。

6.5.8～6.5.10 这几条是必须遵守的安全措施。

7 脚手架拆除

7.0.2～7.0.4 规定了一般脚手架的拆除顺序与原则。这是保证不发生安全事故的必要条件。

7.0.5～7.0.6 对拆除可能遇到的有关安全的具体情况和问题规定处理要求。

7.0.7 本条规定一方面防止抛掷伤人；另一方面是防止脚手架杆件在抛掷过程中发生变形、扭曲等。

7.0.8 考虑由于中途换人不熟悉已拆部分的情况，因而易发生意外事故。拆除中途停歇时，对易塌、易掉杆件进行加固的目的，是为了防止突然坠落伤人。

7.0.9 连墙件的拆除应随拆除架体同步进行，以使脚手架始终保持稳定状态。

8 安全管理

8.0.1 按照相关的法律和法规的要求，脚手架属于危险性较大的分部分项工程，应编制专项施工方案，并经公司总工批准，经监理单位审核后实施。在实施前要向工人交底，应严格按方案实施。

8.0.2 本条规定是防止立杆的正常传力受到影响，甚至影响到脚手架的整体安全。

8.0.4 当脚手架支承于永久性结构时，永久结构应具有足够的承载能力，才能保证脚手架的安全。

8.0.5 上料平台荷载较大，且受动荷载作用，故应独立设置并加强构造，其受力杆件不应与脚手架共用，否则，易危及脚手架的安全使用。

8.0.6 本条规定是防止给脚手架带来冲击荷载或超载，影响脚手架的安全。

8.0.7 对单排架本规范没有考虑在其上走运料小车的荷载作用。

8.0.8 刀削、斧砍或钻眼均损伤木材截面，降低承载能力，且易产生内伤，造成事故隐患。定期进行外观检查剔除不合格者，是从制度上来保证做到使用合格的材料。

8.0.9 本条规定连墙件与横向水平杆要严格分开，各起各的作用，决不能混用。若遇有这种情况应设双杆，一根用来作连墙件，另一根用来作横向水平杆。

8.0.11～8.0.12 脚手架验收制度是确保使用安全的重要环节。停工一段时间后，由于自然力或其他的原因会造成脚手架松动、缺件、下沉等隐患，因而应按新搭脚手架标准重新检查验收。

8.0.13 脚手架一经搭设好进行验收后，严禁随意抽拆任何杆件，以保证脚手架的稳定和安全。至于及时清除垃圾和冰雪主要是防止操作人员滑跌。

8.0.14 遇有大风雨或解冻情况，要立即检查和维修，方能保证脚手架的安全使用。

8.0.15 本条规定严禁攀登架子上下，是因为这样可能会由于踏空、失手等原因，发生坠落，造成人员伤亡。

8.0.16 脚手架在使用过程中，要建立定期、定时的经常性检查制度，以便能及时发现和解决问题。

8.0.17 本条是为防止发生不必要的安全事故而作的规定。

附录 A 常用脚手板的规格种类

本附录 A.0.1～A.0.3 所列钢、竹、木和钢木混合的焊接脚手板，均系全国现行采用的脚手板，此附录仅供制作脚手板时参考。

附录 B 木脚手架计算常用材料、工具重量

本附录是为方便现场计算，从《建筑结构荷载规范》GB 50009—2001附录 A 中摘取出木脚手架计算中的常用数据。该附录中没有的砖车、灰车、脚手板等的重量为现场调查的数理统计结果。

中华人民共和国行业标准

建筑施工碗扣式钢管脚手架
安全技术规范

Technical code for safety of cuplok steel
tubular scaffolding in construction

JGJ 166—2008
J 823—2008

批准部门：中华人民共和国住房和城乡建设部
施行日期：２００９年７月１日

中华人民共和国住房和城乡建设部
公 告

第 139 号

关于发布行业标准《建筑施工碗扣式钢管脚手架安全技术规范》的公告

现批准《建筑施工碗扣式钢管脚手架安全技术规范》为行业标准,编号为 JGJ 166—2008,自 2009 年 7 月 1 日起实施。其中,第 3.2.4、3.3.8、3.3.9、5.1.4、6.1.4、6.1.5、6.1.6、6.1.7、6.1.8、6.2.2、6.2.3、7.2.1、7.3.7、7.4.6、9.0.5 条为强制性条文,必须严格执行。

本规范由我部标准定额研究所组织中国建筑工业出版社出版发行。

中华人民共和国住房和城乡建设部
2008 年 11 月 4 日

前 言

根据建设部建标工〔2004〕09 号和建标标函〔2007〕56 号文的要求,规范编制组在深入调查研究,认真总结国内外科研成果和大量实践经验,并在广泛征求意见的基础上,制定了本规范。

本规范的主要技术内容是:1. 总则;2. 术语和符号;3. 构配件材料、制作及检验;4. 荷载;5. 结构设计计算;6. 构造要求;7. 施工;8. 检查与验收;9. 安全使用与管理;以及相关附录。

本规范中以黑体字标志的条文为强制性条文,必须严格执行。

本规范由住房和城乡建设部负责管理和对强制性条文的解释,由河北建设集团有限公司负责具体技术内容的解释(地址:河北省保定市五四西路 329 号,邮政编码:071070)。

本规范主编单位:河北建设集团有限公司
　　　　　　　　中天建设集团有限公司
本规范参编单位:中国建筑金属结构协会建筑模板脚手架委员会
北京星河模板脚手架工程有限公司
北京住总集团有限责任公司
北京建安泰建筑脚手架有限公司
上海市长宁区建设工程质量安全监督站
南通市达欣工程股份有限公司

本规范主要起草人员:杨亚男　高秋利　蒋金生
　　　　　　　　　　姚晓东　贺　军　陈传为
　　　　　　　　　　高　杰　高妙康　刘厚纯
　　　　　　　　　　余宗明　任升高　熊耀莹
　　　　　　　　　　王志义　王旭辉　李双宝
　　　　　　　　　　康俊峰

目 次

1 总则 ················· 10—25—4
2 术语和符号 ············· 10—25—4
　2.1 术语 ··············· 10—25—4
　2.2 符号 ··············· 10—25—4
3 构配件材料、制作及检验 ······ 10—25—5
　3.1 碗扣节点 ············· 10—25—5
　3.2 主要构配件材料要求 ······· 10—25—5
　3.3 制作质量要求 ··········· 10—25—6
　3.4 检验规则 ············· 10—25—6
4 荷载 ················· 10—25—7
　4.1 荷载分类 ············· 10—25—7
　4.2 荷载标准值 ············ 10—25—7
　4.3 风荷载 ·············· 10—25—8
　4.4 荷载效应组合计算 ········· 10—25—8
5 结构设计计算 ············ 10—25—8
　5.1 基本设计规定 ··········· 10—25—8
　5.2 架体方案设计 ··········· 10—25—8
　5.3 双排脚手架的结构计算 ······ 10—25—9
　5.4 双排脚手架搭设高度计算 ····· 10—25—9
　5.5 立杆地基承载力计算 ······· 10—25—10
　5.6 模板支撑架设计计算 ······· 10—25—10
6 构造要求 ··············· 10—25—11
　6.1 双排脚手架 ············ 10—25—11
　6.2 模板支撑架 ············ 10—25—12
　6.3 门洞设置要求 ··········· 10—25—12
7 施工 ················· 10—25—13
　7.1 施工组织 ············· 10—25—13
　7.2 地基与基础处理 ·········· 10—25—13
　7.3 双排脚手架搭设 ·········· 10—25—13
　7.4 双排脚手架拆除 ·········· 10—25—13
　7.5 模板支撑架的搭设与拆除 ····· 10—25—13
8 检查与验收 ············· 10—25—14
9 安全使用与管理 ··········· 10—25—14
附录 A 主要构配件制作质量及
　　　形位公差要求 ········· 10—25—14
附录 B 主要构配件强度试验
　　　方法 ·············· 10—25—16
附录 C 主要构配件正常检验
　　　二次抽样方案 ········· 10—25—17
附录 D 风荷载计算系数 ········ 10—25—18
附录 E Q235A 级钢管轴心
　　　受压构件的稳定系数 ····· 10—25—18
本规范用词说明 ············ 10—25—18
附：条文说明 ·············· 10—25—19

1 总则

1.0.1 为了在碗扣式钢管脚手架的设计、施工与验收中贯彻执行国家有关安全生产法规，确保施工人员的安全，做到技术先进、经济合理、安全适用，制定本规范。

1.0.2 本规范适用于房屋建筑、道路、桥梁、水坝等土木工程施工中的碗扣式钢管脚手架（双排脚手架及模板支撑架）的设计、施工、验收和使用。

1.0.3 碗扣式钢管脚手架设计应采用结构计算简图进行整体结构稳定性分析，确保架体为几何不变体系。

1.0.4 碗扣式钢管脚手架必须编制专项设计方案。双排脚手架高度在24m及以下时，可按构造要求搭设；模板支撑架和高度超过24m的双排脚手架应按本规范进行结构设计和计算。

1.0.5 碗扣式钢管脚手架的设计、施工、验收和使用除应执行本规范外，尚应符合国家现行有关标准的规定。

2 术语和符号

2.1 术语

2.1.1 碗扣式钢管脚手架 cuplok steel tubular scaffolding
采用碗扣方式连接的钢管脚手架和模板支撑架。

2.1.2 双排脚手架 scaffold in double-row
由内外两排立杆及大小横杆、斜杆等构配件组成的脚手架。

2.1.3 模板支撑架 supporting of frame
由多排立杆及横杆、斜杆等构配件组成的支撑架。

2.1.4 碗扣节点 cuplok joint
由上碗扣、下碗扣、限位销和横杆接头等形成的盖固式承插节点。

2.1.5 立杆 standing tube
脚手架的竖向支撑杆。

2.1.6 上碗扣 bell shape cap
沿立杆滑动起锁紧作用的碗扣节点零件。

2.1.7 下碗扣 bowl shape socket
焊接于立杆上的碗形节点零件。

2.1.8 立杆连接销 pin
立杆竖向接长连接的专用销子。

2.1.9 限位销 limiting pin
焊接在立杆上能锁紧碗扣的用作定位的销子。

2.1.10 横杆 flat tube
脚手架的水平杆件。

2.1.11 横杆接头 spigot
焊接于横杆两端的连接件。

2.1.12 专用外斜杆 special outside batter tube
两端带有旋转式接头的斜向杆件。

2.1.13 水平斜杆 horizontal slant tube
钢管两端焊有连接件的水平连接斜杆。

2.1.14 专用内斜杆（廊道斜杆） special inside batter tube
双排脚手架两立杆间的竖向斜杆。

2.1.15 八字形斜杆 splayed slant strut
斜杆八字形设置的方式。

2.1.16 间横杆 intermediate flat tube
钢管两端焊有插卡装置的横杆。

2.1.17 挑梁 bracket
脚手架作业平台的挑出定型构件，分宽挑梁和窄挑梁。

2.1.18 连墙件 connected anchor in wall
脚手架与建筑物连接的构件。

2.1.19 可调底座 jack support
可调节高度的底座。

2.1.20 可调托撑 U-jack
立杆顶部可调节高度的顶撑。

2.1.21 脚手板 scaffold board
施工人员在脚手架上行走及作业用平台板。

2.1.22 几何不变性 geometrical stability
杆系结构构成几何不变的性能。

2.1.23 廊道 corridor way
双排脚手架两排立杆间人员行走和运送施工材料的通道。

2.2 符号

2.2.1 荷载和荷载效应

M_w——风荷载作用下单肢立杆弯矩；
N——立杆轴向力；
N_{G1}——脚手架结构自重标准值产生的轴向力；
N_{G2}——脚手板及构配件等自重标准值产生的轴向力；
N_{Q1}——施工荷载产生的轴向力；
N_0——连墙件约束脚手架平面外变形所产生的轴向力；
N_s——风荷载作用下连墙件的轴向力；
N_w——组合风荷载单肢立杆轴向力；
P——作用在立杆上的垂直荷载；
P_r——风荷载作用下内外立杆间横杆的支承力；
Q——脚手架作业层均布施工荷载标准值；
Q_1——模板及支撑架自重标准值；
Q_2——新浇混凝土及钢筋自重标准值；
Q_3——施工人员及设备荷载标准值；
Q_4——浇筑和振捣混凝土时产生的荷载标准值；
Q_5——风荷载产生的轴向力；
w——节点风荷载；
w_1——模板支撑架顶端风荷载；

w_s——节点风荷载的斜杆内力;
w_{s1}——顶端风荷载 w_1 产生的斜杆内力;
w_v——节点风荷载的立杆内力;
w_k——风荷载标准值;
w_0——基本风压。

2.2.2 材料、构件设计指标

E——钢材的弹性模量;
f——钢材的抗拉、抗压、抗弯强度设计值;
f_g——地基承载力特征值;
Q_c——扣件抗滑承载力设计值;
W——立杆截面模量。

2.2.3 几何参数

A——立杆横截面面积;
A_1——杆件挡风面积;
A_0——杆件迎风全面积;
A_c——连墙件的毛截面面积;
A_g——立杆基础底面积;
a——立杆伸出顶层水平杆长度;
g_2——脚手板单位面积自重;
H——架体高度;
H_1——连墙件水平间距;
h——步距;
i——回转半径;
L_1——连墙件竖向间距;
L_x, L_y——支撑架立杆纵向、横向间距;
l_a——双排脚手架立杆纵距;
l_b——双排脚手架立杆横距;
l_0——计算长度;
m——脚手板层数;
N_{g1}——每步脚手架自重;
n——支撑架相连立杆排数、支撑架步数;
n_c——作业层层数;
t_1——立杆每米重量;
t_2——横向(小)横杆单件重量;
t_3——纵向横杆单件重量;
t_4——内外立杆间斜杆重量;
t_5——水平斜杆及扣件等重量。

2.2.4 计算系数

μ_s——脚手架风荷载体型系数;
μ_z——风压高度变化系数;
φ——轴心受压杆件稳定系数;
φ_0——挡风系数;
λ——长细比。

3 构配件材料、制作及检验

3.1 碗扣节点

3.1.1 立杆的碗扣节点应由上碗扣、下碗扣、横杆接头和上碗扣限位销等构成(见图3.1.1)。

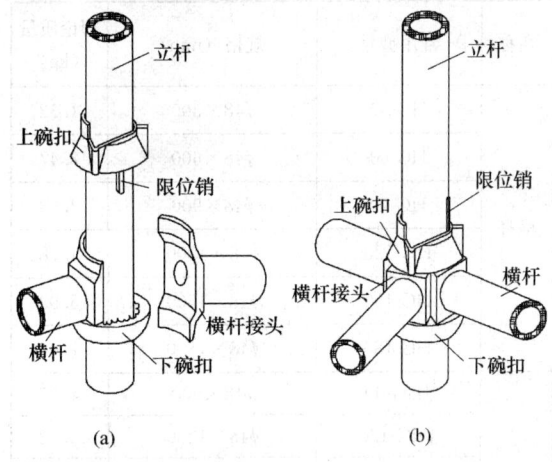

图 3.1.1 碗扣节点构成
(a) 连接前;(b) 连接后

3.1.2 立杆碗扣节点间距应按0.6m模数设置。

3.2 主要构配件材料要求

3.2.1 碗扣式钢管脚手架用钢管应符合现行国家标准《直缝电焊钢管》GB/T 13793、《低压流体输送用焊接钢管》GB/T 3091 中的 Q235A 级普通钢管的要求,其材质性能应符合现行国家标准《碳素结构钢》GB/T 700 的规定。

3.2.2 上碗扣、可调底座及可调托撑螺母应采用可锻铸铁或铸钢制造,其材料机械性能应符合现行国家标准《可锻铸铁件》GB 9440 中 KTH330-08 及《一般工程用铸造碳钢件》GB 11352 中 ZG 270-500 的规定。

3.2.3 下碗扣、横杆接头、斜杆接头应采用碳素铸钢制造,其材料机械性能应符合现行国家标准《一般工程用铸造碳钢件》GB 11352 中 ZG 230-450 的规定。

3.2.4 采用钢板热冲压整体成型的下碗扣,钢板应符合现行国家标准《碳素结构钢》GB/T 700 中 Q235A 级钢的要求,板材厚度不得小于 6mm,并应经 600~650℃ 的时效处理。严禁利用废旧锈蚀钢板改制。

3.2.5 碗扣式钢管脚手架主要构配件种类、规格及质量应符合表3.2.5的规定。

表 3.2.5 主要构配件种类、规格及质量

名称	常用型号	规格(mm)	理论质量(kg)
立杆	LG-120	φ48×1200	7.05
	LG-180	φ48×1800	10.19
	LG-240	φ48×2400	13.34
	LG-300	φ48×3000	16.48

续表 3.2.5

名称	常用型号	规格（mm）	理论质量（kg）
横杆	HG-30	φ48×300	1.32
	HG-60	φ48×600	2.47
	HG-90	φ48×900	3.63
	HG-120	φ48×1200	4.78
	HG-150	φ48×1500	5.93
	HG-180	φ48×1800	7.08
间横杆	JHG-90	φ48×900	4.37
	JHG-120	φ48×1200	5.52
	JHG-120+30	φ48×(1200+300) 用于窄挑梁	6.85
	JHG-120+60	φ48×(1200+600) 用于宽挑梁	8.16
专用外斜杆	XG-0912	φ48×1500	6.33
	XG-1212	φ48×1700	7.03
	XG-1218	φ48×2160	8.66
	XG-1518	φ48×2340	9.30
	XG-1818	φ48×2550	10.04
专用斜杆	ZXG-0912	φ48×1270	5.89
	ZXG-0918	φ48×1750	7.73
	ZXG-1212	φ48×1500	6.76
	ZXG-1218	φ48×1920	8.37
窄挑梁	TL-30	宽度 300	1.53
宽挑梁	TL-60	宽度 600	8.60
立杆连接销	LLX	φ10	0.18
可调底座	KTZ-45	T38×6 可调范围≤300	5.82
	KTZ-60	T38×6 可调范围≤450	7.12
	KTZ-75	T38×6 可调范围≤600	8.50
可调托撑	KTC-45	T38×6 可调范围≤300	7.01
	KTC-60	T38×6 可调范围≤450	8.31
	KTC-75	T38×6 可调范围≤600	9.69
脚手板	JB-120	1200×270	12.80
	JB-150	1500×270	15.00
	JB-180	1800×270	17.90

3.3 制作质量要求

3.3.1 碗扣式钢管脚手架钢管规格应为 φ48mm×3.5mm，钢管壁厚应为 $3.5^{+0.25}_{0}$ mm。

3.3.2 立杆连接处外套管与立杆间隙应小于或等于 2mm，外套管长度不得小于 160mm，外伸长度不得小于 110mm。

3.3.3 钢管焊接前应进行调直除锈，钢管直线度应小于 $1.5L/1000$（L 为使用钢管的长度）。

3.3.4 焊接应在专用工装上进行。

3.3.5 主要构配件的制作质量及形位公差要求，应符合本规范附录 A 的规定。

3.3.6 构配件外观质量应符合下列要求：
　　1 钢管应平直光滑、无裂纹、无锈蚀、无分层、无结巴、无毛刺等，不得采用横断面接长的钢管；
　　2 铸造件表面应光整，不得有砂眼、缩孔、裂纹、浇冒口残余等缺陷，表面粘砂应清除干净；
　　3 冲压件不得有毛刺、裂纹、氧化皮等缺陷；
　　4 各焊缝应饱满，焊药应清除干净，不得有未焊透、夹砂、咬肉、裂纹等缺陷；
　　5 构配件防锈漆涂层应均匀，附着应牢固；
　　6 主要构配件上的生产厂标识应清晰。

3.3.7 架体组装质量应符合下列要求：
　　1 立杆的上碗扣应能上下串动、转动灵活，不得有卡滞现象；
　　2 立杆与立杆的连接孔处应能插入 φ10mm 连接销；
　　3 碗扣节点上应在安装 1～4 个横杆时，上碗扣均能锁紧；
　　4 当搭设不少于二步三跨 1.8m×1.8m×1.2m（步距×纵距×横距）的整体脚手架时，每一框架内横杆与立杆的垂直度偏差应小于 5mm。

3.3.8 可调底座底板的钢板厚度不得小于 6mm，可调托撑钢板厚度不得小于 5mm。

3.3.9 可调底座及可调托撑丝杆与调节螺母啮合长度不得少于 6 扣，插入立杆内的长度不得小于 150mm。

3.3.10 主要构配件性能指标应符合下列要求：
　　1 上碗扣抗拉强度不应小于 30kN；
　　2 下碗扣组焊后剪切强度不应小于 60kN；
　　3 横杆接头剪切强度不应小于 50kN；
　　4 横杆接头焊接剪切强度不应小于 25kN；
　　5 底座抗压强度不应小于 100kN。

3.3.11 主要构配件强度试验方法应符合本规范附录 B 的规定。

3.4 检验规则

3.4.1 构配件产品的检验应符合下列要求：
　　1 出厂文件应有使用材料质量说明、证明书及产品合格证；
　　2 属下列情况之一的应进行型式检验：
　　　　1）新产品或老产品转厂生产的试制定型鉴定；

2) 正式生产后如结构、材料、工艺有较大改变可能影响性能时;
3) 产品长期停产,恢复生产时;
4) 出厂检验与上次型式检验有较大差异时;
5) 省、市、国家质量监督机构或行业管理部门提出进行型式检验要求时。

3.4.2 型式检验抽样方法应符合下列规定:
1 应采用二次正常检验抽样方法,样本应从受检查批中随机抽取,型式检验抽样方案应符合现行国家标准《计数抽样检验程序 第1部分：按接收质量限（AQL）检索的逐批检验抽样计划》GB/T 2828.1的有关规定;
2 构配件每检查批量必须大于280件,当每检查批量超过1200件时,应作另一批检查验收;
3 提取的样本应封存交付检验,检验前不得修理和调整。

3.4.3 型式检验的判定方法应符合下列规定:
1 单件构配件产品应符合本规范第3.2节、第3.3节的有关要求,方可判定为产品合格;
2 批量构配件产品应按本规范附录C进行判定,当检验项目均合格时,方可判定批合格;
3 经检验发现的不合格品剔出或修理后,可按规定方式再次提交检查。

4 荷 载

4.1 荷载分类

4.1.1 作用于碗扣式钢管脚手架上的荷载,可分为永久荷载（恒荷载）和可变荷载（活荷载）。永久荷载的分项系数应取1.2,对结构有利时应取1.0;可变荷载的分项系数应取1.4。

4.1.2 双排脚手架的永久荷载应根据脚手架实际情况进行计算,并应包括下列内容:
1 组成双排脚手架结构的杆系自重,包括：立杆、横杆、斜杆、水平斜杆等;
2 脚手板、挡脚板、栏杆、安全网等附加构件的自重。

4.1.3 双排脚手架的可变荷载计算应包括下列内容:
1 作业层上的操作人员、器具及材料等施工荷载;
2 风荷载;
3 其他荷载。

4.1.4 模板支撑架的永久荷载计算应包括下列内容:
1 作用在模板支撑架上的荷载,包括：新浇筑混凝土、钢筋、模板及支承梁（楞）等自重;
2 组成模板支撑架结构的杆系自重,包括：立杆、纵向及横向水平杆、垂直及水平斜杆等自重;
3 脚手板、栏杆、挡脚板、安全网等防护设施及附加构件的自重。

4.1.5 模板支撑架的可变荷载计算应包括下列内容:
1 施工人员、材料及施工设备荷载;
2 浇筑和振捣混凝土时产生的荷载;
3 风荷载;
4 其他荷载。

4.2 荷载标准值

4.2.1 双排脚手架结构杆系自重标准值,可按本规范表3.2.5采用。

4.2.2 双排脚手架其他构件自重标准值,可按下列规定采用:
1 双排脚手板自重标准值可按 $0.35kN/m^2$ 取值;
2 作业层的栏杆与挡脚板自重标准值可按 $0.14kN/m$ 取值;
3 双排脚手架外侧满挂密目式安全立网自重标准值可按 $0.01kN/m^2$ 取值。

4.2.3 双排脚手架施工荷载标准值可按下列规定采用:
1 作业层均布施工荷载标准值（Q）根据脚手架的用途,应按表4.2.3采用。

表 4.2.3 作业层均布施工荷载标准值

脚手架用途	荷载标准值（kN/m^2）
结构脚手架	3.0
装修脚手架	2.0

2 双排脚手架作业层不宜超过2层。

4.2.4 模板支撑架永久荷载标准值应符合下列规定:
1 模板及支撑架自重标准值（Q_1）应根据模板及支撑架施工设计方案确定。10m以下的支撑架可不计算架体自重;对一般肋形楼板及无梁楼板模板的自重标准值,可按表4.2.4采用。

表 4.2.4 水平模板自重标准值（kN/m^2）

模板构件名称	竹、木胶合板及木模板	定型钢模板
平面模板及小楞	0.30	0.50
楼板模板（其中包括梁模板）	0.50	0.75

注：其他类型模板按实际重量采用。

2 新浇筑混凝土自重（包括钢筋）标准值（Q_2）对普通钢筋混凝土可采用$25kN/m^3$,对特殊混凝土应根据实际情况确定。

4.2.5 模板支撑架施工荷载标准值应符合下列规定:
1 施工人员及设备荷载标准值（Q_3）按均布活荷载取$1.0kN/m^2$;
2 浇筑和振捣混凝土时产生的荷载标准值（Q_4）可采用$1.0kN/m^2$。

4.3 风荷载

4.3.1 作用于双排脚手架及模板支撑架上的水平风荷载标准值，应按下式计算：

$$w_k = 0.7\mu_z\mu_s w_0 \quad (4.3.1)$$

式中 w_k——风荷载标准值（kN/m^2）；

μ_z——风压高度变化系数，应按本规范附录 D 确定；

μ_s——风荷载体型系数，按本规范第 4.3.2 条采用；

w_0——基本风压（kN/m^2），按现行国家标准《建筑结构荷载规范》GB 50009 规定采用。

4.3.2 双排脚手架及模板支撑架的风荷载体型系数（μ_s）应按下列规定采用：

1 悬挂密目式安全立网的双排脚手架和支撑架体型系数：$\mu_s=1.3\varphi_0$，φ_0 为密目式安全立网挡风系数，可取 0.8。

2 单排架无遮拦体型系数：$\mu_{st}=1.2\varphi_0$，挡风系数：

$$\varphi_0 = \frac{A_1}{A_0} \quad (4.3.2\text{-}1)$$

式中 A_1——杆件挡风面积（m^2）；

A_0——迎风全面积（m^2）。

3 无遮拦多排模板支撑架的体型系数：

$$\mu_s = \mu_{st}\frac{1-\eta^n}{1-\eta} \quad (4.3.2\text{-}2)$$

式中 μ_{st}——单排架体型系数；

n——支撑架相连立杆排数；

η——按现行国家标准《建筑结构荷载规范》GB 50009 有关规定修正计算，当 φ_0 小于或等于 0.1 时，应取 $\eta=0.97$。

4.4 荷载效应组合计算

4.4.1 设计双排脚手架及模板支撑架时，其杆件和连墙件的承载力等，应按表 4.4.1 的荷载效应组合要求进行计算。

表 4.4.1 荷载效应组合

计 算 项 目	荷 载 组 合
立杆承载力计算	1 永久荷载+可变荷载（不包括风荷载）
	2 永久荷载+0.9（可变荷载+风荷载）
连墙件承载力计算	风荷载+3.0kN
斜杆承载力和连接扣件（抗滑）承载力计算	风荷载

4.4.2 计算变形（挠度）时的荷载设计值，各类荷载分项系数应取 1.0。

5 结构设计计算

5.1 基本设计规定

5.1.1 本规范的结构设计应采用概率理论为基础的极限状态设计法，以分项系数的设计表达式进行设计。

5.1.2 当双排脚手架无风荷载作用时，立杆应按承受垂直荷载计算；当有风荷载作用时，立杆应按压弯构件计算。

5.1.3 当横杆承受非节点荷载时，应进行抗弯承载力计算。

5.1.4 受压杆件长细比不得大于 230，受拉杆件长细比不得大于 350。

5.1.5 当杆件变形有控制要求时，应验算其变形，受弯杆件的允许变形（挠度）值不应超过表 5.1.5 的规定。

表 5.1.5 受弯杆件的允许变形（挠度）值

构件类别	允许变形（挠度）值（V）
脚手板、纵向、横向水平杆	$l/150$，$\leqslant 10mm$
悬挑受弯杆件	$l/400$

注：l 为受弯杆件的跨度，对悬挑杆件为其悬伸长度的 2 倍。

5.1.6 钢材的强度设计值与弹性模量应按表 5.1.6 规定采用。

表 5.1.6 钢材的强度设计值和弹性模量（N/mm^2）

Q235A 级钢材抗拉、抗压和抗弯强度设计值 f	205
弹性模量 E	2.06×10^5

5.1.7 钢管的截面特性应按表 5.1.7 规定采用。

表 5.1.7 钢管截面特性

外径 ϕ (mm)	壁厚 t (mm)	截面积 A (cm^2)	截面惯性矩 I (cm^4)	截面模量 W (cm^3)	回转半径 i (cm)
48	3.5	4.89	12.19	5.08	1.58

5.2 架体方案设计

5.2.1 架体方案设计应包括下列内容：

1 工程概况：工程名称、工程结构、建筑面积、高度、平面形状及尺寸等；模板支撑架应按标准楼层平面图，说明梁板结构的断面尺寸。

2 架体结构设计和计算顺序：

第一步：制定方案；

第二步：绘制架体结构图（平、立、剖）及计算简图；

第三步：荷载计算；

第四步：最不利立杆、横杆及斜杆承载力验算，连墙件及地基承载力验算。

3 确定各个部位斜杆的连接措施及要求，模板支撑架应绘制立杆顶端及底部节点构造图；

4 说明结构施工流水步骤，架体搭设、使用和拆除方法；

5 编制构配件用料表及供应计划；

6 搭设质量及安全的技术措施。

5.3 双排脚手架的结构计算

5.3.1 双排脚手架计算应包括下列内容：

1 按脚手架设计方案，分立面和剖面画出结构计算简图；

2 计算单肢立杆轴向力和承载力；

3 计算风荷载在立杆中产生的弯矩及连墙件承载力；

4 最不利立杆压弯承载力计算；

5 验算地基承载力。

5.3.2 双排脚手架立杆计算长度应按下列要求确定：

1 两立杆间无斜杆时，等于相邻两连墙件间垂直距离；当连墙件垂直距离小于或等于4.2m时，计算长度乘以折减系数0.85；

2 当两立杆间增设斜杆时，等于立杆相邻节点间的距离。

5.3.3 当无风荷载时，单肢立杆承载力计算应符合下列要求：

1 立杆轴向力应按下式计算：

$$N = 1.2(N_{G1} + N_{G2}) + 1.4N_{Q1} \quad (5.3.3-1)$$

式中 N_{G1}——脚手架结构自重标准值产生的轴向力（kN）；

N_{G2}——脚手板及构配件等自重标准值产生的轴向力（kN）；

N_{Q1}——施工荷载产生的轴向力（kN）。

2 单肢立杆轴向承载力应符合下列要求：

$$N \leq \varphi \cdot A \cdot f \quad (5.3.3-2)$$

式中 φ——轴心受压杆件稳定系数，按长细比查本规范附录E采用；

A——立杆横截面面积（mm^2）；

f——钢材的抗拉、抗压、抗弯强度设计值，应按本规范表5.1.6采用。

5.3.4 组合风荷载时，单肢立杆承载力计算应符合下列要求：

1 风荷载对立杆产生的弯矩：当连墙件竖向间距为二步时（见图5.3.4），应按下列公式计算：

$$M_w = 1.4l_a \times l_0^2 \frac{w_k}{8} - P_r \frac{l_0}{4} \quad (5.3.4-1)$$

$$P_r = \frac{5}{16} \times 1.4 w_k l_a l_0 \quad (5.3.4-2)$$

式中 M_w——风荷载作用下单肢立杆弯矩（kN·m）；

l_a——立杆纵距（m）；

l_0——立杆计算长度（m）；

w_k——风荷载标准值（kN/m^2）；

P_r——风荷载作用下内外排立杆间横杆的支承力（kN）。

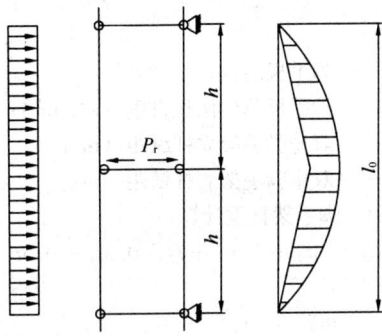

图5.3.4 弯矩

2 单肢立杆轴向力 N_w 应按下式计算：

$$N_w = 1.2(N_{G1} + N_{G2}) + 0.9 \times 1.4N_{Q1}$$
$$(5.3.4-3)$$

3 立杆压弯承载力（稳定性）应按下式计算：

$$\frac{N_w}{\varphi A} + 0.9\frac{M_w}{W} \leq f \quad (5.3.4-4)$$

式中 W——立杆截面模量（cm^3）。

5.3.5 连墙件计算应符合下列要求：

1 风荷载作用下连墙件轴向力应按下式计算：

$$N_s = 1.4 w_k L_1 H_1 \quad (5.3.5-1)$$

式中 N_s——风荷载作用下连墙件轴向力（kN）；

L_1、H_1——分别是连墙件间竖向及水平间距（m）。

2 连墙件承载力及稳定应符合下列要求：

$$N_s + N_0 \leq \varphi A_c f \quad (5.3.5-2)$$

式中 N_0——连墙件约束脚手架平面外变形所产生的轴向力，取3kN；

A_c——连墙件的毛截面积（mm^2）。

3 当采用钢管扣件连接时，应验算扣件抗滑承载力，扣件承载力设计值应取8kN。

5.4 双排脚手架搭设高度计算

5.4.1 双排脚手架允许搭设高度（H）应按下列公式计算：

1 不组合风荷载时 H 值：

$$H \leq \frac{[\varphi A f - (1.2N_{G2} + 1.4N_{Q1})]h}{1.2N_{g1}}$$
$$(5.4.1-1)$$

式中 N_{g1}——每步脚手架自重（N）。

2 组合风荷载时 H 值：

$$H \leq \frac{[N_w - (1.2N_{G2} + 0.9 \times 1.4N_{Q1})]h}{1.2N_{g1}}$$
$$(5.4.1-2)$$

$$N_{\mathrm{w}} = \varphi A\left(f - 0.9\frac{M_{\mathrm{w}}}{W}\right) \quad (5.4.1-3)$$

5.4.2 立杆轴向力应按下列公式计算：

1 脚手板、挡脚板、防护栏杆及外挂密目式安全立网等荷载产生的轴向力：

$$N_{G2} = m\left(g_2\frac{l_a l_b}{2} + 0.14 \times l_a\right) + 0.01 l_a H$$

$$(5.4.2-1)$$

式中 m——脚手板层数；
  g_2——脚手板单位面积自重（kN/m²）；
  l_a——双排脚手架立杆纵距（m）；
  l_b——双排脚手架立杆横距（m）。

2 每步脚手架自重计算：

$$N_{g1} = h t_1 + 0.5 t_2 + t_3 + 0.5 t_4 + 0.5 t_5$$

$$(5.4.2-2)$$

式中 h——步距（m）；
  t_1——立杆每米重量（N/m）；
  t_2——横向（小）横杆单件重量（N）；
  t_3——纵向横杆单件重量（N）；
  t_4——内外立杆间斜杆重量（N）；
  t_5——水平斜杆及扣件等重量（N）。

3 施工荷载应按下式计算：

$$N_{Q1} = n_c Q \frac{l_a l_b}{2} \quad (5.4.2-3)$$

式中 n_c——作业层层数；
  Q——脚手架作业层均布施工荷载标准值（kN/m²）。

5.5 立杆地基承载力计算

5.5.1 立杆基础底面积应按下式计算：

$$A_g = \frac{N}{f_g} \quad (5.5.1)$$

式中 A_g——立杆基础底面积（m²）；
  f_g——地基承载力特征值（kPa）。当为天然地基时，应按地勘报告选用；当为回填土地基时，应乘以折减系数0.4。

5.5.2 当脚手架搭设在结构的楼板、阳台上时，立杆底座应铺设垫板，并应对楼板或阳台等的承载力进行验算。

5.6 模板支撑架设计计算

5.6.1 模板支撑架结构设计计算应包括下列内容：

1 根据梁板结构平面图，绘制模板支撑架立杆平面布置图；
2 绘制架体顶部梁板结构及顶杆剖面图；
3 计算最不利单肢立杆轴向力及承载力；
4 绘制架体风荷载结构计算简图，架体倾覆验算；
5 地基承载力验算；
6 斜杆扣件连接强度验算。

5.6.2 单肢立杆轴向力和承载力应按下列公式计算：

1 不组合风荷载时单肢立杆轴向力：

$$N = 1.2(Q_1 + Q_2) + 1.4(Q_3 + Q_4)L_x L_y$$

$$(5.6.2-1)$$

式中 L_x——单肢立杆纵向间距（m）；
  L_y——单肢立杆横向间距（m）。

2 组合风荷载时单肢立杆轴向力：

$$N = 1.2(Q_1 + Q_2) + 0.9 \times 1.4[(Q_3 + Q_4)L_x L_y + Q_5]$$

$$(5.6.2-2)$$

式中 Q_5——风荷载产生的轴向力（kN）。

3 单肢立杆承载力应按本规范式（5.3.3-2）计算。

5.6.3 模板支撑架立杆计算长度应按下列要求确定：

1 在每行每列有斜杆的网格结构中按步距 h 计算；
2 当外侧四周及中间设置了纵、横向剪刀撑并满足本规范第6.2.2条第2款构造要求时，应按 $l_0 = h + 2a$ 计算，a 为立杆伸出顶层水平杆长度。

5.6.4 当模板支撑架有风荷载作用时，应进行内力计算（见图5.6.4），并应符合下列规定：

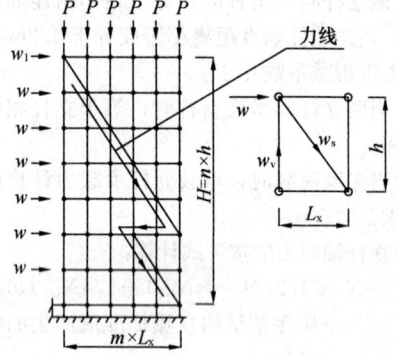

图5.6.4 斜杆内力计算

1 架体内力计算应将风荷载化解为每一节点的集中荷载 w；

2 节点集中荷载 w 在立杆及斜杆中产生的内力 w_v、w_s 应按下式计算：

$$w_v = \frac{h}{L_x} w \quad (5.6.4-1)$$

$$w_s = \frac{\sqrt{h^2 + L_x^2}}{L_x} w \quad (5.6.4-2)$$

3 当采用钢管扣件作斜杆时应验算扣件抗滑承载力，并应符合下列要求：

$$\sum_1^n w_s = w_{s1} + (n-1)w_s \leqslant Q_c \quad (5.6.4-3)$$

式中 $\sum_1^n w_s$——自上而下叠加在斜杆最下端处最大内力（kN）；
  w_{s1}——顶端风荷载 w_1 产生的斜杆内力（kN）；

n——支撑架步数;
Q_c——扣件抗滑承载力,取8kN。

  4 顶端风荷载(w_1)应按下列两种工况考虑:
    1) 当钢筋未绑扎时,顶部只计算安全网的挡风面积;
    2) 当钢筋绑扎完毕,已安装完梁板模板后,应将安全网和侧模两个挡风面积叠加计算。

5.6.5 架体倾覆验算转化为立杆拉力计算应符合下列要求:
  1 当按顶部有安全网进行风荷载计算时,依靠架体自重平衡,使其满足 $P \geqslant \sum w_v$;
  2 当顶部梁板模板安装完毕时,可组合立杆上模板及钢筋重量,使其满足 $P \geqslant \sum w_v$;
  3 当按上述计算结果仍不能满足要求时,应采取下列措施:
    1) 当架体高度小于或等于7m时,应加设斜撑;
    2) 当架体高度大于7m时,可采用带有地锚和花篮螺栓的缆风绳。

6 构造要求

6.1 双排脚手架

6.1.1 双排脚手架应按本规范构造要求搭设;当连墙件按二步三跨设置、二层装修作业层、二层脚手板、外挂密目安全网封闭,且符合下列基本风压值时,其允许搭设高度宜符合表6.1.1的规定。

表6.1.1 双排落地脚手架允许搭设高度

步距 (m)	横距 (m)	纵距 (m)	允许搭设高度(m) 基本风压值 w_0(kN/m²)		
			0.4	0.5	0.6
1.8	0.9	1.2	68	62	52
		1.5	51	43	36
	1.2	1.2	59	53	46
		1.5	41	34	26

注:本表计算风压高度变化系数,系按地面粗糙度为C类采用,当具体工程的基本风压值和地面粗糙度与此表不相符时,应另行计算。

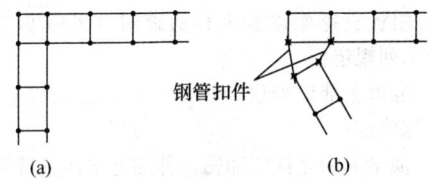

图6.1.3 拐角组架
(a)横杆组架;(b)钢管扣件组架

6.1.2 当曲线布置的双排脚手架组架时,应按曲率要求使用不同长度的内外横杆组架,曲率半径应大于2.4m。

6.1.3 当双排脚手架拐角为直角时,宜采用横杆直接组架(见图6.1.3a);当双排脚手架拐角为非直角时,可采用钢管扣件组架(见图6.1.3b)。

6.1.4 双排脚手架首层立杆应采用不同的长度交错布置,底层纵、横向横杆作为扫地杆距地面高度应小于或等于350mm,严禁施工中拆除扫地杆,立杆应配置可调底座或固定底座(见图6.1.4)。

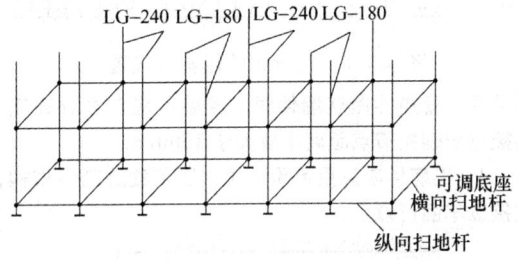

图6.1.4 首层立杆布置示意

6.1.5 双排脚手架专用外斜杆设置(见图6.1.5)应符合下列规定:

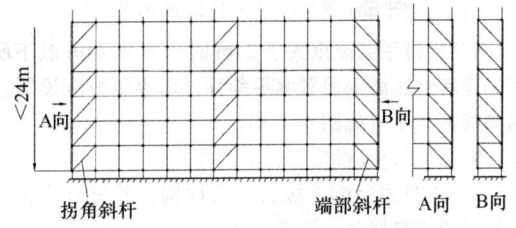

图6.1.5 专用外斜杆设置示意

  1 斜杆应设置在有纵、横向横杆的碗扣节点上;
  2 在封圈的脚手架拐角处及一字形脚手架端部应设置竖向通高斜杆;
  3 当脚手架高度小于或等于24m时,每隔5跨应设置一组竖向通高斜杆;当脚手架高度大于24m时,每隔3跨应设置一组竖向通高斜杆;斜杆应对称设置;
  4 当斜杆临时拆除时,拆除前应在相邻立杆间设置相同数量的斜杆。

6.1.6 当采用钢管扣件作斜杆时应符合下列规定:
  1 斜杆应每步与立杆扣接,扣接点距碗扣节点的距离不应大于150mm;当出现不能与立杆扣接时,应与横杆扣接,扣件扭紧力矩应为40~65N·m;
  2 纵向斜杆应在全高方向设置成八字形且内外对称,斜杆间距不应大于2跨(见图6.1.6)。

6.1.7 连墙件的设置应符合下列规定:
  1 连墙件应呈水平设置,当不能呈水平设置时,与脚手架连接的一端应下斜连接;
  2 每层连墙件应在同一平面,其位置应由建筑结构和风荷载计算确定,且水平间距不应大于4.5m;
  3 连墙件应设置在有横向横杆的碗扣节点处,

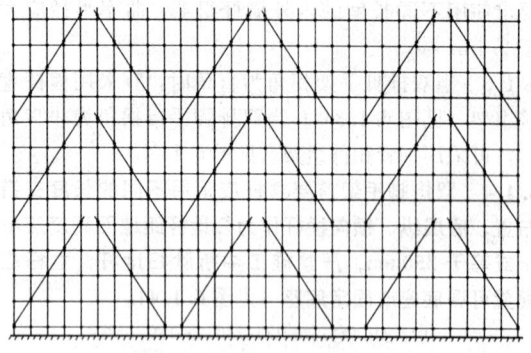

图 6.1.6 钢管扣件作斜杆设置

当采用钢管扣件做连墙件时,连墙件应与立杆连接,连接点距碗扣节点距离不应大于150mm;

4 连墙件应采用可承受拉、压荷载的刚性结构,连接应牢固可靠。

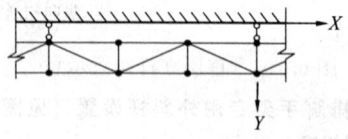

图 6.1.8 水平斜杆设置示意

6.1.8 当脚手架高度大于24m时,顶部24m以下所有的连墙件层必须设置水平斜杆,水平斜杆应设置在纵向横杆之下(见图6.1.8)。

6.1.9 脚手板设置应符合下列规定:

1 工具式钢脚手板必须有挂钩,并带有自锁装置与廊道横杆锁紧,严禁浮放;

2 冲压钢脚手板、木脚手板、竹串片脚手板,两端应与横杆绑牢,作业层相邻两根廊道横杆间应加设间横杆,脚手板探头长度应小于或等于150mm。

6.1.10 人行通道坡度宜小于或等于1:3,并应在通道脚手板下增设横杆,通道可折线上升(见图6.1.10)。

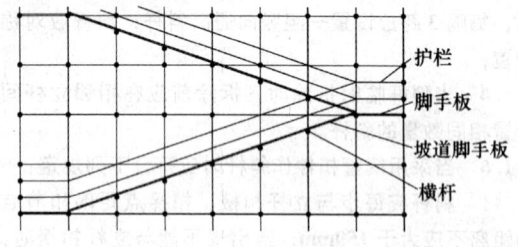

图 6.1.10 人行通道设置

6.1.11 脚手架内立杆与建筑物距离应小于或等于150mm;当脚手架内立杆与建筑物距离大于150mm时,应按需要分别选用窄挑梁或宽挑梁设置作业平台。挑梁应单层挑出,严禁增加层数。

6.2 模板支撑架

6.2.1 模板支撑架应根据所承受的荷载选择立杆的间距和步距,底层纵、横向水平杆作为扫地杆,距地面高度应小于或等于350mm,立杆底部应设置可调底座或固定底座;立杆上端包括可调螺杆伸出顶层水平杆的长度不得大于0.7m。

6.2.2 模板支撑架斜杆设置应符合下列要求:

1 当立杆间距大于1.5m时,应在拐角处设置通高专用斜杆,中间每排每列应设置通高八字形斜杆或剪刀撑;

2 当立杆间距小于或等于1.5m时,模板支撑架四周从底到顶连续设置竖向剪刀撑;中间纵、横向由底至顶连续设置竖向剪刀撑,其间距应小于或等于4.5m;

3 剪刀撑的斜杆与地面夹角应在45°~60°之间,斜杆应每步与立杆扣接。

6.2.3 当模板支撑架高度大于4.8m时,顶端和底部必须设置水平剪刀撑,中间水平剪刀撑设置间距应小于或等于4.8m。

6.2.4 当模板支撑架周围有主体结构时,应设置连墙件。

6.2.5 模板支撑架高宽比应小于或等于2;当高宽比大于2时可采取扩大下部架体尺寸或采取其他构造措施。

6.2.6 模板下方应放置次楞(梁)与主楞(梁),次楞(梁)与主楞(梁)应按受弯构件设计计算。支架立杆上端采用U形托撑,支撑应在主楞(梁)底部。

6.3 门洞设置要求

6.3.1 当双排脚手架设置门洞时,应在门洞上部架设专用梁,门洞两侧立杆应加设斜杆(见图6.3.1)。

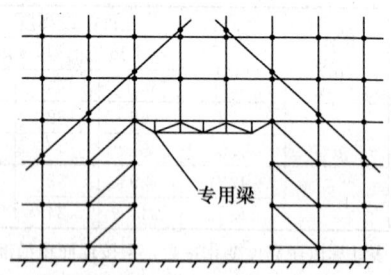

图 6.3.1 双排外脚手架门洞设置

6.3.2 模板支撑架设置人行通道时(见图6.3.2),应符合下列规定:

1 通道上部应架设专用横梁,横梁结构应经过设计计算确定;

2 横梁下的立杆应加密,并应与架体连接牢固;

3 通道宽度应小于或等于4.8m;

4 门洞及通道顶部必须采用木板或其他硬质材料全封闭,两侧应设置安全网;

5 通行机动车的洞口,必须设置防撞击设施。

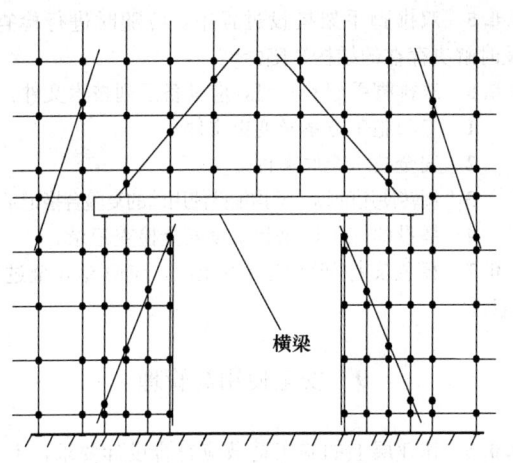

图 6.3.2 模板支撑架人行通道设置

7 施 工

7.1 施工组织

7.1.1 双排脚手架及模板支撑架施工前必须编制专项施工方案,并经批准后,方可实施。

7.1.2 双排脚手架搭设前,施工管理人员应按双排脚手架专项施工方案的要求对操作人员进行技术交底。

7.1.3 对进入现场的脚手架构配件,使用前应对其质量进行复检。

7.1.4 对经检验合格的构配件应按品种、规格分类放置在堆料区内或码放在专用架上,清点好数量备用;堆放场地排水应畅通,不得有积水。

7.1.5 当连墙件采用预埋方式时,应提前与相关部门协商,按设计要求预埋。

7.1.6 脚手架搭设场地必须平整、坚实、有排水措施。

7.2 地基与基础处理

7.2.1 脚手架基础必须按专项施工方案进行施工,按基础承载力要求进行验收。

7.2.2 当地基高低差较大时,可利用立杆 0.6m 节点位差进行调整。

7.2.3 土层地基上的立杆应采用可调底座和垫板。

7.2.4 双排脚手架立杆基础验收合格后,应按专项施工方案的设计进行放线定位。

7.3 双排脚手架搭设

7.3.1 底座和垫板应准确地放置在定位线上;垫板宜采用长度不少于立杆二跨、厚度不小于50mm的木板;底座的轴心线应与地面垂直。

7.3.2 双排脚手架搭设应按立杆、横杆、斜杆、连墙件的顺序逐层搭设,底层水平框架的纵向直线度偏差应小于 1/200 架体长度;横杆间水平度偏差应小于 1/400 架体长度。

7.3.3 双排脚手架的搭设应分阶段进行,每段搭设后必须经检查验收合格后,方可投入使用。

7.3.4 双排脚手架的搭设应与建筑物的施工同步上升,并应高于作业面 1.5m。

7.3.5 当双排脚手架高度 H 小于或等于 30m 时,垂直度偏差应小于或等于 $H/500$;当高度 H 大于 30m 时,垂直度偏差应小于或等于 $H/1000$。

7.3.6 当双排脚手架内外侧加挑梁时,在一跨挑梁范围内不得超过一名施工人员操作,严禁堆放物料。

7.3.7 连墙件必须随双排脚手架升高及时在规定的位置处设置,严禁任意拆除。

7.3.8 作业层设置应符合下列规定:
  1 脚手架必须铺满、铺实,外侧应设 180mm 挡脚板及1200mm高两道防护栏杆;
  2 防护栏杆应在立杆 0.6m 和 1.2m 的碗扣接头处搭设两道;
  3 作业层下部的水平安全网设置应符合国家现行标准《建筑施工安全检查标准》JGJ 59 的规定。

7.3.9 当采用钢管扣件作加固件、连墙件、斜撑时,应符合国家现行标准《建筑施工扣件式钢管脚手架安全技术规范》JGJ 130 的有关规定。

7.4 双排脚手架拆除

7.4.1 双排脚手架拆除时,必须按专项施工方案,在专人统一指挥下进行。

7.4.2 拆除作业前,施工管理人员应对操作人员进行安全技术交底。

7.4.3 双排脚手架拆除时必须划出安全区,并设置警戒标志,派专人看守。

7.4.4 拆除前应清理脚手架上的器具及多余的材料和杂物。

7.4.5 拆除作业应从顶层开始,逐层向下进行,严禁上下层同时拆除。

7.4.6 连墙件必须在双排脚手架拆到该层时方可拆除,严禁提前拆除。

7.4.7 拆除的构配件应采用起重设备吊运或人工传递到地面,严禁抛掷。

7.4.8 当双排脚手架采取分段、分立面拆除时,必须事先确定分界处的技术处理方案。

7.4.9 拆除的构配件应分类堆放,以便于运输、维护和保管。

7.5 模板支撑架的搭设与拆除

7.5.1 模板支撑架的搭设应按专项施工方案,在专人指挥下,统一进行。

7.5.2 应按施工方案弹线定位,放置底座后应分别按先立杆后横杆再斜杆的顺序搭设。

7.5.3 在多层楼板上连续设置模板支撑架时,应保证上下层支撑立杆在同一轴线上。

7.5.4 模板支撑架拆除应符合现行国家标准《混凝土结构工程施工质量验收规范》GB 50204 中混凝土强度的有关规定。

7.5.5 架体拆除应按施工方案设计的顺序进行。

8 检查与验收

8.0.1 进入现场的构配件应具备以下证明资料：
1 主要构配件应有产品标识及产品质量合格证；
2 供应商应配套提供钢管、零件、铸件、冲压件等材质、产品性能检验报告。

8.0.2 构配件进场应重点检查以下部位质量：
1 钢管壁厚、焊接质量、外观质量；
2 可调底座和可调托撑材质及丝杆直径、与螺母配合间隙等。

8.0.3 双排脚手架搭设应重点检查下列内容：
1 保证架体几何不变性的斜杆、连墙件等设置情况；
2 基础的沉降、立杆底座与基础面的接触情况；
3 上碗扣锁紧情况；
4 立杆连接销的安装、斜杆扣接点、扣件拧紧程度。

8.0.4 双排脚手架搭设质量应按下列情况进行检验：
1 首段高度达到 6m 时，应进行检查与验收；
2 架体随施工进度升高应按结构层进行检查；
3 架体高度大于 24m 时，在 24m 处或在设计高度 $H/2$ 处及达到设计高度后，进行全面检查与验收；
4 遇 6 级及以上大风、大雨、大雪后施工前检查；
5 停工超过一个月恢复使用前。

8.0.5 双排脚手架搭设过程中，应随时进行检查，及时解决存在的结构缺陷。

8.0.6 双排脚手架验收时，应具备下列技术文件：
1 专项施工方案及变更文件；
2 安全技术交底文件；
3 周转使用的脚手架构配件使用前的复验合格记录；
4 搭设的施工记录和质量安全检查记录。

8.0.7 模板支撑架浇筑混凝土时，应由专人全过程监督。

9 安全使用与管理

9.0.1 作业层上的施工荷载应符合设计要求，不得超载，不得在脚手架上集中堆放模板、钢筋等物料。

9.0.2 混凝土输送管、布料杆、缆风绳等不得固定在脚手架上。

9.0.3 遇 6 级及以上大风、雨雪、大雾天气时，应停止脚手架的搭设与拆除作业。

9.0.4 脚手架使用期间，严禁擅自拆除架体结构杆件；如需拆除必须经修改施工方案并报请原方案审批人批准，确定补救措施后方可实施。

9.0.5 严禁在脚手架基础及邻近处进行挖掘作业。

9.0.6 脚手架应与输电线路保持安全距离，施工现场临时用电线路架设及脚手架接地防雷措施等应按国家现行标准《施工现场临时用电安全技术规范》JGJ46 的有关规定执行。

9.0.7 搭设脚手架人员必须持证上岗。上岗人员应定期体检，合格方可持证上岗。

9.0.8 搭设脚手架人员必须戴安全帽、系安全带、穿防滑鞋。

附录 A 主要构配件制作质量及形位公差要求

表 A 主要构配件制作质量及形位公差要求

名称	检查项目	公称尺寸（mm）	允许偏差（mm）	检测量具	图 示
立杆	长度（L）	900	±0.70	钢卷尺	
		1200	±0.85		
		1800	±1.15		
		2400	±1.40		
		3000	±1.65		
	碗扣节点间距	600	±0.50	钢卷尺	
	下碗扣与定位销下端间距	114	±1	游标卡尺	
	杆件直线度	—	1.5L/1000	专用量具	
	杆件端面对轴线垂直度	—	0.3	角尺（端面150mm 范围内）	
	下碗扣内圆锥与立杆同轴度	—	φ0.5	专用量具	
	下碗扣与立杆焊缝高度	4	±0.50	焊接检验尺	
	下套管与立杆焊缝高度	4	±0.50	焊接检验尺	

续表 A

名称	检查项目	公称尺寸（mm）	允许偏差（mm）	检测量具	图示
横杆	长度（L）	300	±0.40	钢卷尺	
		600	±0.50		
		900	±0.70		
		1200	±0.80		
		1500	±0.95		
		1800	±1.15		
		2400	±1.40		
	横杆两接头弧面平行度	—	≤1.00	—	
	横杆接头与杆件焊缝高度	4	±0.50	焊接检验尺	
上碗扣	螺旋面高端	ϕ53	+1.0 / 0	深度游标卡尺	
	螺旋面低端	ϕ40	0 / −1.0	深度游标卡尺	
	上碗扣内圆锥大端直径	ϕ67	+0.8 / −0.6	游标卡尺	
	上碗扣内圆锥大端圆度	ϕ67	0.35	游标卡尺	
	内圆锥底圆孔圆度	ϕ50	0.30	游标卡尺	
	内圆锥与底圆孔同轴度	—	ϕ0.5	杠杆百分表	
下碗扣	高度（H）	28（铸造件）	+0.8	深度游标卡尺	
		25（冲压件）	+0.1		
	底圆柱孔直径	ϕ49.5	±0.25	游标卡尺	
	内圆锥大端直径	ϕ69.4	+0.5 / −0.2	游标卡尺	
	内圆锥大端圆度	ϕ69.4	0.25	游标卡尺	
	内圆锥与底圆孔同轴度	—	ϕ0.5	芯棒、塞尺	
横杆接头	高度	20（18）	±0.50	游标卡尺	
	与立杆贴合曲面圆度	ϕ48	+0.5 / 0	—	

附录 B 主要构配件强度试验方法

表 B 主要构配件强度试验方法

试验项目	简图	加载方法	判定标准 荷载值（kN）
上碗扣抗拉强度试验		加载速度： 300～400N/s， 分两次加载： 第一次（kN） 0→15→0 第二次（kN） 0→30（持荷2min）	$P=30$ 未破坏
下碗扣焊接强度试验		加载速度： 300～400N/s， 分两次加载： 第一次（kN） 0→30→0 第二次（kN） 0→60（持荷2min）	$P=60$ 未破坏 焊缝无开裂、错位现象
横杆接头强度试验		加载速度： 300～400N/s， 分两次加载： 第一次（kN） 0→25→0 第二次（kN） 0→50（持荷2min）	$P=50$ 未破坏
横杆接头焊接强度试验		加载速度： 300～400N/s， 分两次加载： 第一次（kN） 0→10→0 第二次（kN） 0→25（持荷2min）	$P=25$ 未破坏 焊缝无开裂、错位现象
可调底座抗压强度试验		加载速度： 300～400N/s， 分两次加载： 第一次（kN） 0→50→0 第二次（kN） 0→100（持荷2min）	$P=100$ 未破坏

附录C 主要构配件正常检验二次抽样方案

表C 主要构配件正常检验二次抽样方案

项目类别	检查项目		检验水平	AQL	批量	样本	样本量	累计样本量	接收数 A_c	拒收数 R_e
A类	上碗扣抗拉强度	按3.3.10、3.3.11条	S-4	6.5	281~500	第一	8	8	0	3
	下碗扣焊接强度	按3.3.10、3.3.11条				第二	8	16	3	4
	横杆接头强度	按3.3.10、3.3.11条								
	横杆接头焊接强度	按3.3.10、3.3.11条			501~1200	第一	13	13	1	3
	可调底座抗压强度	按3.3.10、3.3.11条				第二	13	26	4	5
B类	材料	按3.2节	Ⅱ	10	281~500	第一	32	32	5	9
	钢管壁厚	按3.3.1条				第二	32	64	12	13
	立杆长度	按附录A表A								
	碗扣节点间距	按附录A表A								
	焊缝高度	按附录A表A								
	横杆长度	按附录A表A								
	横杆两接头弧面平行度	按附录A表A								
	可调底座及托撑钢板厚度	按3.3.8条								
	可调底座及托撑丝杆与螺母啮合长度	按3.3.9条								
	插入立杆长度	按3.3.9条								
	下碗扣高度	按附录A表A			501~1200	第一	50	50	7	11
	下碗扣内圆锥大端直径及圆度	按附录A表A				第二	50	100	18	19
	下碗扣内圆锥与底圆孔同轴度	按附录A表A								
	横杆接头高度	按附录A表A								
	横杆与立杆贴合曲面圆度	按附录A表A								
	立杆杆件端面与轴线垂直度	按附录A表A								
C类	上碗扣螺旋面尺寸	按附录A表A	Ⅱ	15	281~500	第一	32	32	7	11
	上碗扣内圆锥大端直径及圆度	按附录A表A				第二	32	64	18	19
	上碗扣内圆锥底圆孔圆度	按附录A表A								
	上碗扣内圆锥与底圆孔同轴度	按附录A表A								
	下碗扣的圆孔直径	按附录A表A								
	下碗扣内圆锥与立杆同轴度	按附录A表A								
	下碗扣与定位销下端间距	按附录A表A								
	外观质量 钢管外观	按3.3.6条第1款								
	外观质量 铸造件外观	按3.3.6条第2款								
	外观质量 冲压件外观	按3.3.6条第3款								
	外观质量 焊缝外观	按3.3.6条第4款			501~1200	第一	50	50	11	16
	外观质量 防锈漆涂层外观	按3.3.6条第5款				第二	50	100	26	27
	外观质量 标识	按3.3.6条第6款								
	组装质量 上碗扣灵活	按3.3.7条第1款								
	组装质量 立杆与立杆连接	按3.3.7条第2款								
	组装质量 上碗扣锁紧	按3.3.7条第3款								
	组装质量 横杆与立杆垂直度偏差	按3.3.7条第4款								

附录 D 风荷载计算系数

D.0.1 对于平坦或稍有起伏的地形，风压高度变化系数应根据地面粗糙度类别按表 D.0.1 确定。地面粗糙度可分为 A、B、C、D 四类：

——A 类指近海海面和海岛、海岸、湖岸及沙漠地区；
——B 类指田野、乡村、丛林、丘陵以及房屋比较稀疏的乡镇和城市郊区；
——C 类指有密集建筑群的城市市区；
——D 类指有密集建筑群且房屋较高的城市市区。

表 D.0.1 风压高度变化系数

离地面或海平面高度 (m)	地面粗糙度类别			
	A	B	C	D
5	1.17	1.00	0.74	0.62
10	1.38	1.00	0.74	0.62
15	1.52	1.14	0.74	0.62
20	1.63	1.25	0.84	0.62
30	1.80	1.42	1.00	0.62
40	1.92	1.56	1.13	0.73
50	2.03	1.67	1.25	0.84
60	2.12	1.77	1.35	0.93
70	2.20	1.86	1.45	1.02
80	2.27	1.95	1.54	1.11
90	2.34	2.02	1.62	1.19
100	2.40	2.09	1.70	1.27
150	2.64	2.38	2.03	1.61
200	2.83	2.61	2.30	1.92
250	2.99	2.80	2.54	2.19
300	3.12	2.97	2.75	2.45
350	3.12	3.12	2.94	2.68
400	3.12	3.12	3.12	2.91
≥450	3.12	3.12	3.12	3.12

D.0.2 全国基本风压应按现行国家标准《建筑结构荷载规范》GB 50009 的规定采用。

附录 E Q235A 级钢管轴心受压构件的稳定系数

表 E Q235A 级钢管轴心受压构件的稳定系数

λ	0	1	2	3	4	5	6	7	8	9
0	1.000	0.997	0.995	0.992	0.989	0.987	0.984	0.981	0.979	0.976
10	0.974	0.971	0.968	0.966	0.963	0.960	0.958	0.955	0.952	0.949
20	0.947	0.944	0.941	0.938	0.936	0.933	0.930	0.927	0.924	0.921
30	0.918	0.915	0.912	0.909	0.906	0.903	0.899	0.896	0.893	0.889
40	0.886	0.882	0.879	0.875	0.872	0.868	0.864	0.861	0.858	0.855
50	0.852	0.849	0.846	0.843	0.839	0.836	0.832	0.829	0.825	0.822
60	0.818	0.814	0.810	0.806	0.802	0.797	0.793	0.789	0.784	0.779
70	0.775	0.770	0.765	0.760	0.755	0.750	0.744	0.739	0.733	0.728
80	0.722	0.716	0.710	0.704	0.698	0.692	0.686	0.680	0.673	0.667
90	0.661	0.654	0.648	0.641	0.634	0.626	0.618	0.611	0.603	0.595
100	0.588	0.580	0.573	0.566	0.558	0.551	0.544	0.537	0.530	0.523
110	0.516	0.509	0.502	0.496	0.489	0.483	0.476	0.470	0.464	0.458
120	0.452	0.446	0.440	0.434	0.428	0.423	0.417	0.412	0.406	0.401
130	0.396	0.391	0.386	0.381	0.376	0.371	0.367	0.362	0.357	0.353
140	0.349	0.344	0.340	0.336	0.332	0.328	0.324	0.320	0.316	0.312
150	0.308	0.305	0.301	0.298	0.294	0.291	0.287	0.284	0.281	0.277
160	0.274	0.271	0.268	0.265	0.262	0.259	0.256	0.253	0.251	0.248
170	0.245	0.243	0.240	0.237	0.235	0.232	0.230	0.227	0.225	0.223
180	0.220	0.218	0.216	0.214	0.211	0.209	0.207	0.205	0.203	0.201
190	0.199	0.197	0.195	0.193	0.191	0.189	0.188	0.186	0.184	0.182
200	0.180	0.179	0.177	0.175	0.174	0.172	0.171	0.169	0.167	0.166
210	0.164	0.163	0.161	0.160	0.159	0.157	0.156	0.154	0.153	0.152
220	0.150	0.149	0.148	0.146	0.145	0.144	0.143	0.141	0.140	0.139
230	0.138	0.137	0.136	0.135	0.133	0.132	0.131	0.130	0.129	0.128
240	0.127	0.126	0.125	0.124	0.123	0.122	0.121	0.120	0.119	0.118
250	0.117	—	—	—	—	—	—	—	—	—

本规范用词说明

1 为便于在执行本规范条文时区别对待，对于要求严格程度不同的用词说明如下：

1) 表示很严格，非这样做不可的用词：
正面词采用"必须"，反面词采用"严禁"；

2) 表示严格，在正常情况下均应这样做的用词：
正面词采用"应"，反面词采用"不应"或"不得"；

3) 表示允许稍有选择，在条件许可时，首先应该这样做的用词：
正面词采用"宜"；反面词采用"不宜"。
表示有选择，在一定条件下可以这样做的用词，采用"可"。

2 条文中指明应按其他有关标准执行的写法为"应按……执行"或"应符合……的要求（或规定）"。

中华人民共和国行业标准

建筑施工碗扣式钢管脚手架安全技术规范

JGJ 166—2008
J 823—2008

条 文 说 明

前　言

《建筑施工碗扣式钢管脚手架安全技术规范》JGJ 166—2008 经住房和城乡建设部 2008 年 11 月 4 日以第 139 号公告批准、发布。

为便于广大设计、施工、科研、学校等单位有关人员在使用本规范时能正确理解和执行条文规定，《建筑施工碗扣式钢管脚手架安全技术规范》编制组按章、节、条顺序编制了本规范的条文说明，供使用者参考。在使用中如发现本条文说明有不妥之处，请将意见函寄河北建设集团有限公司（地址：河北省保定市五四西路329号，邮政编码：071070）或中天建设集团有限公司（地址：杭州市之江中路中天商务楼，邮政编码：310008）。

目 次

1 总则 ······ 10—25—22
2 术语和符号 ······ 10—25—22
　2.1 术语 ······ 10—25—22
　2.2 符号 ······ 10—25—22
3 构配件材料、制作及检验 ······ 10—25—22
　3.1 碗扣节点 ······ 10—25—22
　3.2 主要构配件材料要求 ······ 10—25—22
　3.3 制作质量要求 ······ 10—25—22
　3.4 检验规则 ······ 10—25—22
4 荷载 ······ 10—25—22
　4.1 荷载分类 ······ 10—25—22
　4.2 荷载标准值 ······ 10—25—22
　4.3 风荷载 ······ 10—25—23
　4.4 荷载效应组合计算 ······ 10—25—23
5 结构设计计算 ······ 10—25—23
　5.1 基本设计规定 ······ 10—25—23
　5.2 架体方案设计 ······ 10—25—23
　5.3 双排脚手架的结构计算 ······ 10—25—23
　5.4 双排脚手架搭设高度计算 ······ 10—25—24
　5.5 立杆地基承载力计算 ······ 10—25—24
　5.6 模板支撑架设计计算 ······ 10—25—24
6 构造要求 ······ 10—25—24
　6.1 双排脚手架 ······ 10—25—24
　6.2 模板支撑架 ······ 10—25—25
　6.3 门洞设置要求 ······ 10—25—25
7 施工 ······ 10—25—26
　7.1 施工组织 ······ 10—25—26
　7.2 地基与基础处理 ······ 10—25—26
　7.3 双排脚手架搭设 ······ 10—25—26
　7.4 双排脚手架拆除 ······ 10—25—26
　7.5 模板支撑架的搭设与拆除 ······ 10—25—26
8 检查与验收 ······ 10—25—26
9 安全使用与管理 ······ 10—25—26

1 总 则

1.0.1 本条是碗扣式钢管脚手架工程设计和施工必须遵循的基本原则。

1.0.2 本条界定了本规范适用的范围。

1.0.3 本条对架体结构整体设计的规定体现以下几项原则：

  1 将脚手架及模板支撑架的空间体系化为平面体系；

  2 结构计算简图中将横杆与立杆交汇处的碗扣节点视为"铰接"；

  3 对脚手架及模板支撑架组成的网格式结构进行机动分析，保证整体结构具备几何不变条件，选出其中的一个静定体系，当整体结构为超静定结构时须忽略多余杆件，绘制成静定的结构计算简图；

  4 满足架体为几何不变体系条件是：对于双排脚手架沿纵轴 x 方向的两片网格结构应每层至少设一根斜杆；对于模板支撑架（满堂架）应满足沿立杆轴线（包括平面 x、y 两个方向）的每行每列网格结构竖向每层不得少于一根斜杆；也可采用侧面增加链杆与建筑结构的柱、墙相连的方法。

1.0.4 明确了编制脚手架和模板支撑架等专项设计方案时需要进行计算的基本搭设高度。

1.0.5 指有特殊设计要求和在特殊情况下施工的脚手架、模板支撑架的设计，除符合本规范规定外，尚应根据工程实际情况符合国家现行有关标准的要求。

2 术语和符号

2.1 术 语

本规范给出的术语是为了在条文的叙述中，使碗扣式脚手架体系有关的俗称和不统一的名称在本规范及今后的使用中形成单一的概念，并与其他类型的脚手架有关名称趋于一致，利用已知的概念特征赋予其涵义，但不一定是术语的准确定义。所给出的英文译名是参考国外资料和专业词典拟定的。

2.2 符 号

本规范的符号按以下次序以字母的顺序列出：

  1 大写拉丁字母位于小写字母之前（A、a、B、b等）；

  2 无脚标的字母位于小写字母之前（F、f、H、h等）；

  3 希腊字母位于拉丁字母之后；

  4 其他特殊符号。

3 构配件材料、制作及检验

3.1 碗扣节点

3.1.1 本条结合图示简单扼要地说明了碗扣式脚手架立杆、横杆连接点（碗扣节点）的结构特征。

3.1.2 碗扣式脚手架主要构配件是工厂化生产的标准系列构件，立杆碗扣节点按 0.6m 间距设置，即步距以 0.6m 模数构成，使工具式脚手架具有标准化、通用性的特点。

3.2 主要构配件材料要求

3.2.1～3.2.4 对碗扣式脚手架使用材料及材质提出了具体要求，使之保证产品质量，满足使用性能的要求。

3.3 制作质量要求

3.3.1 钢管的壁厚是保证架体结构承载力的重要条件，对钢管的壁厚负差提出了限定要求，主要是控制近年来市场经营中擅自减小钢管壁厚造成的安全隐患。

3.3.2 本条是对立杆接长处的构造尺寸提出的要求，以保证立杆具有可靠的承载能力。

3.3.3～3.3.9 对主要构配件制造工艺及应达到的质量提出具体要求。

3.3.10、3.3.11 对主要构配件应达到的性能指标提出要求，并提出了统一的试验方法。

3.4 检验规则

3.4.1～3.4.3 产品制作后的质量状况是保证架体使用安全性的重要环节，为保证产品的质量符合使用性能要求，制定了具体检验方法和质量判定方法。

4 荷 载

4.1 荷载分类

4.1.1～4.1.5 本节采用的荷载分类，系以国家标准《建筑结构荷载规范》GB 50009—2001 为依据，对永久荷载及可变荷载按脚手架及模板支撑架两种情况分别列出其具体的项目。

4.2 荷载标准值

4.2.2 本条脚手板自重标准值统一规定为 0.35 kN/m^2 系以 50mm 厚木脚手板为准；与之相配套的栏杆与挡脚板是按 2 根 ϕ48mm×3.5mm 钢管和 180mm 高的木脚手板按长度进行计算；密目安全网自重系根据 2000 目网实际重量给定。

4.2.3 本条规定的脚手架施工荷载标准值是根据《编制建筑施工脚手架安全技术标准的统一规定》（修

订稿）及参照现行标准《建筑施工扣件式钢管脚手架安全技术规范》JGJ 130—2001等采用的。

4.2.4、4.2.5 2002年前，工程施工中的模板及支撑架设计是按照《混凝土结构工程施工及验收规范》GB 50204—92进行荷载取值，规范验评分离后许多工程仍然沿用这样的取值情况，工程实践表明满足施工要求；因此，本规范在这样的工程实践基础上，吸收了新的工程经验，仅对部分荷载进行了增补和调整。纳入普通钢筋混凝土自重25kN/m³；考虑通常模板支撑架是梁、板的综合体，因而设计时，在取用"施工人员及设备荷载"1.0kN/m²后，需再取用"振捣混凝土时产生荷载"1.0kN/m²。以0.25m厚的混凝土楼板带有0.8m×1.0m大梁的支架为例，如按原方法计算，以8×8m²面积计算，楼板：施工人员及设备荷载为（8-0.8)²×1.0=51.84kN；大梁：振捣混凝土的荷载为0.4×4×8×2.0=25.6kN，合计为77.44kN。如按本条规定计算为：8×8×(1.0+1.0)=128kN，荷载取值有一定的提高。

4.3 风 荷 载

4.3.1 水平风荷载标准值计算式取自《建筑施工扣件式钢管脚手架安全技术规范》JGJ 130—2001，其来源为现行国家标准《建筑结构荷载规范》GB 50009—2001，其中：

    1 风振系数取$\beta_z=1.0$，是因为考虑到脚手架是附在主体结构上，风振影响很小；

    2 基本风压w_0值可按照现行国家标准《建筑结构荷载规范》GB 50009规定的各地区基本风压确定；因为脚手架为临时构筑物使用期较短，遇强劲风的概率相对要小得多，故采用了0.7修正系数。

4.3.2 脚手架及模板支撑架风荷载体型系数有关规定说明如下：

    1 密目安全网的挡风系数按照采用2000目网计算，其挡风系数φ_0根据住房和城乡建设部《编制建筑施工脚手架安全技术标准的统一规定》（修订稿）为0.5，考虑到杆件的挡风面积影响，密目安全网上往往积灰和挂土、下雨时呈水幕状等影响，故本规范建议取0.8；

    2 密目安全网体型系数μ_s按照两边无遮挡之"独立墙壁及围墙"采用1.3（见《建筑结构荷载规范》GB 50009—2001中表7.3.1第33项）；

    3 单排架无遮拦体型系数$\mu_s=1.2$，是按照《建筑结构荷载规范》GB 50009—2001中表7.3.1第36项中（b）整体计算时的体型系数表中$\mu_z w_0 d^2 \leqslant 0.002$确定；

    4 无遮拦多排模板支撑架的体型系数$\mu_s=\mu_{st}\dfrac{1-\eta^n}{1-\eta}$取自《建筑结构荷载规范》GB 50009—2001中表7.3.1第32项。

4.4 荷载效应组合计算

4.4.1 荷载效应组合系按照基本组合与偶然荷载相遇时之组合计算。风荷载组合时按照《建筑结构荷载规范》GB 50009—2001第3.2.4条"1）由可变荷载效应控制的组合"中的公式（3.2.4）计算，可变荷载应乘组合系数0.9。

5 结构设计计算

5.1 基本设计规定

5.1.1 本规范依照国家标准《建筑结构可靠度设计统一标准》GB 50068—2001采用了以概率理论为基础的极限状态设计法，以分项系数设计表达式进行设计。

5.1.2 双排脚手架当无遮挡物时风载荷产生的弯矩应力值很小，可不必计算；当有遮挡时（如设置密目安全网等）风载荷弯矩应力的影响较大不能忽略。

5.1.3 横杆承受非节点荷载时成为受弯构件，所以要验算其承载力。

5.1.4 规定受压杆件最大长细比230，主要是碗扣架立杆的碗扣节点间距为0.6m，按照立杆计算长度3.6m时的长细比227确定的。

5.1.5 脚手架通常不进行变形的计算，但模板支撑架如对混凝土结构本身的成品偏差有要求时应按工程施工要求进行变形计算。

5.2 架体方案设计

5.2.1 所述施工方案的内容是以目前国内专项设计方案的内容结合脚手架及模板支撑架的特点确定的。本条加强了架体整体结构设计和绘制结构计算简图的内容，是结构计算和几何不变性分析的基础，突出了方案的重点，以统一脚手架及模板支撑架施工方案的编制。最不利杆的确定是在整体结构力学分析的基础上，求得最大内力的杆件和最大长细比的杆件。通过对最不利杆件承载力验算，将其承载力大于该杆件内力值作为确定架体安全的条件。

5.3 双排脚手架的结构计算

5.3.2 双排脚手架立杆计算长度的确定取决于脚手架的构造状况。当两立杆间无廊道斜杆时，只能将立杆间的横杆视为连接杆，而两连墙之间的立杆视为一根直杆（中间无铰）构成静定体系。此时立杆的计算长度为连墙件间的距离，是最不利的受力状况。考虑到立杆在连墙件处是连续的（相当于弹性弯矩支撑），按照压杆稳定理论，按一端为铰接一端为弹性固结进行理论计算，其结果计算长度系数为0.84。结合真型荷载试验结果其极限承载力可提高59%，因而当以双排脚手架连墙件垂直距离作为立杆计算长度时本规范规定可乘以计算长度折减系数 0.85。

当两立杆间增设斜杆时，则双排脚手架变成竖向的平行弦桁架而成为静定结构体系，立杆的计算长度即为相邻两节点之间的距离。

5.3.3、5.3.4 列出了无风荷载和组合风荷载两种情况单肢立杆承载力的计算方法。当无廊道斜杆且连墙件竖向间距为 2 步时，外立杆承受风荷载产生变形，因里、外立杆在跨中有一水平横杆相连，外立杆受风载作用产生变形时，廊道横杆（小）作用在内立杆上的力使其产生相同的变形（此时忽略廊道横杆的压缩变形）。假定廊道横杆所传递的轴向力为 P 时，按 $P=\frac{5}{16}ql_0=\frac{5}{16}(1.4w_kl_a)\times l_0$ 计算。

5.3.5 连墙件是脚手架侧向支承的重要杆件。它以"链杆"的形式构成双排脚手架的侧向支座，对脚手架几何不变性形成一个约束。通常连墙件承受的轴向力为风荷载，考虑倾覆作用附加轴向力 3kN。当采用钢管、扣件做连墙件时尚应验算扣件的抗滑承载力能否满足要求。

5.4 双排脚手架搭设高度计算

5.4.1 本条给出了双排脚手架允许搭设高度的计算公式，分为不组合风荷载和组合风荷载两种情况。双排脚手架的允许搭设高度是由最不利立杆单肢承载力（应为立杆最下段）来确定，与施工荷载及同时作业层数、脚手板铺设层数、立杆纵向与横向间距及步距、连墙件间距及风荷载影响有关。工程中应按照实际情况通过结构计算的结果确定才能保证安全。

5.4.2 本条给出了计算立杆轴向力的具体步骤和相应的计算公式，以便于根据施工条件进行计算。

5.5 立杆地基承载力计算

5.5.1 立杆的地基承载力计算公式主要应用于天然地基直接支承的立杆，立杆下所用的底座或垫板面积应等于立杆轴向力除以地基承载力特征值。当为回填土地基时，本规范仍延用了《建筑施工扣件式钢管脚手架安全技术规范》JGJ 130—2001 采用的地基承载力特征值乘以 0.4 系数的办法。当回填土能严格按照操作规程施工，分层夯实并用干密度控制时，可以将该系数提高到 1.0。

5.5.2 因施工需要，当架体搭设在结构的顶板或阳台等上时，为使脚手架架体的重量不超过楼板或阳台的设计荷载使结构受到损害，提出应对支承体进行承载力验算的要求。

5.6 模板支撑架设计计算

5.6.1 本条给出了模板支撑架结构设计计算的基本程序。

5.6.2 本条列出了单肢立杆承载力和轴向力的计算公式，分为不组合风荷载和组合风荷载两种情况计算。一般情况下，当架体高度小于或等于 10m 时可不考虑架体的自重，但当架体高度大于 10m 时架体自重产生的轴向力不可忽略，应将其叠加计算。

5.6.3 本条给出了模板支撑架两种不同构造情况下立杆计算长度的确定办法。第 2 款计算长度公式是依据《建筑施工扣件式钢管脚手架安全技术规范》JGJ 130—2001 确定的。

5.6.4 本条对模板支撑架在风荷载作用下的内力分析提供了计算公式。内力分析主要采用了桁架内力的"零杆法"。对于单个节点风荷载 w 排除了全部零杆之后将所得到的杆件内力相叠加，得到每个杆件的合内力。此内力分析主要用于立杆能否出现拉力的判断。由于脚手架根部没有抗拉连接的措施，因此立杆不能出现拉力。高形模板支撑架在风载荷作用下的计算方法是先将均布风荷载转化为节点风荷载 w，然后按照结构计算简图进行内力分析。对网格式结构的内力分析可知：

1 节点横向风荷载 w 只在有斜杆的"方格"内产生斜杆及立杆轴向力，斜杆及立杆中内力值符合力的平行四边形定理。

2 当斜杆的设置逐层相连时，则斜杆内力沿力线直接传递，其他各杆皆为零杆；当斜杆最后到达无斜杆"方格"时，变为立杆压力和水平拉力，水平力 w 通过横杆作用于下一段有斜杆"方格"，然后继续沿斜杆传递。

3 当模板支撑架无遮挡时，上部的模板迎风面按面荷载计算节点荷载，下部支架按挡风面积计算节点荷载，多排支架需叠加求得节点总内力。当高形模板支撑架有遮挡时，斜杆内力叠加可能达到较大数值，除必须验算斜杆承载力外，如采用钢管扣件做斜杆还必须验算扣件的抗滑承载力是否满足要求。

5.6.5 当架体高宽比较大时，横向风荷载作用极易使立杆产生拉力，它的力学特征实际上就是造成架体的"倾覆"。为了避免架体出现"倾覆"的情况，本条规定了架体倾覆验算转化为立杆拉力计算应满足的要求和应采取的安全技术措施。

6 构造要求

6.1 双排脚手架

6.1.1 本条按给定的构造要求和施工条件计算出双排脚手架允许搭设高度限值，也就是平常所说的限高，供施工参考。由于施工现场对脚手架使用要求各种各样，不能机械照搬，当与给定的条件不相符时，应根据实际情况按第 5.4 节有关规定进行计算。

6.1.2 当建筑物平面为曲线形时，双排脚手架可利用碗扣圆形的特点，采用不同长度的横杆组合以搭设成要求曲率的双排脚手架，曲率半径应按几何尺寸计算确定。

6.1.3 双排脚手架一般围绕建筑结构搭设，当建筑结构转角为直角时，可按图6.1.3将垂直两方向的架体用横杆直接组架搭设，可不用其他的构件；当转角处为非直角或者受尺寸限制不能直接用横杆组架时，应将两架体分开，中间以杆件斜向连接，连接的钢管应扣接在碗扣式钢管脚手架的立杆上。

6.1.4 脚手架立杆接头采用交错布置是为了加强架体的整体刚度，避免软弱部位处于同一高度。碗扣架立杆最下端碗扣节点距立杆底面为250mm，其横杆作为扫地杆，在结构计算简图中可将下端视为简图中的支杆。

6.1.5 本条对专用外斜杆设置提出的要求都是按照几何不变条件确定的，但为了提高架体的稳定性，斜杆在大面（x轴）的布置应保证每层不少于2根斜杆，分别设置在架体的两端。当架体较长时中间应增加，目的是增强架体的稳定安全度。

6.1.6 碗扣式钢管脚手架当采用旋转扣件作斜杆连接时应尽量靠近横、立杆的碗扣节点，以与结构计算简图相一致。斜杆采用八字形布置的目的是为了避免钢管重叠，并可明显标志扣件与节点连接的情况，便于检查判定与结构设计是否一致。斜杆的角度应与横、立杆对角线角度一致。钢管应与脚手架立杆扣接，扣接点应尽可能靠近碗扣节点。当遇到斜杆不能与立杆扣接的特殊情况时，斜杆可与横杆扣接，扣接点距碗扣节点的距离同样要满足小于或等于150mm的要求。斜杆扣接点应符合结构计算简图，避免斜杆中间出现虚扣的现象。

6.1.7 本条对连墙件设置提出的要求是为了保证连墙件能起到可靠支承作用。

6.1.8 当架体高度超过24m时，应考虑无连墙件立杆对架体承载能力及整体稳定性的影响，在连墙件标高处增加水平斜杆，使纵、横杆与斜杆形成水平桁架，使无连墙立杆构成支撑点，以保证无连墙立杆的承载力及稳定性。通过荷载试验证明在连墙件标高处设置水平斜杆比不设置水平斜杆承载力提高54%，根据钢管脚手架数十年的应用实践经验，当脚手架搭设高度小于或等于24m时，不设置水平斜杆能保证安全使用。但当脚手架高度大于24m时，架体整体刚度将逐渐减弱。因此要求顶部24m以下立杆连墙件水平位置处增设水平斜杆，以保证整个架体刚度和承载力，同时也不影响施工作业。例如：60m高的双排脚手架，只要求36m以下连墙件处必须设置水平斜杆。

6.1.9 本条是对脚手板的设置及与架体的连接作的相应规定。脚手板可以使用碗扣式脚手架配套设计的钢制脚手板，当使用木脚手板、竹脚手板等时，探出廊道横杆的长度超过150mm应在脚手板下面增设间横杆。

6.1.10 本条给出了双排碗扣式钢管脚手架搭设人行通道的构造措施。

6.1.11 本条对碗扣式钢管脚手架利用定型的宽挑梁或窄挑梁构件搭设扩展作业平台提出了构造和安全防护措施要求。

6.2 模板支撑架

6.2.1 本条规定了模板支撑架构造的最基本要求，规定对模板支撑架立杆上端伸出顶层横向水平杆的长度小于或等于0.7m的限制，理论计算达到50kN，通过荷载试验也达到了100kN，验证其安全储备系数为2，完全能保证使用的安全要求。

6.2.2 本条是对模板支撑架斜杆设置要求，当立杆间距大于1.5m时，每排每列应设置一组通高斜杆或八字形斜杆，能满足模板支撑架几何不变体系的要求；当立杆间距小于或等于1.5m时，在外侧四周及中间纵、横向设置剪刀撑，以上是考虑到相邻立杆的约束影响，参照实践经验及双排脚手架的荷载试验，《建筑施工扣件式钢管脚手架安全技术规范》JGJ 130—2001中对模板支架的要求确定的。

6.2.3 对于高大支撑架提出设置水平斜杆或剪刀撑的具体要求是为了能有效地提高架体的整体刚度，减少失稳鼓曲波长，提高承载能力。

6.2.4 模板支撑架横杆端头遇到主体结构的墙或柱时，建立与结构主体的水平连接，可加强架体的安全可靠度。

6.2.5 根据实践经验和风荷载使立杆产生拉力的计算可知，当高宽比小于或等于2时，搭设高度对架体的稳定极限承载力影响有限，可以忽略，但当高宽比大于2时将很难满足安全要求，应采取必要的加强措施。

6.2.6 本条规定了模板支架立杆顶部的构造。在现浇混凝土梁、板的模板下方，应沿纵向设置次楞，也称次梁。在次楞下方与次楞垂直方向应设置主楞，也称主梁。次楞及主楞的承载力及设置间距应按所承受的荷载，按照受弯杆件进行设计计算确定。立杆顶端用U形托撑支撑在主楞上，才能保证立杆中心受压。

6.3 门洞设置要求

6.3.1 本条是对双排脚手架需设置门洞时提出的构造要求。

6.3.2 本条是对模板支撑架需设置人行通道时提出的构造措施要求。应用于高架桥等的模板支撑架时常需要留跨度较大的桥洞通行，因此，一般采用专用梁支撑上部的立杆。该梁应按实际荷载情况进行计算，并要考虑与架体的连接方法；支承梁两端的立杆应加密，增加立杆的根数应大于跨中立杆的根数，并在相应部位增设斜杆。

7 施 工

7.1 施工组织

7.1.1 施工设计或专项施工设计方案是保证架体安全、实用、经济的前提条件,必要的管理程序把关,可减少方案中存在的技术缺陷。

7.1.2 本条规定是为了明确岗位责任制,促进架体工程的施工设计或专项施工设计方案在具体实施过程中得到认真严肃的贯彻执行。

7.1.3、7.1.4 强调加强现场管理及杜绝不合格产品进入现场。

7.1.6 本条规定是对搭设场地的基本要求。

7.2 地基与基础处理

7.2.1 本条明确了架体地基基础的施工与验收依据,是保证架体结构稳定、施工安全的重要环节。

7.3 双排脚手架搭设

7.3.2~7.3.5 主要规定了架体搭设的允许偏差及升层高度,尤其在第一阶段对脚手架结构情况的检查,是保证后续搭设质量能否符合设计要求的基础。

7.3.7 连墙件是保证架体侧向稳定的重要构件,必须随架体装设,不得疏漏,也不能任意拆除。根据国内外脚手架倒塌事故的分析,其中一部分就是由于连墙件设置不足或连墙件被拆掉造成的。

7.3.8 本条规定了作业层设置的基本要求,是按《建筑施工安全检查标准》JGJ 59—99要求规定的。

7.4 双排脚手架拆除

7.4.1~7.4.3 规定了拆除脚手架前必须完成的准备工作、应具备的技术条件以及拆除过程中的安全措施,这些都是防范拆除时发生安全事故的重要工作环节。

7.4.4~7.4.8 规定了拆除顺序及技术要求,以避免拆除作业中发生安全事故。

7.5 模板支撑架的搭设与拆除

7.5.4 由于混凝土结构强度的增长与温度及龄期有关,为保证结构工程不受破坏,因而需对结构强度进行验算。

8 检查与验收

8.0.2 对脚手架构配件使用前进行检查,是验证所使用构配件质量是否良好的重要工作。所作规定都是在现场通过目测及常用量具检测可以实现的,无论新产品还是周转使用过的构配件,通过检查、复验,防止有质量弊病、严重受损的构配件用于脚手架搭设,这是保证整架搭设质量、脚手架使用安全的一项预控措施。

8.0.3 本条规定了脚手架应重点检查的项目。

8.0.4 本条规定了脚手架具体情况的阶段检查及验收的措施,以保证脚手架在各个施工阶段(初始、中间、最终)的安全使用。

9 安全使用与管理

9.0.1、9.0.2 是控制脚手架上施工荷载的规定,尤其要严格控制集中荷载,以保证脚手架的安全使用。

9.0.3 大于6级大风停止高处作业的规定是按照现行行业标准《建筑施工高处作业安全技术规范》JGJ 80中的规定提出的。

9.0.4 规定了不允许随意拆除脚手架的结构构件,因施工需要临时拆除的应履行批准手续,并采取相应的安全措施。

9.0.5 本条规定是为防止挖掘作业造成脚手架根部发生沉陷而引起倒塌。

9.0.7、9.0.8 是对现场作业人员的安全管理提出的要求。

中华人民共和国行业标准

建筑施工工具式脚手架安全技术规范

Technical code for safety of implementation
scaffold practice in construction

JGJ 202—2010

批准部门：中华人民共和国住房和城乡建设部
施行日期：２０１０年９月１日

中华人民共和国住房和城乡建设部
公　告

第 531 号

关于发布行业标准《建筑施工工具式 脚手架安全技术规范》的公告

现批准《建筑施工工具式脚手架安全技术规范》为行业标准，编号为 JGJ 202-2010，自 2010 年 9 月 1 日起实施。其中，第 4.4.2、4.4.5、4.4.10、4.5.1、4.5.3、5.2.11、5.4.7、5.4.10、5.4.13、5.5.8、6.3.1、6.3.4、6.5.1、6.5.7、6.5.10、6.5.11、7.0.1、7.0.3、8.2.1 条为强制性条文，必须严格执行。

本规范由我部标准定额研究所组织中国建筑工业出版社出版发行。

中华人民共和国住房和城乡建设部

2010 年 3 月 31 日

前　　言

根据原城乡建设环境保护部《1986 年度工程建设城建、建工行业标准制订、修订计划》（[86] 城科字第 263 号）的要求，规范编制组经广泛调查研究，认真总结实践经验，参考有关国际标准和国外先进标准，并在广泛征求意见的基础上，制定本规范。

本规范主要内容是：1. 总则；2. 术语和符号；3. 构配件性能；4. 附着式升降脚手架；5. 高处作业吊篮；6. 外挂防护架；7. 管理；8. 验收。

本规范中以黑体字标志的条文为强制性条文，必须严格执行。

本规范由住房和城乡建设部负责管理和对强制性条文的解释，由中国建筑业协会建筑安全分会负责具体技术内容的解释。执行过程中如有意见和建议，请寄送中国建筑业协会建筑安全分会（地址：北京市三里河路 9 号建设部内，邮政编码：100835）。

本规范主编单位：中国建筑业协会建筑安全分会

本规范参编单位：北京市住房和城乡建设委员会

北京建工集团有限责任公司

沈阳建筑大学

上海市建设机械检测中心

山东省建筑施工安全监督站

成都市建设工程施工安全监督站

河南省建设安全监督总站

北京建工一建工程建设有限公司

北京市第五建筑工程有限公司

北京市建筑工程研究院

深圳市特辰科技有限公司

北京星河人施工技术有限责任公司

西安翔云工程新技术有限责任公司

重庆建工第三建设有限责任公司

无锡申欧工程设备有限公司

北京韬盛科技发展有限公司

本规范主要起草人员：秦春芳　张镇华　魏忠泽
胡裕新　毕建伟　沈海晏
黄书凯　姚康华　马千里
李　印　张　佳　陈卫东
严　训　郝海涛　唐　伟
孙宗辅　张显来　李宗亮
张广宇　孙京燕　胡　鹏
魏　鹏　汤坤林　杜　科
牛福增　熊　琰　魏铁山
钟建都　姜传库　白继东

刘永峰 熊渝兴 魏吉祥　　本规范主要审查人员：郭正兴 耿洁明 陶卫农
杨崇俭 吴仁山 吴　杰　　　　　　　　　　　刘　群 倪富生 张有闻
余胜国 杨爱华 尹正富　　　　　　　　　　　张志诚 姚晓东 熊耀莹
周光辉　　　　　　　　　　　　　　　　　　高秋利

目 次

1 总则 …………………………………… 10—26—6
2 术语和符号 …………………………… 10—26—6
　2.1 术语 ………………………………… 10—26—6
　2.2 符号 ………………………………… 10—26—7
3 构配件性能 …………………………… 10—26—8
4 附着式升降脚手架 …………………… 10—26—9
　4.1 荷载 ………………………………… 10—26—9
　4.2 设计计算基本规定 ………………… 10—26—10
　4.3 构件、结构计算 …………………… 10—26—11
　4.4 构造措施 …………………………… 10—26—13
　4.5 安全装置 …………………………… 10—26—15
　4.6 安装 ………………………………… 10—26—15
　4.7 升降 ………………………………… 10—26—16
　4.8 使用 ………………………………… 10—26—16
　4.9 拆除 ………………………………… 10—26—17
5 高处作业吊篮 ………………………… 10—26—17
　5.1 荷载 ………………………………… 10—26—17
　5.2 设计计算 …………………………… 10—26—17
　5.3 构造措施 …………………………… 10—26—18
　5.4 安装 ………………………………… 10—26—18
　5.5 使用 ………………………………… 10—26—18
　5.6 拆除 ………………………………… 10—26—19
6 外挂防护架 …………………………… 10—26—19
　6.1 荷载 ………………………………… 10—26—19
　6.2 设计计算 …………………………… 10—26—20
　6.3 构造措施 …………………………… 10—26—21
　6.4 安装 ………………………………… 10—26—21
　6.5 提升 ………………………………… 10—26—22
　6.6 拆除 ………………………………… 10—26—22
7 管理 …………………………………… 10—26—22
8 验收 …………………………………… 10—26—23
　8.1 附着式升降脚手架 ………………… 10—26—23
　8.2 高处作业吊篮 ……………………… 10—26—25
　8.3 外挂防护架 ………………………… 10—26—26
附录 A　Q235-A 钢轴心受压构件
　　　　的稳定系数 ………………… 10—26—27
本规范用词说明 ………………………… 10—26—27
引用标准名录 …………………………… 10—26—27
附：条文说明 …………………………… 10—26—28

Contents

1 General Provisions ········· 10—26—6
2 Terms and Symbols ········· 10—26—6
  2.1 Terms ························ 10—26—6
  2.2 Symbols ····················· 10—26—7
3 Main Components and Material
   Performance ··················· 10—26—8
4 Attached Lift Scaffold ········ 10—26—9
  4.1 Loads ························ 10—26—9
  4.2 Basic Regulation for Design ······ 10—26—10
  4.3 Capacity Calculation of Components
     and Structure ··············· 10—26—11
  4.4 Structure Requirements ········ 10—26—13
  4.5 Safty Equipment ············· 10—26—15
  4.6 Installtion ··················· 10—26—15
  4.7 Moving ······················ 10—26—16
  4.8 Using ························ 10—26—16
  4.9 Dismantling ················· 10—26—17
5 High Altitude Work
   Nacelle ························ 10—26—17
  5.1 Loads ························ 10—26—17
  5.2 Basic Regulation for
     Design ······················ 10—26—17
  5.3 Structure Requirements ········ 10—26—18
  5.4 Installtion ··················· 10—26—18
  5.5 Using ························ 10—26—18
  5.6 Dismantling ················· 10—26—19
6 Outside Hanging Protective
   Frame ························· 10—26—19
  6.1 Loads ························ 10—26—19
  6.2 Basic Regulation for Design ······ 10—26—20
  6.3 Structure Requirements ········ 10—26—21
  6.4 Installtion ··················· 10—26—21
  6.5 Lifting ······················· 10—26—22
  6.6 Dismantling ················· 10—26—22
7 Management ··················· 10—26—22
8 Acceptance ···················· 10—26—23
  8.1 Attached Lift Scaffold ········· 10—26—23
  8.2 High Altitude Work
     Nacelle ····················· 10—26—25
  8.3 Outside Hanging Protective
     Frame ······················ 10—26—26
Appendix A Stability Factor of Axial
          Compressive Q235-A
          Steel Component ··· 10—26—27
Explanation of Wording in This
   Code ························· 10—26—27
List of Quoted Standards ········· 10—26—27
Addition: Explanation of
        Provisions ················ 10—26—28

1 总则

1.0.1 为贯彻执行国家"安全第一、预防为主、综合治理"的安全生产方针,确保施工人员在使用工具式脚手架施工过程中的安全,依据国家现行有关安全生产的法律、法规,制定本规范。

1.0.2 本规范适用于建筑施工中使用的工具式脚手架,包括附着式升降脚手架、高处作业吊篮、外挂防护架的设计、制作、安装、拆除、使用及安全管理。

1.0.3 工具式脚手架的设计、制作、安装、拆除、使用及安全管理除应符合本规范外,尚应符合国家现行有关标准的规定。

2 术语和符号

2.1 术语

2.1.1 工具式脚手架 implementation scaffold
为操作人员搭设或设立的作业场所或平台,其主要架体构件为工厂制作的专用的钢结构产品,在现场按特定的程序组装后,附着在建筑物上自行或利用机械设备,沿建筑物可整体或部分升降的脚手架。

2.1.2 附着式升降脚手架 attached lift scaffold
搭设一定高度并附着于工程结构上,依靠自身的升降设备和装置,可随工程结构逐层爬升或下降,具有防倾覆、防坠落装置的外脚手架。

2.1.3 整体式附着升降脚手架 attached lift scaffold as whole
有三个以上提升装置的连跨升降的附着式升降脚手架。

2.1.4 单跨式附着升降脚手架 attached lift single-span scaffold
仅有两个提升装置并独自升降的附着升降脚手架。

2.1.5 附着支承结构 attached supporting structure
直接附着在工程结构上,并与竖向主框架相连接,承受并传递脚手架荷载的支承结构。

2.1.6 架体结构 structure of the scaffold body
附着式升降脚手架的组成结构,一般由竖向主框架、水平支承桁架和架体构架等3部分组成。

2.1.7 竖向主框架 vertical main frame
附着式升降脚手架架体结构主要组成部分,垂直于建筑物外立面,并与附着支承结构连接。主要承受和传递竖向和水平荷载的竖向框架。

2.1.8 水平支承桁架 horizontal supporting truss
附着式升降脚手架架体结构的组成部分,主要承受架体竖向荷载,并将竖向荷载传递至竖向主框架的水平支承结构。

2.1.9 架体构架 structure of scaffold body
采用钢管杆件搭设的位于相邻两竖向主框架之间和水平支承桁架之上的架体,是附着式升降脚手架架体结构的组成部分,也是操作人员作业场所。

2.1.10 架体高度 height of scaffold body
架体最底层杆件轴线至架体最上层横杆(即护栏)轴线间的距离。

2.1.11 架体宽度 width of scaffold body
架体内、外排立杆轴线之间的水平距离。

2.1.12 架体支承跨度 supported span of the scaffold body
两相邻竖向主框架中心轴线之间的距离。

2.1.13 悬臂高度 cantilever height
架体的附着支承结构中最高一个支承点以上的架体高度。

2.1.14 悬挑长度 overhang length
指架体水平方向悬挑长度,即架体竖向主框架中心轴线至架体端部立面之间的水平距离。

2.1.15 防倾覆装置 prevent overturn equipment
防止架体在升降和使用过程中发生倾覆的装置。

2.1.16 防坠落装置 prevent falling equipment
架体在升降或使用过程中发生意外坠落时的制动装置。

2.1.17 升降机构 lift mechanism
控制架体升降运行的动力机构,有电动和液压两种。

2.1.18 荷载控制系统 loading control system
能够反映、控制升降机构在工作中所承受荷载的装置系统。

2.1.19 悬臂梁 cantilever beam
一端固定在附墙支座上,悬挂升降设备或防坠落装置的悬挑钢梁,又称悬吊梁。

2.1.20 导轨 slideway
附着在附墙支承结构或者附着在竖向主框架上,引导脚手架上升和下降的轨道。

2.1.21 同步控制装置 synchro control equipment
在架体升降中控制各升降点的升降速度,使各升降点的荷载或高差在设计范围内,即控制各点相对垂直位移的装置。

2.1.22 高处作业吊篮 high altitude work nacelle
悬挑机构架设于建筑物或构筑物上,利用提升机构驱动悬吊平台,通过钢丝绳沿建筑物或构筑物立面上下运行的施工设施,也是为操作人员设置的作业平台。

2.1.23 电动吊篮 electrical nacelle
使用电动提升机驱动的吊篮设备。

2.1.24 吊篮平台 platform of nacelle
四周装有防护栏杆及挡脚板,用于搭载施工人员、物料、工具进行高处作业的平台装置。

2.1.25 悬挂机构　equipment for hanging

安装在建筑物屋面、楼面，通过悬挑钢梁悬挂吊篮的装置。由钢梁、支架、平衡铁等部件组成。

2.1.26 提升机　elevator

安装在吊篮平台上，并使吊篮平台沿钢丝绳上下运行的装置。

2.1.27 安全锁扣　safety buckle

与安全带和安全绳配套使用的，防止人员坠落的单向自动锁紧的防护用具。

2.1.28 行程限位器　stroke limitator

对吊篮平台向上运行距离和位置起限定作用的装置，由行程开关和限位挡板组成。

2.1.29 外挂防护架　outside hanging protective frame

用于建筑主体施工时临边防护而分片设置的外防护架。每片防护架由架体、两套钢结构构件及预埋件组成。架体为钢管扣件式单排架，通过扣件与钢结构构件连接，钢结构构件与设置在建筑物上的预埋件连接，将防护架的自重及使用荷载传递到建筑物上。在使用过程中，利用起重设备为提升动力，每次向上提升一层并固定，建筑主体施工完毕后，用起重设备将防护架吊至地面并拆除。适用于层高4m以下的建筑主体施工。

2.1.30 水平防护层　level protecting floor

防护架内起防护作用的铺板层或水平网。

2.1.31 钢结构构件　steel component

支承防护架的主要构件，由钢结构竖向桁架、三角臂、连墙件组成。竖向桁架与架体连接，承受架体自重和使用荷载。三角臂支承竖向桁架，通过与建筑物上预埋件的临时固定连接，将竖向桁架、架体自重及使用荷载传递到建筑物上。连墙件一端与竖向桁架连接，另一端临时固定在建筑物的预埋件上，起防止防护架倾覆的作用。预埋件由圆钢制作，预先埋设在建筑结构中，用于临时固定三角臂和连墙件。

2.2 符　号

2.2.1 作用和作用效应：

G_D——悬挂横梁自重；

G_k——永久荷载（即恒载）标准值；

M_{max}——最大弯矩设计值；

N——拉杆或压杆最大轴力设计值；

N_D——建筑结构的楼板所受吊篮悬挂机构前支架的压力；

P_H——活塞杆设计推力；

P_k——跨中集中荷载标准值；

p_Y——液压油缸内的工作压力；

q_k——均布线荷载标准值；

q'_k——施工活荷载标准值；

Q_1——钢丝绳所受竖向分力（标准值）；

Q_2——风荷载作用于吊篮的水平力（标准值）；

Q_D——吊篮钢丝绳所受拉力，应考虑吊篮的荷载组合；

Q_k——可变荷载（即活载）标准值；

R——结构构件抗力的设计值；

S——荷载效应组合的设计值；

S_{Gk}——恒荷载效应的标准值；

S_{max}——钢丝绳承受的最大静拉力；

S_{Qk}——活荷载效应的标准值；

$S_{绳}$——钢丝绳破断拉力；

T——支承悬挂机构后支架的结构所承受集中荷载；

w_k——风荷载标准值；

w_0——基本风压值。

2.2.2 计算指标：

E——钢木弹性模量；

f——钢材的抗拉、抗压和抗弯强度设计值；

f_v——钢材的抗剪强度设计值；

f_t^b——螺栓抗拉强度设计值；

f_v^b——螺栓抗剪强度设计值；

σ——正应力。

2.2.3 计算系数：

L——受弯杆件计算跨度；

L_0——钢立杆计算跨度；

u——钢立杆计算长度系数；

β_b——螺栓孔混凝土受荷计算系数；

β_l——混凝土局部承压强度提高系数；

β_z——高度 z 处的风振系数；

ϕ——挡风系数；

γ_G——恒荷载分项系数；

γ_Q——活荷载分项系数；

γ_1——附加安全系数；

γ_2——附加荷载不均匀系数；

γ_3——冲击系数；

φ——轴心受压构件的稳定系数；

μ_z——风压高度变化系数；

μ_s——脚手架风荷载体型系数。

2.2.4 几何参数：

A——压杆的截面面积；

A_n——净截面面积；

D——活塞杆直径；

$D_{螺}$——螺杆直径；

h——前支架从悬挂机构横梁升起的高度，为悬挂机构横梁上皮至前后斜拉杆支点的竖向距离；

i——回转半径；

I——毛截面惯性矩；

L_a——立杆纵距；

L_1——悬挂机构横梁上，吊篮吊点至前支架长度；

L_2——悬挂机构横梁上,前支架至后支架平衡重长度;
L_b——立杆横距;
t——钢管壁厚;
v——挠度计算值;
$[v]$——容许挠度值;
W——受弯构件截面抵抗矩;
W_n——构件的净截面抵抗矩;
λ——长细比;
$[\lambda]$——容许长细比。

3 构配件性能

3.0.1 附着式升降脚手架和外挂防护架架体用的钢管,应采用现行国家标准《直缝电焊钢管》GB/T 13793和《低压流体输送用焊接钢管》GB/T 3091中的Q235号普通钢管,应符合现行国家标准《焊接钢管尺寸及单位长度重量》GB/T 21835的规定,其钢材质量应符合现行国家标准《碳素结构钢》GB/T 700中Q235-A级钢的规定,且应满足下列规定:

1 钢管应采用 $\phi 48.3 \times 3.6$mm 的规格;
2 钢管应具有产品质量合格证和符合现行国家标准《金属材料 室温拉伸试验方法》GB/T 228有关规定的检验报告;
3 钢管应平直,其弯曲度不得大于管长的1/500,两端端面应平整,不得有斜口,有裂缝、表面分层硬伤、压扁、硬弯、深划痕、毛刺和结疤等不得使用;
4 钢管表面的锈蚀深度不得超过0.25mm;
5 钢管在使用前应涂刷防锈漆。

3.0.2 工具式脚手架主要的构配件应包括:水平支承桁架、竖向主框架、附墙支座、悬臂梁、钢拉杆、竖向桁架、三角臂等。当使用型钢、钢板和圆钢制作时,其材质应符合现行国家标准《碳素结构钢》GB/T 700中Q235-A级钢的规定。

3.0.3 当室外温度大于或等于-20℃时,宜采用Q235钢和Q345钢。承重桁架或承受冲击荷载作用的结构,应具有0℃冲击韧性的合格保证。当冬季室外温度低于-20℃时,尚应具有-20℃冲击韧性的合格保证。

3.0.4 钢管脚手架的连接扣件应符合现行国家标准《钢管脚手架扣件》GB 15831的规定。在螺栓拧紧的扭力矩达到65N·m时,不得发生破坏。

3.0.5 架体结构的连接材料应符合下列规定:
1 手工焊接所采用的焊条,应符合现行国家标准《碳钢焊条》GB/T 5117或《低合金钢焊条》GB/T 5118的规定,焊条型号应与结构主体金属力学性能相适应,对于承受动力荷载或振动荷载的桁架结构宜采用低氢型焊条;
2 自动焊接或半自动焊接采用的焊丝和焊剂,应与结构主体金属力学性能相适应,并应符合国家现行有关标准的规定;
3 普通螺栓应符合现行国家标准《六角头螺栓 C级》GB/T 5780和《六角头螺栓》GB/T 5782的规定;
4 锚栓可采用现行国家标准《碳素结构钢》GB/T 700中规定的Q235钢或《低合金高强度结构钢》GB/T 1591中规定的Q345钢制成。

3.0.6 脚手板可采用钢、木、竹材料制作,其材质应符合下列规定:
1 冲压钢板和钢板网脚手板,其材质应符合现行国家标准《碳素结构钢》GB/T 700中Q235A级钢的规定。新脚手板应有产品质量合格证;板面挠曲不得大于12mm和任一角翘起不得大于5mm;不得有裂纹、开焊和硬弯。使用前应涂刷防锈漆。钢板网脚手板的网孔内切圆直径应小于25mm。
2 竹脚手板包括竹胶合板、竹笆板和竹串片脚手板。可采用毛竹或楠竹制成;竹胶合板、竹笆板宽度不得小于600mm,竹胶合板厚度不得小于8mm,竹笆板厚度不得小于6mm,竹串片脚手板厚度不得小于50mm;不得使用腐朽、发霉的竹脚手板。
3 木脚手板应采用杉木或松木制作,其材质应符合现行国家标准《木结构设计规范》GB 50005中Ⅱ级材质的规定。板宽度不得小于200mm,厚度不得小于50mm,两端应用直径为4mm镀锌钢丝各绑扎两道。
4 胶合板脚手板,应选用现行国家标准《胶合板 第3部分:普通胶合板通用技术条件》GB/T 9846.3中的Ⅱ类普通耐水胶合板,厚度不得小于18mm,底部木方间距不得大于400mm,木方与脚手架杆件应用钢丝绑扎牢固,胶合板脚手板与木方应用钉子钉牢。

3.0.7 高处作业吊篮产品应符合现行国家标准《高处作业吊篮》GB 19155等国家标准的规定,并应有完整的图纸资料和工艺文件。

3.0.8 高处作业吊篮的生产单位应具备必要的机械加工设备、技术力量及提升机、安全锁、电器柜和吊篮整机的检验能力。

3.0.9 与吊篮产品配套的钢丝绳、索具、电缆、安全绳等均应符合现行国家标准《一般用途钢丝绳》GB/T 20118、《重要用途钢丝绳》GB 8918、《钢丝绳用普通套环》GB/T 5974.1、《压铸锌合金》GB/T 13818、《钢丝绳夹》GB/T 5976的规定。

3.0.10 高处作业吊篮用的提升机、安全锁应有独立标牌,并应标明产品型号、技术参数、出厂编号、出厂日期、标定期、制造单位。

3.0.11 高处作业吊篮应附有产品合格证和使用说明书,应详细描述安装方法、作业注意事项。

3.0.12 高处作业吊篮连接件和紧固件应符合下列规定：

1 当结构件采用螺栓连接时，螺栓应符合产品说明书的要求；当采用高强度螺栓连接时，其连接表面应清除灰尘、油漆、油迹和锈蚀，应使用力矩扳手或专用工具，并应按设计、装配技术要求拧紧；

2 当结构件采用销轴连接方式时，应使用生产厂家提供的产品。销轴规格必须符合原设计要求。销轴必须有防止脱落的锁定装置。

3.0.13 安全绳应使用锦纶安全绳，并应符合现行国家标准《安全带》GB 6095 的要求。

3.0.14 吊篮产品的研发、重大技术改进、改型应提出设计方案，并应有图纸、计算书、工艺文件；提供样机应由法定检验检测机构进行型式检验；产品投产前应进行产品鉴定或验收。

3.0.15 工具式脚手架的构配件，当出现下列情况之一时，应更换或报废：

1 构配件出现塑性变形的；

2 构配件锈蚀严重，影响承载能力和使用功能的；

3 防坠落装置的组成部件任何一个发生明显变形的；

4 弹簧件使用一个单体工程后；

5 穿墙螺栓在使用一个单体工程后，凡发生变形、磨损、锈蚀的；

6 钢拉杆上端连接板在单项工程完成后，出现变形和裂纹的；

7 电动葫芦链条出现深度超过 0.5mm 咬伤。

4 附着式升降脚手架

4.1 荷 载

4.1.1 作用于附着式升降脚手架的荷载可分为永久荷载（即恒载）和可变荷载（即活载）两类。

4.1.2 荷载标准值应符合下列规定：

1 永久荷载标准值（G_k）应包括整个架体结构、围护设施、作业层设施以及固定于架体结构上的升降机构和其他设备、装置的自重，应按实际计算；其值也可按现行国家标准《建筑结构荷载规范》GB 50009-2001（2006年版）附录 A 的规定确定。脚手板自重标准值和栏杆、挡脚板线荷载标准值可分别按表 4.1.2-1、表 4.1.2-2 的规定选用，密目式安全立网应按 0.005kN/m² 选用。

表 4.1.2-1 脚手板自重标准值（kN/mm²）

类 别	标 准 值
冲压钢脚手板	0.30
竹笆板	0.06

续表 4.1.2-1

类 别	标 准 值
木脚手板	0.35
竹串片脚手板	0.35
胶合板	0.15

表 4.1.2-2 栏杆、挡脚板线荷载标准值（kN/m）

类 别	标 准 值
栏杆、冲压钢脚手挡板	0.11
栏杆、竹串片脚手板挡板	0.14
栏杆、木脚手板挡板	0.14

2 可变荷载中的施工活荷载（Q_k）应包括施工人员、材料及施工机具，应根据施工具体情况，按使用、升降及坠落三种工况确定控制荷载标准值，设计计算时施工活荷载标准值应按表 4.1.2-3 的规定选取。

3 风荷载标准值（w_k）应按下式计算：

$$w_k = \beta_z \cdot \mu_z \cdot \mu_s \cdot w_0 \quad (4.1.2)$$

式中：w_k——风荷载标准值（kN/m²）；

μ_z——风压高度变化系数，应按现行国家标准《建筑结构荷载规范》GB 50009 的规定采用；

μ_s——脚手架风荷载体型系数，应按表 4.1.2-4 的规定采用，表中 ϕ 为挡风系数，应为脚手架挡风面积与迎风面积之比；密目式安全立网的挡风系数 ϕ 应按 0.8 计算；

w_0——基本风压值，应按现行国家标准《建筑结构荷载规范》GB 50009-2001（2006年版）附表 D.4 中 $n=10$ 年的规定采用；工作状态应按本地区的 10 年风压最大值选用，升降及坠落工况，可取 0.25kN/m² 计算；

β_z——风振系数，一般可取 1，也可按实际情况选取。

表 4.1.2-3 施工活荷载标准值

工况类别		同时作业层数	每层活荷载标准值（kN/m²）	注
使用工况	结构施工	2	3.0	
	装修施工	3	2.0	
升降工况	结构和装修施工	2	0.5	施工人员、材料、机具全部撤离

续表 4.1.2-3

工况类别		同时作业层数	每层活荷载标准值（kN/m²）	注
坠落工况	结构施工	2	0.5；3.0	在使用工况下坠落时，其瞬间标准荷载应为3.0kN/m²；升降工况下坠落其标准值应为0.5kN/m²
	装修施工	3	0.5；2.0	在使用工况下坠落时，其标准荷载为2.0kN/m²；升降工况下坠落其标准值为0.5kN/m²

表 4.1.2-4 脚手架风荷载体型系数

背靠建筑物状况	全封闭	敞开开洞
μ_s	1.0ϕ	1.3ϕ

4.1.3 当计算结构或构件的强度、稳定性及连接强度时，应采用荷载设计值（即荷载标准值乘以荷载分项系数）；计算变形时，应采用荷载标准值。永久荷载的分项系数（γ_G）应采用1.2，当对结构进行倾覆计算而对结构有利时，分项系数应采用0.9。可变荷载的分项系数（γ_Q）应采用1.4。风荷载标准值的分项系数（γ_{Qw}）应采用1.4。

4.1.4 当采用容许应力法计算时，应采用荷载标准值作为计算依据。

4.1.5 附着式升降脚手架应按最不利荷载组合进行计算，其荷载效应组合应按表4.1.5的规定采用，荷载效应组合设计值（S）应按式（4.1.5-1）、式（4.1.5-2）计算：

表 4.1.5 荷载效应组合

计算项目	荷载效应组合
纵、横向水平杆，水平支承桁架，使用过程中的固定吊拉杆和竖向主框架，附墙支座、防倾及防坠落装置	永久荷载＋施工活荷载
竖向主框架脚手架立杆稳定性	①永久荷载＋施工荷载 ②永久荷载＋0.9（施工荷载值＋风荷载）取两种组合，按最不利的计算
选择升降动力设备时选择钢丝绳及索吊具时横吊梁及其吊拉杆计算	永久荷载＋升降过程的活荷载
连墙杆＆连墙件	风荷载＋5.0kN

不考虑风荷载

$$S = \gamma_G S_{Gk} + \gamma_Q S_{Qk} \quad (4.1.5\text{-}1)$$

考虑风荷载

$$S = \gamma_G S_{Gk} + 0.9(\gamma_Q S_{Qk} + \gamma_Q S_{wk}) \quad (4.1.5\text{-}2)$$

式中：S——荷载效应组合设计值（kN）；
γ_G——恒荷载分项系数，取1.2；
γ_Q——活荷载分项系数，取1.4；
S_{Gk}——恒荷载效应的标准值（kN）；
S_{Qk}——活荷载效应的标准值（kN）；
S_{wk}——风荷载效应的标准值（kN）。

4.1.6 水平支承桁架应选用使用工况中的最大跨度进行计算，其上部的扣件式钢管脚手架计算立杆稳定时，其设计荷载值应乘以附加安全系数 $\gamma_1 = 1.43$。

4.1.7 附着式升降脚手架使用的升降动力设备、吊具、索具、主框架在使用工况条件下，其设计荷载值应乘以附加荷载不均匀系数 $\gamma_2 = 1.3$；在升降、坠落工况时，其设计荷载值应乘以附加荷载不均匀系数 $\gamma_2 = 2.0$。

4.1.8 计算附墙支座时，应按使用工况进行，选取其中承受荷载最大处的支座进行计算，其设计荷载值应乘以冲击系数 $\gamma_3 = 2.0$。

4.2 设计计算基本规定

4.2.1 附着式升降脚手架的设计应符合现行国家标准《钢结构设计规范》GB 50017、《冷弯薄壁型钢结构技术规范》GB 50018、《混凝土结构设计规范》GB 50010以及其他相关标准的规定。

4.2.2 附着式升降脚手架架体结构、附着支承结构、防倾装置、防坠装置的承载能力应按概率极限状态设计法的要求采用分项系数设计表达式进行设计，并应进行下列设计计算：

1 竖向主框架构件强度和压杆的稳定计算；
2 水平支承桁架构件的强度和压杆的稳定计算；
3 脚手架架体构架构件的强度和压杆稳定计算；
4 附着支承结构构件的强度和压杆稳定计算；
5 附着支承结构穿墙螺栓以及螺栓孔处混凝土局部承压计算；
6 连接节点计算。

4.2.3 竖向主框架、水平支承桁架、架体构架应根据正常使用极限状态的要求验算变形。

4.2.4 附着升降脚手架的索具、吊具应按有关机械设计的规定，按容许应力法进行设计。同时还应符合下列规定：

1 荷载值应小于升降动力设备的额定值；
2 吊具安全系数 K 应取5；
3 钢丝绳索具安全系数 $K = 6 \sim 8$，当建筑物层高3m（含）以下时应取6，3m以上时应取8。

4.2.5 脚手架结构构件的容许长细比 $[\lambda]$ 应符合下

列规定：

1 竖向主框架压杆：$[\lambda] \leqslant 150$
2 脚手架立杆：$[\lambda] \leqslant 210$
3 横向斜撑杆：$[\lambda] \leqslant 250$
4 竖向主框架拉杆：$[\lambda] \leqslant 300$
5 剪刀撑及其他拉杆：$[\lambda] \leqslant 350$

4.2.6 受弯构件的挠度限值应符合表4.2.6的规定。

表4.2.6 受弯构件的挠度限值

构件类别	挠度限值
脚手板和纵向、横向水平杆	L/150 和 10mm（L为受弯杆件跨度）
水平支承桁架	L/250（L为受弯杆件跨度）
悬臂受弯杆件	L/400（L为受弯杆件跨度）

4.2.7 螺栓连接强度设计值应按表4.2.7的规定采用。

表4.2.7 螺栓连接强度设计值（N/mm²）

钢材强度等级	抗拉强度 f_t^b	抗剪强度 f_v^b
Q235	170	140

4.2.8 扣件承载力设计值应按表4.2.8的规定采用。

表4.2.8 扣件承载力设计值

项目	承载力设计值（kN）
对接扣件（抗滑）（1个）	3.2
直角扣件、旋转扣件（抗滑）（1个）	8.0

4.2.9 钢管截面特性及自重标准值应符合表4.2.9的规定。

表4.2.9 钢管截面特性及自重标准值

外径 d (mm)	壁厚 t (mm)	截面积 A (mm²)	惯性矩 I (mm⁴)	截面模量 W (mm³)	回转半径 i (mm)	每米长自重 (N/m)
48.3	3.2	453	1.16×10⁵	4.80×10³	16.0	35.6
48.3	3.6	506	1.27×10⁵	5.26×10³	15.9	39.7

4.3 构件、结构计算

4.3.1 受弯构件计算应符合下列规定：

1 抗弯强度应按下式计算：

$$\sigma = \frac{M_{max}}{W_n} \leqslant f \quad (4.3.1-1)$$

式中：M_{max}——最大弯矩设计值（N·m）；
f——钢材的抗拉、抗压和抗弯强度设计值（N/mm²）；
W_n——构件的净截面抵抗矩（mm³）。

2 挠度应按下列公式验算：

$$v \leqslant [v] \quad (4.3.1-2)$$

$$v = \frac{5 q_k l^4}{384 E I_x} \quad (4.3.1-3)$$

或 $$v = \frac{5 q_k l^4}{384 E I_x} + \frac{P_k l^3}{48 E I_x} \quad (4.3.1-4)$$

式中：v——受弯构件的挠度计算值（mm）；
$[v]$——受弯构件的容许挠度值（mm）；
q_k——均布线荷载标准值（N/mm）；
P_k——跨中集中荷载标准值（N）；
E——钢材弹性模量（N/mm²）；
I_x——毛截面惯性矩（mm⁴）；
l——计算跨度（m）。

4.3.2 受拉和受压杆件计算应符合下列规定：

1 中心受拉和受压杆件强度应按下式计算：

$$\sigma = \frac{N}{A_n} \leqslant f \quad (4.3.2-1)$$

式中：N——拉杆或压杆最大轴力设计值（N）；
A_n——拉杆或压杆的净截面面积（mm²）；
f——钢材的抗拉、抗压和抗弯强度设计值（N/mm²）。

2 压弯杆件稳定性应满足下式要求：

$$\frac{N}{\varphi A} \leqslant f \quad (4.3.2-2)$$

当有风荷载组合时，水平支承桁架上部的扣件式钢管脚手架立杆的稳定性应符合下式要求：

$$\frac{N}{\varphi A} + \frac{M_x}{W_x} \leqslant f \quad (4.3.2-3)$$

式中：A——压杆的截面面积（mm²）；
φ——轴心受压构件的稳定系数，应按本规范附录A表A选取；
M_x——压杆的弯矩设计值（N·m）；
W_x——压杆的截面抗弯模量（mm³）；
f——钢材的抗拉、抗压和抗弯强度设计值（N/mm²）。

4.3.3 水平支承桁架设计计算应符合下列规定：

1 水平支承桁架上部脚手架立杆的集中荷载应作用在桁架上弦的节点上。

2 水平支承桁架应构成空间几何不可变体系的稳定结构。

3 水平支承桁架与主框架的连接应设计成铰接并应使水平支承桁架按静定结构计算。

4 水平支承桁架设计计算应包括下列内容：
   1）节点荷载设计值；
   2）杆件内力设计值；
   3）杆件最不利组合内力；
   4）最不利杆件强度和压杆稳定性；受弯构件的变形验算；
   5）节点板及节点焊缝或连接螺栓的强度。

5 水平支承桁架的外桁架和内桁架应分别计算，其节点荷载应为架体构架的立杆轴力；操作层内外桁架荷载的分配应通过小横杆支座反力求得。

4.3.4 竖向主框架设计计算应符合下列规定：
1 竖向主框架应是几何不可变体系的稳定结构，且受力明确；
2 竖向主框架内外立杆的垂直荷载应包括下列内容：
　　1）内外水平支承桁架传递来的支座反力；
　　2）操作层纵向水平杆传递给竖向主框架的支座反力。
3 风荷载按每根纵向水平杆挡风面承担的风荷载，传递给主框架节点上的集中荷载计算；
4 竖向主框架设计计算应包括下列内容：
　　1）节点荷载标准值的计算；
　　2）分别计算风荷载与垂直荷载作用下，竖向主框架杆件的内力设计值；
　　3）计算风荷载与垂直荷载组合最不利杆件的内力设计值；
　　4）最不利杆件强度和压杆稳定性以及受弯构件的变形计算；
　　5）节点板及节点焊缝或连接螺栓的强度；
　　6）支座的连墙件强度计算。

4.3.5 附墙支座设计应符合下列规定：
1 每一楼层处均应设置附墙支座，且每一附墙支座均应能承受该机位范围内的全部荷载的设计值，并应乘以荷载不均匀系数2或冲击系数2；
2 应进行抗弯、抗压、抗剪、焊缝、平面内外稳定性、锚固螺栓计算和变形验算。

4.3.6 附着支承结构穿墙螺栓计算应符合下列规定：
1 穿墙螺栓应同时承受剪力和轴向拉力，其强度应按下列公式计算：

$$\sqrt{\left(\frac{N_v}{N_v^b}\right)^2 + \left(\frac{N_t}{N_t^b}\right)^2} \leqslant 1 \quad (4.3.6-1)$$

$$N_v^b = \frac{\pi D_{\text{螺}}^2}{4} f_v^b \quad (4.3.6-2)$$

$$N_t^b = \frac{\pi d_0^2}{4} f_t^b \quad (4.3.6-3)$$

式中：N_v、N_t ——一个螺栓所承受的剪力和拉力设计值（N）；
　　N_v^b、N_t^b ——一个螺栓抗剪、抗拉承载能力设计值（N）；
　　$D_{\text{螺}}$ ——螺杆直径（mm）；
　　f_v^b ——螺栓抗剪强度设计值，一般采用Q235，取 $f_v^b = 140 \text{N/mm}^2$；
　　d_0 ——螺栓螺纹处有效截面直径（mm）；
　　f_t^b ——螺栓抗拉强度设计值，一般采用Q235，取 $f_t^b = 170 \text{N/mm}^2$。

4.3.7 穿墙螺栓孔处混凝土受压状况如图4.3.7所示，其承载能力应符合下式要求：

$$N_v \leqslant 1.35 \beta_b \beta_l f_c bd \quad (4.3.7)$$

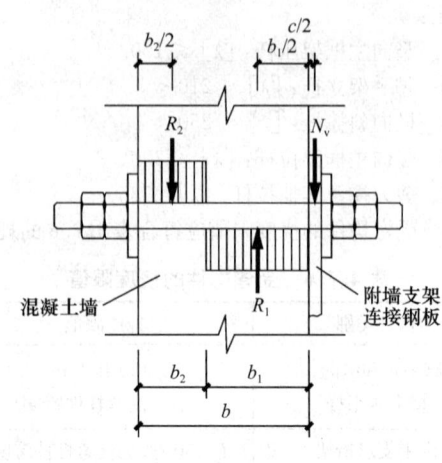

图4.3.7 穿墙螺栓孔处混凝土受压状况图

式中：N_v ——一个螺栓所承受的剪力设计值（N）；
　　β_b ——螺栓孔混凝土受荷计算系数，取0.39；
　　β_l ——混凝土局部承压强度提高系数，取1.73；
　　f_c ——上升时混凝土龄期试块轴心抗压强度设计值（N/mm²）；
　　b ——混凝土外墙的厚度（mm）；
　　d ——穿墙螺栓的直径（mm）。

4.3.8 导轨（或导向柱）设计应符合下列规定：
1 荷载设计值应根据不同工况分别乘以相应的荷载不均匀系数；
2 应进行抗弯、抗压、抗剪、焊缝、平面内外稳定性、锚固螺栓计算和变形验算。

4.3.9 防坠装置设计应符合下列规定：
1 荷载的设计值应乘以相应的冲击系数，并应在一个机位内分别按升降工况和使用工况的荷载取值进行验算；
2 应依据实际情况分别进行强度和变形验算；
3 防坠装置不得与提升装置设置在同一个附墙支座上。

4.3.10 主框架底座和吊拉杆设计应符合下列规定：
1 荷载设计值应依据主框架传递的反力计算；
2 结构构件应进行强度和稳定性验算，并对连接焊缝及螺栓进行强度计算。

4.3.11 用作升降和防坠的悬臂梁设计应符合下列规定：
1 应按升降和使用工况分别选择荷载设计值，两种情况选取最不利的荷载进行计算，并应乘以冲击系数2，使用工况时应乘以荷载不均匀系数1.3；
2 应进行强度和变形计算；
3 悬挂动力设备或防坠装置的附墙支座应分别计算。

4.3.12 升降动力设备选择应符合下列规定：

1 应按升降工况一个机位范围内的总荷载,并乘以荷载不均匀系数 2 选取荷载设计值;

2 升降动力设备荷载设计值 N_s 不得大于其额定值 N_c。

4.3.13 液压油缸活塞推力应按下列公式计算:

$$p_Y \geq 1.2 p_1 \quad (4.3.13-1)$$

$$P_H = \frac{\pi D^2}{4} p_Y \quad (4.3.13-2)$$

式中:p_1——活塞杆的静工作阻力,也即是起重计算时一个液压机位的荷载设计值(kN/cm²);

1.2——活塞运动的摩阻力系数;

P_H——活塞杆设计推力(kN);

D——活塞直径(cm);

p_Y——液压油缸内的工作压力(kN/cm²)。

4.3.14 对位于建筑物凸出或凹进结构处的附着式升降脚手架,应进行专项设计。

4.4 构造措施

4.4.1 附着式升降脚手架应由竖向主框架、水平支承桁架、架体构架、附着支承结构、防倾装置、防坠装置等组成。

4.4.2 附着式升降脚手架结构构造的尺寸应符合下列规定:

1 架体高度不得大于 5 倍楼层高;

2 架体宽度不得大于 1.2m;

3 直线布置的架体支承跨度不得大于 7m,折线或曲线布置的架体,相邻两主框架支撑点处的架体外侧距离不得大于 5.4m;

4 架体的水平悬挑长度不得大于 2m,且不得大于跨度的 1/2;

5 架体全高与支承跨度的乘积不得大于 110m²。

4.4.3 附着式升降脚手架应在附着支承结构部位设置与架体高度相等的与墙面垂直的定型的竖向主框架,竖向主框架应是桁架或刚架结构,其杆件连接的节点应采用焊接或螺栓连接,并应与水平支承桁架和架体构架构成有足够强度和支撑刚度的空间几何不可变体系的稳定结构。竖向主框架结构构造(图4.4.3)应符合下列规定:

1 竖向主框架可采用整体结构或分段对接式结构。结构形式应为竖向桁架或门型刚架形式等。各杆件的轴线应汇交于节点处,并应采用螺栓或焊接连接,如不交汇于一点,应进行附加弯矩验算;

2 当架体升降采用中心吊时,在悬臂梁行程范围内竖向主框架内侧水平杆去掉部分的断面,应采取可靠的加固措施;

3 主框架内侧应设有导轨;

4 竖向主框架宜采用单片式主框架[图4.4.3(a)];或可采用空间桁架式主框架[图4.4.3(b)]。

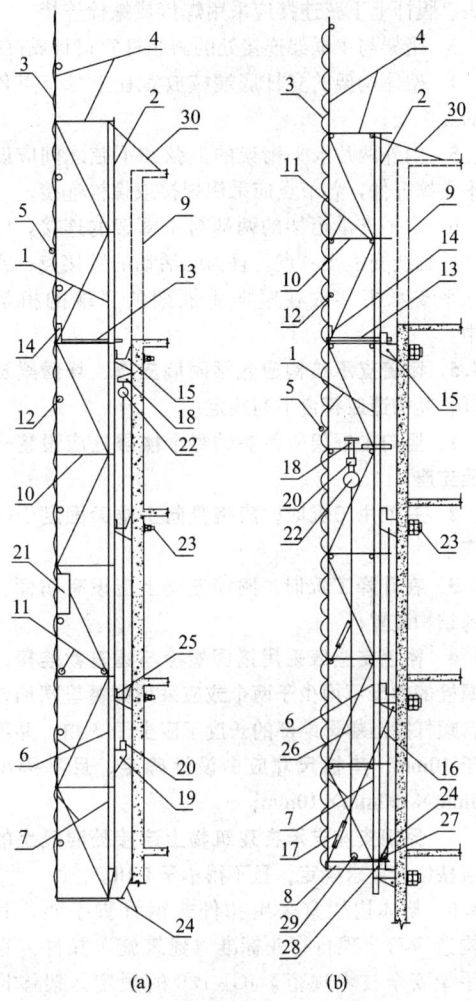

图 4.4.3 两种不同主框架的架体断面构造图
(a)竖向主框架为单片式;
(b)竖向主框架为空间桁架式

1—竖向主框架;2—导轨;3—密目安全网;4—架体;5—剪刀撑(45°～60°);6—立杆;7—水平支承桁架;8—竖向主框架底部托盘;9—正在施工层;10—架体横向水平杆;11—架体纵向水平杆;12—防护栏杆;13—脚手板;14—作业层挡脚板;15—附墙支座(含导向、防倾装置);16—吊拉杆(定位);17—花篮螺栓;18—升降上吊挂点;19—升降下吊挂点;20—荷载传感器;21—同步控制装置;22—电动葫芦;23—锚固螺栓;24—底部脚手板及密封翻板;25—定位装置;26—升降钢丝绳;27—导向滑轮;28—主框架底部托座与附墙支座临时固定连接点;29—升降滑轮;30—临时拉结

4.4.4 在竖向主框架的底部应设置水平支承桁架,其宽度应与主框架相同,平行于墙面,其高度不宜小于1.8m。水平支承桁架结构构造应符合下列规定:

1 桁架各杆件的轴线应相交于节点上,并宜采用节点板构造连接,节点板的厚度不得小于6mm;

2 桁架上下弦应采用整根通长杆件或设置刚性接头。腹杆上下弦连接应采用焊接或螺栓连接；

3 桁架与主框架连接处的斜腹杆宜设计成拉杆；

4 架体构架的立杆底端应放置在上弦节点各轴线的交汇处；

5 内外两片水平桁架的上弦和下弦之间应设置水平支撑杆件，各节点应采用焊接或螺栓连接；

6 水平支承桁架的两端与主框架的连接，可采用杆件轴线交汇于一点，且为能活动的铰接点；或可将水平支承桁架放在竖向主框架的底端的桁架底框中。

4.4.5 附着支承结构应包括附墙支座、悬臂梁及斜拉杆，其构造应符合下列规定：

1 竖向主框架所覆盖的每个楼层处应设置一道附墙支座；

2 在使用工况时，应将竖向主框架固定于附墙支座上；

3 在升降工况时，附墙支座上应设有防倾、导向的结构装置；

4 附墙支座应采用锚固螺栓与建筑物连接，受拉螺栓的螺母不得少于两个或应采用弹簧垫圈加单螺母，螺杆露出螺母端部的长度不应少于3扣，并不得小于10mm，垫板尺寸应由设计确定，且不得小于100mm×100mm×10mm；

5 附墙支座支承在建筑物上连接处混凝土的强度应按设计要求确定，且不得小于C10。

4.4.6 架体构架宜采用扣件式钢管脚手架，其结构构造应符合现行行业标准《建筑施工扣件式钢管脚手架安全技术规范》JGJ 130的规定。架体构架应设置在两竖向主框架之间，并应以纵向水平杆与之相连，其立杆应设置在水平支承桁架的节点上。

4.4.7 水平支承桁架最底层应设置脚手板，并应铺满铺牢，与建筑物墙面之间也应设置脚手板全封闭，宜设置可翻转的密封翻板。在脚手板的下面应采用安全网兜底。

4.4.8 架体悬臂高度不得大于架体高度的2/5，且不得大于6m。

4.4.9 当水平支承桁架不能连续设置时，局部可采用脚手架杆件进行连接，但其长度不得大于2.0m，且应采取加强措施，确保其强度和刚度不得低于原有的桁架。

4.4.10 物料平台不得与附着式升降脚手架各部位和各结构构件相连，其荷载应直接传递给建筑工程结构。

4.4.11 当架体遇到塔吊、施工升降机、物料平台需断开或开洞时，断开处应加设栏杆和封闭，开口处应有可靠的防止人员及物料坠落的措施。

4.4.12 架体外立面应沿全高连续设置剪刀撑，并将竖向主框架、水平支承桁架和架体构架连成一体，剪刀撑斜杆水平夹角应为45°～60°；应与所覆盖架体构架上每个主节点的立杆或横向水平杆伸出端扣紧；悬挑端应以竖向主框架为中心成对设置对称斜拉杆，其水平夹角不应小于45°。

4.4.13 架体结构应在以下部位采取可靠的加强构造措施：

1 与附墙支座的连接处；

2 架体上提升机构的设置处；

3 架体上防坠、防倾装置的设置处；

4 架体吊拉点设置处；

5 架体平面的转角处；

6 架体因碰到塔吊、施工升降机、物料平台等设施而需要断开或开洞处；

7 其他有加强要求的部位。

4.4.14 附着式升降脚手架的安全防护措施应符合下列规定：

1 架体外侧应采用密目式安全立网全封闭，密目式安全立网的网目密度不应低于2000目/100cm²，且应可靠地固定在架体上；

2 作业层外侧应设置1.2m高的防护栏杆和180mm高的挡脚板；

3 作业层应设置固定牢靠的脚手板，其与结构之间的间距应满足现行行业标准《建筑施工扣件式钢管脚手架安全技术规范》JGJ 130的相关规定。

4.4.15 附着式升降脚手架构配件的制作应符合下列规定：

1 应具有完整的设计图纸、工艺文件、产品标准和产品质量检验规程；制作单位应有完善有效的质量管理体系；

2 制作构配件的原材料和辅料的材质及性能应符合设计要求，并应按本规范第3.0.1～3.0.6条的规定对其进行验证和检验；

3 加工构配件的工装、设备及工具应满足构配件制作精度的要求，并应定期进行检查，工装应有设计图纸；

4 构配件应按工艺要求及检验规程进行检验。对附着支承结构、防倾、防坠落装置等关键部件的加工件应进行100%检验；构配件出厂时，应提供出厂合格证。

4.4.16 附着式升降脚手架应在每个竖向主框架处设置升降设备，升降设备应采用电动葫芦或电动液压设备，单跨升降时可采用手动葫芦，并应符合下列规定：

1 升降设备应与建筑结构和架体有可靠连接；

2 固定电动升降动力设备的建筑结构应安全可靠；

3 设置电动液压设备的架体部位，应有加强措施。

4.4.17 两主框架之间架体的搭设应符合现行行业标准《建筑施工扣件式钢管脚手架安全技术规范》JGJ 130 的规定。

4.5 安全装置

4.5.1 附着式升降脚手架必须具有防倾覆、防坠落和同步升降控制的安全装置。

4.5.2 防倾覆装置应符合下列规定：
1 防倾覆装置中应包括导轨和两个以上与导轨连接的可滑动的导向件；
2 在防倾导向件的范围内应设置防倾覆导轨，且应与竖向主框架可靠连接；
3 在升降和使用两种工况下，最上和最下两个导向件之间的最小间距不得小于 2.8m 或架体高度的 1/4；
4 应具有防止竖向主框架倾斜的功能；
5 应采用螺栓与附墙支座连接，其装置与导轨之间的间隙应小于 5mm。

4.5.3 防坠落装置必须符合下列规定：
1 防坠落装置应设置在竖向主框架处并附着在建筑结构上，每一升降点不得少于一个防坠落装置，防坠落装置在使用和升降工况下都必须起作用；
2 防坠落装置必须采用机械式的全自动装置，严禁使用每次升降都需重组的手动装置；
3 防坠落装置技术性能除应满足承载能力要求外，还应符合表 4.5.3 的规定。

表 4.5.3 防坠落装置技术性能

脚手架类别	制动距离（mm）
整体式升降脚手架	≤80
单片式升降脚手架	≤150

4 防坠落装置应具有防尘、防污染的措施，并应灵敏可靠和运转自如；
5 防坠落装置与升降设备必须分别独立固定在建筑结构上；
6 钢吊杆式防坠落装置，钢吊杆规格应由计算确定，且不应小于 $\phi 25mm$。

4.5.4 同步控制装置应符合下列规定：
1 附着式升降脚手架升降时，必须配备有限制荷载或水平高差的同步控制系统。连续式水平支承桁架，应采用限制荷载自控系统；简支静定水平支承桁架，应采用水平高差同步自控系统；当设备受时，可选择限制荷载自控系统。
2 限制荷载自控系统应具有下列功能：
1) 当某一机位的荷载超过设计值的 15% 时，应采用声光形式自动报警和显示报警机位；当超过 30% 时，应能使该升降设备自动停机；

2) 应具有超载、失载、报警和停机的功能；宜增设显示记忆和储存功能；
3) 应具有自身故障报警功能，并应能适应施工现场环境；
4) 性能应可靠、稳定，控制精度应在 5% 以内。

3 水平高差同步控制系统应具有下列功能：
1) 当水平支承桁架两端高差达到 30mm 时，应能自动停机；
2) 应具有显示各提升点的实际升高和超高的数据，并应有记忆和储存的功能；
3) 不得采用附加重量的措施控制同步。

4.6 安 装

4.6.1 附着式升降脚手架应按专项施工方案进行安装，可采用单片式主框架的架体（图 4.6.1-1），也可采用空间桁架式主框架的架体（图 4.6.1-2）。

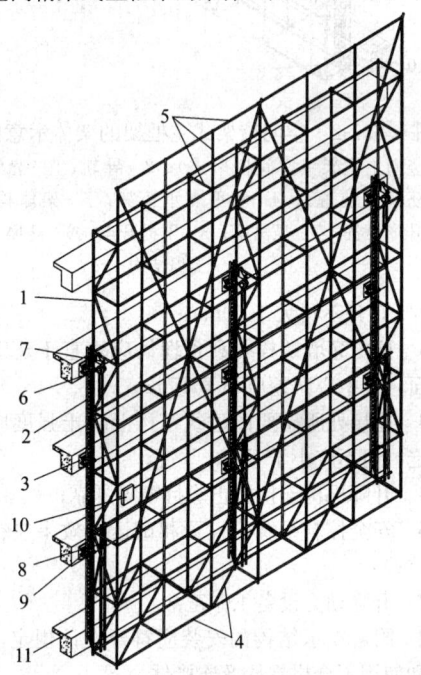

图 4.6.1-1 单片式主框架的架体示意图
1—竖向主框架（单片式）；2—导轨；3—附墙支座
（含防倾覆、防坠落装置）；4—水平支承桁架；
5—架体构架；6—升降设备；7—升降上吊挂件；
8—升降下吊点（含荷载传感器）；9—定位装置；
10—同步控制装置；11—工程结构

4.6.2 附着式升降脚手架在首层安装前应设置安装平台，安装平台应有保障施工人员安全的防护设施，安装平台的水平精度和承载能力应满足架体安装的要求。

4.6.3 安装时应符合下列规定：
1 相邻竖向主框架的高差不应大于 20mm；
2 竖向主框架和防倾导向装置的垂直偏差不应

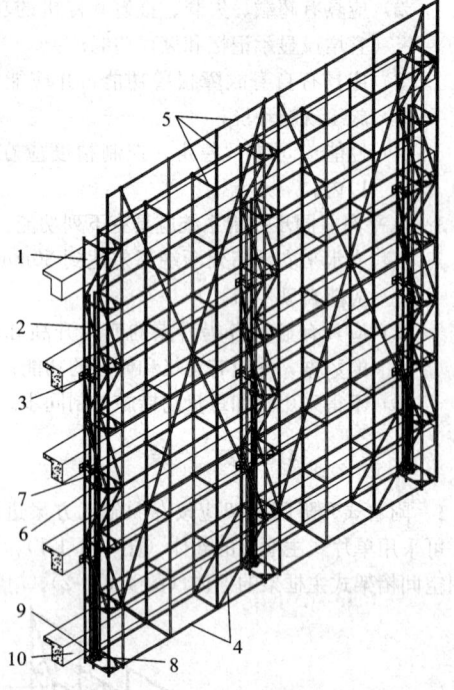

图 4.6.1-2 空间桁架式主框架的架体示意图
1—竖向主框架（空间桁架式）；2—导轨；3—悬臂梁（含防倾覆装置）；4—水平支承桁架；5—架体构架；6—升降设备；7—悬吊梁；8—下提升点；9—防坠落装置；10—工程结构

大于5‰，且不得大于60mm；

　　3 预留穿墙螺栓孔和预埋件应垂直于建筑结构外表面，其中心误差应小于15mm；

　　4 连接处所需要的建筑结构混凝土强度应由计算确定，但不应小于C10；

　　5 升降机构连接应正确且牢固可靠；

　　6 安全控制系统的设置和试运行效果应符合设计要求；

　　7 升降动力设备工作正常。

4.6.4 附着支承结构的安装应符合设计规定，不得少装和使用不合格螺栓及连接件。

4.6.5 安全保险装置应全部合格，安全防护设施应齐备，且应符合设计要求，并应设置必要的消防设施。

4.6.6 电源、电缆及控制柜等的设置应符合现行行业标准《施工现场临时用电安全技术规范》JGJ 46的有关规定。

4.6.7 采用扣件式脚手架搭设的架体构架，其构造应符合现行行业标准《建筑施工扣件式钢管脚手架安全技术规范》JGJ 130的要求。

4.6.8 升降设备、同步控制系统及防坠落装置等专项设备，均应采用同一厂家的产品。

4.6.9 升降设备、控制系统、防坠落装置等应采取防雨、防砸、防尘等措施。

4.7 升　降

4.7.1 附着式升降脚手架可采用手动、电动和液压三种升降形式，并应符合下列规定：

　　1 单跨架体升降时，可采用手动、电动和液压三种升降形式；

　　2 当两跨以上的架体同时整体升降时，应采用电动或液压设备。

4.7.2 附着式升降脚手架每次升降前，应按本规范表8.1.4的规定进行检查，经检查合格后，方可进行升降。

4.7.3 附着式升降脚手架的升降操作应符合下列规定：

　　1 应按升降作业程序和操作规程进行作业；

　　2 操作人员不得停留在架体上；

　　3 升降过程中不得有施工荷载；

　　4 所有妨碍升降的障碍物应已拆除；

　　5 所有影响升降作业的约束应已解除；

　　6 各相邻提升点间的高差不得大于30mm，整体架最大升降差不得大于80mm。

4.7.4 升降过程中应实行统一指挥、统一指令。升降指令应由总指挥一人下达；当有异常情况出现时，任何人均可立即发出停止指令。

4.7.5 当采用环链葫芦作升降动力时，应严密监视其运行情况，及时排除翻链、绞链和其他影响正常运行的故障。

4.7.6 当采用液压设备作升降动力时，应排除液压系统的泄漏、失压、颤动、油缸爬行和不同步等问题和故障，确保正常工作。

4.7.7 架体升降到位后，应及时按使用状况要求进行附着固定；在没有完成架体固定工作前，施工人员不得擅自离岗或下班。

4.7.8 附着式升降脚手架架体升降到位固定后，应按本规范表8.1.3进行检查，合格后方可使用；遇5级及以上大风和大雨、大雪、浓雾和雷雨等恶劣天气时，不得进行升降作业。

4.8 使　用

4.8.1 附着式升降脚手架应按设计性能指标进行使用，不得随意扩大使用范围；架体上的施工荷载应符合设计规定，不得超载，不得放置影响局部杆件安全的集中荷载。

4.8.2 架体内的建筑垃圾和杂物应及时清理干净。

4.8.3 附着式升降脚手架在使用过程中不得进行下列作业：

　　1 利用架体吊运物料；

　　2 在架体上拉结吊装缆绳（或缆索）；

　　3 在架体上推车；

　　4 任意拆除结构件或松动连接件；

5 拆除或移动架体上的安全防护设施；
6 利用架体支撑模板或卸料平台；
7 其他影响架体安全的作业。

4.8.4 当附着式升降脚手架停用超过 3 个月时，应提前采取加固措施。

4.8.5 当附着式升降脚手架停用超过 1 个月或遇 6 级及以上大风后复工时，应进行检查，确认合格后方可使用。

4.8.6 螺栓连接件、升降设备、防倾装置、防坠落装置、电控设备、同步控制装置等应每月进行维护保养。

4.9 拆 除

4.9.1 附着式升降脚手架的拆除工作应按专项施工方案及安全操作规程的有关要求进行。

4.9.2 应对拆除作业人员进行安全技术交底。

4.9.3 拆除时应有可靠的防止人员或物料坠落的措施，拆除的材料及设备不得抛扔。

4.9.4 拆除作业应在白天进行。遇 5 级及以上大风和大雨、大雪、浓雾和雷雨等恶劣天气时，不得进行拆除作业。

5 高处作业吊篮

5.1 荷 载

5.1.1 高处作业吊篮的荷载可分为永久荷载（即恒载）和可变荷载（即活载）两类。永久荷载包括：悬挂机构、吊篮（含提升机和电缆）、钢丝绳、配重块；可变荷载包括：操作人员、施工工具、施工材料、风荷载。

5.1.2 永久荷载标准值（G_k）应根据生产厂家使用说明书提供的数据选取。

5.1.3 施工活荷载标准值（q'_k），宜按均布荷载考虑，应为 $1kN/m^2$。

5.1.4 吊篮的风荷载标准值应按下式计算：

$$Q_{wk} = w_k \times F \quad (5.1.4)$$

式中：Q_{wk}——吊篮的风荷载标准值（kN）；
w_k——风荷载标准值（kN/m^2）；
F——吊篮受风面积（m^2）。

5.1.5 吊篮在结构设计时，应考虑风荷载的影响；在工作状态下，应能承受的基本风压值不低于 500Pa；在非工作状态下，当吊篮安装高度不大于 60m 时，应能承受的基本风压值不低于 1915Pa，每增高 30m，基本风压值应增加 165Pa；吊篮的固定装置结构设计风压值应按 1.5 倍的基本风压值计算。

5.2 设 计 计 算

5.2.1 吊篮动力钢丝绳强度应按容许应力法进行核算，计算荷载应采用标准值，安全系数 K 应选取 9。

5.2.2 吊篮动力钢丝绳所承受荷载，应符合下列规定：

1 竖向荷载标准值应按下式计算：

$$Q_1 = (G_k + Q_k)/2 \quad (5.2.2-1)$$

式中：Q_1——吊篮动力钢丝绳竖向荷载标准值（kN）；
G_k——吊篮及钢丝绳自重标准值（kN）；
Q_k——施工活荷载标准值（kN）。

2 作用于吊篮上的水平荷载可只考虑风荷载，并应由两根钢丝绳各负担 1/2，水平荷载标准值应按下式计算：

$$Q_2 = Q_{wk}/2 \quad (5.2.2-2)$$

式中：Q_2——吊篮动力钢丝绳水平荷载标准值（kN）；
Q_{wk}——吊篮的风荷载标准值（kN）。

5.2.3 吊篮在使用时，其动力钢丝绳所受拉力应按下式核算：

$$Q_D = K\sqrt{Q_1^2 + Q_2^2} \quad (5.2.3)$$

式中：Q_D——动力钢丝绳所受拉力的施工核算值（kN）；
K——安全系数，选取 9。

5.2.4 吊篮在使用时，动力钢丝绳所受拉力（Q_D）不应大于钢丝绳的破断拉力。

5.2.5 高处作业吊篮通过悬挂机构支撑在建筑物上，应对支撑点的结构强度进行核算。

5.2.6 支承悬挂机构前支架的结构所承受的集中荷载应按下式计算：

$$N_D = Q_D(1 + L_1/L_2) + G_D \quad (5.2.6)$$

式中：N_D——支承悬挂机构前支架的结构所承受的集中荷载（kN）；
Q_D——吊篮动力钢丝绳所受拉力的施工核算值，应按式（5.2.3）计算（kN）；
G_D——悬挂横梁自重；
L_1——悬挂横梁前支架支撑点至吊篮吊点的长度（m）；
L_2——悬挂横梁前支架支撑点至后支架支撑点之间的长度（m）。

5.2.7 当后支架采用加平衡重的形式时，支承悬挂机构后支架的结构所承受的集中荷载应按下式计算：

$$T = 2 \times (Q_D \times L_1/L_2) \quad (5.2.7)$$

式中：T——支承悬挂机构后支架的结构所承受集中荷载（kN）。

5.2.8 当后支架采用与楼层结构拉结卸荷形式时，支承悬挂机构后支架的结构所承受集中荷载应按下式计算：

$$T = 3 \times (Q_D \times L_1/L_2) \quad (5.2.8)$$

5.2.9 当支承悬挂机构前后支撑点的结构的强度不能满足使用要求时，应采取加垫板放大受荷面积或在下层采取支顶措施。

5.2.10 固定式悬挂支架（指后支架拉结型）拉结点处的结构应能承受设计拉力；当采用锚固钢筋作为传力结构时，其钢筋直径应大于16mm；在混凝土中的锚固长度应符合该结构混凝土强度等级的要求。

5.2.11 悬挂吊篮的支架支撑点处结构的承载能力，应大于所选择吊篮各工况的荷载最大值。

5.3 构造措施

5.3.1 高处作业吊篮应由悬挂机构、吊篮平台、提升机构、防坠落机构、电气控制系统、钢丝绳和配套附件、连接件组成。

5.3.2 吊篮平台应能通过提升机构沿动力钢丝绳升降。

5.3.3 吊篮悬挂机构前后支架的间距，应能随建筑物外形变化进行调整。

5.4 安 装

5.4.1 高处作业吊篮安装时应按专项施工方案，在专业人员的指导下实施。

5.4.2 安装作业前，应划定安全区域，并应排除作业障碍。

5.4.3 高处作业吊篮组装前应确认结构件、紧固件已配套且完好，其规格型号和质量应符合设计要求。

5.4.4 高处作业吊篮所用的构配件应是同一厂家的产品。

5.4.5 在建筑物屋面上进行悬挂机构的组装时，作业人员应与屋面边缘保持2m以上的距离。组装场地狭小时应采取防坠落措施。

5.4.6 悬挂机构宜采用刚性联结方式进行拉结固定。

5.4.7 **悬挂机构前支架严禁支撑在女儿墙上、女儿墙外或建筑物挑檐边缘。**

5.4.8 前梁外伸长度应符合高处作业吊篮使用说明书的规定。

5.4.9 悬挑横梁应前高后低，前后水平高差不应大于横梁长度的2%。

5.4.10 配重件应稳定可靠地安放在配重架上，并应有防止随意移动的措施。严禁使用破损的配重件或其他替代物。配重件的重量应符合设计规定。

5.4.11 安装时钢丝绳应沿建筑物立面缓慢下放至地面，不得抛掷。

5.4.12 当使用两个以上的悬挂机构时，悬挂机构吊点水平间距与吊篮平台的吊点间距应相等，其误差不应大于50mm。

5.4.13 **悬挂机构前支架应与支撑面保持垂直，脚轮不得受力。**

5.4.14 安装任何形式的悬挑结构，其施加于建筑物或构筑物支承处的作用力，均应符合建筑结构的承载能力，不得对建筑物和其他设施造成破坏和不良影响。

5.4.15 高处作业吊篮安装和使用时，在10m范围内如有高压输电线路，应按照现行行业标准《施工现场临时用电安全技术规范》JGJ 46的规定，采取隔离措施。

5.5 使 用

5.5.1 高处作业吊篮应设置作业人员专用的挂设安全带的安全绳及安全锁扣。安全绳应固定在建筑物可靠位置上不得与吊篮上任何部位有连接，并应符合下列规定：

  1 安全绳应符合现行国家标准《安全带》GB 6095的要求，其直径应与安全锁扣的规格相一致；

  2 安全绳不得有松散、断股、打结现象；

  3 安全锁扣的配件应完好、齐全，规格和方向标识应清晰可辨。

5.5.2 吊篮宜安装防护棚，防止高处坠物造成作业人员伤害。

5.5.3 吊篮应安装上限位装置，宜安装下限位装置。

5.5.4 使用吊篮作业时，应排除影响吊篮正常运行的障碍。在吊篮下方可能造成坠落物伤害的范围内，应设置安全隔离区和警告标志，人员或车辆不得停留、通行。

5.5.5 在吊篮内从事安装、维修等作业时，操作人员应佩戴工具袋。

5.5.6 使用境外吊篮设备时应有中文使用说明书；产品的安全性能应符合我国的行业标准。

5.5.7 不得将吊篮作为垂直运输设备，不得采用吊篮运送物料。

5.5.8 **吊篮内的作业人员不应超过2个。**

5.5.9 吊篮正常工作时，人员应从地面进入吊篮内，不得从建筑物顶部、窗口等处或其他孔洞处出入吊篮。

5.5.10 在吊篮内的作业人员应佩戴安全帽，系安全带，并应将安全锁扣正确挂置在独立设置的安全绳上。

5.5.11 吊篮平台内应保持荷载均衡，不得超载运行。

5.5.12 吊篮做升降运行时，工作平台两端高差不得超过150mm。

5.5.13 使用离心触发式安全锁的吊篮在空中停留作业时，应将安全锁锁定在安全绳上；空中启动吊篮时，应先将吊篮提升使安全绳松弛后再开启安全锁。不得在安全绳受力时强行扳动安全锁开启手柄；不得将安全锁开启手柄固定于开启位置。

5.5.14 吊篮悬挂高度在60m及其以下的，宜选用长边不大于7.5m的吊篮平台；悬挂高度在100m及其以下的，宜选用长边不大于5.5m的吊篮平台；悬挂高度在100m以上的，宜选用不大于2.5m的吊篮平台。

5.5.15 进行喷涂作业或使用腐蚀性液体进行清洗作业时,应对吊篮的提升机、安全锁、电气控制柜采取防污染保护措施。

5.5.16 悬挑结构平行移动时,应将吊篮平台降落至地面,并应使其钢丝绳处于松弛状态。

5.5.17 在吊篮内进行电焊作业时,应对吊篮设备、钢丝绳、电缆采取保护措施。不得将电焊机放置在吊篮内;电焊缆线不得与吊篮任何部位接触;电焊钳不得搭挂在吊篮上。

5.5.18 在高温、高湿等不良气候和环境条件下使用吊篮时,应采取相应的安全技术措施。

5.5.19 当吊篮施工遇有雨雪、大雾、风沙及5级以上大风等恶劣天气时,应停止作业,并应将吊篮平台停放至地面,应对钢丝绳、电缆进行绑扎固定。

5.5.20 当施工中发现吊篮设备故障和安全隐患时,应及时排除,对可能危及人身安全时,应停止作业,并应由专业人员进行维修。维修后的吊篮应重新进行检查验收,合格后方可使用。

5.5.21 下班后不得将吊篮停留在半空中,应将吊篮放至地面。人员离开吊篮、进行吊篮维修或每日收工后应将主电源切断,并应将电气柜中各开关置于断开位置并加锁。

5.6 拆 除

5.6.1 高处作业吊篮拆除时应按照专项施工方案,并应在专业人员的指挥下实施。

5.6.2 拆除前应将吊篮平台下落至地面,并应将钢丝绳从提升机、安全锁中退出,切断总电源。

5.6.3 拆除支承悬挂机构时,应对作业人员和设备采取相应的安全措施。

5.6.4 拆卸分解后的构配件不得放置在建筑物边缘,应采取防止坠落的措施。零散物品应放置在容器中。不得将吊篮任何部件从屋顶处抛下。

6 外挂防护架

6.1 荷 载

6.1.1 作用于防护架的荷载可分为永久荷载(即恒载)与可变荷载(即活载)。

6.1.2 永久荷载应包括下列内容:
  1 钢结构构件自重;
  2 防护架结构自重,包括立杆、纵向水平杆、横向水平杆、剪刀撑和扣件等的自重;
  3 构配件自重,包括脚手板、栏杆、挡脚板、安全网等防护设施的自重。

6.1.3 可变荷载应包括下列内容:
  1 施工荷载,包括作业层(只限一层)上的作业人员、随身工具的重量,不得大于0.8kN/m²;
  2 风荷载。

6.1.4 荷载标准值应符合下列规定:
  1 永久荷载标准值应符合下列规定:
   1)钢结构构件的自重标准值,应按其实际自重选取;
   2)冲压钢脚手板、木脚手板及竹串片脚手板自重标准值,应按表6.1.4-1的规定采用;

表 6.1.4-1 脚手板自重标准值

类 别	标准值(kN/m²)
冲压钢脚手板	0.30
竹串片脚手板	0.35
木脚手板	0.35

   3)栏杆与挡脚板自重标准值,应按表6.1.4-2的规定采用;

表 6.1.4-2 栏杆与挡脚板自重标准值

类 别	标准值(kN/m²)
栏杆、冲压钢脚手板挡板	0.11
栏杆、竹串片脚手板挡板	0.14
栏杆、木脚手板挡板	0.14

   4)防护架上设置的安全网等安全设施所产生的荷载应按实际情况采用。
  2 施工荷载标准值为0.8kN/m²。
  3 作用于防护架上的水平风荷载标准值,应按下式计算:

$$w_k = \beta_z \cdot \mu_z \cdot \mu_s \cdot w_0 \quad (6.1.4)$$

式中:w_k——风荷载标准值(kN/m²);
　　　μ_z——风压高度变化系数,应按现行国家标准《建筑结构荷载规范》GB 50009的规定采用;
　　　μ_s——防护架风荷载体型系数,应按表6.1.4-3采用;
　　　w_0——基本风压值按国家标准《建筑结构荷载规范》GB 50009-2001(2006年版)附表D.4中n=10年的规定采用。

表 6.1.4-3 防护架的风荷载体型系数

背靠建筑物的状况		全封闭墙	敞开、框架和开洞墙
防护架状况	全封闭、半封闭	1.0φ	1.3φ
	敞开	μ_{STW}	

注:1 μ_{STW}值可将防护架视为竖向桁架,按现行国家标准《建筑结构荷载规范》GB 50009的规定计算;
　　2 φ为挡风系数,φ=1.2A_N/A_W,其中A_N为挡风面积;A_W为迎风面积。φ值宜按行业标准《建筑施工扣件式钢管脚手架安全技术规范》JGJ 130-2001中附录A表A-3采用。

6.1.5 设计防护架的承重构件时,应根据使用过程中可能出现的荷载取最不利组合进行计算,荷载效应组合应按表 6.1.5 的规定采用。

表 6.1.5 荷载效应组合

计算项目	荷载效应组合
纵、横向水平杆强度与变形	永久荷载+施工活荷载
竖向桁架、三角臂、架体立杆稳定性	永久荷载+施工活荷载 永久荷载+0.9 (施工均布活荷载+风荷载) 取两者最不利情况

6.2 设 计 计 算

6.2.1 设计计算应按下列规定进行:

1 防护架的承载能力应按概率极限状态设计法的要求,采用分项系数设计表达式进行下列设计计算:

1) 竖向桁架、三角臂及拉杆等钢结构构件的强度计算;
2) 纵向、横向水平杆等受弯构件的强度和连接扣件抗滑承载力计算;
3) 竖向桁架、立杆以及三角臂的压杆稳定性计算;
4) 三角臂及拉杆连接销轴强度计算;
5) 竖向桁架与三角臂及拉杆、三角臂拉杆连接板焊缝的强度计算;
6) 预埋件强度的计算。

2 计算构件的强度、稳定性以及预埋件和焊缝强度时,应采用荷载效应组合的设计值。永久荷载分项系数应取 1.2,可变荷载分项系数应取 1.4。

3 防护架中的受弯构件,应验算变形。验算构件变形时,应采用荷载标准值。

4 钢材的强度设计值与弹性模量应按表 6.2.1 的规定采用。

表 6.2.1 钢材的强度设计值 (f) 与弹性模量 (E)

Q235 钢抗拉、抗压和抗弯强度设计值 f (N/mm²)	205
弹性模量 E (N/mm²)	$2.06×10^5$

6.2.2 竖向桁架、三角臂的计算应符合下列规定:

1 竖向桁架、三角臂中的压杆的稳定性应满足下列公式要求:

不组合风荷载只考虑轴力作用时

$$\frac{N}{\varphi A} \leq f \quad (6.2.2-1)$$

组合风荷载按压弯构件计算时

$$\frac{N}{\varphi A} + \frac{M_w}{W} \leq f \quad (6.2.2-2)$$

式中:N——竖向桁架、架体立杆以及三角臂中压杆计算段的轴向力设计值,应按式(6.2.2-4)、式(6.2.2-5)计算;

M_w——立杆由风荷载设计值产生的弯矩;

φ——轴心受压构件的稳定系数,应按本规范附录 A 表 A 选取;

λ——长细比,$\lambda = l_0/i$;

l_0——杆件计算长度,按现行国家标准《钢结构设计规范》GB 50017 取值;

i——杆件截面的最小回转半径,应按本规范表 4.2.9 取值;

A——竖向桁架、架体立杆以及三角臂中压杆的截面面积;

W——截面模量;

f——钢材的抗压强度设计值,应按本规范表 6.2.1 取值。

立杆由风荷载设计值产生的弯矩 M_w 按下式计算:

$$M_w = 0.85 × 1.4 M_{wk} = \frac{0.85 × 1.4 w_k l_a h^2}{10}$$

$$(6.2.2-3)$$

式中:w_k——风载荷标准值,应按本规范式(6.1.4)计算;

l_a——立杆纵距;

h——立杆步距。

2 竖向桁架中的立杆以及三角臂中压杆计算段的轴向力设计值(N)应按下列公式计算:

不组合风荷载时:

$$N = 1.2(N_{G1k} + N_{G2k}) + 1.4\Sigma N_{Qk}$$

$$(6.2.2-4)$$

组合风荷载时:

$$N = 1.2(N_{G1k} + N_{G2k}) + 0.9 × 1.4\Sigma N_{Qk}$$

$$(6.2.2-5)$$

式中:N_{G1k}——防护架结构自重标准值产生的轴向力(kN);

N_{G2k}——构配件自重标准值产生的轴向力(kN);

ΣN_{Qk}——施工荷载标准值产生的轴向力总和(kN),内、外立杆应分别计算。

3 竖向桁架中的立杆计算长度及三角臂中压杆计算长度应按现行国家标准《钢结构设计规范》GB 50017 计算。

6.2.3 连墙件及三角臂的强度、稳定性和预埋件强度应按现行国家标准《钢结构设计规范》GB 50017、《冷弯薄壁型钢结构技术规范》GB 50018、《混凝土结构设计规范》GB 50010 等的规定计算。

6.2.4 连墙件的轴向力设计值(N_l)应按下列公式计算:

$$N_l = N_{Lw} + N_0 \quad (6.2.4-1)$$

$$N_{Lw} = 1.4 \cdot w_k \cdot A_w \quad (6.2.4\text{-}2)$$

式中：N_0——连墙件约束脚手架平面外变形所产生的轴向力（kN），取3；

N_{Lw}——由风荷载产生的连墙件轴向力设计值（kN）；

A_w——每个连墙件的覆盖面积内，脚手架外侧面的迎风面积（m²）。

6.3 构造措施

6.3.1 在提升状况下，三角臂应能绕竖向桁架自由转动；在工作状况下，三角臂与竖向桁架之间应采用定位装置防止三角臂转动。

6.3.2 连墙件应与竖向桁架连接，其连接点应在竖向桁架上部并应与建筑物上设置的连接点高度一致。

6.3.3 连墙件与竖向桁架宜采用水平铰接的方式连接，应使连墙件能水平转动。

6.3.4 每一处连墙件应至少有2套杆件，每一套杆件应能够独立承受架体上的全部荷载。

6.3.5 每榀竖向桁架的外节点处应设置纵向水平杆，与节点距离不应大于150mm。

6.3.6 每片防护架的竖向桁架在靠建筑物一侧从底部到顶部，应设置横向钢管且不得少于3道，并应采用扣件连接牢固，其中位于竖向桁架底部的一道应采用双钢管。

6.3.7 防护层应根据工作需要确定其设置位置，防护层与建筑物的距离不得大于150mm。

6.3.8 竖向桁架与架体的连接应采用直角扣件，架体纵向水平杆应搭设在竖向桁架的上面。竖向桁架安装位置与架体主节点距离不得大于300mm。

6.3.9 架体底部的横向水平杆与建筑物的距离不得大于50mm。

6.3.10 预埋件宜采用直径不小于12mm的圆钢，在建筑结构中的埋设长度不应小于其直径的35倍，其端头应带弯钩。

6.3.11 每片防护架应设置不少于3道水平防护层，其中最底部的一道应满铺脚手板，外侧应设挡脚板。

6.3.12 外挂防护架底层除满铺脚手板外，应采用水平安全网将底层及与建筑物之间全部封闭。

6.3.13 防护架构造的基本参数应符合表6.3.13的规定。

表6.3.13 每片防护架构造基本参数

序号	项目	单位	技术指标
1	架体高度	m	≤13.5
2	架体长度	m	≤6.0
3	架体宽度	m	≤1.2
4	架体自重	N	按2.9kN/m×架体长度（m）

续表6.3.13

序号	项目	单位	技术指标
5	纵向水平杆步距	m	≤0.9
6	每片架体架桁架数	个	2
7	地锚环、拉环钢筋直径	mm	≥12

6.4 安 装

6.4.1 应根据专项施工方案的要求，在建筑结构上设置预埋件。预埋件应经验收合格后方可浇筑混凝土，并应做好隐蔽工程记录。

6.4.2 安装防护架时，应先搭设操作平台。

6.4.3 防护架应配合施工进度搭设，一次搭设的高度不应超过相邻连墙件以上二个步距。

6.4.4 每搭完一步架后，应校正步距、纵距、横距及立杆的垂直度，确认合格后方可进行下道工序。

6.4.5 竖向桁架安装宜在起重机械辅助下进行。

6.4.6 同一片防护架的相邻立杆的对接扣件应交错布置，在高度方向错开的距离不宜小于500mm；各接头中心至主节点的距离不宜大于步距的1/3。

6.4.7 纵向水平杆应通长设置，不得搭接。

6.4.8 当安装防护架的作业层高出辅助架二步时，应搭设临时连墙杆，待防护架提升时方可拆除。临时连墙杆可采用2.5m～3.5m长钢管，一端与防护架第三步相连，一端与建筑结构相连。每片架体与建筑结构连接的临时连墙杆不得少于2处。

6.4.9 防护架应将设置在桁架底部的三角臂和上部的刚性连墙件及柔性连墙件分别与建筑物上的预埋件相连接。根据不同的建筑结构形式，防护架的固定位置可分为在建筑结构边梁处、檐板处和剪力墙处（图6.4.9）。

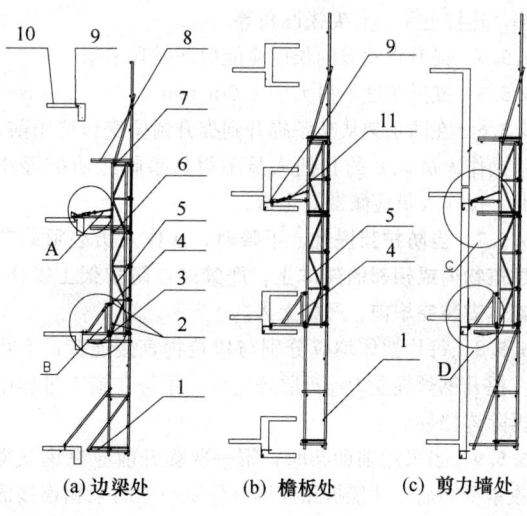

(a) 边梁处　　(b) 檐板处　　(c) 剪力墙处

图6.4.9 防护架固定位置示意图（一）

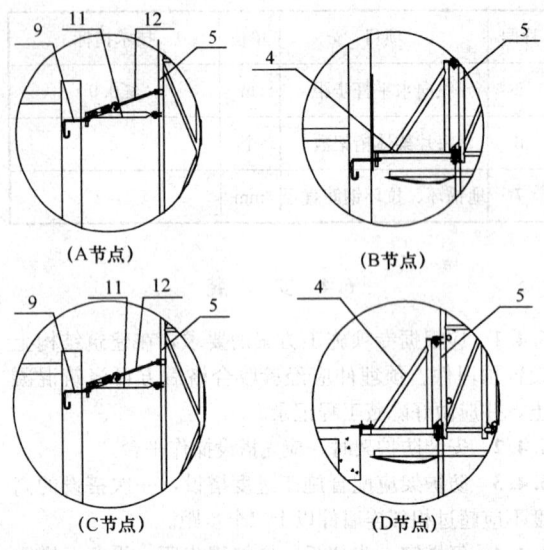

图 6.4.9 防护架固定位置示意图（二）
1—架体；2—连接在桁架底部的双钢管；3—水平软防护；4—三角臂；5—竖向桁架；6—水平硬防护；7—相邻桁架之间连接钢管；8—施工层水平防护；9—预埋件；10—建筑物；11—刚性连墙件；12—柔性连墙件

6.5 提 升

6.5.1 防护架的提升索具应使用现行国家标准《重要用途钢丝绳》GB 8918 规定的钢丝绳。钢丝绳直径不应小于 12.5mm。

6.5.2 提升防护架的起重设备能力应满足要求，公称起重力矩值不得小于 400kN·m，其额定起升重量的 90% 应大于架体重量。

6.5.3 钢丝绳与防护架的连接点应在竖向桁架的顶部，连接处不得有尖锐凸角等。

6.5.4 提升钢丝绳的长度应能保证提升平稳。

6.5.5 提升速度不得大于 3.5m/min。

6.5.6 在防护架从准备提升到提升到位交付使用前，除操作人员以外的其他人员不得从事临边防护等作业。操作人员应佩带安全带。

6.5.7 当防护架提升、下降时，操作人员必须站在建筑物内或相邻的架体上，严禁站在防护架上操作；架体安装完毕前，严禁上人。

6.5.8 每片架体均应分别与建筑物直接连接；不得在提升钢丝绳受力前拆除连墙件，不得在施工过程中拆除连墙件。

6.5.9 当采用辅助架时，第一次提升前应在钢丝绳收紧受力后，才能拆除连墙杆件及与辅助架相连接的扣件。指挥人员应持证上岗，信号工、操作工应服从指挥、协调一致，不得缺岗。

6.5.10 防护架在提升时，必须按照"提升一片、固定一片、封闭一片"的原则进行，严禁提前拆除两片以上的架体、分片处的连接杆、立面及底部封闭设施。

6.5.11 在每次防护架提升后，必须逐一检查扣件紧固程度；所有连接扣件拧紧力矩必须达到 40N·m～65N·m。

6.6 拆 除

6.6.1 拆除防护架的准备工作应符合下列规定：
1 对防护架的连接扣件、连墙件、竖向桁架、三角臂应进行全面检查，并应符合构造要求；
2 应根据检查结果补充完善专项施工方案中的拆除顺序和措施，并应经总包和监理单位批准后方可实施；
3 应对操作人员进行拆除安全技术交底；
4 应清除防护架上杂物及地面障碍物。

6.6.2 拆除防护架时，应符合下列规定：
1 应采用起重机械把防护架吊运到地面进行拆除；
2 拆除的构配件应按品种、规格随时码堆存放，不得抛掷。

7 管 理

7.0.1 工具式脚手架安装前，应根据工程结构、施工环境等特点编制专项施工方案，并应经总承包单位技术负责人审批、项目总监理工程师审核后实施。

7.0.2 专项施工方案应包括下列内容：
1 工程特点；
2 平面布置情况；
3 安全措施；
4 特殊部位的加固措施；
5 工程结构受力核算；
6 安装、升降、拆除程序及措施；
7 使用规定。

7.0.3 总承包单位必须将工具式脚手架专业工程发包给具有相应资质等级的专业队伍，并应签订专业承包合同，明确总包、分包或租赁等各方的安全生产责任。

7.0.4 工具式脚手架专业施工单位应当建立健全安全生产管理制度，制订相应的安全操作规程和检验规程，应制定设计、制作、安装、升降、使用、拆除和日常维护保养等的管理规定。

7.0.5 工具式脚手架专业施工单位应设置专业技术人员、安全管理人员及相应的特种作业人员。特种作业人员应经专门培训，并应经建设行政主管部门考核合格，取得特种作业操作资格证书后，方可上岗作业。

7.0.6 施工现场使用工具式脚手架应由总承包单位统一监督，并应符合下列规定：

1 安装、升降、使用、拆除等作业前，应向有关作业人员进行安全教育；并应监督对作业人员的安全技术交底；

2 应对专业承包人员的配备和特种作业人员的资格进行审查；

3 安装、升降、拆卸等作业时，应派专人进行监督；

4 应组织工具式脚手架的检查验收；

5 应定期对工具式脚手架使用情况进行安全巡检。

7.0.7 监理单位应对施工现场的工具式脚手架使用状况进行安全监理并应记录，出现隐患应要求及时整改，并应符合下列规定：

1 应对专业承包单位的资质及有关人员的资格进行审查；

2 在工具式脚手架的安装、升降、拆除等作业时应进行监理；

3 应参加工具式脚手架的检查验收；

4 应定期对工具式脚手架使用情况进行安全巡检；

5 发现存在隐患时，应要求限期整改，对拒不整改的，应及时向建设单位和建设行政主管部门报告。

7.0.8 工具式脚手架所使用的电气设施、线路及接地、避雷措施等应符合现行行业标准《施工现场临时用电安全技术规范》JGJ 46 的规定。

7.0.9 进入施工现场的附着式升降脚手架产品应具有国务院建设行政主管部门组织鉴定或验收的合格证书，并应符合本规范的有关规定。

7.0.10 工具式脚手架的防坠落装置应经法定检测机构标定后方可使用；使用过程中，使用单位应定期对其有效性和可靠性进行检测。安全装置受冲击载荷后应进行解体检验。

7.0.11 临街搭设时，外侧应有防止坠物伤人的防护措施。

7.0.12 安装、拆除时，在地面应设围栏和警戒标志，并应派专人看守，非操作人员不得入内。

7.0.13 在工具式脚手架使用期间，不得拆除下列杆件：

1 架体上的杆件；

2 与建筑物连接的各类杆件（如连墙件、附墙支座）等。

7.0.14 作业层上的施工荷载应符合设计要求，不得超载。不得将模板支架、缆风绳、泵送混凝土和砂浆的输送管等固定在架体上；不得用其悬挂起重设备。

7.0.15 遇 5 级以上大风和雨天，不得提升或下降工具式脚手架。

7.0.16 当施工中发现工具式脚手架故障和存在安全隐患时，应及时排除，对可能危及人身安全时，应停止作业。应由专业人员进行整改。整改后的工具式脚手架应重新进行验收检查，合格后方可使用。

7.0.17 剪刀撑应随立杆同步搭设。

7.0.18 扣件的螺栓拧紧力矩不应小于 40N·m，且不应大于 65N·m。

7.0.19 各地建筑安全主管部门及产权单位和使用单位应对工具式脚手架建立设备技术档案，其主要内容应包含：机型、编号、出厂日期、验收、检修、试验、检修记录及故障事故情况。

7.0.20 工具式脚手架在施工现场安装完成后应进行整机检测。

7.0.21 工具式脚手架作业人员在施工过程中应戴安全帽、系安全带、穿防滑鞋，酒后不得上岗作业。

8 验 收

8.1 附着式升降脚手架

8.1.1 附着式升降脚手架安装前应具有下列文件：

1 相应资质证书及安全生产许可证；

2 附着式升降脚手架的鉴定或验收证书；

3 产品进场前的自检记录；

4 特种作业人员和管理人员岗位证书；

5 各种材料、工具的质量合格证、材质单、测试报告；

6 主要部件及提升机构的合格证。

8.1.2 附着式升降脚手架应在下列阶段进行检查与验收：

1 首次安装完毕；

2 提升或下降前；

3 提升、下降到位，投入使用前。

8.1.3 附着式升降脚手架首次安装完毕及使用前，应按表 8.1.3 的规定进行检验，合格后方可使用。

8.1.4 附着式升降脚手架提升、下降作业前应按表 8.1.4 的规定进行检验，合格后方可实施提升或下降作业。

8.1.5 在附着式升降脚手架使用、提升和下降阶段均应对防坠、防倾装置进行检查，合格后方可作业。

8.1.6 附着式升降脚手架所使用的电气设施和线路应符合现行行业标准《施工现场临时用电安全技术规范》JGJ 46 的要求。

表 8.1.3 附着式升降脚手架首次安装完毕及使用前检查验收表

工程名称			结构形式		
建筑面积			机位布置情况		
总包单位			项目经理		
租赁单位			项目经理		
安拆单位			项目经理		

序号	检查项目		标准	检查结果
1	保证项目	竖向主框架	各杆件的轴线应汇交于节点处,并应采用螺栓或焊接连接,如不交汇于一点,应进行附加弯矩验算	
2			各节点应焊接或螺栓连接	
3			相邻竖向主框架的高差≤30mm	
4		水平支承桁架	桁架上、下弦应采用整根通长杆件,或设置刚性接头,腹杆上、下弦连接应采用焊接或螺栓连接	
5			桁架各杆件的轴线应相交于节点上,并宜用节点板构造连接,节点板的厚度不得小于6mm	
6		架体构造	空间几何不可变体系的稳定结构	
7		立杆支承位置	架体构架的立杆底端应放置在上弦节点各轴线的交汇处	
8		立杆间距	应符合现行行业标准《建筑施工扣件式钢管脚手架安全技术规范》JGJ 130 中小于等于1.5m的要求	
9		纵向水平杆的步距	应符合现行行业标准《建筑施工扣件式钢管脚手架安全技术规范》JGJ 130 中的小于等于1.8m的要求	
10		剪刀撑设置	水平夹角应满足45°~60°	
11		脚手板设置	架体底部铺设严密,与墙体无间隙,操作层脚手板应铺满、铺牢,孔洞直径小于25mm	
12		扣件拧紧力矩	40N·m~65N·m	
13		附墙支座	每个竖向主框架所覆盖的每一楼层处应设置一道附墙支座	
14			使用工况,应将竖向主框架固定于附墙支座上	
15			升降工况,附墙支座上应设有防倾、导向的结构装置	
16			附墙支座应采用锚固螺栓与建筑物连接,受拉螺栓的螺母不得少于两个或采用单螺母加弹簧垫圈	
17			附墙支座支承在建筑物上连接处混凝土的强度应按设计要求确定,但不得小于C10	

续表 8.1.3

序号	检查项目		标准	检查结果
18	保证项目	架体构造尺寸	架高≤5倍层高	
19			架宽≤1.2m	
20			架体全高×支承跨度≤110m²	
21			支承跨度直线型≤7m	
22			支承跨度折线或曲线型架体,相邻两主框架支撑点处的架体外侧距离≤5.4m	
23			水平悬挑长度不大于2m,且不大于跨度的1/2	
24			升降工况上端悬臂高度不大于2/5架体高度且不大于6m	
25			水平悬挑端以竖向主框架为中心对称斜拉杆水平夹角≥45°	
26		防坠落装置	防坠落装置应设置在竖向主框架处并附着在建筑结构上	
27			每一升降点不得少于一个,在使用和升降工况下都能起作用	
28			防坠落装置与升降设备应分别独立固定在建筑结构上	
29			应具有防尘防污染的措施,并应灵敏可靠和运转自如	
30			钢吊杆式防坠落装置,钢吊杆规格应由计算确定,且不应小于φ25mm	
31		防倾覆设置情况	防倾覆装置中应包括导轨和两个以上与导轨连接的可滑动的导向件	
32			在防倾导向件的范围内应设置防倾覆导轨,且应与竖向主框架可靠连接	
33			在升降和使用两种工况下,最上和最下两个导向件之间的最小间距不得小于2.8m或架体高度的1/4	
34			应具有防止竖向主框架倾斜的功能	
35			应用螺栓与附墙支座连接,其装置与导轨之间的间隙应小于5mm	
36		同步装置设置情况	连续式水平支承桁架,应采用限制荷载自控系统	
37			简支静定水平支承桁架,应采用水平高差同步自控系统,若设备受损时可选择限制荷载自控系统	
38	一般项目	防护设施	密目式安全立网规格型号≥2000目/100cm²,≥3kg/张	
39			防护栏杆高度为1.2m	
40			挡脚板高度为180mm	
41			架体底层脚手板铺设严密,与墙体无间隙	
检查结论				

续表 8.1.3

检查人签字	总包单位	分包单位	租赁单位	安拆单位
符合要求,同意使用（ ） 不符合要求,不同意使用（ ）				

总监理工程师（签字）：　　　　　　　　年　月　日

注：本表由施工单位填报，监理单位、施工单位、租赁单位、安拆单位各存一份。

表 8.1.4 附着式升降脚手架提升、下降作业前检查验收表

工程名称		结构形式	
建筑面积		机位布置情况	
总包单位		项目经理	
租赁单位		项目经理	
安拆单位		项目经理	

序号	检查项目		标　准	检查结果
1	保证项目	支承结构与工程结构连接处混凝土强度	达到专项方案计算值,且≥C10	
2		附墙支座设置情况	每个竖向主框架所覆盖的每一楼层处应设置一道附墙支座	
3			附墙支座上应设有完整的防坠、防倾、导向装置	
4		升降装置设置情况	单跨升降式可采用手动葫芦；整体升降式应采用电动葫芦或液压设备；应启动灵敏,运转可靠,旋转方向正确；控制柜工作正常,功能齐备	
5		防坠落装置设置情况	防坠落装置应设置在竖向主框架处并附着在建筑结构上	
6			每一升降点不得少于一个,在使用和升降工况下都能起作用	
7			防坠落装置与升降设备应分别独立固定在建筑结构上	
8			应具有防尘防污染的措施,并应灵敏可靠和运转自如	
9			设置方法及部位正确,灵敏可靠,不应人为失效和减少	
10			钢吊杆式防坠装置,钢吊杆规格应由计算确定,且不应小于φ25mm	
11		防倾覆装置设置情况	防倾覆装置中应包括导轨和两个以上与导轨连接的可滑动的导向件	
12			在防倾导向件的范围内应设置防倾覆导轨,且应与竖向主框架可靠连接	

续表 8.1.4

序号	检查项目		标　准	检查结果
13	保证项目	防倾覆装置设置情况	在升降和使用两种工况下,最上和最下两个导向件之间的最小间距不得小于2.8m或架体高度的1/4	
14		建筑物的障碍物清理情况	无障碍物阻碍外架的正常滑升	
15		架体构架上的连墙杆	应全部拆除	
16		塔吊或施工电梯附墙装置	符合专项施工方案的规定	
17		专项施工方案	符合专项施工方案的规定	
18	一般项目	操作人员	经过安全技术交底并持证上岗	
19		运行指挥人员、通讯设备	人员已到位,设备工作正常	
20		监督检查人员	总包单位和监理单位人员已到场	
21		电缆线路、开关箱	符合现行行业标准《施工现场临时用电安全技术规范》JGJ 46中的对线路负荷计算的要求；设置专用的开关箱	

检查结论	

检查人签字	总包单位	分包单位	租赁单位	安拆单位
符合要求,同意使用（ ） 不符合要求,不同意使用（ ）				

总监理工程师（签字）：　　　　　　　　年　月　日

注：本表由施工单位填报，监理单位、施工单位、租赁单位、安拆单位各存一份。

8.2 高处作业吊篮

8.2.1 高处作业吊篮在使用前必须经过施工、安装、监理等单位的验收，未经验收或验收不合格的吊篮不得使用。

8.2.2 高处作业吊篮应按表 8.2.2 的规定逐台逐项验收，并应经空载运行试验合格后，方可使用。

表 8.2.2　高处作业吊篮使用验收表

工程名称			结构形式		
建筑面积			机位布置情况		
总包单位			项目经理		
租赁单位			项目经理		
安拆单位			项目经理		

序号	检查部位	检查标准	检查结果
1	悬挑机构	悬挑机构的连接销轴规格与安装孔相符并用锁定销可靠锁定	
		悬挑机构稳定,前支架受力点平整,结构强度满足要求	
		悬挑机构抗倾覆系数大于等于2,配重铁足量稳妥安放,锚固点结构强度满足要求	
2	吊篮平台	吊篮平台组装符合产品说明书要求	
		吊篮平台无明显变形和严重锈蚀及大量附着物	
		连接螺栓无遗漏并拧紧	
3	操控系统	供电系统符合施工现场临时用电安全技术规范要求	
		电气控制柜各种安全保护装置齐全、可靠,控制器灵敏可靠	
		电缆无破损裸露,收放自如	
4	安全装置	安全锁灵敏可靠,在标定有效期内,离心触发式制动距离小于等于200mm,摆臂防倾3°~8°锁绳	
		独立设置锦纶安全绳,锦纶绳直径不小于16mm,锁绳器符合要求,安全绳与结构固定点的连接可靠	
		行程限位装置是否正确稳固,灵敏可靠	
		超高限位器止挡安装在距顶端80cm处固定	
5	钢丝绳	动力钢丝绳、安全钢丝绳及索具的规格型号符合产品说明书要求	
		钢丝绳无断丝、断股、松股、硬弯、锈蚀、无油污和附着物	
		钢丝绳的安装稳妥可靠	
6	技术资料	吊篮安装和施工组织方案	
		安装、操作人员的资格证书	
		防护架钢结构构件产品合格证	
		产品标牌内容完整(产品名称、主要技术性能、制造日期、出厂编号、制造厂名称)	
7	防护	施工现场安全防护措施落实,划定安全区,设置安全警示标识	

(保证项目: 1–5; 一般项目: 6–7)

验收结论				
验收人签字	总包单位	分包单位	租赁单位	安拆单位

监理单位验收:
符合验收程序,同意使用(　)
不符合验收程序,重新组织验收(　)

　　　　　　　　　总监理工程师(签字):　　　　　　　年　月　日

注: 本表由施工单位填报,监理单位、施工单位、租赁单位、安拆单位各存一份。

8.3 外挂防护架

8.3.1 外挂防护架在使用前应经过施工、安装、监理等单位的验收。未经验收或验收不合格的防护架不得使用。

8.3.2 外挂防护架应按表8.3.2的规定逐项验收,合格后方可使用。

表 8.3.2　防护架安装及使用验收表

工程名称			结构形式		
建筑面积			机位布置情况		
总包单位			项目经理		
租赁单位			项目经理		
安拆单位			项目经理		

序号	检查项目	检查标准	检查结果
1	钢结构构件	桁架安装部位满足要求,工人可以在建筑室内或相邻架体上操作	
		连墙件、三角臂与预埋件连接可靠	
		桁架、三角臂、连墙件无明显变形	
2	封闭情况	架体分片处距离不大于200mm	
		底部封闭不得有大于20mm的孔洞	
		架体分片处底部采用20mm厚模板下加60mm厚以上的木方作加强筋	
3	提升钢丝绳	钢丝绳规格型号符合产品说明书要求	
		钢丝绳无断丝、断股、松股、硬弯、锈蚀、无油污和附着物	
		钢丝绳的安装部位满足产品说明书要求	
4	技术资料	防护架安装和施工组织方案	
		安装、操作人员的资格证书	
		技术交底资料、预埋件的隐蔽验收记录	
		产品标牌内容完整(产品名称、主要技术性能、制造日期、出厂编号、制造厂名称)	
5	防护	施工现场安全防护措施落实,划定安全区,设置安全警示标识	

(保证项目: 1–3; 一般项目: 4–5)

验收结论				
验收人签字	总包单位	分包单位	租赁单位	安拆单位

监理单位验收:
符合验收程序,同意使用(　)
不符合验收程序,重新组织验收(　)

　　　　　　　　　总监理工程师(签字):　　　　　　　年　月　日

注: 本表由施工单位填报,监理单位、施工单位、租赁单位、安拆单位各存一份。

附录 A Q235-A 钢轴心受压构件的稳定系数

表 A Q235-A 钢轴心受压构件的稳定系数 φ 表

λ	0	1	2	3	4	5	6	7	8	9
0	1.000	0.997	0.995	0.992	0.989	0.987	0.984	0.981	0.979	0.976
10	0.974	0.971	0.968	0.966	0.963	0.960	0.958	0.955	0.952	0.949
20	0.947	0.944	0.941	0.938	0.936	0.933	0.930	0.927	0.924	0.921
30	0.918	0.915	0.912	0.909	0.906	0.903	0.899	0.896	0.893	0.889
40	0.886	0.882	0.879	0.875	0.872	0.868	0.864	0.861	0.858	0.855
50	0.852	0.849	0.846	0.843	0.839	0.836	0.832	0.829	0.825	0.822
60	0.818	0.814	0.810	0.806	0.802	0.797	0.793	0.789	0.784	0.779
70	0.775	0.770	0.765	0.760	0.755	0.750	0.744	0.739	0.733	0.728
80	0.722	0.716	0.710	0.704	0.698	0.692	0.686	0.680	0.673	0.667
90	0.661	0.654	0.648	0.641	0.634	0.626	0.618	0.611	0.603	0.595
100	0.588	0.580	0.573	0.566	0.558	0.551	0.544	0.537	0.530	0.523
110	0.516	0.509	0.502	0.496	0.489	0.483	0.476	0.470	0.464	0.458
120	0.452	0.446	0.440	0.434	0.428	0.423	0.417	0.412	0.406	0.401
130	0.396	0.391	0.386	0.381	0.376	0.371	0.367	0.362	0.357	0.353
140	0.349	0.344	0.340	0.336	0.332	0.328	0.324	0.320	0.316	0.312
150	0.308	0.305	0.301	0.298	0.294	0.291	0.287	0.284	0.281	0.277
160	0.274	0.271	0.268	0.265	0.262	0.259	0.256	0.253	0.251	0.248
170	0.245	0.243	0.240	0.237	0.235	0.232	0.230	0.227	0.225	0.223
180	0.220	0.218	0.216	0.214	0.211	0.209	0.207	0.205	0.203	0.201
190	0.199	0.197	0.195	0.193	0.191	0.189	0.188	0.186	0.184	0.182
200	0.180	0.179	0.177	0.175	0.174	0.172	0.171	0.169	0.167	0.166
210	0.164	0.163	0.161	0.160	0.159	0.157	0.156	0.154	0.153	0.152
220	0.150	0.149	0.148	0.146	0.145	0.144	0.143	0.141	0.140	0.139
230	0.138	0.137	0.136	0.135	0.133	0.132	0.131	0.130	0.129	0.128
240	0.127	0.126	0.125	0.124	0.123	0.122	0.121	0.120	0.119	0.118
250	0.117	—	—	—	—	—	—	—	—	—

本规范用词说明

1 为了便于在执行本规范条文时区别对待，对要求严格程度不同的用词说明如下：

1）表示很严格，非这样做不可的：

正面词采用"必须"；反面词采用"严禁"；

2）表示严格，在正常情况下均应这样做的用词：

正面词采用"应"；反面词采用"不应"或"不得"；

3）表示允许稍有选择，在条件许可时首先应这样做的用词：

正面词采用"宜"；反面词采用"不宜"；

4）表示有选择，在一定条件下可以这样做的，采用"可"。

2 条文中指明应按其他有关标准、规范执行的写法为"应按……执行"或"应符合……的规定"。

引用标准名录

1 《木结构设计规范》GB 50005
2 《建筑结构荷载规范》GB 50009
3 《混凝土结构设计规范》GB 50010
4 《钢结构设计规范》GB 50017
5 《冷弯薄壁型钢结构技术规范》GB 50018
6 《金属材料 室温拉伸试验方法》GB/T 228
7 《碳素结构钢》GB/T 700
8 《低合金高强度结构钢》GB/T 1591
9 《低压流体输送用焊接钢管》GB/T 3091
10 《碳钢焊条》GB/T 5117
11 《低合金钢焊条》GB/T 5118
12 《六角头螺栓 C 级》GB/T 5780
13 《六角头螺栓》GB/T 5782
14 《钢丝绳用普通套环》GB/T 5974.1
15 《钢丝绳夹》GB/T 5976
16 《安全带》GB 6095
17 《重要用途钢丝绳》GB 8918
18 《胶合板 第 3 部分：普通胶合板通用技术条件》GB/T 9846.3
19 《直缝电焊钢管》GB/T 13793
20 《压铸锌合金》GB/T 13818
21 《钢管脚手架扣件》GB 15831
22 《高处作业吊篮》GB 19155
23 《一般用途钢丝绳》GB/T 20118
24 《焊接钢管尺寸及单位长度重量》GB/T 21835
25 《施工现场临时用电安全技术规范》JGJ 46
26 《建筑施工扣件式钢管脚手架安全技术规范》JGJ 130

中华人民共和国行业标准

建筑施工工具式脚手架安全技术规范

JGJ 202—2010

条 文 说 明

制 订 说 明

《建筑施工工具式脚手架安全技术规范》JGJ 202-2010，经住房和城乡建设部 2010 年 3 月 31 日以第 531 号公告批准、发布。

本规范制订过程中，编制组在全国各地进行了广泛深入的调查研究，总结了我国工程建设中建筑施工安全领域架设设施多年来的使用和发展的实践经验，同时参考了国外先进技术法规、技术标准，如国际劳工组织颁发的《建筑施工安全国际标准》（167 号公约）、德国法兰克福《装配式脚手架技术规范》及日本相关的脚手架标准。另外，主编单位会同参编单位对工具式脚手架进行了大量试验：1.附着式升降脚手架的单片式主框架偏心吊及空间桁架式主框架中心吊的整体升降试验；2.电动式、液压式提升设备的整体升降近 50 次试验；3.摆针式防坠装置及穿心式防坠装置的近 30 次坠落试验；4.高处作业吊篮分别在 50m～80m 高的建筑物使用及防坠落整体试验；5.外挂防护架在建筑结构剪力墙及檐板处使用的状况及防坠落试验。从而得到了附着式升降脚手架、高处作业吊篮、外挂防护架的架体结构构造、技术性能和安全条件的重要技术参数。

为便于广大设计、施工、科研、学校等单位有关人员在使用本标准时能正确理解和执行条文规定，《建筑施工工具式脚手架安全技术规范》编制组按章、节、条顺序编制了本规范的条文说明，对条文规定的目的、依据以及执行中需注意的有关事项进行了说明，还着重对强制性条文的强制性理由作了解释。但是，本条文说明不具备与本规范正文同等的法律效力，仅供使用者作为理解和把握规范规定的参考。在使用过程中如果发现本条文说明有不妥之处，请将意见函寄中国建筑业协会建筑安全分会。

目 次

1 总则 …………………………… 10—26—31
2 术语和符号 …………………… 10—26—31
　2.1 术语 ………………………… 10—26—31
　2.2 符号 ………………………… 10—26—31
3 构配件性能 …………………… 10—26—31
4 附着式升降脚手架 …………… 10—26—31
　4.1 荷载 ………………………… 10—26—31
　4.2 设计计算基本规定 ………… 10—26—32
　4.3 构件、结构计算 …………… 10—26—32
　4.4 构造措施 …………………… 10—26—33
　4.5 安全装置 …………………… 10—26—35
　4.6 安装 ………………………… 10—26—35
　4.7 升降 ………………………… 10—26—36
　4.8 使用 ………………………… 10—26—36
　4.9 拆除 ………………………… 10—26—36
5 高处作业吊篮 ………………… 10—26—36
　5.1 荷载 ………………………… 10—26—36
　5.2 设计计算 …………………… 10—26—37
　5.3 构造措施 …………………… 10—26—37
　5.4 安装 ………………………… 10—26—38
　5.5 使用 ………………………… 10—26—38
　5.6 拆除 ………………………… 10—26—38
6 外挂防护架 …………………… 10—26—38
　6.1 荷载 ………………………… 10—26—38
　6.2 设计计算 …………………… 10—26—39
　6.3 构造措施 …………………… 10—26—39
　6.4 安装 ………………………… 10—26—39
　6.5 提升 ………………………… 10—26—39
　6.6 拆除 ………………………… 10—26—39
7 管理 …………………………… 10—26—39
8 验收 …………………………… 10—26—40
　8.1 附着式升降脚手架 ………… 10—26—40
　8.2 高处作业吊篮 ……………… 10—26—40
　8.3 外挂防护架 ………………… 10—26—40

1 总 则

1.0.1 在我国《中华人民共和国建筑法》、《安全生产法》中都明确规定我国安全生产的方针为"安全第一、预防为主"，十六大以后补充为"安全第一、预防为主、综合治理"。编制本规范的目的是为了贯彻"安全第一、预防为主、综合治理"的方针，确保采用工具式脚手架施工时，施工人员及国家财产的安全。

1.0.2 本规范适用于手动、电动和液压三种升降类型的附着式升降脚手架；也适用于简易和智能系统操作的单跨（也有称单片）、整体两类提升的架体；还适用于高处作业吊篮、外挂防护架的设计与施工。

1.0.3 工具式脚手架的设计、构造、安装、拆除、使用及管理牵涉面广，不仅有原材料如钢管、钢丝绳等，尚有半成品、成品如扣件、焊条等，也与其他施工技术和质量评定方面的标准密切相关。因此，凡本规范有规定者，应遵照执行；本规范无规定者，尚应按照国家有关现行标准的规定执行。

2 术语和符号

本章所用的术语和符号是参照我国现行国家标准《工程结构设计基本术语和通用符号》GBJ 132 的规定编写的，并根据需要增加了一些内容。

2.1 术 语

本章给出了本规范有关章节中引用的 31 个术语。本规范的术语是从工具式脚手架的设计与施工的角度赋予其涵义的，但涵义不一定是术语的严密定义。同时还给出了相应的推荐性英文术语，该英文术语不一定是国际上通用的标准术语，仅供参考。

2.2 符 号

本章给出了本规范有关章节中引用的 61 个符号，并分别作出了定义。

3 构配件性能

3.0.1 本条着重提出了附着式升降脚手架和外挂防护架架体用的钢管的材质性能规定。

试验表明，脚手架的承载能力由稳定条件控制，失稳时的临界应力一般低于 100N/mm^2，采用高强度钢材并不能充分发挥其强度，故本规范采用现行国家标准《碳素结构钢》GB/T 700 中 Q 235-A 级钢，比较经济合理；实际应用中，其材质性能不得低于此标准。

从通用性考虑，本规范采用符合现行国家标准《焊接钢管尺寸及单位长度重量》GB/T 21835 的 $\phi 48.3 \times 3.6\text{mm}$ 的钢管。

本条规定了钢管应具备的形状与表面质量，有利于确保钢管的质量。

从经济角度考虑，本规范说明可采用旧钢管，但是必须符合本规范的相应规定。

3.0.2 本条规定了工具式脚手架主要构配件的材质要求，即不低于现行国家标准《碳素结构钢》GB/T 700 中 Q 235-A 钢的规定。

3.0.3 本条为钢材选用中的温度界限，考虑了钢材的抗脆断性能，是我国实践经验的总结。

3.0.4 本条是对连接扣件的规定，旨在确保连接扣件的质量。

3.0.5 本条是对架体结构的连接材料要求。

手工焊接时焊条型号中关于药皮类型的确定，应按结构的受力情况和重要性区别对待。

自动焊或半自动焊所采用的焊丝和焊剂应符合设计对焊缝金属力学性能的要求。按现行国家标准来选择焊丝和焊剂。

对架体上使用的螺栓和锚栓的性能和规格作了规定。

3.0.6 本条是对脚手板材料选用的界限及质量要求。以确保脚手板方便使用、经济合理、安全可靠。

3.0.7~3.0.13 对高处作业吊篮的构配件作了具体规定，以确保安全使用。

3.0.14 高处作业吊篮多用于装修工程，特别是应对建筑节能的要求，而出现的在外墙表面做保温材料以后，在施工现场应用更加广泛，很多施工单位为节省成本，自行用全钢管绑制吊篮，因此，吊篮坠落事故时有发生，此条是为规范这些行为而提出来的。

3.0.15 本条从影响构配件承载能力和使用功能的因素方面规定了工具式脚手架构配件的报废标准。

4 附着式升降脚手架

4.1 荷 载

4.1.2 荷载标准值

施工活荷载标准值最小值的取值（表 4.1.2-3）在使用情况下按《编制建筑施工脚手架安全技术标准的统一规定》（修订稿）的规定，结构施工时取 3.0kN/m^2 按 2 层同时作业计算，装修施工取 2.0kN/m^2，按 3 层同时作业计算，但是在升降情况下，根据本规范 4.7.3 条的规定附着升降脚手架操作时严禁操作人员停留在架体上，因此施工活荷载取 0.5kN/m^2 按 2 层考虑；装修施工每层活荷载取 0.5kN/m^2 按 3 层同时作业考虑。

坠落工况只是使用和升降情况下发生事故之前的瞬间状况，因此在计算防坠落装置时，应按使用和升降两种状况发生坠落的情况考虑，按表 4.1.2-3 的"注"中说明所述，活荷载标准值分两种情况选取。

风荷载标准值 w_k 按现行国家标准《建筑结构荷载规范》GB 50009 的规定计算，由于附着式升降脚手架使用周期一般为一年左右，基本风压值 w_0 按现行国家标准《建筑结构荷载规范》GB 50009 附录表 D.4 取 $n=10$ 的取值，风振系数取 $\beta_z=1$。

密目式安全立网的挡风系数确定为 0.8，是根据上海做的风动实验得出的。上海在风动实验中得出挡风系数为 0.5，又考虑在施工中安全立网网眼积满灰尘，因此，确定为 0.8。

4.1.3 说明荷载分项系数取值，根据现行结构设计规范来选取。

4.1.4 说明采用容许应力法计算时的荷载取值。

4.1.5~4.1.8 荷载效应组合及附加安全系数

计算结构极限状态的承载能力，其荷载基本组合按《建筑结构荷载规范》GB 50009 中的第 3.2.5 条规定选取，可变荷载效应控制的组合按本规范式（4.1.5-1）、式（4.1.5-2）计算组合值中最不利的去验算。

附加安全系数，$\gamma_1=1.43$ 的推导如下：

本规范采用"概率极限状态设计法"，并要求结构安全度同以往容许应力方法中采用的安全系数 K 相符合，即 K 值应达到：计算强度时 $K_1 \geqslant 1.5$，计算稳定时 $K_2 \geqslant 2$。因此结构抗力调整系数 r_R' 可按承载能力极限状态设计表达式求得：

对轴心受压杆

不组合风荷载时：

$$1.2 S_{GK} + 1.4 S_{QK} \leqslant \frac{\varphi f_k A}{0.9 r_m r_R'} = \frac{\varphi f A}{0.9 r_R'} \quad (1)$$

$$\therefore \varphi f_k A = 0.9 r_m r_R' (1.2 S_{GK} + 1.4 S_{QK}) \quad (2)$$

为了使 $K_2=2$ 必须满足：

$$\frac{\varphi f_k A}{S_{GK} + S_{QK}} = 2 \quad \therefore \varphi f_k A = 2(S_{GK} + S_{QK}) \quad (3)$$

将式（3）代入式（2）得：

$$2(S_{GK} + S_{QK}) = 0.9 r_m r_R' (1.2 S_{GK} + 1.4 Q_K)$$

$$\therefore r_R' = \frac{2(S_{GK} + S_{QK})}{0.9 \times r_m (1.2 S_{GK} + 1.4 S_{QK})}$$

$$= \frac{2}{1.2 \times 0.9 \times r_m} \times \frac{S_{GK} + S_{QK}}{S_{GK} + \frac{1.4}{1.2} S_{QK}} \quad (4)$$

$$= \frac{2}{1.2 \times 0.9 \times 1.165} \times \frac{\frac{S_{GK}}{S_{GK}} + \frac{S_{QK}}{S_{GK}}}{\frac{S_{GK}}{S_{GK}} + 1.17 \frac{S_{QK}}{S_{GK}}}$$

$$= 1.59 \times \frac{1+\eta}{1+1.17 \eta} \quad (5)$$

式中：$\eta = \frac{S_{QK}}{S_{GK}}$；

r_m——钢管的抗力分项系数，$r_m=1.165$；

r_R'——不组合风荷载时的结构抗力调整系数。

当 $\eta=2~3$ 时，可以计算出 $\gamma_1=1.43~1.41$。为方便计算，并稍偏于安全，统一取为常数，$\gamma_1=1.43$。由于水平支承桁架与主框架的节点往往在构造上不能达到理想的铰接，因此主框架、附着支承结构、动力设备、吊具等在正常使用情况下应乘以荷载不均匀系数 $\gamma_2=1.3$；在升降工况下（包括升降工况时坠落瞬间），由于不能完全同步升降，有一定的同步差，应乘以不均匀系数 $\gamma_2=2$，坠落的瞬间不取荷载不均匀系数，而取冲击系数 $\gamma_3=2$。

冲击系数是根据在施工现场对附着式升降脚手架做了多次防坠落实验而得到的。在防坠落实验中大部分数据为 1.83、1.82、1.9、1.5 等，而取综合 2。

4.2 设计计算基本规定

4.2.1 此条规定了附着式升降脚手架的设计应符合国家有关现行标准的规定，其中《编制建筑施工脚手架安全技术标准的统一规定》（修订稿）主要是针对脚手架的特点，对脚手架计算的重要性系数、结构强度与压杆稳定计算的安全系数，以及风荷载的计算作出了一些补充规定。

4.2.2 本条明确规定了架体结构承载能力设计计算方法和必须计算的项目。

4.2.3 架体结构构件变形过大会影响脚手架正常安全使用，因此规定要进行变形验收。

4.2.4 钢丝绳等吊具以及升降动力设备的承载能力计算应根据有关机械设计计算方法进行，同时考虑建筑物层高的影响，比如楼层高为 3m 时，架体总高度不超过 15m；当楼层高为 5m 时，架体总高度可达到 23m 左右。考虑到架体总高变化与楼层高度的影响较大，因此层高较大时钢丝绳的安全系数应适当提高。

4.2.5、4.2.6 根据相关的结构设计规范，规定了架体结构构件的长细比及受弯构件的容许变形。

4.2.7~4.2.9 这些条文对螺栓连接强度、扣件承载力、钢管截面特性等作出相应规定。

4.3 构件、结构计算

4.3.1 受弯构件应进行强度和变形计算，根据钢结构设计规范的规定进行计算。

4.3.2 轴心受拉、受压杆件应根据钢结构设计规范进行计算。压杆应进行强度、稳定两项计算。

4.3.3 附着式升降脚手架架体结构的荷载传递过程如下：

施工荷载→脚手架立杆→水平支承桁架→竖向主框架→附墙支承结构→所附着的工程结构。

水平支承桁架实际是由内外桁架通过上下弦水平支撑杆件组合而成的空间结构。计算时应按内、外两片平面桁架计算，因为脚手架作业时内、外立杆传下的轴力不同，内外两片桁架的荷载就不同，因此应分别计算内外两片桁架的节点荷载。

脚手架的自重内外排有所不同，外排有剪刀撑、挡脚板、防护栏杆、安全网，内排没有，因此脚手架外排自重较大。但是操作层的脚手板及活荷载却是内排较大，因为脚手架与墙面的空隙处，小横杆一般向外挑约 300mm，因此操作层内外排立杆的荷载分配，应该通过小横杆的支座反力求得。

$$R_A = \left[\frac{\frac{B^2}{2} - \frac{a^2}{2}}{B}\right]q = \left(\frac{B^2 - a^2}{2B}\right)q$$

$$R_B = \left[\frac{\frac{B}{2} + \left(B + \frac{a}{2}\right)}{B}\right]q$$

$$= \frac{B^2 + 2a \cdot b + a^2}{2B} \cdot q = \frac{(B+a)^2}{2B} \cdot q$$

一般脚手架 $B=0.9\text{m}$ $a=0.3\text{m}$

$$\therefore R_A = \frac{0.9^2 - 0.3^2}{1.8}q = 0.4q$$

$$R_B = \frac{(0.9 + 0.3)^2}{1.8}q = 0.8q$$

其中 q 为操作层均布荷载设计值。

4.3.4 竖向主框架的计算，其最不利的情况是在使用工况并考虑风荷载的组合时的情况。竖向主框架应设计成桁架，可分单桁架或空间桁架。在主框架所覆盖的每个楼层处都应设置附墙支座，它既是支撑主框架的水平支座，又是架体上的荷载传递到附着建筑物的传力点。

4.3.5 针对附墙支座的受力特点，提出荷载和结构计算的要求。

4.3.6、4.3.7 穿墙螺栓的强度是按照现行国家标准《钢结构设计规范》GB 50017 的规定进行计算的，螺栓孔壁混凝土承压是根据现行国家标准《混凝土结构设计规范》GB 50010 中对局部承压承载力计算公式计算的，根据升降时混凝土螺栓孔壁的局部承压承载力和穿墙螺栓受力的静力平衡原理建立三元一次方程组，求得螺栓对孔壁的局部压力。

$$\begin{cases} R_2 b - N_v(b_1 + c) = 0 \\ R_1 - R_2 - N_v = 0 \\ R_1(b - b_1) - R_2 b_1 = 0 \end{cases}$$

求解结果如下：

$$\begin{cases} b_1 = \frac{\sqrt{b^2 + (b+c)^2} - c}{2} \\ R_2 = \frac{b_1 + c}{b} N_v \\ R_1 = R_2 + N_v \end{cases}$$

取 R_2 进行验算：

由 $R_2 \leqslant 1.35 \beta_l f_c A_m$ 得

$$\frac{b_1 + c}{b} N_v \leqslant 1.35 \beta_l f_c (b - b_1) d$$

$$N_v \leqslant 1.35 \frac{b - b_1}{b_1 + c} \beta_l f_c b d$$

引入螺栓孔混凝土受荷计算系数 $\beta_b = \frac{b - b_1}{b_1 + c}$

综合施工现场多数情况下的计算值，β_b 在 0.39～0.41 间，为偏于安全计，取 $\beta_b = 0.39$。

4.3.8~4.3.11 针对导轨（或导向柱）、防坠装置、主框架底座、悬臂梁的受力特点，提出荷载和结构计算的要求。

4.3.12 升降的动力设备，应该按照将整个架体结构提升时的荷载，进行计算。而且还应该考虑在此过程中，如有不同步，还会产生荷载变异，所以应乘以变化系数 $r_2 = 2$。

4.3.13 活塞运动的原阻力包括两部分：一部分是油缸以外运动部件的摩擦阻力；还有一部分是油缸活塞与油缸杆密封处的摩擦力。一般取上述两部分摩阻力之和为 $(0.1~0.2) p_1$，为偏于安全取上限 $0.2 p_1$，因此 $p_Y = 1.2 p_1$。

4.3.14 针对建筑物凸出与凹进部分，附着式脚手架应采取针对性的措施，进行专项设计。

4.4 构造措施

4.4.1 本条说明附着式升降脚手架必备的基本构造。

4.4.2 附着式升降脚手架是将落地式双排外脚手架抬到空中来，附着在在建工程上，自行升降，那么架体的整体性能要好，既要符合不倾斜不坠落的安全的要求，又要满足施工作业的需要，因此，本条规定了附着式升降脚手架结构构造的尺寸。

1 规定了架体的高度，主要考虑了 3 层未拆除模板层的高度和顶部在施楼层以及其上防护栏杆（1.8m）的防护要求，且同时满足底层模板拆除层外围防护的要求，真正达到安全防护的目的，如果高度不够，则不是顶部没有防护就是底部拆模层没有防护；如果高度过大，架体自重也增加，附着支承结构处现浇混凝土的强度无法满足要求。

2 架体宽度指内外排立杆轴线间的距离；内排立杆距建筑结构不应太大，要考虑减少架体的外倾力矩。

3 支承跨度本规范较以前要求更加严格，是因为支承跨度是设计计算的重要指标，是有效控制升降动力设备提升力超载现象的重要措施。

4 一般情况下，架体的端部荷载最大，如果不严格控制则危险性也最大，因此本条规定作出了更严格的规定。

5 主要考虑由于不同层高建筑使用的附着式升降脚手架高度不同，必须同时控制高度和跨度，确保控制荷载和使用安全。

4.4.3 竖向主框架是附着式升降脚手架重要的承力和稳定构件，架体所有荷载均由其传递给附着支承结构，竖向主框架要求设计为具有足够强度和支撑刚度的空间几何不变体系的稳定结构。

1 从整体承载和支撑的强度、刚度考虑应设计为整体式结构，为便于安装运输也可设计为分段对接式结构。

2 指某些采用中心起吊的架体，在吊装悬挑梁行程范围内主框架及架体纵向水平杆必须断开，断开部位必须进行可靠加固。

3 由于竖向主框架必须通过导轨进行上下运动，进而带动架体升降，某些形式的升降脚手架还可通过导轨传递荷载，故规定主框架内侧应设置导轨，推荐使用导轨与主框架设计为一体结构，其强度、刚度会更高，使用更科学合理。

4.4.4 水平支承桁架是作为承载架体荷载并将其传递给主框架的构件。

1~3 是对水平支承桁架构造设计的要求。

4 考虑主要承受由立杆传递的架体竖向荷载，故要求立杆底端必须放置在上弦节点各轴线的交汇处，确保承传力合理有效。

5 内外排水平支承桁架应构成空间稳定结构，以提高其整体性和稳定性。

6 主要考虑架体在升降过程中，出现高差时，水平支承桁架与主框架的连接节点如果刚性过大，两个升降动力设备中有的提升过快或下降过慢时，都会出现高差，存在安全隐患，为减少提升荷载不均匀的影响，所以应设计为能活动的铰接点。

4.4.5 说明附着支承结构的基本形式、构造和使用要求。这项要求是保证附着式升降脚手架能附着在在建工程上，并沿着支承结构能自行升降的重要措施。只有满足此构造要求，附着式升降脚手架才能在建筑物上生根，才是安全的。

1 附墙支座是承受架体所有荷载并将其传递在在建筑结构的构件，应于竖向主框架所覆盖的每一楼层处设置一道附墙支座，每一楼层是指已浇灌混凝土且混凝土强度已达到要求的楼层。

2 主要是保证主框架的荷载能直接有效的传递给附墙支座。

3 附墙支座还应具有防倾覆和升降导向的功能。

4 附墙支座与建筑物连接螺栓的使用要求；主要考虑防止受拉端的螺母退出而提出的要求。与混凝土面接触的垫板最小尺寸规定为 100mm×100mm×10mm，过小可能会引起预留孔处混凝土的局部破坏。

5 对建筑结构强度的最低要求。

4.4.6 由于扣件式钢管脚手架有较强的适用性和普遍性，架体构架宜采用，在搭设时应符合现行国家标准《建筑施工扣件式钢管脚手架安全技术规范》JGJ 130 的规定。架体荷载是通过架体构架传递给竖向主框架和水平桁架的，所以架体构架必须与主框架和水平桁架可靠、有效连接。

4.4.7 水平桁架最底层作为整个架体的最后防护必须要求脚手板严密，安全网兜底；由于架体是运动的，水平铺设的脚手板与建筑结构之间无法紧贴，故脚手板与结构间应设置可翻转的密封翻板，达到全封闭的要求。

4.4.8 架体悬臂高度应含一层再施楼层高度和一道防护栏杆高度，出于架体防倾覆和稳定性考虑，高度不得大于架体高度（H）的 2/5 和 6m。

4.4.9 由于受水平支承桁架模数局限和建筑结构变化多样的影响，很多工程水平桁架不能连续设置，此时可局部采用脚手架杆件连接。

4.4.10 物料平台是设置在脚手架外侧的装卸材料的平台，如将它与附着式升降脚手架相连接，就会给附着式升降脚手架造成了一个向外翻的荷载，严重地影响了架体的安全，因此，两者应严格独立使用。

4.4.11 在遇到塔吊、施工电梯、物料提升机的附墙支撑和物料平台时架体必须断开或开洞，断开或开洞处应按照临边、洞口的防护要求进行防护。

4.4.12 剪刀撑对附着式升降脚手架架体的整体稳定、防止安全事故的发生起重要的作用。若剪刀撑连接立杆太小，未与竖向主框架、水平支承桁架和架体连成一体，则纵向支撑刚度较差，故对剪刀撑跨度和水平夹角作了规定。

4.4.13 附着式升降脚手架架体结构在与附墙支座的连接处、架体上提升机构的设置处、架体上防坠及防倾装置的设置处、架体吊拉点设置处，因承受架体集中荷载较大，容易变形或损坏，因此本条规定在这些位置应设计有加强构造措施；另外在架体平面的转角处，架体因碰到塔吊、施工升降机、物料平台等而需要断开或开洞处等，因架体断开变成悬挑，亦规定应采取加强措施，如斜拉、斜撑等。

4.4.14 本条主要是针对附着式升降脚手架的安全防护方面作出规定。具体说明如下：

1 架体外侧满挂密目安全网，可有效防止物件掉落。

2 作业层外侧设置防护栏杆和挡脚板，为防止施工人员坠落。

3 对作业层脚手板作出相应规定。

4.4.15 本条主要是对附着式升降脚手架构配件的制作质量提出要求，从设计图纸、工艺文件、工装、原辅材料、检验规程等作出较详细的规定，以确保使用安全。

4.4.16 由于每一竖向主框架均承受架体荷载，故在升降工况下，每个竖向主框架处必须设置升降动力设备；电动葫芦或电动液压设备已是目前通用的较成熟的产品。

在升降工况下，架体所有荷载全部由升降动力设备和固定处的建筑结构承受，所以安全可靠的设备、连接、结构必不可少。

4.4.17 两主框架间架体都是用扣件式钢管脚手架搭设的，应该按现行国家标准《建筑施工扣件式钢管脚手架安全技术规范》JGJ 130 的要求搭设。

4.5 安全装置

4.5.1 这条提出了对附着式升降脚手架的安全装置的基本要求。附着式升降脚手架使用、升降工况都是由附墙支座固定在工程结构上，依靠自身的升降设备，可随工程结构施工逐层爬升、固定、下降，因此附着式升降脚手架必须配置可靠的防倾覆、防坠落和同步升降控制等安全防护装置，以确保附着式升降脚手架在各种工况下都能具有不倾翻、不坠落的安全可靠性。

4.5.2 本条是针对防倾覆装置的设置要求作出的具体规定。

1、2 附着式升降脚手架附着在建筑物上，架体偏心受力，因此必须设置防倾覆装置，且该装置必须有可靠的刚度和足够的强度，故规定防倾覆装置中，必须包括防倾覆导轨和两个以上与防倾覆导轨连接的可滑动的导向件，同时要求在防倾导向件的范围内必须设置防倾覆导轨，且必须与竖向主框架可靠连接。

3 防倾覆装置中导向件和工程结构连接的螺栓受力与上下两个导向件距离成反比，本条从导向件与工程结构的连接螺栓受力综合考虑，规定最上和最下两个导向件之间的最小间距不得小于 2.8m 或架体高度的 1/4，有条件时尽可能大。

4 防倾覆装置中的防倾覆导轨与竖向主框架必须可靠连接，在防倾覆导轨和竖向主框架满足刚度的要求下，必须保证防倾覆装置中的导向件通过螺栓连接固定在附墙支座上，且不能前后、左右移动，从而保证具有防止竖向主框架前、后、左、右倾斜的功能。

5 附着式升降脚手架的垂直度主要是由防倾覆装置来控制的，而防倾覆装置中导向件与导轨之间的最大间隙确定了附着式升降脚手架的垂直度，本着安全、可靠的原则规定了防倾覆装置中导向件与导轨之间的最大间隙应小于 5mm。

4.5.3 防坠落装置是防止附着式升降脚手架在各种工况下坠落的一种安全防护措施，必须保证该装置万无一失。本条是针对防坠落装置的设置要求和对防坠落装置本身的要求作出详细规定，应严格执行：

1 防坠落装置必须与附着式升降脚手架可靠连接，其连接处的刚度和强度应满足设计要求，由于架体坠落时冲击荷载较大，而竖向主框架承受冲击荷载的能力相对较好，故本规范规定防坠落装置设置在竖向主框架处，且每一升降动力设备处不得少于一个防坠落装置，防坠落装置在使用和升降工况下均必须起作用。

2 为了保证防坠落装置具有高可靠性，规定防坠落装置必须是机械式的全自动装置，严禁使用每次升降都需重组的受人为因素影响很大的手动装置。

3 防坠落装置的性能应满足当架体坠落时，对与他相邻的升降动力设备和附墙支座产生的冲击荷载不能过大的要求；架体坠落时，其防坠装置制动距离大小确定了与他相邻的升降动力设备和附墙支座产生附加冲击荷载。本着安全、可靠的原则，表 4.5.3 具体规定了制动距离。

4 防坠落装置如受到各种尘埃等的污染，就不能灵敏可靠和运转自如，也就失去了防坠落的作用。

5 若升降动力设备和防坠落装置设置在同一套附墙装置上时，当动力设备故障，使附墙装置断裂坠落时，造成防坠落装置同时坠落。为使防坠落装置能充分发挥作用，不受升降设备的影响，本条规定升降动力设备与防坠落装置必须分别独立固定在两套附墙装置上。

6 出于安全的考虑，对于钢吊杆式防坠落装置，钢吊杆的规格应由计算确定，且不应小于 $\phi 25mm$。

4.5.4 同步控制装置是用来控制多个升降设备在同时升降时，出现的不同步的状态的设施。附着式升降脚手架在升降工况时架体均在动态状况下，安全、可靠性相对较差，因此必须加强对提升设备提升力、提升高差等状况进行监管、控制，以防止升降设备因荷载不均匀而造成超载，进而引发升降设备故障的情况发生。故附着式升降脚手架升降时必须安装有同步控制装置，以确保升降时升降设备的安全、可靠性。

附着式升降脚手架必须设置有监控升降控制系统，通过监控各升降设备间的升降差或荷载来控制架体升降，该系统还应具有升降差超限或超载、欠载报警停机功能。条件许可的，可采用计算机同步自动控制，该装置能够全面自动调整和均衡各机位的升降速度、提升力，从而达到同步升降目的，进而提高升降设备的可靠性。

同步控制装置一般分为限制荷载和控制水平高差两类。

为了避免升降时因不同步而造成的架体坠落事故，规定了该两种同步控制装置必须具有的功能。

4.6 安 装

4.6.1 对附着式升降脚手架保证安全施工提出的基本的要求，目的是因为每个工程的结构有每个工程的特殊性，因此应由具有相应资质等级的专业承包单位编写有针对性的专项施工方案，并在具体施工实施过程中严格按专项施工方案贯彻和执行。

4.6.2 附着式升降脚手架在现场组装时，必须设置安装平台。搭设的安装平台必须有保障施工人员安全的防护设施；保证平台水平精度和足够的承载能力。

4.6.3～4.6.9 附着式升降脚手架的安装质量对今后的使用安全特别重要。为保证附着式升降脚手架的安装质量，本条对附着支承结构和建筑结构的混凝土强度、预留预埋件、架体结构、升降机构、升降动力设备、安全保险装置、安全控制系统等作出了各项规定，安装时应认真执行。

4.7 升 降

4.7.1 针对我国附着式升降脚手架有单跨式和整体式，单跨式架体升降时同步升降要求不高，可采用手动升降设备；整体式附着式升降脚手架升降时，各个机位同步升降的要求较高，必须采用电动或液压升降动力设备。

4.7.2 附着式升降脚手架升降工况时架体与附着支承结构是动态配合，架体竖向荷载是通过升降动力设备中的附着支承结构传到建筑结构上，而升降系统可靠是确保附着式升降脚手架安全的首要条件。为保证升降系统的安全可靠，本条规定在升、降前应按表8.1.4进行严格检查，检查合格后方可进行升降。

4.7.3 升降操作是附着式升降脚手架使用安全的关键环节，为保证附着式升降脚手架升降时的安全及升降到位后使用时的安全，本条对升降操作及升降到位后的固定作出了各项规定，目的是确保在附着式升降脚手架升降操作过程中得到严格贯彻实施和执行。

4.7.4~4.7.8 本条是为避免附着式升降脚手架升降到位后，架体结构和建筑主体结构必须连接可靠，各种安全防护措施应及时恢复到位。如在没有进行检查验收就投入使用，极可能发生安全事故。同时在恶劣天气时，如进行架体升降作业，存在各种不可意料的安全隐患，也极有可能引发安全事故，故本条又规定在上述天气时严禁进行升降作业。

4.8 使 用

4.8.1 附着式升降脚手架是附着在建筑结构上的高空悬挂设备，在设计上对其使用范围有较高要求，本条规定旨在保证架体上的使用荷载控制在设计规定范围内，并有效避免在架体上堆放集中荷载。

4.8.2 附着式升降脚手架架体内不可避免的存留有较多建筑垃圾和各种各样的杂物，如不及时清理，既增加了架体荷载，又有可能掉落伤人损物而发生事故，为避免上述情形的发生，制订本条规定。

4.8.3 本条规定严禁在附着式升降脚手架使用过程中进行存在严重不安全因素的作业，旨在确保附着式升降脚手架的使用安全，必须认真执行。具体说明如下：

在附着式升降脚手架架体上吊运物料会损坏架体，或因堆放吊运物料形成集中荷载而压垮架体。

在附着式升降脚手架架体上拉结吊装缆绳(索)，会造成因吊装缆绳(索)受力不确定拉翻架体发生塌架事故。

附着式升降脚手架架体结构件和连接件，是根据设计要求设置的，各个架体结构和连接件均有其特定的作用，任意拆除会使其受力发生变化、连接强度降低，从而会降低架体的承载能力而存在安全隐患，产生不安全因素。

架体上的安全防护设施是为确保使用安全设置的，是必不可少的，任意拆除或移动将存在安全隐患而发生安全事故。

利用附着式升降脚手架架体支撑模板，会超出附着式升降脚手架的设计规定，如支撑模板在混凝土浇灌时产生的极大侧压力传到架体上，会造成架体结构损坏或局部垮架。

4.8.4 附着式升降脚手架停用期间，维护保养会相对减小；因此本条规定在停用超过3个月时，应提前对附着式升降脚手架进行加固措施，如增加临时拉结、抗上翻装置、固定所有构件等，确保停工期间的安全。

4.8.5 本条规定旨在避免附着式升降脚手架停用后或遇6级以上大风天气后，未经检查直接复工使用。架体因停工或遇6级以上大风天气后，可能存在变形、损坏，安全防护构件锈蚀，脚手板腐蚀等安全隐患，不经检查直接复工会引发安全事故。

4.8.6 螺栓连接件、升降设备、防倾装置、防坠落装置、电控设备、同步控制装置是确保附着式升降脚手架使用安全的重要构件。本条规定对上述构件每月进行一次维护保养旨在保证它们的工作可靠性。

4.9 拆 除

4.9.1 本条规定旨在说明附着式升降脚手架有时是在高空进行拆除作业，因此必须按专项施工方案中的拆架要求及安全操作规程案进行。

4.9.2 对所有作业人员进行安全技术交底，是保证安全生产的必要条件。

4.9.3 本条明确规定了附着式升降脚手架拆除时必须设有安全防护措施。

4.9.4 本条明确规定了附着式升降脚手架拆除工作必须白天进行，遇有恶劣天气时严禁进行拆除作业。

5 高处作业吊篮

5.1 荷 载

5.1.1 吊篮用作施工脚手架时的承载能力，应按脚手架的受力分析进行荷载统计。恒荷载包括：吊篮自重、钢丝绳(工作绳和保险绳)、悬挂支架、配重块。

5.1.2 在生产厂家的产品使用说明书中应提供相应数据。

5.1.3 施工活荷载标准值q'_k，根据目前市场上较为常见的产品的额定载荷确定。由于产品的额定载荷没有详细说明荷载的作用形式(如集中荷载、均布荷载、作用位置等)，本条限制为按均布荷载$1kN/m^2$考虑。产品的额定载荷与此数值不符，应按产品的额定载荷确定施工活荷载的标准值 q'_k，但不能大于 $1kN/m^2$。吊篮内的施工活荷载，一般应均匀分布。如果吊篮使用时，有明显不平衡荷载分布（如位于建筑物角部的吊篮，进行墙角部位安装作业，需要多人合作时的情况），应折算为受力较大一侧的动力钢丝绳所受荷载进行核定。

5.1.4、5.1.5 吊篮作业属施工风险较大的作业方式。使用中，不良气候条件对设备安全的影响较大。吊篮作业应符合现行国家标准《高处作业吊篮》GB 19155 的规定。

5.2 设计计算

5.2.1 吊篮是定型产品，设计时是按单系数的容许应力方法进行计算的。为与之相协调，又与脚手架受力计算的荷载体系相吻合，在进行动力钢丝绳核算时，荷载采用标准值，取单一安全系数9。

5.2.2、5.2.3 吊篮动力钢丝绳的承载能力在使用前是应该进行核算的。本条规定核算钢丝绳时，应同时考虑竖向荷载和水平荷载。水平荷载只考虑风荷载。

5.2.4 不同产品的电动吊篮动力钢丝绳的规格不同，核算吊篮动力钢丝绳强度后，应与钢丝绳的破断拉力进行对比。

5.2.5 电动吊篮一般采用可移动式的悬挂支架支撑在建筑物上。为保证吊篮使用安全，支撑悬挂支架的建筑结构应坚固、稳定；同时，吊篮悬挂支架的使用，也不应对提供支撑力的建筑物造成损坏。

5.2.6 电动吊篮一般采用可移动式的悬挂支架支撑在建筑物上。吊篮适于安装在平屋顶（或楼层楼板）上。移动式的悬挂支架由一根水平梁和前、后支架组成，其受力简图如图1所示。为更好地发挥材料性能，还可以将前支架升起来作为支点，设置拉杆拉结吊篮吊点和后支架。使水平梁形成桁架，其受力简图如图2所示。移动式的悬挂支架往往在前、后支架装有轮子，使得移动和拆装方便。对投入使用的上人屋面面层构造和防水层影响较小，适用于装修和修缮改造工程。

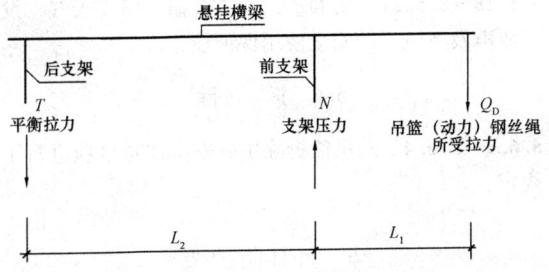

图 1 移动式悬挂支架的受力分析示意图

5.2.7 支撑悬挂机构前支架支撑点应该能承受由吊篮通过支撑传来的集中荷载。对于采用平衡重的悬挂机构，支承后支架的支撑点，也应该能承受由支架传

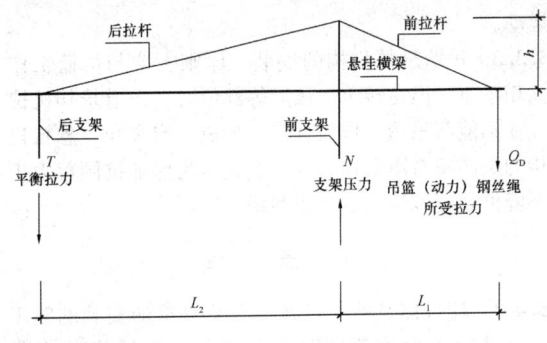

图 2 （设置拉杆）移动式悬挂支架的受力分析示意图

来的集中荷载。

5.2.8 由于施工条件限制，结构无法支撑悬挂机构的后支架，或结构承受不住后支架平衡压重时，可以在后支架位置设置拉结点，将吊篮工作时所需平衡拉力，用拉杆传递到结构上。固定式的悬挂机构，可将后支架拉杆用钢丝绳或钢筋连接在结构预埋吊环上，也可将悬挂钢梁平放在结构屋面楼面，后支架位置直接插入结构预埋吊环内，其受力简图如图3所示。

采用钢筋、钢丝绳索拉住后支架的绳索固定点位置的结构，所受到的是拉应力，必须校核此部位承载能力。绳索和结构均应满足所需承载能力的要求。

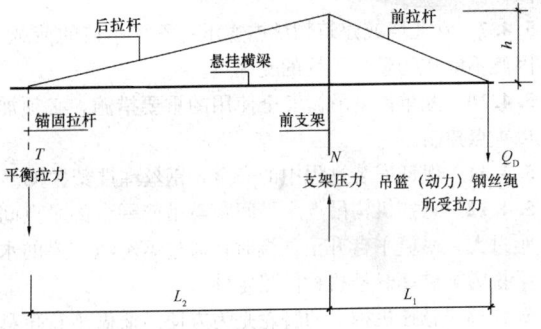

图 3 （设置拉杆）固定式悬挂支架的受力分析示意图

5.2.9 当支撑悬挂支架的前后支撑点的结构强度，不能满足安装要求时，应在受力点下方设置厚度不小于50mm的垫木或在下层结构加支撑回顶，防止结构受损。

5.2.10 采取绳索拉结方式固定后支架时，如将绳索锚固在混凝土的钢筋上，钢筋直径要适当加大，在混凝土中的锚固长度要符合要求。

5.2.11 为规范吊篮安全使用的各个环节，应当明确对悬挂支架支撑点处结构的承载能力进行核定。吊篮使用说明书中，列有各不同工况条件下的荷载值（含自重和施工荷载）等技术参数，支承结构的承载能力应大于此技术参数。所选择的吊篮型号应与结构承载能力相适应。

5.3 构造措施

5.3.1、5.3.2 规定了高处作业吊篮的组成和基本运动。

5.3.3 吊篮悬挂机构的安装，原则上应与吊篮工作面相垂直，但在转角、弧形等部位时，吊篮悬挂机构往往不能与吊篮工作面垂直，形成一定夹角，悬挂机构的抗倾覆力矩会随之发生变化，为保证抗倾覆力矩不降低，应调整前后支架间距。

5.4 安 装

5.4.1 应按照专项安装施工方案对参加安装的施工人员进行安全交底，明确分工，并指导安装人员操作。

5.4.2 应对吊篮作业区域进行清理。

5.4.3 高处作业吊篮进场前，应核实确认构建筑物的承载能力，并根据施工要求对吊篮的各种工况进行受力分析，核定所选用吊篮的技术参数。

5.4.4 为避免选用不同的厂家产品，带来的构件不匹配造成的安全隐患。所有零部件应符合质量要求，规格应符合使用说明书的配置要求。

5.4.5、5.4.6、5.4.8、5.4.9 悬挂机构的安装是吊篮安装的重点环节，应在专业人员的带领、指导下进行，以确保安装正确；并应确保其在受到外力影响或吊篮升降过程中产生振动时，不致造成位移或失稳倾覆。

5.4.7 女儿墙或建筑物挑檐边承受不了吊篮的荷载，因此不能作为悬挂机构的支撑点。

5.4.10 配重件是吊篮安全使用的重要措施，必须加以重点控制。

5.4.11 保证安装过程中的安全，钢丝绳严禁抛掷。

5.4.12 悬挂机构吊点水平间距与吊篮平台的吊点间距过大，吊篮平台升至顶端时，通过钢丝绳传递的水平拉力会破坏悬挂机构的稳定性。

5.4.13 悬挂机构上的脚轮是为方便吊篮做平行位移而设置的，其本身承载能力有限，如果吊篮荷载传递到脚轮就会产生集中荷载易对建筑物产生局部破坏，当悬挂机构受外力牵拉或频繁振动时，易发生位置移动，也使得吊篮无法保持平衡，晃动的吊篮会威胁施工人员的安全。

5.4.14 悬挂机构的前后支点对建筑物施加的集中载荷，可能会对建筑物产生不良影响，应与结构工程师或业主核实构物的承载能力，对建筑物的承载能力进行验算。

5.4.15 为避免因误操作造成悬挂机构坠落和触电事故，吊篮的拆卸不得带电作业。拆卸时应首先将吊篮平台与悬挂机构分离，再分别拆卸。

5.5 使 用

5.5.1 安全绳应使用专业生产劳动保护用品的厂家按现行国家标准《安全带》GB 6095 的规定而生产的锦纶绳。使用中的安全绳长度应自固定结点至地面，绳结在非外力作用下不得松开。在建筑物拐角处应对安全绳采取保护措施。

5.5.2 安装防护棚的目的是防止高处坠物造成对作业人员的伤害。

5.5.3 安装上限位装置的目的是防止吊篮在上升过程中出现冒顶现象。

5.5.4、5.5.5 由于吊篮使用单位或操作人员对吊篮产品和吊篮施工的特点缺少系统的了解，使用过程中存在大量违章操作和事故隐患，故对吊篮的操作加以规范。

5.5.6 目前存在打着某国和某地区的招牌引进吊篮产品的现象，这些产品既无产地标准，也无操作规程。因此要求在使用国外或境外吊篮产品时，应充分了解其产品性能、技术参数、配件明细、安装要点、操作方法、故障处置和维护保养方法，否则极易发生事故。

5.5.7 用吊篮运输物料易超载，造成吊篮翻转或坠落事故。

5.5.8 主要是考虑吊篮作业面小，出现坠落事故时，减少人员伤亡，将上人数量控制在2人。

5.5.9、5.5.10 对吊篮使用中的注意事项进行了规定。

5.5.11 避免荷载不均衡、超载运行造成吊篮倾覆事故。

5.5.12、5.5.16 规定了吊篮安全使用的保证措施。

5.5.17 本条说明了3个方面的含义：

1) 在吊篮内施焊前，应提前采用石棉布等将电焊火花的迸溅范围遮挡严密，防止电焊火花将吊篮设备、钢丝绳烧毁；

2) 电焊机不得放在吊篮内是为防止电焊机的电源线接触吊篮，以免发生触电；

3) 电焊机把线（二次线）也有80V，也不是安全电压，那么，这条把线也应通过瓷夹或其他绝缘措施与吊篮接触，以免电线破皮漏电，使吊篮带电，发生触电事故。

5.5.18～5.5.21 明确了吊篮在高温、雨雪天气、发现故障及下班后的安全使用保证措施。

5.6 拆 除

5.6.1～5.6.4 对吊篮拆除中的安全注意事项进行了规定。

6 外挂防护架

6.1 荷 载

6.1.1～6.1.5 本条对防护架的荷载作了规定。由于防护架只在建筑主体施工阶段起防护作用，不作为结构承重架和装修架使用，考虑到工人临边施工时需要站在防护架上，因此考虑使用荷载为 $0.8kN/m^2$，并只限单层使用。

6.2 设计计算

6.2.1 本条对防护架的设计计算内容作了基本规定。

6.2.2 本条对防护架的主要钢结构构件竖向桁架、三角臂的计算公式进行说明。

6.2.3 本条对防护架的钢结构构件连墙件及三角臂的强度、稳定性计算依据进行了规定。

6.3 构造措施

6.3.1 本条规定三角臂在提升状态下应能绕竖向桁架旋转，是考虑到建筑物上存在檐板等凸出物，三角臂如能绕竖向桁架旋转就可以避开这类凸出物，防止提升过程中三角臂与其发生碰撞，以保证顺利提升；工作状况下，由于三角臂直接承受由竖向桁架传递来的荷载，因此在这种情况下，三角臂与竖向桁架之间必须有定位装置防止三角臂转动，否则整个防护架就不是一个稳定结构了。

6.3.2、6.3.3 对防护架的三角臂与竖向桁架、竖向桁架与连墙件的连接方式作了规定，主要是考虑到在使用中方便工人操作。

6.3.4 本条规定保证防护架结构安全。每一个连墙点要求由两套连墙件，每一套均能独立承受架体上的全部荷载，这样，即使一套失效，另一套仍然可以发挥作用，防止防护架发生倾覆、坠落事故，保证防护架结构安全。

6.3.5~6.3.12 对防护架的构造方式进行了规定。

6.3.13 本条对防护架的构造参数进行了规定。

6.4 安 装

6.4.1 本条强调对预埋件应当进行验收后再浇筑混凝土，确保安全。

6.4.3、6.4.4、6.4.6 主要规定了对防护架架体的搭设应符合《建筑施工扣件式钢管脚手架安全技术规范》JGJ 130 的要求。

6.4.7~6.4.9 对防护架的安装注意事项进行了规定和说明。

6.5 提 升

6.5.1 本条规定了防护架的提升索具。钢丝绳作为柔性提升索具，具有方便使用的优点；规定钢丝绳直径至少采用12.5mm，是考虑到其承载能力足以确保防护架提升安全，满足钢丝绳安全系数 $K=10$ 的要求。

6.5.2~6.5.4 对钢丝绳的连接点和长度以及提升速度作了规定。

6.5.5、6.5.6、6.5.8、6.5.9 从安全角度考虑，对提升防护架的注意事项作了说明。

6.5.7 本条规定防护架处于运行状态下严禁上人，是考虑到提升状态下，如果防护架上有人，当防护架发生摇晃或者是起重机械发生故障或者是提升钢丝绳断裂时，会造成高空坠落的事故，因此严禁在提升时操作人员站在防护架上。为保证安全，操作人员应站在建筑物内或相邻的架体上进行操作。未安装完成的架体上人，也存在同样危险。

6.5.10 本条规定了防护架提升的原则，是保证其他未处于提升状态的防护架仍然处于正常的工作状态，防止在此期间，物料、工具及人员从防护架上坠落，导致安全事故的发生。

6.5.11 本条规定了对防护架连接件紧固的要求，防护架的部分架体是用扣件固定在竖向桁架上的，为防止防护架上的扣件由于提升而发生滑移造成节点松动，使架体垮塌，必须按照每次提升后逐一检查，并达到扣件的螺栓拧紧力矩 $40N·m~65N·m$ 的规定。

6.6 拆 除

6.6.1 本条对拆除防护架的准备工作作了规定。

6.6.2 本条对拆除防护架的注意事项作了说明。

7 管 理

7.0.1 本条是依据国务院第 393 号令《建设工程安全生产管理条例》中的第十七条、二十六条的规定提出的，是控制工具式脚手架使用安全的一项重要措施，也是当前施工现场存在的一大通病，因没有专项施工方案或不按方案实施是造成事故的重要原因之一。

7.0.2 明确了工具式脚手架专项施工方案应包括的内容。

7.0.3 依据国务院第 393 号令《建设工程安全生产管理条例》第二十四条的规定，进一步明确了总包与专业承包单位的安全责任。当前建筑施工中很多总包单位为了降低成本，将工具式脚手架发包给没有资质的工程队伍，这些无资质队伍为了减少投入，连必要的防坠落、防倾覆、同步装置都不使用，这也是当前造成脚手架事故的主要原因之一。本条规定总包和分包单位的安全生产责任，使其各尽其责，切实保证安全生产是十分必要的。

7.0.4、7.0.5 此两条是工具式脚手架专业承包单位应当履行的职责。

7.0.6 依据国务院第 393 号令《建设工程安全生产管理条例》第二十一条规定，根据多年来施工现场的经验和教训，细化了总包单位的责任。

7.0.7 依据国务院第 393 号令《建设工程安全生产管理条例》第十四条规定，结合施工现场的管理经验，进一步细化了监理单位的责任。

7.0.8 与工具式脚手架相关的电器设施等都应执行现行国家标准《施工现场临时用电安全技术规范》JGJ 46。

7.0.9 本条是原建设部发布的《建筑施工附着升降脚手架管理暂行规定》(建建[2000]230号)中确定的,也是依据国务院第393号令《建设工程安全生产管理条例》的要求作出的;自1999年以来,原建设部科技司已将工具式脚手架列为部级产品鉴定的项目,2004年后,又将原鉴定改为产品验收。

7.0.10~7.0.20 条文是对工具式脚手架的使用所作的具体规定。

7.0.21 在工具式脚手架上作业为高处作业,所以作业人员必须遵守高处作业规定。

8 验 收

8.1 附着式升降脚手架

8.1.1 对附着式升降脚手架验收应具备的技术文件进行了规定。

1 依据国务院令第397号《安全生产许可证条例》及建设部令第128号《建筑施工企业安全生产许可证管理规定》,对建筑施工等高危行业的企业施行安全生产许可证制度,附着式升降脚手架企业属于规定范围内的企业,必须办理安全生产许可证,无安全生产许可证(未办理的、发生事故被暂扣的等)不得承揽工程,因此在施工前必须出示安全生产许可证。

2 在《建筑施工安全检查标准》JGJ 59-99及《建筑施工附着升降脚手架管理暂行规定》(建建[2000]230号)均明确提出附着升降脚手架必须经过国务院建设行政主管部门组织鉴定,原建设部科技司一直支持这项工作,自1999年以来对附着升降脚手架组织专家鉴定,并发放部级产品鉴定证书。2003年后,国家科委取消了对新产品的鉴定,但建设部科技司考虑到附着升降脚手架属于高危产品,事故多发,各地不同程度地存在的不规范产品是造成事故的主要原因,因此保留了这个做法,只是将其改为按照计划内项目验收的程序,组织专家对产品进行验收并发放部级产品验收证书。

8.1.2 本条对附着式升降脚手架验收时间进行了规定。

8.1.3~8.1.6 条文对附着式升降脚手架的各个验收项目的内容进行了规定。

8.2 高处作业吊篮

8.2.1 高处作业吊篮中的作业人员始终处在高空、动态、悬空的环境中,吊篮的安装质量直接关系到作业人员的生命安全,因此使用前的验收至关重要。

8.2.2 本条对高处作业吊篮的各个验收项目的内容进行了规定。

8.3 外挂防护架

8.3.1 规定外挂防护架必须进行验收后才能使用。

8.3.2 本条对外挂防护架的各个验收项目的内容进行了规定。

中华人民共和国行业标准

液压升降整体脚手架安全技术规程

Technical specification for safety of hydraulic lifting integral scaffold

JGJ 183—2009

批准部门：中华人民共和国住房和城乡建设部
施行日期：２０１０年３月１日

中华人民共和国住房和城乡建设部
公告

第 390 号

关于发布行业标准《液压升降整体脚手架安全技术规程》的公告

现批准《液压升降整体脚手架安全技术规程》为行业标准，编号为 JGJ 183-2009，自 2010 年 3 月 1 日起实施。其中，第 3.0.1、7.1.1、7.2.1 条为强制性条文，必须严格执行。

本规程由我部标准定额研究所组织中国建筑工业出版社出版发行。

中华人民共和国住房和城乡建设部
2009 年 9 月 15 日

前　言

根据住房和城乡建设部《关于印发〈2008 年工程建设标准规范制订、修订计划（第一批）〉的通知》（建标〔2008〕102 号）的要求，规程编制组经认真总结实践经验，参考有关国际标准和国外先进标准，并在广泛征求意见的基础上，制订本规程。

本规程主要技术内容：1. 总则；2. 术语和符号；3. 基本规定；4. 架体结构；5. 设计及计算；6. 液压升降装置；7. 安全装置；8. 安装、升降、使用、拆除以及相关附录。

本规程中以黑体字标志的条文为强制性条文，必须严格执行。

本规程由住房和城乡建设部负责管理和对强制性条文的解释，由南通四建集团有限公司负责具体技术内容的解释。执行过程中如有意见或建议，请寄送南通四建集团有限公司（地址：江苏省通州市新金西路 93 号，邮政编码 226300）。

本规程主编单位：南通四建集团有限公司
　　　　　　　　苏州二建建筑集团有限公司
本规程参编单位：中国建筑科学研究院建筑机械化研究分院
东南大学
南京林业大学
上海市建工设计研究院有限公司
江苏省建筑科学研究院
珠海市建设工程安全监督站
北京市建筑工程研究院
江苏云山模架工程有限公司

本规程主要起草人：耿裕华　宫长义　花周建
　　　　　　　　　干兆和　姚富新　张赤宇
　　　　　　　　　施建平　陈赟　　罗文龙
　　　　　　　　　郭正兴　杨平　　严训
　　　　　　　　　李明　　关赞东　黄蕊
　　　　　　　　　赵玉章　王克平　杨东
本规程主要审查人员：潘延平　秦春芳　高秋利
　　　　　　　　　　平福泉　刘群　　张晓飞
　　　　　　　　　　潘国钿　孙宗辅　杨永军
　　　　　　　　　　张有闻

目 次

1 总则 …………………………………… 10—27—5
2 术语和符号 …………………………… 10—27—5
  2.1 术语 ……………………………… 10—27—5
  2.2 符号 ……………………………… 10—27—5
3 基本规定 ……………………………… 10—27—6
4 架体结构 ……………………………… 10—27—6
5 设计及计算 …………………………… 10—27—7
  5.1 荷载 ……………………………… 10—27—7
  5.2 设计及计算 ……………………… 10—27—8
6 液压升降装置 ………………………… 10—27—10
  6.1 技术要求 ………………………… 10—27—10
  6.2 检验 ……………………………… 10—27—10
  6.3 使用与维护 ……………………… 10—27—10
7 安全装置 ……………………………… 10—27—11
  7.1 防坠落装置 ……………………… 10—27—11
  7.2 防倾覆装置 ……………………… 10—27—11
  7.3 荷载控制或同步控制装置 ……… 10—27—11
8 安装、升降、使用、拆除 …………… 10—27—11
  8.1 一般规定 ………………………… 10—27—11
  8.2 安装 ……………………………… 10—27—11
  8.3 升降 ……………………………… 10—27—12
  8.4 使用 ……………………………… 10—27—12
  8.5 拆除 ……………………………… 10—27—12
附录 A 液压升降整体脚手架产品型式试验方法 …………… 10—27—12
附录 B 液压升降装置产品型式试验方法 …………………… 10—27—13
附录 C 防坠落装置产品型式试验方法 ……………………… 10—27—14
附录 D 液压升降整体脚手架安装后验收表 ………………… 10—27—14
附录 E 液压升降整体脚手架升降前准备工作检查表 ……… 10—27—15
附录 F 液压升降整体脚手架升降后使用前安全检查表 …… 10—27—16
本规程用词说明 ………………………… 10—27—16
引用标准名录 …………………………… 10—27—16
附：条文说明 …………………………… 10—27—17

Contents

1 General Provisions .... 10—27—5
2 Terms and Symbols .... 10—27—5
  2.1 Terms .... 10—27—5
  2.2 Symbols .... 10—27—5
3 Basic Requirement .... 10—27—6
4 Framework Structure .... 10—27—6
5 Design and Calculation .... 10—27—7
  5.1 Load .... 10—27—7
  5.2 Design and Calculation ..... 10—27—8
6 Hydraulic Lifting Device ...... 10—27—10
  6.1 Technical Requirement ..... 10—27—10
  6.2 Inspection .... 10—27—10
  6.3 Operation and Maintenance ...... 10—27—10
7 Safety Device .... 10—27—11
  7.1 Anti-fall Device .... 10—27—11
  7.2 Anti-overturning Device .... 10—27—11
  7.3 Load Control or Synchronous Control Device .... 10—27—11
8 Installation, Lifting, Operation, Dismantling .... 10—27—11
  8.1 General requirement .... 10—27—11
  8.2 Installation .... 10—27—11
  8.3 Lifting .... 10—27—12
  8.4 Operation .... 10—27—12
  8.5 Dismantling .... 10—27—12
Appendix A Product Type Test Method for Hydraulic Lifting Integral Scaffold ... 10—27—12
Appendix B Product Type Test Method for Hydraulic Lifting Device .... 10—27—13
Appendix C Product Type Test Method for Anti-fall Device .... 10—27—14
Appendix D Acceptance Form after Installation for Hydraulic Lifting Integral Scaffold .... 10—27—14
Appendix E Checklist for Preliminaries before Lifting for Hydraulic Lifting Integral Scaffold .... 10—27—15
Appendix F Safety Checklist before Using for Hydraulic Lifting Integral Scaffold .... 10—27—16
Explanation of Wording in This Specification .... 10—27—16
Normative Standards .... 10—27—16
Explanation of Provisions .... 10—27—17

1 总　　则

1.0.1 为规范建筑施工液压升降整体脚手架的应用和管理，统一其技术要求，确保建筑施工安全，制定本规程。

1.0.2 本规程适用于高层、超高层建（构）筑物不带外模板的千斤顶式或油缸式液压升降整体脚手架的设计、制作、安装、检查、使用、拆除和管理。

1.0.3 液压升降整体脚手架的安全技术除应符合本规程外，尚应符合国家现行有关标准的规定。

2 术语和符号

2.1 术　　语

2.1.1 液压升降整体脚手架　hydraulic lifting integral scaffold
依靠液压升降装置，附着在建（构）筑物上，实现整体升降的脚手架。

2.1.2 工作脚手架　truss of the scaffold
采用钢管杆件和扣件搭设的位于相邻两竖向主框架之间和水平支承桁架之上的作业平台。

2.1.3 水平支承　horizontal support truss
承受架体的竖向荷载的稳定结构。

2.1.4 竖向主框架　major vertical frame
垂直于建筑物立面，与水平支承结构、工作脚手架和附着支承结构连接，承受和传递竖向和水平荷载的构架。

2.1.5 架体　structure of the scaffold
液压升降整体脚手架的承重结构，由工作脚手架、水平支承结构、竖向主框架组成的稳定结构。

2.1.6 附着支承　attached supporting structure
附着在建（构）筑物结构上，与竖向主框架连接并将架体固定，承受并传递架体荷载的连接结构。

2.1.7 架体高度　scaffold height
架体最底层横向杆件轴线至架体顶部横向杆件轴线间的距离。

2.1.8 架体宽度　width of the scaffold
架体内、外排立杆轴线之间的水平距离。

2.1.9 架体支承跨度　supporting span of the scaffold
两相邻竖向主框架中心轴线之间的距离。

2.1.10 悬臂高度　cantilever height
架体的附着支承结构中最上一个支承点以上的架体高度。

2.1.11 悬挑长度　overhang length
竖向主框架中心轴线至水平支承端部的水平距离。

2.1.12 防倾覆装置　anti-overturning device
防止架体在升降和使用过程中发生倾覆的装置。

2.1.13 防坠落装置　anti-fall device
架体在升降过程中发生意外坠落时的制动装置。

2.1.14 导轨　conduct rail
附着在附着支承结构或竖向主框架上，引导脚手架上升或下降的轨道。

2.1.15 液压升降装置　hydraulic lifting device
依靠液压动力系统，驱动脚手架升降运动的执行机构。

2.1.16 制动距离　braking distance
额定荷载状态下，架体开始坠落到防坠落装置制停的滑移距离。

2.1.17 机位　location of the machine
安装液压升降装置的位置。

2.2 符　　号

2.2.1 荷载：
G_k——永久荷载（恒载）的标准值；
P_k——跨中集中荷载的标准值；
Q_k——可变荷载（活载）的标准值；
q_k——均布线荷载的标准值；
S——荷载效应组合的设计值；
S_{Gk}——永久荷载（恒载）效应的标准值；
S_{Qk}——可变荷载（活载）效应的标准值；
w_k——风荷载标准值；
w_0——基本风压。

2.2.2 材料、构件设计指标：
A——爬杆净截面面积；
E——钢材弹性模量；
f——钢材强度设计值；
I_x——毛截面惯性矩；
R——结构构件抗力的设计值；
$[v]$——受弯构件的允许挠度；
N——拉杆或压杆最大轴力设计值。

2.2.3 计算系数：
μ_z——风压高度变化系数；
μ_s——脚手架风荷载体型系数；
ϕ——挡风系数；
β_z——风振系数；
γ_G——恒荷载分项系数；
γ_q——活荷载分项系数；
γ_1——附加安全系数；
γ_2——附加荷载不均匀系数；
γ_3——冲击系数。

2.2.4 几何参数：
L——受弯杆件跨度；
L_a——立杆纵距。

3 基本规定

3.0.1 液压升降整体脚手架架体及附着支承结构的强度、刚度和稳定性必须符合设计要求，防坠落装置必须灵敏、制动可靠，防倾覆装置必须稳固、安全可靠。

3.0.2 液压升降整体脚手架产品定型前应进行专门鉴定。液压升降装置应由法定检测单位进行型式检验，施工中使用的液压升降装置、防坠落装置必须采用同一厂家、同一型号的产品。

3.0.3 液压升降整体脚手架产品型式试验，应符合本标准附录 A 的规定。使用中不得违反技术性能规定，不得扩大适用范围。

3.0.4 安装和操作人员应经过专业培训合格后持证上岗，作业前应接受安全技术交底。

4 架体结构

4.0.1 架体结构（图 4.0.1）的尺寸应符合下列规定：

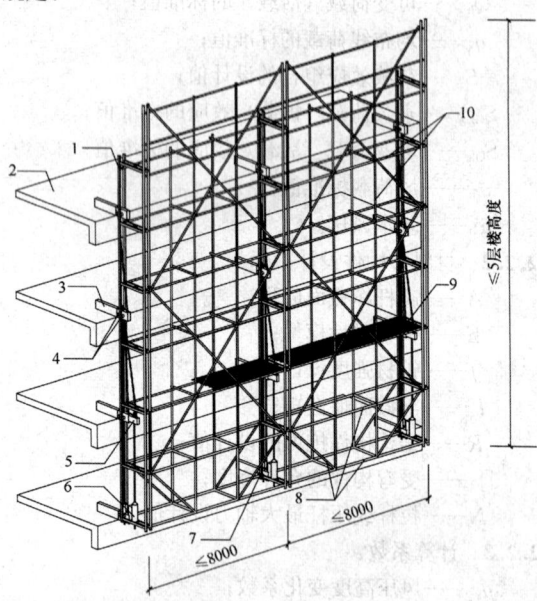

图 4.0.1 液压升降整体脚手架总装配示意图（单位：mm）

1—竖向主框架；2—建筑结构混凝土楼面；3—附着支承结构；4—导向及防倾覆装置；5—悬臂（吊）梁；6—液压升降装置；7—防坠落装置；8—水平支承结构；9—工作脚手架；10—架体结构

1 架体结构高度不应大于 5 倍楼层高；
2 架体全高与支承跨度的乘积不应大于 110m²；
3 架体宽度不应大于 1.2m；
4 直线布置的架体支承跨度不应大于 8m，折线或曲线布置的架体中心线处支承跨度不应大于 5.4m；
5 水平悬挑长度不应大于跨度的 1/2，且不得大于 2m；
6 当两主框架之间架体的立杆作承重架时，纵距应小于 1.5m，纵向水平杆的步距不应大于 1.8m。

4.0.2 竖向主框架（图 4.0.2）应符合下列规定：

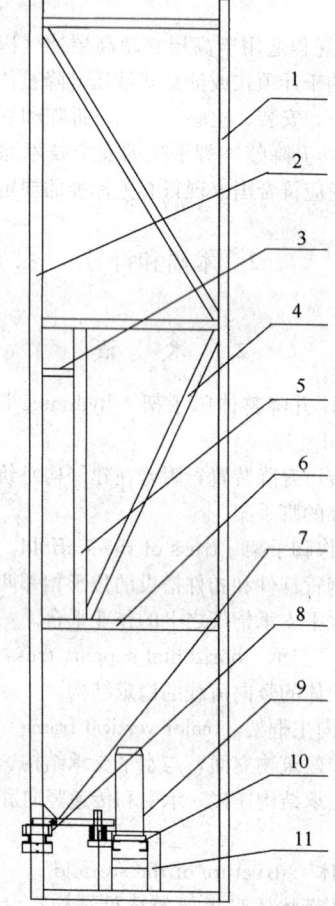

图 4.0.2 竖向主框架示意图

1—外立杆；2—内立杆及导轨；3—竖向主框架与附着支承搁置杆件；4—斜腹杆；5—与附着支承搁置杆件的立杆；6—横杆；7—液压升降装置与防坠落装置的联运机构；8—防坠落装置；9—液压升降装置；10—液压升降装置组装附件；11—液压升降装置组装附件导向及受力架

1 竖向主框架可采用整体结构或分段对接式结构，结构形式应为桁架或门式刚架两类，各杆件的轴线应汇交于节点处，并应采用螺栓或焊接连接；

2 竖向主框架内侧应设有导轨或导轮；

3 在竖向主框架的底部应设置水平支承，其宽度与竖向主框架相同，平行于墙面，其高度不宜小于 1.8m，用于支撑工作脚手架。

4.0.3 水平支承应符合下列规定：

1 水平支承各杆件的轴线应相交于节点上，并应采用节点板构造连接，节点板的厚度不得小于 6mm；

2 水平支承上、下弦应采用整根通长杆件，或于跨中设一拼接的刚性接头。腹杆与上、下弦连接应采用焊接或螺栓连接；

3 水平支承斜腹杆宜设计成拉杆。

4.0.4 附着支承（图4.0.4）应符合下列规定：

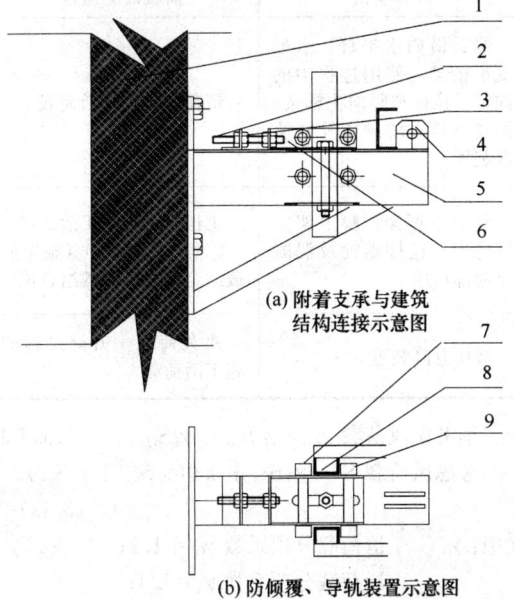

图4.0.4 附着支承及防倾覆、导轨结构示意图
1—建筑结构混凝土墙体；2—调节螺栓；3—调节螺母；4—拉杆耳板；5—附着支承；6—可前后移动的防倾覆装置组装架；7—内导向轮；8—导轨；9—外导向轮

1 在建筑物对应于竖向主框架的部位，每一层应设置上下贯通的附着支承；

2 在使用工况时，竖向主框架应固定于附着支承结构上；

3 在升降工况时，附着支承结构上应设有防倾覆、导向的结构装置；

4 附着支承应采用锚固螺栓与建筑物连接，受拉端的螺栓露出螺母不应少于3个螺距或10mm，为防止螺母松动宜采用弹簧垫片，垫片尺寸不得小于100mm×100mm×10mm；

5 附着支承与建筑物连接处混凝土的强度不得小于10MPa。

4.0.5 工作脚手架宜采用扣件式钢管脚手架，其结构构造应符合国家现行标准《建筑施工扣件式钢管脚手架安全技术规范》JGJ 130的规定，工作脚手架应设置在两竖向主框架之间，并应与纵向水平杆相连。立杆底端应设置定位销轴。

4.0.6 竖向主框架悬臂高度不得大于6m或架体高度的2/5。

4.0.7 当水平支承不能连续设置时，局部可采用脚手架杆件进行连接，但其长度不得大于2.0m，且必须采取加强措施，其强度和刚度不得低于原有的水平支承。

4.0.8 液压升降整体脚手架不得与物料平台相连接。

4.0.9 当架体遇到塔吊、施工电梯、物料平台等需断开或开洞时，断开处应加设栏杆并封闭，开口处应有可靠的防止人员及物料坠落的措施。

4.0.10 架体外立面应沿全高设置剪刀撑，剪刀撑斜杆应采用旋转扣件固定在与之相交的横向水平杆件的伸出端或立杆上，旋转扣件中心线至主节点的距离不宜大于150mm，剪刀撑水平夹角应为45°～60°，悬挑端应以竖向主框架为中心设置对称斜拉杆，其水平夹角不应小于45°。

4.0.11 架体在下列部位应采取可靠的加强构造措施：

1 与附着支承结构的连接处；

2 液压升降装置的设置处；

3 防坠落、防倾覆装置的设置处；

4 吊拉点设置处；

5 平面的转角处；

6 因碰到塔吊、施工电梯、物料平台等设施而需断开或开洞处；

7 水平支承悬挑部位；

8 其他有加强要求的部位。

4.0.12 安全防护措施应符合下列要求：

1 架体外侧必须采用密目式安全立网（≥2000目/100cm²）围挡；密目式安全立网必须可靠固定在架体上；

2 架体底层的脚手板除应铺设严密外，还应具有可翻起的翻板构造；

3 工作脚手架外侧应设置防护栏杆和挡脚板，挡脚板的高度不应小于180mm，顶层防护栏杆高度不应小于1.5m；

4 工作脚手架应设置固定牢靠的脚手板，其与结构之间的间距应符合国家现行标准《建筑施工扣件式钢管脚手架安全技术规范》JGJ 130的相关规定。

4.0.13 构配件的制作应符合下列要求：

1 制作构配件的原、辅材料的材质及性能应符合设计要求，并应按规定对其进行验证和检验；

2 加工构配件的工装、设备及工具应满足构配件制作精度的要求，并应定期进行检查；

3 构配件应按照工艺要求及尺寸精度进行检验，对防倾覆及防坠落装置等关键部件的加工件应有可追溯性标志，加工件必须进行100%检验；使用构配件时，应验证出厂合格证。

5 设计及计算

5.1 荷 载

5.1.1 荷载由永久荷载和可变荷载组成，永久荷载标准值应符合现行国家标准《建筑结构荷载规范》GB 50009 的规定。

5.1.2 脚手板自重标准值应按表 5.1.2 取值。

表 5.1.2 脚手板自重标准值

类别	标准值（kN/m²）
冲压钢脚手板	0.30
竹笆板	0.35
木脚手板	0.35

5.1.3 栏杆和挡脚板自重线荷载标准值应按表 5.1.3 取值，安全网应取 0.005kN/m²。

表 5.1.3 栏杆和挡脚板自重线荷载标准值

类别	标准值（kN/m）
栏杆和冲压钢脚手板挡板	0.16
栏杆和竹串板脚手板挡板	0.17
栏杆和木脚手板挡板	0.17

5.1.4 施工活荷载应根据施工具体情况确定荷载标准值，其值不得小于表 5.1.4 的规定。

表 5.1.4 施工活荷载标准值

工况类别		按同时作业层数计算	每层活荷载标准值（kN/m²）
使用工况	结构施工	2	3.0
	装修施工	3	2.0
爬升工况	结构施工	2	0.5
下降工况	装修施工	3	0.5

5.1.5 风荷载标准值（w_k）应按下式计算：

$$w_k = \beta_z \mu_z \mu_s w_0 \qquad (5.1.5)$$

式中：w_k——风荷载标准值（kN/m²）；

β_z——风振系数（一般可取 1.0，也可按实际情况选取）；

μ_z——风压高度变化系数，按现行国家标准《建筑结构荷载规范》GB 50009 的规定采用；

μ_s——脚手架风荷载体型系数；

w_0——基本风压值（kN/m²），按现行国家标准《建筑结构荷载规范》GB 50009 中 $N=10$ 年的规定采用。非工作状态和工作状态，均不应小于 0.35kN/m²。

5.1.6 脚手架风荷载体型系数应符合表 5.1.6 的规定。

表 5.1.6 脚手架风荷载体型系数

背靠建筑物状况	全封闭	敞开或开洞
μ_s	1.0φ	1.3φ

5.1.7 液压升降整体脚手架应按最不利荷载效应组合进行计算，计算结构或构件的强度、稳定性及连接强度时，应采用荷载设计值（荷载标准值乘以荷载分项系数）；计算变形时，应采用荷载标准值。其荷载效应组合应按表 5.1.7 采用。

表 5.1.7 荷载效应组合

计算项目	荷载效应组合
纵、横向水平杆；水平支承桁架；使用过程中的固定吊拉杆和竖向主框架；附着支承；防倾覆及防坠落装置	恒荷载＋施工活荷载
竖向主框架；脚手架立杆稳定；连接螺栓及混凝土局部承压	①恒荷载＋施工活荷载 ②恒荷载＋0.9（施工荷载组合值＋风荷载组合值）
液压升降装置	永久荷载＋升降过程的施工活荷载

不考虑风荷载 $S = \gamma_G S_{Gk} + \gamma_q S_{Qk}$ （5.1.7-1）

考虑风荷载 $S = \gamma_G S_{Gk} + 0.9(\gamma_q S_{Qk} + \gamma_q S_{wk})$

(5.1.7-2)

式中：γ_G——恒荷载分项系数 $\gamma_G = 1.2$；

γ_q——活荷载分项系数 $\gamma_q = 1.4$；

S_{Gk}——恒荷载效应的标准值（kN/m²）；

S_{Qk}——活荷载效应的标准值（kN/m²）；

S_{wk}——风荷载效应的标准值（kN/m²）。

5.1.8 水平支承上部的扣件式钢管脚手架计算应符合国家现行标准《建筑施工扣件式钢管脚手架安全技术规范》JGJ 130 的规定，验算立杆稳定时，其设计荷载应乘以附加安全系数 γ_1，其值为 1.43。

5.1.9 液压升降整体脚手架上的升降动力设备、吊具、索具，在使用工况条件下，其设计荷载值应乘以附加荷载不均匀系数 γ_2，其值为 1.3；在升降、坠落工况时，其设计荷载应乘以冲击系数 γ_3，其值为 2。

5.2 设计及计算

5.2.1 液压升降整体脚手架的设计应符合现行国家标准《钢结构设计规范》GB 50017、《冷弯薄壁型钢结构技术规范》GB 50018、《混凝土结构设计规范》GB 50010 的规定。

5.2.2 液压升降整体脚手架架体结构、附着支承结构、防倾、防坠装置的承载能力应按概率极限状态设计法的要求采用分项系数设计表达式进行设计，并应进行下列设计计算：

1 竖向主框架的强度和压杆稳定及连接计算；

2 水平支承的强度和压杆稳定及连接计算；

3 脚手架架体的强度和压杆稳定及连接计算；

4 附着支承的强度和稳定及连接计算；

5 防倾覆装置的强度和稳定及连接计算；

6 穿墙螺栓以及建筑物混凝土结构螺栓孔处局

部承压计算。

5.2.3 竖向主框架、水平支承、架体，应根据正常使用极限状态的要求验算变形，并应符合现行国家标准《钢结构设计规范》GB 50017 的要求。

5.2.4 液压升降整体脚手架的索具、吊具应按允许应力法进行设计，并应符合有关机械设计的要求。

5.2.5 竖向主框架的强度和压杆稳定及连接计算应包括下列内容：

  1 风荷载与垂直荷载作用下，竖向主框架杆件的内力强度计算；

  2 将风荷载与垂直荷载组合计算最不利杆件的内力设计值；

  3 最不利杆件强度和压杆稳定性，以及受弯构件的变形计算；

  4 节点板及节点焊缝或螺栓连接时螺栓强度计算。

5.2.6 在水平支承的强度和压杆稳定及连接计算中，水平支承其节点荷载应由架体构架的立杆来传递；在操作层内外桁架荷载的分配应通过小横杆支座反力求得。

5.2.7 附着支承的强度和稳定及连接计算应符合下列规定：

  1 建筑物每一楼层处均应设置附着支承，每一附着支承应承受该机位范围内的全部荷载的设计值，并乘以荷载不均匀系数 γ_2 或冲击系数，冲击系数取值为 2；

  2 应进行抗弯、抗压、抗剪、焊缝强度、稳定性、锚固螺栓强度计算和变形验算。

5.2.8 导轨设计应符合下列规定：

  1 荷载设计值应根据不同工况分别乘以相应的荷载不均匀系数；

  2 应进行抗弯、抗压、抗剪、焊缝强度、稳定性、锚固螺栓强度计算和变形验算。

5.2.9 防坠落装置设计应符合下列规定：

  1 荷载的设计值应乘以相应的冲击系数，系数取值为 2；并应按升降工况一个机位范围内的荷载取值；

  2 应依据实际情况分别进行强度和变形验算；

  3 防坠落装置不得与横吊梁设置在同一附着支承上。

5.2.10 竖向主框架底座框和吊拉杆设计应符合下列规定：

  1 荷载设计值应依据主框架传递的反力计算；

  2 升降设备与竖向主框架连接应进行强度和稳定验算，并对连接焊缝及螺栓进行强度计算。

5.2.11 悬臂梁设计应进行强度和变形验算。

5.2.12 液压升降装置选择应符合下列规定：

  1 按升降工况一个最大的机位荷载，并乘以荷载的不均匀系数 γ_2 确定荷载设计值；

  2 液压升降执行机构的提升力应满足 $N_s \leqslant N_c$（N_s 为荷载设计值，N_c 为液压升降装置提升力额定值）；

  3 液压升降装置提升力额定值（N_c）宜按下式计算：

$$N_c = 0.9 \times F \times P \quad (5.2.12)$$

式中：F——液压升降装置活塞腔面积（m^2）；

  P——液压系统工作压力（MPa）。

5.2.13 穿墙螺栓应同时承受剪力和轴向拉力，其强度应按下列公式计算：

$$\sqrt{\left(\frac{N_v}{N_v^b}\right)^2 + \left(\frac{N_t}{N_t^b}\right)^2} \leqslant 1 \quad (5.2.13-1)$$

$$N_v^b = \frac{\pi D_{\text{螺}}^2}{4} f_v^b \quad (5.2.13-2)$$

$$N_t^b = \frac{\pi d_0^2}{4} f_t^b \quad (5.2.13-3)$$

式中：N_v、N_t——一个螺栓所承受的剪力和拉力设计值（kN）；

  N_v^b、N_t^b——一个螺栓抗剪、抗拉承载能力设计值（kN）；

  $D_{\text{螺}}$——螺杆直径；

  f_v^b——螺栓抗剪强度设计值一般采用 Q235 取 $f_v^b = 130 \text{N/mm}^2$；

  d_0——螺栓螺纹处有效截面直径；

  f_t^b——螺栓抗拉强度设计值一般采用 Q235 取 $f_t^b = 170 \text{N/mm}^2$。

5.2.14 穿墙螺栓孔处混凝土局部抗压强度验算应按下列公式计算：

$$R_i (i=1,2) \leqslant R \quad (5.2.14-1)$$

式中：R——螺栓孔处的混凝土局部抗压承载力设计值（kN/m^2）；

$$R = 1.35 \beta f_c A_m \quad (5.2.14-2)$$

  β——混凝土局部抗压强度提高系数，采用 1.73；

  f_c——爬升龄期的混凝土试块轴心抗压强度设计值（kN/m^2）；

  A_m——一个螺栓局部承压计算面积（m^2），$A_m = db_1$ 或 $A_m = db_2$（d 为螺栓杆直径，有套管时为套管外径）；

  R_1、R_2——螺栓对穿孔处下部和上部的混凝土产生的压应力（kN），可按图 5.2.14 及下式计算：

$$\begin{cases} N_v\left(c + \dfrac{b_1}{2}\right) - R_2\left(b - \dfrac{b_1}{2} - \dfrac{b_2}{2}\right) = 0 \\ N_v\left(c + b - \dfrac{b_2}{2}\right) - R_1\left(b - \dfrac{b_1}{2} - \dfrac{b_2}{2}\right) = 0 \\ R_1 - R_2 - N_v = 0 \end{cases}$$

$$(5.2.14-3)$$

  N_v——螺栓承受的剪力设计值（kN）；

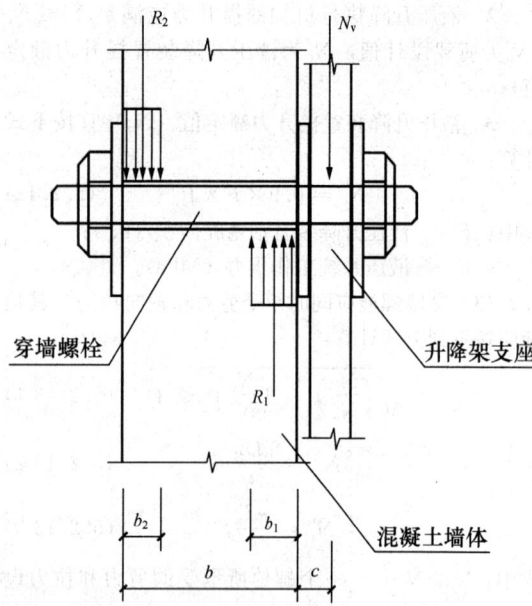

图 5.2.14 穿墙螺栓局部承压应力分析简图

　　c——剪力作用点与墙面的距离（mm）；
　　b——墙体厚度（mm）；
　　b_1、b_2——墙体下部和上部的受压区计算高度（mm）。

5.2.15 穿墙螺栓孔处混凝土抗冲切强度应按下式计算

$$N_t = 0.6 f_t u_m h_0 \quad (5.2.15)$$

式中：N_t——螺栓承受的拉力设计值（kN）；
　　f_t——爬升龄期的混凝土试块轴心抗拉强度设计值（kN/m²）；
　　u_m——离螺栓垫板面积周边 $h_0/2$ 处的周长；
　　h_0——截面有效高度。

注：垫板的宽度与厚度比不应大于10。

5.2.16 位于建筑物凸出或凹进结构处的液压升降整体脚手架应进行专项设计。

6 液压升降装置

6.1 技术要求

6.1.1 液压升降装置应符合国家现行标准《液压缸技术条件》JB/T 10205、《液压缸试验方法》GB/T 15622 的有关规定。

6.1.2 液压控制系统应符合国家现行标准《液压系统通用技术条件》GB/T 3766 和《液压元件通用技术条件》GB/T 7935 的有关规定。液压控制系统应具有自动闭锁功能。

6.1.3 液压系统额定工作压力宜小于 16MPa，各液压元件的额定工作压力应大于 16MPa。

6.1.4 溢流阀的调定值不应大于系统额定工作压力的 110%。

6.1.5 液压升降装置的工作性能参数应符合本规程附录B的有关规定。

6.1.6 液压油清洁度应符合下列规定：
　　1 液压系统的油液清洁度不应低于那氏 9 级；
　　2 液压元件清洁度应符合国家现行标准《液压件清洁度评定方法及液压件清洁度指标》JB/T 7858 的有关规定。

6.2 检 验

6.2.1 液压控制系统的性能检验应符合下列要求：
　　1 各回路通断及各元件工作应正常；
　　2 泵的噪声、压力脉动、系统振动应在允许范围内；
　　3 压力表、信号灯、报警器等各种装置的测量和信号应准确无误。

6.2.2 当达到额定工作压力的 1.25 倍时，保压 15min，液压升降装置应无异常情况。

6.2.3 在额定工作压力状态下连续运转 30min 后，液压油温度应在 60℃以下。

6.2.4 在负载工况运转时，噪声不应大于 75dB（A）。

6.2.5 在额定荷载作用下，当液压控制系统出现失压状态时，液压升降装置不得有滑移现象。

6.2.6 液压升降装置最低启动工作压力应小于 0.5MPa。

6.2.7 液压升降装置在 1.5 倍额定工作压力作用下，不得有零件损坏等现象。

6.2.8 在额定工作压力下和温度 -20℃～45℃的环境中，液压升降装置应可靠工作，固定密封处不得渗漏油，运动密封处渗油不应成滴。

6.2.9 在正常工作状态时，液压控制系统应有防止误操作的功能。

6.3 使用与维护

6.3.1 液压油维护应符合下列要求：
　　1 不同牌号液压油不得混用；
　　2 液压升降装置应每月进行一次维护，各液压元件的功能应保持正常；
　　3 液压油应每月进行一次检查化验，清洁度应达到那氏 9 级。

6.3.2 当液压系统出现异常噪声时，应立即停机检查，排除噪声源后方可运行。

6.3.3 液压升降装置应安装在不易受到机械损伤的位置，应具有防淋、防尘措施。

6.3.4 液压管路应固定在架体上。

6.3.5 液压控制台的安装底部应有足够的强度和刚度，应具有防淋、防尘措施。

6.3.6 液压升降装置在使用 12 个月或工程结束后，

应更换密封件,检验卡齿,并应重新采取防腐、防锈措施。

7 安全装置

7.1 防坠落装置

7.1.1 液压升降整体脚手架的每个机位必须设置防坠落装置,防坠落装置的制动距离不得大于80mm。

7.1.2 防坠落装置应设置在竖向主框架或附着支承结构上。

7.1.3 防坠落装置应按本规程附录C进行检验。

7.1.4 防坠落装置使用完一个单体工程或停止使用6个月后,应经检验合格后方可再次使用。

7.1.5 防坠落装置受力杆件与建筑结构必须可靠连接。

7.2 防倾覆装置

7.2.1 液压升降整体脚手架在升降工况下,竖向主框架位置的最上附着支承和最下附着支承之间的最小间距不得小于2.8m或1/4架体高度;在使用工况下,竖向主框架位置的最上附着支承和最下附着支承之间的最小间距不得小于5.6m或1/2架体高度。

7.2.2 防倾覆导轨应与竖向主框架有可靠连接。

7.2.3 防倾覆装置应具有防止竖向主框架前、后、左、右倾斜的功能。

7.2.4 防倾覆装置应采用螺栓与建筑主体结构连接,其装置与导轨之间的间隙不应大于8mm。

7.2.5 架体的垂直度偏差不应大于架体全高的0.5%,防倾覆装置通过调节应满足架体垂直度的要求。

7.2.6 防倾覆装置与导轨的摩擦宜采用滚动摩擦。

7.3 荷载控制或同步控制装置

7.3.1 液压升降整体脚手架升降时必须具有荷载控制或同步控制功能。

7.3.2 当某一机位的荷载超过设计值的30%或失载的70%时,荷载控制系统应能自动停机并报警。

7.3.3 当相邻机位高差达到30mm或整体架体最大升降差超过80mm时,同步控制系统应能自动停机并报警,待其他机位与超高超低机位相平时方可重新开机。

8 安装、升降、使用、拆除

8.1 一般规定

8.1.1 技术人员和专业操作人员应熟练掌握液压升降整体脚手架的技术性能及安全要求。

8.1.2 遇到雷雨、6级及以上大风、大雾、大雪天气时,必须停止施工。架体上人员应对设备、工具、零散材料、可移动的铺板等进行整理、固定,并应作好防护,全部人员撤离后应立即切断电源。

8.1.3 液压升降整体脚手架施工区域内应有防雷设施,并应设置相应的消防设施。

8.1.4 液压升降整体脚手架安装、升降、拆除过程中,应统一指挥,在操作区域应设置安全警戒。

8.1.5 液压升降整体脚手架安装、升降、使用、拆除作业,应符合国家现行标准《建筑施工高处作业安全技术规范》JGJ 80的有关规定。

8.1.6 液压升降整体脚手架施工用电应符合国家现行标准《施工现场临时用电安全技术规范》JGJ 46的有关规定。

8.1.7 升降过程中作业人员必须撤离工作脚手架。

8.2 安 装

8.2.1 液压升降整体脚手架应由有资质的安装单位施工。

8.2.2 安装单位应核对脚手架搭设构(配)件、设备及周转材料的数量、规格,查验产品质量合格证、材质检验报告等文件资料。构(配)件、设备、周转材料应符合下列规定:

1 钢管应符合现行国家标准《直缝电焊钢管》GB/T 13793的规定;

2 钢管脚手架的连接扣件应采用可锻铸铁制作,其材质应符合现行国家标准《钢管脚手架扣件》GB 15831的规定,并在螺栓拧紧的扭力矩达到65N·m时,不得发生破坏;

3 脚手板应采用钢、木、竹材料制作,其材质应符合相应国家现行标准的有关规定;

4 安全围护材料及辅助材料应符合相应国家现行标准的有关规定。

8.2.3 应核实预留螺栓孔或预埋件的位置和尺寸。

8.2.4 应查验竖向主框架、水平支承、附着支承、液压升降装置、液压控制台、油管、各液压元件、防坠落装置、防倾覆装置、导向部件的数量和质量。

8.2.5 应设置安装平台,安装平台应能承受安装时的垂直荷载。高度偏差应小于20mm;水平支承底平面高差应小于20mm。

8.2.6 架体的垂直度偏差应小于架体全高的0.5%,且不应大于60mm。

8.2.7 安装过程中竖向主框架与建筑结构间应采取可靠的临时固定措施,确保竖向主框架的稳定。

8.2.8 架体底部应铺设脚手板,脚手板与墙体间隙不应大于50mm,操作层脚手板应满铺牢固,孔洞直径宜小于25mm。

8.2.9 剪刀撑斜杆与地面的夹角应为45°~60°。

8.2.10 每个竖向主框架所覆盖的每一楼层处应设置一道附着支承及防倾覆装置。

8.2.11 防坠落装置应设置在竖向主框架处，防坠吊杆应附着在建筑结构上，且必须与建筑结构可靠连接。每一升降点应设置一个防坠落装置，在使用和升降工况下应能起作用。

8.2.12 防坠落装置与液压升降装置联动机构的安装，应先将液压升降装置处于受力状态，调节螺栓将防坠落装置打开，防坠杆件应能自由地在装置中间移动；当液压升降装置处于失力状态时，防坠落装置应能锁紧防坠杆件。

8.2.13 在竖向主框架位置应设置上下两个防倾覆装置，才能安装竖向主框架。

8.2.14 液压升降装置应安装在竖向主框架上，并应有可靠的连接。

8.2.15 控制台应布置在所有机位的中心位置，向两边均排油管；油管应固定在架体上，应有防止碰撞的措施，转角处应圆弧过渡。

8.2.16 在额定工作压力下，应保压 30min，所有的管接头滴漏总量不得超过 3 滴油。

8.2.17 架体的外侧防护应采用安全密目网，安全密目网应布设在外立杆内侧。

8.2.18 液压升降整体脚手架安装后应按本规程附录 D 的要求进行验收。

8.3 升 降

8.3.1 液压升降整体脚手架提升或下降前应按本规程附录 E 的要求进行检查；检查合格后方能发布升降令。

8.3.2 在液压升降整体脚手架升降过程中，应设立统一指挥，统一信号。参与的作业人员必须服从指挥，确保安全。

8.3.3 升降时应进行检查，并应符合下列要求：
1 液压控制台的压力表、指示灯、同步控制系统的工作情况应无异常现象；
2 各个机位建筑结构受力点的混凝土墙体或预埋件应无异常变化；
3 各个机位的竖向主框架、水平支承结构、附着支承结构、导向、防倾覆装置、受力构件应无异常现象；
4 各个防坠落装置的开启情况和失力锁紧工作应正常。

8.3.4 当发现异常现象时，应停止升降工作。查明原因、隐患排除后方可继续进行升降工作。

8.4 使 用

8.4.1 液压升降整体脚手架提升或下降到位后应按本规程附录 F 的要求进行检查，检查合格后方可使用。

8.4.2 在使用过程中严禁下列违章作业：
1 架体上超载、集中堆载；
2 利用架体作为吊装点和张拉点；
3 利用架体作为施工外模板的支模架；
4 拆除安全防护设施和消防设施；
5 构件碰撞或扯动架体；
6 其他影响架体安全的违章作业。

8.4.3 施工作业时，应有足够的照度。

8.4.4 液压升降整体脚手架使用过程中，应每个月进行一次检查，并应符合本规程附录 D 的要求，检查合格后方可继续使用。

8.4.5 作业期间，应每天清理架体、设备、构配件上的混凝土、尘土和建筑垃圾。

8.4.6 每完成一个单体工程，应对液压升降整体脚手架部件、液压升降装置、控制设备、防坠落装置等进行保养和维修。

8.4.7 液压升降整体脚手架的部件及装置，出现下列情况之一时，应予以报废：
1 焊接结构件严重变形或严重锈蚀；
2 螺栓发生严重变形、严重磨损、严重锈蚀；
3 液压升降装置主要部件损坏；
4 防坠落装置的部件发生明显变形。

8.5 拆 除

8.5.1 液压升降整体脚手架的拆除工作应按专项施工方案执行，并应对拆除人员进行安全技术交底。

8.5.2 液压升降整体脚手架的拆除工作宜在低空进行。

8.5.3 拆除后的材料应随拆随运，分类堆放，严禁抛掷。

附录 A 液压升降整体脚手架产品型式试验方法

A.1 性 能 试 验

A.1.1 液压升降整体脚手架样机应按最大步距及最大高度搭设，应有 3m 左右的升降空间，应搭设三机二跨以上，其中一跨为最大跨度；同步性能试验时，应搭设十机九跨以上的整体脚手架。

A.1.2 试验条件应符合下列要求：
1 环境温度应为 −20℃～+40℃；
2 现场风速不应大于 13m/s；
3 电源电压值偏差应为 ±5%。

A.1.3 试验用的仪器和工具，应有鉴定证书，并应在有效期内。

A.1.4 试验步骤应符合下列要求：
1 试验准备工作应符合下列要求：
　1）液压升降装置的控制系统及防坠落装置应

2) 各金属结构的连接件应牢固可靠；
3) 样机架体全高与支承跨度的乘积应大于110m²。

2 液压升降装置的同步性能试验：提升 3m，测量高度误差，下降 3m，测量高度误差。同步性能试验应进行三个升降循环，试验过程中不得进行升降差调整。

3 防坠落装置性能试验应按本规程 B.0.3 的要求进行。

4 超载、失载试验，三个机位，保持左右机位的荷载不变，中间机位加载到额定荷载的 130%，单独提升中间机位，观察控制台是否能切断电源。中间机位减载 70%，单独提升中间机位，观察控制台是否能切断电源。

A.2 结构应力与变形试验和测试

A.2.1 应进行性能试验项目后，方可进行结构应力与变形测试。

A.2.2 结构应力与变形测试应按表 A.2.2 选取测试项目。

表 A.2.2 液压升降整体脚手架结构应力与变形测试项目

序号	测试工况	测试项目
1	空载升降情况	附着支承结构、竖向主框架、受力杆件
2	空载工况	附着支承结构、竖向主框架、受力杆件
3	标准荷载	附着支承结构、竖向主框架、受力杆件
4	125%的标准值	附着支承结构、竖向主框架、受力杆件
5	标准荷载下偏载 30%	附着支承结构、竖向主框架、受力杆件
6	标准水平荷载	水平梁系

A.2.3 测点应符合下列规定：

1 测点宜选择表 A.2.2 中列出的各部分结构的关键部位作为测点，并确定粘贴应变片形式；有特殊要求的，应根据试验目的和要求来选择测试点。

2 平面应力区的应变片应符合下列规定：
1) 当结构处于平面应力状态时，应预先用分析等方法确定主应力方向，沿主应力方向贴上应变片；
2) 当主应力方向无法确定时，应贴上应变花。

A.2.4 测试宜按下列步骤进行：

1 检查和调整试验样机；

2 贴应变片，接好应变检测系统，调试有关仪器，选好灵敏系数，消除一切不正常的现象；

3 检测结构自重应力，在空载时，应对被测结构件测点调零；

4 测读结构件的自重应力值；

5 检测结构的荷载应力，额定荷载及偏载下，测读结构件应变值，额定荷载工况时还应测量承受竖向荷载的水平结构的挠度值；

6 使样机架体处于升降状态、工作状态，叠加相对应的横向荷载，测量结构的横向挠度值；

7 超过额定荷载的 30%试验，当结构出现永久变形或局部损坏，应立即终止试验，进行检查和分析；

8 试验过程及数据应作好记录。

A.2.5 安全判定数据应符合下列规定：

1 应力测试应符合下列要求：
1) 据表 A.2.2 结构应力测试项目，额定荷载所测出的结构最大应力，应满足下式给出的安全判定数据。

$$n = \sigma_s / \sigma_r \geqslant 2.0 \quad (A.2.5)$$

式中：σ_s——材料的屈服极限（MPa）；
σ_r——最大应力（MPa）。

2) 超载工作状况只用于考核结构的完整性，不得作为安全判定数据检查。

2 挠度测试的水平支承结构挠度应小于 1/150，且应小于 10mm。

3 竖向主框架顶端水平变形应小于 1/400。

附录 B 液压升降装置产品型式试验方法

B.0.1 检测用仪器设备应包括下列项目：

1 中小型液压阀、液压缸、马达试验台；

2 精密压力表；

3 电子秒表；

4 数字温度计；

5 称重传感器。

B.0.2 试验条件应符合下列要求：

1 试验环境温度应为 −20℃～+40℃；

2 试验荷载与额定荷载的允许误差为 ±5%。

B.0.3 液压升降装置应按额定荷载进行静载试验。试验过程中，不应有影响整机性能的变形及其他异常情况，固定密封处不应漏油。

B.0.4 液压升降装置应按额定荷载进行动载试验。试验过程中，活塞杆与缸体的可见密封处表面不应有影响性能的明显擦伤，固定密封处不应漏油，运动密封处渗油不成滴。

B.0.5 液压升降装置应进行超压试验，在额定压力的1.25倍，应保压15min，无异常现象。

B.0.6 液压升降装置应进行失压试验。在额定荷载作用下，液压控制系统处于失压状态时，液压升降装置相对于杆件不应滑移。

B.0.7 升降装置应进行内泄漏测定。在额定工作压力下，内泄漏量技术参数应符合表B.0.7的规定。

表 B.0.7 内泄漏量技术参数

缸内径 D (mm)	内泄漏量 (mL/min)	缸内径 D (mm)	内泄漏量 (mL/min)
100	≤0.20	140	≤0.30
110	≤0.22	160	≤0.50
125	≤0.28	180	≤0.63

注：使用组合密封时，允许内泄漏量为规定值的2倍。

B.0.8 液压升降装置应进行外泄漏量测定。在额定工作压力下，活塞杆静止时，不应渗油；活塞杆运动时，除活塞杆外，不应渗油。

B.0.9 液压升降装置应进行锁紧力试验。锁紧缸在8MPa压力下，施加额定荷载，锁紧应可靠，杆件不应滑移。

B.0.10 液压升降装置应进行承载力试验。在额定工作压力下，承载额定荷载时应升降自如。

附录C 防坠落装置产品型式试验方法

C.0.1 检测仪器及设备应包括下列项目：
1 试验架分为固定架和活动架两部分；
2 提升装置；
3 脱钩器；
4 砝码；
5 砝码提升架；
6 游标卡尺；
7 制动杆件。

C.0.2 试验条件应符合下列规定：
1 试验环境温度应为-20℃~+40℃。
2 试验载荷与其名义值的允许误差为±5%。

C.0.3 防坠落装置制动距离试验宜按下列步骤进行：
1 将待测防坠落装置安装在活动架上；
2 将制动杆件穿插在防坠落装置内，并将制动杆件上端部安装在固定架上；
3 将脱钩器的上端安装在固定架上，脱钩器的下端安装在活动架上；
4 在活动架上加砝码；
5 脱钩器脱钩，测量防坠落装置的滑移距离；
6 将测量数据及情况记入表C.0.3。

表 C.0.3 防坠落装置制动距离试验记录表

次数	制动距离（mm）	制动情况	备 注
1			
2			
3			

试验人员：　　　　　　记录人员：

C.0.4 试验结果应符合下列要求：
1 防坠落装置应能迅速闭锁制动杆件，每次制动距离不得大于80mm；
2 防坠落装置闭锁制动杆件后，静置36h，不得有可见滑移现象。

附录D 液压升降整体脚手架安装后验收表

表 D 液压升降整体脚手架安装后验收表

工程名称		结构形式	
建筑面积		机位布置情况	
总包单位		安拆单位	
监理单位		验收日期	

序号	检查项目	标 准	检查结果
1★	相邻竖向主框架的高差	≤30mm	
2★	竖向主框架及导轨的垂直度偏差	≤0.5%且≤60mm	
3★	预埋穿墙螺栓孔或预埋件中心的误差	≤15mm	
4★	架体底部脚手板与墙体间隙	≤50mm	
5	节点板的厚度	≥6mm	
6	剪刀撑斜杆与地面的夹角	45°~60°	
7★	操作层脚手板应铺满、铺牢，孔洞直径	≤25mm	
8★	连接螺栓的拧紧扭力矩	40N·m~65N·m	
9★	防松措施	双螺母	
10★	附着支承在建(构)筑物上连接处的混凝土强度	≥C10	
11	架体全高	≤5倍楼层高度	
12	架体宽度	≤1.2m	
13	架体全高×支承跨度	≤110m²	
14	支承跨度直线型	≤8m	
15	支承跨度折线型或曲线型	≤5.4m	
16	水平悬挑长度	≤2m; 且≤1/2跨度	
17	使用工况上端悬臂高度	≤2/5架体高度 且≤6m	
18	防坠落装置制动距离	≤80mm	
19★	在竖向主框架位置的最上附着支承和最下附着支承之间的间距	≤5.6m	
20	垫板尺寸	≥100mm×100mm×10mm	

续表 D

序号	检查项目	标 准	检查结果
21★	防倾覆装置与导轨之间的间隙	≤8mm	
22	液压升降装置承受额定荷载48h	滑移量≤1mm	
23	液压升降装置施压 20MPa，保压 15min	无异常	
24	液压升降装置锁紧力，上、下锁紧油缸在 8MPa 压力承载工况下	锁紧不滑移	
25	承受荷载，液压系统失压 36h	载物不滑移	
26	额定工作压力下，保压 30min，所有的管路接头	滴漏≤3滴油	
27	防护栏杆	在 0.6m 和 1.2m 两道	
28	挡脚板高度	≥180mm	
29	顶层防护栏杆高度	≥1.5m	
检查结论			

检查人签字	总包单位项目经理	安拆单位负责人	安全员	机械管理员

符合要求，同意使用（ ）　　　不符合要求，不同意使用（ ）

总监理工程师（签字）

年 月 日

注：本表由安拆单位填报，总包单位、安拆单位、监理单位各存一份。
　　本表带★检查项目为每月检查内容。

附录 E 液压升降整体脚手架升降前准备工作检查表

表 E 液压升降整体脚手架升降前准备工作检查表

工程名称		升降层次	
建筑面积		机位布置情况	
总包单位		安拆单位	
监理单位		日期	

序号	检查项目	标 准	检查结果
1	安装最上附着支承处结构混凝土强度	≥C10	
2	液压动力系统的控制柜	设置在楼层上	
3	防坠吊杆与建筑结构连接	可靠	

续表 E

序号	检查项目	标 准	检查结果
4	防坠落装置工作状态	正常	
5	在竖向主框架位置的最上附着支承和最下附着支承之间的间距	≥2.8m 或≥1/4 架体高度	
6	防倾覆装置与导轨之间的间隙	≤8mm	
7	架体的垂直度偏差	≤0.5%架体全高；且≤60mm	
8	额定荷载超过 30%时	报警停机	
9	额定荷载失载 70%时	报警停机	
10	升降行程范围	无伸出墙面外的障碍物	
11	专业操作人员	持证上岗	
12	垂直立面与地面	进行警戒	
13	架体上	无杂物及人员	
检查结论			

检查人签字	安拆单位负责人	安全员	机械管理员

符合要求，同意使用（ ）　　　不符合要求，不同意使用（ ）

项目经理（签字）

年 月 日

注：本表由安拆单位填报，监理单位、施工单位、租赁单位、安拆单位各存一份。

附录 F 液压升降整体脚手架升降后使用前安全检查表

表 F 液压升降整体脚手架升降后使用前安全检查表

工程名称		结构层次	
建筑面积		机位布置情况	
总包单位		安拆单位	
监理单位		日期	

序号	检查项目	标准	检查结果
1	整体脚手架的垂直荷载	建筑物受力	
2	液压升降装置	非工作状态	
3	防坠落装置	工作状态	
4	最上一道防倾覆装置	可靠牢固	
5	架体底层脚手板与墙体间隙	≤50mm	
6	在竖向主框架位置的最上附着支承和最下附着支承之间的间距	≥5.6m 或 ≥1/2架体高度	

检查结论	

检查人签字	安拆单位负责人	安全员	机械管理员

符合要求，同意使用（ ）　　　不符合要求，不同意使用（ ）

项目经理（签字）
年 月 日

注：本表由安拆单位填报，监理单位、施工单位、租赁单位、安拆单位各存一份。

本规程用词说明

1 为了便于在执行本规程条文时区别对待，对要求严格程度不同的用词说明如下：
  1) 表示很严格，非这样做不可的用词：
    正面词采用"必须"，反面词采用"严禁"；
  2) 表示严格，在正常情况下均应这样做的用词：
    正面词采用"应"，反面词采用"不应"或"不得"；
  3) 表示允许稍有选择，在条件许可时首先应这样做的用词：
    正面词采用"宜"，反面词采用"不宜"；
  4) 表示有选择，在一定条件下可以这样做的，采用"可"。

2 条文中指明应按其他有关标准、规范执行的写法为："应按……执行"或"应符合……的要求（或规定）"。

引用标准名录

1 《建筑结构荷载规范》GB 50009
2 《混凝土结构设计规范》GB 50010
3 《钢结构设计规范》GB 50017
4 《冷弯薄壁型钢结构技术规范》GB 50018
5 《液压系统通用技术条件》GB/T 3766
6 《液压元件通用技术条件》GB/T 7935
7 《直缝电焊钢管》GB/T 13793
8 《液压缸试验方法》GB/T 15622
9 《钢管脚手架扣件》GB 15831
10 《施工现场临时用电安全技术规范》JGJ 46
11 《建筑施工高处作业安全技术规范》JGJ 80
12 《建筑施工扣件式钢管脚手架安全技术规范》JGJ 130
13 《液压件清洁度评定方法及液压件清洁度指标》JB/T 7858
14 《液压缸 技术条件》JB/T 10205

中华人民共和国行业标准

液压升降整体脚手架安全技术规程

JGJ 183—2009

条 文 说 明

制 订 说 明

《液压升降整体脚手架安全技术规程》JGJ 183-2009，经住房和城乡建设部 2009 年 9 月 15 日以第 390 号公告批准、发布。

本规程制订过程中，编制组进行了大量的调查研究，总结了我国液压升降整体脚手架设计、施工的实践经验，同时参考了国外先进技术标准，通过对防坠落装置的制动距离和时间、荷载控制或同步控制装置进行了专项试验论证与实测作出了具体的规定。

为便于广大设计、施工、科研、学校等单位有关人员在使用本标准时能正确理解和执行条文的规定，《液压升降整体脚手架安全技术规程》编制组按章、节、条顺序编制了本规程的条文说明，对条文规定的目的、依据以及执行中需注意的有关事项进行了说明，还着重对强制性条文的强制性理由作了解释。但是，本条文说明不具备与标准正文同等的法律效力，仅供使用者作为理解和把握标准规定的参考。在使用过程中如果发现本条文说明有不妥之处，请将意见函寄南通四建集团有限公司。

目　次

1 总则 …………………………… 10—27—20
2 术语和符号 …………………… 10—27—20
　2.1 术语 ………………………… 10—27—20
　2.2 符号 ………………………… 10—27—20
3 基本规定 ……………………… 10—27—20
4 架体结构 ……………………… 10—27—21
5 设计及计算 …………………… 10—27—22
　5.1 荷载 ………………………… 10—27—22
　5.2 设计及计算 ………………… 10—27—22
6 液压升降装置 ………………… 10—27—23
　6.1 技术要求 …………………… 10—27—23
　6.2 检验 ………………………… 10—27—23
　6.3 使用与维护 ………………… 10—27—24
7 安全装置 ……………………… 10—27—24
　7.1 防坠落装置 ………………… 10—27—24
　7.2 防倾覆装置 ………………… 10—27—24
　7.3 荷载控制或同步控制装置 … 10—27—25
8 安装、升降、使用、拆除 ……… 10—27—25
　8.1 一般规定 …………………… 10—27—25
　8.2 安装 ………………………… 10—27—25
　8.3 升降 ………………………… 10—27—25
　8.4 使用 ………………………… 10—27—25
　8.5 拆除 ………………………… 10—27—25

1 总 则

1.0.1 本条说明液压升降整体脚手架的管理所必须遵循的原则。

1.0.2 本规程适用于高层、超高层建筑物和构筑物工程的主体和装饰施工作业的千斤顶式或油缸式液压升降脚手架的设计、制作、安装、检验、使用、拆除和管理。不携带施工外模板是指液压升降整体脚手架升降时不携带施工外模板和不作为模板支撑。

2 术语和符号

2.1 术 语

2.1.1 液压升降整体脚手架是指由竖向主框架、水平支承结构、附着支承结构、工作脚手架等组成，并依靠液压升降装置，附着在建（构）筑物上，实现整体升降的脚手架。

2.1.12 防倾覆装置是在脚手架升降和使用过程中，防止发生倾覆的装置。

2.1.13 防坠落装置是液压升降整体脚手架在升降过程中，发生意外事故（如提升设备损坏、受力杆件断裂），液压升降整体脚手架发生坠落现象时，制动液压升降整体脚手架不坠落的安全保险装置。

2.2 符 号

本规程的符号符合现行国家标准《工程结构设计基本术语和通用符号》GBJ 132-90 的规定。

3 基本规定

3.0.1 本条规定的说明：

1 架体及附着支承结构的强度、刚度和稳定性是保证架体正常升降和使用的关键条件，必须符合设计要求。

2 防倾覆装置、防坠落装置是液压升降整体脚手架的关键装置，已发生的工程安全事故大部分源于这两大问题没有妥善解决。

3 防倾覆是从旋转约束上解决液压升降整体脚手架的稳定问题。本规程从竖向主框架倾覆的技术性能角度提出相应要求，附着支承增加防倾覆要求后，在使用与升降工况下，建筑物主体结构对附着支承应至少形成上下或左右布置的两个独立的竖向约束和上下布置的两个独立的平面外旋转约束，从而保证竖向主框架及整体脚手架的稳定。

4 坠落的原因主要有两种，即附着支承及提升装置的受力杆件等部件的破坏和升降过程中动力失效。

1) 引起附着支承破坏的原因主要有两方面：①现场管理失控，附着支承与建筑物主体结构的固定未按要求进行；②升降不同步或升降过程中遇障碍物导致机位荷载超出附着支承的极限承载力。

2) 引起动力失效的原因也主要有两方面：①机位荷载在正常范围内，液压升降装置因自身质量问题或使用保养维修不当引起；②升降不同步或升降过程中遇障碍物导致机位荷载超出液压升降装置极限承载力引起。

对引起附着支承破坏的第①方面原因，只能通过加强施工现场管理来避免。对引起液压升降装置动力失效的第①方面原因，除要求设置防坠落装置外，本规程还在第 8 章的安装和使用上作出相应的要求；针对引起附着支承及提升装置破坏的第②方面原因及引起动力失效的第②方面原因，本规程要求安全装置应有荷载控制或同步控制装置，即从消极防坠落转向预防坠落产生。

5 液压升降装置有着与电动设备不同的功能，当工作压力值一定的情况下，它的提升力是一个恒定的值，当实际荷载超过时，此处机位的提升会自动停止，紧邻的机位荷载将加大，同样会自动停止提升，最终全部的液压升降装置停止提升；下降时失载也是同样自动停止下降工作。液压系统本身具有超载、失载停升功能。

6 同步控制装置是液压升降整体脚手架的关键控制装置，即每个机位之间的水平偏差超过一定的值时，停止升降。实际上超载停升、失载停降与位移超差系统是三位一体的。液压升降装置的最大特点是保持全部机位动作的统一性和每个动作后行程量的一致性，所以，控制所有的液压升降装置全部到位后（也就是一个行程完毕后），再实行下一步动作是液压升降整体脚手架同步控制的关键所在。因此架体及附着支承结构的强度和刚度、防坠落装置、防倾覆装置是最关键的部件。此条作为强制性条文，必须严格执行。防坠落装置、防倾覆装置及同步控制装置在安全装置一章专门作出规定。

3.0.2 本条规定的说明：

1 液压升降整体脚手架的使用会产生很大的社会经济效益，但安全问题解决不好，对人民的生命、财产会造成很大的伤害，使用的液压升降整体脚手架产品定型前必须经专家鉴定或项目验收合格后才允许使用。

2 液压升降装置的可行性是使用液压升降整体脚手架的关键所在，作为成熟的产品应有型式检验报告。

3 液压升降装置、防坠落装置的产品质量直接影响使用中的安全，施工中使用的液压升降装置、防坠落装置必须采用液压升降整体脚手架产品鉴定或验收时原来厂家、原来品牌、原来型号规格的产品。

3.0.3 本条规定的说明：

1 液压升降整体脚手架的架体高度、悬臂高度、竖向主框架间的跨度、水平支承的悬挑长度、组架方式、液压升降装置的性能、防倾覆装置、防坠落装置等各项技术指标应与产品规定的性能指标相对应，并在设计规定的数据范围内。

2 适用范围主要用于主体结构施工和装饰施工，特别要说明的是在架体升降的过程中不允许带外模板。总的要求是在保证使用安全的前提下，结构稳定、重量轻、便于安装装配，而且应该是节能、节电、省工、省力、环保、高效，经济上合理。

3.0.4 专业培训是指经过附着式升降脚手架的培训合格后，再结合液压升降整体脚手架的工作原理、技术特点、作业要求、升降方法、注意事项等方面进行专项技术培训。作业前应当进行书面和口头上的技术交底。

4 架体结构

4.0.1 液压升降整体脚手架架体结构尺寸一方面应满足使用需要，另一方面从保证强度、刚度、稳定性的角度出发应对各类主要尺寸作出必要的限制，本条对液压升降整体脚手架的结构尺寸作出基本规定。

1 规定了架体高度。主要考虑了3层未拆除模板层的高度和顶部在施工楼层以及其上防护栏杆（1.8m高）的防护要求，且同时须满足底层模板拆除层外围防护的要求，达到全部安全防护的目的。如果高度不够，则不是顶部没有防护，就是底部拆除模板层没有防护；

2 规定架体全高与支承跨度的乘积值，是考虑不同楼层高度的工程使用，总的荷载不超过规定的值；

3 架体宽度指内外排立杆轴线间的距离。内排立杆距建筑结构不应大于0.5m，主要考虑尽量减少架体的外倾覆力矩；

4 支承跨度是设计计算的重要指标，是有效控制液压升降装置提升力超载现象的重要措施，也是核定每个机位的竖向主框架、附着支承结构及其建筑物连接点的受力大小等参数的重要依据；

5 架体端部由于封头立杆和防护的要求荷载较大，不控制悬挑长度则危险性大，故作出小于2m的规定；

6 主要考虑到施工人员正常通行的需要而作出的规定。

4.0.2 竖向主框架是液压升降整体脚手架重要的承力和稳定构件，架体所受的力均由其传递给附着支承结构，再由附着支承结构传递到建筑物上。本条对竖向主框架作出了三条规定：

1 竖向主框架必须有足够的强度和稳定性能，要设计成空间几何不变体系的稳定结构，为了便于运输可设计成分段对接式结构；

2 由于竖向主框架必须通过导轨进行上下运动，进而带动整体脚手架升降，故规定竖向主框架内侧应设置导轨。推荐竖向主框架的内侧立杆与导轨合并为整体结构，则其强度和刚度更高、更合理；

3 水平支承的高度规定为1.8m，是为保证其整体稳定和强度。

4.0.3 水平支承是作为承担部分工作脚手架荷载的重要构件，本条对水平支承作出了构造设计的3点要求。保证水平支承在垂直方向和整体的稳定。

4.0.4 附着支承结构是承受架体所有荷载并将其传递给建筑结构的重要构件，本条作出了5条规定：

1 应于竖向主框架所覆盖的每一个楼层处设置一道附着支承，每一个楼层是指已经浇筑混凝土且混凝土强度达到要求的楼层；

2 使用工况时，将竖向主框架的荷载传递给附着支承，再由附着支承将荷载传递到建筑结构上，保证力的传递准确，构件强度可靠；

3 升降工况时附着支承是固定在建筑结构上不动的构件，竖向主框架是上下移动的构件，因此要求在附着支承上设有防倾覆装置和导向装置，保证整体脚手架在升降的过程中垂直升降、不翻转；

4 附着支承应采用锚固螺栓与建筑物连接，是出于安全的考虑。螺栓露出螺母应不少于3个螺距或10mm，防止螺母松动的方法宜采用弹簧垫片，与混凝土面接触的垫片最小尺寸规定为100mm×100mm×10mm，垫片尺寸过小了会引起预留孔洞处混凝土的局部破坏；

5 安装和使用附着支承时，提出了建筑结构混凝土强度的最低要求。

4.0.5 由于扣件式钢管脚手架有较强的选用性和普遍性，工作脚手架宜采用钢管扣件搭设，在搭设时应符合国家现行标准《建筑施工扣件式钢管脚手架安全技术规范》JGJ 130的规定。工作脚手架的部分荷载传递在水平支承上，水平支承又将荷载传递到竖向主框架上，所以工作脚手架应与水平支承和竖向主框架之间有可靠稳固的连接。

4.0.6 架体悬臂高度应含一层楼的高度，再加上一道防护栏杆的高度（1.8m）。通常3.2m的楼层高度，悬臂高度为6m。出于架体防倾覆和稳定性考虑，悬臂高度不得大于架体高度的2/5和6m。如果超过了6m，需要采取加强措施。

4.0.7 出于受水平支承局限和建筑结构变化多样的影响，很多工程水平支承杆件不能连续设置时，可采用局部脚手架杆件连接，但其强度和刚度不得低于原有的水平支承。

4.0.8 考虑到物料平台的特殊性和液压升降整体脚手架的安全，两者应严格独立使用。

4.0.9 在架体结构遇到塔吊、施工电梯、物料平台等需断开或开洞时，断开处应按照临边、洞口的防护要求进行防护，防止人员及物料的坠落。

4.0.10 剪刀撑对整体脚手架架体的稳定，防止安全事故的发生将起到重要的作用。若剪刀撑连接立杆间距太小，不能与竖向主框架、水平支承和架体构架连接成整体，则纵向支撑刚度较差，故对剪刀撑跨度和水平夹角作了规定。

4.0.11 液压升降整体脚手架与附着支承的连接处，提升机构的设置处，防坠落装置、防倾覆装置的设置处，吊拉点的设置处，因承受的架体集中荷载较大，容易变形或损坏，因此本条规定在上述处应有加强构造的措施。另外，平面转角处，架体因碰到塔吊、施工电梯、物料平台等设施而需要断开或开洞处，因架体断开变成悬挑，故规定应采取加强措施，如采用斜拉或斜撑等。

4.0.12 本条对脚手架的防护作出规定：
　　1 架体外侧满挂密目安全网，可有效防止物件坠落；
　　2 底层脚手板必须铺设严密，靠建筑结构一侧应有翻板，架体升降时，翻板翻起，利于脚手架的升降工况；使用时翻板放下，起到防止物件坠落的作用；
　　3 作业层外侧设置挡脚板是为了防止物件从外侧坠落，顶层 1.5m 高的栏杆是防止人员从高空坠落。

4.0.13 本条对液压升降整体脚手架的构配件的制作从设计图纸、工艺文件、工艺装备、原（辅）材料、检验规则和要求都作出了详细的规定。

5 设计及计算

5.1 荷载

5.1.1 本规程设计荷载考虑永久荷载（恒载）和可变荷载（活载）两类。对按照现行国家标准《建筑结构可靠度设计统一标准》GB 50068、《建筑结构荷载规范》GB 50009 中划为偶然荷载的撞击、坠落、防坠落作用，结合本类构件特点及已经完成的相关试验结果，在相应计算中提出了经验值。计算时对活荷载应考虑到对升降架受力状态的有利与不利进行荷载效应组合。

5.1.2、5.1.3 各类永久荷载标准值的取值与其他施工设备设计取值保持一致。

5.1.4 液压升降脚手架在施工中的作用与普通脚手架一致，在施工活荷载的取值上仍采用相应的施工规范值。对爬升工况和下降工况，架体上的施工人员应撤离，施工用材料、机具都应搬离到架体以外的可靠场所。每层活荷载标准值取 0.5kN/m² 是为满足升降过程中对附墙构件调整、提升机构调整所需要的人员操作的要求。

5.1.5 本条对结构极限状态与正常使用状态设计验算的荷载取值进行了规定，与现行国家标准《建筑结构可靠度设计统一标准》GB 50068 一致。

　　对风荷载取值考虑到该设备使用期较短，按 10 年基准期采用。实际工程中，由于升降脚手架主要用于 20m 以上的建筑标准层施工阶段，且处于城市区域内，可考虑地形条件的修正系数 η，η 可取 1.0～1.5。

　　根据现行国家标准《建筑结构荷载规范》GB 50009，按 $w_0 = 0.35 \text{kN/m}^2$，钢结构，以常用的 90m 高度在城市市区的条件，计算得 $\beta_z = 1.0$，这也是液压升降整体脚手架应用工程较多的一种情况。考虑到应用情况的变化，建议按实际情况计算。对于竖向主框架及附着支承结构的设计中，尚宜考虑阵风系数，但不与施工荷载进行组合，因为在风力超过 7 级时，不允许工人进行作业。

5.1.6 脚手架风荷载体型系数采用现行国家标准《建筑结构荷载规范》GB 50009 的计算方法，背靠建筑物状况中全封闭、敞开或开洞是指脚手架对建筑物的围合状况，计算时应对正压与负压分别进行分析。

5.1.7 通过对数个工程的实际使用，对工程通常部位的设计分析，提出了各工况不利荷载效应组合。这里对现行国家标准《建筑结构荷载规范》GB 50009 中荷载效应基本组合采用简化规则，由于该类脚手架荷载效应最不利值组合通常由可变荷载效应控制，故得出表中的荷载效应组合。

　　当建筑高度较大且处于风口地带时，对连墙杆、连墙件、防倾覆及防坠落装置考虑永久荷载＋风荷载的不利荷载效应组合。

5.1.8 液压升降脚手架上的扣件式钢管架体与落地架体有较大的区别，主要表现在自身刚度较落地脚手架大，受到支撑桁架、主立架的约束，由于支撑桁架的变形会导致某些立杆的荷载效应增加，从而导致失稳的现象，因此采用了附加安全系数调整。

5.1.9 整体液压升降脚手架在升降过程中，各个机位的升降会受各种因素而产生不同步现象，造成支座垂直位移，而连为一体的整体桁架会因支座垂直位移而产生次应力，使支座的荷载增加或减少，因此针对不同设备、不同工况提出了相应的附加荷载不均匀系数。

5.2 设计及计算

5.2.1 本条为设计计算的基本规定和设计所采用的规范依据，对特殊的构件设计验算可直接按相关规范进行。

5.2.2 本条主要对液压升降整体脚手架的各部分计算内容和建议方法作了要求。

5.2.3 本条所列部件为液压升降整体脚手架的主要构件，应确保其刚度，因此除进行强度验算外，还应进行变形验算。

5.2.4 索具及吊具、升降部件等属建筑机械部分，故采用允许应力法计算。

5.2.5、5.2.6 主要说明架体的各部分简化计算模型及需要计算的内容。竖向主框架内外立杆的垂直荷载应包括内外水平支承传递来的支座反力、操作层大横杆直接传来的支座反力；对竖向主框架风荷载按每根大横杆挡风面承担的风荷载，以节点集中荷载计算。

5.2.7 附着支承荷载取值除了正常的运行工况外，需要考虑到支座升降不同步产生的次应力，还要考虑到发生坠落工况防坠生效时的冲击作用。对方钢构件应进行平面内与平面外的验算。

5.2.8 导轨按垂直连续杆件设计，其作用荷载为动荷载。在有些升降机构中，由导向柱代替导轨，其主要区别在导向装置是固定在架体上还是在主体结构上。

5.2.9 防坠装置荷载考虑到发生坠落工况防坠生效时的冲击作用。

对防坠附墙支座与升降架体附墙支座建议分别设置，主要考虑到其作用不同：升降架体附墙支座需要有足够的强度和刚度，保证升降及工作时的同步与稳定；而防坠支座需要有足够的强度，刚度的提高反而加大了冲击的作用。因此提出了该项建议。

5.2.10、5.2.11 主要说明竖向主框架底座框、吊拉杆和悬臂梁的设计要求。

5.2.12 同一工程宜为同一升降设备，避免因设备油压、作用力、行程的参数不一致而产生升降不同步。

5.2.13 穿墙螺栓是固定附墙支座的主要受力构件，按承受拉剪作用的单根螺栓设计。采用数根螺栓共同锚固支座时按螺栓实际受力计算。

5.2.14 穿墙螺栓孔处的混凝土局部承压验算采用现行国家标准《混凝土结构设计规范》GB 50010 的计算方法，注意爬升龄期的混凝土试块应为同条件养护的试块。

5.2.15 穿墙螺栓孔在剪力墙等薄壁板支座时，会发生混凝土板的冲切破坏。附注要求穿墙螺栓垫板应保证为刚性板，当板宽度与厚度比不大于 10 时，可以按刚性板考虑。当验算达不到要求时可采用双垫板、带肋垫板等提高垫板刚度的方式，通过增大局部承压的面积来提高局部承压能力。

5.2.16 位于建筑物凸出或凹进结构处的液压升降整体脚手架情况相对复杂，平面上会出现转折、斜向、梯形等异形平面架体，立面上会出现外挑与内收等情况，它们所连接成整体的结构应根据实际的受力状态进行具体分析与设计。

6 液压升降装置

6.1 技术要求

6.1.1 液压升降装置的执行机构是多作用液压缸，因此液压升降执行机构应符合国家现行标准《液压缸技术条件》JB/T 10205—2000，和《液压缸试验方法》GB/T 15622—2005 的有关规定。

6.1.2 液压控制系统是本装置的重要组成部分，应符合国家现行标准《液压系统通用技术条件》GB/T 3766—2001 和《液压元件通用技术条件》GB/T 7935—2005 的有关规定。

6.1.3 本条规定额定工作压力宜小于 16MPa，实际正常情况下的工作压力应在 8MPa 左右。各液压元件是系统的执行和调节部件，必须大于系统的额定工作压力。

6.1.4 溢流阀的调定值不应大于系统额定工作压力的 110%，也就是 17.6MPa，因为溢流阀的调定值有波动，要保证额定工作压力 16MPa，乘以 1.1 的系数才能保证。

6.1.5 本规程附录 B 专门对液压升降装置作出了产品型式试验报告的规定，液压升降装置的技术性能要求执行附录 B 的有关规定。

6.1.6 液压油的清洁度是保证液压系统正常工作的介质，规定液压系统的油液清洁度为那氏 9 级。液压元件的清洁度应符合国家现行标准《液压件清洁度评定方法及液压件清洁度指标》JB/T 7858 的规定。

6.2 检 验

6.2.1 本条对液压控制系统性能检验，提出了具体衡量方法。

6.2.2 本条说明当达到额定工作压力的 1.25 倍时，能够检测出液压升降装置的安全性能。

6.2.3 液压系统正常工作时，液压油的温度会上升，本条规定了额定工作压力和时间，温度应在 60℃ 以下。油的温度与油的黏度有关，建议：温度 20℃ 以上，选用 46 号液压油；温度 0℃ 以下，选用 10 号液压油；温度 -20℃ 以下，选用 10 号航空液压油。

6.2.4 负载工况下运转，噪声不应大于 75dB（A）是指在控制台位置，液压升降执行机构处的噪声应是很小的。

6.2.5 液压升降装置是重要部件，它是升降过程中最重要的安全保证机构。它们的一般锁紧原理有液压锁紧和机械锁紧两种。机械锁紧原理的产品，失压时不会产生滑移现象。液压锁紧原理，失压时其油外流的话，会产生锁不紧带荷载滑移。在其进油腔的位置串安液压锁（液压锁的工作原理是进油后，保证油不外溢，需要松开时，反方向供给压力，将液压锁的单向阀打开，故能将锁紧腔的油排出），突然失压不会产生液压执行机构锁紧腔里的油外溢，从而保证其锁紧的可行性，因此本条提出了当液压控制系统出现失压状态时，液压升降装置不得有滑移现象的规定。

6.2.6 本条规定的最低启动压力应小于0.5MPa，是考虑架体下降时，靠的是架体自重将主活塞腔内的油排出，从而带动架体下降，如果最低启动压力过高，架体自重不能将主活塞内的油排出，架体不能下降。最低启动压力是衡量液压执行机构的密封性能和活塞与缸体的配合精度的重要指标。

6.2.7 本条考虑到安全系数，规定液压升降执行机构在1.5倍的额定工作压力下，不得有零部件的损坏。

6.2.8 本条规定了液压升降执行机构的渗漏油衡量标准。

6.2.9 本条对液压控制台的闭锁功能进行了规定，应有防止误操作的功能。

6.3 使用与维护

6.3.1 本条对液压油的使用、检查和更换进行了规定。

6.3.2 本条说明了异常噪声是液压系统损坏的前兆，应立即停机检查并排除故障。

6.3.3 本条说明了液压升降执行机构的安装位置和防护要求。

6.3.4 本条对液压管路的安装作出规定。

6.3.5 本条是对液压控制台的安装部位的结构强度、防护要求作了规定。

6.3.6 本条对液压升降装置使用了12个月或工程结束后，应进行维护作出了相应规定。

7 安 全 装 置

7.1 防坠落装置

7.1.1 本条规定说明：

1 本条说明每个机位（竖向主框架设置点部位）都应有液压升降装置，有液压升降装置的部位必须设置防坠落装置。本条没有强调要求设置两个防坠落装置，是因为液压升降装置本身具有防坠落功能，它能保证升降过程中不坠落，只要求设置一个防坠落装置，实际上是两道防坠落效果，能保证升降过程中的防坠落功能。使用工况是防坠落装置已经处于工作状态，整体脚手架的荷载全部由附着支承承担直接传递到建筑物上，所以也是安全的。

2 防坠落装置的最终目的是将坠落的某个机位锁紧在建筑结构上，由于其锁紧的动作滞后，防坠落装置相对于被锁紧杆件产生滑移的距离，加上锁紧时产生的冲击荷载，引起锁紧装置及被锁紧杆件的塑性变形而再次产生滑移的距离，两个距离相加为80mm，是经过反复的试验和验证得出的经验数据。本条作为强制性条文，必须严格执行。

7.1.2 防坠落装置安全保险的作用是在整体脚手架升降的过程中，如果液压升降装置损坏或其他提升受力构件断裂等现象发生时，某个机位的竖向主框架失去向上的提升力，发生该机位的竖向主框架坠落时，能够将坠落的竖向主框架锁紧在建筑结构上。因为整体脚手架是上下运动的，因此防坠落装置应是固定的设置在竖向主框架上或设置在附着支承上。如将防坠落装置固定设置在竖向主框架上，防坠落装置的受力杆件应可靠地固定连接在建筑结构上，防坠落装置应与液压升降装置联动，当液压升降装置失去提升力时，防坠落装置工作将锁紧在受力杆件上，即将防坠落装置可靠地固定在建筑结构上，而防坠落装置又是固定在竖向主框架上，从而起到将坠落的竖向主框架固定在建筑结构上，起到安全保险作用。如将防坠落装置固定在附着支承上（即间接地固定在建筑结构上），防坠落装置的受力杆件应可靠地固定在竖向主框架上，当液压升降装置失去提升力时，防坠落装置工作将锁紧在受力杆件上，从而起到将竖向主框架固定在附着支承上（即建筑结构上），起到安全保险作用。因此本条规定防坠落装置的固定部位，并应与液压升降装置联动。

7.1.3 防坠落装置是液压升降整体脚手架升降过程中的重要安全保险，产品质量必须严格控制，本条规定其产品质量应按本规程附录C的要求进行检验并严格执行。

7.1.4 防坠落装置的灵敏度和工作可靠性最为重要，本条规定了防坠落装置在使用完一个单体工程或停止使用6个月后，应进行检验合格后才能再次使用。

7.1.5 本条规定防坠落装置的受力杆件必须与建筑结构有可靠的连接，能承受其冲击荷载。

7.2 防倾覆装置

7.2.1 本条规定在升降工况下，在竖向主框架位置的最上附着支承和最下附着支承之间的最小间距为2.8m（一个楼层高度）或1/4架体高度；使用工况下，在竖向主框架位置的最上附着支承和最下附着支承之间的最小间距为5.6m（两个楼层高度）或1/2架体高度。目的是保证其架体的稳定和防止发生倾覆。本条作为强制性条文，必须严格执行。

7.2.2 本条规定防倾覆导轨应与竖向主框架有可靠的连接，建议设计时采用竖向主框架的内侧立杆与导轨合并，能省材料和省去一道连接构件。

7.2.3 液压升降整体脚手架在升降的过程中会左右摇摆，上端向外、下端向内倾斜，本条规定防倾覆装置应具有防止竖向主框架前、后、左、右倾斜的功能。

7.2.4 本条规定了防倾覆装置应采用螺栓与建筑结构连接;防倾覆装置与导轨的8mm间隙为经验数据。

7.2.5 由于建筑工程的结构施工会产生较大的误差,为了在升降和使用过程中竖向主框架的结构件不变形,规定了防倾覆装置应有调节功能,来适应竖向主框架的垂直度偏差0.5‰的要求。

7.2.6 本条说明防倾覆装置与导轨的摩擦宜采用滚动摩擦,便于竖向主框架之间接头处的过渡通过和减少摩阻力。

7.3 荷载控制或同步控制装置

7.3.1 本条规定说明:

1 液压升降装置本身应具有其超载停机和失载停机功能,其原理是当工作压力确定后,承载能力为活塞腔面积与工作压力的乘积。当某一机位的实际荷载超过承载能力后,该机位不会向上升,停升的机位荷载会分给相邻的两个机位,相邻机位的荷载也会同时超过承载能力而停止上升,以此类推使全部的机位停止上升;下降工况同样,当某一机位的实际荷载接近零时,该机位不会向下降,相邻的两个机位的荷载也同样会变小接近零时,同样也会停止下降,以此类推使全部的机位停止下降。

2 当液压升降装置本身不具备荷载控制功能和同步控制功能时,应外加荷载控制或同步控制功能。

3 采用连续式水平支承桁架的架体,应具有限制荷载控制功能;采用简支静定水平桁架的架体,应具有同步控制功能。

7.3.2 本条规定当实际荷载超过设计荷载的30%或失载的70%时,荷载控制系统应能自动停机。

7.3.3 本条规定当相邻机位高差达到30mm时,控制系统应能自动停机。

8 安装、升降、使用、拆除

8.1 一般规定

8.1.1 操作人员除应经过附着升降脚手架的培训外,还应经过液压升降整体脚手架的专业知识培训,并在工作前进行安全技术交底,保证工作过程的准确性。

8.1.2 本条规定遇到恶劣天气时,必须停止施工作业,并在人员撤离前做好相应的防护工作。

8.1.3 本条规定液压升降整体脚手架应有防雷措施。

8.1.4 液压升降整体脚手架的安装、升降、拆除,均属于高空作业,高空作业应有防坠落措施和安全警戒措施。

8.1.5 液压升降整体脚手架在装拆使用过程中均属于高空作业,应当遵守高空作业的有关规定。

8.1.6 液压升降整体脚手架的升降装置属于机电液一体化的产品,应当遵守施工现场用电的有关规定。

8.1.7 本条规定在液压升降整体脚手架的升降过程中,架体上严禁有人停留。

8.2 安 装

8.2.1 液压升降整体脚手架应用于建筑施工,会产生很大的经济效益和社会效益,但在使用过程中其安全性也十分重要。液压升降整体脚手架应由有资质的安装单位施工,其设备的使用应有说明书。液压升降整体脚手架的安装、升降、使用、拆除应有专项施工方案,特殊情况应制定专门的处理方案,方案应经过相关部门审批,并保证监督渠道的通畅。

8.2.2~8.2.4 对搭设整体脚手架的材料、构(配)件、预留孔洞等提出具体的要求。

8.2.5 本条规定液压升降整体脚手架安装时必须搭设安装平台;若地面、裙房屋面的平整度及承载力等满足要求时,可以利用它们作为安装平台进行脚手架安装;搭设的安装平台必须有保障施工人员安全的防护设施;并保证平台的水平精度和足够的承载能力。

8.2.6~8.2.17 对脚手架的安装过程和安装精度提出具体的要求。

8.2.18 规定液压升降整体脚手架安装后应按本规程附录D的要求进行验收。

8.3 升 降

8.3.1 本条规定了提升或下降前,应按本规程附录E规定的要求进行检查验收。检查验收合格后,方能发布提升令。

8.3.2 本条规定了升降过程中的指挥要求,也是确保安全的措施之一。

8.3.3 本条规定了升降过程中,检查的内容和要求,是确保升降安全的指导性项目。

8.3.4 本条规定了升降过程中,发现异常现象的处理办法。

8.4 使 用

8.4.1 本条规定了液压升降整体脚手架在升降到位后,使用前应按本规程附录F规定的内容进行验收合格后,才允许使用。

8.4.2 本条规定了在使用过程中严禁的违章内容。

8.4.3 本条提出施工作业的照度要求。

8.4.4 本条规定一个月为周期,应按本规程附录D中带★的检查项目进行检查。

8.4.5 本条规定了清理架体的要求。

8.4.6 本条规定了液压升降整体脚手架使用完成一个工程后的保养、维修要求。

8.4.7 本条规定了液压升降整体脚手架部件及装置的报废标准。

8.5 拆 除

8.5.1 本条规定拆除工作应有专项方案,并严格按专项方案进行，降低拆除的高度有利于安全。液压升降整体脚手架的升降作业和使用结束，转入拆除作业，工作性质变了，有必要进行安全技术交底。

8.5.2 本条说明了液压升降整体脚手架拆除时，属于高空作业，应有防止人员和物料坠落的措施；并同时对拆除区域进行警戒，防止人员入内受到伤害。

8.5.3 本条规定了拆除以后的材料处理方法和要求。

中华人民共和国行业标准

钢管满堂支架预压技术规程

Technical specification for preloading
in full scaffold construction

JGJ/T 194—2009

批准部门：中华人民共和国住房和城乡建设部
施行日期：２０１０年７月１日

中华人民共和国住房和城乡建设部
公 告

第 428 号

关于发布行业标准
《钢管满堂支架预压技术规程》的公告

现批准《钢管满堂支架预压技术规程》为行业标准，编号为 JGJ/T 194-2009，自 2010 年 7 月 1 日起实施。

本规程由我部标准定额研究所组织中国建筑工业出版社出版发行。

中华人民共和国住房和城乡建设部
2009 年 11 月 9 日

前 言

根据住房和城乡建设部《关于印发〈2008 年工程建设标准规范制订、修订计划（第一批）〉的通知》（建标〔2008〕102 号）的要求，规程编制组经广泛调查研究，认真总结实践经验，参考有关国际标准和国外先进标准，并在广泛征求意见的基础上，制定了本规程。

本规程的主要技术内容是：1. 总则；2. 术语；3. 基本规定；4. 支架基础预压；5. 支架预压；6. 预压监测；7. 预压验收。

本规程由住房和城乡建设部负责管理，由宏润建设集团股份有限公司负责具体技术内容的解释。执行过程中如有意见或建议，请寄送宏润建设集团股份有限公司（地址：上海市龙漕路 200 弄 28 号宏润大厦；邮政编码：200235；电子信箱：jszx@chinahongrun.com）。

本 规 程 主 编 单 位：宏润建设集团股份有限公司

本 规 程 参 编 单 位：同济大学
上海市城市建设设计研究院
宁波市市政公用工程安全质量监督站
天津市市政公路工程质量监督站
西安市市政设计研究院
广州市市政工程机械施工有限公司

本规程主要起草人员： 李涵军 钱寅泉 吴 冲
陆元春 周震雷 张宝林
杜百计 胡震敏 陈达文
项培林 葛海峰 訾建峰
蔡慧静 侯 宁 张衡汇
庄国强

本规程主要审查人员： 张 汎 张太雄 余 为
易建国 沈麟祥 周朝阳
王增恩 傅志峰 金仁兴
蒋国麟

目　次

1 总则 ……………………………… 10—28—5
2 术语 ……………………………… 10—28—5
3 基本规定 ………………………… 10—28—5
4 支架基础预压 …………………… 10—28—5
　4.1 一般规定 …………………… 10—28—5
　4.2 预压荷载 …………………… 10—28—6
　4.3 加载与卸载 ………………… 10—28—6
5 支架预压 ………………………… 10—28—6
　5.1 一般规定 …………………… 10—28—6
　5.2 预压荷载 …………………… 10—28—6
　5.3 加载与卸载 ………………… 10—28—6
6 预压监测 ………………………… 10—28—6
　6.1 监测内容 …………………… 10—28—6
　6.2 监测点布置 ………………… 10—28—7
　6.3 监测记录 …………………… 10—28—7
7 预压验收 ………………………… 10—28—7
附录 A　沉降监测 ………………… 10—28—7
附录 B　钢管满堂支架预压
　　　　验收表 …………………… 10—28—8
本规程用词说明 …………………… 10—28—8
引用标准名录 ……………………… 10—28—8
附：条文说明 ……………………… 10—28—9

Contents

1 General Provisions ················ 10—28—5
2 Terms ···································· 10—28—5
3 Basic Requirement ················ 10—28—5
4 Foundation Preloading ·········· 10—28—5
   4.1 General Requirement ········ 10—28—5
   4.2 Definition of Preload ········ 10—28—6
   4.3 Loading and Unloading ····· 10—28—6
5 Scaffold preloading ················ 10—28—6
   5.1 General Requirement ········ 10—28—6
   5.2 Definition of Preload ········ 10—28—6
   5.3 Loading and Unloading ····· 10—28—6
6 Monitoring of Preloading ······ 10—28—6
   6.1 Monitoring Contents ········ 10—28—6
   6.2 Measuring Points

      Arrangement ······················ 10—28—7
   6.3 Monitoring Recording ······· 10—28—7
7 Acceptance ···························· 10—28—7
Appendix A Settlement
           Observation ············ 10—28—7
Appendix B Tables for Scaffold Preloading
           Acceptance ············· 10—28—8
Explanation of Wording in This
   Specification ························· 10—28—8
Normative Standards ····················· 10—28—8
Addition: Explanation of
       Provisions ······················ 10—28—9

1 总则

1.0.1 为规范钢管满堂支架预压，保证钢管满堂支架现浇混凝土工程施工质量，保障工程施工安全，制定本规程。

1.0.2 本规程适用于建筑与市政工程中搭设钢管满堂支架现浇混凝土工程施工的支架基础与支架的预压。

1.0.3 钢管满堂支架预压过程中，应采取防止污染、保护环境的措施。

1.0.4 本规程规定了钢管满堂支架预压的基本技术要求。当本规程与国家法律、行政法规的规定相抵触时，应按国家法律、行政法规的规定执行。

1.0.5 钢管满堂支架预压除应符合本规程外，尚应符合国家现行有关标准的规定。

2 术语

2.0.1 支架基础预压 foundation preloading

为检验支架搭设范围内基础的承载能力和沉降状况，对支架基础进行的加载预压。

2.0.2 支架预压 scaffold preloading

为检验支架的安全性，收集施工沉降数据，对支架进行的加载预压。

2.0.3 预压范围 preloading area

支架基础预压和支架预压中，需要进行加载的区域范围。

2.0.4 预压荷载强度 preloading intensity

预压范围内单位面积上的预压荷载值。

2.0.5 监测断面 monitoring section

在现浇混凝土结构纵向同一横截面上布置的所有监测点所形成的平面。

2.0.6 弹性变形量 elastic deformation

支架基础和支架经过预压荷载作用，卸载后可恢复的变形值。

2.0.7 非弹性变形量 inelastic deformation

支架基础和支架经过预压荷载作用，卸载后不可恢复的变形值。

3 基本规定

3.0.1 现浇混凝土工程施工的钢管满堂支架的预压应包括支架基础预压与支架预压。

3.0.2 支架基础预压与支架预压应根据工程结构形式、荷载大小、支架基础类型、施工工艺等条件进行预压组织设计。

3.0.3 钢管满堂支架搭设所采用的材料应满足国家现行有关标准的规定。

3.0.4 钢管满堂支架预压前，应对支架进行验算与安全检验。支架的验算与安全检验应符合现行行业标准《建筑施工扣件式钢管脚手架安全技术规范》JGJ 130、《建筑施工碗扣式钢管脚手架安全技术规范》JGJ 166、《建筑施工门式钢管脚手架安全技术规范》JGJ 128、《建筑施工模板安全技术规程》JGJ 162等的规定。

3.0.5 加载的材料应有防水措施，并应防止被水浸泡后引起加载重量变化。

3.0.6 预压前，除应加强安全生产教育、制定安全隐患预防应急措施外，尚应采取下列安全措施：

1 预压施工前，应进行安全技术交底，并应落实所有安全技术措施和人身防护用品。

2 当采用吊装压重物方式预压时，应编制预压荷载吊装方案，且在吊装时，应有专人统一指挥，参与吊装的人员应有明确分工。

3 吊装作业前应检查起重设备的可靠性和安全性，并应进行试吊。

4 在吊装时，应防止吊装物撞击支架。

4 支架基础预压

4.1 一般规定

4.1.1 支架基础预压前，应查明施工区域内不良地质的分布情况。

4.1.2 工程施工场区内的支架基础应按不同类型进行分类。对每一类支架基础应选择代表性区域进行预压。

4.1.3 支架基础应设置排水、隔水措施，不得被混凝土养护用水和雨水浸泡。

4.1.4 支架基础预压前，应布置支架基础的沉降监测点；支架基础预压过程中，应对支架基础的沉降进行监测；支架基础监测应符合本规程第6章的规定。

4.1.5 对支架基础代表性区域的预压监测过程中，当最初72h各监测点的沉降量平均值小于5mm时，应判定同类支架基础的其余部分预压合格。

4.1.6 对支架基础的预压监测过程中，当满足下列条件之一时，应判定支架基础预压合格：

1 各监测点连续24h的沉降量平均值小于1mm；

2 各监测点连续72h的沉降量平均值小于5mm。

4.1.7 对支架基础的代表性区域预压监测过程中，当最初72h各监测点的沉降量平均值大于5mm时，同类支架基础应全部进行处理，处理后的支架基础应重新选择代表性区域进行预压，并应满足本规程第4.1.5条的规定；或应对该类支架基础全部进行预压，并应满足本规程第4.1.6条的规定。

4.1.8 支架基础预压后应编写支架基础预压报告，支架基础预压报告应包括下列内容：

1 工程项目名称；

2 施工区域内不良地质的分布情况;
3 支架基础分类以及同类支架基础代表性区域的选择;
4 支架基础沉降监测;
5 可不进行预压支架基础的合格判定;
6 预压支架基础的合格判定。

4.2 预压荷载

4.2.1 支架基础预压荷载不应小于支架基础承受的混凝土结构恒载与钢管支架、模板重量之和的1.2倍。

4.2.2 支架基础预压范围不应小于所施工的混凝土结构物实际投影面宽度加上两侧向外各扩大1m的宽度(图4.2.2)。

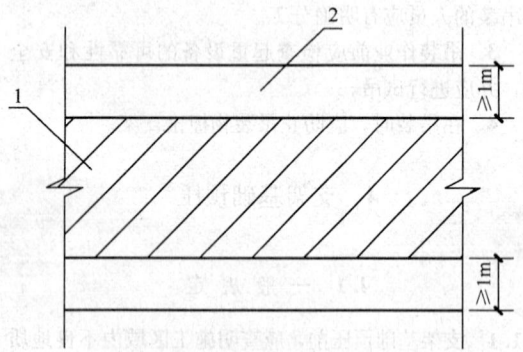

图 4.2.2 支架基础预压范围加宽要求
1—混凝土结构物实际投影面;2—支架基础预压范围

4.2.3 支架基础预压范围应划分成若干个预压单元,每个预压单元内实际预压荷载强度的最大值不应超过该预压单元内预压荷载强度平均值的120%。每个预压单元内的预压荷载可采用均布形式。

4.3 加载与卸载

4.3.1 预压荷载应按预压单元沿混凝土结构纵横向对称进行加载,加载宜采用一次性加载。

4.3.2 卸载过程可一次性卸载,并宜沿混凝土结构纵横向对称进行。

5 支架预压

5.1 一般规定

5.1.1 支架预压应在支架基础预压合格后进行。
5.1.2 不同类型的支架应根据支架高度、支架基础情况等选择具有代表性区域进行预压。
5.1.3 支架预压加载范围不应小于现浇混凝土结构物的实际投影面。
5.1.4 支架预压前,应布置支架的沉降监测点;支架预压过程中,应对支架的沉降进行监测。支架预压监测应符合本规程第6章的规定。

5.1.5 在全部加载完成后的支架预压监测过程中,当满足下列条件之一时,应判定支架预压合格:
1 各监测点最初24h的沉降量平均值小于1mm;
2 各监测点最初72h的沉降量平均值小于5mm。

5.1.6 对支架的代表性区域预压监测过程中,当不满足本规程第5.1.5条的规定时,应查明原因后对同类支架全部进行处理,处理后的支架重新选择代表性区域进行预压,并应满足本规程第5.1.5条的规定。

5.1.7 支架预压后应编写支架预压报告,支架预压报告应包括下列内容:
1 工程项目名称;
2 支架分类以及支架代表性区域的选择;
3 支架沉降监测;
4 支架预压的合格判定。

5.2 预压荷载

5.2.1 支架预压荷载不应小于支架承受的混凝土结构恒载与模板重量之和的1.1倍。

5.2.2 支架预压区域应划分成若干预压单元,每个预压单元内实际预压荷载强度的最大值不应超过该预压单元内预压荷载强度平均值的110%。每个预压单元内的预压荷载可采用均布形式。

5.3 加载与卸载

5.3.1 支架预压应按预压单元进行分级加载,且不应少于3级。3级加载依次宜为单元内预压荷载值的60%、80%、100%。

5.3.2 当纵向加载时,宜从混凝土结构跨中开始向支点处进行对称布载;当横向加载时,应从混凝土结构中心线向两侧进行对称布载。

5.3.3 每级加载完成后,应先停止下一级加载,并应每间隔12h对支架沉降量进行一次监测。当支架顶部监测点12h的沉降量平均值小于2mm时,可进行下一级加载。

5.3.4 支架预压可一次性卸载,预压荷载应对称、均衡、同步卸载。

6 预压监测

6.1 监测内容

6.1.1 支架基础预压和支架预压的监测应包括下列内容:
1 加载之前监测点标高;
2 每级加载后监测点标高;

3 加载至100％后每间隔24h监测点标高；

4 卸载6h后监测点标高。

6.1.2 预压监测应计算沉降量、弹性变形量、非弹性变形量。

6.1.3 支架基础预压和支架预压应进行监测数据记录，并宜分别按本规程附录A中表A.0.1和表A.0.2进行记录。

6.2 监测点布置

6.2.1 支架基础和支架的沉降监测点的布置应符合下列规定：

1 沿混凝土结构纵向每隔1/4跨径应布置一个监测断面；

2 每个监测断面上的监测点不宜少于5个，并应对称布置。

6.2.2 对于支架基础沉降监测，在支架基础条件变化处应增加监测点。

6.2.3 支架沉降监测点应在支架顶部和底部对应位置上分别布置。

6.3 监测记录

6.3.1 预压监测应采用水准仪，水准仪应按现行行业标准《水准仪检定规程》JJG 425规定进行检定。

6.3.2 预压监测宜采用三等水准测量要求作业。

6.3.3 支架基础沉降监测记录与计算应符合下列规定：

1 预压荷载施加前，应监测并记录各监测点初始标高；

2 全部预压荷载施加完毕后，应监测并记录各监测点标高；

3 每间隔24h应监测一次，并应记录各监测点标高、计算沉降量；

4 当支架基础预压符合本规程4.1.6条的规定时，应判定支架基础沉降达到验收合格要求，并可进行卸载；

5 卸载6h后，应监测各监测点的标高，并计算支架基础各监测点的弹性变形量；

6 应计算支架基础各监测点的非弹性变形量。

6.3.4 支架沉降监测记录与计算应符合下列规定：

1 预压荷载施加前，应监测并记录支架顶部和底部监测点的初始标高；

2 每级荷载施加完成时，应监测各监测点标高并计算沉降量；

3 全部预压荷载施加完毕后，每间隔24h应监测一次并记录各监测点标高，当支架预压符合本规程5.1.5条的规定时，可进行支架卸载；

4 卸载6h后，应监测各监测点标高，并计算支架各监测点的弹性变形量；

5 应计算支架各监测点的非弹性变形量。

6.3.5 监测工作结束后应提交下列资料：

1 符合本规程第6.2节要求的监测点布置图；

2 沉降监测表。

7 预压验收

7.0.1 钢管满堂支架预压验收应在施工单位自检合格的基础上进行，宜由施工单位、监理单位、设计单位、建设单位共同参与验收。

7.0.2 支架基础预压应符合本规程第4.1.5条或第4.1.6条的规定。

检验方法：检查支架基础预压报告。

7.0.3 支架预压应符合本规程第5.1.5条的规定。

检验方法：检查支架预压报告。

7.0.4 钢管满堂支架预压验收合格后应签署本规程附录B所示的验收文件。

附录 A 沉 降 监 测

A.0.1 支架基础沉降监测宜按表A.0.1进行记录。

表 A.0.1 支架基础沉降监测表

日期：　　年　　月　　日　　　　　　　　　　　　　　　　　　　　　单位：mm

测点	加载前	加载后											卸载6h后	弹性变形量	非弹性变形量
	标高	0h		24h		48h		72h		96h		120h	标高		
		标高	沉降量	标高	沉降量	标高	沉降量	标高	沉降量	标高	沉降量	标高	沉降量			

注：1 表中沉降量均指相邻两次监测标高之差。
　　2 若支架基础预压监测120h不能满足本规程第4.1.6条的规定，可根据实际情况延长预压时间或采取其他处理方法。

监测：　　　　　　　计算：　　　　　　　施工技术负责人：　　　　　　　监理：

A.0.2 支架沉降监测宜按表 A.0.2 进行记录。

表 A.0.2 支架沉降监测表——顶部（底部）测点

日期：　　年　　月　　日　　　　　　　　　　　　　　　　　　　　　　　　　　　单位：mm

测点	加载前	加载中											加载后							卸载6h后	弹性变形量	非弹性变形量
		60%					80%						100%									
		0h		12h		24h		36h		0h		12h		24h		36h		0h		24h		48h		72h				
	标高	标高	沉降量	标高	沉降量	标高	沉降量	标高	沉降量	标高	沉降量	标高	沉降量	标高	沉降量	标高	沉降量	标高	沉降量	标高	沉降量	标高	沉降量	标高	沉降量	标高		

注：1 表中沉降量均指相邻两次监测标高之差。
　　2 加载过程中，支架预压监测36h不能满足本规程第5.3.3条的规定，应重新对支架进行验算与安全检验，可根据实际情况延长预压时间或采取其他处理方法。

监测：　　　　　　　计算：　　　　　　施工技术负责人：　　　　　　监理：

附录 B 钢管满堂支架预压验收表

表 B 钢管满堂支架预压验收表

工程名称			
单位工程名称			
分部工程名称			
工序名称		检查项目	
验收日期		验收范围	
验收意见	施工单位	项目技术负责人： 项目经理：　年　月　日 （施工项目部章）	
	监理单位	总监理工程师：　年　月　日 （监理项目部章）	
	设计单位	设计项目负责人： 　　　　　　　年　月　日 （设计部门章）	
	建设单位	项目负责人：　年　月　日 （建设项目部章）	

本规程用词说明

1 为便于在执行本规程条文时区别对待，对要求严格程度不同的用词说明如下：

1) 表示很严格，非这样做不可的：
正面词采用"必须"，反面词采用"严禁"；

2) 表示严格，在正常情况下均应这样做的：
正面词采用"应"，反面词采用"不应"或"不得"；

3) 表示稍有选择，在条件许可时首先应这样做的：
正面词采用"宜"，反面词采用"不宜"；

4) 表示有选择，在一定条件下可以这样做的，采用"可"。

2 条文中指明按其他有关标准执行的写法为："应符合……的规定"或"应按……执行"。

引用标准名录

1 《工程测量规范》GB 50026
2 《建筑施工门式钢管脚手架安全技术规范》JGJ 128
3 《建筑施工扣件式钢管脚手架安全技术规范》JGJ 130
4 《建筑施工模板安全技术规程》JGJ 162
5 《建筑施工碗扣式钢管脚手架安全技术规范》JGJ 166
6 《水准仪检定规程》JJG 425

中华人民共和国行业标准

钢管满堂支架预压技术规程

JGJ/T 194—2009

条 文 说 明

制 订 说 明

《钢管满堂支架预压技术规程》JGJ/T 194－2009，经住房和城乡建设部 2009 年 11 月 9 日以第 428 号公告批准发布。

本规程制订过程中，编制组进行了全国各地的钢管满堂支架预压技术调查研究，总结了我国工程建设中钢管满堂支架预压技术的实践经验，同时参考了国内外先进技术法规、技术标准。

为便于广大施工、设计、科研、学校等单位有关人员在使用本标准时能正确理解和执行条文规定，《钢管满堂支架预压技术规程》编制组按章、节、条顺序编制了本标准的条文说明，对条文规定的目的、依据以及执行中需注意的有关事项进行了说明。但是，本条文说明不具备与标准正文同等的法律效力，仅供使用者作为理解和把握标准规定的参考。

目　次

1 总则 …………………………… 10—28—12
2 术语 …………………………… 10—28—12
3 基本规定 ……………………… 10—28—12
4 支架基础预压 ………………… 10—28—12
　4.1 一般规定 ………………… 10—28—12
　4.2 预压荷载 ………………… 10—28—13

5 支架预压 ……………………… 10—28—13
　5.1 一般规定 ………………… 10—28—13
　5.2 预压荷载 ………………… 10—28—14
　5.3 加载与卸载 ……………… 10—28—14
6 预压监测 ……………………… 10—28—15
　6.1 监测内容 ………………… 10—28—15

1 总 则

1.0.1 本规程是在大量调研目前国内各个地区各类钢管满堂支架现浇混凝土工程施工预压技术和操作方法，并参考现行规范有关规定的基础上制定，可以适用于各地区现浇混凝土工程中的各类钢管满堂支架预压。

1.0.2 本条明确了本规程适用的范围，即建筑与市政工程中搭设各类钢管满堂支架现浇混凝土工程的支架基础与支架的预压。常用的钢管支架有扣件式钢管支架、碗扣式钢管支架和门式钢管支架。

1.0.3 钢管满堂支架预压施工中，采用大量的砂、土、水等物体作为加载荷载，施工中易产生环境污染，所以需要采取相应的环境保护措施。

1.0.5 与钢管满堂支架现浇混凝土工程施工相关的现行标准主要包括《建筑施工扣件式钢管脚手架安全技术规范》JGJ 130、《建筑施工碗扣式钢管脚手架安全技术规范》JGJ 166、《建筑施工门式钢管脚手架安全技术规范》JGJ 128、《建筑施工模板安全技术规程》JGJ 162等，钢管满堂支架预压除符合本规程外，还需要符合上述国家现行标准的相关规定。

2 术 语

本规程给出了7个与钢管满堂支架预压有关的专用术语，并从预压施工的角度阐述其特定的含义。术语的英文名称供引用时参考。

3 基 本 规 定

3.0.1 经过对钢管满堂支架预压的调研、试验与分析，钢管满堂支架预压沉降变形主要包括支架基础沉降与支架沉降。支架沉降一般在现浇结构混凝土初凝前已基本完成，而支架基础沉降具有持续性，是混凝土结构施工质量的重要影响因素。支架预压属于高空作业，施工中具有较高安全风险，且需消耗大量的人力、物力。为达到安全、经济的目的，本规程提出现浇混凝土工程施工的钢管满堂支架的预压应分支架基础预压与支架预压两部分进行。

支架基础预压目的是为了检验支架基础的处理程度，确保支架预压时支架基础不失稳，防止支架基础沉降导致现浇混凝土结构开裂；支架预压的目的是为了检验支架的安全性和收集施工沉降数据。

3.0.2 施工单位应根据现场地质勘察报告，将支架搭设区域按照不同地质条件分类，不同类别支架基础选择代表性区域分别进行预压。支架基础分类应根据支架基础土承载力、压缩性等指标综合考虑。支架分类主要根据支架使用杆件、连接件类型、杆件疏密程度等不同进行分类。

3.0.4 支架预压在施工过程中容易发生支架失稳事故，因此预压前需对支架的承载力、刚度和稳定性进行验算。

结合《建筑施工扣件式钢管脚手架安全技术规范》JGJ 130、《建筑施工碗扣式钢管脚手架安全技术规范》JGJ 166、《建筑施工门式钢管脚手架安全技术规范》JGJ 128、《建筑施工模板安全技术规程》JGJ 162中支架稳定性计算的相关规定，需满足以下要求：

1 整体稳定应满足以下条件：

$$M_r \geqslant M_o \qquad (3-1)$$

式中：M_r——在设计荷载作用下支撑结构的抗倾覆力矩（kN·m）；

M_o——设计荷载作用下支撑结构的倾覆力矩（kN·m）。

2 支撑立杆稳定应满足以下条件：

不考虑风荷载时 $\quad \dfrac{N}{\varphi A} \leqslant f \qquad (3-2)$

考虑风荷载时 $\quad \dfrac{N}{\varphi A} + \dfrac{M_w}{W} \leqslant f \qquad (3-3)$

式中：N——计算立杆段的轴向力；

φ——轴心受压杆件的稳定系数，按《钢结构设计规范》GB 50017取值；

A——立杆截面面积；

M_w——计算立杆段由风荷载设计值产生的弯矩；

W——立杆截面抗弯模量；

f——钢材抗压强度设计值。对于新管取 $f=205\text{MPa}$，旧管（重复使用）乘以0.85的折减系数。

3.0.5 目前国内很多支架预压事故都是由于加载材料被雨水浸泡过后重量变大，使得预压荷载值超过支架设计承载力而造成支架坍塌。因此，加载材料应特别注意防水，被雨水浸泡过的加载材料要充分晾干之后再使用，或在加载前重新核称重量。

4 支架基础预压

4.1 一般规定

4.1.1 支架基础区域可能存在不良地质现象，如坑、塘、沟渠、湿陷性土、滩涂地、膨胀土等地段，在支架基础预压前应对其进行适当的处理，不良地质处理方法可根据当地习惯的处理方式进行。

4.1.2 支架现浇混凝土工程的施工，控制支架基础沉降变形非常重要。为保证现浇混凝土施工质量，原则上各种类型支架基础均应选择代表性区域进行支架基础预压。支架基础预压代表性区域应由施工单位、监理单位、建设单位、设计单位共同确定。

4.1.3 为防止支架基础遇水后降低承载能力，支架基础应做好防水、排水工作，如在支架周边挖临时排水沟等。如遇特殊土质时，应根据具体情况对应妥善处理。

4.1.5~4.1.7 本规程取用各监测点连续72h的沉降量平均值累计小于5mm作为预压沉降量的验收控制值，具体要求见5.1.5相关条文说明。考虑全国各地支架现浇实施时支架基础条件具有多样性、复杂性，为缩短预压时间，各监测点连续24h沉降量平均值小于1mm时，各监测点连续72h的沉降量平均值累计应小于5mm，故也作为支架基础预压验收条件之一。

4.2 预压荷载

4.2.1~4.2.3 划分预压单元的原因是为了能较好的模拟预压荷载分布情况，体现出局部荷载集中对预压结果的影响。

所谓预压单元，即根据混凝土结构恒载分布以及支架布置形式而将预压范围划分成的基本平面区域。预压单元内荷载强度可以按照其预压单元内预压荷载重量除以预压单元面积得到。预压单元同时也是预压荷载布置区域，在同一预压单元内荷载采用均布形式，是为了施工加载方便。

预压单元划分应根据上部结构荷载分布以及支架布置形式确定。如果预压单元划分过多会对施工时加载带来不便；如果预压单元划分过少，就不能反映出上部结构荷载实际分布特点和荷载集中情况。

本规程中规定支架基础预压单元划分的标准是以预压单元内实际出现的最大荷载强度不超过预压单元内荷载强度平均值的120%，由于支架基础预压的恒载超载系数为1.2，所以20%以内的误差可以保证预压荷载大于实际的施工荷载。

5 支架预压

5.1 一般规定

5.1.5 支架预压验收条件的确定，目的是确保支架现浇混凝土结构在施工过程中不出现过大拉应力而产生裂缝。支架上现浇混凝土梁施工过程中的拉应力大小，与支架的变形及结构自身特性相关。支架变形的影响主要是不均匀沉降的塑性部分；结构自身特性的影响，与结构的跨径、梁高等相关。同时，结构对拉应力的适应能力（是否开裂），还与混凝土强度等级、受拉区配筋率等相关。本规程将预压沉降限值规定为5mm，此指标制定的依据如下：

1 混凝土结构的抗裂拉应力控制

1) 有关设计规范中关于抗裂拉应力控制的规定

① 《混凝土结构设计规范》GB 50010-2002中规定，结构正截面的裂缝控制可以分为三级，其中二级为一般要求不出现裂缝的构件，按照荷载效应标准组合计算时，构件受拉边缘混凝土拉应力不应大于混凝土轴心抗拉强度标准值，相应的数值见表1。

表1 构件抗裂拉应力控制（单位：MPa）

混凝土强度等级	C15	C20	C25	C30	C35	C40	C45	C50	C55
f_{tk}	1.27	1.54	1.78	2.01	2.20	2.39	2.51	2.64	2.74

《混凝土结构设计规范》中的抗裂拉应力控制的数值以混凝土轴心抗拉强度作为控制，数值偏大。这与规范的适用性有关。

② 《公路钢筋混凝土及预应力混凝土桥涵设计规范》JTG D62-2004中，对于永久性结构，从设计的层面上，正截面不考虑混凝土的拉应力，故对钢筋混凝土正截面的抗裂应力控制没有相关的条文。

对于主拉应力，若符合 $\sigma_{tp}' \leqslant 0.25 f_{tk}$，该区段主拉应力全部由混凝土承受（表2）。也就是说，按照该条件可以完全满足混凝土不开裂的条件。

对于施工阶段的混凝土拉应力，当 $\sigma_{ct}' \leqslant 0.70 f_{tk}$，在混凝土质量有保证时，一般不会出现裂缝。同时要求纵向配筋率不小于0.2%。

表2 抗裂拉应力控制（单位：MPa）

混凝土强度等级	C15	C20	C25	C30	C35	C40	C45	C50	C55
f_{tk}	1.27	1.54	1.78	2.01	2.20	2.39	2.51	2.64	2.74
$0.25 f_{tk}$	0.32	0.39	0.45	0.50	0.55	0.60	0.63	0.66	0.69
$0.70 f_{tk}$	0.89	1.08	1.25	1.41	1.54	1.67	1.76	1.85	1.92

③ AASHTO《美国公路桥梁设计规范》对于混凝土应力限值规定：非分段施工桥中的拉应力在受拉区未设置有粘结辅助钢筋时为 $0.25\sqrt{f_{ck}}$，且不大于1.38MPa；非分段施工桥中的拉应力在受拉区设置120%抵抗混凝土拉应力的有粘结辅助钢筋时为 $0.58\sqrt{f_{ck}}$，其中 f_{ck} 为混凝土抗压强度（表3）。

表3 抗裂拉应力控制（单位：MPa）

混凝土强度等级	C15	C20	C25	C30	C35	C40	C45	C50	C55
f_{ck}	10.00	13.40	16.70	20.10	23.40	26.80	29.60	32.40	35.50
$0.25\sqrt{f_{ck}}$	0.79	0.92	1.02	1.12	1.21	1.29	1.36	1.42	1.49
$0.58\sqrt{f_{ck}}$	1.83	2.12	2.37	2.60	2.81	3.00	3.16	3.30	3.46

2) 应力控制数值建议及相应的应变控制

综合考虑支架现浇混凝土梁施工过程中的拉应力控制，对于少量配筋的预应力结构，可以按照

1.0MPa左右来控制,对于钢筋混凝土结构,可以按照1.8MPa左右来控制。基本能满足结构不开裂的要求。

如按照上述的控制要求,并按C20混凝土弹性模量计算(沉降与时间的关系为曲线,先大后小,模量与时间的关系基本与强度一致),相应的应变为:

预应力混凝土梁:$\varepsilon=\sigma/E=1.0/2.55\times10^4=0.4\times10^{-4}$

钢筋混凝土梁:$\varepsilon=\sigma/E=1.8/2.55\times10^4=0.7\times10^{-4}$

2 不均匀沉降与结构的关系

1)挠度与应变关系

按照比较简单的简支梁在均布荷载下的挠度公式可推算挠度与最大应变的关系:

挠度公式:$f_{max}=\dfrac{5ql^4}{384EI}$

弯矩公式:$M_{max}=\dfrac{ql^2}{8}$

应变公式:$\varepsilon=\dfrac{M}{WE}$

可以推得:$f_{max}=\dfrac{5l^2}{48}\times\dfrac{W}{I}\times\varepsilon$

假定:$\dfrac{I}{W}=\dfrac{h}{2}$,其中 h 为梁高,挠度与应变及结构特性的关系为:$f=\dfrac{10l^2}{48h}\times\varepsilon$(如按照集中力,$f=\dfrac{10l^2}{60h}\times\varepsilon$)

如预应力混凝土梁:$\varepsilon=0.4\times10^{-4}$,$f=\dfrac{l^2}{12h}\times10^{-4}$

如钢筋混凝土梁:$\varepsilon=0.7\times10^{-4}$,$f=\dfrac{7l^2}{48h}\times10^{-4}\approx\dfrac{l^2}{7h}\times10^{-4}$

2)试算

按照常用的不同跨径、不同梁高,在均布荷载的简支梁条件下,根据不同的最大应变控制要求,可以得出相应的数据,见表4、表5。

表4 $\varepsilon=0.4\times10^{-4}$ 梁挠度控制数值(mm)

		跨径 l (m)					
		20	25	30	35	40	45
梁高 h (m)	1.2	2.8	4.3	6.3	8.5	11.1	14.1
	1.5	2.2	3.5	5.0	6.8	8.9	11.3
	1.8	1.9	2.9	4.2	5.7	7.4	9.4
	2.1	1.6	2.5	3.6	4.9	6.3	8.0
	2.4	1.4	2.2	3.1	4.3	5.6	7.0
	2.6	1.3	2.0	2.9	3.9	5.1	6.5

表4中数据可以看出,有效数据(阴影格)基本围绕5mm左右。

表5 $\varepsilon=0.7\times10^{-4}$ 梁挠度控制数值(mm)

		跨径 l (m)					
		20	25	30	35	40	45
梁高 h (m)	1.2	4.8	7.4	10.7	14.5	19.0	24.0
	1.5	3.8	5.9	8.6	11.6	15.2	19.2
	1.8	3.2	4.9	7.1	9.7	12.7	16.0
	2.1	2.7	4.2	6.1	8.3	10.9	13.7
	2.4	2.4	3.7	5.3	7.3	9.5	12.0
	2.6	2.2	3.4	4.9	6.7	8.8	11.1

表5中数据可以看出,有效数据(阴影格)基本围绕8mm左右。

3)控制数据

不均匀沉降的控制数值,可按照1.0倍挠度(简支梁,均布荷载,$0.4\times10^{-4}\sim0.7\times10^{-4}$应变)来控制,如需与结构相关,可以为:

现浇预应力混凝土梁:$f=\dfrac{l^2}{12h}\times10^{-4}$

现浇钢筋混凝土梁:$f=\dfrac{l^2}{7h}\times10^{-4}$

如仅提数值,可以为:现浇预应力混凝土梁5mm;现浇钢筋混凝土梁8mm;为简化规定并保证施工的质量,取较严格的5mm。

混凝土弹性模量与抗拉强度随龄期逐步提高,大量工程经验表明支架现浇后最初3d混凝土结构开裂与否受沉降影响因素最大。而支架现浇混凝土结构施工过程中,钢管支架及模板的变形一般在混凝土浇筑初凝前已完成,影响混凝土结构开裂的主要是支架基础沉降变形。支架基础沉降有先大后小的特征,并趋于稳定;根据对多个施工实测资料的分析,经过一般表层处理过的支架基础在现浇梁荷载($2t/m^2\sim4t/m^2$)下的沉降与时间规律:①各监测点24h沉降量小于1mm,则后继3d沉降量一般不会大于5mm。②各监测点连续3d(即72h)内的累计沉降量小于5mm,则后继3d沉降量一般也不会大于5mm。

5.2 预压荷载

5.2.1、5.2.2 支架预压单元的定义与支架基础预压单元基本相同,但支架预压的恒载超载系数为1.1,即预压单元内实际出现的最大荷载强度不超过预压单元内荷载强度平均值的110%。

5.3 加载与卸载

5.3.1 支架预压常采用袋装土、袋装砂石料、水箱等重物进行预压,应尽量就地取材、节省费用。

支架预压中采用分级加载的方式是为了防止支架在预压过程中发生失稳倒塌,因此建议分级不应少于

3级。并在每级加载后,要进行支架全面检查,及时发现问题,消除隐患。

5.3.2 对称加卸载是为了避免偏载对支架造成不利影响;不对称、不合理加卸载程序容易造成支架失稳事故,施工中应注意。

6 预压监测

6.1 监测内容

6.1.2 支架基础预压和支架预压监测应计算沉降量、弹性变形量、非弹性变形量。其中沉降量主要为预压验收提供依据,弹性变形量、非弹性变形量主要为后续现浇混凝土结构支架确定施工预拱度值提供依据。

中华人民共和国行业标准

建筑施工承插型盘扣式钢管支架
安全技术规程

Technical specification for safety of disk lock
steel tubular scaffold in construction

JGJ 231—2010

批准部门：中华人民共和国住房和城乡建设部
施行日期：２０１１年１０月１日

中华人民共和国住房和城乡建设部
公 告

第 807 号

关于发布行业标准《建筑施工承插型盘扣式钢管支架安全技术规程》的公告

现批准《建筑施工承插型盘扣式钢管支架安全技术规程》为行业标准，编号为 JGJ 231-2010，自 2011 年 10 月 1 日起实施。其中，第 3.1.2、6.1.5、9.0.6、9.0.7 条为强制性条文，必须严格执行。

本规程由我部标准定额研究所组织中国建筑工业出版社出版发行。

中华人民共和国住房和城乡建设部
2010 年 11 月 17 日

前 言

根据住房和城乡建设部《关于印发〈2008 年工程建设标准规范制订、修订计划（第一批）的通知》（建标〔2008〕102 号）的要求，规程编制组经广泛调查研究，认真总结实践经验，参考有关国际标准和国外先进标准，并在广泛征求意见的基础上，制定本规程。

本规程的主要技术内容是：1 总则；2 术语和符号；3 主要构配件的材质及制作质量要求；4 荷载；5 结构设计计算；6 构造要求；7 搭设与拆除；8 检查与验收；9 安全管理与维护；以及相关附录。

本规程中以黑体字标志的条文为强制性条文，必须严格执行。

本规程由住房和城乡建设部负责管理和对强制性条文的解释，由南通新华建筑集团有限公司负责具体技术内容的解释。执行过程中如有意见或建议，请寄送南通新华建筑集团有限公司（地址：江苏省南通市通州区新金路 34 号，邮编：226300）。

本规程主编单位：南通新华建筑集团有限公司
无锡市锡山三建实业有限公司

本规程参编单位：东南大学
无锡速接系统模板有限公司
无锡速捷脚手架工程有限公司
无锡速建脚手架工程技术有限公司
无锡市前友工程咨询检测有限公司
北京捷安建筑脚手架有限公司
上海市建工设计研究院

本规程主要起草人员：易杰祥 郭正兴 邹 明
武 雷 钱云皋 戴俊萍
董克林 徐宏均 沈高传
陈安英 邹建华 钱新华
陈传为 严 训 许 强
朱 军

本规程主要审查人员：赵玉章 应惠清 姜传库
孙宗辅 刘新玉 卓 新
阎 琪 胡全信 程 杰

目 次

1 总则 … 10—29—5
2 术语和符号 … 10—29—5
　2.1 术语 … 10—29—5
　2.2 符号 … 10—29—5
3 主要构配件的材质及制作质量
　要求 … 10—29—6
　3.1 主要构配件 … 10—29—6
　3.2 材料要求 … 10—29—6
　3.3 制作质量要求 … 10—29—6
4 荷载 … 10—29—7
　4.1 荷载分类 … 10—29—7
　4.2 荷载标准值 … 10—29—7
　4.3 荷载的分项系数 … 10—29—8
　4.4 荷载效应组合 … 10—29—8
5 结构设计计算 … 10—29—9
　5.1 基本设计规定 … 10—29—9
　5.2 地基承载力计算 … 10—29—9
　5.3 模板支架计算 … 10—29—9
　5.4 双排外脚手架计算 … 10—29—10
6 构造要求 … 10—29—11
　6.1 模板支架 … 10—29—11
　6.2 双排外脚手架 … 10—29—12
7 搭设与拆除 … 10—29—13
　7.1 施工准备 … 10—29—13
　7.2 施工方案 … 10—29—13
　7.3 地基与基础 … 10—29—13
　7.4 模板支架搭设与拆除 … 10—29—14
　7.5 双排外脚手架搭设与拆除 … 10—29—14
8 检查与验收 … 10—29—14
9 安全管理与维护 … 10—29—15
附录 A 主要产品构配件种类
　　　 及规格 … 10—29—15
附录 B 风压高度变化系数 … 10—29—17
附录 C 有关设计参数 … 10—29—17
附录 D 轴心受压构件的
　　　 稳定系数 … 10—29—18
附录 E 承插型盘扣式钢管支架
　　　 施工验收记录 … 10—29—19
本规程用词说明 … 10—29—22
引用标准名录 … 10—29—22
附：条文说明 … 10—29—23

Contents

1 General Provisions .... 10—29—5
2 Terms and Symbols .... 10—29—5
   2.1 Terms .... 10—29—5
   2.2 Symbols .... 10—29—5
3 Material and Production Quality Requirements for Main Components .... 10—29—6
   3.1 Main Components .... 10—29—6
   3.2 Material Requirements .... 10—29—6
   3.3 Production Quality Requirements .... 10—29—6
4 Loads .... 10—29—7
   4.1 Loads Classification .... 10—29—7
   4.2 Characteristic Value of Loads .... 10—29—7
   4.3 Subentry Coefficient of Loads .... 10—29—8
   4.4 Combination of Loads Effects .... 10—29—8
5 Design and Calculation of Structure .... 10—29—9
   5.1 Basic Regulation for Design .... 10—29—9
   5.2 Foundation Bearing Capacity Calculation .... 10—29—9
   5.3 Formwork Shoring Calculation .... 10—29—9
   5.4 Double-row External Scaffold Calculation .... 10—29—10
6 Structure Requirements .... 10—29—11
   6.1 Formwork Shoring .... 10—29—11
   6.2 Double-row Scaffold Calculation .... 10—29—12
7 Installation and Disassembly .... 10—29—13
   7.1 Preparation for Construction .... 10—29—13
   7.2 Construction Scheme .... 10—29—13
   7.3 Ground and Foundation .... 10—29—13
   7.4 Installation and Disassembly of Formwork Support .... 10—29—14
   7.5 Installation and Disassembly of Double-row External Scaffold .... 10—29—14
8 Inspection and Acceptance .... 10—29—14
9 Safety Management and Maintenance .... 10—29—15
Appendix A Category and Specification of Production Component .... 10—29—15
Appendix B Calculating Coefficients of Wind Load .... 10—29—17
Appendix C Design Parameters .... 10—29—17
Appendix D Stability Coefficients for Axial Compression members .... 10—29—18
Appendix E Construction Acceptance Record Sheets for Disk Lock Steel Tubular Scaffold .... 10—29—19
Explanation of Wording in This Specification .... 10—29—22
List of Quoted Standards .... 10—29—22
Addition: Explanation of Provisions .... 10—29—23

1 总 则

1.0.1 为在承插型盘扣式钢管支架的设计、施工与验收中,贯彻执行国家现行安全生产的法律、法规,确保施工人员安全,做到技术先进、经济合理、安全适用,制定本规程。

1.0.2 本规程适用于建筑工程和市政工程等施工中采用承插型盘扣式钢管支架搭设的模板支架和脚手架的设计、施工、验收和使用。

1.0.3 承插型盘扣式钢管双排脚手架高度在24m以下时,可按本规程的构造要求搭设;模板支架和高度超过24m的双排脚手架应按本规程的规定对其结构构件及立杆地基承载力进行设计计算,并应根据本规程规定编制专项施工方案。

1.0.4 承插型盘扣式钢管支架的设计、施工、验收和使用除应符合本规程外,尚应符合国家现行有关标准的规定。

2 术语和符号

2.1 术 语

2.1.1 承插型盘扣式钢管支架 disk lock steel tubular scaffold
　　立杆采用套管承插连接,水平杆和斜杆采用杆端扣接头卡入连接盘,用楔形插销连接,形成结构几何不变体系的钢管支架。承插型盘扣式钢管支架由立杆、水平杆、斜杆、可调底座及可调托座等构配件构成。根据其用途可分为模板支架和脚手架两类。

2.1.2 立杆 standing tube
　　杆上焊接有连接盘和连接套管的竖向支撑杆件。

2.1.3 连接盘 disk plate
　　焊接于立杆上可扣接8个方向扣接头的八边形或圆环形孔板。

2.1.4 盘扣节点 disk-pin joint node
　　支架立杆上的连接盘与水平杆、斜杆杆端上的插销连接的部位。

2.1.5 立杆连接套管 connect collar
　　焊接于立杆一端,用于立杆竖向接长的专用外套管。

2.1.6 立杆连接件 pin for collar
　　将立杆与立杆连接套管固定防拔脱的专用部件。

2.1.7 水平杆 ledger
　　两端焊接有扣接头,且与立杆扣接的水平杆件。

2.1.8 扣接头 wedge head
　　位于水平杆或斜杆杆件端头,用于与立杆上的连接盘扣接的部件。

2.1.9 插销 wedge
　　固定扣接头与连接盘的专用楔形部件。

2.1.10 斜杆 diagonal brace
　　与立杆上的连接盘扣接的斜向杆件,分为竖向斜杆和水平斜杆两类。

2.1.11 可调底座 base jack
　　安装在立杆底端可调节高度的底座。

2.1.12 可调托座 U-head jack
　　安装在立杆顶端可调节高度的顶托。

2.1.13 挂扣式钢梯 ladder
　　挂扣在支架水平杆上供施工人员上下通行的爬梯。

2.1.14 挑架 side bracket
　　与立杆上连接盘扣接的侧边悬挑三角形桁架。

2.1.15 挂扣式钢脚手板 steel deck
　　挂扣在支架上的钢脚手板。

2.1.16 连墙件 anchoring
　　将脚手架与建筑物主体结构连接的构件。

2.1.17 双槽钢托梁 double channel steel beam
　　两端搁置在立杆连接盘上的模板支架专用横梁。

2.1.18 垫板 base plate
　　设于底座下的支承板。

2.1.19 挡脚板 toe board
　　设于脚手架作业层外侧底部的专用防护件。

2.1.20 步距 lift height
　　同一立杆跨距内相邻水平杆竖向距离。

2.2 符 号

2.2.1 荷载和荷载效应
　　F_R——作用在连接盘上的竖向力设计值;
　　M_w——风荷载设计值产生的弯矩;
　　M_R——设计荷载下模板支架抗倾覆力矩;
　　M_T——设计荷载下模板支架倾覆力矩;
　　N——立杆轴向力设计值;
　　N_k——立杆传至基础顶面的轴向力标准组合值;
　　N_{G1K}——脚手架立杆承受的结构自重标准值产生的轴向力;
　　N_{G2K}——构配件自重标准值产生的立杆轴向力;
　　ΣN_{GK}——永久荷载标准值产生的立杆轴向力总和;
　　ΣN_{QK}——可变荷载标准值产生的立杆轴向力总和;
　　N_0——连墙件约束脚手架平面外变形所产生的轴向力;
　　N_l——连墙件轴向力设计值;
　　N_{lw}——风荷载产生的连墙件轴向力设计值;
　　p_k——相应于荷载效应标准组合时,立杆基础底面处的平均压力;
　　w_k——风荷载标准值;
　　w_0——基本风压;
　　σ——弯曲正应力。

2.2.2 材料性能和抗力

E——钢材的弹性模量;
f——钢材的抗拉、抗压、抗弯强度设计值;
f_g——地基承载力特征值;
Q_b——连接盘抗剪承载力设计值;
R_c——扣件抗滑承载力设计值;
$[v]$——受弯构件容许挠度。

2.2.3 几何参数

A——立杆横截面面积;
A_n——连墙件的净截面面积;
H_l——连墙件竖向间距;
L_l——连墙件水平间距;
I——钢管截面惯性矩;
W——杆件截面模量;
a——模板支架可调托座支撑点至顶层水平杆中心线的距离,或者可调底座支撑点至底层水平杆中心线的距离;
h——相邻水平杆竖向步距(以立杆上的连接盘间距为模数);
h'——顶层或底层水平杆步距(以立杆上的连接盘间距为模数);
i——杆件截面回转半径;
l_a——立杆纵距;
l_b——立杆横距;
l_0——立杆计算长度。

2.2.4 计算系数

μ_s——支架风荷载体型系数;
μ_z——风压高度变化系数;
η——考虑模板支架稳定因素的单杆计算长度系数;
μ——考虑脚手架整体稳定因素的单杆计算长度系数;
k——模板支架悬臂端计算长度折减系数;
φ——轴心受压构件稳定系数;
λ——杆件长细比;
$[\lambda]$——杆件容许长细比。

3 主要构配件的材质及制作质量要求

3.1 主要构配件

3.1.1 盘扣节点应由焊接于立杆上的连接盘、水平杆杆端扣接头和斜杆杆端扣接头组成(图3.1.1)。

3.1.2 插销外表面应与水平杆和斜杆杆端扣接头内表面吻合,插销连接应保证锤击自锁后不拔脱,抗拔力不得小于3kN。

3.1.3 插销应具有可靠防拔脱构造措施,且应设置便于目视检查楔入深度的刻痕或颜色标记。

3.1.4 立杆盘扣节点间距宜按0.5m模数设置;横

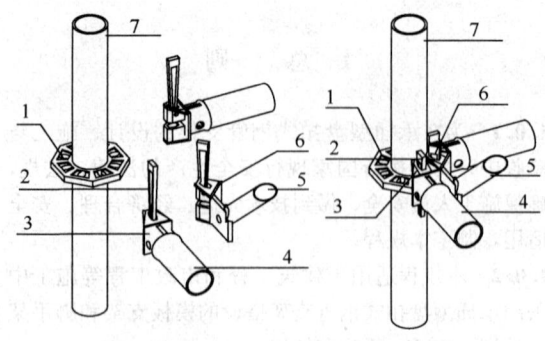

图 3.1.1 盘扣节点
1—连接盘;2—插销;3—水平杆杆端扣接头;
4—水平杆;5—斜杆;6—斜杆杆端扣接头;7—立杆

杆长度宜按0.3m模数设置。

3.1.5 主要构配件种类、规格宜符合附录A表A-1的要求。

3.2 材料要求

3.2.1 承插型盘扣式钢管支架的构配件除有特殊要求外,其材质应符合现行国家标准《低合金高强度结构钢》GB/T 1591、《碳素结构钢》GB/T 700 以及《一般工程用铸造碳钢件》GB/T 11352 的规定,各类支架主要构配件材质应符合表3.2.1的规定。

表 3.2.1 承插型盘扣式钢管支架主要构配件材质

立杆	水平杆	竖向斜杆	水平斜杆	扣接头	立杆连接套管	可调底座、可调托座	可调螺母	连接盘、插销
Q345A	Q235A	Q195	Q235B	ZG230-450	ZG230-450 或 20号无缝钢管	Q235B	ZG270-500	ZG230-450 或 Q235B

3.2.2 钢管外径允许偏差应符合表3.2.2的规定,钢管壁厚允许偏差应为±0.1mm。

表 3.2.2 钢管外径允许偏差(mm)

外径 D	外径允许偏差
33、38、42、48	+0.2 -0.1
60	+0.3 -0.1

3.2.3 连接盘、扣接头、插销以及可调螺母的调节手柄采用碳素铸钢制造时,其材料机械性能不得低于现行国家标准《一般工程用铸造碳钢件》GB/T 11352中牌号为ZG 230-450的屈服强度、抗拉强度、延伸率的要求。

3.3 制作质量要求

3.3.1 杆件焊接制作应在专用工艺装备上进行,各焊接部位应牢固可靠。焊丝宜采用符合现行国家标准《气体保护电弧焊用碳钢、低合金钢焊丝》GB/T 8110 中气体保护电弧焊用碳钢、低合金钢焊丝的要求，有效焊缝高度不应小于 3.5mm。

3.3.2 铸钢或钢板热锻制作的连接盘的厚度不应小于 8mm，允许尺寸偏差应为±0.5mm；钢板冲压制作的连接盘厚度不应小于 10mm，允许尺寸偏差应为±0.5mm。

3.3.3 铸钢制作的杆端扣接头应与立杆钢管外表面形成良好的弧面接触，并应有不小于 500mm² 的接触面积。

3.3.4 楔形插销的斜度应确保楔形插销楔入连接盘后能自锁。铸钢、钢板热锻或钢板冲压制作的插销厚度不应小于 8mm，允许尺寸偏差应为±0.1mm。

3.3.5 立杆连接套管可采用铸钢套管或无缝钢管套管。采用铸钢套管形式的立杆连接套长度不应小于 90mm，可插入长度不应小于 75mm；采用无缝钢管套管形式的立杆连接套长度不应小于 160mm，可插入长度不应小于 110mm。套管内径与立杆钢管外径间隙不应大于 2mm。

3.3.6 立杆与立杆连接套管应设置固定立杆连接件的防拔出销孔，销孔孔径不应大于 14mm，销孔偏差应为±0.1mm；立杆连接件直径宜为 12mm，允许尺寸偏差应为±0.1mm。

3.3.7 连接盘与立杆焊接固定时，连接盘盘心与立杆轴心的不同轴度不应大于 0.3mm；以单侧边连接盘外边缘处为测点，盘面与立杆纵轴线正交的垂直度偏差不应大于 0.3mm。

3.3.8 可调底座和可调托座的丝杆宜采用梯形牙，A 型立杆宜配置 ϕ48 丝杆和调节手柄，丝杆外径不应小于 46mm；B 型立杆宜配置 ϕ38 丝杆和调节手柄，丝杆外径不应小于 36mm。

3.3.9 可调底座的底板和可调托座托板宜采用 Q235 钢板制作，厚度不应小于 5mm，允许尺寸偏差应为±0.2mm，承力面钢板长度和宽度均不应小于 150mm；承力面钢板与丝杆应采用环焊，并应设置加劲片或加劲拱度；可调托座托板应设置开口挡板，挡板高度不应小于 40mm。

3.3.10 可调底座及可调托座丝杆与螺母旋合长度不得小于 5 扣，螺母厚度不得小于 30mm，可调托座和可调底座插入立杆内的长度应符合本规程第 6.1.5 条的规定。

3.3.11 主要构配件的制作质量及形位公差要求，应符合本规程附录 A 表 A-2 的规定。

3.3.12 可调托座、可调底座承载力，应符合附录 A 表 A-3 的规定。

3.3.13 挂扣式钢脚手板承载力，应符合本规程附录 A 表 A-4 的规定。

3.3.14 构配件外观质量应符合下列要求：

1 钢管应无裂纹、凹陷、锈蚀，不得采用对接焊接钢管；

2 钢管应平直，直线度允许偏差应为管长的 1/500，两端面应平整，不得有斜口、毛刺；

3 铸件表面应光滑，不得有砂眼、缩孔、裂纹、浇冒口残余等缺陷，表面粘砂应清除干净；

4 冲压件不得有毛刺、裂纹、氧化皮等缺陷；

5 各焊缝有效高度应符合本规程第 3.3.1 条的规定，焊缝应饱满，焊药应清除干净，不得有未焊透、夹渣、咬肉、裂纹等缺陷；

6 可调底座和可调托座表面宜浸漆或冷镀锌，涂层应均匀、牢固；架体杆件及其他构配件表面应热镀锌，表面应光滑，在连接处不得有毛刺、滴瘤和多余结块；

7 主要构配件上的生产厂标识应清晰。

4 荷 载

4.1 荷载分类

4.1.1 作用于模板支架和脚手架上的荷载，可分为永久荷载和可变荷载两类。

4.1.2 模板支架的永久荷载可分为下列荷载：

1 模板自重应包括模板和模板支承梁的自重；

2 模板支架自重应包括立杆、水平杆、斜杆和构配件自重；

3 作用在模板上的新浇筑混凝土和钢筋自重。

4.1.3 模板支架的可变荷载可分为下列荷载：

1 作用在支架结构顶部模板面上的施工作业人员、施工设备、超过浇筑构件厚度的混凝土料堆放荷载；

2 作用在支架结构顶部的泵送混凝土、倾倒混凝土等未预见因素产生的水平荷载；

3 风荷载。

4.1.4 脚手架的永久荷载可分为下列荷载：

1 脚手架架体自重；

2 脚手板、挡脚板、护栏、安全网等配件自重。

4.1.5 脚手架的可变荷载可分为下列荷载：

1 施工活荷载，包括作业层上的操作人员、存放材料、运输工具及小型工具等；

2 风荷载。

4.2 荷载标准值

4.2.1 模板支架永久荷载标准值取值应符合下列规定：

1 模板自重标准值应根据混凝土结构模板设计图纸确定。对肋形楼板及无梁楼板的模板自重标准值可按表 4.2.1 的规定确定。

2 支架的架体自重标准值应按支模方案及本规

程附录 A 表 A-1 计算确定。

表 4.2.1　楼板模板自重标准值（kN/m²）

模板构件名称	木模板	定型钢模板
平板的模板及小楞	0.30	0.50
楼板模板（包括梁模板）	0.50	0.75

3　新浇筑混凝土自重标准值，对普通梁钢筋混凝土自重可采用 25.5kN/m³，对普通板钢筋混凝土自重可采用 25.1kN/m³，对特殊钢筋混凝土结构应根据实际情况确定。

4.2.2　模板支架可变荷载标准值取值应符合下列规定：

1　作用在模板支架上的施工人员及设备荷载标准值可按实际情况计算，一般情况下可取 3.0kN/m²；

2　泵送混凝土、倾倒混凝土等未预见因素产生的荷载等，其水平荷载标准值可取 2% 的垂直永久荷载标准值，并应以线荷载的形式水平作用在架体顶部；

3　作用在支架上的风荷载标准值应按下式计算：

$$w_k = \mu_z \mu_s w_0 \quad (4.2.2)$$

式中：w_k——风荷载标准值（kN/m²）；

μ_z——风压高度变化系数，应按本规程附录 B 确定；

μ_s——支架风荷载体型系数，应按本规程第 4.2.3 条采用；

w_0——基本风压值（kN/m²），应按现行国家标准《建筑结构荷载规范》GB 50009 的规定采用，取重现期 $n=10$ 对应的风压值，但不得小于 0.3kN/m²。

4.2.3　支架风荷载体型系数应符合表 4.2.3 的规定。

表 4.2.3　支架风荷载体型系数 μ_s

背靠建筑物状况		全封闭墙	敞开、框架和开洞墙
支架状况	全封闭、半封闭	1.0ϕ	1.3ϕ
	敞开		μ_{stw}

注：1　μ_{stw} 值可将支架视为桁架，按现行国家标准《建筑结构荷载规范》GB 50009 的规定计算；

2　ϕ 为挡风系数，$\phi = 1.2 A_n / A_w$，其中 $1.2 A_n$ 为挡风面积；A_w 为迎风面积；

3　密目式安全立网全封闭脚手架挡风系数 ϕ 不宜小于 0.8。

4.2.4　脚手架架体自重标准值应按支架搭设尺寸确定。

4.2.5　脚手架配件自重标准值，可按下列规定采用：

1　木脚手板、钢脚手板、竹笆片自重标准值可按 0.35kN/m² 取值；

2　作业层的栏杆与挡脚板自重标准值可按 0.17kN/m 取值；

3　脚手架外侧满挂密目式安全立网自重标准值可按 0.01kN/m² 取值。

4.2.6　脚手架的施工荷载标准值，应符合下列规定：

1　装修与结构脚手架作业层上的施工均布活荷载标准值，应按表 4.2.6 采用，其他用途脚手架的施工均布活荷载标准值，应根据实际情况确定；

2　操作层均布施工荷载标准值，应根据脚手架的用途，按表 4.2.6 确定；

3　脚手架同时施工的操作层层数应按实际计算，作业层不宜超过 2 层。

表 4.2.6　施工均布活荷载标准值

类别	标准值（kN/m²）
防护脚手架	1
装修脚手架	2
结构脚手架	3

4.2.7　作用于脚手架上的风荷载标准值应按本规程第 4.2.2 条计算。

4.3　荷载的分项系数

4.3.1　计算模板支架及脚手架构件承载力（抗弯、抗剪、稳定性）时的荷载设计值，应取其标准值乘以荷载的分项系数，分项系数应符合下列规定：

1　永久荷载的分项系数，取 1.2；计算结构抗倾覆稳定且对结构有利时，取 0.9；

2　可变荷载的分项系数，取 1.4。

4.3.2　计算模板支架及脚手架构件变形（挠度）时的荷载设计值，应取其标准值乘以荷载的分项系数，各类荷载分项系数均取 1.0。

4.4　荷载效应组合

4.4.1　设计模板支架及脚手架承重构件时，应根据使用过程中可能出现的荷载取其最不利荷载效应组合进行计算，荷载效应组合宜按表 4.4.1 采用。

表 4.4.1　荷载效应组合

计算项目	荷载效应组合	
	模板支架	脚手架
立杆稳定	永久荷载+施工均布荷载	永久荷载+施工均布荷载
	永久荷载+0.9（施工均布荷载+风荷载）	永久荷载+0.9（施工均布荷载+风荷载）
支架抗倾覆稳定	永久荷载+0.9（施工均布荷载+未预见因素产生的水平荷载）	—
水平杆承载力与变形	永久荷载+施工均布荷载	永久荷载+施工均布荷载
连墙件承载力	—	风荷载+3.0kN

5 结构设计计算

5.1 基本设计规定

5.1.1 结构设计应依据现行国家标准《建筑结构可靠度设计统一标准》GB 50068、《建筑结构荷载规范》GB 50009、《钢结构设计规范》GB 50017 和《冷弯薄壁型钢结构技术规范》GB 50018 的规定,采用概率极限状态设计法,采用分项系数的设计表达式。

5.1.2 模板支架应进行下列设计计算:
1 模板支架的稳定性计算;
2 独立模板支架超出规定高宽比时的抗倾覆验算;
3 纵、横向水平杆及竖向斜杆的承载力计算;
4 通过立杆连接盘传力的连接盘抗剪承载力验算;
5 立杆地基承载力计算。

5.1.3 脚手架应进行下列设计计算:
1 立杆的稳定性计算;
2 纵、横向水平杆的承载力计算;
3 连墙件的强度、稳定性和连接强度的计算;
4 立杆地基承载力计算。

5.1.4 承插型盘扣式钢管支架的架体结构设计应保证整体结构形成几何不变体系。

5.1.5 当模板支架搭设成双向均有竖向斜杆的独立方塔架形式时(图 5.1.5),可按带有斜腹杆的格构柱结构形式进行计算分析。

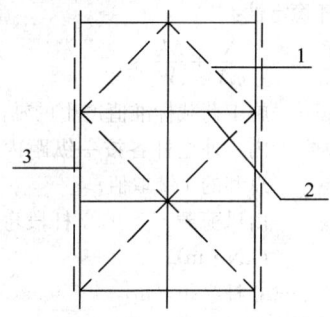

图 5.1.5 独立方塔架
1—斜杆;2—水平杆;3—立杆

5.1.6 模板支架应通过立杆顶部插入可调托座传递水平模板上的各项荷载,水平杆的步距应根据模板支架设计计算确定。

5.1.7 模板支架立杆应为轴心受压形式,顶部模板支撑梁应按荷载设计要求选用。混凝土梁下及楼板下的支撑杆件应用水平杆件连成一体。

5.1.8 当杆件变形量有控制要求时,应按正常使用极限状态验算其变形量。受弯构件的挠度不应超过表 5.1.8 中规定的容许值。

表 5.1.8 受弯构件的容许挠度

构件类别	容许挠度 $[v]$
受弯构件	$l/150$ 和 10mm

注:l 为受弯构件跨度。

5.1.9 模板支架立杆长细比不得大于 150,脚手架立杆长细比不得大于 210;其他杆件中的受压杆件长细比不得大于 230,受拉杆件长细比不得大于 350。

5.1.10 双排脚手架立杆不考虑风荷载时,应按承受轴向荷载杆件计算;当考虑风荷载时,应按压弯杆件计算。

5.2 地基承载力计算

5.2.1 立杆底部地基承载力应满足下列公式的要求:

$$p_k \leqslant f_g \quad (5.2.1-1)$$
$$p_k = \frac{N_k}{A_g} \quad (5.2.1-2)$$

式中:p_k——相应于荷载效应标准组合时,立杆基础底面处的平均压力(kPa);
N_k——立杆传至基础顶面的轴向力标准组合值(kN);
A_g——可调底座底板对应的基础底面面积(m^2);
f_g——地基承载力特征值(kPa),应按现行国家标准《建筑地基基础设计规范》GB 50007 的规定确定。

5.2.2 当支架搭设在结构楼面上时,应对支承架体的楼面结构进行承载力验算,当不能满足承载力要求时应采取楼面结构下方设置附加支撑等加固措施。

5.3 模板支架计算

5.3.1 支架立杆轴向力设计值应按下列公式计算:
不组合风荷载时:
$$N = 1.2\Sigma N_{GK} + 1.4\Sigma N_{QK} \quad (5.3.1-1)$$
组合风荷载时:
$$N = 1.2\Sigma N_{GK} + 0.9 \times 1.4\Sigma N_{QK} \quad (5.3.1-2)$$

式中:N——立杆轴向力设计值(kN);
ΣN_{GK}——模板及支架自重、新浇筑混凝土自重和钢筋自重标准值产生的轴向力总和(kN);
ΣN_{QK}——施工人员及施工设备荷载标准值和风荷载标准值产生的轴向力总和(kN)。

5.3.2 模板支架立杆计算长度应按下列公式计算,并应取其中的较大值:

$$l_0 = \eta h \quad (5.3.2-1)$$
$$l_0 = h' + 2ka \quad (5.3.2-2)$$

式中:l_0——支架立杆计算长度(m);
a——支架可调托座支撑点至顶层水平杆中心

线的距离（m）；

h——支架立杆中间层水平杆最大竖向步距（m）；

h'——支架立杆顶层水平杆步距（m），宜比最大步距减少一个盘扣的距离；

η——支架立杆计算长度修正系数，水平杆步距为0.5m或1m时，可取1.60；水平杆步距为1.5m时，可取1.20；

k——悬臂端计算长度折减系数，可取0.7。

5.3.3 立杆稳定性应按下列公式计算：

不组合风荷载时：

$$\frac{N}{\varphi A} \leq f \qquad (5.3.3\text{-}1)$$

组合风荷载时：

$$\frac{N}{\varphi A} + \frac{M_W}{W} \leq f \qquad (5.3.3\text{-}2)$$

式中：M_W——计算立杆段由风荷载设计值产生的弯矩（kN·m），可按本规程式（5.4.2-2）计算；

f——钢材的抗拉、抗压和抗弯强度设计值（N/mm²），应按本规程附录 C 表 C-1 采用；

φ——轴心受压构件的稳定系数，应根据立杆长细比 $\lambda = \frac{l_0}{i}$ 按本规程附录 D 取值；

W——立杆截面模量（cm³），应按本规程附录 C 表 C-2 采用；

A——立杆的截面积（cm²），应按本规程附录 C 表 C-2 采用。

5.3.4 盘扣节点连接盘的抗剪承载力应按下式计算：

$$F_R \leq Q_b \qquad (5.3.4)$$

式中：F_R——作用在盘扣节点处连接盘上的竖向力设计值（kN）；

Q_b——连接盘抗剪承载力设计值（kN），可取 40kN。

5.3.5 高度在8m以上，高宽比大于3，四周无拉结的高大模板支架的独立架体，整体抗倾覆稳定性应按下式计算：

$$M_R \geq M_T \qquad (5.3.5)$$

式中：M_R——设计荷载下模板支架抗倾覆力矩（kN·m）；

M_T——设计荷载下模板支架倾覆力矩（kN·m）。

5.4 双排外脚手架计算

5.4.1 无风荷载时，立杆承载验算应符合下列要求：

1 立杆轴向力设计值应按下式计算：

$$N = 1.2(N_{G1K} + N_{G2K}) + 1.4\Sigma N_{QK}$$
$$(5.4.1\text{-}1)$$

式中：N_{G1K}——脚手架结构自重标准值产生的轴力（kN）；

N_{G2K}——构配件自重标准值产生的轴力（kN）；

ΣN_{QK}——施工荷载标准值产生的轴向力总和（kN），内外立杆可按一纵距（跨）内施工荷载总和的1/2取值。

2 立杆计算长度应按下式计算：

$$l_0 = \mu h \qquad (5.4.1\text{-}2)$$

式中：h——脚手架水平杆竖向最大步距（m）；

μ——考虑脚手架整体稳定性的立杆计算长度系数，应按表5.4.1确定。

表 5.4.1 脚手架立杆计算长度系数

类 别	连墙件布置	
	2步3跨	3步3跨
双排架	1.45	1.70

3 立杆稳定性应按本规程式（5.3.3-1）、(5.3.3-2) 计算。

5.4.2 采用组合风荷载时，立杆承载力应按下列公式计算：

1 立杆轴向力设计值：

$$N = 1.2(N_{G1K} + N_{G2K}) + 0.9 \times 1.4\Sigma N_{QK}$$
$$(5.4.2\text{-}1)$$

2 立杆段风荷载作用弯矩设计值：

$$M_W = 0.9 \times 1.4 M_{WK} = \frac{0.9 \times 1.4 w_k l_a h^2}{10}$$
$$(5.4.2\text{-}2)$$

3 立杆稳定性：

$$\frac{N}{\varphi A} + \frac{M_W}{W} \leq f \qquad (5.4.2\text{-}3)$$

式中：ΣN_{Qk}——施工荷载标准值产生的轴向力总和（kN），内、外立杆各按一纵距内施工荷载总和的1/2取值；

M_{WK}——由风荷载产生的立杆段弯矩标准值（kN·m）；

l_a——立杆纵距（m）。

5.4.3 连墙件的计算应符合下列要求：

1 连墙件的轴向力设计值应按下式计算：

$$N_l = N_{lw} + N_0 \qquad (5.4.3\text{-}1)$$

式中：N_l——连墙件轴向力设计值（kN）；

N_{lw}——风荷载产生的连墙件轴向力设计值，应按本规程第5.4.4条的规定计算；

N_0——连墙件约束脚手架平面外变形所产生的轴向力，双排架可取3kN。

2 连墙件的抗拉承载力应符合下列要求：

$$\frac{N_l}{A_n} \leq f \qquad (5.4.3\text{-}2)$$

式中：A_n——连墙件的净截面面积（mm²）。

3 连墙件的稳定性应符合下式要求：

$$N_l \leqslant \varphi A f \quad (5.4.3-3)$$

式中：A——连墙件的毛截面面积（mm^2）；
φ——轴心受压构件的稳定系数，应根据连墙件的长细比按本规程附录 D 采用。

4 当采用钢管扣件做连墙件时，扣件抗滑承载力的验算，应满足下式要求：

$$N_l \leqslant R_c \quad (5.4.3-4)$$

式中：R_c——扣件抗滑承载力设计值（kN），一个直角扣件应取 8.0kN。

5 螺栓、焊接连墙件与预埋件的设计承载力应按相应规范进行验算。

5.4.4 由风荷载产生的连墙件的轴向力设计值，应按下式计算：

$$N_{lw} = 1.4 \cdot w_k \cdot L_l \cdot H_l \quad (5.4.4)$$

式中：w_k——风荷载标准值（kN/m^2）；
L_l——连墙件水平间距（m）；
H_l——连墙件竖向间距（m）。

6 构造要求

6.1 模板支架

6.1.1 模板支架搭设高度不宜超过 24m；当超过 24m 时，应另行专门设计。

6.1.2 模板支架应根据施工方案计算得出的立杆排架尺寸选用定长的水平杆，并应根据支撑高度组合套插的立杆段、可调托座和可调底座。

6.1.3 模板支架的斜杆或剪刀撑设置应符合下列要求：

1 当搭设高度不超过 8m 的满堂模板支架时，步距不宜超过 1.5m，支架架体四周外立面向内的第一跨每层均应设置竖向斜杆，架体整体底层以及顶层均应设置竖向斜杆，并应在架体内部区域每隔 5 跨由底至顶纵、横向均设置竖向斜杆（图 6.1.3-1）或采用扣件钢管搭设的剪刀撑（图 6.1.3-2）。当满堂模板支架的架体高度不超过 4 个步距时，可不设置顶层水平杆；当架体高度超过 4 个步距时，应设置顶层水平斜杆或扣件钢管水平剪刀撑。

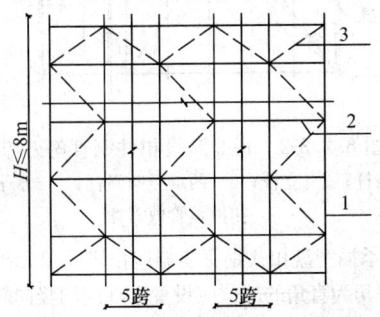

图 6.1.3-1 满堂架高度不大于 8m
斜杆设置立面图
1—立杆；2—水平杆；3—斜杆；4—扣件钢管剪刀撑

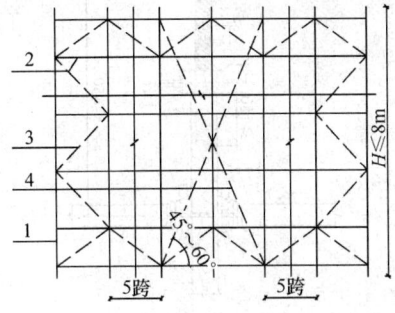

图 6.1.3-2 满堂架高度不大于 8m
剪刀撑设置立面图
1—立杆；2—水平杆；3—斜杆；4—扣件钢管剪刀撑

2 当搭设高度超过 8m 的模板支架时，竖向斜杆应满布设置，水平杆的步距不得大于 1.5m，沿高度每隔 4~6 个标准步距应设置水平层斜杆或扣件钢管剪刀撑（图 6.1.3-3）。周边有结构物时，宜与周边结构形成可靠拉结。

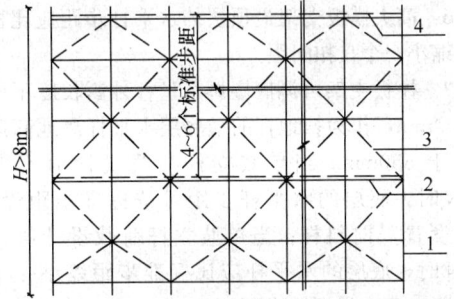

图 6.1.3-3 满堂架高度大于 8m 水平斜杆设置立面图
1—立杆；2—水平杆；3—斜杆；
4—水平层斜杆或扣件钢管剪刀撑

3 当模板支架搭设成无侧向拉结的独立塔状支架时，架体每个侧面每步距均应设置竖向斜杆。当有防扭转要求时，在顶层及每隔 3~4 个步距应增设水平层斜杆或钢管水平剪刀撑（图 6.1.3-4）。

6.1.4 对长条状的独立高支模架，架体总高度与架

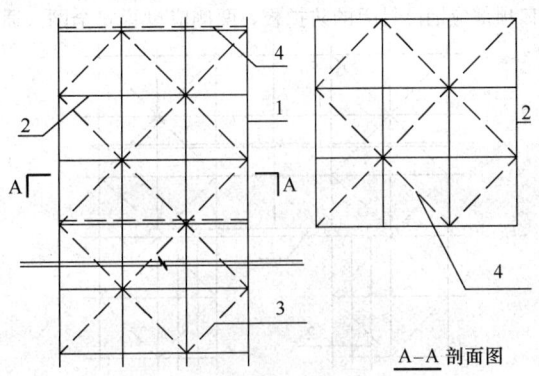

A—A 剖面图

图 6.1.3-4 无侧向拉结塔状支模架
1—立杆；2—水平杆；3—斜杆；4—水平层斜杆

体的宽度之比 H/B 不宜大于 3。

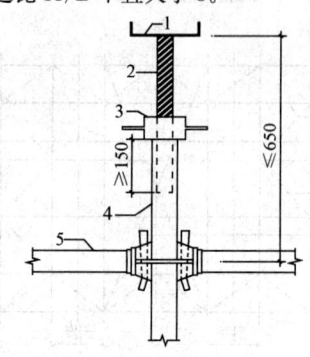

图 6.1.5 带可调托座伸出顶层
水平杆的悬臂长度
1—可调托座；2—螺杆；3—调节螺母；
4—立杆；5—水平杆

6.1.5 模板支架可调托座伸出顶层水平杆或双槽钢托梁的悬臂长度（图 6.1.5）严禁超过 650mm，且丝杆外露长度严禁超过 400mm，可调托座插入立杆或双槽钢托梁长度不得小于 150mm。

6.1.6 高大模板支架最顶层的水平杆步距应比标准步距缩小一个盘扣间距。

6.1.7 模板支架可调底座调节丝杆外露长度不应大于 300mm，作为扫地杆的最底层水平杆离地高度不应大于 550mm。当单肢立杆荷载设计值不大于 40kN 时，底层的水平杆步距可按标准步距设置，且应设置竖向斜杆；当单肢立杆荷载设计值大于 40kN 时，底层的水平杆应比标准步距缩小一个盘扣间距，且应设置竖向斜杆。

6.1.8 模板支架宜与周围已建成的结构进行可靠连接。

6.1.9 当模板支架体内设置与单肢水平杆同宽的人行通道时，可间隔抽除第一层水平杆和斜杆形成施工人员进出通道，与通道正交的两侧立杆间应设置竖向斜杆；当模板支架体内设置与单肢水平杆不同宽人行通道时，应在通道上部架设支撑横梁（图 6.1.9），横梁应按跨度和荷载确定。通道两侧支撑梁的立杆间距应根据计算设置，通道周围的模板支架应连成整体。洞口顶部应铺设封闭的防护板，两侧应设置安全网。通

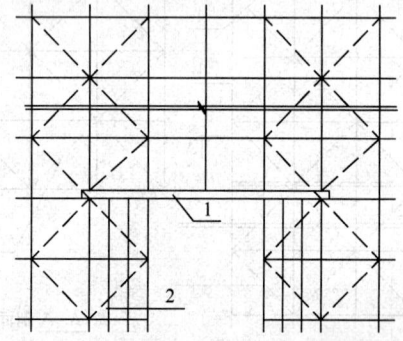

图 6.1.9 模板支架人行通道设置图
1—支撑横梁；2—立杆加密

行机动车的洞口，必须设置安全警示和防撞设施。

6.2 双排外脚手架

6.2.1 用承插型盘扣式钢管支架搭设双排脚手架时，搭设高度不宜大于 24m。可根据使用要求选择架体几何尺寸，相邻水平杆步距宜选用 2m，立杆纵距宜选用 1.5m 或 1.8m，且不宜大于 2.1m，立杆横距宜选用 0.9m 或 1.2m。

6.2.2 脚手架首层立杆宜采用不同长度的立杆交错布置，错开立杆竖向距离不应小于 500mm，当需设置人行通道时，应符合本规程第 6.2.4 条的规定，立杆底部应配置可调底座。

6.2.3 双排脚手架的斜杆或剪刀撑设置应符合下列要求：

沿架体外侧纵向每 5 跨每层应设置一根竖向斜杆（图 6.2.3-1）或每 5 跨间应设置扣件钢管剪刀撑（图 6.2.3-2），端跨的横向每层应设置竖向斜杆。

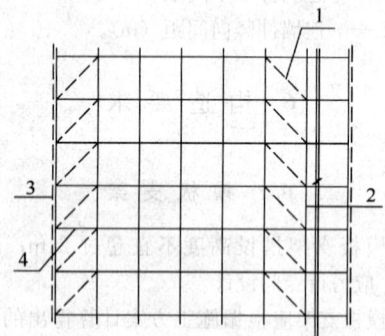

图 6.2.3-1 每 5 跨每层设斜杆
1—斜杆；2—立杆；3—两端竖向斜杆；4—水平杆；
5—扣件钢管剪刀撑

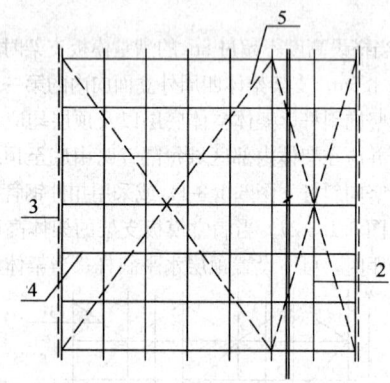

图 6.2.3-2 每 5 跨设扣件钢管剪刀撑
1—斜杆；2—立杆；3—两端竖向斜杆；4—水平杆；
5—扣件钢管剪刀撑

6.2.4 承插型盘扣式钢管支架应由塔式单元扩大组合而成，拐角为直角的部位应设置立杆间的竖向斜杆。当作为外脚手架使用时，单跨立杆可不设置斜杆。

6.2.5 当设置双排脚手架人行通道时，应在通道上部架设支撑横梁，横梁截面大小应按跨度以及承受的

荷载计算确定，通道两侧脚手架应加设斜杆；洞口顶部应铺设封闭的防护板，两侧应设置安全网；通行机动车的洞口，必须设置安全警示和防撞设施。

6.2.6 对双排脚手架的每步水平层，当无挂扣钢脚手架板加强水平层刚度时，应每5跨设置水平斜杆（图6.2.6）。

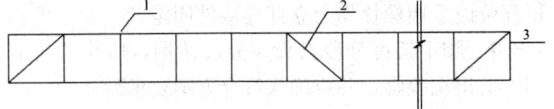

图 6.2.6 双排脚手架水平斜杆设置
1—立杆；2—水平斜杆；3—水平杆

6.2.7 连墙件的设置应符合下列规定：

1 连墙件必须采用可承受拉压荷载的刚性杆件，连墙件与脚手架立面及墙体应保持垂直，同一层连墙件宜在同一平面，水平间距不应大于3跨，与主体结构外侧面距离不宜大于300mm；

2 连墙件应设置在有水平杆的盘扣节点旁，连接点至盘扣节点距离不应大于300mm；采用钢管扣件作连墙杆时，连墙杆应采用直角扣件与立杆连接。

3 当脚手架下部暂不能搭设连墙件时，宜外扩搭设多排脚手架并设置斜杆形成外侧斜面状附加梯形架，待上部连墙件搭设后可拆除附加梯形架。

6.2.8 作业层设置应符合下列规定：

1 钢脚手板的挂钩必须完全扣在水平杆上，挂钩必须处于锁住状态，作业层脚手板应满铺；

2 作业层的脚手板架体外侧应挡脚板、防护栏杆，并应在脚手架外侧立面满挂密目安全网；防护上栏杆宜设置在离作业层高度为1000mm处，防护中栏杆宜设置在离作业层高度为500mm处；

3 当脚手架作业层与主体结构外侧面间间隙较大时，应设置挂扣在连接盘上的悬挑三角架，并应铺放能形成脚手架内侧封闭的脚手板。

6.2.9 挂扣式钢梯宜设置在尺寸不小于 $0.9m \times 1.8m$ 的脚手架框架内，钢梯宽度应为廊道宽度的1/2，钢梯可在一个框架高度内折线上升；钢架拐弯处应设置钢脚手板及扶手杆。

7 搭设与拆除

7.1 施工准备

7.1.1 模板支架及脚手架施工前应根据施工对象情况、地基承载力、搭设高度，按本规程的基本要求编制专项施工方案，并应经审核批准后实施。

7.1.2 搭设操作人员必须经过专业技术培训和专业考试合格后，持证上岗。模板支架及脚手架搭设前，施工管理人员应按专项施工方案的要求对操作人员进行技术和安全作业交底。

7.1.3 进入施工现场的钢管支架及构配件质量应在使用前进行复检。

7.1.4 经验收合格的构配件应按品种、规格分类码放，并应标挂数量规格铭牌备用。构配件堆放场地应排水畅通、无积水。

7.1.5 当采用预埋方式设置脚手架连墙件时，应提前与相关部门协商，并应按设计要求预埋。

7.1.6 模板支架及脚手架搭设场地必须平整、坚实、有排水措施。

7.2 施工方案

7.2.1 专项施工方案应包括下列内容：

1 工程概况、设计依据、搭设条件、搭设方案设计；

2 搭设施工图，包括下列内容：

  1）架体的平面、立面、剖面图和节点构造详图；
  2）脚手架连墙件的布置及构造图；
  3）脚手架转角、门洞口的构造图；
  4）脚手架斜梯布置及构造图，结构设计方案；

3 基础做法及要求；

4 架体搭设及拆除的程序和方法；

5 季节性施工措施；

6 质量保证措施；

7 架体搭设、使用、拆除的安全措施；

8 设计计算书；

9 应急预案。

7.2.2 架体的构造应符合本规程第6.1节、第6.2节的有关规定。

7.3 地基与基础

7.3.1 模板支架与脚手架基础应按专项施工方案进行施工，并应按基础承载力要求进行验收。

7.3.2 土层地基上的立杆应采用可调底座和垫板，垫板的长度不宜少于2跨。

7.3.3 当地基高差较大时，可利用立杆0.5m节点位差配合可调底座进行调整（图7.3.3）。

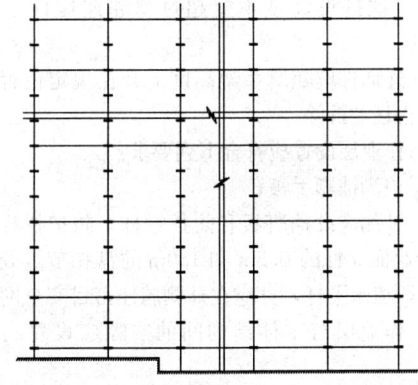

图 7.3.3 可调底座调整立杆连接盘示意

7.3.4 模板支架及脚手架应在地基基础验收合格后搭设。

7.4 模板支架搭设与拆除

7.4.1 模板支架立杆搭设位置应按专项施工方案放线确定。

7.4.2 模板支架搭设应根据立杆放置可调底座，应按先立杆后水平杆再斜杆的顺序搭设，形成基本的架体单元，应以此扩展搭设成整体支架体系。

7.4.3 可调底座和土层基础上垫板应准确放置在定位线上，保持水平。垫板应平整、无翘曲，不得采用已开裂垫板。

7.4.4 立杆应通过立杆连接套管连接，在同一水平高度内相邻立杆连接套管接头的位置宜错开，且错开高度不宜小于75mm。模板支架高度大于8m时，错开高度不宜小于500mm。

7.4.5 水平杆扣接头与连接盘的插销应用铁锤击紧至规定插入深度的刻度线。

7.4.6 每搭完一步支模架后，应及时校正水平杆步距、立杆的纵、横距、立杆的垂直偏差和水平杆的水平偏差。立杆的垂直偏差不应大于模板支架总高度的1/500，且不得大于50mm。

7.4.7 在多层楼板上连续设置模板支架时，应保证上下层支撑立杆在同一轴线上。

7.4.8 混凝土浇筑前施工管理人员应组织对搭设的支架进行验收，并应确认符合专项施工方案要求后浇筑混凝土。

7.4.9 拆除作业应按先搭后拆，后搭先拆的原则，从顶层开始，逐层向下进行，严禁上下层同时拆除，严禁抛掷。

7.4.10 分段、分立面拆除时，应确定分界处的技术处理方案，并应保证分段后架体稳定。

7.5 双排外脚手架搭设与拆除

7.5.1 脚手架立杆应定位准确，并应配合施工进度搭设，一次搭设高度不应超过相邻连墙件以上两步。

7.5.2 连墙件应随脚手架高度上升在规定位置处设置，不得任意拆除。

7.5.3 作业层设置应符合下列要求：
 1 应满铺脚手板；
 2 外侧应设挡脚板和防护栏杆，防护栏杆可在每层作业面立杆的0.5m和1.0m的盘扣节点处布置上、中两道水平杆，并应在外侧满挂密目安全网；
 3 作业层与主体结构间的空隙应设置内侧防护网。

7.5.4 加固件、斜杆应与脚手架同步搭设。采用扣件钢管做加固件、斜撑时应符合现行行业标准《建筑施工扣件式钢管脚手架安全技术规范》JGJ 130的有关规定。

7.5.5 当脚手架搭设至顶层时，外侧防护栏杆高出顶层作业层的高度不应小于1500mm。

7.5.6 当搭设悬挑外脚手架时，立杆的套管连接接长部位应采用螺栓作为立杆连接件固定。

7.5.7 脚手架可分段搭设、分段使用，应由施工管理人员组织验收，并应确认符合方案要求后使用。

7.5.8 脚手架应经单位工程负责人确认并签署拆除许可令后拆除。

7.5.9 脚手架拆除时应划出安全区，设置警戒标志，派专人看管。

7.5.10 拆除前应清理脚手架上的器具、多余的材料和杂物。

7.5.11 脚手架拆除应按后装先拆、先装后拆的原则进行，严禁上下同时作业。连墙件应随脚手架逐层拆除，分段拆除的高度差不应大于两步。如因作业条件限制，出现高度差大于两步时，应增设连墙件加固。

8 检查与验收

8.0.1 对进入现场的钢管支架构配件的检查与验收应符合下列规定：
 1 应有钢管支架产品标识及产品质量合格证；
 2 应有钢管支架产品主要技术参数及产品使用说明书；
 3 当对支架质量有疑问时，应进行质量抽检和试验。

8.0.2 模板支架应根据下列情况按进度分阶段进行检查和验收：
 1 基础完工后及模板支架搭设前；
 2 超过8m的高支模架搭设至一半高度后；
 3 搭设高度达到设计高度后和混凝土浇筑前。

8.0.3 脚手架应根据下列情况按进度分阶段进行检查和验收：
 1 基础完工后及脚手架搭设前；
 2 首段高度达到6m时；
 3 架体随施工进度逐层升高时；
 4 搭设高度达到设计高度后。

8.0.4 对模板支架应重点检查和验收下列内容：
 1 基础应符合设计要求，并应平整坚实，立杆与基础间应无松动、悬空现象，底座、支垫应符合规定；
 2 搭设的架体三维尺寸应符合设计要求，搭设方法和斜杆、钢管剪刀撑等设置应符合本规程规定；
 3 可调托座和可调底座伸出水平杆的悬臂长度

应符合设计限定要求；

  4 水平杆扣接头与立杆连接盘的插销应击紧至所需插入深度的标志刻度。

8.0.5 对脚手架应重点检查和验收下列内容：

  1 搭设的架体三维尺寸应符合设计要求，斜杆和钢管剪刀撑设置应符合本规程规定；

  2 立杆基础不应有不均匀沉降，立杆可调底座与基础面的接触不应有松动和悬空现象；

  3 连墙件设置应符合设计要求，应与主体结构、架体可靠连接；

  4 外侧安全立网、内侧层间水平网的张挂及防护栏杆的设置应齐全、牢固；

  5 周转使用的支架构配件使用前应作外观检查，并应作记录；

  6 搭设的施工记录和质量检查记录应及时、齐全。

8.0.6 模板支架和双排外脚手架验收后应形成记录，记录表应符合本规程附录E的要求。

9 安全管理与维护

9.0.1 模板支架和脚手架的搭设人员应持证上岗。

9.0.2 支架搭设作业人员应正确佩戴安全帽、安全带和防滑鞋。

9.0.3 模板支架混凝土浇筑作业层上的施工荷载不应超过设计值。

9.0.4 混凝土浇筑过程中，应派专人在安全区域内观测模板支架的工作状态，发生异常时观测人员应及时报告施工负责人，情况紧急时施工人员应迅速撤离，并应进行相应加固处理。

9.0.5 模板支架及脚手架使用期间，不得擅自拆除架体结构杆件。如需拆除时，必须报请工程项目技术负责人以及总监理工程师同意，确定防控措施后方可实施。

9.0.6 严禁在模板支架及脚手架基础开挖深度影响范围内进行挖掘作业。

9.0.7 拆除的支架构件应安全地传递至地面，严禁抛掷。

9.0.8 高支模区域内，应设置安全警戒线，不得上下交叉作业。

9.0.9 在脚手架或模板支架上进行电气焊作业时，必须有防火措施和专人监护。

9.0.10 模板支架及脚手架应与架空输电线路保持安全距离，工地临时用电线路架设及脚手架接地防雷击措施等应按现行行业标准《施工现场临时用电安全技术规范》JGJ 46 的有关规定执行。

附录A 主要产品构配件种类及规格

表A-1 承插型盘扣式钢管支架主要构配件种类、规格

名称	型号	规格（mm）	材质	理论重量（kg）
立杆	A-LG-500	φ60×3.2×500	Q345A	3.75
	A-LG-1000	φ60×3.2×1000	Q345A	6.65
	A-LG-1500	φ60×3.2×1500	Q345A	9.60
	A-LG-2000	φ60×3.2×2000	Q345A	12.50
	A-LG-2500	φ60×3.2×2500	Q345A	15.50
	A-LG-3000	φ60×3.2×3000	Q345A	18.40
	B-LG-500	φ48×3.2×500	Q345A	2.95
	B-LG-1000	φ48×3.2×1000	Q345A	5.30
	B-LG-1500	φ48×3.2×1500	Q345A	7.64
	B-LG-2000	φ48×3.2×2000	Q345A	9.90
	B-LG-2500	φ48×3.2×2500	Q345A	12.30
	B-LG-3000	φ48×3.2×3000	Q345A	14.65
水平杆	A-SG-300	φ48×2.5×240	Q235B	1.40
	A-SG-600	φ48×2.5×540	Q235B	2.30
	A-SG-900	φ48×2.5×840	Q235B	3.20
	A-SG-1200	φ48×2.5×1140	Q235B	4.10
	A-SG-1500	φ48×2.5×1440	Q235B	5.00
	A-SG-1800	φ48×2.5×1740	Q235B	5.90
	A-SG-2000	φ48×2.5×1940	Q235B	6.50
	B-SG-300	φ42×2.5×240	Q235B	1.30
	B-SG-600	φ42×2.5×540	Q235B	2.00
	B-SG-900	φ42×2.5×840	Q235B	2.80
	B-SG-1200	φ42×2.5×1140	Q235B	3.60
	B-SG-1500	φ42×2.5×1440	Q235B	4.30
	B-SG-1800	φ42×2.5×1740	Q235B	5.10
	B-SG-2000	φ42×2.5×1940	Q235B	5.60
竖向斜杆	A-XG-300×1000	φ48×2.5×1008	Q195	4.10
	A-XG-300×1500	φ48×2.5×1506	Q195	5.50
	A-XG-600×1000	φ48×2.5×1089	Q195	4.30
	A-XG-600×1500	φ48×2.5×1560	Q195	5.60
	A-XG-900×1000	φ48×2.5×1238	Q195	4.70
	A-XG-900×1500	φ48×2.5×1668	Q195	5.90

续表 A-1

名称	型号	规格（mm）	材质	理论重量（kg）
竖向斜杆	A-XG-900×2000	φ48×2.5×2129	Q195	7.20
	A-XG-1200×1000	φ48×2.5×1436	Q195	5.30
	A-XG-1200×1500	φ48×2.5×1820	Q195	6.40
	A-XG-1200×2000	φ48×2.5×2250	Q195	7.55
	A-XG-1500×1000	φ48×2.5×1664	Q195	5.90
	A-XG-1500×1500	φ48×2.5×2005	Q195	6.90
	A-XG-1500×2000	φ48×2.5×2402	Q195	8.00
	A-XG-1800×1000	φ48×2.5×1912	Q195	6.60
	A-XG-1800×1500	φ48×2.5×2215	Q195	7.40
	A-XG-1800×2000	φ48×2.5×2580	Q195	8.50
	A-XG-2000×1000	φ48×2.5×2085	Q195	7.00
	A-XG-2000×1500	φ48×2.5×2411	Q195	7.90
	A-XG-2000×2000	φ48×2.5×2756	Q195	8.80
	B-XG-300×1000	φ33×2.3×1057	Q195	2.95
	B-XG-300×1500	φ33×2.3×1555	Q195	3.82
	B-XG-600×1000	φ33×2.3×1131	Q195	3.10
	B-XG-600×1500	φ33×2.3×1606	Q195	3.92
	B-XG-900×1000	φ33×2.3×1277	Q195	3.36
	B-XG-900×1500	φ33×2.3×1710	Q195	4.10
	B-XG-900×2000	φ33×2.3×2173	Q195	4.90
	B-XG-1200×1000	φ33×2.3×1472	Q195	3.70
	B-XG-1200×1500	φ33×2.3×1859	Q195	4.40
	B-XG-1200×2000	φ33×2.3×2291	Q195	5.10
	B-XG-1500×1000	φ33×2.3×1699	Q195	4.09
	B-XG-1500×1500	φ33×2.3×2042	Q195	4.70
	B-XG-1500×2000	φ33×2.3×2402	Q195	5.40
	B-XG-1800×1000	φ33×2.3×1946	Q195	4.53
	B-XG-1800×1500	φ33×2.3×2251	Q195	5.05
	B-XG-1800×2000	φ33×2.3×2618	Q195	5.70
	B-XG-2000×1000	φ33×2.3×2119	Q195	4.82
	B-XG-2000×1500	φ33×2.3×2411	Q195	5.35
	B-XG-2000×2000	φ33×2.3×2756	Q195	5.95
水平斜杆	A-SXG-900×900	φ48×2.5×1273	Q235B	4.30
	A-SXG-900×1200	φ48×2.5×1500	Q235B	5.00
	A-SXG-900×1500	φ48×2.5×1749	Q235B	5.70

续表 A-1

名称	型号	规格（mm）	材质	理论重量（kg）
水平斜杆	A-SXG-1200×1200	φ48×2.5×1697	Q235B	5.55
	A-SXG-1200×1500	φ48×2.5×1921	Q235B	6.20
	A-SXG-1500×1500	φ48×2.5×2121	Q235B	6.80
	B-SXG-900×900	φ42×2.5×1272	Q235B	3.80
	B-SXG-900×1200	φ42×2.5×1500	Q235B	4.30
	B-SXG-900×1500	φ42×2.5×1749	Q235B	5.00
	B-SXG-1200×1200	φ42×2.5×1697	Q235B	4.90
	B-SXG-1200×1500	φ42×2.5×1921	Q235B	5.50
	B-SXG-1500×1500	φ42×2.5×2121	Q235B	6.00
可调托座	A-ST-500	φ48×6.5×500	Q235B	7.12
	A-ST-600	φ48×6.5×600	Q235B	7.60
	B-ST-500	φ38×5.0×500	Q235B	4.38
	B-ST-600	φ38×5.0×600	Q235B	4.74
可调底座	A-XT-500	φ48×6.5×500	Q235B	5.67
	A-XT-600	φ48×6.5×600	Q235B	6.15
	B-XT-500	φ38×5.0×500	Q235B	3.53
	B-XT-600	φ38×5.0×600	Q235B	3.89

注：1 立杆规格为 φ60×3.2 的为 A 型承插型盘扣式钢管支架；立杆规格为 φ48×3.2 的为 B 型承插型盘扣式钢管支架；
2 A-SG、B-SG 为水平杆适用于 A 型、B 型承插型盘扣式钢管支架；
3 A-SXG、B-SXG 为斜杆适用于 A 型、B 型承插型盘扣式钢管支架。

表 A-2 主要构配件的制作质量及形位公差要求

构配件名称	检查项目	公称尺寸（mm）	允许偏差（mm）	检测量具
立杆	长度	—	±0.7	钢卷尺
	连接盘间距	500	±0.5	钢卷尺
	杆件直线度	—	L/1000	专用量具
	杆端面对轴线垂直度		0.3	角尺
	连接盘与立杆同轴度		0.3	专用量具
水平杆	长度	—	±0.5	钢卷尺
	扣接头平行度		≤1.0	专用量具
水平斜杆	长度	—	±0.5	钢卷尺
	扣接头平行度		≤1.0	专用量具
竖向斜杆	两端螺栓孔间距	—	≤1.5	钢卷尺
可调托座	托板厚度	5	±0.2	游标卡尺
	加劲片厚度	4	±0.2	游标卡尺
	丝杆外径	φ48、φ38	±2	游标卡尺

续表 A-2

构配件名称	检查项目	公称尺寸（mm）	允许偏差（mm）	检测量具
可调托座	底板厚度	5	±0.2	游标卡尺
	丝杆外径	φ48，φ38	±2	游标卡尺
挂扣式钢脚手板	挂钩圆心间距	—	±2	钢卷尺
	宽度		±3	钢卷尺
	高度		±2	钢卷尺
挂扣式钢梯	挂钩圆心间距		±2	钢卷尺
	梯段宽度		±3	钢卷尺
	踏步高度		±2	钢卷尺
挡脚板	长度		±2	钢卷尺
	宽度		±2	钢卷尺

表 A-3　可调托座、可调底座承载力

轴心抗压承载力		偏心抗压承载力	
平均值（kN）	最小值（kN）	平均值（kN）	最小值（kN）
200	180	170	153

表 A-4　挂扣式钢脚手板承载力

项目	平均值	最小值
挠度（mm）	≤10	
受弯承载力（kN）	>5.4	>4.9
抗滑移强度（kN）	>3.2	>2.9

附录 B　风压高度变化系数

B.0.1　对平坦或稍有起伏的地形，风压高度变化系数应根据地面粗糙度类别按表 B.0.1 确定。地面粗糙度可分为 A、B、C、D 四类：

——A 类指近海海面和海岛、海岸、湖岸及沙漠地区；
——B 类指田野、乡村、丛林、丘陵以及房屋比较稀疏的乡镇和城市郊区；
——C 类指有密集建筑群的城市市区；
——D 类指有密集建筑群且房屋较高的城市市区。

表 B.0.1　风压高度变化系数 μ_z

离地面或海拔高度（m）	A	B	C	D
5	1.17	1.00	0.74	0.62
10	1.38	1.00	0.74	0.62
15	1.52	1.14	0.74	0.62
20	1.63	1.25	0.74	0.62
30	1.80	1.42	1.00	0.62
40	1.92	1.56	1.13	0.73
50	2.03	1.67	1.25	0.84
60	2.12	1.77	1.35	0.93
70	2.20	1.86	1.45	1.02
80	2.27	1.95	1.54	1.11
90	2.34	2.02	1.62	1.19
100	2.40	2.09	1.70	1.27
150	2.64	2.38	2.03	1.61
200	2.83	2.61	2.30	1.92
250	2.99	2.80	2.54	2.19
300	3.12	2.97	2.75	2.45
350	3.12	3.12	2.94	2.68
400	3.12	3.12	3.12	2.91
≥450	3.12	3.12	3.12	3.12

B.0.2　全国基本风压应按现行国家标准《建筑结构荷载规范》GB 50009 的规定采用。

附录 C　有关设计参数

表 C-1　钢材的强度和弹性模量（N/mm²）

Q345 钢材抗拉、抗压、抗弯强度设计值	300
Q235 钢材抗拉、抗压、抗弯强度设计值	205
Q195 钢材抗拉、抗压、抗弯强度设计值	175
弹性模量	2.06×10⁵

表 C-2　钢管截面特性

外径 φ(mm)	壁厚 t(mm)	截面积 A(cm²)	惯性矩 I(cm⁴)	截面模量 W(cm³)	回转半径 i(cm)
60	3.2	5.71	23.10	7.70	2.01
48	3.2	4.50	11.36	4.73	1.59
48	2.5	3.57	9.28	3.86	1.61
33	2.3	2.22	2.63	1.59	1.09

附录 D 轴心受压构件的稳定系数

表 D-1　Q235 钢管轴心受压构件的稳定系数 φ

λ	0	1	2	3	4	5	6	7	8	9
0	1.000	0.997	0.995	0.992	0.989	0.987	0.984	0.981	0.979	0.976
10	0.974	0.971	0.968	0.969	0.963	0.960	0.958	0.955	0.952	0.949
20	0.947	0.944	0.941	0.938	0.936	0.933	0.930	0.927	0.924	0.921
30	0.918	0.915	0.912	0.909	0.906	0.903	0.899	0.896	0.893	0.889
40	0.886	0.882	0.879	0.875	0.872	0.868	0.864	0.861	0.858	0.855
50	0.852	0.849	0.846	0.843	0.839	0.836	0.832	0.829	0.825	0.822
60	0.818	0.814	0.810	0.806	0.802	0.797	0.793	0.789	0.784	0.779
70	0.775	0.770	0.765	0.760	0.755	0.750	0.744	0.739	0.733	0.728
80	0.722	0.716	0.710	0.704	0.698	0.692	0.686	0.680	0.673	0.667
90	0.661	0.654	0.648	0.641	0.634	0.626	0.618	0.611	0.603	0.595
100	0.588	0.580	0.573	0.566	0.558	0.551	0.544	0.537	0.530	0.523
110	0.516	0.509	0.502	0.496	0.489	0.483	0.476	0.470	0.464	0.458
120	0.452	0.446	0.440	0.434	0.428	0.423	0.417	0.412	0.406	0.401
130	0.396	0.391	0.386	0.381	0.376	0.371	0.367	0.362	0.357	0.353
140	0.349	0.344	0.340	0.336	0.332	0.328	0.324	0.320	0.316	0.312
150	0.308	0.305	0.301	0.298	0.294	0.291	0.287	0.284	0.281	0.277
160	0.274	0.271	0.268	0.256	0.262	0.259	0.256	0.253	0.251	0.248
170	0.245	0.243	0.240	0.237	0.235	0.232	0.230	0.227	0.225	0.223
180	0.220	0.218	0.216	0.214	0.211	0.209	0.207	0.205	0.203	0.201
190	0.199	0.197	0.195	0.193	0.191	0.189	0.188	0.186	0.184	0.182
200	0.180	0.179	0.177	0.175	0.174	0.172	0.171	0.169	0.167	0.166
210	0.164	0.163	0.161	0.160	0.159	0.157	0.156	0.154	0.153	0.152
220	0.150	0.149	0.148	0.146	0.145	0.144	0.143	0.141	0.140	0.139
230	0.138	0.137	0.136	0.135	0.133	0.132	0.131	0.130	0.129	0.128
240	0.127	0.126	0.125	0.124	0.123	0.122	0.121	0.120	0.119	0.118
250	0.117	—	—	—	—	—	—	—	—	—

表 D-2　Q345 钢管轴心受压构件的稳定系数 φ

λ	0	1	2	3	4	5	6	7	8	9
0	1.000	0.997	0.994	0.991	0.988	0.985	0.982	0.979	0.976	0.973
10	0.971	0.968	0.965	0.962	0.959	0.956	0.952	0.949	0.946	0.943
20	0.940	0.937	0.934	0.930	0.927	0.924	0.920	0.917	0.913	0.909
30	0.906	0.902	0.898	0.894	0.890	0.886	0.882	0.878	0.874	0.870
40	0.867	0.864	0.860	0.857	0.853	0.849	0.845	0.841	0.837	0.833
50	0.829	0.824	0.819	0.815	0.810	0.805	0.800	0.794	0.789	0.783
60	0.777	0.771	0.765	0.759	0.752	0.746	0.739	0.732	0.725	0.718

续表 D-2

λ	0	1	2	3	4	5	6	7	8	9
70	0.710	0.703	0.695	0.688	0.680	0.672	0.664	0.656	0.648	0.640
80	0.632	0.623	0.615	0.607	0.599	0.591	0.583	0.574	0.566	0.558
90	0.550	0.542	0.535	0.527	0.519	0.512	0.504	0.497	0.489	0.482
100	0.475	0.467	0.460	0.452	0.445	0.438	0.431	0.424	0.418	0.411
110	0.405	0.398	0.392	0.386	0.380	0.375	0.369	0.363	0.358	0.352
120	0.347	0.342	0.337	0.332	0.327	0.322	0.318	0.313	0.309	0.304
130	0.300	0.296	0.292	0.288	0.284	0.280	0.276	0.272	0.269	0.265
140	0.261	0.258	0.255	0.251	0.248	0.245	0.242	0.238	0.235	0.232
150	0.229	0.227	0.224	0.221	0.218	0.216	0.213	0.210	0.208	0.205
160	0.203	0.201	0.198	0.196	0.194	0.191	0.189	0.187	0.185	0.183
170	0.181	0.179	0.177	0.175	0.173	0.171	0.169	0.167	0.165	0.163
180	0.162	0.160	0.158	0.157	0.155	0.153	0.152	0.150	0.149	0.147
190	0.146	0.144	0.143	0.141	0.140	0.138	0.137	0.136	0.134	0.133
200	0.132	0.130	0.129	0.128	0.127	0.126	0.124	0.123	0.122	0.121
210	0.120	0.119	0.118	0.116	0.115	0.114	0.113	0.112	0.111	0.110
220	0.109	0.108	0.107	0.106	0.106	0.105	0.104	0.103	0.101	0.101
230	0.100	0.099	0.098	0.098	0.097	0.096	0.095	0.094	0.094	0.093
240	0.092	0.091	0.091	0.090	0.089	0.088	0.088	0.087	0.086	0.086
250	0.085	—	—	—	—	—	—	—	—	—

附录 E 承插型盘扣式钢管支架施工验收记录

使用规定：当承插型盘扣式钢管支架应用于模板支架施工时，其施工验收记录应采用表 E-1；当应用于双排外脚手架施工时，其施工验收记录应采用表 E-2。

表 E-1 模板支架施工验收记录表

项目名称						
搭设部位		高度		跨度		最大荷载
搭设班组		班组长				
操作人员持证人数		证书符合性				
专项方案编审程序符合性		技术交底情况				安全交底情况
钢管支架	进场前质量验收情况					
	材质、规格与方案的符合性					
	使用前质量检测情况					
	外观质量检查情况					
检查内容	允许偏差（mm）	方案要求（mm）	实际情况（mm）			符合性
立杆垂直度≤L/500 且±50	±5					

续表 E-1

检查内容		允许偏差(mm)	方案要求(mm)	实际情况（mm）							符合性
水平杆水平度		±5									
可调托座	垂直度	±5									
	插入立杆深度≥150	－5									
可调底座	垂直度	±5									
	插入立杆深度≥150	－5									
立杆组合对角线长度		±6									
立杆	梁底纵、横向间距										
	板底纵、横向间距										
	竖向接长位置										
	基础承载力										
水平杆	纵、横向水平杆设置										
	梁底纵、横向步距										
	板底纵、横向步距										
	插销销紧情况										
竖向斜杆	最底层步距处设置情况										
	最顶层步距处设置情况										
	其他部位										
剪刀撑	垂直纵、横向设置										
	水平向										
扫地杆设置											
与已建结构物拉结设置											
其他											

施工单位检查结论	结论： 　　　　　　　　　　　　　　　　　　　　　　　　　检查日期： 年 月 日 检查人员：　　　项目技术负责人：　　　项目经理：
监理单位验收结论	结论： 　　　　　　　　　　　　　　　　　　　　　　　　　验收日期： 年 月 日 专业监理工程师：　　　　　　　　　　　　　总监理工程师：

表 E-2 双排外脚手架施工验收记录表

项目名称								
搭设部位			高度		跨度		最大荷载	
搭设班组				班组长				
操作人员持证人数				证书符合性				
专项方案编审程序符合性				技术交底情况			安全交底情况	

钢管支架	进场前质量验收情况	
	材质、规格与方案的符合性	
	使用前质量检测情况	
	外观质量检查情况	

检查内容		允许偏差（mm）	方案要求（mm）	实际情况（mm）				符合性
立杆垂直度≤L/500 且±50		±5						
水平杆水平度		±5						
可调底座	垂直度	±5						
	插入立杆深度≥150	－5						
立杆组合对角线长度		±6						
立杆	纵向间距							
	横向间距							
	竖向接长位置							
	基础承载力							
水平杆	纵、横向水平杆设置							
	纵向步距							
	横向步距							
	插销销紧情况							
竖向斜杆	拐角处设置情况							
	其他部位							
剪刀撑	垂直纵、横向设置							
连墙件设置								
扫地杆设置								
护栏设置								
脚手板设置								
挡脚板设置								
人行梯架设置								
其他								

施工单位检查结论	结论： 检查人员：　　　项目技术负责人：　　　项目经理：	检查日期：　年　月　日
监理单位验收结论	结论： 专业监理工程师：　　　　　　　　　　　　总监理工程师：	验收日期：　年　月　日

本规程用词说明

1 为便于在执行本规程条文时区别对待，对要求严格程度不同的用词说明如下：
  1) 表示很严格，非这样做不可的：
     正面词采用"必须"，反面词采用"严禁"；
  2) 表示严格，在正常情况下均应这样做的：
     正面词采用"应"，反面词采用"不应"或"不得"；
  3) 表示允许稍有选择，在条件许可时首先应这样做的：
     正面词采用"宜"，反面词采用"不宜"；
  4) 表示有选择，在一定条件下可以这样做的，采用"可"。

2 条文中指明应按其他标准执行的写法为："应符合……的规定"或"应按……执行"。

引用标准名录

1 《建筑地基基础设计规范》GB 50007
2 《建筑结构荷载规范》GB 50009
3 《钢结构设计规范》GB 50017
4 《冷弯薄壁型钢结构技术规范》GB 50018
5 《建筑结构可靠度设计统一标准》GB 50068
6 《碳素结构钢》GB/T 700
7 《低合金高强度结构钢》GB/T 1591
8 《气体保护电弧焊用碳钢、低合金钢焊丝》GB/T 8110
9 《一般工程用铸造碳钢件》GB/T 11352
10 《施工现场临时用电安全技术规范》JGJ 46
11 《建筑施工扣件式钢管脚手架安全技术规范》JGJ 130

中华人民共和国行业标准

建筑施工承插型盘扣式钢管支架安全技术规程

JGJ 231—2010

条 文 说 明

制 定 说 明

《建筑施工承插型盘扣式钢管支架安全技术规程》JGJ 231-2010，经住房和城乡建设部 2010 年 11 月 17 日以第 807 号公告批准、发布。

本规程制定过程中，编制组进行了广泛的调查研究，总结了我国工程建设施工领域的实践经验，同时参考了国外先进技术法规、技术标准，通过试验，取得了多方面的重要技术参数。

为便于广大设计、施工、科研、学校等单位有关人员在使用本规程时能正确理解和执行条文规定，《建筑施工承插型盘扣式钢管支架安全技术规程》编制组按章、节、条顺序编制了本规程的条文说明，对条文规定的目的、依据以及执行中需注意的有关事项进行了说明，还着重对强制性条文的强制性理由作了解释。但是，本条文说明不具备与规程正文同等的法律效力，仅供使用者作为理解和把握规程规定的参考。

目 次

1 总则 ………………………………… 10—29—26
2 术语和符号 ………………………… 10—29—26
  2.1 术语 ……………………………… 10—29—26
  2.2 符号 ……………………………… 10—29—26
3 主要构配件的材质及制作质量
   要求 ………………………………… 10—29—26
  3.1 主要构配件 ……………………… 10—29—26
  3.2 材料要求 ………………………… 10—29—26
  3.3 制作质量要求 …………………… 10—29—26
4 荷载 ………………………………… 10—29—26
  4.1 荷载分类 ………………………… 10—29—26
  4.2 荷载标准值 ……………………… 10—29—27
  4.3 荷载的分项系数 ………………… 10—29—27
  4.4 荷载效应组合 …………………… 10—29—27
5 结构设计计算 ……………………… 10—29—27
  5.1 基本设计规定 …………………… 10—29—27
  5.2 地基承载力计算 ………………… 10—29—27
  5.3 模板支架计算 …………………… 10—29—27
  5.4 双排外脚手架计算 ……………… 10—29—28
6 构造要求 …………………………… 10—29—28
  6.1 模板支架 ………………………… 10—29—28
  6.2 双排外脚手架 …………………… 10—29—29
7 搭设与拆除 ………………………… 10—29—29
  7.1 施工准备 ………………………… 10—29—29
  7.2 施工方案 ………………………… 10—29—29
  7.3 地基与基础 ……………………… 10—29—29
  7.4 模板支架搭设与拆除 …………… 10—29—29
  7.5 双排外脚手架搭设与拆除 ……… 10—29—29
8 检查与验收 ………………………… 10—29—29
9 安全管理与维护 …………………… 10—29—29

1 总 则

1.0.1 本条是承插型盘扣式钢管支架工程设计和施工必须遵循的基本原则。承插型盘扣式钢管支架有多种称谓，有称之为圆盘式钢管支架、菊花盘式钢管支架、插盘式钢管支架、轮盘式钢管支架以及扣盘式钢管支架等，本规程统一称为盘扣式钢管支架。

1.0.2 本条明确本规程主要适用建筑工程和市政工程模板支架及外脚手架的设计与施工，承插型盘扣式钢管支架应用在其他类型的工程中可参照本规程的有关规定执行，也可应用于搭建临时舞台、看台工程和灯光架、广告架等工程。

1.0.3 本条明确了承插型盘扣式钢管支架施工前应编制相应的专项施工方案，应结合具体工程情况选择适宜规格的支架，并进行设计计算，做到安全可靠、经济合理。

2 术语和符号

2.1 术 语

本规程给出的术语是为了在条文的叙述中使承插型盘扣式钢管支架体系有关的俗称和不统一的称呼在本规程及今后的使用中形成统一的概念，并与其他类型的脚手架有关称呼相一致，利用已知的概念特征赋予其含义，所给出的英文译名是参考国外资料和专业词典拟定的。

2.2 符 号

本规程的符号采用现行国家标准《标准编写规则 第2部分：符号》GB/T 20001.2的有关规定执行。

3 主要构配件的材质及制作质量要求

3.1 主要构配件

3.1.1 本条显示了承插型盘扣式钢管支架的节点构造，说明了水平杆、斜杆与立杆连接的具体构造形式。承插型盘扣式钢管支架焊接于立杆上的连接盘可以为正八边形孔板或圆形孔板的形式。

3.1.2 为了防止水平杆和斜杆的杆端扣接头的插销与连接盘在支架使用过程中滑脱，插销必须设计为具有自锁功能的楔形，同时插销端头设计有弧形弯钩段确保插销不会滑脱。搭设支架时要求用不小于0.5kg锤子击紧插销，插销尾部应保证不小于15mm的外露量。为了验证击紧后的插销抗拔性能，东南大学进行了扣接头插销的抗拔试验。试验结果表明，在插销未用锤子击紧的条件下，插销的抗拔力达到0.5kN～1kN，在一般锤子击紧2～3下的条件下，插销的抗拔力达到2.5kN～5kN，能够满足施工现场扣接头在使用过程中的防滑脱拔出要求。支架搭设完成后，应目测检查扣接头插销的插入至规定刻度线的状况和击紧程度。

3.1.3、3.1.4 承插型盘扣式钢管支架的主要构配件是工厂化生产的标准系列构件，立杆盘扣节点按照国际上习惯做法，竖向每隔0.5m间距设置，则水平杆步距以0.5m为模数构成，使承插型盘扣式钢管支架具有标准化、通用性的特点，便于控制施工质量。

3.1.5 本条规定了承插型盘扣式钢管支架杆件及有关主要配件的规格，一般可参照附录A的要求。

3.2 材料要求

3.2.1 本条规定了承插型盘扣式钢管支架杆件及有关主要配件的材料特性。

3.2.2、3.2.3 为了控制支架的产品质量，本条规定了承插型盘扣式钢管支架钢管及有关主要构配件的尺寸及其允许偏差，同时对产品制作提出了具体的要求。

3.3 制作质量要求

3.3.3 本条规定杆端扣接头与立杆钢管外表面应有不小于500mm²的接触面积是为保证在节点处形成良好的抗扭能力。东南大学试验表明，在水平杆杆端与立杆紧密接触的条件下，盘扣式支架的节点抗扭能力与扣件钢管架基本相当。

3.3.5 目前国内立杆的接长连接方式有内插连接棒和外套连接套管两种。考虑到工地的方面和减少内插连接棒的损耗，逐渐趋向于立杆杆端设置外接套管的连接方式。采用铸钢套管的优点为同轴度高，套管管壁厚度可适当加厚，增加拆除支架时杆端管口的抗变形能力。

3.3.8 本条规定了可调底座和托座的丝杆外径与立杆钢管内径的最大间隙值，理论上该间隙值越小越好，考虑到丝杆上的铸钢调节手柄螺母端面上有与钢管外径匹配的限位凹口，因此，可适当放大间隙量，但限制使用直径过小的丝杆。

4 荷 载

4.1 荷载分类

4.1.1～4.1.5 为了适应现行国家规范设计方法的需要，以《建筑结构荷载规范》GB 50009为依据，本节将作用在承插型盘扣式钢管支架的荷载划分为永久荷载（恒荷载）和可变荷载（活荷载），分别列出模板支架及脚手架计算应当考虑的主要荷载项目。其中第4.1.3条第2款所述模板支架水平荷载主要是指考虑施工中的泵送混凝土、倾倒混凝土等各种未预见因素产生的水平荷载。

4.2 荷载标准值

4.2.2 本条模板支架水平荷载是参照美国规范ACI347R-03的有关规定给出的。本条规定的作用于模板支撑架及脚手架上的水平风荷载标准值计算公式是参照《建筑结构荷载规范》GB 50009-2001 第7.1条制定的：

1 基本风压 w_0 值是根据重现期为10年确定的；

2 μ_{stw}——风荷载体型系数按《建筑结构荷载规范》GB 50009-2001 表7.3.1桁架类选取。

4.2.5 本条脚手板自重标准值统一规定为0.35kN/m²系以50mm厚木脚手板为准；栏杆与挡脚板自重标准值是按两根 $\phi48.3\times2.5mm$ 钢管和120mm高木脚手板计算。密目安全网自重系根据2000目网的实际重量给定。

4.2.6 本条规定的脚手架施工荷载标准值是根据《建筑施工扣件式钢管脚手架安全技术规范》JGJ 130及《建筑施工门式钢管脚手架安全技术规范》JGJ 128等规范的相关规定采用。

4.3 荷载的分项系数

4.3.1、4.3.2 荷载分项系数均遵照现行国家标准《建筑结构荷载规范》GB 50009的规定采用。当计算结构物倾覆稳定时，永久荷载的分项系数取0.9，对保证结构稳定性有利。

4.4 荷载效应组合

4.4.1 支架稳定按立杆稳定性验算形式进行计算时，应分别按考虑风荷载影响以及不考虑风荷载影响两种情况进行计算；模板支架抗倾覆整体稳定性验算考虑的荷载有永久荷载以及模板支架水平荷载。

5 结构设计计算

5.1 基本设计规定

5.1.5 对于独立方塔架计算整体稳定性时，按格构柱结构形式计算分析可借助计算软件建立整体模型。东南大学土木工程施工研究所试验表明，盘扣钢管支架水平杆与立杆连接节点具有一定的抗扭转能力，其抗扭转刚度可取 $8.6\times10^7 N\cdot mm/rad$。

5.1.6 承插型盘扣式钢管支架用于模板支架时一般要求立杆顶部插入可调托座，传递水平模板上的各项荷载，使得立杆处于轴心受压形式，同时应根据水平模板的荷载情况选用适宜的顶部模板支撑梁。

5.1.8 表5.1.8给出的容许挠度是根据现行国家标准《冷弯薄壁型钢结构技术规范》GB 50018的规定确定的。

5.1.9 承插型盘扣式钢管支架作为临时性结构，其容许长细比要高于《冷弯薄壁型钢结构技术规范》GB 50018-2002 表4.3.3的规定，本条的规定是参照国内外相关标准的规定给出的。

5.2 地基承载力计算

5.2.1 本条中公式是根据现行国家标准《建筑地基基础设计规范》GB 50007的有关规定确定的。盘扣式钢管支架是一种临时性结构，故本条只规定对立杆进行地基承载力计算，不必进行地基变形验算。地基承载力标准值可以按照地质勘探报告建议值进行验算。当地质勘察报告未提供该值时，也可由载荷试验或其他原位测试、公式计算并结合工程实践经验等方法综合确定。

5.2.2 当模板支架或外脚手架搭设在混凝土楼面上时，为了保证支撑层混凝土楼面的安全，应按照《混凝土结构设计规范》GB 50010的有关规定进行验算。

5.3 模板支架计算

5.3.1~5.3.3 失稳坍塌破坏是承插型盘扣式钢管模板支架的主要破坏形式，考虑到该支架的设计计算一般由施工现场工程技术人员进行，因此采用单立杆稳定性验算的形式来验算模板支架的整体稳定性。

1 模板支架的计算模式

承插型盘扣式钢管支架结构本质上是一种半刚性空间框架钢结构，水平杆与立杆之间连接为介于"铰接"与"刚接"之间的一种连接形式。采用速接架作为模板支架一般要保证支架的立杆为轴心压杆件。

2 模板支架立杆计算长度修正系数 η 以及悬臂端计算长度折减系数 k 的确定。

2007年，东南大学分别进行了一系列的承插型盘扣式速接整架支架试验，包括整架抗侧移试验，支撑单元极限承载力试验，试验及有限元模拟计算的结果得出，在不同步高以及不同悬臂长度 a 下支架的极限承载力 P_{cr}，根据公式 $\varphi=P_{cr}/fA$，得出按单根立杆稳定计算的形式表示支架整体稳定性的稳定性系数 φ，再根据《冷弯薄壁型钢结构技术规范》GB 50018查出杆件的长细比 λ，从而得出模板支架立杆计算长度修正系数 η 以及立杆的悬臂端计算长度折减系数 k。

3 对模板支架立杆顶层或底层水平杆竖向步距宜比最大步距减少一个盘扣的距离，见图1。

5.3.4 承插型盘扣式钢管支架作为支模架时可采用双槽钢搁置在连接盘上作为支撑模板面板及楞木的托梁，需要验算盘扣节点抗剪承载力，根据东南大学对八角盘进行的单侧弯剪、双侧弯剪以及内侧焊缝受剪极限承载力计算结果，并考虑材料抗力系数1.087，取整得到连接盘抗剪承载力设计值；同时应另外验算双槽钢的强度、挠度。

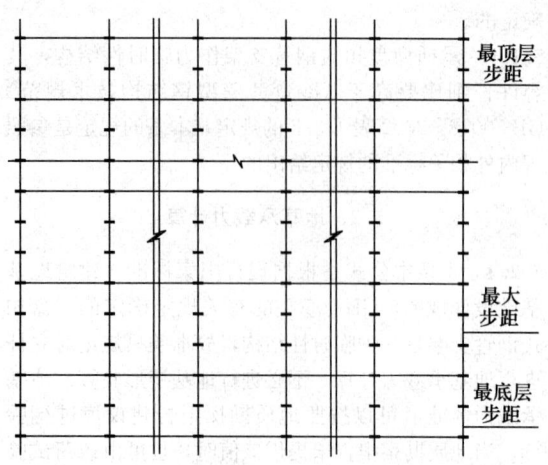

图 1 减小最顶（底）层步距示意

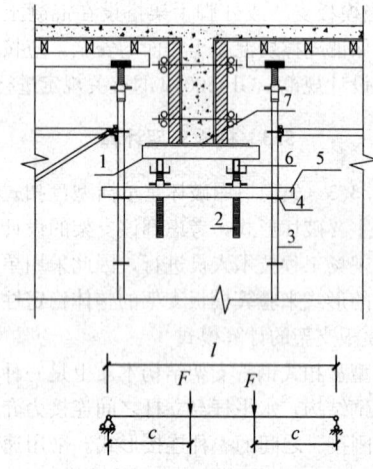

图 2 双槽钢托梁承载力计算
1—模板外楞；2—可调托座；3—立杆；4—连接盘；
5—双槽钢托梁；6—支撑龙骨；7—模板

1 双槽钢托梁受弯承载力计算（图2）

可将梁底模的均布荷载简化为作用到托梁上的两集中力 F，水平杆上的弯矩按下式计算：

$$M = F \cdot c \quad (1)$$

式中：M——双槽钢托梁弯矩；
F——单根双槽钢托梁支撑范围内承担的竖向荷载的一半；
c——模板木楞梁至双槽钢托梁端部水平距离。

双槽钢托梁的受弯承载力应满足：

$$\frac{M}{W} \leqslant f \quad (2)$$

式中：W——双槽钢的截面模量。

2 双槽钢托梁挠度计算

双槽钢托梁的挠度应符合下式规定：

$$v_{max} = \frac{Fc}{24EI}(3l^2 - 4c^2) \leqslant [v] \quad (3)$$

式中：v_{max}——双槽钢托梁最大挠度；
E——钢材的弹性模量，$E = 2.06 \times 10^5 \, N/mm^2$；
I——双槽钢的截面惯性矩；
$[v]$——容许挠度，应按本规程表5.1.8采用；
l——计算跨度。

5.3.5 架体高度8m以上，高宽比大于3的高大模板支架应验算支架整体抗倾覆稳定性。计算倾覆力矩时，作用在架顶的水平力指考虑施工中的混凝土浇筑时泵管振动等各种未预见因素产生的水平荷载，并且以线荷载的形式作用在架体顶部水平方向上，其荷载标准值应按照本规程第4.2.2条取值；计算抗倾覆力矩时，作用在架体的竖向荷载包括架体自重以及钢筋混凝土自重。

5.4 双排外脚手架计算

5.4.1、5.4.2 类似于模板支架，整体失稳是承插型盘扣式脚手架的主要破坏形式，为便于实际应用，可以用单根杆件计算的形式来验算脚手架的整体稳定承载力。有限元计算表明，整体失稳破坏时，脚手架呈现出内、外立杆与水平杆组成的横向框架，沿垂直主体结构方向大波鼓曲，波长大于步距，并与连墙件的间距有关。分别计算连墙件2步3跨以及3步3跨设置得出脚手架的稳定极限承载力 P_{cr} 后，得出考虑脚手架整体稳定承载力的单杆计算长度系数 μ 的取值，只适用于八角盘式承插型盘扣式钢管双排脚手架。

5.4.3 国内外发生的脚手架坍塌事故，几乎都是连墙件设置不合理或脚手架拆除过程中连墙件先被拆除引起的，为此承插型盘扣式脚手架计算的重要内容是连墙件的计算。连墙件承受的轴向力包括风荷载作用以及施工偏心荷载作用产生的水平力两部分，连墙件应为可承受的轴向拉力或轴向压力的刚性拉杆，因此需要分别验算连墙件的强度及稳定性。

5.4.4 本条明确了风荷载作用下连墙件水平力的简化计算方法。

6 构造要求

6.1 模板支架

6.1.3 承插型盘扣式钢管支架的立杆与水平杆采用精密铸钢的扣接头连接，在一般击紧的条件下，整架无斜杆侧移试验表明，该类架体具有一定的抗侧移能力，与扣件式钢管脚手架的抗侧移能力基本相当。为了确保盘扣式钢管支架的抗侧移能力，本条规定了基本斜杆或扣件钢管剪刀撑的设置要求。满堂支模架指由立杆、水平杆以及斜杆搭设形成连续多跨的空间立体支撑结构，在平面内架体纵横方向大于3跨，作为较大开间建筑物施工的支撑体系。模板支架搭设成独立方塔架可能会发生扭转失稳破坏，因此应加强支架的斜杆设置；当模板支架用于隧道侧墙、箱涵等具有一定水平抗侧移要求时，应设置顶层水平斜杆或扣件钢管水平剪刀撑；当模板支架用于一般建筑工程、市政道桥工程等，支架主要承受和传递垂直荷载时，可每5跨设置顶层水平斜杆或扣件钢管水平剪刀撑。

6.1.5 承插型盘扣式钢管支架立杆顶部插入可调托座，其伸出顶层水平杆的悬臂长度过大会导致支架立杆因局部失稳而造成支架整体坍塌。本条既规定了支架立杆顶部插入可调托座后，其伸出顶层水平杆的悬臂长度的限值，又限定了可调托座丝杆外露长度，以保证支架立杆的局部稳定性。

6.1.6 本条规定了高大模板支架最顶层的水平杆步距比标准步距缩小一个盘扣间距，以保证支架立杆的局部稳定性。

6.2 双排外脚手架

6.2.3 本条规定了双排外脚手架的剪刀撑设置方法，可用斜杆或扣件钢管设置。

6.2.6 双排脚手架设置水平层斜杆是为保证平面刚度，参照德国的做法，按每5跨设置一个斜杆。

7 搭设与拆除

7.1 施工准备

7.1.1 本条规定了承插型盘扣式钢管模板支架及脚手架应本着搭拆安全、实用、经济的原则编制专项施工方案，同时必要的管理程序可减少方案中存在的技术缺陷。

7.1.2 本条规定是为了保证支架搭设的质量，明确支架搭设操作人员必须经技术培训，具有一定的专业技能后方可上岗。

7.1.3 本条的规定是希望通过加强现场管理，杜绝不合格产品进入现场，来保证架体的安全使用。

7.2 施工方案

7.2.1 本条所述施工方案的内容是根据目前国内专项施工方案的内容，并结合模板支架及脚手架的特点确定的。本条加强了架体结构设计和绘制结构计算简图的内容，能够突出方案的重点，统一模板支架及脚手架施工方案的内容。

7.3 地基与基础

7.3.1 支架基础承载力不足会导致支架的整体坍塌，本条明确了支架基础的设计、施工的依据，是避免架体坍塌的重要技术措施。

7.3.2 为了防止基础不均匀沉降，本条提出了一些可供选择的操作方案。

7.4 模板支架搭设与拆除

7.4.1~7.4.3 明确了模板支架的搭设位置应按施工方案搭设立杆、水平杆，并明确了具体的操作流程。

7.4.4、7.4.5 本条提出了为了避免支架整体稳定承载力因立杆接头产生影响而采用的接头处理方式，同时应用锤子击紧插销，保证水平杆对立杆的有效支承作用。

7.4.6 本条明确了施工现场可以采用目测结合简单器具量测的手段来控制架体搭设的质量，并明确了架体整体竖向的搭设偏差。

7.4.7 建筑楼板多层连续施工，为避免支撑架体对下部支承楼面产生的压力导致楼面破坏，应采用上下层支撑立杆在同一轴线的方式有效传力。

7.4.8 本条明确了模板支架搭设完成后混凝土浇筑前的具体管理程序，保证混凝土浇筑期间支架的安全。

7.4.9、7.4.10 明确了模板支架拆除的顺序及有关的具体注意事项。

7.5 双排外脚手架搭设与拆除

7.5.11 脚手架拆除期间产生破坏的一个重要原因，是因为脚手架拆除时连墙件设置不足导致脚手架整片倾覆破坏，本条明确了脚手架拆除必须遵守的原则。

8 检查与验收

8.0.2 为了保证承插型盘扣式钢管模板支架整架搭设的质量，采取了分阶段检查及验收的措施，保证了各个施工阶段支架的安全使用。

8.0.4 本条明确了承插型盘扣式钢管模板支架重点检查的内容，从关键点控制上保证支架的安全。

8.0.5 本条明确了承插型盘扣式钢管脚手架重点检查的内容，从关键点控制上保证支架的安全。

9 安全管理与维护

9.0.3 本条是控制模板支架混凝土浇筑作业层上的施工荷载的规定，尤其要严格控制施工操作集中荷载，以保证支架的安全。

9.0.4 本条规定了模板支架混凝土浇筑期间应做好相应的监测工作，并做好紧急情况下的应急处理。

9.0.5 本条规定了模板支架及脚手架使用期间不允许随意拆除架体结构杆件，避免架体因随意拆除杆件导致承载力不足；如施工方便需要临时拆除的，应履行审批手续，并实施相应的安全措施。

9.0.6 本条规定为防止挖掘作业过程中或挖掘以后模板支架或脚手架因基础沉陷而坍塌。

9.0.7 盘扣式钢管支架的水平杆和立杆均为定尺长度，本条规定为防止采用抛掷方式拆除支架导致定尺杆件弯曲，影响后续使用的支架搭设。

9.0.9 本条规定了模板支架及脚手架对防火措施的基本要求。

中华人民共和国行业标准

建筑施工竹脚手架安全技术规范

Technical code for safety of bamboo scaffold in construction

JGJ 254—2011

批准部门：中华人民共和国住房和城乡建设部
施行日期：２０１２年５月１日

中华人民共和国住房和城乡建设部
公　告

第 1192 号

关于发布行业标准《建筑施工竹脚手架安全技术规范》的公告

现批准《建筑施工竹脚手架安全技术规范》为行业标准，编号为 JGJ 254-2011，自 2012 年 5 月 1 日起实施。其中，第 3.0.2、4.2.5、6.0.3、6.0.7、8.0.6、8.0.8、8.0.12、8.0.13、8.0.14、8.0.21、8.0.22、8.0.23 条为强制性条文，必须严格执行。

本规范由我部标准定额研究所组织中国建筑工业出版社出版发行。

中华人民共和国住房和城乡建设部
2011 年 12 月 6 日

前　言

根据原国家计划委员会《关于印发〈1989 年年度工程建设城建、建工行业标准制订、修订计划〉的通知》（计综合［1989］30 号）的要求，规范编制组经广泛调查研究，认真总结实践经验，参考有关国际标准和国外先进标准，并在广泛征求意见的基础上，编制本规范。

本规范的主要技术内容是：1. 总则；2. 术语和符号；3. 基本规定；4. 材料；5. 构造与搭设；6. 拆除；7. 检查与验收；8. 安全管理。

本规范中以黑体字标志的条文为强制性条文，必须严格执行。

本规范由住房和城乡建设部负责管理和对强制性条文的解释，由深圳市建设（集团）有限公司负责具体技术内容的解释。执行过程中如有意见和建议，请寄送深圳市建设（集团）有限公司（地址：深圳市红岭中路 2118 号，邮政编码：518008）。

本规范主编单位：深圳市建设（集团）有限公司
　　　　　　　　湖南长大建设集团股份有限公司

本规范参编单位：哈尔滨工业大学
　　　　　　　　江西省建设工程安全质量监督管理局
　　　　　　　　深圳市鹏城建筑集团有限公司
　　　　　　　　上海嘉实（集团）有限公司

本规范参加单位：芜湖第一建筑工程公司

本规范主要起草人员：刘宗仁　肖　营　陈志龙
　　　　　　　　　　郭　宁　张文祥　李天成
　　　　　　　　　　周妙玲　卢　亮　李　盛
　　　　　　　　　　王绍君　姜庆远　涂新华
　　　　　　　　　　陈晓辉　贾元祥　祝尚福
　　　　　　　　　　钱　勇　黄爱平　万　强
　　　　　　　　　　李世钟　蔡希杰　黄　秦
　　　　　　　　　　李发林　施五四

本规范主要审查人员：陈火炎　刘联伟　卓　新
　　　　　　　　　　葛兴杰　李根木　蓝九元
　　　　　　　　　　杨承愍　朱学农　刘新玉

目　次

1　总则 …………………………… 10—30—5
2　术语和符号 …………………… 10—30—5
　2.1　术语 ……………………… 10—30—5
　2.2　符号 ……………………… 10—30—5
3　基本规定 ……………………… 10—30—6
4　材料 …………………………… 10—30—6
　4.1　竹杆 ……………………… 10—30—6
　4.2　绑扎材料 ………………… 10—30—6
　4.3　脚手板 …………………… 10—30—7
　4.4　安全网 …………………… 10—30—7
5　构造与搭设 …………………… 10—30—7
　5.1　一般规定 ………………… 10—30—7
　5.2　双排脚手架 ……………… 10—30—9
　5.3　斜道 ……………………… 10—30—11
　5.4　满堂脚手架 ……………… 10—30—11
　5.5　烟囱、水塔脚手架 ……… 10—30—12
6　拆除 …………………………… 10—30—13
7　检查与验收 …………………… 10—30—13
　7.1　材料检查与验收 ………… 10—30—13
　7.2　竹脚手架检查与验收 …… 10—30—13
8　安全管理 ……………………… 10—30—15
附录A　脚手板 ………………… 10—30—16
本规范用词说明 ………………… 10—30—16
引用标准名录 …………………… 10—30—17
附：条文说明 …………………… 10—30—18

Contents

1 General Provisions .... 10—30—5
2 Terms and Symbols .... 10—30—5
   2.1 Terms .... 10—30—5
   2.2 Symbols .... 10—30—5
3 Basic Requirement .... 10—30—6
4 Material .... 10—30—6
   4.1 Bamboo Rod .... 10—30—6
   4.2 Colligation Material .... 10—30—6
   4.3 Scaffold Board .... 10—30—7
   4.4 Safety Net .... 10—30—7
5 Build and Structure .... 10—30—7
   5.1 General Requirement .... 10—30—7
   5.2 Double-pole Scaffold .... 10—30—9
   5.3 Inclined Path .... 10—30—11
   5.4 Multirank Scaffold .... 10—30—11
   5.5 Chimney and Water Tower Scaffold .... 10—30—12
6 Bamboo Scaffold Backout ...... 10—30—13
7 Check and Accept .... 10—30—13
   7.1 Material Check and Accept ...... 10—30—13
   7.2 Bamboo Scaffold Check and Accept .... 10—30—13
8 Safeties Management .... 10—30—15
Appendix A Scaffold Board ...... 10—30—16
Explanation of Wording in This Code .... 10—30—16
List of Quoted Standards .... 10—30—17
Addition: Explanation of Provisions .... 10—30—18

1 总　　则

1.0.1 为在竹脚手架的设计、搭设、验收和拆除中贯彻执行国家安全生产法规，做到技术先进、安全适用、经济合理，制定本规范。

1.0.2 本规范适用于工业与民用建筑工程施工中落地式双排竹脚手架、满堂竹脚手架的设计、搭设与使用。

1.0.3 竹脚手架不得用于模板支撑架，不得作为结构受力架体使用，也不得用于外墙使用易燃保温隔热材料的建筑物。

1.0.4 竹脚手架的设计、搭设与使用，除应符合本规范外，尚应符合国家现行有关标准的规定。

2　术语和符号

2.1　术　　语

2.1.1 竹脚手架　bamboo scaffold
由绑扎材料将以竹杆为立杆、纵向水平杆、横向水平杆、顶撑、剪刀撑等杆件连接而成的有若干侧向约束的脚手架。

2.1.2 外脚手架　external scaffold
设置在房屋或构筑物外围的施工脚手架。

2.1.3 双排脚手架　double-pole scaffold
由内外两排立杆和水平杆等构成的脚手架。

2.1.4 满堂脚手架　multi rank scaffold
由多排、多列立杆和水平杆、剪刀撑等构成的脚手架。

2.1.5 结构脚手架　construction scaffold
用于砌筑和结构工程施工作业的脚手架。

2.1.6 装饰脚手架　ornamental scaffold
用于装饰工程施工作业的脚手架。

2.1.7 立杆　vertical staff
脚手架中垂直于水平面的竖向杆件。

2.1.8 水平杆　level staff
脚手架中的水平杆件。

2.1.9 顶撑　top bracing
紧贴立杆，两端顶住上下水平杆，用于传递竖向力的杆件。

2.1.10 抛撑　cast support
下端支承在脚手架下端外侧，上端与脚手架立杆固定的杆件。

2.1.11 斜撑　inclined support
与立杆或水平杆斜交的杆件。

2.1.12 剪刀撑　scissors support
成对设置的交叉斜杆。

2.1.13 扫地杆　ground staff
贴近地面、连接立杆根部的水平杆。

2.1.14 连墙件　connected component
连接脚手架和建筑物、构筑物结构的构件。

2.1.15 搁栅　grid
与纵向或横向水平杆件连接用于支承脚手板的杆件。

2.1.16 斜道　inclined path
用于人员上下和施工材料、工具运输的斜向通道。

2.1.17 竹笆脚手板　bamboo fence scaffold board
采用平放的竹片纵横编织而成的脚手板。

2.1.18 竹串片脚手板　bamboo chips juxtaposed scaffold board
采用螺栓穿过并列的竹片拧紧而成的脚手板。

2.1.19 整竹拼制脚手板　integral bamboo fabricated scaffold board
采用整竹按大小头一顺一倒相互排列拼制而成的脚手板。

2.1.20 毛竹　mao bamboo
产于我国江南一带及四川、湖北、湖南的一种常绿多年生植物。其杆身茎节明显，节间多空，质地坚韧，表皮光滑。

2.1.21 竹龄　bamboo age
毛竹的生产年龄按年计算，以竹表皮颜色进行鉴别。一年生呈嫩青色，二年生呈老青色，三、四年生呈深绿色，五、六年生呈黄色或赤黄色，七年或七年以上生呈橘黄色。

2.1.22 有效直径　effective diameter
竹杆的有效部分的小头直径。

2.1.23 竹篾　thin bamboo strip
采用毛竹的竹黄部分劈割而成的绑扎材料。

2.1.24 塑料篾　plastic strips
由纤维材料制成带状，在竹脚手架中用以代替竹篾的一种绑扎材料。

2.1.25 节点　node
脚手架杆件的交汇点。

2.1.26 主节点　main joint
立杆、纵向水平杆和横向水平杆的三杆交汇点。

2.1.27 吊索　sling
用钢丝绳或合成纤维等为原料做成的用于加固架体的绳索。

2.1.28 缆绳　cable
采用钢索或合成纤维等材料制作的具有抗拉、抗冲击、耐磨损、柔韧轻软等性能的多股绳索。

2.2　符　　号

2.2.1 几何参数
d——杆件直径、外径；
H——脚手架搭设高度；

h——步距;
h_w——连墙点竖距;
L——脚手架长度;
L_a——立杆纵距;
L_b——立杆横距;
L_0——计算跨度;
L_w——连墙点横距。

2.2.2 抗力

f_g——地基承载力设计值;
f_{gk}——地基承载力标准值。

3 基本规定

3.0.1 在竹脚手架搭设和拆除前,应根据本规范的规定对竹脚手架进行设计,并应编制专项施工方案。专项施工方案应包括下列内容:

1 工程概况、设计依据、搭设条件、搭设方案设计。

2 脚手架搭设的施工图,且应包括以下各类图纸:

  1)架体的平面、立面、剖面图;
  2)连墙件的布置图;
  3)转角、门洞口的构造;
  4)斜道布置及构造图;
  5)主要节点构造图。

3 基础做法及要求。
4 架体搭设和拆除的程序和方法。
5 季节性施工措施。
6 质量保证措施。
7 架体搭设、使用、拆除的安全技术措施。
8 应急预案。

3.0.2 严禁搭设单排竹脚手架。双排竹脚手架的搭设高度不得超过 24m,满堂架搭设高度不得超过 15m。

3.0.3 竹脚手架使用地区 10 年一遇的基本风压大于 $0.50kN/m^2$ 的,应对竹脚手架采取必要的加固措施。

3.0.4 竹脚手架作业层上的施工均布荷载标准值应符合表 3.0.4 的规定。

表 3.0.4 施工均布荷载标准值

类 别	标准值(kN/m^2)
装修脚手架	≤2.0
结构脚手架	≤3.0

3.0.5 在两纵向立杆间的同一跨度内,用于结构施工的竹脚手架沿竖直方向同时作业不得超过 1 层;用于装饰施工的竹脚手架沿竖直方向同时作业不得超过 2 层。

3.0.6 竹脚手架构件的挠度控制值应符合表 3.0.6 的规定。

表 3.0.6 构件挠度控制值

竹脚手架构件类型	挠度控制值	L_0 的取值
脚手板	$L_0/200$	取相邻两横向或纵向水平杆间的距离
横向水平杆	$L_0/150$	取 L_b,即内外两立杆间的距离
纵向水平杆	$L_0/150$	取 L_a,即相邻两立杆间的距离

3.0.7 竹脚手架的地基处理应按本规范第 5.1.4 条执行。

3.0.8 竹脚手架的基础、整体构造和连墙件,应进行必要的设计和验算。

3.0.9 连墙件应结合建筑物或构筑物的结构确定其使用材料、连接方法和设置位置。

3.0.10 竹脚手架的门洞口、通道应采取必要的加强措施和安全防护措施。

3.0.11 竹脚手架应绑扎牢固,节点应可靠连接。

3.0.12 竹脚手架的使用期限不宜超过 1 年,否则应对杆件及节点进行检查,并应按本规范第 5.1.9 条的绑扎要求进行加固。

4 材 料

4.1 竹 杆

4.1.1 竹脚手架主要受力杆件应选用生长期 3 年~4 年的毛竹,竹杆应挺直、坚韧,不得使用严重弯曲不直、青嫩、枯脆、腐烂、虫蛀及裂纹连通两节以上的竹杆。

4.1.2 各类杆件使用的竹杆直径不应小于有效直径。竹杆有效直径应符合下列规定:

1 纵向及横向水平杆不宜小于 90mm;对直径为 60mm~90mm 的竹杆,应双杆合并使用;

2 立杆、顶撑、斜撑、抛撑、剪刀撑和扫地杆不得小于 75mm;

3 搁栅、栏杆不得小于 60mm。

4.1.3 主要受力杆件的使用期限不宜超过 1 年。

4.2 绑 扎 材 料

4.2.1 竹杆的绑扎材料应采用合格的竹篾、塑料篾或镀锌钢丝,不得使用尼龙绳或塑料绳。竹篾、塑料篾的规格应符合表 4.2.1 的规定。

表 4.2.1 竹篾、塑料篾的规格

名称	长度(m)	宽度(mm)	厚度(mm)
竹篾	3.5~4.0	20	0.8~1.0
塑料篾	3.5~4.0	10~15	0.8~1.0

4.2.2 竹篾应由生长期 3 年以上的毛竹竹黄部分劈剖而成。竹篾使用前应置于清水中浸泡不少于 12h,竹篾应新鲜、韧性强。不得使用发霉、虫蛀、断腰、大节疤等竹篾。

4.2.3 单根塑料篾的抗拉能力不得低于250N。

4.2.4 钢丝应采用8号或10号镀锌钢丝，不得有锈蚀或机械损伤。8号钢丝的抗拉强度不得低于400N/mm^2，10号钢丝的抗拉强度不得低于450N/mm^2。

4.2.5 竹杆的绑扎材料严禁重复使用。

4.2.6 竹杆的绑扎材料不得接长使用。

4.3 脚手板

4.3.1 脚手板应具有满足使用要求的平整度和整体性，并应符合本规范附录A的要求。

4.3.2 脚手板宜采用竹笆脚手板、竹串片脚手板和整竹拼制脚手板，不得采用钢脚手板。单块竹笆脚手板和竹串片脚手板重量不得超过250N。常用的竹脚手板构造形式应符合本规范附录A的规定。

4.4 安全网

4.4.1 外墙脚手架的安全网宜采用阻燃型安全网，其材料性能指标应符合现行国家标准《安全网》GB 5725的要求。

5 构造与搭设

5.1 一般规定

5.1.1 竹脚手架应具有足够的强度、刚度和稳定性，在使用时，变形及倾斜程度应符合本规范第7.2.9条的规定。

5.1.2 竹脚手架搭设前，应按本规范第7.1节的规定进行检查验收。经检验合格的材料，应根据竹杆粗细、长短、材质、外形等情况合理挑选和分类，堆放整齐、平稳。宜将同一类型的材料用在相邻区域。

5.1.3 双排竹脚手架的构造与搭设应符合下列规定：

1 横向水平杆应设置于纵向水平杆之下，脚手板应铺在纵向水平杆和搁栅上，作业层荷载可由横向水平杆传递给立杆（图5.1.3-1）；

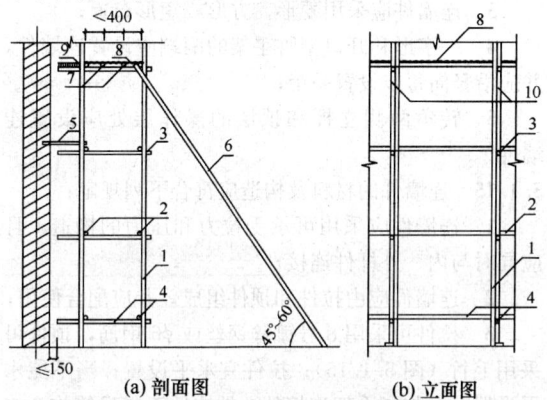

图5.1.3-1 竹脚手架构造图（横向水平杆在下时）
1—立杆；2—纵向水平杆；3—横向水平杆；4—扫地杆；
5—连墙件；6—抛撑；7—搁栅；8—竹笆脚手板；
9—竹串片脚手板；10—顶撑

2 横向水平杆应设置于纵向水平杆之上，脚手板应铺在横向水平杆和搁栅上，作业层荷载可由纵向水平杆传递给立杆（图5.1.3-2）。

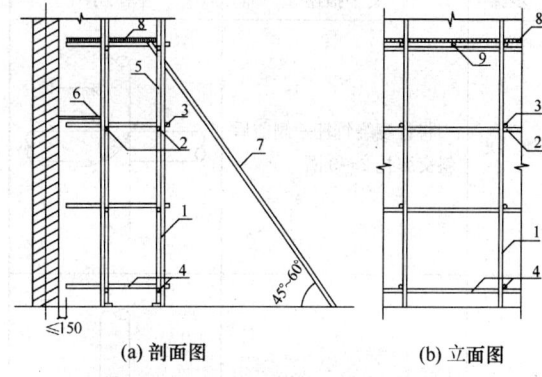

图5.1.3-2 竹脚手架的构造图
（纵向水平杆在下时）
1—立杆；2—纵向水平杆；3—横向水平杆；4—扫地杆；
5—顶撑；6—连墙件；7—抛撑；8—竹串片
脚手板；9—搁栅

5.1.4 竹脚手架的立杆、抛撑的地基处理应符合下列规定：

1 当地基土为一、二类土时，应进行翻填、分层夯实处理；在处理后的基础上应放置木垫板，垫板宽度不得小于200mm，厚度不得小于50mm，并应绑扎一道扫地杆；横向扫地杆距垫板上表面不应超过200mm，其上应绑扎纵向扫地杆；

2 当地基土为三类土～五类土时，应将杆件底端埋入土中，立杆埋深不得小于200mm，抛撑埋深不得小于300mm，坑口直径应大于杆件直径100mm，坑底应夯实并垫以木垫板，垫板不得小于200mm×200mm×50mm；埋杆时应采用垫板卡紧，回填土应分层夯实，并应高出周围自然地面50mm；

3 当地基土为六类土～八类土或基础为混凝土时，应在杆件底端绑扎一道扫地杆。横向扫地杆距垫板上表面不得超过200mm，应在其上绑扎纵向扫地杆。地基土平整度不满足要求时，应在立杆底部设置木垫板，垫板不得小于200mm×200mm×50mm。

5.1.5 满堂脚手架地基允许承载力不应低于80kPa。

5.1.6 竹脚手架搭设前，应对搭设和使用人员进行安全技术交底。

5.1.7 竹脚手架搭设前，应清理、平整搭设场地，并应测放出立杆位置线，垫板安放位置应准确，并应做好排水措施。

5.1.8 底层顶撑底端的地面应夯实并设置垫板，垫板不宜小于200mm×200mm×50mm。垫板不得叠放。其他各层顶撑不得设置垫块。

5.1.9 竹脚手架绑扎应符合下列规定：

1 主节点及剪刀撑、斜杆与其他杆件相交的节点应采用对角双斜扣绑扎，其余节点可采用单斜扣绑

扎。双斜扣绑扎应符合表5.1.9的规定;

表5.1.9 双斜扣绑扎法

步骤	文字描述	图示
第一步	将竹篾绕竹杆一侧前后斜交绑扎2~3圈	
第二步	竹篾两头分别绕立杆半圈	
第三步	竹篾两头再沿第一步的另一侧相对绕行	
第四步	竹篾相对绕行2~3圈	
第五步	将竹篾两头相交缠绕后,从两竹杆空隙的一端穿入从另一端穿出,并用力拉紧,将竹篾头夹在竹篾与竹杆之中	

注:1—竹杆;2—绑扎材料。

2 杆件接长处可采用平扣绑扎法;竹篾绑扎时,每道绑扣应采用双竹篾缠绕4圈~6圈,每缠绕2圈应收紧一次,两端头应拧成辫结构掖在杆件相交处的缝隙内,并应拉紧,拉结时应避开篾节(图5.1.9);

3 三根杆件相交的主节点处,相互接触的两杆件应分别绑扎,不得三根杆件共同扎一道绑扣;

4 不得使用多根单圈竹篾绑扎;

5 绑扎后的节点、接头不得出现松脱现象。施工过程中发现绑扎扣断裂、松脱现象时,应立即重新绑扎。

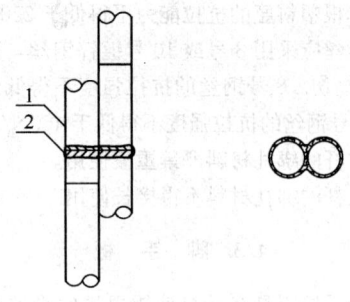

图5.1.9 平扣绑扎法
1—竹杆;2—绑扎材料

5.1.10 受力杆件不得钢竹、木竹混用。

5.1.11 竹脚手架的搭设程序应符合下列规定:

1 竹脚手架的搭设应与施工进度同步,一次搭设高度不应超过最上层连墙件两步,且自由高度不应大于4m;

2 应自下而上按步架设,每搭设完两步架后,应校验立杆的垂直度和水平杆的水平度;

3 剪刀撑、斜撑、顶撑等加固杆件应随架体同步搭设;

4 斜道应随架体同步搭设,并应与建筑物、构筑物的结构连接牢固。

5.1.12 竹脚手架沿建筑物、构筑物四周宜形成自封闭结构或与建筑物、构筑物共同形成封闭结构,搭设时应同步升高。

5.1.13 连墙件宜采用二步二跨(竖向间距不大于2步,横向间距不大于2跨)或二步三跨(竖向间距不大于2步,横向间距不大于3跨)或三步二跨(竖向间距不大于3步,横向间距不大于2跨)的布置方式。

5.1.14 连墙件的布置应符合下列规定:

1 应靠近主节点设置连墙件,当距离主节点大于300mm时应设置水平杆或斜杆对架体局部加强;

2 应从第二步架开始设置连墙件;

3 连墙件应采用菱形、方形或矩形布置;

4 一字形和开口型脚手架的两端应设置连墙件,并应沿竖向每步设置一个;

5 转角两侧立杆和顶层的操作层处应设置连墙件。

5.1.15 连墙件的材料及构造应符合下列规定:

1 连墙件应采用可承受拉力和压力的构造,且应同时与内、外杆件连接;

2 连墙件应由拉件和顶件组成,并应配合使用;

3 拉件可采用8号镀锌钢丝或φ6钢筋,顶件可采用毛竹(图5.1.15);拉件宜水平设置;当不能水平设置时,与脚手架连接的一端应低于与建筑物、构筑物结构连接的一端。顶件应与结构牢固连接;

4 连墙件与建筑物、构筑物的连接应牢固,连墙件不得设置在填充墙等部位。

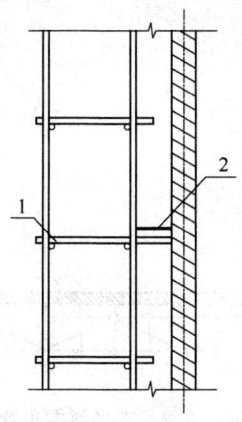

图 5.1.15 连墙件的构造
1—连墙件；2—8号镀锌钢丝或 $\phi 6$ 钢筋

5.1.16 竹脚手架作业层外侧周边应设置两道防护栏杆，上道栏杆高度不应小于 1.2m，下道栏杆应居中设置，挡脚板高度不应小于 0.18m。栏杆和挡脚板应设在立杆内侧；脚手架外立杆内侧应采用密目式安全立网封闭。

5.2 双排脚手架

5.2.1 双排脚手架应由立杆、纵向水平杆、横向水平杆、连墙件、剪刀撑、斜撑、抛撑、顶撑、扫地杆等杆件组成。架体构造参数应符合表 5.2.1 的规定。

表 5.2.1 双排脚手架的构造参数

用途	内立杆到墙面距离(m)	立杆间距(m)		步距(m)	搁栅间距(m)	
		横距	纵距		横向水平杆在下	纵向水平杆在下
结构	≤0.5	≤1.2	1.5~1.8	1.5~1.8	≤0.40	不大于立杆纵距的1/2
装饰	≤0.5	≤1.0	1.5~1.8	1.5~1.8	≤0.40	不大于立杆纵距的1/2

5.2.2 立杆的构造与搭设应符合下列规定：
 1 立杆应小头朝上，上下垂直，搭设到建筑物或构筑物顶端时，内立杆应低于女儿墙上皮或檐口 0.4m~0.5m；外立杆应高出女儿墙上皮 1m、檐口 1.0~1.2m（平屋顶）或 1.5m（坡屋顶），最上一根立杆应小头朝下，并将多余部分往下错动，使立杆顶平齐；
 2 立杆应采用搭接接长，不得采用对接、插接接长；
 3 立杆的搭接长度从有效直径起算不得小于 1.5m，绑扎不得少于 5 道，两端绑扎点离杆端不得小于 0.1m，中间绑扎点应均匀设置；相邻立杆的搭接接头应上下错开一个步距；
 4 接长后的立杆应位于同一平面内，立杆接头应紧靠横向水平杆，并应沿立杆纵向左右错开。当竹杆有微小弯曲，应使弯曲面朝向脚手架的纵向，且应间隔反向设置。

5.2.3 纵向水平杆的构造与搭设应符合下列规定：
 1 纵向水平杆应搭设在立杆里侧，主节点处应绑扎在立杆上，非主节点处应绑扎在横向水平杆上；
 2 搭接长度从有效直径起算不得小于 1.2m，绑扎不得少于 4 道，两端绑扎点与杆件端部不应小于 0.1m，中间绑扎点应均匀设置；
 3 搭接接头应设置于立杆处，并应伸出立杆 0.2m~0.3m。相邻纵向水平杆的接头不应设置在同步或同跨内，并应上下内外错开一倍的立杆纵距。架体端部的纵向水平杆大头应朝外（图 5.2.3）。

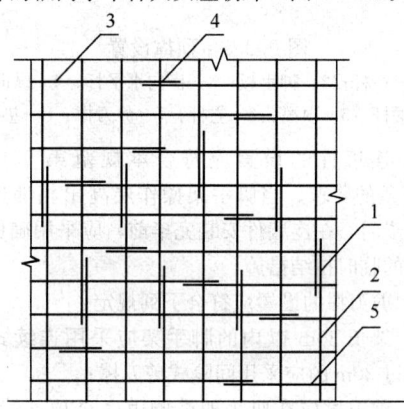

图 5.2.3 立杆和纵向水平杆接头布置
1—立杆接头；2—立杆；3—纵向水平杆；
4—纵向水平杆接头；5—扫地杆

5.2.4 横向水平杆的构造与搭设应符合下列规定：
 1 横向水平杆主节点处应绑扎在立杆上，非主节点处应绑扎在纵向水平杆上；
 2 非主节点处的横向水平杆，应根据支撑脚手板的需要等间距设置，其最大间距不应大于立杆纵距的 1/2；
 3 横向水平杆每端伸出纵向水平杆的长度不应小于 0.2m；里端距墙面应为 0.12m~0.15m，两端应与纵向水平杆绑扎牢固；
 4 主节点处相邻横向水平杆应错开搁置在立杆的不同侧面，且与同一立杆相交的横向水平杆应保持在立杆的同一侧面。

5.2.5 顶撑的构造与搭设应符合下列规定：
 1 顶撑应紧贴立杆设置，并应顶紧水平杆；顶撑应与上、下方的水平杆直径匹配，两者直径相差不得大于顶撑直径的 1/3；
 2 顶撑应与立杆绑扎且不得少于 3 道，两端绑扎点与杆件端部的距离不应小于 100mm，中间绑扎点应均匀设置；
 3 顶撑应使用整根竹杆，不得接长，上下顶撑应保持在同一垂直线上；
 4 当使用竹笆脚手板时，顶撑应顶在横向水平杆的下方(图 5.2.5);当使用竹串片脚手板时,顶撑应顶在纵向水平杆的下方。

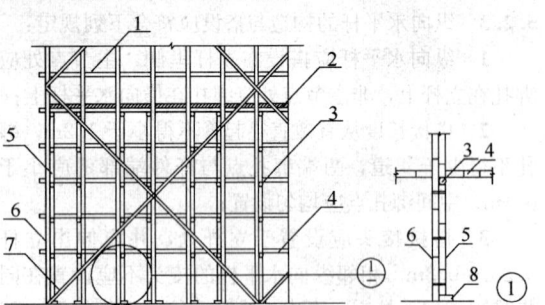

图 5.2.5 顶撑设置
1—栏杆;2—脚手板;3—横向水平杆;4—纵向水平杆;5—顶撑;6—立杆;7—剪刀撑;8—垫板

5.2.6 连墙件的设置应符合本规范第 5.1.13～5.1.15 条的要求。当脚手架操作层高出相邻连墙件以上两步时,在连墙件安装完毕前,应采用确保脚手架稳定的临时拉结措施。

5.2.7 剪刀撑的设置应符合下列规定:

 1 架长 30m 以内的脚手架应采用连续式剪刀撑,超过 30m 的应采用间隔式剪刀撑;

 2 剪刀撑应在脚手架外侧由底至顶连续设置,与地面倾角应为 45°～60°(图 5.2.7);

 3 间隔式剪刀撑除应在脚手架外侧立面的两端设置外,架体的转角处或开口处也应加设一道剪刀撑,剪刀撑宽度不应小于 $4L_a$;每道剪刀撑之间的净距不应大于 10m;

 4 剪刀撑应与其他杆件同步搭设,并宜通过主节点;剪刀撑应紧靠脚手架外侧立杆,和与之相交的立杆、横向水平杆等全部两两绑扎;

 5 剪刀撑的搭接长度从有效直径起算不得小于 1.5m,绑扎不得少于 3 道,两端绑扎点与杆件端部不应小于 100mm,中间绑扎点应均匀设置。剪刀撑应大头朝下、小头朝上。

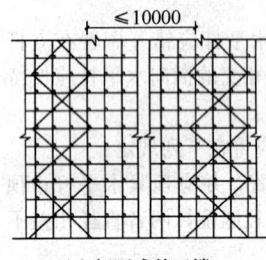 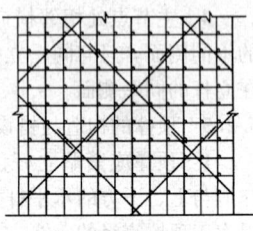

(a) 间隔式剪刀撑　　(b) 连续式剪刀撑

图 5.2.7 剪刀撑布置形式

5.2.8 斜撑、抛撑的设置应符合下列规定:

 1 水平斜撑应设置在脚手架有连墙件的步架平面内,水平斜撑的两端与立杆应绑扎呈"之"字形,并应将其中与连墙件相连的立杆作为绑扎点(图 5.2.8);

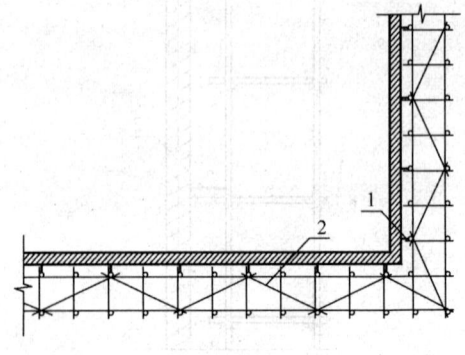

图 5.2.8 水平斜撑布置
1—连墙件;2—水平斜撑

 2 一字形、开口型双排脚手架的两端应设置横向斜撑;

 3 横向斜撑应在同一间距由底至顶呈"之"字形连续设置,杆件两端应固定在与之相交的立杆上;

 4 当竹脚手架搭设高度低于三步时,应设置抛撑。抛撑应采用通长杆件与脚手架可靠连接,与地面的夹角应为 45°～60°角,连接点中心至主节点的距离不应大于 300mm。抛撑拆除应在连墙件搭设后进行。

5.2.9 当作业层铺设竹笆脚手板时,应在内外侧纵向水平杆之间设置搁栅,并应符合下列规定:

 1 搁栅应设置在横向水平杆上面,并应与横向水平杆绑扎牢固;

 2 搁栅应在纵向水平杆之间等距离布置,且间距不得大于 400mm;

 3 搁栅的接长应采用搭接,搭接处应头搭头,梢搭梢;搭接长度从有效直径起算,不得小于 1.2m;搭接端应在横向水平杆上,并应伸出 200mm～300mm;

 4 竹笆脚手板应按其主竹筋垂直于纵向水平杆方向铺设,且应采用对接平铺,四个角采用 14 号镀锌钢丝固定在纵向水平杆上。

5.2.10 竹串片脚手板应设置在两根以上横向水平杆上。接头可采用对接或搭接铺设(图 5.2.10)。当采用对接平铺时,接头处应设两根横向水平杆,脚手板外伸长度不应大于 150mm,两块脚手板的外伸长度之和不应大于 300mm;当采用搭接铺设时,接头应支承在横向水平杆上,搭接长度应大于 200mm,其伸出横向水平杆的长度不应小于 100mm。

5.2.11 作业层脚手板应铺满、铺稳,离开墙面距离不应大于 150mm。

5.2.12 作业层端部脚手板探头长度不应超过 150mm,其板长两端均应与支承杆可靠地固定。

5.2.13 脚手架内侧横向水平杆的悬臂端应铺设竹串片脚手板,脚手板距墙面不应大于 150mm。

5.2.14 防护栏杆和安全立网的设置应符合本规范第 5.1.16 条的要求。

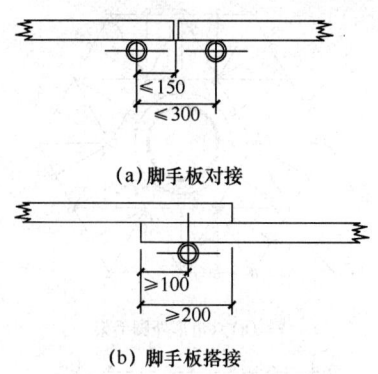

(a)脚手板对接

(b)脚手板搭接

图 5.2.10 脚手板对接、搭接的构造

5.2.15 门洞的搭设应符合下列要求：

1 门洞口应采用上升斜杆、平行弦杆桁架结构形式（图5.2.15），斜杆与地面倾角应为45°～60°；

2 门洞处的空间桁架除下弦平面处，应在其余5个平面内的节间设置一根斜腹杆，上端应向上连接交搭（2～3）步纵向水平杆，并应绑扎牢固；

3 门洞桁架下的两侧立杆、顶撑应为双杆，副立杆高度应高于门洞口1步～2步；

4 斜撑、立杆加固件应随架体同步搭设，不得滞后搭设。

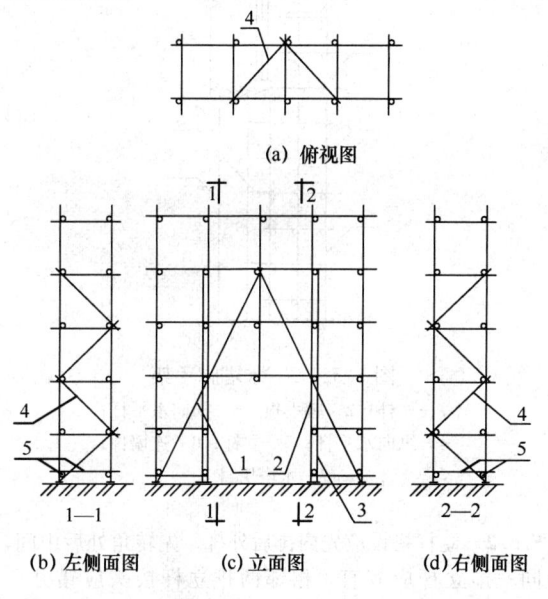

图 5.2.15 门洞和通道脚手架构造
（适用于两跨宽的门洞）
1—斜腹杆；2—主立杆；3—副立杆；
4—斜杆；5—扫地杆

5.3 斜 道

5.3.1 斜道可由立杆、纵向水平杆、横向水平杆、顶撑、斜杆、剪刀撑、连墙件等组成。斜道应紧靠脚手架外侧设置，并应与脚手架同步搭设（图5.3.1）。

5.3.2 当脚手架高度在4步以下时，可搭设"一"

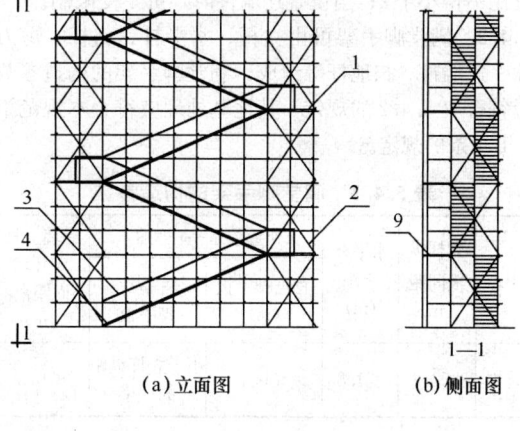

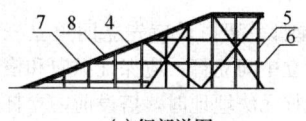

图 5.3.1 斜道的构造与布置
1—平台；2—剪刀撑；3—栏杆；4—斜杆；
5—立杆；6—纵向水平杆；7—斜道板；
8—横向水平杆；9—连墙件

字形斜道或中间设休息平台的上折形斜道；当脚手架高度在4步以上时，应搭设"之"字形斜道，转弯处应设置休息平台。

5.3.3 人行斜道坡度宜为1:3，宽度不应小于1m，平台面积不应小于2m²，斜道立杆和水平杆的间距应与脚手架相同；运料斜道坡度宜为1:6，宽度不应小于1.5m，平台面积不应小于4.5m²，运料斜道及其对应的脚手架立杆应采用双立杆。

5.3.4 斜道外侧及休息平台两侧应设剪刀撑。休息平台应设连墙件与建筑物、构筑物的结构连接。连墙件的设置应符合本规范第5.1.13～5.1.15条的要求。

5.3.5 当斜道脚手板横铺时，应在横向水平杆上每隔0.3m加设斜平杆，脚手板应平铺在斜平杆上；当斜道脚手板顺铺时，脚手板应平铺在横向水平杆上。当横向水平杆设置在斜平杆上时，间距不应大于1m；在休息平台处，不应大于0.75m。脚手板接头处应设双根横向水平杆，脚手板搭接长度不应小于0.4m。脚手板上每隔0.3m应设一道高20mm～30mm的防滑条。

5.3.6 斜道两侧及休息平台外侧应分别设置防护栏杆，斜道及休息平台外立杆内侧应挂设密目式安全立网。防护栏杆的设置应符合本规范第5.1.16条的规定。

5.3.7 斜道的进出口处应按现行行业标准《建筑施工高处作业安全技术规范》JGJ 80的规定设置安全防护棚。

5.4 满堂脚手架

5.4.1 满堂脚手架搭设高度不得超过15m。架体高宽比不得小于2；当设置连墙件时，可不受限制。

5.4.2 满堂脚手架可由立杆、水平杆、斜杆、剪刀撑、连墙件、扫地杆等组成。满堂脚手架的构造参数应符合表5.4.2的规定。其地基处理应符合本规范第5.1.4条的规定。

表5.4.2 满堂脚手架的构造参数

用途	立杆纵横间距(m)	水平杆步距(m)	作业层水平杆间距		靠墙立杆离开墙面距离(m)
			竹笆脚手板(m)	竹串片脚手板(m)	
装饰	≤1.2	≤1.8	≤0.4	小于立杆纵距的一半	≤0.5

5.4.3 满堂脚手架搭设应先立四角立杆，再立四周立杆，最后立中间立杆，应保证纵向和横向立杆距离相等。当立杆无法埋地时，搭设前，立杆底部的地基土应夯实，在立杆底应加设垫板，立杆根部应设置扫地杆。当架高5m及以下时，垫板的尺寸不得小于200mm×200mm×50mm（长×宽×厚）；当架高大于5m时，应垫通长垫板，其尺寸不得小于200mm×50mm（宽×厚）。顶层纵（横）向水平杆应置于立杆顶端；立杆顶端应设帮条固定纵（横）向水平杆。

5.4.4 满堂脚手架四周及中间每隔四排立杆应设置纵横向剪刀撑，并应由底至顶连续设置，每道剪刀撑的宽度应为四个跨距。

5.4.5 满堂脚手架在架体的底部、顶部及中间应每3步设置一道水平剪刀撑。

5.4.6 横向水平杆应绑扎在立杆上，纵向水平杆可每隔一步架与立杆绑扎一道。

5.4.7 满堂脚手架应在架体四周设置连墙件，与建筑物或构筑物可靠连接。连墙件的设置应符合本规范第5.1.13～5.1.15条的要求。

5.4.8 作业层脚手板应满铺，并应与支承的水平杆绑扎牢固。作业层临空面应设置栏杆和挡脚板。防护栏杆和挡脚板的设置应符合本规范第5.1.16条的要求。

5.4.9 供人员上下的爬梯应绑扎牢固，上料口四边应设安全护栏。

5.5 烟囱、水塔脚手架

5.5.1 烟囱、水塔等圆形和方形构筑物脚手架宜采用正方形、六角形、八角形等多边形外脚手架，可由立杆、纵向水平杆、横向水平杆、剪刀撑、连墙件等组成（图5.5.1-1、图5.5.1-2）。烟囱、水塔脚手架的构造参数应符合表5.5.1的规定。

表5.5.1 烟囱、水塔脚手架构造参数

里排立杆至构筑物边缘的距离(m)	立杆横距(m)	立杆纵距(m)	纵向水平杆步距(m)
≤0.5	1.2	1.2～1.5	1.2

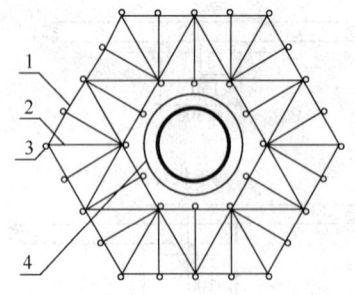

(a) 六角形外脚手架

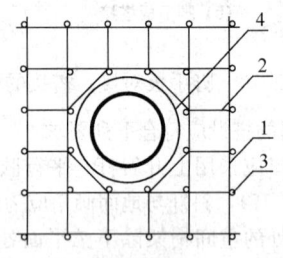

(b) 正方形外脚手架

图5.5.1-1 烟囱脚手架
1—纵向水平杆；2—横向水平杆；3—立杆；4—烟囱

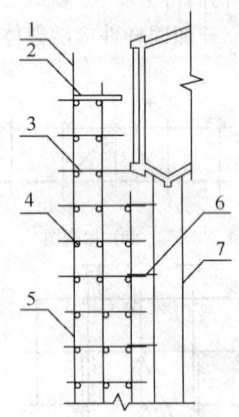

图5.5.1-2 水塔脚手架
1—栏杆；2—脚手板；3—横向水平杆；
4—纵向水平杆；5—立杆；6—连墙件；
7—水塔塔身

5.5.2 立杆搭设应先内排后外排，先转角处后中间，同一排立杆应齐直，相邻两排立杆接头应错开一步架。

5.5.3 烟囱脚手架搭设高度不得超过24m。烟囱脚手架立杆自下而上应保持垂直。搭设时可根据需要增设内立杆，并应利用烟囱结构作为增设内立杆的支撑点（图5.5.3）。

5.5.4 水塔脚手架应根据水箱直径大小搭设成三排架，在水箱处应搭设成双排架。

5.5.5 在纵向水平杆转角处应补加一根横向水平杆，并应使交叉搭接处形成稳定的三角形。作业层横向水平杆间距不应大于1m，距烟囱壁或水塔壁不应大

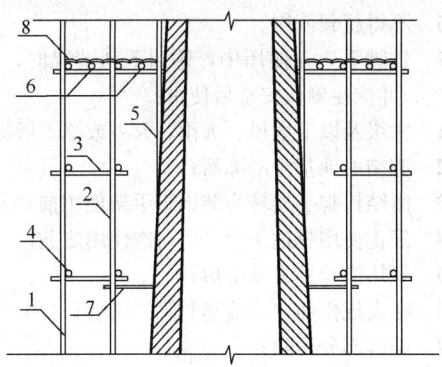

图 5.5.3 烟囱脚手架构造剖面图
1—外立杆；2—内立杆；3—横向水平杆；
4—纵向水平杆；5—新增内立杆；6—搁栅；
7—连墙件；8—脚手板

于0.1m。

5.5.6 脚手架外侧应从下至上连续设置剪刀撑。当架高10m～15m时，应设一组（4根以上双数）缆风绳对拉，每增高10m应加设一组。缆风绳应采用直径不小于11mm钢丝绳，不得用钢筋代替，与地面夹角应为45°～60°，下端应单独固定在地锚上，不得固定在树木或电杆上。

5.5.7 脚手架应每二步三跨设置一道连墙件，转角处必须设置连墙件。可在结构施工时预埋连墙件的连接件，然后安装连墙件。连墙件的设置应符合本规范第5.1.14、5.1.15条的要求。

5.5.8 作业层应满铺脚手板，并应设置防护栏杆和挡脚板，防护栏杆外侧应挂密目式安全网，脚手板下方应设一道安全平网。防护栏杆和安全立网的设置应符合本规范第5.1.16条的要求。

5.5.9 爬梯的设置应符合本规范第5.4.9条的规定。

6 拆 除

6.0.1 竹脚手架拆除应按拆除方案组织施工，拆除前应对作业人员作书面的安全技术交底。

6.0.2 拆除竹脚手架前，应作好下列准备工作：
 1 应对即将拆除的竹脚手架全面检查；
 2 应根据检查结果补充完善竹脚手架拆除方案，并应经方案原审批人批准后实施；
 3 应清除竹脚手架上杂物及地面障碍物。

6.0.3 拆除竹脚手架时，应符合下列规定：
 1 拆除作业必须由上而下逐层进行，严禁上下同时作业，严禁斩断或剪断整层绑扎材料后整层滑塌、整层推倒或拉倒；
 2 连墙件必须随竹脚手架逐层拆除，严禁先将整层或数层连墙件拆除后再拆除架体；分段拆除时高差不应大于2步。

6.0.4 拆除竹脚手架的纵向水平杆、剪刀撑时，应先拆中间的绑扎点，后拆两头的绑扎点，并应由中间

的拆除人员往下传递杆件。

6.0.5 当竹脚手架拆至下部三步架高时，应先在适当位置设置临时抛撑对架体加固后，再拆除连墙件。

6.0.6 当竹脚手架需分段拆除时，架体不拆除部分的两端应按本规范第5.1.13～5.1.15条的规定采取加固措施。

6.0.7 拆下的竹脚手架各种杆件、脚手板等材料，应向下传递或用索具吊运至地面，严禁抛掷至地面。

6.0.8 运至地面的竹脚手架各种杆件，应及时清理，并应分品种、规格运至指定地点码放。

7 检查与验收

7.1 材料检查与验收

7.1.1 竹脚手架的各种材料，在进入施工现场时，应进行检查与验收，并应符合本规范第4章的规定。

7.1.2 塑料篾应具有合格证和检验报告，当无检验报告时，应每个批次抽取一组试件（3件）检测，检测结果应满足本规范第4.2.3条的规定。

7.1.3 经检查和验收不合格的材料，应及时清除出场。

7.2 竹脚手架检查与验收

7.2.1 搭设前，应对竹脚手架的地基进行检查，并应经验收合格。

7.2.2 竹脚手架搭设完毕或每搭设2个楼层高度，满堂脚手架搭设完毕或每搭设4步高度，应对搭设质量进行一次检查，并应经验收合格后交付使用或继续搭设。

7.2.3 竹脚手架应由单位工程负责人组织技术、安全人员进行检查验收。

7.2.4 竹脚手架搭设质量验收时，应具备下列技术文件：
 1 按本规范第3.0.1条要求编制的专项施工方案；
 2 材料质量检验记录；
 3 安全技术交底及搭设质量检验记录；
 4 竹脚手架工程施工验收报告。

7.2.5 竹脚手架工程验收，应对搭设质量进行全数检查。重点检验项目应符合下列要求，并应将检验结果记入施工验收报告：
 1 主要受力杆件的规格、杆件设置应符合专项施工方案的要求；
 2 地基应符合专项施工方案的要求，应平整坚实，垫板应符合本规范的规定；
 3 立杆间距应符合专项施工方案的要求，立杆垂直度应符合本规范的规定；
 4 连墙件应设置牢固，连墙件间距应符合专项

施工方案的要求；

5 剪刀撑、斜撑等加固杆件应设置齐全、绑扎可靠；

6 竹脚手架门洞、转角等部位的搭设应符合本规范第5.2.15条的规定；

7 安全网的张挂及防护栏杆设置应齐全、牢固。

7.2.6 竹脚手架在使用中应定期检查，并应符合下列规定：

1 地基不得积水，垫板不得松动，立杆不得悬空；

2 架体不得出现倾斜、变形；

3 加固杆件、连墙件应牢固；

4 绑扎材料应无松脱、断裂；绑扎钢丝应无锈蚀现象；

5 安全防护措施应符合本规范第5.1.16条的要求；

6 不得超载使用。

7.2.7 竹脚手架在使用中，遇到下列情况时，应进行检查，并应在确认安全后使用：

1 六级及以上大风、大雨、大雪或冰雪解冻后；

2 冻结的地基土解冻后；

3 由结构脚手架转为装饰脚手架使用前；

4 停止使用超过1个月后再次使用之前；

5 架体遭受外力撞击后；

6 在大规模加建或改建竹脚手架后；

7 架体部分拆除；

8 其他特殊情况。

7.2.8 竹脚手架在拆除前，应对架体进行检查，当发现有连墙件、剪刀撑等加固杆件缺少，架体倾斜失稳或立杆悬空等情况时，应对架体加固后再拆除。

7.2.9 竹脚手架搭设的技术要求、允许偏差与检验方法应符合表7.2.9的规定。

表7.2.9 竹脚手架搭设的技术要求、允许偏差与检验方法

项次	项目		技术要求	允许偏差 Δ（mm）	示意图	检查方法与工具
1	地基基础	表面	坚实平整	—	—	观察
		排水	不积水			
		垫板	不松动			
2	各杆件小头有效直径	纵向、横向水平杆	≥90mm	0	—	卡尺或钢尺
		搁栅、栏杆	≥60mm			
		其他杆件	≥75mm			
3	杆件弯曲	端部弯曲 $L≤1.5m$	≤20mm	0		钢尺
		顶撑	≤20mm			
		其他杆件	≤50mm			
4	立杆垂直度	搭设中检查偏差的高度	不得朝外倾斜，当高度为：$H=10m$ $H=15m$ $H=20m$ $H=24m$	25 50 75 100		用经纬仪或吊线和钢尺
		最后验收垂直度	不得朝外倾斜	100		
5	顶撑	直径	与水平杆直径相匹配	与水平杆直径相差不大于顶撑的1/3	—	钢尺

续表 7.2.9

项次	项目		技术要求	允许偏差 Δ（mm）	示意图	检查方法与工具
6	间距	步距 纵距 横距	—	±20 ±50 ±20	—	钢尺
7	纵向水平杆高差	一根杆的两端	—	±20	（图示）	水平仪或水平尺
		同跨内两根纵向水平杆	—	±10	（图示 1、2）	
		同一排纵向水平杆	—	不大于架体纵向长度的1/300或200mm	—	
8	横向水平杆外伸长度偏差	出外侧立杆	≥200mm	0	—	钢尺
		伸向墙面	≤450mm	0	—	
9	杆件搭接长度	纵向水平杆	≥1.5m	0	—	钢尺
		其他杆件	≥1.2m	0	—	
10	斜道防滑条	外观	不松动	—	—	观察
		间距	300mm	±30	—	钢尺
11	连墙件	设置间距	二步三跨或三步二跨	—	—	观察
		离主节点距离	≤300mm	0	—	钢尺

注：1—立杆；2—纵向水平杆。

8 安 全 管 理

8.0.1 施工企业的项目负责人应对竹脚手架搭设和拆除的安全管理负责，并应组织制定和落实项目安全生产责任制、安全生产规章制度和操作规程。项目负责人应组织技术人员对所有进场的施工人员进行安全教育和技术培训。

8.0.2 工地应配备专、兼职消防安全管理人员，负责施工现场的日常消防安全管理工作。

8.0.3 竹脚手架的搭设、拆除应由专业架子工施工。架子工应经考核，合格后方可持证上岗。

8.0.4 竹杆及脚手板应相对集中放置，放置地点离建筑物不应少于10m，并应远离火源。堆放地点应有明显标识。

8.0.5 竹杆应按长短、粗细分别堆放。露天堆放时，应将竹杆竖立放置，不得就地平堆。竹篾在贮运过程中不得受雨水浸淋，不得沾染石灰、水泥，不得随地堆放，应悬挂在通风、干燥处。

8.0.6 当搭设、拆除竹脚手架时，必须设置警戒线、警戒标志，并应派专人看护，非作业人员严禁入内。

8.0.7 竹脚手架搭设过程中，应及时设置扫地杆、连墙件、斜撑、抛撑、剪刀撑以及必要的缆绳和吊索。搭设完毕应进行检查验收，并应确认合格后使用。

8.0.8 当双排脚手架搭设高度达到三步架高时，应随搭随设连墙件、剪刀撑等杆件，且不得随意拆除。当脚手架下部暂不能设连墙件时应设置抛撑。

8.0.9 搭设、拆除竹脚手架时，作业层应铺设脚手板，操作人员应按规定使用安全防护用品，穿防滑鞋。

8.0.10 竹脚手架外侧应挂密目式安全立网，网间应严密，防止坠物伤人。

8.0.11 临街搭设、拆除竹脚手架时，外侧应有防止坠物伤人的安全防护措施。

8.0.12 在竹脚手架使用期间，严禁拆除下列杆件：
1 主节点处的纵、横向水平杆，纵、横向扫地杆；
2 顶撑；
3 剪刀撑；
4 连墙件。

8.0.13 在竹脚手架使用期间，不得在脚手架基础及其邻近处进行挖掘作业。

8.0.14 竹脚手架作业层上严禁超载。

8.0.15 不得将模板支架、其他设备的缆风绳、混凝土泵管、卸料平台等固定在脚手架上。不得在竹脚手架上悬挂起重设备。

8.0.16 不得攀登架体上下。

8.0.17 在使用过程中，应对竹脚手架经常性地检查和维护，并应及时清理架体上的垃圾或杂物。

8.0.18 施工中发现竹脚手架有安全隐患时，应及时解决；危及人身安全时，应立即停止作业，并应组织作业人员撤离到安全区域。

8.0.19 6级及以上大风、大雾、大雨、大雪及冻雨等恶劣天气下应暂停在脚手架上作业。雨、雪、霜后上架操作应采取防滑措施，并应扫除积雪。

8.0.20 在竹脚手架使用过程中，当预见可能遇到8级及以上的强风天气或超过本规范第3.0.3条规定的风压值时，应对架体采取临时加固措施。

8.0.21 工地应设置足够的消防水源和临时消防系统，竹材堆放处应设置消防设备。

8.0.22 当在竹脚手架上进行电焊、机械切割作业时，必须经过批准且有可靠的安全防火措施，并应设专人监管。

8.0.23 施工现场应有动火审批制度，不应在竹脚手架上进行明火作业。

8.0.24 卤钨灯灯管距离脚手架杆件不应小于0.5m，且应防范灯管照明引起杆件过热燃烧。通过架体的导线应设置用耐热绝缘材料制成的护套，不得使用具有延燃性的绝缘导线。

附录A 脚 手 板

A.0.1 竹笆脚手板应采用平放的竹片纵横编织而成。纵片不得少于5道且第一道用双片，横片应一反一正，四边端纵横片交点应用钢丝穿过孔每道扎牢。竹片厚度不得小于10mm，宽度应为30mm。每块竹笆脚手板应沿纵向用钢丝扎两道宽40mm双面夹筋，夹筋不得用圆钉固定。竹笆脚手板长应为1.5m～2.5m，宽应为0.8m～1.2m（图A.0.1）。

A.0.2 竹串片脚手板应采用螺栓穿过并列的竹片拧紧而成，螺栓直径应为8mm～10mm，间距应为

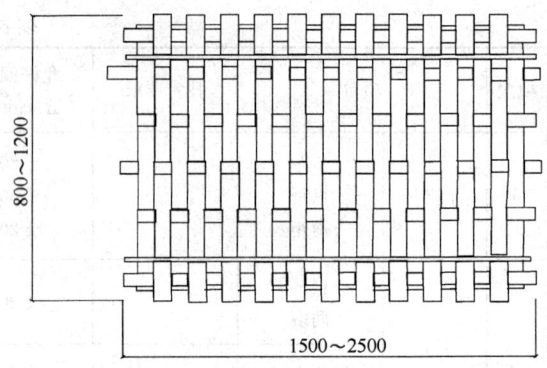

图A.0.1 竹笆脚手板

500mm～600mm，螺栓孔直径不得大于10mm。板的厚度不得小于50mm，宽度应为250mm～300mm，长度应为2m～3.5m（图A.0.2）。

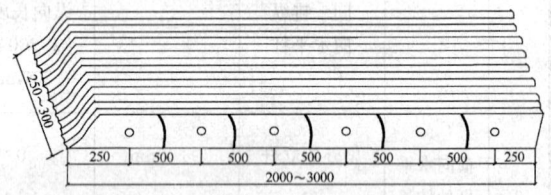

图A.0.2 竹串片脚手板

A.0.3 整竹拼制脚手板应采用大头直径为30mm，小头直径为20mm～25mm的整竹大小头一顺一倒相互排列而成。板长应为0.8m～1.2m，宽应为1.0m。整竹之间应用14号镀锌钢丝扎，应150mm一道。脚手板两端及中间应对称设四道双面木板条，并应采用镀锌钢丝绑牢（图A.0.3）。

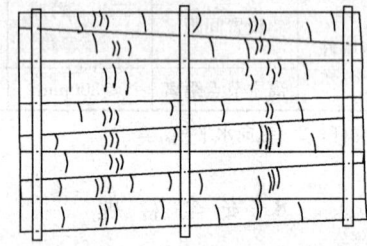

图A.0.3 整竹拼制脚手板

本规范用词说明

1 为便于在执行本规范条文时区别对待，对要求严格程度不同的用词说明如下：
1）表示很严格，非这样做不可的：
正面词采用"必须"，反面词采用"严禁"；
2）表示严格，在正常情况下均应这样做的：
正面词采用"应"，反面词采用"不应"或"不得"；
3）表示允许稍有选择，在条件许可时首先应这样做的：

正面词采用"宜",反面词采用"不宜";
4) 表示有选择,在一定条件下可以这样做的,采用"可"。
2 条文中指明应按其他有关标准执行的写法为:"应符合……的规定"或"应按……执行"。

引用标准名录

1 《建筑施工高处作业安全技术规范》JGJ 80
2 《安全网》GB 5725

中华人民共和国行业标准

建筑施工竹脚手架安全技术规范

JGJ 254—2011

条 文 说 明

制 定 说 明

《建筑施工竹脚手架安全技术规范》JGJ 254-2011，经住房和城乡建设部 2011 年 12 月 6 日以第 1192 号公告批准、发布。

本规范制定过程中，编制组进行了广泛的调查研究，总结了我国竹脚手架设计、施工和使用的实践经验，同时参考了国外先进技术法规、技术标准，通过竹脚手架整架试验和节点试验取得了构造参数。

为便于广大设计、施工、科研、学校等单位有关人员在使用本规范时能正确理解和执行条文规定，《建筑施工竹脚手架安全技术规范》编制组按章、节、条顺序编制了本规范的条文说明，对条文规定的目的、依据以及执行中需注意的有关事项进行了说明，还着重对强制性条文的强制性理由作了解释。但是，本条文说明不具备与标准正文同等的法律效力，仅供使用者作为理解和把握标准规定的参考。

目 次

1 总则 …………………………… 10—30—21
2 术语和符号 …………………… 10—30—21
　2.1 术语 ……………………… 10—30—21
3 基本规定 ……………………… 10—30—21
4 材料 …………………………… 10—30—21
　4.1 竹杆 ……………………… 10—30—21
　4.2 绑扎材料 ………………… 10—30—22
　4.3 脚手板 …………………… 10—30—22
　4.4 安全网 …………………… 10—30—22
5 构造与搭设 …………………… 10—30—22
　5.1 一般规定 ………………… 10—30—22
　5.2 双排脚手架 ……………… 10—30—22
　5.3 斜道 ……………………… 10—30—23
　5.4 满堂脚手架 ……………… 10—30—23
　5.5 烟囱、水塔脚手架 ……… 10—30—23
6 拆除 …………………………… 10—30—23
7 检查与验收 …………………… 10—30—24
　7.1 材料检查与验收 ………… 10—30—24
　7.2 竹脚手架检查与验收 …… 10—30—24
8 安全管理 ……………………… 10—30—24

1 总 则

1.0.1 建筑施工竹脚手架是建筑工程施工中工人进行施工操作和运送材料的临时性设施。我国的竹材产量占世界总产量的80%左右，生长在长江和珠江流域地区。竹材生长快，分布地区较广，资源丰富，建筑上大量采用竹材，作为传统形式的竹脚手架，我国南方各省广泛采用，最高的搭设高度达60m。但我国目前尚无科学的完整的竹脚手架规范。为了获得更好的综合经济效益和社会效益，使施工现场安全得到进一步完善，特制定本规范。

1.0.2 规定了对于工业与民用建筑施工中竹脚手架的设计、施工与使用，均应遵守本规范的各项安全技术要求。本规范中竹脚手架的设计是指竹脚手架搭设施工设计。

1.0.3 外墙使用易燃保温隔热材料，施工作业过程中易因保温隔热材料燃烧而引燃竹脚手架，造成火灾事故。

1.0.4 在执行本规范时，尚应符合其他国家现行标准的有关规定。

2 术语和符号

2.1 术 语

2.1.20 产于四川、湖北、湖南等地的毛竹也称为楠竹。

3 基 本 规 定

3.0.1 作为施工中危险性较大的工作，必须引起施工人员的高度重视，因此在此作出明确规定，必须在脚手架施工前编制专项施工方案，方案内容要齐全。架体搭设、使用、拆除的安全技术措施应包含详细的防火安全技术措施。

3.0.2 单排竹脚手架整体刚度较差，承载能力较低，为保证安全施工，一般不得采用。双排竹脚手架搭设高度不超过24m，满堂架不得超过15m，是根据全国调研收集的资料和工程实践的总结。

3.0.3 根据调查和统计分析，规定了竹脚手架适用的10年一遇的基本风压值，超过该值的地区应采取加固措施。

3.0.4 施工均布荷载标准值是根据我国长期实践使用的2kN/m² 和2.7kN/m² 的实际情况，并参考了国外同类标准的荷载系列确定的。

3.0.5 结构工程竹脚手架施工均布活荷载标准值较大。

3.0.6 参考木脚手架、扣件式钢管脚手架取值。

3.0.7 竹脚手架搭设前，没有对地基认真处理会对脚手架安全造成影响，故予以强调说明。

3.0.8 要根据脚手架所处的场地地基的情况进行基础设计；根据建筑物的不同特点及使用要求，按照规范要求对外脚手架进行整体构造设计和连墙件验算。

3.0.9 根据使用地区的基本风压和建筑结构，确定连墙件的材料、连接方法和设置位置，确保连接可靠。

3.0.10 竹脚手架的门洞口是架体的薄弱位置，要进行局部加强。

3.0.12 根据调研总结，24m以下的竹脚手架，其使用期限一般不宜超过1年。当使用期限超过1年的应对架体进行检查和必要的加固。

4 材 料

4.1 竹 杆

4.1.1 竹材的生长期以3年～4年为最佳，质地较好，不易被虫蛀。竹材的承载能力受其材质影响很大，且又是不能补救的，因此对竹杆的选材非常重要。竹龄可按表1根据各种外观特点进行鉴别。

表1 竹龄鉴别方法

竹龄 特点	3年以下	3年～4年	5年及以上
皮色	下山时呈青色如青菜叶，隔一年呈青白色	下山时呈冬瓜皮色，隔一年呈老黄色或黄色	呈枯黄色，并有黄色斑纹
竹节	单箍突出，无白粉箍	竹节不突出，近节部分凸起呈双箍	竹节间皮上生出白粉
劈开	劈开处发毛，劈成篾条后弯曲	劈开处较老，篾条基本挺直	

生长于阳山坡的竹材，竹皮呈白色带淡黄色，质地较好；生长于阴山坡的竹材，竹皮色青，质地较差，且易遭虫蛀，但仍可同样使用；嫩竹被水浸伤（热天泡在水中时间过长），表色也呈黄色，但其肉带紫褐色，质松易劈，不宜使用。

鉴别竹材采伐时间的方法为：将竹材在距离根部约（3～4）节处用锯锯断或用刀砍断观察，其断面上如呈有明显斑点者或将竹材浸入水中后，竹内有液体分泌出来，而水中有很多泡沫产生者，就可推断白露以前所采伐。反之，如果在杆壁断面上无斑点或在浸水后无液体分泌及泡沫产生者，则可推断为白露后采伐。

4.1.2 竹脚手架的竹杆有效部分的小头直径以及双杆合并规定，是根据全国调研收集和工程实践的分析结果确定。

4.1.3 对主要受力杆件的使用期限作出明确的规定。

4.2 绑扎材料

4.2.1~4.2.4 绑扎材料是保证竹脚手架受力性能和整体稳定性的关键部件，对于外观检查不合格和材质不合要求的绑扎材料严禁使用。尼龙绳和塑料绳绑扎的绑扣易于松脱，故不得使用。

4.2.5 绑扎材料经过一个单位工程使用周期后，其材料质量无法满足后续工程的使用要求。

4.2.6 为了确保绑扎牢固，规定绑扎材料不得接长使用。

4.3 脚 手 板

4.3.1、4.3.2 脚手板可因地制宜选用竹、木脚手板，但不得采用钢脚手板，脚手板应便于搬运。

4.4 安 全 网

4.4.1 从防火角度考虑，外墙脚手架的安全网宜采用阻燃型安全网，其纵横方向的续燃及阴燃时间不应大于4s。

5 构造与搭设

5.1 一般规定

5.1.1 根据竹脚手架的受力特点，分析影响竹脚手架承载能力的重要因素和使竹脚手架首先失稳的薄弱部位，从而为有效地提高竹脚手架安全工作能力找到切实可行的方法，即为从竹脚手架的绑扎连接和构造措施方面给予保证。

5.1.2 搭设竹脚手架用的竹杆，首先要满足材质要求、保证质量，其次要考虑经济适用。

5.1.3 竹脚手架搭设的形式，根据全国调研收集的资料和工程实践的总结，两种结构形式均有采用。

5.1.4 为防止立杆底端不均匀沉降引起某些立杆超载而危及脚手架的安全，竹脚手架底端应进行处理。根据土的开挖难易程度列出三种处理方法。第一种为一、二类为土，即松软土、普通土，第二种为三类土～五类土，即坚土、砂砾坚土、软石。第三种为六类土～八类土，即次坚石、坚石、特坚土。由于竹杆直径较大且架子搭设高度不超过24m，根据全国调研收集的资料和工程实践的结果，这些处理方法是可行的。

对立杆、抛撑埋深的规定是在保证杆件埋设稳定的前提下，按一般惯性习惯做法而规定的。

为了便于操作，横向扫地杆距垫板上表面不超过200mm，这个尺寸比扣件式钢管脚手架的略为放宽。

5.1.5 本条界定了满堂脚手架的地基承载力范围。

5.1.7 做好排水措施是防止雨水渗入影响立杆的稳定。

5.1.8 本条规定了底层顶撑底端的要求。

5.1.9 绑扎是保证脚手架受力性能和整体稳定性的关键，必须严格执行规范规定。单斜扣绑扎方法可参照双斜扣绑扎。

5.1.11 为了确保搭设施工的安全，明确了架子的搭设程序及自由端高度、加固杆件等的搭设要求。

5.1.12 非封闭的脚手架将大大降低脚手架的整体刚度，因此必须采取加密连墙件及设置横向支撑等与建筑物或构筑物加强拉结的措施。

5.1.13 连墙件是阻止脚手架发生横向变形、保证脚手架整体稳定的约束。连墙件的设置及其牢固可靠程度是防止脚手架倾覆或整体失稳的关键。

连墙件竖向间距增大，将使脚手架的稳定承载力降低，一般其他条件相同，连墙件竖向间距由2步距增大到3步距时，稳定承载力降低20%左右；连墙件竖向间距由2步距增大到4步距时，稳定承载力降低30%左右。连墙件的竖向间距直接影响立杆的纵距与步距。

5.1.14 连墙件布置的规定：

1 连墙件紧靠主节点设置能有效地阻止脚手架发生横向弯曲失稳或倾覆，若远离主节点设置连墙件，因立杆的抗弯刚度较差，将会由于立杆产生局部弯曲，减弱甚至起不到约束脚手架横向变形的作用；

2 由于第一步立杆所承受的轴向力最大，是保证脚手架稳定性的控制杆件；在第二步纵向水平杆处设连墙件，是从构造上保证脚手架立杆局部稳定性的重要措施之一；

3 若一字形、开口型脚手架两端不与主体结构相连，就相当于自由边界而成为薄弱环节；将其两端与主体结构加强连接，再加上横向斜撑的作用，可对这类脚手架提供较强的整体刚度。

5.1.15 连墙件的材料及构造应符合下列规定：

1 连墙件是防止脚手架横向倾覆的，要求连墙件既能抗拉又能抗压；

2 拉件和顶件分别具有抗拉和抗压的作用，必须配合使用，确保架体横向稳定。

5.2 双排脚手架

5.2.1 竹脚手架是由绑扎材料将立杆、纵向水平杆、横向水平杆连接而成的、有若干侧向约束的多层多跨框架。该框架节点刚度和杆件线刚度较差，由于它符合结构构成原则，所以能够有效地承受荷载作用。通过全国调研收集的资料和工程实践的总结以及竹脚手架整架试验、节点试验的分析结果，竹脚手架的杆件组成和节点连接是构成脚手架空间结构的保证。

双排竹脚手架的组成和搭设参数是根据全国调研收集的资料和竹脚手架试验结果确定的。横向水平杆在下时适用于竹笆脚手板，纵向水平杆在下时适用于竹串片脚手板。

5.2.2　到建筑物或构筑物顶端后，立杆外高里低既是为了便于操作，又能搭设外围护，保证安全。

立杆采用对接、插接连接，会对下步立杆造成破坏，因此严禁对接或插接。

对立杆的搭接规定是为了保证搭接接头的安全可靠，减小偏心及对正常传力带来的影响，确保施工的顺利进行。

5.2.3　纵向水平杆绑在立杆的里侧，一方面是为了减小横向水平杆的跨度，另一方面是为了增加立杆的稳定。杆件接长时，搭接处迎头搭头，梢搭梢。

5.2.4　根据采取的脚手板的种类，规定了横向水平杆的布置形式及绑扎方式。

当横向水平杆承受脚手板传来的荷载时，它的稳定与否，直接影响到脚手架的正常使用和操作人员的安全，据此对其作出了明确规定。

主节点处的横向水平杆要与立杆绑牢，是为了增加立杆的承载能力和整体稳定；错开搁置在相邻立杆的不同侧面，且同立杆横向水平杆应保持在同一侧面，主要是为了保证整个架体受力均匀。

5.2.5　本条规定了顶撑的布置形式及绑扎方式。

5.2.7　剪刀撑的作用是使脚手架在纵向形成稳定结构，本条的各项要求都是为了保证脚手架的纵向稳定，以防止脚手架纵向变形发生整体倒塌而规定的。

对剪刀撑作用大小的分析表明：若连接立杆太少，则纵向支撑刚度较差，故对剪刀撑跨越立杆的跨数作了规定。

由于剪刀撑斜杆较长，如不固定在与之相交的立杆上，将会由于刚度不足先失去稳定。

5.2.8　脚手架设置水平斜撑、横向斜撑可提高脚手架的横向刚度，显著地提高脚手架的稳定承载力。

在脚手架搭设的高度较低时或暂时无法设置连墙件时，必须设置抛撑。

5.2.9～5.2.13　各地使用的脚手板种类较多，本规范尽可能将现有各种在用脚手板汇集起来列为附录A以供参考，但应按照适用、安全的要求进行选择。实际使用时，竹串片脚手板因不好掌握推车方向，易发生翻车事故，不宜用于有水平运输的脚手架。

对于铺设竹笆脚手板的搁栅设置规定是根据现场使用情况提出的。

规定脚手板的对接和搭接尺寸旨在限制探头板长度以防脚手板倾翻或滑脱。

5.2.15　底层留有门洞时，门洞上边所承受的荷载通过斜杆及纵向水平杆传递给门洞两侧的立杆，本条根据受力情况对门洞脚手架的搭设方法作出规定。

5.3　斜　　道

5.3.2　一字形斜道水平长度宜控制在20m以内，若操作人员负重走得过长易于疲累。"之"字形斜道应设置平台。

5.3.3　根据人体行走和不易于劳累的条件，对坡度作了规定。考虑使用和安全，规定了最小平台面积，运料斜道及其对应的外架立杆采用双立杆加密。

5.3.4　为了考虑斜道的稳定而提出的要求。

5.3.5、5.3.6　这两条是必须遵守的安全措施。横向水平杆绑扎在斜平杆上的间距规定是根据受力要求而限制的。

5.4　满堂脚手架

5.4.1　满堂脚手架的高宽比大于2，其稳定性较差。

5.4.2　满堂脚手架的构造参数，是根据全国调研收集的资料，结合工程实践的经验做法作出的规定。

5.4.3　本条是按照构造要求对垫板作出的规定，方便执行。

5.4.4　本条是为了保证满堂架的整体稳定而提出来的，要求在脚手架四周及中间搭设纵横向剪刀撑。

5.5　烟囱、水塔脚手架

5.5.1　本条从立杆构造需要和保证受力合理两个方面对其布置作了规定，并对纵向和横向水平杆的布置及其间距作了规定，以确保架子的安全。

5.5.6　架子每面的外侧均需设置。

5.5.7　烟囱、水塔均为高耸构筑物，除满足脚手架的强度和稳定外，还应防止架子的扭转和遇风摇晃，提出了必须设置连墙件的要求。因烟囱、水塔结构上不能留有洞眼，因此提出在浇筑混凝土或砌筑时，预先埋入连墙件的连接件，再与连墙件连接。

5.5.8　规定栏杆的具体做法和安全网必须设置的位置和方法。

6　拆　　除

6.0.1　竹脚手架拆除前应编制拆除专项施工方案，并作书面的安全技术交底。

6.0.2　明确拆除竹脚手架的准备工作。

6.0.3　本条明确规定了竹脚手架的拆除顺序及技术要求，有利于拆除中保证竹脚手架的整体稳定性。

6.0.5、6.0.6　规定竹脚手架拆至下部三步架高以及分段拆除时，对架体加固措施。

6.0.7　规定拆下的杆件、脚手板严禁抛掷，应采取向下传递等安全措施。

7 检查与验收

7.1 材料检查与验收

7.1.1~7.1.3 竹脚手架的承载能力受竹杆及绑扎材料的材质影响很大,破坏形式为脆性破坏,且不能补救,在材料的选择上非常重要,在这里对材料的检查与验收作明确规定。

7.2 竹脚手架检查与验收

7.2.2、7.2.3 规定了竹脚手架搭设时间及验收的人员及组织方法。

7.2.4 为提高施工企业管理水平,防患于未然,明确责任,提出了脚手架工程检查验收时应具备的文件。

7.2.6 所列的检查项目均为保证竹脚手架的强度、刚度、整体稳定性及使用安全。

7.2.7 根据工程施工经验,脚手架在使用过程中遇到本条所列情况,应加强检查。

7.2.8 对竹脚手架在拆除前的检查提出要求。

7.2.9 对表 7.2.9 的说明:

1 关于杆件的小头有效直径及杆件弯曲的允许偏差,是根据全国调研收集和工程实践的分析结果而确定。

2 关于立杆垂直度的允许偏差

立杆安装垂直度允许偏差值的规定,关系到脚手架的安全与承载能力的发挥。

通过对全国调研收集的有关立杆垂直度的数据用数理统计方法分析,将偏差数据按架高 5m 分档,逐档绘制了直方图。经研究,确定不同总高的脚手架在最后验收时的垂直度允许偏差值均为 100mm,如表 7.2.9 项次 4 的上半部表。在搭设过程中,每 5m 检查一次,其允许偏差按最后验收的相对比值计算而得。保证了最后的控制数值。从国内实测数据分析可知,所规定的允许偏差值是代表国内许多建筑企业搭设质量的平均先进水平的。

3 关于间距的允许偏差
根据现场实测调查,一般均可做到。

4 关于纵向水平杆高差的允许偏差
纵向水平杆水平度的允许偏差值关系到结构的承载力、施工安全(架上推车)等。根据现场实测调查,一般均可做到。

5 项次 8 是为了防止横向水平杆顶墙不便操作,故不允许有正偏差。

8 安全管理

8.0.1 竹脚手架操作系高空作业,偶尔的疏忽,随时会发生伤亡事故,因此规定安全生产责任制,责任落实到人,保证施工安全。项目安全生产责任制、安全生产规章制度和操作规程应包括消防安全制度、消防安全操作规程和火灾隐患整改制度。

8.0.3 架子工是特殊工种,本规定要求架子工上岗前应经过专业技术培训,取得《特种作业操作证》,持证上岗。

8.0.4 竹杆、脚手板为易燃材料,其堆放地点应与建筑物、火源保持适当的距离。

8.0.5 竹脚手架搭设的质量和工作的可靠性受竹材材质影响很大,防止竹杆弯曲变形、开裂、腐烂,保证竹篾质地新鲜、韧性好,应注意竹材的储放。

8.0.6 明确拆除竹脚手架期间作业区的警戒管理工作。

8.0.7 竹脚手架搭设时,不及时设置扫地杆(立杆底端埋入土中的可不设置)、连墙件、斜撑、抛撑、剪刀撑以及必要的缆绳和吊索,会对脚手架整体安全造成影响。

8.0.8 设置连墙件、剪刀撑是确保脚手架整体稳定性的重要措施,本条规定脚手架搭设到三步架高时,应随搭随设连墙件、剪刀撑等杆件,且不得随意拆除。

8.0.11 临街搭设、拆除竹脚手架时,容易造成坠物伤人,应采取必要的安全防护措施。

8.0.12 在竹脚手架使用期间拆除主节点处的纵、横向水平杆,纵、横向扫地杆,剪刀撑、顶撑、连墙件将危及竹脚手架的使用安全,本条明确规定在竹脚手架使用期间严禁拆除。

8.0.13 在脚手架基础及其邻近处进行挖掘作业,会影响立杆的稳定,容易造成立杆悬空、架体倾斜、甚至倒塌。

8.0.14 架体使用过程中超载会对脚手架的安全造成严重影响。

8.0.15 不得随意改变其结构和用途,严格控制竹脚手架的荷载。

8.0.16 应通过爬梯或斜道上下架体。

8.0.17 竹脚手架在使用期间的检查和修复是保证竹脚手架正常工作的关键。竹脚手架使用时间较长,设专人定期或不定期进行检查是十分必要的,以确保施工安全。

8.0.19 大风、大雾、大雨、大雪及冻雨等特殊情况对竹脚手架整体影响较大,同时对施工人员在脚手架上作业也造成不利影响,因此必须加以检查并采取相应措施后才能使用。

8.0.21 竹脚手架施工现场应每层设置简易的消防给水系统,同时配备必要的灭火器材。架体立面每 100m² 应配备两个 10L 灭火器材,并符合《建筑灭火器配置设计规范》GB 50140 的规定。

8.0.22 竹材为易燃材料,进行电焊、机械切割作业必须有相应的防火措施。电焊、机械切割作业时，应配置灭火器材。作业层脚手架内立杆与建筑物之间应封闭，电焊及机械切割产生的火花及焊渣溅落范围内应铺设阻燃材料，并设专人监护。清除电焊、机械切割作业产生的可燃物质。作业完毕，要留有充足时间观察，确认无引火点后，方可离去。

8.0.23 严格执行临时动火作业"三级"审批制度，领取动火作业许可证后方可动火。在竹脚手架上不应进行明火作业，以免点燃竹脚手架和脚手板。

8.0.24 本条明确规定了卤钨灯的安全使用距离。

中华人民共和国行业标准

建筑施工临时支撑结构技术规范

Technical code for temporary support structures in construction

JGJ 300—2013

批准部门：中华人民共和国住房和城乡建设部
施行日期：２０１４年１月１日

中华人民共和国住房和城乡建设部
公　告

第 62 号

住房城乡建设部关于发布行业标准《建筑施工临时支撑结构技术规范》的公告

现批准《建筑施工临时支撑结构技术规范》为行业标准，编号为 JGJ 300-2013，自 2014 年 1 月 1 日起实施。其中，第 7.1.1、7.1.3、7.7.2 条为强制性条文，必须严格执行。

本规范由我部标准定额研究所组织中国建筑工业出版社出版发行。

中华人民共和国住房和城乡建设部
2013 年 6 月 24 日

前　言

根据住房和城乡建设部《关于印发〈2008 年工程建设标准规范制订、修订计划（第一批）〉的通知》（建标〔2008〕102 号）的要求，标准编制组在广泛深入调查研究、认真总结实践经验、通过大量试验验证、参考有关国际标准和国外先进标准以及国内相关标准，并与相关标准规范相互协调的基础上，编制本规范。

本规范的主要技术内容是：1. 总则；2. 术语、符号；3 基本规定；4. 结构设计计算；5. 构造要求；6. 特殊支撑结构；7. 施工；8. 监测等。

本规范中以黑体字标志的条文为强制性条文，必须严格执行。

本规范由住房和城乡建设部负责管理和对强制性条文的解释，由中国建筑一局（集团）有限公司负责具体技术内容的解释。在执行过程中如有意见和建议，请寄送中国建筑一局（集团）有限公司（北京西四环南路 52 号中建一局大厦 A 座 1311 室，邮编：100161）。

本 规 范 主 编 单 位：中国建筑一局（集团）有限公司
　　　　　　　　　　中国建筑股份有限公司

本 规 范 参 编 单 位：浙江大学
　　　　　　　　　　西安建筑科技大学
　　　　　　　　　　四川华通建筑科技有限公司
　　　　　　　　　　上海宝冶集团有限公司
　　　　　　　　　　杭州二建建设有限公司
　　　　　　　　　　九江信华建设集团有限公司
　　　　　　　　　　中建一局集团第五建筑有限公司
　　　　　　　　　　中建一局华江建设有限公司
　　　　　　　　　　苏州科技学院
　　　　　　　　　　中建一局集团第二建筑有限公司
　　　　　　　　　　中建一局集团第三建筑有限公司
　　　　　　　　　　中建三局建设工程股份有限公司

本规范主要起草人员：肖绪文　吴月华　陈　红
　　　　　　　　　　罗尧治　施炳华　薛　刚
　　　　　　　　　　张晶波　郑延丰　李　钟
　　　　　　　　　　李志华　胡长明　董佩玲
　　　　　　　　　　沈　勤　张国庆　帅长敏
　　　　　　　　　　程　坚　沈雁彬　刘嘉茵
　　　　　　　　　　赵俭学　陈　娣　李松岷
　　　　　　　　　　张培建　周思钰　孙无二
　　　　　　　　　　杜荣军　余宗明　杨旭东
　　　　　　　　　　杨焕宝

本规范主要审查人员：杨嗣信　孙振声　张元勃
　　　　　　　　　　董　良　潘延平　姜传库
　　　　　　　　　　汪道金　焦安亮　马荣全
　　　　　　　　　　金　睿　张有闻　秦桂娟

目 次

1 总则 …………………………………… 10—31—5
2 术语、符号 …………………………… 10—31—5
　2.1 术语 ……………………………… 10—31—5
　2.2 符号 ……………………………… 10—31—5
3 基本规定 ……………………………… 10—31—6
4 结构设计计算 ………………………… 10—31—6
　4.1 一般规定 ………………………… 10—31—6
　4.2 荷载与效应组合 ………………… 10—31—7
　4.3 水平杆设计计算 ………………… 10—31—8
　4.4 稳定性计算 ……………………… 10—31—8
　4.5 支撑结构抗倾覆验算 …………… 10—31—10
　4.6 地基承载力验算 ………………… 10—31—10
5 构造要求 ……………………………… 10—31—11
　5.1 一般规定 ………………………… 10—31—11
　5.2 框架式支撑结构构造 …………… 10—31—12
　5.3 桁架式支撑结构构造 …………… 10—31—13
6 特殊支撑结构 ………………………… 10—31—14
　6.1 悬挑支撑结构 …………………… 10—31—14
　6.2 跨空支撑结构 …………………… 10—31—15
7 施工 …………………………………… 10—31—16
　7.1 一般规定 ………………………… 10—31—16
　7.2 施工准备 ………………………… 10—31—16
　7.3 搭设 ……………………………… 10—31—16
　7.4 检查与验收 ……………………… 10—31—16
　7.5 使用 ……………………………… 10—31—16
　7.6 拆除 ……………………………… 10—31—17
　7.7 安全管理 ………………………… 10—31—17
8 监测 …………………………………… 10—31—17
附录A 轴心受压构件的
　　　 稳定系数 ……………………… 10—31—18
附录B 支撑结构的计算
　　　 长度系数 ……………………… 10—31—19
附录C 特殊支撑结构相关
　　　 设计参数 ……………………… 10—31—24
附录D 附表 …………………………… 10—31—25
本规范用词说明 ………………………… 10—31—29
引用标准名录 …………………………… 10—31—29
附：条文说明 …………………………… 10—31—30

Contents

1 General Provisions .... 10—31—5
2 Terms and Symbols .... 10—31—5
  2.1 Terms .... 10—31—5
  2.2 Symbols .... 10—31—5
3 Basic Requirement .... 10—31—6
4 Design and Calculation of Structure .... 10—31—6
  4.1 General Requirement .... 10—31—6
  4.2 Loads and Combination of Load Effects .... 10—31—7
  4.3 Design and Calculation of Horizontal Tube .... 10—31—8
  4.4 Stability Calculation .... 10—31—8
  4.5 Overturning Resistance Checking .... 10—31—10
  4.6 Foundation Bearing Capacity Checking .... 10—31—10
5 Construction Requirements .... 10—31—11
  5.1 General Requirement .... 10—31—11
  5.2 Construction Requirements of Frame Support Structures .... 10—31—12
  5.3 Construction Requirements of Truss Support Structures .... 10—31—13
6 Special Support Structures .... 10—31—14
  6.1 Cantilevered Support Structures .... 10—31—14
  6.2 Bridge Support Structures .... 10—31—15
7 Construction .... 10—31—16
  7.1 General Requirement .... 10—31—16
  7.2 Preparation for Construction .... 10—31—16
  7.3 Assembly .... 10—31—16
  7.4 Inspection and Acceptance .... 10—31—16
  7.5 Usage .... 10—31—16
  7.6 Disassembly .... 10—31—17
  7.7 Safety Management .... 10—31—17
8 Monitoring .... 10—31—17
Appendix A Stability Coefficients for Axial Compression Members .... 10—31—18
Appendix B Effective Length Factors of Support Structures .... 10—31—19
Appendix C Design Parameters for Special Support Structures .... 10—31—24
Appendix D Attached Table .... 10—31—25
Explanation of Wording in This Code .... 10—31—29
List of Quoted Standards .... 10—31—29
Addition: Explanation of Provisions .... 10—31—30

1 总　则

1.0.1 为在建筑施工临时支撑结构的设计和施工中，贯彻执行国家现行的法律、法规，做到技术先进、设计合理、经济适用、安全可靠，制定本规范。

1.0.2 本规范适用于在建筑施工中用钢管脚手架搭设的建筑施工临时支撑结构的设计、施工与监测。

1.0.3 建筑施工临时支撑结构的设计、施工和监测除应符合本规范外，尚应符合国家现行有关标准的规定。

2 术语、符号

2.1 术　语

2.1.1 临时支撑结构　temporary support structure

为建筑施工临时搭设的由立杆、水平杆及斜杆等构配件组成的支撑结构，简称支撑结构。

2.1.2 扣件式钢管支撑结构　steel tubular support structure with couplers

采用钢管和扣件连接搭设的支撑结构。

2.1.3 碗扣式钢管支撑结构　steel tubular support structure with buckle bowls

采用钢管和碗扣连接搭设的支撑结构。

2.1.4 承插式钢管支撑结构　steel tubular support structure with disk locks

采用钢管和承插件连接搭设的支撑结构，包括盘扣式和盘销式等。

2.1.5 框架式支撑结构　frame support structure

由立杆与水平杆等构配件组成，节点具有一定转动刚度的支撑结构，包括无剪刀撑框架式支撑结构和有剪刀撑框架式支撑结构。

2.1.6 单元框架　frame unit

由纵向和横向竖向剪刀撑围成的矩形单元结构。

2.1.7 单元桁架　truss unit

由 4 根立杆、水平杆及竖向斜杆等组成的几何稳定的矩形单元结构。

2.1.8 桁架式支撑结构　truss support structure

单元桁架间通过连系杆组成的支撑结构。

2.1.9 悬挑支撑结构　cantilevered support structure

水平桁架支承在框架式或桁架式支撑结构上，且水平桁架一端为悬臂的支撑结构。

2.1.10 跨空支撑结构　bridge support structure

水平桁架的两端均支承在框架式或桁架式支撑结构上，且中间部位为跨空的支撑结构。

2.1.11 节点转动刚度　rotational stiffness of joint

支撑结构中的立杆与水平杆连接节点发生单位转角（弧度制）所需弯矩值。

2.2 符　号

2.2.1 荷载、荷载效应

G_{2k} ——支撑结构自重标准值；

M ——立杆或水平杆的弯矩设计值；

M_{LK} ——风荷载直接作用于立杆引起的立杆局部弯矩标准值；

M_{TK} ——风荷载作用于无剪刀撑框架式支撑结构引起的立杆弯矩标准值；

M_{WK} ——风荷载引起的立杆弯矩标准值；

$\overline{M}$ ——单元桁架的弯矩设计值；

N ——立杆轴力设计值；

N'_E ——立杆的欧拉临界力；

N_{GK} ——永久荷载引起的立杆轴力标准值；

N_{QK} ——施工荷载引起的立杆轴力标准值；

N_{WK} ——风荷载引起的立杆轴力标准值；

N_s ——跨空支撑结构中落地部分的立杆附加轴力设计值；

N_t ——悬挑支撑结构中落地部分的立杆附加轴力设计值；

$\overline{N}$ ——单元桁架的轴力设计值；

$\overline{N}'_E$ ——单元桁架的欧拉临界力；

R ——水平杆剪力设计值；

g_k ——支撑结构自重标准值与受风面积的比值；

p ——立杆基础底面处的平均压力设计值；

p_s ——跨空支撑结构中跨空部分的竖向荷载设计值（含跨空部分自重）；

$p_{s,max}$ ——跨空支撑结构中跨空部分的竖向荷载限值；

p_t ——悬挑支撑结构中悬挑部分的竖向荷载设计值（含悬挑部分自重）；

$p_{t,max}$ ——悬挑支撑结构中悬挑部分的竖向荷载限值；

p_{wk} ——风荷载的线荷载标准值；

w_k ——风荷载标准值；

w_0 ——基本风压；

ψ_Q ——可变荷载组合值系数；

β_z ——高度 z 处的风振系数；

γ_G ——永久荷载分项系数；

γ_Q ——可变荷载分项系数；

μ_s ——支撑结构风荷载体型系数；

μ_{stw} ——按桁架确定的支撑结构风荷载体型系数；

μ_z ——风压高度变化系数；

ϕ ——挡风系数。

2.2.2 材料设计指标

E ——钢材弹性模量；

V_R ——节点抗剪承载力设计值；

f ——钢材强度设计值；

f_{ak} ——地基承载力特征值；

f_g——地基承载力设计值。

2.2.3 几何参数

A——杆件截面积；
A_g——立杆基础底面积；
$\bar{A}$——单元桁架的等效截面积；
B——支撑结构横向宽度；
B_s——跨空支撑结构中的跨空部分跨度；
B_t——悬挑支撑结构中的悬挑部分长度；
H——支撑结构高度；
H_l——特殊支撑结构中的落地部分高度；
H_s——跨空支撑结构中的跨空部分高度；
H_t——悬挑支撑结构中的悬挑部分高度；
I——杆件的截面惯性矩；
I_1——水平杆的截面惯性矩；
L——支撑结构纵向长度；
W——杆件截面模量；
$\bar{W}$——单元桁架的等效截面模量；
a——木垫板或木脚手板宽度；
b——沿木垫板或木脚手板铺设方向的相邻立杆间距；
h——立杆步距；
h_1——扫地杆高度；
h_2——悬臂长度；
i——杆件截面回转半径；
$\bar{i}$——单元桁架的等效截面回转半径；
l_a——立杆纵向间距；
l_b——立杆横向间距；
l_{max}——l_a、l_b 中的较大值；
l_{min}——l_a、l_b 中的较小值；
l_x——单元框架中立杆的 x 向间距；
l_y——单元框架中立杆的 y 向间距；
l_0——立杆计算长度；
n_b——立杆横向跨数；
n_s——跨空支撑结构中落地部分靠近跨空部分宽度 B_s 内的立杆跨数；
n_t——悬挑支撑结构中落地部分靠近悬挑部分宽度 $2B_t$ 内的立杆跨数；
n_{wa}——单元框架的纵向跨数；
n_x——单元框架的 x 向跨数；
n_z——立杆步数；
Φ——钢管外径；
ν——挠度；
$[\nu]$——受弯构件容许挠度。

2.2.4 计算系数

K——框架式支撑结构的刚度比；
k——框架式支撑结构的节点转动刚度；
k_c——地基承载力调整系数；
α_1——扫地杆高度 h_1 与步距 h 之比；
α_2——悬臂长度 h_2 与步距 h 之比；
α——α_1、α_2 中的较大值；
α_x——单元框架 x 向间距与步距 h 之比；
β_H——单元框架计算长度的高度修正系数；
β_h——单元框架计算长度的扫地杆高度与悬臂长度修正系数；
η_s——跨空支撑结构的附加轴力系数；
η_t——悬挑支撑结构的附加轴力系数；
λ——计算长细比；
$\bar{\lambda}$——单元桁架的等效长细比；
μ——立杆计算长度系数；
φ——构件的稳定系数；
$\bar{\varphi}$——单元桁架的稳定系数；
φ'——单元框架中加密区立杆的稳定系数。

3 基 本 规 定

3.0.1 支撑结构可分为框架式和桁架式。

3.0.2 支撑结构的承载能力计算应采用荷载效应基本组合；变形计算应采用荷载效应标准组合。

3.0.3 支撑结构所使用的构配件宜选用标准定型产品。

3.0.4 支撑结构地基应坚实可靠。当地基土不均匀时，应进行处理。

3.0.5 支撑结构应与既有结构做可靠连接。

3.0.6 施工前，应按有关规定编制、评审和审批施工方案，并应进行技术交底。

4 结构设计计算

4.1 一 般 规 定

4.1.1 框架式支撑结构应采用半刚性节点连接的框架计算模型；桁架式支撑结构应采用铰接节点连接的桁架计算模型。

4.1.2 支撑结构的设计应包括下列内容：
1 水平杆设计计算；
2 构件长细比验算；
3 稳定性计算；
4 抗倾覆验算；
5 地基承载力验算。

4.1.3 支撑结构受压构件的长细比不应大于 180；受拉构件及剪刀撑等一般连系构件的长细比不应大于 250。

4.1.4 框架式支撑结构的节点转动刚度值 k 应按表 4.1.4 的规定取值，其他形式节点的转动刚度可通过试验确定。

表 4.1.4 节点转动刚度值 k

节点形式	k (kN·m/rad)
扣件式	35

续表 4.1.4

节点形式	k (kN·m/rad)
碗扣式	25
承插式	20

4.1.5 钢材的强度设计值与弹性模量应按本规范表4.1.5取值。

表 4.1.5　钢材的强度设计值和弹性模量（N/mm²）

钢材抗拉、抗压、抗弯强度设计值 f	Q345 钢	300
	Q235 钢	205
弹性模量 E		2.06×10^5

4.1.6 对支撑结构不规则、荷载不均匀等情况，应另行设计计算。

4.2 荷载与效应组合

4.2.1 作用于支撑结构的荷载可分为永久荷载与可变荷载。

4.2.2 永久荷载可包括下列内容：
1 被支撑的结构自重（G_1）；
2 支撑结构自重（G_2）：包括立杆、纵向水平杆、横向水平杆、剪刀撑、斜杆和它们之间连接件等的自重；
3 其他材料自重（G_3）：包括脚手板、栏杆、挡脚板和安全网等防护设施的自重。

4.2.3 可变荷载可包括下列内容：
1 施工荷载（Q_1）；
2 风荷载（Q_2）；
3 泵送混凝土或不均匀堆载等因素产生的附加水平荷载（Q_3）。

4.2.4 永久荷载标准值应符合下列规定：
1 被支撑的结构自重（G_1）的标准值应按实际重量计算；
2 支撑结构自重（G_2）的标准值应按实际支撑结构重量计算；
3 其他材料自重（G_3）的标准值：脚手板自重标准值应按表 4.2.4-1 采用；栏杆与挡脚板自重标准值应按表 4.2.4-2 采用；支撑结构上的安全设施的荷载应按实际情况采用，密目式安全立网均布荷载标准值不应低于 0.01kN/m²。

表 4.2.4-1　脚手板自重标准值

类　别	标准值（kN/m²）
冲压钢脚手板	0.30
竹串片脚手板	0.35
木脚手板	0.35
竹笆脚手板	0.10

表 4.2.4-2　栏杆、挡脚板自重标准值

类　别	标准值（kN/m）
栏杆、冲压钢脚手板挡板	0.16
栏杆、竹串片脚手板挡板	0.17
栏杆、木脚手板挡板	0.17

4.2.5 可变荷载标准值应符合下列规定：
1 施工荷载（Q_1）的标准值不应低于表 4.2.5-1 的规定。

表 4.2.5-1　施工荷载标准值

类　别	标准值（kN/m²）
模板支撑结构	2.5
钢结构施工支撑结构	3
其他支撑结构	根据实际情况确定，不小于 2

2 风荷载（Q_2）的标准值，应按下式计算：

$$w_k = \beta_z \mu_s \mu_z w_0 \qquad (4.2.5)$$

式中：w_k——风荷载标准值（N/mm²）；

β_z——高度 z 处的风振系数，应按现行国家标准《建筑结构荷载规范》GB 50009 规定采用；

w_0——基本风压（N/mm²），应按现行国家标准《建筑结构荷载规范》GB 50009 规定采用，取重现期 $n = 10$ 对应的风压值；

μ_z——风压高度变化系数，应按现行国家标准《建筑结构荷载规范》GB 50009 规定采用；

μ_s——支撑结构风荷载体型系数，应按本规范表 4.2.5-2 的规定采用。

表 4.2.5-2　支撑结构风荷载体型系数 μ_s

背靠建筑物状况	全封闭墙	敞开、框架和开洞墙
支撑结构状况　全封闭、半封闭	1.0ϕ	1.3ϕ
敞开		μ_{stw}

注：1 μ_{stw} 值可将支撑结构视为桁架，按现行国家标准《建筑结构荷载规范》GB 50009 的规定计算；
2 ϕ 为挡风系数，$\phi = 1.2A_n/A_w$，其中 A_n 为挡风面积，A_w 为迎风面积；
3 全封闭：沿支撑结构外侧全高全长用密目网封闭；
4 半封闭：沿支撑结构外侧全高全长用密目网封闭 30%～70%；
5 敞开：沿支撑结构外侧全高全长无密目网封。

3 密目式安全立网全封闭支撑结构挡风系数 ϕ 不宜小于 0.8；

4 泵送混凝土或不均匀堆载等因素产生的附加水平荷载（Q_3）的标准值应符合现行国家标准《混凝土结构工程施工规范》GB 50666 的有关规定。

4.2.6 荷载分项系数应按表4.2.6确定。

表4.2.6 荷载分项系数

序号	验算项目		荷载分项系数	
			永久荷载 γ_G	可变荷载 γ_Q
1	稳定性验算 强度验算	永久荷载控制	1.35	1.4
		可变荷载控制	1.2	1.4
2	倾覆验算	倾覆	1.35	1.4
		抗倾覆	0.9	0
3	变形验算		1.0	1.0

4.2.7 支撑结构设计时应取最不利荷载计算，参与支撑结构计算的各项荷载组合应符合表4.2.7规定。

表4.2.7 参与支撑结构计算的各项荷载组合

计算内容	荷载效应组合
水平杆内力计算 水平杆变形计算 节点剪力计算	永久荷载(G_1，G_2，G_3) ＋施工荷载(Q_1)
立杆内力计算 立杆基础底面处的平均压力计算 单元桁架内力计算	永久荷载(G_1，G_2，G_3)＋ 0.9[施工荷载(Q_1)＋ 风荷载(Q_2)]

注：表中"＋"仅表示各项荷载参与组合，而不代表数相加。

4.3 水平杆设计计算

4.3.1 当水平杆承受外荷载时，应进行水平杆的抗弯强度验算、变形验算及水平杆端部节点的抗剪强度验算。

4.3.2 水平杆抗弯强度验算应按下式计算：

$$\sigma = \frac{M}{W} \leqslant f \quad (4.3.2)$$

式中：M——水平杆弯矩设计值（N·mm），应按本规范第4.3.5条计算；
　　　W——杆件截面模量（mm³）；
　　　f——钢材强度设计值（N/mm²），应按本规范表4.1.5采用。

4.3.3 节点抗剪强度验算应符合下式要求：

$$R \leqslant V_R \quad (4.3.3)$$

式中：R——水平杆剪力设计值（N）；
　　　V_R——节点抗剪承载力设计值，应按表4.3.3确定。

表4.3.3 节点抗剪承载力设计值 V_R

节点类型		V_R（kN）
扣件节点	单扣件	8
	双扣件	12
碗扣节点		60
承插节点		40

4.3.4 水平杆变形验算应符合下式要求：

$$v \leqslant [v] \quad (4.3.4)$$

式中：v——挠度（mm），应按本规范第4.3.5条计算；
　　　$[v]$——受弯构件容许挠度，为跨度的1/150和10mm中的较小值。

4.3.5 水平杆的弯矩与挠度计算应符合下列规定：
　　1 对水平杆为连续的支撑结构，当连续跨数超过三跨时宜按三跨连续梁计算；当连续跨数小于三跨时，应按实际跨连续梁计算。对水平杆不连续的支撑结构，应按单跨简支梁计算。
　　2 当计算纵向水平杆时，跨度宜取立杆纵向间距（l_a），当计算横向水平杆时，跨度宜取立杆横向间距（l_b）。

4.4 稳定性计算

4.4.1 无剪刀撑框架式支撑结构应按本规范公式（4.4.4-1）或公式（4.4.4-2）进行立杆稳定性计算。

4.4.2 有剪刀撑框架式支撑结构应进行稳定性验算。当不组合风荷载时，应按本规范公式（4.4.4-1）对单元框架进行立杆稳定性计算；当组合风荷载时，还应按本规范公式（4.4.4-2）进行立杆局部稳定性计算。

4.4.3 桁架式支撑结构应对单元桁架进行稳定性验算，并应符合下列规定：
　　1 单元桁架的局部稳定性应按本规范公式（4.4.4-1）或公式（4.4.4-2）进行立杆稳定性验算。
　　2 单元桁架的整体稳定性应按本规范第4.4.13条进行计算。符合下列情况之一时，可不进行单元桁架的整体稳定性验算：
　　　　1）支撑结构通过连墙件与既有结构做可靠连接时；
　　　　2）当支撑结构的单元桁架按照本规范第5.3.2条中的梅花形布置时。

4.4.4 立杆稳定性计算公式应符合下列规定：
　　1 不组合风荷载时：

$$\frac{N}{\varphi A} \leqslant f \quad (4.4.4-1)$$

　　2 组合风荷载时：

$$\frac{N}{\varphi A} + \frac{M}{W\left(1 - 1.1\varphi\dfrac{N}{N_E}\right)} \leqslant f \quad (4.4.4-2)$$

式中：N——立杆轴力设计值（N），应按本规范第4.4.5条计算；

φ——轴心受压构件的稳定系数，应根据长细比 λ 按本规范附录A取值；

A——杆件截面积（mm^2）；

f——钢材的抗压强度设计值（N/mm^2）；

M——立杆弯矩设计值（N·mm），应按本规范第4.4.7条计算；

W——杆件截面模量（mm^3）；

N'_E——立杆的欧拉临界力（N），$N'_E = \dfrac{\pi^2 EA}{\lambda^2}$；

λ——计算长细比，$\lambda = l_0/i$；

l_0——立杆计算长度（mm），应按本规范第4.4.9～第4.4.11条计算；

i——杆件截面回转半径（mm）；

E——钢材弹性模量（N/mm^2）。

4.4.5 立杆轴力设计值（N）应按下列公式计算：

1 不组合风荷载时：
$$N = \gamma_G N_{GK} + \gamma_Q N_{QK} \quad (4.4.5\text{-}1)$$

2 组合风荷载时：
$$N = \gamma_G N_{GK} + \psi_Q \gamma_Q (N_{QK} + N_{WK}) \quad (4.4.5\text{-}2)$$

式中：N_{GK}——永久荷载引起的立杆轴力标准值（N）；

N_{QK}——施工荷载引起的立杆轴力标准值（N）；

N_{WK}——风荷载引起的立杆轴力标准值（N），应按本规范第4.4.6条计算；

γ_G——永久荷载分项系数；

γ_Q——可变荷载分项系数；

ψ_Q——可变荷载组合值系数，取0.9。

4.4.6 风荷载作用于支撑结构，引起的立杆轴力标准值（N_{WK}）应按下列公式计算：

1 无剪刀撑框架式支撑结构：
$$N_{WK} = \dfrac{p_{wk} H^2}{2B} \quad (4.4.6\text{-}1)$$

2 有剪刀撑框架式支撑结构：
$$N_{WK} = \dfrac{n_{wa} p_{wk} H^2}{2B} \quad (4.4.6\text{-}2)$$

3 桁架式支撑结构中的单元桁架按本规范第5.3.2条组合时：

图5.3.2（a）矩阵形组合时：
$$N_{WK} = \dfrac{p_{wk} H^2}{B} \quad (4.4.6\text{-}3)$$

图5.3.2（b）梅花形组合时：
$$N_{WK} = \dfrac{3 p_{wk} l_b H^2}{B^2} \quad (4.4.6\text{-}4)$$

式中：p_{wk}——风荷载的线荷载标准值（N/mm），$p_{wk} = w_k l_a$；

H——支撑结构高度（mm）；

B——支撑结构横向宽度（mm）；

n_{wa}——单元框架的纵向跨数；

w_k——H 高度处风荷载标准值（N/mm^2），应按本规范第4.2.5条计算；

l_a——立杆纵向间距（mm）；

l_b——立杆横向间距（mm）。

4.4.7 立杆弯矩设计值（M）应按下列公式计算：
$$M = \gamma_Q M_{WK} \quad (4.4.7\text{-}1)$$

1 有剪刀撑框架式支撑结构、桁架式支撑结构：
$$M_{WK} = M_{LK} \quad (4.4.7\text{-}2)$$

2 无剪刀撑框架式支撑结构：
$$M_{WK} = M_{LK} + M_{TK} \quad (4.4.7\text{-}3)$$

其中
$$M_{LK} = \dfrac{p_{wk} h^2}{10} \quad (4.4.7\text{-}4)$$

$$M_{TK} = \dfrac{p_{wk} h H}{2(n_b + 1)} \quad (4.4.7\text{-}5)$$

式中：γ_Q——可变荷载分项系数；

M_{WK}——风荷载引起的立杆弯矩标准值（N·mm）；

M_{LK}——风荷载直接作用于立杆引起的立杆局部弯矩标准值（N·mm）；

M_{TK}——风荷载作用于无剪刀撑框架式支撑结构引起的立杆弯矩标准值（N·mm）；

h——立杆步距（mm）；

n_b——支撑结构立杆横向跨数。

4.4.8 当支撑结构通过连墙件与既有结构做可靠连接时，可不考虑风荷载作用于支撑结构引起的立杆轴力（N_{WK}）和弯矩（M_{TK}）。

4.4.9 无剪刀撑框架式支撑结构的立杆稳定性验算时，立杆计算长度（l_0）应按下式计算：
$$l_0 = \mu h \quad (4.4.9)$$

式中：μ——立杆计算长度系数，应按本规范附录B表B-1或表B-2取值。

4.4.10 有剪刀撑框架式支撑结构中的单元框架稳定性验算时，立杆计算长度（l_0）应按下式计算：
$$l_0 = \beta_H \beta_a \mu h \quad (4.4.10)$$

式中：μ——立杆计算长度系数，应按本规范附录B表B-3或表B-4取值。

β_a——扫地杆高度与悬臂长度修正系数，应按本规范附录B表B-5或表B-6取值。

β_H——高度修正系数，应按表4.4.10取值。

表4.4.10 单元框架计算长度的高度修正系数 β_H

H	5	10	20	30	40
β_H	1.00	1.11	1.16	1.19	1.22

4.4.11 有剪刀撑框架式支撑结构和桁架式支撑结构的单元桁架在进行局部稳定性验算时，立杆计算长度

(l_0) 应按下式计算：

$$l_0 = (1+2\alpha)h \quad (4.4.11)$$

式中：α —— 为 α_1、α_2 中的较大值；
　　　α_1 —— 扫地杆高度 h_1 与步距 h 之比；
　　　α_2 —— 悬臂长度 h_2 与步距 h 之比。

4.4.12 有剪刀撑框架式支撑结构当单元框架进行加密时（图 4.4.12），加密区立杆的稳定系数（φ'）应按下列公式计算：

1 立杆步距不加密时：

$$\varphi' = 0.8\varphi \quad (4.4.12-1)$$

2 立杆步距加密时：

$$\varphi' = 1.2\varphi \quad (4.4.12-2)$$

式中：φ —— 未加密时立杆的稳定系数；
　　　φ' —— 加密区立杆的稳定系数。

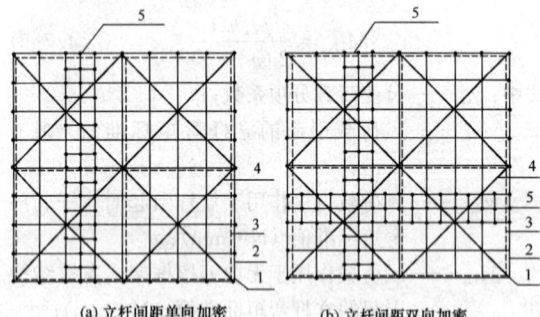

图 4.4.12 有剪刀撑框架式
支撑结构的立杆加密平面图
1—立杆；2—水平杆；3—竖向剪刀撑；
4—水平剪刀撑；5—加密区

4.4.13 桁架式支撑结构中的单元桁架整体稳定性验算应按下列公式计算：

1 不组合风荷载时：

$$\frac{\overline{N}}{\overline{\varphi}\,\overline{A}} \leqslant f \quad (4.4.13-1)$$

2 组合风荷载时：

$$\frac{\overline{N}}{\overline{\varphi}\,\overline{A}} + \frac{\overline{M}}{\overline{W}\left(1 - 1.1\overline{\varphi}\dfrac{\overline{N}}{\overline{N}'_E}\right)} \leqslant f \quad (4.4.13-2)$$

其中

$$\overline{N} = 4N \quad (4.4.13-3)$$

$$\overline{M} = \gamma_Q \frac{2 p_{wk} l_b H^2}{B} \quad (4.4.13-4)$$

式中：$\overline{N}$ —— 单元桁架的轴力设计值（N）；
　　　$\overline{\varphi}$ —— 单元桁架的稳定系数，应根据等效长细比 $\overline{\lambda}$ 按本规范附录 A 取值；
　　　$\overline{A}$ —— 单元桁架的等效截面积（mm²），$\overline{A} = 4A$；

　　　$\overline{M}$ —— 单元桁架的弯矩设计值（N·mm）；
　　　$\overline{W}$ —— 单元桁架的等效截面模量（mm³），$\overline{W} = 2Al_{min}$；
　　　$\overline{N}'_E$ —— 单元桁架的欧拉临界力（N），$\overline{N}'_E = \dfrac{\pi^2 E \overline{A}}{\overline{\lambda}^2}$；
　　　N —— 立杆轴力设计值（N），应按本规范公式（4.4.5-1）计算；
　　　$\overline{\lambda}$ —— 单元桁架的等效长细比，$\overline{\lambda} = 2H/\overline{i}$；
　　　$\overline{i}$ —— 单元桁架的等效截面回转半径（mm），$\overline{i} = l_{min}/2$；
　　　l_{min} —— 立杆纵向间距 l_a、横向间距 l_b 中的较小值（mm）。

4.5 支撑结构抗倾覆验算

4.5.1 抗倾覆验算应符合下式要求：

$$\frac{H}{B} \leqslant 0.54 \frac{g_k}{w_k} \quad (4.5.1)$$

式中：g_k —— 支撑结构自重标准值与受风面积的比值（N/mm²），$g_k = \dfrac{G_{2K}}{LH}$；
　　　G_{2K} —— 支撑结构自重标准值（N）；
　　　L —— 支撑结构纵向长度（mm）；
　　　B —— 支撑结构横向宽度（mm）；
　　　H —— 支撑结构高度（mm）；
　　　w_k —— 风荷载标准值（N/mm²），应按本规范第 4.2.5 条计算。

4.5.2 符合下列情况之一时，可不进行支撑结构的抗倾覆验算：

1 支撑结构与既有结构有可靠连接时；

2 支撑结构高度（H）小于或等于支撑结构横向宽度（B）的 3 倍时。

4.6 地基承载力验算

4.6.1 支撑结构立杆基础底面的平均压力应符合下式要求：

$$p \leqslant f_g \quad (4.6.1)$$

式中：p —— 立杆基础底面的平均压力设计值（N/mm²），$p = \dfrac{N}{A_g}$；
　　　N —— 支撑结构传至立杆基础底面的轴力设计值（N）；
　　　f_g —— 地基承载力设计值（N/mm²）；
　　　A_g —— 立杆基础底面积（mm²）。

4.6.2 支撑结构地基承载力应符合下列规定：

1 支承于地基土上时，地基承载力设计值应按下式计算：

$$f_g = k_c f_{ak} \quad (4.6.2)$$

式中：f_{ak}——地基承载力特征值。岩石、碎石土、砂土、粉土、黏性土及回填土地基的承载力特征值，应按现行国家标准《建筑地基基础设计规范》GB 50007的规定确定；

k_c——支撑结构的地基承载力调整系数，宜按表4.6.2确定。

表4.6.2 地基承载力调整系数 k_c

地基类别	岩石，混凝土	黏性土、粉土	碎石土、砂土、回填土
k_c	1.0	0.5	0.4

2 当支承于结构构件上时，应按现行国家标准《混凝土结构设计规范》GB 50010 或《钢结构设计规范》GB 50017 的有关规定对结构构件承载能力和变形进行验算。

4.6.3 立杆基础底面积（A_g）的计算应符合下列规定：

1 当立杆下设底座时，立杆基础底面积（A_g）取底座面积；

2 当在夯实整平的原状土或回填土上的立杆，其下铺设厚度为50mm～60mm、宽度不小于200mm 的木垫板或木脚手板时，立杆基础底面积可按下式计算：

$$A_g = ab \quad (4.6.3)$$

式中：A_g——立杆基础底面积（mm^2），不宜超过 $0.3m^2$；

a——木垫板或木脚手板宽度（mm）；

b——沿木垫板或木脚手板铺设方向的相邻立杆间距（mm）。

5 构造要求

5.1 一般规定

5.1.1 支撑结构搭设高度宜符合下列规定：

1 框架式支撑结构搭设高度不宜大于40m；当搭设高度大于40m时，应另行设计；

2 桁架式支撑结构搭设高度不宜大于50m；当搭设高度大于50m时，应另行设计。

5.1.2 支撑结构的地基应符合下列规定：

1 搭设场地应坚实、平整，并应有排水措施；

2 支撑在地基土上的立杆下应设具有足够强度和支撑面积的垫板；

3 混凝土结构层上宜设可调底座或垫板；

4 对承载力不足的地基土或楼板，应进行加固处理；

5 对冻胀性土层，应有防冻胀措施；

6 湿陷性黄土、膨胀土、软土应有防水措施。

5.1.3 立杆宜符合下列规定：

1 起步立杆宜采用不同长度立杆交错布置；

2 立杆的接头宜采用对接。

5.1.4 支撑结构应设置纵向和横向扫地杆，且宜符合下列规定：

1 对扣件式支撑结构，扫地杆高度（h_1）不宜超过200mm；

2 对碗扣式支撑结构，扫地杆高度（h_1）不宜超过350mm；

3 对承插式支撑结构，扫地杆高度（h_1）不宜超过550mm。

5.1.5 支撑结构顶端可调托撑伸出顶层水平杆的悬臂长度（h_2）应符合下列规定：

1 悬臂长度（h_2）不宜大于500mm；

2 可调托撑螺杆伸出长度不应超过300mm，插入立杆内的长度不应小于150mm（图5.1.5）；

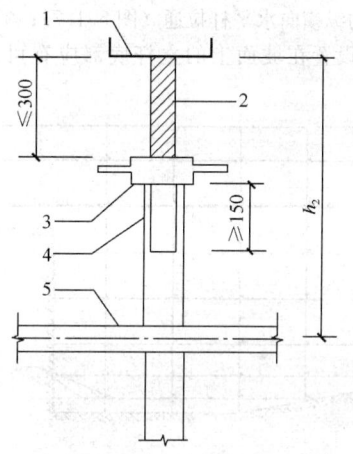

图5.1.5 可调托座伸出立杆顶层水平杆的悬臂长度
1—可调托座；2—螺杆；3—调节螺母；
4—立杆；5—顶层水平杆

3 可调托撑螺杆外径与立杆钢管内径的间隙不宜大于3mm，安装时上下应同轴；

4 可调托撑上的主龙骨（支撑梁）应居中。

5.1.6 当有既有结构时，支撑结构应与既有结构可靠连接，并宜符合下列规定：

1 竖向连接间隔不宜超过2步，优先布置在水平剪刀撑或水平斜杆层处；

2 水平方向连接间隔不宜超过8m；

3 附柱（墙）拉结杆件距支撑结构主节点宜不大于300mm；

4 当遇柱时，宜采用抱柱连接措施（图5.1.6）。

5.1.7 在坡道、台阶、坑槽和凸台等部位的支撑结构，应符合下列规定：

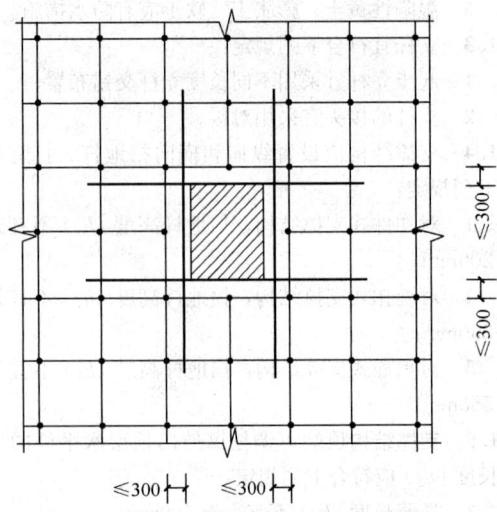

图 5.1.6 抱柱连接措施

1 支撑结构地基高差变化时，在高处扫地杆应与此处的纵横向水平杆拉通（图 5.1.7）；

2 设置在坡面上的立杆底部应有可靠的固定措施。

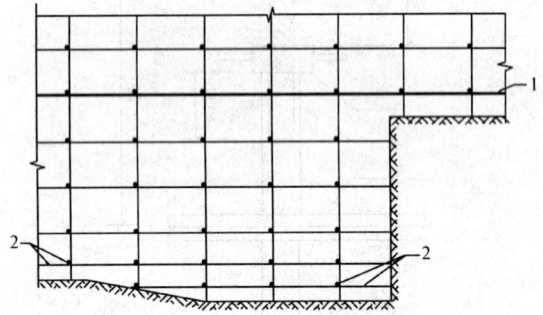

图 5.1.7 不同标高扫地杆布置图
1—拉通扫地杆；2—扫地杆

5.1.8 当支撑结构高宽比大于 3，且四周无可靠连接时，宜在支撑结构上对称设置缆风绳或采取其他防止倾覆的措施。

5.1.9 支撑结构应采取防雷接地措施，并应符合国家相关标准的规定。

5.2 框架式支撑结构构造

5.2.1 竖向剪刀撑布置应符合下列规定：

1 框架式支撑结构应在纵向、横向分别布置竖向剪刀撑（图 5.2.1），剪刀撑布置宜均匀对称。竖向剪刀撑间隔不应大于 6 跨，每个剪刀撑的跨数不应超过 6 跨，剪刀撑倾斜角度宜在 45°～60°之间，支撑结构外围应设置连续封闭的剪刀撑；

2 竖向剪刀撑两个方向的斜杆宜分别设置在立杆的两侧，底端应与地面顶紧；

3 竖向剪刀撑应采用旋转扣件固定在与之相交的立杆或水平杆上，旋转扣件中心宜靠近主节点。

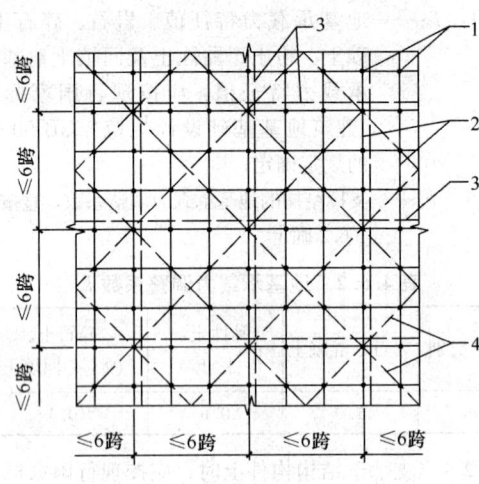

(a) 平面图

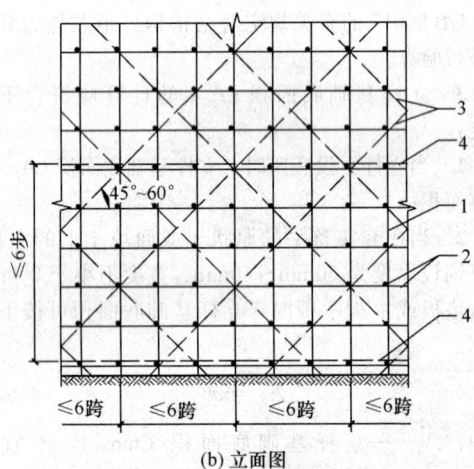

(b) 立面图

图 5.2.1 有剪刀撑框架式支撑
结构的剪刀撑布置图
1—立杆；2—水平杆；
3—竖向剪刀撑；4—水平剪刀撑

5.2.2 水平剪刀撑布置应符合下列规定：

1 水平剪刀撑间隔层数不应大于 6 步；

2 顶层应设置水平剪刀撑；

3 扫地杆层宜设置水平剪刀撑；

4 水平剪刀撑应采用旋转扣件固定在与之相交的立杆或水平杆上。

5.2.3 剪刀撑接长时应采用搭接，搭接长度不应小于 800mm，并应等距离设置不少于 2 个旋转扣件，且两端扣件应在离杆端不小于 100mm 处固定。

5.2.4 当同时满足下列规定时，可采用无剪刀撑框架式支撑结构：

1 搭设高度在 5m 以下；

2 被支撑结构自重的荷载标准值小于 5kPa；

3 支撑结构支承于坚实均匀地基土或结构层上；

4 支撑结构与既有结构有可靠连接。

5.2.5 纵横水平杆均应与立杆连接，其连接点间距不应大于 150mm。

5.2.6 当承受荷载较大,立杆需加密时,加密区的水平杆应向非加密区延伸至少两跨(图5.2.6)。

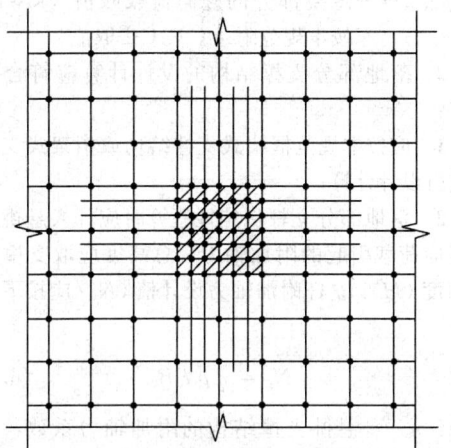

图5.2.6 支撑结构加密区立杆布置平面图

5.2.7 支撑结构非加密区立杆、水平杆间距应与加密区间距互为倍数(图5.2.7)。

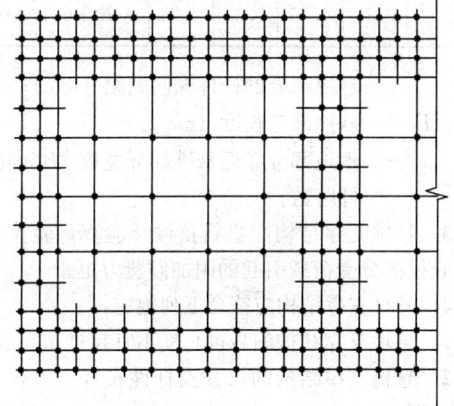

图5.2.7 支撑结构不同立杆间距布置平面图

5.3 桁架式支撑结构构造

5.3.1 单元桁架的竖向斜杆布置可采用对称式和螺旋式(图5.3.1),且应在单元桁架各面满布。水平斜杆宜间隔(2~3)步布置一道,底层及顶层应布置水平斜杆。

5.3.2 桁架式支撑结构的单元桁架组合方式可采用矩阵形或梅花形(图5.3.2),单元桁架之间的每个节点应通过水平杆连接。

5.3.3 桁架式支撑结构的斜杆布置(图5.3.3)应符合下列规定:

 1 外立面应满布竖向斜杆(图5.3.3a);

 2 支撑结构周边应布置封闭的水平斜杆(图5.3.3b),其间隔不应超过6步;

 3 顶层应满布水平斜杆;

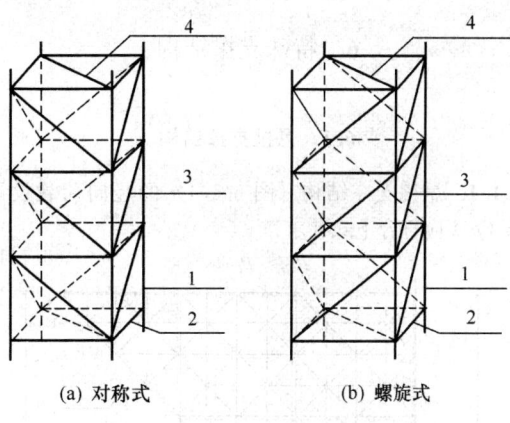

图5.3.1 单元桁架斜杆布置立面图
1—立杆;2—水平杆;3—竖向斜杆;4—水平斜杆

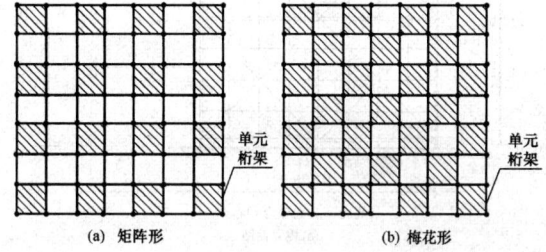

图5.3.2 单元桁架组合方式布置平面图

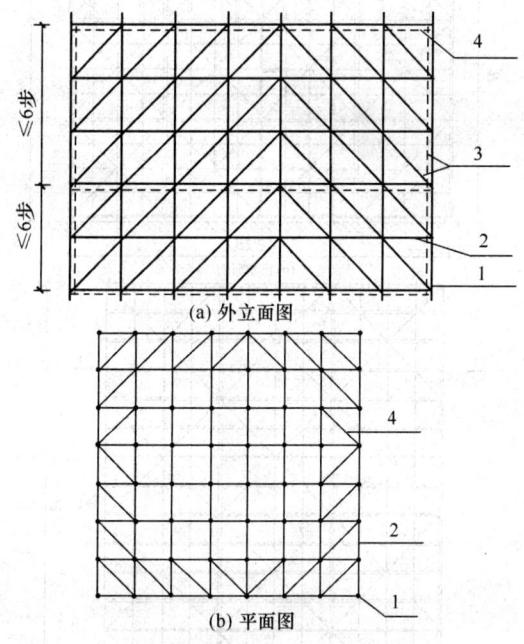

图5.3.3 桁架式支撑结构斜杆布置图
1—立杆;2—水平杆;3—竖向斜杆;4—水平斜杆

 4 扫地杆层宜满布水平斜杆。

5.3.4 承插式支撑结构顶层和扫地杆层的步距宜比标准步距缩小一个盘扣间距。

6 特殊支撑结构

6.1 悬挑支撑结构

6.1.1 悬挑支撑结构（图6.1.1）的竖向荷载设计值（p_t）应符合下式要求：

$$p_t \leqslant p_{t,\max} \quad (6.1.1)$$

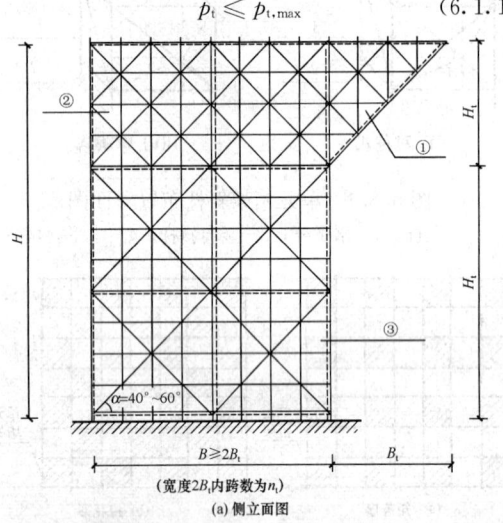

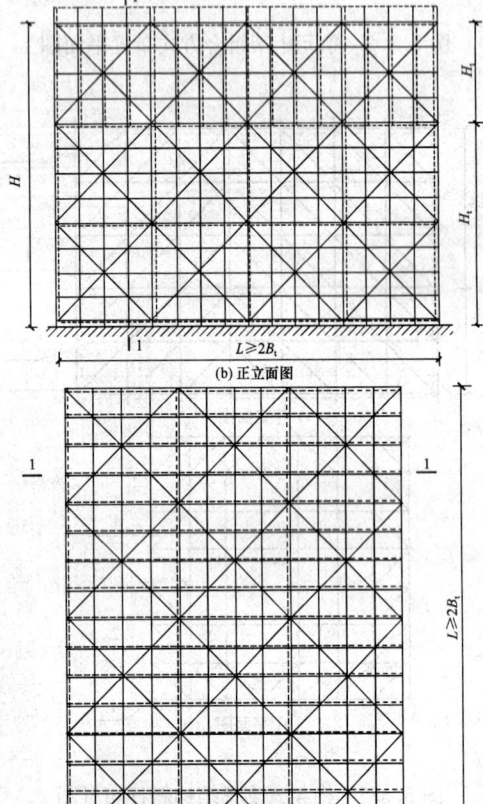

图6.1.1 悬挑支撑结构示意图（二）
①—悬挑部分；②—平衡段；③—落地部分
注：虚线表示垂直于图面的剪刀撑或斜杆。

式中：p_t——悬挑部分的竖向荷载设计值（含悬挑部分自重）（kN/m²）；
$p_{t,\max}$——悬挑部分的竖向荷载限值（kN/m²），按本规范附录C表C-1取值。

6.1.2 落地部分支撑结构的设计计算应符合下列规定：
 1 应按本规范框架式支撑结构或桁架式支撑结构进行设计计算；
 2 落地部分立杆稳定性验算时应计入悬挑部分受竖向荷载引起的附加轴力，总高度应取支撑结构的高度（H）。立杆附加轴力设计值（N_t）应按下式计算：

$$N_t = \eta_t p_t l_a B_t \quad (6.1.2)$$

式中：η_t——悬挑支撑结构的附加轴力系数，按表6.1.2取值；

表6.1.2 悬挑支撑结构的附加轴力系数（η_t）

n_t	4	8	12	16	20	24	28
η_t	0.75	0.45	0.32	0.25	0.20	0.17	0.15

 l_a——悬挑部分的杆件纵向间距（mm）；
 B_t——悬挑部分长度（mm）；
 n_t——落地部分靠近悬挑部分宽度$2B_t$内的立杆跨数。

6.1.3 悬挑支撑结构应进行抗倾覆验算，验算时应计入悬挑部分受荷载引起的附加倾覆力矩。

6.1.4 悬挑支撑结构应符合下列规定：
 1 悬挑支撑结构的悬挑长度不宜超过4.8m；
 2 悬挑支撑结构的尺寸及杆件布置应符合下列规定（图6.1.1）：
  1）落地部分宽度（B）不应小于悬挑长度（B_t）的两倍；
  2）支撑结构纵向长度（L）不应小于悬挑长度（B_t）的两倍；
  3）竖向剪刀撑（或斜杆）与地面夹角宜为40°～60°。
 3 落地部分应满足框架式或桁架式支撑结构的构造要求；
 4 平衡段除应满足框架式或桁架式支撑结构的构造要求外，还应增设剪刀撑或斜杆，使沿悬挑方向的每排杆件形成桁架（图6.1.4）。平衡段的顶层与底层应设置水平剪刀撑或满布水平斜杆；
 5 悬挑部分沿悬挑方向的每排杆件应形成桁架。悬挑部分顶层及悬挑斜面应设置剪刀撑或满布斜杆；
 6 悬挑部分的竖向斜杆倾角宜为40°～60°；
 7 悬挑部分不宜使用扣件传力；
 8 使用前宜进行载荷试验。

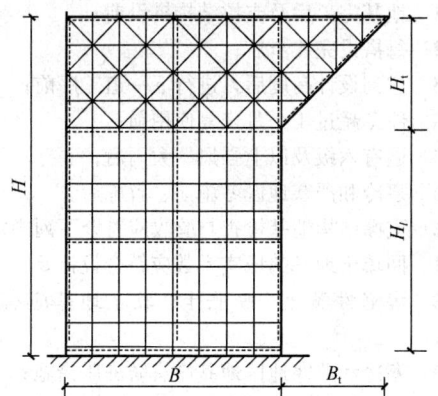

图 6.1.4 悬挑支撑结构剖面图（1-1）

6.2 跨空支撑结构

6.2.1 跨空支撑结构（图 6.2.1）的竖向荷载设计值（p_s）应符合下式要求：

$$p_s \leqslant p_{s,max} \quad (6.2.1)$$

式中：p_s——跨空部分的竖向荷载设计值（含跨空部分自重）（kN/m^2）；

$p_{s,max}$——跨空部分的竖向荷载限值（kN/m^2），按本规范附录 C 表 C-2 取值。

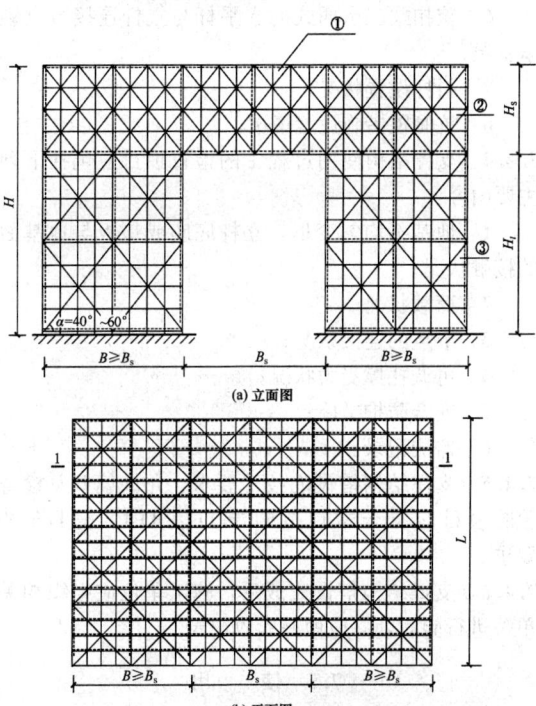

图 6.2.1 跨空支撑结构示意图
①—跨空部分；②—平衡段；③—落地部分
注：虚线表示垂直于图面的剪刀撑或斜杆

6.2.2 落地部分支撑结构的设计计算应符合下列规定：

1 应按本规范框架式支撑结构或桁架式支撑结构进行设计计算；

2 落地部分立杆稳定性验算时应计入跨空部分受竖向荷载引起的附加轴力，总高度应取支撑结构的高度 H。立杆附加轴力设计值（N_s）应按下式计算：

$$N_s = \eta_s p_s l_a B_s \quad (6.2.2)$$

式中：η_s——跨空支撑结构的附加轴力系数，按表 6.2.2 取值；

表 6.2.2 跨空支撑结构的附加轴力系数 η_s

n_s	4	8	12	16	20	24	28
η_s	0.33	0.20	0.14	0.11	0.09	0.08	0.07

l_a——跨空部分的杆件纵向间距（mm）；
B_s——跨空部分跨度（mm）；
n_s——落地部分靠近跨空部分宽度 B_s 内的立杆跨数。

6.2.3 跨空支撑结构应符合下列规定：

1 跨空支撑结构的跨空跨度不宜超过 9.6m；

2 跨空支撑结构的尺寸及杆件布置应符合下列规定（图 6.2.1）：

1）落地部分宽度（B）不应小于跨空跨度（B_s）；

2）竖向剪刀撑（或斜杆）与地面夹角宜为 40°～60°。

3 落地部分应满足框架式或桁架式支撑结构的构造要求；

4 平衡段除应满足框架式或桁架式支撑结构的构造要求外，还应增设剪刀撑或斜杆，使沿跨空方向的每排杆件形成桁架（图 6.2.3）。平衡段的顶层与底层应设置水平剪刀撑或满布水平斜杆；

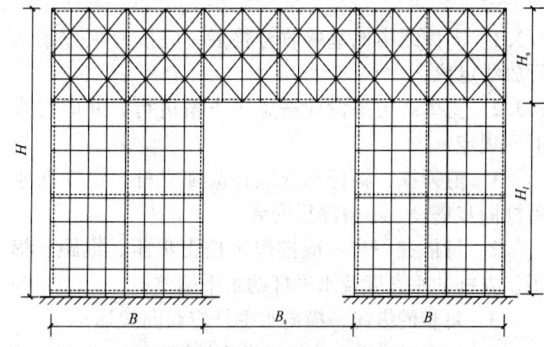

图 6.2.3 跨空支撑结构剖面图（1-1）

5 跨空部分应沿跨空方向的每排杆件形成桁架。跨空部分顶层与底层应设置水平剪刀撑或满布水平斜杆；

6 悬挑部分的竖向斜杆倾角宜为 40°～60°；

7 跨空部分不宜使用扣件传力；

8 使用前宜进行载荷试验。

7 施 工

7.1 一般规定

7.1.1 支撑结构严禁与起重机械设备、施工脚手架等连接。

7.1.2 当有下列条件之一时，宜对支撑结构进行预压或监测：
 1 承受重载或设计有特殊要求时；
 2 特殊支撑结构或需了解其内力和变形时；
 3 地基为不良的地质条件时；
 4 跨空和悬挑支撑结构；
 5 其他认为危险性大的重要临时支撑结构。

7.1.3 **支撑结构使用过程中，严禁拆除构配件。**

7.1.4 支撑结构搭设和拆除应设专人负责监督检查。特种作业人员应取得相应资格证书，持证上岗。

7.1.5 当有六级及以上强风、浓雾、雨或雪天气时，应停止支撑结构的搭设、使用及拆除作业。

7.1.6 材料检查与验收应符合本规范附录D表D-1、表D-2、表D-3的要求。

7.2 施工准备

7.2.1 支撑结构专项施工方案应包括：工程概况、编制依据、施工计划、施工工艺、施工安全保证措施、劳动力计划、计算书及相关图纸等。

7.2.2 应清除搭设场地障碍物，对承载力不足的地基土或楼板应进行加固处理。

7.2.3 施工现场内各种支撑结构材料应按施工平面图统一布置，堆放场地不得有积水。

7.3 搭 设

7.3.1 支撑结构地基验收合格后，应按专项方案进行放线定位。

7.3.2 支撑结构搭设应按施工方案进行，并应符合下列规定：
 1 剪刀撑、斜杆与连墙件应随立杆、纵横向水平杆同步搭设，不得滞后安装；
 2 每搭完一步，应按规定校正步距、纵距、横距、立杆的垂直度及水平杆的水平偏差；
 3 每步的纵向、横向水平应双向拉通；
 4 在多层楼板上连续搭设支撑结构时，上下层支撑立杆宜对准。

7.3.3 当支撑结构搭设过程中临时停工，应采取安全稳固措施。

7.3.4 支撑结构作业面应铺设脚手板，并应设置防护措施。

7.4 检查与验收

7.4.1 支撑结构在下列阶段应进行检查与验收：
 1 地基完工后及支撑结构搭设前；
 2 每搭设完4步后；
 3 达到设计高度后，进行下一道工序前；
 4 停工超过1个月恢复使用前；
 5 遇有六级及以上强风、大雨后；
 6 寒冷和严寒地区冬施前、解冻后。

7.4.2 支撑结构地基检查与验收应符合下列规定：
 1 回填土地基的压实系数应符合设计要求；
 2 湿陷性黄土、膨胀土、软土地基应有防水措施；
 3 寒冷和严寒地区地基应有防冻胀措施；
 4 当支撑结构直接搭设在碎石土、砂土、粉土、黏性土及回填土地基表面时，应将地基表面整平、夯实，并应做好排水措施。

7.4.3 支撑结构搭设完毕、使用前检查项目应包括下列主要内容：
 1 地基不均匀变形，立杆底座或垫板与地基面的接触状况；
 2 可调托撑受力状况；
 3 安全防护措施；
 4 防雷接地；
 5 扣件拧紧力矩；
 6 碗扣式、承插式的水平杆与立杆连接节点锁紧状况；
 7 斜杆设置状况；
 8 抗倾覆措施设置情况。

7.4.4 支撑结构使用过程中的检查项目应包括下列主要内容：
 1 地基不均匀变形，立杆底座或垫板与地基面的接触状况；
 2 荷载状况；
 3 节点的连接状况；
 4 可调托撑受力状况；
 5 安全防护措施；
 6 监测记录。

7.4.5 支撑结构搭设的技术要求、允许偏差及检查验收项目应符合本规范附录D表D-4、表D-5的要求。

7.4.6 支撑结构搭设完成后，施工单位应组织相关单位进行验收，并应做好验收记录。

7.5 使 用

7.5.1 支撑结构使用中构造或用途发生变化时，必须重新对施工方案进行设计和审批。

7.5.2 在沟槽开挖等影响支撑结构地基与地基的安全时，必须对其采取加固措施。

7.5.3 在支撑结构上进行施焊作业时，必须有防火措施。

7.5.4 支撑结构搭设和使用阶段的安全防护措施，

应符合施工现场安全管理相关规定。

7.6 拆　　除

7.6.1 支撑结构拆除应按专项施工方案确定的方法和顺序进行。

7.6.2 支撑结构的拆除应符合下列规定：
　　1 拆除作业前，应先对支撑结构的稳定性进行检查确认；
　　2 拆除作业应分层、分段，由上至下顺序拆除；
　　3 当只拆除部分支撑结构时，拆除前应对不拆除支撑结构进行加固，确保稳定；
　　4 对多层支撑结构，当楼层结构不能满足承载要求时，严禁拆除下层支撑；
　　5 严禁抛掷拆除的构配件；
　　6 对设有缆风绳的支撑结构，缆风绳应对称拆除；
　　7 有六级及以上强风或雨、雪时，应停止作业。

7.6.3 在暂停拆除施工时，应采取临时固定措施，已拆除和松开的构配件应妥善放置。

7.7 安全管理

7.7.1 支撑结构操作人员应佩带安全防护用品。

7.7.2 支撑结构作业层上的施工荷载不得超过设计允许荷载。

7.7.3 支撑结构的防护措施应齐全、牢固、有效。

7.7.4 支撑结构在使用过程中，应设专人监护施工，当发现异常情况，应立即停止施工，并应迅速撤离作业面上的人员，启动应急预案。排除险情后，方可继续施工。

7.7.5 模板支撑结构拆除前，项目技术负责人、项目总监理工程师应核查混凝土同条件试块强度报告，达到拆模强度后方可拆除，并履行拆模审批签字手续。

7.7.6 支撑结构搭设和拆除过程中，地面应设置围栏和警戒标志，派专人看守，严禁非操作人员进入作业范围。

7.7.7 支撑结构与架空输电线应保持安全距离，接地防雷措施等应符合现行行业标准《施工现场临时用电安全技术规范》JGJ 46 的有关规定。

8 监　　测

8.0.1 支撑结构应按有关规定编制监测方案，包括测点布置、监测方法、监测人员及主要仪器设备、监测频率和监测报警值。

8.0.2 监测的内容应包括支撑结构的位移监测和内力监测。

8.0.3 位移监测点的布置可分为基准点和位移监测点。其布设应符合下列规定：
　　1 每个支撑结构应设基准点；
　　2 在支撑结构的顶层、底层及每 5 步设置位移监测点；
　　3 监测点应设在角部和四边的中部位置。

8.0.4 当支撑结构需进行内力监测时，其测点布设宜符合下列规定：
　　1 单元框架或单元桁架中受力大的立杆宜布置测点；
　　2 单元框架或单元桁架的角部立杆宜布置测点；
　　3 高度区间内测点数量不应少于 3 个。

8.0.5 监测设备应符合下列规定：
　　1 应满足观测精度和量程的要求；
　　2 应具有良好的稳定性和可靠性；
　　3 应经过校准或标定，且校核记录和标定资料齐全，并应在规定的校准有效期内；
　　4 应减少现场线路布置布线长度，不得影响现场施工正常进行。

8.0.6 监测点应稳固、明显，应设监测装置和监测点的保护措施。

8.0.7 监测项目的监测频率应根据支撑结构规模、周边环境、自然条件、施工阶段等因素确定。位移监测频率不应少于每日 1 次，内力监测频率不应少于 2 小时 1 次。监测数据变化量较大或速率加快时，应提高监测频率。

8.0.8 当出现下列情况之一时，应立即启动安全应急预案：
　　1 监测数据达到报警值时；
　　2 支撑结构的荷载突然发生意外变化时；
　　3 周边场地出现突然较大沉降或严重开裂的异常变化时。

8.0.9 监测报警值应采用监测项目的累计变化量和变化速率值进行控制，并应满足表 8.0.9 规定。

表 8.0.9　监测报警值

监测指标	限　值
内力	设计计算值
	近 3 次读数平均值的 1.5 倍
位移	水平位移量：$H/300$
	近 3 次读数平均值的 1.5 倍

注：H 为支撑结构高度。

8.0.10 监测资料宜包括监测方案、内力及变形记录、监测分析及结论。

附录 A 轴心受压构件的稳定系数

表 A-1 Q235 钢管轴心受压构件的稳定系数 φ

λ	0	1	2	3	4	5	6	7	8	9
0	1.000	0.997	0.995	0.992	0.989	0.987	0.984	0.981	0.979	0.976
10	0.974	0.971	0.968	0.966	0.963	0.960	0.958	0.955	0.952	0.949
20	0.947	0.944	0.941	0.938	0.936	0.933	0.930	0.927	0.924	0.921
30	0.918	0.915	0.912	0.909	0.906	0.903	0.899	0.896	0.893	0.889
40	0.886	0.882	0.879	0.875	0.872	0.868	0.864	0.861	0.858	0.855
50	0.852	0.849	0.846	0.843	0.839	0.836	0.832	0.829	0.825	0.822
60	0.818	0.814	0.810	0.806	0.802	0.797	0.793	0.789	0.784	0.779
70	0.775	0.770	0.765	0.760	0.755	0.750	0.744	0.739	0.733	0.728
80	0.722	0.716	0.710	0.704	0.698	0.692	0.686	0.680	0.673	0.667
90	0.661	0.654	0.648	0.641	0.634	0.626	0.618	0.611	0.603	0.595
100	0.588	0.580	0.573	0.566	0.558	0.551	0.544	0.537	0.530	0.523
110	0.516	0.509	0.502	0.496	0.489	0.483	0.476	0.470	0.464	0.458
120	0.452	0.446	0.440	0.434	0.428	0.423	0.417	0.412	0.406	0.401
130	0.396	0.391	0.386	0.381	0.376	0.371	0.367	0.362	0.357	0.353
140	0.349	0.344	0.340	0.336	0.332	0.328	0.324	0.320	0.316	0.312
150	0.308	0.305	0.301	0.298	0.294	0.291	0.287	0.284	0.281	0.277
160	0.274	0.271	0.268	0.265	0.262	0.259	0.256	0.253	0.251	0.248
170	0.245	0.243	0.240	0.237	0.235	0.232	0.230	0.227	0.225	0.223
180	0.220	0.218	0.216	0.214	0.211	0.209	0.207	0.205	0.203	0.201
190	0.199	0.197	0.195	0.193	0.191	0.189	0.188	0.186	0.184	0.182
200	0.180	0.179	0.177	0.175	0.174	0.172	0.171	0.169	0.167	0.166
210	0.164	0.163	0.161	0.160	0.159	0.157	0.156	0.154	0.153	0.152
220	0.150	0.149	0.148	0.146	0.145	0.144	0.143	0.141	0.140	0.139
230	0.138	0.137	0.136	0.135	0.133	0.132	0.131	0.130	0.129	0.128
240	0.127	0.126	0.125	0.124	0.123	0.122	0.121	0.120	0.119	0.118
250	0.117	—	—	—	—	—	—	—	—	—

注：当 $\lambda > 250$ 时，$\varphi = \dfrac{7320}{\lambda^2}$。

表 A-2 Q345 钢管轴心受压构件的稳定系数 φ

λ	0	1	2	3	4	5	6	7	8	9
0	1.000	0.997	0.994	0.991	0.988	0.985	0.982	0.979	0.976	0.973
10	0.971	0.968	0.965	0.962	0.959	0.956	0.952	0.949	0.946	0.943
20	0.940	0.937	0.934	0.930	0.927	0.924	0.920	0.917	0.913	0.909
30	0.906	0.902	0.898	0.894	0.890	0.886	0.882	0.878	0.874	0.870
40	0.867	0.864	0.860	0.857	0.853	0.849	0.845	0.841	0.837	0.833
50	0.829	0.824	0.819	0.815	0.810	0.805	0.800	0.794	0.789	0.783

续表 A-2

λ	0	1	2	3	4	5	6	7	8	9
60	0.777	0.771	0.765	0.759	0.752	0.746	0.739	0.732	0.725	0.718
70	0.710	0.703	0.695	0.688	0.680	0.672	0.664	0.656	0.648	0.640
80	0.632	0.623	0.615	0.607	0.599	0.591	0.583	0.574	0.566	0.558
90	0.550	0.542	0.535	0.527	0.519	0.512	0.504	0.497	0.489	0.482
100	0.475	0.467	0.46	0.452	0.445	0.438	0.431	0.424	0.418	0.411
110	0.405	0.398	0.392	0.386	0.380	0.375	0.369	0.363	0.358	0.352
120	0.347	0.342	0.337	0.332	0.327	0.322	0.318	0.313	0.309	0.304
130	0.300	0.296	0.292	0.288	0.284	0.280	0.276	0.272	0.269	0.265
140	0.261	0.258	0.255	0.251	0.248	0.245	0.242	0.238	0.235	0.232
150	0.229	0.227	0.224	0.221	0.218	0.216	0.213	0.210	0.208	0.205
160	0.203	0.201	0.198	0.196	0.194	0.191	0.189	0.187	0.185	0.183
170	0.181	0.179	0.177	0.175	0.173	0.171	0.169	0.167	0.165	0.163
180	0.162	0.160	0.158	0.157	0.155	0.153	0.152	0.150	0.149	0.147
190	0.146	0.144	0.143	0.141	0.140	0.138	0.137	0.136	0.134	0.133
200	0.132	0.130	0.129	0.128	0.127	0.126	0.124	0.123	0.122	0.121
210	0.120	0.119	0.118	0.116	0.115	0.114	0.113	0.112	0.111	0.110
220	0.109	0.108	0.107	0.106	0.106	0.105	0.104	0.103	0.101	0.101
230	0.100	0.099	0.098	0.098	0.097	0.096	0.095	0.094	0.094	0.093
240	0.092	0.091	0.091	0.090	0.089	0.088	0.088	0.087	0.086	0.086
250	0.085	—	—	—	—	—	—	—	—	—

附录 B 支撑结构的计算长度系数

表 B-1 无剪刀撑框架式支撑结构的计算长度系数 μ（水平杆连续）

n_z	K \ α	0.1	0.2	0.3	0.4	0.5	0.6	0.7	0.8
1	0.4	1.89	1.94	2.00	2.07	2.17	2.29	2.42	2.57
	0.6	2.17	2.24	2.32	2.41	2.52	2.63	2.77	2.91
	0.8	2.43	2.51	2.60	2.70	2.82	2.94	3.07	3.22
	1.0	2.65	2.75	2.85	2.96	3.09	3.21	3.35	3.49
	2.0	3.57	3.72	3.86	4.01	4.16	4.32	4.47	4.63
	3.0	4.30	4.48	4.65	4.82	5.01	5.18	5.36	5.53
	4.0	4.89	5.09	5.30	5.52	5.70	5.90	6.11	6.32
2	0.4	2.09	2.12	2.15	2.19	2.26	2.34	2.45	2.59
	0.6	2.42	2.46	2.50	2.56	2.63	2.71	2.82	2.94
	0.8	2.71	2.76	2.81	2.87	2.95	3.04	3.14	3.26
	1.0	2.97	3.02	3.08	3.15	3.23	3.32	3.42	3.55
	2.0	4.01	4.09	4.18	4.27	4.37	4.48	4.59	4.71
	3.0	4.83	4.93	5.03	5.15	5.26	5.38	5.50	5.64
	4.0	5.51	5.63	5.76	5.87	6.00	6.14	6.29	6.41

续表 B-1

n_z	K \ α	0.1	0.2	0.3	0.4	0.5	0.6	0.7	0.8
3	0.4	2.18	2.20	2.22	2.25	2.29	2.36	2.46	2.59
	0.6	2.53	2.56	2.59	2.62	2.68	2.74	2.84	2.95
	0.8	2.84	2.87	2.90	2.95	3.01	3.08	3.16	3.27
	1.0	3.11	3.15	3.19	3.24	3.30	3.37	3.46	3.57
	2.0	4.21	4.27	4.33	4.40	4.47	4.55	4.64	4.74
	3.0	5.07	5.14	5.21	5.30	5.38	5.47	5.57	5.68
	4.0	5.79	5.87	5.97	6.05	6.15	6.25	6.37	6.47
4	0.4	2.23	2.24	2.25	2.27	2.31	2.37	2.47	2.59
	0.6	2.60	2.61	2.63	2.66	2.70	2.76	2.85	2.95
	0.8	2.91	2.93	2.96	2.99	3.04	3.10	3.18	3.28
	1.0	3.19	3.22	3.25	3.29	3.34	3.40	3.47	3.57
	2.0	4.33	4.37	4.41	4.47	4.53	4.60	4.67	4.76
	3.0	5.21	5.26	5.32	5.38	5.45	5.53	5.61	5.70
	4.0	5.95	6.02	6.09	6.16	6.24	6.32	6.41	6.50
5	0.4	2.26	2.27	2.28	2.29	2.32	2.38	2.47	2.59
	0.6	2.63	2.64	2.66	2.68	2.72	2.77	2.85	2.95
	0.8	2.96	2.97	2.99	3.02	3.06	3.11	3.18	3.28
	1.0	3.25	3.26	3.29	3.32	3.36	3.41	3.48	3.58
	2.0	4.40	4.43	4.47	4.51	4.57	4.62	4.69	4.77
	3.0	5.30	5.34	5.39	5.44	5.50	5.56	5.63	5.72
	4.0	6.06	6.11	6.17	6.22	6.29	6.36	6.44	6.52

注：1 表中字母含义为：

　　　n_z ——立杆步数；

　　　K ——无剪刀撑框架式支撑结构的刚度比，按 $K = \dfrac{EI}{hk} + \dfrac{l_{\max}}{6h}$ 计算；

　　　E ——弹性模量（N/mm²）；

　　　I ——杆件的截面惯性矩（mm⁴）；

　　　α —— α_1、α_2 中的较大值；

　　　α_1 ——扫地杆高度 h_1 与步距 h 之比；

　　　α_2 ——悬臂长度 h_2 与步距 h 之比；

　　　$l_{\max}$ ——立杆纵向间距 l_a、横向间距 l_b 中的较大值（mm）；

　　　h ——立杆步距（mm）；

　　　k ——节点转动刚度，按表 4.1.4 取值。

　　2 当水平杆与立杆截面尺寸不同时，$K = \dfrac{EI}{hk} + \dfrac{l_{\max}}{6h} \dfrac{I}{I_1}$

　　　式中：I ——立杆的截面惯性矩（mm⁴）；

　　　　　　I_1 ——水平杆的截面惯性矩（mm⁴）。

　　3 采用扣件节点的无剪刀撑框架式支撑结构的计算长度系数 μ 可按本表计算。

表 B-2　无剪刀撑框架式支撑结构的计算长度系数 μ（水平杆不连续）

n_z	K \ α	0.1	0.2	0.3	0.4	0.5	0.6	0.7	0.8
1	0.4	1.65	1.68	1.73	1.79	1.88	2.00	2.14	2.31
	0.6	1.87	1.91	1.97	2.04	2.13	2.25	2.38	2.54
	0.8	2.06	2.12	2.19	2.27	2.36	2.48	2.61	2.75
	1	2.24	2.30	2.38	2.47	2.57	2.68	2.81	2.96
	2	2.97	3.07	3.18	3.29	3.41	3.54	3.68	3.82
	3	3.55	3.68	3.81	3.95	4.08	4.23	4.38	4.53
	4	4.05	4.20	4.35	4.50	4.66	4.82	4.98	5.14
2	0.4	1.79	1.81	1.83	1.86	1.92	2.02	2.15	2.31
	0.6	2.04	2.06	2.09	2.14	2.20	2.28	2.40	2.54
	0.8	2.26	2.29	2.33	2.37	2.44	2.52	2.63	2.76
	1	2.46	2.49	2.54	2.59	2.66	2.74	2.85	2.97
	2	3.27	3.33	3.39	3.46	3.54	3.63	3.74	3.85
	3	3.91	3.99	4.07	4.15	4.24	4.34	4.45	4.56
	4	4.47	4.55	4.64	4.74	4.84	4.95	5.06	5.18
3	0.4	1.85	1.86	1.88	1.90	1.94	2.02	2.15	2.31
	0.6	2.12	2.13	2.15	2.18	2.23	2.30	2.41	2.55
	0.8	2.35	2.37	2.39	2.42	2.47	2.54	2.64	2.77
	1	2.56	2.58	2.61	2.65	2.70	2.77	2.86	2.98
	2	3.41	3.45	3.49	3.54	3.60	3.68	3.76	3.86
	3	4.08	4.13	4.19	4.25	4.32	4.40	4.48	4.58
	4	4.66	4.72	4.78	4.85	4.93	5.01	5.10	5.20
4	0.4	1.89	1.89	1.90	1.92	1.95	2.03	2.15	2.31
	0.6	2.16	2.17	2.18	2.20	2.24	2.31	2.41	2.55
	0.8	2.40	2.41	2.43	2.45	2.49	2.55	2.65	2.77
	1	2.62	2.63	2.65	2.68	2.72	2.78	2.87	2.98
	2	3.49	3.52	3.55	3.59	3.64	3.70	3.78	3.87
	3	4.18	4.21	4.26	4.30	4.36	4.43	4.50	4.59
	4	4.77	4.81	4.86	4.92	4.98	5.05	5.12	5.21
5	0.4	1.91	1.91	1.92	1.93	1.96	2.03	2.16	2.31
	0.6	2.19	2.19	2.20	2.22	2.25	2.31	2.41	2.55
	0.8	2.43	2.44	2.45	2.47	2.50	2.56	2.65	2.77
	1	2.65	2.66	2.68	2.70	2.73	2.79	2.87	2.98
	2	3.54	3.56	3.59	3.62	3.66	3.71	3.78	3.87
	3	4.24	4.27	4.30	4.34	4.39	4.45	4.51	4.59
	4	4.84	4.87	4.91	4.96	5.01	5.07	5.14	5.22

注：1　表中字母含义与附录 B 表 B-1 相同。
　　2　当水平杆与立杆截面尺寸不同时，应按附录 B 表 B-1 注 2 计算。
　　3　本表适用于立杆横向跨数 $n_b \geqslant 5$ 的水平杆连续的无剪刀撑框架式支撑结构。
　　4　采用碗扣节点、承插节点的无剪刀撑框架式支撑结构的计算长度系数 μ 可按本表计算。

表 B-3 有剪刀撑框架式支撑结构中单元框架的计算长度系数 μ（水平杆连续）

n_x	α_x \ K	0.4	0.6	0.8	1.0	1.2	1.4	1.6
3	0.4	0.89	1.11	1.29	1.42	1.54	1.62	1.67
	0.6	0.94	1.17	1.38	1.53	1.68	1.78	1.85
	0.8	0.98	1.22	1.45	1.62	1.78	1.91	2.00
	1.0	1.01	1.25	1.50	1.68	1.86	2.00	2.11
	2.0	1.11	1.34	1.62	1.83	2.04	2.24	2.38
	3.0	1.18	1.39	1.67	1.90	2.11	2.33	2.50
	4.0	1.25	1.44	1.72	1.95	2.16	2.38	2.57
4	0.4	1.11	1.36	1.54	1.69	1.76	1.79	1.81
	0.6	1.17	1.46	1.67	1.86	1.97	2.02	2.04
	0.8	1.22	1.54	1.77	1.99	2.12	2.19	2.23
	1.0	1.25	1.59	1.84	2.09	2.24	2.33	2.38
	2.0	1.34	1.72	2.01	2.33	2.56	2.70	2.79
	3.0	1.39	1.78	2.08	2.43	2.70	2.88	3.00
	4.0	1.45	1.84	2.14	2.49	2.79	3.00	3.15
5	0.4	1.30	1.53	1.73	1.82	1.85	1.85	1.86
	0.6	1.39	1.66	1.92	2.04	2.09	2.11	2.12
	0.8	1.45	1.75	2.05	2.21	2.28	2.31	2.32
	1.0	1.50	1.83	2.16	2.34	2.43	2.47	2.49
	2.0	1.61	2.01	2.42	2.70	2.86	2.95	3.00
	3.0	1.67	2.09	2.53	2.87	3.08	3.20	3.28
	4.0	1.73	2.16	2.61	2.99	3.24	3.39	3.49
6	0.4	1.44	1.69	1.83	1.87	1.88	1.88	1.88
	0.6	1.56	1.86	2.05	2.12	2.14	2.15	2.15
	0.8	1.64	1.99	2.22	2.31	2.35	2.36	2.37
	1.0	1.70	2.08	2.35	2.47	2.52	2.54	2.54
	2.0	1.86	2.32	2.72	2.92	3.03	3.08	3.11
	3.0	1.94	2.42	2.90	3.17	3.31	3.39	3.44
	4.0	2.00	2.50	3.03	3.34	3.52	3.62	3.69

注：1 x 向定义如下：
　　① 当纵向、横向立杆间距相同时，x 向为单元框架立杆跨数大的方向；
　　② 当纵向、横向立杆间距不同时，x 向应分别取纵向、横向进行计算，μ 取计算结果的较大值。
　2 表中字母含义为：
　　n_x——单元框架的 x 向跨数；
　　K——有剪刀撑框架式支撑结构的刚度比，按 $K=\dfrac{EI}{hk}+\dfrac{l_y}{6h}$ 计算；
　　E——弹性模量（N/mm²）；
　　I——杆件的截面惯性矩（mm⁴）；
　　α_x——单元框架 x 向跨距与步距 h 之比，按 $\alpha_x=\dfrac{l_x}{h}$ 计算；
　　l_x——立杆的 x 向间距（mm）；
　　l_y——立杆的 y 向间距（mm）；
　　h——立杆步距（mm）；
　　k——节点转动刚度，按表 4.1.4 取值。
　3 当水平杆与立杆截面尺寸不同时，$K=\dfrac{EI}{hk}+\dfrac{l_y}{6h}\dfrac{I}{I_1}$，$\alpha_x=\dfrac{l_x}{h}\dfrac{I}{I_1}$
　　式中：I——立杆的截面惯性矩（mm⁴）；
　　　　　I_1——水平杆的截面惯性矩（mm⁴）。
　4 采用扣件节点的有剪刀撑框架式支撑结构的计算长度系数 μ 可按本表计算。

表 B-4　有剪刀撑框架式支撑结构中单元框架的计算长度系数 μ（水平杆不连续）

n_x	K \ α_x	0.4	0.6	0.8	1.0	1.2	1.4	1.6
3	0.4	1.40	1.46	1.49	1.51	1.52	1.53	1.54
	0.6	1.55	1.63	1.68	1.71	1.72	1.74	1.75
	0.8	1.66	1.76	1.82	1.86	1.89	1.91	1.92
	1.0	1.75	1.86	1.94	1.99	2.02	2.04	2.06
	2.0	1.96	2.13	2.25	2.33	2.40	2.44	2.48
	3.0	2.07	2.26	2.41	2.51	2.59	2.66	2.71
	4.0	2.16	2.37	2.53	2.65	2.74	2.81	2.87
4	0.4	1.52	1.57	1.60	1.61	1.61	1.61	1.61
	0.6	1.70	1.76	1.80	1.82	1.82	1.83	1.83
	0.8	1.84	1.92	1.97	1.99	2.00	2.01	2.01
	1.0	1.95	2.04	2.10	2.13	2.15	2.16	2.17
	2.0	2.24	2.39	2.49	2.55	2.60	2.63	2.65
	3.0	2.39	2.58	2.71	2.79	2.85	2.90	2.93
	4.0	2.52	2.73	2.88	2.98	3.05	3.10	3.15
5	0.4	1.59	1.63	1.66	1.67	1.67	1.67	1.67
	0.6	1.78	1.84	1.87	1.88	1.88	1.88	1.88
	0.8	1.94	2.01	2.04	2.05	2.06	2.06	2.06
	1.0	2.07	2.14	2.19	2.20	2.21	2.22	2.22
	2.0	2.43	2.56	2.64	2.68	2.71	2.73	2.75
	3.0	2.63	2.80	2.90	2.97	3.01	3.05	3.07
	4.0	2.78	2.98	3.11	3.19	3.25	3.29	3.32
6	0.4	1.63	1.67	1.73	1.74	1.74	1.74	1.74
	0.6	1.84	1.88	1.90	1.91	1.91	1.91	1.91
	0.8	2.00	2.06	2.08	2.09	2.09	2.09	2.09
	1.0	2.14	2.20	2.23	2.24	2.25	2.25	2.25
	2.0	2.55	2.67	2.73	2.76	2.78	2.80	2.81
	3.0	2.79	2.95	3.03	3.09	3.12	3.15	3.16
	4.0	2.98	3.16	3.27	3.34	3.38	3.41	3.44

注：1　x 向定义与附录 B 表 B-3 相同。
　　2　表中字母含义与附录 B 表 B-3 相同。
　　3　当水平杆与立杆截面尺寸不同时，应按附录 B 表 B-3 注 3 计算。
　　4　采用碗扣节点、承插节点的有剪刀撑框架式支撑结构的计算长度系数 μ 可按本表计算。

表 B-5　有剪刀撑框架式支撑结构的扫地杆高度与悬臂长度修正系数 β_a（水平杆连续）

n_x	α \ α_x	0.4	0.6	0.8	1.0	≥1.2
3	≤0.2	1.000	1.000	1.000	1.000	1.000
	0.4	1.280	1.188	1.105	1.077	1.065
	0.6	1.602	1.438	1.279	1.210	1.171
4	≤0.2	1.000	1.000	1.000	1.000	1.000
	0.4	1.193	1.087	1.075	1.048	1.036
	0.6	1.441	1.250	1.187	1.124	1.097
5	≤0.2	1.000	1.000	1.000	1.000	1.000
	0.4	1.121	1.074	1.046	1.037	1.031
	0.6	1.306	1.190	1.119	1.087	1.077

续表 B-5

n_x	α \ $α_x$	0.4	0.6	0.8	1.0	≥1.2
6	≤0.2	1.000	1.000	1.000	1.000	1.000
	0.4	1.085	1.056	1.033	1.033	1.031
	0.6	1.225	1.144	1.088	1.078	1.074

注：表中字母含义为：

α —— $α_1$、$α_2$ 中的较大值；

$α_1$ —— 扫地杆高度 h_1 与步距 h 之比；

$α_2$ —— 悬臂长度 h_2 与步距 h 之比；

其余字母含义与附录 B 表 B-3 相同。

表 B-6　有剪刀撑框架式支撑结构的扫地杆高度与悬臂长度修正系数 $β_a$（水平杆不连续）

α \ n_x	3	4	5	6
≤0.2	1.000	1.000	1.000	1.000
0.4	1.036	1.030	1.028	1.026
0.6	1.144	1.111	1.101	1.096

注：表中字母 α 含义与附录 B 表 B-5 相同，n_x 含义与附录 B 表 B-3 相同。

附录 C　特殊支撑结构相关设计参数

表 C-1　悬挑部分的竖向荷载限值 $p_{t,max}$

B_t (m)	$l_a × l_b$ (m×m)	$p_{t,max}$ (kN/m²)
2.4	0.6×0.6	40
	0.9×0.9	22
	1.2×1.2	14
4.8	0.6×0.6	20
	0.9×0.9	11
	1.2×1.2	7

注：1　本表适用于钢管截面尺寸为 φ48×3.5 的悬挑支撑结构。

2　表中 $p_{t,max}$ 是竖向外荷载和悬挑部分自重之和的限值。

3　本表适用于悬挑部分通过杆件直接传力的情况，不适用于通过扣件抗滑传力的情况。

4　表中字母含义为：

B_t —— 悬挑部分长度；

l_a、l_b —— 悬挑部分杆件的纵向、横向间距。

表 C-2　跨空部分的竖向荷载限值 $p_{s,max}$

B_s (m)	H_s (m)	$l_a × l_b$ (m×m)	$p_{s,max}$ (kN/m²)
4.8	1.2	0.6×0.6	17
		0.9×0.9	7
	2.4	0.6×0.6	29
		0.9×0.9	11
		1.2×1.2	6

续表 C-2

B_s (m)	H_s (m)	$l_a × l_b$ (m×m)	$p_{s,max}$ (kN/m²)
7.2	2.4	0.6×0.6	20
		0.9×0.9	7
	3.6	0.6×0.6	30
		0.9×0.9	12
		1.2×1.2	5
	4.8	0.6×0.6	42
		0.9×0.9	16
		1.2×1.2	7
9.6	3.6	0.6×0.6	24
		0.9×0.9	10
	4.8	0.6×0.6	30
		0.9×0.9	11
		1.2×1.2	5
	6	0.6×0.6	38
		0.9×0.9	14
		1.2×1.2	7

注：1　本表适用于钢管截面尺寸为 φ48×3.5 的跨空支撑结构。

2　表中 $p_{s,max}$ 是竖向外荷载和跨空部分自重之和的限值。

3　本表适用于跨空部分通过杆件直接传力的情况，不适用于通过扣件抗滑传力的情况。

4　表中字母含义为：

B_s —— 跨空部分跨度；

H_s —— 跨空部分高度；

l_a、l_b —— 跨空部分杆件的纵向、横向间距。

附录 D 附　表

表 D-1　钢管构配件检查与验收项目

项目	要　　求	抽检数量	检查方法
钢管	有产品质量合格证、性能检验报告	—	检查资料
钢管	钢管表面应平直光滑，不得有裂缝、结疤、分层、错位、硬弯、毛刺、压痕、深的划道及严重锈蚀等缺陷，严禁打孔；钢管外壁使用前必须涂刷防锈漆，钢管内壁宜涂刷防锈漆	全数	目测
钢管外径及壁厚	符合相关规范的规定	3%	游标卡尺测量
扣件	有生产许可证、质量检测报告、产品质量合格证、复试报告	—	检查资料
扣件	不允许有裂缝、变形、螺栓滑丝存在；扣件与钢管接触部位不应有氧化皮；活动部位应能灵活转动，旋转扣件两旋转面间隙应小于1mm；扣件表面应进行防锈处理	全数	目测
扣件	扣件螺栓拧紧扭力矩值不应小于40N·m，且不应大于65N·m	按表 D-2	扭力扳手
碗扣节点及套管	碗扣的铸造件表面应光滑平整，不得有砂眼、缩孔、裂纹等缺陷，表面粘砂应清除干净；冲压件不得有毛刺、裂纹、氧化皮等缺陷；碗扣的各焊缝应饱满，不得有未焊透、夹砂、咬肉、裂纹等缺陷；立杆的上碗扣应能上下串动、转动灵活，不得有卡滞现象；立杆与立杆的连接孔应能插入 ϕ10mm 连接销；安装横杆时上碗扣均能锁紧	全数	目测
碗扣节点及套管	碗扣架的立杆连接套管，其壁厚不应小于3.5mm，内径不应大于50mm，套管长度不应小于160mm，外伸长度不应小于110mm	3%	游标卡尺测量
承插节点及套管	插销外表面应与水平杆和斜杆杆端扣接头内表面吻合，插销连接应保证锤击自锁后不拔脱，抗拔力不得小于3kN	10%	榔头
承插节点及套管	插销应具有可靠放拔脱构造措施，且应设置便于目测检查楔入深度的刻痕或颜色标记	全数	目测
承插节点及套管	铸钢或钢板热锻制作的连接盘的厚度不得小于8mm，允许尺寸偏差±0.5mm；钢板冲压制作的连接盘厚度不应小于10mm，允许尺寸偏差±0.5mm；铸钢、钢板热锻或钢板冲压制作的插销厚度不应小于8mm，允许尺寸偏差应为±0.1mm	3%	游标卡尺测量
承插节点及套管	采用铸钢套管形式的立杆连接套长度不应小于90mm，可插入长度不应小于75mm；采用无缝钢管套管形式的立杆；套管内径与立杆钢管外径间隙不应大于2mm	3%	游标卡尺测量
可调底座及可调托撑	可调托撑及底座抗压承载力设计值不应小于40kN；应有产品质量合格证、质量检验报告	3‰	检查资料
可调底座及可调托撑	可调托撑螺杆外径不得小于36mm，可调托撑螺杆与螺母旋合长度不得少于5扣，螺母厚度不小于30mm；插入立杆内的长度不得小于150mm；板厚不小于5mm，变形不大于1mm；螺杆与支托板焊接要牢固，焊缝高度不小于6mm	3‰	游标卡尺、钢板尺测量

续表 D-1

项目		要　求	抽检数量	检查方法
脚手板	冲压钢脚手板	应有产品质量合格证	—	检查资料
		冲压钢脚手板板面挠曲≤12mm（l≤4m）或≤16mm（l>4m）；板面扭曲≤5mm（任一角翘起）	3%	钢板尺
		不得有裂纹、开焊与硬弯；新、旧脚手板均应涂防锈漆	全数	目测
	木脚手板	材质应符合现行国家标准《木结构设计规范》GB 50005 中Ⅱa级材质的规定；扭曲变形、劈裂、腐朽的脚手板不得使用	全数	目测
		木脚手板的宽度不宜小于200mm，厚度不应小于50mm，板厚允许偏差 −2mm	3%	钢板尺
	竹脚手板	宜采用由毛竹或楠竹制作的竹串片板、竹笆板	全数	目测
		竹串片脚手板宜采用螺栓将并列的竹片串联而成。螺栓直径宜为3mm~10mm，螺栓间距宜为500mm~600mm，螺栓离板端宜为200mm~250mm，板宽250mm，板长2000mm、2500mm、3000mm	3%	钢板尺
安全网		安全网绳不得损坏和腐朽，平支安全网宜使用锦纶安全网；密目式阻燃安全网除满足网目要求外，其锁扣间距应控制在300mm以内	全数	目测

表 D-2　扣件拧紧抽样检查数目及质量判定标准

项次	检查项目	安装扣件数量（个）	抽检数量（个）	允许不合格数
1	连接立杆与纵（横）向水平杆或剪刀撑的扣件；接长立杆、纵向水平杆或剪刀撑的扣件	51~90	5	0
		91~150	8	1
		151~280	13	1
		281~500	20	2
		501~1200	32	3
		1201~3200	50	5
2	连接横向水平杆与纵向水平杆的扣件（非主节点处）	51~90	5	1
		91~150	8	2
		151~280	13	3
		281~500	20	5
		501~1200	32	7
		1201~3200	50	10

表 D-3　构配件允许偏差

序号	项　目	允许偏差 Δ（mm）	示意图	检查工具
1	外径、壁厚	符合相关规范的规定		游标卡尺
2	钢管两端面切斜偏差	1.70		塞尺、拐角尺

续表 D-3

序号	项目		允许偏差 Δ (mm)	示意图	检查工具
3	钢管外表面锈蚀深度		≤0.18		游标卡尺
4	钢管弯曲	各种杆件钢管的端部弯曲 l≤1.5m	≤5		钢板尺
		立杆钢管弯曲 3m<l≤4m 4m<l≤6.5m	≤12 ≤20		
		水平杆、斜杆的钢管弯曲 l≤6.5m	≤30		
5	冲压钢脚手板	板面挠曲 l≤4m l>4m	≤12 ≤16		钢板尺
		板面扭曲（任一角翘起）	≤5		
6	可调托撑支托板变形		1.0		钢板尺 塞尺

表 D-4 支撑结构搭设的技术要求、允许偏差与检查方法

项次	项目		技术要求	允许偏差 Δ (mm)	示意图	检查方法与工具
1	地基基础	表面	坚实平整	—		观察
		排水	不积水	—		
		垫板	不晃动	—		
		底座	不滑动	—		
			不沉降	—10		

续表 D-4

项次	项 目		技术要求	允许偏差 Δ (mm)	示意图	检查方法与工具
2	立杆垂直度	垂直偏差	≤H/200 且≤±100			用经纬仪或吊线和卷尺
3	支撑结构间距	步距	—	±20	—	钢板尺
		立杆间距	—	±30		
4	纵向水平杆高差	一根杆的两端	—	±20		水平仪或水平尺
		同跨内两根纵向水平杆高差		±10		
5	扣件安装	主节点处各扣件中心点相互距离	≤150mm			钢板尺
		同步立杆上两个相隔对接扣件的高差	≥500mm			钢卷尺
		立杆上的对接扣件至主节点的距离	≤h/3			
		扣件螺栓拧紧扭力矩	(40~65) N·m	—	—	扭力扳手
6	剪刀撑斜杆与地面的倾角		45°~60°	—	—	角尺

注：图中 1—立杆；2—纵向或横向水平杆。

表 D-5 支撑结构检查验收项目

序号	检查项目		检查内容及要求
1	保证项目	施工方案	搭设前应编制专项施工方案，进行结构设计计算，并应按照规定进行审核、审批；按照相关规定组织专家论证
2		基础	基础应坚实、平整，承载能力应符合设计要求，并能承受全部荷载；回填土压实系数应符合设计和规范要求；立杆底部应按规范要求设置底座或垫板；纵向、横向扫地杆设置应符合规范要求；地基应采取排水设施，排水畅通；楼面上的支撑结构，应对楼面结构的承载力进行验算，必要时应对楼面结构采取加固措施

续表 D-5

序号	检查项目		检查内容及要求
3	保证项目	构造	立杆纵、横间距及步距应符合设计和规范要求； 竖向、水平剪刀撑或专用斜杆的设置应符合规范要求
4		稳定性	支撑结构应与既有结构做可靠连接； 可调托撑伸出顶层水平杆的悬臂长度应符合本规范要求； 支撑结构基础沉降、变形及内力应在允许范围内
5		施工荷载	施工荷载应在设计允许范围内； 当浇筑混凝土时，应对混凝土堆积高度进行控制
6		交底与验收	支撑结构搭设、拆除前应进行交底，并有交底记录； 搭设完毕，应按照规定组织验收
1	一般项目	杆件连接	立杆应采用对接或套接的连接方式，并应符合规范要求； 水平杆的连接应符合规范要求； 当剪刀撑斜杆搭接时，搭接长度不应小于0.8m，且不应少于2个扣件连接； 杆件节点应检查扣件的拧紧力矩、上碗扣锁紧情况、插销销紧情况、插销销入深度情况
2		底座与托撑	可调底座、托撑螺杆直径及与立杆内径间隙应符合规范要求； 可调托撑螺杆与螺母旋合长度不得少于5扣； 插入立杆内的长度不得小于150mm
3		支撑结构拆除	支撑结构拆除前应确认混凝土强度达到设计要求； 当上部结构是网架、钢桁架等，应核查其自身承载能力； 支撑结构拆除前应设置警戒区，并应设专人监护
4		安全防护	作业层应铺脚手板，并设安全平网兜底； 卸料平台、泵管、缆风绳等不能固定在支撑结构上，支撑结构与外电架空线之间的距离符合规范要求，特殊情况须采取防护措施

本规范用词说明

1 为便于在执行本规范条文时区别对待，对要求严格程度不同的用词说明如下：
　1）表示很严格，非这样做不可的：
　　正面词采用"必须"，反面词采用"严禁"；
　2）表示严格，在正常情况下均应这样做的：
　　正面词采用"应"，反面词采用"不应"或"不得"；
　3）表示允许稍有选择，在条件许可时首先应这样做的：
　　正面词采用"宜"，反面词采用"不宜"；
　4）表示有选择，在一定条件下可以这样做的，采用"可"；

2 条文中指明应按其他有关标准执行的写法为："应符合……的规定"或"应按……执行"。

引用标准名录

1 《建筑地基基础设计规范》GB 50007
2 《建筑结构荷载规范》GB 50009
3 《混凝土结构设计规范》GB 50010
4 《钢结构设计规范》GB 50017
5 《混凝土结构工程施工规范》GB 50666
6 《施工现场临时用电安全技术规范》JGJ 46

中华人民共和国行业标准

建筑施工临时支撑结构技术规范

JGJ 300—2013

条 文 说 明

制 订 说 明

《建筑施工临时支撑结构技术规范》JGJ 300-2013，经住房和城乡建设部 2013 年 6 月 24 日以第 62 号公告批准、发布。

本标准制订过程中，编制组进行了广泛的调查研究，认真总结我国工程建设工程实践经验、通过大量试验验证、参考有关国际标准和国外先进标准以及国内相关标准，并与相关标准规范相互协调的基础上，编制本规范。

为便于广大设计、施工、科研、学校等单位有关人员在使用本标准时能正确理解和执行条文规定，《建筑施工临时支撑结构技术规范》编制组按章、节、条顺序编制了本标准的条文说明，对条文规定的目的、依据以及执行中需注意的有关事项进行了说明。但是，本条文说明不具备与本规范正文同等的法律效力，仅供使用者作为理解和把握本规范规定的参考。

目　次

1　总则 …………………………………… 10—31—33
2　术语、符号 …………………………… 10—31—33
　2.1　术语 ……………………………… 10—31—33
　2.2　符号 ……………………………… 10—31—33
3　基本规定 ……………………………… 10—31—33
4　结构设计计算 ………………………… 10—31—33
　4.1　一般规定 ………………………… 10—31—33
　4.2　荷载与效应组合 ………………… 10—31—34
　4.3　水平杆设计计算 ………………… 10—31—34
　4.4　稳定性计算 ……………………… 10—31—34
　4.5　支撑结构抗倾覆验算 …………… 10—31—37
　4.6　地基承载力验算 ………………… 10—31—38
5　构造要求 ……………………………… 10—31—38
　5.1　一般规定 ………………………… 10—31—38
　5.2　框架式支撑结构构造 …………… 10—31—38
　5.3　桁架式支撑结构构造 …………… 10—31—38
6　特殊支撑结构 ………………………… 10—31—39
　6.1　悬挑支撑结构 …………………… 10—31—39
　6.2　跨空支撑结构 …………………… 10—31—39
7　施工 …………………………………… 10—31—40
　7.1　一般规定 ………………………… 10—31—40
　7.2　施工准备 ………………………… 10—31—40
　7.3　搭设 ……………………………… 10—31—40
　7.4　检查与验收 ……………………… 10—31—40
　7.5　使用 ……………………………… 10—31—40
　7.6　拆除 ……………………………… 10—31—40
　7.7　安全管理 ………………………… 10—31—40
8　监测 …………………………………… 10—31—40

1 总　　则

1.0.1 本条是建筑工程支撑结构设计和施工必须遵循的基本原则。

1.0.2 建筑工程施工搭设的支撑结构，一般由钢管及配件等组成，包括钢管扣件式支撑结构、碗扣式支撑结构及承插式支撑结构等（不含门式支撑结构）。主要用于模板支撑、安装工程支撑、物料平台支撑等。由于其构配件节点简单、安装方便等特点，在建筑工程施工中广泛应用。

1.0.3 明确了支撑结构的承载能力（强度、稳定性及抗倾覆）、刚度、构造及构配件性能除应符合本规范规定外，尚应符合其他的国家现行有关标准的规定。

2 术语、符号

本章所规定的术语和符号是按照现行国家标准《工程结构设计基本术语和通用符号》GBJ 132 规定编写的，并根据需要适当增加了一些内容，以便在本规范及今后的实施中统一概念。

2.1 术　　语

2.1.5～2.1.8 这 4 条是从结构概念出发，根据受力性能的不同，将当前建筑工程所采用的临时支撑结构划分为两种类型：框架式和桁架式支撑结构。

单元框架是有剪刀撑框架式支撑结构中的基本计算单元，如图 1 所示；单元桁架是桁架式支撑结构中的基本计算单元。

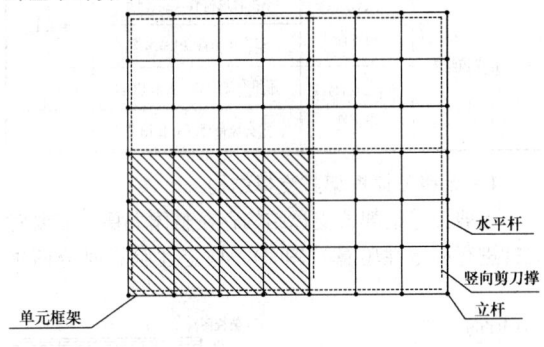

图 1　单元框架平面示意图

2.2 符　　号

本节给出了本规范有关章节中引用的 93 个符号，并分别给予了定义。

3 基本规定

3.0.1 本条规定了支撑结构的分类。

通常扣件式或碗扣式支撑结构属于框架式支撑结构，如果承插式支撑结构不设竖向斜杆也属于框架式支撑结构，扣件式、碗扣式和承插式支撑结构的节点转动刚度各不相同。

按照单元桁架构造要求设置斜杆的承插式支撑结构属于桁架式支撑结构。

3.0.2 规定了支撑结构承载能力极限状态设计和正常使用极限状态设计时应采用的荷载效应组合。

3.0.3 构配件标准化，施工便捷，便于现场材料管理，满足文明施工要求。支撑结构所采用的钢管、构配件应符合下列规定：

钢材质量应符合现行国家标准《碳素结构钢》GB/T 700 和《低合金高强度结构钢》GB/T 1591 的规定；

钢管应符合国家现行标准《直缝电焊钢管》GB/T 13793、《低压流体输送用焊接钢管》GB/T 3091 及《建筑脚手架用焊接钢管》YB/T 4202 的规定。

可锻铸铁件或钢铸件材料应符合现行国家标准《一般工程用铸造碳钢件》GB/T 11352 和《可锻铸铁件》GB/T 9440 的规定。

3.0.4 本节明确规定了支撑结构的地基要求，是保证支撑结构承载能力的重要环节。

压实填土地基、灰土地基是支撑结构常用的地基，应按《建筑地基基础工程施工质量验收规范》GB 50202 要求进行施工，且应符合工程地质勘察报告要求。

3.0.5 如果有既有结构时，支撑结构要与其做可靠连接，提高结构抗倾覆和整体稳定性。可靠连接是指与既有结构的连接既能承受拉力又能承受压力，如扣件式支撑结构可以采取水平杆与结构顶紧，碗扣式、承插式支撑结构可采用可调底座、可调托撑或增加短的水平杆方式与结构顶紧，也可采用抱柱等构造措施。连接宜符合本规范第 5.1.6 条的规定。

3.0.6 施工单位应结合工程的实际情况进行方案的编制，方案应具有适用性和操作性，并进行认真的审核和审批，按照相关的规定组织好专家论证工作。

实施前项目技术负责人应向现场管理人员、操作人员进行安全技术交底（包括架体搭设参数、工艺、工序、作业要点和安全要求等），并形成书面记录。交底方和全体被交底人员应在交底文件上签字确认，并归档。

4 结构设计计算

4.1 一般规定

4.1.1 在试验研究的基础上，本条明确了支撑结构种类的划分和计算模型的假定。无剪刀撑框架式支撑结构和有剪刀撑框架式支撑结构均考虑了节点半刚性的影响。桁架式支撑结构不考虑节点半刚性。

4.1.3 本条规定了支撑结构的构件长细比要求，构件的允许长细比计算时构件的长度取节点间钢管的长度。

4.1.4 经试验测得框架式支撑结构节点的转动刚度：扣件式55kN·m/rad、碗扣式50kN·m/rad、承插式40kN·m/rad。碗扣式节点与承插式节点刚度的安全系数取2.0，扣件式节点刚度的安全系数取1.5，得到表4.1.4节点刚度取值，供计算时取用。

为达到本条的节点转动刚度值，要求：扣件的拧紧扭力矩不应小于40N·m，且不应大于65N·m；碗扣节点的上碗扣应锁紧；承插节点的抗拔力不得小于3kN。由于实际工程中，扣件式节点质量差异较大，而且往往长期重复使用，表面产生磨损和锈蚀，导致扣件式节点的转动刚度离散性较大。为了安全考虑，对长期重复使用的扣件式节点的转动刚度取值进行折减，折减系数取0.8，在此情况下节点转动刚度为25×0.8＝20kN·m/rad。

4.1.6 当搭设的支撑结构存在平面与立面布置凹凸不平、作用荷载不均匀等超出本规范规定的情况，其计算不能采用本规范规定的方法，应另采用计算机软件对支撑结构作整体分析计算。

4.2 荷载与效应组合

4.2.1～4.2.3 这3条规定了作用在支撑结构上的荷载分类及每类荷载的组成。一般情况下，作用在支撑结构荷载分为两类：永久荷载和可变荷载。

4.2.5 本条规定了可变荷载标准值的取值方法。

模板支撑结构上的施工荷载（Q_1）标准值按《混凝土结构工程施工规范》GB 50666 规定取用；常用的结构施工和钢结构施工采用的支撑结构施工荷载（Q_1）标准值，参考《建筑施工扣件式钢管脚手架安全技术规范》JGJ 130 取值。

风荷载（Q_2）的标准值，按现行国家标准《建筑结构荷载规范》GB 50009 的规定取值，基本风压 w_0 取重现期 $n=10$ 对应的风压值。

泵送混凝土或不均匀堆载等因素产生的附加水平荷载（Q_3），根据《混凝土结构施工规范》GB 50666 附录A，按照计算工况下竖向永久荷载标准值的2%取值，并作用在支撑结构上端水平方向。通过理论分析，Q_3 对支撑结构稳定影响较小，本规范计算没有考虑其影响。

4.2.6 本条按现行国家标准《建筑结构荷载规范》GB 50009 第3.2.5条的规定及《混凝土结构工程施工规范》GB 50666 第4.3.11规定，明确了荷载分项系数的取值。

4.2.7 本条规定支撑结构的工况组合。承载力计算时荷载效应按基本组合，变形计算时荷载效应按标准组合。当有施工荷载与风荷载组合时，设计值应乘以组合值系数 $\psi_Q=0.9$。

4.3 水平杆设计计算

4.3.2 纵向、横向水平杆的抗弯强度，采用《钢结构设计规范》GB 50017中4.1.1的公式进行验算，只考虑杆件单向弯曲，不考虑塑性开展。

4.3.3 节点抗剪强度的须进行验算，是因为纵向、横向水平杆上的荷载通过连接节点传给立杆，所以节点强度必须保证。

扣件式节点的抗剪强度设计值参考了《建筑施工扣件式钢管脚手架安全技术规范》JGJ 130，碗扣节点的抗剪强度设计值参考了《建筑施工碗扣式钢管脚手架安全技术规范》JGJ 166，承插节点的抗剪强度设计值参考了《建筑施工承插型盘扣式钢管支架安全技术规程》JGJ 231。

4.3.5 本条规定了不同类型的支撑结构纵向、横向水平杆简化计算时的计算模型以及弯矩、剪力、挠度的计算方法。

4.4 稳定性计算

4.4.1～4.4.3 此3条规定了各类支撑结构需要进行的稳定性验算内容，如表1所示。

表1 各类支撑结构需要进行的稳定性验算内容

类型		计算内容	稳定性验算公式	l_0 计算公式
框架式支撑结构	无剪刀撑	立杆稳定性	不组合风荷载 (4.4.4-1)	(4.4.9)
			组合风荷载 (4.4.4-2)	
	有剪刀撑	单元框架稳定性	不组合风荷载 (4.4.4-1)	(4.4.10)
		立杆局部稳定性	组合风荷载 (4.4.4-2)	(4.4.11)
桁架式支撑结构		单元桁架局部稳定性	不组合风荷载 (4.4.4-1)	(4.4.11)
			组合风荷载 (4.4.4-2)	
		单元桁架整体稳定性	不组合风荷载 (4.4.13-1)	—
			组合风荷载 (4.4.13-2)	

1 无剪刀撑框架式支撑结构

无剪刀撑框架式支撑结构存在整体失稳，需要对立杆进行稳定性验算（图2）。稳定性验算时分两种

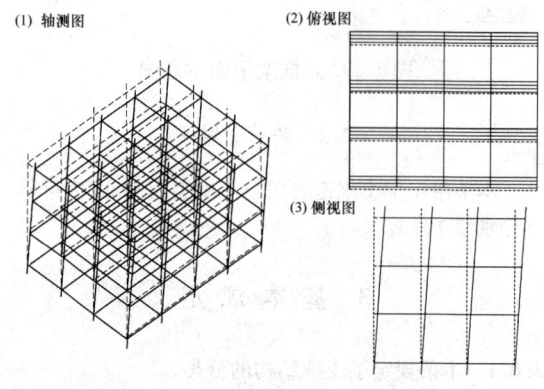

图2 无剪刀撑框架式支撑结构的失稳模态图

情况，一是不组合风荷载，按轴压公式计算；二是组合风荷载，按压弯公式计算。

2 有剪刀撑框架式支撑结构

研究表明，单元框架的稳定性反映了有剪刀撑框架式支撑结构的稳定性，单元框架的失稳模态如图3所示。

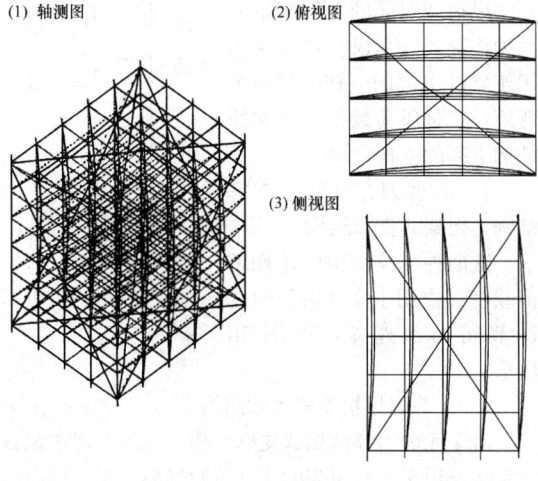

图3 单元框架的失稳模态图

当组合风荷载时，风荷载作用在有剪刀撑框架式支撑结构上，会引起局部立杆轴力变化（图4），需要对背风面轴力增大的立杆进行局部稳定性验算。

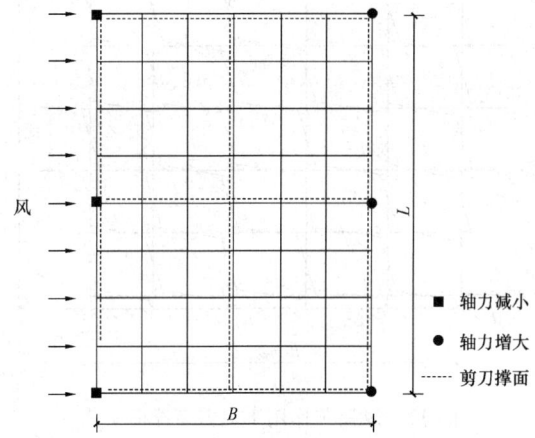

图4 风荷载作用于有剪刀撑框架式支撑
结构引起的立杆轴力图（俯视图）

当无竖向密目安全网时，风荷载引起的立杆轴力较小，可不进行立杆局部稳定性验算。

3 桁架式支撑结构

桁架式支撑结构的稳定性是由单元桁架决定的。单元桁架按格构柱的设计方法，分为局部稳定性验算和整体稳定性验算。局部失稳模态如图5所示，整体失稳模态如图6所示。

当支撑结构有侧向约束或单元桁架组合方式为梅花形时，可不进行单元桁架的整体稳定性验算，只进行局部稳定性验算。

4.4.4 当只考虑竖向荷载作用时，立杆按轴压构件计算；当考虑竖向荷载和水平荷载（如风荷载）作用时，立杆按压弯构件计算。当采用《钢结构设计规范》GB 50017中轴压构件和压弯构件稳定性验算方法时，不考虑杆件的塑性开展。

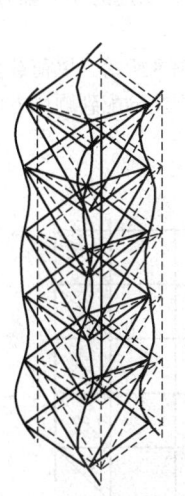 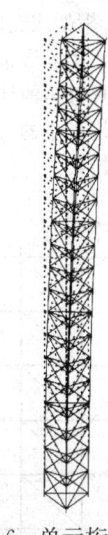

图5 单元桁架局部　　图6 单元桁架整体
　　失稳模态图　　　　　　失稳模态图

4.4.5 本条规定了立杆轴力设计值计算时的荷载效应组合。组合风荷载时应考虑风荷载引起的立杆轴力。

4.4.6 风荷载作用于支撑结构，会增加立杆的轴力。本条规定了风荷载作用于支撑结构上引起立杆轴力的计算方法。公式是依据规整矩形平面支撑结构推导得到的，同时假定支撑结构的立杆在荷载作用下不脱离地面。此外，被支撑结构的风荷载（主要指混凝土结构的侧模承受的风荷载）对支撑结构的影响应另行考虑。

本条对不同类型的支撑结构分别推导了在风荷载作用下的立杆轴力公式。

1 无剪刀撑框架式支撑结构风荷载引起的立杆轴力计算

立杆轴力的计算简图如图7所示，迎风面和背风

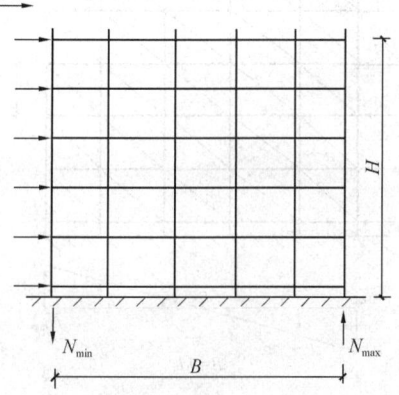

图7 无剪刀撑框架式支撑结构
风荷载引起的立杆轴力图

面立杆轴力最大。

2 有剪刀撑框架式支撑结构风荷载引起的立杆轴力计算

风荷载作用于有剪刀撑框架式支撑结构，由于剪力滞后效应，迎风面和背风面纵向、横向竖向剪刀撑面相交处的立杆轴力发生变化，如图4所示。

3 桁架式支撑结构风荷载引起的立杆轴力计算

（1）矩阵形布置：

立杆轴力的计算简图如图8所示。风荷载作用于支撑结构产生的弯矩按抗侧刚度分配到顺风方向的每个单元桁架。

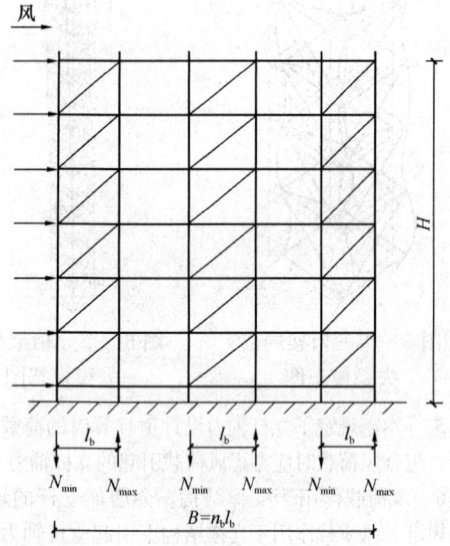

图8 桁架式支撑结构（矩阵形）
风荷载引起的立杆轴力图

（2）梅花形布置：

立杆轴力的计算简图如图9所示。顺风方向的立

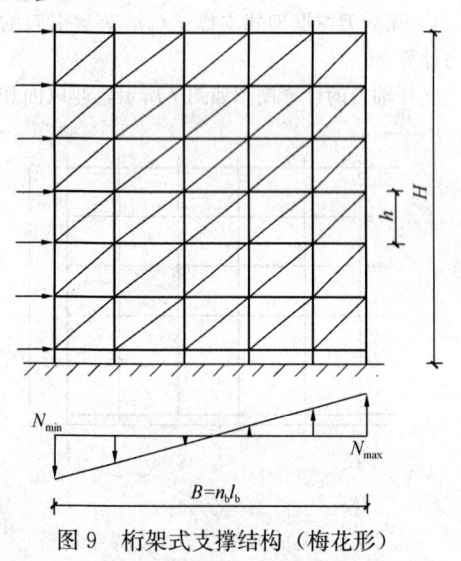

图9 桁架式支撑结构（梅花形）
风荷载引起的立杆轴力图

杆轴力为线性分布，迎风侧立杆轴力减小，背风侧立杆轴力增大。

4.4.7 本条规定了立杆弯矩设计值计算时的荷载效应组合。组合风荷载时应考虑风荷载引起的弯矩。

风荷载引起的立杆弯矩分两种情况：一是风荷载直接作用于立杆引起的立杆节间局部弯矩，二是风荷载作用于支撑结构引起的立杆弯矩。

1 有剪刀撑框架式支撑结构、桁架式支撑结构

这两种支撑结构应计算风荷载直接作用于立杆引起的立杆节间局部弯矩，如图10所示。

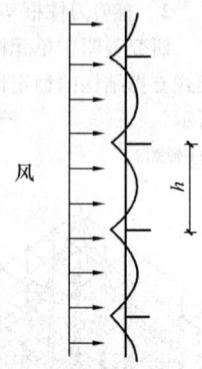

图10 立杆节间局部弯矩立面图

2 无剪刀撑框架式支撑结构

对于无剪刀撑框架式支撑结构，不仅要考虑风荷载直接作用于立杆引起的立杆节间局部弯矩，同时应考虑风荷载作用于独立支撑结构引起的立杆弯矩，如图11所示。

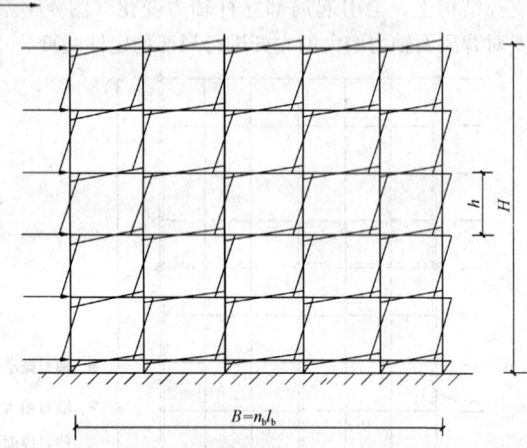

图11 风荷载作用于无剪刀撑框架式
支撑结构引起的立杆弯矩图

4.4.8 支撑结构与既有结构可靠连接时，风荷载作用于支撑结构引起的立杆轴力（N_{WK}）和弯矩（M_{TK}）可不考虑，但应考虑风荷载直接作用于立杆上引起的立杆节间局部弯矩（M_{LK}）。

4.4.9 无剪刀撑框架式支撑结构的失稳通常表现为整体失稳，而不是单根立杆的局部失稳。公式（4.4.9）沿用了以前的相关规范步距h表达的计算长度公式，计算长度系数μ是通过理论推导和大量算例计算确定的。

理论分析表明，计算长度系数主要与K、α、n_z及节点连接形式有关。其中，K为刚度比，即立杆步距

内的线刚度与节点等效转动刚度之比；α为伸长比，即扫地杆高度与悬臂长度中较大值与步距之比；n_z为步数。同时，由于支撑结构水平杆与立杆的连接形式不同，可分为水平杆连续和水平杆不连续两种情形，附录B表B-1及表B-2分别给出了对应的计算长度系数。采用扣件式节点连接的无剪刀撑框架式支撑结构可参照水平杆连续的情形计算，采用碗扣式或承插式节点连接的无剪刀撑框架式支撑结构可参照水平杆不连续的情形计算。

立杆横向跨数n_b对无剪刀撑框架式支撑结构的计算长度系数μ有影响，如图12所示。当$n_b=1$时，水平杆连续（情形1）与水平杆不连续（情形2）对应的μ相同；当$1<n_b<5$时，情形1对应的μ基本不变，情形2对应的μ有较大减小；当$n_b \geqslant 5$时，两种情形对应的μ都基本不变。对于情形1，μ可直接按本规范附录B表B-1计算；对于情形2，$n_b=1$的μ对应本规范附录B表B-1，$n_b \geqslant 5$的μ对应本规范附录B表B-2，当$1<n_b<5$时，情形2的μ可按两表插值计算。

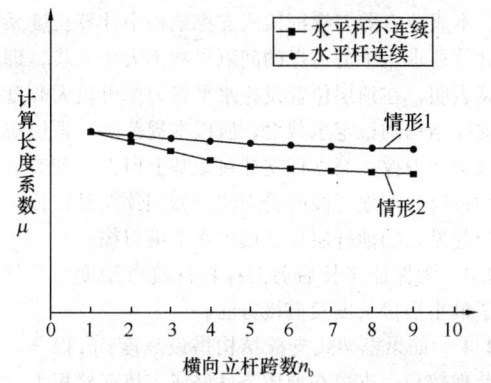

图12　无剪刀撑框架式支撑结构μ随立杆横向跨数n_b变化示意图

4.4.10　本条规定了有剪刀撑框架式支撑结构的单元框架立杆计算长度的计算方法。单元框架的失稳通常表现为整体失稳，而不是单根立杆的局部失稳。

理论分析表明，单元框架的计算长度系数主要与K、n_x、α_x及节点连接形式有关。其中，K为刚度比，即立杆步距内的线刚度与y向节点等效转动刚度之比；n_x为单元框架的x向跨数；α_x为单元框架x向跨距与步距h之比。同时，由于支撑结构水平杆与立杆的连接形式不同，可分为水平杆连续和水平杆不连续两种情形，附录B表B-3及表B-4分别给出了对应的计算长度系数。采用扣件式节点连接的有剪刀撑框架式支撑结构可参照水平杆连续的情形计算，采用碗扣式或承插式节点连接的有剪刀撑框架式支撑结构可参照水平杆不连续的情形计算。

分析表明，支撑结构高度增加会使计算长度系数μ有所增大，所以需要考虑支撑结构高度对计算长度系数的修正，即高度修正系数β_H。此时水平剪刀撑的设置应满足本规范第5.2.2条的规定。

另外，悬臂长度（或扫地杆高度）过大时，可能对支撑结构的稳定性起控制作用。本规范给出了有剪刀撑框架式支撑结构的扫地杆高度与悬臂长度修正系数β_a的计算表格。

4.4.11　局部失稳为单根立杆的节间波形失稳，扫地杆高度和悬臂长度对局部失稳有影响。本条规定了有剪刀撑框架式支撑结构、桁架式支撑结构中的单元桁架局部稳定性验算时立杆计算长度的计算公式。

4.4.12　本条规定了加密的有剪刀撑框架式支撑结构稳定承载力的计算方法，其承载力通过稳定系数反映。

分析表明，当加密区立杆间距加密1倍（但步距不加密）时，加密区立杆的稳定系数约为未加密时的0.8倍；当加密区立杆间距加密1倍、步距也加密1倍时，加密区立杆的稳定系数约为未加密时的1.2倍。

4.4.13　独立的单元桁架有可能发生整体失稳，应进行整体稳定性验算。整体稳定性验算参考格构柱整体稳定性验算方法。

1　单元桁架的轴力

风荷载作用于单元桁架，不会引起单元桁架的轴力，因此计算轴力时不考虑风荷载组合，即本规范公式（4.4.13-3）中的立杆轴力（N）采用不组合风荷载的公式（4.4.5-1）。

当单元桁架4根立杆的轴力不均匀时，单元桁架的轴力为4根立杆的轴力之和，同时应考虑4根立杆轴力不均匀引起的偏心弯矩。

2　单元桁架的弯矩

风荷载作用在桁架式支撑结构上，各单元桁架将承受弯矩，如图13所示。

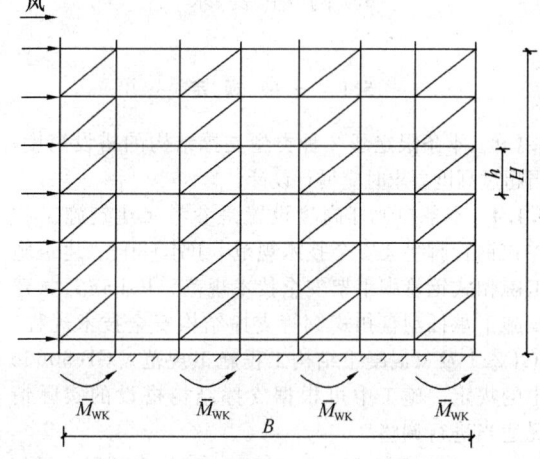

图13　风荷载作用于支撑结构引起单元桁架的整体弯矩图

4.5　支撑结构抗倾覆验算

4.5.1　在搭设、施工和停工三种工况下，应根据平面、立面和荷载的实际情况对支撑结构进行抗倾覆验算。

本条计算公式是依据平面和立面无凹凸不平的矩形支撑结构进行推导的。抗倾覆验算时只考虑支撑结构自重和风荷载作用,由风荷载产生的倾覆力矩M_{ov}为:

$$M_{ov} = 1.4w_k \frac{LH^2}{2}$$

由支撑结构自重产生的抗倾覆力矩M_r为:

$$M_r = 0.9g_k \frac{LHB}{2} \text{ 或 } M_r = 0.9g_{k2}\frac{LB^2}{2}$$

式中:g_k——支撑结构自重标准值与受风面积的比值(N/mm²),$g_k = \frac{G_{2K}}{LH}$;

g_{k2}——支撑结构自重标准值与平面面积的比值(N/mm²),$g_{k2} = \frac{G_{2K}}{BL}$;

由$k_0 M_{ov} \leqslant M_r$,引入抗倾覆系数$k_0 = 1.2$,整理得:

$$\frac{H}{B} \leqslant 0.54\frac{g_k}{w_k} \text{ 或 } \frac{H}{B} \leqslant 0.7319\sqrt{\frac{g_{k2}}{w_k}}$$

为计算简便,采用公式$\frac{H}{B} \leqslant 0.54\frac{g_k}{w_k}$。

4.6 地基承载力验算

4.6.2 支撑结构支承于地基土上时,应根据现行国家标准《建筑地基基础设计规范》GB 50007 对支撑结构底下的地基土具体情况进行地基承载能力计算。当地基土均匀时,一般可不进行地基的变形验算。如果对地基变形量有要求时,则应采取措施加以控制。

5 构造要求

5.1 一般规定

5.1.1 本条限定了2种类型支撑结构的搭设高度,当超过高度要求时应另行设计。
5.1.4 本条扫地杆高度设置是参考《建筑施工扣件式钢管脚手架安全技术规范》JGJ 130、《建筑施工碗扣式钢管脚手架安全技术规范》JGJ 166、《建筑施工承插型盘扣式钢管支撑结构安全技术规程》JGJ 231 及《混凝土结构工程施工规范》GB 50666 中的规定。施工中可根据支撑结构搭设的实际情况适当进行调整。
5.1.5 立杆顶部插入可调托座,其伸出顶层水平杆的悬臂长度过大会导致支撑结构立杆因局部失稳而导致整体坍塌。本条既规定了支撑结构立杆顶部插入可调托座后,其伸出顶层水平杆的悬臂长度的限值,又限定了可调托撑螺杆外露长度,以保证支撑结构立杆的局部稳定性。

5.1.6 为保证支撑结构稳定,要求支撑结构与既有结构进行拉、顶或抱柱等连接措施,这样可提高支撑结构的承载力,保证支撑结构的稳定。
5.1.8 支撑结构四周无可靠连接的既有结构或拉结的结构(如设置格构柱等)时,应设缆风绳。缆风绳应对称在同一水平高度上设置,设置道数可根据支撑结构的高度及高宽比确定。缆风绳与水平夹角宜在45°~60°之间,并采用与缆风绳拉力相适应的花篮螺栓拉紧,缆风绳下端应与地锚拉结。
5.1.9 针对在空旷场地搭设的独立高位支撑结构,支撑结构应采取防雷接地措施。

5.2 框架式支撑结构构造

5.2.1 支撑结构在纵向或横向竖向剪刀撑间隔距离是由计算确定。剪刀撑不仅可增加支撑结构刚度和承载力,还保证支撑结构稳定承载能力。
5.2.2 水平剪刀撑能够为立杆提供有效的刚性侧向支撑,将立杆失稳模态的波形限制在水平剪刀撑之间。本规范有剪刀撑框架式支撑结构中计算长度系数的计算要求水平剪刀撑的间隔层数不大于 6 步。理论计算表明,在顶层位置设置水平剪刀撑可较大幅度提高支撑结构的稳定承载力,所以本规范规定顶层应设置水平剪刀撑。当立杆支撑在地基上但得不到有效水平约束时,扫地杆段的受力状态如同顶层悬臂段,为安全起见,扫地杆层也宜设置水平剪刀撑。
5.2.3 为保证接长后剪刀撑杆件抗弯刚度,本条规定了最小搭接长度及搭接方法。
5.2.4 如果框架式支撑结构搭设高度 5m 以下,承受荷载较小、支撑在地质条件好或支撑在楼板上(如住宅结构楼板支撑结构),并且与既有结构进行抱柱或水平杆与结构顶紧时可不设置竖向或水平向剪刀撑。

上述 4 个条件缺一不可,全部满足时框架支撑结构可以不设剪刀撑。
5.2.6、5.2.7 在钢结构安装及梁板结构等有较大荷载时,较大荷载下立杆要加密,且应伸至非加密区内至少 2 跨。

支撑结构非加密区立杆、水平杆的间距与加密区间距互为倍数,才可保证加密的杆件伸入非加密区。

5.3 桁架式支撑结构构造

5.3.1 本条规定单元桁架的斜杆布置方式。单元桁架应满布竖向斜杆以满足承载力要求,竖向斜杆布置宜规则均匀。理论分析表明对称式或螺旋式斜杆布置方式承载力相同。另外应布置水平斜杆以提高单元桁架几何稳定性。
5.3.2 在实际工程中还有单元桁架间隔(2~3)跨布置的情况,这实际上是单元桁架和框架式支撑混合使用的支撑结构,故称之为混合式支撑结构,如图14所示。

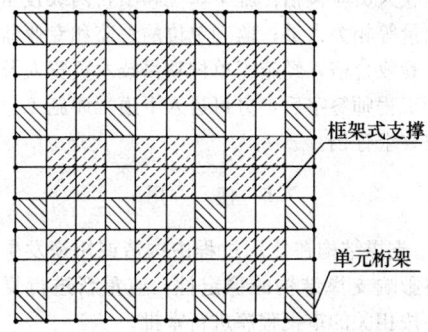

图 14　混合式支撑结构单元桁架布置方式

在混合式支撑结构中有框架式和桁架式两种计算模型，需要对不同的计算模型分别进行稳定性验算。单元桁架应按本规范第 4.4.3 条进行稳定性验算，单元桁架间的框架式支撑应按本规范第 4.4.2 条进行稳定性验算。风荷载引起的内力应根据支撑结构中单元桁架的平面布置进行计算。

混合式支撑结构中的单元桁架应满足桁架式支撑结构的构造要求，单元桁架间的框架式支撑应满足框架式支撑结构的构造要求。同时支撑结构应满足本规范第 5.3.3 条的规定。

5.3.3　为保证结构体系不变性，支撑结构应满足本条第 1、3 款。为了防止结构出现整体扭转，支撑结构应满足本条第 2 款。当立杆支撑在地基上但得不到有效水平约束时，扫地杆段的受力状态如同顶层悬臂段，为安全起见，扫地杆层也宜设置水平斜杆。

5.3.4　本条规定参考了《建筑施工承插型盘扣式钢管支架安全技术规程》JGJ 231，以保证支撑结构立杆的局部稳定性。

6　特殊支撑结构

6.1　悬挑支撑结构

6.1.1　悬挑支撑结构可分为悬挑部分、平衡段、落地部分，如图 15 所示。本条规定了悬挑部分的竖向荷载限值 $p_{t,max}$，以保证悬挑部分的强度、稳定性以及挠度要求，简化悬挑部分的验算。

超出附录 C 表 C-1 中要求的可建立整体结构有限元模型进行验算，必要时可进行现场载荷试验。

6.1.2　悬挑部分受竖向荷载作用时，将在落地部分的立杆中形成线性分布的附加轴力，靠近悬挑部分的立杆附加轴力 N_t 最大，应在稳定性验算时考虑。附加轴力 N_t 通过简化模型推导而来，计算时应叠加到落地部分中靠近悬挑部分的立杆轴力中去。总高度取 H 是因为考虑到平衡段垂直悬挑方向并未用桁架加强，则验算落地部分时高度仍取支撑结构总高。

公式（6.1.2）未考虑由风荷载引起的落地部分立杆的附加轴力，应根据具体情况考虑风荷载的影响。

6.1.3　悬挑支撑结构与规整的矩形支撑结构不同，应考虑悬挑部分受荷载引起的附加倾覆力矩。

6.1.4　本条规定悬挑支撑结构的构造要求。斜腹杆倾角宜满足 40°～60°，此时受力性能较好。由于扣件节点容易发生滑动，不宜使用扣件传力方式。

6.2　跨空支撑结构

6.2.1　跨空支撑结构可分为跨空部分、平衡段、落地部分，如图 16 所示。本条规定了跨空部分的竖向荷载限值 $p_{s,max}$，以保证跨空部分的强度、稳定性以及挠度要求，简化跨空部分的验算。

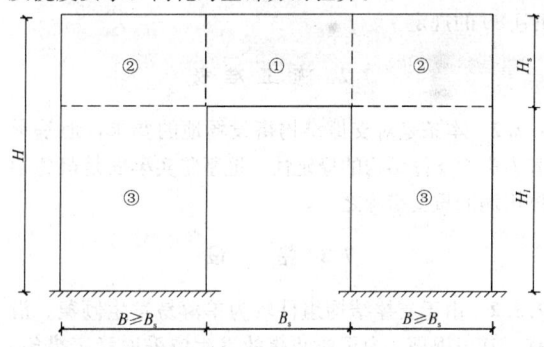

图 16　跨空支撑结构分区图
①—跨空部分；②—平衡段；③—落地部分

超出附录 C 表 C-2 中要求的可建立整体结构有限元模型进行验算，必要时可进行现场载荷试验。

6.2.2　跨空部分受竖向荷载作用时，将在落地部分的立杆中形成线性分布的附加轴力，靠近跨空部分的立杆附加轴力 N_s 最大，应在稳定性验算时考虑。附加轴力 N_s 通过简化模型推导而来，计算时应叠加到落地部分中靠近跨空部分的立杆轴力中去。总高度取 H 是因为考虑到平衡段垂直跨空方向并未用桁架加强，则验算落地部分时高度仍取支撑结构总高。

公式（6.2.2）未考虑由风荷载引起的落地部分

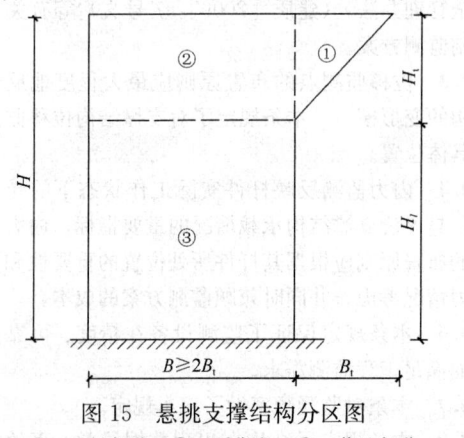

图 15　悬挑支撑结构分区图
①—悬挑部分；②—平衡段；③—落地部分

立杆的附加轴力,应根据具体情况考虑风荷载的影响。

6.2.3 本条规定跨空支撑结构的构造要求。斜腹杆宜满足倾角40°～60°,此时受力性能较好。由于扣件节点容易发生滑动,不宜使用扣件传力方式。

7 施 工

7.1 一般规定

7.1.1 支撑结构与其他设施相连接,其受力状态会发生变化,存在安全隐患,甚至会导致安全事故发生。

7.1.2 根据工程特点、结构形式、荷载大小、地基基础类型、施工工艺条件等需要预压或监测的支撑结构,预压按照《钢管满堂支架预压技术规程》JGJ/T 194执行,监测按照本规范第8章规定执行,并应编制专项施工方案。对于大型的梁(板)的支撑结构,在浇筑混凝土前应对支撑结构进行预压。

7.1.3 支撑结构使用过程中随意拆除构配件会影响支撑结构的承载能力,存在安全隐患,甚至会导致倾覆及坍塌事故发生。

7.1.4 按照《特种作业人员安全技术考核管理规则》GB 5036的相关规定进行培训和考核。

7.1.5 六级及以上大风停止高处作业的规定,是根据现行行业标准《建筑施工高处作业安全技术规范》JGJ 80的规定。

7.2 施工准备

7.2.2 本条是对支撑结构搭设场地的要求,地基承载力影响支撑结构的稳定性,地基坚实牢固是避免架体坍塌的重要措施之一。

7.3 搭 设

7.3.2 由于支撑结构组件较为单薄易发生倾覆、滑移、甚至坍塌,为了防止事故发生应采取稳定措施,确保安全施工。

多层楼板连续施工时,当支撑层楼板承载力或挠度不满足要求时,应采用上下层支撑立杆在同一轴线上的传力方式,以避免支承楼面承载力不够导致楼面破坏。

7.4 检查与验收

7.4.1 明确支撑结构进行检查与验收的阶段。

7.4.2 明确支撑结构地基与基础检查验收的要求,是保证支撑结构稳定、施工安全的重要措施。

7.4.3、7.4.4 明确支撑结构搭设完毕、使用前与使用中的检查项目。

7.4.6 支撑结构搭设完成后,由项目负责人组织验收,验收人员应包括:施工单位和项目两级技术、安全、质量等相关人员;监理单位的总监和专业监理工程师。验收合格,经施工单位项目技术负责人及项目总监理工程师签字后,方可进入下道工序施工。验收记录按要求存档。

7.5 使 用

7.5.1 支撑结构在使用过程中构造或用途发生变化时,将影响支撑结构的稳定性,应重新进行复核验算,并按相关的审批程序进行审批。

7.5.2 开挖管沟会影响支撑结构地基与基础的承载能力,进而影响架体的稳定性,必须有安全专项保障措施。

7.5.3 施工现场有许多易燃材料,尤其支撑结构的主龙骨和次龙骨经常采用木方,在其上进行电气焊作业时,必须有防火措施。

7.6 拆 除

7.6.2 本条规定了支撑结构拆除必须遵守的要求,有利于拆除过程中保证支撑结构的整体稳定性。

7.7 安全管理

7.7.1 专业架子工佩带安全防护用品搭设支撑结构,是避免安全事故发生的重要措施。

7.7.2 在施工过程中,当支撑结构实际荷载超过设计规定时,就存在安全隐患,甚至导致安全事故发生。本条的规定旨在防止支撑结构因超载而影响支撑结构安全。

7.7.5 由于混凝土结构强度的增长与温度及龄期有关,为保证结构工程不受破坏,在拆模板支撑结构前应检查混凝土同条件试块的强度报告,未达到拆模要求强度不允许拆模板及其支撑结构。

8 监 测

8.0.1 支撑结构应按《危险性较大的分部分项工程安全管理办法》(建质[2009]87号文)等有关规定编制监测方案。

8.0.3 位移监测点的布置原则应最大程度地反映出结构的变形模态。本条规定了对支撑结构位移监测点的具体位置。

8.0.4 内力监测反映杆件实际工作状态下的受力状态,是评价支撑结构承载情况的重要指标。内力监测点的布置原则应根据其杆件所处位置的重要性和实际受力情况考虑,并同时兼顾监测方案的成本。

8.0.5 本条规定保证了监测设备在精度、可靠性等方面满足工程监测需求。

8.0.7 本条对监测频率做了基本规定。

8.0.8 本条规定了结构在出现数据异常、事故征兆与周边荷载环境变化较大等情况下，加大监测频率，进行实时监测及启动应急预案的要求。

8.0.9 本条规定了监测报警值的取值参考范围，其同时兼顾了累计变化量与变化速率值两个参考量。

8.0.10 监测记录是整个监测过程的重要环节，应做到记录工作的规范性、记录人员的诚实性、并确保不遗漏主要信息、及时作出反馈。

中华人民共和国行业标准

建筑施工高处作业安全技术规范

JGJ 80—91

主编单位：上海市建筑施工技术研究所
批准部门：中华人民共和国建设部
施行日期：1992年8月1日

关于发布行业标准《建筑施工高处作业安全技术规范》的通知

建标〔1992〕5号

根据原城乡建设环境保护部（86）城科字第263号文的要求，由上海市建筑施工技术研究所主编的《建筑施工高处作业安全技术规范》，业经审查，现批准为行业标准，编号JGJ 80—91，自1992年8月1日施行。

本标准由建设部建筑安全标准技术归口单位中国建筑第一工程局建筑科学研究所归口管理，由上海市建筑施工技术研究所负责解释，由建设部标准定额研究所组织出版。

中华人民共和国建设部
1992年1月8日

目 录

第一章 总则 …………………… 10—32—4
第二章 基本规定 ……………… 10—32—4
第三章 临边与洞口作业的
　　　 安全防护 ……………… 10—32—4
　第一节 临边作业 …………… 10—32—4
　第二节 洞口作业 …………… 10—32—5
第四章 攀登与悬空作业的
　　　 安全防护 ……………… 10—32—5
　第一节 攀登作业 …………… 10—32—5
　第二节 悬空作业 …………… 10—32—6
第五章 操作平台与交叉作业的
　　　 安全防护 ……………… 10—32—6
　第一节 操作平台 …………… 10—32—6
　第二节 交叉作业 …………… 10—32—7
第六章 高处作业安全防护设施
　　　 的验收 ………………… 10—32—7
附录一 本规范名词解释 ……… 10—32—7
附录二 临边作业防护栏杆的计算及
　　　 构造实例 ……………… 10—32—7
附录三 洞口作业安全设施实例 … 10—32—8
附录四 攀登作业安全设施实例 … 10—32—9
附录五 操作平台的计算及
　　　 构造实例 ……………… 10—32—10
附录六 交叉作业通道
　　　 防护实例 ……………… 10—32—11
附录七 本规范用词说明 ……… 10—32—12
附加说明 ……………………… 10—32—12
附：条文说明 ………………… 10—32—13

第一章 总则

第1.0.1条 为了在建筑施工高处作业中，贯彻安全生产的方针，做到防护要求明确，技术合理和经济适用，制订本规范。

第1.0.2条 本规范适用于工业与民用房屋建筑及一般构筑物施工时，高处作业中临边、洞口、攀登、悬空、操作平台及交叉等项作业。

本规范亦适用于其他高处作业的各类洞、坑、沟、槽等工程的施工。

第1.0.3条 本规范所称的高处作业，应符合国家标准《高处作业分级》GB3608—83规定的"凡在坠落高度基准面2m以上（含2m）有可能坠落的高处进行的作业"。

第1.0.4条 进行高处作业时，除执行本规范外，尚应符合国家现行的有关高处作业及安全技术标准的规定。

第二章 基本规定

第2.0.1条 高处作业的安全技术措施及其所需料具，必须列入工程的施工组织设计。

第2.0.2条 单位工程施工负责人应对工程的高处作业安全技术负责并建立相应的责任制。

施工前，应逐级进行安全技术教育及交底，落实所有安全技术措施和人身防护用品，未经落实时不得进行施工。

第2.0.3条 高处作业中的安全标志、工具、仪表、电气设施和各种设备，必须在施工前加以检查，确认其完好，方能投入使用。

第2.0.4条 攀登和悬空高处作业人员以及搭设高处作业安全设施的人员，必须经过专业技术培训及专业考试合格，持证上岗，并必须定期进行体格检查。

第2.0.5条 施工中对高处作业的安全技术设施，发现有缺陷和隐患时，必须及时解决；危及人身安全时，必须停止作业。

第2.0.6条 施工作业场所有坠落可能的物件，应一律先行撤除或加以固定。

高处作业中所用的物料，均应堆放平稳，不妨碍通行和装卸。工具应随手放入工具袋；作业中的走道、通道板和登高用具，应随时清扫干净；拆除下的物件及余料和废料均应及时清理运走，不得任意乱置或向下丢弃。传递物件禁止抛掷。

第2.0.7条 雨天和雪天进行高处作业时，必须采取可靠的防滑、防寒和防冻措施。凡水、冰、霜、雪均应及时清除。

对进行高处作业的高耸建筑物，应事先设置避雷设施。遇有六级以上强风、浓雾等恶劣气候，不得进行露天攀登与悬空高处作业。

暴风雪及台风暴雨后，应对高处作业安全设施逐一加以检查，发现有松动、变形、损坏或脱落等现象，应立即修理完善。

第2.0.8条 因作业必需，临时拆除或变动安全防护设施时，必须经施工负责人同意，并采取相应的可靠措施，作业后应立即恢复。

第2.0.9条 防护棚搭设与拆除时，应设警戒区，并应派专人监护。严禁上下同时拆除。

第2.0.10条 高处作业安全设施的主要受力杆件，力学计算按一般结构力学公式，强度及挠度计算按现行有关规范进行，但钢受弯构件的强度计算不考虑塑性影响，构造上应符合现行的相应规范的要求。

第三章 临边与洞口作业的安全防护

第一节 临边作业

第3.1.1条 对临边高处作业，必须设置防护措施，并符合下列规定：

一、基坑周边，尚未安装栏杆或栏板的阳台、料台与挑平台周边，雨蓬与挑檐边，无外脚手的屋面与楼层周边及水箱与水塔周边等处，都必须设置防护栏杆。

二、头层墙高度超过3.2m的二层楼面周边，以及无外脚手的高度超过3.2m的楼层周边，必须在外围架设安全平网一道。

三、分层施工的楼梯口和梯段边，必须安装临时护栏。顶层楼梯口应随工程结构进度安装正式防护栏杆。

四、井架与施工用电梯和脚手架等与建筑物通道的两侧边，必须设防护栏杆。地面通道上部应装设安全防护棚。双笼井架通道中间，应予分隔封闭。

五、各种垂直运输接料平台，除两侧设防护栏杆外，平台口还应设置安全门或活动防护栏杆。

第3.1.2条 临边防护栏杆杆件的规格及连接要求，应符合下列规定：

一、毛竹横杆小头有效直径不应小于70mm，栏杆柱小头直径不应小于80mm，并须用不小于16号的镀锌钢丝绑扎，不应少于3圈，并无泻滑。

二、原木横杆上杆梢径不应小于70mm，下杆梢径不应小于60mm，栏杆柱梢径不应小于75mm。并须用相应长度的圆钉钉紧，或用不小于12号的镀锌钢丝绑扎，要求表面平顺和稳固无动摇。

三、钢筋横杆上杆直径不应小于16mm，下杆直径不应小于14mm，栏杆柱直径不应小于18mm，采用电焊或镀锌钢丝绑扎固定。

四、钢管横杆及栏杆柱均采用Φ48×（2.75～3.5）mm的管材，以扣件或电焊固定。

五、以其他钢材如角钢等作防护栏杆杆件时，应选用强度相当的规格，以电焊固定。

第3.1.3条 搭设临边防护栏杆时，必须符合下列要求：

一、防护栏杆应由上、下两道横杆及栏杆柱组成，上杆离地高度为1.0～1.2m，下杆离地高度为0.5～0.6m。坡度大于1：2.2的屋面，防护栏杆应高1.5m，并加挂安全立网。除经设计计算外，横杆长度大于2m时，必须加设栏杆柱。

二、栏杆柱的固定应符合下列要求：

1. 当在基坑四周固定时，可采用钢管并打入地面50～70cm深。钢管离边口的距离，不应小于50cm。当基坑周边采用板桩时，钢管可打在板桩外侧。

2. 当在混凝土楼面、屋面或墙面固定时，可用预埋件与钢管或钢筋焊牢。采用竹、木栏杆时，可在预埋件上焊接30cm

长的L50×5角钢，其上下各钻一孔，然后用10mm螺栓与竹、木杆件栓牢。

3. 当在砖或砌块等砌体上固定时，可预先砌入规格相适应的80×6弯转扁钢作预埋铁的混凝土块，然后用上项方法固定。

三、栏杆柱的固定及其与横杆的连接，其整体构造应使防护栏杆在上杆任何处，能经受任何方向的1000N外力。当栏杆所处位置有发生人群拥挤、车辆冲击或物件碰撞等可能时，应加大横杆截面或加密柱距。

四、防护栏杆必须自上而下用安全立网封闭，或在栏杆下边设置严密固定的高度不低于18cm的挡脚板或40cm的挡脚笆。挡脚板与挡脚笆上如有孔眼，不应大于25mm。板与笆下距离底面的空隙不应大于10mm。

接料平台两侧的栏杆，必须自上而下加挂安全立网或满扎竹笆。

五、当临边的外侧面临街道时，除防护栏杆外，敞口立面必须采取满挂安全网或其他可靠措施作全封闭处理。

第3.1.4条 临边防护栏杆的力学计算及构造型式见附录二。

第二节 洞口作业

第3.2.1条 进行洞口作业以及在因工程和工序需要而产生的，使人与物有坠落危险或危及人身安全的其他洞口进行高处作业时，必须按下列规定设置防护设施：

一、板与墙的洞口，必须设置牢固的盖板、防护栏杆、安全网或其他防坠落的防护设施。

二、电梯井口必须设防护栏杆或固定栅门；电梯井内应每隔两层并最多隔10m设一道安全网。

三、钢管桩、钻孔桩等桩孔上口，杯形、条形基础上口，未填土的坑槽，以及人孔、天窗、地板门等处，均应按洞口防护设置稳固的盖件。

四、施工现场通道附近的各类洞口与坑槽等处，除设置防护设施与安全标志外，夜间还应设红灯示警。

第3.2.2条 洞口根据具体情况采取设防护栏杆、加盖件、张挂安全网与装栅门等措施时，必须符合下列要求：

一、楼板、屋面和平台等面上短边尺寸小于25cm但大于2.5cm的孔口，必须用坚实的盖板盖没。盖板应能防止挪动移位。

二、楼板面等处边长为25～50cm的洞口、安装预制构件时的洞口以及缺件临时形成的洞口，可用竹、木等作盖板，盖住洞口。盖板须能保持四周搁置均衡，并有固定其位置的措施。

三、边长为50～150cm的洞口，必须设置以扣件扣接钢管而成的网格，并在其上满铺竹笆或脚手板。也可采用贯穿于混凝土板内的钢筋构成防护，钢筋网格间距不得大于20cm。

四、边长在150cm以上的洞口，四周设防护栏杆，洞口下张设安全平网。

五、垃圾井道和烟道，应随楼层的砌筑或安装而消除洞口，或参照预留洞口作防护。管道井施工时，除按上款办理外，还应加设明显的标志。如有临时性拆移，需经施工负责人核准，工作完毕后必须恢复防护设施。

六、位于车辆行驶道旁的洞口、深沟与管道坑、槽，所加盖板应能承受不小于当地额定卡车后轮有效承载力2倍的荷载。

七、墙面等处的竖向洞口，凡落地的洞口应加装开关式、工具式或固定式的防护门，门栅网格的间距不应大于15cm，也可采用防护栏杆，下设挡脚板（笆）。

八、下边沿至楼板或底面低于80cm的窗台等竖向洞口，如侧边落差大于2m时，应加设1.2m高的临时护栏。

九、对邻近的人与物有坠落危险性的其他竖向的孔、洞口，均应予以盖没或加以防护，并有固定其位置的措施。

第3.2.3条 洞口防护栏杆的杆件及其搭设应符合本规范第3.1.2条、第3.1.3条的规定。防护栏杆的力学计算见附录二之（一），防护设施的构造型式见附录三。

第四章 攀登与悬空作业的安全防护

第一节 攀登作业

第4.1.1条 在施工组织设计中应确定用于现场施工的登高和攀登设施。现场登高应借助建筑结构或脚手架上的登高设施，也可采用载人的垂直运输设备。进行攀登作业时可使用梯子或采用其他攀登设施。

第4.1.2条 柱、梁和行车梁等构件吊装所需的直爬梯及其他登高用拉件等，应在构件施工图或说明中作出规定。

第4.1.3条 攀登的用具，结构构造上必须牢固可靠。供人上下的踏板其使用荷载不应大于1100N。当梯面上有特殊作业，重量超过上述荷载时，应按实际情况加以验算。

第4.1.4条 移动式梯子，均应按现行的国家标准验收其质量。

第4.1.5条 梯脚底部应坚实，不得垫高使用。梯子的上端应有固定措施。立梯工作角度以75°±5°为宜，踏板上下间距以30cm为宜，不得有缺档。

第4.1.6条 梯子如需接长使用，必须有可靠的连接措施，且接头不得超过1处。连接后梯梁的强度，不应低于单梯梯梁的强度。

第4.1.7条 折梯使用时上部夹角以35°～45°为宜，铰链必须牢固，并应有可靠的拉撑措施。

第4.1.8条 固定式直爬梯应用金属材料制成。梯宽不应大于50cm，支撑应采用不小于L70×6的角钢，埋设与焊接均必须牢固。梯子顶端的踏棍应与攀登的顶面齐平，并应加设1～1.5m高的扶手。

使用直爬梯进行攀登作业时，攀登高度以5m为宜。超过2m时，宜加设护笼，超过8m时，必须设置梯间平台。

第4.1.9条 作业人员应从规定的通道上下，不得在阳台之间等非规定通道进行攀登，也不得任意利用吊车臂架等施工设备进行攀登。

上下梯子时，必须面向梯子，且不得手持器物。

第4.1.10条 钢柱安装登高时，应使用钢挂梯或设置在钢柱上的爬梯。挂梯构造见附录四附图4.1。

钢柱的接柱应使用梯子或操作台。操作台横杆高度，当无电焊防风要求时，其高度不宜小于1m，有电焊防风要求时，其高度不宜小于1.8m，见附录四附图4.2。

第4.1.11条 登高安装钢梁时，应视钢梁高度，在两端设置挂梯或搭设钢管脚手架，构造形式参见附录四附图4.3。

梁面上需行走时，其一侧的临时护栏横杆可采用钢索，当改用扶手绳时，绳的自然下垂度不应大于$l/20$，并应控制在10cm以内，见附录四附图4.4。l为绳的长度。

第4.1.12条 钢屋架的安装，应遵守下列规定：

一、在屋架上下弦登高操作时，对于三角形屋架应在屋脊处，梯形屋架应在两端，设置攀登时上下的梯架。材料可选用毛竹或原木，踏步间距不应大于40cm，毛竹梢径不应小于70mm。

二、屋架吊装以前，应在上弦设置防护栏杆。

三、屋架吊装以前，应预先在下弦挂设安全网；吊装完毕后，即将安全网铺设固定。

第二节 悬 空 作 业

第4.2.1条 悬空作业处应有牢靠的立足处，并必须视具体情况，配置防护栏网、栏杆或其他安全设施。

第4.2.2条 悬空作业所用的索具、脚手板、吊篮、吊笼、平台等设备，均需经过技术鉴定或检证方可使用。

第4.2.3条 构件吊装和管道安装时的悬空作业，必须遵守下列规定：

一、钢结构的吊装，构件应尽可能在地面组装，并应搭设进行临时固定、电焊、高强螺栓连接等工序的高空安全设施，随构件同时上吊就位。拆卸时的安全措施，亦应一并考虑和落实。高空吊装预应力钢筋混凝土屋架、桁架等大型构件前，也应搭设悬空作业中所需的安全设施。

二、悬空安装大模板、吊装第一块预制构件、吊装单独的大中型预制构件时，必须站在操作平台上操作。吊装中的大模板和预制构件以及石棉水泥板等屋面板上，严禁站人和行走。

三、安装管道时必须有已完结构或操作平台为立足点，严禁在安装中的管道上站立和行走。

第4.2.4条 模板支撑和拆卸时的悬空作业，必须遵守下列规定：

一、支模应按规定的作业程序进行，模板未固定前不得进行下一道工序。严禁在连接件和支撑件上攀登上下，并严禁在上下同一垂直面上装、拆模板。结构复杂的模板，装、拆应严格按照施工组织设计的措施进行。

二、支设高度在3m以上的柱模板，四周应有斜撑，并应设立操作平台。低于3m的可使用马凳操作。

三、支设悬挑形式的模板时，应有稳固的立足点。支设临空构筑物模板时，应搭设支架或脚手架。模板上有预留洞时，应在安装后将洞盖没。混凝土板上拆模后形成的临边或洞口，应按本规范有关章节进行防护。

拆模高处作业，应配置登高用具或搭设支架。

第4.2.5条 钢筋绑扎时的悬空作业，必须遵守下列规定：

一、绑扎钢筋和安装钢筋骨架时，必须搭设脚手架和马道。

二、绑扎圈梁、挑梁、挑檐、外墙和边柱等钢筋时，应搭设操作台架和张挂安全网。

悬空大梁钢筋的绑扎，必须在满铺脚手板的支架或操作平台上操作。

三、绑扎立柱和墙体钢筋时，不得站在钢筋骨架上或攀登骨架上下。3m以内的柱钢筋，可在地面或楼面上绑扎，整体竖立。绑扎3m以上的柱钢筋，必须搭设操作平台。

第4.2.6条 混凝土浇筑时的悬空作业，必须遵守下列规定：

一、浇筑离地2m以上框架、过梁、雨篷和小平台时，应设操作平台，不得直接站在模板或支撑件上操作。

二、浇筑拱形结构，应自两边拱脚对称相向进行。浇筑储仓，下口应先行封闭，并搭设脚手架以防人员坠落。

三、特殊情况下如无可靠的安全设施，必须系好安全带并扣好保险钩，或架设安全网。

第4.2.7条 进行预应力张拉的悬空作业时，必须遵守下列规定：

一、进行预应力张拉时，应搭设站立操作人员和设置张拉设备用的牢固可靠的脚手架或操作平台。雨天张拉时，还应架设防雨篷。

二、预应力张拉区域应标示明显的安全标志，禁止非操作人员进入。张拉钢筋的两端必须设置挡板。挡板应距所张拉钢筋的端部1.5～2m，且应高出最上一组张拉钢筋0.5m，其宽度应距张拉钢筋两外侧各不小于1m。

三、孔道灌浆应按预应力张拉安全设施的有关规定进行。

第4.2.8条 悬空进行门窗作业时，必须遵守下列规定：

一、安装门、窗、油漆及安装玻璃时，严禁操作人员站在栋子、阳台栏板上操作。门、窗临时固定，封填材料未达到强度，以及电焊时，严禁手拉门、窗进行攀登。

二、在高处外墙安装门、窗、无外脚手时，应张挂安全网。无安全网时，操作人员应系好安全带，其保险钩应挂在操作人员上方的可靠物件上。

三、进行各项窗口作业时，操作人员的重心应位于室内，不得在窗台上站立，必要时应系好安全带进行操作。

第五章 操作平台与交叉作业的安全防护

第一节 操 作 平 台

第5.1.1条 移动式操作平台，必须符合下列规定：

一、操作平台应由专业技术人员按现行的相应规范进行设计，计算书及图纸应编入施工组织设计。

二、操作平台的面积不应超过10m²，高度不应超过5m。还应进行稳定验算，并采取措施减少立柱的长细比。

三、装设轮子的移动式操作平台，轮子与平台的接合处应牢固可靠，立柱底端离地面不得超过80mm。

四、操作平台可采用$\phi(48\sim 51)\times 3.5mm$钢管以扣件连接，亦可采用门架式或承插式钢管脚手架部件，按产品使用要求进行组装。平台的次梁，间距不应大于40cm；台面应满铺3cm厚的木板或竹笆。

五、操作平台四周必须按临边作业要求设置防护栏杆，并应布置登高扶梯。

第5.1.2条 悬挑式钢平台，必须符合下列规定：

一、悬挑式钢平台应按现行的相应规范进行设计，其结构构造应能防止左右晃动，计算书及图纸应编入施工组织设计。

二、悬挑式钢平台的搁支点与上部拉结点，必须位于建筑物上，不得设置在脚手架等施工设备上。

三、斜拉杆或钢丝绳，构造上宜两边各设前后两道，两道中的每一道均应作单道受力计算。

四、应设置4个经过验算的吊环。吊运平台时应使用卡环，不得使吊钩直接钩挂吊环。吊环应用甲类3号沸腾钢制作。

五、钢平台安装时，钢丝绳应采用专用的挂钩挂牢，采取其他方式时卡头的卡子不得少于3个。建筑物锐角利口围系钢丝绳处应加衬软垫物，钢平台外口应略高于内口。

六、钢平台左右两侧必须装置固定的防护栏杆。

七、钢平台吊装，需待横梁支撑点电焊固定，接好钢丝绳，调整完毕，经过检查验收，方可松卸起重吊钩，上下操作。

八、钢平台使用时，应有专人进行检查，发现钢丝绳有锈蚀损坏应及时调换，焊缝脱焊应及时修复。

第5.1.3条 操作平台上应显著地标明容许荷载值。操作平台上人员和物料的总重量，严禁超过设计的容许荷载。应配备专人加以监督。

第5.1.4条 操作平台的力学计算与构造型式见附录五之（一）、（二）。

第二节 交叉作业

第5.2.1条 支模、粉刷、砌墙等各工种进行上下立体交叉作业时，不得在同一垂直方向上操作。下层作业的位置，必须处于依上层高度确定的可能坠落范围半径之外。不符合以上条件时，应设置安全防护层。

第5.2.2条 钢模板、脚手架等拆除时，下方不得有其他操作人员。

第5.2.3条 钢模板部件拆除后，临时堆放处离楼层边沿不应小于1m，堆放高度不得超过1m。楼层边口、通道口、脚手架边缘等处，严禁堆放任何拆下物件。

第5.2.4条 结构施工自二层起，凡人员进出的通道口（包括井架、施工用电梯的进出通道口），均应搭设安全防护棚。高度超过24m的层次上的交叉作业，应设双层防护。

第5.2.5条 由于上方施工可能坠落物件或处于起重机把杆回转范围之内的通道，在其受影响的范围内，必须搭设顶部能防止穿透的双层防护廊。

第5.2.6条 交叉作业通道防护的构造型式见附录六。

第六章 高处作业安全防护设施的验收

第6.0.1条 建筑施工进行高处作业之前，应进行安全防护设施的逐项检查和验收，验收合格后，方可进行高处作业。验收也可分层进行，或分阶段进行。

第6.0.2条 安全防护设施，应由单位工程负责人验收，并组织有关人员参加。

第6.0.3条 安全防护设施的验收，应具备下列资料：
一、施工组织设计及有关验算数据；
二、安全防护设施验收记录；
三、安全防护设施变更记录及签证。

第6.0.4条 安全防护设施的验收，主要包括以下内容：
一、所有临边、洞口等各类技术措施的设置状况；
二、技术措施所用的配件、材料和工具的规格和材质；
三、技术措施的节点构造及其与建筑物的固定情况；
四、扣件和连接件的紧固程度；
五、安全防护设施的用品及设备的性能与质量是否合格的验证。

第6.0.5条 安全防护设施的验收应按类别逐项查验，并作出验收记录。凡不符合规定者，必须修整合格后再行查验。施工工期内还应定期进行抽查。

附录一 本规范名词解释

名词	说明
临边作业	施工现场中，工作面边沿无围护设施或围护设施高度低于80cm时的高处作业
孔	楼板、屋面、平台等面上，短边尺寸小于25cm；墙上，高度小于75cm的孔洞
洞	楼板、屋面、平台等面上，短边尺寸等于或大于25cm的孔洞；墙上，高度等于或大于75cm、宽度大于45cm的孔洞
洞口作业	孔与洞口边旁的高处作业，包括施工现场及通道旁深度在2m及2m以上的桩孔、人孔、沟槽与管道、孔洞等边沿上的作业
攀登作业	借助登高用具或登高设施，在攀登条件下进行的高处作业
悬空作业	在周边临空状态下进行的高处作业
操作平台	现场施工中用以站人、载料并可进行操作的平台
移动式操作平台	可以搬移的用于结构施工、室内装饰和水电安装等的操作平台
悬挑式钢平台	可以吊运和搁支于楼层边的用于接送物料和转运模板的悬挑型式的操作平台，通常采用钢构件制作
交叉作业	在施工现场的上下不同层次，于空间贯通状态下同时进行的高处作业

附录二 临边作业防护栏杆的计算及构造实例

（一）杆件计算

防护栏杆横杆上杆的计算，应按本规范第3.1.3条第三款的规定，以外力为活荷载（可变荷载），取集中荷载作用于杆件中点，按公式（附2-1）计算弯矩，并按公式（附2-2）计算弯曲强度。需要控制变形时，尚应按公式（附2-3）计算挠度。荷载设计值的取用，应符合现行的《建筑结构荷载规范》GBJ9—87的有关规定。强度设计值的取用，应符合相应的结构设计规范的有关规定。

1. 弯矩：

$$M = \frac{Fl}{4} \qquad (附2-1)$$

式中 M——上杆承受的弯矩最大值（N·m）；
F——上杆承受的集中荷载设计值（N）；
l——上杆长度（m）。

2. 弯曲强度：

$$M \leqslant W_n f \qquad (附2-2)$$

式中 M——上杆的弯矩（N·m）；
W_n——上杆净截面抵抗矩（cm³）；
f——上杆抗弯强度设计值（N/mm²）。

3. 挠度：

$$\frac{Fl^3}{48EI} \leqslant 容许挠度 \qquad (附2-3)$$

式中 F——上杆承受的集中荷载标准值（N）；

l——上杆长度（m），计算中采用1×10^3mm；

E——杆件的弹性模量（N/mm²），钢材可取206×10^3N/mm²；

I——杆件截面惯性矩（mm⁴）。

注：① 计算中，集中荷载设计值F，应按可变荷载（活荷载）的标准值$Q_k=1000$N 乘以可变荷载的分项系数$\gamma_Q=1.4$取用。

② 抗弯强度设计值，采用钢材时可按$f=215$N/mm²取用。

③ 挠度及容许挠度均以mm计。

（二）构造实例

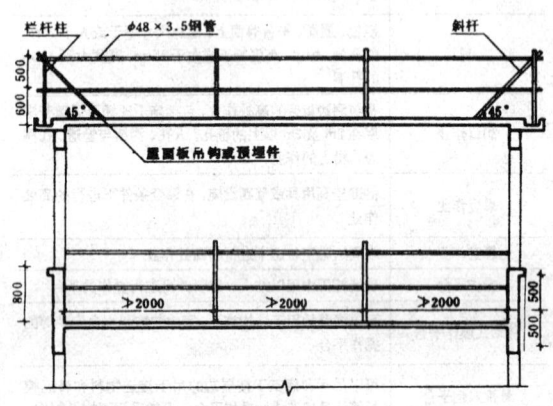

附图 2.1 屋面和楼层临边防护栏杆 （单位：mm）

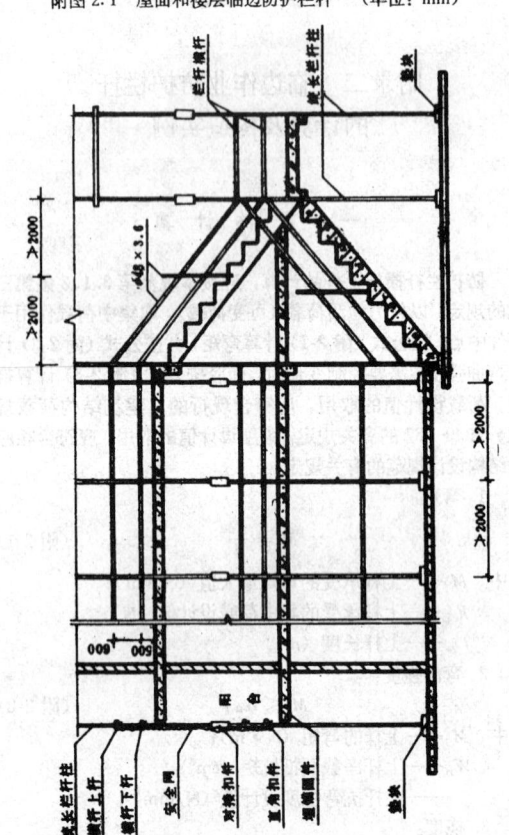

附图 2.2 楼梯、楼层和阳台临边防护栏杆 （单位：mm）

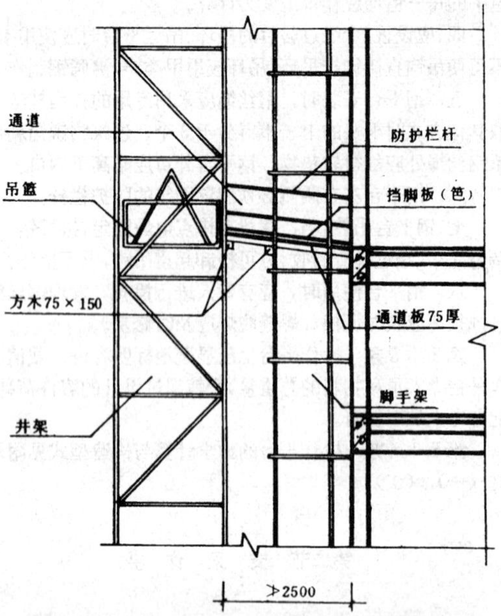

附图 2.3 通道侧边防护栏杆 （单位：mm）

附录三 洞口作业安全设施实例

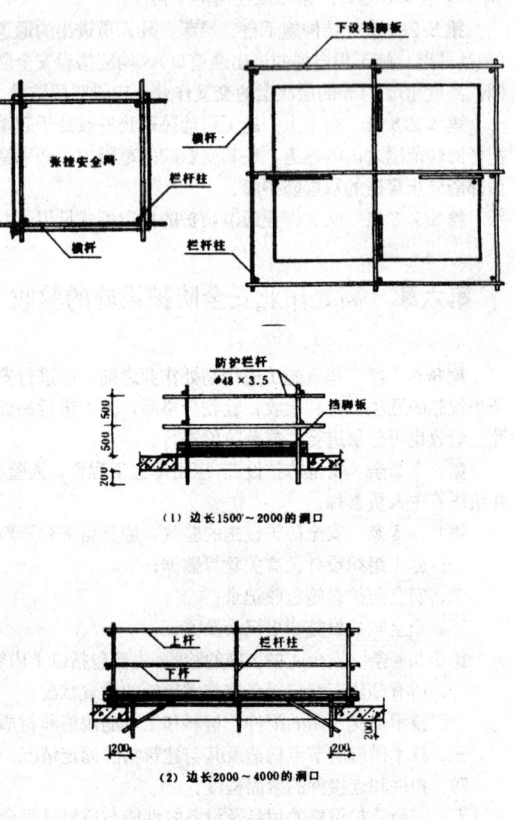

附图 3.1 洞口防护栏杆 （单位：mm）

附录四 攀登作业安全设施实例

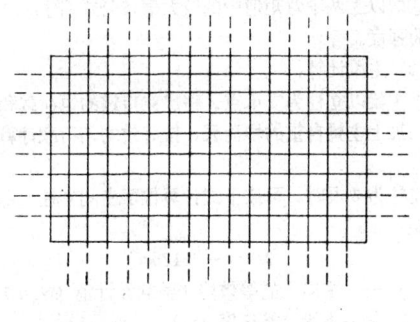

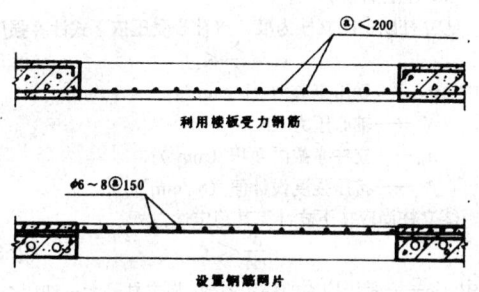

附图3.2 洞口钢筋防护网 （单位：mm）

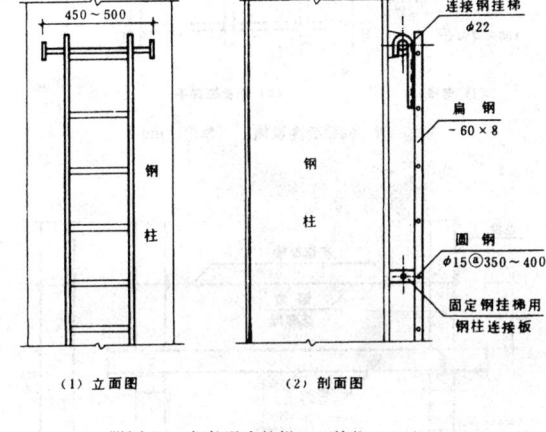

附图4.1 钢柱登高挂梯 （单位：mm）

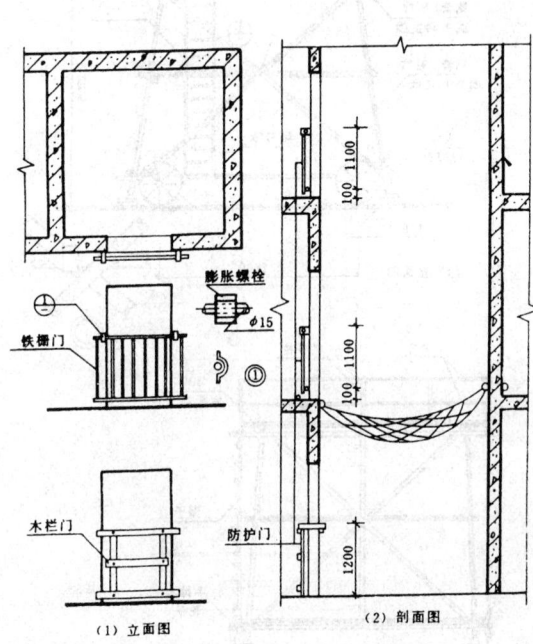

附图3.3 电梯井门防护门 （单位：mm）

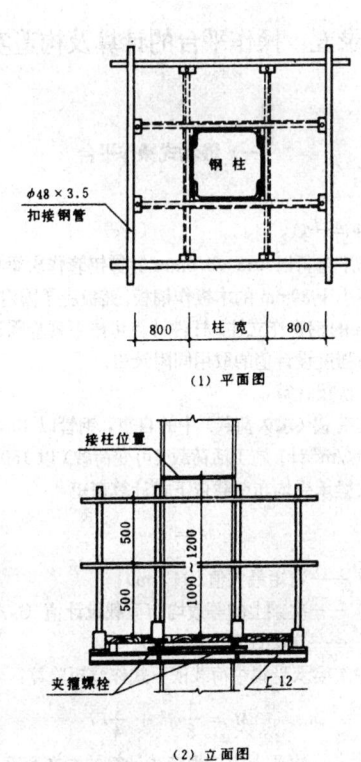

附图4.2 钢柱接柱用操作台 （单位：mm）

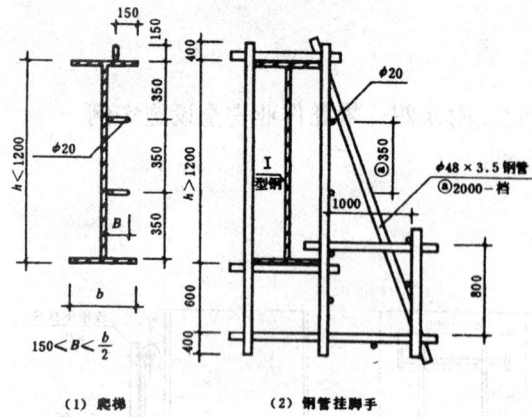

(1) 爬梯 (2) 钢管挂脚手

附图 4.3 钢梁登高设施 （单位：mm）

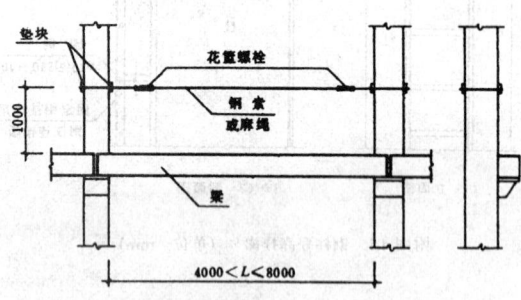

附图 4.4 梁面临时护栏 （单位：mm）

附录五 操作平台的计算及构造实例

（一）移动式操作平台

1. 杆件计算：

操作平台可以 Φ48×3.5mm 镀锌钢管作次梁与主梁，上铺厚度不小于 30mm 的木板作铺板。铺板应予固定，并以 Φ48×3.5mm 的钢管作立柱。杆件计算可按下列步骤进行。荷载设计值与强度设计值的取用同附录二。

（1）次梁计算：

①恒荷载（永久荷载）中的自重，钢管以 40N/m 计，铺板以 220N/m² 计；施工活荷载（可变荷载）以 1500N/m² 计。

按次梁承受均布荷载依下式计算弯矩：

$$M = \frac{1}{8}ql^2 \qquad (附5-1)$$

式中 M ——弯矩最大值（N·m）；
q ——次梁上的等效均布荷载设计值（N/m）；
l ——次梁计算长度（m）。

②按次梁承受集中荷载依下式作弯矩验算：

$$M = \frac{1}{8}ql^2 + \frac{1}{4}Fl \qquad (附5-2)$$

式中 q ——次梁上仅依恒荷载计算的均布荷载设计值（N/m）；
F ——次梁上的集中荷载设计值，可按可变荷载以标准值为 1000N 计。

③取以上两项弯矩值中的较大值按公式（附 2-2）计算次梁弯曲强度。

（2）主梁计算：

①主梁以立柱为支承点。将次梁传递的恒荷载和施工活荷载，加上主梁自重的恒荷载，按等效均布荷载计算最大弯矩。

立柱为 3 根时，可按下式计算位于中间立柱上部的主梁负弯矩：

$$M = -0.125ql^2 \qquad (附5-3)$$

式中 q ——主梁上的等效均布荷载设计值（N/m）；
l ——主梁计算长度（m）。

②以上项弯矩值按公式（附 2-2）计算主梁弯曲强度。

（3）立柱计算：

①立柱以中间立柱为准，按轴心受压依下式计算强度：

$$\sigma = \frac{N}{A_n} \leqslant f \qquad (附5-4)$$

式中 σ ——受压正应力（N/mm²）；
N ——轴心压力（N）；
A_n ——立柱净截面面积（mm²）；
f ——抗压强度设计值（N/mm²）。

②立柱尚应按下式计算其稳定性：

$$\frac{N}{\varphi A} \leqslant f \qquad (附5-5)$$

式中 φ ——受压构件的稳定系数，按立柱最大长细比 $\lambda = \frac{l}{i}$ 采用；
A ——立柱的毛截面面积（mm²）。

注：①计算中的荷载设计值，恒荷载应按标准值乘以永久荷载分项系数 $\gamma_0 = 1.2$ 取用，活荷载应按标准值乘以可变荷载分项系数 $\gamma_0 = 1.4$ 取用。
②钢管的抗弯、抗压强度设计值可按 $f = 215$N/mm² 取用。

2. 结构构造：

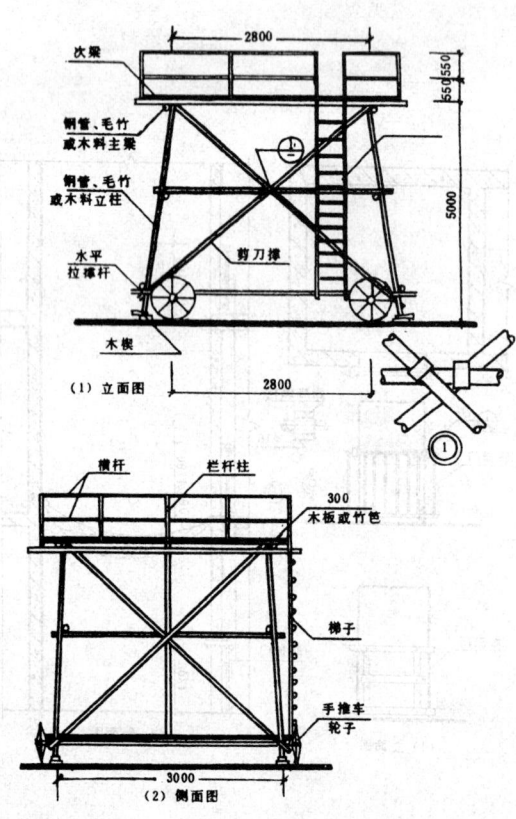

附图 5.1 移动式操作平台 （单位：mm）

(二) 悬挑式钢平台

1. 杆件计算：

悬挑式钢平台可以槽钢作次梁与主梁，上铺厚度不小于50mm的木板，并以螺栓与槽钢相固定。杆件计算可按下列步骤进行。荷载设计值与强度设计值的取用同本附录（一）。钢丝绳的取用应按现行的《结构安装工程施工操作规程》YSJ404—89的规定执行。

(1) 次梁计算：

① 恒荷载（永久荷载）中的自重，采用[10cm槽钢时以100N/m计，铺板以400N/m²计；施工活荷载（可变荷载）以1500N/m²计。按次梁承受均布荷载考虑，依公式（附5-1）计算弯矩。当次梁带悬臂时，依下式计算弯矩：

$$M = \frac{1}{8}ql^2(1-\lambda^2)^2 \quad \text{(附5-6)}$$

式中 λ ——悬臂比值，$\lambda = \frac{m}{l}$；

m ——悬臂长度（m）；

l ——次梁两端搁支点间的长度（m）。

② 以上项弯矩值按公式（附2-2）计算次梁弯曲强度。

(2) 主梁计算：

① 按外侧主梁以钢丝绳吊点作支承点计算。为安全计，按里侧第二道钢丝绳不起作用，里侧槽钢亦不起作用计算。将次梁传递的恒荷载和施工活荷载，加上主梁自重的恒荷载，按公式（附5-1）计算外侧主梁弯矩值。主梁采用[20cm槽钢时，自重以260N/m计。当次梁带悬臂时，先按公式（附5-7）计算次梁所传递的荷载；再将此荷载化算为等效均布荷载设计值，加上主梁自重的荷载设计值，按公式（附5-1）计算外侧主梁弯矩值：

$$R_{外} = \frac{1}{2}ql(1+\lambda)^2 \quad \text{(附5-7)}$$

式中 $R_{外}$ ——次梁搁支于外侧主梁上的支座反力，即传递于主梁的荷载（N）。

② 将上项弯矩公式（附2-2）计算外侧主梁弯曲强度。

(3) 钢丝绳验算：

① 为安全计，钢平台每侧两道钢丝绳均以一道受力作验算。钢丝绳按下式计算其所受拉力：

$$T = \frac{ql}{2\sin\alpha} \quad \text{(附5-8)}$$

式中 T ——钢丝绳所受拉力（N）；

q ——主梁上的均布荷载标准值（N/m）；

l ——主梁计算长度（m）；

α ——钢丝绳与平台面的夹角；当夹角为45°时，$\sin\alpha=0.707$；为60°时，$\sin\alpha=0.866$。

② 以钢丝绳拉力按下式验算钢丝绳的安全系数 K：

$$K = \frac{F}{T} \leqslant [K] \quad \text{(附5-9)}$$

式中 F ——钢丝绳的破断拉力，取钢丝绳的破断拉力总和乘以换算系数（N）；

$[K]$ ——作吊索用钢丝绳的法定安全系数，定为10。

2. 结构构造：

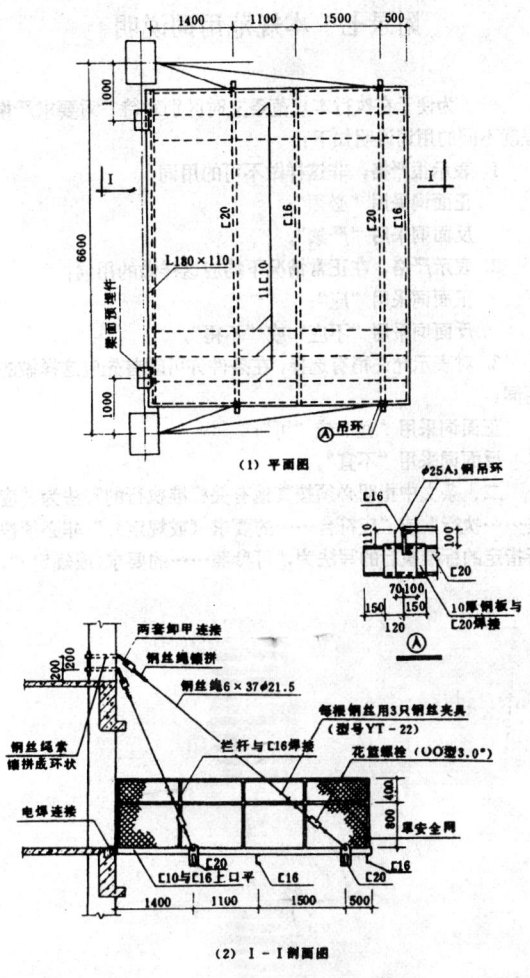

附图 5.2 悬挑式钢平台 （单位：mm）

附录六 交叉作业通道防护实例

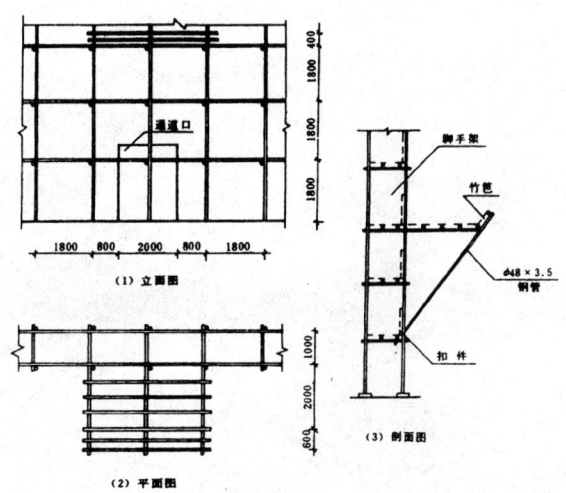

附图 6.1 交叉作业通道防护（单位：mm）

附录七　本规范用词说明

一、为便于在执行本规范条文时区别对待，对要求严格程度不同的用词说明如下：

1. 表示很严格，非这样做不可的用词：
   正面词采用"必须"；
   反面词采用"严禁"。
2. 表示严格，在正常情况下均应这样做的用词：
   正面词采用"应"；
   反面词采用"不应"或"不得"。
3. 对表示允许稍有选择，在条件许可时首先应这样做的用词：
   正面词采用"宜"或"可"；
   反面词采用"不宜"。

二、条文中指明必须按其他有关标准执行的写法为"应按……执行"或"应符合……的要求（或规定）。"非必须按所指定的标准执行的写法为，"可参照……的要求（或规定）"。

附加说明

本规范主编单位、参加单位和主要起草人名单

主编单位：上海市建筑施工技术研究所
参加单位：上海市建筑工程管理局
　　　　　上海市第三建筑工程公司
　　　　　上海市第四建筑工程公司
　　　　　上海市第五建筑工程公司
　　　　　上海市第七建筑工程公司
　　　　　上海市第八建筑工程公司
主要起草人：潘鼐　张锡荣　林木发　邱光培　夏爱国
　　　　　　刘长富　李雅生　赵敦齐　董松根　朱凌兴
　　　　　　张国琮　邬鹤庆　何晔　秦燕燕

中华人民共和国行业标准

建筑施工高处作业安全技术规范

JGJ 80—91

条 文 说 明

前　言

根据原城乡建设环境保护部（86）城科字第263号文的要求，由上海市建筑施工技术研究所主编，上海市建筑工程管理局和上海市第三、四、五、七、八建筑工程公司等单位参加共同编制的《建筑施工高处作业安全技术规范》（JGJ 80—91），经建设部1992年1月8日以建标[1992]5号文批准，业已发布。

为便于广大设计、施工、科研、学校等单位的有关人员在使用本规范时能正确理解和执行条文规定，《建筑施工高处作业安全技术规范》编制组按章、节、条顺序编制了本规范的条文说明，供国内使用者参考。在使用中如发现本条文说明有欠妥之处，请将意见函寄上海市建筑施工技术研究所。

本条文说明由建设部标准定额研究所组织出版发行，仅供国内使用，不得外传和翻印。

1992年1月8日

目　　次

第一章　总则 …………………… 10—32—16
第二章　基本规定 ……………… 10—32—16
第三章　临边与洞口作业的
　　　　安全防护 ……………… 10—32—16
　　第一节　临边作业 …………… 10—32—16
　　第二节　洞口作业 …………… 10—32—17
第四章　攀登与悬空作业的
　　　　安全防护 ……………… 10—32—17
　　第一节　攀登作业 …………… 10—32—17
　　第二节　悬空作业 …………… 10—32—17
第五章　操作平台与交叉作业的
　　　　安全防护 ……………… 10—32—17

　　第一节　操作平台 …………… 10—32—17
　　第二节　交叉作业 …………… 10—32—18
第六章　高处作业安全防护设施
　　　　的验收 ………………… 10—32—18
附录一　本规范名词解释 ……… 10—32—18
附录二　临边作业防护栏杆的计算及
　　　　构造实例 ……………… 10—32—18
附录五　操作平台的计算及
　　　　构造实例 ……………… 10—32—18

第一章 总 则

第 1.0.1 条 本条说明制订本规范的目的，在于防止高处作业中发生高处坠落及产生其他危及人身安全的各种事故。

第 1.0.2 条 本规范的适用范围，原定仅限于工业与民用房屋和一般构筑物施工中在整体结构范围以内的特定的高处作业，包括临边、洞口、攀登、悬空、操作平台与交叉作业等 6 个范畴。其他机械装置和施工设备诸如各种塔式起重机、各类脚手架以及室外电气设施等的安全技术均在各专业技术规范内分别制订。因室外的施工作业，亦有各种洞、坑、沟、槽等工程，可形成高处作业，1988 年 12 月松江评审会议上，故决定也将其包括在内。1988 年 4 月北京会议上建议加入市政设施的管道沟槽，松江评审会议上鉴于市政设施范围较广，决定适用范围以建筑施工现场为限。

第 1.0.3 条 本规范所称高处作业，其基本定义包括专业名词解释、级别、高处作业的种类、特殊高处作业的类别，以及高处作业的标记等项，概以国家标准《高处作业分级》（GB3608—83）为依据，本规范各条不再加以附述。

第 1.0.4 条 涉及高处作业的工种相当多，有关施工安全的范畴亦相当广，关于人身安全的各种安全措施，各类工具和设备的安全技术标准和安全规定等，业已有不少国家标准、规范和规定，陆续明令公布，均必须遵照执行，本规范不予重复。

多年来，我国政府业已颁布许多有关安全的国家法令、条例、规定和通知等文件，其中也有涉及高处作业的安全部分，必须同时贯彻执行，特予强调，不可疏忽。

第二章 基 本 规 定

第 2.0.1 条 在作为纲领性文件的施工组织设计中，高处作业的安全技术措施，往往会被忽略。故现作出明确规定，必须予以列入。

第 2.0.2 条 高处作业的安全技术措施范围较广。既有一般措施如高处作业安全标志的设置，各种安全网的张挂等；亦有专项设施，如本规范各节所定。本条首先明确高处作业安全技术的总负责者，同时还着重指明了负责人的几项主要任务，以谋重视。

第 2.0.4 条 悬空高处作业属特种高处作业，攀登作业以及在临空状态下装设高处作业安全设施的操作人员，危险性均较大，对作业人员除应加强培训外，规定还必须进行考试、发证和体检等，以昭慎重。

第 2.0.5 条 对高处作业中所使用的工具、设备等器物的检查，以及对安全设施的经常性检查，是施工期间保障人身安全的重要环节，故予强调说明。

第 2.0.6 条 高处作业中，除安全技术设施及人身防护用品外，操作时处处需要使用各种料具设备，偶一疏忽，随时会发生因坠落而造成伤亡事故，故对相应的安全防范措施亦都作出规定。

第 2.0.7 条 对雨、雪、强风、雷电等特殊高处作业，由于我国幅员广大，各地情况和条件不同，目前还难以定出更具体的统一措施；1988 年 4 月初审会议上决定暂作原则规定，待取得较多经验后再修订补充。

第 2.0.8 条 安全技术设施，施工期间原则上应严禁变动和拆除。若因作业必须临时暂拆，为慎重计，规定必须取得施工现场的负责人同意。

第 2.0.9 条 防护棚的结构构造，经松江评审会议决定，按国家标准《龙门架（井架）安全技术规范》的规定执行，本规范不另作规定。

第 2.0.10 条 高处作业安全设施受力杆件的计算如何列入规范，在 1987 年 11 月重庆讨论会议及 1988 年 4 月北京初审会议上，各方意见均不一致。一种意见认为，为保证安全并有章可循，应按不同的受力状态列出各种可应用于直接计算的表达式，并举例加以说明。另一种意见则认为，要施工工地上作出这样的计算，在目前是难以办到的。经过反复讨论，决定暂在本规范正文中作一原则性的规定，在附录中以较简单的方式列出计算与构造的实例，作为试行。最后，在 1988 年 12 月松江评审会议上，决定按国家标准《工程建设标准编写的基本规定》的规定，取消计算例题，改为列出计算步骤。同时决定，为适应施工单位的具体情况，计算采用容许应力方法进行。各有关计算程序均列入附录。在报批稿报建设部审批过程中，有关主管部门审核后，最终定为不采用容许应力方法，改为按修订后新发布的规范所规定的方式进行计算，但不考虑塑性所产生的可减小选用截面的影响，因此，附录中的计算，依照《建筑结构荷载规范》GBJ9—87 及《钢结构设计规范》GBJ17—88 有关章节的规定进行；按正常使用极限状态，并按弹性理论进行计算，不考虑塑性的影响。条文为依此原则而重新规定。

第三章 临边与洞口作业的安全防护

第一节 临 边 作 业

第 3.1.1 条 第一、二款指出了设防护栏杆和安全网的临边范围。高度超过 3.2m 张挂安全网，系参照上海市 1987 年所作的规定 4m，经北京会议讨论而酌改。

第三款规定，施工过程中的楼梯口和梯段边，都必须设防护栏杆，即使梯段边上无敞口，亦应设至少一道扶手作临时护栏。顶层楼梯口，由于结构施工已完，故应即装设建筑物的正式防护栏杆。

第四、五款，因升降装置的进出口与旁边的通道，都是容易出安全事故的场所，故作了较严密的规定。

第 3.1.2 条 对不同材质的防护栏杆杆件的规格要求，曾经过多次讨论，并向上海、北京、广州、西安、兰州、昆明、成都等市的建筑施工单位征求了意见。根据我国目前施工现场的具体情况，并参考国际劳工署（ILO）《安全规则法典》"Model code of safety regulations for industrial establishments for the guidance of governments and industry"第二章第一节第 12 条的规定，作了此项规定。

第二款指木材，其强度与上述法典第 12 条规定采用的枋子相差不大，考虑到我国主要采用圆木，故规定以圆木梢径为准。

第三款钢筋直径，取其强度大致与上述法典第 12 条规定的木材相近。

第四款钢管的规格相对地说较大了。上述法典规定横杆上杆与栏杆柱不小于 32mm，横杆下杆不小于 25mm。美国国家标准 ANS A10.18—1977 附录参考表 A1 "stress analysis of wood and metal railings"要求钢管直径不小于 $1\frac{1}{2}$in，即 38mm。由于我国施工现场普遍使用 48mm 钢管作设备材料，故按现成规格采用 $\Phi 48 \times (2.75\sim3.5)$ mm。

第五款对其他钢材的规格，是由于使用得很少而未作具体规定。上述法典规定横杆上杆与栏杆柱用角钢不小于 L38×38×5，下杆不小于 L32×32×3；美国 ANS A10.18—1977 附录参考表 A1 要求角钢不小于 L2×2×$\frac{1}{8}$(in)，即 L50×50×9.5；强度相差不大。故本款仅作原则规定。

第 3.1.3 条 第一款中防护栏杆的作用是防止人在各种可能情况下的坠落，故设上下两道横杆。有关的尺寸系参照美国国家标准局（ANSI）的美国国家标准 ANS A10.18—1977"Safety Requirements for Temporary Floor and Wall Openings, Flat Roofs, Stairs, Railings, and Toeboards for Construction."第七节与国际劳工署（ILO）的《安全规则法典》第二章第一节，并考虑到我国的习惯与材料的尺寸经数次讨论而定。防护栏杆高度与屋面坡度关系，原定坡度以 25°为界，现换算成比例改为 1：2.2。

第二款栏杆的固定，本规范考虑了几种主要场合，以稳固坚牢为原则。栏杆不宜有悬臂部分，杆件周围均应有 40mm 以上的净空，藉以保证其安全作用。

第三款的规定亦系根据第一款内所引用的美国国家标准局（ANSI）与国际劳工署（ILO）两项资料的规定而制订。

第四款规定的挡脚板高度 18cm 系考虑多数地方的习惯，挡脚笆的高度 40cm 系按常用规格而定。对挡脚板的材料不作具体规定，只要结实及固定于栏杆柱即可。孔眼（或网眼）不大于 25mm，系根据美国国家标准局 ANS A10.18—1977 第八节而定。板与笆下边离底面的空隙不大于 10mm，系参考国际劳工署（ILO）《安全规则法典》第二章第一节第 12 条内规定的 6mm 而酌定。

第五款临街建筑的施工，必须作全封闭以处理安全防护问题。由松江评审会议根据目前城市建设日益发展、城市人口日益增多而增定。

有关安全网及其张挂方式等，应按现行的国家标准和规范办理，故本规范均略而不赘述。

第 3.1.4 条 防护栏杆的用料和构造型式，各地按传统习惯在设置上有所变动时，应以符合现行的设计规范及本规范所定的要求为准。

第二节 洞口作业

第 3.2.1 条 各款中的栏杆应按照本章第一节的规定处理。当无盖件时，必须装设临时护栏。

第 3.2.2 条 洞口分为平行于地面的，如楼板、人孔、梯道、天窗、管道沟槽、管井、地板门和斜通道等处，以及垂直于地面的，如墙壁和窗台墙等，可便于分别作出规定。

第六款内位于车辆行驶道旁各种洞口的盖板及其支件，应能承受不小于后车轮有效承载力 2 倍的荷载，系采用美国 ANS A10.18—1977 第 3、9 两节的规定。

第七款竖向洞口的防护，系参酌各地情况而制订。有的地区，在电梯井口采用砌筑高 1.2m 的临时矮墙作防护，北京会议决定暂不列入。

第八款的外侧落差大于 2m 应设临时护栏的窗台墙身，建议草案原定高度为 90cm，系参酌国际劳工署《安全规则法典》而定，北京初审讨论后改为 80mm。

第 3.2.3 条 附录提供的构造实例，各地按传统习惯有所变动时，以符合本规范各条所定的要求为准。

第四章 攀登与悬空作业的安全防护

第一节 攀登作业

第 4.1.1 条 对现场施工，必须事先考虑好登高设施并编入施工组织设计中，这在许多文件中已屡有规定。现据北京会议决定，先列述可资利用的三项主要设施，并对采用事先设置在构件上的攀登设施或各种梯子作出明确规定，以资强调。

第 4.1.2 条 这样规定是为了施工的安全和方便。并且，制作构件时一并制作攀登设施，亦较容易处理。

第 4.1.3 条 规定梯面上作业和上下时的总重量以 1100N 计算，是将人与衣着的重量 750N，酌量乘以动荷载结合安全的系数 1.5，同时参阅美国国家标准 ANS A14.3—1984 "American National Standard for, Ladders—Fixed—Safety Requirements"第四节及 A92.1—1977 "American National Standard for Manually Propelled Mobile Ladder Stands and Scaffolds (Towers)"第三节的有关条文而定。

第 4.1.4～4.1.8 条 各种梯子的构造及有关要求均已有相应的国家标准，故本规范从略。梯子的形式甚多，除本节列举的四类外，尚有伸缩梯、支架梯、手推梯及竹梯等等多种，均应按有关标准检查和验算。

关于梯子使用的安全规定，本条列出几项重点措施，以求重视。梯子的梯脚不得垫高，系防止受荷后下沉或不稳定。上端应予固定及斜度不应过大，系防止作业时滑倒。梯脚的防滑措施，除配以防滑梯脚外，也可按各地习惯办理，或捆，或锚，或夹住，等等。梯子接长后，稳定性会降低，故作出一定的条件上的限制。折梯夹角的 45°是依立梯斜度 60°～70°的余角 2 倍而定。美国国家标准规定斜度为 75°。直爬梯使用钢材制作时，应采用甲类 3 号沸腾钢。高度超过 2m 时应加设护笼，超过 8m 时必须设置梯间平台，系根据国家标准《固定式钢直梯》GB4653.1—83，并参酌美国国家标准 ANS A14.3—1984 第四节的规定而定。

第 4.1.9 条 对不得利用作攀登之处，这里列出了两项主要场合，此外，还应注意遵守原国家建筑工程总局所颁发的《建筑安装工人安全技术操作规程》第一章第一节与第三节的有关各项规定。

第 4.1.10～4.1.11 条 附录四系部分常见的关于攀登作业的安全技术措施。

第二节 悬空作业

第 4.2.1～4.2.2 条 由于悬空作业的条件往往并不相同，故这两条仅作原则上的规定，具体可由施工单位自行决定，用以保证施工安全。

第 4.2.3 条 第一款规定将钢结构构件尽量在地面安装，并装设进行高空作业的安全设施，是为了尽量避免或减少在悬空状态下的作业。

第三款，安装中的管道，特别是横向管道，并不具有承受操作人员重量的能力，故操作时严禁在其上面站立和行走。

第 4.2.4 条 第二款，高处作业对有可能坠落的高度规定为 2m，支模时人手操作的高度一般在 1m 以上，故作出关于 3m 的规定。

第三款的内容与修订版的国家标准《组合钢模板技术规范》GBJ214—89 相适应。

第 4.2.5 条、第 4.2.6 条 均系参酌《建筑安装工人安全技术操作规程》的有关规定而制订。

第 4.2.8 条 第一、二两款所指各项作业，均系指外墙作业。

第五章 操作平台与交叉作业的安全防护

第一节 操作平台

第 5.1.1 条 第一款所称现行的相应规范，系指木结构、钢结构等不同的结构设计规范。

第二款的移动式操作平台，其面积是从移动式的特点不宜过大出发，高度的控制是从防倾覆出发而制订。

第三款立柱底部离地面不得超过80mm，是为了工人在使用操作平台进行施工时，宜将立柱与地坪间垫实，避免轮子起传力作用。

第5.1.2条 在设计悬挑式钢平台时，一般两边各设两道斜拉杆或钢丝绳；如只各设一道时，斜拉杆或钢丝绳的安全系数比按常规设计还应适当提高，以策安全。

设计需downHIGH上翻的悬挑式钢平台时，应注意使拆装容易。

第5.1.3条 指定专人负责监督检查，除应在管理条例中作出规定外，还应给予相应的职权，目的为了保证操作平台的安全施工。

第二节 交叉作业

第5.2.1条 本条要求施工单位在进行上、下立体交叉作业时，首先必须有一定的左右方向的安全间隔距离。在不能切实保证此符合可能坠落半径范围的安全间隔距离时，应设能防止坠物伤害下方人员的防护层。

关于安全网的设置也应按临边与洞口的安全防护规定办理。

第5.2.2~5.2.5条 这些条文都是根据施工现场容易出现的坠落物伤人现象而制订的。

第六章 高处作业安全防护设施的验收

第6.0.1条、第6.0.2条 高处作业的安全防护设施是否应作验收，各方意见尚不一致。经北京专题会议讨论及松江评审会议决定，为加强检查，保障安全，应进行验收，并规定由单位工程负责人负责验收工作。

第6.0.3条、第6.0.4条 安全防护设施验收所查验的资料与验收内容，既不宜繁琐，又必须确保安全。几经讨论，分别暂定所列三项与五项，俟试行取得经验后再作修订。

附录一 本规范名词解释

临边作业：临边作业中包括围护设施高度低于80cm者一项，系与本规范第3.2.2条第八款取得一致而定。

孔与洞：有坠落或踏入可能的楼面、地面和墙面的开口或敞口部分，按大小分为孔与洞。其尺度系参照美国 ANS A10.18—1977第一、三、四各节和国际劳工署（ILO）《安全规则法典》第二章第一节第11、12两条以及我国各地具体情况，在北京初审会议上讨论决定。

悬空作业：现行的国家标准《高处作业分级》GB3608—83第3.2.7对悬空高处作业定义为："在无立足点或无牢靠立足点的条件下，进行的高处作业，统称为悬空高处作业。"现根据本规范的适用范围，对其涵义作了进一步的规定。

操作平台：本规范对操作平台只列出有关的两类，即移动式操作平台和悬挑式钢平台，对于其他如支撑脚手架的平台和活动塔架等均不包括在内。

附录二 临边作业防护栏杆的计算及构造实例

本规范附录二（一）："杆件计算"中，采用的有关符号系参照现行的《钢结构设计规范》GBJ17—88的规定而定。如：集中荷载采用F，钢材的强度设计值采用f。

该规范第九章塑性设计第9.1.1条规定：："本章规定适用于不直接承受动力荷载的固端梁、连续梁以及由实腹构件组成的单层和两层框架结构。"第9.1.2条又规定："按正常使用极限状态设计时，应采用荷载的标准值，并按弹性理论进行计算。"本规范第2.0.10条已作了原则规定，现附录二与附录五具体按此执行。公式（附2—2）系参照上述规范公式（9.2.1）而定。关于容许挠度值，由各地有关主管部门视不同材料和具体情况自行决定。

现行的《建筑结构荷载规范》GBJ9—87第2.1.3条规定："建筑结构设计时，应采用标准值作为荷载的基本代表值。""可变荷载标准值，应按本规范各章中的规定采用。"防护栏杆上承受的力为活荷载即可变荷载。参照该项规定及本规范第3.1.3条第三款的规定，现于注①内明确规定，集中荷载 F 可以1000N作为荷载的标准值取用。注②则系按《钢结构设计规范》GBJ17—88第9.1.3条的规定而定。

附录五 操作平台的计算及构造实例

规范附录五中（一）"移动式操作平台"采用的有关符号及公式（附5—4）与（附5—5），均系参照现行的《钢结构设计规范》GBJ17—88的规定而定。

中华人民共和国行业标准

建筑拆除工程安全技术规范

Technical code for safety of demolishing and removing of buildings

JGJ 147—2004

批准部门：中华人民共和国建设部
实施日期：2005年3月1日

中华人民共和国建设部
公 告

第 304 号

建设部关于发布行业标准《建筑拆除工程安全技术规范》的公告

现批准《建筑拆除工程安全技术规范》为行业标准，编号为 JGJ 147—2004，自 2005 年 3 月 1 日起实施。其中，第 4.1.1、4.1.2、4.1.3、4.1.7、4.2.1、4.2.3、4.3.2、4.4.2、4.4.4、4.5.4、5.0.5 条为强制性条文，必须严格执行。

本标准由建设部标准定额研究所组织中国建筑工业出版社出版发行。

中华人民共和国建设部
2005 年 1 月 13 日

前 言

根据建设部建标〔2003〕104 号文件的要求，规范编制组在深入调查研究，认真总结国内外科研成果和大量实践经验，并广泛征求意见的基础上，制定了本规范。

本规范的主要内容是：
1. 一般规定；
2. 施工准备；
3. 安全施工管理；
4. 安全技术管理；
5. 文明施工管理。

本规范由建设部负责管理和对强制性条文的解释，由北京建工集团有限责任公司负责具体技术内容的解释。

主编单位：北京建工集团有限责任公司（地址：北京市宣武区广莲路 1 号；邮政编码：100055）。

参编单位：
北京中科力爆炸技术工程公司
上海市房屋拆除工程施工安全管理办公室
辽宁省建设厅
湖南中人爆破工程有限公司
武汉理工大学土木工程与建筑学院
福建省六建集团公司
广东省宏大爆破工程公司

主要起草人员：张立元 王 钢 唐 伟
陈拥军 王 强 周家汉
孙宗辅 孙京燕 魏铁山
王维瑞 刘照源 阮景云
魏 鹏 李宗亮 冯世基
李 岱 胡 鹏 赵京生
李志成 蒋公宜 王世杰
李长凯 金雅静 杨 楠
郑炳旭 邢右孚 赵占英
贾云峰 徐德荣 蔡江勇

目 次

1 总则 ……………………………… 10—33—4
2 一般规定 ………………………… 10—33—4
3 施工准备 ………………………… 10—33—4
4 安全施工管理 …………………… 10—33—4
　4.1 人工拆除 …………………… 10—33—4
　4.2 机械拆除 …………………… 10—33—5
　4.3 爆破拆除 …………………… 10—33—5
　4.4 静力破碎 …………………… 10—33—5
　4.5 安全防护措施 ……………… 10—33—5
5 安全技术管理 …………………… 10—33—6
6 文明施工管理 …………………… 10—33—6
本规范用词说明 …………………… 10—33—6
附：条文说明 ……………………… 10—33—7

1 总则

1.0.1 为了贯彻国家有关安全生产的法律和法规，确保建筑拆除工程施工安全，保障从业人员在拆除作业中的安全和健康及人民群众的生命、财产安全，根据建筑拆除工程特点，制定本规范。

1.0.2 本规范适用于工业与民用建筑、构筑物、市政基础设施、地下工程、房屋附属设施拆除的施工安全及管理。

1.0.3 本规范所称建设单位是指已取得房屋拆迁许可证或规划部门批文的单位；本规范所称施工单位是指已取得爆破与拆除工程资质，可承担拆除施工任务的单位。

1.0.4 建筑拆除工程必须由具备爆破或拆除专业承包资质的单位施工，严禁将工程非法转包。

1.0.5 建筑拆除工程安全除应符合本规范的要求外，尚应符合国家现行有关强制性标准的规定。

2 一般规定

2.0.1 项目经理必须对拆除工程的安全生产负全面领导责任。项目经理部应按有关规定设专职安全员，检查落实各项安全技术措施。

2.0.2 施工单位应全面了解拆除工程的图纸和资料，进行现场勘察，编制施工组织设计或安全专项施工方案。

2.0.3 拆除工程施工区域应设置硬质封闭围挡及醒目警示标志，围挡高度不应低于1.8m，非施工人员不得进入施工区。当临街的被拆除建筑与交通道路的安全距离不能满足要求时，必须采取相应的安全隔离措施。

2.0.4 拆除工程必须制定生产安全事故应急救援预案。

2.0.5 施工单位应为从事拆除作业的人员办理意外伤害保险。

2.0.6 拆除施工严禁立体交叉作业。

2.0.7 作业人员使用手持机具时，严禁超负荷或带故障运转。

2.0.8 楼层内的施工垃圾，应采用封闭的垃圾道或垃圾袋运下，不得向下抛掷。

2.0.9 根据拆除工程施工现场作业环境，应制定相应的消防安全措施。施工现场应设置消防车通道，保证充足的消防水源，配备足够的灭火器材。

3 施工准备

3.0.1 拆除工程的建设单位与施工单位在签订施工合同时，应签订安全生产管理协议，明确双方的安全管理责任。建设单位、监理单位应对拆除工程施工安全负检查督促责任；施工单位应对拆除工程的安全技术管理负直接责任。

3.0.2 建设单位应将拆除工程发包给具有相应资质等级的施工单位。建设单位应在拆除工程开工前15日，将下列资料报送建设工程所在地的县级以上地方人民政府建设行政主管部门备案：
   1 施工单位资质登记证明；
   2 拟拆除建筑物、构筑物及可能危及毗邻建筑的说明；
   3 拆除施工组织方案或安全专项施工方案；
   4 堆放、清除废弃物的措施。

3.0.3 建设单位应向施工单位提供下列资料：
   1 拆除工程的有关图纸和资料；
   2 拆除工程涉及区域的地上、地下建筑及设施分布情况资料。

3.0.4 建设单位应负责做好影响拆除工程安全施工的各种管线的切断、迁移工作。当建筑外侧有架空线路或电缆线路时，应与有关部门取得联系，采取防护措施，确认安全后方可施工。

3.0.5 当拆除工程对周围相邻建筑安全可能产生危险时，必须采取相应保护措施，对建筑内的人员进行撤离安置。

3.0.6 在拆除作业前，施工单位应检查建筑内各类管线情况，确认全部切断后方可施工。

3.0.7 在拆除工程作业中，发现不明物体，应停止施工，采取相应的应急措施，保护现场，及时向有关部门报告。

4 安全施工管理

4.1 人工拆除

4.1.1 进行人工拆除作业时，楼板上严禁人员聚集或堆放材料，作业人员应站在稳定的结构或脚手架上操作，被拆除的构件应有安全的放置场所。

4.1.2 人工拆除施工应从上至下、逐层拆除分段进行，不得垂直交叉作业。作业面的孔洞应封闭。

4.1.3 人工拆除建筑墙体时，严禁采用掏掘或推倒的方法。

4.1.4 拆除建筑的栏杆、楼梯、楼板等构件，应与建筑结构整体拆除进度相配合，不得先行拆除。建筑的承重梁、柱，应在其所承载的全部构件拆除后，再进行拆除。

4.1.5 拆除梁或悬挑构件时，应采取有效的下落控制措施，方可切断两端的支撑。

4.1.6 拆除柱子时，应沿柱子底部剔凿出钢筋，使用手动倒链定向牵引，再采用气焊切割柱子三面钢筋，保留牵引方向正面的钢筋。

4.1.7 拆除管道及容器时，必须在查清残留物的性质，并采取相应措施确保安全后，方可进行拆除施工。

4.2 机械拆除

4.2.1 当采用机械拆除建筑时，应从上至下、逐层分段进行；应先拆除非承重结构，再拆除承重结构。拆除框架结构建筑，必须按楼板、次梁、主梁、柱子的顺序进行施工。对只进行部分拆除的建筑，必须先将保留部分加固，再进行分离拆除。

4.2.2 施工中必须由专人负责监测被拆除建筑的结构状态，做好记录。当发现有不稳定状态的趋势时，必须停止作业，采取有效措施，消除隐患。

4.2.3 拆除施工时，应按照施工组织设计选定的机械设备及吊装方案进行施工，严禁超载作业或任意扩大使用范围。供机械设备使用的场地必须保证足够的承载力。作业中机械不得同时回转、行走。

4.2.4 进行高处拆除作业时，对较大尺寸的构件或沉重的材料，必须采用起重机及时吊下。拆卸下来的各种材料应及时清理，分类堆放在指定场所，严禁向下抛掷。

4.2.5 采用双机抬吊作业时，每台起重机载荷不得超过允许载荷的80%，且应对第一吊进行试吊作业，施工中必须保持两台起重机同步作业。

4.2.6 拆除吊装作业的起重机司机，必须严格执行操作规程。信号指挥人员必须按照现行国家标准《起重吊运指挥信号》GB 5082 的规定作业。

4.2.7 拆除钢屋架时，必须采用绳索将其拴牢，待起重机吊稳后，方可进行气焊切割作业。吊运过程中，应采用辅助措施使被吊物处于稳定状态。

4.2.8 拆除桥梁时应先拆除桥面的附属设施及挂件、护栏等。

4.3 爆破拆除

4.3.1 爆破拆除工程应根据周围环境作业条件、拆除对象、建筑类别、爆破规模，按照现行国家标准《爆破安全规程》GB 6722 将工程分为 A、B、C 三级，并采取相应的安全技术措施。爆破拆除工程应做出安全评估并经当地有关部门审核批准后方可实施。

4.3.2 从事爆破拆除工程的施工单位，必须持有工程所在地法定部门核发的《爆炸物品使用许可证》，承担相应等级的爆破拆除工程。爆破拆除设计人员应具有承担爆破拆除作业范围和相应级别的爆破工程技术人员作业证。从事爆破拆除施工的作业人员应持证上岗。

4.3.3 爆破器材必须向工程所在地法定部门申请《爆炸物品购买许可证》，到指定的供应点购买。爆破器材严禁赠送、转让、转卖、转借。

4.3.4 运输爆破器材时，必须向工程所在地法定部门申请领取《爆炸物品运输许可证》，派专职押运员押送，按照规定路线运输。

4.3.5 爆破器材临时保管地点，必须经当地法定部门批准。严禁同室保管与爆破器材无关的物品。

4.3.6 爆破拆除的预拆除施工应确保建筑安全和稳定。预拆除施工可采用机械和人工方法拆除非承重的墙体或不影响结构稳定的构件。

4.3.7 对烟囱、水塔类构筑物采用定向爆破拆除工程时，爆破拆除设计应控制建筑倒塌时的触地振动。必要时应在倒塌范围铺设缓冲材料或开挖防振沟。

4.3.8 为保护临近建筑和设施的安全，爆破振动强度应符合现行国家标准《爆破安全规程》GB 6722 的有关规定。建筑基础爆破拆除时，应限制一次同时使用的药量。

4.3.9 爆破拆除施工时，应对爆破部位进行覆盖和遮挡，覆盖材料和遮挡设施应牢固可靠。

4.3.10 爆破拆除应采用电力起爆网路和非电导爆管起爆网路。电力起爆网路的电阻和起爆电源功率，应满足设计要求；非电导爆管起爆应采用复式交叉封闭网路。爆破拆除不得采用导爆索网路或导火索起爆方法。

装药前，应对爆破器材进行性能检测。试验爆破和起爆网路模拟试验应在安全场所进行。

4.3.11 爆破拆除工程的实施应在工程所在地有关部门领导下成立爆破指挥部，应按照施工组织设计确定的安全距离设置警戒。

4.3.12 爆破拆除工程的实施尚应符合本规范第 4.3 节的要求外，必须按照现行国家标准《爆破安全规程》GB 6722 的规定执行。

4.4 静力破碎

4.4.1 进行建筑基础或局部块体拆除时，宜采用静力破碎的方法。

4.4.2 采用具有腐蚀性的静力破碎剂作业时，灌浆人员必须戴防护手套和防护眼镜。孔内注入破碎剂后，作业人员应保持安全距离，严禁在注孔区域行走。

4.4.3 静力破碎剂严禁与其他材料混放。

4.4.4 在相邻的两孔之间，严禁钻孔与注入破碎剂同步进行施工。

4.4.5 静力破碎时，发生异常情况，必须停止作业。查清原因并采取相应措施确保安全后，方可继续施工。

4.5 安全防护措施

4.5.1 拆除施工采用的脚手架、安全网，必须由专业人员按设计方案搭设，由有关人员验收合格后方可使用。水平作业时，操作人员应保持安全距离。

4.5.2 安全防护设施验收时，应按类别逐项查验，并有验收记录。

4.5.3 作业人员必须配备相应的劳动保护用品，并正确使用。

4.5.4 施工单位必须依据拆除工程安全施工组织设计或安全专项施工方案，在拆除施工现场划定危险区域，并设置警戒线和相关的安全标志，应派专人监管。

4.5.5 施工单位必须落实防火安全责任制，建立义务消防组织，明确责任人，负责施工现场的日常防火安全管理工作。

5 安全技术管理

5.0.1 拆除工程开工前，应根据工程特点、构造情况、工程量等编制施工组织设计或安全专项施工方案，应经技术负责人和总监理工程师签字批准后实施。施工过程中，如需变更，应经原审批人批准，方可实施。

5.0.2 在恶劣的气候条件下，严禁进行拆除作业。

5.0.3 当日拆除施工结束后，所有机械设备应远离被拆除建筑。施工期间的临时设施，应与被拆除建筑保持安全距离。

5.0.4 从业人员应办理相关手续，签订劳动合同，进行安全培训，考试合格后方可上岗作业。

5.0.5 拆除工程施工前，必须对施工作业人员进行书面安全技术交底。

5.0.6 拆除工程施工必须建立安全技术档案，并应包括下列内容：
 1 拆除工程施工合同及安全管理协议书；
 2 拆除工程安全施工组织设计或安全专项施工方案；
 3 安全技术交底；
 4 脚手架及安全防护设施检查验收记录；
 5 劳务用工合同及安全管理协议书；
 6 机械租赁合同及安全管理协议书。

5.0.7 施工现场临时用电必须按照国家现行标准《施工现场临时用电安全技术规范》JGJ 46 的有关规定执行。

5.0.8 拆除工程施工过程中，当发生重大险情或生产安全事故时，应及时启动应急预案排除险情、组织抢救、保护事故现场，并向有关部门报告。

6 文明施工管理

6.0.1 清运渣土的车辆应封闭或覆盖，出入现场时应有专人指挥。清运渣土的作业时间应遵守工程所在地的有关规定。

6.0.2 对地下的各类管线，施工单位应在地面上设置明显标识。对水、电、气的检查井、污水井应采取相应的保护措施。

6.0.3 拆除工程施工时，应有防止扬尘和降低噪声的措施。

6.0.4 拆除工程完工后，应及时将渣土清运出场。

6.0.5 施工现场应建立健全动火管理制度。施工作业动火时，必须履行动火审批手续，领取动火证后，方可在指定时间、地点作业。作业时应配备专人监护，作业后必须确认无火源危险后方可离开作业地点。

6.0.6 拆除建筑时，当遇有易燃、可燃物及保温材料时，严禁明火作业。

本规范用词说明

1 为便于在执行本规范条文时区别对待，对要求严格程度不同的用词说明如下：
 1）表示很严格，非这样做不可的：
 正面词采用"必须"，反面词采用"严禁"；
 2）表示严格，在正常情况下均应这样做的：
 正面词采用"应"，反面词采用"不应"或"不得"；
 3）表示允许稍有选择，在条件许可时首先应这样做的：
 正面词采用"宜"，反面词采用"不宜"；
 表示有选择，在一定条件下可以这样做的，采用"可"。

2 条文中指明应按其他有关标准执行的写法为"应符合……的规定"或"应按……执行"。

中华人民共和国行业标准

建筑拆除工程安全技术规范

JGJ 147—2004

条 文 说 明

前 言

《建筑拆除工程安全技术规范》JGJ 147—2004 经建设部2005年1月13日以建设部第304号公告批准,业已发布。

为便于广大设计、施工、科研、学校等单位有关人员在使用本规范时能正确理解和执行条文规定,《建筑拆除工程安全技术规范》编制组按章、节、条顺序编制了本规范的条文说明,供使用者参考。在使用中如发现本条文说明有不妥之处,请将意见函寄北京建工集团有限责任公司安全监管部(地址:北京市宣武区广莲路1号;邮政编码:100055)

目　次

1 总则 …………………………… 10—33—10
2 一般规定 ……………………… 10—33—10
3 施工准备 ……………………… 10—33—10
4 安全施工管理 ………………… 10—33—10
　4.1 人工拆除 ………………… 10—33—10
　4.2 机械拆除 ………………… 10—33—10
　4.3 爆破拆除 ………………… 10—33—10
　4.4 静力破碎 ………………… 10—33—11
　4.5 安全防护措施 …………… 10—33—11
5 安全技术管理 ………………… 10—33—11
6 文明施工管理 ………………… 10—33—12

1 总　　则

1.0.1 本条规定了制定本规范的目的。
1.0.2 本条规定了本规范适用范围。
1.0.3 本条规定了建设单位的资格、施工单位的资质，是安全生产的基本条件。
1.0.4 本条规定了从事拆除工程的施工单位应具备的条件，法定代表人是本单位安全生产第一责任人，应对拆除工程施工负全面责任。

2　一般规定

2.0.1 本条规定了项目经理及安全员的职责。安全员的设置人数应按照《中华人民共和国安全生法》第二章第十九条或有关规定执行。
2.0.2 本条规定的施工单位所编写的施工组织设计或方案和安全技术措施应有针对性、安全性及可行性。
2.0.3 本条规定的安全距离对建筑而言一般为建筑的高度；安全隔离措施是指临时断路、交通管制、搭设防护棚；硬质围挡是指使用铁板压制成型材料、轻质材料、砌筑材料等，保证围挡的稳固性，防止非施工人员进入施工现场。
2.0.4 本条规定依据《中华人民共和国安全生产法》制定。
2.0.5 本条规定依据《中华人民共和国建筑法》和国务院第 375 号令颁布的《工伤保险条例》制定。
2.0.7 本条规定的机具包括风镐、液压锯、水钻、冲击钻等。
2.0.9 本条规定的消防车道宽度应不小于 3.5m，充足的消防水源是指现场消火栓控制范围不宜大于 50m。配备足够的灭火器材是指每个设置点的灭火器数量 2~5 具为宜。

3　施工准备

3.0.1 本条规定依据中华人民共和国国务院第 393 号令颁布的《建设工程安全生产管理条例》制定。明确了建设单位、监理单位、施工单位在拆除工程中的安全生产管理责任。
3.0.2 本条规定依据中华人民共和国国务院第 393 号令颁布的《建设工程安全生产管理条例》制定。
3.0.3 本条规定的建设单位应向施工单位提供有关图纸和资料是指地上建筑及各类管线、地下构筑物及各类管线的详细图纸和资料，并对其准确性负责。
3.0.4 本条规定了建设单位在拆除施工前需要做好的施工准备工作。
3.0.5 本条规定的拆除工程保护周围建筑及人员的措施，应以确保人员安全为前提。
3.0.6 本条规定的管线是指各类管道及线路，施工单位应在拆除作业前对进入建筑内的各类管道及线路的切断情况进行复检，确保拆除工程施工安全。
3.0.7 本条规定的不明物体是指施工单位无法判别该物体的危险性、文物价值，必须经过有关部门鉴定后，按照国家和政府有关法规妥善处理。

4　安全施工管理

4.1　人工拆除

4.1.1 本条规定的人工拆除是指人工采用非动力性工具进行的作业。
4.1.2 本条规定了人工拆除的原则，孔洞是指在拆除过程中形成的孔洞，应按照《建筑施工高处作业安全技术规范》JGJ 80—91 执行。
4.1.3~4.1.6 本条规定了人工拆除建筑顺序应按板、非承重墙、梁、承重墙、柱依次进行或依照先非承重结构后承重结构的原则进行拆除。
4.1.7 本条规定的管道是指原用于有毒有害、可燃气体的管道，必须依据残留物的化学性能采取相应措施，确保拆除人员的安全。

4.2　机械拆除

4.2.1 本条规定了机械拆除的原则，机械拆除是指以机械为主、人工为辅相配合的施工方法。
4.2.2 本条规定的监测是指专人在施工过程中，随时监测被拆建筑状态，消除隐患，确保施工安全。
4.2.3 本条规定的机械设备包括液压剪、液压锤等，应具备保证机械设备不发生塌陷、倾覆的工作面。
4.2.4 本条规定的较大尺寸构件和沉重材料是指楼板、屋架、梁、柱、混凝土构件等。
4.2.5 本条规定的双机抬吊依据《建筑机械使用安全技术规程》JGJ 33—2001 规定应选用起重性能相似的起重机，在吊装过程中，两台起重机的吊钩滑轮组应保持垂直状态。
4.2.6 操作规程（十不吊）是指：被吊物重量超过机械性能允许范围；指挥信号不清；被吊物下方有人；被吊物上站人；埋在地下的被吊物；斜拉、斜牵的被吊物；散物捆绑不牢的被吊物；立式构件不用卡环的被吊物；零碎物无容器的被吊物；重量不明的被吊物。
4.2.7 钢屋架与结构分离前要用起重机对屋架固定，在下落过程中要用绳索控制运行方向。

4.3　爆破拆除

4.3.1 本条规定依据《爆破安全规程》GB 6722—2003，爆破拆除工程分为 A、B、C 三级，分级条件为：

1 有下列情况之一者，属A级：

1）环境十分复杂，爆破可能危及国家一、二级文物保护对象，极重要的设施，极精密仪器和重要建（构）筑物。

2）拆除的楼房高度超过10层，烟囱的高度超过80m，塔高超过50m。

3）一次爆破的炸药量多于500kg。

2 有下列情况之一者，属B级：

1）环境复杂，爆破可能危及国家三级或省级文物保护对象，住宅楼和厂房。

2）拆除的楼房高度5~10层，烟囱的高度50~80m，塔高30~50m。

3）一次爆破的炸药量200~500kg。

3 符合下列情况之一者，属C级：

1）环境不复杂，爆破不会危及周围的建（构）筑物。

2）拆除的楼房高度低于5层，烟囱的高度低于50m，塔高低于30m。

3）一次爆破的炸药量少于200kg。

不同级别的爆破拆除工程有相应的设计施工难度，本条规定爆破拆除工程设计必须按级别进行安全评估和审查批准后方能实施。

4.3.6 本条规定的爆破拆除的预拆除是指爆破实施前有必要进行部分拆除的施工。预拆除施工可以减少钻孔和爆破装药量，清除下层障碍物（如非承重的墙体）有利建筑塌落破碎解体，烟囱定向爆破时开凿定向窗口有利于倒塌方向准确。

4.3.7 本条规定了烟囱、水塔类结构物定向爆破拆除时，集中质量塌落触地振动大，应采取减振措施，缓冲材料如采用砂土袋垒砌的条垛或碎煤渣堆。基础爆破应采用延期雷管分段起爆，减小和控制一次同时起爆的药量。《爆破安全规程》GB 6722—2003对应保护的不同类型建筑规定了不同的振动强度控制标准。

4.3.9 本条规定的覆盖材料和遮挡设施是指不易抛散和折断，并能防止碎块穿透的材料，用于建筑爆破拆除施工时，对爆破部位进行覆盖和遮挡，固定方便、固牢可靠的一项安全防护措施。

4.3.10 本条规定了爆破拆除工程药包个数多，药包布置分散，要确保所有雷管安全准爆。导爆索起爆网路有大量的炸药能量在空气中传播，易造成冲击波和噪声危害，导火索起爆不能实现多个药包的同时起爆。

为了确保爆破安全和效果，装药前应进行爆破器材的检验，确保起爆网路安全准爆；通过试验爆破效果确定耗药量。

4.3.11 本条规定了爆破设计确定的安全距离，爆破时要进行警戒，对警戒范围内的人员必须撤离疏散，对通往爆区的交通道口应在政府主管部门组织下实施交通管制。

4.3.12 本条规定的爆破作业是一项特种施工方法。爆破拆除作业是爆破技术在建筑工程施工中的具体应用，爆破拆除工程的设计和施工，必须按照《爆破安全规程》GB 6722—2003有关规定执行。

4.4 静力破碎

4.4.1 本条规定了静力破碎使用范围。静力破碎是使用静力破碎剂的水化反应体积膨胀对约束体的静压产生的破坏做功。

4.4.2 本条规定了静力破碎剂是弱碱性混合物，具有一定腐蚀作用，对人体会产生损害，一旦发生静力破碎剂与人体接触现象时，应立即使用清水清洗受浸蚀部位的皮肤。

4.4.3 本条规定的静力破碎剂具有腐蚀性，遇水后发生化学反应，导致材料膨胀、失效。静力破碎剂必须单独放置在防潮、防雨的库房内保存。

4.4.4 本条规定了为防止在相邻的两孔之间同时作业导致喷孔，对人员造成伤害。

4.5 安全防护措施

4.5.1 本条规定了脚手架和安全网的搭设应按照《建筑施工扣件式钢管脚手架安全技术规范》JGJ 130—2001执行。项目经理（工地负责人）组织技术、安全部门的有关人员验收合格后，方可投入使用。

4.5.3 本条规定的相应的劳动保护用品是指安全帽、安全带、防护眼镜、防护手套、防护工作服等。

4.5.4 本条规定了拆除工程有可能影响公共安全和周围居民的正常生活的情况时，应在施工前做好宣传工作，并采取可靠的安全防护措施。安全标志设定符合国家标准《安全标志》GB 2894—1996的规定。

4.5.5 本条规定依据《中华人民共和国消防法》制定。

5 安全技术管理

5.0.1 爆破拆除和被拆除建筑面积大于1000m^2的拆除工程，应编制安全施工组织设计；被拆除建筑面积小于1000m^2的拆除工程，应编制安全施工方案。

5.0.2 本条规定的恶劣气候条件是指大雨、大雪、六级（含）以上大风等严重影响安全施工时，必须按照《建筑高处作业安全技术规范》JGJ 80—91执行。

5.0.3 本条规定了防止被拆除建筑意外坍塌，对机械设备和临时设施造成损坏。

5.0.4 本条规定依据《中华人民共和国安全生产法》制定。

5.0.7 本条规定依据《施工现场临时用电安全技术规范》JGJ 46—88制定。

6 文明施工管理

6.0.3 本条规定防止扬尘措施可以采取向被拆除的部位洒水等措施，降低噪声可以采取选用低噪声设备、对设备进行封闭等措施。

6.0.5 本条规定依据公安部第 61 号令《机关、团体、企业、事业单位消防安全管理规定》制定。

6.0.6 本条规定的依据是建筑材料燃烧分级，易燃物即 B3 级为易燃性建筑材料，可燃物即 B2 级为可燃性建筑材料。

中华人民共和国行业标准

建筑施工现场环境与卫生标准

Standard of environment and sanitation
of construction site

JGJ 146—2004

批准部门：中华人民共和国建设部
施行日期：2005年3月1日

中华人民共和国建设部
公 告

第 308 号

建设部关于发布行业标准
《建筑施工现场环境与卫生标准》公告

现批准《建筑施工现场环境与卫生标准》为行业标准，编号为 JGJ 146—2004，自 2005 年 3 月 1 日起实施。其中，第 2.0.2、3.1.1、3.1.7、3.1.11、4.1.6、4.2.3 条为强制性条文，必须严格执行。

本标准由建设部标准定额研究所组织中国建筑工业出版社出版发行。

中华人民共和国建设部
2005 年 1 月 21 日

前 言

根据建设部建标〔2004〕66 号文的要求，标准编制组在深入调查研究，认真总结国内外科研成果和大量实践经验，并在广泛征求意见的基础上，制定了本标准。

本标准的主要技术内容是：1. 总则；2. 一般规定；3. 环境保护；4. 环境卫生等。

本标准由建设部负责管理和对强制性条文的解释，由主编单位负责具体技术内容的解释。

本标准主编单位：北京市建设委员会（地址：北京市宣武区广莲路 5 号；邮政编码：100055）。

本标准参加单位：上海市建设工程安全质量监督总站、陕西省建设工程质量安全监督总站、成都市建设工程施工安全监督站、青岛市建筑工程管理局、北京城建集团、上海建工集团、天津建工集团、广州建工集团

本标准主要起草人员：刘照源　阮景云　顾美丽
　　　　　　　　　　杨纯怡　李生贵　蔡崇民
　　　　　　　　　　张　佳　边尔伦　孙维民
　　　　　　　　　　许月根　戴贞洁　高俊岳

目 次

1 总则 …………………………… 10—34—4
2 一般规定 ……………………… 10—34—4
3 环境保护 ……………………… 10—34—4
　3.1 防治大气污染 ……………… 10—34—4
　3.2 防治水土污染 ……………… 10—34—4
　3.3 防治施工噪声污染 ………… 10—34—4
4 环境卫生 ……………………… 10—34—4
　4.1 临时设施 …………………… 10—34—4
　4.2 卫生与防疫 ………………… 10—34—5
本标准用词说明 ………………… 10—34—5
附：条文说明 …………………… 10—34—6

1 总 则

1.0.1 为保障作业人员的身体健康和生命安全，改善作业人员的工作环境与生活条件，保护生态环境，防治施工过程对环境造成污染和各类疾病的发生，制定本标准。

1.0.2 本标准适用于新建、扩建、改建的土木工程、建筑工程、线路管道工程、设备安装工程、装修装饰工程及拆除工程。

1.0.3 本标准所指的施工现场包括施工区、办公区和生活区。

1.0.4 建筑施工现场环境与卫生除应执行本标准的规定外，尚应符合国家现行有关强制性标准的规定。

2 一般规定

2.0.1 施工现场的施工区域应与办公、生活区划分清晰，并应采取相应的隔离措施。

2.0.2 施工现场必须采用封闭围挡，高度不得小于 1.8m。

2.0.3 施工现场出入口应标有企业名称或企业标识。主要出入口明显处应设置工程概况牌，大门内应有施工现场总平面图和安全生产、消防保卫、环境保护、文明施工等制度牌。

2.0.4 施工现场临时用房应选址合理，并应符合安全、消防要求和国家有关规定。

2.0.5 在工程的施工组织设计中应有防治大气、水土、噪声污染和改善环境卫生的有效措施。

2.0.6 施工企业应采取有效的职业病防护措施，为作业人员提供必备的防护用品，对从事有职业病危害作业的人员应定期进行体检和培训。

2.0.7 施工企业应结合季节特点，做好作业人员的饮食卫生和防暑降温、防寒保暖、防煤气中毒、防疫等工作。

2.0.8 施工现场必须建立环境保护、环境卫生管理和检查制度，并应做好检查记录。

2.0.9 对施工现场作业人员的教育培训、考核应包括环境保护、环境卫生等有关法律、法规的内容。

2.0.10 施工企业应根据法律、法规的规定，制定施工现场的公共卫生突发事件应急预案。

3 环境保护

3.1 防治大气污染

3.1.1 施工现场的主要道路必须进行硬化处理，土方应集中堆放。裸露的场地和集中堆放的土方应采取覆盖、固化或绿化等措施。

3.1.2 拆除建筑物、构筑物时，应采用隔离、洒水等措施，并应在规定期限内将废弃物清理完毕。

3.1.3 施工现场土方作业应采取防止扬尘措施。

3.1.4 从事土方、渣土和施工垃圾运输应采用密闭式运输车辆或采取覆盖措施；施工现场出入口处应采取保证车辆清洁的措施。

3.1.5 施工现场的材料和大模板等存放场地必须平整坚实。水泥和其他易飞扬的细颗粒建筑材料应密闭存放或采取覆盖等措施。

3.1.6 施工现场混凝土搅拌场所应采取封闭、降尘措施。

3.1.7 建筑物内施工垃圾的清运，必须采用相应容器或管道运输，严禁凌空抛掷。

3.1.8 施工现场应设置密闭式垃圾站，施工垃圾、生活垃圾应分类存放，并应及时清运出场。

3.1.9 城区、旅游景点、疗养区、重点文物保护地及人口密集区的施工现场应使用清洁能源。

3.1.10 施工现场的机械设备、车辆的尾气排放应符合国家环保排放标准的要求。

3.1.11 施工现场严禁焚烧各类废弃物。

3.2 防治水土污染

3.2.1 施工现场应设置排水沟及沉淀池，施工污水经沉淀后方可排入市政污水管网或河流。

3.2.2 施工现场存放的油料和化学溶剂等物品应设有专门的库房，地面应做防渗漏处理。废弃的油料和化学溶剂应集中处理，不得随意倾倒。

3.2.3 食堂应设置隔油池，并应及时清理。

3.2.4 厕所的化粪池应做抗渗处理。

3.2.5 食堂、盥洗室、淋浴间的下水管线应设置过滤网，并应与市政污水管线连接，保证排水通畅。

3.3 防治施工噪声污染

3.3.1 施工现场应按照现行国家标准《建筑施工场界噪声限值及其测量方法》(GB 12523～12524)制定降噪措施，并可由施工企业自行对施工现场的噪声值进行监测和记录。

3.3.2 施工现场的强噪声设备宜设置在远离居民区的一侧，并应采取降低噪声措施。

3.3.3 对因生产工艺要求或其他特殊需要，确需在夜间进行超过噪声标准施工的，施工前建设单位应向有关部门提出申请，经批准后方可进行夜间施工。

3.3.4 运输材料的车辆进入施工现场，严禁鸣笛，装卸材料应做到轻拿轻放。

4 环境卫生

4.1 临时设施

4.1.1 施工现场应设置办公室、宿舍、食堂、厕所、淋浴间、开水房、文体活动室、密闭式垃圾站（或容器）及盥洗设施等临时设施。临时设施所用建筑材料应符合环保、消防要求。

4.1.2 办公区和生活区应设密闭式垃圾容器。

4.1.3 办公室内布局应合理，文件资料宜归类存放，并应保持室内清洁卫生。

4.1.4 施工现场应配备常用药及绷带、止血带、颈托、担架等急救器材。

4.1.5 宿舍内应保证有必要的生活空间，室内净高不得小于2.4m，通道宽度不得小于0.9m，每间宿舍居住人员不得超过16人。

4.1.6 施工现场宿舍必须设置可开启式窗户，宿舍内的床铺不得超过2层，严禁使用通铺。

4.1.7 宿舍内应设置生活用品专柜，有条件的宿舍宜设置生活用品储藏室。

4.1.8 宿舍内应设置垃圾桶，宿舍外宜设置鞋柜或鞋架，生活区内应提供为作业人员晾晒衣物的场地。

4.1.9 食堂应设置在远离厕所、垃圾站、有毒有害场所等污染源的地方。

4.1.10 食堂应设置独立的制作间、储藏间，门扇下方应设不低于0.2m的防鼠挡板。

制作间灶台及其周边应贴瓷砖，所贴瓷砖高度不宜小于1.5m，地面应做硬化和防滑处理。

粮食存放台距墙和地面应大于0.2m。

4.1.11 食堂应配备必要的排风设施和冷藏设施。

4.1.12 食堂的燃气罐应单独设置存放间，存放间应通风良好并严禁存放其他物品。

4.1.13 食堂制作间的炊具宜存放在封闭的橱柜内，刀、盆、案板等炊具应生熟分开。食品应有遮盖，遮盖物品应有正反面标识。各种佐料和副食应存放在密闭器皿内，并有标识。

4.1.14 食堂外应设置密闭式泔水桶，并应及时清运。

4.1.15 施工现场应设置水冲式或移动式厕所，厕所地面应硬化，门窗应齐全。蹲位之间宜设置隔板，隔板高度不宜低于0.9m。

4.1.16 厕所大小应根据作业人员的数量设置。高层建筑施工超过8层以后，每隔四层宜设置临时厕所。厕所应设专人负责清扫、消毒，化粪池应及时掏。

4.1.17 淋浴间内应设置满足需要的淋浴喷头，可设置储衣柜或挂衣架。

4.1.18 盥洗设施应设置满足作业人员使用的盥洗池，并应使用节水龙头。

4.1.19 生活区应设置开水炉、电热水器或饮用水保温桶；施工区应配备流动保温水桶。

4.1.20 文体活动室应配备电视机、书报、杂志等文体活动设施、用品。

4.2 卫生与防疫

4.2.1 施工现场应设专职或兼职保洁员，负责卫生清扫和保洁。

4.2.2 办公区和生活区应采取灭鼠、蚊、蝇、蟑螂等措施，并应定期投放和喷洒药物。

4.2.3 食堂必须有卫生许可证，炊事人员必须持身体健康证上岗。

4.2.4 炊事人员上岗应穿戴洁净的工作服、工作帽和口罩，并应保持个人卫生。不得穿工作服出食堂，非炊事人员不得随意进入制作间。

4.2.5 食堂的炊具、餐具和公用饮水器具必须清洗消毒。

4.2.6 施工现场应加强食品、原料的进货管理，食堂严禁出售变质食品。

4.2.7 施工现场作业人员发生法定传染病、食物中毒或急性职业中毒时，必须在2小时内向施工现场所在地建设行政主管部门和有关部门报告，并应积极配合调查处理。

4.2.8 现场施工人员患有法定传染病时，应及时进行隔离，并由卫生防疫部门进行处置。

本标准用词说明

1 为便于在执行本标准条文时区别对待，对要求严格程度不同的用词说明如下：

1) 表示很严格，非这样做不可的：

正面词采用"必须"，反面词采用"严禁"；

2) 表示严格，在正常情况下均应这样做的：

正面词采用"应"，反面词采用"不应"或"不得"；

3) 表示允许稍有选择，在条件许可时首先应这样做的：

正面词采用"宜"，反面词采用"不宜"；

表示有选择，在一定条件下可以这样做的，采用"可"。

2 条文中指明应按其他有关标准执行的写法为"应符合……的规定"或"应按……执行"。

中华人民共和国行业标准

建筑施工现场环境与卫生标准

JGJ 146—2004

条 文 说 明

前 言

《建筑施工现场环境与卫生标准》JGJ 146—2004 经建设部 2005 年 1 月 21 日以建设部第 308 号公告批准,业已发布。

为便于广大设计、施工、科研、学校等单位有关人员在使用本标准时能正确理解和执行条文规定,《建筑施工现场环境与卫生标准》编制组按章、节、条顺序编制了本标准的条文说明,供使用者参考。在使用中如发现本条文说明有不妥之处,请将意见函寄北京市建设委员会(地址:北京市宣武区广莲路 5 号;邮政编码:100055)。

目 次

1 总则 …………………… 10—34—9
2 一般规定 ……………… 10—34—9
3 环境保护 ……………… 10—34—9
4 环境卫生 ……………… 10—34—9

1 总 则

1.0.1 制定本标准的目的。作业人员指从事建筑施工活动的人员，包括建设单位、施工单位、监理单位以及为施工服务的人员。

1.0.2 规定了本标准的适用范围。

1.0.3 本标准的"生活区"指建设工程作业人员集中居住、生活的场所，包括施工现场以内和施工现场以外独立设置的生活区。施工现场以外独立设置的生活区是指施工现场内无条件建立生活区，在施工现场以外搭设的用于作业人员居住生活的临时用房或者集中居住的生活基地。

1.0.4 说明本标准与其他相关标准的关系。

2 一般规定

2.0.2 施工现场应设封闭围挡，防止与施工作业无关的人员进入，防止施工作业影响周围环境。

2.0.3 工程概况牌内容一般有工程名称、面积、层数、建设单位、设计单位、施工单位、监理单位、开竣工日期、项目经理以及联系电话等。

2.0.4 临时用房是指施工期间临时搭建、租赁暂设的各种房屋。临时用房的结构、搭设、使用等应符合安全、消防的有关规定。

2.0.6 防护用品是指作业人员在施工中使用的防治职业病和防止劳动者身体受到意外伤害的保护用品。

3 环境保护

3.1.1 硬化处理指可采取铺设混凝土、礁渣、碎石等方法，防止施工车辆在施工现场行驶中产生扬尘污染环境。

3.1.3 在大风天气里不得进行对环境产生扬尘污染的土方回填、转运作业。

3.1.6 混凝土搅拌场所一般安装喷水雾装置进行降尘。

3.1.9 清洁能源指燃气、油料、电力、太阳能等。

3.2.3 隔油池是指食堂在生活用水排入市政管道前设置的阻挡废弃油污进入市政管道的池子，并能及时清理。

3.3.2 降低噪声措施指可采用隔声吸声材料，使用低噪声设备等。

3.3.3 夜间施工一般指当日22时至次日6时（特殊地区可由当地政府部门另行制定）。

4 环境卫生

4.1.10 防鼠挡板：指门扇下方采用金属材料包裹，防止老鼠啃咬。

4.1.16 临时厕所是指便于清运和使用方便的如厕设施。

4.2.8 法定传染病是指：非典型性肺炎、鼠疫、霍乱、病毒性肝炎、细菌性和阿米巴性痢疾、伤寒和副伤寒、艾滋病、淋病、梅毒、脊髓灰质炎、麻疹、百日咳、白喉、流行性脑脊髓膜炎、猩红热、流行性出血热、狂犬病、钩端螺旋体病、布鲁氏菌病、炭疽、流行性和地方性斑疹伤寒、流行性乙型脑炎、黑热病、疟疾、登革热、肺结核、血吸虫病、丝虫病、包虫病、麻风病、流行性感冒、流行性腮腺炎、风疹、新生儿破伤风、急性出血性结膜炎、感染性腹泻病。

中华人民共和国行业标准

建筑施工作业劳动防护用品配备及使用标准

Standard for outfit and used of labour protection articles on construction site

JGJ 184—2009

批准部门：中华人民共和国住房和城乡建设部
施行日期：２０１０年６月１日

中华人民共和国住房和城乡建设部
公　告

第439号

关于发布行业标准《建筑施工作业劳动防护用品配备及使用标准》的公告

现批准《建筑施工作业劳动防护用品配备及使用标准》为行业标准，编号为 JGJ 184-2009，自2010年6月1日起实施。其中，第2.0.4、3.0.1、3.0.2、3.0.3、3.0.4、3.0.5、3.0.6、3.0.10、3.0.14、3.0.17、3.0.19条为强制性条文，必须严格执行。

本标准由我部标准定额研究所组织中国建筑工业出版社出版发行。

中华人民共和国住房和城乡建设部

2009年11月16日

前　言

根据原建设部《关于印发〈2002～2003年度工程建设城建、建工行业标准制订、修订计划〉的通知》（建标［2003］104号）文件的要求，标准编制组在广泛深入调查研究，认真总结实践经验，并广泛征求意见的基础上，制定本标准。

本标准的主要内容是：劳动防护用品的配备及基本规定；劳动防护用品使用及管理。

本标准中以黑体字标志的条文为强制性条文，必须严格执行。

本标准由住房和城乡建设部负责管理和对强制性条文的解释，由北京建工集团有限责任公司负责具体技术内容的解释。执行过程中如有意见和建议，请寄送至北京建工集团有限责任公司安全监管部（地址：北京市宣武区广莲路1号2009室，邮政编码：100055）。

本标准主编单位：北京建工集团有限责任公司

北京六建集团公司

本标准参编单位：中国建筑业协会建筑安全分会

北京市住房和城乡建设委员会

天津市建工集团（控股）有限公司

河南省建设安全监督总站

山东省建筑安全监督站

北京建工一建工程建设有限公司

本标准主要起草人：张立元　丁传波　陈卫东

阮景云　秦春芳　陈晓峰

王维瑞　唐　伟　孙宗辅

戴贞洁　牛福增　马志远

李　印　魏　鹏　胡　鹏

杨　楠　金雅静　冯世基

李　岱　张广宇　李宗亮

孙京燕　魏铁山　李云祥

王颖群　赵京生　孟樊军

本标准主要审查人员：魏吉祥　胡　军　姜　华

解金箭　朱恒武　张　佳

张志成　翟家常　高秋利

潘国钿　张晓飞

目　次

1 总则 …………………… 10—35—5
2 基本规定 ……………… 10—35—5
3 劳动防护用品的配备 … 10—35—5
4 劳动防护用品使用及管理 ……… 10—35—6
本标准用词说明 ………………… 10—35—6
附：条文说明 …………………… 10—35—8

Contents

1 General Provisions ·················· 10—35—5
2 Basic Requirements ·················· 10—35—5
3 Outfit of Labour Protection
  Articles ································ 10—35—5
4 Used and Management of Labour
  Protection Articles ·················· 10—35—6
Explanation of Wording in This
  Standard ································ 10—35—6
Addition: Explanation of
  Provisions ································ 10—35—8

1 总　　则

1.0.1 为贯彻"安全第一、预防为主、综合治理"的安全生产方针，规范建筑施工现场作业的安全防护用品的配备、使用和管理，保障从业人员在施工生产作业中的安全和健康，制定本标准。

1.0.2 本标准适用于建筑施工企业和建筑工程施工现场作业的劳动防护用品的配备、使用及管理。

1.0.3 从事新建、改建、扩建和拆除等有关建筑活动的施工企业，应依据本标准为从业人员配备相应的劳动防护用品，使其免遭或减轻事故伤害和职业危害。

1.0.4 进入施工现场的施工人员和其他人员，应依据本标准正确佩戴相应的劳动防护用品，以确保施工过程中的安全和健康。

1.0.5 本标准规定了建筑施工作业劳动防护用品配备、使用及管理的基本技术要求。当本标准与国家法律、行政法规的规定相抵触时，应按国家法律、行政法规的规定执行。

1.0.6 建筑施工作业劳动防护用品配备、使用及管理，除应符合本标准以外，尚应符合国家现行有关标准的规定。

2 基 本 规 定

2.0.1 本标准所列劳动防护用品为从事建筑施工作业的人员和进入施工现场的其他人员配备的个人防护装备。

2.0.2 从事施工作业人员必须配备符合国家现行有关标准的劳动防护用品，并应按规定正确使用。

2.0.3 劳动防护用品的配备，应按照"谁用工，谁负责"的原则，由用人单位为作业人员按作业工种配备。

2.0.4 进入施工现场人员必须佩戴安全帽。作业人员必须戴安全帽、穿工作鞋和工作服；应按作业要求正确使用劳动防护用品。在 2m 及以上的无可靠安全防护设施的高处、悬崖和陡坡作业时，必须系挂安全带。

2.0.5 从事机械作业的女工及长发者应配备工作帽等个人防护用品。

2.0.6 从事登高架设作业、起重吊装作业的施工人员应配备防止滑落的劳动防护用品，应为从事自然强光环境下作业的施工人员配备防止强光伤害的劳动防护用品。

2.0.7 从事施工现场临时用电工程作业的施工人员应配备防止触电的劳动防护用品。

2.0.8 从事焊接作业的施工人员应配备防止触电、灼伤、强光伤害的劳动防护用品。

2.0.9 从事锅炉、压力容器、管道安装作业的施工人员应配备防止触电、强光伤害的劳动防护用品。

2.0.10 从事防水、防腐和油漆作业的施工人员应配备防止触电、中毒、灼伤的劳动防护用品。

2.0.11 从事基础施工、主体结构、屋面施工、装饰装修作业人员应配备防止身体、手足、眼部等受到伤害的劳动防护用品。

2.0.12 冬期施工期间或作业环境温度较低的，应为作业人员配备防寒类防护用品。

2.0.13 雨期施工期间应为室外作业人员配备雨衣、雨鞋等个人防护用品。对环境潮湿及水中作业的人员应配备相应的劳动防护用品。

3 劳动防护用品的配备

3.0.1 架子工、起重吊装工、信号指挥工的劳动防护用品配备应符合下列规定：

　　1 架子工、塔式起重机操作人员、起重吊装工应配备灵便紧口的工作服、系带防滑鞋和工作手套。

　　2 信号指挥工应配备专用标志服装。在自然强光环境条件作业时，应配备有色防护眼镜。

3.0.2 电工的劳动防护用品配备应符合下列规定：

　　1 维修电工应配备绝缘鞋、绝缘手套和灵便紧口的工作服。

　　2 安装电工应配备手套和防护眼镜。

　　3 高压电气作业时，应配备相应等级的绝缘鞋、绝缘手套和有色防护眼镜。

3.0.3 电焊工、气割工的劳动防护用品配备应符合下列规定：

　　1 电焊工、气割工应配备阻燃防护服、绝缘鞋、鞋盖、电焊手套和焊接防护面罩。在高处作业时，应配备安全帽与面罩连接式焊接防护面罩和阻燃安全带。

　　2 从事清除焊渣作业时，应配备防护眼镜。

　　3 从事磨削钨极作业时，应配备手套、防尘口罩和防护眼镜。

　　4 从事酸碱等腐蚀性作业时，应配备防腐蚀性工作服、耐酸碱胶鞋，戴耐酸碱手套、防护口罩和防护眼镜。

　　5 在密闭环境或通风不良的情况下，应配备送风式防护面罩。

3.0.4 锅炉、压力容器及管道安装工的劳动防护用品配备应符合下列规定：

　　1 锅炉及压力容器安装工、管道安装工应配备紧口工作服和保护足趾安全鞋。在强光环境条件作业时，应配备有色防护眼镜。

　　2 在地下或潮湿场所，应配备紧口工作服、绝缘鞋和绝缘手套。

3.0.5 油漆工在从事涂刷、喷漆作业时，应配备防静电工作服、防静电鞋、防静电手套、防毒口罩和防护眼镜；从事砂纸打磨作业时，应配备防尘口罩和密闭式防护眼镜。

3.0.6 普通工从事淋灰、筛灰作业时，应配备高腰工作鞋、鞋盖、手套和防尘口罩，应配备防护眼镜；从事抬、扛物料作业时，应配备垫肩；从事人工挖扩桩孔孔井下作业时，应配备雨靴、手套和安全绳；从事拆除工程作业时，应配备保护足趾安全鞋、手套。

3.0.7 混凝土工应配备工作服、系带高腰防滑鞋、鞋盖、防尘口罩和手套，宜配备防护眼镜；从事混凝土浇筑作业时，应配备胶鞋和手套；从事混凝土振捣作业时，应配备绝缘胶靴、绝缘手套。

3.0.8 瓦工、砌筑工应配备保护足趾安全鞋、胶面手套和普通工作服。

3.0.9 抹灰工应配备高腰布面胶底防滑鞋和手套，宜配备防护眼镜。

3.0.10 磨石工应配备紧口工作服、绝缘胶靴、绝缘手套和防尘口罩。

3.0.11 石工应配备紧口工作服、保护足趾安全鞋、手套和防尘口罩，宜配备防护眼镜。

3.0.12 木工从事机械作业时，应配备紧口工作服、防噪声耳罩和防尘口罩，宜配备防护眼镜。

3.0.13 钢筋工应配备紧口工作服、保护足趾安全鞋和手套。从事钢筋除锈作业时，应配备防尘口罩，宜配备防护眼镜。

3.0.14 防水工的劳动防护用品配备应符合下列规定：

　1　从事涂刷作业时，应配备防静电工作服、防静电鞋和鞋盖、防护手套、防毒口罩和防护眼镜。

　2　从事沥青熔化、运送作业时，应配备防烫工作服、高腰布面胶底防滑鞋和鞋盖、工作帽、耐高温长手套、防毒口罩和防护眼镜。

3.0.15 玻璃工应配备工作服和防切割手套；从事打磨玻璃作业时，应配备防尘口罩，宜配备防护眼镜。

3.0.16 司炉工应配备耐高温工作服、保护足趾安全鞋、工作帽、防护手套和防尘口罩，宜配备防护眼镜；从事添加燃料作业时，应配备有色防冲击眼镜。

3.0.17 钳工、铆工、通风工的劳动防护用品配备应符合下列规定：

　1　从事使用锉刀、刮刀、錾子、扁铲等工具作业时，应配备紧口工作服和防护眼镜。

　2　从事剔凿作业时，应配备手套和防护眼镜；从事搬抬作业时，应配备保护足趾安全鞋和手套。

　3　从事石棉、玻璃棉等含尘毒材料作业时，操作人员应配备防异物工作服、防尘口罩、风帽、风镜和薄膜手套。

3.0.18 筑炉工从事磨砖、切砖作业时，应配备紧口工作服、保护足趾安全鞋、手套和防尘口罩，宜配备防护眼镜。

3.0.19 电梯安装工、起重机械安装拆卸工从事安装、拆卸和维修作业时，应配备紧口工作服、保护足趾安全鞋和手套。

3.0.20 其他人员的劳动防护用品配备应符合下列规定：

　1　从事电钻、砂轮等手持电动工具作业时，应配备绝缘鞋、绝缘手套和防护眼镜。

　2　从事蛙式夯实机、振动冲击夯作业时，应配备具有绝缘功能的保护足趾安全鞋、绝缘手套和防噪声耳塞（耳罩）。

　3　从事可能飞溅渣屑的机械设备作业时，应配备防护眼镜。

　4　从事地下管道检修作业时，应配备防毒面罩、防滑鞋（靴）和工作手套。

4 劳动防护用品使用及管理

4.0.1 建筑施工企业应选定劳动防护用品的合格供货方，为作业人员配备的劳动防护用品必须符合国家有关标准，应具备生产许可证、产品合格证等相关资料。经本单位安全生产管理部门审查合格后方可使用。

建筑施工企业不得采购和使用无厂家名称、无产品合格证、无安全标志的劳动防护用品。

4.0.2 劳动防护用品的使用年限应按国家现行相关标准执行。劳动防护用品达到使用年限或报废标准的应由建筑施工企业统一收回报废，并应为作业人员配备新的劳动防护用品。劳动防护用品有定期检测要求的应按照其产品的检测周期进行检测。

4.0.3 建筑施工企业应建立健全劳动防护用品购买、验收、保管、发放、使用、更换、报废管理制度。在劳动防护用品使用前，应对其防护功能进行必要的检查。

4.0.4 建筑施工企业应教育从业人员按照劳动防护用品使用规定和防护要求，正确使用劳动防护用品。

4.0.5 建设单位应按国家有关法律和行政法规的规定，支付建筑工程的施工安全措施费用。建筑施工企业应严格执行国家有关法规和标准，使用合格的劳动防护用品。

4.0.6 建筑施工企业应对危险性较大的施工作业场所及具有尘毒危害的作业环境设置安全警示标识及应使用的安全防护用品标识牌。

本标准用词说明

1　为便于在执行本标准条文时区别对待，对要求严格程度不同的用词说明如下：

　1）表示很严格，非这样做不可的：

正面词采用"必须",反面词采用"严禁";
2) 表示严格,在正常情况下均应这样做的:
正面词采用"应",反面词采用"不应"或"不得";
3) 表示允许稍有选择,在条件许可时首先应这样做的:
正面词采用"宜",反面词采用"不宜";
4) 表示有选择,在一定条件下可以这样做的,采用"可"。

  2 条文中指明应按其他有关标准执行的写法为"应符合……的规定"或"应按……执行"。

中华人民共和国行业标准

建筑施工作业劳动防护用品配备及使用标准

JGJ 184—2009

条 文 说 明

制 定 说 明

《建筑施工作业劳动防护用品配备及使用标准》JGJ 184-2009，经住房和城乡建设部2009年11月16日以第439号公告批准发布。

本标准制订过程中，编制组进行了广泛深入的调查研究，总结了我国建筑施工作业劳动防护用品配备、使用及管理的多年实践经验，同时参考了国外先进的现行标准。

为便于广大设计、施工、科研、学校等单位有关人员在使用本标准时能正确理解和执行条文规定，《建筑施工作业劳动防护用品配备及使用标准》编写组按章、节、条顺序编制了本标准的条文说明，对条文规定的目的、依据以及执行中需注意的有关事项进行了说明，但是，本条文说明不具备与标准正文同等的法律效力，仅供使用者作为理解和把握标准规定的参考。

目 次

1 总则 …………………………… 10—35—11
2 基本规定 ……………………… 10—35—11
3 劳动防护用品的配备 ………… 10—35—11
4 劳动防护用品使用及管理 …… 10—35—11

1 总 则

1.0.1 本条规定了制定本标准的目的。
1.0.2 本条规定了本标准的适用范围。
1.0.3 本标准规定的从业人员是指从事施工生产活动的所有人员。本条规定了标准的使用范围。

本条规定的劳动防护用品是指：
（1）头部防护类：安全帽、工作帽；
（2）眼、面部防护类：护目镜、防护罩（分防冲击型、防腐蚀型、防辐射型等）；
（3）听觉、耳部防护类：耳塞、耳罩、防噪声帽等；
（4）手部防护类：防腐蚀、防化学药品手套，绝缘手套，搬运手套，防火防烫手套等；
（5）足部防护类：绝缘鞋、保护足趾安全鞋、防滑鞋、防油鞋、防静电鞋等；
（6）呼吸器官防护类：防尘口罩、防毒面具等；
（7）防护服类：防火服、防烫服、防静电服、防酸碱服等；
（8）防坠落类：安全带、安全绳等；
（9）防雨、防寒服装及专用标志服装、一般工作服装。

2 基 本 规 定

2.0.1 本条定义了标准中所指的劳动防护用品。
2.0.2 本条规定了从业人员正确使用劳动防护用品的义务。
2.0.3 本条规定参照《中华人民共和国安全生产法》第三十七条制定。
2.0.4 本条所规定安全带的使用以《建筑施工高处作业安全技术规范》JGJ 80为依据。本条规定的陡坡是指大于25°的坡度。

3 劳动防护用品的配备

3.0.1 本条规定的信号指挥工是指垂直运输机械的专职指挥人员。自然强光环境条件作业是指人员在面向太阳光直接照射的环境条件下，有可能影响视觉和操作准确性的作业。
3.0.2 本条规定的高压电气作业是指高压电气设备的维修、调试、值班。
3.0.4 本条规定的从事管道作业应配备绝缘手套是指从事电焊或使用手持电动工具作业时，避免人身触电事故发生。
3.0.6 本条规定的淋灰、筛灰作业产生粉尘，污染环境。为保护操作人员身体健康应穿戴相应的劳动防护用品。

普通工从事其他工种作业时，应按实际情况配备相应的劳动防护用品。

本条规定的安全绳是指其抗拉力不低于1000N的锦纶绳。
3.0.7 本条规定的浇筑混凝土作业是指混凝土振捣器操作及现场泵送混凝土的泵管安装、维护作业。
3.0.8 本条规定的砌筑工是指从事墙体砌筑和石材安装的工种。
3.0.9 本条规定的抹灰工是指从事地面、墙面和屋顶进行细石混凝土、水泥砂浆、白灰砂浆摊铺、抹面等的工种。
3.0.12 本条规定的操作人员必须戴防噪声耳罩，应按照《工业企业噪声卫生标准》配备。
3.0.13 本条规定的钢筋工是指钢筋搬运、加工、绑扎的工种。
3.0.16 本条规定不包括使用清洁燃料的锅炉及茶炉的操作人员。
3.0.17 本条规定的防异物工作服应是"三紧"（衣领、袖口、裤脚）。
3.0.20 本条规定手持电动工具的使用以《施工现场临时用电安全技术规范》JGJ 46-2005中第9.6节手持式电动工具为依据。

本条规定的操作人员是指扶夯和整理电源线的人员。蛙式夯实机、振动冲击夯的使用以《施工现场临时用电安全技术规范》JGJ 46-2005中第9.4节夯土机械为依据。

本条规定的防护眼镜是指对眼睛有伤害的危险工种作业人员所使用的劳动防护用品。防护眼镜的类型分为防冲击型、防腐蚀型、防辐射型。因本人视力缺陷自配的眼镜，可作为一般防护眼镜使用。

4 劳动防护用品使用及管理

4.0.1 本条规定参照《建设工程安全生产管理条例》第三十四条制定。

本条规定的相关资料是指生产劳动防护用品的企业，应有工商行政管理部门核发的营业执照、生产厂家合格证、产品标准和相关技术文件；使用的劳动防护用品属于国家实施工业产品生产许可证管理的，生产厂家必须有生产许可证及相关资料。其产品应有劳动防护用品安全标志和检测、检验合格证。由购置单位的相关管理部门存档备查。
4.0.2 本条规定了劳动防护用品的使用年限应按其产品的国家标准或行业标准，按照地区实际情况，由地市级以上建设行政部门负责。防寒服装的使用年限不应超过6年；一般工作服装的使用年限不应超过3年。
4.0.3 本条规定了建筑施工企业应通过建立劳动防护用品购买、验收、保管、发放、使用、更换、报废,确保劳动防护用品的使用质量,达到保护人身安全与健康的目的。对于在易燃、易爆、及静电场所的作业人员,禁止发放和使用化纤材质的劳动防护用品。

4.0.4 本条规定了建筑施工企业应教育从业人员正确使用劳动防护用品。

总 目 录

第1册 地基与基础、施工技术

1 地基与基出

工程测量规范 GB 50026—2007	1—1—1
复合地基技术规范 GB/T 50783—2012	1—2—1
建筑地基处理技术规范 JGJ 79—2012	1—3—1
型钢水泥土搅拌墙技术规程 JGJ/T 199—2010	1—4—1
建筑工程水泥-水玻璃双液注浆技术规程 JGJ/T 211—2010	1—5—1
高压喷射扩大头锚杆技术规程 JGJ/T 282—2012	1—6—1
组合锤法地基处理技术规程 JGJ/T 290—2012	1—7—1
建筑基坑支护技术规程 JGJ 120—2012	1—8—1
锚杆喷射混凝土支护技术规范 GB 50086—2001	1—9—1
建筑边坡工程技术规范 GB 50330—2002	1—10—1
复合土钉墙基坑支护技术规范 GB 50739—2011	1—11—1
建筑边坡工程鉴定与加固技术规范 GB 50843—2013	1—12—1
建筑桩基技术规范 JGJ 94—2008	1—13—1
逆作复合桩基技术规程 JGJ/T 186—2009	1—14—1
刚-柔性桩复合地基技术规程 JGJ/T 210—2010	1—15—1
现浇混凝土大直径管桩复合地基技术规程 JGJ/T 213—2010	1—16—1
大直径扩底灌注桩技术规程 JGJ/T 225—2010	1—17—1
高层建筑筏形与箱型基础技术规范 JGJ 6—2011	1—18—1
塔式起重机混凝土基础工程技术规程 JGJ/T 187—2009	1—19—1
混凝土预制拼装塔机基础技术规程 JGJ/T 197—2010	1—20—1
大型塔式起重机混凝土基础工程技术规程 JGJ/T 301—2013	1—21—1
湿险性黄土地区建筑规范 GB 50025—2004	1—22—1
湿陷性黄土地区建筑基坑工程安全技术规程 JGJ 167—2009	1—23—1
膨胀土地区建筑技术规范 GB 50112—2013	1—24—1
既有建筑地基基础加固技术规范 JGJ 123—2012	1—25—1
地下工程防水技术规范 GB 50108—2008	1—26—1
人民防空工程施工及验收规范 GB 50134—2004	1—27—1

2 施工技术

混凝土泵送施工技术规程 JGJ/T 10—2011	2—1—1
混凝土基层喷浆处理技术规程 JGJ/T 238—2011	2—2—1
混凝土结构工程无机材料后锚固技术规程 JGJ/T 271—2012	2—3—1
混凝土结构耐久性修复与防护技术规程 JGJ/T 259—2012	2—4—1

现浇塑性混凝土防渗芯墙施工技术规程　JGJ/T 291—2012	2—5—1
钢结构焊接规范　GB 50661—2011	2—6—1
钢结构高强度螺栓连接技术规程　JGJ 82—2011	2—7—1
建筑钢结构防腐蚀技术规程　JGJ/T 251—2011	2—8—1
钢筋焊接及验收规程　JGJ 18—2012	2—9—1
钢筋机械连接技术规程　JGJ 107—2010	2—10—1
带肋钢筋套筒挤压连接技术规程　JGJ 108—96	2—11—1
钢筋锥螺纹接头技术规程　JGJ 109—96	2—12—1
预应力筋用锚具、夹具和连接器应用技术规程　JGJ 85—2010	2—13—1
低张拉控制应力拉索技术规程　JGJ/T 226—2011	2—14—1
钢筋锚固板应用技术规程　JGJ 256—2011	2—15—1
建筑结构体外预应力加固技术规程　JGJ/T 279—2012	2—16—1
滑动模板工程技术规范　GB 50113—2005	2—17—1
组合钢模板技术规范　GB 50214—2001	2—18—1
建筑工程大模板技术规程　JGJ 74—2003	2—19—1
钢框胶合板模板技术规程　JGJ 96—2011	2—20—1
硬泡聚氨酯保温防水工程技术规范　GB 50404—2007	2—21—1
喷涂聚脲防水工程技术规程　JGJ/T 200—2010	2—22—1
建筑外墙防水工程技术规程　JGJ/T 235—2011	2—23—1
外墙内保温工程技术规程　JGJ/T 261—2011	2—24—1
住宅室内防水工程技术规范　JGJ 298—2013	2—25—1
建筑工程冬期施工规程　JGJ/T 104—2011	2—26—1
房屋渗漏修缮技术规程　JGJ/T 53—2011	2—27—1
地下建筑工程逆作法技术规程　JGJ 165—2010	2—28—1
地下工程渗漏治理技术规程　JGJ/T 212—2010	2—29—1
预制组合立管技术规范　GB 50682—2011	2—30—1
矿物绝缘电缆敷设技术规程　JGJ 232—2011	2—31—1
建（构）筑物移位工程技术规程　JGJ/T 239—2011	2—32—1
建筑物倾斜纠偏技术规程　JGJ 270—2012	2—33—1

第 2 册　主体结构

3　主体结构

混凝土结构工程施工规范　GB 50666—2011	3—1—1
钢结构工程施工规范　GB 50755—2012	3—2—1
木结构工程施工规范　GB/T 50772—2012	3—3—1
铝合金结构工程施工规程　JGJ/T 216—2010	3—4—1
智能建筑工程施工规范　GB 50606—2010	3—5—1
施工现场临时建筑物技术规范　JGJ/T 188—2009	3—6—1
钢筋混凝土升板结构技术规范　GBJ 130—90	3—7—1
大体积混凝土施工规范　GB 50496—2009	3—8—1
装配式大板居住建筑设计和施工规程　JGJ 1—91	3—9—1
高层建筑混凝土结构技术规程　JGJ 3—2010	3—10—1

轻骨料混凝土结构技术规程　JGJ 12—2006	3—11—1
冷拔低碳钢丝应用技术规程　JGJ 19—2010	3—12—1
无粘结预应力混凝土结构技术规程　JGJ 92—2004	3—13—1
冷轧带肋钢筋混凝土结构技术规程　JGJ 95—2011	3—14—1
钢筋焊接网混凝土结构技术规程　JGJ 114—2003	3—15—1
冷轧扭钢筋混凝土构件技术规程　JGJ 115—2006	3—16—1
型钢混凝土组合结构技术规程　JGJ 138—2001	3—17—1
混凝土结构后锚固技术规程　JGJ 145—2013	3—18—1
混凝土异形柱结构技术规程　JGJ 149—2006	3—19—1
装配箱混凝土空心楼盖结构技术规程　JGJ/T 207—2010	3—20—1
预制预应力混凝土装配整体式框架结构技术规程　JGJ 224—2010	3—21—1
预制带肋底板混凝土叠合楼板技术规程　JGJ/T 258—2011	3—22—1
现浇混凝土空心楼盖技术规程　JGJ/T 268—2012	3—23—1
钢丝网架混凝土复合板结构技术规程　JGJ/T 273—2012	3—24—1
纤维石膏空心大板复合墙体结构技术规程　JGJ 217—2010	3—25—1
高层民用建筑钢结构技术规程　JGJ 99—98	3—26—1
轻型钢结构住宅技术规程　JGJ 209—2010	3—27—1
低层冷弯薄壁型钢房屋建筑技术规程　JGJ 227—2011	3—28—1
拱形钢结构技术规程　JGJ/T 249—2011	3—29—1
空间网格结构技术规程　JGJ 7—2010	3—30—1
索结构技术规程　JGJ 257—2012	3—31—1
胶合木结构技术规范　GB/T 50708—2012	3—32—1
古建筑木结构维护与加固技术规范　GB 50165—92	3—33—1
轻型木桁架技术规范　JGJ/T 265—2012	3—34—1
烟囱工程施工及验收规范　GB 50078—2008	3—35—1
给水排水构筑物工程施工及验收规范　GB 50141—2008	3—36—1
汽车加油加气站设计与施工规范　GB 50156—2012	3—37—1
工业炉砌筑工程施工及验收规范　GB 50211—2004	3—38—1
医院洁净手术部建筑技术规范　GB 50333—2002	3—39—1
洁净室施工及验收规范　GB 50591—2010	3—40—1
传染病医院建筑施工及验收规范　GB 50686—2011	3—41—1
疾病预防控制中心建筑技术规范　GB 50881—2013	3—42—1
生物安全实验室建筑技术规范　GB 50346—2011	3—43—1
实验动物设施建筑技术规范　GB 50447—2008	3—44—1
电子信息系统机房施工及验收规范　GB 50462—2008	3—45—1
冰雪景观建筑技术规程　JGJ 247—2011	3—46—1
中小学校体育设施技术规程　JGJ/T 280—2012	3—47—1

第3册　装饰装修、专业工程、施工管理

4　装饰装修

住宅装饰装修工程施工规范　GB 50327—2001	4—1—1
建筑内部装修防火施工及验收规范　GB 50354—2005	4—2—1

屋面工程技术规范　GB 50345—2012	4—3—1
坡屋面工程技术规范　GB 50693—2011	4—4—1
种植屋面工程技术规程　JGJ 155—2013	4—5—1
倒置式屋面工程技术规程　JGJ 230—2010	4—6—1
建筑遮阳工程技术规范　JGJ 237—2011	4—7—1
采光顶与金属屋面技术规程　JGJ 255—2012	4—8—1
环氧树脂自流平地面工程技术规范　GB/T 50589—2010	4—9—1
自流平地面工程技术规程　JGJ/T 175—2009	4—10—1
机械喷涂抹灰施工规程　JGJ/T 105—2011	4—11—1
塑料门窗工程技术规程　JGJ 103—2008	4—12—1
外墙饰面砖工程施工及验收规程　JGJ 126—2000	4—13—1
玻璃幕墙工程技术规范　JGJ 102—2003	4—14—1
金属与石材幕墙工程技术规范　JGJ 133—2001	4—15—1
铝合金门窗工程技术规范　JGJ 214—2010	4—16—1
外墙外保温工程技术规程　JGJ 144—2004	4—17—1
建筑外墙外保温防火隔离带技术规程　JGJ 289—2012	4—18—1
建筑涂饰工程施工及验收规程　JGJ/T 29—2003	4—19—1
建筑防腐蚀工程施工及验收规范　GB 50212—2002	4—20—1
民用建筑工程室内环境污染控制规范　GB 50325—2010	4—21—1

5　专业工程

自动化仪表工程施工及验收规范　GB 50093—2002	5—1—1
火灾自动报警系统施工及验收规范　GB 50166—2007	5—2—1
自动喷水灭火系统施工及验收规范　GB 50261—2005	5—3—1
气体灭火系统施工及验收规范　GB 50263—2007	5—4—1
泡沫灭火系统施工及验收规范　GB 50281—2006	5—5—1
建筑物电子信息系统防雷技术规范　GB 50343—2012	5—6—1
安全防范工程技术规范　GB 50348—2004	5—7—1
民用建筑太阳能热水系统应用技术规范　GB 50364—2005	5—8—1
太阳能供热采暖工程技术规范　GB 50495—2009	5—9—1
固定消防炮灭火系统施工与验收规范　GB 50498—2009	5—10—1
建筑电气照明装置施工与验收规范　GB 50617—2010	5—11—1
无障碍设施施工验收及维护规范　GB 50642—2011	5—12—1
通风与空调工程施工规范　GB 50738—2011	5—13—1
民用建筑太阳能空调工程技术规范　GB 50787—2012	5—14—1
多联机空调系统工程技术规程　JGJ 174—2010	5—15—1
既有居住建筑节能改造技术规程　JGJ/T 129—2012	5—16—1
公共建筑节能改造技术规程　JGJ 176—2009	5—17—1
体育建筑智能化系统工程技术规程　JGJ/T 179—2009	5—18—1
民用建筑太阳能光伏系统应用技术规范　JGJ 203—2010	5—19—1
被动式太阳能建筑技术规范　JGJ/T 267—2012	5—20—1
城镇燃气室内工程施工与质量验收规范　CJJ 94—2009	5—21—1

6　施工组织与管理

建设工程监理规范　GB/T 50319—2013	6—1—1

建设工程项目管理规范　GB/T 50326—2006　　　　　　　　　　　6—2—1
建设工程文件归档整理规范　GB/T 50328—2001　　　　　　　　　6—3—1
建设项目工程总承包管理规范　GB/T 50358—2005　　　　　　　　6—4—1
工程建设施工企业质量管理规范　GB/T 50430—2007　　　　　　　6—5—1
建筑施工组织设计规范　GB/T 50502—2009　　　　　　　　　　　6—6—1
房屋建筑和市政基础设施工程质量检测技术管理规范　GB 50618—2011　6—7—1
建筑工程绿色施工评价标准　GB/T 50640—2010　　　　　　　　　6—8—1
工程建设标准实施评价规范　GB/T 50844—2013　　　　　　　　　6—9—1
工程网络计划技术规程　JGJ/T 121—99　　　　　　　　　　　　6—10—1
建筑工程资料管理规程　JGJ/T 185—2009　　　　　　　　　　　6—11—1
施工企业工程建设技术标准化管理规范　JGJ/T 198—2010　　　　　6—12—1
建筑施工企业管理基础数据标准　JGJ/T 204—2010　　　　　　　　6—13—1
建筑产品信息系统基础数据规范　JGJ/T 236—2011　　　　　　　　6—14—1
建筑与市政工程施工现场专业人员职业标准　JGJ/T 250—2011　　　6—15—1
建筑施工企业信息化评价标准　JGJ/T 272—2012　　　　　　　　　6—16—1
建筑工程施工现场视频监控技术规范　JGJ/T 292—2012　　　　　　6—17—1
建设电子文件与电子档案管理规范　CJJ/T 117—2007　　　　　　　6—18—1

第4册　材料及应用、检测技术

7　材料及应用

普通混凝土拌合物性能试验方法标准　GB/T 50080—2002　　　　　7—1—1
普通混凝土力学性能试验方法标准　GB/T 50081—2002　　　　　　7—2—1
早期推定混凝土强度试验方法标准　JGJ/T 15—2008　　　　　　　7—3—1
钢筋焊接接头试验方法标准　JGJ/T 27—2001　　　　　　　　　　7—4—1
混凝土用水标准　JGJ 63—2006　　　　　　　　　　　　　　　　7—5—1
建筑砂浆基本性能试验方法标准　JGJ/T 70—2009　　　　　　　　7—6—1
普通混凝土配合比设计规程　JGJ 55—2011　　　　　　　　　　　7—7—1
砌筑砂浆配合比设计规程　JGJ/T 98—2010　　　　　　　　　　　7—8—1
水泥土配合比设计规程　JGJ/T 233—2011　　　　　　　　　　　7—9—1
混凝土强度检验评定标准　GB/T 50107—2010　　　　　　　　　　7—10—1
混凝土质量控制标准　GB 50164—2011　　　　　　　　　　　　　7—11—1
普通混凝土用砂、石质量及检验方法标准　JGJ 52—2006　　　　　7—12—1
混凝土外加剂应用技术规范　GB 50119—2013　　　　　　　　　　7—13—1
钢筋阻锈剂应用技术规程　JGJ/T 192—2009　　　　　　　　　　7—14—1
土工合成材料应用技术规范　GB 50290—98　　　　　　　　　　　7—15—1
木骨架组合墙体技术规范　GB/T 50361—2005　　　　　　　　　　7—16—1
水泥基灌浆材料应用技术规范　GB/T 50448—2008　　　　　　　　7—17—1
墙体材料应用统一技术规范　GB 50574—2010　　　　　　　　　　7—18—1
纤维增强复合材料建设工程应用技术规范　GB 50608—2010　　　　7—19—1
预防混凝土碱骨料反应技术规范　GB/T 50733—2011　　　　　　　7—20—1
防腐木材工程应用技术规范　GB 50828—2012　　　　　　　　　　7—21—1
再生骨料应用技术规程　JGJ/T 240—2011　　　　　　　　　　　7—22—1

石膏砌块砌体技术规程　JGJ/T 201—2010	7—23—1
混凝土小型空心砌块建筑技术规程　JGJ/T 14—2011	7—24—1
植物纤维工业灰渣混凝土砌块建筑技术规程　JGJ/T 228—2010	7—25—1
装饰多孔砖夹心复合墙技术规程　JGJ/T 274—2012	7—26—1
淤泥多孔砖应用技术规程　JGJ/T 293—2013	7—27—1
粉煤灰混凝土应用技术规范　GBJ 146—90	7—28—1
蒸压加气混凝土建筑应用技术规程　JGJ/T 17—2008	7—29—1
轻骨料混凝土技术规程　JGJ 51—2002	7—30—1
清水混凝土应用技术规程　JGJ 169—2009	7—31—1
补偿收缩混凝土应用技术规程　JGJ/T 178—2009	7—32—1
海砂混凝土应用技术规范　JGJ 206—2010	7—33—1
纤维混凝土应用技术规程　JGJ/T 221—2010	7—34—1
人工砂混凝土应用技术规程　JGJ/T 241—2011	7—35—1
轻型钢丝网架聚苯板混凝土构件应用技术规程　JGJ/T 269—2012	7—36—1
高强混凝土应用技术规程　JGJ/T 281—2012	7—37—1
自密实混凝土应用技术规程　JGJ/T 283—2012	7—38—1
高抛免振捣混凝土应用技术规程　JGJ/T 296—2013	7—39—1
磷渣混凝土应用技术规程　JGJ/T 308—2013	7—40—1
混凝土结构用钢筋间隔件应用技术规程　JGJ/T 219—2010	7—41—1
抹灰砂浆技术规程　JGJ/T 220—2010	7—42—1
预拌砂浆应用技术规程　JGJ/T 223—2010	7—43—1
无机轻集料砂浆保温系统技术规程　JGJ 253—2011	7—44—1
建筑玻璃应用技术规程　JGJ 113—2009	7—45—1
建筑轻质条板隔墙技术规程　JGJ/T 157—2008	7—46—1
建筑陶瓷薄板应用技术规程　JGJ/T 172—2012	7—47—1

8　检测技术

混凝土结构试验方法标准　GB 50152—92	8—1—1
砌体工程现场检测技术标准　GB/T 50315—2011	8—2—1
木结构试验方法标准　GB/T 50329—2002	8—3—1
建筑结构检测技术标准　GB/T 50344—2004	8—4—1
钢结构现场检测技术标准　GB/T 50621—2010	8—5—1
混凝土结构现场检测技术标准　GB/T 50784—2013	8—6—1
房屋建筑与市政基础设施工程检测分类标准　JGJ/T 181—2009	8—7—1
建筑工程检测试验技术管理规范　JGJ 190—2010	8—8—1
建筑工程建筑面积计算规范　GB/T 50353—2005	8—9—1
建筑基坑工程监测技术规范　GB 50497—2009	8—10—1
工程结构加固材料安全性鉴定技术规范　GB 50728—2011	8—11—1
混凝土耐久性检验评定标准　JGJ/T 193—2009	8—12—1
建筑变形测量规范　JGJ 8—2007	8—13—1
回弹法检测混凝土抗压强度技术规程　JGJ/T 23—2011	8—14—1
后锚固法检测混凝土抗压强度技术规程　JGJ/T 208—2010	8—15—1
高强混凝土强度检测技术规程　JGJ/T 294—2013	8—16—1
建筑基桩检测技术规范　JGJ 106—2003	8—17—1

锚杆锚固质量无损检测技术规程 JGJ/T 182—2009	8—18—1
建筑工程饰面砖粘结强度检验标准 JGJ 110—2008	8—19—1
红外热像法检测建筑外墙饰面粘结质量技术规程 JGJ/T 277—2012	8—20—1
采暖居住建筑节能检验标准 JGJ 132—2001	8—21—1
贯入法检测砌筑砂浆抗压强度技术规程 JGJ/T 136—2001	8—22—1
择压法检测砌筑砂浆抗压强度技术规程 JGJ/T 234—2011	8—23—1
混凝土中钢筋检测技术规程 JGJ/T 152—2008	8—24—1
建筑门窗工程检测技术规程 JGJ/T 205—2010	8—25—1
采暖通风与空气调节工程检测技术规程 JGJ/T 260—2011	8—26—1
建筑防水工程现场检测技术规范 JGJ/T 299—2013	8—27—1

第 5 册　质量验收、安全卫生

9　质量验收

建筑工程施工质量验收统一标准　GB 50300—2013	9—1—1
建筑工程施工质量评价标准　GB/T 50375—2006	9—2—1
建筑节能工程施工质量验收规范　GB 50411—2007	9—3—1
建筑结构加固工程施工质量验收规范　GB 50550—2010	9—4—1
土方与爆破工程施工及验收规范　GB 50201—2012	9—5—1
建筑地基基础工程施工质量验收规范　GB 50202—2002	9—6—1
砌体结构工程施工质量验收规范　GB 50203—2011	9—7—1
混凝土结构工程施工质量验收规范（2010 年版）　GB 50204—2002	9—8—1
钢管混凝土工程施工质量验收规范　GB 50628—2010	9—9—1
钢筋混凝土筒仓施工与质量验收规范　GB 50669—2011	9—10—1
钢结构工程施工质量验收规范　GB 50205—2001	9—11—1
铝合金结构工程施工质量验收规范　GB 50576—2010	9—12—1
木结构工程施工质量验收规范　GB 50206—2012	9—13—1
屋面工程质量验收规范　GB 50207—2012	9—14—1
地下防水工程质量验收规范　GB 50208—2011	9—15—1
建筑地面工程施工质量验收规范　GB 50209—2010	9—16—1
建筑装饰装修工程质量验收规范　GB 50210—2001	9—17—1
建筑防腐蚀工程施工质量验收规范　GB 50224—2010	9—18—1
建筑给水排水及采暖工程施工质量验收规范　GB 50242—2002	9—19—1
通风与空调工程施工质量验收规范　GB 50243—2002	9—20—1
建筑电气工程施工质量验收规范　GB 50303—2002	9—21—1
电梯工程施工质量验收规范　GB 50310—2002	9—22—1
智能建筑工程质量验收规范　GB 50339—2013	9—23—1
建筑物防雷工程施工与质量验收规范　GB 50601—2010	9—24—1
工业炉砌筑工程质量验收规范　GB 50309—2007	9—25—1
综合布线系统工程验收规范　GB 50312—2007	9—26—1
玻璃幕墙工程质量检验标准　JGJ/T 139—2001	9—27—1
住宅室内装饰装修工程质量验收规范　JGJ/T 304—2013	9—28—1

10 安全卫生

施工企业安全生产管理规范 GB 50656—2011	10—1—1
建设工程施工现场消防安全技术规范 GB 50720—2011	10—2—1
建筑施工安全技术统一规范 GB 50870—2013	10—3—1
建筑施工安全检查标准 JGJ 59—2011	10—4—1
施工企业安全生产评价标准 JGJ/T 77—2010	10—5—1
石油化工建设工程施工安全技术规范 GB 50484—2008	10—6—1
建筑施工土石方工程安全技术规范 JGJ 180—2009	10—7—1
建筑机械使用安全技术规程 JGJ 33—2012	10—8—1
施工现场机械设备检查技术规程 JGJ 160—2008	10—9—1
龙门架及井架物料提升机安全技术规范 JGJ 88—2010	10—10—1
建筑起重机械安全评估技术规程 JGJ/T 189—2009	10—11—1
建筑施工塔式起重机安装、使用、拆卸安全技术规程 JGJ 196—2010	10—12—1
建筑施工升降机安装、使用、拆卸安全技术规程 JGJ 215—2010	10—13—1
建筑施工起重吊装工程安全技术规范 JGJ 276—2012	10—14—1
建筑施工升降设备设施检验标准 JGJ 305—2013	10—15—1
建设工程施工现场供用电安全规范 GB 50194—93	10—16—1
施工现场临时用电安全技术规范 JGJ 46—2005	10—17—1
租赁模板脚手架维修保养技术规范 GB 50829—2013	10—18—1
液压滑动模板施工安全技术规程 JGJ 65—2013	10—19—1
建筑施工模板安全技术规范 JGJ 162—2008	10—20—1
液压爬升模板工程技术规程 JGJ 195—2010	10—21—1
建筑施工门式钢管脚手架安全技术规范 JGJ 128—2010	10—22—1
建筑施工扣件式钢管脚手架安全技术规范 JGJ 130—2011	10—23—1
建筑施工木脚手架安全技术规范 JGJ 164—2008	10—24—1
建筑施工碗扣式钢管脚手架安全技术规范 JGJ 166—2008	10—25—1
建筑施工工具式脚手架安全技术规范 JGJ 202—2010	10—26—1
液压升降整体脚手架安全技术规程 JGJ 183—2009	10—27—1
钢管满堂支架预压技术规程 JGJ/T 194—2009	10—28—1
建筑施工承插型盘扣式钢管支架安全技术规程 JGJ 231—2010	10—29—1
建筑施工竹脚手架安全技术规范 JGJ 254—2011	10—30—1
建筑施工临时支撑结构技术规范 JGJ 300—2013	10—31—1
建筑施工高处作业安全技术规范 JGJ 80—91	10—32—1
建筑拆除工程安全技术规范 JGJ 147—2004	10—33—1
建筑施工现场环境与卫生标准 JGJ 146—2004	10—34—1
建筑施工作业劳动防护用品配备及使用标准 JGJ 184—2009	10—35—1